HOYER - KREUTER

TECHNOLOGISCHES WÖRTERBUCH

Gewerbe, Industrie, Technik und ihre wissenschaftlichen Grundlagen, Berg- und Hüttenwesen, Aufbereitungsindustrie, Rohstoffe, Werkstoffe, Materialprüfung, Halb- und Fertigerzeugnisse, Elektrotechnik, Fernmeldetechnik, Meßtechnik, Filmtechnik, Optische Industrie Waffentechnik, Arzt- und Gesundheitstechnik, Unfallverhütung, Bauwesen, Chemische Technologie, Landwirtschaft und Forstwesen, Nahrungsmittelindustrie, Textilindustrie, Bekleidungsindustrie, Handel, Messewesen, Bankwesen, Verkehr Kraftfahrwesen, Schiffbau und Schiffahrt, Patentwesen, Zollwesen Rechtskunde und zahlreiche andere Fachgebiete

Sechste
vollkommen neubearbeitete Auflage

herausgegeben von

Dr.-Ing. E. h. Alfred Schlomann

unter Förderung des Deutschen Verbandes Technisch-Wissenschaftlicher Vereine und des Vereins Deutscher Ingenieure sowie zahlreicher Industriefirmen des In- und Auslandes

Erster Band

Deutsch – Englisch – Französisch

1932
Verlag von Julius Springer · Berlin W 9

Librairie Polytechnique
Ch. Béranger
Paris · 15 Rue des Saints-Pères

The Machinery Publishing Co.
London W. C. 1
52—54 High Holborn

The Industrial Press
New York
140—148 Lafayette Street

ISBN-13:978-3-642-98542-3 e-ISBN-13:978-3-642-99356-5
DOI: 10.1007/978-3-642-99356-5

Softcover reprint of the hardcover 1st edition 1932

Dr.-Ing. E. h. Waldemar Hellmich

Direktor des Vereins Deutscher Ingenieure

in Dankbarkeit für die tatkräftige und verständnisvolle Förderung meiner Arbeiten auf dem Gebiete der technischen Wörterbücher

gewidmet

Vorwort.

Egbert v. Hoyer und Franz Kreuter, die beiden hervorragenden Technologen der Technischen Hochschule München, haben in ihrem in fünf Auflagen über die ganze Erde verbreiteten „Technologischen Wörterbuch“ ein Werk geschaffen, das, dem damaligen Umfang der Technik angepaßt, die technologischen Grundlagen der industriellen Technik und zum Teil auch ihre Grenzgebiete in den drei Hauptsprachen Deutsch, Englisch und Französisch erschloß. Der große Erfolg des Hoyer-Kreuterschen Wörterbuches hat seine Brauchbarkeit in aller Welt erwiesen.

Seit jener Zeit ist die Zahl der Wörterbücher allgemeinen und vorwiegend fachlichen Inhalts stark angewachsen. Gerade Deutschlands Leistungen auf diesem Gebiet, die unter reger Mitwirkung von Fachleuten aller Industriestaaten zustandekamen, sind international anerkannt. Es erschien nunmehr an der Zeit, die zahlreich vorhandenen technischen Fach- und Spezialwörterbücher, ebenso aber auch alle anderen allgemeinen großen Wörterbücher durch ein neues umfassendes, allgemein technologisches Wörterbuch zu ergänzen. Nur ein solches kann die Schwächen und die natürlichen Mängel des Spezialwörterbuches ausgleichen, die in der Beschränkung auf ein bestimmtes Fachgebiet und damit in der Ausschaltung aller der Ausdrücke begründet sind, die jederzeit im Zusammenhang mit einer Spezialfrage aus dem Gesamtgebiet der Industrie und Technik, des Handels usw. auftreten können. Nur ein umfassendes, allgemein-technologisches Wörterbuch vermittelt dem Gewerbe, der Technik, dem Bauwesen, den angewandten Wissenschaften, der Industrie und Landwirtschaft, dem Handel, Verkehr, der Wirtschaft, dem Zoll- und dem Rechtswesen einen vollständigen Sprachschatz.

Diese im Zusammenhang mit den von mir herausgegebenen „Illustrierten Technischen Wörterbüchern“ vorgesehene Aufgabe war verhältnismäßig schnell zu lösen. Ich habe es daher begrüßt, daß die Verlagsbuchhandlung Julius Springer, Berlin, mich mit der Neuausgabe des Hoyer-Kreuterschen Wörterbuches betraut hat. Diese sechste Auflage des Hoyer-Kreuterschen Wörterbuches ist für alle bestimmt, die mit einem allgemeinen Wörterbuch nicht auskommen, vielmehr in ihrer Arbeit darauf angewiesen sind, ein allgemeines technologisches Wörterbuch zu benutzen. Sie ist aber von mindestens gleicher Wichtigkeit für alle Benutzer irgendwelcher Spezialwörterbücher, die in ihrer Berufsarbeit mit dem Wortschatz ihres Spezialwörterbuches nicht auskommen, sondern für ihre Tätigkeit (Lektüre, Korrespondenz, Studium) ein allgemeines technisches Wörterbuch benötigen.

Die Neubearbeitung wurde auf ähnlichen Grundgedanken wie die früheren Auflagen aufgebaut; vor allem wurde die alphabetische Anordnung und vorläufig auch die Beschränkung auf drei Sprachen beibehalten. Eine völlige Erneuerung und wesentliche Erweiterung erfuhr jedoch der Inhalt der vor 28 Jahren erschienenen 5. Auflage unter Berücksichtigung folgender Gesichtspunkte: Erfassung der Ausdrücke und Redewendungen der allgemeinen Technologie im herkömmlichen Sinne, des industriellen Handwerkes, der technischen Chemie, der chemischen Technologie und der Landwirtschaft, des Werkstoffwesens und der dem Austausch unterliegenden Rohstoffe, Halb- und Fertigerzeugnisse einschließlich der Geräte, Apparate und Maschinen, der Ausdrücke des Handels, des Verkehrs, des Zollwesens und der nationalen und internationalen Rechtskunde, soweit sie für den zwischenstaatlichen Industrieverkehr und Gedankenaustausch erforderlich scheinen.

Im Einverständnis mit dem Deutschen Verband Technisch-Wissenschaftlicher Vereine und dem Verein Deutscher Ingenieure führte ich die Neubearbeitung neben meinen laufenden Arbeiten an den Illustrierten Technischen Wörterbüchern durch. Bei der Ermittlung der termini technici bediente ich mich der bewährten Methode der Illustrierten Technischen Wörterbücher unter Hinzuziehung einer großen Zahl von Mitarbeitern und unter Anteilnahme wichtiger Industrieunternehmungen.

Die Auswahl des Wortschatzes geschah nach Gesichtspunkten, die durch gemeinschaftliche Überlegungen mit der Verlagsbuchhandlung Julius Springer, Berlin, und nach eingehender Befragung maßgeblicher wirtschaftlicher und wissenschaftlicher Organisationen gewonnen wurden. Grundlegend war, daß trotz des vorgefundenen wertvollen Wortschatzes die Streichung wie auch die Ergänzung der technischen Ausdrücke nicht dem Zufall der Sammeltätigkeit überlassen, sondern planmäßig dem gesteckten Ziel angepaßt werden mußte. Zunächst war es erforderlich, die Hauptstichworte festzulegen und sodann nach systematischer Methode sie durch Abwandlungen, Redensarten, Zusammensetzungen usw. in dem

Ausmaß zu ergänzen, wie es für die Praxis erforderlich erscheint. Ich hoffe, daß die in diesem Band enthaltenen nahezu 100000 Stichworte in jeder der drei Sprachen eine brauchbare und dem Zweck angepaßte Zusammenstellung ergeben.

Die Suche nach Stichworten war nicht schwierig, berücksichtigt man, daß es heutzutage kaum einen Gegenstand gibt, der nicht technisch und industriell gefertigt wird, kaum einen Stoff, der nicht in irgendeiner Gestalt, Abwandlung oder Verformung als Werkstoff dient, kaum eine Tätigkeit, die nicht im Zusammenhange mit Technik und Industrie ausgeübt wird. Ich stand zunächst einer hereinbrechenden Flut von Wörtern, Redewendungen usw. gegenüber. Die Sichtung und Verarbeitung erfolgte nach folgenden, auszugsweise mitgeteilten Richtlinien:

Werkstoffe, Halberzeugnisse, Fertigerzeugnisse für Handwerk und Industrie;
Industrielle und handwerkliche Maschinen, Apparate, Geräte und Werkzeuge, Maße, Gewichte, Zeit- und Mengenmessung;
Fachgebiete, die sich mit der Verarbeitung von Werkstoffen in gewerblichem Sinne und mit der Weiterverarbeitung von Halberzeugnissen befassen;
Fachgebiete besonderer Art, wie z. B. Verkehrswesen, Vermessungskunde, Meßtechnik, Betriebs- und Vertriebstechnik, Nahrungsmittelgewerbe, Normung usw.;
Technik der gewerblich ausgeübten Künste, wie z. B. Reproduktionstechnik, Werbung usw.;
Verfahren, nach denen handwerklich und industriell gearbeitet wird, sowie die Verfahren, nach denen die Werkstoffe industriell, mechanisch oder chemisch, der Weiterverarbeitung unterliegen;
Hilfsfächer der Technik, z. B. Mathematik, Physik, Chemie, Volkswirtschaft, Weltwirtschaft, Wirtschaftsprüfung, Handel, Zollwesen usw.;
Fertigwaren und Arten von Geräten, Maschinen, Chemikalien, Drogen usw., soweit sie dem internationalen Warenaustausch unterliegen (Konstruktionsteile von Maschinen und Apparaten, die nur diesen eigen sind oder nur im Zusammenhang mit diesen besondere Benennungen haben, sind, als den Fachwörterbüchern vorbehalten, fortgelassen worden);
Patentwesen, gewerblicher Rechtsschutz;
Rechtswesen, Versicherungswesen, soweit im internationalen Warenaustausch und Unternehmerverkehr benötigt;
Technische und industrielle Berufsarten, Organisationen, Behörden, Anstalten usw.;
Berufskrankheiten, Unfallverhütung.

Ist ein Ausdruck mehreren Fachgebieten zuzurechnen und lautet die Übertragung in die fremde Sprache je nach Zuteilung zu einem anderen Fachgebiet anders, so ist die Fachbezeichnung entsprechend dem besonderen „Verzeichnis der Erklärungen und Zeichen" in Klammern beigefügt. Da, wo die Zuteilung zum Fachgebiet nicht zweifelhaft sein kann, ist im allgemeinen die Fachbezeichnung unterlassen worden.

Auf die Wiedergabe der großen Zahl der sonstigen für die Bearbeitung verfaßten Leitsätze an dieser Stelle muß ich verzichten.

Die von Mitarbeitern vorgeschlagenen Übertragungen der Ausdrücke und Redewendungen in die Fremdsprachen wurden unter Zugrundelegung des technologischen Begriffsinhaltes ebenso sorgfältig nachgeprüft und richtig gestellt, wie die Übersetzungen, die einschlägigen Druckwerken, insbesondere den Werbedrucksachen der Unternehmungen oder mehrsprachigen Schriftsätzen (Briefwechseln, Urkunden usw.) entnommen wurden. Trotzdem können sich Unstimmigkeiten oder Fehler eingeschlichen haben. Allgemein geltend ist zu sagen, daß sich, besonders für Redewendungen, mehr als eine Übertragung finden läßt, je nach der stilistischen Eigenart des Übersetzers. Dieses Wörterbuch kann aber nicht alle Möglichkeiten ausschöpfen; ich habe vor allem Wert darauf gelegt, eine gute und sofort verständliche Übersetzungsmöglichkeit zu vermitteln.

Nur solche englischen Ausdrücke, die bevorzugt oder fast ausschließlich in U. S. A. verwendet werden, wurden durch (A) gekennzeichnet.

Als Quellen dienten in erster Linie: Inhaltsverzeichnisse wissenschaftlicher und wirtschaftlicher Zeitschriften und Abhandlungen, Wörterverzeichnisse von industriellen Unternehmungen, Einzelbeiträge von Mitarbeitern, Werbedrucksachen, Zollverzeichnisse, Ausstellungskataloge, Normenblätter, Warenverzeichnisse, Statistiken.

Ich spreche allen Personen, Instituten, Firmen usw., die das überaus wertvolle und reiche Material zur Verfügung stellten, aufrichtigen Dank aus; durch die Anteilnahme dieser Kreise an den Arbeiten wurde es in erster Linie ermöglicht, eine große Anzahl von Fachausdrücken in diesem Werk zu vereinigen, die bisher meines Wissens in keinem der Technik, der Landwirtschaft, dem Handel und dem Verkehr gewidmeten Sprachwerk Aufnahme gefunden haben. Der Kreis der Helfer, die durch Hergabe sehr wertvoller Originalbeiträge die sechste Auflage bereichert haben, ist zu groß, als daß ich alle Namen einzeln bekannt geben könnte. Herr Benno Kirschbaum, President of the Kirschbaum-Bureau of Translation, Inc., Philadelphia, U.S.A., hat durch Schilderung von Ziel und Plan dieses Wörterbuches weite Kreise der nordamerikanischen Industrie zur Mitarbeit und Hergabe wertvoller Beiträge veranlaßt. Die Herren Oberingenieur Martiny (Friedr. Krupp A. G.), Essen, Oberingenieur Adolf Glückmann (Bamag), Berlin, und August Gerritzen, Essen, förderten diese Arbeit in besonderem Umfange. Allen gilt mein Dank in gleicher Weise und im gleichen Umfange.

Wörterbücher wurden zu Vergleichs- und Vervollständigungszwecken herangezogen. Dies gilt besonders für folgende Werke: J. O. Kettridge, Dictionary of Technical Terms and Phrases, Routledge, London; Webster, New International Dictionary of the English Language, Bell & Sons, London; Larousse, Dictionnaire Encyclopédique de la Langue Française, Larousse, Paris; H. Price, Volkswirtschaftliches Wörterbuch, Julius Springer, Berlin; Der große Duden, Bibliographisches Institut, Leipzig; Muret-Sanders, Enzyklopädisches Wörterbuch, Langenscheidt, Berlin; Sachs-Villatte, Enzyklopädisches Wörterbuch, Langenscheidt, Berlin; Webel, Technical and Scientific Dictionary, Routledge, London; Eitzen, Wörterbuch der Handelssprache, Haessel, Leipzig; Handwörterbuch des elektrischen Fernmeldewesens, Julius Springer, Berlin; Repertoire Technologique des Noms d'Industries et de Professions (Ministère du Travail et de la Prévoyance Sociale), Berger-Levrault & Cie, Paris-Nancy; Sammlungen Technischer Ausdrücke der Fried. Krupp A. G., Essen; Sammlung technischer Fachwörter im Gebrauch der Meguin A. G., Butzbach, Hessen (Berlin-Anhaltische Maschinenbau A.-G., Berlin); Vocabulaire Téléphonique International en Sept Langues, Texte officiel établi par le Comité Consultatif International des Communications téléphoniques à grande distance. Librairie de l'Enseignement Technique, Léon Eyrolles, Paris.

Bei dem Lesen der Korrektur wurde ich u. a. unterstützt durch Herrn J. Busch, Hamburg, Ingenieur-Chemiker, Dozent und vereid. Dolmetscher für die französische Sprache, durch Herrn Fritz Dahl, Neufinkenkrug, Berlin, durch Herrn Friedrich Göbber, Hamburg, Fräulein Alice Steinberg, Hamburg, Herrn Douglas Carpenter, London, und Herrn Lewis L. Sell, Ph. D., New York. Diese von den Genannten ausgeführten Verbesserungsarbeiten gingen weit über das sonst bei Drucklegungsarbeiten Übliche hinaus; es wurden in zahlreichen Fällen auf Sachkunde und ausgezeichneter Sprachkenntnis beruhende Verbesserungen veranlaßt, die als wesentliche Bereicherung der Arbeit anzusprechen sind.

An den Arbeiten der Zusammenstellung der Karteien, der Bearbeitung und Exzerpierung der technischen Ausdrücke und Redewendungen, der Einreihung und Alphabetisierung, sowie an den überaus sorgfältig und mit Ausdauer durchzuführenden Überprüfungs- und Drucklegungsarbeiten waren beteiligt: Dipl.-Ing. Ernst Blos, Berlin; Ina Dorogaya, Berlin; Siegfried von Ekesparre, stud. phil., Berlin; Walter Eppner, Diplom-Wirtschafter, Berlin; Marine-Oberingenieur a. D. Artur Gäbler, Berlin; Dipl.-Ing. Julius Ibsen, Berlin; Erich Kamossa, Werkstudent, Berlin; Anna Hartmann, Berlin; Ingenieur Franz Peters, Berlin; Dr.-Ing. Paul Reich, Berlin; Diplomvolkswirt Christoph v. d. Ropp, Berlin; Friedrich v. d. Ropp, Student der Philologie, Berlin.

Der Deutsche Verband Technisch-Wissenschaftlicher Vereine und der Verein Deutscher Ingenieure waren mit der Inanspruchnahme des bei der Schriftleitung der Illustrierten Technischen Wörterbücher gesammelten und aufgehäuften Stoffes gern einverstanden und haben damit die Bedeutung anerkannt, die Wörterbucharbeiten auf dem Gebiet der Technik zuzusprechen ist. Ich schulde ihnen hierfür Dank, dem sich sicherlich die Fachwelt des In- und Auslandes anschließen wird. Der Dank von Technik, Industrie und Handel gebührt nicht zuletzt der Verlagsbuchhandlung Julius Springer, Berlin, die neben stets gern geübter Sachberatung die Durchführung dieses Werkes ermöglicht hat. Sie hat damit der Weltwirtschaft und der Pflege der wirtschaftlichen und geistigen Beziehungen der Völker untereinander einen wertvollen Dienst geleistet.

Ich beschließe die Neubearbeitung der sechsten Auflage des Hoyer-Kreuterschen Technologischen Wörterbuches in dem Bewußtsein und in der Hoffnung, der Weltwirtschaft zu nützen und zahlreichen Fachleuten in der Erledigung ihrer Arbeiten Erleichterung zu schaffen.

Berlin, Januar 1932. **Schlomann.**

Bemerkung: Die im Band I (Deutsch-Englisch-Französisch) jedem Ausdrucke beigefügten Wortstellenzahlen und vor eine Klammer gesetzten Buchstaben ermöglichen es, in Bearbeitung befindliche und später erscheinende Ergänzungsbände in weiteren Sprachen zusammen mit diesem Band I zu benutzen.

Erklärung der Abkürzungen und Zeichen – Explanation of the Abreviations and Signs – Explication des Abréviations et des Signes.

Zeichen Signs Signes	Fachgebiet Speciality Spécialité	Deutsch	English	Français
A	—	amerikanisch	American	américain
Acc	accumulators	Sammler	—	accumulateurs
Acc	accumulateurs	Sammler	accumulators	—
Acoust	acoustics	Akustik	—	acoustique
Acoust	acoustique	Akustik	acoustics	—
Aero	aeronautics	Luftfahrwesen	—	aéronautique
Aéro	aéronautique	Luftfahrwesen	aeronautics	—
Agr	agriculture	Ackerbau; Landwirtschaft	agriculture	agriculture
Aig	fabrication des aiguilles	Nadelfertigung	needle manufacture	—
Airpl	construction of airplanes	Flugzeugbau	—	construction d'avions
Akust	Akustik	—	acoustics	acoustique
Amid	fabrication d'amidon	Stärkeherstellung	starch manufacture	—
Arch	architecture	Baukunst	architecture	architecture
Arch hydr	architecture hydraulique	Wasserbauwesen	hydraulic architecture	—
Arch nav	architecture navale	Schiffbau	shipbuilding	—
Arm	service de l'armement	Waffenwesen	service of arms	—
Arm	service of arms	Waffenwesen	—	service de l'armement
Arp	arpentage	Feldmeßkunde	surveying	—
Astro	Astronomie	—	astronomy	astronomie
Astro	astronomie	Astronomie	astronomy	—
Astro	astronomy	Astronomie	—	astronomie
Assur	assurance	Versicherungswesen	insurance	—
Aufber	Aufbereitung	—	ore dressing; coal dressing	préparation des minerais *ou* des houilles
Auto	Automobilbau; Kraftfahrwesen	—	construction of automobiles; automobilism	construction des automobiles; automobilisme
Auto	construction des automobiles; automobilisme	Automobilbau; Kraftfahrwesen	construction of automobiles; automobilism	—
Auto	construction of automobiles; automobilism	Automobilbau; Kraftfahrwesen	—	construction des automobiles; automobilisme
Aut tel	automatic telephony	Selbstanschlußbetrieb; automatische Telefonie	—	téléphonie automatique
Avion	construction d'avions	Flugzeugbau	construction of airplanes	—
Bäck	Bäckerei	—	bakery	boulangerie
Bak	bakery	Bäckerei	—	boulangerie
Bank	banking	Bankwesen	—	banque
Bank	Bankwesen	—	banking	banque
Banque	banque	Bankwesen	banking	—
Basket	basketry	Korbmacherei	—	vannerie
Bât	bâtiments	Bauwesen	building	—
Batt d'or	battage d'or	Goldschlägerei	gold beating	—
Bauk	Baukunst	—	architecture	architecture
Bauw	Bauwesen	—	building	bâtiments
Bekleid	Bekleidung	—	clothing	vêtements
Beleucht	Beleuchtungswesen	—	lighting	éclairage
Bergb	Bergbau	—	mining	exploitation de mines
Bildh	Bildhauerei	—	sculpture	sculpture
Blanch	blanchiment	Bleicherei	bleaching	—
Bleach	bleaching	Bleicherei	—	blanchiment
Bleich	Bleicherei	—	bleaching	blanchiment
Boil	steam boilers	Dampfkessel	—	chaudières à vapeur
Bookb	bookbinding	Buchbinderei	—	reliure
Bookkeep	bookkeeping	Buchhaltung	—	comptabilité
Booksell	bookseller	Buchhändler	—	libraire
Börse	Börsenwesen	—	exchange	bourse
Bot	Botanik	—	botany	botanique
Bot	botanique	Botanik	botany	—
Bot	botany	Botanik	—	botanique
Böttch	Böttcherei; Küferei	—	cooperage	tonnellerie
Bouch	boucherie	Fleischerei	butchery	—
Boul	boulangerie	Bäckerei	bakery	—
Bourse	bourse	Börsenwesen	exchange	—
Bout	fabrication de boutons	Knopfmacherei	button manufacture	—
Brass	brasserie	Brauerei	brewery	—
Brau	Brauerei	—	brewery	brasserie
Brenn	Brennerei	—	distillery	distillerie
Brev	brevets d'invention	Patentwesen	patenting	—
Brew	brewery	Brauerei	—	brasserie
Brick	brick works	Ziegelei	—	briqueterie
Bridge	bridge building	Brückenbau	—	construction de ponts
Brique	briqueterie	Ziegelei	brick works	—
Bross	brosserie	Bürstenfertigung	brush manufacture	—
Brükkenb	Brückenbau	—	bridge building	construction de ponts
Brunn	Brunnenbau	—	well boring	construction de puits
Brush	brush manufacture	Bürstenfertigung	—	brosserie
Buchb	Buchbinderei	—	bookbinding	reliure
Buchdr	Buchdruckerei; Druckerei; Grafik	—	printing	imprimerie
Buchhalt	Buchhaltung	—	bookkeeping	comptabilité
Buchhändl	Buchhändler	—	bookseller	libraire
Build	building	Bauwesen		bâtiments
Bureau	fourniture de bureau; machines de bureau	Bürobedarf; Büromaschinen	office furnishing; office machines	—
Büro	Bürobedarf; Büromaschinen	—	office furnishing; office machines	fourniture de bureau; machines de bureau
Bürst	Bürstenfertigung	—	brush manufacture	brosserie
Butch	butchery	Fleischerei	—	boucherie
Button	button manufacture	Knopfmacherei	—	fabrication de boutons
Cand	candle manufacture	Lichtfertigung	—	fabrication de chandelles
Carp	carpentry	Zimmerei	—	charpenterie
Carross	carrosserie	Wagenbauerei	coachmaking	—
Chand	fabrication de chandelles	Lichtfertigung	candle manufacture	—
Chap	chapellerie	Hutmacherei	hatting	—
Charb	charbonnière	Köhlerei	charcoal burning	—
Charc	charcoal burning	Köhlerei	—	charbonnière
Charp	charpenterie	Zimmerei	carpentry	—
Chaud	chaudières à vapeur	Dampfkessel	steam boilers	—
Chaudr	chaudronnerie de cuivre	Kupferschmiede	coppersmith's trade	—
Chauf vent	chauffage et ventilation	Heizung und Lüftung	heating and ventilating	—
Chem	Chemie	—	chemistry	chimie
Chem	chemistry	Chemie	—	chimie
Chem d f	chemin de fer	Eisenbahnwesen	railway	—
Chim	chimie	Chemie	chemistry	—
Clockm	clockmaking	Uhrmacherei	—	horlogerie
Cloth	clothing	Bekleidung	—	vêtements
Clothm	cloth manufacture	Tuchmacherei	—	manufacture de draps
Clout	clouterie	Nagelschmiede	nailsmith's trade	—
Coachm	coachmaking	Wagenbauerei	—	carrosserie
Coal dress	coal dressing	Kohleaufbereitung	—	préparation des houilles
Coin	coinage	Münzwesen	—	monnayage
Commerce	commerce	Handel	trade	—
Comptabl	comptabilité	Buchhaltung	bookkeeping	—
Constr pont	construction de ponts	Brückenbau	bridge building	—

Zeichen Signs Signes	Fachgebiet Speciality Spécialité	Deutsch	English	Français
Coop	cooperage	Böttcherei	—	tonnellerie
Coppersm	coppersmith's trade	Kupferschmiede	—	chaudronnerie de cuivre
Corderie	corderie	Seilerei	rope making	—
Cordo	cordonnerie	Schuhmacherei	shoe making	—
Corr	corroyeur	Gerber	currier	—
Coutel	coutellerie	Messerschmiede	cutler's trade	—
Couvreur	couvreur	Dachdecker	tiler	—
Curr	currier	Gerber	—	corroyeur
Cutl	cutler's trade	Messerschmiede	—	coutellerie
Dachd	Dachdecker	—	tiler	couvreur
Dampfk	Dampfkessel	—	steam boilers	chaudières à vapeur
Dampfm	Dampfmaschinen	—	steam engines	machines à vapeur
Dessin	dessin	Zeichnen	drawing	—
Distill	distillerie	Brennerei	distillery	—
Distill	distillery	Brennerei	—	distillerie
Doreur	doreur	Vergolder	gilder	—
Douane	douane	Zollwesen	duty	—
Drahtz	Drahtzieherei	—	wire drawing	tréfilerie
Drap	manufacture de draps	Tuchmacherei	cloth manufacture	—
Drawing	drawing	Zeichnen	—	dessin
Drechsl	Drechslerei	—	turnery	tournerie
Dreh	Dreherei	—	turnery	tournerie
Duty	duty	Zollwesen	—	douane
Dyer	dyer	Färber	—	teinturier
Earthw	earthwork	Erdarbeiten	—	terrassement
Eclairage	éclairage	Beleuchtungswesen	lighting	—
Ec pol	économie politique	Volkswirtschaft	political economy	—
Eisenb	Eisenbahnwesen	—	railway	chemin de fer
Electr	électricité	Elektrizität	electricity	—
Electr	electricity	Elektrizität	—	électricité
Elektr	Elektrizität	—	electricity	électricité
El Leit	Elektrische Leitungen	—	electric lines	lignes électriques
El line	electric lines	Elektrische Leitungen	—	lignes électriques
Engr	engraving	Gravierkunst	—	gravure
Erdarb	Erdarbeiten	—	earthwork	terrassement
Erdk	Erdkunde	—	geography	géographie
Exchange	exchange	Börsenwesen	—	bourse
Expl min	exploitation de mines	Bergbau	mining	—
f	—	weiblich	feminine	féminin
Färb	Färber	—	dyer	teinturier
Farr	farriery	Hufschmiede	—	maréchalerie
Feil	Feilenhauerei	—	file cutting	taillage de limes
Feldm	Feldmeßkunde	—	surveying	arpentage
Ferbl	ferblanterie	Klempnerei	tinman's trade	—
Fernm	Fernmeldetechnik	—	telephone; telegraph	téléphone; télégraphe
Feuerl	Feuerlöschwesen	—	fire extinguishing	service d'incendie
Feuerw	Feuerwerkerei	—	pyrotechnics	pyrotechnique
Fil	filature	Spinnerei	spinning	—
File	file cutting	Feilenhauerei	—	taillage de limes
Film	fabrication de films; présentation de films	Filmfertigung; Filmvorführung	film manufacture; film demonstration	—
Film	Filmfertigung; Filmvorführung	—	film manufacture; film demonstration	fabrication de films; présentation de films
Film	film manufacture; film demonstration	Filmfertigung; Filmvorführung	—	fabrication de films; présentation de films
Fire ext	fire extinguishing	Feuerlöschwesen	—	service d'incendie
Fisch	Fischerei	—	fishery	pêche
Fish	fishery	Fischerei	—	pêche
Fleisch	Fleischerei	—	butchery	boucherie
Flugz	Flugzeugbau	—	construction of airplanes	construction d'avions
Fond	fonderie	Gießerei	foundry	—
Fond caract	fonderie de caractères	Schriftgießerei	letter foundry	—
Forest	forestier	Forstwesen	forestry	—
Forest	forestry	Forstwesen	—	forestier
Forg	forge	Schmiede	forge	forge
Form	Formerei	—	moulding	moulage
Forstw	Forstwesen	—	forestry	forestier
Found	foundry	Gießerei	—	fonderie
Funkw	Funkwesen	—	radiocasting	radiodiffusion
Galv	galvanotechnics	Galvanotechnik	—	galvano-technique
Galv	Galvanotechnik	—	galvanotechnics	galvano-technique
Galv	galvano-technique	Galvanotechnik	galvanotechnics	—
Gard	gardening	Gärtnerei	—	jardinage
Gärtn	Gärtnerei	—	gardening	jardinage
Geol	Geologie	—	geology	géologie
Geol	geology	Geologie	—	géologie
Géol	géologie	Geologie	geology	—
Geom	Geometrie	—	geometry	géométrie
Geom	geometry	Geometrie	—	géométrie
Géom	géométrie	Geometrie	geometry	—
Geogr	geography	Erdkunde	—	géographie
Géogr	géographie	Erdkunde	geography	—
Gerb	Gerber	—	currier	corroyeur
Gieß	Gießerei	—	foundry	fonderie
Gild	gilder	Vergolder	—	doreur
Glasf	Glasfertigung; Glasschleiferei	—	glass manufacture; glass grinding	verrerie; polissage de verre
Glassm	glass manufacture; glass grinding	Glasfertigung; Glasschleiferei	—	verrerie; polissage de verre
Gold-b	gold beating	Goldschlägerei	—	battage d'or
Goldschl	Goldschlägerei	—	gold beating	battage d'or
Gold-schm	Goldschmiedekunst	—	goldsmith's art	orfèvrerie
Goldsm	goldsmith's art	Goldschmiedekunst	—	orfèvrerie
Grav	Gravierkunst	—	engraving	gravure
Grav	gravure	Gravierkunst	engraving	—
Grav bois	gravure sur bois	Holzschneidekunst	wood engraving	—
Handel	Handel	—	trade	commerce
Hatt	hatting	Hutmacherei	—	chapellerie
Haush	Haushalt	—	household	ménage
Heat vent	heating and ventilating	Heizung und Lüftung	—	chauffage et ventilation
Heilk	Heilkunde; Medizin	—	medical science	science médicale
Heiz Lüft	Heizung und Lüftung	—	heating and ventilating	chauffage et ventilation
Holzbearb	Holzbearbeitung	—	wood working	travail du bois
Holzschn	Holzschneidekunst	—	wood engraving	gravure sur bois
Horl	horlogerie	Uhrmacherei	watchmaking; clockmaking	—
Househ	household	Haushalt	—	ménage
Hufschm	Hufschmiede	—	farriery	maréchalerie
Hutm	Hutmacherei	—	hatting	chapellerie
Hydr	hydraulics	Hydraulik	—	hydraulique
Hydr	Hydraulik	—	hydraulics	hydraulique
Hydr	hydraulique	Hydraulik	hydraulics	—
Hydr arch	hydraulic architecture	Wasserbauwesen	—	architecture hydraulique
Impr	imprimerie	Buchdruckerei	printing	—
Impr tiss	imprimerie de tissus	Zeugdruckerei	textile printing	—
Insur	insurance	Versicherungswesen	—	assurance
Jard	jardinage	Gärtnerei	gardening	—
Jewel	jeweller	Juwelier	—	joaillier
Joail	joaillier	Juwelier	jeweller	—
Join	joiner's trade	Tischlerei	—	menuiserie
Juw	Juwelier; Steinschneider	—	jeweller	joaillier
Klempn	Klempnerei	—	tinman's trade	ferblanterie
Knopfm	Knopfmacherei	—	button manufacture	fabrication de boutons
Köhl	Köhlerei	—	charcoal burning	charbonnière
Korbm	Korbmacherei	—	basketry	vannerie
Kriegsger	Kriegsgerät	—	war material	matériel de guerre
Kupferschm	Kupferschmiede	—	coppersmith's trade	chaudronnerie de cuivre
Lace-m	lace manufacture	Posamenterie	—	passementerie
Lamin	laminoir	Walzwerk	rolling mill	—
Landw	Landwirtschaft; Ackerbau	—	agriculture	agriculture
Lav	laverie	Wäscherei	washery	—
Letter-f	letter foundry	Schriftgießerei	—	fonderie de caractères
Libr	libraire	Buchhändler	bookseller	—
Lichtb	Lichtbildnerei; Fotografie	—	photography	photographie
Lichtf	Lichtfertigung	—	candle manufacture	fabrication de chandelles

Zeichen Signs Signes	Fachgebiet Speciality Spécialité	Deutsch	English	Français
Lighting	lighting	Beleuchtungswesen	—	éclairage
Ligne él	lignes électriques	Elektrische Leitungen	electric lines	—
Lim	taillage de limes	Feilenhauerei	file cutting	—
Loc	locomotive	Lokomotive	locomotive	locomotive
Locksm	locksmith's trade	Schlosserei	—	serrurerie
Lok	Lokomotive	—	locomotive	locomotive
Luftf	Luftfahrwesen	—	aeronautics	aéronautique
m	—	männlich	masculine	masculin
Maç	maçonnage	Maurerei	masonry	—
Mach	construction de machines	Maschinenbau	construction of machines	—
Mach	construction of machines	Maschinenbau	—	construction de machines
Mach écr	machines à écrire	Schreibmaschinen	typewriters	—
Mach out	machines-outils	Werkzeugmaschinen	machine-tools	—
Mach tool	machine-tools	Werkzeugmaschinen	—	machines-outils
Mach vap	machines à vapeur	Dampfmaschinen	steam engines	—
Maréch	maréchalerie	Hufschmiede	farriery	—
Mail	mail	Post	—	poste
Mal	Malerei	—	painting	peinture
Mar	marine	Seewesen	marine	marine
Mas	masonry	Maurerei	—	maçonnage
Masch	Maschinenbau	—	construction of machines	construction de machines
Mat guerre	matériel de guerre	Kriegsgerät	war material	—
Math	mathematics	Mathematik	—	mathématiques
Math	Mathematik	—	mathematics	mathématiques
Math	mathématiques	Mathematik	mathematics	—
Maur	Maurerei	—	masonry	maçonnage
Méc	mécanique	Mechanik	mechanics	—
Mech	mechanics	Mechanik	—	mécanique
Mech	Mechanik	—	mechanics	mécanique
Med	medical science	Medizin; Heilkunde	—	science médicale
Méd	science médicale	Medizin; Heilkunde	medical science	—
Men	menuiserie	Tischlerei	joiner's trade	—
Ménage	ménage	Haushalt	household	—
Messerschm	Messerschmiede	—	cutler's trade	coutellerie
Met	Metallkunde; Hüttenkunde	—	metallurgy	métallurgie
Métal	métallurgie	Metallkunde; Hüttenkunde	metallurgy	—
Metal	metallurgy	Metallkunde; Hüttenkunde	—	métallurgie
Meteor	meteorology	Meteorologie; Wetterkunde	—	météorologie
Météor	météorologie	Meteorologie; Wetterkunde	meteorology	—
Meun	meunerie	Müllerei	millering	—
Mill	millering	Müllerei	—	meunerie
Min	Mineralogie	—	mineralogy	minéralogie
Mine	mining	Bergbau	—	exploitation de mines
Miner	mineralogy	Mineralogie	—	minéralogie
Minér	minéralogie	Mineralogie	mineralogy	—
Monn	monnayage	Münzwesen	coinage	—
Mot	Verbrennungsmotoren	—	combustion motors	moteurs à combustion
Mot	combustion motors	Verbrennungsmotoren	—	monteurs à combustion
Mot	moteurs à combustion	Verbrennungsmotoren	combustion motors	—
Moul	moulage	Formerei	moulding	—
Mould	moulding	Formerei	—	moulage
Müller	Müllerei	—	millering	meunerie
Münzw	Münzwesen	—	coinage	monnayage
Mus	Musik; Musikinstrumente	—	music; musical instruments	musique; instruments de musique
Mus	music; musical instruments	Musik; Musikinstrumente	—	musique; instruments de musique
Mus	musique; instruments de musique	Musik; Musikinstrumente	music; musical instruments	—
n	—	sächlich	neuter	neutre
Nadl	Nadelfertigung	—	needle manufacture	fabrication des aiguilles
Nagelschm	Nagelschmiede	—	nailsmith's trade	clouterie

Zeichen Signs Signes	Fachgebiet Speciality Spécialité	Deutsch	English	Français
Nailsm	nailsmith's trade	Nagelschmiede	—	clouterie
Nav	navigation	Schiffahrt	navigation	navigation
Needl	needle manufacture	Nadelfertigung	—	fabrication des aiguilles
Office	office furnishing; office machines	Bürobedarf; Büromaschinen	—	fourniture de bureau; machines de bureau
Opt	Optik	—	optics	optique
Opt	optics	Optik	—	optique
Opt	optique	Optik	optics	—
Ore dress	ore dressing	Erzaufbereitung	—	préparation des minerais
Orf	orfèvrerie	Goldschmiedekunst	goldsmith's art	—
Outil	outils	Werkzeuge	tools	—
Paint	painting	Malerei	—	peinture
Pap	Papierfertigung	—	paper manufacture	papeterie
Pap	paper manufacture	Papierfertigung	—	papeterie
Pap	papeterie	Papierfertigung	paper manufacture	—
Passem	passementerie	Posamenterie	lace manufacture	—
Pat	Patentwesen	—	patenting	brevets d'invention
Pat	patenting	Patentwesen	—	brevets d'invention
Pav	pavage	Pflasterei	paving	—
Pav	paving	Pflasterei	—	pavage
Pêch	pêche	Fischerei	fishery	—
Peint	peinture	Malerei	painting	—
Pflast	Pflasterei	—	paving	pavage
Phot	photographie	Fotografie	photography	—
Phot	photography	Fotografie	—	photographie
Phys	Physik	—	physics	physique
Phys	physics	Physik	—	physique
Phys	physique	Physik	physics	—
pl	—	Mehrzahl	plural	pluriel
Pol ec	political economy	Volkswirtschaft	—	économie politique
Pompe	construction des pompes	Pumpenbau	construction of pumps	—
Porcel	fabrication de porcelaine	Porzellanherstellung	porcelain manufacture	—
Porcel	porcelain manufacture	Porzellanherstellung	—	fabrication de porcelaine
Porzel	Porzellanherstellung	—	porcelain manufacture	fabrication de porcelaine
Posam	Posamenterie	—	lace manufacture	passementerie
Post	Post	—	mail	poste
Poste	poste	Post	mail	—
Pot	poterie	Töpferei	pottery	—
Pott	pottery	Töpferei	—	poterie
Poudr	poudrerie	Pulverherstellung	powder manufacture	—
Powd	powder manufacture	Pulverherstellung	—	poudrerie
Prép	préparation des houilles *ou* des minerais	Aufbereitung	coal *or* ore dressing	—
Print	printing	Buchdruckerei	—	imprimerie
Puits	construction de puits	Brunnenbau	well boring	—
Pulv	Pulverherstellung	—	powder manufacture	poudrerie
Pump	Pumpenbau	—	construction of pumps	construction des pompes
Pump	construction of pumps	Pumpenbau	—	construction des pompes
Pyrot	pyrotechnics	Feuerwerkerei	—	pyrotechnique
Pyrot	pyrotechnique	Feuerwerkerei	pyrotechnics	—
Radio	radiocasting	Funkwesen	—	radiodiffusion
Radio	radiodiffusion	Funkwesen	radiocasting	—
Railw	railway	Eisenbahnwesen	—	chemin de fer
Reliure	reliure	Buchbinderei	bookbinding	—
Road	road building	Straßenbau	—	construction de routes
Roll mill	rolling mill	Walzwerk	—	laminoir
Ropem	rope making	Seilerei	—	corderie
Rout	construction de routes	Straßenbau	road building	—
s	—	siehe	see	voyez
Saddl	saddler's trade	Sattlerei	—	sellerie
Sägew	Sägewerk	—	sawmill	scierie
Sailm	sail making	Segelmacherei	—	voilerie
Salt	salt producing	Salzgewinnung	—	production de sel
Salzgew	Salzgewinnung	—	salt producing	production de sel

Zeichen Signs Signes	Fachgebiet Speciality Spécialité	Deutsch	English	Français
Sammler	Akkumulatoren	—	accumulators	accumulateurs
Sattl	Sattlerei	—	saddler's trade	sellerie
Savonn	savonnerie	Seifensiederei	soap works	—
Sawm	sawmill	Sägewerk	—	scierie
Schiff	Schiffahrt	—	navigation	navigation
Schiffb	Schiffbau	—	shipbuilding	architecture navale
Schloss	Schlosserei	—	locksmith's trade	serrurerie
Schmied	Schmiede; Hammerwerk	—	forge	forge
Schneid	Schneiderei; Näherei	—	tailoring	métier du tailleur
Schreib	Schreibmaschinen	—	typewriters	machines à écrire
Schriftg	Schriftgießerei	—	letter foundry	fonderie de caractères
Schuhm	Schuhmacherei	—	shoe making	cordonnerie
Scier	scierie	Sägewerk	sawmill	—
Sculpt	sculpture	Bildhauerei	sculpture	sculpture
Seew	Seewesen	—	marine	marine
Segelm	Segelmacherei	—	sail making	voilerie
Seide	Seidenfertigung	—	silk manufacture	fabrication de soie
Seif	Seifensiederei	—	soap works	savonnerie
Seil	Seilerei	—	rope making	corderie
Sel	production de sel	Salzgewinnung	salt producing	—
Selbstanschl	Selbstanschlußbetrieb; automatische Telefonie	—	automatic telephony	téléphonie automatique
Sell	sellerie	Sattlerei	saddler's trade	—
Serr	serrurerie	Schlosserei	locksmith's trade	—
Serv inc	service d'incendie	Feuerlöschwesen	fire extinguishing	—
Shipb	shipbuilding	Schiffbau	—	architecture navale
Shoem	shoe making	Schuhmacherei	—	cordonnerie
Silk	silk manufacture	Seidenfertigung	—	fabrication de soie
Soap	soap works	Seifensiederei	—	savonnerie
Soie	fabrication de soie	Seidenfertigung	silk manufacture	—
Spinn	Spinnerei	—	spinning	filature
Spinn	spinning	Spinnerei	—	filature
Sport	sport	Sport	sport	sport
Starchm	starch manufacture	Stärkeherstellung	—	fabrication d'amidon
Stärkef	Stärkeherstellung	—	starch manufacture	fabrication d'amidon
Steam eng	steam engines	Dampfmaschinen	—	machines à vapeur
Steinm	Steinmetz	—	stone cutter	taille-pierre
Stone cutter	stone cutter	Steinmetz	—	taille-pierre
Straßenb	Straßenbau	—	road building	construction de routes
Sucr	fabrication de sucre	Zuckerherstellung	sugar manufacture	—
Sugar	sugar manufacture	Zuckerherstellung	—	fabrication de sucre
Surv	surveying	Feldmeßkunde	—	arpentage
Tabac	manufacture de tabac	Tabakverarbeitung	tobacco manufacture	—
Tabak	Tabakverarbeitung	—	tobacco manufacture	manufacture de tabac
Tail	tailoring	Schneiderei	—	métier du tailleur
Taill	métier du tailleur	Schneiderei	tailoring	—
Taille-pierre	taille-pierre	Steinmetz	stone cutter	—
Techn	Technik; Technologie	—	technics; technology	technique; technologie
Techn	technics; technology	Technik; Technologie	—	technique technologie
Techn	technique; technologie	Technik; Technologie	technics; technology	—
Teint	teinturier	Färber	dyer	—
Tel	telephone; telegraph	Fernmeldetechnik	—	téléphone; télégraphe
Tél	téléphone; télégraphe	Fernmeldetechnik	telephone; telegraph	—
Tél aut	téléphonie automatique	Automatische Telefonie; Selbstanschlußbetrieb	automatic telephony	—

Zeichen Signs Signes	Fachgebiet Speciality Spécialité	Deutsch	English	Français
Terr	terrassement	Erdarbeiten	earthwork	—
Textil	Textilindustrie	—	textile industry	industrie textile
Textile	industrie textile	Textilindustrie	textile industry	—
Textile	textile industry	Textilindustrie	—	industrie textile
Text print	textile printing	Zeugdruckerei	—	imprimerie de tissus
Tiler	tiler	Dachdecker	—	couvreur
Tinm	tinman's trade	Klempnerei	—	ferblanterie
Tischl	Tischlerei	—	joiner's trade	menuiserie
Tiss	tisseranderie	Weberei	weaving	—
Tobacco	tobacco manufacture	Tabakverarbeitung	—	manufacture de tabac
Tonn	tonnellerie	Böttcherei	cooperage	—
Tool	tools	Werkzeuge	—	outils
Töpf	Töpferei	—	pottery	poterie
Tourn	tournerie	Drechslerei; Dreherei	turnery	—
Trade	trade	Handel	—	commerce
Traffic	traffic	Verkehrswesen	—	trafic
Trafic	trafic	Verkehrswesen	traffic	—
Trav bois	travail du bois	Holzbearbeitung	wood working	—
Tréfil	tréfilerie	Drahtzieherei	wire drawing	—
Tuchm	Tuchmacherei	—	cloth manufacture	manufacture de draps
Tunn	Tunnelbau	—	tunneling	construction de tunnels
Tunn	tunneling	Tunnelbau	—	construction de tunnels
Tunn	construction de tunnels	Tunnelbau	tunneling	—
Turn	turnery	Drechslerei; Dreherei	—	tournerie
Typewr	typewriters	Schreibmaschinen	—	machines à écrire
Uhrm	Uhrmacherei	—	watchmaking; clockmaking	horlogerie
v	—	siehe	see	voyez
Vann	vannerie	Korbmacherei	basketry	—
Vergold	Vergolder	—	gilder	doreur
Verkehr	Verkehrswesen	—	traffic	trafic
Verr	verrerie; polissage de verre	Glasfertigung; Glasschleiferei	glass manufacture; glass grinding	—
Versich	Versicherungswesen	—	insurance	assurance
Vêtem	vêtements	Bekleidung	clothing	—
Voilerie	voilerie	Segelmacherei	sail making	—
Volksw	Volkswirtschaft	—	political economy	économie politique
Waffenw	Waffenwesen	—	service of arms	service de l'armement
Wagenb	Wagenbauerei	—	coachmaking	carrosserie
Walzw	Walzwerk	—	rolling mill	laminoir
War mat	war material	Kriegsgerät	—	matériel de guerre
Wäsch	Wäscherei	—	washery	laverie
Wash	washery	Wäscherei	—	laverie
Wasserb	Wasserbauwesen	—	hydraulic architecture	architecture hydraulique
Watchm	watchmaking	Uhrmacherei	—	horlogerie
Weav	weaving	Weberei	—	tisseranderie
Web	Weberei	—	weaving	tisseranderie
Well	well boring	Brunnenbau	—	construction de puits
Werkz	Werkzeuge	—	tools	outils
Werkzeugmasch	Werkzeugmaschinen	—	machine-tools	machines-outils
Wetter	Wetterkunde; Meteorologie	—	meteorology	météorologie
Wiredr	wire drawing	Drahtzieherei	—	tréfilerie
Wood engr	wood engraving	Holzschneidekunst	—	gravure sur bois
Wood working	wood working	Holzbearbeitung	—	travail du bois
Zeichn	Zeichnen	—	drawing	dessin
Zeugdr	Zeugdruckerei	—	textile printing	imprimerie de tissus
Ziegel	Ziegelei	—	brick works	briqueterie
Zimm	Zimmerei	—	carpentry	charpenterie
Zollw	Zollwesen	—	duty	douane
Zuck	Zuckerherstellung	—	sugar manufacture	fabrication de sucre

Fehlerberichtigung.

Seite	Wortstelle		
9	44	*lies*:	à dresser *ou* à aplanir *statt* à corroyer.
9	55	,,	camionnage m. *statt* camionage m.
17	33	,,	garde! *statt* gare!
47	32b	,,	incline *statt* inclined
51	3o	,,	construction f. *statt* exécution f.
53	49	,,	lixiviating *statt* lixiviate
60	13g	,,	souder *statt* sonder m.
76	54b	,,	récupération f. *statt* récuperation f.
76	54g	,,	récupération f. *statt* recupération f.
78	24	,,	irrigation *statt* nocage
79	17a	,,	cour f. *statt* cour m.
84	57a	,,	irrigation *statt* nocage
91	29h	,,	atelier m. d'emboutissage de tôles *statt* emboutissage m. de tôles
93	16b	,,	gravel *statt* grave
96	7a	,,	ébaucheur *statt* de serrage
121	3	,,	utilization *statt* supplied
121	30b	,,	steam supply *statt* steam *or* supply
124	4	,,	table f. *statt* machine f.
151	6	,,	hollow quoin *statt* coin
152	22g	,,	forêt f. *statt* foret f.
161	29	,,	aplanissement m. *statt* aplanir
185	43	,,	indication f. *statt* instruction f.
192	3a	,,	spring hook *statt* feather hook
195	6a	,,	~prüfkasten m. *statt* prüfkasten m.
201	11a	,,	sich ~ anfühlen *statt* ~ anzufühlen
		,,	être onctueux *statt* onctueux
208	6	,,	Flachschieber m. *statt* Flach-schieber m.
217	21	,,	fourche f. *ou* fourchette f. *statt* fourche f.; fourchette f. *sowie* brassoir m. *statt* brasseur m.
226	19c	,,	(Dampfm) *statt* (Dampfer)
227	32	,,	sowing *statt* sawing
235	32	,,	gazogène *statt* gasogène
240	28n	,,	contre-racle f. *statt* contre-rache f.
240	38	,,	coyer m. *statt* croyer m.
247	5d	,,	Cour f. *statt* Cour m.
249	31	,,	welded *statt* brazed; weld(ed)
		,,	soudé *statt* brasé; soudé
253	41a	,,	object of horns *statt* good of antler
		,,	objet m. en bois de cerf *statt* objet m. de cerf
254	13s	,,	; to cut screws pl. *statt* to cut screws
255	15	,,	to exploit *statt* to win
270	14b	,,	~sortiermaschine f. zum Sortieren nach spezifischem Gewicht *statt* ~sortiermaschine f. nach spezifischem Gewicht
279	30a	,,	keys *statt* straps
284	28c	,,	~ über ~ holen *statt* über Hand holen
291	29	,,	main *statt* principal
292	28	,,	home-industry *statt* domestic industry
294	5	,,	Hebemagnet m. *statt* Hebelmagnet m.
295	26	,,	d'airelles *statt* d'aiselles
295	49	,,	installation f. de chauffage *statt* chauffage m.
295	49a	,,	rouleaux *statt* rouleau
300	6a	,,	engine *statt* machine
307	6b	,,	abgefastes ~ *statt* abgefaßtes ~
308	1n	,,	bark timber *statt* unbarked timber
326	22	,,	carcass *statt* carcasse
334	24b	,,	investment *statt* share
336	1	,,	Karnaubawachs n. *statt* Karnauba-wachs n.
336	14a	,,	berceau m. *statt* ferceau m.
348	8c	*lies*	topographiques *statt* tachéométriques
350	23	,,	to screen *statt* to screw
359	8a	,,	is varying *statt* was varied
383	6g	,,	cooling water pump *statt* cooling water
385	31	,,	galvanoplastie *statt* galvanoplastic
389	14e	,,	curve switch; *statt* curve switch *sowie* double-curve *statt* double-courve
390	44	,,	trout *statt* tackle
402	34c	,,	~rahe f. *statt* ~raa f.
419	14s	,,	Imprägnierung f. mit ~ *statt* mit ~ imprägnieren
432	18h	,,	mesure f. *statt* mésure f.
438	57	,,	mercerisage *statt* mercérisage
438	66	,,	s. auch *statt* s.
442	16k	,,	~leuchtertülle f. *statt* ~leuchterdille f.
448	9e	,,	avion m. à ailes demi-surélevés *statt* avion m. à ailes à demi sur-élevés
497	48	,,	Rahen fpl. *statt* Raaen fpl.
511	9w	,,	Schwerflint(glas) *statt* Schwerspat
521	13	,,	raboteuse f. *statt* rabotteuse f.
542	11a	,,	clé f. *statt* cléf f.
547	11a	,,	gratte-tubes m. *statt* gratte-tubes f.
557	8	,,	position of rest *statt* rest position
		,,	position f. de repos *statt* position f. d'équilibre
557	8b	,,	de la position de repos *statt* de l'état d'équilibre
573	19a	,,	microscope *statt* micrometer
573	29	,,	device *statt* tool
		,,	affûter *statt* affûtage
578	21n	,,	Durchteufung f. einer ~ *statt* eine ~ f. durchteufen
590	17f	,,	grindstone; grinder *statt* grinding mill
590	18c	,,	grindstone *statt* sharp-stone
594	11o	,,	key ring *statt* swivel; key ring
		,,	porte-clefs m. *statt* porte-clefs m.; porte-mousqueton m.; anneau m. de clef
595	21	,,	exploitabilité f. par la fusion *statt* exploitabilité f.
598	7p	,,	tourmente f. *statt* tempête f.
598	7q	,,	tourbillons mpl. de neige *statt* chasse-neige m.
601	33i	,,	chimney *statt* stack
		,,	cheminée f. *statt* chéminée f.
608	9	,,	making (shop) *statt* making
632	33	,,	tin-white *statt* tin-withe
632	51	,,	succion f. *statt* suction
646	35	,,	pivot m. *statt* crapaudine f.; pivot m.
649	1d	,,	sorte f. *statt* marque f.
658	18	,,	fente f. *statt* diaphragme m. à fente
668	9	,,	straw colour *statt* straw-coloured
674	4b	,,	cuiller f. *statt* cuiller m.
693	35	,,	drêche f. *statt* dréche f.
693	35a	,,	drêches fpl. *statt* drèches fpl.
693	35b	,,	drêches fpl. *statt* drèches fpl.
693	36	,,	drêches *statt* drèches
693	36a	,,	drêches *statt* drèches
693	37a	,,	drêches *statt* drèches
693	37b	,,	drêches *statt* drèches
693	38	,,	drêches *statt* drèches
733	14b	,,	to shrink *statt* to shrunk
751	11	,,	Sperrmauer *statt* Speermauer
751	13b	,,	hydro- *statt* hydraulico-
751	27c	,,	du silicate *statt* de la silicate

A

a-Ader f. (Fernm) || tip wire; T-wire || fil m. a. 1

A-Produkt n. (Walzwerk) || half-finished steel product || demi-produit m. en acier. 2

Aal-fischer m. || eel fisherman || pêcheur m. d'anguilles. **a) ~korb** m. || hully; junket; eel pot || nanse f. **b) ~räucherer** m. || eel smoker || fumeur m. d'anguilles. **c) ~reuse** f. *s.* Aalkorb. **d) ~rinne** f. (Wasserb) || eel ladder || échelle f. aux anguilles; écrille f. **e) ~sprung** m. || eel dam; eel weir || anguillière f.; gord m. **f) ~treppe** f. *s.* Aalrinne. **g) ~wehr** n. *s.* Aalsprung. 3

Aas n. (Gerb) || scrapings pl.; parings pl. || écharnure f. **a) ~seite** f. (Gerb) || flesh side || côté m. chair; chair f. (de la peau). 4

ab Kai m. || ex-wharf || ex-quai. **a) ~ Werk** n. || at works pl. || (marchandise f.) prise à l'usine *ou* à la fabrique. 5

Abaka f. || abaca; Manila hemp || abaca m.; chanvre m. de Manille. 6

Abakus m. (Bauk) || abacus || abaque m.; tailloir m. 7

abändern || to alter; to modify; to change; to correct || changer; modifier; corriger. 8

Abänderung f. || alteration; variation; modification || changement m.; modification f.; variation f. **a) ohne** jede **~** || without any modification || sans modification f. 9

abarbeiten, ein gestrandetes Schiff || to get a stranded ship afloat || déséchouer *ou* relever *ou* remettre à flot un vaisseau échoué. **a)** eine **Schuld ~** || to work off a debt || acquitter une dette par son travail. 10

Abart f. || variant; variety; variation || variante f.; variété f. 11

abästen, einen **Baum** || to lop *or* to poll a tree || ébrancher *ou* élaguer un arbre. **a)** das **Stammholz ~** (Zimm) || to cut off the branches of timber || découper les branches. 12

Abätmen n. || annealing; glowing || recuit m.; recuite f.; recuisson f. 13

abätzen || to corrode off || corroder; faire disparaître à l'aide d'un corrosif; enlever à l'eau forte. 14

abbaken (das Fahrwasser) (Seew) || to mark by beacons; to set buoys; to buoy || baliser; mettre des balises. 15

Abbau m. (Bergb) || working || ouvrage m.; exploitation f. **a) ~** (Chem) || separation; reduction; decomposition || séparation f.; dissolution f.; décomposition f. **b) Eiweiß~** || proteolysis || protéolyse f. **c) ~** eines **Flözes** || working *or* cutting *or* winning of a seam *or* of a vein || ouvrage m. *ou* abatage m. d'une couche; pourchasse f. *ou* œuvre f. *ou* exploitation f. d'une veine. **d) ~** von **Maschinen** || dismounting machines || démontage m. de machines. **e) Stärke~** || peptonization || dégradation f. *ou* décomposition f. de l'amidon. **f) ~ unter Tage** || underground winning *or* work *or* working || ouvrage m. *ou* œuvre m. de veine. 16

Abbaubeleuchtung f., **elektrische ~** in einer Kohlengrube || electric coal face lighting in a coal mine || éclairage m. électrique de l'abattage de charbon dans une mine. 17

abbauen (Chem) || to degradate; to decompose; to decompound; to wear down; to reduce || décomposer; dégrader. **a)** das **Erz ~** || to remove the ore || exploiter le minerai. **b)** einen **Firstenstoß** m. **~** (Bergb) || to stope overhand || abattre par gradins renversés. **c)** ein **Flöz** n. **~** || to work a seam || exploiter une veine. **d)** eine **Grube** f. **~** || to work a mine || exploiter une mine. **e)** einen **Strossenstoß** m. **~** (Bergb) || to stope underhand || abattre par gradins droits. 18

Abbauen n. (Erschöpfung) eines **Feldes** (Bergb) || exhaustion of the ores of a mine || épuisement m. d'une mine. 19

Abbau-feld n. (Bergb) || field *or* set of workings || champ m. d'exploitation. **a) ~hammer** m. || hulking hammer; coal picker; coal pick hammer || marteau m. d'exploitation minière; marteau-pic m.; marteau m. de mine. 20

abbäumen (Web) || to take from the loom || dérouler de l'ensouple. 21

Abbau-produkt n. (Chem) || reduction *or* decomposition product || produit m. de réduction *ou* de dissolution *ou* de dégradation. **a) ~sohle** f. || level || étage m.; horizon m.; sol m. **b) ~stoß** m. (Bergb) || face of workings; wall; fore-head; adit-end || front m. *ou* fond m. de taille; paroi f. avant *ou* frontale. **c) ~strecke** f. (Bergb) || board; chamber; stall; opening; working || voie f. d'abattage; costresse f.; coistresse f.; taille f. **d) ~system** n. (Bergb) || system of working || méthode f. d'exploitation. **e) ~temperatur** f. (Chem) || breaking down *or* peptonization temperature || température f. de dégradation *ou* de décomposition *ou* de peptonisation. **f) ~verlust** m. (Bergb) || waste in mining || déchet m. de mine *ou* d'exploitation. 22

abbauwürdig (Bergb) || workable || exploitable. **a) ~es Erz** n. || pay *or* profitable ore || minerai m. payant *ou* profitable. **b) ~es Erzvorkommen** n. || workable orefield || gisement m. exploitable de minerai. **c) ~e Mächtigkeit** f. || payable deposit || puissance f. d'un gisement justifiant l'exploitation. **d) ~e Schicht** f. || productive bed || couche f. productive. **e) ~e Steinkohlenlagerung** f. || productive coal formation || formation f. houillère productive. 23

abbeizen (Gerb) || to taw || passer en mégie. **a) ~** (Met) || to pickle; to dip || décaper; dérocher. **b)** den **Borax** m. **~** nach dem Löten || to remove the borax by dilute sulphuric acid after soldering || dérocher le borax après le soudage. **c)** mit **Scheidewasser** n. **~** || to remove with aqua fortis || enlever *ou* décaper à l'eau forte. 24

Abbeizen n. (Met) || pickling; dipping || décapage m.; dérochage m. 25

abbestellen || to countermand; to cancel || contremander. 26

Abbestellung f. || counter order; cancellation || annulation f. d'une commande *ou* d'un ordre; contre-ordre m. 27

abbezahlen, die **Mannschaft** (Seew) || to pay-off the crew || licencier l'équipage m. 28

abbildendes System n. (Opt) || image forming system || système m. optique qui forme les images. 29

Abbildung f. || illustration; image; cut (A); picture; diagram; copy || illustration f.; figure f.; image f.; gravure f.; copie f. **a) nebenstehende ~** || the near by *or* near to *or* accompanying illustration || la figure ci-contre. **b)** wie **nebenstehende ~** zeigt || in the accompanying illustration is shown a . . .; as is shown in the figure annexed || comme représenté *ou* comme on le voit sur la figure ci-contre. **c)** die **Wiedergabe** von **~en** fpl. ist ohne Zustimmung nicht gestattet || the reproduction of illustrations is subject to the consent of . . . || il est interdit de reproduire des figures fpl. sans consentement. 30

Abbildungsfehler m. (Opt) || defect of the image || imperfection f. *ou* défaut m. des images. 31

abbimsen (Tischl) || to rub with pumice || poncer; polir à la pierre-ponce. 32

Abbimser m. (Gerb) || stoner-out || ponceur m. de peaux. 33

abbinden || to untie; to loosen; to unbind || détacher; délier (la ficelle). **a) ~** (Böttch) || to hoop || relier. **b) ~** (Klempn) || to seam || plier; soyer. **c) ~** (Mörtel) || to set; to cement || (faire) prendre. **d) ~** (Zement) || to allow to set || faire la prise. **e) ~** (Zimm) || to assemble; to join || assembler; joindre. **f)** die **Kolumnenschnur ~** (Buchdr) || to untie the page cord || délier les pages mpl. *ou* la ficelle. **g) langsam abbindender** Zement m. || slow setting cement || ciment m. à prise lente. **h) rasch abbindender** Zement m. || quick setting cement || ciment m. à prise rapide. 34

Abbinden n. (Mörtel) || setting || prise f.; durcissement m. **a) ~** (Zimm) || assembling; framing || assemblage m. 35

Abbindeverlauf m. (Zement, Beton) || process of setting || procédé m. de la prise. 36

Abbindezeit f. (Zement) || setting time || durée f. de la prise. **a)** die **~ verkürzen** (Zement) || to shorten the setting time || raccourcir le temps de prise. 37

Abbindhammer m. (Klempn) || little seam hammer || petit marteau m. à soyer *ou* à plier *ou* à border. 38

Abblasehahn m. || blow-off cock || robinet m. de vidange *ou* de purge. 39

abblasen (Dampf) || to blow off || vider; laisser échapper. **a) ~** (Gas) || to valve || dégonfler. **b)** das Ventil bläst **unter Knallen** ab || the valve blows off with reports || la soupape laisse échapper l'air bruyamment. **c)** mit **Wasserdampf** m. **~** (Chem) || to distill with steam || entraîner *ou* distiller à la vapeur. 40

Abblasepistole f. || blow gun *or* air pistol || pistolet m. souffleur. 1
Abblaserohr n. (Dampfm) || blow-off pipe || tuyau m. de purge. **a) Dampf~** || steam escape pipe || tuyau m. de purge de vapeur. 2
Abblaseventil n. (Dampfm) || exhaust steam valve || soupape f. d'évacuation *ou* d'échappement. **a) ~kammer** f. || exhaust valve box || chambre f. de soupape d'échappement. 3
abblättern (Met) || to exfoliate; to scale-off; to flake (A) || exfolier; effeuiller. **a) ~** (Putz) || to peel off; to scale || s'écailler; s'écaler; effeuiller. 4
Abblättern n. (Met) || exfoliation || effeuillage m. 5
Abblätterung f. (Met) || scaling || écaillage m. **a) ~ der Schiene** || exfoliation *or* scaling-off of the rail || exfoliation f. *ou* écaillage m. du rail. 6
abblenden || to diaphragm || mettre le diaphragme. **a)** die **Scheinwerfer** mpl. **~** || to dim the head lamps pl. *or* search lights || baisser les phares mpl. 7
Abblendung f. || diaphragmation || diaphragmation f. **a) ~** des **Kristallbildes** || stopping down of the image of the crystal || diaphragme m. agissant sur l'image du cristal. 8
abblicken (Met) || to cease brightening; to brighten; to grow dull; to tarnish || cesser de faire l'éclair m.; ternir; perdre l'éclat m. 9
abbohren, die **Stehbolzen** mpl. || to bore out the stay bolts pl. || enlever les entretoises fpl. **a)** ein **Terrain** n. **~** || to explore the ground by bore holes pl. || faire des recherches fpl. *ou* des sondages mpl. dans un terrain; sonder un terrain. 10
Abbohrer m. (Bergb) || long borer; long jumper || aiguille f. à barre; barre f. *ou* fer m. à mine; fleuret m. 11
abborken || to strip the bark from the wood; to disbark || écorcer. 12
Abborken n. || barking || écorçage m. 13
abböschen || to slope; to give batter; to incline || taluter; mettre en talus m. **a) steil ~** (Bauw) || to slope steepy; to cut steep down || escarper; mettre en forte pente f. 14
Abböschung f. (Bauw) || sloping || talutage m. 15
Abbrand m. (Chem) || roasting residue || résidu m. de grillage. **a) ~** (Met) || burn; wastage (A) || perte f. au feu. **b) Elektroden~** || consumption of electrodes || usure f. des électrodes. **c) Kies~** || burnt *or* purple ore || pyrite f. traitée. **d) Kohlen~** (Elektr) || consumption of a carbon || usure f. d'un charbon. 16
abbrassen || to brace full; to fill the sails pl. || brasser à porter *ou* décharger les voiles fpl. 17
abbrausen || to rinse; to shower || arroser; rincer. 18
Abbraussieb n. || rinsing screen || tamis m. d'arrosage. 19
abbrechen || to break down || rompre. **a) ~** (Masch; Schiffbau) || to break up || démolir; dépecer. **b)** eine **Brücke** f. **~** || to withdraw *or* to break up *or* to remove *or* to dismantle a bridge || démolir *ou* enlever un pont. **c)** ein **Gebäude** n. **~** || to demolish *or* to pull down *or* to dismount *or* to take down a building || démonter *ou* démolir *ou* raser un bâtiment. **d)** ein **Schiff** n. **~** || to break up a ship || démolir un vaisseau. **e)** ein **Wort** n. in **Silben ~** || to divide a word into syllables || diviser un mot en syllabes. **f)** die **Zeile ~** || to break the line || couper l'alinéa m. 20
abbreiten, das Eisen (Schmied) || to stretch out *or* to beat out iron || aplatir le fer. 21
abbremsen || to brake || freiner. 22
Abbrennbarkeit f. || combustibility || combustibilité f. 23
abbrennen (Met) || to pickle; to dip; to calcine || dérocher; décaper; calciner. **a) ~** (an der Oberfläche) || to sear; to singe || flamber. **b)** die **Isolation ~** || to burn-off the insulation || brûler l'isolant m. **c)** das **Messing ~** || to pickle *or* to dip the brass || relever la couleur du laiton. **d)** den **Stahl** m. **~** || to blaze off the steel || recuire l'acier m. par le flambage; décaper l'acier. 24
Abbreviatur f. || abbreviation || abréviation f. 25
Abbreviaturensatz m. || composition of abbreviations || composition f. avec abréviations. 26
abbringen, ein **gestrandetes Schiff** || to get a stranded ship afloat || déséchouer *ou* déchouer *ou* relever *ou* remettre à flot un vaisseau échoué. 27
abbröckeln || to peel off; to scale; to crumble; to break off in little bits || s'écailler; s'écaler; tomber en écailles. 28
Abbröckeln n. || crumbling away || écaillement m.; émiettement m. 29
Abbröckelung f. || crumbling || écaillement m. **a) ~** einer **Böschung** || slipping of a slope || éboulement m. d'un talus. 30
Abbruch m. || breaking down; breaking off; pulling down; demolition || démolition f. **a) ~** (von Beziehungen) || rupture || rupture f. **b) ~** der **gegossenen Typen** || break of the types || jet m. des caractères d'imprimerie. **c) ~** eines **Schiffes** || ship breaking-up || démolition f. de bateau. 31
Abbruchsunternehmen n. || enterprise for pulling down; wrecking company (A) || entreprise f. de démolitions. 32
abbrücken || to withdraw *or* to break-up *or* to remove *or* to dismantle a bridge || démolir *ou* enlever un pont. 33
abbrühen (Tuchm; Färb) || to seethe *or* to scald *or* to smother with boiling water; to boil out; to parboil || échauder. 34
Abbrühen n. || boiling out || échaudage m. 35
Abbrühkessel m. (Tuchm; Färb) || scalding tub || échaudoir m. 36
abbuchen (Handel) || to write off || créditer. 37
abbürsten || to brush || brosser. 38
Abdach n. || lean-to; shed || appentis m. **a) ~** einer **Einfriedigungsmauer** || coping *or* caping *or* brow of an enclosure wall || larmier m. d'un mur de clôture. 39
abdachig || sloping; aslope; slanting; inclined || incliné; en pente; en talus. 40
Abdachung f. (Gelände) || slope; fall; declivity || pente f.; penchant m. **a) ~** einer **Mauer** || sloping *or* inclined position *or* shelvingness of a wall || pente f. *ou* talus m. d'un mur; adossement m. **b) ~** eines **Daches** || declivity *or* slope of a roof || plongée f. d'un toit. 41
Abdachungs-höhe f. || height of the dip || hauteur f. de plongée. **a) ~winkel** m. || angle of the talus || angle m. de la pente. 42
Abdachverhältnis n. einer Böschung || ratio of the horizontal breadth to the vertical height of a slope || rapport m. de la base à la hauteur du talus. 43
abdämmen (Wasserb) || to dam; to dam up || détourner par une digue; endiguer. 44
Abdämmung f. || embankment; damming-up || barrage m.; endiguement m. 45
Abdampf m. || exhaust *or* dead steam || vapeur f. d'échappement; vapeur f. épuisée *ou* passive. **a) Turbinen~** || turbine exhaust steam || vapeur m. d'échappement de la turbine. 46
Abdampf-apparat m. || evaporating apparatus || appareil m. d'évaporation. **a) ~druckregler** m. || exhaust steam pressure regulator || régulateur m. de pression de vapeur d'échappement. 47
abdampfen || to evaporate; to vaporize || chasser par évaporation; évaporer. **a) ~ lassen** (Chem) || to allow to evaporate; to make evaporate || faire évaporer. 48
Abdampfen n. || evaporation || évaporation f. 49
abdämpfen (Chemie; Kabel) || to boil-out || échauder. **a) ~** (Küche) || to stew || étuver. **b) ~** (mildern) || to throttle || abaisser. 50
Abdämpfen n. (Chem) || boiling-out || échaudage m. 51
Abdampf-entöler m. || exhaust steam oil separator || déshuileur m. de vapeur d'échappement. **a) ~gefäß** n. || evaporating pan *or* dish *or* basin *or* vessel || vase m. évaporatoire *ou* à évaporation; récipient m. d'évaporation. **b) ~kessel** m. || evaporating vessel *or* boiler || chaudière f. *ou* bassine f. d'évaporation. **c) ~kolben** m. || evaporating flask || flacon m. d'évaporation. **d) ~kondenswasserabscheider** m. || exhaust steam condensing water separator || séparateur m. d'eau de condensation de l'échappement. **e) ~leitung** f. || exhaust steam main || conduite f. de vapeur d'échappement. **f) ~ofen** m. (Töpf) || slip-kiln || caisse f. *ou* cuve f. pour raffermir la barbotine. **g) ~pfanne** f. (Zuck; Brau) || evaporating boiler *or* pan || chaudière f. évaporatoire *ou* à évaporer; cuve f. d'évaporation. **h) ~rohr** n. || exhaust steam pipe || tuyau m. de vapeur d'échappement. **i) ~rückstand** m. || solid residue from evaporation || résidu m. solide d'évaporation. **k) ~schale** f. || evaporating basin *or* pan || capsule f. évaporatoire *ou* à évaporation; vase m. à évaporation. **l) ~turbine** f. || exhaust steam turbine || turbine f. à vapeur d'échappement. 52
Abdampfung f. (Chem) || evaporation; volatilization || évaporation f.; volatilisation f. 53
Abdämpfung f. (Akust) || damping || amortissement m. **a) ~** der **Geräusche** || reducing of the noise || amortissement m. du bruit. 54
Abdampf-verwertung f. || waste steam heat utilization || utilisation f. de la vapeur d'échappement. **a) ~verwertungsanlage** f. || exhaust steam utilizing plant || installation f. d'utilisation des vapeurs d'échappement. **b) ~vorwärmer** m. || exhaust steam preheater || réchauffeur m. à vapeur d'échappement. 55
abdarren (Malz) || to dry off; to kiln off; to kiln-dry || sécher dans la touraille; maintenir la température finale. 56

Abdarr-horde f. || lower finishing hurdle || plateau m. de touraillage. **a) ~temperatur** f. || final kilning temperature; finishing heat *or* temperature || température f. finale de touraillage. 1

abdecken (bedecken) || to cover || recouvrir. **a)** ~ (Fäden) || to strip || puiser. **b)** ~ (Vieh) || to flay || équarrir; écorcher. **c)** ein **Haus** ~ (das Dach abnehmen) || to uncover *or* to unroof a house || découvrir une maison. 2

Abdecken n. (Vieh) || flaying || équarrissage m. **a)** ~ mit **Isolierstoff** || covering with insulating material || application f. d'un isolant sur . . . 3

Abdecker m. || knacker; flayer; skinner || équarrisseur m.; écorcheur m. 4

Abdeckerei f. || flaying house || maison f. de l'équarisseur. **a) ~maschine** f. || flaying machine || machine f. d'équarrissage. 5

Abdeckmasse f. || means pl. of protection || masse f. protectrice. 6

Abdeckplatte f. (Schornstein) || covering plate || champignon m. de cheminée; chapeau m. de cardinal. **a)** ~ (Straßenbau) || coping stone; cover plate || pierre f. à chaperon; plateau m. de couverture. **b) gelochte ~** || perforated cover plate || plaque f. de recouvrement perforée. 7

Abdeckscheibe f. (Sammler) || spray plate || plaque f. de couverture. 8

Abdeckung f. || capping; covering || couverture f.; couvercle m.; recouvrement m. **a)** ~ einer **Drehscheibe** || boarded floor of a turntable || plancher m. d'une plaque tournante. **b) Kühler~** || radiator cover || revêtement m. du radiateur. 9

Abdeckvorrichtung f. (Röntgen) || covering device || dispositif m. à recouvrement. 10

abdestillieren || to distillate; to distill off || distiller; chasser par distillation. 11

Abdestillieren n. der **Duftstoffe** || distilling off the substances possessing smell || distillation f. des matières odorantes. 12

abdichten || to caulk; to tighten; to pack; to make *or* to render tight || calfater; calfeutrer; étanchéifier; rendre étanche. **a)** die **Elektroden** fpl. ~ || to pack the carbons pl. *or* electrodes || calfeutrer les électrodes fpl. 13

Abdichtung f. || tightness || étanchéité f. **a)** ~ (Packung) || packing || garniture f. **b) Grundwasser~** || (under)ground water caulking || calfeutrage m. de nappe souterraine. **c) schlechte ~** || defective tightness || étanchéité f. défectueuse. 14

Abdichtungsblech n. || tightening sheet || tôle f. d'étanchéité. 15

Abdocker m. (Färb) || layer-out || déplieur m. 16

Abdrängung f. (Luftf.; Schiff) || drift; deviation || dérive f. 17

Abdrängungsmesser m. (Luftf) || drift indicator || dérivomètre m. 18

abdrehen (Dreh) || to cut down (A); to turn off; to turn *or* to round on lathe || tourner; charioter. **a)** ~ (Töpf) || to turn || tournasser. **b)** ein **Geschützrohr** n. **außen ~** || to turn the outside of a gun || tourner la surface extérieure d'une bouche à feu. **c)** einen **Hahn** m. ~ (zudrehen) || to turn off a tap || fermer un robinet. **d) Radkränze** mpl. ~ || to turn off *or* to turn up tires pl. || rafraîchir les bandages mpl. d'une roue. 19

Abdrehen n. (Töpf) || turning || tournassage m. 20

Abdreh-rädchen n. (Galv) || pressing wheel || molette f. à décrasser et tourner. **a) ~stahl** m. || turner's chisel; turning tool || outil m. de tourneur. **b) ~vorrichtung** f. für den Kollektor || commutator turning device || appareil m. pour tourner le collecteur. 21

abdrosseln (Elektr) || to throttle || étrangler. **a)** ~ (Masch) || to choke || amortir; étrangler. **b) Gas** n. ~ || to shut off gas || étrangler le gaz. 22

Abdrosselung f. || throttling || étranglement m. 23

Abdruck m. (Buchdr) || print; copy print; printing-off; impression || tirage m.; impression f.; reproduction f. **a)** ~ (Grav; Galv) || cast || empreinte f. **b)** ~ auf **Blättern** || page printing || impression f. sur feuilles. **c)** ~ eines **Buches** || reprint of a book || réimpression f. d'un livre. **d) fotografischer ~** || photographic print || planche f. phototypique. **e)** ~ einer **Münze** || ectype of a coin || ectype m. **f)** ~ mit der **Schrift** || print with the type || épreuve f. avec la lettre. **g)** ~ der **Typen** (Schreibm) || reproduction of the types || reproduction f. des caractères. **h)** ~ einer **Versteinerung** || fossil remain || empreinte f. d'un fossile. 24

abdrucken || to print; to work off; to impress || tirer; imprimer. **a)** in **Wachs** n. ~ || to impress on wax || faire une empreinte dans la cire. 25

abdrücken (Met) || to impress; to transfer || empreindre; imprimer. 26

Abdruckmasse f. (Zahnarzt) || plaster || plâtre m. 27

Abdrückschraube f. || forcing *or* set screw || boulon m. à chasser. 28

abdunkeln (Buchdr) || to deepen || donner une nuance plus foncée. 29

abdweilen || to swab; to dry with a mop || fauberter. 30

abecelich || alphabetical || alphabétique. **a)** in **streng ~er Reihenfolge** f. || in strict alphabetical order || dans l'ordre strictement alphabétique. 31

Abelmoschkorn n. || abelmosk seed || semence f. d'abelmosch. 32

Abend-dämmerung f. || twilight after sunset; owl light || crépuscule m. du soir. **a) ~kleid** n. || evening robe *or* gown (A) || robe f. de soirée. **b) ~schicht** f. (Bergb) *s. auch* Nachtschicht || night shift || poste m. de soir *ou* de nuit; travail m. de nuit. 33

Aberration f. || aberration || aberration f. **a)** ~ **außerhalb** der **Achse** || extra-axial aberration || aberration f. en dehors de l'axe. **b)** ~ des **Lichts** || aberration of light || aberration f. de la lumière. **c) sphärische ~** || spherical aberration || aberration f. sphérique *ou* de sphéricité. 34

Aberrationswinkel m. || angle of aberration || angle m. d'aberration. 35

aberregen || to de-energize || désexciter. 36

abfahrbares Farbwerk n. || removable inking apparatus || appareil-encreur m. mobile. 37

abfahren || to depart; to start || partir. **a) Erde** f. mit dem Schiebkarren ~ || to cart the ground || transporter la terre à la brouette. 38

Abfahren n. der **Güter** (Eisenb) || carrying-off the goods || enlèvement m. des marchandises. 39

Abfahrt f. || start; departure || départ m.; partance f. **a)** ~ eines **Zuges** || starting *or* setting-off of the train || départ m. d'un train. 40

Abfahrt-gleis n. || starting track || voie f. de départ. **a) ~hafen** m. || port of departure || port m. de départ. **b) ~signal** n. || starting signal || signal m. de départ. 41

Abfall m. || waste; rubbish; refuse; garbage || déchet m.; rognure f. **a)** ~ (Buchdr) || scrapings pl. || petits bouts mpl. **b)** ~ (Küche) || slops pl.; leavings pl. || graillons mpl.; restes mpl. du repas. **c)** ~ (Müll; Gerb; Schlächt) || garbage; offall || issues fpl. **d)** ~ (Neigung) declivity; slope || déclivité f.; pente f. **e)** ~ (der Spannung) || fall; drop; descent || chute f.; descente f. **f)** (Werkstatt) || chips pl.; chippings pl.; clippings pl.; shavings pl. || copeaux mpl.; éclats mpl.; écailles fpl.; rognures fpl. **g)** ~ von **Baumwolle** || cotton waste || déchet m. de coton. **h)** ~ vom **Kämmen** || waste from combing || déchet m. du peignage. **i) Metall~** || scrap metal || déchet m. métallique. **k) steiler ~** || steep fall; || descente f. rapide. **l) tierischer ~** || animal refuse || déchet m. animal *ou* d'animaux. 42

Abfall-arbeiter m. (Spinn) || waste hand || ouvrier m. aux déchets. **a) ~eisen** n. || scrap iron || mitraille f.; débris mpl. *ou* riblons mpl. de fer. 43

abfallen (Buchdr) || to be broken || se coucher. **a)** ~ (Elektr) || to release; to fall; to relieve; to loose (current) || relâcher; tomber; perdre (du courant). 44

Abfallen n. (Elektr) || drop; diminution || perte f.; diminution f.; relâchement m. **a)** ~ der **Drehzahl** || dropping of speed || diminution f. de la vitesse. 45

abfallend (Fläche) || inclined; sloping || incliné. **a) langsam ~es** Relais n. || slow-dropping relay || relais m. à relâchement retardé *ou* à perte lente. **b) schräg ~** || sloping || penchant. 46

Abfallerzeugnis n. (meist nicht weiter verwertbares) || waste product || déchet m. **a)** ~ (weiterverwertbares) || residuary product || produit m. résiduaire. **b)** ~ (Met) || scrap || riblon m. 47

Abfall-fett n. || waste fat || graisse f. de déchet. **a) ~holz** n. || offal timber || déchets mpl. de bois; rognures fpl. **b) ~koks** m. || scrap coke || déchets mpl. de coke. **c) ~öl** n. || waste oil || résidu m. d'huile. **d) ~rohr** n. (Bauw) || rain *or* down pipe || tuyau m. de descente; gouttière f. des eaux pluviales. **e) ~-sammelanlage** f. || refuse collecting plant || installation f. à ramasser les déchets. **f) ~säure** f. || residuary acid || acide m. résiduaire *ou* récupéré. **g) ~sortierer** m. (Spinn) || waste sorter || trieur m. de déchets *ou* bouts. 48

Abfallstoff m. *s. auch* Abfall || waste material || déchet m.; rognure f. **a) verwertbarer ~** (Chem; Masch; Holz) || by-product || sous-produit m. 49

Abfall-vernichtungsanlage f. || refuse destructing plant || installation f. à incinérer les ordures ménagères. **a) ~verwertungsanlage** f. || waste utilizing plant || installation f. pour l'utilisation des déchets. **b) ~wäscherei** f. || waste washing || blanchissage m. de déchets. **c) ~zeit** f. (Relais) || releasing time || temps m. de déplacement. 1

Abfangekanal m. (Wasserb) || ring channel || canal m. de dérivation. 2

abfangen (Bergb) || to prop || étançonner. **a) Eisen** n. ~ (Gieß) || to tap the iron || recevoir la fonte. **b)** die **Firste** f. ~ (Bergb) || to sustain the roof || arc-bouter le gradin renversé. 3

Abfangen n. (Öl; Kühlwasser; Rückstände) || collecting; recovering || récupération f.; recoupement m. 4

Abfangseil n. (Luftf) || check cable || limiteur m. de course. 5

abfasen || to chamfer; to slope || chanfreiner; tailler en chanfrein; biseauter. 6

abfassen, ein **Schriftstück** n. || to compose *or* to draft (A) *or* to draw-up a document || composer *ou* rédiger un document. 7

Abfassung f. **chiffrierter Schriftstücke** || writing of ciphered documents || rédaction f. de documents chiffrés. 8

abfedern || to provide with springs pl.; to suspend || suspendre sur ressorts mpl. 9

Abfederung f. || spring mounting; suspension; padding || suspension f. sur ressorts. 10

abfeilen || to file off || enlever à la lime; limer. 11

Abfeilraspel f. || rasp || râpe f. à limer. 12

abfertigen, Gepäck n. || to book baggage *or* luggage || enregistrer des bagages mpl. **a)** einen **Zug** m. ~ || to despatch *or* to start a train || expédier un train. 13

Abfertigung f., **zollamtliche** || customs entry; clearance || expédition f. en douane. 14

abfeuern (Gewehr) || to fire (off); to discharge || décharger. **a)** einen **Sprengschuß** m. ~ || to blast a mine || faire sauter une mine. 15

abfieren, die **Schoten** fpl. || to case off the sheets pl. || filer les écoutes fpl. 16

abfiltern || to filter; to filtrate off || filtrer; séparer par filtration f. 17

abfinden (auszahlen) || to pay off || payer; satisfaire. **a)** seine **Gläubiger** mpl. ~ || to compound with one's creditors pl. || satisfaire ses créanciers mpl. 18

Abfindung f., **einmalige** || lump sum || somme f. globale. **a)** ~ mit **Gläubigern** || private arrangement *or* settlement with creditors || arrangement m. à l'amiable. 19

Abfindungssumme f. || indemnity; amount of compensation || indemnité f.; payement m. par composition. 20

abflachen || to flatten; to smooth down || aplatir. 21

Abflachschaltung f. (Fernm) || flattening arrangement || dispositif m. de compensation. 22

Abflachung f. || flattening || aplatissement m. 23

Abflachungs-drossel f. (Fernm) || smoothing choke || self m. d'aplatissement; bobine f. d'étouffement de bruits. **a) ~kondensator** m. || smoothing condenser || condensateur m. d'aplatissement. 24

abflammen, Leder n. || to tallow *or* to grease leather over a charcoal fire || donner le suif au cuir; graisser les peaux fpl. 25

abfließen || to run out; to flow out; to leak off || s'écouler. 26

abfluchten (Bauw) || to line out || dresser à la ligne; aligner. **a)** ~ (Feldm) || to sight out; to line out || aligner; jalonner. 27

Abflug m. (Luftf) || start || envol m. **a) steiler~** || dive || vol m. piqué. 28

Abfluß m. (das Abfließen) || flowing off; discharge || écoulement m. **a)** ~ (Bauw) || gutter; gully; sink || égout m.; déchargeoir m. **b)** ~ (Wasserb) || outlet; waste || décharge f.; canal m. de décharge. **c)** ~ (Geld) || withdrawal; efflux; drain || sortie f. **d) ununterbrochener** ~ || continuous discharge || écoulement m. continu. **e)** ~ einer **Talsperre** || tail flow of a barrage || écoulement m. d'un barrage. 29

Abflußgeschwindigkeit f. || discharge velocity; velocity of flow || vitesse f. d'écoulement. 30

Abflußgraben m. || drain; draining ditch || rigole f. **a) Haupt~** || main eduction canal || canal m. principal d'écoulement. 31

Abfluß-kanal m. || drain channel || canal m. d'écoulement. **a) ~leitung** f. || drain pipe || conduite f. d'amenée. **b) ~menge** f. || discharge quantity || volume m. débité; quantité f. d'écoulement. **c) ~rinne** f. || trough || couloir m. d'écoulement. **d) ~rohr** n. || outlet tube; waste pipe; soilpipe (A); down pipe || tube m. d'écoulement; tuyau m. de décharge *ou* de dégorgement *ou* de descente. **e) ~wasser** n. || waste water || eau f. de décharge *ou* d'écoulement. 32

abformen (Gieß) || to mould; to form the casting || mouler. 33

Abformer m. (Schriftg) || moulder || mouleur m. de clichés. 34

Abfrage-amt n. (Fernm) || answering board || groupe m. de départ. **a) ~apparat** m. (Fernm) || operator's telephone set || appareil m. *ou* poste m. d'opératrice; appareil m. de réponse *ou* de demande. **b) ~beamtin** f. || answering operator || opératrice f. de départ *ou* d'arrivée. 35

Abfragebetrieb m. (Fernm) || direct trunking || exploitation f. par ligne de conversation. **a)** B-~ (Fernm) || ring down junction || exploitation f. par double appel. 36

Abfrage-einrichtung f. (Fernm) || operator's telephone set || poste m. d'opératrice; poste m. micro-téléphonique; appareil m. de réponse. **a) ~feld** n. (Fernm) || answering jack panel || champ m. de jacks locaux; panneau m. des jacks de demande. **b) ~gehäuse** n. (Fernm) || operator's telephone set || poste m. d'opératrice; appareil m. de réponse. **c) ~geschwindigkeit** f. (Fernm) || speed of answering || vitesse f. de réponse. **d) ~klinke** f. (Fernm) || answering *or* home jack || jack m. de réponse *ou* de demande. **e) ~klinkenstreifen** m. (Fernm) || strip of answering *or* home jacks || réglette f. de jacks de réponse. 37

abfragen (Fernm) || to inquire; to answer || demander; prendre la demande. 38

Abfragen n. || answering; inquiry || demande f.; réponse f. 39

Abfrage-platz m. (Fernm) || answering position || place f. de réponse *ou* A. **a) ~schalter** m. (Fernm) || listening *or* speaking key || clef f. d'écoute *ou* de conversation. **b) ~schnur** f. (Fernm) || answering cord || cordon m. de réponse *ou* de demande. **c) ~stellung** f. (Fernm) || answering position || position f. de demande. **d) ~stöpsel** m. (Fernm) || answering plug || fiche f. de réponse *ou* de demande. **e) ~stromkreis** m. (Fernm) || operator's circuit || circuit m. de demande. **f) ~system** n. (Fernm) || operator's set || poste m. micro-téléphonique. 40

abfräsen || to mill off; to mill || enlever à la fraise; fraiser. 41

Abfräsen n. || milling; shaping || fraisage m. 42

Abfühlnadel f. || pecker; selecting needle || goujon m.; aiguille f. 43

Abfuhr f. || carrying away || transport m. en chariot. 44

Abfuhranstalt f. || sewage removal enterprise || entreprise f. de vidanges. 45

abführen, Wärme f. || to eliminate heat || éliminer la chaleur. 46

abführendes Mittel n. *s.* Abführmittel. 47

Abfuhr-gebühr f. || carriage-fee || factage m. **a) ~gerät** n. für Fäkalien || fecal conveying implement || ustensile m. pour l'enlèvement des matières fécales. **b) ~kosten** pl. || carriage || frais mpl. de transport. 48

Abführmittel n. || laxative; aperient; purgative || laxatif m.; purgatif m. 49

Abfuhr-stoff m., Verarbeitung f. von **~en** || house refuse dressing || utilisation f. de vidanges. **a) ~system** n. || scavengering; cesspool system || système m. de vidange. 50

Abführtablette f. || aperient *or* laxative tablet || tablette f. purgative. 51

Abführungskanal m. || outlet channel || canal m. de fuite. 52

Abfuhrwagen m. (Kehricht) || refuse removing cart || chariot m. pour l'enlèvement des ordures. 53

Abfüllanlage f. (Brau) || racking plant || installation f. de soutirage. 54

Abfüllapparat m. (Brau) || filling *or* racking apparatus; racker || soutireuse f.; appareil m. de soutirage. **a)** ~ (Chem) || decanting apparatus || appareil m. de soutirage. **b) Faß~** || cask filling apparatus || soutireuse f. pour fûts. **c)** ~ mit **Gegendruck** || back pressure racking apparatus; counter pressure racker || soutireuse f. isobarométrique *ou* à contrepression. **d) Ölspar-** und ~ || oil governor and racker || oléocompteur m. 55

Abfüll-bock m. (Brau) || racking bench *or* bock; machine for drawing-off || chevalet m. de soutirage; machine f. à remplir les bouteilles. **a) ~bütte** f. (Brau) || racking square || cuve f. de soutirage. **b) ~darmschlauch** m. (Brau) || racking gut || boyau m. de soutirage. 56

abfüllen (Brau) || to fill up; to draw off; to rack || mettre en fûts mpl.; soutirer. **a)** ~ (Chem) || to decant || décanter; transvaser. **b)** in **Flaschen** fpl. ~ || to bottle || mettre en bouteilles fpl. 57

Abfüllen n. (Brau) || racking || mise f. en fûts; soutirage m. 58

Abfüll-hahn m. (Brau) || filling tap || robinet m. de soutirage. **a) ~keller** m. (Brau) || filling *or* cleansing cellar || cave f. de soutirage; soutirage m. **b) ~maschine** f. (Brau) || drawing-off *or* racking machine || machine f. de soutirage *ou* à soutirer; machine f. à remplir les bouteilles. **c) ~raum** m. (Brau) *s.* Abfüllkeller. 59

Abfüllschlauch m. (Brau) || filling-up pipe; racking hose *or* pipe || tuyau m. de soutirage. **a)** ~ aus **Darm** (Brau) || racking gut || boyau m. de soutirage. 1

Abfüll-spund m. (Brau) || drawing-off bung || bonde f. de soutirage; bondon m. à écoulement. **a) ~ständer** m. (Brau) || racking bench *or* bock || chevalet m. de soutirage. **b) ~station** f. || filling station || station f. de mise en bouteilles. **c) ~trichter** m. || drawing-off funnel || entonnoir m. à écoulement *ou* de soutirage. **d) ~vorrichtung** f. (Brau) || racking apparatus || appareil m. de soutirage. 2

Abgabe f. (Ablieferung) || delivery || livraison f.; remise f. **a)** ~ (Steuer) || impost; due; duty; tax || impôt m.; droit m.; taxe f. **b) Bergwerks~** || mine dues pl. || contribution f. minière. **c)** dem **Staat zufließende** ~ || due appertaining to the State || impôt m. revenant à l'Etat. **d)** ~ des **Telegramms** || sending *or* transmission of telegram || transmission f. du télégramme. **e) unter ~ von** . . . (Chem) || by loss of . . . || par départ de . . . **f) Zoll~** || custom-house duty || droit m. de douane. 3

Abgabeholz n. || wood granted free of charge || bois m. délivré gratuitement. 4

abgaben-frei || free from duty || exempt de droits mpl. **a) ~pflichtig** || liable to duty || soumis aux droits mpl. 5

Abgang m. (Bergb) || tailings pl. || perte f. **a)** ~ (Goldschl) || parings pl. || déchet m. **b)** ~ (Heilk) || faeces pl.; feces pl. (A) || fèces fpl. **c)** ~ (Postsendung) || departure || départ m. **d)** ~ (Wirkerei) || clippings pl. || rognure f. **e) Papier~** || waste paper || maculature f. 6

Abgangs-amt n. || departure office || bureau m. de départ. **a) ~bahnhof** m. || starting *or* leaving (A) station || station f. de départ. **b) ~gestänge** n. (Fernm) || distributing pole || support m. de distribution. **c) ~rohr** n. || waste pipe || tuyau m. de décharge. 7

Abgas n. || flue *or* exhaust gas; drawing off gas || gaz m. d'échappement *ou* brûlé. **a)** die **~e** npl. über Dach **abführen** || to lead off *or* to exhaust the waste gases pl. over the roof || faire échapper les gaz mpl. brûlés au-dessus du toit. **b) Drehofen~** || waste gas of a rotary kiln || gaz m. d'échappement d'un four tournant. **c)** die **~e** npl. **entweichen** || the burnt gases pl. escape || les gaz mpl. de la combustion s'échappent. **d) industrielle ~e** npl. || industrial waste gases pl. || gaz mpl. industriels perdus. 8

Abgas-heizung f. || waste gas heating || chauffage m. par les gaz perdus *ou* d'échappement. **a) ~kanal** m. || waste gas duct || canal m. d'échappement. **b) ~reinigungsanlage** f. || waste gas purifying plant || installation f. d'épuration des gaz d'échappement. **c) ~verwertung** f. || utilization of the waste *or* exhaust gases || utilisation f. des gaz brûlés *ou* d'échappement. **d) ~verwertungsanlage** f. || waste *or* flue gas utilizing plant || installation f. pour l'utilisation des gaz d'échappement. **e) ~vorwärmer** m. (Kesselb) || economizer || économiseur m. **f) ~wärme** f. || heat of exhaust gases || chaleur f. des gaz perdus. **g) ~wärmeverwertung** f. || utilization of heat of exhaust gases || mise f. à profit de la chaleur des gaz perdus. 9

abgebaut (Bergb) || exhausted || épuisé; exploité à fond. **a)** die Gruben fpl. sind erst **teilweise** ~ (Bergb) || the mines pl. are but partially exhausted || les mines fpl. ne sont exploitées que partiellement. **b) ~e Kohlenzeche** f. || exhausted coal pit || houillière f. épuisée. 10

abgebeizt (Gerb) || tanned || passé en mégie f. 11

abgeben (Chem) || to lose || éliminer. **a)** ein **Telegramm** n. ~ || to transmit a telegram || transmettre un télégramme. **b) Wärme** f. ~ || to give out *or* to radiate (A) heat || rayonner *ou* irradier de la chaleur. 12

abgebrochen || broken off || interrompu; détaché; abandonné. 13

abgebunden (Zement) || bound off; hard || pris; séché. 14

abgedeckt (Dach) || untiled || découvert. **a)** die **Drehscheibe** ist durch einen Bohlenbelag ~ (Eisenb) || the turntable is covered by a timber planking || la plaque tournante est garnie d'une couverture en madriers. **b)** durch **Holzbelag** m. ~ || covered by timber planking || garni d'une couverture en bois. 15

abgedichtet || tightened || étanchéifié; rendu étanche. 16

abgedreht (Dreh) || faced on the lathe; turned || dressé au tour m. **a)** ~ (Leitungen) || turned off || fermé. 17

abgedrosselt || throttled || étranglé. 18

abgefärbt || decoloured || décoloré. 19

abgefast || canted || biseauté. 20

abgefiltert || filtered || filtré. 21

abgeflacht || flattened || aplati. 22

abgefressen (Met) || corroded || corrodé. 23

abgefüllt (Chem) || decanted; filled up || décanté; soutiré. 24

abgegärt || fermented || fermenté. 25

abgegebene Leistung f. || output || débit m.; rendement m. 26

abgegerbt || taken off by tanning || tanné. 27

abgeglichen (eben) || flush || plain. 28

abgehen || to go off; to depart || s'en aller; partir. **a)** ~ lassen (ein Schiff) || to send out || faire partir. **b)** ~ lassen (Waren) || to forward; to dispatch || expédier. **c) reißend** ~ (Handel) || to take on rapidly || être d'un bon débit. 29

abgehend-e Hitze f. || waste heat || chaleur f. perdue. **a) ~er Strom** m. || outgoing current || courant m. de départ. 30

abgekanteter Balken m. (Zimm) || canted timber || poutre f. équarrie. 31

abgekocht || boiled || bouilli. 32

abgekratzter Kork m. || scraped cork || liège m. raclé. 33

abgekürztes Morsezeichen n. || contracted Morse signal || signal m. Morse abrégé. 34

abgelagert (Geol) || deposited || déposé. **a) ~er Wein** m. || dry wine || vin m. mûr *ou* reposé; vin m. qui a de la cave. **b)** gut **~e Zigarre** f. || well seasoned cigar || cigare m. bien sec. 35

abgelaufen (Uhrwerk) || run down || au bas. 36

abgeleitet-e Einheit f. || derived unit || unité f. dérivée. **a) ~e Funktion** f. || derived function || fonction f. dérivée. **b) ~er Körper** m. (Chem) || derivate || dérivé m. 37

abgenutzt || worn out; used up || usé; abimé. **a) ~e Schrift** f. || worn out type || caractère m. d'impression vieux. 38

Abgeordnetenhaus n. || Chamber of Deputies || chambre f. des députés. 39

Abgeordneter m. || delegate; representative || député m.; envoyé m.; mandataire m.; représentant m. 40

abgeplattet || flattened || aplati. 41

abgepumpt || pumped-out || épuisé à la pompe. 42

abgerahmt || skimmed off || écremé. 43

abgerindet || excorticated || écorcé. 44

abgerundet || rounded || arrondi. **a) ~e Kurbelwange** f. || rounded cheek || flasque m. arrondi. 45

abgeschält || peeled; stripped off || pelé; écorcé. **a) ~e Mandel** f. || shelled almond || amande f. écalée. 46

abgeschaltet || disconnected || déconnecté. 47

abgeschätzt auf || assessed at || imposé à; taxé à. 48

abgeschieden || separated || séparé; éliminé. **a) ~er Stoff** m. (Chem) || precipitate || précipité m. 49

abgeschirmt || screened || cuirassé; muni d'un écran. 50

abgeschlackt || slagged out || décrassé. 51

abgeschlämmt || washed out || débourbé; lavé; dégorgé. 52

abgeschleuderte Lauge f. || liquor discharge || liquide m. d'essorage. 53

abgeschlossen, Kasse f. || register closed || caisse f. fermée. **a)** durch einen **Widerstand** ~ || closed *or* terminated by a resistance || terminé *ou* fermé par une résistance. 54

abgeschmirgelt || polished with emery || poli à l'émeri m. 55

abgeschrägt || bevelled; skewed; chamfered; canted || biseauté; chanfreiné. 56

abgeschrieben (Handel) || written off || déduit. 57

abgesehen von . . . || apart from . . . || à part. 58

abgesetzt (Buchdr) || in type || composé; en composition f. **a) ~e Bohrung** f. || stepped hole || alésage m. étagé. **b) scharf ~e Stelle** f. (Masch) || sharp angle of steps *or* shoulders || épaulement m. à angle vif. 59

abgesperrter Dampf m. || cut-off steam || vapeur f. coupée. 60

abgestimmt (Funkw) || tuned; syntonic; modulated || syntonisé; accordé. **a) ~er Anruf** m. || tuned *or* harmonic ringing || appel m. harmonique. **b) ~e Antenne** f. (Funkw) || modulated antenna *or* aerial || antenne f. accordée. **c) ~e drahtlose Telegrafie** f. || syntonized wireless telegraphy || télégraphie f. sans fil syntonisée. **d) ~er Kreis** m. (Funkw) || tuned circuit || circuit m. accordé. **e)** auf **Resonanz** f. ~ || tuned to resonance || accordé à résonnance f. **f) ~er Summer** m. (Funkw) || tuned buzzer || vibrateur m. syntonisé. 61

abgestoppt || stopped || arrêté. 62

abgestorbenes Holz n. || dead wood || bois m. mort. 63

abgestuft || stepped; graduated || gradué. **a) ~er Widerstand** m. || stepped resistance || resistance f. à degrés. 64

abgestumpft (Messerschm) || blunt || émoussé. 65

abgetakelt (Seew) || unrigged || dégréé. 66

abgetötet || destroyed || détruit. 67

abgetrieben, durch den Strom m. (Schiff) || carried away by current *or* by tide || drossé par le courant. 1
abgewogen || weighed || pesé. 2
abgezogenes Getränk n. || distilled beverage || boisson f. distillée. 3
abgieren (Schiff) || to sheer off *or* away || s'alarguer. 4
abgiften, Wolle f. || to loosen wool by arsenic || délainer à l'arsénic. 5
abgießen (Chem) || to decant || décanter. **a)** ~ (Gieß) || to cast; to found; to pour off (A) || jeter en fonte f.; fondre; couler. 6
Abgleich m. || balance; balancing || équilibre m.; balance f. 7
abgleichen (Bauw) || to level; to plain; to even; to lay flat || aplanir; niveler; égaler; égaliser; égalir. **a)** ~ (Elektr) || to balance; to equilibrate || balancer; équilibrer. **b)** ~ (Masch) || to balance || équilibrer. 8
Abgleichen n. || balancing || balancement m. 9
Abgleich-fehler m. || unbalance; balance error || défaut m. d'équilibrage. **a)** **~prüfer** m. (Fernm) || balancing tester || appareil m. pour l'essai d'équilibrage. **b)** **~schaltung** f. für Verstärker (Fernm) || balancing two way repeaters || équilibrage m. des amplificateurs à deux fils. **c)** **~verfahren** n. (Fernkabel) || method of balancing || mode m. d'équilibrage. 10
Abgratarbeit f. || trimming || ébarbage m. 11
abgraten || to trim; to bur (A) || ébarber. 12
Abgraten n. von **Puffern** || trimming of buffers || ébarbage m. de tampons. **a)** ~ von **Zughaken** || trimming of draw-hooks || ébarbage m. de crochets de traction. 13
Abgratmaschine f. || burring *or* trimming machine || machine f. à ébarber; ébarbeuse f. **a)** ~ für **Muttern** || nut burr removing machine || machine f. à ébarber les écrous. 14
Abgratpresse f. || press for taking off the burr; trimming press; edge finishing press || presse f. à ébarber *ou* d'ébarbage; ébarbeuse f. **a)** **Exzenter~** || eccentric trimming press || presse f. à excentrique à ébarber. 15
abgrenzen || to circumscribe; to fix the limits of . . .; to define || délimiter; borner. 16
Abguß m. || casting; founding || moulage m.; fonte f.; jet m. en moule. 17
Abgußgewicht n. eines **Niederfrequenzinduktionsofens** || casting weight of a low frequency induction furnace || poids m. de coulée d'un four à induction à basse fréquence. 18
abhaaren (Gerb) || to unhair; to scrape off the hair || ébourrer; épiler; surtondre. 19
abhacken || to chop off; to cut off || couper; abattre à coups mpl. de hache. **a)** ~ (Zuck) || to brush off || plamoter. 20
Abhacken n. (Zuck) || brushing-off || plamotage m. 21
abhaken || to unhook || décrocher. 22
abhalten (hindern) || to restrain; to prevent || retenir; empêcher. **a)** die **Wasser** npl. durch Holzverdämmung ~ (Bergb) || to keep off the waters pl. by timbering || cuveler les eaux fpl. 23
abhämmern, grob || to hammer roughly; to rough-hammer || dégrossir au marteau. 24
Abhang m. || descent; slope; gradient; fall; declivity || descente f.; pente f.; penchant m. **a)** **sanfter** ~ || easy gradient || pente f. douce. **b)** **steiler** ~ || steep gradient || pente f. dure. 25
abhängen, die Lokomotive vom Zug || to disconnect the locomotive from the train || détacher la machine du train. 26
abhängig (abschüssig) || inclined; sloping || incliné; en pente f. **a)** ~ (unselbständig) || dependent || dépendant. **b)** **~ sein von** . . . || to depend upon . . . || dépendre de . . . **c)** **~e Veränderliche** f. || dependent variable || variable f. dépendante. 27
Abhängigkeit f. (Math) || dependence || dépendance f. 28
abharzen, einen Baum m. || to remove the resin from a tree || détacher la résine d'un arbre. 29
Abhaspelmaschine f. || reeling machine || machine f. à dévider. 30
abhaspeln (Spinn) || to reel off || dévider. **a)** von der **Spule** f. ~ || to reel off from the bobbin || dérouler de la bobine. 31
Abhau m., einen ~ **machen** (Bergb) || to drive a gallery to the hade of a seam || faire une descente. 32
abhauen || to knock off; to cut off || couper; détacher. **a)** die **Wurzeln** fpl. ~ || to cut the roots pl. || couper les racines fpl. 33
Abhebelöffel m. (Malz) || cover remover; skimmer || écumoire f. 34
abheben || to lift off; to take off || enlever; ôter de dessus. **a)** ~ (Geld) || to draw from the bank || retirer. **b)** ~ (Malz) || to skim off || écumer. **c)** den **Hörer** m. ~ (Fernm) || to take off *or* to remove the receiver || enlever le récepteur. 35
Abheben n. (Malz) || skimming || écumage m. 36
Abhebevorrichtung f. || lifting device || dispositif m. de relèvement. 37
abhelfen (einer Sache) || to remedy || remédier *ou* mettre ordre m. (à quelque chose). 38
Abhieb m. (Steinm) || hew; shard || épaulure f.; coupe f. **a)** **gänzlicher ~** (Forstw) || final felling || coupe f. définitive. **b)** **Holz~** || felling || coupe f. 39
Abhilfe f. || remedy || remède m. 40
Abhitze f. || lost *or* waste heat || chaleur f. perdue. 41
Abhitze-kessel m. || waste heat boiler || chaudière f. à chaleur d'échappement *ou* chauffée par la chaleur perdue. **a)** **~rückgewinnung** f. || waste heat recovering || récupération f. de la chaleur perdue. **b)** **~verwertung** f. || waste-heat economy; flue gas utilization || économie f. de la chaleur d'échappement; utilisation f. du gaz de fumée. 42
Abhobelmaschine f. für **Fässer** || cask cleaning-off *or* planing machine || machine f. à blanchir *ou* à raboter les fûts. **a)** **Faßböden~** || cask head planing machine || machine f. à raboter les fonds de fûts. 43
abhobeln || to plane off || raboter. **a)** die **Kante** eines **Brettes** ~ || to shoot the edge of a board || dresser une planche sur la tranche; corroyer la tranche d'une planche. **b)** eine **Weichenzunge** f. ~ (Eisenb) || to plane a switch-tongue || raboter une aiguille de voie. 44
Abhobeln n. des **Parketts** || floor dressing || dressage m. du parquet *ou* des lames. 45
Abholgebühr f. (Eisenb) || fetching || prise f. à domicile. 46
abholzen || to cut down a forest || déboiser. 47
Abholzen n. (Forstw) || cutting down of a forest || déboisement m. 48
Abhörbarkeit f. (Fernm) || listening || réceptivité f. à l'écoute. 49
Abhörstation f. (Fernm) || listening station || station f. d'écoute. 50
abirren (abweichen) || to deviate || dévier; aberrer. 51
Abirrung f. des Lichtes || aberration of light || aberration f. de la lumière. 52
Abkalktisch m. (Galv) || chalk bench || table f. de déchaulage. 53
Abkantarbeit f. || folding job || travail m. d'émoussement *ou* de chanfreinage. 54
abkanten || to bevel; to chamfer || émousser; écorner; biseauter; chanfreiner; facetter. 55
Abkantmaschine f. (Klempn) || folding *or* edging machine; || machine f. à plier *ou* à replier. **a)** ~ (Masch) || rounding off machine || machine f. à émousser *ou* à chanfreiner. **b)** ~ (Tischl) || squaring machine || machine f. à équarrir. **c)** ~ für **Muttern** || nut bevelling machine || machine f. à ébarber *ou* à émousser les écrous. **d)** **~, Rund- und Kastenbiegemaschine** f. || folding, rounding and boxforming machine || machine f. à plier, rouler et former des boîtes. 56
Abkantpresse f. || trimming press || presse f. à écorner. 57
abkarren, die **Erde** || to wheel *or* to cart the ground || brouetter la terre. 58
abkaufen || to purchase || racheter. 59
abkehren || to terminate an engagement || mettre fin m. à la convention. **a)** ~ (von der Grubenarbeit) || to turn off || se désister; congédier. 60
abkehrender Arbeiter m. || dismissed *or* discharged worker || ouvrier m. congédié. 61
Abkehr-maschine f. für Blattgold || sweeping machine for gold leaf || machine f. à brosser l'or en feuilles. **a)** **~schein** (Bergb) || licence for a miner to leave a pit || congé m. 62
abketteln || to hook up || tourniller. 63
abkimmen (Böttch) || to chop off the chimes of the staves || raboter la neille. 64
abklappbarer Gehrungsanschlag m. || tilting mitre-cutting guide || butée f. d'onglets basculante. 65
abklären, sich (Chem) || to decant; to clarify || décanter; se clarifier. 66
Abklärer m. (Färb) || brightener || aviveur m. 67
Abklatsch m. (Buchdr) || impression || épreuve f.; cliché m. 68
abklatschen (Buchdr) || to stereotype; to dab || clicher. 69
Abklatscher m. (Buchdr) || blockmaker || clicheur m. 70
Abklatschmaschine f. (Buchdr) || dabbing-machine || machine f. à clicher. 71
abklingeln (Fernm) || to ring off || annoncer la fin de la conversation. 72
Abklingelsystem n. (Fernm) || ring-off system || système m. de fin de communication par sonnerie. 73
Abklingen n. || damping || décroissement m. **a)** ~ der **Schwingung** || dying-out *or* damping of the oscillation || décroissement m. *ou* amortissement m. de l'oscillation. 74
Abklopfbürste f. (Buchdr) || beating brush || brosse f. à mouler *ou* à épreuves. 75
abklopfen || to beat || battre; détacher en frappant. **a)** den **Kesselstein** m. ~ || to

chip off *or* to knock off the boiler scales; to scale off the boiler *or* the pan || détartrer *ou* écailler *ou* piquer une chaudière. 1

Abklopfen n. (Kesselstein) || knocking off || détartrage m. 2

Abklopfer m. *s.* Abklopfhammer. 3

Abklopfhammer m. (Kesselstein) || scaling hammer *or* chipper || marteau m. détartreur. **a) Preßluft~** || pneumatic scaling hammer || détartreur m. pneumatique. 4

Abkneifen n. von Gußtrichtern || removing gits from castings || entaille f. des masselottes. 5

Abkneifpresse f., **Exzenter~** || eccentric gitting press || presse f. à excentrique pour entailler; coupe-jet m. 6

Abkochgerät n. || water decoction apparatus || appareil m. à faire bouillir l'eau. 7

abkochen || to boil; to reboil || bouillir; rebouillir. **a)** das **Wasser ~** || to boil water || faire bouillir l'eau f. 8

Abkochmittel n. (Chem) || decocting medium || produit m. à décoction. 9

Abkochung f. || decoction || décoction f. 10

Abkohlen n. (Bergb) || brushing; breaking; getting || rabatage m.; abatage m. 11

abkommen, vom **Fahrweg** m. || to deviate from course; to lose the course || s'écarter de la route. **a) gut ~** (beim Schießen) || to aim correctly; to strike home || frapper juste; bien viser et tirer à temps. 12

Abkömmling m. (Chem) || derivative || dérivé m. 13

abkratzen || to scrape off || racler. **a)** den **Kesselstein** m. **~** || to scale off the boiler; to chip off the scale || écailler *ou* détartrer la chaudière. **b) Werkstücke** npl. **~** (Gieß; Masch) || to scrape off the pieces || enlever les défectuosités fpl. des pièces. 14

abkröseln || to crumble || gréser; grésiller. 15

Abkühlapparat m. || cooler; refrigerator || réfrigérant m.; refroidisseur m. 16

abkühlen || to cool down; to refrigerate || refroidir; réfrigérer; rafraîchir. **a) ~** (Brau) || to chill || réfrigérer. **b) ~ lassen** || to let cool || laisser se refroidir. **c) sich ~** || to cool; to cool off || se rafraîchir; se refroidir. **d) von x^0 auf y^0 ~** || to cool from x^0 down to y^0 || refroidir de x^0 à y^0. 17

abkühlende Wirkung f. || cooling action || action f. de refroidissement. 18

Abkühlung f. || refrigeration; cooling || réfrigération f.; refroidissement m. **a) ~** durch **Leitung** || cooling by conduction || refroidissement m. par conduite. **b) ~** durch **Strahlung** || cooling by radiation || refroidissement m. par rayonnement. **c) ~** durch **Verdampfung** || cooling by vaporization || refroidissement m. par vaporisation. **d) ~** durch **Verdunstung** || cooling by evaporation || refroidissement m. par évaporation. **e) ~** durch **Verflüssigung** || cooling by melting || refroidissement m. par fusion. 19

Abkühlungs-fläche f. || cooling surface || surface f. de refroidissement. **a) ~kurve** f. || cooling curve || courbe f. de refroidissement. **b) ~zeit** f. || period of cooling || période f. de refroidissement. 20

abkuppeln, einen **Wagen** m. || to detach a carriage || découpler une voiture. 21

abkürzen (Buchdr) || to abbreviate || abréger. 22

Abkürzen n. der **Typenhebel** || shortening of type bars || raccourcissement m. des tiges à caractères. 23

Abkürz- und **Krösemaschine** f. für Dauben || stave shortening and grooving machine || machine f. à raccourcir et à jâbler les douves. 24

Abkürzsäge f. || cross cut saw || scie f. à tronçonner. **a) ~** für **Dauben** || stave cross-cut *or* shortening saw || scie f. à raccourcir les douves. **b) doppelte ~** f. für Dauben || double stave cross-cut saw; double stave shortening saw || scie f. double à raccourcir les douves. 25

Abkürzung f. || abbreviation || abréviation f. 26

Abkürzungstaste f. (Schreibm) || abbreviation key || touche f. d'abréviations. 27

Abladegebühr f. || landing charge || frais mpl. de déchargement. 28

abladen || to unload; to discharge || décharger; débarquer. **a)** eine **Darre** f. **~** || to discharge *or* to unload a kiln || décharger une touraille. 29

Abladeplatz m. || landing place || débarcadère m. 30

ablagern *s. auch* abgelagert (Chem) || to deposit sediments pl. || se déposer. 31

Ablagern n. (Getreide) || storing || conservation f.; garde f. 32

Ablagerung f. (Bergb) || deposit; bed || gisement m.; gîte m. **a) ~** (in Flüssigkeiten) || sediment || depôt m. **b) ~** (Wasserb) || alluvion; wash || alluvion f.; atterrissement m.; dépôt m. 33

ablängen (Holz) || to saw square; to cross cut; to cut to length || couper à longueur f.; scier en travers; équarrir. 34

Ablängsäge f., **rotierende** || revolving cross cut saw || scie f. tournante à tronçonner. 35

Ablaß m. (Rohr) || outlet tube || tube m. d'écoulement. **a) ~** eines **Teiches** || lock hatch *or* sluice board *or* sluice stay of a pond || bonde f. *ou* empellement m. d'un étang. 36

Ablaßdüker m. (Wasserb) || regulating siphon || épanchoir m. à syphon. 37

ablassen (Flüssigkeit) || to let off; to discharge || retirer; faire écouler. **a) ~** (Gefäß) || to empty || vider; évacuer. **b) ~** (vom Preise) || to take off; to deduct || rabattre. **c)** den **Dampf** m. **~** || to let the steam out || évacuer la vapeur. **d) Luft** f. **~** (Luftreifen) || to deflate || dégonfler. **e)** das **Öl ~** || to draw off the oil || faire écouler l'huile f. **f)** den **Schlamm** m. **~** || to draw off the deposit || décharger la boue. **g)** einen **Zug** m. **~** || to start a train || expédier *ou* faire partir un train. 38

Ablaßhahn m. || drain cock; blow-off cock; tap || robinet m. de vidange. **a) ~** für **Dampfwasser** || drip cock || purgeur m. du cylindre à vapeur. **b) ~** für die **Entleerung** der Beheizung || drain cock for emptying heaters || robinet m. de décharge pour évacuation de chauffage. **c) ~** für das **Schmieröl** || waste oil tap || robinet m. de purge pour l'huile de graissage. **d) ~** für den **Vergaser** || waste petrol tap || robinet m. de purge du carburateur. 39

Ablaß-rohr n. || blow-off pipe; outlet tube || tube m. de décharge; tuyau-purgeur m. **a) ~schraube** f. || delivery screw || vis f. de décharge. 40

Ablaßschütz n. || pond plug; scouring sluice; sluice board || bonde f. *ou* décharge f. de fond. **a) Regel~** || adjustable outlet sluice || vanne f. régulatrice. 41

Ablaß-stopfen m. || drain plug || bouchon m. de vidange. **a) ~ventil** n. || blow-off *or* drain *or* delivery valve || soupape-purgeur f.; soupape f. de décharge *ou* de vidange. **b) ~zapfen** m. || blow-off plug || bouchon m. de vidange. 42

Ablauf m. (Ausguß) || discharge || décharge f.; sortie f. **a) ~apparat** m. für **Würze** || wort drawing apparatus || extracteur m. de moût. 43

Ablaufberg m. (Eisenb) || double incline; hump (A) || dos m. d'âne. **a) Beschleunigungsvorrichtung** f. für **~e** || accelerating device for self-acting inclined planes || dispositif m. d'accélération pour pentes de remisage. 44

ablaufen (Flüssigkeit) || to run out || s'écouler. **a) ~** (Uhr) || to run down || détendre. 45

Ablauf-gerüst n. (Schiffb) || cradle; launching-cradle || ber m.; berceau m. **a) ~hahn** m. || outlet cock || robinet m. d'écoulement. **b) ~leitung** f. || waste *or* drain pipe || conduite f. de décharge *ou* d'écoulement. **c) ~rinne** f. || outlet gutter || rigole f. d'écoulement. **d) ~rohrbogen** m. || arch for drainage pipes || tube m. coudé de décantage. **e) ~rollgang** m. || roller delivery bed || train m. de rouleaux d'évacuation. **f) ~trichter** m. || discharging funnel || entonnoir m. de décharge. **g) ~ventil** n. für Sirup || syrup discharging valve || soupape f. de vidange pour sirop. 46

abläuten *s. auch* abklingeln (Fernm) || to ring off || donner le signal de fin de conversation. 47

abläutern (Brau) || to clarify; to strain; to run off || filtrer. 48

Abläuterung f. (Brau) || clarification; drainage; filtration || filtration f. 49

Abläuterungsvorrichtung f. || drawing-off *or* clarifying apparatus || appareil m. à aider la filtration. 50

Ablegeapparat m. (Buchdr) || distributing apparatus || appareil m. distributeur. **a) ~** für **Lettern** || distributing apparatus for types || appareil m. pour distribuer les lettres. **b) ~** für **Papierbogen** (Buchdr) || apparatus for laying-out sheets || appareil m. pour mettre les feuilles de côté. 51

Ablegekasten m. || receiving box || caisse f. de réception. 52

ablegen (Buchdr) || to distribute || distribuer. **a) falsch ~** || to distribute the letters into wrong boxes || faire des coquilles. **b)** einen **Satz** m. **~** || to distribute a composition || distribuer une composition. **c)** in **Schwaden** mpl. **~** (Landw) || to lay in swaths pl. || javeler. 53

Ablegen n. des **Satzes** || distribution of type || distribution f. de la composition. 54

Ableger m. (Pflanze) || slip; scion || jet m. **a) ~** (Buchdr) || distributor || distributeur m. **b) Papier~** (Gerät) || apparatus for laying-down sheets || appareil m. à déposer les feuilles. 55

Ablegesatz m. || dead matter || types mpl. à distribuer. 56

ableitbar || derivable || dérivable. 57

ableiten *s. auch* abgeleitet || to derive || dériver. **a) ~** (Math) || to differentiate || prendre la dérivée. **b)** den **Strom** m. in die **Erde ~** || to carry off the current to earth || faire écouler le courant à terre. **c)** die **Wärme** ~ || to carry off the heat || enlever la chaleur. 1

Ableitung f. (Elektr) || leakance || perditance f. **a)** ~ (Math) || derivative || dérivée f. **b) Kühlwasser~** || cooling water discharge pipe || conduite f. d'écoulement de l'eau de refroidissement. 2

Ableitungsmesser m. (Elektr) || leakage meter || appareil m. de mesure de perditance. 3

Ableitungsrohr n. || delivery *or* outlet tube || tube m. abducteur *ou* de dégagement. **a)** ~ für **Dampf** || waste steam pipe || tuyau m. d'échappement *ou* de dégagement de la vapeur. 4

Ablenkbarkeit f. || deviability || déviabilité f. 5

ablenken || to deflect || dévier. **a)** eine **Magnetnadel** f. ~ || to deviate *or* to deflect a magnetic needle || dévier une aiguille aimantée. **b)** von der **Richtung** f. ~ || to deflect || dévier. **c)** die **Strömung** ~ || to deflect the flow || défléchir *ou* dévier les filets mpl. fluides. 6

ablenkend-e Einflüsse fpl. auf die Magnetnadel || influences pl. deflecting the magnetic needle || influences fpl. déviatrices sur l'aiguille aimantée. **a)** **~e Kraft** f. || deflecting force || force f. déviante. 7

Ablenker m. || deflector || déflecteur m. 8

Ablenkung f. (Elektr) || deflection || déviation f.; déflexion f. **a) Kraftlinien~** || deflection of the lines of force || déviation f. des lignes de force. **b) Links~** || deflection to the left || déviation f. vers la gauche. **c) prismatische ~** (Opt) || prismatic deviation || déviation f. prismatique. **d) Rechts~** || deflection to the right || déviation f. vers la droite. 9

Ablenkungs-kraft f. || deflecting force || force f. déviatrice *ou* de déviation. **a) ~messer** m. || deflectometer || flectomètre m. **b) ~rolle** f. || deviation roller || galet m. de déviation. 10

Ablese-einrichtung f. || reading device || dispositif m. de lecture. **a) ~fehler** m. || reading error || erreur f. de lecture. **b) ~fernrohr** n. || reading telescope || lunette f. de lecture. **c) ~genauigkeit** f. || degree of accuracy with which readings can be taken || précision f. des lectures. **d) ~grenze** f. || limit of reading || limite f. de lecture. **e) ~lampe** f. || reading lamp || lampe f. de lecture. 11

Ablesemikroskop n. || reading microscope || microscope m. de lecture. **a)** auf eine Bogenminute **ablesbares ~** || reading microscope reading to one minute of arc || microscope m. de lecture donnant la minute d'arc. 12

ablesen (Phys) || to read off; to read || faire une lecture; lire. 13

Ablesen n. der **Addierwerke** durch einfachen Druck auf die Taste || reading the adding devices by simple pressure of key || lecture f. des totalisateurs par simple pression de la touche. **a) schnelles ~** || ready reading || lecture f. vive. 14

Ablesevorrichtung f. || reading device || dispositif m. de lecture. 15

Ablesung f. || reading || lecture f.; cote f. **a)** ~ der **Kreise** auf eine Doppelminute || reading the circles to a double minute || lecture f. des cercles par donnant la minute double. **b) Meßtrommel~** || micrometer drum reading || lecture f. du tambour de micromètre. **c) Roh~** || rough reading || lecture f. brute. **d) Spiegel~** || mirror reading || lecture f. au miroir. **e)** ~ des **Winkels** || reading of the angle || lecture f. de l'angle. **f)** aus **zwei ~en** fpl. das **Mittel nehmen** || to take the mean of two readings || prendre la moyenne de deux lectures. 16

Ablesungsfehler m. || error in reading off || erreur f. de lecture. 17

Ableuchtlampe f. || inspection lamp; lamp for interior lighting || lampe f. de visite; lampe f. à éclairer l'intérieur. **a) elektrische ~** || electric lamp for lighting off || lampe f. électrique à éclairer l'intérieur. 18

Ablieferung f. || delivery || livraison f. 19

Ablieferungs-schein m. || bill *or* certificate of delivery; receipt || bulletin m. *ou* bon m. *ou* ordre m. de livraison; reçu m.; note f. de remise. **a) ~zeit** f. || time of delivery || terme m. de livraison. 20

ablohen || to bark || écrocer. 21

ablohnen || to pay off || payer et congédier 22

ablöschen || to quench in water || tremper dans l'eau. **a)** die **Asche ~** || to quench the ashes || éteindre les cendres fpl. **b) Kalk** m. ~ || to slake lime || éteindre la chaux. 23

Ablöschen n. des **Kalkes** || slacking of lime || extinction f. de la chaux. 24

Ablöschung f. || extinction; extinguishing; quenching || extinction f. 25

ablösen (loslösen) || to loosen || détacher; séparer; défaire; délier. **a)** eine **Schuld** f. ~ || to discharge a debt || amortir une dette. 26

Ablösungs-fläche f. (Geol) || joint || joint m. **a) ~wert** m. (Handel) || surrender value || valeur f. de cession. 27

abloten (Bauw) || to plumb || plomber. 28

Abluft f. || outgoing air; drawing off air || air m. sortant *ou* d'échappement *ou* d'évacuation. **a) ~kanal** m. || air outlet conduit || canal m. d'évacuation d'air. 29

Abmachung f., **befriedigende** || satisfactory arrangement || arrangement m. satisfaisant. 30

abmaischen || to mash off || reunir les matières en cuve; transvaser. 31

Abmaischen n. || mashing off || réunion f. des matières en cuve; transvasement m. 32

Abmaischtemperatur f. || final mashing heat || température f. finale de saccharification. 33

abmallen || to mould || gabarier. 34

Abmaß n., **Plus- und Minus** || plus and minus limits pl. || tolérances mpl. maxima et minima. 35

abmeißeln || to chisel off || bédaner; couper au burin; trancher. 36

Abmeßapparat m. || measuring device || jauge f. 37

abmessen, eine **Flüssigkeit** f. || to measure out a liquid || mesurer un liquide. 38

Abmessen n. || measurement || mesure f. 39

Abmessung f. || dimension; size || dimension f. **a) größere ~en** fpl. sind aus baulichen Rücksichten unbequem || larger dimensions are inconvenient for constructional reasons || pour des raisons techniques on ne peut choisir *ou* utiliser des dimensions plus fortes. **b)** Stücke npl. bis zu den **größten ~en** (Met) || blanks up to largest sizes || ébauches fpl. jusqu'aux plus grandes dimensions. **c) ~en** fpl. der **Karosserie** || measurement over *or* of the body || dimensions fpl. de la caisse. 40

abmoosen, die **Dachziegel** mpl. || to clear the tiles of moss || émousser les tuiles. 41

abmustern, die **Mannschaft** (Seew) || to pay off the crew || licencier l'équipage. 42

Abnahme f. (kaufm. Absatz) || sale || débit m. **a)** ~ (Entgegennahme) || acceptance; taking over || réception f. **b)** ~ (Verringerung) || decrease; diminution || baisse f.; diminution f.; affaiblissement m. **c)** bei ~ von . . . (Handel) || on purchasing . . . || en prenant de . . . **d)** ~ des **Druckes** (Phys) || diminution of the pressure || baisse f. de la pression. **e) Werkstoff~** || acceptance *or* taking over of material || réception f. de matériaux. 43

Abnahme-beamter m. || inspector; inspecting engineer || agent m. réceptionnaire. **a) ~bericht** m. || report of approbation || rapport m. de réception. **b) ~lehre** f. || inspection gauge || calibre m. *ou* jauge f. de réception. **c) ~probe** f. || acceptance test || essai m. de réception. **d) ~probefahrt** f. (Schiff) || acceptance trials run || essai m. de réception. 44

Abnahmeprüfung f. || acceptance *or* taking-over test || épreuve m. *ou* essai m. de réception. **a) amtliche ~** || official acceptance test || essai m. de réception officiel. 45

Abnahme-raum m. || inspection department || hall m. de réception. **a) ~verhandlung** f. || verbal process of approbation || procés m. verbal de réception. **b) ~versuch** m. || acceptance test || essai m. de recette. **c) ~vorschrift** f. || specification for acceptance || prescription f. pour la réception. **d) ~zeichen** n. || stamp of the testing officer || marque f. *ou* poinçon m. d'épreuve. 46

abnarben, das **Fell** || to cut off *or* to peel off the grain || effleurer la peau. 47

abnehmbar || detachable || amovible; détachable; démontable. **a) ~e Kurbel** f. || detachable crank || manivelle f. détachable. **b) ~es Rad** n. || detachable wheel || roue f. amovible. **c) ~e Seitenwand** f. || removable side || paroi f. de côté démontable. **d) ~er Vorhänger** m. (Opt) || removable lens attachment || face f. supplémentaire de la lentille amovible. 48

abnehmen (abmontieren) || to take up || démonter. **a)** ~ (entgegennehmen) || to receive; to test || recevoir. **b)** ~ (sich vermindern) || to diminish; to decrease || diminuer; s'affaiblir. **c)** den **Hörer** m. ~ || to take off *or* to remove the telephone *or* receiver || enlever le récepteur. **d)** das **Tuch** vom **Rahmen** ~ || to take off the tenter || déramer le drap. 49

Abnehmen n. (Opt) des **Vorhängers** || slipping off of the lens attachment || enlèvement m. de la face supplémentaire. 50

abnehmende Bewegung f. || slackening motion || mouvement m. de relâche. 51

Abnehmer m. (Verbraucher) || consumer; buyer || consommateur m.; acheteur m. **a) Strom~** || current collector || prise f. de courant. 52

Abnehmerstange f. (Elektr) || contact rod || tige f. de contact. 53

abnorm || abnormal || anormal. 54

abnutschen (Chem) || to filtrate; to filter by means of suction; to filter by means of a vacuum || filtrer à la trompe *ou* par aspiration. 55

Abnutschen n. (Chem) || draining *or* filtering by means of a funnel || essorage m. *ou* filtrage m. à l'aide d'un entonnoir *ou* d'une essoreuse. 1
abnutzen || to wear out; to deteriorate (A) || user. **a) sich ~** || to wear out || s'user. 2
Abnutzung f. || wear and tear; wearing || usure f. **a) einseitige ~** || one sided wearing || usure f. unilatérale *ou* par un seul côté. **b) geringe ~** || slight wear and tear || faible usure f. **c) gleichmäßige ~** || even wear || usure f. uniforme. **d)** man suchte der **schnellen ~ entgegen** zu **arbeiten** || an attempt was made to remedy the rapid wear || on essaya de prévenir l'usure rapide. **e) zulässige ~** || allowable wear || usure f. admissible. 3
Abnutzungs-prüfmaschine f. || wear testing *or* abrasion testing machine || machine f. à vérifier l'usure *ou* à mesurer l'usure. **a) ~schiene** f. || wearing rail *or* strip || rail m. d'usure. 4
Abonnement n. *s. auch* Bezug || subscription || abonnement m. 5
Abonnementsgespräch n. (Fernm) || conversation by subscription || conversation f. par abonnement. 6
Abonnent n. *s. auch* Bezieher || subscriber || abonné m. 7
abonnieren || to subscribe || s'abonner. 8
Abort m. *s.* Abortanlage. 9
Abort-anlage f. || closet; jake; water-closet; WC; lavatory || lieu m. *ou* cabinet m. d'aisance; latrines fpl.; W. C.; urinoir m. **a) ~becken** n. || lavatory basin || cuvette f. de cabinet. **b) ~beschläge** mpl. || toilet fittings pl. || ferrures fpl. de cabinets d'aisance. **c) ~grube** f. || cess pool || fosse f. d'aisance. **d) ~kübel** m. für Bergwerke || privy tube for mines || tinette f. de lieux d'aisance pour mines. **e) ~sitz** m. || toilet seat || siège m. de cabinet. **f) ~spülapparat** m. || rinsing apparatus for WC. || appareil m. à chasse d'eau pour cabinets. **g) ~spülkasten** m. || rinsing box for closets || cuvette f. à eau de closet. **h) ~trichter** m. || closet hopper || cuvette f. de cabinet. 10
Abortuszange f. || abortion forceps pl. || pince f. à fausses couches. 11
aboxydieren || to oxidize off || éliminer par oxydation f. 12
abpälen, die Haut (Gerb) || to unhair *or* to depilate the hide; to scrape off the hair || débourrer *ou* dépiler les peaux pl. 13
Abpfählbuch n. (el Leit) || survey book || état m. descriptif. 14
abpfählen || to mark by pickets *or* by stakes; to stake out; to peg out; to picket || piqueter; jalonner. 15
Abpfählung f. der **Telegrafenlinie** || staking out of a telegraph line || jalonnage m. de la ligne télégraphique. 16
Abpflasterung f. || paving || pavage m. 17
abpflöcken, eine **Bahnlinie** || to stake out a railway-line || piqueter *ou* jalonner le tracé d'un chemin de fer. 18
Abplattung f. (Luftreifen) || collapsing || affaissement m. **a) ~** an den **Polen** || polar flattening || aplatissement m. polaire. 19
abpressen (Chem) || to squeeze out; to press out || faire sortir par pression f.; extraire. **a)** einen **Buchrücken ~** (Buchb) || to back a book || endosser un livre. 20
Abpreßmaschine f. (Pap) || pressing machine || presse f. à reliure. 21
Abprotzspritze f. || cart manual fire engine || pompe f. à incendie sur charrette. 22
abputzen (reinigen) to clean (off); to cleanse; to scour; to dust off || nettoyer; enlever en nettoyant. **a) ~** (Fass) || to howel || blanchir; raboter. **b) ~** (Tischl) || to smooth || replaner. **c)** einen **Balken** m. mit der **Queraxt ~** || to dress a timber with the twibil || équarrir une poutre; dresser et aviver une poutre avec la besaiguë. **d)** eine **Mauer ~** || to plaster a wall || enduire un mur. 23
Abputzen n. (Fass) || howelling || blanchiment m.; rabotage m. 24
abrahmen || to skim off || écrémer. 25
abrasen (Bauw) || to cut sods pl. || peler la terre. 26
abrauchen || to evaporate to dryness || évaporer à siccité f. 27
Abraum m. (Bauw) || rubble; rubbish || décombres mpl.; deblais mpl. **a) ~** (Geol) || shelf; barren rock; earth roof || découverte f.; mort-terrain m. **b) ~** einer **Grubenanlage** || removal of overburden of a mine || déblaiement m. d'une installation minière. **c) Schlag~** (Forstw) || slashings pl.; dead wood; loppings pl. || déchets mpl. de coupes. 28
Abraum-absetzmaschine f. || putting down machine for transporting barren rock || machine f. d'enlèvement pour travaux de déblaiement. **a) ~arbeiter** m. || clearing pitman; pikeman || piqueur m.; déblayeur m. 29
abräumen, eine **Darre** (Malz) || to unload *or* to discharge a kiln || décharger une touraille. 30
Abräumer m. (Darre) || floor clearer || déchargeur m. mécanique pour touraille. **a) ~** (Lok) || safe-guard; sweeper; feeler || chasse-pierres m.; garde f. d'une locomotive. 31
Abraum-förderbrücke f. || conveying bridge for coal open working || pont m. de transport pour travaux de déblaiement. **a) ~-lokomotive** f. || clearing locomotive || locomotive f. de déblai. **b) ~salze** npl. || abraum salts pl. || sels mpl. de déblai. 32
Abrechnung f. || account; calculation || compte m. **a) Jahres~** || annual reimbursement || liquidation f. de la fin d'année. 33
Abrechnungsstelle f. || clearing house || comptoir m. de règlement. **a) ~** für Valuta || clearing house for Foreign currency || caisse f. de liquidation pour affaires en change. 34
abreiben (reinigen) || to rub off; to clean off || nettoyer; polir. **a)** mit **Bimsstein** m. **~** || to rub with pumice stone; to pumice || enlever à la pierre-ponce; poncer. 35
Abreibevorrichtung f. für Malz || malt detrition apparatus || appareil m. à frottement pour dégermer le malt. 36
Abreißblock m. || tear-off block || bloc m. en feuilles. 37
abreißen || to tear off || arracher. **a)** ein Gebäude n. **~** || to demolish *or* to dismantle *or* to raze a building || démanteler *ou* démolir *ou* raser un bâtiment. 38
Abreiß-feder f. (Fernm) || antagonistic *or* retractile spring || ressort m. antagoniste *ou* de rappel. **a) ~funke** m. || breaking spark || étincelle f. d'arrachement. **b) ~-funkenstrecke** f. || movable disc discharger || éclateur m. à électrodes tournantes. **c) ~hebel** m. (Mot) || interrupter || doigt m. de contact. **d) ~kalender** m. || block-almanac; tear-off calendar; date bloc; sheet calendar || calendrier m. bloc *ou* à feuilles; ephéméride m. **e) ~vorrichtung** f. (Mot) || mechanical make and break || dispositif m. de rupture mécanique. **f) ~walze** f. (Rotationsmaschine) || web breaking roller || cylindre m. de rupture. **g) ~zündung** f. || make-and-break ignition || allumage m. à rupture. 39
abresten (Brau) || to decant || tirer les fonds mpl. de foudres. 40
Abresten n. (Brau) || decanting || action f. de tirer les fonds de foudres. 41
abrichten (Blech) || to plane || parer. **a) ~** (Tischl) || to shoot || dresser **b) Dauben** fpl. **~** || to straighten staves pl. || dresser des douves fpl. 42
Abricht-hammer m. || planing hammer; large dressing hammer || marteau m. de parage. **a) ~hobel** m. (Böttch) || plane || plane f. **b) ~hobel- und Fräsmaschine** f. für Bodenbretter (Böttch) || head straightening and jointing machine || machine f. à dresser et à jointer les fonds de fûts. 43
Abrichtmaschine f. (Tischl) || smooth planing machine; smoothing planer || machine f. à corroyer; raboteuse f. à dégauchir *ou* à dresser. **a) ~** für **Dauben** || stave dressing machine || machine f. à dresser les douves. **b) doppelte ~** für Dauben || double stave dressing machine || machine f. double à dresser les douves. **c) ~** für **Faßböden** || cask head straightening machine || machine f. à dresser les fonds de fûts. **d) ~** und **Fügemaschine** f. für Faßböden || cask head straightening and jointing machine || machine f. à dresser et à jointer les fonds de fûts. **e) ~** und **Fugenhobelmaschine** f. für Faßböden || machine for straightening heading and planing joints of casks || machine f. à dresser les fonds de fûts et à planer les joints. 44
Abrichtmaschinenarbeiter m. || rough planer || dégauchisseur m. 45
Abrichtvorrichtung f. || truing attachment || dresseur m. de meules. **a) Rad~** || wheel truing device || dispositif m. de dressage des roues. **b) Schleifstein~** || grinding wheel truing device || dispositif m. à dégrossir les pierres meulières. 46
Abrichtwerkzeug n. || dressing tool || outil m. à dresser. 47
abrinden || to peel off the bark || écorcer; écrouter. 48
Abrinden n. des **Holzes** || wood barking or peeling || écorçage m. du bois. 49
Abrinder m. || bark peeler || écorceur m.; déchireur m. d'écorce. 50
Abripper m. (Tabak) || stripper || écôteur m. 51
Abritzstein m. || scratching stone || pierre f. à gratter. 52
Abrollbock m. (Eisenb) || tipping bracket || chevalet m. de bascule. 53
abrollen, Draht m. **~** || to uncoil the wire || développer le fil de ligne. **a)** ein **Kabel** n. **~** || to pay out *or* to run out a cable || dérouler un câble. 54
Abrollen n. (Güter) || carrying; carriage || camionage m. 55
Abroll-spule f. (Web) || revolving *or* rolling bobbin || bobine f. à dérouler. **a) ~wiege** f. (Eisenb) || cradle || courbe f. de glissement. 56
abrösten || to roast thoroughly || griller complètement. 57

Abrück-abschnitt m. (el Stellwerk) ‖ clearing section ‖ section f. débloqueuse; canton m. débloqueur. **a) ~relais** n. (el. Stellwerk) ‖ relay of clearing section ‖ relais m. débloqueur. 1

Abruf m. (Handel) ‖ recall; call ‖ rappel m. **a) auf ~** ‖ at *or* on call ‖ à notre convenance f. 2

abrufen (Waren) ‖ to recall ‖ rappeler. 3

abrunden *s. auch* abgerundet ‖ to round off ‖ arrondir. **a) ~** (Math) ‖ to round ‖ arrondir. **b)** eine **Zahl ~** ‖ to express in round numbers ‖ arrondir un nombre. 4

abrundend ‖ rounding ‖ en arrondissant. 5

Abrundmaschine f. (Holzbearb) ‖ rounding machine ‖ machine f. à arrondir. **a) ~** für **Zahnräder** ‖ gear tooth chamfering machine ‖ machine f. à chanfreiner les dents d'engrenages. 6

Abrundungsvorschuß m. (Handel) ‖ rounding advance ‖ avance f. en chiffres ronds. 7

Abrusbaumsame m. ‖ jequirity ‖ graine f. d'abrus. 8

abrüsten ‖ to disarm; to reduce armaments pl. ‖ démobiliser; désarmer. 9

Abrüstung f. ‖ disarmament ‖ désarmement m. 10

Abrüstungskonferenz f. ‖ disarmament conference ‖ conférence f. du désarmement. 11

absacken, mit der **Flußströmung** (Schiff) ‖ to fall down a river with the tide ‖ descendre une rivière en dérivant. 12

Absack-schnecke f. (Müll) ‖ sack filling screw ‖ hélice f. d'ensachage. **a) ~vorrichtung** f. ‖ sacking mechanism; sack filling device ‖ dispositif m. d'ensachage *ou* à décharger aux sacs. 13

Absackwage f. ‖ sack weigher ‖ balance f. d'ensachage. **a) Schütt-** und **~** ‖ balance with sack filler and weigher ‖ balance f. à remplissage et à pesage. 14

Absage f. (eines Auftrages) ‖ cancellation ‖ contre-ordre m. **a) ~** (einer Einladung) ‖ refusal ‖ refus m. 15

absagen (Bestellung) ‖ to countermand ‖ contremander; décommander. 16

absägen ‖ to saw off ‖ scier; recouper *ou* couper avec la scie. 17

Absatz m. (Buchdr) ‖ paragraph ‖ alinéa m. **a) ~** (Schuhm) ‖ heel ‖ talon m. **b) ~** (Verkauf) ‖ sale; selling; disposal; market ‖ débit m; vente f. **c) ~ finden** ‖ to be saleable ‖ trouver un placement *ou* une vente *ou* un débit. **d) gesamter ~** ‖ total sale ‖ total m. de vente. **e) Gummi~** (Schuhm) ‖ rubber heel ‖ talon m. en caoutchouc. **f) guten ~** finden ‖ to find prompt sale *or* good outlet *or* a ready market ‖ être d'un bon débit *ou* de bonne vente. **g) Holz~** (Schuhm) ‖ wooden heel ‖ talon m. en bois. **h) langsamen ~** finden ‖ to meet with a slow sale ‖ la marchandise est sans débit *ou* d'un placement difficile. **i) Leder~** (Schuhm) ‖ leather heel ‖ talon m. en cuir. **k)** einen **~ machen** (Buchdr) ‖ to make a new paragraph ‖ faire un paragraphe. **l) schlechten** *oder* **schwierigen ~** haben ‖ to be of heavy *or* slow sale ‖ la marchandise est d'un placement difficile. **m) schneller ~** ‖ rapid *or* brisk sale ‖ bon débit m. **n) Stiefel~** ‖ heel ‖ talon m. **o) Treppen~** ‖ landing ‖ palier m. 18

Absatz-aufnagler m. (Schuhm) ‖ heeler ‖ poseur m. de talons. **a) ~fabrik** f. ‖ boot heel works ‖ fabrique f. de talons. 19

absatzfähig ‖ marketable; saleable ‖ de bon débit. 20

Absatz-fleck m. (Schuhm) ‖ heel piece ‖ talonnette f. **a) ~fräser** m. (Schuhm) ‖ heel trimmer ‖ fraiseur m. de talons. **b) ~gebiet** n. ‖ outlet; market ‖ marché m.; débouché m. **c) ~macher** m. (Schuhm) ‖ heel maker ‖ monteur m. de talons. **d) ~möglichkeit** f. ‖ opening for the sale ‖ possibilité f. de vente. **e) ~muffe** f. (Masch) ‖ reducing coupling box ‖ manchon m. de réduction. **f) ~stockung** f. ‖ standstill *or* stagnation in the market ‖ stagnation f. du débit. 21

absatzweise ‖ by stages ‖ par étapes fpl. **a) ~ Drehung** f. ‖ intermittent rotation ‖ rotation f. intermittente. 22

Absauganlage f. ‖ suction plant ‖ installation f. d'aspiration. **a) Dampf~** ‖ exhausting plant for steam ‖ installation f. d'aspiration des vapeurs. **b) Rauch~** ‖ exhausting plant for smoke ‖ installation f. d'aspiration des fumées. 23

Absauge-kanal m. ‖ suction duct ‖ canal m. d'aspiration. **a) ~kolben** m.(Chem) ‖ suction flask ‖ fiole f. à faire le vide. 24

Absaugemaschine f. ‖ suction machine ‖ essoreuse f. à succion. **a) ~** zum **Entnässen** von **Geweben** aller Art. ‖ hydro suction machine for drying all kinds of fabrics ‖ essoreuse f. à succion pour essorage de tous tissus. 25

absaugen ‖ to draw off; to exhaust ‖ épuiser; faire le vide; aspirer. **a) Luft** f. **~** ‖ to suck off air ‖ aspirer de l'air m. 26

Absaugen n. (Chem) ‖ draining ‖ essorage m. 27

Absaugevorrichtung f. ‖ exhausting device ‖ installation f. d'aspiration. 28

Absaugung f. ‖ removal by suction ‖ exhaustion f.; essorage m. 29

Absaugungsanlage f. ‖ suction plant ‖ installation f. d'aspiration. 30

abschaben ‖ to scrape off; to grind off ‖ gratter; racler. 31

Abschaben n. ‖ abrasion ‖ raclage m. 32

Abschaber m. (Leder) ‖ skiver ‖ racleur m. de peaux. 33

Abschabsel n. (Gerb) ‖ scrapings pl.; parings pl. ‖ écharnure f. 34

abschachteln (Tischl) ‖ to smooth with Dutch rush; to rub with shave-grass ‖ prêler; rogner. 35

abschalen, Bruchsteine mpl. ‖ to pare quarry stones ‖ ébousiner *ou* parer les moëllons. 36

abschälen ‖ to shell; to peel (off) ‖ peler; écaler; écailler; écosser. **a) Früchte** fpl. **~** ‖ to peel fruits ‖ peler des fruits mpl. 37

Abschälen n. ‖ scaling ‖ écorçage m. 38

Abschäler m. (Holz) ‖ peeler; bark peeler ‖ écorceur m. 39

Abschalte-batterie f. (Fernm) ‖ cut-out battery ‖ batterie f. de déconnexion. **a) ~klinke** f. cut-off jack ‖ jack m. de déconnexion. **b) ~magnet** m. ‖ disconnecting *or* cut-off magnet ‖ électro m. de déconnexion. 40

abschalten (Elektr) ‖ to switch off; to cut off; to disconnect ‖ déconnecter; mettre hors circuit m. **a)** einen **Motor ~** m. ‖ to cut current off the motor ‖ couper le courant au moteur. 41

Abschalterelais n. ‖ disconnecting *or* cut-off relay ‖ relais m. de déconnexion. 42

Abschaltstromstärke f. ‖ current on breaking ‖ extra-courant m. de rupture. 43

Abschaltung f. (Elektr) ‖ disconnection; disconnecting; switching off ‖ mise f. hors circuit; déconnexion f.; coupure f. **a) ~** (Fernm) ‖ all busy circuit ‖ coupure f. **b) selbsttätige ~** ‖ automatic cut-out ‖ déconnexion f. automatique. 44

Abschaltzelle f. ‖ spare cell ‖ élément m. pouvant être mis hors du circuit. 45

Abschärfmaschine f. für **Pappen** ‖ chamfering machine for pasteboard ‖ machine f. à affiler le carton. 46

abschätzen ‖ to estimate; to value; to tax; to rate; to appraise; to assess ‖ estimer; évaluer; taxer; apprécier. 47

Abschätzer m. ‖ valuer; appraiser; taxer ‖ taxateur m.; commissaire-priseur m. 48

Abschätzung f. ‖ valuation; estimation; estimate; taxation; appraisement; assessment ‖ estimation f.; taxation f. 49

abschäumen (Gieß; Brau) ‖ to skim; to despumate ‖ écumer; despumer. 50

Abschäumen n. (Gieß; Brau) ‖ skimming; scumming; despumating ‖ écumage m. 51

Abschäumer m. (Gieß; Brau) ‖ skimmer ‖ écumeur m. 52

Abschäum-hahn m. ‖ surface blow-off cock ‖ robinet m. d'extraction à hauteur de niveau. **a) ~verfahren** n. (Brau) ‖ skimming system ‖ système m. d'écumage. 53

abscheidbar (Chem) ‖ precipitable ‖ précipitable. 54

Abscheideapparat m. *s.* Abscheider. 55

abscheiden ‖ to separate ‖ séparer. **a) sich ~** (Chem) ‖ to separate down; to be deposited; to fall down to the bottom; to settle ‖ se déposer; être déposé; se séparer. 56

Abscheiden n. des in der atmosphärischen Luft enthaltenen **Wasserdampfes** ‖ separation of the humidity contained in the air ‖ séparation f. des vapeurs d'eau contenues dans l'air. 57

Abscheider m. ‖ separator; trap ‖ séparateur m. **a) Öl~** ‖ oil separator ‖ séparateur m. d'huile. **b) Säure~** ‖ acid separator ‖ éliminateur m. d'acide. 58

Abscherbolzen m. ‖ shearing bolt ‖ goujon m. de cisaillement. 59

abscheren ‖ to shear; to cut off ‖ couper; cisailler. 60

Abscheren n. ‖ shearing ‖ cisaillement m. 61

Abscher-maschine f. für **Faßreifen** ‖ shearing machine for hoops ‖ machine f. à couper les cercles de fûts. **a) ~stiftsicherung** f. ‖ safe guarding by shearing pin ‖ dispositif m. de sécurité par goupille de cisaillement. 62

Abscherung f. *s.* Abscheren. 63

Abscherungs-arbeit f. ‖ shearing strain ‖ travail m. de cisaillement. **a) ~festigkeit** f. ‖ shearing strength ‖ résistance f. au cisaillement. 64

abscheuern ‖ to scour off; to cleanse ‖ récurer. **a) ~** (Gerb) ‖ to grind ‖ quiosser. 65

Abscheuerung f. der **Isolation** ‖ abrasion of the insulation ‖ arrachement m. de l'isolant. 66

Abschiebevorrichtung f. für Walzwerke ‖ stripping device for rolling mills ‖ dispositif m. strippeur de transport pour produits laminés. 67

Abschiedsformel f. (Brief) || complementary ending || formule f. de politesse. 1
Abschirmwirkung f. || screening *or* guarding (A) effect || effet m. de parachute. 2
abschlacken || to slag out; to take off the slags pl.; to scum off (A) || laisser couler le laitier; ôter les scories fpl.; écumer; décrasser. 3
Abschlacken n. || slagging || décrassage m. 4
Abschlag m. (Preis) || discount; allowance; abatement; deduction; reduction || réduction f. de prix. **a)** ~ (Wirkerei) || knocking over || abattage m. **b) beweglicher** ~ (Wirkerei) || movable knocking over || abattage m. mobile. **c)** auf ~ **zahlen** || to pay on account || payer à compte m. 5
Abschlag-absteller m. (Wirkerei) || stopping motion for thread breaking || casse-fil m. d'abattage. **a) ~einrichtung** f. (Wirkerei) || knocking over device || mécanique f. d'abattage. 6
Abschlagemaschine f. (Zündholz) || chopping machine || machine f. à couper. 7
abschlagen (Wirkerei) || to knock over || abattre. **a)** das **Format** ~ (Buchdr) || to take off the furniture || abattre *ou* enlever la garniture. **b)** die **Gußnaht** ~ || to knock off the seams from the castings || enlever la bavure. **c)** die **Presse** ~ (Buchdr) || to break down the press || démonter la presse. **d)** ein **Schiff** n. auf dem **Schnürboden** ~ || to lay off a ship on the mould loft || tracer un vaisseau à la salle. 8
Abschlagexzenter n. (Wirkerei) || knocking over cam || came f. d'abattage. 9
abschlägig-e Antwort f. || refusal || réponse f. défavorable; refus m. **a)** ~ **bescheiden** || to refuse || écarter une demande; donner une réponse négative. 10
abschläglich || on account; as part-payment || à compte m.; en déduction f. 11
Abschlag-kamm m. (Wirkerei) || knocking over comb || peigne m. d'abattage. **a) ~rad** n. (Wirkerei) || cast off burr || roue f. d'abattage. **b) ~schiene** f. (Wirkerei) || knocking over bar || barre f. d'abattage. 12
Abschlags-dividende f. || interim dividend || acompte m. sur le dividende. **a) ~zahlung** f. || payment on account; instalment || acompte m.; payement m. partiel *ou* par acompte. 13
abschlämmen || to wash || laver. 14
Abschlämmen n. (Bergb; Chem) || elutriation; lavigation || élutriation f. 15
abschleifen || to grind || émoudre; meuler. 16
Abschleifmaschine f. für **Röhren** || tube sandpapering machine || machine f. à polir les tubes. 17
Abschleppwagen m. (Auto) || break down lorry || dépanneuse f. 18
abschlichten, das **Holz** || to clean *or* to finish off a planed surface of wood || replanir *ou* parer *ou* polir le bois. 19
Abschlichten n. (Schiffb) || dubbing || parage m. 20
Abschlichthammer m. (Klempn; Kupferschmied) || planishing hammer || marteau m. à planer. 21
Abschlichtung f. *s.* Abschlichten. 22
abschließen (Schloss) || to lock; to close || fermer; serrer. **a)** eine **Anleihe** f. ~ || to negotiate a loan || contracter un emprunt. **b)** die **Bücher** npl. ~ || to balance the books pl. || régler les livres mpl. **c)** ein **Geschäft** n. ~ || to transact *or* to close a business || conclure *ou* terminer *ou* traiter une affaire. **d)** einen **Lieferungsvertrag** m. ~ || to tender and contract for a supply || entreprendre une fourniture. **e)** einen **Vertrag** m. ~ || to make an agreement; to contract || conclure un marché *ou* un traité; contracter. 23
Abschluß m. (Gefäß) || shutting off || arrêt m. **a)** ~ (Bilanz) || (annual) balance || bilan m. **b)** ~ (Vertrag) || contract || contrat m. **c) Jahres~** || yearly *or* annual balance; annual statement *or* balance-sheet || fin f. de l'année; balance f.; bilan m. 24
Abschluß-blende f. || front diaphragm || diaphragme m. de fermeture. **a) ~bogen** m. des Flügels (Flugz) || curved wing tip || cintre m. d'extrémité d'aile. **b) ~borte** f. || seaming lace || galon m. couture. **c) ~deckel** m. || cover plate || couvercle m. de fermeture. **d) ~fenster** n. eines Thermoelementes || closing window of a thermocouple || fenêtre f. de fermeture pour un élément thermo-électrique. **e) ~hahn** m. || stop cock || robinet m. d'arrêt. **f) ~kabel** n. (Fernm) || terminal cable || câble m. de fermeture. **g) ~kappe** f. || cover strip || chapeau m. arêtier. **h) ~klappe** f. || closing flap || clapet m. de fermeture. **i) ~kondensator** m. (Fernm) || block condenser || condensateur m. terminal. **k) ~leiste** f. || trailing edge strip || arêtier m. de bord de fuite. **l) ~muffe** f. (Elektr) || terminal box || manchon m. de fermeture. **m) ~note** f. (Vertrag) || note of sale || conclusion f. d'une vente. **n) ~rechnung** f. || final account *or* settlement || compte m. en définitive. **o) ~schieber** m. || slide valve || tiroir m. de fermeture. **p) ~stellung** f. || neutral position || position f. neutre. **q) ~vorrichtung** f. || closing device; closing-in arrangement; seal || dispositif m. de fermeture. 25
Abschmelzdraht m. || fusible wire || fil m. fusible. 26
abschmelzen || to melt off; to fuse off || séparer par fusion. 27
Abschmelz-sicherung f. || safety fuse; safety cut-out || plomb m. fusible; coupe-circuit m. à fusible. **a) ~stromstärke** f. || blowing *or* fusing current || intensité f. de courant de fusion. **b) ~zeit** f. || time of fusion || durée f. de fusion. 28
abschmieren || to grease duly || graisser complètement. 29
abschmirgeln || to polish with emery; to grind || polir à l'émeri; roder. 30
Abschmutzvorrichtung f. (Buchdr) || set-off device || bobine f. de décharge. 31
Abschneidegerät n. || cutting off device || appareil m. à découper; coupeur m. 32
Abschneidemaschine f. für **Draht** || wire cutting off machine || machine f. à couper le fil. **a) Streifen~** || cutting machine for strips || machine f. à couper des bandes. 33
abschneiden || to cut off || couper. **a)** den **Dampf** m. ~ || to cut off the steam || couper *ou* arrêter *ou* fermer la vapeur. **b)** den **Einguß** m. und **Steiger** m. am Gußstück ~ || to knock-off and saw-off runner and riser on castings || couper le jet et l'évent m. de pièces coulées. 34
Abschneider m. || cutter || coupeur m. 35
Abschneiderei f. einer **Maschinenfabrik** || cutting-off department of a machine building shop || atelier m. de tronçonnage d'un atelier de construction de machines. 36
Abschnellfeder f. || starting spring || ressort m. de lancement. 37
Abschnitt m. (Bergb) || parting; cutting; section || lit m. **a)** ~ (Geom) || segment || segment m. **b) ~e** mpl. von **Platten** (Met) || slices pl. cut-off from plates || rognures fpl. des plaques. 38
Abschnitt-gestänge n. (Fernm) || transposition pole || support m. renforcé; support m. de croisement *ou* de transposition. **a) ~linie** f. (Buchdr) || cutting line || marque f. à couper. **b) ~punkt** m. (Fernm) || transposition point || point m. de croisement. 39
abschnüren, das Holz || to line out stuff *or* timber || cingler *ou* aligner le bois. 40
Abschnürung f. (Web) || cording; tying-up || armure f.; billure f.; encordage m. 41
abschöpfen || to skim off; to ladle out; to scum; to remove surface of molten metal || écumer; enlever; ôter de dessus d'un liquide. 42
Abschöpfen n. || skimming || écumage m. 43
Abschöpf-gerste f. || empty ears pl. || écume f.; orge f. légère; orgette f.; petite orge f. **a) ~löffel** m. (Brau) || cover remover; ladle || écumoire f. 44
abschrägen || to chamfer; to bevel off; to incline; to slope || chanfreiner; couper obliquement *ou* en biais. 45
Abschrägmaschine f. für **Pappen** || bevelling machine for pasteboard || machine f. à biseauter le carton. 46
Abschrägung f. || chamfering; sloping || chanfrein m.; biaisement m. 47
Abschrägungswinkel m. || scarfing angle || angle m. d'écarvement. 48
abschraubbarer Augendeckel m. der Astrookulare || unscrewable eye cap for astro eyepieces || bonnette f. dévissable des oculaires astronomiques. 49
abschrauben || to unscrew; to screw off *or* out || dévisser. 50
abschrecken (Met; Schmied) || to cool immediately; to chill; to quench; to temper; to harden || refroidir brusquement; tremper. **a)** das **Roheisen** ~ || to chill the cast iron || tremper la fonte. **b)** den **Stahl** m. ~ || to quench the steel || refroidir l'acier m. rougi au feu. 51
Abschrecken n., durch das ~ im **Wasser** wird die Festigkeit f. erhöht || the quenching in water raises the tensile strength || la trempe à l'eau de l'acier en augmente la résistance. 52
Abschreckung f. (Met) || chilling; quenching; decalescence || refroidissement m.; décalescence f. 53
abschreiben || to copy || copier. **a)** ~ (Handel) || to write off || déduire; amortir. **b)** als **Verlust** m. ~ (Handel) || to write off as a loss || amortir. 54
Abschreibung f. (Handel) || writing-off || amortissement m.; déduction f. **a) jährliche** ~ || annual depreciation *or* writing-off || amortissement m. annuel. **b)** ~ an **Maschinen** || depreciation on machinery || amortissement m. *ou* dépréciation f. de la valeur des machines. 55
abschreiten, eine **Strecke** f. || to pace a distance || mesurer une distance au pas. 56

Abschrift f., **beglaubigte** || legally attested copy || copie f. vérifiée *ou* légalisée. **a) gleichlautende ~** || true copy || copie f. conforme. **b) ~** mit der **Hand** || manuscript copy || copie f. à la main. **c) rechtsgültige ~** || legalized copy || copie f. valide *ou* légalisée. 1

abschriftlich || copied; in duplicate || en copie f. 2

abschroten (Schmied; Schloss) || to clip; to chop off || enlever (la pièce); trancher; couper à la tranche. 3

Abschroten n. (Met) || fettling || ébarbage m. 4

abschrubben || to turn roughly; to plane off || dégrossir (au tour). **a)** ein **Schiff** n. **~** || to hog a vessel || goreter un bâtiment. 5

abschuppen || to scale off || s'écailler. 6

Abschuppen n. (Techn) || scaling || écaillage m. 7

Abschuppung f. (Heilk) || desquamation || desquamation f. 8

Abschürfung f. (Haut) || scratch || écorchure f. 9

abschüssig || abrupt; slanting || brusque; escarpé; incliné; oblique. 10

Abschüssigkeit f. || declivity || déclivité f. 11

abschwächen || to reduce; to clear; to weaken; to soften || affaiblir; diminuer; réduire. 12

Abschwächer m. (Lichtb) || reducer || affaiblisseur m. 13

Abschwächung f. || weakening; decline; slackening; fall || affaiblissement m.; modération f. **a) ~** (Börse) || going down || perte f. au change. **b) ~** der **Preise** || weaker tendency in prices || affaiblissement m. des prix. 14

Abschwächungswiderstand m. || reducing resistance || résistance f. modératrice. 15

abschwarten, das Holz (Zimm) || to edge the timber || couper les flaches. 16

abschwelen (Chem) || to roast; to calcine || calciner. 17

abschwelken (Brau) || to wither || faner; sécher. 18

Abschwelken n. (Brau) || withering || fanage m.; séchage m. 19

abschwenkbarer Lagerkopf m. || releasable head bearing || palier m. basculant. 20

Abseide f. || flock silk || capiton m. 21

abseigern (Bergb) || to plumb; to measure the perpendicular height || prendre l'aplomb *ou* la verticale; aplomber; creuser perpendiculairement. **a) ~** (Met) || to liquate; to eliquate; to separate by eliquation || liquater; ressuer; achever de ressuer. **b)** einen **Schacht** m. **~** || to measure the depth of a shaft with a plumb line || aplomber (la profondeur d') un puits. 22

Abseihbier n. || drawings pl. of fermentation; residue beer in chip cask || fonds mpl. de cuves *ou* de foudres. 23

abseihen (Brau) || to strain off; to decant; to draw; to filter; to drain || tirer les fonds mpl. de foudres; clarifier. 24

Abseih-hahn m. (Brau) || cock with long pipe to strain off store casks || robinet m. pour soutirer les foudres à fond. **a) ~-rohr** n. || straining pipe || tube m. à tirer les fonds de foudres. **b) ~schlauch** m. || straining hose || caoutchouc m. à tirer les fonds de foudres. **c) ~vorrichtung** f. || straining device || appareil m. à tirer les fonds de foudres. **d) ~wechsel** m. *s.* Abseihhahn. 25

Absender m. (Postsache) || despatcher || expéditeur m. 26

Absenkung f., bergmännische **~** der **Pfeiler** || sinking piles by miners' method || fonçage m. de piliers selon l'usage des mineurs. 27

Absetzbottich m. (Brau) || settling tub || cuve f. guilloire *ou* de sédimentation. 28

absetzen (Handel) to sell; to dispose of || placer; écouler. **a)** ein **Manuskript** n. **~** || to set a copy || composer une copie. **b)** das **Muster ~** (Web) || to design || mettre en carte f. **c) sich ~** (Chem) || to deposit; to be deposited; to fall down to the bottom; to settle || se déposer; être déposé. 29

Absetzen n., **durch ~ ausscheiden** || to separate by sedimentation || séparer par sédimentation. 30

Absetz-maschine f. für den Abraumbetrieb || putting down machine for transporting barren rock || machine f. d'enlèvement pour travaux de déblaiement. **a) ~streifen** m. (Anstrich) || belt || ralingue f. 31

absieben || to sieve; to screen || tamiser; cribler; passer au crible; sasser. 32

Absiebvorrichtung f. || screening device || dispositif m. de criblage. 33

Absinth m. || absinthe || absinthe f. **a) ~-auszug** m., **trockener** || dry extract of absinth || extrait m. d'absinthe sec. 34

Absitzverfahren n., gebrauchtes **Schmieröl** n. durch das **~ reinigen** || to regenerate oil after having been used for lubricating by the gravity settling process || régénérer d'huile sale ayant déjà servi de lubrifiant par décantation. 35

absolut || absolute || absolu. **a) ~e Bewegung** f. || absolute movement || mouvement m. absolu. **b) ~er Druck** m. || absolute pressure; pressure above vacuum || pression f. absolue. **c) ~e Einheit** f. || absolute unit || unité f. absolue. **d) ~e Geschwindigkeit** f. || absolute speed || vitesse f. absolue. **e) ~e Höhe** f. || height above sea level || altitude f. **f) ~er Nullpunkt** m. || absolute zero || zéro m. absolu. **g) ~e Temperatur** f. || absolute temperature || température f. absolue. 36

Absolutmessung f., **Interferenzkomparator** m. für **~en** || interference comparator for absolute measurements || comparateur m. interférentiel pour mesures absolues. 37

absondern || to detach; to separate; to segregate; to abstract; to isolate || détacher; séparer; isoler. **a) sich ~** (Chem) || to separate down || se précipiter. 38

Absonderung f. (Chem) || segregation; extraction; abstraction || séparation f.; ségrégation f.; extraction f. **a) ~** (Math) || elimination || élimination f. 39

absorbierbar || absorbable || absorbable. 40

Absorbierbarkeit f. || absorbability || absorbabilité f. 41

absorbieren || to absorb || absorber. 42

absorbierend || absorptive || absorbant. **a) ~e Schicht** f. || absorbing fluid *or* material || couche f. absorbante. 43

absorbierte Strahlung f. || absorbed radiation || radiation f. absorbée. 44

Absorptiometer n. || absorptiometer || absorptiomètre m. 45

Absorption f. || absorption || absorption f. **a) atmosphärische ~** (Funkw) || atmospheric absorption || absorption f. atmosphérique. **b) atmosphärische ~** der **Strahlung** (Fernm) || atmospheric absorption of radiation || absorption f. atmosphérique de la radiation. **c) chemische ~** || chemical absorption || absorption f. chimique. **d) ~** der **Gase** || absorption of gases || absorption f. des gaz. **e) Licht~** || luminous absorption || absorption f. de la lumière. **f) Wärme~** || thermal absorption; absorption of heat || absorption f. thermale *ou* de chaleur. **g) ~** des **Wasserstoffes** durch **Metalle** || absorption of hydrogen by metals || absorption f. de l'hydrogène par les métaux. 46

Absorptions-anlage f. || absorption plant || installation f. d'absorption. **a) ~apparat** m. || absorption apparatus; absorber || appareil m. d'absorption. 47

Absorptionsbande f. || absorption band || bande f. d'absorption. **a) ~n** fpl. von **Blutfarbstoffen** || absorption bands pl. of the colouring bodies of blood || bandes fpl. d'absorption des colorants du sang. 48

Absorptions-fähigkeit f. || degree of absorption; absorbing power || degré m. d'absorption; pouvoir m. absorbant. **a) ~flasche** f. || absorption bottle || récipient m. d'absorption. **b) ~flüssigkeit** f. || absorption *or* absorbing liquid || liquide m. d'absorption. **c) ~gasmaske** f. || absorbing gas mask || masque à gaz absorbant. 49

Absorptionsgefäß n. || absorption cell *or* vessel; absorber || cuve f. à colonne liquide *ou* à liquide; vase m. d'absorption; absorbeur m. **a) ~** mit **veränderlicher Schichtdicke** || absorption vessel of variable depth of fluid || vase m. d'absorption à colonne liquide d'épaisseur variable. 50

Absorptions-glas n., **dunkles** || dark absorbing glass || coin m. absorbant foncé. **a) ~keil** m. (Opt) || absorption *or* absorbing wedge || coin m. absorbant. **b) ~koeffizient** m. || coefficient of absorption || coëfficient m. d'absorption. **c) ~kreis** m. (Funkw) || absorption circuit || circuit m. absorbant. **d) ~kühlmaschine** f. || absorption cooling machine || machine f. à froid à absorption. 51

Absorptionsmaschine f. || absorption machine || machine f. à absorption. **a) Ammoniak~** || ammonia absorption cooling machine || machine f. à ammoniaque à absorption. 52

Absorptions-mittel npl. || absorbent materials pl. || absorbants mpl. **a) ~röhre** f. || absorption tube || tube m. d'absorption. **b) ~spektrum** n. || absorption spectrum || spectre m. d'absorption. **c) ~streifen** m. (Opt) || absorption band || bande f. d'absorption. **d) ~strom** m. || absorption current || courant m. d'absorption. **e) ~verfahren** n. || absorption method || méthode f. d'absorption. **f) ~vermögen** n. || absorption capacity; absorbing power || puissance f. d'absorption; pouvoir m. absorbant. **g) ~wert** m. eines Glases || absorbing capacity of a lens || capacité f. d'absorption d'un verre. 53

Abspaltung f. (Chem) || splitting off; eliminating; separating; separation || dissociation f.; séparation f.; décomposition f. 54

Abspann-bund m. (Freileitung) || dead ending || ligature f. à l'isolateur de tension. **a) ~doppelstütze** f. (Fernm) || terminal double pin || console f. double d'arrêt. **b) ~draht** m. || span wire || fil m. d'arrêt. 55

Abspanngestänge n. || terminal pole || support m. d'arrêt. **a) Schutzkanal** m. am ~ || guard channel for terminal poles || gaîne f. de protection pour points de concentration aériens. 1

Abspann-klemme f. || straining clamp || borne f. de suspension *ou* d'arrêt. **a) ~konsole** f. || terminal bracket || console f. d'appui. **b) ~mast** m. || anchoring *or* stay pole || poteau m. de rappel *ou* de support. **c) ~material** n. || stays pl. and guys pl. || matériel m. d'étayage. **d) ~mauerbügel** m. || span bracket || potelet m. d'arrêt de ligne en façade. **e) ~stütze** f. || training pole || console f. d'arrêt. 2

Abspannung f. (Freileitungen) || terminating; span; dead ending || haubanage m.; ligature f. à l'isolateur de tension. **a)** ~ eines **Luftkabels** || straining of a overhead cable || arrêt m. d'un câble aérien. 3

Abspannwerk n. (Elektr) || transformer station || poste m. réducteur *ou* abaisseur de tension. 4

absperrbarer Leitungsstrang m. || pipe system with shut-off device || tronçon m. de la canalisation à fermeture. 5

absperren, den **Dampf** m. || to cut off *or* to shut off steam || couper *ou* arrêter *ou* fermer la vapeur. **a)** die **Leitung** f. ~ || to shut off the pipe line || fermer *ou* couper la conduite. 6

Absperren n. des **Dampfes** || cutting off the steam || interception f. *ou* arrêt m. de la vapeur. 7

Absperr-gestell n. (Kabelarbeiten) || cable guard || garde-corps m. **a) ~griff** m. || tap handle || manette f. de fermeture. **b) ~hahn** m. || stop cock. || robinet m. d'arrêt *ou* de retenue. **c) ~klappe** f. || shutting clack *or* flap || clapet m. d'arrêt. **d) ~schieber** m. || parallel slide stop valve; slide *or* sluice valve; gate (stop) valve (A) || vanne f. d'arrêt; robinet-vanne m. **e) ~ventil** n. || stop *or* shut-off (*or* check) valve || soupape f. d'arrêt. 8

Absperrvorrichtung f. || shut-off device || appareil m. de fermeture. **a)** ~ für **Flüssigkeiten** und **Gase** || stopping device for fluids and gases || appareil m. de fermeture pour fluides et gaz. 9

abspreizen || to stay; to support; to prop up || étayer. 10

absprengen, mit **Pulver** n. (Bergb) || to blow off with gun powder || tirer *ou* faire sauter à la poudre. 11

abspritzen || to wash; to cleanse; to disgorge; to spray; to spatter || dégorger; laver; arroser; nettoyer. 12

Abspritzen n. || spraying; cleansing; disgorging || arrosage m.; dégorgement m. 13

abspulen || to unspool; to wind off || dévider; débobiner. 14

Abspulen n. (Spinn) || winding; spooling || dévidage m.; bobinage m. 15

abspülen || to wash off; to rinse || rincer. 16

Abspulerin f. || spooler || dévideuse f. 17

Abspülung f. durch **Regen** || erosion by rain || érosion f. par la pluie. **a)** ~ durch **Wildwasser** (Wasserb) || washing-away by a torrent || ravinement m. *ou* corrosion f. par un torrent. 18

abstammen (Chem) || to derive || dériver. 19

Abstand m. || distance; spacing; pitch; clearance || distance f.; écartement m.; écart m.; espacement m. **a) Augen~** || distance between the eyes || écartement m. des yeux. **b)** den ~ m. **bestimmen** || to determine the distance || déterminer la distance. **c)** in **genügendem** ~ || at a sufficient distance || à une distance suffisante. **d)** in **gleichen** Abständen mpl. || at equal distances pl.; pitched equidistantly || à distances fpl. égales. **e)** ~ von **Mitte** zu **Mitte** || distance between centres *or* centre lines || distance f. de centre en centre *ou* d'axe en axe. **f)** ~ **nehmen** von || to forego; to give up || renoncer à. **g)** ~, in **regelmäßigen** Abständen mpl. || at regular intervals pl. || périodiquement. **h)** ~ **zwischen zwei Teilstrichen** einer Strichplatte || interval between two scale lines of a graticule || intervalle m. entre deux traits d'un micromètre. **i)** ~ **zwischen zwei Telegraphenstangen** || span of two poles || portée f. entre deux poteaux. 20

Abstandhülse f. || distance piece; spacer || entretoise f.; douille f. d'écartement. 21

Abstandsgeld n. || compensation; forfait || indemnité f.; dédit m.; forfait m. 22

Abstaub-maschine f. || dusting machine || machine f. à épousseter. **a) ~pinsel** m. || dusting brush || pinceau m. à épousseter. 23

Abstechbank f. || slicing lathe || tour m. à tronçonner *ou* à décolleter. **a) Dreh-, Bohr- und ~** || turning, boring and cutting-off machine || tour m. à charioter, percer et tronçonner. **b) Rohr~** || pipe slicing lathe || banc m. à tronçonner les tubes. 24

Abstech-drehbank f. || slicing lathe || machine f. à tronçonner. **a) ~eisen** n. (Bergb) || miner's scraper || écoupe f.; fer m. à marquer. 25

abstechen (mechanisch) || to cut off *or* up; to truncate; to cut up into sections || tronçonner. **a)** den **Hochofen** m. ~ || to tap the furnace || faire couler le haut-fourneau. **b)** die **Schlacke** ~ || to tap *or* to run off the cinders || faire écouler le laitier. 26

Abstechen n. (Dreh) || cutting-off || tronçonnage m. **a)** ~ (Met) || tapping || percée f. **b)** ~ von **Flüssigkeiten** in Gefäßen || dipping of liquids in vessels || transvasement m. de liquides dans des réservoirs. **c) Werkzeug** n. zum ~ der **Bolzen** || bolt cutter || coupe-boulons m. 27

Abstechkurve f. || cutting-off cam || came f. de tronçonnage. 28

Abstechmaschine f. || slicing *or* cutting-off machine || machine f. à tronçonner. **a)** ~ mit **umlaufendem Werkstück** || cutting-off machine with rotating work piece || machine f. à tronçonner à pièce à travailler tournante. **b)** ~ mit **umlaufendem Werkzeug** || cutting-off machine with rotating tool || machine f. à tronçonner à outil tournant. 29

Abstech-meißel m. (Zimm) || cutting chisel || outil m. à saigner. **a) ~stahlhalter** m. || cutting-off blade holder || porte-outil m. à tronçonner. **b) ~support** m. || cutting-off slide || chariot m. de tronçonnage. 30

abstecken (Bauw) || to trace *or* to make out; to peg out || tracer; arpenter; jalonner. **a)** mit dem **Fernrohr** die **Geraden** fpl. ~ || to range straight lines with a telescope || tracer des lignes droites fpl. au moyen de la lunette. **b) gerade Linien** fpl. im **Gelände** ~ || to set out straight lines on the ground || jalonner des lignes droites fpl. sur le terrain. **c)** eine **Kurve** ~ (Eisenb) || to range out a curve || tracer une courbe. **d)** eine **Linie** ~ || to trace a line || tracer une ligne. **e)** ein **Tau** n. ~ || to unlash *or* to unbend a rope || démarrer une amarre. 31

Absteck-fähnchen n. (Feldm) || surveyor's flag || guidon m. d'arpenteur. **a) ~leine** f. (Bauw) || tracing tape || cordeau m. à tracer. **b) ~pfahl** m. || tracing picket || piquet m.; jalon m. **c) ~pfählchen** n. || little marking pole || piquet m.; taquet m. **d) ~stange** f. (Feldm) || directing staff; stake || jalon m. 32

Absteckung f., **Instrument** n. für ~en im **Straßenbau** || instrument for setting out roads || instrument m. destiné aux jalonnements pour la construction des routes. 33

abstehen lassen (Gieß) || to let cool *or* stand; to quiet || laisser se calmer *ou* se reposer. 34

absteifen (Bergb) || to plant struts; to stiffen || étrésillonner; étançonner. 35

Absteifung f. eines **Balkens** || propping *or* staying of a beam || étayement m. d'une poutre. 36

abstellen, eine **Maschine** || to stop an engine || arrêter une machine. **a)** das **Wasser** ~ || to cut off the water || couper l'eau f. **b)** den **Wind** m. ~ || to disconnect the blast; to shut off the draft (A) || arrêter le vent. 37

Abstell-hahn m. || regulating cock; stop cock; cut-off cock || robinet m. modérateur *ou* régulateur. **a) ~platte** f. || side rest || plateau m. de côté. 38

Abstellung f., **elektrische** || electrical replacement || disparition f. électrique. **a) mechanische** ~ || mechanical replacement || disparition f. mécanique. 39

Abstellvorrichtung f. || stop motion || dispositif m. d'arrêt *ou* de soulèvement; mouvement m. d'arrêt. **a)** ~ (Schreibm) || releasing device || dispositif m. de débrayage. 40

abstempeln, Fahrkarten fpl. || to stamp railway-tickets pl. || timbrer des billets mpl. 41

Absterben n. des **Stammes** (Holz) || withering of the trunk || dépérissement m. du tronc. 42

Abstich m. (Gieß) || tap (A); tapping || coulée f. **a)** ~ des **Hochofens** || tapping off the blast furnace || coulée f. du haut-fourneau. **b) Messing~** || scum of yellow brass || écume f. de laiton. 43

Abstich-loch n. (Gieß) || tap hole || trou m. de coulée. **a) ~rinne** f. || gutter || rigole f. *ou* chenal m. d'écoulement. 44

Abstichseite f., **Schlacken** ~ || slag tapping side || côté f. coulée des scories. **a) Stahl~** || steel tapping side || côté f. coulée de l'acier. 45

Abstimmapparat m. (Funkw) || tuner || syntonisateur m. 46

abstimmen (Funkw) || to tune; to modulate; to synchronize; to syntonize || syntoniser; accorder; synchroniser. 47

Abstimmen n. (Funkw) || tuning || syntonisation f. **a) unscharfes** ~ (Funkw) || flat tuning || syntonisation f. faible *ou* non aiguë. 48

Abstimm-induktanz f. (Funkw) || syntonizing inductance || inductance f. de syntonisation. **a) ~kondensator** m. (Funkw) || tuning condenser || condensateur m. d'accord *ou* de syntonisation. **b) ~lampe** f. (Funkw) || tuning lamp || lampe f. de syntonisation. 1

Abstimmschärfe f. (Funkw) || clearness of tuning *or* modulation; tuning precision || sélectivité f. **a)** die **~ erhöhen** (Funkw) || to improve in the clearness of tuning || augmenter la sélectivité. 2

Abstimmspule f. || syntonizing *or* tuning coil || bobine f. syntonisatrice *ou* de syntonisation. 3

Abstimmung f. (Funkw) || tuning; syntonization; modulation || syntonisation f.; accord m. **a) scharfe ~** (Funkw) || sharp tuning || syntonisation f. aiguë. **b) Schärfe** f. der **~** || sharpness of tuning || finesse f. de syntonisation. **c) ~** von **Tonhöhe** und **Welle** || note and wave tuning || syntonisation f. de la note et de l'onde. 4

Abstimmungs-antenne f. (Funkw) || balancing aerial || antenne f. de compensation. **a) ~mittel** n. || means pl. for tuning || moyen m. de syntonisation. **b) ~verfahren** n. || tuning method || procédé m. de syntonisation. **c) ~welle** f. (Funkw) || tuning wave || onde f. de syntonisation. 5

abstoßen (Elektr) || to repel || repousser. **a)** mit einem **Bootshaken** m. **~** || to put off with a boat hook || déborder *ou* repousser avec une gaffe. **b) sich gegenseitig ~** || to repel mutually || se repousser mutuellement. 6

Abstoßung f., **elektrische** || electrical repulsion || répulsion f. électrique. **a) magnetische ~** || magnetic repulsion || répulsion f. magnétique. 7

Abstoßungskraft f. || repulsive force; repelling power || force f. répulsive. 8

abstreichen, mit dem **Lineal** n. || to draw off with the rule || aplanir avec la règle. **a)** die **Walze ~** (Buchdr) || to scrape up the roll || nettoyer le cylindre. 9

Abstreicher m. || scraper || racloir m. 10

Abstreich-holz n. || straight edge || règle f.; racloir m. **a) ~latte** f. (Gieß) || strickle || racloire f. **b) ~messer** n. der Walzendruckmaschine (Zeugdr) || doctor; ductor || racle f.; doctor m. **c) ~spatel** m. || scrap spattle || spatule f. racloir. **d) ~teller** m. || disc feeder || table f. de distribution *ou* doseur. **e) ~tisch** m. || disc feeder || table f. de distribution; table f. doseur. **f) ~vorrichtung** f. || scraper || dispositif m. de racloir. 11

Abstreifer m. (Mähmaschine) || cleaner || tringle f. de débourrage. **a) hochkippbarer ~** (Werkzeugmasch) || stripper adjustable in the height || dévêtisseur m. basculant vers le haut. 12

Abstreif-kran m. || stripping crane || grue f. à démouler. **a) ~ring** m. für **Öl** || oil wiper; oil wiping ring; wiper || segment m. racleur d'huile. 13

Abstrichblei n. || skimmed lead; lead scum; crude litharge || plomb m. d'écumage. 14

abstufen || to graduate; to grade || graduer. 15

Abstufungsventil n. || graduating valve || valve f. de graduation. 16

abstumpfen (Chem) || to neutralize || neutraliser. **a) ~** (Werkzeug) || to dull; to blunt || émousser. 17

Absturz m. || fall; dive; crash || chute f.; vol m. piqué. 18

abstürzen (fallen) || to dive || piquer. **a) ~** (kippen) || to tip || renverser; culbuter. **b) Erz** n. in die **Vorratsräume ~** || to dump the raw materials into the storage bins || verser des minerais mpl. sur les dépôts. **c)** das **Erz** wird in die **Eisenbahnwagen** abgestürzt || the ore is dumped into railway wagons || le minerai se vide dans des wagons. 19

Absturz-platz m. || dumping ground || terrain m. de décharge. **a) ~schacht** m. (Wasserb) || well; gully || puisard m. 20

Abstützbock m. || buffer block; support truss (A) || support m. d'entretoise. 21

abstützen || to support; to prop; to support || faire supporter; étayer; entretoiser; étançonner; arc-bouter. **a)** ein **Schiff** n. **auf Stapel ~** || to prop a ship on the stocks || accorer un vaisseau sur le chantier. 22

Absud m. (Brau) || decoction || décoction f. 23

Abszisse f. || abscissa || abscisse f. 24

Abszissenachse f. || axis of abscissas || axe m. des abscisses. 25

Abtakelung f. (Seew) || unrigging; dismantling || dégréement m.; dégréage m. 26

abtasten (Funkw) || to hunt || balayer. 27

Abtastvorrichtung f. (Funkw) || hunting device || dispositif m. de balayement. 28

abtauen || to thaw off || dégeler. 29

Abteil n. (Eisenb) || compartment || compartiment m.; coupé m. **a)** im **Inneren angebrachte ~e** npl. || inside divisions pl. || casiers mpl. pratiqués à l'intérieur. 30

abteilen, ein **Wort** in **Silben** || to divide a word into syllables || diviser un mot en syllabes. 31

Abteilung f. (Bauw) || compartment || compartiment m. 32

Abteilungsvorsteher m. || overseer of department || chef m. de rayon. 33

Abteilwagen m. || compartment car || voiture f. à compartiments. 34

abteufen (Bergb) || to sink || foncer; avaler. 35

Abteufen n. von **Schächten** || sinking of shafts || défoncement m. *ou* défonçage m. *ou* fonçage m. *ou* avaleresse f. *ou* percement m. des puits de mine. 36

Abteuf-gerüst n. || sinking trestle || échafaudage m. pour creusements. **a) ~hammer** m. || sinking hammer || marteau m. à puits. **b) ~kosten** pl. || cost of sinking || coût m. du forage. **c) ~kübel** m. || sinking bucket; mine kibble || benne f. de creusement; seau m. de mines. **d) ~maschine** f. || sinking machine || machine f. à foncement. **e) ~pumpe** f. || bore hole pump; sinking pump || pompe f. pour trou de sondage; pompe f. de creusement. 37

Abteufung f. (Bergb) || sinking || fonçage m. **a) Schacht~** || shaft sinking || creusement m. de puits de mine. 38

abtönen (Farbe) || to soften || charger la nuance; dégrader la teinte. **a) ~** (Fernm) || to tune || syntoniser. 39

Abtönung f. (Farbe) || toning down || dégradation f. 40

abtragen, Erde f. || to excavate *or* to dig the ground || déblayer un terrain. **a)** ein **Gebäude** n. **~** || to demolish *or* to dismantle *or* to raze a building || démanteler *ou* démolir *ou* raser un bâtiment. 41

Abtragen n. von **Erdmassen geringer Mächtigkeit** || removing soil in thin layers || enlèvement m. des couches de terre peu épaisses. 42

Abtragung f. (Geol) || ablation || ablation f. **a) ~** der **Erdoberfläche** || denudation of the earth-crust || dénudation f. du sol. 43

Abtragungsgebirge n. || mountains produced by erosion || roches fpl. de destruction. 44

Abtraufe f. der Dachrinne || spout of a gutter; gargoyle || canon m. de gouttière. 45

Abtreibearbeit f. in losem Gebirge || piling through quicksand || méthode f. par palplanches. 46

abtreiben, seewärts (Seew) || to fall to leeward || tomber sous le vent. 47

Abtreibepfahl m. (Bergb) || lath || palplanche f. 48

abtrennen || to cut off; to disconnect || tronçonner; sectionner; déconnecter. 49

abtreppen, eine **Mauer** (Bauw) || to wall in the form of stairs || maçonner par retraites *ou* en degrés. 50

Abtretung f. des **Grundstückes** || cession of the property || cession f. du fonds. 51

Abtretungsurkunde f. || deed of assignment || acte m. de transfert; transfert m.; assignation f.; cession f. 52

Abtrieb m. (Luftf) || deviation; drift || dérive f. **a) ~** (Wald) || clear cutting || coupe f. définitive. **b) ~** eines **Kabels** || slack of a cable || mou m. d'un câble. 53

Abtrift f. (Seew) || drift; deviation; leeway || dérive f. 54

Abtriftmesser m. || drift indicator || dérivomètre m. 55

Abtritt m. **mit Wasserschluß** || water closet || latrine f. à l'anglaise; W. C. 56

Abtritt-brille f. || seat of a closet || lunette f. de privé. **a) ~grube** f. || cess pool || fosse f. d'aisance. **b) ~schlot** m. || soil pipe; cess pipe || tuyau m. de chute; chausse f. d'aisance. 57

Abtropfbrett n. || dripping *or* dropping board || égouttoir m. 58

abtröpfeln || to drip || égoutter; tomber goutte à goutte. 59

Abtropf-gestell n. für Flaschen || bottle draining truck || égouttoir m. à bouteilles. **a) ~kante** f. (Sammler) || drip edge || bord m. à égoutter. **b) ~schale** f. || draining dish; drip cover || passoire f.; vase m. à égoutter; égouttoir m. 60

Abtrudeln n. (Luftf) || tail spin || vrille f. 61

abvieren (Zimm; Tischl) || to square; to veer || équarrir; carrer. 62

Abvierung f. || squaring || équarissement m. 63

abvisieren (Feldm) || to sight out; to line out || aligner; jalonner. 64

abwägen (Feldm) || to level; to take the level || niveler; mesurer avec le niveau; mesurer au *ou* prendre le niveau. **a)** die **Höhenlage** von **Grubenbauen ~** || to level the horizontal elevation of underground workings || niveler *ou* dépendre pour tracer des plans de mines. 65

Abwälzverfahren n. (Fräsmaschine) || self-generating method || méthode f. par fraise-mère développante. 66

Abwärme f. || waste heat || chaleur f. perdue. **a)** die **~** der Öfen für die Dampferzeugung **benutzen** || to utilize the waste heat from the furnaces for the generation of steam || employer la chaleur perdue des fours pour la production de la vapeur. 67

Abwärme-kessel m. || exhaust heat boiler || chaudière f. utilisant la chaleur d'échappement. **a) ~verwerter** m. ‖ waste heat recuperator ‖ récupérateur m. de chaleur d'échappement. **b) ~verwertung** f. ‖ utilization of waste heat ‖ utilisation f. de la chaleur perdue. **c) ~verwertungsanlage** f. ‖ waste heat utilizing plant ‖ installation f. de recouvrement de chaleur perdue. 1

abwärts fahrender Zug m. ‖ down train ‖ train m. descendant. 2

Abwärts-hub m. ‖ down(ward) stroke ‖ course f. descendante. **a) ~transformator** m. ‖ step down transformer; reducing transformer ‖ dévolteur m.; transformateur-réducteur m. 3

Abwasser n. ‖ sewage; waste water ‖ eau f. résiduelle *ou* résiduaire *ou* d'égouts. **a)** Anspruch m. auf **Durchleitung** von **Abwässern** durch fremde Grundstücke ‖ title to allow water to flow off through land belonging to others ‖ droit m. au passage des eaux d'écoulement à travers des terrains étrangers. **b)** die Abwässer npl. **reinigen** ‖ to purify discharge water ‖ épurer les eaux fpl. d'écoulement. **c) säurehaltiges ~** ‖ acidulous drain water ‖ eau f. résiduaire acide. 4

Abwasser-behandlungsanlage f. ‖ sewage works plant ‖ installation f. pour le traitement des eaux d'égouts. **a) ~kläranlage** f. ‖ sewerage plant; plant for the purification of waste water ‖ installation f. de décantation des eaux vannes; installation f. pour l'épuration des eaux résiduaires. **b) ~klärung** f. ‖ sewage water clarifying ‖ clarification f. d'eau d'égout. **c)** Anspruch m. auf Mitbenutzung einer **~leitung** f. ‖ right of joint user in a channel for the discharge of water ‖ droit m. à l'usage en commun d'une conduite d'eaux d'écoulement. 5

abwassern (Luftf) ‖ to take off on water ‖ demerrir. 6

Abwasserreinigung f. ‖ sewage purification; waste water purification ‖ épuration f. des eaux résiduaires; désinfection f. des eaux d'égouts. 7

Abwasserreinigungsanlage f. ‖ waste water purifying plant ‖ installation f. d'épuration des eaux ménagères. **a) ~** für **Schlachthöfe** ‖ waste-water cleaning plant for slaughter houses ‖ installation f. d'épuration des eaux résiduaires d'abattoirs. 8

Abwassertrichter m. ‖ waste water funnel ‖ entonnoir m. pour l'eau d'écoulement. 9

Abwässerung f. eines **Simses** (Bauk) ‖ weathering of a moulding ‖ glacis m. d'une moulure. 10

abwechseln ‖ to alternate ‖ alterner. 11

abwechselnd ‖ alternate; alternating ‖ alternatif. 12

abwehen (Schiff) ‖ to clear up ‖ s'apaiser. 13

Abwehrgeschütz n. gegen Kampfwagen ‖ antitank gun ‖ canon m. antichar. 14

Abweichung f. (Allgem) ‖ variation ‖ variation f.; différence f. **a) ~** (Maß) ‖ tolerance ‖ tolérance f.; limite f. **b) ~** (Opt) ‖ aberration; declination ‖ aberration f.; déclinaison f. **c) chromatische ~** von einem mittleren Brennpunkt ‖ chromatic deviation from a mean prilcpani focus ‖ aberration f. chromatique d'un foyer moyen. **d) chromatische Differenz** f. der sphärischen **~en** ‖ chromatic difference of the spherical aberrations ‖ différence f. chromatique des aberrations de sphéricité. **e) durchschnittliche ~** (Statistik) ‖ mean deviation ‖ écart m. moyen. **f) ~** von der **Geraden** ‖ deviation from the straight line ‖ déviation f. de la ligne droite. **g) ~** der **Gewindesteigung** vom **Sollmaß** ‖ difference of the thread pitch from the real size ‖ écart m. entre le pas du filetage et la dimension théorique. **h) Größe** f. der **~** (Opt) ‖ amplitude of aberration ‖ amplitude f. d'aberration. **i) ~** von **x Millimetern** ‖ deviation of x millimeters ‖ écart m. de x millimètres. **k) sphärische ~** des **Objektivs** ‖ spherical aberration of the object glass ‖ aberration f. de sphéricité de l'objectif. 15

Abweichungs-kompaß m. ‖ declination instrument ‖ boussole f. déclinatoire. **a) ~nadel** f. ‖ dipping *or* declining needle. ‖ aiguille f. de déclinaison. **b) ~tafel** f. (Astro) ‖ table of declination ‖ table f. de déclination. **c) ~winkel** m. ‖ angle of declination ‖ angle m. de déclinaison. 16

abweifen ‖ to reel off ‖ développer. 17

abweisen, eine **Mutung** f. ‖ to decline to grant a concession ‖ rejeter une demande de concession. 18

Abweisstein m. (Straßenb) ‖ guard-stone; curb-stone ‖ garde-roue m. 19

Abwerfeinrichtung f. (Fernm) ‖ test board for lost calls ‖ montage m. d'épreuve pour les appels défectueux. 20

Abwickel- und **Aufwickelhaspel** m. ‖ wind-off and wind-up reel ‖ dérouleur m. et enrouleur m. 21

abwickeln ‖ to uncoil ‖ dérouler. 22

Abwickeln n. des **Drahtes** ‖ unwinding of the wire ‖ déroulement m. du fil. 23

Abwickelwerk n. ‖ unwinding mechanism ‖ mécanisme m. dérouleur. 24

Abwiegemaschine f. ‖ dosing machine ‖ machine f. à doser. 25

abwiegen ‖ to weigh ‖ peser. 26

Abwind m. ‖ descending *or* downward *or* down (A) current; downwash ‖ vent m. descendant; courant m. d'air descendant. **a) ~feld** n. ‖ region of downward *or* descending currents ‖ champ m. de vent descendant. 27

abwischen ‖ to clean; to wipe off; to efface ‖ essuyer; effacer; nettoyer. 28

abwracken ‖ to wreck ‖ démolir. 29

Abwurf-behälter m. (Luftf) ‖ slip fuel tank ‖ réservoir m. décrochable *ou* de largage. **a) ~wagen** m. ‖ throw-off truck; discharging carriage ‖ déchargeur m. mobile; chariot m. de déchargement. 30

abzählen, Papier n. ‖ to count paper ‖ compter les feuilles fpl. 31

Abzahlungsgeschäft n. ‖ business on the instalment system ‖ maison f. de vente à tempérament *ou* à crédit *ou* à payements échelonnés. 32

Abzählwerk n. ‖ counting device ‖ compteur m. 33

Abzapfen n. (Flüssigkeit) ‖ racking ‖ soutirage m. 34

Abzapfhahn m. ‖ drawing-off cock ‖ robinet m. de soutirage. 35

Abzeichen n. ‖ badge; mark; brand ‖ insigne m.; marque f. 36

Abzeichen-fabrik f. ‖ badge factory ‖ fabrique f. d'insignes *ou* de marques. **a) ~nadel** f. ‖ badge pin ‖ broche f. d'insignes. 37

Abziehapparat m. (Brau) ‖ bottling *or* racking apparatus ‖ appareil m. de soutirage *ou* à soutirer. **a) ~** (Buchdr) ‖ proof press ‖ appareil m. à tirer les épreuves. 38

Abziehbild n. ‖ decalcomania picture; metachromotype; transfer (picture) ‖ décalcomanie f. **a) einbrennbares ~** ‖ ceramic transfer (picture) ‖ décalcomanie f. céramique. 39

Abziehbilder-druck m. ‖ transfer printing ‖ impression f. de décalcomanie. **a) ~verfahren** n. ‖ metachromotype process ‖ procédé m. de décalcomanie. 40

Abziehbürste f. (Buchdr) ‖ beating brush; letter brush ‖ brosse f. à épreuves *ou* à mouler *ou* d'imprimerie. 41

abziehen (Brau) ‖ to bottle; to rack ‖ mettre en bouteilles fpl.; soutirer. **a) ~** (Buchdr) ‖ to take a proof ‖ tirer une épreuve. **b) ~** (Math) ‖ to subtract; to defalcate ‖ soustraire; défalquer. **c) ~** (Maur) ‖ to draw off ‖ aplanir. **d) ~** (Messer) ‖ to sharpen; to smooth ‖ affûter; aiguiser. **e) ~** (Wirkerei) ‖ to draw off ‖ tirer. **f)** in **Fahnen** fpl. **~** (Buchdr) ‖ to pull in slips; to take a rough proof copy ‖ placarder. **g)** einen **Korrekturbogen** m. **~** ‖ to pull a proof; to work-off *or* to strike-off *or* to take-off a sheet ‖ tirer une épreuve à la brosse. **h)** von der **Kurbelwelle** f. **~** ‖ to draw-off of the crank shaft ‖ enlever de l'arbre m. de manivelle. **i)** mit dem **Lineal** n. **~** (Maur) ‖ to draw off ‖ aplanir avec la règle. **k)** einen **Probedruck** m. **~** ‖ to pull off a proof ‖ faire une épreuve. **l) unsauber ~** (Buchdr) ‖ to smut; to blot ‖ mâchurer. 42

Abziehen n. (Brau) ‖ bottling; racking ‖ mise f. en bouteilles; soutirage m. 43

Abzieher m. (Brau) ‖ racker ‖ soutireur m. 44

Abzieherin f. (Spinn) ‖ bobbin doffer ‖ leveuse f. de bobines. 45

Abzieh-feile f. ‖ smooth file ‖ lime f. douce *ou* à dresser. **a) ~hahn** m. (Brau) ‖ racking cock ‖ robinet m. de soutirage. **b) ~keller** m. (Brau) ‖ racking cellar ‖ cave f. de soutirage. **c) ~maschine** f. (Brau) ‖ bottling *or* racking machine ‖ machine f. de soutirage *ou* à soutirer. **d) ~papier** n. ‖ proof paper ‖ papier m. à épreuve. **e) ~presse** f. (Buchdr) ‖ proof *or* galley press ‖ presse f. à tirer des épreuves. 46

Abziehraum m. (Brau) ‖ racking room ‖ salle f. de soutirage. **a) ~** für **Flaschenbier** ‖ bottling room ‖ canetterie f. 47

Abzieh-riemen m. ‖ razor strop ‖ cuir m. à rasoir. **a) ~schraube** f. (Motor) ‖ withdrawing screw ‖ vis f. de pression. **b) ~stein** m. ‖ whetstone; oil stone; hone; honestone; rubber; slip ‖ pierre f. à adoucir *ou* à aiguiser; affiloire f. **c) ~vorrichtung** f. für **Reibahlen** ‖ planing device for reamers ‖ dispositif m. d'aiguisage pour alésoirs. 48

Abzug m (Auslaß) ‖ outlet ‖ sortie f.; échappement m. **a) ~** (Chem) ‖ hood ‖ hotte f. **b) ~** (Preis; Lohn) ‖ deduction ‖ déduction f.; retenue f. **c) ~** (Waffenw) ‖ trigger ‖ gâchette f. **d) Gewehr~** ‖ trigger release ‖ transmission f. de la gâchette de la mitrailleuse. **e) hektografischer ~** ‖ hectographic copy ‖ copie f. hectographique. **f)** in **~ bringen** ‖ to deduct ‖ déduire; défalquer. **g) ~** für **Tara** ‖ allowance for tare ‖ bonification f. sur la tare. 49

Abzugsgas n. ‖ burnt gases pl.; flue gas; exit gas; waste gas; escaping *or* dead gas ‖ gaz m. perdu *ou* d'échappement. 50

Abzugsgraben m. || draining ditch || fossé m. d'écoulement. a) ~ für **Wasser** || catch pit || fossé m. d'écoulement d'eau; drain m. 1

Abzugs-grube f. (Eisenb) || sink hole *or* trap || puisard m.; trappe f. à nettoyage. a) **~hängebank** f. || delivery platform || palier m. d'exploitation. b) **~hechel** f. || coarse *or* roughing hackle || ébauchoir m.; gros peigne m. 2

Abzugskanal m. (Bauw) || sewer; sink; cloaca; cesspool; drain; discharge duct; escape channel || égout m.; cloaque m.; canal m. d'écoulement; drain m. a) ~ (Wasserb) || drain channel || canal m. d'écoulement; drain m.; rigole f. 3

Abzugs-loch n. (Brückenb) || weeper || barbacane f. a) **~röhre** f. || funnel; outlet pipe; delivery tube; drain pipe || tuyau m. d'écoulement *ou* d'émission. a) **~schieber** m. || sluice valve || tiroir m. d'évacuation. 4

Abzugsschleuse f. (Bauw) || sewer; sink; cloaca; cesspool || égout m.; cloaque m. a) ~ (Wasserb) || outlet sluice || écluse f. de fuite *ou* de chasse. 5

Abzugs-schrank m. (Chem) || fume cupboard; basket funnel; closed hood || hotte f. fermée; chapelle f. a) **~walze** f. (Wirkerei) || delivering bowl; take-up roller || rouleau m. de tirage *ou* d'appel. b) **~welle** f. (Wirkerei) || draw-off roll || roulette f. de tirage. c) **~werke** npl. (Met) || dross; skim; scum || crasses fpl.; scories fpl.; écume f. 6

Abzweig-bund m. (Freileitung) || tapping *or* tap binding || ligature f. de raccordement. a) **~dose** f. (Elektr) || round branch box; round distributing box; connector box; junction box || boîte f. de dérivation *ou* de distribution *ou* de raccordements *ou* de connexion. 7

abzweigen || to branch-off || s'embrancher; brancher sur; se détacher; se bifurquer. a) einen **Strom** m. ~ (Elektr) || to branch a current || dériver un courant. 8

Abzweig-kasten m. (Elektr) || junction *or* distributing *or* branch box; box of distribution || boîte f. de branchement; caisse f. de distribution. a) **~kastendeckel** m. || joint box cover || couvercle m. de boîte de branchement. b) **~klemme** f. (Elektr) || branch terminal || borne f. de dérivation *ou* de branchement. c) **~leitung** f. || branch || branchement m. d) **~methode** f. || shunt method || méthode f. de dérivation. e) **~muffe** f. || branch-T; branch box || boîte f. de connexion en T; manchon m. de branchement. f) **~rohr** n. || branch pipe || branche f. de tube. 9

Abzweigspule f. (Elektr) || tapped coil || bobine f. de bifurcation. a) ~ (Fernm) || repeating coil || transformateur m. différentiel. 10

Abzweig-stromkreis m. || derived circuit || circuit m. dérivé. a) **~stück** n. || branch piece; branch-T || pièce f. d'embranchement *ou* de jonction; raccord m. en T. 11

Abzweigung f. (Eisenb) || branching-off || bifurcation f.; ramification f.; embranchement m. a) ~ (Elektr) || derivation || dérivation f. 12

Abzweigungsstation f. (Eisenb) || junction station || gare f. d'embranchement. 13

Abzweigwiderstand m. (Elektr) || shunt resistance || résistance f. en dérivation; résistance f. du circuit dérivé. 14

abzwicken || to pinch || couper à la pince. 15

Achat m. || agate || agate f. a) **~bohrer** m. || agate drill || foret f. *ou* mèche f. en agate. b) **~fuß** m. || agate tip || pied m. en agate. c) **~hütchen** n. || agate cap *or* plane; instrument-centre of agate || plan m. *ou* chape f. d'agate; cuvette f. en agate. d) **~kugel** f. || agate ball || bille f. d'agate. e) **~mörser** m. || agate mortar || mortier m. en agate. f) **~schleiferei** f. || agate grinding factory || atelier m. d'émoudre et de polir les agates. g) **~schneider** m. || agate cutter || tailleur m. d'agates. h) **~waren** fpl. || agate goods pl. || articles mpl. en agate. 16

Achromat m. || achromatic objective || objectif m. achromatique. 17

achromatisch || achromatic || achromatique. a) **~e Linse** f. || achromatic lens || lentille f. achromatique. b) **nicht ~e Linse** f. || non achromatic lens || lentille f. non achromatique. 18

achromatisieren (Opt) || to achromatize || achromatiser. 19

Achromatisierung f. || achromatization || achromatisation f. 20

Achromatismus m. || achromatism || achromatisme m. 21

Achsbelastung f. || axle load *or* weight || charge f. de l'essieu. 22

Achsbuchse f. || axle tree box || boîte f. d'essieu *ou* de roue *ou* à graisse. 23

Achsbuchsen-deckel m. || axle box cover || couvercle m. de boîte à graisse. a) **~führung** f. || axle box guide || guides mpl. de la boîte à graisse. 24

Achsbund m. || axle collar || collet m. de l'essieu. a) **Anlau** fm. am ~ || shoulder of the axle collar || congé m. du collet de l'essieu. b) **aus dem Ganzen** n. **geschmiedeter** ~ || axle collar forged from the solid; integrally forged collar || collet m. de l'essieu venu de forge. 25

Achse f. (Geom; Mech) || axis || axe m. a) ~ (Masch) || arbor; axle; axleshaft; shaft || arbre m.; axe m.; essieu m. b) ~ (Wagenb) || axletree; axle || essieu m. c) **Antriebs~** || driving *or* live axleshaft || essieu m. *ou* arbre m. tournant. d) **Brillen~** || spectacle axis || axe m. de la lunette. e) **Deklinations~** || declination axis || axe m. de déclinaison. f) **drehende** ~ *s.* Antriebs~. g) **dreiviertelfliegende** ~ || three quarter floating axle || essieu m. flottant trois quarts. h) **durchgehende** ~ || passing axle || arbre m. traversant. i) ~ mit **durchgehender Bohrung** || axle hole-bored from end to end || essieu m. percé de bout en bout *ou* sur toute sa longueur. k) ~ mit einer **Dynamowelle** gekuppelte || axle coupled with a dynamo shaft || essieu m. accouplé à un arbre de dynamo. l) die ~ **entlasten** || to take-off the weight from the axle || décharger l'axe m. m) **fliegende** ~ || floating axle || essieu m. flottant *ou* en porte à faux. n) **Gabel~** || forked axle || essieu m. chapé. o) **gebrochene** ~ || divided axle || essieu m. sectionné. p) die ~ ist **gebrochen** || the axle is broken || l'essieu m. est brisé. q) an einzelnen Stellen **geführte** ~ || axle that bears at separate points || axe m. supporté en certains points. r) der ganzen Länge nach **geführte** ~ || axle that bears throughout its length || axe m. supporté. sur toute sa longueur. s) **gekröpfte** ~ || cranked *or* dropped axle || essieu m. coudé. t) auf einer **gemeinsamen** ~ f. **gelagert** || mounted on a single shaft || monté sur un axe commun. u) im Raume **geneigt liegende** ~ || axis lying inclined in space || axe m. incliné dans l'espace. v) **gerade** ~ || straight axle || essieu m. droit. w) **gestürzte** ~ || cambered axle || essieu m. arqué. x) **geteilte** ~ *s.* gebrochene ~. y) **gezogene** ~ || solid drawn axle || essieu m. étiré. z) **halbfliegende** ~ || semi floating axle || essieu m. demi-flottant. 26

a) **Haupt~** || principal axis || essieu m. *ou* axe m. principal. b) **Hinter~** || rear axle || essieu m. arrière. c) **Kipp~** || hinge pin *or* axle || axe m. incliné. d) **Kolben~** || piston pin || axe m. de piston. e) **Kuppel~** || coupled axle || essieu m. accouplé. f) **Kurbel~** || crank axle; crankshaft || essieu m. coudé. g) **Lauf~** || running *or* dead axle || essieu m. porteur. h) **Leit~** || steering axle || essieu m. directeur. i) **Lenk~** *s.* Leit~. k) **montierte** ~ || mounted axle || essieu m. monté. l) ~ einer **Parabel** || principal diameter of a parabola || axe m. d'une parabole. m) **parallaktische** ~ || equatorial *or* parallactic axis || axe m. parallactique. n) **per** ~ || by carriage || par roulier m. o) **Quer~** || lateral axis || axe m. transversal. p) ~ mit **Querkardanwellen** || jointed cross shaft axle || essieu m. à cardans transversaux. q) **Repetitions~** (Vermessung) || repeating axis || axe m. de répétition. r) **Rohr~** || tubular axle || essieu m. tubulaire. s) **Steuer~** || steering axle || essieu m. directeur. t) **Stunden~** (Astro) || polar axis || axe m. horaire. u) **Trag~** || carrying axle || essieu m. porteur. v) **Treib~** *s.* Antriebsachse. w) **Trieb~** *s.* Antriebsachse. x) ~ mit **U-Querschnitt** || channel section axle || essieu m. à profil en U. y) sich **um die eigene** ~ **drehen** || to rotate round its own axis || tourner autour de son axe propre. z) **verschiebbare** ~ || sliding axle || essieu m. à glissement. 27

a) **vollfliegende** ~ || full floating axle || essieu m. tout flottant. b) **von** ~ **zu** ~ || centre to centre || d'axe en axe m. c) **Vorder~** || front axle || essieu m. avant. 28

Achsel f. des **Buchstabens** || shoulder of the letter || épaulement m. de la lettre. 29

Achsen-abstand m. (Lok; Auto) || axle base || écartement m. des essieux; empattement m. a) **~abstech-** und **Zentrierbank** f. || axle cutting-off and centering machine || tour m. à tronçonner et centrer les essieux. b) **~bruch** m. || axle fracture; breaking of the axle || rupture f. d'essieu. c) **~drehung** f. || circular *or* rotatory motion || rotation f. de l'axe. d) **~druck** m. || pressure of axle || charge f. d'essieu. e) **~feder** f. || axle spring || ressort m. d'essieu. f) **~kreuz** n. (Math) || system of coordinates || système m. de coordonnées *ou* d'axes. 30

achsenloses Fahrgestell n. || axleless undercarriage || châssis m. sans essieux. 31

Achsen-reibung f. || axle friction || frottement m. de l'essieu. a) **~schmiere** f. || axle grease || graisse f. pour les essieux. b) **~sehprüfscheibe** f. für astigmatische Augen || axis test disc for astigmatic eyes || goniomètre m. pour l'astig-

matisme *ou* pour des yeux astigmates. **c) ~sitz** m. || axle seat || portée f. de calage. 1
achsensymmetrisch || axially symmetrical || symétrique par rapport à l'axe. **a) ~es Auge** n. || axially symmetrical eye || œil m. symétrique par rapport à l'axe. 2
Achsensystem n., **parallaktisches ~** mit Stundenkreis und Deklinationskreis (Astro) || equatorial head with hour circle and declination circle || système m. d'axes parallactiques avec cercle horaire et cercle de déclinaison. 3
Achs-futter n. (Wagenb) || axletree bed || corps m. d'essieu en bois. **a) ~gabelsteg** m. || pedestal tie bar; pedestal binder (A); hornplate stay || entretoise f. de plaque de garde. **b) ~gehäuse** n. || axle housing || carter m. de l'essieu. **c) ~hals** m. || axle journal; steering knuckle || fusée f. d'essieu. **d) ~halter** m. || axle guard || plaque f. de garde. 4
achsial *s.* axial. 5
Achs-innenlagerstelle f. (Lok) || inside journal || fusée f. d'essieu intérieure. **a) ~kappe** f. || axle cap || chapeau m. d'essieu. **b) ~kompressor** m. (Eisenb) || axle compressor || compresseur m. d'essieu. **c) ~körper** m. || body of axle || corps m. de l'essieu. **d)** Innenkurbeln fpl., die **~kröpfung** f. erfordern || inside cranks pl. which necessitate a cranked axle || manivelles fpl. intérieures exigeant un essieu coudé. 6
Achslager n. || axle bearing *or* box; journal box (A) || boîte f. d'essieu. **a) federndes ~** || elastic axle box || boîte f. d'essieu à ressorts. **b) festes ~** || rigid axle box || boîte f. d'essieu fixe. 7
Achslagerausschnitt m. (Eisenb) || opening for axle box guide || cage f. de boîte d'essieu. 8
Achslagerführung f. || axle slide; journal box guide (A); pedestal box guiding || guide m. de la boîte d'essieu. **a) gerade ~** || straight axle slide || guide m. vertical de la boîte d'essieu. **b) geschlossene ~** (Eisenb) || pedestal (A); hornblock pedestal || guide m. de boîte d'essieu en forme d'arcade. **c) hintere ~** || rear axle box slide || guide m. de la boîte d'essieu arrière. **d) schräge ~** || oblique axle box slide || guide m. de la boîte d'essieu oblique. **e) vordere ~** || front axle box slide || guide m. de la boîte d'essieu avant. 9
Achslager-gehäuse n. || axlebox case *or* body || corps m. de boîte d'essieu. **a) ~gleitplatte f.** || axle box liner || fourrure f. de boîte d'essieu. **b) ~schale** f. || axle bearing step || coussinet m. de boîte d'essieu. 10
Achslagerstellkeil m. || axle box adjusting wedge || coin m. de serrage des boîtes d'essieu. **a) ~schraube** f. || adjusting screw of axle box wedges || vis f. de serrage des boîtes d'essieu. 11
Achslagerunterkasten m. || axle box keep || partie f. inférieure de boîte d'essieu. 12
Achs-loch n. || hole for axle; axle bore || alésage m. de l'essieu. **a) ~mitteldrehbank f.** || axle middle lathe || tour m. à charioter les corps d'essieux. **b) ~mutter** f. || collar nut || écrou m. à chapeau. **c) ~nagel m.** || forelock; linch *or* axle pin || esse f.; asse f. 13
achsrecht *s. auch* axial || axial || axial. 14
Achs-ring m. (Wagenb) || end *or* linch hoop; axle ring || anneau m. de bout d'essieu. **a) ~rohr** n. || axle tube || tube m. fourreau. **b) ~satzschleifmaschine** f. || wheel and axle set grinder || machine f. à rectifier les trains de roues. **c) ~schaft** m. || axle center *or* shaft || corps m. de l'essieu. **d) ~schemel** m. (Wagenb) || axletree bed bolster || sellette f. d'essieu. 15
Achsschenkel m. || axle journal *or* neck; steering knuckle; half of axle || fusée f. *ou* gorge f. d'essieu; demi-essieu m.; tourillon m. **a) ~bolzen** m. || steering pivot pin || tourillon m. de direction. **b) ~bruch** m. || fracture of the axle journal || rupture f. de la fusée d'essieu. **c) ~prägepoliermaschine** f. || machine for burnishing axle journals || machine f. à brunir les fusées d'essieux par des galets. **d) ~schleifmaschine** f. || axle journal grinding machine || machine f. à rectifier les fusées d'essieux. **e) ~schruppdrehbank** f. || axle roughing lathe || tour m. à dégrossir les fusées. 16
Achs-schmiere f. || coom; grease || cambouis m.; graisse f. **a) ~spiegeldrehbank** f. || lathe for facing the axle ends || tour m. à dresser les faces verticales aux extrémités des essieux. **b) ~stand** m. (Lok; Auto) || axle *or* wheel base || écartement m. des essieux *ou* des roues; empattement m. **c) ~stummel** m. || axle journal; neck of the axle || tronçon m. coudé; fusée f. d'essieu. **d) ~sturz** m. || axle dip || dévers m. **e) ~stütze** f. an Kraftwagen || axle bracket on motor cars || support m. d'essieu d'automobiles. **f) ~verkleidung** f. || axle fairing || carénage m. de l'essieu. **g) ~wechselvorrichtung** f. (Eisenb) || axle changing device || dispositif m. de rechange d'essieux. **h) ~zapfen** m. || axle journal; axle arm; axle end; steering knuckle || fusée f. d'essieu; tourillon m. **i) ~zwinge** f. || axle coupling plate || bride f. d'étrier d'essieu. 17
Achteck n. || octagon || octogone m. 18
achteckig || octagonal || octogone; octogonal; à huits pans mpl. 19
achter (Luftf; Seew) || abaft; aft || derrière; en arrière de. 20
achteraus fahren || to go astern || faire machine f. arrière. 21
Achter-deich m. || back dike || arrière-digue f. *ou* bord m. **a) ~ebbe** f. || end of the ebb || fin f. du jusant. 22
achterlastig || down by the stern || sur l'arrière m.; sur cul m. 23
Achterlaterne f. (Schiffb) || poop lantern || fanal m. de poupe. 24
achtern *s.* achter. 25
Achter-raum m. (Schiffb) || after hold || cale f. arrière. **a) ~riemen** m. (Seew) || stroke oar || aviron m. de chef de nage. **b) ~schiff** n. || stern; afterbody || arrière m.; poupe f. **c) ~spant** n. || after frame || couple m. de l'arrière. **d) ~segel** n. || after sail || voile f. de l'arrière. **e) ~steven** m. || stern post || étambot m. **f) ~verseilung** f. (Kabel) || eightfold twisting || câblage m. en huit fils. 26
Achtflächner m. || octahedron || octaèdre m. 27
Achtkant-schlüssel m. || octagonal spanner || clef f. à huit pans. **a) ~stab** m. || octagon bar || barre f. octogone; barre f. à huit pans. 28
Achtsamkeit f. || watchfulness || attention f. 29
Achtschloßstrickmaschine f. || eightlock knitting machine || machine f. à tricoter à huit serrures. 30
achtseitig || eight sided || à huit pans mpl. 31
Achtstundentag m. || eight hours' working day || journée f. de huit heures. 32
Achtung! || take care!; beware!; look out!; caution! || gare!; attention!. 33
Achtzylinder-dieselmotor m., umsteuerbarer kompressorloser || eight cylinder direct reversible compressorless Diesel engine || moteur m. Diesel réversible à injection mécanique à huit cylindres. **a) ~motor** m. || eight cylinder engine || machine f. à huit cylindres. 34
Acker m. || acre || acre f. 35
Ackerbau m. || (agri)culture; farming; husbandry || agriculture f. 36
Ackerbauer m. || agriculturist; farmer; husbandman; tiller || cultivateur m.; laboureur m. 37
Ackerbau-kundiger m. || agriculturist; agriculturalist || agronome m. **a) ~maschine** f. || agricultural machine || machine f. agricole. **b) ~ministerium** n. || department of agriculture || département m. agricole. **c) ~schule** f. || agricultural college; farm school || ferme-école f. 38
Acker-bestellung f. || tillage || labourage m. **a) ~boden** m. || ploughland; arable land; farm land (A) || sol m.; terroir m.; terre f. arable *ou* labourable *ou* végétable. **b) ~bürger** m. || agriculturist || agriculteur m. 39
Ackerfräser m. || tillage cutter || fraiseuse f. de labour. **a) Motor~** || motor tillage cutter || fraiseuse f. de labour à moteur. 40
Acker-furche f. || furrow || sillon m. **a) ~gerät** n. || agricultural *or* farming implement || outil m. *ou* ustensile m. de labourage; instrument m. aratoire. **b) ~knecht** m. || farm servant || valet m. de ferme. **c) ~krume** f. || vegetable soil || terre f. végétale. 41
ackern || to plough; to plow (A); to till || labourer. 42
Acker-schleife f. || clod crusher || traînoir m. **a) ~wagen** m. || field carriage || voiture f. pour le champ. **b) ~walze** f. || field *or* land *or* smooth roller; field cylinder roller || rouleau m. pour le travail des champs; émotteuse f.; rouleau m. pour champs labourés. **c) ~winde** f. (Masch) || field winch || treuil m. de labourage. 43
Adaptation f. || adaptation || adaptation f. 44
adaptieren || to adapt || adapter. 45
adaptiert, dunkel ~es Auge n. || dark adapted eye || œil m. adapté à l'obscurité. 46
Adaptierungseinrichtung f. || adapter device || dispositif m. d'adaptation. 47
addieren (Math) || to add up; to sum up || additionner. **a) ~** (Chem) || to combine additively || s'ajouter. 48
addierend || additively || additivement. 49
Addiermaschine f. || adding machine || machine f. à additionner; addiateur m.; additioneuse f. **a) ~ mit einem Zählwerk** || single counter adding machine || machine f. à additionner à un seul compteur. **b) ~ mit zwei Zählwerken** || duplex adding machine || machine f. à additionner à deux compteurs. 50
addiert, nicht (Registrierkasse) || not added up || non additionné. 51

Addiervorrichtung f. || adding machine || machine f. à additionner; additionneur m. 1
Addierwerk n. || adding device || totalisateur m.; additionneur m. **a) Ablesen** n. der ~e durch einfachen Druck auf die Taste || reading the adding devices by simple pressure of key || lecture f. des totalisateurs par simple pression de la touche. **b) Registrierkasse** f. mit ~ || cash register with adding mechanism || caisse f. enregistreuse comportant totalisateur. **c)** jedes dieser ~e ist mit einer **Schublade** verbunden || each of these adding devices is combined with a drawer || chacun de ces totalisateurs mpl. est muni d'un tiroir. **d)** ~ unter **Verschluß** || adding device under cover || totalisateur m. sous clef. **e)** ~ nach Wahl **ablesbar** oder **verdeckt** || adding device according to choice visible or secret || totalisateur m. à choix visible ou secret. 2
Additionsvorrichtung f. || adding mechanism || mécanisme m. additionneur; dispositif m. additif. 3
Ader f. (Anatom) || vein || veine f.; artère f. **a)** ~ (Bergb) || vein || filon m.; veine f. **b)** ~ (Fernm) || conductor; lead || fil m.; conducteur m. **c) a-~** (Fernm) || tip wire; T-wire || fil m. a. **d) b-~** (Fernm) || ring wire; R-wire || fil m. b. **e) Ballon~** (Fernm) || balloon conductor || conducteur m. à ballon. **f) c-~** (Fernm) || private wire; c-wire || fil m. de test; fil m. c. **g) Erz~** || leading || veinule f. de minerai. **h)** ~ **zum Furnieren** (Tischl) || vein || filet m. de marqueterie *ou* de placage. 4
Aderhaut f. || choroid membrane || membrane f. choroïde. 5
Aderholz n. (geadertes) || veined wood || bois m. marbré. **a)** ~ (lang geschnittenes) || grain wood || bois m. de fil. 6
Aderlaßhohlnadel f. || canula needle || aiguille f. trocart pour saignée. 7
adern || to vein; to marble; to streak || veiner; marquer de veines fpl. 8
Adernkratzer m. (Einlegearbeit) || router-gage || trusquin m. à filet. 9
Adervierer m. (Fernm) || quad || quadrette f. 10
Adhäsion f. (Phys) || adhesion || adhésion f. 11
Adhäsions-eisenbahn f. || adhesion railway || chemin m. de fer à adhérence. **a) ~fett** n. || adhesive grease *or* fat || graisse f. adhésive *ou* adhérente. 12
Adhäsionsgewicht n. || adhesive weight || poids m. adhérent. **a)** ~ einer **Lokomotive** || adhesion weight of a locomotive || poids m. adhérent d'une locomotive. 13
Adhäsions-grenze f. || limit of adhesion || limite f. par adhérence. **a) ~kraft** f. || adhesive power *or* force || pouvoir m. adhérent. **b) ~kultur** f. (Brau) || adhesion culture || culture f. adhérente. 14
Adiabate f. || adiabatic curve || courbe f. adiabatique; adiabate f.; adiabatique f. 15
adiabatisch || adiabatic || adiabatique. **a) ~e Ausdehnung** f. || adiabatic expansion || détente f. adiabatique. **b) ~e Verdichtung** f. || adiabatic compression || compression f. adiabatique. 16
Adjustagemaschine f. || adjusting machine || machine f. d'ajustage. 17
adjustieren *s. auch* eichen || to gauge; to adjust || ajuster. 18
Adjustierung f. (Mech; Masch) || adjusting; adjustment || ajustage m. 19
Adlerholz n. || eagle wood; agalloch; calambac || bois m. d'aigle. 20
Administrator m. (Landw) || farm manager *or* administrator || administrateur m. *ou* régisseur m. d'une terre. 21
Adreßbuch n. || directory || Bottin m.; livre m. *ou* indicateur m. *ou* répertoire m. d'adresses. **a) Handels~** || commercial directory || annuaire m. *ou* almanach m. de commerce. **b) kaufmännisches ~** || commercial directory || almanach m. du commerce. 22
Adresse f. *s. auch* Anschrift || address || adresse f. **a) per ~** || care of || chez; aux bons soins mpl. de. 23
Adressenbüro n. || address office || bureau m. d'adresses. 24
Adressiermaschine f. *s. auch* Anschriftenmaschine || addressing machine || machine f. à adresses *ou* à adresser. 25
Adressiermaschinentype f. || type for addressing machines || type m. pour machines à imprimer des adresses. 26
Adreß-karte f. || address card || carte f. d'adresse. **a) ~laden** m. || addressing chest || tiroir m. à adresses. **b) ~platte** f. || addressing plate || planche f. à adresses. 27
Adular m. || adularia || adulaire m.; spath m. adulaire. **a) echter ~** || moon stone; adularia || pierre f. de lune; feldspath m. nacré. 28
Advokat m. || advocate || avocat m. 29
Aequivalentgewicht n., **chemisches** || chemical equivalent in weight; chemical weight equivalent || poids m. équivalent chimique; équivalent m. chimique. 30
aerobes **Bakterium** n. || aerobic bacterium || bactérie f. aérobique. 31
Aerodynamik f. || aerodynamics pl. || aérodynamique f. 32
aerodynamisch || aerodynamical || aérodynamique. 33
aerologisches Meßgerät n. || instrument for aerological measuring || instrument m. de mesures aérologiques. 34
Aeromechanik f. || aeromechanics pl. || aéromécanique f. 35
Aerometer n. || aerometer || aéromètre m. 36
Aeronautik f. || aeronautics pl. || aéronautique f. 37
aeronautische Wetterkunde f. || aerology || aérologie f. 38
aerophysikalisches Meßverfahren n. || method of aerophysical measurement || méthode f. de mesures aérophysiques. 39
Aeroplan m. || aeroplane; airplane || aéroplane m. 40
Aeroskop n. || aeroscope || aéroscope m. 41
Aerostat m. || aerostat; lighter-than-air craft || aérostat m.; aéronef m. plus léger que l'air. 42
Aerostatik f. (Mech) || aerostatics pl. || aérostatique f. 43
aerostatisch aerostatic || aérostatique. 44
Affenbrotbaum m. || baobab || baobab m. **a) ~öl** n. || baobab oil || huile f. de baobab. 45
Affiche f. || poster; bill || affiche f. 46
Affinierung f. (Met) || refining || affinage m. 47
Affinität f. || affinity || affinité f. 48
Afterramme f. (Wasserb) || pile block || faux-pieu m. 49
Agar-Agar n. || agar agar || agar-agar m. 50
Agavenfaser f. || fiber of agave || fibre f. d'agave. 51
Agent m. || agent; consignee || agent m.; chargé m. d'affaires. **a) bevollmächtigter ~** || accredited agent || agent m. accrédité. 52
Agentur f. || agency; representation || agence f.; succursale f. **a) ~ mit Kommission** f. || agency and commission || agents mpl. et commissaires mpl. 53
Agglomerieranlage f. (Bergb; Met) || agglomerating plant || installation f. d'agglomération. 54
Aggregat n. (Math) || multinomial; polynomial || polynôme m. **a)** ~ (Phys; Chem) || aggregate || agrégat m. **b) Bordhilfs~** || marine auxiliary set || groupe m. auxiliaire de bord. **c) Licht~** || lighting set || groupe m. de lumière. 55
Aggregatzustand m. || condition *or* state of aggregation; physical condition || état m. d'agrégation *ou* de matière; état m. physique. **a) fester ~** || solid state of aggregation || état m. d'agrégat solide. **b) flüssiger ~** || liquid state of aggregation || état m. d'agrégat liquide. **c) gasförmiger ~** || gaseous state of aggregation || état m. d'agrégat gazeux. 56
Agio n. || premium; agio || agio m. 57
Agiotör m. || stock jobber || agioteur m. 58
Agraffe f. || brooch; clasp || agrafe f. 59
Agrikulturchemie f. || agricultural chemistry || chimie f. appliquée à l'agriculture; chimie f. agricole. 60
Ahle f. (Buchdr) || point; bodkin || pointe f.; languette f. **a)** ~ (Sattl) || awl; pricker || alêne f. **b) flache ~** (Sattl) || bradawl; broad awl || alêne f. plate. **c) halbrunde ~** (Masch) || half-round broach || alésoir m. demi-rond. 61
Ahlenfabrik f. || awl works pl. || fabrique f. d'alênes. 62
ähnlich || like || du genre. **a) ~e Dreiecke** npl. || similar triangles pl. || triangles mpl. semblables. 63
Ähnlichkeit f. (Geom) || similitude; similarity || similitude f. 64
Ahorn m. || maple tree || érable m. **a) eschenähnlicher ~** || ash-leaved maple || érable m. négundo. **b) Feld~** || common maple || érable m. champêtre. **c) Spitz~** || plane maple || érable m. plane. **d) Zucker~** || sugar maple || érable m. à sucre. 65
Ahornholz n. || maple; maple wood || érable m.; bois m. d'érable. **a) hartes ~** || rock maple || érable m. dur. 66
Ahorn-lack m. || maple varnish || vernis m. acéracé. **a) ~öl** n. || maple oil || essence f. d'érable. 67
Ährchen n. || small *or* young ear || épillet m.; jeune épi m. 68
Ähre f. || ear; spike; spicula || épi m. 69
Ähren-heber m. (Landw) || ears' lifter || releveur m. d'épis. **a) ~spindel** f. (Getreide) || ear spindle || tige f. d'épi. 70
Ajourware f. (Wirkerei) || à jour fabric || tissu m. à jour. 71
Ajowansamen mpl. || ajowan seeds pl. || graines fpl. d'ajowan. 72
Akademie f., **Forst** || forest college || école f. forestière supérieure. 73
Akaroidharz n. || acaroid gum *ou* resin; yellow grass tree gum || gomme f. acaroïde; résine f. de Botany Bay *ou* de xanthorrhœa. 74
Akazie f. || acacia || acacia m. **a) unechte ~** || locust tree; common acacia || aux acacia f.; robinier m. 75

Akazien-blatt n. || acacia leaf || feuille f. d'acacia. a) **~gummi** m. || gum Arabic || gomme f. arabique. b) **~holz** n. || acacia *or* locust wood || bois m. d'acacia. c) **~öl** n. || acacia oil || essence f. d'acacia. d) **~schote** f. || acacia pod || gousse f. d'acacia. 1

akklimatisiert || acclimatized || acclimaté. 2

Akkommodation f. || accommodation || accommodation f. 3

Akkommodations-breite f. || amplitude of accommodation || amplitude f. de l'accommodation. a) **~fähigkeit** f. || power of accommodation || pouvoir m. d'accommodation. b) **~ruhe** f. || relaxed state of accommodation || relâchement m. de l'accommodation. c) **~zustand** m. || state of accommodation || état m. d'accommodation. 4

akkommodieren || to accommodate || accommoder. 5

Akkord m. (Handel) || private arrangement *or* settlement with creditors || arrangement m. à l'amiable. a) ~ (Lohn) || piece wages pl. || tâche f.; paye f. à la pièce. b) ~ (Mus) || accord || accord m. c) in ~ **arbeiten** || to work by contract *or* by the piece || travailler à la pièce *ou* à la tâche *ou* à forfait. d) ~ für **Arbeitsleistung** || agreement || accord m.; marché m. e) **Bau~** (Bauw) || building contract || marché m. d'ouvrage. f) ~ nach **Maß** || agreement by meter || marché m. au mètre. g) ~ nach **Stückzahl** || agreement by piece || marché m. à la tâche *ou* à la pièce. 6

Akkord-arbeit f. || piece *or* task *or* contract work; job || travail m. à forfait *ou* à la tâche *ou* à la pièce. a) **~arbeiter** m. || piece worker || tâcheron m.; ouvrier m. à la pièce. 7

akkordieren || to arrange; to contract || accorder. a) mit seinen **Gläubigern** mpl. ~ || to make a private arrangement *or* settlement with one's creditors || s'arranger; passer un arrangement avec ses créanciers. 8

Akkordion n. (Mus) || accordion || accordéon m. 9

Akkord-lohn m. || piecework rates pl. || salaire m. aux pièces *ou* à la tâche. a) **~zeitregistrierapparat** m. || job time recorder || appareil m. pour le contrôle du temps employé pour l'exécution des travaux à la tâche. b) **~zither** f. || chord zither || cithare f. d'accord. 10

akkreditieren || to open a credit || accréditer. 11

Akkreditiv n. || letter of credit; credentials pl. || lettre f. de crédit; accréditif m. a) **dauerndes** ~ || permanent credit || accréditif m. permanent. b) **Verlängerung** f. eines **~s** || extension of a letter of credit || prolongation f. d'un accréditif. 12

Akkumulator m. *s. auch* Sammler || accumulator || accumulateur m. a) **Aufladung** f. eines **~s** || charging of an accumulator || chargement m. d'un accumulateur. b) **Druckluft~** || compressed air type accumulator || accumulateur m. à charge d'air comprimé. c) **Eisennickel~** || iron nickel accumulator || accumulateur m. au fer et nickel. d) **elektrischer** ~ || electric accumulator; storage battery || accumulateur m. électrique. e) **Gewichts~** || weight accumulator || accumulateur m. à poids. f) **hydraulischer** ~ || hydraulic accumulator || accumulateur m. hydraulique. g) **Klingel~** || bell accumulator || accumulateur m. de sonnerie. h) ~ für **langsame Ladung** || accumulator for slow charging || accumulateur m. à charge lente. i) ~ für **rasche Ladung** || accumulator for quick charging || accumulateur m. à formation rapide *ou* à charge rapide. k) ~ mit **Säurefüllung** || accumulator with liquid electrolyte || accumulateur m. à électrolyte liquide. l) **stationärer** ~ || stationary accumulator || accumulateur m. stationnaire. m) **transportabler** ~ || portable accumulator || accumulateur m. transportable. n) **Trocken~** || dry accumulator; accumulator with solid electrolyte || accumulateur m. sec *ou* à électrolyte immobilisée. o) den ~ m. **überladen** || to overcharge the accumulator || surcharger l'accumulateur m. 13

Akkumulatoren-batterie f. || battery of accumulators; storage *or* secondary battery || batterie f. d'accumulateurs *ou* secondaire. a) **~fabrik** f. || accumulator works pl. || fabrique f. d'accumulateurs. b) **~fahrbetrieb** m. || storage battery traction || traction f. par accumulateurs. c) **~ladeapparat** m. || accumulator charging apparatus || appareil m. de recharge d'accumulateurs. d) **~lokomotive** f. || locomotive with storage battery || locomotive f. à accumulateurs. e) **~monteur** m. || accumulator erector || monteur m. d'accumulateurs. 14

Akkumulatorenplatte f. || accumulator plate || plaque f. d'accumulateur. a) **~n** fpl. **schmieren** || to paste accumulator plates pl. || tartiner des plaques fpl. d'accumulateurs. 15

Akkumulatoren-prüfer m. || accumulator testing instrument *or* tester || essayeur m. d'accumulateurs. a) **~raum** m. || accumulator *or* battery room || salle f. des accumulateurs. b) **~säure** f. || battery acid || acide m. pour accumulateurs. c) **~wagen** m. || accumulator car; battery motor car || automotrice f. *ou* voiture f. à accumulateurs. 16

Akkumulator-gefäß n. || accumulator box *or* jar || bac m. *ou* récipient m. *ou* vase m. d'accumulateur. a) **~gitterplatte** f. || accumulator grid plate || plaque f. à grillage d'accumulateur. b) **~glas** n. || glass accumulator box; accumulator jar || bac m. d'accumulateur en verre. c) **~kasten** m. || accumulator box *or* tank || caisse f. d'accumulateur. d) **~ladung** f. || accumulator charging || charge f. d'accumulateur. e) **~platte** f. *s.* Akkumulatorenplatte. 17

aklinisch || aclinic || aclinique. 18

Akonitin n. || aconitine || aconitine f. 19

Akontozahlung f. || payment on account; instalment || acompte m. 20

Akridinfarbstoff m. || acridine colour || couleur f. d'acridine. 21

Akt m. (Mal) || posture || pose f.; académie f. 22

Akte f., den **~n** fpl. einverleiben || to place on files pl. || ajouter aux archives fpl.; joindre au dossier m. 23

Akten-deckel m. || document cover; cover for legal documents || couverture f. de dossiers *ou* de fascicule; chemise f. d'un dossier. a) **~hefter** m. || document file || classeur m. b) **~mappe** f. || portfolio; satchel; case for documents || serviette f.; serviette f. d'avocat; serviette f. de banque; portefeuille m. de bureau. c) **~schrank** m. || cabinet for documents; deed box; file cupboard *or* cabinet || armoire f. à dossiers *ou* à serrer les dossiers. d) **~stoß** m. || file; bundle || liasse f. e) **~tasche** f. *s.* Aktenmappe. f) **~umschlag** m. || document envelope || enveloppe f. pour documents. g) **~zeichen** n. || reference on a letter; file reference; serial number || chiffre m. du dossier. 24

Aktie f. || share || action f. a) **alte ~n** fpl. || old shares pl. || actions fpl. anciennes. b) **beschränkte Ausgabe** f. von **~n** || restricted issue of shares || émission f. limitée d'actions. c) **~n** fpl. **beziehen** || to take delivery of stock || prendre livraison f. des titres. d) die **~n** fpl. sind **notiert** mit || shares pl. are quoted at || les actions fpl. sont cotées à. e) die **~n** fpl. stehen auf **pari** || shares pl. are at par || les actions fpl. sont au pair. f) **Partie** f. **~n** || parcel of shares || paquet m. d'actions. g) die **~n** fpl. sind **teilweise gezeichnet** || shares pl. are partly subscribed || les actions fpl. sont partiellement souscrites. h) die **~n** fpl. sind **überzeichnet** || shares pl. are over-subscribed || les actions fpl. sont souscrites au delà. i) **Umtausch** m. alter **~n** gegen neue || exchange of old shares for new ones || échange m. de vieilles actions contre des nouvelles. k) **volleingezahlte ~n** fpl. || fully paid shares pl.; shares pl. paid in full || actions fpl. libérées. l) die **~n** fpl. sind **vollgezeichnet** || shares pl. are fully subscribed || les actions fpl. sont complètement souscrites. m) **Vorzugs~** || preference share || action f. privilégiée de participation. n) **~n** fpl. **zeichnen** || to take up shares pl. || souscrire à des actions fpl. o) **~n** fpl. **zuteilen** || to allot shares pl. || attribuer des actions fpl. 25

Aktien-anteil m., einen ~ übernehmen || to take over part of the stock || signer un certain nombre d'actions. a) **~ausgabe** f. || issue of shares || émission f. d'actions. b) **~bank** f. || joint stock bank || banque f. par actions. c) **~einziehung** f. || redemption of shares || rachat m. *ou* amortissement m. d'actions. d) **~formular** n. || share certificate || formulaire m. d'action. 26

Aktiengesellschaft f. joint stock company; company limited by shares || société f. anonyme *ou* par actions. a) die **Majorität** f. einer ~ besitzen || to own the majority of the stock of a joint stock company || être titulaire m. de la majorité des parts d'une société anonyme. 27

Aktien-händler m. || stock broker *or* jobber; dealer in stocks || agioteur m.; courtier m. a) **~inhaber** m. || shareholder; stockholder || porteur m. *ou* détenteur m. d'actions *ou* de titres; actionnaire m. 28

Aktienkapital n. || share *or* joint capital || fonds m. social; capital-actions m. a) das ~ ist fast völlig im **Besitz** von ... || the capital stock is almost entirely in the hands of ... || la presque totalité f. des actions appartient à ... b) ~ **zusammenlegen** || to write off capital || réduire le capital. 29

Aktien-paket n. || block *or* parcel of shares || paquet m. *ou* tranche f. d'actions.

a) ~schein m. || share certificate || bordereau m. d'actions. **b) ~spekulation** f. || speculation in stocks || agiotage m. **c) ~steuer** f. || tax on shares || impôt m. sur les actions. **d) ~zeichnung** f. || subscription in shares || souscription f. d'actions. 1

aktinisch || actinic || actinique. **a) ~er Strahl** m. || actinic ray || rayon m. actinique. 2

Aktinium n. (Phys; Chem) || actinium || actinium m. 3

Aktinometer || actinometer || actinomètre m. 4

Aktionär m. || shareholder; holder of stock || actionnaire m. 5

Aktions-rad n. || action wheel || couronne f. d'action. **a) ~radius** m. || radius of action || rayon m. d'action. **b) ~turbine** f. || impulse *or* action turbine || turbine f. d'action. 6

aktiv || active || actif. **a) ~e Handelsbilanz** f. || active *or* favourable balance of trade || bilan m. actif. **b) ~e Masse** f. (Sammler) || active paste || masse f. active. **c) ~e Oberfläche** f. || active surface || surface f. active. 7

Aktiva pl. || assets pl. || actif m. 8

Aktiv-posten m. || asset item || position f. active. **a) ~wert** m. || asset || valeur f. effective. 9

Aktsaal m. (Mal) || room for live models || salle f. des modèles vivants *ou* des nudités. 10

Akustik f. || acoustics pl. || acoustique f. 11

akustisch-es Instrument n. || acoustic instrument || instrument m. acoustique. **a) ~es Signal** n. || sound signal; audible call || signal m. *ou* appel m. phonique. 12

Akzelerator m. (Auto) || foot throttle; accelerator || accélérateur m. **a) ~pedal** n. || accelerator pedal || pédale f. d'accélérateur. 13

Akzept n. || acceptance; accepted bill; draft || acceptation f.; traite f. acceptée. **a) Gefälligkeits~** || accommodation bill || effet m. de complaisance. **b) Teil~** || partial acceptance || acceptation f. partielle. **c)** einen Wechsel m. zum **~ vorzeigen** || to present a bill for acceptance || présenter une traite à l'acceptation. 14

Akzeptant m. || accepter || acceptant m.; accepteur m. 15

akzeptieren || to accept; to honour || accepter; faire honneur m.; payer; accueillir. 16

Akzidenz-druck m. || job printing || impression f. d'ouvrages de ville. **a) ~drucker** m. || job printer || imprimeur m. d'ouvrages de ville. **b) ~druckerei** f. || jobbing office || imprimerie f. d'ouvrages de ville. **c) ~presse** f. || jobbing machine || presse f. pour ouvrages de ville. **d) ~schnellpresse** f. || flat-bed printing machine for job work || machine f. à imprimer en blanc. **e) ~schrift** f. || job types pl. || caractères mpl. de fantaisie. 17

Akzise f. || excise; internal revenue || accise f.; octroi m.; contributions fpl. indirectes. 18

Alabaster m. || alabaster; compact gypsum || albâtre m. **a) grob behauener ~** || roughly hewed alabaster || albâtre m. équarri. **b) roher ~** || raw alabaster || albâtre m. brut. 19

Alabaster-beleuchtungsgegenstand m || alabaster lamp || article m. d'éclairage en albâtre. **a) ~bruch** m. || alabaster quarry || carrière f. d'albâtre. **b) ~glas** n. || alabaster glass || verre m. alabastrin. **c) ~mühle** f. || alabaster mill || moulin m. à albâtre. **d) ~waren** fpl. || alabaster articles pl. || objets mpl. en albâtre. 20

Alarm m. || alarm || alarme f. **a) ~anlage** f. || alarm plant || installation f. d'alarme. 21

Alarmapparat m. || alarm || avertisseur m. **a) elektrischer ~** || electric alarm || avertisseur m. électrique; appareil m. d'alarme électrique. **b) ~** in **Wächterkontrollanlagen** || alarm apparatus for watchmen's control systems || appareil m. d'alarme pour installations de contrôleurs de rondes. 22

Alarmeinrichtung f. || alarm equipment || installation f. d'alarme. **a) ~** für **Feuerwehr** || alarm device for fire brigades || installation f. d'alarme pour corps de pompiers. **b) ~** für **Kassiervorrichtungen** || alarm device for coin boxes || installation f. d'alarme pour les caisses. 23

Alarm-glocke f. || alarm bell || tocsin m.; sonnerie f. d'urgence *ou* d'alarme; trembleur m. **a) ~glockenanlage** f. || bell alarm system || sonnerie f. d'alarme. **b) ~pfeife** f. || alarm whistle || sifflet m. d'alarme. **c) ~schalter** m., **selbsttätiger** || automatic alarm device || avertisseur m. automatique. **d) ~sicherung** f. || alarm fuse || fusible m. avertisseur. **e) ~signal** n. || alarm; danger signal || alarme f.; signal m. d'alarme; avertisseur m. **f) ~thermometer** n. || alarm thermometer || thermomètre m. avertisseur. **g) ~vorrichtung** f. || alarm device || dispositif m. d'alarme. 24

Alaun m. || alum; alumen || alun m. 25

Alaun-beize f. || aluminous mordant || mordant m. d'alun. **a) ~bergwerk** n. || alum pit *or* mine || carrière f. *ou* mine f. d'alun; alunière f. **b) ~brühe** f. (Gerb) || solution of alum and salt; alum steep || bain m. d'alun; solution f. d'alun et de sel. 26

Alaunerde f. || alum earth; alumina; aluminium oxide || alumine f.; oxyde m. d'aluminium; terre f. alumineuse. **a) ~grube** f. || aluminous earth quarry || carrière f. de terre alumineuse. 27

Alaunerz n. || alum ore; aluminous ore; alunite || minerai m. d'alun. **a) ~bergwerk** n. *s.* Alaunbergwerk. 28

Alaun-gips m. || marble cement; artificial marble || ciment m. anglais; plâtre m. aluné. **a) ~hütte** *s.* Alaunsiederei. 29

Alaunschiefer m. || alum slate; gentle slate || ampélite f. alumineuse *ou* alunifère; schiste m. alunifère *ou* alumineux. **a)~erz** n., **überröstetes** || alum slate overburnt in torrefying || schiste m. alumineux torréfié; cendres fpl. passées. 30

Alaun-siederei f. || alum works pl. || alunière f.; alunerie f. **a) ~stein** m. || alum stone; alunite; aluminous lime stone || pierre f. alumineuse; alunite f. **b) ~ton** m. || alum earth; alumina || terre f. alumineuse; alumine f. **c) ~wasser** n., mit **~** beizen (Färb) || to alum; to steep in alum || aluner. 31

Albit m. || pericline; albite || albite f.; péricline f. 32

Album n. || album || album m. **a) ~** für **Personenaufnahmen** || album for portraits || album m. pour portraits *ou* de photographies. 33

Album-beschläge mpl. || album fittings pl. || ferrures fpl. d'albums. **a) ~fabrik** f. || album manufactory || fabrique f. d'albums. 34

Albumin n. || albumen; albumin || albumine f. **a) Eier~** || egg albumen || albumine f. de l'œuf. **b) gerbsaures ~** || albumen tannate || tannate m. d'albumine. 35

Albuminat n. || albuminate || albuminate m. 36

Albuminpapier n. (Lichtb) || albumenized *or* albuminized *or* albumin paper || papier m. albuminé *ou* glacé albumineux. 37

Albumose f. || albumose || albumose f. 38

Alchemie f. || alchemy || alchimie f. 39

Alchemist m. || alchemist || alchimiste m. 40

Aldehyd n. || aldehyde || aldéhyde m. 41

aldehydisch || aldehydic || aldéhydique. 42

Ale n. (Brau) || ale || ale m. 43

Alfa f. || alfa; esparto || sparte m. **a) ~matte** f. || mat of alfa || natte f. en alfa. 44

Alfenid n. || alfenide || alfénide m. **a) ~-waren** fpl. || alfenide goods pl. || articles mpl. en alfénide. 45

Alfreskomalerei f. || fresco painting || peinture f. à la fresque. 46

Algarobaharz n. || algaroba resin || résine f. algarroba. 47

Alge f. zum Heilgebrauch || medicinal alga *or* sea weed || algue f. médicinale. 48

Algebra f. || algebra || algèbre f. 49

algebraisch || algebraic || algébrique. **a) ~es Zeichen** n. || algebraical sign || signe m. algébrique. 50

Algenkalkstein m. || rock of lime forming algæ || roche f. d'algues calcaires. 51

Algolfarbstoff m. || algol colour || matière f. colorante d'algol. 52

Alhidadentransportör m. || alidade transporter || transporteur m. à alhidade. 53

alitierter Stahl m. || calorized *or* alited steel || acier m. calorisé. 54

Alizarin n. || alizarin(e); artificial madder || alizarine f.; garance f. artificielle. 55

Alizarin-blau n. || alizarin(e) *or* anthrazene blue || bleu m. d'alizarine *ou* d'anthracène. **a) ~farbe** f. || alizarin(e) dye || couleur f. d'alizarine. **b) ~farbstoff** m. || alizarin(e) colouring || colorant m. d'alizarine. **c) ~lack** m. || alizarin(e) lake || laque f. d'alizarine. **d) ~rot** n. alizarin(e) red || rouge m. d'alizarine. **e) ~tinte** f. || alizarin(e) ink || encre f. d'alizarine. 56

Alkaleszenz || alkalinity; alkalescence || alcalinité f.; alcalescence f. 57

Alkali n. || alkali || alcali m. 58

alkalibeständig || alkali-proof; fast to alcali || inattaquable *ou* résistant aux alcalis. 59

Alkalichloridelektrolyse f. || alkali-chloride electrolysis || électrolyse f. de chlorures alcalins. 60

alkalifester Lack m. || alkali-proof varnish || vernis m. résistant aux alcalis. 61

Alkali-metall n. || alkaline metal || métal m. alcalin. **a) ~salz** n. || alkaline salt || sel m. alcalin. 62

alkalisch || alkaline; alkalous || alcalin. **a) ~ machen** || to make alkaline; to alkalize || alcaliniser. **b) ~es Bad** n. || alcaline bath || bain m. alcalin. 63

Alkalischmachen n. || alkalinization || alcalinisation f. 64

alkalisieren *s.* alkalisch machen. 65

Alkalizelle f. (Elektr) || alkaline cell || plaque f. alcaline. 66

Alkaloid n. || alkaloid || alcaloïde m. 67

Alkannawurzel f. || alkanna *or* alkanet root || racine f. d'orcanette. 68

Alkohol m. || alcohol || alcool m. **a) Allyl~** || allyl alcohol || alcool m. allylique.

b) Amyl~ || amylic *or* amyl alcohol || alcool m. amylique. **c) Äthyl~** || ethyl alcohol || alcool m. éthylique. **d) Butyl ~** || butyl alcohol || alcool m. butylique. **e) denaturierter ~** || adulterated spirit; denaturated alcohol || alcool n. dénaturé. **f) einwertiger ~** || monohydric *or* monovalent alcohol || monoalcool m.; alcool m. monovalent. **g) Gärungs~** || ethyl *or* grain alcohol || alcool m. de fermentation. **h) mehrwertiger ~** || polyhydric *or* polyvalent alcohol || polyalcool m.; alcool m. polyvalent. **i) Methyl~** || methylic *or* methyl alcohol || alcool m. méthylique. **k) Propyl~** || propyl alcohol || alcool m. propylique. **l) reiner ~** || absolute alcohol || alcool m. absolu. **m) unreiner~** || crude alcohol || alcool m. brut. 1

Alkohol-apparat m. alcohol apparatus || appareil m. à alcool. **a) ~auszug** m. aus Pflanzen || alcoholate of plants || alcoolat m. de plantes. **b) ~bestimmung** f. || determination of the alcohol || dosage m. de l'alcool. **c) ~derivat** n. || alcohol derivative || produit m. dérivé de l'alcool. **d) ~faktor** m. || alcohol factor || facteur m. pour le calcul de l'alcool. 2

alkohol-fester Kitt m. || alcohol-proof cement || mastic m. résistant à (l'action de) l'alcool. **a) ~freies Getränk** n. || nonalcoholic *or* unalcoholic beverage *or* drink; drink free from alcohol || boisson f. inalcoolique *ou* non-alcoolique. 3

Alkohol-gärung f. || alcoholic fermentation || fermentation f. alcoolique. **a) ~gärungspilz** m. || alcoholic ferment || ferment m. alcoolique. **b) ~gehalt** m. || alcoholic strength; percentage *or* amount of alcohol || degré m. *ou* richesse f. alcoolique; taux m. d'alcool; teneur f. en alcool. **c) ~hefe** f. || alcoholic yeast || levure f. *ou* levain m. alcoolique. 4

alkoholisch || alcoholic || alcoolique. **a) ~e Lösung** f. || alcoholic solution || alcoolat m.; solution f. alcoolique. 5

Alkohol-lampe f. || alcohol lamp || lampe f. à alcool *ou* à esprit-de-vin. **a) ~lösung** f. *s.* alkoholische Lösung. **b) ~messer** m. *s.* Alkoholometer. 6

Alkoholo-meter n. || alcoholmeter; spirit poise || alcoolomètre m. **a) ~metrie** f. || alcoholmetry || alcoolométrie f. 7

Alkohol-präparat n. || alcohol preparation || alcoolat m. **a) ~tabelle** f. || alcohol table || table f. pour le calcul de l'alcool. **b) ~-thermometer** n. || alcohol thermometer || thermomètre m. à alcool. **c) ~wage** f. *s.* Alkoholometer. 8

Alkoven m. || alcove || alcove f. 9

Allein-besitz m. || exclusive property || propriété f. exclusive. **a) ~eigentümer** m. || sole owner || propriétaire unique. **b) ~-handel** m. || monopoly || monopole m. **c) ~verkauf** m. || exclusive sale || vente f. exclusive. **d) ~vertreter** m. || monopolist; sole agent *or* distributor || représentant m. exclusif. 10

alle Rechte vorbehalten || all rights reserved || tous droits réservés. 11

allgemein || general || général. 12

Allgemeingültigkeit f. || generality || généralité f. 13

allmählich || little by little; gradually || peu à peu; successif. 14

Allonge f. (Buchdr) || fly leaf || feuille f. attachée. 15

allotrop || allotropic || allotropique. 16

Allotropie f. || allotropy || allotropie f. 17

allotropisch || allotropic || allotropique. 18

allseitig geschlossen || covered-in all round || fermé de toutes parts. **a) ~er Druck** m. || pressure from all sides || pression f. de tous côtés. 19

alluvial || alluvial || alluvionnaire. 20

Alluvium n. || alluvium; alluvial soil || alluvion f. 21

Allwetterkarosserie f. || all weather body || carrosserie f. décapotable. 22

Allyl n. || allyl || allyle m. **a) ~alkohol** m. || allylic *or* allyl alcohol || alcool m. allylique. **b) ~- senföl** n. || allylic mustard oil || huile f. allylique de moutarde. 23

Allzeichner m. || pantograph || pantographe m. 24

Almandin m. || almandine; almandite || grenat m. almandin; almandine f.; almandite f. 25

Aloe f. || aloe || aloès m. 26

Aloe-extrakt m. || aloe extract || extrait m. d'aloès. **a) ~faser** f. || aloe fiber || fibre f. d'aloès. **b) ~hanf** m. || Mexican grass; aloe-hemp || chanvre m. d'aloès. 27

Alpaka m.; n. (Web) || alpaca || alpaga m. **a) ~besteck** n. || knife, fork and spoon of alpaca metal || couvert m. de table en métal alpaca. **b) ~haar** n. || alpaca hair || poil m. d'alpaga. **c) ~silberwaren** fpl. || alpaca silver goods pl. || articles mpl. en alpaca argenté. **d) ~spinner** m. || alpaca spinner || fileur m. d'alpaga. **e) ~weber** m. || alpaca weaver || tisseur m. d'alpaga. 28

Alphabet n., **russisches** || Russian alphabet || alphabet m. russe. 29

alphabetisch-e Reihenfolge f. || alphabetic order || ordre m. alphabétique. **a)** in **streng ~er Reihenfolge** f. || in strict alphabetical order || dans l'ordre m. strictement alphabétique. 30

Alphabetperforiermaschine f. für Hutleder || alphabet perforating machine for sweat band || machine f. pour perforer les initiales dans le cuir du chapeau. 31

alt (veraltet) || antique; old-fashioned; obsolete || antique; ancien; suranné; hors d'usage m. **a) ~er Mann** m. (Bergb) || old workings pl. || vieux travaux mpl. 32

Altan m. || flat; flat roof; platform; balcony || comble m. plat; plate-forme f.; balcon m. 33

Altar m. (Bauk) || altar || autel m. 34

Altar-bild n. || altar piece || tableau m. d'autel *ou* de retable. **a) ~nische** f. (Bauk) || apse; tribunal || apse f.; tribunal m. d'église. **b) ~schmuck** m. || altar ornaments pl. || parement m. d'autel. **c) ~-schrein** m. || altar screen || contre-retable m. 35

Alt-brandsohle f. (Schuhm) || insole out of old shoes || vieille première f. **a) ~-bücher** npl. || old *or* second hand books pl. || livres mpl. antiquaires; livres mpl. d'occasion. 36

Alteisen n. || scrap; scrap heap; scrap *or* fagotted iron || vieux fer m.; ferrailles fpl. amoncelées; fer m. de ferraille. **a) ~-stoffe** mpl. || old steel scrap; scrap || ferraille f.; vieux fers mpl. hors d'usage. 37

Alter n. der Maschine || age of the machine || âge m. de la machine. **a)** von **ungleichem ~** || uneven aged || d'âges mpl. différents. 38

altern || to age; to fatigue; to tire || vieillir; fatiguer. 39

Altern n. von Magneten || maturing of magnets || maturation f. des aimants. 40

Alters-bestimmung f. der geologischen Schichten || determination of the age of stratæ || détermination f. de l'âge des couches terrestres. **a) ~brille** f. || presbyopic spectacles pl. || verres mpl. aux presbytes. **b) ~klasse** f. || age class || classe f. d'âge. **c) ~riß** m. || season crack || crique f. de vieillissement; craquelure f. saisonnière. 41

alterssichtig || presbyopic || presbyte. 42

Alterssichtigkeit f. || presbyopia || presbytie f. **a) zunehmende ~** || increasing presbyopia || presbytie f. augmentant. 43

Alters-versicherung f. || old age pension insurance || assurance f. contre les effets de l'invalidité et de la vieillesse. **a) ~-zulage** f. || superannuation allowance || haute-paye f. d'ancienneté; augmentation f. régulière de traitement et d'après l'ancienneté. 44

Alterung f. (Met) || aging; ageing || vieillissement m. 45

alterungsfreie Legierung f. || alloy that does not deteriorate with age || alliage m. n'accusant pas de vieillissement. 46

Altgummi n. || used rubber || caoutchouc m. usé. **a)** Einrichtung f. zur **Verarbeitung** von **~** || plant for the utilization of old rubber || installation f. pour l'utilisation de caoutchouc vieux. 47

Althäawurzel f. || marsh mallow root || racine f. de guimauve. 48

Alt-haufen m. || old floor *or* heap || vieille couche f. **a) ~holz** n. || old timber || vieille futaie f. 49

Altmaterial n. || old *or* used material || vieux matériaux mpl., matériel m. usagé. **a) ~** (Textil) || rags pl. || chiffons mpl. 50

Alt-messing n. || old brass || vieux laiton m. **a) ~metall** n. || old metal || vieux métal m. 51

Altpapier n. || refuse; used paper; old waste paper || papier m. à la cuve; vieux papiers mpl. 52

Altpapier-reinigungsanlage f. || waste paper cleaning plant || installation f. pour le nettoyage des vieux papiers. **a) ~-schneidanlage** f. || waste paper cutting plant || installation f. pour le découpage des vieux papiers. **b) ~sortieranlage** f. || waste paper sorting plant || installation pour le triage des vieux papiers. 53

Alt-wasser n. || old river bed || ancien lit m. *ou* bras m. d'une rivière. **a) ~weberknoten** m. || false knot || faux nœud m. **b) ~wert** m. einer Leitung || scrap value of a line || valeur f. d'une ligne usée. **c) ~-zinn** n. || old tin || étain m. à refondre. 54

Aluminium n. || aluminium; **aluminum** (A) || aluminium m. **a) Blatt~** || aluminium foil *or* leaf || aluminium m. en feuilles. **b) ~ zweiter Schmelzung** || secondary aluminium || aluminium m. de deuxième fusion. 55

Aluminium-apparat m. || aluminium apparatus || appareil m. en aluminium. **a) ~-azetat** n. || aluminium acetate || acétate m. d'alumine. **b) ~bekleidung** f. || aluminium cover || revêtement m. en aluminium. **c) ~besteckherstellungsmaschine** f. || aluminium knives, forks and spoons making machine || machine f. pour fabriquer des couverts en aluminium. d) **~blech** n. || aluminium sheet *or* plate || plaque f. *ou* feuille f. d'aluminium. 1

Aluminiumbronze f. || aluminium bronze || bronze m. d'aluminium. a) **~brille** f. || aluminium bronze spectacles pl. || lunettes fpl. en bronze d'aluminium. 2

Aluminium-chlorid n. || aluminium chloride || chlorure m. d'aluminium a) **~dose** f. || aluminium box || boîte f. en aluminium. 3

Aluminiumdraht m. || aluminium wire || fil m. en aluminium. a) **~waren** fpl. || articles pl. of aluminium wire || ouvrages mpl. en fil d'aluminium. 4

Aluminium-druck m. || printing from aluminium plates || aluminographie f. a) **~druckerei** f. || aluminium printing works || algraphie f. b) **~farbe** f. || aluminium colour || couleur f. d'aluminium. c) **~fassung** f. || aluminium mounting || monture f. en aluminium. d) **~folie** f. || aluminium foil || feuille f. d'aluminium. e) **~fritter** m. || aluminium coherer || cohéreur m. à aluminium. f) **~geschirr** n. || aluminium plate || vaisselle f. en aluminium. g) **~gestell** n. || aluminium frame || bâti m. en aluminium. h) **~gewinnungseinrichtung** f. || equipment for producing aluminium || installation f. de production de l'aluminium. i) **~großgefäß** n. || large vessel of aluminium || réservoir m. de grande capacité en aluminium. k) **~guß** m. || aluminium casting || fonte f. d'aluminium. l) **~hütte** f. || aluminium works pl. || fonderie f. d'aluminium. m) **~kabel** n. || aluminium cable || câble m. en aluminium. n) **~kapsel** f. || aluminium capsule || capsule f. d'aluminium. o) **~klemme** f. || aluminium clip *or* clamp || pince f. en aluminium. p) **~kochgeschirr** n. || aluminium kitchen sets pl. *or* kitchen utensils pl. || batterie f. de cuisine *ou* bouillottes fpl. de cuisine en aluminium. q) **~legierung** f. || aluminium alloy || alliage m. d'aluminium. r) **~lötmittel** n. || aluminium solder || soudure f. d'aluminium. s) **~oxyd** n. || oxide of aluminium || oxyde m. d'aluminium. t) **~platte** f. || aluminium plate || planche f. d'aluminium. u) **~pulver** n. || aluminium powder || poudre f. d'aluminium. v) **~putzmittel** n. || aluminium polish || produit m. à nettoyer l'aluminium. w) **~schale** f. || aluminium tray || cuvette f. en aluminium. x) **~schweißung** f. || aluminium welding || soudage m. d'aluminium. y) **~seil** n. || stranded aluminium wire || câble m. en aluminium. z) **~spielwaren** fpl. || aluminium toys pl. || jouets mpl. en aluminium. 5

a) **~sportartikel** m. || aluminium sport's article || article m. de sport en aluminium. b) **~stöpsel** m. || aluminium stopper || bouchon m. en aluminium. c) **~sulfat** n. || sulphate of aluminium || sulfate m. d'aluminium. d) **~touristengerät** n. || aluminium article for tourists || article m. de tourisme en aluminium. e) **~walzwerk** n. || aluminium rolling mill || laminoir m. d'aluminium. f) **~waren** fpl. || aluminium ware *or* goods pl. || objets mpl. en aluminium. g) **~zelle** f. || aluminium cell || élément m. d'aluminium. h) **~zellengleichrichter** m. aluminium cell rectifier || redresseur m. avec anode en aluminium. 6

Aluminoxyd n. || oxide of alumina || oxyde m. d'alumine. 7

Aluminothermie f. || aluminothermics pl. || aluminothermie f. 8

aluminothermisch || aluminothermic || aluminothermique. 9

Amalgam n. || amalgam; amalgama || amalgame m. a) **kupferhaltiges ~** || cupriferous amalgam || amalgame m. cuivrique. 10

Amalgamationsapparat *s.* Amalgamierapparat. 11

Amalgam-bad n. || amalgam solution *or* bath || bain m. d'amalgamation. a) **~destillationsofen** m. || amalgam distilling furnace || four m. pour la distillation des amalgames. b) **~fänger** m. || amalgam catcher || collecteur m. d'amalgame. c) **~filter** n. || amalgam filter || filtre m. pour amalgame. 12

Amalgamier-apparat m. || amalgamation apparatus || appareil m. d'amalgamation. a) **~einrichtung** f. für Golderze || amalgamating device for gold ores || installation f. pour amalgamer les minerais d'or. 13

amalgamieren || to amalgamate; to amalgamize || amalgamer. 14

Amalgamierer m. || amalgamator || amalgamateur m. 15

Amalgamier-pfanne f. || amalgamating pan || cuve f. d'amalgamation. a) **~tisch** m. || amalgamating table || table f. d'amalgamation. 16

Amalgamierung f. (Met) || amalgamation || amalgamation f. 17

Amalgam-presse f. || amalgam press || presse f. pour amalgame. a) **~trommel** f. || amalgam drum *or* barrel || tambour m. *ou* tonneau m. d'amalgamation. 18

Amatörfotograf m. || amateur photographer || photographe m. amateur. 19

Amber m., **gelber** || yellow amber || ambre m. jaune. 20

Amboß m. || anvil || enclume f. a) **Dengel~** || scythe anvil; mover's anvil || enclumette f. à battre la faux; chaploire m. b) **Hand~** || hand anvil || enclumette f. c) **Spengler~** || tinman's anvil || enclumette f. de ferblantier. d) **Tisch~** || table anvil || enclume f. de serrurier. 21

Amboß-bahn f. || anvil face; plate of anvil || face f. *ou* table f. d'enclume. a) **~einsatz** m. || anvil insertion piece || tasseau m. b) **~futter** n. || anvil bed *or* stock *or* stand || chabotte f.; socle m. *ou* billot m. *ou* semelle f. d'enclume. c) **~horn** n. || beak *or* horn of anvil || corne f. d'enclume. d) **~stock** m. *s.* ~futter. e) **~untersatz** m. *s.* ~futter. 22

Ambra f. || ambergris || ambre m. gris. a) **flüssige ~** || liquidambar || liquidambar m. b) **graue ~** || ambergris || ambre m. gris. c) **~öl** n. || amber oil || huile f. d'ambre. 23

Ambroid n. || ambroid || ambroïde m. 24

Ambroin n. || ambroin || ambroïne f. 25

Ameisen-aldehyd n. || formaldehyde || aldéhyde m. formique. a) **~äther** m. || formic ether || éther m. formique. b) **~ei** n. || ant's egg || œuf m. de fourmi. c) **~eiersammler** m. || ant's eggs collector || fourmilleur m.; ramasseur m. d'œufs de fourmis. 26

ameisensaur-es Ammoniak n. || ammonium formiate || formiate m. d'ammoniaque. a) **~es Amyl** n. || amyl formiate || formiate m. d'amyle. b) **~es Benzyl** n. || benzyl formiate || formiate m. de benzyle. c) **~es Salz** n. || formiate || formiate m. 27

Ameisensäure f. || formic acid || acide m. formique. 28

Amethyst m. || amethyst || améthyste f. 29

Amiant m. || amianthus; asbestos || amiante m. a) **~ in Fasern** || amiant in fibers || amiante m. en fibres. 30

Amidenbestimmung f. || determination of the amids || dosage m. des amides. 31

Amido-benzoesäure f. || amidobenzoic acid || acide m. amidobenzoïque. a) **~naphtholsulfosäure** f. || amidonaphthol sulphonic acid || acide m. sulfonique d'amidonaphthol. 32

Aminosäure f. || amino acid || acide m. aminoïque. 33

Ammon n. || ammonia || ammoniaque f. 34

Ammon-alaun m. || tschermigite || tschermigite f. a) **~bifluorid** n. || ammonia *or* ammonium bifluoride || bifluorure m. d'ammoniaque. 35

Ammoniak n. || ammonia; volatile alkali || ammoniaque f.; alcali m. volatil. a) **ameisensaures ~** || ammonium *or* ammonia formiate || formiate m. d'ammoniaque. b) **doppeltkohlensaures ~** || ammonium *or* ammonia bicarbonate || bicarbonate m. d'ammoniaque. c) **essigsaures ~** || ammonium *or* ammonia acetate || acétate m. d'ammoniaque. d) **flüssiges ~** || aqua *or* liquid ammonia || ammoniaque f. liquide. e) **kohlensaures ~** || ammonia *or* ammonium carbonate || carbonate m. d'ammoniaque. f) **milchsaures ~** || ammonium *or* ammonia lactate || lactate m. d'ammoniaque. g) **molybdänsaures ~** || ammonium *or* ammonia molybdate || molybdate m. d'ammoniaque. h) **phosphorsaures ~** || ammonia *or* ammonium phosphate || phosphate m. d'ammoniaque. i) **salpetersaures ~** || ammonia *or* ammonium nitrate || azotate m. *ou* nitrate m. d'ammoniaque. k) **schwefelsaures ~** || ammonia *or* ammonium sulphate || sulfate m. d'ammoniaque. l) **synthetisches ~** || synthetic ammonia || ammoniaque f. synthétique. m) **überschwefelsaures ~** || ammonium *or* ammonia persulphate || persulfate m. d'ammoniaque. n) **vanadinsaures ~** || ammonium *or* ammonia vanadate || vanadate m. d'ammoniaque. o) **wasserfreies ~** || anhydrous *or* anhydric ammonia || ammoniaque f. anhydre. p) **wässeriges ~** || ammonia water || eau f. ammoniacale. q) **weinsteinsaures ~** || ammonium *or* ammonia tartrate || tartrate m. d'ammoniaque. r) **zitronensaures ~** || ammonium *or* ammonia citrate || citrate m. d'ammoniaque. 36

Ammoniak-absorptionsmaschine f. || ammonia absorption cooling machine || machine f. à ammoniaque à absorption. a) **~alaun** n. || ammonia *or* ammonium alum || alun m. d'ammoniaque *ou* ammoniacal. 37

ammoniakalisch || ammoniacal || ammoniacal. 38

Ammoniak-anlage f. || ammonia works pl. || installation f. pour la production de l'ammoniaque. a) **~auslaßventil** n. || ammonia outlet valve || vanne f. de sortie d'ammoniaque. b) **~behälter** m. || liquid ammonia receiver || réservoir m. à ammoniaque. c) **~destillation** f. || ammonia distilling || distillation f. d'ammoniaque. d) **~einlaßventil** n. || ammonia inlet valve || vanne f. d'entrée d'ammoniaque. e) **~eismaschine** f. || ammonia ice machine || machine f. à glace à ammoniaque. f) **~flasche** f. || ammonia carboy || bonbonne f. d'ammoniaque. g) **~flüssigkeit** f. || ammonia hydrate; liquid ammonia || solution f. aqueuse d'ammoniaque; ammoniaque f. liquide. h) **~gas** n. || ammoniacal gas || gaz m. ammoniacal. i) **~gewinnungsanlage** f. || ammonia producing *or* recovery plant || installation f. de production d'ammoniaque *ou* à récupération d'ammoniaque. k) **~gummi** m. || ammoniac gum || gomme f. ammoniaque. l) **~kältemaschine** f. || ammonia cooling machine || machine f. frigorifique à ammoniaque. m) **~kessel** m. || ammonia receiver || récipient m. à ammoniaque. n) **~kompressionsmaschine** f. || ammonia compression machine || machine f. à compression d'ammoniaque. o) **~kompressor** m. *s. auch* ~verdichter || ammonia compressor || compresseur m. à ammoniaque. p) **~lösung** f. || ammonia solution || solution f. d'ammoniaque. q) **~magnesia** f., phosphorsaure || ammonium *or* ammonia magnesium phosphate || phosphate m. ammoniacomagnésique. r) **~salz** n. || ammoniac salt || sel m. ammoniacal. s) **~stickstoff** m. || ammonia *or* ammonium nitrogen || azote m. ammoniacal. t) **~superphosphat** n. || ammonium *or* ammonia superphosphate || superphosphate m. d'ammoniaque. 1

Ammoniakverdichter m. || ammonia compressor || compresseur m. d'ammoniaque. a) **einstufiger ~** || single stage ammonia compressor || compresseur m. à ammoniaque à un seul étage. b) **stehender doppeltwirkender ~** || vertical double acting ammonia compressor || compresseur m. à ammoniaque vertical à double effet. c) **stehender einfachwirkender zweistufiger ~** || vertical single acting ammonia compressor on the compound system || compresseur m. à ammoniaque vertical à simple effet à deux étages. d) **zweistufiger ~** || two-stage ammonia compressor || compresseur m. à ammoniaque à deux étages. 2

Ammoniak-verteiler m., **rotierender** || rotating ammonia distributor || distributeur m. automatique *ou* rotatif d'ammoniaque. a) **~wasser** n. || ammonia water *or* liquor || eau f. d'ammoniaque *ou* ammoniacale. 3

Ammonit n. || ammonite || ammonite f. 4

Ammonium n. || ammonium || ammonium m.; ammoniaque f. 5

Ammonium-aluminium n., schwefelsaures || ammonia alum sulphate || sulfate m. double d'aluminium et d'ammonium. a) **~azetat** n. || ammonium acetate || acétate m. d'ammoniaque. b) **~bromid** n. || bromide of ammonia || bromure m. d'ammonium. c) **~chlorid** n. || ammonium chloride; salammoniac || sel m. ammoniac; chlorhydrate m. d'ammoniaque; chlorure m. d'ammonium. d) **~ferrosulfat** n. || sulphate of ferrous ammonium || sulfate m. ferreux ammoniacal; ferro-sulfate m. d'ammonium; sulfate m. de fer et d'ammonium. e) **~hydroxyd** n. || ammonia solution; ammonium hydroxide || ammoniaque f.; hydroxyde m. d'ammonium. f) **~karbonat** n. || ammonium carbonate; sesquicarbonate of ammonia || carbonate m. d'ammoniaque. g) **~molybdat** n. || ammonium molybdate || molybdate m. d'ammoniaque. h) **~oxalat** n. || ammonium oxalate || oxalate m. d'ammoniaque. i) **~persulfat** n. || ammonium persulphate || persulfate m. d'ammoniaque. k) **~phosphat** n. || ammonium phosphate || phosphate m. d'ammoniaque. l) **~salz** n. || ammonium salt || sel m. d'ammoniaque. 6

Ammoniumsulfat n. || ammonium sulphate || sulfate m. d'ammoniaque. a) **~anlage** f. || ammonium sulphate plant || installation f. d'usine de sulfate d'ammoniaque. b) **~salpeter** m. || ammonium sulphate saltpetre || sulfo-nitrate m. d'ammoniaque. 7

Ammonium-sulfhydrat n. || hydrosulphide *or* sulphhydrate of ammonium || hydrosulfure m. *ou* sulfhydrate m. d'ammoniaque. a) **~zinnchlorid** n. || pink salt || bichlorure m. d'étain. 8

Ammonsalpeter m. || ammonium nitrate || nitrate m. d'ammoniaque. 9

amorph || amorphous || amorphe. a) **~er Zucker** m. || amorphous sugar || sucre m. d'orge. 10

Amortisation f. || redemption || amortissement m.; rachat m. 11

Amortisationsfonds m. || sinking fund || fonds m. d'amortissement. 12

amortisieren || to redeem || amortir. 13

Ampel f. || ampulla || lampe f. 14

Ampere n. || ampere || ampère m. 15

Amperemesser m. || amperemeter; ammeter || ampèremètre m.; ammètre m. a) **d'Arsonvalscher ~** || moving coil ammeter || ampèremètre m. d'Arsonval. b) **hochkant** angeordneter **~** || edgewise ammeter || ampèremètre m. monté de champ. 16

Ampere-meter n. *s.* Amperemesser. a) **~sche Regel** f. || Ampère's rule || règle f. d'Ampère. b) **~sekunde** f. || ampere second || ampère-seconde f. c) **~stärke** f. || amperage || ampérage m. d) **~stunde** f. || ampere hour || ampère-heure f. e) **~stundenzähler** m. || ampere hour meter || ampère-heure-mètre m. f) **~windung** f. || ampere turn || ampère-tour m. g) **~windungszahl** f. || ampere turns pl. || ampères-tours mpl. 17

Amphibol m. || amphibole; hornblende || amphibole f. 18

Amphibienflugzeug n. || amphibian || avion m. amphibie; amphibie f. 19

Amplitude f. || amplitude || amplitude f. 20

Amplitudenkurve f. || amplitude curve || courbe f. des amplitudes. 21

Ampulle f. || ampulla; phial || ampoule f. a) **~ für Einspritzung** || ampulla for hypodermic injection || ampoule f. pour injection hypodermique. 22

Ampullen-abschneideapparat m. || ampullæ cutting apparatus || appareil m. de découpage pour ampoules. a) **~füllapparat** m. || ampullæ filling apparatus || appareil m. à remplir des ampoules. 23

Amt n. (Fernm) || local exchange || bureau m. central. a) **Auswärtiges ~** || Foreign Office || ministère m. des affaires étrangères. 24

amtlich || official || officiel. 25

Amts-anruf m. (Fernm) || exchange call || appel m. du bureau central. a) **~gericht** n. || county *or* district court || tribunal m. cantonal de première instance; justice f. de paix. b) Vermittlung f. von ankommenden **~gesprächen** npl. nach den Apparaten einer selbsttätigen Hausfernsprechanlage || distribution of incoming exchange calls to the stations of a private automatic telephone installation || écoulement m. de conversations de service d'arrivée vers les appareils d'une installation téléphonique privée automatique. c) **~kabel** n. (Fernm) || office cable || câble m. de bureau. d) **~leitung** f. (Fernm) || exchange *or* control line || ligne f. de jonction. e) **~leitungszweig** m. (Fernm) || branch of the exchange line || branche f. de la ligne de jonction. f) **~name** m. (Fernm) || office prefix || nom m. du bureau. g) **~pflege** f. (Fernm) || exchange maintenance work || entretien m. de l'installation du bureau. h) **~schalter** m. (Fernm) || exchange switch || clé f. de bureau. i) **~siegel** n. || seal of office || sceau m. officiel. k) **~verbindungsleitung** f. (Fernm) || junction *or* trunk (A) line || jonction f. urbaine. l) **~zeichen** n. (Fernm) || dial tone || ton m. de cadran; bruit m. de réseau. 26

Amyl n. || amyl || amyle m. a) **ameisensaures ~** || amyl formiate || formiate m. d'amyle. b) **baldriansaures ~** || amyl valerianate || valérianate m. d'amyle. c) **benzoesaures ~** || amyl benzoate || benzoate m. d'amyle. d) **buttersaures ~** *s.* butylsaures ~. e) **butylsaures ~** || amyl butyrate || butyrate m. d'amyle. f) **essigsaures ~** || amyl acetate || acétate m. d'amyle. g) **propionsaures ~** || amyl propionate || propionate m. d'amyle. h) **salizylsaures ~** || amyl salicylate || salicylate m. d'amyle. 27

Amylalkohol n. || amylic alcohol || alcool m. amylique. 28

Amylazetat n. || amyl acetate; acetic amyl || acétate m. d'amyle; amyle m. acétique. a) **~kollodium** n. || amylacetate collodion || collodion m. d'acétate d'amyle. b) **~lampe** f. || lamp of amylacetate || lampe f. à l'acétate d'amyle. 29

Amylenhydrat n. || hydrated amylene || amylène m. hydraté. 30

Amylo-dextrin n. || amylodextrine || amylodextrine f. a) **~zellulose** f. || amylocellulose || amylocellulose f. 31

an Bord m. || aboard; on board || à bord m. 32

an Bord! || all aboard! || embarque! 33

an den Mann bringen || to sell; to dispose of || placer; écouler. 34

anaerob || anaerobic || anaérobique. a) **~es Bakterium** n. || anaerobic bacterium || bactérie f. anaérobique. 35

Analysator m. || analyzer || analyseur m. a) **Rauchgas~** || flue gas analyzer || analyseur m. des gaz de fumée. 36

Analyse f. || analysis || analyse f. a) **bakteriologische ~** || bacteriologic(al) analysis || analyse f. bactériologique. b) **Bier~** || beer analysis || analyse f. de bière. c) **chemische ~** || chemical analysis || analyse f. chimique. d) **elektrolytische ~** || electrolytic(al) analysis || analyse f. électrolytique. e) **Elementar~** || elementary analysis || analyse f. élémentaire *ou* ultime. f) **gärungsphysiologische ~** || zymotechnical analysis || analyse f. zymotechnique. **g) Gewichts~** || ponderal analysis || analyse f. pondérale. **h) Maß~** (Chem) || volumetric analysis || analyse f. volumétrique. **i) mikrochemische ~** || microchemic(al) analysis || analyse f. microchimique. **k) ~ auf nassem** Wege || analysis in the humid way; analysis by wet process || analyse f. par voie humide. **l) optische ~** f. eines Gasgemisches || optical analysis of a mixture of gases || analyse f. optique d'un mélange de gaz. **m) physiologische ~** || physiologic(al) analysis || analyse f. physiologique. **n) pyrognostische ~** || pyrognostic(al) analysis || analyse f. pyrognostique. **o) qualitative ~** || qualitative analysis || analyse f. qualitative. **p) quantitative ~** || quantitative analysis || analyse f. quantitative; dosage m. **q) Spektral~** || spectrum *or* spectroscopic analysis || analyse f. spectrale. **r) thermische ~** || thermal analysis || analyse f. thermique. **s) ~ auf trockenem** Wege || analysis in the dry way *or* by dry process || analyse f. par voie sèche. **t) volumetrische ~** *s.* Maß~. **u) zymotechnische ~** || zymotechnical analysis || analyse f. zymotechnique. 1

analysenrein || analytically pure || analytiquement pur. 2

Analysenwage f. || analytical balance || balance f. de précision *ou* chimique *ou* pour analyses. 3

analysieren || to analyse; to analyze || analyser. 4

Analytiker m. || analyst || analyste m. 5

analytisch || analytic(al) || analytique. **a) ~e Geometrie** f. || analytic geometry || géométrie f. analytique. **b) ~es Verfahren** n. || analytical method || méthode f. analytique. 6

Ananas f. || pineapple || ananas m. **a) ~faser** f. || fiber of pineapple || fibre f. d'ananas. 7

anastatischer Druck m. || anastatic printing || impression f. anastatique. 8

anastigmatisch || anastigmatic || anastigmatique. **a) ~e Einschlaglupe** f. || anastigmatic folding magnifier || loupe f. fermante anastigmatique. **b) ~e Linse** f. || anastigmatic lens || lentille f. anastigmatique. **c) ~e Lupe** f. || anastigmatic magnifier || loupe f. anastigmatique. **d) ~es Objektiv** n. || anastigmatic objective || objectif m. anastigmatique. 9

Anatomie f. || anatomy || anatomie f. 10

anatomisch || anatomic(al) || anatomique. **a) ~e Pinzette** f. || dissection forceps pl. || pince f. à dissection. **b) ~es Präparat** n. || anatomical preparation || préparation f. anatomique. 11

anätzen || to etch || décaper. 12

anbahnen || to prepare the way for .... || frayer le chemin; ouvrir; préparer. **a)** neue **Handelsbeziehungen** fpl. **~** || to open up new markets pl. *or* new outlets pl. || entamer des relations fpl. commerciales nouvelles. 13

Anbau m. (Bauw) || addition || annexe f. **a) ~** (Landw) || cultivation || culture f. 14

anbauen (Landw) || to cultivate || cultiver. 15

anbieten || to offer || offrir. 16

anbinden || to tie || lier. 17

anblasen (Hochofen) || to blow-in || allumer; mettre à feu m. 18

Anblattung f. || halved joint; halving; half-lap joint || assemblage m. à mi-bois *ou* à mi-fer. 19

Anbohrapparat m. *s.* Anbohrrohrschelle. 20

anbohren (Faß) || to broach; to tap || mettre en perce f. **a)** eine **Schicht** f. **~** || to find a layer by boring || découvrir une couche par la sonde. 21

Anbohrrohrschelle f. || boring pipe box || boîte f. de tuyau à percer. 22

anbolzen || to bolt || cheviller; boulonner. 23

anbrennen (anzünden) || to light; to set fire to || allumer; mettre le feu à. **a)** (sich entzünden) || to catch fire || s'allumer; brûler. 24

anbringen || to place || placer. 25

Anbruch m. (Met) || incipient fracture || amorce f. de fissure. **a)** die **Achse** wurde verdreht, ohne einen **~** zu zeigen || the axle was distorted without showing any incipient fracture || l'arbre m. fut tordu sans présenter une amorce de fissure. **b) sehniger** und zäher **~** (Met) || tough and fibrous fracture || crique f. *ou* cassure f. nerveuse et tenace. 26

Anchovis f. || anchovy || anchois m. 27

Anchovisöl n. || anchovy oil || essence f. *ou* huile f. d'anchois. 28

ändern, die Richtung || to change the direction || changer de sens m. **a)** sich **stetig ~** || to vary continuously || changer d'une façon continue. 29

anderseits || on the other hand || d'autre part m.; d'un autre côté. 30

anderthalbfach || one and a half times || une fois et demie. 31

Änderung f. || variation || variation f. **a) Gestalt~** || deformation || déformation f.; faussage m. 32

Andornkraut n. || white hoarhound leaves pl. || feuilles fpl. de marrube. 33

Andreaskreuz n. || St. Andrew's cross || croix f. de Saint-André. 34

andrehen (Hahn) || to turn on || tourner; ouvrir. **a) ~** (Mot) || to start || mettre en marche f. **b)** auf der Rückseite einen **Rand** m. **~** || to turn a rim on the back surface || tourner un bord sur la face arrière. 35

Andrehen n. der Ketten (Web) || chain twisting || nouage m. de chaînes. 36

Andrehklaue f. || starter clutch || griffe f. de mise en marche. **a) ~** der **Kurbelwelle** *s.* Andrehkurbelklaue. 37

Andrehkurbel f. (Motor) || starting handle *or* crank || manivelle f. de démarrage *ou* de mise en marche *ou* de lancement. 38

Andrehkurbel-griff m. || starting crank handle || poignée f. de manivelle de mise en marche. **a) ~klaue** f. || starting crank jaw; clutch for starting handle || griffe f. de la manivelle de mise en marche; griffe f. de démarreur. **b) ~lagerstütze** f. (Auto) || starting crank bracket || support m. de la manivelle de lancement. **c) ~welle** f. || starting crank shaft || arbre m. de la manivelle de lancement. 39

Andrehvorrichtung f. || starter; turning device || dispositif m. vireur; appareil m. de démarrage. 40

Andrück-bürste f. (Textil) || pressing brush || brosse f. conductrice. **a) ~hebel** m. || pressing lever || levier m. de pression. 41

Andruckmaschine f. (Buchdr) || proofing machine || machine f. à tirer les épreuves. 42

Andrückwalze f. (Schreibm) || feed roll || cylindre m. presse-papier. 43

Anemo-graf m., **Windrad** || fan wheel anemograph; rotating wheel *or* wind vane (A) anemograph || anémographe m. à moulinet. **a) ~messer** m. *s.* **~meter**. **b) ~meter** n. || wind gauge; anemometer || anémomètre m. 44

Aneroidbarometer n. || aneroid barometer || baromètre m. anéroïde. 45

Anethol n. || anethol || anéthol m. 46

anfahren (Auto) || to start || mettre en marche f. **a) ~** (Bergb) || to descend into a mine || descendre dans une mine. 47

Anfahren n. (Auto; Masch) || starting || mise f. en marche; démarrage m. 48

Anfahrt f. (Rampe) || drive; avenue || approche f.; rampe f. 49

Anfall m. (Gewölbe) || impost; cousinet; cushion || imposte f.; coussinet m. 50

Anfang m. || commencement; beginning || commencement m. **a) ~** (Geom) || origin; pole || origine f.; pôle m. 51

Anfangs-beanspruchung f. || initial strain || effort m. initial; charge f. initiale. **a) ~bohrer** m. (Steinbrechen) || hammer-shaped iron plug || pointerolle f. 52

Anfangsbuchstabe m. || initial letter || lettre f. initiale. **a) großer ~** || capital || lettre f. capitale. 53

Anfangs-druck m. || admission *or* initial pressure || pression f. initiale *ou* d'admission. **a) ~ergebnis** n. *s.* Anfangserzeugnis. **b) ~erzeugnis** n. (Chem) || first runnings product || produit m. initial. **c) ~geschwindigkeit** f. || initial velocity || vitesse f. initiale. **d) ~kurs** m. (Börse) || opening price *or* rate || premier cours m. **e) ~permeabilität** f. (Elektr) || initial permeability || perméabilité f. initiale. **f) ~sperre** f. (elektr. Stellwerk) || incoming block || bloc m. d'entrée. **g) ~schmiedetemperatur** f. || initial forging temperature || température f. pour commencer le forgeage ou le forgement. 54

Anfangsspannung f. der **Entladung** || initial voltage on discharge || tension f. initiale de la décharge. **a) ~** der **Ladung** || initial voltage on charge || tension f. initiale de la charge. 55

Anfangs-steigung f. (Kurve) || initial slope || élévation f. *ou* montée f. initiale. **a) ~stein** m. (Pflast) || second cheek stone || contre-jumelle f. **b) ~stufe** f. (Funkw) || initial step || étage m. d'entrée. **c) ~temperatur** f. || initial temperature || température f. initiale. **d) ~verstärkung** f. (Fernm) || initial amplification || amplification f. initiale. **e) ~wert** m. || initial value || valeur f. initiale. **f) ~zeile** f. || initial line || ligne f. de tête; première ligne f. 56

anfertigen || to manufacture || confectionner; fabriquer. **a)** es werden Stücke npl. in jeder geeigneten **Größe** angefertigt || there are manufactured pieces pl. of all suitable sizes || l'usine f. fabrique des pièces de toutes les grandeurs convenables. 57

Anfertigung f. || making; manufacture || fabrication f.; confection f. 58

Anfertigungsdauer f. || time of manufacturing || durée f. de la fabrication. 59

Anfettapparat m. || greasing apparatus || appareil m. de graissage. 60

anfeuchten || to damp; to wet; to moisten || humidifier; mouiller; humecter; tremper. 61

Anfeuchten n. || wetting || trempage m.; mouillage m.; trempe f. 62

Anfeuchter m., **Glaswalzen** (Büro) || glass roll dampener || cylindre m. de verre faisant office d'humecteur. 63

Anfeuchtungsverfahren n. ‖ method of moistening ‖ méthode f. d'humectage. 1

Anforderung f. ‖ demand ‖ exigence f. a) ~ (Anspruch) ‖ claim ‖ prétention f. b) im Falle **besonderer ~en** fpl. ‖ in case of special requirements pl. ‖ dans le cas de besoins mpl. spéciaux. c) **wachsende ~** ‖ growing demand ‖ demande f. croissante. 2

Anfrage f. ‖ enquiry; inquiry ‖ demande f. 3

anfragen ‖ to inquire ‖ demander; s'informer. 4

anfressen ‖ to corrode; to seize; to pit; to attack ‖ corroder; ronger; piquer; attaquer. 5

Anfressen n. der Klemmen (Elektr) ‖ terminal corrosion ‖ corrosion f. des bornes. 6

Anfressung f. (Chem; Met) ‖ attacking; corrosion ‖ attaque f.; corrosion f. 7

anfügen ‖ to annex; to attach; to add; to enclose ‖ annexer; joindre; ajouter. 8

Anfuhr f. ‖ carriage; cartage ‖ charroi m.; charriage m. 9

Anführungszeichen n. ‖ inverted comma ‖ guillemet m. 10

Anfurt f. (Seew) ‖ landing place; pier; quay; shipping mole ‖ embarcadère m. 11

Angabe f. (Anweisung) ‖ specification; detailed scheme ‖ instruction f.; dispositif m. a) ~ (Aussage) ‖ declaration; assertion ‖ déclaration f.; indication f. b) ~ (von Druckfehlern) ‖ errata pl. ‖ errata mpl. c) ~ (des Hauptinhaltes) ‖ summary ‖ sommaire m. d) ~ (von Tatsachen) ‖ statement ‖ allégation f. e) ~ (Zoll) ‖ entry; declaration ‖ déclaration f. f) die ~n fpl. **verbessern** ‖ to correct the data pl. ‖ corriger les indications fpl. g) **weitere ~n** fpl. ‖ further particulars pl. ‖ informations fpl. ultérieures. 12

angebaut ‖ annexed; built on ‖ annexé; adossé à. 13

angeben, den Wert m. ‖ to declare the value déclarer la valeur. 14

Angebot n. ‖ quotation; offer; tender ‖ offre f. a) **billiges ~** ‖ fair offer ‖ bonne offre f. b) **Höchst~** ‖ highest tender ‖ offre f. la plus haute. c) **Sonder~** ‖ special quotation; exceptional offer ‖ offre f. spéciale *ou* de faveur. d) **vermehrtes ~** ‖ increased offer ‖ augmentation f. d'offres. 15

angedreht ‖ turned on ‖ tourné; dirigé. 16

angefangen ‖ started ‖ commencé. 17

angefaultes Holz n. ‖ decayed wood ‖ bois m. piqué. 18

angeflanscht, im rechten Winkel m. ‖ flanged at right angle ‖ bridé en angle m. droit. 19

angegossen-er Radreifen m. ‖ tire cast-on ‖ bandage m. venu de fonte avec la roue. a) **~e Rippe** f. ‖ rib cast-on ‖ ailette f. venue de fonte. 20

angegriffen ‖ attacked ‖ attaqué. a) die **Röhren** fpl. werden vom Wasser ~ ‖ the pipes pl. are affected by the water ‖ les tubes mpl. sont attaqués *ou* corrodés par l'eau. b) ~ **sein** von (Chem) ‖ to be acted upon by ‖ être attaqué par. 21

Angehen n., **selbsttätiges** ‖ self-starting ‖ autodémarrage. 22

Angeklagter m. (Strafprozeß) ‖ prisoner ‖ incriminé m. a) ~ (Zivilprozeß) ‖ defendant ‖ défendeur m.; prévenu m.; accusé m. 23

Angel f. (Feile) ‖ tang ‖ soie f. a) ~ (Fisch) ‖ fishing line ‖ ligne f. à pêche. b) ~ (Tür) ‖ pivot; pin; hinge ‖ pivot m.; gond m.; charnière f. 24

Angeld n. ‖ earnest money; first instalment; deposit ‖ arrhes fpl. 25

Angel-gerät n. ‖ angling kit; fishing tackle ‖ engin m. *ou* attirail m. de pêche à la ligne. a) **~haken** m. ‖ fish hook ‖ hameçon m.; haim m.; crochet m. pour la pêche. 26

Angelika f. ‖ angelica ‖ angélique f.; archangélique f. a) **~öl** n. ‖ angelica oil ‖ essence f. d'archangélique. b) **~wurzel** f. ‖ angelica root ‖ racine f. d'archangélique. 27

angeln ‖ to angle; to fish with the line ‖ pêcher à la ligne. 28

ängeln (Korn) ‖ to chit; to spring; to sprout ‖ piquer. 29

Ängeln n. (Korn) ‖ chitting; springing; sprouting ‖ piquage m. 30

Angel-ring m. (Schloß) ‖ pin with eyebolt; pan; socket; sole ‖ crapaudine f.; piton m. a) **~rute** f. ‖ fishing rod ‖ canne f. à pêche. b) **~schnur** f. (Fisch) ‖ angling line; spiller ‖ échampeau m.; palancre f.; palangre f. c) **~zapfen** m. einer Türangel ‖ pivot *or* axis of a hinge ‖ pivot m. du gond. d) **~zeugmacher** m. ‖ fish hook maker ‖ hameçonnier m. 31

angemachter Kalk m. ‖ plashed lime ‖ bain m. de chaux. 32

angenähert (Math) ‖ approximate; approximative ‖ approché. a) **~er Meßbereich** m. ‖ approximate range of measurement ‖ étendue f. approximative des mesures. 33

angenommen ‖ adopted ‖ adopté. 34

angereichert (Met) ‖ enriched ‖ enrichi. 35

angesaugte Luftmenge f. ‖ volume of air drawn-in ‖ poids m. d'air aspiré. 36

angeschlossen (Elektr) ‖ in circuit ‖ en circuit m. 37

angeschmiedeter Wellenflansch m. ‖ forged on shaft collar ‖ bride f. d'arbre venue de forge. 38

angeschraubt ‖ screwed (-on) ‖ vissé à ... 39

angeschuhte Stange f. ‖ pole with socle ‖ poteau m. allongé. 40

angeschweißt, das Wellrohr ist an die Rohrwand ~ (Kesselb) ‖ the corrugated flue is welded to the tube sheet ‖ le tube ondulé est soudé à la plaque tubulaire. 41

angesetzt, rechtwinklig ~ an ... ‖ fixed at right angles to ... ‖ disposé *ou* fixé perpendiculairement à ... 42

angespült (Geol) ‖ alluvial ‖ d'alluvion f. 43

angestauchter Rand m. ‖ staved end ‖ bord m. refoulé. 44

Angestellter m. ‖ employee ‖ employé m. 45

angetrieben ‖ driven ‖ commandé. a) die **Bearbeitungsmaschinen** fpl. werden durch elektrische Motoren ~ ‖ the machine tools are driven by electric motors ‖ la commande des machines-outils se fait à l'aide de moteurs électriques. b) **elektrisch ~** ‖ electrically operated ‖ actionné à l'électricité. c) **elektromotorisch ~** ‖ driven by electric motor; electrically driven ‖ commandé par un moteur électrique. d) von **Hand** f. ~ ‖ hand operated ‖ actionné à la main. e) durch **Riemen** m. ~ ‖ belt driven ‖ actionné par courroie f. f) durch **Uhrwerk ~e** Scheibe f. ‖ clockwork driven disc ‖ disque m. entrainé par mouvement d'horlogerie. 46

angewalzter Flansch m. am Kesseldom ‖ steam dome flange rolled-on ‖ collerette f. laminée au dôme de chaudière. 47

angewandte Geologie f. ‖ practical geology ‖ géologie f. pratique. 48

Angler m. ‖ angler ‖ pêcheur m. à la ligne. 49

Angliederung f. ‖ affiliation ‖ affiliation f. 50

Angora-haar n. *s.* ~ziegenhaar. a) **~ziegenhaar** n. ‖ mohair ‖ poil m. de chèvre d'Angora; mohair m. 51

angreifbar (Chem) ‖ attackable ‖ attaquable. 52

Angreifbarkeit f. (Chem) ‖ attackability ‖ attaquabilité f. 53

angreifen (unternehmen) ‖ to set about; to engage in ‖ se prendre à; entreprendre. a) ~ (Chem) ‖ to attack; to corrode ‖ attaquer; corroder. b) das **Kapital ~** ‖ to touch capital ‖ entamer le capital; toucher au capital m. c) die **Kraft** greift in einem Punkte an ‖ the force acts on a point ‖ la force s'applique sur un point. 54

angrenzend an ‖ juxtaposed to; adjacent to; bordering on ‖ voisin de; adjacent. 55

Angriff m., in ~ **nehmen** ‖ to set about ‖ commencer; se mettre à. a) der Stahl ist **widerstandsfähig** gegen den ~ von Säure ‖ the steel withstands acids; the steel will not corrode under the action of acids ‖ l'acier m. résiste à l'influence d'acides. 56

Angriffs-fläche f. ‖ working surface ‖ surface f. d'attaque. a) **~punkt** m. (Masch) ‖ working point ‖ point m. d'application. b) **~punkt** m. einer **Kraft** ‖ origin of force ‖ point m. d'application d'une force. c) **~stelle** f. (Bergb) ‖ working face ‖ point m. d'attaque. 57

Anguß m. ‖ sullage piece; runner; dead *or* feeding head ‖ jet m.; masselotte f.; tête f. perdue. a) ~ der **gegossenen Typen** ‖ break of the types ‖ jet m. des caractères d'imprimerie. 58

anhaften ‖ to cling; to stick; to adhere ‖ se coller; adhérer. 59

anhaftender Schmutz m. ‖ adhering dirt ‖ crasse f. adhérente. 60

anhalten ‖ to stop; to arrest ‖ arrêter. 61

Anhalten n., **schnelles** ‖ quick stopping *or* stoppage ‖ arrêt m. rapide. 62

anhaltend (dauernd) ‖ continuous ‖ con tinu. 63

Anhaltevorrichtung f. ‖ stopping device ‖ dispositif m. d'arrêt. a) ~ eines **Indikators** ‖ detent gear of an indicator ‖ dispositif m. d'arrêt d'un indicateur. 64

Anhaltspunkt m. ‖ essential point ‖ point m. d'appui. 65

Anhängeetikett n. *s.* Anhänger (Verpackung). 66

anhängen ‖ to hang on; to append; to affix ‖ pendre. a) ~ (hinzufügen) ‖ to add; to join ‖ attacher. b) den **Hörer** m. ~ ‖ to hang up the telephone *or* the receiver ‖ raccrocher le récepteur. c) **Wagen** mpl. ~ ‖ to couple wagons pl. ‖ accrocher des wagons mpl. 67

Anhängen n. des Hörers (Fernm) || hanging up the telephone || raccrochage m. du récepteur. 1

anhängend, fest || firmly adherent || adhérent solidement. 2

Anhänger m. (Fahrzeug) || trailer || arrière-train m.; remorque f.; baladeuse f. **a)** ~ (Verpackung) || appending label; tag || étiquette f. à attacher. **b) Lastkraftwagen~** || trailer for freight motor cars || remorque f. pour camions. **c) Motorrad~** || supplementary car for motor cycles; cycle trailer || voiture f. supplémentaire pour moto-cyclettes. 3

Anhänger-kupplung f. (Auto) || trailer coupling || dispositif m. d'attelage de remorque. **a) ~leitung** f. (Auto) || lead to the trailer || conduit m. pour la remorque. **b) ~munitionswagen** m. || trailer caisson || caisson-remorque m. 4

Anhänge-schildchen n. *s.* Anhänger (Verpackung). **a) ~wagen** m. *s.* Anhänger (Fahrzeug). **b) ~zettel** m. || string tag; label || étiquette f. à ficelle. 5

Anhaublech n. (Mähmaschine) || metal sweep || tôle f. à moissonner en andain. 6

anhäufen, sich (Chem) || to condense || agglomérer. 7

Anhebevorrichtung f. || jack || vérin m. 8

anheizen || to fire; to begin to heat; to heat up; to start up *or* to stoke up boilers pl. || commencer à chauffer; mettre en feu m. 9

Anheizen n., langwieriges ~ des Glühkopfes || lengthy preheating of hot bulb || réchauffage m. préalable du bulbe d'allumage. 10

Anheizwirkungsgrad m. (Elektr) || heating-up efficiency || rendement m. pour la période d'échauffement. 11

Anhieb m. (Holz) || first felling || mise f. en coupe. 12

Anhöhe f. || hill; rising ground; eminence; elevation || montée f.; hauteur f.; éminence f.; élévation. f. 13

Anhub m. (Last) || lift || soulèvement m. **a) ~stange** f. des Ventils || valve push rod || tige f. de galet de soupape. 14

Anhydrid n. || anhydride || anhydride m. 15

Anilin n. || aniline || aniline f. **a) ~blau** n. || aniline blue; fine blue || bleu m. d'aniline. **b) ~farbe** f. || aniline dye || couleur f. *ou* teinte f. d'aniline. **c) ~farbstoff** m. || aniline colouring *or* dye || couleur f. *ou* colorant m. d'aniline. **d) ~farbstofflösung** f. || solution of aniline colour || solution f. de couleur d'aniline. **e) ~lack** m. || aniline lac || laque f. d'aniline. **f) ~öl** n. || aniline oil || huile f. d'aniline. **g) ~rot** n. (Färb) || aniline red; magenta-red || rouge m. d'aniline *ou* de Lyon. **h) ~salz** n. || aniline salt || sel m. d'aniline. 16

Anion n. || anion || anion m. 17

Anis m. || anise; aniseed || anis m. **a) ~aldehyd** n. || anisic alde hyde || aldéhyde m. anisique. 18

Anisidin n. || anisidine || anisidine f. 19

Anis-kampfer m. || aniseed camphor || camphre m. anisique. **a) ~likör** m. || anisette || anisette f. **b) ~öl** n. || anise oil; aniseed oil || essence f. d'anis. 20

anisotrop || anisotropic || anisotrope. 21

Anisotropie f. || anisotropy || anisotropie f. 22

Anis-samen m. || anise seed; aniseed || semence f. *ou* graines fpl. d'anis. **a) ~samenöl** n. || anise seed oil || huile f. de graines d'anis. **b) ~säure** f. || anisic acid || acide m. anisique. 23

Ankauf m. von Land || buying *or* purchase of land || achat m. de terrain. 24

Ankaufspreis m. || purchase *or* prime cost || prix m. d'achat *ou* de revient. 25

ankeilen || to fasten with a wedge || claveter. 26

Anker m. (Bauw) || anchor; tiebolt || ancre f.; tirant m. **a)** ~ (Elektr) || rotor; armature || induit m.; rotor m.; armature f. **b)** ~ (Leitungsmast) || stay || hauban m. **c)** ~ (Schiffb) || anchor || ancre f. **d)** ~ (Uhrm) || lever; anchor || ancre f. **e) ausbalanzierter ~** (Elektr) || balanced armature || induit m. équilibré. **f) Doppel-T-~** (Elektr) || shuttle armature || armature f. en double T. **g) Eis~** || ice anchor || ancre f. pour la glace. **h) Flut~** || flood anchor || ancre f. de flot. **i)** ~ **mit geschlossenen Nuten** (Elektr) || closed slot armature || induit m. à canaux fermés. **k)** ~ mit **geschlossener Wicklung** || closed coil armature || induit m. à circuit fermé. **l) Gewölbe~** || tie anchor || ancre f. de voûte. **m)** den ~ m. **lichten** || to raise *or* to weigh the anchor || lever l'ancre f. **n) Magnet~** || armature of a magnet || armature f. d'un aimant. **o) mehrpoliger ~** (Elektr) || multipolar armature || induit m. multipolaire. **p) Not~** || emergency anchor || ancre f. de sûreté *ou* de secours. **q)** ~ mit **offenen Nuten** (Elektr) || open slot armature || induit m. à rainures ouvertes. **r)** ~ mit **offener Wicklung** || open coil armature || induit m. à circuit ouvert. **s) rotierender ~** (Elektr) || revolving armature || induit m. tournant. **t)** ~ mit **Stabwicklung** (Elektr) || bar wound armature || induit m. à barres. **u) Stufen~** (Elektr) || armature with pilot windings || armature f. à étages. **v) Trommel~** (Elektr) || armature drum || induit m. en cylindre. **w)** ein Schiff n. **vor ~ legen** || to anchor a ship; to bring a ship to an anchor || mettre un navire à l'ancre. **x) vor ~ liegen** || to ride *or* to lay at anchor || être à l'ancre f. *ou* au mouillage m.; être sur le fer. **y) vor ~ liegenbleiben** || to remain at anchor || demeurer sur le fer. **z) vor ~ treiben** || to drag anchor || chasser sur l'ancre f. 27

a) Wechselstrom~ || alternator armature || induit m. d'alternateur. **b) Weicheisen~** || magnetic armature || induit m. de fer magnétique; armature f. en fer doux. **c) zweipoliger ~** || bipolar armature || induit m. bipolaire. 28

Anker-amperewindungen fpl. || armature ampere turns pl. || ampères-tours mpl. d'induit. **a) ~ausbesserung** f. (Elektr) || repairing of the armature || réparation f. de l'induit. **b) ~bandage** f. (Elektr) || band of armature || bandage m. de l'induit. **c) ~bindedraht** m. (Elektr) || armature binding wire || frette f. d'induit. 29

Ankerblech n. (Elektr) || armature core disc; core stamping *or* punching || disque m. en tôle d'induit. **a) starkes ~** || heavy armature punching || tôle f. épaisse d'induit. 30

Anker-bohrung f. (Elektr) || armature gap || ouverture f. d'induit. **a) ~boje** f. || anchor buoy || bouée f. d'ancre. 31

Ankerbolzen m. (Bauw) || truss rod; stay; tie bolt || tirant m. **a) durchgehender ~** || fangbolt; crab bolt || boulon m. d'ancrage traversant. 32

Anker-büchse f. (Elektr) || armature spider || manchon m. d'induit. **a) ~bügel** m. (Kaimauer) || shackle || bouche f. d'amarrage. **b) ~bühne** f. || crooked wharf || quai m. en crochet. **c) ~eisen** n. (Elektr) || armature iron || fer m. d'induit. **d) ~fallhebel** m. || slipper handle || levier m. de mouilleur. **e) ~faschine** f. || anchoring fascine || fascine f. d'ancrage *ou* de retraite *ou* à ancre. **f) ~feld** n. (Elektr) || armature field || champ m. de l'induit. 33

Ankerflansch m. (Elektr) || armature flange || flasque m. fixe de l'induit. **a)** ~ der **Kommutatorseite** || commutator end core head || flasque m. de l'induit du côté du commutateur. **b)** ~ der **Triebseite** (Elektr) || pinion end core head || flasque m. de l'induit du côté de la commande. **c) vorderer ~** || armature head flange || flasque m. fixe de l'induit. 34

Anker-gang m. (Uhrm) || anchor escapement || échappement m. à ancre. **a) ~gegenwirkung** f. (Elektr) || armature reaction || réaction f. de l'induit. **b) ~geld** n. (Seew) || harbour *or* port dues pl.; port charges pl.; duty of anchorage || droit m. d'ancrage. **c) ~glied** n. (Elektr) || elementary coil of the armature || bobine f. élémentaire de l'induit. **d) ~grund** m. (Seew) || anchoring ground; anchorage || mouillage m; fond m. à mouillage. **e) ~haken** m. (Leitungsmast) || stay hook; guy wire hook || crochet m. de hauban. **f) ~hemmung** f. (Uhrm) || anchor *or* lever escapement || échappement m. de l'ancre. **g) ~induktion** f. (Elektr) || armature induction || induction f. dans l'induit. **h) ~kausche** f. (Leitungsmast) || thimble || cosse f. de hauban. **i) ~kern** m. (Elektr) || armature core || noyau m. d'induit. **k) ~kette** f. (Seew) || anchor chain; chain cable || câble-chaîne m.; chaîne f. de l'ancre. **l) ~kettenschäkel** n. || cable chain shackle || manille f. d'un câble-chaîne. **m) ~klotz** m. (Leitungs-) mast || stay block; anchor log (A) || ancre f. **n) ~klüse** f. (Seew) || hawser pipe || écubier m. **o) ~korb** m. (Seew) || anchor basket || panier m. d'ancrage. **p) ~körper** m. (Elektr) || rotor body; armature spider || corps m. d'induit; rotor m. **q) ~kraftfluß** m. || armature flux || flux m. d'induit. **r) ~kraftlinie** f. || armature line of force || ligne f. de force de l'induit. **s) ~kupfergewicht** n. || weight of armature copper || poids m. du cuivre de l'induit. **t) ~kurzschlußbremsung** f. || braking by short circuiting armature || freinage m. par court-circuit d'induit. **u) ~kurzschlußvorrichtung** f. || short circuiting device for the rotor || court-circuiteur m. d'induit. **v) ~lichtmaschine** f. (Seew) || capstan engine || machine f. pour cabestan. **w) ~mauerwerk** n. (Brückenb) || anchoring masonry || maçonnerie f. d'ancrage. 35

Ankern n., klarmachen zum || to clear for coming to anchor || faire péneau m. 36

Anker-nabe f. (Elektr) || hub of armature || moyeu m. d'induit. **a) ~peilung** f. (Seew) || anchor bearing || relèvement m. à l'ancre. 37

Ankerpfahl m. (Bauw) || bollard; anchoring pile; stay block || pilot m. d'ancrage; poteau m. d'amarrage; bille f. de bois. **a)** ~ (Schiff) || anchor stake; ground peg; anchoring picket || piquet m. de retenue *ou* d'ancrage. 38

Anker-pfeiler m. (Brückenb) || anchoring buttress || culée f. d'ancrage. **a) ~platte** f. (Bauw) || anchor plate *or* slab; backstay || contre-plaque f. *ou* plaque f. d'ancrage. **b) ~-platte** f., **Wand** || wall anchor plate || plaque f. d'ancrage pour parois. **c) ~platz** m. (Seew) || anchoring place; anchorage || ancrage m.; mouillage m. 1

Ankerprüfmaschine f. (Seew) || anchor testing machine || machine f. à essayer les ancres. **a) ~** mit **Laufgewichtswage** || anchor testing machine with sliding weight balance || machine f. à éprouver les ancres avec balance à poids curseur. 2

Anker-ring m. (Seew) || anchor ring || organeau m. d'amarrage. **a) ~rückwirkung** f. (Elektr) || armature reaction || réaction f. d'induit. **b) ~schaft** m. (Seew) || shank of an anchor || verge f. d'une ancre. **c) ~schelle** f. (Leitungsmast) || guy clamp || collier m. pour l'hauban. **d) ~-schraube** f. (Bauw) || anchor screw; Lewis bolt; foundation bolt || boulon m. *ou* vis f. d'ancrage *ou* de fondation. **e) ~seil** n. (Leitungsmast) || stay wire || corde f. pour l'hauban. **f) ~spannschraube** f. (Leitungsmast) || stay tightener; swivel || tendeur m. de l'hauban **g) ~spill** n. (Seew) || windlass; capstan || cabestan m.; guindeau m. **h) ~spule** f. (Elektr) || armature coil || bobine f. d'induit. **i) ~-stab** m. || armature bar || barre f. d'induit. **k) ~stern** m. || armature spider *or* cross || étoile f. (*ou* crossillon m.) d'induit. **l) ~streufluß** m. armature stray *or* leakage flux || flux m. de dispersion dans l'induit. **m) ~streuung** f. || armature leakage || dispersion f. d'induit. **n) ~stütze** f. (Leitungsmast) || stay crutch || console f. de hauban. **o) ~takel** n. (Seew) || anchor stock || candelette f. **p)** das **~tau** einwinden || to heave the cable || virer le câble. **q) ~-trocknungsvorrichtung** f. (Elektr) || drying device for rotors || appareil m. de séchage pour induits. **r) ~uhr** f. || lever watch || montre f. à ancre. **s) ~unruhe** f. || anchor escapement || échappement m. à ancre. **t) ~welle** f. (Elektr) || armature shaft || arbre m. d'induit. **u) ~wicklung** f. (Elektr) || armature winding || enroulement m. *ou* bobinage m. d'induit. **v) ~-winde** f. (Seew) || windlass; capstan; anchor winch || cabestan m. d'ancre; guindeau m.; treuil m. à lever l'ancre. **w) ~zahn** m. (Elektr.) || tooth of armature || dent f. d'induit. **x) ~zahnrad** n. (Elektr) || armature pinion || pignon m. d'induit. 3

anketteln || to stitch on || remmailler. 4

Anklage f. || accusation; charge; indictment || accusation f.; prévention f.; incrimination f. 5

anklagen || to accuse; to charge || accuser; dénoncer. **a) ~** (vor Gericht) || to indict || poursuivre en justice f. 6

Ankläger m. || accuser; plaintiff || accusateur m.; demandeur m. 7

Anklageschrift f. || bill of indictment || acte f. d'accusation. 8

Anklang m. **finden** || to meet with approval || être bien accueilli; être reçu favorablement. 9

ankleben || to glue on; to paste on || coller. 10

Ankleide-puppe f. || doll for dressing || poupée f. pour habiller. **a) ~puppenbogen** m. || dressing doll for cutting out of cardboard || feuille f. avec poupées pour habiller. **b) ~zimmer** n. || wardrobe; dressing room || cabinet m. de toilette; garderobe f. 11

anklingeln (Fernspr) || to ring up; to 'phone (up) || avertir; téléphoner. 12

Anknoten n. der Ketten (Web) || chain twisting || nouage m. de chaînes. 13

anknüpfen || to fasten; to tie || attacher; nouer. **a) Geschäftsverbindungen** fpl. **~** || to form business connexions pl. || entamer *ou* nouer *ou* ouvrir des relations fpl. d'affaires. 14

Anknüpfer m. (Spinn) || piecer and doffer || rattacheur m.; régleur m. 15

Anknüpfung f. || fastening || liaison f. 16

Anknüpfungspunkt m. || starting point; point of contact || point m. de départ *ou* de contact. 17

anködern || to bait || amorcer. 18

ankommen (Eisenb) || to arrive || arriver. 19

Ankommen n. der **Würze** (Brau) || beginning of fermentation *or* starting of the wort || entrée f. en fermentation du moût. 20

ankommend-er Strom m. (Elektr) || incoming current || courant m. d'arrivée. **a) ~er Verkehr** m. (Fernm) || incoming traffic || trafic m. d'arrivée. 21

anköpfen, die Stecknadel || to head the pin || frapper la tête d'épingle. 22

ankörnen || to mark with the center punch || amorcer. 23

Ankörner m. || center punch || pointeau m. 24

Ankörnmaschine f. || centering machine || machine f. à centrer. 25

ankrampen || to cramp || acclamper. 26

ankündigen || to announce || annoncer; faire savoir. **a) ~** (avisieren) || to advise; to notify || notifier; aviser. **b) ~** (öffentlich) || to proclaim || proclamer. **c) ~** (Zeitung) || to advertize; to advertise || annoncer. 27

Ankündigung f. || prospectus; notice || prospectus m.; préavis m.; avis m. 28

Ankündigungsvorrichtung f. für Schienenübergänge || warning apparatus for crossings || appareil m. avertisseur pour passages à niveau. 29

Ankunft f. || arrival || arrivée f. 30

Ankunfts-blatt n. (Fernm) || ticket for incoming call || fiche f. d'arrivée. **a) ~hafen** m. || port of arrival || port m. d'arrivée. **b) ~zeit** f. (Eisenb) || time of arrival || arrivée f.; heure f. d'arrivée. 31

ankuppeln (Eisenb) || to couple || atteler. 32

ankurbeln || to start; to crank; (to put into gear) || mettre en marche f.; démarrer. 33

Anlage f. (Techn) || plant; installation || installation f.; établissement m. **a) bevorrechtigte ~** (Fernm) || privileged work || établissement m. privilégié. **b) ~** für die **chemische** Industrie || plant for the chemical industry || établissement m. pour la fabrication de produits chimiques. **c) ~** zur Erzeugung von **flüssiger Luft** || air liquefying plant || installation f. pour la liquéfaction de l'air. **d) hydraulische ~** || hydraulic plant || installation f. hydraulique. **e) industrielle ~** || industrial *or* manufacturing plant; works pl. || établissement m. industriel; usine f. **f) Kessel~** || boiler plant || batterie f. de chaudières. **g) ~** mit Gewinnung von **Nebenerzeugnissen** || plant for the recovery of by-products; installation with by-product plant || usine f. avec récupération des sous-produits. **h) radiotelegrafische ~** || radiotelegraph plant || installation f. radiotélégraphique. **i) vollständige ~** || complete plant || installation f. complète. 34

Anlagekapital n. || investment stock; capital cost of equipment; invested capital || mise f. en fonds; fonds mpl. (placés); prix m. coûtant d'équipement; capital m. d'établissement. 35

Anlagekosten pl. || cost of construction || frais mpl. d'installation *ou* d'établissement. **a)** außergewöhnlich **niedrige ~** || extremely low first costs pl. || **frais** mpl. d'installation très modérés. 36

anlagern, sich (Chem) || to add to || se fixer sur. 37

Anlagerung f. (Geologie) || juxtaposition || juxtaposition f. 38

Anlagerungserzeugnis n. (Chem) || additive compound || produit m. d'addition. 39

Anlände f. (Seew) || landing place; pier; quay; shipping mole || embarcadère m.; quai m **a) ~** eines **Kais** || landing place || cale f. d'un quai. 40

anlanden || to land; to come to shore || prendre terre f. 41

Anlandung f. (Wasserb) || alluvious land || accession f. 42

Anlaß m., **ohne jeden** || without any motive || sans aucun motif m.; sans aucune raison f. 43

anlassen (Dampfmaschine) || to put the steam on || faire entrer la vapeur; mettre en vapeur f. **a) ~** (Mot) || to start || mettre en marche f. *ou* en train m.; démarrer. **b) ~** (Stahl) || to anneal; to soften; to temper; to draw the temper || adoucir; ramollir; recuire; faire revenir. 44

Anlassen n. (Met) || annealing; drawing work || recuite f.; recuit m. **a) asynchrones ~** (Elektr) || asynchronous starting || démarrage m. asynchrone. **b) ~** mittels **Druckluft** (Mot) || starting by means of compressed air || démarrage m. à air comprimé. **c) ~** von **Eisenteilen** || tempering iron pieces || recuit m. des pièces de fer. **d)** durch Härten n. und nachheriges **~** werden höhere **Festigkeiten** fpl. erzielt || by (means of) hardening and subsequent annealing higher resisting qualities pl. may be obtained || on obtient des résistances fpl. plus élevées quand on fait revenir l'acier m. après une trempe. **e) ~-unter Last** (Elektr) || starting under load || démarrage m. sous charge. **f) ~** im **Ölbad** || drawing-work *or* annealing in an oil bath || recuit m. dans un bain d'huile. **g)** nach der Härtung f. soll ein gelindes **~** des Stahles in **Rüböl** erfolgen || it is recommended to let down the steel in rapeseed oil after hardening || il est opportun d'adoucir l'acier m. à l'huile de colza après la trempe. **h) ~** im **Salzbad** || drawing-work *or* annealing in a salt bath || recuit m. dans un bain de sel. 45

Anlasser m. (Auto) || starter; starting device || dispositif m. de mise en marche; starter m.; démarreur m. **a) einfacher ~** || simple starter || démarreur m. simple. **b) ~** für **Elektromotoren** || electric motor starting device || appareil m. de démarrage pour moteurs électriques. **c) Fuß~** (Auto) || foot starter || pédale f. de mise en marche. **d) ~** für sehr **langsames** Anlassen (Elektr) || starter for extra slow starting || démarreur m. pour démarrage très lent. **e) pneumatischer ~** || compressed air starter || démarreur m. à air comprimé. **f)** ~ mit **ruckweiser** Schaltung (Elektr) || starter with switching in jerks || démarreur m. à degrés. **g) Schaltwalzen~** || drum starter || démarreur m. à tambour tournant. **h) Schaltwalzenumkehr~** || tramway type reversing starter || démarreur m. de renversement à cylindres. **i)** ~ für **Schwungradantrieb** (Auto) || fly-wheel starter || dispositif m. de mise en marche sur le volant. **k) selbsttätiger ~** || self starter: automatic starting device || dispositif m. de mise en marche automatique; démarreur m. automatique. 1

Anlasserkreis m. (Auto; Fernm) || starting circuit || circuit m. de démarrage. 2

Anlaß-hahn m. || starting cock || robinet m. de mise en marche. **a) ~hebel** m. || starting lever *or* handle || levier m. de mise en marche *ou* de mise en train. **b) ~kabel** n. || starter cable || câble m. de démarrage. **c) ~kontakt** m. (Auto) || starting button || contact m. de départ. **d) ~luftpumpe** f. || starting air pump || pompe f. pour l'air de mise en marche. **e) ~luftsteuerung** f. || distribution gear controlling the starting air || distribution f. d'air de mise en marche. **f) ~luftsteuerventil** n. || distributing valve controlling starting air || soupape f. de distribution pour l'air de mise en marche. **g) ~magnet** m. || starting magneto || magnéto m. de mise en marche *ou* de départ. **h) ~magnetapparat** m. *s.* ~magnet. **i) ~motor** m. (Auto) || starting motor || départeur m. **k) ~nocken** m. || starting cam || came f. de mise en marche. 3

Anlaßofen m. || tempering furnace || four m. à recuire. **a) elektrischer ~** (Met) || electrically heated tempering furnace || four m. électrique à adoucir *ou* à faire revenir. 4

Anlaß-relais n. || starting relay || relais m. de démarrage. **a) ~rückschlagventil** n. || starter check valve || soupape f. de refoulement de mise en marche. **b) ~schalter** m. || starting switch || conjoncteur m. de démarreur; interrupteur m. de démarrage; interrupteur-démarreur m. **c) ~schaltung** f. (Elektr) || starting-up connection || couplage m. *ou* raccordement m. de démarrage. **d) ~spannung** f. || starting voltage || tension f. de démarrage. 5

Anlaßstellung f. || starting position || position f. de départ. **a)** die **Kurbel** in die ~ einstellen || to turn the crank to the starting position || placer la manivelle dans la position de mise en marche. 6

Anlaß-stempel m. || starting plunger || tige f. pour la mise en marche. **a) ~steuerung** f. || starter gear || distribution f. pour la mise en marche. **b) ~stromkreis** m. || starting circuit || circuit m. de démarrage. **c) ~stufe** f. || starter step || plot m. de démarrage. **d) ~temperatur** f. (Met) || tempering temperature || température f. de recuit. **e) ~transformator** m. || starting transformer; transformer for electric starters || transformateur m. de démarrage. **f) ~umschalter** m. || starting change-over switch || commutateur m. de démarrage. 7

Anlaßventil n. || starting valve || soupape f. de mise en marche. **a) ~gabel** f. || starting valve fork || chape f. de soupape de mise en marche. 8

Anlaßvorrichtung f. || starting apparatus || appareil m. démarreur. **a) selbsttätige ~** || automatic starting device || dispositif m. de mise en marche automatique. 9

Anlaßwicklung f. || starting winding || enroulement m. de démarrage. 10

Anlaßwiderstand m. (Elektr) || starting resistance || résistance f. *ou* rhéostat m. de démarrage. **a) Flüssigkeits~** || liquid starting resistance || rhéostat m. de démarrage à liquide. **b) Flüssigkeitsumkehr~** || liquid reversing and starting resistance || rhéostat m. de démarrage inverseur à liquide. **c) Metall~** || metallic starting rheostat || rhéostat-démarreur m. métallique. **d)** ~ mit **Nebenschlußregler** || starter combined with shunt regulator || rhéostat m. de démarrage avec rhéostat de champ. **e) Umkehr~** || reversing and starting resistance; reversing switch || rhéostat m. de démarrage inverseur. 11

Anlaßzeit f. (Auto) || starting period || durée f. de mise en marche. 12

Anlauf m. (Masch) || fillet || congé m. **a)** ~ am **Achsbund** || shoulder of the axle collar || congé m. du collet de l'essieu. **b)** ~ mit **geringer Belastung** || starting with low load || démarrage m. à charge réduite. **c)** ~ unter **Halblast** || starting with half load || démarrage m. à demi-charge. **d) leerer ~** || starting without load || démarrage m. à vide. **e) ~ ohne Belastung** *s.* Anlauf, leerer. **f) stoßfreier ~** || starting without jerk || démarrage m. sans à-coup. **g)** ~ unter **Vollast** || starting with full load || démarrage m. en pleine charge. 13

Anlaufdrehmoment n. || starting torsional moment || couple m. de démarrage. 14

anlaufen (Glas; Metall) || to tarnish; to recolour; to become coated || se ternir. **a)** ~ (Masch) || to start (up) || se mettre en marche f.; démarrer. **b)** ~ (Schiff) to touch; to call at || toucher à; faire escale f.; escaler. **c) belastet ~** || to start under load || démarrer en charge. **d)** die **Gläser** npl. laufen an || the lenses pl. are fogged *or* bedewed || les verres mpl. se ternissent *ou* sont couverts de buée. **e) ~ lassen** || to set in motion || mettre en train m. *ou* en marche f. **f) leer ~** || to start without load || démarrer sans charge. **g)** von **selbst ~** || to be self starting || démarrer automatiquement. **h) stoßfrei ~** || to start without jerk || démarrer sans à-coups. 15

Anlaufen n. des Wählers (Selbstanschl) || starting of the selector || commande f. *ou* mouvement m. du sélecteur. 16

Anlauf-farbe f. || annealing *or* tempering colour || couleur f. de recuit. **a) ~gestell** n. (Luftf) || starting carriage *or* cradle || chariot m. de lancement. **b) ~hafen** m. || port of call || port m. d'escale. **c) ~kraft** f. || starting power || force f. de démarrage. **d) ~länge** f. in Pupinleitungen (Fernm) || first section of coil loading || première section f. de pupinisation. **e) ~last** f. || starting load || charge f. de démarrage. **f) ~leistung** f. || starting output || puissance f. de démarrage. **g) ~periode** f. || starting period || période f. de démarrage. **h) ~rad** n. || starting wheel || roue f. de mise en marche. **i) ~stellung** f. || starting position || position f. de mise en marche. **k) ~strom** m. || starting current || courant m. de démarrage. **l) ~verlust** m. || starting loss || perte f. au démarrage. **m) ~vorrichtung** f. (Luftf) || starting arrangement || dispositif m. de lancement *ou* de départ. **n) ~zeit** f. || starting time || durée f. de démarrage. 17

Anlege-apparat m. (Buchdr) || feeding apparatus; apparatus for laying-on sheets || rectificateur m. de marge; appareil m. pour mettre les feuilles à la machine. **a) ~brett** n. (Buchdr) || feeding board || table f. à pile. **b) ~goniometer** n. || protractor || goniomètre m. d'application; rapporteur m. **c) ~maschine** f. für Flachsspinnereien || spreading machine for flax spinning || machine f. à étaleur pour le filage du chanvre. 18

anlegen, Geld n. || to invest money || placer *ou* donner de l'argent m. 19

Anlegeplatz m. (Schiff) || anchoring place || quai m. d'accostage *ou* d'amarrage; débarcadère m. 20

Anleger m. (Buchdr) || layer-on; feeder || margeur m. 21

Anlegerin f. (Buchdr) || layer-on girl || margeuse f. 22

Anlege-schiene f. (Buchdr) || guide rail || barre f. presse-papier. **a) ~steg** m. (Buchdr) || head side || bois m. de marge d'un châssis. **b) ~tisch** m. (Buchdr) || horse || table f. à papier. **c) ~vorrichtung** f. (Buchdr) || feeding arrangement *or* device || taquet m. 23

Anleihe f. || loan || emprunt m. **a)** eine ~ **ausgeben** || to issue a loan || émettre un emprunt. **b) Eisenbahn~** || railway loan || emprunt m. de chemin de fer. **c) Geld~** || money loan || emprunt m. 24

Anleihepapier n. || government stock || titre m. d'emprunt. 25

anleimen || to glue on || coller. 26

Anleimmaschine f. für Rollenpapier || glueing-on machine for reels of paper || machine f. à coller pour papier en rouleaux. 27

Anleitung f. || instructions pl. || instructions fpl. 28

anlernen, einen Lehrling m. || to instruct an apprentice || instruire *ou* mettre au courant m. un apprenti. 29

Anlernen n. || teaching || éducation f.; mise f. au courant. 30

Anlieferungsschein m. (Seew) || shipping note || permis m. d'embarquement. 31

anliegen, Kurs m. (Schiff) || to lie the course || porter en route f. **a) landwärts ~** (Schiff) || to stand in; to stand on || porter *ou* courir à terre f. **b) seewärts ~** (Schiff) || to stand to sea; to stand off || porter au large m. 32

Anliegen n. (Bitte) || request; wish; application || demande f. 33

anliegend || adjacent; adjoining || adjacent; collant. **a)** ~ (in Briefen) || enclosed; annexed || ci-joint. 34

anloten, Land n. (Schiff) || to keep the lead going || s'approcher de la terre en sondant sans cesse *ou* le plomb à la main. 35

anlöten || to solder; to join by soldering || souder; braser; joindre par la soudure. 36

anlüften (Seew) || to lift up || hisser. 37

anluven (Schiff) || to haul the wind; to luff || loffer; serrer le vent; aller au lof m. 38

Anluven n., **scharfes** (Schiff) || sharp luff || auloffée f. 39

Anmachebottich m. (Töpf) || preparing vat || gâchoir m. 40

anmachen, Feuer n. || to light *or* to kindle a fire || allumer les feux mpl. **a) Mörtel** m. ~ || to prepare mortar; to mix mor-

tar with || préparer *ou* gâcher le mortier. **b)** den **Teig** m. ~ || to knead *or* to make the dough || pétrir la pâte. 1
Anmachwasser n. (Maur) || mixing water || eau f. pour le malaxage *ou* pour le gâchage. 2
Anmelde-anstalt f. (Fernm) || originating exchange || bureau m. de départ. **a) ~frist** f. || time of application || terme m. de notification. 3
anmelden, Konkurs m. || to file petition in bankruptcy || demander la liquidation judiciaire; se déclarer en faillite f. 4
Anmeldezeit f. (Fernm) || request time || temps m. d'enregistrement. 5
Anmeldung f. eines Konkurses || declaration of bankruptcy || déclaration f. en faillite f. 6
Anmerkung f. (Buchdr) || note || note f. 7
Anmerkungszeichen n. (Buchdr) || reference mark || appel m. de note. 8
anmustern, die Mannschaft || to enroll the crew || engager l'équipage m. 9
Annähdruckknopf m. || press button for sewing on || bouton-pression m. se cousant 10
annähen, Spitzen fpl. || to put laces pl. on || entoiler les dentelles fpl. 11
annähernd (Math) || approximative; approximate || approximatif. **a) ~e Ziffern** fpl. || approximate figures pl. || chiffres mpl. approximatifs. 12
Annäherung f. || approximation || approximation f. 13
Annäherungs-abschnitt m. (Stellwerk) || approach section || canton m. bloqueur. **a) ~grad** m. || degree of approximation || degré m. d'approximation. **b) ~verfahren** n. (Math) || method of approximation || méthode f. par approximation. 14
Annahme f. (Entgegennahme) || acceptance || acceptation f. **a)** ~ (Math; Phys) || hypothesis || hypothèse f. 15
Annahme-stelle f. || receiving office || bureau m. de consignation. **a) ~verweigerung** f. || refusal of acceptance; non-acceptance || refus m. d'acceptation. 16
Annässer m. (Maur) *s.* Annetzer. 17
Annatgerste f. || Annat barley || orge f. d'Annat. 18
annehmbarer Preis m. || reasonable *or* fair price || prix m. raisonnable. 19
annehmen, zu brieflichen Bedingungen fpl. || to accept on terms of letter || accepter selon les conditions de la lettre. **a)** zu **ursprünglichen Bedingungen** fpl. ~ || to accept on original conditions || accepter aux conditions originales. **b)** einen **Wechsel** m. ~ || to accept *or* to honour a bill || accepter un effet; honorer *ou* accueillir une traite. 20
Annetzer m. (Maur) || mason's broom; mason's brush || balai m. du maçon. 21
annieten || to rivet on || river à 22
Annonce f. *s.* Anzeige. 23
Annuität f. || annuity; rent || annuité f.; rente f. 24
annullieren || to annul; to cancel || annuler. 25
Annullierung f. || cancellation || annullation f. 26
Anode f. || anode || plaque f. positive; anode f. **a)** ~ aus **Nickel** || nickel anode || anode f. de nickel. 27
Anoden-alarmrelais n. (Fernm) || alarm relay for plate potential || relais m. de contrôle du potentiel de plaque. **a) ~batterie** f. || anode battery; plate battery || batterie f. d'anode *ou* de plaque; pile f. pour radiophonie. **b) ~beutel** m. || anode bag || sac m. à anodes. **c) ~entladung** f. || discharge at anode || décharge f. de l'anode. **d) ~gleichspannung** f. *s.* ~spannung. **e) ~gleichstrom** m. (Fernm) || anode direct current || courant m. continu anodique. **f) ~kreis** m. || anode circuit; plate (to) filament circuit || circuit m. de plaque. **g) ~rückwirkung** f. || anode reaction || réaction f. de l'anode. **h) ~ruhestrom** m. || feed current || courant m. de repos filament-plaque; courant m. permanent de plaque. **i) ~schlamm** m. || anodic mud *or* slime || boue f. anodique. **k) ~schutzgitter** n. (Fernm) || anode screening grid || seconde grille f. **l) ~schutznetz** n. (Fernm) || anode screening grid || écran m. de plaque *ou* de l'anode; grille f. protectrice d'anode. **m) ~spannung** f. || anode *or* plate voltage; discharge voltage; anode potential || tension f. de plaque *ou* anodique. **n) ~spannungsmodulation** f. (Fernm) || constant current modulation || modulation f. à courant constant. **o) ~stange** f. || anode rod || barre f. d'anodes. **p) ~strahlen** mpl. || anode rays pl. || lumière f. anodique. 28
Anodenstrom m. (Fernm) || anode *or* space *or* plate *or* discharge current || courant m. anodique *ou* de plaque. 29
Anodenstrom-kennlinie f. || valve characteristic || caractéristique f. de plaque. **a) ~kreis** m. *s.* Anodenkreis. **b) ~meßschalter** m. || plate current measuring switch || clé f. de mesure du courant de plaque. **c) ~stärke** f., **spezifische** || anodic density || densité f. anodique. 30
Anodenzelle f. || anode cell || vase m. anodique. 31
anomal (Phys) || anomalous || anomal. 32
Anomalie f. || anomaly || anomalie f. 33
Anordnung f. || disposition; arrangement || disposition f.; arrangement m. **a) schematische** ~ || diagrammatic arrangement || disposition f. schématique. **b) ~en** fpl. **treffen** || to give orders pl. *or* instructions pl. || prendre des dispositions fpl. **c) zeitweilige ~en fpl.** || temporary arrangements pl. || arrangements mpl. temporaires. 34
anorganisch (Chem) || inorganic; anorganic || anorganique; inorganique. **a) ~e Chemie** f. || inorganic chemistry || chimie f. anorganique. **b) ~e Säure** f. || inorganic acid || acide m. inorganique. 35
anormal || abnormal || anormal. 36
Anorthit m. || anorthite; lime harmotome || anorthite f.; harmotome m. calcaire *ou* de chaux. 37
anpassen (Chem) || to acclimatize || accoutumer. **a)** ~ (zurichten) || to adapt; to adjust || adapter; ajuster. **b)** ein **Stück** n. ~ || to adjust a piece to || ajuster une pièce sur. 38
Anpassung f. || adaptation || adaptation f. **a)** ~ der **Brille** durch den Optiker || fitting of the spectacles pl. by an optician || adaptation f. de la lunette par l'opticien. **b) Dunkel~** || dark adaptation || adaptation f. à l'obscurité. **c) Hell~** || bright adaptation || adaptation f. à la lumière. 39
Anpassungsfähigkeit f. || adaptability || faculté f. d'adaptation. **a)** ~ der **Augen** || accommodating power of the eyes || amplitude f. de l'accommodation des yeux. 40
Anpassungsschaltung f. für Nebenstellen (Fernm) || accommodating connection for extension stations || circuit m. d'accommodation pour installations supplémentaires. 41
anpfählen || to fasten with pales pl. *or* stakes pl. || échalader; échalasser. 42
Anpflanzung f. || plantation || plantation f. 43
anpfropfen (Zimm) || to assemble butt-on-butt || joindre en about. 44
anpreisen || to praise; to recommend || préconiser; vanter; prôner; recommender. 45
Anpreisung f. || praise; commendation; puffing || recommendation f.; réclame f.; boniment m. 46
anproben || to try on; to fit on || essayer. 47
anraten || to advise || conseiller. 48
Anräucherung f. || fumigation || fumigation f.; enfumage m. 49
anrechnen (Konto belasten) || to charge to the account; to pass to the debit || compter; mettre *ou* passer en compte m. 50
Anrechnung f., in ~ bringen || to charge; to debit || mettre en compte m. 51
Anrecht n. || right; claim; title || droit m.; titre m. 52
Anrede f. (im Brief) || address || adresse f.; titre m. 53
anregen || to stimulate || animer; inciter; stimuler. **a)** ~ (Fernm) || to start up || exciter; démarrer. **b)** ~ (vorschlagen) || to propose || proposer. 54
Anregung f. (Anreiz) || impulse; stimulus; incitation || impulsion f. **a)** ~ (Vorschlag) || proposal; proposition; suggestion || proposition f.; idée f. 55
Anreibemaschine f. für Blattgold || grinding machine for gold leaf || machine f. à broyer l'or en feuilles. 56
anreiben (Chem; Farbe) || to grind || broyer. **a)** ~ (Goldschm) || to rub on || ravaler. **b)** den **Umschlag** m. an die Broschüre ~ (Buchb) || to press-on the cover to the booklet || presser la couverture contre la brochure. 57
anreichern (Chem) || to enrich; to strengthen || enrichir. **a)** ~ (Met) || to carburize; to concentrate || carburer; concentrer. **b)** mit **Kohlenstoff** m. ~ (Met) || to add carbon || soumettre à l'action f. du carbone. 58
Anreicherung f. (Met; Chem) *s.* Anreicherungsvorgang. **a)** ~ (Erz) || concentration || enrichissement m.; concentration f. **b)** ~ von natürlichem **Mineralwasser** || enriching natural mineral water || enrichissement m. d'eau minérale naturelle. 59
Anreicherungsvorgang m. (Met; Chem) || enrichment; enriching || enrichissement m.; concentration f. 60
anreihen || to string; to add to; to attach to || joindre l'un à l'autre; enfiler; ajouter. 61
anreißen (Tischl; Masch; Zeichn) || to mark out; to trace; to sketch down || tracer; marquer. 62
Anreißer m. || tracer || traceur m. 63
Anreiß-nadel f. || marking tool; scriber || pointe f. à tracer. **a) ~werkzeug** n. || marking tool; outil m. à marquer. 64

Anreizkreis m. (Fernm) || marking circuit || circuit m. de marquage. 1

Anrichte f. || dresser || dressoir m.; crédence f. 2

anrichten, Schaden m. || to do damage || occasionner *ou* causer un dégât. 3

Anrichteraum m. (Schiffb) || pantry || office f. 4

Anriß m. (Werkstoff) || surface crack; superficial scratch || fissure f. superficielle; petite fente f. (à la surface de l'acier). 5

Anrück-abschnitt m. (Stellwerk) || approach section || canton m. bloqueur. **a) ~sperre** f. (Stellwerk) || approach locking || blocage m. par approche. 6

Anruf m. (Fernm) || call || appel m. **a) überzähliger ~** (Fernm) || supernumerary call || appel m. en surnombre. 7

Anruf-apparat m. || call signal apparatus || appareil m. d'appel. **a) ~betrieb** m. (Fernm) || direct trunking || exploitation f. par ligne de conversation. 8

anrufen (Fernm) || to ring up; to 'phone up || appeler; téléphoner. **a) ~** (Schiff) || to hail || héler. 9

Anruf-induktor m. || calling magneto || inducteur m. d'appel. **a) ~klappe** f. (Fernm) || switchboard drop; calling indicator || annonciateur m. *ou* clapet m. d'appel. **b) ~lampe** f. (Fernm) || calling lamp; line lamp; calling-in lamp || lampe d'appel. **c) ~lampenstreifen** m. (Fernm) || calling lamp strip || réglette f. de lampe f. d'appel. **d) ~leitung** f. (Fernm) || calling line || ligne f. d'appel. **e) ~ordner** m. (Selbstanschl) || assignon; allotter || assignant m.; classeur m. *ou* arrangeur m. d'appels. 10

Anrufrelais n. (Fernm) || calling relay || relais m. d'appel. **a) ~ für Kabelbetrieb** || call relay for cable working || relais m. d'appel pour le service des câbles. 11

Anruf-schrank m. (Fernm) || calling concentrator || tableau m. *ou* concentrateur m. d'appel. **a) ~signal** n. (Fernm) || calling *or* line signal || signal m. *ou* indicateur m. d'appel. **b) ~sucher** m. (Selbstanschl) || call finder; „out"-finder; finder switch || chercheur m. d'appels. **c) ~tisch** m. (Fernm) || concentrating table || table f. d'appels. **d) ~verteiler** m. (Selbstanschl) || call receiving switch || répartiteur m. d'appels. **e) ~verteilungssystem** n. (Fernm) || call distributing system || système f. à distributeur d'appel. **f) ~welle** f. (Fernm) || calling wave || onde f. d'appel **g) ~wiederholung** f. (Fernm) || calling lamp repeating || répétition f. des lampes d'appel. 12

Anrufzeichen n. (Fernm) || calling *or* line signal || signal m. *ou* indicateur m. d'appel. **a) ~kästchen** n. (Fernm) || indicator case || tableau m. d'annonciateurs d'appel. 13

Anrufzusammenfassung f. (Fernm) || concentration of incoming calls || concentration f. des appels. 14

Anrüster m. (Seide) || beamer || entaqueur m. 15

Ansage f. || notification || notification f. 16

ansammeln || to accumulate || accumuler. **a) sich ~** (Chem) || to collect || se rassembler. 17

ansässig || resident; domiciled || établi; domicilié. 18

Ansatz m. (Masch) || shoulder; lug; stop || saillie f.; patte f.; taquet m. **a) in ~ m. bringen** || to debit; to enter an account || mettre en ligne f. de compte; passer en compte m. **b) Kesselstein~** || incrustation of boiler fur || dépôt m. de calcaire. **c) Koks~** || deposit of coke || résidu m. de coke. **d) konischer ~** || tapered shoulder || collet m. conique. **e) ~ am Radreifen** || lip of tire || talon m. du bandage. 19

Ansatz-feile f. || hand *or* flat file || lime f. plate; lime f. à main. **a) ~feld** n. (Fernm) || additional multiple || section f. additionelle. **b) ~platz** m. (Fernm) || extension multiple section || tableau m. d'extension. 20

Ansatzrohr n. (an einem Gefäß) || short pipe; nozzle || ajutage m. **a) ~** (Rohrleitung) || additional pipe; connecting *or* side tube || tuyau m. additionel; tube m. latéral *ou* de connexion. 21

Ansatzstück n. || joining *or* connecting piece || pièce f. de jonction. 22

ansäuern (Chem) || to acidify; to acidulate || aciduler; acidifier. 23

Ansäuerung f. (Chem) || acidification; acidifying || acidification f. 24

ansaugen || to suck; to suck up *or* in; to draw off || aspirer. **a) Luft** f. **~** || to suck in the air; to take from surrounding atmosphere || prendre l'air de l'ambiant. 25

Ansaugen n. || suction; sucking || aspiration f. 26

Ansaug-periode f. || suction stroke || course f. d'aspiration. **a) ~raum** m. der Dampfstrahlpumpe || steam cone of the injector || cheminée f. de l'injecteur. **b) ~rohr** n. || suction pipe || tuyau m. d'aspiration. **c) ~schlot** m. || air chimney || cheminée f. d'aspiration. 27

Ansaugung f. || suction || aspiration f. 28

Ansaug-vorrichtung f. || suction apparatus || dispositif m. à succion. **a) ~zylinder** m. (Rotationsmaschine) || aspirating cylinder || cylindre m. aspirateur. 29

anschaffen || to procure; to provide with; to supply || acheter; faire l'acquisition f. de. 30

Anschaffung f. || purchase || achat m.; acquisition f. 31

Anschaffungskosten pl. || prime costs pl.; first cost || frais mpl. d'achat. **a) geringe ~** || small cost of buying || frais mpl. bas d'achat. **b) Verringerung** f. der **~** || reducing first cost || réduction f. des frais d'achat. 32

Anschaffungspreis m. || initial cost || prix m. d'acquisition. 33

anschäften, ein Beil n. || to helve an axe || emmancher une hache. 34

Anschalt-gerät n. für Morseleitungen || switching device for connection with Morse lines || appareil m. pour intercepter une ligne Morse. **a) ~klinke** f. (Fernm) || operator's jack || jack m. d'opératrice. **b) ~stöpsel** m. (Fernm) || operator's plug || fiche f. jumelle. 35

Anschärfmaschine f. || whetting *or* sharpening machine || machine f. à affûter *ou* à aiguiser 36

Anschauung f. || view; opinion || vue f.; opinion f. 37

anscheinend || apparent || en apparence f. 38

Anscherung f. *s.* Anschlitzung. 39

anschiften (Zimm) || to join rafters pl. together || embrancher. 40

Anschlag m. (Werkzeugm) || stop; limit stop || arrêt m.; taquet m.; butoir m.; butée f.; ergot m.; équerre f. **a)** den Ring m. **bis zum ~ drehen** || to turn the ring until it comes to the stop || tourner la bague jusqu'au butoir. **b) Gehrungs~** || mitre-cutting guide || guide m. pour couper les onglets. **c) abklappbarer Gehrungs~** || tilting mitre-cutting guide || butée f. d'onglets basculante. **d) in ~ m. bringen** || to take into consideration || mettre en ligne f. de compte. **e)** Anschläge mpl. **je Sekunde** (Schreibm) || number of strokes per second || nombre m. des frappes par seconde. **f) Lenkungs~** || steering stop || arrêt m. de braquage. **g) Stangen~** || bar stop || butée f. pour la barre. **h) starker ~** (Schreibm) || hard stroke || frappe f. violente. **i) ~ des Typenträgers** (Schreibm) || unpact of the type bar || frappe f. de la barre à caractère. **k) ungefährer ~** (Handel) || approximate estimate || évaluation f. approximative. **l) verschiebbarer ~** (Masch) || movable stop || équerre f. *ou* buteé f. mobile. 41

Anschlagdraht m. || stop wire || fil m. d'arrêt. 42

anschlagen (Bergb) || to fill and fasten the kibble || charger et attacher les barriquets. **a) ~** (Glocke) || to strike || frapper. **b) ~** (Tischl; Schloss) || to make firm; to fasten || affermir; fixer. **c) ~** (Web) || to loop by hand || faire l'ourlet m. **d)** die **Lade ~** (Web) || to beat the lathe || frapper le battant. **e)** ein **Schloß** n. **~** || to nail a lock (to a door) || clouer une serrure. **f)** eine **Taste** f. **~** || to strike a key || toucher. 43

Anschläger m. (Bergb) || striker; onsetter || moulineur m.; accrocheur m.; metteur m. en crayat. **a) ~** (Fahrtzeichengeber im Bergbau) || signalman || sonneur m. **b) ~** (Kettenförderung) || chainer; chain runner || homme m. de chaîne; accrocheur m. à la chaîne. **c) ~** (Klavierbau) || piano fittings fixer || ferreur m. de pianos. **d) ~ einer Repetieruhr** || jack of a repeater watch || échappement m. d'une montre de répétition. 44

Anschlag-fläche f. || stop face || surface f. d'arrêt. **a) ~hohlkehleisen** n. || right side round iron || fer m. de congé. **b) ~leine** f. (Seew) || lacing || chambrière f.; filin m. de transfilage. **c) ~mauer** f. || rabbet wall || embrasure f. **d) ~punkt** m. des Wagens (Schreibm) || stopping point of the carriage || point m. d'arrêt de la course du chariot. **e) ~schiene** f. || adjoining *or* rigid *or* stock rail. || rail m. fixe. **f) ~schraube** f. || set *or* stop screw || vis f. d'arrêt. **g) ~stärke** f. (Schreibm) || force of blow || force f. de frappe. **h) ~stift** m. || stop pin || goujon m. d'arrêt. **i) ~vorrichtung** f. || arresting device || dispositif m. de butée. **k) ~winkel** m. || back *or* try square || équerre f. épaulée *ou* à branche épaisse. **l) ~wirkung** f. (Schreibm) || striking effect || effet m. de la frappe. **m) ~zettel** m. || placard; (broadside); poster || placard m.; affiche f. 45

anschließen (einem Briefe) || to enclose || ajouter; annexer. **a) ~** (Fernspr) || to connect || donner la communication. **b) ~** (hinzufügen) || to join; to add; to annex || joindre; annexer. **c) ~** (mit Vorhängeschloß) || to padlock || attacher au moyen d'un cadenas; cadenasser.

d) eng ~ (Kleidungsstück) || to fit tightly || (se) coller. **e) sich** ~ || to attach; to join || s'attacher; se joindre. **f) sich einer Ansicht f.** ~ || to agree with an opinion || se rallier à l'opinion f. de quelqu'un. 1

Anschlitzung f. || tongue and groove joint || assemblage m. par embrèvement. 2

Anschluß m. (Elektr) || connection; connexion || raccordement m.; dérivation f.; branchement m. **a)** ~ an das **Fernsprechnetz** || substation of the telephone system || poste m. de réseau. **b) Gleis~** (Eisenb) || branch line; siding track || embranchement m. à la voie. **c) hinterer** ~ (Elektr) || back *or* rear connection || prise f. *ou* branchement m. arrière. **d)** ~ von **Rohren** || connection of pipes || raccordement m. à tubes. **e) rückseitiger** ~ (Elektr) *s.* Anschluß, hinterer. **f)** ~ für **Schweiß- und Schneidbrenner** || connection for welding and fusion burners || raccord m. pour brûleurs à souder et à découper. **g)** den ~ **versäumen** || to miss the connection || manquer la correspondance. 3

Anschluß-bahn f. || junction railway || chemin m. de fer de jonction. **a) ~bahnhof** m. || junction railway station || station f. de jonction. **b) ~bedingung f.** || condition for connecting || condition f. de jonction. **c) ~bereich** m. (Fernm) || telephone area || circonscription f. téléphonique. **d) ~blech** n. || joint *or* joining plate || lame f. *ou* tôle f. *ou* plaque f. d'assemblage. 4

Anschlußdose f. (Elektr) || wall socket || boîte f. de contact à fiches; boîte f. de jonction. **a)** ~ mit **auswechselbarer Sicherung** (Elektr) || junction box with replaceable fuse || boîte f. de jonction à coupe-circuit remplaçable *ou* interchangeable. **b) Hänge~** (Elektr) || suspended contact box || prise f. de courant à suspension. 5

Anschluß-ende n. der Schiene (Eisenb) || junction rail end || pièce f. de raccord de rail. **a) ~flansch** m. || connecting flange || bride f. de raccordement. **b) ~gewinde** n. für Röhren || screwed pipe connection || filetage m. de raccordement pour tuyaux. **c) ~gleis** n. || junction *or* joining line; railway sidings pl. || voie f. de jonction *ou* de raccordement; rail m. de rapports. 6

Anschlußkabel n. (Elektr) || connection cable || câble m. de raccordement. **a)** ~ (Fernm) || subscriber's cable || câble m. d'abonnés. 7

Anschlußkasten m. (Elektr) || connection *or* terminal box || boîte f. de jonction *ou* à prise de courant. **a) Erd~** || feeder plug box on the ground || boîte f. de prise de courant disposée sur le sol. **b) Haus~** || house connecting box || boîte f. de raccordement pour maisons. 8

Anschluß-klemme f. || terminal clamp; connecting terminal || pince f. de bout; borne f. de raccord *ou* de raccordement. **a) ~klinke** f. (Fernm) || operator's jack || jack m. d'opératrice. 9

Anschlußleitung f. (Fernm) || subscriber's line || ligne f. d'abonnés. **a)** ~ (Masch) || connecting pipe || conduite f. *ou* tuyauterie f. de jonction. 10

Anschluß-material n. (Elektr) || connection material || matériel m. de raccordement. **a) ~organ** n. || connection organ || organe m. de raccordement. **b) ~rohr** n. (Masch) || joining pipe || tuyau m. de jonction. **c) ~rolle** f. des Anschaltgeräts (Fernm) || condenser reel for switching device || rouleau m. *ou* tambour m. condensateur de prise de courant pour l'appareil d'écoute. **d) ~schema** n. || diagram of connection || plan m. de montage; schéma m. des connexions *ou* de montage. **e) ~schiene** f. (Eisenb) || junction rail || raccord m. de rail; rail m. de jonction. **f) ~schienenstück** n. || junction rail end || pièce f. de raccord de rail. **g) ~schnur** f. || connection *or* extension cord || corde f. de raccord. **h) ~stelle** f. || junction point || point m. d'assemblage *ou* d'attache. **i) ~stöpsel** m. (Fernm) || attaching plug || fiche f. de prise de poste. **k) ~stück** n. || joint part || pièce f. de raccord. **l) ~stutzen** m. für Kraftstoff (Auto) || fuel pipe union || raccord m. du tube à combustible. 11

Anschlußwert m. (Elektr) || connection value || wattage m.; capacité f. **a)** ~ eines **elektrischen Glühofens** || connected load of an electric annealing furnace || puissance f. installée d'un four électrique à recuire. 12

Anschluß-würfel m. || connection cube || cube m. à prises. **a) ~zug** m. || corresponding train || (train m. de) correspondance f. 13

anschmelzen || to solder || souder. 14

Anschmelzherd m. || melting *or* smelting furnace || fourneau m. à fondre. 15

anschnallen || to buckle on || boucler. 16

Anschnallgurt m. || safety belt || ceinture f. de sangle. 17

Anschneiden n. von Stemmkanten || cutting the caulking edges pl.; bevel cutting || chanfreinage m. de tôles. 18

Anschnitt m. (Schiffb) || notch; channel; jag || entaille f.; encoche f.; goujure f.; rainure f. **a)** ~ einer **Gewindeschneidbacke** || throat on threading die || entrée f. d'un peigne à fileter. 19

anschrauben || to screw on || visser; boulonner. 20

Anschraubgewinde n. || screw thread || filet m. de fixation. **a) englisches** ~ || English standard screw || pas m. de vis anglais. 21

anschreiben || to write down; to book || noter; inscrire. **a)** ~ (Buchf) || to debit || passer *ou* porter en compte m. 22

Anschrift f. *s. auch* Adresse || address || adresse f. **a) Draht~** || telegraphic address || adresse f. télégraphique. **b) Feld** n. für die ~ (Briefumschlag) || address panel || champ m. *ou* place f. pour l'adresse. **c) Versand~** || address of the consignee || adresse f. pour l'expédition. 23

Anschriften-buch n. || directory || répertoire m. d'adresses; annuaire m. **a) ~büro** n. || address office || bureau m. d'adresses. **b) ~karte** f. || address card || carte f. d'adresse. 24

Anschriftenmaschine f. || addressing machine || machine f. à adresser *ou* à écrire les adresses. **a) Rotations~** || rotary addresser || machine f. rotative à ecrire les adresses. 25

Anschriftenmaschinenschablone f. || addressing machine stencil || stencil m. de machine à écrire les adresses. 26

Anschriftenplatte f. || address *or* addressing plate || châssis m. pour adresses; planche f. à adresses. 27

anschuhen, einzurammende Pfähle mpl. (Wasserb) || to shoe piles pl. || saboter les pieux mpl. 28

anschüren, das Feuer || to stir *or* to stoke *or* to poke the fire || aviver *ou* râbler le feu. 29

anschütten (Bauw) || to fill up || remblayer. 30

Anschüttung f. || filling; embankment || remblai m. 31

anschwänzen, die Treber pl. || to sparge the draff || arroser *ou* laver les drèches fpl. 32

Anschwänzen n. || sparging || arrosage m.; lavage m. 33

Anschwänzer m. || oversprinkler; scotch cross; sparger; sprinkling pipe || croix f. écossaise. 34

Anschwänz-kreuz n. || oversprinkler; scotch cross; sparger; sprinkling pipe || croix f. écossaise. **a) ~temperatur** f. || sparging temperature || température f. de lavage. **b) ~wasser** n. || sparging water || eau f. *ou* trempe f. de lavage. 35

anschweißen || to weld on; to weld together || souder. 36

Anschweißen n., das ~ der Blechplatte erfolgt mittels Überlappung || the plate is lap-welded to the furnace || on obtient le raccordement de la plaque par soudage à recouvrement. 37

Anschweiß-ende n. || metal (repair) part for welding || bout m. à souder par recouvrement. **a) ~stelle** f. || welding point || (endroit m. de) soudure f. 38

anschwellen || to swell || (s')enfler. **a)** ~ (Fluß) || to rise || (s')enfler; croître; s'accroître. 39

Anschwellen n. des Stromes (Elektr) || rush of current || accroissement m. du courant. 40

Anschwellung f. || swell(ing) || enflement m.; gonflement; enflure f. **a)** ~ **(Fluß)** || rise || crue f. **b)** ~ (Funkw) || hump || bosse f. 41

ansegeln, ein Schiff n. || to run foul of a vessel || tomber sur un navire. 42

ansehnlich || handsome; considerable || considérable. 43

ansetzen (befestigen) || to apply to; to put on || mettre; appliquer; ajuster. **a)** ~ (Preis) || to quote || fixer; coter; noter. **b)** ~ (Zeit) || to fix || fixer. **c)** ein **Bohrloch n.** ~ (Bergbau) || to start a borehole || commencer un sondage. **d)** das **Pflaster** ~ || to place close the paving-stones pl. || poser le pavé. 44

Ansetzen n. des Satzes (Feuerwerk) || mixing *or* preparing of composition || mélange m. des matières. 45

Ansicht f. || view || vue f. **a) Gesamt~** || general view || vue f. d'ensemble. **b) Innen~** || interior view; interior || intérieur m. **c)** ~ von **oben** || top view || vue f. d'en haut. **d)** ~ im **Querschnitt** || view of cross section || vue f. de coupe en travers. **e)** ~ des **Rechtsanwaltes** || counsel's opinion || opinion f. de l'avocat. **f) Seiten~** || side view || vue f. de côté. **g)** ~ aus der **Vogelschau** || bird's eye view || vue f. à vol d'oiseau. **h) zur** ~ f. **schicken** || to send on approval || envoyer au choix m. *ou* à condition f. 46

Ansichts-karte f. || picture *or* illustrated *or* pictorial *or* view postcard || carte f. postale illustrée. **a) ~kartenkolorist** m. || post card colourer || coloriste m. en cartes postales illustrées. **b) ~postkarte** f. *s.* Ansichtskarte. 1

ansiedeln ‖ to settle ‖ établir. 2

ansieden ‖ to boil ‖ faire bouillir. **a) ~** (Färb) ‖ to ungum ‖ décruser. 3

Ansiedescherben m. ‖ scorifier; roasting *or* calcining test ‖ têt m. à rôtir; creuset m. pour le dosage au chalumeau. 4

Ansiedler m. ‖ settler; colonist ‖ colon m. 5

anspannen ‖ to stretch ‖ tendre. **a) alle Kräfte** fpl. **~** ‖ to strain every nerve ‖ faire tous ses efforts mpl. 6

Anspannung f. ‖ strain; tension; exertion ‖ tension f. 7

anspielen auf ‖ to allude to; to refer to; to hint at ‖ faire allusion f. à. 8

Anspielung f. ‖ allusion; reference; hint ‖ allusion f. 9

anspinnen ‖ to begin to spin ‖ commencer à filer. **a)** einen **Faden** m. **~** ‖ to join a thread ‖ joindre en filant. 10

Anspinner m. ‖ piecer and doffer ‖ rattacheur m. 11

anspitzen ‖ to point ‖ aiguiser; appointer. 12

Anspitzer m. (Bleistift) ‖ (pencil) sharpener ‖ taille-crayon m. 13

Anspitzhammer m. ‖ pointing hammer ‖ marteau m. à appointer. 14

Anspitzmaschine f. (Nadl) ‖ pointing engine ‖ dégrossisseuse f. **a) ~** (für Stangen) ‖ sharpening *or* swaging maschine ‖ machine f. à appointer. **b) Bleistift~** ‖ pencil sharpening machine ‖ taille-crayons m. mécanique. 15

Anspitzwalzwerk n. für Draht ‖ rolling mill for sharpening wires ‖ laminoir m. à appointer des fils. 16

anspilssen, das Ankertau ‖ to splice the cable ‖ épisser le câble. 17

ansprechend ‖ pleasant; attractive ‖ agréable; plaisant. 18

anspringen, in **jeder Kurbelstellung** ‖ to start in any position of the crankshaft ‖ pouvoir être lancé dans n'importe quelle position de manivelle. **a)** die **Maschine** springt nicht an ‖ the engine refuses to start ‖ le moteur ne s'amorce pas *ou* ne part pas *ou* refuse de demarrer. 19

Anspruch m. ‖ claim ‖ prétention f.; exigence f. **a) alle Ansprüche** mpl. **fallen lassen** ‖ to abandon all claims pl. ‖ abandonner toutes réclamations fpl. **b) allen Ansprüchen** fpl. **genügen** ‖ to satisfy all claims pl.; to meet all requirements pl. ‖ satisfaire à toutes les exigences fpl.; répondre à toutes les exigences fpl. **c) in ~ nehmen** ‖ to avail ‖ occuper. **d) nicht bestreitbarer ~** ‖ indisputable title ‖ droit m. *ou* titre m. incontestable. 20

anspruchslos ‖ unassuming; unpretentious; simple ‖ sans prétentions fpl.; modeste. **a) ~** in der **Wartung** f. ‖ with little need of attendance ‖ d'un entretien m. réduit au minimum. 21

anspruchsvoll ‖ pretentious; fastidious ‖ exigeant; prétentieux. 22

Anstalt f., **Versuchs** ‖ station for experiments; laboratory for essaying ‖ station f. d'essai; laboratoire m. de recherches. **a) wissenschaftliche ~** ‖ scientific institute ‖ institut m. scientifique. 23

Anstalten fpl. **machen** ‖ to make preparations pl. *or* arrangements pl.; to prepare ‖ se préparer à. 24

Anstaltsherd m. ‖ public institute range ‖ cuisinière f. pour établissements. 25

anstandslos ‖ without hesitation ‖ sans hésitation f. *ou* difficulté f. 26

anstauchen, Rolle f., die von der Seite her den Spurkranz anstaucht ‖ roll producing the flange by lateral pressure ‖ rouleau m. qui refoule le métal pour faire le boudin. 27

Anstauchen n. der Bunde an Radspeichen ‖ jumping *or* forming of collars pl. on wheel spokes ‖ refoulement m. des embases aux rayons de roues. 28

anstauen, das Wasser ‖ to pen *or* to stem *or* to dam up *or* to retain the water ‖ hausser *ou* élever *ou* retenir les eaux fpl. 29

Anstauung f. des Wassers (Wasserb) ‖ rising of water ‖ retenue f. *ou* refoulement m. des eaux. 30

Ansteckartikel m. ‖ favour ‖ fleur f. *ou* insigne m. de boutonnière. 31

anstecken (Faß) ‖ to tap ‖ mettre en perce; percer. 32

Anstecken n. (Faß) ‖ tapping ‖ mise f. en perce. 33

ansteckend ‖ infectious ‖ contagieux. 34

Ansteck-hahn m. ‖ tap ‖ robinet m. de mise en perce. **a) ~spund** m. ‖ faucet plug ‖ bonde-certaine f.; certaine f. 35

Ansteckung f. ‖ infection; contagion ‖ contagion f. 36

anstehen (zu Tage treten im Bergbau) ‖ to crop out ‖ paraître *ou* venir à fleur f. de terre. 37

anstehendes Gestein n. ‖ solid rock; ore in sight ‖ roche f. vive; minerai m. en vue. 38

Anstell-bottich m. (Brau) ‖ gyle tun; starting tub *or* vessel ‖ cuve f. guilloire. **a) ~-bütte** f. (Brau) ‖ pitching tub ‖ cuve f. guilloire. 39

anstellen (Beamte) ‖ to appoint; to give a place; to engage ‖ assigner une poste; engager. **a) ~** (Brau) ‖ to pitch ‖ mettre en levain m. **b) gegen feste Bezüge** mpl. **~** ‖ to appoint with fixed emoluments pl. ‖ engager à paye f. fixe. **c)** eine **Untersuchung** f. **~** ‖ to make an inquest ‖ instituer *ou* faire une enquête. 40

Anstellen n. (Brau) ‖ pitching ‖ mise f. en levain. 41

Anstell-hefe f. ‖ pitching yeast ‖ levain m. **a) ~temperatur** f. (Brau) ‖ pitching temperature ‖ température f. de mise en levain. 42

Anstellung f. ‖ appointment; post; situation; office ‖ emploi m.; engagement m.; placement m. **a) ~** von **Hand** (Masch.) ‖ hand adjusting ‖ ajustage m. à la main. **b) Zentral~** (Masch) ‖ central adjusting ‖ réglage m. central. 43

Anstellwinkel m. ‖ angle of incidence ‖ angle m. d'incidence. **a) ~** des **Drehmeißels** ‖ clearance angle of the turning steel ‖ angle m. de coupe de l'outil de tour. 44

Anstellwürze f. ‖ pitching wort ‖ moût m. 45

ansteuern ‖ to steer towards ‖ faire aborder. 46

Ansteuerungsfeuer n. ‖ location beacon ‖ phare m. de terrain. 47

Anstich m. (Faß) ‖ broaching ‖ mise f. en perce. 48

Anstichhahn m. ‖ broaching tap ‖ robinet m. de mise en perce. 49

Anstieg m. ‖ rise ‖ montée f.; ascension f. 50

Anstiegsleitfähigkeit f. (Elektr) ‖ slope conductivity ‖ conductance f. d'ascension. 51

anstiften (Küf) ‖ to pin; to peg ‖ goujonner. 52

Anstoß m., **bündiger** ‖ flush joint ‖ joint m. plain *ou* plat 53

anstoßen ‖ to butt ‖ abouter. **a)** den **Filz** m. **~** ‖ to put on the felt ‖ dresser le feutre. 54

anstoßend ‖ adjoining; bordering ‖ contigu. 55

anstreichen ‖ to paint; to give a coating of paint ‖ peindre; donner une couche de couleur; enduire de couleur f.; peinturer. **a) mehrmals ~** ‖ to apply several coats pl. ‖ peindre plusieurs fois; donner plusieurs couches de couleur. 56

Anstreichen n. von Wagen ‖ coach painting ‖ peinture f. de voitures. 57

Anstreicher m. (Bauw) ‖ house painter ‖ peintre m. en bâtiments; peintureur m. 58

Anstreich-gerät n. (Bauw) ‖ spray diffuser for wall painting ‖ pistolet m. pulverisateur pour la peinture des parois. **a) ~maschine** f. ‖ whitewashing *or* painting machine ‖ machine f. à badigeonner à la chaux; badigeonneuse f. **b) ~spritzpistole** f. ‖ paint spraying pistol ‖ pistolet m. pulvérisateur à peinturer. 59

anstrengen, einen **Prozeß** m. ‖ to bring an act; to take legal proceedings pl. ‖ intenter un procès. **a) sich ~** ‖ to make efforts pl. ‖ s'efforcer; faire des efforts mpl. 60

Anstrengung f., **körperliche** ‖ physical exertion ‖ fatigue f. corporelle. **a) ohne besondere ~** ‖ without special effort ‖ sans effort m. apparent. 61

Anstrich m. ‖ (coat of) paint; painting ‖ peinture f.; couche f. de peinture *ou* de finissage. **a) Deck~** ‖ finishing coat ‖ deuxième couche f. **b) feuerfester ~** ‖ fireproof coating *or* paint(ing) ‖ peinture f. ignifuge. **c) Grund~** ‖ first *or* prime *or* ground coat; knotting ‖ première couche f. (de peinture). **d) säurebeständiger ~** ‖ acidproof paint; anti-acid coat ‖ couche f. anti-acide; peinture f. inattaquable aux acides *ou* anti-acide. **e) Waren~** (Web) ‖ cloth contact ‖ contact m. de tissu. **f) wasserfester ~** ‖ waterproof paint; watertight coating ‖ peinture f. *ou* *ou* enduit m. hydrofuge. 62

Anstrich-farbe f. ‖ painting colour ‖ couleur f. à peinture. **a)** von einem Punkt aus regelbare **~-verstellung** f. (Web) ‖ contact controllable from one point ‖ contact m. réglable d'un seul endroit. 63

anstricken ‖ to knit on ‖ rempiéter des tricots mpl. 64

Ansturm m. (Bank) ‖ run ‖ assaut m. 65

antasten (Kapital) ‖ to touch ‖ toucher. 66

Anteil m. ‖ portion; share ‖ part f.; portion f. **a) ~e** mpl. einer **Gesellschaft** besitzen ‖ to own shares pl. in a company ‖ posséder des parts fpl. dans une société. **b) ~** am **Gewinn** ‖ share of the profit ‖ part f. des bénéfices. **c) ~ je Tonne** ‖ share per ton ‖ répartition f. per tonne. 67

Anteilschein m. ‖ share ‖ action f. 68

antelefonieren *s.* anrufen (Fernm). 69

Antenne f. *s. auch* Luftleiter ‖ aerial; antenna ‖ antenne f.; fil m. aérien; aérien m. **a) abgestimmte ~** ‖ modulated antenna ‖ antenne f. accordée. **b) Draht~** ‖ wire aerial ‖ aérien m. en fil. **c) Empfangs~** ‖ receiving aerial ‖ antenne f. de réception. **d) gerichtete ~** ‖ directional aerial ‖ antenne f. dirigée *ou* à ondes dirigées. **e) Heizumschalter** m. der ~ ‖ aerial heating switch ‖ commutateur m. d'échauffement d'antenne. **f) künstliche** ~ ‖ artificial *or* mute *or* phantom antenna ‖ antenne f. artificielle. **g)** der ~ zugeführte **Leistung** f. ‖ antenna input ‖ énergie f. absorbée par l'antenne. **h) lineare** ~ ‖ vertical wire aerial ‖ antenne f. linéaire. **i) Schirm~** ‖ umbrella aerial ‖ antenne f. en parapluie. **k) Sende~** ‖ transmitting aerial ‖ antenne f. émetteuse. **l) V-~** ‖ V-aerial ‖ antenne f. en V. **m) verlängerte T-~** ‖ extended T-shaped antenna ‖ antenne f. en T à branches horizontales prolongées. **n) verstimmte** ~ ‖ dumb aerial ‖ antenne f. muette. 1

Antennen-abgleichmittel n. ‖ aerial syntonizing means pl. ‖ moyen m. de syntonisation d'antenne. **a) ~bauvorschrift** f. ‖ instruction for the construction of aerials ‖ ordonnance f. relative aux antennes. **b) ~draht** m. ‖ aerial wire ‖ fil m. d'antenne. **c) ~durchführung** f. ‖ antenna duct ‖ traversée f. d'antennes. **d) ~führungsrohr** n. ‖ guide tube for aerial ‖ tube-guide m. d'antenne. **e) ~haftung** f. für Schäden ‖ liability for damages caused by antennas ‖ responsabilité f. des dommages causés par des antennes. **f) ~höhe** f., **wirksame** ‖ effective height of antenna ‖ hauteur f. effective de l'antenne. **g) ~induktanz** f. ‖ aerial inductance ‖ inductance f. d'antenne. **h) ~isolator** m. ‖ antenna insulator ‖ isolateur m. pour les *ou* à antennes. **i) ~kapazität** f. ‖ aerial capacity ‖ capacité f. de l'antenne. **k) ~klemme** f. ‖ antenna terminal ‖ serre-fil m. d'antenne; borne f. d'antenne. **l) ~kreis** m. ‖ aerial circuit ‖ circuit m. d'antenne. **m) ~litze** f. ‖ antenna cording; aerial strand ‖ câble m. *ou* cordon m. *ou* brin m. d'antenne. **n) ~mast** m. ‖ radio mast ‖ mât m. d'antenne. **o) ~polizeirecht** n. ‖ law relating to the competence of the police department to regulate the installation of the antennas ‖ droit m. de la police en matière de pose d'antennes. **p) ~recht** n. ‖ law relating to the installation of antennæ on other's premises ‖ loi f. concernant la pose d'antennes sur le fond d'autrui; droit m. à l'antenne. **q) ~schalter** m. mit Sicherung ‖ antenna switch with fuse ‖ interrupteur m. d'antenne avec coupe-circuit fusible. **r) ~schwingung** f. ‖ vibration of aerial ‖ oscillation f. de l'antenne. **s) ~selbstinduktion** f. ‖ aerial inductance ‖ inductance f. de l'antenne. **t) ~spule** f. ‖ antenna coil ‖ bobine f. d'antenne. **u) ~strahlung** f. ‖ aerial radiation; energy radiated by the aerial ‖ rayonnement m. de l'antenne; énergie f. rayonnée par l'aérien. **v) ~trommel** f. ‖ aerial drum ‖ rouet m. d'antenne. **w) ~verkürzungskondensator** m. ‖ aerial short wave condenser ‖ condensateur m. de raccourcissement d'antenne. **x) ~verlängerungsspule** f. ‖ aerial loading coil ‖ self m. de syntonisation d'antenne. **y) ~werkstoff** m. ‖ antenna material ‖ matériel m. d'antenne. **z) ~widerstand** m. ‖ aerial resistance ‖ résistance f. d'antenne. 2

Anthrachinon n. ‖ anthraquinone ‖ anthraquinone f. 3

Anthrazen n. ‖ anthracene ‖ anthracène m. 4

Anthrazen-farbe f. ‖ anthracene dye ‖ couleur f. d'anthracène. **a) ~öl** n. ‖ anthracene oil ‖ huile f. d'anthracène *ou* anthracénique. **b) ~pech** n. ‖ anthracene pitch ‖ poix f. d'anthracène. 5

Anthrazit m. ‖ anthracite; blind coal ‖ anthracite m. **a) stengeliger** ~ ‖ columnar anthracite *or* coal ‖ houille f. bacillaire. 6

Anthrazit-bergwerk n. ‖ anthracite *or* hard-coal mine ‖ mine f. d'anthracite. **a) ~kohle** f. ‖ anthracite coal ‖ anthracite m. **b) ~nußkohle** f. ‖ anthracite trebles pl. ‖ noisettes fpl. d'anthracite. 7

Antichlor n. ‖ antichlorine; soda hyposulphite ‖ antichlore m.; hyposulfite m. de soude. 8

Antifäulnisfarbe f. ‖ antifouling composition ‖ peinture f. sous-marine. 9

Antifriktion f. ‖ anti-friction ‖ anti-friction f. 10

Antifriktions-apparat m. ‖ anti-friction apparatus ‖ appareil-antifriction m. **a) ~metall** n. ‖ antifriction metal; bearing metal ‖ métal m. antifriction; métal m. blanc. 11

antik-es Öl n. ‖ antique oil ‖ huile f. antique. 12

Antikathode f. ‖ anticathode; target ‖ anticathode f. 13

Antikbronze f. ‖ patina ‖ patine f. verte *ou* antique. 14

Antikohärer m. ‖ anticoherer ‖ anticohéreur m. 15

Antikompound-dynamo f. ‖ differentially compounded dynamo ‖ dynamo m. anti-compound. **a) ~wicklung** f. ‖ differential compound winding ‖ enroulement m. anti-compound. 16

Antilogarithmus m. ‖ antilogarithm ‖ antilogarithme m. 17

Antimon n. ‖ antimony; stibium ‖ antimoine m. **a) gediegenes** ~ ‖ native antimony ‖ antimoine m. natif. **b) milchsaures** ~ ‖ antimony lactate ‖ lactate m. d'antimoine. 18

Antimon-arsen n. (Min) ‖ allemontite ‖ allémontite f. **a) ~arsennickel** n. (Min) ‖ niccolite ‖ nickélite f. **b) ~bad** n. (Met) ‖ antimony bath ‖ bain m. d'antimoiniage. **c) ~blei** n. ‖ antimonial *or* antimonious *or* antimony lead; slag *or* hard lead ‖ plomb m. antimonieux *ou* antimonié *ou* à l'antimoine *ou* antimonial; plomb m. aigre. **d) ~bleiblende** f. ‖ boulangerite ‖ boulangérite f. **e) ~bleispat** m. ‖ bindheimite ‖ bleiniérite f. **f) ~blende** f. ‖ red antimony; kermesite ‖ antimoine m. rouge; kermésite f. **g) ~blüte** f. (Min) ‖ antimony bloom; valentinite ‖ antimoine m. oxydé *ou* blanc; valentinite f. **h) ~butter** f. (Chem) ‖ butter of antimony ‖ beurre m. d'antimoine. **i) ~chlorid** n. ‖ antimony chloride *or* pentachloride ‖ pentachlorure m. *ou* trichlorure m. *ou* beurre m. d'antimoine. **k) ~chlorür** n. ‖ chloride of antimony ‖ chlorure m. d'antimoine. 19

Antimonerz n. ‖ antimony ore ‖ minerai m. d'antimoine. **a) ~bergwerk** n. ‖ antimony mine ‖ mine f. d'antimoine. 20

Antimon-fahlerz n. ‖ tetrahedrite; antimonial gray copper ‖ panabase f.; cuivre m. gris antimonifère. **a) ~glanz** m. ‖ antimony glance; native trisulphide *or* crystallized trisulphide of antimony; grey antimony ore; antimonite; stibnite ‖ antimoine m. sulfuré *ou* gris; stibine f.; stibnite f.; antimonite f. **b) ~glas** n. ‖ antimony glass ‖ verre m. *ou* sulfure m. d'antimoine. **c) ~goldschwefel** m. ‖ gold coloured antimony sulphide ‖ sulfure m. doré d'antimoine. **d) ~hütte** f. ‖ antimony works pl. ‖ fonderie f. d'antimoine. 21

antimonige Säure ‖ antimonious acid ‖ acide m. antimonieux. 22

Antimonit m. *s.* Antimonglanz. 23

Antimon-kupferglanz m. ‖ bournonite; wheel ore ‖ bournonite f.; antimoine m. sulfuré plumbocuprifère. **a) ~legierung** f. ‖ antimony alloy ‖ alliage m. antimonié. **b) ~nickel** n. ‖ breithauptite ‖ breithauptite f. **c) ~ocker** m. ‖ antimonial ochre; stiblite; cervantite; stibiconite ‖ antimoine m. oxydé terreux; stiblite f.; stibiconise f.; cervantite f. **d) ~oxyd** n. ‖ antimony oxide ‖ oxyde m. d'antimoine *ou* antimonieux. **e) ~salz** n. ‖ antimoniate; antimony salt ‖ antimoniate m.; sel m. d'antimoine. **f) ~säure** f. ‖ antimonic acid ‖ acide m. antimonique. **g) ~silber** n. ‖ antimonial silver; dyscrasite ‖ argent m. antimonial; discrase f. **h) ~silberblende** f. ‖ pyrargyrite; dark red silver ore ‖ argent m. antimonié sulfuré *ou* rouge; pyrargyrite f.; argyrythrose f. **i) ~silberglanz** m. ‖ stephanite ‖ stéphanite f. 24

Antipyretikum n. ‖ pyretic saline ‖ antipyrétique f. 25

Antipyrin n. ‖ antipyrine ‖ antipyrine f. 26

Antiqua f. (Buchdr) ‖ Roman type *or* character; brevier ‖ caractère m. romain; romain m.; texte m. **a) fette** ~ (Buchdr) ‖ bold Roman type ‖ romain m. gras 27

Antiquariat n. ‖ second-hand bookshop ‖ librairie f. ancienne *ou* d'occasion. 28

Antiquariatsbuchhandlung f. ‖ second-hand bookseller's shop ‖ librairie f. d'occasion. 29

antiquarisch kaufen ‖ to buy second-hand ‖ acheter d'occasion f. 30

Antiquitäten fpl. ‖ antiquities pl. ‖ antiquités fpl. 31

Antiquitäten-ausbesserer m. ‖ antiquities repairer ‖ réparateur m. d'antiquités. **a) ~handel** m. ‖ antiquities trade ‖ commerce m. d'antiquités. 32

Antiseptikum n. ‖ antiseptic ‖ antiseptique m. 33

antiseptisch ‖ antiseptic ‖ antiseptique. **a) ~es Erzeugnis** n. ‖ antiseptic composition ‖ produit m. antiseptique. **b) ~e Watte** f. ‖ antiseptic wadding ‖ ouate f. antiseptique. 34

Antrag m. ‖ proposition; proposal ‖ proposition f. **a)** einen ~ **stellen** ‖ to put a motion ‖ faire une proposition; proposer. 35

Antragsformular n. ‖ form of application ‖ demande f.; proposition f. 36

antreiben ‖ to urge; to stimulate; to hasten ‖ pousser; stimuler. **a) Fässer** npl. ~ ‖ to truss up *or* to drive the hoops pl. of casks ‖ serrer les cercles mpl. de fûts. **b)** den **Keil** m. ~ ‖ to drive the wedge ‖ chasser le coin; enfoncer la cale. 37

Antreiben n. (Faß) ‖ driving; trussing up ‖ serrage m. 38

Antreibmaschine f. für Faßreifen ‖ hoop driving machine; trussing machine ‖ machine f. à serrer les cercles de fûts; serreuse f. pour cercles de fûts. 39

antreten, eine **Reise** f. ‖ to set-out on a journey ‖ partir en voyage m.; se mettre en route f. **a)** die **Schicht** ~ (Bergb) || to begin the shift || commencer le travail. 1

Antrieb m. (Masch) || drive || commande f. **a)** ~ (Mech) || impulsion; impetus || impulsion f.; choc m.; force f. impulsive. **b) Dampf~** || steam drive || commande f. à vapeur. **c) doppelseitiger ~** || bilateral drive || commande f. des deux côtés. **d) Einmotoren~** || single motor equipment || commande f. par un seul moteur. **e) Einscheiben~** || single pulley drive || commande f. par monopoulie. **f) Einzel~** || separate drive || commande f. séparée. **g) elektrischer ~** || electric drive *or* motion || commande f. électrique; mouvement m. à force électrique. **h)** der **elektrische ~** der **Maschinen** erfolgt einzeln oder in Gruppen || machines pl. are worked by electricity singly *or* in groups || les machines fpl. sont commandées par l'électricité soit séparément, soit par groupes. **i) elektrischer Mehrmotoren~** einer Papiermaschine || electric multi-motor drive of a paper making machine || commande f. électrique multiple d'une machine à papier. **k)** ~ durch **Elektromotor** m. || electric motor drive || commande f. par moteur électrique. **l) Fahrrad~** || cycle driving gear || commande f. pour bicyclettes; courroie f. motrice pour cyclettes. **m) Fahrwerks~** || traversing gear || commande f. du déplacement du chariot. **n) freischwingender ~** || free swinging drive || commande f. autobalanceuse. **o) Gruppen~** || group drive || commande f. par groupes. **p) Hinterachs~** || final drive || transmission f. aux roues arrières; commande f. de l'essieu d'arrière. **q) Hinterrad~** || rear wheel drive || transmission f. à roue arrière; commande f. des roues arrières. **r) Kardan~** || shaft drive transmission || transmission f. à cardan. **s) Kegelrad~** || bevel gear drive || transmission f. à pignon conique. **t) Ketten~** || chain drive || transmission f. par chaînes. **u) Magnet~** (Auto) || magneto drive || commande f. de magnéto. **v) mechanischer ~** || mechanical drive || commande f. mécanique. **w)** mit **oberem ~** || with driving gear above || à commande f. supérieure. **x) Pumpen~** || pump drive || commande f. de pompe. **y)** ~ durch **Reibräder** || friction drive || commande f. par roues à friction *ou* par galet de friction. **z) Reibungs~** || friction drive || commande f. à friction. 2

a) rückwärtiger ~ || rear drive || commande f. à l'arrière. **b) Schnecken~** || worm drive || transmission f. par vis sans fin. **c) Schwungrad~** || flywheel drive || commande f. sur le volant. **d) seitlicher ~** || lateral drive || commande f. latérale. **e) Sonder~** || special drive || commande f. spéciale. **f)** ~ durch **Stufenscheibe** || cone pulley drive || commande f. par poulie à cône. **g) unmittelbarer ~** || direct drive || commande f. directe. **h) unmittelbarer elektrischer ~** || direct electric drive || commande f. électrique directe. **i)** mit **unterem ~** || with driving gear below || à commande f. inférieure. **k) Ventilator~** || fan drive || commande f. du ventilateur. **l) verstellbarer ~** || adjustable *or* movable drive || commande f. réglable. **m) Vorderrad~** || front wheel drive || transmission f. à roue avant. **n) Winkel~** || bell crank drive || commande f. à manivelle. **o) Zahnstangen~** || rack gear || engrenage m. à crémaillère. **p) Zwillings~** || twin drive || commande f. symétrique double. 3

Antriebs-achse f. || driving *or* live axle || essieu m. tournant. **a) ~art** f. || kind of power || genre m. de commande. **b) ~-feder** f. || moving spring || ressort m. de commande. **c) ~gewicht** n. für das Uhrwerk || driving weight for clock || poids m. moteur pour le mouvement d'horlogerie. **d) ~gleichstrommotor** m. || driving direct current motor || électromoteur m. de commande à courant continu. 4

Antriebskette f. || driving chain || chaîne f. de commande. **a)** ~ des **Ventilators** || fan driving chain || chaîne f. de commande du ventilateur. 5

Antriebs-leistung f. (Schiff) || driving out put|| puissance f. de propulsion. **a) ~magnet** m. (Elektr) || driving magnet || aimant m. *ou* électro m. de commande. 6

Antriebsmaschine f. || driving engine; prime mover || machine f. motrice. **a)** ~ (Schiff) || propelling machine || machine f. de propulsion. **b) halbstehende ~** || semiportable engine || machine f. demi-fixe. 7

Antriebsmotor m. || driving motor || moteur m. de commande. 8

Antriebsrad n. (Getriebe) || pinion; driver || pignon m. **a)** ~ (Masch) || driving wheel || roue f. motrice *ou* de commande. **b) Nockenwellen~** || camshaft timing gear || roue f. de commande de l'arbre à cames. **c)** ~ des **Ölers** || lubricator driving wheel || roue f. de commande du graisseur. 9

Antriebs-reibungskupplung f. || friction starting clutch || accouplement m. à friction de commande. **a) ~ritzel** m. || driving pinion || pignon m. de commande *ou* d'attaque. 10

Antriebsriemen m. || driving belt || courroie f. de commande. **a) Breite** f. des **~s** || width of driving belt || largeur f. de la courroie de commande. 11

Antriebs-riemenscheibe f. || driving pulley || poulie f. de commande. **a) ~seite** f. (Masch) || off-side; driving side || côté m. de la commande. **b) ~spindel** f. || driving spindle || bielle f. *ou* arbre m. *ou* broche f. de commande. **c) ~stromkreis** m. || driving circuit || circuit m. de commande. **d) ~stufenscheibe** f. || driving cone pulley || poulie f. de commande à gradins. 12

Antriebsvorrichtung f. || driving gear || mécanisme m. de commande. **a)** ~ für die Stundenbewegung großer **Refraktoren** || driving clock for the motion in right ascension of large refractors || moteur m. pour le mouvement horaire des grands réfracteurs. 13

Antriebs-welle f. || clutch *or* driving shaft || arbre m. moteur *ou* primaire *ou* de commande. **a) ~zahnrad** n. || driving pinion; driving cog wheel || pignon m. de commande. 14

Antwort f. || answer; reply || réponse f.; réplique f. **a) abschlägige ~** || refusal || refus m. **b) ~ bezahlt** (Telegramm) || prepaid reply || réponse f. payée. **c) um ~ f. wird gebeten** || a reply is requested || réponse f., s'il vous plaît. 15

antworten, auf einen Brief m. || to reply to a letter || répondre à une lettre. 16

Antwort-klinke f. (Fernm) || answering jack || jack m. de réponse. **a) ~schein** m. || reply coupon || coupon-réponse m. **b) ~stöpsel** m. (Fernm) || answering plug || fiche f. de réponse. 17

anvertrauen || to entrust || confier. 18

Anwalt m. || solicitor; barrister; lawyer; attorney (A); counselor at law (A) || avoué m.; avocat m. **a) Gutachten** des **~s** || advice of counsel || opinion f. de l'avocat. 19

Anwärmapparat m. || feed heater; preheater || réchauffeur m. **a) Dampfstrahl~** || steam jet blower || réchauffeur m. d'eau à jet de vapeur. 20

anwärmen || to warm up; to heat a little || réchauffer; chauffer un peu. **a)** die **Maschine ~** || to heat up the engine || chauffer la machine. 21

Anwärmen n. || warming up || réchauffage m. 22

Anwärmherd m. || warming furnace || four m. à réchauffer. 23

Anwartschaft f. || reversion || expectative f.; droit m. 24

anwassern (Luftf) || to alight on water || amerrir. 25

Anwassern n. (Luftf) || alighting on sea || amérissage m. 26

anweisen (Geld) || to transfer; to remit || assigner; affecter. 27

Anweisung f. (Geld) || draft; cheque; check (A) || assignation f.; délégation f. **a)** ~ (Vorschrift) || direction; instruction; order || instruction f.; indication f.; ordre m. **b)** ~ über die **Instandhaltung** || direction for keeping in good order || instruction f. pour l'entretien **c) Post~** || money order || bon m. de poste; mandat m. 28

anwendbar || applicable; available || applicable. **a) nicht ~** || not available || pas utilisable. 29

anwenden || to apply; to use; to employ || appliquer; utiliser; employer. 30

Anwendung f. || employment; use; application || emploi m.; utilité f.; application f. **a)** ~ des **Zolltarifs** || application of the tariff || application f. du tarif de douane. 31

Anwendungsgebiet n. || field of employment || domaine m. d'emploi *ou* d'application. 32

anwerben || to hire || engager. 33

anwerfen (Motor) || to throw into gear; to start || mettre en train m. *ou* en marche f. 34

Anwerf-kurbel f. || starting crank *or* handle || manivelle f. de lancement *ou* de mise en marche. **a) ~vorrichtung** f., **selbsttätige** || automatic starting device || dispositif m. de mise en marche automatique. 35

anwesend || present || présent. 36

Anwesenheit f. presence || présence f. 37

anwirken (Strumpf) || to foot on || enter. 38

Anwurf m. (Bauw) || rough cast; plaster(ing) || crépi m. **a)** ~ für ein **Vorlegeschloß** || hasp and staple; clasp and clamp || chaînette f. et picolet m. 39

Anwurfmotor m. || starting motor || moteur m. de lancement. 40

Anzahl f. || number || nombre m.; rang m. 41

anzahlen || to pay on account; to make a first instalment || donner en acompte m.; donner à compte m. 1

Anzahlung f. || part payment; first instalment; payment on account || acompte m. 2

anzapfen (Brau) || to tap; to set *or* to start taps pl. || mettre en perce; purger les robinets mpl. 3

Anzapfen n. (Brau) || setting *or* starting taps pl. || mise f. en perce; purge f. des robinets. 4

Anzapfhahn m. || tap || robinet m. de mise en perce. 5

Anzapfung f. (Elektr) || tapping point; interstage leak off || fraction f. 6

Anzeige f. (Gericht) || information; denunciation || citation f.; signification f. **a)** ~ (Werbung) || advertisement; advertizement || annonce f. **b) befristete** ~ || notification within a given period || avis m. dans un certain délai; signification f. 7

Anzeige-brett n. || telltale board || tableau m. d'indication *ou* de contrôle. **a) ~-gerät** n. der Wasserstandsfernmeldeanlage || remote reading water level indicator || appareil m. (indicateur de l'installation) de téléindication du niveau d'eau. 8

anzeigen (ankündigen) || to announce || annoncer. **a)** ~ (Meßinstrument) || to indicate; to show || indiquer. **b)** ~ (Zeitung) || to advertise; to advertize; to publish || publier (dans). **c)** den **Empfang** m. ~ || to acknowledge (the) receipt || accuser (la) réception. 9

Anzeigen-abzug m. || advertisement proof || épreuve f. d'annonces. **a) ~akquisitör** m. *s.* ~sammler. **b) ~blatt** n. || advertising journal || feuille f. d'avis *ou* d'annonces. **c) ~büro** n. || advertising office || office f. de publicité. **d) ~mettör** m. || advertisement maker-up || annoncier m. **e) ~sammler** m. || advertisement broker; canvasser for advertisements || courtier m. d'annonces. **f) ~setzer** m. || advertisement setter || compositeur m. d'annonces. **g) ~tarif** m. || advertising contract || police f. d'annonces. **h) ~-wesen** n. || insertion || annonces fpl. 10

Anzeigepflicht f. || obligation to give notice || obligation f. de notifier. 11

Anzeiger m. || indicator || indicateur m. 12

Anzeige-tafel f., mechanisch bewegte || mechanical advertisement board || tableau-annonces m. mécanique. **a) ~trägheit** f. || inertia of needle *or* pointer; indicator lag (A) || inertie f. d'indication. 13

Anzeigevorrichtung f. || indicating device; detector || dispositif m. indicateur. **a) sichtbare** ~ || visible indicating device || indicateur m. visible. 14

anziehen (Elektr) || to attract || attirer. **a)** ~ (Preise) || to be advancing *or* hardening || hausser; augmenter. **b)** die **Bremse** ~ || to put on the brake; to brake || freiner. **c)** die **Bremsbacken** fpl. ~ || to tighten the brake shoes pl. || serrer les sabots mpl. du frein. **d)** die **Schraube** ~ || to tighten the screw || serrer la vis. **e)** eine **Schraube** f. **gut** ~ || to tighten hardly a bolt || serrer bien un boulon. **f)** die **Schraube wieder** ~ || to re-tighten the screw || reserrer la vis *ou* le boulon. 15

Anziehen n. (Preise) || advancing || augmentation f.; hausse f. **a)** ~ des **Leimes** (Buchb) || setting of the glue || prise f. de la colle. **b)** dem **Leim** m. die **Zeit** zum ~ geben (Buchb) || to give (to) the glue (the) time to set || donner à la colle le temps de prendre. 16

anziehender Bereich m. (Magnet) || field of attraction || zône f. *ou* région f. attractive. 17

Anziehmaschine f., **Arbeitsreifen** (Brau) || truss hoop driving machine || machine f. à serrer les cercles de travail. **a) Arbeitsreifen~ mit Konus** (Brau) || cone truss hoop driving machine || machine f. à serrer les cercles de travail avec cône. **b) Reifen~** (Faß) || trussing machine || machine f. à serrer les cercles de fûts. 18

Anziehung f. (Phys; Elektr) || attraction || attraction f. 19

Anziehungskraft f. || attractive power || force f. d'attraction. **a)** ~ eines **Magnets** || attractive power *or* attraction of a magnet || force f. attractive d'un aimant. 20

anzielen, einen Gegenstand m. mit dem Fernrohr || to sight an object with the telescope || viser un objet au moyen de la lunette. 21

Anzug m. (Kleidung) || suit || vêtement m. **a)** ~ für **Kesselschmiede** || boiler dress || habillement m. pour chaudronniers. **b) Säure~** || acid dress || habillement m. pour protéger contre les acides. 22

Anzugs-kraft f. (Masch) || starting power || effort m. de démarrage. **a) ~zeit** f. (Relais) || operating time || temps m. d'actionnement. 23

anzünden || to light || allumer. **a) Feuer** n. ~ || to light *or* to kindle a fire || allumer les feux mpl. 24

Anzünder m. || lighter || allumoir m. **a) elektrischer** ~ || electric lighter || allumoir m. électrique. 25

Apatit m. || apatite; phosphorite || apatite m.; chaux f. phosphatée. 26

aperiodisch || aperiodic; deadbeat || apériodique. **a)** ~ **gekoppelt** (Funkw) || aperiodically coupled || à accouplement m. apériodique. 27

aperiodisch-er Kreis m. (Funkw) || aperiodic circuit || circuit m. apériodique. **a) ~es System** n. || aperiodic system || système m. apériodique. **b) ~er Voltmesser** m. || aperiodic voltmeter || voltmètre m. apériodique. 28

Apertometer n. || apertometer || apertomètre m. 29

Apertur f., **numerische** (Opt) || numerical aperture || ouverture f. numérique. 30

Aperturblende f. || aperture stop *or* diaphragm || diaphragme m. d'ouverture. 31

Apfel m. || apple || pomme f. **a) gepreßte** Äpfel mpl. || apple pulp || pâte f. de pommes. **b) Kerngehäuse** n. vom ~ || core of apple || trognon m. de pomme. 32

Apfel-kelter f. || cider press || presse f. *ou* pressoir m. à cidre. **a) ~säure** f. || malic acid || acide m. malique. **b) ~schale** f. || apple peel || pelure f. de pomme. 33

Apfelsine f. || orange || orange f. 34

Apfelsinen-schale f. || orange peel || écorce f. *ou* pelure f. d'orange. **a) ~schalenöl** n. || sweet orange oil || essence f. de Portugal. 35

Apfelwein m. || cider || cidre m. 36

Apfelwein-fabrik f. || cider (making) works pl. || cidrerie f.; brasserie f. de cidre. **a) ~presse** f. *s.* Apfelkelter. 37

Apfelzucker m. || apple sugar || sucre m. de pommes. 38

Aphrit m. || aphrite; slate spar; argentine || aragonite f. nacrée. 39

Aphrizit m. || aphrizite || aphrizite m. 40

aplanatisch || aplanatic; aplanetic || aplanétique. **a) ~e asphärische Ophthalmoskoplinse** f. || non-spherical aplanatic focusing lens || lentille f. ophtalmoscopique aplanétique asphérique. **b) ~e Einschlaglupe** f. || aplanatic folding magnifier || loupe f. aplanétique fermante. **c) ~e Lupe** f. || aplanatic magnifier || loupe f. aplanétique. 41

Apochromat m. || apochromatic objective || objectif m. apochromatique. 42

apochromatisches Fernrohrobjektiv n. || apochromatic telescope objective || objective m. de lunette apochromatique. 43

Apogluzinsäure f. || apoglucic acid || acide m. apoglucique. 44

Apotheke f. || chemist's *or* apothecary's shop; drugstore (A) || pharmacie f. 45

Apotheken-einrichtung f. || furnishing for apothecary's shops || installation f. de pharmacies. **a) ~zubehör** n. || chemist's shop fittings pl. and requisites pl. || ustensiles mpl. pour pharmacies. 46

Apotheker m. || apothecary; chemist; pharmacist || pharmacien m.; apothicaire m. 47

Apotheker-ausrüstung f. *s.* Apothekergeräte. **a) ~farbe** f. || drug colour || couleur f. pour la pharmacie. **b) ~geräte** npl. || chemist's utensils pl. || ustensiles mpl. pour pharmaciens. **c) ~glaswaren** fpl. || glass ware for apothecaries || verreries fpl. de pharmacie. **d) ~utensilien** pl. *s.* Apothekergeräte. **e) ~waren** fpl. || drugs pl. || articles mpl. pharmaceutiques. 48

Apparat m. || apparatus || appareil m.; dispositif m.; mécanisme m. **a) chemischer** ~ || chemical apparatus || appareil m. chimique. **b)** ~ für die **chemische Industrie** || apparatus for the chemical industry || appareil m. pour la fabrication des produits chimiques. **c)** ~ **zum Einteilen** || apparatus for dividing; dividing apparatus || appareil m. à diviser; appareil m. diviseur; diviseur m. **d) elektrischer** ~ m. für Laboratorien || electric apparatus for laboratories || appareil m. électrique pour laboratoires. **e) elektrolytischer** ~ || electrolytic apparatus || appareil m. électrolytique. **f) elektromedizinischer** ~ || electromedical apparatus || appareil m. électromédical. **g)** ~ zum **Erhitzen** || apparatus for heating || appareil m. à chauffer. **h) feinmechanischer** ~ || mechanical apparatus of precision || appareil m. mécanique de précision. **i) fotografischer** ~ || photographic apparatus; camera || appareil m. photographique. **k)** gegen falsche Bedienung **gesicherter** ~ || foolproof apparatus || appareil m. à l'épreuve de fausses manœuvres. **l) gesundheitstechnischer** ~ || sanitary apparatus || appareil m. sanitaire. **m)** ~ aus **Glas** || glass apparatus || appareil m. en verre. **n) gußeiserner** ~ || cast iron apparatus || appareil m. en fonte. **o) homogen** verbleiter und verzinnter ~ || homogenously lead lined and tinned apparatus || appareil m. plombé et étamé homogènement. **p)** ~ aus **Kupfer** || copper apparatus || appareil m. en cuivre. **q) mikrofotografischer** ~ || photomicrographic apparatus || appareil m. de microphotographie. **r)** ~ aus **Nickel** ||

nickel apparatus || appareil m. en nickel. **s) photographischer ~** *s.* Apparat, fotografischer. **t) physikalischer ~** || physical apparatus || appareil m. de physique. **u) ~ aus Reinnickel** || pure nickel apparatus || appareil m. en nickel pur. **v) selbsttätiger ~** || automatic apparatus || appareil m. automatique. **w) ~ aus Silber** || silver apparatus || appareil m. en argent. **x) Teil~** *s.* Apparat zum Einteilen. **y) ~ zur Überwachung** der Energieerzeugung || apparatus for controlling the generation of power || appareil m. pour le contrôle de la production d'énergie. **z) wissenschaftlicher ~** || scientific apparatus || appareil m. scientifique. 1

Apparate-bauanstalt f. || apparatus construction works pl. || atelier m. de construction d'appareils. **a) ~brett** n. || instrument board || planche f. d'instruments. **b) ~karren** m. || apparatus wagon || voiture f. portant les appareils. 2

Apparatetisch m. || operating table || table f. de manipulation. **a) ~lampe** f. || operator's light || lampe f. pour la place d'opérateur. 3

Appretieren n. || dressing; finishing || apprêtage m.; apprêt m. **a) ~ von Geweben** || finishing of tissues || apprêt m. de tissus. **b) zweiseitiges ~** n. von Geweben || double sizing of fabrics || apprêt m. de deux côtés des tissus. 4

Appretierer m. || finisher || apprêteur m. 5

Appretur f. || dressing size; finishing || encollage m.; parement m.; apprêt m. **a) Garn~** || yarn finishing || apprêt m. de fils. **b) Leder~** || leather finishing (ink) || apprêt m. de cuir. **c) Stoff~** || cloth finishing || apprêt m. d'étoffes. **d) Strickwaren~** || hosiery finishing || apprêt m. de bonneterie. **e) Weiß~** || white finishing || apprêt m. en blanchiment. 6

Appretur-anstalt f. || cloth finishing establishment || atelier m. d'apprêtage de draps. **a) ~leim** m. || dressing glue || colle f. pour apprêts. 7

Appreturmaschine f. (Tuchm) || finishing *or* dressing machine || machine f. d'apprêtage *ou* à apprêter. **a) Naß~** || wet finishing machine || machine f. pour l'apprêt au mouillé. **b) Trocken~** || dry finishing machine || machine f. pour l'apprêt à sec. 8

Appretur-mittel n. *s. auch* Appretur || finishing *or* sizing preparation || encollage m. pour tissus; apprêt m. **a) ~zusatzmittel** n. || chemical dressing agents pl. || agents mpl. d'apprêt chimiques. 9

Aprikose f. || apricot || abricot m. 10

Aprikosenbaum m. || apricot tree || abricotier m. **a) ~gummi** n. || apricot gum || gomme f. d'abricotier. 11

Aprikosenkern m. || apricot stone *or* kernel || noyau m. d'abricot. **a) ~öl** n. || apricot kernel oil || huile f. de noyaux d'abricots. 12

Aquadukt n. || aqueduct || aqueduc m. 13

Aquarell-druck m. || water colour printing || impression f. à l'aquarelle. **a) ~farbe** f. || water colour || couleur f. à l'eau *ou* à l'aquarelle; détrempe f. **b) ~gemälde** n. || water colour painting || aquarelle f. **c) ~malerei** f. || water colour painting || peinture f. à l'aquarelle. 14

Aquarienglas n. || aquarium glass || verre m. pour aquariums. 15

Aquarium n. || aquarium || aquarium m. 16

Äquator m. || equator; line || équateur m. **a) magnetischer ~** || magnetic equator || équateur m. magnétique. 17

Äquatorial n. || equatorial || équatorial m. 18

Äquatorschnitt m. || equatorial section || section f. équatoriale. 19

Äquipotentialfläche f. || equipotential surface || surface f. équipotentielle. 20

Äquivalent n. (Phys; Chem) || equivalent || équivalent m. **a) elektrochemisches ~** || electrochemical equivalent || équivalent m. électrochimique. **b) mechanisches Wärme~** || mechanical equivalent of heat || équivalent m. mécanique de la chaleur. 21

Äquivalentgewicht n. || equivalent weight || poids m. équivalent. 22

Äquivalenz f. (Phys; Chem) || equivalence || équivalence f. 23

arabische Ziffer f. || Arabic figure || chiffre f. arabe. 24

Aräomesser m. *s.* Aräometer n. 25

Aräometer n. || areometer; hydrometer; hydrostatic level; densimeter || aréomètre m.; pèse-liqueur m. **a) Salzsolen~** || salinometer || salinomètre m.; aréomètre m. pour eau salée. **b) Skalen~** || scale areometer *or* hydrometer || aréomètre m. à volume constant. **c) Volum~** || hydrometer of variable volume || aréomètre m. à volume variable. 26

Arbeit f. || labour || ouvrage m. **a) ~** (Mech) || work || travail m.; énergie f. **b) die ~** wird **beschleunigt** und verbilligt || work is expedited and cheapened || le travail est accéléré et rendu à meilleur marché. **c) die ~ einstellen** (von Seiten der Arbeiter) || to strike || faire grève f. **d) die ~** ist durch die Anwendung von Maschinen **erleichtert** worden || work has been simplified by the adoption of machines || le travail a été facilité par l'emploi de machines. **e) feinmechanische ~** || precise mechanical work || travail m. de fine mécanique. **f) getriebene ~** (Met) || embossed work || ouvrages mpl. repoussés. **g) in ~ geben** || to put in hand || mettre en mains fpl. **h) mangelhafte ~** || defective workmanship || construction f. défectueuse *ou* mal faite. **i) die ~ niederlegen** || to cease work || abandonner *ou* cesser le travail. **k) ~ unter Dach** || work under a roof || travail m. sous toit. **l) ~ unter Tage** (Bergb) || underground working || travaux mpl. souterrains. **m) die ~** ohne Aufkündigung **verlassen** || to leave the work without notice || quitter le travail sans préavis. **n) die ~ unbefugt verlassen** || to leave work without authority || quitter le travail sans permission. **o) die ~ vor Ablauf der vertragsmäßigen Arbeitszeit verlassen** || to leave the work before the exspiration of the contractual period of service || quitter le travail avant la fin du temps de travail stipulé au contrat. **p) Werkstatt~** || workmanship; work of high quality || travail m. d'atelier; usinage m. **q) wissenschaftliche ~** || scientific work || travail m. scientifique. 27

arbeiten || to work || travailler. **a) in Akkord** m. **~** || to work by contract *or* by the piece || travailler à la pièce *ou* à la tâche. **b) einwandfrei ~** || to work correctly || fonctionner d'une façon irréprochable. **c) locker ~** (Textil) || to loosen the loops pl. || desserrer les mailles fpl. **d) auf Menge ~** || to work for volume || travailler en débit m. **e) alle Teile** mpl. **~ richtig** || all parts pl. are working as they should || toutes les pièces fpl. travaillent convenablement. **f) sauber fertig ~** || to make a finishing cut || donner la dernière coupe. **g) unruhig ~** (Mot) || to work unsteadily || faire du bruit m. **h) zufriedenstellend ~** || to work satisfactorily || travailler de façon satisfaisante. 28

Arbeiten n., **fehlerhaftes** (Masch) || defective working || fonctionnement m. irrégulier. 29

Arbeiter m. || workman; man; worker; labourer; hand || ouvrier m.; travailleur m. **a) ausgesuchter ~** || picked man || ouvrier m. consommé *ou* habile. **b) einen ~** m. ohne Kündigung **entlassen** || to dismiss a workman without notice || congédier un ouvrier sans préavis. **c) gelernter ~** || skilled labourer || artisan m.; homme de métier m. **d) Heim~** || home worker || ouvrier m. à domicile. **e) invalider ~** || disabled workman || ouvrier m. invalide. **f) lediger ~** || unmarried worker || ouvrier m. célibataire. **g) organisierter ~** || organized worker || ouvrier m. syndiqué. **h) Saison~** || seasonal worker || ouvrier m. saisonnier. **i) ~ über Tage** || worker above ground || ouvrier m. du jour. **k) ungelernter ~** || unskilled labourer *or* worker; general hand || simple ouvrier m.; manœuvre m. **l) unverheirateter ~** *s.* Arbeiter, lediger. **m) verheirateter ~** || married worker || ouvrier m. marié. **n) volljähriger ~** || workman of full age; fullgrown workman || ouvrier m. adulte. 30

Arbeiter-annahmestelle f. || employment office || bureau m. d'embauchage. **a) ~anzug** m. || working suit || vêtement m. de travail. **b) ~bekleidung** f. *s.* Arbeiterkleidung. **c) ~bekleidungsfabrik** f. || workmen's clothing factory || fabrique f. d'habits d'ouvriers. **d) ~familie** f. || worker's family || famille f. ouvrière. **e) ~frage** f. || labour problem || question f. ouvrière. **f) ~haushalt** m. || workers domestic condition || économie f. domestique des ouvriers. **g) ~heim** n. (in dem unverheiratete Arbeiter Wohnung und Kost erhalten) || boarding house (where the unmarried workmen are on the board lodging terms); general hostel (in which single workmen are lodged and boarded) || maison-pension f. (où les célibataires sont logés et nourris). **h) ~hemd** || worker's shirt || chemise f. pour ouvriers. 31

Arbeiterin f. || female *or* woman worker || ouvrière f. 32

Arbeiter-kategorie f. || class of worker || catégorie f. d'ouvrier. **a) ~kleiderschrank** m. || wardrobe for factories *or* for workmen || armoire f. pour vestiaires d'ouvriers; garderobe f. pour ouvriers. **b) ~kleidung** f. || workmen's clothing || habillement m. *ou* vêtement m. d'ouvriers. **c) ~kolonie** f. || workman's colony || cité f. ouvrière. **d) ~kongreß** m. || workmen's congress || congrès m. ouvrier. **e) ~mangel** m. || shortage of workers || manque m. d'ouvriers. **f) ~reihenwaschanlage** f. || washing benches pl. for workmen || série f. *ou* rangée f. de lavoirs *ou* de lavabos pour ouvriers. **g) ~rotte** f. || gang of workmen || équipe f. d'ouvriers. **h) ~schutzbrille** f. || eye protectors pl. for workers; goggles pl. for workmen || lunettes fpl. protectrices pour ouvriers. **i) ~schutzgesetzgebung** f. || legislation for the benefit and protection of the working classes || lois fpl. pour la protection de l'ouvrier. **k) ~schutzkleidung** f. || safety clothing for workmen || vêtement m. de sûreté pour ouvriers. **l) ~siedlung** f. || workmen's colony || colonie f. ouvrière. **m) ~verein** m. || workmen's union; trade union; workmen's club || union f. d'ouvriers; syndicat m. ouvrier. 1

Arbeiterversicherung f. || workmen's insurance || assurance f. des ouvriers. **a) Ausgaben** fpl. für die gesetzliche ~ || sums pl. paid under the workmen's insurance act || sommes fpl. payées pour l'assurance ouvrière prescrite par la loi. 2

Arbeiter-vertreter m. (Bergb) || checkweigher || représentant m. des mineurs. **a) ~wäsche** f. || worker's linen || linge m. pour ouvriers. **b) ~wechsel** m. || labourer turnover || changement m. d'ouvriers. **c) ~wohnsiedlung** f. || workmen's colony || cité f. ouvrière. 3

Arbeitgeber m. || employer || employeur m.; patron m. **a) ~darlehen** n. || loan from the directors of a company || prêt m. fait par la société. 4

Arbeitnehmer m. || employee; employé; workman || employé m. 5

Arbeitsabstand m. (Opt) || working distance || distance f. frontale. 6

arbeitsam || industrious; diligent || laborieux; travailleur. 7

Arbeits-amt m. || labour bureau || bureau m. de travail. **a) ~anzug** m. || work dress; working cloth || vêtement m. *ou* cotte f. de travail; habit m. d'atelier. **b) ~bank** f. || work bench; work table || établi m. **c) ~bedingungen** fpl. || working conditions pl. || conditions fpl. de travail. **d) ~beispiel** n. || example of work || exemple m. de travail. 8

Arbeitsbereich m. || working scope || rayon m. d'action. **a) ~** bei **Böschungen** (Bagger) || working scope on slopes || rayon m. d'action avec talus. **b) ~** des **Kranes** || radius of crane arm || rayon m. de portée de la flèche. 9

Arbeits-bewegung f. || working motion || course f. de travail. **a) ~boden** m. || working floor || plancher m. de travail. **b) ~breite** f. (Web) || working width || largeur f. de travail. **c) ~brille** f. || working spectacles pl. || lunettes fpl. pour le travail. **d) ~buch** n. || workman's pass || livret m. de travail. **e) ~dienstpflicht** f. || civil service duty || devoir m. civique. 10

Arbeitsdruck m. (Masch) || working pressure || pression f. de travail *ou* effective *ou* motrice. **a) mittlerer ~** || mean effective pressure || pression f. effective moyenne. 11

Arbeits-effekt m. || power || puissance f. **a) ~einheit** f. || unit of work || dynamie f.; unité f. de travail. **b) ~einstellung** f. || strike || grève f. **c) ~einteilung** f. || division of work || répartition f. du travail. **d) ~elektromagnet** m. || working magnet || électro-aimant m. de marche. 12

arbeitsfähig || able to work || apte au travail m. 13

Arbeits-feld n. || field of activity; sphere of action || champ m. d'activité. **a) ~flugzeug** n. || air service aeroplane || avion m. de travail aérien. **b)** den **~fluß** m. unter Beseitigung aller entbehrlichen Hilfs- und Nebenarbeiten leiten || to regulate labour and to do away all auxiliary details which could be spared || organiser le travail et supprimer tous les travaux auxiliaires inutiles. 14

Arbeitsgang m. || working process; course of manufacture; cycle of operations || cours m. de la fabrication; phase f. d'élaboration *ou* de travail. **a) in einem ~** || in a single operation || en une seule opération. 15

Arbeitsgebiet n. || field of activity; sphere of action || champ m. d'activité. **a) ~** einer **Unternehmung** || territory of an enterprise || rayon m. d'une entreprise. 16

Arbeits-gerät n. || implements pl.; tools pl. || outillage m.; ustensiles mpl. **a) ~gerüst** n. (Zimm) || scaffold; scaffolding || échafaud(age) m. **b) ~geschwindigkeit** f. || working speed *or* velocity || vitesse f. du travail *ou* de marche. **c) ~grad** m. || efficiency of working || efficacité f. de travail. **d) ~grube** f. || inspection *or* working pit || fosse f. de visite *ou* de réparation. **e) ~hub** m. (Motor) || working stroke || course f. motrice *ou* du moteur. **f) ~kleidung** f. || working-clothes pl. || vêtements mpl. de travail; habit m. d'atelier. **g) ~kolben** m. working *or* main piston || piston m. moteur. **h) ~kontakt** m. || make *or* front contact || contact m. de travail. **i) ~kosten** pl. || labour charges pl. || frais mpl. de main d'œuvre; main f. d'œuvre. 17

Arbeitskräfte fpl. || labour || main-d'œuvre f. **a) eingeborene ~** || native labour || main-d'œuvre f. indigène. **b) geübte ~** || skilled labour || main-d'œuvre f. experte. **c) ~** sind **knapp** || labour is scarce || la main-d'œuvre est rare. **d) Mangel** m. an **~n** || scarcity of labour || rareté f. de la main-d'œuvre. **e) ~** sind **reichlich vorhanden** || labour is abundant || la main-d'œuvre est abondante. 18

Arbeits-kurbel f. || switching handle || manivelle f. de manœuvre. **a) ~kurve** f. || characteristic curve || courbe f. caractéristique. **b) ~leistung** f. || labour efficiency; output || rendement m. effectif; capacité f. **c) ~lohn** m. || workman's pay; labourer's wages pl.; labor (A) || salaire m.; gages mpl.; main f. d'œuvre; paye f.; façon f. 19

arbeitslos || unemployed; out of work || sans-travail. 20

Arbeitsloser m. || unemployed || chômeur m.; sans-travail m. 21

Arbeitslosenunterstützung f. || provident benefit; unemployment pay || dédommagement m. de chômage. 22

Arbeitslosigkeit f. || unemployment || chômage m.; desœuvrement m.; manque m. de travail. 23

Arbeits-mangel m. || shortage of work || manque m. de travail. **a) ~markt** m. || labour market || bourse f. du travail. **b) ~maschine** f. || working machine; operator || machine f. à travailler; machine-outil f. **c) ~messer** n. || knife for workmen || couteau m. pour ouvriers. **d) ~methode** f. || method of working || méthode f. de travail. **e) ~ministerium** n. || Ministry of Labour || ministère m. du travail. **f) ~modell** n. || working model || modèle m. mécanique. 24

Arbeitsmoment n. || working moment || moment m. de travail. **a) absolutes ~** || absolute working moment || moment m. absolu de travail. **b) ~** der **Flügel** (Windkraft) || working moment of the sails || moment m. moteur des ailes. **c) nutzbares ~** || effective working moment || moment m. utile de travail. 25

Arbeits-muster n. (Web) || sample of fabric || échantillon m. de travail. **a) ~nachweis** m. || employment bureau || bureau m. de placement. **b) ~niederlegung** f. || strike || mise-bas f.; grève f. **c) ~nummer** f. || job number || numéro m. du travail. **d) ~objektiv** n. || working objective || objectif m. de travail. **e) ~ordnung** f. || factory *or* working regulation || règlement m. d'atelier *ou* de travail. 26.

arbeitsparende Maschine f. || labour saving machine || machine f. d'un rendement plus économique. 27

Arbeits-pause f. || interval; meal times pl. || temps m. de repos; pause f.; brisure f. **a) ~periode** f. || action cycle || période f. de travail **b) ~plan** m. || working plan || plan m. des travaux. 28

Arbeitsraum m. || working room || atelier m. **a) ~** des **Flammofens** || body of a reverberatory furnace || laboratoire m. du four à réverbère. 29

Arbeitsreif m. (Brau) || retaining *or* truss hoop || cercle m. de travail. 30

Arbeitsreifenanziehmaschine f. (Brau) || truss hoop driving machine || machine f. à serrer les cercles de travail. **a) ~ mit Konus** (Brau) || cone truss hoop driving machine || machine f. à serrer les cercles de traveil avec cône. 31

Arbeits-saal m. || work room || salle f. de travail. **a) ~schiene** f. (Elektr) || power rail || rail m. de prise de courant. **b) ~spindel** f. || work *or* working spindle || broche f. **c) ~statistik** f. || statistics pl. of employment || statistique f. se rapportant au travail. 32

Arbeitsstellung f. || working position || position f. de travail. **a) Zahlkasse** f. **in ~** || cash register in working position || caisse f. enregistreuse en fonctionnement. 33

Arbeitsstrom m. (Elektr) || working current || courant m. intermittent *ou* de transmission. 34

Arbeitsstrom-betrieb m. (Fernm) || open circuit working || télégraphie f. à courant de travail. **a) ~kreis** m. || operating circuit || circuit m. de travail. 35

Arbeitsstück n. || work piece || pièce f.; pièce f. à usiner *ou* à travailler. **a) Einspannen** n. des **~es** || chucking of the work (piece) || serrage m. de la pièce à usiner. 36

Arbeits-stufe f. || stage of operation || phase f. de travail. **a) ~tag** m. || working day || jour m. ouvrable; journée f. de travail. **b)** die **~teilung** f. ist so geordnet, daß die Teile in einem geregelten Arbeitsgang vollständig bearbeitet und montiert werden || work is so distributed that the pieces travel systematically forward until they are finished and assembled || la division du travail est organisée de telle façon que ses éléments sont achévés et montés suivant une marche absolument réglée. 37

Arbeitstisch m. || work *or* vice bench; bench || établi m.; banc m. **a)** durch Spindel f. **verstellbarer,** supportartig geführter ~ || guided screw-spindle adjustable bed || table f. réglable par vis et guidée. 1

Arbeitstüchtigkeit f. || fitness for his work || aptitude f. au travail. 2

arbeitsunfähig || unfit for work || impropre au travail. 3

Arbeitsunterbrechung f. || interruption of work || interruption f. de travail. 4

Arbeitsverhältnis n. || agreement *or* contract for service || contrat m. de travail. **a)** die **Aufhebung** des ~**ses** verlangen || to request the termination of an agreement for service || exiger la résiliation du contrat de travail. **b)** das ~ **beendigen** || to terminate the engagement || s'écarter de la convention de travail. **c)** das ~ **fortsetzen** || to continue service relations pl. || prolonger *ou* continuer le contrat de travail. **d)** das ~ unberechtigt **lösen** || to terminate the employment unlawfully || rompre sans justification le contrat de travail. **e)** dem Arbeitgeber das Bestehen eines anderen gleichzeitigen ~**ses verschweigen** || to conceal from the employer the existence of another contract for service || cacher à l'employeur l'existence d'un autre contrat de travail. 5

Arbeits-verlust m. || loss of work; waste of labour || perte f. de travail. **a)** ~**vermögen** n. || power || puissance f. 6

Arbeitsvertrag m. || contract of employment || contrat m. de travail. **a)** einen ~ m. **kündigen** || to give notice of the termination of an engagement || résilier un contrat de travail. **b)** die **Rechte** npl. und **Pflichten** fpl. aus dem ~**e regeln** || to regulate rights pl. and duties pl. according to the contract of employment || régler les droits mpl. et les devoirs mpl. d'après le contrat de travail. 7

Arbeitsvorgang m. || operating *or* working process || procédé m. de travail. **a) räumliche Zusammenlegung** f. ineinandergreifender Arbeitsvorgänge || uniting the localities of successive operations || réunion f. dans un même local des opérations intéressant un même produit. 8

Arbeitsweise f. || working manner; procedure; principle of operation; method of working *or* operation || méthode f. de travail *ou* de fonctionnement; mode m. opératoire *ou* de travail *ou* de fonctionnement; manière f. de fonctionner. **a)** ~ der **Maschinen** || (mode of) operation of the machines || mode m. de fonctionnement des machines. **b) zuverlässige** ~ || reliable working || fonctionnement m. sûr. 9

Arbeitswiderstand m., Bestimmung f. des ~**es** || determining the working resistance || détermination f. de la résistance (des matériaux). 10

Arbeitszeit f. || working time || temps m. de travail. **a) Netto**~ || net working time || temps m. net du travail. **b) tägliche** ~ || daily working hours pl. || journée f. du travail. **c) wöchentliche** ~ || weekly working hours pl. || temps m. de travail hebdomadaire. 11

Arbeitszeitkontrolluhr f. || time stamp || horloge f. de contrôle du temps de travail. 12

Arbeits-zettel m. || time ticket || fiche f. de travail. **a)** ~**zoll** m. (Steinm) || chips pl.; shards pl. || écailles fpl.; décombres mpl. **b)** ~**zweig** m. || industrial branch || branche f. industrielle. **c)** ~**zylinder** m. || working cylinder || cylindre m. de travail. 13

Arbitrage f. || arbitrage; arbitration of exchange || arbitrage m. 14

archäologisch || archæological || archéologique. 15

Architekt m. || builder; master builder; architect || architecte m. 16

Architektur f. || architecture; art of building || architecture f.; art m. de bâtir. 17

Architrav m. || architrave || architrave f. 18

Archiv n. || archives pl.; records pl. || archives fpl. **a)** ~**einrichtung** f. || record office equipment || ameublement m. d'archives. 19

Arekanuß f. || areca nut || noix f. palmiste *ou* d'arec. 20

Argentan n. || argentan; German silver || maillechort m. **a)** ~**walzwerk** n. || German silver rolling mill || laminoir m. de maillechort. 21

Argentit m. || argentite; native sulphide of silver; silver glance; vitreous silver; argyrose || argentite m.; argent m. sulfuré; argyrose f. 22

Argentopyrit m. || argentopyrite || argentopyrite f. 23

Argonalgleichrichter m. || argonal rectifier || redresseur m. argonal. 24

Arguspendel n. (Fernm) || argus contact lever || contact m. de sûreté. 25

arithmetisch || arithmetical || arithmétique. **a)** ~**es Mittel** n. || arithmetical mean || moyen m. *ou* moyenne f. arithmétique. **b)** ~**es Zeichen** n. || arithmetical sign || signe m. arithmétique. 26

arm an (Chem) || poor in || pauvre en. 27

arm-er Boden m. || poor soil || sol m. pauvre. **a)** ~**es Gemisch** n. || poor *or* weak mixture || mélange m. pauvre. 28

Arm m. || arm || bras m. **a)** ~ für **elektrische Beleuchtung** || electric light bracket || branche f. d'une lampe électrique. **b)** ~ an der **Glocke** || bell swipe; bell crank || manivelle f. de la cloche. 29

Armatur f. *s.* Armaturen. 30

Armaturen fpl. || fittings pl.; armatures pl.; mountings pl. || accessoires mpl.; garnitures fpl.; armatures fpl.; robinetterie f. **a) Dampfkessel**~ || steam boiler fittings pl. || armatures fpl. pour chaudières à vapeur. **b) Feuerlösch**~ || fire extinction fittings pl. || armatures fpl. pour l'extinction du feu. **c)** ~ für **Freileitungen** || overhead line fittings pl. || accessoires mpl. pour lignes aériennes. **d) Hochdruck**~ || high pressure fittings pl. || armatures fpl. pour haute pression. **e) Hochofen**~ || blast furnace fittings pl. || armatures fpl. pour hauts-fourneaux. **f) Maschine** f. zur Herstellung von ~ || fittings machine || machine f. spéciale pour fabriquer des armatures. **g) Preßluft**~ || compressed air fittings pl. || armatures fpl. pour air comprimé. **h) Pumpen**~ || pump fittings pl. || armatures fpl. pour pompes. **i)** ~ für **sanitäre Anlagen** || fittings pl. for sanitary plants || garnitures fpl. pour installations sanitaires. 31

Armaturen-brett n. || instrument board || tablier m. des instruments. **a)** ~**fabrik** f. || fittings works pl. || usine f. de garnitures. 32

Armband n. || armlet; bracelet || bracelet m. **a)** ~**uhr** f. || wrist watch || montre-bracelet m. 33

Armee-ausrüstung f. || equipment for soldiers; army equipment || équipement m. *ou* tenue f. militaire. **a)** ~**fernsprecher** m. || army telephone || téléphone m. de l'armée. **b)** ~**kabel** n. || army cable || câble m. de l'armée. 34

Ärmelarbeiter m. (Bekleid) || sleeve maker || confectionneur m. de manches. 35

Arm-feile f. || arm file; rubber || lime f. à bras; carreau m. **a)** ~**gurt** m. || arm sling || brassière f. 36

Armiermaschine f. *s.* Armierungsmaschine. 37

armierter Beton m. || armoured *or* reinforced concrete || béton m. armé. 38

Armierung f. || armouring || armature f.; blindage m. 39

Armierungs-eisen n. || reinforcing metal || barre f. d'armature. **a)** ~**maschine** f. für Kabel || armouring machine for cables || machine f. à armer les câbles. 40

Arm-kreuz n. || spider || croisillon m. **a)** ~**lehne** f. || elbow rail *or* cushion; arm rest || accoudoir m.; bras m. de fauteuil; appui-bras m. **b)** ~**leuchter** m. || chandelier; bracket || girandole f.; chandelier m. 41

ärmlicher Boden m. || poor soil || sol m. pauvre. 42

Armstuhl m. || arm chair || fauteuil m. **a)** ~ mit **verstellbarer Lehne** || swivel chair || fauteuil m. basculant. 43

Armstütze f. || arm support; arm rest || appui-bras m.; appui-main m.; soutien-bras m. 44

Arnika-blüte f. || arnica flower || fleur f. d'arnica. **a)** ~**wurzel** f. || arnica root || racine f. d'arnique. 45

aromatisch || aromatic || aromatique. **a)** ~**es Destillat** n. || aromatic distillate || eau f. *ou* liqueur f. distillée aromatique. **b)** ~**e Kohlenwasserstoffe** mpl. || aromatic hydrocarbons pl. || hydrocarbures mpl. aromatiques. **c)** ~**es Öl** n. || aromatic oil || huile f. aromatique. **d)** ~**es Pulver** n. || aromatic powder || poudre f. aromatique. **e)** ~**es Wasser** n. || aromatic water || eau m. aromatique. 46

aromatisieren || to aromatize || aromatiser. 47

aromatisiert-er Alkohol m. || aromatic alcohol || alcool m. aromatisé. **a)** ~**es Mehl** n. || aromatized meal || farine f. aromatisée. 48

Aron-Gleichstromzähler m. || Aron-meter || compteur m. Aron. 49

Arrak m. || arrack || arack m. 50

arretieren || to clamp; to arrest || bloquer; arrêter. 51

Arretierung f. || stop; catch; detent || détente f.; arrêtage m.; dispositif m. d'arrêt. 52

Arretierungs-falle f. || catch || cheville f. d'arrêt. **a)** ~**scheibe** f. || star wheel; locking disc || disque m. d'arrêt. **b)** ~**stange** f. || stop bar || tige f. d'arrêt. 53

Arrowroot n. || arrowroot || arrow-root m. 54

Arsen n. || arsenic || arsenic m. 55

Arsenantimon n. || allemontite || allemontite f. **a)** ~**nickelglanz** m. || ullmannite || ullmannite f. 56

Arsen-bad n. || arsenic bath || bain m. d'arséniage. **a)** ~**blende** f. (Min) || orpiment || orpiment m. **b)** ~**blüte** f. (Min) ||

arsenolite || arsénolite f. c) **~bromid** n. || bromide of arsenic || bromure m. d'arsenic. d) **~eisen** n. || leucopyrite || leucopyrite f. e) **~eisensinter** n. (Min) || pitticite || pitticite f. f) **~erz** n. || arsenic ore || minerai m. arsénifère. g) **~fahlerz** n. (Min) || tennantite || tennantite f. 1

arsenführend || arseniferous || arsénifère. 2

Arsenglanz m. || arsenolamprite || arsénolamprite f. 3

arsenhaltig || arsenical || arsenical. 4

arsenige Säure f. || arsenious acid || acide m. arsénieux. 5

Arsenik n. || arsenic; arsenious oxide || arsenic m.; oxyde m. arsénieux a) **gediegenes ~** || native arsenic || arsenic m. natif. b) **weißes ~** || arsenic bloom || acide m. arsénieux natif; arsenic m. blanc *ou* oxydé. 6

Arsenik-antimon n. || allemontite || allemontite f. a) **~bleispat** m. || mimetite || mimétèse m. b) **~blume** f. || flowers pl. of arsenic; arsenious oxide || fleurs fpl. d'arsenic; anhydride m. arsénieux. c) **~blüte** f. || arsenic bloom || acide m. arsénieux natif; arsenic m. blanc *ou* oxydé. 7

Arsenikerz n. || arsenic ore || minerai m. arsénifère *ou* d'arsenic. a) **~bergwerk** n. || arsenic mine || mine f. d'arsenic. 8

Arsenik-glas n. || vitreous arsenic trioxide || anhydride m. arsénieux vitreux. a) **~hütte** f. || arsenic works pl. || fabrique f. d'arsenic. 9

Arsenikkalk m. || arsenolite || arsénolite f. a) **~kies** m. || mispickel || mispickel m. 10

Arsenik-kies m. || wellingite; arsenical iron *or* pyrites pl. || wellingite m.; arséniosulfure m. de fer; fer m. arsenical; mine f. arsenicale blanche. a) **~kobalt** m. || safflorite || safflorite f. b) **~kupfer** n. || domeykite || domeykite f. c) **~mangan** n. || kaneite || kanéite f. d) **~nickel** n. || niccolite m.; arsenical *or* copper nickel || nickel m. arsenical; nickeline f. e) **~säure** f. || arsenious acid || acide m. arsénieux. f) **~silber** n. || arsenical silver || argent m. arsenical. g) **~silberblende** f. || proustite; light red silver ore || argent m. arséniaté sulfuré; proustite f. h) **~spießglanz** m. || allemontite || allemontite f. 11

Arsen-kies m. || arsenopyrite; mispickel || arseno-sulfure m. de fer; arsénopyrite f.; mispickel m.; fer m. arsenical; pyrite f. arsenicale. a) **~kupfer** n. || arsenical copper || cuivre m. arsenical; argent m. hâche. b) **~nickel** n. || niccolite || nickélite f.; pseudo-cobalt m. c) **~nickelglanz** m. || arsenical nickel ore; nickel glance; gersdorffite || disomose f.; nickel m. gris *ou* arsénio-sulfuré; gersdorffite f. d) **~salz** n. || arseniate || arséniate m. 12

arsensauer || arsenic || arsénique. 13

arsensaur-es Barium n. || barium arseniate || arséniate m. de baryte. a) **~es Blei** n. || lead arseniate || arséniate m. de plomb. 14

Arsen-säure f. || arsenical acid || acide m. arsénique. a) **~silber** n. || light-red silver; proustite || argent m. arsénié; proustite f. b) **~silberblende** f. *s.* Arsensilber c) **~sulfid** n. || arsenic pentasulphide || pentasulfure m. d'arsenic. d) **~sulfür** n. || arsenic trisulphide || trisulfure m. d'arsenic. e) **~wasserstoff** m. || arseniuretted hydrogen || hydrogène m. arsénié. f) **~wismutkupfererz** n. || epigenite || épigénite f. 15

Art f., **jeder** || of every description || de toute espèce f. 16

Arterie f. || artery || artère f. 17

Arterienklemme f. || artery forceps pl. || pince f. hémostatique. 18

artesischer Brunnen m. || artesian well || puits m. artésien. 19

arthrospores Bakterium n. || arthrosporic bacterium || bactérie f. arthrospore. 20

Artikel m., **gangbarer** || good of a ready sale; staple goods || article m. courant; marchandise f. de bon débit. 21

Artillerie f. || artillery; ordnances pl. || artillerie f. a) **Gebirgs~** || mountain artillery || artillerie f. de montagne. b) **Kampfwagenabwehr~** || antitank artillery || artillerie f. de défense contre les chars d'assaut. c) **Kraft~** || automotive ordnances pl. || artillerie f. mécanique. d) **kraftgeschleppte ~** || tractor drawn artillery || artillerie f. à tracteur. e) **Raupen~** || caterpillar artillery || artillerie f. sur chenilles. f) **direkte Unterstützungs~** || close support artillery || artillerie f. d'appui direct. 22

Artillerie-feuerleitgerät n. || artillery fire control device || appareil m. à conduite de tir de l'artillerie. a) **~feuerreglung** || gun fire adjustment || réglage m. du tir de l'artillerie. b) **~kabel** n. || artillery cable || câble m. d'artillerie *ou* de campagne. c) **~lautsprecher** m. || artillery loudspeaker || haut-parleur m. d'artillerie. d) **~raupenschlepper** m. || artillery caterpillar tractor || tracteur m. d'artillerie à chenilles. e) **~träger** m. || gun carrier || camion m. d'artillerie portée. 23

Artischocke f. || artichoke || artichaut m. 24

Arznei f. || medicine; drug || médecine f. a) **~glas** n. || medicine glass || verre m. à médecine. b) **~herstellung** f. || pharmacy || pharmacie f. c) **~holz** n. || medicinal wood || bois m. médicinal. d) **~kapsel** f. || medicinal *or* gelatine capsule || capsule f. médicamenteuse. 25

arzneilich || pharmaceutic; medicinal || pharmaceutique; médicinal 26

Arzneilöffel m. || medicine spoon || cuiller f. à médecine. 27

Arzneimittel n. || remedy; medicine || médicament m. a) **homöopathisches ~** || homœopathic medicine || médicament m. homéopathique. b) **komprimiertes ~** || compressed remedy || médicament m. comprimé. c) **Tier~** || veterinary remedy || médicament m. vétérinaire. d) **zubereitetes ~** || prepared remedy || médicament m. préparé. 28

Arznei-seife f. || medical soap || savon m. médicamental. a) **~stoff** m. || pharmaceutical product || produit m. pharmaceutique. b) **~waren** fpl. || drugs pl. || drogues fpl. c) **~wein** m. || medicinal *or* medicated wine || vin m. médical. 29

Arzt m. || physician; doctor || médecin m. 30

Ärztelampe f. || medical lamp || lampe f. pour applications médicales. 31

ärztlich || medical; medicinal || médical; médicinal. a) **~es Attest** n. || doctor's certificate || certificat m. du médecin. 32

ärztliches Instrument n. || surgical instrument || instrument m. de chirurgie. a) **~ ~ aus Gummi** || surgical instrument of india rubber || instrument m. de chirurgie en caoutchouc. b) **~ ~ aus nichtrostendem Stahl** || surgical instrument of stainless *or* rustless steel || instrument m. de chirurgie en acier inoxydable. 33

ärztlich-e Lampe f. *s.* Ärztelampe. a) **~es Messer** || surgical knife || bistouri m. 34

Asafötida f. *s.* Asant, stinkender. 35

Asant m. (Pflanze) || asa fœtida plant || férule f. asa fœtida. a) **stinkender ~** || asa fœtida || asa fœtida m.; f. 36

Asbest m. || asbestos; earth *or* mountain flax || asbeste m.; amiante m.; filasse f. *ou* cuir m. de montagne. a) **Holz~** || rockwood || asbeste f. ligniforme. b) **Platin~** || platinum asbestos || amiante m. de platine. c) **mit ~ umwickelt** || with asbestos covering || revêtu d'asbeste. 37

Asbest-aufschlemmung f. || asbestos milk || lait m. d'amiante. a) **~bekleidung** f. || covering with asbestos || revêtement m. en asbeste. b) **~beton** m. || asbestos concrete || béton m. d'amiante. c) **~bodenbelag** m. || asbestos covering for floors || couverture f. de plancher en asbeste. d) **~diaphragma** n. || asbestos diaphragm || diaphragme m. en amiante. e) **~dichtung** f. || asbestos joint *or* packing || garniture f. en amiante *ou* d'asbeste. f) **~draht** m. || asbestos covered wire || fil m. isolé à l'amiante. g) **~drahtnetz** n. || raybestos || rhéostatine f. h) **~einlage** f. || asbestos layer || couche f. d'amiante *ou* d'asbeste. i) **~eisendrahtnetz** n. || asbestos iron wire gauze || toile f. métallique amiantée. k) **~erzeugnis** n. || asbestos product || article m. en amiante. l) **~fabrikant** m. || asbestos manufacturer || fabricant m. d'amiante. m) **~faden** m. || asbestos yarn || fil m. en amiante. n) **~faser** f. || asbestos fiber *or* wool || floche f. *ou* fibre f. d'amiante. o) **~filterrohr** n. || filtering tube filled with asbestos || tube-filtre m. en amiante. p) **~flocken** fpl. || asbestos wool || floches fpl. d'amiante. 38

asbestgeschützt || asbestos protected || protégé par de l'asbeste. 39

Asbest-gewebe n. || asbestos cloth *or* fabric || toile f. d'amiante; tissu m. d'asbeste. a) **~grube** f. || asbestos quarry || carrière f. d'amiante. b) **~handschuh** m. || asbestos glove || gant m. en amiante. c) **~kitt** m. || asbestos putty || mastic m. d'amiante. d) **~leinwand** f. || asbestos stuff || tissu m. en amiante. e) **~packung** f. *s.* Asbestdichtung. f) **~papier** n. || asbestos paper || papier m. en amiante. g) **~pappe** f. || asbestos board || carton m. en amiante. h) **~platte** f. || asbestos plate *or* tray *or* sheet || plaque f. *ou* carton m. en amiante. i) **~pulver** n. || asbestos powder || poudre f. d'amiante. k) **~ring** m. || asbestos ring || anneau m. en amiante. l) **~schale** f. || dish of asbestos || capsule f. en amiante. m) **~scheibe** f. || asbestos plate *or* washer || disque m. en asbeste *ou* en amiante. 40

Asbestschiefer m. || asbestos slate || ardoise f. d'amiante. a) **~herstellungsanlage** f. || asbestos slate manufacturing plant || installation f. pour la fabrication des ardoises en asbeste. 41

Asbest-schnur f. || asbestos cord *or* rope || corde f. *ou* cordon m. *ou* tresse f. en amiante. a) **~seil** n. || asbestos rope || corde f. en amiante. b) **~spinnereimaschine** f. || asbestos spinning frame || machine f. à filer l'asbeste. c) **~stöpsel** m. || asbestos stopper || bouchon m. en amiante. d) **~tuch** n. || asbestos cloth ||

toile f. d'amiante. **e) ~unterlage** f. || asbestos base || couche f. d'asbeste. **f) ~vorhang** m. || fireproof *or* asbestos curtain || rideau m. en amiante *ou* de sûreté. **g) ~waren** fpl. || asbestos goods pl. || objets mpl. en amiante *ou* en asbeste. **h) ~weber** m. || asbestos weaver || tisseur m. d'amiante. 1

Asbestzement m. || asbestos cement || ciment m. d'asbeste. **a) ~plattenpresse** f. || press for asbestos cement plates || presse f. à plaques en ciment d'amiante. 2

Asch-becher *s.* Aschenbecher **a) ~blei** n. || bismuth || bismuth m.; étain m. de glace. 3

Asche f. || ashes pl.; cinder || cendre f.; escarbilles fpl. **a) Flug~** || quick ash || cendre f. mouvante *ou* volante. **b) metallische ~** || metallic ashes pl. || cendre f. métallique. 4

Aschen-abfuhr f. || rubbish carrying; removal of ashes || transport m. de gravats; enlèvement m. des cendres. **a) ~auflader** m. || ash filler || chargeur m. de cendres. **b) ~ausbläser** m. || ash ejector || escarbilleur m. **c) ~bad** n. || ash bath || bain m. de cendres. **d) ~becher** m. || ash tray || cendrier m. **e) ~bestimmung** f. || determination of ashes || détermination f. des cendres. **f) ~bunker** m. || ash bunker || trémie f. à cendres. **g) ~ejektor** m. || ash ejector; automatic ash hoist || éjecteur m. d'escarbilles; monte-escarbilles m.; escarbilleur m. 5

Aschenfall m. || ash box *or* pit *or* chute || cendrier m. **a) ~tür** f. || ash-pit-door || porte f. du cendrier. 6

Aschen-förderanlage f. || ash conveyor; ash handling plant || installation f. du transport des cendres. **a) ~förderer** m. || ash transporter || transporteur m. de cendres. 7

aschenfrei || free from ashes pl. || exempt de cendres fpl. 8

Aschen-gehalt m. || ash contents pl.; percentage of ashes || teneur f. *ou* pourcentage m. en cendres. **a) ~grube** f. || ash pit || fosse f. à cendres. 9

Aschenkasten m. || ash pan *or* pit *or* bin || caisse f. à cendres; cendrier m. **a) ~klappe** f. || ash pit damper || clapet m. du cendrier. 10

Aschen-keller m. || ash hole || fosse f. à cendres. **a) ~loch** n. || ash hole || cendrier m.; trou m. à cendres. **b) ~pforte** f. || ash scuttle || sabord m. à escarbilles. **c) ~salz** n. || pearlashes; potash || potasse f. perlasse *ou* de cendres. **d) ~schieber** m. || ash stop || registre m. de cendrier. **e) ~schlepper** m. (Bergb) || ash wheeler || brouetteur m. de cendres. **f) ~sieder** m. || ashes boiler || lessiveur m. de cendres. **g) ~stein** m. || cinder stone || pierre f. de cendre. **h) ~urne** f. || cinerary urn || urne f. sépulcrale. **i) ~wäsche** f. || ash washing || lavage m. des cendres. **k) ~zacken** m. des Frischherdes || back *or* ash plate of a fining forge || tague f. de fond; herre f.; haire f.; rustine f.; plaque f. *ou* tague de rustine. **l) ~zieher** m. (Min) || tourmaline || tourmaline f. 11

Äscher m. (Gerb) || slack lime pit; tanner's pit || plain m.; plein m.; pelein m. **a) ~** (Küf) || tank || bac m. 12

Aschheißmaschine f. || ash hoist || monte-escarbilles m. 13

aseptisch (Chem; Heilk) || aseptic || aseptique. 14

Asparagin n. || asparagine || asparagine f. **a) ~säure** f. || aspartic acid || acide m. aspartique. 15

Asphalt m. || asphalt; asphaltum; asphaltos; compact bitumen; jew's *or* earth *or* mineral pitch || asphalte m.; bitume m. solide; goudron m. minéral; bitume m. de Judée. **a) mit ~ bestreichen** || to bituminate; to asphalt || bituminer. **b) eigentlicher ~** || proper asphalt || asphalte m. propre. **c) Guß~** || melted *or* mastic asphalt || asphalte m. coulé *ou* mastic. **d) künstlicher ~** || artificial asphalt || asphalte m. artificiel. **e) pulverisierter ~** || asphalt powder || asphalte m. en poudre. **f) Schmelz~** || cast asphalt || asphalte m. coulé. **g) Stampf~** || compressed asphalt || asphalte m. comprimé. 16

Asphalt-arbeit f. (Straßenb) || asphalt *or* bitumen work || pavage m. en asphalte. **a) ~beton** m. || asphalt concrete || béton m. d'asphalte. **b) ~boden** m. (Bauw) || asphalt floor || aire f. en asphalte. **c) ~decke** f. || asphalt covering || revêtement m. bitumé. **d) ~erzeugnis** n. || asphaltum product || produit m. d'asphalte. **e) ~estrich** m. || asphalt floor || aire f. en asphalte. **f) ~filz** m. || asphaltic felt; asphalt impregnated felt || feutre m. asphalté *ou* imprégné d'asphalte. **g) ~firnis** m. || black Japan; asphalt varnish || vernis m. *ou* laque f. à l'asphalte. 17

Asphaltfußboden m. || asphalt flooring || plancher m. en asphalte. **a) ~verleger** m. || flooring inlayer on bitumen || parqueteur m. sur bitume. 18

Asphaltgestein n. || crude asphalt || asphalte m. brut; roche f. asphaltique. 19

asphaltieren || to asphalt || bitumer; bituminer; asphalter. 20

Asphaltieren n. von Röhren || pipe warping in asphalt || enveloppement m. en asphalte de tubes. 21

asphaltiertes Kabel n. || asphalted cable || câble m. asphalté. 22

Asphalt-industrieanlage f. || asphalt trade plant || installation f. industrielle de l'asphalte. **a) ~kabel** n. *s.* asphaltiertes Kabel. **b) ~kalkstein** m. || asphaltic limestone || calcaire m. asphaltique. **c) ~kasten** m. für Kabelarmierungsmaschinen || asphalt box for cable armouring machines || caisson m. à asphalte pour machines à armer les câbles électriques. **d) ~kochkessel** m. || asphalt boiler || chaudière f. d'asphalte. **e) ~kompoundmasse** f. || asphalt paste *or* cement for filling || mastic m. asphaltique *ou* à asphalter. **f) ~lack** m. || asphalt lac *or* varnish; black Japan || vernis m. à asphalte. **g) ~makadam** m. || asphalt macadam work || route f. asphaltée. **h) ~mastix** m. || asphalt mastic; asphaltic cement || mastic m. d'asphalte. **i) ~mörtel** m. || asphalt mortar || mortier m. d'asphalte. **k) ~mühle** f. || asphalt mill || moulin m. à asphalte. **l) ~ofen** m. || asphalt furnace || four m. à asphalte. **m) ~papier** n. || asphaltum paper || papier m. asphalté. **n) ~pappe** f. || tar roofing; asphalted cardboard || carton m. bitumé. **o) ~pech** n. || bituminous pitch || poix f. d'asphalte. **p) ~pflaster** n. || asphalt pavement *or* paving || pavé m. *ou* pavage m. en asphalte. **q) ~platte** f. || asphalt plate || carreau m. en asphalte. 23

asphaltreicher Brennstoff m. || fuel rich in asphalt || combustible m. riche en asphalte *ou* bitume. 24

Asphalt-rohr n. || asphalt conduit || fourreau m. en asphalte. **a) ~stein** m. (Min) || asphalt; mineral pitch; crude asphalt || goudron m. minéral; asphalte m. brut. **b) ~steinbruch** m. || asphalt extraction pit || carrière f. d'asphalte. 25

asphärisch || non-spherical || asphérique. **a) aplanatische ~e Ophthalmoskoplinse** f. || non-spherical aplanatic focusing lens || lentille f. ophtalmoscopique aplanétique asphérique. 26

Aspirationsreinigungsmaschine f. (Getreide) || receiving and milling machine; smutter || nettoyeur-aspirateur m. 27

Aspirator m. || aspirator || aspirateur m. 28

Assekuranz f. || insurance || assurance f. 29

Assekuranz-makler m. || insurance agent *or* broker || courtier m. d'assurances. **a) ~police** f. || policy of insurance; insurance policy || police f. d'assurance. **b) ~prämie** f. || premium of insurance || prime f. d'assurance. 30

Assimilation f. || assimilation || assimilation f. 31

assimilieren || to assimilate || assimiler. 32

Assimilieren n. *s.* Assimilation. 33

Assistent m. || assistant || assistant m. 34

assortiert || assorted || assorti. 35

Assoziation f., **molekulare** || molecular aggregate *or* association || association f. moléculaire. 36

assoziieren, sich || to enter into partnership || s'associer. 37

Ast m. (Baum) || branch || branche f. **a) ~** (im Holz)) knot || nœud m. 38

astatisch || astatic || astatique. **a) ~es Nadelpaar** n. || astatic couple *or* needles pl. || couple m. d'aiguilles astatique. 39

Ast-bohrer m. || knot borer || perceur m. de nœuds. **a) ~fänger** m. (Zellstoffabrik) || branch catch *or* catcher || arrête-nœud m. **b) ~fäule** f. || rot at branches; branch rot || pourriture f. des branches. 40

astfreies Holz n. || wood without knots; wood not having any branches || bois m. sans nœuds. 41

Asthma-präparat n. || preparation for asthma || médicament m. contre l'asthma. **a) ~zigarette** f. || antiasthmatic cigarette || cigarette f. antiasthmatique. 42

Astholz n. || branch timber; branchwood; wood from branches || bois m. des branches. 43

ästiges Holz n. || knotty wood || bois m. noueux. 44

astigmatisch || astigmatic || astigmate; astigmatique. **a) ~es Auge** n. || astigmatic eye || œil m. astigmate. **b) ~es korrigiertes Objektiv** n. || astigmatic corrected objective || objectif m. astigmate corrigé. 45

Astigmatismus m. || astigmatism || astigmatisme m. 46

Ast-knoten m. branch knot || nœud m. à (la naissance de) la branche. **a) ~loch** n. || knot hole || trou m. de nœud. 47

Astrachan m., **unechter** || imitation astrachan fur || imitation f. d'astrak(h)an. 48

Astrakanit m. || astrakanite || astrakanite f. 49

astrein || clear (of knots pl.) || dépourvu de branches fpl.; sans nœuds mpl. 50

Astrofotografie f. || astro photography || astrophotographie f. 51

astrofotografisch || astrophographic || astrophotographique. **a) ~e Kamera** f. || astrophotographic camera || chambre f. astrophotographique. **b) ~es Objektiv**

n. || astrophotographic objective || objectif m. astrophotographique. 1
Astrograf m. || astrograph || astrographe m. **a)** ~ mit **Spiegelsystem** || astrograph with reflecting system || astrographe m. à miroir. 2
Astrokamera f. zur Fotografie von Sternen und Nebelflecken || astro camera for photographing stars and nebulæ || chambre f. noire astrophotographique pour photographier les étoiles et les nébuleuses. 3
Astronomie f. || astronomy || astronomie f. 4
astronomisch-e Beobachtung f. || astronomical *or* celestial observation || observation f. céleste *ou* astronomique. **a)** **~es Fernrohr** n. || astronomical telescope || lunette f. astronomique. **b)** **~es Fernrohrobjektiv** n. || astronomical telescope objective || objectif m. de lunette astronomique. **c)** **~es Instrument** n. || astronomical instrument || instrument m. astronomique *ou* d'astronomie. **d)** **~e Karte** f. || astronomical *or* celestial chart; map of the stars || carte f. céleste. **e)** **~e Optik** f. || astro-optics pl. || optique f. astronomique. 5
astrophysikalisch || astrophysical || astrophysique. 6
Astsäge f. || pruning saw || scie f. de jardinier. 7
Asymmetrie f. || asymmetry || asymétrie f. 8
asymmetrisch || asymmetric(al) || asymétrique. **a)** **~er Bau** m. (Bergbau) || asymmetrical structure || structure f. asymétrique 9
Asymptote f. (Math) || asymptote || asymptote f. 10
asymptotisch (Math) || asymptotic(al) || asymptotique. 11
asynchron || asynchronous || asynchrone. **a)** **~e Funkenstrecke** f. || non-synchronous gap || éclateur m. non synchrone. 12
Asynchron-anwurfmotor m. || asynchronous starting motor || moteur m. de démarrage asynchrone. **a)** **~drehstromgenerator** m. || three phase induction generator || génératrice f. triphasée asynchrone. **b)** **~generator** m. || asynchronous alternator || alternateur m. asynchrone. **c)** vollautomatisches **~-kraftwerk** n. || fully automatic asynchronous power station || centrale f. électrique asynchrone entièrement automatique. **d)** **~motor** m. || asynchronous motor || moteur m. asynchrone. **e)** ferngesteuertes **~speicherwerk** n. || asynchronous remote controlled power station || usine f. d'énergie à machines asynchrones commandée à distance. 13
Atelierkamera f. || studio photo camera || caméra f. d'atelier. 14
Atemgerät n. *s.* Atmungsgerät. 15
Äthan n. || ethane || éthane m. **a)** **~maschine** f. || machine working on ethane || machine f. à éthane. 16
Äther m. || ether || éther m. **a)** **Frucht~** || fruit ether || éther m. de fruits. **b)** **gewöhnlicher ~** || ordinary ether || éther m. ordinaire. **c)** **Schwefel~** || sulphuric ether || éther m. sulfurique. 17
Äther-anlage f. || ether plant || installation f. d'éther. **a)** **~bildung** f. || etherification; ether formation || éthérification f.; formation f. d'éther-oxyde. **b)** **~brenner** m. || || ether distiller || distillateur m. d'éther. **c)** **~dampfmaschine** f. || ether steam engine || machine f. à vapeur d'éther. **a)** **~fabrikeinrichtung** f. || ether producing plant || installation f. de fabrique d'éther. **e)** Messung f. des **~gehaltes** in der Luft || measuring the proportion of ether in air || mesure f. du dosage de l'éther dans l'air. 18
ätherisch || essential; ethereal; volatile || essentiel; éthéré; volatil. **a)** **~ riechend** || ether smelling || d'odeur f. éthérée. 19
ätherisches Öl n. || essential *or* volatile oil || huile f. essentielle *ou* volatile *ou* éthérée. **a)** **Fabrik f. für ätherische Öle** || factory of essential oils || fabrique f. d'huiles éthérées. **b)** **terpenfreies ~** || terpeneless essential oil || essence f. déterpénée. **c)** **~ tierischen Ursprungs** || animal essential oil || huile f. essentielle animale. 20
Äther-kühlmaschine f. || ether refrigerating machine || machine f. frigorifique à éther. **a)** **~prober** m. || ether tester || essayeur m. d'éther. **b)** **~schwingung** f. || vibration of ether; ethereal vibration || vibration f. de l'éther. **c)** **~theorie** f. || ether theory || théorie f. de l'éther. 21
Äthyl n. || ethyl || éthyle m. 22
Äthyl-alkohol m. || ethyl alcohol || alcool m. éthylique. **a)** **~amidophenol** n. || ethylamidophenol || éthylamidophénol m. **b)** **~äther** m. || sulphuric *or* ethylic ether; ether sulfuricus; naphta vitrioli || éther m sulfurique; oxyde m. d'éthyle. **c)** **~-azetat** n. || ethyl acetate || acétate m. d'éthyle. 23
Äthylen n. || ethylene; heavy hydrocarbon gas; olefiant gas || éthylène m.; gaz m. oléfiant; gaz m. lourd d'hydrogène carburé. 24
Äthyl-nitrat n. || ethyl nitrate || nitrate m. d'éthyle. **a)** **~oxyd** n. || ethylene oxide || oxyde m. d'éthyle. **b)** **~präparat** n. || ethyl preparation || préparation d'éthyle. **c)** **~weinsäure** f. || ethyltartaric acid || acide m. éthylotartrique. 25
Atlantenformat n. || broad side *or* sheet || in-plans m.; format m. atlantique *ou* in plano. 26
Atlas m. (Kartenwerk) || atlas || atlas m. **a)** ~ (Web) || satin; satin tweel || satin m. **b)** **Seiden~** || satin || satin m. **c)** **Woll~** || woollen satin || satin m. de laine; satin m. zéphyr. 27
atlasartig || satined || satiné. 28
Atlas-erz n. malachite; false emerald || malachite f. **a)** **~gips** m. fibrous gypsum || chaux f. sulfatée fibreuse. **b)** **~papier** n. || glazed paper || papier m. satiné. **c)** **~spat** m. || calcite; satin spar || calcite f. fibreuse. **d)** **~trikot** m. || diamond fabric || satin-fil m. 29
Atmosphäre f. || atmosphere || atmosphère f. **a)** **Dampf~** || atmosphere of vapour || atmosphère f. de vapeur d'eau. **b)** **geprüft** auf x **~n** fpl. || tested for x atmospheres pl. || éprouvé sur *ou* à la pression de x atmosphères fpl. **c)** **Normal~** || standard atmosphere || atmosphère f. normale *ou* standard. 30
Atmosphärendruck m. *s.* atmosphärischer Druck. 31
atmosphärisch || atmospheric || atmosphérique. **a)** **~e Absorption** f. (Funkw) || atmospheric absorption || absorption f. atmosphérique. **b)** **~e Dampfmaschine** f. || atmospheric steam engine || machine f. à vapeur à air libre. **c)** **~er Druck** m. || pressure of the air; atmospheric *or* air pressure || pression f. atmosphérique *ou* de l'atmosphère. **d)** **~e Erscheinung** f. || atmospheric phenomenon || phénomène m. atmosphérique. **e)** **~es Gleichgewicht** n. || atmospheric equilibrium || équilibre m. atmosphérique. **f)** **~e Störung** f. || atmospherics pl.; strays pl. || perturbation f. atmosphérique. 32
Atmungsgerät n. || breathing apparatus; respirator || inhalateur m.; appareil m. respiratoire; masque m. de respiration. **a)** **Sauerstoff~** || oxygen breathing apparatus || inhalateur m. d'oxygène. 33
Atoll n. (Riff) || atoll || atoll m. 34
Atom n. || atom || atome m. **a)** **~dispersion** f. || atomic dispersion || dispersion f. atomique. 35
Atomgewicht n. || atomic weight || poids m. atomique. **a)** **niedriges ~** || small atomic weight || poids m. atomique faible. 36
Atom-gewichtstabelle f. || table of atomic weights of the elements || tableau m. des poids atomiques des éléments. **a)** **~gramm** n. || atom gram || atome-gramme m. 37
Atomigkeit f. || atomicity || atomicité f. 38
atomisch || atomic || atomique. 39
atomistisch || atomistic || atomistique. 40
Atom-wärme f. || atomic *or* molecular heat || chaleur f. atomique *ou* moléculaire. **a)** **~wertigkeit** f. || atomic valence || valence f. atomique. **b)** **~zahl** f. || atomic index *or* number || index m. d'un atome. 41
Atrophie f. || atrophy || atrophie f. 42
Atropin n. || atropine || atropine f. 43
Attest n. || certificate; attestation || certificat m. **a)** **ärztliches ~** || doctor's certificate || certificat m. du médecin. 44
attestieren || to certify; to attest || certifier; attester. 45
Attichwurzel f. || dwarf elder root || racine f. de hièble. 46
Attrappe f. || surprise box || attrape f. 47
ätzalkalische Lösung f. || caustic alkaline solution || solution f. alcaline caustique. 48
Ätz-ammoniak n. || caustic ammonia; ammonia solution || ammoniaque f. caustique; hydrate m. d'ammonium. **a)** **~-baryt** m. || barium hydrate; caustic baryta || baryte f. hydratée *ou* caustique. **b)** **~druck** m. (Grav) || discharge *or* style of printing; etching || première épreuve f. d'une estampe *ou* d'une étampe. 49
Ätze f. || etch; etching; aqua fortis || rongeage m.; eau-forte f. 50
ätzen (Chem) || to corrode; to macerate || corroder. **a)** ~ (Grav) || to etch || graver à l'eau-forte; ronger. 51
ätzend || corrosive; corroding; caustic || corrodant; corrosif; caustique. **a)** **~e Gase** npl. || corrosive gases pl. || gaz mpl. corrosifs. 52
Ätzer m. || etcher || graveur m. à l'eau-forte. 53
Ätzerei f. (Buchdr) || etching workshop || atelier m. de gravure. **a)** **Glas~** || glass etching workshop || atelier m. de gravure sur verre. 54
Ätz-farbe f. || etching ink || encre f. à mordant. **a)** **~figur** f. (Met) || etched figure || figure f. obtenue par l'attaque des réactifs; figure f. obtenue par la corrosion. **b)** **~- grund** m. || etching ground || couche f. de vernis. 55
Ätzkali n. || caustic potash; hydrate of potash; hydrate of potassium || potasse

f. caustique; hydrate m. de potasse. **a) rohes ~** || crude caustic potash || potasse f. brute *ou* la chaux. **b) ~** in **Stangen** || caustic potash in bars; stick caustic potash || potasse f. caustique en bâtonnets. 1

Ätzkalilösung f. || solution of caustic potash || lessive f. de potasse caustique; solution f. de potasse caustique. 2

Ätzkalk m. || burnt *or* quick *or* anhydrous *or* caustic lime; oxide of calcium || chaux f.; oxyde m. de calcium; chaux f. vive *ou* caustique *ou* calcinée. **a) ~-lösung** f. || lime water || eau f. de chaux. 3

Ätz-kraft f. || causticity; corrosive power || pouvoir m. corrosif. **a) ~kunst** f. || art of etching || art m. de gravure à l'eau-forte. **b) ~lauge** f. || caustic-lye || lessive f. caustique. **c) ~mittel** n. || corrosive; corroding *or* caustic agent; etching material || corrodant m.; agent m. corrosif; caustique m.; corrosif m. **d) ~nadel** f. || etching needle || échoppe f. 4

Ätznatron n. || caustic hydrate of soda; caustic soda; sodium hydrate *or* hydroxide || hydrate m. de soude; soude f. caustique; lessive f. soudique. **a) ~fabrikanlage** f. || caustic soda plant || installation f. de fabrique de soude caustique. **b) ~fabrikeinrichtung** f. || caustic soda producing plant installation || équipement m. de fabrique de soude caustique. **c) ~lauge** f. || caustic lye of soda || lessive f. caustique de soude. 5

Ätz-paste f. für Glühlampen || etching paste for incandescent lamps || pâte f. corrosive pour lampes à incandescence. **a) ~pulver** n. || etching powder || poudre f. corrosive. **b) ~schale** f. || etching basin || cuvette f. à mordant. **c) ~stift** m. || caustic *or* corrosive stick || pierre f. infernale *ou* corrosive *ou* à cautère; crayon m. à cautère. **d) ~tinte** f. || etching ink || encre f. corrosive. **e) ~trog** m. || etching trough || baquet m. de mordant. 6

Ätzung f. || corrosion || corrosion f. 7

Ätz-verfahren n. || caustic process || procédé m. au caustique. **a) ~wasser** n. || aqua fortis || eau-forte f. 8

Audion n. || audion || audion m. 9

Audion-empfänger m. || audion receiver || récepteur m. à l'audion. **a) ~röhre** f. || audion tube *or* valve || tube m. audion. 10

Auditorium n. || lecture room || auditoire m.; salle f.; amphithéâtre m. 11

auf einmal || at once || en une seule fois; à la fois. 12

Auf und Ab n. || up and down || mouvement m. montant et descendant. 13

Auf- und Abbewegung f. || up and down motion || (mouvement m. de) montée f. et (de) descente f. 14

Aufbanker m. (Sägew) || log roller || rouleur m. de troncs d'arbres. 15

Aufbau m. (Auto) || car body || carrosserie f. **a) ~** (Bauw) || construction || construction f. **b) ~** (Chem) || synthesis || synthèse f. **c) geschlossener ~** (Bauw) || self contained construction || construction f. serrée. **d) Wieder~** || reconstruction || réconstruction f. 16

aufbauen || to erect; to build up || construire. 17

aufbauend (Chem) || synthetic || synthétique. 18

aufbereiten, Erz n. (Bergb; Met) || to dress *or* to prepare *or* to wash ores pl. || traiter *ou* préparer un minerai. 19

aufbereitetes Gut n. || dressed products pl. || matières fpl. préparées. 20

Aufbereitung f. (Met) || dressing; treatment || préparation f. (mécanique); traitement m.; manutention f. **a) Erz~** || treatment *or* dressing of the ore || préparation f. *ou* traitement m. du minerai. **b) Formsand~** || dressing of the moulding sand || préparation f. du sable de fonderie. **c) Kohlen~** || coal dressing || préparation f. *ou* traitement m. de charbon. **d) magnetische ~** || magnetic dressing *or* separation || préparation f. *ou* séparation f. *ou* triage m. magnétique. **e) ~ durch Maschinen** || mechanical dressing || préparation f. mécanique. **f) nasse ~** || wet dressing; dressing on the wet method || traitement m. par voie humide. **g) Rohstoff~** || preparation of the raw material || préparation f. de la matière première. 21

Aufbereitungsanlage f. || dressing *or* preparing plant || installation f. de préparation (et de triage); installation f. à préparer *ou* pour le traitement. **a) Braunkohlen~** || lignite dressing plant || installation f. de préparation de lignite. **b) ~ für Eisenbahnoberbaustoffe** || dressing plant for permanent way materials || installation f. à préparer les matériaux de superstructure de chemin de fer. **c) Erz~** || ore dressing plant || installation f. pour le traitement des minerais. **d) Faserstoffe~** || preparing plant for fibre materials || installation f. de préparation des fibrines *ou* des matières de fibre. **e) Flachs~** || flax preparing plant || installation f. à préparer le lin. **f) Formsand~** || dressing plant for moulding sand || installation f. à préparer le sable de moulage. **g) Kohle~** || coal dressing plant || installation f. pour le traitement du charbon. **h) magnetische ~** || magnetic separator plant || installation f. magnétique de préparation *ou* de triage. **i) maschinelle ~** || mechanical dressing plant || installation f. de préparation mécanique. **k) Rohstoff~** || raw material dressing plant || installation f. de préparation de matière première. **l) Sand~** || sand dressing plant || installation f. de préparation du sable. **m) Silika~** || silicon dressing plant || installation f. de préparation de la silice. **n) Steinkohlen~** || pit coal dressing plant || installation f. de préparation de la houille. **o) Wolle~** || wool dressing plant || installation f. de préparation de la laine. 22

Aufbereitungs-anstalt f. für Erze || ore dressing works pl. || usine f. de préparation de minerai. **a) ~arbeiter** m. || ore dresser || ouvrier m. de préparation de minerai. **b) ~gut** n. (Met) || products pl. to be dressed || matières fpl. à préparer *ou* à traiter. **c) ~industrie** f. || dressing industry || industrie f. de préparation. 23

Aufbereitungsmaschine f. || dressing *or* preparing machine || machine f. à préparer *ou* pour le traitement. **a) Erz~** || ore dressing machine || machine f. à préparer les minerais. **b) Formerstoff~** || preparing machine for moulding material || machine f. à préparer les matières de moulage. **c) Kohle~** || coal dressing machine || machine f. pour le traitement du charbon. 24

Aufbereitungstechnik f. || technic of dressing || technique f. du traitement. 25

Aufbereitungsverfahren n. || dressing method *or* proceeding || méthode f. *ou* procédé m. de préparation. **a) Schwimm~** || buoyancy proceeding || procédé m. de flottaison. 26

Aufbereitungs-verlust m. || lost due to dressing || perte f. à la préparation *ou* au triage. **a) ~versuchsanstalt** f. für Erze || experimental station for ore treatment || atelier m. d'essai du traitement des minerais. 27

aufbessern || to improve || améliorer. 28

Aufbesserung f. || improvement || amélioration. f. 29

aufbewahren || to keep; to preserve; to store up || conserver; emmagasiner. **a) unter Luftausschluß** m. **~** || to keep from contact with the air || conserver à l'abri m. de l'air. 30

Aufbewahrung f. || storing || emmagasinage m.; mise f. en stock; conservation f. 31

Aufbewahrungsort m. || depository; store house || dépôt m. 32

Aufbewahrungs-raum m. *s.* Aufbewahrungsort. **a) ~schrank** m. für Lebensmittel || meat safe || garde-manger m. 33

aufbiegen || to bend up || cintrer. 34

Aufbiegung f. der Scheibenfeder || deflection of plate spring || flèche f. de la rondelle Belleville. 35

aufblähen || to swell; to swell up; to bulge; to inflate || gonfler. 36

aufblasen (Autoreifen) || to pump; to inflate || gonfler. **a) sich ~** || to blow out || se souffler. 37

Aufbohren n. des Loches || boring the hole || agrandissement m. de l'alésage. 38

aufbrauchen || to use up; to wear up; to consume || consommer; épuiser. 39

aufbrausen (Chem) || to effervesce; to foam; to ferment; to boil over || bouillonner. 40

aufbrausend || effervescent || effervescent. 41

aufbrechen (öffnen) || to break open || ouvrir de force *ou* par effraction. 42

Aufbrechen n. einer gepflasterten Straße || stripping a paved road || dépavage m. d'une route pavée. 43

aufbringen (Mittel) || to raise up || trouver; réussir. **a) Geld** n. **~** || to raise money || se procurer de l'argent m. **b) ein Schiff** n. **~** || to bring up *or* to capture a ship || capturer m. un bateau. 44

aufbügeln || to iron || repasser. 45

aufdornen, Löcher npl. || to enlarge holes pl. with a drift || mandriner des trous mpl. 46

aufdrehen (Hahn) || to turn on || ouvrir. 47

Aufdruck m. || print || empreinte f. **a)** die Kasse gibt den Scheck mit **Doppel~** aus || the register issues duplicate checks || la caisse émet ticket double. **b) fotografischer ~** || photographic impression || impression f. photographique. 48

aufdrücken, eine **Spannung** f. || to impress a voltage || appliquer une tension. 49

Aufdrückmaschine f. für Spulenflanschen, doppelendige || double ended bobbin pressing-on machine || presse f. double pour les disques de bobines. 50

Aufeinander-folge f. der Winde || succession of the winds || suite f. des vents. **a) ~schlagen** n. der Typenhebel || striking of the

type bars || choc m. des tiges à caractères. 1
Aufenthalt m. (Zug) || stoppage || arrêt m. 2
auffahren (Bergb) || to drive a level || avancer *ou* percer une galerie. 3
Auffahren n. (Bergb) || driving || ouverture f. 4
Auffahrt f. || approach ramp *or* wharf || rampe f. d'accès. 5
auffangen (Flüssigkeit) || to catch; to collect || saisir; recueillir. 6
Auffang-schale f. || collecting reservoir; drip pan || bac m. collecteur. **a) ~trichter** m. || receiving hopper || entonnoir-récepteur m. 7
Aufflammen n. des Lichtbogens || flaming of the arc || flamboiement m. de l'arc. 8
auffordern || to bid; to urge || inviter; engager. a) zur **Zahlung** f. ~ || to press for payment; to dun || inviter à payer. 9
Aufforderung f. || request; demand || invitation f. 10
Aufforderungssignal n. (Selbstanschl) || dialling tone || signal m. de cadran. 11
Aufforstung f. || restocking || boisement m. 12
auffrischen (Chem) || to regenerate || régénérer. a) ~ (Mal) || to retouch || retoucher. b) eine **Farbe** f. ~ || to brighten a colour || éclaircir une couleur. 13
Auffrischen n. des Gummis (Autoreifen) || re-tiring; re-rubbering || recaoutchouture f. 14
Auffrischung f. (Chem) || regeneration || régénération f. 15
aufführen (Bau) || to build; to erect || construire. 16
auffüllen || to fill || remplir. a) ~ (Autoreifen) || to replenish || faire de plein; gonfler. 17
Aufgabe f. || task; problem; work || tâche f. a) ~ (Brief) || posting || remise f. b) ~ eines **Geschäftes** || giving-up business; retirement from business || cessation f. d'un commerce. 18
Aufgabe-becherwerk n. (Met) || charging *or* feeding elevator || noria f. de chargement. a) **~rutsche** f. || delivery chute || glissière f. de chargement. b) **~schein** m. || receipt of delivery || récépissé m.; reçu m. c) **~telegrafenanstalt** f. || telegraph office of origin || bureau m. d'origine télégraphique. d) **~tisch** m. (Met) || feeding disc || table f. de chargement. e) **~trichter** m. || charging cone || trémie f. (de chargement). 19
Aufgabevorrichtung f. (Met) || feeding *or* charging apparatus; feeder; charging device || appareil m. chargeur *ou* d'alimentation; feeder m.; dispositif m. de chargement. a) ~ für **Becherwerke** || charging device for elevators || dispositif m. de chargement pour élévateurs à godets. b) **Kolben~** || piston feeder || feeder m. à piston. c) **Schnecken~** || worm feeder || appareil m. chargeur à vis hélicoïdale. d) **Schub~** || push feeder || feeder m. travaillant à la poussée. e) **Schüttel~** || shaking feeder || feeder m. à secousses. f) **selbsttätige ~** || automatic charging device || appareil m. de chargement automatique. g) **Stoß~** || percussion feeder || appareil m. chargeur à choc. h) **Walzen~** || roller feeder || feeder m. à cylindres. 20
Aufgabewalze f. (Met) || feeding roller || cylindre m. rotatif d'alimentation. 21
Aufgang m. (Bauw) || ascent; staircase || montée f.; escalier m. 22
aufgeben (Met) || to charge; to deliver; to feed || charger; délivrer; alimenter. a) **Gepäck** n. ~ || to book *or* to register the luggage || faire enregistrer les bagages mpl. b) das **Geschäft** ~ || to retire from business || cesser le commerce. 23
Aufgebetrichter m. *s.* Aufgabetrichter. 24
aufgebogener Schienenfuß m. || bent-up rail foot *or* flange || patin m. de rail recourbé. 25
aufgegeit (Schiff) || brailed in || cargué. 26
aufgehäuft || piled up || entassée. 27
aufgehen (gären) || to ferment; to rise; to work || fermenter; entrer en fermentation f. 28
Aufgehen n. des Kalkes || growing of lime || foisonnement m. de chaux. 29
aufgekauft (spekulativ) || cornered || accaparé. 30
aufgekeilt || secured by wedge || fixé par cheville f. a) **~er Nocken** m. || cam keyed on || came f. clavetée (sur). 31
aufgelaufene Zinsen mpl. || accumulated interest || intérêts mpl. accumulés. 32
Aufgeld n. || extra charge || change m.; agio m. 33
aufgelöteter Flansch m. || brazed-on flange || bride f. soudée. 34
aufgeschnitten-er Ring m. || split ring || anneau m. fendu. a) **~er Zylinder** m. || slotted cylinder || cylindre m. avec fente. 35
aufgeschraubt, die Lager npl. sind auf dem Rahmen ~ || the bearings are screwed on the frame || les paliers mpl. sont vissés sur le châssis. 36
aufgeschrumpft-er Bundring m. || shrunk-on collar || collet m. rapporté. a) **~er Flansch** m. || shrunk-on flange || bride f. embattue *ou* rapportée. b) **~er Reifen** m. (Rad) || shrunk-on tire || bandage m. embattu *ou* posé à chaud. 37
aufgeschütteter Boden m. || filled up ground || remblai m. 38
aufgeschweißt, Platte f. mit **~er Chromstahlschicht** || wrought-iron plate with a layer of chrome-steel welded on || plaque f. en fer forgé à couche d'acier chromé soudée dessus. a) **~er Werkzeugstahl** m. || composite tool || outil m. à tranchant en acier (rapide) rapporté. 39
aufgestapelt || stacked || mis en meule f. 40
aufgichten (Met) || to charge || charger. 41
Aufgleisung f. || rerailing || remise f. sur rail. 42
Aufgleisungs-platte f., zweiseitige ~ (Eisenbahn) || double rerailing plate || plaque f. d'accès double. a) **~schuh** m. || rerailing plate *or* ramp || plaque f. d'accès. 43
aufgraben, den Boden m. || to rake up the ground; to dig up the earth || fouiller le terrain. 44
Aufguß m. || infusion || infusion f. 45
Aufguß-apparat m. (Brau) || sparger; sprinkling apparatus || croix f. écossaise. a) **~verfahren** n. (Brau) || infusion method || méthode f. de brassage par infusion. 46
aufhacken, Treber pl. || to rerake the draff || piocher *ou* piquer les drèches fpl. 47
Aufhacken n. (Treber) || reraking || piochage m.; piquage m. 48
Aufhacker m. *s.* Aufhackmaschine . 49
Aufhack-maschine f. (Treber) || rake; reraking machine || machine f. à piquer *ou* à piocher; piqueur m.; piocheur m. a) **~- und Austrebermaschine** f. || grains reraking and removing machine || piocheur-dédrècheur m. 50
Aufhaltekraft f. (Geschoß) || stopping power || force f. d'arrêt. 51
aufhalten || to stop || arrêter. 52
aufhanfen (Isolatoren) || to fix with hemp || garnir de chanvre m. 53
Aufhänge-boden m. (Bleich) || drying place *or* room; hanging room || séchoir m. a) **~bügel** m. || suspension loop || étrier m. de suspension. b) **~eisen** n. || suspension iron || fer m. de suspension. c) **~gestänge** n. || suspension rods pl. || tiges fpl. de suspension. 54
Aufhängekreuz n. (Buchdr) || printer's peel; pile || étendoir m. a) ~ (Pap) || hanging peel || ferlet m. 55
aufhängen || to hang; to suspend || étendre; suspendre. a) **frei beweglich~** || to suspend freely || suspendre librement. b) **kardanisch ~** || to suspend on gimbals pl.; to hang by gimbals pl. || suspendre à la cardan. 56
Aufhängepunkt m. || suspension point || point m. de suspension. 57
Aufhänger m. (Met) || hooker || attacheur m. a) ~ (Pap) || loftsman || sécheur m.; étendeur m. b) ~ (Spinn) || dryer || empercheur m. c) **Rock~** || suspension ribbon *or* chain for clothes || ruban m. *ou* chaînette f. de suspension d'habit. 58
Aufhängevorrichtung f. || suspension arrangement || dispositif m. de suspension. 59
Aufhängung f. || suspension || suspension f. a) **Doppelfaden ~** || bifilar suspension || suspension f. bifilaire. b) **federnde ~** || elastic suspension || suspension f. élastique. c) **halbuniversale ~** || semi-universal suspension || suspension f. semi-universelle. d) **Vorderachs~** || front axle suspension || suspension f. de l'essieu avant. 60
aufhaspeln || to wind up; to hoist; to raise with a windlass || guinder. 61
aufhauen (Bergb) || to rise in the back; to work from the level upwards || travailler au dessous de la tête. a) ~ (Feilen) || to cut anew *or* again; to recut || retailler. b) eine **Abbaustrecke** f. ~ || to open a chamber || ouvrir une taille. 62
Aufhauen n. (Feilen) || sharpening anew; recutting || retaillage m. 63
Aufhauer m. (Schmied) || cutting-chisel || langue f. de carpe. 64
aufhäufen || to pile up || entasser. 65
aufheben (vom Boden) || to lift up; to pick up || ramasser; lever. a) ~ (Chem) || to neutralize || neutraliser. b) ein **Ausfuhrverbot** n. ~ || to remove a prohibition of exportation || abroger une défense d'exporter. c) eine **Genossenschaft** f. ~ || to dissolve partnership || dissoudre une association coopérative. 66
Aufhebung f. (Aufbewahrung) || preservation; keeping || conservation f. a) die ~ des **Arbeitsverhältnisses** verlangen || to request the termination of an agreement for service || exiger la résiliation du contrat de travail. 67
aufheitern (Wetter) || to become clear *or* fine; to clear up || s'éclaircir; affiner. 68
aufhellen (Lichtb) || to brighten; to tone down || éclaircir. a) ein **Bild** n. ~ (Mal) || to enliven a picture || égayer un tableau. 69
aufhissen || to hoist; to pull up; to veer aloft; to sway *or* to rise up || hisser; palanquer; haler. 70
aufhocken || to bunch up || rebrousser. 71

aufhöhen, eine Mauer f. || to raise *or* to run up a wall || donner de l'exhaussement m. à un mur. 1
aufholen || to fetch up || ramasser. **a)** das **Lotseil** ~ || to draw up the plummet wire || relever le câble à plomb. **b)** das **Telegrafenkabel** ~ || to pick up the cable || retirer le câble. 2
aufhören || to stop; to cease; to end || cesser; finir; terminer. 3
Aufkadung f. eines Deiches || raising higher a dam || exhaussement m. d'une digue. 4
aufkämmen (Zimm) || to cog; to join by cogging || assembler à entailles fpl. 5
Aufkarter m., **Garn** (Spinn) || cart winder || encarteur m. de fils. 6
Aufkauf m. || purchase; buying up || achat m. 7
aufkaufen || to buy up || acheter. **a)** eine **Ware** f. ~ (spekulativ) || to corner an article || accaparer un article. 8
Aufkäufer m. || buying speculator || acheteur m.; accapareur m. 9
aufkeilen, die Kurbel || to key on the crank || claveter la manivelle (sur l'arbre). 10
Aufkeilen n. der Räder auf die Achse || keying the wheels on the axle || clavetage m. *ou* serrage m. à clavette des roues sur l'essieu. 11
aufkippbar, der Wagenkasten ist ~ || the wagon box is tilting; the box of the wagon is arranged for being tipped || la caisse de voiture est basculante *ou* à rabattement. 12
aufklappbar || hinged || relevable; articulé; à rabattement m.; à charnières fpl. **a)** ~**er Ausleger** m. || hinged jib || flèche f. relevable. **b)** ~**e Leiterstufe** f. || tip-up tread of a ladder || marche f. relevable d'une échelle. **c)** ~**er Objektivdeckel** m. in der Taukappe || hinged lens cap in dew mount || couvercle m. à clapet de l'objectif dans le tube pare-rosée. **d)** ~**er Rahmen** m. (Schreibm) || hinged frame || cadre m. réversible. 13
Aufklappdeckel m. || revolving cover || couvercle m. réversible. 14
aufklappen, das Verdeck || to put the hood up; to raise the hood || relever la capote. 15
aufklaren (Wetter) *s.* aufheitern. 16
Aufklärungs-flugzeug n. || scout airplane; reconnaissance aeroplane || avion m. d'éclairage *ou* de reconnaissance. **a)** ~**-kreuzer** m. (Seew) || scout; scout cruiser || (croiseur-)éclaireur m. 17
aufklauen (Zimm) || to join by a triangular notch; to fix with a grapnel || empâter *ou* fixer avec le grappin. 18
aufkleben || to paste; to paste up; to paste on || coller (sur). 19
Aufkleben n. der Tapeten || pasting of paper-hangings on the walls || collage m. des papiers peints sur les murs. 20
Aufkleber m. (Buchb) || paster || colleur m. 21
Aufklebezettel m. || label || étiquette f. 22
aufkleistern *s.* aufkleben. 23
aufklotzen (Buchdr) || to mount; to block || clouer. **a)** ~ (Zeugdr) || to pad || plaquer. 24
aufkochen (Chem) || to boil || faire bouillir. 25
Aufkochgefäß n. || boiling vessel || (réservoir-)bouilleur m. 26
aufkrämpen, einen Hut m. || to cock *or* to turn up a hat || retrousser *ou* retaper un chapeau. 27
aufkratzen, den Stoff m. || to scratch *or* to raise the nap of cloth || égratigner *ou* lainer *ou* garnir l'étoffe f. 28
Aufkratzung f. (Vergold) || scratch; scratching || hachure f. 29
aufkündigen || to give notice; to recall || donner congé m. **a)** einen **Kauf** ~ || to cancel a purchase || révoquer *ou* résilier un achat. 30
Aufkündigung f. || notice; warning; recall; revocation || résiliation f.; révocation f.; congé m.; dénonciation. **a)** die **Arbeit** ohne ~ verlassen || to leave the work without notice || quitter le travail sans préavis. 31
Aufkündigungsfrist f., **gesetzliche** || legal period of notice of dismissal || délai m. de congédiement légal. 32
Aufkupferung f. || coating with copper || cuivrage m. 33
aufladbares Element n. || regenerable cell || pile f. régénérable. 34
aufladen (Elektr) || to charge || charger. **a)** einen **Sammler** m. ~ || to charge an accumulator || charger un accumulateur. 35
Aufladen n. (Eisenb) || filling into barrows *or* wagons || chargement m. *ou* mise f. en wagon. 36
Auflage f. (Buchdr) || edition; issue || impression f.; édition f.; tirage m. **a)** ~ (Masch) || support || support m. **b)** ~ einer **Broschüre** || edition of a booklet || édition f. d'une brochure. **c) neue unveränderte** ~ (Buchdr) || reimprint; reimpression || réimpression f. 37
Auflagefläche f. || bearing surface area || surface f. d'appui. **a)** ~ für den **Schienenfuß** || seat for the rail base || appui m. pour le patin du rail. 38
Auflageknagge f. (Windmühle) || bearer; supporting bracket || tasseau m. de support. 39
Auflager n. (Masch) || bearing || appui m.; coussinet m.; support m. **a) bewegliches** ~ || movable bearing || support m. mobile. **b)** ~ einer **Brücke** || point of support of a bridge || point m. d'appui d'un pont. **c)** am ~ **verstärken** || to reinforce at the bearing || renforcer au support m. 40
Auflager-druck m. || pression on the support || pression f. sur le support. **a)** ~**platte** f. || bed *or* supporting plate || plaque f. de support *ou* d'assise. **b)** ~**schuh** m. (Brückenb) || shoe || coussinet m. à plat. **c)** ~**stein** m. || padstone || pierre f. de support. 41
Auflagerung f. *s.* Auflager. 42
Auflageschiene f. || locating fence || barre f. d'appui. 43
Auflagetisch m. (Werkzeugmasch) || table; supporting table || plateau m. *ou* table f. porte-pièce. **a) Blech**~ || plate supporting table || table f. pour placer la tôle. **b) verstellbarer** ~ || adjustable supporting table || table f. de travail réglable. 44
auflassen, ein Bergwerk n. || to give up *or* to abandon a mine || abandonner une mine. 45
Auflauf (Bauw) || rising scaffold-bridge || pont m. d'échafaudage. 46
auflaufen (Geld) || to increase; to run up || s'enfler; s'accumuler. **a)** auf **Grund** m. ~ || to run aground; to ground || échouer; mouiller par la quille. 47
Auflaufen n. des Rades (Eisenb) || mounting of wheel || montée f. de la roue. 48
Auflauf-nocken m. || arresting *or* stopping cam || came f. d'arrêt. **a)** ~**rollgang** m. || live roller feed bed || train m. de rouleaux d'accès. **b)** ~**zunge** f. || ramp for climbing || aiguille f. en rampe. 49
Auflegebock m., **Prismen** || V-block || support m. prismatique. 50
auflegen || to apply || poser *ou* mettre sur. **a)** ein **Buch** n. neu ~ || to reprint *or* to republish a book || réimprimer un livre. **b)** die **Goldblätter** npl. ~ (Vergold) || to apply gold; to lay-on gold-leaves pl. || dorer dans la dorure en détrempe. **c)** ein **Schiff** n. zum Bau ~ || to put a ship on the stocks || mettre un vaisseau sur le chantier. 51
Auflegeplatte f. aus Zinn für Flaschenkorke || disc of tin for bottle corks || rondelle f. en feuille d'étain pour bouchons. 52
Aufleger m. (Buchdr) || lifter || margeur m. **a) Ketten**~ (Web) || beamer || monteur m. de chaînes. 53
Auflegevorrichtung f. für Blöcke || putting-on device for ingots || dispositif m. de chargement pour blocs. 54
Aufleimen n. (Gemälde; Stoffe) || lining || marouflage m. 55
Aufleiter m. (Windkraftmasch) || guide || coursier m. 56
aufliegen || to be supported || être couché. 57
aufliegend, frei || freely supported || reposant librement. 58
auflockern (Spinn) || to loosen || désagréger. 59
Auflockerung f. (Spinn) || loosening || désagrégation f. 60
Auflöseapparat m. (Chem) || dissolving apparatus || appareil m. à dissoudre. **a) Lauge**~ || apparatus for dissolving lyes || appareil m. à dissoudre la lessive. 61
auflösen || to loosen || délier; dénouer. **a)** ~ (Chem) || to dissolve || dissoudre; faire fondre. **b)** die **Form** ~ (Buchdr) || to untie the form || délier la forme. **c)** einen **Körper** m. in seine Elemente ~ (Chem) || to analyze || analyser. **d) Mahlgut** n. ~ || to detach the stock || désagréger le produit. **e)** bis zur **Sättigung** f. ~ || to dissolve to saturation || dissoudre jusqu'à saturation f. **f) zwangsweise** ~ || to liquidate under compulsion || liquider par contrainte f. 62
Auflöser m., **Schnell** (Chem) || rapid dissolver || appareil m. destiné à la dissolution rapide. 63
Auflösprodukt n. (Müll) || reduction product || produit m. de désagrégation. 64
Auflösung f. (Brau) || disaggregation; friability; mellowness; solubility; solution || désagrégation f.; dissolution f.; friabilité f. **a)** ~ (Math; Chem) || solution || solution f. **b)** ~ (Müll) || disintegration || désagrégation. f **c)** ~ (Unternehmen) || liquidation || liquidation f. **d)** ~ engster **Doppelsterne** mpl. || resolving very close binaries pl. || séparation f. des étoiles doubles très rapprochées. 65
Auflösungsvermögen n. || dissolving *or* resolving power; solubleness; solubility || pouvoir m. dissolvant *ou* résolvant; solubilité f. **a)** Objektiv n. mit **gesteigertem** ~ (Opt) || objective of an enhanced resolving power || objectif m. de pouvoir résolvant plus grand. 66

auflöten (befestigen) || to solder on top of || appliquer à la soudure. **a)** ~ (lösen) || to unsolder || dessouder. 1
aufmachen (öffnen) || to open || ouvrir. 2
Aufmachungskosten pl. (Textil) || cost for making up || frais mpl. de la confection. 3
Aufmaischen n. || second mashing || brassage m. 4
aufmalen (Mal) || to retouch || retoucher. 5
Aufmerksamkeit f. || attention || attention f. 6
Aufnahme f. || (Feldm) || measure; survey || levé m.; croquis m. **a)** ~ (Geld) || borrowing; loan || emprunt m. **b)** ~ (Lichtb) || exposition; exposure || exposition f.; pose f. **c)** ~ (Topografie) || sketch || lever m. **d)** ~ nach dem **Koordinatenverfahren** || plotting by rectangular coordinates || levé m. de plan par la méthode des coordonnées. **e) Land~** || land surveying || levé m. du plan d'un terrain. **f)** ~ mit dem **Meßtisch** || plane table survey || levé m. à la planchette. **g) Nacht~** || night photograph || prise f. de vue pendant la nuit. **h)** ~ nach dem **Polverfahren** || plotting by polar coordinates || levé m. de plan par la méthode polaire. **i) Rundblick~** || panorama; panoramic exposure (A) || prise f. de vue panoramique. **k) Tages~** || daylight photograph || prise f. de vue diurne *ou* pendant le jour. **l)** ~ eines **Telegramms** nach dem Gehör || reading of a telegram by sound || lecture f. d'une dépêche au son. **m)** ~ eines **Warenlagers** || stock taking || inventaire m. 7
Aufnahme-fähigkeit f. || capacity || capacité f. **a)** fotogrammetrisches **~gerät** n. || instrument for photogrammetrical surveys || appareil m. photogrammétrique de prise de vue. **b) ~stromkreis** m. (Funkw) || input circuit || circuit m. d'entrée. **c) ~tisch** m. für Telegramme || telephone table || table f. de téléphone. **d) ~zeit** f. (Phot) || time of exposure || temps m. de pose. 8
aufnehmen (Chem) || to absorb || absorber. **a)** ~ (Geld) || to raise; to borrow || emprunter. **b)** ~ (Feldm) || to sketch || lever. **c)** eine **Depesche** f. ~ || to receive a telegram || recevoir une dépêche. **d)** ein **Gebiet** n. ~ || to survey an area || lever un terrain. **e)** eine **Hypothek** f. ~ || to raise *or* to effect a mortgage || asseoir une hypothèque. **f)** einen **Plan** m. in einer Grube durch einen Markscheider ~ || to survey underground || lever un plan de mine. **g)** den **Ton** m. ~ || to pick up the sound || recueillir le son. **h)** einen **Winkel** m. ~ || to take an angle || mesurer *ou* relever *ou* observer un angle. 9
aufpfropfen || to graft up || enter. 10
Aufpfropfung f. || pruning || émondage m. 11
Aufprägung f. || embossing || gaufrage m. 12
Aufprall m. || concussion; shock || choc m.; secousse f. 13
aufprallen || to strike || talonner. 14
aufpressen, die **Kurbel** || to force the crank by pressure || emmancher la manivelle (sur l'arbre) par pression. **a) Radreifen** mpl. ~ || to press-on tires pl || poser des bandages mpl. par pression. 15
Aufpressen n. des Rades auf die Achse (Eisenb) || pressing-on the wheel on the axle || calage m. à la presse de la roue sur l'essieu. 16
Aufpreßmaschine f., Ring~ für Northrop-spulen || machine for pressing-on Northrop rings || machine f. à poser les bagues Northrop à la presse. 17
aufpumpen (Luftreifen) || to inflate; to pump up || gonfler. 18
aufquellen (Chem) || to swell || foisonner. 19
aufrahmen (Tuchm) || to tenter || ramer; arramer. 20
Aufrahmen n. (Tuchm) || tentering || ramage m. 21
aufrauhen (Putz; Stein) || to roughen; to granulate || gratter; granuler. **a)** den **Stoff** m. ~ || to scratch *or* to raise the nap of cloth || égratigner *ou* lainer *ou* garnir l'étoffe f. 22
aufräumen || to carry off; to remove || enlever; écarter. **a)** ein **Loch** n. ~ (Masch) || to broach a hole || aléser un trou. **b)** einen **Stollen** m. ~ (Bergb) || to clear an adit || saigner une arcine. 23
Aufräumer m. (Lok) || sweeper || chasse-pierres m. 24
aufrechnen || to integrate || additionner. 25
Aufrechnung f. || balancing; settlement || compensation f.; mise f. en compte. 26
aufrecht || erect || droit; debout. **a) ~es Bild** n. || erect image || image f. droite. 27
aufreiben (Schloss; Schmied) || to drift; to open out || étamper. **a)** die **Bohrung** ~ || to ream the hole || calibrer l'alésage m. **b)** ein **Loch** n. mit der Reibahle ~ || to enlarge a hole with the reamer || élargir un trou à l'alésoir m. *ou* avec la louche. 28
Aufreiher m., **Nadel** || needle splitter || enfileur m. d'aiguilles. 29
aufreißen || to crack; to chap; to split; to fissure || se fendre; se crevasser. **a)** ~ (Zeichn) || to lay out || faire l'épure f. 30
Aufreißer m., **Straßen** || road making plough || charrue f. pour chemins. 31
Aufreißstahl m. (Straßenbau) || scarifier tool || pioche f. 32
Aufreiten n. des Obermessers auf das Untermesser (Schere) || jamming of upper against lower blade || chevauchement m. de la lame supérieure sur la lame inférieure. 33
aufrichten || to set up || ériger; relever. **a)** die **Spanten** npl. ~ || to raise the frames pl. || lever les couples mpl. 34
Aufrichtung f. der **Schichten** (Geol) || uplift of strata || redressement m. des couches. 35
Aufriß m. (Schiffb) || sheer plan || plan m. vertical longitudinal. **a)** ~ (Zeichn) || upright projection || projection f. verticale; vue f. en coupe verticale. 36
aufrollen || to roll up || enrouler. **a)** eine **Flagge** f. ~ || to furl a flag || ferler un pavillon. 37
Aufroller m. (Spinn) || fleece roller || cylindre m. à nappe. 38
Aufrollmaschine f. || winding machine || machine f. d'enroulement. **a) Draht~** || wire coiling machine || machine f. à enrouler le fil. **b) Umkehr~** für Trikotstoffe || reverse reeling machine for stockinets || machine f. à changement de marche pour enrouler les tricotages. 39
aufruhend || supported || supporté. 40
aufrühren (Brau) || to stir || vaguer. **a)** ~ (Färb) || to stir || pailler. 41
Aufrühren n. (Brau) || stirring || vaguage m. 42
aufrunden (Math) || to approximate || arrondir un nombre. **a)** eine **Dezimale** f. ~ (Math) || to approximate a decimal || forcer une décimale. 43
Aufsatz m. (Bauw) || cap || chapeau m. **a) Gitter~** (Eisenb) || top fence || treillage m. de surhaussement. **b)** ~ zum **Einrammen** eines Pfahles || punch for ramming-in a pile || faux-pilot m. pour enfoncer un pieu. 44
Aufsatz-band n. (Bauw) || pin hinge || fiche f. à vase; paumelle f. **a) ~form** f. (Faßdauben) || forming die; rearing form; setting up *or* raising apparatus || forme f. d'assemblage. **b) ~hammer** m. || snap head die; cup-shaped die || bouterolle f. **c) ~herd** m. || set up range || cuisinière f. à galerie. 45
aufsäubern, einen alten Schacht m. (Bergb) || to clear an attle || enlever les décombres mpl. d'un vieux puits de mine. 46
aufsaugen (Chem) || to absorb || absorber. 47
Aufschaltung f. (Fernm) || intrusion || intrusion f. 48
Aufschärfung f. (Feile) || sharpening anew || réaffûtage m.; retaillage m. 49
aufschäumen (Brau; Chem) || to froth up || rocher; mousser. 50
aufschichten, die Ziegel mpl. || to stack the bricks pl. || entasser les briques fpl. 51
aufschiefern, sich (Holz) || to split up in shivers pl. || s'écailler. 52
Aufschlag m. (Kleidung) || cuff || revers m. **a)** ~ (Preis) || advance; rise; increase; extra cost || hausse f.; augmentation f.; renchérissement m. **b)** ~ auf **Bier** || ale tax || impôt m. sur la bière. **c)** ~ eines **Geschosses** || graze *or* impact of a projectile || chute f. d'un projectile. **d)** ~ auf **Malz** || duty on malt || droit m. de fabrication sur le malt. 53
aufschlagen (Preis) || to advance || renchérir. **a)** die **Naht** ~ (Schiffb) || to ream the seam || ouvrir la couture. 54
Aufschlag-näher m. (Bekleid) || vest backer || poseur m. de revers. **a) ~wasser** n. (Müller) || driving *or* moving water || eau f. motrice. 55
Aufschlämmung f. (Chem) || suspension || suspension f. **a)** ~ (Wasserb) || colmation || colmation f. 56
aufschleifen, ein Stück n. || to grind on a piece || roder une pièce sur son embase. 57
Aufschlepphelling f. || hauling-up slip || cale f. de halage. 58
Aufschlickung f. (Wasserb) || silting up || limonage m. 59
aufschließen || to unlock || ouvrir. **a)** ~ (Bergb) || to open up *or* out; to explore; to discover || ouvrir. **b)** ~ (Chem) || to break up || désagréger. **c)** ~ (Druckform) || to unlock || desserrer. 60
Aufschließmaschine f. (Chem) || dissolving machine || mélangeur-dissolveur m. **a)** ~ für **Superphosphate** (Chem) || superphosphate dissolving machine || machine f. à préparer superphosphates. 61
Aufschluß m. (Lagerstätte) || discovery || ouverture f. **a) ~mittel** n. (Chem) || means pl. of attack || agent m. d'attaque *ou* de dissolution. 62
aufschneiden || to cut open || découper; entailler. 63
Aufschnitt m. (Techn) || cut; cutting || entaille f.; coupe f. **a) ~schneidemaschine** f. || meat, ham and sausage slicing machine || machine f. à découper la charcuterie. 64
aufschnüren (Schiffb; Zimm) || to trace in full size || épurer. **a)** die **Lehrbogen** mpl. ~

(Bauw) || to trace the centerings pl. *or* centers pl. || épurer les cintres mpl. 1
Aufschotterung f. (Straßenb) || graveling; coating with broken rock || empierrement m. 2
aufschrauben (befestigen) || to screw on || visser; boulonner. **a)** ~ (lösen) || to unscrew || dévisser; déboulonner. 3
aufschreiben || to record || régistrer. 4
Aufschreibung f., **fotografische** || photographic recording || enregistrement m. photographique. 5
Aufschrift f. || label || étiquette f. 6
aufschroten (Küf; Seew) || to mount by parbuckle; to parbuckle || trévirer. 7
Aufschroten n. (Schmied) || slotting || fendage m. 8
aufschrumpfen, einen Ring m. || to shrink on a ring || emmancher une bague *ou* un anneau. 9
Aufschub m. postponement || remise f. 10
aufschütten || to fill up || remblayer. **a) Boden** m. ~ || to raise the ground || remblayer le terrain. **b) Erde** f. ~ || to deposit the earth || déposer la terre. **c) Kohlen** fpl. ~ || to feed the furnace || charger la grille. **d) trocken** ~ (Zement) || to heap in a dry state || charger à sec. 11
Aufschütten n. des **Steinschlags** (Straßenb) || coating with broken stones pl. || cailloutage m; empierrement m. 12
Aufschüttrumpf m. (Windmühle) || feed hopper || trémie f. (de chargement). 13
Aufschüttung f. || barrier || barrière f. **a)** das zu **~en** notwendige **Material** || the material required for the embankment work || les matériaux mpl. nécessaires aux travaux de (terrassement en) remblai. 14
Aufschüttungs-arbeit f., durch die tiefe Lage des Geländes bedingte **~en** fpl. || filling-in low land necessitated by the low level of ground || remblais mpl. exigés par le terrain bas. **a) ~kegel** m. (Geol) || cone of debris || cône m. de débris. 15
aufschweißen (Schmied) || to shut up; to weld together || souder. 16
Aufschweißpresse f. || welding press || presse f. à souder. 17
Aufseher m. || overlooker; overseer; foreman || surveillant m.; piqueur m.; chef m. d'atelier. 18
Aufseherin f. || inspector || visiteuse f. 19
Aufsetzband n. (Schloss) || loop and hook; hinge with hook || fiche f. à gond *ou* à repos; penture f. à gond. 20
aufsetzbarer Rundtisch m. (Werkzeugmasch) || detachable circular table || plateau m. circulaire démontable. 21
aufsetzen (Brief) || to draw up || rédiger. **a)** die **Wasserwage** ~ || to place the spirit level || poser le niveau d'eau. **b)** die **Ziegel** mpl. zum Trocknen ~ || to wall the bricks pl. for drying || mettre en haie les briques fpl. pour les sécher. 22
Aufsetzen n. der **Schienen** || stacking up the rails || empilage m. des rails. **a)** ~ der **Stühle** auf Querschwellen || fastening the chairs to the sleepers || sabotage m. des traverses. **b)** ~ des **Vorhängers** (Opt) || slipping-on of the lens attachment || mise f. en place de la face supplémentaire. 23
Aufsetzer m. (Wasserb) || pile-block || faux-pilot m.; faux-pieux m. 24
Aufsetz-rahmen m. (Gieß) || filling frame || cadre m. supérieur. **a) ~reif** m. (Küf) || cooper's mounting hoop || bâtissoir m. **b) ~vorrichtung** f. für Förderkörbe || holding apparatus for elevator cages || dispositif m. de chargement pour cages de montée. 25
Aufsicht f. (Zeichn) || plan || plan m. 26
Aufsichts-beamter m. || supervisor || surveillant m. **a) ~dienst** m. || supervision || surveillance f. **b) ~person** f. || supervisor || agent m. de surveillance. **c) ~platz** m. (Fernm) || clerk in charge's desk || place f. de surveillance. **d) ~posten** m. || foreman || chef m. d'équipe. **e) ~rat** m. || board of directors || conseil m. d'administration. **f) ~tisch** m. (Fernm) || supervision table || table f. de surveillance. 27
aufsitzen, einen Bolzen m. ~ lassen || to jump a pin || refouler un boulon. 28
Aufspalten n. (Schmied) || slotting || fendage m. **a)** ~ **geschmiedeter Stäbe** mpl. || slotting of forged bars pl. || fendage m. des barres forgées. 29
Aufspann-bolzen m. *s.* Aufspanndorn. **a) ~dorn** m. || work arbor || mandrin m. porte-pièce. 30
aufspannen (Pap usw.) || to fix || fixer. 31
Aufspannplatte f. || fixing plate || plaque f. de fixation. **a) elektromagnetische** ~ || electromagnetic clamping-plate *or* chuck || plaque f. électromagnétique de serrage *ou* de fixation. **b)** ~ mit **gehobelten Schlitzen** || floor plate with planed slots || taque f. à rainures de fixation rabotées. 32
Aufspannschlitz m. || fixing slot || rainure f. de fixation. **a)** ~ zum **Befestigen** von ... || T-slot for securing of ... || rainure f. destinée à la fixation de ... 33
Aufspanntisch m. || working table || table f. de fixation. **a) feststehender** ~ || fixed table || table f. fixe. **b) vertikal verschiebbarer** ~ || vertical adjustable work table || table f. de fixation déplaçable verticalement. 34
Aufspannvorrichtung f. || clamping *or* fixing device; chuck || dispositif m. de serrage *ou* de fixation; mandrin m. **a) elektromagnetische** ~ || electromagnetic holding device; electromagnetic chuck || dispositif m. de fixation électromagntéique; mandrin m. électromagnétique. **b)** ~ für selbsttätige **Stirnradfräsmaschinen** || setting device for automatic spur gear cutting machines || dispositif m. de montage pour machines alternatives automatiques à tailler les engrenages droits. 35
Aufspannwerkzeug n. || clamping tool || outil m. de serrage. 36
aufspeichern || to accumulate; to store up || accumuler; emmagasiner. **a) Wärme** f. ~ || to store the heat || conserver *ou* emmagasiner la chaleur. 37
Aufspeichern n. von **Druckluft** || storage of compressed air || emmagasinage m. d'air comprimé. 38
Aufspeicherung f. || storing up || emmagasinage m.; amas m. 39
Aufspeicherungswerk n. für Regenwasser || store reservoir of rain-water || réservoir m. pour recueillir les eaux pluviales. 40
aufspießen, einen Stecknadelkopf m. || to string a pin || enfiler une tête d'épingle. 41
Aufspringen n. (Bot) || dehiscence || déhiscence f. 42
aufspulen (Spinn) || to wind || bobiner. 43
aufstapeln || to store up || emmagasiner. **a) Holz** n. ~ || to head up *or* to pile up *or* to stack up wood || entasser *ou* enchanteler *ou* amasser le bois. 44
Aufstapeln n. der Schwellen (Eisenb) || stacking-up the sleepers || empilage m. des traverses. 45
Aufstapelung f. || storing || emmagasinage m. 46
Aufstau m. eines Flusses || banking-up a river || haussement m. de niveau d'un fleuve. 47
aufsteckbares Gelbglas n. || attachable yellow glass || verre m. jaune adaptable. 48
Aufsteckblende f. (Opt) || slip-on diaphragm || diaphragme m. s'adaptant (à la monture de l'objectif). 49
aufstecken, die Schoten fpl. || to loosen the sheets pl. of the courses || déborder une basse voile *ou* les écoutes fpl. des basses voiles. 50
Aufsteck-glas n. (Brille) || supplementary glass || verre m. additionnel. **a) ~rahmen** m. (Spinn) || creel frame || râtelier m.; porte-râtelier m. **b) ~schlüssel** m. || socket wrench; box key || clef f. à canon *ou* à douille. **c)** Vorrichtung f. zum Schleifen von **~senkern** mpl. || attachement for grinding shell end mills pl. || dispositif m. à affûter les alésoirs creux à quatre lèvres. 51
aufsteigen || to ascend; to climb || monter; ascendre. 52
Aufsteigrohr n. || rising pipe || tuyau m. de refoulement *ou* de montée. 53
aufstellen || to set up; to put up || mettre; placer. **a) Bedingungen** fpl. ~ || to make terms pl. *or* conditions pl. || établir des conditions fpl. **b)** eine **Bilanz** f. ~ || to strike a balance || dresser un bilan. **c)** als **Grundsatz** m. ~ || to lay down as principle || poser en principe m. **d)** ein **Instrument** n. ~ || to act up an instrument || monter *ou* disposer *ou* mettre en station f. un instrument. **e)** als **Kandidat** m. ~ || to put up *or* to propose as candidate || porter *ou* présenter comme candidat m. **f)** die **Lehrbogen** mpl. ~ (Bauw) || to set the centers pl. || poser les cintres mpl. **g)** eine **Maschine** f. ~ || to erect *or* to mount *or* to fit-up a machine || monter une machine. **h)** eine **Rechnung** f. ~ || to draw up *or* to make out an account || établir un compte. **i) Waren** fpl. zum Verkauf ~ || to expose goods pl. for sale || étaler des marchandises fpl. pour la vente. 54
Aufstellung f. (Techn) || fitting up; erection; setting up || montage m. **a)** eine ~ f. machen || to make out a list || rédiger une liste. **b) Normal~** (Motor) || normal scheme of erection || réglage m. normal. 55
Aufstellungswerkstatt f. || erecting shop || atelier m. de montage. 56
Aufstieg m. || climb || montée f. 57
Aufstoßeinrichtung f. (Web) || transferring device || mécanisme m. à rebrousser. 58
aufstoßen (Web) || to transfer || rebrousser. **a)** die **Ballen** mpl. ~ (Buchdr) || to knock up the bales pl. || dresser *ou* monter les balles fpl. 59
Aufstoß-maschine f. (Web) || machine for transferring || machine f. à rebrousser. **a) ~nadel** f. || transfer needle || aiguille f. de rebrousseuse. 60
aufstreichen, den Goldfirnis m. || to spread the gold varnish || emplâtrer *ou* étaler le vernis d'or. 61

aufstuhlen, die Schwellen fpl. einschneiden und ~ || to adze and to fix the chairs pl. on the sleepers || entailler et saboter les traverses fpl. 1

Aufstürzung f. (Eisenb) || spoil bank; side piling || dépôt m. de la terre; excédant m. de déblais. 2

auftakeln, ein Schiff n. || to rig a vessel || garnir *ou* gréer un navire. 3

auftaljen (Schiffb) || to bowse || palanguer. 4

auftauen || to thaw || dégeler. **a)** das **Eis** taut auf || the ice melts || la glace fond. 5

Auftaugefäß n. || thaw-off tank || bac m. à démouler; cuve f. à dégeler. 6

Aufteilungs-kabel n. || distributing cable || câble m. de distribution. **a) ~muffe** f. || cable distribution plug || pièce f. de division. 7

Auftourenkommen n. des Motors || picking up of motor || reprise f. du moteur. 8

Auftrag m. || commission; order || commission f.; ordre m. **a)** ~ (Farbe) || coating || couche. f. **b)** einen ~ m. **ausführen** || to execute an order || exécuter une commande. **c) fester ~** || firm order || ordre m. ferme. **d) Gegen~** || counter-order || contre-ordre m. **e) im ~e** || by order || d'ordre m.; de la part (de). 9

Auftragemaschine f., **Zement** || cement laying-on machine || machine f. à étaler le ciment. 10

auftragen, eine **Aufmessung** f. (Feldm) || to protract a survey || rapporter une levée. **a)** auf die **Darre ~** || to load the kiln || charger la touraille. **b)** die **Farbe** auf die Form ~ (Buchdr) || to roll the form; to take ink || encrer *ou* toucher la forme. **c)** die **Farben** fpl. ~ (Mal) || to apply the colours pl. || appliquer les couleurs fpl. **d)** die **Farbe dick ~** (Mal) || to impaste || empâter. **e)** die **Farbe mager ~** (Mal) || to paint thin || peindre maigre. **f)** den **Mörtel** n. ~ || to plaster the mortar || épigeonner le mortier. 11

Auftragen n. auf die **Darre** || loading of the kiln || chargement m. de la touraille. **a)** ~ der **Farben** (Mal) || applying of colours || colorisation f.; application f. des couleurs. 12

Auftragerteilung f. || order || commande f. **a) bei ~** || when placing an order || en cas m. de commande. 13

Auftrag-geber m. || buyer || acheteur m.; client m. **a) ~walze** f. (Buchdr) || inking roller *or* cylinder; printing roller; inker || rouleau m. toucheur *ou* encreur. **b) ~zettel** m. || order slip || fiche f. d'ordre. 14

aufträufeln || to trickle down drop by drop || verser goutte f. à goutte. 15

Auftreffen n. der Elektronen || electron bombardment || bombardement m. d'électrons. 16

Auftreffgeschwindigkeit f. (Geschoß) || velocity of impact || vitesse f. au choc. **a)** ~ des **Hammerbären** (Schmied) || impact speed of tup || vitesse f. d'impact du mouton. 17

auftreiben, Faßreifen mpl. || to truss up staves pl. || serrer des cercles mpl. de fûts. 18

Auftreiben n. eines **Loches** (Schloss) || opening-out a hole || opération f. d'étamper un trou. 19

Auftreibmaschine f., **Faß** || hoop driving machine; trussing machine || machine f. à serrer les cercles de fûts; serreuse f. pour cercles de fûts. 20

Auftreibung f. des Reliefs || embossment of relief || degré m. du relief. 21

auftrennen, eine **Leitung** f. (Elektr) || to interrupt a line || interrompre un circuit. **a)** eine **Naht** f. ~ || to unstitch || découdre une couture. 22

Auftrieb m. (Luftf) || lift || portance f. **a)** ~ (Schiffb; Phys) || buoyancy || poussée f. verticale. **b) dynamischer ~** || dynamic lift || pousséé f. dynamique. **c) statischer~** || static lift || poussée f. statique. 23

Auftriebs-kraft f. || lifting force *or* power || force f. portante *ou* ascensionnelle *ou* de sustentation. **a) ~verlust** m. || loss of lift || perte f. de force ascensionnelle *ou* de poussée. **b) ~vermehrung** f. || increase of lift || augmentation f. de la force ascensionnelle *ou* de poussée. **c) ~verminderung** f. || decrease of lift || diminution f. de la force ascensionnelle *ou* de poussée. **d) ~zahl** f. (Luftf) || lift coefficient || coefficient m. de portance. 24

Auftritt m. (Bauw) || step; foot board || marchepied m. **a) ~stütze** f. || step bracket || support m. de marche-pied. 25

auftuchen, ein Segel n. (Seew) || to furl *or* to fold-up a sail || plier une voile. 26

Aufwallen n. || bubbling || emballement m. 27

aufwalzen, ein Kesselrohr n. || to expand a boiler tube || mandriner *ou* renfler *ou* dudgeonner *ou* élargir un tube de chaudière. 28

Aufwand m. || expense; expenditure || dépense f. 29

Aufwärmen n. einer Küpe (Färb) || warming of a dying-vat || réchaud m. d'une cuve de teinture. 30

aufwärts gebogene Schere f. || scissors pl. curved on flat || ciseaux mpl. courbes sur plat. 31

Aufwärts-flug m. || climbing flight || vol m. ascendant. **a) ~hub** m. || upward stroke || course f. ascendante. **b) ~seilung** f. || inclined upwards || inclinaison f. pour l'élévation. **c) ~strömungsgeschwindigkeit** f. || ascensional velocity of flow || vitesse f. ascensionnelle de flux. **d) ~transformator** m. || step-up transformer || survolteur m.; transformateur-élévateur m. 32

Aufwasch-maschine f. || washing-up machine || machine f. à laver (la vaisselle). **a) ~tisch** m. für Geschirr || dish washing table || table f. à laver la vaisselle. 33

aufweiten, Röhren fpl. *s.* aufwalzen, ein Kesselrohr. 34

Aufweitepresse f. || reaming press || presse f. à élargir. **a) Rohr~** || tube broaching press || presse f. à élargir les tubes. 35

Aufweite-probe f. mit geschmiedeten Ringen || widening test by mandril of forged rings || essai m. de mandrinage sur anneaux forgés. **a) ~walzwerk** n. für Rohre || rolling mill for reaming tubes || laminoir m. à élargir les tubes. 36

Aufweitung f. || expansion || élargissement m. 37

aufwenden || to employ; to spend || employer; dépenser. 38

Aufwerfhammer m. mit hölzernem Stiel || helve hammer with a wooden shaft || marteau m. à soulèvement à manche en bois. 39

Aufwertung f. || revalorization || revalorisation f. 40

Aufwickelapparat m. || take-up roller || enrouloir m.; rouloir m. **a) Friktions~** (Web) || friction winding-on apparatus || enrouloir m. *ou* enrouleuse f. à friction. 41

Auf- und Abwickelhaspel m. || wind-up and wind-off reel || enrouloir m. et dévidoir m. 42

Aufwickelmaschine f. (Web) || batching *or* winding-on machine || machine f. enrouleuse *ou* à enrouler **a) Breitstreck-, Egalisier- und ~** (Web) || stretching, conditioning and winding-on machine || machine f. à élargir, égaliser et enrouler. 43

aufwickeln || to wind up || enrouler. 44

Aufwickelwerk n. || winding-on mechanism || mécanisme m. enrouleur. 45

aufwiegen || to counterbalance; to compensate || compenser; balancer. 46

Aufwind m. || up wind; up current of air (A) || courant m. d'air ascendant. 47

aufwinden || to hoist || haler. 48

Aufwinder m. (Pap) || winder || bobineur m. **a) Hand~** (Web) || hand splitter || ensoupleur m. à la main. 49

Aufwind-geschwindigkeit f., lineare Zunahme f. der ~ (Luftf) || linear increase of velocity of ascending *or* upward currents pl. || accroissement m. linéaire de la vitesse du vent ascendant. **a) ~vorrichtung** f. (Masch) || lifting device || dispositif m. de levage. **b) ~wert** m. (Luftf) || amount of ascending *or* upward current (of air) || coefficient m. d'ascendance du vent. 50

Aufwölbung f. (Geologie) || arching || formation f. en voûte. 51

Aufwurfhammer m. (Schmied) || helving hammer || marteau m. à creuser. 52

aufzählen || to count up; to enumerate || compter; énumérer. 53

Aufzählung f. || enumeration || énumération f. 54

aufzeichnen || to sketch; to design; to draw || dessiner. **a)** den **Barometerstand** m. ~ || to record *or* register the barometric pressure || enregistrer la pression d'air. 55

Aufzeichner m. || line drawer || traceur m. 56

Aufzeichnung f. || sketch; design || dessin m. 57

Aufziehapparat m. für Hefe || yeast rousing apparatus || appareil m. à aérer la levûre. 58

aufziehen (Federwerk) || to wind up || remonter. **a)** ~ (Seew) || to hoist; to pull up; to veer aloft; to rise up || hisser; palanquer; haler. **b)** die **Felge ~** || to fit the rim (on) || monter la jante. **c)** im **Gärbottich** m. ~ || to aerate *or* to rouse in the vat || aérer en cuve f. **d)** die **Kurbel** warm ~ || to shrink-on the crank || emmancher la manivelle à chaud (sur l'arbre). **e)** den **Luftreifen** m. ~ || to fit-on the tire || monter le pneu. **f)** die **Uhr ~** || to wind up the watch || remonter l'horloge f. **g) warm ~** || to shrink-on || emmancher à chaud. 59

Aufziehen n. (Federwerk) || drawing *or* winding up || remontage m. **a)** ~ der **Ketten** am Webstuhl || adjusting *or* beaming of the warp on the loom || montage m. de la chaîne sur le métier. **b)** die **Reifen** mpl. wurden beim ~ zu stark erwärmt || the tires pl. were heated far too high for shrinkage || on chauffait les bandages mpl. trop fort pour le serrage à chaud. **c) Schlüssel** m. zum ~ des Federuhrwerkes || winding key for spring driven clock || clef f. pour remonter le mouvement d'horlogerie à ressort. 60

Aufzieher m. (Web) || draw boy || tireur m. 1

Aufzieh-fenster n. || sash window; cased sash; slide window || fenêtre f. à coulisse *ou* à guillotine. **a) ~haken** m. (Faß) || cask clamp || griffe f. à foudres. **b) ~maschine** f. für Faßreifen || hooping machine || machine f. à fretter. **c) ~vorrichtung** f. (Förderanlage) || hoisting apparatus || appareil m. de levage. **d) ~vorrichtung** f. (Federwerk) *s.* Aufziehwerk. 2

Aufziehwerk n. (Federwerk) || winding-up mechanism || mécanisme m. de remontage; remontoir m. 3

Aufzischen n. || fizzing || sifflement m. 4

Aufzug m. (Fahrstuhl) || hoist; lift; elevator || monte-charge m.; ascenseur m.; élévateur m. **a) ~** (Mauerputz) || second coat || chemise f. **b) ~** (Web) || warp; chain || chaîne f. **c) Eis~** || ice hoist || monte-glace m. **d) ~** für **Eisenbahnfahrzeuge** || lift for railway wagons || monte-charge m. pour voitures de chemin de fer. **e) elektrischer ~** || electric(al) lift || ascenseur m. électrique. **f) Faß~** || barrel hoist || élévateur m. pour fûts. **g) Friktions~** || friction hoist || monte-charge m. à friction *ou* commandé par friction. **h) Gewichts~** m. der Uhr || weight winding gear of the clock || remontage m. du poids d'horloge. **i) Gicht~** || blast furnace elevator || élévateur m. *ou* monte-charge m. de haut-fourneau. **k) Hochofen~** *s.* Gichtaufzug. **l) hydraulischer ~** || hydraulic lift || ascenseur m. hydraulique. **m) Last(en)~** || freight elevator || monte-charge m. **n) Paternoster~** || paternoster elevator || monte-charge m. à chaîne sans fin. **o) Schräg~** für Kuppelöfen || inclined lift for cupola furnaces || monte-charge m. oblique pour cubilots. **p) schräger ~** || inclined elevator || monte-charge m. incliné. **q) senkrechter ~** || vertical elevator *or* hoist || monte-charge m. vertical; élévateur-transporteur m. vertical. 5

Aufzug-kasten m. || lifting bucket || baquet m. d'ascenseur. **a) ~kipper** m. || crane tipping device || benne-culbuteur f. **b) ~krone** f. (Uhrm) || crown || couronne f. **c) ~kübel** m. || lifting bucket || baquet m. d'ascenseur. **d) ~mechanismus** m. *s.* Aufziehwerk. **e) ~schacht** m. || hoist shaft || puits m. d'élévateur. **f) ~seil** n. || lift rope || câble m. d'ascenseur. **g) ~steuerung** f. || elevator *or* lift control gear || dispositif m. de commande pour ascenseurs. **h) ~uhr** f. || self-winding *or* keyless watch || montre f. à remontoir. **i) ~winde** f. || lifting jack *or* winch || monte-charge m. (à main); treuil m. de levage *ou* de hissage. 6

Aug-apfel m. || eye ball || pupille f.; globe m. oculaire. **a) ~bolzen** m. || eye *or* ring bolt || boulon m. à œillet; cheville f. à boucle; piton m.; piton m. à anneau. 7

Auge n. (Anatomie) || eye || œil m. **a) ~** (Techn) || eye || œillet m.; œil m. **b) achsensymmetrisches ~** || axially symmetrical eye || œil m. symétrique par rapport à l'axe. **c) akkommodationsloses ~** || static eye || œil m. en état d'accommodation relâchée. **d) anatomischer Bau** des **~s** || anatomical structure of the eye || anatomie f. de l'œil. **e) Anpassungsfähigkeit** f. der **~n** || accommodating power of the eyes || amplitude f. de l'accommodation des yeux. **f) astigmatisches ~** || astigmatic eye || œil m. astigmate. **g) ~** der **Axt** || axe eye || œil m. *ou* douille f. de hache. **h)** mit **bloßem ~** || with the naked eye || à l'œil m. nu. **i) ~** eines **Bolzens** || eye of a bolt || œillet m. d'un boulon. **k) Demonstrations~** || demonstration eye || œil m. de démonstration. **l) fehlsichtiges ~** || defectively sighted eye || œil m. amétrope. **m) Glas~** || artificial eye || œil m. de verre. **n) künstliches ~** || artificial eye || œil m. artificiel *ou* de verre. **o) nachtblindes ~** || night-blind eye || œil m. héméralope. **p) normales ~** || normal eye || œil m. normal. **q) Puppen~** || doll's eye || œil m. pour poupées. **r) rechtsichtiges ~** || emmetropic eye || œil m. emmétrope. **s) Stangen~** || eye for pull-rod || œillet m. de tige. **t) Tier~** || animal's eye || œil m. d'animal. **u) übersichtiges ~** || long sighted eye || œil m. hypermétrope. **v) unbewaffnetes ~** || unaided eye || œil m. nu. **w)** auf **Unendlich** akkommodiertes **~** || eye accommodated for infinity || œil m. accommodé à l'infini. 8

Augenabstand m. || interocular distance; distance between the eyes *or* between the pupils || distance f. *ou* écartement m. des yeux. **a)** Skale f. zur **Einstellung** des **~es** || scale for varying the distance between the eyes || échelle f. pour le réglage de l'écartement des yeux. 9

Augen-abstandmesser m. || interpupillary gauge || appareil m. pour mesurer l'écartement des yeux. **a) ~achse** f. || axis of the eye || axe m. de l'œil. **b) ~arzt** m. || oculist || ophtalmologiste m.; médecin m. oculiste; oculiste m. 10

augenärztlich-es Instrument n. || ophthalmological instrument || instrument m. d'ophtalmologie. **a) ~e Operationslampe** f. || lamp for operations on the eye || lampe f. pour les opérations ophtalmologiques. 11

Augenbestrahlungsgerät m. || eye radiation apparatus || appareil-radiateur m. pour les yeux. 12

Augenblick m. || moment || moment m. 13

augenblicklich || instantaneous; immediate || instantané. **a) ~es Einrücken** n. und **Ausrücken** n. || instantaneous engaging and release || embrayage m. et débrayage m. instantané. **b) ~e Flughöhe** f. || instantaneous flight altitude || altitude f. momentanée de vol. 14

Augenblicks-belastung f. || instantaneous load || charge f. instantanée. **a) ~stereoaufnahme** f. || instantaneous stereo photograph || photographie f. stéréoscopique instantanée. **b) ~wert** m. || momentary value || valeur f. instantanée. **c) ~zünder** m. || high-sensitive fuze || fusée f. instantanée. 15

Augen-braue f. || eyebrow || sourcil m. **a) ~brauenstift** m. || eyebrow pencil; nail for the brows || crayon m. pour les sourcils. **b)** abschraubbarer **~deckel** m. der Astrookulare || unscrewing eye cap for astro eyepieces || bonnette f. dévissable des oculaires astronomiques. **c) ~dusche** f. || eye cup; eye douche || œillère f. **d) ~entzündung** f. || inflammation of the eyes || inflammation f. des yeux; ophtalmie f. 16

augenfällig || evident || évident. 17

Augen-glas n. || eye glass || lunette f.; lorgnon m.; lorgnette f. **a) ~heilanstalt** f. || eye clinic; ophthalmic hospital || clinique f. ophtalmologique. **b) ~heilkunde** f. || ophthalmology || ophtalmologie f. 18

Augenhintergrund m. || fundus of the eye || fond m. d'œil. **a)** völlig **rotfreie Untersuchung** f. des **~es** || viewing the fundus of eye by entirely red-free light || examen m. du fond de l'œil avec une lumière absolument exempte de rouge. 19

Augen-hintergrundbild n. || image of the fundus of the eye || image f. du fond de l'œil. **a) ~höhe** f. || eye level || hauteur f. de l'œil. **b) ~höhle** f. || orbit; eye socket || orbite f. **c) ~klinik** f. *s.* ~heilanstalt. f. **d) ~krankheit** f. || eye disease || maladie f. des yeux. **e) ~lager** n. || solid journal-bearing; filbore || palier m. fermé *ou* à œillet. **f) ~lehre** f. || ophthalmology || ophtalmologie f. **g) ~leiden** n. || affection of the eye || affection f. des yeux. **h) ~licht** n. || eyesight || vue f. **i) ~lid** n. || eye lid || paupière f. **k) ~linse** f. (Mikroskop) || eye lens || lentille f. oculaire. 20

Augenmaß n. || measuring by sight; measure taken by the eye || estimation f. à vue d'œil; coup m. d'œil. **a) nach dem ~ zeichnen** || to draw by sight || dessiner à vue f. 21

Augen-messer m. || ophthalmometer || ophtalmomètre m. **a) ~mikroskop** n. || eye microscope || microscope m. ophtalmologique. **b) ~nerv** m. || optic nerve || nerf m. optique. **c) ~paar** n. || pair of eyes || les deux yeux mpl. **d) ~pinzette** f. || iris forceps pl. || pince f. à iris. **e) ~probgläserkasten** m. || box for eye examining lenses || boîte f. pour verres à examiner les yeux. **f) ~punkt** m. || eyepoint; point of sight || pupille f. de sortie; point m. de vue. 22

Augenschein m. || appearance || vue f.; aspect m.; apparence f.; examen m. **a) in ~ nehmen** || to inspect || inspecter; examiner. 23

Augen-schere f. (Heilk) || iridectomy scissors pl. || ciseaux mpl. à iridectomie. **a) ~schirm** m. || eye-shade || abat-jour m.; garde-vue m. **b) ~schützer** m. || goggles pl. || lunettes fpl. **c) ~schwäche** f. || weak sight || vision f. défectueuse 24

Augenspiegel m. (Heilk) || ophthalmoscope || ophtalmoscope m. **a) Demonstrations ~** demonstration ophthalmoscope || ophtalmoscope m. de démonstration. **b) ebener ~** mit Schutzrand || plane ophthalmoscope with protection rim || ophtalmoscope m. plan avec rebord de protection. **c) hohler ~** || concave ophthalmoscope || ophtalmoscope m. concave. 25

Augen-spiegeln n. || application of the ophthalmoscope; ophthalmoscopy || ophtalmoscopie f. **a) ~trost** m. euphrasy || euphraise f. **b) ~vordergrund** m. || front segment of the eye || partie f. antérieure de l'œil. **c) ~wasser** n. || eye-salve; collyrium || collyre m. liquide. **d) ~weite** f. || range of vision || écartement m. des yeux. **e) ~winkel** m. || corner of the eye || angle m. de l'œil. **f) ~zeuge** m. || eye witness || témoin m. oculaire. 26

Augit m. || augite || augite f.; pyroxène m. **a) ~porphyr** m. (Miner) || augite porphyry || mélaphyre m. 27

Aug-spleißung f. (Segelm) || eye splice || épissure f. à œil. **a) ~stich** m. (Segelm) || bow line knot || nœud m. de chaise. 28

Augusthopfen m. || early hop || houblon m. hâtif *ou* précoce. 29

Auktion f. || auction; public sale || vente f. publique. **a) zur ~ kommen** || to be sold by auction || passer aux enchères fpl. 1
Auktionator m. || auctioneer || commissaire-priseur m. 2
Aurichlorwasserstoffsäure f. || chlorauric acid || acide m. chloraurique. 3
Auripigment n. || orpiment; yellow sulphide *or* trisulphide of arsenic; arsenious trisulphide || arsenic m. sulfuré jaune; orpiment m. 4
Auronalfarbe f. || auronal dye || colorant m. auronal. 5
aus erster Hand f. || first hand || de première main f. 6
ausarbeiten (Grav) || to carve || ciseler. **a)** ~ (Met) || to work out || développer. 7
Ausarten n. der Hefe || degeneration of yeast || dégénération f. de la levure. 8
ausästen, Holz n. || to cut off *or* to trim the branches pl. of the wood || couper *ou* élaguer les branches fpl. du bois. 9
ausäthern || to shake-out with ether || épuiser à l'éther m. 10
ausbaggern || to dredge || creuser. **a)** einen **Hafen** m. ~ || to dredge a harbour || draguer un port. 11
ausbaken, ein Gelände n. || to mark-out *or* to line-out straight lines pl. upon a soil || aligner *ou* jalonner un terrain. 12
ausbalanzieren || to balance; to counterbalance || balancer; équilibrer; contrebalancer; contre-peser. 13
ausbalanziert, durch ein **Gegengewicht** n. || balanced by a counter-weight || équilibré par un contre-poids m. **a) nicht ~** || unbalanced || déséquilibré. **b) ~er Motor** m. || balanced motor || moteur m. équilibré. 14
Ausbalger m. von Tieren || stuffer of beasts || empailleur m. d'animaux; taxidermiste m. 15
Ausbau m. || extension; completion || achèvement m. **a)** ~ der Gruben || timbering and walling of the mines || construction f. en bois *ou* en maçonnerie des mines. **b) Innen~** || completion of interior rooms || achèvement m. des intérieurs. **c)** ~ von **Stromerzeugungsanlagen** zu einem geschlossenen System || linking-up of generating stations into a closed system || conjugaison f. des usines génératrices formant un seul système. **d) wasserdichter ~** runder Schächte || tubbing for stopping water || tubage m. *ou* cuvelage m. des puits circulaires. 16
Ausbauarbeiten fpl., Durchführung f. der im Gange befindlichen ~ || completion of the extensions pl. which are being carried out now || achèvement m. des constructions en cours. 17
ausbauchen (Maur) || to bulge || forjeter. 18
Ausbauchung f. (allgem) || swelling; bunching-out; widening; bellying || bombement m.; renflement m. **a)** ~ (Bergb) || widening-out || élargissement m. 19
ausbauen || to finish; to complete || achever; développer. **a)** einen **Schacht** m. ~ || to timber a shaft || tuber un puits. 20
Ausbau-leistung f. eines Kraftwerkes || capacity of a power station when completed || puissance f. d'une usine de force motrice après l'installation complète. **a) ~material** n. eines Schachtes || shaft lining material || matériel m. de cuvelage de puits de mine. **b) ~möglichkeit** f. || accommodation for an ultimate growth || possibilité f. d'agrandissement. **c) ~plan** m. || development study || étude f. d'organisation. 21
ausbedingen || to stipulate || stipuler. 22
Ausbeißen n. der Schicht (Bergbau) || cropping-out of the bed || affleurement m. de la couche. 23
Ausbesserei f. (Wirkerei) || mending department || salle f. à repasser. 24
Ausbesserer m. || repairer; mender || réparateur m.; rhabilleur m.; raccommodeur m. **a) ~ für vergoldete Gegenstände** || gilding mender || répareur-doreur m. 25
ausbessern || to mend; to repair || réparer. **a)** ~ (Textil) || to mend || repasser. **b) behelfsmäßig ~** || to make a temporary repair || faire une réparation provisoire. **c)** den **Deckel** m. ~ (Buchdr) || to repair the tympan || faire une braie. 26
Ausbessern n. || mending || réparation f.; raccommodage m. 27
Ausbesserung f. || repair; mending || réparation f. **a) behelfsmäßige ~** (Auto) || emergency *or* roadside repair || réparation f. improvisée *ou* de fortune. **b) einstweilige ~** || temporary repair || réparation f. temporaire. **c) ~** der **Farbfehler** (Web) || mending of defects in dyeing || débarrage m. d'étoffes. **d) ~ fehlerhafter Stellen** im Samt || filling of empty spaces in velvet || resarcissage m. de velours. **e)** ~ von **Kleidern** || garment mending || raccommodage m. de vêtements. **f) nicht** der ~ f. **wert** || not worth repairing || ne vaut pas la peine d'être réparé. 28
Ausbesserungsarbeit f. || repair work || travail m. de réparation. 29
ausbesserungsbedürftig || in need of repair || négligé; en mauvais état m. 30
Ausbesserungs-grube f. || inspection pit || fosse f. de réparation. **a) ~kosten** pl. || cost of repairs || coût m. des réparations. **b) ~kostenanschlag** m. || estimate for repairs || évaluation f. des réparations. **c) ~kraftfahrzeug** n. repairing auto car || automobile f. de réparation. **d) ~vertrag** m. || contract of repairs || contrat m. pour réparations. **e) ~werkstatt** f. || repair(ing) shop || atelier m. de réparation. **f) ~werkstatt** f. der Eisenbahn || railway improvement shop || atelier m. de révision des chemins de fer. **g)** in gutem **~zustand** m. || in good repair || en bon état m. de réparation. 31
ausbeulen || to straighten; to beat out bosses pl. || planer; débosseler. 32
Ausbeute f. || yield; produce || rendement m. **a) Extrakt~** || extract yield || rendement m. en extrait. **b)** ~ der **Gruben** || yield of the mines || bénéfice m. des mines. **c) Laboratoriums~** || laboratory yield || rendement m. de laboratoire. **d)** ~ an **Mehl** || output of flour || rendement m. en farine. **e) praktische ~** || practical yield || rendement m. pratique. **f)** die ~ **steigt** schnell || the output increases rapidly || l'extraction f. augmente rapidement. **g) Sudhaus~** || brew house yield || rendement m. de brasserie *ou* en chaudière. **h) theoretische ~** || theoretical yield || rendement m. théorique. 33
Ausbeuteberechnung f. || calculation of the yield || calcul m. du rendement. 34
ausbeuten, eine Grube f. || to work a mine || exploiter une mine. 35
Ausbeuter m. (Verwerter) || exploiter || exploiteur m. 36
Ausbeutetabelle f. || yield table || table f. de rendement. 37
ausbezahlen || to pay in full || achever de payer; liquider. 38
Ausbiegestelle f. (Eisenb) || splitting-up line; turnout || voie f. de garage. 39
ausbieten || to offer for sale || mettre en vente f. 40
ausbilden (entwickeln) || to develop || développer. 41
Ausbildung f. (Entwicklung) || development || développement m. **a)** ~ des **Gesteins** || nature of rock || formation f. de la roche. 42
Ausbindeholz n. || framing timber || bois m. d'assemblage. 43
ausbinden, die Kolumne (Buchdr) || to tie-up the page || lier la page. 44
Ausblase-apparat m. || dust extractor || appareil m. pneumatique pour le nettoyage. **a) ~mundstück** n. || exhaust nipple || bouchon m. d'échappement. 45
ausblasen || to blow out || purger. **a)** den **Hochofen** m. ~ || to blow down *or* out the furnace || mettre le fourneau hors feu; refroidir le fourneau. **b)** die **Schlacke** nach dem Abstich ~ || to blast the cinders pl. after tapping || flamber le creuset d'un haut-fourneau après la coulée. **c)** den **Staub** m. aus Maschinen ~ || to blow out the dust from engines || nettoyer les machines fpl. au jet d'air. 46
Ausblasen n. eines Ofens || blowing down *or* out of a furnace || mise f. hors feu d'un fourneau. 47
Ausblase-rohr n., **Dampf** || steam outlet pipe; steam blast pipe; steam blow-off pipe || tuyau m. d'échappement à vapeur. **a) ~stutzen** m. || blow-out pipe || tubulure f. d'évacuation. **b) ~ventil** n. || blow-off valve || soupape f. de purge. 48
ausbleiben, die Zündungen fpl. bleiben aus || the ignition fails || il y a des ratés mpl. d'allumage. 49
Ausbleichverfahren n. || bleaching-out process || procédé m. de blanchiment. 50
Ausblick m. || prospect; out-look || perspective f. 51
ausblühen (Miner) || to be in efflorescence || s'effleurir. 52
Ausblühen n. des Salpeters || efflorescence of salpeter flower || efflorescence f. du sel de nitre. 53
Ausblühung f. *s.* Ausblühen. 54
ausböden, ein Faß (Küf) || to head a cask || foncer une futaille. 55
Ausbohrarbeit f., **schwere** || heavy duty trepanning *or* boring work || gros travail m. d'alésage. 56
ausbohren (Tischl) || to pink || évider. **a)** einen **Zylinder** m. ~ || to bore up a cylinder || aléser un cylindre. 57
Ausbohren n. der Seele aus harten Stahlblöcken || drilling of the bore hole out of the hard steel blocks || forage m. de l'âme hors du bloc d'acier d'une grande dureté. 58
Ausbohrmaschine f. || boring machine || machine f. à aléser. 59
Ausbohrmaschinenarbeiter m. || boring machine hand || aléseur m. à la machine. 60
ausbrechen, einen Ofen || to clear a furnace || nettoyer un fourneau. 61
ausbreiten || to extend || étendre. **a) sich ~** || to extend || se répandre. 62
Ausbreiter m., **Baumwolle** || cotton lap machine minder; cotton lapper || étaleur m. *ou* nappeur m. de coton. 63

Ausbreitung f. || extension; enlargement || extension f.; propagation f. **a)** ~ **drahtloser Wellen** längs der Erdoberfläche || wave propagation along the earth's surface || propagation f. des ondes le long de la terre. 1

Ausbreitungswiderstand m. (Elektr) || resistance of earth plate || résistance f. des plaques de terre. 2

ausbringen, an Metall n. || to yield metal || produire métal m. 3

Ausbruch m. (Tunnel) || excavation || creux m. **a)** ~ (Vulkan) || eruption || éruption f. **b)** ~ (Wein) || sweet wine || vin m. doux *ou* de première goutte. 4

ausbrühen || to scald || échauder. 5

Ausbrüten n., **künstliches** || artificial hatching || couvée f. artificielle. 6

ausbuchsen || to bush || emboîter; revêtir d'une douille; mettre une douille. **a)** ein **Rad** n. ~ || to box a wheel || emboîter une roue f. 7

Ausbuchsen n. der Lager || rebushing of the bearings || emboîtage m. des coussinets. 8

ausbürsten, die Form (Buchdr) || to brush off the form || brosser la forme. 9

ausbüßen (Hutm) || to add more fur for strengthening || étouper les endroits mpl. faibles d'une capade. 10

ausdarren || to kiln || tourailler. 11

Ausdarren n. || kilning || touraillage m. 12

Ausdauer f. || endurance || endurance f. 13

ausdehnbar || dilatable; expansive; expansible; extensible || dilatable; expansif; expansible; extensible. 14

Ausdehnbarkeit f. || extensibility; expansibility; dilatability || extensibilité f.; expansibilité f.; dilatabilité f. 15

ausdehnen || to dilate; to expand || dilater; étendre. **a) sich** ~ || to dilate; to expand || se dilater; s'étendre. 16

Ausdehnung f. (Erweiterung) || extension; enlargement || extension f.; élargissement m. **a)** ~ (von Gasen) || expansion || expansion f. **b)** ~ (fester Körper) || dilatation; expansion || dilatation f. **c)** ~ (Maß) || dimension; extent || dimension f.; étendue f. **d)** ~ (Rauminhalt) || contents pl. || étendue f.; contenu m. **e)** ~ des **Dampfes** || expansion of steam || expansion f. de la vapeur. **f)** ~ in der **Länge** || linear expansion; lengthening || dilatation f. linéaire; allongement m. **g) radiale** ~ || radial expansion || expansion f. radiale. **h) Wärme~** || heat expansion || dilatation f. thermique. 17

Ausdehnungsfuge f. || expansion joint || joint m. de dilatation. 18

Ausdehnungskoeffizient m. || coefficient of expansion || coefficient m. de dilatation *ou* d'expansion. **a) linearer** ~ || coefficient of linear expansion || coefficient m. de dilatation linéaire. **b) mittlerer** kubischer ~ || mean coefficient of cubical expansion || coefficient m. moyen de dilatation cubique. 19

Ausdehnungs-kraft f. || expansive force || force f. expansive. **a) ~kupplung** f. || expanding clutch; expansion coupling || embrayage m. extensible *ou* à segments extensibles; accouplement m. extensible. **b) ~riemenscheibe** f. || expanding pulley || poulie f. extensible. **c) ~rohrverbindung** f. || expansion pipe joint || joint m. de tubes-compensateurs. **d) ~verbindung** f. || expansion joint || joint m. compensateur *ou* glissant. **e) ~vermögen** n. || expansiveness; expansive force || pouvoir m. expansif; force f. expansive. **f) ~zahl** f. || coefficient of expansion || coefficient m. de dilatation *ou* d'expansion. 20

ausdocken, ein Schiff n. || to undock a ship || faire sortir un navire du bassin. 21

ausdornen, ein Loch n. (Schloss) || to drift a hole || étamper un trou. 22

ausdrechseln || to turn out || creuser au tour m. 23

ausdrehen (Schalter) || to turn out || tourner le bouton. **a)** ~ (Werkzeugmasch) || to bore || aléser. 24

Ausdrehen n. von kurzen geschlossenen Bohrungen || boring short blind holes || alésage m. de trous cul-de-sac de profondeur réduite. 25

Ausdrehung f., in eine ~ einlöten || to solder into a turned groove || souder dans une gorge tournée. 26

Ausdreschen n. || thrashing || battage m. 27

Ausdruck m. (Math) || expression || expression f. **a) technischer** ~ || technical term || terme m. technique. 28

ausdrucken, die Form (Buchdr) || to work off the form || achever l'impression. 29

ausdrücken (Math) || to express || exprimer. 30

Ausdrückmaschine f. || pushing machine; pusher || machine-défourneuse f. 31

Ausdrückstange f. || pushing ram || tige-défourneuse f. **a) umlegbare** ~ || hinged pushing arm || tige f. de défournement articulée. 32

Auseinanderbau m. || dismantling || démontage m. 33

auseinander-biegen || to extend || étendre. **a) ~fallen** || to go to pieces pl. || tomber en morceaux mpl. **b) ~gehen** || to diverge || diverger. **c) ~nehmbar** || collapsible || démontable. 34

auseinandernehmen || to take apart; to dismantle || démonter; démanteler. **a)** eine **Batterie** f. ~ (Elektr) || to break up a battery || démonter une pile. **b)** eine **Uhr** f. ~ || to take a clock to pieces || démonter une pendule. 35

auseinandersetzen (erklären) || to explain || expliquer. 36

Auseinandertreiben n. (Bergb) || widening-out || élargissement m. 37

ausfahren (Schiff) || to put out to sea || partir; sortir. 38

Ausfahrt f. (Eisenb) || departure || sortie f. 39

Ausfall m. (Chem) || precipitate || précipité m. **a)** ~ (Mindereinnahme) || loss; deficit; shortage || perte f.; manque m. 40

ausfällbar (Chem) || precipitable || précipitable. 41

Ausfallbürgschaft f. || letter of indemnity || garantie f. d'indemnité. 42

ausfällen (Chem) || to precipitate; to come down || précipiter. 43

Ausfallen n. der Masse (Sammler) || falling out of the paste || chute f. de la masse. 44

Ausfällung f. (Chem) || precipitation || précipitation f. 45

ausfärben (Zeugdr) || to give the last dye || parachever la teinture. 46

Ausfaserapparat m. || clearing attachment || appareil m. à brosser. 47

ausfasern (Schneid) || to feaze || éfaufiler. 48

ausfeilen || to file out || limer; finir à la lime. 49

ausfertigen || to draw up; to issue || dresser; rédiger. 50

Ausfertigung f., **doppelte** || duplicate || duplicata m. 51

ausfeuern, ein Faß (Küf) || to burn out a cask || chauffer une futaille montée. 52

Ausfleischeisen n. (Gerb) || shaving *or* fleshing knife || couteau m. rond *ou* à écharner. 53

ausfleischen (Gerb) || to scrape of the flesh-particles pl. || écoller les peaux f. pl. 54

Ausfleischer m. (Pelzwaren) || flesher-out || écharneur m. 55

Ausfleischmesser n. (Gerb) *s.* Ausfleischeisen. 56

ausfließen || to leak || couler. 57

ausflocken (Chem) || to separate as a floculent precipitate || se séparer en flocons mpl. 58

Ausflockung f. (Chem) || separation at the floculent state || séparation f. en flocons. 59

ausfluchten (Bauw) || to jut out || désaffleurer. 60

Ausflüglerzug m. || excursion train || train m. de plaisir. 61

Ausfluß m. || discharge || fuite f. **a)** ~ einer **Flüssigkeit** || flowing-out of a liquid || écoulement m. d'un liquide. 62

Ausfluß-geschwindigkeit f. einer Flüssigkeit || velocity of flow of a liquid || vitesse f. d'écoulement d'un liquide. **a) ~kanal** m. || exhaust way || canal m. de déversement. **b) ~menge** f. (Flüssigkeit) || discharge || débit m. **c) ~öffnung** f. (Röhre) || orifice of exit || orifice m. de sortie. **d) ~seite** f. der Pumpe || delivery side of pump || côté m. de refoulement de la pompe. **e) ~stutzen** m. des Kühlers (Auto) || water outlet of radiator || sortie f. d'eau du radiateur. 63

ausfräsen || to mill || fraiser. 64

Ausfressung f. der Kesselbleche || corrosion of boiler plates || corrosion f. des tôles de chaudière. 65

ausfrieren || to freeze || congeler. 66

ausfugen || to cement || cimenter. 67

Ausfuhr f. || export; exportation || exportation f. **a) Gesamt~** || total exports pl. || total m. de l'exportation. **b) Holz~** || wood exportation || exportation f. de bois. 68

Ausfuhr-abteilung f. || export department || département m. d'exportation. **a) ~artikel** m. || article of export || article m. d'exportation. 69

ausführbar || achievable; practicable || praticable; exécutable. 70

Ausführbarkeit f. || practicability || possibilité f. d'exécuter. 71

Ausfuhrbier n. || export beer || bière f. d'exportation. 72

ausführen (Bau) || to construct || construire. **a)** ~ (Handel) || to export || exporter. **b)** in eigener **Verwaltung** f. ~ (Auftrag) || to execute in economy || exécuter *ou* effectuer *ou* remplir en régie f. 73

Ausführen n. (Handel) || export; exportation || exportation f. 74

Ausführer m. (Handel) || exporter || exportateur m. 75

Ausfuhr-erlaubnis f. || permit of exportation || permis m. d'exportation. **a) ~faß** n. || export cask || fût m. d'exportation. **b) ~faßbier** n. || export draught beer || bière f. d'exportation en fûts. **c) ~flaschenbier** n. || export bottle beer || bière f. d'exportation en bouteilles. **d) ~handel** m. || export trade || commerce

m. d'exportation. **e) ~händler** m. ‖ export merchant ‖ négociant m. exportateur. 1

ausführliche Beschreibung f. ‖ detailed description ‖ description f. détaillée. 2

Ausführung f. (Auftrag) ‖ execution ‖ exécution f. **a)** ~ (Bauart) ‖ make; finish; style ‖ construction f. **b)** ~ (Masch) ‖ type ‖ type m.; modèle m. **c)** in **allgemeiner** ~ ‖ in general construction ‖ en construction f. générale. **d) besondere** ~ ‖ special make ‖ construction f. spéciale. **e) besonders schwere** ~ ‖ extra heavy construction ‖ construction f. extra solide *ou* robuste. **f) einfache** ~ ‖ primitive type ‖ construction f. primitive. **g) fahrbare** ~ ‖ portable type ‖ modèle m. sur roues. **h) gewöhnliche** ~ ‖ standard *or* common design ‖ construction f. normale. **i) künstlerische** ~ ‖ artistic finish ‖ modèle m. artistique. **k) normale** ~ *s.* gewöhnliche ~. **l) regensichere** ~ ‖ rain-proof finish ‖ construction f. étanche à la pluie. **m) stehende** ~ ‖ vertical construction ‖ construction f. verticale. **n) unverwüstliche** ~ ‖ robust construction ‖ construction f. robuste. **o) widerstandsfähige** ~ ‖ strong design ‖ exécution f. résistante. **p) in x-facher** ~ ‖ in x types pl. ‖ en x modèles mpl. 3

Ausfuhrverbot n. ‖ prohibition of exportation ‖ défense f. d'exporter. **a)** ein ~ n. **aufheben** ‖ to remove a prohibition of exportation ‖ abroger une défense d'exporter. 4

Ausfuhr-waren fpl. ‖ exports pl. ‖ marchandises fpl. d'exportation. **a) ~zoll** m. ‖ export duty ‖ droit m. d'exportation. 5

Ausführzylinder m. (Druckerei) ‖ delivery cylinder ‖ cylindre m. de sortie. 6

ausfüllen ‖ to fill up ‖ remplir. **a)** einen **Graben** mit Schutt ~ ‖ to fill up a ditch with rubbish ‖ remblayer un fossé. 7

ausfurchen (Erdarb) ‖ to nick out ‖ sillonner. 8

Ausfütterung f. (Ofen) ‖ coating; lining ‖ revêtement m. 9

Ausgabe f. (Kosten) ‖ expense; expenditure; outgoings pl. ‖ dépense f. **a)** ~ (Zeitung; Buch) ‖ edition; issue ‖ édition f. **b) beschränkte** ~ f. von **Aktien** ‖ restricted issue of shares ‖ émission f. limitée d'actions. **c) ~n** fpl. für die gesetzliche **Arbeiterversicherung** ‖ sums pl. paid under the workmen's insurance act ‖ sommes fpl. payées pour l'assurance ouvrière prescrite par la loi. **d)** ~ von **Obligationen** ‖ issue of debentures ‖ émission f. d'obligations. **e)** ~ von **Schuldverschreibungen** ‖ issue of bonds ‖ émission f. d'obligations. **f) unvorhergesehene ~n** fpl. ‖ contingencies pl. ‖ faux frais mpl. divers. 10

Ausgabebank f. (Institut) ‖ issuing bank ‖ banque f. d'émission. 11

Ausgabenbuch n. ‖ cash book ‖ livre m. des dépenses. 12

Ausgabestelle f. ‖ place for the sale ‖ débit m.; bureau m. d'émission. 13

Ausgang m. (Haus) ‖ way out; outlet ‖ sortie f. **a) Not~** ‖ emergency exit (door) ‖ sortie f. de secours *ou* de réserve. 14

Ausgangs-bahnhof m. ‖ terminus ‖ (gare f.) terminus m; origine f. d'un chemin de fer. **a) ~material** n. *s.* ~stoff. **b) ~punkt** m. ‖ outgoing *or* starting point ‖ point m. de départ. **c) ~station** f. (Fernm) ‖ outgoing station ‖ station f. de départ. **d) ~stellung** f. ‖ initial position ‖ position f. de départ. **e) ~stoff** m. ‖ raw *or* starting material ‖ matière f. première *ou* brute. **f) ~stromkreis** m. ‖ output circuit ‖ circuit m. de sortie. **g) ~transformator** m. (Fernm) ‖ output transformer ‖ transformateur m. au bout. **h) ~walze** f. ‖ withdrawal roller ‖ rouleau m. d'appui. **i) ~zeile** f. (Buchdr) ‖ last line ‖ dernière ligne f. (d'un alinéa). **k) ~zoll** m. ‖ export duty ‖ droit m. de sortie. 15

ausgebessert ‖ repaired ‖ réparé. 16

ausgebohrt, voll ‖ fully bored ‖ alésé *ou* creusé complètement. 17

ausgedehnte Verwendung f. ‖ extensive use ‖ emploi m. vaste *ou* étendu. 18

ausgefahrene Straße f. ‖ road broken-up by traffic ‖ route f. défoncée par le roulage. 19

ausgefluchtete Linie f. ‖ ranged line ‖ ligne f. affleurée. 20

ausgeglüht-es Eisenblech n. ‖ annealed sheet-iron ‖ tôle f. recuite. **a) ~er Eisendraht** m. ‖ annealed iron wire ‖ fil m. de fer recuit. **b) ~er Sand** m. (Gieß) ‖ dry sand ‖ sable m. recuit. **c) ~ werden** ‖ to be redhot ‖ être porté au rouge. 21

ausgehalster Kesselboden m. ‖ boiler bottom end flanged outwards ‖ fond m. de chaudière à collet extérieur. 22

ausgehen ‖ to emanate; to go out ‖ sortir; s'épuiser; émaner; provenir de; partir de. **a)** ~ (Vorrat) ‖ to run short ‖ manquer; s'épuiser. **b)** den **Hochofen m. ~ lassen** ‖ to blow down the high-furnace ‖ mettre hors feu m. le haut-fourneau. **c)** mit der **Seite ~ lassen** (Buchdr) ‖ to make up the page ‖ faire tomber en page f. **d) zu Tage** ~ (Bergb; Geol) ‖ to crop out ‖ se montrer au jour. 23

Ausgehendes n. (Bergb) ‖ basset; crop ‖ affleurement m. 24

ausgehöhlt ‖ cored; hollow ‖ creux. 25

ausgeizen (Tabak) ‖ to sucker ‖ rejetonner. 26

ausgelaugte Gerberlohe f. ‖ lixiviated tan ‖ tan m. lessivé. 27

ausgelernt haben ‖ to have served one's time ‖ avoir fini son apprentissage. 28

ausgenommen ‖ except ‖ excepté. 29

ausgerichtet, schlecht ‖ not properly trued; out of align(e)ment ‖ mal dressé; désaligné. 30

ausgeripptes Blatt n. (Tabak) ‖ stripped leaf ‖ feuille f. écôtée. 31

ausgerolltes Furnierholz n. ‖ unrolled veneers pl. ‖ bois m. de placage déroulé. 32

ausgerüstet mit ‖ fitted with; provided with ‖ muni de; garni de; pourvu de. 33

aus(geschaltet) (Elektr) ‖ off; open ‖ ouvert. 34

ausgeschlagen, mit Blech ~e Kiste f. ‖ tin lined case ‖ caisse f. doublée de fer blanc. 35

ausgeschliffen, tonnenförmig ‖ ground out spindle shaped *or* vessel shaped ‖ évasé en forme f. de tonneau. 36

ausgeschmiedet, der Block wurde in x Hitzen unter einer Presse ~ ‖ the ingot was forged out under an hydraulic press (the actual forging required x heats) ‖ le lingot fut forgé sous une presse en x chauffes. 37

ausgeschrägter Bogen m. (Bauw) ‖ splayed arch ‖ arc m. ébrasé. 38

ausgesetzt, den Einflüssen mpl. der Atmosphäre ‖ subjected to atmospheric agencies f. pl. ‖ exposé aux influences fpl. des agents atmosphériques. 39

ausgespartes Kurbelblatt n. ‖ crank disc provided with an opening ‖ plateau m. *ou* flasque m. de manivelle évidé. 40

ausgesperrt ‖ locked-out ‖ lock-outé; mis dehors. 41

ausgestanzt, rund ‖ punched-out round ‖ découpé rond. **a)** jede **Schaufel** f. ist mit einem schwalbenschwanzförmigen Ende ~ (Turbine) ‖ each blade is stamped with one dovetailed end ‖ chaque aube f. est matricée le pied étant en queue d'aronde. 42

ausgestattet mit ‖ provided with ‖ muni de. 43

ausgestrichen ‖ expunged ‖ effacé. 44

ausgesuchte Mandeln fpl. ‖ picked almonds pl. ‖ amandes fpl. triées à la main. 45

ausgewachsen (Malz) ‖ grown out ‖ poussé hors du grain. 46

ausgewogen ‖ ballasted up; weighed off ‖ équilibré. 47

ausgewuchteter Motor m. ‖ balanced motor ‖ moteur m. équilibré. 48

ausgiebig ‖ abundant ‖ abondant. 49

ausgießen (Flüssigkeit) ‖ to pour out ‖ déverser; couler. **a)** ~ (Lager) ‖ to line ‖ garnir. **b) Lagerschalen** fpl. mit Weißmetall ~ ‖ to line brasses pl. with white metal ‖ antifrictionner les coussinets mpl. **c)** mit **Weißmetall** n. ~ ‖ to babbit ‖ garnir de métal m. blanc. **d)** mit **Zement** m. ~ ‖ to cement-in; to grout with cement ‖ couler du ciment (dans les joints). 50

Ausgießen n. der **Kabel** ‖ filling up cables ‖ remplissage m. des câbles. **a)** ~ der **Seife** in die Formkasten ‖ running the soap into the frames ‖ coulage m. du savon dans les mises. **b)** gleichmäßiges ~ mehrerer **Tiegel** ‖ pouring out simultaneously several crucibles ‖ coulée f. uniforme de plusieurs creusets. 51

Ausgießer m., **Flaschen** ‖ bottle emptier ‖ verseur m. pour bouteilles. 52

Ausgleich m. (Handel) ‖ arrangement ‖ arrangement m. **a) atmosphärischer** ~ ‖ atmospheric equilibrium ‖ équilibrage m. atmosphérique. **b) energiewirtschaftlicher** ~ ‖ equalization of energy ‖ échange m. d'énergie. **c) Massen~** ‖ balancing of reciprocating weights ‖ équilibre m. des masses. **d) selbsttätiger** ~ ‖ automatic compensation ‖ compensation f. automatique. 53

Ausgleich-aggregat n. ‖ compensation set ‖ groupe f. de compensation. **a) ~batterie** f. (Elektr) ‖ compensating *or* balancing battery ‖ pile de compensation *ou* d'équilibrage. **b) ~becken** n. für ein Pumpspeicherwerk ‖ equalizing basin for a pump storage station ‖ bassin m. compensateur d'une usine d'accumulation par pompage. **c) ~düse** f. ‖ compensating jet ‖ gicleur m. de compensation. 54

ausgleichen ‖ to counterbalance; to equalize; to compensate ‖ équilibrer; égaliser; compenser; balancer. **a)** den **Fehler** m. ~ ‖ to distribute *or* to compensate the error ‖ compenser l'erreur m. 55

ausgleichender Wechselstrom m. ‖ compensating alternating current ‖ courant m. alternatif de compensation. 56

Ausgleicher m. (Fernm) ‖ equalizer ‖ rectificateur m. **a)** ~ (Masch) ‖ equalizer ‖ égalisateur m. **b)** ~ (Pap) ‖ jobber ‖ égaliseur m. **c) Druckluft~** (Geschütz) ‖

pneumatic equilibrator || équilibreur m. pneumatique *ou* à air. 1

Ausgleich-feder f. || compensating spring || ressort m. compensateur. **a) ~feile** f. || equalling file || lime f. à égaliser. **b) ~gehänge** n. || self-balancing suspension tackle || suspension f. à compensation. **c) ~gehäuse** n. || differential case || boîte f. de différentiel. **d) ~generator** m. *s.* Ausgleichmaschine (Elektr). **e) ~getriebe** n. || differential gear || engrenage m. différentiel. **f) ~gewicht** n. || counterbalance *or* damper weight || contre-poids m. d'équilibre. **g) ~hebel** m. || equalizer; compensating beam *or* lever || balancier m. **h) ~kegelrad** n. || differential spider pinion || satellite m. du différentiel. **i) ~kondensator** m. (Fernmeld) || balancing condenser || condensateur m. d'équilibrage. **k) ~kreis** m. (Fernmeld) || balancing circuit || circuit m. d'équilibre. **l) ~leitung** f. || compensation *or* equalizer line || ligne f. de compensation *ou* d'équilibrage. **m) ~magnet** m. || compensating magnet || aimant m. correcteur *ou* de compensation. 2

Ausgleichmaschine f. (Elektr) || equalizer; balancing generator || compensatrice f.; égalisatrice f. **a) ~** (Masch) || balancer || machine f. à équilibrer. 3

Ausgleich-rohrverbindung f. || compensating *or* expansion joint of piping || joint m. compensatrice *ou* boîte f. à bourrage compensatrice pour tuyauteries. **a) ~rolle** f. || compensating sheave || galet m. de compensation. **b) ~satz** m. (Elektr) || compensation set || groupe m. de compensation. **c) ~stern** m. || differential spider || axe m. des satellites du différentiel. **d) ~stopfbuchse** f. || expansion stuffing box || boîte f. à bourrage compensatrice; presse-étoupe m. compensateur. **e) ~strom** m. || compensating *or* equalizing current || courant m. compensateur *ou* égalisateur. **f) ~strömung** f. || equalizing flow || écoulement m. *ou* courant m. de compensation. **g) ~transformator** m. || balancing transformer || transformateur-égalisateur m. **h) ~übertrager** m. (Fernm) || hydrid coil; balanced differential transformer || translateur m. différentiel *ou* compensateur; transformateur m. d'équilibre. 4

Ausgleichung f. || balancing || équilibrage m. **a) ~** durch **Gegengewicht** || balancing by counterweight || équilibrage m. par contrepoids. 5

Ausgleich-verbindung f. (Elektr) || equalizer connection || connexion f. égalisatrice *ou* équipotentielle. **a) ~verfahren** n. || compensation method || méthode f. de compensation. **b) ~vorgang** m. (Fernm) || transient (effect); transient phenomenon || phénomène m. transitoire. **c) ~wechsel** m. (Handel) || bill to square || appoint m. **d) ~weiher** m. || equalizing pond || étang m. compensateur. **e) ~welle** f. (Auto) || differential shaft || arbre m. du différentiel. 6

ausglühen || to anneal; to calcine || recuire; ramollir; calciner. **a) ~** (Chem) || to roast || griller. **b)** den **Stahl** m. **~** || to anneal *or* to heat *or* to soften the steel || rougir *ou* recuire *ou* décrouir *ou* ramollir *ou* faire revenir l'acier m. 7

Ausglühen n. || annealing || recuit m.; recuite f. **a)** beim **~** des **Bleches** wird das Rohrloch oval (Kesselb) || when the plates glow, the tube holes become oval || quand la tôle est chauffée au rouge, le trou de tube prend une forme ovale. 8

ausgraben || to dig out; to excavate || creuser la terre; excaver. 9

Ausgrabung f. || excavation || déterrement m.; déblai m. 10

Ausguck m. || look out || vigie f. 11

Ausguß m. (Gefäß) || lip; spout || bec m. **a) ~** (Gieß) || casting || déversoir m. **b) ~** (Küche) || outlet; sink || évier m.; issue f. 12

Ausgußmasse f. || box *or* filling compound || pâte f. de remplissage. **a) ~** für **Kabel** || cable compound || pâte f. de remplissage pour câbles. 13

Ausguß-schale f. || sink basin || bassin m. d'égouttoir. **a) ~schnauze** f. || spout || bec m. **b) ~ventil** n. || delivery valve || soupape f. de décharge. 14

Aushacker m. (Spinn) || comb || peigne m. 15

aushaken, das Ruder || to unhang *or* to unship the rudder || démonter le gouvernail. 16

aushämmern (Schmied) || to batter; to hammer even || rabattre. **a)** ein **Gefäß** n. **~** || to beat out a vessel; to widen a vessel by hammering || écolleter un vase. 17

aushändigen || to hand over; to deliver || remettre; délivrer. 18

Aushändigung f. || handing over; delivery || remise f.; livraison f. 19

Aushang m. (Plakat) || placard; poster || placard m.; affiche f. **a) ~** (Waren) || show; display || devanture f.; étalage m. 20

Aushänge-bogen m. || clean sheet || bonne feuille f. **a) ~exemplar** n. (Buchdr) || copy given to the author || épreuve f. d'auteur. **b) ~schild** n. || sign; sign board *or* post || enseigne f.; affiche f. peinte. **c) ~zettel** m. || placard; bill || écriteau m.; placard m. 21

Aushaumaschine f. || nibbling *or* blanking machine || machine f. à découper *ou* à gruger; grignoteuse f. 22

ausheben, Erde f. || to dig out *or* to excavate the earth || creuser *ou* extraire la terre; déblayer le terrain. **a)** die **Form** aus der Presse **~** (Buchdr) || to lift out the form from the press || relever la forme de la presse. **b)** den **Guß** m. **~** || to lift the casting || démouler la fonte. 23

Aushebevorrichtung f. || lifting device *or* contrivance || dispositif m. de déchassage; extracteur m.; déchasseur m. **a) Walzen~** || rolls lifting device || dispositif m. de soulèvement pour cylindres. 24

Aushebewalze f. (Spinn) || fancy roller || volant m. 25

aushelfen || to assist || aider. 26

Aushilfe f. || assistance || coup m. de main. 27

Aushilfs-anlasser m. || emergency starter || démarreur m. auxiliaire. **a) ~arbeiter** m. || extra hand || ouvrier m. d'extra. **b) ~heizung** f. || supplementary heating || chauffage m. auxiliaire. **c) ~kraftwerk** n. || emergency power station || usine f. électrique auxiliaire. **d) ~schaltung** f. || temporary connection || raccordement m. provisoire. **e) ~wasserbehälter** m. || reserve water tank || récipient m. de réserve d'eau. 28

aushilfsweise || temporarily || provisoirement. 29

aushöhlen || to hollow out; to excavate || creuser. 30

Aushöhlmaschine f. für **Röhren** (Holzbearb) || tube scooping machine || machine f. à évider les tubes. **a) ~** für **Schuhleisten** || boot last hollowing machine || machine f. à évider les embauchoirs à chaussures. 31

Aushöhlung f. || hollow; groove; cavity; excavation; recess || creux m.; cavité f. 32

aushülsen || to husk; to hull || écosser; écaler. 33

auskämmen (Wolle) || to comb; to card || peigner. 34

auskaufen || to buy up || acheter en totalité f. 35

auskehlen || to groove; to chamfer; to gutter; to profile; to flute || canneler; profiler; évider. 36

Auskehlung f. (Masch) || recess || gorge f. **a) ~** (Tischl) || hollow; grooving || cannelure f.; évidement m. **b)** der Treibzapfen war **ohne ~** gegen die Kurbel angesetzt || the crank pin was worked on the crank without a groove at its base || le bouton de la manivelle avait été disposé contre le bras sans la moindre gorge. 37

Auskeilen n. der Schicht (Bergbau) || pinching out of the bed || amincissement m. en coin de la couche. 38

auskellern || to clear cellar || décaver. 39

auskernen (Früchte) || to stone || cerner; égrener; ôter les noyaux m. pl. 40

ausklappbar || swinging out || basculant; pivotant; s'écartant. **a) ~er Kondenser** m. (Opt) || swing-out condenser || condensateur m. pivotant. 41

ausklarieren || to clear outwards || acquitter chez le capitaine du port. 42

ausklauben || to pick out || épierrer; trier à la main. 43

auskleiden, mit **Schamottemauerwerk** n. || to line with refractory bricks pl. || garnir de maçonneries fpl. en briques réfractaires. **a)** mit **Täfelwerk** n. **~** || to wainscot || lambrisser. 44

Auskleidung f., **feuerfeste** || fireproof casing || brasque f.; garniture f. intérieure réfractaire. **a) säurefeste ~** || acidproof lining || revêtement m. résistant aux acides. 45

ausklinken (Buchstabe) || to mortise || entailler. **a)** die **Stoßlasche** f. wurde ausgeklinkt (Eisenb) || the fish plate was notched || les éclisses fpl. des joints reçurent des encoches. 46

Ausklinkmaschine f. (Masch) || notching machine || machine f. à gruger. **a) Universal~** || universal notching machine || grugeoir m. universel. 47

Ausklink- und Gehrungsstanzmaschine f. || notching and mitre-cutting machine || machine f. à gruger et découper les onglets. 48

Ausklink-mechanismus m. (Fernm) || trip gearing || mécanisme m. de déclanchement. **a) ~-relais** n. || tripping relay || relais m. de détente. 49

Ausklinkung f. der Lasche (Eisenb) || notching of the fish plate || encochement m. *ou* entaille f. de l'éclisse. 50

Ausklinkvorrichtung f. (Fernm) || releasing gear || déclic m. **a) drehbare ~** (Masch) || swivelling notching attachment || dispositif m. pivotant pour gruger. 51

Ausklopfanlage f. für Säcke || sack beating plant || installation f. de battage des sacs. 52

ausklopfen, den Kessel m. || to fur *or* to scale the boiler || piquer la chaudière. 1
auskochen (Chem) || to boil out || bouillir complètement. 2
Auskolkung f. des **Flußbettes** || erosion or deepening of river bed || accreusement m. *ou* érosion f. du lit de fleuve. 3
auskörnen (Baumwolle) || to clean; to gin || égrener. 4
auskragen || Bauw) || to corbel; to jut out || encorbeller; se jeter hors d'œuvre; faire saillir. 5
Auskragen n. des Mauerwerks || corbelling-out of bricks || encorbellement m. de la maçonnerie. 6
Auskragung f. (Bauw) || projection; sally || saillie f.; encorbellement m. 7
auskratzen, den Hochofen m. || to draw out the furnace || décharger le haut-fourneau. 8
auskristallisieren || to crystallize out || cristalliser; se séparer à l'état m. cristallin; se déposer en cristaux mpl. 9
Auskristallisieren n. || crystallization || cristallisation f. **a)** ~ von **Soda** || crystallization of soda || cristallisation f. de soude. 10
Auskundung f. einer Leitung || surveying a line || étude f. détaillée d'une ligne. 11
Auskunft f. || information; report || renseignement m.; information f. **a)** ~ **erteilen** über || to give full particulars pl. of || donner des renseignements mpl. sur. **b) günstige** ~ || favourable report || bon renseignement m. **c) private** ~ || exclusive information || renseignement m. exclusif. **d) unsichere** ~ || indefinite information || renseignement m. incertain. 12
Auskunftei f. || intelligence department; information office || bureau m. des renseignements; agence f. d'information. 13
Auskunfts-blatt n. (Fernm) || enquiry ticket || fiche f. de renseignement. **a) ~platz** m. (Fernm) || information board || place f. de renseignements. **b) ~schalter** m. || inquiry office || guichet m. des renseignements. **c) ~stelle** f. (Fernm) *s.* **~tisch d) ~tisch** m. (Fernm) || information board *or* desk; monitor desk || table f. de renseignements. 14
auskuppeln || to disconnect; to uncouple || débrayer; déclencher. 15
Auskupplung f. || uncoupling || déclenchement m. 16
Auslade-brücke f. || handling *or* loading platform || appontement m. *ou* pont m. de déchargement. **a) ~gebühr** f. (Eisenb) || charge for unloading || frais mpl. de déchargement. 17
ausladen || to unload || décharger. 18
ausladende Doppelständerexzenterpresse f. || double-sided overhang eccentric press || presse f. à excentrique à deux montants avec bâti à col de cygne. 19
Auslade-ort m. (Schiff) *s.* **~platz a) ~platz** m. (Schiff) || quay; key; mole; (discharging) wharf; pier || quai m.; débarcadère m. 20
Aus- und Einladerampe f. || loading and unloading platform || quai m. d'embarquement et de débarquement. 21
Ausladung f. (Bauk) || projection; sally || projecture f.; saillie f.; encorbellement m.; surplomb(ement) m. **a)** ~ (Wagenb) || overhang || porte-à-faux m. **b)** ~ (Werkzeugmaschine) || overhang; throat || portée f.; col m. de cygne. **c)** ~ der **Bohrspindel** || distance centre of drill spindle to column || distance f. de l'axe de la broche au bâti. **d)** ~ einer **Böschung** || drawing-back of a slope || reculement m. d'un talus. **e)** besonders **große** ~ || extra deep gap || col m. de cygne extraordinairement profond. **f)** ~ eines **Krans** || radius *or* outreach *or* projection of a crane || portée f. d'une grue. **g)** der Kran hat eine **nutzbare** ~ von x m. || the crane has an useful radius of x meters || la grue a une portée utile de x mètres. **h) seitliche** ~ (Bauk) || lateral projection || saillie f. latérale. **i) tiefgehende** ~ || deep gap || col m. de cygne très profond. 22
Ausladungs-blechschere f. || open-gap plate shearing machine || cisaille f. à tôles à col de cygne. **a) ~blech- und Schrotschere** f. || opengap plate and scrap-metal shearingmachine || cisaille f. col de cygne à tôles et à mitraille. 23
Auslagen fpl. (Kosten) || expenses pl. || frais mpl. 24
Ausland n. || foreign country || étranger m. **a) im** ~ || abroad || à l'étranger m. 25
Ausländer m. || foreigner || étranger m. 26
Ausland-filiale f. || foreign branch || succursale f. étrangère. **a) ~handel** m. || foreign trade || commerce m. extérieur. 27
ausländisch || foreign; alien || étranger. 28
Auslands-paß m. || passport for abroad || passeport m. pour l'étranger. **a) ~wechsel** m. || foreign bill of exchange || lettre f. de change sur l'étranger. 29
auslängen (Bergb) || to push on the works pl. || pousser les galeries fpl. 30
Auslaß m. || outlet; exhaust || échappement m.; sortie f. 31
auslassen (überspringen) || to omit; to leave out; to skip || omettre; retrancher. **a) Luft** f. ~ || to deflate; to emit air || dégonfler. **b)** den **Talg** m. ~ || to melt tallow || (faire) fondre le suif. **c)** ein **Wort** n. ~ (Buchdr) || to make an out || sauter un mot. 32
Auslassen n. des Dampfes || blowing-off *or* letting-off the steam || sortie f. *ou* échappement m. de la vapeur. 33
Auslaßhebel m. (Mot) || exhaust lever || levier m. d'échappement. 34
Auslaßnocken m. || exhaust cam || came f. d'échappement. **a) ~welle** f. || exhaust camshaft || arbre m. à cames d'échappement. 35
Auslaßrohr n. || outlet *or* exhaust pipe || tuyau m. d'échappement. **a) Dampf~** || steam eduction pipe || tuyau m. d'échappement de vapeur. 36
Auslaß-schieber m. || outlet slide || tiroir m. d'évacuation. **a) ~schleuse** f. (Wasserb) || outlet || colateur m. 37
Auslassung f. || omission || omission f. **a)** ~ (Buchdr) || out || bourdon m. 38
Auslaßventil n. || discharge *or* exhaust valve || soupape f. d'échappement *ou* de sortie. **a) Ammoniak~** || ammonia outlet valve || vanne f. de sortie d'ammoniaque. **b) hängendes** ~ || overhead exhaust valve || soupape f. d'échappement commandée par le haut. 39
Auslaßventil-heber m. || exhaust valve lifter || toc m. de soupape d'échappement. **a) ~kegel** m. || exhaust valve cone || cône m. de soupape d'échappement. **b) ~nocken** m. || exhaust valve cam || came f. de soupape d'échappement. **c) ~verschraubung** f. || exhaust valve cap || bouchon m. de soupape d'échappement. 40
Auslauf m. (Luftf) || taxing || roulement m. sur le sol. **a)** ~ (Schiff) || sailing || départ m. **b) ~armatur** f. || outlet fitting || déversoir m. 41
auslaufen (Behälter) || to drop; to leak || couler; fuir. **a)** ~ (Schiff) || to sail || sortir. **b)** die **Kette** ~ lassen (Schiff) || to slip the chain || filer le câble. 42
Auslaufen n. (Behälter) || leakage || écoulement m.; fuite f. 43
Auslauf-flasche f. (Chem) || over-flow flask || flacon m. à trop-plein. **a) ~gestell** n. für Flaschen || bottle draining truck || égouttoir m. pour bouteilles. **b) ~kasten** m. für Flaschen || bottle draining box || panier-égouttoir m. pour bouteilles. **c) ~ofen** m. (Glasf) || flashing furnace || four m. à embrasure. **d) ~rinne** f. || snout || bec m. **e) ~rohr** n. || outlet tube || tube m. d'écoulement. **f) ~stutzen** m. || outlet junction || tubulure f. de sortie. **g) ~zeit** f. (Masch) || time of slowing down || période f. de fonctionnement par inertie; temps m. de ralentissement. 44
Auslaugapparat m. || extraction apparatus || appareil m. d'extraction *ou* à lessive. 45
auslaugen || to lixiviate; to extract || lessiver; extraire. **a)** das **Holz** ~ || to lixiviate the wood || lessiver le bois. 46
Auslaugen n. || extraction || extraction f. (à voie humide). 47
Auslauger m. (Färb) || cleaner || dégorgeur m. 48
Auslaugflüssigkeit f. || lixiviate *or* washing liquor || liquide m. laveur. 49
Auslaugung f. || lixiviation || lavage m. **a)** ~ des **Gesteins** || dissolving of rocks || dissolution f. de la roche. 50
Auslaugvorrichtung f. || lixiviating arrangement || disposition f. à lavage. 51
ausleeren || to empty || vider. **a)** ~ (Flüssigkeitsbehälter) || to drain || drainer. 52
Auslegemaschine f. (Kabel) || paying-out machine || machine f. à poser (les câbles); machine f. de pose. 53
auslegen (Geld) || to lay out; to spend || avancer; débourser. **a)** eine **Boje** f. ~ || to place a buoy || placer une bouée. **b)** ein **Kabel** n. ~ || to pay out a cable || dérouler un câble. **c)** mit **Papier** n. ~ || to line with paper || garnir de papier m. 54
Ausleger m. (Buchdr) || receiver || receveur m. **a)** ~ (Kran) || jib; crane beam || avant-bec m.; fauconneau m.; bras m.; flèche f. **b)** ~ (Masch) || arm; bracket; extension arm || bras m.; flèche f.; console f. supplémentaire; volée f. **c)** ~ (Schiffb) || outrigger; jib || arc-boutant m. **d) aufklappbarer** ~ || hinged jib || flèche f. relevable. **e) beweglicher** ~ || derrick || potence f. **f) Frontbogen~** (Buchdr) || front delivery || sortie f. frontale. **g) Magazin~** (Buchdr) || receiving case || réception f. à magasins. **h) Plano~** (Buchdr) || open sheet delivery || sortie f. de feuilles à plat. **i)** das obere Ende der **Kransäule** trägt auf einer Drehscheibe einen um x^0 schwenkbaren ~ || on the top of the cranepost mounted on a turntable is a horizontal jib which can run a circuit of x^0 || le haut du pilier porte sur une plaque tournante une

flèche horizontale qui peut faire un tour de cercle de x⁰. **k)** um 360⁰ **schwenkbarer** ~ einer Bohrmaschine || radial drill arm that can be swung *or* rotated completely around the column || bras m. d'une machine à percer faisant le tour complet de 360⁰. **l) senkrecht** verstellbarer ~ einer Bohrmaschine || radial drill arm that can be raised and lowered *or* that is adjustable in a vertical direction || bras m. d'une machine à percer réglable dans le sens vertical. **m) Stapel~** (Buchdr) || pile delivery || receveur m. *ou* sortie f. de feuilles à pile. **n) umsteuerbarer** ~ (Buchdr) || reversible delivery || sortie f. de feuilles réversible. **o) Wipp~** || level luffing jib || flèche f. articulée. 1

Auslegerbalken m. || cantilever arm || poutre f. en encorbellement. 2

Auslegerbohrmaschine f. || radial drilling *or* boring machine || machine f. à percer radiale (à broche centrale); perceuse f. radiale. **a)** ~ mit **schwenkbarem Ausleger** || radial driller with swivelling arm || machine f. à percer radiale avec bras pouvant être pivoté. 3

Ausleger-brücke f. || cantilever bridge || pont m. en encorbellement. **a) ~feder** f. || cantilever spring || ressort m. à cantilever. **b) ~kran** m. || cantilever *or* jib crane || grue f. à cantilever *ou* à flèche *ou* à volée. **c) ~länge** f. || length of jib || longueur f. de la flèche. **d) ~neigung** f. || inclination *or* angle of jib || inclinaison f. de la flèche. **e) ~stütze** f. || jib stay || contrefiche f. 4

Auslegetisch m. (Buchb) || delivery table || table f. de réception. **a) ~trommel** f. (Kabel) || paying-out drum || tambour m. dérouleur *ou* de déroulement. 5

Auslegung f., die ~ f. eines **Gesetzesparagraphen** || interpretation of an article of the law || interprétation f. d'un article de loi. 6

ausleihen || to lend out; to loan || prêter. 7

Ausleiher m. || lender || prêteur m. 8

Auslese f. || choice; selection || choix m. 9

Auslesemaschine f. || scourer; sifting *or* sorting machine || trieur-diviseur m.; machine f. de triage. **a)** ~ für **Halbkörner** zum Reinigen und Sortieren der Gerste || barley cleaning and sorting machine with broken grains separator || machine f. à nettoyer et à trier l'orge et à séparer les demi-grains. **b) Kartoffel~** || potato sorting machine *or* drum || machine f. *ou* tambour m. à assortir des pommes de terre. 10

Auslese- und Sortiermaschine f. || selecting and sifting machinery || machine f. à trier et à assortir. 11

auslesen || to select; to choose; to pick out || choisir; trier. 12

Auslesen n. des Kaffees || coffee sorting || triage m. de café. 13

Ausleuchtapparat m. für Fässer || cask illuminating apparatus || appareil m. à éclairer l'intérieur des fûts. 14

ausleuchten, ein Faß n. || to illuminate a cask || visiter l'intérieur m. d'un fût à la lumière. 15

Ausleuchtlampe f., elektrische || electric lamp for lighting off || lampe f. électrique à éclairer l'intérieur. 16

Auslieger m. (Schiff) || coast guard vessel || garde-côte m. 17

auslöschen || to extinguish; to quench || éteindre. 18

Auslöschen n. des Lichtbogens || extinction of the arc || extinction f. de l'arc. 19

Auslöschung f. || extinction || extinction f. 20

Auslöse-elektromagnet m. *s.* Auslösemagnet. **a) ~griff** m. || release handle || poignée f. de déclenchement *ou* de déclanchement. **b) ~hebel** m. || coupling *or* release lever || levier m. d'embrayage et de débrayage *ou* de déclenchement. 21

Auslöseknagge f. || coupling tappet || taquet m. d'embrayage et de débrayage. **a)** ~ unter den **Rungen** (Eisenb) || disengaging bracket under the stanchions || support m. de déclenchement dessous des ranchers. 22

Auslöse-magnet m. || release magnet || électro-aimant m. de déclenchement *ou* de déconnexion. **a) ~mechanismus** m. (Masch) || releasing mechanism || déclic m.; mécanisme m. de déclic; déclenchement m. 23

auslösen (Masch) || to disengage; to uncouple; to ungear; to release || dégager; déclencher; déclancher; embrayer; débrayer. **a)** einen **Wechsel** m. ~ || to cash a bill of exchange || acquitter *ou* racheter une lettre de change. 24

Auslöser m. || releaser || débrayeur m.; embrayeur m. 25

Auslöse-relais n. || release relay || relais m. déclencheur. **a) ~spule** f. || trip coil || bobine f. d'excitation. **b) ~strom** m. || release current || courant m. de déclenchement. **c) ~stromkreis** m. || releasing circuit || circuit m. de déconnexion. **d) ~stromstärke** f. || release current strength || ampérage m. de déclenchement. **e) ~taste** f. || releasing key || touche f. de déclenchement. **f) ~ventil** n. || release valve || valve f. de purge. **g) ~verzögerung** f. || release retardation || retardation f. de déclenchement. **h) ~vorrichtung** f. || release arrangement *or* gear || dispositif m. de déclenchement *ou* de dégagement. 26

Auslosung f. || allotment || tirage m. au sort. 27

Auslösung f. (Fernm; Masch) || release; releasing || libération f.; déconnexion f.; déclenchement m. **a)** ~ (Handel) || redemption || dégagement m.; acquittement m. **b)** ~ (Uhrm; Mech) || detent; escapement || échappement m. **c)** ~ der **Hemmvorrichtung** (Schreibmasch) || release of brake device || déclenchement m. du dispositif de freinage. **d)** ~ des **Momentverschlusses** || release to instantaneous shutter || déclenchement m. de l'obturateur instantané. **e)** selbsttätige ~ f. des **Vorschubs** || self-acting disengaging of the feed || embrayage m. et débrayage m. automatique de l'avancement. **f)** ~ des **Uhrwerkganges** || starting lever of the driving clock || déclenchement m. du mouvement d'horlogerie. **g) Zahnrad~** || cog wheel escapement || échappement f. à roue dentée. 28

Ausloten n. einer Wand || battering of a wall || gauchissement m. d'une muraille. 29

auslotsen, ein Schiff n. aus einem Hafen || to pilot a ship out to sea || piloter un navire hors d'un port. 30

auslüften || to air; to renew the air; to ventilate || aérer; ventiler. 31

Ausmahlprodukt n. || attrition product || produit m. de convertissage. 32

Ausmaß n. || overall length; dimension || longueur f. totale; dimension f. 33

ausmauern, das **Fachwerk** mit Ziegeln || to nog the bay work with bricks || hourder les pans mpl. de bois. **a)** einen runden **Schacht** m. mit Ziegeln ~ (Bergb) || to line a round shaft with bricks || tuber un puits à l'aide d'un revêtement cylindrique en maçonnerie de briques. **b)** einen **Tunnel** m. ~ || to stein *or* to wall up *or* to line with stones a tunnel || revêtir un tunnel en maçonnerie. 34

Ausmauerung f. || lining; masonry || maçonnage m.; maçonnerie f.; murage m. **a)** ~ (Bergb) || walling || muraillement m. **b) feuerfeste** ~ || fire-proof masonry || maçonnerie f. réfractaire. 35

ausmessen, ein **Feld** n. || to measure a ground || arpenter un terrain. **a)** der **Länge** und **Breite nach** ~ || to measure the length and width || mesurer en long et en large. **b)** ein **Schiff** n. ~ || to measure a ship || jauger un vaisseau. **c)** die **Zeit** ~ || to measure the time || mesurer le temps. 36

Ausmessung f. von Spektrogrammen || measuring of spectrograms || mesurage m. des photographies spectrales. 37

Ausmündung f. (Abfallrohr) || discharging hole; mouth; exit || sortie f.; écoulement m. **a)** ~ eines **Kanals** || disemboguement of a canal || débouquement m. d'un canal. 38

ausmünzen || to coin; to mint || monnayer; frapper. 39

Ausmünzung f. || coinage || frappe f. 40

Ausnagung f. || corrasion || corrasion f. 41

Ausnahme f. || exception || exception f. **a) ~hauptanschluß** m. || extraordinary main station || poste m. principal exceptionnel **b) ~preis** m. || special price || prix m. d'exception. 42

ausnahmsweise || by way of exception; for once || d'exception f.; exceptionnellement. 43

ausnehmen, das Muster (Web) || to design || mettre en carte f. 44

ausnutzen || to make use of; to utilize || tirer profit m.; utiliser; exploiter. **a)** bis auf das **äußerste** Maß ~ || to wear down to the utmost || user à la dernière limite. **b)** bis zur Grenze f. der **Leistungsfähigkeit** ~ || to strain to the utmost limit of the capacity || utiliser jusqu'à la limite de la puissance. **c)** den **Motor** m. voll ~ || to utilize the motor fully || utiliser la pleine puissance du moteur. 45

Ausnutzung f. || utilization; efficiency || utilisation f. **a)** mit einer **guten** ~ f. der Anlage rechnen || to reckon upon reasonable return profit on the invested capital || compter sur une exploitation rationnelle de l'établissement. **b) wirtschaftliche** ~ || economical utilization || utilisation f. économique. 46

auspacken, die Maschine || to unpack the machine || déballer la machine. 47

auspeilen, den Grund m. (Seew) || to examine *or* to sound the ground || sonder le fond. 48

auspfählen (Wasserb) || to pile || piloter. 49

auspfänden || to distrain; to seize || saisir. 50

Auspfändung f. || distraint; seizure; execution || saisie f.; saisie-exécution f. 51

ausplentern (Forst) || to prick out || jardiner. 52

ausprägen (Münzen) || to coin; to mint || monnayer; frapper. 53

auspressen || to press out; to squeeze || pressurer; presser; exprimer. 1
Auspressen n. || pressing; squeezing out || pressurage m. **a)** ~ von **Metallen** || metal extruding || refoulage de métaux. 2
Auspreßmaschine f. || squeezer || presse f.; machine f. à pressurer. 3
ausproben || to test; to sample; to try out || essayer; éprouver. 4
Auspuff m. || exhaust; escape || échappement m. **a)** mit ~ **arbeiten** || to work non-condensing || marcher à échappement libre. **b) freier** ~ || open exhaust || échappement m. libre. **c) Hebel** m. für freien ~ || lever for open exhaust || levier m. pour échappement libre. 5
Auspuff-dampf m. || escape steam || vapeur f. d'échappement. **a) ~dampfmaschine** f. || non condensing steam engine || machine f. à vapeur sans condensation; machine à vapeur à échappement libre. **b) ~druck** m. || terminal pressure || pression f. finale. 6
auspuffen || to escape; to exhaust || échapper. 7
Auspuffen n., **freies** || exhausting to atmosphere || échappement m. à air libre. 8
Auspuff-farbe f., die ~ verschlechtert sich || the colour of exhaust deteriorates || les fumées fpl. d'échappement deviennent moins claires. **a) ~führung** f. || piping of the exhaust gases || canalisation f. *ou* conduite f. des gaz d'échappement. 9
Auspuffgas n. || exhaust gas || gaz m. brûlé *ou* d'échappement. **a) ~druck** m. || exhaust gas pressure || pression f. des gaz d'échappement. 10
Auspuff-kanal m. || exhaust port || lumière f. d'échappement. **a) ~kasten** m. || exhaust box || boîte f. d'échappement. **b) ~klappe** f. || exhaust cut out || clapet m. d'échappement. **c) ~knaller** m. || exhaust detonation || détonation f. d'échappement. **d) ~krümmer** m. || bent exhaust pipe || coude m. d'échappement. 11
Auspuffleitung f. || exhaust piping *or* main || conduite f. d'échappement. **a) wassergekühlte** ~ || water cooled exhaust piping || conduite f. d'échappement à chemise d'eau. 12
Auspuff-periode f. || exhaust stroke || temps m. d'échappement. **a) ~pfeife** f. || exhaust alarm || sifflet m. sur l'échappement. 13
Auspuffrohr n. || exhaust pipe || tuyau m. d'échappement. **a) Dampf~** || exhaust steam pipe || tuyau m. d'échappement de vapeur. **b) ~schelle** f. || exhaust manifold clamp || collier m. de tuyau d'échappement. 14
Auspuff-sammler m. || exhaust head || pot m. d'échappement. **a) ~schlitz** m. *s.* ~kanal **b) ~seiher** m. || exhaust strainer || couloir m. *ou* filtre m. d'échappement. **c) ~stutzen** m. || exhaust stub *or* head || boîte f. *ou* raccord m. d'échappement. 15
Auspufftopf m. || exhaust box; muffler (A); silencer || pot m. d'échappement; silencieux m. **a)** ~ mit **Wasserabschluß** || exhaust tank with hydraulic water seal || pot m. d'échappement à fermeture hydraulique. 16
Auspuffventil n. || exhaust valve || soupape f. d'échappement. **a) ~deckel** m. || exhaust valve cap || bouchon m. de soupape d'échappement. **b) ~drücker** m. || exhaust valve lift || poussoir m. de soupape d'échappement. **c) ~feder** f. || exhaust valve spring || ressort m. de soupape d'échappement m. **d) ~flansch** m. || exhaust valve flange || bride f. de soupape d'échappement. **e) ~führung** f. || exhaust valve guide || guide m. de soupape d'échappement. **f) ~gabel** f. || exhaust valve fork || fourchette f. de soupape d'échappement. **g) ~heber** m. || exhaust valve lifter || lève-soupape m. d'échappement. **h) ~heberstange** f. || exhaust valve lift rod || tige f. de poussoir de la soupape d'échappement. **i) ~stange** f. || exhaust valve stem || tige f. de soupape d'échappement. 17
auspumpen || to pump out; to exhaust || vider avec les pompes fpl.; pomper l'eau f. **a)** ein **Schiff** n. ~ || to pump a vessel dry; to free a ship || lester un navire. 18
Auspumpung f. || evacuation || évacuation f.; pompage m.; vidage m. 19
ausputzen || to clean || nettoyer. 20
Ausputz-kratze f. || cleaning brush || brosse f. à nettoyer. **a) ~präparat** n. (Gerb) || cleaning preparation || préparation f. de nottoyage. 21
Ausquetschapparat m., **Strang** (Web) || rope squeezing apparatus || appareil m. de pressurage en boyaux. 22
ausquetschen || to squeeze *or* to press *or* to crush *or* to wring out || exprimer; presser; pressurer; faire sortir à la presse. 23
ausradieren || to erase; to scrape out; to rub out || gratter. 24
ausräuchern, ein Schiff n. || to fumigate *or* to smoke a vessel || fumiger *ou* parfumer un navire. 25
Ausräumapparat m. || clearing apparatus || appareil m. de curage. 26
Ausräumer m. (Bergb) || cleanser; cleaner || vidangeur m. **a)** ~ (Schloss) || countersink || fraise f. 27
ausrechnen || to calculate; to compute; to run out || calculer. 28
Ausrechnung f. || calculation || calcul m. 29
ausrecken (Gerb) || to rack || retaler. **a)** das **Tuch** ~ || to smooth the cloth || détirer le drap. 30
Ausrecken n. des Drahtes || killing of wire || rectification f. du fil. 31
ausreiben, Fässer npl. || to rub the pitch out of the screw bung || gratter la poix des bondes à vis. 32
ausreichend || range up to; sufficient; enough || suffisant. **a)** ~ **fein** || sufficiently fine || de finesse f. suffisante. 33
Ausreise f. || outward voyage || voyage m. d'aller. 34
ausrichten || to straighten; to dress; to align || dresser; redresser; aligner. **a)** ein **Lager** n. ~ || to true a bearing || aligner un palier. **b)** den **Radreifen** m. auf einer Presse genau kreisförmig ~ || to carefully centre the tire by means of an hydraulic press || obtenir le centrage exact du bandage par une presse hydraulique. 35
Ausrichten n., **Stativ** n. zum ~ von zylindrischen Körpern auf der Werkzeugmaschine || stand for checking cylindrical pieces on the machine-tool || support m. à centrer des pièces cylindriques sur la maschine-outil. 36
Ausrichtkeil m. || cone block || cale f. de réglage. 37
Ausrichtung f., die ~ **prüfen** || to check alignment || repérer l'alignement m. **a)** ~ der **Stangen** (el Leit) || alignment of poles || alignement m. des poteaux 38
Ausrichtungs- und Vorrichtungsarbeiten fpl. (Bergb) || opening and fore-winning || travaux mpl. de premier établissement. 39
Ausringen n. des Seidengarns || silk wringing || chevillage m. de la soie. 40
ausrippen, Tabakblätter npl. || to unrib leaves pl. of tobacco || éjamber des feuilles fpl. de tabac. 41
ausroden || to root out || essarter; sarcler. 42
ausrohren, eine Wand f. (Bauw) || to provide a wall with reed || revêtir une muraille de roseaux *ou* de jonc. 43
ausrollen, ein Kabel n. || to run out a cable || dérouler un câble. 44
Ausrückbügel m. || disengaging strap || bride f. de débrayage. 45
ausrücken (Masch) || to disengage; to disconnect || débrayer; désembrayer; déconnecter. **a)** die **Räder** npl. ~ || to uncouple the wheels pl. || désengrener *ou* désaccoupler les roues fpl. **b)** den **Riemen** m. ~ || to throw off the belt || débrayer la courroie. 46
Ausrücken n., augenblickliches Einrücken n. und ~ || instantaneous engaging and release || embrayage m. et débrayage m. instantané. 47
Ausrücker m. || stopper; releasing *or* disengaging lever; shifter || arrêt m.; dispositif m. *ou* levier m. de débrayage. **a) Moment~** || instantaneous stop motion device || dispositif m. de débrayage instantané. **b) Not~** || safety disconnecter || débrayeur m. supplémentaire. 48
Ausrück-gabel f. || uncoupling *or* disengaging *or* disconnecting fork || fourche f. de débrayage. **a) ~glied** n. || stop link || chaînon m. à grain. **b) ~griff** m. || releasing handle || poignée f. de débrayage. 49
Ausrückhebel m. || releasing *or* disengaging lever || levier m. de débrayage *ou* de déclenchement. **a) ~welle** f. || disengagement lever spindle || arbre m. du levier de débrayage. 50
Ausrück-muffe f. || clutch release sleeve || manchon m. de désaccouplement. **a) ~schiene** f. || disengaging bar || tige f. modificatrice *ou* de désaccouplement. **b) ~stift** m. || disengaging rod || tige f. de débrayage. 51
Ausrückung f. || throwing out of gear; disconnection; disengagement || désaccouplement m.; débrayage m. 52
Ausrückvorrichtung f. || disengaging gear *or* coupling || mécanisme m. de désaccouplement; appareil m. de débrayage. **a) Ein- und** ~ für Riemen || belt shifter *or* guide || guide-courroie m. 53
Ausrückwelle f. || disengaging shaft || arbre m. de débrayage. 54
Ausrundung f. (Masch; Zeichn) || fillet || congé m. 55
Ausrupferin f. (Tuchm) || plucking woman || ébouqueuse f. 56
ausrüsten mit || to furnish *or* to equip with; to fit out with || munir de. **a)** ein **Schiff** n. ~ || to rig out *or* to fit out a vessel || équiper un navire. 57
Ausrüsten n. der Gewebe || cloth finishing || finissage m. des tissus. 58
Ausrüster m. (Web) || finisher || apprêteur-finisseur m. 59

Ausrüstung f. || equipment; outfit; finish; fitting out || équipement m. **a) elektrische ~ f.** einer Lokomotive || electrical equipment of a locomotive || équipement m. électrique d'une locomotive. **b)** mit **entsprechender ~** || with the respective attachments pl. || au moyen de dispositifs mpl. ad hoc; équipé de dispositifs mpl. appropriés. **c) Militär ~** || military equipment || équipement m. militaire. **d) optische ~** || optical equipment || équipement m. optique. **e) ~** eines **Wagens** || fitting-out of a wagon || équipement m. d' un wagon. 1

Ausrüstungs-bassin n. (Schiffb) || fitting-out basin || bassin m. d'équipement. **a) ~kran** m. || equipment crane || grue f. d'armement. **b) ~maschine f.** für Appreturanstalten || equipping machine for finishing plants || maschine f. d'équipement pour ateliers d'apprêtage. **c) ~-teile** mpl. für Bahnen || railway equipment || matériel m. divers pour chemins de fer. 2

Aussaat f. (Säen) || sowing || ensemencement m. **a) ~** (Gesätes) || seed corn || semailles fpl. **b) ~gerste f.** || seed *or* sowing barley || orge f. de semence. 3

aussäen || to seed || ensemencer. 4

Aussage f. von **Zeugen** || testimony; evidence || déposition f. 5

aussägen || to saw out || découper à la scie. 6

aussalzen (Chem) || to separate by a salt || séparer en précipitant par un sel. 7

Aussatzfenster n. || shop *or* show window; shop front || étalage m.; fenêtre f. d'étalage; devanture f.; vitrine f. 8

ausschachten (Bergb; Erdarb) || to excavate || foncer. 9

Ausschachtung f. (Bauw) || deepening || fonçage m. 10

ausschalen || to dismantle || décoffrer. 11

ausschälen || to take out; to shell; to peel (off) || peler; retirer; écaler; ecorcer; écosser. 12

ausschalten (Elektr) || to break; to switch off; to cut out; to put out of circuit; to turn out || déconnecter; interrompre; mettre hors (de) circuit m; couper le contact *ou* le circuit; tourner le bouton. **a) ~** (Wettbewerb) || to eliminate || éliminer. **b)** einen **Fehler** m. **~** || to eliminate an error || éliminer une erreur. **c)** den **Widerstand** m. **~** || to cut out resistance || mettre la résistance hors (de) circuit. 13

Ausschalten n., ruckweises || cutting-out *or* disconnection by reversing; jerking stop (A) || mise f. hors (de) circuit *ou* hors de fonctionnement par retrait. 14

Ausschalter m. (Elektr) || circuit breaker; switch; cut-out || coupe circuit m.; interrupteur m.; disjoncteur m. **a) Doppel~** || double cut-out || interrupteur m. *ou* disjoncteur m. double. **b) End~** || limit switch || interrupteur m. de fin de course. **c) Kurbel~** || lever switch || interrupteur m. à manette. **d) selbsttätiger ~** || automatic cut-out; reverse current cut-out; automatic circuit breaker || coupe-circuit m. automatique; conjoncteur-disjoncteur m. 15

Ausschaltstellung f. || open *or* switch-off position || position f. ouverte *ou* de disjonction *ou* d'arrêt. 16

Ausschaltung (Elektr) || putting-out of circuit || mise f. hors (de) circuit *ou* hors courant. 17

Ausschaltungshebel m. (Schreibm) || disconnecting lever || levier m. de débrayage. 18

Ausschank m. (Bier) || tapping || débit m. **a) ~apparat** m. || retailing apparatus || appareil m. de débit. **b) ~einrichtung** f. || bar furniture || installation f. de débit. 19

ausschärfen || to bevel; to deaden; to dull || chanfreiner. 20

Ausschärf-fräsmaschine f. || scarf milling machine || fraiseuse f. chanfreineuse. **a) ~hobelmaschine f.** || scarf planing machine || raboteuse f. chanfreineuse. **b) ~maschine f.** || scarfing machine || machine f. à écarver. 21

ausschaufeln || to shovel || enlever avec la pelle. 22

ausscheiden || to eliminate || éliminer. **a) käsig ~** || to coagulate; to curdle || se coaguler; se prendre. 23

Ausscheidung f. (Chem) || separation; elimination || séparation f.; élimination f. **a) Graphit~** || segregation of graphite || ségrégation f. de graphite. **b) ~** aus **wässeriger Lösung** || precipitation from an aqueous solution || séparation f. d'une solution aqueuse. 24

Ausscheidungsrennen n. || elimination-run || éliminatoire f. 25

ausschenken (Bier) || to retail; to dispense; to put on draught || débiter. 26

ausschießen (Buchdr) || to impose || imposer. 27

Ausschießer m. (Buchb) || gatherer || assembleur m. 28

ausschiffen || to land; to disembark || débarquer. 29

ausschlachten, die Form (Buchdr) || to pull the form to pieces || désosser la forme. 30

Ausschlachter m., **Schiffs** || ship breaker || démolisseur m. de bateaux. 31

Ausschlag m., den **~ geben** (entscheiden) || to decide || décider; emporter la balance. **a) gleichmäßiger ~** || steady deflection || déviation f. soutenue. **b) Höchst~** m. der Schwingung || maximum amplitude *or* deflection of the oscillation || déviation f. maxima de l'oscillation. **c) ~** eines **Instrumentes** || throw *or* deflection of an instrument || déviation f. d'un instrument. **d) mittlerer ~** || average deflection || déviation f. moyenne. **e) ~** de **Pendels** || amplitude of the pendulum || nutation f. du pendule. **f) ~** der **Räder** || steering lock || braquage m. **g) ~** der **Wage** || turn of the scale || trait m.; don m. de balance. 32

Ausschlag-bottich m. (Brau) || hop jack; underback || panier m. à houblon. **a) ~eisen** n. || punch || emporte-pièce m.; découpoir m. 33

ausschlägeln, einen Edelstein m. || to hollow a precious stone || creuser en dessous d'une pierre précieuse. 34

ausschlagen (Angebot) || to refuse || refuser. **a) ~** (Metall) || to flatten out || battre. **b) ~** (Wage) || to turn || pencher; pousser. **c)** eine **Kutsche** f. mit Zeug **~** || to cloth a coach || garnir de drap m. un carrosse. **d)** nach **rückwärts ~** || to deflect backwards *or* backward (A) || devier vers l'arrière. **e)** die **Schrötlinge** mpl. **~** (Münzw) || to flatten *or* to planish the planks pl. || flatir les flans mpl. **f)** mit **Tuch** n. **~** || to line with cloth || garnir de drap m. **g)** nach **vorwärts ~** || to deflect forwards *or* forward (A) || devier vers l'avant. 35

ausschlaggebend || decisive || décisif. **a) ~e Bedeutung** f. || cardinal importance || importance f. capitale. 36

Ausschlagmethode f. || deflection method || méthode f. de déviation. 37

Ausschlagwinkel m. || angle of deflection || angle m. d'écartement *ou* de déflection. **a) ~** der **Räder** || angle of lock || angle m. de braquage. 38

ausschlämmen, Teiche mpl. || to clear pools pl. from mud || débourber des étangs m pl. 39

ausschleifen || to grind out || aléser à la meule. **a) kugelförmig ~** || to grind out into a spherical curvature || tailler sphériquement. 40

Ausschleudermaschine f. || draining machine || essoreuse f. 41

ausschleudern || to drain || essorer. 42

Ausschleudern n. || draining || essorage m. 43

ausschließen (Buchdr) || to justify || justifier. 44

ausschließlich || exclusive || exclusif. 45

Ausschließung f. (Buchdr) || justification || justification f. 46

ausschlitzen, im offenen Schacht m. || to construct in open cutting || couper en puits m. ouvert. 47

Ausschluß m. || exclusion || exclusion f. **a) ~** (Buchdr) || spaces pl. || espaces fpl. **b) großer ~** (Buchdr) || quads pl. || cadrats mpl. **c)** Satz m. mit **viel ~** (Buchdr) || open matter || composition f. espacée. 48

ausschmelzen || to fuse off || séparer par fusion f. 49

Ausschmelzverfahren n. || process of melting out || procédé m. d'extraction par fusion. 50

ausschmieden || to draw-out; to extend; to beat-out; to forge; to hammer || allonger; battre; forger; marteler. 51

ausschnappen || to snap out; to release || déclencher. 52

ausschneiden || to cut out || découper. **a) Holz** n. **~** || to cut wood || découper le bois. **b)** mit der **Säge** f. **~** || to cut out with the saw || dégauchir à la scie. **c)** nach einer **Schablone** f. **~** || to cut to pattern || profiler sur modèle m. 53

Ausschneiden n. von **Fensteröffnungen** || cutting-out window openings || découpage m. des ouvertures de fenêtre. **a) ~** von **Papierblumen** || paper flowers punching || découpage m. de papier pour fleurs. 54

Ausschneider m. (Web) || cutter-out || refendeur m. 55

Ausschneid-maschine f. für Gardinenstoffe || clipping machine for curtain fabrics || machine f. à tondre les rideaux. **a) ~messer** n. (Gerb) || fleshing knife || couteau m. à écharner. **b) ~schere** f. || cutting-out scissors pl. || ciseaux mpl. de découpage. 56

Ausschnitt m. (Geom) || sector || secteur m. **a) ~** (Techn) || cutting out || entaille f. **b)** der Rahmen m. hat **~e** für die **Achslager** || the frame has cut-outs for the reception of the axle boxes || le châssis m. est pourvu d'échancrures destinées à recevoir les boîtes d'essieu. 57

Ausschnitt-handel m. || retail trade || commerce f. de détail. **a) ~händler** m. || retailer; draper || détaillant m. 58

Ausschnürer m. (Web) || tyer-up || empouteur m. 59

Ausschnürung f. (Web) || tying-up || empoutage m. 60

ausschöpfen (Met) || to ladle out || puiser. 1

Ausschöpfkelle f. (Met) || ladle || puiselle f. 2

Ausschrägung f. der Leibung des Fensters || embrasure of a window || ébrasement m. *ou* embrasement m. de fenêtre. 3

Ausschraubwerkzeug n. für Spundringe || bush wrench || outillage m. à dévisser les anneaux de bondes métalliques. 4

ausschreiben (ankündigen) || to announce || annoncer. **a)** eine **Rechnung f.** ~ || to draw up *or* to make out an account || dresser un compte. 5

Ausschreibung f., **beschränkte** || limited submission || appel m. limité à la concurrence. **a) öffentliche** ~ official submission || adjudication f. publique. 6

Ausschuß m. || committee; board || comité m. **a)** ~ (Buchdr) || maculature; monks pl. and friars pl. || maculation f.; impression f. défecteuse *ou* fausse; rebut m. **b)** ~ (Material) || rebute; scrap || refus m.; rebut m. **c)** einem ~ m. **überweisen** || to refer to a committee || renvoyer à une commission. 7

Ausschuß-geschirr n. || outshot porcelain || déchet m. de porcelaine. **a) ~hanf** m. || outshot hemp || chanvre m. outshot. **b)** grobe graue **~lumpen** mpl. || coarse paper rags pl. || boulongeon m. **c) ~papier** n. || mackled sheets pl.; waste paper || maculature f.; papier m. de rebut. **d) ~ware** f. || damaged goods pl. || marchandise f. de rebut; pacotille f.; camelote f. **e) ~wolle** f. || flock *or* bad wool || abat-chauvée f. 8

Ausschüttelanlage f. für Säcke || sack shaking plant || installation f. d'époussetage des sacs. 9

ausschütten || to empty; to tip || déverser; culbuter. 10

Ausschütt-höhe f. (Bagger) || dumping height || hauteur f. de déchargement *ou* de déversement. **a) ~rinne** f. || delivery chute || glissière f. de déversement. 11

Ausschüttung f. der Dividende || payment of dividend || distribution f. du dividende. 12

Ausschüttweite f. (Bagger) || dumping radius || portée f. de déversement *ou* de déchargement. 13

ausschweifen || to beat out || écolleter. **a)** ~ (Tischl) || to cut (the wood) into curved surfaces with the sweep- *or* bow-saw || chantourner. 14

ausschwenkbar-er Einlagedorn m. || swing-out mandrel || mandrin m. supplémentaire articulé. **a) ~e Oberwange** f. || swing out top clamping bar || coulisse f. supérieure articulée. **b) ~er Stempelhalter** m. || swing-out punch holder || porte-poinçon m. oscillant. 15

Ausschwingungskurve f. (Schiffb) || curve of extinction of rolling || courbe f. de l'extinction des oscillations de roulis. 16

Aussehen n., glänzendes || glazed appearance || apparence f. luisante. **a) hübsches** ~ || neat in appearance || forme f. légère et facile. 17

außen und innen || outwards and inwards; externally and internally || au dehors et en dedans. 18

Außen-abmessung f. || external dimension || dimension f. extérieure. **a) ~beleuchtung** f. || outdoor illumination || éclairage m. extérieur. **b) ~beplankung** f. (Schiffb) || outside planking || bordé m. extérieur en bois. **c) ~blitzableiter** m. für Fernmeldeleitungen || external lightning arrester for communication circuits || parafoudre m. extérieur pour circuits télégraphiques et téléphoniques. 19

Außenbordmotor m. || outboard slung motor || motogodille f. **a) Ruderboot** n. mit ~ || rowing boat with outboard slung motor || bateau m. à motogodille. 20

Außenbremse f. || outside *or* external brake || frein m. extérieur. 21

aussenden (Funkw) || to radiate; to send out || émettre. 22

Außen-durchmesser m. || outside diameter || diamètre m. extérieur. **a) ~elektrode** f. || outward electrode || électrode f. extérieure. **b) ~feuerung** f. || external furnace || foyer m. extérieur. **c)** die **~fläche** verputzen || to dress the outer surface || enduire la surface extérieure. **d) ~flansch** m. || exterior flange || bride f. extérieure. 23

Außengewinde n. || outside *or* male screw || filet m. extérieur *ou* mâle. 24

Außengewinde-schneidmaschine f. || external screwing machine || machine f. pour filetage extérieur. **a) ~stahl** m. || outside screw tool || peigne m. mâle. 25

Außen-gitter n. (Funkw) || outward grid || grille f. extérieure. **a) ~glied** n. || outside link || membre m. extérieur. **b) ~glocke** f. (Lampe) || outer globe || globe m. extérieur. **c) ~hafen** m. || outport; outer dock || avantport m. **d) ~handel** m. || foreign trade || commerce m. extérieur. 26

Außenhaut f. (Schiffb) || (outer) skin || bordé *ou* bordage extérieur. **a) ~platte** f. (Schiffb) || exterior plate || plaque f. de l'enveloppe. 27

Außen-kabel n. || outer cable || câble m. extérieur. **a) ~kante** f. || top edge || face f. extérieure. 28

Außenklüver m. || flying jib || clinfoc m. **a) ~gast** m. (Seew) || flying-jib man || gabier m. de clinfoc. 29

Außenkurbel f. || outside crank || manivelle f. extérieure. 30

Außenlager n. || outside box; external *or* outer bearing || palier m. extérieur; boîte f. extérieure. **a) ~radsatz** m. || set of wheels for outside bearings || essieu m. monté pour boîtes à graisse extérieures. 31

Außen-lasche f. mit Langlöchern (Eisenb) || outer fish plate with elongated holes || éclisse f. extérieure avec trous oblongs. **a) ~leiter** m. || outer main || conducteur m. extérieur. **b) ~leiterspannung** f. || outer wire voltage || tension f. des conducteurs m. extérieurs. **c) ~luft** f. || surrounding air; atmosphere || air m. extérieur; atmosphère f. **d) ~mauer** f., **unverputzte** || outside wall without plastering || mur m. extérieur sans enduit. **e) ~nebenstelle** f. (Fernm) || outside extension station || poste m. extérieur. **f) ~planke** f. (Schiffb) || exterior plank || bordage m. du revêtement extérieur. 32

Außenpol m. || external pole || pôle m. extérieur. **a) ~anker** m. || external pole armature || induit m. à pôles extérieurs. **b) ~dynamo** f. || external pole dynamo; dynamo with salient poles || dynamo f. à pôles extérieurs. **c) ~generator** m. || external pole alternator || alternateur m. à pôles extérieurs. 33

Außen-rand m. || outer edge || bord m. extérieur. **a) ~riß** m. || external crack || fente f. extérieure. **b) ~rundmessung** f. || measuring of outside diameter || mesurage m. du diamètre extérieur. **c) ~schicht** f. || outer layer || couche f. extérieure. **d) ~schliff** m. konischer Rundflächen || external taper grinding || rectification f. extérieure de surfaces circulaires coniques. 34

Außenseite f. (Bauk) || front; face || façade f.; face f. **a)** ~ einer **Mauer** || face *or* outside of a wall || parement m. *ou* côté m. de devant d'un mur. 35

Außen-stände mpl. || outstanding debts pl. *or* liabilities pl. || créances fpl. **a) ~-strähler** m. || outside chaser || peigne m. mâle. **b) ~strom** m. (Fernm) || external current || courant m. parasite. **c) ~taster** m. mit Einstellschraube || calipers pl. with set screw || compas m. d'épaisseur à vis de rappel. **d) ~temperatur** f. || outdoor *or* outside temperature || température f. extérieure. **e) ~träger** m. || outside girder || poutrelle f. extérieure. **f) ~verkleidung** f. einer Sternwartenkuppel || sheathing of an observatory dome || couverture f. extérieure d'une coupole d'observatoire. **g) ~verwaltung** f. || outlying department || service m. extérieur. **h) ~verzahnung** f. || external toothing || denture f. extérieure. **i) ~vorschubeinrichtung** f. || outside feeding attachment || dispositif m. d'avance extérieur. **k) ~wand** f. || external wall || paroi f. extérieure. **l) ~-wange** f. (Treppe) || outer string || limon m. extérieur. 36

außer Konkurrenz f. || beyond competition || hors (de) concours m. **a)** ~ **Strom** m. setzen (Elektr) || to put out of circuit; to cut-out; to deenergize || mettre hors courant m. **b)** ~ **Tritt** m. fallen || to fall out of step; to drop out of step || perdre le synchronisme; tomber hors de phase. **c)** der **Motor fällt** ~ **Tritt** || the motor comes out of step || le moteur ne tourne plus synchroniquement. 37

äußer-e Form f. || external form || présentation f. **a) ~er Widerstand** m. || exterior resistance || résistance f. extérieure. 38

außeraxialer Spiegelabschnitt m. || extra-axial mirror zone || portion f. marginale de miroir. 39

Außerbetriebsetzen n. || stoppage || arrêt m. 40

außer-gerichtlich || extra judicial || extrajudiciaire. **a) ~halb** || out of || hors de. 41

äußerlich (Allg) || external || externe. **a)** zum **~en Gebrauch** m. || (Heilk) || for external use; externally || pour usage m. externe. 42

außermittig-e Aufstellung f. des Instrumentes || eccentric setting of the instrument || disposition f. excentrique de l'instrument. **a) ~e Linse** f. || lens out of centre || lentille f. excentrique. 43

außerordentliche Dividende f. || surplus dividend || superdividende m. 44

äußerster Preis || the lowest price || le dernier prix. 45

aussetzen (Mot) || to misfire || manquer. **a)** die **Zündung** setzt aus || the ignition intermits || l'allumage m. rate. 46

aussetzend (Masch) || intermitting; discontinuous || intermittent. **a) ~er Betrieb** m. || intermittent service || service m. intermittent. **b) ~e Quelle** f. || intermittent spring || source f. intermittente. 47

Aussetzer m. (Motor) || misfire || raté m. 48

Aussicht f. || outlook; view || vue f.; perspective f. 1
Aussichtsfernrohr n. || look-out telescope || lunette f. d'approche. **a) binokulares** ~ || binocular look-out telescope || lunette f. d'approche binoculaire. **b) monokulares** ~ || monocular look-out telescope || lunette f. d'approche monoculaire. **c) Stand~** für terrestrische Beobachtungen || look-out telescope on stand for terrestrial observations || longue-vue f. d'approche pour des observations terrestres. 2
aussichts-los || hopeless || sans chance f. de succès. **a) ~reich** || hopeful; promising || plein de promesses fpl. 3
Aussichtswagen m. (Auto) || sight seeing *or* observation *or* look-out car; excursion vehicle || char m. à bancs automobile; voiture f. d'excursion *ou* à point de vue. 4
aussickern || to sinter || suinter. 5
Aussieder m. (Färb) || kettle hand || débouilleur m. 6
ausspannen || to stretch; to extend || détendre. 7
Ausspannen n., schnelles Ein- und || quick inserting and removing || serrage m. et déserrage m. rapide. 8
aussparen || to spare out; to hollow out || évider. 9
Aussparmaschine f., Daubenhobel- und || stave backing and hollowing machine || machine f. à doler et à évider les douves. 10
Aussparung f. || opening || évidement m. **a)** ~ im **Radkörper** || opening in wheel center || évidement m. du corps de la roue. **b)** ~ eines **Ringes** || recess of a ring || évidement m. d'une bague. 11
Aussparungsöffnung f. (Brücke) || cupel || chapelle f. 12
aussperren (Arbeiter) || to lock out || renvoyer en masse; congédier; mettre dehors. 13
Aussperrung f. || lockout || exclusion f.; lock-out m.; mise f. dehors. **a)** eine **Verabredung** über ~ von Arbeitern treffen || to come to a decision to lock out workmen || concerter un accord pour l'exclusion des ouvriers. 14
Ausspritzer m., **Faß** || cask *or* keg sprinkler || injecteur m. pour fûts. 15
ausspülen || to rinse || rincer. 16
Ausstäbung f. || cabling || embâtonnage m.; rudenture f. 17
ausstampfen (Gieß) || to ram || fouler. 18
Ausstand m. || strike || grève f.; mise-bas f. 19
ausständig sein (Arbeiter) || to be out on strike || être en grève f. 20
Ausständiger m. || striker || gréviste m. 21
ausstanzen || to stamp out; to punch || découper à l'emporte-pièce; poinçonner; découper. 22
Ausstanzen n. || stamping; cutting out || découpage m. **a)** ~ der **Zeiger** || cutting *or* stamping the hands || découpage m. d'aiguilles. 23
Ausstanzer m. (Schuhm) || clicker || brocheur m. 24
Ausstanzmaschine f. || punching machine || machine f. à découper. 25
ausstatten || to fit out; to equip || garnir. 26
Ausstattung f. || equipment; finish || équipement m.; exécution f.; garniture f. 27
Ausstäuber m., **Sack** || bag dusting machine || batteuse f. de sacs. 28
ausstehende Gelder npl. || outstanding debts pl. || sommes fpl. à recouvrer. 29
aussteifen || to stiffen || renforcer; raidir. 30
Aussteigeluke f. || roof trap door || lucarne f. 31
aussteigen (Eisenb) || to get out || descendre de voiture f. 32
ausstellen (Musterstück) to exhibit || exposer. **a)** einen **Scheck** m. ~ || to write out a cheque || émettre un chèque. **b)** einen **Wechsel** m. ~ || to draw a draft || émettre une traite. 33
Ausstellen n. eines Duplikatschecks || issue of a duplicate cheque || émission f. d'un duplicata de chèque. 34
Aussteller m. || exhibitor || exposant m. 35
Ausstellung f. || exhibition; show || exposition f. **a)** eine ~ f. **beschicken** || to exhibit || exposer. 36
Ausstellungs-halle f. || exhibition hall || hall m. *ou* halle f. pour expositions. **a) ~maschine** f. || exhibition machine || machine-modèle m. *ou* machine f. d'exposition. **b) ~modell** n. || showroom pattern || modèle m. pour expositions. **c) ~raum** m. || showroom || salle f. de démonstration *ou* d'exposition. **d) ~stand** m. || stand || stand m. 37
Aussteuer f. || trousseau || trousseau m. 38
ausstopfen || to stuff || rembourrer. 39
Ausstopfer m. von Tieren || stuffer of beasts || empailleur m. d'animaux; taxidermiste m. 40
Ausstoß m. (Bier) || output || débit m.; vente f. 41
ausstoßen (Bier) || to turn out; to work out || débiter; vendre. **a)** im **Lagerfaß** n. ~ (Bier) || to work out of the cask bunghole || cracher. **b)** das **Werkstück** ~ || to throw out the piece || refouler la pièce; faire tomber la matière. 42
Ausstoß-hobel m. (Zimm; Tischl) || grooving plane || bouvet m. à rainure. **a) ~kolben** m. || ejecting piston || piston-éjecteur m. **b) ~loch** n. für Treber || vent for spent grains || trappe f. de décharge des drèches. **c) ~maschine** f. || pushing machine || machine-défourneuse f. **d) ~rohr** n. (Torpedo) || launching tube || tube m. de lancement. **e) ~stange** f. || pushing rod || tige-défourneuse f. **f) ~stempel** m. || discharging stamp || tampon m. d'expulsion; piston m. de chasse. **g) ~zylinder** m. || ejecting cylinder || cylindre m. éjecteur *ou* démouleur. 43
ausstrahlen || to emit rays pl.; to radiate || rayonner. **a) Wärme** f. ~ || to radiate heat || émettre la chaleur. 44
Ausstrahlung f. || radiation || radiation f.; rayonnement m. **a)** ~ der **Wellen** || radiation of waves || radiation f. des ondes. 45
Ausstrahlungs-intensität f. *s.* Ausstrahlungslebhaftigkeit. **a) ~lebhaftigkeit** f. || intensity of irradiation || intensité f. lumineuse. **b) ~stärke** f. *s.* ~lebhaftigkeit. **c) ~vermögen** n. || radiating capacity || pouvoir m. radiant. 46
ausstreben (Bauw) || to strut; to brace; to fix struts pl.; to truss (A) || entretoiser. 47
Ausstrecken n. || thinning || allongement m. 48
ausstreichen (Bauw) || to paint || peindre; peinturer. 49
Ausstreich-feile f. || equalling file || lime f. à égali(se)r. **a) ~lineal** n. || straightening iron rod || règle f. à dresser. 50
ausstreuen || to spread || disséminer. 51
ausströmen || to escape; to flow out || s'échapper; s'écouler. 52
Ausströmen n. des Dampfes || eduction *or* discharge *or* exhaust of the steam || échappement m. de la vapeur. 53
Ausströmung f. (Phys; Chem) || emanation || émanation f. 54
Ausströmungs-dampf m. || exhaust steam || vapeur f. d'échappement. **a) ~öffnung** f. für Dampf || exhaust steam port || orifice m. d'échappement de vapeur. **b) ~rohr** n. für Dampf || steam blast pipe || tuyau m. d'échappement de vapeur. 55
Ausstülpung f. || papilla; protuberance; excrescence || excroissance f.; protubérance f. 56
aussuchen || to select; to choose || choisir. 57
Austäfelungsarbeit f. || inlaying || parquetage m. 58
austapezieren || to paper || tapisser. 59
Austausch m. || exchange; replacing || échange m.; remplacement m. **a) Wärme** ~ m. zwischen Boden und Luft || heat exchange between the ground and the air || échange m. de chaleur entre le sol et l'air. 60
Austauscharbeit f. || interchangeable fabrication || fabrication f. interchangeable. 61
austauschbar || exchangeable || échangeable; interchangeable. 62
austauschen || to exchange || échanger. 63
Austauschstück n. || duplicate *or* spare part || pièce f. de rechange. 64
austeilen || to distribute || distribuer. 65
Austeilung f. || distribution || distribution f. 66
Auster f. || oyster || huître f. 67
Austernbank f. || oyster bed *or* ground || huîtrière f.; parc m. à huîtres; banc m. d'huîtres; claire f.; crassat m. **a) ~arbeiter** m. || oyster bed labourer || ouvrier m. du parc m. à huîtres. **b) ~pächter** m. || lessee of oyster bed || fermier m. d'huîtrière *ou* du parc m. à huîtres. **c) ~wächter** m. || watchman of oyster beds || garde-parc m. à huîtres. 68
Austern-fischer m. || oyster dredger; oyster catcher || pêcheur m. *ou* dragueur m. d'huîtres. **a) ~messer** n. || oyster knife || couteau m. à ouvrir les huîtres. **b) ~schale** f. || oyster shell || écaille f. d'huître. **c) ~zucht** f. || oyster culture || ostréiculture. **d) ~züchter** m. || oysterman; breeder of oysters || ostréiculteur m.; parqueur m. *ou* éleveur m. d'huîtres. 69
Austiefung f. || deepening || approfondissement m.; creusement m. 70
austilgen || to efface || effacer. 71
austordieren, den Faden m. || to destroy the torsion of the fibre || éliminer la torsion du fil. 72
Austrag m. || discharge || sortie f. 73
Australit n. || australit || australite m. 74
Austrebermaschine f. || spent grains remover || machine f. à sortir les drèches. **Aufhack-** und ~ || grains reraking and removing machine || piocheur-dédrècheur m. 75
austrebern || to remove the spent grains pl. || sortir les drèches fpl. 76
Austreber-schnecke f. || spent grains conveying screw || vis f. sans fin pour l'évacuation des drèches. **a) ~vorrichtung** *s.* Austrebermaschine. 77
austreiben || to expel; to drive out || expulser; chasser; faire sortir. **a) Kupfer-**

blech n. ~ || to beat out the bosses of copper sheathing || dresser une planche de cuivre. 1
austreten (Fluß) || to overflow || déborder. 2
Austritt m. (aus Vereinigungen) || wihtdrawal; retirement || retraite f. **a) unter ~ von** || with elimination of || avec élimination f. de. 3
Austrittspupille f. (Opt) || exit pupil || pupille f. de sortie; cercle m. *ou* anneau m. oculaire. **a)** ~ eines **Fernrohres** || exit pupil of a telescope || pupille f. d'émergence d'un télescope; anneau m. oculaire d'un télescope. **b)** ~ eines **Mikroskopes** || exit pupil of a microscope || pupille f. de sortie d'un microscope. 4
Austrittswinkel m. || angle of emergence || angle m. d'émergence. 5
austrocknen || to desiccate; to dry (up); to make dry || dessécher; assécher. **a) Holz** n. ~ || to season wood || dessécher le bois. **b)** einen **Teich** m. ~ || to drain *or* to draw a pond || mettre à sec un étang. 6
Austrocknung f. || drying; desiccation || séchage m.; dessiccation f. **a)** ~ der **Schwellen** an der Luft || seasoning of sleepers on the air || dessiccation f. *ou* dessèchement m. des traverses à l'air libre. 7
austuschen (Mal) || to ink || encrer. 8
ausüben, eine Kunst f. || to practise *or* to practice an art || professer *ou* pratiquer *ou* exercer un art. 9
Ausübung f. || exercise; practice || exercice f.; pratique f. **a)** ~ **fällig** (Patent) || working due || mise f. en œuvre due. 10
Ausverkauf m. || clearance sale; selling-off || vente f. totale. 11
ausverkauft || sold out || tout vendu. 12
ausvieren (Zimm; Tischl) || to square out || équarrir. 13
Ausvierung f. || squareness; quadrature || équarrissage m.; quadrature f. 14
auswachsen (Korn) || to grow out || germer; pousser hors du grain. 15
Auswachsen n. (Korn) || growing out || germination f.; action f. de pousser hors du grain. 16
Auswahl f. || choice; selection || choix m. **a)** sorgfältige ~ f. der **Baustoffe** || careful selection of materials || choix m. minutieux des éléments pour la construction. 17
auswählen || to choose; to select || choisir. 18
auswalzen (Met) || to roll (out) || laminer. **a)** den **Kupferbarren** m. zu Stangen ~ || to roll the copper billet to bars || laminer la barre f. de cuivre en barreaux. **b)** die **Luppen** fpl. ~ || to bloom; to rough down the blooms || dégrossir les loupes fpl. *ou* les blooms mpl. 19
Auswalzen n. || rolling out || laminage m. **a)** das ~ erfolgt in **einer Hitze** || the rolling out is done in one heat || le laminage se fait dans une seule chaude. **b)** ~ der **Ringe** mpl. zu Radreifen || rolling out of the rings pl. into tires || laminage m. des anneaux mpl. en bandages primitifs. 20
auswandern || to emigrate || émigrer. 21
Auswandererschiff n. || emigrant ship || navire m. d'émigrants. 22
Auswanderung f. || emigration || émigration f. 23
auswärtig || foreign || étranger. 24
auswaschbar (Chem) || removable by washing || lavable. 25
auswaschen (Chem) || to wash out || nettoyer par épuisement; laver. 26
Auswaschung f. (Chem) || washing || lavage m. **a)** ~ (Gelände) || denudation (by water) || érosion f. par lavage. 27
auswechselbar || interchangeable; exchangeable || interchangeable; remplaçable; échangeable. **a) leicht** ~ || easily interchangeable || facilement interchangeable. **b) untereinander** ~ || interchangeable between each other || interchangeable mutuellement. 28
auswechselbar-es Futterrohr n. (Geschütz) || loose liner; removable liner || chemise f. amovible. **a)** ~**er Spulensatz** m. (Funkw) || interchangeable coil set || jeu m. de selfs interchangeables. **b)** untereinander ~**e Teile** mpl. || parts pl. interchangeable between each other || pièces f. interchangeables mutuellement. 29
Auswechselbarkeit f. || interchangeability || interchangeabilité f. 30
auswechseln || to interchange; to exchange; to renew; to replace; to change || échanger; remplacer; changer. **a)** die **Batterie** ~ || to change the battery || changer la batterie. **b)** einzelne **Teile** mpl. ~ || to change one or the other part || remplacer certains organes mpl. 31
Auswechseln n., tragbare Vorrichtung f. zum ~ von **Lokomotivachsfedern** || portable device for changing locomotive axle springs || dispositif m. portatif pour le rechange des ressorts d'essieu de locomotive. **a)** ~ der **Walzen** || replacing the rolls || changement m. des cylindres. **b)** das ~ der **Werkzeuge** erfolgt in x Minuten || the changing of the tools is effected in x minutes || le changement des outils s'opère en x minutes. 32
Auswechselung f. || exchange; interchange; changing; change; interchanging; renewing; replacing || échange m.; remplacement m. 33
Ausweiche f. (Wasserb) || turnout || élargissement m. 34
ausweichen (Brau) || to floor || décuver. 35
Ausweichen n. (Brau) || flooring || décuvage m. **a)** ~ des **Fräsers** nach oben || cutter springing upwards || décalage m. vertical de la fraise. 36
ausweichende Antwort f. || evasive reply || réponse f. évasive. 37
Ausweich-geleise n. || shunting line; siding way; turnout track || voie f. d'évitement *ou* de garage. **a)** ~**gleisanlage** f. *s.* ~stelle. **b)** ~**stelle** f. (Eisenb) || siding; turnout || changement m. de voie; évitement m.; gare f. 38
Ausweichung f. (Allg) || deflection; declination (A) || déviation f.; élongation f. **a)** ~ (Eisenb) || crossing place in the line || voie f. de garage. 39
Ausweich-ventil n. (Brau) || outlet valve on steeping tanks || soupape f. de décharge de décuvage. **a)** ~**vorrichtung** f. (Eisenb) || switch and crossing || changement m. et croisement m. de voie. 40
Ausweis m. || proof of identity || légitimation f. **a) jährlicher** ~ (Bank) || annual report || balance f. annuelle. 41
ausweisen (beweisen) || to show; to prove || légitimer. **a) sich** ~ || to prove one's identity || établir son identité. 42
Ausweiskarte f. || legitimation card || carte f. de légitimation *ou* d'identité. 43
Auswerfer m. || ejector || éjecteur m. **a)** ~ mit **Rückfall** || ejector with relapse || éjecteur m. avec retour. 44
Auswerfvorrichtung f. (Füllbleistift) || expelling device || éjecteur m. 45
Auswertegerät n., **fotogrammetrisches** || instrument for photogrammetrical evaluations || appareil m. photogrammétrique de restitution. 46
Auswertung f., **grafische** || graphical solution || évaluation f. *ou* solution f. graphique. **a) rechnerische** ~ || solution by calculation || évaluation f. numérique. 47
auswischen || to wipe off || effacer. 48
Auswitterung f. || weathering || décomposition f. par l'air. 49
auswuchten || to counterbalance || équilibrer. **a)** das **Instrument**~ || to balance the instrument || équilibrer l'instrument m. **b) statisch** und **dynamisch** ~ || to balance by static and dynamic methods pl. || équilibrer par les méthodes fpl. statiques et dynamiques. 50
Auswuchtmaschine f. || balancing machine || machine f. à équilibrage (dynamique). 51
Auswuchtung f. durch **Federn** || balancing by springs || équilibrage m. par ressorts. **a)** ~ durch **Gegengewichte** || balancing by counterweights || équilibrage m. par contre-poids. 52
Auswurf-bewegung f. || ejecting motion || mouvement m. d'éjection. **a)** ~**stoff** m. (Fäkalien) || excrementum; refuse || excrément m. **b)** ~**vorrichtung** f. || ejecting device || dispositif m. d'éjection. 53
auszahlen, einen Betrag m. || to pay out a sum || payer *ou* verser un montant. 54
Auszahlung f. || payment || payement m.; versement m. 55
Auszahnung f. am Typenhebel || slit of the type bar || évidement m. de la tige à caractères. 56
auszeichnen (Waren) || to mark; to ticket; to label || étiqueter. 57
ausziehbar-er Flammrohrsiederöhrenkessel m. || multitubular boiler with removable firebox and smoke tubes || chaudière f. avec boîte à feu et faisceau tubulaire amovible. **a)** ~**er Kühler** m. || draw-out *or* retractable *or* extractable (A) radiator || radiateur m. amovible. 58
ausziehen (Chem) || to extract || extraire. **a)** einen **Pfahl** m. ~ || to draw-out a pile || retirer un pieu. **b)** eine **Rechnung** f. ~ || to make-out an account || extraire un compte. **c)** den **Riechstoff** m. ~ || to extract the perfume || extraire le parfum. **d)** die **Schienennägel** mpl. ~ (Eisenb) || to unnail || arracher les crampons mpl. **e)** eine **Zeichnung** f. ~ || to ink-in a drawing || passer un dessin à l'encre. 59
Ausziehen n. (Chem) || extraction || extraction f. 60
ausziehender Schacht m. || upcast ventilating shaft || puits m. d'appel. 61
Auszieher m. (Walzw) || drawing-out device || défourneur m.; extracteur m. 62
Auszieh-flügel m. (Flugz) || telescopic *or* variable span wing || aile f. à allongement *ou* à étirement *ou* étirable. **a)** ~**maschine** f. für Pfähle || pile withdrawing machine || machine f. à arracher les pilotis. **b)** ~**tisch** m. || telescope *or* sliding table || table f. à coulisses *ou* à rallonges. **c)** ~**tubus** m. || draw tube || tube m. coulissant. **d)** ~**tusche** f., **chinesische** (Zeichn) || china *or* indian ink; liquid drawing ink || encre f. de Chine; encre f. liquide pour dessins.

e) **~vorrichtung** f., **Düsen** || implements pl. for dismantling nozzle || dispositif m. d'enlèvement du gicleur. 1

auszimmern, einen Schacht m. (Bergb) || to line a shaft with wood work || étrésillonner un puits de mine. 2

Auszug m. (Chem) || extract || extrait m.; débouilli m. **a)** ~ aus **Grünmalz** || extract of green malt || extrait m. de malt vert. **b)** einen ~ **machen** (Chem) || to extract || extraire. **c) Rechnungs~** || statement of account || extrait m. d'un compte. 3

Auszug-dampfbackofen m. || draw plate steam baking oven || four m. à vapeur amovible *ou* avec chariot sortant. **a)** ~**mehl** n. || superfine flour || fleur f. de farine. **b) ~mittel** n. || contrivance for extraction || moyen m. d'extraction. 4

auszugsweise || in extracts pl. || par extrait m. 5

auszupfen (Wolle) || to pick; to cull; to unbur || égrateronner. 6

authentisch || authentic; genuine || authentique. 7

Auto n. *s.* Automobil *und* Kraftwagen. 8

Autobus m. *s. auch* Omnibus || bus; motor bus || autobus m. 9

Autochrom-druck m. || autochrom printing || impression f. en photochromie; similigravure f. **a) ~platte** f. || autochrom plate || plaque f. autochrome. 10

Autodroschke f. *s.* Automobildroschke. 11

autofrettiert (Geschützrohr) || cold worked; self-hooped || autofretté. 12

autogen || autogenous || autogène. **a)** ~ **geschweißte Eisenwanne** f. || tub in autogenous welded iron || cuve f. en tôle soudée à l'autogène. **b) ~e Schneidanlage** f. || autogenous cutting plant || installation f. de coupe *ou* de découpage autogène. **c) ~er Schneidbrenner** m. || autogenous fusing burner || brûleur m. autogène à découper. **d) ~es Schneiden** n. || autogenous cutting || coupure f. *ou* découpage autogène. **e) ~e Schneidmaschine** f. || autogenous cutting machine || machine f. pour le découpage autogène. **f) ~es Schneidverfahren** n. || autogenous cutting || découpage m. autogène. **g)** ~ **schweißen** || to weld autogenously || souder m. à l'autogène. **h) ~e Schweißanlage** f. || autogenous welding installation || installation f. à soudure autogene *ou* de soudage autogène. **i) ~e Schweißmaschine** f. || autogenous welding machine || machine f. pour la soudure autogène. **k) ~e Schweißung** f. || autogenous welding || soudure f. autogène. **l) ~es Schweißverfahren** n. || autogenous welding || soudure f. *ou* soudage m. autogène. 13

Autogen-schneidbrenner m. || autogenous fusing burner || brûleur m. de découpage autogène. **a) ~schweißbrenner** m. || autogenous welding burner || brûleur m. à soudure *ou* de soudage autogène. 14

Autogiro n. || autogiro || autogyre m. 15

Autograf m. (Buchdr) || autographic artist || autographe m. 16

Autografie f. || autography; autographical printing || autographie f. **a) ~farbe** f. || autographic colour || couleur f. autographique. **b) ~papier** n. || autographic printing paper || papier m. autographique. **c) ~tinte** f. || autographic ink || encre f. autographique. 17

Autojigger m. (Elektr) || auto jigger || auto-jigger m. 18

Autoklav m. || autoclave; vat under pressure || autoclave m. **a)** ~ mit **Rührwerk** || steam pot with agitator || autoclave m. (à vapeur) avec agitateur. 19

Autokollimationsspektroskop n. || autocollimating spectroscope || spectroscope m. autocollimateur. 20

Autolampe f., grelles Licht n. der **~n** || glaring light of motor car headlights || lumière f. aveuglante des phares d'automobile. 21

Automat m. || automaton; delivery apparatus || automate m.; distributeur m. (automatique). **a)** ~ (Drehbank) || automatic lathe || tour m. automatique; tour m. à façonner automatique. **b)** ~ (Masch) || automatic machine || machine f. automatique. **c) Briefmarken~** || postage stamp delivery apparatus || distributeur m. de timbres-poste. **d) Fahrkarten~** || railway ticket delivery apparatus || distributeur m. de tickets de chemin de fer. **e) Getränke~** || drink delivery apparatus || distributeur m. de boissons. **f) Halb~** || semi-automatic machine || semi-automate m. **g) Mehrspindel~** || multiple spindle automatic machine || machine f. automatique à broches multiples. **h) Schokoladen~** || chocolate tablet delivery apparatus || distributeur m. de tablettes de chocolat. **i) Sonderzweck~** || single purpose automatic lathe || tour m. automatique pour usages spéciaux. **k) Speise~** || pastry delivery apparatus || distributeur m. de pâtisseries. **l) Verkaufs~** || automatic delivery apparatus; penny-in-the-slot (machine) || distributeur m. automatique. 22

Automatenamt n. (Selbstanschl) || automatic exchange || bureau m. téléphonique automatique. 23

Automateneinrichtung f. des **Fernrohres** || automaton of telescope || déclenchement m. automatique de la lunette. **a) Geld~** || slot paying *or* penny-in-the-slot mechanism || déclenchement m. monétaire automatique. **b)** die ~ hat **selbsttätigen Aufzug** || the automaton is self-winding || le déclenchement se remonte automatiquement. 24

Automaten-fabrik f. || manufactory of automata *or* automatons || fabrique f. d'automates. **a) ~fernrohr** n. || automatic telescope || lunette f. d'approche munie d'un déclenchement automatique. **b) ~münze** f. || slot coin || jeton m. pour les déclenchements monétaires. **c) ~nebenamt** n. (Selbstanschl) || automatic branch exchange || bureau m. automatique secondaire. **d) ~seife** f. || automaton soap || savon m. pour automates. **e) ~weichstahl** m. || mild steel for automatic lathes || acier m. doux de décolletage. **f) ~zähler** m. || prepayment meter || compteur m. automatique à payement préalable. 25

automatisch || automatic; self acting || automatique. **a) ~e Maschine** f. || automatic machine || machine f. automatique; automate m. **b) voll~** || fully automatic || complètement automatique. **c) ~er Schutzdeckel** m. || forced action guard lid || couvercle m. protecteur fonctionnant automatiquement. 26

Automatisierung f. || automatization || automatisation f. 27

Automobil n. *s. auch* Kraftwagen || automobile; auto car; motorcar || automobile m., f.; auto m., f. **a) Geschäfts~** || delivery *or* commercial (motor) car || automobile m. de livraison. **b) Kessel~** || tank (motor) lorry || camion m. citerne automobile. **c) Klein~** || light motor car; runabout || voiturette f.; voiture f. légère. **d) Last~** || (motor) lorry || camion m. (automobile). **e) Liefer~** || delivery (motor) car || automobile m. de livraison. **f) Sechsrad~** || six-wheeler || automobile m. à six roues. 28

Automobil-anruf m. || taxicab call || téléphone m. pour l'appel de taxis *ou* de voitures de place. **a) ~aufbau** m. || auto top || carrosserie f. d'automobile. **b) ~ausstellung** f. || automobile *or* motor car exhibition || exposition f. automobile *ou* d'automobiles. 29

Automobilbau m. || motor car construction; construction of automobiles || construction f. des automobiles. 30

Automobilbau-sonderfräsmaschine f. || special milling machine for motor car construction || machine f. spéciale à fraiser pour la fabrication des automobiles. **a) ~sondermaschine** f. || special machine for construction automobiles || machine f. spéciale pour la construction des automobiles. 31

Automobil-bekleidung f. || automobile clothes pl. || vêtement m. pour automobilistes. **a) ~beleuchtung** f. || motor car lighting || éclairage m. pour automobiles. **b) ~bereifung** f. || tires pl. for motor cars || bandages mpl. en caoutchouc *ou* pneumatiques mpl. pour automobiles. **c) ~beschlag** m. || automobile fitting || ferrure f. d'automobile. **d) ~brille** f. || automobile goggles pl. || lunettes fpl. d'automobilistes. **e) ~dampfspritze** f. || motor steam fire engine *or* pump || pompe f. à vapeur automobile. **f) ~droschke** f. || taxicab; taxi(car); || fiacre m. automobile; taxi-auto m.; taxi m. **g) ~feder** f. || spring for motor car || ressort m. d'automobile. **h) ~fett** n. || grease for automobiles || graisse f. pour automobiles. **i) ~flagge** f. || motor car flag || pavillon m. pour automobiles. **k) ~garage** f. || motor car garage *or* storage-room || garage m. d'automobiles. **l) ~gestell** n. || automobile frame || châssis m. d'automobile. **m) ~getriebe** n. || automobile gearing || engrenage f. d'automobile. **n) ~guß** m. || casting for automobiles || fonte f. pour autos. **o) ~heizung** f. || automobile *or* motor car heating || chauffage m. d'automobile. **p) ~heber** m. || autolifter || lève-auto m. **q) ~hupe** f. || motor car *or* automobile horn || cornet m. *ou* corne f. *ou* trompe f. d'automobile. **r) ~industrie** f. || motor car industry || industrie f. des automobiles. 32

Automobilismus m. || automobilism || automobilisme m. 33

Automobil-kanister m. || motor car can || bidon m. pour automobiles. **a) ~karosserie** f. || motor car body || carrosserie f. d'automobile. **b) ~koffer** m. || motor (car) trunk; motor touring trunk || coffre m. d'automobile; malle f. pour auto. **c) ~kühler** m. || motor car radiator || radiateur m. d'automobile. **d) ~lack** m. || varnish for motor cars || vernis m. pour automobiles. **e) ~laterne** f. || motor car lamp || lanterne f. pour automobile. **f) ~leder** n. || leather for motor cars *or* automobiles || cuir m. pour automobiles. **g) ~luftreifen**

m. ‖ pneumatic tire for motor cars ‖ bandage m. pneumatique *ou* pneu m. *ou* pneumatique m. d'automobile. **h) ~öl** n. ‖ oil for automobiles ‖ huile f. pour automobiles. **i) ~öler** m. ‖ motor car lubricator ‖ graisseur m. d'automobiles. **k) ~omnibus** m. *s. auch* Omnibus. ‖ motor bus ‖ autobus m.; omnibus-automobile m.; f. **l) ~politur** f. ‖ motor car polish ‖ poli m. *ou* vernis m. d'automobile. **m) ~polsterwerkstoff** m. ‖ stuffing for motor cars ‖ matériel m. de rembourrage pour automobiles. **n) ~rad** n. ‖ motor car wheel ‖ roue f. pour automobile. **o) ~rahmen** m. ‖ automobile frame; motor car body ‖ châssis m. d'automobile. **p) ~reifen** m. ‖ motor car tire ‖ bandage m. d'automobile. **q) ~reifenvulkanisator** m. ‖ vulcanisator for motor car tires ‖ vulcanisateur m. pour bandages d'automobiles. **r) ~schlitten** m. ‖ motor sleigh ‖ traîneau m. automobile. **s) ~spiegel** m. ‖ automobile mirror ‖ avertisseur m. *ou* espion m. pour automobiles. **t) ~sprachrohr** n. ‖ motor car speaking trumpet ‖ tuyau m. acoustique pour automobiles. **u) ~sprengwagen** m. ‖ motor sprinkling car; motor water car ‖ voiture f. arroseuse automobile; tonneau m. d'arrosage automobile. **v) ~spritze** f. ‖ motor fire engine ‖ auto-pompe f.; pompe f. automobile. **w) ~straßenbau** m. ‖ building automobile roads ‖ construction f. de routes pour automobiles. 1

Automobilteile mpl. ‖ automobile parts pl. ‖ accessoires mpl. pour automobiles. **a) ~waschapparat** m. ‖ washing apparatus for automobile components ‖ appareil m. à laver des pièces d'automobiles. 2

Automobil-uhr f. ‖ automobile watch ‖ horloge f. d'automobile. **a) ~verdeck** n. ‖ automobile head ‖ capote f. pour automobiles. **b) ~zubehör** n. *s.* Automobilzubehörteile. **c) ~zubehörteile** mpl. ‖ automobile accessories ‖ accessoires mpl. pour automobiles. **d) ~zündung** f. ‖ automobile ignition ‖ allumage m. pour automobiles. 3

Automolit m. ‖ zinc spinel; gahnite; automolite ‖ spinelle m. zincifère; gahnite f.; automolite f. 4

Autoomnibus m. *s.* Automobilomnibus. 5

Autor m. ‖ writer; author ‖ auteur m. 6

Autoruf m. ‖ taxicab call ‖ téléphone m. pour l'appel de taxis *ou* de voitures de place. 7

Autotypie f. ‖ half tone etching; autotypy ‖ autotypie f.; similigravure f. **a) ~druck** m. ‖ printing of half tone etchings *or* engravings ‖ impression f. de similigravures. 8

Autunit m. ‖ uranite ‖ uranite f. 9

Aval m. ‖ bails pl. ‖ avals mpl. 10

avalieren ‖ to stand security; to guarantee ‖ aval(i)ser. 11

Aventurinfeldspat m. ‖ sun stone; adventurine feldspar ‖ feldspath m. aventurine. 12

Avis m. ‖ information; advice ‖ avis m. **a) ~brief** m. ‖ letter of advice ‖ lettre f. d'avis. 13

avisieren ‖ to inform; to advise ‖ aviser; donner avis m. 14

Aviso m. (Seew) ‖ despatch vessel ‖ aviso m. 15

axial ‖ axial ‖ axial. **a) ~ verschieben** ‖ to move in axial direction ‖ décaler axialement. 16

Axialturbine f. ‖ axial flow turbine ‖ turbine f. axiale. 17

Axminsterteppich m. ‖ Axminster carpet ‖ tapis-chenille m.; velvet-carpet m. 18

Axt f. ‖ axe ‖ cognée f.; hache f. **a) ~ in amerikanischer** Form ‖ Canadian axe ‖ hache f. façon Canada. 19

Axtstiel m. ‖ axe handle *or* shaft ‖ manche m. de hache. 20

azentrisch ‖ eccentric ‖ excentrique. **a) ~e Ophthalmoskopie** f. ‖ eccentric ophthalmoscope method ‖ ophtalmoscopie f. excentrique. 21

Azetaldehyd n. ‖ acetaldehyde; acetic aldehyde ‖ acétaldéhyde m.; aldéhyde m. acétique. 22

Azetat n. ‖ acetate ‖ acétate m. **a) Aluminium~** ‖ aluminium acetate ‖ acétate m. d'alumine. **b) Blei~** ‖ acetate of lead ‖ acétate m. de plomb. 23

Azetatlack m. ‖ acetate lacquer ‖ laque f. d'acétate. 24

Azeton n. ‖ acetone; pyroacetic spirit ‖ acétone f. 25

Azeton-bisulfit n. ‖ acetone bisulfite ‖ bisulfite m. d'acétone. **a) ~öl** n. ‖ acetone oil ‖ huile f. d'acétone. 26

Azetylchlorid n. ‖ acetyl chloride ‖ chlorure m. d'acétyle. 27

Azetylen n. ‖ acetylene ‖ acétylène m. **a) flüssiges ~** ‖ dissolved acetylene ‖ acétylène m. en solution. **b) gelöstes ~** ‖ dissolved acetylene ‖ acétylène m. dissous. **c) komprimiertes ~** ‖ compressed acetylene ‖ acétylène m. comprimé. **d) verflüssigtes ~** ‖ liquid acetylene ‖ acétylène m. liquide. 28

Azetylen-anlage f. ‖ acetylene plant ‖ installation f. d'acétylène. **a) ~apparat** m. ‖ acetylene apparatus ‖ appareil m. pour acétylène. **b) ~beleuchtung** f. ‖ acetylene gas lighting ‖ éclairage m. à acétylène. **c) ~brenner** m. ‖ acetylene burner ‖ bec m. à acétylène. **d) ~bunsenbrenner** m. ‖ acetylene Bunsen burner ‖ brûleur m. de Bunsen à l'acétylène. **e) ~entwickler** m. ‖ acetylene generator ‖ générateur m. d'acétylène. **f) ~erzeuger** m. *s.* ~entwickler. **g) ~erzeugungsanlage** f. ‖ acetylene producing plant ‖ installation f. pour la production d'acétylène. **h) ~flasche** f. ‖ acetylene gas bottle ‖ bouteille f. à acétylène dissous. 29

Azetylengas n. ‖ acetylene gas ‖ gaz m. acétylène; acétylène m. 30

Azetylengas-anlage f. ‖ acetylene gas plant ‖ installation f. pour fabriquer le gaz acétylène. **a) ~anstalt** f. ‖ acetylene gasworks pl. ‖ fabrique f. d'acétylène. **b) ~brenner** m. ‖ acetylene gas burner ‖ bec m. de gaz à acétylène. **c) ~entwickler** m. acetylene gas generator; générateur m. de gaz d'acétylène. **d) ~entwicklungsanlage** f. ‖ acetylene gas producing plant ‖ installation f. pour la production de gaz acétylène. 31

Azetylen-lampe f. ‖ acetylene lamp ‖ lampe f. à acétylène. **a) ~laterne** f. ‖ acetylene lantern ‖ lanterne f. à acétylène. **b) ~leuchtfeuer** n. ‖ acetylene flare light ‖ phare m. à acétylène. **c) ~reinigungsmasse** f. ‖ acetylene purifying agent ‖ matière f. épurante pour le gaz acétylène. **d) ~reinigungs- und ~trocknungsmasse** f. *s.* Azetylentrocknungsmasse. **e) ~sauerstoffschneidbrenner** m. ‖ acetylene-oxyhydrogen fusing-burner ‖ brûleur m. acétylène-oxyhydrique à découper. **f) ~scheinwerfer** m. ‖ acetylene headlight *or* lamp *or* searchlight ‖ phare m. à acétylène. **g) ~schneidanlage** f. ‖ acetylene cutting plant ‖ installation f. de découpage à acétylène. **h) ~schneidverfahren** n. ‖ acetylene cutting ‖ découpage m. à l'acétylène. **i) ~schwarz** n. ‖ acetylene black ‖ noir m. d'acétylène. **k) ~schweißanlage** f. ‖ acetylene welding plant ‖ installation f. de soudage à l'acétylène. **l) ~schweißverfahren** n. ‖ acetylene welding ‖ soudage m. à l'acétylène. **m) ~tetrachlorid** n. ‖ acetylene tetrachloride ‖ tétrachlorure m. d'acétylène. **n) ~trocknungsmasse** f. ‖ acetylene purifying and drying mass ‖ masse f. d'épuration et de séchage pour acétylène. 32

azetylierbar (Chem) ‖ acetylable ‖ acétylable. 33

azetylieren (Chem) ‖ to acetylate ‖ acétyler. 34

Azetyl-salizylsäure f. ‖ acetylsalicylic acid ‖ acide m. acétylsalicylique. **a) ~zelluloselack** m. ‖ acetyl cellulose lacquer ‖ laque f. de cellulose acétylée. 35

Azidol-blau n. ‖ acidol blue ‖ bleu m. d'acidole. **a) ~chromfarbstoff** m. ‖ acidol chrome colour ‖ couleur f. chrome d'acidole *ou* chromée à l'acidole. **b) ~farbe** f. ‖ acidol dye ‖ couleur f. à l'acidole. 36

Azimut m. ‖ azimuth; vertical circle ‖ azimut m.; cercle m. vertical. 37

azimutal ‖ azimuthal ‖ azimutal. **a) ~ montiertes Fernrohr** n. ‖ telescope in azimuthal mount ‖ lunette f. à monture azimutale. **b) ~es Fernrohr** n. ‖ azimuthal telescope ‖ lunette f. azimutale. **c) ~er Kometensucher** m. ‖ azimuth comet finder ‖ chercheur m. de comètes azimutal. 38

Azimutalkorrektion f. (Astro) ‖ azimuth correction ‖ rectification f. de l'azimut. 39

Azimut-blende f. ‖ azimuth diaphragm ‖ diaphragme m. azimutal. **a) ~kompaß** m. ‖ azimuth *or* azimuthal compass ‖ compas m. azimutal. **b) ~kreis** m. ‖ azimuth circle ‖ cercle m. de relèvement. **c) ~zeiger** m. ‖ azimuth finder ‖ indicateur m. d'azimut. 40

Azofarbstoff m. ‖ azo dye ‖ colorant m. azoïque. 41

Azotometer n. (Chem) ‖ azotometer ‖ azotomètre m. 42

Azur-blau n. ‖ azure blue ‖ bleu m. d'azur; bleu m. azuré. a) **~farbe** f. ‖ azure; sky-blue; ultramarine ‖ azur m.: bleu m. d'outremer. 43

Azurit m. ‖ azurite; blue copper; blue carbonate of copper; chessy copper; azure copper ore ‖ azurite f.; cuivre m. carbonaté bleu; azur m. de cuivre. 44

azyklisch ‖ acyclic ‖ acyclique. 45

B

b-Ader f. || ring wire; R-wire || fil m. b. 1
Babbitmetall n. || bearing *or* white *or* Babbitt metal || métal m. blanc *ou* à coussinets; régule m. 2
Babyartikel m. || baby's article || article m. pour bébés. 3
Bach m. || brook; rivulet || ruisseau m. a) **~durchlaß** m. || culvert || aquéduc-siphon m. b) **~weide** f. || water willow; osier || osier m. bleu. 4
Back m. (des Papierholländers) || vat || pile f.; bac m.; cuve f. 5
Backblech n. || backing tin || tôle f. à pâtisserie. 6
Backbord n.; m. || port; larboard || bâbord m. 7
Backbord-licht n. || port light || feu m. de bâbord. a) **~motor** m. || port engine || moteur m. de bâbord. b) **~motorgondel** f. || port engine nacelle || nacelle f. du moteur bâbord. 8
Backe f. (Masch) || cheek; jaw || joue f.; mâchoire f.; mors m.; montant m. a) ~ (Schiffsmast) || fish || jumelle f. b) **Blei~** (Schraubstock) || lead jaw socket || plaque f. pour étaux en plomb. c) **Kupfer~** (Schraubstock) || copper jaw socket || plaque f. pour étaux en cuivre. d) **Messing~** (Schraubstock) || brass jaw socket || plaque f. pour étaux en laiton. e) ~ eines **Schienenstuhls** || jaw of a rail chair || saillie f. d'un coussinet de rails. f) ~ eines **Schraubstocks** || jaw *or* jaw-socket of a vice || mâchoire f. *ou* plaque f. d'un étau. g) **Stahl~** || steel cheek || mâchoire f. en acier. 9
backen (im Ofen) || to bake || cuire. a) ~ (in der Pfanne) || to fry || frire. b) ~ (zusammenbacken) || to bake; to cake || cuire; coller; s'agglutiner; s'agglomérer. 10
Backen n. der **Kohle** || baking *or* caking of the coal || agglutination f. de la houille. a) ~ des **Kokses** || coking; baking *or* clinkering of the coke || agglutination f. *ou* cuisson f. du coke. 11
Backen-bohrer m. || master *or* original *or* plug tap || taraud-mère f. a) **~brecher** m. || jaw breaker *or* crusher || broyeur m. *ou* concasseur m. à mâchoires. b) **~breite** f. (Schraubstock) || width of jaws || largeur f. des mors. c) **~bremse** f. || shoe brake || frein m. à sabot. 12
backende Kohle f. || baking *or* caking *or* bituminous coal || charbon m. collant. a) ~ **Sinterkohle** f. || baking cherry coal || houille f. grasse collante. 13
Backen-futter n. || jaw chuck || mandrin m. à griffes *ou* à mâchoires *ou* à mordaches. a) **~höhe** f. (Schraubstock) || depth of jaws || hauteur f. des mors. b) **~schiene** f. (Eisenb) || stock rail; rigid rail of the switch || rail m. d'applique; rail m. fixe d'excentrique. c) **~schleifvorrichtung** f. für Gewindeschneidbacken || die grinding attachment for threading dies || dispositif m. à affûter les peignes à fileter. 14
Bäcker m. || baker; bread maker || boulanger m. a) **Kunden~** || bake house proprietor || fournier-boulanger m. b) **Landbrot~** || country baker || boulanger m. rural. c) **Militär~** || army baker || boulanger m. militaire *ou* de garnison. 15
Bäckerei f. || bakery || boulangerie f. a) **mechanische ~** || mechanical bakery || boulangerie f. mécanique. 16
Bäckerei-einrichtung f. || baking equipment || équipement m. de boulangerie. a) **~maschine** f. || bakery *or* bakehouse machine || machine f. de boulangerie. b) **~werkmeister** m. || foreman baker || brigadier m. d'une boulangerie. 17
Bäckergerät n. aus Holz || baker's wooden tools || outil m. *ou* ustensile m. en bois pour boulangers. 18
Back-fähigkeit f. des Kokses || coking capacity || pouvoir m. collant du coke. a) **~form** f. || baking *or* pastry mould || forme f. *ou* moule m. pour boulangeries. b) **~formeneinfetter** m. || pan greaser || graisseur m. de moules. c) **~haube** (Küche) || baking hood || petit four m. à pâtisserie. d) **~kohle** f. || baking *or* caking coal || houille f. grasse; charbon m. collant. e) **~maschine** f. || baking machine || machine f. de boulangerie. f) **~masse** f. || baking dough || pâte f. à gateau. g) **~oblate** f. || wafer for baking || oublie f. de boulangerie. 19
Backofen m. || baker's *or* baking oven || four m. de boulanger *ou* de boulangerie. a) ~ mit **aufgebautem Konditorherd** || baking oven with overhead confectionery hearth || four m. de boulangerie surmonté d'un four pâtissier. b) ~ mit **ausziehbaren Fächern** || draw plate baking oven || four m. de boulangerie amovible *ou* avec chariot sortant. c) **Dampf~** || steam baking oven || four m. de boulangerie à vapeur. d) **Einschieß~** || peel baking oven || four m. de boulangerie à introduire le pain *ou* pour enfourner le pain. e) **elektrischer ~** || electrical baking oven || four m. électrique de boulangerie. f) **Gas~** || gas baking oven || four m. à gaz de boulangerie. g) ~ für **Holzheizung** || baking oven heated by wood || four m. de boulangerie pour chauffage au bois. h) **tragbarer ~** || portable baking oven || four m. transportable de boulangerie. i) **Tunnel~** || tunnel baking oven || four m. de boulangerie à tunnel. 20
Backofen-gewölbe n. || vaulting of an baking oven || chaperon m. de four de boulangerie. a) **~heizer** m. || oven tender || chauffeur m. de fours. 21
Back-öl n. || baking oil || huile f. à frire. a) **~pulver** n. || baking powder || poudre f. à cuire; levain m. en poudre. 22
Backstein m. || burnt brick || brique f. cuite. 23
Backsteinbau m. || brick work || construction f. en briques; briquetage m. a) **nachgeahmter ~** || counterfeit brick work || briquetage m. feint. 24
Backstein-käse m. || baked cheese || fromage m. cuit. a) **~mauerung** f. || bricklaying || briquetage m. b) **~maurer** m. || brick layer || maçon m.; briqueteur m. c) **~ofen** m. || brick kiln || four m. à briques. d) **~pflaster** n. || flag pavement || pavé m. carreté *ou* en briques. e) **~platte** f. || square brick || carreau m. de brique. 25
Back-torf m. || turf cake || motte f. de tourbe. a) **~trog** m. || kneading trough; hutch || pétrin m.; huche f. b) **~versuch** m. || baking experiment || essai m. de cuisson. 26
Backware f. || baker's ware || articles mpl. de boulangerie. a) **feine ~** || pastry; confectionery; fine baker's ware || pâtisserie f.; boulangerie-pâtisserie f. 27
Backwerk n. *s.* Backware, feine. 28
Bad n. || bath || bain m. a) **alkalisches ~** || alcaline bath || bain m. alcalin. b) ein ~ n. **ansetzen** (Galv) || to prepare a bath || préparer un bain. c) **elektrolytisches ~** || electrolytic bath || bain m. électrolytique. d) **galvanoplastisches ~** || electro-plating bath || bain m. galvanoplastique. e) das ~ ist zu **metallarm** || the bath has become impoverished || le bain contient trop peu de métal. f) **saures ~** || acid bath || bain m. acide. 29
Badeanstalt f. || bathing place *or* establishment || établissement m. de bains. a) **medizinische ~** || establishment for medicinal baths || établissement m. pour bains médicaux. 30
Bade-anzug m. || bathing suit *or* dress || costume m. *ou* caleçon m. de bain. a) **~becken** n. (einer Badeanstalt) || swimming bath *or* pool (A) || bassin m. de natation. 31
Badeeinrichtung f. || bath plant || installation f. pour bains. a) **medizinische ~** (Apparat) || hydrotherapeutic apparatus || appareil m. d'hydrothérapie. 32
Bade-extrakt m. || bathing extract || extrait m. pour bains. a) **~hose** f. || bathing drawers pl. || caleçon m. de bain. b) **~kammer** f. || bath room || salle f. de bains. c) **~kappe** f. || bathing cap || bonnet m. de bain. d) **~mantel** m. || bath robe || baigneuse f. e) **~mittel** n. *s.* Badezusatz. 33
Badeofen m. || bath oven; bathroom stove || chauffe-bain m.; poêle f. chauffe-bains *ou* pour cabinets de bain; four m. *ou* foyer m. à bain. a) **Gas~** || gas stove for baths || poêle f. *ou* four m. à gaz pour bains. b) **Kohlen~** || coal stove for baths || poêle f. à charbon pour bains. 34
Badepräparat n. *s.* Badezusatz. 35
Bäderartikel mpl. || souvenir articles pl. || articles m. de souvenir de bains. 36
Bade-salz n. || bath salt || sel m. pour bains. a) **~seife** f. || bath soap || savon m. pour bain. b) **~stelle** f. || bathing place || baignoir m.; cabinet m. de bain. c) **~stube** f. *s.* Badezimmer. d) **~trikot** n. || bathing tricot || caleçon m. de bain. e) **~tuch** n. || bath towel || peignoir m. f) **~uhr** f. (Galv) || bath clock || horloge m. électrolytique pour bains. 37
Badewanne f. || bath(ing) tub || baignoire f.; baignette f. a) **gußeiserne emaillierte ~** || enamelled cast iron bath tub || baignoire f. en fonte emaillé. b) ~ aus **Reinnickel** || pure nickel bath tub || baignoire f. en nickel pur. 38
Badewäsche f. || bath linen || linge m. de bain. 39

Badewasser n. || bath water || eau f. de bain. **a) ~anlage** f. || bath water plant || installation f. pour eau de bain. 1
Badezimmer n. || bath room || cabinet m. *ou* salle f. de bain. 2
Badezimmer-einrichtung f. || bath room installation || installation f. de (cabinet de) bain. **a) ~ofen** m. *s.* Badeofen. 3
Badezusatz m. || bath salt; bathing preparation || préparation f. pour bains; produit m. additionnel pour le bain. 4
Bad-flüssigkeit f. (Galv) || bath solution; bath; electrolyte || liquide m. du bain; bain m.; électrolyte m. **a) Bewegung** f. der **~flüssigkeit** || agitating of the bath solution || agitation f. du bain. **b) ~nebel** m. (Galv) || bath vapour || vapeur m. de bain. **c) ~stromregler** m. (Galv) || bath current regulator || régulateur m. de courant pour bain. **d) ~wärmer** m. || bath warmer *or* heater || chauffe-bain m. 5
Bagger m. || dredger; dredge; drag || drague f. **a)** ~ (Wasserb) || dredging boat || bateau m. dragueur; Marie-salope f. **b) Braunkohlen~** || excavator for lignite mines || excavateur m. pour mines de lignite. **c) Dampf~** || steam dredger || drague f. à vapeur. **d) Eimerketten~** || endless chain multibucket excavator; bucket dredger || excavateur m. à chaîne à godets; drague f. à godets. **e)** mit **Führungsrollen** versehener ~ || dredger using the guide roller system || excavateur m. pourvu de galets de guidage. **f) Greif~** || grab dredger || excavateur m. *ou* drague f. à grappin. **g) Hand~** || hand drag || drague f. à main. **h) Planier~** || skimmer || niveleur m.; drague f. à niveler. **i) Schleppschaufel~** || dragline dredger || drague-drag line f. **k) Schürfkübelkabel~** || drag line bucket excavator || drague f. sèche à benne et à câble. **l) Schwimm~** m. auf Ponton || pontoon floating dredger || excavateur m. flottant monté sur ponton. **m) Tiefbau~** || excavator for underground work || excavateur m. pour travaux souterrains. **n) Trocken~** || excavator; dry dredger || excavateur m.; drague f. sèche. 6
Baggerbetrieb m. || dredging service || service m. de dragues. 7
Baggerbolzen m. || dredger joint pin || boulon m. de drague. **a) ~ring** || ring for dredging bolt || anneau m. pour boulons de dragues. 8
Baggerboot n. *s.* Bagger (Wasserb). 9
Baggerei f. || dredging || dragage m. 10
Baggereimer m. || dredger bucket || godet m. de drague; louchet m. **a) ~messer** n. || knife for dredging bucket || bec m. de godet de drague. 11
Baggerer m. || dredger || dragueur m. 12
Bagger-gerät m. || excavating apparatus || appareil m. d'excavation. **a) ~greifer** m. || grab || grappin m. 13
Baggergut n. || excavated material; spoil || matériel m. dragué; curure f. **a) Fallhöhe** f. des **~es** || height from which the dredging spoil is dumped || hauteur f. de chute du matériel dragué. 14
Bagger-kette f. || bucket chain || chaîne f. à godets. **a) ~leitrolle** f. || guide roll for dredgers || tambour m. de guidage pour dragues. **b) ~löffel** m. || dredger ladle || cuiller f. de drague. 15
Baggermaschine f. || dredge; dredger; dredging machine || drague f.; dragueur m.; dragueuse f. **a) einfache ~** || single dredging machine || dragueur m. simple. **b) doppelte ~** || double dredging machine || dragueur m. double. 16
baggern || to dredge || draguer; creuser. **a) Kies** m. ~ || to draw out gravel || draguer le gravier. 17
Bagger-prahm m. || ballast dredger; mud lighter || cure-môle m.; ponton m. à vase; gabare f. à vase. **a) ~schaufel** f. || drag || drague f. **b) ~schiff** n. || dredge *or* dredger *or* dredging boat || bateau-drague m.; bateau m. dragueur; Marie-salope f. **c) ~schiffsmeister** m. || dredge captain || capitaine m. de bateau-drague. **d) ~tiefe** f. || excavating depth || profondeur f. de fouille. **e) ~torf** m. || drag turf; dredged peat || tourbe f. pêchée avec la drague; tourbe f. draguée. **f) ~trommel** f. || dredging tumbler || tambour m. de drague. 18
Baggerung f. || dredging || draguage m.; dragage m.; curage m. **a) Boden~** || ground excavation || excavation f. de terrain. 19
Bagger-unternehmer m. || dredging contractor || entrepreneur m. de draguage. **a) ~zahn** m. || tooth of dredger || griffe f. pour dragues. 20
Bahn f. *s. auch* Eisenbahn || railway || chemin m. de fer. **a)** ~ (Geom) || trajectory || trajectoire f. **b)** ~ (Mech) || space; path || parcours m.; espace m. parcouru. **c) Drahtseil~** || wire tramway; cable railway; telpher way || funiculaire m. **d) eingleisige ~** || single way || chemin m. de fer à simple voie. **e) Einschienen~** || monorail || monorail m. **f) elektrische ~** || electric railway || chemin m. de fer électrique. **g) Feld~** || contractor's railway || chemin m. de fer portatif; Décauville m. **h) Forst~** || forest railway || chemin m. de fer forestier. **i) Gruben~** || mining railway || chemin m. de fer pour mines. **k) Hafen~** || harbour railway || chemin m. de fer de port. **l)** ~ des **Hammers** || hammer face || face f. *ou* table f. du marteau. **m) Haupt~** || principal railway || ligne f. principale. **n)** ~ eines **Hobels** || face *or* sole of a plane || plan m. *ou* semelle f. d'un rabot. **o) Industrie~** || industrial railway || chemin m. de fer industriel. **p) Klein~** || narrow gauge railway || chemin m. de fer à voie étroite. **q) Kolonial~** || colonial railway || ligne f. coloniale. **r)** ~ eines **Kometen** || path of a comet || orbite f. de comète. **s) Lokal~** || local railway || chemin m. de fer local. **t) Normalspur~** || standard gauge railway || chemin m. de fer à voie normale. **u)** ~ der **Schiene** || upper surface of the rail || surface f. de roulement du rail. **v) Schienen~** || railway; railroad || chemin m. à rails. **w) Schmalspur~** || narrow gauge railway || chemin m. de fer à voie étroite. **x) Schnell~** || high speed railway || ligne f. à service rapide. **y) Schwebe~** || suspended railway || tramway m. suspendu. **z)** ~ für **Treibriemen** || band for driving belts || bande f. pour courroies de transmission. 21

a) Zahnrad~ || rack railway || chemin m. de fer à cremaillère. 22
Bahn-abzweigung f. || branching || embranchement m. **a) ~anlage** f. || railway plant || installation f. du chemin de fer. **b) ~arbeiter** m. || railway worker || ouvrier m. de chemin de fer. **c) ~aufseher** m. || overseer of the line || garde-ligne m. **d) ~ausrüstungsteile** mpl. || railway equipment || matériel m. d'équipement pour chemins de fer. **e) ~bau** m. || railway construction || construction f. de la voie. **f) ~betrieb** m. || railway service || service f. des chemins de fer. **g) ~betriebswerkstatt** f. || railway repairing workshop || atelier m. de réparation de chemin de fer. **h) ~brücke** f. || railway bridge || pont m.; viaduc m. **i) ~dienst** m. *s.* Bahnbetrieb. **k) ~dynamo** f. || railway generator || dynamo f. pour traction. 23
bahnfrei (anliefern) || free on rail (F. O. R.) || franco sur wagon. 24
Bahn-gebiet n. || railway territory || domaine m. du chemin de fer. **a) ~graben** m. (Eisenb) || side drain || contre-fossé m. 25
Bahnhof m. || (railway) station || station f. (de chemin de fer); gare f. **a) Haupt~** || central station || gare f. centrale. **b) Straßenbahn~** || tramway depot || remise f. *ou* dépôt m. à voitures. **c) Verlade~** || loading station || gare f. de transbordement. **d) Verschiebe~** || shunting depot || gare f. de manœuvre. 26
Bahnhofs-bekohlungskran m. || coaling crane for railway stations || grue f. à charger le charbon pour gares. **a) ~einfriedigung** f. || fencing of a station || clôture f. d'une gare. **b) ~gebäude** n. || station house *or* building || station f.; gare f. **c) ~gleis** n. || track of a station || voie f. de la gare. **d) ~halle** f. || hall for railway station; passenger main waiting room (A) || hall m. de gare *ou* pour voyageurs. **e) ~vorsteher** m. || station master || chef m. de gare *ou* de station. 27
Bahnkörper n. (Eisenb) || road bed; body of a railway || plateforme f. des terrassements; corps m. de la voie; terre-plein m. 28
Bahnkreuzung f. || crossing of lines || croisement m. *ou* traversée f. de voie. **a) rechtwinklige ~** || crossing at a right angle || traversée f. à angle droit. **b) schräge ~** || oblique crossing || traversée f. oblique. 29
Bahn-kurve f. || curve || courbe f. **a) ~linie** f. || railway line || tracé m. *ou* ligne f. d'un chemin de fer. **b) ~material** n. || railway material || matériel m. de chemin de fer. 30
Bahnmeister m. || inspector of the permanent way || inspecteur m. de chemin de fer. **a) ~wagen** m. || inspection trolley || wagonnet m. d'inspection. 31
Bahnmotor m. || railway motor || moteur m. de traction. 32
Bahnnetz n. || system of railroads; railroad net; railway system || réseau m. de chemins de fer *ou* de voies ferrées. **a)** ~ mit **lebhaftem Eisenbahnbetrieb** || railroad net with a very heavy traffic || réseau m. de chemins de fer d'un trafic très vif. 33
Bahn-oberbau m. || permanent way; superstructure || superstructure f.; voie f. permanente. **a) ~postwagen** m. || mail van || voiture f. postale. **b) ~profil** n. || section of a railway || section f. de chemin de fer. **c) ~räumer** m. || rail guard || chasse-corps m. 34
Bahnsteig m. || platform of station || quai m. de la gare. 35
Bahnsteig-bedachung f. || platform roof || couverture f. *ou* toiture f. du quai. **a) ~uhr** f. || platform clock; station clock || horloge f. de quai. 36

Bahnstrecke f. ‖ section of track ‖ tronçon m. de voie. 1
Bahnwärter m. ‖ watchman; signalman; linekeeper; lineman ‖ garde-barrière m.; garde-ligne m. **a) Hilfs~** ‖ linekeeper's *or* signalman's assistant ‖ garde-ligne m. auxiliaire. 2
Bahnwärter-hammer m. (für Stuhlschienenbau) ‖ wedge hammer ‖ chasse-coin m. **a) ~haus** n. ‖ watchman's house; linekeeper's lodge *or* box *or* hut ‖ maisonnette f. *ou* guérite f. de garde-barrière; maison f. de garde-ligne. 3
Bahnzentrale f. ‖ traction station ‖ centrale f. de tramway. 4
Bahre f. ‖ stretcher ‖ civière f. 5
Bajonett n. ‖ bayonet ‖ baïonnette f. 6
Bajonett-fassung f. ‖ bayonet socket *or* lampholder ‖ douille f. à baïonnette. **a) ~griff** m. ‖ bayonet clutch ‖ manette f. à douille de baïonnette. **b)** Griff m. mit **~kurve** ‖ handle with bayonet slot ‖ poignée f. munie de fente à baïonnette. **c) ~rohr** n. (Chem) ‖ closed tube ‖ tube m. fermé. **d) ~sockel** m. ‖ bayonet cap ‖ culot m. à baïonnette. **e) ~träger** m. ‖ bayonet girder ‖ traverse f. à baïonnette. **f) ~verschluß** m. ‖ bayonet catch *or* fixing ‖ verrouillage m. *ou* monture f. à baïonnette. 7
Bake f. ‖ landmark; beacon ‖ amer m.; balise f. **a)** Tonnen fpl. und **~n** fpl. **legen** (Seew) ‖ to put up beacons and buoys ‖ baliser. 8
Bakelit n. ‖ bakelite ‖ bakélite f. 9
Bakentonne f. (Schiff) ‖ beacon buoy ‖ bouée f. à la balise. 10
Bakterie f. ‖ bacteria ‖ bactérie f. 11
Bakterien-form f. ‖ bacterial form ‖ forme f. de bactérie. **a) ~infektion** f. ‖ bacteria contamination ‖ infection f. bactérienne. **b) ~kolonie** f. ‖ bacteria colony ‖ colonie f. de bactéries. **c) ~kultur** f. ‖ bacterial culture ‖ culture f. de bactéries. **d) ~leiche** f. ‖ dead bacteria ‖ cadavres mpl. de bactéries. **e) ~spore** f. ‖ bacteria spore ‖ spore f. de bactérie. **f) ~trübung** f. ‖ bacterial cloudiness *or* turbidity ‖ trouble m. de bactéries. **g) ~vernichtung** f. ‖ destruction of the bacteria ‖ destruction f. des microbes. **h) ~züchtung** f. ‖ bacteriological culture ‖ culture f. bactérienne. 12
Bakteriologe m. ‖ bacteriologist ‖ bactériologue m. 13
Bakteriologie f. ‖ bacteriology ‖ bactériologie f. 14
bakteriologisch ‖ bacteriological ‖ bactériologique. **a) ~e Analyse** f. ‖ bacteriologic(al) analysis ‖ analyse f. bactériologique. **b) ~es Gerät** n. ‖ bacteriologic apparatus ‖ appareil m. de bactériologie. 15
Bakterium n. ‖ bacterium ‖ bactérie f. **a) aerobes ~** ‖ aerobic bacterium ‖ bactérie f. aérobique. **b) anaerobes ~** ‖ anaerobic bacterium ‖ bactérie f. anaérobique. **c) arthrospores ~** ‖ arthrosporic bacterium ‖ bactérie f. arthrospore. **d) exospores ~** ‖ exosporic bacterium ‖ bactérie f. exospore. **e) Faden~** ‖ thread bacterium ‖ bactérie f. filamenteuse. **f) Fäulnis~** ‖ putrefactive bacterium ‖ bactérie f. putride. **g) Gärungs~** ‖ fermentation bacterium ‖ bactérie f. de fermentation. **h) schleimbildendes ~** ‖ slimy bacterium ‖ bactérie f. visqueuse. 16
Balalaika f. ‖ balalaika ‖ balalaika f. 17
Balanz f. (Gleichgewicht) ‖ balance ‖ balance f.; équilibre m. **a) ~** (Müll) *s.* Balanzhaue. **b) ~haue** f. (Müll) ‖ balance ‖ anille f. 18
Balanzier m. (Masch) ‖ beam; working *or* walking beam; bob; logging head ‖ balancier m. 19
Balanzier-dampfmaschine f. ‖ beam steam engine ‖ machine f. á vapeur á balancier. **a) ~feder** f. ‖ equalizer spring ‖ ressort m. de balancier. **b) ~maschine** f. *s.* ~dampfmaschine. **c) ~rohr** n. und Verlängerungsrohr n. eines Fernrohres ‖ balancing and extension tube of a telescope ‖ pièce f. intermédiaire pour équilibrer et allonger le tube d'une lunette. **d) ~säge** f. ‖ radius cross cut saw machine ‖ scie f. à balance. **e) ~signal** n. (Funkw) ‖ balancing signal ‖ signal m. équilibré. 20
Balanzierung f. eines Fernrohres in Höhenbewegung ‖ telescope balanced for motion in altitude ‖ lunette f. équilibrée pour le mouvement vertical. 21
Balanziervorrichtung f. ‖ balancing device ‖ dispositif m. à équilibrer. 22
Balata f. ‖ balata ‖ balata f. **a)** mit anderen Stoffen **gemischte ~** ‖ balata mixed with other materials ‖ balata m. mélangé d'autres matières. **b) rohe ~** ‖ raw balata ‖ balata m. brut. 23
Balata-band n. ‖ balata belt ‖ courroie f. en balata. **a) ~industriemaschine** f. ‖ balata trade machine ‖ machine f. pour l'industrie du balata. **b) ~treibriemen** m. ‖ balata *or* caoutchouc driving belt ‖ courroie f. de commande en caoutchouc *ou* en balata. 24
Baldachin m. (Beleucht) ‖ canopy ‖ dais m. **a) ~schale** f. (Bauk) ‖ ceiling rosette ‖ rosace f. de plafond. 25
Baldrian-öl n. ‖ valerian oil ‖ essence f. de valériane. **a) ~salz** n. ‖ valerianate ‖ valérianate m. 26
baldriansaures Amyl n. ‖ amyl valerianate ‖ valérianate m. d'amyle. 27
Baldrian-säure f. ‖ valerianic acid ‖ acide m. valérianique. **a) ~wurzel** f. ‖ valerian root ‖ racine f. de valériane. 28
Balg m. von Tieren ‖ slough of animals ‖ dépouille f. d'animaux. 29
Bälgemacher m. ‖ bellow maker ‖ soufflетier m. 30
Balgengerüst n. (Schmied) ‖ bellows frame ‖ chevalet m. de soufflet. 31
Balggebläse n. ‖ bellows pl. ‖ soufflet m. 32
Balken m. ‖ beam; balk ‖ poutre f.; bau m.; bille f. de bois. **a) abgekanteter ~** ‖ cant timber ‖ bille f. écornée *ou* équarrie *ou* chanfreinée. **b) ausgefalzter ~** ‖ grooved beam ‖ poutre f. feuillée. **c) bewehrter ~** ‖ armed beam ‖ poutre f. armée. **d) ~** mpl. **bündig überschneiden** ‖ to scarf timbers ‖ assembler des pièces de bois à mi-bois. **e) Durchbiegung** f. eines **~s** ‖ deflection of a girder ‖ flèche f. de la poutre. **f) Eckstich~** ‖ dragon piece; tie brace ‖ blochet m. mordant. **g) eingespannter ~** ‖ fixed beam ‖ poutre f. encastrée. **h) mit Eisen bewehrter ~** ‖ beam bound with iron bars ‖ poutre f. armée de bandes de fer. **i) ~** aus **Eisenbeton** ‖ ferro concrete beam ‖ poutre f. en béton armé. **k) gebogener ~** *s.* Balken, gekrümmter. **l) gekrümmter ~** ‖ bent *or* curved *or* arched beam ‖ poutre f. courbée *ou* cintrée. **m) Grundlager~** *s.* Lager~. **n) Hohl~** ‖ hollow beam ‖ poutre f. creuse. **o) Holz~** ‖ wooden beam ‖ poutre f. en bois. **p) Lager~** ‖ bed plate beam ‖ poutre f. (de plaque) de fondation. **q) Quer~** ‖ cross beam ‖ poutre f. transversale. **r) verdübelter ~** ‖ joggled built beam ‖ poutre f. jointe par des clefs en bois. **s) verschränkter ~** ‖ scarfed built beam ‖ poutre f. jointe par des encoches alternatives. **t) verzahnter ~** ‖ indented built beam ‖ poutre f. assemblée à dents de scie *ou* assemblée en crémaillère. **u) zusammengesetzter ~** ‖ built-up beam ‖ poutre f. rapportée. 33
Balkenbiege-maschine f. *s.* Balkenbiegepresse. **a) ~- und Richtmaschine** f. ‖ beam bending and straightening machine ‖ machine f. à cintrer et à dresser les poutres. **b) ~presse** f. ‖ beam bending press ‖ presse f. à cintrer les poutres. 34
Balken-brücke f. ‖ girder bridge ‖ pont m. à longerons *ou* à poutres. **a) ~decke** f. ‖ span ceiling; ceiling of timbers ‖ plafond m. enfoncé; lambris m. **b) ~fach** n. (in der Mauer) ‖ tail bay ‖ travée f. contigue au mur. **c) ~lage** f. ‖ framing of joists ‖ solivure f. 35
balkenlose Decke f. ‖ girderless ceiling ‖ plancher m. sans nervures. 36
Balken-rost m. (Bauw) ‖ grating of timbers ‖ grillage m. **a) ~schalung** f. ‖ girder casing ‖ coffrage m. de poutre. 37
Balkenwage f. ‖ beam scale *or* balance ‖ balance f. à fléau. **a) gleicharmige ~** ‖ equal armed beam scale ‖ balance f. à fléaux égaux. 38
Balkon m. ‖ balcony ‖ balcon m. **a) ~fenster** n. ‖ balcony window ‖ fenêtre f. du balcon. **b) ~träger** m. ‖ balcony support ‖ colonne f. méniane. **c) ~tür** f. ‖ balcony door ‖ porte f. de balcon. 39
Balkweger m. (Schiffb) ‖ shelf; clamp of the deck-beams ¶ bauquière f.; serrebaux m.; serre-bauquière f. 40
Ball m. (Spiel) ‖ ball ‖ balle f. **a) ~** (Met) ‖ loop; ball ‖ loupe f. **b) Gummi~** ‖ india rubber ball ‖ balle f. élastique. 41
Ballast m. ‖ ballast; dead weight ‖ lest m.; ballast m.; ballastage m. **a)** den **~** m. **ausladen** ‖ to unballast ‖ délester. **b)** mit **~** m. **beladen** ‖ to ballast ‖ lester. **c) Fahrt-~** ‖ ballast for cruising ‖ lest m. de voyage *ou* pour le voyage *ou* de navigation. **d) fliegender ~** (Seew) ‖ shifting ballast ‖ lest m. volant. **e) Wasser~** ‖ water ballast ‖ lest-eau m.; lest m. d'eau; water ballast m. 42
Ballast-eisen n. (Schiffb) ‖ kentledge ‖ fer m. en saumon. **a) ~pumpe** f. ‖ ballast pump ‖ pompe f. de lest d'eau; pompe de ballast. **b) ~sand** m. ‖ ballast sand ‖ sable m. pour lest. **c) ~ widerstand** m. (Elektr) ‖ fixed *or* loading resistance ‖ résistence f. fixe *ou* de charge. 43
ballen *s.* Ballen m., in ~ verpacken. 44
Ballen m. (Glasf) ‖ ball; piece; lump ‖ paraison f. **a) Hopfen~** ‖ hop bale ‖ balle f. de houblon. **b) Papier~** ‖ bale of paper ‖ balle f. de papier. **c)** in **~** mpl. **verpacken** ‖ to bale; to parcel; to package ‖ mettre en balle f. 45
Ballen n. des **Hopfens** ‖ baling of the hop ‖ mise f. en balle du houblon. 46
Ballen-brecher m. (Spinn) ‖ bale breaker *or* opener ‖ ouvreuse f. de balles; déchireur m. de balle; casse-ballot m. **a) ~eisen** n. ‖ dressing chisel ‖ ébauchoir m.; fermoir m. **b) ~griff** m. ‖ machine handle ‖ poignée f. à rouleaux. **c) ~oberfläche** f. (Walzw) ‖ working surface ‖ table f. du cylindre. **d) ~öffner** m. *s.* ~brecher. **e) ~packpresse** *s.* Ballenpresse. 47

Ballenpresse f. || baling *or* packing press; press for bales || presse f. à emballer *ou* à paqueter *ou* à faire des balles. **a) stehende ~** || vertical baling press || presse f. verticale à emballer. 1

Ballhammer m. || ball hammer || marteau m. à balle. 2

ballig gedreht (Riemenscheibe) || bulged; convexely turned || bombé. 3

Ballig-dreheinrichtung f. || device for convex turning || dispositif m. à tourner bombé. **a) ~drehen** n. || spherical turning || tournage m. sphérique. **b) ~schleifeinrichtung** f. || cambering device || dispositif m. à rectifier le bombé. 4

Ballistik f. || ballistics pl. || balistique f. 5

ballistisch || ballistic || balistique. **a) ~e Form** f. des Geschosses || ballistic form of the projectile || forme f. balistique du projectile. **b) ~es Instrument** n. || ballistic instrument || instrument m. balistique. 6

Ballnetz n. (Sport) || ball net || filet m. à balles. 7

Ballon m. || balloon || ballon m. **a) Drachen~** || kite balloon || ballon m. cerf-volant; drachenballon m. **b) Fessel~** || captive balloon || ballon m. captif. **c) Frei~** || free balloon || ballon m. libre. **d) Lenk~** || dirigible || dirigeable m. **e) Registrier~** || sounding *or* registering balloon || ballon m. enregistreur *ou* explorateur. **f) Säure~** || carboy || bonbonne f.; tourie f. **g) unbemannter ~** || balloon without aeronaut || ballon m. non monté *ou* sans pilote. 8

Ballon-ader f. (Fernm) || balloon conductor || conducteur m. à ballon. **a) ~anker** m. || balloon anchor || ancre f. de ballon. **b) ~element** n. (Elektr) || Meidinger cell; element with a balloon || élément m. *ou* pile f. à ballon. **c) ~entleerungsapparat** m. (Chem) || carboy emptying apparatus || appareil m. à vider les bonbonnes. 9

Ballonet n. || ballonet || ballonnet m. **a) unpralles ~** || flabby ballonnet || ballonnet m. flasque. 10

Ballon-führer m. || conductor of the balloon || pilote m. du dirigeable. **a) ~-hülle** f. || balloon envelope; gas hull || enveloppe f. du ballon. **b) ~korb** m. || basket *or* car *or* nacelle of the balloon || nacelle f. de ballon. **c) ~netz** n. || balloon net || filet m. de ballon. **d) ~reifen** m. || balloon tire || pneu m. ballon. **e) ~schifffahrt** f. || aerostation || aérostation f. **f) ~seide** f. || balloon silk || soie f. pour ballons. **g) ~sperre** f. || balloon barrage || barrage m. de ballons. **h) ~station** f. (Funkw) || captive balloon station || station f. de ballons captifs. **i) ~stoff** m. (Luftf) || balloon envelope material; balloon fabric || étoffe f. à ballon. **k) ~technik** f. ballooning || technique f. aérostatique. 11

Ball-saal m. || dancing room || salle f. de danse. **a) ~schuh** m. || dancing shoe || soulier m. de soirée *ou* de bal. **b) ~-senden** n. (Funkw) || rebroadcasting || retransmission f. d'une radiodiffusion. 12

Balsam m. || balm; balsam || baume m. **a) natürlicher ~** || natural balsam || baume m. naturel. 13

Balsam-judaicum n. || balm of Mecca || baume m. de Judée. **a) ~krautöl** n. || alecost oil || essence f. de balsamite. 14

Baltimoregelb n. || Baltimore yellow || jaune m. Baltimore. 15

Baluster m. (Bauw) || baluster || balustre m. 16

Balustrade f. || parapet || balustrade f.; parapet m. 17

Bambus m. || bamboo || bambou m. **a) einfach gespaltener ~** || simply splitted bamboo || bambou m. simplement refendu. **b)** in Streifen **zerlegter ~** || bamboo divided in slips || bambou m. débité en lames. 18

Bambus-arbeiter m. || bamboo-worker || bamboutier m. **a) ~faser** f. || bamboo filament || fibre f. de bambou. **b) ~möbel** n. || bamboo furniture || meuble m. en bambou. **c) ~rohr** n. || bamboo || bambou m. **d) ~waren** fpl. || bamboo articles pl. *or* ware || articles mpl. en bambou. 19

Banane f. || banana || banane m. 20

Bananen-mehl n. || meal of bananas || farine f. de bananes. **a) ~stecker** m. (Fernm) || banana plug || fiche f. banane. **b) ~wachs** n. || Pisang wax || cire f. de Pisang. 21

Band m. (Buchdr) || volume || volume m.; tome m. 22

Band n. || band; ribbon; tape || bande f.; ceinture f.; ruban m. **a) Bänder** npl. für **Buchbindereibedarf** || ribbons pl. for bookbinders || rubans mpl. pour relieurs. **b) eisernes ~** || iron hoop || frette f. **c) elastisches ~** || elastic web || tissu m. élastique. **d) endloses ~** || endless ribbon *or* band || ruban m. *ou* bande f. sans fin. **e) Faß~** || cask hoop || cercle m. de fût. **f) feststehendes ~** || stationary ribbon || ruban m. fixe. **g) Film~** || filmband || pellicule f. **h) glattes ~** || plain ribbon || ruban m. uni. **i) Gummi~** || rubber tap || ruban m. en caoutchouc. **k) laufendes ~** || continuous belt conveyor || table f. roulante. **l) Lese~** (Aufber) || sorting belt || bande f. de triage. **m) ~ ohne Ende** *s.* Band n., endloses. **n) ~** mit **Ösen** || eyelet tape || bande f. garnie d'œillets. **o) ~** der **Säge** || saw blade *or* web; blade *or* web of a saw || lame f. de scie; feuille f. de scie. **p) Schreibmaschinen~** || typewriter ribbon || ruban m. pour machines à écrire. 23

Bandage f. (Elektr) || band || bandage m. **a) ~** (Radkranz; Eisenb) || tyre; tire || bandage m. 24

Bandagen-drehbank f. || tire lathe || tour m. à bandages. **a) ~glühofen** m. (Walzw) || tyre heating furnace || four m. à chauffer les bandages. **b) ~halter** m. am Anker (Elektr) || anchor clip; binding wire clip || fermeture f. *ou* joint m. de frette. **c) ~näherin** f. || bandage sewer || couseuse f. de bandages. **d) ~presse** f. || tire press || presse f. à bandages. **e) ~-walzwerk** n. || strip *or* tire rolling mill || laminoir m. *ou* train m. à bandages. 25

Bandagierung f., Rohr || pipe warping || enveloppement m. de tubes. 26

Bandagist m. || bandagist || bandagiste m. 27

Band-antenne f. || tape antenna || antenne f. à ruban. **a) ~blitz** m. || ribbon lightning || éclair m. en forme de ruban. **b) ~bohrer** m. || bar wimble || barroir m. **c) ~breite** f. || (Frequenz) || band width || largeur f. de bande. **d) ~bremse** f. || band *or* belt brake || frein m. à collier *ou* à ruban *ou* à courroie *ou* à bande *ou* à sangle *ou* à enroulement. 28

Bändchen n. || small band || bandelette. 29

Bandeinfaßapparat m. || binding apparatus || appareil m. à border. 30

Bandeisen n. || hoop *or* band *or* strip iron; iron strap || feuillard m. de fer; fer m. feuillard *ou* en rubans. **a) kaltgewalztes ~** || cold rolled strip iron || fer m. feuillard laminé à froid. **b) ~ ziehen** || to draw band iron || étirer le fer feuillard. 31

Bandeisen-dübel m. || hoop iron peg || goujon m. de feuillard. **a) ~haspel** f. || hoop iron spool || dévidoir m. pour fers plats. **b) ~reif** m. || band iron hoop; hoop iron hoop || cercle m. en feuillard. **c) ~schere** und **-lochstanze** f. || hoop iron shearing and punching machine || machine f. à couper et à perforer les feuillards. **d) ~schleudervorrichtung** f. || tumbling device for hoop iron || appareil m. centrifuge pour fabriquer le feuillard. **e) ~schrappvorrichtung** f. || roughing device for hoop iron || dispositif m. à racler les feuillards. **f) ~straße** f. || flat iron train || laminoir m. à feuillards. **g) ~wickler** m. || plate band winder || enrouleur m. de feuillard. 32

Bandelement n. || element of a belt || élément m. de bande. 33

bänderarmer Falzapparat m. || folder with few tapes || plieuse f. à peu de cordons. 34

bänderloser Falzapparat m. || tapeless folder || plieuse f. sans cordons. 35

Banderole f. || revenue stamp || bande f.; bandelette f. 36

Banderoliermaschine f. || banderoling *or* labelling machine || machine f. à banderoler *ou* à coller les banderoles. 37

Bandförderer m. || belt conveyor || transporteur m. à ruban *ou* à courroie; bande f. transporteuse. **a) fahrbarer ~** || travelling band conveyor || transporteur m. à bande sur roues. 38

Band-förderung f. || belt conveyance || transport m. par bande. **a) ~führung** f. (Schreibm) || ribbon guide || guidage m. du ruban. **b) ~galvanisieranlage** f. || tape galvanising plant || installation f. de galvanisation de feuillards. **c) ~gelenk** n. || band joint || articulation f. de la bande. **d) ~hobel** m. (Küf) || spoke shave || racloire f. **e) ~jaspis** m. || ribbon jasper || jaspe m. rubané. **f)** schalenförmig gewundener **~knoten** m. || coque || coque f. **g) ~kupplung** f. || band clutch *or* coupling || accouplement m. *ou* embrayage m. à ruban. **h) ~leitungsmaschine** f. (Textil) || lapping engine || réunisseuse f. **i) ~magnet** m. || plate *or* strip magnet || aimant m. plat en lames. **k) ~maschine** f. || band making machine || machine f. à faire les cordons. 39

Bandmaß n. || measuring tape; tape measure || ruban m. mesure; mètre m. à ruban. **a) ~** mit **Feder** || spring tape measure || mesure en ruban avec ressort. **b) Stahl~** || steel tape measure || mesure f. à ruban en acier. 40

Band-mechanismus m. (Schreibm) || ribbon mechanism || mécanisme m. du ruban. **a) ~mikrophon** n. || ribbon transmitter || microphone m. avec plaque. **b) ~montage** f. || fitting on the continuous flow system || montage m. à la chaîne. **c) ~post** f. || belt conveyer || courroie f. convoyeuse. 41

Bandsäge f. || band saw || scie f. à ruban. **a) ~** für **Dauben** || stave band saw || scie f. à ruban pour douves. **b) ~** zum Schneiden von **Metallen** || band saw for cutting metal || scie f. à ruban pour métaux.

c) **Walzwerk~** || band saw for rolling mills || scie f. à ruban pour laminoirs. 1

Bandsäge-blatt n. || endless saw blade || lame f. sans fin. a) **~maschine** f. || band sawing machine || scie f. *ou* machine f. à scier à ruban. 2

Bandsägen-führung f. || band saw guide || guidage m. pour scies à ruban. a) **~lötvorrichtung** f. || band saw soldering device || dispositif m. de brasure pour scies à ruban. 3

Bandsäger m. || band sawyer || scieur m. à la scie à ruban. 4

Bandsägerolle f. || band saw pulley || poulie f. pour scies à ruban. 5

Band-schläger m. (Buchb) || presser || batteur m. a) **~schneidmaschine** f. || ribbon cutting machine || machine f. à refendre les rubans. 6

Bändselleine f. || seizing line || petite corde f.; corde f. de saisine. 7

Bandsprecher m. || ribbon loudspeaker || haut-parleur m. avec bandelette. 8

Bandstahl m. || strip *or* hoop *or* band steel; ribbon-shaped steel || feuillard m. en acier; acier m. sous forme de ruban. a) **~verfeinerungsmaschine** f. || machinery for refining steel strip || affineuse f. mécanique pour feuillards d'acier. 9

Bandstuhl m. (Web) || ribbon loom || métier m. à rubans. a) **~einrichter** m. || ribbon loom gaiter || appareilleur m. de métiers à rubans. 10

Band-transportör m. || band conveyer || transporteur m. à courroie. a) **~trockner** m. || belt dryer || sécheur m. à bande. b) **~walzwerk** n. || strip mill || laminoir m. à feuillard. c) **~waren** fpl. aus natürlichem Roßhaar || haberdashery from natural horsehair || rubaneries fpl. en crin naturel. d) **~weber** m. || ribbon weaver; small ware weaver || rubanier m.; tissutier-passementier m. e) **~weberei** f. || ribbon weaving || rubanerie f. f) **~webstuhl** m. || ribbon weaving *or* bar loom || métier m. à tisser des rubans; métier m. à la barre. g) **~weide** f. || osier || osier m. h) **~wickelapparat** m. (Web) || comber lap machine || réunisseuse f. de rubans. i) **~wickelmaschine** f. (Kabel) || strip winding machine || enrouleuse f. de bandes. k) **~wickler** m. || taping machine; ribbon folder || rubaneuse f.; machine f. à rubaner; plieur m. de rubans. l) **~-wolke** f. || belt cloud || nuage m. en bande. 11

Bandwurmmittel m. || vermifuge || remède m. contre les vers solitaires. 12

Banjo n. || banjo || banjo m. 13

Bank f. (Bergb) || bank; bench; layer || strate f.; couche f. a) **~** (Handel) || bank; banking establishment || banque f. b) **~** (Möbel) || bench; seat || banc m. c) **~** (Werktisch) || work-bench || établi m. d) **Abstech~** || slicing lathe || tour m. à tronçonner. e) **Bohr~** || boring machine || machine f. à aléser; tour-alésoir m. f) **Genossenschafts~** || people's bank; cooperative bank || banque f. coopérative. g) **optische ~** || optical bench || banc m. d'optique. h) **Schul~** || school bench || banc m. d'école. i) **Zusammenbruch** m. einer **~** || failure of a bank || krach m. de banque. 14

Bank-aktie f. || bank share || action f. de banque. a) **~amboß** m. || bench anvil || enclumot m. de banc; enclumeau m. b) **~anweisung** f. || bank draft || traite f. de banque. c) **~axt** f. || bench axe || hache f. à main. d) **~bericht** m. || return *or* report of a bank || situation f. d'une banque. e) **~direktor** m. || bank manager || directeur m. *ou* gouverneur m. d'une banque. f) **~diskont** m. || bank rate || cours m. de banque. g) **~einrichtung** f. || bank furniture || ameublement m. de banques. h) **~eisen** n. || cramp iron for wood || patte f. à bois. i) **~former** m. || bench moulder || mouleur m. d'établi. k) **~garantie** f. || banker's guarantee || garantie f. de banque. l) **~guthaben** m. || banking account || débiteurs mpl. en banque. m) **~haken** m. || holdfast || mentonnet m. n) **~hammer** m. (Schloß) || locksmith's *or* bench hammer || marteau m. d'établi. o) **~haus** n. || banking house *or* establishment || maison f. de banque. p) **~hobel** m. (Küf) || bench *or* joining plane || colombe f. à joindre. q) **~horn** n. || beak iron; two-beaked anvil || enclume f. bigorne; bigorneau m. 15

Bankier m. || banker || banquier m. 16

Bank-kloben m. || table hand vice || étau m. à main avec agrafe. a) **~knecht** m. (Tischler) || support stock; standing vice || servante f.; valet m. de pied. b) **~konto** n. || bank account || compte m. de banque. c) **~kredit** m. || bank credit || crédit m. de banque. d) **~meißel** m. || cold chisel || ciseau m. *ou* tranche f. à froid. e) **~messer** n. (Fleisch) || cleaver || couperet m. 17

Banknote f. || bank note || billet m. de banque. 18

Banknoten-papier n. || currency paper || papier-monnaie m. a) **~- und Wertzeichenpapier** n. || paper for banknotes and stamps || papier m. pour billets de banque et pour valeurs. 19

Bank-papier n. || bank bills pl.; bank paper || valeurs fpl. de banque. a) **~provision** f. || bank commission || commission f. de banque. 20

bankrott || bankrupt; insolvent || banquéroutier; failli; insolvable. 21

Bankrott m. || bankruptcy; insolvency || faillite f.; banqueroute f. 22

Banksaldo m. || bank balance || balance f. de banque. 23

Bankschraubstock m. (Schloss) || bench *or* table vice || étau m. d'établi *ou* à agrafe. a) **~ mit Amboß** || bench vice with block || étau m. à agrafe avec tas. 24

Bankstampfer m. || bench rammer || fouloir m. d'établi. 25

Bankung f. (Geologie) || bed like jointing || division f. en forme de bancs. 26

Bank-wesen n. || banking; banking business || banque f. a) **~zange** f. (Hobelbank) || bench screw || presse f. de l'établi. b) **~zinsfuß** m. || bank rate of discount || taux m. d'intérêts *ou* escompte m. officiel d'une banque. 27

Banner n. || banner || bannière f. 28

Banse f. || barn || las m. 29

Banzen m. (Brau) || cask; keg || fût m.; tonneau m. a) **~brücke** f. (Brau) || wash house || rince-fûts m. 30

bar, gegen ~ verkaufte Ware f. || goods pl. sold for cash *or* for ready-money || marchandise f. vendue au comptant. a) **~es Geld** n. || cash; ready money || argent m. comptant. 31

Bär m. (Ramme) || ram; monkey; hammer tup || mouton m. a) **freier Fall** m. des **~en** || free fall of the tup || chute f. libre du mouton. b) **Hammer~** *s.* Bär. c) als **Tauchbär** m. ausgebildeter **~** || hammer-tup designed on the lines of a plunger || masse f. tombante en forme de piston plongeur. 32

Baracke f. || barrack || baraque f. a) **Holz~** || wooden barrack || barraque f. en bois. b) **Kranken~** || barrack hospital || hôpital-baraquement m. 33

Baracken-bau m. || barrack building || construction f. de baraquements. a) **~fabrik** f. || barrack factory || fabrique f. de baraques. 34

Bäraufhaltevorrichtung f. || hammer head stop || arrêt m. du mouton. 35

Bar-ausgang m. || cash disbursements pl. || paiements mpl. effectués par la caisse. a) **~auslagen** pl. || out of pocket expenses || ménues dépenses fpl. 36

Barbierbedarfsartikel mpl. || articles pl. for barbers || fournitures fpl. pour coiffeurs. 37

Barchent m. || fustian; tick || futaine f.; coutil m. a) **glatter ~** || pillow fustian || futaine f. à deux envers. b) **rauher ~** || swandown || futaine f. à poil. 38

Barchentrauhmaschine f. || leaf twill top gig || laineuse f. à futaine à poil. 39

Bareingang m. || cash receipts pl. || rentrées fpl. au comptant. 40

Bären-fett n. || bear fat || graisse f. d'ours. a) **~klauöl** n. || bear's breech oil || essence f. de berce. b) **~traubenblätter** npl. || bearberry leaves pl. || feuilles fpl. de busserole. 41

Barett n. || barret; biretta || béret m.; toque f. a) **~feile** f. || cant file || barrette f. 42

Bär-führung f. || hammer tup guide || guidage m. de la masse tombante. a) **~gewicht** n. (Ramme) || weight of tup || poids m. du mouton. 43

Barilla f. || natural soda || soude f. naturelle. 44

Barium n. || barium || baryum m.; barium m. a) **arsensaures ~** || barium arseniate || arséniate m. de baryte. b) **borsaures ~** || barium borate || borate m. de baryte. c) **chlorsaures ~** || barium chlorate || chlorate m. de baryte. d) **chromsaures ~** || barium chromate || chromate m. de baryte. e) **kohlensaures ~** || barium carbonate || carbonate m. de baryte. f) **phosphorsaures ~** || barium phosphate || phosphate m. de baryte. g) **salpetersaures ~** || barium nitrate || nitrate m. *ou* azotate m. de baryte. h) **schwefelsaures ~** || barium sulphate || sulfate m. de baryte. 45

Bariumazetat n. || barium acetate || acétate m. de baryte. 46

Bariumchlorid n. || chloride of barium; baric chloride || chlorure m. de barium. a) **~lösung** f. || solution of barium chloride || solution f. de chlorure de barium. 47

Barium-hydrat n. || barium hydrate || baryte f. hydratée. a) **~karbonat** n. || carbonate of barium || carbonate m. de baryte. b) **~oxyd** n. || (prot)oxide of barium || (prot)oxyde m. de barium. 48

Bariumplatinzyanür n. || barium platinocyanide || platinocyanure m. de barium. a) **~schirm** m. || screen of barium-platinacyanide || écran m. du platine-cyanure de barium. 49

Barium-sulfid n. || sulphide of barium || sulfure m. de barium. a) **~superoxyd** n. || barium hyperoxide || hyperoxyde m. de baryte; dioxyde m. de barium. 50

Bark f. || bark || barque f. a) **Dreimast~** || three-masted bark *or* barque || trois-mâts barque f. 1

Barkasse f. || launch || barcasse f. a) **Dampf~** || steam launch || chaloupe f. à vapeur. b) **Motor~** || motor launch || chaland m. automobile. 2

Bärkolben m. || hammer piston || piston m. de frappe. 3

Barkschoner m. || schooner bark || barque f. voilée en goëlette. 4

Bärlapp m. || lycopode || lycopode m. a) **~-sparen** fpl. || lycopodium powder; witch meal || soufre m. végétal. 5

Bärlauchöl n. || broadleaved garlic oil || essence f. d'ail des ours. 6

Bärme f. || yeast; barm || levûre f.; lie f.; levain m. 7

Barn m. (Bauw) || barn || las m. 8

Barogramm n. || barogram || barogramme m. 9

Baromesser m. *s.* Barometer n. 10

Barometer n. || barometer || baromètre m. a) **Aneroid~** || aneroid barometer || baromètre m. anéroïde. b) **Heber~** || siphon barometer || baromètre m. à siphon. c) **Reise~** || portable barometer || baromètre m. portatif. 11

Barometer-gefäß n. || barometer bulb || cuvette f. d'un baromètre. a) **~säule** f. || barometric column || colonne f. barométrique. 12

Barometerstand m. || barometric height; reading of the barometer || hauteur f. barométrique *ou* du baromètre; côte f. barométrique. a) den ~ m. **aufzeichnen** || to record *or* register the air pressure || enregistrer la pression d'air. 13

barometrisch || barometric(al) || barométrique. 14

Barothermometer n. || baro-thermometer || baro-thermomètre m. 15

Barpreis m. || cash price || prix m. au comptant. 16

Barre f. *s.* Barren. 17

Barren m. (Met) || bar; ingot || lingot m. a) **runder ~** (Met) || round bar || barreau m. rond. b) **Vierkant~** (Met) || square bar || barreau m. carré. 18

Barren-form f. || ingot mould || lingotière f. a) **~gold** n. || bar gold || or m. en barres. b) in einem Stück geschmiedeter **~-rahmen** m. || bar frame forged in one piece || châssis m. en barres forgé d'une seule pièce. c) **~silber** n. || bar silver || argent m. en barres. 19

Barriere f. (Eisenb) *s. auch* Schranke || railway gate || barrière f. 20

Barring f. || barring || drôme f. 21

Bart m. (Gußnaht) || seam || bavure f. a) **Nadel~** || needle beard || barbe f. d'aiguille. b) **Schlüssel~** || key bit; ward of a key || panneton m. de clef. c) **Typen-hebel~** (Schreibm) || type lever bit || barbe f. du levier à caractères. 22

Bartbinde f. || moustache trainer || relève-moustache m. 23

Barte f., **Walfisch** || whalebone || fanon m. de baleine. 24

Bart-klemme f. || moustache pincers pl. || pince f. à moustaches. a) **~nadel** f. || barbed needle || aiguille f. à barbe. b) **~wichse** f. || moustache pomade || cire f. *ou* pommade f. à moustache. 25

Barverkauf m. (Zahlkasse) || cash; cash sale || vente f. au comptant; comptant m. 26

Bärwurzöl n. || mew oil || essence f. de méum. 27

Baryt m. || heavy spar; native sulphate of barium || sulfate m. de barium *ou* de baryte. a) **essigsaurer ~** || acetate of barium; barium acetate || acétate m. de baryte. b) **kohlensaurer ~** || carbonate of barium; barium carbonate || carbonate m. de baryte. c) **schwefelsaurer ~** || sulphate of barium; barium sulphate || sulfate m. de baryte. 28

Baryt-erde f. || baryta; heavy spar earth || baryte f.; spath m. pesant. a) **~feldspat** m. || hyalophane || hyalophane m.; feldspath m. barytique. b) **~gelb** n. || barium yellow || jaune m. de baryte. c) **~grube** f. || barytes mine || carrière f. de baryte. 29

Barytin m. || barytine; barite || barytine f. 30

Baryt-kreuzstein m. || harmotome; crass stone || pierre f. de croix; harmotome m. a) **~lauge** f. || baryta lye || lessive f. de baryte. b) **~mühle** f. || baryta mill || moulin m. à baryte. c) **~salpeter** m. || nitrobarite || nitrobarite f. d) **~weiß** n. || baryta white; blanc fix; permanent white || blanc m. fixe *ou* permanent *ou* de baryte. 31

Basalborste f. || basal bristle || brosse f. *ou* soie f. dorsale. 32

Basalt m. || basalt || basalte m. a) **Säulen~** || columnar basalt || basalte m. en colonnes. 33

basaltartig || basaltiform || basaltoïde. 34

Basaltbruch m. || basalt quarry || carrière f. de basalte. 35

basalthaltig || basaltic || basaltique. 36

Basalt-lava f. || basaltic lava || lave f. basaltique. a) **~schiefer** m. || basalt slate || basalte m. schisteux. b) **~tuff** m. || basaltic *or* trap tuff || tuf m. basaltique. c) **~wacke** f. || basaltic wacke || wackite f. basaltique. d) **~werk** n. || basalt works pl. || carrières fpl. de basalte. 37

Base f. || base || base f. a) **salzförmige ~** || salifiable base || base f. salifiable. b) **säurefähige ~** || acidifiable base || base f. acidifiable. 38

Basilenfarbstoff m. || basilene dye || couleur de basilère. 39

Basilikum-kraut n. || basil leaves pl. || feuilles fpl. de basilic. a) **~öl** n. || basil oil || essence f. *ou* huile f. de basilicon. 40

Basis f. || base; base line || base f.; ligne f. de base. a) ~ einer **Säule** || base *or* socle *or* pedestal of a column || base f. d'une colonne. 41

basisch || basic; basal || basique. a) ~ **kohlensaures Salz** n. || subcarbonate || souscarbonate m. b) ~ **phosphorsaures Salz** n. || subphosphate || sousphosphate m. c) **~es Futter** n. (Hüttenw) || basic lining || revêtement m. basique. d) **~er Martinsofen** m. || basic openhearth furnace || four m. Martin basique. e) **~e Reaktion** f. || basic reaction || réaction f. basique. f) **~e Schlacke** f. || basic slag || laitier m. *ou* scorie f. basique. g) **~es Verfahren** n. (Met) || basic process || procédé m. basique. 42

Basizität f. (Chem) || basicity || basicité f. 43

Baslerblau n. || Basel blue || bleu m. de Bâle. 44

Basrelief n. || bas-relief || bas-relief m. 45

Baß-bogen m. || bass-viol bow || archet m. de basses. a) **~flöte** f. || bassoon || basson m. 46

Baßgeige f., **große** || contrabass || contrebasse f. a) **kleine ~** || bass viol; violoncello || contrabass. 47

Bassinwagen m. || tank car || wagon-citerne m. 48

Bassorin n. || bassorin || bassorine f. 49

Bast m. || bast; bass || liber m.; bastin m.; sparte f. 50

Bastard-feile f. || bastard file || lime f. bâtarde. a) **~hieb** m. (Feilenh) || bastard cut || taille f. bâtarde; moyenne taille f. b) **~schloß** n. || back spring lock || serrure f. bâtarde. 51

Bastfaser f. || bast fibre || fibre f. d'écorse. 52

Basthanf m. || half clean hemp || chanvre m. cru. a) **Zubereitung** f. von ~ || hemptow dressing || préparation f. de la filasse de chanvre. 53

Basthut m. || chip hat || chapeau m. d'écorce *ou* en brou de coco. 54

Bastit m. || bastite; schiller spar || bastite f.; diallage m. métalloïde; spath m. changeant. 55

Bast-seide f. || raw silk; unboiled *or* unscoured silk; silk in the gum || soie f. grège *ou* crue *ou* écrue. a) **~seil** n. || bast rope || corde f. de liber. b) **~tau** n. || coir rope || filin m. en brou de coco. 56

Batik n. (Mal) || batik || batik m. a) **~farbe** f. || batik colour || couleur batik. 57

Batist m. || cambric || batiste f. a) **~leinwand** f. || coarse linen cambric || grosse batiste f. b) **~stickerei** f. || embroidery on cambric || broderie f. sur batiste. c) **~-weber** n. || lawn *or* cambric weaver || tisseur m. de linon *ou* en batiste; mulquinier m. 58

Batscher m. (Spinn) || batcher || batcheur m. 59

Batterie f. || battery || batterie f. a) **Akkumulatoren~** *s.* Sammlerbatterie. b) die **~ aufladen** || to charge the battery || charger la batterie. c) eine ~ **auseinandernehmen** (Elektr) || to break up a battery || démonter une batterie. d) **Ausgleich~** || balancing battery || batterie f. d'équilibrage. e) **auswechselbare ~** || interchangeable battery || batterie f. interchangeable. f) die ~ **auswechseln** || to change the batterie || changer la batterie. g) **Beleuchtungs~** || storage battery for lighting || batterie f d'éclairage. h) die ~ **entladen** || to discharge the battery || décharger la batterie. i) **erschöpfte ~** || run down battery || batterie f. déchargée *ou* épuisée. k) **Erschöpfung** f. der ~ || running down of battery || épuisement m. de la batterie. l) **Instandhaltung** f. der ~ || battery maintenance || entretien m. de la batterie. m) ~ elektrisch angetriebener **Kältemaschinen** || group of electrically driven refrigerating machines || groupe m. de machines frigorifiques actionnées par des électromoteurs. n) die ~ zum **Kochen** bringen || to milk the battery || survolter la batterie. o) **Leydener Flaschen~** || battery of Leyden jars || batterie f. de bouteilles de Leyde. p) **motorisierte ~** || motorized battery || batterie f. motorisée. q) **Puffer~** || buffer battery || batterie f. tampon. r) **Sammler~** || battery of accumulators || batterie f. d'accumulateurs. s) eine ~ **speisen** || to load a battery || charger une batterie. t) die ~ zu **stark entladen** || to run the battery down || décharger la batterie trop fortement

u) **stationäre ~** ‖ stationary battery ‖ batterie f. fixe. v) **tragbare ~** ‖ portable *or* transportable battery ‖ batterie f. portative *ou* mobile. w) **Triebwagen~** ‖ battery for power cars ‖ batterie f. pour chariots à force-motrice. x) **Trocken~** ‖ dry battery ‖ batterie f. sèche. y) **unterteilte ~** ‖ divided battery ‖ batterie f. sectionnée. z) die ~ **verstärken** ‖ to boost the battery ‖ renforcer la charge de la batterie. 1

a) **Zugbeleuchtungs~** ‖ train lighting battery ‖ batterie f. pour éclairage des trains. b) **Zünd~** ‖ ignition battery ‖ batterie f. d'allumage. c) **Zusatz~** ‖ boosting battery ‖ batterie f. survoltrice. 2

Batterie-arbeiter m. ‖ battery man ‖ surveillant m. de batterie. a) **~draht** m. ‖ battery wire ‖ fil m. pour batterie. b) **~gestell** n. ‖ batterystand ‖ étagère f. de batterie. c) **~glas** n. ‖ battery jar ‖ récipient m. en verre pour batteries. d) **~kabel** n. ‖ battery cable ‖ cordon m. de batterie. e) **~kasten** m. ‖ battery box ‖ caisse f. de batterie. f) **~kessel** m. (Masch) ‖ battery boiler ‖ générateur m. multibouilleur. g) **~klemme** f. ‖ bridge connector; batterie terminal ‖ borne f. de batterie; pince f. de court-circuit. h) **~kontakt** m. ‖ battery stop ‖ contact m. d'une pile. i) **~kühler** m. ‖ tubular cooler ‖ réfrigérant m. tubulaire. k) **~leitung** f. (Elektr) ‖ battery lead *or* line ‖ conducteur m. d'amenée de voltage; fil m. conducteur de batterie. l) **~prüfgerät** n. ‖ battery testing instrument; battery tester ‖ essayeur m. de batterie. m) **~rufmaschine** f. (Fernm) ‖ battery calling machine ‖ machine f. d'appel à batterie centrale. n) **~schaber** m. ‖ battery knife ‖ racloir m. de pile. o) **~schalttafel** f. ‖ battery switchboard ‖ tableau m. de distribution pour les piles. p) **~schiene** f. ‖ battery bar ‖ barre f. d'amenée de voltage. q) **~schrank** m. (Fernm) ‖ battery cupboard ‖ armoire f. à batterie. r) **~stecker** m. ‖ battery plug ‖ fiche f. pour batteries. s) **~verteilungstafel** f. ‖ distributing board ‖ tableau m. des piles. t) **~wähler** m. ‖ battery switch ‖ commutateur m. de piles. u) **~widerstand** m. ‖ battery resistance ‖ résistance f. intérieure de la pile. v) **~zündung** f. ‖ battery ignition ‖ allumage m. par accumulateur. 3

Bau m. (Bauw) ‖ building ‖ bâtiment m. a) ~ (Bergb) ‖ work(ing) ‖ ouvrage m. b) ~ (Chem) ‖ constitution ‖ constitution f. c) **anatomischer ~** des Auges ‖ anatomical structure of the eye ‖ anatomie f. de l'œil. d) ~ **elektrischer Maschinen fpl.** ‖ construction of electrical machines pl. ‖ construction f. de machines électriques. e) **im ~** ‖ in construction; in course of construction ‖ en voie *ou* en cours de construction; en construction f. f) **im ~ befindlich** *s.* Bau, im. g) **im ~ begriffen sein** ‖ to be in course of construction ‖ être en construction. h) **Kessel~** ‖ boiler construction ‖ construction f. de chaudières; travail m. de chaudronnerie. i) **niedriger ~** (Masch) ‖ low construction ‖ construction f. basse. k) **optischer ~** des Auges ‖ optical structure of the eye ‖ système m. optique de l'œil. l) ~ **unter Tage** (Bergb) ‖ underground workings pl. ‖ travail m. à ciel fermé. 4

Bau-akkord m. ‖ building contract ‖ marché m. d'ouvrage. a) **~amt** n. ‖ board of works ‖ intendance f. des bâtiments. b) **~anschlag** m. ‖ estimate of construction ‖ devis m. de construction. c) **~arbeit** f. ‖ building work ‖ travail m. de bâtiment. d) **~arbeiter** m. ‖ building workman ‖ ouvrier m. en bâtiments. 5

Bauart f. ‖ construction; design ‖ construction f. a) **einfache ~** ‖ simple design ‖ construction f. simple. b) **Einheits~** ‖ standard type ‖ type m. standardisé. c) **gedrängte ~** ‖ compact construction *or* design ‖ construction f. serrée *ou* compendieuse. d) **geschlossene ~** ‖ enclosed type ‖ construction f. fermée. e) **handliche ~** ‖ handy design ‖ construction f. aisement maniable. f) besonders **kräftige ~** ‖ particularly strong construction ‖ construction f. particulièrement robuste. g) **leichte ~** ‖ light pattern ‖ construction f. légère. h) **nachgeahmte ~** ‖ imitated construction ‖ construction f. imitée. i) **offene ~** (Masch) ‖ open face construction; open type ‖ construction f. ouverte; machine f. ouverte. k) **Regel~** ‖ standard type ‖ construction f. normale. l) besonders **schwere ~** ‖ special heavy construction ‖ construction f. particulièrement robuste. m) **unverwüstliche ~** des Instrumentes ‖ sturdy design of the instrument ‖ solidité f. à toute épreuve de l'instrument. n) **verlängerte ~** ‖ elongated type ‖ modèle m. allongé. o) **Wagen~** ‖ car type ‖ type m. de véhicule. 6

Bau-aufseher m. ‖ building inspector *or* overseer ‖ surveillant m. de travaux. a) **~aufzug** m. ‖ building elevator; hoisting apparatus for buildings ‖ appareil m. à guinder; élévateur pour constructions; treuil m. b) **~austrockner** m. ‖ drying oven for the building trades ‖ appareil m. pour sécher les bâtiments. c) **~bedarfsartikel** mpl. ‖ builders' requisites pl. ‖ fournitures fpl. pour constructions. d) **~beschlag** m. ‖ iron fitting for building purposes; building fitting *or* ornament ‖ ferrure f. de bâtiment; garniture f. de construction. e) **~beschlägeherstellungsmaschine** f. ‖ machine for making structural fittings ‖ machine f. pour fabriquer des garnitures de construction. f) **~beschreibung** f., genaue ‖ detailed description of a building ‖ description f. détaillée de la construction d'un bâtiment. g) **~bewilligung** f. ‖ building permission ‖ permission f. à bâtir. h) **~breite** f. ‖ overall width ‖ largeur f. de l'installation. i) **~bude** f. ‖ shop ‖ boutique f. k) **~büro** n. ‖ building office ‖ bureau m. de l'ingénieur. 7

Bauch m. (Anatom) ‖ abdomen; belly ‖ ventre m. a) ~ (Welle) ‖ peak ‖ ventre m. b) ~ eines Fasses ‖ bulge of a cask ‖ bouge m. d'un fût. 8

Bauch-elektrode f. ‖ abdominal electrode ‖ électrode f. ventrale. a) **~gurt** m. (Sattl) ‖ girth ‖ ventrière f. 9

bauchig ‖ convex ‖ convexe; ventru; bombé. 10

Bäuchkessel m. (Bleich) ‖ scouring boiler ‖ chaudière f. à coulage. 11

Bau-denkmal n. ‖ architectural monument ‖ monument m. architectonique. a) **~dock** n. ‖ fitting-out dock ‖ chantier m. d'armement. b) **~ebene** f. ‖ plane of site ‖ plan m. de site. c) **~eisen** n. ‖ constructional *or* building iron ‖ fer m. de construction. d) **~elevator** m. ‖ building elevator ‖ élévateur m. pour construction. 12

bauen, eine **Brücke** f. ‖ to construct *or* to form a bridge ‖ construire *ou* établir un pont. a) eine **Eisenbahn ~** ‖ to construct a railway ‖ construire un chemin de fer. b) eine **Grube** f. ~ (Bergb) ‖ to work a mine ‖ exploiter une mine. c) in **Regie** f. ~ ‖ to build in day work ‖ travailler en régie f. d) eine **Straße** f. ~ ‖ to lay down a road ‖ construire une route. 13

Bauentwurf m. ‖ scheme of work ‖ projet m. de construction. 14

Bauer m. ‖ peasant; countryman; farmer; cultivator ‖ paysan m.; cultivateur m. a) ~ (Erbauer) ‖ constructor; builder ‖ constructeur m. b) ~ (Vogelkäfig) ‖ bird cage ‖ cage f. (d'oiseau). 15

Bauern-mühle f. ‖ country mill ‖ moulin m. agricole. a) **~ofen** m. (Met) ‖ single block furnace ‖ fourneau m. à loupe. 16

baufähig (Bergb) ‖ workable; worthy of being worked ‖ exploitable. (Landw) arable ‖ cultivable. 17

baufällig ‖ dilapidated; decaying ‖ caduc; délabré. 18

Baufälligkeit f. ‖ decay; dilapidation ‖ caducité f.; délabrement m. 19

Bau-fehler m. ‖ fault of construction ‖ défaut m. de construction. a) **~festigkeit** f. ‖ structural strength ‖ résistance f. de construction. b) **~flucht** f. *s.* Baufluchtlinie. c) **~fluchtlinie** f. ‖ line of direction; straight length; straight line; range; row; flush; flushing ‖ alignement m. d) **~führer** m. ‖ assistent architect; building manager ‖ aide-architecte m.; chef m. de chantier. e) **~führung** f. ‖ management of work ‖ conduite f. des travaux. f) **~gerät** n. ‖ building implements pl. ‖ ustensile m. *ou* équipage m. de construction. g) **~gerüst** n. ‖ scaffold; building framework ‖ échafaudage m. h) **~geschäft** n. ‖ building enterprise ‖ entreprise f. de bâtiments *ou* de construction. i) **~gesellschaft** f. ‖ building company ‖ société f. de construction. k) **~gewerbe** n. ‖ building trade ‖ industrie f. des bâtiments. l) **~gewerkschule** f. ‖ architectural school ‖ école f. d'architecture. m) **~glaserei** f. ‖ glazier workshop for buildings ‖ atelier m. de vitrier pour bâtiments. 20

Baugrube f. ‖ trench ‖ fouille f. de construction. a) Gerät n. zum **Ausheben** von ~n ‖ machine for excavating foundations ‖ engin m. destiné au creusement de fosses. b) **Trockenlegung** f. der ~ ‖ drainage of the trench ‖ assèchement m. de la fouille *ou* de la fosse. 21

Baugrund m. ‖ building ground; foundation soil ground ‖ terrain m. à bâtir; sol m. de fondation. a) **Belastung** f. des ~es ‖ load on the building ground ‖ charge f. sur le terrain à bâtir. b) **Entwässerung** f. des ~es ‖ draining of the foundation ground ‖ drainage m. du terrain à bâtir. c) **guter ~** ‖ stratum of firm soil ‖ sol m. résistant. 22

Bau-grundsatz m. ‖ construction method ‖ méthode f. de construction. a) **~grund-**

stück n. || parcel || parcelle f. **b) ~guß** m. || structural casting; castings pl. for structures *or* for structural purposes || fonte f. (moulée) pour constructions de bâtiments. 1

bauhaft, eine Grube f. ~ halten || to keep a mine in repair || entretenir une mine. 2

Bau-handwerk n. || builder's trade || métier m. de constructeur. **a) ~herr** m. || builder || entrepreneur m. en bâtiments. **b) ~höhe** f. (Kran) || overall height || encombrement m. en hauteur. 3

Bauholz n. || wood for buildings; (store) timber; constructional *or* building timber; lumber || bois m. de service *ou* de constructions *ou* de charpente *ou* d'œuvre. **a) gehobeltes ~** || planed timber || bois m. de construction raboté. 4

Bauingeniör m. || constructional engineer || ingénieur m. constructeur. 5

Baukasten m. (Spielzeug) || box of bricks || boîte f. de construction. **a) Stein~** || box of bricks || boîte f. de constructions en pierre. 6

Bau-körper n. || body of an edifice *or* building || corps m. de bâtiment. **a) ~kosten** pl. || cost to build; prime cost of installation; expenses pl. for building || frais mpl. d'installation *ou* de construction; prix m. pour construire. **b) ~kran** m. || building crane || grue f. (pour travaux) de construction; grue f. de chantier. **c) ~kunst** f. || architecture || architecture f. **d) ~länge** f. (Kabel) || laying-out length || longueur f. de pose. **e) ~leiter** m. || works manager || directeur m. de travaux. **f) ~leitung** f. || direction of works || administration f. des travaux. **g) ~linien** fpl. der Flußufer || boundaries pl. of improved river banks || tracé m. des rives d'une rivière. **h) ~lokomotive** f. || contractors' locomotive || locomotive f. pour entrepreneurs. 7

Baum m. || tree || arbre m. **a) ~** (Web) || beam || ensouple f. **b) geteilter ~** (Web) || divided beam || ensouple f. divisée. 8

Baumachat m. || mocha stone; moss agate; dendritic agate || agate f. moka *ou* mousseux; pierre f. de moka. 9

Bau-maschine f. || building machine || machine f. de bâtiment. **a) ~materialien** npl. || building materials pl. || matériaux mpl. de construction. 10

Baum-ausschneider m. || cropper || élagueur m.; émondeur m. **a) ~axt** f. || cleaver; felling axe || cognée f. du bûcheron; marlin m.; hache f. à abattre. 11

Baumeister m. || builder; master-builder; architect || constructeur m.; architecte m. 12

bäumen, die Kette || to beam the warp || ensoupler la chaîne. 13

Bäumer m., Maschinen (Web) || beaming machine minder || ensoupleur m. à la machine. 14

Baum-fällmaschine f. || tree felling machine || machine f. à abattre les arbres. **a) ~gärtner** m. || arboriculturist || arboriculteur m. **b) ~harz** n. || tree resin || poix f. résine. **c) ~holz** n. || tree forest || arbre m. de (haute) futaie. **d) ~kluppe** f. || tree gauge compas m. forestier. **e) ~leiter** f. || skid || poulain m. 15

Bäummaschine f. (Web) || beaming machine || ensouple f.; ensoupleuse f. 16

Baum-öl n. || second grade olive oil; sweet oil || huile f. d'olive ordinaire. **a) ~pfahl** m. || prop || tuteur m. 17

Baumrinde f. || bark *or* rind of a tree || écorce f. d'un arbre. **a) ~ für Heilzwecke** || tree bark for medicinal usage || écorce f. d'arbre à usages médicinaux. 18

Baum-rost m. || tree fence || grille f. à racines d'arbres. **a) ~säge** f. || pruning saw || scie f. de jardinier. **b) ~schere** f. || pruning *or* stock shears pl.; aberuncator || ciseaux mpl. de jardinier. 19

Baumschule f. || tree nursery; nursery garden || pépinière f. 20

Baumschulenpflanze f. || plant of nursery || plante f. de pépinière. 21

Baumschulgärtner m. || nursery gardener || pépiniériste m. 22

Baum-schützer m. aus Streckmetall || tree protector of expanded metal || grillage m. de protection en métal déployé pour arbres. **a) ~segel** n. || boomsail || brigantine f.; voile f. goëlette bordant sur gui; voile f. à bôme *ou* à baume. **b) ~stamm** m. || trunk of tree || corps m. *ou* tronc m. d'arbre. 23

Baumstumpf m. || stump *or* stub of a tree || tronche f. *ou* souche f. d'arbre. **a) ~rodemaschine** f. || tree stump assarting machine; tree stump grubber || machine f. à déroder *ou* à extirper des tronches d'arbres. 24

Baumwachs n. || grafting wax; mummy || cire f. à greffer. 25

Baumwollabfall m. || cotton waste || déchet m. de coton. 26

Baumwollabfall-bleichung f. || cotton waste bleaching || blanchiment m. de déchets de coton. **a) ~garn** n. || cotton waste yarn || fil m. de déchets en coton. **b) ~händler** m. || cotton waste merchant || marchand m. de bourre de coton. **c) ~reinigungsmachine** f. || waste cotton cleaner || machine f. de nettoyage de déchets de coton. **d) ~reißerei** f. || cotton hard waste breaking || effilochage m. de coton. **e) ~sortierer** m. || cotton waste hand || trieur m. de déchets de coton. **f) ~spinnerei** f. || waste cotton spinning mill || filature f. de déchets de coton. **g) ~wäscher** m. || cotton waste washer || laveur m. de déchets de coton. 27

Baumwoll-abgang m. || cotton waste || déchets mpl. de coton. **a) ~arbeiter** m. || cotton operative || cotonnier m. **b) ~aufbereitungsanlage** f. || cotton dressing installation || machine f. à cingler le coton. **c) ~ausbreiter** m. || cotton lap machine minder; cotton lapper || étaleur m. *ou* nappeur m. de coton. **d) ~ballenöffner** m. || cotton bale picker; cotton bale breaker || déballeur m. de coton démêleur m. de balles de coton. **e) ~ballenpresse** f. || cotton baling press || presse f. à mettre le coton en balles. **f) ~band** n., ungeglättetes || uncalendered cotton tape || ruban m. de coton non calandré. **g) ~binde** f. || cotton bandage || bande f. de coton. **h) ~bleichung** f. || cotton bleaching || blanchiment m. de coton. **i) ~dämpfer** m. || cotton steamer || vaporisateur m. de coton. **k) ~decke** f. || cotton blanket || couverture f. en coton. **l) ~docht** m. || cotton wick || mèche f. de coton. **m) ~drell** m. || cotton drill || treillis m. de coton. **n) ~drillich** m. *s.* Baumwolldrell. **o) ~dublierer** m. || cotton doubler *or* ribbon hand || doubleur m. *ou* réunisseur m. de coton. 28

Baumwolle f. || cotton || coton m. **a)** die **~ entkörnen** || to gin cotton || égrener le coton. **b) entkörnte ~** || ginned cotton || coton m. égrené. **c) gezupfte ~** || picked cotton || coton m. épluché. **d) Kämmen** n. der ~ || cotton combing || peignage m. de coton. **e) Krempeln** n. der ~ || cotton carding || cardage m. de coton. **f) Kunst~** || artificial cotton || coton m. artificiel. **g) kurzstapelige ~** || short staple cotton || coton m. courte-soie. **h) langstapelige ~** || long staple cotton || coton m. longue soie. **i) merzerisierte ~** || mercerised cotton || coton m. mercerisé. **k) nicht entkörnte ~** || seedy cotton || coton m. non égrené. **l) Nitrier~** || nitrating cotton || coton m. à nitrer. **m) Roh~** || raw cotton || coton m. brut. **n) Schieß~** || gun cotton) coton m. explosif. **o) ~ spinnen** || to spin cotton || filer le coton. **p) Stick~** || embroidery cotton || coton m. à broder. **q) Strick~** || knitting cotton || coton m. à tricoter. 29

baumwollen || cotton made; (made) of cotton || de coton. **a) ~e Bettdecke** f. || cotton quilt *or* counterpane || couvre-lit m. coton. **b) ~er Nähfaden** m. || sewing cotton || coton m. à coudre. 30

Baumwoll-entkörnungsmaschine f. || cotton gin || égreneuse f. de coton. **a) ~ernte** f. || cotton crop || récolte f. de coton. 31

Baumwollfaden m. cotton yarn || fil m. de coton. **a) ~dreher** m. || cotton thread cabler || câbleur m. de coton. 32

Baumwoll-färberei f. || cotton dyeing plant || teinturerie f. de coton. **a) ~feinstrecker** m. || cotton speeder tenter || étireur m. en fin de coton. **b) ~futterstoff** m. || cotton lining || doublure f. en coton. 33

Baumwollgarn n. || cotton yarn *or* thread || fil m. de coton. **a) ~** in Aufmachung für den **Kleinverkauf** || cotton yarn made up for the retail || fil m. de coton conditionné pour la vente au détail. 34

Baumwoll-garnbleichung f. || cotton yarn bleaching || blanchiment m. de fils de coton. **a) ~gaze** f. || cotton gauze || gaze f. de coton. 35

Baumwollgewebe n. || cotton textiles pl.; cotton goods pl. || tissu m. de coton. **a) buntes ~** || coloured woven cotton fabric || tissu m. de coton, fils teints en couleurs. 36

Baumwoll-gurt m., Bremsband n. aus **~en** || brake band of cotton strap || ruban m. à frein en sangle de coton. **a) ~handschuh** m. || cotton glove || gant m. de coton. **b) ~haspelei** f. || cotton winding || dévidage m. de coton. **c) ~holz** n. || cottonwood || bois m. de coton. **d) ~industrie** f. || cotton manufacture || industrie f. cotonnière. **e) ~-kämmer** m. || cotton comber || peigneur m. de coton. **f) ~kette** f. || cotton warp || chaîne f. de coton. **g) ~köper** m. || cotton twill; cotton serge || croisé m.; sergé m. **h) ~krempler** m. || cotton carder || cardeur m. de coton. **i) ~kunstspinnerei** f. || waste cotton spinning mill || filature f. de déchets de coton. **k) ~-mischraumarbeiter** m. || cotton mixer || mélangeur m. de coton. **l) ~mittelstrecker** m. || cotton intermediate tenter || étireur m. intermédiaire de coton. 37

Baumwollmolton m. || swanskin || molleton-coton m.; pilou m. **a) ~decke** f. || cotton blanket || couverture f. en molleton coton. 38

Baumwoll-nähgarn n. || cotton sewing thread || fil m. à coudre en coton. **a) ~packung** f. (Masch) || cotton packing || tresses fpl. en coton. **b) ~papier** n. || cotton rag paper || papier m. de coton. c) ~pflückmaschine f. || mechanical cotton picker || machine f. à cueillir le coton; cueilleuse f.; éplucheuse f. de coton. d) ~plüsch m. || cotton plush || peluche f. de coton. e) ~preßanlage f. || pressing plant for cotton || installation f. de presses à coton. f) ~presse f. || cotton press || presse f. à coton. g) ~reiniger m. || cotton cleaner || nettoyeur m. de coton. h) ~reißer m. || cotton hard waste breaker tenter || effilocheur m. de coton. i) ~riemen m. || cotton *or* balata belt || courroie f. en coton *ou* Balata. k) ~rupfer m. || cotton picker tenter || éplucheur m. de coton. l) ~saatöl n. || cotton (seed) oil || huile f. de graine de coton. 1

Baumwollsamen m. || cotton seed || semence f. *ou* graine f. de coton; coton m. en cogne. a) ~öl n. *s.* Baumwollsaatöl. b) ~ölkuchen m. || cotton seed cake || tourteau m. de graine de coton. c) ~rückstand m. || cotton seed residue résidu m. de graines de coton. d) ~schälmaschine f. || cotton seed peeling machine || broyeuse f. à graine de coton. 2

Baumwollsamt m. || cotton velvet; velveteen; fustian || velours m. lisse *ou* de coton; velventine f. a) geköperter ~ || Genoa *or* jean back velveteen || velours m. de coton à fond croisé. 3

Baumwoll-schlagmaschinenarbeiter m. || cotton shaker || batteur m. *ou* briseur m. de coton. a) ~schlauch m. || cotton hose || tuyau m. en coton. b) ~schnur f. || cotton cord || corde f. *ou* ganse f. de coton. c) ~seidenkabel n. cotton silk cable || câble m. sous coton et soie. d) ~seil n. || cotton rope || câble m. *ou* corde f. de coton. e) ~speiser m. || cotton supplier || alimenteur m. de coton. f) ~spinner m. ||cotton spinner || fileur m. de coton. 4

Baumwollspinnerei f. || cotton spinning mill || filature f. de coton. a) ~besitzer m. || owner of a cotton spinning mill || propriétaire m. d'une filature de coton. b) ~maschine f. || cotton spinning machine || machine f. à filer le coton. c) ~meister m. || cotton spinning master || contremaître m. de filature de coton. 5

Baumwoll-staude f. || cotton tree *or* shrub || cotonnier m. arbuste *ou* en arbre. a) ~stramin m. || canvas || canevas m. b) ~strecker m. || cotton drawing frame tenter || étireur m. de coton. c) ~strickerei f. || cotton hosiery || bonneterie f. de coton. d) ~tuchriemen m. || cotton belt || courroie f. en coton. e) ~überspinner m. || cotton threader || guipeur m. de coton. f) ~umklöppelung f. || cotton braided covering; braiding of cotton || revêtement m. en coton tressé; tresse f. de coton. g) ~umspinnung f. || cotton covering || guipage m. de coton. h) ~vollender m. || cotton finisher minder || finisseur m. de coton. i) ~vorbereitungsmaschine f. || cotton dressing machine || machine f. à préparer le coton. k) ~vorgarnspinner m. || cotton roving frame tenter || boudineur m. de coton. l) ~waren fpl. || cotton goods pl. || articles mpl. en coton; tissus mpl. de coton. m) ~wäscher m. || cotton washer || laveur m. de coton. n) ~watte f. || cotton wadding || ouate f. de coton. o) ~weber m. || cotton weaver || tisseur m. de coton. p) ~weberei f. || cotton weaving || tissage m. de coton. q) ~weifer m. || cotton reeler || dévideur m. de coton. r) ~weste f. || cotton waistcoat || gilet m. de coton. s) ~wolfer m. || cotton willower *or* deviller || diableur m. *ou* ouvrier m. de wellow de coton. t) ~zopf m. || cotton tress || garniture f. en coton. u) ~zwirn m. || cotton thread *or* twist || fil m. de coton. v) ~zwirner m. || cotton twister || retordeur m. de coton. w) ~zwirnerei f. || cotton twist mill || atelier m. de retordage de coton. x) ~zwister m. *s.* Baumwollzwirner. 6

Baumzucht f. || arboriculture || arboriculture f. 7

Bauplan m. für die Erweiterung eines Fernsprechnetzes (Fernm) || development study of a telephone network || étude f. d'organisation d'un réseau téléphonique. 8

Bauplatz m. || site; building site || emplacement m.; terrain m. à bâtir. a) die Eigenschaft als ~ verlieren || to lose its value as a building site || perdre sa qualité de terrain à bâtir. 9

Baupolizei f. || office of the board of departement of public works; town *or* borough surveyors pl. || police f. de construction. 10

baupolizeiliche Vorschrift || instructions from the office of the board of departement of public works || instruction f. de la police de construction. 11

Bau-pumpe f. || building *or* contractor's pump || pompe f. de construction *ou* à épuisement. a) ~riß m. || building plan || plan m. d'un bâtiment. 12

Bausch m. (Chem; Heilk) || plug || tampon m. 13

Bau-schaltung f. (Fernm) || construction circuit || circuit m. de construction. a) ~schiefer m. || slate for buildings || ardoise f. pour construction. b) ~schlosser m. || locksmith || serrurier m. en bâtiment. c) ~schlosserei f. || locksmith's work for building || serrurerie f. de bâtiment. d) ~schraube f. || screw for construction || vis f. pour constructions. e) ~schreinerei f. || joinery for buildings || menuiserie f. pour bâtiments. 14

Bauschtarif m. || bulk tariff || tarif m. à forfait. 15

Bau-schule f. || academ yof architecture || école f. d'architecture. a) ~schutt m. || rumble || décombres mpl. b) ~sohle f. (Bergb) || level || étage m. c) ~stahl m. || structural steel || acier m. de construction. 16

Baustein m. || building stone; brick || pierre f. de construction *ou* à bâtir; brique f. a) Glas~ || building stone of wire glass || pierre f. de construction en verre armé. b) roher ~ || unhewn building stone || pierre f. de construction brute. c) durch Spalten oder mit dem Spitzmeißel vierkantig zugerichteter ~ || building stone squared by splitting or with the pointed chisel || pierre f. de construction équarri par clivage ou à la pointe. d) ~behauerei f. || building stone hewing || taille f. de pierres à bâtir. 17

Baustelle f. || building yard || pied m. d'œuvre. 18

Baustoff m. building *or* structural material || matériel m. de construction. a) gefrorener ~ || frozen building material || matériel m. de construction gelé. b) ~ für Hochbauten || building material for overground construction || matériel m. pour constructions au dessus du sol. 19

Baustoff-industrie f. || industry of building materials || industrie f. des matériaux de construction. a) ~prüfmaschine f. || machine for testing building material || machine f. pour essayer les matériaux de construction. 20

Bau-störung f. || disturbance of work || dérangement m. des travaux. a) ~tischler m. || building joiner || menuisier m. de bâtiment. b) ~tischlerei f. || house carpentry; joinery for buildings || menuiserie f. pour bâtiments. c) ~truppführer m. (Leitungen) || gang foreman || brigadier-poseur m. d) ~unternehmer m. || builder; building contractor || entrepreneur m. de bâtiments. e) ~unternehmung f. || building enterprise || entreprise f. de constructions. f) ~utensilien pl. || builder's hardware || quincaillerie f. de bâtiment. g) ~vertrag m. || building contract || contrat m. d'entreprise. 21

Bauvorschrift f. || building regulation || instruction f. pour la construction. a) ~en fpl. der Schiffsklassifikationsgesellschaften || rules pl. for the building of vessels || règlement m. pour la construction des navires. 22

Bau-werk n. || building; edifice; structure || bâtiment m.; édifice m.; construction f. a) ~wesen n. || architecture || architecture f. b) ~winde f. || hoist; winch; lifting jack; builder's windlass; hoisting apparatus for buildings || treuil m.; cric m.; appareil m. à guinder pour constructions. c) ~wissenschaft f. || architectonics || architectonique f. 23

bauwürdig (Bergb) || workable || exploitable. a) in ~er Menge f. vorkommen || to occur in workable quantity || apparaître en quantité valant l'exploitation. 24

Bauwürdigkeit f. (Bergb) || worthiness of being worked || exploitabilité f. 25

Bauxit m. || bauxite || bauxite f. 26

Bauxit-grube f. || bauxite quarry || carrière f. de bauxite. a) ~ofen m. || bauxite kiln || four m. pour bauxite. b) ~stein m. || bauxite brick || brique f. en bauxite. 27

Bauzeichnung f. || constructional *or* working drawing || plan m. de construction. 28

Bauzeit f., die ~ verkürzen || to shorten the time of construction || raccourcir les termes mpl. *ou* les délais mpl. de construction. 29

Bau-zeug n. aus Eisen für Telefonleitungen || iron material for telephone lines || outils mpl. de charpente en fer pour lignes de téléphone. a) ~zimmerer m. || house carpenter || charpentier m. de bâtiment. b) ~zug m. (Eisenb) || train of railway workmen || train m. de la route. 30

Bayrischbier n. || Bavarian beer || bière f. bavaroise. 31

Bazar m. || baza(a)r || bazar m. 32

Bazillus m. || bacillus || bacille m. 33

Beamtenschalterausrüstung f. (Fernm) || operator's key equipment || garniture f. de clés d'opératrice. 34

Beamter m. || official; officer; government official; civil servant || fonctionnaire m.; employé m. 35

Beanspruchung || strain; stress || effort m.; travail m.; fatigue f. a) ~ auf Abscherung

|| shearing strain || effort m. *ou* travail m. au cisaillement. **b)** ~ auf **Biegung** durch den Winddruck || bending stress by wind pressure || effort m. de flexion par la poussée du vent. **c)** ~ auf **Druck** || pressure stress *or* strain; compressive strain || travail m. à la compression. **d) dynamische** ~ || dynamic stress; repeated stresses pl.; || effort m. d'oscillation. **e) elektrische** ~ || electric stress || effort m. électrique; charge f. du cuivre par le courant électrique. **f) gefährliche** **~en** fpl. in der Hohlkehle des Zapfens (Masch) || dangerous stresses pl. in the neck of the pin || efforts mpl. dangereux au congé du tourillon. **g) großer** ~ f. aussetzen || to subject to great strain || soumettre à un grand effort. **h)** außergewöhnlich **hohe** ~ || unusually high strain || effort m. extraordinaire. **i)** zu **hohe** ~ || excessive stress || surcharge f. exagérée. **k) innere** ~ || internal strain || effort m. interne. **l) leichte** ~ || low working rate || charge f. légère. **m) Material~** *s.* Werkstoff~. **n) Schwingungs~** *s.* dynamische ~. **o) starke** ~ || high working rate || forte charge f. de travail; charge f. éminente. **p) statische** ~ || static stress || effort m. statique. **q) stoßweise** ~ || pulsating *or* intermittent stress || effort m. intermittent *ou* pulsatoire. **r)** ~ auf **Torsion** || twisting *or* torsional strain || travail m. à la torsion. **s) Werkstoff~** || material stress || effort m. des matériaux. **t)** ~ auf **Zug** || extension *or* stretching strain; tensile stress || travail m. à l'extension; effort m. de traction. 1

Beanstandung f. || claim; query || réclamation f. **a) ~en** fpl. **geltend machen** || to bring complaints pl. to notice || faire réclamations fpl. 2

bearbeitbarer weicher **Werkstoff** m. || soft machinable material || métal m. doux et susceptible d'être façonné. 3

Bearbeitbarkeit f. || machinability || usinabilité f. 4

bearbeiten || to work; to machine || façonner; usiner; travailler; dresser. **a)** den **Boden** ~ || to cultivate || cultiver. **b)** mit dem **Hammer** ~ || to hammer || marteler. **c) Kanten** fpl. ~ || to machine the edges || dresser les arêtes fpl. **d) leicht** zu ~ (Met) || easily to be machined || facile à usiner. **e)** der Werkstoff läßt sich nach dem Abschrecken noch ganz **leicht** ~ || the material may be easily machined after quenching || l'acier m. se laisse encore facilement usiner après la trempe. 5

bearbeitet (Werkstoff) || shaped; formed; worked; wrought || façonné. **a) nicht** ~ (Werkstoff) || not worked || non travaillé. **b)** die Flächen fpl. sind sehr **sauber** ~ || the machined surfaces were highly finished || les surfaces fpl. sont proprement façonnées. **c)** fertig **~e Achse** f. || finished axle || essieu m. fini. **d) ~e Kante** f. || machined edge || arête f. usinée. 6

Bearbeitung f. || machining; treatment || façonnage m.; usinage m.; opération f. d'usinage; traitement m. **a)** ~ des **Bodens** || cultivation of the soil; husbandry || culture f. *ou* cultivation f. du sol. **b)** ~ von **Leichtmetall** || light metal work || travail m. du métal léger. **c)** eine ~ kann nur durch **Schleifen** erfolgen || machining can only be done by grinding || le façonnement ne peut se faire que par meulage. **d) Werkstatt** f. zur mechanischen ~ || machine shop; mechanical workshop || atelier m. mécanique; hall m. d'usinage. 7

Bearbeitungs-fläche f., **reine porenfreie** || clean and flawless surface ready for machining || surface f. de travail propre et sans pores. **a) ~maschine** f. || machine-tool || machine-outil f. **b) ~zugabe** f. || machining *or* tooling allowance || surépaisseur f. pour l'usinage. 8

Beaufschlagung f., **axiale** || axial admission || admission f. axiale. **a) radiale** ~ || radial admission || admission f. radiale. **b) tangentiale** ~ || tangential admission || adduction f. tangentielle. 9

beaufsichtigender Ingeniör m. || inspecting engineer || ingénieur m. inspecteur. 10

Beaufsichtigung f. || superintendence || surveillance f. 11

Bebakung f. || beaconing || balisage m. 12

beballasten, ein Schiff || to ballast a ship || lester un vaisseau. 13

Bebauung f., eine geplante ~ unterlassen || to desist from projected building operations || renoncer à des constructions projetées. 14

Bebauungsplan m. || plan for housebuilding || plan m. de construction. 15

bebildern || to illustrate || illustrer. 16

Bebilderung f. || illustration || illustration f. 17

Bebilderungsdruck m. || printing of illustrations || impression f. des illustrations. 18

Bebohlung f. || furnishing with boards || planchéiage m. 19

Becher m. (Trinkgeschirr) || goblet; mug; cup || gobelet m.; timbale f. **a) Kipp~** (Bagger) || tipping bucket || auget m. basculant. 20

Becher-abstand m. || distance of buckets || écartement m. des godets. **a) ~glas** n. || beaker(glass); glass goblet || gobelet m. de verre. **b) ~inhalt** m. (Bagger) || bucket capacity || contenance f. du godet. **c) ~kette** f. || conveyer *or* bucket chain || transporteur m. *ou* chaîne f. à godets; convoyeur m. **d) ~kettenförderer** m. || bucket chain conveyer || transporteur m. à chaîne à godets; convoyeur m. **e) ~kolben** m. || conical boiling flask || fiole f. conique à ébullition. 21

Becherwerk n. || bucket *or* paternoster elevator; bucket conveyer || élévateur m. *ou* transporteur m. à godets. **a) Aufgabe** ~ || charging *or* feeding elevator || noria f. de chargement. **b) schaufelndes** ~ || dipping bucket conveyer || élévateur m. à augets piocheurs. **c)** ~ für **schräge** Förderung || inclined elevator || élévateur m. à godets obliques. **d)** ~ für **senkrechte** Förderung || vertical bucket elevator || élévateur m. à godets verticaux; noria f. verticale. 22

Becherwerk-aufgabevorrichtung f. || charging device for elevators || dispositif m. de chargement pour élévateurs à godets. **a) ~fuß** m. || elevator foot || partie f. inférieure de la noria. **b) ~gerüst** n. || elevator frame || charpente f. de la noria. **c) ~grube** f. || elevator pit || fosse f. à noria. **d) ~kopf** m. || elevator head || partie f. supérieure de la noria. 23

Becken n. || basin || bassin m. **a) Hochspeicher~** || elevated storage basin || réservoir m. supérieur. **b) Kohlen~** || coal basin *or* bin (A) || bassin m. houiller; bassin m. carbonifère. **c) Läuterungs~** || clarifying tank || bassin m. de décantation. **d)** ~ für ein **Pumpspeicherwerk** || basin for a pump storage station || réservoir m. d'une usine d'accumulation par pompage. **e) Wasch~** || washing *or* hand basin || cuvette f. 24

bedachen || to roof || couvrir. 25

Bedachung f. || roofing || couverture f. des toits; toiture f. 26

Bedarf m. || demand || demande f. **a)** den ~ m. **decken** || to furnish the demand || faire les approvisionnements mpl. **b)** den **gesamten** ~ aus einheimischen Stoffen decken || to supply the whole requirements from inland materials || alimenter *ou* fournir la consommation totale en matières indigènes. **c) jährlicher** ~ || annual use || usage m. annuel. **d)** ~ an **Kühlwasser** || quantity of cooling water required || quantité f. d'eau nécessaire au refroidissement. **e) Raum~** || space occupied; room taken up || encombrement m. 27

Bedarfsgegenstände mpl. || requisites pl.; requirements pl. || fournitures fpl. **a) technische** ~ || technical articles pl. || articles mpl. techniques. **b)** ~ für die **Textilindustrie** || requisite for the textile industry || objets mpl. nécessaires pour l'industrie textile. 28

bedecken || to cover || couvrir. 29

bedeckt-er Güterwagen m. || covered wagon || wagon m. couvert. **a) ~er Himmel** m. || overcast sky || ciel m. couvert. 30

Bedeckung f. || covering || couverture f.; enveloppe f.; revêtement m. 31

bedenken || to reflect about; to consider; to ponder (on a matter) || considérer; réfléchir. **a) sich** ~ || to reflect; to deliberate || délibérer; réfléchir. 32

Bedenken n. || consideration; reflection; hesitation || considération f.; hésitation f.; scrupule f. 33

bedenklich || doubtful; serious; critical; grave || douteux; sérieux; critique; grave. **a)** ~ (heikel) || delicate; precarious; ticklish || chatouilleux; scabreux. 34

Bedenkzeit f. || respite; time for reflection || délai m. pour réfléchir; temps m. de réflection. 35

Bedeutung f., ausschlaggebende || cardinal importance || importance f. capitale. 36

bedielen || to floor with boards; to board || planchéier. 37

bedienen, die **Maschine** || to attend to the machine || conduire *ou* manœuvrer la machine. **a)** von **zwei** Seiten fpl. ~ || to attend from two sides pl. || servir de deux côtés mpl. 38

Bedienung f. (Masch) || handling; attendance || réglage m.; manipulation f. **a) bequeme** ~ || convenient handling || manipulation f. simple. **b) einfache** ~ || simple handling || manipulation f. simple. **c) leichte** ~ (Instrument) || easy regulation *or* regulating || réglage m. facile. **d) ohne** ~ || no attendance; no service || sans service. **e)** ~ von **Signalen** || operation of signals || manœuvre f. des signaux. **f)** an einem Punkt **vereinigte** ~ || control centralized in one place || service m. réuni au même endroit. **g)** ~ von **Weichen** || operation of switches || manœuvre f. des aiguilles. 39

Bedienungs-bühne f. || service platform; platform for the operator || plate-forme f. de service *ou* de commande. **a) ~hebel** m.

|| operating handle || levier m. de manœuvre. **b) ~knopf** m. || attendance button || bouton m. de réglage. 1

bedienungslos || no attendance || sans service. 2

Bedienungs-mannschaft f. || attendance crew; service personnel || hommes mpl. de service. **a) ~podest** n. *s.* **~bühne b) ~seite** f. (Druckerpresse) || laying-on side || côté m. au service. **c) ~stand** m. der Maschine || control station of the engine || poste m. de manœuvre de la machine. **d) ~tisch** m., radiotelegrafischer || radiotelegraphic operating table || table f. de manipulation radiotélégraphique. **e) ~vorrichtung** f. || operating equipment || équipement m. pour l'opération. **f) ~vorschrift** f. || working instruction; attendance regulations pl. || instruction f. de service *ou* de maniement; notice f. de réglage. **g) ~werkzeug** n. || operating tool || outil m. de commande. **h) ~zange** f. (Elektr) || electrician's pliers pl. with insulated handles || pince f. isolante de montage; pinces pl. d'électricien à manche garni de matière isolante. **i) ~zimmer** n. (Fernm) || operating room || salle f. de manipulation et de réception. 3

bedingen || to stipulate; to agree upon || stipuler; convenir. 4

bedingt || conditional; limited || conditionnel. 5

Bedingung f. || term; condition || condition f. **a) ~en** fpl. **aufstellen** || to make terms pl. *or* conditions pl. || établir des conditions fpl. **b) besondere ~en** fpl. (Handel) || special terms pl. || conditions fpl. spéciales. **c) beste ~en** fpl. (Handel) || best terms pl. || les meilleures conditions fpl. **d) günstige ~en** fpl. || favourable term; welcome state of affairs || condition f. favorable; condition f. heureuse des affaires *ou* à souhait. **e) örtliche ~** || local condition || condition f. *ou* situation f. locale. **f) übliche ~en** fpl. || terms pl. as usual || conditions fpl. d'usage. **g) unbillige ~en** fpl. || unreasonable terms pl. || conditions fpl. pas raisonnables. **h)** die **~en** fpl. sind **ungünstig** || the conditions pl. are unfavourable || les conditions fpl. sont adverses. **i) unmögliche ~en** fpl. || impossible terms pl. || conditions fpl. impossibles. **k) unter** bestmöglichen **~en** fpl. || on best possible terms pl. || aux conditions fpl. les meilleures possibles. **l) vorteilhafte ~en** fpl. || advantageous terms || conditions fpl. avantageuses. 6

bedrucken || to print over *or* on || imprimer. 7

Bedruckmaschine f. für Kistenbretter || box board printing machine || machine f. à faire des impressions sur les planches des caisses. 8

bedürfen || to be in need *or* in want of ...; to require || avoir besoin m. de ... 9

Bedürfnis n. || want; lack || besoin m. 10

Beeinflussung f. (Elektr Leit) || interference || interférence f. mutuelle. **a) ~** der **Fernmeldeleitung** durch Starkstromanlagen || power circuit interference with communication line || influence f. perturbatrice engendrée dans la ligne de communication par les installations d'énergie électrique. **b) gegenseitige ~** von Starkstromleitungen und Schwachstromleitungen || inductive effects between high voltage lines and low voltage lines || induction f. mutuelle de lignes d'energie et de lignes à courant faible. 11

beeinträchtigen || to injure; to impair || faire tort m.; compromettre. 12

beenden || to finish; to terminate || finir; terminer. 13

beendet || finished || fini. 14

Beerdigung f. || burial; interment || enterrement m.; inhumation f. 15

Beerdigungsinstitut n. || funeral undertaking || entreprise f. de pompes funèbres. 16

Beere f. eßbare || edible berry || baie f. comestible. 17

Beerenwein m. || berry wine || vin m. de baies. 18

Beet n. (gequellte Braugerste) || couch || couche f. **a) Saat~** || seedbed || couche f. de semis. 19

Befähigung f., die **~** einbüßen || to lose qualification || perdre l'aptitude f. 20

Befähigungszeugnis n. || certificate of proficiency *or* of capacity *or* fitness || certificat m. de capacité. 21

befahren, einen Schacht m. || to descend into a shaft || descendre dans un puits. 22

Befehl m., schnelle und eindeutige Übermittelung f. von **~en** || speedy and distinct transmission of instructions || transmission f. rapide et irréprochable des ordres. 23

Befehls-stellwerk n. (Eisenb) || station block || bloc m. de gare. **a) ~verzug** m. (Geschütz) || dead time || temps m. mort. 24

befeilen || to file || limer. 25

befelgen, ein Rad n. || to rim a wheel || janter une roue. 26

befestigen || to fasten; to fix || fixer. **a) ~** (verschanzen) || to fortify || fortifier. **b) ~ an** || to attach to || assujétir *ou* attacher à. **c)** das Ufer **~** || to protect a river bank || défendre la rive. 27

Befestigung f. (Verschanzung) || fortification || fortification f. **a) ~** der **Laschen** an den Schienenenden || fastening fish plates to the ends of the rail || attache f. des éclisses aux bouts des rails. 28

Befestigungs-art f. || manner of fastening || manière f. de fixation. **a) ~band** n. (Leit) fixing tape || bride f. de fixation. **b) ~-flansch** m. || fixing *or* attachment flange || collerette f. de fixation. **c) ~keil** m. || fixing *or* fastening key || clavette f. de fixation. **d) ~klemme** f. || screw terminal; binding clip || borne f. de fixation; joint m. de frette. **e) ~lasche** f. || attachment collar || collier m. de fixation. **f) ~organ** n. || fastening *or* fixing medium || pièce f. d'attache. **g) ~platte** f. || mounting *or* fixing plate || plaque f. de fixation. **h) ~riegel** m. || fixing catch || barre f. *ou* verrou m. de fixation. **i) ~ring** m. || ring fastener || bague f. de fixation. **k) ~schelle** f. || mounting bracket; fixing clip || collier m. de fixation. **l) ~-schiene** f. || attachment rail || ailette f. de fixation. 29

Befestigungsschraube f. || fixing screw || vis f. à fixer *ou* de fixation; boulon m. d'ancrage *ou* d'attache. **a) Schalttafel~** f. || switchboard fastening screw || boulon m. de fixation pour tableau. 30

Befestigungs-streifen m. || fixing band; fastening strip || bande f. de fixation. **a) ~winkel** m. (Leit) || fixing angle || équerre f. de fixation. 31

befeuchten || to wet; to damp; to moisten; to humidify || humidifier; humecter. 32

Befeuchtungsmaschine f. für Garne || wetting machine for yarns || machine f. à humecter les fils. 33

Befeuchtungsanlage f. || moistening plant || installation f. d'humectation. **a) Luft~** || air wetting *or* moistening plant || installation f. à humecter *ou* pour humidifier l'air. 34

Befeuchtungs-kammer f., Luft || air moisten ing chamber || chambre f. d'humidification de l'air. **a) ~vorrichtung** f. || moistening apparatus || humidificateur m. 35

Befeuerung f., Flugstrecken || airway lighting || balisage m. de ligne. 36

befirsten || to ridge a roof; to lay a ridge || couronner le faîte d'un comble; enfaîter. **a) neu ~** || to ridge a roof anew || renfaîter. 37

Befirstung f. || laying of a ridge || enfaîtement m. 38

beflechten (Wasserb) || to line with wicker work || enlacer des brins d'osier autour de ... **a) mit Stroh** n. **~** || to straw || empailler. 39

Beflechtung f. || wicker-work || enlace ment m. 40

befördern || to forward; to hasten; to expedite || accélérer; expédier; transporter. **a) ~** (in höhere Stellung) || to promote (to a higher) post || promouvoir; faire avancer. 41

Beförderung f. || *s. auch* Transport || transport; conveyance || transport m. **a) ~** (zu einem höheren Posten) || promotion || avancement m.; promotion f. **b) elektrische ~** || electric traction || traction f. électrique. **c) ~** von **Personen** || passenger service || transport m. de voyageurs. **d) ~** von **Stückgütern** über große Strecken || carrying of miscellaneous goods for long distances || transport m. des colis sur les grandes distances. 42

Beförderungs-anlage f. || equipment for transportation || installation f. de transport. **a) ~karre** f. || cart for transportation || chariot m. de transport. **b) ~kosten** pl. || cartage || camionnage m. **c) ~mittel** n. || means pl. of conveyance || moyen m. de transport. 43

befrachten, ein Schiff n. || to load a ship || charger un vaisseau. 44

befragen || to consult || consulter; interroger. 45

befreien von || to free from; to deliver from || délivrer de; libérer de; exempter de. 46

befrieden (Bauw) || to fence in || échalasser. 47

befriedigende Abmachung f. || satisfactory arrangement || arrangement m. satisfaisant. 48

befristen || to limit in time || prolonger; atermoyer. 49

befristete Anzeige f. || notification within a given period || avis m. dans un certain délai. 50

Befund m. || state || constatation f.; état f. 51

befürworten || to recommend || recommander. 52

begehbares Deck n. || walkable deck || pont m. sur lequel on peut marcher. 53

begichten (Met) || to charge || charger. 54

Begichtung f. || charging || chargement m. 55

Begichtungsanlage f. || charging installation || installation f. de chargement du gueulard. **a) Hochofen~** || charging for blast furnaces || dispositif m. de chargement de gueulard pour hauts-fourneaux. **b)** ~ für **Kuppelöfen** || charging plant for cupola furnaces || installation f. de charge pour cubilots. **c)** ~ mit festem **Windenhaus** || charging hoist with stationary winding house || dispositif m. de chargement de gueulard avec maisonette de treuils fixes. 1

Begichtungs-bühne f. || charging floor || plate-forme f. du gueulard. **a) elektrisch bewegte ~vorrichtung** f. || electrically moved charging device || appareil m. électrique de chargement des gueulards. **b) ~wagen** m. || charging barrow (A) || wagonnet m. de chargement du gueulard. 2

begießen || to water; to sprinkle; to wet || arroser. **a)** die **Schalung** ~ || to wet the casing || arroser le coffrage. 3

beglaubigen || to legalize || certifier; légaliser. **a)** eine **Faktura** f. ~ lassen || to legalize an invoice || faire légaliser une facture. 4

beglaubigt || legalized; attested || légalisé; attesté. **a) ~e Abschrift** f. || attested *or* certified copy || copie f. certifiée. 5

Beglaubigung f. || attestation; authentication || attestation f.; témoignage m. **a) konsularische** ~ || consular certificate || certificat m. consulaire. 6

Beglaubigungsschreiben n. || credentials pl. || lettres fpl. de créance. 7

begleichen, eine Rechnung f. || to balance *or* to settle an account || solder *ou* régler un compte. 8

Begleit-brief m. || covering letter || lettre f. d'envoi. **a) geschütz** n. || accompanying gun || canon m. d'accompagnement. **b) ~musik** f. appertaining music || musique f. d'accompagnement. **c) ~schiff** n. || tender || navire m. matelot; bâtiment m. de servitude. 9

Begräbnis n. *s.* Beerdigung. **a) ~wagen** m. || funeral carriage || voiture f. funèbre. 10

begrenzen || to border; to divide; to separate || limiter; border. 11

Begrenzung f. der **Drehung** || limit of rotation || délimitation f. de rotation. **a) Hub~** || top limit of lift || limite f. supérieure de levage. 12

Begrenzungsseil n. (Luftf) || check cable || câble m. limiteur de course. 13

Begriff m. || definition || notion f. 14

Begriffs-bestimmung f. || definition || définition f. **a) ~erklärung** f. *s.* ~bestimmung f. 15

begründen (gründen) || to found || fonder; établir. **a)** ~ (motivieren) || to give reasons pl. for; to account for || motiver. 16

begünstigen || to favour || favoriser. 17

Begünstigungszoll m. || preferential duty || droit m. différentiel. 18

begutachten || to give an expert opinion || expertiser. **a)** ~ **lassen** || to submit to an expert || faire émettre son avis. 19

Begutachtung f. durch Sachverständige || approval by experts; expert opinion || expertise f. 20

behalten || to keep; to retain || garder; retenir. 21

Behälter m. (für Flüssigkeiten) || reservoir; tank || réservoir m. **a)** ~ (Müllerei) || bin || boisseau m. **b) Benzin~** || petrol *or* gasoline tank || réservoir m. d'essence. **c) Druck~** || pressure tank || réservoir m. sous pression. **d)** ~ aus **Eisenbeton** || tank of reinforced concrete || éservoir m. en béton armé. **e) eiserner** genieteter ~ || rivet(t)ed iron tank || réservoir m. en fer riveté. **f) Gas~** || gasholder; gas tank; gasometer || gazomètre m.; réservoir m. à gaz. **g)** ~ aus **gepreßtem** Stahlblech || pressed steel tank || réservoir m. en tôle d'acier emboutie à la presse. **h) gußeiserner** ~ || cast iron tank || réservoir m. en fonte. **i) Haupt~** || main tank || réservoir m. principal. **k) Hilfs~** || auxiliary tank || réservoir m. auxiliaire. **l) Hoch~** || elevated tank; overhead tank (A) || réservoir m. surélevé. **m) Hochdruck~** || high pressure receiver || réservoir m. à haute pression. **n) Kraftstoff~** || fuel tank || réservoir m. de carburant. **o) luftdicht** verschlossener ~ || airtight closed box || emballage m. hermétiquement fermé. **p) Masse~** m. für die Kabelherstellung || compound tank for cable manufacturing || récipient m. de masse pour le fabrication des câbles. **q) Öl~** || oil tank || réservoir m. d'huile. **r)** auf **Radsätzen** montierter ~ || tank mounted on wheel trains || réservoir m. monté sur trains de roues. **s) Wasser~** || water tank || réservoir m. à eau. 22

Behälter-blech n. || tank sheet iron || tôle f. à réservoir. **a) ~boden** m. || container bottom || fond m. de réservoir. **b) ~inhalt** m. || tank capacity || contenance f. du réservoir. **c) ~wagen** m. || tank wagon || voiture f. à réservoir. 23

Behältnis n. *s. auch* Behälter || container; case; box; bin; store; magazine; cage || récipient m.; réservoir m.; étui m.; bidon m.; boîte f. (métallique). 24

behandeln, individuell || to deal with individually || traiter individuellement. 25

Behandlung f. || handling; treatment; manipulation || traitement m. **a) ärztliche** || medical attendance *or* treatment || traitement m. médical. **b) chemische** ~ || chemical treatment || traitement m. chimique. **c)** ~ der **Metalloberfläche** || refinement of metal surface || traitement m. de surface des métaux. **d) rauhe** ~ || rough handling || traitement m. brutal. **e) sachgemäße** ~ || appropriate treatment || traitement m. approprié. **f) schonende** ~ || careful treatment || traitement m. attentif *ou* soigneux *ou* avec ménagement. 26

Behandlungs-vorschrift f. || service instruction; instruction for employment || instruction f. d'entretien *ou* de service. **a) ~weise** f. || method of treatment || mode m. de traitement *ou* de service. 27

Beharrungs-vermögen n. || vis inertiæ; inertia || force f. d'inertie; inertie f. **a) ~zustand** m. || steady condition; state of inertia *or* equilibrium; permanence; resistance; state || état m. d'inertie *ou* permanent; permanence. 28

behauen (Zimm; Tischl) || to square; to veer || équarrir; carrer. **a)** mit der **Axt** f. ~ || to trim with the axe || équarrir à la hache. **b)** das **Holz** aus dem Groben ~ || to rough-hew wood || dégrossir une pièce de bois. **c)** einen **Stein** m. ~ || to hew *or* to cut a stone || dresser *ou* tailler une pierre. 29

beheizen || to heat || chauffer. 30

Beheizung f. || heating || chauffage m. **a) elektrische** ~ || electric heating || chauffage m. électrique. 31

Behelfsbrücke f. || provisory bridge || pont m. provisoire. 32

behelfsmäßig ausbessern || to make a temporary repair || faire une réparation provisoire. **a) ~e Ausbesserung** f. (Auto) || roadside repair || réparation f. de fortune. 33

behobeln || to plane || raboter. 34

Behobeln n. der Blechkanten || planing the edges of plates || chanfreinage m. des tôles. 35

beholmen, die Pfähle mpl. (Wasserb) || to cap the piles || coiffer les pilotis mpl. de leurs chapeaux. 36

beholzen (Forstw) || to forest || boiser. 37

Behörde f. || authority; board || autorité f.; police f.; supérieurs mpl. 38

behördliche Vorschriften fpl. || public regulations pl. || instructions fpl. de la police. 39

Beiblatt n. (Zeitschrift) || supplement || supplément m. 40

Beiboot n. eines Schiffes || lifeboat on board ship; launch || canot n. de bord. 41

beidäugig (Opt) || binocular || binoculaire. **a) ~es Sehen** n. || binocular vision || vision f. binoculaire. 42

beiderseitig || on both sides pl. || des deux côtés fpl. **a)** ~ **gestütztes** Schwungrad n. || flywheel between *or* on two bearings || volant m. entre *ou* sur deux paliers. 43

beidrehen (Seew) || to bring-to ships; to heave *or* to lay a ship to || se mettre à la cape. 44

beifolgend || annexed; enclosed || ci-joint. 45

beifügen || to add; to enclose || joindre; ajouter; annexer. 46

Beifußkraut n. || mugwort leaves pl. || feuilles fpl. d'armoise. 47

Beigabe f. || adjusting strip || cale f. à rattrapage du jeu; lardon m. d'ajustage. 48

Beigeschmack m. || peculiar favour *or* taste || goût m. particulier. 49

Beihilfe f. || assistance; support || assistance f.; secours m. **a) staatliche** ~ || subsidy || subvention f. 50

Beikasten m. für Tischgehäuse (Fernm) || by box for desk sets || caisse f. pour des appareils portatifs. 51

Beil n. || hatchet; axe || hache f. **a) Hand~** || hatchet || hachette f. 52

Beilagebündel n. (Maschinenbau) || shim || cale f. métallique. 53

Beilauffaden m. (Kabel) || intermediate layer || couche f. intermédiaire. 54

Beilbrief m. (Schiff) || ship's register; certificate of registry; builder's certificate || certificat m. de construction. 55

Beileidskarte f. || condolatory card || carte f. de condoléance. 56

Beilpicke f. || pick axe || hache f. à pick. 57

Beilstein m. || nephrite || néphrite f.; jade m. 58

Beimengung f. (Chem) || admixture || additions fpl. **a)** ~ (Verunreinigung) || impurity || impureté f. **b) schwache** ~ von Phosphor || small proportion of phosphorus || phosphore m. en faible proportion. **c) störende** ~ || disturbing admixture || constituant m. perturbateur. 59

Beimischer m. (Müllerei) || feeding shoe || distributeur m. à secousses. 60

Beimischung f. (Chem) || admixtion; admixture || admixtion f. 61

Bein n. || leg || jambe f. **a)** ~ (Knochen) || bone || os m. 62

Bein-asche f. || bone ashes pl. || cendre f. d'os. **a) ~gravör** m. || bone engraver || graveur m. sur os. **b) ~knopf** m. || bone button || bouton m. en os. **c) ~sägen** n. || bone sawing || sciage m. d'os. **d) ~-schmuckwaren** fpl. || bone goods pl. || articles mpl. de tourneur en os. **e) ~schneiden** n. || bone cutting || débitage m. d'os. **f) ~schnitzer** m. || bone cutter || scieur m. d'os. **g) ~schnitzerei** f. || bone carving || objet m. sculpté en os. **h) ~schwarz** n. || animal *or* bone charcoal; bone black || charbon m. d'os; noir m. animal. 1

Beinwaren fpl. || bone goods pl. || articles mpl. en os. **a) geschnitzte ~** || bone carvings pl. || objets mpl. sculptés en os. 2

Beischiff n. || tender ship || navire m. annexe *ou* de servitude; esquif m. 3

Beisitzer m. || assessor; advisory member || assesseur m. 4

Beispiel n. || example || exemple m. **a) zum ~** *s.* beispielsweise. 5

beispiellos || unexampled; unprecedented || sans exemple m.; sans précédent m. 6

beispielsweise || for instance *or* example || par exemple m. 7

Beiß-ring m. (für Kinder) || teething ring || anneau m. de dentition. **a) ~zange** f. || cutting pliers pl. || pince f. coupante. 8

Beitel m. || chisel || ciseau m. 9

Beitrag m. || contribution || contribution f. 10

Beiwagen m. || side carriage *or* car || voiture f. supplémentaire; voiturette f. à remorque latérale; side-car m.; cyclecar m. 11

Beiwert m. || coefficient || coefficient m. 12

Beizabwasser n. (Galv) || waste pickling water || eau f. de dérochage puisée. 13

Beizahl f. *s.* Beiwert. 14

Beizanlage f. || pickling plant || installation f. de décapage. **a) elektrolytische ~** || electrolytical pickling plant || installation f. électrolytique de dérochage. **b) Platten~** (Met) || plate pickling plant || installation f. de décapage de plaques. 15

Beiz-bad n., elektrolytisches || electrolytical pickling bath || bain m. de dérochage électrolytique. **a) ~bottich** m. || pickling tub || bac m. de décapage. **b) ~brühe** f. (Gerb) || oozing; ooze; tan pickle || jus m. de tannée; passement m. 16

Beize f. || mordant; stain; caustic; bate; pickle; etching; saucing || mordant m.; caustique m.; acide m. corrosif. **a) ~** (Tabak) || saucing || sauce f. **b) ~** für **Gerbereien** || tanner's mordant; bate || mordant m. pour tanneries. **c) Holz~** || wood mordant; wood stain || mordant m. pour bois. **d) Öl~** || mordant of oil || corrosif m. d'huile. **e) saure ~** *s.* Beizbrühe (Gerberei). **f) Spiritus~** || spirit mordant || mordant m. à l'alcool. 17

beizen (Holz) || to stain || teindre. **a) ~** (Met) || to pickle; to mordant || décaper; mordancer. **b) mit Alaunwasser** n. **~** (Färb) || to alum || alumer. **c) schwarz ~** || to ebonize || ébéner. **d)** den **Tabak** m. **~** || to water tobacco with sauce; to sauce tobacco || mouiller *ou* saucer le tabac. 18

Beizen n. || mordanting || mordançage m. **a) ~** von **Holz** || wood dyeing || teinture f. du bois. 19

Beizen-farbstoff m. || mordant dye || colorant m. sur mordant. **a) ~gelb** n. || mordant yellow || jaune m. sur mordant. 20

Beizer m. (Bleich) || acid liquor man || acideur m. **a) ~** (Färb) || mordant maker || mordanceur m. **b) ~** (Lederzur) || carotter || secréteur m. de peaux. **c) ~** (Met) || cleaner; pickler; scourer || décapeur m.; dérocheur m. **d) Draht~** || wire pickler || décapeur m. de fils de fer. 21

Beiz-farbstoff m. *s.* Beizenfarbstoff. **a) ~-flüssigkeit** f. (Münzw) || blanching liquid || bousure f. **b) ~gelb** n. || mordant yellow || jaune m. sur mordant. **c) ~korb** m. || pickling basket *or* crate || panier m. de décapage; passoire f. à décaper. 22

Beizmaschine f. || pickling machine || machine f. à décaper. **a) Getreide~** || grain saucing machine || machine f. à corroder le blé. **b) Tabak~** || tobacco soaking machine || machine f. à rouir le tabac. 23

Beiz-mittel n. || mordant; corrosive; caustic || caustique m.; corrosif m.; mordant m. **a) ~salz** n. || caustic salt || sel m. caustique. 24

Beizung f. || mordanting || mordançage m. 25

Beiz-vergoldung f. || pigment gilding || dorure f. à mordant. **a) ~zusatz** m. || pickling compound || matière f. de décapage. 26

bekanntmachen || to advertise || annoncer. 27

Bekanntmachung f. || advertisement; notification; announcement; publication || avis m.; publication f. 28

bekiesen, das Pflaster || to gravel the pavement || couvrir le pavé de gravier. 29

Beklagter m. || defendant || défendeur m. 30

Beklebemaschine f. für Dynamobleche || pasting machine for dynamo plates || machine f. à coller du papier sur les tôles de dynamo. **a) Gummier- und ~** || glueing and labelling machine || machine f. à coller et à étiqueter. **b) ~** für Karton und Pappe || pasting machine for cardboard and pasteboard || machine f. à coller du papier sur carton et cartonnages 31

bekleben (Buchb) || to paste; to work in paste || coller; empâter; cartonner. 32

Beklebezettel m. || poster; placard; label || étiquette f.; papillon m. 33

Bekleidung f. || dress; clothing; garment; clothes || confection f.; vêtement m.; habillement m. **a) Asbest~** || covering with asbestos || revêtement m. en asbeste. **b) ~** für **Kraftfahrer** || automobile clothes pl. || vêtement m. pour automobilistes. 34

Bekleidungs-gewerbe n. || dress making; clothing industry || industrie f. des vêtements. **a) ~industrie f.,** Metallkurzwaren fpl. für die **~** || hard ware for clothing industry || quincailleries fpl. en métal pour l'industrie des vêtements. 35

Bekohlungsanlage f. || coaling plant; coal conveying plant || approvisionnement m. en charbon; installation f. de chargeur mécanique de charbon *ou* pour le chargement de charbon. **a) Kessel~** || boiler coaling plant || installation f. pour alimenter les foyers de chaudières. 36

Bekohlungskran m. || coaling crane || grue f. charbonnière. **a) ~** für Bahnhöfe || coaling crane for railway stations || grue f. à charger le charbon pour gares. 37

Beladebühne f. || loading platform || plateforme f. de chargement. 38

beladen || to charge; to load || charger. **a)** eine **Darre ~** || to load a kiln || charger une touraille. **b) ~** mit (Chem) || to charge with || charger de. 39

Beladen n. einer **Darre** || loading a kiln || chargement m. d'une touraille. 40

Beladevorrichtung f. für Eisenbahnwagen || railway car loader; charging device for railway carriages || dispositif m. de chargement pour wagons de chemin de fer. 41

Belag m. (Bremse) || lining || garniture f. **a) Fußboden~** || floor covering || revêtement m. pour planchers. **b) Gummi~** || rubber covering || garniture f. de caoutchouc. **c) Spiegel~** || foil *or* foiling *or* covering of a mirror || étamure f.; tain m. feuille f. d'étain d'un miroir. 42

Belag-blech n. || flooring plate || tôle f. de revêtement. **a) ~brett** n. (Brücke) || chess; plank; deal || madrier m. **b) ~eisen** n. || zores iron || fer m. zorès. **c) ~platte** f. (Dach) || tile || tuile f. 43

belasten, den Motor m. sofort nach dem Anlassen **~** || to load the engine immediately after starting || charger le moteur dès sa mise en marche. 44

belastet anlaufen || to start under load || démarrer en charge. 45

belastet, voll || at full load || à charge pleine *ou* normale; à toute vapeur. 46

Belastung f. || load || charge f. **a) Achs~** || axle load || charge f. de l'essieu. **b) ~** des **Baugrundes** || load on the building ground || charge f. sur le terrain à bâtir. **c) bewegliche ~** || movable load || charge f. mobile. **d) durchschnittliche ~** || average load || charge f. moyenne. **e)** der **~ entsprechen** || to be in conformity with the load || correspondre à la charge; être en rapport m. avec la charge. **f)** besonders **geringe ~** || extra light loading || charge f. faible. **g) Gesamt~** || total load || charge f. totale. **h) gleichmäßig** verteilte **~** || uniformly distributed load || charge f. uniformément répartie. **i) halbe ~** || half load || demi-charge f. **k) Grenz~** || limit load || charge f. limite. **l) höchste ~** || maximum load || charge f. maximum. **m) induktionsfreie ~** || non-inductive load || charge f. non-inductive. **n) induktive ~** || inductive load || charge f. inductive. **o) intermittierende ~** || intermittent load || charge f. intermittante. **p) kapazitive ~** || capacity load || charge f. capacitive. **q) konstante ~** || constant load || charge f. constante. **r) ~** je **Längeneinheit** || load per unit of length || charge f. par unité de longueur. **s) ~** von **Leitungen** (Elektr) || loading of conductors || charge f. des fils. **t) mittelstarke ~** || medium heavy loading || charge f. moyenne. **u) Probe~** || test load || charge f. d'essai *ou* d'épreuve. **v) ~** je **Quadratmeter** || load per square meter || charge f. par mètre carré. **w) ~** je cm^2 **Querschnitt** || load per cm^2 cross-sectional area || charge f. par cm^2 de section. **x) Rad~** || load on wheels || charge f. sur les roues. **y) ~** je **Rad** || load per wheel || charge f. par roue. **z) ~** durch **Schnee** || snow load || charge f. de neige. 47

a) ständige ~ || permanent load || charge f. permanente. **b) theoretische ~** || assumed load || charge f. supposée. **c) vorgeschriebene ~** || stipulated load || charge f. prescrite. **d) wachsende ~** (Elektr) || rising load || charge f. croissante. **e) wachsende ~** (Mechanik) || ever-growing strain *or* stresses || exigence f. toujours croissante. **f) wechselnde ~** || distorting load || charge f. variable. **g) Wind~** || load due to wind pressure || charge f. due à la poussée du vent. **h) zulässige ~** || safe load || charge f. admissible. **i) zusammengesetzte ~** || compound load || charge f. composée. 1

Belastungsanzeige f. (Bank) || debit note || note f. de débit. **a) ~** (Wage) || load shown by counter || mesurage m. de charge par compteur. 2

Belastungs-ausgleich m. || load compensation || égalisation f. de charge. **a) ~-charakteristik** f. || load characteristic || caractéristique f. en charge. **b) ~-diagramm** n. || load diagram || diagramme m. de charge. 3

Belastungsfähigkeit f. || tonnage || tonnage m. **a) ~** eines **Kabels** in bezug auf Erwärmung || current carrying capacity of a cable in regard to heating || capacité f. limite d'un câble par rapport à l'échauffement. **b) ~** einer **Leitung** || carrying capacity of a cable || densité f. de courant admissible d'un câble; intensité f. de courant admissible dans un conducteur. 4

Belastungs-faktor m. (Kraftstation) || load factor || facteur m. de charge. **a)** ungünstigster **~fall** m. || most unfavourable position of load || position f. la plus défavorable de la charge. **b) ~gewicht** n. eines Sicherheitsventils || load of a safety valve || poids m. de charge d'une soupape de sûreté. **c) ~grenze** f. (Elektr) || limit of carrying capacity || intensité-limite f. du courant. 5

Belastungskurve f. || load diagram || courbe f. de chargement; diagramme m. de charge. **a) ~** für **Speiseleitungen** (Elektr) || load curve of feeders || courbe f. de charge pour lignes d'alimentation. 6

Belastungs-nachweis m. *s.* ~kurve 7

Belastungsprobe f. || load test; testing of load || essai m. *ou* épreuve f. de charge; contrôle f. de la charge. **a) ~** bis zum **Bruch** || load test up to breaking; breaking load test || essai m. de charge jusqu'à la rupture. **b) ~** ohne bleibende **Durchbiegung** || deformation test by loads without a permanent set || essai m. de flexion par charge morte sans déformation permanente. 8

Belastungs-prüfung f. *s.* ~probe. **a) ~-schwankung** f. || variation *or* change *or* fluctuation of load || variation f. *ou* fluctuation f. de charge. **b) ~spannung** f. (Elektr) || load voltage || tension f. *ou* voltage m. en charge. **c) ~spitze** f. || peak load || charge f. maximum; pointe f. de charge. **d) ~steigerung** f. || increase of load || augmentation f. de charge. **e) ~stoß** m. || considerable load variation || variation f. brusque de charge. **f) ~verteilung** f. || division *or* distribution of load || répartition f. *ou* distribution f. de charge. 9

belatten (Zimm) || to lath || latter. 10

Belattung f. || lathing || lattis m. 11

belaufen, sich belaufend auf || amounting to || se montant à. 12

beleben, die Gärung f. || to animate the fermentation || activer la fermentation. 13

beledern, einen Kolben m. || to leather a piston || garnir de cuir un piston. 14

Belederung f. || leather packing || garniture de cuir. 15

Beleg m. || documentary proof || document m. justificatif. 16

belegen, mit **Folie** f. (Glasf) || to silver || argenter. **a)** eine **Leitung** f. **~** (Fernm) || to seize a line || saisir une ligne. **b) unnütz ~** (Fernm) || to tie up || occuper inutilement. 17

Beleg-klampe f. || belaying cleat || taquet m. à branches. **a) ~nagel** m. || belaying pin || cabillot m.; cheville f. de tournage. 18

Belegschaft f. (Bergb) || workers pl.; set of men; shift *or* gang of miners; number of miners || ensemble m.; personnel m.; équipe f. de mineurs. **a) durchschnittliche** Stärke f. der **~** || average number of men || effectif m. moyen du personnel. **b) gesamte ~** eines Konzerns || the whole of the employees of a concern; entire personnel of a firm || personnel m. entier occupé par une groupe. **c) Höhe** f. der **~** || number of employés || nombre m. des ouvriers. **d) tägliche ~** || number of men per day || personnel m. journalier. **e) ~ über** und unter Tage || surface and underground workers pl. || ensemble m. du fond et jour. **f) ~ unter** Tage || underground workers pl. || ensemble m. du fond. **g) Unterbringung** f. der **~** || to accomodate the workmen || loger la population ouvrière. 19

Belegschaftswechsel m. || change of work people || changement m. du personnel. 20

Belegtisch m. (Glasf) || silvering table || table f. pour l'étamage des glaces. 21

Belegung f. (Fernm) || busying; seizure; holding || occupation f. 22

Belegungsdauer f. (Fernm) || holding time || durée f. d'occupation. 23

beleimter Rücken m. der Broschüre (Buchb) || glued back of the booklet || dos m. de la brochure enduit de colle. 24

belesen (Tuchm) || to burl; to pick; to cull || épincer; épinceler; épinceter. 25

Belesen n. (Tuchm) || burling || épinçage m.; épincetage m. 26

beleuchten || to illuminate; to light || illuminer. **a) mittelbar ~** || to illuminate indirectly || éclairer indirectement. **b)** durch **Zenitlicht** n. **~** || to illuminate by vertical light || éclairer par la lumière zénithale. 27

Beleuchten n. || illumination; lighting || éclairement m.; éclairage m. 28

Beleuchterloge f. des Theaters || lighting cabin of the theatre || loge f. du préposé à l'éclairage du théâtre. 29

beleuchtet sein || to be lighted *or* illuminated || être illuminé *ou* éclairé. 30

beleuchtet-er Springbrunnen m. || luminous fountain || fontaine f. lumineuse. **a) ~er Windanzeiger** m. || illuminated wind-indicator || indicateur m. de vent éclairé. 31

Beleuchtung f. || lighting; illumination || éclairage m. **a) ~** im **auffallenden** Licht || illumination by incident light || éclairage m. par réflexion. **b) Automobil~** || motorcar lighting || éclairage m. d'automobile. **c) Azetylen~** || acetylene lighting || éclairage m. à l'acétylène. **d) Büro~** || indoor lighting for offices || éclairage m. pour bureaux. **e) Christbaum~** || christmas tree illumination || lampes fpl. pour arbres de Noël. **f) Decken~** || ceiling illumination || éclairage m. de plafond. **g) gerade ~** (Opt) || direct illumination || éclairage m. central. **h) Dunkelfeld~** || darkground illumination || éclairage m. à fond noir. **i) Eisenbahnwagen~** || railway carriage lighting || éclairage m. des trains. **k) elektrische ~** || electric lighting || éclairage m. électrique. **l) gleichmäßige ~** || uniform illumination || éclairage m. régulier. **m) Hellfeld ~** || bright field illumination || éclairage m. à fond clair. **n) ~** für **Industrieräume** || indoor lighting for industrial places || éclairage m. pour locaux industriels. **o) Klein~** || small lighting outfits pl. || petites installations fpl. d'éclairage. **p) künstliche ~** || artificial lighting || éclairage m. artificiel. **q) Nähmaschinen~** || sewing machine lighting || lampe f. pour machines à coudre. **r) Not~** || emergency lighting || éclairage m. de secours. **s) Platz~** (Verkehr) || lighting of squares || éclairage m. public. **t) Rampen~** || foot lights pl. || éclairage m. de rampe. **u) Reklame~** || sign lighting; advertisement illumination || éclairage m. de réclame *ou* de publicité. **v) Schaufenster~** || shop window lighting || éclairage m. de vitrines. **w) schiefe ~** || oblique illumination || éclairage m. oblique. **x) seitliche ~** || lateral illumination || éclairage m. latéral. **y) Straßen~** || street lighting || éclairage m. public. **z) Treppen~** || staircase lighting || éclairage m. des escaliers. 32

a) Werkstätten~ || indoor lighting of shops || éclairage m. des ateliers. 33

Beleuchtungs-abteilung f. || lighting department || département m. d'éclairage. **a) ~anlage** f. || lighting installation *or* plant || installation f. d'éclairage. **b) ~-apparat** m. *s.* ~gerät n. **c) automat** m. (Treppen) || automatic device for lighting of staircases || appareil m. automatique pour l'éclairage des cages d'escaliers. **d) ~-batterie** f. || storage battery for lighting || batterie f. d'éclairage. **e) ~büschel** n. || illuminating pencil of rays || faisceau m. de rayons. 34

Beleuchtungseinrichtung f. (Opt) || illuminating device || appareil m. d'éclairage. **a) ~,** Dunkelfeld (Opt) || dark ground illumination attachment || dispositif m. d'éclairage à fond noir. **b) elektrische ~** || equipment of an electric lighting plant || appareils mpl. pour l'éclairage électrique. **c) ~** am **Fernrohr** || illuminating arrangement on telescope || appareil m. d'éclairage de la lunette. **d) Gesichtsfeld~** || illumination attachment to field of view || dispositif m. pour l'éclairage du champ. 35

Beleuchtungseinstellung f. (Opt) || adjustment for illumination || réglage m. pour l'éclairage. 36

Beleuchtungsgegenstand m. || article for lightening purposes; lighting article || article m. d'éclairage. **a) ~** aus **Alabaster** || alabaster lightning article || article m. d'éclairage en albâtre. 37

Beleuchtungsgerät n. || illuminating *or* lighting apparatus; illuminator || appareil m. d'éclairage. **a) elektrisches** || electric lighting apparatus || appareillage m. pour l'éclairage électrique. **b) Mikroskop~** || illuminating apparatus of a microscope || appareil m. d'éclairage d'un microscope. **c) Mund~** || device for the illumination of the mouth || appareil m. pour éclairer la bouche.

d) Spektral~ || spectroscopic illuminator || appareil m. pour l'éclairage monochromatique. **e) vereinfachtes ~** || simplified illuminating apparatus || appareil m. d'éclairage simplifié. 1

Beleuchtungs-glas n. || glass for lighting purposes || verre m. *ou* verrerie f. pour l'éclairage. **a) ~ingeniör** m. || lighting engineer || ingénieur m. éclairagiste. **b) ~kabel** n. || light cable || câble m. à éclairage. **c) ~kegel** m. || illuminating cone || cône m. d'éclairage. **d) ~kohle** f. || light *or* lighting *or* arc lamp carbon || crayon m. *ou* charbon m. à lumière *ou* de lampe à arc. 2

Beleuchtungskörper m. || light fitting || lustre m.; appareil m. d'éclairage. **a) ~ aus Bronze** || bronze light fitting || appareil m. d'éclairage en bronze. 3

Beleuchtungskupplung f. || illumination coupling || raccordement m. pour circuits d'éclairage. 4

Beleuchtungslinse f. || illuminating lens *or* condenser || lentille f. d'éclairage *ou* de condensateur. **a) lichtstarke ~** || lens of great light transmitting capacity || lentille f. d'éclairage très lumineuse. 5

Beleuchtungs-schalter m. || lighting switch || interrupteur m. d'éclairage. **a) ~spiegel** m. || illuminating mirror || miroir m. d'éclairage. **b) ~stunde** f. || lighting hour || heure f. d'éclairage. **c) ~technik** f. || lighting engineering || technique f. d'éclairage. **d) ~vorrichtung** (Opt) || illuminating attachment || appareil m. d'éclairage. **e) ~wagen** m. || lighting car || voiture f. d'éclairage. **f) ~wirkung** f. || illuminating effect || effet m. d'illumination. 6

belichten (Opt) || to irradiate || irradier. 7

Belichten n. der Platte in der Kamera (Lichtb) || exposure of the plate in the camera || exposition f. de la plaque dans la chambre noire. 8

belichtet || exposed || exposé. 9

Belichtung f. (Lichtb) || exposure to the light || exposition f. *ou* pose f. à la lumière. 10

Belichtungs-dauer f. (Lichtb) || exposure *or* exposing time || durée f. de pose *ou* de l'exposition à la lumière; temps m. exposant. **a) ~kammer** f. || exposure chamber || chambre f. d'exposition. **b) ~stellung** f. (Lichtb) || exposing position || position f. d'exposition. **c) ~zeit** f. *s.* ~dauer f. 11

beliebig große Menge f. || unlimited quantity || quantité f. illimitée. 12

beliefern, mit Strom m. || to deliver current to... || alimenter de courant. 13

Belladonna f. || belladonna || belladone f. **a) ~auszug** m. || belladonna extract || extrait m. de belladone. 14

Bellevillefeder f. || Belleville *or* cup washer || rondelle f. Belleville. 15

Bellit n. || bellite || bellit m. 16

Belonit m. || acicular bismuth; needle ore; aciculite || aciculite f.; patrinite f. 17

Belüftungsanlage f. || airing plant || installation f. d'aération. 18

bemalen || to paint; to stain || peindre. 19

bemannen, ein Schiff n. || to man a ship || équiper un navire; mettre des hommes sur un navire. 20

Bemannung f. (Schiff) || crew; ship's company; hands pl. || équipage m., hommes mpl. 21

bemasten, ein Schiff n. || to mast a ship || mâter un vaisseau. 22

Bemastung f. (Schiffb) || the masts pl. || mâture f. 23

Bemerkung f. || remark || note f. 24

bemessen für || rated for || dimensionné pour. 25

benachrichtigen || to inform; to notify || informer; aviser; faire savoir. 26

Benachrichtigung f. || information; notice || information f.; avis m. 27

Benennung f., genaue || exact denomination || dénomination f. exacte. 28

benetzen || to moisten; to wet || humecter; humidifier. 29

benetzt || wet || mouillé; humecté. 30

bengalisch-es Feuer n. || false flames pl.; Bengal light || feux mpl. de Bengale. **a) ~ Zündhölzer** mpl. || bengal matches pl. || allumettes fpl. du Bengale. **b) ~e Zündwaren** fpl. || Bengal inflammables pl. || inflammables mpl. de Bengale. 31

Bengel m. (Buchdr) || bar || barreau m. **a) ~scheide** f. (Buchdr) || rounce; bar handle || manivelle f. du barreau. 32

benummern || to mark with a number; to number || numéroter. 33

Benummerung f. || numbering || numération f.; numérotage m. 34

Benummerungsmaschine f. || numbering machine || machine f. à numéroter. **a) Hand~** || hand numbering machine || numéroteur m. à main. 35

benutzen || to use; to employ || user; employer; se servir de... 36

Benutzungs-dauer f. || period of service || durée f. d'utilisation. **a) das ~recht** n. eines Grundstückes zusprechen || to assign the right to use a property || adjuger le droit d'usage d'un terrain. 37

Benzaldehyd n. || benzaldehyde || aldéhyde m. benzoïque. 38

Benzin n. || benzine; benzene; motor spirit; petrol; gasoline (A) || benzine f.; essence f.; pétrole f. **a) Schwer~** || heavy petrol || essence f. lourde. 39

Benzin-anlage f. (Gewinnung) || benzine plant; petrol obtaining plant || installation f. d'usines de benzine. **a) ~ausflußregler** m. || checker for petrol outlet || dosateur m. de sortie de l'essence. 40

Benzinbehälter m. || petrol *or* gasoline tank || réservoir m. d'essence. **a) ~stütze** f. || petrol tank support || support m. du réservoir d'essence. 41

Benzin-brenner m. || benzine burner || brûleur m. à benzine. **a) ~dampf** m. || gasoline vapour || vapeur f. d'essence. **b) ~destillierapparat** || benzine distilling apparatus || appareil m. de distillation de benzine. **c) ~destillierer** m. || benzine distiller || raffineur m. de benzine. **d) -druckmesser** m. || petrol pressure indicator || manomètre m. à essence. **e) ~einführungsnadel** f. || petrol inlet valve needle || pointeau m. d'arrivée d'essence. 42

benzinelektrischer Motorwagen m. || petrol electric motor car || voiture f. pétroléo-électrique. 43

Benzin-filter n. || petrol filter; gasoline separator *or* strainer || filtre m. à essence. **a) ~gewinnungsanlage** f. *s.* ~anlage f. **b) ~gaserzeuger** m. || benzine gas generator || générateur m. de gaz de benzine. **c) ~hahn** m. || gasoline valve || robinet m. d'essence. **d) ~kanne** f. || gasoline can || bidon m. d'essence. **e) ~keller** m. || petrol vault || cave f. à benzine *ou* à essence. **f) ~kocher** m. || petrol cooking apparatus || appareil m. à cuire à l'essence. **g) ~lagerung** f. || gasoline storage || entrepôt m. d'essence. **h) ~leitung** f. || gasoline *or* benzine piping || tuyauterie f. d'essence. **i) ~lötlampe** f. || benzine blow lamp || lampe f. à benzine *ou* à souder *ou* à essence. **k) ~lokomobile** f. || gasoline locomobile || locomobile f. à essence. **l) ~meßkanne** f. || measuring tin for benzine *or* petrol || bidon m. de mesure à benzine *ou* à essence. **m) ~motor** m. || petrol *or* gasoline motor; petrol engine || moteur m. à essence. **n) ~ofen** m. || petrol heating apparatus || foyer m. à essence. **o) ~reiniger** m. (Auto) || petrol filter; gasoline separator || filtre m. à essence. **p) ~reinigungszentrifuge** f. || petrol cleaning centrifuge; centrifugal gasoline cleaner || épurateur m. de benzine à force centrifuge. **q) ~seife** f. || benzine soap || savon m. à la benzine. 44

Benzinstand m. || petrol level || niveau m. d'essence. **a) ~anzeiger** m. || petrol gauge; gasoline gage (A) || indicateur m. de niveau d'essence. 45

Benzintrichter m. mit Sieb || petrol funnel with sieve || entonnoir m. à essence avec tamis. 46

Benzinverbrauch m. || petrol consumption || consommation f. d'essence. **a) ~ je PS-Std.** || consumption of petrol per brake horse power hour || consommation f. d'essence par cheval-heure effectif. 47

Benzin-wagen m. || petrol car || automobile f. à essence. **a) ~zapfsäule** f. || road side gasoline pump || distributeur m. d'essence. **b) ~zuführung** f. || gasoline piping || canalisation f. d'essence. 48

Benzoe f. || benzoin || benjoin m. 49

Benzoe-harz n. || benzoin gum || gomme f. de benjoin. **a) ~salz** n. || benzoate || benzoate m. 50

benzoesaur-es Amyl n. || amyl benzoate || benzoate m. d'amyle. **a) ~es Benzyl** n. || benzyl benzoate || benzoate m. de benzyle. 51

Benzoesäure f. || benzoic acid || acide m. benzoïque. **a) ~äther** m. || ethyl benzoate || benzoate m. d'éthyle. 52

Benzol n. || benzol(e); benzoline; benzene || benzol m.; benzoline f.; benzène m. **a) ~ für Fettextraktion** || benzol for degreasing || benzol m. de dégraissage. 53

Benzol-destillierungsanlage f. || benzol distilling plant || installation f. de distillation de benzol. **a) ~fabrikanlage** f. || benzol manufactory *or* plant || installation f. de fabrique de benzol. **b) ~gewinnung** f. || benzol recuperation || récuperation f. de benzol. **c) ~gewinnungsanlage** f. || benzol recuperation plant || installation f. d'extraction de benzol. **d) ~kran** m. || benzol crane || grue f. à benzol. **e) ~lack** m. || benzol varnish || vernis m. au benzol. **f) ~lösung** f. || benzol solution || solution f. benzénique. **g) ~wiedergewinnungsanlage** f. || benzol recovery plant || installation f. de recupération de benzol. 54

Benzyl n., **ameisensaures** || benzyl formiate || formiate m. de benzyle. **a) benzoesaures ~** || benzyl benzoate || benzoate m. de benzyle. **b) essigsaures ~** || benzyl acetate || acétate m. de benzyle. 55

beobachten || to observe || observer. **a)** mit unbewaffnetem **Auge** n. ~ || to observe with the naked eye || observer à l'œil nu. 1

Beobachten n., längeres || continued observation || observation f. prolongée. 2

Beobachter m. || observer || observateur m. 3

Beobachtung f. || observation || observation f.; visée f.; examen m. **a) astronomische** ~ || astronomical observation || observation f. astronomique *ou* céleste. **b) Einzel~** || single observation || observation f. isolée. **c) Erd~** || terrestrial observation || observation f. terrestre. **d) für ~en** || for observations || pour des observations. **e) Gelände~** || terrestrial observation || observation f. terrestre. **f) terrestrische ~** *s.* ~, Gelände. **g) visuelle ~** || visual observation || observation f. visuelle. **h) zweiäugige ~** || binocular observation || observation || f. binoculaire. 4

Beobachtungsabstand m. || observation distance || distance f. d'observation. 5

Beobachtungsbühne f., drehbare (Astro) || revolving observation platform || plateforme f. tournante. **a)** in der **Höhe** verstellbare ~ || rising observation platform || plancher m. mobile en hauteur. 6

Beobachtungseinstellung f. || adjustment for observation || réglage m. pour l'observation. 7

Beobachtungsfehler m. || error in observation; personal error || erreur f. d'observation; erreur f. personnelle. **a)** den ~ m. **ausgleichen** || to compensate the error in observation || compenser l'erreur d'observation. 8

Beobachtungs-instrument n. || instrument of observation || instrument m. d'observation. **a) ~leiter** f. (Astro) || observation ladder || échelle f. d'observation. **b) ~leitung** f. (Fernm) || observation line || ligne f. d'observation. **c) ~luke** f. || observation hatch || lucarne f. d'observation. **d) ~munitionswagen** m. || observatory caisson || caisson-observatoire m. **e) ~ort** m., geographische Breite f. des ~es || latitude of the place of observation || latitude f. du lieu d'observation. **f) ~punkt** m. || point of observation || poste m. d'observation. **g) ~reihe** f. || series of observations || série f. d'observations. **h) ~rohr** n. || observation *or* viewing tube || tube m. *ou* lunette f. d'observation. **i) ~spiegel** m. || observation mirror || miroir m. d'observation. **k) ~stelle** f. || observation post || poste m. d'observation. **l) ~stuhl** m. (Astro) || observation chair || chaise f. d'observation. **m) ~uhr** f. || observer's chronometer || montre f. *ou* horloge f. pour les observations. 9

bepichen || to pitch || goudronner. 10

Bepichen n. || pitching || goudronnage m. 11

Bepichmaschine f. || pitching machine || machine f. à goudronner. **a) Entpichund ~** || pitching machine || machine f. à dégoudronner et à goudronner. 12

Bepichstation f. (Faßfertigung) || pitch spraying station || station f. à poisser. 13

beplanken, ein Schiff n. || to plank a ship || border un navire. 14

Beplankung f. || covering; planking || recouvrement m. *ou* revêtement m. en planches. **a) Blech~** || sheet metal covering || revêtement m. en tôle. **b) Sperrholz~** || plywood planking || revêtement m. en contreplaqué. 15

bequeme Bedienung f. || convenient operation || manipulation f. simple. 16

Bequemlichkeit f. || comfort || commodité f. 17

Berapp m. || coarse plaster; rough plaster; rough cast || enduit m. hourdé; hourdage m.; ravalement m.; crépi m.; crépissure f. 18

berappen (Maur) || to rough cast || crépir; ravaler; hourder; gobeter. 19

Berappung f. *s.* Berapp. 20

beraten || to advise; to counsel || conseiller. 21

beratender Ingeniör m. || consulting engineer || ingénieur-conseil m. 22

Beratungsstelle f. || consulting office || bureau m. de conseil. 23

Berauhwehrung f. || facing with fascines || fascinage m. et clayonnage m. 24

Berberitzen-holz n. || barberry wood || vinetier m.; (bois m. d')épine-vinette f. **a) ~knospe** f. || barberry bud || feuille f. de brindille d'épine-vinette. **b) ~saft** m. || barberry juice || jus m. d'épine-vinette. 25

berechnen || to calculate; to reckon; to sum up || calculer; compter; additionner. **a)** das **Besteck** ~ || to work the reckoning || calculer le point. 26

Berechnung f. || calculation; reckoning || calcul m.; compte m. **a)** ~ der **Ausbeute** || calculation of the yield || calcul m. du rendement. **b)** der ~ f. **entzogen** || beyond calculation || échappé au calcul. **c) grafische ~** || graphic calculation || calcul m. graphique. **d) Neu~** || re-calculation || calcul m. fait à nouveau. **e) statische ~** || static calculation || calcul m. statique. **f) ungefähre ~** || approximate calculation || calcul m. approximatif. 27

Berechnungsverfahren n. || method of calculation || procédé m. de calcul. 28

Berechtigung f. zum Bergwerksbetriebe || title to work a mine || autorisation f. d'exploitation d'une mine. 29

Beregnungsanlage f. (Landw) || rain plant; sprinkling plant || installation f. d'arrosage *ou* pluviale. 30

bereifen (Wetter) || to cover with hoar frost *or* rime; to frost over || couvrir de gelée blanche. **a)** ein **Faß** n. ~ || to hoop a cask || cercler *ou* fretter un fût. 31

Bereifung f. || tire *or* tyre equipment || équipement m. de bandages. **a) Automobil~** || motor car tires pl.; rubber tires pl. for motor cars; pneumatic auto tires || bandages mpl. en caoutchouc pour automobiles; pneumatiques mpl. d'automobiles. **b) Elastik~** || cushion tire equipment || équipement m. de bandages creux. **c) Ersatz~** || spare tire equipment || équipement m. de pneu de rechange. **d) Fahrrad~** || bicycle pneumatic tire; rubber tires pl. for cycles || bandage m. pneumatique *ou* en caoutchouc pour cycles; boyeau m. de cycle. 32

Bereitschaftsstellung f. (Masch) || initial setting || position f. d'attente. **a)** in ~ **bringen** || to return to the working position || ramener en position f. de travail. 33

bereitstellen, ausreichenden Spitzenstrom m. zu befriedigenden Preisen || to provide an adequate supply of peak current at reasonable prices || pouvoir disposer de courant de pointe à des prix satisfaisants. 34

Berg m. || mountain || mont m.; montagne f. **a) ~e** mpl. (Bergb) || wastes pl.; shale || remblai m.; schistes mpl. **b)** ~ eines Papierholländers || breasting backfall || gorge f. d'une pile à cylindre. 35

Berg-akademie f. || school of mines || école f. des mines. **a) ~amt** n. || mine office || administration f. *ou* conseil m. des mines. 36

Bergarbeiter m. || miner || mineur m.; ouvrier m. à veine. 37

Bergarbeiter-recht n. || mine worker's right || code m. *ou* statut m. *ou* droit m. de l'ouvrier mineur. **a) ~verband** m. || miners' (trade-)union || union f. des mineurs. 38

berg-auf fahren || to climb || monter. **a) ~aufwärts** || up-hill || en amont. 39

Bergbahnlokomotive f. || locomotive for gradients || locomotive f. pour fortes rampes. 40

Bergbau m. || mining industry; mining; working of mines || exploitation f. des mines. 41

Bergbau-arbeit f. || mining work || travail m. de mine. **a) ~erzeugnis** n. || mining produce || produit m. minière. **b) ~freiheit** f. || freedom to mine; right of mining || liberté f. *ou* droit m. d'exploitation minière. **c) ~gerechtigkeit** f. || mining right || privilège m. d'exploitation minière. **d) ~industrie** f. || mining industry || industrie f. minière. **e) ~-ingeniör** m. || mining engineer || ingénieur m. des mines. **f) ~kunde** f. || science of mining || science f. des mines. **g) ~-rechte** npl. || mining rights pl. || droits mpl. d'exploitation de mines. **h) ~sachverständiger** m. || mining expert || mineur m. expert; expert m. en affaires minières *ou* dans la science minière. **i) ~statistik** f. || mining statistics pl. || statistique f. minière. 42

Berg-beamter m. || mine officer || employé m. *ou* ingénieur m. des mines. **a) ~blau** n. || mountain blue; mineral blue; earthy azurite; blue ash || bleu m. de montagne; azurite f. terreuse; cendres fpl. bleues. **b) ~braun** n. || umber || ombre f.; terre f. d'ombre. **c) ~butter** f. || stone *or* rock butter; halotrichite || beurre m. de roche *ou* de montagne; halotrichite f. 43

Berge-abzieher m. *s.* ~verlader. **a) ~ausklauber** m. || stone picker || ramasseur m. de pierres. **b) ~geld** n. (Schiff) || salvage money; charges pl. for salvage || droit m. de sauvetage. 44

Bergeisen n. beim Steinbrechen || hammer shaped iron plug; dresser || pointerolle f. 45

Berge-kipper m. || tipping device for mine rubbish || tombereau m. à éboulis. **a) ~-mittel** n. (Bergb) || layer of shale; stone band || laie f.; banc m. de schiste (entre deux veines). 46

bergen, Güter npl. || to save goods || sauver des marchandises. **a)** ein **Segel** n. ~ || to take a sail in; to hand a sail || serrer une voile. 47

Berge-schlepper m. || stone putter || rameneur m. de terres. **a) ~verlader** m. || stone filler || chargeur m. de pierres. 48

Bergeversatz m. (Bergb) || stowing; gobbing; packing || remblai m.; remblayage m. **a)** mechanische **Fördereinrichtung** f. für ~ || mechanical conveyor for the precipitations of stowing || engin m. mécanique de transport pour ébouls à remblayage. 49

Berg-fahrt f. || hill climbing || montée f. a) **~feste** f. eines Schachts (Bergb) || shaft pillar || pilier m. *ou* massif m. de protection d'un puits. b) **~feuchtigkeit** f. || rock moisture || humidité f. des roches. 1

bergfrei sein || to be free for mining || être libre pour l'exploitation minière. 2

Berg-gelb n. || mountain yellow; limonite || jaune m. de montagne; limonite f. a) **~gesetzgebung** f. || mining legislation || législation f. minière. b) **~gipfel** m. || summit *or* top *or* peak (A) of the mountain || sommet m. *ou* cime f. de la montagne. c) **~grün** n. || mountain green; chrysocolla || vert m. de montagne; chrysocole m. d) **~gut** n. (Min) || mineral; minerals || minéral m.; minerai m. e) **~hammer** m. || mattock; pick mattock || pic m. à rocher *ou* à tête; gros pic m.; décintroir m. de talus. f) **~hang** m. || mountain slope || versant m. d'une montagne. 3

bergig || mountainous; hilly || montagneux. a) **~es Gelände** n. || hilly ground || terrain m. montagneux. 4

Berg-ingeniör m. *s.* Bergbauingeniör. a) **~inspektor** m. || mining inspector || inspecteur m. de mines. b) **~kork** m. || mountain cork; amiant || amiante m. c) **~kreide** f. || mountain chalk; rock lime || craie f. de montagne *ou* de roche. d) **~kristall** m. || rock crystal || cristal m. de roche. e) **~kuppe** f. || dome shaped top *or* summit of a mountain || sommet m. d'une montagne en forme de dôme. f) **~mann** m. || miner; pitman; mine worker; hewer; collier || mineur m.; piqueur m. g) **~meister** m. *s.* ~inspektor. h) **~öl** n. || mountain *or* rock *or* mineral oil || huile f. minéral *ou* de montagne; pétrole m. i) **~ordnung** f. || mining law || loi f. minière. k) **~pech** n. || asphalt; mineral pitch || asphalte f. l) **~recht** n. || miner's code of law || code m. minier *ou* des mineurs. m) **~regal** n. || mineral royalty || droit m. régalien sur les mines. n) **~revier** n. || mining district || district m. de mines. o) **~rutsch** m. || landslip || glissement m. de montagne. p) **~salz** n. || mineral *or* rock salt; halite || sel m. marin *ou* de gemme; halite f. q) **~schaden** m. || mine damage || dommage m. causé par l'exploitation minière. r) **~schule** f. || school of mines || école f. des mineurs. s) **~seife** f. || mountain soap || savon m. de montagne *ou* fossile. t) künstliche **~sonne** f. || artificial mountain sun || soleil m. de montagne artificiel. u) **~sturz** m. || landslip || chute f. *ou* écroulement m. de montagnes. 5

Bergstütze f. (Auto) || sprag || béquille f. a) ~ (Fuhrw) || (drag) staff || servante f. d'un chariot. 6

Berg-stützengabel f. (Fuhrw) || sprag bracket || chape f. de béquille. a) **~talg** m. (Min) || hatchetine; mineral tallow *or* wax earth wax; paraffin || hatchétine f.; suif m. minéral *ou* de montagne; cire f. minérale. b) **~teer** m. || asphalt; piss-asphalt; rock oil; mineral tar || goudron m. minéral; pétrole m. tenace; malthé f. c) **~ulme** f. || scotch elm || orme m. montagne. 7

Bergung f. (Rettung) || salvage || sauvetage m. 8

Bergungs-anlage f. (Schiff) || salvage plant || installation f. de renflouage. a) **~dampfer** m. || salvage steamer || vapeur m. de sauvetage. b) **~gesellschaft** f. || salvage company || société f. de sauvetage. c) **~kranschiff** n. || salvage crane ship || bateau m. à grue de sauvetage. 9

Berg-verwaltung f. || mining department || administration f. des mines. a) gereinigtes **~wachs** n. || purified ozokerite; cerine || cire f. minéral raffinée; cérésine f. b) **~wage** f. || batter lever; clinometer || clinomètre m. c) **~wässer** npl. || mine waters pl. || eaux fpl. de mine. 10

Bergwerk n. || pit; mine || mine f.; minière f. a) ein ~ **bauhaft** halten || to keep a mine in repair || entretenir une mine. b) **Blei~** || lead mine || mine f. de plomb. c) **Erz~** || ore mine; mine || minière f. d) ein ~ **fündig** machen || to discover a mine || découvrir une mine. e) **Gold~** || gold mine || mine f. d'or. f) **Kohlen~** || coal mine || mine f. de charbon. g) **konsolidiertes** ~ || amalgamated mine || mine f. fusionnée *ou* consolidée. h) **Kupfer~** || copper mine || mine f. de cuivre. i) **Quecksilber~** || mercury mine || mine f. de mercure. k) ein ~ n. für **Rechnung** des Staates betreiben || to work a mine on behalf of the state || exploiter une mine pour le compte de l'Etat. l) **Salz~** || rock-salt mine; salt mine || mine f. de sel; saline f.; minerie f. m) **Silber~** || silver mine || mine f. d'argent. n) **verlassenes** ~ || old mine || mine f. abandonnée. o) **Zink~** || zinc mine || mine f. de zinc. 11

Bergwerks-abgabe f. || mine dues pl. || contribution f. minière. a) **~anlage** f. || mining installation || installation f. de mine. b) **~anteil** m. || mining share || part f. *ou* action f. de mine. c) **~bahn** f. || mining railway || chemin m. de fer minier. d) **~besitzer** m. || mine owner || exploitant m. *ou* propriétaire m. de mine. e) **~betrieb** m. || mining || exploitation f. de mines *ou* minière; travaux mpl. de mines *ou* miniers; travaux mpl. d'exploitation; abatage m. f) **~direktor** m. || mine manager || directeur m. de mine. g) das **~eigentum** verleihen || to grant the mining right || concéder la propriété minière. h) **~einrichtung** f. || mining plant *or* outfit || installation f. *ou* outillage m. *ou* matériel m. de mines. i) **~erzeugnis** n. || mine product || produit m. de la mine. k) **~industrie** f. || mining industry || industrie f. minière. l) **~maschine** f. || mining machine || machine f. minière *ou* de mine. m) **~pumpe** f. || mining pump || pompe f. de mine *ou* d'épuisement. n) **~signal** n. || signal for mines || signal m. de mines. o) **~stange** f. || miner's bar; jumper || barre f. de mineur *ou* à mine. p) **~verleihung** f. || patent of mining claims || concession f. d'exploitation. q) **~verwaltung** f. || administration of a mine || administration f. d'une mine. 12

Berg-wesen n. || industrial mining || industrie f. minière. a) **~wind** m. || mountain wind *or* breeze || brise f. *ou* vent m. de montagne. b) **~wolke** f. || mount cloud || nuage m. montagneux. 13

Bericht m. || report; notice; information || rapport m.; exposé m.; bulletin m. a) **amtlicher** ~ || official report || rapport m. officiel; procès-verbal m. b) **Börsen~** || market report; list of official quotations || bulletin m. de la bourse. c) ~ **erstatten** || to report || rapporter. d) **Geschäfts~** || annual report || rapport m. de gestion. e) **jährlicher** ~ || annual report || rapport m. annuel. f) **Kurs~** *s.* Bericht, Börsen. g) **Monats~** || monthly report || rapport m. mensuel *ou* du mois. h) **täglicher** ~ || daily report || rapport m. quotidien. i) ~ **über** ... || report concerning ... || rapport m. concernant ... k) der ~ ist **unzuverlässig** || the report is unreliable || le rapport m. est peu digne de foi. 14

berichten || to report || référer. 15

berichtigen || to correct; to rectify || corriger; rectifier. a) die **Instrumentalfehler** mpl. ~ || to correct the instrument errors pl. || corriger les erreurs mpl. instrumentales. 16

Berichtigung f. || correction || correction f.; rectification f. a) ~ eines **Instrumentes** || correction of an instrument || correction f. d'un instrument. b) **optische** ~ des fehlsichtigen Auges || optical correction of the defective sight || correction f. optique de l'amétropie. 17

Berichtigungs-marke f. || correction mark || repère m. d'ajustage. a) **~telegramm** n. || rectifying telegram || télégramme m. rectificatif. 18

berieseln || to trickle; to irrigate || ruisseler; irriguer. a) die **Wiesen** ~ || to irrigate the meadows || ruisseler *ou* irriguer les prés. 19

Berieseln n. || trickling || ruissellement m. 20

Berieselung f. (Allg) || trickling; irrigation || ruissellement m.; irrigation f. 21

Berieselungs-anlage f. || irrigation works pl. || installation f. d'irrigation. a) **~apparat** *s.* Berieselungsgerät. b) **~einrichtung** f. || irrigation device || installation f. d'arrosage. 22

Berieselungsgerät n. || trickling apparatus || appareil m. à ruissellement. a) **Flächen~** || surface spray cooler || réfrigérant m. à surface fixe et à ruissellement. b) **Zylinder~** || cylindrical trickling apparatus || réfrigérant m. cylindrique à ruissellement. 23

Berieselungs-gesellschaft f. || irrigation society || syndicat m. de nocage. a) **~graben** m. (Landw) || watering ditch || ru m.; fossé m. d'irrigation. b) **~kondensation** f. || trickling condensation || condensation f. par ruissellement. 24

Berieselungskondensator m. || surface spray cooler; spray condenser || condenseur m. à ruissellement. a) **Flächen~** (Brau) || surface spray condenser || condenseur m. à ruissellement à surface. 25

Berieselungs-kühlapparat m. *s.* Berieselungskühler. a) **~kühler** m. || surface irrigation cooler; water cooling tower; spray cooler || réfrigérant m. à ruissellement. b) **~maschine** f. || irrigation maschine || machine f. pour irrigations. c) **~pumpe** f. || cooling water pump || pompe f. pour le ruissellement. d) **~rohr** n. || cooling tube || tube m. réfrigérant. 26

Berieselungsverflüssiger m. mit **liegenden Rohren** || spray condenser with horizontal pipes || condenseur m. de ruissellement à tuyaux horizontaux. a) ~ mit **stehenden Rohren** || spray condenser with vertical tubes || condenseur m. de ruissellement à tuyaux verticaux. 27

beringen (Baum) || to ring || cerner; garnir d'un anneau. **a)** einen **Pfahl** m. || to hoop a pile || fretter le pilot. 1
Berline f. (Fuhrwerk) || berlin(e) || berline f. 2
Berlinerblau n. || Berlin *or* Prussian blue || bleu m. de Prusse. **a)** mit mineralischen Stoffen verschnittenes ~ || Prussian blue mixed with mineral matter || bleu m. de Prusse additionné de matières minérales. 3
Berlinerrot n. || Berlin red; crimson red || rouge m. cramoisi. 4
Berlocke f. || trinket || breloque f. 5
Bernstein m. || yellow *or* sea amber || ambre m. jaune; succin m. **a) künstlicher** ~ || artificial amber || ambre m. jaune artificial. **b) regenerierter** ~ || regenerated amber || ambre m. régénéré. 6
Bernstein-drechsler m. || amber turner || tourneur m. sur ambre. **a) ~firnis** m. *s.* Bernsteinlack. **b) ~fischer** m. || amber fisherman || pêcheur m. d'ambre. **c) ~fundort** m. || amber mine || extraction f. *ou* mine f. d'ambre. **d) ~gräber** m. || amber miner || extracteur m. d'ambre. **e) ~koralle** f., falsche || ambreada || ambréade f. **f) ~lack** m. || amber varnish || laque f. d'ambre; vernis m. au succin. **g) ~öl** n. || amber oil || huile f. de succin *ou* d'amber. **h) ~säure** f. || succinic acid || acide m. succinique. **i) ~schmuck** m. || amber jewellery || parure f. en ambre jaune. **k) ~waren** fpl. || amber ware || articles mpl. en ambre. 7
bersten (Kesselb) || to explode; to burst; to crack; to fracture; to rupture || faire explosion; éclater. 8
Bersten n. eines Kessels || explosion of a boiler || explosion f. d'une chaudière. 9
Bertramwurzel f. || pellitory root || racine f. de pyrèthre. 10
berücksichtigen || to consider; to take into account || considérer; prendre en considération f. 11
Beruf m. || occupation; profession; business || profession f.; occupation f. 12
Berufs-bildung f. || vocational training *or* education || instruction f. professionnelle. **a) ~feuerwehr** f. || permanent fire brigade || corps m. de sapeurs-pompiers. **b) ~genossenschaft** f. || employers liability insurance association; co-operative association || association f. professionnelle. **c) ~kleidung** f. || business *or* professional clothing; cloth for workmen || vêtement m. professionnel *ou* d'ouvriers *ou* de travail. 13
berufsmäßig || professional; by profession || professionnel. 14
Berufszeichner m. || professional draftsman || dessinateur m. professionnel. 15
Berufung f. (Gericht) || appeal || appellation f. **a)** ~ (auf einen Posten) || appointment || convocation f. **b)** ~ **einlegen** || to give notice of appeal || interjeter appel m. 16
Berufungs-beklagter m. || defendant in the higher court; respondent || intimé m. *ou* défendant m. en cour d'appel. **a) ~gericht** n. || Court of Appeals || cour m. d'appel. **b) ~kläger** m. || appellant || appelant m.; demandant m. 17
beruhigen, sich (Chem) || to abate || se calmer. **a) sich** ~ (Meer) || to become calm || calmier; se calmer; mollir. **b) sich ~ lassen** (Gieß) || to make bull || laisser se calmer. 18
Beruhigungswiderstand m. || steadying resistance || résistance f. de stabilisation. 19
Berührende f. || tangent || tangente f. 20
Berührung f. || contact || contact m. **a)** in ~ f. **bringen** || to bring in contact || mettre en contact. 21
Berührungs-elektrizität f. || contact electricity; galvanism || électricité f. (produite) par contact; galvanisme m. **a) ~fläche** f. || surface of contact || surface f. de contact. **b) ~kathode** f. || contact cathode || cathode f. de contact. **c) ~linie** f. einer Kurve || tangent of a curve || tangente f. d'une courbe. **d) ~punkt** m. || point of contact || point m. de contact. **e) ~schutz** m. zwischen Fernmeldeleitungen und Starkstromleitungen || protective device against accidental contacts between communication lines and power lines || mesure f. de protection contre le contact accidental entre les lignes de communication et les lignes d'énergie électrique. **f) ~stelle** f., Draht || contact of wires || contact m. de fils. **g) ~trockner** m. || contact dryer || sécheur m. de *ou* à contact. 22
berüsten (Bauw) || to scaffold; to stage || échafauder. 23
Beryll m., edler || emerald || émeraude f. 24
Beryllerde f. || glucina || glucine f. 25
Beryllium n. || beryllium || béryllium m.; glucinium m. **a) ~metall** n. *s.* Beryllium. 26
besanden (Weg) || to sand || sabler. 27
Besan-mars m. || mizen top || hune f. d'artimon. **a) ~mast** m. || mizenmast || mât m. d'artimon; artimon m. **b) ~royal** n. || mizen royal || cacatois m. volant *ou* perroquet m. volant d'artimon. **c) ~rüst** f. || mizzen channel || porte-haubans m. d'artimon. 28
Besatz m. (Schuhm) || vamp || empeigne f. **a)** ~ (Textil) || trimming || garniture f. **b) Wäsche~** || trimming for linen || garniture f. de linge. 29
Besatz-gegenstand m. || trimming || garniture f. **a) ~knopf** m. || trimming button || bouton m. de garniture. **b) ~näher** m. (Schneid) || bander || couseur m. de bandes **c) ~näherin** f (Posam) || trimmer || agrémaniste f. en passementerie; enjoliveuse f. **d) ~stickerei** f. || embroidered trimming || garniture f. brodée. 30
Besatzung f. (Seew) || crew || équipage m. 31
Besatzzuschneider m. (Schuhm) || vamp cutter || coupeur m. d'empeignes. 32
besäumen (Zimm) *s. auch* säumen || to square || équarrir. 33
Besäumen n. von Blechtafeln || edge planing of plates *or* sheets || chanfreinage m. (des feuilles) de tôles. **a) Streifenschere** f. zum ~ von Streifen und Platten || strip shear for edge planing strips and plates || cisailles fpl. à bandes à chanfreiner les bandes et les plaques. 34
Besäumsäge f. || saw for parallel sawing *or* squaring || scie f. à dresser et à équarrir; scie f. à chanfreiner. 35
beschädigen || to damage; to injure || endommager; avarier. 36
beschädigt || injured || endommagé. **a)** ~ angekommen || arrived damaged || arrivé endommagé. **b)** ~ durch || damaged by || endommagé par. 37
Beschädigung f. || damage || avarie f.; endommagement m. **a)** eine ~ **verschulden** || to incur damage || être responsable d'un dommage. 38
Beschaffenheit f. || state; condition; quality || conditionnement m.; état m.; qualité f. **a) äußere** ~ || appearance || aspect m. extérieur. **b)** ~ des **Bodens** || nature of the ground || nature f. *ou* configuration f. du terrain. 39
beschäftigen (Arbeiter) || to employ; to occupy || donner du travail à. 40
beschäftigt als || employed as || employé comme. 41
Beschäftigter m. || workman; employer; employed || employé m.; ouvrier m. 42
Beschäftigung f., Art f. der || nature of occupation || genre m. d'occupation. 43
beschalen || to board || planchéier. 44
Beschälstation f. (Tierz) || stud farm || haras m. 45
beschatten || to shadow; to shade || ombrager; donner de l'ombre à. 46
Beschaufelung f. eines Dampfturbinenläufers || blading of a steam turbine rotor || mise f. en place de l'aubage d'une roue motrice de turbine à vapeur. 47
Bescheid m. (Verfügung) || decision; answer || décision f. 48
Bescheid-leitung f. (Fernm) || enquiry line || ligne f. de référence. **a) ~stelle** f. (Fernmeld) || enquiry position || table f. de référence. 49
beschicken (Ausstellung) || to exibit; to expose || exposer; participer à; mettre en vue. **a)** ~ (Met; Masch) || to feed; to fill; to load; to charge || charger; remplir; alimenter; enfourner. **b)** den **Ofen** m. ~ (Met) || to charge *or* to bring up the materials; to charge *or* to feed *or* to serve the furnace || charger le fourneau; alimenter le foyer. 50
Beschicken n., Vorrichtung f. zum ~ von Hochöfen || device for charging blast furnaces || appareil m. de chargement pour hauts fourneaux. 51
Beschickmaschine f. *s.* Beschickungsmaschine. 52
Beschickung f. || charge; mixture || charge f.; mélange m. 53
Beschickung f., die das Metall nicht zu strengflüssig macht || charge making the metal bath not too tough || charge f. qui ne rende pas le métal difficilement fusible. 54
Beschickungs-anlage f. || charging plant || installation f. de charge. **a) ~apparat** *s.* Beschickungsvorrichtung. **b) ~art** f. || manner of loading || manière f. de charge. **c) ~bühne** f. || charging platform || plateforme f. de chargement. **d) ~kran** m. || charging crane || pont-roulant m. chargeur; grue f. pour le chargement des fours. 55
Beschickungsmaschine f. || charging machine; charger || enfourneuse f.; machine f. à alimenter *ou* à charger *ou* à enfourner. **a) Retorten~** || charging machine for retorts || machine f. à charger les cornues. 56
Beschickungs-mulde f. || charging trough || auge f. d'enfournement. **a) ~stoff** m. || raw materials || matières fpl. brutes. **b) ~trichter** m. || feed hopper || trémie f. de chargement. **c) ~tür** f. (Kessel) || charging door || clapet m. d'alimentation. **d) ~turm** m. || charging tower || tour f. de chargement. 57
Beschickungsvorrichtung f. || charging device || appareil m. de chargement. **a)** ~ für die **Aufbereitungsindustrie** || charging apparatus for the dressing industry ||

appareil m. de chargement pour l'industrie de préparation des matières premières. **b)** ~ des **Hochofens** || charging device of blast furnace || appareil m. de chargement du haut-fourneau. 1

Beschickungswagen m. || charge wagon *or* charging carriage; bogie || wagon m. benne f. *ou* de chargement. 2

Beschlag m. (Chem) || coating || enduit m. **a)** ~ (Schloss) || armature; fittings pl.; mount(ing); garniture || armature f.; ferrure f.; garniture f. **b) Bau~** || iron fitting for building purposes; structural fitting || garniture f. de construction; ferrure f. de bâtiment. **c) Eisen~** || iron fitting *or* mounting || ferrure f. **d) eiserner** ~ für Fenster || window iron fitting || ferrure f. pour fenêtres. **e) eiserner** ~ m. für Türen || door iron fitting || ferrure f. pour portes. **f) Beschläge** mpl. für Türen und Fenster || iron work for doors and windows || quincaillerie f. **g) Förderwagen~** || fitting of supply wagon *or* of trolley || ferrure f. de chien. **h) mit** ~ **belegen** || to seize; to attach || saisir. **i) Möbel~** || furniture fitting || garniture f. de meubles. 3

Beschlägearbeiter m. || furniture fitter || garnisseur m. 4

beschlagen, einen Balken m. am unteren Ende mit Eisen (Wasserb) || to shoe a beam || saboter une pièce de bois. **a) mit Eisen** n. ~ (Bauw) || to bind with iron work || ferrer; armer. **b) mit Feuchtigkeit** f. ~ || to become covered with moisture || se couvrir d'une couche de rosée *ou* de buée. **c)** einen **Ofen** m. ~ || to arm a furnace || armer un fourneau. **d)** ein **Pferd** n. ~ || to shoe a horse || ferrer un cheval. 5

Beschlagnahme f. || confiscation || confiscation f.; saisie f. 6

Beschlagnahmerecht n. || right to attachment || droit m. de saisie. **a)** ~ der **Gläubiger** || right of foreclosure by creditors || droit m. de saisie des créanciers. 7

Beschlagteil m. || fittings pl.; garniture || garniture f.; ferrure f.; armature f. 8

beschleunigen || to accelerate; to speed up; to quicken || accélérer; activer. 9

Beschleuniger m. (Lichtb) || accelerator || accélérateur m. 10

beschleunigt || accelerated || accéléré. **a) gleichmäßig** ~ || uniformly accelerated || accéléré uniformément. **b) veränderlich ~e Bewegung** f. || variable increasing motion || mouvement m. variable accéléré. 11

Beschleunigung f. || acceleration || accélération f. **a) gleichmäßige** ~ (Mech) || uniform acceleration || accélération f. uniforme. **b) normale** ~ (Mech) || normal acceleration || accélération f. normale. **c) tangentiale** ~ (Mech) || tangential acceleration || accélération f. tangentielle. **d) Winkel~** (Phys) || angular acceleration || accélération f. angulaire. 12

Beschleunigungs-fußhebel m. || accelerator pedal || pédale f. d'accélérateur. **a) ~hebel** m. || accelerator || accélérateur m. **b) ~messer** m. || accelerometer || accéléromètre m. 13

Beschleunigungsvorrichtung f. || accelerator || accélérateur m. **a)** ~ für Ablaufberge || accelerating device for self-acting inclined || dispositif m. d'accélération pour pentes de remisage. 14

beschließen || to conclude; to vote; to carry by voting; to decide to do; to determine; to resolve; to decree || résoudre; décider. 15

Beschluß m. || close; conclusion; decision; resolution || résolution f.; conclusion f. 16

beschmutzen || to soil; to dirty || salir. 17

Beschneidehobel m. (Buchb) || plough-knife; plough || couteau m. à rogner; rognoir m. 18

Beschneidemaschine f. (Buchb) || cutting machine || rogneuse f. **a) Sonder~** || special trimming machine || machine f. spéciale à rogner. 19

beschneiden (Met) || to cut-off with the shears pl. || cisailler. **a)** ~ (Pap) || to clip; to edge || ébarber; rogner. 20

Beschneiden n. der Schweißkante an unregelmäßig geformten Behälterblechen || cutting welding edges on irregular shaped vessel plates || chanfreinage m. des tôles de récipients d'une forme irrégulière. **a)** ~ von **Winkelringen** auf Stemmkante || cutting welding edges on angle iron rings || chanfreinage m. des anneaux de récipients. 21

Beschneidepresse f. (Buchb) || cutting press || presse f. à rogner. 22

Beschneider m. (Buchb) || cutter || ébarbeur m.; rogneur m. **a)** ~ (Met) || edger || rogneur m. 23

Beschneidhobel m. *s.* Beschneidehobel. 24

beschnittene Platte f. || plate cut to size || plaque f. taillée aux dimensions nécessaires. 25

beschottern, eine Straße f. || to ballast *or* to turnpike a road || ballaster *ou* ensabler une voie. 26

Beschotterung f. (Eisenb; Straßenb) || ballasting || ballastage m. **a) Steine** mpl. zur ~ von Straßen || stones pl. for ballasting roads || pierres fpl. pour l'empierrement des routes. 27

beschränkt || limited; restricted; confined || limité; borné; restreint. 28

beschränkt-e Ausgabe f. von Aktien || restricted issue of shares || émission f. limitée d'actions. **a) ~e Ausschreibung** f. || limited submission || appel m. limité à la concurrence. **b) ~e Fernsicht** f. || limited view || vue f. limitée. 29

Beschreibung f., **ausführliche** || detailed description || description f. détaillée. 30

beschriften, eine Zeichnung f. || to letter a drawing || écrire la légende. 31

Beschriftung f. || inscriptions pl. || légende f.; explications fpl. 32

beschuhen, einen Pfahl m. (Wasserb) || to shoe a pile || ferrer le bout d'un pieu. 33

Beschwerde f. || complaint; query || plainte f.; réclamation f. **a)** ~ **erheben** || to lodge a complaint; to complain || porter plainte f. **b)** ~ **führen** *s.* ~ erheben. 34

Beschwerdestelle f. (Fernm) || complaint desk || table f. de réclamation. 35

beschweren (schwerer machen) || to load; to burden; to charge || charger; alourdir. **a) sich** ~ *s.* Beschwerde erheben. 36

beschwertes Papier n. || charged paper || papier m. chargé. 37

Besen m. || broom || balai m. **a) Feder~** || broom; feather || plumeau m. **b) Haar~** || hair broom || balai m. de crin. **c) Quecken~** || dog grass broom || balai m. en chiendent. **d) Reisig~** || birch broom || balai m. de bouleau. **e) Strauch~** || wooden broom || balai m. de brindilles de bois. 38

Besenbinder m. || broom binder || lieur m. de balais. 39

Besen-fabrik f. || broom factory || fabrique des balais. **a) ~ginster** m. || broom || genêt m. à balai. **b) ~halter** m. || broom holder || porte-balai m. **c) ~macher** m. || broom maker || fabricant m. de balais. **d) ~stiel** m. || broom stick || manche m. à balai. 40

besetzen (Ofen) || to charge || charger. **a)** ~ (Textil) || to trim || orner. **b) mit Sprengstoff** m. ~ (Bergb) || to charge a blast hole || charger un coup. 41

Besetzer m. (Schneid) || facing sewer || attacheur m. 42

besetzt sein, durch eigenen Anruf m. (Fernm) || to be caller || être appelant m. **a) durch fremden Anruf** m. ~ (Fernm) || to be busy *or* engaged || être occupé. 43

Besetzt-fall m. (Fernm) || engagement || cas m. d'occupation. **a) ~klinke** f. (Fernm) || jack for busy tone || jack m. pour test signal. **b) ~lampe** f. (Fernm) || busy lamp || lampe f. de test. **c) ~magnet** m. || busy magnet || électro m. d'occupation. **d) ~meldung** f. (Fernm) || busy response || signal m. d'occupation. **e) ~prüfung** f. (Fernm) || busy test || test m. de ligne occupée. **f) ~zeichen** n. (Fernm) || sign for busy line; busy (back) tone || signal m. de ligne occupée; signal m. de pas libre. **g) ~zeichengabe** f. (Fernm) || giving of the busy signal || transmission f. du signal d'occupation f. 44

besichtigen || to inspect; to examine || examiner; inspecter; visiter. 45

Besichtigung f. || inspection; view; examination || inspection f.; visite f.; examen m. 46

Besichtigungsgrube f. (Eisenb) || pit of examination || fosse f. de visite. 47

Besitz m. || possession || possession f. **a)** seinen ~ m. **abrunden** || to round off one's property || arrondir son domaine. **b) gegenwärtig im** ~ || now in possession || maintenant en possession f. 48

Besitzeinweisung f. || assignement of ownership || envoi m. en possession. 49

besitzen || to possess; to own; to hold || posséder. **a) Anteile** mpl. einer Gesellschaft ~ || to own shares in a company || posséder des parts dans une société. 50

Besitzer m. || possessor; occupier; holder || possesseur m. **a)** ~ (Eigentümer) || owner; proprietor || propriétaire m. 51

Besitzergreifung f. *s.* Besitznahme. 52

Besitznahme f. || taking possession || prise f. de possession. **a)** die ~ des **Grundstückes** durch Beschreitung des Rechtsweges aufhalten || to stay entrance into possession by taking legal measures || retarder la prise de possession du terrain par recours aux voies légales. 53

Besitz-stand m. || ownership || possession f. **a) ~störung** f. || interference with (rights of) ownership || trouble m. de possession; nouvelleté m. **b) ~titel** m. *s.* Besitzurkunde. 54

Besitztum n. || property; possession || possession f.; propriété f. 55

Besitzung f. *s.* Besitztum. 56

Besitzurkunde f. || title deed || titre m. de propriété. 57

Besohlanstalt f. (Schuhm) || sole repairing factory || atelier m. de ressemelage de chaussures. 58

besohlen || to sole || mettre des semelles fpl. 1
besolden || to pay wages pl. to . . . || payer salaire m. à . . .; salarier. 2
besonder-er || particular; special || particulier; spécial. 3
besonders || particularly; especially || particulièrement; spécialement. 4
Bespannung f. (Stoff) || covering || entoilage m. a) ~ (mit Zugtieren) || draught; team of draught-animals || attelage m. b) ~ **mit Pferden** || horse draught || attelage m. à chevaux. c) ~ **mit Rindvieh** || cattle draught || attelage m. à bœufs. 5
Bespannungs-gerüst n. (Flugzeug) || framework for covering || ossature f. pour le revêtement. a) **~stoff** m., Flugzeug || aeroplane roofing material || matériel m. à couvrir les aéroplanes. 6
Bespinnmaschine f. || covering machine || métier m. à guiper; guipeuse f. a) ~ für **Leitungsdrähte** || wire covering machine || machine f. à recouvrir les fils conducteurs. 7
bespitzen, einen Stein m. || to hew an ashlar with the pickhammer || piquer une pierre avec la pointe d'une marteline. 8
besponnener Draht m. || covered wire; spun over wire || fil m. recouvert. 9
besprengen || to water; to sprinkle || arroser. 10
bespritzen || to spatter; to squirt || éclabousser; faire rejaillir de... 11
bespülen, mit Öl n. || to supply with oil || arroser d'huile. 12
Bessemerei f., Klein || baby Bessemer steel plant || petite installation f. Bessemer. 13
Bessemer-eisen n. || Bessemer iron || fer m. Bessemer. a) **~flußeisen** n. *s.* Bessemerstahl. 14
bessemern || to convert pig iron into steel by Bessemer process || traiter la fonte crue par le procédé Bessemer. 15
Bessemer-prozeß m. *s.* Bessemerverfahren. a) **~schlacke** f. || Bessemer slag || scorie f. Bessemer. b) **~stahl** m. || Bessemer steel || acier m. Bessemer. 16
Bessemerverfahren n. || Bessemer process || procédé m. Bessemer. a) **Stahlerzeugung** f. nach dem sauren ~ || production of steel by the acid Bessemer process || fabrication f. de l'acier d'après le procédé Bessemer *ou* acide. 17
Bessemerwerk n. || Bessemer steel plant *or* works pl. || aciérie f. Bessemer. 18
Bestand m. (Bestehen) || existence || existence f. a) ~ (Dauerhaftigkeit) || durability; stability || stabilité f. b) ~ (Fortbestehen) || continuance; duration || permanence f.; durée f. c) ~ (Haltbarkeit) || consistency || consistance f. d) ~ (Kasse) || cash in hand || encaisse f. e) ~ (Wald) || stand || peuplement m. f) ~ (Waren) || stock; store; amount; value; holding; reserve || état m.; effectif m.; inventaire m.; réserve f. 19
Bestand-aufnahme f. || stock taking; taking of an inventory || levée f. d'inventaire; inventaire m. a) **~buch** n. || inventory; stock *or* store book || état m. 20
beständig gegen || proof || inattaquable à; à l'épreuve f. de. 21
Beständigkeit f. || steadiness; stability; permanency || fermeté f.; stabilité f.; constance f. a) ~ der **Tinte** || permanency of the ink || durabilité f. de l'encre. 22
Beständigmachen n. (Chem) || stabilisation || stabilisation f. 23
Bestandliste f. *s.* Bestandbuch. 24
Bestandteil m. || ingredient || partie f. constitutive *ou* intégrante. a) ~ (Chem) || component (part); constituent || constituant m.; composant m.; partie f. constituante. b) **arbeitender ~** || working element || organe m. travaillant *ou* actif. c) **flüchtiger ~** || volatile constituent || constituant m. volatil. d) **Luft~** || constituent *or* component of the air || élément m. constituant de l'air. e) **Maschinen~** || part of machinery || accessoire m. pour la mécanique. 25
Bestattungswagen m. || funeral carriage || voiture f. funèbre. 26
bestes Erzeugnis n. || best make || la meilleure marque. 27
Bestechung f. || bribery || subornement m.; subornation f.; corruption f. 28
Besteck n. (Schiff) || ship's place *or* reckoning || point m. du navire *ou* de route. a) ~ (Tischgerät || knife, fork and spoon || couvert m. de table. b) **astronomisches ~** (Schiff) || ship's place by observation || point m. observé. c) **bakteriologisches ~** || bacteriological set || trousse f. bactériologique. d) **gegißtes ~** (Schiff) || ship's place by dead reckoning || point m. estimé. e) **gepeiltes ~** (Schiff) || ship's place *or* position by bearings || position f. du navire de relèvement. f) **Präparier~** || dissecting instruments pl. || trousses fpl. à dissection. g) ~ für **Salat** || fork and spoon for salad || couvert m. à salade. h) **Tisch~** *s.* Besteck (Tischgerät). 29
Besteck-fabrik f. (Tischgerät) || cutlery factory || fabrique f. de couverts. a) **~-herstellungsmaschine** f., Aluminium || aluminium knives, forks and spoons making machine || machine f. pour fabriquer des couverts en aluminium. b) **~kasten** m. || silver case; box for knives, forks and spoons || boîte f. à couverts de table. 30
bestehen aus . . . (Chem) || to be made up of . . . || être constitué par . . . 31
Bestehen n. der Verbindung (Fernm) || maintenance of connection || maintien m. de la communication. 32
bestehend aus || composed of || composé de 33
besteinen (Pflast) || to stone || empierrer. 34
bestellen || to give an order || donner des ordres mpl. a) das **Land** ~ || to cultivate the land || cultiver la terre. 35
Besteller m. || purchaser; committer; buyer || client m.; client-acheteur m. 36
Bestell-formular m. (Handel) *s.* ~vordruck. a) **~gebühr** f. || charge *or* porterage; fee for delivery; carriage; postage || factage m. b) **~geld** n. *s.* ~gebühr. 37
Bestellnummer f. || order number || numéro m. de commande. a) ~ des **gewünschten Gegenstandes** || identification number of the required item || numéro m. de commande de l'article demandé. 38
Bestellschein m. *s.* ~vordruck. 39
bestellt durch || ordered by || commandé par. 40
Bestellung f. || order || ordre m.; commande f. a) **auf** ~ f. gemacht || made to order || fait sur commande. b) **auf besondere** ~ || on special order || sur commande f. spéciale. c) es ist bei ~ ausdrücklich zu **bemerken** || it should be expressly stated in the order || il faut avoir soin de le spécifier expressément dans la commande. d) bei ~ wird um die **Angabe** gebeten || when ordering it should be stated || on est prié d'indiquer dans la commande. 41
Bestellungsabteilung f. || purchasing department || service m. des commandes. 42
Bestell-vordruck m. || order form; order sheet || formulaire m. pour commandes; bulletin m. de commande. a) **~zettel** m. *s.* ~vordruck. 43
besteuern || to tax; to assess || imposer; taxer. a) **hoch besteuerte Waren fpl.** || heavily taxed goods pl. || marchandises fpl. lourdement imposées. 44
bestimmbar (Chem) || estimable || dosable. a) **statisch** ~ || statically definible || déterminable par la statique. 45
bestimmen (qualitativ) || to detect || rechercher; determiner la qualité par l'analyse. a) ~ (quantitativ) || to estimate || doser. 46
bestimmt, statisch || statically determinate || statiquement déterminable. 47
Bestimmung f. (qualitativ) || detection || recherche f. a) (quantitativ) || estimation || dosage m. b) ~ des **Arbeitswiderstandes** || determining the working resistance || détermination f. de la résistance (des matériaux). c) **Durchschnitts~** (Chem) || average analysis || analyse f. moyenne. d) **kalorimetrische** ~ || calorimetric determination || détermination f. calorimétrique. e) **kolorimetrische** ~ || colorimetric determination || détermination f. colorimétrique. 48
Bestimmungs-anstalt f. (Fernm) || incoming exchange || bureau m. d'arrivée. a) **~ort** m. || place of destination || lieu m. de destination. 49
Bestmelierte f. (Kohlensorte) || through and through || tout-venant m. dépoussiéré. 50
bestoßen || to slot; to trim || mortaiser; couper; écorner; tailler. a) ~ (Galvano) || to plane; to trim || couper. b) **Kanten** fpl. ~ || to machine the edges || chanfreiner; dresser les arêtes fpl. 51
bestoßene Kante f. || trimmed edge || arête f. taillée *ou* chanfreinée. 52
Bestoßen n. von Werkstücken || shaping of parts || mortaisage m. de pièces. 53
Bestoßmaschine f. für Schnitzelmesser || slotting machine for choppers || machine f. à écorner les couteaux à rognures. 54
bestrahlen || to radiate; to expose to the action of rays || irradier; exposer à l'action de rayons. a) einen Kranken m. ~ || to irradiate a patient || irradier un malade. 55
Bestrahlung f. || radiation; exposure to the action of rays || irradiation f.; radiation f.; exposition f. à l'action de rayons. a) **Augenhintergrund~** || irradiation of the fundus of the eye || bain m. de lumière du fond de l'œil. b) **Ultraviolett~** || treatment by ultra violet radiation || traitement m. par les radiations ultra-violettes. 56
Bestrahlungsgerät n. || radiation apparatus || appareil m. radiateur. a) **Augen~** || eye radiation apparatus || appareil-radiateur m. pour les yeux. 57
Bestrahlungslampe f. || radiation lamp || lampe f. radiateur *ou* pour bains de lumière. a) ~ für **therapeutische** Zwecke || radiation lamp for therapeutical purposes || lampe f. d'irradiation à l'usage thérapeutique. 58

bestreichen, mit Asphalt m. || to asphalt || bituminer. a) ein **Kran** m. bestreicht ein Arbeitsfeld || a crane serves a working area || une grue possède un champ de travail. 1

bestreuen || to strew || répandre. a) die **Form** mit Kohlenstaub ~ (Gieß) || to black the mould || saupoudrer le moule. b) **mit Sand** ~ || to strew with sand; to sand || sabler. c) **mit Zucker** m. ~ || to sugar || saupoudrer de sucre; sucrer. 2

bestücken, mit Kanonen fpl. bestückter Kampfwagen m. || male tank || char m. canon. 3

Bestückung f. des Kampfwagens || armament of the tank || armement m. de char de combat. 4

Besuchs-karte f. || visiting card || carte f. de visite. a) **~zeit** f. || visiting time || heure f. de visite. 5

Betäfelung f. mit Platten (Bauw) || dressing with slabs || tablement m. 6

betakeln || to rig || gréer. 7

betätigen || to operate; to command || opérer; actionner; manœuvrer; commander. 8

Betätigung f. (Masch) || operation; actuation || opération f.; manœuvre f.; commande f. 9

Betätigungshebel m. || operating *or* control lever || levier m. de manœuvre. 10

betauen || to bedew; to dew || (se) couvrir de rosée. 11

beteiligen, sich || to share *or* to participate in || prendre part f.; s'intéresser. 12

Beteiligung f., elektrowirtschaftliche || electro-economic interest || participation f. électro-économique. a) **Gewinn~** || profit sharing || part f. dans les bénéfices. 13

Betelnuß f. || betel nut || noix f. de bétel. 14

Bethaus n. || oratory || chapelle f.; oratoire m. 15

Beton m. || beton; concrete || béton m. a) **armierter** ~ || armoured *or* reinforced concrete || béton m. armé. b) **Asbest~** || asbestos concrete || béton m. d'amiante. c) **Asphalt~** || asphalt concrete || béton m. d'asphalte. d) **Bims~** || pumice stone concrete || béton m. de pierre ponce. e) in ~ m. **einbetten** || to encase with concrete || encastrer dans le béton. f) **Eisen~** *s.* Beton, armierter. g) **erdfeuchter** ~ || moist concrete || béton m. détrempé *ou* à consistance de terre humide. h) **fetter** ~ || rich concrete || béton m. gras. i) **gestampfter** ~ || rammed concrete || béton m. comprimé. k) **Granit~** || granite-concrete || béton m. de granite. l) **Guß~** || cast *or* floated concrete || béton m. coulé. m) **Kalk~** || lime concrete || béton m. de chaux. n) **Kies~** || gravel concrete || béton m. de gravier. o) **Leicht~** || light concrete || béton m. léger. p) **Lösche~** || ashes *or* cinder concrete || béton m. d'escarbille *ou* de cendre. q) **magerer** ~ || poor concrete || béton m. maigre. r) in ~ eingebettete **Schiene** f. || rail embedded in concrete || rail m. encastré en béton. s) **Schlacken~** || slag concrete || béton m. de laitier. t) **Schwinden** n. des ~s beim Erhärten || contraction of the concrete during setting || retrait m. du béton à la prise. u) **Spritz~** || rendering concrete || crépi m. en béton. v) **Stahl~** || steel concrete || béton m. en acier. w) **Stampf~** || stamped concrete || béton m. damé. x) **Steinschlag~** || broken stone concrete || béton m. de pierraille. y) **Trass~** || trass concrete || béton m. de trass. z) ~ unter **Wasser** schütten || to lay concrete under water || couler du béton sous l'eau. 16

a) den ~ m. **verkleiden** || to coat the concrete || revêtir le béton. b) **Waren** fpl. aus gepreßtem ~ || ware of pressed concrete || ouvrages mpl. en béton comprimé. c) **wasserarmer** ~ || dry concrete || béton m. peu mouillé. d) **wasserreicher** ~ || wet concrete || béton m. très mouillé. e) **Zement~** || cement concrete || béton m. de ciment. f) **Zementkalk~** || cement lime concrete || béton m. de ciment de chaux. g) **Ziegel~** || brick concrete || béton m. de briquailles. 17

Beton-arbeiter m. || concreter || bétonneur m. a) **~bau** m. || concrete construction || construction f. en béton. b) **~bereitung** f. || preparation of concrete || préparation f. du béton. c) **~bereitungsanlage** f. || concrete preparation plant || installation f. pour préparer le béton. d) **~bett** n. || concrete bed || couche f. *ou* lit m. de béton. e) **~biegemaschine** f. || reinforced concrete bending machine || machine f. servant à cintrer le béton. f) **~block** m. || concrete block || bloc m. de béton. g) **~bruch** m. || broken concrete || béton m. concassé. h) **~brücke** f. || concrete bridge || pont m. de béton. i) **~brunnen** m. (Fernm) || reinforced concrete manhole || chambre f. de tirage en béton armé. k) **~decke** f. || ferro-concrete floor || plancher m. de béton armé. 18

Betoneisen n. || round *or* reinforcing iron; concrete steel || fer m. rond. 19

Betoneisen-bieger m. (Gerät) || round iron bending apparatus || appareil m. à plier le fer rond. a) **~konstruktion** f. || concrete iron construction || construction f. de béton-fer. b) **~schere** f. || shearing machine for cutting reinforced concrete work || coupe-fers m. pour béton armé. c) **~schneider** m. || round iron cutting apparatus || appareil m. à cisailler le fer rond. d) **~schwelle** f. || reinforced concrete sleeper || traverse f. en béton armé. 20

Beton-fundament n. *s.* Betongründung. a) **~fußboden** m. || concrete floor || pavage m. bétonné. b) **~gerippe** n. || skeleton of reinforced concrete || ossature f. en béton. c) **~gewölbe** n. || concrete arch || voûte f. en béton. d) **~gründung** f. || concrete foundation || fondation f. par immersion de béton *ou* en béton; bétonnage m. e) **~hohlstein** m. || hollow concrete stone || brique f. *ou* pierre f. creuse en béton. 21

betonieren || to work concrete || bétonner. a) bei **Frost** m. ~ || to work concrete in frosty weather || bétonner pendant la gelée. 22

Betonieren n. || concrete work; concreting || travail m. en béton. a) ~ der **Straßen** || road reinforcement || renforcement m. des routes. 23

Beton-knetmaschine f. || concrete kneading machine || machine f. à pétrir *ou* à mélanger le béton. a) **~mischanlage** f. || concrete mixing plant || installation f. à mélanger le béton. b) **~mischer** m. *s.* Betonmischmaschine. c) **~mischmaschine** f. || concrete mixer; concrete mixing machine || machine f. à mélanger le béton; malaxeur m. *ou* mélangeur m. à béton; bétonnière f. d) **~möbel** n. || concrete made furniture || meuble m. en béton. 24

betonnen (Seew) || to buoy || baliser. 25

Betonnung f. || buoyage || balisage m. 26

Beton-pfahl m. || concrete pile *or* pillar || pilier m. *ou* pieu m. en béton. a) **~pfeiler** m. s. Betonpfahl. b) **~platte** f. || concrete slab || plaque f. en béton. c) **~prüfpresse** f. für Druck-, Knick- und Biegeversuche || concrete testing press for compression, lateral bending and bending tests || presse f. à essayer le béton à la compression, à compression axiale et à la flexion. d) **~rohr** n. || concrete pipe *or* conduit || tuyau m. en béton. e) **~rutsche** f. (Bauw) || beton funnel || trémie f. à béton. f) **~schotter** m. || gravel for concrete || gravier m. de béton. g) **~schüttung** f. || layer of concrete || coulée f. de béton. h) **~sockel** m. || concrete foundation || socle m. en béton. i) **~stange** f. || concrete pole || poteau m. en béton; pylône m. en ciment armé. k) **~stein** m. || concrete stone || pierre f. en béton. l) **~straße** f. || concrete road || route f. bétonnée. 27

Betonstraßenbau m., Maschine f. für den || machine for the construction of concrete roads || machine f. pour la construction des routes en béton. 28

Betonstraßendecke f. || concrete paving || pavage m. en béton. a) **gedichtete** ~ || concrete road surface padded down || revêtement m. de route en béton damé et comprimé. b) **Oberschicht** f. der ~ || surface of the concrete road surface || couche f. supérieure du revêtement de route en béton. c) **profilgerechte** ~ || concrete road surface true to profile || revêtement m. de route en béton répondant au profil dressé. d) **Unterschicht** f. der ~ || lower stratum of the concrete road surface || couche f. inférieure du revêtement de route en béton. e) **wellenfreie** ~ || concrete road surface without undulations || revêtement m. de route en béton exempt d'ondulation. 29

Beton-straßenfertiger m. || concrete road finisher || finisseur m. pour routes en béton. a) eiserne Säule f. mit **~ummantelung** f. || iron column with concrete casing || colonne f. en fer avec enrobage en béton. b) **~unterlage** f. *s.* Betonbett. c) **~waren** fpl. || concrete articles pl. || objets mpl. en béton. 30

Betrachtungsgerät n. für Negative || viewing apparatus for negatives || appareil m. pour examiner les négatifs. 31

Betrag m. (Kasse) || amount || montant m. a) **Gesamt~** || total amount; (sum) total || somme f. totale. 32

Betragstaste f. (Zahlkasse) || amount key || touche f. de montants. 33

betreffen || to concern; to interest || concerner. 34

betreffend || in question || en question f. 35

Betrieb m. (Betreiben) || work; working || poursuite f. a) ~ (Eisenb) || traffic; service || mouvement m.; circulation f. b) ~ (Werkstätte) || works pl.; manufactory; workshop; factory; plant || fabrique f.; usine f. c) ~ (Geschäft) || trade || exploitation f.; service m. d'exploitation. d) **außer** ~ || out of operation; plant at rest || hors service. e) **außer** ~ m. **setzen** || to put out of action || arrêter l'exploitation f. f) **durch Störung** außer ~ m. gesetzt || disturbed ||

accidenté. **g)** der ~ wurde nach mehreren verlustreichen Jahren **eingestellt** || the plant shut down after years of unsuccessful business || après de multiples années riches en pertes l'exploitation f. fut suspendue. **h) gemischter ~** || mixed system || système m. mixte. **i) im ~** || working || en marche f. **k) in gutem ~** || in good working order || en bonne marche f. **l) in ~ kommen** || to come into action || se mettre en action. **m) in ~ m. setzen** || to set to work *or* in motion; to start up; to start operations || mettre en activité f. *ou* en train m. *ou* en route f. *ou* en marche f.; commencer les opérations. **n) in ~ stehen** (Bergw) || to be at work || être en exploitation f. **o) in vollem ~** || fully at work || en pleine activité f. **p) intermittierender ~** || discontinuous running || service m. discontinu. **q) landwirtschaftlicher ~** || agriculture; farming || exploitation f. agricole. **r) ~ eines Motors** || running *or* working of an engine || fonctionnement m. d'un moteur. **s) nach einstündigem ~** || after one hour's run || au bout m. d'une marche d'une heure. **t) Ortsbatterie~** (Fernm) || local battery working || service m. à batteries locales. **u) ~ einer Stromübertragungsanlage** || service of a current transmission plant || exploitation f. d'une station de distribution de courant. **v) ~ eines Werkes** || working of a plant || exploitation f. d'une installation. 1

betrieben, elektrisch || electrically driven || mu-électrique. 2

Betriebs-anlage f. || plant || établissement m. **a) ~art** f. || kind of service || mode m. de service. **b) ~assistent** m. || helper; assistent || aide m. **c) laufende ~ausgaben** fpl. || live working *or* running costs pl. || frais mpl. courants d'exploitation. **d) ~beanspruchung** f. || service stress || fatigue f. *ou* charge f. de service. **e) ~becken** n. mit Stau für eine Kraftanlage || power basin with banked-up water level for a power plant || réservoir m. de service avec haussement de niveau pour une usine de force motrice. **f) ~bedingung** f. || condition of operation; working condition || condition f. naturelle *ou* de service *ou* de fonctionnement. **g) ~behälter** m. || service tank || nourrice f. 3

betriebsbereit, stets || ever ready for operation || toujours prêt à fonctionner. 4

Betriebs-bereitschaft f., sofortige || immediate readiness for service || fonctionnement m. instantané; mise f. en route instantanée. **a) ~dämpfung** f. (Fernm) || over all loss || affaiblissement m. effectif; pertes fpl. de transmission. **b) ~dienstleistung** f. || load || charge f. **c) ~direktor** m. || works manager || directeur m. de l'usine. **d) ~drehzahl** f. || normal speed || nombre m. detours normal. **e) ~druck** m. || working pressure || pression f. de service. 5

Betriebseinrichtung f. || working organisation || organisation f. de l'exploitation. **a) Ausgaben** fpl. für die ~ || expenditure on plant || dépenses fpl. en travaux d'installation. **b) Leistungsfähigkeit** f. der ~ || capacity of plant || capacité f. de l'installation. **c) Verzeichnis** n. der ~ || schedule of plant || inventaire m. de l'installation. 6

Betriebs-ergebnis n. || workshop result || résultat m. d'essais de l'atelier. **a) ~eröffnung** f. || opening of service || ouverture f. du service. 7

betriebsfähig || ready for working; in running *or* working order || prêt à fonctionner; en ordre m. de marche *ou* de service; prêt pour le service. 8

betriebsfähiger Zustand m. || working condition || état m. d'exploitation. **a)** die **Maschine** f. ist in betriebsfähigem Zustand || the machine is in good working order || la machine est en bon ordre de service. 9

Betriebsfernsprech-anlage f. || service telephone plant || installation f. téléphonique du service. **a) ~leitung** f. || service telephone line || ligne f. du téléphone de service. 10

betriebsfertig *s.* betriebsfähig. 11

Betriebs-führer m. || works manager; manager of a department || chef m. de fabrication *ou* de service. **a) ~gewicht** n. (Luftf) || load weight || poids m. en ordre de marche. **b) ~gliederung** f. || work's organization || organisation f. des ateliers. **c) ~güte** f. || service quality || qualité f. du service. **d) ~hauptuhr** f. || service master clock || horloge f. principale du service. **e) ~hefe** f. || yeast || levain m. 12

Betriebsingeniör m. || work's engineer || ingénieur m. en chef de service. **a) ~** (Verkehrsw) || traffic manager || ingénieur de service. 13

Betriebs-jahr n. || business *or* working *or* fiscal year || année f. d'exercice; exercice m. **a) ~kapazität** f. (Elektr) || mutual capacity || capacité f. mutuelle. **b) ~kapital** n. || floating *or* working capital || fonds m. d'exploitation; fonds m. de roulement. **c) ~klasse** f. (Wald) || working section || série f. d'exploitation. 14

Betriebskontrolle f. || control of manufacturing operations || contrôle m. de fabrication. **a) laufende ~** || running work control || contrôle m. courant de l'exploitation. 15

Betriebskontrollör m. || professional factory inspector || contrôleur m. de fabrication. 16

Betriebskosten pl. || working costs pl.; running expenses pl. || frais mpl. d'exploitation *ou* de roulement. **a) erhebliche Ersparnis** f. an ~ || considerable saving of maintenance costs || économie f. considérable de frais d'exploitation. **b) geringe ~** || minimal operating costs pl. || frais mpl. d'exploitation très avantageux. **c) Maschine** f., die bei geringeren ~ das Doppelte leistet || machine with twice the output at a lower outlay || machine f. qui avec des dépenses courantes moindres a un rendement double. **d)** mit einem **Minimum** n. an ~ arbeiten || to operate at a minimum of working expenses || fonctionner avec un minimum de frais d'exploitation. 17

Betriebs-kosteneinsparung f. || saving in working costs || économie f. dans les frais d'exploitation. **a) ~kraft** f. || driving *or* motive power || force f. motrice. **b) ~laboratorium** n. || works laboratory || laboratoire m. d'usine. **c) ~lehre** f. || theory of management || théorie f. de l'aménagement. **d) ~leiter** m. || works manager; managing director || directeur m. technique; chef m. de fabrication. 18

Betriebsmaterial n. || working material || matériel m. d'exploitation. **a) ~** (Eisenbahn) *s.* Betriebsmittel. 19

Betriebsmittel npl. (Eisenb) || rolling stock || matériel m. roulant *ou* d'exploitation. **a) Unterhaltung** f. der ~ (Eisenb) || upkeep of the rolling stock || entretien m. du matériel roulant. 20

Betriebs-organisation f. *s.* Betriebs-gliederung. **a) ~pause** f. || stop || arrêt m. **b) ~plan** m. || working plan || règlement m. d'exploitation. **c) ~raum** m., **explosionsgefährlicher** || explosion dangerous quarters || magasin m. à y loger les matières explosives. **d) ~refraktometer** n. || industrial refractometer || réfractomètre m. d'exploitation. **e) ~regelung** f. || management *or* arrangement of a workshop; arranging a shop || aménagement m. d'un atelier. **f) ~schalter** m. (Elektr) || operating switch || interrupteur m. de service. **g) ~schaltung** f. || working connections pl. || connexion f. de régime. 21

Betriebssicherheit f. || reliability of service; working safety *or* reliability || sécurité f. de service *ou* de fonctionnement. **a) größte ~** || greatest reliability of service || maximum m. de sécurité de fonctionnement. **b) unbedingte ~** || absolutely safe operation || securité f. absolue du fonctionnement. 22

Betriebsspannung f. || service *or* working *or* circuit voltage || tension f. *ou* voltage m. de régime; tension f. de service. **a) ~** eines **Stromwandlers** || service voltage of a current transformer || tension f. de service d'un transformateur d'intensité. 23

Betriebs-stockungen fpl. ausschalten || to eliminate disturbances in the smooth working of the plant || éliminer les dérangements mpl. du service. **a) ~stoffvorratsmesser** m. || fuel level gauge || indicateur m. volumétrique du carburant. 24

Betriebsstörung f. || breakdown *or* disturbance of service || dérangement m. *ou* panne f. de service. **a)** wegen ~ f. der **Maschinen** || owing to breakdown of machinery || à cause de dérangements mpl. aux machines. 25

Betriebsstrom m. || working current || courant m. de régime. **a) ~stärke** f. || working current intensity || intensité f. du courant de transmission. 26

Betriebs-überleitung f. auf neue Fernsprechvermittlungsämter || cutting over traffic to telephone exchanges || passage m. du service aux centrales téléphoniques. **a) ~überschuß** m. || trading profits pl. || bénéfices mpl. d'exploitation. **b) ~überwachung** f. || operating observation || surveillance f. de l'exploitation. **c) ~überwachungsgerät** n. || shop control instrument || appareil m. pour la surveillance d'exploitation. **d) ~umstellung** f. || stoppage of work || arrêt m. du travail. **e) ~unfall** m. || accident to workman || accident m. de service pendant le travail. **f) ~unterbrechung** f. || interruption of operation || interruption f. de service. **g) ~vertretung** f. || workmen's syndicate; representation of employees || syndicat m. des ouvriers;

représentation f. des employés. **h) ~weise** f. || method of working || manière f. d'opérer. **i) ~wert** m. || working value || valeur f. effective. **k) ~wirtschaft** f. || economy of works operation || économie f. d'exploitation. 1

Betriebszeit f. (Zuckerfabr) || working season *or* period || roulement m. **a)** ~ einer **Anlage** || running hours pl. of a plant || durée f. de service d'une installation. 2

Betriebszuverlässigkeit f. || reliability in service || sécurité f. au service. 3

Betrug m. || deception; fraud || fraude f.; tromperie f. 4

Bett n. || bed || lit m. **a) eisernes ~** || iron bed || lit m. en fer. **b) ~** eines **Flusses** || bed of a river || lit m. d'un fleuve. **c) Gieß~** || pig bed; casting bed || lit m. de coulée. **d) Haupt~** (Masch) || main bed || banc m. principal. **e) Kühl~** || cooling bed || rafraîchisseur m. 5

Bett-barchent m. || cotton bed tick || coutil m. de coton pour literie. 6

Bett-beschläge mpl. || bed fittings pl. || ferrures fpl. de lits. **a) ~bezug** m. || lining for bedding || coutil m. pour lit. **b) ~bezugstoff** m. || bedding linen || étoffe f. pour lingerie de lit. **c) ~damast** m. || bed damask || damassé m. de lit. **d) ~daune** f. || down for bed || duvet m. de lit. 7

Bettdecke f. || bedspread; blanket; coverlet; counterpane || couverture f. de lit *ou* de literie; courtepointe f. **a) baumwollene ~** || cotton quilt *or* counterpane || couvre-lit m. coton. **b) gesteppte ~** || quilt || courtepointe f. 8

Bettdrell m., leinener || linen bed tick || coutil m. pour literie. 9

Betten npl. || bedding || literie f. 10

Bettenfabrik f. || bed pillow factory || fabrique f. de lits de plumes. 11

Bettfeder f. || feather for beds || plume f. de lit *ou* pour literie. 12

Bettfedern-reinigung f. || bed feather cleaning || épuration f. de plumes pour literie. **a) ~reinigungsmaschine** f. || bed feather cleaning machine || machine f. à nettoyer les plumes de literie. **b) ~verarbeitungsmaschine** f. || bed feather manufacturing machine || machine f. pour apprêter des duvets de literie. 13

Bett-flanell m. || bed flannel || flanelle f. de lit. **a) ~gestell** n. *s.* Bettstelle. **b) ~haken** m. || bed hinge || crampon m. de lit. **c) ~himmel** m. || canopy || baldaquin m.; ciel m. de lit. **d) ~kattun** m. || bed ticking || calicot m. pour literie. **e) ~leinen** n. || bed linen || lingerie f. de lit. **f) ~pfanne** f. || bed pan || bassinoire f. **g) ~schiene** f. || bed slide || coulisse f. de lits. 14

Bettstelle f. || bedstead || bois m. de lit. **a) eiserne ~** || iron bedstead *or* camp bed || châlit m. en fer; lit m. de fer. **b) Klapp~** || folding bedstead || lit m. cage *ou* de sangle. **c) Metall~** || metal bedstead || lit m. métallique. 15

Bett-stoff m. || bedding material || étoffe f. de literie. **a) ~tuch** n. || sheet || drap m. de lit. 16

Bettung f. || bed; bedding (on bed); foundation || lit m. 17

Bettungs-fuge f. || joint of the bed || joint m. de lit *ou* d'assise. **a) ~material** n. *s.* ~stoff m. **b) ~stoff** m. (Eisenb) || ballasting *or* boxing material; ballast || matière f. de ballastage; blocaille f. d'empierrement; ballast m. 18

Bettvorleger m. || bed rug || descente f. de lit. 19

Bettwäsche f. *s.* Bettzeug. **a) gestickte ~** || embroidered bed linen || lingerie f. de lit brodée. 20

Bettzeug n. || bed clothes *or* linen || linge m. de literie; lingerie **f.** de lit; literie f. **a) Desinfektion** f. von ~ || bedding disinfection || désinfection f. de literie. 21

Betupfen n. der Zündhölzchen || dipping the matches into the inflammable compound || chimiquage m. des allumettes chimiques. 22

Beuche f. || buck; lye || lessive f. 23

beuchen || to buck; to soak || lessiver. 24

Beuchfaß n. || bucking tub || cuvier m. pour lessiver. 25

beugen (Phys) || to diffract || diffracter. 26

Beugung f. (Opt) || diffraction || diffraction f. **a)** durch ~ **abgelenkter Strahl** m. || ray deflected by diffraction || rayon m. dévié par diffraction. 27

Beugungs-gitter n. || diffraction grating || réseau m. à diffraction. **a) ~spektrum** n. || diffraction spectrum || spectre m. de diffraction. 28

Beule f. || dint; swelling; bump || enfonçure f.; bosse f. 29

Beulen-ausklopfer m. (Arbeiter) || mender of bumps || débosseleur m. de bosses. **a) ~klopfer** m. (Schmied) || paring hammer || marteau m. à barber. 30

beurkunden || to prove by documentary evidence; to authenticate; to verify || prouver par des documents mpl.; confirmer par des titres mpl.; vérifier. 31

Beurkundung f. || documentary proof; authentication; verification || confirmation f. par des documents; vérification f. 32

Beute f. (Küf) || large trough || auge f. 33

Beutel m. || small sack; pouch; bag || sachet m.; bourse f.; petit sac m. **a)** ~ (Müll) || bolter; bolting *or* dressing machine || bluterie f.; bluteau m.; blutoir m. **b) Leder~** || leather pouch || poche f. en peau. **c) Papier~** || paper bag || sac m. en papier. 34

Beutel-arm m. || shaking arm || ailette f. **a) ~filter** m. (Zuck) || bag filter || filtre m. à poche. **b) ~maschine** f. (Müll) || bolting mill; sifting machine || bluterie f.; machine f. à cribler. 35

beuteln (Mühle) || to sift || bluter. 36

Beuteln n. (Müll) || bolting || blutage m. 37

Beutel-netz n. || purse *or* landing net || havenau m.; havenet m.; boudeux m. **a) ~packmaschine** f. || packing machine for small packages || appareil m. à remplir les sachets. **b) ~sieb** n. || bolting sieve; bolter || sas m. à tamiser. **c) ~tuch** n. || bolting cloth || tissu m. pour bluteries. **d) ~zeug** n. || common bolter; bolting apparatus || blutoir m. en étamine. 38

Beutlerei f. *s.* Beutel. 39

Bevölkerung f., ansässige || indigenous population || population f. domiciliée. 40

Bevölkerungs-abnahme f. || decrease of population || diminution f. de la population. **a) ~dichte** f. || density of population || densité f. de la population. **b) ~zunahme** f. || increase of population || augmentation f. de la population. 41

bevollmächtigen || to authorize; to give full power to; to give power of attorney || autoriser; donner plein pouvoir m. 42

Bevollmächtigter m. || attorney; authorized agent; proxy; agent with power of attorney; trustee || mandataire m.; plénipotentiaire m. 43

Bevollmächtigung f. || authorization || autorisation f.; plein pouvoir m.; procuration f. 44

bevorrechtigte Anlage f. || privileged work || ouvrage m. privilégié. 45

bevorzugen || to prefer; to favour || préférer; favoriser. 46

Bewachen n. der Linie (Leitung) || guarding of the line || surveillance f. de la ligne. 47

Bewachsung f. || vegetation || végétation f. 48

Bewaffnung f. || armament || armement m. 49

bewähren, sich (Werkstoff) || to stand the test || donner de bons résultats mpl. 50

bewährt, in der Praxis f. || successful in practice *or* well tried || à toute épreuve. 51

bewalden || to overgrow with wood || boiser. 52

bewaldet || woody; wooded || boisé. 53

bewaldrechten, das Holz || to rough-hew *or* to baulk timber || dégrossir le bois dans la forêt. 54

bewässern || to irrigate; to water || irriguer; arroser. 55

Bewässerung f. || irrigation; watering || irrigation f.; arrosage m. **a) Farm~** || farm irrigation || irrigation f. pour ferme. 56

Bewässerungs-anlage f. || irrigating plant || installation f. d'irrigation. **a) ~gesellschaft** f. || irrigation society || syndicat m. de nocage. **b) ~graben** m. || feeder; irrigation channel || fossé m. d'irrigation. **c) ~kanal** m. || canal for irrigation || canal m. d'irrigation. **d) ~schleuse** f. || irrigation lock || écluse f. d'irrigation. **e) ~sieb** n. || showering sieve || tamis m. d'arrosage. 57

bewegen || to move || mouvoir; remuer. **a)** die **Stücke** npl. müssen im Wasser hin und her bewegt werden || the pieces must be moved forward and backward in the water || il faut bien agiter les pièces fpl. dans l'eau. **b) vor- und zurück~** || to move forward and backward || mouvoir en avant et en arrière. 58

bewegende Kraft f. || motive power || force f. motrice. 59

Bewegkraft f. *s.* bewegende Kraft. 60

beweglich || mobile; moveable || mobile. **a)** in einem **Schlitz** m. ~ || moveable in a slide || coulissant dans une rainure. 61

beweglich-e Auflagerung f. || movable bearing || appui m. mobile. **a) ~e Belastung** f. || moveable load || charge f. mobile. **b) ~er Dampfkessel** m. || locomobile *or* portable boiler || chaudière f. mobile *ou* locomobile. **c) ~e Dampfmaschine** f. || (trans)-portable steam engine || machine f. à vapeur portative. **d) ~e Nietmaschine** f. || portable riveting plant || riveuse f. portative. **e) ~er Prellbock** m. (Eisenb) || moveable buffer || heurtoir m. mobile. 62

Beweglichkeit f. || mobility; movability || mobilité f. **a)** ~ in **radialer** Richtung || radial play || mobilité f. radiale. 63

bewegte Luft f. || air in motion; moving air || air m. agité *ou* en mouvement. **a) ~ See** f. || rough *or* stormy sea || mer f. grosse *ou* agitée. 64

Bewegung f. (Mech) || movement || mouvement m. **a) abnehmende ~** || slackening motion || mouvement m. diminuant.

b) **Auf- und Ab~** || up and down motion || montée f. et descente f. c) ~ der **Badflüssigkeit** (Galv) || agitating of the bath solution || agitation f. du bain. d) **beschleunigte ~** || accelerated motion || mouvement f. accéléré. e) **drehende ~** || rotating motion || mouvement m. de rotation. f) **Eil~** || high speed movement || mouvement m. rapide. g) **einfache ~** || simple motion || mouvement m. simple. h) **exzentrische ~** || eccentric motion || mouvement m. excentrique. i) **Fortpflanzung** f. der ~ || communication of motion || communication f. de mouvement. k) **fortschreitende ~** || transfer *or* continuous motion; translational motion || mouvement m. de translation. l) **geradlinige ~** || movement in a straight line || mouvement m. rectiligne. m) ~ in **gleichen** Zeiträumen || periodicity of movement || periodicité f. des mouvements. n) **gleichförmig beschleunigte ~** || uniformly accelerated motion || mouvement m. uniformément accéléré. o) **gleichförmige ~** || uniform motion || mouvement m. uniforme. p) **gleichförmig veränderliche ~** || uniformly variable motion || mouvement m. uniformément varié. q) **gleichförmig verzögerte ~** || uniform decreasing motion || mouvement m. uniformément retardé. r) **gleichförmig wiederkehrende ~** || periodical uniform motion || mouvement m. périodiquement uniforme. s) **herzförmige ~** || heart motion || mouvement m. en courbe de Vaucanson. t) **hin- und hergehende ~** || motion to and fro || mouvement m. de va-et-vient. u) **hüpfende ~** || skipping motion || mouvement m. sautillant. v) **in ~ f. setzen** || to put *or* to set in motion || mettre en marche f. *ou* en train m. w) **Kreis~** || circular motion || mouvement m. circulaire. x) **krummlinige ~** || movement in a curved line || mouvement m. curviligne. y) **maschinelle ~** || power transmission || transmission f. de force. z) eine ~ **zwangsläufig mitmachen** || to make a positive movement || faire un mouvement commandé. 1

a) **pendelnde ~** || pendulous motion || mouvement m. du pendule. b) **Quer~** (Werkzeugmaschine) || cross traverse || avance f. latérale. c) **rüttelnde ~** f. des Beutelzeugs (Müll) || shaking motion of the bolting apparatus || mouvement m. de secousse du blutoir d'un moulin. d) **schaukelnde ~** || seesaw || mouvement m. oscillatoire *ou* de bascule. e) **scheinbare ~** || apparent motion || mouvement m. apparent. f) **schwingende ~** || oscillatory motion || mouvement m. oscillatoire. g) **selbsttätige ~** || self acting motion || mouvement m. automatique. h) **veränderlich beschleunigte ~** || variable increasing motion || mouvement m. variable accéléré. i) **veränderliche ~** || variable motion || mouvement m. variable. k) **verzögernde ~** || decreasing motion || mouvement m. retardé. l) **zusammengesetzte ~** || composed *or* compound motion || mouvement m. composé. 2

Bewegungs-ebene f. || rotation plane || plan m. de rotation. a) **~freiheit** f. || room to move || place f. à mouvements. b) **~größe** f. || quantity of motion || quantité f. de mouvement. c) **~krieg** m. || mobile warfare || guerre f. de mouvement. d) **~mechanismus** m. || motive mechanism || appareil m. de mouvement. e) **~richtung** f. || direction of motion || sens m. de mouvement. f) **~spalt** m. (Geologie) || fault fissure || fente f. par mouvement du sol. g) **~übertragung** f. || transmission of motion || transmission f. de mouvement. h) **~umkehr** f. || return of movement || renversement m. du mouvement. 3

bewehren (Bauw) || to reinforce; to armour; to equip || armer. 4

bewehrt, doppelt || doubly reinforced *or* armoured || à double armature f. 5

Bewehrung f. (Bauw) || armouring; reinforcing || armature f. a) ~ (Kabel) || armour *or* sheathing || armature f. b) **diagonale ~** (Bauw) || diagonal reinforcement || armature f. diagonale. c) ~ (Pfahl) || trussing of a pile || armature f. de pieu. 6

Bewehrungsmaschine f. (Kabel) || armouring machine || machine f. pour armatures de câbles. 7

Beweis m. || proof; argument || preuve f.; argument m. 8

Beweis-analyse f. (Chem) || documentary analysis || analyse f. documentaire. a) **~aufnahme** f. || evidence || audition f. des preuves. 9

beweisen || to proove || prouver; démontrer. 10

Beweis-führung f. || demonstration; argumentation || démonstration f.; argumentation f. a) **~stück** n. || documentary proof || pièce f. justificative. 11

bewerben, sich ~ um || to apply for || rechercher; essayer d'obtenir; demander. 12

Bewerber m. (um einen Posten) || applicant. candidate || aspirant m.; solliciteur m; a) ~ (um einen Preis) || tenderer; competitor || concurrent m. 13

Bewerbungsschreiben n. || letter of application || demande f. de place. 14

bewerfen (Putz) || to plaster || crépir. 15

bewerkstelligen (Kauf) || to effect || effectuer. 16

bewerten || to value; to assess || estimer. 17

bewertet || estimated || évalué. 18

Bewertung f. (Chem) || estimation || dosage m. a) ~ (Handel) || valuation || évaluation f. 19

bewettern, die Grubenbaue mpl. || to ventilate mines pl. || ventiler les mines fpl. 20

Bewetterung f. (Bergb) || ventilation || aérage m.; airage m. 21

Bewetterungsdüse f. || ventilation nozzle || tuyère f. d'aération. 22

Bewetterungsluft f. || ventilating air || air m. de ventilation. a) **Kühlung** f. der ~ || cooling the ventilating air || réfrigération f. de l'air de ventilation. 23

bewilligen || to grant; to allow || accorder; concéder. 24

Bewilligung f. || grant; granting; allowance; appropriation || concession f.; vote m. 25

bewirken || to effect; to cause; to bring about || effectuer; produire; causer. 26

bewirtschaften || to cultivate; to till; to work || faire valoir; exploiter. a) ein **Gut** n. ~ || to manage *or* to superintend an estate || administrer une terre. 27

Bewurf m. (Bauw) || coarse plaster; rough plaster; rough cast || enduit m. hourdé; hourdage m.; ravalement m.; crépissure f.; crépi m. 28

bezahlen || to pay || payer. 29

Bezahler m. || payer || payeur m. 30

Bezahlung f., bei || upon payment || sur paiement m. 31

bezahnen (Masch) || to tooth; to ratch; to cog || endenter; garnir de dents. 32

Bezahnung f. || teeth || denture f. 33

bezeichnen || to designate || indiquer; désigner. 34

Bezeichnung f. || designation; notation; description || désignation f.; détermination f.; légende f. a) ~ die aus einem **Buchstaben** und einer **Nummer** besteht || designation consisting of a letter with a number affixed || désignation f. par une lettre suivie d'un chiffre. 35

Bezeichnungs-nagel m. (Leitung) || distinguishing mark; numbering nail || clou m. estampillé; marque f. distinctive. a) **~-streifen** m. (Leitung) || marking strip || réglette f. de poste-étiquettes. 36

bezetteln || to label || étiqueter. 37

bezeugen || to bear witness; to testify || attester; témoigner. 38

beziehen auf || to connect with || rapporter à. a) **sich ~** || to refer to; to relate to || se rapporter à. 39

Beziehung f., geschäftliche || business connexion || relation f. d'affaires. 40

beziffern || to mark with ciphers; to number || chiffrer. 41

Bezifferung f., **dekadische** || decimal numbering || numérotage m. décimal. a) ~ der **Teilung** || figuring of the graduation || chiffrage m. de la graduation. 42

Bezirk m. || district || circuit m.; tour m.; district; circonscription f. 43

Bezirks-ingeniör m. || engineer of a district || ingénieur m. de district. a) **~kabel** n. || district cable || câble m. de district. b) **~verkehr** m. (Fernm) || district traffic || trafic m. régional. 44

bezogen (Polster) || upholstered || rembourré. a) ~ **auf** || with regard to; in relation to || relativement à. 45

Bezug m. (Seew) || cap || coiffe f. a) gegen **feste Bezüge** mpl. anstellen || to appoint with fixed emoluments || engager à paye fixe. b) **mit ~ auf** s. bezüglich. 46

bezüglich || regarding; concerning; respecting || concernant; touchant. 47

Bezugsbedingungen fpl. || terms pl. *or* conditions pl. of delivery; trade terms pl. || conditions fpl. de livraison. 48

Bezugsrecht n. || claim; right; option; subscription right || droit m. d'acheter *ou* de prendre. a) ein ~ m. **ausüben** || to exercise a right || exercer un droit d'acheter. 49

Bezugsschein m. || order for delivery; delivery order || bulletin m. de livraison; bon m. 50

biaxiales Fernrohr m. mit Wendelibelle || biaxial telescope with reversible spirit levels || lunette f. biaxiale munie d'une libelle réversible. 51

Biber-geil n. || castoreum || castoréum m. a) **~haar** n. || castor's *or* beaver hair || poil m. de castor. b) **~pelz** m. || beaver fur || fourrure f. de castor. 52

Biberschwanz m. (Ziegel) || plain tile || tuile f. plate *ou* à crochet. a) ~ (Säge) || whip saw without frame; English pad saw; gauge saw || scie f. à manche d'égoine; scotte f. 53

Bichromat n. || bichromate || bichromate m. 54

biegbar || pliable; pliant; flexible || flexible; pliable; souple. 55

Biege-backe f. || bending jaw || mâchoire f. de pliage. a) **~beanspruchung** f. || bending stress; bending strain || travail m. à la flexion; effort m. de flexion. b) **~belastung** f. || bending load || charge f. de flexion. c) **~dorn** m. || bending mandrel || mandrin m. de pliage. d) **~festigkeit** f. || bending strength || résistance f. à la flexion. e) **~- und Formmaschine** f. || bending and forming machine || machine f. à cintrer et façonner. f) **~geschwindigkeit** f. || bending speed || vitesse f. de cintrage. g) **~grenze** f. || limit in bending || limite f. de flexion. h) **~halbmesser** m. || diameter to be bent; bending radius || diamètre m. de cintrage; rayon m. de cintrage. 1

Biegemaschine f. || bending machine; bending rollers || machine f. à cintrer *ou* à rouler; rouleuse f.; cintreuse f. a) **~ und Richtmaschine** f. für Trägereisen || girder iron bending and straightening machine || machine f. à cintrer et dresser les poutrelles. b) **~ für Beton** || reinforced concrete bending machine || machine f. servant à cintrer du béton. c) **Blattfeder~** || laminated spring bending machine || machine f. à cintrer les ressorts à lames. d) **Dauben~** || stave bending machine || plieuse f. pour douves. e) **Draht~** || wire bending machine || plieuse f. pour fils métalliques; machine f. à cintrer les fils métalliques. f) **Faßdauben~** || stave bending machine || machine f. à courber les douves. g) **~ für Formeisen** || sectional iron bending machine || machine f. à cintrer les fers profilés. h) **Ecken~** || angle forming machine || machine f. pour pliage angulaire. i) **Gußeisen~** || machine for cast iron bending test || machine f. à essayer la fonte à la flexion. k) **~ für Kartonnagen** || cardboard bending machine || machine f. à courber du carton. l) **Knierohr~** || pipe elbow bending machine || machine f. à faire les coudes des tuyaux de poêle. m) **~ für Pappe** und **Vulkanfiber** || bending machine for pasteboard and vulcanised fibre || machine f. à plier le carton et la fibre vulcanisée. n) **Rohr~** || tube bender || machine f. à cintrer les tubes. o) **Rund~** für Bänder || coiling machine for strips || machine f. à cintrer les feuillards. p) **Schienen~** || rail bending machine; rail bender || machine f. à cintrer les rails. q) **Wellblech~** || bending machine for corrugated iron || machine f. à plier les tôles ondulées. 2

Biege-maschinenarbeiter m. || bending machine operator; bending machine hand || ouvrier m. cintreur à la machine. a) **~-moment** n. *s.* Biegungsmoment. 3

biegen || to bend; to curve || courber; cintrer; plier. a) das **Eisen ~** || to bend the iron || plier le fer. b) **aus freier Hand** f. ~ || to bend by hand || plier à la main. c) **kalt ~** || to cold-bend; to bend in a cold state || courber à froid. d) **sich ~** || to bend || ployer; plier; cintrer. e) **warm ~** || to hot-bend; to bend in a hot state || courber *ou* cintrer à chaud. 4

Biegen n., vor dem **~ scharf eingekerbtes** Stück n. (Prob) || piece sharply notched before bending || pièce f. nettement entaillée avant le pliage. 5

Biegepresse f. || bending *or* shaping press || presse f. à cintrer *ou* à courber; cintreuse f. a) **hydraulische ~** f. mit x ts Druckkraft || hydraulic bending press of x tons pressing power || presse f. hydraulique à cintrer d'une force de x tonnes. b) **Rohr~** f. || pipe bending press || presse f. à cintrer les tubes. 6

Biege- und Formpresse f., horizontale || horizontal bending and forming press || bulldozer m. pour cintrer et former. 7

Biege- und Richtpresse f., **horizontale** || horizontal bending and straightening press || presse f. horizontale à cintrer et à dresser. 8

Biegeprobe f. (Probestück) || sample of bending work || spécimen m. de pliage. a) **~** (Versuch) || bend test || épreuve f. de pliage; essai m. de ployage. b) **Blech~** || plate bending test || essai m. de cintrer la tôle. 9

Bieger m. (Met) || bender || contourneur m. 10

Biegerei f., **Glas** || glass bending workshop || atelier m. à plier le verre. a) **Holz~** || wood bending workshop || fabrique f. d'articles pliés en bois. 11

Biege-schwingungsprüfmaschine f. || bending vibration testing machine || machine f. à mesurer les vibrations dues à la flexion. a) **~spannung** f. || bending stress || tension f. de flexion. b) **~stelle** f. || bending point || point m. de pliage. c) **~vorrichtung** f. für Stäbe || bar bending device || appareil m. à plier les barres. d) **~walze** f. || bending roll || cylindre m. à cintrer. 12

Biegewange f., Unter- und || lower and bending beam || tablier m. et coulisse f. inférieure. 13

Biegewangenunterstützung f. || bending beam support || support m. de tablier. 14

Biegezange f. für Isolierrohre || bending pliers pl. *or* tongs pl. for conduits || pince f. *ou* pincette f. à cintrer les tubes isolants. a) **Nadel~** || nippers || coudoir m. d'aiguilles. 15

biegsam || flexible; pliable || flexible. 16

biegsam-er Leiter m. || flexible conductor || conducteur m. souple. a) **~e Leitung** f. *s.* biegsamer Leiter. b) **~er Metallschlauch** m. || flexible metal hose || manche f. métallique flexible. c) **~e Welle** f. || flexible shaft || arbre m. flexible. 17

Biegsamkeit f. || flexibility || flexibilité f.; souplesse f. 18

Biegung f. || bend(ing); flexure; curvature || flexion f.; courbure f.; pli m.; rabattement m. a) **Beanspruchung** f. auf ~ f. durch den Winddruck || bending stress by wind pressure || effort m. de flexion par la poussée du vent. b) **~ der Schienen** || curving of rails || courbure f. des rails. c) **~ einer Straße** || bend of a street || tournant m. d'une rue. d) **Zahl** f. der **~en** || number of flexions || nombre m. des flexions. 19

Biegungs-beanspruchung f. || bending stress *or* strain || effort m. de flexion; travail m. à la flexion. a) **~belastung** f. || bending strain || charge f. de flexion. b) **~elastizität** f. || elasticity of flexure || élasticité f. de flexion. c) **~festigkeit** f. *s.* Biegefestigkeit. d) **~moment** n. || bending moment; moment of flexure || moment m. fléchissant *ou* de flexion. e) **~radius** m. *s.* Biegehalbmesser. 20

Biene f. || bee || abeille f. 21

Bienenkorb m. || beehive || ruche f. a) **~ aus Stroh** || straw hive || ruche f. en paille. 22

Bienenkorb-kühler m. || honeycomb radiator || radiateur m. à nid d'abeilles. a) **~macher** m. || hive maker || rucheur m. b) **~ofen** m. || beehive oven || four m. à ruche. 23

Bienen-stock m. || beehive || ruche f. d'abeilles. a) **~wachs** n. || bees' wax || cire f. d'abeilles. b) **~wanderwagen** m. || wheel beehive || ruche f. sur roues. c) **~zucht** f. || bee keeping; rearing bees pl. || apiculture f. d) **~züchter** m. || bee keeper; apiarist || apiculteur m. e) **~zuchtgerät** n. || implement for bee rearing || instrument m. pour l'apiculture. 24

Bier n. || beer || bière f. a) **Abseih~** || drawings pl. of fermentation; residue beer in chip cask || fonds mpl. de cuves *ou* de foudres. b) **Ausfuhr~** || export beer || bière f. d'exportation. c) **Bayerisches ~** || Bavarian beer || bière f. bavaroise. d) **Bitter~** || bitter beer || amers mpl.; purures fpl ; bière f. amère. e) **Bock~** || bock beer || bière-bock f. f) **~ brauen** || to brew beer || brasser. g) **Braun~** || brown beer || bière f. brune. h) **Doppel~** || double beer || bière f. double. i) **dunkles ~** || dark beer || bière f. brune. k) **Dünn~** || small *or* table beer || bière f. de table; petite bière f. l) **Einfach~** *s.* Dünn~. m) **Export~** *s.* Ausfuhr~. n) **fadenziehendes ~** || ropy beer || bière f. filante. o) **Färbe~** || dark beer for colouring || colorant m.; couleur f. p) **~ vom Faß** || beer on draught; bulkbeer || bière f. en fût. q) **Feuer** n. des **~es** || brillancy of the beer || brillant m. *ou* limpidité f. de la bière. r) **Flaschen~** || bottle beer || bière f. en bouteilles. s) **Gärbottich~** || fermenting tun beer || bière f. provenant des cuves de fermentation; bière f. jeune. t) **gespäntes ~** || chipped beer || bière f. sur copeaux. u) **gesundes ~** || sound beer || bière f. saine. v) **helles ~** || light beer || bière f. blonde. w) **Jung~** || young beer || bière f. jeune; jeune bière f. x) **Karamel~** || caramel beer || bière f. caramélisée. y) **karbonisiertes ~** || carbonated beer || bière f. artificiellement saturée d'acide carbonique. z) **Kräusen~** || chipping wort; kræusing; kreising || kræusen mpl. 25

a) **Lager~** || lager *or* stock beer || bière f. de garde *ou* de conserve. b) **Malz~** || malt beer || bière f. de malt. c) **obergäriges ~** || high *or* top fermentation beer || bière f. de fermentation haute. d) **Sommer~** || summer beer || bière f. d'été. e) **Tropf~** || rest *or* sediment beer || trouble m. f) **Trüb~** *s.* Tropf~. g) **untergäriges ~** || low *or* bottom fermentation beer || bière f. de fermentation basse. h) **Versand~** || export *or* shipping beer || bière f. d'exportation. i) **Weiß~** || white beer || bière f. blanche. k) **Weizen~** || wheaten beer || bière f. fromentacée *ou* de blé. l) **Winter~** || winter beer || bière f. d'hiver. 26

Bier-analyse f. || beer analysis || analyse f. de bière. a) **~anzapfgerät** n. || beer filling apparatus || appareil m. pour verser la bière. b) **~aufschlag** m. || ale tax || impôt m. sur la bière. c) **~beschauglas** n. || beer test glass || verre m. à essai pour bière. d) **~brauen** n. || beer brewing || brassage m. e) **~brauer** m. || brewer; brewster || brasseur m.; garçon-brasseur m. 27

Bierbrauerei f. ‖ beer brewery ‖ brasserie f. de bière. **a) Obergärig~** ‖ high *or* top fermentation brewery ‖ brasserie f. de fermentation haute. **b) Untergärig~** ‖ low *or* bottom fermentation brewery ‖ brasserie f. de fermentation basse. 1

Bier-brauereieinrichtung f. ‖ brewers' machinery plant ‖ installation m. pour brasseries. **a) ~charakter** m. ‖ character of a beer ‖ caractère m. d'une bière. **b) ~couleur** f. *s.* ~farbstoff. 2

Bierdruck-apparat m. ‖ beer pressure and distributing apparatus ‖ appareil m. de pression pour débit de bière. **a) ~regler** m. ‖ beer pressure regulator ‖ régulateur m. de pression de bière. 3

Bier-exportör m. ‖ beer exporter ‖ exportateur m. de bière. **a) ~extrakt** m. ‖ beer extract ‖ extrait m. de bière. **b) ~fahrer** m. ‖ beer driver ‖ camionneur-livreur m. *ou* cocher-livreur m. de bière. **c) ~farbstoff** m. ‖ beer colour ‖ couleur f. *ou* colorant m. de bière. 4

Bierfaß n. ‖ beer cask *or* barrel ‖ fût m. à bière. **a) ~daube** f. ‖ beer barrel stave ‖ douve f. pour tonneaux à bière. 5

Bier-feinfilter n. ‖ beer fine filter ‖ filtre m. fin à bière. **a) ~filter** n. ‖ beer filter ‖ filtre m. à bière. **b) ~flasche** f. ‖ beer bottle ‖ bouteille f. à bière. 6

Bierflaschenfüll-apparat m. ‖ bottle filler; bottling apparatus ‖ soutireuse f. pour bouteilles. **a) ~maschine** f. ‖ beer bottle filler *or* filling machine; beer bottling machine ‖ soutireuse f. pour bouteilles à bière. 7

Bier-gäscht m. ‖ beer froth *or* yeast ‖ levûre f.; mousse f. **a) ~gischt** m. *s.* ~gäscht m. 8

Bierglas n. ‖ beer glass ‖ verre m. à bière. **a) ~untersatz** m. ‖ beer glass undercover *or* underplate ‖ dessous m. pour verres à bière. 9

Bier-hahn m. ‖ beer cock; crane ‖ robinet m. à bière. **a) ~haken** m. (Seew) ‖ can hook ‖ élingue f. à pattes. **b) ~halle** f. ‖ beer hall ‖ buvette f.; débit m. de bière. **c) ~hebegerät** n. ‖ beer pump ‖ pompe f. à bière. **d) ~hefe** f. ‖ beer yeast *or* barm ‖ levûre f. de bière. **e) ~hefentrübung** f. ‖ yeast turbidity in beer ‖ trouble m. de levûre dans la bière. **f) ~imprägniergerät** n. ‖ beer impregnating apparatus ‖ appareil m. d'imprégnation de bière. **g) ~kanne** f. *s.* ~krug m. **h) ~keller** m. ‖ beer cellar ‖ cave f. à bière. **i) ~kessel** m. *s.* ~pfanne f. **k) ~krug** m. ‖ beer jug; tankard ‖ pot m. *ou* cruchon m. à bière. 10

Bierkühlapparat m. ‖ beer cooling apparatus; Baudelot *or* beer cooler ‖ Baudelot m.; réfrigérant m. à bière. **a) Gegenstrom~** ‖ counter current beer cooler ‖ réfrigérant m. à bière à contre-courant. 11

Bier-krankheit f. ‖ beer disease ‖ maladie f. de la bière. **a) ~laufer** m. ‖ coolerman; man at cooler ‖ garçon m. d'entonnerie préposé au réfrigérant. 12

Bierleitung f. ‖ beer pipe ‖ conduite f. à bière. **a) Reinigungsgerät** n. für die ~ ‖ beer conduit cleaning apparatus ‖ appareil m. à nettoyer les tirages à bière. 13

Bier-niederlage f. ‖ beer repository *or* store ‖ dépôt m. de bière. **a) ~oberhefe** f. ‖ high *or* top fermentation yeast ‖ levûre f. haute *ou* de fermentation haute. **b) ~pasteurisierungsgerät** n. ‖ beer pasteurizing apparatus ‖ appareil m. à pasteuriser la bière; pasteurisateur m. **c) ~pfanne** f. ‖ boiling copper for beer; copper; vat; beer kettle ‖ chaudière f. à bière *ou* à houblon *ou* à moût. **d) ~pfannenventil** n. ‖ copper *or* pan valve ‖ vanne f. de chaudière à bière. **e) ~probe** f. ‖ ale test ‖ essai m. de bière. **f) ~prober** m. ‖ ale tester ‖ essayeur m. à bière. **g) ~pumpe** f. ‖ beer pump ‖ pompe f. à bière. **h) ~rest** m. ‖ afterings pl.; beer dripping ‖ reste m. de bière. **i) ~sammler** m. ‖ beer collector ‖ collecteur m. à bière. **k) ~schaum** m. ‖ beer foam *or* froth ‖ mousse f. de bière. **l) ~schlauch** m. ‖ beer hose ‖ tuyau m. à bière en caoutchouc. **m) ~ schwand** m. ‖ beer shrinkage ‖ freinte f.; perte f. de bière. **n) ~seidel** n. ‖ beer pitcher ‖ verre m. à bière. **o) ~sieder** m. ‖ copperman; kettleman ‖ garçon m. de chaudière; cuiseur m. **p) ~siphon** m. ‖ beer siphon ‖ siphon m. à bière. **q) ~spundgerät** n. ‖ beer bunging apparatus ‖ appareil m. à bondonner la bière. **r) ~spundventil** n. ‖ beer bunging valve ‖ ventile f. *ou* soupape f. de bondonnage. **s) ~-steuer** f. *s.* ~aufschlag. 14

Bierstein m. ‖ beer scale *or* stone; extract deposit ‖ tartre m. **a) ~hobel** m. ‖ beer scale *or* beer stone scraper ‖ rabot m. à tartre. 15

Biertransport-eiswaggon m. ‖ ice wagon for beer transport ‖ wagon glacière m. pour le transport de la bière. **a) ~wagen** m. ‖ beer transport car; dray ‖ camion m. à bière. **b) ~waggon** m. *s.* Bierwagen (Eisenb). 16

Biertreber pl. ‖ draff; spent grains pl.; malt-husks pl. ‖ drèche f. 17

Biertreber-dampftrockengerät n. ‖ steam draff dryer ‖ appareil m. à sécher les drèches à la vapeur. **a) ~trockengerät** n. ‖ draff drying apparatus ‖ appareil m. à sécher les drèches. 18

Bier-tropfsack m. ‖ beer filter bag ‖ sac m. filtrant pour bière. **a) ~trübung** f. ‖ beer turbidity ‖ trouble m. de la bière. **b) ~unterhefe** f. ‖ bottom *or* low fermentation yeast ‖ levûre f. basse *ou* de fermentation basse. **c) ~untersuchung** f. ‖ beer analysis ‖ analyse f. de bière. **d) ~ventil** n. ‖ beer valve ‖ vanne f. à bière. **e) ~verlust** m. ‖ loss of beer ‖ perte f. de bière. **f) ~versandkiste** f. ‖ (shipping) case for beer ‖ caisse f. à expédition pour la bière. **g) ~wage** f. ‖ saccharometer; hydrometer ‖ pèse-bière m. 19

Bierwagen m. (Fuhrw) ‖ dray; beer car ‖ haquet m. de brasseur. **a) ~** (Eisenb) ‖ beer waggon: waggon for beer transport ‖ wagon m. à bière. **b) ~** für Flaschenbier ‖ bottle beer truck ‖ camion m. à bouteilles à bière. 20

Bier-wärmer m. ‖ beer warmer ‖ chauffe-bière m. **a) ~würgel** m. ‖ hand *or* rotary *or* wing pump for beer ‖ pompe f. rotative à bière. **b) ~würze** f. ‖ beer wort ‖ moût m. de bière. **c) ~würzegelatine** f. ‖ beer wort gelatine ‖ gélatine f. de moût de bière. **d) ~zapfanlage** f. ‖ beer distributing *or* tapping apparatus ‖ appareil m. pour mettre la bière en perce; pompe f. à bière pour le débit. **e) ~zapfer** m. ‖ racker; keg filler ‖ emplisseur m. de barils. **f) ~zeug** n. ‖ beer *or* pitching yeast ‖ levain m.; levûre f. de bière. 21

bifilar ‖ bifilar ‖ bifilaire. 22

Bifilare f. ‖ bifilary ‖ bifilaire m. 23

Bifilar-magnetometer n. ‖ bifilar magnetometer ‖ magnétomètre m. bifilaire. **a) ~wicklung** f. ‖ bifilar winding ‖ enroulement m. bifilaire. 24

Bifokal-brille f. ‖ bifocal glass ‖ lunette f. à double foyer. **a) ~glas** n., Brille f. mit Bifokalgläsern ‖ spectacles pl. with bifocal lenses ‖ lunette f. à double foyer. 25

Bijouteriewaren fpl. ‖ trinkets pl.; jewellery ‖ articles mpl. de bijouterie; bijouterie f. 26

Bikarbonat n. ‖ bicarbonate; acid carbonate ‖ bicarbonate m. 27

bikonkav ‖ bi-concave ‖ biconcave. **a) ~e Linse** f. ‖ double concave *or* concavo concave lens ‖ lentille f. biconcave *ou* concavo-concave. 28

bikonvex ‖ bi-convex ‖ biconvexe. 29

Bilanz f. ‖ balance sheet; balance ‖ bilan m.; balance f. **a)** eine **~ aufstellen** ‖ to strike a balance; to draw up a balance sheet ‖ dresser *ou* faire un bilan. **b)** die **~ genehmigen** ‖ to approve of the balance ‖ approuver la balance f. **c) Handels~** ‖ trade balance ‖ balance f. commerciale. **d) monatliche ~** ‖ monthly balance ‖ balance f. mensuelle. **e) statistische ~** ‖ statistical balance ‖ balance f. statistique. **f)** die **~ ziehen** ‖ to strike the balance ‖ faire la balance *ou* son bilan. 30

Bilanzbuch n. ‖ private ledger ‖ livre m. du bilan. 31

bilanzieren (Handel) ‖ to balance accounts ‖ faire son bilan *ou* la balance. 32

Bilanzverschleierung f. ‖ tampering with a balance sheet; doctoring a balance sheet ‖ palliation f. d'une balance. 33

Bild n. ‖ picture ‖ image f.; tableau m. **a) aufrechtes ~** ‖ erect image ‖ image f. droite. **b) ~** mit der **Hand** hergestelltes ‖ handmade picture ‖ tableau m. fait à la main. **c) religiöses ~** ‖ religious picture ‖ image f. religieuse. **d) scheinbares ~** (Opt) ‖ apparent image ‖ image f. virtuelle. **e)** das **~** im Feldstecher durch mehrfache **Spiegelung** des Lichtstrahles wieder aufrichten ‖ to erect the image of the prism glass by multiple reflection of the rays ‖ redresser l'image dans la jumelle à prismes par plusieurs réflexions successives du rayon lumineux. **f) umgekehrtes ~** ‖ inverted image ‖ image f. renversée. **g) verkleinertes ~** ‖ reduced image ‖ image f. réduite. 34

bildaufrichtend-es Hornhautmikroskop n. ‖ image erecting corneal microscope ‖ microscope m. cornéen redresseur. **a) ~ Mikroskop** n. ‖ image erecting microscope ‖ microscope m. redresseur. **b) ~er Tubus** m. ‖ image erecting tube ‖ tube m. redresseur. 35

Bild-aufrichtung f. ‖ erecting *or* reversion of the image ‖ redressement m. de l'image. **a) ~druckpresse** f. ‖ press for illustration printing ‖ presse f. pour impression d'illustrations. 36

bilden ‖ to form; to shape ‖ former; façonner. 37

Bilder-bogen m. ‖ picture sheet ‖ feuille f. d'images. **a) ~buch** n. ‖ picture book ‖ livre m. d'images. **b) ~einrahmer** m. ‖ picture frame maker ‖ encadreur m. de peintures. **c) ~leiste** f. ‖ chamfer for picture frame ‖ baguette f. d'encadrement. **d) ~öse** f. ‖ picture eye ‖ œillet m. d'images. **e) ~rahmen** m. ‖ picture frame

|| cadre m. pour tableaux. **f) ~reiniger** m. || picture cleaner || nettoyeur m. d'images. **g) ~tafel** f. || table of pictures || tableau m. des illustrations. 1

Bild-feld n. (Opt) || image field || champ m. de l'image. **a) ~fernübertragung** f. || picture transmission || transmission f. des images à distance. **b) ~gießerei** f. || bronze statue foundry || fonderie f. de bronzes d'art. **c) ~größe** f. || size of the image. || grandeur f. de l'image. 2

Bildhauer m. || sculptor || sculpteur m. **a) ~arbeit** f. || sculptural work; sculpture || travail m. de sculpture; sculpture f. 3

Bildhauerei f. || plastics pl. || art m. plastique. 4

Bildhauer-gips m. || sculptor's plaster || plâtre m. de moulage. **a) ~werkzeug** n. || sculpturer's implements pl. || outil m. de sculpteur. **b) ~zirkel** m. || firmer's compasses || compas m. de sculpteur. 5

Bild-haumaschine f. || sculpting machine || machine f. à sculpter. **a) ~lupe** f. || magnifying picture viewer || loupe f. photoscopique. 6

Bildnis n. || portrait; picture || portrait m.; tableau m.; image m. 7

Bild-projektor m. || picture projector || projecteur m. pour l'image. **a) ~punkt** m. || point image || point-image m. **b) ~rundfunkempfänger** m. || wireless picture telegraph || appareil m. de téléphotographie sans fil. 8

bildsam (Techn) || plastic; ductile || plastique; ductile. 9

Bild-samkeit f. || plasticity || plasticité f. **a) ~schärfe** f. (Opt) || definition of image; superb definition || netteté f. de l'image. **b) ~schnitzer** m. || image carver || imagier-sculpteur m. **c) ~schnitzerei** f. || image carving || sculpture f. en bois. **d) ~schreiber** m., **elektrochemischer** || electrochemical telegraph; chemograph || chémographe m. 10

Bildsprung m., **Unmerklichkeit** f. des ~es bei einer Zweistärkenbrille || absence of any break of vision in a bifocal glass || suppression f. de la discontinuité de l'image à la lunette à double foyer. **a) ~** bei einer **Zweistärkenbrille** || break in the vision of a bifocal glass || saut m. de l'image à la lunette à double foyer. 11

Bild-stein m. || agalmatolite || agalmatolite f. **a) ~stock** m. (Buchdr) || cut; block; electro || cliché m. 12

Bildtelegrafenanlage f., **Empfangseinrichtung** f. einer || receiver station for a picture telegraph installation || équipement m. de réception d'une installation de téléphotographie. **a) Gebeeinrichtung** f. einer ~ || transmitter station for a picture telegraph installation || équipement m. d'émission d'une installation de téléphotographie. 13

Bild-telegrafie f. || picture telegraphy || téléphotographie f. **a) ~übertragungsgerät** n. (Fernm) || picture telegraph || appareil m. téléphotographique. 14

bildumkehrendes Linsensystem n., verstellbares || variable image erecting system of lenses || système m. de lentilles redresseur mobile. 15

Bildung f. von Rissen || formation of cracks || formation f. de fissures. 16

Bildungs-geschwindigkeit f. der Ionen || velocity of formation of ions || vitesse f. de formation des ions. **a) ~verein** m. || association for the promotion of mental and social culture || société f. pour la propagation de connaissance et de culture générale. **b) ~wärme** f. (Chem) || heat of formation || chaleur f. de formation. 17

Bild-weber m. || figured linen weaver || tisseur m. de toiles à figurines. **a) ~weberei** f. || fancy weaving || tissage m. d'étoffes figurées. **b) ~weite** f. || image distance || distance f. de l'image. **c) ~zeichen** n. || symbol || symbole m. graphique. **d) ~zylinder** m. (Drucker) || engraving cylinder || cylindre m. gravé. 18

Bilge f. || floor heads pl.; bilge || fleurs fpl.; petits fonds mpl. 19

Bilgepumpe f. || bilgepump || pompe f. de cale. **a) Dampfstrahl~** || steam jet bilge pump || pompe f. de cale à jet de vapeur. 20

Billard n. || billiard || billard m. **a) ~ball** m. || billiard ball || bille f. de billard. **b) ~bande** f. || billiard cushion || bande f. de billard. **c) ~fabrik** f. || billiard table works pl. || fabrique f. de billards. **d) ~garnierer** m. || billiard trimmer || garnisseur m. de billards. **e) ~kreide** f. || billiard chalk || craie f. de billard. **f) ~kugel** f. *s.* ~ball m. **g) ~queue** n. || billiard cue || queue f. de billard. **h) ~schiefer** m. || slate for billiard table || ardoise f. pour billards. **i) ~schreiner** m. || billiard table joiner || menuisier m. en billards. **k) ~tafellackierer** m. || billiard table varnisher || vernisseur m. de billards. **l) ~tafelmacher** m. || billiard table maker || billardier m. **m) ~tuch** n. || billiard cloth || drap m. de billard. **n) ~zubehör** n. || billiards requisites pl. || accessoires mpl. pour billards. 21

Billet n. *s.* Fahrkarte und Eintrittskarte. 22

billig (im Preise) || cheap || bon marché. 23

billigen || to approve; to consent; to agree || approuver. 24

Billigkeit f. || cheapness || bon-marché m. 25

billigst || cheapest || au plus bas prix. **a) ~e Bedingungen** fpl. || cheapest terms pl. || les meilleures conditions fpl. 26

Bilsenkrautblätter npl. || henbane leaves pl. || feuilles fpl. de jusquiame. 27

Bimetall n. || bimetal || bi-métal m. 28

Bimsbeton m. || pumice stone concrete || béton m. de pierre ponce. 29

Bimsbeton-dach n. || pumice concrete roof || toiture f. en béton de pierre-ponce. **a) ~decke** f. || pumice concrete ceiling || plafond m. en béton de pierre-ponce. 30

bimsen || to polish with pumice stone || poncer; polir à la pierre-ponce. 31

Bims-erzeugnis n. || pumice product || produit m. de pierre ponce. **a) ~maschine** f. (Hutm) || machine smoothing with pumice stone || ponceuse f. **b) ~sand** m. || pumice sand || sable m. de pierre ponce. 32

Bimsstein m. (Geol) || pumice stone || pierre f. ponce. **a) künstlicher ~** || artificial pumice stone || pierre-ponce f. artificielle. **b) natürlicher ~** || natural pumice stone || pierre-ponce f. naturelle. **c)** mit ~ **schleifen** || to polish with pumice stone || poncer; polir à la pierre-ponce. 33

Bimsstein-bruch m. || pumice stone quarry || carrière f. de pierre ponce. **a) ~ersatz** m. || pumice stone surrogate || ponce f. artificielle. **b) ~papier** n. || pumice stone paper || papier-ponce m. **c) ~pulver** n. || pumice stone powder || poudre f. de pierre ponce. **d) ~seife** f. || pumice soap || savon-ponce m. **e) ~ tuch** n. || pumice-cloth || toile f. à pierre-ponce. **f) ~waren** fpl. || articles pl. of pumice || ouvrages mpl. en pierre-ponce. 34

binär || binary || binaire. 35

Binde f. (Heilk) || bandage || bande f. **a) Trauer~** || mourning band || ceinture f. funèbre. 36

Binde-balken m. eines Hängewerkes || tie beam of a truss frame || maîtreentrait m. **a) ~draht** m. || binding wire || fil m. d'archal *ou* de ligature *ou* à lier *ou* de liaison. **b) ~faden** m. (Web) || binding thread || liage m. **c) ~fähigkeit** f. || binding strength || pouvoir m. liaisonnant *ou* agglutinant. **d) ~garn** n. || binding thread || fil n. d'attache. **e) ~haut** f. || conjunctiva || conjonctive f. **f) ~klammer** f. || clamp connector || serre-joints m. **g) ~kraft** f. || setting strength; combining *or* binding power || puissance f. de prise. **h) ~mäher** m. *s.* ~mähmaschine f. **i) ~mähmaschine** f. || grain binder; harvester and binding machine || moissonneuse-lieuse f. 37

Bindemittel n. || binding agent; fixing agent; adhesive; binder; agglutinant || matière f. agglutinante; fixateur m.; adhésif m.; liant m. **a) ~** für Farben || colour agglutinant || liant m. pour couleurs. 38

binden (Buchb) || to bind || relier. **a) ~** (Mörtel) || to cement; to set || prendre. **b)** ein **Faß** n. ~ || to hoop a cask || cercler une futaille *ou* un fût. **c)** in **Franzband** m. ~ (Buchb) || to bind in calf || relier en veau. **d)** in **Garben** fpl. ~ || to bind into sheaves; to sheaf || engerber. **e)** in **Pappe** f. ~ (Buchb) || to put in boards || cartonner. 39

Binden n. des **Leitungsdrahtes** || binding-in of line wires || ligature f. du fil de ligne. **a) ~** des **Mörtels** || hardening *or* setting of mortar || prise f. du mortier. 40

Binder m. (Maur) || bond stone; header || boutisse f. **a) ~** (Schlips) || necktie; cravat || cravate f. **b) ~** mpl. (Spinn) || dog hair || jarre m. **c) Dachstuhl~** *s.* ~balken m. **d) Faß~** || cooper || tonnelier m. 41

Binderbalken m. || principal *or* chief beam; main beam *or* girder; binding joist; main truss *or* poop *or* couple || maîtresse f. poutre; maîtresse-ferme f. 42

Binde-riemen m. || strap; thong || courroie f.; lanière f. **a) ~ring** m. || tie ring || anneau m. d'attache. 43

Binder-querträger m. || transverse girder || transversale f. dans les fermes. **a) ~schicht** f. (Maur) || course of headers; heading course || assise f. par boutisses. **b) ~sparren** m. || principal rafter || maître m. chevron. **c) ~tuch** n. (Mähmaschine) || binder canvas || toile f. de moissonneuse-lieuse. 44

Binde-strich m. || hyphen || trait m. d'union. **a) ~tisch** m. || binding table || table f. de liage. **b) ~vorrichtung** f. (Mähmasch) || binding attachment || lieur m. 45

Bindfaden m. || twine; string; thread || ficelle f. **a) grober ~** || coarse thread || ficelle f. **b) ~** für **Selbstbindermähmaschinen** || string for harvesters || lien m. pour moissonneuses-lieuses. 46

Bindfaden-herstellungsmaschine f. || string making machine || machine f. pour fabriquer les ficelles. **a) ~korb** m. || twine holder || dévidoir m. pour ficelle. 1
Bindung f. || binding || reliage m. **a) ~** (Chem) || linking || liaison f. **b) keramische ~** || vitrified bond || agglomérant m. céramique. **c) Silikat~** || silicate bond || agglomérant m. au silicate. **d) vegetabilische ~** || vegetable bond || agglomérant m. végétal. 2
Bindungs-form f. (Chem) || form of bond || mode m. de liaison. **a) ~vermögen** n. || binding *or* cementing force || pouvoir m. agglutinant. **b) ~wärme** f. || heat of combination || chaleur f. de combinaison. 3
Bindwerk n. (Gärtn; Eisenb) || fence of trellis work; lattice work || clôture f. en lattis *ou* en treillage avec portillon; menuiserie f. des jardins. 4
Binge f. || kettle shaped deepening || enfoncement m. en forme de chaudron. 5
Binnen-deich m. (Wasserb) || inner dam || digue f. intérieure. **a) ~fischerei** f. || fresh water fishing || pêche f. en eau douce. **b) ~gewässer** n. || inland water || eaux fpl. continentales. **c) ~hafen** m. || inner harbour || port m. intérieur. **d) ~handel** m. || inland trade || commerce m. intérieur. **e) ~haut** f. (Schiffb) || ceiling || vaigre f. **f) ~klima** n. || continental climate || climat m. continental. **g) ~klüver** m. || inner jib || faux foc m. **h) ~lotse** m. || river pilot || pilote m. lamaneur. **i) ~meer** n. || inland sea || mer f. intérieure. **k) ~pfahl** m. eines Fangdammes || filling pile of a cofferdam || pilotis m. de remplage *ou* de retenue d'un bâtardeau. 6
Binnenschiffahrt f. || inland navigation || navigation f. intérieure. **a)** Fahrzeug n. der **~** || river craft || navire m. pour la navigation intérieure. 7
Binnen-tiefland n. || inland lowlands pl. || bas fond m. à l'intérieur. **a) ~verkehr** m. || home traffic; inland communication || circulation f. à l'intérieur; communication f. à l'intérieur. **b) ~zelle** f. || inner cell || cellule f. intérieure. 8
binokular || binocular || binoculaire. 9
binokular-es Aussichtsfernrohr n. || binocular look-out telescope || lunette f. d'approche binoculaire. **a) ~e Fernrohrlupe** f. || binocular telescopic magnifier || téléloupe f. binoculaire. **b) ~es Hornhautmikroskop** n. || binocular corneal microscope || microscope m. cornéen binoculaire. **c) ~es Okular** n. || binocular eyepiece || oculaire m. binoculaire. **d) ~es Okular** n. für astronomische Beobachtungen ohne Bildumkehrung || astronomical binocular eyepiece without erecting the image || oculaire m. binoculaire pour les observations astronomiques sans redressement. **e) ~es Okular** n. für terrestrische Beobachtungen mit Bildumkehrung || terestrial binocular eyepiece which also erects the image into the natural position || oculaire m. binoculaire pour les observations terrestres redressant l'image. **f) ~e Ophthalmoskopfernrohrlupe** f. || binocular telescopic ophthalmoscope magnifier || téléloupe f. binoculaire de l'ophtalmoscope. 10
Binse f. || rattan; rush || jonc m. 11
Binsen-arbeiter m. || river cleaner || faucardeur m. **a) ~decke** f. || rush mat || natte f. de jonc. **b) ~matte** f. || mat of rush || natte f. de jonc. **c) ~schneider** m. || rush cutter || coupeur m. de joncs. **d) ~spalter** m. (Korbm) || rush splitter || fendeur m. de jonc. **e) ~strick** m. || rush rope || cordage m. de jonc. 12
Biochemie f. || biochemistry || biochimie f. 13
biochemisches Präparat n. || biochemical preparation || préparation f. biochimique. 14
Biologe m. || biologist || biologue m. 15
Biologie f. || biology || biologie f. 16
biologisch || biologic(al) || biologique. **a) ~e Kläranlage** f. für Abwasser || biological cleaning plant for waste water || installation f. de nettoyage biologique des eaux résiduaires. 17
Biquadrat n. (Zahl) || fourth power || quatrième puissance. 18
Birke f. || birch tree || bouleau m. 19
Birken-blatt n. || birch leave || feuille f. de bouleau. **a) ~holz** n. || birch wood || bois m. de bouleau. **b) ~knospenöl** n. || birch bud oil || huile f. de boutons de bouleau. **c) ~maser** f. || curled birch wood || madoure f. de bois de bouleau. **d) ~öl** n. || birch oil || bétuline f.; essence f. de bouleau. **e) ~reisig** n. *s.* Birke f. **f) ~rinde** f. || birch bark || écorce f. de bouleau. **g) ~rindenöl** n. || birch bark oil || essence f. d'écorce de bouleau. **h) ~teer** m. || birch tar || goudron m. de bouleau. **i) ~teeröl** n. || birch tar oil || huile f. de goudron de bouleau. 20
Birnbaum m. || pear tree || poirier m. **a) ~holz** n. || pear tree wood || bois m. de poirier. 21
Birne f. (Chem) || bulk || ampoule f. **a) ~** (Elektr) || incandescent lamp || lampe f. incandescente *ou* poire. **b) ~** (Frucht) || pear || poire f. **c) ~** (Met) || converter || cornue f. **d) Glas~** || glass bulb || ampoule f. de verre. 22
Birnen-ausschalter m. (Elektr) || pear switch || interrupteur m. à poire. **a) ~form** f. || pear shape || forme f. de poire. 23
birnenförmig || pear shaped || en forme f. de poire. **a) ~er Konverter** m. (Met) || pear shaped converter || convertisseur m. en forme de poire. 24
birnengestaltig *s.* birnenförmig. 25
Birnenwein m. || perry || poiré m. 26
Bisamkorn n. || musk seed || semence f. d'ambrette. 27
Bisilikat n. || bisilicate || bisilicate m. 28
Biskuit n. || biscuit || biscuit m. **a) ~industrie** f. || biscuit industry || industrie f. de la biscuiterie. 29
Bisulfat n. || bisulphate || bisulfate m. 30
Bisulfit n. || bisulphite || bisulfite m. 31
bitter || bitter || amer. 32
Bitter-bier n. || bitter beer || amers mpl.; purures fpl.; bière f. amère. **a) ~erde** f. || magnesia; oxide of magnesium; bitter earth || magnésie f.; oxyde m. de magnésium. **b) ~fenchelöl** n. || common fennel oil || essence f. de fenouil amer. **c) ~holz** n. || quassia *or* bitter wood || bois m. de quassia amara. **d) ~kalk** m. || magnesia lime-stone; dolomite; bitterspar; muricalcite || chaux f. carbonatée magnésifère; dolomite f.; braunspath m. **e) ~kleeblätter** npl. || bog bean leaves pl. || feuilles fpl. de trèfle d'eau. 33
Bittermandelöl n. || bitter almond oil; benzaldehyde || essence f. d'amandes amères; benzaldéhyde m. **a) künstliches ~** || artificial oil of bitter almonds || essence f. d'amandes amères artificielle. 34
Bittelmandel-seife f. || bitter almond soap || savon m. (de pâte) d'amandes amères. **a) ~wasser** n. || bitter almond water || eau f. d'amandes amères. 35
Bittersalz n. || bitter salt; magnesium sulphate; Epsom salt || sel m. amer; sulfate m. de magnésie; sel m. d'Epsom. **a) ~anlage** f. || Epsom salt plant || installation f. de sulfate de magnésie. **b) ~gewinnung** f. || epsomite extraction || extraction f. de sulfate de magnésie. 36
Bitter-säure f. || picric acid; trinitrophenol; trinitrophenic acid || acide m. picrique. **a) ~spat** m. || bitter spar; magnesia limestone || chaux f. carbonatée magnésifère. **b) ~stein** m. || saussurite || saussurite f. **c) ~stoff** m. || bitter principle || amer m.; principe m. amer. **d) ~wasser** n. || bitter (salt) water; magnesian water || eau f. amère *ou* magnésifère. 37
Bitumen n. || bitumen || bitume m. **a) weiches ~** || soft bitumen || bitume m. mou. 38
Bitumen-decke f. || bitumen pavement || revêtement m. bitumineux. **a) ~gehalt** m. der Steinkohle || content of bitumen in pit coal || teneur f. en produits bitumineux de la houille. **b) ~straße** f. || bitumen road || rue f. bitumée. 39
bituminös || bituminous || bitumineux. **a) ~er Schiefer** m. || bituminous slate || argile f. schisteuse bitumineuse. **b) ~er Stoff** m. || bituminous material || matière f. bitumineuse. 40
Blackfischbein n. || cuttle bone || os m. de sèche. 41
blähen || to swell; to inflate || gonfler. 42
Blancfixe m. || permanent white || blanc m. fixe. 43
blank || clear; bright; clean; polished || clair; vif; poli. **a) ~** (Draht) || bare; uncovered || nu; découvert; dénudé. **b) ~ gezogenes** Material n. || bright drawn material || matériel m. étiré nu. **c) ~machen** (Met) || to polish; to scour || éclaircir; décaper. **d) ~ reiben** (Met) || to polish; to scour || blanchir; polir. **e) ~ schlagen** (Buchdr) || to leave blank || mettre du blanc. 44
blank-er Draht m. || bare *or* bright *or* naked wire || fil m. nu; fil m. à surface lisse. **a) ~es Kabel** n. || bare cable || câble m. nu. **b) ~er Kaffee** m. || bright coffee || café m. luisant. **c) ~es Seil** n. || bare rope || corde f. nue. **d) ~e Waffe** f. || side arm || arme f. blanche. 45
Blank-härte- und Glühofen m. || non oxydizing annealing and hardening furnace || four m. à tremper et cémenter. **a) ~leder** n. (Sattl) || sleeked leather || cuir m. avivé. 46
blanko || uncovered; blank || en blanc. 47
Blanko-akzept n. || blank acceptance; acceptance in blank || acceptation f. à découvert. **a) ~geschäft** n. || short sale; sale in blank || marché m. à découvert. **b) ~indossament** n. || blank endorsement; endorsement in blank || endossement m. en blanc. **c) ~kredit** m. || credit in blank; unlimited *or* blank *or* open credit || crédit m. à découvert. **d) ~vollmacht** f. || unlimited power of attorney; blank letter of attorney || blanc-seing m. 48
Blank-putzen n. (Met) || scouring; polishing; cleaning || décapage m.; dégraissage m. **a) ~reiben** n. || polishing || polissage m.

b) ~scheibe f. (Opt) || clear glass screen || glace f. transparente. **c) ~scheit** n. || busk; mitre sill of a canal lock || busc m.; seuil m. d'écluse. **d) ~schleifen** n. || smooth grinding || émoulage m. **e) ~schraube** f. || polished screw || vis f. polie. **f) ~seite** f. eines **Buches** || blank *or* slur page of a book || fausse-page f. *ou* page f. blanche d'un livre. **g) ~taste** f. || blank key || touche f. du blanc. 1

Bläschen n. (Met) || small bubble; vesicle; bleb || ampoule f. **a) ~** (Wasser) || bubble || bulle f. d'air. **b) von ~** npl. völlig **freies Glas** n. || lens entirely free from bubbles || verre m. parfaitement exempt de bulles. 2

Blase f. (in Flüssigkeit) || bubble || bouillon m.; bulle f. **a) ~** (Met; Gieß) || blister || soufflure f.; ampoule f. **b) Dampf~** || steam bubble || bulle f. de vapeur. **c) Destillier~** || alembic; still || alambic m.; cornue f. **d) Fisch~** || isinglass || isinglass m. **e) Guß~** || flaw; air bubble; blister || paille f.; soufflure f. de fonte; défaut m. *ou* défectuosité f. dans la fonte. **f)** der **Guß** ist voller **~n** || the ingots are full of blisters || les blocs mpl. d'acier fondu sont pleins de soufflures. **g) tierische ~** || animal bladder || vessie f. animale. 3

Blasebalg m. || bellows pl. || soufflet m. **a) Hand~** || single *or* hand bellows pl. || soufflet m. à main *ou* simple. **b) ~** einer **Orgel** || organ bellow || soufflet m. d'orgue. 4

Blasebalg-macher m. || bellow maker || souffletier m. **a) ~schwengel** m. || break-staff *or* rocker of a smith's bellows || brauloire f. d'un soufflet de forge. 5

Blasemeister m. (Met) || blower || régleur m. de vent. 6

blasen (Chemie) || to blow || souffler. 7

Blasen-bildung f. (Sammler) || formation of bubbles || formation f. de bulles d'air. **a) ~gärung** f. || bladdery *or* bubble fermentation || fermentation f. dégageant des bulles. **b) ~grün** n. || sap green; bladder green || vert m. de baies de nerprun *ou* vert m. d'iris. 8

blasenloser Stahl m. (Met) || not blistered steel || acier m. sans ampoules. 9

Blasenstahl m. || blister(ed) *or* cement *or* converted steel || acier m. boursoufflé *ou* cémenté à souffleries; acier m. de cémentation à soufflures. 10

Blaseprobe f. || bubble test || preuve f. au soufflé. 11

blasig (Stahl) || blistered; blown || vésiculé; rempli de soufflures fpl. 12

Blasinstrument n. || wind instrument || instrument m. à vent. **a) ~** aus **Holz** || wooden wind instrument || instrument m. à vent en bois. **b) ~** aus **Messing** || wind instrument of brass || instrument m. à vent en laiton. 13

Blas-maschine f., Glas || glass blowing machine || machine f. à souffler le verre. **a) ~ofen** m. || blast *or* blowing *or* wind *or* single piece furnace || four m. à soufflerie; fourneau m. à loupe. **b) ~probe** f. (Zuck) || bubble test || preuve f. au soufflé. **c) ~rohr** n. (Lok) || blast *or* blow *or* discharging pipe || tuyère f. *ou* tuyau m. d'échappement de vapeur. 14

blaß || pale; dim || pâle; blême; décoloré. **a) ~er Kaffee** m. || pale coffee || café m. pâle. 15

Blastomyceten pl. || blastomycetes pl. || blastomycètes mpl. 16

Blas-ventilator m. || blowing fan || ventilateur m. soufflant. **a) ~versatz** m. (Bergb) || pneumatic packing || remblayage m. pneumatique. 17

Blatt n. (Techn; Pflanze) || leaf || feuille f. **a) ~** (Web) || reed || ros m. **b) ausgeripptes ~** (Tabakf) || stripped leaf || feuille f. écôté. **c) ~,** mit Faden **geheftete** Blätter npl. (Buchb) || sheets sewed in || feuillets mpl. brochés au fil. **d) ~, lose** Blätter npl. || loose sheets pl. || feuilles fpl. détachées. **e) Säge~** || saw blade || lame f. de scie. **f) Schaufel~** || blade of a shovel || pale f. de pelle. 18

Blatt-aluminium n. || leaf aluminium; aluminium foil || aluminium m. en feuilles. **a) ~einrichter** m. (Web) || harness fixer || lamier-rotier m. **b) ~einsetzen** n. (Web) || reed mounting || montage m. de peignes à tisser. 19

Blattel f. || disk of pig iron || plaque f. de fonte. 20

Blätter-ausstanzer m. (Kunstblumen) || flower cutter || découpeur m. de fleurs. **a) ~bruch** m. (Miner) || cleavage; cleaving || clivage m. **b) ~bürste** f. || foil brush; laminated brush || balai m. de clinquant. **c) ~erz** n. || foliated tellurium; nagyagite || argent m. vierge en lames; nagyagite f. **d) ~kies** m. || marcasite || marcassite f. **e) ~kohle** f. (Geol) || foliated *or* slate *or* slaty *or* lamellar coal || houille f. schisteuse *ou* feuilletée. **f) ~magnet** m. || lamellar magnet || aimant m. lamellaire *ou* à lames. **g) ~tellur** n. || black *or* foliated tellurium; nagyagite || tellure m. natif auroplombifère. **h) ~torf** m. || lamellated peat || tourbe f. feuilletée. **i) ~zeolit** m. || foliated zeolite || heulandite f.; stilbite f. **k) ~zerreißmaschine** f., Rüben || turnip tops plucking machine || machine f. à déchiqueter les feuilles de betteraves. 21

Blattfaser f. || leaf fibre || fibre f. extraite de la feuille. 22

Blattfeder f. || leaf *or* plate *or* laminated spring || ressort m. feuilleté *ou* à lames *ou* à feuilles. **a) ~** einer **Lagenzahl** f. || number of plates in a spring || nombre m. de lames d'un ressort. 23

Blattfeder-biegemaschine f. || laminated spring bending machine || machine f. à cintrer les ressorts à lames. **a) ~hammer** m. || laminated spring bending hammer || marteau m. à ressort à cintrer les lames. **b) ~summer** m. (Fernm) || electromagnetic oscillator || oscillateur m. électromagnétique. 24

Blattform f. || blade form || forme f. de lame. 25

Blattgold n. || beaten gold; gold foil *or* leaf || or m. en feuilles; feuille f. d'or. **a) echtes ~** || genuine leaf gold || or m. véritable *ou* or m. pur en feuilles. **b) unechtes ~** || false gold leaf *or* gold foil || or m. faux battu en feuilles. 26

Blattgold-abfall m. || parings pl. of leaf gold || déchet m. de feuilles d'or; bractéole f. **a) ~abkehrmaschine** f. || sweeping machine for gold leaf || machine f. à brosser l'or en feuilles. **b) ~anreibemaschine** f. || grinding machine for gold leaf || machine f. à broyer l'or en feuilles. **c) ~schlägerei** f. || gold beating || battage m. d'or. 27

Blatt-grün n. || chlorophyl(l) || chlorophylle f. **a) ~haller** m. (Lautsprecher) || plate loud speaker || haut-parleur m. à plaque. 28

Blattkeim m. || acrospire || plumule f. 29

Blattkeim-anlage f. || embryo || embryon m. **a) ~bildung** f. || acrospire formation || formation f. de la plumule. **b) ~entwicklung** f. || acrospire growth || développement m. de la plumule. 30

Blatt-laus f. || louse || puceron m.; aphide m. **a) ~metall** n. || foil metal; leaf metal; spangle || métal m. en feuilles; feuille f. de métal; paillette f. en métal. **b) ~pflanze** f. || foliage plant || plante f. à feuillage. **c) ~rippe** f. || leaf string *or* stalk || côte f. de feuille. **d) ~säge** f. || pad saw; whip saw without frame || scie f. à main; égohine f.; égoïne f.; sciotte f. 31

Blattsilber n. || silver foil *or* leaf; beaten silver || feuille f. d'argent; argent m. battu en feuilles. **a) ~schlägerei** f. || silver beating || battage m. d'argent. 32

Blatt-stechen n. (Web) || passing threads into combs || empeignage m. **a) ~stiel** m. || leaf bind *or* stem || tige f. de feuille. **b) ~stück** n. (Zimm) || capping plate; coping piece; coping plate || poitrail m.; chape f.; lisse f.; raineau m.; chapeau m. de cloison. 33

Blattung f. (Zimm) || scarf || écart m. 34

Blatt-vergoldung f. || gold blocking; gilding with gold leaf || dorure f. en feuilles. **a) ~zinn** n. || tin foil; sheet tin || étain m. battu; feuilles fpl. d'étain. 35

blaues elektrisches **Licht** n. || blue electric light || lumière f. électrique bleue. 36

Blau n. || blue || bleu m. **a) Alizarin~** || alizarine blue || bleu m. d'alizarine. **b) Azidol~** || acidole blue || bleu m. d'acidole. **c) Berliner ~** || Prussian blue || bleu m. de Prusse. **d) Kobalt~** || cobalt blue || bleu m. de cobalt. **e) Methyl~** || methyl blue || bleu m. de méthyle. **f) Nacht~** || night blue || bleu m. de nuit. **g) Schilder~** || pencil blue; indigo blue || bleu m. de pinceau. **h) Ultramarin~** || ultramarine blue || bleu m. d'outremer. **i) Wasch~** || washing blue || bleu m. pour le linge. 37

Blau-asche f. || blue ashes || cendres fpl. bleues; bleu m. de montagne. **a) ~beere** f. || bilberry || myrtille f. **b) ~bleierz** n. || blue lead ore; pyromorphite || mine f. de plomb bleu; pyromorphite f. **c) ~eisenerz** n. || vivianite || vivianite f. **d) ~eisenstein** m. || crocidolite || crocidolite f. 38

Bläuen n. || bluish tinge; blueing || bleuissage m. **a)** Maschine f. zum **~** von Eisenteilen || machine for blueing iron pieces || machine f. à bleuir pour les pièces de fer. 39

Blau-erz n. || vivianite; brown ore || minerai m. brun; vivianite f.; fer m. spathique mûr. **a) ~farbenglas** n. || smalt; potash cobalt glass || smalt m. **b) ~fäule** f. (Holz) || bluing; blue sap; sap rot || pourriture f. bleue *ou* de l'aubier. **c) ~glas** n. || blue glass || verre m. bleu. **d) ~grau** n. || blewish grey || gris m. bleu. 40

blaugrün || bluish green || vert bleu. **a) ~** gefärbtes **Glas** n. || bluish green glass || verre m. d'un bleu-vert pâle. 41

Blauholz n. || log wood || bois m. de Campêche. **a) ~extrakt** m. || logwood extract || extrait m. de bois de campêche. 42

Blaukreuz-geschoß n. || blue cross shell || obus m. à croix bleue. **a) ~kampfstoff** m. || diphenylarsinchloride; diphenylarsincyanide || chlorure m. de diphénylarsine; cyanure m. de diphénylarsine. 1

Blaukugel f. || blue stone || boule f. de bleu. 2

bläulich || bluish || bleuâtre. 3

Bläumaschine f. zum **Anlassen** von Eisenteilen || blueing machine for tempering iron pieces || machine f. à bleuir pour récuire les pièces de fer. **a)~ für Eisenteile** || machine for blueing iron pieces || machine f. à bleuir les pièces de fer. 4

Blau-ofen m. (Met) || flowing furnace || fourneau m. à fonte. **a) ~öl** n. || cœrulignone || cérulignone m. **b) ~papier** n. || blue print paper || papier m. calque. 5

Blaupause f. || blue print || bleu m.; calque m. bleu; photocopie f. bleue. **a) ~maschine** f. || blue printing machine || machine f. à tirer les bleus. 6

Bläusalz n. || blueing salt || sel m. à bleuir. 7

blausaures Kali n. || cyanide of potassium || cyanure m. de potassium. 8

Blausäure f. || hydrocyanic *or* prussic acid; cyanide of hydrogen || acide m. cyanhydrique *ou* hydrocyanique *ou* prussique. **a) ~schwarz** n. || blue black || noir m. bleu(té). **b) ~spat** m. || blue spar || feldspath m. bleu. **c) ~stein** m. (Met) || blue metal || matte f. bleue. **d) ~stift** m. || blue pencil || crayon m. bleu. **e) ~violett** n. || blue violet || bleu m. violet. 9

Blech n. || sheet metal; plate || tôle f.; feuille f. de tôle. **a) ausgebleites ~** || leadcoated sheet || tôle f. plombée. **b) Boden~** || bottom plate || tôle f. de fond. **c) durchlochtes ~** *s.* ~ gelochtes. **d) Eck~** || gusset sheet || gousset m. **e) Eisen~** || sheet iron || tôle f. en fer. **f) Fein~** || thin plate || tôle f. mince *ou* fine. **g) Geldschrank~** || plate for safes || tôle f. pour coffres-forts. **h) gelochtes ~** || punched *or* perforated plate || tôle f. perforée. **i) gepreßtes ~** || pressed plate || tôle f. emboutie. **k) geriffeltes ~** || riffeled sheet iron || tôle f. striée. **l) gewehrschußsicheres ~** || bullet proof plating || tôle f. à l'épreuve des balles de fusils. **m) gewelltes ~** || corrugated iron || tôle f. ondulée. **n) gewölbtes ~** || dished plate || tôle f. à voûte. **o) geschlagenes ~** || hammered plate || plaque f. martelée. **p) Gitter~** || perforated sheet iron || tôle f. perforée. **q) Grob~** || coarse *or* thick plate || grosse tôle f. **r) Kanal~** || U-shaped plate || tôle f. en U. **s) Kessel~** || boiler plate || tôle f. de chaudière. **t) Knoten~** || junction plate || gousset m. d'assemblage. **u) Kümpel~** || flanged plate || tôle f. à bord tombé; plaque f. bridée. **v) ~ kümpeln** || to dish the plate || cintrer *ou* emboutir la tôle. **w) Mantel~** || shell plate || tôle f. de revêtement. **x) Messing~** || sheet brass || feuille f. de laiton. **y) Scheuer~** (Textil) || work bar || plaque f. à abattre. **z) Stahl~** || steel plate || tôle f. d'acier. 10

a) ~ stanzen || to cut out sheet metal || découper la tôle. **b) Tonnen~** || arched plate || tôle f. cintrée *ou* à voûte. **c) Verkleidungs~** || fairing plate || tôle f. de carénage. **d) Verstärkungs~** || stiffening sheet *or* plate || tôle f. *ou* plaque f. de renfort. **e) verzinktes ~** || galvanised sheet iron || tôle f. galvanisée. **f) ~ für Zieharbeiten** || plate for flanging work || tôle f. pour emboutissage. **g) Zinn~** || tin plate || étain m. en feuilles; tôle f. d'étain. 11

Blech-abfall m. || waste of sheets || about m. *ou* déchets mpl. *ou* chûtes fpl. de tôle. **a) ~arbeit** f. || sheet *or* plate *or* tin work || tôlerie f.; ouvrage m. enfer-blanc. **b) ~arbeiter** m. || sheet metal worker; sheet iron worker || façonnier m. en tôle; apprêteur m. de tôle. **c) ~auflagetisch** m. (Werkzeugmasch) || plate supporting table || table f. à travailler la tôle. 12

Blechbearbeitungsanlage f. || sheet metal working plant || installation f. pour le travail *ou* le façonnage de la tôle. 13

Blechbearbeitungsmaschine f. || sheet metal working machine || machine f. à travailler les tôles. **a) ~ für Kraftbetrieb** || power driven machine for sheet-metal industries || machine f. à force motrice à travailler les métaux en feuilles. 14

Blech-beklebemaschine f. für Dynamobleche || plate pasting machine for dynamo plates || machine f. à coller du papier sur les tôles de dynamo. **a) ~belag** m. || plate covering || recouvrement m. en tôle. **b) ~beplankung** f. || sheet metal covering || revêtement m. de tôle. **c) ~besäummaschine** f. || plate edge planing machine || machine f. à chanfreiner les tôles; chanfreineuse f. 15

Blechbiegemaschine f. || plate bending machine || machine f. à cintrer les tôles. **a) Dreiwalzen~** || three roller plate bending machine || machine f. à cintrer les tôles à trois cylindres. **b) liegende ~** || horizontal plate bending machine || machine f. horizontale à cintrer les tôles. **c) stehende ~** || vertical plate bending machine || machine f. verticale à cintrer les tôles. **d) Vierwalzen~** || four roller plate bending machine || machine m. à cintrer les tôles à quatre cylindres. 16

Blech-biegeprobe f. || plate bending test || essai m. de cintrer la tôle. **a) ~blasinstrument** n. || brass wind instrument || instrument m. de métal à vent. **b) ~bördelmaschine** f. || plate flanging machine; sheet bordering machine || machine f. à border les tôles. **c) ~büchsenmacher** m. || tin box maker || ferblantier-boîtier m. **d) ~dicke** f. || thickness of plate || épaisseur f. de tôle. **e) ~doppelschraubenschlüssel** m. || sheet double ended spanner || clé f. double en tôle. **f) ~doppler** m. || sheet doubler; plate doubling machine || plieuse f. de tôles; machine f. à doubler les tôles. 17

Blechdose f. || tin box || boîte f. en ferblanc *ou* en tôle. 18

Blechdosen-herstellungsmaschine f. || tin making machine || machine f. pour fabriquer des boîtes en fer-blanc. **a) ~löter** m. || tin box solderer || soudeur-boîtier m. 19

Blechdruck m. || tin *or* sheet metal printing || impression f. sur fer-blanc. 20

Blechdruck-farbe f. || tin plate ink || couleur f. pour impression en tôle. **a) ~maschine** f. || printing machine for tin goods || machine f. à imprimer articles en tôle. **b) ~schnellpresse** f. || tin plate printing high speed machine || presse f. rapide pour l'impression sur tôles. 21

Blech-eimer m. || tin plate bucket || seau m. en fer-blanc. **a) ~eisenwaren** fpl. || sheet iron goods pl. || articles mpl. en tôle. **b) ~emballage** f. || tin box; canister || boîte f. métallique. 22

blechern || made of plate || de tôle f. 23

Blech-etikett n. || tin control plate || étiquette f. en tôle. **a) ~festhaltung** f. || holding-down clamp for plates || (dispositiv m. de) presse-tôle m. **b) ~flasche** f. || oil can || estagnon m. **c) ~form** f. || tin plate mould || moule m. en fer-blanc. **d) ~galvanisieranlage** f. || sheets pl. galvanising plant || installation f. à galvaniser les tôles. **e) ~gefäß** n. || tin vessel || récipient m en tôle. **f) ~glühofen** m. || plate heating furnace || four m. à recuire la tôle. **g) ~hebevorrichtung** f. || plate lifting device || dispositif m. à soulever la tôle. **h) ~hobelmaschine** f. || plate planing machine || machine f. à raboter les tôles. **i) ~kanne** f. || sheet iron can || pot m. en tôle. **k)** Behobeln n. der **~kanten** fpl. || planing the edges of plates || chanfreinage m. des tôles. **l) ~kantenhobelmaschine** f. || plate edge planing machine || chanfreineuse f. à tôles; machine f. à chanfreiner les tôles. **m) ~karte** f. || sheet metal card || étiquette f. métallique. **n) ~kasten** m. || sheet iron case || caisse m. en tôle. 24

Blechkern m (Elektr) || sheet iron core || noyau m. en tôle. **a) ~spule** f. || sheet core coil || bobine f. à noyau en tôle. 25

Blechknopf m., **hohler** || shell plate button || bouton m. à coquille en tôle. **a) massiver ~** || solid pierced button || bouton m. découpé massif. **b) ~** ohne **Öhr** || brace button || bouton m. découpé sans œillet. 26

Blech-konstruktion f. || plate construction; steel plate work || construction f. en tôle. **a) ~korbwaren** fpl. || metal basket wares || vannerie f. métallique. **b) ~lack** m. || tinplate varnish || vernis m. pour fer blanc. **c) ~lehre** f. || sheet *or* metal gauge || calibre m. pour tôles. **d) ~locher** m. || sheet iron puncher || poinçonneur m. de tôle. **e) ~lochmaschine** f. || plate punching machine || découpoir m. à tôle; machine f. à poinçonner les tôles. 27

Blechmantel m. || sheet iron cover || revêtement *ou* capot m. en tôle. **a) ~** des **Ofens** (Hüttw) || iron shell of furnace || manteau m. en tôle de four. 28

Blech-marke f. || tin control plate || cachet m. de contrôle en tôle. **a) ~messer** m. || plate gauger || calibreur m. de tôles. **b) ~nagel** m. || cut nail || clou m. coupé. **c) ~niederhalter** m. || holding down clamp for plates; hold down gear for plates || presse-tôle m.; maintien m. des tôles. **d) ~packung** f. || tin box; canister || bidon m.; boite f. métallique *ou* en tôle. **e) ~plakat** n. || tinplate placard; metal sheet poster || affiche f. *ou* étiquette f. en tôle. **f) ~poliermaschine** f. || sheet metal polishing machine || machine f. à polir les tôles. **g) ~presser** m. || sheet metal stamper || emboutisseur m. de tôles. **h) ~presserei** f. || sheet metal stamping works pl. || emboutissage m. de tôles. **i) ~prüfmaschine** f. || sheet metal testing machine || machine f. à essayer les tôles. **k) ~putzer** m. || plate sweeper || nettoyeur m. de tôles. **l) ~rahmen** m. || plate frame || châssis m. en tôle. **m) ~rand** m. || edge of plate || bord m. de tôle. **n) ~richter** m. || plate straightener || dresseur m. de tôles. 29

Blechrichtmaschine f. || plate straightening machine || machine f. à dresser la tôle. **a) Hochleistungs~** || high capacity plate straightening machine || machine f. à planer *ou* à dresser les tôles à grand rendement. 1

Blechrohr n. || sheet iron tube || tuyau m. en tôle. 2

Blechrundmaschine f., Dreiwalzen || three-roller plate bending machine || machine f. à rouler *ou* à cintrer les tôles à trois cylindres. **a) ~, Vierwalzen** || four roller plate bending machine || machine f. à rouler *ou* à cintrer les tôles à quatre cylindres. 3

Blech-schachtel f. || sheet iron box || boîte f. en tôle. **a) ~schaufel** f. || sheet iron shovel || pelle f. en tôle. **b) ~scheibe** f. || sheet iron disc *or* disk || disque m. en tôle. **c) ~scheibenrad** n. || plate disc wheel || roue f. à disque en tôle. 4

Blechschere f. (Hand) || plate shears pl. || cisailles fpl. à main *ou* pour ferblantiers. **a) ~** (Masch) || plate shearing machine || cisaille f. à tôles. **b) Dampf~** || steam plate shears pl. || cisailles fpl. à tôles à vapeur. **c) einfache ~** || simple plate shearing machine || cisaille f. à toles simple. **d) einfache Ausladungs~** || simple open gap plate shearing machine || cisaille f. à tôles simple à col de cygne. 5

Blech-schermaschine f. *s.* ~schere (Masch). **a) ~schließer** m. || plate closer || serre-tôles m. **b) ~schmied** m. || sheet iron worker; brazier; tinman; plate maker || ferblantier m; tôlier m. **c) ~schneider** m. || shearer || cisailleur m. **d) ~schornstein** m. || steel chimney || cheminée f. en tôle d'acier. **e) ~schreibtafel** f. || metal sheet writing tablet || ardoise f. en fer blanc. **f) ~schuß** m., Runden n. konischer Blechschüsse || bending of conical tubes || cintrage m. des tôles coniques. **g) ~sockel** m. || sheet iron socle || socle m. en tôle. **h) ~spannmaschine** f. || sheet straightening machine || machine f. à tendre *ou* à dresser les tôles. **i) ~spannvorrichtung** f. || sheet clamping device || mécanisme m. à serrer les tôles. **k) ~spielwaren** fpl. || tin plate toys pl.; metal sheet toys pl. || jouets mpl. en fer-blanc. **l) ~stanzer** m. || plate stamper || estampeur m. de tôle. **m) ~stärke** f. || thickness of plate || épaisseur f. de tôle. **n) ~straße** f. (Walz) || sheet rolling mill; plate mill (A) || laminoir m. à tôles; train m. à tôles. **o) ~streicher** m. || plate painter || peintre m. de tôles. 6

Blechtafel f. || sheet iron; plate || feuille f. de tôle. **a) Schneiden von ~n** || shearing of plates || coupe f. de feuilles de tôles. 7

Blechtafelkühler m. || plate cooler || refroidisseur m. de tôles. 8

Blechträger m. || plate girder || poutre f. en tôles et cornières. **a) gepreßter ~** || pressed plate girder || longeron m. en tôle emboutie. 9

Blech-trommel f. || tin drum || tambour m. en fer-blanc. **a) ~verarbeitung f.,** Werkzeug n. für || tool for working tin || outil m. à travailler la tôle. **b) ~verkleidung** f. || sheeting || blindage m. **c) ~verpackung** f. || sheet metal packing; tin packing || emballage m. en fer-blanc *ou* en tôle. **d) ~verschluß** m. || locking sheet iron disc || plaquette f. de fermeture en tôle. **e) ~walze** f. || plate *or* sheet roll || cylindre m. de laminoir à tôle. **f) ~walzer** m. || plate roller *or* doubler || lamineur m. *ou* doubleur m. de tôles. **g) ~walzwerk** n. || plate *or* sheet mill || laminoir m. à tôles. 10

Blechwaren fpl. || sheet iron articles pl. *or* goods pl. || tôlerie f.; articles mpl. en tôle. **a) ~ für Küche** und **Haus** || sheet goods pl. for house keeping and kitchen || articles mpl. en tôle de ménage et de cuisine. **b) lackierte ~** || japanned sheet iron articles pl. || objets mpl. en tôle verni(ssé)e. 11

Blech-wendevorrichtung f. || tilter for plates || appareil m. de renversement pour tôles. **a) ~zange** f. || dog || tenailles fpl. à tôle. **b) ~zuschneider** m. || plate shearer || découpeur m. de tôle. **c) ~zwischenlage** f. || shim || cale f. **d) ~zylinder** m. || sheet iron cylinder || cylindre m. en tôle. 12

Blei n. || lead || plomb m. **a) angereichertes ~** || enriched lead || plomb m. enrichi. **b) antimonsaures ~** || lead antimoniate || antimoniate m. de plomb. **c) arsensaures ~** || lead arseniate || arséniate m. de plomb. **d) borsaures ~** || lead borate || borate m. de plomb. **e) chromsaures ~** || lead chromate || chromate m. de plomb. **f) Fenster~** || window lead || plomb m. à vitres. **g) gediegenes ~** || native lead || plomb m. natif. **h) harzsaures ~** || lead resinate || résinate m. de plomb. **i) holzessigsaures ~** || lead pyrolignite || pyrolignite m. de plomb. **k) holzölsaures ~** || lead lignoleate || lignoléate m. de plomb. **l) Korn~** || grain lead; assay lead || plomb m. d'essai *ou* en grains. **m) leinölsaures ~** || lead linoleate || linoléate m. de plomb. **n) pattinsoniertes ~** || pattinsonized lead || plomb m. affiné par cristallisation. **o) Probier~** *s.* Korn~. **p) raffiniertes ~** || refined lead || plomb m. raffiné. **q) Roll~** || rolled lead || plomb m. en rouleaux. **r) salpetersaures ~** || lead nitrate || nitrate m. de plomb. **s) schwefelsaures ~** || lead sulphate || sulfate m. de plomp. **t) silberhaltiges ~** || argentiferous lead || plomb m. à faible teneur d'argent; plomb m. d'œuvre. **u) unterschwefligsaures ~** || lead hyposulphite || hyposulfite m. de plomb. **v) verzinntes ~** || tinned lead || plomb m. étamé. 13

Blei-abfall m. || lead waste || déchet m. de plomb. **a) ~abschlußmuffe** f. (Kabel) || leaden end box || manchon m. de fermeture en plomb. **b) ~akkumulator** m. *s.* ~-sammler. **c) ~anode** f. || lead anode || anode f. de plomb. **d) ~antimonglanz** m. || zinkenite || zinkénite f. **e) ~apparat** m. || lead apparatus || appareil m. en plomb. **f) ~arbeiter** m. || plumber || plombier m. **g) ~armatur** f. || lead armature || armature f. en plomb. **h) ~arsenglanz** m. || sartorite || sartorite f. **i) ~asche** f. || lead ashes pl. || cendres fpl. de plomb. **k) ~aufteilungsmuffe** f. (Kabel) || leaden dividing box || manchon m. de partage en plomb. **l) ~auskleidung** f. || lead lining *or* facing || revêtement m. en plomb. **m) ~ausschlag** m. (Sammler) || lead lining || revêtement m. en plomb. **n) ~azetat** n. || acetate of lead || acétate m. de plomb. **o) ~backe** f. || lead jaw socket; leaden jaw || plaque f. d'étaux en plomb; mâchoire f. d'étaux en plomb. **p) ~baum** m. || lead tree || arbre m. de saturne. **q) ~bedachung** f. || lead covering of roofs || toiture f. en plomb. 14

bleibend || permanent || permanent. 15

Bleibergwerk n. || lead mine || mine f. de plomb. 16

Bleiblech n. || sheet lead || plomb m. laminé *ou* en feuilles. **a) ~** (Dachkehle) || gutter lead; flasking || noquet m. **b) ~scheibe** f. (Sammler) || sheet lead disk || rondelle f. en plomb laminé. 17

Blei-brocken mpl. || lump of lead || masse f. de plomb. **a) ~bügel** m. (Sammler) || lead spring || ressort m. en plomb. **b) ~bürste** f. || lead brush || brosse f. à plomb. 18

Bleichanlage f. || bleaching plant || installation f. de décoloration. **a) Öl~** || oil bleaching plant || installation f. de blanchissement de l'huile. 19

Bleichapparat m. || bleaching apparatus || appareil m. à blanchir. 20

Bleiche f. || bleaching || blanchiment m. **a) Rasen~** || grass bleaching || blanchiment m. sur *ou* au pré. 21

Bleichelektrolysör m. || bleaching electrolyser || électrolyseur m. de blanchiment. 22

bleichen || to bleach || blanchir. 23

Bleichen n. von **Baumwollwaren** || cotton goods bleaching || blanchiment m. de tissus de coton. **a) chemisches ~** || chemical bleaching || blanchiment m. chimique. **b) ~** des **Flachses** || flax bleaching || blanchiment m. de lin. **c) ~** der **Jute** || jute bleaching || blanchiment m. de jute. **d) ~** von **Leinenwaren** || flaxen linen bleaching || blanchiment m. de toiles de lin. **e) natürliches ~** *s.* Rasen. **f) ~** von **Pelzen** || fur bleaching || décoloration f. de fourrures. **g) ~** der **Seide** || silk bleaching || blanchiment m. de la soie. **h) ~** von **Textilwaren** || bleaching of textiles || blanchiment m. de fibres textiles. **i) ~** der **Wolle** || wool bleaching || blanchiment m. de la laine. 24

bleichend || decolorizing || décolorant. 25

Bleicher m. || bleacher || blanchisseur m. **a) Maschinen~** || bleaching machine operator || blanchisseur m. à la machine. **b) Natur~** || grass bleacher || blanchisseur m. sur pré. 26

Bleicherde f. || bleaching clay || terre f. à blanchir. **a) ~extraktionsanlage** f. || bleaching earth extraction plant || installation f. pour l'extraction des huiles récupérables par des terres décolorantes. 27

Bleicherei f. (Gebäude) || bleach works pl. || blancherie f. **a) ~** (Tätigkeit) || bleaching || blanchiment m. 28

Bleichereimaschine f. || bleaching machine || machine f. de blanchiment. **a) ~ für Textilien** || bleaching machine for textile goods || machine f. de blanchissage pour textiles. 29

Bleichergehilfe m. (Pap) || drainerman || homme de fosse f. 30

Bleich-kalk m. || bleaching powder || chlorure m. de chaux. **a) ~kessel** m. || kier; bleaching boiler || chaudière f. à bouillir *ou* à blanchiment. **b) ~mittel** n. || bleaching *or* decolourizing agent || produit m. à blanchir; décolorant m.; agent m. de blanchiment. **c) ~sand** m. || bleached sand || sable m. blanchi. **d) ~säure** f. || chlorine; chloric acid || chlore m.; acide m. chlorique. **e) ~soda** f. || bleaching soda || soude f. à blanchir. 31

Bleichung f. || bleaching || blanchiment m. 32

Bleichwasser n. || bleaching liquid || eau f. de javelle. 33

Bleidichtung f. || lead joint || joint m. au plomb. 34

Bleidraht m. || lead wire || fil m. de plomb; plomb m. filé. **a) ~presse** f. || lead wire press || presse f. pour fils de plomb. 1
Blei-dübel m. || lead dowel || goujon m. de plomb. **a) ~einlage** f. || inside lead lining || garniture f. intérieure de plomb. **b) ~einsatz** m. für **Zirkel** || pencil point for pair of compasses || crayon m. du compas. 2
bleien (Bauw) || to try with the plummet; to plumb || plomber; prendre l'aplomb. 3
Blei-entsilberung f. || lead desilverizing || désargentation f. du plomb. **a) ~erde** f. || cerussite; earthy cerussite || cérusite f.; plomb m. carbonaté en masse amorphe. 4
bleiern || leaden || en plomb m. 5
Bleierz n. || lead ore || minerai m. de plomb. **a) ~bergwerk** n. || lead *or* galena mine || mine f. de plomb *ou* de galène. 6
Blei-essig m. || lead vinegar; basic acetate of lead || vinaigre m. *ou* sous-acétate m. de plomb. 7
Bleifeder f. (Sammler) || lead spring || ressort m. en plomb. **a) ~holz** n. || cedar wood || bois m. à crayon. 8
Blei-feile f. || lead *or* cabinet file || écouenne f.; lime f. à plomb; écouane f. **a) ~firstplatte** f. || ridge lead || enfaîtement m. en plomb. **b) ~flasche** f. || lead bottle || flacon m. en plomb. **c) ~folie** f. || lead foil || feuille f. de plomb; plomb m. en feuilles. 9
bleiführend || lead bearing || plombifère. 10
Blei-fuß m. (Schriftg) || metal mount || pied m. de plomb. **a) ~gelb** n. || massicot; yellow lead || massicot m.; oxyde m. jaune de plomb. **b) ~gewinnung** f. || lead manufacture || métallurgie f. du plomb. **c) ~gießer** m. || lead founder || fondeur m. de plomb. **d) ~gießerei** f. || lead foundry || fonderie f. de plomb. **e) ~gitter** n. (Sammler) || lead grid || grillage m. de plomb. 11
Bleiglanz m. || galenite; galena || galène f.; sulfure m. de plomb. **a) ~detektor** m. || galena detector || détecteur m. de galène. 12
Bleiglas n. || anglesite; lead *or* crystal *or* flint glass || anglésite f.; cristal m.; verre m. plombifère. **a) ~fenster** n. || leaded light || lanterne f. 13
Bleiglasur f. (Töpf) || lead glazing *or* glaze || vernis m. plombifère *ou* de plomb. 14
Bleiglätte f. || lead oxide; litharge || litharge f.; massicot m.; protoxyde m. de plomb. **a) ~anlage** f. || litharge plant || installation f. à litharge. 15
Blei-glimmer m. || cerussite || cérusite f. **a) ~grau** n. || lead gray || gris m. de plomb. **b) ~grieß** m. || lead grave || gravier m. de plomb. **c) ~griffel** m. || metallic lead pencil || crayon m. de plomb. **d) ~grube** f. || lead mine || mine f. de plomb. 16
Blei-gummi m. (Büro) *s.* Bleistiftgummi m. **a) ~**(Min) || plumbo resinite; plumbic gum || hydro-aluminate m. de plomb. 17
bleihaltig || plumbiferous; lead containing || plombifère; plombique. 18
Blei-hülle f. || lead covering || gaîne f. de plomb. **a) ~hütte** f. || lead works pl. || fonderie f. de minerai de plomb; plomberie f.; usine f. à plomb. **b) ~ion** n. || lead ion || ion m. de plomb. 19
Bleikabel n. || lead-covered cable || câble m. sous plomb *ou* armé de plomb. **a) ~-presse** f. || lead cable press; lead extruding press for lead-covered cables || presse f. pour câbles à gaines de plomb. 20
Bleikammer f. || leaden chamber || chambre f. de plomb. **a) ~arbeiter** m. || leaden chamber man || surveillant m. des chambres de plomb. **b) ~kristall** m. || leaden chambers crystal || cristal m. de chambre de plomb. **c) ~schlamm** m. || mud of the lead chamber || boue f. de la chambre à plomb. 21
Bleikappe f. || lead cap *or* hood || calotte f. en plomb. **a) ~** für das **Kabelende** || lead hood for the cable end || calotte f. de plomb pour le bout du câble. **b) Schrauben** fpl., die durch aufgelötete **~n** verdeckt werden || screws pl., which are covered by soldered lead caps || vis fpl. qui sont recouvertes d'une calotte en plomb soudée par dessus. 22
Blei-knopf m. || lead button || bouton m. en plomb. **a) ~kolik** f. || lead colic || colique f. saturnine *ou* de plomb. 23
Bleikristall n. || lead crystal || cristal m. de plomb. **a) Hochglanz~** || high polish lead crystal glass || cristal m. de plomb brillant. 24
Bleikugel f. || lead bullet || balle f. de plomb. **a) ~herstellungsmaschine** f. || lead ball making machine || machine f. pour fabriquer des balles de plomb. 25
Blei-legierung f. || alloy of lead || alliage m. de plomb. **a) ~leiste** f. (Sammler) || connecting *or* terminal bar || bande f. de plomb; barre f. de jonction. 26
Bleilot n. (zum Loten) || plummet; lead; plumb line || plomb m.; fil m. à plomb; sonde f. **a) ~** (zum Löten) || lead solder || plomb m. à souder. 27
Bleilöter m. || blow pipe lead solderer || soudeur m. de plomb au chalumeau. 28
Bleilöterei f. (Arbeit) || lead soldering || soudure f. au plomb. **a) ~** (Werkstatt) || lead soldering shop || atelier m. de plombier *ou* à souder le plomb. 29
Bleimangan n. || lead manganese || manganèse m. de plomb. **a) harzsaures ~** || lead manganese resinate || résinate m. de plomb et de manganèse. **b) ölsaures ~** || lead manganese oleate || oléate m. de plomb et de manganèse. 30
Bleimantel m. (Kabel) || lead jacket *or* covering *or* sheath; leaden case || gaine f. *ou* revêtement m. *ou* enveloppe f. en plomb. **a) ~verlust** m. (Kabel) || sheathing loss || perte f. dans l'enveloppe de plomb. 31
Blei-matrize f. (Druckw) || lead moulding matrice || matrice f. à façonner le plomb. **a) ~mehl** n. || lead meal || farine f. de plomb. 32
Bleimennige f. || red lead || minium m. de plomb. **a) ~ersatz** m. || red lead substitute || minium m. de plomb imité. 33
Blei-mine f. (Drehbleistift) || lead mine; plumbago || mine f. de plomb; plombagine f. **a) ~minenbüchse** f. (Reißzeug) || box of leads || étui m. à mines. **b) ~-nagel** m. || lead nail || clou m. en plomb. **c) ~ofen** m. || lead calcining furnace || fourneau m. à plomb. 34
Bleioxyd n. || lead oxide; litharge; protoxide of lead || litharge f.; massicot m.; protoxyde m. de plomb. **a) chromsaures ~** || chromate of lead; red lead ore crocoite || plomb m. chromaté. **b) rotes ~** || red lead; red oxide of lead; minium || minium m.; mine f. orange *ou* anglaise; plomb m. oxydé rouge. 35
Blei-papier n. || sheet lead || feuille f. de plomb. **a) ~pfropf** m. || lead plug || plomb m. de sûreté. **b) ~platte** f. || lead plate || plaque f. en plomb. **c) ~-plombe** f. || lead seal || plomb m. à sceller; cachet m. en plomb. **d) ~prägung** f. || stamping in lead || estampage m. de plomb. **e) ~presse** f. || lead press || presse f. à plomb. **f) ~pulver** n. || lead powder || poudre f. de plomb. **g) ~rauch** m. || lead smoke || fumée f. de plomb. **h) ~-rohr** n. || lead pipe *or* tube || tuyau m. en plomb. **i) ~röhre** f. *s.* ~rohr n. 36
Bleirohr-kabel n. || leaden pipe cable || câble m. sous tuyau de plomb. **a) ~-presse** f. || lead tube press; lead pipe press || presse f. pour tubes en plomb; presse f. à étirer *ou* à faire les tuyaux de plomb. 37
Blei-rot n. || red lead; red oxide || minium m.; oxyde m. rouge de plomb. **a) ~salz** n. || lead salt; plumbate || sel m. de plomb. **b) ~sammler** m. || lead accumulator || accumulateur m. en *ou* au plomb. **c) ~-sarg** m. || lead coffin || cercueil m. en plomb. 38
bleisaures Kalzium n. || calcium plumbate || plombate m. de calcium. 39
Blei-schere f. || lead shear || cisailles fpl. à plomb. **a) ~schlacke** f. || lead slag || écume f. de plomb; scories fpl. de plomb. 40
Bleischlamm m. (Sammler) || lead deposit || boue f. de plomb; dépôt m. de boue de plomb. **a) ~ablagerung** f. *s.* Bleischlamm. 41
Blei-schlange f. || lead coil || serpentin m. en plomb. **a) ~schrot** n. || lead shot || grenaille f. de plomb; plomb m. de chasse. 42
Bleischwamm m. || spongy lead || éponge f. de plomb; plomb m. spongieux. **a) ~-platte** f. || spongy lead plate || plaque f. de plomb spongieux. 43
Blei-sicherung f. || lead fuse *or* cut-out; lead safety plug || plomb m. fusible *ou* de sûreté; coupe-circuit m. à plomb-fusible *ou* à lame de plomb. **a) ~soldat** m. || lead soldier || soldat m. de plomb. **b) ~späne** mpl. || lead filings pl. || copeaux mpl. de plomb. **c) ~spielwaren** fpl. || lead toys pl. || jouets mpl. en plomb. **d) ~staub** m. || lead dust || poussière de plomb. 44
Bleistift m. || lead pencil; pencil || crayon m.; crayon m. noir. **a) ~** mit roter **Farbmine** || pencil with red lead || crayon m. à mine rouge. **b) halb rot** und **halb blauer ~** || half red and half blue pencil || crayon m. mi-rouge et mi-bleu. **c) harter ~** || hard pencil || crayon m. dur. **d) Patent~** || patent lead pencil || crayon m. bréveté. **e) ~** mit **Radiergummi** || pencil with eraser || crayon m. avec gomme à effacer. **f) weicher ~** || soft pencil || crayon m. mou. **g) Zimmermanns~** || carpenter's pencil || crayon m. de menuisier. 45
Bleistift-anspitzer m. *s.* ~spitzer m. **a) ~-arbeiter** m. || pencil maker || crayonnier m. **b) ~fabrik** f. || pencil works || manufacture f. de crayons. **c) ~fertigungsmaschine** f. || machine for manufacturing of pencils || machine f. pour la fabrication de crayons. **d) ~gummi** m. || pencil eraser || gomme f. à crayon. **e) ~-** und **Tintengummi** m. || combination ink and pencil eraser || gomme f. à crayon et à encre. **f) ~halter** m. || pencil case *or* holder || porte-mine m.; porte-crayon m. 46

Bleistiftindustrie f. ‖ pencil industry ‖ industrie f. du crayon. a) **~maschine** f. ‖ pencil trade machine ‖ machine f. pour l'industrie des crayons. 1

Bleistift-maschine f. ‖ pencil machine ‖ machine f. à crayon. a) **~polierer** m. ‖ pencil polisher ‖ polisseur m. de crayons. b) **~schärfmaschine** f. *s.* ~spitzmaschine. c) **~schoner** m. ‖ pencil protector ‖ protège-pointe m. pour crayon. d) **~-spitze** f. ‖ pencil point ‖ pointe f. de crayon. 2

Bleistiftspitzer m. ‖ pencil sharpener *or* pointer ‖ taille-crayons m. a) **Klinge** f. für ~ ‖ blade for pencil sharpener ‖ lame f. de taille-crayons. 3

Bleistift-spitzmaschine f. ‖ pencil sharpening machine ‖ taille-crayons m. mécanique; tailleuse f. pour crayons; machine f. pour tailler les crayons. a) **~zeichnung** f. ‖ lead pencil drawing ‖ dessin m. au crayon. b) **~zirkel** m. ‖ lead compass ‖ compas m. à crayon. 4

Bleistreifen m. ‖ strip of lead ‖ bande f. de plomb. 5

Bleisulfat n. ‖ sulphate of lead ‖ sulfate m. de plomb. a) **~rückstand** m. ‖ lead sulphate residue ‖ résidu m. de sulfate de plomb. 6

Blei-superoxyd n. ‖ lead peroxide ‖ peroxyde m. de plomb. a) **~tube** f. ‖ lead tube ‖ tube f. en plomb. b) **~unterlagscheibe** f. ‖ lead washer ‖ rondelle f. de plomb. c) **~verbindungsmuffe** f. ‖ leaden connecting box ‖ manchon m. de plomb pour jonction. d) **~vergiftung** f. ‖ lead poisoning ‖ empoisonnement m. par plomb; affection f. saturnine. 7

Bleiverschluß m. ‖ leading ‖ plombage m. a) **unter ~** ‖ under leads pl. ‖ plombé. 8

Blei-verzweigungsmuffe f. ‖ leaden branch box ‖ manchon m. de plomb pour branchement. a) **~vitriol** n. ‖ sulphate of lead ‖ sulfate m. de plomb. b) **~walzwerk** n. ‖ lead rolling mill ‖ laminoir m. à plomb; laminage m. de plomb. c) **~waren** fpl. ‖ lead goods pl. ‖ objets mpl. en plomb. 9

Bleiweiß n. ‖ white lead; ceruse ‖ céruse f.; carbonate m. de plomb; blanc m. de céruse *ou* de plomb. a) **~anlage** f. ‖ white lead plant ‖ installation f. de céruse. b) **~ersatz** m. ‖ white lead substitute ‖ céruse f. imitée. c) **~handel** m. ‖ white lead trade ‖ commerce m. de céruserie. d) **~macher** m. ‖ white lead maker ‖ cérusier m.; fabriquant m. de céruse. 10

Bleiwismut n. ‖ lead-bismuth ‖ plomb-bismuth m. a) **~glanz** m. ‖ rezbanyite ‖ rezbanyite f. b) **~legierung** f. ‖ lead-bismuth alloy ‖ alliage m. plomb-bismuth. 11

Blei-wolle f. ‖ lead wool ‖ laine f. de plomb a) **~wurf** m. (Wasserb) ‖ sounding lead; plummet; lead; plump line ‖ plomb m. de sonde; sonde f. *ou* fil m. à plomb. b) **~zeichnung** f. ‖ lead drawing ‖ dessin m. au crayon. c) **~zinnlegierung** f. ‖ lead tin alloy ‖ alliage m. plomb-étain. d) **~zucker** m. ‖ sugar *or* acetate of lead; plumbic acetate ‖ acétate m. de plomb; sucre m. de Saturne. 12

Blendboden m. (Zimm) *s.* Blindboden. 13

Blende f. (Min) ‖ sulphide of zinc; blende; black jack ‖ zinc m. sulfuré; blende f. a) ~ (Opt) ‖ screen; diaphragm; eye stop ‖ diaphragme m.; écran m. b) **Abschluß~** (Opt) ‖ front diaphragm ‖ diaphragme m. de fermeture. c) **Apertur~** ‖ aperture stop *or* aperture diaphragm ‖ diaphragme m. d'ouverture. d) **Azimut~** ‖ azimuth diaphragm ‖ diaphragme m. azimutal. e) **Dunkelfeld~** ‖ dark ground stop ‖ diaphragme m. à fond noir. f) **einstellbare ~** (Lichtb) ‖ adjustable diaphragm ‖ obturateur m. réglable. g) **Fünfpunkt~** ‖ five point diaphragm ‖ diaphragme m. à cinq points. h) **Iris~** ‖ iris diaphragm ‖ diaphragme-iris m. i) **Leuchtfeld~** ‖ radiant field stop ‖ diaphragme m. limitant le champ lumineux. k) **Mangan~** (Min) ‖ alabandite ‖ manganèse m. sulfuré. l) **Objektivsonnen~** ‖ objective sun shade ‖ diaphragme m. pour le soleil s'adaptant sur l'objectif. m) die **~ öffnen** ‖ to open the diaphragm ‖ ouvrir le diaphragme. n) **Okular~** ‖ eyepiece diaphragm ‖ diaphragme m. oculaire. o) die **~ schließen** ‖ to shut the diaphragm ‖ fermer le diaphragme. p) **Sehfeld~** ‖ field diaphragm ‖ diaphragme m. de champ. q) **Sektoren~** ‖ sector diaphragm ‖ diaphragme m. à secteurs. r) **siebenteilige Stufen~** ‖ diaphragm of seven grades ‖ diaphragme m. à sept parties. s) **Spalt~** ‖ slit diaphragm ‖ diaphragme m. à fente. t) **Stereo~** ‖ stereo stop ‖ stéréo-diaphragme m. u) **stufenförmig** angeordnete **~n** fpl. ‖ graded aperture stops ‖ diaphragmes mpl. échelonnés. v) **Zylinder~** (Opt) ‖ cylindrical diaphragm ‖ diaphragme m. cylindrique. 14

blenden ‖ to glare ‖ éblouir. 15

Blenden n. der Scheinwerfer ‖ headlight glare ‖ éblouissement f. des phares. 16

blendend (weiß leuchtend) ‖ dazzling ‖ éblouissant. 17

Blenden-bild n. ‖ image of the stop ‖ image f. du diaphragme. a) **~öffnung** f. ‖ diaphragm aperture ‖ ouverture f. du diaphragme. b) **~schieber** m., mit stufenförmig nebeneinander angeordneten Blenden versehener ‖ diaphragm slider furnished with stops arranged side by side ‖ coulisse f. munie de diaphragmes échelonnée juxtaposés. 18

Blenderöstofen m. ‖ blende roasting furnace ‖ four m. à calciner la blende. 19

Blendfassade f. ‖ blind wall; dead face ‖ façade f. feinte. 20

Blendglas n. (Opt) ‖ moderating glass ‖ verre m. sombre *ou* foncé. a) ~ aus **dunklem** Neutralglas ‖ moderating glass of a dense neutral tint glass ‖ verre m. neutre sombre. b) **farbiges ~** ‖ coloured glass ‖ verre m. coloré. c) **neutrales ~** ‖ absorbing filter of neutral *or* tinted glass ‖ verre m. sombre à teinte neutre. d) **Sonnen~** ‖ dark glass ‖ verre m. sombre. 21

Blend-holz n. (Tischl) ‖ facing board ‖ bois m. de placage. a) **~rahmenfenster** n. ‖ frame window ‖ fenêtre f. à châssis. b) **~scheibe** f. ‖ disc diaphragm ‖ disque-diaphragme m. 22

Blendschieber m. ‖ sliding diaphragm ‖ diaphragme m. coulissant. a) **mikrometrisch** verstellbarer ~ ‖ micrometrically movable slide ‖ volet m. à mouvement micrométrique. 23

Blend-schirm m. für Positionslicht ‖ light screen *or* shade for sidelight ‖ abat-jour m. *ou* écran m. pour feu de position. a) **~schutzscheibe** f. (Auto) ‖ anti dazzling screen ‖ écran m. antiéblouissant. b) **~schutzvorrichtung** f. bei Scheinwerfern ‖ headlight dimmer ‖ dispositif m. antiéblouissant de phare. c) **~stein** m. (Bauw) ‖ facing brick ‖ brique f. de parement. 24

Blendung f. ‖ blinding ‖ éblouissement m. 25

Blend-vorrichtung f., eine um die Fernrohrachse drehbare ‖ diaphragm arrangement capable to rotate about the axis of the telescope ‖ diaphragme m. tournant autour de l'axe de la lunette. a) **~ziegel** m. ‖ facing brick ‖ brique f. de parement. 26

blicken ‖ to look ‖ regarder; voir. 27

Blick-feld n. ‖ field of vision ‖ champ m. visuel. a) **~feuer** n. ‖ blinker beacon ‖ phare m. à éclipse. 28

Blickrichtung f. ‖ direction of view; line of sight ‖ direction f. de regard. a) **Haupt~** ‖ principal line of sight ‖ direction f. principale de regard. 29

Blickwinkel m. ‖ angle of view ‖ angle m. de regard. 30

blind (Bauk) ‖ feigned ‖ feint. a) ~ (Opt) ‖ blind ‖ aveugle. b) das Glas ~ **machen** ‖ to blunt glass ‖ émousser le verre. 31

blind-es Loch n. ‖ dead hole ‖ trou m. aveugle. a) **~e Mauer** f. ‖ blind wall ‖ mur m. orbe *ou* aveugle. b) **~e Mutung** f. ‖ demand for concession without previous discovery ‖ demande f. (de concession) à l'aveugle *ou* sans découverte préalable. c) **~er Schacht m.** (Bergb) ‖ internal *or* blind *or* staple shaft; blind pit; staple; staple pit ‖ puits m. intérieur. d) **~er Schlag** m. (Goldschl) ‖ ineffective blow ‖ coup m. perdu. 32

Blind-achse f. ‖ loose axle ‖ faux-essieu m. a) **~boden** m. (Zimm) ‖ dead *or* counter floor ‖ fausse-aire f.; faux-parquet m. 33

Blinde f. im Mauerwerk ‖ break in a wall ‖ renfoncement m. dans le nu d'un mur. 34

Blinden-anstalt f. ‖ institute for the blind ‖ hospice m. des aveugles. a) **~druck** m. ‖ embossed printing for blind ‖ impression f. en relief pour aveugles. b) **~-schreibmaschine** f. ‖ typewriter for the blind ‖ machine f. à écrire pour aveugles. c) **~schrift** f. ‖ alphabet for the blind; typhio-typography ‖ alphabet m. des aveugles; lettres fpl. en relief. d) **~uhr** f. ‖ watch for blind persons ‖ montre f. pour aveugles. 35

Blind-flansch m. ‖ blank flange ‖ fausse bride f.; bride f. d'obturation. a) **~fliegen** n. ‖ blind flying; instrument flying ‖ vol m. aveugle. b) **~funkverkehr** m. ‖ blind wireless traffic ‖ trafic m. unilatéral. 36

Blindheit f. ‖ blindness ‖ cécité f. a) **Star~** ‖ blindness caused by a cataract ‖ cécité f. qui résulte d'une cataracte. 37

Blindleistung f. (Elektr) ‖ wattless *or* idle power ‖ puissance f. réactive *ou* apparente *ou* déwattée. a) Schreibgerät n. zur **Aufzeichnung** der ~ ‖ recorder for registering reactive volt-amperes ‖ enregistreur m. de puissance réactive. 38

Blind-leitwert m. (Elektr) ‖ susceptance ‖ susceptance f. a) **~strom** m. ‖ reactive current ‖ courant m. déwatté. b) **~stromverbrauch** m. ‖ wattless *or* reactive current consumption ‖ consommation f. déwattée. c) **~welle** f. ‖ jack shaft ‖ faux-essieu m. d) **~wert** m. elektrischer Größen ‖ wattless *or* imaginary component of electric values || composante f. déwattée *ou* réactive des valeurs électriques. 1

Blindwiderstand m. (Elektr) || reactance || réactance f. **a) kapazitiver ~** || capacity reactance || réactance f. capacitive. 2

Blink-feuer n. || blinker beacon; flashing light || feu m. à éclipses; phare m. à éclat. **a) ~gerät** n. || flash *or* flashing apparatus || appareil m. miroiteur; miroiteur m. **b) ~mikroskop** n. || flicker microscope || microscope m. à éclipses. **c) ~signal** n. || intermittent signal; flashing light signal || signal m. clignotant. 3

Blitz m. || lightning || éclair m. **a) Band~** || ribbon lightning || éclair m. en forme de ruban. **b) Flächen~** || sheet lightning || éclair m. diffus. **c) Kugel~** || globular lightning || éclair m. en boule. **d) Schaden~** || destructive lightning || foudre f. *ou* éclair m. produisant des dégâts. **e) durch ~ m. zerstört** || destroyed by lightning || détruit par la foudre. 4

Blitzableiter m. || lightning conductor *or* rod *or* arrester || parafoudre m.; paratonnerre m. éclateur m. **a) elektrolytischer ~** || electrolytic arrester || parafoudre m. électrolytique. **b) Gebäude~** || lightning conductor for buildings || paratonnerre m. pour édifices. **c) Hörner~** || horn arrester || parafoudre m. à cornes. **d) Kondensator~** || condenser lightning arrester || parafoudre m. à condensateur. **e) Leitungs~** lightning conductor for overhead lines || paratonnerre m. de ligne. **f) ~ mit magnetischer Funkenlöschung** || lightning arrester with magnetic blow out || parafoudre m. à extinction magnétique. **g) Mast~** || lightning conductor for poles || paratonnerre m. pour mâts. **h) Platten~** || plate lightning conductor || paratonnerre m. à plaques. **i) Scheiben~** || disc type arrester || parafoudre m. à disques. **k) Spitzen~** || point type lightning arrester || parafoudre m. à pointes. **l) Walzen~** || drum lightning arrester || parafoudre m. à rouleaux *ou* à tambour. 5

Blitzableiter-erdleitung f. || earth wire of lightning conductor || conducteur m. de terre du paratonnerre. **a) ~-isolator** m. || lightning rod insulator || isolateur m. de paratonnerre. **b) ~prüfapparat** m. || lightening arrester testing apparatus || pont m. de mesure pour parafoudres. **c) ~schelle** f. || lightning arrester collar || collier m. de paratonnerre. **d) ~seil** n. || lightning conductor cable || câble f. de parafoudre. **e) ~spitze** f. || lightning protector point || pointe f. de paratonnerre. **f) ~stange** f. || lightning rod || tige f. de paratonnerre. **g) ~untersuchungsapparat** m. || set for testing lightning conductors || appareil m. pour l'examen des paratonnerres. 6

Blitz-entladung f. || lightning discharge || éclair m.; décharge f. fulgurante. **a) ~erzeuger** m. für die Bühne || lightning apparatus for the stage || appareil m. à éclairs pour la scène. **b) ~fotografie** f. || photography of lightning || photographie f. d'éclair. **c) ~gespräch** n. || lightning call || conservation f. éclair. **d) ~licht** n. || flash light || poudre f. fulminante; lumière f. au magnésium. **e) ~röhre** f. || lightning tube; fulgurite || tube m. à éclairs. 7

Blitzschlag m. || lightning stroke; flash of lightning || coup m. *ou* chute f. de foudre. **a) kalter ~** || cold flash *or* stroke || coup m. de foudre froid. 8

Blitzschutz m. || lightning protection || protection f. contre la foudre. 9

Blitzschutz-kette f. || lightning conductor chain || chaîne f. de paratonnerre. **a) ~kondensator** m. || lightning arrester condenser || condensateur-parafoudre m. **b) ~sicherung** f. für Freiantennen || lightning protection fuse for open antenna || fusible m. de parafoudre pour antennes extérieures. **c) ~tafel** f. || arrester board || panneau m. parafoudre. **d) ~vorrichtung** f. *s.* Blitzableiter. 10

Blitz-strahl m., **gezackter** || forked lightning || foudre f. en zigzag. **a) ~telegramm** n. || lightning telegram || télégramme m. éclair 11

Block m. (Baum) || tree trunk || tronc m. d'arbre. **a) ~** (Holz) || log || grume f.; pièce f. de bois en grume. **b) ~** (Flaschenzug) || pulley; pulley block || palan m.; poulie f. **c) ~ mit abgerundeten Kanten** (Met) || ingot with rounded-off corners || bloc m. *ou* lingot m. à angles arrondis. **d) Eis~** || ice cake *or* block || bloc m. de glace. **e) gehefteter ~** (Buchb) || stitched pack || bloc m. cousu *ou* piqué. **f)** die Blöcke mpl. sind **gleichförmig** (Met) || the ingots pl. are uniform throughout || les lingots mpl. possèdent une texture uniforme *ou* régulière. **g) Größe** f. eines **~es** || size of an ingot || grosseur f. du bloc. **h)** der **~** ist völlig **homogen** || the ingot is absolutely homogeneous || le lingot est d'une homogénéité parfaite. **i)** der **~** wurde in x Hitzen unter einer Presse **ausgeschmiedet** || the ingot was forged out under an hydraulic press (the actual forging required x heats) || le lingot m. fut forgé sous une presse en x chauffes. **k) vorgewalzter ~** (Met) || section *or* rough-rolled ingot || lingot m. dégrossi *ou* profilé. **l) Vorpressen** n. der Blöcke zu Scheiben || rough pressing of discs from blocks || ébauchage m. à la presse des blocs à en faire des disques. 12

Blockade f. || blockade || blocus m. 13

Block-anlage f. || block system plant || installation f. du bloc-système. **a) ~auflegevorrichtung** f. || putting on device for ingots || dispositif m. de chargement pour lingots. **b) ~ausbohrmaschine** f. || ingot boring machine || foreuse f. pour blooms et lingots. **c) ~ausdrücker** m. (Met) || ingot pusher || pousseuse f. des lingots; défourneuse f. de lingots. **d) ~auszieher** m. (Met) || ingot drawing-out *or* withdrawing device || dispositif m. pour le défournement des lingots; défourneuse f. des lingots. **e) ~ausziehvorrichtung** f. *s.* ~auszieher. **f) ~bandsäge** f. || band sawing machine for logs || scierie f. à ruban pour grumes; scie f. à ruban pour débiter les grumes. **g) ~bandsäger** m. || muley sawyer || conducteur m. de scie à ruban à grumes. **h) ~blei** n. || pig lead || plomb m. en saumon. **i) ~brecher** m. || ingot breaker; breaking down mill || casseur m. de lingots; casse-lingot m.; machine f. à tronçonner les lingots. **k) ~drahtheftmaschine** f. || block wire stitching machine || machine f. de couture de blocs à fil de fer. **l) ~drücker** m. *s.* Blockausdrücker. **m) ~feld** n. (Stellwerk) || block and lock || champ m. de bloc. **n) ~fernsprecher** m. || block telephone || téléphone m. de block. **o) ~gatter** n. (Sägew) || saw mill with one saw || scierie f. verticale à une lame au milieu. **p) ~haken** m. || tackle hook || crochet m. de palan. **q) ~haus** n. || frame *or* block house || maison f. à pans de bois *ou* en bois blindé. **r) ~holz** n. || log of wood || bille f. de bois. 14

blockieren (Buchdr) || to turn letters || bloquer. **a)** ein **Gleis** n. **~** (Eisenb) || to block a line || bloquer une voie. 15

Blockieren n. || blocking; locking || blocage m. 16

Blockierschalter m. (Bergb) || blocking switch || enclencheur m. de bloquage. 17

Blockierung f. (Fernm) || blocking; locking || blocage m. *ou* immobilité f. d'une ligne. 18

Block-induktor m. (Stellwerk) || blocking inductor || inducteur m. de bloquage. **a) ~kalander** m. (Tuchm; Wäsch) || calender; mangle || calandre m. **b) ~kette** f. || block chain || chaîne f. à maillons pleins; chaîne f. à blocs; chaîne f. plate. **c) ~kipper** m. (Met) || ingot tipping device; ingot tilter || culbuteur m. de lingots. **d) ~kondensator** m. (Fernm) || blocking condenser || condensateur m. d'arrêt *ou* fixe. **e) ~konstruktion** f. || unit construction || construction f. en une pièce. **f) ~kopfbeheizung** f. (Met) || ingot head heating device || réchauffage m. des têtes des lingots. **g) ~leitung** f. (Fernm) || line wire || conduite f. de l'appareil de bloc. **h) ~mangel** f. *s.* Blockkalander. **i) ~meißel** m. || hardy; hardie; anvil cutter; nail smith's chisel || tranche f. d'enclume. **k) ~modell** n. (Schiffb) || block model || modèle m. par bloc. **l) ~motor** m. || blockmotor || moteur m. monobloc. **m) ~nagel** m. || axle of the pulley || essieu m. de la poulie. 19

Blockpresse f. || block press || presse f. à mouler. **a) ~ zum Nachpressen** von Schrottpaketen || billet press to reduce scrap bundles || presse f. à blocs à réduire les balles de mitrailles. 20

Block-relais n. || track relay || relais m. de voie. **a) ~rolle** f. || pulley || poulie f. **b) ~rüsterei** f., pneumatische (Mett) || pneumatic ingot dressing shop || atelier m. de nettoyage pneumatique des lingots. **c) ~satz** m. (Buchdr) || grouped style || composition f. en forme de carré; style m. carré. **d) ~schaltplan** m. (Stellwerk) || diagram of connections for railroad stations || schéma m. des connexions aux gares. 21

Blockschere f. || ingot shears pl. || cisailles fpl. à lingots. **a) hydraulische ~** || hydraulic ingot shearing machine; hydraulic ingot shear (A) || cisaille f. hydraulique pour blooms. 22

Blockschiene f. (Eisenb) || filled section rail || rail m. de section pleine. **a) ~ mit angeschweißtem Zungenende** || filled section rail with point of blade welded on || rail m. de section pleine avec pointe d'aiguille raccordée par soudage. 23

Block-schneidemaschine f. (Holzbearb) || blocking machine || machine f. à arrondir les blocs. **a) ~schnitt** m. (Werkzeug) || die || matrice f. **b) ~schrank** m. || block instrument case || armoire f. de poste automatique. **c) ~schrift** f. || block *or* egyptian type || lettres fpl. égyptiennes; égyptienne f. **d) ~schruppbank** f. || ingot roughing lathe || tour m. d'ébauchage pour lingots. **e) ~signal** n. || block signal || signal m. de cantonnement *ou* de block *ou* bloqueur. **f) ~signalsystem** n.

(Eisenb) ‖ block system; block signal system ‖ block-système m.; exploitation f. par cantonnement. **g) ~speiseleitung** f. ‖ signal feeder line ‖ ligne f. d'alimentation des postes. **h) ~station** f. ‖ block station ‖ blockstation f.; station f. *ou* poste m. de block. **i) ~stichelhaus** n. ‖ box tool for tool block ‖ porte-outil m. pour bloc central. **k) ~straße** f. (Walzw) ‖ cogging *or* blooming mill ‖ laminoir m. à blooms; train blooming m.; train m. dégrossisseur. **l) ~strom** m. ‖ blocking current ‖ courant m. de blocage. **m) ~system** n. *s.* Blocksignalsystem. 1

Blockteil-maschine f. ‖ ingot slicing machine ‖ machine f. à découper les lingots. **a) ~ und Trennmaschine** f. ‖ ingot parting and slicing machine ‖ machine f. à découper les lingots. 2

Blocktransformator m. ‖ blocktransformer ‖ transformateur m. de ligne. 3

Blockung f. ‖ lock and block system ‖ système m. à bloc enclenché. 4

Block-verband m. (Maur) block bond ‖ liaison f. anglaise. **a) ~vorrollvorrichtung** f. (Met) ‖ ingot conveying device ‖ chariot m. pour amener les lingots. 5

Blockwagen m. (Sägew) ‖ log carriage ‖ chariot m. à grumes. **a) ~** (Walzw) ‖ ingot charging truck ‖ chariot m. à lingots. **b) ~führer** m. (Sägew) ‖ hustler ‖ binardeur m. 6

Block-wall m. ‖ block barrier *or* wall ‖ rempart m. de blocs. **a) ~walzwerk** n. ‖ cogging *or* blooming mill ‖ laminoir m. blooming *ou* de serrage. **b) ~wendemaschine** f. ‖ ingot turning machine ‖ machine f. à retourner les lingots. **c) ~wendevorrichtung** f. ‖ tilter for ingots ‖ appareil m. de renversement pour lingots. 7

Blockwerk n. ‖ block on a railway line ‖ bloc; encombrement m. sur une ligne de chemin de fer. **a) Durchgangs~** (Eisenb) ‖ section block ‖ blocage m. de section. 8

Blockzinn n. ‖ block tin; ordinary tin ‖ étain m. en saumons *ou* en blocs. 9

Blondin m. ‖ elevated cableway crane ‖ grue f. à câbles aériens. 10

Bloom m. ‖ bloom ‖ bloom m. 11

bloß, mit ~em Auge n. ‖ with the naked eye ‖ à l'œil m. nu. 12

Blöße f. (Forst) ‖ gap ‖ vide m. **a) ~** (Gerb) ‖ smoothed skin ‖ cuiret m.; peau f. planée. 13

Blühen n. ‖ budding ‖ floraison f. 14

Blume f. ‖ flower ‖ fleur f. **a) ~** (Färb) ‖ flower ‖ fleurée f. **b) ~** (Wein) ‖ aroma ‖ bouquet m. **c) imprägnierte ~** ‖ impregnated flower ‖ fleur f. impregnée. **d) künstliche ~** ‖ artificial flower ‖ fleur f. artificielle. **e) ~ auf der Küpe** (Färb) ‖ flower of the vat ‖ fleurée f. de cuve. **f) ~ aus Perlen** ‖ bead flower ‖ fleur f. en perles. **g) Schmuck~** ‖ flower for millinery ‖ fleur f. de parure. **h) wohlriechende ~** ‖ odorous flower ‖ fleur f. odoriférante. 15

Blumen-arbeiter m. ‖ artificial flower maker ‖ fleuriste m. en fleurs artificielles. 16

Blumenbeet n. ‖ flower bed ‖ parterre m. de fleurs; plate-bande f. **a) ~einfassung** f. ‖ border for flower beds ‖ châssis m. de parterres de fleurs. 17

Blumen-blättermaler m. ‖ artificial flower painter ‖ peintre m. en fleurs artificielles. **a) ~draht** m. ‖ flower wire ‖ fil m. pour fleurs. **b) ~dünger** m. ‖ flower manure ‖ engrais m. pour fleurs. **c) ~färber** m. ‖ flower dyer ‖ teinturier m. pour fleurs. **d) ~gärtnerei** f. ‖ floriculture ‖ floriculture f. **e) ~gehänge** n. ‖ festoon ‖ feston m. **f) ~gitter** n. ‖ flower trellis ‖ treillis m. pour fleurs. **g) ~halter** m. ‖ flower holder ‖ porte-bouquets m. **h) ~kasten** m. ‖ flower box ‖ caisse f. pour fleurs. **i) ~kohl** m. ‖ cauliflower ‖ chou-fleur m. **k) ~korb** m. ‖ flower corbel ‖ corbeille f. à fleurs. **l) ~krippe** f. ‖ flower stand ‖ jardinière f. pour fleurs. **m) ~kronenblatt** n. ‖ petal ‖ pétale m. **n) ~kübel** m. ‖ flower tub ‖ cache-pot m. pour fleurs. **o) ~papier** n. ‖ paper for making artificial flowers ‖ papier m. à fleurs. **p) ~sammler** m. ‖ flower gatherer ‖ ramasseur m. de fleurs. **q) ~schale** f. ‖ ornamental flower stand; jardiniere ‖ jardinière f. **r) ~ständer** m. *s.* Blumenkrippe. **s) ~strauß** m. ‖ bouquet ‖ bouquet m. **t) ~tisch** m. *s.* Blumenschale. 18

Blumentopf m. ‖ garden *or* flower pot ‖ pot m. à fleurs. 19

Blumentopf-hülle f. ‖ flower pot cover ‖ enveloppe f. de pots à fleurs. **a) ~presse** f. ‖ flower pot press ‖ presse f. pour pots à fleurs. 20

Blumen-vase f. ‖ flower vase ‖ bouquetier m.; vase m. à fleurs. **a) ~zucht** f. ‖ cultivation of flowers; floriculture ‖ floriculture f. **b) ~züchter** m. ‖ flower grower ‖ jardinier-fleuriste m. 21

Blumenzwiebel f. ‖ flower bulb ‖ oignon m. à fleurs; bulbe m. **a) ~züchter** m. ‖ bulb grower ‖ jardinier m. producteur d'oignons à fleurs. 22

Bluse f. ‖ blouse ‖ blouse f. 23

Blusen-flanell m. ‖ blouse flannel ‖ flanelle f. pour blouses. **a) ~schoner** m. ‖ blouse protector ‖ protecteur m. de blouse. **b) ~stoff** m. ‖ blouse material ‖ étoffe f. pour blouses. 24

Blut n. ‖ blood ‖ sang m. **a) getrocknetes ~** ‖ dried blood; blood meal ‖ sang m. (des)séché *ou* coagulé. 25

Blut-apfelsine f. ‖ blood orange ‖ orange f. rouge. **a) ~ausspüler** m. (Lederzur) ‖ blooder ‖ dessaigneur m. **b) ~buche** f. ‖ copper beach ‖ hêtre m. rouge. **c) ~dünger** m. ‖ dried blood for manure ‖ sang m. desséché pour engrais. 26

Blüte f. ‖ bur; burr; blossom; flower ‖ fleur f. **a) gefärbte ~** ‖ coloured flower ‖ fleur f. teinte. 27

Blutegelzüchter m. ‖ leech breeder ‖ éleveur m. de sangsues. 28

Blütenöl n. ‖ floral otto; fancy scent; flower oil ‖ essence f. de fleurs. 29

Blut-gefäß n. ‖ blood vessel ‖ vaisseau m. sanguin. **a) ~kohle** f. ‖ blood charcoal *or* black ‖ charbon m. de sang. 30

Blutkörperchen n. ‖ blood corpuscle ‖ globule m. sanguin *ou* de sang. **a) ~zählapparat** m. ‖ blood counting apparatus ‖ appareil m. pour la numération des globules du sang. 31

Blutlaugensalz n. ‖ potassium ferrocyanide ‖ prussiate m. de potasse. **a) gelbes ~** ‖ yellow prussiate of potash; ferrocyanide of potassium ‖ cyanure m. jaune; prussiate m. jaune de potasse; ferro cyanure m. de potassium; cyanoferrure m. de potassium jaune; lessive f. du sang. **b) rotes ~** ‖ sesquiferro-cyanate of potash; ferri-cyanide of potassium; red prussiate of potash ‖ prussiate m. rouge de potasse; cyanoferride m. de potassium; cyanure m. rouge de potassium et de fer; ferri-cyanure m. de potassium *ou* potassique. 32

Blut-lösung f. ‖ blood solution ‖ solution f. du sang. **a) ~mehl** n. ‖ dried blood; blood meal ‖ sang m. (des)séché *ou* coagulé. **b) ~spektrum** n. ‖ blood spectrum ‖ spectre m. du sang. **c) ~stein** m. ‖ bloodstone; (red) hæmatite ‖ pierre f. sanguine; fer m. oligiste; hématite f. 33

blutstillende Watte f. ‖ styptic cotton ‖ coton m. styptique astringent. 34

Blut-trockner m. ‖ blood drying device ‖ appareil m. à sécher le sang. **a) ~trocknungsanstalt** f. ‖ blood drying manufacture ‖ fabrique f. de sang coagulé *ou* desséché *ou* cristallisé. **b) ~untersuchung** f. ‖ examination of blood ‖ examen m. du sang. 35

Blutvergiftung f. ‖ blood poisoning ‖ empoisonnement m. du sang. **a) jemanden vor ~ schützen** ‖ to protect somebody against blood poisoning ‖ protéger quelqu'un contre les infections du sang. 36

Blut-wolle f. ‖ skin *or* pelt *or* fellmongered *or* plucked wool ‖ laine f. pelade *ou* Mazamet *ou* de peaux. **a) ~zelle** f. ‖ blood cell; blood-vessel ‖ globule m.; vaisseau m. sanguin. 37

Bö f. ‖ sudden squall ‖ rafale f.; grain m. de vent. **a) Gewitter~** ‖ thunder squall *or* storm ‖ grain m. orageux; rafale f. orageuse. **b) Hagel~** ‖ hail squall; hailstorm ‖ orage m. à grêle; rafale f. de grêle. **c) Regen~** ‖ rain squall; shower; shower of rain ‖ averse f. **d) schwere ~** ‖ violent gust; heavy squall ‖ violente rafale f.; grain m. violent. 38

Boa f. ‖ boa ‖ boam. 39

Bobinenspulmaschine f. ‖ winding machine for bobbins ‖ machine f. à bobiner. 40

Bock m. (Gestell) ‖ dog; frame; horse; jack; trestle; truss ‖ chevalet m.; tréteau m.; âne m. **a) Hebe~** ‖ lifting jack ‖ vérin m. de levage. **b) Lager~** (Kraftwagen) ‖ bearing bracket ‖ chevalet m. du palier. **c) Lager~** (Schiffb) ‖ pedestal ‖ chaise f. de palier. 41

Bockbier n. ‖ bock beer ‖ bière-bock f.; bière f. de mars. 42

Böckchen n. ‖ support; base ‖ support m. 43

Bock-käfer m. ‖ wood beetle ‖ capricorne m. **a) ~kran** m. ‖ frame *or* gantry crane ‖ grue f. portique *ou* à chevalet. **b) ~lager** n. (Masch) ‖ pedestal bearing ‖ palier m. à chaise. **c) ~leder** n. ‖ kid leather ‖ chevreau m. **d) ~mühle** f. (Windmüll) *s.* ~windmühle. 44

Bockshorn-klee m., **Mehl** n. **aus ~** ‖ meal of goat's horn clover ‖ farine f. de fenugrec. **a) ~samen** m. ‖ fenugreek ‖ fenugrec m. 45

Bock-winde f. ‖ crab ‖ treuil m. à bâti. **a) ~windmühle** f. ‖ German *or* post windmill ‖ moulin m. à pylone *ou* à pile *ou* allemand. 46

Boden m. (Bauw) ‖ ground; soil ‖ sol m.; terrain m. **a)** die Böden mpl. werden mit **abgedrehten Kanten** geliefert (Kessel) ‖ the ends pl. are supplied with machined edges ‖ les fonds mpl. sont fournis avec arêtes passées au tour.

b) Acker~ || arable land; farm land (A) || terroir m.; terre f. arable *ou* labourable *ou* végétable. **c) angeschwemmter ~** (Geol) || alluvial deposits pl. || terre f. alluviale; alluvions fpl. **d) ärmlicher ~** || poor soil || sol m. pauvre. **e) aufgeschütteter ~** || filled up ground || remblai m. **f)** den **~ aufschütten** (Straßenb) || to deposit *or* to fill up the earth || remblayer la terre. **g) ~** mit **ausgepreßten Rohrlöchern** (Kessel) || disc with furnace openings pressed outwards || disque m. à collet intérieur obtenu par emboutissage. **h)** den **~ ausgraben** || to dig *or* to excavate the earth || creuser *ou* extraire la terre; déblayer le terrain. **i) doppelter ~** || double bottom || double-fond m. **k) durchlässiger ~** (Bauw) || pervious ground || sol m. perméable. **l)** den **~ ebnen** || to level the ground || dresser l'aire f. **m) eingehalster ~** (Kessel) || boiler end flanged inwards || fond m. à collet intérieur. **n) ~** eines **Fasses** || head of a cask || fond m. d'un fût. **o)** die Böden mpl. werden **fertig zum Nieten** geliefert (Kessel) || the bottoms pl. are supplied ready for riveting || les fonds mpl. sont livrés prêts au rivetage. **p) fester ~** || heavy ground || terrain m. résistant; sol m. ferme. **q) fester steiniger ~** || hard stony ground || terrain m. dure et pierreux. **r)** den **~ festrammen** || to ram the ground || battre *ou* damer le terrain. **s) Flach~** || flat bottom || fond m. plat. **t) gebördelter ~** || flanged end || fond m. à bride; fond bridé. **u) gewachsener ~** || earth in natural state; natural *or* grown soil || terrain m. naturel *ou* ferme. **v) ~** eines **Kamins** || hearth of a fire side || foyer m. de cheminée ; âtre m. **w) konischer ~** m. des Dampfzylinders || conical cover of steam cylinder || fond m. conique du cylindre à vapeur. **x) leichter ~** (Landw) || soft ground || terrain m. mou *ou* léger. **y) leichter, teils mit Steinen durchsetzter ~** || light ground partially interspersed with stones || terrain m. léger partiellement parsemé de pierres. **z) mooriger ~** || swampy *or* marshy ground; silty soil || sol m. *ou* terrain m. (gras) marécageux. 1

a) Oberflächenbeschaffenheit f. des **~s** || character of the earth's crust; constitution of the soil || constitution f. de la surface du sol. **b) reicher ~** || rich soil || sol m. riche. **c) runder ~** || rounded bottom || fond m. arrondi. **d) rutschender ~** || slipping earth work || massif m. ébranlé. **e) Sand~** || sandy soil *or* ground || sol m. *ou* terrain m. sablonneux. **f) Sattel~** || gable bottom || fond m. en dos d'âne. **g) schlammiger ~** || slimy ground || vase f.; terrain m. vaseux. **h) sich setzender ~** || compressible soil || sol m. *ou* terrain m. compressible. **i) Sieb~** || perforated bottom || fond m. perforé. **k) toniger ~** || clay *or* clayey soil; loamy ground || terre f. glaiseuse *ou* limoneuse *ou* argileuse. **l) umgebördelter ~** || flanged end || fond m. à bride. **m) verwachsener ~** || natural ground || terre f. naturelle. **n) Wald~** || soil for forest growth || terre f. à bois. **o) Wiesen~** || meadow land *or* ground; green field (A) || sol m. de prairie. 2

Boden-abhobelmaschine f. (Faß) || *s.* **~hobelmaschine. a) ~abrichtmaschine** f. (Faß) || head straightening machine || machine f. à dresser les fonds. **b) ~-abricht- und Fügemaschine** f. (Faß) || head straightening and jointing machine || machine f. à dresser et à jointer les fonds. **c) ~abricht- und Fugenhobelmaschine** f. (Faß) || machine for straightening, heading and planing joints || machine f. à dresser les fonds et à planer les joints. **d) ~abstand** m. || ground clearance || tirant m. d'air. **e) ~arbeiter** m. (Met) || bottom maker || dameur m. de fonds. **f) ~art** f. || nature of the surface *or* soil || nature f. *ou* qualité f. du sol. **g) ~baggerung** f. || ground excavation || excavation f. de terrain. **h) ~bearbeitung** f. || cultivation of the soil; husbandry || culture f. *ou* cultivation f. du sol. 3

Bodenbearbeitungs-gerät n. || tool for the soil tilling || ustensile m. pour cultiver le sol. **a) ~zuggerät** n. || draught machines pl. for the soil tilling || machines fpl. à attelage pour cultiver le sol. 4

Boden-bedeckung f. || covering of the soil || revêtement m. *ou* recouvrement m. du sol. **a) ~beheizung** f. || bottom heating || chauffage m. par le fond. 5

Bodenbelag m. || bottom *or* floor covering; paving || pavé m.; dallage f. **a) Asbest~** || asbestos covering of floors || couverture f. de plancher en asbeste. 6

Bodenbeschaffenheit f. || nature of the ground; quality of soil || nature f. du terrain; qualité f. du sol. 7

Bodenbewegung f. || earth work; soil creep || mouvement m. du sol; transport m. des terres. **a)** die **~** war x Millionen cbm || x-million cubic meters of earth had to be shifted || le transport de terres atteignit un volume de x millions de mètres cubes. 8

bodenbildender Vorgang m. || soil forming process || processus m. de formation de terrains *ou* du sol. 9

Boden-bildung f. || formation of the soil || formation f. du terrain *ou* du sol. **a) ~blech** n. || bottom plate || tôle f. de plancher. 10

Bodenbrett n. (Bauw) || floor board || planche f. de fond. **a) ~** (Faß) || head piece || pièce f. de fond. 11

Bodenbretter-abrichthobel- und **Fügemaschine** f. (Faß) || head straightening and jointing machine || machine f. à dresser et à jointer les fonds. **a) ~fügemaschine** f. (Faß) || head jointing machine || machine f. à jointer les fonds. **b) ~hobel und Fügemaschine** f. mit Dübellochbohrapparat (Faß) || head planing; jointing and doweling machine || machine f. à raboter et à jointer les fonds avec appareil à forer les trous de goujons. 12

Boden-deckplatte f. || ground plate || plaque f. de recouvrement. **a) ~drehbank** f. (Faß) || turning lathe for headings || tour m. à arrondir les fonds. **b) ~druck** m. || load on ground || pression f. sur le sol. **c) ~dunst** m. || ground mist *or* haze || brume f. de sol. **d) ~einsatzwagen** m. für **Konverter** || truck for converters || wagonnet m. de transport pour fonds de convertisseurs. **e) ~entlader** m., **Standbahn** f. mit **~n** || rail with bottom discharge tubs || voie f. fixe à déchargement par le fond. **f) ~entleerer** m. (Eisenb) || bottom discharging wagon || wagon m. déchargeant par le fond. **g) ~entwässerungsanlage** f. || soil draining plant || installation f. de drainage des terrains. 13

Bodenerhebung f. (Geol) || soil elevation; upheaval || soulèvement m. du sol. **a) ~** (Top) || rideau; rising ground; undulation of ground || rideau m. 14

Boden-faß n. || bottom cask || foudre m. non gerbé. **a) ~feuchtigkeit** f. || ground humidity || humidité f. du sol. 15

Bodenfläche f. (Masch) || floor space; ground || encombrement m. **a) erforderliche ~** || required floor space || encombrement m. requis. **b) gekühlte ~** || cooled area || surface f. refroidie. 16

Boden-form f. (Brau) || sedimentary form || forme f. de dépôt. **a) ~fräse** f. (Landw) || ground mill; motor cultivator with rotary knives || motoculteur m. à fraises rotatives. **b) ~freiheit** f. (Auto) || clearance above road surface; ground clearance || espace m. libre au-dessus du sol; dégagement m. entre le véhicule et le sol. **c) ~frost** m. || ground frost || gelée f. du sol. **d) ~fügemaschine** f. (Faß) || head jointing machine || machine f. à jointer les fonds. **e) ~** und **Daubenfügemaschine** f. || head and stave jointing machine || machine f. à jointer les pièces de fond et les douves. **f) ~geschoß** n. (Dachgeschoß) || garret story || étage m. en galetas; mansarde f. **g) ~geschwindigkeit** f. (Luftf) || ground speed || vitesse f. au sol. **h) ~gestell** n. (Sammler) || floor *or* low stand || chantier m.; plateforme f. **i) ~hefe** f. || sedimentary yeast || levûre f. de dépôt. **k) ~hobelmaschine** f. (Faß) || head planing machine || machine f. à raboter les fonds. **l) ~höhe** f. || height of level || niveau m. du sol. **m) ~holz** n. (Faß) || heading || fonçailles fpl. **n) ~holzgestell** n. (Sammler) || bottom wooden frame || plateforme f. en bois. **o) ~kammer** f. || garret || mansarde f. 17

Bodenklappe f. (Bagger) || cover slide || trappe f. de fond. **a) ~** (Eisenb) || bottom flap; hinged bottom; drop door in the wagon floor || trappe f. de fond; fond m. à rabattement. 18

Boden-klappenträger m. (Eisenb) || drop door girder || longeron m. pour la trappe du fond. **a) ~kreditbank** f. || land mortgage bank; real estate credit association || crédit-foncier m. **b) ~landung** f. || alighting on earth; ground landing || atterrissage m. sur le sol. **c) ~leder** n. || sole leather || cuir m. de semelle. **d) ~leitung** f. || floor leads pl. || canalisation f. dans le sol. **e) ~luftdruck** m. || air pressure at ground level || pression f. de l'air au sol *ou* à la surface de la terre. **f) ~lüftungsgerät** n. (Landw) || soil ventilating tool || ustensile m. à ventiler le sol. **g) ~maschinengewehr** n. || machine gun in floor || mitrailleuse f. tirant à travers le plancher. **h) ~nebel** m. || mist; ground fog || bruine f.; brouillard m. fin sur le sol. **i) ~nutzung** f. || improvement *or* use made of the soil || exploitation f. du sol. **k) ~ovalschneidmaschine** (Faß) || head ovalling machine || machine f. à ovaliser les fonds. **l) ~planke** f. (Schiffb) || bottom plank || bordage m. de fond. 19

Bodenplatte f. (Allg) || bottom *or* ground plate || plaque f. de fond *ou* de recouvrement. **a) ~** (Kollergang) || bed plate || plaque f. de piste. 20

Boden-prisma n. (Sammler) || bottom prism || prisme m. support de fond. **a) ~probe** f.

|| sample of the soil || échantillon m. du terrain. **b) ~profil** n. || relief surface; profile of surface || relief m. *ou* profil m. du sol. **c) ~rad** n., **großes** (Uhrm) || centre *or* minute wheel || roue f. de chaussée *ou* de fond *ou* de minute *ou* de longue tige; grande roue moyenne. **d) ~ring** m. einer **Feuerbuchse** || fire box bottom flange || cadre m. intérieur d'un foyer. **e) ~rundschneidmaschine** f. (Faß) || head rounding machine || machine f. à arrondir les fonds. **f) ~rundschneid- und Nachfräsmaschine** f. (Faß) || head rounding and bevelling machine || machine f. à arrondir et à biscauter les fonds. 1

Bodensatz m. || deposit; residuum; sediment || dépôt m.; residu m.; sediment m. **a) unlöslicher ~** || insoluble deposit || dépôt m. insoluble. 2

Bodenschätze mpl. || wealth underground; mineral resource *or* wealth || produits mpl. du sous-sol; richesse f. minéralogique *ou* souterraine. **a) Abteilung** f. für ~ || mineral resources bureau || bureau m. des richesses minéralogiques. **b) ~ erschließen** || to open subterranean wealth *or* treasures of the earth *or* mineral treasures || découvrir des richesses fpl. souterraines. 3

Boden-scheinwerfer m. || ground projector || aéro-phare m. **a) ~schwärze** f. des **Hopfens** || black mould of the hop || noircissure f. du houblon survenu en culture. 4

Bodenschwelle f. (Bauw) || ground beam *or* timber; sleeper || sablière f. **a) ~** (Eisenb) || bottom sleeper || traverse f. de plancher. 5

Bodenselbstentlader m. || self discharging wagon from the bottom || wagon m. à déchargement automatique par le fond. 6

Bodensenkung f. || subsidence *or* submergence of the ground; ground giving way || affaissement m. *ou* tassement m. du sol. **a)** der **Behälter** hatte sich durch die **~en** stark und ungleichmäßig gesenkt || the tank had owing to the ground giving way sunk much and unevenly || le réservoir était descendu fort et irrégulièrement par suite des affaissements du sol. 7

Bodenspieker m. || brad; slender nail || clou m. à parquet *ou* à tête encastrée; pointe f. 8

Bodenstampfmaschine f. || plug ramming machine || machine f. à damer le sol *ou* les fonds. **a) ~** für **Konverter** || plug ramming machine for converters || machine f. à damer les fonds de convertisseurs. 9

bodenständig || natif || permanent. **a) ~e Kettenbahn** f. || chain railway built on the ground || funiculaire m. fixe à chaîne. **b) ~e Seilbahn** f. || rope railway built on the ground || funiculaire m. fixe à câble. 10

Boden-stärkenmessung f. || measuring of base || mesurage m. de la grosseur du fond. **a) ~stein** m. (Müll) || bottom millstone; bedstone; bedder || gisante f.; meule f. dormante. **b) ~teig** m. (Brau) || bottom paste; underdough || farine f. qui se dépose entre le fond et le faux-fond de la cuve à filtrer. **c) ~temperatur** f. || ground temperature || température f. du sol. **d) ~treppe** f. || garret stair case || escalier m. du grenier. **e) ~trichter** m., Wagen m mit || wagon with hopper bottom || wagon m. à fond en trémie. **f) ~tür** f. || loft door; garret door || porte f. de grenier. **g) ~unebenheit** f. || uneven surface || aspérité f. du terrain. **h) ~untersuchung** f. || soil examination || exploration f. du sol. **i) ~ventil** n. || dump valve; foot valve || soupape f. de pied. **k) ~verhältnisse** npl. || formation of land; conditions pl. of the soil || nature f. de sol. **l) ~verstärkung** f. (Leitungsmast) || underground pole reinforcement || renforcement m. des poteaux. **m) ~wert** m. || ground *or* land value || valeur f. locative du terrain. **n) ~wetterkarte** f. || ground weather map || carte f. du temps au sol. **o) ~wind** m. || ground wind; wind on the earth surface || vent m. au sol. **p) ~windmessung** f. || measurement of wind near the ground || mesure f. du vent près du sol; mesure f. près du sol de l'intensité du vent. **q) ~ziegel** m. (Ziegelei) || paving tile || tomette f. 11

Bodmerei f. (Seew) || bottomry; gross adventure || grosse aventure f.; prêt m. à la grosse. 12

Böen-schreiber m. || gust recorder || enregistreur m. de grains *ou* de rafales. **a) ~wolke** f. || squall cloud || nuage m. de grain *ou* de rafale. 13

Bogen m. || bow; curve; curvature || courbe f.; courbure f.; cintre m. **a) ~** (Bauk) || arch; arc; bow || cintre m. 14

Bogen m. || bow; curve; curvature || courbe f.; courbure f. **a) ~** (Bauk) || arch; arc; bow || cintre m. **b) ~** (Brille) || bridge arcade f. **c) ~** (Kreis) || arc || arc m. **d) ~** (Werkstück) || rounding; curvature || courbure f.; bouge m.; tonture f. **e) abgeflachter ~** || depressed arch || arc m. surbaissé. **f) ausgeschrägter ~** (Bauw) || splayed arch || arc m. ébrasé. **g) Geigen~** || violin bow; fiddle stick || archet m. **h) Brücken~** || arch *or* gullet of a bridge || arc m. *ou* arche f. *ou* voûte f. de pont. **i) geholländerte ~** mpl. *s.* lose zusammengetragene ~. **k) lose zusammengetragene ~** mpl. (Buchb) || loosely assembled quires pl. || feuilles fpl. détachées assemblées. **l) maurischer ~** || horse shoe arch; moorish arch || arc m. en fer à cheval. **m) Papier~** || sheet of paper || feuille f. de papier. 15

Bogenanlegeapparat m. (Pap) || sheet feeding apparatus || appareil m. margeur. **a)** für **Buchdruckschnellpressen** || sheet supporter for book printing presses || appareil m. de metteur de presse d'imprimerie à grande vitesse. 16

Bogen-anleger m. (Buchdr) || feeding apparatus || margeur m. automatique. **a) ~ausleger** m. (Buchdr) || flyer sheet deliverer || receveur m. de feuilles. **b) ~blitzableiter** m. || arc arrester || coupe-arc m. **c) ~brücke** f. || arch(ed) bridge || pont m. arqué *ou* en arc. **d) ~element** n. || element of arc || élément m. d'arc. **e) ~fachwerkbrücke** f., hölzerne || timber spandril bridge || pont m. supporté par des contres. **f) ~feile** f. || bow-file || lime f. à archet. **g) ~fenster** n. || arched window || fenêtre f. cintrée *ou* voutée. 17

bogenförmig || arch like; arched || arqué; cintré; en arc; en cintre; envouté. **a) ~er Verlauf** m. || curved course || allure f. en ferme d'arc. 18

Bogen-führung f., pneumatische (Drucker) || pneumatic feeding arrangement || transport m. pneumatique de feuilles. **a) ~geradeleger** m. (Buchdr) || jogger-up || appareil m. à égaliser les feuilles; égaliseur m. de feuilles. **b) ~gerüst** n. || centering; soffit scaffolding || armement m. de voûte; cintre m. **c) ~halter** m. || paper holder || porte-papier m. **d) ~höhe** f. eines Gewölbes || height *or* rise of a vault || montée f. *ou* flèche f. d'une voûte. **e) ~kämpfer** m. (Bauk) || impost; springer || imposte f.; coussinet m. **f) ~laibung** f. (Bauk) *s.* ~leibung. 19

Bogenlampe f. || arc light *or* lamp || lampe f. à arc; arc m. **a) Dauerbrand~** || enclosed arc lamp || lampe f. à arc de longue durée *ou* en vase clos. **b) Differential~** || differential arc lamp || lampe f. à arc différentielle. **c) ~** mit **Drosselspule** || arc with choking coil || lampe f. à arc avec bobine f. de réactance. **d) ~** mit **einstellbarem Brennpunkt** || arc lamp with adjustable focus || lampe f. à arc à foyer réglable. **e) elektrische ~** *s.* Bogenlampe. **f) ~** mit **festem Brennpunkt** *s.* Fixpunkt~. **g) Fixpunkt~** || arc lamp with fixed focus; focussing arc lamp || lampe f. à arc à foyer fixe *ou* à point lumineux fixe. **h) Fixpunktdifferential~** || self focussing differential arc lamp || lampe f. à arc différentielle à foyer fixe. **i) Fixpunktnebenschluß~** || self focussing shunt arc lamp || lampe f. à arc en dérivation et à foyer fixe. **k) geschlossene ~** *s.* Dauerbrand~. **l) halboffene ~** || semi-enclosed arc || arc m. demi-clos. **m) Kohlen~** *s.* Bogenlampe. **n) ~** zum **Kopieren** || copying arc lamp || lampe f. à arc pour travaux de copie. **o) Maschine** f. für hintereinander geschaltete **~n** || machine for several arc lamps connected in serie || machine f. alimentant plusieurs lampes montées en série. **p) Mikro~** || micro arc lamp || microlampe f. à arc. **q) Nebenschluß~** || shunt type arc lamp || lampe f. à arc en dérivation. **r) ~** mit **schrägstehenden Kohlen** || arc with inclined carbons || lampe f. à arc à charbons inclinés. **s) selbstregelnde ~** || self regulating arc lamp || lampe f. à arc auto-régulatrice. **t) Spalt~** || slit arc lamp || lampe f. à arc à fente. **u) Uhrwerk~** || clockwork arc lamp || microlampe f. à arc munie d'un mouvement d'horlogerie. **v) ~** mit **unveränderlichem Brennpunkt** *s.* ~ mit festem Brennpunkt. **w) ~** mit **veränderlichem Brennpunkt** || arc lamp; with variable focus || lampe f. à arc à foyer variable. 20

Bogenlampen-aufzug m. || raising and lowering gear for arcs || moulinet m. de hissage pour arcs. **a) ~glocke** f. || arc lamp globe || globe m. de lampe à arc. **b) ~kohle** f. || arc lamp carbon || charbon m. *ou* crayon m. pour lampes à arc. **c) ~laterne** f. || arc lamp case || boîte f. de lampe à arc. **d) ~zubehör** n. || arc lamp accessories pl. || accessoire m. pour lampes à arc. 21

Bogen-lehre f. (Bauw) || center; centre; bow member || cintre m. **a) ~leibung** f. (Bauk) || intrados *or* soffit of an arch || intrados m. *ou* douelle f. d'une voûte. 22

Bogenlicht n. || arc lamp *or* light || lumière f. à arc. **a) gefiltertes ~** || filtered arc light || lumière f. fournie par un arc électrique muni d'un filtre. 23

Bogenlicht-bad n. (Heilk) || arc light bath || bain m. de lumière à arc. **a) ~bestrah-**

lungsapparat m. || arc lamp radiator || appareil m. de radiation à lumière à arc. **b) ~dynamo** f. || arc lighting dynamo || dynamo f. pour lumière à arc. 1

Bogenlinie f. (Geom; Zeichn) || bow line; curvature || arceau m.; courbure f. du cintre. 2

Bogenmaß n. || circular measure of an angle || mesure f. d'arc. **a)** den Winkel m. **im ~ messen** || to measure the angle in circular measure of arc (in radians A) || mesurer l'angle en mesure d'arc. 3

Bogenminute f. || minute of arc || minute f. d'arc. **a) auf eine ~ ablesbares** Ablesemikroskop m. || reading microscope giving one minute of arc || microscope m. de lecture donnant la minute d'arc. 4

Bogen-minutenteilung f.,' Positionskreis m. mit (Astro) || position circle divided into minutes of arc || cercle m. de position divisé en minutes d'arc. **a) ~offsetpresse** f. || sheet fed offset machine || machine-offset f. pour la marge de feuilles. **b) ~rohr** n. || bend; bent tube || tube m. *ou* raccord m. courbé. **c) ~säge** f. || bow saw || scie f. en archet. 5

Bogensatz m. (Buchb) || quires pl. || ensemble m. de feuilles. **a) drahtgehefteter ~** (Buchb) || wire m. stitched quires pl. || ensemble m. de feuilles piqué au fil de fer. **b) fadengehefteter ~** || served quires pl. || ensemble m. de feuilles cousu au fil. 6

Bogen-schalung f. || arch centering || coffrage m. de voûte. **a) ~scheitel** m. (Bauw) || crown of an arch || sommet m. *ou* vertex m. *ou* ape m. d'un arc. **b) ~schluß** m. || key-stone; heading stone || clef f.; clausoir m.; mensole f. **c) ~schneider** m. (Buchdr) || sheet cutter || appareil m. coupe-feuilles. **d) ~schnur** f. (Hutm) || bow string || corde f. d'arçon. **e) ~sekunde** f. || second of arc || seconde f. d'arc. **f) ~spektrum** n. || arc spectrum || spectre m. de l'arc. **g) ~träger** m. || arched girder || poutre f. en arc. **h) ~weite** f. (Bauw) || span *or* width || ouverture f. *ou* vide m. *ou* portée f. **i) ~zähler** m. (Buchdr) || sheet counter || compteur m. de feuilles. **k) ~zirkel** m. || wing callipers pl. || compas m. à quart de cercle. **l) ~zuführung** f., pneumatische *s.* ~führung, pneumatische. 7

Bogheadkohle f. || boghead coal || boghead m. 8

Bohle f. || plank; thick board; balk || madrier m.; planche f. épaisse. **a) eichene ~** || oaken plank; thick oakboard || madrier m. de chêne. **b) tannene ~** || fir plank || tavaillon m. 9

Bohlenbelag m. || timber planking || couverture f. en madriers. **a)** die **Drehscheibe** ist durch einen ~ abgedeckt (Eisenb) || the turntable is covered by a timber planking || la plaque tournante est garnie d'une couverture en madriers. 10

Bohlwand f. (Bauw; Wasserb) || pier; pile work; piling || palée f. 11

Bohne f. || bean || haricot m. 12

Bohnen-aushülserin f. || bean sheller || écosseuse f. de haricots. **a) ~kaffee** m., koffeinfreier || coffeine-free coffee || café m. en grains sans cofféine. 13

Bohnenkraut n. || savory || sarriette f. **a) ~öl** n. || savory oil || essence f. de sarriette. 14

Bohnen-mehl n. || bean meal || farine f. de fèves. **a) ~schneidmaschine** f. || bean cutting machine || machine f. à couper les haricots. 15

Bohner-maschine f. || floor polisher || cireuse f. **a) ~masse** f. || floor polishing paste; polish for floors || encaustique f. (pour parquets); cire f. à parquet. 16

Bohnerwachs n. || polishing *or* floor *or* rubbing wax; encaustic || encaustique f.; cire f. à parquets *ou* à vernir; cirage m. **a) ~zerstäuber** m. || wax sprayer and atomizer || vaporisateur m. de cire à parquet. 17

Bohnerz n. || limonite; bean ore || limonite f.; minerai m. de fer en grains. 18

Bohranlage f. || drilling plant; well sinking plant || installation f. à foreuses *ou* de sondage. **a) Öl~** || oil boring plant || installation f. pour le sondage d'huile. 19

Bohrapparat m. || boring apparatus || appareil m. à percer; perceuse f. **a) Zylinder~** || cylinder boring apparatus || appareil m. à aléser les cylindres. 20

Bohrarbeit f. || boring || forage m.; sondage m. **a) schwere ~** || heavy duty drilling work || gros travail m. de perçage. 21

Bohrarbeiter m. (Bergb) || borer || sondeur m.; foreur m. 22

Bohrbank f. || boring machine *or* lathe || machine f. à aléser; tour-alésoir m. **a) Wellen~** || shaft boring machine || tour m. à forer les arbres. 23

Bohr-bogen m. || drill bow || archet m.; archelet m. **a) ~drehbank** f. || boring and reaming lathe || tour m. à percer et aléser. **b) ~druck** m. || boring pressure || pression f. de perçage. **c) ~eisen** n. || bore bit || fer m. à forer. 24

bohren || to bore; to drill || forer; percer. 25

Bohren n. || drilling || forage m.; perçage m. 26

Bohrer m. || borer; drill; gimlet; bit || foret m; mèche f. **a) ~** (Arbeiter) || driller || perceur m. **b) ~** (Nadl) || eyer || perceur m. **c) Einmeter~** || one meter drill || foret m. d'un mètre de long. **d) Gesteins~** || rock drill || perforateur m. de roche. **e) Gewinde~** || screw tap || taraud m. **f) Holz~** || auger || mèche f. à bois. **g) Kronen~** || crown bit; cross mouthed chisel || pistolet m. à pointe carrée; bonnet m. de prêtre. **h) Löffel~** || center bit; spoon bit || mèche f. à cuiller *ou* à tetine; mèche f. anglaise. **i) Löffel~** (Bergb) || wimble; scoop to clear out a bore hole || cuiller f.; tarière f. *ou* sonde f. à cuiller *ou* à glaise. **k) Meißel~** || star bit || trépan m. à tranchant en croix. **l) Metall~** || metal drill || foret m. à métaux. **m) Nagel~** || gimlet || vrille f. **n) Röhren~** || pump borer *or* bit || cuiller f. à pompes; rouanne f. de pompe; perçoir m. à curette. **o)** ein **Satz** m. ~ || set of drills || jeu m. de mèches. **p) Schappen~** (Bergb) *s.* Bohrer, Löffel (Bergb). **q) Schöpf~** || surface auger; clay auger || cuillère f.; tarière f. **r) Schrauben~** || screw tap || taraud m. **s) Spiral~** || twist drill || foret m. hélicoïdale. **t) Spitz~** || pointed drill || foret m. à langue d'aspic. **u) Stangen~** || long eye auger || tarière f. torse. **v) Stein~** || rock drill || fleuret m. de mine. **w) Ventil~** || auger with valve || sonde f. à clapet. **x) Vor~** || boring bit || amorçoir m. **y) Zapfen~** || pine drill || foret m. à teton cylindrique; mèche f. à conducteur *ou* à teton; foret m. à langues de carpe; tarière f. **z) Zapfloch~** || taphole borer || mèche f. pour trous de broches. 27

a) Zentrums~ || center bit || mèche f. à cuiller *ou* à tetine; mèche anglaise. **b) zweischneidiger ~** || double cutting drill *or* bit || mèche f. à deux tranches *ou* à deux tranchants. 28

Bohrer-einsteckende n. (Bohrhammer) || chisel shank || queue f. de fleuret. **a) ~fräser** m. || borer with fraiser || bondonnière-fraisoir f. **b) ~schärfmaschine** f. || drill sharpening machine || machine f. à aiguiser *ou* à affûter les forets. **c) ~schmied** m. || drill smith || forgeur m. de mèches. **d) ~spitze** f. || drill bit || mèche f. **e) ~stauchmaschine** f. || drill upsetting machine || machine f. à refouler les forets. 29

Bohr-fäustel m. (Bergb) || miner's hammer *or* mallet || marteau m. de mineur. **a) ~futter** n. || boring socket; chuck; drill chuck || mandrin m. de serrage; manchon m. pour le faux-bouton; toc-toc m.; manchon m. porte-mèches. 30

Bohrgerät n. || boring *or* drilling tool || outil m. à forer *ou* à percer; ustensile m. de forage. **a) ~** (Bergb) || boring *or* drilling tool || outil m. de sondage. **b) Brunnen~** || well sinking tool; boring tool for wells || outil m. de creusage pour puits. **c) ~** für **Tiefbohrungen** (Bergb) || deep boring tool || outil m. à forer *ou* de sondage en grande profondeur. 31

Bohr-gerüst n. || breast plate; bore frame; drilling frame || palette f. à forer. **a) ~gesellschaft** f. || mining prospecting company || société f. de sondages. **b) ~gestänge** n. (Bergb) || system of boring rods; boring tools pl. || tiges fpl. *ou* tirant m. de sondage. **c) ~grat** m. || burr || ébarbure f.; barbe f.; bavure f. 32

Bohrhammer m. || drilling *or* boring *or* rock drill hammer || marteau m. à percer; perforatrice f. à marteau; marteau-foreur m. **a) Gesteins~** || rock drilling hammer || marteau-foreur m. pour roches. **b) Preßluft~** || pneumatic drilling hammer || marteau m. perforateur pneumatique; marteau-foreur m. à air comprimé. 33

Bohr-knarre f. || ratchet brace *or* drill; rack brace || cliquet m. à percer; racagnac m. **a) ~kopf** m., Mehrspindel || multiple spindle drill head || plateau m. d'alésage à forets multiples. 34

Bohrkrone f. || bore crown || couronne f. de mèche. **a) Diamant~** || diamond bore crown || couronne f. à pointes de diamants. 35

Bohr-krückel m. (Bergb) || brace head *or* brace key on the top of the bore rod || manche m. de manœuvre; tête f. de sonde; manivelle f. de sonde; tourne-à-gauche m. de manœuvre. **a) ~lehre** f. || templet for boring; drill gauge || gabarit m. pour le perçage; calibre m. de perçage. **b) ~leistung** f. || drilling capacity || capacité f. de perçage. **c) ~leistungsversuch** m. || hardness testing of material under drill || essai m. de sûreté des couches à percer. 36

Bohrloch n. || bore hole || trou m. de sondage *ou* de sonde. **a) ~pumpe** f. || bore hole pump || pompe f. à trous de mine. 37

Bohrmaschine f. || boring *or* drilling machine; driller || machine f. à percer *ou* à forer; appareil m. de perforation; foreuse f.; perceuse f.; forerie f.; aléseuse f.; alésoir m. a) **Ausleger~** || radial drilling machine || machine f. à percer radiale à broche centrale. b) **Diagonal~** || diagonal drilling machine || machine f. à percer en diagonale. c) **Diamant~** || diamond drill || perforateur m. à diamants. d) **Doppelsäulen~** || two column drilling machine || perceuse f. à deux montants. e) **Dübelloch~** || peg holes boring machine || machine f. à forer les trous de goujons. f) **fahrbare ~** || portable drill || machine f. à percer roulante. g) **Feuerbuchs~** || fire box drilling machine || machine f. à percer les foyers de chaudières. h) **Fünfspindel~** || five spindle drilling machine || perceuse f. à cinq broches. i) **Gesteins~** || rock boring machine; rock drill || machine f. à percer les roches; foreuse f. pour roches. k) **Hand~** || hand boring machine || perceuse f. à main. l) **Hand~** (Bergb) || rock drill worked by hand || perforatrice f. à main. m) **~ für Holz** || drilling machine for wood || perceuse f pour bois. n) **Kessel~** || drilling machine for boilers || machine f. à percer les chaudières. o) **Knüppel~** || billet boring machine || foreuse f. pour billettes. p) **Kohlendreh~** || rotary coal drilling machine || perceuse f. rotative à houille. q) **Langloch~** || hollow *or* long holes boring machine || machine f. à percer les trous oblongs. r) **~ mit liegender Bohrwelle** || horizontal boring machine || forerie f. horizontale. s) **mehrspindelige ~** || multiple spindle drill || machine f. à percer à broches multiples; perceuse f. *ou* foreuse f. à forets multiples. t) **~ für die Metallbearbeitung** || drilling machine for metal working || perceuse f. pour métaux. u) **Mitnehmerlöcher~** || drilling machine for driving pin holes || perceuse f. pour trous d'entraînement. v) **Präzisionsschnell~** || precision high speed sensitive drilling machine || perceuse f. rapide de précision. w) **Preßluft~** || compressed air drilling machine || machine f. à percer à air comprimé. x) **Radial~** || radial drilling machine || machine f. à percer radiale. y) **Rauchkammer~** || smoke box drilling machine || perceuse f. pour boîtes à fumée. z) **Röhren~** || tube boring machine || machine f. à percer *ou* à alèser les tubes. 1

a) **Säulen~** || upright drilling machine || machine f. à percer verticale. b) **Schnell~** || high speed drilling machine || machine f. à percer rapide; perceuse f. rapide. c) **~ mit selbstzentrierenden Klemmbacken** || boring lathe with self centering jaws || machine f. à percer avec mâchoires à centrage automatique. d) **~ für Sonderzwecke** || single purpose drilling machine || machine f. à percer spéciale. e) **Ständer~** || heavy duty upright drilling machine || machine f. à percer verticale de grande puissance. f) **~ mit stehender Bohrwelle** || vertical boring machine || forerie f. verticale. g) **Stein~** || rock-drill || perforatrice f. de roches. h) **Stoß~** || percussion drilling machine || perforatrice f. à percussion. i) **tragbare elektrische ~** || portable electrical drill || perceuse f. électrique portative. k) **Universalradial~** || universal radial drilling machine || perceuse f. radiale universelle. l) **Vielspindel~** || multiple drilling machine || perceuse f. multiple. m) **wagerechte ~** || horizontal boring machine || machine f. horizontale à aléser. n) **Zapfloch~** || taphole boring machine || machine f. à percer les trous de mise en perce. o) **~ mit zwei Tischen** || double table boring machine || perceuse f. à deux tables. p) **Zylinder~** || cylinder boring machine || machine f. à percer les cylindres. 2

Bohr- und Versenkmaschine f. || countersinking drilling machine || perceuse f. à noyer *ou* à fraiser les trous. 3

Bohr-maschinenarbeiter m. || drilling machine worker || perceur m. à la machine. a) **~mehl** n. || borings pl.; bore dust || poussière f. de perçage; farine f. de perçage; copeaux mpl. 4

Bohrmeißel m. || boring chisel; trepan || trépan m. de sondage; burin m.; fleuret m. de mine; casse-pierre m. a) **gewöhnlicher ~** || common design of trepan || fleuret m. ordinaire. b) **Messer** n. des **~s** || tooth of trepan || tranchant m. de fleuret. c) **~ mit seitlicher Wasserspülung** (Bergb) || trepan with lateral water clearing || fleuret m. à nettoyage latéral à l'eau. d) **~ mit zentraler Wasserspülung** || trepan with central water clearing || fleuret m. à nettoyage central a l'eau. 5

Bohr-meißelstahl m. || drill steel || acier m. pour forets. a) **~meister** m. (Bergb) || well *or* master borer || chef-foreur m.; foreur m. de sondages. b) **~messer** n. || boring cutter || lame f. d'alésage. c) **~öl** n. || boring oil || huile f. pour perçage et taraudage. d) **~ort** m. (Bergb) || bottom of a bore hole || fond m. d'un trou de mine *ou* de sondage. e) **~presse** f. || drill press || foreuse f. à colonne. f) **~probe** f. || core sample || carotte-échantillon m. g) **~ratsche** f. || rock *or* ratchet drill; cat rake; ratchet; racket brace || vilebrequin m. à cliquet; touret m. *ou* perçoir m. à rochet; cliquet m. pour percer; raquette f. perceuse. h) **~reitstock** m. || boring head || contre-poupée f. de perçage. i) **~rohr** n. || boring tube; borehole tubing || tuyau m. de forage *ou* de tubage. k) **~schablone** f. || drilling jig || calibre m. de forage. l) **~schacht** m. || shaft put down by boring || puits m. de sondage. 6

Bohrschlitten m. || sliding drill head *or* arm || poupée f. *ou* chariot m. de guidage; chariot m. porte-broche. a) **~weg** m. || traverse of saddle on arm || course f. du chariot porte-broche. 7

Bohr-schneide f. || bit; boring bit *or* cutter || lame f. d'alésage; fleuret m.; ébauchoir m. à mortaises. a) **~späne** mpl. || chips pl.; borings pl.; drillings pl. || alésures fpl.; copeaux mpl. de foret; farines fpl. 8

Bohrspindel f. || boring spindle; drilling *or* cutter bar || arbre m.; porte-foret m.; porte-mèche m.; barre f. d'alésage; broche f.; barre f. à aléser. 9

Bohrspindel-ausladung f. || distance centre of drill spindle to column || distance f. de l'axe de la broche au bâti. a) **~führung** f. || drilling spindle guide || guide m. de la broche de perçage. b) **~hub** m. || travel of drill spindle || course f. de la broche. 10

Bohrstahl m. || boring tool || outil m. à aléser. a) **~ für Gesteinsbohrungen** || drill steel for rock drills || acier m. de tarière pour forage de roches; acier m. pour fleurets. 11

Bohrständer m. || upright || montant m. 12

Bohrstange f. || boring bar *or* rod; cutter bar || arbre m. *ou* barre f. d'alésage; tige f. porte-foret. 13

Bohrstangenhalter m. || boring-tool holder *or* snout || porte-barre m. d'alésage. 14

Bohr-stock m. (Bergb) || boring rod || tige f. de sondage. a) **~tiefe** f. || boring depth; depth of hole *or* bore || profondeur f. de forage *ou* d'alésage. 15

Bohrtisch m. || drilling machine table || plateau m. *ou* table f. de perçage. a) **Versuchs~** || drilling machine table for testing || appareil m. pour essais de perçage sur les foreuses. 16

Bohrturm m. || tower for boring purposes; shaft house; derrick || échafaud m. *ou* tour f. à forer *ou* de sondage *ou* de fonçage. 17

Bohrung f. || bore; boring; hole || alésage m.; forage m; forure f.; diamètre m. du trou. a) **abgesetzte ~** || stepped hole || alésage m. étagé. b) die **~ aufreiben** || to ream the hole || calibrer l'alésage m. c) eine **~ ausführen** (Bergb) || to put down a borehole || faire un sondage. d) die Achse ist mit **durchgehender ~** versehen || the axle is hole bored from end to end || l'essieu m. est percé sur toute sa longueur. e) **Flach~** (Bergb) || boring || sondage m. f) **konische ~** || taper hole *or* bore || forage m. conique. g) **~ der Scheibenfeder** || boring of plate spring || vide m. de rondelle Belleville. h) die **~ schlichten** || to finish the hole || finir l'alésage m. i) **~ der Teilspindel** || bore of dividing spindle || alésage m. de broche de la poupée à diviser. k) **Tief~** || deep boring *or* drilling || sondage m. *ou* fonçage m. *ou* forage m. à grande profondeur. l) die **~** hatte sich nicht mehr **vergrößert** || the bore had not increased || l'alésage m. ne s'était plus agrandi. 18

Bohr-versuch m. (Bergb) || experimental boring; exploratory drilling; trial boring || essai m. de sondage; sondage m. de recherches *ou* de reconnaissance *ou* d'exploration. a) **~vorrichtung** f. || boring device || dispositif m. à percer. b) **~werk** n. und Drehwerk n. mit wagerechter Planscheibe || boring and turning machine with horizontal face plate || aléseuse f. et tour m. à plateau horizontal. c) **~werkzeug** n. *s.* ~gerät. d) **~winde** f. || ratchet brace || cliquet m. e) **~wurm** m. || ship worm || taret m. f) **~zeug** n. (Bergb) *s.* ~gerät (Bergb). 19

Böigkeit f. || bumpiness || air m. agité. 20

Boje f. || buoy || bouée f. a) **Anker~** || anchor buoy || bouée f. d'ancre. b) **Ansegelungs~** || fairway buoy || bouée f. d'atterrage. c) ein Fahrwasser n. **durch ~n** fpl. **bezeichnen** || to buoy a channel || baliser un chenal. d) **Glocken~** || bell buoy || bouée f. à cloche. e) **Rettungs~** || life buoy || bouée f. de sauvetage. f) **Tonnen~** || cask buoy || bouée f. en baril. 21

boken, den Flachs m. || to brake the flax || piler le lin. 22

Bollwerk n. || camp sheathing; bulwark || palée f. de berge; bastion m. 23

Bolomesser m. *s.* Bolometer. 24

Bolometer n. || bolometer || bolomètre m. 25

bolometrisch || bolometric || bolométrique. 1

Bolzen m. || bolt; pin; peg || boulon m.; axe m.; cheville f. **a) Abscher~** || shearing bolt || goujon m. de cisaillement. **b) ~ mit bearbeitetem Kopf** || bolt with head machined || boulon m. avec tête usinée. **c) ~eines Blocks** || pin of pulley || essieu m. de poulie; gouvion m. **d) Dreh~** || fulcrum pin || tourillon m. **e) Durchfluß~** || hollow bolt conduit || boulon m. creux. **f) durchgehender ~** || passing bolt; through bolt || boulon m. traversant. **g) einsteckbarer ~** || loose *or* stop pin || cheville f. démontable. **h) eiserner ~** eines Schienenstuhls (Eisenb) || iron pin of a rail chair || cheville f. d'un coussinet. **i) Feder~** || spring bolt || boulon m. de ressort. **k) geschlitzter ~** || slotted bolt || boulon m. encoché. **l) glatter ~** || plain bolt || boulon m. uni. **m) mit großem Kopf** || bolt with large head || boulon m. avec grande tête. **n) ~ mit halbrundem Kopf** || cup headed bolt || boulon m. à tête bombée. **o) Kaltpresse** f. zum Formen und Stauchen von ~ || cold press for forming and upsetting bolts || presse f. à froid pour former et fouler des boulons. **p) Keil~** || cotter bolt || boulon m. en forme de coin. **q) ~ mit konischem Kopf** || pan headed bolt || boulon m. à tête tronconique. **r) Kuppel~** || knuckle pin || cheville f. d'attelage. **s) Laschen~** (Eisenb) || track bolt for fastening fish plates || boulon m. à vis pour fixer les éclisses. **t) Lenker~** || link pin || boulon m. de guide. **u) einen ~ m. lockern** || to loosen a bolt || dégager *ou* déserrer un boulon. **v) ~ mit rundem Kopf** || round headed bolt || boulon m. à tête ronde. **w) ~** eines **Scharnieres** || pin of a joint || clavette f. d'une articulation *ou* d'une charnière. **x) Schließ~** || eye bolt and key; eye bolt || boulon m. à œil *ou* à clavette *ou* à goupille. **y) Schrauben~** || screw bolt || boulon m. fileté. **z)** an beiden Enden mit **Schraubengewinde** versehener ~ || bolt with both ends threaded || tige f. de fer à extrémités filetées. 2

a) sechskantiger ~ || hexagonal *or* sixsided *or* sixpaned bolt; hexagon head bolt || boulon m. à six pans. **b) Splint~** || key bolt || boulon m. à clavette. **c) Stellring~** || adjusting ring bolt || boulon m. de bagues d'arrêt. **d) Verankerungs~** || foundation bolt || boulon m. d'ancrage. **e) Verbindungs-~** || connecting bolt || boulon m. d'assemblage. **f) vernickelter ~** || nickel plated bolt || boulon m. nickelé. **g) vernieteter ~** || clinched *or* riveted bolt || boulon m. rivé. **h) versenkter ~** || countersunk bolt || boulon m. noyé. **i) ~ mit versenktem Kopf** || countersunk headed bolt || boulon m. à tête encastrée. **k) einen ~ m. versplinten** || to cotter a bolt || goupiller un boulon. **l) versplinteter ~** || splint bolt || boulon m. goupillé. **m) ~ mit Vierkantkopf** || square headed bolt || boulon m. à tête carrée. **n) Zerreiß~** || breaker bolt || boulon m. de rupture. 3

Bolzen-gewindeschneidmaschine f. || bolt thread cutting machine || machine f. à fileter les queues de boulons. **a) ~kette** f. || bolt chain || chaîne f. à boulons. **b) ~kopfschmiedemaschine** f. || bolt head forging machine || machine f. à forger les têtes de boulons. **c) ~macher** m. || bolt maker || boulonnier m.; fabricant m. de boulons. **d) ~material** n. || bolt and nut articles pl. || articles mpl. de boulonnerie. **e) ~meßgerät** n. || measuring instrument for cylindrical work || appareil m. pour la vérification des tiges. **f) ~schaftfräsmaschine** f. || bolt milling machine || machine f. à fraiser les tiges de boulons. **g) ~scheibe** f. || washer || rondelle f. d'écrou de boulon. **h) ~schere** f. || bolt shearing machine || cisaille f. à boulons. **i) ~schlüssel** m. || spanner; wrench || clé f. à boulons. **k) ~schmiedemaschine** f. || bolt forging machine || machine f. à forger les boulons. **l) ~schneider** m. || bolt cutter || coupeboulon m. **m) ~schneidmaschine** f. || bolt screw cutting machine || machine f. à tarauder les boulons. **n) ~verschraubung** f. || bolt screwing; bolting || joint m. par boulonnage. 4

Bombasin m. || bombazine || alépine f. 5

Bombayhanf m. || Bombay hemp || bombax m. 6

Bombe f. (Waff) || bomb || bombe f. **a) Flieger~** || aircraft *or* aerial bomb || bombe f. aérienne *ou* d'avion. **b) kalorimetrische ~** || calorimetric bomb || bombe f. calorimétrique. **c) Rauch~** || smoke bomb || bombe f. fumigène. **d) Splitter~** || fragmentation *or* shrapnel bomb || bombe f. à fragmentation. **e) Zerstörungs~** || demolition bomb || bombe f. à démolir. 7

Bombenabwurf-hebel m. || bomb release lever || levier m. de lancement des bombes. **a) ~vorrichtung** f. || bomb rack || lance-bombe f. **b) ~zielgerät** n. || bomb sight || viseur m. de bombardement. 8

Bombenflugzeug n. || bombing airplane; bomber || avion m. à bombes *ou* de bombardement. **a) Groß~** || large bomber || gros avion m. de bombardement. **b) Nacht~** || night bombing aeroplane; night bomber || avion m. de bombardement de nuit. **c) Tag~** || day bombing aeroplane; day bomber || avion m. de bombardement de jour. 9

bombensicher eindecken (Bauw) || to cover bomb proof || mettre à l'abri *ou* à l'épreuve de la bombe. 10

Bonbon m. || bonbon || bonbon m. 11

Bonbon-einwickler m. || sweets wrapper || habilleur m. de bonbons. **a) ~fabrik** f. || confectionery || confiserie f. **b) ~glas** n. || sweetmeat glass || verre m. à bonbons. **c) ~maschine** f. || sweetmeat *or* bonbon machine || machine f. à fabriquer les bonbons. 12

Boot n. || boat; barge || canot m.; embarcation f.; chalan(d) m. **a) Dampf~** || steam launch || chaloupe f. à vapeur. **b) Eilgüter~** || express cargo boat || chaland m. pour service accéléré. **c) Flug~** || flying boot || hydravion m. à coque. **d) gedecktes ~** || decked boat || bateau m. ponté. **e) großes ~** || long boat; launch || chaloupe f. **f) Hafen~** || harbour boat || vedette f. de port. **g) kleines ~** || jolly boat || barque f. **h) Klinker~** || clincher built boat || canot m. bordé à clin. **i) Motor~** || motor boat || canot m. *ou* bateau m. automobile. **k) offenes ~** || open *or* undecked boat || bateau m. non ponté. **l) Personenbeförderungs~** || passenger launch || vedette f. à passagers. **m) Rettungs~** || life boat || bateau m. de sauvage. **n) zusammenklappbares ~** || folding *or* collapsible *or* collapsing boat || canot m. pliable *ou* pliant. 13

Boots-anker m. || grapnel || grapin m. **a) ~ausrüstung** f. || boat furnishing || équipement m. de canots. **b) ~bauer** m. || boat builder || constructeur m. de bateaux *ou* d'embarcations. **c) ~bauerei** f. || wood ship building || construction f. de barques. **d) ~besatzung** f. || boat's crew || équipage m. d'un canot. **e) ~boden** m., **gekielter** || keeled bottom of a boat || fond m. du bateau en quille. **f) ~bug** m. || bow of the boat || proue f. de la coque. **g) ~davit** m. || ship's davit || bossoir m. **h) ~fender** m. || boat's fender || défense f. d'embarcation. **i) ~flagge** f. || boat's flag || pavillon m. d'embarcation. **k) ~gast** m. || boat man; rower || canotier m. **l) ~gräting** f. (Schiffb) || boat's grating || caillebottis m. pour embarcations. 14

Bootshaken m. || boathook; setting pole || gaffe. f.; croc m. de batelier. **a) mit einem ~ abstoßen** || to put off a launch with a boathook || déborder *ou*. décaler une chaloupe avec une gaffe. 15

Boots-haus n. || boat house with club rooms || club-house m. des canotiers; hangar m. de bateaux. **a) ~heißmaschine** f. || boat hoist || monte-embarcations m. **b) ~kasten** m. || boat's locker || coffre m. d'embarcation. **c) ~kombüse** f. || boat's caboose || cambuse f. d'embarcation. **d) ~kompaß** m. || boat compass || volet m.; compas m. d'embarcation. **e) ~lack** m. || boat varnish || vernis m. pour bateaux. 16

Bootsmann m. || boatswain || matelot m.; maître m. de manoeuvre. 17

Bootsmanns-maat m. || boatswain's mate || aide-bosseman m.; second-maître m. **a) ~pfeife** f. || whistle call || sifflet m.; rossignol m. 18

Boots-mast m. || boat's mast || mât m. d'embarcation. **a) ~motor** m. || boat motor || moteur m. pour bateau. **b) ~-nagel** m. || boat nail || clou m. pour bordage de canot. **c) ~pflicht** f. || cuddy || tille f. **d) ~segel** n. || boat's sail || voile f. d'embarcation. **e) ~sonnensegel** n. || boat's awning || tente f. d'embarcation *ou* de nage. **f) ~stummel** m. (Luftf) || wing stump || nageoire f. **g) ~ takel** n. (Seew) || boat's tackle || palan m. d embarcation. **h) ~takelage** f. (Schiffb) || boat's rig || gréement m. d'embarcation. **i) ~verleihung** f. || boat letting out || location f. de bateaux. **k) ~wagen** m. || boat carriage; boat wagon || haquet m. à nacelle. **l) ~werft** f. || boat building workings || chantier m. de construction des embarcations. 19

Bor n. || boron || bore m. 20

Borax m. || borax; borate of sodium || borax m.; soude f. boratée; borate m. de soude. **a) gemahlener ~** || powdered borax || borax m. pulvérisé. **b) kristallisierter ~** || crystallized borax || borax m. cristallisé. 21

Borax-büchse f. || borax *or* soldering box || boraxoir m.; borasseau m.; rochoir m. **a) ~firnis** m. || **borax** varnish || vernis m. au borax. 22

Borazit m. (Miner) || boracite; borate of magnesia || magnésie f. boratée; borate m. de magnésie; boracite f. 23

Bord m. (Seew) || board || bord m. **a) an ~** (Luftf; Seew) || aboard || à bord. **b) an ~!** || come a-board! || embarque! **c) an ~ nehmen** || to ship || embarquer; mettre à bord m. **d) ~ an Bord** || close alongside ||

bord m. à bord. e) **frei an ~** || free on board (fob) || franc à bord m. f) **loser ~** || (Rohr) || loose flange || bague f. folle. g) **~ einer Salzpfanne** || border of a salt pan || bord m. *ou* versat m. d'une chaudière à sel. h) **umgezogener ~** || flange || bord m.; collet m. i) **von ~ gehen** || to unship || débarquer. 1

Bord-anlage f., **funkentelegrafische** (Luftf) || airplane radio set || télégraphie f. sans fil de l'avion. a) **~brett** n. (Windmüll) || wind board || planche f. du bord. b) **~buch** n. || log book || carnet m. de route. c) **~dienst** m. || duty on board || service m. à bord. 2

Bördel-arbeit f. || flanged sheet work || pièces fpl. avec brides. a) **~blech** n. aus Flußeisen || mild steel plate flanged for fire-boxes || tôle f. à collet en acier doux pour foyers. b) **~einrichtung** f. || flanging attachment || dispositif m. à border. c) **~maschine** f. || bordering *or* flanging machine || machine f. à tomber *ou* à brider les bords; machine f. à border. 3

bördeln || to flange; to border; to edge || brider; border. a) auf der **Presse** f. **~** || to press a bead on || border à la presse. 4

Bördeln n. von Kesselböden || flanging the boiler ends || emboutissage m. de fonds de chaudières. 5

Bördel-presse f. || flanging press || presse f. à emboutir *ou* à border. a) **~ und Flanschpresse** f. || flanging press || presse f. à emboutir et tomber les bords. b) **~rohr** n. || flanged pipe || tuyau m. à bride. 6

Bord-empfangsgerät n. || board receiving set || poste-récepteur m. de bord. a) **~funkstelle** f. || ship radio station || station f. radiotélégraphique de bord. b) **~hilfsaggregat** n. || marine auxiliary set || groupe m. auxiliaire de bord. c) **~kante** f. || edge of flange || rebord m. de tôle. d) **~montör** m. || board mechanic || monteur m. de bord. e) **~pfahl** m. || gauged pile of a cofferdam; standard pile || pilotis m. de bordage d'un bâtardeau. f) **~scheibe** f. || flanged wheel || poulie f. à rebord. g) **~schwelle** f. || coping; curb stone; kerbstone || longeron m. de bordure; parement m.; pierre f. de rebord. 7

Bordstein m. || slope stone || pierre f. de talus. a) **Gossen~** || cheekstone of a kennel in paving || jumelle f. d'une rigole en pavé. 8

Borduhr f. || board chronometer; board watch || horloge f. *ou* montre f. de bord. 9

Bordürenband n. || trimming ribbon || galon-ruban m. 10

Boretschblüte f. || borage flower || fleur f. de bourrache. 11

Borflußsäure f. || borofluoric acid || acide m. borofluorique. 12

Borke f. || bark; rind || écorce f. 13

Borken-käfer m. || bark boring beetle || scarabée m.; bostriche m. a) **~stampfe** f. || bark mill || moulin m. à écorces. 14

Boronatrokalzit m. || ulexite || ulexite f.; natroborocalcite f. 15

Borsalbe f. || boric ointment || onguent m. borique; vaseline f. boriquée. 16

borsauer || boric; borate of || borique; borate m. de. 17

borsaur-es Barium n. || barium borate || borate m. de baryte. a) **~es Blei** n. || lead borate || borate m. de plomb. 18

Borsäure f. (Chem) || boric acid || acide m. borique. a) **~** || native boracic acid; sassoline || acide m. boracique natif; sassoline f. b) **~ in Schuppen** || flaky boric acid || acide m. borique en paillettes. 19

Börse f. (Handel) || exchange; bourse || bourse f. a) **~** (Bauwerk) *s.* Börsengebäude. b) **Geld~** || purse || bourse f. c) **Leder~** || leather purse || bourse f. en cuir. d) **silberne ~** || silver purse || bourse f. en argent. 20

Börsen-bericht m. || exchange *or* market report || bulletin m. de la bourse. a) **~blatt** n. *s.* ~bericht. b) **~drucker** m. || stock ticker || télégraphe m. commercial. c) **~effekten** pl. || stock exchange securities pl. || valeurs fpl. en bourse. d) **~gebäude** n. || exchange || bourse f. e) **~gerücht** n. || stock exchange rumour || bruit m. de bourse. f) **~gespräch** n. (Fernm) || stock exchange call || conversation f. boursière. g) **~krach** m. || crash *or* panic on the exchange || débâcle f.; krach m. h) **~kurs** m. || current *or* market price; current *or* market rate; price current on change || cours m. de la bourse. i) **~makler** m. || stock broker; bill jobber || agent m. de change. k) **~ordnung** f. || stock exchange rules pl. || règlement m. de la bourse. l) **~papiere** npl. || stocks pl. and shares pl. || valeurs fpl. de bourse. m) **~sprechstelle** f. || stock exchange station || poste m. de bourse. n) **~steuer** f. || stock exchange tax || impôt m. sur les opérations de bourse. 21

Borstahl m. || boron steel || acier m. au bore. 22

Borste f. (Haar) || bristle || poil m.; soie f. (de cochon). a) **~** (im Stahl) || crack; fissure || crevasse f.; gerçure f.; crique f. b) **Basal~** || basal bristle || brosse f. *ou* soie f. dorsale. 23

Borsten-besen m. || broom of bristles || balai m. de soies de porc. a) **~bürste** f. || bristle brush || brosse f. en poil. b) **~bürstenbinderwaren** fpl. || brushes pl. of hog's bristles || brosserie f. garni de poils. c) **~färber** m. || bristle dyer || teinturier m. en soies. d) **~haarausrupfer** m. || bristle puller || éjarreur m. e) **~pinsel** m. || bristle brush || pinceau m. en soie. f) **~zurichterei** f. || bristle finishing works pl. || usine f. d'apprêt des soies de porcs. 24

Borte f. (Posam) || galloon; trimming; ribbon || galon m.; ruban m. 25

Bortennäher m. (Maschine) || collarette guide || appareil m. à monter les collarettes. a) **~** (Schneid) || ribboner || poseur m. de rubans. 26

Borten-wirker m. || galloon *or* lace maker; laceman; trimming *or* loop maker || passementier m.; galonnier m. a) **~wirkerei** f. || lace working || passementerie f. 27

böschen (Straßenb) || to slope; to escarp || adosser; taluter. 28

Böschung f. || slope; sloping || talus m.; pente f. a) **natürliche ~** (Eisenb) || natural slope || talus m. naturel. 29

Böschungs-fläche f. einer Ufermauer (Wasserb) || battered face of a wall || parement m. d'un mur. a) **~rand** m. || edge of slope || bord m. du talus. b) **~winkel** m. || gradient of a slope; natural slope || inclinaison f. d'un talus. 30

Bosch-magnet m. || Bosch magneto || magnéto m. Bosch. a) **~zündung** f. || Bosch ignition || allumage m. Bosch. 31

böse Wetter npl. || after *or* choke *or* black damp || pousse f.; pouteure f.; gaz m. délétères *ou* méphitiques. 32

Boßhammer m. (Maur) || large *or* bush *or* boss hammer || pic m. *ou* boucharde f. des maçons; gros marteau m. à briser. a) **~** (Schmied) || sledge *or* large *or* about hammer || gros marteau m. de devant. 33

Bossier-arbeit f. (Bildh) || embossment || ouvrage m. en bosse; bosselage m. a) **~eisen** n. (Bildh) || embossing iron || talon m.; ébauchoir m. en fer. 34

bossieren, einen Bruchstein || to axe *or* to dress a quarrystone || piquer un moellon. 35

Bossierer m. || embosser || piqueur m. de moellons. 36

Bossierhammer m. (Steinm) || stone mason's hammer || marteau m. de tailleur de pierres. 37

Botanik f. || botany || botanique f. 38

Botaniker m. || botanist || botaniste m. 39

botanisch-e Lupe f. || botanical magnifier || loupe f. pour botanistes. a) **~e Untersuchung** f. || botanical investigation || recherche f. botanique. 40

Böttcher m. || cooper || tonnelier m.; futailleur m.; foudrier m.; douvrier m.; baquetier m. 41

Böttcherei f. || cooperage || tonnellerie f.; barillage m. 42

Böttcher-hammer m. || cooper's hammer || marteau m. pour tonneliers. a) **~messer** n. || staves hollowing knife || plane f. creuse pour tonneliers; couteau m. tordu. 43

Böttcherwerkzeug n. || cooper's tools pl. || outils mpl. de tonneliers. 44

Bottich m. || coop; keeve; tub; vat; trough; tun; tank; pail || cuve f.; tonneau m.; bac m. a) **Anstell~** (Brau) || gyle tun; starting tub *or* vessel || cuve f. guilloire. b) **Ausschlag~** (Brau) || hop jack; underback || panier m. à houblon. c) **Brau~** || brewing cup *or* tun; mash tun || cuve f. matière *ou* à brasser. d) **Gär~** || fermenter; fermenting tub *or* tun *or* vat *or* vessel || cuve f. guilloire *ou* de fermentation. e) **Rühr~** || stirring tub || cuve f. à agitateur. 45

Bottich-gärung f. || tun fermentation || fermentation f. en cuve. a) **~geläger** n. (Brau) || tun sediment || fonds m. de cuve. b) **~hahn** m. || tun cock || robinet m. de cuve. c) **~holz** n. || tun wood || bois m. pour cuves. d) **~lack** m. || tun varnish || vernis m. pour cuves. e) **~mantel** m. || tun casing *or* jacket || enveloppe f. extérieure de cuve. f) **~schwimmer** m. (Brau) || attemperator || flotteur m. *ou* nageur m. de cuve. g) **~seiher** m. (Brau) || tun drainer || faux-fond m. de cuve. h) **~ventil** n. (Brau) || tun valve || vanne f. de cuve. 46

Bouillon f. || meat broth || bouillon m. a) **~gelatine** f. || meat broth gelatine || bouillon m. gélatinisé. b) **~würfel** m. || bouillon capsule || capsule f. pour bouillon. 47

Bournonit m. || bournonite || antimoine m. sulfuré plumbo-cuprifère; bournonite f. 48

Bourrettegarn n. || bourrette yarn || fil m. de bourrette de soie. a) **~spinnerei** f.

(Seide) || coarse silk spinning || filature f. de bourrette. 1

Bourrette-handschuh m. || bourrette glove || gant m. de bourrette. **a) ~seide** f. || bourrette || bourrette f. de soie. 2

Bowle f. (Gefäß) || bowl; tureen || bol m. **a) ~** (Wein) || mulled *or* spiced wine || bol m. 3

Brackwasser n. || brackish water || eau f. saumâtre. 4

braken (Flachs) || to break the flax || broyer le lin. 5

Bramahschloß n. || bramah lock || serrure f. à pompe. 6

Bramleesegel n. || studding sail; topgallant || bonnette f. de perroquet. 7

Bramme f. || iron slab; slab bloom || brame f. 8

Brammen-auflegevorrichtung f. || putting on device for slabs || dispositif m. de chargement pour brames *ou* lingots. **a) ~schere** f. || slab shears pl. || cisailles fpl. à brames. 9

Bram-saling f. || topgallant cross trees pl. || barre f. de perroquet. **a) ~segel** n. || topgallant sail || perroquet m. **b) ~tuch** n. || duck; harding || toile f. à voiles légère; toile f. mélis *ou* d'olonne. 10

Brand m. (Feuersbrunst) || fire || incendie m.; embrasement m. **a) ~** (Töpf) || batch; charge; burning || charge f.; cuite f.; fournée f.; roulement m. **b) ~** (Verbrennen) || combustion; burning || combustion f. **c)** den **~** m. **einfahren** (Ziegelei) || to put *or* to set the bricks pl. in the kiln || enfourner les briques fpl. 11

Brand-bombe f. incendiary bomb || bombe f. incendiaire. **a) ~hahn** m. || fire extinguishing lever || robinet m. de l'extincteur d'incendie. **b) ~kasse** f. || fire insurance office *or* fund || caisse f. d'assurance contre l'incendie. **c) ~lunte** f. || slow match || mèche f. incendiaire. **d) ~malerei** f. || pyrography || pyrogravure f. **e) ~mauer** f. || fire *or* fireproof *or* strong *or* party wall || mur m. réfractaire *ou* massif *ou* mitoyen; mur m. protégeant contre le feu **f) ~pappe** f. *s.* ~sohlenpappe. **g) ~probe** f. (Bauwesen) || fire test || épreuve f. par le feu; essai m. de résistance au feu. **h) ~salbe** f. || burns ointment || liniment m. pour les brûlures. **i) ~schaden** m. || losses pl. by fire; damage caused by fire || pertes fpl. par incendie; dommage m. causé par l'incendie. **k) ~schiefer** m. || bituminous *or* oil shale; coal slate || schiste m. bitumineux; pyroschiste m. **l) ~schott** n. || fireproof bulkhead || cloison f. parefeu *ou* à localiser l'incendie. **m) ~silber** n. || refined silver || argent m. raffiné. 12

Brandsohle f. (Schuhm) || inner sole; insole || semelle f. intérieure; première f. 13

Brandsohlen-fütterer m. (Schuhm) || insole liner || entoileur m. de premières. **a) ~leder** n. || leather for inner soles || cuir m. pour demi-semelles. **b) ~pappe** f. || cardboard for inner soles || carton m. pour la seconde semelle. 14

Brandstelle f. || burning place || lieu m. d'un incendie. 15

brandstiftender Stoff m. || incendiary material || matériel m. incendiaire. 16

Brandung f. || surf || ressac m. 17

Brandungs-kehle f. || channel formed by breakers || creux m. du ressac. **a) ~linie** f. || coast *or* shore line || ligne f. de démarcation des eaux sur les côtes. **b) ~welle** f. || breaker; roller || vague f. de ressac. 18

Brand-versicherung f. || fire insurance || assurance f. contre l'incendie. **a) ~wunde** f. || burn || brûlure f. 19

Bränke f. || yeast tub || baquet m. à levure. 20

Brannt-hefe f. || spent yeast || levure f. brûlée. **a) ~kalk** m. || caustic lime || chaux f. caustique. 21

Branntwein m. || spirits pl. of wine; ethyl alcohol || esprit m. de vin; alcool vinique; alcool m. éthylique. **a) ~brennerei** f. || brandy *or* spirit distillery || distillerie f. d'alcool *ou* d'eau-de-vie; brûlerie f. 22

Braschen fpl. || ashing pl. || scories fpl. **a) ~wäsche** f. || ashes washing || lavoir m. à scories. 23

Bratenhalter m. || mutton leg holder || manche m. à gigot. 24

Bratpfanne f. || frying *or* roasting pan || poêle f. à frire; sauteuse f. **a) ~** aus Stahl || steel frying pan || poêle f. à frire en acier. 25

Brat-rohr n. || roasting oven || rôtissoire f.; petit four m. à rôtir. **a) ~röhre** f. || frying tube || four m. à rôtir. **b) ~rost** m. || grill || gril m. **c) ~roster** m. || gridiron || grill m. 26

Bratsche f. || tenor violin || alto m. 27

Bratspieß m. || spit || broche f. 28

Bratspießdrehvorrichtung f. || winding turnspit || tourne-broche m. **a) selbsttätige ~** || automatic winding turnspit || tournebroche m. à remontoir. 29

Brau-bottich m. || brewing cup *or* tun; mash tun || cuve f. matière *ou* à brasser. **a) ~bursche** m. || brewery man || garçon-brasseur m. 30

brauchbar || useful || utilisable. 31

brauen || to brew || brasser. **a) Bier** n. **~** || to brew beer || brasser de la bière. 32

Brauen n. || brewing || brassage m. 33

Brauer m. || brewer; brewster || brasseur m. 34

Brauerakademie f. || brewer's academy || académie f. de brasserie. 35

Brauerei f. || brewery || brasserie f. **a) Dampf~** || steam brewery || brasserie f. à vapeur. **b) Groß~** || large brewery || grande brasserie f. **c) obergärige ~** || high *or* top fermentation brewery || brasserie f. de fermentation haute. **d) untergärige ~** || bottom *or* low fermentation brewery || brasserie f. de fermentation basse. 36

Brauerei-anlage f. || brewery plant || installation f. de brasserie. **a) ~apparat** m. || brewing apparatus; device for breweries || appareil m. pour brasseries. **b) ~bedarfsartikel** mpl. || brewery articles pl. || articles mpl. de brasserie. **c) ~besitzer** m. || brewer || brasseur m. **d) ~betrieb** m. || exploitation of a brewery || exploitation f. d'une brasserie. **e) ~chemiker** m. || brewing chemist || chimiste m. de brasserie. **f) ~direktor** m. || brewery manager || directeur m. de brasserie. **g) ~einrichtung** f. || brewery installation || installation f. pour brasseries. **h) ~hefe** f. || brewery yeast || levure f. de brasserie. **i) ~laboratorium** n. || brewery laboratory || laboratoire m. de brasserie. **k) ~maschine** f. || brewing machinery || machine f. pour brasseries. **l) ~oberhefe** f. || high brewery yeast || levure f. haute de brasserie. **m) ~rührwerk** n. || brewery stirring device || agitateur m. de brasserie. **n) ~treber** pl. || brewer's grains pl.; draff || drèche f. de brasserie. **o) ~unterhefe** f. || low brewery yeast || levure f. basse de brasserie. **p) ~vorrichtung** f. || brewing apparatus || appareil m. pour brasseries. **q) ~wagen** m. || brewery car || camion-brasseur m. 37

Brauer-gehilfe m. || brewer's man || garçon-brasseur m. **a) ~gilde** f. || brewers' corporation || association f. *ou* corporation f. des brasseurs. **b) ~pech** n. || brewer's pitch || poix f. de brasserie. **c) ~schule** f. || brewing school || école f. de brasserie. **d) ~tag** m. brewers' congress || congrès m. de brasseurs. **e) ~zeitung** f. || brewers' journal || journal m. de brasserie. 38

Brau-führer m. || foreman *or* under brewer || contremaître-brasseur m. **a) ~gerste** f. || brewing barley || orge f. de brasserie. **b) ~haus** n. || brew *or* mash house; brewery || salle f. de brassage; brasserie f. **c) ~herr** m. || brewer; brewster || brasseur m. **d) ~hof** m. || brewery || brasserie f. **e) ~industrie** f. || brewing industry || industrie f. de la brasserie. **f) ~innung** f. || brewers' corporation || corporation f. des brasseurs. 39

Braukessel m. || copper || chaudière f. à brasser. **a) Dampf~** || steam brew kettle || chaudière f. à brasser pour cuisson à la vapeur. 40

Brau-knecht m. || brewery journeyman || garçon-brasseur m. **a) ~krücke** f. || hand rake || brassoir m. **b) ~lehrling** m. || brewery apprentice || apprenti-brasseur m. **c) ~malz** n. || brewing malt || malt n. de brasserie. **d) ~material** n. || brewing material || matières fpl. premières pour le brassage. **e) ~meister** m. || brew(ing) master; head brewer || chef-brasseur m.; maître-brasseur m. **f) ~methode** f. || brewing process || méthode f. de brassage. 41

Braun n., Mangan || manganese brown || brun m. de manganèse. **a) Samt~** || velvet brown || brun m. velours. 42

Braunbier n. || brown beer || bière f. brune. **a) Doppel~** || double brown beer || bière brune double. 43

Braun-bleierz n. || pyromorphite; green lead ore; phosphate of lead || pyromorphite f.; plomb m. phosphaté *ou* vert *ou* brun. **a) ~eisenerz** n. *s.* Brauneisenstein. 44

Brauneisenstein m. || brown iron ore; limonite || limonite f.; hématite f. brune; fer m. oxydé hydraté. **a) schlackiger ~** || compact brown iron ore; iron pitch ore || fer m. oxydé noir vitreux. 45

Braun-eisensteingrube f. || brown hematite mine || mine f. d'hématite brune. **a) ~ erz** n. || vivianite; brown ore || minerai m. brun; vivianite f.; fer m. spathique mûr. **b) ~holzpapier** n. || brazil wood paper; browns; nature brown || papier m. fait avec du bois brun. **c) ~ kalk** m. || dolomite; pearl spar || chaux f. carbonatée magnésifère; dolomie f.; dolomite f.; spath m. perlé. 46

Braunkohle f. || brown coal; lignite || lignite m. **a) erdige ~** || earthy brown coal || lignite m. terreux; houille f. terreuse. **b) jüngere** geringwertige **~** || poor lignite of recent growth || lignite m. de formation récente et de peu valeur. **c) lignitische** nicht brikettierbare **~** || lignite which is not briquettable at all || lignite m. que l'on ne peut pas mettre en briquettes. **d) mulmige ~** || pulverulent *or* earthy brown coal || cendre f.

noire; lignite m. noir. **e) ölreiche ~** || bituminous lignite || lignite m. riche en huile. **f) pechartige ~** || bohemian lignite || lignite m. bohémien; jais m. **g) Roh~** || crude *or* raw lignite || lignite m. brut. 1

Braunkohlen-aufbereitungsanlage f. || lignite dressing plant || installation f. de préparation pour le lignite. **a) ~bagger** m. || excavator for lignite mines; lignite dredger || excavateur m. pour mines de lignite. **b) ~bergwerk** n. *s.* ~grube. **c) ~besitz** m., umfangreicher ~ einer **Gesellschaft** || extensive lignite resources owned by a company || de grandes réserves fpl. de lignite dont dispose une société. **d) ~brikett** n. || brown coal briquette; lignite briquette || briquette f. de lignite; lignite m. aggloméré. **e) ~feuerung** f. || brown coal *or* lignite firing || chauffage m. *ou* foyer m. à lignite. **f) ~gas** n. || brown coal gas || gaz m. de lignite. **g) ~grube** f. || lignite mine *or* pit; brown coal mine || mine f. de lignite. **h) ~grubenmaschine** f. || lignite mining machine || machine f. pour mines de lignite. **i) ~kraftwerk** n. || lignite power plant || usine f. de force motrice à base de lignite. **k) ~öl** n. || lignite oil || huile f. de lignite. **l) ~revier** n. || lignite fields pl. || district m. lignitifère. **m) ~schwelkraftwerk** n. || lignite low temperature carbonization power station || usine f. à distillation de lignite. **n) ~schwelung** f. || carbonization of lignite; lignite coking || distillation f. lente du lignite. 2

Braunkohlenteer m. || lignite *or* brown coal tar || goudron m. de lignite. 3

Braunkohlenteer-öl n. || lignite tar oil || huile f. de goudron de lignite. **a) ~pech** n. || bituminous lignite pitch || poix f. de goudron de lignite. 4

Braunkohlen-trocknungsanlage f. || lignite drying plant || installation f. de séchage du lignite. **a) ~vorkommen** n. || lignite beds pl. || gîte m. de lignites. 5

Braun-kräusen fpl. || fuzzy heads pl. || kräusen mpl. bruns. **a) ~macher** m. (Wasserw) || browner || brunisseur m. **b) ~malz** n. || brown malt || malt m. brun. **c) ~manganerz** n. || manganite; gray manganese ore || manganite f. **d) ~menaerz** n. || brown titanite || sphène f. brune. 6

Braunrot n. || brown red *or* English red colour || rouge m. d'Angleterre; rouge m. brun. 7

Braunschweigergrün n. || Brunswick green || vert m. de Brunsvic. 8

Braunstein m. || manganese ore; brownstone || dioxyde m. de manganèse. 9

Braunstein-erz n. granatförmiges || manganese garnet; spessartite || spessartine f. **a) ~grube** f. || brown stone mine || mine f. de bioxyde de manganèse. **b) ~kies** m. || alabandite || alabandine f. **c) ~zylinder** m. || manganese dioxide cylinder || cylindre m. de peroxyde de manganèse 10

Brauordnung f || regulation for brewing || réglement m. des brasseurs. 11

Braupfanne f. || brewing pan; brewer's copper || chaudière f. à brasser; brassin m. **a) Dampf~** || steam brew kettle; steam brewing copper || chaudière f. à brasser pour cuisson à la vapeur; poile f. de vapeur pour brasserie. 12

Braupfannen-boden m. || brewing pan bottom || fond m. de chaudière à brasser. **a) ~feuerung** f. || brew kettle firing apparatus || foyer m. de chaudière à brasser. 13

Brauprozeß m. *s.* Brauverfahren. 14

Brause f. (Bad) || rose; sprinkler || douche f. **a) ~bad** n. || shower bath; douche || douche f.; bain-douche m. 15

brausen (Chem) || to bubble up || bouillonner. 16

Brause-salz n. || effervescent salt || sel m. effervescent. **a) ~sieb** n. || showering sieve || tamis m. de rinçage. 17

Brausewasser n. || soda water || eau f. gazeuse. **a) ~herstellungsmaschine** f. || machine for soda water manufactory || machine f. pour boissons gazeuses. 18

Brau-steuer f. || brewing duty || impôt m. sur le brassage. **a) ~stube** f. || brewers' lunch room || réfectoire m. des garçons-brasseurs. **b) ~technik** || brewing technic || technique f. brassicole. 19

brautechnisch || brewing technical || brassicole. 20

Brau-verfahren n. || brewing process || procédé m. de brassage. **a) ~wasser** n. || brewing water; mash liquor || eau f. de brassage. **b) ~wesen** n. || brewing industry || industrie f. de la brasserie. 21

Breccia f. *s.* Brekzie f. 22

Brech-achse f. || breaking shaft || arbre m. de concasseur. **a) ~anlage** f. || breaking plant || installation f. de concassage. 23

Brechbacke f. || crushing jaw || mâchoire f. broyeuse *ou* de concasseur. **a) bewegliche ~** || oscillating jaw || mâchoire f. mobile. **b) feste ~** || fixed jaw || mâchoire f. fixe. **c) geriffelte ~** || chequered jaw || mâchoire f. striée *ou* cannelée. **d) lose ~** || movable jaw || mâchoire f. mobile. **e) ~** mit besonderer **Riffelung** || breaker jaw suitably corrugated || mâchoire f. d'une cannelure spéciale. 24

Brechbarkeit f. (Licht) || refrangibility || réfrangibilité f. 25

Breche f. (Spinn) || brake || broie f. **a) Flachs~** || flax brake || broie f. **b) Hand~** (Spinn) || hand brake || broie f. à main. **c) Hanf~** || hemp brake || broie f. **d) Schrubb~** (Spinn) || second brake || broie f. seconde. 26

Brecheisen n. || crow; crowbar; pinch bar || levier m. de fer; pince f. à levier; pied-de-biche m.; pince f. monseigneur. 27

brechen (transitiv) || to break; to crack; to crush; to smash to pieces || rompre; casser; briser. **a) ~** (intransitiv) || to break; to split; to fracture || (se) casser; (se) briser; (se) rompre. **b) ~** (Brechmaschine) || to crush || concasser en morceaux. **c) ~** (Gerste) || to chit; to springe; to sprout || piquer. **d) ~** (Opt) || to refract || réfracter. **e)** den **Flachs** m. **~** || to break *or* to brake the flax || macquer *ou* broyer *ou* briser le lin. **f)** die **Kanten** fpl. **~** || to take off the edges pl. || chanfreiner. **g)** das **Malz ~** || to crush *or* to grind the malt || concasser le malt. **h)** die **Spalten** fpl. **~** (Buchdr) || to adjust the columns || ajuster les colonnes. 28

Brechen n. (Erz) || crushing || concassage m. **a) ~** des **Flachses** || breaking the flax || broyage m. du lin. **b) ~** der **Gerste** (Bot) || chitting *or* springing *or* sprouting of the barley || piquage m. de l'orge. **c) ~** des **Hanfes** || breaking the hemp || broyage m. du chanvre. **d) ~** des **Malzes** (Brau) crushing *or* grinding of the malt || concassage m. du malt. 29

brechend (Opt) || refracting || réfringent. **a) ~er Winkel** m. || refracting angle || angle m. réfringent. 30

Brecher m. || crusher || concasseur m. **a) Erz~** || ore breaker || concasseur m. à minerais. **b) fahrbarer ~** || portable breaker || concasseur m. sur chariot. **c) Gips~** || gypsum crusher || concasseur m. à plâtre. **d) Klaue** f. eines **~s** || claw of a crusher || griffe f. de concasseur. **e) Knochen~** || bone crusher || concasseur m. d'os. **f) Kohlen~** || coal crusher || concasseur m. à charbon. **g) Koks~** || coke crusher || concasseur m. à coke. **h) Kork~** || cork breaker || concasseur m. à liège. **i) Massel~** || pig breaker || casseur m. de gueuse. **k) Ölkuchen~** || oil cake crusher || broyeur m. pour tourteaux. **l) Rund~** || rotary crusher || concasseur m. à cône rotatif. **m) Salz~** || salt breaker || concasseur m. à sel. **n) Vor~** || fore breaker || broyeur m. préliminaire. **o) Walzen~** || rolling crusher || broyeur m. à cylindres. **p) Wellen~** || break water; groyne || brise-lames m. 31

Brech-hammer m. || pick *or* stone hammer; pick mattock || têtu m.; décintroir m. à talus; marteau m. à pioche. **a) ~hede** f. (Spinn) || brake waste; tow from broken hemp || étoupe f. de broyage. **b) ~holz** n. (Salpetergewinnung) || paddle || rabot m.; spatule f. **c) ~kegel** m. || crushing head; breaking cone || cône m. broyeur *ou* de concassage. **d) ~klaue** f. || crow bar || chevron m. **e) ~kohle** f. || broken coal || charbon m. concassé. **f) ~koks** m. || crushed *or* broken coke || coke m. concassé. **g) ~kopf** m. || crushing head || cône m. broyeur. **h) ~kraft** f. || refractive power || réfringence f. **i) ~mantel** m. || shell of the breaker || carter m. du concasseur. **k) ~maschine** f. || crushing machine || machine f. à broyer. **l) ~maul** n. || breaker mouth || gueule f. *ou* ouverture f. de concassage. **m) ~mittel** n. (Chem) || emetic || émétique m. **n) ~neigung** f. || nausea || envie f. de vomir. **o) ~ nuß** f. || nux vomica; vomic nut || noix f. vomique. **p) ~ring** m. || breaking *or* crushing ring || anneau m broyeur *ou* de concasseur. **q) ~schnecke** (f) (Schraubenmühle) || crusher worm; grinding worm || vis f. concasseuse *ou* broyeuse. **r) ~stange** f. || crow *or* pinch bar; hand spike; iron crow; tommy bar || pince f. (monseigneur); levier m. de fer; pied m. de chèvre. **s) ~trommel** f. || breaking drum || tambour m. broyeur. 32

Brechung f. (Opt). || refraction || réfraction f. **a) Doppel~** || double refraction || réfraction f. double; biréfringence f. 33

Brechungs-ebene f. || plane of refraction || plan m. de réfraction. **a) ~exponent** m. (Opt) *s.* Brechungsverhältnis. **b) ~gesetz** n. (Opt) || law of refraction || loi f. de la réfraction. **c) ~index** m. *s.* ~verhältnis. **d) ~spektrum** n. || prismatic spectrum || spectre m. prismatique. **e) ~verhältnis** n. (Opt) || refraction index || indice m. de réfraction. 34

Brechungsvermögen n. (Opt) || refracting power; refrangibility || pouvoir m. réfringent. **a) ~** der **verschiedenen Glassorten** || refractive power of different types of glass || réfringence f. des différentes sortes de verre. 35

Brechungswinkel m. || angle of refraction || angle m. de réfraction. 36

Brech-walze f. || cracker || cylindre m. broyeur. **a) ~walzwerk** n. *s.* Brecher. **b) ~weinstein** m. || emetic tartar || tartre m. d'émétique; émétique m. **c) ~wurz** f. || ipecacuanha || ipécacuana m. 1

Brei m. || paste || pâte f.; bouillie f. 2

breiig || pulpy; pappy; pasty || en bouillie f.; pâteux. 3

Breit-auffahren n. (Bergb) || widening out || élargissement m. **a) ~axt** f. || *s.* ~beil. **b) ~beil** n. || broad *or* chip axe; broad bill || doloire f. des charpentiers; épaule f. de mouton. **c) ~dreschmaschine** f. || broad threshing machine || batteuse f. large. 4

Breite f. (Schiff) || breadth || largeur f. **a) astronomische ~** f. eines Sternes || astronomical latitude of a star || latitude f. céleste *ou* d'une étoile. **b) Bau~** || overall width || largeur f. de l'installation. **c) geografische ~** || latitude || latitude f.; hauteur f. **d) größte ~** || extreme *or* maximum *or* moulded breadth || largeur f. maxima; largeur f. au fort; la plus grande largueur f. **e) der ~ nach** || broadwise || en large; dans le sens de la largeur. **f) ~** des **Radkranzes** || width of wheel rim || largeur m. de jante de roue. **g) ~ über alles** || breadth over all || largeur f. sur tout. 5

Breiteisen n. || flat billet; broad tool || largeplat m. 6

breiten, das Eisen (Schmied) || to beat out iron || battre *ou* aplatir le fer. 7

Breiten-eingang m. der **Zeuge** (Web) || shrinking *or* contraction of cloth in width || rétrécissement m. *ou* contraction f. du tissu dans la largeur. **a) ~fehler** m. || latitude error || erreur f. de *ou* en latitude. **b) ~grad** m. || degree of latitude || degré m. de latitude. **c) ~richtung** f. || lateral sense || sens m. de la largeur. **d) ~stock** m. (Schiffb) || breadth staff || planche f. d'ouverture. 8

Breitflanschträger m. || broad flanged girder || poutre f. à larges semelles *ou* à larges ailes. 9

Breitfußschiene f. || flange rail; flat bottom rail; Vignoles rail; girder rail (A) || rail m. Vignole *ou* à patin. 10

Breithacke f. || mattock || houe f.; décintroir m. de talus. **a) ~** (Böttch) || broad axe || doloire f. des tonneliers. 11

Breit-hammer m. || set *or* sledge hammer || chasse f. carrée *ou* à parer. **a) ~haue** f. (Bergbau) || mattock; hack || houe f.; pioche f. du mineur. **b) ~säureeinrichtung** f. (Web) || machine for full width acid impregnation || machine f. à acider au large. **c) ~schläger** m. (Nadl) || flattener || aplatisseur m. **d) ~seite** f. || broadside || flanc m. *ou* côté m. large. **e) ~-seitpforte** f. || broadside-port || sabord m. de côté. 12

breitseits || broadside-on || par le travers. 13

Breitspur f. (Eisenb) || broad gauge || voie f. large *ou* normale. **a) ~lokomotive** f. || broad gauge locomotive || locomotive f. à voie normale *ou* large. 14

Breitstreck-egalisiermaschine f. || broad drawing equalizing machine || étireuse f. à égaliser en largeur. **a) ~, Egalisier-** und **Aufwickelmaschine** f. (Web) || stretching, conditioning and winding-on machine || machine f. à élargir, égaliser et enrouler. 15

Breitwaschmaschine f. mit **Dreiwalzensystem** || washing machine in full width with three rollers *or* with triple rolling system || machine f. à laver au large à trois rouleaux *ou* cylindres. **a) ~** mit **Flottenzirkulation** und selbsttätigem Warenlaufregelapparat || washing machine in full width with rotation in the liquor tanks and self-acting apparatus regulating circulation || machine f. à laver au large avec circulation d'eau et introducteur automatique. **b) ~** mit **selbsttätigem** Warenlaufregelapparat || washing machine in full width with self-acting regulating device for the fabric || laveuse f. au large avec dispositif automatique pour le réglage de la marche du tissu. 16

Brekzie f. (Min) || breccia || brèche f.; agglomérat m. 17

Bremerblau n. || Bremen blue || bleu m. de Brême. 18

Brems-achse f. || braking axle || essieu m. de freinage. **a) ~anschlußdose** f. || socket for brake circuit || boîte f. de jonction pour circuit de freinage. **b) ~apparat** m., Dampf || apparatus for counter steam || appareil m. pour la contre-vapeur. **c) ~arbeit** f. || work of braking; braking energy *or* effect || travail m. de freinage. 19

Bremsausgleich m. || brake equalizer || compensateur m. de frein. **a) ~hebel** m. (Aut) || brake compensating lever || levier m. compensateur de frein. **b) ~welle** f. (Aut) brake compensating shaft || arbre m. de compensateur de frein. 20

Bremsausrüstung f. || brake equipment || garniture f. d'appareils de frein. 21

Bremsbacke f. || brake cheek *or* block *or* shoe || mâchoire f. de frein. **a)** die **~n** fpl. **anziehen** || to tighten the brake shoes pl. || serrer les sabots mpl. du frein. 22

Bremsbacken-belag m. || brake shoe lining || garniture f. de mâchoire du frein. **a) ~halter** m. || shoe holder of brake || porte-sabot m. 23

Bremsband n. || brake band || collier m. *ou* ruban m. *ou* bande f. de frein. **a) ~** aus **Baumwollgurten** || brake band of cotton strap || ruban m. à frein en sangle de coton. 24

Bremsbandbelag m. || brake band lining || garniture f. de bande du frein *ou* du ruban de frein. 25

bremsbar || capable of being braked || freinable. 26

Bremsbelag m. || brake lining || fourrure f. *ou* garniture f. de frein. 27

Bremsberg m. (Bergb) || inclined plane; braking incline || plan m. incliné à freinage. 28

Bremsberg-einrichtung f. || equipment for self acting inclined planes; installation of inclined plane || installation f. de pente à freinage *ou* de plan incliné. **a) ~führer** m. || bank rider; incline attendant || conducteur m. de plan incliné; cayateur m. 29

Brems-betätigungshebel m. || brake operating lever || levier m. de commande de frein. **a) ~block** m. (Eisenb) || brake block || sabot m. de frein; porte-sabot m. **b) ~bolzen** m. || brake screw || boulon m. de frein. **c) ~dauer** f. || braking period || période f. de freinage. **d) ~daumen** m. || brake cam || came f. de frein. **e) ~dreieck** n. || brake truss bar || levier m. triangulaire de frein. 30

Bremsdruck m. || brake pressure || pression f. de freinage. **a) ~regler** m. einer **Fördermaschine** || self adjusting brake gear of a winding machine || régulateur m. de pression de freinage pour machines de transport. 31

Brems-dynamo f. || brake dynamo || dynamo-frein m. **a) ~dynamometer** n. (Masch) || brake dynamometer; Prony's dynamometer || dynamomètre m. à frein de Prony. 32

Bremse f. || brake || frein m. **a)** die **~n** fpl. **anziehen** || to apply the brakes || serrer les freins. **b) äußere ~** || outside *or* external brake || frein m. extérieur. **c) Backen~** || shoe brake || frein m. à sabot. **d) Band~** || band brake || frein m. à ruban. **e) Dampf~** || steam brake || frein m. à vapeur. **f) Doppelbacken~** || double shoe brake || frein m. à deux sabots. **g) doppeltwirkende ~** || double acting brake || frein m. à double effet. **h) Druckluft~** *s.* Luftdruck~. **i) elektrische~** || magneto-electric brake || frein m. électrique. **k) Entleerungs~** || emptying brake || frein m. d'ouverture. **l) Expansionsband~** || expanding band brake || frein m. à ruban extensible. **m) Federsicherheits~** || spring safety brake || frein m. de sûreté à ressort. **n) Felgen~** || rim *or* felloe brake || frein m. sur jante. **o) Flügel~** || fan brake || frein m. à palettes. **p) Flüssigkeits~** || hydraulic brake || frein m. hydraulique. **q) Fuß~** (Aut) || foot brake || frein m. à pied. **r) Fußtritt~** (Werkzeugmasch) || foot operated brake || frein m. commandé par pédale. **s) Gegendampf~** || counter steam brake || frein m. à contre-vapeur. **t) Getriebe~** || transmission *or* gear brake || frein m. de mécanisme. **u) Halsring~** || clip *or* collar brake || frein m. à collier. **v) Hand~** || hand brake || frein m. à main *ou* de secours. **w) Handhebel~** || hand lever brake || frein m. à levier à main. **x) Hebel~** || lever brake || frein m. à levier. **y) Hinterrad~** || rear wheel *or* back wheel brake || frein m. de roue arrière. **z) ~** an der **Hinterradfelge** || back wheel rim brake || frein m. sur la jante de la roue arrière. 33

a) ~ am **Hinterradreifen** || back wheel tire brake || frein m. sur le pneu de la roue arrière. **b) hydraulische ~** *s.* Flüssigkeit. **c) innere ~** || internal *or* inside brake; inner brake || frein m. intérieur. **d) Kniehebel~** || toggle joint brake || frein m. à genouillère. **e) Knüppel~** || sprag brake || freinage m. à gourdin. **f) Kupplungs~** || clutch brake || frein m. d'embrayage. **g) Kurzschlußstrom~** || short circuit brake || frein m. par court-circuit. **h) Lastdruck~** || load pressure brake || frein m. actionné par le poids de la charge. **i)** die **~ lösen** || to release the brake || desserrer *ou* débloquer le frein. **k) Luftdruck~** || atmospheric *or* pneumatic brake; air brake || frein m. pneumatique *ou* à air comprimé. **l) magnetische ~** || electro-magnetic brake || frein m. magnétique. **m) mechanische ~** || mechanical brake || frein m. mécanique. **n) Metallbacken~** || metal to metal brake || frein m. à machoires métalliques. **o) Mündungs~** (Geschützrohr) || muzzle brake || frein m. de bouche. **p) Naben~** || hub brake || frein m. sur le moyeu. **q) Not~** || emergency brake || frein m. de secours. **r) pneumatische ~** *s.* Luftdruck~. **s) Rad~** || wheel brake || frein m. sur la roue. **t) Reibungs~** || friction brake || frein m. à friction. **u) Reifen~** (Fahrrad) || tire brake || frein m. sur pneu. **v) Ring~** || clip *or* collar brake || frein m. à collier. **w) Schrauben~** || screw brake || frein m. à vis. **x) Schuh~** || spoon brake || frein m. à sabot. **y) Schwungrad~** || flywheel brake || frein m. sur le volant. **z) Sechsrad~** || six-wheel brake || frein m. sur les six roues. 1

a) selbsttätige ~ || automatic *or* self acting brake || frein m. automatique *ou* automateur. **b) Spindel~** || screw brake || frein m. à vis. **c) Tritthebel~** || foot brake || frein m. à levier à pédale. **d) Trommel~** || drum brake || frein m. à tambour. **e) Vakuum~** || vacuum brake || frein m. par le vide. **f) Verschiebeanker~** || sliding armature brake || frein m. à induit baladeur. **g) Vierklotz~** || four shoe brake || frein m. à quatre sabots. **h) Vierrad~** || four wheel brake || frein m. sur les quatre roues. **i) Vorderrad~** || front wheel brake || frein m. de roue avant. **k) ~ an der Vorderradfelge** || front wheel rim brake || frein m. sur la jante de la roue avant. **l) ~ am Vorderradreifen** || front wheel tire brake || frein m. sur le pneu de la roue avant. **m) Wagen~** || car brake || frein m. pour voitures *ou* wagons. **n) wassergekühlte ~** || water cooled brake || frein m. à refroidissement à l'eau. **o) Wurfhebel~** || counterweight brake || frein m. à levier à contrepoids. 2

bremsen || to brake; to put on the brake; to lock || freiner; enrayer; caler *ou* serrer le frein. **a)** mit **Dampf** m. **~** || to cushion with steam buffering || donner contre-vapeur f. 3

Bremsen n., **langsames** || gradual braking || freinage m. progressif. 4

Bremsenmacher m. (Wagenb) || brake maker || monteur m. de freins. 5

Bremsenöl n. (Heilk) || horsefly oil || huile f. contre les taons. 6

Bremser m. || brakeman; brakesman; breaksman; braksman || freineur m.; garde-frein m.; serre-frein m. 7

Bremser-häuschen n. || brakeman's cabin || guérite f. **a) ~stand** m. || brakeman's platform || poste m. du garde-frein. 8

Brems-feder f. || brake spring || ressort m. de frein. **a) ~fläche** f. || braking surface || surface f. de frein. **b) ~führung** f. || brake guide || guide m. de frein. **c) ~fußhebel** m. || brake pedal || pédale f. de frein. **d) ~futter** n. || brake lining *or* facing || fourrure f. *ou* garniture f. de frein. **e) ~gabel** f. || slotted jaw for brakes || étrier m. de frein. 9

Bremsgehänge n. || brake hangers pl. || suspension f. de frein. 10

Bremsgehänge-teil m. eines **Wagens** || brake pendant of a carriage || pièce f. d'actionnement des freins pour une voiture. **a) ~träger** m. || support for brake hangers || support m. de la suspension de frein. 11

Brems-gelenkstück n. || brake articulation piece || pièce f. d'articulation de frein. **a) ~gestänge** n. || brake rods pl. *or* rigging || tringle f. *ou* timonerie f. du frein. **b) ~hahn** m., Zugführer || cock for guard's van || robinet m. du gardefrein. **c) ~handhebel** m. || brake hand lever || levier m. de frein à main. 12

Bremshebel m. || brake lever || levier m. de frein. **a)** die **~** mpl. sind derart **ausgeglichen,** daß || the brake levers pl. are so balanced that || les balanciers mpl. *ou* leviers mpl. du frein sont équilibrés de telle manière que. **b) Hand~** || hand brake lever || levier m. de frein à main. 13

Bremshebel-führung f. || brake lever guide || guide f. de levier de frein. **a) ~gabel** f. || brake lever fork || chape f. de levier de frein. **b) ~griff** m. || brake lever handle || manette f. de levier de frein. **c) ~handgriff** m. *s.* ~griff m. **d) ~stange** f. || brake lever rod || tige f. de levier de frein. 14

Brems-kabel n. || brake cable || câble m. de frein. **a) ~kasten** m. || brake box || boîte f. à frein. **b) ~keil** m. || chock; scotch || cale f. **c) ~kette** f. || brake chain || chaîne f. de frein. 15

Bremsklotz m. || brake block *or* shoe *or* cheek; wheel chock || patin m. *ou* sabot m. *ou* mâchoire f. de frein; cale f. de roue. **a) hölzerner ~** || wooden brake shoe || sabot m. en bois. 16

Brems-knüppel m. || club; braking club || barre f. d'enrayement *ou* d'enrayage. **a) ~kontakt** m. || braking contact || contact m. de freinage. **b) ~kontrolle** f. || brake control || manœuvre f. du freinage. **c) ~kraft** f. || brake power || puissance f. du frein. **d) ~kupplung** f. || brake coupling || accouplement m. du frein. **e) ~kurbel** f. || brake crank || manivelle f. de frein *ou* de serrage. **f) ~lasche** f. || brake pull rod || bielle f. du frein; joue f. de bielle du frein. 17

Bremsleistung f. || brake *or* braking power || puissance f. au frein; pouvoir m. freinant. **a) ~ in PS** || brake horse power || puissance f. au frein en chevaux. 18

Brems-lüftmagnet m. || brake lifting magnet || électro m. de démarrage du frein. **a) ~magnet** m. || braking magnet || électro m. *ou* électroaimant m. de freinage. **b) ~moment** m. braking moment || moment m. de freinage. 19

Bremsnocken m. || brake toggle *or* cam || came f. de frein. **a) ~welle** f. || brake toggle shaft || axe f. de came de frein. 20

Brems-pedal n. || brake pedal || pédale f. de frein. **a) ~pferdestärke** f. || brake horse power || force f. en cheval(-vapeur) effectif; puissance f. au frein. **b) ~probe** f. || brake trial *or* test || épreuve f. par le frein; essai m. au frein. **c) ~prüfung** f. *s.* ~probe. **d) ~rad** n. || hand wheel of brake || volant m. à main du freinage. **e) ~regler** m. || brake regulator || régulateur m. à frein. **f) ~ring** m. || brake ring || bague f. de freinage. **g) ~rohrwelle** f. (Auto) || brake tube || tube m. de frein. 21

Bremsschaltung f. || brake gear || timonerie f. des freins. **a) elektrische ~** || electric brake switching || freinage m. rhéostatique. 22

Bremsscheibe f. || brake pulley *or* disc || disque m. *ou* poulie f. de frein **a) ~** (Nähmaschine) || tension disk || disque m. de freinage. 23

Brems-schlitten m. || brake slipper || patin m. de frein. **a) ~schnur** f. || brake cord || câble m. de frein. **b) ~schraube** f. || set screw || écrou-frein m. **c) ~schuh** m. || brake shoe; stop block || sabot m. *ou* patin m. de frein; taquet m. d'arrêt. **d) ~segment** n. || segment of brake || lame f. de collier de frein. **e) ~seil** n. || brake wire *or* cable || câble m. palonnier *ou* de frein. 24

Bremsspindel f. || brake screw *or* spindle || vis f. du frein. **a) ~ mit Mutter** || brake screw with nut || vis f. du frein avec écrou. 25

Brems-stange f. || brake rod; truss bar of brake || tige f. *ou* tirant m. de frein. **a) ~stangenkopf** m. || brake rod end || chape f. de tige de frein. **b) ~stellung** f. braking position || position f. de freinage. **c) ~stoß** m. || brake knock || coup m. de frein. **d) ~strecke** f. *s.* ~weg. **e) ~strom** m. || brake current || courant m. de freinage. **f) ~stromkreis** m. || brake circuit || circuit m. de freinage. **g) ~trommel** f. || brake drum || tambour m. de frein. 26

Bremsung f. || braking || freinage m. 27

Bremsventil n. || brake valve || robinet m. de frein. **a) ~** mit **Ausgleichvorrichtung** || equalizing brake valve || robinet m. à décharge égalisatrice. **b) Führer~** || driver's brake valve || robinet m. de frein du mécanicien. 28

Brems-versuch m. || brake test || épreuve f. sous l'action de frein. **a) ~vorrichtung** f. || brake apparatus *or* gear || timonerie f. *ou* appareil m. de frein; dispositif m. de freinage. **b) ~** und **Regelvorrichtung** f. || governor and brake apparatus || dispositif m. de freinage et de régularisation. **c) ~walze** f. || brake cylinder || cylindre m. de freinage. 29

Bremsweg m. || braking *or* stopping distance || distance f. de parcours après l'application des freins *ou* après le freinage; longueur f. d'arrêt. **a) kurzer ~** || short brake range of travel || faible course f. de freinage. **b) Länge** f. des **~es** || length of stopping distance || longueur f. du chemin parcouru pendant le freinage. 30

Brems-welle f. || brake shaft || barre f. d'accouplement des freins; tige f. de raccordement des freins; arbre m. de frein. **a) ~widerstand** m. || brake resistance || résistance f. de freinage. **b) ~winkel** m. || bell crank lever || équerre f. de renvoi. **c) ~wirkung** f. || braking action *or* effect || action f. de freinage. **d) ~zahnsegment** n. || toothed brake segment || secteur m. denté de frein. **e) ~zaum** m. (Masch) || Prony brake || frein m. de Prony. **f) ~zeug** n., Gleis || rail brake || sabot-frein m. **g) ~zugstange** f. || brake lever connecting rod; brake bar || bielle f. de commande de frein; tige f. de serrage de frein; tirant m. de frein. **h) ~zwischenwelle** f. || intermediate brake shaft || arbre m. de frein intermédiaire. **i) ~zylinder** m. || braking cylinder || cylindre m. de frein. 31

brennbar || combustible || combustible. **a) ~er Rückstand** m. || combustible residue || résidu m. combustible. 32

Brennbarkeit f. || combustibility || combustibilité f. 33

Brennbock m. (Web) || boiling and crabbing machine || machine f. à fixer. 34

Brennebene f. (Opt) || focal plane || plan m. focal. **a) hintere ~** || back focal plane || plan m. focal arrière. **b) vordere ~** || front focal plane || plan m. focal avant. 35

Brenneisen n. || branding iron *or* stamp || fer m. à marquer au feu; marque f. à feu. **a) Zahlen~** || branding number || fer m. à brûler pour numérotage. 36

brennen (Branntwein) || to distil || distiller. **a) ~** (Erze) || to roast; to calcine || griller; calciner. **b) den Faden** m. **~** (Web;

Spinn) || to singe *or* to gas the thread || griller *ou* gazer le fil. c) **Kalk** m. ~ || to burn lime || cuire la chaux. d) **Ton** m. ~ || to bake the clay || cuire l'argile f. e) **die Ziegel** mpl. ~ || to burn the bricks || cuire les briques. 1

Brennen n. (Erze) || roasting; calcining; burning || grillage m.; calcination f.; rôtissage m. a) ~ (Töpf) || baking; burning || cuisson f. b) ~ (Web) || singeing || grillage m. 2

Brenner m. (Apparat) || burner; nipple || brûleur m.; bec m. a) ~ (Arbeiter in Töpf oder Met) || fireman || chauffeur m. b) ~ (Spriterzeuger) || distiller; stillman || distillateur m. c) **Bunsen~** || Bunsen burner || brûleur m. (de) Bunsen. d) **Farbmalz~** || roasting drum || torréfacteur m. e) **Feld~** || local distiller || bouilleur m. de cru. f) ~ für **flüssigen Brennstoff** || liquid fuel burner || brûleur m. à combustible liquide. g) **Gas~** || gas burner || brûleur m. *ou* bec m. à gaz. h) **Gas~** m. mit Mischer und Gasdruckregler || gas burner with a mixer and gas governor || brûleur m. à gaz équipé d'un mélangeur et d'un régulateur de pression de gaz. i) ~ für **Gasfeuerung** || gas burner || brûleur m. pour le chauffage au gaz; brûleur m. à gaz. k) **Getreide~** || corn distiller || distillateur m. de grains. l) **Kreuzstrom~** || nozzle mixing (gas) burner || brûleur m. (à gaz) à jets croisés. m) **Mikro~** || micro burner || micro brûleur m. n) ~ für **Niederdruckgas** mit Luftansaugung || high air pressure gas burner for operation on low pressure gas || brûleur m. pour gaz à basse pression avec aspiration d'air. o) **Öl~** || oil burner || brûleur m. à huile. p) **Ölgas~** || oil gas burner || brûleur m. à gaz d'huile. q) ~ einer **Petroleumlampe** || oil lamp burner || bec m. d'une lampe à pétrole. r) ~ für **Preßgas** || high pressure gas burner || brûleur m. pour gaz surpressé. s) ~ mit **Schleuderradmischer** || burner unit fitted with a fan blower mixer || brûleur m. avec mélangeur centrifuge. t) **Schnaps~** || brandy *or* cognac distiller || distillateur m. de vin; brandevinier m. u) **Schneid~** || fusing burner || brûleur m. à découper. v) **Schweiß~** || welding burner || brûleur m. à souder. w) **Spiritus~** (Brennerei) || spirit distiller || distillateur m. d'alcool. x) ~ mit **Strahldüsenmischer** || burner unit fitted with mixer with orifice for the entraining medium || brûleur m. avec mélangeur à buse à jet. 3

Brennerdüse f. || burner head || buse f. du brûleur. 4

Brennerei f. || distillery || distillerie f. a) **Branntwein~** || brandy *or* spirit distillery || distillerie f. d'eau-de-vie *ou* d'alcool. b) **Getreide~** || corn brandy distillery || distillerie f. de grains. c) **Kartoffel~** || starch spirit distillery || distillerie f. de pommes de terre. d) **Kirschwasser~** || cherry distillery || distillerie f. de kirsch. e) **landwirtschaftliche ~** || agricultural distillery || distillerie f. agricole. f) **Rüben~** || beet root distillery || distillerie f. de betteraves. g) **Rübensirup~** || beet root molasses distillery || distillerie f. de mélasse. h) **Stärke~** || fecula brandy distillery || distillerie f. d'eau-de-vie *ou* d'alcool de fécule. i) **Weinhefe~** || distillery of lees' spirit || distillerie f. *ou* brûlerie f. de lie de vin. k) **Zwetschgenwasser~** || prune distillery || distillerie f. d'eau-de-vie de prunes. 5

Brennerei-anlage f. || distillery plant || installation f. pour distilleries. a) **~arbeiter** m. || distillery workman || ouvrier m. de distillerie. b) **~hefe** f. || distillery yeast || levure f. de distillerie. c) **~treber** pl. || distillers' grains pl. || drèche f. de distillerie. 6

Brenner-stein m. || combustion block || brique f. réfractaire. a) **~zange f.** || gas burner pliers pl. || pince f. à gaz *ou* à brûleur. 7

Brennglas n. (Phys) || burning glass || verre m. ardent. 8

Brennholz n. || fire wood; fuel wood || bois m. de chauffage *ou* à brûler *ou* de feu. a) **gespaltenes ~** || splitted fire wood || bois m. de feu *ou* à brûler refendu. b) **Sägen** n. des **~es** || fire wood sawing || sciage m. de bois de feu *ou* de chauffage. c) **Spalten** n. des **~es** || fire wood splitting || fendage m. de bois de feu *ou* de chauffage. 9

Brennholz-maschine f. || fire wood splitting machine || machine f. à débiter le bois de chauffage *ou* à faire les allume-feux. a) **~spalter** m. || fire wood splitter || fendeur m. de bois à brûler. 10

Brenn-kegel m. || melting *or* fusible cone; pyrometric cone; Seger cone || cône m. pyrométrique. a) **~kolben** m. || burning iron || fer m. à brûler. b) **~kraftmotor** m. || combustion engine || moteur m. à combustion. c) **~linie** f. (Opt) || focal line || ligne f. focale. 11

Brennmaschine f. || burning machine || machine f. à marquer au fer rouge. a) **Faßboden~** || cask head branding machine || machine f. à marquer au feu les fonds de fûts. b) **Kistenbretter~** || box board branding machine || machine f. à marquer au feu les planches des caisses. 12

Brennmeister m. || head distiller || maître-distillateur m. a) **Kalk~** || lime kiln foreman || maître-chaufournier m. 13

Brennessel f. || stinging nettel || ortie f. a) **~kraut** n. || nettel herb || herbe f. d'orties. 14

Brennofen m. (Brau) || branding oven || four m. à chauffer les marques à feu. a) ~ (Met) || backing *or* calcining oven; calciner || fourneau m. de calcinage. b) **keramischer ~** || ceramic kiln || four m. céramique. c) **Schwefel~** || sulphur calciner || cubilot m. à soufre. 15

Brennöl n. || fuel *or* lamp oil || huile f. combustible *ou* à brûler. 16

Brennpunkt m. (Opt) || focus; focal point || foyer m. a) in den ~ m. **einstellen** || to focus || mettre au point m. 17

Brennschere f. || curling iron *or* tongs pl. || fer m. à friser; fourche f. ondulatrice. 18

Brennscherenwärmer m. || curling iron heater || chauffe-fer m. à friser. 19

Brenn-spiegel m. || burning reflector; concave mirror || miroir m. concave *ou* ardent. a) **~spiritus** m. || spirit for burning || alcool m. à brûler. b) **~stahl** m. || blister steel || acier m. poule. 20

Brennstempel m. || burning stamp || marquoir m. au feu. a) ~ für **Holzdruck** || burning stamp for wood printing || timbre m. à marquer au feu sur bois. 21

Brennstempelapparat m. für Kisten || box branding apparatus || appareil m. à marquer les caisses au feu. 22

Brennstift m. || cautery || cautère m. 23

Brennstoff m. || fuel; combustible || combustible m. a) **asphaltreicher ~** || high asphalt content fuel || combustible m. riche en asphalte. b) **dickflüssiger ~** || thick fuel oil || combustible m. épais. c) **einheimischer ~** || inland fuel || combustible m. indigène. d) ~ durch eine **Düse einspritzen** || to inject fuel by means of a nozzle || injecter le combustible à l'aide d'un gicleur. e) **einwandfrei entwässerter ~** || fuel absolutely free of water || combustible m. complètement purgé d'eau. f) **flüssiger ~** || liquid fuel || combustible m. liquide. g) **Erzeugung** f. von **flüssigen ~en** aus Kohle || production of liquid fuels from coal || production f. de combustibles liquides extraits du charbon. h) **gasreicher rauchloser ~** || smokeless fuel rich in gas || combustible m. riche en gaz et ne produisant pas de fumée. i) **Gewinnung** f. flüssiger **~e** aus Kohle || recovery of liquid fuels from coal || récupération f. de combustibles liquides extraits du charbon. k) **Verfahren** n. zur Gewinnung von flüssigen **~en** aus Kohle || process for the production *or* extraction of liquid fuels from coal || méthode f. pour extraire *ou* pour l'extraction de combustibles liquides du charbon. l) **jüngerer ~** || fuel of recent geological formation || combustible m. des couches de formation récente. m) **künstlicher ~** || artificial fuel *or* combustible || combustible m. artificiel *ou* aggloméré. n) **Leicht~** || light fuel || combustible m. léger. o) **leicht entzündbarer ~** || easily inflammable fuel || combustible m. très inflammable. p) **mineralischer ~** || mineral fuel || combustible m. minéral. q) **Zerstäubung** f. des **~s** || atomising of the fuel || pulvérisation f. du combustible. 24

Brennstoff-aufwand m. *s.* Brennstoffverbrauch. a) **~ausnützung** f. || fuel utilization || utilisation f. de combustible. 25

Brennstoffbehälter m. || fuel tank || réservoir m. à combustible. a) **Hilfs~** || fuel reserve tank || réservoir m. à combustible de réserve. 26

Brennstoff-ersparnis f. || fuel saving || économie f. de combustible. a) **~feinfilter** m. || fine filter for fuel || filtre m. fin du combustible. b) **~förderung** f. (Motor) || delivery of fuel || amenée f. du combustible. c) **~füllstutzen** m. || fuel filler cap || orifice m. de remplissage d'essence. d) **~gebiet** n., frachtgünstige Lage f. des **~es** || advantageous situation of the fuel district from the point of view of transport || situation f. favorable du bassin de combustible au point de vue du transport. e) **~gewicht** n. || fuel weight || poids m. de combustible. f) **~gewinnung** f. aus Kohle || extracting fuels from coal || extraction f. du combustible par du charbon. 27

Brennstoffkosten pl. || cost of fuel; fuel expenses pl. || prix m. de combustible. a) **geringe ~** || low fuel expenses pl. || bas prix m. de revient du combustible. 28

Brennstoff-lagerung f. || fuel storage || emmagasinage m. de combustible. a) **~leitung** f. || fuel piping || conduite d. d'essence. b) **~leitungsschema** n. || fuel system diagram || schéma m. de la circulation d'essence. c) **~nocken** m. (Mot) || fuel cam || came f. de pompe à combustible. 29

Brennstoffpumpe f. || fuel pump || pompe f. à combustible. 1

Brennstoffpumpen-gehäuse n. || fuel pump casing || enveloppe f. de la pompe à combustible. a) **~kolben** m. || fuel pump piston || piston m. de pompe à combustible. b) **~laufbüchse** f. || fuel pump liner || fourreau m. de la pompe à combustible. c) **~stößel** m. || fuel pump tappet || tige f. poussoir de la pompe à combustible. 2

Brennstoff-schwelung f. || carbonization of solid fuels || distillation f. lente de combustibles. a) **~sparer** m. || fuel economizer || économiseur m. de combustible. b) **~uhr** f. || petrol meter || jauge f. d'essence à distance. c) **~umwandlungsverfahren** n. || process of fuel conversion || procédé m. de transformation de combustibles. d) **~ventil** n. || fuel valve || soupape f. à combustible. e) **~verbrauch** m. || fuel consumption || consommation f. de combustible. f) **~vergasung** f. || gasification of fuels || gazéification f. de combustibles. g) **~vorwärmer** m. || fuel preheater || réchauffeur m. de combustible. h) **~wärme** f. || heat of fuel || chaleur f. du combustible. 3

Brennstoffwert m. || value of fuel || puissance f. calorifique du combustible. a) **~bestimmung** f. || determination of the value of fuels || détermination f. de la puissance calorifique du combustible. 4

Brennstoff-zufuhr f. || fuel supply || approvisionnement m. de combustible. a) **~-zuführung** f. (Mot) || fuel injection || injection f. de combustible. 5

Brennstrahl m. (Opt) || focal ray || rayon m. focal. 6

Brennstunde f. || burning *or* lighting hour || heure f. d'allumage *ou* d'éclairage. 7

Brennstundenrabatt m. || burning hours discount || rabais m. en rapport avec les nombres d'heures d'utilisation. 8

Brennwärme f. || combustion heat || chaleur f. de combustion. 9

Brennweite (Opt) || focal length *or* distance || distance f. focale. a) **mit kurzer ~** || with short focal length || avec distance focale courte; à court foyer m. b) **mit langer ~** || with long focus *or* focal length || avec distance focale longue; à long foyer m. c) **Normal~** f. der Objektive || standard value of focal length of object glasses || focale f. normale d'objectifs. d) ~ des **Okulars** || focal length of eyepiece || focale f. de l'oculaire. e) **Verhältnis** n. der Objektivöffnung zur ~ || ratio of the aperture of the lens and the focal length || rapport m. entre l'ouverture de l'objectif et la distance focale. 10

Brenn-wert m. || calorific value || valeur f. calorifique. a) **~zeit** f. || period of lighting || durée f. d'éclairage. b) **~zeug** m. für Sattler und Schuhmacher || burning tools pl. for saddlers and shoemakers || marquoir m. au fer rouge pour selliers et cordonniers. c) **~zünder** m. (Bergb) || (burning) fuze *or* fuse || fusée f. 11

Brenzkatechin n. || pyrocatechine || pyrocatéchine f. 12

brenzliche Säure f. || pyro-acid || acide m. pyrogéné. 13

Brenzsäure f. || pyro-acid || acide m. pyrogéné. 14

Bresche f. || breach of a wall || brèche f. a) **~ legen** || to batter in *or* to breach || battre en brèche. 15

Brett n. || board; plank || planche f.; ais m. a) **Abtropf~** || dripping board || égouttoir m. b) **gehobeltes ~** || planed board || planche f. rabotée. c) **halbzölliges ~** || half-inch plank || planche f. *ou* ais m. de $^1/_2$ pouce d'épaisseur. d) **Kern~** || middle plank || planche f. de cœur. e) **rauhes ~** || rough board || planche f. brute. f) **Seiten~** || outer plank || planche f. extérieure. g) **vollkantiges ~** || flatted plank || madrier m. équarri. 16

Brettchen n. || small board || planchette f. 17

Bretter-bekleidung f. || plank revetment || revêtement m. en charpente. a) **~dach** n. || board roof; roof of planks || toit m. de planches. b) **~fußboden** m. || boarded floor || plancher m.; aire f. de planches. c) **~hobelmaschine** f. || thicknessing machine for planks || machine f. à tirer d'épaisseur; raboteuse f. pour planches. d) **~säge** f. *s.* Brettsäge. e) **~schalung** f. eines Daches || boarding of a roof || couverture f. d'un toit. f) **~tür** f. (Windmüll) || wood board flap || pale f. en planchettes de bois. g) **~verkleidung** f. || boarding || planchéiage m. h) **~verschlag** m. || partition of boards || cloison f. en planches. i) **~wand** f. || partition of planks; board partition || cloison f. de planches. k) **~zaun** m. || boarding fence || entourage m. en planches. 18

Brett-fallhammer m. || board drop hammer || mouton m. à planche. a) **~feder** || tringle || listel m.; listeau m. b) **~nachmesser** m. || board scaler || mesureur m. de planches. c) **~nagel** m. || plank nail || clou m. à planches. 19

Brettsäge f. || board *or* ripping *or* long *or* pit *or* whip saw || scie f. de long *ou* à refendre. a) **verjüngte ~** || straight pit saw || scie f. de long pointue. 20

Brett-säger m. || (plank)sawyer; board cutter || scieur m. de long. a) **~schneider** *s.* Brettsäger. 21

Brevier f. || pica || corps m. onze; philosophie f. 22

Brief m. || letter || lettre f. a) **eingeschriebener ~** || registered letter || lettre f. recommandée. b) **geschäftlicher ~** || business letter || lettre f. de commerce *ou* d'affaires. c) einen **~ richten an** . . . || to address a letter to . . . || adresser une lettre à . . . 23

Brief-ablegekasten m. (Büro) || desk tray || corbeille f. à correspondance. a) **~-beschwerer** m. || letter presser *or* weight || serre-papier m.; presse-papier m. b) **~-beutel** m. || letter bag || sac m. à lettres *ou* de dépêches. c) **~bogen** m. || sheet of note paper || feuille f. de papier à lettres. d) **~bote** m. *s.* ~träger m. e) **~buch** n. || letter book || livre m. de correspondance. f) **~drucker** m. || letter printer || imprime-lettres m. g) **~einwurf** m. || slot of a letter box || ouverture f. pour les lettres; fente f. de boîte à lettres. h) **~fach** n. || post office box || boîte f. postale. i) **~geheimnis** n. || inviolability of letters || secret m. des lettres. k) **~hülle** f. *s.* ~-umschlag m. l) **~karte** f. || letter card || carte-lettre f. 24

Briefkasten m. || letter box || boîte f. à lettres. a) **~schlitz** m. || slot of letter box || fente f. de la boîte aux lettres. 25

Briefklammer f. || letter bracket; paper clip || crampon m. à lettres; pince f. de bureau; attache-feuilles f. a) **~ mit geraden Enden** || clip with straight ends || attache-feuilles f. à extrémités droites. b) ~ mit **geriffelten Schenkeln** || clip with corrugated sides || attache-feuilles f. à branches ondulées. c) ~ aus **Messing** || brass clip || attache f. en laiton. d) ~ aus **Stahl** || steel clasp || pince f. en acier. e) ~ mit **umgebogenen Ecken** || clip with looped ends || attache-feuilles f. à pointes recourbées. f) **vernickelte ~** || nickel-plated clip || attache f. nickelée. 26

Brief-kopf m. || letter head || en-tête m. *ou* tête f. de lettre. a) **~kopierpresse** f. || letter press; copy book press || presse f. à copier les lettres. 27

Briefkorb m. || basket for office || corbeille f. de bureau. a) ~ aus **Metalldraht** || wire letter basket || corbeille f. à correspondance en fil métallique. b) ~ aus **Papierstoff** || letter basket of cardboard || panier m. à correspondance de carton. 28

Briefkurs m. (Börse) || selling rate || taux m. de vente. 29

brieflich || by letter; in writing || par lettre f. a) zu **~en Bedingungen** fpl. annehmen || to accept on terms of letter || accepter selon les conditions de la lettre. 30

Briefmappe f. || portfolio; writing case || portefeuille m. 31

Briefmarke f. || (postage) stamp || timbre-poste m.; timbre m. 32

Briefmarken-album n. || stamp album || album m. pour timbres-poste. a) **~-automat** m. *s.* ~selbstverkäufer. b) **~-durchlocheinrichtung** f. || perforating device for postage stamps || dispositif m. de perforation des timbres. c) **~-lochmaschine** f. || postage stamps perforating machine || machine f. à perforcer les timbres. d) **~schachtel** f. || box for postage stamps || boîte f. pour timbres-poste. e) **~selbstverkäufer** m. || (postage) stamp delivery apparatus || distributeur m. de timbres-poste. 33

Brief-öffner m. || paper cutter; letter knife; envelope opener || ouvre-lettres m.; couteau m. à lettres. a) **~ordner** m. || letter file *or* registrator; file case || biblorhapte m.; classeur m. de lettres. 34

Briefpapier n. || letter *or* note paper || papier m. à lettres. 35

Briefpapier-monogrammpräger m. || note paper monogram stamper || chiffreur m. de papier à lettres. a) **~schachtel** f. || note paper box || boîte f. pour papier à lettres. 36

Brief-porto n. || postage || port m.; affranchissement m. a) **~post** f. || letter post || poste f. aux lettres. b) **~schließer** m. (Büro) || envelope sealer || machine f. à fermer les lettres. c) **~schließmaschine** f. || letter closing machine || machine f. à fermer les lettres. d) **~schließ-** und **Freimachungsmaschine** f. || envelope sealer and stamp affixer || machine f. à fermer les enveloppes et à affranchir. 37

Brief-schreiber m. || letter writer; sender of a letter || auteur m. d'une lettre. a) **~sortierer** m. || letter sorter || classeur m. de lettres. b) **~stempel** m. || post mark || timbre m. de la poste. c) **~stil** m. || epistolary style || style m. épistolaire. d) **~tasche** f. || letter *or* writing case; pocket book || porte-cartes m.; portefeuille m. **e) ~taube** f. || carrier pigeon || pigeon m. voyageur. **f) ~taubenzüchter** m. || carrier pigeon breeder || éleveur m. de pigeons mpl. voyageurs. **g) ~telegramm** n. || letter telegram || lettre-télégramme f. **h) ~träger** m. || letter carrier; postman || facteur m. des lettres; facteur m. distributeur. 1

Briefumschlag m. || envelope; cover; wrapper || enveloppe f. (à lettres). **a) Fenster~** || transparent *or* outlook envelope || enveloppe f. à fenêtre. 2

Briefumschlag-fabrik f. || manufacture of envelopes || fabrique f. des enveloppes. **a) ~faltmaschine** f. || folding machine for envelopes || plieuse f. pour enveloppes (à lettres). **b)** gummierte **~klappe** f. || gummed flap || patte f. d'enveloppe gommée. **c) ~klebemaschine** f. || gumming machine for envelopes || colleuse f. pour enveloppes à lettres. **d) ~maschine** f. || envelope machine || machine f. pour la fabrication d'enveloppes à lettres. **e) ~papier** n. || paper for envelopes || papier m. à enveloppes. 3

Brief-wage f. || postal scale; letter balance *or* weight *or* scales pl. || pèse-lettre m. **a) ~wechsel** m. || correspondence || correspondance f. 4

Brigg f. (Schiffb) || brig || brick m. 5

Brigg-kutter m. (Schiffb) || brig cutter || cutter m. *ou* côtre m. gréé en brigantine. **a) ~schoner** m. || hermaphrodite brig || brick-goélette. **b) ~segel** n. (Schiffb) || spanker || brigantine f. 6

Brikett n. || briquette || briquette f.; aggloméré m. **a) Braunkohlen~** || brown coal *or* lignite briquette || lignite m. aggloméré. 7

Brikettelement n. (Elektr) || agglomerate cell || pile f. d'aggloméré. 8

Brikettieranlage f. || briquetting plant || installation f. de briquetage *ou* pour la fabrication des agglomérés. **a) ~** für **Erz- und Gichtstaub** || briquetting plant for ore and blast furnace dust || installation f. pour briqueter les poussières des minerais et les poussiers d'hauts-fourneaux. 9

brikettierbar, lignitische nicht **~e** Braunkohle f. || lignite which is not briquettable at all || lignite m. que l'on ne peut pas mettre en briquettes. 10

Brikettiermaschine f. || briquette machine || machine f. à faire les briquettes. 11

Brikettierungsanlage f. *s.* Brikettieranlage. 12

Brikett-maschine f. || briquette-making machine; patent fuel making machinery || machine f. à briquettes. **a) ~presse** f. || briquetting press || presse f. à briquettes. **b) ~presser** m. || coal cake pressman || presseur m. de briquettes. 13

Brillant m. || brilliant || brillant m. **a)** einen **~en schleifen** || to cut into a brilliant || brillanter; tailler un diamant. 14

Brillant-ring m. || ring set with a brilliant || bague f. à brillant(s). **a) ~staub** m. (Postkarte) || tinsel dust || poudre f. brillante. 15

Brille f. || spectacles pl. || lunettes fpl. **a) ~** (Dreh) || collar plate || poupée f. à lunette. **b) ~** (Klosett) || seat || lunette f. **c) Anpassung** f. der **~** durch den Optiker || fitting of the spectacles by an optician || adaption f. de la lunette par l'opticien. **d) Arbeits~** || working spectacles || lunettes fpl. pour le travail. **e) Auto~** || (motor) goggles pl. || lunettes fpl. d'automobile. **f) Bifokal~** || bifocal glass || lunette f. à double foyer. **g) ~** mit **Bifokalgläsern** || spectacles pl. with bifocal lenses || lunette f. à double foyer. **h) Fern~** || distance spectacles pl. || lunette f. pour les lointains *ou* destinée aux lointains. **i) Fernrohr~** f. für hochgradig Schwachsichtige || telescopic spectacle for extremely weak sights || lunette f. grossissante pour amblyopes. **k) gefaßte ~** || framed spectacles pl. || lunettes fpl. à verres cerclés. **l) ~** mit **Glimmerscheiben** || mica goggles pl. || lunettes pl. en mica. **m) Horn~** || horn spectacles pl. || lunettes fpl. en corne. **n) Nah~** || reading spectacles pl. || lunette f. pour voir de près. **o) prismatische ~** || prismatic spectacles pl. || lunettes fpl. à verres prismatiques. **p) randlose ~** || rimless spectacles pl. || lunette f. à verres nus. **q) Schutz~** || (protective) goggles pl. || lunettes fpl. de protection. **r) ungefaßte ~** || frameless spectacles pl. || lunettes fpl. à verres non cerclés.. **s) ~** mit **Zelluloidscheiben** || celluloid goggles pl. || lunettes fpl. en celluloïd. **t) zusammenklappbare ~** || folding goggles pl. || lunettes fpl. pliantes. **u) Zweistärken~** || bifocal glass || lunettes f. à double foyer. 16

Brillen-achse f. || spectacle axis || axe m. de la lunette. **a) ~behälter** m. || spectacle case || étui m. à lunettes. **b) ~bügel** m. || side of the spectacles || branche f. des lunettes. **c) ~einglaser** m. || spectacle glass fitter || monteur m. de lunettes. **d) ~etui** n. *s.* ~behälter m. 17

Brillenfassung f. || spectacle mount *or* frame || monture f. de lunettes. **a) ~** in **pantoskopischer Scheibenform** || spectacle frame of pantoscopic shape || monture f. de lunette à drageoir pantoscopique. **b) ~** mit **Seitenschutz** || spectacle frame with protecting sides || monture f. de lunette à œillères. 18

Brillenfutteral n. *s.* Brillenbehälter m. 19

Brillengestell n. || spectacle frame || châsse f. de lunettes. 20

Brillengestell-löter m. || spectacle frame welder || soudeur m. en lunettes. **a) ~maß** n. || spectacle frame gauge || calibre m. pour les montures des lunettes. 21

Brillenglas n. || spectacle glass *or* lens || verre m. de lunettes *ou* de lunetterie; verre-correcteur m. **a) durchgebogenes ~** n. ohne lichtbrechende Wirkung || spectacle lens of the meniscus form which has no refractive power || verre-correcteur m. neutre en forme coquille. **b) fazettiertes ~** || bevel edged lens || verre m. de lunettes à biseau. **c) flachovales ~** || flat-oval lens || verre m. à ovale aplati. **d) gefaßtes ~** || framed lens || verre m. monté. **e) geschliffenes~** || ground *or* cut spectacle lens || verre m. de lunetterie taillé. **f) gespanntes ~** || strained spectacle lens || verre-correcteur m. serré. **g) halbmondförmiges ~** || spectacle lens of crescent shape || verre-correcteur m. en demi-lune. **h) poliertes ~** || polished spectacle lens || verre m. de lunetterie poli. **i) punktuell abbildendes ~** || point focal spectacle lens || verre-correcteur m. à image ponctuelle. **k) spannungsfreies ~** || spectacle lens which is free from strains || verre-correcteur m. exempt de tensions. 22

Brillenglasschneider m. || spectacle glass cutter || tailleur m. de verres de lunettes. 23

Brillenlupe f. || spectacle magnifier || loupes-lunettes fpl. **a) verstellbare ~** || adjustable spectacle magnifier || loupe-lunettes f. réglable. 24

Brillen-macher m. || spectacle maker || lunettier m. **a) ~rand** m. || spectacle rim || cercle m. des lunettes. **b) ~scheitel** m. || vertex of spectacles || sommet m. des lunettes. **c) ~schleifer** m. || spectacle grinder || lunettier m. **d) ~schraube** f. || spectacle screw || vis f. de lunettes. **e) ~träger** m. || spectacle wearer || porteur m. de lunettes. 25

Brillenverordnung f. || prescription of spectacles || ordonnance f. de lunettes. **a) Instrument** n. für Sehprüfung und || instrument for sight testing and the prescription of spectacles || instrument m. pour l'examen de la vue et l'ordonnance de lunettes. 26

Brinell-härte f. || Brinell hardness || empreinte f. *ou* dureté f. Brinell. **a) ~kugeldruckgerät** n. || Brinell machine || appareil m. à bille de Brinell. **b) ~probe** f. || Brinell's test || essai m. à la bille Brinell. 27

Brise f. (Wetter) || breeze; gale || brise f.; fraîcheur f.; petit vent m. **a) frische ~** || fresh breeze || jolie brise f. **b) günstige ~** (Seew) || commanding breeze || brise f. maniable. **c) Land~** (Seew) || land breeze *or* turn || brise f. de terre. **d) leichte ~** || light *or* gentle breeze || légère *ou* faible brise f.; brise f. molle; vent m. faible *ou* mou. **e) mäßige ~** || moderate breeze || petite brise f.; brise f. modérée. **f) schwache ~** (Seew) || slack wind || brise f. molle. **g) See~** (Seew) || sea breeze *or* turn || brise f. du large. **h) steife ~** || stiff *or* strong breeze; strong wind || frais m.; grand frais m.; brise f. carabinée. 28

Bristol-papier n. || Bristol paper; ivory paper || papier m. Bristol. **a) ~pappe** f. || bristol board || carton m. bristol. 29

Britanniabesteck n. || knife, fork and spoon of Britannia metal || couvert m. de table en métal Britannia. 30

Briz m. (Min) || loess || lœss m. 31

bröckelig || fragile; brittle || fragile; cassant. 32

Brockengestein n. || breccia || brèche f.; agglomérat m. 33

brodieren || to embroider || broder. 34

Brokat m. || brocade || brocart m. **a) Kirchen~** || church brocade || brocart m. d'église. 35

Brom n. || bromine || brome m. 36

Bromäthyl n. || ethyl bromide || bromure m. d'éthyle. 37

Brombeerblätter npl. || blackberry leaves pl. || feuilles fpl. de ronce. 38

Brombeere f. || blackberry || mûre f. de ronce. 39

Bromfabrikeinrichtung f. || bromine plant || installation f. de brome. 40

bromhaltig || bromine containing || bromé. 41

Bromid n. || bromide || bromure m; bromide m. 42

Brom-kali n. *s.* ~kalium. **a) ~kalium** n. || bromide of potassium || bromure m. de potassium; hydrobromate m. de potasse. **b) ~kalk** m. || bromide of calcium || bromure m. de calcium. **c) ~magnesium** n. || bromide of magnesium || bromure m. de magnésium; hydrobromate m. de magnésie. **d) ~methyl** m. || methyl bromide || bromure m. de méthyle. **e) ~methylen** n. ||

methylene bromide || bromure m. de méthylène. 1

Bromid n. || bromide || bromure m. 2

Bromoform n. || bromoform || bromoforme m. 3

Brom-salz n. || bromide || bromure m. **a) ~säure** f. || bromic acid || acide m. bromique. 4

Bromsilber n. || plate verte; bromic silver; bromide of silver; argentic bromide; bromite; bromyrite || bromure m. d'argent *ou* argentique; bromyrite. **a) ~papier** n. || silver bromide paper || papier m. au bromure d'argent. **b) ~postkarte** f. || bromide post card || carte f. postale au bromure. 5

Bromwasserstoffsäure f. || hydrobromic acid || acide m. hydrobromique *ou* bromhydrique. 6

Bronze f. || bronze; brass || bronze m. **a) echte ~** || genuine bronze || bronze m. véritable. **b) Maschinen~** || machine bronze || bronze m. pour machines. **c) schmiedbare ~** || malleable bronze || bronze m. malléable. **d) Stahl~** || steel bronze || bronze m. à acier. 7

Bronze-arbeiter m. || bronze fitter || ajusteur m. de bronze. **a) ~bad** n. || bronze cyanide bath || bain m. de bronzage. **b) ~band** n. || bronze band || ruban m. de bronze. **c)** Welle f. mit **~bezug** m. || shaft with bronze sleeve || arbre m. à chemise en bronze. **d) ~blau** n. || bronze blue || bleu m. de bronze. **e) ~draht** m. || bronze wire || fil m. de bronze. **f) ~druck** m. || bronze printing || impression f. bronzée. **g) ~farbe** f. || bronze paint *or* colour *or* ink || couleur f. de bronze. **h) ~färben** n. || bronzing || bronzage m. **i) ~farbenmaschine** f. || machine for bronze colours || machine (f) à couleurs de bronze. **k) ~flügel** m. || gun metal wing || aile m. en bronze. **l) ~galanteriewaren** fpl. || small bronze articles pl. || petits bronzes mpl.; articles mpl. en bronze. **m) ~gießerei** f. || brass *or* bronze foundry || fonderie f. de bronze. **n) ~guß** m. || bronze casting || bronze m. fondu; fonte f. de *ou* au bronze. **o) ~lack** m. || bronze varnish || vernis m. bronzant. **p) ~lamelle** f. || bronze disc || lamelle f. en bronze. **q) ~modellör** m. || brass pattern maker || modeleur m. pour bronze. **r) ~pulver** n. || bronze powder || poudre f. à bronzer; bronze m. en poudre *ou* moulu. **s) ~röhre** f. || bronze pipe || tube m. en bronze. **t) ~schmiedestück** n. || bronze forging || pièce f. de forge en bronze. **u) ~schreibfeder** f. || bronze pen || plume f. de bronze. **v) ~stange** f. || bronze rod || bronze m. en barre. 8

Bronzetinktur f. || bronzing liquid || teinture f. à bronzer. **a) ~gummi** m. || bronze tincture gum || gomme f. pour teinture bronzante. 9

Bronzewaren fpl. || bronze ware || articles mpl. en bronze; bronzes mpl. **a) ~** für **Kirchen** || church bronzes pl. || bronzes mpl. d'église. **b) unechte ~** || varnished bronze || bronze m. verni. 10

Bronzeziselör m. || bronze chaser || ciseleur m. sur bronze. 11

Bronzierapparat m. || bronzing machine || machine f. à bronzer. 12

bronzieren || to bronze || bronzer. 13

Bronzieren n. || bronzing || bronzage m. **a) galvanisches ~** || electrolytic bronzing || bronzage m. galvanique. 14

Bronzierer m. || bronzer; bronze colourer || bronzeur m. 15

Bronziermaschine f. || bronzing machine || machine f. à bronzer. 16

Brosche f. || brooch || broche f. 17

Broschenplatte f. || brooch plate || plaque f. de broche. 18

broschieren (Buchb) || to stitch; to sew || brocher. 19

Broschiermaschine f. (Buchb) || booklet covering machine || machine f. à couvrir la brochure. 20

broschiert (Buchb) || stitched; sewed || broché. 21

broschiert-es Buch n. || stitched book || livre m. broché. **a) ~er Seidenstoff** m. || broché silk || broché m. soie. **b) ~er Stoff** m. || broché || tissu m. broché. 22

Broschierwebstuhl m. || swivel loom || métier m. à brocher. 23

Broschüre f. (Buchb) || booklet; catalogue; stitching || catalogue m.; brochure f. **a) ~ aus gehefteten Blocks** || booklet prepared from stitched packs || brochure f. formée de blocs piqués *ou* cousus. **b) ~ aus losen Bogen** || booklet prepared from loose sheets || brochure f. formée de feuilles détachées. **c) seitlich geheftete ~** || booklet stitched sideways || brochure f. agrafée latéralement. 24

Broschüren-druck m. || printing booklets pl. || impression f. de brochures. **a) ~einhängemaschine** f. || booklet covering machine; book attaching machine || machine f. à couvrir la brochure *ou* à assujettir les brochures. **b) ~heftmaschine** f. || pamphlet stitching machine || machine f. de couture de brochures. **c) ~leimmaschine** f. || book glueing machine || machine f. à coller les brochures. 25

Brot n. || bread; loaf of bread || pain m. **a) gesäuertes ~** || loaf bread; leavened bread || pain m. levé. **b) ungesäuertes ~** || unleaved bread || pain m. sans levain *ou* mollet *ou* azyme. 26

Brot-bäcker m. || baker; bread maker || boulanger m. **a) ~bäckerei** f. || bake house; bakery || boulangerie f.; manutention f. **b) ~büchse** f. || bread box || caissette f. *ou* tambour m. à pain. 27

Brötchen n. || small loaf; (French) roll || petit pain m. 28

Brötchenteig-teilmaschine f. || roll dough dividing machine || machine f. pour diviser la pâte en petits pains. **a) ~-wirkmaschine** f. || roll dough moulding machine || machine f. pour rouler la pâte des petits pains. 29

Brot-fertigungsanlage f. || installation for bread factory || installation m. de panification. **a) ~gärung** f. || fermentation of bread; panary fermentation || fermentation f. panaire *ou* du pain. **b) ~geschmack** m. || bread *or* cooked *or* steam taste || goût m. de cuit *ou* de pain. **c) ~herstellung** f. || bread manufacture || fabrication f. de pain; panification f. **d) ~korb** m. || bread basket || panier m. à pain. **e) ~kruste** f., **geriebene** || rasping || chapelure f. **f) ~röster** m. || bread toaster || grille-pain m. **g) ~schneidemaschine** f. || bread cutter; bread cutting machine || coupe-pain m.; coupeuse f. à pain; machine f. à trancher du pain. **h) ~-schneider** m. || *s.* Brotschneidemaschine f. **i) ~teig** m. || dough (for bread) || pâte f. de pain. **k) ~zähler** m. || bread checker || compteur m. de pains. 30

Bruch m. (Bergb) || choak; breaking down || éboulement m.; stouppure f. **a) ~** (Math) || fraction; broken number || fraction f.; nombre m. rompu. **b) ~** (Stein) || fracture || cassure f. **c) ~** (Werkstoff) || breaking; fracture; breakage || rupture f.; cassure f.; fracture f.; casse f.; bris m. **d) als ~** || broken || cassé. **e) echter ~** (Math) || proper fraction || fraction f. proprement dite. **f) einfacher ~** (Math) || simple fraction || fraction f. simple. **g) Ersatzverbindlichkeit** f. für **~** || obligation to make good any loss by breakage || garantie f. pour le bris. **h) Feder~** || fracture of spring || rupture f. du ressort. **i) feinkörniger ~** (Miner) || fracture with fine grains || cassure f. à grains fins. **k) gemeiner ~** (Math) || vulgar *or* simple fraction || fraction f. ordinaire. **l) gemischter ~** (Math) || mixed number || nombre m. fractionnaire. **m) ~** eines **Glasgefäßes** || breakage of a glass box || bris m. d'un récipient en verre. **n) grobkörniger ~** (Miner) || fracture with coarse grains || cassure f. à gros grains. **o) irrationaler ~** (Math) || irrational fraction || fraction f. irrationnelle. **p) Kalkstein~** || lime-stone quarry || carrière f. de chaux *ou* de calcaire. **q) körniger ~** (Eisen) || crystalline *or* granular fracture || texture f. grenue *ou* cristalline; grainure f. **r) krystallinischer ~** || crystalline fracture || cassure f. crystalline. **s) muscheliger ~** || conchoidal fracture || cassure f. conchoïde. **t)** den **~** m. **niedergehen** lassen || to bring down the roof; to run the roof || faire ébouler les débris mpl. **u) rationaler ~** (Math) || rational fraction || fraction f. rationnelle. **v) Sicherheit** f. gegen Bildung von Rissen und **Brüchen** (Met) || safety against cracking or fracturing || sécurité f. contre les crevasses et les ruptures. **w) splitteriger ~** || splintery fracture || cassure f. à éclats. **x) ~** bei **Überlastung** || breaking by overload || rupture f. en cas de surcharge. **y) unechter ~** (Math) || improper fraction || expression f. fractionnaire. **z)** den **~** m. **werfen** || to bring down; to run the roof || faire ébouler les débris mpl. 31

a) zackiger ~ || hackly fracture || cassure f. garnie de pointes. **b)** die Brüche mpl. traten im **Zapfen** auf || the fractures pl. occured in the pin || les ruptures fpl. se manifestaient dans le tourillon. **c) zu ~e** m. **bauen** (Bergb) || to bring down the roof || faire ébouler les débris mpl. **d) zu ~e** m. **gehen** (Bergb) || to break down; to fall-in || ébouler. **e) zusammengesetzter ~** (Math) || compound fraction || fraction f. de fraction. 32

Bruch-aussehen n., Stahlbeurteilung f. nach dem **~** || way of judging steel by the appearance of the fracture. || appréciations fpl. de l'acier basées sur l'aspect de la cassure. **a) ~band** n. (Heilk) || truss; hernial bandage || bandage m. (herniaire). **b) ~bandage** f. (Heilk) *s.* ~band n. **c) ~bandmacher** m. || truss maker || bandagiste m. **d) ~beanspruchung** f. || tensile strength; breaking stress || charge f. de rupture. **e) ~belastung** f. || ultimate *or* breaking load || charge f. de rupture. **f) ~decke** f. (Dachd) || ridge plate || plomb m.; tôle f. de faîtage. **g) ~dehnung** f. || elongation

at rupture; breaking-dilatation || allongement m. *ou* dilatation f. à la rupture. 1
bruchfest || resisting to fracture; crashproof || résistant à l'écrasement; non sujet à la rupture. 2
Bruch-festigkeit f. || resistance to rupture; tensile *or* breaking *or* ultimate *or* transverse strength; bursting stress; breaking load || résistance f. à la rupture; charge f de rupture. **a) ~festigkeitsgrenze** f. || breaking-down point || point m. de rupture. 3
Bruchfläche f. || surface of fracture || surface f. de cassure. **a)** die ~ zeigte ein sehr zähes **Gefüge** || the fracture presented a very tough texture. || la cassure montrait une texture très tenace. **b) körnige ~** || grained core || cassure f. à grain grossier ordinaire. 4
Bruch-fuge f. || joint of rupture || joint m. de rupture. **a) ~gefahr** f. || risk of breakage || risque m. de rupture. **b) ~gewicht** n. || breaking weight || poids m. de rupture. **c) ~glas** n. (Glasf) || cullet || tessons mpl.; calcin m.; grésil m., groisil m.; rognure f. de verre. **d) ~grenze** f. || rupture limit; breaking point || limite f. de rupture. 5
brüchiges Eisen n. || brittle iron || fer m. cassant. 6
Bruch-kohle f. || broken coal || déchets mpl. de charbon. **a) ~koks** m. || broken coke || déchet m. de coke; coke m. moyen. **b) ~koralle** f. || coral in fragments || corail m. en morceaux. **c) ~lager** n. eines Steines || cleaving grain of a stone || lit m. de carrière. **d) ~last** f. || breaking load || charge f. de rupture. **e) ~probe** f. || breaking *or* fracture test || épreuve f. de cassure; essai m. de rupture. **f) ~-rechnung** f. || calculation involving fractions || calcul m. des fractions. **g) ~reis** m. || broken rice || brisures fpl. de riz; riz m. cassé. 7
bruchsicher *s.* bruchfest. 8
Bruchsicherheit f. || security against breaking || résistance f. à la rupture; sûrete f. contre la rupture. **a) genügende ~** || sufficient security against breaking || résistance f. suffisante contre la rupture. **b)** ~ gegenüber **stoßweiser Belastung** || security against stresses due to sudden and repeated shocks || sûreté f. contre la rupture, les aciers étant soumis à des chocs répétés. 9
Bruchspannung f. || breaking stress || tension f. de rupture. 10
Bruchstein m. || broken *or* quarry stone; rubble || moellon m. **a)** ~ für **Mosaik** || small ashlar for mosaics || moellon m. pour mosaïque. 11
Bruchstein-mauerung f., Sperrmauer f. in ~ || dam of quarry stone masonry || mur m. du barrage en pierre de carrière. **a) ~-mauerwerk** n. || quarry stone masonry || maçonnerie f. à moellons. 12
Bruchstelle f. || place of breaking || point m. de rupture. **a)** die ~ wies ein **feinkörniges** Gefüge auf || the fracture showed a fine grained texture || le point de cassure présentait une structure finement granulée. **b)** die ~ ist **zähe** und sehnig || the fracture is tough and fibrous || la cassure f. est tenace et fibreuse. 13
Bruchstrich m. || cross line; fraction stroke || barre f. transversale *ou* de fraction. 14
Bruchstück n. || fragment || fragment m.; morceau m. **a) ~e** npl. von alten **Kautschukwaren** || fragments pl. of old caoutchouc goods || débris mpl. de caoutchouc ayant servi. **b) ~e** npl. von **Tonwaren** || scraps pl. of potery || débris m. de poteries. 15
Bruchteil m. einer Umdrehung || fraction of a revolution || fraction f. d'un tour. 16
Brücke f. (Bauw) || bridge || pont m. **a) ~** (Zahnersatz) || bridge || pont m. **b) Auslade~** || loading platform || appontement m. *ou* pont m. de déchargement. **c) Balken~** || girder bridge || pont m. à poutres. **d) Behelfs~** || provisory *or* temporary bridge || pont m. provisoire *ou* temporaire. **e) Belastungsprobe** f. einer ~ || static test of a bridge || épreuve f. statique d'un pont. **f) Drahtseil~** (Brückenb) || wire cable suspension bridge || pont m. suspendu au moyen de câbles. **g) Dreh~** || swing-bridge || pont m. tournant. **h) Eisenbahn~** || railway bridge || pont m. de chemin de fer. **i) eiserne ~** || iron bridge || pont m. métallique *ou* en fer. **k) Fachwerk~** f. mit geraden Trägern || diagonally braced girder bridge || pont m. à poutres droites composées. **l)** ~ eines **Fahrstuhles** || lift bridge || plateforme f. d'un montecharge. **m)** ~ mit **Fischbauchträgern** || fish-bellied girder bridge || pont m. à poutres en ventre de poisson. **n) fliegende ~** || swing *or* flying bridge || pont m. volant. **o) Flut~** || flood arche || avant-pont m. **p) Fußgänger~** || foot bridge || passerelle f. **q) Gicht~** || charge bridge || pont m. de chargement. **r) gußeiserne ~** || cast-iron bridge || pont m. en fonte. **s) Hänge~** || suspension *or* hanging bridge || pont m. suspendu. **t) hölzerne ~** || timber bridge || pont m. de *ou* en bois. **u) hölzerne Bogenfachwerk~** || timber spandril bridge || pont m. supporté par des contres. **v) Kipperkasten~** || tipping stage || pont m. à chariots culbuteurs. **w) Klapp~** || bascule bridge || pont m. à bascule; pont-levis m. à trappe. **x) Kriegs~** || military bridge || pont m. militaire. **y) Landungs~** || wharf || appontement m. **z) Not~** || temporary bridge || construction f. provisoire. 17

a) Ponton~ || pontoon *or* boat bridge || pont m. de pontons. **b) provisorische ~** *s.* Behelfs~. **c) Roll~** || roller bridge || pont m. roulant. **d) Schiebe~** || travelling bridge || pont m. transbordeur. **e) Schiff~** || pontoon *or* boat bridge || pont m. de pontons. **f) Schilf~** || rush bridge || pont m. de joncs. **g) schmiedeeiserne ~** || wrought- iron bridge || pont m. en fer forgé. **h) schwimmende ~** || floating bridge || pont m. flottant. **i) steinerne ~** || stone bridge || pont m. en maçonnerie *ou* en pierre. **k) Straßen~** || viaduct || viaduc m. **l) überdachte ~** || roofed bridge || pont m. couvert. **m) Wagen~** || carriage bridge || pont m. de voiture. **n) Zoll~** || toll bridge || pont m. à péage. 18
Brücken-bau m. || bridge building || construction f. de ponts. **a) ~bauanstalt** f. || plant for bridge building || atelier m. de construction de ponts. **b) ~baum** m. (Brückenb) || sleeper || poutrelle f. **c) ~belag** m. || flooring *or* planking *or* road covering of a bridge || plancher m. *ou* platelage m. d'un pont. **d) ~boden** m. || platform of a bridge || lit m. de pont. **e) ~bogen** m. || arch *or* gullet *or* bay of a bridge || arc m. *ou* arche f. *ou* voûte f. || *ou* travée f. de pont. **f) ~boot** n. || pontoon || bateau m. à pont; ponton m. **g) ~draht** m. mit **Gleitschieber** (Elektr) || bridge wire with slider || fil m. de pont avec contact glissant. **h) ~floß** n. || bridge raft; floating support || support m. flottant. **i) ~gegensprechschaltung** f. bridge duplex connection || couplage m. duplex à pont. **k) ~geländer** n. || parapet *or* railing of a bridge || parapet m. *ou* garde-fou m. d'un pont. **l) ~gestänge** n. (Fernm) || bridge pole || appui m. sur pont. **m) ~gewölbe** n. || arch of a bridge || voûte f. de pont. **n) ~grundpfahl** m. || bridge pile || pieu m. *ou* pilot m. d'un pont. **o) ~kontakt** n. || bridging contact || contact m. à pont *ou* en pont. **p) ~kopf** m. || bridge head || tête f. de pont. **q) ~kran** m. || bridge crane || pont-grue m.; grue f. portique sur chevalets roulants. **r) ~langholzwagen** m. || timber cart || char m. à bois de construction. **s) ~lufthammer** m. || bridge type air hammer || marteau-pilon m. pneumatique à portique. **t) ~methode** f. || bridge method || méthode f. du pont. **u) ~öffnung** f. || bridge opening || ouverture f. de pont. **v) ~pfahl** m. || bridge pile || aiguille f. de pont; pieu m. *ou* pilot m. *ou* pilotis m. de pont. 19
Brückenpfeiler m. || pillar of a bridge || pilier m. de pont. **a) ~vorhaupt** n. || fore starling of pier || bec m. d'amont d'un pilier. 20
Brücken-schaltung f. || bridge connection || circuit m. *ou* montage m. à pont. **a) ~schiff** n. || pontoon || ponton m. **b) ~schwelle** f. || curb beam || garde-pavé m. **c) ~sicherung** f. (Elektr) || bridge fuse || coupe-circuit m. à pont. **d) ~spannung** f. || bridgespan || portée f. de pont. **e) ~speisung** f. (Fernm) || bridges feeding || alimentation f. par ponts. **f) ~steg** m. || foot bridge || passerelle f. **g) ~träger** m. || bridge girder || poutre f. de pont. **h) ~überführung** f. (Elektr Leit) || bridge crossing || traversée f. de pont. **i) ~wage** f. || weighbridge; weighing machine; platform balance || balance f. à bascule; balance-bascule f.; pont m. à bascule *ou* à peser. **k) ~widerstand** m. (Elektr) || bridge resistance || résistance f. à pont. 21
Brückschiene f. || bridge rail || rail m. de pont; rail m. Brunel. 22
Brummen n. (Leitung) || buzzing noise || bourdonnement m. 23
Brünierbeize f. || bronzing pickle || mordant m. 24
brünieren m. || to burnish || brunir. 25
Brünierer m. (Waffenw) || browner || brunisseur m. 26
Brunnen m. || well || puits m. **a) artesischer ~** || artesian well || puits m. artésien. **b) Fachingenieur** m. für artesische ~ pl. || artesian well engineer || ingénieur m. spécialiste de puits artésiens. **c) Rohr~** || fountain || fontaine f. **d) Sammel~** || cistern; collecting well || citerne f.; puits m. collecteur. **e) Schlag~** || lever pump || pompe f. à levier. **f) Senk~** || sunk well || puits m. foncé. **g) Tief~** || deep well || puits m. de sondage. **h) Ventil~** || valve well || borne-fontaine f. à soupape. 27

Brunnen-abdeckung f. (Fernm) || roof of manhole || plafond m. de chambre de tirage. **a) ~bau** m. || well building *or* sinking *or* boring || fontainerie f.; construction f. de puits. **b) ~bauer** m. || fountain maker || constructeur m. de fontaines. 1

Brunnen-bohranlage f. || well boring plant || installation f. de forage de puits. **a) ~bohren** n. || well boring || fonçage m. de puits. **b) ~bohrer** m. || auger; scooping iron || drague f. **c) ~bohrgerät** n. || boring tool for wells || outil m. de creusage pour puits. **d) ~brüstung** f. || curb *or* lining of a well || margelle f.; mardelle f.; tour m. de puits. **e) ~deckel** m., Schutz gegen Einfrieren von ~n mpl. (Kabel) || prevention of manhole covers from freezing in || protection f. contre la gelée des couvercles. **f) ~einfassung** f. || curb *or* lining of a well || margelle f.; mardelle f.; tour m. de puits. **g) ~fundierung** f. || well foundation || fondation f. de puits. **h) ~geländer** n. || railing of a well || margelle f. **i) ~gräting** f. || screw well's grating || caillebottis m. du puits de l'hélice. **k) ~haus** n. || well house || maisonnette f. d'un puits. **l) ~macher** m. || pump maker; well sinker || fontenier m.; fontainier m. **m) ~pest** f. || well plague || peste f. des puits. **n) ~pumpe** f. || well pump || pompe f. de puits. **o) ~rost** m. || screw well's grating || caillebottis m. du puits de l'hélice. **p) ~schwengel** m. || draw beam of a well; pump handle || levier m. *ou* balancier m. d'une pompe. **q) ~stube** f. || well house || maisonnette f. d'un puits. **r) ~sumpf** m. (Wasserb) || discharging trough; discharging basin || fond m. du puits *ou* de la pompe. **s) ~wasser** n. || pump *or* well water || eau f. de puits *ou* de source. **t) ~zylinder** m. || well cylinder || cylindre m. à puits. 2

Brüsseler-Spitze f. || Brussels lace || dentelle f. de Bruxelles; Bruxelle f. **a) ~ Teppich** m. || Brussels carpet || moquette f. frisée *ou* bouclée. 3

Brust-baum m. (Web) || breast beam || ensouple f. de devant. **a) ~bohrer** m. || breast drill *or* borer || vilebrequin m. **b) ~einsatz** m. (Hemd) || shirt front || devant m. de chemise. **c) ~feder** f. || breast feather || gorge f. **d) ~hammer** m. mit langsamen Schlägen || slow motion belly hammer || marteau m. frontal avec action lente. **e) ~höhe** f. || breast height || hauteur f. d'homme. **f) ~lehne** f. (Bauw) || balustrade || balustrade f.; garde-fou m. **g) ~leier** f. || brace; hand brace; breast borer; crank brace || vilebrequin m.; drille m. à arçon. **h) ~mikrophon** n. (Fernm) || operator's transmitter || microphone m. plastron. **i) ~nadel** f. || brooche || broche f. **k) ~riegel** m. || head rail *or* tie || lisse f. *ou* lice f. de barrière; entretoise f. d'appuis. **l) ~stütze** f. || breast support || support m. de poitrine. 4

Brüstung f. || balustrade; breast work; parapet || balustrade f.; appui m.; parapet m. 5

Brüstungs-gesims n. eines **Fensters** || breast moulding of a window || tablette f. de fenêtre. **a) ~mauer** f. || breast wall || allège f.; mur m. d'appui. 6

Brüstungsverkleidung f. an einem **Fenster** || back of a window || lambris m. d'appui d'une fenêtre. **a) ~** rings um ein **Zimmer** || wainscotted socle; socle wainscotting || lambris m. d'appui. 7

Brustwehr f. einer **Futtermauer** || parapet of a lining wall || parapet m. d'un mur de revêtement. 8

Brut-anstalt f. || artificial brooding establishment; hatching house || couvoir m.; couveuse f.; incubateur m. **a) ~apparat** m. || incubator; hatching apparatus || couveuse f. artificielle; incubateur m. **b) ~kasten** m. || incubator || étuve f. **c) ~maschine** f. || incubator || couveuse f. **d) ~ofen** m. || incubator; hatching oven || couveuse f. artificielle; four m. d'incubation. **e) ~schrank** m. || hatching apparatus; incubator || étuve f. (bactériologique). 9

brutto || gross || brut. 10

Brutto-absackwage f. || sack gross-weigher || balance f. d'ensachage brut. **a) ~belastung** f. || gross load || charge f. brute. **b) ~betrag** m. || gross amount || montant m. brut. **c) ~bilanz** f. || trial balance || bilan m. brut. **d) ~einnahme** f. *s.* ~ertrag m. **e) ~ertrag** m. || gross receipts pl. *or* earnings pl. *or* profit || produit m. brut; recette f. brute. **f) ~fracht** f. || gross freight || fret m. brut *ou* entier. **g) ~gewicht** n. || gross weight || poids m. brut. **h) ~gewinn** m. *s.* ~ertrag m. **i) ~preis** m. || gross cost *or* price; long price || coût m. brut; prix m. fort. **k) ~tonnengehalt** m. || gross tonnage || tonnage m. brut. **l) ~wert** m. || gross value || valeur f. brute. 11

Bruyère-holz n. || briar *or* bruyere wood || bois m. de bruyère. **a) ~pfeife** f. || bruyere pipe || pipe f. en bruyère. **b) ~wurzel** f. || bruyere root || racine f. de bruyère. 12

Buch n. || book || livre m. **a) alte** Bücher npl. || old books || livres mpl. antiquaires *ou* d'occasion *ou* ayant servi. **b) broschiertes ~** || stitched book || livre m. broché. **c) gebundenes ~** || bound book || livre m. relié. **d)** in **Leder** n. gebundenes ~ || book in calf || livre m. relié en veau *ou* en basane. **e)** in **Leinwand** f. gebundenes ~ || book in cloth || livre m. relié en toile. **f)** ein ~ n. **heften** || to sew a book || coudre un livre m. **g) ~** in **losen** Bogen || book in sheets || livre m. en feuilles. 13

Buch-ausstattung f. || get-up of a book || décoration f. du livre. **a) ~binden** n. || bookbinding || reliure f. **b) ~binder** m. || bookbinder || relieur m. 14

Buchbinderei f. (Gewerbe) || bookbinding || reliure f. **a) ~** (Werkstatt) || bookbinder's workshop; bookbindery; bindery || atelier m. de relieur. **b) ~maschine** f. || bookbinding machine || machine f. de reliure. 15

Buchbinder-farbendruckpresse f. || bookbinder's colour printing press || presse f. pour impression en couleurs pour ateliers de reliure. **a) ~gaze** f. || gauze for bookbinding || gaze f. pour la reliure. **b) ~geselle** m. || journeyman bookbinder || compagnon m. relieur. **c) ~handwerk** n. || bookbinding (trade) || métier m. de relieur. **d) ~kaliko** n. || bookbinder's calico || calicot m. pour reliures. **e) ~kattun** m. || embossed calico || toile f. de coton gaufrée. **f) ~kleister** m. || bookbinding glue || colle f. de relieur. **g) ~kunst** f. || bookbinding || art m. de relieur. **h) ~leim** m. *s.* ~kleister n. **i) ~leinen** n. || bookbinder's calico; book linen || toile f. de relieur. **k) ~pappe** f. || cardboard for bookbinding || carton m. pour les relieurs. **l) ~presse** f. || binding press for books; screw press || presse f. à relier *ou* de relieur. **m) ~schnur** f. || bookbinding cord || tranchefile f. pour reliure. **n) ~waren** fpl. || stationery *or* bookbinder's goods pl. || ouvrages mpl. de relieur *ou* de reliure. **o) ~werkstatt** f. *s.* Buchbinderei f. (Werkstatt). 16

Buchdeckel m. || cover of book || couverture f. de livre. 17

Buchdeckel-leimer m. (Buchb) || gluer for book covers || colleur m. de couvertures de livres. **a) ~marmorierer** m. || cover marbler || racineur en reliure f. 18

Buchdrucker m. || printer || imprimeur m. 19

Buchdruckerei f. || printing office; typography || imprimerie f. typographique; typographie f. 20

Buchdruckerei-bedarfsartikel mpl. || typographer's requirements pl. || fournitures fpl. pour la typographie. **a) ~maschine** f. || printing machine || machine f. pour la typographie. **b) ~zubehör** n. || printing accessories pl. || accessoires mpl. d'impression. 21

Buchdrucker-gehilfe m. || journeyman printer || compagnon m. imprimeur. **a) ~kunst** f. || art of printing; printing; typography || typographie f.; imprimerie f. **b) ~letter** f. *s.* Buchdruckletter f. **c) ~schrift** f. || printing type || type m. pour imprimeries. **d) ~schwärze** f. || printing ink || encre f. *ou* noir m. d'imprimerie. 22

Buchdruckfarbe f. || printing ink || encre f. typographique; encre f. *ou* noire m. d'imprimerie. **a) ~** für **Rotationsdruck** || rotary machine ink || encre f. pour presses rotatives. **b) ~** für **Schnellpressen** || high-speed letter press ink || encre f. pour presses rapides. 23

Buchdruck-firnis m. || printer's varnish || vernis m. typographique *ou* d'imprimerie; huile f. cuite. **a) ~gerät** n. || printer's supply *or* implements pl. || ustensiles mpl. d'imprimerie. **b) ~handpresse** f. || hand press for letterpress work || presse f. à bras typographique. **c) ~klischee** n. || printing block || cliché m. d'impression. 24

Buchdruckletter f. || printing letter *or* type || caractère m. d'imprimerie. 25

Buchdruck-presse f. || book printing press || presse f. d'imprimerie de livres; presse f. typographique pour livres. **a) ~schnellpresse** f. || high speed printing machine for letterpress work; printing fly press || presse f. rapide pour imprimerie de livres, presse f. d'impression rapide. **b) ~schriften** fpl. || book printing scriptures || lettres fpl. pour imprimeries. **c) ~walzenmasse** f. || printing roller composition || pâte f. à rouleaux d'imprimerie. 26

Buchecker f. || beech nut || faîne f. 27

Bucheckernöl n. || beech nut oil || huile f. de faîne. 28

Bucheinband m. || book binding || reliure f. **a) ~stoff** m. || cloth for book covers || étoffe f. de reliure. 29

buchen || to book; to enter in the books || passer écriture f.; noter; prendre note f. 30

Buchenholz n. || beech || bois m. de hêtre. 31

Buchenholz-dübel m. || beech wood dowel || goujon m. (en bois) de hêtre. **a) ~kohle** f. || beech coal || charbon m. de hêtre. **b) ~pech** n. || beech tar pitch || poix f. de goudron de hêtre. c) **~span** m. ‖ beech chip ‖ copeau m. de hêtre. d) **~teer** m. ‖ beech tar ‖ goudron m. de hêtre. e) **~teeröl** n. ‖ beech tar oil ‖ huile f. de goudron de hêtre. 1

Buchenrinde f. ‖ beech bark ‖ écorce f. de hêtre. 2

Bücherbrett n. ‖ bookshelf ‖ tablette f. à livres; étagère f. 3

Bücherei f. ‖ library ‖ bibliothèque f. a) **technische ~** ‖ technical library ‖ bibliothèque f. technique. 4

Bücher-gestell ‖ book case *or* shelf ‖ étagère f. *ou* tablette f. pour livres. a) **~halle** f. für Arbeiter und Beamte ‖ library for the workmen and staff ‖ bibliothèque f. pour les ouvriers et employés. b) **~revisor** m. ‖ (chartered) accountant ‖ comptable (expert) m. c) **~schrank** m. ‖ book case ‖ bibliothèque f. d) **~wart** m. ‖ librarian ‖ bibliothécaire m. 5

Buchführer m. *s.* Buchhalter m. 6

Buchführung f. ‖ book keeping ‖ tenue f. des livres. a) **doppelte ~** ‖ bookkeeping by double entry ‖ tenue f. des livres en partie double. b) **einfache ~** ‖ bookkeeping by single entry ‖ tenue f. des livres en partie single. c) **~** auf **losen** Blättern ‖ loose leaf book keeping ‖ comptabilité f. sur feuilles détachées. 7

Buchgewerbe n. ‖ book manufacture *or* craft ‖ industries fpl. du livre. a) **~maschine** f. ‖ printer's machine ‖ machine f. pour l'art graphique. 8

Buch-halter m. ‖ accountant; booker; book keeper ‖ comptable m.; teneur m. de livres. a) **~halterei** f. ‖ *s.* ~haltung f. 9

Buchhaltung f. ‖ book keeping ‖ tenue f. des livres; comptabilité f. a) **doppelte ~** *s.* Buchführung f., doppelte. b) **einfache ~** *s.* Buchführung f., einfache. 10

Buchhaltungs-arbeiten fpl. ‖ bookkeeping work ‖ travaux mpl. du comptable. a) **~durchschlag** m. ‖ copy for the accounting department ‖ copie f. pour le service de comptabilité. b) **~maschine** f. ‖ book keeping machine; accounting machine ‖ machine f. pour la tenue des livres; machine f. comptable. 11

Buchhandel m. ‖ book selling; bookseller's trade ‖ commerce m. des livres. 12

Buchhändler m. ‖ bookseller ‖ libraire m. a) **~** für **technische** Werke ‖ technical bookseller ‖ libraire m. technique. b) **~waren** fpl. ‖ bookseller's goods pl. ‖ articles mpl. de librairie. 13

Buchhandlung f. ‖ bookseller's shop; book shop ‖ librairie f. a) **Antiquariats~** ‖ second hand bookseller's shop ‖ librairie f. d'occasion. 14

Buch-heften n. ‖ book stitching ‖ brochage m. a) **~hülle** f. ‖ book carrier ‖ enveloppe f. du livre. b) **~kunst** f. ‖ printing art ‖ art m. du livre. c) **~leinen** n. (Web) ‖ book linen ‖ librets mpl. 15

Buchrücken m. ‖ back of a book ‖ dos m. d'un livre. a) **~presser** m. ‖ back liner ‖ endosseur m. 16

Buchsbaum m. ‖ box tree ‖ buis m. 17

Buchsbaum-holz n. ‖ box wood ‖ bois m. de buis; buis m. a) **~wurzel** f. ‖ box root ‖ racine f. de buis. 18

Buch-schloß n. ‖ clasp ‖ fermoir m. a) **~schuld** f. ‖ bookdebt ‖ créance f. 19

Buchse f. (Masch) ‖ bushing; sleeve; socket ‖ manchon m.; douille. a) **Bund~** ‖ bush ‖ douille f. à bride. b) **Feuer~** ‖ firebox ‖ boîte f. à feu. c) **Führungs~** ‖ guide bush ‖ boîte f. conductrice. d) **gußeiserne ~** ‖ cast iron liner ‖ boîte f. en fonte. e) **Kolben~** ‖ piston boss bushing ‖ coussinet m. de bossage du piston. f) **Kolbenbolzen~** ‖ piston pin bushing ‖ coussinet m. de pied de bielle. g) **Kolbenschieber~** ‖ piston valve liner ‖ cylindre m. de distribution. h) **Lager~** ‖ bushing; bearing shell ‖ coussinet m. i) **Rillen~** ‖ packing sleeve ‖ fourrure f. à rainures. h) **Schmier~** ‖ grease cup ‖ boîte f. à graisse. l) **Spindel~** (Spinn) ‖ step of spindle; spindle step ‖ gaine f. de broche. m) **Stauffer~** ‖ Stauffer lubricator ‖ graisseur m. Stauffer; stauffer m. n) **Ventilsitz~** ‖ valve case ‖ boîte f. de clapet. o) **Zylinder~** ‖ cylinder liner ‖ fourrure f. de cylindre. 20

Büchse f. ‖ box ‖ boîte f. a) **~** (Waffenw) ‖ musket; rifle ‖ mousquet m.; carabine f. b) **in ~n** fpl. ‖ in boxes pl. ‖ en boîtes fpl. c) **Salben~** ‖ ointment pot; salve jar ‖ boîte f. à onguent. 21

Büchsen-fleisch n. ‖ tinned *or* canned (A) meat ‖ conserve f. de viande. a) **~fleischkonserve** f. ‖ meat canning ‖ conserve f. de viande en boîtes. b) **~gemüse** n. ‖ tinned *or* canned (A) vegetables pl. ‖ légumes mpl. conservés. c) **~lauf** m. ‖ rifled barrel ‖ canon m. rayé. d) **~macher** m. (Waffenw) ‖ gun maker; gun smith; rifle maker; armourer ‖ armurier m. 22

Büchsenmetall n. ‖ babbit *or* white metal ‖ régule m.; métal m. blanc. 23

Büchsen-milch f. ‖ condensed milk ‖ lait m. condensé. a) **~öffner** m. ‖ box *or* tin opener ‖ clef f. *ou* ouvreur m. *ou* couteau m. pour boîtes de conserves. 24

Buchsenschleifmaschine f. ‖ bush grinding machine ‖ machine f. à rectifier les bagues cémentées. 25

Büchsenstein m. ‖ sulphurous *or* cubic *or* iron pyrites ‖ fer m. sulfuré jaune; pyrite f.; pyrite f. de fer *ou* cubique. 26

Buchsetzer m. (Buchdr) ‖ book setter ‖ labeurier m. 27

Buchstabe m. ‖ letter; (printing) type; character ‖ lettre f.; caractère m. d'imprimerie; type m. a) **Anfangs~** ‖ initial letter ‖ lettre f. initiale. b) **großer ~** ‖ capital; two-line letter ‖ lettre f. capitale *ou* majuscule; majuscule f. c) **kleiner ~** ‖ small letter; minuscula ‖ lettre f. minuscule; minuscule f. d) **Papier~** ‖ paper letter ‖ lettre f. de papier. e) **unterschnittener ~** (Buchdr) ‖ kerned letter ‖ caractère m. crêné. f) **~ für Werbezwecke** ‖ letter for advertising purposes ‖ caractère m. pour réclame. 28

Buchstaben-abdruck m. ‖ impression of letters ‖ impression f. des caractères. a) **~abstand** m. ‖ distance between letters ‖ écartement m. entre les caractères. b) **~auswechselung** f. ‖ interchangeability of types ‖ changement m. de caractères. c) **~blanktaste** f. ‖ letter blank key ‖ touche f. du blanc de lettres. d) **~breite** f. ‖ width of a letter ‖ largeur f. de caractère. e) **~folge** f. ‖ order of letters ‖ suite f. des caractères. f) **~höhe** f. ‖ height of a letter ‖ hauteur f. du caractère. g) **~pinsel** m. ‖ lettering brush ‖ pinceau m. à dessin. h) **~punze** f. ‖ letter stamp ‖ poinçon m. à lettre. i) **~rechnung** f. ‖ algebra; literal calculus ‖ algèbre f. k) **~schloß** n. ‖ puzzle lock ‖ serrure f. secrète. l) **gewöhnliche ~schrift** f. ‖ common letters pl. ‖ caractères mpl. d'écriture ordinaire. m) **~setzmaschine** f. ‖ type setting machine ‖ machine f. composant des types mobiles. n) **~taste** f. (Registrierkasse) ‖ initial key ‖ touche f. de lettre. o) **~weiß** n. (Fernm) ‖ letter blank ‖ blanc m. de lettres. 29

buchstabieren ‖ to spell ‖ épeler. 30

Buchstabiertafel f. ‖ spelling table ‖ tableau m. d'épellation. 31

Buchstütze f. ‖ book support ‖ support m. pour livres. 32

Bucht f. des **Kiels** ‖ camber *or* cambering of the keel ‖ arc m. de la quille. 33

Buchung f. ‖ entry ‖ inscription f. sur les livres. 34

Buchungsmaschine f. ‖ booking machine ‖ machine f. de comptabilité. 35

Buch-vergoldung f. ‖ book gilding ‖ dorure f. en reliure. a) **~verzierung** f. (Buchdr) ‖ printer's flower; vignette ‖ vignette f. b) **~weizen** m. ‖ buckwheat ‖ blé m. sarrasin *ou* noir; sarrazin m. c) **~wert** m. ‖ book value ‖ valeur m. dont les livres font foi. d) **~zeichen** n. ‖ book mark ‖ signet m. 36

Buckel m. des **Kiels** *s.* Bucht des Kiels. 37

Buckelblech n. ‖ dished *or* buckled plate ‖ tôle f. emboutie à panneau; tôle bombée. 38

Bückling m. ‖ bloater; red herring ‖ hareng m. saur *ou* fumé. 39

Buckskin m. (Web) ‖ buckskin ‖ cuir m. de laine. a) **~weberei** f. ‖ buckskin weaving mill ‖ tissage m. de buckskin. 40

Bude f. (Bauw) ‖ hut; cabin; lodge; shed ‖ hutte f.; baraque f.; loge f.; échoppe f.; cabane f. 41

Budget n. ‖ budget ‖ budget m. 42

Büdner m. ‖ yeoman; landholder ‖ petit propriétaire m. foncier. 43

Büffel m. ‖ buff; buffalo ‖ buffle m. 44

Büffel-haut f. ‖ buff ‖ peau f. de buffle. a) **~horn** n. ‖ buffalo horn ‖ corne f. de buffle. 45

Büffelleder n. ‖ buffalo hide ‖ cuir m. de buffle. 46

Büffelleder-arbeiter m. ‖ buffle workman ‖ buffletier m. a) **~riemen** m. ‖ buffalo strip ‖ lanière f. en cuir de buffle. 47

Büffel-leim m. ‖ leather glue ‖ colle f. de cuir. a) **~waren** fpl. ‖ articles pl. in buff leather ‖ buffleteries fpl. 48

Büffet n. ‖ cup board; side board ‖ dressoir m.; buffet m. 49

Bug m. ‖ bow; nose ‖ avant; proue f. a) **Normal~** (Pressen) ‖ normal bend ‖ pli m. normal. b) **Rund~** (Presse) ‖ round bend ‖ pli m. arrondi. c) **scharfer ~** ‖ lean bow ‖ proue f. fine *ou* maigre. 50

Bügel m. (am Flintenschloß) ‖ trigger-guard ‖ sous-garde f. a) **~** (Henkel) ‖ bail ‖ anse f. b) **~** (Masch) ‖ bridle ‖ bride f. c) **Aufhänge~** (Bogenlampe) ‖ suspension loop ‖ étrier m. de suspension. d) **Brillen~** ‖ side of the spectacles ‖ branche f. des lunettes. e) **Dreiecks~** ‖ triangular frame *or* stirrup ‖ bride m. *ou* étrier m. triangulaire. f) **eiserner ~** (Seew) ‖ iron hoop ‖ cercle m. de fer. g) **Flacheisen~** ‖ flat iron stirrup ‖ étrier m. en fer plat. h) **Flaschen~** ‖ bail of patent stopper ‖ bouchon m. mécanique. i) **~ für Lederwaren** ‖ bow for leather ware ‖ monture f. pour articles de cuir. k) **Steig~** ‖ stirrup ‖

étrier m. **l) Taschen~** ‖ casing; bow ‖ fermoir m. du sac à main. **m) ~ an der Treibstange** ‖ strap end of main rod ‖ tête f. de bielle en étrier. **n) U-förmiger ~** ‖ U-shaped stirrup ‖ étrier m. en forme d'U. **o) Versteifungs~** ‖ stiffening strap ‖ bride f. de renfort. 1

Bügeldraht m., Unterkiefer ‖ wire for mandibular jaw ‖ fil m. pour arc de prothèse partielle inférieure. 2

Bügeleisen n. ‖ smoothing *or* sad *or* flat *or* box iron; goose ‖ carreau m.; fer m. à repasser. **a) elektrisches ~** ‖ electric flat iron ‖ fer m. à repasser électrique. **b) Haushalt~** ‖ household flat iron ‖ fer m. à repasser pour ménage. 3

Bügeleisenbolzen m. ‖ heater ‖ fer m. 4

Bügel-gleitbacke f. (Eisenb) ‖ hornblock; pedestal (A) ‖ guide m. de boîte en forme d'arcade. **a) ~kontakt** m. (elektr Bahn) ‖ bow contact ‖ contact m. d'archet. **b) ~maschine** f. ‖ ironing *or* smoothing machine ‖ machine f. à repasser. 5

bügeln ‖ to iron; to smooth ‖ ciseler; repasser. 6

Bügel-ofen m., Gas ‖ gas flat iron stove ‖ four m. à gaz pour fers à repasser. **a) ~pumpe** f. ‖ stirrup pump ‖ pompe f. à étrier. **b) ~säge** f. ‖ bow saw ‖ scie f. à étrier *ou* à archet. **c) ~schleifkontakt** m. (elektr Bahn) ‖ sliding bow ‖ cadre m. de glissement. **d) ~verschluß** m. (Flaschen) ‖ patent stopper ‖ bouchon m. mécanique. 7

Bug-holz n. ‖ bent timber ‖ bois m. cintré. **a) ~kühler** m. ‖ nose radiator ‖ radiateur m. caudal. 8

buglastig ‖ bow *or* nose heavy; trim by the bow (A) ‖ chargé à la proue; lourd du nez; à nez lourd. 9

Büglerin f. ‖ ironer ‖ repasseuse f. 10

Bugriemen m. (Seew) ‖ bow oar ‖ aviron m. de brigadier. 11

Bugsier-boot n. ‖ towboat; tugboat; tug; trackboat ‖ remorqueur m.; bateau m. de remorque. **a) ~dampfer** m. ‖ steam tug ‖ remorqueur m. à vapeur. 12

bugsieren, ein Fahrzeug n. ‖ to tow a vessel ‖ haler un bateau; remorquer un bâtiment. 13

Bugsier-lohn m. (Seew) ‖ towage ‖ remorquage m. **a) ~tau** n. (Seew) ‖ tow rope ‖ câble m. *ou* grelin m. de remorque; remorque f. 14

Bug-spriet n. ‖ bowsprit ‖ beaupré m. **a) ~verkleidungsblech** n. ‖ sheet metal cowling for the bow ‖ tôle f. de revêtement de la proue. **b) ~welle** f. ‖ bow wave ‖ vague f. de proue. 15

Buhne f. ‖ groin ‖ épi m.; crèche f. **a) inklinante ~n** fpl. ‖ groins pl. projecting at acute angles to the bank of a river ‖ épis m. faisant un angle aigu avec le bord d'une rivière. 16

Bühne f. (Theater) ‖ stage ‖ scène m. **a) ~** (Windmüll) ‖ plinth ‖ plate-forme f. **b) ~** (Zimm) ‖ scaffold; scaffolding ‖ échafaud m.; échafaudage m. **c) Gicht~** ‖ charging gallery ‖ plate-forme f. du gueulard. **d) Lade~** ‖ loading platform ‖ plate-forme f. de chargement. **e) ~ mit Schutzgeländer** ‖ platform fitted with hand rails ‖ plate-forme f. avec rampe. **f) Schwenk~** ‖ swinging platform ‖ pont-levis m. 17

Bühnen-anlage f., hydraulische ‖ hydraulic plant for stages ‖ installation f. hydraulique pour scènes. **a) ~ausstattung** f. ‖ scenery and scene painting ‖ décor m. et peinture f. de scène. **b) ~bedarf** m. ‖ requirements pl. for theatrical stages ‖ ustensiles mpl. de théatre. 18

Bühnenbeleuchtungs-anlage f. ‖ stage lighting plant ‖ installation f. d'éclairage de scène. **a) ~apparat** m. ‖ stage lighting apparatus ‖ appareil m. pour l'éclairage de la scène. 19

Bühnen-blitzerzeuger m. ‖ lightning apparatus for the stage ‖ appareil m. à éclairs pour la scène. **a) ~kabel** n. ‖ stage cable ‖ câble m. de scène. **b) ~lichtregler** m. ‖ stage dimmer; regulator for stage lighting ‖ régulateur m. d'éclairage de scène; jeu m. d'orgue. **c) ~maler** m. ‖ scenic painter ‖ peintre-décorateur m. de théâtre. **d) ~maschine** f. ‖ stage machine ‖ machine f. pour scènes de théâtre. 20

Buk m. eines **festgemachten Segels** ‖ belly *or* bunt of a sail ‖ scin m. *ou* fonds mpl. d'une voile. 21

Bukkoblätter npl. ‖ buccu leaves pl. ‖ feuilles fpl. de bucco. 22

Bulbe f. ‖ bulb ‖ bulbe f. 23

Bulbwinkeleisen n. ‖ bulb angle iron ‖ cornière f. à boudin. 24

Bullauge n. ‖ porthole light; bullseye; dormer window ‖ œil m. de bœuf; lucarne f. à œil de bœuf. 25

Bulldoggschlacke f. ‖ bulldog slag ‖ scorie f. de bulldog; bulldog m. 26

Bummelzug m. ‖ slow train ‖ train m. omnibus. 27

Bund m. (Ring) ‖ hoop; collar ‖ rebord m; collier m. **a) Achs~** ‖ axle collar ‖ collet m. d'essieu. **b) Feder~** ‖ spring band ‖ bride f. de ressort. **c)** aus dem Vollen **geschmiedeter ~** ‖ collar forged out of the solid ‖ collier m. forgé dans la masse. **d) Lagerschalen~** ‖ flange of brasses ‖ rebord m. du coussinet. **e) Reifen~** (Küf) ‖ bundle of hoops ‖ paquet m. de cercles. **f) Seide~** ‖ head of silk; bundle of skeins ‖ matteau m.; bouin m. 28

Bund-axt f. (Zimm) ‖ joint hook shaped axe ‖ tire-boucler m. **a) ~buchse** f. ‖ bush ‖ douille f. à bride. 29

Bündel n. ‖ bundle ‖ faisceau m. **a) Reis~** ‖ faggot ‖ bourrée f. 30

Bündelmaschine f., **Schrot** ‖ scrap bundling machine ‖ machine f. à agglomérer la mitraille. **a) Stabeisen~** ‖ bar iron bundling machine ‖ machine f. à mettre en faisceaux les fers en barres. 31

Bündelpresse f., **Garn** ‖ yarn bundling press ‖ presse f. à empaqueter les fils. 32

Bund-feile f. ‖ bundle file ‖ lime f. en paquet. **a) ~gatter** n. ‖ multiple blade frame saw ‖ scie f. verticale alternative *ou* (à cadre) à plusieurs lames. **b) ~gesperre** n. eines Dachstuhles ‖ truss *or* couple *or* poop of a roof ‖ ferme f. de comble. 33

bündig machen (Techn) ‖ to make flush with ‖ affleurer deux surfaces fpl. 34

Bündler m. (Bleich) ‖ bundler ‖ panteur m. **a) ~** (Spinn) ‖ bundler ‖ empaqueteur m. 35

Bundmutter f. collar *or* coupling nut ‖ écrou m. de tendeur *ou* à bride *ou* à chapeau. 36

Bundring m. (Achse) ‖ shrunk-on collar; axle collar ‖ frette f. **a) ~** (Schraubenkupplung) ‖ collar ‖ collet m. **b) aufgeschrumpfter ~** ‖ shrunk-on collar ‖ collet m. rapporté. **c)** aus dem Vollen **geschmiedeter ~** ‖ collar forged from the solid *or* forged out of the solid ‖ collet m. d'essieu venu de forge *ou* forgé dans la masse. 37

Bund-schwelle f. ‖ ground plate *or* sill of a frame work ‖ semelle f. d'assemblage; sablière f. **a) ~wand** f. ‖ main frame; bay work; frame-worked closing ‖ paroi f. en clayonnage *ou* en colombage; cloison f. en charpente; pans mpl. de bois. 38

Bunker m. ‖ bunker ‖ soute f.; trémie f. **a)** in den **~n gestaut** ‖ trimmed in bunkers ‖ arrimé dans les soutes fpl. **b) Kohlen~** ‖ coal bunker ‖ soute f. à charbon. **c) über den Kesseln gelagerter ~** ‖ overhead storage bunker above boilers ‖ magasin m. de charbon à trémies au dessus de la chaufferie. **d) Verlade~** ‖ loading bunker ‖ trémie f. de chargement. 39

Bunkerkohle f. ‖ bunker coal ‖ charbon m. de soute. 40

bunkernd ‖ bunkering ‖ mettant en soute f. 41

Bunker-rauminhalt m. ‖ bunker capacity ‖ capacité f. de soute. **a) ~wage** f. ‖ bunker scale ‖ balance f. pour soutes. 42

Bunsenbrenner m. ‖ Bunsen burner ‖ brûleur m. (de) Bunsen; bec m. Bunsen. **a) Azetylen~** ‖ acetylene Bunsen burner ‖ brûleur m. de Bunsen à l'acétylène. **b) ~ mit gelber Salzflamme** ‖ Bunsen burner with yellow coloured flame ‖ bec m. Bunsen avec une flamme sodique jaune. 43

Bunsenbrennerstativ n. ‖ Bunsen burner stative ‖ support m. pour becs Bunsen. 44

Bunsenelement n. ‖ Bunsen cell ‖ élément m. Bunsen. 45

Bunsenflamme f. ‖ Bunsen flame ‖ flamme f. d'un bec Bunsen. **a)** mit Kochsalz **gelb gefärbte ~** ‖ Bunsen flame yellow coloured with common salt ‖ flamme f. d'un bec Bunsen colorée en jaune par du sel de cuisine. 46

Bunt-bleiche f. ‖ branning ‖ passage m; souage m. **a) ~druck** m. ‖ colour *or* decorative printing; coloured impression; chromotypography ‖ chromotypographie f.; impression f. en couleurs. **b) ~farbenanstrich** m. des Heeresgeräts ‖ vari-coloured coat of war material ‖ peinture f. en plusieurs couleurs du matériel de guerre. **c) ~gewebe** ‖ coloured *or* dyed cloth ‖ tissu m. de fils teints; tissu m. teint. **d) ~glaspapier** n. ‖ coloured glass paper ‖ papier m. de verre colorié. 47

Buntpapier n. ‖ coloured *or* fancy *or* tinted *or* stained paper ‖ papier m. colorié *ou* de couleur *ou* de fantaisie. **a) ~herstellungsanlage** f. ‖ coloured paper making plant ‖ installation f. pour fabriquer des papiers peints. 48

Bunt-sandstein m. ‖ new red *or* variegated sand stone ‖ grès m. bigarré; nouveau grès m. rouge. **a) ~stickerei** f. coloured embroidery ‖ broderie f. en couleurs. **b) ~stift** m. ‖ coloured crayon; pastel ‖ crayon m. de couleur. **c) ~waren** fpl. ‖ coloured goods pl. ‖ rouenneries fpl. **d) ~weberei** f. ‖ colour weaving ‖ tissage m. en couleurs. 49

Bürette f. ‖ burette; pouret; dropping glass ‖ burette f. **a) Gas~** ‖ gas burette ‖ burette f. à gaz. 50

Büretten-halter m. ‖ stand for burettes ‖ support m. à burettes. **a) ~klemme** f. ‖ burette pincer ‖ pince f. à burettes. 51

Bürgermeister m. ‖ Lord Mayor; burgomaster ‖ maire m; bourgmestre m. 52

Bürgersteig m. || foot path *or* way; pavement; side walk (A) || trottoir m. 1

Bürgersteig-bordstein m. || curbstone || bordure f. de trottoirs. a) **~leger** m. || flag layer for foot way || poseur m. de dalles de trottoir. 2

Bürgschaft f. || guarantee; surety || caution f.; garantie f. a) **~ übernehmen** || to act as surety || se porter garant m. 3

Burgunderharz n. || Burgundy pitch || poix f. de Bourgogne. 4

Büro n. || office || bureau m; office m. a) **technisches ~** || technical office || bureau m. technique *ou* d'études. 5

Büro-artikel mpl. || office utensils || articles mpl. de bureau. a) **~beamte(r)** m. || member of office staff; official || employé m. de bureau; fonctionnaire m. b) **~bedarf** m. || office furnishing || fourniture f. de bureau. 6

Bürobeleuchtung f. || indoor lighting for offices || éclairage m. pour bureaux. a) **halbindirekte ~** || semi-indirect office lighting || éclairage m. de bureau semi-indirect. 7

Büro-buch n. || office book || livre m. de bureau. a) **~chef** m. || head of a department || chef m. de bureau. b) **~diener** m. || office boy || garçon m. de bureau. c) **~druckmaschine** f. || office printing machine || machine f. de bureau pour l'impression. 8

Bürogegenstände mpl. || office supplies pl. || articles mpl. de bureau. a) **~ aus Holz** || office supplies pl. in wood || articles mpl. de bureau en bois. 9

Büro-hefter m. || office wire stitcher || appareil m. à relier pour bureaux. a) **~leim** m. || office paste; mucilage || colle f. de bureau. b) **~maschine** f. || office machine || machine f. de bureau. 10

Büromöbel npl. || office furniture *or* fittings pl. || meubles mpl. de bureau. a) **~ aus Holz** || office furniture of wood || meubles mpl. de bureau en bois. 11

Büro-nadel f. || paper clip *or* fastener; office clip || pince f. *ou* épingle f. de bureau. a) **~organisation** f. || office system || organisation f. pour bureaux. b) **~schreibmaschine** f. || office typewriter || machine f. à écrire de bureau. c) **~schreibwaren** fpl. || stationery for offices || articles mpl. de papeterie pour bureaux. d) **~stuhl** m. || office chair *or* seat || chaise f. de bureau. e) **~stunden** fpl. *s.* Bürozeit. f) **~tisch** m. || office stand || table f. de bureau. g) **~vervielfältigungsmaschine** f. || office manifolding machine || machine f. de bureau pour la réproduction. h) **~vorsteher** m. || head clerk; head of a department || chef m. de bureau. i) **~waren** fpl. || office requisites pl. and fittings pl. || fournitures fpl. de bureaux. k) **~zeit** f. || office hours pl. || heures fpl. de bureau. 12

Bürste f. || brush || brosse f. a) **~** (Elektr) || brush || balai m. b) **~** (Fernm) || wiper || brosse f.; balai m. c) **dauernd aufliegende ~** || brush in permanent contact || balai m. reposant en permanence. d) **Draht~** || wire brush || gratte-brosse f.; brosse f. métallique. e) **~ zum Färben der Typen** || type inking brush || brosse f. pour l'encrage des caractères. f) **Faß~** || cask *or* barrel brush || brosse f. pour fûts. g) **Federkiel~** || quill brush || brosse f. en tuyaux de plumes. h) **Flaschen~** || bottle brush || brosse f. à bouteilles; goupillon m. i) **Gärbottich~** || brush for washing fermenting tuns || brosse f. pour le nettoyage des cuves de fermentation. k) **~ aus Glas** || glass brush || brosse f. en verre. l) **Gußputz ~** || cast iron cleaning brush || brosse f. à nettoyer la fonte. m) **Haar~** (für die Haare) || hair brush || brosse f. à cheveux. n) **harte ~** || stiff brush || brosse f. dure. o) **Heide~** || heath brush || brosse f. en buisson *ou* de bruyère. p) **Kanal~** || channel brush || brosse f. à canaux. q) **Kleider~** || clothes *or* cloth brush || brosse f. à habits. r) **Kokosfaser~** || cocoanut fibre brush || brosse f. en fibre de coco. s) **Kupferkohlen~** || copper carbon brush || balai m. de charbon cuivré. t) **lamellierte ~** || laminated brush || balai m. à lames. u) **Maschinen~** || machine brush || brosse f. à machine. v) **Metall~** || metallic brush || balai m. métallique. w) **Piassava~** || piassava brush || brosse f. en piazzava. x) **Reinigungs~** || cleaning brush || brosse f. à nettoyer. y) **rotierende ~** || rotating brush || balai m. rotatif. z) **Scheuer~** || scrubbing *or* hard brush || brosse f. à frotter *ou* de frottement. 13

a) **Sieb~** || sieve brush || brosse f. à tamis. b) **Stahldraht~** || steel wire brush || brosse f. en fil d'acier. c) **verstellbare ~** (Elektr) || movable brush || balai m. réglable. d) **weiche ~** || soft brush || brosse f. douce. e) **Zahn~** || tooth brush || brosse f. à dents. 14

Bürstenholz n. || brush wood; back for brushes || bois m. de brosse. a) **fertig zugerichtetes ~** || finished brush wood || bois m. pour brosses fini. b) **vorgearbeitetes ~** || roughed brush wood || bois m. pour brosses ébauché. 15

Bürstenholz-bohrer m. || brush wood borer || perceur m. de bois de brosses. a) **~macher** m. || brush wood cutter || débiteur m. de bois de brosses. b) **~säger** m. || brush wood cutter || découpeur m. de bois de brosses. c) **~zurichter** m. || brush wood dresser || façonneur m. de bois de brosses. 16

Bürsten-joch n. (Elektr) || brush yoke || collier m. de porte-balais. a) **~kette** f. || chain brush || chaîne-brosse f. b) **~kontakt** m. || brush type of contact || contact m. à balai. c) **~kupplung** f. || brush coupling || accouplement m. à balais. d) **~macher** m. || brush maker || brossier m. e) **~maschine** f. || brush making machine || machine f. à faire les brosses. f) **~polierer** m. || brush polisher || polisseur m. de bois de brosses. g) **~reibung** f. || brush friction || frottement m. des balais. h) **~reibungsverlust** m. (Elektr) || brush friction loss || perte f. par frottement des balais. i) **~sammelring** m. || collector ring || anneau m. collecteur. k) **~schlitten** m. (Elektr) || brush carriage || chariot m. de porte-balais. l) **~schlüssel** m. || brush holder key || clef f. de porte-balais. m) **~schnecke** f. || brushing worm || vis-brosse f. n) **~stellhebel** m. || lever for adjusting brushes || levier m. de calage des balais. o) **~stellung** f. (Elektr) || brush position *or* lead || position f. *ou* calage m. des balais. p) **~stift** m. || brush holder rod || tige f. de porte-balais. q) **~stromwender** m. || brush commutator || commutateur m. à balais. r) **~träger** (Elektr) || brush carrier || tourillon m. de porte-balais. s) **~übergangswiderstand** m. || brush contact resistance || résistance f. de contact des balais. t) **~verschiebung** f. (Elektr) || adjustment of the position of the brushes || déplacement m. *ou* décalage m. des balais. u) **~verschleiß** m. || wear on the brushes || usure f. des balais. v) **~verstellung** f. (Elektr) || brush displacement || décalage m. des balais. w) **~verstellungswinkel** m. || angle of brush displacement || angle m. de décalage des balais. x) **~vorschub** m. || forward lead of brushes || décalage m. en avant des balais. y) **~wähler** m. (Fernm) || brush selector || choisisseur m. de balais. z) **~walze** f. || brush roll || brosse f. cylindrique; rouleau m. à brosser. 17

a) **~waren** fpl. *s.* ~binderwaren. b) **~welle** f. (Elektr) || trip spindle || arbre m. de porte-balais. c) **~zubehör** n. || brush accessories || accessoire m. de brosses. 18

Bürstmaschine f. || brushing machine *or* mill || machine f. à brosser; brosseuse f. a) **~ für Bogenpapier und Rollenpapier** || brushing machine for sheets and paper in reels || machine f. à brosser pour papiers en feuilles et en rouleaux. b) **Dampf~** || steam brushing mill || brosseuse f. à vapeur. c) **Faß~** || cask brushing machine; barrel scrubber; cask *or* keg scrubbing machine || machine f. à brosser les fûts; brosseuse f. pour fûts. d) **Flaschen~** || bottle brushing machine || machine f. à brosser les bouteilles. e) **Naß~** || wet brushing machine || machine f. à brosser au mouillé. f) **~ mit einem Tambour** || brushing machine with one cylinder || machine f. à brosser avec un tambour. g) **~ für Textilien** || brushing machine for textiles || machine f. à brosser les textiles. 19

Bürst- und Florteilmaschine f. || brush and piling machine || machine f. à brosser et à diviser le poil. 20

Bürstvorrichtung f. || brushing device || dispositif m. de brossage *ou* à brosser. 21

burtonisieren || to burtonize || burtoniser. 22

Büschel m.; n. (Textil) || tuft || houppe f. a) **Beleuchtungs~** (Opt) || illuminating pencil of rays || faisceau m. de rayons. b) **Strahlen~** || pencil *or* beam of rays || faisceau m. de rayons. 23

bürsten || to brush || brosser. 24

Bürsten n. des Tuches || cloth brushing || brossage m. de drap. 25

Bürsten-abhebevorrichtung || brush lifting device || relève-balais m.; dispositif m. de relevage des balais. a) **~abstreicher** m. || scraper brushes || racleur m. à brosses. 26

Bürstenabzug m. || brush proof || épreuve f. à la brosse. a) **einen ~ machen** (Buchdr) || to strike off a proof with the beating brush || tirer une épreuve à la brosse. 27

Bürsten-auflagedruck m. || brush contact pressure || pression f. des balais. a) **~binder** m. || brush maker || brossier m. b) **~binderei** f. || brush making || brosserie f. 28

Bürstenbinderwaren fpl. || brushes pl. || brosserie f. a) **~ in Elfenbein** || ivory backed brushes pl. || brosserie f. montée sur ivoire. b) **in Holz gebundene ~** || wooden backed brushes pl. || brosserie f.

montée sur bois. **c)** ~ in **Knochen** || bone backed brushes || brosserie f. montée sur os. **d)** ~ auf **Metall** || metal backed brushes || brosserie f. montée sur métal. 1

Bürsten-bohrer m. || brush borer || perceur m. de brosses. **a)** **~bolzen** m. (Elektr) || brush bolt || tourillon m. de porte-balais. **b)** **~brett** n. *s.* ~holz. **c)** **~brille** f. || brush rocker || joug m. de porte-balais. **d)** **~brücke** f. || brush rocker || lunette f. de porte-balais. **e)** **~detaschör** m. || brush detacher || détacheur m. à brosses. **f)** **~einzieher** m. || brush fitter || monteur m. de brosses. **g)** **~entladung** f. || brush discharge || décharge f. en brosse. **h)** **~feder** f. (Elektr) || brush spring || ressort m. de balai. **i)** **~fertigung** f. || manufacturing of brushes || fabrication f. des brosses. **k)** **~fertigungsmaschine** f. || brush making machine || machine f. pour la fabrication des brosses. **l)** **~furniermacher** m. || cutter of veneer for brushes || débiteur m. de placages pour brosses. 2

Bürstenhalter m. || brush holder || porte-balai m. 3

Bürstenhalter-block m. || brush holder body || corps m. du porte-balai. **a)** **~stern** m. || brush holder star || collier m. porte-balais. 4

Büschel-entladung f. (Elektr) || brush discharge || décharge f. en aigrette. **a)** **~licht** n. (Elektr) || brush light || aigrette f. lumineuse. 5

Buschholz n. (Bauw) || brush *or* fascine wood || brins mpl.; branches fpl.; branchage m. 6

Bushel m. || bushel || bushel m. 7

Bussole f. || mariner's compass || boussole f. **a)** **Tangenten~** || tangent galvanometer || boussole f. des tangentes. **b)** **Taschen~** || pocket compass || boussole f. de poche. 8

Büste f. || bust || buste m. 9

Büsten-halter m. || bust holder *or* support || soutien-gorge m. **a)** **~marmor** m. || marble for statuaries; statuary marble || marbre m. statuaire. 10

Butte f. || scuttle; dosser || hotte f. 11

Bütte f. || back; tub; vat || cuve f. **a)** **Anstell~** (Brau) || pitching tub || cuve f. guilloire. **b)** **Gär~** || fermenter; fermenting round || cuve f. de fermentation. **c)** **Zusammenlauf~** || settling tub || cuve-guilloire f. 12

Bütten-flicker m. || coop repairer || tonnelier-réparateur m. **a)** **~garnitur** f. für die **Pappenfertigung** || set of butts for the manufacture of cardboard || garniture f. de tonneaux à cartonneries. **b)** **~papier** n. || hand-made paper || papier m. puisé *ou* de Hollande *ou* à la main *ou* de cuve. 13

Butter f. || butter || beurre m. **a)** ~ in **Fässern** || butter in tubs || beurre m. en fûts. **b)** **frische** ~ || fresh butter || beurre m. frais. **c)** **Frischmilch~** || new milk butter || beurre m. de premier lait. **d)** **gesalzene** ~ || salted butter || beurre m. salé. **e)** **geschmolzene** ~ || melted butter || beurre m. fondu. **f)** **Kunst~** || artificial butter; margarine || beurre m. artificiel; margarine f. **g)** **ranzige** ~ || rancid butter || beurre m. rance. **h)** **Schmier~** || rish butter || beurre m. gras. 14

Butter-äther m. || butyric ether || éther m. butyrique. **a)** **~bereiter** m. || butter maker || beurrier m.; buturier m. 15

Butterbrotpapier n. || sandwich paper; grease-proof paper || papier m. pour tartines (au beurre). 16

Butter-einsalzen n. || butter salting || salaison f. de beurre. **a)** **~einsalzer** m. || butter salter || saleur m. de beurre. **b)** **~fabrik** f. || butter making manufactory || beurrerie f. **c)** **~farbe** f. || butter colouring || colorant m. pour beurre. 17

Butterfaß n. || churn; tub of butter || baratte f.; baratteuse f.; tine f. de beurre. **a)** ~ für **Kraftbetrieb** || power-driven churn || baratteuse f. (à commande) mécanique. 18

Butterfaßarbeiter m. || churner || baratteur m. 19

Butter-fett n. || butter fat; butyrine || beurre m. de vache; butyrine f. **a)** **~form** f. || butter mould || forme f. à beurre. **b)** **~formerin** f. || butter moulder || mouleuse f. de beurre. **c)** **~knetmaschine** || butter blending machine || malaxeur m. de beurre. **d)** **~kühler** m. || butter cooler || rafraîchisseur m. **e)** **~kühlraum** m. || butter cooling room || chambre f. froide à beurre. 20

Buttermaschine f. || churn; churner; buttering *or* churning machine || machine f. à beurre *ou* à baratter; baratteuse f.; baratte f. **a)** **Haushalt~** || household churning machine || baratte f. de ménage. **b)** ~ mit **Motorantrieb** || motor-driven churn || baratteuse f. à moteur. 21

Buttermilch f. || buttermilk || lait m. battu. 22

buttern || to churn || battre le beurre *ou* le lait; baratter. 23

Buttererfraktometer n. || butter refractometer || réfractomètre m. à beurre. 24

buttersaures Amyl n. || amyl butyrate || butyrate m. d'amyle. 25

Buttersäure f. || butyric acid || acide m. butyrique. **a)** **~bakterium** n. || butyric acid bacteria || bactérie f. butyrique. **b)** **~ferment** n. || butyric acid ferment || ferment m. butyrique. **c)** **~gärung** f. || butyric acid fermentation || fermentation f. butyrique. 26

Butter-schneidedraht m. || butter cutting wire || fil m. à couper le beurre. **a)** **~sieder** m. || butter melter || fondeur m. de beurre. 27

Büttgeselle m. || dipper; vatman || ouvreur m.; plongeur m.; puiseur m. 28

Büttner m. || cooper || tonnelier m. 29

Büttnerei f. || cooperage || tonnellerie f. 30

Butylalkohol m. || butyl alcohol || alcool m. butylique. 31

butylsaures Amyl n. || amyl butyrate || butyrate m. d'amyle. 32

Butzen m. (Bergb) || bunny *or* bunch *or* pocket of ore || nid m. de minerai. **a)** ~ (Glasf) || bull's eye || nœud m. d'un rond de verre. **b)** **~scheibe** f. (Glasf) || bull's eye glass; glass roundle || cul m. de bouteille; rond m. de verre; œil-de-bœuf m. 33

Byssusseide f. || byssus silk || soie f. de byssus. 34

C

c-Ader f. (Fernm) || private wire; c-wire || fil m. de test; fil m. c. 35

ca. (zirka) || about || environ. 36

Cachenez n. || cachenez || cachenez m. 37

Campecheholz n. || logwood; Campeachy wood || bois m. de Campèche. 38

Cañon n. || cannon || cannon m.; ravin m. 39

Caput mortuum n. || colcothar; English red; phlegma || colcothar m.; rouge m. anglais. 40

Carcellampe f. || Carcel lamp || lampe f. Carcel. 41

Carta rigata f. || design *or* point *or* rule paper || papier m. rayé *ou* quadrillé *ou* à patron; carte f. 42

Cello n. || violoncello || violoncelle m. **a)** **~bogen** m. || violoncello bow || archet m. de violoncelle. 43

Celsiusgrad m. || centigrade || centigrade m. 44

Chalko-pyrit m. || copper pyrites pl.; yellow copper ore; chalcopyrite || pyrite f. cuivreuse; cuivre m. pyriteux; chalcopyrite f. **a)** **~trichit** m. || capillary red oxide of copper; chalcotrichite; plush copper || cuivre m. oxydulé capillaire; ziguéline f. capillaire; chalcotrichite f. 45

Chalzedon m., **grüner** || plasma || plasma m. 46

Champagner m. || champagne || vin m. de Champagne; champagne m. **a)** **nicht moussierender** ~ || still champagne || champagne m. non mousseux. 47

Champagner-flasche f. || champagne bottle || bouteille f. à vin de Champagne *ou* à champagne; flûte f. **a)** **~glas** n. || champagne glass || verre m. à vin de Champagne. **b)** **~kork** m. *s.* ~pfropfen. **c)** **~küfer** m. || champagne maker || ouvrier m. en vins de Champagne. **d)** **~messer** n. || knife for champagne bottles || couteau m. pour bouteilles à champagne. **e)** **~pfropfen** m. || tampion for champagne bottles || bouchon m. pour bouteilles à vin de Champagne. **f)** **~wein** m. || champagne wine || vin m. de Champagne. **g)** **~zange** f. || champagne nippers pl. || pince f. à champagne. 48

Champignon m. || mushroom; field agaric; champignon || champignon m. 49

Champignon-beet n. || mushroom bed || champignonnière f. **a)** **~züchter** m. || mushroom farmer || champignonniste m. 50

changierend (Web) || changeable; glacé; shot; shot coloured || changeant; glacé. 51

Charakteristik f. || characteristic (curve) || caractéristique f. 52

Charakterpuppe f. || character doll || poupée f. caractère. 53

Charge f. (Met) *s. auch* Beschickung || (furnace) charge || charge f. (du fourneau). 54

chargieren (Met) *s. auch* beschicken || to charge || charger. 1

Chargier-kran m. (Met) || charging crane || grue f. de chargement; pont-roulant m. chargeur. **a) ~maschine** f. (Met) || charging machine || machine f. à charger. **b) ~vorrichtung** f. (Met) || charging apparatus || appareil m. de chargement. 2

Chassis n. *s. auch* Rahmen || frame || châssis m. 3

Chattertonkompound n. || Chatterton's compound; chatterton || composition f. Chatterton; chatterton m. 4

Chaussee f. || high *or* main road; turnpike *or* high way; causeway; causey || chaussée f.; grande route f.; route f. nationale. **a) ~ mit Steinschlag** || broken stone road; gravelled road || chaussée f. empierrée *ou* en empierrement. 5

Chaussee-bau m. || road building || construction f. de chaussées. **a) ~beteerungsanlage** f. || tar-macadam plant || installation f. à macadam. **b) ~walze** f. || planing *or* road roller || rouleau m. compresseur *ou* écraseur; écrase-pierres m. 6

Cheddit n. || cheditte || cheddite f. 7

Chemie f. || chemistry || chimie f. **a) Agrikultur~** || agricultural chemistry || chimie f. appliquée à l'agriculture. **b) analytische ~** || analytical chemistry || chimie f. analytique. **c) angewandte ~** || applied *or* practical chemistry || chimie f. appliquée. **d) anorganische ~** || inorganic chemistry || chimie f. anorganique *ou* inorganique. **e) Gärungs~** || chemistry of fermentation || chimie f. de la fermentation. **f) Gerichts~** || forensic chemistry || chimie f. légale. **g) organische ~** || organic chemistry || chimie f. organique. **h) physikalische ~** || physical chemistry || chimie f. physique. **i) synthetische ~** || synthetic *or* synthetical chemistry || chimie f. synthétique. **k) technische ~** || technical *or* technological chemistry || chimie f. technologique *ou* industrielle. **l) theoretische ~** || philosophical *or* theoretical chemistry || chimie f. théorique *ou* philosophique. 8

Chemigrafie f. || chemigraphy; chemitypy || chimigraphie f. 9

Chemigrafie-druckhilfsmaschine f. || auxiliary printing machine for chemitypy || machine f. auxiliaire d'impression pour chimigraphie. **a) ~maschine** f. || chemigraphical machine || machine f. pour l'industrie chimigraphique. 10

chemigrafische Bedarfsartikel mpl. || chemigraphical requirements pl. || articles mpl. pour l'industrie chimigraphique. 11

Chemikalfilter m., Gasmaske f. mit || gas mask with chemical filter || masque m. à gaz à filtre chimique. 12

Chemikalien pl. || chemicals pl. || produits mpl. chimiques. **a) fotografische ~** || photographic chemicals pl. || produits mpl. chimiques pour la photographie. **b) ~ für die Härtetechnik** || tempering chemicals pl. || produits mpl. chimiques à tremper. 13

Chemikalienmühle f. || mill for chemicals || moulin m. pour produits chimiques. 14

Chemiker m. || chemist || chimiste m. **a) Brauerei~** || brewing chemist || chimiste m. de brasserie. **b) Gerichts~** || chemist to the law courts || chimiste m. consulté par les tribunaux. **c) metallurgischer ~** || metallurgical chemist || chimiste m. métallurgique. **d) Nahrungsmittel~** || chemist for food stuffs; food chemist || chimiste m. en matières alimentaires. 15

chemisch || chemical || chimique. **a) ~ gebunden** || chemically combined || chimiquement combiné. **b) ~ graviertes Metallschild** n. || chemically engraved metal board || plaque f. en métal gravée chimiquement. **c) ~ präpariertes Papier** n. || chemically prepared paper || papier m. chimique. **d) ~ rein** || chemically pure || chimiquement pur. **e) hartes und ~ widerstandsfähiges Glas** n. || hard glass offering great resistance to chemical influences || verre m. dure résistant bien aux agents chimiques. 16

chemisch-e Analyse f. || chemical analysis || analyse f. chimique. **a) ~e Anlage** f. || chemical plant || installation f. chimique. **b) ~er Apparat** m. || chemical apparatus || appareil m. chimique. **c) ~e Behandlung** f. || chemical treatment || traitement m. chimique. **d) ~es Düngemittel** n. || chemical manure || engrais m. chimique. 17

chemisches Erzeugnis n. || chemical product || produit m. chimique. **a) ~ ~ für fotografische Zwecke** || chemical product for photographic purpose || produit m. chimique à l'usage photographique. 18

chemische Fabrik f. || chemical works pl. || fabrique f. de produits chimiques. **a) Einrichtung** f. einer chemischen Fabrik || installation of a chemical plant || installation f. d'une usine chimique. 19

chemisch-e Großhandlung f. || chemical wholesale business || magasin m. en gros de produits chimiques. **a) ~e Industrie** f. || chemical industry || industrie f. chimique **b) ~es Kriegsmittel** n. || chemical warfare agent || agent m. de guerre chimique. **c) ~es Laboratorium** n. || chemical laboratory || laboratoire m. de chimie *ou* de recherches chimiques. **d) ~es Laboratorium** n. zur **Überwachung** der **laufenden Fertigung** || chemical laboratory to control the current manufacture || laboratoire m. d'analyses chimiques pour contrôler la fabrication courante. **e) ~es Präparat** n. || chemical composition || préparation f. chimique. **f) ~es Sedimentgestein** n. || chemical sedimentary rock || roche f. sédimentaire chimique. **g) ~e Umsetzung** f. || chemical transformation || transformation f. chimique. **h) ~e Verbindung** f. || chemical combination *or* compound || combinaison f. *ou* composé m. chimique. **i) ~es Verfahren** n. || chemical process || procédé m. chimique. **k) ~er Vorgang** m. || chemical reaction || réaction f. chimique. **l) ~e Waffe** f. || chemical arm || arme f. chimique. **m) ~e Wage** f. || analytical *or* precision balance || balance f. chimique. **n) ~e Wirkung** f. || chemical action || action f. chimique. **o) ~e Zusammensetzung** f. || chemical constitution *or* structure || constitution f. *ou* structure f. chimique. 20

chemisch-pharmazeutische Artikel mpl. || chemical-pharmaceutical articles pl. || articles mpl. chimiques-pharmaceutiques. **a) ~-physikalische Versuchsanstalt** f. || chemical and physical laboratory for scientific and technical research || laboratoire m. de recherches chimiques-physiques. **b) ~-technisches Erzeugnis** n. || techno-chemical product || produit m. techno-chimique. 21

Chemisett n. || chemisette || chemisette f. 22

Chemograf m. || electro-chemical telegraph; chemograph || chémographe m. 23

Chemolumineszenz f. (Chem) || chemoluminescence || chemoluminescence f. 24

Chenille-schneiderin f. || chenille weft cutter || chenilleuse f. en tapis. **a) ~spielwaren** fpl. || chenille toys pl. || jouets mpl. en chenille. 25

Chenilliermaschine f. || chenille machine || machine f. à cheniller. 26

Chessylit m. || azurite; blue copper; blue carbonate of copper; chessy copper; azure copper ore || azurite f.; cuivre m. carbonaté bleu; azur m. de cuivre. 27

Chevaliergerste f. || Chevalier barley || orge f. Chevalier. 28

Cheviot m. || cheviot || cheviot m. 29

Chiastolit m. || chiastolite; macle || chiastolithe f.; macle f. 30

Chiffre f. || cipher || chiffre m. 31

Chiffretelegramm n. || cipher *or* code telegram || dépêche f. chiffrée. 32

chiffrieren || to cipher || chiffrer. 33

chiffriert || coded; ciphered || codifié; chiffré. **a) Abfassung** f. **~er** Schriftstücke || writing of ciphered documents || rédaction f. de documents chiffrés. **b) ~e Schrift** f. || ciphered writing || écriture f. chiffrée. **c) ~e Sprache** f. || cipher language || langage m. chiffré. 34

Chiffriervorrichtung f. || ciphering device || dispositif m. à chiffrer. 35

Chilesalpeter m. || Chile *or* Chili saltpetre *or* nitre; sodium nitrate; nitrate of soda || salpêtre m. du Chili; nitrate m. de soude; azotate m. de sodium. 36

China-gras n. || china grass; ramie *or* rhea fiber || ramie f. **a) ~matte** f. || china mat || natte f. de sparterie chinoise. **b) ~rinde** f. || cinchona; china *or* Peruvian bark || quinquina m.; quina m. **c) ~rindenextrakt** m. || quinine || quinine f. **d) ~silberwaren** fpl. || German silver goods pl. || produits mpl. en maillechort. **e) ~wein** m. || cinchona wine || vin m. au quinquina. 37

chinesische Tusche f. || china *or* indian ink || encre f. de Chine. 38

Chinin n. || quinine || quinine f. 39

chirurgisch-er Glasartikel m. || surgical glass article || article m. de chirurgie en verre. **a) ~e Gummiwaren** fpl. || india-rubber goods pl. for surgeons || articles mpl. de chirurgie en caoutchouc. 40

chirurgisches Instrument n. || surgical instrument || instrument m. chirurgical. **a) ~ ~ aus Gummi** || surgical article of rubber || instrument m. de chirurgie en caoutchouc. **b) ~ ~ aus nichtrostendem Stahl** || surgical instrument of rustless steel || instrument m. de chirurgie en acier inoxydable. 41

chirurgische Pinzette f. || surgical forceps pl. || pince f. de chirurgie. 42

Chlor n. || chlorine || chlore m. **a) flüssiges ~** *s.* verflüssigtes ~. **b) verflüssigtes ~** || liquid chlorine || chlore m. liquide. **c) wässeriges ~** || chlorine water || eau f. de chlore. 43

Chloral n. || chloral || chloral m. **a) ~hydrat** n. || hydrate of chloral || hydrate m. de chloral. 44

Chlor-aluminium n. || aluminium chloride || chlorure m. d'aluminium. **a) ~ammon** n. || ammonium chloride; salammoniac || sel m. ammoniac; chlorure m. d'ammo-

nium. **b)** ~**antimon** n. ‖ antimony chloride ‖ trichlorure m. *ou* beurre m. d'antimoine. 1
Chlorat n. ‖ chlorate ‖ chlorate m. 2
Chlor-äthyl n. ‖ ethyl chloride ‖ chlorure m. d'éthyle. **a)** ~**äthylen** n. ‖ ethylene chloride ‖ chlorure m. d'éthylène. 3
Chlorationsanlage f. für Gold- und Silbererze ‖ chlorination plant for gold and silver ores ‖ installation f. de chloruration pour les minerais d'or et d'argent. 4
Chlor-azetyl n. ‖ acetyl chloride ‖ chlorure m. d'acétyle. **a)** ~**barium** n. ‖ barium chloride ‖ chlorure m. de barium. **b)** ~**benzin** n. ‖ benzine chloride ‖ chlorure m. de benzine. **c)** ~**benzol** n. ‖ benzol chloride ‖ chlorure m. de benzol. **d)** ~**benzoyl** n. ‖ benzoyl chloride ‖ chlorure m. de benzoyle. **e)** ~**benzyl** n. ‖ benzyl chloride ‖ chlorure m. de benzyle. **f)** ~**blei** n. (Min) ‖ cotunnite ‖ cotunnite f. 5
Chlor-bleiche f. ‖ chlorine bleaching ‖ blanchiment m. au chlore. **a)** ~**bleispat** m. (Min) ‖ phosgenite ‖ phosgénite f. **b)** ~**bromsilber** n. (Min) ‖ embolite ‖ embolite f. **c)** ~**chrom** n. ‖ chromium chloride ‖ chlorure m. de chrome. **d)** ~**chromsäure** f. ‖ chromyl chloride ‖ chlorure m. de chromyle. 6
Chloren n. (Bleich) ‖ chloring ‖ chlorage m. 7
Chlor-entwickler m. ‖ chlorine developper; chlorine developping apparatus ‖ appareil m. à développer le chlore. **a)** ~**essigsäure** f. ‖ chloracetic acid ‖ acide m. chloracétique. 8
Chlorgas n. ‖ chlorine gas ‖ chlore m. gazeux. **a)** ~**sterilisierapparat** m. ‖ chlorine gas apparatus for sterilization ‖ appareil m. de stérilisation au chlore. 9
Chlorgold n. ‖ gold *or* auric chloride; chloraurate ‖ chlorure m. d'or; aurochlorure m. 10
Chlorid n. ‖ chloride ‖ chlorure m. 11
chloridhaltig ‖ chloride containing ‖ chloruré. 12
chlorieren ‖ to chlorinate ‖ chlorer. 13
Chlorierung f. ‖ chlorination ‖ chloration f. 14
chlorige Säure f. ‖ chlorous acid ‖ acide m. chloreux. 15
Chlor-kadmium n. ‖ cadmium chloride ‖ chlorure m. de cadmium. **a)** ~**kali** n. ‖ chloride of potash ‖ eau f. de Javel; javelle f.; chlorure m. de potasse. 16
Chlorkalium n. ‖ potassium chloride ‖ chlorure m. de potassium. 17
Chlorkalium-anlage f. ‖ potassium chloride plant ‖ installation f. de chlorure de potasse. **a)** ~**fabrikanlage** f. ‖ chloride of potassium producing plant ‖ installation f. pour la fabrication de chlorure de potassium. 18
Chlorkalk m. ‖ chloride of lime; bleaching powder ‖ chlorure m. de chaux. **a)** ~**trockenturm** m. ‖ chloride of lime drying jar ‖ installation f. à sécher le chlorure de chaux. 19
Chlorkalzium n. ‖ calcium chloride ‖ chlorure m. de calcium. 20
Chlorkalzium-rohr n. ‖ chloride of calcium tube ‖ tube m. à chlorure de calcium. **a)** ~**zylinder** m. ‖ chloride of lime cylinder; calcium chloride cylinder ‖ cylindre m. à chlorure de calcium. 21
Chlor-knallgas n. ‖ mixture of chlorine and hydrogen by equal volumes ‖ mélange f. de chlore et d'hydrogène à volumes égaux. **a)** ~**kohlenstoff** m. ‖ carbon chloride ‖ chlorure m. de carbone. **b)** ~**kupfer** n. ‖ copper *or* cupric chloride ‖ chlorure m. de cuivre. **c)** ~**magnesium** n. ‖ chloride of magnesium ‖ chlorure m. de magnésium. **d)** ~**mangan** n. ‖ manganese chloride ‖ chlorure m. de manganèse. **e)** ~**methyl** n. ‖ methyl chloride ‖ chlorure m. de méthyle. **f)** ~**methylen** n. ‖ methylene chloride ‖ chlorure m. de méthylène. 22
Chlornatrium n. ‖ common salt; sodium chloride ‖ chlorure m. de sodium; sel m. de cuisine. **a)** ~**lösung** f. ‖ solution of sodium chloride ‖ solution f. de chlorure de sodium. 23
Chlornickel n. ‖ chloride of nickel ‖ chlorure m. de nickel. 24
Chloroform n. ‖ chloroform; trichlormethane; formyl chloride ‖ chloroforme m. **a)** ~**fabrikeinrichtung** f. ‖ chloroform producing plant ‖ installation f. de production de chloroforme. 25
Chlorophyll n. ‖ chlorophyl(l) ‖ chlorophylle f. 26
Chlor-phosphor m. ‖ phosphorus chloride ‖ chlorure m. de phosphore. **a)** ~**platin** n. ‖ platinum chloride ‖ chlorure m. de platine. 27
chlorsauer ‖ chloric ‖ chlorique. 28
chlorsaures Barium n. ‖ barium chlorate ‖ chlorate m. de baryte. **a)** ~ **Kalium** n. ‖ chlorate of potassium ‖ chlorate m. de potasse. 29
Chlor-säure f. ‖ chloric acid ‖ acide m. chlorique. **a)** ~**schwefel** m. ‖ sulphur chloride ‖ chlorure m. de soufre. 30
Chlorsilber n. ‖ silver chloride ‖ chlorure m. d'argent. **a)** ~**zelluloidfilm** m. ‖ chloride of silver celluloid film ‖ pellicule f. en celluloïd au chlorure d'argent. 31
Chlorstickstoff m. ‖ chloride of nitrogen ‖ chlorure m. de nitrogène *ou* d'azote. 32
Chlorür n. ‖ chloride ‖ chlorure m. 33
Chlor-vanadium m. ‖ vanadium chloride ‖ chlorure m. de vanadium. **a)** ~**verbindung** f. ‖ chloride ‖ chlorure m. **b)** ~**verflüssigungsanlage** f. ‖ chlorine liquefying plant ‖ installation f. de liquéfaction de chlore. 34
Chlorwasser n. ‖ chlorurated water; chlorine water ‖ eau f. chlorurée. **a)** ~**pumpe** f. ‖ chlorurated-water pump ‖ pompe f. pour eau chlorurée. 35
Chlorwasserstoff m. ‖ hydrochloric *or* muriatic acid ‖ acide m. chlorhydrique; chlorure m. d'hydrogène. 36
Chlorwasserstoff-gas n. ‖ hydrochloric *or* muriatic acid gas ‖ gaz m. d'acide muriatique *ou* hydrochlorique. **a)** ~**säure** f. ‖ chlorhydric *or* hydrochloric *or* muriatic acid ‖ acide m. hydrochlorique *ou* chlorhydrique *ou* muriatique. 37
Chlorzink n. ‖ zinc chloride ‖ chlorure m. de zinc. 38
Chlorzink-ammoniak n. ‖ zinc-chloride ammonia ‖ chlorure m. de zinc ammoniacal. **a)** ~**anlage** f. ‖ zinc-chloride plant ‖ installation f. de chlorure de zinc. **b)** ~**lauge** f. ‖ zinc-chloride solution ‖ chlorure n. de zinc liquide. 39
Chlorzinn n. ‖ stannic *or* tin chloride ‖ chlorure m. d'étain. 40
Cholesterin n. ‖ cholesterine ‖ cholestérine f. 41
Chor-brett n. (Web) ‖ compass *or* comber *or* hole *or* harness board ‖ planche f. d'arcades *ou* à trous. **a)** ~**gewölbe** n. (Bauk) ‖ niche vaulting ‖ voûte f. en niche. **b)** ~**nische** f. (Bauk) ‖ apse; tribunal ‖ apse f.; tribunal m. d'église. **c)** ~**rock** m. ‖ cope ‖ chape f. 42
Christbaum m. ‖ christmas tree ‖ arbre m. de Noël. 43
Christbaum-beleuchtung f. ‖ christmas tree illumination ‖ lampes fpl. pour arbres de Noël. **a)** ~**lampe** f. ‖ Christmas tree lamp ‖ ampoule f. pour arbre de Noël. 44
Christbaumschmuck m. ‖ christmas-tree decoration *or* ornaments pl. *or* adornments pl. ‖ ornement m. *ou* décoration f. *ou* articles mpl. pour arbres de Noël. **a)** ~ aus **Metall** ‖ metal Christmas tree decoration ‖ ornement m. de métal pour arbres de Noël. 45
Christbaumschmuckherstellungsmaschine f. ‖ christmas tree ornaments making machine ‖ machine f. à fabriquer des ornements pour arbres de Noël. 46
Christianit m. ‖ christianite; lime harmotome ‖ christianite f.; harmotome m. calcaire *ou* de chaux. 47
Chrom n. ‖ chrome; chromium ‖ chrome m. **a) essigsaures** ~ ‖ chromium acetate ‖ acétate m. de chrome. **b) phosphorsaures** ~ ‖ chromium phosphate ‖ phosphate m. de chrome. **c) salpetersaures** ~ ‖ chromium nitrate ‖ nitrate m. de chrome. **d) schwefelsaures** ~ ‖ chromium sulphate ‖ sulfate m. de chrome. 48
Chromalaun m. ‖ chrome alum ‖ alun m. de chrome. 49
Chromat n. (Chem) ‖ chromate ‖ chromate m. 50
Chromat m. (Opt) ‖ chromatic ‖ chromate m. **a) zweiteiliger** ~ (Opt) ‖ two lens chromatic ‖ chromate m. à deux lentilles. 51
chromatisch (Opt) ‖ chromatic ‖ chromatique. 52
chromatische Abweichung f. des Objektivs ‖ chromatic aberration of the object glass ‖ aberration f. chromatique de l'objectif. **a)** ~ **Differenz** f. der sphärischen Abweichungen ‖ chromatic difference of the spherical aberrations ‖ différence f. chromatique des aberrations de sphéricité. **b)** ~ **Korrektion** f. ‖ chromatic correction ‖ correction f. chromatique; correction f. des aberrations chromatiques. 53
Chrom-azidolfarbe f. ‖ chromium acidol colour ‖ couleur f. acidole au chrome. **a)** ~**bad** n. ‖ chrome bath; chromate bath ‖ bain m. chromaté *ou* de chromage. **b)** ~**eisenerz** n. ‖ chrome iron ore; chromite ‖ fer m. chromaté; sidérochrome m.; chromite f. **c)** ~**eisensteingrube** f. ‖ chrome mine ‖ mine f. de chrome. **d)** ~**element** n. (Elektr) ‖ chrome cell ‖ pile f. au bichromate de potasse. 54
Chromerz n. ‖ chrome ore ‖ minerai m. de chrome. **a)** ~**stein** m. ‖ chrome ore brick ‖ brique f. en minerai de chrome. 55
Chrom-farbe f. ‖ chrome colour ‖ couleur f. de chrome. **a)** ~**gelatine** f. ‖ bichromatic gelatine ‖ gélatine f. chromatée. **b)** ~**gelb** n. ‖ chrome yellow ‖ jaune m. de chrome. **c)** ~**gerbextrakt** m. ‖ chromium tanning extract ‖ extrait m. de chrome tannant *ou* tannique. **d)** ~**gerbung** f. ‖ chrome tanning ‖ tannage m. au chrome.

e) **~glimmer** m. (Min) || muscovite || muscovite f. **f) ~grün** n. || chrome green || vert m. de chrome. 1
Chromit n. || chromite; chromic iron || chromite f. **a) ~ziegel** m. || chromite brick || brique f. en chromite. 2
Chromleder n. || chrome leather || cuir m. chromé. **a) ~riemen** m. || chrome leather belt || courroie f. en cuir chromé. 3
Chromnickel n. || chrome nickel || nickel-chrome m. 4
Chromnickeldraht m. || chrome nickel wire || fil m. de nickel-chrome. 5
Chromnickelstahl m. || chrome nickel steel || acier m. chrome-nickel. **a) ~ mit hohem Chromgehalt** || chrome nickel steel with a high percentage of chromium || acier m. au nickel-chrome de haute teneur en chrome. 6
Chromo-fotografie f. || colour photography || photographie f. en couleurs. **a) ~-lithograf** m. || chromolithographic printer || chromolithographe m. **b) ~lithografie** f. || chromolithography || chromolithographie f. **c) ~papier** n. || chromo-paper || papier m. chromé. 7
Chromorange n. || chrome orange || chrome-orange m.; orange m. de chrome. 8
Chromo-typie f. (Buchdr) || chromotype || chromotype m. **a) ~typografie** f. || chromotypography || chromotypographie f. 9
Chrom-oxyd n. || chromium oxide || oxyde m. de chrome. **a) ~rindlackleder** n. || chrome patent leather || cuir m. chromé verni pour chaussures. **b) ~rindfarbleder** n. || chrome coloured leather || cuir m. chromé coloré pour chaussures. **c) ~-rindleder** n. || chromed neat's leather || cuir m. de vache chromé. **d) ~rot** n. || chrome red || rouge m. de chrome. 10
Chromsalz n. || chromium salt; chromate || sel m. de chrome; chromate m. **a) ~-anlage** f. || chromate plant || installation f. de chromate. 11
chromsauer || chromic; chromate of || chromique; chromate m. de. 12
chromsaur-es Barium n. || barium chromate || chromate m. de baryte. **a) ~es Blei** n. || lead chromate || chromate m. de plomb. 13
Chromsäure f. || chromic acid; chromic anhydride; trioxyde of chromium || acide m. chromique. **a) ~element** n. || chromic acid cell; bichromate battery || pile f. *ou* élément m. au bichromate de potasse. 14
Chrom-spezialstahl m. || chromium special steel || acier m. spécial au chrome. **a) ~spinell** m. || chromic spinel; picotite || picotite f. 15
Chromstahl m. || chrome *or* chromium steel || acier m. chromé *ou* au chrome. **a) ~platte** f. || chrome steel plate || plaque f. en acier chromé. 16
chronisch || chronic || chronique. 17
Chronograf m. || chronograph || chronographe m. 18
Chronometer n. || time keeper *or* piece; chronometer || chronomètre m. **a) Schiffs~** || ship's *or* marine chronometer || chronomètre m. *ou* montre f. marine. **b) Taschen~** || pocket chronometer || chronomètre m. de poche. 19
Chrysolith m. || chrysolite || chrysolithe f.; chrysolite f. 20
Chubbschloß n. || Chubb's lock || serrure f. de Chubb. 21
Cicero f. (Buchdr) || pica || cicéro m. 22
Clark-Element n. || Clark cell || élément m. Clark. 23
Cochinkopra f. || Cochin copra || coprah m. cochinchinois. 24
Code m. *s. auch* Kode m. || code || code m. 25
Corlißsteuerung f. || Corliss valve gear || distribution f. Corliss. 26
Cornuprisma n. || Cornu prism || prisme m. de Cornu. 27
Cornwallkessel m. || cornish boiler || chaudière f. à un seul tube-foyer. 28
Correns-Gitterplatte f. || Correns grid || grille f. de Correns. 29
Couleur f. (Zucker) || colour; color (A) || couleur f. **a) ~apparat** m. || colour apparatus || appareil m. à couleur. 30
Coupon m. *s. auch* Kupon m. || coupon; dividend warrant || coupon m. 31
Cowper-Apparat m. für die Winderhitzung || Cowper stove for heating the blast; Cowper hot-blast apparatus || appareil m. Cowper pour le chauffage du vent. 32
Crackverfahren n. (*s. auch* Krackverfahren) || cracking (process) || procédé m. de fractionnement; cracking m. **a)** durch ~ gewonnenes **Benzin** n. || cracked gasoline || essence f. de cracking. 33
Cremonaplan m. || Cremona's polygon of forces || diagramme m. de Crémona. 34
Cremonas Kräfteplan m. *s.* Cremonaplan. 35
Cremor-tartari m. || cream of tartar || crème f. de tartre. 36
Cristite n. || cristite || cristite m. 37
Curaçao m. || curaçao || curaçao m. 38
Cusir f. (Spinn) || sewing silk || soie f. à coudre. 39

D

D-Schieber m. || D-valve || tiroir m. en D **a) kurzer ~** || short D-valve || tiroir m. en D court. **b) langer ~** || long D-valve tiroir m. en D long. 40
D-Zug m. || express train; express || train m. à grande vitesse; express m.; train m. accordéon *ou* D. 41
Dach n. || roof || toit m.; toiture f.; comble m. **a) Bimsbeton~** || pumice concrete roof || toiture f. en béton de pierre-ponce. **b) feuersicheres ~** || fireproof roof || toit m. résistant au feu; couverture f. incombustible. **c) flaches ~** || flat roof || toit m. *ou* comble m. plat; toiture f. plate. **d) frei ohne ~** || in the open air || placé en l'air. **e) gebrochenes ~** || curb roof || comble m. brisé *ou* coupé. **f) Holz~** || wooden roof || toit m. en bois. **g) Holzzement~** || roof of wood cement || toit m. en ciment de pâte de bois. **h) Mansarden~** || Mansard roof || toiture f. à la Mansard. **i) Sattel~** || saddle roof || toit m. en bâtière. **k) schirmförmiges ~** || umbrella shape roof || toit m. *ou* toiture f. conique. **l) tonnenförmiges ~** || arched roof; barrel roof || toit m. en berceau. **m) Zelt~** || broach *or* pavilion roof || toit m. en pavillon; comble m. pyramidal. **n) Zink~** || zinc roof || toit m. en zinc. **o) zweihängiges ~** || ridged roof || comble m. à deux pentes. 42
Dachamboß m. || slater's anvil || enclume f. du couvreur. 43
dachartig || roof like || en forme f. de toit. 44
Dachaufsatz m. || clerestory; skylight turret || lanterneau m.; lanterne f.; tourelle f. ouverte. 45
Dachbalken m. || roof beam || poutre f. du toit. **a) ~lage** f. || framing for the carcass of a roof || plancher m. *ou* enrayure f. de comble. 46
Dach-belag m. || roofing || toiture f. **a) ~binder** m. || roof truss; main couple || maîtresse-ferme f.; ferme f. de toit. **b) ~blech** n. || roofing sheet || tôle f. de toiture. **c) ~bock** m. || truss of roofing || armature f. de ferme. 47
Dachdecker m. || tiler || couvreur m. **a) ~arbeit** f. || covering; roofing || travail m. de couvreur; couverture f. (d'un toit). 48
Dachdeckerei f. || roofing || métier m. *ou* travail m. de couvreur. **a) ~bedarf** m. || roofing supplies pl. || articles mpl. pour toitures. 49
Dachdeckermeister m. || foreman for roofing || maître m. couvreur. 50
Dachdeckung f. || tiling; roofing; roof covering *or* slating || couverture f. (d'un toit). **a) ~ aus asbestgeschütztem Blech** || asbestos-protected metal roofing || couverture f. de toit en tôle protégée par l'asbeste. 51
Dachdeckungsartikel mpl. || roofing materials pl. || matériaux mpl. pour toitures. 52
Dachfalzziegel m. || grooved roof tile || tuile f. en onglet pour toitures. 53
Dachfenster n. || dormer window || lucarne f. **a) eisernes ~** || iron dormer window || lucarne f. en fer. 54
Dach-filz m. || roofing felt || feutre m. pour toiture *ou* couverture. **a) ~first** m. || ridge; top || faîte m. **b) ~fläche** f. || pane of a roof || pan m. de comble. **c) ~garten** m. || roof garden || jardin m. sur comble. **d) ~gebirge** n. (Bergb) || roof; roof rock || ciel m.; troussement m.; toit m. de la veine; toit m. d'une couche. **e) ~geschoß** n. || garret story || étage m. au comble **f) ~gesims** n. || eaves mouldings pl.; cornice of a roof || corniche f. au pied du toit. **g) ~gesparre** n. || roof timber; rafters pl. || chevron m. *ou* charpente f. du toit; comble m. **h) ~gestänge** n. (el Leit) || roof standard || montant m. sur toiture. **i) ~glas** n. || roofing glass || verre m. de toiture. **k) ~haken** m. || gutter hook || collier m. de gouttière. **l) ~kenner** m. || ridge *or* hip tile || tuile f. faîtière; enfaîteau m.; couvre-joint m. **m) ~klappe** f. || folding dormer window || lucarne f. abattable. 55
Dachkonstruktion f. || roof construction || construction f. de toiture. **a) eiserne ~** ||

iron frame work for roof || charpente f. de toit en fer. 1

Dach-latte f. || roof batten; square lath || latte f. carrée *ou* de toit. **a) ~luke** f. || eyelet; eyelet hole; lower *or* dormer window; luthern || lucarne f.; œillet m.; œillette f. **b) ~nagel** m. || roofing nail || clou m. de toit. **c) ~neigung** f. || slope of roof || pente f. du toit. 2

Dachpappe f. || roofing cardboard; asphalted roofing-board; carton-pierre for roofing || carton m. pour toitures; carton m. goudronné; carton-pierre m. **a) geteerte ~** || tarred roofing felt *or* board || carton m. bitumé poür toitures. 3

Dach-pfanne f. || roofing *or* pan tile || tuile f. flamande. **a) ~pfannenpresse** f. || roofing tile press || presse f. pour tuiles. **b) ~pfette** f. || purlin; templet || filière f. *ou* panne f. (de comble). **c) ~rahmen** m. || roof principal || charpente f. (complète) du comble. **d) ~reiter** m. || ridge turret; louver turret || tour f. à cheval. **e) ~rinne** f. || gutter || gouttière f.; chéneau m. **f) ~röhre** f. || gutter *or* rain *or* waste pipe || tuyau m. de descente. 4

Dachsbeil n. || adze || herminette f. 5

Dach-schalung f. || roof boarding || planchéiage m. de toit. **a) ~schaube** f. || straw sheaf; bundle of reed *or* wisp of straw for thatching; tippet || javelle f. **b) ~schiefer** m. || slate slab for roofs || table f. en ardoise pour toits; schiste m. tégulaire. **c) ~schindel** f. || shingle || échandole f.; bardeau m. **d) ~schuh** m. || roof protecting shoe || savate f. pour toitures. **e) ~schwelle** f. || pole plate || plate-forme f. de comble. 6

Dachs-fell n. || badger's skin || peau f. de blaireau. **a) ~fett** n. || badger fat || graisse f. de blaireau. 7

Dach-sparren m. || rafter of the roof || chevron m. d'un comble. **a) ~spitze** f. || ridge of a roof || faîte m. **b) ~sprosse** f. für Glasdächer || trellis for glass roofs || treillage m. pour toits en verre. 8

Dachstein m. *s.* Dachziegel. 9

Dachstein-maschine f. || roofing tile machine || machine f. à tuiles. **a) ~presse** f. || roofing tile press || presse f. à tuiles. 10

Dach-stroh n. || thatch || chaume m.; paille f. de toiture. **a) ~stübchen** n. || garret; loft || galetas m.; mansarde f.; grenier m. **b) ~stube** f. || garret chamber || mansarde f.; chambre f. en galetas. 11

Dachstuhl m. || framework of a roof; props pl. and supports pl. of a roof || ferme f.; comble m.; faîtage m. **a) ~brand** m. || fire in the timbering of the roof || incendie m. dans les combles. 12

Dachstütze f. (el Leit) || roof bracket || support m. de toit. 13

Dachstützpunkt m. (el Leit) || roof support || support m. *ou* appui m. de toit. **a) vereinfachter ~** || simplified roof support || appui m. de toit simplifié. 14

Dachtraufe f. || eaves pl. || égout m. 15

Dachung f. || roofing || toiture f. **a) feuersichere ~** || fire-proof roofing || couverture f. incombustible. 16

Dach-unterzug m. || roof sill || sablière f. du toit. **a) ~verschalung** f. || ashlering || plafonnage m. du toit. 17

Dachziegel m. || roofing *or* pan tile; tile || tuile f. **a) doppelter ~** || double tile || tuile f. double. **b) handgeformter ~** || hand formed roofing tile || tuile f. moulée *ou* faite à la main. **c) Hohl~** || hollow roofing tile || noue f. **d) Nase** f. des **~s** || nose of the tile || crochet m. de la tuile. **e) Zement~** || cement roofing tile || tuile f. de ciment. 18

Dachziegelbrenner m. || tile burner *or* maker || tuilier m. 19

Dachziegelei f. || tile works pl.; tilery || tuilerie f.; fabrique f. de tuiles. 20

Dachziegel-presse f. || roofing tile press || presse f. à tuiles. **a) ~verband** m. || imbricated work || imbrication f. 21

Damast m. || damask || damassé m.; damas m.; linge m. damassé. **a) Kirchen~** || church damask || damas m. d'église. **b) Leinen~** || damask (table) linen || damassé m.; linge m. (de table) en damassé. **c) ~ für Möbel** || furniture damask || tissu m. damassé pour meubles. 22

damastartig weben || to damask || damasser. 23

damastenes Tafelzeug n. *s.* Damast, Leinen. 24

Damast-gaze f. (Web) || gaze with damask figures || gaze f. damassée. **a) ~handtuch** n. || damask towel || essuie-main m. en damassé. **b) ~leinwand** f. || damask linen || damassé m.; linge m. damassé. **c) ~muster** n. (Web) || damask pattern || damassure f. **d) ~papier** n. || damask paper || papier-linge m.; papier-étoffe m. **e) ~schal** m. || damask shawl || châle m. damassé. **f) ~stoff** m. *s.* Damast. **g) ~tischzeug** n. *s.* Damast, Leinen. **h) ~weber** m. || damask weaver || damasseur m. **i) ~weberei** f. || manufactory of damasks || damasserie f. 25

Damaszenerstahl m. || damask steel || lame f. damasquinée; damas m. 26

Dambrett n. || draught board || damier m. 27

Damen-binde f. || sanitary towel; ladies' band || bandeau m. pour dames; serviette f. hygiénique. **a) ~handtasche** f. || ladies' handbag || sac m. à main; réticule m. pour dames. **b) ~hemd** n. || ladies' shirt || chemise f. pour dames. 28

Damenhut m. || ladies' hat || chapeau m. de dames. 29

Damenhut-feder f. || feather for ladies' hats || plume f. pour chapeaux de dames. **a) ~garniererin** f. || lady's hat trimmer || garnisseuse f. (en modes) pour chapeaux de dames. 30

Damen-jäckchen n. || bolero || boléro m. **a) ~kleid** n. || ladies' dress || robe f. de dame. **b) ~kleiderstoff** m. || clothing for ladies || étoffe f. pour vêtements mpl. *ou* robes fpl. de dames. 31

Damenkleidung f. || ladies' cloth || vêtement m. pour dames. **a) ~ nach Maß** || ladies' dresses pl. to order || vêtements mpl. pour dames sur mesure. 32

Damen-konfektion f. || ladies' apparel; ladies' cloth making-up || confection f. pour dames. **a) ~mantel** m. || ladies' mantle || manteau m. de dame. **b) ~mantelstoff** m. || woven for ladies' cloaks pl. || étoffe f. pour manteaux de dames. **c) ~putzwaren** fpl. || millinery || articles mpl. de mode. **d) ~rad** n. || ladies' bicycle || bicyclette f. de dame. **e) ~schneider** m. || ladies' tailor || tailleur m. pour dames. **f) ~schneiderei** f. || ladies' dressmaking || couture f. pour dames. **g) ~schneidereibedarf** m. || requisites pl. for ladies' tailoring || accessoires mpl. pour couturières. **h) ~schuhwaren** fpl. || ladies' boots and shoes || chaussures fpl. pour dames. **i) ~stiefelmacher** m. || ladies' boot maker || bottier m. pour dames. **k) ~strickjacke** f. || knitted ladies' jacket || jaquette f. tricotée pour dames. **l) ~strumpf** m. || ladies' stocking || bas m. de dame. **m) ~tasche** f. || ladies' bag; hand bag || aumônière f.; sac m. (à main) de dames. **n) ~taschenbügel** m. || ladies' bag bow || monture f. pour sacs à dames. 33

Damentaschentuch n. || ladies' handkerchief || mouchoir m. de dame. **a) gesticktes ~** || embroidered ladies' handkerchief || mouchoir m. brodé de dame. 34

Damen-unterzeug n. || ladies' underwear || sousvêtements mpl. pour dames. **a) ~wäsche** f. || ladies' underwear *or* linen || linge m. (de dessous) pour dames. 35

Damhirschfell n. || buckskin || peau f. de daim. 36

Damm m. (Eisenb) || embankment || remblai m. **a) ~** (Straßenb) || bank || chaussée f. **b) ~** (Wasserb) || dam || digue f. **c) Fang~** || dam || batardeau m. **d) Stau~** || retaining dam || digue f. de retenue. 37

Dammar-harz n. || dammar resin *or* gum || gomme f. *ou* résine f. de dammar. **a) ~lack** m. || dammar lac || laque f. au dammar. 38

Damm-balkenverschluß m. (Wasserbau) || dam beam seal || fermeture f. de digue à poutres en acier. **a) ~bau** m. || dam building || construction f. de digue. **b) ~böschung** f. (Eisenb) || slope of the embankment || talus m. du remblai. **c) ~elektrode** f. || perineal electrode || électrode f. périnéale. 39

Dämmerung f. || twilight || crépuscule m. 40

Damm-grube f. (Gieß) || foundry pit || fosse f. de coulée. **a) ~grubenformer** m. || floor moulder || mouleur m. en fosse. **b) ~setzer** m. (Straßenb) || paver; pavier; paviour || paveur m. **c) ~straße** f. || high road; causeway; causey || chaussée f. **d) ~tür** f. (Bergb) || dam door || porte f. à serrement *ou* de barrage. **e) ~weg** m. || causey || remblai m.; chaussée f.; jetée f. 41

Dampf m. || steam; vapour; vapor (A) || vapeur f. **a) abgesperrter ~** || cut-off steam || vapeur f. coupée. **b) den ~ ablassen** || to let the steam out || évacuer *ou* laisser échapper la vapeur. **c) Absaugeanlage** f. für Dämpfe || exhausting plant for steam || installation f. d'aspiration des vapeurs. **d) den ~ abschneiden** *s.* Dampf, den ~ absperren. **e) den ~ m. absperren** || to cut-off the steam || couper la vapeur. **f) direkter ~** || live steam || vapeur f. directe *ou* vive *ou* fraîche. **g) ~ erzeugen** || to generate steam || produire de la vapeur. **h) Frisch~** || live steam || vapeur f. fraîche. **i) ~ geben** || to put the steam on || admettre *ou* ouvrir la vapeur. **k) gedrosselter ~** || throttled steam || vapeur f. étranglée. **l) gesättigter ~** || saturated steam || vapeur f. saturée. **m) heißer ~** *s.* überhitzter ~. **n) Hochdruck~** || high pressure steam || vapeur f. à haute pression. **o) nasser ~** || wet steam || vapeur f. humide. **p) trockener ~** || dry steam || vapeur f. sèche. **q) ~ überhitzen** || to superheat *or* to overheat steam || surchauffer de la vapeur. **r) überhitzter ~** || superheated steam || vapeur f. surchauffée. **s) ungesättigter ~** || surcharged steam; overheated steam || vapeur f. surchauffée; vapeur f. non saturée. **t) unter ~** || under steam; steaming || sous vapeur f. **u) mit vollem ~ arbeiten** || to work with full steam || travailler sous pleine vapeur f.; être en pleine vapeur. 1

Dampfabblase-rohr n. || steam escape pipe || tuyau m. de purge de vapeur. **a) ~vorrichtung** f. || steam blow-off device || appareil m. pour l'évacuation de vapeur. 2

Dampf-abgabe f. für Heiz- und Kochzwecke || steam supplied for heating and cooking purposes || utilisation f. de la vapeur pour le chauffage et la cuisson. **a) ~ableitungsrohr** n. || waste steam pipe || tuyau m. d'échappement de vapeur. **b) ~abscheider** m. || steam separator || séparateur m. de vapeur. **c) ~absperrhahn** m. || steam stop cock || robinet m. d'arrêt de vapeur. 3

Dampfabsperrschieber m. || parallel slide steam stop valve; steam slide stop valve; steam gate valve (A) || vanne f. à vapeur; vanne f. d'arrêt de vapeur. **a) ~ mit flachem Gehäuse** || parallel slide steam stop valve with flat body || vanne f. d'arrêt de vapeur avec corps plat. **b) ~ mit Flanschanschluß** || parallel slide steam stop valve with flange connection || vanne f. d'arrêt de vapeur avec raccordement par bride. **c) ~ mit Muffenanschluß** || parallel slide steam stop valve with sleeve connection || vanne f. d'arrêt de vapeur avec raccordement par manchon. **d) ~ mit ovalem Gehäuse** || parallel slide steam stop valve with oval body || vanne f. d'arrêt de vapeur avec corps oval. **e) ~ mit zylindrischem Gehäuse** || parallel slide steam stop valve with cylindrical body || vanne f. d'arrêt de vapeur avec corps cylindrique. 4

Dampf-absperrung f. || cutting-off the steam || interception f. *ou* interruption f. *ou* arrêt m. de la vapeur. **a) ~absperrventil** n. || steam stop valve || soupape f. d'arrêt de vapeur. 5

Dampfanlage f. || steam installation || installation f. à vapeur. 6

Dämpfanlage f. || steaming plant || installation f. d'étuve. 7

Dampfantrieb m. || steam drive || commande f. à vapeur. 8

Dämpfapparat m. || steaming apparatus || appareil m. à vaporiser *ou* à étuver. 9

Dampf-atmosphäre f. || atmosphere of vapour || atmosphère f. de vapeur. **a) ~ausblaserohr** n. || steam blast *or* outlet pipe || tuyau m. d'échappement de vapeur. 10

Dampfauslaß m. || steam outlet || émission f. *ou* évacuation f. de vapeur. **a) ~rohr** n. *s.* Dampfauspuffrohr. 11

Dampfauspuffrohr n. || exhaust steam pipe || tuyau m. d'échappement de vapeur. 12

Dampfausströmung f. || steam eduction || échappement m. de vapeur. 13

Dampfausströmungs-kanal m. || steam exhaust port || canal m. d'échappement de (la) vapeur. **a) ~rohr** n. || steam blast *or* delivery *or* escape pipe || tuyau m. d'échappement de (la) vapeur. 14

Dampfbackofen m. || steam baking oven || four m. (de boulangerie) à vapeur. **a) Auszug~** || draw plate steam baking oven || four m. à vapeur amovible. **b) Einschieß~** || peel steam baking oven || four m. à vapeur à introduire le pain. **c) Kombinations~** || combined steam baking oven || four m. à vapeur combiné. **d) ~ mit aufgebautem Konditorherd** || baking steam oven with confectionery sole mounted above || four m. à vapeur surmonté d'un four pâtissier. 15

Dampf-bad n. || vapour *or* steam bath || bain m. de vapeur; étuve f. **a) ~bagger** m. || steam dredger || drague f. à vapeur. **b) ~barkasse** f. || steam launch || chaloupe f. à vapeur. **c) ~beiboot** n. || steam launch || embarcation f. à vapeur. **d) ~betrieb** m. || steam working; steam driven *or* operated plant || exploitation f. *ou* mouvement m. à vapeur. 16

Dampfbildung f. || steam generation || vaporisation f. 17

Dampfbildungswärme f. || steam generating heat || chaleur f. de vaporisation. 18

Dampfblase f. || steam bubble || bulle f. de vapeur. **a)** mit **~n** fpl. **durchsetztes Wasser** || water saturated with steam bubbles || eau f. imprégnée de bulles de vapeur. 19

Dampf-blechschere f. || steam plate shears pl. || cisailles fpl. à tôles mues par la vapeur. **a) ~boden** m. (Braupfanne) || jacketed bottom || double-fond m. pour chauffage à vapeur. **b) ~boot** n. || steam (launch) boat || chaloupe f. à vapeur. **c) ~brauerei** f. || steam brewery || brasserie f. à vapeur. **d) ~braukessel** m. || steam brew kettle || chaudière f. à brasser pour cuisson à la vapeur. **e) ~braupfanne** f. || steam brew kettle; steam brewing copper || chaudière f. à brasser pour cuisson à vapeur; poile f. à vapeur pour brasseries. **f) ~brause** f. || steam rose || crépine f. à vapeur. **g) ~bremsapparat** m. || apparatus for counter steam || appareil m. pour la contre-vapeur. **h) ~bremse** f. || steam brake || frein m. à vapeur. **i) ~bürstmaschine** f. || steam brushing machine || brosseuse f. à vapeur. **k) ~darre** f. || steam kiln || touraille f. à vapeur. **l) ~diagramm** n. || steam diagram || diagramme m. de vapeur. 20

dampfdicht || steamtight || imperméable à la vapeur; étanche à la vapeur. 21

Dampf-dichte f. (Phys) || vapour density || densité f. de vapeur. **a) ~dichtung** f. || steam packing || garniture f. pour machines à vapeur. 22

Dampfdom m. || steam dome || dôme m. de vapeur. **a) ~dichtungsfläche** f., Schleifmaschine f. für **~n** || dome joint grinding machine || machine f. à rectifier les surfaces de joints des dômes de vapeur. 23

Dampfdrehkran m. || steam driven revolving crane || grue f. à vapeur pivotante. **a) feststehender ~** || stationary steam driven revolving crane || grue f. à vapeur pivotante et fixe. 24

Dampfdreschmaschine f. || steam threshing machine; steam thresher || batteuse f. à vapeur. 25

Dampfdruck m. || vapour *or* steam pressure || pression f. *ou* tension f. de la vapeur. **a) schädlicher ~** || injurious steam pressure || pression f. de vapeur dangereuse. 26

Dampfdruck-bild n. || steam diagram || diagramme m. de vapeur. **a) ~messer** m. || elaterometer; steam gauge || élatéromètre m.; manomètre m. **b) ~minderventil** n. || steam pressure reducing valve || soupape f. de réduction de pression de vapeur. **c) ~regler** m. || steam pressure regulator || régulateur m. de pression de vapeur. **d) ~schmiedepresse** f. || steam power forging press || presse f. à forger à vapeur. **e) ~übersetzer** m. || steam pressure intensifier || multiplicateur m. de pression à vapeur. 27

Dampfdynamo f. || steam dynamo *or* generator || dynamo f. *ou* génératrice f. à vapeur. **a) zweizylindrige ~** || double cylinder steam dynamo || dynamo f. à vapeur à deux cylindres. 28

Dampf-eingangskanal m. *s.* ~einlaßrohr n. **a) ~einlaßrohr** n. || steam admitting pipe || tuyau m. *ou* canal d'admission de vapeur. **b) ~einströmung** f. || steam admission || admission f. de vapeur. 29

Dampfeinströmungs-kanal m. || steam inlet port || canal m. d'admission *ou* canal d'introduction de la vapeur. **a) ~öffnung** f. || steam admission *or* entrance port || lumière f. d'admission de vapeur. **b) ~rohr** n. || steam *or* supply *or* admitting pipe || tuyau m. d'admission de la vapeur. 30

Dampfeintritts-öffnung f. *s.* Dampfeinströmungsöffnung. **a) ~spannung** f. || admission pressure of steam || pression f. de vapeur à l'admission. 31

Dampf-elektrisiermaschine f. || hydroelectric-machine || machine f. hydroélectrique. **a) ~elektrizitätswerk** n. || steam power electrical plant || usine f. électrique à vapeur. 32

dämpfen (mit Dampf) || to steam || passer à la vapeur; étuver. **a) ~** (Mech) || to damp || amortir. **b)** den **Hochofen** m. **~** || to stop the blast furnace || arrêter le haut-fourneau. **c)** die **Stöße** mpl. **~** || to damp the shocks || amortir les chocs mpl. 33

Dampfentnahme f. || supply of steam || prise f. de vapeur. **a) Zwischen~** || steam extraction || soutirage m. de vapeur. 34

Dampf-entöler m. || oil-separator *or* grease-filter for steam || déshuileur m. de vapeur; séparateur m. d'huile pour la vapeur. **a) ~entpichmaschine** f. || steam ausbrenner *or* pitching device || dégoudronneur m. à vapeur. **b) ~entwässerer** m. || steam desicator *or* dryer || dessicateur m. *ou* sécheur m. de vapeur. **c) ~entwässerung** f. || steam desication || dessication f. de vapeur. **d) ~entwässerungsapparat** m. *s.* ~entwässerer. **e) ~-entweichung** f. || steam escape || échappement m. *ou* fuite f. de vapeur. **f) ~-entwickler** m. || boiler || chaudière f. **g) ~entwicklung** f. || steam generation || formation f. de vapeur. 35

Dampfer m. || steamer; steamship || bateau m. à vapeur; vapeur m. **a) Fähr~** *s.* Dampffähre. **b) Fahrgast~** || passenger steamer || vapeur m. à passagers. **c) Fluß~** || river steamer || bateau m. (express) de rivière. **d) Fracht~** || cargo steamer || vapeur m. de charge *ou* de transport. **e) Handels~** || merchant steamer || vapeur m. marchand. **f) Post~** || mail steamer || malle f. **g) Rad~** || paddle steamer || vapeur m. à roues. **h) Schlepp~** || tug boat || remorqueur m. **i) Schnell~** || express steamer || vapeur m. rapide. **k) Schrauben~** || screw steamer || vapeur m. à hélice. **l) See~** || ocean-going steamer || vapeur m. de mer. **m) Spritzen~** || fire and salvage boat; fire boat || bateau-pompe m. **n) Tank~** || tank steamer || vapeur m. à réservoirs. **o) Tramp~** || tramp steamer || tramp m. **p)** der **~** weist für den **Transport** besondere Einrichtungen auf || the steamer has special facilities for the transport || le vapeur est aménagé spécialement pour le transport. **q) Turbinen~** || turbine steamer ||

vapeur m. à turbine. **r) Turmdeck~** || turret decker; turret deck steamer || vapeur m. à turret-deck. **s) Übersee~** || transatlantic steamer || vapeur m. transatlantique. **t) Vieh~** || cattle steamer || vapeur m. à (transporter le) bétail. 1

Dämpfer m. (Fernm; Mus) || damper; sourdine || sourdine f. **a) ~** (Masch) || dashpot || tube m. d'amortissement; dash-pot m. **b) Futter~** || fodder stewer || étuve f. pour fourrage. **c) Knochenkohle-~** || bone coal steaming apparatus || évaporateur m. à charbon d'os. **d) Schwingungs~** || oscillation absorber || amortisseur m. de vibrations. **e) Stoß-~** || bumper of shocks; shock absorber; dashpot || tampon m. *ou* amortisseur m. de choc. **f) Übersetzungsstoß~** || transmission shock absorber || amortisseur m. de choc de transmission. 2

Dampferlinie f. || steamship line || ligne f. de navigation à vapeur. 3

Dampf-ersparnis f. || economy of steam || économie f. de vapeur. **a) ~esel** m. (Brau) || steam floor clearer || baudet m. à vapeur pour le déchargement de tourailles. **b) ~esse** f. || chimney stalk *or* shaft || cheminée f. de vapeur. **c) ~expansion** f. || steam expansion || détente f. *ou* expension f. de vapeur. **d) ~fähre** f. (Seew) || steam ferry boat || vapeur m. de passage; bateau m. de passage à vapeur. 4

Dampffeuerspritze f. || steam fire engine || pompe f. à incendie à vapeur. **a) ~ mit Gerätewagen** || steam fire engine with implements wagon || pompe f. à incendie à vapeur avec chariot d'agrès. 5

Dampf-fördermaschine f. || hauling steam-engine || machine f. d'extraction à vapeur. **a) ~gebläse** n. || steam blast; steam blower *or* blowing engine || tirage m. par le jet de vapeur; soufflerie f. *ou* ventilateur m. de vapeur. **b) ~generator** m. || steam generator || générateur m. de vapeur. **c) ~glocke** f. || steam bell || cloche f. du sifflet à vapeur. **d) ~grainer** m. (Brau) || steam grainer || steam grainer. 6

Dampfhahn m. || steam cock || robinet m. à vapeur. **a) ~schmiere** f. || steam cock grease || graisse f. pour robinets de vapeur. 7

Dampfhammer m. || steam hammer || marteau m. à vapeur; marteau-pilon m. à vapeur. **a) ~ mit x kg Bärgewicht** || steam hammer with a weight of tup of x kg || marteau-pilon m. à vapeur (poids du mouton x kg). **b) Schmiede~** || power forge hammer || marteau-pilon m. de forge. 8

Dampfhammerschmiede f. || large steam forgings manufacture || grosse forge f. à vapeur. 9

Dampf-haube f. (Böttch) || steaming cone *or* dome || cloche f. à vapeur. **a) ~heizapparat** m. || steam heater || calorifère m. à vapeur. **b) ~heizkörper** m. || steam-heating body || radiateur m. à vapeur. **c) ~heizung** f. || heating by steam; steam heating || chauffage m. à (la) vapeur. **d) ~heizungsanlage** f. *s.* ~heizapparat. **e) ~hemd** n. || cylinder jacket; steam case || chemise f. de cylindre. **f) ~hochdruck** m. || steam high pressure || haute-pression f. de vapeur. 10

dampfhydraulisch || steam-hydraulic || vapo-hydraulique. **a) ~ betriebene Maschine** f. || steam-hydraulic machine || machine f. vapo-hydraulique. 11

dampfhydraulisch-e Presse f. || steam-hydraulic press || presse f. hydraulique à vapeur. **a) ~e Schmiedepresse** f. || steam-hydraulic forging press || presse f. à forger vapo-hydraulique. **b) ~es System** n. || steam-hydraulic system || système m. combiné à la vapeur et à (la pression de) l'eau. 12

dampf- und lufthydraulische Universal-presse f. || steam and air hydraulic universal press || presse f. universelle vapo-hydraulique et hydro-pneumatique. 13

Dampf-jacht f. || steam yacht || yacht m. à vapeur. **a) ~kammer** f. (Böttch) || steam chest *or* room || étuve f.; chambre f. *ou* boîte f. à vapeur. 14

Dampfkanal m. || passage for steam; steam port || canal m. pour la vapeur. **a) glatte Dampfkanäle** mpl. **ohne Winkel** und scharfe Krümmungen || smooth steam ports pl. without angles or sharp curves || passages mpl. de vapeur lisses sans angles et courbes vives. 15

Dämpfkasten m. || steam chest || chambre f. *ou* boîte f. à vapeur; étuve f. 16

Dampfkessel m. || steam boiler *or* generator; boiler || chaudière f. à vapeur; générateur m. de vapeur. **a) beweglicher ~** || locomotive boiler || chaudière f. à vapeur locomobile. **b) feststehender ~** || stationary boiler || chaudière f. à vapeur fixe. **c) Hochdruck~** || high pressure steam boiler || chaudière f. à vapeur à haute pression. **d) ~ mit mechanischer Feuerung** || steam boiler with mechanical stokers || chaudière f. à vapeur avec grilles mécaniques. **e) ~ mit mehreren Herden** || double ended boiler with common combustion chamber || chaudière f. à vapeur avec foyers aux deux extrémités avec boîte à feu commune. **f) ~ mit rückkehrenden Flammen** || return-flame boiler || chaudière f. à vapeur à retour de flamme. **g) einen ~ speisen** || to feed a boiler || alimenter une chaudière à vapeur. **h) Speisen** n. eines **~s** || feeding a boiler || alimentation f. d'une chaudière à vapeur. **i) Zylinder~** || cylindrical boiler || chaudière f. à vapeur cylindrique. 17

Dampfkessel-anlage f. || boiler plant || installation f. de chaudières à vapeur. **a) ~armaturen** fpl. || steam boiler fittings pl. || accessoires mpl. *ou* robinetterie f. de chaudières à vapeur. **b) ~bekleidung** f. || boiler casing || chemise f. de chaudière à vapeur. **c) ~blech** n. || boiler plate || tôle f. à chaudière. **d) ~einmauerung** f. || boiler masonry; immuration of a boiler || maçonnerie f. d'une chaudière à vapeur. **e) ~explosion** f. || steam boiler explosion || explosion f. d'une chaudière à vapeur. **f) ~feuerung** f. || steam boiler furnace || foyer m. de chaudière. **g) ~fundament** n. || boiler seat || fondations fpl. d'une chaudière à vapeur. **h) ~füße** mpl. || boiler holder || support m. d'une chaudière à vapeur. **i) ~heizfläche** f. || boiler heating surface || surface f. de chauffe d'une chaudière à vapeur. **k) ~prüfer** m. || steam boiler inspector || inspecteur m. de chaudières à vapeur. **l) ~prüfung** f. *s.* ~überwachung. **m) ~prüfungsverein** m. *s.* ~überwachungsverein. **n) ~reiniger** m. || steam boiler cleaner || nettoyeur m. de chaudières à vapeur. **o) ~reinigung** f. || steam boiler cleaning || nettoyage m. de chaudières à vapeur. **p) ~reinigungswerkzeug** n. || steam boiler cleaning device || outil m. pour le nettoyage de chaudières à vapeur. **q) ~revision** f. *s.* ~überwachung. **r) ~revisionsverein** m. *s.* ~überwachungsverein. **s) ~revisor** m. *s.* ~prüfer. **t) ~-sicherheitsventil** n. || safety valve of a steam boiler || soupape f. de sûreté d'une chaudière à vapeur. **u) ~siederohr** n. || boiler tube || bouilleur m. d'une chaudière à vapeur. **v) ~siederohrbürste** f. || boiler tube brush || brosse f. de bouilleur d'une chaudière à vapeur. **w) ~speiseapparat** m. || boiler feeding apparatus || appareil m. alimentaire d'une chaudière à vapeur. **x) ~speisung** f. || boiler feeding || alimentation f. d'une chaudière à vapeur. **y) ~überwachung** f. || boiler testing *or* inspection || surveillance f. *ou* révision f. de chaudières à vapeur. **z) ~-überwachungsverein** m. || boiler (inspection) association || société f. de surveillance des chaudières à vapeur. 18

a) ~untersuchung f. *s.* ~überwachung. **b) ~untersuchungsverein** m. *s.* ~überwachungsverein. **c) ~zubehör** n. || steam boiler accessories pl. || accessoires mpl. pour chaudières à vapeur. 19

Dampfkoch-anlage f. || steam cooking installation || installation f. de cuisson à la vapeur. **a) ~apparat** m. || steam boiling apparatus || appareil m. de cuisson à vapeur. **b) ~pfanne** f. || steam cooking kettle || chaudière f. pour cuisson à la vapeur. **c) ~topf** m. || steam cooking apparatus || marmite f. à vapeur. 20

Dampfkochung f. || steam boiling *or* cooking || cuisson m. à vapeur. 21

Dampfkohle f. || steam coal || charbon m. à vapeur. 22

Dampfkolben m. || steam piston || piston m. à vapeur. **a) ~liderung** f. || steam piston packing || garniture f. de piston à vapeur. 23

Dampf-kondensator m. || steam condenser || condenseur m. à vapeur. **a) ~kraft** f. || steam power || force f. de vapeur. 24

Dampfkraftwerk n. *s.* Dampfkraftzentrale. 25

Dampfkraftzentrale f. || central *or* main steam power plant || centrale f. *ou* usine f. d'énergie à vapeur. **a) unmittelbar auf der Braunkohle errichtete ~** || steam power plant which is situated right on top of the lignite beds || usine f. thermique qui est établie sur le carreau des mines de lignites. 26

Dampfkran m. || steam crane || grue f. à vapeur. **a) ~löffelbagger** m. || steam crane navvy; steam shovel || grue-drague f. à vapeur. 27

Dampf-küche f. || steam kitchen || cuisine f. à vapeur. **a) ~kühler** m. || steam cooling device || réfrigérant m. à vapeur. **b) ~lastwagen** m. || steam lorry || camion m. à vapeur. 28

Dampfleitung f. || steam conduit *or* conduct *or* piping || distribution f. *ou* conduite f. *ou* tuyauterie f. de vapeur. 29

Dampfleitungs-rohr n. || steam pipe || conduit m. de vapeur; tuyau m. á vapeur. **a) ~zubehör** n. || steam piping *or* steam conduct accessories pl. || accessoires mpl. pour conduites de vapeur. 30

Dampflöffelbagger m. || steam navvy; steam shovel dredger || excavateur m. *ou* drague f. à vapeur. 1

Dampflokomobile f. || portable steam engine || locomobile f. à vapeur. **a)** ~ **mit Überhitzer** || superheated portable steam engine || locomobile f. à vapeur surchauffée. 2

Dampf-lokomotivdrehkran m. || steam driven locomotive slewing crane || grue f. locomotive pivotante à vapeur. **a)** **~lokomotive** f. || steam locomotive || locomotive f. à vapeur. **b)** **~luftpumpe** f. || steam air pump || pompe f. à air mue par la vapeur. **c)** **~malzdarre** f. || steam malt kiln || touraille f. pour malt chauffée par la vapeur. 3

Dampfmantel m. || steam jacket *or* casing || manteau m. *ou* enveloppe f. de vapeur. **a)** **~zylinder** m. || jacketed cylinder || cylindre m. à chemise. 4

Dampfmaschine f. || steam engine || machine f. à vapeur. **a)** **atmosphärische** ~ || atmospheric steam engine || machine f. à vapeur atmosphérique *ou* à air libre. **b)** **Auspuff~** || non-condensing steam engine || machine f. à vapeur sans condensation *ou* à échappement libre. **c)** **Balanzier~** || beam steam engine || machine f. à vapeur à balancier. **d)** **bewegliche** ~ || transportable steam engine || machine f. à vapeur portative. **e)** **direktwirkende** ~ || direct-action steam engine || machine f. à vapeur à action directe. **f)** **doppeltwirkende** ~ || double-acting steam engine || machine f. à vapeur à double effet. **g)** **dreizylindrige** ~ || triple-cylinder steam engine || machine f. à vapeur à trois cylindres. **h)** **einfachwirkende** ~ || single acting steam engine || machine f. à vapeur à simple effet. **i)** **Einkurbel~** || single crank steam engine || machine f. à vapeur à une seule manivelle. **k)** **Einkurbelverbund~** || single crank compound steam engine || machine f. à vapeur compound à single manivelle. **l)** **einzylindrige** ~ || single-cylinder steam engine || machine f. à vapeur monocylindrique *ou* à cylindre unique *ou* à un cylindre. **m)** **Expansions~** || steam engine working expansively || machine f. à vapeur à détente. **n)** ~ **mit Expansion und Kondensation** || condensing steam engine with expansion || machine f. à vapeur à détente et à condensation. **o)** ~ **mit Expansion** und **ohne Kondensation** || non-condensing steam engine with expansion || machine f. à vapeur à détente sans condensation. **p)** ~ **ohne Expansion** || non-expansive steam engine || machine f. à vapeur sans détente. **q)** ~ **ohne Expansion** und **ohne Kondensation** || non-condensing steam engine without expansion || machine f. à vapeur sans détente ni condensation. **r)** **feststehende** ~ || fixed *or* stationary steam engine || machine f. à vapeur fixe *ou* stationnaire. **s)** **Heißdampf~** || superheated steam engine || machine f. à vapeur surchauffée. **t)** **Gleichstrom~** || uniflow steam engine || machine f. à vapeur équicourante. **u)** **Hochdruck~** || high-pressure steam engine || machine f. à vapeur à haute pression. **v)** **Kondensations~** || condensing steam engine || machine f. à vapeur à condensation. **w)** ~ **ohne Kondensation** || non-condensing steam engine || machine f. à vapeur sans condensation. **x)** **landwirtschaftliche** ~ || steam cultivating-machine || machine f. à labourer à vapeur. **y)** **langsamlaufende** ~ || slow-speed steam engine || machine f. à vapeur à faible vitesse. **z)** **liegende** ~ || horizontal steam engine || machine f. à vapeur horizontale. 5

a) **Mitteldruck~** || middle-pressure steam engine || machine f. à vapeur à moyenne pression. **b)** **Niederdruck~** || low-pressure steam engine || machine f. à vapeur à basse pression. **c)** **ortsfeste** ~ || stationary steam engine || machine f. à vapeur stationnaire. **d)** **oszillierende** ~ || oscillating steam engine || machine f. à vapeur oscillante *ou* à cylindre oscillant. **e)** **rotierende** ~ || rotatory steam engine || machine f. à vapeur à rotation. **f)** **Schiffs~** || marine steam engine || machine f. à vapeur marine. **g)** **schnellaufende** ~ || high-speed steam engine || machine f. à vapeur à grande vitesse *ou* à haute vitesse. **h)** **stationäre** ~ *s.* feststehende ~. **i)** **stehende** ~ || vertical steam engine || machine f. à vapeur verticale. **k)** **transportable** ~ *s.* bewegliche ~. **l)** **Verbund~** || compound steam engine || machine f. à vapeur compound. **m)** **zweizylindrige** ~ || double-cylinder steam engine || machine f. à vapeur jumelle. 6

Dämpf-maschine f. || steaming machine || machine f. à vaporiser. **a)** **~-, Egalisier- und Spannmaschine** f. (Web) || steaming, conditioning and tentering machine || machine f. à vaporiser, égaliser et élargir. 7

Dampfmaschinen-anlage f. || steam engine plant || installation f. *ou* établissement m. de machines à vapeur. **a)** **~gebäude** n. || steam engine house || bâtiment m. à machines à vapeur. **b)** **~haus** n. *s.* ~gebäude n. **c)** **~raum** m. || steam engine room || salle f. des machines à vapeur. 8

Dampf-messer m. || elaterometer; steam gauge; steam (consumption) meter || instrument m. pour mesurer la consommation *ou* la quantité de vapeur; élatéromètre m. **a)** **~molkerei** f. || steam dairy || laiterie f. à vapeur. **b)** **~motor** m. || steam motor || moteur m. à vapeur. **c)** **~mühle** f. || steam mill || moulin m. à vapeur. **d)** **~muldentrockner** m. || steam trough dryer || sécheur m. à auge à vapeur. **e)** **~nietmaschine** f. || steam riveting machine *or* riveter || riveuse f. à vapeur. 9

Dampfofen m. || steam-heated oven || étuve f. à vapeur. **a)** ~ (Met) || steam furnace || fourneau m. à vapeur. 10

Dampf-packung f. || steam packing || garniture f. pour machines à vapeur. **a)** **~pfanne** f. || steam kettle || chaudière f. pour cuisson à la vapeur. **b)** **~pfeife** f. || steam whistle || sifflet m. à vapeur 11

Dampfpflug m. || steam plough || charrue f. à vapeur. **a)** **~maschinist** m. || steam plough machinist || conducteur m. de charrue à vapeur. 12

Dampf-probe f. || steam-test || essai m. à la vapeur. **a)** **~pufferregelventil** n. || dash relief valve || soupape f. régulatrice de vapeur. 13

Dampfpumpe f. || steam pump || pompe f. à vapeur. **a)** **direktwirkende** ~ || direct-action *or* direct acting steam pump || pompe f. à vapeur à action directe. **b)** **doppeltwirkende** ~ || double-acting steam pump || pompe f. à vapeur à double effet. **c)** **Expansions~** || expansion steam pump || pompe f. à vapeur à expansion. **d)** **selbsttätig wirkende** ~ || automatically working steam pump || pompe f. à vapeur à action automatique. 14

Dampf-ramme f. || steam ram; steam pile driver || sonnette f. *ou* mouton m. à vapeur. **a)** **~raum** m. || steam space || partie f. de la chaudière réservée à la vapeur. **b)** **~reiniger** m. || steam purifier || épurateur m. de vapeur. 15

Dampfrohr n. || steam pipe || tuyau m. à vapeur; conduit m. de vapeur. **a)** **geschweißtes** ~ || welded steam pipe || tube m. *ou* tuyau m. à vapeur soudé. 16

Dampf-rohrleitung f. || steam piping || tuyauterie f. *ou* conduite f. à vapeur. **a)** **~rotte** f. des Flachses || warm water retting of flax || rouissage m. de lin à la vapeur. **b)** **~sägemühle** f. || steam saw mill || scierie f. à vapeur. **c)** **~sammler** m. || steam chamber *or* accumulator || réservoir m. *ou* collecteur m. *ou* accumulateur m. à vapeur. **d)** **~sandstrahlgebläse** n. || steam jet sand blast || sableuse f. à vapeur. **e)** **~schieber** m. || steam slide valve || tiroir m. de vapeur. 17

Dampfschiff n. || steam boat || bateau m. à vapeur. 18

Dampfschiffahrt f. || steam navigation || navigation f. à vapeur. 19

Dampfschiffahrtsgesellschaft f. || steam navigation company || compagnie f. de navigation à vapeur. 20

Dampf-schlange f. || steam coil || serpentin m. à vapeur. **a)** **~schmiedepresse f., hydraulische** || steam-hydraulic forging press || presse f. à forger hydraulique à vapeur. **b)** **~schwimmkran** m. || steam driven floating crane || grue f. flottante à vapeur. **c)** **~sicherheitsventil** n. || steam safety valve || soupape f. à vapeur de sûreté. **d)** **~sirene** f. || steam siren || sirène f. à vapeur. **e)** **~spannung** f. || steam pressure || pression f. de (la) vapeur. 21

Dampfspeicher m. || steam accumulator || accumulateur m. de vapeur. **a)** Ruths ~ **anlage** f. mit stehenden Ruthsspeichern || Ruths steam storage plant with vertical Ruths accumulators || installation f. d'accumulateurs de vapeur Ruths comportant des accumulateurs Ruths verticaux. 22

Dampfspeisepumpe f. || steam feed pump || pompe f. d'alimentation à vapeur. 23

Dampfspritze f. || steam fire engine || pompe f. à incendie à vapeur. **a)** **Automobil~** || motor steam fire engine *or* pump || pompe à incendie f. à vapeur automobile. 24

Dampf-sprudler m. || steam douche || fontaine f. de vapeur. **a)** **~steuerapparat** m. || steam steering gear || appareil m. gouverneur à vapeur. **b)** **~steuerrad** n. || steam steering wheel || roue f. de gouvernail à vapeur. **c)** **~steuerung** f. || steam distributor || distributeur m. de vapeur. 25

Dampfstrahl m. || steam jet *or* blast || jet m. de vapeur; soufflage m. à vapeur. 26

Dampfstrahl-anwärmapparat m. || steam jet preheater || réchauffeur m. d'eau à jet de vapeur. **a)** **~apparat** m. *s.* ~pumpe **b)** **~bilgepumpe** f. || steam jet bilge pump || pompe f. de cale à jet de vapeur. **c)** **~ejektor** m. || steam jet ejector || éjecteur m. à jet de vapeur. 27

Dampfstrahlgebläse n. || steam jet blower || souffleur m. *ou* tuyère f. souffleuse à vapeur; machine f. soufflante à jet de vapeur. **a)** durch ~ erzeugter **Zug** m. || draught by steam jet || tirage m. à jet de vapeur. 1

Dampfstrahl-heber m. || steam jet elevator || élévateur m. à jet de vapeur. **a)~pumpe** f. || steam jet pump; injector || pompe f. à jet de vapeur; injecteur m. **b) ~rauchrohrreiniger** m. || steam jet flue cleaning apparatus || purgeur m. de tubes à fumée à jet de vapeur. **c) ~rührgebläse** n. || steam mixing jet || soufflerie f. d'agitateur à jet de vapeur. 2

Dampf-straßenbahn f. || steam tramway || tramway m. à vapeur. **a) ~straßenwalze** f. || steam streetroller *or* roadroller || rouleau m. écraseur *ou* cylindre m. compresseur à vapeur (pour les routes). **b) ~straßenzugmaschine** f. || street steam tractor || locomotive f. routière à vapeur. **c) ~stutzen** m. (Kesselb) || steam dome || dôme m. de vapeur. **d) ~sudwerk** n. || steam brewing plant || installation f. de brassage à la vapeur. **e) ~tandemwalze** f. || tandem steam road roller || rouleau m. tandem à vapeur. 3

Dämpftisch m. zum Abdämpfen wollener Stoffe || steaming table for woollen fabrics || machine f. à vaporiser les tissus de laine. 4

Dampf-topf m. || digester; steam apparatus || marmite f. à vapeur. **a) ~trebertrockenapparat** m. || steam draff drying apparatus || appareil m. à sécher les drèches à la vapeur. **b) ~trecker** m. || steam tractor || tracteur m. à vapeur. **c) ~treibapparat** m. || steam intensifier || multiplicateur m. à vapeur. 5

Dampftrockenapparat m. || steam drying apparatus || appareil m. séchoir à vapeur. **a) Biertreber~** || steam draff dryer || appareil m. à sécher les drèches à vapeur. 6

Dampftrockner m. || steam dryer; water separator || sécheur m. de vapeur; séparateur m. d'eau. 7

Dampfturbine f. || steam turbine || turbine f. à vapeur. **a) Hochdruck~** || high-pressure steam turbine || turbine f. à vapeur à haute pression. 8

Dampfturbinen-dynamo f. || steam turbine dynamo || turbine f. à vapeur dynamo-électrique; turbo-dynamo f. **a) ~kraftwerk** n. || steam turbine power station || centrale f. turbo-électrique. 9

Dampfturbinenläufer m. || steam turbine rotor || roue f. motrice d'une turbine à vapeur. **a) Beschaufelung** f. eines ~s || blading of a steam turbine rotor || (mise f. en place de l') aubage m. d'une roue motrice de turbine à vapeur. 10

Dampfturbinen-lokomotive f. || steam turbine locomotive || locomotive f. à turbine à vapeur. **a) ~prüfstand** m. || steam turbine test bed || plate-forme f. d'essais pour turbines à vapeur. **b) ~schaufel** f. || steam turbine blade || aube f. pour turbine à vapeur. 11

Dampf-überdruck m. || steam pressure above atmospheric; effective pressure as shown by the manometer || surpression f. de vapeur; pression f. effective indiquée par le manomètre. **a) ~überhitzer** m. || steam superheater || surchauffeur m. de vapeur. **b) ~überhitzung** f. || superheating of the steam || surchauffage m. de la vapeur. 12

Dämpfung f. (Akust) || damping; muffling || amortissement m.; modération f. **a)** ~ (Chem) || vapourization; steaming || vaporisage m. **b)** ~ (Fernm) || attenuation || atténuation f.; affaiblissement m. **c)** ~ (Mech) || damping || amortissement m. **d) große** ~ (Funkw) || high damping || amortissement m. élevé. **e) Licht~** || light subduing || atténuation f. de la lumière. **f)** ~ des **Lichtbogens** || damping of the arc || amortissement m. de l'arc. **g) räumliche** ~ || attenuation || affaiblissement m. **h)** ~ des **Schalles** || sound deadening || amortissement m. du bruit. **i) vollkommene** ~ || complete damping || amortissement m. parfait. **k) wirksame** ~ (Fernm) || effective attenuation || affaiblissement m. effectif. **l) zeitliche** ~ || damping || amortissement m. 13

Dämpfungs-ausgleicher m. (Kabel) || attenuation equalizer || compensateur m. de la distorsion; égalisateur m. d'affaiblissement. **a) ~faktor** m. || damping factor || facteur m. d'amortissement. **b) ~feder** f. || supplementary spring || ressort m. compensateur. **c) ~grad** m. || degree of damping || degré m. d'amortissement. **d) ~kessel** m. (Böttch) || steam boiler || chaudière f. à étuver. **e) ~konstante** f. (Phys) || attenuation constant; damping factor || constante f. d'amortissement *ou* d'affaiblissement. **f) ~kreis** m. (Fernm) || damping circuit || circuit m. amortisseur. **g) ~kurve** f. (Fernm) || damping curve || courbe f. d'amortissement. **h) ~maß** n. (Fernm) || transmission equivalent; attenuation measure || équivalent m. de transmission. **i) ~messer** m. (Fernm) || decremeter || décrémètre m.; appareil m. de mesure d'affaiblissement. **k) ~messung** f. || damping measurement || mesure f. de l'amortissement. **l) ~mittel** n. (Schall) || sound damper || sourdine f. **m) ~prüfung** f. (Fernm). || attenuation test || essai m. d'affaiblissement. **n) ~reduktion** f. (Fernm) || damping reduction || réduction f. d'amortissement. **o) ~strom** m. || damping current || courant m. amortisseur. **p) ~verhältnis** n. || ratio of damping || rapport m. d'amortissement. **q) ~verlauf** m. (Fernm) || dependency of attenuation on frequency || dépendance f. de l'affaiblissement de fréquences. **r) ~verminderung** f. || damping reduction || réduction f. de l'amortissement. **s) ~vorrichtung** f. (Mech; Phys) || damper; damping device || appareil m. amortisseur. 14

Dampfventil n. || steam valve || soupape f. à vapeur. **a) Selbstschluß~** || self-acting steam pipe closing valve || soupape f. d'arrêt de vapeur à fermeture automatique. 15

Dampfverbrauch m. || steam consumption || consommation f. *ou* dépense f. de vapeur. **a) gewährleisteter** ~ || guaranteed steam consumption || consommation f. garantie de vapeur. 16

Dampf-verlust m. || waste *or* loss ef steam || perte f. de vapeur. **a) ~verteilung** f. || steam distribution || distribution f. de la vapeur. 17

Dampfverteilungs-rohr n. || steam distributing pipe || tuyau m. de distribution de vapeur. **a) ~schieber** m. || steam distributing slide valve || tiroir m. de distribution de vapeur. 18

Dampf-vulkanisator m. || steam vulcanizer || vulcanisateur m. à vapeur. **a) ~wagen** m. || steam car || voiture f. à vapeur. **b) ~walze** f. || steam roller || écraseur m. *ou* rouleau-compresseur m. à vapeur. **c) ~wäscherei** f. || steam laundry || blanchisserie f. à vapeur. **d) ~wasserablaßhahn** m. || drip cock || purgeur m. du cylindre à vapeur. 19

Dämpfwiderstand m. (Fernm) || damping resistance || résistance f. d'amortissement. 20

Dampfwinde f. || steam winch || treuil m. à vapeur. **a) Hilfs~** || donkey winch || treuil m. à vapeur auxiliaire. 21

Dampfzähler m. || steam meter *or* counter || compteur m. à vapeur. 22

Dämpfzeit f. (Landw) || steaming period || temps m. de daube. 23

Dampf-ziegelei f. || steam tilery; brick steam works pl. || briqueterie f. à vapeur. **a) ~zugwagen** m. || steam tractor || tracteur m. à vapeur. 24

Dampfzylinder m. || steam cylinder || cylindre m. à vapeur. 25

Dämpfzylinder m. (Elektr; Masch) || dash pot || tube m. d'amortissement; dashpot m. 26

Dampfzylinder-körper m. || steam cylinder body || corps m. du cylindre à vapeur. **a) ~verkleidungsblech** n. || steam cylinder jacket || enveloppe f. du cylindre à vapeur. 27

Daniell-Element n. || Daniell cell || élément m. de Daniell. 28

Dankschreiben n. || letter of thanks || lettre f. de remerciements 29

darauflassen, die Würze in Gärbottiche || to double || recharger le moût en cuves de fermentation. 30

Darauflassen n. der Würze in Gärbottiche || doubling || remplissages mpl. successifs *ou* recharge f. du moût en cuves de fermentation. 31

Dari n. || durra || dari m. 32

Darlehen n. || loan || prêt m.; avance f. **a) Arbeitgeber~** || loan from various directors of a company || prêt m. fait par la société. **b)** ~ auf eine **Hypothek** || mortgage loan || prêt m. hypothécaire. 33

Darlehns-bank f. *s.* ~kasse **a) ~kasse** f. || loan bank || caisse f. de prêts. **b) ~schein** m. || loan certificate || titre m. de prêt. 34

Darm m. || bowel; gut || boyau m. **a) Tier~** || animal gut || boyau m. animal. **b) ~Waren** fpl. aus Därmen || goods pl. from guts || ouvrages mpl. en boyaux. 35

Darm-abfüllschlauch m. (Brau) || racking gut || boyau m. de soutirage. **a) ~bereitung** f. || gut dressing || préparation f. des boyaux. **b) ~bläser** m. || gut blower || souffleur m. de boyaux. **c) ~großhandlung** f. || wholesale gut dealers pl. || magasin m. de boyaux en gros. **d) ~putzer** m. || bowel washer || laveur m. de boyaux. **e) ~saite** f. || catgut; gut string || corde f. en boyaux *ou* à boyau. **f) ~saitenherstellungsmaschine** f. || gut string making machine || machine f. à fabriquer des cordes en boyaux. 36

Darmschlauch m. || gut || boyau m. **a)** ~ zum **Abfüllen** (Brau) || racking gut || boyau m. de soutirage. 37

Darm-schleimer m. || gut maker || boyadier m. **a) ~schleimerei** f. || gut works pl. || boyaderie f. **b) ~sortierapparat** m. || gut assorting apparatus || appareil m. à trier les boyaux. **c) ~spinner** m. || gut spinner || fileur m. de boyaux. 38

Darr-anlage f. ‖ kiln plant ‖ installation f. de touraille. **a) ~blech** n. ‖ kiln floor *or* hurdle ‖ plateau m. de touraille. **b) ~boden** m. ‖ drying hurdle; kiln floor ‖ plateau m. de touraille. **c) ~dauer** f. ‖ kilning time ‖ durée f. de touraillage. 1

Darre f. ‖ kiln; drying kiln; oast ‖ étuve f. séchoire; touraille f. **a)** eine **~ abladen** ‖ to discharge *or* to unload a kiln ‖ décharger une touraille. **b) Abladen** n. einer ~ ‖ discharging *or* unloading of a kiln ‖ déchargement m. d'une touraille. **c)** eine **~ abräumen** *s.* eine ~ abladen. **d) Abräumen** n. einer ~ *s.* Abladen einer ~. **e)** auf die **~ auftragen** *s.* eine ~ beladen. **f) Auftragen** n. auf die ~ *s.* Beladen einer ~. **g)** eine **~ beladen** ‖ to load a kiln ‖ charger une touraille. **h) Beladen** n. einer ~ ‖ loading a kiln ‖ chargement m. d'une touraille. **i) Dampf~** ‖ steam kiln ‖ touraille f. à vapeur. **k) Doppel~** ‖ two-floored kiln ‖ touraille f. à deux plateaux. **l) Hopfen~** ‖ hop drying kiln; hop oast ‖ touraille f. à sécher le houblon. **m) ~ mit einer Horde** ‖ one-floored kiln ‖ touraille f. à un plateau. **n) ~ mit x Horden** ‖ x-floored kiln ‖ touraille f. à x plateaux. **o)** mit **getrennten Horden kombinierte ~** ‖ kiln combined with separated hurdles ‖ touraille f. à plateaux séparés. **p) Kaloriferen~** ‖ heating pipe system kiln ‖ touraille f. à calorifère. **q) Koks~** ‖ coke burning kiln ‖ touraille f. à coke. **r) Luft~** ‖ air kiln ‖ touraille f. à calorifère. **s) Malz-** ‖ malt drying kiln ‖ touraille f. à sécher le malt. **t) Rauch~** ‖ direct fire *or* open fire kiln ‖ touraille f. à feu direct. **u) ~** zum **Schwefeln** des Hopfens ‖ kiln for sulphuring hops ‖ touraille f. à soufrer le houblon. **v) ~** zum **Trocknen** der Gerste ‖ barley sweating kiln ‖ touraille f. à sécher l'orge. **w) Trommel~** f. für Malz ‖ malt drying drum kiln ‖ touraille f. à tambour à sécher le malt. 2

Darreabräumer m. ‖ kiln floor clearer ‖ déchargeur m. de touraille. 3

darren ‖ to dry; to kiln; to kiln-dry; to cure ‖ tourailler; dessécher. **a)** das **Malz ~** (Brau) ‖ to dry *or* to cure malt ‖ dessécher le grain germé. 4

Darren n. ‖ kilning ‖ touraillage m. **a) ~** des **Hopfens** ‖ hop drying ‖ séchage m. de houblon. 5

Darr-esel m. ‖ mechanical floor clearer ‖ baudet m. à décharger une touraille. **a) ~fax** m. ‖ kilnman ‖ tourailleur m. **b) ~heizapparat** m. ‖ kiln heating apparatus ‖ calorifère m. pour tourailles. **c) ~heizrohr** n. ‖ kiln heating pipe ‖ tuyau m. de chauffage d'une touraille. **d) ~holz** n. ‖ kiln-dried wood ‖ bois m. séché au four. **e) ~horde** f. ‖ kiln *or* drying hurdle ‖ claie f. à sécher; plateau m. de touraille. **f) ~kontrollthermometer** n. ‖ kiln controlling thermometer ‖ thermomètre m. de contrôle d'une touraille. **g) ~luft** f. ‖ kiln air ‖ air m. chauffé d'une touraille. **h) ~malz** n. ‖ cured malt; kiln-dried malt ‖ malt m. touraillé. **i) ~ofen** m. ‖ stove for drying ‖ fourneau m. à sécher. **k) ~ordnung** f. ‖ kiln regulation ‖ règlement m. de touraillage. **l) ~raum** m. ‖ kiln chamber ‖ chambre f. à chaleur. **m) ~registrierthermometer** n. ‖ kiln recording thermometer ‖ thermographe m. *ou* thermomètre-enregistreur m. d'une touraille. **n) ~sau** f. ‖ kiln warming tub; kiln saw ‖ cochon m. de touraille. 6

Darrsystem n. ‖ kiln system ‖ système m. de touraille. **a)** mit Jalousien und Rinnen **kombiniertes ~** ‖ combined lattice and through kiln system ‖ système m. de touraille combiné à jalousies et à rigoles. 7

Darr-temperatur f. ‖ kilning temperature ‖ température f. de touraillage. **a) ~thermometer** n. ‖ kiln thermometer ‖ thermomètre m. de touraille. **b) ~trommel** f. ‖ kilning drum ‖ tambour m. à tourailler. 8

Darrung f. ‖ kilning ‖ touraillage m. 9

Darr-ventilation f. ‖ kiln ventilation ‖ ventilation f. de touraille. **a) ~wender** m., **mechanischer** ‖ mechanical kiln floor turner ‖ retourneur m. mécanique d'une touraille. **b) ~zeit** f. ‖ kilning time ‖ durée f. de touraillage. 10

darstellbar (Chem) ‖ which can be prepared ‖ qui peut être préparé. 11

darstellen (Chem) ‖ to prepare; to obtain ‖ préparer. **a) figürlich ~** ‖ to figure ‖ figurer. 12

darstellende Geometrie f. ‖ descriptive geometry ‖ géométrie f. descriptive. 13

Darstellung f. (Chem) ‖ preparation; obtaining ‖ préparation f.; obtention f. **a) ~** (Math) ‖ representation ‖ représentation f. 14

Darstellungsverfahren n. (Chem) ‖ method of obtaining ‖ méthode f. de préparation. 15

Daten pl., **kritische** (Phys) ‖ critical dates pl. ‖ constantes fpl. critiques. 16

datieren ‖ to date ‖ dater. 17

Datier-maschine f., **Etikettier- und** ‖ labelling and dating machine ‖ machine f. à étiqueter et à dater. **a) ~vorrichtung** f. ‖ dating device ‖ dispositif m. dateur. 18

Dattel f. ‖ date ‖ datte f. **a) ~mehl** n. ‖ meal of dates ‖ farine f. de dattes. 19

Datum n. ‖ date ‖ date f.; quantième m. 20

Datum-anzeigeruhr f. ‖ date indicating watch ‖ montre-quantième f. **a) ~stempel** m. ‖ date stamp; dater ‖ timbre m. dateur; dateur m. **b) ~werk** n. (Uhrm) ‖ calendar ‖ quantième m. 21

Daube f. ‖ stave ‖ douelle f.; douve f. **a) ~n** fpl. **abrichten** ‖ to straighten staves pl. ‖ dresser des douves fpl. **b) Abrichten** n. der **~n** ‖ straightening of the staves ‖ dressage m. des douves. **c) Bierfaß~** ‖ beer barrel stave ‖ douve f. pour tonneaux à bière. **d) Eichenholz~** ‖ oak stave ‖ bourdillon m.; douve f. en bois de chêne. **e) Faß~** ‖ cask stave *or* staff ‖ douve f. *ou* douelle pour fûts. **f) Flick~** ‖ bent stave for repairs ‖ douve f. brute; merrain m. **g) gesägte ~** ‖ sawn stave ‖ douve f. sciée. **h) gespaltene ~** ‖ split *or* riven stave ‖ douve f. fendue. 22

Dauben-abkürzmaschine f. ‖ stave shortening machine ‖ machine f. à raccourcir les douves. **a) ~abkürz-** und **Kröse-maschine** f. ‖ stave shortening and grooving machine ‖ machine f. à raccourcir et à jâbler les douves. 23

Daubenabkürzsäge f. ‖ stave cross-cut saw; stave shortening saw ‖ scie f. à raccourcir les douves. **a) doppelte ~** ‖ double stave cross-cut saw; double stave shortening saw ‖ scie f. double à raccourcir les douves. 24

Daubenabrichtmaschine f. ‖ stave dressing machine ‖ machine f. à dresser les douves. **a) doppelte ~** ‖ double stave dressing machine ‖ machine f. double à dresser les douves. 25

Dauben-bandsäge f. ‖ stave band saw ‖ scie f. à ruban pour douves. **a) ~biegemaschine** f. ‖ stave bending machine ‖ machine f. à courber les douves; plieuse f. pour douves. 26

Daubenfügemaschine f. ‖ stave jointing machine ‖ machine f. à jointer les douves. 27

Dauben- und **Bodenfügemaschine** f. ‖ stave and head jointing machine ‖ machine f. à jointer les douves et les pièces de fond. 28

Daubenfüge-, Nut- und Federmaschine f. ‖ stave grooving and tonguing machine ‖ machine f. à jointer les douves et à assembler à rainure et languette. 29

daubenfügen ‖ to joint staves pl. ‖ dresser *ou* jointer les douves pl. 30

Dauben-fügen n. ‖ stave jointing ‖ action f. de dresser *ou* de jointer les douves. **a) ~fügesäge** f. ‖ stave jointing saw; saw stave jointer ‖ scie f. à jointer les douves. **b) ~hobelmaschine** f. ‖ stave backing *or* stave planing machine ‖ machine f. à doler *ou* à planer les douves. **c) ~hobel- und Ausspamaschine** f. ‖ stave backing and hollowing machine ‖ machine f. à doler et à évider les douves. **d) ~hobler** m. ‖ stave maker ‖ doleur m. en tonnellerie. **e) ~holz** n. ‖ stave wood ‖ merrain m.; douvain m.; longailles fpl.; bois m. de douve. **f) ~kopf** m. ‖ stave end ‖ tête f. de douve. **g) ~loch** n. ‖ stave hole ‖ trou m. de douve. **h) ~presse** f. ‖ stave press ‖ presse f. à douves. **i) ~trommelsäge** f. ‖ stave cylinder saw ‖ scie f. à tambour pour douves. 31

Dauer-anmeldung f. (Fernm) ‖ call booked by prearrangement ‖ communication f. demandée par listes préalables. **a) ~belastung** f. der Wicklung ‖ permanent load across winding ‖ charge f. permanente du bobinage. **b) ~belegung** f. (Fernm) ‖ permanent call ‖ appel m. permanent. **c) ~betrieb** m. ‖ continuous running *or* working; permanent service ‖ service m. continu; fonctionnement m. continu. **d) ~biegefestigkeit** f. ‖ bending stress durability ‖ résistance f. continue de flexion. 32

Dauerbrand-bogenlampe f. ‖ enclosed arc lamp ‖ lampe f. à arc de longue durée. **a) ~ofen** m. ‖ slow burning stove ‖ poêle f. *ou* fourneau m. à feu continu; calorifère m. à chauffage constant. 33

Dauer-bremse f. ‖ continuous brake ‖ frein m. permanent. **a) ~brenner** m. (Fernm) ‖ permanent call ‖ appel m. permanent. **b) ~festigkeit** f. ‖ durability ‖ durabilité f. **c) ~flug** m. ‖ endurance *or* non-stop flight ‖ vol m. de durée. **d)** Apparat m. zur **~fotografie** f. des ultravioletten Sonnenspektrums ‖ continuous helio-spectrograph for recording the ultraviolet spectrum of the sun ‖ appareil m. pour photographier continuellement le spectre solair ultraviolet. 34

dauerhaft ‖ durable ‖ durable. **a) ~ester Werkstoff** m. ‖ hardest material ‖ métal m. le plus résistant. 35

Dauerhaftigkeit f. ‖ durability; durableness; solidity ‖ durabilité f.; solidité f.; stabilité f. 36

Dauer-heizung f. || permanent heating || chauffage m. continu. a) **~ladung** f. (Elektr) || continuous charging || charge f. continue *ou* constante. b) **~lampe** f. (Elektr) || long burning lamp || lampe f. à longue durée. c) **~last** f. || continuous load || charge f. continue. d) **~leistung** f. || continuous output || débit m. continu; puissance f. continue. e) **~magnet** m. || permanent magnet || aimant m. permanent. f) **~milch** f. || condensed milk || lait m. condensé. 1

dauernd || permanent || permanent. a) **~e Formänderung** f. || permanent deformation || déformation f. permanente. 2

Dauerpräparat n. || permanent slide culture || préparation f. fixée. 3

Dauerprüfmaschine f. || endurance test machine || machine f. pour essais de longue durée. a) ~ für **Uhrfedern** || watch spring endurance testing machine || machine f. à essayer les ressorts de montre pour essais de longue durée. b) ~ für **Wechselbelastung** || machine for testing durability arranged for alternate loads || machine f. pour charges alternatives pour service continu. 4

Dauer-prüfung f. || long-duration test || essai m. d'endurance. a) **~schlagwerk** n., **Zwillings** || twin ram impact testing machine for continuous work || machine f. jumelle pour essais à chocs répétés. b) **~schmierung** f. || continuous lubrication || lubrification f. *ou* graissage m. continuelle. c) **~spore** f. || resting spore || spore f. durable. d) **~stempelfarbkissen** n. || colour stamping pad || coussin m. permanent d'encre à timbrer. e) **~strom** m. || permanent current || courant m. permanent. f) **~verbindung** f. (Fernm) || through connection || liaison f. directe. g) **~versuch** m. || endurance *or* long duration test || essai m. d'endurance *ou* de longue durée. h) **~wäsche** f. || wash-off *or* durable linen; collars pl. and cuffs pl. everclean || linge m. durable *ou* économique *ou* permanent. 5

Daumen m. || thumb || pouce m. a) ~ (Masch) || cam; wiper; nipper; tappet; lifter; arm || came f. b) **Hebe~** || cam || came f. 6

Daumen-drücker m. (Textil) || frame handle || pouce m. a) **~regel** f. (Elektr) || rule of thumb || règle f. du pouce. b) **~steuerung** f. || cam gear || distribution f. à came. 7

Daumenwelle f. || cam shaft || arbre m. à cames. a) ~ zum **Verschluß** von Güterwagen || lever catch to close goods-vans for railways || arbre m. à cames pour la fermeture des wagons de marchandises. 8

Däumling m. (Masch) || wiper; lifter; lifting cog || poucet m.; came f. 9

Daunen fpl. || downs pl. || duvets mpl. a) **Bett~** || bed downs pl. || duvets mpl. pour lits. b) **Pflanzen~** || vegetable downs pl.; kapok || duvets mpl. végétal; kapok m. 10

Davit m. || davit || davier m. a) **Geschoß~** || shell davit || grue f. monte-projectiles. b) **Schiffs~** || ship's davit || davier m. de bateau. 11

Davyn m. (Min) || nepheline; elæolite || néphéline f.; élæolite f.; pierre f. grasse. 12

Davysche Sicherheitslampe f. || Davy's safety lamp || lampe f. de sûreté de Davy. 13

Debet n. || debit; debtor || débit m.; doit m. 14

Debet-kolonne f. (Buchh) || debit posting || colonne f. des débits. a) **~note** f. || debit note || note f. de débit. 15

Debitor m. || debtor || débiteur m. 16

Dechamps n., **Doppel** (Heilk) || Dechamps' double needle || pince f. à sutures pour fil double de Dechamps. 17

dechiffrieren || to decipher || déchiffrer. 18

Dechriffriervorrichtung f. || deciphering device || dispositif m. à déchiffrer. 19

Dechsel f. || adze || herminette f.; essette f. a) **gerade ~** || straight barrel howel || herminette f. plate. b) **krumme ~** || hollow adze || herminette f. à gouge. 20

dechseln, das Holz (Zimm) || to dub *or* to adze the timber || dresser le bois à l'herminette. a) die **Holzschwellen** fpl. ~ || to form rail seats in the wooden sleepers || saboter les traverses fpl. 21

Dechselstiel m. || adze handle || manche f. d'herminette. 22

Deck n. (Omnibus) || top || impériale f. a) ~ (Schiff) || deck || pont m. b) **begehbares ~** || walkable deck || pont m. sur lequel on peut marcher. c) **Promenaden~** || promenade deck || pont-promenade m. d) **Salon~** || saloon deck || pont-salon m. e) **Vorder~** || fore deck || avantpont m. f) **Zwischen~** || lower deck || entrepont m. 23

Deck-anstrich m. (Mal) || finishing coat || deuxième couche f. a) **~apparat** m. (Chem) || claying apparatus || appareil m. de couverture. b) **~arbeiter** m. (Zuck) || fining syrup man || clarifieur m. c) **~ausrüstungsteile** mpl. || ships-deck fittings pl. || montures fpl. de pont de navires. d) **~balken** m. (Schiffb) || deck beam || barrot m. de pont. e) **~beplankung** f. || deck planking || bordages mpl. des ponts. 24

Deckblatt n. (Buchdr) || correction sheet || feuille f. rectificative. a) ~ (Hopfen) || bract(ea) || bractée f. b) ~ (Zigarre) || outside (leaf); wrapper || robe f. 25

Deckblatt-leger m. (Tabak) || capper || capeur m. a) **~ripper** m. (Tabak) || wrapper stripper || écôteur m. d'enveloppe. b) **~sortierer** m. (Tabak) || wrapper selector || trieur m. d'enveloppes des cigares. 26

Decke f. (Autoreifen) || tire shoe || enveloppe f. a) ~ (Bauw) || ceiling || plafond m.; plancher m. b) ~ (Tuchm) || cover(ing) || couverture f. c) **Balken~** (Bauw) || span ceiling || plafond m. enfoncé; lambris m. d) **balkenlose ~** || girderless ceiling || plancher m. sans nervures. e) **baumwollene ~** || cotton blanket || couverture f. en coton. f) ~ aus **Baumwollmolton** || cotton blanket || couverture f. en molleton coton. g) **Bett~** || blanket; coverlet || couverture f. de lit *ou* de literie. h) ~ des **Bieres** im Gärbottich || head of beer in fermenter || chapeau m. *ou* couvercle m. de la bière en cuve de fermentation. i) ~ des **Bieres** im Gärbottich mit hohlen Stellen || head of beer in fermenter with bare *or* cold spots || couvercle m. *ou* chapeau m. de la bière en cuve de fermentation à plaques chauves. k) **Bimsbeton~** || pumice concrete ceiling || plafond m. en béton de pierre-ponce. l) **blinde ~** (Bauw) || inserted ceiling || faux plancher m. m) **gerippte ~** (Bauw) || groined *or* ribbed ceiling || plafond m. à nervures. n) **getäfelte ~** || boarded ceiling || plafond m. lambrissé. o) **Pferde~** || horse rug || couverture f. pour chevaux. p) **Reise~** || travelling rug || couverture f. de voyage. q) **Schoner~** (Textil) || save cover || petite couverture f. r) **Schwellen~** (Eisenb) || top of sleeper || table f. supérieure de la traverse. s) **Stepp~** || quilt || courte-pointe f. t) **Stuck~** (Bauw) || lathed and plastered ceiling || plafond m. de plâtre. u) **Wagen~** || carriage rug || bâche f. v) **wollene ~** || wool blanket || couverture f. en laine. w) **Wollmolton~** || woollen blanket || couverture f. en molleton laine. 27

Deckel m. (Gefäß) || lid; cover || couvercle m. a) **Abschluß~** || cover plate || couvercle m. de fermeture. b) **angeschraubter ~** || bolted cap || chapeau m. boulonné *ou* vissé. c) ~ mit **Beobachtungsfenster** || inspection cover; cover containing a window || couvercle m. à regard. d) **Buch~** || cover of book || couverture f. de livre. e) **doppelwandiger ~** || double walled lid || couvercle m. à double paroi. f) **Eichenholz~** || oak cover || couvercle m. en bois de chêne. g) **Hartgummi~** || hard rubber cover || couvercle m. en ébonite. h) **luftdichter ~** || air-tight cover || couvercle m. hermétique. i) ~ des **Öleinfüllstutzens** || oil filler lid || couvercle m. de l'orifice de remplissage d'huile. k) ~ mit **Riffelung** || chequered cover || couvercle m. strié. l) **säurefester ~** aus Gummi || acidproof composition rubber cover || couvercle m. en caoutchouc inattaquable aux acides. m) **Schauloch~** || inspection hole cover || couvercle m. du trou de regard. n) ~ zum **Schrauben** || screw cap || capsule *ou* couvercle f. à vis. o) **selbsttätig schließender ~** || self-closing top *or* cover || couvercle m. se fermant automatiquement. p) **wasserdichter ~** || water-tight cover || couvercle m. étanche. 28

Deckel-beschneider m. (Buchb) || former || rabaisseur m. a) **~blech** n. || sheet metal cover || tôle f. de revêtement. b) **~flansch** m. || blank flange || bride f. aveugle *ou* d'obturation. c) **~karde** f. || flat *or* fillet card || carde f. à feuilles *ou* à chapeaux. d) **~knauf** m. || lid knob || bouton m. de couvercle. e) **~presse** f. (Buchb) || arming press || presse f. de carton. f) **~rad** n. || wheel on cover || roue f. portée par le couvercle. g) **~riemen** m. || cover strap || courroie f. de couvercle. h) **~schmiergefäß** n. || lubricator for tophead || graisseur m. pour le couvercle supérieur. i) **~schraube** f. || lid screw || vis f. de couvercle. k) **~stuhl** m. (Buchdr) || gallows pl. || chevalet m. du timpan. l) **~träger** m. (Steinschloß) || heel; tail || talon m.; trousse f. m) **~verriegelung** f. || lid catch || verrouillage m. du couvercle. n) **~wagen** m. für Kalk || covered lime wagon || wagon m. à couvercle pour chaux. 29

decken (allg; Farbe) || to cover || couvrir. a) ~ (Textil) || to narrow || diminuer. b) den **Bedarf** m. ~ || to furnish the demand || faire les approvisionnements mpl. c) die **Kosten** pl. ~ || to cover the expenses pl. || couvrir les frais mpl. 30

Decken n. (Zucker) || claying; bottoming || terrage m. 31

Decken-behandlung f. (Bauw) || treatment of ceilings || traitement m. de plafonds. a) **~beleuchtung** f. || ceiling illumination || éclairage m. de plafond. b) **~beleuch-**

tungskörper m. ‖ ceiling light fitting ‖ plafonnier m. c) **~durchführung** f. ‖ ceiling duct ‖ traversée f. de plafond. d) **~fächer** m. ‖ ceiling fan ‖ ventilateur m. de plafond. e) **~fassung** f. (Beleuchtung) ‖ ceiling lamp holder ‖ douille f. de plafond. f) **~gemälde** n. ‖ ceiling picture *or* piece ‖ fresque m. *ou* tableau m. de plafond. g) **~haken** m. ‖ ceiling hinge ‖ crampon m. de plafond. h) **~konstruktion** f. ‖ ceiling construction ‖ construction f. de plafond; plafonnage m. i) **~lampe** f. ‖ ceiling *or* dome lamp ‖ lampe f. plafonnière *ou* de plafond. k) **~laufkran** m. ‖ ceiling crab ‖ chariot m. à poutre de plafond. 1

Deckenlicht n. ‖ skylight ‖ abat-jour m.; hypèthre m.; jour m. à plomb; claire-voie f. a) **~spiegler** m. ‖ ceiling reflector ‖ réflecteur m. de plafond. 2

Decken-macher m. (Tuchm) ‖ blanket maker ‖ couverturier m. a) **~näherin** f. ‖ blanket sewer ‖ couseuse f. de couvertures. b) **~nietapparat** m. ‖ crown plate riveting apparatus ‖ appareil m. à riveter le ciel de foyers. c) **~oberlicht** n. (Bauw) ‖ sky light ‖ jour m. à plomb. d) **~putz** m. ‖ ceiling plaster(ing) ‖ enduit m. de plafond. e) **~reflektor** m. ‖ ceiling reflector ‖ réflecteur m. de plafond. f) **~rosette** f. ‖ ceiling rose ‖ rosace f. de plafond. g) **~schalung** f. ‖ ceiling boarding ‖ plafonnage m. h) **~schicht** f. (Zement) ‖ upper layer ‖ couche f. de couverture. i) **~sinkkasten** m. ‖ ceiling sink water trap ‖ siphon m. de décantation de plafond. k) **~stepperin** f. ‖ coverlet quilter ‖ piqueuse f. de couvertures. l) **~stoff** m. ‖ cover fabric ‖ drap m. de couvertures. m) **~träger** m. ‖ roof *or* crown bar ‖ ferme f. de ciel; tirant m. du toit du foyer. n) **~ventilator** m. ‖ ceiling fan ‖ ventilateur m. plafonnier. o) **~vorgelege** n. ‖ overhead countershaft ‖ renvoi m. suspendu *ou* de plafond. p) **~weber** m. ‖ blanket weaver ‖ tisseur m. de couvertures. q) **~zeug** n. (Web) ‖ shaggy coverlet; rough covering ‖ étoffe f. pour couvertures grossières. 3

Decker m. (Textil) ‖ tickler ‖ porte-poinçon m. 4

Deck-faden m. (Textil) ‖ plating thread ‖ fil m. à vaniser. a) **~farbe** f. ‖ body colour; opaque pigment ‖ couleur f. opaque *ou* non-transparente *ou* à la gouache. b) **~fenster** n. (Schiffb) ‖ skylight ‖ abat-jour m. c) **~firnis** m. ‖ protecting varnish ‖ crème f. vernis. d) **~fuge** f. ‖ covering joint ‖ joint m. de recouvrement. e) **~gebirge** n. ‖ caprock ‖ terrains mpl. morts; couvert m. d'une couche. f) **~geschütz** n. ‖ upper-deck gun ‖ pièce f. des gaillards. g) **~glas** n. (Opt) ‖ cover glass ‖ couvre-objet m.; lamelle f. couvre-objet. h) **~gläschen** n. (Opt) ‖ covering *or* cover glass ‖ petite plaque f. de verre lenticulaire. i) **~glastaster** m. ‖ cover-glass gauge ‖ calibre m. pour lamelles couvre-objet. k) **~kette** f. (Textil) ‖ narrowing chain ‖ chaîne f. à diminuer. l) **~kraft** f. einer Farbe ‖ covering power *or* opaqueness *or* body of a colour ‖ propriété f. couvrante *ou* de couvrir d'une couleur; opacité f. d'une couleur. m) **~leiste** f. ‖ rib flange; rod *or* tringle covering a joint ‖ lisse f. de recouvrement; couvre-joint m. n) **~maschine** f. (Textil) ‖ tickler machine ‖ diminueuse f. o) **~nadel** f. (Textil) ‖ covering needle ‖ poinçon m. p) **~papp** m. (Zeugdr) ‖ resist paste; reserve ‖ réserve f. q) **~pappe** f., **geölte** (Büro) ‖ oiled board ‖ couverture f. en carton huilé. r) **~planke** f. ‖ deck plank ‖ bordage m. des ponts. s) **~platte** f. ‖ cover plate ‖ plaque f. de recouvrement. t) **~plattenschraube** f. ‖ screw for cover plate ‖ boulon m. pour plaque de recouvrement. u) **~salon** m. (Schiffb) ‖ deck house ‖ kiosque m. sur le pont. v) **~schaufel** f. ‖ folding tool ‖ outil m. à replier. w) **~schuppe** f. (Hopfen) ‖ bract(ea) ‖ bractée f. x) **~schwelle** f. ‖ cap; capping; capping piece; head beam ‖ quille f.; chape f.; chapeau m.; lisse f.; traverse f.; travon m. 5

Decksitz m. (Auto) ‖ roof seat ‖ place f. d'impériale. a) **~omnibus** m. ‖ double-deck bus ‖ omnibus m. à impériale. b) **~wagen** m. ‖ double deck car ‖ voiture f. à impériale. 6

Deckstein m. (Uhrm) ‖ end stone; cap jewel ‖ contre-pivot m. a) **Ofen~** ‖ stopper *or* lid of a furnace ‖ bouchoir m. d'un fourneau. b) **runder ~** in einer **Mauerabdeckung** (Bauw) ‖ rounded block of the cope ‖ tablette f. en bahut. 7

Deck-streifen m. ‖ deck strip ‖ bande f. de recouvrement. a) **~takel** n. ‖ deck tackle ‖ palan m. à main. 8

Deckung f. (Bank) ‖ security ‖ sûreté f. a) **~** (Geom) ‖ congruence ‖ coïncidence f. b) **für ~ sorgen** ‖ to provide for payment ‖ pourvoir la couverture 9

Deck-vorrichtung f. (Textil) ‖ device for narrowing ‖ mécanique f. à diminuer. a) **~weiß** n. ‖ zinc white ‖ blanc m. couvrant *ou* de zinc. b) **~ziegel** m. ‖ capping brick; gutter tile ‖ brique f. à chaperon; mitron m.; dalle f. de brique. 10

Defekation f. ‖ clarifying; clearing ‖ clairçage m.; défécation f.; clarification f. 11

defekt ‖ defective; imperfect; faulty ‖ défectueux. 12

Defizit n. ‖ deficit ‖ déficit m. 13

Deflation f. ‖ deflation ‖ déflation f. 14

Deformation f. ‖ deformation ‖ déformation f. 15

Deformationsprobe f. ‖ deformation test ‖ essai m. de déformation. 16

deformieren ‖ to deform ‖ déformer. 17

Degen m. ‖ sword ‖ épée f. 18

Degeneration f. ‖ degeneration ‖ dégénérescence f. 19

Degenstock m. ‖ sword stick ‖ canne f. à épée. 20

Degorgieranlage f. ‖ disgorging plant ‖ installation f. de dégorgement. 21

Degras n. (Gerb) ‖ degras; stuff ‖ dégras m. 22

dehnbar ‖ ductile; dilatable ‖ ductile; dilatable. a) **~e Felge** f. ‖ expansive rim ‖ jante f. extensible. 23

Dehnbarkeit f. ‖ dilatability; ductility ‖ dilatabilité f.; ductilité f. 24

dehnen ‖ to stretch; to dilate; to lengthen ‖ (s') étendre; (se) dilater; (s')allonger. a) **sich ~** (Phys) ‖ to expand ‖ se dilater. b) der **Riemen** dehnt sich ‖ the belt expands ‖ la courroie s'allonge. 25

Dehnung f. (Phys; Mech) ‖ dilatation; elongation ‖ dilatation f.; allongement m. a) **bleibende ~** ‖ permanent elongation ‖ allongement m. permanent. b) **Bruch~** ‖ elongation at rupture ‖ allongement m. de rupture. 26

Dehnungs-geschwindigkeit f. ‖ elongation speed ‖ vitesse f. d'allongement. a) **~rest** m. *s.* Dehnung, bleibende. b) **~rohr** n. ‖ expansion pipe ‖ tube m. de compensation. c) **~zahl** f. ‖ coefficient of elongation ‖ coefficient m. d'allongement. 27

Deich m. (Wasserb) ‖ dike; dyke; embankment ‖ digue f. a) **gepflasterter ~** ‖ stone dike ‖ digue f. maçonnée *ou* pavée. 28

Deich-arbeiter m. (Wasserb) ‖ ditcher ‖ travailleur m. aux digues. a) **~bau** m. ‖ dike building ‖ construction f. de digues. b) **~bruch** m. ‖ breaking of a dike ‖ rupture f. d'une digue. c) **~kappe** f. ‖ summit *or* top *or* superior surface of a dike ‖ crête f. *ou* couronnement m. *ou* sommet m. *ou* couronne f. d'une digue. d) **~krone** f. *s.* ~kappe. e) **~meister** m. ‖ dike master; surveyor of a dike; dam keeper ‖ surintendant m. des digues; dyck-grave m.; garde-digue m. privé. f) **~schleuse** f. ‖ dike lock *or* sluice *or* drain ‖ retenue f. de chasse; écluse f. pratiquée par une digue. 29

Deichsel f. ‖ shaft; pole; carriage beam ‖ timon m. a) **Gabel~** ‖ pair of shafts ‖ limonière f.; brancard. b) **Schlepper~** ‖ tractor drawbar *or* draybar (A) ‖ barre f. d'attelage du tracteur. 30

Deichsel-ausgleichvorrichtung f. ‖ adjustable pole support ‖ équilibreur m. de timon. a) **~beschläger** m. (Wagenb) ‖ pole smith ‖ ferreur m. de brancards. b) **~bieger** m. ‖ shaft bender ‖ cintreur m. de brancards. c) **~haken** m. ‖ pole hook ‖ crochet m. de bout de timon. d) **~macher** m. ‖ pole maker ‖ ouvrier m. en timons. e) **~tragrolle** f. ‖ pole truck ‖ roue f. porteuse de timon. 31

Deich-verband m. (Gesellschaft) ‖ dike union ‖ société f. chargée de la construction et de l'entretien d'une digue. a) **~weg** m. (Wasserb) ‖ dike path *or* way ‖ chemin m. le long d'une digue; chemin m. de halage. 32

Dekaden-rheostat m. (Elektr) ‖ decimal rheostat ‖ rhéostat m. en décades. a) **~system** n. ‖ decade system ‖ système m. décimal. b) **~widerstand** m. ‖ decimal resistance ‖ résistance f. en décades. c) **~widerstandskasten** m. ‖ decimal resistance box ‖ boîte f. de résistance en décades. 33

dekantieren (Chem) ‖ to decant; to pour off ‖ décanter. 34

Dekantieren n. (Chem) ‖ decantation ‖ décantation f. a) **durch ~ waschen** (Chem) ‖ to wash by decantation ‖ laver par décantation f. 35

Dekantiergefäß n. ‖ decanting vessel ‖ vase f. de décantation. 36

dekapieren (Met) ‖ to pickle ‖ décaper; désoxyder. 37

Dekapiermittel n. ‖ pickling medium ‖ produit m. à décaper. 38

Dekare f. (Feldm) ‖ decare ‖ décare m. 39

Dekatieranstalt f. (Tuchm) ‖ sponging establishment ‖ atelier m. à décatir. 40

Dekatierapparat m. ‖ steaming apparatus ‖ appareil m. à décatir; décatissoir m. a) **Kessel~** ‖ decatizing apparatus ‖ appareil m. de décatissage. 41

dekatieren, Stoff m. (Tuchm) ‖ to steam *or* to sponge *or* to skrink *or* to decatize *or* to hot-press the cloth ‖ décatir le drap. 42

Dekatieren n. || sponging; unglossing || décatissage m. 1
Dekatierer m., **Tuch** || cloth shrinker || décatisseur m. de drap. 2
Dekatiermaschine f. || shrinking *or* hot pressing *or* steaming machine || machine f. à décatir; décatisseuse f. a) **Finishmaschine** f. und ~ (Web) || finishing and decatizing machine || machine f. à décatir et à finir. b) **kontinuierliche** ~ || continuous shrinking machine || machine f. à décatir sans arrêter *ou* à la continue. c) **Naß~** (Web) || wet decatizing machine || décatisseuse f. au mouillé. d) **Preßglanz~** || lustre shrinking machine || machine f. à décatir et à polir. e) **Preßglanz~** mit festgelagerten Dekatierzylindern und korrespondierendem Mitläufer || lustre shrinking machine with fixed hot press cylinders and corresponding wrapper cloth || machine f. à décatir et à polir à cylindres décatisseurs fixes et à doublier correspondant. 3
Dekatier-walze f. || decatizing roller || cylindre m. à décatir. a) **~wickelmaschine** f. zum Aufwickeln der Stoffe mit Zwischenläufertuch || batching machine for the decatizer for the batching of goods with wrapper || enrouleuse f. de décatissage pour l'enroulement des étoffes avec doublier. b) **~zylinder** m., **aushebbarer** || removable decatizing cylinder || cylindre m. à décatir amovible. 4
Dekatur f., **Trocken** || dry steaming || décatissage m. par vapeur sèche. 5
Deklination f. || declination || déclinaison f. 6
Deklinationsachse f. (Astro) || declination axis || axe m. de déclinaison. 7
Deklinationsänderung f. || variation of declination || variation f. de la déclinaison. a) örtliche **Abweichung** f. vom regelmäßigen Verlauf der ~ || local deviation from the regular variation of declination || écart m. local par rapport au cours régulier de la variation de la déclinaison. 8
Deklinationsbussole f. || declination compass || boussole f. de déclinaison. 9
Deklinationskreis m. || declination circle || cercle m. de déclinaison. a) in **Bogenminuten** geteilter ~ || declination circle graduated in minutes of arc || cercle m. de déclinaison divisé en minutes d'arc. b) in **Grade** geteilter ~ || declination circle graduated in degrees || cercle m. de déclinaison divisé en degrés. c) auf eine **Minute** ablesbarer ~ || declination circle reading to one minute || cercle m. de déclinaison permettant de lire la minute. d) ~ mit **Noniusablesung** || declination circle with vernier || cercle m. de déclinaison à vernier. 10
Deklinatorium n. (Phys) || declination compass || boussole f. de déclinaison. 11
Dekoktion f. || decoction || décoction f. 12
Dekoktionsverfahren n. || decoction method || méthode f. de décoction. 13
Dekompressionseinrichtung f. || half-compression device || décompresseur m. 14
Dekorations-blume f. || decorating flower || fleur f. pour la décoration. a) **~lack** m. (Chem) || decoration varnish || vernis m. pour décorations. b) **~maler** m. || ornamental *or* house painter; painter-decorator || peintre-décorateur m.; peintre-imprimeur m. c) **~nagel** m. || fancy nail || clou m. de fantaisie. d) **~plüsch** m. || decoration plush || peluche f. pour décoration. e) **~stoff** m. || decoration stuff || étoffe f. de décoration. 15
Dekoratör m. || decorator || décorateur m. 16
Dekrement n. (Phys) || decrement || décrément m. a) **logarithmisches** ~ || logarithmic decrement || décrément m. logarithmique. 17
Dekupiermaschine f. || nibbling machine || machine f. à découper; grignoteuse f. a) **Hochleistungs~** || high capacity nibbling machine || machine f. à découper *ou* grignoteuse f. à grand rendement. 18
Delfter Porzellan n. || Delf(t)-ware || poterie f. de Delft. 19
Delikatessen fpl. || grocers pl.; dainties pl.; grocery || comestibles mpl. fins. 20
Delkredere n. || guarantee of payment; security; delcredere; guaranty (A) || ducroire m. a) **~fonds** m. (Handel) || delcredere fund || fonds m. de ducroire. 21
Delta-metall n. || delta metal || métal m. delta. a) **~schaltung** f. || mesh *or* delta connection || couplage m. en delta *ou* en triangle. 22
Demijohn n. || demijohn; carboy || dame-jeanne f. 23
Demonstrations-apparat m. || apparatus for demonstration || appareil m. pour démonstration. a) **~auge** n. || demonstration eye || œil m. de démonstration. b) **~instrument** n. || demonstration instrument || instrument m. de démonstration. c) **~mikroskop** n. || demonstration microscope || microscope m. de démonstration. d) **~okular** n. || demonstration eyepiece || oculaire m. de démonstration. e) **~ophthalmoskop** n. || demonstration ophthalmoscope || ophtalmoscope m. de démonstration. f) **~präparat** n. || demonstration object || préparation f. de démonstration. 24
Demonstrator m. (Opt) || demonstrator || démonstrateur m. a) ~ für **Fernrohrbeobachtungen** || demonstrator for telescopic viewing || démonstrateur m. pour des observations à la lunette. 25
denaturieren (Chem) || to denaturate || dénaturer. 26
denaturiert-er Alkohol m. || adulterated alcohol || alcool m. dénaturé. a) ~ **Spiritus** m. || denaturated spirit || alcool m. dénaturé. 27
Denaturierung f. (Chem) || denaturation || dénaturation f. a) ~ von **Spiritus** || adulteration of spirit || dénaturation f. de l'alcool. 28
Denaturierungsmittel n. || denaturing *or* denaturating preparation; denaturizing agent || préparation f. dénaturante; dénaturant m. 29
Dengel-amboß m. || scythe anvil || enclume f. à chapler *ou* à battre les faux; chaploir m. a) **~gerät** n. || scythe sharpening appliance || ustensile m. à affûter *ou* à chapler les faux. b) **~hammer** m. || scythe hammer || marteau m. à chapler les faux. 30
dengeln (die Sense) || to sharpen by hammering || chapler; rebattre; battre. 31
Denitrieranlage f. || denitrating plant || installation f. de dénitrification. 32
denitrieren (Chem) || to denitrify; to denitrate || dénitrer. 33
Denkmal n. || monument || monument m. a) **~stein** m. || monument stone || pierre f. pour monuments. 34
Densimeter n. || densimeter || densimètre m. 35
Dentalgerät n., **elektrisches** || electrodental apparatus || appareil m. électrique de chirurgie dentaire. 36
Dentist m. || dental surgeon; dentist || dentiste m. 37
Depesche f. *s. auch* Drahtung *und* Telegramm || dispatch; wire; telegram || dépêche f. (télégraphique). 38
Depeschenschlüssel m. || telegraphic ciphers pl. || clef f. télégraphique. 39
Depolarisation f. (Elektr) || depolarization || dépolarisation f. 40
depolarisieren || to depolarize || dépolariser. 41
Depositen-bank f. || deposit bank || banque f. de dépôt. a) **~fach** n. || deposit case || casier m. pour dépôts de banque. b) **~gelder** npl. || deposits pl. || fonds mpl. en dépôt. c) **~kasse** f. || trust money; deposit department || caisse f. des dépôts. d) **~schein** m. || bill of deposit || récépissé m. d'un montant déposé. 42
Depressionsentfernungsmesser m. || depression telemeter || télémètre m. de dépression. 43
Deputat-holz n. || wood granted free of charge || bois m. délivré gratuitement. a) **~kohle** f. || supply of coal free to miners || charbon m. livré aux mineurs. 44
derber Sportstiefel m. || stout sporting boot || soulier m. de sport robuste. 45
Derivat n. (Chem) || derivate || dérivé m. 46
Dermatoskop n. || dermatoscope || dermatoscope m. 47
Derrickkran m. || Derrick crane || grue f. Derrick. 48
Desinfektion f. || disinfection; defecating || désinfection f. a) ~ von **Bettzeug** || bedding disinfection || désinfection f. de literie. 49
Desinfektions-anlage f. || disinfecting plant || installation f. de désinfection. a) **~apparat** m. || disinfecting apparatus || appareil m. de désinfection. b) **~einrichtung** f. *s.* ~anlage. 50
Desinfektionskammer f. || purifying stove || étuve f. de désinfection. a) **~arbeiter** m. || purifying stove worker || désinfecteur m. 51
Desinfektionsmittel n. || disinfectant || désinfectant m. 52
desinfizieren || to disinfect || désinfecter. 53
desinfizierend || disinfectant || désinfectant. 54
Desintegrator m. (Müller) || disintegrator; chopping *or* disintegrating machine || désintégrateur m.; moulin m. centrifuge. 55
desodorisieren || to deodorize || désodoriser. 56
Desodorisierung f. von **Ölen** und **Fetten** || deodorization of oils and fats || désodorisation f. des huiles et des graisses. 57
Desodorisierungsanlage f. || deodorization plant || installation f. de désodorisation. a) **Hochvakuum~** || high vacuum deodorization plant || installation f. de désodorisation sous haut vide *ou* sous un fort vide. 58
Desodorisierungsmittel n. || deodorizing preparation || préparation f. à désodoriser. 59
Desoxydation f. || deoxydation; deoxygenation; deoxydization || désoxydation f.; désoxygénation f. 60
desoxydieren (Chem) || to deoxidate; to deoxigenate; to deoxydize || désoxyder; désoxygéner. 61
Dessert-besteck n. || dessert knife and fork || couvert m. de dessert. a) **~messer** n. ||

dessert knife || couteau m. de dessert. **b) ~wein** m. || liqueur wine; dessert wine || vin m. de liqueur. 1
Dessin n. (Stoff) || design; pattern || dessin m.; figure f. 2
Dessiniermaschine f. (Web) || punching machine || machine f. à piquer. 3
Dessinierwalzwerk n. (Met) || dessinier rolling mill || laminoir m. à dessins. 4
Dessinmaschine f. (Web) || figuring machine || métier à l'armure *ou* à dessiner. 5
Destillat n. || distillate || distillat m. **a) aromatisches ~** || aromatic distillate || eau f. distillée aromatique. 6
Destillateis n. || crystal(line) ice || glace f. cristalline. 7
Destillation f. || distillation || distillation f. **a) fraktionierte ~** (Chem) || fractional distillation || distillation f. fractionnée. **b) Harz~** || resin distillation || distillation f. de résine. **c) Holz~** || wood distillation || distillation f. du bois. **d) ~ von mineralischen Brennstoffen** || distillation of mineral fuels || distillation f. des combustibles minéraux. **e) ~ von Steinkohlenteer** || distillation of coal tar || distillation f. de goudron de houille. **f) teilweise ~** || fractional distillation || distillation f. fractionnée. **g) trockene ~** || dry *or* destructive distillation || distillation f. sèche. **h) ~ mit Wasserdampf** || distillation in steam || distillation f. à entraînement à la vapeur. 8
Destillationsanlage f. || distilling plant || installation f. de distillation *ou* pour la distillation. **a) Fettsäure~** || fatty acid distillation plant || installation f. pour la distillation des acides gras. **b) Holz~** || wood distilling *or* distillation plant || installation f. pour la distillation du bois. **c) Teer~** || tar distilling plant || installation f. de distillation de goudron. **d) Wasser~** || water distillation plant || installation f. pour la distillation d'eau. 9
Destillationsapparat m. *s.* Destillationsgerät. 10
Destillationserzeugnis n., **hochwertiges** || very valuable distillation product || produit m. de distillation de grande valeur. 11
Destillationsgerät n. || distilling apparatus; still || appareil m. distillatoire *ou* à distiller *ou* de distillation. **a) Benzin~** || benzine still || appareil m. de distillation de benzine. **b) Wasser~** || water distilling apparatus || appareil m. à distiller l'eau *ou* pour la distillation de l'eau. 12
Destillations- und Extraktionsgerät m. für **Hopfen** || hop distilling and extraction apparatus || appareil m. à distiller et à extraire le houblon. 13
Destillationsgerätfilter n. für die Destillation von Speisewasser || filter of the fresh water condensing apparatus || filtre m. du condenseur à eau douce. 14
Destillations-kolben m. *s.* Destillierkolben. **a) ~rohr** n. *s.* Destillierrohr. **b) ~rückstand** m., **koksähnlicher** || coke-like residue of distillation || résidu m. similaire au coke provenant de la distillation. **c) ~verfahren** n. || distillation process || procédé m. par distillation. 15
Destiller m., **Vor~** || primary still || appareil m. de première distillation *ou* de distillation préalable; appareil m. prédistillateur. **a) Nach~** || secondary still || appareil m. de redistillation; appareil m. redistillateur. 16
Destillier-anlage f. *s.* Destillationsanlage. **a) ~apparat** m. *s.* Destillationsgerät. 17
Destillieraufsatz m. (Brauerei) || ball top-attachment || condenseur m. à boules. **a) ~** (Chem) || fractionating column || colonne f. à distiller. 18
destillierbar || distillable || distillable. 19
Destillierbarkeit f. || distillability || distillabilité f. 20
Destillierblase f. || still; distiller; alembic || alambic m. 21
destillieren || to distil; to abstract || distiller. 22
Destillier-gefäß n. || distilling vessel; cucurbite; alembic || vase m. distillatoire; alambic m.; cucurbité f. **a) ~kolben** m. || matrass; cucurbite; distilling flask *or* retort; alembic || cucurbite f.; matras m. à distillation; ampoule f. à distiller; alambic m. **b) ~rohr** n. || distilling tube || tube m. distillatoire. **c) ~topf** m. || distillation pot *or* vessel || vase m. pour la distillation. 23
Detail n. || detail || détail m. 24
Detail-geschäft n. || retail business || magasin m. de détail. **a) ~handel** m. || retail business || commerce m. en détail. **b) ~-händler** m. || retail dealer || marchand m. en détail; détaillant m. **c) ~zeichnung** f. || detail drawing || dessin m. de détail. 25
Detaschör m. (Müll) || detacher || détacheur m. 26
Detektei f. || detective institute || institut m. de détective. 27
Detektivinstitut n. *s.* Detektei. 28
Detektor m. || detector || détecteur m. **a) Bleiglanz~** || galena detector || détecteur m. de galène. **b) elektrolytischer ~** || electrolytic detector || détecteur m. électrolytique. **c) Kontakt~** || contact detector || détecteur m. de contact. **d) Kristall~** || crystal detector || détecteur m. à cristal. **e) magnetischer ~** || magnetic detector || détecteur m. magnétique. **f) registrierender ~** || recording detector || détecteur enrégistreur. **g) thermoelektrischer ~** || thermoelectric detector || détecteur m. thermoélectrique. **h) Wellen~** || wave detector || déceleur m. d'ondes. 29
Detektor-empfänger m. || crystal set; detector receiver || récepteur m. à (détection sur) galène. **a) ~gerät** n. || detector receiving set || appareil m. détecteur. **b) ~röhre** f. || detector tube *or* valve || tube m. détecteur; lampe f. détectrice. **c) ~voltmesser** m. (Funkw) || detector voltmeter || voltmètre m. à détecteur. 30
Deul m. (Met) || lump; bloom; ball || loupe f.; balle f. 31
deutlich (Opt) || sharp || net. 32
Deutlichkeit f. (Opt) || distinctness; sharpness || netteté f. 33
deutsche Mühle f. || German *or* post wind mill || moulin m. allemand *ou* à pile. 34
Deviation f. des **Kompasses** || deviation of the compass || déviation f. du compas. 35
Devise f. (Börse) || foreign bill; bill of exchange || devise f. 36
Devisenhändler m. || foreign exchange broker || agent m. de change. 37
Devotionalien fpl. || devotional articles pl. || articles mpl. de piété. 38
Dexel f. *s.* Dechsel. 39
Dextrin n. || dextrin(e) || dextrine f. **a) Achroo~** || achroodextrine || achroodextrine f. **b) Amylo~** || amylodextrine || amylodextrine f. 40
Dextrinfabrikanlage f. || dextrine plant || installation f. de dextrine. 41
Dextrose f. || dextrose || dextrose f. 42
Dezibel n. || decibel || décibel m. 43
Dezigramm n. || decigram || décigramme m. 44
Deziliter n. || decilitre || décilitre m. 45
Dezimalbruch m. || decimal fraction || fraction f. décimale. 46
Dezimale f. || decimal || décimale f. **a)** eine **~ aufrunden** (Math) || to approximate a decimal || forcer une décimale. 47
Dezimal-stelle f. *s.* Dezimale. **a) ~system** n. || decimal system || système m. décimal. **b) ~wage** f. || decimal balance *or* weighing machine || bascule f. *ou* balance f. décimale. 48
Dezimeter n. || decimeter || décimètre m. 49
Dezimilligramm n. || tenth of milligram || dixième m. de milligramme. 50
Diabas m. || diabase; greenstone || diabase f. **a) ~schiefer** m. || greenstone slate; memphytic slate || ardoise f. memphytique. **b) ~steinbruch** m. || greenstone quarry || carrière f. de diabase. 51
Diadochit m. || diadochite || diadochite f. 52
Diagnose f. || diagnosis || diagnostic m. 53
diagonal || diagonal || diagonal. **a) ~ stehende Lochung** f. || perforation placed in diagonals || perforation f. en diagonale. 54
Diagonal-bewehrung f. || diagonal reinforcement || armature f. diagonale. **a) ~bohrmaschine** f. || diagonal drilling machine || machine f. à percer en diagonale. 55
Diagonale f. || diagonal || diagonale f. 56
Diagonal-planke f. (Schiffb) || diagonal planking || bordé m. diagonal. **a) ~ rippe** f. (Bauw) || diagonal rib || nervure f. diagonale. **b) ~schiene** f. || diagonal rail || rail m. diagonal. **c) ~strebe** f. || diagonal brace *or* stay; St. Andrew's cross brace || entretoise f. diagonale; bras m. de croix St. André. **d) ~verstrebung** f. || diagonal bracing || entretoisement m. en diagonale. 57
Diagramm n. || diagram || diagramme m. **a) Dampf~** || steam diagram || diagramme m. de vapeur. **b) Indikator~** || indicator diagram || diagramme m. de l'indicateur. **c) nebenstehendes ~** || accompanying diagram || schéma m. ci-contre. **d)** ein **~ planimetrieren** || to planimeter a diagram || planimétrer un diagramme. **e) Schieber~** (Dampfm) || diagram of the slide valve || diagramme m. de la distribution de la vapeur. 58
Diagramm-aufzeichnung f. || recording by diagram || traçage m. à diagramme. **a) ~trommel** f. || chart bearing drum || tambour m. du diagramme. 59
Dialogit m. (Min) || dialogite; red manganese || dialogite f.; carbonate m. de manganèse. 60
Dialysator m. || dialyser || dialyseur m. 61
Dialyse f. || dialysis || dialyse f. 62
dialysieren || to dialyse || dialyser. 63
dialytisches Papier n. || dialytic paper || papier m. dialytique. 64
diamagnetisch (Elektr) || diamagnetic || diamagnétique. 65
Diamagnetismus m. diamagnetism || diamagnétisme m. 66
Diamant m. (Schriftgattung) || diamond || Sédanoise f. **a) ~** (Miner) || diamond;

adamant || diamant m. **b) roher ~** || rough diamond || diamant m. brut. **c) ~ für Tiefbohrungen** || diamond for rock drills || diamant m. pour forages. **d) unechter ~** || imitation diamond || faux diamant m. 1

Diamant-bohrer m. || diamond drill || foret m. à diamants. **a) ~bohrkrone** f. || diamond rock drill crown || couronne f. diamantée à percer. **b) ~bohrmaschine** f. (Bergb) diamond drill *or* rock drill || perforateur m. à diamants; machine f. à percer diamantée. 2

Diamantengrube f. || diamond mine || mine f. de diamants. 3

Diamant-fuge f. (Tischl) || diamond joint || joint m. à pointe de diamant. **a) ~grau** n. || diamond gray || gris m. diamant. 4

Diamantine f. aus Glas || diamond dust || diamanté m. de verre. 5

Diamant-knoten m. || diamond knot || pomme f. d'étrier. **a) ~mörser** m. || percussion mortar || mortier m. d'Abiche. **b) ~schleifer** m. || diamond cutter || tailleur m. de diamants. **c) ~schleiferei** f. || diamond polishing factory || taillerie f. de diamants. **d) ~schneider** m. || diamond cutter || tailleur m. de diamants. **e) ~schneiderei** f. || diamond cutting shop || taillerie f. de diamants. **f) ~schwarz** n. || diamond black || noir m. diamant. **g) ~spalter** m. diamond cleaver || cliveur m. de diamants. **h) ~spat** m. || common corundum; adamantin spar || spathe m. *ou* corindon m. adamantin; corindon m. harmophane. **i) ~staub** m. || diamond powder || poudre f. de diamant. **k) ~weiß** n. || diamond white || blanc m. diamant. 6

diametrale Ablesungen fpl. || readings pl. at 180° to each other || lectures fpl. diamétrales. 7

Diaphanie f. || diaphane || diaphanie f.; vitrauphanie f. 8

Diaphanoskop n. || diaphanoscope || diaphanoscope m. 9

Diaphragma n. || diaphragm || diaphragme m. **a) ~pumpe** f. || diaphragm pump || pompe f. à diaphragme. 10

Diaphragmen-strom m. || diaphragm current || courant m. de diaphragme. **a) ~träger** m. || diaphragm carrier || porte-diaphragme m. **b) ~verfahren** n. || diaphragm process || procédé m. à diaphragmes. 11

Diapositiv n. || transparent positive || diapositive f.; diapositif m.; positif m. transparent *ou* sur verre. **a) Glas~** || photographic glass scale || diapositive f. en verre. 12

Diapositivglas n || diapositive glass || verre m. diapositif. 13

Diastase f. || diastase || diastase f.; maltine f. **a) proteolytische ~** || proteolytical diastase || diastase f. proléolytique. **b) Translokations~** || translocation diastase || diastase f. de translocation. 14

diastasereich || buoyant || riche en diastase f. 15

Diastasewirkung f. || diastatic action || action f. diastasique. 16

diastatisch || diastatic || diastasique. 17

diätetisches Präparat n. || dietary preparation || préparation f. diététique. 18

Diathermie f., **indirekte** || indirect diathermy || diathermie f. indirecte. 19

Diathermiegerät n. || diathermic apparatus || appareil m. pour la diathermie. 20

Diazedsystem n. (Elektr) || Diazed system || système m. Diazed. 21

Diazetylmorphin n. || diacetylmorphine || diacéthylmorphine f. 22

Dichloräthylen n. || dichlorethylen || éthylène m. dichlorique. 23

dichotomisch || dichotomic || dichotomique. 24

Dichroismus m. (Opt) || dichroism || dichroïsme m. 25

Dichroit m. || cordierite; dichroite || cordiérite m.; dichroïte m. 26

dicht (Behälter) || tight || étanche. **a) ~** (Gewebe) || close; stout || serré. **b) ~** (luftdicht) || airtight; hermetical || étanche à l'air; hermétique. **c) ~** (Phys) || dense || dense; compact. **d) ~** (Stoffe) || impermeable || imperméable. 27

dicht machen (Behälter) || to tighten; to make tight; to stop || étancher; rendre étanche. **a) ~ machen** (Schiffbau) || to calk; to caulk || étancher; calfater. **b) ~ machen** (Stoffe) || to make impermeable || imperméabiliser. **c) ~ schließend** (Chem) || tight || étanche. 28

dichte Ware f. (Textil) || close goods pl. || tricot m. serré. 29

Dichte f. (Phys) || density || densité; compacité f. **a) Dampf~** || vapour density || densité f. de vapeur. **b) elektrische ~** || electric density || densité f. électrique. **c) Luft~** || air density || densité f. d'air. **d) wechselnde ~** der **Luft** || varying *or* changing density of the air || densité f. variable de l'air. 30

Dichtegrad m. || degree of density || degré m. de compacité. 31

Dichteisen n. || caulking *or* tight-making iron || fer m. à calfat; ciseau m. de calfat; coin m. à manche. 32

Dichtemesser m. *s.* Dichtigkeitsmesser. 33

dichten *s.* dicht machen. 34

Dichte-verhältnis n. || relative density || densité f. relative. **a) ~zahl** f. *s.* Dichteverhältnis. 35

Dichthammer m. || caulking mallet || maillet m. *ou* marteau m. de calfat. 36

Dichtheit f. (Behälter; Stoffe) *s.* Dichtigkeit. **a) ~** (Phys) *s.* Dichte. 37

Dichtigkeit f. (Behälter) || tightness || étanchéité f. **a) ~** (Phys) *s.* Dichte **b) ~** (Stoffe) || impermeability || imperméabilité f. **c) auf ~ prüfen** || to test for leaks pl. || vérifier l'étanchéité f.; vérifier si bien étanche. 38

Dichtigkeitsmesser m. || densimeter || densimètre m. **a) Luft~** || air densimeter || aéro-densimètre m.; appareil m. de mesure de la densité de l'air. 39

Dichtigkeitsprüfer m. für Gasleitungen || tightness testing apparatus for gas pipes || appareil m. pour déterminer l'étanchéité des conduites de gaz. 40

Dichtung f. (Masch) || joint; packing; gasket || garniture f.; joint m.; étoupage m.; bourrage m. **a) Asbest~** || asbestos joint || garniture f. en amiante. **b) Fiber~** || fibre packing || joint m. de fibre. **c) Filz~** || felt packing || joint m. de feutre. **d) Gummi~** || india rubber joint || garniture f. en caoutchouc. **e) Hanf~** || hemp packing || étoupage m. de chanvre. **f) ~ eines Kolbens** || leathering *or* packing of a piston || garniture f. *ou* étoupage m. d'un piston. **g) Kupfer~** || copper gasket *or* joint || joint m. en cuivre. **h) Metall~** || metallic gasket *or* joint || garniture f. métallique. **i) Pappe~** || pasteboard joint || joint m. en carton. **k) Ventilverschraubungs~** || valve cap gasket || joint m. de bouchon de soupape. **l) Werg~** || hemp packing || étoupage m. de chanvre. **m) Zündkerzen~** || spark plug gasket || joint m. de bougie. **n) Zylinderkopf~** || cylinder head gasket || joint m. de culasse de cylindre. 41

Dichtungsfaden-andrückmaschine f. || packing ring press || machine f. à poser les joints. **a) ~andrück-** und **Randvorrollmaschine** f. || packing ring press and edge turning-up machine || machine f. combinée à poser les joints et à rouler le bord. 42

Dichtungsfläche f. (Masch) || faying surface || face f. de contact; surface f. de joint. 43

Dichtungsflächen-reiniger m. für Siederohrverschlüsse || cleaning apparatus for the packing surface of boiler tube joints || (appareil-)nettoyeur m. de surfaces d'étoupement des tubes bouilleurs. **a) ~schleifmaschine** f. || faying surface grinding machine || machine f. à rectifier les surfaces de joints. 44

Dichtungs-gummi n. || rubber for packings *or* joints || caoutchouc m. pour garnitures. **a) ~kolbenpaßfeder** f. (Mot) || biston joint spring || ressort m. de la bague de piston. **b) ~läppchen** n. für Spunde || linen cap *or* patch for screw bungs || rondelle f. graissée *ou* suifée pour bondes. **c) ~material** n. *s.* Dichtungsstoff. **d) ~mittel** n. || packing; jointing || joint m.; bourrage m.; étoupe f.; garniture f. **e) ~naht** f. (Schiffb) || caulking seam || about m. pour le calfatage. **f) ~rille** f. || packing groove || rainure f. pour la garniture. 45

Dichtungsring m. || joint *or* packing ring || rondelle f. *ou* anneau m. de joint; anneau m. de garniture. **a) Kolben~** || piston caulking *or* junk ring || couronne f. de piston. **b) ~ aus Metall** || metal packing ring || anneau m. métallique de joint. **c) Zylinder~** || junk ring || segment m. de cylindre. 46

Dichtungsscheibe f. || packing disc || rondelle f. de joint. **a) ~ des Ventils** || valve packing disc || rondelle f. de joint de soupape. 47

Dichtungsschnur f. || packing cord || corde f. de bourrage. 48

Dichtungsstoff m. (Chem) || luting agent || étanchéifiant m. **a) ~** (Techn) || jointing *or* packing material || matériel m. d'étoupage; garniture f. de joint. 49

dick (Chem) || consistent || consistant. **a) ~** (Techn) || thick; big || épais; gros. 50

Dick-dolle f. || bollard || estacade f. **a) ~druckpapier** n. || thick printing paper || papier m. fort pour impression. 51

Dicke f. (Phys) || consistency || consistance f. **a) ~** (Werkstoff) || thickness || épaisseur f. **b)** von **vorgeschriebener ~** || of a prescribed thickness || d'épaisseur prescrite. 52

Dickenhobelmaschine *s.* Dicktenhobelmaschine. 53

Dicken-messer m. || thickness micrometer *or* gauge; calipers pl. || appareil m. pour mesurer les épaisseurs. **a) ~messung** f. || measurement of thickness || mesurage m. de l'épaisseur. **b) ~wachstum** n. || diameter growth || croissance f. en diamètre. 54

Dickflachfeile f. || pillar file || lime f. à pilier. 55

dickflüssig (Met) || consistent; thickly liquid; viscid; in a thick fluid state; viscous || consistant; en état m. peu fluide; visqueux. **a)** ~ **werden** || to thicken || épaissir. **b)** ~**er Brennstoff** m. || thick fuel oil || combustible m. épais. 1

Dickflüssigkeit f. || consistency; viscousness || consistance f; viscosité f. 2

dickhülsig *s.* dickschalig. 3

Dickmaische f. || thick mash || dickmaische f.; trempe f. épaisse. 4

Dickmaisch-kessel m. || thick mash kettle || chaudière f. à dickmaische. **a)** ~**pumpe** f. || thick mash pump || pompe f. à dickmaische. **b)** ~**verfahren** n. || thick mash method || méthode f. de décoction. 5

Dickquetsche f. || first mould of vellum || premier caucher m. 6

dickschalig || husky; thick-skimmed || cossu; à écorce f. épaisse. 7

Dickschlammverfahren n. || thick slurry process || procédé m. à pâte épaisse. 8

Dicktenhobelmaschine f. || thicknessing machine for planks || machine f. à tirer d'épaisseur; raboteuse f. pour planches. 9

dickwandig || thick-walled || à paroi épaisse. 10

Diebel m. *s.* Dübel. 11

Diele f. (Zimm; Bauw) || board; (thick) plank; deal || ais m.; planche f. (épaisse). **a) Zement**~ || cement deal || planche f. en ciment. 12

Dielektrikum n. || dielectric || diélectrique m. 13

dielektrisch || dielectric || diélectrique. 14

dielektrisch-e Beanspruchung f. || dielectric stress || effort m. diélectrique. **a)** ~**e Festigkeit** f. || dielectric strength || rigidité f. diélectrique; résistance f. mécanique du diélectrique. **b)** ~**es Medium** n. || dielectric medium || milieu m. *ou* moyen m. diélectrique. **c)** ~**e Nachwirkung** f. || dielectric after-effect *or* fatigue || effet m. ultérieur diélectrique; fatigue f. diélectrique. **d)** ~**e Verschiebung** f. || dielectric displacement || déplacement m. diélectrique. 15

Dielektrizitätshysteresis f. || dielectric hysteresis || hystérèse f. diélectrique. **a)** ~**konstante** f. || dielectric hysteretic constant || constante f. d'hystérèse diélectrique. 16

Dielektrizitätskonstante f. || dielectric constant || constante f. diélectrique. **a) spezifische** ~ || specific inductive capacity || pouvoir m. inducteur *ou* capacité f. inductive spécifique. 17

dielen, den Fußboden || to board the floor || poser les planches fpl. sur l'aire; planchéier le plancher. 18

Dielen n. || boarding || planchéiage m. 19

Dielen-balken m. || joist; boarding joist || poutrelle f. de plancher. **a)** ~**lager** n. || boarding *or* bridging joist || soliveau m. **b)** ~**nagel** m. (Zimm) || plank nail || clou m. à planches. **c)** ~**säge** f. || long *or* pit *or* whip saw || scie f. de long. **d)** ~**schneider** m. (Sägew) || board sawyer || scieur m. de planches. 20

Dielung f. || boarded floor; floor boards pl. || plancher m.; planchéiage m. 21

Dienst m. || service || service m. **a) aus dem** ~ **ausscheiden** || to leave the service || quitter le service. **b) im** ~ **behalten** || to retain in service || garder au service m. **c)** ~ **zur See** || duty at sea || service m. à la mer. **d) vertragswidrig** den ~ m. **verweigern** || to commit a breach of contract by refusal of service || refuser le service contrairement au contrat. 22

Dienst-abfrageklinke f. (Fernm) || order wire jack || jack m. de ligne d'ordres. **a)** ~**alter** n. || seniority; length *or* years pl. of service || ancienneté f. 23

Dienstanruf-lampe f. (Fernm) || order wire lamp; service call lamp || lampe f. de ligne d'ordres *ou* d'appel de service. **a)** ~**relais** n. || order wire relay; service call relay || relais m. de ligne d'ordres *ou* d'appel de service. **b)** ~**schalter** m. || service call key || clef f. d'appel de service. **c)** ~**zeichen** n. || order wire signal || annonciateur m. de ligne d'ordres. 24

Dienst-bote m. || domestic (servant) || domestique m. **a)** ~**entlassung** f. || dismissal from service || congé m. **b)** ~**gespräch** n. (Fernm) || service call || conversation f. de service. **c)** ~**gewicht** n. || weight in working order || poids m. en ordre de service. **d)** ~**klinke** f. || order wire jack || jack m. de service. **e)** ~**lampe** f. (Fernm) *s.* Dienstanruflampe. **f)** ~**leistung** f. || service; function || service m. 25

Dienstleitung f. (Fernm) || order wire || ligne f. de service. 26

Dienstleitungsbetrieb m. || order wire operation || exploitation f. par ligne de service. **a) markierter** ~ || ringing junction working || méthode f. de l'appel direct sur les lignes auxiliaires. 27

Dienstleitungs-feld n. || order wire panel || champ m. de jacks de service. **a)** ~**taste** f. || order wire key || bouton m. pour la ligne d'ordres. **b)** ~**umschalter** m. || order wire switch || clef f. de ligne d'ordres. 28

Dienst-lohn m. || wages pl. || gages mpl. **a)** ~**notiz** f. || service advice || avis m. de service. **b)** ~**stunde** f. || service hour || heure f. de service. 29

Diensttaste f. (Fernm) || order wire button || touche f. de ligne d'ordres. 30

Diensttastenstreifen m. || order wire button strip || réglette f. des touches des lignes d'ordres. 31

Diensttelegramm n. || service telegram || télégramme m. de service. 32

Dienstverhältnis n. || domestic service; || domesticité f.; rapports mpl. entre le maître et le serviteur. **a)** die **Aufhebung** des ~**ses** vor Ablauf der vertragsmäßigen Frist verlangen || to request termination of service before the expiry of the contractual period || exiger la résiliation du contrat de service avant l'expiration de la période contractuelle. 33

Dienst-vermerk m. || service indication || indication f. de service. **a)** ~**vertrag** m. || contract for service; contract between employer and employee || contrat m. de service *ou* de louage. **b)** ~**wähler** m. (Selbstanschl) || sender selector; service connector || sélecteur m. des tables auxiliaires; présélecteur m. chercheur de clavier. **c)** ~**zulage** f. || allowance for special duty || indemnité f. de service. 34

Diesel-generator m. mit angebauter Erregermaschine || Diesel generator with exciter || groupe m. Diesel-électrogène avec excitatrice en bout d'arbre. **a)** ~**löffelbagger** m. || shovel dredger with Diesel engine drive || drague f. à cuillers Diesel. **b)** ~**lokomotive** f. || Diesel locomotive || locomotive f. (à moteur) Diesel. **c)** ~**maschine** f. *s.* ~motor. 35

Dieselmotor m. || Diesel engine || moteur m. Diesel. **a) direkt umsteuerbarer** ~ || directly reversible Diesel engine || moteur m. Diesel directement réversible. **b) Doppelkolben**~ || opposed piston Diesel engine || moteur m. Diesel à double piston. **c) doppeltwirkender** ~ || double-acting Diesel engine || moteur m. Diesel à double effet. **d) Dreizylinder**~ || three-cylinder Diesel engine || moteur m. Diesel à trois cylindres. **e)** ~ mit **Drucklufteinspritzung** || air injection type Diesel engine || moteur m. Diesel à injection pneumatique. **f) kompressorloser** ~ || compressorless Diesel engine; airless injection Diesel engine || moteur m. Diesel sans compresseur. **g) kompressorloser ortsfester** ~ || airless injection stationary Diesel engine || moteur m. Diesel fixe sans compresseur. **h)** ~ mit **luftloser Brennstoffeinführung** || Diesel engine with airless injection of the fuel || moteur m. Diesel muni d'injection sans air comprimé. **i)** ~ auf dem **Prüfstand** || Diesel engine under test; Diesel engine at the trial station || moteur m. Diesel à la station d'essais. **k) Schiffs**~ || marine Diesel engine || moteur m. Diesel marin. **l) Sechszylinder**~ || six-cylinder Diesel engine || moteur m. Diesel à six cylindres. **m) umsteuerbarer** ~ || reversible Diesel engine || moteur m. Diesel réversible. **n) umsteuerbarer kompressorloser Achtzylinder**~ || eight cylinder reversible compressorless Diesel engine || moteur m. Diesel réversible à injection mécanique à huit cylindres. 36

Dieselmotor-dreiradwalze f. || three-wheel Diesel motor roller || rouleau m. compresseur à trois rouleaux à moteur Diesel. **a)** ~**kran** m. || Diesel crane || grue f. à moteur Diesel. **b)** ~**schiff** n. || Diesel ship || bateau m. Diesel; navire m. à moteur Diesel. **c)** ~**segelschiff** n. || Diesel-engined sailing vessel || voilier m. à moteur auxiliaire Diesel. 37

Diesel-öl n. || Diesel oil || huile f. Diesel; Dieseloil f. **a)** ~**schiff** n. *s.* ~motorschiff. 38

Dietrich m. (Schloß) || picklock; skeleton *or* false *or* by key || rossignol m.; crochet m.; fausse clef f.; passe-partout m. **a)** ein Schloß n. **mit dem** ~ **öffnen** || to pick a lock || crocheter une serrure. 39

Differential n. (Auto) || differential || différentiel m. **a)** ~ (Math) || differential; increment; differential *or* infinitesimal quantity || quantité f. différentielle *ou* infiniment petite; différentiel m. 40

Differentialantriebskegelrad m., **großes** || differential axle drive bevel gear || pignon m. du centre du différentiel. **a) kleines** ~ || differential axle drive bevel pinion || pignon m. différentiel. 41

Differential-bogenlampe f. || differential arc lamp || lampe f. à arc différentielle. **a)** ~**bremse** f. || differential brake || frein m. de différentiel. **b)** ~**brücke** f. (Elektr) || differential bridge || pont m. différentiel. **c)** ~**flaschenzug** m. || differential pulley *or* tackle *or* blocks pl. || palan m. différentiel. **d)** ~**fleier** m. || differential fly-frame || banc m. à broches à mouvement différentiel. **e) ~galvanomesser** m. || differential galvanometer || galvanomètre m. différentiel. **f) ~galvanoskop** m. || differential galvanoscope || galvanoscope m. différentiel. **g) ~gehäuse** n. || differential casing || boîte f. de différentiel. **h) ~getriebe** n. || differential mechanism *or* gear || mécanisme m. *ou* engrenage m. différentiel. **i) ~gleichung** f. || differential equation || équation f. différentielle. 1

Differentialkolben m. || double-diameter *or* differential piston || piston m. (à) différentiel. **a) ~motor** n. || double diameter piston type motor || moteur m. à piston différentiel. 2

Differential-lagerkasten m. || differential carrier || boîte f. de différentiel. **a) ~manometer** n. || differential manometer || manomètre m. différentiel. **b) ~melder** m. (Fernm) || differential alarm || avertisseur m. différentiel. **c) ~pupilloskop** n. || differential pupilloscope || pupilloscope m. différentiel. **d) ~quotient** m. (Math) || derivative || dérivée f. **e) ~-rechnung** f. || differential calculus || calcul m. différentiel. **f) ~relais** n. || differential relay || relais m. différentiel. **g) ~schaltung** f. || differential system || méthode f. différentielle. **h) ~schraube** f. || differential screw || vis f. différentielle. **i) ~seitenwelle** f. || axle shaft || arbre m. de roue motrice. **k) ~spule** f. || differential coil || bobine f. différentielle. **l) ~vorschub** m. (Masch) || differential feed || avance f. par différentiel. **m) ~-welle** f. || differential shaft || arbre m. du différentiel. **n) ~zähltafel** f. || differential counting chart || tableau m. différentiel pour la numération. **o) ~zugmesser** m. || differential draught gauge || indicateur m. différentiel de tirage. 3

Differentiation f. || differentiation || différentiation f. 4

Differenz f. (Math) || difference || différence f. **a)** eine **~ regeln** || to adjust a discrepancy || régler une différence. **b)** die **~ teilen** || to split the difference || partager le différend. 5

differenzieren (Math) || to differentiate || différentier. 6

Diffraktion f. || diffraction || diffraction f. 7

diffundieren (Opt) || to diffuse || diffuser. 8

Diffusion f. (Phys) || diffusion || diffusion f. 9

Diffusions-apparat m. (Zuck) || diffusion apparatus || appareil m. de diffusion. **a) ~arbeiter** m. (Zuck) || diffusion worker || diffuseur m. **b) ~geschwindigkeit** f. || speed of diffusion || vitesse f. de diffusion. **c) ~kammer** f. || spray chamber || chambre f. de diffusion. **d) ~vermögen** n. || diffusibility || diffusibilité f. 10

Diffusor-boden m. || diffuser bottom || fond m. de diffuseur. **a) ~haube** f. || diffuser top || chapeau m. de diffuseur. **b) ~pumpe** f. || diffusion pump || pompe f. à diffusion. 11

Digestor m. (Brau) || digester || autoclave m. 12

Digestorium n. (Chem) || chimney || cheminée f. ordinaire. 13

Diktiermaschine f. || dictating machine; dictaphone || dictographe m.; dictaphone m.; machine f. à dicter. 14

Dilatometer n. || dilatometer || dilatomètre m. 15

Dillsamen m. || dill seed || semence f. d'aneth. 16

Dimension f. || dimension || dimension f. 17

Dimethyl-anilin n. || dimethylaniline || diméthylaniline f. **a) ~sulfat** n. || dimethyl sulphate || sulfate m. de diméthyle. 18

Dinas-stein m. || dinas brick *or* stone || brique f. (en minerai) dinas. **a) ~werk** n. || dinas works pl. || atelier m. de brique dinas. 19

dingliche Belastung f. || charge upon a realty || charge f. réelle. 20

Dinitroglyzerin n. || dinitroglycerine || dinitroglycérine f. 21

Dinkel m. (Getreide) || spelt || épeautre m. 22

Dioptas m. (Min) || dioptase; emerald copper || dioptase f.; cuivre m. dioptase. 23

Diopter n. (Opt) || diopter; pair of sights; sight vane; slot and window sights || dioptre f.; viseur m.; pinnule f. **a) ~lineal** n. || alidad(e) || alidade f. 24

Dioptrie f. || diopter || dioptrie f. 25

Dioptrieneinstellung f. || diopter focussing mount || mise f. au point à dioptries. **a) Okular** n. mit **~** || eyepiece adjustable in terms of diopters || oculaire m. muni d'un dispositif de mise au point gradué en dioptries. **b) orthoskopisches Okular** n. mit **~** || orthoscopic eyepiece with focussing collar graduated in terms of diopters || oculaire m. orthoscopique muni d'une graduation en dioptries. 26

Dioptrien-glas n., **sphärisches** || spherical spectacle lens || verre m. de lunette à surfaces sphériques. **a) ~skale** f. || diopter scale || échelle f. des dioptries; graduation f. en dioptries. 27

Dioptrik f. || dioptrics pl. || dioptrique f. 28

dioptrisch || dioptric || dioptrique. **a) ~e Störung** f. || dioptric disturbance || trouble m. dioptrique. 29

Dioxyd n. || dioxide; bioxide || bioxyde m. 30

Diplexbetrieb m. (Fernm) || diplex working || transmission f. diplex. 31

Diplokokkus m. || diplococcus || diplocoque m. 32

Diplom n. || diploma; certificate || diplôme m.; brevet m. 33

Diplom-handelslehrer m. || duly qualified teacher of commercial subjects || professeur m. diplômé. **a) ~ingeniör** m. || certificated engineer || ingénieur m. diplômé. **b) ~kaufmann** m. || bachelor of commerce || diplômé m. de l'école de commerce. 34

Dipol m. (Elektr) || dipole || dipôle m. 35

Dippelöl n. || Dippel's oil || huile f. de Dippel. 36

Dipperrelais n. || dipper relay || relais m. à plongeurs. 37

direkt *s. auch* unmittelbar || direct || direct. **a) ~er Dampf** m. || live steam || vapeur f. directe. 38

Direktion f. (Leitung) || management; (board of) direction || direction f.; directoire m. 39

Direktive f. || general instructions pl. || avis mpl. et directions fpl.; instructions fpl. 40

Direktor m. || director; manager; managing director; superintendent || directeur m. **a) geschäftsführender ~** || managing director || administrateur-délégué m. **b) kaufmännischer ~** || sales manager || chef m. de l'exploitation. **c) technischer ~** || work's manager || chef m. du service des ateliers. 41

Direktoriumsmitglied n. || member of the directorate || membre m. du comité de direction. 42

Direktsprechen n. (Fernm) || direct communication || communication f. directe. 43

direktwirkend-e Dampfmaschine f. || direct-action steam engine || machine f. à vapeur à action directe. **a) ~e Dampfpumpe** f. || direct-action steam pump || pompe f. à vapeur à action directe. 44

Disintegrator m. (Müll) || disintegrator; disintegrating machinery || désintégrateur m. 45

Diskont m. || discount; rebate || escompte m. **a)** den **~ erhöhen** || to raise the discount || majorer l'escompte m. **b)** den **~ herabsetzen** || to lower the discount || baisser l'escompte m. 46

Diskontbank f. || discount bank || banque f. d'escompte. 47

diskontieren || to discount || escompter. 48

diskontierter Wechsel m. || discounted bill || effet m. escompté. 49

Diskontierung f. von **Wechseln** || discounting of bills || escompte m. d'effets. 50

diskontinuierlich (Opt) || discontinuous || discontinu. 51

Diskont-markt m. || discount market || marché m. d'escompte. **a) ~satz** m. || rate of discount || taux m. de l'escompte. 52

Dislokation f. (Geol) || dislocation || dislocation f.; faille f. 53

Dismembrator m. || dismembrator || démembreur m. 54

Dispersion f., **Winkel** || angular dispersion || dispersion f. à angle. 55

Dispersionsprisma n. || dispersing prism || prisme m. à dispersion. 56

disruptiv (Elektr) || disruptive || disruptif. 57

Diss n. (Korbm) || diss || diss m. 58

Dissonanz f. || dissonance || dissonance f. 59

Dissoziation f. || dissociation || dissociation f. 60

Dissoziationswärme f. || heat of dissociation || chaleur f. de dissociation. 61

dissoziieren || to dissociate || dissocier. 62

Distanzmesser m. || distance meter; odometer || odomètre m.; mètre m. à distance. 63

Distanzmessung f. || measurement of distances pl. || mesure f. de distances. **a) ~ auf optischem Wege** || optical distance measurement || mesure f. optique des distances. 64

Distanz-platte f. || distance plate || plaque f. de distance. **a) ~ring** m., **provisorischer** || temporary spacing ring || bague f. de distance provisoire. **b) ~rohr** n. || distance pipe || tuyau m. d'écartement. **c) ~rohrstück** n. || distance tube *or* pipe piece || tube m. d'espacement; tuyau m. d'écartement. 65

Disthen m. || disthene || disthène m. 66

divergent || divergent || divergent. **a) ~e Linien** fpl. || divergent lines pl. || lignes fpl. divergentes. 67

Divergenz f. || divergency; divergence || divergence f. 68

divergieren || to diverge || diverger. 69

Dividende f. || dividend || dividende m. **a) Abschlags~** || interim dividend || dividende m. provisoire. **b) außerordentliche ~** || surplus dividend || superdividende m. **c)** die **~ bestimmen** || to fix the dividend || fixer le dividende. **d) Festsetzung** f.

der ~ || fixing of dividends || fixation f. du dividende. **e) fiktive ~** || sham dividend || dividende m. fictif. **f) nicht erhobene ~** || unclaimed dividend || dividende m. non réclamé. **g) Schluß~** || final dividend || solde m. du dividende. **h)** die **~ verteilen** || to pay a dividend || payer le dividende. **i) Verteilung** f. der ~ || distribution of dividends || répartition f. du dividende. **k) Zwischen~** || interim dividend || dividende m. intérimaire. 1

Dividenden-ausschüttung f. || payment of dividend || distribution f. du dividende. **a) ~schein** m. || dividend warrant || coupon m. 2

dividieren || to divide || diviser; faire la division. 3

Dividivischote f. || dividivi pod || gousse f. de dividivi. 4

Division f. (Math) || division || division f. 5

Divisor m. (Math) || divisor || diviseur m. 6

Diwan m. || divan; sofa; couch || divan m. **a) ~decke** f. || divan cover *or* carpet || tapis m. *ou* couverture f. pour divans. 7

Docht m. || wick || mèche f. **a) ~ aus Baumwolle** || cotton wick || mèche f. de coton. **b) geflochtener ~** || plaited wick || mèche f. tressée. **c) gewebter ~** || weaved wick || mèche f. tissée. **d) Kerzen~** || candle wick || mèche f. pour bougies. **e) Lampen~** || lamp wick || mèche f. de lampe. **f) Saug~** (Petroleumlampe) || sucking wick || mèche f. aspirante. **g)** einen **~ spinnen** || to spin a wick || filer une mèche. **h)** mit **Stearin** n. **überzogener ~** || wick coated with stearin || mèche f. enduite de stéarine. 8

Docht-baumwolle f. || wick yarn || coton m. à mèche. **a) ~garn** n. || wick yarn || mèche f.; fil m. à mèches. **b) ~kohle** f. || cored carbon || charbon m. *ou* crayon m. à mèche. **c) ~lampe** f. || wick lamp || lampe f. à mèche. **d) ~macher** m. || wick preparer || préparateur m. de mèches. **e) ~öler** m. || wick lubricator *or* oiler || graisseur m. à mèche. **f) ~schmierbüchse** f. *s.* ~öler **g) ~schmierung** f. || wick lubrication || graissage m. à mèche. **h) ~spieß** m. (Lichtf) || wick wire; dipping rod || baguette f. **i) ~spinner** m. || wick spinner || tresseur m. de mèches. **k) ~spinnerei** f. || wick spinning || filature f. de mèches. **l) ~vergaser** m. || wick carburettor || carburateur m. à mèche. **m) ~weberei** f. || wick weaving factory || atelier m. de tissage de mèches. 9

Dock n. || dock || dock m. **a) Bau~** || fitting-out dock || chantier m. d'armement. **b) Schwimm~** || floating dock || dock m. flottant *ou* à flot. **c) Trocken~** || dry *or* graving dock || cale f. sèche; bassin m. de radoub. 10

Dock-anlage f. || dock plant || installation f. de bassin de radoub. **a) ~arbeiter** m. || docker; dockman || docker m. **b) ~boden** m. || dock apron || radier m. du bassin de radoub. 11

Docke f. (Drechsl) || puppet; mandrel || poupée f. **a) ~** (Seide) || head of silk; bundle of skeins || matteau m.; bouin m. **b) ~** (Web) || knot || torque m.; poupée f. 12

docken (Schiff) || to put *or* to take into dock; to dock || faire entrer au dock; amener dans le dock; mettre au bassin. 13

Docken-knüpferin f. (Spinn) || hank knotter || torcheuse f. **a) ~maschine** f. || braiding *or* plaiting machine || machine f. à lacets. 14

Dockerin f. (Spinn) || hank winder || dévideuse f. d'écheveaux. 15

Dock-gebühren fpl. || dockage; dock dues pl. || droit m. de bassin. **a) ~hafen** m. || dock || bassin m. à flot. **b) ~ponton** m. || caisson; floating gate || bateau-porte m. **c) ~pumpe** f. || dock pump || pompe f. pour docks. **d) ~tor** n. || dock gate || porte f. de bassin. 16

Dodekaeder n. || dodecahedron || dodécaèdre m. 17

Dolch m. || dagger; poniard || poignard m. 18

Dolde f. (Hopfen) || catkin; cluster, cone; strobile; umbel || cône m.; ombelle f. 19

Dolden-blatt n. (Hopfen) || bract(ea) || bractée f. **a) ~spindel** f. (Hopfen) || cone strig || pédoncule m.; pétiole m. **b) ~stiel** m. (Hopfen) || cone stem || tige f. de cloche 20

Dolle f. || thole; thole-pin; crutch || tolet m.; touret m.; dame f. 21

Dolmetsch(er) m. || interpreter || interprète m. 22

Dolomit m. || dolomite; pearl spar || chaux f. carbonatée magnésifère; dolomie f.; dolomite f.; spath m. perlé. **a) ~anlage** f. || dolomite plant || atelier m. à travailler la dolomie; installation f. de dolomie. **b) ~mehl** n. || dolomite powder || poudre m. de dolomite. **c) ~mühle** f. || dolomite mill || moulin m. à dolomite. **d) ~stein** m. || dolomite brick || brique f. dolomitique. 23

Dom m. (Kesselb) || steam dome; dome || dôme m. (de la chaudière à vapeur). **a) ~ mit angeschweißtem verstärktem Ring** || dome with reinforced flange welded-on || dôme m. avec bride de renforcement soudée. **b)** der ~ ist auf den Kessel mit Hilfe eines schweren Flanschenringes **aufgenietet** || the dome is secured to the boiler by riveting through a heavy flanged collar || le dôme est rapporté à la chaudière par rivetage avec l'aide d'un lourd anneau bridé. 24

Dom-boden m. (Kesselb) || dome bottom || fond m. de dôme. **a) ~deckel** m., **gepreßter** || pressed dome cover || couvercle m. embouti. **b) ~haube** f., aus einem Blech gepreßte || one-piece pressed dome cap || calotte f. du dôme emboutie d'une seule tôle. 25

Domino n. || dominoes pl. || domino m. 26

Dom-mantel m., **geschweißter** || welded dome body || virole f. de dôme soudée. **a) ~sitz** m. (Kessel) || dome seating || siège m. de dôme. **b) ~stutzen** m. || socket on dome || tubulure f. de dôme. **c) ~unterteil** m., geschweißter und gebördelter || base of the dome welded and flanged || embase f. du dôme soudée et à bride. **d) ~versteifung** f. || dome stiffening || renforcement m. de dôme. **e) ~winkelring** m. || dome base angle ring || collerette f. emboutie du dôme. 27

Dop m. || dab || chape f. (de la rose des vents). 28

Döppel m. (Goldschm) || punch || marteau m. à cuvette *ou* à deux bouts. 29

Doppelader f. (Fernm) || twin wire || fil m. double. 30

Doppelanker-platte f. für Hammerschrauben zu Sohlplatten || double anchor plate for T-head bolts for sole plates || double plaque f. d'ancrage de fondation pour semelles. **a) ~walzmotor** m. || twin armature rolling mill motor || moteur m. de laminoir à double induit. 31

Doppelanschalteklinke f. (Fernm) || operator's jack || jack m. double. 32

doppelarmiger Hebel m. || double-armed lever || levier m. à deux branches. 33

Doppel-aufdruck m., die Kasse gibt den Scheck mit ~ aus || the register issues duplicate checks || la caisse émet ticket double. **a) ~ausleger** m. || double bracket || double potence m. **b) ~ausschalter** m. || double cut-out || interrupteur m. *ou* disjoncteur m. double. **c) ~backenbremse** f. || double-shoe brake || frein m. à deux sabots. 34

Doppelbahn f. (Eisenb) || double way || chemin m. de fer à deux voies. **a) ~** (Seilbahn) || double cableway || chemin m. de fer aérien dédoublé. 35

Doppel-bandgelenk n. || double link || maillon m. double. **a) ~belichtung** f. || double exposure || éclairement m. *ou* exposition f. *ou* pose f. double. **b) ~betrieb** m. (Fernm) || duplex system || exploitation f. en duplex. **c) ~bier** n. || double *or* strong beer || bière f. double. 36

Doppelbild n. || double image || image f. double. **a) ~mikrometer** n. || double image micrometer || micromètre m. à image double. 37

Doppel-bindung f. (Chem) || double linking || liaison f. double. **a) ~bleimantel** m. || double lead covering || double gaine f. en plomb. **b) ~boden** m. || double bottom || double fond m. 38

Doppelbogenkalander m. || twin calender for glazing paper sheets || calandre-jumelle m. pour papier en feuilles. **a)** x-walziger ~ von y mm Walzenbreite mit selbsttätiger Bogen-, Hoch- und Überführung || x roll twin calender for glazing paper sheets (working width of rolls y mm) fitted with automatic sheet elevators and sheet transferring device || calandre-jumelle m. pour papier en feuilles à x cylindres d'une largeur utile de y mm et avec ascenseurs et transporteurs automatiques de feuilles. 39

Doppel-bogenlampe f. || double carbon arc lamp || lampe f. à arc à double jeu de charbons. **a) ~braunbier** n. || double brown beer || bière f. brune double. 40

doppelbrechend (Opt) || double refracting || biréfringent. 41

Doppel-brechung f. (Opt) || double refraction || double réfraction f.; biréfringence f. **a) ~brückenverstärker** m. (Fernm) || double bridge two-way repeater || répéteur m. à deux fils en double pont. **b) ~bügelaufhängung** f. || suspension in double bows || suspension f. à étriers doubles. 42

doppelchromsaures Kali n. || bichromate of potassium || bichromate m. de potassium. 43

Doppel-darre f. || two-floored kiln || touraille f. à deux plateaux. **a) ~dechamps** n. (Heilk) || Dechamps' double needle || pince f. à sutures pour fil double de Dechamps. 44

Doppeldeckautobus m. || double deck bus || autobus m. à impériale. 45

Doppel-decker m. || biplane || biplan m. **a) ~diagonalwalzenstuhl** m. (Müll) || double-diagonal roller mill || moulin m. à cylindres diagonale double. **b) ~drillingspreßpumpe** f. || double three-throw pressure pump || pompe f. double à compression à trois plongeurs. **c) ~druckkaltpresse** f. || double blow cold upsetting machine || presse f. à froid à double effet. **d) ~duo** n. mit **Vorgerüst** (Walzw) || double two-housing mill with roughing train || double duo m. avec train ébaucheur. **e) ~eisen** n. für Fügblöcke || double iron for cooper's plane || fer m. avec contre-fer à colombe. **f) ~empfang** m. (Funkw) || double reception || réception f. double. **g) ~ender** m. (Kessel) || double-ended boiler || chaudière f. à foyers aux extrémités. **h) ~erdschluß** m. || ground-leakage on two phases || terre f. accidentale sur deux phases. **i) ~fadenaufhängung** f. (Elektr) || bifilar suspension || suspension f. bifilaire. 1

Doppelfeder f. für **Drehgestelle** (Lok) || elliptical bogie spring || ressort m. à pincette pour bogies. **a) dreifach gekuppelte ~** || three-coupled elliptical spring || ressort m. elliptique triple couplé **b) ~ für Tender** || elliptical spring for tenders || ressort m. à pincette pour tenders. 2

Doppelfenster n. || double window || double-fenêtre f. 3

Doppelfernrohr n. || double tube telescope || jumelle f. **a) ~ mit erweitertem Achsenabstand** || double telescope with the object glasses farther apart than the eyes || lunette f. binoculaire avec amplification de l'écart des axes. 4

Doppel-fernrohrlupe f. || binocular telescopic magnifiers pl. || téléloupes fpl. binoculaires. **a) ~feuer** n. (Seew) || double light || phare m. à deux feux fixes. 5

doppelflächige Waren fpl. || double-sided goods pl. || articles mpl. à double face. 6

Doppel-flügeltür f. || double sliding door || porte f. à deux battants. **a) ~förderung** f. (Bergb) || double haulage || extraction f. double. 7

Doppelfräsmaschine f. || double *or* duplex milling machine || machine f. à fraiser double; fraiseuse f. à deux broches horizontales. **a) ~ mit horizontal** und **vertikal verstellbaren Spindelstöcken** || double milling machine with spindles adjustable horizontally and vertically || machine f. à fraiser double avec réglage horizontal et vertical des arbres porte-fraises. 8

Doppelfrequenzmesser m. || double frequency meter || fréquencemètre m. à deux systèmes. 9

doppelgängiges Gewinde n. || double thread || vis f. à double pas; double filet m. 10

Doppel-gatter n. || frame-saw with two blades || scie f. à deux lames. **a) ~gegensprechbetrieb** m. || quadruplex working || transmission f. quadruplex. **b) ~gestänge** n. (el. Leit) || H-pole || appui m. en H; ligne f. double. **c) ~gewebe** n. (Web) || double cloth || matelassé m.; étoffe f. matelassée. **d) ~gewinde** n. || double thread || pas m. de vis double; double filet m. **e) ~gitterröhre** f. || double-grid valve || lampe f. bigrille; tube m. à vide à deux grilles. **f) ~gleis** n. || double track || double voie f. 11

doppelgleisig (Eisenb) || double-railed || à double voie f. 12

Doppelglockenisolator m. || double-cup *or* double-shed insulator || isolateur m. à double cloche. 13

Doppelgriffkäsemesser n. || double-handed cheese knife || couteau m. à fromage à deux mains. 14

Doppel-herd m. || double range || cuisinière f. à double foyers. **a) ~herzstück** n. (Eisenb) || diamond crossing; double frog (A) || croisement m. *ou* cœur m. double; pièce f. de croisement double. **b) ~hobel** m. (Tischl; Zimm) || double plane || rabot m. à double fer. **c) ~hordendarre** f. || two-floored kiln || touraille f. à deux plateaux. 15

doppelhordig || two-floored || à deux plateaux mpl. **a) ~e Darre** f. *s.* Doppelhordendarre. 16

Doppel-hub m. (Kolben) || up-and-down stroke || course f. double. **a) ~isolator** m. (Fernm) || transposition insulator || isolateur m. à deux poupées. 17

Doppelkamera f. || double camera || double-chambre f. **a) astrofotografische ~** || astrophotographic double camera || double-chambre f. astrophotographique. 18

Doppel-karnieseisen n. || reed plane iron with square and cove || fer m. de doucine à couvre-joints. **a) ~kassette** f. (Lichtb) || double dark slide || châssis-double m. **b) ~kegelfeder** f. || double cone spring || ressort m. biconique. **c) ~keilhaue** f. (Bergb) || mandril; universal pick || marteau m. à (deux) pointes; pic m. à deux branches. 19

Doppelkessel m. || double-ended boiler; twin boiler || chaudière f. double *ou* à foyers aux deux extrémités. **a) Schiffs~** || marine twin boiler || chaudière f. double marine; écossaise-marine f. 20

Doppel-kette f. || double chain || chaîne f. double. **a) ~kettenstichnähmaschine** f. || double-chain stitch sewing machine || machine f. à coudre point de chaînette double. **b) ~klauenwinde** f. || jack with two hooks || cric m. à deux pattes. **c) ~klemme** f. || double cleat *or* connector || borne f. double *ou* à deux vis; pince f. double. **d) ~klinke** f. (Fernm) || double *or* operator's jack || jack m. double. **e) ~knoten** m. || double loop knot || nœud m. à deux boucles. **f) ~kohlenfadenlampe** f. || twin carbon lamp || lampe f. à double filament de carbone. 21

Doppelkolben-dieselmotor m. || double-piston *or* opposed piston Diesel engine || moteur m. Diesel à double piston. **a) ~pumpe** f. || double piston pump || pompe f. à double piston. 22

Doppel-kollektormotor m. || double-commutator motor || moteur m. à deux collecteurs. **a) ~kompressor** m. || double compressor || compresseur m. double. 23

doppelkonisch || double conical || biconique. **a) ~er Läufer** m. || double-conical runner || rotor m. biconique. 24

Doppelkonus-antenne f. || double cone aerial || antenne f. biconique. **a) ~kupplung** f. || double cone clutch || embrayage m. à double cône. 25

Doppelkopf-schiene f. || double-headed *or* bull-headed rail || rail m. à double champignon. 26

Doppelkraftmessung f. || double measurement of charge || mesurage m. double de charge. 27

Doppelkrempelführer m. (Spinn) || double card tenter || conducteur m. de double-carde. 28

Doppel-kreuzrahmenantenne f. || double cross-coil aerial || double-cadre antenne f. **a) ~kugelboden** m. || spherical double-bottom || double-fond m. sphérique. **b) ~läuter** m. || bright's bells pl ; two sounders pl. || sonneur m. double. **c) ~läutewerk** n. || double-stroke bell || sonnerie f. à deux battants. **d) ~leiter** m. (Elektr) || twin conductor || conducteur m. jumelé. 29

Doppelleitung f. (Elektr) || double line; twin conductor; pair of wire || ligne f. double *ou* bifilaire. **a) ~** (Fernm) || double wire circuit; loop || boucle f.; fil m. double. 30

Doppel-leitungsbetrieb m. (Fernm) || double wire circuit operation || transmission f. à fil double. **a) ~linie** f. (Opt) || doublet || doublet m. **b) ~linse** f. (Opt) || double lens || lentille f. double. **c) ~lufthahn** m. || double air cock || robinet m. double à air. **d) ~lupe** f. || double magnifier || loupe f. double. **e) ~magazinsetzmaschine** f. || double-magazine composing machine || machine f. à composer à deux magasins. **f) ~magnetsummer** m. || double magnet buzzer || vibrateur m. à aimant double. **g) ~masche** f. (Textil) || double stitch || maille f. gardée. **h) ~maßstab** m. || two-scale rule || double règle f. graduée. **i) ~mast** m. || double pole || poteaux mpl. jumelés. **k) ~messerschalter** m. || two-bladed knife switch || interrupteur m. à double couteau *ou* bipolaire à lames. 31

Doppelmetall-draht m. || bimetallic wire || fil m. bimétallique. **a) ~wärmegradmesser** m. || bimetallic thermometer || thermomètre m. bimétallique. 32

Doppel-minute f., Ablesung f. der Kreise auf eine ~ || reading the circles to a double minute || lecture f. des cercles par . . . donnant la minute double. **a) ~mittel** f. (Buchdr) || two-line pica || Palestine f. **b) ~planrätter** m. || double sieve; duplex shaking table || tamis m. *ou* crible m. double. **c) ~plüsch** m. || double plush || double peluche f. 33

Doppelprisma n. || double prism || double prisme m. **a) ~ mit Landoltscher Teilung** || double prism with Landolt's graduation || prisme m. double muni de la graduation de Landolt. 34

Doppel-prismenfernrohr n. || binocular prism telescope || jumelles fpl. à prismes. **a) ~pult** n. || double desk || double pupitre m. **b) ~punkt** m. || colon || deux-points m. **c) ~pyramide** f. || double pyramid; octahedron; dodecahedron || pyramide f. double; octaèdre m.; dihexaèdre m. **d) ~quittung** f. || receipt in duplicate || quittance f. double. 35

Doppelrahmen m. (Auto) || double frame || châssis m. double. **a) ~balken** m. || double beam frame || bâti m. à deux paliers. 36

Doppel-reifen m. (Auto) || dual tire || pneu m. jumelé. **a) ~riemen** m. || two-ply belt || courroie f. à deux plis. **b) ~ringpackung** f. || double packing rings pl. || anneaux mpl. doubles de garniture. **c) ~röhre** f. (Fernm) || double tube || lampe f. à deux systèmes. 37

doppelrohriges Infanteriegeschütz n. || double barrel infantry accompanying gun || canon m. d'infanterie à double tube. 38

Doppelrohr-verflüssiger m. || double pipe condenser || condenseur m. à double tube. **a) ~zwischenverstärker** m. (Fernm)

|| two-valve two-wire repeater || amplificateur m. à deux lampes et à deux fils. 1

Doppel-rollenkette f. || double roller chain || chaîne f. à doubles rouleaux. **a) ~rost** m. || double grate || grille f. double. **b) ~salz** n. (Chem) || double salt || sel m. double. **c) ~säulenbohrmaschine** f. || two-column drilling machine || perceuse f. à deux montants. **d) ~schachtanlage** f. (Bergb) || double pit plant || installation f. à deux puits. **e) ~scheibenrad** n. || double-disc wheel || roue f. à double disque. **f) ~schicht** f., **magnetische** || magnetic double layer || feuille f. *ou* surface f. magnétique double. **g) ~schienengleis** n. || double rail line || voie f. à rails doubles. 2

Doppelschlagwecker m. || double-stroke bell || sonnerie f. à deux battants. 3

doppelschlicht || superfine || très doux; superfin. 4

Doppelschlichtfeile f. || superfine file; dead smooth file || lime f. superfine *ou* très douce. 5

Doppel-schlittenkassette f. (Lichtb) || double dark slide || châssis m. double à coulisse; châssis m. à deux chariots. **a) ~schlüssel** m. || double-ended spanner *or* wrench || clef f. double. 6

Doppelschluß-generator m. || double-wound generator || génératrice f. à excitation mixte. **a) ~maschine** f. (Elektr) || compound dynamo || dynamo f. compound. **b) ~motor** m. (Elektr) || compound-wound motor || moteur m. compound. 7

Doppelschneidewiegemesser n. || two-bladed mincing knife || hachoir m. à deux lames. 8

Doppelschraubenschlüssel m. || double-ended spanner || clef f. double. **a) ~ mit gleichen Maulweiten** || double-ended spanner with equal width of jaws || clef f. double avec ouvertures semblables. **b) ~ mit ungleichen Maulweiten** || double-ended spanner with unequal width of jaws || clef f. double avec différentes ouvertures. 9

Doppel-schütz n. (Wasserb) || double sluice || double vanne f. **a) ~schützenwehr** n. || double-sluice weir || barrage m. à vannes doubles. 10

Doppelschwächungswiderstand m. || double gain-controller || régulateur m. d'amplification en double. 11

doppelseitig (Textil) || double-faced || à deux faces fpl. **a) ~er Antrieb** m. || bilateral drive || commande f. bilatérale *ou* à double face. **b) ~e Spulmaschine** f. || double-faced winding machine || bobinoir m. à deux faces. **c) ~er Verkehr** m. (Fernm) || two-way traffic || trafic m. des deux côtés. **d) ~er Zeigerausschlag** m. || deflection in either direction || déviation f. bilatérale. 12

Doppelschirting m. (Web) || cretonne || cretonne f. 13

Doppelsitz m. || tandem seat || siège f. tandem **a) ~ventil** n. || double-seat valve || soupape f. à double siège. 14

Doppel-sohle f. (Wirkerei) || double sole || semelle f. double. **a) ~sohlenvorrichtung** f. || double sole attachment || mécanisme m. à semelles doubles. 15

Doppelspat m. || Iceland spar; calcareous spar; carbonate of lime || spath m. d'Islande *ou* calcaire; chaux f. carbonatée. **a) isländischer ~** *s.* Doppelspat. 16

Doppelspeiche f. || double spoke || rayon m. double. 17

Doppelspeichenrad n. || double-spoke wheel || roue f. à rayons doubles. 18

Doppel-spitzhacke f. || double pick || pic m. à deux pointes. **a) ~sprechbetrieb** m. || duplex working; phantoming || transmission f. *ou* téléphonie f. duplex. **b) ~sprechen** n. || phantom telephony || double conversation f. 19

Doppelsprech-ringübertrager m. || phantom repeating coil || translateur m. de combinaison. **a) ~schaltung** f. || phantom telephone connection || connexion f. téléphonique en duplex. **b) ~stromkreis** m. || phantom circuit || circuit m. fantôme. 20

Doppel-spulenkette f. (Fernm) || double high pass filter || filtre m. passe haut en double. **a) ~ständer** m. || coupled pole || poteau m. moisé. 21

Doppelständerexzenterpresse f. || double-sided eccentric press || presse f. à excentrique à double montant. **a) ausladende ~** || double-sided overhang eccentric press || presse f. à excentrique à deux montants avec bâti à col de cygne. 22

Doppel-ständerschleifmaschine f. || planer type grinding machine || machine f. à rectifier à deux montants. **a) ~S-Taster** m. || double-Scal(l)ipers pl. || compas m. double S. **b) ~steppstich** m. || double lock stitch || point m. redoublé. **c) ~stern** m. (Astro) || binaries pl.; double star || étoile f. double. **d) ~stopfhacke** f. (Eisenb) || double pick || pioche f. à bourrer à deux pointes. **e) ~stoßschwingsieb** n. || double shaking screen || double tamis m. à secousses. **f) ~streuer** m. (Haush) || salt and pepper || salière f. et poivrière f. combinée. **g) ~strickmaschine** f. || knitting machine with double mechanism || machine f. à tricoter à double chûte. 23

Doppelstrom-betrieb m. (Fernm) || double-current working || télégraphie f. à deux courants. **a) ~gegensprechübertragung** f. || duplex repeater || translation f. duplex. **b) ~taste** f. || double current key || manipulateur m. pour deux pôles. **c) ~übertragung** f. || double current translation || translation f. à deux courants. 24

Doppelstuhl m. (Eisenb) || double chair || double coussinet m.; coussinet m. du croisement. 25

Doppelstütze f. (el Leit) || double pin *or* pole; U-cupholder || appui m. *ou* console f. double. **a) W-förmige~** (el Leit) || terminal double pin || console f. double en W. 26

Doppelsudwerk n. || double brewing plant || installation f. double de brassage. 27

Doppel-T-Eisen n. || double T-iron; I-iron || fer m. en double T. **a) ~-T-Schiene** f. || double T-rail; I-rail || rail m. à double T. **b) ~-T-Träger** m. || I-girder; double T girder || poutre f. en double T *ou* en I. 28

Doppeltarif m. || double tariff || tarif m. double. **a) ~zähler** m. || double rate *or* double tariff meter || compteur m. à tarifs alternatifs *ou* à double tarif. 29

Doppeltaste f. || double key || touche f. double. **a) ~ für den Kabelbetrieb** || recorder signalling key || manipulateur m. pour câble-code. **b) ~ für den Kabelmeßdienst** || reversing key || manipulateur m. double. 30

doppeltbrechend-er Kristall m. || double refracting crystal || cristal m. biréfringent. **a) ~es Prisma** n. || double refracting prism || prisme m. biréfringent. 31

Doppeltintenfaß n. || two-well inkstand || encrier m. à deux verres. 32

doppeltkohlensaur-es Ammoniak n. || ammonium bicarbonate || bicarbonate m. d'ammoniaque. **a) ~es Kalium** n. || diacid carbonate of potash; potassium bicarbonate || bicarbonate m. de potasse. **b) ~es Natron** n. || bicarbonate of soda || bicarbonate m. de soude. **c) ~es Salz** n. || bicarbonate || bicarbonate m. 33

Doppeltubus m. || binocular tube || double-tube m. 34

doppeltwirkend || double-acting || à double effet m. 35

doppeltwirkend-e Dampfmaschine f. || double-acting steam engine || machine f. à vapeur à double effet. **a) ~e Dampfpumpe** f. || double-acting steam pump || pompe f. à vapeur à double effet. **b) ~er Schiffsdieselmotor** m. || double-acting marine Diesel engine || moteur m. Diesel marin à double effet. **c) ~e Übertragung** f. (Fernm) || double-working repeater || translation f. à deux directions. **d) ~er Zweitaktmotor** m. || two-stroke cycle double-acting type motor || moteur m. à deux temps à double effet. 36

Doppel-umschalter m. || double commutator || commutateur m. double. **a) ~verbindung** f. (Fernm) || double connection || connexion f. double. **b) ~vergaser** m. || duplex carburettor || carburateur m. jumelé. **c) ~verglasung** f. || double glass || double vitrage m. **d) ~vollgummireifen** m. || dual solid tire || bandage m. plein double. **e) ~wägung** f. || double weighing || double pesée f. **f) ~währung** f. || bimetallism || bimétallisme m.; double étalon m. 37

doppelwandig (Behälter) || double-walled; steam-jacketed || à double paroi f. **a) ~er Kessel** m. || double-shell boiler || chaudière f. à double paroi. 38

Doppelwandung f. (Behälter) || steam jacket || double paroi f. 39

Doppelweiche f. (Eisenb) || double switch || changement m. à double aiguille. **a) symmetrische ~** (Eisenb) || symmetrical double switch; three-throw switch || changement m. double à voies symétriques. 40

Doppel-winde f. || double winch || treuil m. double. **a) ~winkellasche** f. (Eisenb) || double-angle fish plate || éclisse f. double cornière. **b) ~zellenschalter** m. (Sammler) || double battery switch || réducteur-adjoncteur m. double. **c) ~zentner** m. || twohundredweight; a hundred kilograms pl. || quintal m. métrique. **d) ~ziehfeder** f. || double-line ruling pen || tire-ligne m. double. **e) ~zünder** m. (Bergb) || double-acting fuze || fusée f. à double effet. **f) ~zündung** f. || dual *or* double ignition || allumage m. double. **g) ~zwirner** m. (Spinn) || doubler and twister || câbleur m. 41

Doppel-zylinder m. || twin cylinder || double cylindre m. **a) ~zylinderwalke** f. mit zwei Hauptwalzenpaaren || double fulling machine with two main pairs of rollers || foulon m. cylindrique double avec deux paires de cylindres à laver. 42

Döpper m. (Masch) || riveting die *or* set || bouterolle f.; chasse-rivet m. 43

Doppler m. für Bleche || plate doubling machine || plieuse f. de tôles. 1

Dorf n. || village || village m. 2

Dorf-bewohner m. || villager || villageois m. **a) ~schmied** m. || country smith || forgeron m. de village. 3

Dorn m. (Röhrenpresse) || triblet; core bar || mandrin m.; âme f. **a)** ~ (Schloss) || iron pin; spike; rivet; mandrel; mandril; arbor || chevillette f.; mandrin m. **b) flacher** ~ || flat triblet || mandrin m. méplat. **c) kegeliger** ~, der sich auf je x mm Länge um y mm verjüngt || mandril which tapers at the rate of x mm to each y mm || mandrin m. d'une conicité de y/x. **d)** ~ mit **federnder Mitnehmerscheibe** (Werkzeugmasch) || spring-tensioned driving plate || dispositif m. entraîneur à ressort. **e)** ~ eines **Scharnierbandes** (Schloss) || bolt of a hinge || lacet m. *ou* rivure f. d'une fiche simple. **f) viereckiger** ~ || square triblet || mandrin m. carré. 4

Dorn-eintreibepresse f. *s.* Dornpresse. **a) ~presse** f. || mandrel *or* arbor press || presse f. à enfoncer les mandrins *ou* à mandrin(er). **b) ~probe** f. || mandril test || essai m. de mandrinage. **c) ~sammelrost** m. || broach collecting grid || grille f. collectrice des mandrins. **d) ~stauchpresse** f. || mandrel upsetting press || presse f. à fouler les mandrins. **e) ~verriegelung** f. || hold-up attachment || verrouillage m. de la bigorne. 5

Dörranstalt f. für **Obst** || fruit drying plant || installation f. de dessication de fruits. 6

dörren || to exsiccate; to desiccate; to dry || sécher; torréfier; dessécher. **a) Früchte** fpl. ~ || to dry fruits pl. || torréfier des fruits mpl. **b) Holz n.** ~ || to dry *or* to stove the wood || dessécher le bois (à l'étuve). 7

Dörr-gemüse n. || dried vegetables pl. || légumes mpl. secs *ou* séchés. **a) ~gerät** n. || drying apparatus || séchoir m.; étuve f. à sécher. **b) ~obst** n. || dried fruits pl. || fruits mpl. désséchés. 8

Dorsch m. || cod (fish); torsk || dorsch m. **a) ~tran** m. || cod liver oil || huile f. de foie de morue. 9

Dose f. || box; can; tin || boîte f. **a)** ~ aus **Hartpapier** || hard paper box || boîte f. de papier endurci. 10

Dosenabschneid- und Bördelmaschine || tin cutting and edging machine || machine f. à couper et à border les boîtes de conserves. 11

Dosen-endverschluß m. (Fernm) || box head || tête f. de boîte multiple de distribution. **a) ~fertigungsmaschine** f. || machine for making tin boxes || machine f. pour la fabrication des boîtes métalliques. **b) ~füllmaschine** f. || box filling machine || machine f. à remplir les boîtes. **c) ~libelle** f. || circular bubble; circular spirit level || nivelle f. sphérique; niveau m. rond. **d) ~öffner** m. || tin opener || couteau m. pour boîtes de conserves. **e) ~relais** n. (Fernm) || box relay || relais m. à boîte. **f) ~schalter** m. || box switch || interrupteur m. rotatif. **g) ~schließer** m. (Konserven) || hermetical fitter || sertisseur m. 12

Dosieranlage f. || dosing plant || installation f. de dosage. 13

dosieren || to dose || doser. 14

Dosiermaschine f. (Chem) || powder weighing machine; dosing machine || machine f. à doser. 15

dosiertes Präparat n. || dosed preparation || préparation f. dosée. 16

Dosis f. || dose || dose f. 17

Dostenöl n. || origanum oil || essence f. d'origan. 18

doublieren *s.* dublieren. 19

Drachen m. (Luftf) || kite || cerf-volant m. 20

Drachen-ballon m. || kite balloon || ballon m. cerf-volant; drachenballon m. **a) ~blut** n. || dragon's blood || sang-dragon m. 21

Dragees pl. || dredges pl. || dragées fpl. 22

Dragge f. (Seew) || grapnel || grapin m.; grappin m. 23

Dragline f. || dragline || pelle-dragline f. 24

Draht m. || wire || fil m.; fil m. métallique *ou* de fer. **a) abgezweigter** ~ (Elektr) || branched wire || fil m. de déviation. **b) Anschlag~** || stop wire || fil m. d'arrêt. **c) ausgeglühter** ~ || annealed wire || fil m. recuit. **d)** ~ **ausglühen** || to anneal wire || recuire le fil. **e) besponnener** ~ || covered wire || fil m. recouvert *ou* guipé. **f) mit Baumwolle besponnener** ~ || cotton covered wire || fil m. guipé de coton. **g)** ~ mit **doppelter Baumwollumspinnung** || double cotton-covered wire || fil m. à guipage double en coton. **h) bimetallischer** ~ || bimetallic wire || fil m. bimétallique. **i) blanker** ~ || bare *or* bright *or* naked wire || fil m. nu *ou* à surface lisse. **k) Blei~** || lead wire || fil m. de plomb. **l) Blumen~** || flower wire || fil m. pour fleurs. **m) Einstellung** der Drähte (el Leit) || regulating of the wires || réglage m. des fils. **n) Eisen~** || iron wire || fil m. de fer. **o)** ~ für **elektrische Leitungen** || electric wire || fil m. électrique. **p) emaillierter** ~ || enamelled wire || fil m. émaillé. **q) Feder~** || spring wire || fil m. à ressort. **r) Fernsprecher~** || telephone wire || fil m. téléphonique. **s) feuerverzinnter** ~ || fire-tinned wire || fil m. étamé au feu. **t) Flach~** || flat wire || fil m. plat. **u) Flaschen~** || bottle wire || fil m. à lier les bouteilles. **v) Flugzeug~** || wire for aeroplanes || fil m. pour aéroplanes. **w) geglühter** ~ || annealed wire || fil m. recuit. **x) gewalzter** ~ || rolled wire || fil m. laminé. **y) gezogener** ~ || drawn wire || fil m. étiré *ou* tréfilé. **z) goldplattierter** ~ || gold-covered wire || fil m. plaqué d'or. 25

a) hartgezogener ~ || hard-drawn wire || fil m. écroui; fil m. étiré à froid. **b) Heft~** (Buchb) || bookbinder's wire; stitching wire || fil m. (métallique) à relier *ou* à brocher. **c)** ~ zum **Heften** *s.* Heft~. **d) Heiz~** || heating wire || fil m. de chauffage. **e) isolierter** ~ || isolated *or* insulated wire || fil m. isolé. **f) Kratzen~** || wire for scrapers *or* for cards || fil m. pour grattoirs *ou* pour cardes. **g) Kupfer~** || copper wire || fil m. de cuivre. **h)** ~ mit **Kupferumhüllung** || wire with copper coat || fil m. recouvert d'une enveloppe de cuivre. **i) Mantel~** || wrapped wire || fil m. enveloppé *ou* recouvert. **k) Messing~** || brass wire || fil m. de laiton *ou* d'archal. **l) nackter** ~ *s.* blanker ~. **m) Nadel~** || needle wire || fil m. pour aiguilles. **n) Nieten~** || rivet wire || fil m. pour rivets. **o) Platin~** || platinum wire || fil m. de platine. **p) Rohr~** || tube wire || fil m. à tuyau. **q) runder** ~ || round wire || fil m. rond *ou* à section circulaire. **r) säurebeständiger** ~ || acidproof wire || fil m. resistant aux acides. **s) Seil~** || wire for ropes || fil m. pour câbles. **t)** einen ~ m. **spannen** || to strain a wire || tendre un fil m. **u) Splint~** || split pin wire || fil m. pour goupilles. **v) Stahl~** || steel wire || fil m. d'acier. **w) Stiefeleisen~** || heel tip wire || fil m. pour fers à chaussures. **x)** von elektrischem **Strom durchflossener** ~ || wire carrying an electric current || fil m. parcouru par un courant électrique. **y) Telefon~** || telephone wire || fil m. téléphonique. **z) Telegrafen~** || telegraph wire || fil m. télégraphique. 26

a) den ~ **umklöppeln** || to cover wire with braid || tresser le fil. **b)** den ~ **umspinnen** || to cover wire || guiper le fil. **c) umsponnener** ~ || covered wire || fil m. guipé. **d) doppelt umsponnener** ~ || double-covered wire || fil m. à guipage double. **e) verkupferter** ~ || coppered wire || fil m. cuivré. **f) verseilter** ~ || twisted wire || fil m. câblé. **g) verzinkter** ~ || galvanized wire || fil m. galvanisé *ou* zingué. **h) verzinnter** ~ || tinned wire || fil m. étamé. **i) Walz~** || rolled wire || fil m. laminé. **k) ~walzen** || to roll wire || laminer le fil. **l) wetterbeständiger** ~ || weatherproof wire || fil m. résistant aux intempéries *ou* à l'épreuve des intempéries. **m)** ~ **ziehen** || to draw wire; to wiredraw || tréfiler; tirer *ou* étirer le fil. 27

Draht-abschneidemaschine f. || wire cutting-off machine || machine f. à couper le fil. **a) ~abschneider** m. || cutting pliers pl. || pince f. coupe-fils. **b) ~abzweigung** f. || wire branching || fil m. de déviation. **c) ~anker** m. (el Leit) || wire stay || hauban m. en fil. **d) ~anschrift** f. || telegraphic address || adresse f. télégraphique. 28

Drahtanspitz-maschine f. || wire sharpening machine || machine f. à appointer le fil. **a) ~walzwerk** n. || rolling mill for sharpening wire || laminoir m. à appointer des fils. 29

Draht-antenne f. (Funkw) || wire aerial || aérien m. filiforme. **a) ~antwort** f. || reply by wire || réponse f. télégraphique *ou* par fil. **b) ~arbeit** f. (Goldschm) || filigrane; filigree || filigrane f. **c) ~art** f. || wire type || type m. de fil. **d) ~aufrollmaschine** f. || wire coiling machine || machine f. à enrouler le fil. **e) ~bearbeitungsmaschine** f. || wire working machine || machine f. à travailler les fils (métalliques). **f) ~bedeckungsmaschine** f. (Kabel) || wire covering *or* arming machine || machine f. pour armer un câble. **g) ~beizer** m. || wire pickler || décapeur m. de fils (de fer). **h) ~berührung** f. || contact of wires || contact m. de fils. 30

Drahtbiege-gerät n. || wire bending apparatus || appareil m. à plier les fils. **a) ~maschine** f. || wire bending machine || plieuse f. pour fils (métalliques); machine f. à cintrer les fils (métalliques). 31

Draht-bindezange f. || wire-binding pliers pl. || pince f. à lier les fils. **a) ~bund** m. || bundle *or* coil of wire || couronne f. de fil. **b) ~bürste** f. || wire brush || brosse f. métallique *ou* décapeuse; gratte-brosse f. **c) ~einfriedigung** f. || wire fence; wire net fencing || clôture f. en fils métalliques. **d) ~einlage** f. || wire core || armature f. *ou* bobine f. de fil (métallique). **e) ~einlegemaschine** f. || wiring machine || machine f. à insérer le fil (de fer) dans les bords. 1

Drahteisen n. || iron for wire || fer m. pour fils. **a) ~straße** f. || wire iron train *or* mill || laminoir m. *ou* train m. à fils (en acier). 2

drahten || to telegraph || télégraphier. 3

Draht-fabrikant m. || wire manufacturer || fabricant m. en fils. **a) ~fassung** f. || wire frame || monture f. à fil. **b) ~flechtmaschine** f. || wire braiding *or* wire netting machine || machine f. à tresser le fil; machine à faire les grillages. **c) ~funk** m. || carrier telegraphy and telephony (with high frequencies) || télégraphie f. et téléphonie f. (à haute fréquence) sur fils. **d) ~fußabstreifer** *s.* ~fußmatte. **e) ~fußmatte** f. || wire foot mat *or* scraper || décrottoir m. en fil métallique. **f) ~gabel** f. (el Leit) || fork for wires || lance f. à fourche. **g) ~galvanisieranlage** f. || wire galvanizing plant || installation f. de galvanisation des fils. 4

Drahtgaze f. || wire gauze *or* cloth || gaze f. *ou* toile f. *ou* tissu m. métallique. **a) ~bürste** f. || wire gauze brush || balai m. en tissu métallique. 5

Drahtgeflecht n. || wire netting *or* net-work; wirework || treillis m. *ou* toile f. métallique; tressage m. de fil; treillage m.; réseau m. *ou* tissu m. en fil. **a) Asbesteisen~** || asbestos iron wire netting || toile f. métallique amiantée. **b) Rabitz~** || Rabitz wire netting || treillis m. métallique Rabitz. 6

Drahtgeflechtautomat m. || wire-netting automatic machine || automate m. à tresser le fil métallique. 7

drahtgehefteter Bogensatz m. (Buchb) || wire-stitched quires pl. || ensemble m. de feuilles piqué au fil de fer. 8

Draht-gestell n. für Lampenschirme || wire frame for lamp-shades || monture f. en fil de fer pour abat-jours de lampes. **a) ~gewebe** n. || wire gauze *or* netting *or* tissue || toile f. *ou* tissu m. métallique; treillage m. 9

Drahtgewebe-bürste f. || wire gauze brush || balai m. en toile métallique. **a) ~färbmaschine** f. || wire netting dyeing machine || machine f. à peindre les toiles métalliques. **b) ~sieb** n. || wire gauze sieve || tamis m. de toile métallique. 10

Drahtgitter n. || wire grate *or* trellis *or* lattice || treillis m.; grillage m. **a) eisernes ~** || iron wire lattice || grillage m. en fer. 11

Drahtgitter-flechter m. || wire lattice maker || grillageur m. **a) ~werk** n. || grid; wire lattice || grillage m. 12

Draht-glas n. || armoured *or* wire glass; wired rolled glass || verre m. filé *ou* armé *ou* à fils de fer. **a) ~griff** m., **geflochtener** || twisted wire handle || poignée f. en fil tressé. **b) ~großhandlung** f. || wire wholesale dealers pl. || magasin m. de fils métalliques en gros. 13

Drahtgurt m. || wire belt || sangle f. en fil de fer. **a) ~band** n. || wire tissue belt || bande f. de tissu métallique. 14

Draht-haft m. (Schneid) || (wire) hook || agrafe f. **a) ~halsband** n. (Flaschenverschluß) || neck wire || collier m. en fil de fer. **b) ~halter** m. (Elektr) || wire clamp || serre-fil m. **c) ~härterei** f. || wire hardening plant || installation f. de trempe des fils. **d) ~haspel** m. || wire reel *or* spool || dérouleuse f. *ou* dévidoir m. à fil métallique. **e) ~hebel** m. || wire bar || tige f. en fil métallique. **f) ~hefter** m (Buchb) || wire stitcher || couseur m. au fil de fer. 15

Drahtheft-klammer f. || binder; wire staple || crochet m. **a) ~maschine** f. || wire stitching *or* stapling machine || brocheuse f. à fil métallique. 16

Draht-horde f. (Darre) || wire kiln floor; wire hurdle || plateau m. de touraille en toile métallique. **a) ~käfig** m. || wire cage || cage f. en fil de fer. **b) ~kernspule** f. || wire core coil || bobine f. à noyau en fil. 17

Drahtklammer f. || wire cramp *or* clamp || crampon m. *ou* agrafe f. en fil métallique. **a) ~herstellungsmaschine** f. || wire clamp making machine || machine f. pour fabriquer des agrafes en fil. 18

Draht-klemme f. (Elektr) || terminal; binding post || borne f.; serre-fil m. **a) ~kluppe** f. (el Leit) || jointing clamp || pince f. pou rliaisons sans soudure. **b) ~korb** m. || wireb asket || panier m. (de treillis) en fil métallique. **c) ~krampe** f. || wire cramp || crampon m. en fil de fer. **d) ~kurzwaren** fpl. || small wire goods pl. || petits articles mpl. en fil métallique. **e) ~lackiermaschine** f. || wire lacquering machine || machine f. à laquer le fil. **f) ~lager** m. (am Isolator) || neck groove || gorge f. **g) ~lehre** f. || wire gauge; wire gage (A) || jauge f. *ou* calibre m. à fils métalliques. 19

Drahtleitung f. || conducting wire || fil m. conducteur. **a) Herstellen** n. der ~ (Elektr) || wiring || pose f. du fil. 20

drahtlich (Fernm) || telegraphic || télégraphique. 21

Drahtlitzenmaschine f. || wire stranding machine || toronneuse f. à fils métalliques. 22

drahtlos || wireless || sans fil m. 23

drahtlos-er Betrieb m. von Uhren || working clocks by wireless system || service m. d'horloges du système sans fil. **a) ~er Empfang** m. || wireless reception || réception f. radiotélégraphique. **b) ~e Fernlenkung** f. von Wasserfahrzeugen und Luftfahrzeugen || radio control of vessels and airships || commande f. à distance par télégraphie sans fil des embarcations navales et aériennes. **c) ~er Fernsprechverkehr** m. || wireless telephone traffic || trafic m. téléphonique sans fil. **d) ~e Ortsbestimmung** f. || wireless position finding || détermination f. de la position sans fil. **e) ~e Richtungsbestimmung** f. || wireless direction finding || radiogoniométrie f. **f) ~er Schnellmorseempfang** m. || wireless high speed Morse reception || réception f. rapide de signes Morse radiodiffusés. 24

drahtlose Telegrafie f. || wireless telegraphy; wireless; radiotelegraphy || télégraphie f. sans fil; radiotélégraphie f. **a) abgestimmte ~ ~** || syntonized wireless telegraphy || télégraphie f. sans fil syntonisée. **b) fahrbare** Station f. für ~ ~ || portable station for wireless telegraphy || posst m. radiotélégraphique roulant. **c) gerichtete ~ ~** || directional wireless telegraphy || radiotélégraphie f. dirigée. **d) Lampe** f. für ~ ~ || lamp for wireless telegraphy || lampe f. pour la télégraphie sans fil. **e) Richtungsanzeiger** m. für ~ ~ || wireless direction finder || indicateur m. de direction pour télégraphie sans fil. 25

drahtloses Telegramm n. || wireless telegram || télégramme m. sans fil. 26

Draht-löter m. || wire brazer || soudeur m. de fils. **a) ~luftschild** n. || name-plate on plaited wirework || plaque-adresse f. sur treillis en fil métallique. **b) ~matratze** f. || wire mattress || matelas m. en fils métalliques. **c) ~meßbrücke** f. (Elektr) || slide wire bridge || pont m. de mesure à fil. **d) ~netz** n. || wire netting || clôture f. en fil. **e) ~öse** f. || staple || cavalier m.; crampon m. **f) ~poliereinrichtung** f. für Federdraht || wire polishing device for spring wires || installation f. à polir le fil pour ressorts. **g) ~presse** f. || wire press || presse f. à (exprimer les) fils. **h) ~reiterklemme** f. || staple pliers pl. || pince f. à cavalier. **i) ~reuse** f. || wire bow net || nasse f. en fil de fer. **k) ~richtmaschine** f. || wire straightener; wire straightening machine || machine f. à dresser les fils (métalliques). **l) ~ring** m. (Drahtz) || ring of wire || botte f. *ou* torche f. de fil. **m) ~rolle** f. || coil of wire || couronne f. de fil. **n) ~rollenwagen** m. || reel carriage || chariot m. à bobines. **o) ~saite** f. || music wire; wire string || corde f. métallique. 27

Drahtschere f. || wire shears pl. || pince f. à fil métallique. **a) ~** für **Spiraldraht** || spiral-wire cutter *or* shears pl. || cisaille f. à fil en spiral. 28

Drahtscheurer m. (Met) || furbisher || éclaircisseur m. 29

Drahtschleife f. (Flaschenverschluß) || wire loop || agrafe f. en fil de fer. **a) ~** für **verkorkte Flaschen** || wire noose for corked bottles || boucle f. de fil pour bouteilles à bouchon. 30

Draht-schleifenmaschine f. (Flaschenverschluß) || wiring machine || machine f. à agrafer. **a) ~schlinge** f. || wire loop || agrafe f. en fil de fer; boucle f. en fil métallique. **b) ~schutzkorb** m. || wire guard || panier m. protecteur en fil de fer. 31

Drahtseil n. || wire rope *or* cable || câble m. (métallique); corde f. de fils métalliques; câble m. en fil d'acier. 32

Drahtseilbahn f. (Lasten) || cable *or* telpher way || transport m. par câble. **a) ~** (Personen) || wire rope railway; cable railway; aerial ropeway *or* cableway || funiculaire m.; chemin m. de fer funiculaire. 33

Drahtseilbrücke f. || wire cable suspension-bridge || pont m. suspendu par câbles métalliques. 34

Drahtseilerei f. || wire rope making || fabrication f. des câbles métalliques. **a) ~maschine** f. || wire rope making machine || machine f. à câbler le fil de fer. 35

Drahtseil-kloben m. || wire rope block || moufle f. à câble. **a) ~schmiere** f. || wire rope grease *or* lubricant || graisse f. pour câbles métalliques. 36

Draht-sieb n. || metal *or* wire sieve || crible m. en métal; tamis m. en fil métallique. **a) ~sorte** f. || wire type || type m. de fil. **b) ~spanner** m. || cord tender; wire stretcher *or* strainer; drawtongs pl. || tendeur m. pour fils de fer; table f. de tension du fil; raidisseur m. **c) ~spannschloß** n. || wire tightener || tenseur m. de fil. **d) ~spannung** f. || stress of wire || tension f. du fil. **e) ~spannungsprüfung** f. || tension testing of wires; sag test || vérification f. de la tension des fils; réglage m. des fils. **f) ~speiche** f. || wire spoke || rayon m. métallique *ou* en fil d'acier. **g) ~speichenrad**

n. || wire spoke wheel || roue f. à rayons métalliques. **h) ~spirale** f. || bullion; purl; wire spiral || cannetille f. **i) ~spiralfeder** f. || spiral metallic spring || ressort m. à boudin; élastique m. **k) ~spulmaschine** f. || wire spooling machine || machine f. à bobiner le fil. 1

Drahtstärke f. || wire diameter || épaisseur m. du fil. **a) ~ des Siebes** || thickness of sieve wire || grosseur f. du fil du tamis. 2

Drahtstift m. || wire tack *or* nail || pointe f. de Paris; clou m. d'épingle; cheville f. métallique. **a) ~ mit flach versenktem Kopf** || wire nail with flat countersunk head || pointe f. de Paris *ou* clou m. d'épingle à tête plate noyée. **b) ~ mit gestauchtem Kopf** || wire nail with upset head || pointe f. de Paris *ou* clou m. d'épingle à tête aplatie. **c) ~ mit Halbrundkopf** || wire nail with semi-circular head || pointe f. de Paris *ou* clou m. d'épingle à tête demi-ronde. **d) kantiger ~** || edged wire nail || pointe f. de Paris anguleuse; clou m. d'épingle anguleux. **e) ~ ohne Kopf** || wire nail without head || pointe f. de Paris *ou* clou m. d'épingle sans tête. **f) ~ mit tief versenktem Kopf** || wire nail with deep countersunk head || pointe f. de Paris *ou* clou m. d'épingle à tête noyée et profonde. 3

Draht-stiftmaschine f. || machine for making wire tacks *or* wire nails || machine f. à faire les pointes de Paris. **a) ~straße** f. || wire rolling mill; wire train || laminoir m. *ou* train m. à fil. **b) ~telefonie** f. || line telephony || téléphonie f. par fil. **c) ~telefonograf** m. || wire telephonograph || téléphonographe m. à fil. **d) ~torsionsgerät** n. || wire twisting apparatus || appareil m. à tordre les fils. **e) ~umhaspelmaschine** f. *s.* ~umspinnmaschine **f) ~umkleidungsmaschine** f. || wire covering machine || machine f. à revêtir les fils métalliques. **g) ~umspinner** m. (Posam) || fancy threader || guipeur m. de fil. **h) ~umspinnmaschine** f. || wire covering machine || machine f. à guiper les fils métalliques; guipeuse f. à fil. **i) ~umspulgerät** n. || wire coating apparatus || appareil m. à enrouler dans du fil métallique. 4

Drahtung f. || telegraphy || télégraphie f. 5

Drahtungs-kosten pl. || telegraphic charges pl. || frais mpl. de télégramme. **a) ~wort** n. || code word || code m. télégraphique. 6

Drahtverarbeitungsmaschine f. || wire manufacturing machine || machine f. à travailler le fil. 7

Drahtverbindungs-hülse f. (Elektr) || wire jointing sleeve || manchon m. pour fils. **a) ~stelle** f. || wire joint || joint m. *ou* liaison f. des fils. 8

Drahtverhau n. || wire entanglement || réseau m. en fil de fer. 9

Draht-verschnürer m. (Schaumweinflasch) || cork wirer || metteur m. de fil de fer. **a) ~verseiler** m. || cable machine driver || câbleur m. **b) ~verwindungsgerät** n. || wire twisting apparatus || appareil m. à tordre les fils. **c) ~verzinkerei** f. || wire galvanizing plant || installation f. de zinguage des fils. **d) ~verzinkung** f. || wire zincification *or* galvanization || galvanisation f. *ou* zinguage m. de fil de fer. **e) ~verzinnerei** f. || wire tinning plant || installation f. d'étamage des fils. **f) ~walze** f. || wire roll || cylindre m. de laminoir à fil. **g) ~walzenbrücke** f. || wire cylinder bridge || pont m. de cylindre à fil. **h) ~walzwerk** n. || wire mill || laminoir m. à fil. 10

Drahtwaren fpl. || wire ware *or* articles pl. *or* goods pl. || objets mpl. en fil métallique; articles mpl. en treillis métallique. **a) ~ für Küche und Haus** || wire goods pl. for house-keeping and kitchen || articles mpl. en fil métallique de ménage et de cuisine. 11

Drahtwäscherei f. || wire washery || laverie f. à fil. 12

Drahtweberei f. (Fabrik) || wire weaving mill || atelier m. de tissage de fil métallique. **a) ~** (Gewerbe) || wire weaving || tissage m. de fil métallique. **b) Krippmaschine** f. für die ~ || crimping machine for wire weaving || machine f. à plier le fil gros pour le tissage. 13

Draht-webstuhl m. || wire weaving *or* wire gauze loom; wire working machine || métier m. à tisser le fil de fer *ou* à tissus métalliques; machine f. à tissus réticulaires. **a) ~wickelmaschine** f. || wire winding machine || enrouleuse f. à fil de fer. **b) ~winde** f. || wire winch || cric m. tendeur. 14

Drahtzange f. || wire cutters pl. *or* pliers pl. || pince f. américaine; pinces fpl.; pince f. **a) ~ mit flachen Backen** || flat nosed pliers pl. || pince f. plate. **b) ~ mit runden Backen** || round nosed pliers pl. || pince f. ronde. 15

Draht-zaun m. || wire lattice *or* fence || grillage m.; clôture f. métallique en fil. **a) ~ziehbank** f. || wire drawing machine *or* bench || banc m. de tréfilerie *ou* à étirer le fil de fer. **b) ~zieheisen** n. || wire draw plate || fer m. à tréfiler; filière f. **c) ~zieher** m. || wire drawer || tréfileur m. 16

Drahtzieherei f. || wire drawing mill; wire works pl. || tréfilerie f. **a) Genauigkeits~** || accurate wire drawing works pl. || tréfilerie f. de précision. **b) Präzisions~** *s.* Genauigkeits~. 17

Drahtzieh-maschine f. || wire drawing machine || machine f. pour la tréfilerie. **a) ~stein** m. || wire drawing stone || pierre f. à tréfiler. **b) ~walze** f. || wire drawing roller || cylindre m. du laminoir de fil. 18

Draht-zug m. (Ziehbank) || wire drawing bench; draw bench for wire drawing || banc m. à tirer; banc m. de tréfilerie. **a) ~zurichter** m. || wire dresser || dresseur m. de fils. 19

Drain m. *s.* Drän. 20

Draisine f. || rail cycle || draisine f. 21

Drall m. (Garn) || twist; turn; lay || tors m.; torsion f.; pas m. 22

drallarmes Stahlseil n. || steel rope with moderate twist || câble m. en acier à faible torsion. 23

Dralllänge f. || length of lay *or* twist || longueur f. de pas. 24

Drän m. || (under) drain || drain m.; rigole f. souterraine. 25

Dränage f. || draining; drainage || drainage m. 26

Dränage-anlage f. || drainage system || installation f. de drainage. **a) ~arbeit** f. || draining work || entreprise f. de drainage. **b) ~röhre** *s.* Dränröhre. 27

Drängelsignal n. (Fernm) || signal to speed up the operation || signal m. d'accélération. 28

dränieren || to drain || drainer. 29

Dränierung f. mit Ziegeln || tile drainage || sous-doublis m. 30

Dränrohr n. *s.* Dränröhre. **a) ~anlage** f. an Kabelkanälen || drainage of cable conduits || drainage m. des conduits à câbles. 31

Dränröhre f. || drain *or* draining *or* drainage pipe || tuyau m. de drainage *ou* de dessèchement; drain m. 32

Draufsicht f. || top view || vue f. d'en haut. 33

drechseln || to turn || tourner. 34

Drechseln n. || turning || tournage m. 35

Drechsler m. || turner || tourneur m. **a) Bernstein~** || amber turner || tourneur m. sur ambre. **b) Elfenbein~** || ivory turner || tourneur m. sur ivoire. **c) ~ für Hohlkehlen** || hollower || creuseur m. **d) Holz~** || wood turner || tourneur m. sur bois. **e) Horn~** || horn turner tourneur m. sur corne. **f) Knochen~** || bone turner || tourneur m. sur os. **g) Kunst~** || fancy goods turner || tourneur m. en tabletterie. **h) Modell~** || pattern turner || modeleur-tourneur m. **i) Schildpatt~** || tortoise shell turner || tourneur m. sur écaille. 36

Drechslerarbeit f., **künstlerische** || artistic turned work || travail m. d'art tourné. **a) Möbel~** (Erzeugnis) || wooden turned goods pl. for cabinet making || articles mpl. en bois tourné pour meubles. 37

Drechslerei f. || turnery || turnerie f. **a) ~maschine** f. || turnery machine || machine f. de tourneurs *ou* de tournerie. 38

Drechsler-rohr n. || turning gouge || gouge f. pour tourneurs. **a) ~spitzbohrer** m. || turner's bit pointed nose || mèche f. pour tourneurs; langue f. de vipère. **b) ~werkzeug** n. || turning tool || outil m. de tour. **c) ~wippe** f. || pole lathe || tour m. à perche. 39

Dreget n. (Web) || velvet cutting machine; trivet || coupeuse f. *ou* taille-rolle f. à velours. 40

Dregganker m. || grappling anchor; grapnel || grappin m.; grapin m. 41

Dreh-arbeit f. mit rotierenden Werkzeugen || turning work with rotating tools || travail m. de tournage au moyen d'outils rotatifs. **a) ~automat** m. || automatic lathe || tour m. automatique. **b) ~bahn** f. (Seil) || rope walk *or* yard || corderie f. 42

Drehbank f. (Buchdr) || rotary planer || tour m. à dresser. **a) ~** (Masch) || lathe; turning lathe || tour m. **b) Abstech~** || slicing lathe || machine f. *ou* tour m. à tronçonner. **c) ~ für Aufsteckspindeln** || skewer turning machine || machine f. à tourner les brochettes. **d) Bohr~** || boring and reaming lathe || tour m. à percer et aléser. **e) Faß~** (zum Säubern) || cask cleaning-off machine *or* lathe || tour m. à blanchir les fûts. **f) ~für Faßböden** || turning lathe for cask headings || tour m. à arrondir les fonds de fûts. **g) Flanschen~** || flange planing and trimming machine || tour m. à travailler les brides. **h) ~ mit Fußantrieb** || foot lathe || tour m. à pédale. **i) ~ für Futterarbeiten** || turning lathe for chuck jobs || tour m. à manchon. **k) Gewinde~** || threading lathe || tour m. à fileter. **l) Gewindebohrer~** || tap making lathe || tour m. à fileter les tarauds. **m) ~ zum Hinterdrehen** || relieving lathe || tour m. à détalonner. **n) Hohlspindel~** || hollow spindle lathe || tour m. à arbre creux. **o) Holz~** || wood turning lathe || tour m. à bois. **p) Karussell~** || lathe with horizontal face plate; vertical boring and turning mill || tour m. vertical *ou* à plateau horizontal; tour-alésoir m. **q) Kopier~** || copying lathe || tour m. à copier. **r) Kurbelwellen~** || crank shaft lathe || tour m. à travailler les arbres coudés. **s) Kurbelzapfen~** || crank-pin lathe || tour m. pour les manetons d'arbres à vilebrequin. **t) leichte ~** || light lathe || petit tour m. **u) Leitspindel~** || engine lathe; screw cutting lathe; lathe with lead screw || tour m. à fileter. **v) Leit- und Zugspindel~** || sliding and screw cutting lathe || tour m. à charioter et à fileter. **w) Oval~** || oval turning lathe || tour m. ovale. **x) Passig~** || lathe for eccentric turning || tour m. à guillocher. **y) ~ für Pinselgriffe und Federhalter** || brush handle and penholder turning machine || tour m. pour manches de pinceaux et pour porte-plumes. **z) Plan ~** || face *or* facing *or* surface lathe || tour m. à facer *ou* en l'air *ou* à plateau. 1

a) Radreifen~ || wheel tire lathe || tour m. pour bandages de roues. **b) Radsatz~** || lathe for wheel sets || tour m. à essieux montés. **c) Revolver~** || turret lathe || tour m. revolver. **d) Rohr~** || tube lathe; tube turning machine || tour m. pour tubes; machine f. à tourner les tubes. **e) Schablonen~** || reproducing lathe; lathe for repetition work || tour m. à reproduire. **f) Schablonen~ mit Hintermesser** || back knife gauge lathe || tour m. à gabarit avec outil (de tour) arrière. **g) Scheiben~** || surface lathe || tour m. à plateau. **h) Schnellschnitt~** || high speed lathe || tour m. à grande vitesse. **i) schwere ~** || heavy lathe || gros tour m. **k) Speichen- und Griff~** || spoke and handle turning machine || tour m. pour rayons de roues et pour manches d'outils. **l) Spinnspulen~** || spinning bobbin turning machine || tour m. pour bobines de filature. **m) Spitzen~** || centre lathe || tour m. à pointes. **n) spitzenlose ~ f. für Stangenmaterial** || centreless lathe for bar work *or* rod job || tour m. sans pointe pour barres. **o) ~ von x Zoll Spitzenhöhe** || turning lathe of x inches height of center || tour m. de x pouces de hauteur de pointes. **p) ~ für Stangenarbeiten** || turning lathe for rod job || tour m. pour travaux dans la barre. **q) Stehbolzen~** || stud lathe || tour m. pour entretoises. **r) Stein~** || stone turning lathe || tour m. à pierres. **s) Trommel~** || roller lathe || tour m. à tambours. **t) Türknopf~** || door knob turning machine || tour m. pour boutons de porte. **u) ~ für verschiedene** Gegenstände || various jobs *or* job works turning machine || tour m. pour différents articles. **v) Vielstahl~** || multicut lathe || tour m. à outils multiples. **w) Walzen~** || roll lathe || tour m. pour cylindres de laminoir. **x) Zangenspann~** || lathe with draw-in attachment || tour m. avec pinces de serrage. **y) Zweiständerkarussell** || double column vertical boring mill || tour m. vertical à deux montants. 2

Dreh-, Bohr- und Abstechbank f || turning, boring and cutting-off machine || tour m. à charioter, percer et tronçonner. 3

Drehbank-arbeiter m. || lathe-hand || tourneur m. **a) ~futter** n. || lathe *or* clamping chuck || manchon m. pour tours; mandrin m. de tour *ou* de serrage; chuck m. **b) ~gestell** n. || frame of a lathe || banc m. d'un tour. **c) ~herz** n. || carrier; heart || toc m. d'entraînement; cœur m. **d) ~spindel** f. || mandril *or* spindle of lathe; lathe spindle || arbre m. *ou* broche f. d'un tour. **e) ~spindelbohrung** f. || bore of lathe spindle || alésage m. de la broche du tour. 4

drehbar || revolving; reversible; turning; rotating || mobile autour d'un axe; tournant sur *ou* autour d'un tourillon pivotant; rotatif. **a) ~ eingesetzt** || pivoted || pivotant. **b) um eine vertikale Achse** f. ~ || rotating on a vertical axis || tournant autour d'un axe vertical. **c) um einen Zapfen** n. ~ || turning on a pivot || mobile autour d'un tourillon *ou* d'un pivot. 5

drehbar-er Bügel m. || revolving stirrup || étrier m. pivotant. **a) ~es Horn** n. (Werkzeugmasch) || reversible horn || bigorne f. pivotante. **b) ~er Knopf** m. || rotating button || bouton m. rotatif. 6

Drehbaum m. (Straßenb) || turning handle || levier m. de manœuvre. **a) ~hülse** f. der Drehscheibe || handspike socket of the turntable || douille f. de levier de la plaque. 7

Dreh-bereich m. || turning capacity || capacité f. de tournage. **a) ~bewegung** f. || motion of rotation; rotatory motion; rotation || mouvement m. de rotation. **b) ~bleistift** m. || propelling pencil || portemine m. à vis. **c) ~bohrmaschine** f. || spiral drilling machine || foreuse f. rotative. **d) ~bolzen** m. || fulcrum pin; screw bolt || tourillon m.; taranche f. **e) ~brett** n. (Töpf) || templet; pattern || calibre m.; échantillon m. **f) ~brücke** f. || turn *or* swing *or* swivel bridge || pont m. tournant *ou* pivotant. **g) ~bügelaufhängung** f. || revolving shackle suspension || suspension f. à étrier tournant. 8

Dreheisen-instrument n. || revolving iron (measuring) instrument || instrument m. (de mesure) à fer tournant. **a) ~spannungsanzeiger** m. || moving iron voltmeter || voltmètre m. à fer doux. **b) ~ stromanzeiger** m. || moving iron ammeter || ampèremètre m. à fer doux. 9

Drehelektromagnet m. || rotary electromagnet || électro m. de rotation. 10

drehen || to turn; to rotate || tourner **a) ~** (Töpf) || to throw || tourner. **b) sich ~** || to turn; to rotate || tourner. **c) sich auf einem Zapfen m. ~** || to turn upon a pivot || pivoter. **d) um x^0 ~** || to turn through x^0 || tourner de x^0. 11

Drehen n. des **Greifers** (Bagger) || twisting of the grab || contournage m. du grappin. 12

drehende Achse f. || driving *or* live axle || essieu m. tournant. 13

Dreher m. || turner; lathe-hand || tourneur m. **a) ~** (Töpf) || thrower; former || tourneur m. **b) Eisen~** || iron turner || tourneur m. en fer. **c) Fasson~** || job turner; capstan lathe worker; profile turner || tourneur m. à façon; décolleteur m. **d) Holz~** || wood turner || tourneur m. sur bois. **e) Knopf~** || button turner || tourneur m. de boutons. **f) Messing~** || brass turner || tourneur m. en cuivre jaune. **g) Metall~** || metal turner || tourneur m. sur métaux. **h) Schrauben~** || screw cutter || fileteur m. **i) Walzen~** || roll repairer || retailleur m. de cylindres. 14

Dreherei f. (Werkstatt) || turnery; turner's shop || tournerie f.; atelier m. de tours. **a) Fasson~** (Arbeit) || capstan lathe working; profile turning || décolletage m. de metaux; profilage m. au tour. **b) Metall~** (Arbeit) || metal turning || tournage m. sur métaux. 15

Dreherei-maschine f. (Töpf) || turning machine || machine f. de tournerie. **a) ~waren** fpl. || articles pl. made on lathes || articles mpl. tournés. 16

Dreherfaden m. || moveable *or* turning thread of the warp || fil m. de tour. 17

Dreh-feld n. || rotating *or* rotary field || champ m. tournant. **a) ~fenster** n. || turn window || fenêtre f. tournante. **b) ~festigkeit** f. || torsion strength || résistance f. à la torsion. 18

Drehfeuer n. (Seew) || revolving light; rotary beacon || feu m. tournant. **a) dreistrahliges ~** || triple beam rotary beacon || feu m. tournant à trois faisceaux. 19

Drehflügel m. || turning sash; window valve || battant m. *ou* vantail m. de fenêtre. **a) ~schraube** f. || reversible propeller || hélice f. réversible. 20

Dreh-geschütz n. || revolving gun || pièce f. tournante. **a) ~geschwindigkeit** f. || velocity of rotation || vitesse f. de rotation. 21

Drehgestell n. (Lok) || bogie; truck (A) || bogie m.; avant-train m.; truck m. pivotant. **a) ~ aus gepreßten Blechen** (Eisenb) || pressed steel bogie || bogie m. embouti en tôles. **b) ~ mit Laufring** (Eisenb) || truck with rolling ring || bogie m. avec cercle de roulement. **c) ~ für beliebigen Radstand** || truck of any wheel base || bogie m. à écartement des roues quelconque. **d) ~ mit achtklotziger Spindelbremse** || truck with eight-shoe screw brake || bogie f. avec frein à vis à huit sabots. **e)** Wagen m. mit zwei **zweiachsigen ~en** || wagon on two trucks each of two axles; wagon of two four-wheeled bogies || wagon m. à deux bogies à deux essieux. 22

Drehgestell-anordnung f., **bewegliche** (Eisenb) || articulated truck arrangement || système m. articulé des bogies. **a) ~bremse** f. || bogie brake || frein m. de bogie. **b) ~feder** f. für Lokomotiven || bogie spring for locomotives || ressort m. pour bogies de locomotive. **c) ~tenderlokomotive** f. || articulated tank locomotive || locomotive-tender f. à essieux couplés articulés. **d) ~wagen** m. || bogie wagon *or* car || voiture f. *ou* wagon m. à bogies. **e) ~zapfenlager** (Eisenb) || center plate || crapaudine f. de pivot du bogie. 23

Dreh-herdofen m. || rotary furnace || four m. tournant. **a) ~herz** n. || heart; driver || cœur m.; toc m. **b) ~hülse** f. || turning socket || douille f. du levier. **c) ~keilkupplung** f. || pin clutch || embrayage m. à clavette tournante. **d) ~kippschemel** m. || turning tip stool || banquette f. giratoire à bascule. **e) ~klinke** f. (Selbstanschl) || rotary pawl || cliquet m. de rotation. **f) ~kolbenpumpe** f. || rotary pump || pompe f. rotative. 24

Drehkondensator m. || adjustable disc condenser || condensateur m. variable à air; condensateur m. à disques. **a) ~ mit Feineinstellung** || adjustable condenser with delicate regulation || condensateur m. variable à air avec réglage micrométrique. 25

Drehkraft f. || torsional force || force f. de torsion. 1

Drehkran m. || revolving *or* slewing *or* rotary *or* swing *or* jib crane || grue f. pivotante *ou* tournante *ou* à pivot tournant. **a) Dampf~** || steam driven revolving crane || grue f. à vapeur pivotante. **b) Dampflokomotiv~** || steam driven locomotive slewing crane || grue f. locomotive pivotante à vapeur. **c) Drehkreis** m. eines **~es** || radius of a slewing crane || rayon m. couvert par une grue tournante fixe. **d) Eisenbahn~** || derrick wagon crane || grue f. roulante; grue f. tournante montée sur wagon. **e) fahrbarer ~** || travelling revolving crane; portable slewing crane || grue f. pivotante transportable *ou* roulante. **f) feststehender Hafen~** || stationary wharf revolving crane || grue f. fixe pivotante pour port. **g) feststehender Turm~** || stationary tower revolving crane || grue f. pivotante géante et fixe. **h) Säulen~** || pillar crane || grue f. à colonne. **i) selbstfahrender Wagen~** mit Dieselmotorenantrieb || self-propelled Diesel engine driven revolving wagon crane || grue f. locomotive pivotante sur wagon actionnée par moteur Diesel. **k) Wagen~** || revolving wagon crane || grue f. pivotante sur wagon. 2

Drehkrankheit f. (Tiere) || gid; sturdy; turnsick || tournis m. 3

Drehkreis m. (Schiff) || circle described || cercle m. décrit. **a) ~** eines **Drehkranes** || radius of a slewing crane || rayon m. couvert par une grue tournante fixe. 4

Dreh-kreuz n. || turnstile || tourniquet m. **a) ~kübel** m. || revolving bucket || benne f. basculante. **b) ~lager** n. || pivot bearing || coussinet m. de pivotement. 5

Drehlänge f., **größte** || greatest length to be turned || longueur f. maximum à tourner. **a) ~** des **Revolverkopfes** || length of turret feed || course f. de chariotage de la tourelle. 6

Drehleiter f., **Motor** || motor aerial ladder; motor extension ladder || échelle f. automobile mécanique. 7

Drehmagnet m. (Selbstanschl) || rotary magnet || aimant m. *ou* électro m. de rotation. **a) ~- galvanometer** n. || moving magnet galvanometer || galvanomètre m. à aiguille. 8

Drehmeißel m. || (turning) chisel; lathe *or* turning tool || ciseau m. *ou* outil m. à tourner. 9

Drehmoment n. || twisting *or* torsional *or* turning moment || moment m. de torsion *ou* de rotation. **a) ~** der **Kurbel** || crank turning moment || moment m. de rotation de la manivelle. 10

Drehofen m. (Gas) || turning furnace || fourneau m. tournant. **a)** Entstaubung f. von **~abgasen** npl. || precipitating the dust from waste gases of a rotary kiln || dépoussiérage m. de gaz d'échappement d'un four tournant. 11

Dreh-orgel f. || street *or* barrel organ || orgue f. de Barbarie *ou* à manivelle *ou* d'Allemagne. **a) ~pfanne** f. (Eisenb) || footstep || grain m.; crapaudine f. **b) ~pfannenträger** m. (Eisenb) || truck bolster || traverse f. de la crapaudine. 12

Drehplatte f. (Eisenb) || turnplate; center plate || plaque f. de manœuvre; plaque f. tournante. **a) ~** auf **Kugeln** (Eisenb) || center plate *or* turnplate on ball bearings || plaque f. tournante sur billes. 13

Drehpol m. || rotating-field pole || pôle m. de champ tournant. 14

Drehpunkt m. || center *or* centre point; centre of motion *or* rotation; fulcrum; point of revolution || point m. d'appui *ou* de mouvement; centre m. de rotation. **a)** als **Kimme** ausgebildeter **~** m. eines gleicharmigen Hebels || fulcrum of a lever with equal arms forming a notch || centre m. de rotation d'un levier à bras égaux constitué par une encoche. **b) ~** bei **Weichen** || pivot of the tongue || centre m. de l'aiguille. 15

Drehrichtung f. || direction of rotation *or* running || direction f. *ou* sens m. de rotation. **a) falsche ~** || wrong direction of rotation || sens m. de rotation inversé. **b) wechselnde ~** (Masch) || changeable direction of rotation || renversement m. de marche. 16

Dreh-riegel m. || spagnolet || espagnolette f. **a) ~röhre** f. (Töpf) || turning gouge || gouge f. pour tourneurs. **b) ~rohrofen** m. || revolving tubular kiln || four m. tubulaire tournant. 17

Drehrost m. || revolving grate || grille f. tournante. **a) ~gaserzeuger** m. || revolving-grate gas producer || gazogène m. à grille tournante. 18

Drehschalter m. || rotary switch || interrupteur m. rotatif. **a) ~schrank** m. (Fernm) || spindle switchboard || tableau m. à levier tournant. 19

Drehscheibe f. (Eisenb) || turntable; traverser || plaque f. tournante; transbordeur m. **a) ~** (Töpf) || potter's lathe; pallet; throwing wheel; jigger || tour m. *ou* roue f. à potier. **b)** die **~** ist durch einen doppelten Bohlenbelag **abgedeckt** || the turntable is covered by a double timber planking || la plaque tournante est garnie d'une couverture double en madriers. **c) Grundplatte** f. der **~** || base plate for the turntable || plaque f. de base de la plaque tournante. **d) halbversenkte ~** || half sunk traverser || transbordeur m. à canivaux. **e) Kletter~** || climbing turntable || plaque f. en saillié. **f) ~** mit **Kreuzspurleisten** || turntable with cross guide ledges || plaque f. tournante avec rails-guides entrecroisés. **g) Kugel~** || ball-bearing turntable || plaque f. tournante à billes. **h) Lokomotivgelenk~** || articulated locomotive turntable || plaque f. tournante à articulation pour locomotives. **i) Rollen~** || turntable on rollers || plaque f. tournante sur galets. **k) ~** mit glattem **Teller** || turntable with plain disc || plaque f. tournante à disque lisse. 20

Drehschemel m. (Eisenb) || swivelling bolster; pivoted bogie || traverse f. mobile; train m. de roues pivotant. **a) ~wagen** m. (Eisenb) || truck with swivelling bolster || wagon m. avec traverses mobiles. 21

Dreh-schieber m. || rotary slide valve || tiroir m. rotatif. **a) ~schraube** f. mit Gegengewicht || turning barrier with counterpoise || barrière f. à lisse pivotante. **b) ~schwingungsprüfmaschine** f. || torsion vibration testing machine || machine f. à mesurer les vibrations dues à la torsion. **c) ~sessel** m. *s.* ~stuhl **d) ~sieb** n. || revolving screen || tambour-classeur m. **e) ~sinn** m. (Masch) || direction of rotation || sens m. de rotation. **f) ~sitz** m. || revolving seat || siège m. tournant. 22

Drehspäne mpl. || turnings pl.; shavings pl.; chips pl.; || tournure f.; copeaux mpl. **a) ~** von **Eisen** || iron turnings pl. *or* shavings pl. || tournure f. de fer. 23

Dreh-spannung f. (Mech) || torsional stress || tension f. *ou* effort m. de torsion. **a) ~sprenger** m. (Landw) || revolving sprayer || arrosoir m. rotatif. **b) ~spule** f. (Elektr) || moving coil || bobine f. à cadre mobile. **c) ~- spulenschnellschreiber** m. || high speed moving coil recorder || siphon-recorder m. rapide. 24

Drehspul-galvanometer n. || moving coil galvanometer || galvanomètre m. à cadre mobile. **a) ~instrument** n. || adjustable coil instrument || instrument n. de mesure à cadre tournant. **b) ~-relais** n. von Sullivan || Sullivan's cable call relay || relais m. d'appel Sullivan. **c) ~strommesser** m. || moving coil ammeter || ammètre m. à bobine mobile. 25

Drehstahl m. || lathe *or* turning tool || outil m. à tourner *ou* à charioter; outil m. de tour. **a)** den **~ einspannen** || to clamp the tool || serrer l'outil m. **b) kurz gespannter ~** || turning tool of short overhang || outil m. de tour serré court. **c) Schnell~** || high-speed tool steel; steel for highspeed lathes || acier m. rapide; outil m. pour tours à grande vitesse. 26

Drehstahl-halter m. || lathe tool holder || porte-outil m. de tour. **a) ~schleifmaschine** f. || lathe tool grinder || machine f. à affûter les outils de tours. 27

Dreh- und **Hobelstahlschleifmaschine** f. || lathe and planer tool grinder || machine f. à meuler et affûter les outils de tours et de raboteuses. 28

Drehstichel m. || graver; turning graver || burin m. *ou* couteau m. du tourneur. 29

Drehstift m. (Uhrm) || turning arbor || arbre m. tournant. **a) ~** mit **Kittscheibe** || turning arbor with disk || arbre m. à cire. 30

Drehstock m. (Seil) || winch; lever || gaton m. 31

Drehstrom m. || triphase *or* three-phase (alternating) current || courant m. (alternatif) triphasé. **a) mit ~** || with three-phase current || en triphasé. 32

Drehstrom-anlage f. || three-phase current plant || installation f. de courant triphasé. **a) ~dynamo** f. || three-phase generator; threephaser; triphaser || alternateur m. triphasé; dynamo f. *ou* génératrice f. triphasée. **b) ~flanschmotor** m. || flanged three-phase current motor || moteur m. triphasé à bride. 33

Drehstromgenerator m. || three-phase alternator *or* generator || alternateur m. triphasé; génératrice f. triphasée. **a) ~** mit **horizontal** liegender Welle || horizontal shaft three-phase generator || génératrice f. triphasée à arbre horizontal. 34

Drehstromgleichstrom - einankerumformer m. || rotary-current continuous-current converter || commutatrice f. à courant triphasé en courant continu. **a) ~umformer** m. || rotary-current continuous-current dynamotor || dynamoteur m. à courant triphasé en courant continu. 35

Drehstrom-kollektormotor m. || three-phase commutator motor || moteur m. triphasé à collecteur. **a) ~leistungsmesser** m. || three-phase current output meter || watt-mètre m. pour courant triphasé. **b) ~meßinstrument** n. || rotary-current measuring instrument || instrument m. de mesure à courant triphasé. 1

Drehstrommotor m. || three-phase current motor || moteur m. (électrique) triphasé. **a) kompensierter ~** || compensated three-phase current motor || moteur m. triphasé compensé. **b) unmittelbar gekuppelte ~en** mpl. || direct coupled three-phase motors pl. || moteurs mpl. triphasés accouplés directement. 2

Drehstrom-netz n. || three-phase mains pl. || réseau m. triphasé. **a) ~niederspannungsanlage** f. || three-phase low-voltage plant || installation f. à courant triphasé à basse tension. **b) ~ofen** m. || three-phase current furnace || four m. à courant triphasé. **c) ~ölumformer** m. || three-phase current oil transformer || transformateur m. à courant triphasé refroidi par l'huile. 3

Drehstromreihenschluß-kurzschlußmotor m. || three-phase series wound short-circuit motor || moteur m. triphasé à moteur série en court-circuit. **a) ~motor** m. || three-phase series-wound motor || moteur m. triphasé à moteur série. 4

Drehstrom-repulsionsmotor m. || three-phase repulsion motor || moteur m. triphasé à répulsion. **a) ~schalter** m. || three-phase switch || interrupteur m. pour courant triphasé. **b) ~schwungradgenerator** m. || three-phase current fly wheel generator || dynamo-volant f. à courant triphasé. **c) ~seite** f. || three-phase current side || côté m. triphasé. **d) ~synchrongenerator** m. || three-phase current synchronous generator || génératrice f. synchrone triphasé. **e) ~transformator** m. || three-phase *or* rotary current transformer || transformateur m. triphasé *ou* à champ tournant. 5

Drehstuhl m. (Möbel) || swivel *or* revolving chair || chaise f. pivotante *ou* à vis. **a) ~** (Eisenb) || heel *or* jaw chair || coussinet m. de talon *ou* de rotation. **b) ~** (Kran) || centre support || support m. de crapaudine. **c) ~** (Uhrm) || watch-maker's lathe || tour m. d'horloger. 6

Drehteil m., **geformter** || profile turned piece || pièce f. façonnée au tour. 7

Drehtisch m. (Werkzeugmasch) || index table; swing-out table || table f. tournante. **a) Universal~** (Opt) || universal revolving stage || platine f. rotative universelle. 8

Dreh-tischpresse f. || revolving table press || presse-revolver f. **a) ~topf** m. || coiler || pot m. tournant. 9

Drehtor n. (Wasserb) || sluice-door; turning lockdoor || porte f. d'écluse tournante. **a) ~schleuse** f. || sluice *or* lock with turning doors || écluse f. à portes tournantes. 10

Dreh-transformator m. || adjustable transformer; converter || transformateur m. réglable *ou* rotatif. **a) ~tür** f. || hinged *or* turning door || porte f. tournante *ou* pivotante. **b) ~umformer** m. || rotary converter || commutatrice f.; convertisseur m. tournant. **c) ~umschalter** m. || turning change-over switch || commutateur-permutateur m. tournant. 11

Drehung f. || torsion; rotation || torsion f.; rotation f.; tournement m. **a) ~ im Sinne des Uhrzeigers** || rotation in clockwise direction || rotation f. dans le sens des aiguilles d'une montre. **b)** einen Körper **in ~ versetzen** || to set a body in rotation || mettre un corps en rotation. 12

Drehungs-beanspruchung f. || torsional stress || effort m. de torsion. **a) ~ellipsoid** n. || revolution ellipsoid || ellipsoïde m. de révolution. **b) ~festigkeit** f. || torsion strength || résistance f. à la torsion. **c) ~paraboloid** n. || revolution paraboloid || paraboloïde m. de révolution. **d) ~sinn** m., **positiver** || positive rotation || sens m. positif de rotation. **e) ~vermögen** n. || rotatory power || pouvoir m. rotatoire. **f) ~windmesser** m. || rotating anemometer || anémomètre m. rotatif. 13

Dreh-verschluß m. || turnbutton; turning lock || tourniquet m.; fermoir m. rotatif. **a) ~verwerfung** f. (Bergb) || fault due to torsion || rejet m. par torsion. **b) ~wage** f. || torsion balance || balance f. de torsion. **c) ~wähler** m. (Selbstanschl) || rotary switch || sélecteur m. rotatif. 14

Drehwähler-maschinensystem n. (Selbstanschl) || rotary system || système m. rotatif. **a) ~zahlengeber** m. (Fernm) || sender with rotary switch || émetteur m. des impulsations avec des sélecteurs rotatifs. 15

Dreh-weiche f. || turning points pl. || aiguille f. pivotante. **a) ~werk** n. und Bohrwerk n. mit wagerechter Planscheibe || turning and boring machine with horizontal face plate || tour m. et aléseuse f. à plateau horizontal. 16

Drehwerkritzel n. || pinion of slewing gear || pignon m. du dispositif de rotation. 17

Drehwuchs m. || twisted growth || croissance f. *ou* contournement en spirale. 18

Drehzahl f. || number of revolutions; speed || nombre m. de tours; vitesse f. **a) Abfallen** n. der **~** || decrease in the number of revolutions || diminution f. du nombre de tours. **b) Betriebs~** || normal speed || nombre m. de tours normal. **c)** die **~** des Erregers **erhöhen** (Elektr) || to speed up the exciter || augmenter le nombre de tours de l'excitateur. **d)** die **~ fällt ab** || the speed drops || la vitesse diminue. **e)** die **~** annähernd **konstant halten** || to keep the speed approximately constant || maintenir la vitesse à peu près constante. **f) minutliche ~** || revolutions pl. per minute || tours mpl. par minute. **g) Steigen** n. der **~** (Masch) || rise in the number of revolutions || accroissement m. du nombre de tours. **h)** die **Überschreitung** der höchstzulässigen **~** verhindern || to prevent the speed exceeding the maximum permissible || empêcher de dépasser le nombre de tours maximum admis. **i) wirtschaftliche ~** || economical speed || vitesse f. économique. 19

Drehzahlbereich m. || range of revolutions || limites fpl. des nombres de tours. 20

Drehzahlmesser m. || revolution indicator *or* counter; tachometer || compte-tours m.; tachymètre m. **a) ~** mit **Fernablesung** || distant reading tachometer || tachymètre m. à distance. 21

Drehzahl-regler m., elektrischer || electric speed regulating device || régulateur m. de vitesse électrique. **a) ~schreiber** m. || recording tachometer || tachymètre m. enregistreur. **b) ~verstellung** f. || speed control || réglage m. de vitesse. 22

Drehzapfen m. || trunnion; king pin; pivot || tourillon m.; pivot m. **a) ~** (Eisenb) || truck center pin || pivot m. du bogie. **b) ~** der **Drehscheibe** || central pivot of a turntable || pivot m. de la plaque tournante. 23

Drehzapfen-lager n. (Eisenb) || center plate *or* bearing for bogie pin || crapaudine f. de pivot de bogie. **a)** mit **~lagerung** f. || pivotally supported || avec support m. à pivots. 24

Drehzeug n. || turning tools pl. || appareils mpl. à tourner; outils mpl. du tourneur. 25

Drei-achser m. (Auto) || six-wheeler || automobile f. à six roues. **a) ~armklemme** f. || three legged tongs pl. || pince f. à trois branches. 26

Dreibacken-futter n. || three-jaw(ed) chuck || mandrin m. à trois griffes. **a) ~zahnkranzfutter** n. || three-jaw gear wheel rim chuck || mandrin m. à couronne dentée à trois mâchoires. 27

dreibasisch (Chem) || tribasic || tribasique. 28

Dreibein n. *s. auch* Dreifuß || tripod; triangle gin || trépied m.; support m. à trois pieds. **a) ~kran** m. || three-legged crane || grue f. à trois pieds *ou* supports. 29

Dreibeinstativ n. || tripod || trépied m. **a) geodätisches ~** || surveying instrument tripod || trépied m. géodésique. **b) zusammenschiebbares ~** || sliding *or* folding tripod || trépied m. à branches coulissantes. 30

Drei-decker m. (Luftf) || triplane || triplan m. **a) ~dekadenstufenwiderstand** m. || three decade resistance || résistance f. de trois décades. 31

dreidrähtig || threefold; of three threads pl. || à trois fils mpl.; à triple fil m. 32

Drei-drahtsystem n. (Fernm) || three-wire system || système m. à trois fils. **a) ~düsenzerstäuber** m. || three nozzle atomizer || pulvérisateur m. à trois gicleurs. 33

Dreieck n. || triangle || triangle m. **a) ähnliche ~e** npl. || similar triangles pl. || triangles mpl. semblables. **b) Brems~** || brake truss bar || levier m. en triangle de frein. **c) gleichschenkliges ~** || isosceles triangle || triangle m isoscèle. **d) gleichschenklig rechtwinkliges ~** || right-angled isosceles triangle || triangle m. rectangle isoscèle. **e) gleichseitiges ~** || equilateral triangle || triangle m. équilatéral. **f) rechtwinkliges ~** || right-angled triangle || triangle m. rectangle *ou* rectangulaire. **g) spitzwinkliges ~** || acute-angled *or* oxygone triangle || triangle m. acutangle. **h) stumpfwinkliges ~** || obtuse-angled triangle; amblygon || triangle m. à angle obtus *ou* obtusangle *ou* amblygone. **i) ungleichseitiges ~** || scalene *or* scalenous triangle || triangle m. scalène. 34

Dreieckbügel m. || triangular frame *or* stirrup || bride m. *ou* étrier m. triangulaire. 35

dreieckig || triangular || triangulaire. 36

Dreieck-querschnitt m. || triangular section || section f. triangulaire. **a)** in **~schaltung** f. || in delta connection || en triangle m. **b) ~verband** m. || triangulated structure || section f. triangulaire. 37

Dreielektrodenröhre f. (Fernm) || three-electrode tube || lampe f. triode. 38

dreifach || triple || triple. **a)** in **~er Ausfertigung** f. || in triplicate || en triplicate m.; en exécution f. triple. 39

Dreifach-expansionsmaschine f. || triple expansion engine || machine f. à triple détente. **a) ~düse** f. für Wasserzerstäubung ‖ triple nozzle for atomization of water ‖ gicleur m. triple pour la pulvérisation de l'eau. **b) ~garn** n. ‖ three-threaded yarn ‖ fil m. à trois bouts. **c) ~gestänge** n. (el Leit) ‖ triple pole ‖ poteau m. triple. **d) ~kran** m. ‖ triple crane ‖ grue f. triple. **e) ~spule** f. ‖ coil in three sections; triple coil ‖ bobine f. triple. **f) ~verstärker** m. ‖ three stage amplifier ‖ amplificateur m. à trois étages. 1

Drei-fadenlampe f. (Elektr) ‖ three filament lamp ‖ lampe f. à trois filaments. **a) ~farbband** n. (Schreibm) ‖ three-coloured ribbon ‖ ruban m. tricolore. 2

Dreifarben-ätzung f. ‖ three-colour chromo-typogravure ‖ chromotypogravure f. à trois couleurs. **a) ~druck** m. ‖ three-colour printing ‖ impression f. à trois couleurs; trichromie f. **b) ~druckverfahren** n. ‖ three-colour printing ‖ procédé m. trichrome à l'impression. **c) ~farbband** n. *s.* Dreifarbband. **d) ~fotografie** f. ‖ three-colour photography ‖ photographie f. trichrome; procédé m. trichrome à la photographie. **e) ~projektionsverfahren** n. ‖ three-colour projection ‖ procédé m. trichrome à la projection. 3

Dreifingerregel f. ‖ three-finger rule ‖ règle f. des trois doigts. 4

dreiflügelige Schraube f. (Schiffb) ‖ three-bladed screw ‖ hélice f. à trois ailes. 5

Dreifuß m. *s. auch* Dreibein ‖ tripod ‖ trépied m. **a) ~kran** m. ‖ derrick crane ‖ grue f. derrick. **b) ~lupe** f. ‖ tripod magnifier ‖ loupe f. sur trépied. **c) einstellbare ~lupe** f. ‖ adjustable tripod magnifier ‖ loupe f. sur trépied permettant la mise au point. **d) ~mast** m. ‖ tripod mast ‖ mât m. sur trépied. **e) ~ring** m. ‖ tripod ring ‖ bague f. du trépied. **f) ~schraube** f. ‖ tripod screw ‖ vis f. du trépied. 6

Drei-ganggetriebe n. ‖ three speed gear ‖ boîte f. à trois vitesses. **a) ~gitterröhre** f. ‖ three-grid valve ‖ lampe f. trigrille. 7

drei-gliedrig ‖ three-membered ‖ de trois membres mpl. **a) ~halsig** ‖ three-necked ‖ à trois tubulures fpl. 8

Drei-halskolben m. (Chem) ‖ three-necked flask ‖ ballon m. à trois tubulures. **a) ~hordendarre** f. ‖ three-floored kiln ‖ touraille f. à trois plateaux. 9

dreihordig ‖ three-floored ‖ à trois plateaux mpl. **a) ~e Darre** f. *s.* Dreihordendarre. 10

dreikantig ‖ threesquare ‖ à trois bords m pl.; triquètre. 11

Dreikant-feile f. ‖ triangular file ‖ lime f. triangulaire. **a) ~lochung** f. ‖ triangular perforation ‖ perforation f. triangulaire. **b) ~schaber** m. ‖ three-square scraper ‖ grattoir m. *ou* racloir m. triangulaire. 12

Drei-kreiselkompaß m. ‖ triple-gyro compass ‖ compas m. trigyroscopique *ou* à trois gyroscopes. **a) ~lagerzwillingsmaschine** f. ‖ twin-cylinder engine with triple bearing ‖ moteur m. jumelé à trois paliers. 13

Dreileiter m. ‖ three wire ‖ trois conducteurs mpl. **a) ~kabel** n. ‖ cable with three cores ‖ câble m. à trois âmes. **b) ~netz** n. ‖ three-wire network ‖ réseau m. à trois fils. **c) ~system** n. ‖ three-wire system ‖ système m. à trois fils. 14

Drei-linienkoordinaten fpl. ‖ trilinear o-c ordinates pl. ‖ coordonnées fpl. triangulaires. **a) ~maischverfahren** n. ‖ three-mash process ‖ procédé m. de brassage à trois trempes. **b) ~maschinensatz** m. ‖ three engine set ‖ groupe m. à trois machines. **c) ~master** m. ‖ three-masted ‖ trois-mâts m. 15

Dreimast-bark f. ‖ three-masted bark *or* barque ‖ trois-mâts barque f. **a) ~schoner** m. ‖ three-masted schooner ‖ trois-mâts goëlette f. 16

dreimotorig ‖ three-engined ‖ trimoteur. 17

Dreinadelstuhl m. (Textil) ‖ three-needle frame ‖ métier m. à trois aiguilles. 18

Dreiphasen-anlasser m. ‖ three-phase starter ‖ démarreur m. triphasé. **a) ~dynamo** f. ‖ three-phase generator; triphaser; threephaser ‖ alternateur m. triphasé; dynamo f. *ou* génératrice f. triphasée. **b) ~motor** m. ‖ three-phase motor ‖ moteur m. triphasé. **c) ~strom** m. *s. auch* Drehstrom ‖ three-phase current ‖ courant m. triphasé. **d) ~vierleiternetz** n. ‖ three-phase network with four wires ‖ réseau m. triphasé à quatre fils. **e) ~wechselstrommotor** m. ‖ three-phase alternomotor ‖ moteur m. à courant alternatif triphasé. 19

dreiphasig (Elektr) ‖ three-phase ‖ triphasé. 20

Dreipunkt-aufhängung f. three point suspension ‖ suspension f. triangulaire *ou* par trois points. **a) ~auflage** f. (Lafette) ‖ three-point contact on the ground ‖ portage m. de trois points d'appui sur le sol. **b) ~lagerung** f. ‖ three-point bearing ‖ montage m. sur trois points. **c) ~meßverfahren** n. ‖ three-point measuring system ‖ système m. de mesure avec trois points de contact. **d) ~system** n. ‖ three-point system ‖ système m. à triple articulation. 21

Dreirad n. ‖ tricycle ‖ tricycle m. **a) ~ mit vorderem Steuerrad** ‖ front-steerer tricycle ‖ tricycle m. à roue directrice devant. **b) Gepäck~** ‖ carrier tricycle ‖ tricycle m. porteur. 22

Dreirad-dampfstraßenwalze f. ‖ three-wheeled steam road roller ‖ rouleau m. compresseur à vapeur à trois cylindres *ou* à un rouleau et deux roues. **a) ~fahrzeug** n. ‖ three-wheel vehicle ‖ véhicule m. à trois roues. 23

Drei-riemenscheibenantrieb m. ‖ triple pulley drive ‖ commande f. à trois poulies. **a) ~schienengleis** n. ‖ three-rail track; triple-rail line ‖ voie f. à trois rails. 24

drei-schiffig (Bauw) ‖ three-bayed ‖ à trois baies fpl. **a) ~schneidiger Schaber** m. ‖ three-square scraper ‖ grattoir m. triangulaire. **b) ~seitig** ‖ trilateral ‖ trilatéral. 25

Drei-spitzzirkel m. ‖ three leg compasses pl. ‖ compas m. à trois branches. **a) ~stieler** m. (Luftf) ‖ three-bay ‖ avion m. à trois paires de mâts de chaque côté du fuselage. 26

drei-stöckig ‖ three-storied ‖ de trois étages mpl.; à triple étage m. **a) ~teilig** ‖ three-parted ‖ partagé *ou* divisé en trois; tiercé. 27

Dreiviertelstein m. (Ziegel) ‖ three quarters pl. ‖ trois quartiers mpl. 28

Dreiwalzen-blechbiegemaschine f. ‖ three-roller plate bending machine ‖ machine f. à trois cylindres à cintrer les tôles. **a) ~blechrundmaschine** f. ‖ three-roller plate rounding machine ‖ machine f. à trois cylindres à rouler les tôles. **b) ~straße** f. ‖ three-high mill ‖ train m. trio. 29

Dreiwalzwerkfarbenreibmaschine f. ‖ three-roller refiner for colours ‖ broyeuse f. à trois rouleaux pour (râper des) couleurs. 30

Dreiwegeflanschenhahn m. ‖ three-way flange cock ‖ robinet m. à bride à trois voies. **a) ~ ohne** *oder* **mit Stopfbuchse** ‖ three-way flange cock without *or* with stuffing box ‖ robinet m. à bride à trois voies sans *ou* avec boîte à bourrage. 31

Dreiwege-hahn m. ‖ three-way cock ‖ robinet m. à trois voies. **a) ~hahnküken** n. ‖ plug of three-way cock ‖ noix f. *ou* clef f. pour robinet à trois voies. **b) ~umschalter** m. ‖ three way switch ‖ commutateur m. à trois directions. **c) ~weiche** f. ‖ three-throw switch ‖ changement m. à trois voies; aiguillage m. triple. 32

drei-wertig (Chem) ‖ trivalent ‖ trivalent. **a) ~zahlige Harmonische** f. ‖ triple harmonic ‖ harmonique f. de rang trois; multiple f. de trois. **b) ~zähnige Pinzette** f. ‖ forceps pl. with three teeth ‖ pince f. à trois griffes. 33

Dreizylinder-dampfmaschine f. ‖ triple-cylinder steam engine ‖ machine f. à vapeur à trois cylindres. **a) ~dieselmotor** m. ‖ three-cylinder Diesel engine ‖ moteur m. Diesel à trois cylindres. **b) ~maschine** f. ‖ triple-cylinder engine ‖ machine f. à trois cylindres. 34

Drell m. ‖ drill ‖ treillis m. **a) Matratzen~** ‖ ticking for mattresses ‖ treillis m. pour matelas. 35

Drellbogen m. (Bohrer) ‖ drill bow ‖ archet m.; archelet m. 36

Dreschboden m. *s.* Dreschtenne. 37

dreschen ‖ to thresh; to thrash ‖ battre. 38

Dreschen n. ‖ threshing; thrashing ‖ battage m. 39

Dreschflegel m. ‖ flail ‖ fléau m. (à battre). 40

Dreschmaschine f. ‖ thresher; threshing *or* thrashing machine ‖ batteuse f.; machine f. à battre. **a) Dampf~** ‖ steam thresher *or* threshing-machine ‖ batteuse f. à vapeur. **b) Göpel~** ‖ horse gear thresher ‖ batteuse f. à manège. **c) Motor~** ‖ motor thresher *or* threshing machine ‖ moto-batteuse f.; batteuse f. à moteur. **d) ~ für Motor- und Dampfbetrieb** ‖ threshing machine for motor and steam use ‖ batteuse f. actionnée par moteur et à vapeur. 41

Dreschmaschinen-arbeiter m. ‖ threshing machine labourer ‖ gars m. de batteuse. **a) ~besitzer** m. ‖ threshing machine owner ‖ propriétaire m. de batteuse. **b) ~führer** m. ‖ threshing machine attendant *or* driver ‖ conducteur m. de batteuse. 42

Dresch-tenne f. ‖ threshing floor ‖ aire f. (de grange *ou* à battre *ou* de battage). **a) ~unternehmer** m. ‖ threshing machine manager ‖ entrepreneur m. de battage. 43

Drift-eis n. ‖ drift ice ‖ glaces fpl. en dérive. **a) ~strömung** f. ‖ drift; drift current ‖ dérive f. de la mer. 44

Drill-bogen m. ‖ drill-bow ‖ archet m.; archelet m. **a) ~bohrer** m. ‖ spiral *or* archimedian drill; wimble ‖ drille f. 45

drillen (Landw) ‖ to drill ‖ semer en ligne f. **a) ~** (Spinn) ‖ to twist ‖ tortiller. 46

Drillgerät n. (Spinn) ‖ twisting apparatus ‖ appareil m. à tortiller. **a) Strängel~** (Spinn) ‖ skein twisting apparatus ‖ appareil m. à tortiller les cordons. 47

Drillich m. || tick; drill || treillis m.; coutil m. **a) ~leinen** n. || crash linen; ticking || toile f. treillis. **b) ~weber** m. || ticking *or* drill weaver || tisseur m. de coutil; coutier m. 1

Drilling m. (Waffenw) || sporting gun with three barrels || fusil m. de chasse à trois coups. 2

Drillingspreßpumpe f., **doppelte** || double three-throw *or* three-piston *or* three-plunger pressure pump || pompe f. double à compression à trois plongeurs. **a) liegende ~** || horizontal three-piston pressure pump || pompe f. horizontale à compression à trois plongeurs. **b) stehende ~** || vertical three-piston pressure pump || pompe f. verticale à compression à trois plongeurs. 3

Drillingswalzwerk n. || trio rollers pl.; trio mill || laminoir m. trio; train m. trio. 4

Drillmaschine f. || sowing *or* drill machine; drill (plough); ridge drill || machine f. à semer; semoir m.; sembrador m. 5

dritte Geschwindigkeit f. || third speed || troisième vitesse f. **a) ~ Wurzel** f. || cube root || racine f. cubique. 6

Drittelsbogen m. (Buchdr) || third of a sheet || tiers m. de la feuille. 7

Droge f. || drug || drogue f. 8

Drogen-händler m. || druggist || droguiste m. **a) ~handlung** f. || chemist's shop || droguerie f. **b) ~mühle** f. || drug mill || moulin m. à drogues. **c) ~müller** m. || drug grinder || pileur m. de drogues. **d) ~schneidmaschine** f. || drug cutting machine || coupeuse f. de drogues. **e) ~waren** fpl. || drugs pl. || droguerie f.; drogues fpl. 9

Drogerie f. *siehe* Drogenhandlung. 10

Drogist m. || druggist || droguiste m. 11

Drop m. || lozenge || drop m. 12

Droschke f. || hackney-carriage || voiture f. de place; fiacre m. **a) Auto~** || taxicab; taxi || fiacre m. automobile; taxi-auto m. **b) Pferde~** || cab; hackney-carriage || fiacre m. 13

Droschkenkutscher m. || hackney driver || cocher m. de fiacre. 14

Drossel f. || induction *or* choking *or* impedance coil; inductor || bobine f. de réactance *ou* de self *ou* d'induction; self m. 15

Drossel-hebel m. (Mot) || throttle (hand) lever || levier m. *ou* manette f. d'étranglement. **a) ~kette** f. (Fernm) || low-pass filter || chaîne f. de réactances. 16

Drosselklappe f. || throttle valve || clapet m. de réglage pour l'étranglement; papillon m. (de commande). **a) Gas~** || gas throttle valve || papillon m. de commande des gaz. 17

Drosselklappen-achse f. || throttle valve spindle || axe m. du papillon. **a) ~regelung** f. || throttle valve adjustment || réglage m. du papillon. 18

Drosselkreis m. (Funkw) || choking circuit || circuit m. de réactance. 19

drosseln (Mot) || to throttle; to baffle || étrangler; chicaner. **a)** das **Gas ~** || to baffle the gas || chicaner le gaz. **b)** die **Gaszufuhr ~** || to stop the admission of gas || étrangler l'admission f. de gaz. 20

Drossel-röhre f. (Fernm) || choking tube || tube m. d'étranglement. **a) ~schieber** m. || throttle slide || tiroir m. d'étranglement. **b) ~spindel** f. (Mot) || throttle shaft || tige f. de manette d'étranglement. **c) ~-spinner** m. || throttle frame tenter || fileur m. au continu. **d) ~spule** f. || choking *or* reactance *or* impedance coil; choke coil (A) || bobine f. de réactance *ou* de réaction. **e) ~stoß** m. (Fernm) || impedance bond; reactance joint || joint m. de réactance; connexion f. inductive; bond m. d'inductance. 21

Drosselung f. || throttling || étranglement m. **a) Gas~** || strangling of gas || étranglement m. de gaz. **b) große ~** (Elektr) || high impedance || haute impédance f. 22

Drossel-ventil n. || throttle valve || robinet m. modérateur. **a) ~widerstand** m. || choking resistance || résistance f. à réactance. 23

Druck m. (Buchdr) || printing; impression || tirage m.; impression f. **a) ~** (Masch) || pressure; pression || pression f.; poussée f. **b) absoluter ~** || absolute pressure || pression f. absolue. **c)** einen **~** m. **abziehen** (Buchdr) || to pull off *or* to take a proof || faire *ou* tirer une épreuve. **d) allseitiger ~** || pressure from all sides || pression f. de tous côtés. **e) Aluminium~** || printing from aluminium plates || aluminographie f. **f) atmosphärischer ~** || pressure of the air; atmospheric pressure || pression f. de l'atmosphère. **g)** den **~ aushalten** || to hold the pressure || soutenir la pression; résister à la pression. **h) Autotypie~** || printing of half-tone engravings || impression f. de simili-gravures. **i)** auf **~ beansprucht** || in compression || sous compression f. **k) Broschüren~** || printing booklets pl. || impression f. de brochures. **l) Dampf~** || steam pressure || pression f. de la vapeur. **m) Dreifarben~** || three-colour printing || trichromie f. **n) Flach~** (Buchdr) || flat printing || impression f. à plat. **o) ~** auf **Glas** || glass printing || impression f. sur verre. **p) gleichbleibender ~** || constant pressure || pression f. constante. **q) ~** auf **Gummi** || off-set printing || impression f. sur caoutchouc. **r) höherer ~** || higher pressure || pression f. élevée. **s) hydrostatischer ~** || hydrostatic pressure || pression f. hydrostatique. **t) keramischer ~** || printing on ceramic *or* on enamelled metal || impression f. sur céramique. **u) Kessel~** || boiler pressure || pression f. dans la chaudière. **v) Mehrfarben~** || multi-colour printing || impression f. en plusieurs couleurs. **w) mittlerer ~** || mean pressure || pression f. moyenne. **x)** der **~** erfolgt auf die **Nabe** der Räder || the pressure is applied to the hub of the wheels || la pression est portée sur le moyeu des roues. **y) niedriger ~** || low pressure || pression f. basse. **z)** der **~ nimmt ab** || the pressure decreases || la pression baisse *ou* tombe *ou* diminue. 24

a) Noten~ || music printing || impression f. de la musique. **b) Öl~** (Buchdr) || oleography || chromolithographie f. **c) osmotischer ~** || osmotic pressure || pression f. osmotique. **d) ~** auf **Papier** (Buchdr) || impression on paper || impression f. sur papier. **e) Schön~** || printing on first side || impression f. au recto. **f) Schwarz~** || printing in black || impression f. en noir. **g) seltener** und hochwertiger **~** || rare and highly valued impression || impression f. rare et de grande valeur. **h)** der **~ sinkt** || the pressure drops || la pression tombe. **i) stichähnlicher ~** || engraving-like print || simili-gravure f. **k) Tief~** (Buchdr) || photogravure-printing || impression f. en héliogravure. **l) Typen~** || letter-press printing || impression f. typographique. **m) unter ~** m. stehen || to be under pressure || être sous pression f. **n) ~** des **Wassers** || water pressure || pression f. hydraulique. **o) weicher ~** (Buchdr) || soft impression || impression f. molle. **p) Wider~** (Druckw) || printing on back || impression f. au verso. **q) ~** von **Zeitschriften** || printing periodicals || impression f. de périodiques. **r) ~** von **Zeitungen** || printing newspapers || impression f. de journeaux. **s) Zweifarben~** || two-colour printing || impression f. en deux couleurs. 25

Druck-abfall m. (Masch) || fall *or* decrease of pressure || chute f. *ou* diminution f. *ou* réduction f. de pression. **a) ~absteller** m. (Buchdr) || cylinder trip || dispositif m. de soulèvement du cylindre d'impression. **b) ~anstieg** m. || increase of pressure || augmentation f. *ou* accroisement m. de pression. **c) ~arbeit** f. (Buchdr) || press work || ouvrage m. fait à la presse. 26

Druckausgleich-einrichtung f. || compensating device for pressure; pressure balancing device || dispositif m. de compensation de pression. **a) ~ventil** n. || pressure balancing valve || soupape f. de compensation de pression. 27

Druckauslösung f. || pressure release || décharge f. de pression. 28

Drückbank f. || bulging lathe || tour m. à repousser (les métaux). 29

Druckbeanspruchung f. || compression strain || effort m. de compression. 30

Druckbehälter m. || pressure tank *or* reservoir || réservoir m. sous *ou* à pression. **a) ~** für **Luft** || compressed air reservoir || réservoir m. à air comprimé. **b) ~** für **Wasser** || compressed water reservoir || réservoir m. à eau comprimée. 31

Druck-bild n. des Dampfes || steam diagram || diagramme m. de vapeur. **a) ~bogen** m. || printed sheet || feuille f. d'impression. **b) ~bolzen** m. || clamping bolt || boulon m. de serrage. **c) ~bügel** m. || pressure stirrup || étrier m. de pression. **d) ~daumen** m. (Buchdr) || printing cam || came f. d'impression. 32

druckdicht || tight || tenant la pression. 33

Druck-einspritzung f. (Diesel) || injection under pressure; pump injection || injection f. sous pression. **a) ~elastizität** f. || elasticity of compression || élasticité f. de compression. **b) ~elektrizität** f. || piezo-electricity || piézoélectricité f. 34

drucken || to print || imprimer; tirer. 35

drücken || to push || pousser. 36

Drucker m. || printer || imprimeur m. **a) ~** an der **Buchdruckerpresse** || pressman; printer || imprimeur m. **b) ~** von **Stickereimustern** || embroidery printer || imprimeur m. de broderies. 37

Drücker m., **Tür** || door handle *or* catch *or* latch || loquet m. *ou* clenche f. *ou* béquille f. de porte. 38

Druckerei f. || printing office *or* factory || imprimerie f. **a) ~** für **Fremdsprachen** || printing office for foreign languages || imprimerie f. de langues étrangères. **b) ~** für **Kinder** || printing box for children || boîte f. d'imprimerie pour enfants.

c) **Zeug~** ‖ cloth printing factory ‖ imprimerie f. de tissus. 1

Druckerei-arbeiter m. ‖ printing trade worker ‖ ouvrier m. typographique. a) **~faktor** m. ‖ overseer ‖ prote m. b) **~letter** f. ‖ printing character ‖ caractère m. d'imprimerie. c) **~maschine** f. ‖ printing machine ‖ machine f. d'imprimerie. 2

Druck-erhitzung f. ‖ heating under pressure ‖ chauffage m. sous pression. a) **~erlaubnis** f. ‖ licence; imprimatur ‖ patente f. d'imprimerie; brevet m. 3

Druckerpresse f. ‖ printing *or* letter press; manual printing press; press ‖ presse f. d'imprimerie; presse f. typographique; presse f. à imprimer. 4

Druckerschwärze f. ‖ black letter press ink; printer's *or* printing ink ‖ encre f. (noire) d'imprimerie. a) die ~ **auftragen** ‖ to roll the form; to take ink ‖ encrer; toucher la forme. 5

Drucker-walze f. ‖ printing roller ‖ rouleau m. d'imprimerie. a) **~walzenmasse** f. ‖ pressing roller paste ‖ pâte f. à rouleaux d'imprimerie. 6

Druckfarbe f. ‖ printing ink ‖ encre f. d'impression; couleur f. pour imprimerie. a) die ~ **auftragen** ‖ to roll the form; to take ink ‖ encrer; toucher la forme. 7

Druckfarbenfabrik f. ‖ factory for printing colours ‖ fabrique f. de couleurs d'impression. 8

Druckfeder f. (Masch) ‖ pressure *or* compression spring ‖ ressort m. de pression. a) ~ (Uhrm) ‖ split spring ‖ pas m. d'âne. 9

Druckfehler m. ‖ erratum; error; misprint ‖ faute f. d'impression. a) **~verzeichnis** n. ‖ errata pl. ‖ errata m.; pl. 10

druck-fertig ‖ ready for printing ‖ bon à tirer. a) **~fest** ‖ „sound" for pressure ‖ qui tient la pression; résistant à la pression. 11

Druck-festigkeit f. ‖ compressive strength; resistance to crushing ‖ résistance f. à la compression *ou* à l'écrasement. a) **~filter** n. ‖ press filter ‖ filtre m. à pression. b) **~filz** m. (Buchdr) ‖ blanket ‖ blanchet m. c) **~flasche** f. ‖ pression bottle ‖ bouteille f. *ou* flacon m. à pression. 12

Druckform f. (Buchdr) ‖ form ‖ forme f. a) ~ (Zeugdr) ‖ block ‖ planche f.; bloc m. 13

Druck-formengravör m. (Zeugdr) ‖ block cutter ‖ metteur m. sur bois pour impression. a) **~gärung** f. ‖ fermentation under pressure ‖ fermentation f. sous pression. 14

Druckgas-einsatzverfahren n. ‖ gas case-hardening process ‖ procédé m. à cémenter aux gaz carburants. a) **~- und Karbonisierofen** m. ‖ gas case-hardening *or* carburizing stove ‖ four m. à cémenter et à tremper aux gaz carburants. 15

Druck-gefäß n. ‖ pressure vessel ‖ vase m. de pression. a) **~gewerbe** n. ‖ printing trade ‖ typographie f. b) **~glas** n. ‖ printed glass ‖ verre m. imprimé. c) **~haupt** n. (Masch) ‖ centre cap ‖ chapeau m. de pivot. d) **~hebel** m. ‖ pressure lever ‖ levier m. de pression. 16

Druckhilfsmaschine f. für **Steindruck** ‖ auxiliary printing machine for lithography ‖ machine f. auxiliaire d'impression pour lithographie. a) ~ für **Stereotypie** ‖ auxiliary printing machine for stereotyping ‖ machine f. auxiliaire d'impression pour stéréotypie. 17

Druck-höhe f. des **Wassers** ‖ head *or* height of water; height of fall ‖ hauteur f. de la chute; chute f. d'eau; charge f. d'eau. a) **~kasten** m. *s.* Druckerei für Kinder. b) **~kattun** m. ‖ printed calico; printers pl. ‖ calicot m. imprimé; indienne f. 18

Druckkessel m. ‖ pressure chamber ‖ réservoir m. de pression. a) **Dampf~** ‖ steam pressure boiler ‖ chaudière f. à vapeur sous pression. 19

Druckklemme f. (Elektr) ‖ press clamp ‖ borne f. à pression. 20

Druckknopf m. (Elektr) ‖ push button ‖ poussoir m.; bouton-poussoir m. a) ~ (Konfektion) ‖ press stud *or* button; spring hook ‖ bouton m. de pression. 21

Druckknopffeuermeldeanlage f. ‖ push button fire alarm installation ‖ installation f. d'avertisseur m. d'incendie à boutons-poussoirs. 22

druckknopfgesteuerter Regelmotor m. ‖ push button controlled variable speed motor ‖ moteur m. réglable manœuvré *ou* commandé par bouton-poussoir. 23

Druckknopf-schalter m. ‖ push button switch ‖ interrupteur m. à poussoir. a) **~schrank** m. ‖ push button switchboard ‖ tableau m. à boutons-poussoirs. b) **~steuerung** f. ‖ push button control ‖ dispositif m. de manœuvre à boutons-poussoirs; commande f. par bouton-poussoir. 24

Druckkosten pl. ‖ printing expenses pl. ‖ frais mpl. d'impression. 25

Druckkraft f. ‖ compressive force; compressing strain ‖ force f. de compression. a) **hydraulische Biegepresse** f. mit x t ~ ‖ hydraulic bending press of x tons pressing power ‖ presse f. hydraulique à cintrer d'une force de x tonnes. b) ~ der **Presse** ‖ pressing power ‖ force f. de pression. 26

Druck-kurbellager n. ‖ pressure crank-end bearing ‖ palier m. de manivelle de compression. a) **~lack** m. (Buchdr) ‖ printer's lake ‖ laque f. d'impression. 27

Drucklager n. ‖ thrust bearing *or* block ‖ palier m. de butée. a) **Einscheibengleit~** (Schiffb) ‖ single collar thrust bearing ‖ palier m. de butée à disque unique. b) **Kugel~** ‖ ball thrust bearing ‖ butée f. à billes. 28

Drucklager-bügel m. (Schiffb) ‖ thrust block bridge ‖ anneau m. de palier de butée. a) **~gehäuse** n. (Schiffb) ‖ thrust block chest ‖ cage f. de palier de butée. b) **~stuhl** m. (Schiffb) ‖ thrust block ‖ palier m. de butée. 29

Druck-legung f. ‖ impression ‖ impression f. a) **~leitung** f. (Masch) ‖ pressure pipe ‖ conduite f. forcée *ou* de refoulement. b) **~linie** f. (Mech) ‖ centre axis of pressure ‖ axe m. des centres de poussée. 30

Druckluft f. ‖ compressed air ‖ air m. comprimé. a) **Aufspeichern** n. von ~ ‖ storage of compressed air ‖ emmagasinage m. d'air comprimé. b) durch ~ f. betriebene **Förderanlage** f. ‖ conveying plant driven by compressed air ‖ installation f. d'engin de transport fonctionnant au moyen de l'air comprimé. c) ~ **zuführen** ‖ to admit compressed air ‖ admettre *ou* faire entrer l'air m. comprimé. 31

Druckluft-akkumulator m. ‖ compressed air accumulator ‖ accumulateur m. à air comprimé. a) **~anlage** f. ‖ compressed air plant ‖ installation f. d'air comprimé. b) **~anlasser** m. ‖ compressed air starter ‖ démarreur m. à air comprimé. c) **~anlaßgefäß** n. ‖ compressed air receiver for starting ‖ réservoir m. d'air comprimé pour mise en marche. d) **~ausgleicher** m. (Geschütz) ‖ pneumatic equilibrator ‖ équilibreur m. à air comprimé. e) **~behälter** m. ‖ compressed air reservoir ‖ réservoir m. à air comprimé. f) **~betrieb** m. ‖ compressed air service ‖ service m. à air comprimé. g) **~bremse** f. ‖ pneumatic brake; air pressure brake; compressed air brake ‖ frein m. pneumatique *ou* à air comprimé. h) **~bügelbetätigung** f. für Stromabnehmer ‖ hoop actuated by compressed air for overhead contact ‖ prise f. de courant à archet actionnée à l'air comprimé. i) **~einspritzung** f. (Mot) ‖ air injection ‖ injection f. pneumatique. k) **~empfänger** m. für Zettelrohrposten ‖ compressed air receiver for ticket distributing systems ‖ récepteur m. d'air comprimé pour le transport des fiches. l) **~fangvorrichtung** f. ‖ pneumatic catch ‖ dispositif m. d'arrêt à air comprimé. m) **~förderer** m. ‖ compressed air conveyor ‖ transporteur m. pneumatique. n) **~futter** n. ‖ air-operated chuck ‖ mandrin m. à serrage pneumatique. o) **~gesteinstaubförderanlage** f. ‖ pneumatic conveying plant for stone powder ‖ installation f. pour le transport pneumatique de la poudre de pierres. p) **~hammer** m. ‖ pneumatic *or* compressed air hammer ‖ marteau m. pneumatique *ou* à air comprimé. q) **~heberpumpe** f. ‖ compressed air lift pump ‖ pompe f. de levage à air comprimé. r) **~kabel** n. ‖ air pressure cable ‖ câble m. à circulation d'air. s) **~kessel** m. ‖ compressed air chamber ‖ récipient m. à air comprimé. t) **~klappenbetätigung** f. für Selbstentlader ‖ pneumatic operation of flaps for self-tippings ‖ clapet m. pour déchargeurs spontanés actionné à l'air comprimé. u) **~kontrollventil** n. ‖ pneumatic control valve ‖ soupape f. de contrôle pour air comprimé. v) **~kühlung** f. ‖ forced-draught cooling ‖ refroidissement m. à courant d'air forcé. w) **~leitung** f. ‖ compressed air piping ‖ conduite f. d'air comprimé. x) **~lokomotive** f. ‖ compressed air locomotive ‖ locomotive f. à air comprimé. y) **~maschine** f. ‖ compressed air machine ‖ machine f. à air comprimé. z) **~meißel** m. ‖ pneumatic chisel *or* chipping hammer ‖ marteau-burineur m. pneumatique. 32

a) **~prüfung** f. der Kabel ‖ cable test with compressed air ‖ épreuve f. des câbles à l'air comprimé. b) **~sandstreuapparat** m. ‖ compressed air sanding apparatus ‖ appareil m. à sabler à air comprimé. c) **~sandstreuer** m. ‖ pneumatic sand strewing device ‖ sablerie f. *ou* sablière f. à air comprimé. d) **~schalter** m. ‖ compressed air switch ‖ interrupteur m. à air comprimé. e) **~sender** m. für Zettelrohrposten ‖ compressed air sender for ticket distributing systems ‖ transmetteur m. d'air comprimé pour le transport des fiches. f) **~stampfer** m. ‖ pneumatic rammer ‖ fouloir m. pneumatique; dame f. à air comprimé. g) **~stauer** m. für Wanderrostfeuerungen ‖ compressed air accumulator for firings with travelling grates ‖ chargeur m. à air comprimé pour foyers à grille mobile. h) **~strahl-**

gerät n. || compressed air jet *or* spray apparatus || appareil m. à jet d'air comprimé. **i) ~türschließeinrichtung** f. || pneumatic door closing device || dispositif m. de ferme-porte à air comprimé. **k) ~übertragung** f. || transmission by compressed air || transmission f. par air comprimé. **l) ~werkzeug** n. || pneumatic *or* compressed-air tool || outil m. pneumatique *ou* à air comprimé. **m) ~zerstäuber** m. || compressed air atomizer || appareil m. aéropulvérisateur. 1

Druckmagnet m. (Fernm) || printer magnet || électro m. imprimeur. 2

Druckmaschine f. || printing machine || machine f. à imprimer; imprimeuse f. **a) Büro~** || office printing machine || machine f. de bureau pour l'impression. **b) Farben~** || colour printing machine || machine f. pour l'impression en couleurs. **c) Flach~** || platen machine || machine f. pour l'impression à forme plate. **d) Gummi~** || Offset printing machine || machine f. d'impression par caoutchouc. **e) Gummiwalzen~** || Offset printing machine || machine f. à imprimer à cylindres en caoutchouc. **f) Illustrations~** || printing machine for producing illustrated works || machine f. d'imprimerie pour illustrations. **g) Mehrfarben~** || multi-colour printing machine || machine f. d'imprimerie pour illustrations en plusieurs couleurs. **h) Metall~** || metal printing machine || machine f. d'impression pour la métallographie. **i) Rotations~** || rotary printing machine || presse f. rotative à imprimer. **k) Schrift** f. in Metall für **~n** || types pl. of metal for printing machines || lettres fpl. en métal pour machines à imprimer. **l) Stein~** || lithographic machine || machine f. de lithographie. **m) Tief~** || copper plate printing machine || machine f. à impression en creux. **n) Zeitungs~** || newspaper printing machine || machine f. à imprimer des journaux. 3

Druck- und Setzmaschine f. || printer and typesetter || machine f. à imprimer combinée avec machine à composer. 4

Druckmesser m. || pressure gauge; manometer || contrôleur m. de pression; manomètre m. **a) Öl~** || oil pressure gauge || manomètre m. à huile. **b) Schreibgerät** n. des **~s** || pressure recorder || appareil m. enregistreur de la pression. 5

Druckmesseranschluß m. || pressure gauge connection || bride f. pour le manomètre. 6

Druckminderer m. || pressure reducer || réducteur m. de pression. 7

druckminderndes Regelorgan n. || pressure reducing mechanism || organe m. de réglage à diminuer la pression. 8

Druckminderungsvorrichtung f. || pressure reducing apparatus || appareil m. à réduire la pression. 9

Druckminderventil n. || pressure reducing valve || soupape f. réductrice *ou* de réduction de pression; détendeur m. **a) Dampf~** || steam pressure reducing valve || soupape f. de réduction de pression de vapeur. 10

Druck-mittelpunkt m. || center of pressure || centre m. de pression. **a) ~öler** m. || pressure oiler || servo-graisseur m.; graissage m. centrale sous pression. 11

Druckpapier n. || printing paper || papier m. à imprimer *ou* d'impression *ou* sans colle. **a) ~rolle** f. || roll of printing paper || rouleau m. de papier d'impression. 12

Druckplatte f. (Grav) || print; engraving plate || estampe f.; gravure f. **a) ~** (Masch) || pressure *or* toggle plate || plaque f. de (com)pression. 13

Druckpresse f. *s.* Druckerpresse. 14

Druckprobe f. (Buchdr) || proof; specimen || épreuve f. (en placard). **a) ~** (Masch) || pressure test || épreuve f. de pression. 15

Druck-prüfer m. für Luftreifen || tire gauge || vérificateur m. de pression des pneumatiques. **a) ~pumpe** f. || pressure *or* forcing pump || pompe f. foulante *ou* de pression; refouleur m. **b) ~- und Saugpumpe** f. || force and lift pump || pompe f. foulante et aspirante. **c) ~pumpenkolben** m. || forcer || piston m. de pompe foulante. **d) ~punktwanderung** f. || travel *or* displacement *or* movement (A) of the center of pressure || déplacement m. du centre de pression. **e) ~reduzierventil** n. *s.* ~minderventil 16

Druckregler m. || pressure regulator *or* governor || régulateur m. de pression. **a) Bier~** || beer pressure regulator || régulateur m. de pression de bière. **b) Dampf~** || steam pressure regulator || régulateur m. de pression de vapeur. **c) Gas~** || gas pressure regulator || régulateur m. de pression de gaz. **d) Schieber~** || regulating feed valve || soupape f. d'alimentation automatique. 17

Druck-reglung f., **selbsttätige** || automatic regulation of pressure || réglage m. automatique de la pression. **a) ~ring** m. || compression *or* pressure *or* clamping ring || anneau m. *ou* bague f. *ou* rondelle f. de pression. **b) ~rohr** n. || pressure pipe || conduite f. de refoulement; tuyau m. de pression. 18

Druckrohr-anschluß m. || pressure pipe connection || connexion f. du conduit de pression. **a) ~bahn** f. || pressure pipe line || voie f. du tuyau de refoulement. 19

Drucksache f. || printed matter; book post || imprimé m. **a)** wir **übersenden** anbei einige **~n** fpl. || we beg leave to send you some printed matter here-on || permettez-nous de joindre à la présente quelques imprimés. 20

Druck-säule f. || height of delivery || hauteur f. de refoulement. **a) ~schalter** m. || pressure switch; toggle switch || interrupteur m. à pression. **b) ~schaltungsmagnet** m. (Fernm) || printing circuit magnet || électro m. d'impression. **c) ~scheibe** f. || pressure disk || rondelle f. de pression. **d) ~schlauch** m. || delivery hose || manche f. foulante. **e) ~schmierung** f. || forced *or* pressure lubrication || graissage m. sous pression. 21

Druckschraube f. (Luftf) || pusher airscrew *or* propeller || hélice f. propulsive. **a) ~** (Masch) || pressure screw || vis f. de pression. 22

Druckschrift f. || print; printed work || ouvrage m. imprimé; imprimé m. 23

Druck-schutzspirale f. (Kabel) || compressive protection spiral || spirale f. de protection contre la compression. **a) ~schwankung** f. || fluctuation of pressure || fluctuation f. de pression. **b) ~seite** f., **fehlerhafte** (Buchdr) || foul page || page f. mal venue. **c) ~spannung** f. || compressive stress || tension f. de compression. **d) ~speicher** m. || pressure reservoir || réservoir m. de pression. **e) ~stange** f. || pressing rod || barre f. de pression. **f) ~stelze** f. (Masch) || press rod || tige f. de pression. 24

Druckstempel m. || pressure stamp || tampon m. de compression. **a) ~ für Holzdruck** || printing stamp for wood printing || timbre m. à imprimer sur bois. 25

Druck-stock m. (Buchdr) || cut; electro; block || cliché m. **a) ~stufe** f. || pressure stage || degré m. de pression. **b) ~stutzen** m. || pressure tube joint || culotte f. **c) ~taste** f. || press key || contact m. à pression. **d) ~telegraf** m. || printing telegraph || télégraphe m. imprimeur; typotélégraphe m. **e) ~tisch** m. (Buchdr) || printing table || table f. d'impression. **f) ~transformation** f. bei Lautsprechern || pressure transformation in loudspeakers || transformation f. de pression en haut-parleurs. **g) ~tuch** n. (Buchdr) || blanket || blanchet m. de drap. **h) ~turbine** f. || pressure turbine || turbine f. à pression. **i) ~type** f. || printer's type || caractère m. d'imprimerie. **k) ~übersetzer** m. || pressure transmitter *or* gear || transmetteur m. *ou* multiplicateur m. de pression. **l) ~übersetzungsverhältnis** n. || pressure transmittance in proportion || rapport m. de multiplication par pression. **m) ~übertragungsgeschwindigkeit** f. || speed of pressure transmission || vitesse f. de transmission de la poussée. **n) ~umlauf** m. || force circulation || circulation f. forcée. 26

Druckventil n. (Mot) || delivery valve || soupape f. de refoulement *ou* de compression. 27

Druckventil-einsatz m. || (motor) cage of delivery valve || corps m. de la soupape de compression. **a) ~feder** f. (Mot) || pression valve *or* delivery valve spring || ressort m. de soupape de refoulement *ou* de pression. 28

Druckverfahren n. || printing mode *or* process || procédé m. d'impression. **a) Dreifarben~** || three colour printing || procédé m. d'impression trichrome. 29

Druck-verkokung f. || coking under pressure || distillation f. du coke sous pression. **a) ~verlust** m. || loss of pressure || perte f. de pression. **b) ~verminderungsventil** n. *s.* ~minderventil. **c)** Prüfmaschine f. für Zug- und **~versuche** mpl. || tension and compression testing machine || machine f. à essayer (les matériaux) à la traction et à la compression. **d) ~verteilung** f. || distribution of pressure || distribution f. *ou* répartition f. des pressions. **e) ~vorrichtung** f. || printing apparatus; printer || appareil m. à imprimer; mécanisme m. d'impression. 30

Drückvorrichtung f. || bulging device || dispositif m. à repousser (les métaux). 31

Druckwalke f. (Tuchf) || crank fulling mill || foulon m. à ressort. 32

Druckwalze f. (Buchdr) || printing roller *or* cylinder || rouleau m. d'imprimerie. **a) ~** (Fernm) || impression roller || cylindre m. imprimeur. **b) ~** (Landw) || press *or* pressing roll || rouleau m. compresseur; cylindre m. comprimeur. 33

Druckwalzen-gravör m. || roll engraver || graveur m. sur cylindres. **a) ~masse** f. || printing roller paste || pâte f. à rouleaux d'imprimerie. 34

Druckwasser n. || water under pressure || eau f. de *ou* sous pression. **a) ~anlage** f. || hydraulic pressure installation; pressure water plant || installation f. à pression hydraulique; installation f. d'eau de pression. **b) ~behälter** m. || compressed water reservoir || réservoir m. à eau comprimée. **c) ~betrieb** m. || hydraulic working || fonctionnement m. hydraulique. **d) ~leitung** f. || press water conduit || conduite f. d'eau sous pression. **e) ~puffer** m. || hydraulic buffer || tampon m. (d'arrêt) hydraulique. **f) ~sparventil** n. || economical pressure water valve || soupape f. à économie d'eau de pression. **g) ~speicher** m. || hydraulic accumulator || accumulateur m. *ou* château m. d'eau sous pression. 1

Druckwelle f. (Flüssigkeit) || pressure wave || onde f. de pression. **a) ~** (Masch) || thrust shaft || arbre m. de butée. 2

Druckwerk n. (Münzw) || coiner's stamp || balancier m. à monnayage. **a) ~** (Zahlkasse) || printing device; printer || imprimerie f. **b) ~** (Buchdr) *s.* Druckschrift. 3

Drückzange f. || forming pliers pl. || pince f. à emboutir. **a) ~ für Typen** (Schreibm) || type pressure pliers pl. for removing broken type shanks || pince f. à chasser les tiges de caractères cassées. 4

Druck-zone f. || zone of pressure || zône f. de compression. **a) ~zylinder** m. (Buchdr) || impression cylinder || cylindre m. imprimeur. 5

Drumme f. || wooden culvert || caniveau m. en planches. 6

Drummondsches Licht n. || Drummond's light || lumière f. de Drummond. 7

Drüse f. || gland || glande f. **a) Hopfen~** || lupulin gland of hop || glande f. de houblon. 8

Dschunke f. || junk || jonque f. 9

Dübel m. || pin; dowel; plug; peg; dowling pin; treenail || tenon m.; goujon m.; têtard m.; cheville f.; trenail m. **a) Bandeisen~** || hoop iron peg || goujon m. de feuillard. **b) Blei~** || lead dowel || goujon m. de plomb. **c) Buchenholz~** || beech wood dowel || goujon m. de hêtre. **d) Eisen~** || iron dowel || goujon m. de fer. **e) Holz~** || wooden dowel || cheville f. en bois. **f) Knopf~** || knob dowel || goujon m. à bouton. **g) Mauer~** || wall dowel || goujon m. mural. **h) Spiral~** || spiral dowel || goujon m. à spirale. **i) Stahl~** || steel dowel || goujon m. d'acier. 10

Dübelbohrer m. || dowel borer || tarière f. à goujon. 11

Dübelloch n. || dowel *or* peg hole || trou m. de goujon. 12

Dübelloch-bohrmaschine f. || peg-holes boring machine || machine f. à forer les trous de goujous. **a) ~hammer** m. || dowel socket hammer || marteau m. pour trous à cheville. 13

Dübelmaschine f. || dowel machine || machine f. pour chevilles. 14

dübeln, zusammen || to peg; to dowel || cheviller. 15

Dübelnagler m. (Schiffb) || driver of treenails || chevilleur m. 16

Dubleewaren fpl. || plated jewellery || bijouterie f. en doublé. 17

dublieren (Buchdr) || to double; to mackle || papillotter. **a) ~** (Spinn) || to double; to ply || doubler. 18

Dublieren n. (Buchdr) || mackling || papillotage m. **a) ~** (Spinn) || doubling || doublage m. 19

Dublierer m. (Spinn) || doubler || doubleur m.; réunisseur m. **a) Baumwoll~** || cotton doubler *or* ribbon hand || doubleur m. *ou* réunisseur m. de coton. 20

Dublier-maschine f. || doubler; doubling frame || doubleuse f.; réunisseuse f. **a) ~, Meß- und Wickelmaschine** || rigging, measuring and rolling machine || machine f. à dosser, mesurer et enrouler. 21

Ducht f. (Seew) || thwart || banc m.; traversier m. 22

Dückdalbe f. (Seew) || bollards pl. || estacade f.; duc d'Albe m. 23

Dücker m. (Wasserb) || culvert; syphon; siphon; dip pipe || aquéduc-siphon m.; siphon m. 24

Duckstein m. || trass; duck stone || trass m.; tuf m. calcaire. 25

Duddellscher Lichtbogen m. || Duddell arc || arc m. de Duddell. 26

Duffmaschine f. (Web) || continuous finishing machine || machine f. à décatir à la continue. 27

Dufrenit m. (Min) || green iron ore; kraurite || dufrénite f.; fer m. phosphaté vert. 28

Duftauszug m. || scent extract || extrait m. parfumé. 29

Duftstoff m., **künstlicher** || artificial perfume || parfum m. artificiel. **a) natürlicher ~** || natural perfume || parfum m. naturel. 30

Düker m. *s.* Dücker. 31

Dulzin n. (Chem) || dulcin || dulcine f. 32

dumpfig || musty || humide. 33

Dumping n. (Handel) || dumping || dumping m. 34

Düne f. || down; dune || dune f. 35

Dünen-aufforstung f. || protection of dunes by tree planting || plantation f. sylvestre sur les dunes. **a) ~bau** m. || dune protection || fixation f. des dunes. **b) ~bepflanzung** f. || protection of dunes by planting || plantation f. sur les dunes. **c) ~sand** m. || down *or* dune sand || sable m. des dunes. **d) ~schutzwerk** n. || defence of downs || défense f. des dunes. **e) ~steilküste** f. || steep coast covered with dunes || côte f. escarpée couverte de dunes. 36

Düngekalk m. || lime powder; manuring lime || engrais m. calcaire *ou* de chaux; chaux f. pour engrais. 37

Düngemittel n. *s. auch* Dünger || manure; fertilizer || engrais m. **a) chemisches ~** || chemical manure || engrais m. chimique. **b) Gewinnungsanlage** f. für künstliche ~ || plant for chemical manure manufacturing || installation f. pour la fabrication d'engrais chimique. **c) künstliches ~** || artificial manure || engrais m. artificiel. 38

Düngemittel-fabrik f. || fertilizer factory; manure works pl. || fabrique f. d'engrais. **a) ~fertigung** f. || manure manufacturing || fabrication f. d'engrais. **b) ~fertigungsanlage** f. || fertilizer producing plant; manure manufacturing plant || installation f. pour la fabrication des engrais. 39

düngen || to manure; to dung || engraisser. 40

Dünger m. *s. auch* Düngemittel || manure; dung || engrais m. **a) ~ aus Abfällen** || manure from wastes || engrais m. de déchets. **b) Blut~** || dried blood manure || sang m. desséché pour engrais. **c) chemischer ~** *s.* Düngemittel, chemisches. **d) ~ aus Daunen** || manure from downs || engrais m. de duvets. **e) ~ aus Federn** || manure from feathers || engrais m. de plumes. **f) Fisch~** || fish manure || engrais m. de poisson. **g) gemischter ~** || mixed manure || engrais m. composé. **h) künstlicher ~** *s.* Düngemittel, künstliches. **i) organischer ~** || organic manure || engrais m. organique. **k) pflanzlicher ~** || vegetable manure || engrais m. végétal *ou* d'origine végétale. **l) ~ aus Roßhaaren** || manure from horsehair || engrais m. de crins. **m) Stickstoff~** || nitrogenous manure || engrais m. azoté. **n) ~ aus tierischen Abfällen** || manure from slaughterhouse refuse || engrais m. d'abattoirs *ou* de débris d'animaux. **o) ~ tierischer Herkunft** || manure of animal origin || engrais m. animal *ou* de provenance *ou* d'origine animale. **p) ~ aus Wollabfällen** || manure from wool wastes || engrais m. de laine. 41

Dünger-fabrik f. *s.* Düngemittelfabrik. **a) ~fertigung** f. *s.* Düngemittelfertigung. **b) ~fertigungsanlage** f. *s.* Düngemittelfertigungsanlage. **c) ~forke** f. || dung fork || fourche f. à fumier. **d) ~mühle** f. || manure mill || moulin m. à engrais. **e) ~stätte** f. *s.* Dungstätte. **f) ~streuer** m. || manure spreader || distributeur m. d'engrais. **g) ~streumaschine** f. || manure distributor *or* drill || machine f. à épandre les engrais; distributeur m. *ou* semoir m. d'engrais. 42

Düngesalz n. || fertilizer salt || sel m. d'engrais. 43

Düngpulver n. || sewage powder; poudrette || poudrette f. 44

Dungstätte f. || dung yard || pailler m.; paillier m. 45

Düngstoff m. *s.* Dünger. 46

Düngung f. || manuring; marling || engraissement m.; marnage m.; fumage m. **a) mit ~ Kalk** || manuring with lime || chaulage m. **b) künstliche ~** || artificial manuring || engraissement m. *ou* amendement m. artificiel. 47

dunkel || dark || noir; obscur; sombre; foncé. 48

dunkl-es Bier n. || dark beer || bière brune. **a) ~e Entladung** f. || dark discharge || décharge f. obscure. **b) ~er Körper** m. || dark body || corps m. sombre *ou* foncé. 49

Dunkel-anpassung f. (Opt) || dark adaptation || adaptation f. à l'obscurité. **a) ~blau** n. || dark blue || bleu m. foncé. **b) ~braun** n. || dark brown || brun m. foncé. 50

dunkelfarbig || dark coloured || de couleur f. foncée; foncé. 51

Dunkelfeld n. (Opt) || dark ground *or* field || fond m. noir. **a) ~beleuchtung** f. || dark ground illumination || éclairage m. à fond noir. **b) ~beleuchtungseinrichtung** f. || dark ground illumination attachment || dispositif m. d'éclairage à fond noir. **c) ~beobachtung** f. (Opt) || dark-field observation || observation f. en fond noir. **d) ~birne** || concentrated filament (lamp) bulb || ampoule f. à fond noir. **e) ~blende** f. || dark ground stop || diaphragme m. à fond noir. **f) ~einrichtung** f. || dark field equipment || dispositif m. pour l'observation en fond noir. **g) ~kondensor** m. || dark field condenser || condensateur m. à fond noir. 52

Dunkel-grau n. || dark grey || gris m. foncé. **a) ~grün** n. || dark green || vert m. foncé. 53

Dunkelheit f. (Opt) || darkness || obscurité f. 54

Dunkelkammer f. (Lichtb) || dark room; camera obscura || chambre f. obscure *ou* noire; caméra f. obscura. **a) ~lampe** f. || dark room lantern *or* lamp || lampe f. à chambre obscure *ou* noire. 1
Dunkelrotglut f. || dark red heat || chaude f. rouge sombre *ou* rouge naissant. **a)** das **Schmieden muß** bei ~ beendet sein || the forging must be finished at dark red heat || le forgeage doit être fini (quand la pièce revient) à la chaleur rouge-sombre. 2
Dunkel-schalter m. || dimmer switch || interrupteur m. rhéostatique *ou* à gradation de lumière *ou* à résistance réglable. **a) ~scharlach** m. || French scarlet || écarlate f. de France; écarlate f. de graine. **b) ~violett** n. || dark violet || violet m. foncé. 3
dunkelwerden || to become dark; to darken || se foncer ||. 4
dünn || thin || mince. **a) ~es Eisenblech** n. || thin sheet iron || tôle f. d'acier fine. 5
Dünn-bier n. || small *or* table beer || bière f. de table; petite bière f. **a) ~brett** n. || half plank; half-inch plank; shelf || planche f. *ou* ais m. de demi-pouce d'épaisseur. 6
Dünndruckpapier n. || thin printing paper || papier m. mince pour impression. **a) ~herstellungsmaschine** f. || thin printing paper making machine || machine f. pour fabriquer du papier pour impression délicate. 7
dünnflüssig || very *or* thinly liquid || très liquide; fluide. 8
dünnhobeln || to lessen by planing || amenuiser. 9
Dünnquetsche f. || second mould of vellum || second *ou* dernier caucher m. 10
dünnschalig || thin skinned || à écorce f. fine. 11
Dünnschliff m. (Geologie) || thin rock section || lame f. mince. **a) Gesteins~** || thin ground stone plate || lame f. mince de pierre polie. 12
dünnschuppig || in thin scales pl. || en fines écailles f. pl. 13
Dünntuchband n. || gauze ribbon || ruban m. de gaze. 14
Dünnung f. (Zimm) || throat || gorge f. 15
dünnwandig || thin-walled || à paroi f. mince. **a) ~es Gußstück** n. || thin-walled casting; casting of thin sections || pièce f. fondue à parois de faibles épaisseurs. 16
Dunst m. || smoke; flue dust; fume; vapour || fumée f.; exhalaison f.; vapeur f. 17
Dunst-absauganlage f. || exhausting plant for vapour || installation f. d'aspiration des exhalaisons. **a) ~abzug** m. || vapour escape || cheminée f. de ventilation. **b) ~kamin** m. || ventilating chimney || cheminée f. d'appel. **c) ~loch** n. || air hole; air vent || soupirail m.; ventouse f.; évent m. 18
dunstlos || fumeless || sans fumée. 19
Dunst-nebel m. || mist due to water vapour; fog mist (A) || buée f.; brouillard m. de fumées *ou* de vapeurs légères. **a) ~rohr** n. || ventilating pipe || tuyau m. d'aération. **b) ~schlot** m. || ventilator tube || tuyau m. d'aération; tuyau m. d'évent. **c) ~trommel** f. || smoke drum || caisse f. à fumée. 20
Dünung f. || oceanic swell; swell of the ocean || agitation f. *ou* houle f. de l'océan. **a) leichte ~** (Schiff) || slight swell || faible *ou* petite houle f. 21
Duplex-betrieb m. || duplex working || transmission f. duplex. **a) ~drehbank** f. || duplex lathe || tour m. à deux outils. **b) ~telefonie** f. || duplex telephony || téléphonie f. duplex. **c)** drahtloser **~verkehr** m. || radio duplex service || service m. duplex radiotélégraphique. 22
duplieren (Buchdr) *s.* dublieren (Buchdr) **a) ~** (Spinn) *s.* dublieren (Spinn) 23
Duplikatscheck m., Ausstellen n. eines ~s || issue of a duplicate cheque || émission f. d'un duplicata de chèque. 24
Duralprofil n. || dural profile || profil m. de duralumin. 25
Duralumin n. || duralumin || duralumin m. 26
Duraluminium n. || hard aluminium || aluminium m. dur. 27
Durchbalken m. (Buchdr) || winter || traverse f. 28
durchbiegen || to bend; to sag || fléchir. 29
Durchbiegeversuch m. || deflection test || essai m. de flexion. 30
Durchbiegung f. || deflection; flexure || flexion f.; flèche f. **a) ~** eines **Balkens** || deflection of a girder || flèche f. d'une poutre. **b) Belastungsprobe** f. ohne bleibende ~ || deformation test by loads without a permanent set || essai m. de flexion par charge morte sans déformation permanente. **c) bleibende ~** der Feder || permanent set of spring || flèche f. *ou* déformation f. permanente du ressort. **d) ~** bei **vorgeschriebener Belastung** || deflection of the load stipulated || flèche f. à la charge prescrite. 31
Durchblasehahn m. || purging cock || robinet m. de purge. 32
durchblasen (Chem) || to blow through || souffler dans . . . *ou* par . . . ; purger. 33
Durchblaseventil n. || blow-through valve || soupape f. de purge. 34
durchbohren || to bore through; to perforate || forer; percer. 35
durchbrechen || to break through || briser; rompre. **a)** das **Mauerwerk ~** || to break through the wall || trouer *ou* faire un trou dans le mur *ou* dans la maçonnerie. 36
durchbrennen (Elektr) || to blow || fondre; sauter. **a)** die **Sicherung** brennt durch || the fuse blows || le fusible fond. 37
durchbrochen (Bauk) || open-worked || percé à-jour. **a) ~ gearbeitet** (Textil) || through-carved || travaillé à jour. 38
durchbrochen-es Geschirr n. (Porzell) || perforated dish || batterie f. de cuisine perforée. **a) ~e Kettenware** f. (Textil) || lace warp fabric || tricot m. chaîne à jour. **b) ~es Wehr** n. (Wasserb) || carved weir || écluse f. à pertuis. 39
Durchbruch m. der **Kräusen** (Brau) || collapse of kräusen head || chute f. des kräusen. 40
Durchbruchtank m. (Waffenw) || heavy tank || char m. de combat lourd *ou* de rupture; tank m. écraseur. 41
durchdrehen (Selbstanschl) || to overflow || outrepasser. 42
durchdringen || to penetrate || pénétrer. 43
durchdringende Strahlung f. (Phys) || penetrating radiation || rayonnement m. pénétrant. 44
durchdringlich (Phys) || permeable || perméable. 45
Durchdringlichkeit f. (Phys) || permeability || perméabilité f. 46
Durchdringung f. || penetration || pénétration f. 47
Durchdringungsvermögen n. || penetrating power || force f. de pénétration. 48
durcheilen || to pass over || parcourir. 49
durchfahren, einen **Bahnhof** m. || to pass *or* to run-through a station || brûler une station. **a)** eine **scharfe Kurve ~** (Eisenb) || to run through a sharp curve || franchir une courbe à faible rayon. 50
Durchfahrt f. || passage; thoroughfare || passage m.; traversée f. **a) ~** in einem **Deich** || cut of a dike || coupure f. d'une digue. **b) keine ~!** || no thoroughfare! || défense de passer! **c) schwierige ~** || difficult passage || passe f. difficile. 51
Durchfahrts-höhe f. bei gesenktem Ausleger || clearance height with jib lowered || hauteur f. de passage avec flèche baissée. **a) ~profil** n. || clearance limit of running-through || gabarit m. de libre passage. **b) ~recht** n. || right of transport *or* of passage || droit m. de passage. 52
durchfallen (Kräusen) || to clear; to fall back || tomber. 53
Durchfallen n. der **Kräusen** (Brau) || falling back *or* clearing of kräusen || chute f. des kräusen. 54
durchfallendes Licht || transmitted light || lumière f. transmise. 55
Durchfederung f., **geringste** || minimum of deflection || minimum m. de flexion. **a) ~** des **Rahmens** || elasticity of the frame || élasticité f. du châssis. 56
durchfeuchten || to wet *or* moisten thoroughly; to soak || pénétrer d'humidité f.; mouiller. 57
Durchfeuchtung f. des **Bodens** || moistening of the soil || pénétration f. du sol par l'humidité; mouillage m. du sol. 58
durchfiltern (Chem) || to filtrate || filtrer. 59
durchflechten (Wasserb) || to interlace; to interweave || enverger. 60
durchfließen (Elektr) || to traverse || parcourir. 61
Durchfluß-bolzen m. || hollow bolt || boulon m. creux. **a) ~erhitzer** m. || flow heater || chauffe-eau m. pour eau coulante. **b) ~geschwindigkeit** f. || velocity *or* rate of flow || vitesse f. de passage. **c) ~profil** n. (Brücke) || water way || débouché m. **d) ~zeit** f. (Chem) || time of flow || durée f. de passage. 62
durchforsten || to thin (a forest) || faire une éclaircie. 63
Durchforstung f. || thinning (of a forest) || éclaircie f. 64
Durchfracht f. (Geld) || trough rate || tarif m. de transit. **a) ~** (Gut) || direct *or* through freight || fret m. direct *ou* de transit. **b) ~satz** m. *s.* Durchfracht (Geld). 65
durchfressen || to corrode || ronger; corroder. 66
Durchführbarkeit f. || practicability; feasibility || possibilité f. d'exécution. 67
Durchführung f. der im Gang befindlichen **Ausbauarbeiten** || completion of the extensions which are being carried out now || achèvement m. des constructions en cours. **a) ~** des Verfahrens **im Großbetrieb** || working the process on a large scale || mise f. en œuvre du procédé sur une vaste échelle. **b) in der ~ begriffen sein** (Bauw) || to be in course of construction || être en construction f. 68
Durchführungs-bolzen m. (Elektr) || duct bolt || boulon m. de traversée. **a) ~tülle**

f. || wall duct; inlet nipple || douille f. de traversée. 1

Durchgang m. (Bauw) || thoroughfare; passage; alley || passage m. **a)** ~ eines **Sternes** durch den Meridian || culmination of a star || culmination f. d'une étoile; passage m. d'une étoile par le méridien. **b)** ~ **verboten!** || no thoroughfare! || défense de passer! 2

Durchgangs-amt n. (Fernm) || transit office || bureau m. tandem. **a)** ~**anstalt** f. (Fernm) || through switching exchange || bureau m. de transit. **b)** ~**blatt** n. (Fernm) || transit ticket || fiche f. de transit. **c)** ~**blockwerk** n. (Eisenb) || section block || blocage m. de section. **d)** ~**buch** n. (Fernm) || transit book || liste f. de transit. **e)** ~**gebühr** f. (Fernm) || transit charge || taxe f. de transit. **f)** ~**gespräch** n. (Fernm) || through call || communication f. de transit. **g)** ~**gut** n. || transit goods pl. || marchandise f. de transit. 3

Durchgangshahn m. || two-way *or* straight-way cock || robinet m. droit *ou* à deux orifices. **a)** ~ **ohne Stopfbuchse** || two-way cock without stuffing box || robinet m. droit sans boîte à bourrage. 4

Durchgangs-hahnküken n. || plug of two-way cock || noix f. pour robinet droit. **a)** ~**handel** m. || transit trade || commerce m. de transit. **b)** ~**land** n. || transit country || pays m. de transit. **c)** ~**profil** n. (Eisenb) || clearing gauge; passage section || gabarit m.; profil m. de passage. **d)** ~**schrank** m. (Fernm) || through switching board || table f. de transit interurbain. **e)** ~**tarif** m. || trough rate || tarif m. de transit. **f)** ~**telegramm** n. || through message || télégramme m. de transit. **g)** ~**tür** f. || passage door || porte f. de passage. **h)** ~**ventil** n. || straight-way *or* through-way *or* two-way valve || soupape f. droite *ou* à deux voies. **i)** ~**verbindung** f. (Fernm) || through connection || communication f. de transit. 5

Durchgangsverkehr m. || transit (trade); through *or* transit traffic || commerce m. *ou* trafic m. de transit. **a)** ~ (Fernm) || transit *or* through traffic || trafic m. urbain de transit. 6

Durchgangs-verwaltung f. (Fernm) || transit administration || administration f. de transit. **a)** ~**wagen** m. || corridor car || voiture f. à couloir. **b)** ~**zoll** m. || transit duty || droit m. de transit. **c)** ~**zug** m. (nicht haltender) || through *or* non-stop train || convoi m. parcourant toute la ligne; train m. direct. 7

durchgebogenes Brillenglas n. ohne lichtbrechende Wirkung || spectacle lens of the meniscus form which has no refractive power || verre m. correcteur neutre en forme coquille. 8

durchgefärbt || coloured throughout || coloré dans la masse. 9

durchgehen lassen (Chem) || to pass in ... || faire passer dans ... 10

Durchgehen n. (Masch) || (occurrence of) racing || emballement m. **a)** ~ des **Motors** || racing of the engine || emballement m. du moteur. 11

durchgehend-e Achse f. || passing axle || arbre m. traversant. **a)** ~**e Bohrung** f., die Achse f. ist mit durchgehender Bohrung versehen || the axle is hole bored from end to end || l'essieu m. est percé sur toute sa longueur **b)** ~**er Bolzen** m. || through bolt || boulon m. traversant. **c)** ~**es Schmierlager** n. (Eisenb) || lubricating box extending from one axle journal to the other || boîte f. à graisse entourant l'essieu tout entier. **d)** ~**e Steuerwelle** f. || continuous control *or* drive shaft || arbre m. de commande traversant. **e)** ~**e Welle** f. || shaft passing from end to end; through shaft || essieu m. allant de bout en bout; arbre m. traversant **f)** ~**er Zug** m. || non-stop train || train m. direct. 12

durchgeschlagen (Elektr) || burnt-out; punctured (A) || brulé. **a)** ~**er Probestab** m. (Masch) || broken test piece || éprouvette f. cassée en deux (parties). 13

durchgeschmiedet || forged through || forgé jusqu'au cœur. 14

Durchgriff m. (Funkw) || reciprocal of the voltage amplification factor; passage || inverse m. du facteur d'amplification de potentiel; rapport m. 15

Durchhang m. des Seiles || sag *or* dip of cable || flêche f. du câble. 16

durchhängen || to sag || affaisser; fléchir. 17

Durchhang-prüfung f. || sag test || réglage m. des fils. **a)** ~**tafel** f. || dip regulation table; table of sags || table f. *ou* tableau m. des flèches. 18

Durchhau m. im Walde || lane *or* riding cut through a forest || laie f. 19

Durchhieb m. || improvement cutting || coupe f. d'amélioration. 20

durchkneten || to knead thoroughly || pétrir. 21

durchkochen || to boil briskly || faire bouillir fortement. 22

durchkonstruierte Maschine f. || well constructed machine || machine f. de construction tout à fait perfectionnée. 23

Durchlaß m. || passage || passage m. **a)** ~ (Wasserb) || culvert || ponceau m. 24

durchlassen (Opt) || to transmit || transmettre. **a) Wärme** f. ~ || to transmit heat || laisser passer la chaleur. 25

durchlässig (Boden) || pervious; permeable || perméable. **a)** ~ (Opt) || transparent || transparent. 26

Durchlässigkeit f. (Boden) || perviousness; permeability || perméabilité f. **a)** ~ (Opt) || transparency; permeability || transparence f. **b) gesteigerte** ~ f. im Ultraviolett des Glasmaterials || enhanced permeability to ultraviolet rays of the glass || transparence f. plus grande dans l'ultraviolet des fontes. **c) magnetische** ~ || magnetic permeability || perméabilité f. magnétique. 27

Durchlässigkeits-faktor m. (Fernm) || transmission coefficient || coefficient m. de passage. **a)** ~**messer** m. || permeameter || perméamètre m. 28

Durchlaßwehr n. || sluice weir || barrage m. à vannes; vanne f. 29

durchlaufene Strecke f. (Schiff) || distance sailed *or* covered || distance f. parcourue. 30

durchlaufend numerieren || to number continuously || numéroter d'un bout m. à l'autre. 31

durchleiten durch (Chem) || to blow through || faire passer dans. 32

Durchleuchtung f. || radioscopy || radioscopie f. 33

Durchleuchtungs-apparat m. *s.* Durchleuchtungsgerät. **a)** ~**bild** n. || Röntgen photo || image f. radioscopique. **b)** ~**gerät** n. || diaphanoscop || diaphanoscope m. **c)** ~**kasten** m. || radioscope box || boîte f. radioscopique. **d)** ~**lampe** f. || lamp for illumination by transmitted light; translumination lamp || lampe f. pour l'éclairage interne pénétrant. **e)** ~**stuhl** m. || radioscope chair || chaise f. radioscopique. **f)** ~**tisch** m || radioscopic *or* radioscope table || table f. radioscopique. 34

durchlochen || to punch; to perforate || percer; déboucher; perforer; trouer. 35

durchlöchert || perforated; punched || troué; perforé. 36

durchlochtes Blech n. || punched plate || tôle f. perforée. 37

Durchlochung f. || perforation || perforation f. 38

Durchmesser m. || diameter || diamètre m. **a) äußerer** ~ || outside diameter || diamètre m. extérieur. **b) größter** ~ des **Werkstückes** || maximum diameter of work piece || diamètre m. maximum du pièce (à travailler). **c) innerer** ~ || inside diameter || diamètre m. intérieur. **d) lichter** ~ || interior diameter || diamètre m. intérieur. 39

durchmischen || to mix; to mix through || mélanger. 40

Durchmusterung f. des **Spektrums** || passing in review the spectrum || exploration f. du spectre. 41

durchörtern, das **Gebirge** (Bergb) || to cut across *or* to intersect the ground; to drive a heating through the ground || percer le terrain. **a)** einen **Kohlenpfeiler** m. ~ || to hole a post || desserrer un pilier. 42

Durchörterung f. des **Gebirges** (Bergb) || cutting across the ground; intersection of the ground || percement m. souterrain. 43

durchpausen || to trace; to pounce; to calk; to counter draw || calquer. 44

durchrechnen || to calculate || calculer. 45

durchsacken (Luftf) || to pancake || descendre à plat. 46

durchsaugen (Chem) || to suck through || aspirer à travers. 47

durchschalten (Fernm) || to connect through || relier par ... à ... **a) glatt** ~ (Kabel) || to splice straight through || coupler directement. 48

Durchschaltrelais n. (Fernm) || switching relay || relais m. à relier. 49

durchscheinend *s. auch* durchsichtig || translucent; transparent; diaphanous || translucide; transparent; diaphane. 50

durchscheinend-e Leinwand f. || transparent cloth || toile f. transparente. **a)** ~**es Objekt** n. || transparent object || objet m. translucide. 51

durchschießen (Buchb) || to interleave || interfolier. **a)** ~ (Schriftzeilen) || to interline; to lead || interligner (les blancs mpl.). 52

Durchschlag m. (Bergb) || cutting across || percement m. **a)** ~ (Schloss) || piercer; punch || chasse-pointes m.; chasse-goupilles m.; poinçon m.; découpoir m.; chasse f. **b)** ~ (Schreibmasch) || (carbon) copy; duplicate || copie f.; duplicata m.; épreuve f. **c)** ~ (Sieb) || colander; strainer; screen; riddle || crible m. **d)** ~ (Wald) || cut *or* opening through the woods || percée f.; trouée f. **e)** ~ des **Tunnels** || piercing-through of the tunnel || percement m. du tunnel. 53

durchschlagbares Fernrohr n. || transit telescope || lunette f. pivotant complètement *ou* pouvant être retournée sur elle-même. 1

durchschlagen (Elektr) || to spark; to burn out; to puncture (A) || jaillir; claquer; brûler. **a)** ~ (Farbe) || to show through || pénétrer. 2

Durchschlagen n. (Elektr) || sparking; burning out || jaillissement m.; claquage m. **a)** ~ des **Transformators** || burning-out of the transformer || claquage m. du transformateur. 3

Durchschläger m., Gold- und Silber~ (Juw) || gold and silver chaser || repousseur m. en or et en argent. 4

Durchschlagpapier n. (Kohlepapier) || copying *or* duplicating paper || papier m. à charbon *ou* à copier *ou* autocopiste. **a)** ~ (weißes Papier) || thin typewriting paper || papier m. pelure. 5

Durchschlags-festigkeit f. (Elektr) || disruptive strength || rigidité f. diélectrique. **a) ~kopie** f. (Schreibm) || carbon copy || copie f. au carbone. **b) ~kraft** f. || percussion power; force of percussion; perforating effect || force f. percutante; force f. de perforation. **c) ~probe** f. || breakdown test || épreuve f. de percement. **d) ~punkt** m. (Bergb) || point of intersection || point m. d'intersection. **e) ~sicherung** f. (Elektr) || puncture *or* film cut-out || dispositiv m. de protection contre les claquages. **f) ~spannung** f. || disruptive voltage; breaking-down pressure || tension f. à perforation *ou* à percement disruptif. **g) ~versuch** m. || breaking-down test || essai m. de percement disruptif. **h) ~wirkung** f. || punching effect || effet m. de perforation. 6

durchschleusen, ein Schiff n. || to pass a vessel through a lock || écluser un bateau. 7

durchschmelzen (Sicherung) || to melt || fondre. 8

durchschneiden || to cut through || couper en deux. **a)** ein Gebiet n. wird von **Eisenbahnlinien** durchschnitten || an area is intersected by railway lines || de lignes fpl. de chemin de fer traversent un terrain. 9

Durchschnitt m. (Mittel) || average || moyenne f. **a)** ~ (Zeichn) || view from above and two sections || vue f. d'en haut et deux coupes. **b) annähernder** ~ || rough average || moyenne f. approximative. **c) im** ~ *s.* durchschnittlich. **d) über dem** ~ || above the average || au-dessus de la moyenne; passé la moyenne. 10

durchschnitten (Feldm) || intersected; broken || coupé; difficile; fourré; accidenté. 11

durchschnittlich || on *or* at an average || en moyenne f. **a)** ~ **betragend** || averaging || d'une moyenne de; donnant une moyenne de. 12

durchschnittlich-e Belastung f. || average load || charge f. moyenne. **a) ~er Verbrauch** m. || average consumption || consommation f. moyenne. 13

Durchschnitts-alter n. || average age || âge m. moyen. **a) ~bestimmung** f. (Chem) || average analysis || analyse f. moyenne. **b) ~betrag** m. || average amount || moyenne f.; avérage m. **c) ~brett** n. || half-plank; half-inch plank *or* shelf || planche f. *ou* ais m. de demi-pouce d'épaisseur. **d) ~ertrag** m. || mean yield || rendement m. moyen. **e) ~geschwindigkeit** f. || average speed || vitesse f. moyenne. **f) ~leistung** f. || average output || rendement m. moyen. **g) ~linie** f. || line of intersection || ligne f. d'intersection. **h) ~muster** n. des Erzes || average sample of ore || échantillon m. moyen de minerai. **i) ~preis** m. || average price *or* cost || coût m. *ou* prix m. moyen. 14

Durchschnittsprobe f. (Muster) || average sample || échantillon m. moyen. **a)** ~ (Prüfung) || average assay || essai m. moyen. 15

Durchschnitts-qualität f., **gute** || fair average quality || bonne qualité m. moyenne. **a) ~verdienst** m. || average earnings pl. || recettes fpl. moyennes. 16

Durchschnittswert m. des **Erzes** || average value of ore || valeur f. moyenne de minerai. **a) ~e** mpl. aus der **laufenden Fertigung** || averages pl. *or* average figures pl. of the current production || chiffres mpl. moyens de la fabrication courante. 17

Durchschnittszahl f. || mean; mean number || moyenne f. 18

Durchschnittsziffer f., die wirklichen ~**n** fpl. sind nur halb so groß || the real averages pl. are only half these quantities || en réalité on atteint à peine la moitié de ces chiffres mpl. moyens. 19

durchschossen (Buchdr) || leaded || interligné. **a) nicht** ~ (Buchdr) || solid || plein; non-interligné. **b)** mit **Papier** n. ~ (Buchb) || interleaved || interfolié. 20

Durchschreibe-buch n. || transfer copying book; duplicating book || livre m. à calquer; bloc m. à copier. **a) ~feder** f. || manifold pen || plume f. pour faire les copies au carbone. **b) ~papier** n. || copying *or* duplicating paper || papier m. à charbon *ou* à copier *ou* autocopiste. **c) ~stift** m. || pencil for making carbon copies || crayon m. à copier. 21

Durchschuß m. (Buchdr) || space *or* white line; blank; margin; leads pl.; slugs pl. || blanc m.; interligne f. (coupée); réglettes fpl. **a) ~apparat** m. (Textil) || inlaying apparatus || appareil m. à tramer. 22

durchschütteln (Chem) || to shake thoroughly || battre *ou* secouer fortement. 23

Durchschütteln n. (Chem) || thorough shaking || battage m. fort. 24

durchseihen || to strain; to filter || filtrer; couler. 25

Durchseihen n. || colation; colature || colature f. 26

durchsichtig *s. auch* durchscheinend || transparent; diaphanous || transparent; diaphane. 27

durchsichtig-es Gummi n. || transparent rubber || caoutchouc m. transparent. **a) ~e Membrane** f. || transparent membrane || membrane f. transparente. **b) ~es Plakat** n. || transparent poster || affiche f. transparente. 28

Durchsichtigkeit f. || transparency; pellucidity; diaphanousness || diaphanéité f.; transparence f. **a)** ~ der **Luft** || transparency of the air || transparence f. de l'air. 29

durchsickern || to trickle || suinter. 30

durchsieben || to sift; to sieve; to screen || cribler; tamiser; sasser. 31

durchsommern (Ziegel) || to season in summer || conserver pendant l'été. 32

durchsprechen (Fernm) || to speak through the telephone; to telephone || communiquer; téléphoner. 33

Durchsprechstellung f. || through position || position f. de communication directe. 34

durchstechen || to prick || priquer. 35

Durchstich m. (Eisenb) || tunnel || tunnel m. **a)** ~ (Wasserb) || cutting; excavation || déblai m.; tranchée f. 36

Durchteufung f. einer Schicht (Bergb) || sinking through a stratum *or* a layer || creusement m. d'une couche; passage m. à travers d'une couche. 37

durchtränken (Chem) || to impregnate || imprégner. 38

Durchtränkung f. || impregnation || imprégnation f. **a)** ~ mit **Kupfervitriol** || impregnation with sulphate of copper || imprégnation f. au sulfate de cuivre. 39

durchtunneln || to tunnel || faire un tunnel. 40

durchwaschen (Chem) || to wash thoroughly || laver à fond. 41

Durchweichungsgrube f. || soaking pit || pit m. chauffée. 42

durchwintern (Ziegel) || to season in winter || conserver pendant l'hiver. 43

Durchwirbelung f. der Luft || turbulence *or* turbulent-motion of the air || turbulence f. de l'air; mouvement m. turbulent de l'air. 44

Durchwurf m. (Sieb) || screen; sieve || tamis m. de passage. 45

durchzeichnen || to trace; to counterdraw; to calk || calquer. 46

Durchzeichnung f. || tracing || calque m. 47

Durchzugs-kraft f. || pulling power || puissance f. d'entraînement. **a) ~schaltung** f. || system of progressive gear || système m. de changement progressif de vitesse. 48

dürres Holz n. || dead standing tree || bois m. mort en estant. 49

Dürre f. || drought || sécheresse f. 50

Dusche f. || douche || douche f. **a) ~bad** n. || douche || bain m. de douche. 51

Düse f. || nozzle; blast pipe; jet || tuyère f.; gicleur m. **a)** ~ (Vergaser) || spray nozzle || gicleur m. **b) Ausgleich** ~ || compensating jet || gicleur m. de compensation. **c) Bewetterungs**~ || ventilation nozzle || tuyère f. d'aération. **d) Dreifach**~ f. für Wasserzerstäubung || triple nozzle for atomization of water || gicleur m. triple pour la pulvérisation de l'eau. **e)** durch eine ~ **einspritzen** || to inject by means of a nozzle || injecter à l'aide d'un gicleur. **f) Haupt**~ || main nozzle *or* jet || gicleur m. principal. **g) Hilfs**~ || auxiliary jet || gicleur m. auxiliaire. **h) Leerlauf**~ || pilot jet; slow-running jet || gicleur m. secondaire *ou* de ralenti. **i) Löse**~ || exhaust throttle disc || bouchon m. de réglage d'échappement. **k) Öl**~ || oil atomizer || pulvérisateur m. d'huile. **l) Staudruck**~ || Pitot tube || tube m. de Venturi. **m)** eine ~ **verstopfen** || to choke a nozzle || boucher un gicleur. **n) Zerstäubung** f. der ~ || atomization of the nozzle || pulvérisation f. du gicleur. 52

Düsen-auspufftopf m. || nozzle exhaust box *or* muffler || pot m. d'échappement de gicleur. **a) ~ausziehvorrichtung** f. || implements pl. for dismantling a nozzle || dispositif m. d'enlèvement du gicleur. **b) ~körper** m. || nozzle body || corps m. de la tuyère. **c) ~nadel** f. || jet needle || aiguille f. du gicleur. **d) ~prüfung** f. || testing of the nozzle || essai m. du gicleur.

e) ~**reiniger** m. ‖ cleaning tool for the nozzle ‖ (outil-)nettoyeur m. du gicleur. **f)** ~**rohr** n. ‖ blast pipe ‖ tuyère f. **g)** ~**stock** m. (Met) ‖ nozzle *or* blast connection ‖ porte-vent m. **h)** ~**teil** m., Auswechseln n. eines ~es ‖ exchanging a nozzle part ‖ changement m. d'une pièce du gicleur. **i)** ~**vergaser** m. ‖ jet carburettor ‖ carburateur m. à gicleur. **k)** ~**zerstäuber** m. ‖ nozzle atomizer ‖ pulvérisateur m. à tuyère. 1

Düte f. ‖ paper bag ‖ cornet m.; sac m. en papier. 2

Dütenmaschine f. ‖ paper bag machine ‖ machine f. pour la fabrication de sacs de papier. 3

dwars ‖ athwart; across; abeam of ‖ par le travers. 4

Dwars-balken m. (Schiffb) ‖ cross beam ‖ traversin m. **a)** ~**linie** f. ‖ loxodromic spiral; rhumb line ‖ loxodromie f. **b)** ~**see** f. ‖ athwart *or* broadside sea ‖ mer f. de travers. 5

dweilen (Seew) ‖ to swab; to dry with a mob ‖ fauberter. 6

Dynameter n. (Opt) ‖ dynameter ‖ dynamètre m. 7

Dynamik f. ‖ dynamics pl. ‖ dynamique f. **a)** ~ **fester Körper** ‖ geodynamics pl. ‖ dynamique f. des corps solides. **b)** ~ **flüssiger Körper** ‖ hydrodynamics pl. ‖ hydrodynamique f. **c)** ~ **luftförmiger Körper** ‖ aerodynamics pl. ‖ aérodynamique f. 8

dynamisch ‖ dynamic(al) ‖ dynamique. **a)** ~ **ausgewuchtet** ‖ dynamically balanced ‖ équilibré dynamiquement. **b)** ~ **stabil** ‖ dynamically stable ‖ dynamiquement stable. 9

dynamisch-er Auftrieb m. ‖ dynamic lift ‖ poussée f. dynamique. **a)** ~**e Beanspruchung** f. ‖ repeated *or* dynamic stresses pl. ‖ effort m. d'oscillation. **b)** ~**e Festigkeit** f. ‖ dynamic strength ‖ résistance f. à l'oscillation. **c)** ~**es Gleichgewicht** n. ‖ stability; dynamical equilibrium ‖ équilibre m. dynamique. **d)** ~**e Untersuchung** f. ‖ dynamic experiments pl. ‖ vérifications f. dynamiques. 10

Dynamit n. ‖ dynamite ‖ dynamite f. 11

Dynamit-fabrik f. ‖ dynamite works pl. ‖ fabrique f. de dynamite; dynamiterie f. **a)** ~**patrone** f. ‖ dynamite cartridge ‖ cartouche f. de dynamite. 12

Dynamo f. *s.* Dynamomaschine. 13

Dynamoblech n. ‖ core *or* dynamo sheet ‖ tôle f. pour dynamos. **a) Beklebemaschine** f. für ~e ‖ plate pasting machine for dynamo plates ‖ machine f. à coller du papier sur les tôles de dynamo. 14

Dynamobürste f. ‖ dynamo brush ‖ brosse f. à dynamos; balai m. de génératrice. 15

dynamoelektrische Maschine f. ‖ dynamo-electric machine ‖ machine f. dynamo-électrique. 16

Dynamo-guß m. ‖ dynamo steel casting ‖ acier m. coulé pour dynamos. **a)** ~**karren** m. ‖ dynamo wagon ‖ voiture f. portant la génératrice. 17

Dynamomaschine f. ‖ dynamo-electric machine; dynamo; electro-magnetic generator ‖ machine f. dynamo-électrique; dynamo f.; génératrice f. **a) Bahn**~ ‖ railway generator ‖ dynamo f. pour traction. **b) Dampfturbinen**~ ‖ steam turbine dynamo ‖ turbine f. à vapeur dynamo-électrique. **c) direkt gekuppelte** ~ ‖ direct driven dynamo ‖ dynamo f. à accouplement direct. **d) einpolige** ~ ‖ unipolar dynamo ‖ dynamo f. unipolaire. **e) Flachring**~ ‖ flat ring dynamo ‖ dynamo f. à anneau plat. **f) fremderregte** ~ ‖ separately-excited dynamo ‖ génératrice f. à excitation indépendante. **g) Gas**~ ‖ gas dynamo ‖ machine f. à gaz dynamo-électrique; dynamo f. à gaz. **h) Gegenverbund**~ ‖ differentially compounded dynamo ‖ dynamo m. anti-compound. **i)** ~ **mit geschlossener Ankerwicklung** ‖ closed-coil armature dynamo ‖ dynamo f. avec induit à bobinage fermé. **k) Gleichstrom**~ ‖ continuous current dynamo *or* generator ‖ génératrice f. à courant continu. **l)** ~ **mit konstanter Spannung** ‖ constant-voltage dynamo ‖ dynamo f. à voltage constant *ou* à tension constante. **m)** ~ **mit konstanter Stromstärke** ‖ constant-current dynamo ‖ dynamo f. à courant constant *ou* à intensité constante. **n) Motorrad**~ ‖ motorcycle dynamo ‖ dynamo f. de motocyclette. **o) Nebenschluß**~ ‖ shunt dynamo ‖ dynamo f. shunt. **p) Niedrigspannungs**~ ‖ low-tension dynamo ‖ dynamo f. à baisse tension. **q)** ~ **für Pufferbetrieb** ‖ dynamo for buffer battery ‖ dynamo f. pour les batteries-tampon. **r)** ~ **für Riemenantrieb** ‖ belt-driven dynamo ‖ génératrice f. à commande par courroie. **s) selbsterregte** ~ ‖ self-excited dynamo ‖ dynamo f. auto-excitatrice. **t) selbstregelnde** ~ ‖ self-regulating dynamo ‖ dynamo f. auto-régulatrice. **u) Turbo**~ ‖ turbo-dynamo ‖ turbo-machine f. dynamo-électrique. **v) Verbund**~ ‖ compound-wound dynamo ‖ dynamo f. compound. **w) Windmotor**~ ‖ air motor dynamo ‖ moteur m. à vent dynamo-électrique. **x) Zugbeleuchtungs**~ (Eisenb) ‖ train-lighting dynamo ‖ dynamo f. pour l'éclairage des trains. 18

Dynamomesser m. *s.* Dynamometer. 19

Dynamometer n. ‖ dynamometer; spring balance ‖ dynamomètre m.; appareil m. dynamique. 20

dynamometrisch ‖ dynamometric(al) ‖ dynamométrique. 21

Dynamo-montör m. ‖ dynamo fitter ‖ monteur m. de dynamos. **a)** ~**öl** n. ‖ dynamo oil ‖ huile f. pour dynamos. **b)** ~**stahl** m. ‖ dynamo steel ‖ acier m. pour dynamos. **c)** ~**stahlguß** m. ‖ dynamo steel casting ‖ moulage m. en acier pour dynamos. **d)** ~**wagen** m. ‖ dynamo wagon ‖ voiture f. portant le générateur. **e)** ~**welle** f. ‖ dynamo shaft ‖ arbre m. de dynamo. 22

Dynatron n. ‖ dynatron ‖ dynatron m. 23

Dyne f. (Phys) ‖ dyne ‖ dyne f. 24

D-Zug m. *siehe unter* D. *(am Anfang).* 25

E

Ebbe f. ‖ ebb; ebb *or* low tide ‖ basse-marée *ou* basse-mer f.; jusant m.; reflux m. **a)** ~ **und Flut** f. ‖ tide ‖ marée f.; flux m. et reflux m. **b) letzte** ~ ‖ end of the ebb ‖ fin f. du jusant. 26

Ebbetor n. (Schleuse) ‖ tail *or* aft gate ‖ porte f. d'aval *ou* de mouille *ou* de marée. 27

Ebbstrom m. ‖ ebb stream; outgoing stream ‖ courant m. de jusant *ou* de sortie. 28

eben (Boden) ‖ plain; level ‖ uni; plain; au niveau m. **a)** ~ (Geom) ‖ plane ‖ plan. **b)** ~ **geschliffener Spiegel** m. ‖ plane polished *or* ground mirror ‖ miroir m. plan poli. **c)** zu ~**er Erde** f. ‖ on the ground floor ‖ à fleur f. de sol; rez-de-chaussée f. **d)** ~**er Spiegel** m. ‖ plane mirror ‖ miroir m. plan. 29

Ebene f. ‖ plane ‖ plan m. **a) geneigte** ~ ‖ inclined plane ‖ plan m. incliné. **b)** in **gleicher** ~ f. mit ‖ on a level with; flush **with** ‖ plain; aplani; égalisé. **c) horizontale** ~ *s.* wagerechte~. **d) schiefe** ~ ‖ inclined plane; descent; gradient ‖ plan m. incliné; descente f. **e) senkrechte** ~ ‖ vertical plane ‖ plan m. vertical. **f) vertikale** ~ *s.* senkrechte ~. **g) wagerechte** ~ ‖ horizontal plane ‖ plan m. horizontal. 30

ebenflächig ‖ with a flat surface ‖ plan; planièdre. 31

Ebenholz n., **rotes** ‖ granillo; grenadillo; red ebony ‖ grenadille f.; ébène f. rouge. **a)** ~**baum** m. ‖ ebony tree; ebon tree ‖ ébénier m. **b)** ~**öl** n. ‖ ebony wood oil ‖ essence f. de bois d'ébène. 32

Ebenmaß n. ‖ symmetrie; proportion; harmony ‖ symétrie f.; proportion f. 33

ebenmäßig ‖ symmetrical; proportionate ‖ symétrique; proportionné. 34

Eberesche f. ‖ service tree; quick tree ‖ sorbier m. 35

Ebereschenbeere f. ‖ mountain-ash berry ‖ baie f. de sorbier. 36

Eber-halter m. ‖ wild boar breeder ‖ éleveur m. de porcs ayant un verrat. **a)** ~**raute** f. ‖ abrotanum herb ‖ herbe f. d'abrotane. **b)** ~**wurzel** f. ‖ carline-thistle root ‖ racine f. de carline acaule. 37

ebnen ‖ to smooth; to planish; to level; to make even ‖ planer; dresser. 38

Ebonit n. *s. auch* Hartgummi ‖ ebonite; vulcanite; hard-rubber ‖ ébonite f.; caoutchouc m. durci. 39

Ebonit-rohr n. ‖ ebonite tube ‖ tube m. en ébonite. **a)** ~**scheibe** f. ‖ ebonite plate ‖ disque m. en ébonite. **b)** ~**schutzglocke** f. (Fernm) ‖ ebonite guard insulator ‖ isolateur m. en ébonite. **c)** ~**stöpsel** m. ‖ ebonite stopper ‖ bouchon m. d'ébonite. **d)** ~**zelle** f. ‖ ebonite cell ‖ élément m. avec bac en ébonite. 40

Ebullioskop n. ‖ ebullioscope ‖ ébullioscope m. 41

Echo n. ‖ echo ‖ écho m. 42

Echo-empfänger m. ‖ echo receiver ‖ récepteur m. d'écho. a) **~lot** n. ‖ echo sound ‖ écho-sonde f. b) **~lotung** f. ‖ echo sounding ‖ sondage m. par son *ou* par écho. c) **~messer** m. (Fernm) ‖ echo attenuation measuring set ‖ appareil m. de mesure de l'affaiblissement d'écho; échomètre m. d) **~mikrofon** n. ‖ echo microphone ‖ microphone m. d'écho. e) **~sperre** (Fernm) ‖ echo suppresser ‖ suppresseur m. d'écho. f) **~strom** m. (Fernm) ‖ echo current ‖ courant m. d'écho. g) **~wirkung** f. ‖ echo effect ‖ effet m. d'écho. 1

echt ‖ genuine; true ‖ naturel; vrai. a) **~** (Chem) ‖ pure; fast ‖ vrai; solide; pur. b) **~er Gang** m. (Bergbau) ‖ fissure vein ‖ vrai filon m.; filon m. de fracture. 2

Echtrot n. ‖ fast red ‖ rouge m. solide. 3

Eckband n. ‖ angle iron; corner plate ‖ équerre f. de fer. 4

Eckblech n. ‖ gusset (sheet); sheet metal corner piece ‖ gousset m.; cornière f. de tôle. a) **versteift** mit **~en** npl. ‖ stiffened with sheet metal corner pieces ‖ renforcé par des cornières fpl. de tôle. 5

Ecke f. (einspringend) ‖ coin; ancone ‖ encoignure f. a) **~** (vorspringend) ‖ corner ‖ coin m.; angle m. b) **abgestumpfte ~** (Gebäude) ‖ blunted corner; blunt angle ‖ entrecoupe f. c) **ausspringende ~** ‖ external angle; arris; corner ‖ angle m. saillant; coin m. d) **scharfe** inwendige **~** ‖ sharp interior corner ‖ vive arête f. intérieure. e) **~** mit **stumpfer** Gehrung ‖ mitre joint *or* quoin ‖ assemblage m. d'onglet *ou* en biaisement. f) **verbrochene ~** ‖ blunt angle; obtuse corner ‖ encoignure f.; angle m. obtus. 6

Eckeisen n. ‖ angle iron ‖ fer m. d'angle; cornière f. en fer. 7

ecken beim **Fahren** ‖ canting while moving ‖ coincer en travers de la voie. 8

Ecken n. der **Welle** ‖ canting of the shaft ‖ coincement m. de l'arbre. 9

Ecken-bearbeitungsmaschine f. (Buchb) ‖ corner working machine ‖ machine f. pour travailler les coins. a) **~biegemaschine** f. ‖ angle forming machine ‖ machine f. pour pliage angulaire. b) **~rundstoßmaschine** f. (Buchdr) ‖ round corner bevelling machine ‖ machine f. à arrondir les coins. 10

Eckerdoppe f. ‖ valonia ‖ vallonée f.; gallon m. du Levant. 11

Eck-fenster n. ‖ corner window ‖ fenêtre f. du coin. a) **~first** m. ‖ hip ‖ faîte m. cornier; croupe f. de comble. b) **~flügel** m. (Haus) ‖ raised wing ‖ pavillon m. du coin. c) **~haus** n. ‖ corner house ‖ maison f. du coin. 12

eckig ‖ angular; angulated; cornered ‖ angulaire; angulé. 13

Eck-kappe f. ‖ covering strip ‖ couvre-joint m. d'angle. a) **~leiste** f. ‖ corner fillet ‖ baguette f. d'angle. b) **~pfeiler** m. ‖ corner pillar *or* jamb stone; stone stud; butt pier ‖ pilastre m. cornier; cornière f.; jambe f. d'encoignure. c) **~pforte** f. ‖ angle *or* indented port ‖ sabord m. d'angle. d) **~pfosten** m. ‖ corner post ‖ pied m. cornier. e) **~pilaster** m. ‖ corner pilaster ‖ pilastre m. cornier. f) **~platte** f. am Rahmen (Auto) ‖ gusset plate ‖ gousset m. g) kleiner **~radius** m. (Kessel) ‖ small flanging radius ‖ petit rayon m. de bride. h) **~ring** m. aus Gußstahl (Kessel) ‖ cast-steel stiffening ring ‖ angle m. annulaire d'acier fondu. i) **~runge** f. (Eisenb) ‖ end stanchion ‖ rancher m. cornier. 14

Ecksäule f. ‖ corner column *or* post ‖ colonne f. d'angle. a) **Karosserie~** (Auto) ‖ corner pillar of body ‖ montant m. de bout de caisse. 15

Eck-schaft m. *s.* ~pfeiler. a) **~schiene** f. ‖ iron corner cramp ‖ équerre f. de fer. b) **~schrank** m. ‖ corner cupboard; corner table ‖ écoinçon m.; enco(i)gnure f.; armoire f. du coin. c) **~sitzplatte** f. ‖ corner plate; gusset ‖ gousset m. d) **~stein** m. (Bauw) ‖ corner stone; sconcheon ‖ écoinçon m.; écoinson m.; pierre f. d'enco(i)gnure *ou* angulaire *ou* d'angle. e) **~stichbalken** m. (Zimm) ‖ tie beam ‖ blochet m. mordant. f) **~ventil** n. ‖ angle valve ‖ soupape f. cornière *ou* à coude. g) **~verband** m. (Bauw) ‖ edge joint; edge bond; corner connexion ‖ assemblage m. angulaire *ou* d'angle. h) **~versteifung** f. ‖ corner stiffening ‖ renforcement m. des angles. i) **~verstrebung** f. ‖ gusset stay ‖ goussetage m. k) **~verzapfung** f. (Zimm) ‖ edge joint ‖ assemblage m. d'angle. l) **~winkel** m. ‖ corner angle; angle bracket ‖ angle m.; cornière f. de renforcement. m) **~zimmer** n. ‖ corner room ‖ chambre f. du coin. 16

edel (Chem) ‖ rare ‖ rare. a) **~** (Miner) ‖ noble; precious ‖ noble; précieux. 17

Edel-erden fpl. ‖ rare *or* noble earths pl. ‖ terres fpl. rares *ou* nobles. a) **~erzeugnis** n. ‖ superior product ‖ produit m. supérieur. 18

Edelgas n. ‖ rare gas ‖ gaz m. rare. a) **~röhre** f. ‖ rare gas tube ‖ lampe f. à gaz spécial. b) **~sicherung** f. ‖ rare gas lightning arrester ‖ parafoudre m. à gaz rare. 19

Edelmetall n. ‖ noble *or* precious metal ‖ métal m. noble *ou* précieux. a) **~abscheidung** f. ‖ separating precious metals pl. ‖ séparation f. des métaux précieux. b) **~bergwerk** n. ‖ precious metal mine ‖ mine f. de métaux précieux. c) **~probe** f. ‖ precious metal assaying ‖ essai m. de métaux précieux. d) **~scheider** m. ‖ precious metal refiner ‖ affineur m. de métaux précieux. 20

Edel-opal m. ‖ precious *or* noble opal ‖ opale f. irisée *ou* noble. a) **~porzellan** n. ‖ hard porcelain ‖ porcelaine f. dure *ou* véritable. b) **~putz** m. ‖ facing plastering; plaster for facing ‖ enduit m. imperméable *ou* de parement. 21

Edelstahl m. ‖ (super)refined *or* special steel ‖ acier m. spécial *ou* raffiné *ou* fin. a) **~** in **Blöcken** ‖ superrefined steel in ingots ‖ acier m. spécial en lingots. b) **legierter ~** ‖ alloyed superrefined steel ‖ acier m. spécial à alliage. c) **unlegierter ~** ‖ plain superrefined steel ‖ acier m. spécial non allié. 22

Edelstahl-blech n. ‖ superrefined steel plate ‖ tôle f. d'acier spécial. a) **~halbzeug** n. ‖ semi-product of superrefined steel ‖ demi-produit m. en acier spécial. 23

Edelstein m. ‖ precious stone; jewel; gem ‖ pierre f. précieuse *ou* noble *ou* fine. a) **abgerundeter ~** ‖ rounded precious stone ‖ pierre f. précieuse arrondie. b) **bearbeiteter ~** ‖ worked precious stone ‖ pierre f. précieuse ouvrée. c) **facettierter ~** ‖ faceted precious stone ‖ pierre f. précieuse à facettes. d) **geschliffener ~** ‖ cut precious stone ‖ pierre f. précieuse taillée. e) **künstlicher ~** ‖ precious stone imitation; artificial gem; paste jewel ‖ imitation f. de pierre précieuse; pierre f. précieuse artificielle. f) **polierter ~** ‖ polished precious stone ‖ pierre f. précieuse polie. g) **synthetischer ~** ‖ synthetic precious stone ‖ pierre f. fine synthétique. h) **unechter ~** ‖ artificial gem ‖ pierre f. fausse. i) **ungefaßter ~** ‖ not set precious stone ‖ pierre f. précieuse non montée. 24

Edelstein-bohrer m. ‖ precious stone borer ‖ perceur m. de pierres précieuses. a) **~gravierung** f. ‖ precious stone engraving ‖ gravure f. en pierres fines. b) **~gravör** m. ‖ gem engraver ‖ graveur m. en pierres fines. c) **~händler** m. ‖ jewel dealer ‖ négociant m. de pierres précieuses. d) **~lupe** f. ‖ gem magnifier ‖ loupe f. de bijouterie. e) **~schleifer** m. ‖ gem cutter ‖ polisseur m. de pierres précieuses. f) **~schleiferei** f. ‖ gem cutting; jewel factory ‖ fabrique f. de pierres précieuses; taillerie f. de pierres précieuses. g) **~schneider** m. ‖ lapidary of precious stones; precious stone cutter; jeweller ‖ lapidaire m. en fin. 25

Edeltanne f. ‖ silver fir ‖ sapin m. argenté. 26

Edeltannen-holz n. ‖ deal *or* fir wood ‖ bois m. de sapin. a) **~öl** n. ‖ pitchy fir oil ‖ essence f. de sapin résineux. 27

Edison-fassung f. mit Aufhängehaken ‖ Edison lamp holder with suspension hook ‖ douille f. Edison à crochet de suspension. a) **~sammler** m. ‖ iron-nickel accumulator ‖ accumulateur m. fer-nickel. b) **~sockel** m. ‖ Edison screw cap ‖ culot m. Edison. 28

Effekt m. ‖ efficiency; effect; power ‖ effet m.; rendement m.; puissance f. 29

Effekten mpl. (Bank) ‖ securities pl.; stocks pl. ‖ effets mpl. publics; valeurs fpl. (mobilières). a) **~abteilung** f. (Bank) ‖ securities *or* stocks department ‖ département m. pour valeurs mobilières. b) **~börse** f. ‖ stock exchange ‖ bourse f. de valeurs mobilières. c) **~druckerei** f. ‖ stock printing works ‖ imprimerie f. de titres. d) **~handel** m. ‖ stock exchange; dealing in stocks ‖ commerce m. d'effets publics. e) **~makler** m. ‖ stock broker ‖ agent m. de change; courtier m. de fonds publics. f) **~stempel** m. ‖ finance stamp ‖ timbre m. d'effets. 30

effektiv ‖ efficient; efficacious; effectual ‖ efficace; effectif. 31

Effektivwert m. ‖ effective *or* virtual value ‖ valeur f. efficace *ou* virtuelle. 32

Effekt-kohle f. (Elektr) ‖ coloured *or* flame arc carbon ‖ charbon m. couleur *ou* d'arc flammant. a) **~lichtbogenlampe** f. ‖ arc with coloured effect ‖ lampe f. à arc coloré. b) **~zwirn** m. ‖ twisted effect-yarn ‖ fil m. tordu d'effet. 33

Effloreszenz f. ‖ crust; efflorescence ‖ efflorescence f. 34

Egalisiermaschine f. (Web) ‖ conditioning machine ‖ machine f. à égaliser. a) **Breitstreck~** ‖ broad drawing equalizing machine ‖ étireuse f. à égaliser en largeur. b) **Breitstreck~** und Aufwickelmaschine f. (Web) ‖ stretching, conditioning and winding-on machine ‖ machine f. à élargir, égaliser et enrouler. c) **Faß~** ‖ cask planing machine ‖ machine f. à raboter les fûts. 35

Egalisierwalzmaschine f. || equalizing rolling mill || machine f. à cylindres pour égaliser. 1
Egge f. (Landw) || harrow || herse f. **a)** ~ (Webrand) || selvedge; selvage || lisière f.; cordeline f. **b) norwegische** ~ || Norwegian *or* revolving harrow || herse f. norwégienne *ou* roulante. **c)** ~ des **Segeltuches** || selvedge of canvas(s) || lisière f. *ou* lis m. de la toile à voiles. 2
Eggenzinke f. || harrow tooth || dent f. de herse. 3
Egoutteur m. *s.* Eguttör m. 4
egrenieren, die Baumwolle || to clean *or* to gin the cotton || égrener le coton. 5
Egrenier-kreissäge f. || gin saw for cotton cleaning || scie f. à égrener le coton. **a) ~maschine** f. || gin; cotton gin || machine f. à égrener; égreneuse f. 6
Eguttör m. (Pap) || egoutteur; dropper || égoutteur m. 7
Ehrenmitglied n. honorary member || membre m. honoraire. 8
Ehrenpreiskraut n. || veronica herb || herbe f. de véronique. 9
Ei n. || egg || œuf m. **a) eßbares** ~ || eatable egg || œuf m. comestible. **b)** von der **Schale** befreites ~ || egg freed from the shell || œuf m. dépourvu de sa coque; œuf m. sans coque. 10
Eibe f. || yew (tree) || if m. 11
Eibenholz n. || yew wood || bois m. d'if. 12
Eibisch-blüte f. || marshmallow flower || fleur f. de guimauve. **a) ~wurzel** f. || marsh mallow root || racine f. de guimauve. **b) ~zucker** m. || marsh mallow || pâte f. de guimauve. 13
Eich-amt n. || gauging office || bureau m. d'étalonnage, des poids et mesures. **a) ~apparat** m. *s.* ~gerät n. 14
Eiche f. || oak || chêne m. 15
Eichel f. (Botanik) || acorn; gland || gland m. **a) ~kaffee** m. || acorn coffee || café m. de glands. **b) ~kernöl** n. || acorn oil || huile f. de gland. 16
eichen (aus Eiche) || oaken; of oak || de chêne; de bois de chêne. 17
eichen (Gewichte) || to adjust; to measure || étalonner. **a)** ~ (Hohlmaße) || to gauge || jauger. **b)** ~ (Instrumente; Maschinenteile) || to calibrate; to standardize || calibrer; étalonner. 18
Eichen-auszug m. || oak extract || extrait m. de chêne. **a) ~bohle** f. || oaken plank; oaken joist || madrier m. en chêne **b) ~daube** f. || oak stave || douve f. en chêne. **c) ~faßholz** n. || oak wood for cask-making || bois m. de chêne pour fûts. **d) ~gallapfel** m. || common oak gall; oak apple || galle f. à l'épine. 19
Eichenholz n. || oak; oak wood *or* timber || bois m. de chêne. 20
Eichenholz-auszug m. || oak extract || extrait m. de bois de chêne. **a) ~daube** f. || oak stave || bourdillon m.; douve f. en bois de chêne. **b) ~deckel** m. oak cover || couvercle m. en bois de chêne. **c) ~lack** m. || oak varnish || vernis m. de chêne. **d) ~öl** n. || oak wood oil || huile f. de bois de chêne. **e) ~schalttafel** f. || switchboard in oak || tableau m. de distribution en bois de chêne. 21
Eichen-krummholz n. || compass oak timber || bois m. de chêne courbé. **a) ~langholz** n. || straight oak timber || bois m. de chêne droit || **b) ~lohe** f. || tan; oak bark || tan m. (de chêne). **c) ~rinde** f. || oak-bark; quercitron || écorce f. de chêne. **d) ~rindentannin** n. || oak bark tannine || tannin m. d'écorce de chêne. **e) ~schälwald** m. || oak coppice-wood || taillis m. à écorce. **f) ~sockel** m. || oak base || base f. en chêne. **g) ~wald** m. || oak forest || foret f. de chênes. **h) ~wurzel** f. oak root || racine f. de chêne. 22
Eichgebühr f. || gauger's fee || frais mpl. de jaugeage. 23
Eichgerät n. (Hohlmaß) || gauging apparatus || appareil m. à jauger. **a) Faß~** || cask gauging apparatus || appareil m. à litrer les fûts; litreuse f. pour fûts. 24
Eich-inspektor m. || assizer; standard officer; gauger || inspecteur m. des poids et mesures. **a) ~kabel** n. || calibration cable || câble m. étalon. **b) ~kondensator** m. || calibration condenser || condensateur m. étalon. **c) ~kreis** m. (Elektr) || calibration circuit || étalonnage m. **d) ~kurve** f. || calibration curve || courbe f. de calibrage. **e) ~leitung** f. (Fernm.) || calibration circuit || ligne f. artificielle étalon. **f) ~leitungsprüfer** m. (Fernm) || tester for calibration circuit || dispositif m. d'essai de ligne étalon. **g) ~maß** n. || gauge; standard (measure); calibration apparatus || échantillon m.; étalon m.; jauge f. **h) ~nebenschluß** m. || calibration shunt || résistance f. étalon. **i) ~saal** m. für Zählereichung || counter calibrating room || salle f. de vérification de compteurs. **k) ~spannungsregler** m. || calibration voltage regulator || régulateur m. de tension d'étalonnage. **l) ~spule** f. || calibration coil || bobine f. d'étalonnage. **m) ~stempel** m. || gauger's stamp || timbre m. de jaugeage. **n) ~stromregler** m. || calibration current regulator || régulateur m. d'intensité d'étalonnage. **o) ~tabelle** f. || calibration table || table f. d'étalonnage. 25
Eichung f. || standardization; calibration || jaugeage m.; graduation f.; étalonnage m. **a)** ~ eines **Spektroskops** nach Wellenlängen || calibration of a spectroscope in terms of wave lenghts || étalonnage m. des échelles de longueurs d'ondes d'un spectroscope. 26
Eichungskondensator m. || calibration condenser || condensateur m. étalon. 27
Eich-widerstand m. || calibrating resistance || résistance f. d'étalonnage. **a) ~zahl** f. (Elektr) || galvanometer constant || constante f. de galvanomètre. 28
Eidechsenleder n. || lizard leather || cuir m. de lézard. 29
Eiderdaune f. || eiderdown || édredon m. 30
Eidotter m. || egg yolk || jaune m. d'œuf. 31
Eier-albumin n. || egg albumin || albumine f. d'œuf. **a) ~becher** m. || egg cup || coquetier m. **b) ~brikett** n. || egg coal || boulet m. **c) ~isolator** m. || egg insulator || isolateur m. œuf. **d) ~kette** f. (Elektr) || chain of egg insulators || isolateurs mpl. de chaîne. **e) ~kocher** m. || egg boiling device || bouilloire f. à œufs. **f) ~konserve** f. || egg preserve || conserve f. d'œufs. **g) ~konservierungsmittel** n. || egg preservative || matière f. conservatrice pour œufs. **h) ~kühlraum** m. || egg cooling room || chambre f. froide pour des œufs. **i) ~öl** n. || egg oil || huile f. d'œufs. **k) ~packung** f. || egg package || emballage m. pour des œufs. **l) ~uhr** f. || egg timer || sablier m. 32
eiförmig || egg shaped; oval || ovale; oviforme; ovoïde. 33
Eigelb n. || egg yolk || jaune m. d'œuf. 34
Eigenerregung f. || self-excitation || auto-excitation f. 35
eigenfarbig (Chem) || self coloured || coloré par soi-même. 36
Eigenfrequenz f. || natural frequency || fréquence f. naturelle. 37
Eigengewicht n. || net *or* tare *or* dead weight || poids m. mort *ou* net *ou* inerte *ou* propre. **a)** ~ einer **Brücke** || net weight of a bridge || poids m. propre d'un pont. **b)** ~ (Fahrzeug) || unloaden weight || poids m. à vide. **c)** ~ des **Schiffskörpers** || weight of the hull || poids m. de la coque. 38
eigenhändig übergeben || to deliver personally || remettre en main propre. 39
Eigenheim n. || separate home || maison f. de famille. **a) Bau** m. von ~**en** || erection of separate homes || construction f. de maisons de famille. 40
Eigen-kapazität f. von **Spulen** || self-capacity of coils || capacité f. propre de bobines. **a) ~last** f. *s.* ~gewicht n. **b) ~peilung** f. (Funkw) || self bearing || relèvement m. par la propre station. 41
Eigenschaft f. (Chem) || property || propriété f. 42
Eigenschwingung f. || natural oscillation *or* vibration || oscillation f. propre. **a)** ~ von **Antennen** || natural vibration of aerials || oscillation f. propre d'antennes. 43
Eigen-schwingungszahl f. || natural frequency || nombre m. d'oscillations propres; fréquence f. naturelle. **a) ~stabilität** f. || inherent stability || stabilité f. propre *ou* de la forme. 44
Eigentum n., im ~ des Grundbesitzers stehen || to be the property of the surface owner || être pars fundi. 45
Eigentümerbergbau m. || mining by the surface owner || exploitation f. par le propriétaire du fonds. 46
Eigentums-recht n. || right of ownership || droit m. de propriété. **a) ~vorbehalt** m. || reservation of proprietorship || réserve f. de propriété. 47
Eigen-verbrauch m. || internal consumption || consommation f. parasite. **a) ~wärme** f. || specific heat || chaleur f. spécifique. **b) ~welle** f. (Funkw) || natural wave || onde f. naturelle. 48
Eiisolator m. *s.* Eierisolator m. 49
Eikonogen n. || eikonogen || iconogène m. 50
Eikonserve f. *s.* Eierkonserve. 51
Eil-beförderung f. || express forwarding || transport m. accéléré *ou* par exprès. **a) ~bewegung** f. || high speed movement || mouvement m. rapide. **b) ~bote** m. **bezahlt** || express paid || exprès m. payé. **c) ~brief** m. || express letter || dépêche f.; lettre f. expresse. **d) ~frachtschiff** n. || express freighter || chaland m. pour service accéléré. 52
Eilgang m. für den **Langzug** (Werkzeugmasch) || power quick longitudinal traverse || déplacement m. *ou* mouvement m. rapide longitudinal par boîtes d'avances prévues dans un chariot. **a)** ~ für den **Planzug** || power quick cross traverse || déplacement m. *ou* mouvement m. rapide dans le sens transversal par boîtes prévues dans un chariot. **b)** ~ des **Tischschlittens** || power quick traverse of the table || mouvement m. rapide de la table. 53

Eilgut n. || dispatch *or* express goods pl. || marchandises fpl. expédiées par grande vitesse *ou* par exprès; grande vitesse f. **a) ~beförderung** f. || parcels porterage || factage m. **b) ~gebührensatz** m. || express goods tariff || tarif m. de grande vitesse. 1

Eilgüter-boot n. || express cargo boat || chaland m. pour service accéléré. **a) ~schiff** n. || fast cargo vessel || chaland m. pour service accéléré. 2

Eilgut-verkehr m. || fast goods traffic || trafic m. des marchandises à grande vitesse. **a) ~tarif** m. *s.* ~gebührensatz m. 3

Eil-tarifsatz m. (Eisenb) || express rate || taux m. par grande vitesse. **a) ~zug** m. || fast *or* express train || train m. express *ou* à grande vitesse. 4

Eimer m. || bucket; pail || seau m. **a) Bagger~** || dredging bucket || godet m. de drague. **b) Holz~** || wooden bucket || seau m. en bois. 5

Eimer-bagger m. || bucket dredger || drague f. à godets. **a) ~bügel** m. || pail handle || anse f. de seau. **b) ~kette** f. || bucket chain || chaîne f. *ou* patenôtre f. à godets. **c) ~kettenbagger** m. || endless chain multi bucket excavator || excavateur m. à chaîne à godets. **d) ~leiterbagger** m. || bucket excavator || drague f. sèche à godets. 6

Eimertrommel f. (Wasserb) || dredging tumbler || tambour m. du cure-môle. **a) obere ~** (Bagger) || top tumbler || tambour m. du haut. **b) untere ~** (Bagger) || bottom tumbler || tambour m. du bas. 7

ein (eingeschaltet) || on || fermé. 8

Einachsfahrzeug n. || single-axle vehicle || tracteur m. à essieu unique. 9

einachsig || uniaxial || à essieu m. unique; uniaxe. **a) ~er Kristall** m. || uniaxial crystal || cristal m. uniaxe. 10

Einachsigkeit f. (Kristall) || uniaxiality || uniaxie f. 11

Einachsschlepper m. || single axle tractor || remorque f. à essieu unique. 12

Einankerumformer m. || rotary *or* synchronous converter || commutatrice f.; convertisseur m. **a) Drehstromgleichstrom~** || rotary-current continuous-current converter || commutatrice f. à courant triphasé en courant continu. **b) Gleichstromdrehstrom~** || continuous-current rotary-current converter || commutatrice f. à courant continu en courant triphasé. **c) Gleichstromwechselstrom~** || continuous-current alternating-current converter || commutatrice f. à courant continu en courant alternatif. **d) Wechselstromgleichstrom~** || alternating-current continuous-current converter || commutatrice f. à courant alternatif en courant continu. 13

einäschern || to cremate; to incinerate || incinérer. 14

Einäscherung f. (Chem) || incineration || incinération f. 15

Einäscherungsofen m. || cremator(y) || four m. crématoire. 16

einatomig || mono-atomic || monoatomique. 17

Einatomigkeit f. || mono-atomicity || monoatomicité f. 18

einäugig || monocular || monoculaire. 19

Einbahnstraße f. || one-way street || rue f. à sens unique. 20

Einband m. (Buchb) || binding; cover || reliure f. **a) Pergament~** || parchment binding || reliure f. en parchemin. 21

Einbanddecke f. (Buchb) || cover || couverture f. 22

einbasisch (Chem) || monobasic || monobasique. 23

Einbau m. || insertion; installation || montage m. **a) leichter ~** || easy installation || montage m. facile. **b) ~ an vorhandenen Maschinen** || introducing in existing machines || montage m. dans des machines existantes. 24

einbauen (Masch) || to fit; to build in || monter. 25

Einbaumotor m. || motor for indepedent electric drive || moteur m. pour montage dans les bâtis de machines. **a) Fahrrad~** || motor for cycles || moteur m. pour bicyclettes. 26

einbegriffen || including || y compris. 27

einbetonierter Mast m. || pole set in concrete || poteau m. encastré en béton. 28

einbetten (Träger in Mauerwerk) || to insert || encastrer. **a) in Beton** m. **~** || to set in concrete; to encase with concrete || encastrer en béton m. **b) ein Kabel** n. **~** || to imbed a cable || noyer un câble. 29

einbeulen || to dent || se cabosser. 30

Einbiegung f. des **Radreifens** || deflection of tire || aplatissement m. du bandage. 31

einbinden (Buchb) || to bind || relier. 32

Einblase-gefäß n. || injection air receiver || réservoir m. d'insufflation. **a) ~luftpumpe** f. || injection air compressor || compresseur m. d'injection d'air. **b) ~maschine** f. (Diesel) || engine for air injection of the fuel || moteur m. du type à injection d'huile pneumatique. 33

einblasen (Gas) || to blow in *or* into; to inject; to throw into; to bubble through || souffler; insuffler. **a) Luft** f. mittels Dampfstrahls unter den Rost **~** || to blow air under the grate by means of steam blast || insuffler de l'air au-dessous de la grille au moyen de souffleurs à vapeur. 34

Einblasevorrichtung f. von Brennstoff und Schmelzstoff in Schachtöfen || blowing device for charging shaft furnaces with fuel and charges || dispositif m. d'injection du combustible et de la charge pour fourneaux à cuves. 35

einblatten, die Schwellen fpl. (Eisenb) || to addice *or* to adze the sleepers || entailler *ou* saboter les traverses. 36

einbrechen (Bauw) || to give way; to fall in *or* down || s'enfoncer; s'écrouler. 37

Einbrecherglocke f. || burglar alarm || cloche f. d'alarme contre l'effraction. 38

einbrennen (Email) || to pass through the muffle || passer au feu. **a) ~** (Zeichen) || to brand || marquer à fer chaud; brûler. 39

Einbrennen n. (Glasf) || burning in || cuisson f. **a) ~ der Glasur** || glaze baking || cuisson f. du vernis. 40

Einbrennlampe f. (Glasur) || blast lamp || lampe f. à souder *ou* à chalumeau. 41

einbriefen, die Stecknadeln fpl. || to paper the pins || encarter les épingles fpl. 42

Einbringemanöver n. (Luftschiff) || berthing maneuver *or* manœuvre || manœuvre m. de campement. 43

einbringen, die Balken mpl. **~** || to put down the joists || mettre en place les solives; mettre dedans les solives fpl. **a) eine Brücke** f. **~** || raising the trusses of a bridge || monter les poutres fpl. d'un pont; mettre en place un pont. **b)** den **Kolben** m. **~** || to put in the piston || mettre le piston en place. **c)** in **Schichten** fpl. **~** || to place in layers pl. || introduire par couches fpl. 44

einbruchsicheres Fenster n. || burglar proof window || croisée f. à l'abri de l'effraction. 45

Einbruchs-police f. || burglary policy || police f. d'assurance contre le vol. **a) ~spalte** f. (Bergbau) || fissure due to subsidence || fente f. par éboulement. 46

einbüßen || to lose; to suffer the loss of || perdre. 47

eindämmen (Wasserb) || to confine by dikes; to dam in *or* up; to embank || diguer; enfermer d'une digue. 48

Eindämmung f. (Wasserb) || embankment || endiguement m. 49

eindampfen (Chem) || to evaporate; to concentrate || évaporer; concentrer. 50

Eindampfen n. (Chem) || concentrating || concentration f. 51

Eindampfgerät n. || evaporator; drying apparatus with evaporation || appareil m. à évaporer **a) ~schale** f. || drying cup with evaporation || écuelle f. de séchage par évaporation. 52

eindecken, bombensicher (Bauw) || to cover bomb proof || mettre à l'abri *ou* à l'épreuve de la bombe. **a) ein Dach ~** || to cover a roof; to lay the covering || poser la couverture. **b) sich ~** mit ... (Handel) || to lay in || faire provision f. de ... **c)** mit **Ziegeln ~** || to tile || couvrir de tuiles. 53

Eindecken n. mit **Blei** || lead covering || couverture f. en plomb. **a) feuersicheres ~** || fireproof roofing || couverture f. incombustible. **b) ~** mit **Filz** || felt covering || couverture f. en feutre. **c) ~** mit **Kupfer** || copper covering || couverture f. en cuivre. **d) ~** mit **Metall** || metal covering || couverture f. en metal. **e) ~** mit **Schiefer** (Dachd) || slate roofing; slating || couverture f. en ardoise. **f) ~** mit **Schindeln** || shingling || couverture f. en bardeaux. **g) ~** mit **Stroh** || thatching || couverture f. en paille *ou* en chaume. **h) ~** mit **Zink** || zink covering || couverture f. en zinc. 54

Eindecker m. (Luftf) || monoplane (aeroplane); single deck aeroplane || monoplan m. **a) freitragender ~** || cantilever monoplane || monoplan m. en porte à faux. 55

Eindeckung f. mit **Dachpfannen** || pan tiling || couverture f. en tuiles flamandes. **a) ~** mit **Kupfer** || copper covering of roofs || couverture f. en cuivre. 56

Eindeichung f. || diking in || endiguement m. 57

eindeutig || well defined || parfaitement déterminé. 58

Eindicke f. (Färb) || inspissation || épaississage m. 59

eindicken || to concentrate; to inspissate || concentrer; inspisser. **a) ~,** eingedickter **Fruchtsaft** m. || concentrated fruit juice || jus m. concentré de fruits. 60

Eindicken n. (Chem) || thickening || épaississement m. 61

Eindicktrommel f. für **Zellulose** || thickening drum for wood pulp || tambour m. d'épaississement pour la cellulose. 62

Eindickung f. *s.* Eindicken. 63

Eindickungsmittel n. || thickening substance || agent n. d'épaississement. 64

Eindrahtleitung f. (Elektr) || single wire line || ligne f. à fil unique. 65

Eindreher m. (Werkzeug) ‖ inserter ‖ emboutissoir m. 1
eindringen ‖ to penetrate ‖ pénétrer. 2
Eindringen n., das ~ von Luft verhindern ‖ to prevent the air from entering ‖ empêcher l'air de pénétrer. 3
Eindringungstiefe f. ‖ depth of penetration ‖ profondeur f. de pénétration. 4
Eindruck m. ‖ impression ‖ impression f. 5
eindrucken (Zeugdr) ‖ to ground in; to reenter ‖ rentrer. 6
Eindruck-kaltpresse f. ‖ single blow cold upsetting machine ‖ presse f. à froid à simple effet. **a)** **~werk** n., dreiwalziges ‖ printing unit of three rollers ‖ groupe m. d'impression à trois rouleaux. 7
einebnen ‖ to level; to bring to the level; to plain; to lay flat; to even ‖ niveler; égaliser; aplanir; mettre de niveau m. 8
Einebnung f. ‖ grading; finishing ‖ régalage m. 9
Eineinhalbdecker m. ‖ sesquiplane ‖ sesquiplan m. 10
einengen (Chem) ‖ to boil down ‖ concentrer. 11
Einengung f. ‖ limitation; narrowing; shrinking ‖ rétrécissement m.; limitation f. 12
Einfach-betrieb m. (Fernm) ‖ simplex operation ‖ exploitation f. sans multiplage. **a)** **~bier** n. ‖ small *or* table beer ‖ bière f. de table; petite bière f. 13
einfachbrechend (Opt) ‖ simple-refracting ‖ monoréfringent. 14
Einfach-brücke f. (Fernm) ‖ simple bridge ‖ pont m. simple. **a)** **~fenster** n. ‖ single window ‖ fenêtre f. simple. **b)** **~glocken-isolator** m. ‖ single-cup insulator ‖ isolateur m. à simple cloche. 15
Einfachleitung f. ‖ simple line; single conductor ‖ ligne f. simple. **a)** ~ **mit Erde** ‖ simplex circuit with earth ‖ ligne f. simple avec terre. 16
Einfach-nadelzeiger m. ‖ simplex needle indicator ‖ aiguille f. simple **a)** **~wagerechtfräsmaschine** f. ‖ plain horizontal milling machine ‖ fraiseuse f. horizontale simple. 17
einfachwirkend ‖ single acting ‖ à simple action f. *ou* effet m. **a)** **~e Dampfmaschine** f. ‖ single-acting steam engine ‖ machine f. à vapeur à simple effet. **b)** **~er Zweitaktsechszylinderschiffsdieselmotor** m. ‖ six cylinder single acting two stroke marine Diesel ‖ moteur m. Diesel marin à simple effet à deux temps à six cylindres. 18
Einfach-zellenschalter m. (Sammler) ‖ simple battery switch ‖ réducteur-adjoncteur m. simple. **a)** **~zylinder** m. ‖ separate cylinder ‖ cylindre m. séparé. 19
einfädeln ‖ to thread ‖ enfiler. 20
Einfädeln n. der **Nadel** ‖ threading of the needle ‖ enfilage m. de l'aiguille. 21
Einfadenaufhängung f. ‖ unifilar suspension ‖ suspension f. unifilaire. 22
einfahren (Bergb) ‖ to descend into a mine; to go under ground ‖ descendre *ou* entrer dans une mine. **a)** den **Brand** m. ~ (Ziegel) ‖ to put *or* to set the bricks in the kiln ‖ enfourner les briques fpl. 23
Einfahren n. des **Turbogeneratorläufers** ‖ bringing in the rotor of the turbo generator ‖ essai m. de marche du rotor du turbo-alternateur. 24
Einfahrt f. (Bergb) ‖ descent ‖ descente f. **a)** ~ (Bauw) ‖ carriage entrance; gate way ‖ porte cochère f. **b)** ~ (Verkehr) ‖ entrance ‖ entrée f. **c)** **enge** ~ (Seew) ‖ goulet; gut ‖ goulet m. 25
Einfahrt-gleis n. ‖ entrance line ‖ voie f. d'entrée. **a)** **~signal** n. ‖ home *or* station signal ‖ signal m. d'entrée. 26
Einfall m. (Opt) ‖ incidence ‖ incidence f. **a)** ~ eines **Lichtstrahls** ‖ incidence of a ray ‖ incidence f. d'un rayon. 27
Einfallebene f. (Opt) ‖ incidence plane ‖ plan m. d'incidence. 28
einfallen (Bauw) ‖ to fall in; to give way ‖ s'écrouler; s'enfoncer. **a)** ~ (Bergb; Geol) ‖ to dip; to underlay; to underlie; to hade ‖ plonger; s'incliner par rapport à la verticale. 29
Einfallen n. (Bergbau) ‖ dip ‖ pendage m. **a)** flaches ~ n. eines **Kohlenflözes** ‖ flat hade *or* inclination of a coal bed ‖ pendage m. de plateur d'une couche de houille. 30
einfallend (Bergb) ‖ inclined on the dip ‖ incliné en aval *ou* en descendant. **a)** ~ (Opt) ‖ incident ‖ incident. **b)** **~es Licht** n. (Bauw) ‖ skylight ‖ claire voie f.; abat-jour m.; lucarne f.; lunette f. de toit. 31
Einfalls-lot n. ‖ axis of incidence; perpendicular; normal (line) ‖ axe m. d'incidence; normale f. **a)** **~strahl** m. ‖ incident ray ‖ rayon m. incident. **b)** **~winkel** m. ‖ angle of incidence ‖ angle m. d'incidence. 32
Einfallvorrichtung f. ‖ engaging clutch ‖ dispositif m. de déclenchement. 33
Einfamilienhaus n. ‖ house for one family only; self-contained house ‖ maison f. de famille unique. **a)** **doppeltes** ~ ‖ semi-detached house each for one family ‖ maison f. de famille double. 34
einfärben, die Walze (Druck) ‖ to distribute the ink over the roller ‖ toucher le rouleau. 35
einfarbig ‖ dyed of one colour ‖ uni. **a)** ~ (Opt) ‖ monochromatic ‖ monochromatique. **b)** **~er Lichtstrahl** m. ‖ ray of any given colour ‖ rayon m. monochromatique. 36
Einfärbung f. (Buchdr) ‖ inking ‖ encrage m. 37
einfassen (Textil) ‖ to border; to edge ‖ border; ourler. **a)** ~ (Verzierung) ‖ to border; to frame; to enchase ‖ entourer d ornements mpl. 38
Einfaßschaufel f. ‖ shovel for barrel(l)ing ‖ pelle f. à mettre en tonneaux. 39
Einfassung f. (Bauw) ‖ inclosure; curb; wall ‖ clôture f.; enceinte f.; falère f. **a)** ~ (Buchb) ‖ border ‖ encadrement m.; bordure f.; bord m. **b)** ~ (Tür; Fenster) ‖ jamb; window sill; architrave; frame; framing ‖ châssis m.; cadre m. 40
Einfassungs-borte f. ‖ binding border ‖ ruban m. pour border. **a)** **~mauer** f. ‖ falere ‖ falère m. 41
Einfeiler m. (Nadl) ‖ groover ‖ évideur m. 42
einfetten ‖ to lubricate; to grease ‖ lubrifier; graisser. 43
Einfettung f. der **Wolle** ‖ wool oiling ‖ ensinage m. de laine. 44
Einflammrohrkessel m. ‖ one flue boiler ‖ chaudière f. à un foyer. 45
einfluchten (Bauw; Feldm) ‖ to arrange; to enrange ‖ dresser à la ligne; dresser d'alignement; enligner; aligner. **a)** einen **Stab** m. ~ ‖ to range in a pole ‖ aligner un jalon. 46
Einfluchtung f. ‖ alignment ‖ alignement m. 47
einflügeliges Fenster n. ‖ single-sashed window ‖ fenêtre f. à un battant. 48
Einfluß m., unter dem ~ von ‖ under the influence of ‖ sous l'influence de. 49
Einfluß-nahme f. einer Gesellschaft auf ‖ influence which a company is able to exert on ‖ prise f. d'influence d'une société sur. **a)** **~rinne** f. (Bergb) ‖ loading trough; gutter; trench ‖ rigole f. de chargement. **b)** **~schleuse** f. ‖ inlet sluice ‖ écluse f. de chasse. 50
einfriedigen ‖ to fence in; to inclose ‖ enclorer. **a)** eine **Maschine** f. ~ ‖ to enclose a machine ‖ entourer une machine. 51
Einfriedigung f. ‖ fence; fencing; enclosure ‖ clôture f.; enceinte f. **a)** **Draht~** ‖ wire fence ‖ clôture f. en fils métalliques. 52
Einfriedigungs-drahtgeflecht n. ‖ (plaited) wirework for enclosures ‖ treillis m. en fil métallique pour enceintes. **a)** **~mauer** f. ‖ enclosure wall; close wall ‖ mur m. de clôture *ou* d'enceinte. 53
Einfuhr f. ‖ import (trade); importation ‖ importation f. **a)** die ~ **verbieten** ‖ to prohibit the import ‖ prohiber l'importation. 54
Einführer m. ‖ importer ‖ importateur m. 55
Einfuhr-erlaubnis f. ‖ import permit ‖ permis m. d'importation. **a)** **~handel** m. ‖ import trade ‖ commerce m. d'importation. **b)** **~händler** m. ‖ import merchant ‖ négociant m. importateur. **c)** **~liste** f. ‖ list of imports ‖ liste f. des importations. **d)** **~prämie** f. ‖ import premium ‖ prime f. d'importation. **e)** **~schein** m. ‖ bill of entry ‖ permis m. d'entrée. 56
Einführung f. von unterirdischen **Anschlußleitungen** (Fernm) ‖ entrance of underground subscriber's cables ‖ entrée f. souterraine de postes. 57
Einführungs-brunnen m. (Kabel) ‖ leading-in manhole ‖ chambre f. de tirage à l'entrée des bureaux. **a)** **~doppelstütze** f. (ElLeit) ‖ leading-in double bracket ‖ console f. double pour l'entrée de poste. **b)** **~draht** m. (Fernm) ‖ drop wire ‖ fil m. d'entrée. 58
Einführungsgestänge n. (ElLeit) ‖ leading-in pole ‖ appui m. de tête de ligne. **a)** ~ zum Kabeleinziehen (Fernm) ‖ sweep's rod ‖ aiguille f. de tirage pour l'introduction de câbles. 59
Einführungs-kabel n. ‖ leading-in cable; stub cable ‖ câble m. d'entrée. **a)** **~kanal** m. für Hauseinführungen (Fernm) ‖ conduit for leading-in cables ‖ conduite f. pour l'introduction de câbles dans un immeuble. **b)** **~kasten** m. für Leitungen ‖ entrance box for lines ‖ boîte f. d'entrée des fils. **c)** **~nadel** f. (Benzin) ‖ needle of the petrol inlet valve ‖ pointeau m. d'arrivée d'essence. **d)** **~öffnung** f. ‖ inlet ‖ ouverture f. d'entrée. **e)** **~pfeife** f. ‖ inlet funnel ‖ sifflet m. d'entrée. **f)** **~rohr** n. (Elektr) ‖ inlet tube ‖ tuyau m. d'entrée. **g)** **~schreiben** n. ‖ introduction ‖ présen- tation f. 60
Einfuhr-verbot n. ‖ prohibition to import goods ‖ défense f. d'importer. **a)** **~vorschriften** fpl. ‖ import regulations pl. ‖ règlements mpl. de l'importation. **b)** **~waren** fpl. ‖ imports pl. ‖ articles mpl. d'importation. **c)** **~zoll** m. ‖ entrance *or* import *or* customs duty ‖ droit m. d'importation *ou* d'entrée. 61

Einfüll-meßgefäß n. || measure || mesure f. **a) ~öffnung** f. || filling hole || ouverture f. d'entrée; trou m. de remplissage. **b) ~-rohr** n. || filling pipe || tuyau m. de remplissage. **c) ~stoff** m. || packing || remblai m. 1

Einfüllstutzen m. des **Behälters** (Auto) || tank filler cap; tank inlet || entrée f. *ou* bouchon m. de réservoir. **a) ~** des **Kühlers** (Auto) || radiator filler cap || bouchon m. de radiateur. 2

Einfülltopf m. (Motor) || replenishing cup || pot m. de remplissage. 3

Einfülltrichter m. (Chem) || funnel tube || tube m. à entonnoir. **a) ~** (Met) || charging hopper || trémie f. (de chargement). 4

Einfunkenzündung f. || single spark ignition || allumage m. à simple étincelle. 5

Eingang m. (Bauw) || entrance || entrée f. **a) ~** (Handel) || arrival || entrée f. 6

Eingangs-beleuchtung f. (Gebäude) || illumination of the entrance || éclairage m. de l'entrée. **a) ~buch** n. || book of arrivals || livre m. des entrées. **b) ~kanal** m. für Dampf || steam admitting pipe || canal m. d'admission de vapeur. **c) ~stromkreis** m. || input circuit || circuit m. d'entrée. **d) ~tür** f. || entrance door *or* gate || porte f. d'entrée. **e) ~widerstand** m. von Leitungen || input impedance of lines || impédance f. d'entrée de lignes. **f) ~-zoll** m. || import duty || droit m. d'entrée. 7

eingeätzt || engraved || gravé **a) ~e Linien** fpl. || etched lines pl. || traits mpl. gravés à l'eau forte. 8

eingebaut (Masch) || fitted || monté. **a) ~es Filter** n. || built-in filter || filtre m. monté. **b)** die Rohre npl. sind in den **Kesselboden ~** || the flues pl. are arranged in the boiler end || les tubes mpl. sont montés dans le fond de la chaudière. 9

eingebettet || imbedded || noyé. 10

eingebleiter Bolzen m. || bolt leaded-in || goujon m. scellé au plomb. 11

eingefressene Isolation f. || burnt insulation || isolement m. corrodé. 12

eingeführte Kohle f. || imported coal || charbon m. d'importation. 13

eingehalster Boden m. (Kessel) || boiler end flanged inwards || fond m. à collet intérieur. 14

eingehen (Tuchm) || to shrink || rentrer. **a)** eine **Verbindung** f. **~** (Chem) || to enter into combination || entrer en combinaison f. 15

Eingehen n. (Tuchm) || shrinkage || rentrée f. **a) ~** der **Kettenlänge** (Web) || shrinkage *or* shortening *or* contraction of the warp || raccourcissement m. de la chaîne; embuvage m. **b) ~** der **Zeuge** in der Breite (Web) || shrinking *or* contraction of cloth in width || rétrécissement m. *ou* contraction f. du tissu en largeur. 16

eingehend prüfen || to scrutinize || scruter. 17

eingekerbt || notched; nicked; incised || entaillé. **a)** bis zur **Mitte ~** f. (Prob) || notched to the centre || entaillé jusqu'au milieu m. **b)** vor dem Biegen n. **scharf ~** || sharply incised *or* notched before bending || nettement entaillé avant la déformation. **c)** mit dem Meißel scharf **~er Stab** m. (Prob) || bar sharply nicked with a chisel || barreau m. nettement entaillé au burin. 18

eingepaßt, eng || fit snugly || ajusté à frottement doux. 19

eingereicht (Patent) || filed || déposé. 20

eingesackt || sacked || ensaché. 21

eingeschaltet (Elektr) || closed || fermé. 22

eingeschliffen || ground down; ground-in || rodé. **a) ~er Glasstöpsel** m. || ground-in glass stopper || bouchon m. de verre rodé. **b) ~e Hohlkehle** f. || hollow ground edge || cannelure f. faite à la meule. **c) ~er Kolben** m. || ground-in piston || piston m. rodé. 23

eingeschneit || snowed-up || pris par les neiges fpl. 24

eingeschrieben (Post) || registered || recommandé. **a) ~er Brief** m. || registered letter || lettre f. recommandée. 25

eingesetzter Kurbelzapfen m. || inserted crank pin || bouton m. de manivelle emmanché. 26

eingespannter Balken m. || fixed beam || poutre f. encastrée. 27

eingestellt, zeitweilig (Arbeit) || temporarily suspended || temporairement suspendu. 28

eingetauchter Körper m. || immersed body || corps m. immergé. 29

eingeteilt in || divided into || partagé *ou* divisé en. 30

eingetragen-es Kapital n. || registered capital || capital social *ou* nominal. **a) ~es Warenzeichen** n. || registered trade mark || marque f. de fabrique déposée. 31

Eingeweide n. || bowels || entrailles fpl. 32

eingezahltes Kapital n. || paid-up capital || capital m. versé. 33

eingezäunt || fenced with pales || entouré de palis m. 34

eingezogen, der Schiffsrumpf ist vorn und achtern || the hull of the ship being recessed forward and aft || la coque du navire a des rentrants à l'avant et à l'arrière. 35

eingießen (Chem) || to pour in || verser dans. **a)** die **Leitschaufeln** fpl. **~** || to cast in the guide blades || couler les aubes fpl. directrices dans la roue. 36

Eingießer m. (Met) || ladle pourer || verseur m. de poches. 37

Eingitterröhre f. || one-grid valve || lampe f. à une seule grille. 38

Einglas n. || single eyeglass; monocle || monocle m. **a) ~futteral** n. || monocle case || étui m. pour monocles. 39

eingrenzen, einen Fehler m. (Elektr) || to localize a fault || localiser un défaut. 40

Eingrenzwiderstand m. || localization *or* interpolation resistance || résistance f. d'interpolation. 41

Eingriff m. (Masch) || catch; contact || quottement m.; engrènement m. **a) im ~** (Zahnrad) || engaged || engrené. **b) im ~ stehen** (Getriebe) || to be in gear || être en prise. **c) ständig** im **~** stehende Räder npl. || wheels pl. constantly in gear || roues fpl. dentées continuellement en prise. 42

Eingriff-dauer f. (Masch) || period of contact || durée f. de prise *ou* d'engrènement. **a) ~zirkel** m. (Uhrm) || depthing tool || compas m. aux engrenages. 43

Einguß m. (Gieß) || gate; runner; riser; git; gutter; sprue (A) || jet m.; trompe m.; (é)chenal m. **a) ~** (Gießform) || (ingot) mould || lingotière f. **b) ~** (Metallblock) || ingot || lingot m. **c) ~** und **Steiger** m. am Gußstück abschneiden || to knock off and saw off runner and riser on castings || couper le jet m. et l'évent m. de coulée. 44

Einguß-hahn m. || inlet stop cock || robinet m. d'entrée. **a) ~kasten** m. (Gieß) || feed box || bassin m. de coulée. **b) ~-trichter** m. || sprue || entonnoir m. de coulée. 45

einhaken || to clasp; to clench; to hook in || enclencher; accrocher. **a)** das **Ruder ~** *s.* einhängen, das Ruder. 46

einhalten, eine Zahlung f. || to keep-up one's payment || être exact à payer; observer le délai. 47

Einhänge-blende f. || inset diaphragm || diaphragme m. à suspendre. **a) ~-maschine** f., Broschüren || book attaching machine || machine f. à assujettir les brochures. 48

einhängen, die **Dachziegel** mpl. || to lay the tiles pl. || poser les tuiles fpl. **a)** das **Ruder ~** || to hang *or* to ship the rudder || monter le gouvernail. **b)** den **Umschlag** m. an eine Broschüre **~** (Buchb) || to wrap the cover to a booklet || appliquer la couverture à la brochure. 49

Einhänger m. (Buchb) || back joiner; case maker || emboîteur m. 50

einhauen, ein Loch n. in Stein || to sink a hole in stone || refouiller un trou. 51

einheben, die Form (Buchdr) || to lay on form || mettre la forme sous presse. 52

Einheftkante f. des Blattes || binding edge of the sheet || bord m. de la feuille où se trouvent les perforations. 53

einheimisch || indigenous; native; home; inland || indigène. **a) ~machen** (Chem) || to acclimatize || accoutumer. **b) ~er Brennstoff** m. || inland fuel || combustible m. indigène. 54

Einheimischwerden n. (Chem) || acclimatization || accoutumance f. 55

Einheit f. || unit; unity || unité f. **a) abgeleitete ~** || derived unit || unité f. dérivée. **b) absolute ~** || absolute unit || unité f. absolue. **c) Oberflächen~** || surface unit || unité f. de surface. **d) praktische ~** || practical unit || unité f. pratique. **e) ~** der **Wärme** || thermal unit; unit of heat || unité f. thermique *ou* de chaleur. 56

einheitliches Maß n. || unit measure || mesure f. unitaire. 57

Einheitlichkeit f. (Chem) || homogeneity || homogénéité f. 58

Einheits-bauart f. || standard type || type m. standardisé. **a) ~kegel** m. (Werkzeugmasch) || standard cone; Morse's cone || cône m. normal (de l'arbre). **b) ~klemme** f. (Eisenb) || universal rail anchor || dispositif m. d'ancrage universel. **c) ~maß** n. der Zeit || unit of time || unité f. de mesure du temps. **d) ~preis** m. || unit price || prix m. unitaire. **e) ~sieb** n. || standard sieve || tamis m. normal. **f) ~zeit** f. || legal *or* uniform time || heure f. normale; temps m. fixé par la loi. **g) ~zoll** m. || uniform duty || droit m. unitaire. 59

einholen, ein Tau n. || to haul in a rope || recouvrer *ou* haler à bord *ou* rentrer un cordage. 60

Einholen n. des Luftschiffes || towing *or* recovery of the airship || halage m. du dirigeable. 61

Einhordendarre f. || one-floored kiln || touraille f. à un plateau. 62

einhordig || one-floored || à un plateau. 1
einhüllen (Chem) || to coat || enrober. 2
einimpfen (Chem) || to inoculate; to vaccinate || vacciner; amorcer; ensemencer. 3
Einkapselung f. || casing || encastrement m. 4
einkassieren || to call in; to collect || encaisser. 5
Einkastenplansichter m. || single box plansifter || plansichter m. à caisse unique. 6
Einkauf m. || purchase; buying || achat m. 7
einkaufen || to purchase; to buy || acheter. 8
Einkaufs-abteilung f. || buying department || section f. d'achat. a) **~beutel** m. *s.* ~tasche f. b) **~buch** n. || purchases ledger *or* book || livre m. d'achats. c) **~büro** n. *s.* ~abteilung f. d) **~korb** m. || shopping basket || panier m. pour emplettes. e) **~netz** n. || shopping net || filet m. pour emplettes. f) **~preis** m. || purchase price || prix m. d'achat. g) **~-provision** f. || buying commission || commission f. d'achat. h) **~rechnung** f. || invoice; bill of cost || compte m. d'achat. 9
Einkaufssyndikat n. || buying pool || syndicat m. d'acheteurs. a) zu einem ~ n. **vereinigt** || pooled to buy || syndiqués pour acheter. 10
Einkaufstasche f. || shopping bag || sac m. pour emplettes. 11
einkehlen || to channel; to chamfer, to flute || canneler. 12
einkeilen || to drive in the coins; to quoin || arrêter *ou* assujettir avec des coins. 13
einkellern || to lay in || encaver; mettre sur chais m. 14
Einkellern n. || laying in || encavage; mise f. sur chais. 15
einkerben || to score; to jog; to notch || entailler; cocher. 16
Einkerben n. (Prob) || notching || entaillage m. 17
Einkerbung f. || notch || entaille f. a) **scharfe** ~ || sharp incision; V notch || entaille f. en V. 18
einkernig (Chem) || mononuclear || à un noyau. 19
einkitten || to putty || mastiquer. 20
einklagbar || actionable || exigible 21
einklammern (Buchdr) || to include in parantheses pl. || mettre en parenthèse *ou* entre parenthèses. 22
Einklang m. (Mus) || unison || unisson m. 23
einklarieren || to clear in || acquitter à la douane. 24
einkleiden (Chem) || to coat || engober. 25
einklemmen || to clamp || fixer. 26
einklinken || to latch; to clench || fermer au loquet. 27
einknicken || to fold; to bend in || plier. 28
einkochen || to boil down; to concentrate || évaporer; concentrer. a) den **Saft** m. ~ || to evaporate *or* to boil the juice || évaporer *ou* cuire le jus. 29
Einkochen n. || boiling (down); evaporation || évaporation f. 30
Einkoch-gerät n. || preserve making implement; preserving *or* boiling-in apparatus || ustensile m. pour l'ébullition de conserves; appareil m. à faire des conserves. a) **~glas** n. || preserve jar || verre m. à conserves. b) **~verschluß** m. || closing for preserve jars || fermeture f. pour bocaux à conserves. 31
Einkommen n. || revenue || revenu m. a) **Jahres~** || yearly income || revenu m. annuel. b) **ungefähres ~** || approximate revenue || revenu m. approximatif. 32
Einkommensteuer f. || income tax || impôt m. sur le revenu. 33
einköpfige Unterlagsplatte f. mit Ansatz oder Randleiste an einer Seite (Eisenb) || tie plate with shoulder or rib on one side || selle f. d'appui avec rebord d'un côté. 34
Einkreiselkompaß m. || mono-gyro compass; single gyro compass (A) || compas m. monogyroscopique *ou* à un seul gyroscope. 35
einkreisiges Kristallgoniometer n. || crystal goniometer with one circle || goniomètre m. à cristaux muni d'un cercle. 36
Einkünfte fpl. || revenue; income || revenus mpl. 37
Einkurbel-dampfmaschine f. || single-crank steam engine || machine f. à vapeur à manivelle unique. a) **~verbunddampfmaschine** f. || single crank compound steam engine || machine f. à vapeur compound à manivelle unique. 38
einladen (Waren) || to load || charger. 39
Einladung f. || invitation || invitation f. 40
Einladungskarte f. || card of invitation || billet m. d'invitation. 41
Einlage f. (Bankw.) || deposit || versement m. a) ~ (Bleistift) || pencil-point || mine f. b) ~ (Krawatte) || stiffening || col m. c) ~ (Zigarre) || inside leaves pl. || intérieur m.; tripe f. 42
Einlage-dorn m., ausschwenkbarer || swing-out mandrel || mandrin m. supplémentaire articulé. a) **~kapital** n. || capital invested; money sunk || mise f. de fond. b) **~ripper** m. (Tabak) || filler stripper || écôteur m. de tripe. 43
einlagern || to store up; to warehouse || emmagasiner. 44
Einlaß m. (Techn) || inlet; admission || admission f. 45
einlassen (Tischl, Zimm, Schloss) || to mortise; to sink in; to trim in; to imbed || enchâsser. a) in den **Fußboden** || to let in flush with the floor || mettre au niveau du sol. 46
Einlaß-feld n. (Web) || inlet limit || champ m. d'entrée. a) **~hub** m. || induction stroke || course f. d'aspiration. b) **~kanal** m. (Mot) || inlet port || lumière f. d'admission. 47
Einlaßkarte f. || entrance ticket || billet m. d'entrée. a) Rotationsmaschine f. für den **Druck** von **~n** || rotation machine for printing tickets || machine f. rotative à imprimer des billets. 48
Einlaß-kegel m. (Mot) || admission valve cone || cône m. de soupape d'admission. a) **~leitung** f. (Aut) || inlet manifold || tubulure f. d'admission. b) **~nocken** m. || admission *or* inlet cam || came f. d'admission. c) **~öffnung** f. (Schleuse) || canal regulator || prise f. d'eau. d) **~pforte** f. eines Tores || wicket of a door || guichet m. de porte. 49
Einlaßrohr n. || inlet pipe || tuyau m. d'admission. a) **Dampf~** || steam admitting pipe || tuyau m. d'admission de vapeur. b) **~leitung** f. (Mot) || suction piping || tuyauterie f. d'aspiration. 50
Einlaß-schleuse f. eines Bewässerungskanals || regulator at the head of a channel || martellière f. a) **~steuerwelle** f. (Mot) || inlet cam shaft || arbre m. à cames d'admission. b) **~stutzen** m. des Kühlers (Auto) || water inlet of radiator || || entrée f. de l'eau du radiateur. 51
Einlaßventil n. || admission *or* inlet *or* suction valve; bottom clack || soupape f. d'aspiration *ou* d'admission. a) **Ammoniak~** || ammonia inlet valve || vanne f. d'entrée d'ammoniaque. b) **gesteuertes ~** || mechanical inlet valve || soupape f. d'admission commandée. c) **hängendes ~** || overhead inlet valve || soupape f. d'admission commandée par le haut. d) **selbsttätiges ~** || automatically operated (inlet) valve || soupape f. automatique. 52
Einlaßventil-gehäuse n. || admission valve box || chapelle f. de soupape d'admission. a) **~hebel** m. || admission valve lever || levier m. d'admission. b) **~keil** m. || inlet valve cotter || clavette f. de soupape d'admission. c) **~rolle** f. || admission valve roller || galet m. d'admission. d) **~stange** f. || admission valve rod || tige f. de commande de soupape d'admission. e) **~verschraubung** f. || inlet valve cap || bouchon m. de soupape d'admission. 53
Einlaß(verbindungs)hebel m. || inlet cam roller lever || levier m. d'admission. 54
einlaufen (Masch) || to run in || rôder. a) ~ (Tuchm) || to shrink || rentrer. b) ~ (Web) || to shrink || rétrécir; se gripper. c) den Motor m. ~ **lassen** || to let the motor run itself in || laisser tourner le moteur pour qu'il se fasse. 55
Einlaufen n. (Tuchm) || shrinkage || rentrée f. a) ~ in den **Hafen** || entrance into the harbour || entrée f. dans un port. 56
einläufige Treppe f. || single-flight stairs pl. || escalier m. à une volée. 57
Einlauf-furche f., die **~n** fpl. im Mühlstein nachhauen || to recut the grooves of the millstone || faire strier la meule à nouveau. a) **~rohr** n. || inlet *or* supply pipe || tuyau m. d'arrivée. b) **~trichter** m. (Mühle) || feed *or* mill hopper || entonnoir m. d'entrée; trémie f. 58
Einlege-arbeit f. || inlaid work; veneering || marqueterie f.; placage m. a) **~keil** m. || layed-in key; round ended taper sunk key || clavette f. encastrée. b) **~linoleum** n. || inlaid linoleum || linoléum m. incrusté. 59
einlegen (Holz) || to enchase || encastrer; incruster; marqueter. a) ein **Filter** n. ~ || to load a filter || char- ger un filtre. b) eine **Schiene** f. ~ || to insert a rail || mettre en place f. un rail. 60
Einlegen n. der Bogen zwischen . . . (Buchb) || feeding the sheets between . . . || marge f. des feuilles entre . . . 61
Einleger m. (Buchdr) || layer-on; feeder || margeur m. 62
Einlegerähmchen n. (Müll) || small insertion frame || petit tamis m à l'intérieur. 63
Einlegerin f. (Buchdr) || layer-on girl; feeder || margeuse f. 64
Einlegeschranke f. (Eisenb) || rod barrier || barrière f. à lisse suspendue. 65
Einlegesohle f. || insole || semelle f. mobile. a) **~aus Filz** || insole of felt || semelle f. mobile de feutre. b) ~ aus **Kork** || insole of cork || semelle f. mobile en liège. c) ~ aus **Stroh** || insole of straw || semelle f. mobile en paille. 66
einleimen || to glue in || coller. 67

Einlesen n. (Web) || reading-in || lisage m. de dessins. 1
Einleser m. (Web) || reader-in || ouvrier m. du lisage. 2
einliefern (Waren) || to deliver || livrer; délivrer. 3
Einlieferung f. || delivery || remise f. 4
Einlieferungsschein m. || certificate of delivery || bulletin m. de dépôt; reçu m. 5
einlochen, einen Zapfen m. || to mortise a tenon || trouer *ou* mortaiser un tenon. 6
Einlochherd m. || one-hole range || cuisinière f. à un trou. 7
einlösen, einen **Wechsel** m. || to honour a bill || honorer une lettre de change. **a)** einen **Scheck** m. nicht ~ || to stop payment of a cheque || suspendre le paiement d'un chèque. 8
einloten (Bauw) || to try with the plummet; to plumb || plomber; prendre l'aplomb. 9
einlöten, in eine Ausdrehung f. || to solder into a turned groove || souder dans une gorge tournée. 10
einlotsen, ein Schiff n. || to pilot in a ship || piloter un navire. 11
Einlotung f. über der Sohle (Vermessung) || plumbing over a station mark in the floor || réglage m. par le fil à plomb au-dessus du sol. 12
einmachen, Früchte fpl. || to preserve fruits pl. || confire des fruits mpl. 13
Einmachesalz n. || preserving salt || sel m. à conserver. 14
einmaischen || to dough in; to mash in || empâter. **a) Malz** n. ~ || to mash the grains of malt; to soak malt || encuver le malt. 15
Einmaischen n. || doughing-in; mashing-in || empâtage m. 16
Einmaisch-quantum n. || mash goods pl. || versement m. **a) ~temperatur** f. || doughing-in temperature || température f. d'empâtage. 17
einmal, auf || at once || en une seule fois; à la fois. 18
einmalig || single; happening but once || d'une seule fois. **a) ~e Abfindung** f. || lump sum || somme f. globale. 19
Einmann-bedienung f. || handling by one man || service m. par un seul homme. **a) ~lochwerk** n. || punching machine requiring only one operator || poinçonneuse f. conduite par un seul homme. **b) ~omnibus** m. || one-man-bus || omnibus m. avec la conduite et la surveillance par un seul homme. 20
Einmauerung f. || embedding || scellement m. dans la maçonnerie. **a) Kessel~** || boiler masonry *or* immuration || emmuraillement m. *ou* maçonnerie f. de chaudières. 21
Einmeterbohrer m. || one meter drill || foret m. d'un mètre de long. 22
einmischen, die Farben fpl. || to blend the colours || détremper les couleurs. 23
einmontiert, fertig || ready fitted || complètement monté. 24
Einmitten n. || centering || centrage m. 25
Einmotorenantrieb m. || single motor drive || commande f. par un seul moteur. 26
einmotorig || single-engined || monomoteur. 27
Einmündung f. eines Flusses || estuary *or* discharging of a river || embouchure f. d'une rivière. 28
Einnahme f. || receipts pl. || recette f.; revenu m. **a) Gesamt~** || total receipts pl. || recette f. totale *ou* brute. 29
Einnahme-buch n. || book for entering receipts || livre m. des recettes. **a) ~quelle** f. || source of income || source f. de revenus. 30
einnehmen (Geld) || to receive || recevoir; toucher. **a)** ~ (Heilk) || to take || prendre. **b) Proviant** n. ~ || to lay in *or* to take in the supply of provisions || faire des vivres mpl.; approvisionner. **c)** ein **Segel** ~ || to take a sail in; to hand a sail || ferler *ou* serrer une voile. 31
Einnehmeoblate f. (Heilk) || medicine wafer || cachet m. à médicament. 32
Einnivellieren n. von Punkten || taking the levels of points || nivellement m. de points. 33
einölen || to oil; to lubricate; to rub with oil || huiler. 34
einordnen, in Klassen || to classify || classifier. 35
einpacken || to pack; to pack up; to paper || emballer; empaqueter. 36
Einpacker m. (Nadl) || needle paperer || empaqueteur m. des aiguilles. 37
einpassen || to adapt; to adjust; to fit in; to trim in || adapter; triquer; ajuster. 38
Einpassen n. des Uhrwerks in das Gehäuse || casing of the clock movement || emboîtage m. du mouvement. 39
Einpaßzugabe f. (Masch) || margin of manufacture || surépaisseur f. 40
einpfählen || to fence *or* to hedge with pales *or* stokes; to palisade || palissader; entourer de palis. 41
Einpfählung f. || paling; fencing; fence (of pales); palisade; stockade || palissade f.; clôture f. de palis. 42
Einphasen-anlasser m. || single phase starter || démarreur m. monophasé. **a) ~bahn** f. || single phase railway || chemin m. de fer à courant monophasé. **b) ~generator** m. || single-phase alternator || alternateur m. monophasé. **c) ~netz** n. || monophase network || réseau m. monophasé. 43
Einphasenstrom m. (Elektr) || single phase *or* monophase current || courant m. monophasé. **a) mit** ~ || with monophase current || en monophasé m. 44
Einphasen-stromkleintransformator m. || single-phase current small transformer || transformateur m. de faible puissance monophasé. **a) ~wechselstrom m.** || single phase alternating current || courant m. alternatif monophasé. 45
Einphasenwechselstrommotor m. || single phase alternating current motor; monophase alternomotor || moteur m. à courant alternatif monophasé. **a)** ~ mit **Hilfsphase** || single phase alternating current motor with auxiliary phase || moteur m. à courant monophasé avec phase artificielle. 46
einpolig || unipolar || unipolaire. 47
einprägen || to impress; to imprint; to stamp || imprimer; empreindre. 48
Einprägen n. von Zeichen in Werkzeuge || marking of tools || marquage m. d'outils. 49
einpressen || to press; to squeeze || enfoncer. 50
Einprismaspektrograf m. || single prism spectrograph || spectrographe m. à un prisme. 51
einquellen (Brau) || to steep || tremper; mettre en trempe f. 52
Einquellen n. (Brau) || steeping || trempage m. 53
einrahmen (Bild) || to frame || encadrer; embordurer; enchâsser dans un cadre. 54
Einrahmer m. || frame maker || encadreur m. 55
Einrahmung f. einer Tür || frame of a door || bâti m. d'une porte. 56
einrammen, die Pfähle mpl. || to ram in *or* to drive in the piles || enfoncer les pilotis mpl. 57
Einrammen n. der Pfähle || pile driving; piling; beating *or* driving down piles || pilotage m. 58
Einreiben n., zum (Heilk) || to rub in || pour frictionner. 59
einreihiges Querlager n. (Kugellager) || single row rigid ball journal bearing || roulement m. à simple rangée de billes. **a)** ~ mit **Einstellring** (Kugellager) || single row self-aligning ball journal bearing || roulement m. à simple rangée de billes et à rotule. 60
einreihiges Spannhülsenlager n. (Kugellager) || single row rigid ball journal bearing with taper clamping sleeve || roulement m. à simple rangée de billes et à manchon. 61
einrichten (Phys) || to adjust || régler. **a) Seiten** fpl. ~ (Buchdr) || to lay pages pl. || arranger les pages fpl. 62
Einrichtung f. (Anlage) || plant; installation; equipment || installation f.; équipement m. **a)** ~ für **Apotheken** || furnishing for apothecary's shops || installation f. de pharmacies. **b)** ~einer **Baustelle** || establishment for building purposes || installation f. du chantier. **c) elektrische** ~ || electric equipment || équipment m. électrique. **d) innere** ~ || internal arrangement || aménagement m. intérieur. **e)** ~ für **Laboratorien** || laboratory furnishing || installation f. de laboratoires. **f) maschinelle** ~ || mechanical plant || installation f. mécanique. **g)** ~ zur **Überwachung** der **Energieerzeugung** || device for controlling the generation of power || installation f. pour le contrôle de la production de l'énergie. **h)** ~ zur **Überwachung** der **Energieverteilung** || device for controlling the distribution of power || installation f. pour le contrôle de la répartition de l'énergie. **i) zusätzliche** ~ || auxiliary attachment || dispositif m. auxiliaire. 63
Einrichtungs-gebühr f. (Fernm) || entrance fee || taxe f. de premier établissement. **a) ~gegenstand** m. für Gruben || material for mine equipment || matériel m. d'installation de mines. **b) ~kosten** pl. || establishment charges pl. || frais mpl. d'établissement. 64
Einriegelschloß m. || dead lock || serrure f. à un seul pêne. 65
einritzen || to engrave || effleurer; graver. 66
Einritzen n. || scoring || écrasement m. 67
Einröhrenzwischenverstärker m. || one-valve two-way repeater || répéteur m. réversible à une lampe. 68
Einrollen n., **konisches** ~ von Kesselschüssen || conical bending of boiler shells || cintrage m. conique des tôles de chaudières. **a) zylindrisches** ~ von Kesselschüssen || cylindrical bending of boiler shells || cintrage m. cylindrique des tôles de chaudières. 69
einrosten || to rust || se rouiller. 70

einrücken (Masch) || to couple; to engage; to connect || embrayer. **a)** den **Rückwärtsgang** m. ~ || to throw into back gear || renverser. 1

Einrücken n. || coupling || embrayage m. **a) augenblickliches** ~ und **Ausrücken** n. || instantaneous engaging and release || embrayage m. et débrayage m. instantané. 2

Ein- und Ausrückhebel m. || coupling and uncoupling lever || levier m. d'embrayage et de débrayage. 3

Einrückung f., **Sicherheits** || safety connection || éclanchement m. de sûreté. 4

Einrückvorrichtung f. || coupling *or* engaging *or* throwing-in gear || appareil m. d'embrayage. **a)** ~ und **Ausrückvorrichtung** des Riemens || belt shifter *or* guide || guide-courroie m. 5

einrühren (Chem) to stir up || introduire en agitant. 6

Einsacktrichter m. || bagging hopper || ensachoir m. 7

einsalzen || to salt || saler. 8

Einsalzen n. von **Butter** || butter salting || salaison f. de beurre. 9

Einsatz m. (Met; Gieß) || charge || charge f. **a) Druckventil~** || cage of delivery valve || corps m. de la soupape de compression. **b)** die Flammen fpl. brachten den ~ zum **Schmelzen** || the flames pl. melted the charge || les flammes fpl. provoquaient la fusion de la charge. **c) Flügel~** (Zentrifuge) || dirst cage || cage f. à roues. **d)** ~ der einzelnen **Kraftwerke** || taking-up of the load by the individual power stations || interconnection f. des différentes usines. 10

Einsatz-blende f. (Opt) || interchangeable diaphragm || diaphragme m. interchangeable. **a) ~deckel** m. || inserted cover || couvercle m. rapporté. **b) ~futter** m. (Werkzeugmasch) || reduction cone || cône m. de réduction. 11

Einsatzhärtung f. || case hardening || cémentation f. en paquet; trempe f. de surface *ou* en paquet. **a) elektrische** Ofenanlage f. für ~ || electric carburizing furnace plant || installation f. de fours électriques pour cémentation. **b) Gas~** || gas case-hardening process || cémentation f. aux gaz carburants. 12

Einsatz-kasten m. (Met) || case hardening box || boîte f. à cémenter. **a) herausnehmbarer ~kessel** m. || removable inner boiler || chaudière f. intérieure mobile. **b) ~material** n. *s.* ~werkstoff m. **c) Gas~ofen** m. || gas case-hardening furnace || four m. à cémenter aux gaz carburants. 13

Einsatzpulver n. || cementing powder || poudre f. à cémenter. **a)** durch das ~ gekohlte Stellen fpl. werden **glashart** || those parts which are carburetted by the cementing powder get a surface as hard as glass || aux endroits qui sont exposés à l'action de la poudre, la surface devient dure comme verre. 14

Einsatz-schale f. || insertion step || coussinet m. appliqué. **a) ~stahl** m. || case-hardening steel || acier m. à cémenter *ou* de cémentation. **b) ~stück** n. || distance piece || pièce f. intercalaire. **c) ~stutzen** m. || connecting branch || tubulure f. de communication. **d) ~teich** m. (Fisch) || store pond; stock pond || vivier m. **e) ~trichter** m. || insertion funnel || entonnoir m. d'introduction *ou* de charge. **f) ~werkstoff** m. (Met) || charge || matières fpl. chargées; fournée f. **g) ~zirkel** m. || compass with detachable legs || compas m. à rallonges. 15

einsaugen || to suck in || sucer; aspirer. 16

Einsaugen n. || sucking-in || aspiration f. 17

Einsaugungsfärbung f. || absorption-colouring || coloration f. par absorption. 18

einsäurig (Chem) || monoacid || monoacide. 19

einschalen || to encase || coffrer. 20

Einschalteklinke f. für Abfrageapparate (Fernm) || operator's jack || jack m. double. 21

einschalten (Elektr) || to switch on; to cut in; to put in circuit || mettre le contact; mettre en circuit. **a) selbsttätig** ~ || to cut in automatically || s'intercaler automatiquement. **b) Widerstand** m. ~ || to switch-in resistance || mettre en circuit de la résistance. 22

Einschalten n. einer **Linse** (Opt) || interposition of a lens || interposition f. d'une lentille. **a)** ~ und **Ausschalten** n. (Masch) || engaging and disengaging || embrayage m. et débrayage m. 23

Einschalter m. || circuit closer; switch || conjoncteur m.; coupleur m. 24

Einschalt-stellung f. || closed *or* switch-on position || position f. fermée *ou* de fermeture. **a) ~stromstärke** f. || current intensity at make || intensité f. de courant lors de la fermeture du circuit. 25

Einschaltung f. (Elektr) || joining in the circuit || mise f. en circuit. 26

Einschätzung f. || assessment || taxation f. 27

Einscheibe f. || constant speed pulley; single pulley || monopoulie f. 28

Einscheibenantrieb m. || single pulley drive; constant speed pulley drive || commande f. par monopoulie. **a) schwenkbarer** ~ || swivelling constant speed pulley drive || commande f. par monopoulie à position variable. 29

Einscheiben-gleitdrucklager n. (Schiffb) || single collar thrust bearing || palier m. de butée à disque unique. **a) ~kuppelung** f. || plate clutch || embrayage m. à disque unique. **b) ~riemenantrieb** m. || single pulley belt drive || commande f. par monopoulie. 30

einscheren, ein Tau n. in einen Block ~ || to reeve a rope in a block || passer un cordage m. dans une poulie. 31

einschieben, das Brot in den Backofen || to put the bread into the oven || enfourner le pain. 32

Einschiebestütze f. (el Leit) || J-spindle with terminal insulator || support-tige m. 33

Einschiebselplatte f. (Schiffb) || intercostal plate || tôle f. intercostale. 34

Einschienen-bahn f. || monorail (railway) || chemin m. de fer à un rail; monorail m. **a) ~greiferkatze** f. auf Hochbahn || monorail bucket crab running on an overhead track || chariot m. monorail à grappin sur voie surélevée. **b) ~hängekatze** f. || monorail travelling crab || chariot m. monorail suspendu. **c) ~hochbahn** f. || overhead single-rail track || voie f. monorail suspendue. **d) ~kran** m. || velocipede crane || grue-vélocipède f. **e) ~laufbahn** f. || monorail track || voie f. de roulement monorail. **f) ~laufkatze** f. || mono-rail *or* one-rail crab || chariot m. de grue monorail. 35

einschienige Kreuzkopfführung f. || single slide bar guides pl. || glissière f. à barre simple. 36

Einschießdampfbackofen m. für **Holzheizung** || peel steam baking oven heated by wood || four m. à vapeur pour enfourner et pour chauffage au bois. 37

Einschießen n. mit hohen Sprengpunkten || high burst ranging || réglage m. par forts coups explosifs. 38

einschiffen, sich || to embark || s'embarquer. 39

Einschlag m. (Web) || woof; weft || trame f.; enflure f. **a) Vorbereitung** des ~s (Web) || preparation of the weft || tramage m.; préparation f. du fil de trame. **b)** ~ (Vorderräder) || steering lock || braquage m. 40

Einschlagbeil n., Kette mit f. ~en || chain with spike hooks || chaîne f. avec crampons. 41

einschlagen (Bergb) || to begin *or* to work a mine || commencer à faire une fouille. **a)** ~ (Nagel) || to drive in; to beat in || enfoncer. **b)** die **Ballen** mpl. ~ || to inclose *or* to inwrap the balls || envelopper *ou* emplir les balles fpl. **c)** einen **Pfahl** m. ~ || to drive in a pile || ficher *ou* enfoncer un pieu. 42

Einschlagfaden m. || weft || duite f. 43

Einschlagfassung f. || folding mount || monture f. pliante. **a)** ~ einer **Lupe** || folding mount of a magnifier || forme f. repliante d'une loupe. 44

Einschlag-garnspulen n. (Web) || weft winding || cannetage m.; époulage m. **a) ~glocke** f. || single-stroke bell || sonnerie f. à un coup. **b) ~glockensystem** n. in Feuermeldeanlagen || single-stroke bell system for fire alarm systems || sonnerie f. à coups isolés dans les installations d'avertisseurs d'incendie. 45

Einschlaglupe f. || folding magnifier || loupe f. fermante *ou* pliante. **a) anastigmatische** ~ || anastigmatic folding magnifier || loupe f. fermante anastigmatique. **b) aplanatische** ~ || aplanatic folding magnifier || loupe f. aplanétique fermante. 46

Einschlag-papier n. || packing *or* wrapping paper || papier m. d'emballage *ou* à envelopper. **a) ~seide** f. || tram *or* weft silk; tram || soie f. de trame; trame f.; fil-trame m. **b) ~winkel** m. der **Lenkung** (Aut) || angle of lock || angle m. de braquage. 47

einschleifen || to grind in || roder. 48

Einschleifen n. der **Ventile** || valve grinding || rodage m. de soupapes. **a)** ~ des **Zapfens** in das Lager || bedding of journal into bearing by emery || rodage m. du tourillon à l'émeri dans le coussinet. 49

Einschleifer m. || grinder || rodeur m. 50

Einschleifpaste f. || grinding-in paste || pâte f. à roder. 51

einschließen (Chem) || to occlude || enfermer. **a)** ~ (Textil) || to lock in || décalotter. 52

Einschließkamm m. (Textil) || web holder || barre f. de décalotteuse. 53

einschließlich Porto n. || postage included || port m. compris. **a)** ~ **Verpackung** f. || including packing || emballage m. compris. 54

Einschließung f. (Chem) || occlusion || occlusion f. 55

Einschliff m. (Opt) || countersink || excavation f. 56

Einschluß m. (Chem) ‖ inclusion; incasement ‖ inclusion f. 1
Einschluß-netz n. ‖ surrounding *or* enclosing net ‖ rets m. *ou* filet m. d'enceinte. **a) ~thermometer** n. ‖ thermometer with enclosed scale ‖ thermomètre m. gradué sur verre opale. 2
einschmelzen ‖ to recast; to melt down *or* together; to remelt ‖ refondre. **a) ~, Teile** mpl., die in Glas eingeschmolzen werden sollen. ‖ parts pl. supposed to be melted into glass ‖ pièces fpl. destinées à être moulées dans le verre. 3
Einschmelzer m. (Glasf) ‖ softener ‖ rebrûleur m. 4
Einschmelzrohr n. (Chem) ‖ scaled tube ‖ tube m. scellé. 5
einschmieren ‖ to grease ‖ graisser. 6
einschnappen ‖ to snap in; to catch; to fall in ‖ se fermer à ressort *ou* au loquet; encliqueter. 7
Einschnappfeder f. ‖ catch spring ‖ ressort m. d'encliquetage. 8
einschneiden ‖ to score; to jog; to notch ‖ entailler. **a)** in **Papier ~** (Buchdr) ‖ to bite ‖ inciser **b)** die **Radzähne** mpl. **~** ‖ to cut the teeth of a wheel ‖ fraiser *ou* tailler les dents fpl. d'une roue dentée. 9
Einschneiden n. der **Schwellen** ‖ jagging-out the sleepers ‖ entaillage m. des traverses. 10
Einschneider m. (Buchb) ‖ sawyer ‖ grecqueur m. 11
Einschnitt m. ‖ incision; cut ‖ incision f.; coupure f. **a) ~** (Gelände; Bauw) ‖ cutting; cut ‖ tranchée f.; déblai m. **b) ~** (Kerbe) ‖ indentation; notch ‖ encoche f.; entaille f.; goujure f. **c) ~** (Schlitz) ‖ slit ‖ fente f.; taillade f. **d) ~** (für Zapfen) ‖ mortise ‖ mortaise f. **e) ~** mit der **Säge** ‖ saw notch ‖ trait m. de scie. **f)** einen **~ ausstechen** (Straßenb; Eisenb; Wasserb) ‖ to make a cutting ‖ percer une tranchée f. 12
einschnittig ‖ single shear joint ‖ rivure f. à une section. 13
Einschnur-betrieb m. (Fernm) ‖ single cord operation ‖ exploitation f. par monocorde. **a) ~system** n. (Fernm) ‖ single-cord system ‖ système m. monocorde. 14
Einschnürung f. ‖ constriction; contraction; throat ‖ étranglement m.; contraction f.; gorge f. 15
einschränken (Fluß) ‖ to restrict ‖ resserrer 16
einschraubbarer Haltering m. (Opt) ‖ screw-in retaining ring ‖ bague f. filetée 17
einschrauben ‖ to screw ‖ visser. 18
Einschraub-ende n. der **Stiftschraube** ‖ threaded end of the stud ‖ extrémité f. du goujon. **a) ~teil** m. ‖ part for screwing in ‖ pièce f. à visser. **b) ~thermomesser** m. ‖ screwed-in thermometer ‖ thermomètre m. à visser. 19
Einschreibe-brief m. ‖ registered letter ‖ lettre f. recommandée. **a) ~gebühr** f. ‖ registration fee ‖ taxe f. de recommandation. 20
Einschub m. (Bauw) ‖ sound floor; false ceiling ‖ plancher m. à remplissage. **~brett** ‖ sound boarding ‖ lucet m. 21
Einschuß m. (Web) ‖ weft; woof ‖ trame f. 22
Einschuß-garn n. (Web) ‖ weft yarn; woof yarn; filling ‖ trame f.; fil m. pour trame. **a) ~spule** f. (Web) ‖ weft pirn; weaving spool; weft bobbin ‖ cannette f.; sépoule f.; époule f.; époulin m.; espolin m.; volue f.; bobine-trame f; fuseau m. de trame. 23
Einschüttöffnung f. ‖ charging hole ‖ ouverture f. d'introduction. 24
Einschwalben n. ‖ dovetailing ‖ assemblage m. à queue d'aronde. 25
Einschwärzfarbe f. (Graph) ‖ ink ‖ encre f. 26
einschwefeln ‖ to sulphur ‖ soufrer; ensoufrer. 27
Einschwefeln n. ‖ sulphuring; sulphuration ‖ ensoufrage m.; ensoufrement m. 28
Einschweifung f. des **Sägezahns** ‖ gullet of a saw tooth ‖ échancrure f. d'une dent de scie. 29
Einschwingvorgang m. (Fernm) ‖ transient phenomenon; building-up a sinusoidal current ‖ phénomène m. transitoire. **a) ~** in pupinisierten **Fernkabelleitungen** ‖ transient effects pl. in coil-loaded toll-cable circuits ‖ phénomènes mpl. transitoires en circuits de câbles pupinisés. 30
einsegeln ‖ to sail in ‖ entrer à la voile. 31
Einseifen n. ‖ soaping ‖ savonnage m. 32
einseitige Abnutzung f. ‖ one sided wearing ‖ usure f. unilatérale *ou* par un seul côté. 33
einsenden, an die **Fabrik** f. ‖ to send to makers pl. ‖ renvoyer à l'usine f. 34
einsenken (Chem) ‖ to dip ‖ plonger. 35
Einsetzband n. (Schloss) ‖ lapp; butt (hinge) ‖ fiche f. à vase. 36
einsetzbare Schneidzunge f. ‖ adjustable cutter ‖ languette f. rapportable. 37
einsetzen (Met) ‖ to charge ‖ charger. **a) ~** (Math) ‖ to substitute ‖ substituer. **b) ~** (Stahl) ‖ to case-harden ‖ cémenter. **c) ~** (Zimm) ‖ to jag; to notch ‖ insérer; poser. **d)** mit **Blei ~** und verstemmen ‖ to lead and caulk in ‖ garnir de plomb m. et sertir. **e)** das **Geschirr ~** (Töpf) ‖ to set the pots ‖ enfourner les pots mpl. **f)** das **Geschirr** ohne **Kapseln ~** (Töpf) ‖ to put in the pots without seggars ‖ enfourner les pots mpl. en échappade. **g)** die **Kapseln** fpl. **~** (Porzell) ‖ to put the seggars in the furnace ‖ enfourner les cassettes fpl. **h)** die **Klammern** fpl. in den Stein **~** (Maur) ‖ to fix the cramps into the ashlar ‖ enclaver les crampons mpl. **i)** das **Ruder ~** ‖ to hang *or* to ship the rudder ‖ monter le gouvernail. **k)** die **Ziegel** mpl. in den Ofen **~** (Ziegl) ‖ to put *or* to set the bricks in the kiln ‖ enfourner les briques fpl. 38
Einsetzen n. (Töpf) ‖ charging the oven; setting in ‖ enfournage m.; enfournement m. **a) ~** (Werkzeuge; Stahl) ‖ case-hardening ‖ cémentation f. **b) richtiges ~** n. des **Metalls** ‖ correctly composing the charge ‖ manière f. irréprochable de charger le métal. 39
Einsetzer m. ‖ inserter ‖ emboutissoir m. 40
Einsetz-kran m. ‖ charging crane ‖ grue f. *ou* pont-roulant m. de chargement; grue f. enfourneuse. **a) ~löffel** m. (Glasf) ‖ ladle ‖ estraquelle f. **b) ~maschine** f. ‖ charging machine ‖ pelle f. d'enfournement; enfourneuse f. **c) ~rose** f. (Bauk) ‖ rosette ‖ rosace f. 41
Einsetzung f. (Math) ‖ substitution ‖ substitution f. 42
Einsetzvorrichtung f. (Walzw) ‖ charging device ‖ chargeur m. mécanique. 43
einsickern ‖ to trickle into; to infiltrate ‖ s'imbiber *ou* se perdre dans; s'infiltrer. 44
Einsickerung f. ‖ infiltration ‖ infiltration f. 45
Einsinken n. (Gebäude) ‖ sinking; sinking-in; settling; subsiding ‖ affaissement m.; enfoncement m. 46
Einsitzer m., **Kampf** (Luftf) ‖ single-seater fighter ‖ monoplace m. de combat. 47
einspannen ‖ to fix; to enchase; to put into frame ‖ encastrer; enserrer. **a)** den **Drehstahl** m. **~** ‖ to clamp the tool ‖ serrer l'outil m. 48
Einspannen n. des **Arbeitsstückes** ‖ chucking of the work piece ‖ serrage m. de la pièce à usiner. **a) ~** des **Papiers** ‖ insertion of the paper ‖ insertion f. du papier. **b) schnelles ~** und **Ausspannen** n. ‖ quick inserting and removing ‖ serrage m. et déserrage m. rapide. 49
Einspänner m. ‖ one-horse carriage ‖ charrette f. **a) ~landmaschine** f. ‖ one horse agricultural machine ‖ machine f. agricole pour simple attelage. 50
Einspannstelle f. ‖ fixing point ‖ point m. de serrage. 51
Einspannvorrichtung f. ‖ shackles pl.; chuck ‖ appareil m. à fixer; dispositif m. de fixation. **a) ~** mit **Klauen** ‖ take-in grip ‖ mandrin m. *ou* griffe f. à pinces. 52
Einspannwerkzeug n. ‖ clamping tool ‖ outil m. à serrer. 53
einspielen (Wage) ‖ to balance ‖ balancer. 54
einspindlig ‖ with one spindle ‖ à un seul arbre. **a) ~e Zentriermaschine** f. ‖ one-spindle centering machine ‖ machine f. à centrer à une broche. 55
Einsprengmaschine f. (Tuchf) ‖ sprinkling engine ‖ machine f. à arroser. 56
Einspritzdüse f., **gekühlte** ‖ cooled injection nozzle ‖ gicleur m. refroidi. 57
einspritzen ‖ to inject ‖ injecter. 58
Einspritzer m. ‖ injector ‖ injecteur m. 59
Einspritz-hahn m. ‖ injection cock ‖ robinet m. d'injection. **a) ~kondensation** f. ‖ condensation by injection ‖ condensation f. par injection *ou* par mélange. **b) ~kondensator** m. ‖ jet *or* injection condenser ‖ condenseur m. par injection *ou* par mélange *ou* à jet. **c) ~maschine** f. (Diesel) ‖ engine with airless injection of the fuel ‖ moteur m. à injection mécanique. **d) ~öffnung** f. ‖ injection outlet ‖ orifice f. d'injection. **e) ~pumpe** f. ‖ priming pump ‖ pompe f. d'injection. 60
Einspritzung f. ‖ injection; injecting ‖ injection f. **a) Druck~** (Diesel) ‖ pump injection ‖ injection f. sous pression. **b) luftlose ~** (Mot) ‖ airless injection ‖ injection f. mécanique. **c) Vorkammer~** ‖ antechamber system of injection ‖ injection f. par précombustion. 61
Einspritz-ventil n. ‖ injection-valve ‖ soupape f. d'injection. **a) ~verdichter** m. ‖ jet condenser ‖ condenseur m. à jet. **b) ~vergaser** m. ‖ spray *or* atomizing carburettor ‖ carburateur m. à pulvérisation *ou* à giclage; atomisateur m. **c) ~wasser** n. ‖ injection-water ‖ eau f. d'injection. 62
Einspruchsrecht n. ‖ right of appeal ‖ droit m. d'opposition. 63
Einsprung m. (Bauk) ‖ return ‖ saillie f. 64
einspunden (Küf) ‖ to bung ‖ bondonner. 65
einspurig (Eisenb) ‖ single railed ‖ à une seule voie. 66
einstampfen (Pap) ‖ to repulp ‖ mettre au pilon. **a) ~** (Pflast) ‖ to ram; to beat down; to bed in ‖ damer. 67

Einstampfung f. (Papier) || reduction || refonte f. 1
Einständerdampfhammer m. || single frame steam hammer || marteau m. pilon à vapeur à simple jambage. 2
Einständerexzenterpresse f. || open-front eccentric press || presse f. à excentrique à col de cygne. **a)** ~ für direkten **Schwungradantrieb** || open-front eccentric press for direct flywheel drive || presse f. à excentrique à col de cygne à commande directe sur le volant. 3
Einständer-hammer m. || single frame hammer || marteau m. à simple jambage. **a)** **~hobelmaschine** f. || open-side planer || raboteuse f. à montant unique. **b)** **~schleifmaschine** f. || single housing grinding machine || machine f. à rectifier à un montant. 4
Einstäuben n. von Kleidungsstücken mit Insektenpulver || dry-spraying clothes with insect powder || dispersion f. de la poudre insecticide pour la préservation de vêtements. 5
Einstechbogen m. (Buchdr) || tympan sheet || feuille f. d'imposition. 6
einstechen || to groove || saigner. 7
Einstechinnenschleifmaschine f. || plunge-cut internal grinder || machine f. à rectifier les intérieurs. 8
Einstechstahl m. || cutting-off tool; recessing tool || outil m. de plongée *ou* à saigner. **a)** **~halter** m. || recessing tool holder || porte-outil m. à saigner. 9
einsteckbarer Bolzen m. || loose *or* stop pin || cheville f. démontable. 10
Einsteck-ende n. des **Bohrers** (Bohrhammer) || chisel shank || queue f. de fleuret. **a)** **~griff** m. || removable handle || manche m. amovible. **b)** **~schloß** n. || box *or* mortise lock || serrure f. auberonnière *ou* à fourreau. 11
einsteigen (Eisenb) || to get in || monter (en voiture f.). 12
Einsteige-schacht m. einer **Rohrleitung** || man hole on pipe sewers || puisard m. d'un tuyautage *ou* d'une canalisation. **a)** **~tür** f. || manhole door || porte f. de trou d'homme. 13
einstellbar || adjustable || réglable; orientable. **a)** nach allen **Richtungen** fpl. ~ || adjustable in all directions pl. || orientable en tous sens mpl. 14
Einstellebene f. (Opt) || plane of reference || plan m. de mise au point. 15
einstellen (Feldm) || to set right || orienter. **a)** ~ (Masch) || to adjust; to gauge || ajuster; orienter; régler. **b)** ~ (Opt) || to focus; to adjust || mettre au point m. **c)** die **Arbeit** ~ (Arbeitnehmer) || to strike; to strike work || faire grève. **d)** einen **Arbeiter** m. ~ || to engage a workman || engager *ou* embaucher un ouvrier. **e)** den **Betrieb** m. ~ || to throw out of work; to stop the work || arrêter *ou* faire chômer les travaux mpl. **f)** ein **Bild** n. genau ~ || to focus a picture || mettre au point une image. **g)** auf die **Frequenz** ~ || to adjust on frequency || ajuster à la fréquence. **h)** auf **gleiches** Niveau n. ~ (Phys) || to adjust levels || égaliser les niveaux. **i)** die **Linse** auf richtige Entfernung ~ || to focus || mettre au point m. de l'image. **k)** auf den **Meniskus** m. ~ (Phys) || to adjust || affleurer. **l)** **mittig** ~ || to center || centrer. **m)** das **Okular** n. auf die Sehschärfe des Beobachters ~ || setting the eyepiece to the observer's sight || adapter la mise au point à la vue de l'observateur. **n)** jedes **Okular** n. eines **Feldstechers** für sich ~ || to focus independently each eyepiece of a field glass || mettre séparément au point chaque oculaire d'une jumelle. **o)** auf **richtige Entfernung** ~ (Lichtb) || to focus || mettre au point. **p)** die **Schützen** mpl. ~ (Wasserb) || to stop the flood gates || vantiller; mettre les vannes fpl. **q)** die **Zahlungen** fpl. ~ || to suspend payment || suspendre les paiements mpl. **r)** die **Zündung** ~ || to adjust the ignition || régler l'allumage m. 16
Einstellen n. (Opt) || adjustment || mise f. au point. **a)** **elektrisches** ~ || adjusting electrically || ajustage m. électrique. **b)** ~ eines **Feldstechers** auf die Nähe || focusing for near a field glass || mise f. au point sur les objets rapproches d'une jumelle. **c)** ~ der **Werkzeuge** || adjusting tools pl. || placement m. *ou* ajustage m. des outils. 17
Einstell-feder f. || equalizer spring || ressort m. de rappel. **a)** **~glied** n. (Fernm) || brush carrier || porte-frotteur m. **b)** **~halle** f. für Wagen || garage; motor house; car shed || garage m. **c)** **~kreis** m. (Opt) || divided circle || cercle m. de calage. 18
Einstellehre f. || adjusting *or* setting gauge || calibre m. de réglage. **a)** **schraubzwingenähnliche** ~ || adjusting gauge of a screw clamp shape || calibre m. à mâchoires filetées. 19
Einstell-lupe f. || focussing magnifier || loupe f. de mise au point. **a)** **~marke** f. (Phys) || mark || trait m. de repère. **b)** **~mikroskop** n. || focussing microscope || microscope m. de mise au point. **c)** **~radsatz** m. || movable wheel set || essieu m. monté mobile. **d)** **~ring** m. (Kugellager) || self-aligning ring || bague f. pour roulement à rotule. **e)** **~skale** f. || adjustment scale || échelle f. de calage. **f)** **~tiefe** f. für Holzstangen (el Leit) || depth of pole holes || profondeur f. de plantation des poteaux. 20
Einstellung f. || adjustment || ajustage m. **a)** ~ (Opt) || focussing || mise f. au point. **b)** ~ des **Abstandes** zwischen Walze und Typen || adjustment of the distance between cylinder and types || réglage m. d'écartement entre le cylindre et les caractères. **c)** ~ der **Arbeit** || strike || grève f. **d)** ~ auf einen **bestimmten Strich** der **Skale** || adjustment to a fixed point of the scale || mise f. au point sur un trait déterminé du cadran. **e)** ~ des **Bildes** auf der Mattscheibe || focussing the image on the ground glass screen || mise f. au point de l'image sur le dépoli. **f)** ~ von **Hand** || hand-operated adjustment || ajustage m. à main. **g)** ~ der **Libelle** || setting the bubble || calage m. du niveau. **h)** genaue ~ der **Type** || precise adjustment of the type || amenée du caractère au point précis. **i)** ~ der **Ventile** || valve setting || réglage m. de soupapes. **k)** ~ der **Zahlung** || suspension of payment || suspension f. de payement. 21
Einstellungs-differenz f. (Opt) || difference in the focal adjustment || différence f. de calage. **a)** **~ebene** f. (Opt) || focussing plane || plan m. de mise au point. 22
Einstellvorrichtung f. || setting device || dispositif m. de réglage *ou* d'ajustage. **a)** ~ (Opt) || focussing mechanism || dispositif m. servant à la mise au point. 23
Einstell-walze f. || adjusting roller || tambour m. de réglage. **a)** **~zapfen** m. || adjusting pivot || pivot m. de réglage. 24
Einstellzeit f. (Apparat) || setting-up time || temps m. de réglage. **a)** ~ (Fernmeld) || time to get connection || temps m. de mouvement. 25
einstemmen || to calk in || mater. 26
Einstemmschloß n. || inset lock || serrure f. encastrée. 27
Einsteuern n. des Hakens (Hebezeug) || to bring the hook into a certain position || amener précisement le crochet. 28
Einstieg m., **rückwärtiger** || rear entrance || entrée f. par l'arrière. **a)** **seitlicher** ~ || side entrance || entrée f. latérale. 29
Einstieler m. (Luftf) || single-bay machine || avion m. à une paire de mâts. 30
Einstimmungsrad n. (Funkw) || tone wheel || roulette f. de mise au diapason. 31
Einstrahlung f. auf die Erde || insolation; solarisation || insolation f.; rayonnement m. du soleil sur la terre. 32
einströmen || to flow in; to run in || affluer dans; se déverser dans; couler. 33
Einströmen n. des Dampfes || admission of the steam || admission f. *ou* entrée f. de la vapeur. 34
Einströmperiode f. || period of admission || période f. d'admission. 35
Einströmung f. (Dampf) || admission; induction; introduction || admission f.; introduction f. 36
Einströmungs-öffnung f., Dampf || steam admission port || lumière f. d'admission de vapeur. **a)** **~periode** f. *s.* Einströmperiode f. **b)** **~rohr** n., Dampf || steam-admission pipe || tuyau m. d'admission de vapeur. 37
einstückig || in one piece || d'une pièce. 38
Einstückrad n. mit angewalztem Lauf- und Spurkranz || wheel with tread and flange rolled all in one piece; wheel with integral tread and flanges || roue f. laminée dont le cercle de roulement fait corps avec le disque. 39
einstufig || single stage || à un seul étage. **a)** **~e Luftpumpe** f. || single stage air-compressor || pompe f. à air à une phase. 40
Einsturzbeben n. || earthshake due to underground collapse || séisme m. par effondrement. 41
einstürzen (Bauw) || to fall in; to give way; to tumble || s'écrouler; s'enfoncer; s'ébouler. **a)** ~ (Bergb) || to fall in; to run || ébouler. **b)** den **Bruch** m. ~ (Bergb) || to cause the roof of a mine; to fall in *or* down || ébouler *ou* faire ébouler les débris. 42
Einstürzen von **Erdmassen** || slipping of earthwork || mouvement m. des terres. **a)** zum ~ n. **bringen** (Bergb) || to bring down the roof || faire ébouler les débris mpl. 43
Einsumpfen n. des Tones (Ziegel) || wetting the clay || détrempage m. de l'argile. 44
eintalgen || to tallow || ensuifer. 45
Eintalgen n. || tallowing || action f. d'ensuifer. 46
Eintasterschreibmaschine f. || single key typewriter || machine f. à écrire à une seule touche. 47
eintauchen || to steep; to dip; to immerse; to plunge || tremper; plonger; immerger. 48

Eintauchen n. der Schwefelhölzchen in die Zündmasse ‖ dipping the matches into the inflammable compound ‖ chimicage m. des allumettes chimiques. 1
Eintaucher m. (Färb) ‖ steeper ‖ baigneur m. 2
Eintauch-mikroskop n. ‖ dipping microscope ‖ microscope m. à immersion. **a) ~refraktometer** n. ‖ immersion *or* dipping refractometer ‖ réfractomètre m. à immersion. **b) ~röhre** f. ‖ immersion pipe; plunger ‖ tuyau m. d'immersion; tube m. plongeant. **c) ~tiefe** f. ‖ depth of dipping *or* immersion ‖ profondeur f. d'immersion. **d) ~vergoldung** f. ‖ gilding by dipping ‖ dorage m. par immersion. 3
einteigen (Brau) ‖ to dough in; to mash in ‖ empâter. **a)** das **Malz ~** (Brau) ‖ to mash the grains pl. of malt ‖ démêler *ou* brasser les grains mpl. 4
Einsteigen n, (Brau) ‖ doughing-in; mashing-in ‖ empâtage m. 5
einteilen, in **Grade** mpl. ‖ to graduate; to divide into degrees ‖ diviser en degrés mpl.; graduer. **a)** in **Klassen** fpl. **~** ‖ to classify ‖ classifier. 6
Einteilen n., Apparat m. zum ‖ apparatus for dividing ‖ appareil m. à diviser. 7
einteilig ‖ in one piece ‖ d'une partie. 8
Einteilung f. (Meßwerkzeug) ‖ scale of degrees; graduation ‖ échelle f.; ligne f. graduée; graduation f. **a) ~** nach **Arten** ‖ subdivision of types ‖ classification f. 9
eintonnen ‖ to barrel; to tun ‖ mettre en tonneaux mpl.; embariller; e nfutailler. 10
Eintourenmaschine f. ‖ single-revolution machine ‖ machine f. à un tour de cylindre. 11
Eintrag m. (Web) ‖ weft; woof ‖ trame f. 12
Eintrager m. (Web) ‖ weft room hand ‖ trameur m. 13
Eintrag-faden m. (Web) ‖ shoot; thread of the weft ‖ duite f. **a) ~spule** f. (Web) *s.* Einschußspule. 14
Eintragung f. ‖ registration ‖ enregistrement m. 15
eintränken (Met) ‖ to imbibe; to dip ‖ imbiber; plonger. 16
eintreibbar ‖ recoverable ‖ exigible. 17
eintreiben, einen **Keil** m. ‖ to drive-in a wedge ‖ enfoncer un coin. **a) Pfähle** mpl. **~** ‖ to drive in *or* to ram down *or* to pitch piles pl. ‖ mettre en fiche des pieux mpl.; enfoncer les pilotis mpl. 18
eintreten, als Teilhaber m. ‖ to become partner of a firm ‖ entrer comme associé m. 19
Eintritts-geld n. ‖ entrance money ‖ entrée f.; droit m. d'entrée. **a) ~geschwindigkeit** f. ‖ admission velocity ‖ vitesse f. de passage à l'admission. **b) ~karte** f. ‖ ticket; card *or* ticket of admission ‖ billet m. d'entrée; ticket m.; billet m. **c) ~kartenfabrik** f. ‖ ticket factory ‖ fabrique f. de billets. **d) ~öffnung** f., Dampf ‖ steam entrance port ‖ lumière f. d'admission de vapeur. **e)** den **~schlitz** m. freigeben ‖ to lay bare the scavenging port ‖ découvrir la lumière d'admission. **f) ~spannung** f. des **Dampfes** ‖ admission pressure of the steam ‖ pression f. de la vapeur à l'admission. **g) ~temperatur** f. ‖ inlet temperature ‖ température f. d'admission. 20
eintrocknen (Chem) ‖ to reach a state of dryness ‖ arriver à sec. 21
Eintrocknungsmethode f. ‖ drying method ‖ méthode f. de dessiccation. 22
eintröpfeln (Chem) ‖ to drop in ‖ faire tomber goutte à goutte dans ... 23
eintrümiges Seil n. ‖ one side rope ‖ câble m. à un brin. 24
Eintypwerkzeugmaschine f. ‖ single-purpose machine ‖ machine-outil f. pour modèle unique. 25
Einvernehmen n., mündlich getroffenes ‖ verbal understanding ‖ arrangement m. verbal. 26
Einwägung f., Instrument n. für technische **~en** (Vermessung) ‖ instrument for levelling operations ‖ instrument m. destiné aux nivellements techniques. 27
Einwalken n. (Tuchm) ‖ shrinkage ‖ rentrée f. 28
Einwalzen n. von Splitt bei Oberflächenteerung ‖ rolling ballast covering with tar on to road surface ‖ aplanir du cailloutis sur le surface de route goudronnée. 29
Einwalzentrockner m. ‖ dryer with single roller ‖ sécheur m. à cylindre unique. 30
Einwalzmaschine f., Sprengring ‖ retaining ring rolling machine ‖ machine f. à chasser les anneaux à ressort. 31
einwandfrei ‖ faultless; unexceptionable ‖ irréprochable. **a) ~ arbeiten** ‖ to work correctly ‖ fonctionner d'une façon irréprochable. **b) ~e Erdung** f. (Elektr) ‖ unexceptionable earthing ‖ bon état m. de la mise à la terre. 32
einwattige Lampe f. (Elektr) ‖ one-watt lamp ‖ lampe f. d'un watt. 33
einweben ‖ to weave in ‖ tisser dans; damasser. 34
einwecken ‖ to preserve ‖ confire; conserver. 35
einwechseln ‖ to exchange; to change; to give in exchange ‖ échanger; changer. 36
Einweckapparat m. ‖ preserving apparatus ‖ appareil m. stérilisateur. 37
Einwegumschalter m. ‖ single-way switch ‖ commutateur m. à une direction. 38
Einweichapparat m. für **Flaschen** ‖ bottle soaking apparatus ‖ appareil m. à tremper les bouteilles; trempeuse f. à bouteilles. **a) ~** für **Korken** ‖ cork softening apparatus ‖ appareil m. à détremper les bouchons. 39
Einweichbottich m., Säure ‖ acid steeping bowl ‖ cuve f. d'acide. 40
einweichen (Brau) ‖ to steep; to macerate ‖ tremper; mettre en trempe f.; mouiller. **a) ~** (Chem) ‖ to macerate ‖ macérer. **b) ~** (Gerb) ‖ to soak ‖ tremper; ramollir en trempant. **c)** die **Wäsche** f. **~** ‖ to steep foul-linen in water ‖ essanger le linge. 41
Einweichen n. (Brau) ‖ steeping ‖ trempage m. **a) ~** (Gerb) ‖ soaking ‖ trempe f.; lavage m. 42
Einweicher m. (Lederzur) ‖ soaker ‖ trempeur m. **a) ~** (Web) ‖ yarn wringer ‖ assouplisseur m. 43
Einweich-kasten m. (Flaschen) ‖ soaking tank ‖ bac m. à tremper. **a) ~rad** n. (Flaschen) ‖ soaking wheel ‖ roue f. à tremper. **b) ~trog** *s.* Einweichkasten. 44
einwertig (Chem) ‖ monohydric ‖ monovalent. 45
Einwickelmaschine f. ‖ wrapping *or* enveloping machine ‖ machine f. à envelopper *ou* à empaqueter *ou* d'emballage *ou* à emballer. 46
einwickeln ‖ to wrap ‖ emballer. 47
Einwickelpapier n. ‖ wrapping paper ‖ papier m. d'emballage *ou* à emballer. 48
einwiegen (Bauk) ‖ to level ‖ dresser de niveau m. **a)** die **Werksteine** mpl. **~** ‖ to set the freestones horizontal ‖ poser les pierres fpl. à niveau. 49
einwilligen ‖ to comply with; to consent to ‖ accorder. 50
Einwilligung f. ‖ compliance ‖ consentement m. 51
einwinden, das Ankertau ‖ to heave the cable ‖ virer le câble. 52
einwirken lassen (Chem) ‖ to allow to react ‖ faire agir. 53
Einwirkung f. ‖ influence ‖ influence f. **a) ~** (Chem) ‖ action ‖ action f. **b) ohne ~ sein** (Chem) ‖ to be without action ‖ être sans action. 54
Einwirkungsdauer f. ‖ duration of action ‖ durée f. d'action. 55
Einwohner mpl. eines Dorfes **umsiedeln** ‖ to provide persons of a village with fresh accomodation elsewhere ‖ déménager des habitants d'un village. 56
einwölben (Bauw) ‖ to vault; to overarch ‖ voûter; envoûter. 57
Einwurf m. (Trichter) ‖ hopper ‖ trémie f. **a) ~** der **Münze** (Automat) ‖ insertion of the coin ‖ introduction f. de la monnaie. 58
einzahlen ‖ to pay in ‖ payer; verser. 59
Einzählerhebelkontrollkasse f. ‖ simple lever cash register ‖ totalisatrice f. simple à leviers. 60
einzahnen ‖ to indent ‖ endenter. **a)** einen **Balken** m. **~** (Zimm) ‖ to indent a beam; to scarf a beam with indents ‖ adenter *ou* entailler une poutre. 61
einzapfen (Tischl; Zimm) ‖ to mortise ‖ mortaiser; emmortaiser; faire une mortaise. **a)** die **Speichen** fpl. **~** ‖ to let in the spokes ‖ empatter *ou* empater les rais. 62
Einzäunung f. ‖ fence; fencing ‖ clôture f. **a) ~** mit lebenden **Hecken** ‖ quickset-hedge *or* quickset-enclosure. ‖ clôture f. vive. 63
einzeichnen ‖ to draw in ‖ dessiner dans; marquer. **a)** die **Maße** npl. in eine Zeichnung **~** ‖ to write *or* draw the dimensions into a design ‖ coter un dessin. 64
Einzelantrieb m. ‖ single *or* individual *or* separate drive ‖ commande f. séparée *ou* individuelle. **a) ~** von **Maschinen,** elektrischer ‖ individual electric drive of machines ‖ commande f. individuelle électrique de machines. 65
Einzel-aufhängung f. der Typenhebel ‖ single suspension of the type bars ‖ suspension f. séparée pour chaque tige à caractères. **a) ~beobachtung** f. ‖ single observation ‖ observation f. isolée. **b) ~bestimmung** f. (Chem) ‖ separate operation ‖ opération f. séparée. **c) ~düne** f. ‖ isolated dune ‖ dune f isolée. **d) ~element** n. (Sammler) ‖ single element ‖ élément m. individuel **e) ~flug** m. ‖ solo flight ‖ vol m. seul. **f) ~funkenstrecke** f. ‖ single spark gap ‖ éclateur m. simple. **g) ~gerät** n. ‖ single apparatus ‖ appareil m. séparé. 66

Einzelgesprächsgebühr f. ‖ message rate ‖ taxe f. de conversation. 1
Einzelheit f. ‖ detail ‖ détail m. 2
Einzel-konten pl. (Buchhalt) ‖ individual accounts pl. ‖ comptes mpl. individuels. **a) ~leitung** f. (Elektr) ‖ single line ‖ ligne f. unifilaire. 3
einzellig ‖ unicellular ‖ unicellulaire. 4
Einzel-lupe f. ‖ single magnifier ‖ loupe f. simple. **a) ~messung** f. ‖ single *or* individual measurement ‖ mesure f. séparée. 5
einzeln stehend, Motor m. mit ~ ~en Zylindern ‖ motor with separate cylinders ‖ moteur m. à cylindres séparés. 6
Einzel-nummer f. (Zeitschrift) ‖ single number ‖ numéro m. seul. **a) ~öler** m. ‖ single lubricator ‖ graisseur m. séparé. **b) ~preis** m. ‖ retail price ‖ prix m. de détail. **c) ~richten** n. des Geschützes ‖ laying the gun for pointer fire ‖ pointage m. individuel du canon. **d) ~scheibenantrieb** m. ‖ single pulley drive ‖ commande f. par monopoulie. **e) ~schlag** m. ‖ single blow ‖ frappe f. coup par coup. **f) ~schmierung** f. ‖ separate oiling ‖ graissage m. séparé. **g) ~stütze** f. ‖ single pole ‖ appui m. simple. 7
Einzelteil m. ‖ detail ‖ pièce f. détachée. **a) in ~en** mpl. ‖ in single parts pl. ‖ en pièces fpl. détachées. **b) ~** bei **Konstruktionen** ‖ detail of construction ‖ détail m. de construction. **c) ~** für **Spinnereimaschinen** ‖ spare piece for spinning machines ‖ pièce f. de métier à filer. 8
Einzel-triebeinstellung f. der Okulare eines Feldstechers ‖ separate focussing to the eyepieces of a field glass ‖ mise f. au point indépendante par les oculaires d'une jumelle. **a) ~untersuchung** f. ‖ separate operation ‖ opération f. séparée. **b) ~vergrößerung** f. (Opt) ‖ component magnification ‖ grossissement m. propre *ou* partiel. **c) ~verkauf** m. ‖ retail trade or business; sale by retail ‖ vente f. en détail; débit m. **d) ~wohnung** f. ‖ board ‖ logement m. **e) ~zeichnung** f. ‖ detail drawing ‖ plan m. de détails. 9
einziehbar-es Fahrgestell n. (Luftf) ‖ retractable landing gear ‖ atterrisseur m. escamotable *ou* amovible *ou* orientable. **a) ~er Kühler** m. ‖ draw-out *or* retractable *or* extractable (A) radiator ‖ radiateur m. amovible *ou* escamotable *ou* relevable. 10
Einziehdose f. ‖ drawing-in box ‖ boîte f. de tirage. 11
einziehen (Handel) ‖ to collect ‖ encaisser. **a) ~** (Textil) ‖ to carry threads pl. ‖ enfiler. **b)** einen **Balken** m. **~** ‖ to put in a beam ‖ traverser une poutre. 12
Einziehen n. (Kabel) ‖ drawing-in; pulling-in ‖ tirage m. **a) ~** der **Ketten** (Web) ‖ warp drawing-in ‖ remettage m. de chaînes. **b) ~** von neuen **Schienen** ‖ changing of rails ‖ changement m. de rails. 13
einziehender Schacht m. ‖ downcast of a mine ‖ puits m. descendant. 14
Einzieh-haken m. (Web) ‖ heald *or* heddle *or* drawing-in hook ‖ passette f. **a) ~kran** m. ‖ derrick crane ‖ grue f. à flèche relevable. **b) ~nadel** f. (Web) *s.* ~haken m. **c) ~trommel** f. (Kran) ‖ luffing drum ‖ tambour m. orientable *ou* relevable. 15
Einziehung f. (Bauk) ‖ broad channel; flat flute *or* hollow; quirk *or* recess head ‖ gorge f. **a) ~** an einer **Ecke** (Tischl; Steinm) ‖ hollow chamfer ‖ chanfrein m. creux. 16
Einzieh-werk n. (Hebezeuge) ‖ luffing gear ‖ dispositif m. de relevage. **a) ~-winde** f. des **Schleppschaufelbaggers** ‖ winch of the dragline for pulling in the ropes ‖ treuil m. de halage de la pelle dragline. 17
Einzug m. (Web) ‖ drawing-up; taking-in ‖ rentrée f. du chariot. 18
Einzugsgebiet n. (Wasserb) ‖ catchment area ‖ bassin m. hydrologique. **a) ~** einer **Talsperre** ‖ catchment area of a barrage ‖ superficie f. des terrains contribuants d'un barrage; domaine m. d'affluence d'un barrage. 19
Einzugswalze f. ‖ draw-in roller ‖ rouleau m. inférieur. 20
einzuschweißender Ring m. ‖ ring that has to be welded in ‖ anneau m. qui doit être soudé dans les pièces. 21
Einzylinder-dampfmaschine f. ‖ single-cylinder steam engine ‖ machine f. à vapeur monocylindrique *ou* à cylindre unique. **a) ~maschine** f. ‖ single-cylinder engine ‖ machine f. monocylindrique. **b) ~motor** m. ‖ single cylinder motor ‖ moteur m. monocylindrique *ou* à un cylindre. 22
Eipräparat n. ‖ egg preparation ‖ préparation f. aux œufs. 23
Eis n. ‖ ice ‖ glace f. **a) Grund~** ‖ ground ice; anchor ice ‖ glace f. de fond. **b) Kristall~** ‖ transparent ice ‖ glace f. transparente. **c) Kunst~** ‖ artificial ice ‖ glace f. artificielle. **d) natürliches ~** ‖ natural ice ‖ glace f. naturelle. **e) Pack~** ‖ pack ice; icepack ‖ glaces fpl. flottantes *ou* de glaciers. **f)** das **~ schmilzt** ‖ the ice melts ‖ la glace fond. **g)** das **~ taut auf** *s.* das ~ schmilzt. **h) Treib~** ‖ drift ice ‖ glaces fpl. flottantes. 24
Eis-abgabe f. ‖ ice dispatch ‖ expedition f. de la glace. **a) ~anker** m. ‖ ice anchor ‖ ancre m. pour la glace. 25
Eis- und Kühlanlage f. ‖ ice and cooling installation ‖ installation f. glacière et frigorifique. 26
Eisaufzug m. ‖ ice hoist ‖ monte-glace m. 27
Eisbahn f. ‖ skating rink *or* ground ‖ (piste f. *ou*) place f. de patinage. **a) künstliche ~** ‖ artificial skating rink ‖ place f. de patinage artificielle. 28
Eis-balken m. (Eisbrecher) ‖ fender beam ‖ chapeau m. incliné. **a) ~becher** m. ‖ ice goblet ‖ gobelet m. en glace. **b) ~belag** m. ‖ coating of ice ‖ couche f. de glace. **c) ~belastung** f. (el Leit) ‖ ice load ‖ charge f. de verglas. **d) ~berg** m. ‖ iceberg ‖ montagne m. de glace; iceberg m. **e) ~beutel** m. ‖ ice bag ‖ sac m. *ou* vessie f. à glace. **f) ~bildner** m. ‖ ice mould ‖ mouleau m. à glace. **g) ~bildung** f. ‖ ice formation ‖ formation f. de glace. **h) ~block** m. ‖ ice block ‖ bloc m. de glace. **i) ~boden** m. ‖ frozen soil ‖ sol m. congelé. **k) ~brecher** m. ‖ ice breaker ‖ brise-glace m. **l) ~depot** n. ‖ ice store ‖ dépôt m. de glace. **m) ~elevator** m. ‖ ice elevator ‖ élévateur m. à glace. 29
Eisen n. ‖ iron ‖ fer m. **a) ~ abfangen** (Gieß) ‖ to tap the iron ‖ recevoir la fonte. **b) altes ~** ‖ broken iron; scrap iron ‖ ferraille f.; fer m. de ferraille; mitrailles fpl. **c) Band~** ‖ hoop iron; hoops pl. ‖ feuillard m. **d) Bessemer~** ‖ Bessemer steel ‖ acier m. Bessemer. **e) Beton~** ‖ concrete iron ‖ fer m. bétonné. **f) brüchiges ~** ‖ brittle *or* short iron ‖ fer m. cassant. **g) Elektroroh~** ‖ electric pig ‖ fonte f. crue au four électrique. **h) essigsaures ~** ‖ iron acetate ‖ acétate m. de fer. **i) Fasson~** ‖ section iron ‖ fer m. profilé. **k) feinkörniges ~** ‖ fine-grained iron ‖ fer m. à grain fin. **l) Flach~** ‖ flat iron ‖ larget m.; fer m. plat. **m) Fluß~** ‖ mild steel ‖ fer m. doux *ou* homogène. **n) Form~** ‖ sections pl. ‖ fer m. profilé. **o) ~ frei** von **Phosphor** und **Schwefel** ‖ iron free from phosphorus and sulphur ‖ fer m. exempt de phosphore et de soufre. **p) galvanisch verzinktes ~** ‖ galvanized *or* zinked iron ‖ fer m. galvanisé *ou* zingué. **q) gediegenes ~** ‖ native iron ‖ fer m. natif. **r) gehämmertes ~** ‖ hammered iron ‖ fer m. martelé. **s) gekohltes ~** ‖ carburized iron ‖ fer m. carburé. **t) geschweißtes ~** ‖ welded iron ‖ fer m. soudé. **u) Gießerei~** ‖ foundry pig ‖ fonte f. de moulage. **v) glyzerinphosphorsaures ~** ‖ iron glycerine phosphate ‖ glycérophosphate m. de fer. **w) Grob~** *s.* Eisen n., Handels. **x) grobkörniges ~** ‖ coarse-grained iron ‖ fer m. à grain gros. **y) Guß~** ‖ cast iron ‖ fonte f. **z) halbiertes ~** ‖ mottled iron ‖ fonte f. truitée. 30

a) halbrundes ~ ‖ half-round iron ‖ fer m. demi-rond. **b) Handels~** ‖ merchant iron ‖ fer m. marchand. **c) Hart~** ‖ hard iron ‖ fonte f. dure. **d) hartgeschlagenes ~** ‖ cold *or* cool hammered iron; hammer hardened iron ‖ fer m. écroui. **e) holzessigsaures ~** ‖ iron pyrolignite ‖ pyrolignite m. *ou* acétate de fer. **f) ~ kalt biegen** ‖ to cold-bend the iron ‖ plier le fer à froid. **g) kalt erblasenes ~** ‖ cold-blast pig ‖ fonte f. à air froid. **h) kalt gehämmertes ~** ‖ cold-hammered iron ‖ fer m. écroui. **i) kohlensaures ~** ‖ iron carbonate ‖ carbonate m. de fer. **k) körniges ~** ‖ crystalline iron ‖ fer m. à texture grenue. **l) luckiges ~** ‖ porous iron ‖ fer m. poreux. **m) metallisches ~** ‖ metallic iron ‖ fer m. métallique. **n) milchsaures ~** ‖ iron lactate ‖ lactate m. de fer. **o) oxydisches ~** ‖ ferri-iron ‖ fer m. ferrique. **p) oxydulisches ~** ‖ ferro-iron ‖ fer m. ferreux. **q) phosphorsaures ~** ‖ iron phosphate ‖ phosphate m. de fer; fer m. phosphaté. **r) Profil~** ‖ sections pl. ‖ profilé m. **s) Puddel~** ‖ puddled iron ‖ fer m. puddlé. **t) Quadrat~** ‖ square iron ‖ fer m. rectangulaire. **u) Roh~** ‖ pig iron ‖ fonte f. brute. **v) Rohstahl~** *s.* Stahl~. **w) rot glühendes ~** ‖ red hot iron ‖ fer m. à chaleur rouge. **x) Rund~** ‖ round iron ‖ fer m. rond. **y) salpetersaures ~** ‖ iron nitrate ‖ nitrate m. de fer. **z) schlackenreiches ~** ‖ slaggy *or* wet *or* drossy iron ‖ fer m. gras. 31

a) schmiedbares ~ malleable iron ‖ fer m. malléable. **b) Schmiede~** ‖ wrought *or* malleable iron ‖ fer m. forgé *or* corroyé. **c) Schrauben~** ‖ sections pl. for screws ‖ profilés mpl. pour vis. **d) schwedisches ~** ‖ Swedish pig ‖ fonte f. suédoise. **e) schwefelsaures ~** ‖ iron sulphate ‖ sulfate m. de fer. **f) Schweiß~** ‖ weld *or* wrought iron ‖ fer m. soudable. **g) Spiegel~** ‖ spiegel iron ‖ fonte f. spiegel. **h) Stab~** ‖ rods pl.; bars pl. ‖ fer m. en barres. **i) Stahl~** ‖ open hearth pig iron ‖ fonte f. Martin *ou* pour acier. **k) T-~** ‖ T-iron *or* beam ‖ fer m. T. **l) teigiges ~** ‖ pasty iron ‖ fer m. pâteux. **m) Thomas~** ‖ Thomas iron ‖ fer m. Thomas. **n) titanführendes ~** ‖ titaniferous iron ‖ fer m. oxydulé titanifère. **o) Träger~** ‖ girder iron ‖ fer m. à poutres. **p) unterphosphorigsaures ~** ‖ iron hypophosphite ‖ hypophosphite m. de fer. **q) verzinktes ~** ‖ galvanized iron ‖ fer m. galvanisé. **r) ~ warm biegen** ‖ to hot-bend the iron ‖ plier le fer à chaud. **s) weiches ~** ‖ soft iron ‖ fer m. mou. **t) Zement~** ‖ iron cement ‖ fer m. à béton. **u) zitronensaures ~** ‖ iron citrate ‖ citrate m. de fer. **v) Zusatz~** ‖ iron for additions ‖ fonte f. brute d'addition. 1

Eisen-abfälle mpl. ‖ scrap iron; iron refuse; clippings pl. of iron; broken iron ‖ ferraille f.; débris mpl. de fer; riblons mpl.; mitrailles fpl. **a) ~abfallhändler** m. ‖ scrap metal merchant ‖ négociant m. en ferrailles. **b) ~alaun** m. ‖ iron alum; halotrichite ‖ alun m. de plume; halotrichite f. **c) ~albuminat** n. ‖ albumenized iron ‖ albuminate m. de fer. **d) ~antimonglanz** m. ‖ berthierite ‖ berthiérite f. **e) ~apatit** m. ‖ triplite ‖ triplite f. **f) ~arbeiter** m. ‖ iron worker ‖ ouvrier m. en fer. 2

eisenarm ‖ poor in iron ‖ pauvre en fer. 3

Eisen-arsenwasser n. ‖ ferro-arsenite water ‖ eau m. à l'arséniate de fer. **a) ~ausscheider** m. ‖ magnetic separator ‖ séparateur m. magnétique. **b) ~azetat** n. ‖ iron acetate ‖ acétate m. de fer. 4

Eisenbahn f. ‖ railway; railroad (A) ‖ chemin m. de fer. **a) doppelspurige ~** ‖ double way ‖ chemin m. de fer à deux voies. **b) einspurige ~** ‖ single way ‖ chemin m. de fer à une seule voie. **c) elektrische ~** ‖ electric railway ‖ chemin m. de fer électrique. **d) im Bau** befindliche ~ ‖ line in construction ‖ ligne f. en construction. **e) ~ im Betriebe** (Eisenb) ‖ railway in operation ‖ ligne f. en exploitation. **f) Material** n. für ~en ‖ material for railways ‖ matériel m. de chemins de fer. **g) mit der ~ senden** ‖ to send by rail ‖ expédier par chemin m. de fer. 5

Eisenbahn-abteil n. ‖ coupé; compartment of the wagon ‖ coupé m.; compartiment m. d'un wagon. **a) ~aktie f.** ‖ railway share ‖ action f. de chemin de fer. **b) ~anleihe** f. ‖ railway loan ‖ emprunt m. de chemin de fer. **c) ~arbeit** f. ‖ railway work ‖ travaux mpl. à la voie ferrée. **d) ~arbeiter** m. ‖ navvy; railway workman ‖ terrassier m.; homme m. d'équipe. **e) ~artillerie** f. ‖ railway artillery; railroad artillery ‖ artillerie f. sur voie ferrée. **f) ~ausbesserungswerk** n. ‖ railway repair shop ‖ atelier m. de réparation de chemin de fer. 6

Eisenbahnbau m. ‖ railway construction ‖ construction f. de chemins de fer. **a) ~- und Betriebsordnung** f. ‖ railway construction and operation rules ‖ règlement m. de construction et d'exploitation des voies ferrées. **b) ~unternehmer** m. ‖ railway contractor ‖ entrepreneur m. de chemin de fer. **c) ~unternehmung f.** ‖ railway building enterprise ‖ entreprise f. de construction de chemins de fer. 7

Eisenbahn-beamter m. ‖ railway clerk ‖ employé m. de chemin de fer. **a) ~bedarf** m. ‖ railway requirement ‖ articles mpl. de chemin de fer. **b) ~beleuchtung** f. ‖ railway lighting ‖ éclairage m. de wagons. **c) ~betrieb** m. ‖ railway service ‖ entreprise f. de chemin de fer. **d) ~betriebsartikel** mpl. ‖ railway material ‖ matériaux mpl. de chemins de fer. **e) ~bremse** f. ‖ railway brake ‖ frein m. de chemin de fer. **f) ~bremser** m. ‖ railway braker ‖ garde-frein m. de chemin de fer. **g) ~brücke** f. ‖ railway bridge ‖ pont m. de chemins de fer. **h) ~dienst** m. ‖ railway service ‖ service m. de chemin de fer. **i) ~direktion** f. ‖ railway board ‖ direction f. des chemins de fer. **k) ~drehkran** m. ‖ derrick wagon crane ‖ grue f. roulante; grue f. montée sur wagon. **l) ~drehscheibe f.** ‖ railway turntable ‖ plaque f. tournante pour chemins de fer. **m) ~fahrkarte** f. ‖ (railway) ticket ‖ billet m. *ou* ticket m. de chemin de fer. **n) ~fahrplan** m. ‖ time table (for railway) ‖ indicateur m. (de chemin de fer). **o) ~fahrrad** n. ‖ rail cycle ‖ draisine f. **p) ~fahrzeug** n. ‖ railway vehicle ‖ voiture f. de chemin de fer. **q) ~funkdienst** m. ‖ railway radio service ‖ service m. radio électrique des chemins de fer. **r) ~gelände** n. ‖ railway ground ‖ terrains mpl. appartenant au chemin de fer. **s) ~gesellschaft** f. ‖ railway company ‖ compagnie f. de chemin de fer. **t) ~gleis** n. ‖ line of rails; track ‖ voie f.; rails mpl. **u) ~kreuzung** f. ‖ railway crossing ‖ traversée f. *ou* croisement m. *ou* passage m. à niveau de chemin de fer. **v) ~kühlzug** m. ‖ train with refrigerator cars ‖ train m. à wagons refroidis. **w) ~kupplungsspindelgewinde** n. ‖ coupling spindle thread for railway work ‖ filet m. des tiges d'accouplement pour chemin de fer. **x) ~laterne** f. ‖ railway lantern ‖ lanterne f. de chemins de fer. **y) ~läutewerk** n. ‖ railway alarm ‖ sonnerie f. de chemin de fer. 8

Eisenbahnlinie f. ‖ railway route ‖ ligne f. de chemin de fer. **a)** ein Gebiet n. wird von **~n durchschnitten** ‖ an area is intersected by railway lines ‖ des lignes fpl. de chemin de fer traversent un rayon. **b) Haupt~** ‖ main railway line ‖ grande ligne f. de chemin de fer. 9

Eisenbahnmaterial n. ‖ railway material ‖ matériel m. de chemins de fer. **a) rollendes ~** ‖ railway rolling stock ‖ matériel m. roulant de chemin de fer. 10

Eisenbahn-netz n. ‖ railway system; network of railways ‖ réseau m. de chemins de fer *ou* de voies ferrées. **a) ~oberaufsicht** f. ‖ supervision of railways ‖ surveillance f. de chemins de fer. **b) ~oberbau** m. ‖ superstructure *or* permanent way for railways; rail permanent way ‖ superstructure f. de chemin de fer. 11

Eisenbahnoberbaumaschine f. ‖ machinery for constructing the permanent way for railway ‖ machine f. pour la superstructure de chemin de fer. 12

Eisenbahnoberbaustoff m. ‖ material for rail permanent way ‖ matériaux mpl. de superstructure de chemin de fer. **a) Aufbereitungsmaschine f.** für **~e** ‖ dressing machine for permanent way materials ‖ machine f. à préparer les matériaux de superstructure de chemin de fer. 13

Eisenbahn-puffer m. ‖ railway buffer ‖ tampon m. de choc de chemin de fer. **a) ~rad** n. ‖ railway wheel ‖ roue f. pour chemins de fer. 14

Eisenbahnradreifen m., **nahtloser** ‖ weldless railway tire ‖ bandage m. sans soudure. **a) ~** aus **spiralförmig gewickelten** und **geschweißten Eisenstäben** ‖ railway tire from iron bars rolled up spirally and welded together ‖ bandage m. fait au moyen de barres de fer roulées en spirale et puis corroyées. 15

Eisenbahn-recht n. ‖ railway law ‖ législation f. des chemins de fer. **a) ~sanitätswagen** m. ‖ railway red cross wagon ‖ wagon m. de croix rouge. **b) ~schiene** f. ‖ rail ‖ rail m.; rail m. de chemin de fer. **c) ~schienenwalzwerk** n. ‖ rail rolling mill ‖ laminage m. *ou* laminoir m. de rails de chemin de fer. **d) ~schotter** m. ‖ railroad ballast ‖ balast m. pour voies ferrées. 16

Eisenbahnschwelle f. ‖ sleeper *or* tie of railways ‖ bille f. *ou* traverse f. de chemin de fer. **a) eiserne ~** ‖ metal sleeper ‖ traverse f. métallique. **b) hölzerne ~** ‖ wooden sleeper ‖ traverse f. en bois. 17

Eisenbahn-schwellenimprägnierung f. ‖ impregnation of sleepers ‖ injection f. *ou* créosotage m. de traverses de chemins de fer. **a) ~sicherungsanlage** f. ‖ railway safeguarding plant; installation of railway safety appliances ‖ installation f. de sécurité pour le chemin de fer. 18

Eisenbahnsignal n. ‖ railway signal ‖ signal m. de chemin de fer. 19

Eisenbahnsignal-gerät n. ‖ railway signalling apparatus ‖ appareil m. à signaux pour chemins de fer. **a) ~laterne** f. ‖ railway signal lamp ‖ lanterne f. de signaux pour chemins de fer. 20

Eisenbahn-station f. ‖ railway station ‖ station f. de chemin de fer; gare f. **a) ~statistik f.** ‖ railway statistics pl. ‖ statistique f. des chemins de fer. **b) ~strecke** f. ‖ railway section ‖ section f. de chemin de fer. **c) ~tarif** m. ‖ railway tariff *or* rates pl. ‖ tarif m. de chemin de fer. **d) ~technik f.** ‖ railway technics pl. ‖ art m. de chemin de fer. **e) ~telegraf** m. ‖ railway telegraph ‖ télégraphe m. du chemin de fer. 21

Eisenbahntelegrafen-anstalt f. ‖ railway telegraph office ‖ bureau m. télégraphique du chemin de fer. **a) ~station f.** ‖ railway telegraph station ‖ station f. télégraphique de chemin de fer. 22

Eisenbahn-tragfeder f. ‖ bearing spring for railway carriages ‖ ressort m. de suspension pour voitures de chemin de fer. **a) ~transport** m. ‖ railway conveyance; transport *or* forwarding by railway ‖ transport m. par chemin de fer. **b) ~überführung** f. ‖ railway overbridge ‖ passage m. supérieur de chemin de fer. **c) ~übergang** m. ‖ crossing over the railway ‖ passage m. à niveau (de chemin de fer). **d) ~überquerung** f. (el Leit) ‖ railway crossing ‖ traversée f. de chemin de fer. **e) ~unglück** n. ‖ railway accident; train disaster ‖ accident m. de chemin de fer. **f) ~unterbau** m. ‖ railway earth-works pl.; substructure for railways ‖ infrastructure f. pour chemin de fer. **g) ~unternehmer** m. ‖ railway contractor ‖ entrepreneur m. de chemin de fer. **h) ~unternehmen** n. ‖ railway enterprise ‖ entreprise f. de chemin de fer. **i) ~verbindung** f. ‖ communication by railway; railway connexion ‖ communication f. par chemin de fer. **k) ~verkehr** m. ‖ railway traffic ‖ trafic m. des chemins de fer. **l) ~verleihung f.** ‖ railway granting ‖ concession f. de chemin de fer. **m) ~verordnung** f. ‖ railway regulation ‖ règlement m. de chemin de fer. **n) ~verwaltung** f. ‖ railway management ‖ administration f. des chemins de fer. 1

Eisenbahnwagen m. ‖ railway carriage *or* car (A) *or* wagon ‖ wagon m. *ou* voiture f. de chemin de fer. **a) ~armatur f.** ‖ fittings pl. for railway carriages ‖ armature f. pour wagons de chemin de fer. **b) ~bauer** m. ‖ car builder ‖ constructeur m. de wagons. **c) ~beleuchtung** f. ‖ railway carriage lighting ‖ éclairage m. des trains. **d) ~feder** f. ‖ railway car spring ‖ ressort m. pour wagons. **e) ~kipper** m. ‖ crane tip for wagons ‖ basculeur m. à grue. **f) ~rad** n. ‖ railway carriage wheel ‖ roue f. de wagons de chemin de fer. 2

Eisenbahn-wegschranke f. ‖ barrier *or* gate of railway ‖ barrière f. de chemin de fer. **a) ~werkstatt** f. ‖ railway workshop ‖ atelier m. du chemin de fer. **b) ~werkstättensonderfräsmaschine** f. ‖ special milling machine for railway repairing shops ‖ machine f. à fraiser spéciale pour les ateliers de chemins de fer. **c) ~werkstoff** m. ‖ railway material ‖ matériel m. pour chemin de fer. **d) ~zug** m. ‖ railway train ‖ train m.; convoi m. 3

Eisen-band n. ‖ iron hoop ‖ feuillard m.; bande f. de fer. **a) ~bau** m. *s.* Eisenbauwerk n. **b) ~bauunternehmer** m. ‖ structural iron work contractor ‖ entrepreneur m. de constructions en fer. **c) ~bauwerk** n. ‖ steel construction; steel structural work; iron building ‖ charpente f. *ou* construction en fer. **d) ~bauzeug** n. für Telefonleitungen ‖ iron material for telephone lines ‖ matériel m. pour charpente en fer pour lignes de téléphone. **e) ~bearbeitungsmaschine** f. für Kraftbetrieb ‖ power driven machine for the constructional engineering ‖ machine f. à force motrice à travailler les matériaux mpl. de construction. **f) ~beize** f. ‖ iron liquor *or* mordant ‖ mordant m. de fer; tonne f. au noir; bouillon m. noir. **g) ~belag** m. ‖ iron paving *or* flooring ‖ platelage m. en fer. **h) ~beschlag** m. ‖ iron mounting *or* furniture ‖ ferrure f. 4

Eisenbeton m. ‖ reinforced *or* armoured *or* ferro concrete; iron cement ‖ béton m. armé; ferro-ciment m.; fer-béton m. **a) ~arbeit** f. ‖ iron cement work ‖ travail m. en ferro-ciment m. *ou* en fer-béton m. **b) ~balken** m. ‖ ferro concrete beam ‖ poutre f. en béton armé. **c) ~bau** m. ‖ reinforced concrete construction ‖ construction f. en béton armé. **d) ~baugesellschaft** f. ‖ reinforced-concrete building company ‖ société f. de construction en béton armé. **e) ~decke** f. ‖ reinforced-concrete floor ‖ plancher m. en béton armé. **f) ~mast** m. ‖ reinforced-concrete pole *or* mast ‖ poteau m. *ou* mât m. en béton armé. **g) ~pfahl** m. reinforced concrete pile *or* pole ‖ pilier m. *ou* pieu m. en béton armé. **h) ~rohr** n. ‖ tube of reinforced concrete; ferro-concrete pipe ‖ tuyau m. en béton armé. **i) ~schiff** n. ‖ reinforced-concrete ship ‖ navire m. en béton armé. **k) ~schwelle** ‖ reinforced-concrete sleeper ‖ traverse f. en béton armé. **l) ~spundwand** f. ‖ sheet piling of reinforced concrete ‖ file f. de palplanches en béton armé. **m) ~stange** f. (ElLeit) ‖ reinforced-concrete pole ‖ poteau m. en béton armé; appui m. en ciment armé. **n) ~waren** fpl. ‖ iron concrete goods pl. ‖ objets mpl. en béton armé. 5

Eisen-bett n. ‖ iron bed ‖ lit m. en fer. **a) ~blau** n. (Min) ‖ vivianite ‖ vivianite f. 6

eisenblausaures Kali n. ‖ potassium ferrocyanide ‖ ferrocyanure m. de potassium. 7

Eisenblausäure f. ‖ ferroprussic acid; hydroferrocyanic acid ‖ acide m. ferrocyanique. 8

Eisenblech n. ‖ iron plate; sheet iron ‖ tôle f. de *ou* en fer. **a) ausgeglühtes ~** ‖ annealed sheet iron ‖ tôle f. recuite. **b) dünnes ~** ‖ thin sheet iron ‖ tôle f. fine. **c) gebogenes ~** ‖ bent sheet iron ‖ tôle f. cintrée. **d) gehämmertes ~** ‖ hammered iron plate; tilted sheet iron ‖ fer m. martelé. **e) gelochtes ~** ‖ perforated sheet iron ‖ tôle f. de fer perforée. **f) getriebenes ~** ‖ embossed *or* dished plate ‖ tôle f. emboutie. **g) gewelltes ~** ‖ corrugated sheet iron ‖ tôle f. ondulée. 9

Eisenblech-bramme f. (Walzw) ‖ slab ‖ brame f. **a) ~korb** m. ‖ sheet iron basket ‖ panier m. en tôle de fer. **b) ~mantel** m. ‖ iron shell ‖ enveloppe f. en fer. **c) ~muffe** f. (Kabel) ‖ iron-plate box ‖ manchon m. en tôle de fer. **d) ~platte** f. ‖ sheet iron plate ‖ plaque f. de tôle. **e) ~schalung** f. ‖ sheet iron mould ‖ moule m. en tôle de fer. **f) ~ummantelung** f. ‖ sheet iron jacketing ‖ chemise f. tôle de fer. **g) ~walzwerk** n. ‖ plate rolling-mill ‖ laminoir m. à tôles. 10

Eisen-bohrspäne mpl. ‖ iron borings pl. ‖ limaille f. de forage. **a) ~brücke** f. ‖ iron bridge ‖ pont m. en fer. **b) ~chlorid** n. ‖ iron perchloride; ferric *or* iron chloride ‖ perchlorure m. de fer; chlorure m. ferrique *ou* de fer. **c) ~chlorit** m. (Miner) ‖ delessit ‖ delessite f. **d) ~chlorür** n. ‖ iron protochloride; ferrous chloride; chloride of iron ‖ protochlorure m. de fer; chlorure m. ferreux *ou* de fer. **e) ~chrysolit** m. ‖ fayalite; iron chrysolite ‖ fayalite f.; péridot m. ferrugineux. 11

Eisendraht m. ‖ iron wire ‖ fil m. de fer. **a) ausgeglühter ~** ‖ annealed iron wire ‖ fil m. de fer recuit. **b) blanker ~** ‖ bright iron wire ‖ fil m. de fer clair. **c) galvanisierter ~** ‖ galvanized iron wire ‖ fil m. de fer galvanisé. **d) gezogener ~** ‖ drawn iron wire ‖ fil m. de fer tréfilé *ou* étiré. **e) verzinkter ~** ‖ galvanized iron wire ‖ fil m. de fer zingué *ou* galvanisé. 12

Eisendraht-armierung f. ‖ iron-wire armouring ‖ armature f. en fil de fer. **a) ~geflecht** n. ‖ iron wire mesh ‖ treillis m. en fil de fer. **b) Asbest~netz** n. ‖ asbestos iron wire gauze ‖ toile f. métallique amiantée. **c) ~spirale** f. ‖ iron wire spiral ‖ spirale f. en fil de fer. 13

Eisen-dreher m. ‖ iron turner ‖ tourneur m. en fer. **a) ~drehspäne** mpl. ‖ iron shavings pl. *or* turnings pl. ‖ tournure f. de fer. **b) ~dübel** m. ‖ iron dowel ‖ goujon m. en fer. **c) ~einlage** f. (Bauw) ‖ armouring; reinforcing ‖ armature f. 14

Eisenerz n. ‖ iron ore *or* stone ‖ minerai m. de fer. **a) hochhaltiges ~** ‖ high-grade iron ore ‖ minerai m. de fer d'une teneur très haute. **b) manganhaltiges ~** ‖ manganiferous iron ore ‖ minerai m. de fer manganésé. **c) phosphorhaltiges ~** ‖ phosphatic iron ore ‖ minerai m. de fer phosphoreux. 15

Eisenerz-grube f. ‖ ironstone mine ‖ mine f. de fer. **a) ~lager** n. ‖ iron deposits pl. ‖ dépôts mpl. de fer. 16

Eisenextrakt m., **apfelsaurer** ‖ iron extract malate ‖ extrait m. malate de fer. 17

Eisenfachwerk n. ‖ iron framework ‖ treillis m. métallique. 18

Eisen-farbe f. ‖ iron colour ‖ couleur f. de fer. **a) ~faß** n. ‖ iron barrel ‖ tonneau m. en fer. **b) ~feilicht** n. *s.* Eisenfeilspäne mpl. **c) ~feilspäne** mpl. ‖ iron filings pl. ‖ limaille f. de fer. **d) ~fenster** n. ‖ iron window ‖ fenêtre f. en fer. 19

eisenfreie Metallbüchse f. ‖ metal box free from iron ‖ boîte m. métallique exempte de fer. 20

Eisenfrischer m. ‖ refining man ‖ affineur m. 21

eisenführend (Min) ‖ iron bearing ‖ ferrifère. 22

Eisengallustinte f. ‖ ferro-gallic ink ‖ encre f. gallique ferrée. 23

Eisengarn n. ‖ patent strong yarn ‖ fil m. à coudre extra-fort. **a) ~spinnerei** f. ‖ manufacture of two-cord yarn ‖ filature f. à deux fils. 24

Eisengaze f. ‖ iron gauze ‖ gaze f. de fer. 25

eisengekapselte Schaltanlage f. ‖ enclosed switchgear ‖ distribution f. sous enveloppe en fer. 26

Eisen-geländer n. ‖ iron railing ‖ rampe f. en fer. **a) ~gerippe** n. ‖ iron skeleton ‖ pan m. *ou* charpente f. *ou* ossature f. de fer. **b) ~gerüst** n. ‖ iron frame ‖ charpente f. *ou* ossature f. de fer. **c) ~gießer** m. ‖ iron founder ‖ fondeur m.; ouvrier m. de fonderie. **d) ~gießerei** f. ‖ (iron) foundry ‖ fonderie f. de fer. **e) ~gitter** n. ‖ iron grate ‖ grillage m. en fer. **f) ~glanz** m. ‖ oligiste iron ore; hematite ‖ fer m. oligiste; hématite f. **g) ~glas** n. (Min) ‖ fayalite ‖ fayalite f. **h) ~glasur** f. ‖ iron glaze *or* varnish ‖ vernis m. pour fer. 27

Eisenglimmer m. ‖ hematite; goethite ‖ hématite f.; goethite f. **a) ~schiefer** m. ‖ itabirite ‖ itabirite f. 28

Eisengrube f. ‖ iron(-ore) mine ‖ mine f. de fer. 29

Eisenguß m. ‖ cast iron ‖ fonte f. de fer. **a) schmiedbarer ~** ‖ malleable cast iron ‖ fonte f. malléable. 30

Eisenguß-stück n. ‖ iron casting ‖ fonte f. **a) ~waren** fpl. ‖ cast iron goods pl. ‖ pièces fpl. de fonte moulée. 31

Eisen-gymnit m. ‖ hydrophite ‖ hydrophite f. **a) ~halle** f. ‖ iron hall ‖ halle f. en fer. **b) ~hallenbau** m. ‖ steel framed hall ‖ construction f. de halle métallique. 32

eisenhaltig ‖ ferruginous; ferriferous ‖ ferrugineux; ferrifère. 33

Eisen-hammerschlag m. ‖ hammer scale ‖ battitures fpl. de fer. **a) ~hammerwerk** n. ‖ hammer works pl. ‖ forge f. **b) ~handel** m. ‖ iron trade ‖ commerce m. de fer. **c) ~händler** m. ‖ iron monger *or* distributor ‖ marchand m. de fer; ferronnier m. **d) ~härtemittel** n. ‖ iron tempering material ‖ poudre f. à tremper le fer. **e) ~hochbau** m. ‖ steel frame superstructure ‖ charpente f. métallique. **f) ~hütte** f. ‖ iron works pl. ‖ usine f. à fer. **g) ~hüttenkunde** f. ‖ metallurgy of iron ‖ métallurgie f. du fer. **h) ~hutwurzel** f. ‖ aconite root ‖ tubercules fpl. d'aconit. **i) ~hydroxyd** n. ‖ hydroxide of iron ‖ hydroxide m. de fer. 34

Eisenindustrie f. || iron industry || industrie f. du fer. a) **Klein~** || small iron-ware industry || industrie f. des objets de quincaillerie *ou* de ferronnerie. 1

Eisen-karbid n. || iron carbide || carbure m. de fer. a) **~keil** m. || iron wedge || coin m. en fer. 2

Eisenkern m. || iron core. || noyau m. en fer. a) **ringförmiger ~** (Elektr) || ring-shaped iron core || noyau m. en fer circulaire. 3

Eisenkernverluste mpl. (Elektr) || core losses pl. || pertes fpl. dans le noyau. 4

Eisen-kette f. || iron chain || chaîne f. en fer. a) **~kies** m. || iron pyrites pl.; marcasite || pyrite f. de fer; marcassite f. b) **~kiesel** m. || ferruginous quartz || quartz m. ferrugineux. c) **~kitt** m. || artificial pozzuolana; iron rust cement || pouzzolane f. artificielle; mastic m. de fer. d) **~klammer** f. || iron cramp *or* corner || cornière f. *ou* crampon m. en fer. e) **~klumpen** m. || iron block; sow; bear || loup m.; bloc m. 5

Eisenkobalt-erz n. || safflorite || safflorite f. a) **~kies** m. *s.* Eisenkobalterz n. 6

Eisenkonsole f. || iron bracket || console f. en fer. 7

Eisenkonstruktion f. || steel structural work; iron building; steel construction *or* structure || construction f. *ou* charpente f. en fer. a) **~ für architektonische** Bauwerke || steel structure for architectural building || charpentes fpl. métalliques pour bâtiments architectoniques. b) **Fein~** || fine iron structure || construction f. en fer de faibles dimensions. c) **verglaste** in **~** gehaltene Hallen fpl. || glazed ironframe constructed shops || halls mpl. en charpente métallique vitrée. 8

Eisen-konstruktionswerkstatt f. || shop for iron structures || atelier m. pour charpentes métalliques. a) **~konstruktör** m. || iron-structure builder || constructeur m. de charpentes métalliques. b) **~kraut** n. || verbena herb || herbe f. de vervéine. c) **~lack** m. || iron varnish || vernis m. à fer. d) **~lager** n. || iron stores pl. || magasin m. *ou* dépôt m. de fer. e) **~-leiste** f. || iron bracket || baguette f. en fer. f) **~liste** f. || iron list || liste f. du fer. g) **~luppe** f. || iron loop *or* bloom || fer m. en loupes. 9

Eisenmangan n. || iron manganate; manganese iron || manganate m. ferrique; ferromanganèse m. 10

Eisenmangan-peptonat n. (Chem) || peptonated iron manganate || manganate m. de fer peptoné. a) **~saccharat** n. || saccharated iron manganate || manganate m. de fer sacchaté. 11

Eisenmantel m. || iron jacket || enveloppe f. en tôle. a) **emaillierter ~** || enamelled iron jacket || enveloppe f. en tôle émaillée. 12

Eisenmassel f. || iron pig || saumon m. de fer. a) **~kran** m. || pig-yard crane || grue f. d'étalage à gueuses. 13

Eisen-mehl n. || iron meal || f rine f. de fer. a) **~mennige** f. || iron minium; red iron ochre || minium m. de fer. b) **~mischung** f. || mixture of iron || mélange m. de fonte. c) **~möbel** n. || iron furniture || meuble m. de *ou* en fer. d) **~muffe** f. (Kabel) || iron box || manchon m. en fer. e) **~nagel** m. || iron nail || clou m. de fer. f) **~niet** n. || iron rivet || rivet m. en fer. 14

Eisennickel-akkumulator m. || iron-nickel accumulator || accumulateur m. au fer et nickel. a) **~kies** m. (Min) || pentlandite || pentlandite f. 15

Eisenocker m. || iron ochre; blue ochre || ocre m. martial *ou* de fer. a) **gelber ~** || yellow iron ochre, yellow iron ore || ocre m. jaune; jaune m. de montagne; terre f. jaune; limonite m. 16

Eisen-opal m. || ferruginous opal; opal jasper || opale f. ferrugineuse. a) **~oxychlorid** n. || iron oxichloride || oxychlorure m. de fer. 17

Eisenoxyd n. || iron (per)oxide; ferric oxide || oxyde m. ferrique *ou* de fer; ferrioxyde m. 18

Eisenoxyd-farbe f. || red oxide || oxyde m. de fer. a) **~schwarz** n. || iron oxide black || noir m. d'oxyde de fer. 19

Eisenoxydul n. || protoxide of iron; ferro(us)oxide || oxyde m. ferreux; fer m. oxydulé; protoxyde m. de fer. a) **essigsaures ~** || protoacetate of iron || protoacétate m. de fer. 20

Eisenoxydul-ammon n., **schwefelsaures** || sulphate of ferrous ammonium || sulfate m. ferreux ammoniacal; ferro-sulfate m. d'ammonium; sulfate m. de fer et d'ammonium. a) **~oxyd** n. || magnetic oxide of iron || oxyde m. magnétique de fer. 21

Eisen-peptonat n. || iron peptonate || peptonate m. de fer. a) **~phosphat** n. || iron phosphate || phosphate m. de fer. b) **~phosphor** m. || ferro-phosphorus || ferro-phosphore m.; fer m. phosphoreux. c) **~portlandzement** m. || iron *or* slag Portland cement || ciment m. de laitier Portland. d) **~präparat** n. || iron preparation || préparation f. ferrique *ou* ferrugineuse. e) **~probe** f. || test of iron || essai m. du fer. f) **~pulverkernspule** f. || iron-powder core; iron-dust coil || bobine f. à noyau en poudre de fer comprimé. g) **~querschnitt** m. || iron cross-section || section f. du fer. h) **~quetscher** m. (Walzer) || iron flattener || aplatisseur m. de fer. i) **~rechen** m. || iron rake || râteau m. en fer. k) **~reifen** m. || iron hoop || cerceau m. *ou* cercle m. *ou* feuillard m. de fer. l) **~ring** m. || iron ferrule || bague f. en fer. m) **~rohr** n. || iron tube || tuyau m. de fer. n) **~röhre** f. || iron pipe || tube m. en fer. 22

Eisenrost m. (Chem) || (iron) rust || rouille f. (de fer). a) **~zement** m. || iron rust cement || mastic m. à limailles et sel ammoniac. 23

Eisenrot n. || iron red || rouge m. de fer. 24

Eisensaccharat n. || iron saccharate || saccharate m. de fer. a) **kohlensaures ~** || carbonated iron saccharate || saccharate m. de fer carbonaté. 25

Eisen-salz n. || iron salt || sel m. de fer. a) **~sand** m. || ferruginous sand || sable m. ferrugineux. b) **~sau** f. (Met) || bear || loup m.; renard m. c) **~schaum** m. || scaly red iron ore || fer m. oxydé rouge luisant. d) **~schere** f. || iron cutter *or* shears pl. || cisaille f. à fer. e) **~schiff** n. || iron ship || navire m. en fer. f) **~schiffbau** m. || iron ship building || construction f. de navires en fer. g) **~schlacke** f. || iron cinders pl. *or* slag || laitier m. *ou* scorie f. de fer. h) **~schmelzhütte** f. || iron foundry || fonderie f. de fer. i) **~schmied** m. || ironsmith || forgeur m. de fer. k) **~schnalle** f. || iron buckle || boucle f. en fer. 26

Eisenschutz-farbe f. || antirusting paint || peinture f. antirouille. a) **~mittel** n. || antirusting composition || enduit m. fer *ou* antirouille. 27

Eisen-schwamm m. (Met) || iron sponge || éponge f. métallique *ou* de fer. a) **~-schwärze** f. || iron mordant *or* blacking || gris m. de fer. b) **~schwelle** f. || steel *or* iron sleeper || traverse f. métallique *ou* en fer. c) **~schwellenoberbau** m. || track having steel sleepers || superstructure f. sur traverses en fer. d) **~separator** m. || iron separator || trieur m. électrique de ferraille. e) **~sinter** m. || pittizite; pitticite || pittizite f.; fer m. oxydé résinite. f) **~späne** mpl. || iron shavings pl. || paille f. de fer. g) **~spat** m. || iron spar; spathic iron; siderite; sparry iron stone || fer m. spathique; sidérose f. h) **~stab** m., **spiralförmig gewickelter** || iron bar rolled up spirally || barre f. de fer roulée en spirale. i) **~stange** f. || iron *or* merchant bar || barre f. de fer; fer m. marchand. k) **~staub** m. || iron-dust || limaille f. de fer. 28

Eisenstein m. || iron ore || minerai m. de fer. 29

Eisenstein-feld n. (Bergb) || allotment for iron ore || concession f. pour minerai de fer. a) **~grube** f. || iron ore mine || mine f. de fer. b) **~lager** n. || deposit of iron ore || gisement m. de fer. c) **~röster** m. || iron ore calciner || calcinateur m. de minerai de fer. 30

Eisen-sulfat n. || iron sulphate || sulfate m. de fer. a) **~tank** m. || sheet iron cistern *or* tank || bâche f. en tôle. b) **~tiegel** m. || iron-crucible || creuset m. en fer. c) **~tor** n. || entrance gate of iron || porte-cochère m. en fer. d) **~träger** m. || iron girder || poutrelle f.; poutre f. en fer. e) **~treppe** f. || iron stairs pl. || escalier m. métallique. f) **~tür** f. || iron door || porte f. en fer. g) **~turm** m. || iron tower || pylône m. métallique. h) **~untersuchung** f. || iron analysis || analyse f. du fer. i) **~vanadium** n. || ferro-vanadium || ferro-vanadium m. 31

Eisenverlust m. || iron loss || perte f. dans le fer. a) **~kurve** f. || curve showing iron losses || courbe f. des pertes dans le fer. 32

Eisen-verzinkung f. || iron galvanizing || galvanisation f. du fer. a) **~violettholz** n. || red ebony || ébène f. rouge. b) **~vitriol** n. || green vitriol *or* copperas; sulphate of iron; ferric *or* ferrous sulphate || couperose f. verte; sulphate m. ferreux *ou* de fer. c) **~vollsetze** f. (Küf) || iron driver; iron set hammer || chasse f. pleine en fer. d) **~walzwerk** n. || iron rolling mill || laminoir m. *ou* usine f. de laminage de fer e) **~wand** f. || iron wall || pan m. de fer f) **~wanne** f., **autogen geschweißte** || bath in autogenous welded iron || cuve f. en fer soudée à l'autogène. g) **~waren** fpl. || iron ware; hardware; iron mongery || articles mpl. en fer; quincaillerie f. h) **~wasserbau** m. || hydraulic ironwork || construction f. métallique pour ouvrage hydraulique. i) **~werkzeug** n. || iron tool || outil m. en fer. k) **~widerstand** m. (Fernm) || iron filament ballast || résistance f. ballast. l) **~winkel** m. || iron angle || équerre m. en fer. m) **~zementwaren** fpl. || iron cement goods pl. || objets mpl. en ciment armé. n) **~zeug** n. || iron ware || produits mpl. de l'industrie du fer. o) **~zinkspat** m. || kapnite || kapnite f. p) **~zwinge** f. || clamping ring || collier m. de fer. q) **~zyanid** n. || ferricyanide || ferricyanure m. r) ~zyanür n. || ferrocyanide || ferrocyanure m. 1

eisern || (made of) iron || de fer m.; en fer m. a) **~es Möbel** n. || iron furniture || meuble m. en fer. b) **~er Schuh** m. || iron shoe || sabot m. en fer. c) **~er Stampfer** m. || iron rammer || dame f. en fer. 2

Eis-ernte f. || ice harvest || moisson f. de glace. a) **~erzeuger** m. || freezing tank || générateur m. à glace. b) **~erzeugung** f. || ice making || fabrication f. de glace. 3

Eiserzeugungs-apparat m. || freezing apparatus; freezer || congélateur m.; glacière f. a) **~maschine** f. || ice machine || machine f. à (faire la) glace. b) **~- und Kühlmaschine** f. || ice making and refrigeration machine || machine f. à glace et a froid. 4

Eisessig m. || glacial *or* crystalline acetic acid; radical vinegar || acide m. acétique glacial *ou* cristallisable; vinaigre m. glacial. 5

Eisfabrik f. || ice factory || fabrique f. de glace. a) **Einrichtung** f. für **~en** || ice manufacturing plant || installation f. de fabriques de glace. 6

Eis-fabrikation f. || ice fabrication || fabrication f. de glace. a) **~fender** m. || ice fender; bumper || paraglace m. b) **~gang** m. || driving *or* floating of ice; breaking up of the ice || débâcle f. des glaces; glaces fpl. flottantes. 7

eisgekühlt || ice-cooled || refroidi par de la glace. 8

Eisgenerator m. || ice generator || générateur m. à glace. 9

Eisgenerator-kran m. || crane for ice producers || grue f. pour générateurs de glace. a) **~wasser** n. || ice generator water || eau f. de générateur à glace; saumure f. 10

Eis-glas n. || frosted glass || verre m. craquelé *ou* dépoli. a) **~grube** f. || ice cellar || glacière f. b) **~haus** n. || ice house || glacière f. c) **~hülle** f. || coat of ice || couche f. de glace. d) **~kalorimeter** m. || ice calorimeter || calorimètre m. à glace. 11

eiskaltes Wasser n. || ice-cold water || eau f. glacée. 12

Eis-kasten m. || ice box *or* chest *or* tank || glacière f. a) **~keller** m. || ice cellar *or* house *or* store || glacière f.; cave-glacière. b) **~kellereinrichtung** f. || ice cellar plant || installation f. de glacière. c) **~kluft** (im Holz) || fissure || gélivure. 13

eisklüftig (Holz) || frost-cleft || gélif; gélis. 14

Eis-klumpen m. || lump of ice || glaçon m. a) **~kompressor** m. || ice compressor || compresseur m. à glace. b) **~laufbahn** f. || skating rink || arène f. de patinage; piste f. de patinage. c) **~leistung** f. || ice-making capacity; ice-production || production f. de glace. 15

Eismaschine f. || ice machine; refrigerator; refrigerating machinery || machine f. réfrigérante *ou* frigorifique *ou* à glace. a) **Ammoniak~** || ammonia ice machine || machine f. à glace à ammoniaque. b) **Kohlensäure~** || carbonic acid ice machine || machine f. à glace à acide carbonique. c) **Schwefelsäure~** || sulphuric acid ice machine || machine f. à glace à acide sulfurique. d) **Schwefligsäure~** || sulphurous acid ice machine || machine f. à glace à acide sulfureux anhydre. e) **~ für Speiseeisbereitung** || refrigerating machine for manufacturing ice cream || machine f. frigorifique pour la fabrication de glace alimentaire. f) **Vakuum~** || vacuum ice machine || machine f. à froid à vide. 16

Eis-maschinenanlage f. || ice making plant || installation f. frigorifique. a) **~nachrichtendienst** m. || ice information service; iceberg service; ice reports pl. || service m. d'avertissement des glaces *ou* des icebergs; rapports mpl. sur la présence de glaces. b) **~nadel** f. || ice needle || aiguille f. de glace. c) **~nagel** m. (Hufschm) || frost nail || clou m. à glace. d) **~pickel** m. || ice adze *or* ax(e) || herminette f. à glace; piolet m. e) **~punkt** m. || point of melting ice || point m. de la glace fondante. f) **~rutsche** f. || ice chute *or* runway *or* shoot *or* slide || table f. de démoulage de la glace; tréteau m. de décharge. g) **~säge** f. || ice saw || scie f. pour couper les glaces. h) **~-schaufel** f. || ice shovel || pelle f. à glace. i) **~schmelzpunkt** m. *s.* Eispunkt m. k) **~scholle** f. || ice floe || glaçon m.; glace f. flottante. l) **~schrank** m. || ice chest *or* safe; refrigerator; ice box || armoire f. glacière; glacière f. à rafraîchir. m) **~schwimmer** m. || ice float; bucket attemperator || nageur m. *ou* plongeur m. à glace. n) **~spat** m. || sanidine; glassy feldspar; ice spar || sanidine f.; feldspath m. vitreux. o) **~stopfung** f. || stop of ice || barrage m. de glace. p) **~tisch** m. || ice table || tréteau m. de décharge. q) **~transport** m. || transport by ice || transport m. glacial *ou* par la glace. r) **~verdichter** m. || ice compressor || compresseur m. à glace. 17

Eiswasser n. || ice water || eau f. glacée. 18

Eiswasser-kasten m. || ice water tank || réservoir m. à eau glacée. a) **~pumpe** f. || ice water pump || pompe f. à eau glacée. b) **~tank** m. || ice water tank || réservoir m. à eau glacée. 19

Eiswerk n. || ice plant *or* factory || fabrique f. *ou* usine f. à glace. a) **~arbeiter** m. || icing machine man || ouvrier m. des machines à glace. 20

Eis-zapfen m. || icicle || glaçon m. a) **~zeit** f. || ice age || époque f. glaciaire. 21

Eiszelle f. || ice can || mouleau m. *ou* moule m. *ou* cellule f. à glace. a) **geschweißte ~** || welded ice can || mouleau m. soudé à glace. 22

Eiszellen-füller m. || filling device for ice cans || appareil m. de remplissage pour moules à glaces. a) **~rahmen** m. || mould frame || cadre m. de mouleaux. 23

Eiszerkleinerungsmaschine f. || ice crushing machine || machine f. à casser la glace. 24

Eiter m. || matter || pus m. 25

Eiweiß n. || egg-white; albumen; albumin || blanc m. d'œuf; albumine f. a) **gerinnbares ~** || coagulable albumine || albumine m. coagulable. b) **koagulierbares ~** *s.* Eiweiß, gerinnbares. c) **pflanzliches ~** || vegetable albumine || albumine f. végétale. d) **ungerinnbares ~** || uncoagulable albumine || albumine m. incoagulable. 26

Eiweiß-abbau m. || proteolysis || protéolyse f. a) **~bestimmung** f. || protein determination || dosage m. des matières albuminoïdes. b) **~körper** m. || albuminoid || matière f. albuminoïde. c) **~leim** m. || glue of gluten; albumin glue || colle f. végétale *ou* albuminoïde; gluten m. d) **~stoff** m. || albuminous matter || matière f. albuminoïde. 27

eiweißtrüb || albumine turbid || trouble d'albumine. 28

Eiweiß-trübung f. || albumine *or* protein turbidity || trouble m. d'albumine *ou* des matières albuminördes. a) **~verbindung** f. || albuminate || albuminate m. 29

Ejektor m. || ejector || éjecteur m. a) **Dampfstrahl~** || steam jet ejector || éjecteur m. à vapeur. 30

Eklipsebauart f. || eclipse system || système m. à éclipse. 31

Ekliptik f. || ecliptic || écliptique f. 32

Ekonomiser m. || economizer || économiseur m. a) **~presse** f. || economizer press || presse f. à assembler les économiseurs. 33

Ekrasit n. || ecrasite || écrasite f. 34

Ekrüseide f. || crude silk || soie f. écrue. 35

Elainsäure f. *s.* Oleinsäure f. 36

Eläolith m. || nepheline; elæolite || néphéline f.; elæolite f.; pierre f. grasse. 37

Elastikbereifung f. || cushion tire equipment || équipement m. de bandages creux. 38

Elastin n. || elastin || élasticine f. 39

elastisch || elastic(al) || élastique. 40

elastisch-e Formänderung f. || elastic deformation || déformation f. élastique. a) **~es Gewebe** n. || elastic tissue || tissu m. élastique. b) **~er Kraftprüfer** m. || elastic force tester || appareil m. élastique pour l'essai des forces. c) **~e Kupplung** f. || flexible coupling || accouplement m. flexible. d) **~e Linie** f. (Mech) || elastic curve || courbe f. élastique. e) **~e Nachgiebigkeit** f. der Kampfwagenraupen || elasticity of tank tracks || souplesse f. des chenilles de char de combat. f) **~es Rad** n. || elastic wheel || roue f. élastique. g) **~er Strumpf** m. || elastic stocking || bas m. élastique. h) **~es Vorgelege** n. || elastic driving gear || transmission f. élastique. 41

Elastizität f. || elasticity || élasticité f. 42

Elastizitäts-grenze f. || elastic limit; limit of elasticity || limite f. d'élasticité. a) **~-hysteresis** f. (Phys) || elastic hysteresis || hystérésis f. élastique. b) **~modul** m. *s.* Elastizitätszahl. c) **~zahl** f. — modulus of elasticity || module m. d'élasticité. 43

Elefantenkessel m. || elephant *or* French boiler || bouilleur m.; chaudière f. à bouilleurs. 44

Elektoralschaf m. || electoral *or* Saxon sheep || mérinos m. électoral. 45

Elektrifikation f. || electrification || électrification f. 46

Elektriker m. || electrician || électricien m. 47

elektrisch || electric(al) || électrique. a) **~ angetrieben** || electrically driven || actionné à l'électricité; mu électriquement. b) **~ angetriebener Wagen** m. || electric vehicle || voiture f. électrique. c) **~ beheizter Ofen** m. (Met) || electrically heated furnace || four m. chauffé à l'électricité. d) **~ betrieben** || electrically operated || mu électriquement; commandé à l'électricité. e) **~ betriebene Maschine** f. || electrically operated machine || machine f. commandée par électricité. f) **negativ ~** || electronegative; negatively electric || électronégatif; négativement électrique g) **negativ ~ werden** || to become negatively charged || s'électriser négativement. h) **positiv ~** || electropositive; positively electric || électropositif; positivement électrique. i) **positiv ~ werden** || to become positively charged || s'électriser positivement. 48

elektrisch-er Antrieb m. || electric drive || commande f. électrique. a) **~er Apparat** m. || electrical apparatus || appareil m. électrique. b) **~e Ausrüstung** f. || electric equipment || équipement m. électrique. c) ~e **Beleuchtung** f. || electric lighting || éclairage m. électrique. d) ~e **Dichte** f. || electric density || densité f. électrique. e) ~er **Fluß** m. || electrostatic flux || flux m. (d'induction) électrique. f) ~er **Funken** m. || electric spark || étincelle f. électrique. g) ~er **Hammer** m. || electric hammer || marteau m. électrique. h) ~e **Leitfähigkeit** f. || electric conductibility *or* conductance || conductibilité f. *ou* conductance f. électrique. i) ~er **Leitwert** m. *s.* elektrische Leitfähigkeit. k) ~e **Leitung** f. || electrical conduit || ligne f. électrique. 1

elektrische Maschine f. || electrical machine || machine f. électrique. a) **Bau** m. **elektrischer Maschinen** || construction of electrical machines pl. || construction f. de machines électriques. 2

elektrisch-e Masse f. || electrical mass || masse f. électrique *ou* d'électricité. a) ~es **Meßinstrument** n. || electric measuring instrument || instrument m. de mésures électriques. b) ~e **Meßvorrichtung** f. || electric measuring device || appareil m. de mesure électrique. c) ~er **Sammler** m. || electric accumulator || accumulateur m. électrique. d) ~er **Schlag** m. || electric shock || secousse f. *ou* choc m. électrique. e) ~es **Schmelzen** n. || electric smelting || fusion f. *ou* fonte f. électrique. f) ~es **Schmelzverfahren** n. || electric smelting process || procédé m. de fusion électrique. g) ~es **Schneidverfahren** n. || electric cutting process || procédé m. de découpage électrique. h) ~es **Schweißen** n. || electric welding || soudage m. électrique. i) ~es **Schweißverfahren** n. || electric welding process || procédé m. de soudage électrique. k) ~e **Strahlen** mpl. || electric rays pl. || rayons mpl. électriques. 3

elektrischer Strom m. || electric current || courant m. électrique. a) **von elektrischem Strom durchflossener Draht** m. || wire carrying an electric current || fil m. parcouru par un courant. 4

elektrisch-er Transformator m. || electric transformer || transformateur m. électrique. a) ~er **Widerstand** m. || electric resistance || résistance f. électrique. b) ~er **Zählapparat** m. (zum Zählen) || electric counter *or* counting apparatus || compteur m. électrique. c) ~er **Zähler** m. (für Strom) || electric *or* electricity meter || compteur m. électrique *ou* d'électricité. d) ~e **Zentrale** f. (Fabrik) || electric power house || centrale f. d'électricité. e) ~e **Zubehörteile** npl. || electrical accessories pl. || accessoires mpl. électriques. 5

elektrisieren || to electrify || électriser. 6

Elektrisiermaschine f. || electrostatic generator *or* machine || machine f. électrostatique. a) **Dampf~** || hydro-electric machine || machine f. hydro-électrique. 7

elektrisiert || electrified || électrisé. 8

Elektrisierung f. || electrization; electrification || électrisation f. 9

Elektrizität f. || electricity || électricité f. a) **atmosphärische ~** || atmospheric electricity || électricité f. atmosphérique. b) **Berührungs~** || contact electricity || électricité f. (produite par) contact. c) **Druck~** || piezo-electricity || piézoélectricité f. d) **gebundene ~** || dissimulated *or* bound electricity || électricité f. dissimulée. e) **Glas~** || vitreous electricity || électricité f. vitrée *ou* statique du verre. f) **gleichnamige ~** || electricity of same sign || électricité f. de même nom. g) **Harz~** || resinous electricity || électricité f. résineuse *ou* statique de la résine. h) **negative ~** || negative electricity || électricité f. négative. i) **Niederschlags~** || electricity of precipitations || électricité f. des précipitations. k) **Piezo~** *s.* Electrizität, Druck. l) **positive ~** || positive electricity || électricité f. positive. m) **Pyro~** || pyro-electricity || pyroélectricité f. n) **Reibungs~** || frictional electricity || électricité f. (produite) par frottement. o) **statische ~** || static electricity || électricité f. statique. p) **strahlende ~** || radiating electricity || électricité f. rayonnante. q) **Thermo~** || thermo-electricity || thermoélectricité f. r) **ungleichnamige ~** || electricity of opposite sign || électricité f. de nom contraire *ou* de signes contraires. s) **Wolken~** || cloud electricity || électricité f. des nuages. 10

Elektrizitäts-automat m. *s.* Elektrizitätsselbstverkäufer. a) **~gesellschaft** f. || electric company || société f. d'électricité. b) **~leiter** m. || conductor of electricity || conducteur m. d'électricité. c) **~lieferungsunternehmen** n. || electricity supply enterprise || entreprise f. de distribution d'électricité. d) **~menge** f. || electric quantity || quantité f. d'électricité. e) **~messung** f. || electricity measurement || mesure f. électrique. f) **~quelle** f. || source of electricity || source f. d'électricité. g) **~sammler** m. *s.* elektrischer Sammler. h) **~selbstverkäufer** m. || prepayment *or* penny-in-the-slot electricity-meter || compteur m. électrique à prépaiement. i) **~träger** m. || carrier of electricity || conducteur m. d'électricité. k) **~verlust** m. || leakage of electricity || perte f. d'électricité. l) **~versorgung** f. || electricity supply || distribution f. d'électricité. m) **~verteilung** f. || distribution of electricity || distribution f. d'électricité. 11

Elektrizitätswerk n. || electric(ity) works pl.; electric central station; electric generating station; electric power station; electrical plant || station f. centrale d'électricité; usine f. d'électricité *ou* électrique. a) **~** (Unternehmung) || electric company || société f. d'électricité. b) **~ mit Dampfkraft** || steam power electrical plant || usine f. électrique à vapeur. c) **~ mit Wasserkraft** || hydraulic central station || usine f. hydraulicoélectrique. d) **Wind~** || wind driven electric power station || centrale f. aéroélectrique. 12

Elektrizitäts-wirtschaft f. || electro-economics pl.; electricity supply || électroéconomique f.; économie f. électrique *ou* de l'électricité. a) **~zähler** m. *s.* elektrischer Zähler. 13

Elektro-akustik f. || electro-acoustics || électroacoustique f. a) **~backofen** m. || electrical baking-oven || four m. de boulangerie électrique. b) **~chemie** f. || electro chemistry || électrochimie f. c) **~chemiker** m. || electro-chemist || électrochimiste m. 14

elektrochemisch || electrochemical || électrochimique. a) **~ gereinigt** || electrochemically cleaned || nettoyé électrochimiquement. 15

elektrochemisch-e Anlage f. || electrochemical plant || installation f. électrochimique. a) **~er Apparat** m. || electrochemical apparatus || appareil m. électrochimique. b) **~er Zähler** m. (für Strom) || electrochemical meter || compteur m. électrochimique. 16

Elektrodampfkessel m. || electric steam boiler || chaudière f. électrique. 17

Elektrode f. || electrode || électrode f. a) **Abbrand** m. der **~n** || consumption of electrodes || usure f. des électrodes. b) **~ für die Glühlampenfertigung** || electrode for incandescent lamps manufacturing || électrode f. pour la fabrication des lampes à incandescence. c) **Kohlen~** || carbon electrode || électrode f. en charbon. d) **Kohlenbeutel~** || carbon electrode || électrode f. à sachet de charbon. e) **Minus~** || negative plate *or* electrode || électrode f. négative. f) **Netz~** || wire-gauze electrode || électrode f. en toile métallique. g) **Platin~** || platinum electrode || électrode f. en platine. h) **Plus~** || positive plate *or* electrode || électrode f. positive. i) **Schweiß~** || welding electrode || électrode f. de soudure. 18

Elektroden-halter m. || electrode holder || porte-électrode m. a) **~kohle** f. || electrode carbon || charbon m. à électrodes. b) **~potential** n. || electrode potential || potentiel m. des électrodes. c) **~presse** f. || electrode press || presse f. à électrodes. d) **~rahmen** m. || electrode frame || cadre m. d'électrodes. 19

Elektro-dentalapparat m. || electrodental apparatus || appareil m. électrique de chirurgie dentaire. 20

Elektrodenwasserkühlmantel m. || water circulation jacket surrounding the electrodes || boîte f. à circulation d'eau entourant les électrodes. 21

Elektrodiagnose f. || electrodiagnosis || électrodiagnose f. 22

elektrodynamisch || electrodynamic(al) || électrodynamique. 23

elektrodynamisch-es Instrument n. || electrodynamic instrument || électrodynamomètre m. a) **~er Zähler** m. (für Strom) || electrodynamic meter || compteur m. électrodynamique. 24

Elektro-dynamometer n. || electrodynamometer || électrodynamomètre m. a) **~esse** f. || electric hearth || four m. électrique. b) **~fahrwerk** n. (Kran) || electric traversing gear || commande f. électrique de déplacement. c) **~filter** m. zur Entstaubung von Drehofenabgasen || electro filter for precipitating the dust from waste gases of a rotary kiln || électrofiltre m. pour le dépoussiérage de gaz d'échappement d'un four tournant. d) **~flaschenzug** m. || electric pulleyblock || palan m. *ou* moufle f. électrique. e) **~handbohrmaschine** f. || electric hand drill || perceuse f. électrique à main. f) **~hängebahn** f. || electric suspension *or* overhead railway; suspended electric railway || transporteur m. aérien électrique; chemin m. de fer électrique à suspension; électro-chemin m. suspendu. g) **~hartgußgießerei** f. || electro chilled iron foundry || fonderie f. électrique de fonte trempé en coquille. h) **~hebemagnet** m. || electric lifting magnet || électroaimant m. de suspension. 25

Elektrohubwerk n. || electric hoisting gear || treuil m. électrique. 1

elektrohydraulische Presse f. || electro-hydraulic press || presse f. électro-hydraulique. 2

Elektro-ingeniör m. || electrical engineer || ingénieur m. électricien. a) **~installationsmaterial** n. || material for electrical installation || matériel m. d'installation électrique. b) **~kamin** m. || electric fireplace || foyer m. électrique. c) **~karren** m. || electric trolley *or* truck || chariot m. *ou* charrette f. électrique. d) **~kleinmotor** m. || small electro-motor || petit moteur m. électrique. e) **~lokomotive** f. || electric locomotive || locomotive f. électrique. 3

Elektrolyse f. || electrolysis || électrolyse f. a) **schmelzflüssige ~** || electrolysis in the dry-way || électrolyse f. par voie ignée *ou* par fusion. 4

elektrolysieren || to electrolyze || électrolyser. 5

Elektrolyt m. || electrolyte || électrolyte m. a) **~gleichrichter** m. || electrolytic rectifier || redresseur m. électrolytique. 6

elektrolytisch || electrolytic(al) || électrolytique. 7

elektrolytisch-e Analyse f. || electrolytic(al) analysis || analyse f. électrolytique. a) **~er Detektor** m. || electrolytic detector || détecteur m. électrolytique. b) **~es Gerät** n. || electrolytic apparatus || appareil m. électrolytique. c) **~e Herstellung** f. **von Wasserstoffgas** || electrolytic generation of hydrogen || production f. électrolytique de l'hydrogène. d) **~es Kupfer** || electrolytic copper || cuivre m. électrolytique. e) **~es Verfahren** n. || electrolytic proceeding || procédé m. électrolytique. f) **~er Zähler** m. (für Strom) || electrolytic meter || compteur m. électrolytique. g) **~e Zelle** f. || electrolytic detector || détecteur m. électrolytique. h) **~e Zerstörung** f. || electrolytic corrosion || corrosion f. électrolytique. 8

Elektrolytkupfer n. || electrolytic copper || cuivre m. électrolytique. a) **Gewinnung** f. von ~ aus Erzlauge || recovery of electrolytic copper from iron lye || extraction f. du cuivre électrolytique des lessives métalliques. 9

Elektromagnet m. || electromagnet || électroaimant m.; électro m. a) **Hebe~** || lifting magnet || électro m. d'ascension. 10

elektromagnetisch || electromagnetic || électromagnétique. 11

elektromagnetisch-e Aufspannvorrichtung f. || electro-magnetic holding device || dispositif m. de fixation électromagnétique. a) **~e Kupp(e)lung** f. || electromagnetic coupling || accouplement m. électromagnétique. b) **~e Strahlung** f. || electromagnetic radiation || rayonnement m. électromagnétique *ou* de l'éther. c) **~e Welle** f. || electromagnetic wave || onde f. électromagnétique. d) **~er Zähler** m. (für Strom) || electromagnetic meter || compteur m. électromagnétique. 12

Elektro-magnetismus m. || electromagnetism || électromagnétisme m. a) **~maschinenbau** m. || construction of electrical machines pl. || construction f. de machines électriques. b) **~mechanik** f. || electromechanics pl. || électromécanique f. 13

elektromechanisch || electromechanic(al) || électromécanique. a) **~er Zähler** m. || (für Strom) || electromechanic meter || compteur m. électromécanique. 14

elektromedizinisches Gerät n. || electromedical *or* electromedicinal apparatus || appareil m. électro-médical *ou* pour l'électro-médicine *ou* d'électricité médicale. 15

Elektro-messer m. *s.* Elektrometer n. a) **~metallurgie** f. || electro-metallurgy || électrométallurgie f. 16

Elektrometer n. || electrometer || électromètre m. a) **Kapillar~** || capillary electrometer || électromètre m. capillaire. b) **Quadrant~** || quadrant electrometer || électromètre m. à quadrant. 17

Elektro-mobil n. || electric motor car *or* automobile; electromobile || automobile m. électrique; électromobile m. a) **~monteur** m. || electrical fitter || monteur m. électricien. 18

Elektromotor m. || electric motor; electromotor || moteur m. électrique; électromoteur m. a) **eingekapselter ~** || iron clad electric motor || moteur m. électrique blindé. b) **~ auf Grundplatte** || electric motor on base plate || moteur m. électrique sur plaque de fondation. c) **kleiner ~** || small power electromotor || électromoteur m. de faible force. d) **~ mit Rahmenaufhängung** || frame supported electric motor || moteur m. électrique suspendu au châssis. e) **Schleifring~** || slip-ring electromotor || moteur m. à anneaux collecteurs. 19

Elektromotorantrieb m. *s.* elektromotorischer Antrieb. 20

elektromotorisch || electromotive || électromotrice. a) **~ angetrieben** || driven by electric motor; electrically driven || commandé par un moteur électrique. 21

elektromotorisch-er Antrieb m. || electric motor drive || commande f. par moteur électrique. a) **~e Gegenkraft** f. || counter-electromotive force || force f. contre-électromotrice. b) **~e Kraft** f. || electromotive force || force f. électromotrice. 22

Elektron n. || electron || électron m. 23

elektronegativ || electronegative; negatively electric || électronégatif; négativement électrique. 24

Elektronen-emission f. || electron emission || émission f. électronique. a) **~relais** m. || electron relay || relais m. à gaz ionisé. b) **~röhre** f. || thermionic valve || lampe f. à trois électrodes; triode f. c) **~strom** m. || electron current || courant m. électronique. d) **~theorie** f. || electron theory || théorie f. des électrons. 25

elektronisch || electronic || électronique. 26

Elektronmetall n. || electron metal || métal m. électron. 27

Elektroofen m. || electro *or* electric furnace || four m. électrique. a) **Stahlgewinnung** f. im ~ || steel making in the electric furnace || production f. de l'acier dans un four électrique. 28

Elektro-optik f. || electro-optics || électro-optique f. a) **~pendelzentrifuge** f. || electrically driven pendulum hydro-extractor || essoreuse f. oscillante électrique. 29

Elektrophor m. || electrophorus || électrophore m. 30

Elektrophysiologie f. || electrophysiology || électrophysiologie f. 31

elektropneumatisch-e Gesteinsbohrmaschine f. || electro-pneumatic rock drill(ing machine) || machine f. électro-pneumatique à forer les roches. a) **~er Hammer** m. || electric pneumatic hammer || marteau m. électro-pneumatique. 32

Elektroporzellan n. || electrotechnical porcelain || porcelaine f. électro-technique. 33

elektropositiv || electropositive; positively electric || électropositif; positivement électrique. 34

Elektro-roheisen n. || electric pig || gueuse f. de fonte du four électrique. a) **~schlepper** m. || electric tractor *or* drag || remorqueur m. *ou* tracteur électrique. b) **~schmelzofen** m. || electric furnace || four m. électrique. c) **~schmiedepresse** f. || electric forging press || presse f. à forger électrique. d) **~schweißwerk** n. || electric welding shop || atelier m. de soudage électrique. 35

Elektroskop n. || electroscope || électroscope. m. a) **Goldblatt~** || gold-leaf electroscope || électroscope m. à feuilles d'or. 36

elektroskopisch || electroscopic || électroscopique. 37

Elektrostahl m. || electric steel || acier m. électrique. a) **~ in Blöcken** || electric steel in ingots || acier m. au four électrique en lingots. 38

Elektrostahl-halbzeug n. || semi-product of electric steel || demi-produit m. en acier au four électrique. a) **~ofen** m. || electric steel furnace || four m. électrique à acier. b) **~werk** n. || electric steel plant *or* works pl. || aciérie f. électrique; fonderie f. d'acier électrique. 39

Elektrostatik f. || electrostatics pl. || électrostatique f. 40

elektrostatisch || electrostatic || électrostatique. 41

elektrostatisch-es Relais n. || eiectrostatical relay || relais m. électrostatique. a) **~es Spiegelbild** n. || electrical image of a conductor as to earth || image f. électrique d'un conducteur par rapport à la terre. 42

Elektrotechnik f. || electrotechnics pl.; electrical engineering || électrotechnique f. 43

Elektrotechniker m. || electrical engineer; electrician || ingénieur-électricien m.; électricien m. 44

elektrotechnisch || electrotechnical || électrotechnique. a) **~er Apparat** m. für den Hausgebrauch || electrotechnical apparatus for domestic usage || appareil m. électrotechnique à usage domestique. 45

Elektrotherapie f. || electro-therapeutics pl. || électro-thérapeutique f. 46

elektrothermisch || electrothermic || électrothermique. a) **~e Gewinnung** f. || electrothermic recovery || extraction f. électrothermique. 47

Elektro-typie f. || electrotyping || électrotypie f. a) **~ventilator** m. || electric fan || ventilateur m. électrique. b) **~werkzeug** n. || electric tool || outil m. électrique. c) **~werte** (Handel) mpl. || shares pl. of electrical concerns || valeurs fpl. d' électricité. d) **~wirtschaft** f. || public electricity supply || électro-économique f. 48

elektrowirtschaftliche Anlage f., rationelle Zusammenfassung f. der bestehenden elektrowirtschaftlichen Anlagen || rational amalgamation of the existing public electricity supply systems || exploitation f. rationelle d'installations électriques déjà existantes. a) **~ Beteiligung** f. || electro-economic interest || participation f. électro-économique. 49

Elektro-zement m. || electrocement || électrociment m. a) **~zug** m. (Hebezeug) || electric hoist || ascenseur m. électrique. 50

Element n. (Chem) ‖ element ‖ élément m. **a)** ~ (Elektr) ‖ cell; battery ‖ élément m. galvanique *ou* primaire. **b) elektrisches** ~ ‖ electric cell ‖ pile f. électrique. **c)** ~ mit **einer Flüssigkeit** ‖ single fluid cell ‖ pile f. à un seul liquide. **d)** ~ mit **zwei Flüssigkeiten** ‖ double fluid cell ‖ pile f. à deux liquides. **e) galvanisches** ~ ‖ primary electric *or* galvanic cell ‖ élément m. galvanique; pile f. électrique. **f) konstantes** ~ (Elektr) ‖ constant (voltage) cell ‖ pile f. invariable. **g) linienreiches** ~ (Spektroskopie) ‖ element with large number of spectrum lines ‖ élément m. riche en raies. **h) Meidinger~** ‖ Meidinger cell ‖ élément m. de Meidinger. **i) metallisches** ~ ‖ metallic element ‖ élément m. métallique. **k) nasses** ~ ‖ fluid *or* wet cell ‖ élément m. hydro-électrique; pile f. à liquide. **l) nicht umkehrbares** ~ ‖ irreversible cell ‖ pile f. non réversible. **m) Normal~** (Elektr) ‖ standard cell ‖ pile f. étalon. **n) Starkstrom~** ‖ high-voltage battery ‖ élément m. à courant de haute intensité. **o) Trokken~** ‖ dry cell ‖ pile f. sèche. **p) umkehrbares** ~ ‖ reversible cell ‖ pile f. réversible. 1

elementar (Chem) ‖ elementary ‖ élémentaire. **a)** ~**e Geometrie** f. ‖ elementary geometry ‖ géométrie f. élémentaire. 2

Elementar-analyse f. ‖ elementary analysis ‖ analyse f. élémentaire *ou* ultime. **a)** ~**magnet** m. ‖ molecular magnet ‖ élément m. magnétique. **b)** ~**quantum** n. (Phys) ‖ atomic charge ‖ charge f. atomique. 3

Elementenbündelverflüssiger m. ‖ counter-current condenser of the multi-pass type ‖ condenseur m. à contre-courant du type multitubulaire. 4

Element-glas n. (Elektr) ‖ element glass; batterie jar ‖ vase m. à piles. **a)** ~**kohle** f. ‖ elemental *or* retort carbon ‖ charbon m. pour piles *ou* de cornue. **b)** ~**prüfer** m. (Elektr) ‖ cell tester ‖ essayeur m. pour les piles. 5

Elemiharz n. ‖ elemi gum ‖ gomme f. élémi. 6

Elevator m. ‖ elevator ‖ élévateur m. **a) Eis~** ‖ ice elevator ‖ élévateur m. à glace. **b) Faß~** ‖ cask elevator ‖ élévateur m. à fûts. **c) Ketten~** ‖ chain elevator ‖ élévateur m. à chaîne. **d) Korn~** ‖ elevator for grain ‖ élévateur m. à grain. **e) pneumatischer** ~ ‖ pneumatic *or* air elevator ‖ élévateur m. à air comprimé. 7

Elevator-anlage f. ‖ elevating plant ‖ installation f. d'élévateur. **a)** ~**becher** m. ‖ elevator bucket ‖ godet m. d'élévateur. **b)** ~**gurt** m. ‖ elevator belt ‖ courroie f. d'élévateur. **c)** ~**schlauch** m. ‖ elevator tube ‖ tube f. d'élévateur. **d)** ~**schlotte** f. ‖ elevator trunking ‖ corps m. d'élévateur. **e)** ~**tuch** n. ‖ elevator canvas ‖ toile f. d'élévateur. **f)** ~**turm** m. ‖ elevator tower ‖ tour f. élévatoire. 8

Elfenbein n. ‖ ivory ‖ ivoire m. **a)** aus ~ n. **geschnitzter Gegenstand** m. ‖ ivory good ‖ objet m. en ivoire. **b) künstliches** ~ ‖ artificial ivory; albolite ‖ ivoire m. artificiel; éburine f.; albolite f. **c) rohes** ~ ‖ raw ivory ‖ marfil m.; morfil m. 9

Elfenbein-arbeiter m. ‖ ivory maker ‖ ivoirier m. **a)** ~**drechsler** m. ‖ ivory turner ‖ tourneur m. en ivoire; ivoirier m. 10

elfenbeinfarbig ‖ ivory colo[u]red ‖ ivoiré. **a)** ~**e Lackierung** f. ‖ ivory enamel finish ‖ exécution f. en couleur d'ivoire émaillé. 11

Elfenbein-gravör m. ‖ ivory engraver ‖ graveur m. sur ivoire. **a)** ~**kamm** m. ‖ ivory comb ‖ peigne m. en ivoire. **b)** ~**karton** m. ‖ ivory cardboard ‖ carton-ivoire m. **c)** ~**maler** m. ‖ ivory painter ‖ peintre m. sur ivoire. **d)** ~**papier** n. ‖ ivory paper ‖ carton m. d'ivoire. **e)** ~**pappe** f. ‖ ivory cardboard ‖ carton m. ivoire. **f)** ~**schleifer** m. ‖ ivory polisher ‖ polisseur m. d'ivoire. **g)** ~**schnitzer** m. ‖ ivory carver *or* cutter ‖ découpeur m. *ou* sculpteur m. en ivoire. **h)** ~**schwarz** n. ‖ ivory *or* bone black ‖ noir m. d'ivoire. **i)** ~**waren** fpl. ‖ ivory articles pl. ‖ objets mpl. en ivoire. 12

Elimination f. (Math) ‖ elimination ‖ élimination f. 13

Ell(en)bogen m. ‖ elbow ‖ coude m. 14

Ellipse f. ‖ ellipse ‖ ellipse f. 15

Ellipsenzirkel m. ‖ elliptical compasses pl. trammels pl.; ellipsograph ‖ compas m. à ovale *ou* à ellipse; ellipsographe m. **a)** ~ mit **Gleitführung** ‖ egg calipers with slider ‖ compas m. double calibre à glissière. 16

Ellipsoid n. ‖ ellipsoid ‖ ellipsoïde m. 17

ellipsoidförmig ‖ ellipsoidal ‖ ellipsoïdale. 18

ellipsoidisch ‖ ellipsoid ‖ ellipsoïde. 19

Elliptikfeder f. ‖ elliptic spring ‖ ressort m. elliptique *ou* à pincette. 20

elliptisch ‖ elliptic(al) ‖ elliptique. **a)** ~**er Reflexionsspiegel** m. ‖ elliptical reflector ‖ miroir m. plan elliptique. 21

Elsenholz n. ‖ alder ‖ aune m. 22

Elwell-Lichtbogensender m. ‖ Elwell arc transmitter ‖ émetteur m. à arc d'Elwell. 23

Email n. ‖ enamel ‖ émail m. **a) gebrauchsfertiges** ~ ‖ enamel ready for use ‖ émail m. préparé. **b)** ~ von **Limoges** (Porzel) ‖ enamel of Limogia ‖ émail m. limousin. **c) Maler~** ‖ painter's enamel ‖ émail m. pour la peinture. **d) rohes** ~ ‖ crude enamel ‖ émail m. brut. **e) säurefestes** ~ ‖ acidproof enamel ‖ émail m. résistant aux acides. 24

Emailbelag m. ‖ enamel foil(ing) ‖ feuille f. d'émail. **a)** ~ des **Uhrgehäusedeckels** ‖ enamel foil of the watch case bottom ‖ feuille f. d'émail sur le fond de la boîte d'une montre. 25

Email-draht n. ‖ enamelled wire ‖ fil m. émaillé. **a)** ~**farbe** f. ‖ enamel colour ‖ couleur f. émail *ou* pour céramique; peinture f. d'émail. **b)** ~**fotografie** f. (Bild) ‖ photographic enamel ‖ émail m. photographique. **c)** ~**gefäß** n. ‖ enamelled vessel ‖ vase m. émaillé. **d)** ~**lack** m. ‖ enamel varnish ‖ laque-émail f. 26

Emaille f. *s.* Email. 27

Emaillier-apparat m. ‖ enamelling apparatus ‖ appareil m. d'émaillage. **a)** ~**einrichtung** f. ‖ enamelling equipment ‖ installation f. d'émaillage. 28

emaillieren ‖ to enamel ‖ émailler. 29

Emaillieren n. ‖ enamelling ‖ émaillage m. 30

Emaillierer m. ‖ enameller ‖ émailleur m. 31

Emaillierofen m. ‖ enamelling furnace ‖ four m. à émailler. 32

emailliert ‖ enamelled ‖ émaillé. **a) weiß** ~ ‖ white-enamelled ‖ émaillé blanc. 33

emailliert-es Geschirr n. ‖ enamelled utensils pl. ‖ batteries fpl. de cuisine émaillées. **a)** ~**es Gefäß** n. ‖ enamelled vessel ‖ vase m. émaillé. **b)** ~**es Steinzeug** n. ‖ enamelled stoneware ‖ grès m. émaillé. 34

Emaillierung f. von **Guß** ‖ enamelling of casting ‖ émaillage m. de fonte. **a)** ~ **edler Metalle** ‖ enamelling on precious metals ‖ émaillage m. sur métaux précieux. 35

Emaillierwerk n. ‖ metal enamelling manufacture ‖ émaillerie f. industrielle. **a)** ~**maschine** f. ‖ enamelling machine ‖ machine f. pour les installations d'émaillage. 36

Email-maler m. ‖ enamel painter ‖ peintre m. sur émail. **a)** ~**malerei** f. ‖ painting on enamel ‖ peinture f. sur émail. **b)** ~**mühle** f. ‖ enamel mill ‖ moulin m. à émail. **c)** ~**pech** n. ‖ enamel pitch ‖ poix f. émail. **d)** ~**platte** f. ‖ enamelled plate ‖ plaque f. émaillée. **e)** ~**schild** n. ‖ enamelled metal plate ‖ plaque f. métallique émaillée. **f)** mit ~**überzug** m. ‖ with enamel facing ‖ émaillé. **g)** ~**waren** fpl. ‖ enamelled ware ‖ articles mpl. émaillés. **h)** ~**zifferblatt** n. ‖ enamelled dial ‖ cadran m. émaillé. 37

Emanation f. ‖ emanation ‖ émanation f. 38

Emballage f. ‖ packing; case; bale; box ‖ emballage m. 39

Emission f. (Handel) ‖ issue ‖ émission f. **a)** ~ (Phys) ‖ emission ‖ émission f. **b)** ~ von x **Milliampere** ‖ emission of x milliamperes ‖ émission f. de x milliampères. **c)** ~ von **Schuldverschreibungen** ‖ issue of bonds ‖ émission f. d'obligations. 40

Emissions-betrag m. ‖ amount of issue ‖ montant m. de l'émission. **a)** ~**spektrum** n. ‖ emission spectrum ‖ spectre m. d'émission. **b)** ~**theorie** f. ‖ emission theory ‖ théorie f. de l'émission. **c)** ~**vermögen** n. ‖ emitting power ‖ pouvoir m. émissif. 41

emittieren (Phys) ‖ to emit ‖ émettre. 42

Empfang m. ‖ receipt; reception ‖ réception f. **a) drahtloser** ~ ‖ wireless reception ‖ réception f. sans fil. **b) gerichteter** ~ ‖ directed receiving ‖ réception f. dirigée. **c) Interferenz** f. im ~ (Funkw) ‖ interference in reception ‖ interférence f. dans la réception. **d) Umschaltung** f. für ~ (Funkw) ‖ change of connection for receiving ‖ commutation f. pour la réception. 43

empfangen ‖ to receive ‖ recevoir. 44

Empfänger m. (Fernm) ‖ receiver; receiving set; radio (A) ‖ récepteur m. **a)** ~ (Handel) ‖ receiver ‖ destinataire m.; consignataire m. **b) ausbalanzierter** ~ (Funkw) ‖ balanced receiver ‖ récepteur m. compensé. **c)** ~ für **drahtlose Telefonie** ‖ radio telephone receiver ‖ radio récepteur m. téléphonique. **d)** ~ mit **Hochfrequenzverstärkung** (Funkw) ‖ receiver with high-frequency strengthening ‖ récepteur m. à amplification haute fréquence. **e)** ~ mit x Stufen **Niederfrequenzverstärkung** (Funkw) ‖ receiver with x stepped low-frequency strengthening ‖ récepteur m. à x étages d'amplification basse fréquence. **f) Radio~** ‖ radio receiver ‖ radiorécepteur m. **g) selbsttätiger** ~ (Fernm) ‖ automatic receiver ‖ récepteur m. automatique. **h) Strahlungs~** (Opt) ‖ radiation receiver ‖ radio-récepteur m. **i)** ~ für **ungedämpfte Wellen** (Funkw) ‖ continuous wave receiver ‖ récepteur m. pour ondes non amorties. **k)** ~ für **Wasserstandsfernmelder** ‖ receiving apparatus for water-level tele-indicators || récepteur m. pour télé-indicateurs électriques de niveau d'eau. 1

Empfänger-gehäuse f. mit **zweiteiligem Abschlußdeckel** (Opt) || receiver casing fitted with a closing cover in two parts || cage f. du récepteur munie d'un couvercle en deux parties. **a) ~röhre** f. (Funkw) || receiving tube || lampe f. pour récepteur. 2

Empfangsanlage f. (Fernm) || receiving system *or* set || installation f. de réception. **a) ~ für Fernempfang** || receiving plant for long-distance receiving || appareillage m. de réception f. pour recevoir les postes émetteurs lointains. 3

Empfangs-antenne f. || receiving aerial || antenne f. de réception. **a) ~apparat** m. (Fernm) || receiving apparatus || appareil m. récepteur. **b) ~bescheinigung** f. || receipt || reçu m. **c) ~bestätigung** f. || acknowledgment of receipt || accusé m. de réception. **d) ~draht** m. *s.* ~antenne f. **e) ~einrichtung** f. einer **Bildtelegrafenanlage** || receiver station for a picture telegraph installation || équipement m. de réception d'une installation de téléphotographie. **f) ~ende** n. (Fernm) || receiving end || extrémité f. réceptrice. **g) ~jigger** m. || receiving jigger || jiger récepteur m. **h) ~kurve** f. (Fernm) || arrival curve || courbe f. d'intensité à l'arrivée. **i) ~locher** m. (Fernm) || receiving perforator || perforateur m. d'arrivée. **k) ~relais** n. (Fernm) || receiving relay || relais m. de réception. **l) ~schein** m. || receipt || quittance f. **m) ~station** f. (Fernm) || receiving station || poste m. récepteur. **n) ~stromkreis** m. || input circuit || circuit m. de réception. **o) ~teiler** m. (Funkw) || receiving distributor || partageur m. de réception. **p) ~versuch** m. (Funkw) || receiving trial || essai m. de réception. **q) ~verstärker** m. || receiving amplifier *or* repeater || amplificateur m. récepteur *ou* de réception. **r) ~vorrichtung** f. (Fernm) || receiver arrangement || dispositif m. de réception. 4

empfehlen || to recommend || recommander. 5

empfehlenswert || recommendable; suitable || recommandable. 6

Empfehlung f. || recommendation || recommandation f. 7

Empfehlungs-brief m. || letter of introduction || lettre f. d'introduction. **a) ~schreiben** n. || letter of recommendation || lettre f. de recommandation. 8

empfindlich || sensitive || sensible. **a) ~ gegen Luft** || sensitive to air || altérable *ou* sensible à l'air m. **b) ~ machen** (Chem) || to sensitize || sensibiliser. **c) ~ machen, die Platte** f. || to excite the plate || exciter la plaque. **d) ~e Röhre** f. (Funkw) || sensitive tube || tube m. sensible. 9

Empfindlichkeit f. || sensibility || sensibilité f. **a) ~ eines Instrumentes** || sensibility of an instrument || sensibilité f. d'un instrument. 10

Empfindlichkeitsgrenze f. || limit of sensibility || limite m. de sensibilité. 11

Empfindlichmachen n. (Chem) || sensitizing || sensibilisation f. 12

Empfindung f. || sensation || sensation f. 13

empirische Formel f. || empirical formula; composition formula || formule f. empirique *ou* brute. 14

Emplektit m. || emplectite; tannentite || bismuth m. sulfuré cuprifère; emplectite f. 15

empyreumatisch || empyreumatic(al) || empyreumatique. 16

emulgieren (Chem) || to emulsify || émulsionner. 17

Emulgier-anlage f. || emulsifying plant || installation f. pour émulsionner. **a) ~maschine** f. || emulsifier; emulsifying machine || émulsionneuse f. 18

Emulsion f. (Chem) || emulsion || émulsion f. **a)** rasches und gleichmäßiges **Erstarren** n. der ~ bewirken || to achieve rapid and uniform desiccation of the emulsion || provoquer la solidification rapide et uniforme de l'émulsion. 19

Emulsionaufstreicher m. (Lichtb) || emulsion coater || émulsionneur m. 20

emulsionieren (Chem) *s.* emulgieren. 21

Emulsioniermaschine f. *s.* Emulgiermaschine. 22

Emulsionierung f. *s.* Emulgierung. 23

Emulsions-gelatine f. || emulsion gelatine || gélatine f. d'émulsion. **a) ~trog** m. (Chem) || emulsion trough || auget m. d'émulsion. 24

End-achse f. (Eisenb) *s.* Hinterachse. **a) ~anstalt** f. (Fernm) || terminal exchange || bureau m. terminal. **b) ~ausschalter** m. || limit switch || interrupteur m. de fin de course. **c) ~bahnhof** m. || railway terminus; terminal station || gare f terminale. **d) ~bleibügel** m. || end stirrup of lead || étrier m. d'extrémité en plomb. **e) ~bohrer** m. (Bergb) || finishing *or* long jumper || aiguille f. *ou* barre f. à mine. **f) ~bund** m. (el Leit) || dead end binding || ligature f. à l'isolateur d'arrêt. 25

Ende n., **ohne** || endless || sans fin f. **a) verjüngtes ~** || tapered end || rétrécissement m. de l'extrémité. 26

End-ergebnis n. || final result || résultat m. final **a) ~fläche** f. (Kristall) || terminal face || face f. terminale. **b) ~gebühr** f. (Fernm) || terminal charge || taxe f. terminale. **c) ~geschwindigkeit** f. || final velocity || vitesse f. finale. 27

endgültig || final; ultimate || définitif. **a) ~er Entwurf** m. || final project || projet m. définitif. 28

Endisolator m. || leading-in insulator || isolateur m. d'introduction. 29

Endivie f. || endive || endive f. 30

End-land n. (Fernm) || terminal country || pays m. terminal. **a) ~leistung** f. (Radio) || output || puissance f. terminale. 31

endlos || endless || sans fin f. 32

endlos-es Band n. || endless ribbon *or* band || ruban m. sans fin. **a) ~er Faden** m. || endless thread *or* yarn || fil m. continu. **b) ~e Feinbewegung** f. (Opt) || continuous slow motion || mouvement m. lent sans fin. **c) ~e Kette** f. || endless chain || chaîne f. sans fin. **d) ~es Papier** n. || endless paper || papier m. continu. **e) ~er Riemen** m. || endless belt || courroie f. sans fin. **f) ~es Sieb** n. (Pap) || drainage sieve || tamis m. de drainage. **g) ~er Streifen** m. || endless strip || bande f. sans fin. 33

Endmarke f. (Prob) || gauge point || repère m. 34

Endmaß n. || slip gauge || jauge f. **a) Parallel~** || parallel precision gauge block || jauge f. étalon. 35

endogen || endogenous || endogène. 36

Endosmose f. || endosmose; endosmosis || endosmose f. 37

Endosperm n. || endosperm || endosperme m. 38

endospor || endosporic || endosporé. 39

Endospore f. || endospore || endospore f. 40

Endosporium n. || endosporium || endospore f. 41

endotherm (Chem) || endothermic || endothermique. 42

End-platte f. (Sammler) || endplate || plaque f. extrême. **a) ~plattform** f. || end platform || plateforme f. extrême de derrière. **b) ~polklemme** f. || end terminal || borne f. d'attache. **c) ~presse** f. für Kettgarnspulen || warper's bobbin end press || presse f. à extrémités pour bobines d'ourdissage. **d) ~produkt** n. (Chem) || endproduct || produit m. final. **e) ~punkt** m. || farthest point || extrémité f.; point m. terminus. **f) ~relais** n. || terminal relay || relais m. terminal. **g) ~röhre** f. (Fernm) || end tube || lampe f. finale. **h)** eine Verschiebung f. der **~schwellen** fpl. verhindern (Eisenb) || to prevent the end sleepers from becoming disconnected || empêcher que les traverses aux extrémités se déplacent. 43

Endspannung f. der **Entladung** || final voltage on discharge || tension f. à la fin de la décharge. **a) ~ der Ladung** || final voltage on charge || tension f. à la fin de la charge. 44

End-station f. || terminus || station f. terminus; terminus m. **a) ~summe** f. || total || total m. **b) ~temperatur** f. || final temperature || température f. finale. **c) ~träger** m. || end truss || poutre f. de rive; poutre f. de tête. **d) ~verankerung** f. || anchoring in ground || ancrage m. dans le sol. **e) ~verbindung** f. || butt joint || joint m. bout à bout. **f) ~vergärung** f. || final attenuation || atténuation f. finale. **g) ~vergärungsgrad** m. || degree of final attenuation || degré m. d'atténuation limite. **h) ~verkehr** m. (Fernm) || terminal traffic || trafic m. de départ *ou* d'arrivée. 45

Endverstärker m. || terminal repeater || répéteur m. terminal; amplificateur m. d'extrémité. **a) ~** mit Sende- und Empfangsverstärkung (Funkw) || terminal repeater with transmitting and receiving amplification || amplificateur m. d'extrémité amplifiant les courants transmetteurs et récepteurs. 46

Endverstärkerschaltung f. || terminal repeater circuit || dispositif m. d'amplificateur d'extrémité. 47

End-verstärkung f. (Fernm) final amplification || amplification f. finale. **a) ~verzweiger** m. || cable distribution box || pièce f. de raccord. **b) ~wert** m. (Phys) || final value || valeur f. finale. **c) ~zelle** f. terminal cell || cellule f. extrême. 48

Energie f. || energy || énergie f. **a) ~ aufspeichern** || to accumulate energy || accumuler de l'énergie. **b) elektromagnetische ~** || electromagnetic energy || énergie f. électromagnétique. **c) Erhaltung** f. der ~ || conservation of energy || conservation f. de l'énergie. **d) in ~ umsetzen** || to convert in power || transformer en énergie f. **e) kinetische ~** || kinetic energy || énergie f. cinétique. **f) magnetische ~** || magnetic energy || énergie f. magnétique. **g) mechanische ~** || mechanical energy || énergie f. mécanique. **h) mechanische ~** f. in elektrische **verwandeln** || to convert mechanical energy into electrical energy || transformer l'énergie mécanique en énergie électrique. **i) potentielle ~** || potential energy || énergie f. potentielle. **k) strahlende ~** || radiant energy || énergie f. rayonnante. **l) verfügbare ~** || available energy || énergie f. disponible. **m) Vervielfältigungs~** f. der Hefe || multiplication energy of the yeast || énergie f. de multiplication de la levure. 1

Energie-aufspeicherung f. || storage of energy || accumulation f. d'énergie. **a) ~belieferung** f. || delivery of energy || envoi m. de l'énergie. **b) ~erzeugung** f., Apparat m. zur Überwachung der || apparatus for controlling the generation of power || appareil m. pour le contrôle de la production de l'énergie. **c)** unmittelbar auf der **~grundlage** erzeugter Strom m. || current which is generated close to the source of power || courant m. obtenu sur les lieux-mêmes des sources d'énergie. **d) ~leitungskosten** pl. || cost of transmission of energy || frais mpl. de transmission de l'énergie. **e) ~quelle** f. || source of power || source f. d'énergie; source f. énergétique. **f) ~schaltung** f., Braunsche || oscillatory circuit Braun || circuit m. oscillant Braun. **g) ~strom** m. || energy flux *or* flow || flux m. d'énergie. **h) ~übertragung** f. || transmission of energy || transmission f. de l'énergie. **i) ~umfang** f. || mutation of energy || mutation f. de l'énergie. **k) ~umwandlung** f. || transformation of energy || transformation f. d'énergie. **l) ~verbrauch** m. (Elektr) || consumption of energy *or* current || consommation f. d'énergie; wattage m. **m) ~vergeudung** f. (Phys) || dissipation of energy || dissipation f. d'énergie. 2

Energieverlust m. || loss of energy || perte f. d'énergie. **a) geringer ~** durch **Hysteresis** || small loss of energy by hysteresis || faible perte f. d'énergie par hystérésis. 3

Energie-vernichter m. || energy destroyer || destructeur m. d'énergie. **a) ~verschwendung** f. || waste of energy || gaspillage m. d'énergie. 4

Energieverteilung f. || distribution of energy || distribution f. d'énergie. **a)** Einrichtung f. zur **Überwachung** der **~** || device for controlling the distribution of power || installation f. pour le contrôle de la répartition de l'énergie. **b) ~** im **Sonnenlicht** || distribution of energy in sunlight || répartition f. des radiations solaires. 5

energiewirtschaftlicher Ausgleich m. || equalization of energie || échange m. d'énergie. 6

energisch (Chem) || energetic || énergique. 7

eng || narrow || étroit. 8

Engelshaar n. || angel's hair || cheveux mpl. d'ange. 9

enghalsige Flasche f. || narrow-neck bottle || bouteille f. à goulot étroit. 10

Engländer m. (Werkz) || monkey wrench; shifting spanner; coach wrench || clef f. anglaise *ou* à molette. 11

englisch-es Leder n. || moleskin || peau f. de taupe; cuir m. anglais; molesquine f. **a) ~es Pflaster** n. || court plaster || taffetas m. gommé *ou* anglais. **b) ~e Soße** f. *s.* englische Tunke f. **c) ~e Tunke** f. || English sauce || sauce f. englaise. 12

Englisch-blau n. || Delft ware blue; China *or* English blue || bleu m. de faïence *ou* de Chine *ou* anglais. **a) ~leder** n. *s.* englisches Leder. **b) ~pflaster** n. *s.* englisches Pflaster. **c) ~rot** n. || English red; red oxide; trip || rouge m. d'Angleterre; rouge anglais *ou* à polir. 13

eng-maschig || close meshed || à mailles fpl. serrées; à petits alvéoles. **a) ~ringiges Holz** n. || wood with small annual rings || bois m. aux cernes étroits. **b) ~rohriger Wasserrohrkessel** m. || water tube boiler with narrow tubes || chaudière f. aquatubulaire à tubes étroits. 14

en gros || wholesale; on a large scale || en gros m. 15

Engros-geschäft n. || wholesale business || magasin m. de gros. **a) ~handel** m. || wholesale trade || commerce m. en gros. **b) ~händler** m. || wholesale dealer *or* merchant; wholesaler || marchand m. en gros; grossiste m. **c) ~preis** m. || wholesale price || prix m. de gros. 16

entaktivieren (Radium) || to desactivate || désactiver. 17

Entaktivierung f. (Radium) || desactivation || désactivation f. 18

entarretieren || to unlock || débloquer. 19

Entaschungsanlage f. || ash removal plant || installation f. pour l'enlèvement des cendres. 20

entästen || to free from branches || élaguer; émonder. 21

entbehrlich, zur Vermeidung f. **~er Hin- und Hertransporte** || to avoid all needless transport to and fro || pour éviter tout transport de va et vient inutile. 22

entbinden (Chem) || to set free || dégager. 23

entbittern || to eliminate the bitter substances *or* principles; to unbitter || enlever les principes mpl. amers; enlever l'amertume. 24

Entbitterungsapparat m., **Lupinen** || lupine unbittering apparatus || appareil m. à enlever l'amertume du lupin. 25

entblockt (Eisenb) || clear || débloqué. 26

entbromen (Chem) || to debrominate || débromer. 27

Entdeckungsreise f. || discovery voyage || voyage m. de découverte. 28

enteignen || to depossess || exproprier. 29

Enteignung f. || expropriation; compulsory depossession; alienation || expropriation f. 30

Enteignungsbeschluß m. || decision to expropriation || ordonnance f. d'expropriation. **a)** den **~** m. **vollstrecken** || to carry out the decision to expropriate || exécuter l'ordonnance f. d'expropriation. 31

Enteignungsverfahren n. || expropriation proceedings pl. || procédure f. d'expropriation. 32

Enteisenung f. || deferrization || déferrisation f. **a) Wasser~** || water deironing *or* softening || déferrisation f. d'eau; élimination f. du fer de l'eau. 33

Enteisenungsanlage f. für Wasser || water softening plant || installation f. à éliminer le fer de l'eau. 34

entemulgieren || to desemulsify || désémulsionner. 35

Entenflugzeug n. || duck type aeroplane; tail first machine; canard type airplane || avion-canard m. 36

Enterhaken m. || boarding grapnel || grappin m. d'abordage. 37

Entfaltung f. des **Verkehrs** || development of the traffic || développement m. du trafic. 38

entfärben || to discolour; to decolourize; to decolour; to bleach || décolorer. 39

Entfärben n. (Bleich) || decolouring || décoloration f. 40

entfärbend (Chem) || decolorizing || décolorant. 41

Entfärbung f. (Chem) || discolouring || décoloration f. 42

Entfärbungs-kohle f. || decolourizing coal || charbon m. décolorant. **a) ~mittel** n. || bleaching *or* discolouring agent || agent m. décolorant; décolorant m. 43

Entfernung f. || distance || distance f. **a)** (Wegbringung) removal || éloignement m. **b)** die **~ abgreifen** (Karte) || to measure distance with compasses; to stake off the distance || mesurer la distance avec le compas. **c)** auf **richtige ~** einstellen (Lichtb) || to focus || mettre au point. **d) ~** von **Geruchstoffen** || removal of the substances possessing smell || élimination (f) des matières odorantes. **e) größte ~** f. der Frässpindelmitte von der Tischfläche || greatest distance from table surface to milling spindle centre || distance f. maximum de la surface de la table au centre du porte-fraise. **f) ~** von **Mitte x bis Mitte y** || distance between centre line of x and centre of y || écartement m. de centre de x à centre de y. **g)** in **unendlicher ~** f. liegend || situated at an infinite distance || situé à une distance f. infiniment grande. **h) zurückgelegte ~** || distance run || distance f. parcourue. 44

Entfernungs-lineal n. (Vermessung) || stadiometric straightedge || règle f. des distances. **a) ~messen** n. || telemetry || télémétrie f. 45

Entfernungsmesser m. || distance meter; odometer; range finder || télémètre m.; odomètre m.; compteur m. *ou* mètre à distance m. **a) Depressions~** || depression telemeter || télémètre m. de dépression. **b)** mit einem **~** ausgerüstetes **Fernrohr** n. || telescope provided with a subtense attachment || lunette f. munie de traits staidmétriques. **c) Invert~** || inversion telemeter || télémètre m. à renversement. **d) Koinzidenz~** || coincidence telemeter || télémètre m. à coïncidence. **e) Raumbild~** || stereoscopic telemeter || télémètre m. stéréoscopique; stéréo-télémètre m. **f) Schnittbild~** || coincidence telemeter || télémètre m. à coïncidence. **g) ~** mit **senkrechter Basis** || depression telemeter || télémètre m. de dépression. 46

Entfernungs-meßfaden m. (Vermessung) || stadia line || fil m. stadimétrique; stadia. **a) ~messung** f. || telemetry || télémétrie f. **b) ~schätzen** n., Strichplatte f. zum || graticule for estimating distances || micromètre m. à estimer la distance. 47

entfetten || to disuint; to scour; to ungrease; to remove grease || dessuinter; dégraisser. 48

Entfetter m. (Färb) || scourer || lessiveur m. 49

Entfettung f. || degreasing || dégraissage m. **a) Destillationsanlage** f. zur **~** der freien Fettsäure aus Speiseöl || distillation plant for the removal of free fatty acids from edible oil || installation f. pour l'élimination par distillation des acides gras libres dans les huiles alimentaires. 50

Entfettungs-anlage f. ‖ grease extracting *or* degreasing plant ‖ installation f. de dégraissage *ou* d'extraction de graisse. **a) Knochen-~apparat** m. ‖ apparatus for extracting grease from bones ‖ appareil m. de dégraissage des os. 1

Entfettungsbad n. ‖ degreasing bath ‖ bain m. de dégraissage. **a) elektrolytisches ~** ‖ electrolytical degreasing bath ‖ bain m. de dégraissage électrolytique. 2

Entfettungs-masse f. (Galv) ‖ degreasing composition ‖ composition f. à dégraisser. **a) ~mittel** n. ‖ degreasing agent ‖ produits m. à dégraisser. **b) ~tisch** m. (Galv) ‖ degreasing bench ‖ table f. de dégraissage. 3

entflammbar ‖ inflammable ‖ inflammable. 4

Entflammbarkeit f. ‖ inflammability ‖ inflammabilité f. 5

entflammen (Chem) ‖ to inflame ‖ enflammer. **a) sich ~** (Chem) ‖ to inflame ‖ s'enflammer. 6

Entflammen n. ‖ ignition ‖ ignition f. 7

Entflammung f. (Chem) ‖ inflammation ‖ inflammation f. 8

Entflammungs-probe f. ‖ flash test ‖ épreuve f. d'inflammation. **a) ~punkt** m. ‖ flash point ‖ point m. d'inflammation. 9

entfrachten ‖ to unload ‖ décharger. 10

entfritten ‖ to dechere ‖ déchérer. 11

Entfritter m. (Funkw) ‖ tapper; decoherer ‖ frappeur m.; décohéreur m. 12

Entfrittung f. ‖ decoherence ‖ décohésion f. 13

entfuseln, den **Branntwein** m. ‖ to free spirits pl. from amylic alcohol; to defusel spirits ‖ défuseler *ou* débarrasser l'esprit de-vin de l'alcool d'amyle. 14

Entfuselung f. ‖ defuselation ‖ défuselation f. 15

entgasen ‖ to outgas; to free from gas ‖ dégazer; extraire le gaz. 16

Entgasung f. ‖ degasifying; outgasing; driving off the gases ‖ dégazation f.; dégazage m.; dégagement m. de gaz. 17

entgegengesetzt ‖ opposed ‖ opposé. **a) ~gerichtete Kraft** f. ‖ opposite force ‖ force f. opposée. **b) ~ wirkend** ‖ oppositely acting ‖ agissant en sens contraire. **c) in ~em Sinne** m. ‖ in contrary direction ‖ en contre-sens m. 18

entgegenhalten, dem Anspruch m. des Muters eine andere Mutung ~ ‖ to oppose the claim of a concessionaire by means of another concession ‖ opposer une autre demande à la prétention du requérant. 19

entgerben ‖ to detan ‖ détanner. 20

entglasen (Chem) ‖ to devitrify ‖ dévitrifier. 21

entgleisen (Eisenb) ‖ to run off the rails ‖ sauter hors *ou* sortir des rails; dérailler. 22

Entgleisung f. ‖ derailment; getting-off the rails ‖ déraillement m. 23

Entgleisungsweiche f. ‖ safety *or* derailing switch ‖ dérailleur m.; aiguille f. de déraillement. 24

entgolden (Met) ‖ to extract gold ‖ extraire l'or m. **a) ~** (Vergold) ‖ to ungild ‖ dédorer. 25

entgraten ‖ to take off the burr ‖ ébarber. 26

enthaaren, die **Haut** (Gerb) ‖ to unhair *or* to depilate the hide; to scrape off the hair ‖ débourrer *ou* dépiler *ou* épiler les peaux fpl. 27

Enthaarung f. der **Felle** ‖ unhairing the skin ‖ délainage m. des peaux. 28

Enthaarungs-maschine f. ‖ unhairing machine ‖ machine f. de dépilage. **a) ~mittel** n. ‖ depilating agent ‖ épilant m. 29

enthalten (Met) ‖ to yield ‖ contenir; tenir. 30

enthärten (Wasser) ‖ to soften ‖ adoucir. 31

Enthärtung f. ‖ softening ‖ adoucissement m. 32

Enthärtung f., Speisewasser ‖ softening of the feed water ‖ adoucissement m. de l'eau alimentaire. **a) Wasser~** ‖ water softening ‖ adoucissement m. d'eau. 33

entharzen ‖ to deresinify ‖ dérésinifier. 34

enthülsen (Hülsenfrüchte) ‖ to husk; to shell ‖ décortiquer. 35

Entkalkungsmittel n. ‖ antiliming ‖ anticalcaire m. 36

Entkapselmaschine f. (Flaschen) ‖ tin foil removing machine *or* remover ‖ machine f. à enlever les capsules. 37

entkeimen ‖ to degerminate; to sterilize ‖ dégermer; stériliser. 38

Entkeimen n. ‖ degermination ‖ dégermination f. 39

Entkeimer m. ‖ degerminator ‖ dégermeur m. 40

Entkeimung f. ‖ degermination; screening; sterilization ‖ dégermination f.; stérilisation f. 41

Entkeimungs-apparat m., Chlorgas ‖ chloride gas apparatus for sterilization ‖ appareil m. de stérilisation à chlorure-gaz. **a) ~maschine** f. (Malz) ‖ screening machine ‖ dégermeuse f. **b) ~** und **Poliermaschine** f. (Malz) ‖ screening and scouring machine ‖ machine f. à dégermer et à polir. 42

entklammern ‖ to unlock ‖ décrocher. 43

Entkletten n. der **Wolle** ‖ wool picking ‖ épaillage m. *ou* échardonnage m. *ou* égratteronage m. de laine. 44

entkohlen ‖ to decarburate; to decarburize; to decarbonize ‖ décarburer. **a)** durch die **Ofengase** npl. und sauerstoffreiche Schlacke f. ~ ‖ to decarburize by the furnace gases and by the slag rich in oxygen ‖ décarburer la fonte par les gaz du four et la scorie riche en oxigène. 45

Entkohlen n. (Met) *s.* Entkohlung f. 46

Entkohlung f. des **Roheisens** ‖ decarburization *or* decarbonization of pig iron ‖ décarburation f. de la fonte. **a) ~** des **Stahls** ‖ decarbonizing *or* softening of the steel ‖ décarbonisation f. de l'acier. 47

Entkopplung f. (Funkw) ‖ uncoupling ‖ désaccouplement m. 48

entkorken ‖ to extract corks pl. ‖ déboucher. 49

Entkorken n. ‖ extracting of corks ‖ débouchage m. 50

Entkorker m. ‖ cork extractor ‖ appareil m. à retirer les bouchons. 51

entkörnen, Baumwolle f. ‖ to gin cotton ‖ égrener le coton. 52

Entkörnung f. der **Baumwolle** ‖ ginning of the cotton ‖ égrenage m. du coton. 53

Entkörnungsmaschine f., Baumwoll ‖ cotton gin ‖ égreneuse f. de coton. 54

entkupfern ‖ te free from copper; to decopperize ‖ décuivrer. 55

entkuppeln (Masch) ‖ to uncouple; to disengage; to disconnect; to throw out of gear ‖ découpler; désaccoupler; décrocher; dételer; déclancher; désembrayer. 56

Entkupplungs-hammer m. (Eisenb) ‖ uncoupling hammer ‖ marteau m. de débrayage. **a) ~relais** n. ‖ releasing relay ‖ relais m. de désembrayage. 57

Entlade-becherwerk n. ‖ discharging bucket elevator ‖ noria f. de déchargement. **a) ~-brücke** f. ‖ unloading crane ‖ pont m. de grue de déchargement. **b) ~dauer** f. ‖ duration of discharge ‖ durée f. *ou* temps m. de déchargement. **c) ~fähigkeit** f. ‖ discharge rate *or* capacity ‖ capacité f. de décharge. **d) ~feld** n. (Elektr) ‖ explosive field ‖ champ m. explosif. **e) ~maschine** f. für **Kammeröfen** ‖ discharging machine for chamber furnaces ‖ machine f. de déchargement pour fours à compartiments. **f)** die **~möglichkeit** wurde durch Anlage weiterer Ausladevorrichtungen verstärkt ‖ the unloading efficiency has been raised by new discharging appliances ‖ la capacité de transbordement fut augmentée par des installations de déchargement à rendement plus fort. 58

entladen *s. auch* ausladen. **a)** einen **Akkumulator** m. ~ ‖ to discharge an accumulator ‖ décharger un accumulateur. **b)** die **Batterie** zu stark ~ ‖ to run the battery down ‖ décharger la batterie à l'excès. 59

Entladen n. ‖ unloading; discharging ‖ déchargement m.; décharge f.; débarquement m. **a) ~** der **Sammler** ‖ discharging of accumulators ‖ décharge f. des accumulateurs. 60

Entladeprobe f. ‖ discharge test ‖ essai m. de déchargement. 61

Entlader m. (Funkw) ‖ discharger ‖ éclateur m. **a)** (Ablader) **~** ‖ unloader ‖ déchargeur m. 62

Entlade-röhre f. (Funkw) ‖ discharge tube ‖ tube m. à décharge. **a) ~spule** f. ‖ discharging coil ‖ bobine f. de décharge. **b) ~station** f. ‖ discharging station ‖ station f. de déchargement. **c) ~stelle** f. ‖ discharging point ‖ lieu m. de déchargement. **d) ~strom** m. ‖ discharge *or* discharging current ‖ courant m. de déchargement *ou* de décharge. **e) ~stromstärke** f. ‖ strength of discharge current ‖ intensité f. de courant de décharge. **f) ~taste** f. ‖ discharge key ‖ clé f. de décharge. 63

Entladevorrichtung f. ‖ discharge device; discharger ‖ déchargeur m.; dispositif m. de décharge. **a) ~ für Eisenbahnwagen** ‖ discharging device for railway carriages ‖ dispositif m. de déchargement pour wagons de chemin de fer. 64

Entladewagen m. ‖ discharging wagon ‖ chariot m. de déchargement. **a) Selbst~** ‖ self-discharging truck ‖ wagon m. à déchargement automatique. 65

Entladezeit f. ‖ duration of discharge ‖ temps m. *ou* durée f. de déchargement. 66

Entladung f. (Elektr) ‖ discharge ‖ déchargement m.; décharge f. **a) ~** (Waffenw) ‖ explosion ‖ explosion f. **b) allmähliche ~** (Elektr) ‖ gradual discharge ‖ décharge f. graduelle *ou* successive. **c) Anfangsspannung** f. der ~ ‖ initial voltage on discharge ‖ tension f. initiale de la décharge. **d) dunkle ~** ‖ dark *or* silent discharge ‖ décharge f. obscure; effluve m. **e) Endspannung** f. der ~ ‖ final voltage on discharge ‖ tension f. à la fin de la décharge. **f) intermittierende ~** (Elektr) ‖ intermittent discharge ‖ décharge f. intermittente. **g) ~** eines **Kondensators** ‖ discharge of a condenser ‖ décharge f. d'un condensateur. **h) langsame ~** ‖ slow discharge ‖ décharge

f. lente. **i) Neben~** lateral discharge || décharge f. latérale. **k) Oberflächen~** (Elektr) || surface discharge || glissement m. superficiel. **l) oszillierende ~** || oscillatory discharge || décharge f. oscillatoire. **m) plötzliche ~** || disruptive discharge || décharge f. disruptive. 1

Entladungs-erscheinung f. || phenomenon of discharge || phénomène m. de décharge. **a) ~röhre** f. (Elektr) || discharge tube || tube m. de décharge. **b) ~schalter** m. || discharge switch || interrupteur m. de décharge. **c) ~strom** m. *s.* Entladestrom. **d) ~vorgang** m. || discharge process || procédé m. de déchargement. 2

Entladungsvorrichtung f. *s.* Entladevorrichtung. 3

entlang || along || le long. 4

entlassen, Arbeiter mpl. || to dismiss workmen || licencier *ou* renvoyer des ouvriers. 5

Entlassung f. **der Arbeiter** || dismissal of workmen || licenciement m. *ou* renvoi m. des ouvriers. 6

Entlassungsschein m. || discharge ticket || billet m. de congé. 7

entlasten || to disengage || dégager. **a) ~** (Bauw) || to ease || soulager. 8

entlasteter Schieber m. || equilibrated slide valve || tiroir m. équilibré. 9

Entlastung f. || discharging of load; balancing || déchargement m.; décharge f.; mise f. au repos. **a) Luftdruck~ für Wagen** || pneumatic balancing for weighing machines || mise f. au repos à air comprimé pour bascules. 10

Entlastungs-feder f. || spring for discharging *or* relieving || ressort m. d'équilibre *ou* de décharge. **a) ~schieber** m. || balanced slide || tiroire m. équilibré. **b) ~system** n. des **Fernrohres** || stress relieving system to telescope || dispositif m. pour décharger la lunette. **c) ~ventil** n. || relief valve || soupape f. de soulagement. **d) ~vorrichtung** f. || counter balance || dispositif m. de levage. **e) ~zeuge** m. || witness for the defence || témoin m. à décharge. 11

entleeren || to drain off; to empty; to deflate || vidanger; vider; dégonfler. **a) mit Siphon** m. **~** || to siphon || siphonner. 12

Entleerer m., **Selbst** || automatic discharger || déchargeur m. automatique. 13

Entleerung f. || emptying || vidange f. 14

Entleerungs-bremse f. || emptying brake || frein m. d'ouverture. **a) ~einrichtung** f. || discharging device || dispositif m. de vidange. **b) ~hahn** m. || drain *or* discharge *or* purge cock || robinet m. de décharge *ou* de vidange. **c) ~öffnung** f. discharge opening || orifice m. de vidange. **d) ~schlauch** m. || deflating sleeve || manche f. de dégonflement. **e) ~seil** n. (Bagger) || discharge rope || câble m. de vidage. **f) ~vorrichtung** f. *s.* ~einrichtung. 15

entlüften (Chem) || to de-aerate || désaérer. **a) ~** (Wasser) || to displace the air; to deprive of air || chasser *ou* éliminer l'air. 16

Entlüfter m. vent, de-aerator || reniflard m.; desaérateur m. 17

Entlüftung f. de-aeration; airing || désaération f.; aérage m. 18

Entlüftungsanlage f. || airing plant || installation f. de désaération **a) Wasser~** || air separator for water plants || séparateur m. d'air pour installation d'eau. 19

Entlüftungs-apparat m. || de-aerator || désaérateur m. **a) ~hahn** m. || air vent cock; air relief cock || robinet m. d'échappement d'air *ou* de soulagement. **b) ~-klappe** f. || ventilation flap || régistre m. d'aérage. **c) ~rohr** m. || air discharge pipe || tuyau m. pour le dégagement de l'air. **d) ~schlitz** m. (Flugzeug) || louvers pl.; air vent slot || fente f. de passage d'air. **e) ~schraube** f. (Mot) || air relief screw || vis f. de purge. 20

entmagnetisieren || to demagnetize || démagnétiser; désaimanter. 21

Entmagnetisierung f. || demagnetization; unmagnetizing || démagnétisation f.; désaimantation f. 22

Entmagnetisierungsapparat m. || unmagnetizing apparatus; demagnetizer || appareil m. à désaimanter *ou* de désaimantation. 23

Entmanganung f. || demanganization || démanganisation f. **a) Wasser~** || water demanganesing || séparation f. de manganèse d'eau. 24

Entmessingungsbad n. || debrassing bath || bain m. de délaitonage. 25

entmethylieren || to demethylate || déméthyler. 26

entmischen (Chem) || to separate out || se séparer. 27

Entmischung f. (Chem) || dissociation || dissociation f. 28

Entnahme f. (von Geld) || withdrawal || remboursement m. 29

Entnahmeturbine f. || tapped turbine || turbine f. à prise de vapeur. 30

Entnässen n. von **Geweben** || drying fabrics pl. || essorage m. de tissus. 31

Entnebelungsanlage f. || fume dispersion installation || installation f. pour la dissipation du brouillard. 32

entnehmen, Probestäbe mpl. || to cut out test specimens pl. || prélever des éprouvettes fpl. 33

Entnickelungsbad n. || denickelling bath || bain m. de dénickelage. 34

entölen || to remove the oil || déshuiler. 35

Entöler m. || oil separator || déshuileur m.; séparateur m. d'huile. **a) Abdampf~** || exhaust-steam oil separator || déshuileur m. de vapeur d'échappement. 36

Entölungs-anlage f. || oil separating installation || installation f. de déshuilage. **a) ~zentrifuge** f. || oil separating centrifuge || centrifuge f. de dégraissage. 37

entphosphoren || to dephosphorize || déphosphoriser. 38

Entphosphorung f. || dephosphoration || déphosphoration f. **a) Verfahren** n. zur **~** phosphorhaltigen Roheisens im Herdofen unter einer basischen Schlacke || process for dephosphorizing phosphoric iron in a hearth furnace under basic slag || procédé m. pour déphosphorer la fonte phosphoreuse sous une couche de scories basiques dans un four. 39

entpichen || to unpitch || dégoudronner. 40

Entpichen n. || unpitching || dégoudronnage m. 41

Entpichmaschine f. || unpitching machine; ausbrenner || machine f. à dégoudronner; dégoudronneur m. **a) Dampf~** || steam ausbrenner; steam unpitching machine || dégoudronneur m. à vapeur. **b) Faß~** || cask ausbrenner; machine for removing pitch in kegs || machine f. à dégoudronner les fûts. **c) ~ für Ölfeuerung** (Faßfertigung) || depitching machine with oil-firing || dégoudronneur m. avec brûleur à l'huile. 42

Entpich- und Bepichmaschine f. || unpitching and pitching machine || machine f. à dégoudronner et à goudronner. 43

Entpichstation f. (Brauerei) || depitching station || dégoudronnage m. 44

Entrahmer m. *s.* Entrahmungsmaschine. 45

Entrahmungsmaschine f. (Molkerei) || cream separator || écrémeur m.; écrémeuse f. 46

entrinden || to disbark; to decorticate || écorcer; décortiquer. 47

entrippen || to unrib || écôter. **a)** die **Tabakblätter** npl. **~** || to strip the leaves of tobacco || écôter les feuilles fpl. de tabac. 48

Entropie f. (Phys) || entropy || entropie f. 49

entrosten || to unrust || dérouiller. 50

Entrostungsanlage f. || rust removing plant || installation f. de dérouillement. 51

Entsamungsmaschine f., **Flachs** || flax ginning machine || machine f. à égrener le lin. 52

entsäuren || to free from acid; to eliminate the acid || désacidifier; neutraliser. 53

Entsäuerung f., **Wasser** || water disoxydation || desoxydation f. d'eau. 54

entschädigen || to compensate for; to indemnify; to make good; to reimburse; to remunerate; to make amends pl. || dédommager; indemniser. **a) in Geld** n. **~** || to pay compensation in cash || indemniser en argent. **b)** durch **Zahlung** einer Rente **~** || to compensate by periodic payments || indemniser par le paiement d'une rente. 55

Entschädigung f. || compensation; amends pl.; indemnification; remuneration || dédommagement m.; indemnité f.; rénumération f. **a)** eine **~ festsetzen** || to determine a compensation || fixer un dédommagement. **b) ~ fordern** || to claim damages pl. || réclamer dommages mpl. **c) ~ in Geld** || reimbursement; compensation || indemnité f. (en espèces). **d)** sich über eine **~ gütlich** einigen || to come to an amicable settlement for compensation || s'accorder amiablement pour une indemnité. **e) ~** für **Havarie leisten** || to make good average || indemniser des avaries fpl. **f)** eine **jährliche ~** leisten || to pay annual compensation || accorder une indemnité annuelle. **g)** eine **~** im **Voraus zahlen** || to pay compensation in advance || verser l'indemnité d'avance. 56

Entschädigungs-anspruch m. || claim for damages || réclamation f. **a) ~betrag** m. || amount of indemnity || montant m. de l'indemnité. **b) ~festsetzung** f. || determination of compensation || fixation f. des indemnités. 57

entschädigungspflichtig sein || to be liable to indemnity || être tenu à dédommagement. 58

entschälen, die **Seide** || to scour the silk || décreuser la soie. 59

Entschälen n. der **Seide** || scouring the silk || décreusage m. de la soie. 60

entschält (Seide) || boiled; scoured || cuit; décreusé. 61

Entscheidung f., **richterliche** || decision of the Court || décision f. du tribunal. 62

Entscheinungs-farbe f. || deblooming colour || couleur f. déluisante. **a) ~mittel** n. ||

deblooming agent || préparation f. déluisante. 1

entschlacken || to separate the dross; to take off slags; to free from slags || séparer la crasse; débarasser *ou* écumer les scories fpl. **a)** den **Generator** m. ~ || to remove the cinders *or* slag from the producer || défourner le coke brûlé. 2

Entschlackungsanlage f. || slag removing plant || installation f. pour l'enlèvement des scories. 3

Entschlichtungsmittel n. (Chem) || desizing agent || produit m. de dégommage. 4

entschwefeln || to desulphurate || dessoufrer. 5

Entschwefelung f. || desulphuration || dessoufrage m. 6

Entschwefelungsmittel n. || sulphur remover || désulfurant m. 7

Entschweißung f. der **Wolle** || wool scouring || dessuintage m. de laine. 8

Entseuchungsanstalt f. || disinfection plant || installation f. de désinfection. 9

entsilbern || to desilverize || extraire l'argent m.; désargenter. 10

Entsilberungsbad n. || desilvering bath || bain m. de désargenture. 11

Entsinterungsanlage f. || desintering plant || installation f. pour le décrassage. 12

entspannen (Phys) || to expand || détendre. **a)** eine **Feder** f. ~ || to release a spring || détendre un ressort. 13

entspannt || slack || détendu. 14

Entspannung f. (Phys) || expansion || détente f. 15

entsperren || to unlock || désembrayer. 16

entsprechen, der **Belastung** f. || to be in conformity with the load || correspondre à la charge. 17

entsprechend || corresponding to . . . || correspondant à . . . 18

entspringen (Fluß) || to spring; to rise || prendre sa source. 19

entspunden || to extract bungs pl. || tirer des bondes. 20

Entspunden n. || bung extracting || extraction f. de bondes. 21

Entspunder m. || bung lifter || tire-bonde m. 22

Entspundungs-apparat m. || bung extractor || appareil m. à extraire les bondes; tire-bonde m. **a)** **~maschine** f. || bung extracting machine || machine f. à extraire les bondes. 23

entstauben || to remove dust; to free from dust || dépoussiérer; enlever la poussière. 24

Entstauben n. von **Teppichen** || dust removing from carpets || époussetage m. de tapis. 25

Entstaubung f. || dust extraction || dépoussiérage m. **a)** ~ von **Drehofenabgasen** || precipitating the dust from waste gases of a rotary kiln || dépoussiérage m. de gaz d'échappement d'un four tournant. 26

Entstaubungs-anlage f. || dust removal plant || installation f. d'aspiration des poussières. **a)** **~maschine** f. für **Säcke** || sack dusting machine || machine f. à épousseter les sacs. **b)** **~verfahren** n. || dust extracting method || procédé m. de dépoussiérage. 27

Entstaubungsvorrichtung f. durch elektrischen Niederschlag || dust removing device by electric precipitation || appareil m. pour la séparation de poussière par précipitation électrique. **a)** ~ durch **Filter** || dust removing device by filters || appareil m. pour la séparation de poussière par filtres. **b)** ~ durch **Zentrifugen** || dust removing device by centrifuges || appareil m. pour la séparation de poussière par centrifuges. 28

entstehen (Chem) || to form || se former. 29

Entstehungszustand m. (Chem) || nascent state || état m. naissant. 30

entsumpfen (Wasserb) || to drain swamps pl. || dessécher des marais mpl. 31

entteeren || to detar || dégoudronner. 32

Entwaldung f. || deforestation || déboisement m. 33

Entwässerer m., **Dampf** || steam dessiccator || dessiccateur m. de vapeur. 34

entwässern || to drain || drainer; dessécher; égoutter. 35

Entwässern n. (Landw) || draining; drainage || drainage m. **a)** ~ von **Öl** || de-hydrating of oil || deshydratation f. d'huile. 36

entwässert, einwandfrei **~er Brennstoff** m. || fuel absolutely free of water || combustible m. complètement purgé d'eau. 37

Entwässerung f. (Kanalisation) || sewerage; canalization || canalisation f. **a)** ~ (Landw) || drainage; draining || drainage m.; vidange f.; égouttage m. **b)** ~ des **Baugrundes** || draining of the foundation ground || drainage m. du terrain à bâtir. **c)** ~ des **Dampfes** || dessiccation of the steam || dessiccation f. de la vapeur. 38

Entwässerungsanlage f. || drainage system; (draining) ditch || installation f. de drainage; fossé m. d'écoulement. **a)** **Boden~** || soil draining plant || installation f. de drainage des terrains. **b)** **Städte~** || waste water draining plant || installation f. à drainer les eaux résiduaires. **c)** **Teer~** || water eliminating plant from tar || installation f. d'élimination de l'eau du goudron. 39

Entwässerungs-becherwerk n. || draining elevator || noria f. d'égouttage. **a)** **~behälter** m. || draining tank || réservoir m. d'égouttage. **b)** **~graben** m. || drainage ditch || fossé m. d'écoulement. **c)** **~hahn** m. || draw-off cock || robinet m. de puisage. **d)** **~kanal** m. || drainage *or* draining channel || canal m. de dessèchement; couloir m. d'égouttage. **e)** **~maschine** f. für **Zellulose** || desiccating machine for wood pulp || installation f. pour la déshydratation de la cellulose. **f)** **~rinne** f. aus **Stein** || stone drain || pierrée f. souterraine. **g)** **~rohr** n. *s.* Entwässerungsröhre f. 40

Entwässerungsröhre f. || drainage pipe; drainpipe || tuyau m. de drainage *ou* de dessèchement; drain m. **a)** **Haupt~** || main drain || égout m. collecteur. 41

Entwässerungs-schleuse f. || drainage sluice || écluse f. d'assèchement. **a)** **~sieb** n. || drainage sieve || tamis m. de drainage *ou* d'égouttage. **b)** **~stollen** m. || culvert || petit aqueduc. **c)** **~turm** m. || draining tower || tour f. d'égouttage. **d)** **~ventil** n. || drain valve || purgeur m. 42

entweichen (Gas) || to leak; to escape; to disinflate || couler; s'échapper; dégonfler. 43

Entweichen n. des **Dampfes** || escape of the steam || échappement m. *ou* fuite f. de la vapeur. 44

entweichender Strom m. || leakage current || courant m. de fuite. 45

entwerfen (Bauk) || to project; to purpose; to intend; to design || projeter. **a)** ~ (Zeichn) || to sketch || ébaucher; esquisser; croquer. **b)** einen **Vertrag** m. ~ || to draw up a contract || rédiger *ou* élaborer *ou* formuler un contrat. 46

entwerten (Geld) || to withdraw; to demonetize || démonétiser. **a)** ~ (Briefmarken) || to cancel || oblitérer. **b)** ~ (Volksw) || to depreciate || déprécier. 47

entwertet || depreciated || déprécié. 48

Entwertung f. || depreciation || dépréciation f. **a)** **Abzug** m. für ~ || allowance for depreciation || remise f. pour dépréciation. 49

entwickeln (Chem) || to evolve || dégager. **a)** ~ (Lichtb) || to develop || développer; révéler. **b)** ~ (Math) || to develop || développer. **c)** **sich** ~ (Chem) || to come off || se dégager. 50

Entwickeln n. (Lichtb) || developing || développement m. **a)** ~ von **fotografischen** Aufnahmen || developing of photos || développement m. des images photographiques. 51

Entwickler m. (Chem) || producer || générateur m. **a)** ~ (Lichtb) || developer || révélateur m.; développateur m. **b)** **Gas~** || gas generator *or* producer || générateur m. de gaz; gazogène m. 52

Entwicklung f. || development || développement m. 53

Entwicklungs-apparat m., **fotografischer** || photographic developing device || appareil m. de développement photographique. **a)** **~bad** n. (Lichtb) || developing bath || bain m. révélateur *ou* de développement. **b)** **~papier** n. (Lichtb) || development paper || papier m. de développement. 54

Entwirrer m. (Seil) || leaper; loper || émerillon m. **a)** ~ (Spinn) || yarn untangler || démêleur m. de fils. 55

Entwollen n. der **Felle** || wool pulling of skins || délainage m. de peaux. 56

Entwurf m. || sketch; scheme; design || esquisse f.; croquis m.; projet m.; ébauche f. **a)** **endgültiger** ~ || final project || projet m. définitif. 57

Entwurfszeichnung f. || preliminary drawing || projet m.; esquisse f. 58

Entzerrer m. (Fernm) || anti-distortion device; equalizer || compensateur m. d'affaiblissement. **a)** ~ (Kabel) || (attenuation) equalizer || égalisateur m. d'affaiblissement; correcteur m. 59

Entzerrung f. (Fernm) || correcting of distorsion || correction f. de distorsion; antidistorsion f. **a)** ~ von **Flugaufnahmen** || rectification *or* restitution of aerial photographs || correction f. *ou* restitution f. des photographies aériennes. 60

entziehen (Chem) || to abstract; to extract || enlever; épuiser. **a)** **Wasser** n. ~ (Chem) || to dehydrate || déshydrater. 61

entziffern || to decipher || déchiffrer. 62

entzinnen || to take off tin; to untin || ôter l'étamage m. 63

Entzinnung f. von Weißblech || extracting the tin from white metal || désétamage m. du fer blanc. 64

Entzuckerung f. || extraction of sugar || extraction f. du sucre. **a)** **schnelle** und **gründliche** ~ der Melasse || rapid and thorough extraction of the sugar from the molasses || désucration f. rapide et radicale de la mélasse. 65

entzündbarer Stoff m. || inflammable material || matière f. inflammable. 66

entzünden || to set on fire; to ignite; to inflame || mettre en feu m.; allumer; enflammer. **a) sich ~** || to flare up || s'enflammer. 1

Entzunderungs-apparat m. || scaling apparatus || appareil m. à enlever les battitures. **a) ~maschine** f. || scale removing machine || machine f. à enlever les battitures. **b) ~walzwerk** n. || de-sintering mill || laminoir m. à enlever les battitures. 2

entzündlich || inflammable || inflammable. **a) ~e Erkrankung** f. || inflammatory affection || maladie f. infectueuse. 3

Entzündlichkeit f. (Chem) || inflammability || inflammabilité f. 4

Entzündung f. || incandescence; inflammation || allumage m.; inflammation f. 5

Entzündungs-punkt m. || point of ignition *or* inflammation || point m. d'inflammation. **a) ~rohr** n. || ignition tube || tube m. d'inflammation. **b) ~temperatur** f. || inflammation temperature || température f. d'inflammation. 6

Enzian m. || gentian || gentiane f. 7

Enzian-extrakt m. || gentian extract || extrait m. de gentiane. **a) ~wurzel** f. || gentian root || racine f. de gentiane. 8

Enzym n. || enzym(e) || enzyme m. **a) Ernährungs~** || nourishment enzym(e) || enzyme m. de nutrition. **b) oxydierendes ~** || oxydizing enzym(e) || enzyme m. d'oxydation. **c) Sauerstoff~** || oxygen enzym(e) || oxydase f. 9

Enzymologie f. || enzymology || enzymologie f. 10

Enzymwirkung f. || enzym(e) action *or* activity || action f. enzymatique. 11

Eosin n. || eosin || éosine f. 12

Epaulette f. || epaulet; shoulder strap || épaulette f. 13

Epidemie f. || epidemy || épidémie f. 14

Epidiaskop n. || epidiascope || épidiascope m. 15

Episkop n. || episcope || épiscope m. 16

Epithel n. || epithelium || épithélium m. 17

Epoche f. || epoch || époque f. 18

erbauen (Bauw) || to build (up); to erect; to construct; to edify; to raise || bâtir; construire; édifier. 19

Erbauer m. || builder; constructer || constructeur m. 20

Erbbegräbnis n. || family vault || tombeau m. de famille. 21

Erbiumpräparat n. || erbium preparation || préparation f. d'erbium. 22

Erblindung f. || loss of sight || perte f. de la vue. 23

erbohren (Bergb) || to find by boring || découvrir par la sonde. **a) ein Mineral** n. **~** || to bore into a mineral || découvrir un minéral par sondage. 24

Erbpacht f. || long lease; hereditary tenure; copy hold || bail m. héréditaire. 25

Erbpachtgeld n. || quit rent || redevance f. 26

Erbrechen n. || vomiting || vomissement m. 27

Erbschaft f. || inheritance; legacy || héritage m. 28

Erbse f. || pea || pois m. 29

Erbsenausschälmaschine f. || machine for the removing of the pea husks || machine f. à écosser les pois. 30

erbsengroß || pea-sized || de la grosseur d'un pois. 31

Erbsen-schrotmüller m. || pea splitter || fabricant m. de pois cassés. **a) ~stein** m. || pea stone; pisolite || pisolite f.; pierre f. de pois. 32

Erbs-kohle f. || pea coal || charbon m. menu. **a) ~mehl** n. || pease meal || farine f. de pois. 33

Erbstollen m. (Bergb) || adit || galerie f. à ciel ouvert. 34

Erbswurst f. || pea sausage || saucisse f. aux pois. 35

Erdableitung f. || earth connection || conducteur m. de terre; mise f. au sol. 36

Erdableitungswiderstand m. || earth connection resistance || résistance f. d'écoulement à la terre. 37

Erd-achse f. || axis of the earth || axe m. de la terre. **a) ~anker** m. (Bauw) || land tie || tirant m. **b) ununterbrochener ~anschluß** m. || earth terminal arrester || éclateur m. de mise à (la) terre. **c) ~-anschlußkasten** m. || feeder plug-box on the ground || boîte f. de prise de courant disposée sur le sol. **d) ~antenne** f. earth antenna *or* aerial || antenne f. basse. 38

Erdarbeit f. || earth *or* ground work || terrassement m. **a) Vorrichtung** f. für **~en** || device for earthwork || appareil m. pour travaux de terrassement. 39

Erdarbeiter m. || earthwork labourer; digger || terrassier m. 40

Erdarbeiterschaufel f. || digger's shovel || pelle f. de terrassier. 41

Erd-asphalt m. || rock asphalte || bitume m. de roche. **a) ~bahn** f. || orbit of the earth || orbite f. terrestre. **b) ~ballen** m. (Gärtn) || clod of earth || motte f. de terre. **c) ~bau** m. *s.* ~arbeit f. **d) ~bauunternehmer** m. || earthwork contractor || entrepreneur m. de terrassements. **e) ~beben** n. || earthquake || tremblement m. de terre; séísme m. 42

erdbebenfreies Gebiet n. || aseismic district || domaine m. aséismique. 43

Erdbeben-gebiet n. || seismic district || domaine m. séismique. **a) ~kunde** f. || seismology || séismologie f. **b) ~messer** m. || seismometer || séismomètre m. **c) ~welle** f. || earthquake wave || lame f. produite par un tremblement de terre. 44

Erdbeerblätter npl. || strawberry leaves pl. || feuilles fpl. de fraisier. 45

Erdbeere f. || strawberry || fraise f. 46

Erdbeerzüchter m. || strawberry grower || cultivateur m. de fraises. 47

Erd-beet n. || garden bed || plate-bande f. **a) ~beobachtung** f. || terrestrial observation || observation f. terrestre. **b) ~beschleunigung** f. || acceleration due to gravity || accélération f. due à la pesanteur. **c) ~bewegung** f. || moving *or* shifting of earth || mouvement m. des terres. **d) ~bildungskunde** f. || geology || géologie f. 48

Erdboden m. || ground; soil || sol m.; terrain m. **a)** den **~** m. **abwerfen** || to throw out the ground || jeter le terrain sur berge. **b)** den **~** m. **mit der Hacke** loshauen || to hack the ground || attaquer le terrain au pic. 49

Erd-bohrer m. || earth borer *or* drill *or* auger; earth boring bit || sonde f.; tarière f.; trépan m. **a) ~buchse** f. (Fernm) || grounding sleeve || manchon m. de mise à (la) terre. **b) ~damm** m. || earth bank; embankment || levée f. de terre; remblai m. **c) ~dichte** f. || density of the earth || densité f. de la terre. **d) ~draht** m. (Elektr) || ground wire || fil m. à la terre. **e) ~druck** m. || pressure *or* thrust of earth || poussée f. des terres. **f) ~druckermittelung** f. || determination of earth thrust || détermination f. de la poussée des terres. 50

Erde f. || earth; ground; soil || terre f.; terrain m. **a)** die **~ abtragen** || to excavate *or* to dig the ground || déblayer un terrain. **b) aus dem Boden gewonnene ~** || earth obtained from the soil || terre f. extraite du sol. **c) englische ~** || rotten stone || terre f. pourrie. **d) feuerfeste ~** || fireproof clay || terre f. réfractaire. **e) Garten~** || garden mould *or* earth || terreau m.; terre f. végétale *ou* de jardin; humus m. **f) gewachsene ~** || earth in natural state || terre f. naturelle *ou* vierge. **g) grüne ~** || green earth || terre f. verte. **h) ~** zur **Herstellung** von keramischen Erzeugnissen || earth for manufacturing ceramic products || terre f. pour la fabrication de produits céramiques. **i) samische ~** || collyrite; scarbroite || collyrite f. **k) seltene ~n** fpl. || rare earths pl. || terres fpl. rares. **l) unter der ~** || underground || sous terre. **m) halb unter der ~** || half underground || mi-souterrain. 51

erden (Elektr) || to ground || mettre à terre. 52

Erder m. (Elektr) || earth plate || prise f. *ou* plaque f. de terre. 53

Erdfarbe f. || earth colour || couleur f. terreuse. **a)** geschlämmte, gebrannte oder gemahlene **~** || washed, calcined or ground mineral colour || terre f. colorante lavée, calcinée ou pulvérisée. 54

Erd-fehlerschleife f. (Fernm) || earth loop || boucle f. de mise à (la) terre. **a) ~fernrohr** n. || terrestrial telescope || lunette f. terrestre. 55

erdfeuchter Beton m. || moist concrete || béton m. détrempé *ou* à consistance de terre humide. 56

Erdfunkerei f. || earth wireless telegraphy || radiotélégraphie f. par la terre. 57

Erdgas n. || natural gas; marsh gas || gaz m. naturel. 58

Erdgas-gewinnung f. || natural gas wells pl. || exploitation f. de gaz naturel. **a) ~motor** m. || marsh gas motor || moteur m. à gaz naturel. **b) ~quelle** f. || gusher *or* source of natural gas || source f. de gaz natural. 59

Erd-geräusch n. || earth noise || bruit m. dû à la terre. **a) ~geschoß** n. || ground floor; basement || rez-de-chaussée m. **b) ~gewächshaus** n. || deep greenhouse || serre f. profonde. **c) ~globus** m. || terrestrial globe || globe m. terrestre. **d) ~harz** n. (Min) || enosmite || énosmite f. **e) ~haue** f. || mattock; earth hoe; hoe || hoyau m.; pic m.; binette f. 60

erdig (Chem) || earthy || terreux. **a) ~er Torf** m. || earthy peat || tourbe f. terreuse. 61

Erd-induktionskompaß m. || earth inductor compass || compas m. d'induction terrestre. **a) ~inneres** n. || interior of the earth || intérieur m. de la terre. **b) ~kabel** n. || subterranean *or* underground *or* buried cable || câble m. souterrain *ou* sous-terre. **c) ~kapazitätsdifferenzmesser** m. || earth capacity difference meter || appareil m. de mesure de différence de capacité par rapport à la terre. 62

Erd-karte f. || map of the world || carte f. géographique; mappe-monde f. **a) ~klemme** f. (Elektr) || ground terminal || borne f. de terre. 63

Erdkobalt m., **roter** || cobalt bloom; red cobalt ochre; arseniate of cobalt; cobalt mica || cobalt m. arséniaté; fleur f. de cobalt; érythrine f.; mine f. de cobalt en efflorescence. **a) schwarzer ~** || earthy cobalt; black earthy cobalt-ore || cobalt m. oxydé noir. 1

Erd-kontakt m. || earth contact || contact m. terrestre. **a) mathematische ~kunde** f. || geodesy; geophysics; mathematical geography || géographie f. mathématique. 2

Erdleiter m. (Elektr) || ground wire || fil m. de terre. **a)** ~ an **Stangen** (ElLeit) || earth wire for poles || collecteur m. de terre pour poteaux. 3

Erdleitung f. (Elektr) || earth connection || prise f. de terre; mise f. à la terre. **a)** ~ für **Kabelüberführungen** || earth connection for terminal poles || terre f. des boîtes de raccordement. **b)** ~ für **Stromversorgungsanlagen** || power plant's earth connection || mise f. à la terre d'installations d'énergie. 4

Erdleitungs-messung f. (Elektr) || measurement of earth resistance || mesure f. de la résistance d'une mise à la terre. **a) ~rohr** n. (Elektr) || earth pipe || tube m. de terre. 5

Erdmagnetismus m. || terrestrial magnetism || magnétisme m. terrestre. 6

erdmagnetisch-e Deklination f. || earth's magnetic declination || déclinaison f. magnétique terrestre. **a) ~es Instrument** n. || earthmagnetic instrument || instrument m. magnétique terrestre. 7

Erdmagnetismus m. || terrestrial magnetism || magnétisme m. terrestre. 8

Erdmassen fpl. || earth masses pl. || terres fpl.; masses fpl. de terre. **a) Abtragen** n. von ~ geringer Mächtigkeit || removing soil in thin layers || enlèvement m. des couches de terre peu épaisses. 9

Erdmeß-instrument n. || instrument of geodesy || instrument m. de géodésie. **a) ~kunst** f. || geodesia; geodesy || géodésie f. 10

Erdnetz n. (Funkw) || ground net || prise f. de terre. 11

Erdnuß f. || earth *or* ground nut; peanut || arachide f.; pistache f. de terre. **a) ~öl** n. || arachis *or* groundnut *or* earth nut oil || huile f. d'arachides. 12

Erdoberfläche f. || surface of the earth || superficie f. de la terre. **a)** Lehre f. von der Gestalt der ~ || geomorphology || géomorphologie f. 13

Erdöl n. || mineral oil; petroleum || huile f. minérale; pétrole m. **a) Roh~** || residual oil || naphte f. brute. 14

Erdöl-aktie f. || oil share || pétrolifère f.; action f. pétrolifère. **a) ~destillat** n. || distillation product of naphtha || produit m. de la distillation du pétrole. **b) ~-quelle** f. || mineral oil spring *or* well || source f. *ou* gisement m. d'huile minérale. 15

Erdpech n. (Min) || mineral pitch; bitumen || bitume m.; poix f. terrestre; goudron m. minéral. **a) elastisches ~** || mineral caoutchouc || caoutchouc m. minéral. **b) festes ~** || solid bitumen || bitume m. solide. **c) weiches ~** || maltha || malthe f. 16

Erdpechgewinnung f. || mineral pitch extraction || extraction f. de bitume m. 17

Erd-peilgerät n. || earth direction finder || dispositif m. de recherche de direction par le sol. **a) ~platte** f. || earth plate || plaque f. de terre. **b) ~potential** n. || earth potential || potentiel m. terrestre. **c) ~rauch** m. (Pflanze) || fumitory || fumeterre f. **d) ~riese** f. || ground slide || glissoir m. **e) ~rückstrom** m. || earth (return) current || courant m. (de retour) par terre. **f) ~rutsch** m. || landslip || éboulement m. de terre. **g) ~schelle** f. || earth clip || borne f. de mise à (la) terre. **h) ~-schicht** f. || layer of earth || couche f. de terre. 18

Erdschluß m. || ground; earth; earthen electric contact || terre f. accidentelle; mise f. à la terre; contact m. électrique terrestre. **a) ausgleichender ~** (Funkw) || ground counterpoise || mise f. à la terre compensée. **b)** mittels ~ **telegrafieren** || to telegraph by line grounding || télégraphier par mettre à terre la ligne. 19

Erdschluß-anzeiger m. || earth leakage indicator; indicator for earthen electric contact || indicateur m. de contact électrique terrestre *ou* de perte à la terre. **a) ~bestimmung** f. || ground location || détermination f. de la mise à (la) terre accidentelle. **b) ~kontrolle** f. in **Feuermeldeanlagen** || earth control for fire alarm systems || contrôle m. de mise à la terre dans les avertisseurs d'incendie. **c) ~löschspule** f. || Petersen coil || bobine f. de prise de terre-Petersen. **d) ~messer** m. || earth leakage meter || indicateur m. de perte à la terre *ou* de contact électrique terrestre. **e) ~prüfer** m. *s.* ~anzeiger m. **f) ~strom** m. || current to earth || courant m. de perte à la terre. **g) ~sucher** m. *s.* ~anzeiger m. 20

Erd-schwere f. || gravity || pesanteur f.; gravité f.; poids m. **a) ~seil** (Blitzschutz) || grounded wire || fil m. de terre; fil m. paratonnerre. **b) ~senkung** f. || subsidence of the earth || affaissement m. du sol. **c) ~stampfe** f. || earth rammer || dame f.; demoiselle f.; damoir m. 21

Erdstrom m. || earth current || courant m. dans la terre; courant m. tellurique. 22

Erdstrom-ausgleicher m. || earth current equalizer || compensateur m. de courant tellurique. **a) ~schleife** f. || metallic circuit against earth current || compensation f. du courant tellurique. 23

Erd-system n. (Fernm) || three-wire system || système m. à trois fils. **a) ~talk** m. || earthy talc || talc m. terreux. **b) ~telegraphie** f. || earth telegraphy || télégraphie f. par la terre. **c) ~torf** m. || earthy peat *or* turf || tourbe f. terreuse. **d) ~transport** m. || conveyance of earth || mouvement m. de terre. 24

Erdung f. (Electr) || earthing; earth; ground (A); grounding; connecting to frame || mise f. à la terre. **a)** ~ von **Betriebsbatterien** || grounding of working batteries || mise f. à la terre des batteries de service. **b) einwandfreie ~** (Elektr) || unexceptionable earthing || bon état m. de la mise à la terre. 25

Erdungs-bügel m. || earthed iron strap || arceau m. protecteur de mise à la terre. **a) ~drosselspule** f. || drainage coil || bobine f. de drainage. **b) ~messer** m. || earth tester || mesureur m. de terres. **c) ~schraube** f. || earthing screw || vis m. de mise à la terre. 26

Erd-verbindung f. || ground connexion || connexion f. *ou* contact m. de terre. **a) ~verbindungskurzschließer** m. (Funkw) || earth arrester || court-circuiteur m. de mise à la terre. **b) ~wachs** n. || ozokerite; mineral wax; earth wax || ozokérite m.; cire f. fossile. **v) ~wall** m. || embankment; earth wall || digue f.; rempart m. de terre. **d) ~wärme** f. || terrestrial heat || chaleur f. terrestre. 27

Erfahrung f., **langjährige** || long experience || expérience f. longue. **a) praktische ~** || practical experience || expérience f. pratique. 28

erfinden || to invent || inventer. 29

Erfinder m. || inventer || inventeur m. 30

Erfindung f. || invention || invention f. **a) Komitee** n. für **~en** || research committee || comité m. d'inventions. 31

Erfindungspatent n. || patent of invention || brevet m. d'invention. 32

Erfolg m. || success || succès m. 33

erfolg-los || unsuccessful || sans succès m. **a) ~reich** || successful; effective || couronné de succès m.; avec succès m. 34

erforderlich || necessary || nécessaire. 35

erforschen || to explore || explorer. **a) ~** (untersuchen) || to investigate || étudier; investiger. 36

Erforschung f., **mikroskopische** || microscopical research || étude f. *ou* exploratation f. microscopique. **a) polarisationsmikroskopische ~** || studying with the polarizing microscope || examen m. en lumière polarisée. **b) ultramikroskopische ~** || studying by ultramicroscopic illumination || étude f. ultramicroscopique. 37

Erfrischungsgetränk n. || refreshing drink || boisson f. rafraîchissante. 38

Erfüllungsort m. || (contract) fulfilling place || lieu m. de payement; élection f. de domicile. **a)** ~ für **Lieferung** und **Zahlung** sowie **Gerichtsstand** ist N. N. || place for delivery, payment and for legal questions is N. N. || lieu m. pour livraison, payement et tribunal compétant est N. N. 39

Erfüllungszeit f. || time of performance || époque f. de l'exécution. 40

Erg n. (Phys) || erg || erg m. 41

ergänzen (Chem) || to make up || compléter. 42

Ergänzung f. eines Bogens || complement of an arc || complément m. d'un arc. **a)** ~ eines **Winkels** || complement of an angle || complément m. d'un angle. 43

Ergänzungs-blatt n. für das fremdsprachliche Typenrad || complementary strip for the foreign type wheel || bande f. servant à completer le jeu de caractères de la roue à caractères en langue étrangère. **a) -winkel** m. (Geom) || supplement of an angle || angle m. supplémentaire. 44

Ergebnis n. || result || résultat m.; produit m. **a)** ~ der **Rechnung** || result of the operation || resultat m. de l'opération. 45

Ergebniskraft f. || resultant || résultante f. 46

Ergiebigkeit f. || yieldingness; productiveness; fertility || fertilité f.; rendement m.; débit m. **a)** ~ eines **Extraktes** || extract yielding capacity || richesse f. en extrait. 47

erhaben || convex || convexe. 48

Erhaltung f. der **Energie** || conservation of energy || conservation f. de l'énergie. 49

erhärten || to harden; to set || durcir; s'endurcir. **a)** an der **Luft** f. ~ || to set in air || durcir à l'air m. **b) selbständig ~** || to set by itself || durcir de soi-même.

c) unter **Wasser** n. ~ ‖ to set in water ‖ durcir sous l'eau f. 1

Erhärten n. ‖ hardening ‖ durcissement m. a) ~ des **Betons** ‖ hardening of the concrete ‖ durcissement m. du béton. b) ~ in der **Luft** ‖ air hardening ‖ durcissement m. à l'air. c) ~ des **Mörtels** ‖ hardening of mortar ‖ durcissement m. du mortier. 2

Erhärtung f. ‖ hardening ‖ durcissement m. 3

Erhärtungs-beginn m. (Mörtel) ‖ commencement of setting ‖ commencement m. de la prise. a) **~dauer** f. ‖ duration of setting ‖ durée f. de la prise. b) **~ende** n. (Zement) ‖ finish of setting ‖ fin f. de la prise. c) **~verlauf** m. (Zement) ‖ process of setting ‖ processus m. de la prise. d) **~vorgang** m. (Bauw) *s.* **~verlauf** m. (Zement). 4

Erhebung f. (Bauk) ‖ elevation ‖ élévation f.; hauteur f. 5

Erhebungswinkel m. ‖ angle of elevation ‖ angle m. d'élévation. 6

erhellen, sich (Opt) ‖ to illuminate ‖ s'éclairer. 7

Erhellung f. (Opt) ‖ brightning ‖ éclat m. 8

erhitzen ‖ to heat; to warm ‖ chauffer; réchauffer; mettre en feu m. a) die Stücke npl. sind mäßig **rasch** und **gleichmäßig** zu ~ ‖ the pieces pl. should be gradually and uniformly heated ‖ il faut chauffer les pièces fpl. lentement et aussi régulièrement. b) in **offener** Flamme f. ~ ‖ to heat over the bare flame; to heat with a free flame ‖ chauffer à feu nu. c) **wieder** ~ (Met) ‖ to reheat ‖ récrouir; réchauffer. 9

Erhitzen n., **Apparat** m. zum ‖ apparatus for heating ‖ appareil m. à chauffer. 10

Erhitzer m., **Luft** ‖ air heater ‖ réchauffeur m. d'air. 11

Erhitzung f., die ~ erfolgt in **Härteöfen** von geeigneter Größe ‖ the heating is done in a hardening furnace of convenient size ‖ le chauffage a lieu dans un four à tremper de grandeur proportionné. a) **starke** ~ ‖ excessive heating ‖ échauffement m. exagéré. 12

erhöhen, die **Spannung** (Elektr) ‖ to assist the voltage ‖ élever *ou* augmenter la tension. 13

erhöht ‖ heightened ‖ relevé. 14

Erhöhungswinkel m. (Feldm) ‖ angle of elevation ‖ angle m. d'élévation. 15

Erholung f. ‖ recreation ‖ récréation f. 16

Erholungs-garten m. ‖ recreation park ‖ parc m. de récréation. a) **~haus** n. für Genesende ‖ convalescents' home ‖ maison f. de convalescents. b) den Arbeitern **~urlaub** m. gewähren ‖ to grant recovering holidays pl. to the workmen ‖ procurer à des ouvriers des vacances fpl. de récréation. 17

Eriometer n. (Spinn) ‖ eriometer ‖ ériomètre m. 18

erkalten (Chem) ‖ to cool ‖ se refroidir. a) man läßt die Stücke npl. unter warmer Asche **langsam** ~ ‖ the pieces pl. should be cooled down carefully under warm ashes ‖ on laisse refroidir avec précaution les pièces fpl. sous de la cendre chaude. 19

Erkaltung f. ‖ cooling down ‖ refroidissement m. 20

erkennbarer Grund m. ‖ obvious reason ‖ cause f. apparente. 21

erkennen (Chem) ‖ to recognize ‖ reconnaître. 22

Erker m. ‖ jutty ‖ saillie f. 23

erklären ‖ to explain ‖ expliquer. 24

Erklärung f. ‖ explanation; illustration ‖ explication f. 25

erkranken ‖ to be diseased (in); to fall ill ‖ tomber malade. a) **leicht Erkrankter** m. ‖ slightly sick person ‖ homme m. légèrement malade. b) **schwer Erkrankter** m. ‖ seriously sick person ‖ homme m. gravement malade. 26

Erkrankung f. ‖ illness ‖ maladie f. a) **entzündliche** ~ ‖ infammatory affection ‖ maladie f. infectueuse. 27

erkundigen, sich ‖ to inquire ‖ s'informer. a) **sich ~ über** . . . ‖ to ask for information about . . . ‖ prendre des renseignements sur . . . 28

Erkundigung f., **~en** fpl. über Geschäftsverhältnisse ‖ reports pl. on firms ‖ demandes fpl. de renseignements. 29

Erkundungskampfwagen m. ‖ reconnaissance tank ‖ char m. de reconnaissance. 30

Erlaubnis f. ‖ permission ‖ permission f.; permis m. a) ~ (Konzession) ‖ license *or* licence ‖ licence f. 31

Erlaubnisschein m. ‖ permit ‖ permis m. a) **amtlicher** ~ ‖ official permit ‖ permis m. officiel. b) **staatsbehördlicher** ~ ‖ Government permit ‖ permis m. de Gouvernement. 32

Erle f. ‖ alder ‖ au(l)ne m. 33

Erlen-holz n. ‖ alder wood ‖ bois m. d'aune. a) **~rinde** f. ‖ alder bark ‖ écorce f. de l'aune. 34

Erlös m. ‖ amount realized by a sale ‖ produit m.; montant m. 35

erlöschen (Chem) ‖ to slake ‖ s'éteindre. 36

ermächtigen ‖ to empower; to authorize ‖ autoriser. 37

Ermäßigung f. ‖ rebatement ‖ remise f. 38

ermitteln ‖ to seek ‖ rechercher. 39

ermüden ‖ to tire ‖ fatiguer. 40

Ermüdung f. ‖ fatigue ‖ fatigue f. a) ~ des **Metalls** ‖ fatigue of metal ‖ fatigue f. du métal. 41

Ernährungsenzym n. ‖ nourishment enzym(e) ‖ enzyme m. de nutrition. 42

erneuern ‖ to renew ‖ renouveler. a) das **Öl** n. ~ (Mot) ‖ to replenish oil supply ‖ renouveler l'huile f. 43

Erneuerung f. der **Betriebsmittel** (Eisenb) ‖ renewal *or* renewing of the rolling stock ‖ renouvellement m. du matériel roulant. 44

Erneuerungs-bedingungen pl. ‖ terms pl. of renewal ‖ termes mpl. de renouvellement. a) **~schein** m. ‖ talon ‖ talon m. 45

erniedrigen ‖ to lower ‖ abaisser. a) die **Spannung** ~ (Elektr) ‖ to lower the voltage ‖ réduire la tension. 46

Erniedrigung f. (Chem) ‖ depression ‖ abaissement m. 47

Ernte f. ‖ harvest ‖ récolte f. a) die **letztjährige** ~ ‖ the harvest of last ‖ la récolte de la dernière. 48

Ernte-bericht m. ‖ harvest report; cro preport ‖ nouvelle f. de récolte. a) **~ertrag** m. ‖ crop ‖ moisson f. 49

Erntemaschine f. ‖ mower; reaper; mowing *or* reaping machine ‖ faucheuse f.; moissonneuse f.; machine f. à récolter *ou* de récolte. a) **Heu~** ‖ hay making machine ‖ machine f. de fenaison. b) **Kartoffel~** ‖ potato gathering *or* digging machine ‖ machine f. à récolter les pommes de terre; arracheur m. de pommes de terre. c) **Rüben~** ‖ turnip gathering *or* turnip digging machine ‖ machine f. à récolter les betteraves; arracheur m. de turneps. 50

ernten ‖ to reap ‖ moissonner. 51

Erntetransportmittel npl. ‖ harvest conveying means pl.; crop transporting implements pl. ‖ ustensiles mpl. à transporter la récolte. 52

eröffnen ‖ to open ‖ ouvrir. a) ein **Werk** n. ~ ‖ to start works pl. ‖ mettre en activité une usine. 53

Eröffnung f. ‖ opening ‖ ouverture f. a) ~ eines **Geschäfts** ‖ opening of a business ‖ ouverture f. d'une maison. 54

Eröffnungskurs m. ‖ opening price ‖ premier cours m. 55

erproben ‖ to try; to prove; to test ‖ éprouver; mettre à l'épreuve f. 56

erratischer Block m. ‖ erratic block ‖ moraine f. 57

erregen (Elektr) ‖ to excite ‖ activer; exciter. a) ein **Feld** n. ~ ‖ to excite a field ‖ exciter un champ. 58

Erreger m. (Elektr) ‖ exciter ‖ excitateur m.; excitatrice f. 59

Erregerflüssigkeit f. ‖ exciting fluid ‖ liquide m. excitateur. 60

Erregerkreis m. ‖ primary circuit ‖ circuit m. primaire. a) **geschlossener** ~ ‖ closed oscillating circuit ‖ circuit m. oscillant fermé. b) **offener** ~ ‖ open oscillating circuit ‖ circuit m. oscillant ouvert. c) **Sender~** ‖ oscillating transmitting circuit ‖ circuit m. oscillant. 61

Erreger-leistung f. ‖ excitation output ‖ puissance f. d'excitation. a) unmittelbar gekuppelte **~maschine** f. ‖ direct coupled exciter ‖ génératrice f. d'excitation directement accouplée. b) **~salz** n. ‖ exciting salt ‖ sel m. excitateur. c) **~spannung** f. ‖ excitation voltage ‖ tension f. *ou* voltage m. d'excitation. d) **~spule** f. ‖ exciting *or* field coil ‖ bobine f. inductrice *ou* magnétisante *ou* d'inducteur. 62

Erregerstrom m. ‖ exciting *or* field current ‖ courant m. d'excitation. a) **~stärke** f. ‖ exciting current strength ‖ intensité f. du courant d'excitation. 63

Erregung f. (Phys) ‖ excitation ‖ excitation f. a) **gemischte** ~ ‖ compound winding ‖ excitation f. composée. 64

Erregungsdiagramm n. (Fernm) ‖ relaisworking diagram ‖ tableau m. des relais. 65

errichten ‖ to erect; to set up; to raise ‖ ériger. 66

Ersatz-ader f. im **Kabel** ‖ spare conductor in the cable ‖ conducteur m. de rechange dans le câble. a) **~anker** m. (Elektr) ‖ spare rotor ‖ induit m. de réserve. b) **~antenne** f. ‖ substitute antenna *or* aerial ‖ antenne f. provisoire. c) **~bereifung** f. ‖ spare tire equipment ‖ équipement m. de pneu de rechange. d) **~block** m., **Kalender** ‖ replacing calendar block ‖ bloc m. de remplacement à calendrier. e) **~glas** n. (Opt) ‖ duplicate lens ‖ verre m. de rechange. f) **~hebel** m. ‖ spare bar ‖ tige f. de rechange. g) **~glühkörper** m. ‖ spare glower ‖ élément m. de chauffage de rechange. h) **~heizkörper** m. ‖ spare heating member ‖ élément m. de chauffe de rechange. i) **~kettengarn** n. ‖ spare warp-thread ‖ reneuil m.

k) ~klinge f. || spare blade || lame f. de rechange. **l) ~kommutator** m. || spare commutator || collecteur m. de rechange. **m) ~leistung** f. || reparation || réparation f. **n) ~mast** m. || spare mast || mât m. de rechange. **o) ~mine** f. (Füllbleistift) || spare lead || mine f. de réserve. **p) ~mittel** n. || surrogate || substitut m. **q) ~nadel** f. || reserve needle || aiguille f. de rechange. **r) ~pflicht** f. || liability to compensation || responsabilité f. **s) ~rad** n. || spare *or* change wheel || roue f. de secours *ou* de rechange. **t) ~radhalter** m. (Aut) || spare-wheel carrier || porte-roue m. de secours. **u) ~reifen** m. || spare tire || pneu m. de réserve. **v) ~stoff** m. || substitute || succédané m. **w) ~stromkreis** m. || equivalent circuit || circuit m. équivalent. **x) ~stromquelle** f. || spare current-source || source f. de courant de rechange. **y) ~stück** n. || reserve *or* spare part || pièce f. en réserve; élément m. de rechange. 1

Ersatzteil m. *s.* Ersatzstück n. **a)** ~ für landwirtschaftliche Maschinen || spare piece for agricultural machines || pièce f. de rechange pour machines agricoles. **b) passende ~e** mpl. sind stets auf Lager || spare parts pl. are always kept in stock || des pièces fpl. de rechange sont toujours en magasin. **c) ~kasten** m. || box for spares || boîte f. pour pièces de rechange. 2

Ersatz-verbindlichkeit f. **für Bruch** || obligation to make good any loss by breakage || garantie f. pour le bris. **a) ~waren** fpl. || substitutes pl. || succédanés mpl. **b) ~weber** m. || spare weaver || tisseur m. supplémentaire. 3

ersaufen (Bergb) || to drown || se noyer. 4

Erscheinung f. (Chem) || phenomenon || phénomène m. **a) atmosphärische ~** || atmospheric phenomenon || phénomène m. atmosphérique. 5

Erscheinungsform f. || state || état m. 6

erschlaffen || to relax || relâcher. 7

erschließen, eine Kraftquelle f. in wirtschaftlichster Weise || to tap a source of power in a most economical manner || soumettre une source f. énergétique à l'exploitation la plus rationnelle. 8

Erschließung f. der **Gruben** durch umfangreiche Schachtanlagen (Bergb) || opening mines by extensive pit plant || ouverture f. des gisements par de nombreux puits. **a)** ~ einer **Quelle** || tapping a spring || ouverture f. d'une source. 9

erschöpfte Batterie f. || run-down battery || battery f. déchargée. 10

Erschöpfung f. || exhaustion || épuisement m. **a)** ~ der **Batterie** || running down of the battery || épuisement m. de la batterie. 11

erschürfen (Bergb) || to discover; to uncover || découvrir en creusant. **a) Lagerstätten** fpl. ~ (Bergb) || to reach *or* to open *or* to discover layers by digging || découvrir des mines fpl. 12

Erschütterung f. || vibration || vibration f. 13

erschütterungsfrei || safe from vibrations; vibrationless || exempte de vibrations. **a)** der **Unterbau** m. für den Amboß ist sehr schwer und ~ || the foundation of the anvil block is excessively heavy and very steady in return || le massif de fondation pour l'enclume est excessivement pesant et à l'abri de toute secousse. **b) ~er Gang** m. || vibrationless operation || marche f. exempte de vibrations. 14

ersetzbar (Chem) || replaceable || remplaçable. 15

ersetzen || to substitute; to replace || substituer; remplacer. 16

Ersetzung f. (Chem) || substitution || substitution f. 17

ersoffen (Schacht) || drowned; submerged || noyé; submergé. 18

Ersparnis f., erhebliche ~ an **Betriebskosten** || considerable saving of maintenance costs || épargne f. considérable de frais d'exploitation. **a)** ~ an **Zeit** und **Arbeitslohn** || saving *or* economy of time and wages || économie f. de temps et de salaire. **b)** ~ an **Zeit** und **Kosten** || saving of time and expense || économie f. de temps et d'argent. 19

erstarren (durch Abkühlung) || to congeal; to freeze || se congeler. 20

Erstarren n., **rasches** und gleichmäßiges ~ bewirken || to achieve rapid and uniform solidification || provoquer une solidification rapide et uniforme. **a)** ~ der **Schokoladetafeln** || solidification of the chocolate cakes || solidification f. des tablettes de chocolat. 21

Erstarrung f. || solidification; freezing || solidification f.; congélation f.; prise f. en masse. 22

Erstarrungs-gebilde n. || product of solidification || produit m. de solidification. **a) ~punkt** m. || point of solidification || point m. de solidification. 23

Erstarrungswärme f. || heat of solidification || chaleur f. de solidification. **a)** ~ des gefrierenden **Wassers** || heat of solidification of water || chaleur f. de solidification de l'eau. 24

Erstattung f. von **Gebühren** || return of charges || remboursement m. de taxes. 25

Erst-ausgabe f. || first edition || première édition f. **a) ~e Geschwindigkeit** f. || first speed || première vitesse f. **b) ~e Hilfe** f. bei Unglücksfällen || first aid treatment in case of accidents || premier secours m. en cas d'accidents. **c) ~e Seite** f. (Buchdr) || odd *or* uneven page || page f. belle *ou* impaire; recte m. 26

erstens || in the first place || en premier lieu. 27

erst-er Gang m. (Auto) || starting gear || première vitesse f. 28

ersticken || to decay || se moisir. 29

erstickend (Chem) || suffocating || suffocant. 30

Erstickung f. || suffocation || suffocation f. 31

erstklassig || first rate *or* class || de premier ordre. 32

Erstlingsausstattung f. || baby linen || linge m. pour nourrissons. 33

erteilt (Patent) || granted || accordé. 34

Ertrag m. || yield; produce || produit m.; rapport m. **a)** ~ (eines Geschäftes) || profit; returns pl. || bénéfice. **b) Brutto~** || gross proceeds pl. || produit m. brut. **c) Gesamt~** || entire proceeds pl. || produit m. (*ou* revenu m.) total. **d)** ~ vom **Hundert** || yield per cent || rendement m. pour cent. **e) Netto~** || nett proceeds pl. || produit m. net. **f) Roh~** || gross revenue || rendement m. brut. **g) veranschlagter ~** || estimated returns pl. || évaluation f. des rendements. 35

Ertrags-fähigkeit f. || productive capacity || productivité f. **a) ~feststellung** f. || determination of yield || calcul m. du rendement. 36

Ertragswert m. || capitalized value of property || valeur f. de rendement *ou* de la capitalisation d'une rente. **a) voraussichtlicher ~** || expectation value || valeur f. d'attente. 37

Eruptivgestein n. || eruptive rock || roche f. éruptive. 38

Erwärmung f. || warming; heating; calefaction || échauffement m.; caléfaction f. **a) nochmalige ~** || reheating || rechauffage m. **b) örtliche ~** || local heating || échauffement m. local. 39

Erwärmungsmaschine f., **elektrische** || electric heating machine || machine f. à rechauffer électriquement. 40

erweichen || to soften || adoucir; ramollir. 41

Erweichen n. (Chem) || softening || ramollissement m. 42

Erweichungs-mittel n. (Chem) || softening || émollient m. **a) ~punkt** m. (Chem) || softening point || point m. de ramollissement 43

erweitern, die Mündung einer Röhre || to enlarge the mouth of a tube || élargir le bout d'un tuyau. 44

Erweiterung f. einer **Anlage** || extension of a plant || agrandissement m. d'une installation. **a)** ~ bestehender **Betriebe** || enlarging old shops || élargissement m. des exploitations existantes. **b)** im Hinblick auf **künftige ~en** pl. || with regard to the extensions to come || en vue des extensions fpl. à venir. 45

Erweiterungsbau m. || extension of building || agrandissement m. des ateliers. 46

Erwerb m. (Betriebsamkeit) || industry || industrie f. **a)** ~ (das Erwerben) || acquisition || acquisition f. **b)** ~ (Gewinn) || gain; profit; returns pl. || gain m.; profit m. **c)** ~ (Lebensunterhalt) || livelihood; living; income || travail m. **d)** ~ (Lohn) || pay; wages pl. || salaire m. 47

erwerben, eine **Unternehmung** f. || to acquire an undertaking || réaliser une entreprise. 48

Erwerbs-genossenschaft f. || co-operative association || société f. coopérative d'achats. **a) ~loser** m. || unemployed || chômeur m. **b) ~losigkeit** f. || unemployment || chômage m. **c) ~mittel** npl. || resources pl. || ressource f. **d) ~quelle** f. *s.* ~mittel n. 49

erwerbstätig || gainfully employed; industrious || industriel. 50

Erwerbs-tätigkeit f. || trade; industry || industrie f. **a) ~titel** m. || title to acquire || titre f. d'acquisition. **b) ~zweig** m. || branch of trade *or* industry || branche f. d'industrie. 51

Erwerbung f. || acquisition || acquisition f. 52

Erythrin m. || erythrine; cobalt bloom || cobalt m. arséniaté; érythrine f. 53

Erz n. || ore || minerai m. **a) abbauwürdiges ~** || pay ore || minerai m. profitable *ou* payant. 54

Erz n., **anstehendes** || ore in sight || minerai m. en vue. **a) assortierte ~e** npl. || assorted ores pl. || minerais mpl. assortis. **b) Aufbereitung** f. des **~es** || treatment *or* dressing of the ore || traitement m. du minerai. **c) Chromeisen~** || chromite || sidérochrome m. **d) Durchschnittsmuster** n. des **~es** || average sample of ore || échantillon m. moyen de minerai. **e) Durchschnittswert** m. des **~es** || average value of ore || valeur f. moyenne de minerai. **f) hochhaltiges** ~ || high grade ore || minerai m. de qualité supérieure. **g) hochphosphorhaltiges** ~ || high phosphorus ore || minerai m. à haute teneur en phosphore. **h) minderhaltiges** ~ || low grade ore || minerai m. de qualité inférieure. **i)** ~ **pochen** || to crush ore || broyer le minerai. **k)** ~e npl. **scheiden** || to cop *or* to separate ores pl. || scheider *ou* séparer des minerais mpl. **l)** ~ für **Standbilder** || monumental metal || métal m. à statues. **m) strengflüssiges** ~ || refractory ore || minerai m. réfractaire. **n) titanhaltiges** ~ || titaniferous ore || minerai m. titanifère. 1

Erz-abfälle pl. || tailings pl. || résidu m. de minerai. **a) ~aufbereitung** f. || cleansing preparation *or* dressing of ores || préparation f. mécanique des minerais. 2

Erzaufbereitungs-anlage f. || ore dressing plant || installation f. de préparation *ou* pour le traitement de minerais. **a) ~maschine** f. || disintegrating and dressing machine || machine f. à désagréger et à dégrossir. 3

Erz-becherwerk n. || ore elevator || noria f. à minerai. **a) ~bergwerk** n. || ore mine; mine || minière f. **b) ~bezeichnung** f. (Bergb) || classification of ore || désignation f. du minerai. **c)** Quelle für **~bezug** || source of supply of ore || source f. de l'alimentation de minerai. **d) ~brecher** m. || ore breaker || concasseur m. à minerais. **e) ~brikettierungsanlage** f. || ore briquetting plant || installation f. pour la fabrication des agglomérés de minerai. **f) ~erzeugung** f. || production of ore || production f. de minerai. 4

erzeugen || to produce || produire. 5

Erzeuger m. || producer; manufacturer || producteur m; fabricant m. 6

Erzeugnis n. || product; good; manufacture || produit m. **a) bestes** ~ || best make *or* product || le mieux produit. **b) chemisches** ~ || chemical product || produit m. chimique. **c) Edel~** || superior product || produit m. supérieur. **d) Fertig~** || finished product || produit m. fini. **e) grafisches** ~ || graphic product || produit m. des arts graphiques. **f) minderwertiges** ~ || inferior make || produit m. inférieur. **g) pflanzliches** ~ || vegetable produce || produit m. du règne végétal. **h) rohes** ~ || raw produce || produit m. brut. **i) tierisches** ~ || animal produce || produit m. animal. **k)** ~ verschiedener **Zusammensetzung** || product of different composition || produit m. de composition diverse. 7

Erzeugung f. || production; manufacture || production f.; fabrication f. **a) abnehmende** ~ || falling off production || production f. diminuant. **b)** zwecks **billigerer** ~ || for cheaper output || en vue f. d'une fabrication à meilleur marché. **c) durchschnittliche** ~ || average output || rendement m. moyen. **d) schätzungsweise** ~ || estimated production || production f. évalué. **e)** ~ **von Strom** || generation of current || procréation f. de courant. **f) zunehmende** ~ || increasing production || production f. augmentant. 8

Erzeugungs-bericht m. (Handel) || production reports pl. || rapport m. sur la production. **a) ~kosten** pl. || manufacturing expenses pl. || prix m. de fabrication. **b) ~maschine** f. für nicht oxydierende Schutzgase || machine for producing non-oxidising safety gases || machine f. à produire les gaz protecteurs non oxydants. **c) ~satz** m. || rate of production || taux m. de production. **d) ~verringerung** f. || reduction of output || réduction f. dans le rendement. 9

Erzfeld n. || allotment of ore; ore deposit || champ m. d'exploitation; gîte m. métallifère. **a)** noch **unaufgeschlossene ~er** npl. || ore deposits pl. which are at present undevelopped || filon m métallifère non encore mis en exploitation. 10

Erzgang m. || metalliferous vein; lode || filon m. métallifère. **a) der** ~ hat sich **verdrückt** || the lode has pinched out || le filon m. a disparu. 11

Erzgießer m. || brass founder || fondeur m. en bronze. **a) ~grube** f. *s.* ~bergwerk n. 12

erzhaltig || ore bearing; metalliferous || métallifère. 13

Erz-haufen m. (Bergb) || pile *or* parcel *or* lot of ore || lot m. de minerai. **a) ~kern** m.; ungeröstete ~e pl. || lumps pl. *or* knots pl. in calcined ore || nodules mpl. **b) ~klauber** m. || ore picker || trieur m. de minerai; scheideur m. **c) ~lader** m. || ore filler || chargeur m. de minerai. **d) ~lagerstätte** f., Instrument n. zur Untersuchung von ~n || instrument for investigating ore deposits || instrument m. pour la recherche de gisements de minerais. **e) ~mühle** f. || ore mill || moulin m. à minerais. **f) ~muster** n. || ore sample || échantillon m. de minerai. **g) ~nest** n. || ore pocket || nid m. de minerai. **h) ~pocher** m. || ore crusher *or* stamper; stampman; bucker; spaller || bocardeur m. *ou* broyeur m. *ou* pileur m. de minerai. 14

Erzprobe f. (Versuch) || sampling *or* assaying (of) ore || essai m. *ou* échantillonnage m. du minerai. **a)** eine ~ **ausführen** || to assay an ore || essayer un minerai. **b) Reibeplatte** f. für ~n || grinding plate for ore samples || plaque f. de trituration pour essais de minerais. 15

Erz-quetsche f. || ore crushing mill || broyeur m. pour minerais. **a) ~röster** m. || ore burner *or* calciner *or* roaster || calcinateur m. *ou* grilleur m. de minerai. **b) ~röstungsanlage** f. || installation of ore roasting || installation f. de grillage des minerais. 16

Erzscheider m. || ore separator || séparateur m. de minerais. **a) elektromagnetischer** ~ || electro-magnetic ore separator || séparateur m. électro-magnétique pour minerais. 17

Erz-seife f. || alluvial ore deposit || dépôt m. métallifère alluvionnaire. **a) ~tasche** f. || storage bin; raw material bin; ore bunker || poche f. à minerais. **b) ~untersuchung** f. || ore analysis || analyse f. des minerais. **c) ~verarbeitung** f. || ore working || travail m. du minerai. **d) ~verhüttung** f. || ore treatment || traitement m. des minerais. 18

Erzverladebrücke f. || ore loading bridge || pont m. de chargement de minerais. **a) Hubwerk** f. einer ~ || lifting gear of an ore loading bridge || mécanisme m. de levage d'un pont de chargement de minerais. 19

Erzwagen m. || ore wagon || wagonnet m. à minerais. **a) ~wäsche** f. || ore washery || laverie f. *ou* lavoir m. de minerais. **b) ~wäscher** m. || ore washer || laveur m. *ou* débourbeur m. de minerais. **c) ~zerkleinerungsmaschine** f. || ore crusher || broyeur m. à minerais. 20

Esche f. || ash || frêne m. 21

eschenähnlicher Ahorn m. || ash-leaved maple || érable m. négundo. 22

Eschenblatt n. || ash leaf || feuille f. de frêne. 23

Eschenholz n. || ash wood || bois m. de frêne. 24

Eschenholz-kiel m. || ash keel || quille f. en bois de frêne. **a) ~öl** n. || ashtree oil || huile f. de frêne. 25

Esel m. || donkey || âne m. **a)** ~ (Darre) || scraper || baudet m. **b)** ~ (Gestell) || horse || âne m. ~ **c)** (Pap) || ass; gallows pl. || égouttoir m. de la cuve. **d)** ~ (Ramme) || ram; ram block; rammer; rammer log; monkey || mouton m; bélier m.; bilot m. de batte. 26

Eselhengstgestüt n. || stud farm for asses || ferme f. de baudet *ou* d'âne étalon. 27

Eselsrücken m. (Wasserb) || cover of a dam-wall || cape f. d'un batardeau. 28

Esel-vermietung f. || ass letting-out || location f. d'ânes. **a) ~zucht** f. || ass breeding || élevage m. d'ânes. **b) ~züchter** m. || ass breeder || éleveur m. d'ânes. 29

Esparto n. || esparto; alfa || sparte m. **a) ~geflecht** n. || esparto plait || tresse f. de sparte. 30

Espenholz n. || asp wood || bois m. de tremble. 31

Eßbesteck n. || table furniture || couvert m. 32

Esse f. || chimney || cheminée f. **a) Elektro~** || electric hearth || four m. électrique. 33

Essen-kehrer m. || chimney-sweeper || || ramoneur m. **a) ~klappe** f. einer Feuerung || damper || registre m. d'un fourneau. 34

Essenz f. || essence || essence f. **a)** ~ für **Fondants** || essence for fondants || essence f. pour fondants. **b) künstliche** ~ || artificial essence || essence f. artificielle. **c) pflanzliche** ~ || vegetable essence || essence f. végétale. 35

Eßgerät n. || dinner set || vaisselle f. pour diner. 36

Essig m. || vinegar || vinaigre m. **a) Eis~** || glacial acetic acid || acide m. acétique glacial. **b) Holz~** || pyroligneous acid || acide m. pyroligneux. **c) parfümierter** ~ || perfumed vinegar || vinaigre m. parfumé. **d) Radikal~** || radical vinegar || vinaigre m. radical. **e) wohlriechender** ~ || aromatic vinegar || vinaigre m. parfumé. 37

Essig-äther m. || acetic ether || éther m. acétique. **a) ~bereiter** m. || vinegar brewer || vinaigrier m. **b) ~bildung** f. || acetification || acétification f. **c) ~brauerei** f. || vinegar brewery || vinaigrerie f. **d) ~essenz** f. || vinegar essence; concentrated vinegar || essence f. de vinaigre. **e) ~ester** n. || ethyl acetate; acetic ester || acétate m. d'éthyle; éther m. acétique. **f) ~fabrik** f. || vinegar works pl. || vinaigrerie f. **g) ~geist** m. || pyro-acetic spirit || esprit m. pyroacétique. **h) ~händler** m. || vinegar merchant || vinaigrierm. **i) ~kessel** m. || vinegar tank || appareil m. mycodermique. **k) ~konserven** fpl. || fruits pl. preserved in vinegar; pickles pl. || conserves fpl. au vinaigre. **l) ~konservenfabrikant** m. || pickler || fabricant m. de pickles. **m) ~mutter** f. || mother (of vinegar) || mère f. (de vinaigre). 38

essigsauer || acetous; acetic || acéteux; acétique. 1
essigsaur-es Ammoniak n. || ammonium acetate || acétate m. d'ammoniaque. **a) ~es Amyl** n. || amyl acetate || acétate m. d'amyle. **b) ~es Benzyl** n. || benzyl acetate || acétate m. de benzyle. **c) ~es Eisen** n. || iron acetate || acétate m. de fer. **d) ~es Salz** n. || acetate || acétate m. **e) ~e Tonerde** f. || alumina acetate || acétate m. d'alumine. 2
Essigsäure f. || acetic acid || acide m. acétique. 3
Essigsäure-anhydrid n. || acetic anhydride || anhydride m. acétique. **a) ~anlage** f. || acetic acid plant || installation f. pour acide acétique. **b) ~apparat** m. || acetic acid apparatus || appareil m. à fabriquer l'acide acétique. **c) ~äthylester** m. || acetic ether || éther m. acétique. **d) ~bakterium** n. || acetic acid bacterium || bactérie f. d'acide acétique. **e) ~bestimmung** f. || acetic acid determination || dosage m. de l'acide acétique. **f) ~gärung** f. || acetic acid fermentation || fermentation f. acétique. **g) ~methylester** m. || methylacetic ether || éther m. méthylacétique. 4
Eß-kohle f. || forge coal || charbon m. de forge. **a) ~kohlenkoks** m. || forge coal coke || coke m. de charbon de forge. **b) ~korb** m. || provision basket || panier m. de provisions. **c) ~oblate** f. || wafer || oublie f. **d) ~oblate** f., **süße** || sweet wafer || oublie f. douce. **e) ~waren fpl., eingemachte** || preserved provisions || conserves fpl. alimentaires. 5
Ester m. || ester; ether || éther m.; éthersel m. **a) ~säure** f. || hydrogen ester || éther-acide m. 6
Estragonkraut n. || tarragon herb || herbe f. d'estragon. 7
Estrich m. || plaster floor || aire f. de repous; badigeon m. **a) Asphalt~** || asphalt floor || aire f. en asphalte. **b) ~ auf Latten** || rubble-floor; wash floor upon laths || hourdis m.; hourdage m. de plancher; plancher m. hourdé. **c) Zement~** || cement floor || aire f. en ciment. 8
Etagen-gestell n. (Sammler) || tier stand *or* frame || étagère f.; chantier m. à plusieurs étages; étagère f. **a) ~heizung** f. || floor heating installation || chauffage m. d'étages. **b) ~kessel** m. || multiple stage boiler; double storied boiler || chaudière f. à étages. **c) ~ofen** m. || kiln with overlying beds || four m. à étages. **d) ~rost** m. || multi-stage grate; step grate || grille f. à gradins *ou* en escalier *ou* à étages. **e) ~system** n. mit konischem Einlaufsfeld (Web) || range system with conical inlet || étage m. avec chemin d'introduction conique. **f) ~wagen** m. || shelved wagon || wagonnet m. étagé. 9
Etagerengegenstand m. || object of whatnot || objet m. d'étagère. 10
Etamin n. || etamine; tamine; taminy || étamine f. 11
Etappentelegraphendirektion f. || military direction of telegraphs || direction f. des télégraphes d'étape. 12
Etatsfestsetzung f. || determination of the yield || fixation f. de la possibilité. 13
Eternit n. || eternite || éternit m. 14
ethnographisch || ethnographic(al) || ethnographique. 15
Etikett n. || label || étiquette f. **a) Flaschen~** || bottle label || étiquette f. à bouteille. **b) gewebtes ~** || wooven label || étiquette f. tissée. **c) gummiertes ~** || gummed label || étiquette f. gommé. 16
Etikette f. *s.* Etikett n. 17
Etiketten-annäher m. (Bekl) || ticket sewer || couseur m. d'étiquettes. **a) ~druck** m. || label printing || impression f. des étiquettes. **b) ~drucker** m. || label maker || étiqueteur m.; imprimeur m. d'étiquettes. **c) ~druckmaschine** f. || machine for label printing || presse f. typographique d'étiquettes. **d) ~herstellungsmaschine** f. || label (making) machine || machine f. pour (fabriquer des) étiquettes. **e) ~kleber** m. || label boy || étiqueteur m. **f) ~kleberin** f. || labeller || étiqueteuse f. **g) ~lack** m. || label varnish || vernis m. pour étiquettes. **h) ~leim** m. || label glue || colle f. pour étiquettes. 18
etikettieren || to label || étiqueter. 19
Etikettierer m. || labeller || étiqueteur m. 20
Etikettiermaschine f. || labelling machine || machine f. à étiqueter. **a) ~ für Flaschen** || bottle labelling machine || machine f. à étiqueter les bouteilles. **b) ~ und Datiermaschine** f. || labelling and dating machine || machine f. à étiqueter et à dater. 21
etikettiert || labelled || étiqueté. 22
Etui n. || case; box || boîte f.; étui m. **a) ~ für Bestecke** || case for knives, forks and spoons || étui m. pour couverts de table. **b) ~ aus Holz** || wooden case || étui m. en bois. **c) ~ für Musikinstrumente** || case for musical instruments || étui m. pour instruments de musique. 23
Etui-beschläge mpl. || case fittings pl. || ferrures fpl. pour étuis. **a) ~herstellungsmaschine** f. || case making machine || machine f. pour fabriquer des étuis. **b) ~verschluß** m. || case lock || fermeture f. pour étuis. 24
Eudiometer n. || eudiometer; absorption tube || eudiomètre m. 25
Eugenglanz m. || polybasite || polybasite f. 26
Eukalyptol n. || eucalyptol || eucalyptol m. 27
Eukalyptus-blätter npl. || eucalyptus leaves pl. || feuilles fpl. d'eucalyptus. **a) ~öl** n. || eucalyptus oil || essence f. d'eucalyptus. 28
Euklas m. || euclase || euclase f. 29
Eulytin m. || eulytine; bismuth silicate || eulytine f.; bismuth m. silicaté. 30
Euphorbiumharz n. || euphorbium resin; gomme-résine f. d'euphorbe. 31
Euritporphyr m. || feldspar *or* euritic porphyry || porphyre m. euritique; eurite m. porphyroïde. 32
Eutektikum n. (Chem) || eutectic || eutectique m. 33
eutektisch (Chem) || eutectic || eutectique. 34
evakuieren || to evacuate || évacuer; faire le vide. 35
Evakuieren n., durch || by evacuating || en faisant le vide. 36
Evolute f. (Math) || evolute || développée f. 37
Evolvente f. || evolvent; involute || développante f. 38
Evolventenverzahnung f. || involute toothing || denture f. à développante. 39
Ewer m. (Schiffb) || lighter; wherry boat || éver m. 40
ewiger Schnee m. || perpetual snow || neige f. éternelle. 41
Exemplar n. || pattern; sample; specimen || exemplaire m. **a) ~** (Buchdr) || copy || exemplaire m. **b) ~** (Zeitschrift) || number || exemplaire m. 42
Exhalation f. || exhalation || exhalaison f. 43
Exhaustor m. || exhauster || aspirateur m.; exhausteur m. **a) Turbogas~** || turbo gas exhauster || turbo-extracteur m. de gaz. 44
Existenz f. || existence; position; post || existence f. **a) ~** (Lebensunterhalt) || subsistence || existence f.; vie f. 45
existieren || to exist || exister. 46
Exophthalmometer n. || exophthalmometer || exophtalmomètre m. **a) Spiegel~** || reflecting exophthalmometer || exophtalmomètre m. à miroirs. 47
Exosmose f. || exosmose || exosmose f. 48
exospor || exosporic || exosporé. **a) ~es Bakterium** n. || exosporic bacterium || bactérie f. exospore. 49
Exospore f. || exospore || exospore f. 50
Exosporium n. || exosporium || exosporef. 51
exotherm || exothermic || exothermique. 52
exotisch || exotic || exotique. 53
expandieren || to expand || détendre. 54
Expansion f. || expansion || expansion f.; détente f. **a) adiabatische ~** || adiabatic expansion || détente f. adiabatique. **b) ~ des Dampfes** || expansion of the steam || expansion f. *ou* détente f. de la vapeur. **c) Kompound~** || compound expansion || expansion f. compound. **d) radiale ~** (Geschützrohr) || self-hooping; radial expansion || autofrettage m. 55
Expansions-bandbremse f. || expanding-band brake || frein m. à ruban extensible. **a) ~dampfmaschine** f. || steam engine working expansively || machine f. à vapeur à détente. **b) ~dampfpumpe** f. || expansion steam pump || pompe f. à vapeur à expansion. **c) ~gefäß** n. || expanding vessel || pot m. à détente. **d) ~gleitbacke** f. (Dampfm) || expansion sliding block || coulisseau m. de détente. **e) ~grad** m. || degree of expansion || degré m. de détente *ou* d'expansion. **f) ~kurve** f. || expansion curve || courbe f. de détente. **g) ~ring** m. ohne Schweißnaht || expansion ring without weld || anneau m. à expansion sans soudure. **h) ~schieber** m. || expansion slide valve || tiroir m. à expansion *ou* de détente. **i) ~steuerung** f. (Dampfmasch) || expansion valve gear || distribution f. à détente. **k) direktes ~system** n. für Kühlung || direct expansion cooling system || système m. de réfrigération par détente directe. 56
Expansivkraft f. || expansive-power || force f. expansive. 57
expedieren || to forward; to dispatch || expédier. 58
Experiment n. || experiment || expérience f. 59
experimentell || experimental || expérimental. 60
Experimentieranlage f. im Starkstromlaboratorium || experimental station in the heavy current laboratory || installation f. d'expériences au laboratoire pour courants forts. 61
experimentieren || to experience || expérimenter. 62
Expertise f. || examination by experts || expertise f. 63
explodierbar || explosible || explosible. 64
Explodierbarkeit f. || explosibility || explosibilité f. 65

explodieren || to explode; to burst || exploser; crever; éclater; faire explosion. 1

explodierend || explosive || explosif. 2

explosibles Gemisch n. || explosive mixture || mélange m. tonnant. 3

Explosion f. || explosion || explosion f. **a)** ~ eines **Dampfkessels** || explosion of a boiler || explosion f. d'une chaudière à vapeur. **b) verzögerte** ~ || delayed explosion || explosion f. retardée. 4

Explosionsgefahr f. || danger of explosion || danger m. d'explosion. 5

explosionsgefährlicher Betriebsraum m. confined space liable to contain explosive mixtures || local m. industriel où les explosions sont à craindre. 6

Explosionsgemisch n. || explosive mixture || mélange m. explosif *ou* tonnant 7

explosionsgesichert *s.* explosionssicher. 8

Explosions-hub m. explosion stroke || course f. d'explosion. **a) ~klappe** f. || explosion door || soupape f. de protection contre les explosions. **b) ~kugel** f. || explosive ball || balle f. explosible. **c) ~motor** m. || explosion motor || moteur m. à explosions. **d) ~periode** f. || explosion stroke || temps m. d'explosion. **e) ~raum** m. || explosion chamber || chambre f. d'explosion. 9

explosionssicher || explosion-proof || inexplosible; à l'épreuve f. d'explosion. **a) ~e Anlage** f. || explosion-proof plant || installation f. inexplosible. **b) ~es Gefäß** n. || explosion-proof vessel *or* tank; non exploding reservoir || vase m. à l'épreuve d'explosion; récipient m. inexplosible. **c) ~er Heizkörper** m. || explosion-proof heating member || corps m. de chauffe inexplosible. 10

Explosionssicherheit f. || safety against explosion accidents || sûreté f. contre les explosions. 11

explosiv || explosive || explosif. 12

Explosiv-geschoß n. || bursting projectile || projectile m. éclatant. **a) ~stoff** m. || explosive agent *or* substance; explosives pl. || matière f. explosive; composés mpl. explosifs; explosif m. **b) ~verbrennung** f. || combustion by explosion || combustion f. par explosion. 13

Exponent m. (Arithm) || exponent || exposant m. 14

exponieren (Lichtb) || to expose || exposer. 15

Export m. || exportation; export || exportation f. **a) ~abteilung** f. || export department || département m. d'exportation. **b) ~artikel** mpl. || exports pl.; articles pl. of export || articles mpl. d'exportation. **c) ~bier** n. || export *or* shipping beer || bière f. d'exportation. **d) ~faß** n. || export cask || fût m. d'exportation. **e) ~faßbier** n. || export draught beer || bière f. d'exportation en fûts. **f) ~flaschenbier** n. || export bottle beer || bière f. d'exportation en bouteilles. **g) ~haus** n. || export firm || maison f. d'exportation. 16

exportieren || to export || exporter. 17

Exportmühle f. || export mill; colonial flour mill || moulin m. pour l'exportation. 18

Exportör m. || exporter || exportateur m. 19

Expreß-gutbeförderung f. || parcels porterage || factage m. **a) ~tarifsatz** m. || express rate || taux m. par grande vitesse. **b) ~zug** m. || express train; express || train m. express; express m. 20

Extensionsnagel m. || nail for extension || clou m. pour extension. 21

Extraausgabe f. (Kosten) || extra expense || dépense f. extraordinaire; extra m. **a)** ~ (Zeitschrift) || special edition || édition f. spéciale. 22

Extrablatt n. || special edition || dépêche f. 23

extrahierbar || extractible || extractible. 24

extrahieren || to extract || extraire. 25

Extrahieren n. || extraction || extraction f. 26

Extrakt m. *s. auch* Auszug || extract || extrait m. **a) Farbbier~** || dark beer extract || extrait m. concentré de colorant. **b) Farbmalz~** || extract of black malt || extrait m. de malt torréfié. **c) pharmazeutischer** ~ || pharmaceutical extract || extrait m. pharmaceutique. 27

Extrakt-ausbeute f. || extract yield || rendement m. en extrait. **a) ~bemesser** m. || extract measurer || pèse-extrait m. **b) ~bestimmung** f. || extract determination || détermination f. de l'extrait. **c) ~ergiebigkeit** f. || extract yielding capacity || richesse f. en extrait. 28

Extraktgehalt m. || gravity || teneur f. en extrait. **a) scheinbarer** ~ || apparent extract *or* gravity || teneur f. apparente en extrait. **b) ursprünglicher** ~ || original extract *or* gravity || teneur f. originale en extrait. **c) wirklicher** ~ || real extract *or* gravity || teneur f. réelle en extrait. 29

Extraktion f. || extraction || extraction f. **a) nasse** ~ (Met) || wet extraction || extraction f. à voie humide. 30

Extraktionsanlage f. || extraction *or* extracting plant || installation f. d'extraction. **a) Bleicherde** ~ || bleaching earth extraction plant || installation f. pour l'extraction des huiles récupérables des terres décolorantes. **b)** ~ für **Ölpreßkuchen** || extraction plant for oil cakes || installation f. d'extraction pour tourteaux pressés. **c)** ~ für **Ölsaaten** || extraction plant for oil seed || installation f. d'extraction pour semences oléagineuses. **d)** ~ für **Putzwolle** || extraction plant for wool(en) waste for cleaning || installation f. d'extraction pour étoupe à nettoyer. 31

Extraktionsapparat m. || extraction apparatus; extractor; digester || appareil m. à extraction; extracteur m.; digesteur m. **a) Hopfen~** || hop extractor || appareil m. à extraire le houblon. **b) Hopfendestillier-** und ~ || hop distilling and extraction apparatus || appareil m. à distiller et à extraire le houblon. 32

Extraktions-gefäß n. (Chem) || extraction vessel || vase m. d'extraction. **a) ~kolben** m. (Chem) || extraction flask || ballon m. à extraction. **b) ~mittel** n. || extraction agent; extracting product || produit m. pour extraire *ou* d'épuisement; moyen m. d'extraction. 33

Extraktivstoff m. || extractive matter || matière f. extractive; extractif m. 34

Extrakttabelle f. || extract table || table f. indiquante l'extrait. 35

Extralängen fpl. || extra lengths pl. || longueurs fpl. supplémentaires. 36

Extra-strom m. || extra current || extra-courant m. **a) ~versicherung** f. || extra insurance || assurance f. supplémentaire. **b) ~versicherungsprämiensatz** m. || extra rate of insurance || taux m. supplémentaire d'assurance. 37

Exzenter n. || eccentric || excentrique m. **a) ~abgratpresse** f. || eccentric trimming press || presse f. excentrique à ébarber. **b) ~abkneifpresse** f. || eccentric gitting press || presse f. à excentrique pour entailler; coupe-jet m. **c) ~antrieb** m. || eccentric drive || commande f. par excentrique. **d) ~bewegung** f. || eccentric movement || mouvement m. par excentrique. **e) ~bügel** m. || eccentric hoop *or* strap || collier m. d'excentrique. **f) ~druck** m. || eccentric pressure || pression f. d'excentrique. **g) ~fräsmaschine** f. || cam milling machine || machine f. à fraiser les cames. **h) ~gabel** f. || eccentric gab || encoche f. 38

Exzenterpresse f. || eccentric press || presse f. (à) excentrique. **a) neigbare** ~ *s.* schrägstellbare ~. **b) schrägstellbare** ~ || inclinable (geared) eccentric press || presse f. à excentrique à bâti inclinable. 39

Exzenter-ring m. || eccentric ring *or* strap || collier m. *ou* bride f. d'excentrique. **a) ~scheibe** f. || eccentric sheave || plateau m. d'excentrique. **b) ~schleifmaschine** f. || cam grinding machine || machine f. à rectifier les cames. **c) ~stange** f. || eccentric rod || tige f. d'excentrique. **d) ~welle** f. || eccentric shaft || arbre m. de dédoublement. **e) ~wellenkopierfräsmaschine** f. || cam copy milling machine || machine f. à fraiser les arbres à cames. **f) ~zapfen** m. || eccentric pin || bouton m. excentré. 40

exzentrisch || eccentric(al) || excentrique. **a) ~e Bewegung** f. || eccentric motion || mouvement m. excentrique. **b) ~er Hebel** m. || eccentric lever || levier m. excentrique. **c) ~e Skala** f. || eccentric scale || échelle f. excentrique. 41

Exzentrizität f. || eccentricity || excentricité f. 42

Exzentrizitätsfehler m. || eccentricity error || erreur f. d'excentricité. 43

F

Fabrik f. || workshop; shop (house; studio); manufactory; factory; fabric; mill; works pl. || fabrique f.; usine f.; ateliers mpl. **a) chemische ~** || chemical works || fabrique f. de produits chimiques. **b) Gummi~** || india rubber factory || fabrique f. de caoutchouc. **c) Gußstahl~** || cast steel works pl. || aciéries fpl. **d) Korkplatten~** || cork plate factory || fabrique f. de plaques de liège. **e) Kunststein~** || artificial stone factory || fabrique f. de pierres artificielles. **f) ~ landwirtschaftlicher Maschinen** || agricultural machine factory || fabrique f. de machines agricoles. 1

Fabrikanlage f. || manufacturing *or* work plant || installation f. de fabrique. 2

Fabrikant m. || manufacturer || fabricant m. 3

Fabrikarbeiter m. || factory labourer *or* hand; workshop hand || ouvrier m. d'usine *ou* de fabrique *ou* de manufacture. 4

Fabrikat n., **bestes** || best make *or* product || le meilleur product. **a) minderwertiges ~** || inferior make || fabrication f. inférieure. 5

Fabrikation f. || fabrication; manufacturing; making || fabrication f.; manufacture f.; usinage f. **a) ~ von Einzelteilen** || manufacture of parts || fabrication f. de pièces détachées. **b) glatte ~** || straight-forward working || bonne marche f. de la fabrication. 6

Fabrikations-freigabe f. || admission of manufacturing || admission f. *ou* permission f. de fabrication. **a) ~länge** f. (Kabel) || manufacturing length || longueur f. de fabrication. **b) ~methode** f. *s.* Herstellungsverfahren n. **c) ~nummer** f. || factory number || numéro m. de fabrique. **d) ~wasser** n. || industrial water || eau f. industrielle. 7

Fabrik-beamter m. || member of the staff; clerk || employé m. d'usine *ou* de fabrique. **a) ~beleuchtung** f. || lighting for industrial places || éclairage m. pour locaux industriels. **b) ~besitzer** m. || manufacturer; mill *or* factory owner || industriel m.; manufacturier m.; usinier m. **c) ~direktor** m. || mill *or* factory manager || directeur m. de fabrique *ou* de manufacture *ou* d'usine. 8

Fabrikeinrichtung f. || works outfit; factory installation || installation f. *ou* équipement m. de fabriques *ou* d'usines. **a) leistungsfähige ~** || highly efficient manufacturing plant || installations fpl. d'usine à grand rendement. 9

Fabrik-fußboden m. || factory flooring || plancher m. de fabrique. **a) ~gebäude** n. || factory building || bâtiment m. d'usine. **b) ~hof** m. || factory yard || cour f. de l'usine. **c) ~inspektor** m. || factory inspector || inspecteur m. du travail. **d) ~leiter** m. *s.* Fabrikdirektor. **e) ~leiter** f. (Gerät) || factory ladder || échelle f. de fabrique. **f) ~marke** f. || trade mark; brand || marque f. de fabrique. 10

fabrikmäßig herstellen || to manufacture || fabriquer à l'atelier. **a) fabrikmäßige Herstellung** f. || industrial manufacture || fabrication f. industrielle. 11

Fabrik-normen fpl. || works standards || standards mpl. de l'établissement. **a) ~preis** m. || factory price || prix m. de fabrique. **b) ~schornstein** m. || factory chimney || cheminée f. d'usine. **c) ~stadt** f. || manufacturing town || ville f. industrielle. **d) ~zeichen** n *s.* ~marke. 12

fabrizieren || to fabricate; to manufacture || fabriquer. 13

Facette f. || facet || facette f. 14

Facetten-glas n. || bevelled glass || glace f. biseautée. **a) ~schleifapparat** m. für **Spiegelglas** || glass bevelling machine || appareil m. à biseauter les glaces. 15

facettieren || to bevel || facetter. 16

facettiertes Brillenglas n. || bevel edged lens || verre m. à lunettes à biseauté. **a) ~ Glas** n. || cut glass || verre m. taillé. 17

Fach n. (Handel) || branch || branche f. **a) ~** (Hutm) || bat || plateau m. **b) ~** (Regal) || shelf || tablette f. **c) ~** (Schreibtisch) || pigeon hole || layette f. **d) ~ zwischen** zwei Balken || bay of joists; case bay || claire-voie f.; travée f. 18

Fach-arbeiter m. || specialist; expert; trained workman || ouvrier m. spécialiste; spécialiste m.; homme m. de métier. **a) ~bildung** f. || technical *or* professional education || éducation f. professionnelle. 19

Fächer m. || fan || éventail m. **a) unzusammenklappbarer ~** || not foldable fan || écran m. à main. 20

Fächer-antenne f. || fan aerial || antenne f. en éventail. **a) ~fabrikant** m. || fan maker || éventaillier m. 21

fächerförmig || fanshaped || sous forme f. d'éventail. **a) ~ angeordnete** Zylinder mpl. || cylinders pl. arranged in fan shape || cylindres mpl. disposés en éventail. 22

Fächer-gerste f. || battledore barley || orge f. en éventail. **a) ~gestell** n. || fan frame || monture f. d'éventail. **b) ~leder** n. || fan leather || peau f. pour éventails. **c) ~luftleiter** m. (Radio) || fan-shaped aerial || antenne f. en éventail. **d) ~motor** m. || W-type engine || moteur m. en flèche. **e) ~stickerin** f. || fan embroiderer || brodeuse f. sur éventails. **f) ~zurichter** m. || fan fitter || monteur m. d'éventails. 23

Fach-mann m. || specialist; expert || spécialiste m.; homme m. de métier. **a) ~optiker** m. || component optician || opticien m. spécialiste. **b) technische ~presse** f. || technical press || presse f. technique. **c) ~schule** f. || professional school || école f. professionnelle. 24

Fachtmaschine f. || multiple spooling machine || machine f. à bobinage multiple. 25

Fach-wand f. || bay work; frame-worked closing || paroi f. en clayonnage *ou* en colombage; cloison f. en charpente; pans mpl. de bois. **a) technische ~welt** f. || technical world || monde m. technique. 26

Fachwerk n. || frame *or* trellis work; timber framing || charpente f.; cloisonnage m.; treillis m. **a) Eisen~** || iron framework || treillis m. métallique. **b) rohrgeflochtenes ~** || framework of tubes || treillis m. d'osier. 27

Fachwerk-ausleger m. || lattice jib || flèche f. en charpente. **a) ~bau** m. || framed building || bâtisse f. *ou* construction f. en cloisonnage. **b) ~bauart** f. || method of allotting woods to a number of periods || méthode f. d'aménagement par affectations. **c) ~bogen** m. || trussed arch || poutre f. en arc. **d) ~brücke** f. mit geraden **Trägern** || diagonally braced girder bridge || pont m. à poutres droites composées. **e) ~rippe** f. || channel rib || nervure f. en profilé. 28

Fachwerkträger m. || lattice girder || poutre f. à treillis; poutre f. contre-fichée. **a) hölzerner ~** || wooden lattice girder || poutre f. en treillis de bois. 29

Fachwerkwand f. || frame work wall || cloison m. en charpente. 30

Fachzeitschrift f. || special periodical || revue f. spéciale. **a) technische ~** || technical journal || revue f. technique. 31

Fachzeitung f. || special paper || journal m. spécial. 32

Fackel f. || torch || flambeau m. **a) Flügelend~** (Luftf) || wing tip flare || torche f. de bout d'aile. **b) Pech~** || pitch torch || torche f. de poix. 33

Faden m. (Biolog) || filament; thread || filament m.; fil m. **a) ~** (Garn) || thread || corde f.; fil m. **b) ~** (Seew) || fathom || brasse f. **c) endloser ~** || endless thread *or* yarn || fil m. continu. **d) gezwirnter ~** (Kunstseide) || twisted filament || fil m. organsiné. **e)** den **gezwirnten ~** m. in Strangform überführen (Kunstseide) || to put the twisted filament into hank form || traiter le fil m. organsiné pour former des écheveaux. **f) Gummi~** || round elastic || fil m. en caoutchouc. **g) ~ zum Heften** || stitching thread || fil m. à brocher. **h) heller ~** m. auf dunklem Grunde (Opt) || bright line on a dark ground || fil m. clair sur fond noir. **i) Ketten~** || warp thread || fil m. de chaîne. **k)** den **~ sengen** (Spinn) || to singe the thread || flamber *ou* gazer le fil. **l)** ein im **Spulenverfahren** ersponnener **~** || a filament produced by means of the bobbin procedure || un fil m. préparé dans la méthode de filature avec bobines. **m) vegetativer ~** || vegetative thread || filament m. végétatif. **n) Verzierungs~** || ornamental thread || fil m. à orner. 34

Faden-anleger m. (Web) || getter-in || aiderentreur m. **a) ~anreicher** m. (Web) || hander-in || livreur m. de fils. **b) ~aufhängung** f. || fibre suspension || suspension f. à fil. **c) ~bakterium** n. || thread bacterium || bactérie f. filamenteuse. **d) ~beleuchtung** f. (Opt) || illumination of fiducial lines || éclairage m. des fils. **e) ~bremse** f. || yarn brake; thread brake || frein m. de fil. **f) ~bruch** m. || breakage of thread || casse m. de fil. **g) ~bündel** n. || fibre bundle || faisceau m. de fils. **h) ~diopter** n. || cross wire sight; cross hair diopter (A) || pinnule f. à fils. **i) ~einleger** m. || thread feeder || accrocheur m. **k) ~einzug** m. (Web) || draft; pass || passage m. **l) ~ende** n. || thread end || bout m. de fil. **m) ~festigkeitsprüfer** m. (Textil) || thread strength tester || dynamomètre m. pour fils. 1

fadenförmig || thread-like || filiforme; en forme f. de fil. 2

Fadenführer m. || thread guider || guide-fil m. **a) ~bremse** f. || thread carrier brake || frein m. de guide-fil. **b) ~hebel** m. || thread carrier lever || levier m. de guide-fil. **c) ~kupplung** f. || thread-guide coupling || embrayage m. de guide-fil. **d) ~öse** f. || thread tube || anneau m. de guide-fil. **e) ~schraube** f. || thread carrier screw || vis f. de guide-fil. 3

Faden-führung f. || yarn guide || guidage m. du fil. **a) ~galvanometer** n. || string galvanometer || galvanomètre m. à fil. 4

fadengehefteter Bogensatz m. (Buchb) || served quires pl. || ensemble m. de feuilles cousu au fil. 5

Faden-glas n. || reticulated glass || verre m. filigrané. **a) ~heftmaschine** f. (Buchb) || thread-stitching machine || machine f. à piquer au fil. **b) ~helligkeit** f. (Opt) || brightness of the cross lines || éclairement m. des fils. **c) ~klauber** m. || thread picker || éplucheuse f. à filaments. 6

Fadenkreuz m. (Opt) || cross hairs pl.; cross wires pl.; web; spider lines pl.; reticle; hair cross; cross lines pl.; graticule || réticule m.; réticule m. à croissée. **a) ~** (Web) || crossing; lease || croisure f.; envergure f.; encroix m. **b) beleuchtetes ~** (Opt) || illuminated graticule || réticule m. éclairé. **c)** das **~** liegt nicht in der **Bildebene** || the cross hairs are not in the focal plane || le réticule n'est pas dans le plan de l'image. **d) fotografisch** aufgetragenes **~** || cross lines photographed on || réticule m. reproduit par la photographie. **e)** auf **Glas** geätztes **~** || cross lines pl. etched on glass || réticule m. gravé sur verre. **f) ~** auf **Glasplatte** (Opt) || cross lines pl. on glass plate || réticule m. sur lame de verre. **g) ~** aus **Spinnenfäden** mit Fadenplatte (Opt) || cross web being spider's web stretched over a plate || réticule m. en fils d'araignée avec plaque porte-réticule. 7

Fadenkreuzbeleuchtungseinrichtung f. || cross line illuminating attachment || dispositif m. pour éclairer le réticule. 8

Faden-leiter m. (Web) || thread take-up lever; thread guide || conducteur m. de fil; guide-fil m. **a) ~messer** n. (Nähmaschine) || twine knife || couteau m. à ficelle. **b) ~nudel** f. || vermicelli || vermicelle f. **c) ~probe** f. (Zuck) || string test || preuve f. au filet. **d) ~prüfer** m. (Spinn) || checker; yarn counter || échantillonneur m. **e) ~reiniger** m. || thread cleaner || épurateur m. de fil. **f) ~schneider** m. (Web) || carpet knife || tranche-fil m. **g) ~spanner** m. || thread tension device || tendeur m. de fil. **h) ~zähler** m. || cloth prover; web glass; thread counter || compte-fils m. 9

fadenziehend || ropy; stringy || filant. **a) ~es Bier** n. || ropy beer || bière f. filante. 10

Fagott n. || bassoon || basson m. 11

Fähigkeit f. (Chem) || power || pouvoir m. 12

Fahlerz n. || tetrahedrite; gray copper ore || cuivre m. gris. 13

Fahlleder n. || russet upper leather || cuir m. à œuvre *ou* mou. 14

Fahlunit m. || fahlunite || fahlunite f. 15

Fahnden n. nach *oder* auf etwas || detection of something || recherche f. de quelque chose. 16

Fahne f. || flag; standard || drapeau m. **a) ~** (Buchdr) || slip || placard m. **b) ~** (Sammler) || lug || nez m.; queue. **c)** in **~n** fpl. **abziehen** (Buchdr) || to take a rough proof-copy in slips; to pull in slips || placarder. **d) bestickte ~** || embroidered flag || drapeau m. brodé. **e) stromführende ~** || current carrying lug || queue f. conductrice. 17

Fahnen-abzieher m. (Buchdr) || proof puller || tireur m. d'épreuves. **a) ~beschläge** mpl. || banner and flag fittings pl. || armatures fpl. de drapeaux. **b) ~presse** f. (Buchdr) || press for printing slips || presse f. pour placards. **c) ~sticker** m. || flag embroiderer || brodeur m. de drapeaux. 18

Fahrbahn f. (Eisenb) || trackway; way of a railway || voie f. de fer. **a) ~** der **Brücke** || bridge road || tablier m. du pont. 19

fahrbar (Masch) || portable || portatif. **a) ~** (Seew) || navigable || navigable. **b) ~er Brecher** m. || portable breaker || concasseur m. sur chariot. **c) ~es Gerüst** n. || travelling frame || charpente f. sur roues. **d) ~er Kran** m. || travelling crane || grue f. roulante. **e) ~e Schmiede** f. || portable forge || forge f. portative. **f) ~e Station** f. (Funkw) || carttype station; wagon set || station f. du type sur voiture. **g) ~e Station** f. für drahtlose Telegrafie || portable station for wireless telegraphy || poste m. radiotélégraphique roulant. **h) ~e Straße** f. || practicable road || route f. carrossable *ou* praticable. 20

Fahrbarkeit f. || portability || mobilité f. 21

Fahr-betrieb m., **elektrischer** || electric traction || traction f. électrique. **a) ~bewegung** f. (Masch) || travelling motion || mouvement m. de translation. 22

Fährboot n. || ferry boat; traject || bac m.; canot m. *ou* bateau m. de passage; trajet m. **a) ~** für **Pferde** || ferry boat for horses || barguette f.; passe-cheval m. 23

Fahrbrücke f. || rising scaffold-bridge || pont m. d'échafaudage. 24

Fährbrücke f. || ferry bridge || pont m. cheminant de traversée. 25

Fahrbühne f. (Bergb) || saller || repos m. **a) ~** (Masch) || traverser || chariot m. transporteur *ou* transbordeur. 26

Fahrdamm m. || roadway || chaussée f. 27

Fahrdammübergang m. für **Fußgänger** || crossing for pedestrians || passage m. pour piétons. 28

Fährdampfer m. || steam ferry boat || vapeur m. de passage. 29

Fahrdeckel m. (Kessel) || manhole cover || couvercle f. de trou d'homme. 30

Fahrdraht m. || trolley wire || fil m. de trolley *ou* de trôlet *ou* de contact. 31

Fahrdraht-isolator m. || contact-wire insulator || isolateur m. de fil de contact. **a) ~weiche** f. || overhead frog || changement m. de voie du fil de contact. 32

Fähre f. || ferry || passage m. **a) Dampf~** || steam-ferry || bateau m. de passage à vapeur. **b) fliegende ~** || flying bridge || pont m. volant. **c) Schwebe~** || suspension ferry || bac m. suspendu; pont m. transbordeur. 33

fahren (führen) || to drive || conduire. **a) ~** in die **Grube** (Bergb) || to descend into a mine || descendre dans une mine. **b)** eine **Kurve** f. **~** || to turn a curve || virer. 34

Fahrer m. (Auto) || chauffeur; driver || chauffeur m. 35

fahrfertig || ready for driving || prêt à conduire. 36

Fahrgast m. || passenger || voyageur m.; passager m. 37

Fahrgast-beförderung f. (Eisenb) || passenger service || transport m. de voyageur. **a) ~dampfer** m. || passenger steamer || vapeur m. à passagers. **b) ~schiff** n. || passenger vessel *or* ship || navire m. à passagers. **c) ~verkehr** m. || passenger traffic || trafic-voyageurs m. 38

Fahrgeld n. || fare || prix m.; passage m. 39

Fahrgeschwindigkeit f. || speed of motion; travelling speed || vitesse f. de translation *ou* de course; velocité f. de roulement. **a) ~** (Luftf) || flight speed || vitesse f. d'avancement. 40

Fahrgestell n. (Auto) || chassis || châssis m. **a) ~** (Kran) || bogie wagon || chariot m. **b) ~** (Luftf) || under carriage; landing gear || châssis m. d'atterrissage; atterrisseur m. **c) achsenloses ~** || axleless undercarriage || châssis m. sans essieu. **d) einziehbares ~** (Luftf) || retractable landing gear || atterrisseur m. escamotable *ou* pliant. **e) Niederrahmen~** || low built chassis || châssis m. surbaissé. 41

Fahrgestell-federung f. (Luftf) || undercarriage springing || amortisseur m. de choc du train d'atterrissage. **a) ~schuh** m. (Luftf) || undercarriage socket || embout m. inférieur de jonction des mâts du train d'atterrissage. **b) ~strebe** f., **hintere** (Luftf) || rear undercarriage strut || mât m. postérieur de train d'atterrissage. **c) ~verspannung** f. (Luftf) || undercarriage bracing || haubanage m. du train d'atterrissage. 42

Fahr-höhe f. (Luftf) || cruising altitude || hauteur f. de voyage. 43

Fahrkante f. der **Schiene** || running edge *or* inner edge of rail || côté m. du roulement du rail. 44

Fahrkarte f. || ticket || billet m. 45

Fahrkarten-automat m. || ticket delivery apparatus || distributeur m. de tickets. **a) ~datumpresse** f. || ticket date press || presse f. à imprimer le quantième sur les tickets. **b) ~drucker** m. || ticket printer || imprimeur m. de billets. 46

Fahrkartendruckmaschine f. || ticket printing machine || machine f. à imprimer les billets. **a) ~** für steife Karten || printing machine for pasteboard tickets || machine f. à imprimer les billets en carton. 47

Fahrkarten-geber m. *s.* ~automat m. **a) ~rotationsdruckmaschine** f. || rotation machine for printing tickets || machine f. rotative à imprimer des billets. **b) ~schalter** m. || booking office || guichet m. **c) ~stempel** m. (Eisenb) || ticket stamp || timbre m. du billet. **d) ~zählmaschine** f. || counting machine for tickets || machine f. compteuse pour billets. 48

Fahr-kran m. || movable *or* travelling crane || pont m. roulant; grue f. sur chariot. **a) ~leitung** f. (Elektr) || trolley wire || ligne f. caténaire; fil m. de contact *ou* de trolley. **b) ~loch** n. (Kessel) || manhole

|| trou m. d'homme. **c) ~mechanismus** f. || travelling gear || appareillage m. de roulement. **d) ~motor** m. (Landw) || portable motor || moteur m. de locomotion. 1

Fahrplan m. || time table || indicateur m. *ou* horaire m. des trains. **a) Eisenbahn~** || time table for railway || indicateur m. de chemin de fer. 2

Fahrplanfernregler m. für Kraftwerke und deren Unterstationen || distance control for ensuring reliable co-operation between power station and sub-stations || régulateur m. à distance permettant le fonctionnement d'ensemble entre l'usine d'énergie et les sous-stations. 3

Fahrpreis m. || fare || prix m. du voyage. 4

Fahrrad n. || cycle; bicycle || bicyclette f.; cycle m.; vélo m. **a) Damen~** || lady's bicycle || bicyclette f. de dame. **b) Herren~** || man's bicycle || bicyclette f. d'homme. **c) Invaliden~** || cylce for sicks || cyclette f. pour infermes. **d) zusammenlegbares ~** || folding bicycle || bicyclette f. pliante. 5

Fahrrad-antrieb m. || cycle driving gear || commande f. de cyclettes. **a) ~ausbesserungswerkstätte** f. || cycle repair workshop || atelier m. de réparation de vélocipèdes. **b) ~bestandteile** mpl. || supplies for bicycles; cycle fittings || accessoires mpl. pour bicyclettes. **c) ~-bremse** f. || cycle brake || frein m. pour bicyclettes. **d) ~bereifung** f. || pneumatic tire for cycles || bandage m. pneumatique pour cycles. **e) ~einbaumotor** m. || motor for cycles || moteur m. pour bicyclettes. **f) ~ersatzteil** m. || cycle part || pièce f. détachée pour vélocipèdes **g) ~felge** f. || cycle felloe || jante f. de bicyclette. **h) ~felge** f. aus **Holz** || wood felloe for cycles || jante f. en bois pour vélocipèdes. **i) ~flagge** f. || bicycle flag || pavillon m. pour bicyclettes. **k) ~flickzeug** n. || repairing material for cycle hoses || matériel m. à réparer les chambres à air de bicyclettes. **l) ~gabel** f. || cycle fork || fourche f. de bicyclette. **m) ~-glocke** f. || cycle bell || timbre m. pour cycles. **n) ~griff** m. || bicycle handle || poignée f. pour bicyclette. **o) ~kette** f. || bicycle chain || chaîne f. à bicyclettes. **p) ~kilometerzähler** m. || mileage recorder for bicycles || compteur m. kilométrique pour bicyclettes. **q) ~kugellager** n. || ball bearing for cycles || roulement m. à billes pour cyclettes. **r) ~lack** m. || cycle varnish || vernis m. pour bicycles. **s) ~laterne** f. || bicycle lamp *or* lantern || lanterne f. de bicyclettes. **t) ~laternenhalter** m. || cycle lantern bracket || porte-lanterne m. pour bicyclette. **u) ~lenkstange** f. || cycle handle bar || guidon m. *ou* guide m. pour bicyclette. **v) ~mechaniker** m. || cycle engineer || mécanicien m. pour vélocipèdes. **w) ~montör** m. || cycle fitter || monteur m. de vélos. **x) ~motor** m. || bicycle motor || moteur m. de bicyclette. **y) ~nabe** f. || cycle hub || moyeu m. de bicyclette. **z) ~öl** n. || cycle oil || huile f. pour bicycles. 6

a) ~öler m. || bicycle lubricator || graisseur m. pour bicyclettes. **b) ~pedal** n. || cycle pedal || pédale f. pour bicyclette. **c) ~pumpe** f. || bicycle pump || pompe f. de bicyclette. **d) ~rahmen** m. || cycle frame || cadre m. pour bicyclette. **e) ~reifen** m. || rubber tire for cycles || bandage m. de roue en caoutchouc pour cycles. **f) ~sattel** m. || cycle saddle || selle f. pour bicyclette. **g) ~sättelherstellungsmaschine** f. || bicycle saddles making machine || machine f. à fabriquer les selles de bicyclettes. **h) ~schild** n. || bicycle plate || plaque f. de vélo. **i) ~-schutzblech** n. || mud guard for cycles || garde-boue m. pour cyclettes. **k) ~-speiche** f. || cycle spoke || rais m. *ou* rayon m. de cyclette. **l) ~ständer** m. || cycle support || support m. de bicyclettes. **m) ~tasche** f. || cycle bag || poche f. *ou* sacoche f. pour bicyclette. **n) ~teil** m. || part of cycles || pièce f. de bicyclette. **o) ~tretkurbel** f. || cycle tread crank || manivelle f. à pédaler pour cyclettes. **p) ~zubehörteile** mpl. || cycle accessories || accessoires mpl. pour vélocipèdes. 7

Fahrrinne f. || fairway; channel; passage || passe f.; chenal m.; passage m. **a) ~** eines **Flusses** || navigable channel of a river || chenal m. d'une rivière. 8

Fahrschacht (Bergb) || ladder way; climbing shaft || puits m. de descente; fosse f. aux échelles. 9

Fahrschalter m. (Elektr) || controller || contrôleur m. **a) ~trommel** f. || controller drum || cylindre m. de combinateur. 10

Fahrschautafel f. (Eisenb) || illuminated track diagram || diagramme m. lumineux de traction. 11

Fahrschein m., Rotationsmaschine f. für den Druck von **~en** || rotation machine for printing tickets || machine f. rotative à imprimer des billets. 12

Fahrschein-druckerei f. || ticket factory; ticket printing establishment || fabrique f. *ou* imprimerie f. de billets. **a) ~fabrik** f. *s.* Fahrscheindruckerei. 13

Fähr-schiff n. || ferry || bateau m. de passage. **a) ~seil** n. || trail; ferry rope || traille f.; câble m. du pont volant. 14

Fahr-sperre f. (Eisenb) || train stop || arrêt m. automatique du train. **a) ~-steiger** m. || overman || surveillant m.; mineur m. juré. **b) ~straße** f. || highway || chaussée f. **c) ~strom** m. || traction current || courant m. de traction. 15

Fahrstuhl m. || elevator; hoist; lift; truck || monte-charge m.; ascenseur m. **a) Kranken~** || invalid wheel chair || fauteuil m. roulant pour malades. **b) Personen~** || passenger lift || ascenseur m. 16

Fahrstuhl-brücke f. || lift bridge || plate-forme f. de monte-charge. **a) elektrische ~steuerung** f. || electric lift control || commande f. électrique de la cage d'asenseur. 17

Fahrstutzen m. (Kesselb) || raised manhole || trou m. d'homme surélevé. 18

Fahrt f. (Bergb) || ladder (way) || échelles fpl. **a) ~** (Reise) || journey; trip || voyage m.; tournée f. **b) ~** (Schiff) || course || trajet m.; passage m. **c) ~** (Wagen) || ride; drive || excursion f.; voyage m.; course f. **d) freie ~** (Eisenb) || free-pass || libre parcours m. **e) freie ~ geben** (Eisenb) || to clear the line || débloquer la ligne. **f)** die **~ vermindern** (Seew) || to slacken speed || diminuer la vitesse. **g) ~** in den **Weltenraum** || astronautics pl.; cosmonautics pl. || super-aviation f.; navigation f. extra-atmosphérique. 19

Fahrtballast m. (Luftf) || ballast for cruising || lest m. de voyage *ou* pour le voyage *ou* de navigation. 20

Fahrtiefe f. (Wasserb) || depth || profondeur f. 21

Fahrtmesser m. || air-speed indicator; speedometer || appareil m. mesureur de la marche; indicateur m. de vitesse. **a) ~** (Seew) || log || loch m. 22

Fahrtregler m. || speed governor for cars || régulateur m. de vitesse pour automobiles. 23

Fahrtrichtung f. || direction of motion || direction f. de cours. **a) Kompaß~** || compass course *or* direction || direction f. de parcours au compas; route f. au compas. 24

Fahrtrichtungs-(an)zeiger m. || direction indicator || signalisateur m. de direction. **a) ~-schalter** m. (ElBahn) || commutator switch || commutateur m. de sens de marche. **b) stoßfreier ~wechsel** m. || smooth change of direction without shocks || changement m. de direction doux et exempt de chocs. 25

Fahrt-stellung f. || running position || position f. de marche. **a) ~widerstand** m. (Luftf) || rolling resistance || résistance f. au roulement. 26

Fahrvorrichtung f. || moving gear || mécanisme m. d'avancement. 27

Fahrwasser n. || fairway; channel; passage || passe f.; chenal m.; passage m. **a) ~** zwischen den Bänken || gat; gatway || passe f. entre les sables. 28

Fahrwasser-tiefe f. || depth of water in the fairway || profondeur f. d'eau dans le passage. **a) ~tonne** f. || fairway buoy || tonne f. de direction *ou* de bonne route. 29

Fahrweg m. || roadway || chaussée f. 30

Fahrwerk n. (Luftf) || undercarriage || train m. d'atterrissage. **a) Elektro~** (Kran) || electric traversing gear || commande f. électrique de déplacement. **b) Hand~** || hand traversing gear || déplacement m. commandé à la main. **c) hochziehbares ~** || under-carriage which can be raised up || châssis m. escamotable. 31

Fahrwerksantrieb m. (Kran) || traversing gear || commande f. de déplacement du chariot. 32

Fahrzeug n. || vehicle || véhicule m. **a) ~** (Seew) || vessel; craft || bâtiment m. **b) ~** der **Binnenschiffahrt** || river craft || navire m. pour la navigation intérieure. **c) ~** mit einem **Deck** (Seew) || decked vessel || bâtiment m. ponté. **d) Feuerwehr~** || fire brigade carriage || voiture f. pour pompiers. **e)** mit **Pferden** bespanntes **~** || horse drawn vehicle || voiture f. attelée. **f) Schienen~** || rail car; railroad vehicle || voiture f. *ou* véhicule m. sur rails. **g) ~** der **Seeschiffahrt** || sea goingcraft || navire m. pour la navigationmaritime. 33

Fahrzeug-batterie f. (Elektr) || vehicle battery || batterie f. de voiture. **a) ~bau** m. || construction of cars || construction f. de voitures. **b) ~rad** n. || vehicle wheel || roue f. de véhicule. 34

Fäkalien pl. *s.* Fäkalstoffe mpl. 35

Fäkalienabfuhr f. || removal of feces || enlèvement m. des matières fécales. **a) ~gerät** n. || fecal conveying implement || instrument m. pour l'enlèvement des matières fécales. 36

Fäkalstoffe mpl. || feces pl.; excreta pl.; excrements pl. || fèces fpl.; matières fpl. fécales. 37

Faktis n. || factitious caoutchouc; india rubber substitute || caoutchouc m. factice. 38

Faktor m. (Buchdr) || foreman; overseer || prote m. **a)** ~ (Math) || factor || facteur m. 1

Faktur f. *s.* Faktura f. 2

Faktura f. || invoice || facture f.; note f.; mémoire m. **a)** eine ~ **beglaubigen** lassen || to have legalized an invoice || faire légaliser une facture. 3

Faktura-abschrift f. || copy of invoice || copie f. de facture || **a)** **~betrag** m. || invoice-amount || montant m. de la facture. **b)** **~preis** m. || invoice price || prix m. de factura. 4

Fakturenbuch n. || invoice book || facturier m.; livre m. des factures. 5

fakturieren || to invoice || facturer; donner facture. 6

fakturiertes Gewicht n. || invoice weight || poids m. facturé. 7

Fall m. (Flächenneigung) || descent; fall; declivity || pente f.; inclinaison f.; descente f.; déclivité f. **a)** ~ (Phys) || fall || chute f. **b)** ~ eines **Daches** || descent of a roof || pente f. *ou* inclinaison f. *ou* descente f. d'un toit. **c)** **freier** ~ || free fall || chute f. libre. **d)** ~ der **Masten** (Schiffb) || rake of the masts || inclinaison f. des mâts. 8

Fällbad n. (Spinn) || precipitant || précipitant m. 9

fällbar (Chem) || precipitable || précipitable. 10

Fällbarkeit f. (Chem) || precipitability || précipitabilité f. 11

Fall-behälter m. (Luftf) || gravity tank || réservoir m. en charge. **a)** **~block** m. || ram block; rammer (log); monkey || mouton m.; belier m.; bilot m. de batte. **b)** **~bremse** f. (Förderkorb) || lift brake || frein m. à chute. 12

Falle f. (Schleuse) || sliding sluice *or* valve; hatch; sliding lock gate || vanne f.; pale f.; porte f. éclusière à coulisse. **a)** ~ (Schloß) || trap || trappe f. **b)** ~ (Tierfang) || trap || piège m. **c)** **hebende** ~ (Schloß) || dormant bolt || pêne m. dormant. **d)** **Mause~** || mouse trap || souricière f. **e)** **Ratten~** || rat trap || nasse f. ratière. **f)** **schließende** ~ (Schloß) || spring bolt; lever handle; latch bolt || pêne m. coulant *ou* à ressort *ou* à demi-tour; demi-tour m.; bec-de-cane m. 13

fallen || to fall || tomber. **a)** ~ (Wasser) || to run *or* go down || baisser; descendre. **b)** **nicht** ~ lassen! (Verpackung) || do not drop! || laissez pas tomber!; gare aux chutes fpl. 14

Fallen n., die Linie f. des stärksten ~s einer Lagerstätte bestimmen || to determine the direction of maximum dip *or* full dip of a mineral deposit || déterminer la ligne de plus grande pente d'un gisement. 15

fällen (Chem) || to precipitate || précipiter. **a)** **Holz** n. ~ || to cut-down timber; to fell timber *or* wood || couper le bois. 16

Fällen n. von **Bäumen** || wood cutting; felling trees || abatage m. du bois. 17

fallende Tendenz f. || downward tendency || tendance f. à baisser. 18

Fallenschmied m. || trap maker || forgeur m. de pièges. 19

Fall-fenster n. || sash window || fenêtre f. à guillotine. **a)** **~geschwindigkeit** f. || rate of fall || vitesse f. de chute. **b)** **~gewicht** n. || weight of tup || poids m. de mouton. **c)** **~hammer** m. || drop *or* stamp hammer || marteau m. *ou* mouton m. à chute libre; marteau-pilon m. **d)** **~härteprüfer** m. || ball tester; hardness drop tester || scléroscope m.; mouton m. à bille. 20

Fallhöhe f. || height of fall || hauteur f. de chute. **a)** ~ des **Baggergutes** || height from which the spoil is dumped || hauteur f. de chute du matériel dragué. 21

fallieren || to become bankrupt *or* insolvent; to fail || faillir; manquer. 22

fällig || due || payable; échéant. 23

Fälligkeit f. (von Wechseln) || expiration; maturity || échéance f.; exigibilité f. 24

Fälligkeitstag m. (Wechsel) || due date; date of maturity || jour m. de l'échéance f. 25

Fallklappe f. || trap board || trappe f. **a)** ~ (Fernm) || shutter drop || annonciateur m. avec clapet. 26

Fall-klappenring m. mit **Mutter** || trap ring with bolt || anneau m. de trappe à écrou. **a)** **~klinke** f. || falling latch *or* pawl || loquet(eau) m. **b)** **~linie** f. der **Lagerstätte** || direction of full dip of the mineral deposit || pendage m. du gisement. **c)** **~masche** f. || ladder || maille f. coulée. **d)** **~plattenkamera** f. || falling plate camera || appareil m. photographique à plaques rabattantes. 27

Fallreep n. || ladder rope || coupée f. **a)** **~gast** m. || side man || homme m. qui passe sur le bord. 28

Fall-riegel m. || falling latch || loqueteau m. **a)** **~rohr** n. (Bauw) || gutter *or* rain *or* waste pipe || tuyau m. de descente. **b)** **~röhre** f. (Masch) || downcomer; tipping chute || tube m. descendant; tuyau m. de descente. **c)** **~scheibe** f. (Fernm) || drop indicator; annunciator disc || indicateur m. à volets; clapet m. **d)** **~scheibenapparat** m. || annunciator board || tableau-indicateur m. **e)** **~schieber** m. || sliding damper || registre m. à guillotine. 29

Fallschirm m. || parachute || parachute m. **a)** **~rakete** f. || parachute flare || fusée f. à parachute. 30

Fall-schloß n. || trunklock; lock with falling latch || serrure f. à pêne dormant et loquet. **a)** **~schutzvorrichtung** f. (Bergb) || safety apparatus for cages || parachute m. pour mines. **b)** **~tank** m. (Luftf) || gravity tank || réservoir m. en charge. **c)** **~tor** n. (Schleuse) || trap door || porte f. à coulisse. 31

Falltür f. || drop *or* trap door || porte f. bascule *ou* à guillotine; trappe f. **a)** **~ring** m. mit **Mutter** || trap ring with bolt || anneau m. de trappe à écrou. 32

Fällung f. (Chem) || precipitation || précipitation f. **a)** ~ (Forst) || felling; cutting || abatage m. 33

Fällungsmittel n. (Chem) || precipitant *or* precipitating substance || précipitant m.; réactif m. 34

Fallwerk n. (Met) || drop work; stamp; pig breaker || mouton m.; installation f. à chute libre; casse-gueuses m. **a)** ~ mit **Ausklinkvorrichtung** || pile driver with tripping device || sonnette f. à déclic. **b)** unter dem ~ n. **geschlagen** || bent under tup || essayé au mouton. 35

Fallwerkskran m. || ram crane || grue f. à bélier. 36

Fallwinkel m. (Bergbau) || angle of dip || angle m. de pendage. **a)** **~messer** m. (Bergbau) || clinometer || clinomètre m. 37

Fällzeit f. (Forstw) || felling season || époque f. de l'abattage. 38

falsch || false || faux. **a)** **~e Handhabung** f. || wrong manipulation || manipulation f. fausse. **b)** **~e Naht** f. || mock seam || fausse couture f. 39

fälschen (Chem) || to adulterate || falsifier. 40

Fälschung f. (Chem) || adulteration || falsification f. 41

Fälschungs-mittel n. || adulterant || adultérant m. **a)** **~stoff** m. (Chem) || *s.* Fälschungsmittel. 42

Falschweisung f. || error in indication || instruction f. fausse. 43

Faltboot n. || collapsible dinghy; folding boat || canot m. démontable *ou* pliant *ou* pliable. 44

Falte f. || flexure; curvature || pli m. 45

Fältelmaschine f. || trill machine || machine f. à plisser. 46

falten || to fold || plier. 47

Falten n. von Stoffen || plaiting of fabrics || plissage m. d'étoffes. 48

faltenfrei || free from wrinkles || sans pli m. 49

Faltengebirge n. || folded rocks || montagne f. formée par plissement. 50

Faltmaschine f., Briefumschlag || folding machine for envelopes || plieuse f. pour enveloppes à lettres. **a)** **Gewebe~** || cloth folding machine || machine f. à plier les tissus. **b)** **Schachtel~** || folding machine for boxes || plieuse f. pour boîtes. 51

Faltprobe f. || folding test || essai m. de ployage. 52

Faltschachtel f. || folding *or* collapsible (cardboard) box || boîte f. pliante *ou* pliée *ou* pliable; cartonnage m. pliant. **a)** **~maschine** f. || folded card box machine || machine f. pour faire des boîtes pliables. 53

Faltung f. der Schichten || corrugation of rocky-strata || plissement m. des couches. 54

Falz m. (zum Gleiten) || channel || coulisse f. **a)** ~ (Klempn) || fold; edge hammered down; folding border || repli m.; agrafe f.; avisure f. **b)** ~ (Pap) || fold; guard; lap || pli m.; onglet m. **c)** ~ (Tür; Fenster) || rabbet; rebate || feuillure f. **d)** **Längs~** || longitudinal seam || couture f. longitudinale. **e)** den ~ m. **umschlagen** || to fold || avir. 55

Falzapparat m., **bänderarmer** || folder with few tapes || plieuse f. à peu de cordons. **a)** **bänderloser** ~ || tape-less folder || plieuse f. sans cordons. **b)** **punkturloser** ~ || folder without points || plieuse f. sans pointures. 56

Falzbein n. || folder; folding bone *or* stick; paper folder || plioir m.; coupe-papier m. **a)** ~ mit **Metallklinge** || folder with metal blade || coupe-papier m. à lame de métal. 57

Falzbrett n. || folding board || ais m. à pliage. 58

falzen || to fold || (re)plier; agrafer. 59

Falzer m. (Met) || folder || agrafeur m. **a)** ~ (Papier; Web usw.) || folder || plieur m. **b)** ~ (Spinn) bundler; folder || empaqueteur m. *ou* ployeur m. *ou* plieur m. de filés. **c)** **Maschinen~** || machine folder || plieur m. à la machine. 60

Falz-gerät n. (Buchb) || folding apparatus; folder || plieuse f; appareil m. à plier. **a)** **~hobel** m. || rebate *or* rabbet plane; fillister || feuilleret m.; rabot-feuilleret m.; guillaume m. 61

Falzmaschine f. (Blech) || seaming machine || machine f. à sertir. **a)** ~ (Buchb) || folding machine || machine f. de pliage; plieuse f. mécanique. 62

Falz-trichter m. ‖ folding-funnel ‖ entonnoir-plieur m. **a) ~zange** f. (Dachd) ‖ folding tongs pl. ‖ tenaille f. à pliage. **b) ~ziegel** m. ‖ ridge *or* hollow *or* gutter tile ‖ tuile f. ondulée *ou* à onglet. 1

Famatinit m. ‖ famatinite ‖ famatinite f. 2

Familien-wohnung f. ‖ family accommodation ‖ habitation f. de famille. **a) ~zulage** f. ‖ family allowance ‖ allocation f. de famille. 3

Fang-band n. ‖ safety-catch strap ‖ coude m. d'arrêt. **a) ~bügel** m. (el Leit) ‖ safety bow ‖ console f. de garde. **b) ~buhne** f. ‖ wear ‖ quai m. en crochet. **c) ~damm** m. coffer dam ‖ batardeau m. **d) ~draht** m. ‖ guard wire ‖ fil m. de protection. **e) ~eisen** n. ‖ trap; catch iron ‖ trappe f.; fer m. d'arrêt. 4

Fängerteller m. ‖ catcher plate ‖ assiette f. du récepteur. 5

Fang-garn n. ‖ hand net ‖ épuisette f. **a) ~haken** m. ‖ catch hook ‖ crochet m. d'attache. **b) ~kabel** n. ‖ bracing cable ‖ hauban m. inférieur de sustentation. **c) ~keil** m. ‖ cotter ‖ clavette f. de retenue. **d) ~kettenware** f. ‖ double rib warp goods pl. ‖ tricot m. chaîne à double fond. **e) ~klotz** m. ‖ grip block ‖ taquet m. d'arrêt. **f) ~leine** f. (Luftf) ‖ grappling rope ‖ amarre f. **g) ~rechen** m. (Wasserb) ‖ grate ‖ batardeau m. **h) ~stange** f. des Blitzableiters ‖ lightning-rod ‖ tige f. du paratonnerre. **i) ~stuhl** m. ‖ double rib frame ‖ métier m. à double fonture. 6

Fangvorrichtung f. (Fahrstuhl) ‖ gripping device; safety brake ‖ parachute m.; dispositif m. d'arrêt; arrête-cuffat m. **a) ~** (Fernm) ‖ interception of mischievous calls ‖ interception f. des communications malicieuses. **b) Druckluft~** ‖ pneumatic catch arrangement ‖ dispositif m. d'arrêt à air comprimé. **c) ~** für **Förderkörbe** ‖ catch device for elevator cages ‖ dispositif m. d'arrêt pour cages de montée. 7

Fangzaun m. ‖ protective hedge *or* fence ‖ haie f. *ou* palissade f. d'arrêt. 8

Fantasie-einfassung f. ‖ fancy frame ‖ cadre m. de fantaisie. **a) ~feder** f. ‖ fancy feather ‖ plume-fantaisie f. **b) ~garn** n. ‖ fancy yarn; mixed yarn ‖ filaments mpl. de laine mêlés avec du fil de coton *ou* de soie. **c) ~gegenstand** m. ‖ fancy article ‖ article m. de fantaisie. **d) ~hut** m. ‖ fancy hat ‖ chapeau-fantaisie m. **e) ~knopf** m. ‖ fancy button ‖ bouton m. fantaisie. **f) ~papier** n. ‖ fancy paper ‖ papier m. de fantaisie. **g) ~socke** f. ‖ fancy sock ‖ chaussette f. fantaisie. **h) ~strumpfwaren** fpl. ‖ fancy hosiery ‖ bonneterie f. fantaisie. 9

Fantasiewaren fpl. aus Haaren ‖ hair jewellery ‖ bijoux mpl. en cheveux. **a) ~** aus Stroh ‖ fancy straw articles pl. ‖ agréments mpl. en paille. 10

Fantasiewirker m. (Web) ‖ fancy *or* coat stitcher ‖ tricoteur m. en fantaisie. 11

Fantolfarbstoff m. ‖ fantol dye ‖ couleur f. fantol. 12

Farad n. ‖ farad ‖ farad m. 13

Faraday's Scheibe f. ‖ Faraday's disc ‖ disque m. de Faraday. 14

faradisch ‖ faradic ‖ faradique. 15

Farb-abdruck m. ‖ coloured impression ‖ impression f. colorée. **a) ~anstrich** m. ‖ coat *or* layer of paints ‖ couche f. de peinture. 16

Farbband n. (Schreibm) ‖ inking *or* typewriting ribbon ‖ ruban-encreur m.; ruban m. encré. **a) abgelaufenes ~** ‖ unwound ribbon ‖ ruban m. arrivé à fin de course. **b) abgenutztes ~** ‖ used-up ribbon ‖ ruban m. usé. **c) das ~ ist aufgelaufen** ‖ the ribbon is wound up ‖ le ruban est enroulé. **d)** nicht **eintrocknendes ~** ‖ nondrying ribbon ‖ ruban m. ne desséchant pas. **e)** nicht **verblassendes ~** ‖ nonfading ribbon ‖ ruban m. indélébile. 17

Farbband-anordnung f. ‖ ribbon arrangement ‖ disposition f. du ruban. **a) ~kurbel** f. ‖ inking ribbon crank ‖ manivelle f. du ruban-encreur. **b) ~länge** f. ‖ inking ribbon length ‖ longueur f. du ruban-encreur. **c) ~spule** f. ‖ ribbon-spool; copying-ribbon reel ‖ bobine f. de ruban-encreur. **d) ~störung** f. ‖ disturbance in the movement of the ribbon ‖ trouble m. *ou* dérangement m. dans la course du ruban. **e) ~träger** m. ‖ ribbon support ‖ support m. du ruban-encreur. **f) ~transport** m. ‖ movement of the ribbon ‖ avance f. du ruban. **g) ~umstellhebel** m. ‖ ribbon reverse lever ‖ levier m. de renversement de marche du ruban. 18

Farb-behälter m. ‖ ink reservoir ‖ réservoir m. à encre. **a) ~bestimmung** f. ‖ colour determination ‖ détermination f. de la couleur. **b) ~bierextrakt** m. ‖ dark beer extract ‖ extrait m. concentré de colorant de bière. **c) ~docht** m. ‖ feeding wick ‖ mèche f. d'encrage. **d) ~druck** m. ‖ chromo-type ‖ chromo m. 19

Farbe f. (Anstrich) ‖ paint; painting; colouring ‖ peinture f. **a) ~** (Buchdr) ‖ ink ‖ encre f. **b) ~** (Mal; Färbung) ‖ colour; color (A); dye ‖ couleur f. **c) alte ~** f. entfernen ‖ removing old paint ‖ enlever des anciennes couches de couleur. **d) ~** für **Anstrich** ‖ paint ‖ couleur f. pour la peinture. **e) anstrichfertige ~** ‖ ready mixed paint ‖ couleur f. préparé pour la peinture. **f) ~** für **Asbestschiefer** ‖ colour for asbestos slate ‖ couleur f. pour schiste d'amiante. **g)** eine **~ auffrischen** ‖ to brighten a colour ‖ éclaircir une couleur. **h) beständige ~** ‖ fast *or* permanent *or* lasting colour ‖ couleur f. stable *ou* solide; grand teint m. **i) ~** für **Blechdruck** ‖ tinplate printing colour ‖ couleur f. pour impression sur fer blanc. **k) Bronze~** ‖ bronze ink ‖ couleur f. de bronze. **l) Buchbinder~** ‖ bookbinder's colour ‖ couleur f. pour relieurs. **m) Buch- und Steindruck~** ‖ printing and lithographic ink ‖ encre f. d'imprimerie et lithographique. **n) ~** für **Butter** und **Käse** ‖ butter and cheese colouring ‖ colorant m. pour beurre et fromage. **o) chemische ~n** ‖ chemical colours pl. ‖ couleurs fpl. chimiques. **p) Druck~** ‖ coloured printing ink ‖ encre f. de couleur pour imprimerie. **q) durchscheinende ~** ‖ transparent *or* glazing colour ‖ couleur f. transparente. **r) echte ~** ‖ fast *or* permanent *or* lasting colour ‖ couleur f. stable *ou* solide. **s) Email~** ‖ enamel colour ‖ couleur f. émail. **t) Erd~** ‖ earth *or* mineral colour ‖ couleur f. terreuse; terre f. colorante. **u) fäulnissichere ~** ‖ anti-fouling paint ‖ peinture f. antiseptique. **v)** Maschine f. zum **Feinzerreiben** von **~n** und Lacken ‖ machine for rasping colours, paints and varnishes to perfect fineness *or* to the utmost fineness *or* to the highest degree of fineness ‖ machine f. pour moudre des couleurs et vernis. **w) fettlösliche ~** ‖ oil-soluble colour ‖ colorant m. au gras. **x) feuerfeste ~** ‖ fireproof paint(ing) *or* colour(ing) ‖ couleur f. *ou* colorant m. ignifuge. **y) ~** für **Fußböden** ‖ floor paint ‖ couleur f. pour planchers. **z) gemischte ~** ‖ mixed colour ‖ couleur f. mêlée. 20

a) giftfreie ~ ‖ non-poisonous *or* harmless colour ‖ couleur f. anodine *ou* non vénéneuse *ou* exempt de poison; colorant m. inoffensif. **b) Glanz~** ‖ gloss ink ‖ couleur f. de lustre. **c) ~** für **Glas** ‖ glass colour ‖ couleur f. pour verre. **d) ~n** fpl. für die **grafische** Industrie ‖ printing inks pl. ‖ couleurs fpl. pour l'imprimerie. **e) Grund~** ‖ priming colour ‖ première couche f. de couleur. **f) Grundierungs~** ‖ ground colour ‖ première couche f. ‖ **g) ~** für **Gummiwaren** ‖ colour for rubber goods ‖ couleur f. pour articles en caoutchouc. **h) Haupt~** ‖ primitive colour ‖ couleur f. simple. **i) ~** für den **Haushalt** ‖ dye for home use; package dye ‖ teinture f. pour le ménage. **k) hervorstechende ~** ‖ sharp colour ‖ couleur f. vive. **l) hitzebeständige ~** ‖ heatproof colour(ing) *or* paint(ing) ‖ couleur f. *ou* colorant m. stabilisant(e) à la chaleur. **m) in jeder gewünschten ~** ‖ in any desired shade ‖ dans n'importe quelle teinte. **n) ~** für **Kalkanstrich** ‖ lime colour ‖ couleur f. à la chaux. **o) Kaltwasser~** ‖ cold water paint ‖ couleur f. à eau froide. **p) keramische ~** ‖ potter's colour ‖ couleur f. céramique. **q) Künstler~** ‖ artists colour ‖ couleur f. pour artistes. **r) ~** für die **Kunstmalerei** ‖ artists colour ‖ couleur f. pour artistes. **s) Lack~** ‖ varnish colour ‖ couleur f. pour vernis. **t) Leder~** ‖ leather colour ‖ couleur f. pour cuir. **u) Leim~** ‖ glue colour; size paint ‖ détrempe f.; peinture f. *ou* couleur f. à la colle. **v) leuchtende ~** ‖ light colour ‖ couleur f. luisante. **w) ~** für **Likör** ‖ colour for liqueurs ‖ colorant m. pour liqueur. **x) ~** für **Linkrusta** ‖ colour for lincrusta ‖ couleur f. pour lincrusta. **y) Majolika~** ‖ majolica colour ‖ couleur f. pour majolica. **z) metallische ~** ‖ metallic ink ‖ encre f. métallique. 21

a) Mineral~ ‖ mineral colour ‖ couleur f. minérale. **b)** mit **Öl** zubereitete **~** ‖ with oil prepared colour ‖ couleur f. préparée à l'huile. **c) ~** für **Papier** ‖ colour for paper stainer ‖ couleur f. pour papier. **d) Pflanzen~** ‖ vegetable colour ‖ couleur f. végétale. **e) Plakat~** ‖ show card colour ‖ couleur f. pour tableaux réclames. **f) ~** für **Rotationsdruck** ‖ rotary machine ink ‖ encre f. pour presses rotatives. **g) Saft~** ‖ sap colour; transparent colour ‖ couleur f. de sève. **h) säurefeste ~** ‖ acidproof paint(ing) *or* colour(ing) ‖ peinture f. inattaquable aux acides; couleur f. résistante aux acides. **i) ~** für **Schiffsböden** ‖ antifouling paint ‖ peinture f. sousmarine. **k) Schmelz~** ‖ vitrifiable colour ‖ couleur f. vitrifiable. **l) schnell** trocknende **~** ‖ quickly drying ink ‖ encre f. siccative. **m) Seifen~** ‖ soap colour ‖ couleur f. pour savons. **n) spritlösliche ~** ‖ alcohol soluble colour(ing) ‖ couleur f. soluble en alcool. **o) Staub~** ‖ powdered colour ‖ couleur f. en poudre. ‖ **p) ~** für **Steindruck** ‖ lithographic printing-ink || encre f. lithographique. **q) Stempel~** || marking ink || encre f. à tampon. **r) Teer~** || tar colour || couleur f. de goudron. **s) Teig~** || paste coulour || couleur f. en pâte. **t) Tempera~** || tempering colour || couleur f. à détrempe. **u)** mit **Terpentinöl** zubereitete ~ || with turpentine prepared colour || couleur f. préparée à l'essence de terpentine. **v)** ~ **tierischen** Ursprungs || colour of animal origin || couleur f. d'origine animale. **w) unauslöschbare** ~ || indelible ink || couleur f. indélébile. **x) unbeständige** ~ *s.* unechte ~. **y) unechte** ~ || fugitive *or* not-fast colour || couleur f. fugitive *ou* non-stable. **z) unzerstörbare** ~ (Buchdr) || indelible ink || encre f. indélébile. 1

a) vegetabilische ~ || vegetable colour || couleur f. végétale. **b) Wasser~** || water colour || couleur f. à l'eau. **c) Wasserglas~** || soluble-glass colour || couleur f. au silicate de potasse. **d) wetterfeste** ~ || weather-proof paint(ing) *or* colour(ing) || peinture f. *ou* colorant m. à l'épreuve des intempéries. **e)** ~ für den **Zeugdruck** || colour for printing on textiles || couleur f. pour impression sur étoffes. **f) Zucker~** || sugar colour || teinture f. de caramel. **g) zusammengesetzte ~n** fpl. (Färb) || secondary colours pl. || couleurs fpl. secondaires *ou* composées *ou* hétérogènes. 2

Färbe-beeren fpl. || berries pl. for dyeing || baies fpl. pour teinture. **a) ~bier** n. || dark beer for colouring || colorant m.; couleur f. 3

farbecht || of fast colour || de couleur f. résistante. 4

Färbegrad m. || degree of coloration || degré m. de coloration. 5

Farbeisen n. (Buchdr) || slice || grattoir m. 6

Färbekraft f. || colouring power *or* value; tinctorial power || pouvoir m. colorant. 7

Färbemittel n. || colouring matter *or* agent || colorant m.; agent m. de coloration. **a) Haar~** || hair dye || teinture f. pour les cheveux. 8

färben || to colour; to dye || teindre. **a)** ~ (Bier) || to stain) colorer. **b)** ~ (Holz) || to stain; to tinge || teindre. **c)** ~ (Vergold) || to deaden || mater; donner le mat; mettre au mat m. **d)** in der **Wolle** f. ~ || to dye in the wool *or* grain; to ingrain || teindre en poil m. 9

Färben n. || dyeing || teinture f. **a)** ~ (Bier) || staining || coloration f. **b)** ~ von **Holz** || wood colouring || coloration f. du bois. **c)** ~ von **Pelzen** || fur dyeing || teinture f. de peaux en poils. **d) Rohstoffe** mpl. zum ~ || materials pl. for dyeing || matières fpl. premières pour la teinture. **e)** ~ von **Stroh** || straw dyeing || teinture f. de paille. 10

Farben-abbeizmittel n. || paint remover || décapant m. de peintures. **a) ~abweichung f.** || chromatic aberration || aberration f. chromatique. **b) ~anmacher** m. || colour maker || préparateur m. de couleurs. **c) ~auftrag** m. || laying-on of colours || couche f. de couleur. **d) ~behälter** m. (Buchdr) || ink-fountain *or* -tub || récipient m. à encre. **e) ~bindemittel** n. || colour agglutinant || liant m. pour couleurs. 11

farbenblind || colour blind || daltonien. 12

Farbenblindheit f. || achromatopsy; daltonism; colour blindness || achromatopsie f.; daltonisme m. 13

Farbenbrett n. (Buchdr) || ink block *or* table *or* board || encrier m. **a)** ~ (Mal) || pallet || palette f. 14

Farbenbuchdruck m. || chromotypography || chromotypographie f 15

färbend (Chem) || dyeing; colouring || tinctorial; colorant. 16

Farbendruck m. || lithochromy; colour printing; impression of colours || lithochromie f.; chromo m.; chromotypie f.; impression f. en couleurs. **a) lithographischer** ~ || chromolithography || chromolithographie f. 17

Farben-drucker m. || colour printer || imprimeur m. en couleurs. **a) ~druckerei** f. || colour printing works || imprimerie f. en couleurs. **b) ~druckmaschine** f. || colour printing machine || machine f. pour l'impression en couleurs. **c) ~empfindung** f. || chromatic sensation || sensation f. chromatique. 18

Farbenfabrik f. || colour manufactory; manufacture of inks || fabrique f. de couleurs *ou* d'encres. **a) Druck~** || factory for coloured printing inks || fabrique f. de couleurs d'impression. 19

Farben-fabrikant m. || dye maker || fabricant m. de couleurs chimiques. **a) ~fabrikeinrichtung** f. || colour plant || installation f. de couleurs. **b) ~fehler** m. des **Objektivs** || colour defect of the objective || aberration f. chromatique de l'objectif. **c) ~filter** m. || filter box for inks || filtre m. à encres. 20

farbenfreies Okular n. || eyepiece free from colour || oculaire m. achromatique. 21

Farben-gleichheit f. || chromatic identity || identité f. chromatique. **a) ~harmonie** f. || harmony of colours || harmonie f. de couleurs. **b) ~industriemaschine** f. || dye trade machine || machine f. pour l'industrie des couleurs. **c) ~kasten** m. || paint box || boîte f. à couleurs; carte-échantillon f. de couleurs. **d) ~komparator** m. || colour comparator || comparateur m. de teintes. **e) ~kunstdruck** m. || coloured plate || image f. imprimée en couleurs. **f) ~lage** f. || laying-on of colours || couche f. de couleur. **g) ~lehre** f. || chromatics pl. || chromatique f. **h) ~lichtdruck** m. || heliographic printing; collotype || impression f. héliographique; héliographie f. **i) ~meßapparat** m. || colorimeter; colour measurer || colorimeter m.; mesureur m. de couleurs. **k) ~messer** m. *s.* ~meßapparat m. **l) ~mischer** m. || colour mixer || mélangeur m. de couleurs. **m) ~mischmaschine** f. *s.* Farbenmischer m. **n) ~mühle** f || paint mill; colour grinding mill || broyeur m. *ou* moulin m. à couleurs. **o) ~müller** m. || paint grinder || broyeur m. de couleurs. **p) ~physiologe** m. || physiologist for colour investigation || physiologiste m. de la théorie des couleurs. **q) ~reaktion** f. (Chem) || colour reaction || réaction f. colorée. **r) ~reiben** n. || colour grinding || broyage m. de couleurs. **s) ~reiber** m. || colour grinder || broyeur m. 22

Farbenreibmaschine f. || paint grinder; ink *or* colour grinding machine || broyeur m. à couleurs; machine f. à broyer les couleurs. **a) Dreiwalzwerk~** || three roller refiner for colours || broyeuse f. à trois rouleaux pour râper des couleurs. 23

farbenrein (Opt) || colourless || pur. 24

Farben-reinheit f. || chromatic purity || pureté f. des teintes. **a) ~ringe** mpl. (Phys) || coloured *or* electrochromic rings pl. || anneaux mpl. colorés. **b) ~saum** m. || colour band || frange f. colorée. **c) ~skale** f. || colour scale || échelle f. des couleurs. 25

Farbenspritz-apparat m. || sprayer for dyes || appareil m. gicleur *ou* pulvérisateur pour couleurs. **a) ~pistole** f. mit **Preßluft** || compressed-air painting apparatus || appareillage m. à peindre par air comprimé; pistolet-pulvérisateur m. à couleurs à air comprimé. 26

Farbenstein m. (Buchdr) || ink block *or* table || encrier m. **a) ~druck** m. (Buchdr). || chromo-lithography || chromolithographie f. **b) ~druckerei** f. || chromolithographic printing works || imprimerie f. chromolithographique. 27

Farben-tube f. || colour tube || tube m. de couleur. **a) ~umschlag** m. (Chem) || turning || virage m. **b) ~verreibung** f. || distribution of ink || broyage m. de l'encre. **c) ~walze** f. || ink *or* printing *or* inking roller; inking cylinder. || rouleau; toucheur m. **d) ~wandlung** f. (Min) || chatoyancy || chatoiement m. **e) ~zerstäuber** m. || colour sprayer || pistolet m. pulvérisateur pour couleurs. **f) ~zerstreuung** f. (Opt) || colour dispersion || dispersion f. des couleurs. 28

Färber m. || dyer || teinturier m. **a) Holz~** || wood dipper || trempeur m. de bois. 29

Farberde f. || coloured clay; colouring earth || engobe m.; terre f. colorante. **a) ~gewinnung** f. || mineral pigment quarry || extraction f. de terre à couleur. 30

Färberdistel f. || carthamus; safflower || carthame m.; safran m. bâtard. 31

Färberei f. (Tätigkeit) || dyeing || teinture f. **a)** ~ (Werkstatt) || dye works pl.; dyeing house || teinturerie f. **b) Baumwoll~** || cotton dyeing plant || teinturerie f. de coton. **c) Seiden~** || silk dyeing plant || teinturerie f. de soie. **d) Stück~** || piece dyeing || teinture f. d'étoffes. **e) Woll~** || wool dyeing plant || teinturerie f. de laine. 32

Färberei-arbeiter m. || dye hand || ouvrier m. de teinturerie. **a) ~artikel** mpl. || dyeing articles pl. || articles mpl. pour la teinturerie. **b) ~industrie** f. || dyeing industry || industrie f. des teintureries. **c) ~maschine** f. || dyeing machine || machine f. de teinturerie *ou* à teindre *ou* pour la teinture. 33

Färber-flechte f. || dyer's moss || lichen m. tinctorial. 34

Färberflotte f. || dyer's bath; liquor || bain m. de teinture. 35

Färberflottenbereiter m. (Färb) || liquor man || préparateur m. de bains de teinture. 36

Färber-ginsterblüte f. || dyer's broom flower || fleur f. de genestrolle. **a) ~holz** n. || dyer's wood || bois m. colorant *ou* de teinture. **b) ~krotonblatt** n. || croton leaf || feuille f. de tournesol. **c) ~röte** f. || madder || garance. 37

Färbfaß n. || dyeing vat || cuve f. de teinture. 38

Farbfehler m. (Opt) || colour defect || défaut m. de chromatisme. **a) Ausbesserung** f.

der ~ (Web) || mending of defects in dyeing || débarrage m. d'étoffes. 1

Farbfilter n. || colour filter || écran m. coloré. **a)** ~ auf **Quarzplatte** || colour filter on quartz plate || écran m. coloré monté sur plaque en quartz. 2

Farbglas n. || coloured glass || verre m. de couleur. 3

Farbglas-revolver m. || revolving colour disc || revolver m. à verres colorés. **a)** ~-**scheibe** f. || colour glass disc || disque m. de verres colorés. 4

Farbholz n. || dye wood; shumac || bois m. colorant *ou* de teinture *ou* de sumac. **a)** **Raspelmaschine** f. für ~ *s.* Farbholzmaschine f. 5

Farbholz-auszug m. || extract of dye wood || extrait m. de bois colorant *ou* de teinture. **a)** ~**extrakt** m. *s.* Farbholzauszug. **b)** ~**maschine** f. || (dye-wood) rasping machine; mechanical rasp || machine f. à râper les bois de teinture. **c)** ~**mühle** f. || dye-wood grinder || trituration f. de bois de teinture. **d)** ~**müller** m. || dye-wood cutter || râpeur m. de bois de teinture. 6

farbig || coloured || de couleur f. **a)** ~ (Opt) || chromatic || chromatique. 7

farbig-es Blendglas n. || coloured glaring glass || verre m. coloré éblouissant. **a)** ~**es Leder** n. || coloured leather || cuir m. de couleur. 8

Farbkasten m. *s.* Farbenkasten. **a)** ~-**einleger** m. || colour-box filler || metteur m. de couleurs en boîtes. 9

Farbkissen n. || ink(ing) pad || coussin m. encreur. **a)** ~ aus **Filz** || felt ink pad || coussin-encreur m. en feutre. 10

Farb-koks m. für **Schwarzfarben** || colour coke for black colours || coke n. colorant pour couleurs noires. **a)** ~**körper** mpl. für die **Emailleindustrie** || colouring bodies pl. for enamel works || corps npl. colorants pour émailleries. **b)** ~**kugel** f. || dye in balls || boule f. à teinture. **c)** ~-**läufer** m. (Buchdr) || brayer; ink-block; stage || marbre m.; molette f.; broyon m. 11

farblos || colourless || incolore; sans couleur. **a)** ~ (Opt) || achromatic || achromatique. 12

farblos-es Glas n. von ungeschwächter Lichtdurchlässigkeit || colourless glass transmitting the undiminished intensity of the light || verre m. correcteur incolore de transparence parfaite. **a)** ~**er Schutzlack** m. || colourless protecting lacquer || vernis m. protecteur incolore. 13

Farblosigkeit f. || colourlessness || absence f. de colorations. **a)** ~ (Opt) || achromatism || achromatisme m. 14

Farbmalz n. || black *or* colour *or* roasted malt || farbmalz m.; malt m. grillé *ou* torréfié. 15

Farbmalz-auszug m. || black malt extract || extrait m. de malt torréfié. **a)** ~**brenner** m. || brown malt roaster || grilleur m. *ou* torréfacteur m. de malt brun. **b)** ~-**kühlsieb** n. || black malt cooling sieve || tamis m. à refroidir le malt torréfié. **c)** ~**röstmaschine** f. || black malt roasting machine || torréfacteur m. à malt brun. **d)** ~**surrogat** n. || black malt succedaneum || succédané m. du malt torréfié. 16

Färbmaschine f. || dyeing machine || machine f. à teindre. **a)** **Drahtgewebe**~ || wire netting dyeing machine || machine f. à peindre les toiles métalliques. **b)** ~ für **Papier** und Karton || staining machine for paper and cardboard || machine f. à teindre le papier et le carton. 17

Färbmasse f. für die **keramische Industrie** || colouring matter for the industry of ceramics || matière f. de couleur pour l'industrie céramique. 18

Farb-mischer m. *s.* Farbenmischer. **a)** ~-**mittel** n. || colouring matter || colorant m. **b)** ~**mühle** f. || ink grinding mill; paint grinder || broyeur m. *ou* broyeuse f. à couleurs. **c)** ~**rolle** f. || inking cylinder; ink roller || rouleau m. encreur; molette f.; tampon m. d'encre. **d)** ~**scheibe** f. (Lichtb) || colour screen || écran m. coloré. **e)** ~**schreiber** m. (Fernm) || ink writer; inker || télégraphe m. écrivant; appareil m. encreur à molette. **f)** ~-**spachtel** f. || ink slab || spatule f. à encre. **g)** ~**stein** m. || inking stone || pierre f. à broyer de couleur. **h)** ~**stift** m. || coloured pencil; pastel; crayon || crayon m. de couleur; pastel m. 19

Farbstoff m. (technisch) || colouring matter || colorant m.; matière f. colorante f. **a)** ~ (wissenschaftl) || pigment || pigment m. **b)** **Algol**~ || algol colour || matière f. colorante d'algol. **c)** **Azidolchrom**~ || acidole chrome colour || couleur f. d'acidole de chrome. **d)** **Azo**~ || azo dye || colorant m. azoïque. **e)** **Reiz**~ || mordant dye || colorant m. sur mordant. **f)** **Indanthren** ~ || indanthrene colouring matter || matière f. colorante à l'indanthrène. **g)** **indigoartiger** ~ || indigoïd dye || colorant m. indigoïde. **h)** **künstlicher** ~ || artificial dye || matière f. colorante artificielle. **i)** **Küpen**~ || vat dye || colorant m. pour cuve. **k)** **mineralischer** ~ || mineral colouring matter || matière f. colorante d'origine minérale. **l)** **natürlicher** ~ || natural dye-stuff *or* colouring matter || matière f. colorante naturelle. **m)** **Nitro**~ || nitro dye || colorant m. azoté. **n)** **pflanzlicher** ~ || vegetable colouring matter || matière f. colorante naturelle (d'origine végétale). **o)** ~ **pflanzlichen Ursprungs** || colouring agent of vegetable origin || matière f. colorante d'origine végétale. **p)** **Phenol**~ || phenol dye || colorant m. du phénol. **q)** **Säure**~ || acid dye || colorant m. acide. **r)** **Schwefel**~ || sulphur(ed) dye || colorant m. sulfuré *ou* de soufre. **s)** **tierischer** ~ || animal colouring matter || matière f. colorante d'origine animale. **t)** **Triphenylmethan**~ || triphenylmethan dye || colorant m. du triphénylméthane. 20

Farbstoff-auszug m. || colouring extract || extrait m. tinctorial. **a)** ~**fabrik** || dye stuff factory || fabrique f. des matières colorantes. **b)** ~**industrie** f. || dye stuff industry || industrie f. des colorants. **c)** ~**lösung** f., Anilin || solution of aniline colour || solution f. de couleur d'aniline. 21

Farb-tiefe f. || colour strength; depth of colour || intensité f. de la coloration. **a)** ~**ton** m. (Lichtb) || tint || teinte f. **b)** ~**tönung** f. || degree of colouring || degré m. de coloration. **c)** ~**tuch** n. (Buchdr) || printing cloth || toile f. d'encrage. 22

Färbung f. (Chem) || coloration || couleur f. **a)** ~ (Färb) || dye || teint m. **b)** ~ (Mal) || colouring || coloration f. **c)** **echte** ~ || fast *or* permanent dye || grand *ou* bon teint m. **d)** ~ durch **Einsaugung** || absorption-colouring || coloration f. par absorption. **e)** **unechte** ~ || fugitive dye || petit *ou* mauvais teint m.; biscuit m. 23

Färbungsmethode f. (Brau) || method of staining || méthode f. de coloration. 24

Farbverreibung f. || grinding of the ink || broyage m. de l'encre. **a)** ~**versorgungsanlage** f. (Druckw) || ink supply || installation f. pour la distribution de l'encre. 25

Farbwalze f. || ink roller || rouleau m. à encre *ou* d'encrage. **a)** ~ aus **Gummi** || rubber ink roller || rouleau m. d'encrage en caoutchouc. 26

Farbwerk n. (Buchdr) || inking device || mécanisme n. d'encrage. **a)** **abfahrbares** ~ || removable inking apparatus || encrage m. mobile. **b)** **zweiwalziges** ~ || inking apparatus of two rollers || encrage m. à deux rouleaux. 27

Farb-zentrale f., Druckluft || pneumatic central ink supply || installation f. pneumatique centrale pour la distribution d'encre. **a)** ~**zusatz** m. || addition of colour || addition f. de couleur. **b)** ~-**zylinder** m. || inking cylinder; ductor-roller || cylindre m. à l'encre; cylindre-encreur m. 28

Farin m. || cassonade; brown *or* clayed sugar || cassonade f.; castonade f. 29

Farinatom n. || grain tester; section cutter for grain examination || coupe-grains m.; farinatome m. 30

Farinzucker m. || muscovado || cassonade f. 31

Farken n. (Seew) || hog; scrubber || balai-goret m.; fauberet m.; goret m. 32

Farmbewässerung f. || farm irrigation || irrigation f. pour ferme. 33

Farmer-leitung f. (Fernm) || farmer *or* rural line || ligne f. rurale. **a)** ~**werkstatt** f. || farmer's workshop || atelier m. de fermier. 34

Farnkraut-extrakt m. || fern extract || extrait m. de fougère. **a)** ~**schneider** m. || fern gatherer || ramasseur m. de fougère. **b)** ~**wurzel** || fern root || racine f. de fougère. 35

Faroelith m. || mesole; faröelite || mésole f.; féroëlite f. 36

Fasanenjäger m. || pheasant shooter || chasseur m. de faisans. 37

Fasanerie f. || pheasantry || faisanderie f. 38

Faschine f. || fascine; mattress || fascine f. 39

Faschinen-bekleidung f. || fascine revetment || fascinage m.; fascination f.; revêtement m. en fascines. **a)** ~**damm** m. || causeway of fascines; fascine dike || pont m. *ou* digue m. de fascines. **b)** ~**holz** n. || brush *or* fascine wood || branchage m.; branches fpl.; brins mpl. **c)** ~**packwerk** n. *s.* ~werk n. **d)** ~**reisig** n. || brush *or* fascine wood || brins mpl.; branches fpl.; branchage m. **e)** ~**schicht** f. || row *or* course of fascines || rang m. de fascines. **f)** ~**verblendung** f. || fascine revetment || fascinage m.; fascination f.; revêtement m. en fascines. **g)** ~**werk** n. || fascine work || fascinage m. 40

Fase f. (Zimm) || bevel; chamfer || biseau m.; facette f. 41

Faser f. || fiber; fibre; filament; string || fibre f.; filament m. **a)** **Asbest**~ || asbestos wool || floche f. d'amiante. **b)** **Bambus**~ || bamboo filament || fibre f. de bambou.

c) **Bast~** || bast-fibre || fibre f. d'écore. d) **gegen die ~** || against the grain || contre la fibre. e) **mit der ~** || with the grain || dans le sens des fibres; en long. f) **neutrale ~** || neutral fibre || fibre f. neutre. g) **quer zur ~** || across the grain || en travers de la fibre; perpendiculaire aux fibres fpl. h) **quer zur ~** schneiden || to cut across || couper en travers. 1

Faser-aufbereitungsmaschine f. || fibre dressing machine || machine f. à préparer des filaments. a) **~baryt** m. || fibrous heavy-spar || baryte f. sulfatée fibreuse. b) **~gewinnungsmaschine** f. || fibre producing machine || machine f. à extraire des filaments. c) **~gips** m. || fibrous gypsum || chaux f. sulfatée fibreuse. 2

faserig || fibrous || fibreux; filandreux. a) **~es Gefüge** n. || fibrous texture || structure f. fibreuse. 3

Faser-kalk m. || satin spar; fibrous calcite || chaux f. carbonatée fibreuse. a) **~spannung** f. || fibre tension || tension f. de fibres. 4

Faserstoff m. || fibrine; fibrous *or* fibre material || fibrine f.; matière f. fibreuse *ou* de fibre. a) **Aufbereitungsanlage** f. für ~ || preparing plant for fibre material || atelier m. de préparation des fibrines *ou* matières de fibre. 5

Faserstoff-isolierung f. || fibrous insulation || isolement m. fibreux. a) **~kabel** n. || fibre covered cable || câble m. sous fibre. 6

Fasertorf m. || fibrous peat || tourbe f. fibreuse *ou* de racines. 7

Faserung f. der **Linse** || fibrillation of the lens || fibres fpl. du cristallin. 8

Faserzeolit m. || scolezite; mesolite; fibrous zeolite; natrolite || scolésite f.; mésolite f.; mésotype m. 9

Faß n. || cask; keg || fût m.; tonneau m. a) ein ~ n. **abdrehen** || to turn up and dress a cask || raboter un fût m. b) ein ~ n. **antreiben** || to truss up *or* to drive the hoops pl of a cask || serrer les cercles mpl. d'un fût. c) **Ausfuhr~** || export cask || fût m. d'exportation. d) ein ~ n. **ausleuchten** || to illuminate a cask || visiter l'intérieur m. d'un fût à la lumière. e) ein ~ n. **ausreiben** || to rub the pitch out of a cask || gratter la poix d'un fût. f) ein ~ **bereifen** || to hoop a cask || cercler un fût. g) **Bier~** || beer cask || fût m. à bière. h) ein ~ n. **binden** || to hoop a cask || cercler une futaille. i) **Boden~** || bottom cask || foudre m. non gerbé. k) ein ~ n. **dämpfen** || to steam a cask || étuver un fût m. à la vapeur. l) ~ zum **Dämpfen** (Färb) || drum for steaming || cuve f. *ou* tonneau m. de vaporisage. m) **eisernes ~** || iron barrel *or* cask *or* drum || fût m. *ou* tonneau m. en fer. n) **Export~** || export cask || fût m. d'exportation. o) **Fuhr~** || carriage cask || foudre m. de transport. p) **Gär~** || loose hogshead; puncheon; stillion || fût m. *ou* tonne f. de fermentation. q) **gepichtes ~** || pitched cask || baril m. poissé. r) **hölzernes ~** || wooden barrel || futaille f. en bois. s) **Jauche~** || liquid manure barrel || baril m. à purin. t) **Lager~** || storage *or* store cask || foudre m. (de garde). u) **Normal~** || standard gauge barrel || baril m. normal. v) **Pack~** || packing barrel || tonneau m. d'emballage. w) **~**, in **Fässer** npl. packen || to barrel up; to tun || embariller; enfutailler. x) ~ aus **Papier** || paper barrel || fût m. en papier. y) die **Reifen** mpl. um ein ~ legen || to hoop a cask || cercler un fût. z) **Rest~** || rest cask || foudre m. aux restes. 10

a) **Sattel~** || rider cask || foudre m. gerbé. b) **Schöpf~** || ladle cask || gomé m.; poche f. c) **Transport~** || transport barrel; carriage *or* trade cask || tonneau m. de transport; fût m. d'expédition. d) **Versand~** || shipping *or* trade cask || fût m. d'exportation. e) **vom ~** || on draught || en perce f. f) **Wasser~** || water tank || réservoir m. à eau. g) ein ~ **zusammenziehen** || to truss a cask || trousser un fût m. 11

Faß-abfüllapparat m. || cask decanting *or* emptying apparatus || appareil m. de soutirage pour tonneaux; soutireuse f. pour fûts. a) **~abhobelmaschine** f. || cask cleaning-off *or* planing machine || machine f. à blanchir *ou* à raboter les fûts. 12

Fassade f. || front; face; front side; façade || façade f.; face f. a) **blinde ~** || blind wall; dead face || façade f. feinte. b) eine ~ mit Ziegeln **verblenden** || to face a front wall with bricks || revêtir une façade de briques. 13

Fassaden-maurer m. || pointer || jointoyeur m. a) **~putz** m. || plaster for facings || enduit m. de parement. b) **~putzer** m. || wall dresser; façade washer || ravaleur m. c) **~stein** m. || facing stone || pierre f. de parement. 14

Fassaït m. || fassaïte || fassaïte f. 15

Faß-aufsatzform f. || cask setting-up *or* raising apparatus || forme f. d'assemblage pour douves. a) **~aufschlagfender** m. || barrel fender || défense f. de barils. b) **~aufzug** m. || barrel hoist || élévateur m. pour fûts. c) **~ausblasevorrichtung** f. || contrivance for blowing out barrels || appareil m. à nettoyer les tonneaux. d) **~ausleuchtgerät** m. || cask illuminating apparatus || appareil m. à visiter l'intérieur des fûts. e) **~ausspritzer** m. || keg *or* cask sprinkler || injecteur m. pour fûts. f) **~band** n. || cask hoop || cercle m. de fût. g) **~bauch** m. || cask bulge; bulge of cask || bouge f. de fût. 16

Faßbier n. || beer on draught; bulkbeer; keg beer || bière f. en perce. a) **Ausfuhr~** || export draught beer || bière f. d'exportation en fûts. b) **Export~** *s.* Ausfuhrfaßbier. 17

Faßbier-lagerraum m. || store for keg beer || entrepôt m. de bière en fûts. a) **~niederlage** f. || store for keg beer || dépôt m. de bière en fûts. 18

Faß-bindemaschine f. || cask making machine || machine f. pour tonneaux. a) **~binder** m. || cooper; hooper; barrel maker || tonnelier m.; futailleur m.; cercleur m. de tonneaux; foudrier m.; douvier m.; baquetier m. b) **~binderei** f. || cooperage || tonnellerie f. c) **~bock** m. || barrel stand || porte-fût m. 19

Faßboden m. || cask head || fond m. de fût; fonçailles fpl. 20

Faßboden-brennmaschine f. || cask head branding machine || machine f. à marquer au feu les fonds de fûts. a) **~drehbank** f. || cask head rounding machine || machine f. à arrondir les fonds de fûts. b) **~schneidmaschine** f. *s.* Faßbodendrehbank. 21

Faß-bohrer m. || cask gimblet || vrille f. à tonneau. a) **~brücke** f. || cask bridge || pont m. de tonneaux. b) **~bürste** f. || cask *or* barrel brush || brosse f. pour fûts. c) **~bürstmaschine** f. || cask *or* barrel scrubber; cask brushing machine; cask scrubbing machine || brosseuse f. pour fûts; machine f. à brosser les fûts. 22

Fäßchen n. || barrel; small cask || baril m. 23

Faßdaube f. || cask stave || douelle f. *ou* douve f. de fût. a) **gesägte ~** || sawn stave || douve f. sciée. b) **gespaltene ~** || cleft stave || douve f. fendue. 24

Faßdauben-biegemaschine f. || stave bending-machine || machine f. à cintrer les douves. a) **~fügemaschine** f. || stave jointing machine || machine f. à jointer les douves. b) **~fügesäge** f. || saw stave jointer || scie f. à jointer les douves. c) **~macher** m. || stave maker || douvellier m. d) **~presse** f. || stave press || presse f. à douves. 25

Faß-drehbank f. (zum Säubern) || cask cleaning-off machine || machine f. à blanchir les fûts. a) **~egalisiermaschine** f. || cask planing machine || machine f. à raboter les fûts. b) **~eiche** f. *s.* Faßeichapparat m. c) **~eichapparat** m. || cask gauging apparatus; cask gauge || appareil m. à litrer les fûts; litreuse f. pour fûts; pithomètre m. d) **~elevator** m. || cask elevator || élévateur m. à fûts 26

fassen (Bier) || to tank || entonner; traverser. a) ~ (greifen) || to seize; to take hold of || saisir. b) ~ (Inhalt) || to contain || contenir. c) ~ (Juwel) || to enchase || enchasser. d) ~ (Mörtel) || to cement; to set || prendre. e) **Edelsteine** mpl. ~ || to set precious stones pl. || sertir *ou* monter des pierres fpl. précieuses. f) **grün** ~ (Bier) || to rack green || transvaser la bière verte. g) **lauter** ~ (Bier) || to rack clear || traverser la bière tombée. 27

Fassen n. (Bier) || tanking || entonnement m.; transvasement m. 28

Faß-entpichmaschine f. || cask ausbrenner; machine for removing pitch in kegs || machine f. à dégoudronner les fûts. a) **~entspunder** m. || bung lifter || tire-bonde m. 29

Faßfabrik f. || cask manufactury; cooperage || tonnellerie f. a) **~einrichtung** f. || equipment for cask factories || installation f. pour fabriques de tonneaux. 30

Faß-fertigungsmaschine f. || cask making machine; machine for making casks || machine f. à fabriquer les fûts; machine f. pour la fabrication des tonneaux. a) **~floß** n. || raft of casks || radeau m. de tonneaux *ou* de barriques. 31

Faßfüllapparat m. || cask filling apparatus; racking apparatus || soutireuse f. *ou* appareil m. de soutirage pour fûts. a) **Gegendruck~** || counter pressure racking apparatus || soutireuse f. à contre-pression pour fûts. b) **isobarometrischer ~** || isobarometrical racking apparatus || soutireuse f. isobarométrique pour fûts. 32

Faß-füllmaschine f. || barrel filling machine || machine f. de remplissage de tonneaux. a) **~gärung** f. || cask fermentation; bung hole fermentation || fermentation f. en fûts *ou* en tonnes *ou* par la bonde. b) **~geläger** n. || bottoms pl.; cask deposit *or* sediment || dépôt m. *ou* fonds mpl. *ou* lie f. de foudre. c) **~gur** f. *s.* Faßgärung f. d) **~hahn** m. || barrel cock; faucet; tap; spigot || robinet m. de soutirage; chantepleure f.; cannette

f. de tonneau. **e) ~haken** m. || can hook || patte f d'élingue. **f) ~hefe** f. || bottoms pl.; cask deposit *or* sediment || dépôt m. *ou* fonds mpl. *ou* lie f. de foudre. **g) ~herstellungsmaschine** f. *s.* Faßfertigungsmaschine. 1

Faßholz n. || staves pl.; cask *or* cooper's *or* stave wood || merrain m.; bois m. douvain *ou* aux tonneaux; bourdillon m. **a) eichenes ~** || oak wood for caskmaking || bois m. de chêne pour fûts. 2

Faß-kellereimaschine f. || cask cellarage machine || machine f. pour caves de magasinage. **a) ~klauen** fpl. || cask claws pl. || griffes fpl. à foudres. 3

Faßkork m. || barrel cork || bouchon m. de tonneau. **a) ~maschine** f. || cask corking machine || machine f. à boucher les fûts; boucheuse f. pour fûts. 4

Faßkrösemaschine f. || cask croze *or* cask groove cutting machine; cask crozing *or* cask grooving machine || machine f. à jâbler les douves. 5

Faßlager n. || gantry; stillage || chantier m. **a) ~gerüst** n. || cask support || chaix m. 6

Fasson-draht m. || special *or* figured *or* profiled *or* section wire || fil m. gaufré *ou* façonné *ou* profilé. **a) ~drehbank** f. || forming lathe; profiling lathe || tour m. à façonner *ou* à profiler. **b) ~drehen** n. || profile turning || façonnage m.; profilage m. **c) ~dreher** m. || job turner; capstan lathe worker || tourneur m. à façon; décolleteur m. **d) ~dreherei** f. || profile turning works pl. || atelier m. de profilage en tour. **e) ~eisen** n. || section iron; special iron || profilé m.; fer m. profilé; fer m. barres façonné. **f) ~fräser** m. || formed cutter || fraise f. profilée. **g) ~schneider** m. || tailor || tailleur m. à façon. **h) ~support** m. || forming rest || chariot m. à façonner. **i) ~teil** m. || shaped piece || pièce f. profilée. 7

Faß-packmaschine f. || barrel packing machine || machine f. à empaqueter en tonneaux. **a) ~pech** n. || cask pitch || poix f. pour fûts. **b) ~pichapparat** m. || cask pitching apparatus || appareil m. à goudronner les fûts. **c) ~picher** m. || dauber || enduiseur m. de tonneaux. **d) ~pichmaschine** f || cask pitching machine || machine f. à goudronner les fûts. 8

Faßponton m. || cylinder-pontoon; cylindrical wooden pontoon of Colleton || ponton m. cylindrique *ou* ponton-tonneau m. selon Colleton. **a) ~brücke** f. **nach Colleton** || Colleton-cylinder-pontoon bridge || pont m. de tonneaux à l'anglaise; pont m. à la Colleton. 9

Faßprobier-apparat m. *s.* Faßpumpe. **a) ~pumpe** f. || cask test pump || pompe f. à essayer les fûts sous pression; pompe f. d'épreuve pour fûts. 10

Faß-prüfmaschine f. || barrel testing machine || machine f. à l'essai de tonneaux. **a) ~putzmaschine** f. || cask scrubbing machine || machine f. à brosser les fûts; brosseuse f. pour fûts. **b) ~putz- und Schwenkmaschine** f. || cask scrubbing and cleaning machine || machine f. à brosser et à rincer les fûts. 11

Faßreifen m. || cask hoop || cercle f. de fût. **a)** einen **~** m. **aufschlagen** || to hoop a cask || cercler une futaille. 12

Faßreifen-abschermaschine f. || shearing machine for hoops || machine f. à couper les cercles de fûts. **a) ~antreibmaschine** f. *s.* Faßauftreibmaschine f. **b) ~auftreibmaschine** f. || hoop driving machine; trussing machine || machine f. à serrer les cercles de fûts; serreuse f. pour cercles de fûts. **c) ~nietmaschine** f. || hoop riveting machine || machine f. à river les cercles de fûts. **d) ~presse** f. hoop press || presse f. à cercles de fûts. **e) ~walze** f. || hoop rolling machine || laminoir m. à cercles de fûts. 13

Faßreinigungs-anlage f. || barrel purifying plant || installation f. d'épuration de tonneaux. **a) ~maschine** f. || barrel cleaning *or* cask cleaning machine || machine f. à nettoyage de tonneaux; machine f. à laver les fûts. 14

Faßriegel m. || cross beam of a cask || verrou m. de portière de foudre. 15

Faßroll-apparat m. *s.* Faßrollmaschine f. **a) ~maschine** f. || cask rolling machine || machine f. à rouler les fûts; rouleuse f. pour fûts. 16

faßschlupfen || to wash store-casks pl. || nettoyer les foudres mpl. intérieurement. 17

Faßschlupfen n. || entering casks through the manhole for washing purposes; washing of store casks || nettoyage m. intérieur des foudres. 18

faßschwanken || to clean(se) *or* to rinse casks pl. || rincer les fûts mpl. 19

Faß-schwanken n. || cleaning *or* rinsing casks pl. || rinçage m. des fûts. **a) ~schwankmaschine** f. || cask rinsing machine || rinceuse f. à fûts. **b) ~spange** f. || cask clasp || penture f. **c) ~spangenhalter** m. || cask-clasp holder || attache f. de penture. **d) ~spannkette** f. || chain to prevent expansion of store casks || chaîne-tendeur m. pour foudres. 20

Faßspül-apparat m. || barrel *or* cask rinser || rinceur m. à fûts. **a) ~maschine** f. || cask *or* keg rinsing machine || machine f. à laver les fûts. 21

Faßspund m. || cask bung || bonde f. de fût; bondon m. 22

Faßspund-blech n. || bung tin || plaque f. métallique pour trous de bondes. **a) ~büchse** f. || cask bush || boisseau m.; douille f. de bonde. **b) ~fräsmaschine** f. || bung milling machine || fraisoir m. pour bondes. 23

Faß-stab m. || cask stave || douelle f. *ou* douve f. de fût. **a) ~transportör** m. || cask *or* keg conveyor || transporteur m. pour fûts. **b) ~transportwagen** m. || cask and barrel wagon || wagonnet m. pour transporter des barils. **c) ~trichter** m. || cask *or* keg funnel || entonnoir m. pour fûts. 24

Faßtürchen n. || cask *or* manhole door || portière f. de foudre 25

Faßtürchen-schraube f. || cask-door screw || vis f. de portière de foudre. **a) ~zieher** m. || key for the manhole door || clef f. pour tenir la portière de foudre. 26

Fassung f. (Glühlampe) || socket; holder || douille f. **a) ~** (Instrumente) || casing; mounting || monture f. **b) Brillen~** || spectacle frame || monture f. de lunette. **c) Füll~** (Opt) || mounting in nested cells || monture f. fourrée. **d) Gold~** || gold ware setting || sertissage m. en or. **e) ~ mit Hahn** || key socket || douille f. à clef. **f) Korrektions~** (Opt) || correction mounting || monture f. à correction. **g) Lampen~** || lamp holder *or* socket || douille f. **h) Prismen~** || prism casing || monture f. du prisme. **i) röhrenförmige ~** || tubular mounting || monture f. en forme de tube. **k) ~ mit Schalter** || key socket || douille f. à clef. **l) Silber~** || silver ware setting || sertissage m. en argent. **m) vernickelte ~** || nickel plated mounting || monture f. nickelée. **n) wasserdichte ~** || watertight lamp-holder || douille f. étanche. 27

Fassungsraum m. (Phys) || volume || volume m. **a) ~** des **Gasometers** || gasholder volume || contenance f. d'un gazomètre. **b) ~** des **Kessels** || capacity of the boiler || capacité f. d'une chaudière. 28

Fassungsvermögen n. || cubical contents pl.; capacity || volume m.; capacité f. **a) größtes ~** || largest capacity || la plus grande contenance. **b) ~** eines **Ofens** (Met) || capacity of a furnace || capacité f. d'un fourneau. **c) ~** eines **Schiffes** || capacity of a vessel || capacité f. d'un navire. **d) ~** einer **Talsperre** || volume of the reservoir of a barrage || capacité f. d'un barrage. 29

Faß-verschluß m. || cask *or* keg bung || bonde f. **a) ~wagen** m. || barrel car; tank wagon || voiture f. à tonneau; wagon foudre m. **b) ~waschmaschine** f. || barrel scrubber *or* washer; cask *or* keg washing machine || machine f. à laver les fûts. **c) ~winde** f. || cask hoist *or* windlass || monte-fûts m.; treuil m. à fûts. **d) ~zieher** m. || wine tunner || soutireur m. de vins. **e) ~zug** m. (Küf) *s.* Faßwinde. **f) ~zusammensetz- und Reifenaufziehmaschine** f. || machine for joining the casks and driving on the hoops || machine f. à monter les fûts et à serrer les cercles. **g) ~zusammenziehmaschine** f. || hoop driving machine; trussing machine || machine f. à serrer les cercles de fûts; serreuse f. pour fûts. **h) ~zwickel** m. || racking faucet; spigot; spilepin || fausset m. 30

faul (verfault) || rotten || pourri. **a) ~er Satz** m. (Feuerw) || slow (burning) composition || composition f. lente. 31

Faulbaum m. || black alder tree || bourdaine f. **a) ~beere** f. || black alder-berry || baie f. de bourdaine. **b) ~rinde** f. || black alder tree bark || écorce f. de bourdaine. 32

Faulbruch m. (Met) || shortness || qualité f. de fer cassant à froid et à chaud. 33

faulbrüchig (Met) || burnt; hot *or* red short || brûlé; rouverin. 34

Fäule f. des **Holzes** || rotting of the wood || pourriture f. du bois. 35

faulig || fetid || fétid. 36

Fäulnis f. || putrefraction; rottenness; rot || putréfaction f.; pourriture f.; carie f. **a) ~** der **Holzstangen** || rot *or* rotting *or* rottenness of poles || pourriture f. des poteaux. **b) nasse ~** (Holz) || wet rot || pourriture f. humide. **c) trockene ~** || dry rot || pourriture f. sèche. 37

Fäulnisbakterium n. || putrefactive bacterium || bactérie f. putride. 38

fäulniserregende Stoffe mpl. || septic matter || matières fpl. septiques. 39

Fäulnis-prozeß m. || putrefaction process || putréfaction f. **a) ~schutz** m. || rot protection || protection f. contre la pourriture. 40

fäulnis-sichere Farbe f. || anti-fouling paint || peinture f. anti-putride. **a) ~verhütendes Mittel** n. || anti-fouling composition; antiseptic || enduit m. préservatif; antiseptique m. **b) ~widrig** || antiseptic || antiseptique. 41

Faust f. || fist || poing m. **a) ~achse** f. || front axle || essieu m. à chapes fermées. **b) ~dicke** f. || fist size || grosseur f. du poing. 1

Fäustel m. (Bergb) || (small) hammer; mallet || massette f. **a) Hand~** (Bergb) || miner's hammer; mallet; (small) hammer || masse f. à main; massette f. **b) Schrot~** || hack iron || masse f. à tranche. 2

Faust-hammer m. || hand hammer || marteau m. à main. **a) ~handschuh** m. || mitten || mitaine f.; moufle f. **b) ~leier** f. || brace; hand brace; breast borer; crank brace || vilebrequin m.; virebrequin m.; drille m. à raçon. **c) ~treiber** m. (Küf) || hoop driver || chassoir m. 3

Fayence f. || faïence; crockery; earthenware || faïence f.; fayence f. **a) gemeine ~** || common faïence || faïence f. commune. 4

Fayence-erdegrube f. || crockery-earth extraction || carrière f. de terre à faïence. **a) ~ware** f. || faïence; crockery || faïence f. 5

Fechtartikel mpl. || fencing goods pl. || articles mpl. pour l'escrime. **a) ~ausrüstung** f. || fencing equipment || équipement m. pour escrime. **b) ~klinge** f. || sword blade || lame f. (d'épée). **c) ~maske** f. || fencing mask || masque m. d'escrime. 6

Feder f. || spring || ressort m. **a) ~** (Hammer) || ear || languette f. **b) ~** (zur Nut) || joint tongue; feather || languette f. à rainure. **c) ~** (Schreib) || pen || plume f. **d) ~** (Vogel) || feather || plume f. **e) Achsen~** || axle spring || ressort m. d'essieu. **f) auf Gewebe aufgeklebte ~n** fpl. || feathers pl. glued upon tissue || plumes fpl. collées sur tissus. **g) Ausgleich~** || compensating spring || ressort m. compensateur. **h) Balanzier~** || equalizer spring || ressort m. de balancier. **i) Belleville~** || Belleville *or* cup spring || rondelle f. Belleville. **k) Bett~** || feather for beds || plume f. de literie. **l) bewegliche ~** || removable spring || ressort m. mobile. **m) Blatt~** || leaf *or* plate spring || ressort m. à lames *ou* à feuilles. **n) Brems~** || brake spring || ressort m. de frein. **o) Brett~** || tringle || listel m.; listeau m. **p) Doppelkegel~** || double cone spring || ressort m. biconique. **q) dreiflügelige ~** || three-armed spring || ressort m. à trois branches. **r) Druck~** || compression spring || ressort m. de pression. **s) Druckventil~** || pression valve spring || ressort m. de la soupape à pression. **t) Einschnapp~** || catch spring || ressort m. d'encliquetage. **u) Einstell~** || equalizer spring || ressort m. de rappel. **v) Eisenbahnwagen~** || car spring || ressort m. pour wagons. **w) Elliptik~** || elliptic spring || ressort m. elliptique *ou* à pincette. **x) elliptische ~** *s.* Elliptikfeder. **y) eine ~ entspannen** || to release a spring || détendre un ressort. **z) Fantasie~** || fancy feather || plume-fantaisie f. 7

a) gespannte ~ || spring in tension || ressort m. tendu *ou* sous tension. **b) gewölbte ~** || arched spring || ressort m. demijonc. **c) Gleit~** || slide spring || ressort m. de glissement. **d) Halbelliptik~** || half *or* semi-elliptic spring || ressort m. demi-elliptique *ou* à demi-pincette. **e) die ~ läßt eine außergewöhnlich hohe Belastung zu** || the spring allows of extraordinary loads || le ressort m. peut supporter une très grande charge. **f) Karneval~** || feather for carnivals || plume f. pour le carnaval. **g) kegelförmige Schrauben~** || conical spiral spring || ressort m. hélicoïdal conique. **h) Lokomotivsicherheitsventil~** || safety spring for locomotive valves || ressort m. de sûreté pour soupapes de locomotives. **i) Kupplungs~** || clutch spring || ressort m. d'embrayage. **k) Längs~** || longitudinal spring || ressort m. longitudinal. **l) Linier~** || drawing pen || plume f. à dessin. **m) eine ~ lösen** || to release a spring || détendre un ressort. **n) mehrfach gekuppelte ~n** fpl. || multi-coupled springs pl. || accouplement m. de plusieurs ressorts. **o) Metall~ zum Schreiben** || metallic pen || plume f. métallique. **p) eine ~ nachspannen** || to increase the tension of a spring || resserrer *ou* retendre un ressort. **q) ~ und Nut** f. || key and slot || languette f. et rainure. **r) Ober~** || upper spring || ressort m. supérieur. **s) Paß~** || adjusting spring || ressort m. d'ajustage. **t) Puffer~** || buffer *or* overload spring || ressort m. supplémentaire *ou* de tampon. **u) ~ von quadratischem** oder **flach-rechteckigem Querschnitt** || spring of square *or* flat-rectangular section || ressort m. de section carrée ou rectangulaire. **v) Quer~** || transverse spring || ressort m. transversal. **w) Rippen~** || ribbed spring leaf || ressort m. à nervures. **x) Rückstell~** für **Lokomotivdrehgestelle** || controlling spring for locomotive trucks || ressort m. de rappel pour bogies de locomotives. **y) Rückzug~** || release spring || ressort m. de rappel. **z) Rundschrift~** || round steel pen || plume f. à ronde. 8

a) zu einem Satz vereinigte ~n fpl. || springs united in one nest || ressorts mpl. formant un jeu. **b) Scheiben~** || plate spring || ressort m. à rondelle. **c) Schmuck~** || ornament plume || plume f. de parure. **d) Schnecken~** || volute spring || ressort m. à volute. **e) Schrauben~** || helical *or* spiral spring; screw spring || ressort m. hélicoïdal *ou* à boudin. **f) Schreib~** || writing pen || plume f. à écrire. **g) die ~ setzt sich** || the spring grows slack || le ressort m. se détende. **h) eine ~ spannen** || to tighten a spring || tendre un ressort. **i) ~ unter Spannung** || spring under tension || ressort m. sous pression. **k) Spiral~** || spiral spring || ressort m. en spirale *ou* à boudin. **l) Stahl~ zum Schreiben** || writing steel pen || plume f. à écrire en acier. **m) Stoß~** || shock *or* buffer spring || ressort m. amortisseur *ou* de choc. **n) Strauß~** || ostrich feather || plume f. d'autruche. **o) Trag~** (Masch) || bearing spring || ressort m. de suspension. **p) Trag~** (Wagenb) || body spring || resort m. de voiture. **q) Uhr~** || watch spring || ressort m. de montre. **r) Unter~** || lower spring || ressort m. inférieur. **s) unterbaute ~** || underslung spring || ressort m. sous l'essieu. **t) Ventil~** || valve spring || ressort m. de soupape. **u) eine ~ verkürzen** || to shorten a spring || raccourcir un ressort. **v) Viertelelliptik~** || quarter elliptic spring || ressort m. quart-elliptique *ou* à part-pincette. **w) Vollelliptik~** || elliptic spring || ressort m. elliptique *ou* à pincette. **x) Vorder~** || front spring || ressort m. avant. **y) Wagen~** || body *or* car spring || ressort m. de voiture *ou* de carosserie. **z) Zünd~** || ignition spring || ressort m. d'allumage. 9

Federalaun m. || feather alum || alun m. de plume. 10

Feder-anschlag m. || spring stop || arrêt m. de ressort. **a) ~arm** m. (Auto) dump iron || main f. du châssis. **b) ~aufhängung** f. || spring hanger; suspension by spring || support m. de ressort; suspension f. à ressort. **c) ~auge** n. || spring eye || œil m. *ou* rouleau m. de ressort. 11

Federband-kupplung f. || spring band coupling; spiral band spring coupling; coil clutch || embrayage m. à ruban *ou* à spirale. **a) ~stahl** m. || spring band steel || acier m. feuillard pour ressorts. 12

Federbefestigung f. || fastening of the springs || fixation f. des ressorts. 13

federbelastet || spring-loaded || commandé par un ressort. 14

Federbelastung f. || weight on spring || charge f. sur le ressort. 15

Federbesen m. || feather brush *or* broom *or* duster || plumeau m. **a) ~stiel** m. || feather broom stick || manche m. de plumeau. 16

Federblatt n. || spring leaf *or* plate || lame f. de ressort. **a) oberstes ~** || top plate with eyes || lame f. supérieure à rouleaux. 17

Federblatt-biege- und **Schneidepresse** f. || spring plate bending and cutting press || presse f. à cintrer et couper les lames de ressorts. **a) ~biegewalze** f. || spring plate bending roll || laminoir m. à cintrer les lames de ressorts. 18

Feder-bock m. || spring bracket || support m. de ressort. **a) ~bolzen** m. || spring bolt; pin bolt; spring shackle bolt || boulon m. de ressort; goujon m. 19

Federbruch m. || fracture of spring || rupture f. de ressort. **a) Auswechslung** f. der **Feder** bei **~** || change of the spring in case of a fracture || remplacement m. du ressort en cas de rupture. 20

Federbrücke f. || spring bridge || ressort m. formant pont. 21

Federbügel m. || spring clip || bride f. de ressort. **a) ~ der Sicherheitskupplung** || shackle || manille f. du tendeur d'attelage. 22

Federbund m. || spring band *or* buckle || bride f. de ressort. 23

Federbund-abziehhammer m. || spring band dismantling *or* dismounting hammer || marteau m. à démonter les brides de ressorts. **a) ~abziehpresse** f. || press for dismounting bands from laminated springs || presse f. pour le démontage des brides de ressorts. **b) ~aufziehpresse** f. || spring band mounting press || presse f. à monter les brides de ressorts. **c) ~platte** f. || plate for spring band || plaque f. pour bride de ressort. 24

Federbusch m. || feather tuft || panache m. de plumes. 25

Federchen n. (Gerste) || plumula || plumule f. 26

Federdraht m. || spring wire || fil m. à ressort. **a) ~poliereinrichtung** f. || polishing device for spring wires || installation f. à polir le fil pour ressorts. 27

Federdruck m. **durch ~ gehalten** || spring pressed || tenu par pression f. de ressort. **a) ~körner** m. || automatic center punch || pointeau m. automatique. 28

Federdynamometer n. || spring dynamometer || dynamomètre m. à ressort. 29

Federende n. || end of the spring || bout m. du ressort. **a) gerolltes ~** || spring with rolled end || ressort m. à bout roulé. **b) gestauchtes ~** || spring with upset end || ressort à bout refoulé. 30

Feder-fahne f. || feather beard || barbe f. de plume. **a) ~fischbein** n. || feather wale bone || baleine f. de plume. **b) ~gabel** f. || spring fork || fourche f. à ressort. 1

Federgehäuse n. || spring case *or* casing || boîtier m. *ou* boîte f. du ressort. **c) ~** (Uhrm) || barrel || barillet m. 2

Feder-gips m. || fibrous gypsum || chaux f. sulfatée fibreuse. **a) ~haken** m. || feather hook || crochet m. de ressort. 3

Federhalter m. || penholder || porte-plume m. **a) ~** mit **Gummigriff** || penholder with rubber tip || porte-plume m. à bout de caoutchouc. **b) ~** aus **Hartgummi** || hard rubber penholder || porte-plume m. d'ébonite. **c) ~** mit **Korkgriff** || penholder with cork tip || porte-plume m. à bout de liège. 4

Federhalter-ablage f. (Büro) || pen block *or* tray || pose-plume m. **a) ~schale** f. aus Papierstoff || dish of cardboard for penholders || plumier m. en carton-pâte. 5

Feder-hammer m. || spring *or* dead stroke hammer || marteau m. à ressort. **a) ~hand** f. (Auto) || dumb iron || main f. du châssis. 6

federhart || cold-hammered; spring-hard || écroui. **a) ~ geschlagenes Messingblech** n. || brass sheet hammered spring-hard || tôle f. de laiton écrouie. **b) ~ machen** || to cool hammer; to cold hammer; to hammer harden; to make spring-hard || écrouir. **c) ~ werden** || to become spring-hard || s'écrouir. 7

Federhärte f. || hardness of spring || dureté f. de ressort. 8

Federhaus n. (Uhrm) *s.* Federgehäuse. **a) ~** (Web) || spring box || étui m. 9

Feder-herstellungsmaschine f. || machine for making springs || machine f. pour (fabriquer des) ressorts. **a) ~hobel** m. || tongue plane || bouvet m. mâle; bouvet m. *ou* rabot m. à languette. **b) ~holz** n. (Wagenb) || hind-spring bar || traverse f. de ressort. **c) ~kapselmaschine** f. || spring capping machine || capsuleuse f. à ressorts. **d) ~kästchen** n. || penbox || boîte f. à plumes. **e) ~kasten** m. || pencil box || plumier m. **f) ~keil** m. || joint-tongue; feather || clavette f. *ou* languette f. à rainure. 10

Federkiel m. || quill || tuyau m. de plume. **a) ~bürste** f. || quill brush || brosse f. en tuyaux de plumes. 11

Feder-klammer f. || spring leaf retainer || étrier m. de ressort. **a) ~kleberin** f. || feather fastener || colleuse f. de plumes. **b) ~klinke** f. || spring jack || jack m. à ressort. **c) ~kontakt** m. (Elektr) || spring contact || contact m. à ressort. **d) ~kraft** f. || elastic force || force f. élastique. **e) ~kräuslerin** f. || feather curler || friseuse f. de plumes. **f) ~kupfergranalien** fpl. || feathered shot || cuivre m. en plumes. **g) ~kupplung f., elastische** || elastic spring coupling || accouplement m. à ressort élastique. **h) ~lade** f. (Web) || flyer lathe || battant m. à claquette. **i) ~lage** f. *s.* Federblatt. **k) ~lager** n. (Kraftwagen) || spring bearing || bride f. de ressort formant palier. **l) ~lasche** f. || spring shackle *or* clip *or* fish || éclisse f. *ou* jumelle f. *ou* menotte f. en ressort. 12

federlos || without springs || sans ressort. 13

Feder-manometer n. || spring pressure-gauge; spring manometer || manomètre m. à ressort *ou* à tube élastique. **a) ~matratze** f. || spring mattress || sommier m. métallique. **b) ~messer** n. || penknife || canif m. **c) ~näherin** f. || feather sewer || couseuse f. de plumes. 14

federnd-e Aufhängung f. || elastic suspension || suspension f. élastique. **a) ~es Lager** n. || spring bearing || palier m. à ressort. **b) ~es Rad** n. || spring wheel || roue f. élastique. **c) ~e Speiche** f. || spring spoke || rais m. élastique. **d) ~e Unterlagscheibe** f. || spring washer || rondelle f. de ressort. 15

Federpelzwaren fpl. || feather furs pl. || fourrures fpl. en plumes. 16

Federplatte f. (Fahrzeug) || spring plate || rondelle-ressort f. **a) ~** (Pumpe) || diaphragm || diaphragme m. 17

Feder-plattengehäuse n. || diaphragm case || boîte f. de diaphragme. **a) ~pose** f. || quill pen || plume f. d'oie; tuyau m. de plume. **b) ~prüfmaschine** f. || spring testing machine || machine f. à essayer les ressorts. **c) ~puffer** m. || spring buffer || butoir m. *ou* tampon m. à ressort. **d) ~rahmen** m. || spring frame || cadre m. à ressorts. **e) ~regler** m. || spring governor || régulateur m. à ressort. **f) ~reiniger** m. || pen cleaner || épureur m. de plumes; dispositif m. pour nettoyer les plumes. **g) ~reißer** m. || down picker || trieur m. de plumes. **h) ~ring** m. || spring *or* elastic *or* locking washer || anneau-ressort m.; rondelle f. à ressort *ou* élastique. **i) ~sattel** m. || spring pivot seat || patin m. de ressort tournant. **k) ~satz** m. || spring assembly || jeu m. de ressorts. **l) ~schalter** m. || clip spring switch; snap switch; spring-controlled switch; switch with spring contacts (A) || interrupteur m. à ressort. **m) ~schmierbüchse** f. || spring oiler || graisseur m. de ressort. **n) ~schmierung** f. || spring lubrication || graissage m. des ressorts. **o) ~schmuckmacher** m. || plumassier || plumassier m. **p) ~schraube** f. || spring screw || vis f. à tête fendue. **q) ~schutz** m. || spring gaiter || gaine f. de ressort. **r) ~sicherheitsbremse** f. || spring safety brake || frein m. de sûreté à ressort. **s) ~sitz** m. || spring seat || patin m. de ressort. **t) ~spannung** f. || spring tension || tension f. au ressort. 18

Federstahl m. || spring steel || acier m. à ressorts. **a) gerippter ~** || ribbed spring steel || acier m. à ressorts cannelé. 19

Feder-stift m. (Schloss) || spring pin *or* bolt; pin with spring || boulon m. de ressort; tige f. (centrale) du ressort. **a) ~stoßfänger** m. || spring shock absorber || ressort m. compensateur. **b) ~strebe** f. (Luftf) || telescopic leg || guide f. d'amortisseur. **c) ~stütze** f. || thrust-pin || support m. du ressort. **d) ~taster** m. || spring calipers || compas m. d'épaisseur à ressort. **e) ~teilzirkel** m. || spring dividers pl. || compas m. à ressort. 20

Federsteller m. || spring washer *or* plate || assiette f. *ou* cuvette f. *ou* godet m. de ressort. **a) ~sicherung** f. || spring washer lock nut || arrêt m. de sûreté de godet. 21

Feder-träger m. für **Gebisse** || denture spring carrier || porte-ressort m. à denture. **a) ~trommel** f. || spring drum || tambour m. à ressort. **b) ~uhr** f. || spring clock || horloge f. à ressort. 22

Federuhrwerk n. || spring driven clock || horlogerie f. à ressort. **a) Antrieb** m. des **~s** || spring driven clockwork || mouvement m. d'horlogerie à ressort. **b) Schlüssel** m. zum **Aufziehen** des **~es** || key for winding spring driven clock || clef f. pour remonter le mouvement d'horlogerie à ressort. 23

Federung f. (Wagen) || spring suspension || suspension f. à ressort. **a) Fahrgestell~** (Luftf) || undercarriage springing || amortisseur m. de choc du train d'atterrissage. **b) Hilfs~** || supplementary spring || ressort m. compensateur. **c) Gummilitzen~** || rubber cord springing || amortissement m. par torons de caoutchouc. **d) Vorderachs~** || spring suspension of front axle || suspension f. à ressort de l'essieu avant. **e) weiche ~** || weak springing; soft spring suspension || suspension f. douce sur ressorts. 24

Feder-ventil n. || spring valve || soupape f. à ressort. **a) ~verkleidung** f. || spring cover || enveloppe f. du ressort. **b) ~wage** f. || spring balance *or* scales pl. || balance f. *ou* bascule f. *ou* peson m. à ressort. **c) ~wedel** m. || feather duster || plumeau m. **d) ~weiche** f. || switch with spring tongs || changement m. de voie à aiguilles flexibles. **e) ~werkstatt** f. (Masch) || spring shop || atelier m. aux ressorts. **f) ~wickelmaschine** f. || spring coiling machine || machine f. à enrouler les ressorts. **g) ~wild** n. || feathered game || gibier m. à plume. **h) ~windmühle** f. || feather wind mill || moulinet m. en plumes. **i) ~wisch** m. || feather broom; whisk || balai m. de plumes; plumasseau m. **k) ~wischer** m. (Büro) || pen wiper || frotte-plumes m. **l) ~wolke** f. || feather cloud || nuage m. très léger et floconneux. **m) ~zange** f. || pincers pl.; tweezers pl. || pincette f. **n) ~zeichnung** f. || pen-and-ink drawing || dessin m. à la plume. **o) ~zirkel** m. || spring callipers pl.; spring bow divider; hair divider || compas m. à ressort. 25

Fegemühle f. (Landw) || smut mill; winnowing *or* fanning machine || cylindre m. *ou* appareil m. émotteur; émotteur m. 26

fegen, den Schornstein || to sweep the funnel || ramoner la cheminée. 27

Feh n. || miniver || petit-gris m. 28

Fehl-boden m. (Bauw) || sound floor; false ceiling || plancher m. à remplissage. **a) ~druck** m. || foul impression || feuille f. mal venue *ou* mal imprimée. 29

fehldrucken || to misprint || imprimer à contre-sens. 30

Fehler m. (Mangelhaftigkeit) || defect || défaut m. **a) ~** (Versehen) || error || erreur f. **b) ~** (Verstoß) || fault || faute f. **c) ~** (im Werkstoff) || flaw || défectuosité f. **d) ~** mpl. **beseitigen** || to cure || corriger. **e) mittlerer ~** || mean error || erreur f. moyenne. **f) wahrscheinlicher ~** der **Messung** || probable error in measuring || erreur f. probable de la mesure. 31

Fehler-ader f. (Fernm) || faulty wire || fil m. défectueux. **a) ~ausgleichung** f. || compensation *or* distribution of errors || compensation f. des erreurs. **b) ~bestimmung** f. || determination of error || détermination f. d'erreur. 32

fehlerfrei || faultless || sans faute f.; sans défaut m. **a) ~** (Werkstoff) || flawless || sans défaut m. 33

Fehlereingrenzungsamt n. (Fernm) || office of fault localisation || bureau m. de localisation des dérangements. 34

Fehlergrenze f. || limit of error || limite f. d'erreur. **a)** die **~ überschreiten** || to exceed the limiting error || dépasser la limite d'erreur. **b) unter der ~ bleiben** || to remain below the limiting error || rester en deça de la limite d'erreur. 1

fehlerhaft || faulty; defective || défectueux. 2

fehlerhaft-e Angabe f. || incorrect data || donnée f. fausse. **a) ~es Arbeiten** n. || defective working || fonctionnement m. irrégulier. **b) ~es Stück** n. || faulty piece || pièce f. défectueuse. **c) ~e Stücke** npl. von der **Weiterverarbeitung ausschließen** || defective pieces of faulty workmanship are excluded from further manufacture || les pièces fpl. présentant défauts quelconques sont rebutées. 3

Fehlerintegral n. || error function || intégrale f. de Laplace. 4

Fehlerorts-bestimmung f. || localisation test; fault location || localisation f. d'un dérangement; détermination f. du lieu de défaut. **a) ~messung** f. || fault location test || mesure f. de localisation des dérangements. 5

Fehlerquelle f. || source of errors || source f. *ou* cause f. d'erreurs. **a)** durch den **Einfluß** der **Wärme** entstehende ~ || source of error resulting from the influence of heat || source f. d'erreurs causée par l'influence de la chaleur. 6

Fehler-rechnung f. || calculation of errors || calcul m. d'erreurs. **a) ~verbesserung** f. || correction || compensation f. 7

Fehl-guß m. || waster || rebut m.; pièce f. manquée. **a) ~schuß** m. || missed shot; missing || coup m. bleu *ou* manqué. 8

fehlsichtig || ametropic; defective-sighted || amétrope. **a) optische Berichtigung** f. des **~en Auges** || optical correction of the defective sight || correction f. optique de l'amétropie. **b) ~es Auge** n. || defectively sighted eye; ametropic eye || œil m. amétrope. 9

Fehl-sichtigkeit f. || defect *or* deficiency of sight || amétropie f. **a) ~stelle** f. (im Metall) || flaw; defect || fêlure f.; vice m. **b) ~zündung** f. || misfire ignition || allumage m. défectueux; raté m. 10

Feige f. || fig || figue f. 11

Feigen-kaffee m. || fig coffee || café m. de figues. **a) ~mehl** n. || meal of figs || farine f. de figues. 12

Feilbank f. || file bench || établi m. *ou* banc m. à limer. 13

Feile f. || file || lime f. **a) Abzieh~** || smooth file || lime f. douce *ou* à planer. **b) Arm~** || arm file || lime f. à bras. **c) ~n** fpl. **aufhauen** || to recut files pl. || retailler les limes fpl. **d) Bastard~** || bastard file || lime f. bâtarde. **e) dickflache ~** || cotter- *or* pillar file || carrelet m. plat; lime f. à pilier. **f) Doppelschlicht~** || super-fine file || lime f. superfine. **g) Dreikant~** || three-square *or* triangular file || lime f. triangulaire. **h) einhiebige ~** || single-cut file || lime f. à taille simple. **i) Flach~** || flat file || lime f. plate. **k) halbrunde ~** || half-round file || lime f. demi-ronde. **l) Halbschlicht~** || second-cut file || lime f. demi-douce. **m) Hand~** || hand file || lime f. plate. **n) ~n** fpl. **härten** || to harden files pl. || tremper des limes fpl. **o) ~n hauen** || to cut files pl. || tailler les limes fpl. **p) Messer~** || knife file || lime f. à couteau. **q) Messerheft~** || knife handle shaper || façonneur m. de manches de couteaux. **r) Nagel~** || nail file || lime f. à ongles. **s) Normal~** || standard file || lime f. normale. **t) Raspel~** || rasping file || râpe f. **u) Rund~** || round file || lime f. ronde. **v) Sägen~** || saw file || lime f. à scies *ou* pour dents de scie. **w) Schlicht~** || smooth file || lime f. douce *ou* à planer. **x) spitze ~** || taper file || lime f. pointue. **y) spitzflache ~** || taper flat-file *or* hand-file || lime f. plate pointue. **z) Stroh~** || straw file || lime f. en paille. 14

a) eine ~ **verschmieren** || to choke teeth of a file || empâter la lime. **b) Vierkant~** || square file || lime f. carrée. **c) Vor~** || bastard file || lime f. bâtarde. **d) zweihiebige ~** || double-cut file || lime f. à taille croisée *ou* à taille double *ou* à contre-taille. 15

feilen || to file || limer. **a)** im **Feilkloben** m. ~ || to file with the hand vice || limer avec l'étau à main. **b)** aus dem **Groben** ~ || to file roughly || ébaucher. **c) quer~** || to file across || limer en travers. 16

Feilen n. || filing || limure f. **a)** ~ der **Messerklingen** || knife blade finishing || façonnage m. de lames de couteaux. 17

Feilen-aufhauen n. || file cutting anew || retaillage m. de limes. **a) ~aufhauer** m. || file cutter || retailleur m. de limes. **b) ~bearbeitung** f. || handling files || travail m. des limes. **c) ~bearbeitungsmaschine** f. || file working machine || machine f. à travailler les limes. **d) ~fabrik** f. || file manufactory || fabrique f. de limes. **e) ~griff** m. || file handle || poignée f. de limes. **f) ~härteofen** m. || file hardening furnace || four m. à tremper les limes. **g) ~härter** m. || file hardener || trempeur m. de limes. **h) ~hauen** n. || recutting *or* resharpening of files || retaillage m. de limes. **i) ~hauer** m. || file cutter || tailleur m. de limes. **k) ~haumaschine** f. || file cutting machine || machine f. à tailler des limes. **l) ~heft** n. || file handle || manche m. de lime. **m) ~herstellungsmaschine** f. || machine for making files || machine f. pour faire des limes. 18

Feilenhieb m. || cut of file || taille f. de lime. **a) feiner ~** || smooth cut of file || fine *ou* douce taille f. de lime. **b) grober ~** || rough cut of file || grosse taille f. de lime. 19

Feilen-macher m. || file maker || ouvrier m. en limes. **a) ~meißel** m. || file-cutter's chisel || étoile f. du tailleur de limes. **b) ~prüfmaschine** f. || file testing machine || machine f. à essayer les limes. **c) ~schleifer** m. || file grinder || émeuleur m. de limes. **d) ~schmied** m. || file forger || forgeur m. de limes. **e) ~stahl** m. || file steel || acier m. à limes. 20

Feiler m. || filer || limeur m. **a) Messer~** || knife filer || limeur m. en coutellerie. **b) Sägen~** || saw filer || limeur m. de scies. 21

Feil-futter n. || filing block *or* board || bois m. à limer. **a) ~holz** n. *s.* Feilfutter n. 22

Feilicht n. || filings pl. || limaille f. 23

Feilkloben m. || hand vice; filing vice || étau m. à main; mordache f. **a) breitmäuliger ~** || cross-chap *or* broad-chap hand vice || étau m. à mâchoires larges. **b) schmalmäuliger ~** || dog-nosed *or* square-nosed hand vice || étau m. à main à mâchoires étroites. 24

Feil-kluppe f. || sloping clamp || mordache f. à limer. **a) ~maschine** f. || filing *or* shaping machine || limeuse f.; shaping-machine; étau m. limeur. **b) ~- und Sägemaschine** f. || filing and sawing machine || machine f. à limer et à scier. **c) ~späne** mpl. *s.* Feilstaub m. **d) ~staub** m. || file dust; filings pl. || limaille f.; limature f. **e) ~strich** m. || file stroke || trait m. *ou* coup m. de lime. 25

fein (Chem) || minute || ténu. **a)** ~ (Met) || fine; good || fin. **b) ~ gepulvert** || finely powdered *or* pulverized || finement pulvérisé. **c) ~ verteilt** (Chem) || finely powdered || finement divisé. **d) ~ zerrieben** || finely broken *or* ground || finement broyé. **e) ~e Handeinstellung** f. || fine hand adjustment || réglage m. de précision à la main. **f) ~e Verstellung** f. *s.* Feinbewegung. 26

Fein-bäcker m. || cake baker || pâtissier m. **a) ~backware** f. || fine baker's ware || boulangerie-pâtisserie f. 27

Feinbewegung f. || slow motion || mouvement m. lent. **a) elektrische ~** (Opt) || electric slow motion gear || mouvement m. lent électrique. **b) elektrische ~** in **Stunde** (Opt) || electric slow motion in right ascension || mouvement m. horaire lent électrique. **c) endlose ~** (Opt) || continuous slow motion || mouvement m. lent sans fin. **d)** ~ des **Fernrohres** in **Azimut** || slow motion of the telescope in azimuth || mouvement m. lent horizontal de la lunette. **e)** ~ des **Fernrohres** in **Höhe** || slow motion of the telescope in altitude || mouvement m. lent vertical de la lunette. **f) Zahnrad~** || cog-wheel slow motion || mouvement m. lent par engrenages. 28

Feinbewegungsschraube f. || slow motion screw || vis f. à déplacement lent. 29

Feinblech n. || thin plate *or* sheet || tôle f. mince *ou* fine. **a) ~richtmaschine** f. || sheet straightening rolls pl. || machine f. à dresser les fines tôles. **b) ~straße** f. || sheet mill || train m. à fines tôles. **c) ~walzwerk** n. || thin sheet rolling mill || laminoir m. à tôles minces. 30

Feine f. des **Silbers** || standard of silver || titre m. d'argent. 31

Fein-einstellschraube f. || fine adjusting screw || vis f. micrométrique. **a) ~einstellung** f. || fine adjustment || mise f. au point. 32

Feineisen n. || refined pig *or* iron; finished iron || mazée f.; fonte f. mazée; fer m. fin *ou* raffiné. **a) ~feuer** n. || refining furnace || finerie f.; fourneau m. de finerie *ou* de raffinerie. **b) ~konstruktion** f. || fine iron structure || construction f. en fer menu. **c) ~straße** f. || small section mill; fine iron train || laminoir m. à fers fins; train m. à petits fers. **d) ~walzwerk** n. || fine-iron rolling mill; small iron bar rolling mill || laminoir m. *ou* train m. à petits fers. 33

feinen (Eisen) || to refine || raffiner; mazer. 34

feinfaserig (Holz) || fine grained || à fibre f. fine. 35

Feinfleier m. (Apparat) || finishing fly frame || banc m. à broches en fin. **a)** ~ (Arbeiter) || fine fly-frame tenter || bancbrocheur m. en fin. 36

Fein-förderkohle f. || fine small duff || fines fpl. lavées. **a) ~fühligkeit** f. des **Arbeiters** || manual sensibility of the operator ||

sensibilité f. manuelle de l'ouvrier. **b) ~gehalt** m. standard || titre m. **c) ~gold** n. || fine gold || or m. fin. 1

Feinheit f. (Chem) || fineness || finesse f. **a) ~** (Garn) || grist; size || titre m. **b) Mahl~** || fineness of grinding || finesse f. de mouture. 2

Feinheiten fpl. (Opt) || fine details pl. || fins détails mpl. 3

Feinheits-bezeichnung f. des **Streichwollgarns** || sizing of the carded yarn || numérotage m. du fil de laine cardée. **a) ~grad** m. || degree of fineness || degré m. de finesse. **b) ~nummer** f. (Garn) || count *or* number of yarn || numéro m. *ou* titre m. du fil. 4

Fein-hubwerk n. || precision hoisting gear || dispositif m. de levage de précision. **a) ~keramik** f. || fine ceramic || céramique f. fine. 5

feinkeramische Maschine f. || machinery for fancy ceramics || machine f. pour la fabrication de céramique fine. 6

Feinkohle f. || small coal || fines fpl.; menu charbon m. **a) gewaschene ~** || fine small duff || fines fpl. lavées. **b) teerreiche ~** || fine coal rich in tar || charbon m. fin riche en goudron. 7

Feinkohlensumpf m. || fine coal sump || fosse f. à fins. 8

Feinkoks m. || rubbly culm-coke || grésillon m. 9

Feinkorn n. || fine grain || grain m. fin. **a) ~eisen** n. || fine-grained iron || fer m. à grain fin. 10

feinkörnig || close *or* fine grained; fine granular || à grain fin. 11

feinkörnig-es Gefüge n. || fine-grained texture; smooth fracture || fracture f. *ou* structure f. à grains fins. **a) ~er Halbkoks** m. || fine grained semi-coke || semicoke m. sous forme de grains très fins. **b) ~er Steinkohlenhalbkoks** m. || fine semi-coke made from bituminous coal || semi-coke m. de houille à grains fins. 12

Feinkorn-puddeln n. || puddling of finegrained iron || puddlage m. de fer à grain fin. **a) ~setzmaschine** f. || fine grain washing machine || bac m. à menus. 13

Feinkost *s.* Feinkostwaren. **a) ~waren** fpl. || dainty provisions pl. || comestibles mpl. fins. 14

feinkristallinisch || compact grained || finement granulé. 15

Feinleinwandweber m. || lawn *or* cambric weaver || tisseur m. de linon *ou* en batiste. 16

feinmahlen (Pap) || to finish || raffiner. 17

Fein-mahlen n. von **Getreide** || finish-grinding of grain || mouture f. fine de grains. **a) ~mahlung** f. || fine crushing || broyage m. fin. **b) ~mechanik** f. || precision *or* fine mechanics pl. || mécanique f. de précision. **c) ~mechaniker** m. (Opt) || instrument maker || mécanicien m. de précision. 18

feinmechanisch-er Apparat m. || mechanical apparatus of precision || appareil m. de précision. **a) ~e Arbeit** f. || precise mechanical work || travail m. de fine mécanique. **b) ~es Instrument** n. || mechanical instrument of precision || instrument m. de précision. 19

Fein-meßgerät n. || precision measuring instrument || instrument m. de précision à mesurer. **a) ~mühle** f. (Pap) || finishing-machine || raffineur m. **b) ~nivellierlatte** f. || high precision levelling staff || mire f. parlante de précision. **c) ~papierherstellungsmaschine** f. || fine paper making machine || machine f. pour fabriquer du papier fin. 20

feinpulverig (Chem) || pulverulent || pulvérulent. 21

Feinraspel f. || fine rasp; grater file || écouane f. à bois. 22

feinscheren (Web) || to shear fine || affiner. 23

feinschleifen (Glasm) || to grind || adoucir f. **a)** die **Spiegelplatten fpl. ~** || to smooth the glass plates pl. || savonner les glaces fpl. 24

Fein-schleifen n. (Messerschm) || glazing || affilage m. **a) ~schleifer** m. (Messerschm) || glazer || affileur m. **b) ~schlichtfeile** f. || superfine *or* dead smooth file || lime f. superfine. **c) ~schliff** m. || finishing || finissage m. **d) ~schrot** n. || fine grist || mouture f. fine. **e) ~sicherung** f. (Fernm) || heat coil fuse || fusible m. fin. **f) ~sicherungspatrone** f. (Fernm) || heat coil || bobine f. thermique. **g) ~sieb** n. || screen with narrow openings || crible m. fin. **h) ~spannungsschutz** m. (Fernm) || low current protector || coupe-circuit m. pour courant faible. 25

feinspinnen || to spin proper || filer en fin. 26

Fein-spinnmaschine f. || finishing machine; spinning frame || machine f. à filer en fin; métier m. en fin. **a) ~stellschraube** f. || finely adjusting screw || vis f. pour mise au point précise. 27

Feinstfleier m. || jack-frame tenter || banc-brocheur m. en surfin. 28

Feinstrecker m. (Spinn) || fine drawer || étireur m. en fin. **a) ~** (Wolle) || finishing box minder || finisseur m. de laine. 29

feinstufige Ausführung f. || delicately stepped type || exécution f. à régulation sensible. 30

Fein-verstellung f., **Klemmung** f. der (Opt) || clamp for fine adjustment || blocage m. du mouvement lent. **a) ~wäscherin** f. || fine laundress || blanchisseuse f. de fin. **b) ~zerkleinerung** f. || fine crushing *or* grinding || broyage m. fin. 31

Feinzerreibemaschine f. für Farben und Lacke || machine for rasping colours, paints and varnishes to perfect fineness *or* to the utmost fineness *or* to the highest degree of fineness || machine f. pour moudre des couleurs et vernis à la plus grande finesse. **a) ~ für Salben** || machine for grating ointments to perfect *or* to the utmost fineness || machine f. pour râper *ou* moudre des onguents à la plus grande finesse. 32

Feinzeug n. (Pap) || stuff || raffiné m.; pâte f. raffinée. **a) ~holländer** m. (Pap) || beating engine; beater; finisher || pile f. raffineuse; cylindre m. affineur *ou* broyeur *ou* à broyer. 33

Feinzinn n. || fine *or* ringing *or* sonorous tin || étain m. fin *ou* sonnant. 34

Felbel m. || long pile *or* feather shag || panne f.; peluche f. **a) baumwollener ~** || cotton shag || panne f. de coton. **b) echter ~** *s.* Felbel, seidener. **c) seidener ~** || silk feather shag || peluche f. lang-poil de soie. **d) wollener ~** || woollen feather-shag || panne f. de laine. 35

Feld n. || field || champ m. **a) ~ für die Anschrift** (Briefumschlag) || address panel || champ m. des adresses. **b) ~** zwischen zwei **Balken** || bay of joints; case bay || claire-voie f.; travée f. **c) Eisenstein~** (Bergb) || allotment for iron ore || concession f. pour minerai de fer. **d) elektrisches ~** || electric field || champ m. électrique. **e) elektrisches ~ paralleler Leitungen** || electric field between parallel conductors || champ m. électrique entre conducteurs parallèles. **f) elektromagnetisches ~** || electromagnetic field || champ m. électromagnétique. **g)** ein **~ erregen** || to excite a field || exciter un champ. **h) ~** eines **Fachwerkträgers** || pannel of a trussed beam || cloison f. d'une poutre americaine. **i) gefährliches ~** || field of danger || champ m. dangereux. **k) gestrecktes ~** (Bergb) || longitudinally extended concession || champ m. longitudinal. **l) luftelektrisches ~** || electric field of the air || champ m. électrique de l'air *ou* de l'atmosphère. **m) magnetisches ~** || magnetic field || champ m. magnétique. **n) offenes ~** (Dachd) || uncovered part of a slab *or* tile || pureau m. **o) ~er** npl. **privatwirtschaftlich ausbeuten** || to exploit mining areas for private economic purposes || exploiter des terrains miniers au titre d'entreprise privée. **p) rotierendes ~** || rotating field || champ m. tournant. **q) ungleichnamiges ~** || field of opposite polarity || champ m. de polarité contraire. 36

Feldahorn m. || common maple || érable m. champêtre. 37

Feldbahn f. || field *or* portable railway || chemin m. de fer à voie portative. **a) ~schiene** f. || rail for portable railways || rail m. pour chemin de fer à voies portatives. **b) ~wagen** m. || light railway wagon || wagonnet m. de chemin de fer portatif. 38

Feld-bett n. || camp-bed || lit m. de camp. **a) ~blech** n. (Elektr) || field punching || tôle f. de champ. **b) ~brand** m. (Ziegel) || field kiln || four m. de campagne. **c) ~brenner** m. || local distiller || bouilleur m. de cru. 39

Feld-entwässerung f. || marsh drying || dessèchement m. de marais. **a) ~element** n. (Fernm) || cell for field telegraph || pile f. pour le service télégraphique de campagne. 40

Felder-decke f. (Bauw) || ceiling with bays; coffered ceiling || plafond m. à caissons. **a) ~einschnitt** m. (Geschoß) || marking || empreinte f. **b) ~einteilung** f. || division in squares || division f. par compartiments. 41

Feld-erregung f. || field excitation || excitation f. de champ. **a) ~fernsprecher** m. || war phone || téléphone m. de campagne. **b) ~flasche** f. || case bottle; canteen || bidon m. **c) flußkabel** n. || field subfluvial cable || câble m. fluvial militaire. **d) ~funkentelegrafie** f. || military radio telegraphy || télégraphie f. sans fil militaire. **e) ~geschütz** n. || field piece; field gun || pièce f. de campagne. **f) ~gestänge** n. (Bergb) || flats pl.; flat rods pl. || piston m.; tirant m. **g) ~glas** n. || field glass || jumelles fpl. de campagne. **h) Maxwellsche ~gleichung** f. || Maxwell's field equation || équation f. de Maxwell. **i) ~grau** n. || field gray || gris m. de campagne. **k) ~handapparat** m. (Fernm) || war telephone handset || appareil m. à main de campagne. **l) ~hüter** m. || game keeper; field guard || garde-champêtre m.; garde-chasse m.; garde m. agricole. 42

Feldkabel n. || army cable || câble m. de campagne. **a) ~verbindung** f. || field cable joint || jonction f. de câbles militaires. 1

Feld-klappenschrank m. || war switchboard || tableau m. de distribution de campagne. **a) ~kompaß** m. || surveyor's compass; surveyor's dial || boussole f. d'arpenteur. **b) ~komponente** f. (Phys) || field component || composante f. du champ. **c) ~küche** f. || field kitchen || cuisine f. portable. **d) ~leitungsbau** m. (Fernm) || field line construction || construction f. de lignes militaires. **e) ~magnet** m. || field magnet || inducteur m. 2

Feldmeß-apparat m. || surveying *or* land measuring instrument || instrument m. d'arpentage. **a) ~arbeiten** fpl. || surveying operations pl. || travaux mpl. géodésiques. 3

Feldmessen n. || surveying || arpentage m. 4

Feldmesser m. || surveyor || arpenteur m.; géomètre m. 5

Feldmeß-gerät n. || surveying equipment || ustensile m. géodésique. **a) ~instrument** n. || surveying instrument || instrument m. d'arpentage. **b) ~kästchen** n. || war measuring box || petite boîte f. de mesures de campagne. **c) ~kompaß** m. || surveying compass || boussole f. d'arpenteur. 6

Feld-ort n. (Bergb) || head *or* end of a gallery *or* level || lieu m. de travail dans une galerie; fin f. d'une galerie. **a) prüfkasten** m. || war testing box || boîte f. de contrôle de campagne. **b) ~-prüfschrank** m. || war test case || armoire f. de contrôle de campagne. **c)** sich in die **~richtung** f. **einstellen** || to set itself in the direction of field || se placer dans la direction du champ. **d) ~röste** f. des **Flachses** || flax land retting || rouissage m. de lin sur pré. **e) ~schmiede** f. || field forge || forge f. portative. **f) ~schwächung** f. (Elektr) || weakening of the field || affaiblissement m. de champ. **g) ~-schwankungen** fpl. (Elektr) || field variations pl. || fluctuations fpl. de champ. **h) ~signalgerät** n. || war signalling gear || appareil m. de signalisation de campagne. 7

Feldspat m. || othoclase; feldspar; feldspath || orthoclase f.; feldspath m. **a) dichter ~** || compact feldspar || feldspath m. compacte; pétrosilex m. **b) edler ~** || adularia || adulaire m.; spath m. adulaire. **c) gebrannter ~** || calcined feldspar || feldspath m. calciné. **d) gemeiner ~** || common feldspar || feldspath m. commun. **e) gepulverter ~** || powdered feldspar || feldspath m. pulvérisé. **f) glasiger ~** || glassy feldspar; ice spar; sanidine || feldspath m. vitreux; sanidine f. **g) rechtwinkliger ~** || orthoclase; common feldspar || orthoclase f. **h) schiefwinkliger ~** || plagioklase || plagioklase f. 8

Feldspat-grube f. || feldspar quarry || carrière f. de feldspath. **a) ~porzellan** n. || hard porcelain || porcelaine f. dure. **b) ~sieb** n. || feldspath screen || crible m. à feldspath. **c) ~setzmaschine** f. || feldspath washer || laveuse f. à feldspath. 9

Feldstärke f. (Elektr) || field intensity || intensité f. de champ. **a) entmagnetisierende ~** || demagnetizing field intensity || champ m. démagnétisant. **b) magnetische ~** || magnetic field intensity || intensité f. du champ magnétique. 10

Feldstation f. (Fernm) || field set || station f. de campagne. 11

Feldstativ n. || field tripod || pied m. de campagne. **a) ~** aus **Stahlrohren** || field tripod of steel tubes || pied m. de campagne en tubes d'acier. **b) ~** mit **verstellbaren Spreizen** || field tripod with adjustable stays || trépied m. de campagne avec traverses réglables. **c) zusammenklappbares ~** || folding field tripod || pied m. de campagné pliant. 12

Feldstecher m. || binocular; field glass || binocle m.; jumelles fpl. *ou* lunette f. de campagne. **a)** das **Bild** n. im **~** durch mehrfache Spiegelung des Lichtstrahles **wieder aufrichten** || to erect the image of the prism glass by multiple reflection of the rays || redresser l'image dans la jumelle à prismes par plusieurs réflexions successives du rayon lumineux. **b) ~** für **einäugigen Gebrauch** || field glass for use with one eye || longue-vue f. pour un seul œil. **c) lichtstarker ~** || field glass of great light transmitting capacity || jumelle f. lumineuse. **d) lichtstarker Weitwinkel~** || wide angle field glass of great light transmitting capacity || jumelle f. lumineuse grand-angulaire. **e) Miniatur~** || miniature field glass || jumelle f. de poche. **f)** mit **Mitteltrieb ausgestatteter ~** || field glass fitted with central twin focussing device || jumelle f. à molette centrale; jumelle f. munie d'une molette centrale. **g) monokularer ~** || monocular field glass || longue-vue f. monoculaire. **h) optische Eigenschaften** fpl. eines **~s** || optical particulars of a field glass || constantes fpl. optiques d'une jumelle. **i) Prismen~** || prism binocular || jumelle f. à prismes. **k) stark vergrößernder ~** für große Entfernungen || high power field glass for long distances || jumelle f. à fort grossissement pour observations à grande distance. **l) Universal~** || universal field glass || jumelle f. universelle. **m) Weitwinkel~** || wide angle field glass || jumelle f. grand-angulaire. 13

Feldstecherlupe f. || field-glass magnifier || jumelle-loupe f. 14

Feldstein m. (Bauw) || great rubble stone || grand galet m. **a) ~** (Miner) || compact feldspar; cobble stone; pyroxene || caillou m. tout venant; feldspath m. compacte; pétrosilex m.; pyroxène m. 15

Feldstein-mauer f. || rubble way || mur m. de hourdage. **a) ~mauerwerk** n. || rubble work *or* walling; rough walling || maçonnerie f. en galets; hourdage m.; maçonnage m. grossier de moellons. 16

Feldstuhl m. || camp stool || siège m. de campagne; pliant m. 17

Feldtelegrafen-abteilung f. || military telegraph section || section f. télégraphique de campagne. **a) ~batterie** f. || battery for field telegraph || batterie f. pour le service télégraphique de campagne. **b) ~bau** m. || field telegraph construction || construction f. des télégraphes militaires. **c) ~gerät** n. || war telegraph instrument || appareil m. télégraphique de campagne. **d) ~stange** f. || war telegraph pole || poteau m. télégraphique de campagne. 18

Feld-telegrafie f. || war telegraphy || télégraphie f. de campagne. **a) ~verstärkersatz** m. || war repeater unit || jeu m. d'amplificateurs de campagne. **b) ~verstärkung** f. (Elektr) || strengthening of the field || renforcement m. de champ. **c) ~verzerrung** f. || field distortion || distorsion f. du champ. **d) ~ziegelei** f. || brick field || briqueterie f. en plein air. 19

Felge f. || rim; felloe || jante f. **a) abnehmbare ~** || detachable *or* demountable rim || jante f. amovible *ou* démontable. **b) auf der ~ fahren** || to drive on the rim || rouler dégonflé. **c)** die **~ aufziehen** || to fit the rim on || monter la jante. **d) dehnbare ~** || expansive rim || jante f. extensible. **e) ~** für **Drahtpneumatik** || straight side rim || jante f. pour enveloppe à fil. **f) Fahrrad~** || wheel rim for cycles || jante f. pour cyclettes. **g) feste ~** || one piece rim || jante f. normale. **h) ~** aus **gebogenem Holz** || felloe of bent wood || jante f. en bois cintré. **i) Geradseit~** || straight-side rim || jante f. straight-side. **k) geteilte ~** || divided rim || jante f. sectionnée. **l) Grund~** || wheel felloe || jante f. de roue. **m) Hilfs~** || extra rim || jante f. de réserve. **n) hohle ~** || hollow rim || jante f. creuse. **o) Holz~** || wood rim *or* felloe || jante f. en bois. **p) ~** für **Luftreifen** || pneumatic tire rim || jante f. pour pneu. **q) ~** für **Massivreifen** || felloe for solid tyres || jante f. à bandages pleins. **r) Rad~** || rim of wheel || jante f. de roue; sous-bandage m. **s) Stahl~** || steel rim *or* felloe || jante f. en acier. **t) Tiefbett~** || drop base rim || jante f. à base creuse. **u) ~** für **Vollgummireifen** || rim for solid tire || jante f. pour bandages pleins. **v) Wulst~** || clincher rim || jante f. pour pneu à talon. 20

Felgen-art f. || rim type || type m. de jante. **a) ~band** n. || tire flap || toile f. cerclant la jante. **b) ~bank** f. (Wagenb) || fellies-assembling machine || jantière f. **c) ~bohrer** m. || felloe mortizing machine || mortaiseur m. de jantes. **d) ~bremse** f. || rim *or* felloe brake || frein m. sur jante. **e) ~haken** m. || hook of rim || crochet m. de la jante. **f) ~holz** n. || felloe wood || bois m. pour jante. **g) ~kranz** m. || rim; fellies pl. || anneau m. *ou* couronne f. circulaire d'une roue; jante f. **h) ~macher** m. || wheel rimmer || ouvrier m. en jantes. **i) ~rand** m. || bead of rim || rebord m. de jante. **k) ~schulter** f. || shoulder of rim || épaulement m. de la jante. **l) ~-stabilisiermaschine** f. || felloes stabilizing machine || machine f. à équilibrer les jantes. 21

Fell n. || skin; hide || peau f. **a) gegerbtes ~** || tanned leather || cuir m. en croûte. **b) rohes ~** || raw kip *or* skin || peau f. brute. **c) ungegerbtes ~** || un-tanned skin peau f. non tannée. 22

Fell-arbeiter m. || skinner || peaussier m. **a) ~beschneider** m. || skin trimmer || façonneur m. *ou* pareur m. de peaux. **b) ~färber** m. || skin colourer || coloriste m. en peau. 23

Fellhaar-bläserei f. || hair blowing || soufflerie f. de poils. **a) ~schneider** m. || skin cutter || coupeur m. de poils. 24

Fell-handel m. || fur trade; trade in hides *or* skins || pelleterie f. **a) ~händler** m. || dealer in hides; furrier || pelletier m. **b) ~kämmer** m. || skin comber || dégaleur m. de peaux. **c) ~klopfer** m. || skin beater || batteur m. de peaux. **d) ~maschine** f. (Spinn) || fleece scribbler || droussette f. à nappe. **e) ~nagler** m. || fur nailer || cloueur m. de peaux. **f) ~näherin** f. || skin sewer || couseuse f. **g) ~reiniger** m.

|| skin cleaner *or* scourer || sabreur m. *ou* échardonneur m. de peaux. **h) ~scherer** m. || wool puller || délaineur m. de peaux; peleur m. **i) ~sortierer** m. (Lederzur) || hide sorter || lotisseur m. de peaux brutes. **k) ~späne** mpl. (Gerb) || waste *or* remnants pl. of hides || effleurures fpl. **l) ~teppich** m. || skin rug || tapis m. en fourrure *ou* en peau. **m) ~trampler** m. || skin trampler || fouleur m. de peaux. **n) ~trommel** f. (Spinn) || fleece roller || tambour m. à nappe. **o) ~walker** m. (Lederzur) || mill man || fouleur m. de peaux. **p) ~zurichterei f.** || skin dressing || peausserie f. 1

Felper m. || long poil; feather shag || panne f.; peluche f. 2

Fels-block m. || rock || bloc m. de pierre. **a) ~brecher** m., **Unterwasser** || subaqueous rock breaker || dérocheuse f. 3

Felsen m. || rock || rocher m. **a) ~grund** m. || foundation of rock || fondement m. de roc. **b) ~keller** m. || rock *or* tunnel cellar || cave f. creusée dans le roc. 4

felsig || rocky || rocheux. 5

Felsit m. || felsite; petrosilex || pétrosilex m. 6

Fels-küste f., **steile** || cliff || falaise f. **a) ~meißel** m. (Bergb) || rock chisel || burin m. brise-roc. 7

Fels-quarzit m. || quartzite || quartzite m. **a) ~sturz** m. || rock fall || éboulement m. de roches. 8

Feltiereisen n. || dog-leg chisel || butte-avant m.; pousse-avant m. 9

Fenchel m. || fennel || fenouil m. **a) ~holz** n. || sassafras wood || bois m. de sassafras. **b) ~honig** m. || fennel honey || miel m. de fenouil. **c) ~öl** n. || fennel oil || essence f. de fenouil. 10

Fender m. (Schiffb) || loose skid; fender || défense f. mobile. **a) Tau~** || puddening; pudding || défense f. en cordage. 11

Fenster n. || window || fenêtre f. **a)** nach **außen aufschlagendes ~** || outwards opening window || fenêtre f. s'ouvrant à l'extérieur. **b)** nach **außen erweitertes ~** || outward-splayed window || fenêtre f. ébrasée. **c) Bleiglas~** || leaded light || lanterne f. **d) blindes ~** || dead *or* blank *or* mock window || fenêtre f. feinte *ou* borne *ou* aveugle *ou* en orbe-voie. **e) Doppel~** || double window || double-fenêtre f. **f)~** mit drei **Doppellichtern** || three twin-window || fenêtre f. trigéminée. **g) Dreh~** || turn window || fenêtre f. tournante. **h) dreischeibiges ~** || three-pane window || fenêtre f. à trois vitres. **i) einbruchsicheres ~** || burglar proof window || croisée f. à l'abri de l'effraction. **k) Einfach~** || single window || fenêtre f. simple. **l) einflügeliges ~** || single-sashed window || fenêtre f. à un battant. **m) eisernes ~** || iron window || fenêtre f. en fer. **n) flämisches ~** || flemish window || fenêtre f. mezzanine. **o) gemaltes ~** || art stained glass || vitrail m. d'art. **p) Giebel~** || gable window || fenêtre f. mitrée de pignon. **q) gußeisernes ~** || cast window || fenêtre f. en fonte. **r) halbkreisförmiges ~** || semicircular window || fenêtre f. à lunette. **s) herablaßbares ~** || drop window || fenêtre f. glissante. **t) Holzrahmen~** || wood window || fenêtre f. en bois. **u) indirektes ~** || second light || faux jour m. **v)** nach **innen aufschlagendes ~** || inward opening window || fenêtre f. s'ouvrant à l'intérieur. **w)** nach **innen ausgeweitetes ~** || inward-chamfered *or* splayed window || fenêtre f. en embrasure. **x) Kasten~** || box type window || fenêtre f. à caisson. **y) Keller~** || cellar window || fenêtre f. de cave. **z) Kirchen~** || church window || vitrail m. d'église. 12

a) kittfrei eingesetztes ~ || uncemented window || fenêtre f. adaptée sans mastic. **b) kleines rundes ~** || deadman's eye || œil-de-bœuf m. **c) liegendes ~** || lying window || fenêtre f. gisante. **d) mit ~ versehen** || to window || fenêtrer. **e) Quarz~** || quartz window || fenêtre f. en quartz. **f) Profan~** || profane window || vitrail m. profane. **g) scheitrechtes,** gerade geschlossenes **~** || square-headed window || fenêtre f. droite *ou* à linteau. **h) Schiebe~** || sliding window || fenêtre f. à glissière. **i) Schiffs~** || bull's eye || hublot m. **k) schmiedeeisernes ~** || wrought iron window || fenêtre f. *ou* croisée f. de fer forgé. **l) schräges ~** || sky light; sky light window || abat-jour m. **m)** mit **schräg eingehender** Leibung || oblique window || fenêtre f. en biais. **n) Seil~** || rope window || fenêtre f. du passage du câble. **o) ~** mit **Spitzverdachung** || gable headed window; gabled window || fenêtre f. mitrée *ou* pignonnée *ou* couronnée d'un fronton. **p) überwölbtes ~** || arched window || fenêtre f. cintrée *ou* voûtée. **q) versenkbares ~** || drop window || fenêtre f. mobile. **r) verstecktes ~** || hidden light; peeping window || vue f. dérobée. **s) Zargen~** || frame window || fenêtre f. à châssis. **t) zweiflügeliges ~** || two-sashed window || fenêtre f. à deux. battants. 13

Fenster-anschlag m. || rabbet of a window || feuilleure f. **a) ~ausschnitt** m. || bay of a window || baie f. *ou* échancrure f. de fenêtre. **b) ~band** n. || window cramp-iron *or* hinge *or* ride || penture f. de fenêtre. **c) ~bank** f. || bay stall; caroll; window seat *or* sill *or* bench || siège m. *ou* banc m. à l'embrassement *ou* dans la baie; carolle f.; banquette f. de fenêtre. **d) ~beschläge** mpl. || window fittings pl. || ferrures fpl. de fenêtres. **e) ~blei** n. || window lead || plomb m. à vitres. **f) ~blende** f. || blind for a window || faux mantelet m. **g) ~brett** n. || window sill; elbow-board || accoudoir m.; planche f. d'appui. 14

Fensterbriefumschlag m. || window *or* transparent envelope || enveloppe f. à guichet. **a) Lack** m. für **~** || varnish for window envelopes || vernis m. pour enveloppes à guichet. 15

Fenster-brüstung f. || elbow place; breast height; parapet; breast work || appui m. d'une croisée. **a) ~dichter** m. || draught preventer || bourrelet m. 16

Fenstereinfassung f. || window case; sash frame || croisée f. *ou* huisserie f. de fenêtre; châssis m. dormant de fenêtre. **a) ~** von **Stein** || stone window-case || jambage m. de fenêtre. 17

Fenstereisen n. || iron window bar || vitrière f.; barlotière f. en fer; tringle f. **a) aufrechtes ~** || standard *or* stay-bar of a window || vitrière f. montante. **b) liegendes ~** || transom; crossbar || vitrière f. traverse. 18

Fenster-fach n. || window pane *or* square; sash square || panneau m. à verre *ou* à vitre *ou* de fenêtre. **a) ~falz** m. || rabbet of a window || feuillure f. **b) ~feld** n. || window pane *or* square; sash square || panneau m. à verre *ou* à vitre *ou* de fenêtre. 19

Fensterflügel m. || wing *or* valve *or* casement of a window || battant m. *ou* vantail m. *ou* châssis m. de fenêtre. **a) drehender ~** || turning sash; window valve || battant m. *ou* vantail m. de fenêtre. **b) fahrender ~** || sliding sash || châssis m. coulant *ou* à coulisse *ou* à guillotine. **c) stehender ~** || dead sash || châssis m. dormant *ou* mort. 20

Fenster-flügelrahmen m. || valve *or* sash wing *or* wing frame || vantail m. *ou* battant m. d'une croisée. **a) ~füllung** f. window sash || châssis m. de fenêtre. **b) ~futter** n. || case of a window || châssis m. dormant de fenêtre; cadre m. de croisée de fenêtre. **c) ~gerähme** n. || frame work *or* complete framing of a window || croisée f. d'une fenêtre; fenêtre-croisée f. **d) ~gesims** n. || plain-moulding at the head *or* foot of a window || corniche f. *ou* dessus m. d'une fenêtre. **e) ~gestelle** n. || window case, sash frame || croisée f. *ou* huisserie f.; châssis m. dormant. **f) ~gewände** n. von Stein || jamb stone of a window || lancis m. de fenêtre. **g) ~gitter** n. || window-grate *or* trellis *or* lattice || cage f. *ou* treillis m. de fenêtre. 21

Fensterglas n. || window *or* broad *or* sheet glass || verre m. à vitres. **a) gerieftes ~** || ribbed window glass || vitre f. striée. 22

Fensterglasschneider m. || window glass cutter || coupeur m. de vitres. 23

Fenster-griff m. || window knob || bouton m. de fenêtres. **a) ~haken** m. || window stay || crochet m. de fenêtre. **b) ~heber** m. || window-regulator || lève-glace m. **c) ~jalousie** f. || Venetian blind || persienne f. **d) ~kämpfer** m. aus Stein || stone transom of a window || en pierre de fenêtre f. traverse f. **e) ~kante** f. || window edge || arête f. de la fenêtre. **f) ~kitt** m. || glazier's putty || mastic m. à vitres; mastic lut m. de vitrier. **g) ~knopf** m. || knob *or* button *or* handle of a window sash || bouton m. *ou* tiroir m. *ou* olive f. de fenêtre. **h) ~konsole** f. || corbel under a window jamb || console f. de fenêtre. **i) ~kontakt** m. || window contact || contact m. de fenêtre. **k) ~krampe** f. || casement staple || crampon m. de fenêtre. **l) ~kreuz** n. || window cross || croisillon m. de fenêtre. 24

Fensterladen m. || window shutter || contrevent m.; volet m.; abat-vent m. **a) eiserner ~** || iron shutter || persienne f. en fer. 25

Fensterleder n. || window cleaning leather; chamois *or* shammy leather || peau m. de chamois pour nettoyage des vitres; époussetoir m. en cuir pour fenêtres. 26

Fensterleibung f. || window flanning || embrasure f. de fenêtre. **a) äußere ~** || revel; reveal || tableau m. 27

Fenster-mittelpfosten m. || mullion; munnion || menau m. **a) ~nische** f. || bay of a window || baie f. *ou* échancrure f. de fenêtre. 28

Fensteröffnung f. || aperture of a window || jour m. *ou* baie f. de fenêtre. **a) Ausschneiden** n. von **~en** || cutting out window openings || découpage m. des ouvertures de fenêtre. 29

Fenster-pfeiler m. || window pier || pied-droit m.; trumeau m. **a) ~pfosten** m. ||

window post; wooden window jamb || poteau m. d'huisserie; montant m. de croisée. 1

Fensterrahmen m. || sash *or* window frame || cadre m. *ou* châssis m. *ou* dormant m. de fenêtre. **a)** ~ aus **Beton** || concrete window frame || châssis m. de fenêtre en béton. **b) eiserner** ~ || iron window frame || châssis m. de fenêtre en fer. 2

Fenster-reiber m. || sash fastener || happe f. de fenêtre. **a) ~reinigung** f. || glass cleaning || nettoyage m. de glaces. **b) ~riegel** m. || window catch; sash bolt || verrou m. *ou* targette f. pour fenêtres; espagnolette f. **c) ~riemen** m. || glass frame riser || tirant m. *ou* courroie f. à glace. **d) ~rolladen** m. || rolling window blind; rolling window curtain || rideau m. roulant. 3

Fensterscheibe f. || pane; window pane || vitre f. de fenêtre; vitre f. **a) bauchige** ~ || bulged pane of glass; curved window glass || vitre f. bombée. 4

Fenster-schieber m. || sliding-sash of a sash-window || coulisse f. de fenêtre; châssis m. coulant de fenêtre. **a) ~schluß** m. || head of a window; window-head || fermeture f. d'une croisée. **b) ~schmiege** f. || embrasure of a window || ébrasement m. *ou* embrasement m. de fenêtre. **c) ~schwelle** f || window sill; *or* bench *or* ledge || seuil m. *ou* banquette f. de fenêtre. **d) ~sohle** f. || window sill; window ledge || seuil m. de fenêtre. 5

Fenstersprosse f. || window bar || vitrière f.; barlotière f.; éparselle de fenêtre. **a) aufrechte** ~ || stay-bar of a window || éparselle f. montante de fenêtre. **b) liegende** ~ || cross-bar of a window || éparselle f. traverse de fenêtre. 6

Fenster-stange f. || window bar || vitrière f. *ou* barlotière f. de fenêtre. **a) ~stock** m. || window-case; sash-frame || croisée f. *ou* huisserie f. de fenêtre; châssis m. dormant de fenêtre. **b) ~sturz** m. || window head; lintel || linteau m. *ou* poitrail m. de fenêtre. **c) ~verglasung** f. || glazing of a window || vitrage m. **d) ~vorhang** m. || window curtain || rideau m. de fenêtre. **e) ~wirbel** m. || turn buckle *or* turn button of a window; sash bolt || tourniquet m.; targette f. tournante de fenêtre; birloir m. de fenêtre. **f) ~zarge** f. || window case: sash frame || croisée f. *ou* huisserie f. de fenêtre; châssis m. dormant de fenêtre. 7

Ferment n. || ferment || ferment m. **a)** ~ der **Buttersäure** || butyric acid ferment || ferment m. butyrique. **b) hydrolytisches** ~ || hydrolytic ferment || ferment m. hydrolyte. **c) invertierendes** ~ || inverting ferment || ferment m. intervertissant. 8

fermentativ || fermentative || fermentaire; fermentatif. 9

Fermentativvermögen n. || fermenting power || pouvoir m. fermentatif. 10

Fernabfrageklinke f. || trunk *or* toll answering jack || jack m. interurbain. 11

Fernambukholz n. *s.* Pernambukholz. 12

Fernamt n. || trunk exchange || bureau m. central interurbain. 13

Fernamts-anschluß m. || trunk telephone station || poste m. pour le trafic interurbain. **a) ~schaltung** f. || trunk *or* long distance circuit || circuit m. interurbain. **b) ~trennung** f. || breaking of local calls for trunk calls || coupure f. par l'interurbain. 14

Fernanruf-lampe f. || trunk calling lamp || lampe f. d'appel interurbain. **a) ~relais** n. || trunk *or* long distance line relay || relais m. d'appel interurbain. **b) ~zeichen** n. || trunk *or* long distance calling signal || signal m. d'appel interurbain. 15

Fern-anschluß m. (Fernm) || trunk connection || raccordement m. interurbain. **a) ~aufklärungsflugzeug** n. || long-distance reconnaissance machine || avion m. de reconnaissance à longue distance. **b) ~beamtin** f. || toll recording operator || opératrice f. interurbaine. 16

Fernbedienung f. || remote control || télécommande m. **a)** ~ von **Signalen** und **Weichen** || operating of signals and switches by distance || commande f. des aiguilles et signaux par distance. 17

Fernbereich m. (Funkw) || distant wave zone || zône f. d'action lointaine. 18

fernbesetzt (Fernm) || trunk busy || occupé par une conversation interurbaine. 19

Fern-besetztzeichen n. || sign for busy trunk lines || signal m. des lignes interurbaines occupées. **a) ~betriebsüberwachung** f. || trunk operating observation || surveillance f. de l'exploitation interurbain. **b) ~brille** f. || distance spectacles pl. || lunette f. pour les lointains *ou* destinée aux lointains. 20

Ferndienst-klinke f. || trunk order wire jack || jack m. de ligne de service interurbaine. **a) ~lampe** f. (Fernm) || order wire lamp || lampe f. de ligne d'ordres. **b) ~leitung** f. || trunk *or* long distance order wire || ligne f. de service interurbain. 21

Ferndrucker m. || teleprinter; teletyper; telewriter || téléimprimeur m.; téléscripteur m.; téléautographe m. 22

Ferndurchgangs-platz m. || through switching position || position f. de transit interurbain. **a) ~schrank** m. || through switching board || groupe f. de transit interurbain. 23

Fern-einstellung f. || remote control || commande f. *ou* contrôle m. à distance. **a) ~einstellvorrichtung** f. für **Pendeluhren** || remote adjusting device for pendulum clocks || dispositif m. de réglage à distance des horloges à pendule. **b) ~empfang** m. (Funkw) || long-distance receiving || réception f. à grande distance. **c) ~empfänger** m. (Funkw) || long-distance receiver || récepteur m à grandes distances **d) ~flug** m. || long-distance flight || raid m. à grande distance. **e) ~fotografie** f. || telephotography || télé photographie f. 24

Ferngasversorgungs-anlage f. || long distance gas supply plant || installation f. de distribution de gaz à grandes distances. **a) ~netz** n. || long distance gas supply network || réseau m. de distribution de gaz à grande distance. 25

Fern-geber m. für **Druckdifferenzmesser** || tele-transmitter for differential pressure meters || télé-transmetteur m. pour compteurs de différence de la dépression. **a) ~gespräch** n. || trunk call; long distance conversation || communication f. interurbaine. 26

ferngesteuert || distantly controlled || commandé à distance. 27

Fernglas n. *s. auch* Feldstecher. **a) ~libelle** f. || surveyor's level; leveling instrument || niveau m. à lunette. 28

Ferngruppenumschalter m. || remote group switch || commutateur m. de groupe d'abonnés pour le service interurbain. 29

Fernhörer m. || receiver; telephone || récepteur m.; téléphone m. **a) ~kapsel** f. || receiver case || capsule f. *ou* boîtier m. de récepteur. 30

Fernkabel n. (Fernmeld) || long distance telephone cable || câble m. téléphonique à grande distance. **a) ~netz** n. || long distance telephone cable net || réseau m. des câbles téléphoniques à grande distance. 31

Fernklappe f. || trunk *or* long distance drop || annonciateur m. interurbain. 32

Fernklinken-feld n. || trunk jack panel || champ m. de jacks interurbains. **a) ~lampe** f. || trunk *or* long distance jack lamp || lampe f. de fin de conversation interurbaine. **b) ~leitung** f. || trunk *or* long distance jack multiple || ligne f. de jack multiple interurbaine. **c) ~taste** f. || trunk jack key || bouton m. pour les lignes de jack multiple interurbaines. 33

Fern-kontrolle f. || remote control || contrôle m. à distance. **a) ~kraftwerk** n. || long distance supply work || centrale f. interurbaine. 34

Fernleitung f. (Fernm) || trunk line; toll line (A) || circuit m. interurbain. 35

Fernleitungs-kabel n. || trunk cable || câble m. interurbain. **a) ~netz** n. || trunk line system || réseau m. de lignes interurbaines. **b) ~system** n. für **Klappenschränke** || trunk *or* long distance system for magneto boards || système m. interurbain pour commutateurs à clapets. 36

Fernlenkung f., **drahtlose** ~ von Wasserfahrzeugen und Luftfahrzeugen || radio control of vessels and airships || commande f. à distance par télégraphie sans fil des embarcations navales et aériennes. 37

Fernlöscher m. || extinguisher for distance || extincteur m. à distance. 38

Fernmelde-anlage f. || remote signalling plant; installation signalling plant || installation f. de signalisation sur grandes distances. **a) ~kabel** n. || cable for weak currents || câble m. pour faible intensité. **b) ~leitung** f., **Beeinflussung** der ~ durch Starkstromanlagen || power circuit interference with communication line || influence f. perturbatrice engendrée dans la ligne de communication par les installations d'énergie électrique. 39

Fernmelder m. || communicator || communicateur m. **a) elektrischer** ~ || electric indicator || téléavertisseur m. électrique. 40

Fernmelderecht n. || laws and regulations relating to the service of telegraph and telephone || lois fpl. et règlements mpl. concernant le service télégraphique et téléphonique. 41

Fernmeldung f. || remote signalling || télécommunication f. 42

Fernmesser m. (Geom) || apomecometer || apomécomètre m.. 43

Fernmeß-gerät n. || distance control instrument; apparatus for telemetry || appareil m. télémétrique *ou* pour mesurer à distance. **a) ~netz** n. || tele-metering network || système m. de télémesure. 44

Fernmessung f. || tele-metering || télémesure f. **a) Impulsfrequenz~** || impulse frequency tele-metering || télémesure f. à fréquence d'impulsions. 45

Fern-nachwähler m. ‖ long distance switch ‖ sélecteur m. interurbain. a) **~platz** m. (Fernm) ‖ trunk *or* long distance position ‖ position f. interurbaine. b) **~psychrometer** n. ‖ telepsychrometer ‖ télépsychromètre m. 1

Fernpunkt m. (Opt) ‖ far-point ‖ punctum m. remotum. a) **~fläche** f. eines übersichtigen Auges ‖ far point surface of a longsighted eye ‖ lieu m. du punctum remotum d'un œil hypermétrope. b) **~sucher** m. (Opt) ‖ far-point finder ‖ chercheur m. du remotum. 2

Fernreglung f. ‖ distant regulation ‖ télérégulation f. 3

Fernrohr n. ‖ telescope; fieldglass ‖ téléscope m.; lunette f. terrestre; longue-vue f. a) **Ablese~** (Phys) ‖ telescopic reader; reading-telescope ‖ lunette f. de lecture. b) **astronomisches ~** ‖ celestial *or* astronomical telescope ‖ télescope m. *ou* lunette f. astronomique. c) **Aussichts~** ‖ look-out telescope ‖ lunette f. d'approche. d) **Automaten~** ‖ automatic telescope ‖ lunette f. munie d'un déclanchement monétaire automatique. e) **azimutales ~** ‖ altazimuth telescope ‖ lunette f. azimutale. f) **azimutal montiertes ~** ‖ telescope in altazimuth mount ‖ lunette f. à monture azimutale. g) **Balancierung** f. eines **~es** in Höhenbewegung ‖ balancing of a telescope for motion in altitude ‖ équilibrage m. d'une lunette pour le mouvement vertical. h) **Bewegung** f. eines **~es** durch Schnekkenrad mit auslösbarer Schnecke ‖ motion of a telescope by wormwheel with disengaging worm ‖ mouvement m. d'une lunette par vis hélicoïdale débrayable. i) **biaxiales ~** n. mit Wendelibelle ‖ biaxial telescope with reversible spirit levels ‖ lunette f. biaxiale munie d'une libelle réversible. k) **Doppel~** ‖ double tube telescope ‖ jumelle f. l) **Doppel~** n. mit erweitertem Achsenabstand ‖ double telescope with the object glasses farther apart than the eyes ‖ lunette f. binoculaire avec amplification de l'écart des axes. m) **Doppelprismen~** ‖ binocular prism telescope ‖ jumelles fpl. à prismes. n) **durchschlagbares ~** ‖ transit telescope ‖ lunette f. faisant un tour complet *ou* une révolution complète autour d'elle-même; lunette f. pouvant faire le tour sur elle-même. o) **einfaches ~** ‖ single tube telescope ‖ lunette f. simple. p) mit einem **Entfernungsmesser** ausgerüstetes **~** ‖ telescope provided with a subtense attachment ‖ lunette f. munie de traits stadimétriques. q) **Erd~** ‖ terrestrial telescope ‖ lunette f. terrestre. r) **fotografisches ~** n. mit Ultraviolettriplets ‖ photographic telescope with ultra violet triplets ‖ lunette f. photographique munie de triplets ultraviolets. s) **freie** Beweglichkeit f. des **~es** durch alle Stundenwinkel und Deklinationen ‖ telescope freely movable through all ranges of the hour and declination angles ‖ déplacement m. libre de la lunette dans tous les angles horaires et dans tous les angles de déclinaison. t) **~** für **freihändigen** Gebrauch ‖ telescope for use in the unsupported hand ‖ lunette f. s'employant à la main. u) in **Gabelaufhängung** f. gelagertes **~** ‖ telescope mounted on trunnions in fork bearing ‖ lunette f. suspendue dans une fourche. v) **Gewehrziel~** ‖ gun sighting telescope ‖ lunette-viseur f. pour armes à feu. w) mit **Geldautomateneinrichtung** f. ausgerüstetes *oder* ausgestattetes **~** ‖ telescope with slot paying mechanism ‖ lunette f. munie d'un déclenchement monétaire automatique. x) **Hand~** ‖ portable telescope ‖ lunette f. à main. y) **~** für den **Handgebrauch** ‖ telescope for use in hand ‖ lunette f. disposée pour servir à la main. z) **~** für **Himmel** und Erde ‖ combination telescope for astronomical and terrestrial observation ‖ lunette f. pour les observations célestes et terrestres. 4

a) **~** mit **Innenfokussierung** ‖ telescope with internal focussing ‖ lunette f. à mise au point interne. b) **Kollimator~** ‖ collimator telescope ‖ lunette f. collimatrice. c) **kurzbrennweitiges ~** ‖ telescope of short focal length ‖ lunette f. à foyer court. d) **Leit~** ‖ guiding telescope ‖ lunette-guide f. e) sehr **lichtstarkes ~** ‖ telescope of great light transmitting power *or* capacity ‖ lunette f. très lumineuse. f) **parallaktisches ~** ‖ equatorial telescope ‖ lunette f. parallactique. g) **parallaktisch** montiertes **~** ‖ equatorially mounted telescope ‖ lunette f. à monture parallactique. h) **Prismen~** ‖ prism telescope ‖ longue-vue f. à prismes. i) **~** mit **Prismenumkehrsatz** ‖ telescope with erecting prisms ‖ lunette f. munie du système de prismes redresseurs. k) **Reise~** ‖ travelling telescope ‖ lunette f. de voyage. l) ein **~** n. **richten** ‖ to level *or* to point a telescope ‖ braquer un télescope. m) **Rohrmontierung** f. eines **~es** ohne Optik ‖ tube mounting of a telescope without optical equipment ‖ tube m. de lunette sans optique. n) **Scheren~** ‖ shear jointed telescope ‖ jumelle f. périscopique. o) **~** zur **Spaltbeobachtung** ‖ telescope for viewing the slit ‖ lunette f. pour observer la fente. p) **Standaussichts~** ‖ look-out telescope on stand ‖ longue-vue f. d'approche. q) **stark** vergrößerndes **~** ‖ highly magnifying telescope ‖ lunette f. à fort grossissement. r) **Stundenkreis** m. zur direkten Einstellung des **~es** nach Sternzeit und Rektaszension ‖ hour circle for direct setting the telescope by stellar time and right ascension ‖ cercle m. horaire pour le calage direct de la lunette en temps sidéral et ascension droite. s) **Taschen~** ‖ perspective glass; (pocket) telescope ‖ lunette f. de poche. t) **terrestrisches ~** ‖ terrestrial *or* land telescope ‖ télescope m. *ou* lunette f. terrestre; longue-vue f. u) **umlegbares ~** ‖ reversible telescope ‖ lunette f. pouvant être retournée. v) **Zentrier~** ‖ centring telescope ‖ lunette f. de centrage. w) für **zweiäugigen ~** Gebrauch ‖ telescope for binocular use ‖ lunette f. binoculaire. 5

Fernrohrachse f, die **~** zur Instrumentenebene parallel stellen ‖ to set the axis of the telescope parallel to the plane of the instrument ‖ rendre l'axe de la lunette parallèle au plan du limbe. 6

Fernrohrbrille f. ‖ telescopic spectacles pl. ‖ lunettes fpl. grossissantes; télélunettes fpl. a) **~** für hochgradig **Schwachsichtige** ‖ telescopic spectacle for extremely weak sights ‖ lunette f. grossissante pour amblyopes. 7

Fernrohr-brillenprobsystem n. ‖ telescopic spectacle trial combination ‖ système m. d'essais de lunettes grossissantes. a) **~fuß** m. ‖ telescope base ‖ bâti m. de la lunette. b) **~gabel** f. ‖ telescope fork ‖ fourche f. de la lunette. c) **~lage** f. ‖ position of the telescope ‖ position f. de la lunette. d) **linse** f. telescope lens ‖ lentille f. de télescope. e) **~lot** n. ‖ plumbing telescope ‖ instrument m. de prise d'aplomb de la lunette. 8

Fernrohrlupe f. ‖ telescopic magnifier ‖ téléloupe f. a) **binokulare ~** ‖ binocular telescopic magnifier ‖ téléloupe f. binoculaire. b) **binokulare Ophthalmoskop~** ‖ binocular telescopic ophthalmoscope magnifier ‖ téléloupe f. binoculaire de l'ophtalmoscope. c) **monokulare ~** ‖ monocular telescopic magnifier ‖ téléloupe f. monoculaire. d) **x-fach vergrößernde ~** ‖ telescoping magnifier magnifying up to x times ‖ téléloupe f. d'un grossissement de x diamètres. 9

Fernrohr-mikroskop n. ‖ telescopic microscope ‖ télémicroscope m. a) **~mittelstück** n. ‖ middle body of the telescope ‖ partie f. médiane de la lunette. 10

Fernrohrmontierung f. ‖ telescope mounting ‖ monture f. de lunette a) **parallaktische ~** ‖ equatorial telescope mounting ‖ monture f. parallactique de lunette. b) **parallaktisches Tragsystem** der **~** ‖ equatorial system of carriers of the telescope mounting ‖ système-support m. parallactique de la monture de lunette. 11

Fernrohrobjektiv n. ‖ telescope objective ‖ objectif m. de lunette. a) **astronomisches ~** ‖ astronomical telescope objective ‖ objectif m. de lunette astronomique. b) aus **optischen** Spezialgläsern hergestelltes **~** ‖ telescope lens combination made of special optical glasses ‖ objectif m. de lunette à lentilles taillées dans des verres spéciaux. c) **zweiteiliges** apochromatisches **~** aus Gläsern ohne sekundäres Spektrum ‖ two-lens apochromatic telescope objective of glasses without secondary spectrum ‖ objectif m. de lunette apochromatique à deux lentilles en verres exempts de spectre secondaire. 12

Fernrohrobjektivkopf m. ‖ telescope head ‖ portée f. de lunette. 13

Fernrohrpost f. ‖ pneumatic dispatch ‖ poste f. pneumatique. 14

Fernrohr-säule f. mit parallaktischem Achsensystem ‖ telescope standard with equatorial head ‖ colonne f. de lunette portant la monture parallactique. a) **~schelle** f. ‖ telescope trunnion sleeve ‖ collier m. de la lunette. 15

Fernrohrteil m., **Aufbewahrungskasten** m. für sämtliche **~e** ‖ saving case for all telescope parts ‖ coffret m. pour loger toutes les parties de la lunette. a) sämtliche **~e** mpl. in einem Aufbewahrungskasten **unterbringen** ‖ to accommodate all parts of a telescope in one case ‖ loger dans un coffret toutes les parties d'une lunette. 16

Fernrohrwiege f. ‖ telescope cradle ‖ berceau m. de lunette. 17

Fernschaltapparat m. ‖ remote switch ‖ interrupteur m. à commande à distance. 18

Fernschalter m. ‖ distance *or* remote switch ‖ interrupteur m. à commande à distance; téléinterrupteur m. a) **~**

(Fernm) || relay for heavy current || relais m. à courant de grande intensité. 1

Fern-schaltung f. mit Kontrollampe || remote switch with pilot lamp || commutateur m. à distance avec lampe de contrôle. **a) ~schnellbahn** f. || great speed railway || chemin m. de fer à grande vitesse. **b) ~schnurpaar** n. || pair of cords for trunk *or* long distance positions || dicorde f. interurbaine. **c) ~-schrank** m. || trunk *or* long distance switchboard || table f. interurbaine. **d) ~schreiber** m. || telautograph; telewriter || télautographe m. **e) mechanische ~schreibmaschine** f. || tele-typewriter || téléimprimeur m. mécanique; machine f. à écrire à distance. **f) ~sehen** n. || television || télévision f. **g) beschränkte ~sicht** f. || limited view || vue f. limitée. **h) ~signalanlage** f. || remote signalling plant || installation f. de télétransmission des signaux. **i) ~spektroskop** n. || telespectroscope || téléspectroscope m. 2

Fernsprech-abschlußkabel n. || telephone end cable || câble m. téléphonique de fermeture. **a) ~abteilung** f. || telephone section || section f. téléphonique. **b) ~-amt** n. || telephone exchange || central m. téléphonique. 3

Fernsprechanlage f. || telephone installation *or* plant || installation f. téléphonique. **a) Projekt** n. einer ~ || project of a telephone plant || projet m. téléphonique. 4

Fernsprech-anschlußkabel n. || subscriber's cable || câble m. d'abonnés. **a) ~anstalt** f. || telephone office || bureau m. téléphonique. 5

Fernsprechapparat m. *s.* Fernsprecher m. **a) ~** mit **Geldeinwurf** || telephone with coin box || poste m. à prépaiement. 6

Fernsprech-automat m. || automatic telephone station || poste m. téléphonique automatique. **a) ~bauwagen** m. || telephone construction car || voiture f. pour constructions téléphoniques. **b) ~betrieb** m. || telephone service || service m. téléphonique. **c) ~buch** n. || telephone directory || annuaire m. officiel des abonnés au téléphone. **d) ~eichkreis~** m. || telephone transmission reference system || système m. de référence pour la transmission téléphonique. **e) ~einrichtung** f. || telephone equipment || installation f. de téléphone. 7

fernsprechen || to telephone; to phone || téléphoner. 8

Fernsprecher m. *s. auch* Telefon || (tele)-phone || téléphone m. **a) ~** für den **Fernverkehr** || long distance telephone || téléphone m. à longue distance. **b) ~** in **Feuermeldeanlagen** || telephone for fire alarm systems || téléphone m. dans les installations d'avertisseurs d'incendie. **c) ~** mit **Schutz** gegen Hochspannung || telephone with electric high tension protection; telephone set with high voltage protection || téléphone m. protégé *ou* avec protection contre les hautes tensions. **d) Selbstanschluß~** || automatic telephone station || poste m. téléphonique automatique. **e) Wahl~** für hochspannungsgeschützte Fernsprechleitungen || intercommunication telephone for telephone lines with protection against high tension || poste m. téléphonique à appel sélectif pour lignes téléphoniques protégées contre l'action de la haute tension. 9

Fernsprecherkabel n. || telephone earth cable || câble m. téléphonique enterré. 10

Fernsprecher-draht m. || telephone wire || fil m. téléphonique. **a) ~tisch** m. (Büro) || telephone table || table f. pour téléphone. 11

Fernsprech-fernkabel n., **pupinisiertes** || loaded long distance telephone cable || câble m. téléphonique à grande distance pupinisé. **a) ~gehäuse** n. || subscriber's station || poste m. d'abonné. **b) ~glühlampe** f. || telephone lamp || lampe f. téléphonique. **c) ~hauptkabel** n. || telephone main cable || câble m. de transport. **d) ~kabel** n. || telephone cable || câble m. téléphonique. **e) ~kreis** m. || telephone circuit || circuit m. téléphonique. 12

Fernsprechleitung f. || telephone line *or* circuit || ligne f. *ou* circuit m. téléphonique. **a) hochspannungsgeschützte ~** || telephone line with protection against high tension || ligne f. téléphonique protégée contre l'action de la haute tension. **b) unsymmetrische ~** || asymmetrical telephone line || ligne f. téléphonique non symétrique. **c) wahlweiser Anruf** m. in **~en** || selective call in telephone lines || appel m. sélectif dans les lignes téléphoniques. 13

Fernsprech-linie f. || telephone line || ligne f. téléphonique. **a) ~nebenstellenanlage** f. || private branch exchange || installation f. téléphonique supplémentaire. 14

Fernsprechnetz n. || telephone network || réseau m. téléphonique. **a) Anschluß** m. an das **~** || substation of the telephone network || poste m. de réseau. **b) öffentliches ~** || public telephone plant || réseau m. téléphonique public. 15

Fernsprech-rechnungsdienst m. || keeping of telephone accounts || service m. de la comptabilité téléphonique. **a) ~-schreiber** m. || telephonograph || téléphonographe m. **b) ~sperre** f. || withdrawal of the telephone service; disconnection || suspension f. téléphonique. **c) ~station** f. || telephonic station || station f. téléphonique. **d) ~störwirkung** f. || telephone disturbing effect || effet m. perturbateur téléphonique. **e) ~-tarif** m. || telephone rates pl. || tarif m. téléphonique. **f) ~technik** f. || telephone technics pl. || technique f. téléphonique. **g) ~teilnehmer** m. || telephone subscriber || abonné m. de téléphone. **h) ~umschalter** m. || telephone switchboard || commutateur m. téléphonique. 16

Fernsprechverkehr m. || telephone traffic || trafic m. téléphonique. **a) wartezeitloser ~** || no delay service || trafic m. sans délai. 17

Fernsprech-verstärker m. || telephone repeater || relais m. amplificateur téléphonique. **a) ~verteilungskabel** n. || distributing cable || câble m. de distribution. **b)** leichter **~wagen** m. || light telephone car || voiture f. légère pour le matériel téléphonique. **c) ~zelle** f. || telephone cabin || cabine f. téléphonique. **d) ~zentrale** f., Gestell n. für selbsttätige **~n** || rack for automatic telephone exchanges || support m. pour centraux téléphoniques interurbains. 18

Fernstelle f. (Fernm) || trunk exchange || bureau m. central interurbain. 19

Fernsteuer-anlage f. (Elektr) || remote control plant || installation f. de télécommande. **a) ~einrichtung** f. || remote control device || appareillage m. de commande à distance. 20

Fern-steuerung f. || remote control || commande f. à distance; télécommande f. **a) ~stöpsel** m. || trunk *or* long distance plug || fiche f. interurbaine. **b) ~tachometer** n., **elektrisches** || electric remote tachometer || télétachymètre m. électrique. **c) ~telefonie** f. || interurban telephony || téléphonie f. interurbaine. **d) ~thermometer** n. || distance *or* remote thermometer || téléthermomètre m. **e) ~tisch** m. || trunk *or* long distance table || table f. interurbaine. **f) ~verbindung** f. || trunk connection || communication f. interurbaine. 21

Fernverkehr m. || long distance traffic; trunk traffic || trafic m. interurbain *ou* à grande distance. **a) ~telefon** n. || long distance telephone || téléphone m. à longue distance. 22

Fernvermittlungs-klinke f. || trunk junction jack || jack m. additionnel. **a) ~leitung** f. || trunk junction circuit; toll switching trunk (A) || ligne f. intermédiaire *ou* auxiliaire interurbaine. **b) ~platz** m. || trunk junction position || position f. intermédiaire. **c) ~schrank** m. || trunk *or* long distance junction section || table f. des lignes auxiliaires interurbaines. 23

Fernwirkung f. || action of distance; distant effect || action f. *ou* effet m. à distance. **a) ~** (Fernm) || radiation effect || effet m. de rayonnement à grande distance. 24

Fernwirkungs-charakteristik f. || characteristic of radiation || caractéristique f. de l'effet de radiation. **a) ~theorie** f. || distant action theory || théorie f. d'action par distance. 25

Fern-zähler m. || distant recorder || compteur m. à distance. **a) ~zählwerk** n. für Wassermesser || telecounter for watermeters || totalisateur m. à distance pour compteurs d'eau. **b) ~zeiger** m. || long distance indicator || indicateur m. à distance. **c) ~zünder** m. || lighter for distance || allumeur m. à distance. 26

Ferraris-Stromschreiber m. || Ferraris current recorder || ampèremètre m. enregistreur Ferraris. 27

Ferri-sulfat n. || ferric sulphate || sulfate m. ferrique. **a) ~zyanid** n. || ferricyanide || ferricyanure m. **b) ~zyankalium** n. || potassium ferricyanide || ferricyanure m. de potassium. 28

Ferrochrom n. || ferro-chromium || ferrochrome m. 29

ferroferri (Chem) || ferrosoferric || ferrosoferrique. 30

Ferro-legierung f. (Met) || ferro alloy || alliage m. ferrique *ou* de fer; ferroalliage m. **a) ~magnetismus** m. || ferromagnetism || ferro-magnétisme m. **b) ~-mangan** n. || ferro-manganese || ferromanganèse m. **c) ~metallegierung** f. || ferrometallic alloy || alliage m. ferrométallique. **d) ~molybdän** n. || ferromolybdenum || ferromolybdène m. **e) ~-nickel** n. || ferro-nickel || ferronickel m. **f) ~phosphor** m. || ferro-phosphorus || ferrophosphore m. **g) ~silizium** n. || ferro-silicon; ferro-silicate || ferrosilicium m.; silicate m. de fer. **h) ~thermstahl** m. || ferrotherm steel || acier m.

ferrotherm. **i) ~titan** n. || ferro-titanium || ferrotitane m. **k) ~vanadium** n. || ferrovanadium || ferrovanadium m. **l) ~wolfram** n. || ferro-tungsten || ferrotungstène m. **m) ~zinn** n. || ferro-tin || ferroétain m. **n) ~zyaneisen** n. || ferrocyanide of iron; ferric ferrocyanide || ferrocyanide m. de fer. **o) ~zyanid** n. || ferrocyanide || ferrocyanure m. **p) ~zyankalium** n. || yellow prussiate of potash; potassium ferrocyanide || prussiate m. jaune *ou* de potasse; ferrocyanure m. de potassium. **q) ~zyanwasserstoffsäure** f. || ferro-cyanic acid; ferroprussic acid; hydro-ferrocyanic acid || acide m. ferro-cyanique. 1

Ferse f. || heel || talon m. **a) glatte ~** || plain heel || talon m. uni. **b) ~ am Pferdehuf** || heel of the horse's foot || talon m. du cheval. **c) plattierte ~** || plaited heel || talon m. en maille. **d) verstärkte ~** || spliced heel || talon m. renforcé. 2

Fertig-anstrich m. || coating of paint || peinture f. définitive. **a) ~arbeiter** m. || fitter || monteur m. **b) ~bearbeiter** m. || finisher || acheveur m.; finisseur m. **c) ~bearbeitung** f. eines **Werkstückes** || finishing a working piece || finissage m. d'une pièce. **d) ~erzeugnis** n. || finished product || produit m. fini. **e) ~macher** m. (Glasf) || gaffer; first-finisher || soufflleur m.; ouvreur m. **f) ~schleifen** n. || finish grinding || finissage m. de meulage *ou* d'affûtage. **g) ~schnitt** m. || finishing cut || coupe f. de finissage. **h) ~stellen** n. || finishing || finissage m. **i) nach ~stellung** f. || after having finished || après finissage m. **k) ~straße** f. || finishing mill *or* rolls || train m. finisseur. **l) ~strecke** f. (Walzw) || finishing rolls pl. || train m. finisseur. 3

Fertigung f. || fabrication; manufacture || fabrication f.; manufacture f. **a) ~** von **Einzelteilen** || manufacture of parts || fabrication f. de pièces detachées. **b) neuzeitliche ~** || present day manufacture || fabrication f. moderne. 4

Fertigungszeit f. || production time || temps m. d'usinage. 5

Fertig-walze f. (Walzw) || finishing roll || cylindre m. *ou* train m. finisseur. **a) ~walzer** m. || finisher || lamineur m. finisseur. **b) ~walzwerk** n. || finishing mill *or* rolls pl. || train m. *ou* laminoir m. finisseur. 6

Fesselballon m. || captive balloon || ballon m. captif. **a) ~korb** m. || observation car *or* basket of a captive balloon || nacelle f. d'observation d'un ballon captif. 7

fest (befestigt) || strong; fortified || fort; fortifié. **a) ~** (dauernd) || permanent; firm; fixed || fixe; solide. **b) ~** (Gegensatz von flüssig) || solid || ferme; concret; solide; consistant. **c) ~** (Gegensatz von weich) || firm; solid || ferme. **d) ~** (montiert) || stationary || stationnaire. **e)** die **Kurse** f. halten sich **~** || the prices pl. keep firm; the prices pl. maintain their level || les valeurs fpl. se maintiennent. 8

fest-er Körper m. || solid body; solid || corps m. solide. **a) ~er Preis** m. || fixed price || prix m. fixe *ou* fait. **b) ~er Punkt** m. (Funkw) || fixed point || point m. fixe. **c) ~e Verbindung** f. || rigid fastening || assemblage m. rigide. 9

Festachse f. || fixed axle || essieu m. fixe. 10

fest-armiges Spektroskop n. || fixed arm spectroscope || spectroscope m. à bras fixes. **a) ~binden** || to tie up; to fasten || fixer à l'aide de liens; serrer. **b) ~fressen** (Masch) || to jam, to seize || gripper. **c) ~gebrannter Ölrückstand** m. || oil deposit burnt-on || résidu m. d'huile adhérent après avoir été brûlé. **d) ~gefressen** (Masch) || seized up || grippé. **e) ~gekommen sein** (Seew) || to be aground; to be ashore || être échoué; être mouillé par la quille. **f) ~gelagerte Walze** f. || fast roll || cylindre m. fixe. **g) ~geworden** || congealed || solidifié. **h) ~gezogen** || tightened || serré. 11

festhaftend (Chem) || very adhesive || très adhérent. **a) ~er Rost** m. || fixed rust || rouille f. fixe. 12

festhalten (aufhalten) || to stop || arrêter; immobiliser; stopper. 13

Festigkeit f. (Chem) || stability || solidité f. **a) ~** (Mech) || resistance; strength || résistance f. **b) ausreichende ~** || sufficient tensile strength || résistance f. à la traction *ou* à la rupture suffisante. **c) Biege~** || bending strength || résistance f. à la flection. **d) Bruch~** || tensile strength || résistance f. à la rupture. **e) dielektrische ~** || dielectric rigidity *or* strength || rigidité f. diélectrique; résistance f. mécanique du diélectrique. **f) Drehungs~** || torsion strength || résistance f. à la torsion. **g) Druck~** || compression strength || résistance f. à la compression. **h) hohe ~** bei hohen Temperaturen || great strength at high temperatures || grande résistance f. à de très hautes températures. **i) Knick~** || buckling resistance || résistance f. au flambage. **k)** die **~** beträgt x kg je **Quadratmillimeter** || the tensile strength is x kg per square millimeter || la résistance à la rupture est de x kg par millimètre carré. **l)** die **~ reicht** aus || the strength guarantees a safe working || la résistance est jugée suffisante pour un bon travail. **m) Scher~** *s.* Schub~. **n) Schlag~** || resistance to shock || résistance f. au choc. **o) Schub~** || shearing strength || résistance f. au cisaillement. **p) Stand~** || stability || stabilité f. **q) statische ~** || static strength || résistance f. statique. **r) Verdrehungs~** || twisting strength || résistance f. à la torsion. **s) Verschleiß~** || resistance to abrasive wear || résistance f. à l'usure. **t) ~** des **Werkstoffes** || resistance of the material || résistance f. du matériel. **u) Zug~** || tensile strength || résistance f. à la traction. 14

Festigkeits-berechnung f. || calculation of stability || calcul m. de résistance. **a) ~grenze** f. || breaking point || limite f. de rupture. **b) ~lehre** f. || science *or* doctrine of strength of materials || science f. *ou* théorie f. de la résistance des matériaux. **c) mechanische ~probe** f. || mechanical test || essai m. de résistance mécanique. **d) ~prüfer** m., Faden (Textil) || thread strength tester || dynamomètre m. pour fils. **e) ~prüfmaschine** f. || machine for testing tensile strength; tensile testing machine || machine f. à vérifier la résistance à la rupture *ou* à la traction; machine f. pour essais de traction. **f) ~zahlen** fpl. || ultimate stresses pl. and material characteristics pl. || dates fpl. de la résistance et propriétés fpl. mécaniques. 15

festkeilen || to key; to wedge up; to fasten by wedges || claveter; caler. **a)** auf der **Welle** f. **~** || to key to the shaft || caler sur l'arbre m. 16

Festkeilen n. || keying || clavetage m.; calage m. 17

festklemmen || to screw-fasten; to clamp || serrer à bloc. **a)** durch einen **Hebel** m. **~** || to clamp by means of a lever || serrer au moyen d'un levier. 18

Festklemmen n. (Masch) || locking up || fixage m. 19

festmachen (Masch) || to fasten; to bed || fixer. **a) ~** (Tau; Seew) || to fasten; to make fast || amarrer; encapeler. **b)** ein **Segel** n. **~** || to furl *or* to hand *or* to stow a sail || serrer *ou* ferler une voile. 20

Festmachen n. (Chem) || solidification || solidification. 21

Festmachering m. || mooring ring || anneau m. d'amarrage. 22

Festmaß n. || solid measure || mésure f. pour les corps solides. 23

festnageln || to nail || clouer. 24

Feston n. || festoon || feston m. **a) ~stickerin** f. || festoon embroiderer || festonneuse f. 25

festrammen || to ram || battre; damer. 26

Festrolle f. (Masch) || fixed pulley || poulie f. fixe. 27

festrosten || to rust into || se fixer par la rouille. 28

Festscheibe f. || fixed *or* fast pulley || poulie f. fixe. **a) ~** am **Deckenvorgelege** || fast countershaft pulley || poulie f. fixe du renvoi. 29

festschrauben || to screw on || visser; boulonner. 30

Festsetzung f. der **Dividende** || fixing of dividends || fixation f. du dividende. 31

festsitzen (Motor) || to stuck || être calé. **a) ~** (Seew) || to be aground *or* ashore || être échoué; être mouillé par la quille. 32

Festspannung f., **Preßluft** || chucking by compressed air || dispositif m. de serrage à air comprimé. 33

fest-spiekern || to nail || coudre. **a) ~stampfen** (Erde) || to stamp; to beat down; to ram || damer; fouler; battre. 34

feststehend-er Dampfkessel m. || stationary boiler || chaudière f. fixe. **a) ~e Dampfmaschine** f. || fixed steam engine || machine f. à vapeur fixe. 35

feststellen (Chem) || to determine; to appoint || déterminer; constater. **a) ~** (Maschine) || to stop; to bolt; to fasten || arrêter; fixer; caler; bloquer. **b) titrimetrisch ~** (Chem) || to estimate volumetrically || doser volumétriquement. 36

Feststellen n. || blocking || blocage m. 37

Feststell-klammer f. || fixing clip || pince f. de fixation. **a) ~pinzette** f. || fixation forceps pl. || pince f. à fixer. **b) ~riegel** m. || fixing bolt || verrou m. de fixation. **c) ~stöpsel** m. || locking pin || cheville f. d'arrêt. **d) ~taste** f. || shift lock key || touche f. de blocage. 38

Feststellung f. (Uhrwerk) || stop work || arrêtage m. 39

Feststellvorrichtung f. || fixing *or* locking device; relieving gear || dispositif m. de fixation; appareil m. de calage. **a) ~** (Uhrwerk) *s.* Feststellung (Uhrwerk). 40

festtreten || to tamp || fouler; damer; bourrer. 41

Festungs-funkenstation f. || fortress radio station || station f. radiotélégraphique de place forte *ou* de forteresse. **a) ~telegraf** m. || fortress telegraph || télégraphe m. de forteresse. 42

Fest-werden n. (Chem) ‖ solidification ‖ solidification f. **a) ~wert** m. ‖ constant ‖ valeur f. fixe. **b) ~zeitgespräch** n. ‖ fixed time call ‖ communication f. fortuite à heure fixe. 1

festzurren (Seew) ‖ to put on ‖ amarrer. 2

fett ‖ fat ‖ gras. **a) ~** (Buchdr) ‖ fat-faced; full-faced ‖ plein. **b) ~** (Kohle) ‖ bituminous ‖ bitumineux; gras. **c) ~** (Wein) ‖ ropy; oily ‖ gras. 3

fett-er Beton m. ‖ rich concrete ‖ béton m. gras. **a) ~er Buchstabe** m. ‖ fat letter ‖ caractère m. plein. **b) ~er Mörtel** m. ‖ rich mortar ‖ mortier m. gras. **c) ~e Schrift** f. ‖ fat-faced type; full-faced type ‖ caractère m. plein. **d) ~er Ton** m. ‖ rich clay ‖ argile f. grasse. 4

Fett n. ‖ fat; grease ‖ graisse f. **a) Adhäsions~** ‖ adhesive grease ‖ graisse f. adhérente. **b) Gersten~** ‖ barley fat ‖ graisse f. de l'orge. **c) graphithaltiges ~** ‖ graphite grease ‖ graisse f. à graphite. **d) konsistentes ~** ‖ consistent grease; thick fat; Stauffer grease ‖ graisse f. consistante. **e) Riemen~** ‖ belt grease ‖ graisse f. pour courroies. **f) Seil~** ‖ rope grease ‖ graisse f. pour câbles. **g) Speise~** ‖ edible fat ‖ graisse f. alimentaire *ou* de table. **h) tierisches ~** ‖ animal grease *or* fat ‖ graisse f. animale. **i) Treibriemen~** ‖ belt grease ‖ graisse f. pour courroies. **k) vegetabilisches ~** ‖ vegetable fat ‖ graisse f. végétable. **l) wasserlösliches ~** ‖ water soluble grease ‖ graisse f. soluble dans l'eau. **m) wohlriechendes ~** ‖ perfumed fat ‖ graisse f. parfumée. **n) Woll~** ‖ wool grease ‖ graisse f. de laine. 5

Fett-abscheider m. ‖ grease extractor *or* separator ‖ séparateur m. *ou* extracteur m. de graisse. **a) ~bestandteil** m. ‖ fatty substance ‖ graisse f. **b) ~bestimmung** f. ‖ fat determination ‖ dosage m. des matières grasses. **c) ~büchse** f. ‖ grease cup ‖ godet m. graisseur. 6

fettdicht ‖ fat-tight ‖ imperméable aux graisses. 7

Fettdruck m. (Buchdr) ‖ fat types pl. ‖ caractères mpl. gras. 8

fetten ‖ to lubricate ‖ graisser. 9

Fett-extraktion f., **Benzol** n. für ‖ benzol for degreasing ‖ benzol m. de dégraissage. **a) ~fleckfotometer** n. ‖ grease spot photometer ‖ photomètre m. à tache d'huile. **b) ~gas** n. ‖ fat *or* oil gas ‖ gaz m. d'huile *ou* de pétrole *ou* de graisses. **c) ~glanz** m. (Chem) ‖ fatty aspect ‖ aspect m. graisseux. 10

fettig ‖ fatty; greasy; unctuous; adipose; adipous ‖ onctueux; graisseux; adipeux. **a) ~ anzufühlen** (Miner) ‖ to feel greasy ‖ onctueux au toucher. 11

Fettindustrie f. ‖ grease industry ‖ industrie f. de graisse. **a) ~anlage** f. ‖ grease industry plant ‖ installation f. d'industrie de graisse. 12

Fett-kalk m. ‖ fat *or* white lime ‖ chaux f. grasse. **a) ~kohle** f. ‖ bituminous coal; cannel coal rich *or* fat *or* caking coal ‖ charbon m. gras; houille f. bitumineuse *ou* grasse. **b) ~korn** n. (Biolog) ‖ fat globule ‖ globule m. gras. **c) ~lappen** m. (Drahtzieh) ‖ grease rag ‖ affile m. **d) ~präparat** n. für **Packungen** (Chem) ‖ packing grease ‖ graisse f. pour étoupages **e) ~pumpe** f. ‖ grease pump ‖ pompe f. pour graisses. **f) ~quarz** m. ‖ resinous quartz ‖ quartz m. résinite. **g) ~reihe** f. (Chem) ‖ aliphatic series ‖ série f. grasse. **h) ~reproduktionspapier** n. für **Schreibstifte** ‖ fat tracing paper for pencils ‖ papier m. gras à décalquer au crayons. 13

Fettsäure f. ‖ fatty acid ‖ acide m. gras. **a)** mittels Laugen **verseifte ~** ‖ fatty acid saponified by bases ‖ acide m. gras saponifié au moyen de bases. 14

Fettsäure-destillationsanlage f. ‖ fatty acid distillation plant ‖ installation f. de distillation des acides gras. **a) ~destillierer** m. ‖ fatty-acid distiller ‖ distillateur m. d'acides gras. 15

Fett-schmelzer m. ‖ grease boiler ‖ fondeur m. de graisse. **a) ~schmelzpfanne** f. ‖ grease pan ‖ casserole f. à graisse. 16

Fettschmierung f. ‖ grease *or* fat lubrication ‖ lubrification f. *ou* graissage m. à graisse. **a) zentrale ~** ‖ central grease lubrication ‖ graissage m. central à la graisse. 17

Fettseife f. ‖ fat soap ‖ savon m. d'axoge. 18

fettspaltend ‖ fat splitting ‖ dédoublant les graisses fpl. 19

Fett-spritze f. ‖ grease gun ‖ seringue f. *ou* pompe f. *ou* compresseur m. à graisse. **a) ~stecher** m. ‖ fat knife ‖ sonde f. pour graisses. **b) ~stein** m. ‖ nephelite; nepheline; elæolite ‖ néphéline f.; elæolite f.; pierre f. grasse. **c) ~stift** m. ‖ tallow pencil ‖ crayon m. de suif. 20

Fettstoff m. ‖ fatty substance *or* matter ‖ corps m. gras; matière f. grasse. **a) pflanzlicher ~** ‖ vegetable grease ‖ corps m. gras d'origine végétale. **b) Spaltung** f. von **~en** ‖ dissociation of fatty matters ‖ dissociation f. des corps gras. **c) tierischer ~** ‖ animal grease ‖ corps m. gras d'origine animale. 21

Fett-tropfen m. ‖ fat drop ‖ gouttelette f. de graisse. **a) ~wachs** n. (Chem) ‖ adipocere ‖ adipocire m.; gras m. des cadavres. **b) ~waren** fpl. ‖ fatty goods pl. ‖ graisses fpl. **c) ~wolle** f. (Spinn) ‖ greasy wool ‖ laine f. en suint; surge f.; laine surge. **d) ~zerkleinerungsmaschine** f. ‖ fat chopping machine ‖ machine f. à dépiécer la graisse. 22

feucht ‖ moist; wet; damp ‖ humide; mouillé. **a) ~es Thermometer** n. ‖ wet bulb thermometer ‖ thermomètre m. mouillé. 23

Feuchter m. (Müll) ‖ damper ‖ mouilleur m. 24

Feuchtigkeit f. ‖ dampness ‖ humidité f. **a)** gegen **~ beständig** ‖ damp-proof ‖ imperméable à l'humidité f. **b) Boden~** ‖ ground humidity ‖ humidité f. du sol. **c) frei** von **~** ‖ free of moisture ‖ sans humidité. **d) Luft~** ‖ atmospheric humidity *or* moisture ‖ humidité f. atmosphérique *ou* de l'atmosphère. 25

Feuchtigkeits-gehalt m. ‖ moisture contents; percentage *or* degree *or* quantity of moisture ‖ degré m. *ou* quantité f. d'humidité; teneur f. en humidité. **a) ~messer** m. ‖ hygrometer; psychrometer ‖ hygromètre m.; psychromètre m. **b) ~überschuß** m. ‖ excess of moisture ‖ excès m. d'humidité. 26

feuchtigkeitvertreibend ‖ hygrofuge ‖ hygrofuge. 27

Feuchtkammer f. (Buchdr) ‖ wetting room ‖ tremperie f. **a) ~** (Chem) ‖ moist *or* wet chamber ‖ chambre f. humide. 28

Feuchtmaschine f. ‖ wetting *or* moistening machine ‖ humecteur m.; machine f. à humecter. **a) ~** für **Papier** ‖ wetting machine for paper ‖ machine f. à humecter le papier. 29

Feuchtraumleitung f. (Elektr) ‖ conductor for moist places ‖ fil m. conducteur pour locaux humides. 30

Feuchtstein m. (Buchdr) ‖ press ‖ serre-feuilles m. 31

feuchtwarm ‖ with warm moist temperature ‖ humide et chaud. 32

Feuchtwasserfarbe f. ‖ water colour ‖ couleur f. d'aquarelles. 33

Feuer n. ‖ fire ‖ feu m. **a) ~** (Herd) ‖ forge; hearth ‖ foyer m.; feu m.; four m. **b) ~** (Hitze) ‖ fire; heat ‖ chaude f. **c) ~ anmachen** ‖ to set *or* to light *or* to kindle a fire. ‖ allumer les feux mpl. **d) ~ anschüren** ‖ to prick the coal; to rouse *or* revive *or* urge *or* poke the fire ‖ activer *ou* aviver le feu. **e) Ansteuerungs~** ‖ location beacon ‖ phare m. de terrain. **f) ~ anzünden** ‖ to light *or* to kindle a fire ‖ allumer les feux mpl. **g) bengalisches ~** ‖ false flames pl. ‖ feux mpl. de Bengale. **h) ~** eines **Bieres** ‖ brillancy of a beer ‖ brillant m. *ou* limpidité f. d'une bière. **i) biskayisches ~** ‖ biscayan forge ‖ feu m. biscayen. **k) Blink~** ‖ flashing light ‖ phare m. à éclat. **l) ~ fangen** ‖ to take fire; to ignite ‖ prendre feu m.; s'enflammer; s'embraser. **m) festes ~** (Seew) ‖ fixed light ‖ feu fixe. **n) Flugstrecken~** ‖ airway beacon ‖ phare m. de ligne. **o) Haupt~** ‖ principal airway beacon ‖ phare m. principal. **p)** das **~ herauswerfen** ‖ to draw the fires ‖ mettre bas les feux. **q) Hindernis~** ‖ obstruction light ‖ feu m. d'obstacle. **r) ~** eines **Hochofens** ‖ heat of a blast furnace ‖ feu m. d'un haut-forneau. **s) Holzkohlen~** ‖ charcoal fire ‖ feu m. de braise *ou* de charbon de bois. **t) katalonisches ~** (Met) ‖ catalan forge ‖ forge f. catalane. **u) Landebahn~** ‖ landing direction light ‖ feu m. d'atterrissage. **v) ~ löschen** ‖ to extinguish the fire ‖ éteindre l'incendie m. **w) rotes ~** ‖ red light ‖ feu m. rouge. **x) ~ schüren** ‖ to stir *or* stoke *or* teaze the fire ‖ tiser le feu. **y) Umrandungs~** ‖ boundary light ‖ feu m. de délimitation de terrain. **z) unterbrochenes ~** ‖ occulting light ‖ phare m. à éclipse. 34

a) Zusatz~ ‖ auxiliary light ‖ feu m. auxiliaire. **b) Zwischen~** ‖ intermediate airway beacon ‖ phare m. intermédiaire. 35

Feuer-alarm m. ‖ fire alarm ‖ appel m. d'incendie; alarme f. au feu. **a) ~anzünder** m. ‖ fire lighter; coal kindler ‖ allumefeu m. **b) ~anzündholz** n. ‖ firelight ‖ tolinet m.; bûche f. **c) ~bake** f. ‖ beacon ‖ fanal m.; phare m. **d) ~ball** m. (Astr) ‖ fire ball; meteor; bolide ‖ météore m.; aérolithe m.; bolide m. **e) ~kastentür** f. ‖ fire box door ‖ porte f. du foyer. 36

feuerbeständig ‖ fire-proof; refractory; apyrous; fire resistant ‖ résistant au feu m.; ignifuge; réfractaire; à l'épreuve f. du feu; incombustible; apyre. **a) ~es Isolierrohr** n. ‖ fire-proof conduit ‖ tube m. incombustible. **b) ~er** und **säurebeständiger** Sonderguß m. ‖ special fire-proof and acid-resisting castings pl. ‖ fonte f. moulée spéciale-résistante au feu et aux acides. 37

Feuer-beständigkeit f. ‖ resistance against fire ‖ résistance f. au feu. **a) ~bestattung** f. ‖ cremation ‖ crémation f. 38

Feuerbestattungs-anstalt f. || crematorium || four m. crématoire. a) **~ofen** m. || crematorium furnace || four m. crématoire; crémateur m. 1

Feuer-blech n. aus **Flußeisen** || mild steel plate flanged for fire-boxes || tôle f. emboutie en acier doux pour foyers. a) **~blende** f. (Miner) || fire blende; pyrostilpnite || feuer-blende f.; pyrostilpnite f. b) **~bock** m. || fire bridge || autel m.; pont m. de chauffe. c) **~bolzen** m. || dog stay of fire box || cavalier m. du ciel de boîte à feu. 2

Feuerbrücke f. || fire *or* flame bridge; fire box || pont m. de chauffe; autel m. *ou* marche f. de foyer. a) **luftgekühlte ~** || air-cooled furnace bridge || autel m. refroidi à l'air *ou* au courant d'air. b) ~ mit **Wasserkühlung** || water-cooled fire bridge || autel m. refroidi à l'eau. 3

Feuerbuchs-bodenring m. || fire box bottom flange || cadre m. intérieur de foyer. a) **~bohrmaschine** f. || fire box drilling machine || machine f. à percer les foyers de chaudières. b) **~decke** f. || fire box crown || ciel m. du foyer; ciel m. de la boîte à feu. 4

Feuerbuchse f. || fire box || boîte f. à feu; foyer m. a) ~ mit angeschweißtem Wellrohr (Kesselb) || fire box with corrugated flue welded on || boîte f. à feu avec tube ondulé raccordé par soudage. b) **äußere ~** || outside fire box || boîte f. à feu extérieure. c) **eiserne ~** || iron fire box || foyer m. en fer. d) **innere ~** || inside fire box || boîte f. à feu intérieure. e) **kupferne ~** || copper fire box || foyer m. en cuivre. f) **umgebördelte ~** || flanged fire box || boîte f. à feu à collerette. 5

Feuerbuchs-kessel m. || internal flue boiler || chaudière f. à foyer intérieur. a) **~mantel** m. || fire box shell || enveloppe f. du foyer. b) **~rohrwand** f. (Lok) || front wall of fire box || plaque f. tubulaire du foyer. c) **~rückwand** f. (Lok) || back plate of a fire box || paroi f. *ou* face f. arrière du foyer. d) **~wand** f. || fire box plate || paroi f. de boîte à feu. 6

Feuereimer m. || fire bucket || seau m. à incendie. a) ~ aus **Kautschuk** || rubber bucket for fire service || seau m. à incendie en caoutchouc. 7

feuerfest || fire-proof; refractory || résistant au feu m.; ignifuge; réfractaire; à l'épreuve f. du feu; incombustible. a) **~er Anstrich** m. || fire-proof paint(ing) || peinture f. ignifuge. b) **~e Arbeit** f. || fire-proof articles pl. || articles mpl. réfractaires. c) **~e Auskleidung** f. || fire-proof furnace lining || brasque f.; revêtement m. intérieur réfractaire. d) **~e Ausmauerung** f. || fire-proof masonry || maçonnerie f. réfractaire. e) Prüfverfahren n. für **~e Baustoffe** || method of testing fire-proof material || méthode f. d'essai pour matériaux réfractaires. 8

feuerfeste Erde f. || fire-proof earth || terre f. réfractaire. a) **Gewinnung** f. von **~r Erde** || fire clay extraction || extraction f. de terre réfractaire. 9

feuerfest-es Erzeugnis n. || refractory product || produit m. réfractaire. a) **~e Farbe** f. || fire-proof colour(ing) *or* paint(ing) || couleur f. *ou* colorant m. ignifuge. b) **~er Guß** m. || fire-proof castings pl. || moulage m. à l'épreuve du feu. c) **~er Kitt** m. || fire-proof cement || mastic m. réfractaire. d) **~er Mörtel** m. || fire-proof mortar || mortier m. réfractaire. e) **~er Sand** m. || refractory sand || sable m. réfractaire. f) **~er Stein** m. || fire brick; fire-proof *or* refractory stone || brique f. *ou* pierre f. réfractaire. g) **~er Ton** m. || fire-(proof) clay || argile f. *ou* terre f. réfractaire. h) **~e Waren** fpl. || fire-proof ware || ouvrages mpl. réfractaires. i) **~er Ziegel** m. || fire brick; fire-proof stone || brique f. réfractaire. 10

Feuerfestigkeit f. || refractoriness || qualité f. *ou* nature f. réfractaire. 11

feuerflüssig (Chem) || liquid to melting temperature || liquide à la température de fusion. 12

Feuer-garbe f. || flash of fire || gerbe f. de feu. a) **~gas** n. || flue *or* combustion gas || gaz m. du foyer *ou* de la combustion. 13

feuergefährlich || inflammable; combustible || inflammable; combustible. 14

feuergefährliche Flüssigkeit f. || inflammable liquid || liquide m. inflammable. a) **Lagerung** f. für **~ ~en** || storing of inflammable liquids || emmagasinage m. des liquides inflammables. b) **Zapfstelle** f. für **~ ~en** || tapping of inflammable liquids || poste m. de débit des liquides inflammables. 15

Feuergeschränk n. || furnace front || devanture f. de foyer. a) **~rahmen** m. || fire-door frame || cadre m. de la devanture de foyer. 16

Feuer-gewölbe n. || flame *or* furnace arch || voûte f. du foyer. a) **~grube** f. || ash pit || fosse f. à piquer le feu. b) **~hahn** m. || fire cock || bouche f. d'incendie. c) **~haken** m. || fire hook; poker; coal rake || ringard m.; attisoir m.; pique-feu m.; tisonnier m. d) **~herd** m. || fire place || foyer m. e) **~kammer** f. || fire box *or* chest || boîte f. *ou* caisse f. à feu. f) **~kanal** m. || flue || carneau m. g) **~kasten** m. *s.* ~buchse f. h) **~kieke** f. || foot warmer *or* stove || chaufferette f. i) **~kiesel** m. || obsidian || pierre f. obsidienne; jaspe m. volcanique. k) **~kiste** f. || copper fire-box || foyer m. en cuivre. l) **~kitt** m. (Feuerw) || kit; kit composition || mastic m. m) **~kochung** f. || fire boiling || cuisson m. à feu. n) **~kugel** f. (Astr) || fire ball; meteor; bolide || météore m.; aérolithe m.; bolide m. o) **~lärm** m. || fire roll || signal m. d'incendie. p) **~leiter** f. || fire ladder || échelle f. à incendie. 17

Feuerleitgerät n. || gun firing control instrument || instrument m. pour la direction du tir (de l'artillerie). a) **~ausrüstung** f. || gun firing control equipment || équipement m. des instruments pour la direction du tir (de l'artillerie). 18

Feuer-leitung f. (Kriegsw) || gun fire control; direction of artillery fire || direction f. *ou* conduite f. du tir. a) **~leitverfahren** n. || spotting and plotting system; fire control method || système m. *ou* méthode f. de conduite du tir. 19

Feuerloch n. || fire door *or* hole; stoke hole || embrasure f.; ouverture f. de la chauffe; porte f. de chauffe; taquerie f. a) **~ring** m. || firehole ring || cadre m. circulaire du foyer. 20

feuerlose Lokomotive f. || fireless locomotive || locomotive f. sans foyer. 21

Feuerlösch-anlage f. || fire plug || bouche d'incendie. a) **~apparat** m. || fire annihilator *or* extinguisher || extincteur m. d'incendie. b) **~armatur** f. || fire extinguishing mountings pl.; fire extinction fittings pl. || armature f. pour l'extinction du feu *ou* des incendies. c) **~boot** n. || fire tug || bateau-pompe m. à incendie. d) **~brause** f. || fire-extinguishing rose || crépine f. d'incendie. 22

Feuerlöscher m. || fire extinguisher || extincteur m. d'incendie. 23

Feuerlösch-gerät n. || fire extinguisher || appareil m. extincteur d'incendie; attirail m. pour combattre les incendies. a) **~mittel** n. || fire extinguishing material; fire extinguisher || matière f. *ou* substance f. d'extinction du feu; extincteur m. b) **~wesen** n. || fire protection organization || service m. d'incendie. 24

Feuermauer f. || fire wall || mur m. réfractaire. 25

Feuermeldeanlage f. || fire alarm plant || installation f. d'avertisseurs d'incendie. a) ~ für **Schiffe** || fire alarm system for ships || installation f. d'avertisseurs d'incendie pour navires. b) Melder m. einer vereinigten ~ und **Wächterkontrollanlage** || transmitter of a combined fire alarm and watchman control installation || avertisseur m. d'une installation combinée d'avertissement d'incendie et de contrôle de rondes. 26

Feuermelder m. || fire alarm (box) || avertisseur m. d'incendie. a) **selbsttätiger ~** || automatic fire-alarm (annunciator) || avertisseur m. d'incendie automatique; annonciateur m. de feu automatique. 27

Feuermelde-stelle f. || call point || poste m. a) **~system** n. || fire alarm system || système m. d'avertisseurs d'incendie. 28

feuern (Elektr) || to spark || produire des étincelles. 29

Feuern n. (Elektr) || arcing over || coups mpl. de feu. 30

Feueropal m. || fire-opal; girasol || girasol m. 31

Feuerplatte f. (Met) || dead-plate of a furnace || sole f. *ou* table f. de foyer. a) **~n** fpl. der **Feuerkiste** (Lok) || fire-box sides pl. || parois fpl. latérales de la boîte à feu. 32

Feuerprobe f. || fire test || épreuve f. au feu. 33

Feuerraum m. || furnace; fire place || foyer m.; feu m. a) ~ des **Flammofens** (Met) || fire place of the flame furnace || chauffe f. du four à réverbère. 34

Feuerregen m. (Feuerw) || artificial cascades; rain of fire || cascades fpl. artificielles. 35

Feuerrohr n. || flue; fire *or* smoke tube || tube-foyer m.; tube m. de fumée *ou* de chauffe. a) **gewelltes ~** || corrugated flue || tube-foyer m. ondulé. b) **glattes ~** || straight flue || tube-foyer m. lisse. 36

Feuerrohr-kessel m. || fire-tube *or* tubular boiler || chaudière f. multitubulaire à tubes de fumée. a) **~propfen** m. || flue plug || tampon m. de tube-foyer. b) **~ring** m. || ferrule for boiler tubes || bague f. pour tubes de chaudières. c) **~wand** f. || flue plate || plaque f. à tube-foyer. 37

Feuerrost m. || fire grate || grille f. à feu; grille f. du foyer. a) **~stab** m. || fire grate bar || barreau m. de grille du foyer. 38

Feuerrüpel m. || chimney sweeper || ramoneur m. 39

Feuersbrunst f. || great fire || incendie m. 40

Feuer-schaden m. || damage caused by fire || dommage m. causé par le feu; sinistre m.

a) **~schiff** n. (Schiff) ‖ fire *or* light ship ‖ bateau-feu m.; bateau-phare m. b) **~schraubstock** m. ‖ smith's vice ‖ étau m. à chaud. c) **~schürer** m. ‖ fire poker ‖ attisoir m. 1

Feuerschutz m. ‖ fire protection ‖ protection contre l'incendie. a) **~mittel** n. ‖ fire proof impregnation ‖ masse f. d'imprégnation réfractaire. 2

Feuerschwamm m. ‖ amadou; (german) tinder ‖ amadou m. (preparé). 3

Feuersgefahr f. ‖ danger of *or* from fire ‖ danger m. d'incendie. 4

feuersicher ‖ fireproof; fire resistant ‖ ignifuge; à l'épreuve f. du feu; résistant au feu m.; incombustible. a) **~er Abschluß** m. für **Kanäle** (Kabel) ‖ fire resisting duct's closing ‖ obturation f. des conduites par matières incombustibles. b) **~es Dach** n. ‖ fireproof roof ‖ toit m. résistant au feu. c) **~es Eindecken** n. ‖ fire proof roofing ‖ couverture f. incombustible. d) **~es Material** m. ‖ fireproof material ‖ matière f. à l'épreuve du feu. e) **~er Stoff** m. ‖ fireproof material ‖ matière f. à l'epreuve du feu. f) **~e Tür** f. ‖ fire-proof door ‖ porte f. à l'epreuve du feu. 5

Feuerspieß m. (Dampf; Met) ‖ poker; fire hook ‖ ringard m.; perce-fournaise m. 6

Feuerspritze f. ‖ fire engine ‖ pompe f. à incendie. a) **Dampf~** ‖ steam-fire-engine ‖ pompe f. à incendie à vapeur. b) **Motor~** ‖ motor fire-engine ‖ pompe f. à incendie automobile. c) **tragbare ~** ‖ portable fire engine ‖ pompe f. à incendie portative. d) **Zubringer** m. einer ~ ‖ feeder of a fire engine ‖ tuyau m. alimentaire. 7

Feuerspritzen-kessel m. ‖ fire engine steam boiler ‖ chaudière f. pour pompe à incendie. a) **~schlauch** m. ‖ fire engine hose ‖ tuyau m. flexible pour pompes à incendie. 8

Feuerstein m. ‖ flint; silex; firestone; fire brick ‖ flint m.; silex m. pyromaque *ou* à feu; pierre f. à feu; brique f. réfractaire. 9

Feuerstein-leinen n. ‖ flint cloth ‖ toile f. silexée. a) **~papier** n. ‖ flint paper ‖ papier m. de silex. 10

Feuer-stelle f. ‖ fire place; hearth ‖ foyer m.; feu m. 11

Feuerton m. ‖ fire clay ‖ fire-clay m. a) **~waren** fpl. ‖ fire-proof pottery ‖ objets mpl. en terre réfractaire. 12

Feuertür f. ‖ boiler furnace door; fire door ‖ porte f. *ou* portillon m. du foyer. a) **~wand** f. (Lok) ‖ firebox door sheet ‖ paroi f. de porte. 13

Feuerung f. (Betrieb) ‖ firing ‖ chauffage m. a) ~ (Feuerstelle) ‖ furnace; fire place ‖ fourneau m; foyer m.; four m. b) ~(Lok) ‖ fire chest ‖ caisse f. à feu. c) ~ für **Abfälle** ‖ furnace for waste ‖ foyer m. à déchets. d) **Braunkohlen~** ‖ brown coal *or* lignite firing ‖ chauffage m. *ou* foyer m. à lignite. e) **Braupfannen~** ‖ brew kettle firing apparatus ‖ foyer m. de chaudière à brasser. f) **Dampfkessel~** ‖ steam boiler furnace ‖ foyer m. de chaudière à vapeur. g) **Gas~** (Betrieb) ‖ gas firing ‖ chauffage m. à gaz. h) **Gas~** (Feuerstelle) ‖ gas furnace ‖ foyer m. à gaz. i) **Haus~** ‖ household furnace ‖ four m. de ménage. k) ~ für **Holz** ‖ furnace for wood ‖ foyer m. à bois. l) **Kohlenstaub~** (Betrieb) ‖ coal dust firing ‖ chauffage m. à poussière de charbon. m) **Kohlenstaub~** (Feuerstelle) ‖ coal dust furnace; pulverized coal furnace ‖ foyer m. à charbon pulvérisé. n) **Koksstaub~** ‖ coke dust firing ‖ foyer m. à poussière de coke. o) **mechanische ~** ‖ mechanical furnace ‖ foyer m. mécanique. p) **Öl~** ‖ oil firing furnace ‖ foyer m. à huile. q) **Planrost~** ‖ furnace with horizontal grate ‖ foyer m. à grille horizontale. r) **rauchfreie ~** ‖ smokeless furnace ‖ foyer m. fumivore. s) **rauchverzehrende ~** ‖ smoke-consuming furnace ‖ ‖ foyer m. fumivore. t) **regelbare ~** ‖ adjustable firing apparatus ‖ foyer m. réglable. u) **Rekuperativ~** ‖ recuperative furnace ‖ foyer m. à récupération de chaleur. v) ~ für **Rohbraunkohle** ‖ furnace for brown coal ‖ foyer m. à lignite brute. w) **Rost~** ‖ grate firing ‖ foyer m. à grille. x) **Saugzug~** ‖ induced draught furnace ‖ foyer m. à tirage par aspiration. y) **Schrägrost~** ‖ inclined grate furnace ‖ foyer m. à grille inclinée. z) **Schütt~** ‖ self-feeding furnace with hopper above grate ‖ foyer m. à alimentation supérieure continue. 14

a) **selbsttätige ~** ‖ automatic(al) furnace ‖ foyer m. automatique. b) **Staubkohlen~** ‖ pulverized fuel firing ‖ chauffage m. au poussier de charbon. c) **Teer~** ‖ tar fired furnace ‖ foyer m. à goudron. d) ~ für **Torf** ‖ furnace for peat ‖ foyer m. à tourbe. e) **unmittelbare ~** ‖ direct firing ‖ foyer m. à feu direct. f) **Unterwind~** ‖ furnace with undergrate blast; forced draught furnace ‖ foyer m. à soufflage sous grille. g) **Wanderrost~** ‖ travelling grate furnace ‖ foyer m à grille mobile. h) **Wind~** ‖ furnace under draught ‖ foyer m. à soufflage sous grille. 15

Feuerungsanlage f. ‖ firing plant; furnace installation ‖ installation f. de foyer *ou* de chauffage. a) **Gas~** ‖ gas firing plant ‖ installation f. de chauffage au gaz. b) **Petroleums~** ‖ petroleum firing plant ‖ installation f. de chauffage au pétrole. 16

Feuerungs-armatur f. für **Brauereien** ‖ fittings pl. of firing for breweries ‖ armature f. de foyer pour brasseries. a) **~bauart** f. ‖ furnace construction ‖ système m. de chauffage. b) **~material** n. ‖ fuel ‖ combustible m. c) **~öl** n. ‖ fuel oil ‖ huile f. combustible. d) **~raum** m. (Schiffb) ‖ stokehole; stokehold ‖ chaufferie f. 17

feuerungstechnisch ‖ pyrotechnic(al) ‖ pyrotechnique. 18

Feuerungs-tür f. ‖ fire door; fire box door ‖ porte f. de chauffe *ou* du foyer. a) **~turbine** f. ‖ ignition turbine ‖ turbine f. d'ignition. b) **~ventilator** m. ‖ fire fan ‖ ventilateur m. à feu. 19

Feuervergoldung f. ‖ dry *or* hot *or* amalgam *or* fire gilding ‖ dorure f. au feu. 20

Feuerversicherung f. ‖ fire insurance ‖ assurance f. contre l'incendie. 21

Feuerversicherungs-police f. *s.* ~schein m. a) **~schein** m. ‖ fire insurance policy ‖ police f. d'assurance contre l'incendie. 22

Feuerversilberung f. ‖ mercury plating; fire silvering ‖ argenture f. au feu. 23

feuerverzinnter Draht m. ‖ fire-tinned wire ‖ fil m. étamé au feu. 24

Feuer-wache f. ‖ fire watch ‖ quart m. aux feux. a) **~waffe** f. ‖ firearm ‖ arme f. à feu. b) **~walze** f. ‖ rolling firing barrage ‖ barrage m. de tir roulant. c) **~wand** f. (Schmied) ‖ iron back of the hearth ‖ contre-cœur m. de fer. 25

Feuerwehr f. ‖ fire brigade ‖ corps m. de pompiers *ou* de sapeurs-pompiers. a) **Berufs~** ‖ permanent fire brigade ‖ corps m. de sapeurs-pompiers. 26

Feuerwehr-ausrüstung f. fire brigade equipment ‖ équipement m. de pompiers. a) **~beil** n. ‖ fireman's hatchet ‖ hachette f. de pompier. b) **~fahrzeug** n. ‖ fire brigade carriage *or* vehicle ‖ voiture f. pour pompiers *ou* à incendie. c) **~gerät** n. ‖ fire engine and escape equipment ‖ matérial m. d'incendie. d) **~helm** m. ‖ firemen's helmet ‖ casque m. de pompiers. e) **~kraftwagen** m. ‖ fire-brigade motorcar ‖ automobile f. pour le service d'incendie. f) **~kraftfahrzeug** n. ‖ fire brigade motor vehicle ‖ voiture f. automobile pour le service d'incendie. g) **~leiter** f. ‖ fire ladder ‖ échelle f. des pompiers. h) **~mann** m. ‖ fireman ‖ pompier m.; sapeur-pompier m. i) **~motorfahrzeug** n. ‖ fire brigade motor vehicle ‖ voiture f. automobile pour le service d'incendie. k) **~motorwagen** m. ‖ fire-brigade motorcar ‖ automobile f. pour sapeurs-pompiers. l) **~spitzbeil** n. ‖ fireman's pick hatchet ‖ hachette f. de pompier à pointes. 27

Feuerwerk n. ‖ fire-works pl. ‖ feux mpl. d'artifice; artifice m. 28

Feuerwerker m. ‖ pyrotechnist ‖ artificier m.; pyrotechnicien m. 29

Feuerwerks-körper m. ‖ fireworks pl. ‖ pièce f. d'artifice; objet m. pyrotechnique; feu m. d'artifice. a) **~satz** m. ‖ composition for fire-works ‖ composition f. d'artifices. 30

Feuer-zange f. ‖ fire tongs pl. ‖ pince f. à feu. a) **~zarge** f. (Bauw; Schloss) ‖ box of fire door ‖ encadrement m. de porte de foyer. 31

Feuerzeug n. ‖ tinder box; cigar *or* pocket lighter ‖ briquet m. a) **~lunte** f. ‖ match cord ‖ mèche f. pour briquets; mèche-amorce f. de briquet. 32

Feuerziegel m. ‖ fire brick ‖ brique f. réfractaire. 33

Feuerzug m. ‖ flue; draught ‖ carneau. a) ~ (Met) flue; draught ‖ courant m. de flamme. b) **~reinigungsanlage** f. ‖ flue cleaning plant ‖ installation f. de nettoyage des carneaux. 34

feuriger Schwaden m. (Bergb) ‖ fire damp ‖ brisou m; grisou m; terrou m. 35

feurigflüssig (Chem) ‖ igneous ‖ igné. 36

Fez m. ‖ cap ‖ fez m. 37

Fiaker m. ‖ hackney carriage; hack ‖ fiacre m. 38

Fiber f. ‖ fibre ‖ fibre m. 39

Fiber-bürste f. ‖ fibre brush ‖ brosse f. en fibre. a) **~dichtung** f. ‖ fibre packing ‖ joint m. de fibre. b) **~maschine** f. ‖ fibre machine ‖ machine f. à fibre. c) **~rad** n. ‖ fibre gear ‖ roue f. en fibre. d) **~ring** m. ‖ fibre ring ‖ bague f. en fibre. e) **~zahnrad** n. ‖ fibre pinion ‖ pignon m. en fibre. 40

Fibrin n. ‖ fibrin ‖ fibrine f. a) **pflanzliches ~** ‖ vegetable fibrin ‖ fibrine f. végétale. 41

Fibroferrit m. ‖ fibroferrite ‖ fibroferrite f. 42

Fibroin n. (Seide) ‖ fibroïn ‖ fibroïne f. 43

Fibrozement m. ‖ fibro-cement ‖ fibrociment m. 44

Fichte f. ‖ pine; spruce ‖ pin m.; sapin m.; épicéa m. 1

Fichtenharz n. ‖ pine resin ‖ résine f. de pin. **a) gelbes ~** ‖ common *or* yellow resin ‖ résine f. jaune, poix-résine f. **b) weißes ~** ‖ galipot; white resin ‖ galipot m. 2

Fichtenharz-einsammler m. ‖ resin collector *or* maker ‖ résinier m.; gemmier m. **a) ~gewinnung** f. ‖ exploitation of pine resin ‖ exploitation f. de pins à résine. 3

Fichtenholz n. ‖ pine *or* spruce wood ‖ bois m. de sapin rouge; épinette f. **a) ~spund** m. ‖ pine bung ‖ bonde f. en bois de sapin. 4

Fichtenlohe f. ‖ pine tan ‖ tan m. de pin. 5

Fichtennadel-extrakt m. ‖ pine-needle preparation ‖ préparation f. de bourgeons de pin. **a) ~öl** n. ‖ pine needle oil ‖ essence f. (de bourgeons) de pin. **b) ~-präparat** n. ‖ pine needle preparation ‖ préparation f. de bourgeons de pin. **c) ~sammler** m. ‖ pine needle gatherer ‖ ramasseur m. d'aiguilles de pins. **d) ~-wolle** f. ‖ pine wool ‖ coton m. de pin. 6

Fichten-rinde f. ‖ pine bark ‖ écorce f. de pin. **a) ~rindeextrakt** m. ‖ pine-bark extract ‖ extrait m. d'écorce de pin. **b) ~sprossen** fpl. ‖ pine sprouts pl. ‖ bourgeons mpl. de sapin. 7

Fiedelbogen m. (Bohrer) ‖ drill bow ‖ archet m.; archelet m. 8

fieren, die Luvschot ‖ to start the weather sheet ‖ larguer l'écoute du vent. 9

Figur f. (Geom) ‖ diagram; figure ‖ figure f.; diagramme m. **a) ~** (Web) ‖ pattern ‖ figure f. 10

Figurenschere f. ‖ figure cutting machine ‖ cisaille f. circulaire pour découper les formes. 11

figürlich darstellen ‖ to figure ‖ figurer. 12

fiktive Dividende f. ‖ sham dividend ‖ dividende m. fictif. 13

Filet m. (Spinn) ‖ doffer ‖ peigneur m. 14

Filet-handschuh m. ‖ lace glove ‖ gant m. de filet. **a) ~malerin** f. ‖ liner ‖ fileteuse f. **b) ~nadel** f. (Fisch) ‖ netting needle; mash pin ‖ aiguille f. à filet; navette f. à fileter. **c) ~rahmen** m. ‖ filet apparatus ‖ appareil m. à jour. **d) ~spitze** f. ‖ filet-lace ‖ filet m.; dentelle-filet m. 15

Filialbank f. ‖ branchbank ‖ succursale f. de la banque. 16

Filiale f. ‖ branch (office) *or* (of a business) ‖ succursale f.; agence f.; filiale f. 17

Filialgeschäft n. ‖ branch office ‖ succursale f.; filiale f. 18

Filieren n. (Seide) ‖ silk spinning ‖ filage m. 19

Filigran-arbeit f. ‖ filigrane; filigree ‖ filigrane m. **a) ~arbeiter** m. ‖ filigree-worker ‖ filigraniste m. **b) ~glas** n. ‖ reticulated glass ‖ verre m. filigrané. 20

Film m. ‖ film ‖ film m.; pellicule f. photographique. **a) Chlorsilberzelluloid~** ‖ chloride of silver celluloid film ‖ pellicule f. en celluloïd au chlorure d'argent. **b)** einen **~** m. **fixieren** ‖ to fix a film ‖ rendre une pellicule inaltérable à la lumière; fixer une pellicule. **c)** mit **fotografiertem Ton~** ‖ film with photographed sound ‖ film m. à sons photographiés. **d) Geräusch~** ‖ effect film ‖ film m. bruyant. **e)** den **~** m. **härten** ‖ to harden the film ‖ durcir la pellicule. **f) lichtempfindlich** gemachter **~** ‖ sensitized film ‖ pellicule f. sensibilisée. **g)** einen **~ lichtunempfindlich** machen ‖ to fix a film ‖ rendre une pellicule inaltérable à la lumière; fixer une pellicule. **h)** nicht **entzündlicher ~** ‖ non inflammable film ‖ filme m. ininflammable. **i) Pack~** ‖ packfilm ‖ filmpack m. **k) Porträt~** ‖ portrait-film ‖ portrait-film m. **l) Roll~** ‖ roll film ‖ roll-film m. **m) Röntgen~** ‖ Roentgen-film ‖ Roentgen-film m. **n) Sprech~** ‖ talking film ‖ film m. parlant. **o) stummer ~** ‖ silent pictures pl. ‖ film m. muet. **p) Ton~** ‖ sound film ‖ film m. sonore. 21

Film-abfall m. ‖ film waste ‖ déchet m. de films. **a) ~aufnahmekammer** f. ‖ cinematograph camera; moving *or* motion picture camera (A) ‖ chambre f. de prise de vues. **b) ~aufwickelvorrichtung** f. ‖ film winding mechanism ‖ mécanisme m. d'enroulement de la pellicule. 22

Filmband n. ‖ filmband ‖ pellicule f. **a) Trommel** f. zur Auflage des **~es** ‖ drum for film ribbon ‖ tambour m. sur lequel s'applique le film. 23

Film-fabrik f. ‖ film works pl. ‖ fabrique f. de films. **a) ~fertigung** f. ‖ film manufacture ‖ fabrication f. de films *ou* de pellicules. **b) ~fertigungsmaschine** f. ‖ film producing machine ‖ machine f. pour fabriquer des films. **c) ~herstellung** f. *s.* ~fertigung f. **d) ~plakat** n. ‖ cinema poster ‖ placard m. de cinéma. **e) ~rolle** f. ‖ film spool ‖ rouleau m. de film. **f) ~rollenschneidmaschine** f. ‖ film roll cutting machine ‖ machine f. à découper les rouleaux de film. **g) ~spule** f. ‖ film reel *or* spool ‖ bobine f. de film *ou* de pellicule. **h) ~streifen** m., den **~** m. **auswechseln** ‖ to change the film ‖ remplacer la pellicule du film. **i) ~schale** f. ‖ film cup ‖ coupe f. pour films. **k) ~trommel** f. ‖ film drum ‖ tambour m. de film *ou* à pellicule. 24

Filmverleih m. ‖ film lending institute ‖ institut m. de louage de films. **a) ~anstalt** f. *s.* Filmverleih m. 25

Film-vorführung f. ‖ film-demonstration ‖ présentation f. du film. **a) ~wagen** m. ‖ film-car ‖ voiture f. à films. **b) ~walze** f. ‖ film roller ‖ cylindre m. pour films. **c) ~werkstoff** m. ‖ film material ‖ matériel m. de film. 26

Filosellegarn n. ‖ filoselle yarn ‖ fil m. de soie galette; filoselle f. 27

Filter n. ‖ filter ‖ filtre m. **a) Amalgam~** ‖ amalgam filter ‖ filtre m. pour amalgame. **b) Benzin~** ‖ gasoline strainer ‖ filtre m. à essence. **c) Bier~** ‖ beer filter ‖ filtre m. à bière. **d) Chemikal~** ‖ chemical filter ‖ filtre m. chimique. **e) Destillationsapparat~** ‖ filter of the fresh water condensing apparatus ‖ filtre m. du condenseur à eau douce. **f) Druck~** ‖ press-filter ‖ filtre m. à pression. **g)** ein **~** n. **einlegen** ‖ to load a filter ‖ charger un filtre. **h) Entstaubungsvorrichtung** f. durch **~** ‖ dust removing device by filters ‖ appareil m. pour la séparation de poussière par filtres. **i) ~** für **Farbenfotografie** ‖ filter for chromo-photography ‖ filtre m. pour photographie en couleurs. **k) Fein~** n. für **Brennstoff** ‖ fine filter for fuel ‖ filtre m. fin du combustible. **l) Gelb~** (Foto) ‖ yellow screen ‖ verre m. jaune. **m) Grün~** ‖ green filter ‖ écran m. vert. **n) Kies~** ‖ rubble filter ‖ filtre m. à gravier. **o) Luft~** ‖ air strainer ‖ filtre m. d'air. **p) Öl~** ‖ oil strainer ‖ filtre m. d'huile. **q) rotarmes ~** ‖ red abstracting filter ‖ écran m. pauvre en rouge. **r) rotfreies ~** ‖ red free filter ‖ écran m. exempt de rouge. **s) Sandschnell~** ‖ rapid sand filter ‖ filtre m. rapide à sable. **t) Saugzellen~** ‖ suction cell filter ‖ filtre m. à cellules d'aspiration. **u) Schnell~** ‖ rapid filter ‖ filtre m. rapide. **v) Speisewasser~** ‖ feed water filter ‖ filtre m. d'eau d'alimentation. **w) Staub~** ‖ dust filter ‖ filtre m. à poussière. 28

Filteranlage f. ‖ filter installation; filtering *or* filtration plant ‖ installation f. de filtres *ou* de filtrage *ou* de filtration. **a) ~** mit **Pumpenbetrieb** ‖ filtration plant with pump service ‖ installation f. de filtrage avec pompe. 29

Filter-apparat m. *s.* ~gerät *und* Filter. **a) ~bassin** n. ‖ filtering basin *or* tank ‖ purgeoir m.; bassin m. *ou* réservoir m. à filtrer. **b) ~becher** m. ‖ filter beaker ‖ vase m. à filtration chaude. **c) ~becken** n. (Wasserb) ‖ filtering basin ‖ purgeoir m. **d) ~bett** n. ‖ filter bed *or* layer ‖ couche f. filtrante. **e) ~deckel** m. ‖ filter lid ‖ couvercle m. de filtre. 30

Filterer m. ‖ filterman ‖ filtreur m. 31

filterfähiger Werkstoff m. ‖ permeable material ‖ matière f. filtrable. 32

Filter-fläche f. ‖ filter(ing) surface ‖ surface f. filtrante. **a) ~flasche** f. ‖ filtration flask ‖ flacon m. à filtrer. **b) ~gehäuse** n. ‖ filter housing ‖ corps m. du filtre. **c) ~gerät** n. ‖ filtering apparatus; filter ‖ filtre m.; appareil m. a filtrer. **d) ~gestell** n. ‖ filter stand ‖ support m. à entonnoir. **e) ~kalkstein** m. ‖ filtering stone; dripstone ‖ pierre f. filtrante *ou* à filtre; grès m. filtrant. **f) ~kammer** f. ‖ filter *or* filtration chamber ‖ chambre f. filtrante *ou* de filtration *ou* de filtre. **g) ~kies** m. ‖ filtering gravel ‖ gravier m. à filtrer. **h) ~kohle** f. ‖ filtering charcoal ‖ charbon m. à filtrer **i) ~konus** m. ‖ filtering cone ‖ cône m. à filtrer. **k) ~masse** f. ‖ filterstuff; filtermass; filter pulp ‖ masse f. filtrante. 33

Filtermassen-presse f. ‖ filterstuff press ‖ presse f. à masse filtrante. **a) ~waschapparat** m. ‖ filterstuff washer ‖ appareil m. à laver la masse filtrante. **b) ~wasch-** und **Sterilisierapparat** m. ‖ filterstuff washing and sterilizing apparatus ‖ appareil m. à laver et à stériliser la masse filtrante. **c) ~waschmaschine** f. ‖ filtering-mass *or* filterstuff washing machine ‖ machine f. à laver la masse filtrante. 34

Filtermaterial n. ‖ filtering material ‖ matériel m. de filtrage. 35

filtern ‖ to filter ‖ filtrer. **a) heiß ~** ‖ to filter hot ‖ filtrer chaud. 36

Filtern n. ‖ filtration; straining ‖ filtration f. 37

Filter-papier n. ‖ filter(ing) paper ‖ papier-filtre m.; papier m. filtrant *ou* joseph *ou* à filtrer *ou* emporétique. **a) ~pipette** f. ‖ filtering pipette ‖ pipette f. à filtration. 38

Filterplatte f. ‖ filter plate ‖ plaque f. filtrante. **a)** fein **kannelierte ~** ‖ finely channelled filter plate ‖ plaque f. filtrante à cannelures fines. 39

Filterpresse f. ‖ filter(ing) press ‖ presse-filtre f.; presse f. filtrante. **a) Geläger~**

|| sediment filter press || filtre-presse m. pour fonds de foudres. **b) Kammer~** || plates filter press || filtre-presse m. à plateaux. **c) Kammer~** f. mit einfacher **Auslaugung** || plates filter press without lixiviation with aeration || filtre-presse m. à plateaux sans lavage avec aération **d) Kammer~** f. mit oberer **doppelt perfekter Auslaugung** unter Luftabschluß || plates filter press with double perfect upper lixiviation and exclusion of air || filtre-presse m. à plateaux à lavage double parfait supérieur et à l'abri d'air. **e) Laboratoriums~** || laboratory filter press || filtre-presse m. pour laboratoire. **f) langgebaute ~** || long filter press || filtre-presse m. de grande dimension. **g) Rahmen~** || frame filter press || filtre-presse m. à cadres. **h) Rahmen~** f. mit einfacher **Auslaugung** unter Luftabschluß || frame filter press with aeration and with exclusion of air || filtre-presse m. à cadres avec aération et à l'abri d'air. **i) Rahmen~** f. mit seitlicher **perfekter Auslaugung** unter Luftabschluß || frame filter press with double perfect lateral lixiviation and with exclusion of air || filtre-presse m. à cadres à lavage double parfait latéral et à l'abri d'air. **k) Versuchs~** || experimental filter press || filtre-presse m. à essais. 1

Filterpressentuch n. || filter-press cloth || toile f. de filtre-presse. 2

Filter-preßpumpe f. || filter press pump || pompe f. de filtre-presse. **a) ~rahmen** m. || filter frame || cadre m. de filtre. 3

Filterrohr n. || filtering tube; filter pipe || tube-filtre m.; tuyau-filtre m. **a) Asbest~** || filtering tube filled with asbestos || tube filtre m. rempli d'amiante. 4

Filter-sack m. || filtering bag || sac m. de filtration. **a) ~sand** m. || filter sand || sable m. de filtration. **b) ~sandstein** m. || filtering stone; dripstone || pierre f. filtrante *ou* à filtre; grès m. filtrant. **c) ~schale** f. || filter-plate with raised edges || plaque f. filtrante à rebord. **d) Öl~sieb** n. || strainer for oil filter || tamis m. pour filtre d'huile. **e) ~stativ** n. || filter stand || support m. de filtre. **f) ~stein** m. || filtering stone; dripstone || pierre f. filtrante *ou* à filtre *ou* à filtrer; grès m. filtrant. **g) ~stoff** m. || filter cloth; filterstuff || étoffe f. *ou* étamine f. à filtrer; tissu m. filtrant; masse f. filtrante. **h) ~tiegel** m. || filtering crucible || creuset m. à filtration. **i) ~transformator** m. (Funkw) || filter transformer || transformateur m. filtre. 5

Filtertuch n. || filter cloth || tissu m. filtrant; étoffe f. *ou* étamine f. à filtrer. 6

Filtertuch-trockenapparat m. || filtercloth drying apparatus || appareil m. à sécher les toiles à filtrer. **a) ~waschmaschine** f. || filtercloth washing machine || machine f. à laver les toiles à filtrer. 7

Filterung f. || filtring || filtration f.; filtrage m. 8

Filterwäscher m. || filter washer || laveur m. de filtres *ou* de toiles. 9

Filtrat n. || filtrate || filtratum m.; filtrat m.; produit m. filtré. 10

Filtration f. || filtration || filtration f. 11

Filtrationsschicht f. || filter bed *or* layer || couche f. filtrante. 12

Filz m. || felt || feutre m. **a) Öl~** || oil felt pad || feutre m. huilé. **b) ~ für Papierfertigung** || felt for paper mills || feutre m. pour papéteries. **c) ~ für technische Zwecke** || felt for technical purposes || feutre m. pour l'industrie. **d) Woll~** || wool felt || feutre m. de laine. 13

filzartig || felt-like || feutré. 14

Filz-bällchen n. (Kupferdruck) || ball of rags; rag ball; tamkin || tampon m. *ou* bouchon m. **a) ~bearbeitungsmaschine** f. || felt working machine || machine f. à travailler le feutre. **b) ~dach** n. || felt covering || couverture f. en feutre. **c) ~decke** f. || surface of cloth || surface f. du drap. **d) ~dichtung** f. || felt packing *or* joint || joint m. de feutre. 15

filzen || to felt || feutrer. 16

Filz-farbkissen n. || felt ink pad || coussin-encreur m. en feutre. **a) ~futteral** n. || case of felt || étui m. en feutre. **b) ~garn** n. || felted yarn || fil m. feutré. **c) ~hut** m. || felt hat || chapeau m. de feutre. 17

filzig || felted || feutré. 18

Filz-kissen n. || felt cushion || coussin m. en feutre. **a) ~macher** m. || felt maker || feutrier m. **b) ~maschine** f. || felting-machine || machine f. à feutrer. **c) ~pantoffel** m. || felt slipper || pantoufle f. en feutre. **d) ~pappe** f. || felt-cardboard || carton-feutre m. **e) ~platte** f. || felt pad *or* cushion || tapis m. *ou* table f. de feutre. **f) ~polierscheibe** f || felt polishing wheel || meule f. à polir en feutre. **g) ~ring** m. || felt washer *or* ring || rondelle f. de feutre. **h) ~scheibe** f. || felt disk *or* mop || disque m. en feutre. **i) ~schuh** m. || felt shoe || chaussure f. *ou* pantoufle f. de feutre. **k) ~socke** f. || felt shoe || chausson m. en feutre. **l) ~sohle** f. (Schuh) || felt sole || semelle f. en feutre. **m) ~stock** m. || felted polisher *or* stick; flattening wood || estrique f.; lustroir m.; moëllette f. **n) ~teppich** m. || felt carpet || tapis m. en feutre. 19

Filztuch n. || felted cloth || drap-feutre m.; drap m. feutré. **a) ~ für Papiermaschinen** || wool felted cloth for paper machines || feutre m. de laine pour papeteries. 20

Filzumkleidung f. || felt covering || feutrage m. 21

Filzunterlage f. || felt pad || couche f. *ou* coussin m. de feutre. **a) ~** (Buchdr) || blanket || blanchet m. 22

Filz-verwertungsanlage f. || felt utilizing plant || installation f. d'utilisation du feutre. **a) ~walker** m. || felt fuller || fouleur m. de feutre. **b) ~waren** fpl. || felt goods pl. || articles mpl. de feutre. 23

Fimmel m. (Bergb) || gad; miner's wedge || coin m. en fer; aiguille f. du mineur. 24

Finalstock m. || tail piece || cul-de-lampe m. 25

Finanzbericht m. || financial statement || état m. financier. 26

finanziell || financial || financier. **a) ~e Lage** f. || financial situation || situation f. financière. 27

finanzieren || to finance || commanditer. 28

Finanz-mann m. || financier || financier m. **a) ~minister** m. || chancellor of the Exchequer; secretary to the Treasury (A); minister of finances || ministre m. des finances. **b) ~welt** f. || financial world || monde m. financier; haute finance f. **c) ~wesen** n. || financial concerns pl.; finance || finances fpl. 29

Finder-recht n. || right of the discoverer || droit m. de découverte. **a) ~teilkreis** m. (Spektroskop) || finder circle || cercle m. de repère. 30

Findling m. || erratic block *or* boulder || bloc m. erratique. 31

Findlingsquarzit m. || quartzite || quartzite m. 32

Finger m. || finger || doigt m. 33

Finger-anfeuchter m. (Büro) || finger moistener || humecteur m. digital. **a) ~balken** m. (Mähmaschine) || cutter bar || barre f. coupeuse. **b) ~druck** m. || pressure of the finger || pression f. du doigt. **c) ~fräser** m. || end mill || fraise f. à queue. **d) ~halter** m. || finger holder || appui-doigt m. 34

Fingerhut m. || thimble; finger pad || dé m. à coudre; doigtier m. **a) ~blätter** npl. || digitalis leaves pl. || feuilles fpl. de digitale. 35

Fingerling m. (Schutzüberzug) || fingerstall; thumb-stall || doigtier m. **a) ~** (Steuerruder) || rudder pintle || aiguillot m. de gouvernail. 36

Fingermaschine f. || finger machine || tricoteuse f. pour doigt de gants. 37

Fingernagellimbus m. || border of the finger nail || lit m. de l'ongle digital. 38

Finger-probe f. (Zuck) || touch; rule of thumb || preuve f. du filet. **a) ~ring** m. || finger ring || bague f. **b) ~scheibe** f. (Selbstanschl) || dial || cadran m. **c) ~schneidbalken** m. *s.* ~balken m. **d) ~schutzvorrichtung** f. (Buchdr) || finger-protector for feeders || dispositif m. de sûreté pour protéger les mains. **e) ~spitze** f. || finger tip || bout m. de doigt. **f) ~strickmaschine** f. || glove finger knitting machine || machine f. à tricoter les doigts. 39

Finish- und Dekatiermaschine f. (Web) || finishing and decatizing machine || machine f. à décatir et finir. 40

Finne f. (Hammer) || pane; hammer edge || panne f. **a) gespaltene ~** || claw || panne f. fendue. 41

finnen || to pane || panner. 42

Firma f. || firm; company; (commercial) house *or* establishment || maison f. (de commerce); raison f. commerciale. **a) solide ~** || firm of good standing || maison f. sérieuse *ou* solide. **b) unter** der **~** || by the name of; under the heading *or* the style of || sous la raison. 43

Firmen-buch n. || commercial guide; trade directory || dictionnaire m. des adresses; annuaire m. **a) ~buchstabe** m. aus **Metall** || metal letter for sign boards || lettre f. en métal à composer pour plaques-adresses. **b) ~inhaber** m. || owner of the firm || propriétaire m. de la maison. **c) ~register** n. || commercial guide; trade directory || dictionnaire m. des adresses; annuaire m. 44

Firmenschild n. || commercial sign: sign board; name *or* door *or* brass plate || enseigne f. commerciale; plaque f. de réclame. **a) Glas~** || shop sign of glass || plaque f. de verre pour magasins. **b) ~ für Maschinen** || name plate for machinery || plaque f. à inscriptions pour machines. 45

Firmenstempel m. || firm stamp; business die; name block || timbre m. de la maison *ou* à firme. 46

firmieren || to sign for the firm || signer pour la maison. 47

Firnis m. || varnish || vernis m. **a) fetter ~** || oil varnish || vernis m. gras *ou* à l'huile. **b) Isolier~** || insulating varnish || vernis m. isolant. **c) ~ kochen** || to boil (linseed oil) upon litharge || lithargyrer. **d) Leinöl~** || linseed-oil varnish || vernis m. à l'huile de lin. **e) Öl~** || oil varnish || vernis m. gras *ou* à l'huile. **f) Trocken~** || siccative varnish || vernis m. siccatif. 1

Firnis-anlage f. || varnish making plant || installation f. de fabrique de vernis. **a) ~ersatz** m. || varnish substitute || substitut m. de vernis. **b) ~küche** f. || varnish boiling plant || uisine f. pour vernis. **c) ~papier** n. || varnished *or* oiled paper || papier m. verni. **d) ~präparat** n. || varnish preparation || préparation f. pour vernis. 2

firnissen || to varnish || vernir; vernisser. 3

Firnissen n. || varnishing || vernissage m. **a) ~** von **Möbeln** || furniture varnishing || vernissage m. de meubles. 4

First m. (Bauw) || ridge; top || faîte m. 5

First-balken m. || ridge piece; ledge beam; roof tree || poutre f. de faîte. **a) ~blech** n. || ridge lead *or* plate || ennusure f.; basque f. du faîte; enfaîteau m.; couvre-joint m. en plomb *ou* tôle. 6

Firste f., die **~ nachreißen** (Bergb) || to stow away the roof || bosseyer la faîte. **a) ~** eines **Stollens** (Bergb) || back *or* roof of a gallery || faîte m. d'une galerie. 7

Firsteindeckung f. || ridging || faîtage m. 8

Firsten-druck m. des **Gebirges** || super-incumbent pressure of the ground || poussées fpl. du faîte. **a) ~stoß** m. (Bergb) || ascending step; overhand stope || gradin m. renversé. **b) ~strecke** f. (Bergb) || brattice way || galerie f. cuvelée. 9

First-kamm m. || crest || crête f. **a) ~leitung** f. (Blitzableiter) || ridge circuit || circuit m. des faîtes. **b) ~pfette** f. || ridge purlin *or* lead || solive f. *ou* panne f. faîtière. **c) ~ziegel** m. || ridge *or* hip tile || tuile f. faîtière; enfaîteau m.; couvre-joint m. 10

Fisch m. || fish || poisson m. **a) ~** (Mastloch) || partner || étambrai m. **b) ~angel** f. || fishhook || hameçon m. 11

Fischaugenstein m. || apophyllite || apophyllite f. 12

Fischband n. (Schloss) || lapp; butt (hinge) || fiche f. à vase. 13

Fischbauchträger m. || inverted bow-and-chain girder || poutre f. lenticulaire. **a) ~brücke** f. || fish-bellied girder bridge || pont m. à poutres en ventre de poisson. 14

Fischbehälter m. || fish pond || huche f.; barillon m. 15

Fischbein n. || fishbone; whalebone; baleen || fanon m. de baleine; baleine f. **a) ~** aus **Federn** || feather wale bone || baleine f. de plume. **b) Horn~** || imitation whale bone || baleine f. de corne. 16

Fischbein-bearbeiter m. || whale-bone dresser || apprêteur m. de baleines. **a) ~reißer** m. || whale bone splitter || refendeur m. de baleines. **b) ~säger** m. || whale bone sawyer || scieur m. de baleines. **c) ~stange** f. || whalebone || baleine f. **d) ~zubereitung** f. || whale bone dressing || apprêt m. de baleines. 17

Fisch-besteck n. || fish fork || couvert m. à poisson. **a) ~blase** f. || isinglass || isinglass m. 18

Fischbrutzucht f. || small fry *or* spawn breeding || élevage f. d'alevins *ou* de nourrains. 19

Fischdavit m. || fish davit || bossoir m. de traversière. 20

Fischdünger m. || fish manure || engrais m. de poisson. **a) ~anlage** f. || fish manure plant || installation f. pour la fabrication de l'engrais de poisson. 21

Fischei n. || fish-egg || œuf m. de poisson. 22

fischen, den **Anker** m. (Seew) || to fish the anchor || traverser *ou* hisser l'ancre f. **a)** mit dem **Schleppnetz** n. **~** || to trawl || draguer; chaluter. 23

Fischer m. || fisher; fisherman || pêcheur m. **a) Gelegenheits~** || amateur fisherman || pêcheur m. amateur. 24

Fischerboot n. || fishing boat; smack || barque f. de pêche; canot m. de pêcheur. **a) Motor~** || motor fishing-smack || bateau m. de pêche automobile. 25

Fischerbootsmeister m. || fishing-boat master; smack master || patron m. de barque *ou* bateau de pêche. 26

Fischerei f. || fishery; fishing || pêcherie f.; pêche f. **a) Binnen~** || fresh-water fishing || pêche f. en eau douce. **b) Fluß~** || river fishing || pêche f. en rivière; pêche f. fluviale. **c) Groß~** || great fishery || grande pêche f. **d) Hochsee~** || fishery on the open sea || pêche f. en haute mer; pêche f. hauturière. **e) Küsten~** || inshore fishery || pêche f. côtière. **f) Netz~** || net fishing || pêche f. au filet. **g) Reusen~** || weir fishing || pêche f. à la nasse. **h) Schleppnetz~** || trawlery; trawling fishing || pêche f. au chalut. **i) See~** || seafishery; sea fishing || pêche f. maritime. **k) Strand~** || inshore fishery || pêche f. côtière. **l) Süßwasser~** || fresh-water fishing || pêche f. en eau douce. **m) Teich~** || pond fishing || pêche f. en étang. **n) Watten~** || harbour fishing || pêche f. dans les bas-fonds. 27

Fischerei-aufseher m. || water bailiff || garde-pêche m. **a) ~erzeugnis** n. || fishing product || produit m. de la pêche. **b) ~fahrzeug** n. || fishing vessel; trawler || bateau m. de pêcheur; chalutier m. **c) ~gerät** n. || fishing tackle || article m. de pêche. **d) ~netz** n. || net for the fishery || filet m. pour la pêche. **e) ~pächter** m. || lessee of fishery || fermier m. de pêche. 28

Fischer-fahrzeug n. || fishing vessel || bâtiment m. de pêche. **a) ~flotte** f. || fishing fleet || flotte f. de pêcheurs. **b) ~leine** f. || fishing (*or* mackerel) line || libouret m.; ligne f. de pêche. **c) ~netz** n. || fishing net || filet m. de pêche; rets m. 29

Fisch-fang m. || fishing; catch || pêche f. **a) ~fett** n. || fish grease || graisse f. de poisson. **b) ~gerät** n. || fishing tackle || engin m. de pêche. **c) ~graben** m. (Wasserb) || fish channel || étier m. **d) ~grund** m. || fishing ground || fond m. poissonneux. **e) ~guano** m. || fish guano || guano m. de poisson. **f) ~haken** m. || fish hook || croc m. de traversière; cantonnière f. de l'ancre. **g) ~handlung** f. || fish shop || magasin m. de poissons. 30

Fischhaut f. || fish skin || peau f. de poisson. **a) ~** (Kerbung) || checkering; engraving || quadrillage m.; face f. carrelée. 31

Fischkonserve f. || preserved *or* tinned fish || conserve f. de poissons. 32

Fischkonservenfabrik f. || fish curing-house || usine f. de conserves de poissons. 33

Fisch-köpferin f. || fish header *or* chopper || étêteuse f. de poissons. **a) ~korb** m. aus **Draht** || fishing basket || nasse f. pour la pêche en treillis. **b) ~kühlraum** m. || fish cooling room || chambre f. froide à poissons. **c) ~laich** m. || spawn || frai m. de poisson. **d) ~leim** m. || isinglass; ichthyocolla; fish glue; syndeticon || colle f. de poisson; ichthyocolle f. syndétique m. **e) ~leiter** f. (Wasserb) || fish ladder || échelle f. aux poissons. **f) ~mehl** n. || fish flour *or* meal || farine f. de poisson. **g) ~meister** m. || master mariner of the fishery || patron m. pêcheur. **h) ~netz** n. || fish(ing) net || filet m. de pêche. **i) ~öl** n. || fish oil || huile f. de poisson. **k) ~paß** m. || fish ladder || échelle f. à poissons. **l) ~perle** f. || fish pearl || perle f. de poisson. **m) ~räucherei** f. || fish smoking || fumage m. de poissons. **n) ~räucherer** m. || fish smoker || enfumeur m. de poissons. **o) ~reuse** f. || fish bow net; weel || nasse f. à poissons. **p) ~reusenflechter** m. || fish bow net plaiter || tresseur m. de nasses à poissons. **q) ~rogen** m. || fish roe || œufs mpl. de poisson. **r) ~salzer** m. || fish salter || saleur m. de poissons. **s) ~salzerei** f. || fish salting || salage m. de poissons. **t) ~schleuse** f. || fish sluice || écluse f. à poissons. **u) ~schuppe** f. || scale of fishes || écaille f. **v) ~stein** m. || ichthyolite || ichthyolite f. **w) ~takel** m. || fish tackle || traversière f. 34

Fischteich m. || fish pond || vivier m.; étang m. **a) ~besitzer** m. || fishpond owner || propriétaire m. d'un étang. 35

Fisch-torpedo m. || fish torpedo || torpille-poisson f. **a) ~tran** m. || fish *or* train oil; blubber || huile f. de poisson. **b) ~trocknerei** f. || fish drying || séchage m. de poissons. 36

Fischung f. (Mastloch) || partner || étambrai m. 37

Fisch-verwertungsanlage f. || fish utilisation plant || installation f. d'utilisation de poissons. **a) ~wehr** n. || fish garth; kiddle, pond grate || écrille f. **b) ~zubereiter** m. || fish curer || fabricant m. de conserves de poissons. 38

Fischzucht f. || pisciculture; fish breeding || pisciculture f.; élevage f. de poissons. **a) künstliche ~** || fish breeding; fish hatching; pisciculture || pisciculture f. 39

Fischzuchtanstalt f. || fishbreeding house || établissement m. de pisciculture. 40

Fischzüchter m. || piscicultor; pisciculturist; fish keeper *or* breeder || pisciculteur m. 41

Fisett-holz n. || young fustic; fustet; zantewood || bois m. de fustet. **a) ~knospe** f. || fustet bud || feuille f. de brindille de fustet. 42

Fiskus m. || fisc; fisk; exchequer; treasury || fisc m. 43

Fistel f. || fistula || fistule f. 44

Fittichziegel m. || pan-tile, much recurved || tuile f. flamande très recourbée. 45

Fittings npl. || fittings pl. || garnitures fpl.; accessoires mpl.; armatures fpl. 46

Fitzenarbeiterin f. || skein examiner || repasseuse f. d'écheveaux. 47

Fixgeschäft n. (Börse) || transaction on account || achat m. à terme fixe. 48

Fixierbad n. || fixative *or* fixing bath || bain m. fixateur *ou* de fixage. 49

fixieren (Lichtb) || to fix || fixer. **a)** einen **Film** m. **~** || to fix a film || rendre une pellicule inaltérable à la lumière; fixer une pellicule. 50

Fixieren n. (Lichtb) || fixing || fixage m. **a) ~** von **fotografischen** Aufnahmen || fixing of photos || fixation f. des images photographiques. 51

Fixier-maschine f., **Koch-** und **~** (Web) || boiling and crabbing machine || machine

f. à fixer. **a) ~mittel** n. (Lichtb) || fixing agent; fixer || fixateur m. **b) ~pinzette** f. || fixation forceps pl. || pince f. à fixer. **c) ~salz** n. || fixing salt || sel m. fixatif. 1

Fixierung f. (Lichtb) || fixing || fixage m. 2

Fixpunkt m. (Feldm) || fixed *or* starting point; bench mark; station; base || point m. fixé *ou* de repère. 3

Fixpunkt-bogenlampe f. || focussing arc-lamp || lampe f. à arc à point lumineux fixe. **a) ~differentialbogenlampe** f. || self focussing differential arc lamp || lampe f. à arc différentielle à foyer fixe. **b) ~nebenschlußbogenlampe** f. || self focussing shunt arc lamp || lampe f. à arc en dérivation et à foyer fixe. 4

Fixstern m. || fixed star || étoile f. fixe. **a) ~himmel** m. || starry heaven || ciel m. étoilé. 5

flach (Masch) || flat; flat shaped || plat; aplati. **a) ~** (Wasser) || shallow || peu profond. **b) ~ auffallender** Strahl m. || ray incident at small *or* oblique axle; oblique ray || rayon m. tombant dans une direction voisine de la surface. 6

flach-es Dach n. || flat roof || toit m. plat. **a) ~e Lagerstätte** f. || flat lying mineral deposit || gisement m. horizontal *ou* en plateure. **b) ~er Teller** m. || shallow plate || assiette f. plate. 7

Flach n. || flat; bank || basse f.; haut-fond m. 8

Flachboden m. || flat bottom || fond m. plat. **a) ~selbstentlader** m. für Entladung nach einer Seite (Eisenb) || flat bottom self-discharging car to be dumped to one side || wagon m. auto-déchargeur à fond plat se vidant par un côté. 9

flachbodig || flat bottomed || à fond m. plat. 10

Flach-bohrung f. (Bergb) || boring || sondage m. **a) ~brenner** m. || flat *or* wing burner; fish tail burner || bec m. plat; papillon m. **b) ~bronziermaschine** f. || flat bronzing machine || machine f. à bronzer à plat. **c) ~draht** m. || flat wire || fil m. plat. 11

flachdrehen || to surface; to face || dresser un plateau; tourner une plane. 12

Flachdruck m. (Buchdr) || plain *or* flat printing || impression f. à plat *ou* sur une surface plate. 13

Flachdruck-maschine f. || platen machine || machine f. pour l'impression à forme plate. **a) ~rotationsmaschine** f. || flat-bed web machine; flat-bed rotary machine || machine f. rotative à formes plates. 14

Fläche f. || surface; superficies; area || surface f.; superficie f.; aire f. **a) bebaute ~** || effective floor space || superficie f. couverte. **b) ebene ~** || plane surface; dead level || surface f. plane. **c) gekrümmte ~** || curved surface || surface f. bombée. **d) geneigte ~** || gradient; inclined plane || plan m. incliné. **e) glatte ~** || even surface || surface f. lisse. **f) Grund~** || ground; floor space || surface f. du plancher. **g) Innen~** || interior surface || paroi f. intérieure. **h) krumme ~** || curved surface || surface f. courbe. **i) ~ eines Steines** || joint *or* pane *or* side of a stone || panneau m. d'une pierre. **k) Versuchs~** || experimental area || place f. d'essai. **l) windschiefe ~** || skew surface || surface f. gauchie. 15

Flacheisen n. || flat (bar) iron || méplat m. (en fer); plat m. à faible épaisseur; larget m.; fer m. plat. 16

Flacheisen-bügel m. || flat-iron stirrup || étrier m. en fer plat. **a) ~plattform** f. (Eisenb) || platform of flat iron bars || plate-forme f. en fers plats. **b) ~puffer** m. || (Eisenb) || flat iron buffer || tampon m. en fer plat. **c) ~rost** m. || flat iron bar grate || grille f. à fers plats. **d) ~schere** f. || flat iron shearing machine || cisaille f. à fers plats. **e) ~stab** m. || flat iron bar or rod || barre f. en fer plat. 17

Flächen-abstand m. (Luftf.) || wing gap || écartement m. des plans. **a) ~antenne** f. || plane aerial || antenne f. en nappe. **b) ~aufnahme** f. || levelling operation || levé m. de surface. 18

Flächenbelastung f. (Bauw) || load per unit surface *or* area; load per square meter || charge f. au mètre carré *ou* par unité de surface. **a) ~** (Luftf) || wing loading || charge f. à l'aire. 19

Flächenberechnung f. || calculation of areas || calcul m. des aires. 20

Flächenberieselungs-apparat m. || surface cooler || réfrigérant m. à surface à ruissellement. **a) ~kondensator** m. (Brau) || surface condenser || condenseur m. à ruissellement à surface. **b) ~kühlapparat** m. || surface cooler || réfrigérateur m. à surface à ruissellement. 21

Flächen-blitz m. || sheet lightning || éclair m. diffus. **a) ~dichte** f. (Elektr) || density by surface || densité f. superficielle. 22

Flächendruck m. (Graph) || surface printing || impression f. en relief. **a) ~** (Mech) || surface pressure || pression f. de surface. 23

Flächen~einheit f. || unit of surface || unité f. de surface *ou* de superficie. **a) ~einheitslast** f. || loading per unit area; unit load (A) || charge f. par mètre carré. **b) ~element** n. || element of surface; plane element (A) || élément m. de surface. **c) ~fräsmaschine** f. || surface milling machine || machine f. à fraiser les surfaces (planes); fraiseuse-raboteuse f. 24

Flächeninhalt m. || superficial contents; area || aire f.; surface f.; superficie f. **a) Bestimmung** f. des **~s** || quadrature || quadrature f. 25

Flächen-inhaltmesser m. || planimeter || planimètre m. **a) ~karte** f. || plane chart || carte f. plate. **b) ~kühlung** f. || cooling by outspread surface || refroidissement m. à surface déployée. **c) ~maß** n. || square measure; superficial measurement || mesure f. de superficie. **d) ~meßinstrument** n. || superficial measure || instrument m. de mesure en plan. **e) ~profil** n. || section showing areas || profil m. des aires. 26

Flächenraum m. || superficial contents; area || aire f.; surface f.; étendue f. **a) ~ in Morgen** || acreage || extension f. en acres. **b) ~ der Werkstätten** || superficial area of shops || superficie f. des ateliers. 27

Flächenschleifmaschine f. || surface grinding machine || machine f. à rectifier les surfaces planes. **a) ~ mit horizontaler Schleifspindel** || surface grinding machine with horizontal grinding spindle || machine f. à rectifier les surfaces planes avec arbre porte-meule horizontal. **b) ~ mit vertikaler Schleifspindel** || surface grinding machine with vertical grinding spindle || machine f. à rectifier les surfaces planes avec arbre porte-meule vertical. 28

Flächenwinkel m. || plane angle || angle m. dièdre. 29

Flaches n. (Bergb) || inclined mother-gate *or* gallery || descenderie f.; vallée f.; toret m. **a) ~** (Flöz) || flat coal || plat m.; plateur m. 30

flachfallendes Lang m. (Geologie) || lode of medium dip || filon m. à faible pendage. 31

Flachfeile f. || flat file || lime f. plate. 32

flachgedrückt, an den Enden **~es Rohr** n. || tube with flattened ends; tube flattened out at the ends || tube m. aplati aux extrémités. 33

Flach-gewinde n. || square *or* flat thread || filet m. carré. **a) ~gummiring** m. || flat rubber ring *or* collar || anneau m. plat *ou* rondelle f. plate en caoutchouc. **b) ~hacke** f. || single pickaxe || pioche f. simple. **c) ~hammer** m. || flatter; flattener; set hammer || chasse f. à parer; paroir m.; marteau m. plat. 34

flachhämmern || to hammer even || rabattre; aplatir. 35

Flachherdmischer m. || flat furnace mixer || mélangeur m. à sole plate. 36

flächiges Werkstück n. || flat part || pièce f. plate. 37

Flach-kaliber n. (Walzw) || flat groove || cannelure f. plate. **a) ~keil** m. || flat key || clavette f. plate; clavette f. conique sur méplat. **b) ~kettelmaschine** f. || straight-bar linking machine || remmailleuse f. rectiligne. **c) ~klemme** f. (Elektr) || flat terminal || borne f. plate. **d) ~kopfnietung** f. || pan riveting || rivure f. à tête plate. **e) ~kupfer** n. || flat bar copper || cuivre m. plat. **f) ~kuppel** f. || flat spherical vault; low dome || voûte f. en cul-de-four surbaissée. **g) ~land** n. || plain || plaine f. **h) ~lasche** f. (Eisenb) || flat fish plate || éclisse f. plate. **i) ~mahlstuhl** m. || reducing roller mill || moulin m. pour mouture basse. **k) ~meißel** m. || flat chisel; cape chisel || burin m. plat. 38

Flächner m. (Geom) || polyhedron || polyèdre m. 39

flachovales Brillenglas n. || flat-oval lens || verre m. à ovale aplati. 40

Flach-pinsel m. || flat brush || pinceau m. plat. **a) ~profilinstrument** n. (Elektr) || flat section instrument || instrument m. de mesure de profil plat. **b) ~relief** n. || low relief || bas-relief m. 41

Flachring-anker m. || flat ring armature || induit m. à anneau aplati. **a) ~dynamomaschine** f. || flat ring dynamo || dynamo f. *ou* génération f. à anneau plat. 42

Flachrohrprinzip n. (Heizkörper) || flat pipe principle || à tube aplati. 43

flachrund || with flat bottom || à fond plat. 44

Flachs m. || flax || lin m. **a) ~ in Fasern** || flax in fibres || lin m. en pailles. **b) gebrochener ~** || broken flax || lin m. broyé. **c) gekämmter ~** || hackled flax || lin m. peigné. **d) gemeiner ~** || common flax || lin m. commun *ou* cultivé. **e) gepochter ~** || scutched flax || lin m. teillé. **f) gerösteter ~** || retted flax || lin m. roui. **g) im Tau gerotteter ~** || dew-retted flax || lin m. roui à la rosée. **h) geschnittener ~** || cut flax || lin m. coupé. **i) Handhecheln** n. des **~es** || hand combing of flax || peignage m. de lin à la main. **k) Haspeln** n. des ~es || flax winding || dévidage m. de lin. **l) Knicken** n. des ~es || flax breaking || broyage m. de lin. **m) Maschinenhecheln** n. des ~es || machine hackling of flax || peignage m. de lin à la machine. **n) neuseeländischer ~** || New Zealand flax || chanvre m. de la Nouvelle-Zélande. **o) roher ~** || raw *or* undressed flax || lin m. cru *ou* brut. **p)** den **~ rupfen** || to pull flax || arracher *ou* cueiller le lin. **q)** den **~ schneiden** || to cut flax || couper le lin. **r) Schwingen** n. des ~es || flax scutching || teillage m. de lin. **s) Spinnen** m. des ~es || flax spinning || filage m. de lin. **t) ~ in Stengeln** || flax in stems || lin m. en tiges. 1

Flachs-abfallarbeiter m. || tow hand || ouvrier m. aux déchets de lin. **a) ~arbeiter** m. || flax worker || linier m.; ouvrier m. en lin. 2

Flachsaufbereitungs-anstalt f. || flax preparing plant || installation f. à préparer le lin. **a) ~maschine** f. || flax dressing machine || machine f. à préparer le lin. 3

Flachs-aufleger m. (Spinn) || flax spreader || étaleur m. de lin. **a) ~bandmaschine** f. || flax drawing frame *or* machine || machine f. à étirer le lin. **b) ~baumwolle** f. || flax cotton *or* wool; cottoned flax || lincoton m. **c) ~bereiter** m. || flax dresser || préparateur m. de lin. **d) ~binder** m. || flax binder || botteleur m. de lin. **e) ~bleichung** f. || flax bleaching || blanchiment m. de lin. **f) ~breche** f. || flax brake || broie f. **g) ~brecher** m. || flax breaker || broyeur m. de lin. **h) ~brechmaschine** f. || flax breaking machine || machine f. à broyer le lin. 4

Flachschalttafel f. || flat switch board || tableau m. de distribution plat. 5

Flach-schieber m. || slide *or* flat valve || tiroir m. plan. **a) ~steuerung** f. || slide valve gear || distribution f. par tiroir plan. 6

Flach-schiefer m. || flat shale || schistes mpl. plats. **a) ~schiene** f. || plate rail || rail m. plat; rail parallèle prismatique; bande f. plate. 7

flachschmieden, das Eisen (Schmied) || to beat out iron || aplatir le fer. 8

Flach-see f. || shallow sea || basse mer f. **a) ~seide** f. || embroiderie silk || soie f. plate *ou* à broder. 9

flachsen (aus Flachs) || flaxen || de lin. 10

Flachsentsamungsmaschine f. || flax ginning machine || machine f. à égrener le lin. 11

Flachsgarn n. || flax yarn || fil m. de lin. **a) ~weber** m. || flax yarn weaver || tisseur m. de lin. 12

Flachs-großhandel m. || flax wholesale || commerce m. de lin en gros. **a) ~hasp(e)ler** m. || flax winder || dévideur m. de lin. **b) ~hechelei** f. || flax hackling || peignage m. de lin. **c) ~hechelmaschine** f. || flax comb; flax hackling machine || peigneuse f. à lin. **d) ~hechelmaschinenputzer** m. || flax comb cleaner || débourreur m. de peigneuses. **e) ~hechler** m. || flax hackler *or* comber || peigneur m. de lin. **f) ~hede** f. || flax tow; hards pl. || étoupe f. de lin. 13

Flachsieb n. || flat sieve || tamis m. plat. 14

Flachsleinwand f. || flax(en) linen || toile f. de lin. **a) ~weberei** f. || flaxen *or* plain linen weaving || tissage m. de toiles de lin. 15

Flachs-naßspinner m. || flax wet spinner || fileur m. de lin au mouillé. **a) ~naßspinnerei** f. || flax wet spinning || filature f. de lin au mouillé. 16

Flach-spaten m., **amerikanischer** || flat American spade || bêche f. américaine plate. **a) ~spitze** f. einer Feder || oval point || pointe f. ovale. **b) ~spule** f. || flat coil; disc-coil || bobine f. plate; galette f. **c) ~spulenvariometer** n. || disc coil variometer || variomètre m. à bobines plates. 17

Flachs-reiniger m. || flax finisher || finisseur m. de lin. **a) ~riffeln** n. || flax rippling || égrenage m. *ou* drégeage m. de lin. **b) ~riffler** m. || flax rippler || drégeur m. de lin. 18

Flachsröste f. || flax retting || rouissage m. de lin. **a) Dampf~** || warm water retting of flax || rouissage m. de lin à la vapeur. **b) Feld~** || flax land retting || rouissage m. de lin sur pré. **c) Tau~** || flax dew retting || rouissage m. de lin à la rosée. **d) Wasser~** || flax water retting || rouissage m. de lin à l'eau. 19

Flachs-röstgrube f. || flax retting tank || routoir m. de lin. **a) ~röster** m. || flax retter || rouisseur m. de lin. **b) ~samenöl** n. || linseed oil || huile f. de lin. **c) ~schneider** m. || flax cutter || coupeur m. de lin. **d) ~schneidmaschine** f. || flax breaking *or* cutting machine; flax breaker || machine f. à couper le lin. **e) ~sortierer** m. || flax sorter || braqueur m. de lin. **f) ~spinner** m. || flax spinner || fileur m. de lin. 20

Flachsspinnerei f. || flax spinning mill || filature f. de lin. **a) ~anlegemaschine** f. || spreading machine for flax spinning || machine f. à étaleur pour le filage du chanvre. **b) ~machine** f. || flax spinning machine || machine f. à filer le lin. 21

Flachs-strecker m. || flax drawer || étireur m. de lin. **a) ~stroh** n. || flax straw || lin m. en paille *ou* en chaume *ou* en bois; paille f. de lin. 22

Flach-stahl m., Hohl || hollow flat bar steel || acier m. plat creux. **a) ~stahlhalter** m. || flat blade holder || porte-outil m. ordinaire. **b) ~stichel** m. (Grav) || flat sculper || échoppe f. plate. **c) ~stricker** m. || plain knitter || tricoteur m. en uni. 23

Flachstrickmaschine f. || flat knitting machine || machine f. à tricoter rectiligne. **a) ~ für Handbetrieb** || straight hand knitting machine || machine f. à tricoter rectiligne à la main. 24

Flachs-trockenspinner m. || flax dry spinner || fileur m. de lin au sec. **a) ~trockenspinnerei** f. || flax dry spinning || filature f. de lin au sec. **b) ~trockner** m. || flax dryer || sécheur m. de lin. **c) ~vorhechler** m. || flax rougher || émoucheur m. *ou* éplucheur m. *ou* débloqueur m. de lin. **d) ~wachs** n. (Chem) || flax wax || cire f. de lin. **e) ~weber** m. || flax weaver || tisseur m. de lin. **f) ~winder** m. || flax winder || dévideur m. de lin. **g) ~wolle** f. || flax cotton *or* wool; cottoned flax || lin-coton m. **h) ~zubereitung** f. || flax dressing || préparation f du lin. **i) ~zwirnerei** f. || flax twist mill || retorderie f. de lin. 25

flachwelliges Gelände n. || open undulating ground || terrain m. légèrement ondulé. 26

Flachzange f. || pliers pl.; flat pliers pl. || tenaille f. droite; pince f. plate; béquette f.; pince f. plane. **a) ~ mit Seitenschneider** || flat nosed and cutting nippers pl. || pince f. plate et coupante. **b) ~ für Uhrmacher** || flat clock pliers pl. || pince f. plate d'horloger. 27

Flachziegel m. || flat *or* plain *or* roofing tile || tuile f. plate *ou* à crochet. 28

Flackerfotometer n. || flicker-photometer || photomètre m. à éclats. 29

flackern (Fernm) || to flicker; to flash || vaciller. 30

Flackern n. des **Lichtbogens** || fluttering of the arc || vacillement m. de l'arc. 31

Flackerzeichen n. (Fernm) || flashing signal || signal m. de scintillement. 32

Flackmaschine f. (Spinn) || beater || batteur m. 33

Flader m. im **Maserholz** || curl in the speckled wood || ronce f. dans la madrure. 34

Flageolett n. || flageolet || flageolet m. 35

Flagge f. || flag; colours pl.; ensign || pavillon m.; enseigne f.; drapeau m. **a)** die **~ hissen** || to hoist the flag *or* the colours || hisser *ou* arborer le pavillon. **b) Kraftwagen~** || motor car flag || pavillon m. pour automobiles. 36

Flaggen-fall n. (Seew) || ensign halliard || drisse f. du pavillon. **a) ~knopf** m. || truck || pomme f. de mât. **b) ~leine** f. || ensign-halliard || drisse f. du pavillon. **c) ~stock** m. || ensign *or* flag staff || épart m. *ou* bâton m. de pavillon. **d) ~tuch** n. || bunting; buntine || étamine f. 37

Flak f. (Geschütz) || antiaircraft gun || canon m. antiaérien. 38

Flakon m. || flacon; flagon; flask || flacon m. 39

flambieren || to singe || flamber; passer à la flamme. 40

Flambieren n. || singeing || flambage m.; passage m. à la flamme. 41

Flamme f. || flame || flamme f. **a) heiße ~** || hot flame || flamme f. chaude. **b) leuchtende ~** || luminous flame || flamme f. éclairante. 42

flammen, einen **Stoff** m. || to cloud *or* to water a stuff || chiner une étoffe. 43

Flammenbogen m. || flame arc || arc m. **a) elektrischer ~** || flaming electric arc || arc m. électrique à flamme. 44

Flammenschutz m. || flame guard || pareflamme m. 45

flammensicher || fire-proof || ignifugé. 46

Flammenwerfer m. || flame thrower || lanceflammes m. 47

Flamm-förderkohle f. || flaming coal || charbon m. flambant. **a) ~garnfärberei** f. || yarn shading || teinture f. de fils flammés. 48

flammig meliert || jaspe || jaspé. 49

Flammkohle f. || flaming *or* open-burning coal || flambart m.; houille f. flambante; charbon m. flambant. 50

Flammofen m. || reverberatory furnace || four m. à réverbère. **a) ~ zum Glühen** der Blechtafeln || annealing furnace || four m. à recuire. 51

Flammofenfrischen n. || puddling; refining in the reverberatory furnace || puddlage m.; affinage m. de la fonte au four à réverbère. 52

Flammpunkt m. || flash *or* flashing point || point m. d'inflammation. 53

Flammpunktprüfer m. || flash point tester || essayeur m. du point d'inflammation. **a) ~ für Öl** || flash-point testing apparatus *or* tester for oil || appareil m. à déterminer le point d'inflammation des huiles. 54

Flammrohr n. ‖ flame *or* fire tube; flue ‖ tube-foyer m. **a) gewelltes ~** ‖ corrugated flue ‖ tube-foyer m. ondulé. 1

Flammrohr-kessel m. ‖ flue boiler ‖ chaudière f. à tube-foyer. **a) ~rauchrohrkessel** m., **kombinierter** ‖ combination of flue and smoke-tube boiler ‖ chaudière f. combinée de tube-foyer et de tubes de fumée. **b) ~siederohrkessel** m., **ausziehbarer** ‖ multitubular boiler with removable firebox and smoke tubes ‖ chaudière f. avec boîte à feu et faisceau tubulaire amovibles. 2

Flanell m. ‖ flannel ‖ flanelle f. **a) feiner** geköperter ~ ‖ swan skin ‖ flanelle f. fine et croisée. 3

Flanell-binde f. ‖ flannel bandage ‖ bande f. de flanelle. **a) ~hemd** n. ‖ flannel shirt ‖ chemise f. de flanelle. **b) ~polierscheibe** f. ‖ flannel polishing-wheel ‖ roue f. de polissage en flanelle. **c) ~unterjacke** f. ‖ flannel waistcoat ‖ gilet m. de flanelle. 4

Flanke f. ‖ flank ‖ flanc m. **a) gerade ~** ‖ right-lined flank ‖ flanc m. droit. **b) hohle ~** ‖ concave flank ‖ flanc m. creux. **c) ~** des **Zahnes** ‖ tooth flank ‖ flanc m. de la dent. 5

Flankenspielraum m. (Zahnrad) ‖ back lash ‖ jeu m. 6

Flankenwinkel m. ‖ angle of the flank ‖ angle m. de flanc. **a) ~** des **Gewindes** ‖ angle of the flanks of thread ‖ angle m. des flancs du filet. 7

Flankierfeile f. (Uhrm) ‖ thiming file ‖ lime f. à efflanquer. 8

Flansch m. ‖ flange ‖ bride f.; collet m.; collerette f. **a)** mit **angenietetem ~** ‖ with riveted-on flange; with flange riveted to the piece ‖ avec des brides rivetées. **b) angewalzter ~** am **Kesseldom** ‖ steam dome flange rolled-on ‖ collerette f. laminée au dôme de chaudières. **c) aufgelöteter ~** ‖ brazed-on flange ‖ bride f. soudée. **d) aufgeschraubter ~** ‖ screwed-ou flange ‖ bride f. vissée. **e) Befestigungs~** ‖ attachment flange ‖ collerette f. de fixation. **f) Deckel~** ‖ blank flange ‖ bride f. aveugle. **g) Fuß~** ‖ bottom flange; flange with feet ‖ aile f. inférieure; couronne f. à pieds. **h) Kesselblech~** ‖ boiler plate flange ‖ bride f. d'une tôle de chaudière. **i) Löt~** ‖ brazed flange ‖ bourrelet m. de soudure. **k) Ober~** (Kesselb) ‖ top flange ‖ aile f. supérieure. **l) Rad~** ‖ wheel flange ‖ boudin m. d'une roue. **m) ~** eines **Rohrs** ‖ flange of a pipe ‖ bourrelet m. *ou* bride f. d'un tuyau. **n) ~** des **Schienenfußes** (Eisenb) ‖ flange of rail base ‖ aile f. du patin de rail. **o) Stahlguß~** ‖ caststeel flange ‖ couronne f. à bride en acier coulé. **p) Träger~** ‖ flange of girder ‖ aile f. de la poutre. **q) Unter~** ‖ lower flange ‖ semelle f. inférieure. **r) Verschluß~** (Motor) ‖ sealing flange ‖ bourrelet m. de fermeture. **s) Winkel~** ‖ angle flange ‖ bride f. angulaire *ou* à cornières. 9

Flansche f. ‖ flange ‖ bride f. 10

flanschen ‖ to flange ‖ mettre une bride. 11

Flanschen n. ‖ flanging ‖ action f. de mettre une bride. 12

Flanschen-bearbeitungsmaschine f. ‖ flange working machine ‖ machine f. à travailler les brides. **a) ~buchse** f. ‖ flanged bush ‖ douille f. à bride. **b) ~dichtung** f. ‖ joint packing; gasket ‖ garniture f. de brides. **c) ~drehbank** f. ‖ flange planing and trimming machine ‖ tour m. à brides. **d) ~drehsupport** m. ‖ flange turning jig ‖ dispositif m. à dresser les brides. 13

Flanschenhahn m. mit gebogenem **Auslauf** ‖ flange type cock with bent outlet ‖ robinet m. à bride avec sortie courbe. **a) ~** mit **Überwurfmutter** ‖ flange type cock with cap screw ‖ robinet m. à bride avec écrou à chapeau. 14

Flanschen-kupplung f. ‖ flange coupling ‖ accouplement m. à plateaux *ou* à brides. **a) maschine** f. ‖ flanging machine ‖ machine f. à brides. **b) ~motor** m. ‖ flange(d) motor ‖ moteur m. à bride. **c) ~nabe** f. ‖ flange hub ‖ moyeu m. à flasques. **d) ~presse** f. ‖ flanging press ‖ presse f. à faire des collerettes; presse f. à emboutir. **e) ~ring** m. ‖ flanged ring ‖ anneau m. à bride *ou* à pattes. **f) ~rohr** n. ‖ flanged pipe ‖ tuyau m. à brides. **g) ~verbindung** f. ‖ flange joint ‖ joint m. à brides. **h) ~verschraubung** f. ‖ flange joint ‖ joint m. à bride. 15

Flansch-fabrik f. ‖ flange works pl. ‖ fabrique f. de brides. **a) ~motor** *s.* Flanschenmotor. **b) ~presse** f., **Bördel-** und ‖ flanging press ‖ presse f. à emboutir et tomber les bords. 16

Fläschchen n. ‖ flask; phial; flacon; vial ‖ petite bouteille f.; petit flacon m. fiole f. 17

Flasche f. ‖ bottle; flask ‖ bouteille f.; flacon m. **a) ~** (Hebemasch) ‖ block ‖ moufle f. **b) auf ~n** fpl. füllen ‖ to bottle ‖ mettre en bouteilles fpl. **c) Bier~** ‖ beer bottle ‖ bouteille f. à bière. **d) Druck~** ‖ pression bottle ‖ bouteille f. *ou* flacon m. à pression. **e) ~** mit **eingeschliffenem** Glasstöpsel ‖ glass-stoppered flask ‖ flacon m. bouché à l'émeri. **f) enghalsige ~** ‖ bottle with narrow mouth; narrow-neck bottle ‖ goulot m.; bouteille f. à goulot étroit. **g) Filter~** ‖ filtration flask ‖ flacon m. à filtrer. **h) Gasentbindungs~** ‖ gas bottle ‖ flacon m. générateur pour gaz. **i) große** irdene ~ mit zwei Hälsen (Chem) ‖ stone-ware receiver ‖ bonbonne f. **k) ~** aus **Guttapercha** ‖ guttapercha bottle ‖ bouteille f. *ou* flacon m. en guttapercha. **l) Koch~** ‖ boiling flask ‖ fiole f. à décoction. **m) Luft~** ‖ air bottle ‖ bouteille f. à air. **n) ~** aus **Papier** ‖ bottle of paper ‖ bouteille f. de papier. **o) Säure~** ‖ acid bottle ‖ bouteille f. pour acides. **p) schmiedeeiserne ~** ‖ wrought-iron bottle ‖ bouteille f. en fer forgé. **q) ~** mit **Schraubdeckel** ‖ bottle with screw cap ‖ bouteille f. à bouchon filété. **r) Stahl~** ‖ steel bottle ‖ bouteille f. en acier. **s) Tinten~** ‖ ink bottle ‖ bouteille f. à encre. **t) Unter~** ‖ bottom block ‖ moufle m. inférieur. **u) verkorkte ~** ‖ corked bottle ‖ bouteille f. à bouchon. **v) weithalsige ~** ‖ wide-mouth *or* wide-necked bottle; wide-mouth jar ‖ bouteille f. à goulot large; flacon m. à goulot droit. **w) zerbrochene ~** ‖ broken bottle ‖ bouteille f. cassée. **x)** auf **~n** fpl. **ziehen** ‖ to bottle ‖ embouteiller; soutirer; mettre en bouteilles. 18

Flaschen-abtropfgestell n. ‖ bottle draining truck ‖ égouttoir m. pour bouteilles. **a) ~ausgießer** m. ‖ bottle emptier ‖ bouchon m. verseur pour bouteilles. 19

Flaschenauslauf-gestell n. ‖ bottle draining truck ‖ égouttoir m. pour bouteilles. **a) ~kasten** m. ‖ bottle draining box ‖ panier-égouttoir m. pour bouteilles. 20

Flaschen-batterie f. (Elektr) ‖ battery of bottle cells ‖ batterie f. de piles-bouteilles. 21

Flaschenbier n. ‖ bottle beer ‖ bière f. en bouteilles. **a) Ausfuhr~** ‖ export bottle beer ‖ bière f. d'exportation en bouteilles. **b) Export~** ‖ export bottle beer ‖ bière f. d'exportation en bouteilles. 22

Flaschenbier-abteilung f ‖ bottling department ‖ canetterie f. **a) ~abziehraum** m. ‖ bottling room ‖ canetterie f. **b) ~keller** m. ‖ bottle beer store; cellar for bottled beer ‖ cave f. à bouteilles à bière; entrepôt m. de bière en bouteilles. **c) ~niederlage** f. ‖ store for bottled beer ‖ dépôt m. de bière en bouteilles. **d) ~wagen** m. ‖ bottle beer truck ‖ camion m. à bouteilles à bière. 23

Flaschen-bläser m. ‖ bottle blower ‖ souffleur m. de bouteilles. **a) ~blasmaschine** f. ‖ bottle blowing machine ‖ machine f. à souffler les bouteilles. **b) ~bodenformer** m. ‖ bottle bottom moulder ‖ mouleur m. de fonds de bouteilles. **c) ~brett** n. ‖ bottle tray ‖ porte-bouteilles m. **d) ~bruch** m. ‖ bottle breakage ‖ bris m. *ou* casse f. de bouteilles. 24

Flaschenbügel m. ‖ bail of patent stopper ‖ étrier m. de bouchon mécanique. **a) ~verschluß** m. ‖ patent stopper ‖ bouchon m. mécanique. 25

Flaschen-bürste f. ‖ bottle brush ‖ goupillon m.; brosse f à bouteilles. **a) ~bürstenkopf** m. ‖ bottle brush head ‖ tête f. de brosse à bouteilles. **b) ~bürstmaschine** f. ‖ bottle brushing machine ‖ machine f. à brosser les bouteilles. **c) ~etikettier-** und **-datiermaschine** f. ‖ bottle labelling and dating machine ‖ machine f. à étiquetter et à dater les bouteilles. **d) ~draht** m. ‖ bottle wire ‖ fil m. à fermer *ou* agrafer les bouteilles. **e) ~einweichapparat** m. ‖ bottle soaking apparatus ‖ appareil m. à tremper les bouteilles; trempeuse f. à bouteilles. **f) ~element** n. (Elektr) ‖ bottle battery *or* cell ‖ pile f. bouteille. **g) ~entkorker** m. ‖ bottle uncorking device ‖ tire-bouchon m. **h) ~etikette** f. ‖ bottle label ‖ étiquette f. à bouteilles. **i) ~etikettiermaschine** f. ‖ bottle labelling machine ‖ machine f. à étiquetter les bouteilles. **k) ~etikettier-** und **~datiermaschine** f. ‖ bottle labelling and dating machine ‖ machine f. à étiquetter et à dater les bouteilles. **l) ~füllanlage** f. ‖ bottling plant ‖ installation f. de demise en bouteilles; canetterie f. **m) ~füllapparat** m., **Gegendruck** ‖ back pressure bottle filler ‖ soutireuse f. à bouteilles à contrepression. **n) ~füller** m. ‖ bottler ‖ canettier m.; soutireur m. **o) ~füllerei** f. ‖ bottling department ‖ canetterie f. 26

Flaschenfüllmaschine f. ‖ bottle charger *or* filler; bottle filling machine; bottling machine ‖ machine f. à remplir les bouteilles; soutireuse f. à bouteilles. **a) Bier~** ‖ beer bottle filler *or* filling machine; beer bottling machine ‖ soutireuse f. pour bouteilles à bière. **b) rotierende ~** ‖ revolving bottling machine ‖ soutireuse f. à bouteilles rotative. 27

Flaschenfüll- und **Korkmaschine** f. ‖ bottling and corking machine ‖ soutireuse-boucheuse f. à bouteilles. 28

Flaschen-füllrohr n. ‖ spout *or* filling tube ‖ canule f. **a) ~füllung** f. ‖ bottling ‖ mise f. en bouteilles. **b) ~gießmaschine** f. ‖ bottle casting machine ‖ machine f. à couler les bouteilles. **c) ~glas** n. ‖ bottle glass ‖ verre m. à bouteilles. **d) ~gummischeibe** f. ‖ bottle washer ‖ rondelle f. de caoutchouc pour bouteilles. 1

Flaschenhals m. ‖ bottle neck ‖ goulot m. de bouteille. **a) enger ~** ‖ narrow bottle mouth ‖ goulot m. étroit. 2

Flaschenhalsformer m. ‖ bottle neck moulder ‖ mouleur m. de goulots de bouteilles. 3

Flaschen-hebelverschluß m. ‖ bottle stopper with lever ‖ fermeture f. à levier pour bouteille. **a) ~herstellungsmaschine** f., **Isolier** ‖ insulated bottles manufacturing machine ‖ machine f. pour fabriquer des bouteilles isolantes. **b) ~hülse** f. ‖ bottle wrapper ‖ paillon m. à bouteilles. **c) ~industrie** f. ‖ bottle industry ‖ industrie f. des bouteilles. 4

Flaschenkapsel f. ‖ bottle capsule ‖ capsule f. à bouteilles. **a) ~fertigungsmaschine** f. ‖ machine for manufacture of capsules for bottles ‖ machine f. pour la fabrication de capsules à bouteilles. **b) ~-maschine** f. ‖ bottle capping machine ‖ machine f. à capsuler les bouteilles. 5

Flaschen-karren m. ‖ bottle wheelbarrow ‖ chariot m. à bouteilles. **a) ~-kasten** m. ‖ bottle box ‖ caisse f. à bouteilles. **b) ~keller** m. ‖ bottle shop; bottling department ‖ canetterie f. **c) ~kellereimaschine** f. ‖ bottle cellarage machine ‖ machine f. pour caves à bouteilles. **d) ~kellermeister** m. ‖ foreman bottler ‖ chef m. de canetterie. **e) ~kiste** f. ‖ bottle package ‖ caisse f. à bouteilles. **f) ~korb** m. ‖ bottle basket *or* hamper ‖ panier m. à bouteilles. 6

Flaschenkork m. ‖ bottle stopper ‖ bouchon m. à bouteilles. **a) ~apparat** m. ‖ bottle corker ‖ appareil m. à boucher les bouteilles. 7

Flaschen-korker m. ‖ corker; corking machine man ‖ boucheur m. de bouteilles. **a) ~korkmaschine** f. ‖ bottle corking machine ‖ machine f. à boucher les bouteilles. **b) ~kürbis** m. ‖ bottle gourd ‖ calebasse f. **c) ~kürbiskern** m. ‖ bottle gourd *or* calabash pip ‖ pépin m. de calebasse. **d) ~lack** m. ‖ bottle wax ‖ cire f. à cacheter les bouteilles. **e) ~-mundstückformer** m. ‖ bottle ring maker ‖ poseur m. de bagues à bouteilles. **f) ~pasteurisierapparat** m. ‖ bottle pasteurizing apparatus ‖ appareil m. à pasteuriser les bouteilles; pasteurisateur m. à bouteilles. **g) ~pfropfmaschine** f. ‖ bottle corker ‖ bouche-bouteilles m. **h) ~probapparat** m. ‖ bottle testing apparatus ‖ appareil m. à essayer la résistance des bouteilles. 8

flaschenreif (Brau) ‖ bottling fit ‖ bon à être mise en bouteilles. 9

Flaschen-reiniger m. ‖ bottle washer ‖ rinceur m. de bouteilles. 10

Flaschenreinigung f. ‖ bottle washing ‖ nettoyage m. des bouteilles. **a)** Wassermotor zur ~ ‖ water motor for cleaning bottles ‖ moteur m. hydraulique pour le rinçage des bouteilles. 11

Flaschenreinigungs-anlage f. ‖ bottle cleaning plant ‖ installation f. pour le nettoyage *ou* rinçage des bouteilles. **a) ~maschine** f. ‖ bottle washing *or* cleaning machine ‖ machine f. à nettoyer les bouteilles; machine f. laveuse pour bouteilles. 12

Flaschen-schrank m. ‖ bottle stand ‖ armoire f. à bouteilles. **a) ~sortierer** m. ‖ bottle sorter ‖ trieur m. de bouteilles. **b) ~spüler** m. ‖ bottle washer ‖ rinceur m. de bouteilles. **c) ~spülerei** f. ‖ bottle rinsing plant ‖ canetterie f. **d) ~spülmaschine** f. ‖ bottle washer *or* cleanser *or* washing machine ‖ machine f. à rincer les bouteilles; rince-bouteilles m. **e) ~ständer** m. ‖ bottle stand ‖ porte-bouteilles m. **f) ~sterilisierapparat** m. ‖ bottle sterilizer ‖ appareil m. à stériliser les bouteilles; stérilisateur m. à bouteilles. **g) ~transportwagen** m. ‖ bottle transport wagon ‖ chariot m. pour le transport de bouteilles. **h) ~verdrahtungsmaschine** f. ‖ bottle wiring machine ‖ machine f. à agrafer les bouteilles. **i) ~verkapselmaschine** f. ‖ bottle capsuling machine ‖ capsulateur m. de bouteilles. **k) ~verkorkmaschine** f. ‖ bottle-corking machine; bottle cork fastener; bottle corker ‖ machine f. à capsuler *ou* à boucher les bouteilles; presse-bouteilles m. **l) ~verschließmaschine** f. ‖ bottle stopping machine; bottle fastener machine ‖ machine f. à boucher les bouteilles *ou* à fermer les bouteilles. 13

Flaschenverschluß m. ‖ bottle shutter *or* stopper; closing device for bottles; cork ‖ ferméture f. *ou* agrafe f. *ou* bouchon m. pour bouteilles. **a) mechanischer ~** ‖ mechanical bottle stopper ‖ bouchon m. mécanique. **b)** ~ aus **Porzellan** ‖ porcelain bottle stopper ‖ bouton m. en porcelaine pour bouchons. 14

Flaschen-wagen m. ‖ bottle car *or* truck ‖ camion m. *ou* voiture f. à bouteilles. **a) ~waschmaschine** f. ‖ bottle washing machine ‖ machine f. à laver les bouteilles. **b) ~winde** f. ‖ bottle jack ‖ vérin m. à bouteille. 15

Flaschenzug m. ‖ tackle; block; lifting; pulley block; set of pulleys ‖ moufle f.; palan m. à moufles. **a) Differential~** ‖ differential blocks pl. ‖ palan m. différentiel. **b) Elektro~** ‖ electric pulley bloc ‖ palan m. électrique. **c) Hand~** ‖ hand-operated block tackle ‖ palan m. à main. **d) Potenz~** ‖ tackle of pulleys with only one fixed pulley ‖ moufle f. qui **n'a** q'une seule poulie fixe. 16

Flaschenzugkloben m. ‖ block for tackles ‖ poulie f. à moufle. 17

Flattereffekt m. (Elektr) ‖ flutter effect ‖ flutter-effet m.; effet m. de battement. 18

flattern (Räder) ‖ to woble; to wabble ‖ flageoler. **a)** ~ (Segel) ‖ to flap; to flutter ‖ battre; flotter. 19

Flatterwirkung f. (Fernm) ‖ flutter effect ‖ effet m. vibratoire *ou* de battement. 20

Flaumfeder f. ‖ down feather ‖ plume f. à duvet. 21

Flaumhaar n. (Spinn) ‖ down hair ‖ poil m. follet. **a)** auf **Gewebe** aufgeklebtes ~ ‖ down glued upon tissue ‖ duvet m. collé sur tissus. 22

Flaus m. (Tuchf) ‖ coating; baize; fearnaught; dreadnaught ‖ frise f. 23

Flausch m. (Chem) ‖ pad ‖ tampon m. 24

Flechte f. zum Heilgebrauch ‖ medicinal lichen ‖ lichen m. médicinal. 25

flechten (Draht) ‖ to lattice; to plait ‖ treillisser; natter. **a) Schnüre** fpl. ~ ‖ to splice cords ‖ épisser des lacets mpl. 26

Flechtensalbe f. ‖ dartre ointment ‖ onguent m. antidartreux. 27

Flechter m., **Rohr** ‖ reed plaiter ‖ tresseur m. de roseaux. **a) Weiden~** ‖ osier plaiter ‖ tresseur m. d'osier. 28

Flecht-holz n. ‖ sennits of wood ‖ nattes fpl. en bois. 29

Flechtmaschine f. ‖ braiding *or* plaiting machine ‖ machine f. à lacets *ou* à tresser. **a) Draht~** ‖ wire braiding machine ‖ machine f. à tresser le fil. 30

Flecht-schnur f. ‖ braid ‖ tresse f. 31

Flechtstoff m. ‖ plaiting material ‖ matière f. à tresser. **a) Gewebe** aus **~en** ‖ tissue of basketry ‖ tissu m. de vannerie. **b) pflanzlicher ~** ‖ vegetable plaiting material ‖ matière f. végétale à tresser. **c) Waren** fpl. aus pflanzlichen ~ ‖ goods pl. of vegetable braiding material ‖ ouvrages mpl. en matière végétale à tresser. 32

Flechtung f., Mast (Seew) ‖ rigging at the mast-head ‖ capelage m. 33

Flecht-waren fpl. ‖ wicker goods pl. ‖ ouvrages mpl. en matières à tresser. **a) ~werk** n. ‖ wicker work; trellis ‖ treillis m. **b) ~zaun** m. (Wasserb) ‖ hurdle work; plashed quickset hedge ‖ clayon m. 34

Fleck m. ‖ flaw; speck; spot ‖ paille f.; tache f. **a) blinder ~** (Auge) ‖ blind spot ‖ papille f. 35

Flecken m. (Juw) ‖ flaw; spot ‖ glace f.; paille f.; fumée f. **a)** ~ (Mal) ‖ stain; spot ‖ tache f. 36

Fleckenreiniger m. (Wäsch) ‖ scourer ‖ dégraisseur m. 37

Flecker m. ‖ spotter; spotting device ‖ instrument m. d'observation du tir; appareil m. pour la détermination du but. 38

Fleckgerät n. ‖ spotting device; spotter ‖ instrument m. d'observation du tir; appareil m. pour la détermination du but. **a) Kino~** ‖ cinematic spotter *or* spotting device ‖ instrument m. cinématographique d'observation du tir. 39

fleckig ‖ speckled; spotted; stained ‖ moucheté. 40

Fleck-schiefer m. ‖ patched slate ‖ schiste m. tacheté *ou* noyeux. **a) ~seife** f. ‖ scouring soap ‖ savon m. à dégraisser. **b) ~stift** m. ‖ scouring stick ‖ crayon m. dégraissant. **c) ~wasser** n. ‖ scouring water ‖ eau f. à dégraisser. 41

Fledermausbrenner m. ‖ split burner; bat's wing burner ‖ bec m. fendu. 42

Fleet n. ‖ water course; canal ‖ ruisseau m.; canal m.; navigable. 43

Fleier m. (Arbeiter) ‖ fly frame tenter ‖ bancbrocheur m. **a)** ~ (Gerät) ‖ flyer; fly frame ‖ flyer m.; banc m. à broches; machine f. à filer en gros. **b) Differential~** ‖ differential fly(er) frame ‖ banc m. à broches à mouvement différentiel. **c) Fein~** (Spinn) ‖ finishing fly frame ‖ banc m. à broches en fin. **d) Grob~** (Spinn) ‖ slubbing frame ‖ banc m. à broches en gros. **e) Mittel~** (Spinn) ‖ intermediate fly frame ‖ banc m. à broches intermédiaire. 44

Fleier-antriebsrädchen n. (Spinn) driving wheel for flyers ‖ petite roue f. de commande à ailettes. **a) ~gehilfe** m. (Spinn) ‖ fly frame helper ‖ aide-bancbrocheur m. **b) ~spindel** f. (Spinn) ‖ spindle for fly frames ‖ broche f. pour continus à ailettes. 45

Fleisch n. des **Buchstabens** || beard || blanc m. a) **eingemachtes ~** in Blechbüchsen || preserved meat in tins || conserves fpl. de viande en boîtes. b) **frisches ~** || fresh meat || viande f. fraîche. c) **frisch gekühltes ~** || fresh cooled meat || viande f. fraîche congelée. d) **frisch geschlachtetes ~** || fresh killed meat || viande fraîchement abattue. e) **gefrorenes ~** || frozen meat || viande f. congelée *ou* frigorifiée. f) **gekochtes ~** || cooked meat || viande f. cuite. g) **geräuchertes ~** || smoked meat || viande f. fumée. h) **gesalzenes ~** || salted meat || viande f. salée. i) **konserviertes ~** || canned meat || viande f. en boîtes de fer blanc. k) in frischem Zustande durch **Kühlverfahren** haltbar gemachtes ~ || in fresh state by a refrigerating process preserved meat || viande f. conservée à l'état frais par les procédés de réfrigération. l) ~ eines **Metalls** || thickness of metal || épaisseur f. en métal. m) **Zubereitung** f. von ~ || preparation of meat || préparation f. de viande. 1

Fleisch-abfälle- und Kadaververwertungsanlage f. || meat waste and carcass utilization plant || installation f. pour l'utilisation des déchets de viande et des cadavres d'animaux. a) **~bank** f. || butcher's stall *or* stand; shambles pl. || étal m. de bouchers. b) **~beschaumikroskop** n. || meat inspector's microscope || microscope m. à trichines. c) **~bouillon** f. || meat broth *or* decoction || bouillon m.; jus m. de viande. d) **~brühwürfel** m. || bouillon capsule || carré m. de bouillon. 2

Fleischer m. || meat cutter || découpeur m. de viande. 3

Fleischereimaschine f. || butcher machine || machine f. de boucherie *ou* charcuterie. 4

Fleischer-ladeneinrichtung f. || butcher's shop fitting || installation f. pour débit de boucheries. a) **~talg** m. || unmelted tallow || suif m. de boucher. 5

Fleisch-extrakt m. || meat extract; bovril || extrait m. de viande. a) **~farbe** f. || flesh colour; carnation || couleur f. de chair. 6

fleisch-farben || flesh-coloured || de couleur chair. a) **~farbig** || flesh-coloured || de couleur chair. 7

Fleisch-gefrierraum m. || meat freezing room || chambre f. de congélation pour de la viande. a) **~gelatine** f. || meat gelatine || gélatine f. de viande. b) **~hacker** m. || meat chopper || hacheur m. de viandes. c) **~hackmaschine** f. || mincing machine || hachoir m. d) **~haken** m. || meat hook || crochet m. pour la viande. e) **~hauer** m. || meat cutter || découpeur m. de viande. f) **~kammer** f. || larder; lardery || charnier m. g) **~kohle** f. (Chem) || flesh *or* meat charcoal || charbon m. de viande. h) **~konserve** f. || canned *or* preserved *or* tinned meat || conserve f. de viande. 8

Fleischkühl-anlage f. || preservation of meat by cold storage || conservation f. des viandes en appareil frigorifique. a) **~halle** f. || meat chill room || salle f. frigorifique à viande. b) **~raum** m. || meat cooling room || chambre f. froide à viande. 9

Fleischlast f. (Schiffb) || beef room || cale f. à viande. 10

Fleischmehl n. || flesh meal; meat flour || farine f. de viande. a) **~fabrik** f. || meat meal factory || fabrique f. de farine de viande. 11

Fleisch-mengmaschine f. || flesh mixing machine || malaxeur m. de viande. a) **~mischmaschine** f. || flesh mixing machine || mélangeur m. de viande. b) **~pepton** n. || peptone of meat || peptone f. de viande. c) **~pökler** m. || meat salter || salaisonnier m. d) **~presse** f. || meat press || presse-viande f. e) **~proviant** m. || meat store || vivres-viande mpl. f) **~räucherer** m. || meat smoker || fumeur m. de viandes. 12

Fleischsaft m. || meat broth; flesh juice || extrait m. *ou* jus m. de viande; bouillon m. a) **~gelatine** f. || meat broth gelatine || extrait m. de viande gélatinisé; gélatine f. de viande. b) **~peptongelatine** f. || meat broth with peptone gelatine || extrait m. de viande peptonisé et gélatinisé. 13

Fleischtransport m. || meat carrying || transport m. de viande. a) **~wagen** m. || meat van || voiture f. pour le transport de viande. 14

Fleischwaren fpl. || pork-butcher's meat || charcuterie f. 15

Fleischwasser n. || meat water || bouillon m.; extrait m. de viande. a) **~gelatine** f. || meat water gelatine || bouillon m. gélatinisé. 16

Fleischzelle f. || meatchamber || chambre f. à viande. 17

Fleming-scher Detektor m. || Fleming detector *or* valve || tube f. détectrice système Fleming. a) **~sche Röhre** f. || Fleming detector *or* valve || tube f. détectrice système Fleming. 18

Flettnerruder n. || Flettner rudder || gouvernail m. Flettner. 19

Flickdaube f. || bent stave for repairs || douve f. brute; merrain m. 20

flicken, Schuhe mpl. || to repair shoes pl. || raccommoder des chaussures fpl. 21

Flick-kasten m. || repair outfit || nécessaire m. pour réparation. a) **~schneider** m. || mending tailor || tailleur m. raccommodeur. b) **~schuster** m. || shoe repairer || savetier m. c) **~zeug** n., **Fahrrad** || repairing material for cycle hoses || matériel m. à réparer les chambres de bicyclettes. 22

Fliederholz n. || lilac || lilas m. 23

Fliege f. (Spinn) || traveller; runner || curseur m.; traveller m.; voyageur m. 24

fliegen, mit dem **Wind** || to fly with the wind || voler avec le vent. a) die **Schoten** fpl. ~ lassen || to let fly the sheets pl. || larguer les écoutes fpl. en bande; filer les écoutes fpl. 25

fliegend, das Rad ist ~ auf der Achse angeordnet || the wheel is overhung || la roue est montée en porte-à-faux. 26

fliegend-e Schere f. || flying *or* overhung shear || cisailles fpl. portatives *ou* à porte-à-faux. a) **~es Schwungrad** n. || overhung flywheel || volant m. monté en porte-à-faux. 27

Fliegen-fänger m. || fly catcher || attrape-mouches m. a) **~glocke** f. || fly-proof cover || cloche-moustiquaire f. b) **~holz** n. || quassia wood || quassie f.; bois m. de quassia. c) **~kopf** m. (Buchdr) || turned letter || lettre f. bloquée *ou* renversée; blocage m. d) **~leim** m. || fly glue || colle f. aux mouches. e) **~papier** n. || fly paper || papier m. à mouches; papier m. tue-mouches. f) **~schrank** m. || meat safe || garde-manger m. g) **~stein** m. || flaky *or* native arsenic; shard cobalt || arsenic m. noir *ou* écailleux *ou* natif. 28

Flieger m. || flyer || aviateur m. a) ~ (Segelschiff) || middle stay sail || voile f. d'étai volant. 29

Flieger-angriff m. || aerial attack || attaque f. d'avions. a) **~ausrüstung** f. || aviator outfit || équipement m. d'aviateur. b) **~bombe** f. || aircraft *or* aerial bomb || bombe f. aérienne *ou* d'avion. c) **~fotografie** f. || aerial photography || photographie f. aérienne. d) **~funkerei** f. || aircraft radio || aéroplane-radio-télégraphie f. e) **~lichtzeichen** n. || identification light || feu m. d'identification. f) **~schule** f. || flying school || école f. d'aviation. g) **~störer** m. || disturbing station || station f. pour faire des dérangements. 30

Fliehkraft f. || centrifugal force *or* strength || force f. centrifuge. a) **~beschleunigung** f. || radial *or* centrifugal acceleration || accélération f. centrifuge. b) **~bremse** f. || centrifugal brake || frein m. centrifuge. c) **~geschwindigkeitsmesser** m. || centrifugal type speedometer || indicateur m. de vitesse type centrifuge. d) **~pumpe** f. || centrifugal pump || pompe f. centrifuge. e) **~regler** m. || centrifugal governor || régulateur m. centrifuge. 31

Flies n. || fleece || nappe f. 32

Fliese f. || dutch *or* paving *or* floor tile; flag; flagstone || carreau m. (de brique glacée); dalle f. a) **farbige ~** f. aus Ton || coloured paving-tile || carreau m. coloré (pour mosaïque). b) ~ aus **Marmor** || marble tile || carreau m. de marbre. c) **Mosaik~** || mosaic flag || carreau m. en mosaïque. d) **~n** fpl. in **Schlagverband** || flags pl. in diamond pavement || carreaux mpl. rangés obliquement. e) **sechseckige ~** || hexagonal flag || carreau m. à six pans; fomette f. f) **Wand~** || wall flag || carreau m. pour murs. g) ~ aus **Zement** || cement tile || carreau m. de ciment. 33

Fliesen-arbeiter m. || paving-tile maker || carrelier m. a) **~fußboden** m. || flag pavement || pavé m. de carreaux; carrelage m. b) **~legen** n. || flagging || dallage m.; pose f. de dalles. c) **~leger** m. || floor tiler; paver; flagger || carreleur m.; poseur m. de dalles. d) **~presse** f. || tile press || presse f. à carrelages. 34

Fließ-arbeit f. || progressive method of manufacturing || méthode f. progressive de fabrication. a) **~arbeitseinrichtung** f. || continuous production installation || dispositif m. pour le travail continu. 35

fließen (Chem) || to flow || couler. 36

fließend || flowing || inondant; écoulant. a) **~es Wasser** n. || running water || eau f. courante. 37

Fließ-fertigung f. von **Kleinmotoren** || flow system of small motor manufacture || fabrication f. à la chaîne de petits moteurs électriques. a) **~grenze** f. || flow limit || limite f. d écoulement. 38

Fließpapier n. || blotting paper || papier m. buvard *ou* brouillard. a) **~unterlage** f. || layer of gray paper || double m. de papier gris. 39

Fließ-punkt m. (Chem) || melting point || point m. de fusion. a) **~wolle** f. || greasy wool || surge f.; laine f. en suint; laine f. surge. 40

flimmern || to shine; to glitter; to glimmer || briller; scintiller. 41

flimmernd || glistening; shining || brillant. 42

Flimmer-fotometer n. || flicker photometer || photomètre m. à éclats. **a) ~messer** m. || scintillometer || scintillomètre m. 1
Flint n. || flint glass || flint m. 2
Flinten-bohrer m. (Werkzeug) || auger for boring barrels || foret m. *ou* alésoir m. *ou* mouche f. de l'arquebusier. 3
Flintenlauf m. || barrel of musket; gun barrel || canon m. de fusil. **a) gezogener ~** || rifle *or* rifled barrel || canon m. rayé *ou* rainé. 4
Flinten-schloß n. || gun lock || platine f. **a) ~schrot** n. || small *or* gun *or* quail shot || plomb m. granulé *ou* de chasse; dragée f.; grenaille f. **b) ~schuß** m. || musket shot || coup m. de fusil. 5
Flintglas n. || flint glass || verre m. de flint. 6
Flintstein m. || (boulder) flint || silex m. **a) ~ für Kugelmühlen** || flint pebble *or* pebble stone for grinding mills || silex m. rond *ou* galet m. sphérique pour broyeurs. 7
Flitter m. || spangle; tinsel; leaves pl. || paillon m.; paillette f. **a) ~ aus Gelatine** || gelatine spangle || paillette f. en gélatine. **b) ~ aus Glimmer** || mica spangle || paillette f. en mica. **c) Silikatin~** || silicatine spangle || paillette f. de silicatine. **d) Viskose~** || viscose spangle || paillette f. en viscose. 8
Flitter-arbeiter m. || spangle maker || pailleteur m. **a) ~gold** n. || Dutch gold || clinquant m. **b) ~herstellungsmaschine** f. || machine for making spangle || machine f. pour fabriquer des paillettes. **c) ~näherin** f. (Posam) || spangle setter || pailleteuse f. 9
Flocke f. (Chem) || flake || flocon m. 10
Flocken-asbest m. || flaked asbestos || amiante m. floconneux. **a) ~erz** n. || mimetite || mimétite f. **b) ~graphit** m. || flaked graphite || graphite m. en flocons. 11
flockig (Chem) || flocky; flaky || floconneux. 12
Flockseide f. || floss *or* sleave *or* slack silk || soie f. plate *ou* floche; bourre f. de soie; effiloches fpl. **a) grobe ~** || flock silk || capiton m. 13
Flockseide-garn n. || silk waste yarn || fil m. de bourre. **a) ~gewebe** n. || tissue of floss silk || tissu m. de bourre. 14
Flockung f. || floculation || floculation f. 15
Flockwolle f. || waste wool || bourre f. 16
Flor m. || gauze; tiffany; crape; Scotch twist || crêpe m.; gaze f.; fil m. d'Ecosse. **a) ~ des Samtes** || nap; pile || poil m. 17
Florett n. (Waffenw) || floret; foil || fleuret m.; fleuron m. **a) ~seide** || floss *or* schappe silk; floret; waste silk || bourre f. de soie; fleuret m. 18
Florettseiden-garn n. || schappe silk yarn || fil m. de bourre de soie. **a) ~spinnerei** f. || floret silk spinning || filature f. de soie de fleuret. 19
Floridawasser n. || Florida water || eau f. de Florida. 20
Flor-strumpf m. || thread hose; lisle stocking || bas m. en crêpe *ou* en fil d'Écosse. **a) ~waren** fpl. || lisle goods pl. || articles mpl. en fil d'Écosse. 21
Floß n. || float; raft || radeau m.; train m. de bois. **a) ~ (Met)** || pig iron; pig (A) || gueuse f.; gueuset m. 22
flößbar (Fluß) || navigable for rafts; floatable || flottable. 23
Floßbrücke f. || raft bridge; boating; bridge on rafts || pont m. de radeaux. 24
Flosse f. (Luftf) || fin || dérive f. **a) ~** (Met) || pig || gueuse f.; saumon m.; gueuset m. **b) ~** (Rührwerk) || blade || lamelle f. **c) Höhen~** || tailplane || stabilisateur m. **d) Kiel~** || fin || plan m. de quille. **e) Seiten~** (Luftf) || fin || quille f. de dérive. 25
flößen || to raft; to float || flotter. **a) Holz** n. **~** || to raft wood || flotter du bois. **b)** das **Zinn ~** (Met) || to refine the tin || affiner l'étain m. 26
Flossen-endkappe f. (Luftf) || cover strip of tailplane tip || chapeau m. de rive du stabilisateur. **a) ~stummel** m. (Luftf) || wing float stump || nageoire f. latérale. 27
Flößer m. || rafts man || flotteur m. 28
Floßführer m. || rafts man || flotteur m. 29
Flößholz n. || floated wood; raftwood || bois m. flotté; bois m. de train. 30
Floß-ofen m. (Met) || flowing furnace || four m. à fonte. **a) ~platz** m. || floated-timber yard || chantier m. de bois flotté. **b) ~rechen** m. || grating for floating wood || barrage m. pour le bois de flot. 31
Flotationsanlage f. || flotation plant || installation f. de triage par le flottage. 32
Flöte f. || flute || flûte f. 33
flott (Seew) || afloat; swimming; waterborne || à flot. 34
Flott n. eines **Fischernetzes** || float of a fishing net || flotte f. d'un filet de pêche. 35
Flotte f. || fleet; navy || flotte f.; armée f. navale. **a) ~** (Färb) || dyer's bath || bain m. de teinture. **b) Völkerbund~** || navy of the league of nations || flotte f. de la société des nations. 36
Flotten-abrüstungskonferenz f. || naval disarmament conference || conférence f. pour le désarmement naval. **a) ~beschränkungsvertrag** m. || naval limitation treaty; agreement on naval armament limitation || traité m. de la réduction des armements navals; accord m. sur la limitation des armements navals. **b) ~zirkulation** f. (Waschmaschine) || rotation in the liquor tanks || circulation f. d'eau. 37
Flottille f. || flotilla; small fleet || flottille f. 38
Flottillenführer m. || flotilla leader || conducteur m. de flottilles. 39
Flöz n. || bed; seam || couche f.; gisement m.; lit m.; veine f. **a)** ein **~** n. **erschürfen** || to uncover a layer || découvrir une mine. **b) flach** einfallendes **~** || gently dipping seam || couche f. à faible pendage. **c) Kohlen~** || coal seam; vein of coal || couche f. de charbon *ou* de houille. **d)** ein **~ lösen** || to drain a seam *or* bed || saigner *ou* démerger une veine. **e) Mächtigkeit** f. der **~e** (Bergb) || thickness of the seam || puissance f. des couches. **f) rechtes ~** || course; edge seam || dressant m.; droit m. **g) schwebendes ~** || dilated seam || mine f. dilatée. **h) stehendes ~** || course; edge seam || dressant m.; droit m. **i) steiles ~** || steep dipping seam || couche f. en dressant. **k) Steinkohlen~** || coal seam || couche f. de houille. **l)** das **~ streicht** zu Tage aus || the vein crops || la couche f. se montre *ou* affleure; la mine f. aboutit. **m) Verlauf** m. des **~es** || strike of seam || direction f. de la couche. 40
Flözabbau m. (Bergb) || work(ing) of a vein || œuvre f. de veine. 41
flöz-arm || poor in seams pl. || pauvre en couches. **a) ~führendes** Steinkohlengebirge n. || coal bearing strata || terrain m. carbonifère contenant des couches de charbon. 42
Flöz-gebirge n. || secondary rock || roche f. stratiforme *ou* secondaire. **a) ~karte** f. || plan of coal seams; map showing seams || carte f. stratigraphique. 43
flözleer || barren of seams || sans couches fpl. **a) ~er Sandstein** m. || millstone grit || grauwacke f. supérieure du culon. 44
Flöz-reichtum m. || abundance of seams || richesse f. en couches. **a) ~sattel** m. || saddle of a bed || selle f. d'une couche. 45
Flucht f. (Bauw) || alinement; alignment || alignement m. **a) nach der ~** f. einrichten || to enrange || enligner; aligner. 46
flüchtig (Chem) || volatilizable || volatilisable. **a) ~e Bestandteile** mpl. || volatile matter || matières fpl. volatiles. **b) ~es Lösungsmittel** n. (Chem) || volative solvent || agent m. dissolvant volatil. **c) nicht ~** || non-volatile || non-volatil. **d) ~es Öl** n. || essential *or* volatile oil || huile f. volatile. 47
Flucht-linie f. (Opt) || vanishing line || ligne f. fuyante. **a) ~linientafel** f. || abac chart *or* nomogram || abaque m. *ou* nomogramme m. 48
fluchtlos bauen || to build slovenly || bâtir par épaulées. 49
Flucht-punkt m. (Opt) || vanishing *or* accidental *or* visual point || point m. de fuite *ou* fuyant *ou* de concours *ou* accidentel *ou* évanouissant. **a) ~schleuse** f. || outlet sluice || écluse f. de fuite *ou* de chasse. **b) ~stab** m. || ranging pole; boning rod || jalon m. *ou* piquet m. de mire. 50
Fluder m. (Wasserb) || canal; (mill) race || canal m.; auge f.; lancière f. 51
Fluellit m. || fluellite; fluate of alumina || fluellite f. 52
Flug m. ohne Halt || non-stop flight || vol m. sans escale. **a) Nacht~** || night-flying || vol m. de nuit. **b) Tag~** || day flight || vol m. de jour. **c) Versuchs~** || test flight || vol m. d'essai. 53
Flugabwehr f. von der Erde aus || terrestrial antiaircraft defense || défense f. terrestre antiaérienne. 54
Flugabwehr-artillerie f. || antiaircraft artillery || artillerie f. antiaérienne. **a) ~feuerkommandogerät** n. || antiaircraft fire control instrument; antiaircraft firing director || instrument m. de direction du tir antiaérien. **b) ~kanone** f. || antiaircraft gun || canon m. antiaérien. **c) ~maschinengewehr** n. || antiaircraft machine gun || mitrailleuse f. de défense contre avions. **d) ~schießen** n. || antiaircraft firing || tir m. antiaérien. **e) ~schußtafel** f. || antiaircraft firing table || table f. de tir antiaérien. 55
Flugapparat m. || flying machine || appareil m. d'aviation. 56
Flugasche f. || quick ash || cendre f. mouvante *ou* volante. **a) ohne ~** || free from quick ashes pl. || exempt de cendres fpl. volantes. 57
flugaschefrei || free from quick ashes pl. || exempt de cendres fpl. volantes. 58
Flug-aschenfänger m. || flue dust catcher; quick ash collector || collecteur m. de cendre volante; capuchon m. à cendres volantes. **a) ~aufnahme** f., Entzerrung f. von **~n** || restitution of aerial photo-

graphs || restitution f. des photographies aériennes. 1

Flugbahn f. || trajectory; flight path *or* curve *or* line || trajectoire f. *ou* ligne f. *ou* courbe f. de vol. **a) absteigender Ast** m. **der ~** || descendent branch of the trajectory || branche f. descendante de la trajectoire. **b) aufsteigender Ast** m. **der ~** || ascendent branch of the trajectory || branche f. ascendante de la trajectoire. 2

Flug-blatt n. || pamphlet; flysheet; handbill || pamphlet m.; volante f.; feuille f. volante. **a) ~boot** n. || flying boat; boat seaplane || hydravion m. à coque. **b) ~-eisenbahnverkehr** m. || air rail traffic || trafic m. aéro-ferroviaire. 3

Flügel m. (Flugz) || wing || aile f. **a) ~** (Gebäude) || aisle || aile f. **b) ~** (Mus) || grand piano || piano m. à queue. **c) ~** (Spinn) || flyer || ailette f. **d) Arbeitsmoment** n. der ~ (Windkraft) || working moment of the sails || moment m. moteur des ailes. **e) Auszieh~** || telescopic *or* variable span wing || aile f. à allongement *ou* à étirement *ou* étirable. **f) einholmiger ~** || single sparred *or* one spar *or* one sparred wing || aile f. à un seul longeron. **g) fester ~** (Windmüll) || fixed sail; rigid vane || aube f. *ou* palette f. fixe. **h) freitragender ~** (Luftf) || cantilever wing || aile f. cantilever *ou* en porte à faux. **i) gewölbter ~** (Flugz) || cambered wing || aile f. cambrée. **k) gewölbter ~** (Windmüll) || curved sail || palette f. cintrée. **l) glatter ~** (Windmüll) || smooth sail || palette f. plane. **m) Hochklapp~** || wing folding upwards; upward folding wing || aile f. repliable en hauteur. **n) hohler ~** mit Preßfinger (Spinn) || hollow flyer with spring finger || ailette f. creuse avec doigt comprimeur. **o) Holz~** || wooden wing || aile f. de bois. **p) kleiner ~** m. eines Fensters || little valve of a window || châssis m. *ou* petit battant m. d'une fenêtre. **q) Metall~** || metal wing || aile f. en métal. **r) Mittel~** (Luftf) || middle wing || plan m. médian *ou* aile f. médiane. **s) oberer ~** (Luftf) || upper wing || plan m. supérieur. **t) Rotor~** || rotor wing || aile f. avec rotor. **u) ~** eines **Rührwerkes** || beater || aile f. d'agitateur. **v) ~** einer **Schiffsschraube** || blade of a screw || aile f. d'hélice. **w) Schrauben~** (Schiffb) || screw blade || aile f. d'hélice. **x) ~** eines **Spinnrades** || heck of a spinning wheel || tréchoir m. *ou* ailette f. *ou* épinglier m. d'un rouet à filer. **y) toter ~** || dead sash || châssis m. dormant *ou* mort. **z) unbeweglicher ~** (Windmüll) || fixed sail; rigid vane || aube f. *ou* palette f. fixe. 4

a) unterer ~ (Luftf) || lower wing || plan m. inférieur. **b) verstrebter ~** || strutted *or* braced (A) wing || aile f. entretoisée *ou* à mât. **c) verwindbarer ~** || warping *or* winding wing || aile f. gauchissable. **d) voller ~** (Spinn) || solid flyer || ailette f. pleine. **e) ~** einer **Zentrifugalsichtmaschine** || beater of a centrifugal || batteur m. *ou* aile f. d'une bluterie centrifuge. **f) zweiholmiger ~** || two spar(red) wing || aile f. à deux longerons. 5

Flügelabstand m. (Flugz) || gap || entreplan m. **a) ~** (Windmüll) || pitch of the vanes || écartement m. des palettes. 6

Flügel-art f. || type of wing || type m. d'aile. **a) ~ausschnitt** m. (Luftf) || section cut out of wing || secteur m. d'aile. **b) ~balken** m. (Windmüll) || vane beam || volée f. de l'aile. **c) ~bremse** f. || fan brake || moulinet m. **d) ~einsatz** m. (Zentrifuge) || dirt cage || cage f. à boues. **e) ~endfackel** f. (Luftf) || wing tip flare || torche f. de bout d'aile. **f) ~fachwerk** n. (Luftf) || wing trussing || charpente f. des ailes. 7

Flügelfenster n. || casement window; french casement || fenêtre f. croisée à battants; croisée f. à vantaux. **a) ~rahmen** m. || window frame with valves || cadre m. de croisée à battants. 8

Flügelfläche f. (Flugz) || wing surface *or* area || surface f. alaire *ou* d'aile. **a) Gesamt~** (Windmüll) || total vane surface || surface f. totale des palettes. 9

Flügel-gebläse n. || ventilator; fan; fan blower || ventilateur m. **a) ~gelenk** n. || wing pivot || articulation f. de la pale. 10

Flügelgerippe f. (Flugz) || wing framework *or* structure || ossature f. *ou* carcasse f. d'aile. **a) ~** (Windmüll) || framework of the sail || ossature f. de l'aile. 11

Flügel-gruppe m. (Windmüll) || group of vanes || groupe f. de palettes. **a) ~hahn** m. || butterfly cock; winged tap || robinet m. papillon. **b) ~halter** m., dreiarmiger ~ für Luftschiffpropeller || support for a three-bladed air screw || cadre m. de pale à trois bras pour un propulseur d'un dirigeable. **c) ~handgriff** m. || wing tip hand grip; hand hold (A) || poignée f. d'aile. **d) ~holm** m. (Luftf) || wing spar || longeron m. d'aile. **e) ~klemme** f. (el Leit) || round-nosed pliers pl. || pince f. à oreilles. **f) ~kufe** f. (Luftf) || wing skid || protège-aile m. **g) ~mauer** f. eines **Schleusenhauptes** || wing wall of a lock crown || musoir m. d'une tête d'écluse. **h) ~-mutter** f. || (butter)fly *or* thumb *or* wing(ed) nut || écrou m. à ailettes *ou* à oreilles. **i) ~pumpe** f. || semi-rotary pump; vane pump || pompe f. semi-rotative; pompe f. rotative à ailettes *ou* à palettes. **k) ~querschnitt** m. (Luftf) || wing section || section f. transversale des ailes. 12

Flügelrad n. für Grubenventilatoren || fan for mine ventilators || moulinet m. d'un ventilateur à mines. **a) Pumpen~** || impeller of pump || roue f. à ailettes. **b) ~windmesser** m. || anemometer of windmill type || anémomètre m. à ailettes. 13

Flügel-rahmen m. (Bergb) || top frame; top-shaft frame || cadre m. à oreilles. **a) ~ring** m. || ring with flaps || anneau m. à pattes. **b) ~schiene** f. || wing rail || rail m. extérieur d'un changement de voie; rail m. coudé. 14

Flügelschraube f. || thumb *or* winged *or* wing-headed screw || boulon m. à ailettes; écrou m. á ailettes *ou* à oreilles. **a) ~** aus **Messing** || brass thumb screw || écrou m. à ailettes en laiton. **b) Ventil~** || valve thumb screw || boulon-valve m. 15

Flügel-schraubenmutter f. || butterfly nut || écrou m. à oreilles. **a) ~spannweite** f. || span *or* spread (A) of the wing || envergure f. de l'aile. **b) ~spill** n. || vane spindle || bâton m. de girouette. **c) ~spinner** m. fly-frame spinner || fileur m. au continu à ailettes. **d) ~spitze** f. (Luftf) || wing tip || bout m. d'aile. **e) ~stellung** f. (Windmüll) || vane setting || orientation f. des palettes. **f) ~stiel** m. (Luftf) || wing strut || mât m. de l'aile. **g) ~stuhl** m. || vane spindle || bâton m. de girouette. **h) ~tiefe** f. || wing chord || profondeur f. de l'aile. **i) ~tor** n. || folding gate || porte f. à deux battants. **k) ~tür** || folding door; door with two leaves || porte f. à deux battants. **l) ~umriß** m. || contour of wing || contour m. d'aile. **m) ~weite** f. (Fenster) || top rail of valve || traverse f. supérieure d'un battant. **n) ~welle** f. (Windmühle) || axletree; wind shaft; vane spindle || arbre m. (des aubes). **o) ~wurzel** f. || wing root || emplanture f. de l'aile. 16

Flug-feld n. || aviation field || champ m. d'aviation. **a) ~funkdienst** m. || wireless aircraft service || service m. radioélectrique aérien. **b) ~gastraum** m. || passenger cabin || cabine f. des passagers. **c) ~geschwindigkeit** f. || flying speed || vitesse f. de vol. **d) ~gewicht** n. || flying weight || poids m. en ordre de vol. 17

Flughafen m. || aerodrome; airport || port m. aérien; aérodrome m.; aéro-port m. **a) ~funkstelle** f. || aeronautical station || station f. aéronautique. 18

Flug-hefe f. || flying *or* light yeast || voltigeurs mpl. **a) ~höhe** f., augenblickliche || instantaneous altitude of the aircraft || altitude f. momentanée de l'avion. **b) ~karte** f. || aeronautical map || carte f. aéronautique. **c) ~kleie** || beswing bran || soufflure f. de son. **d) ~lage** f. || attitude *or* position of flight; flying attitude || position f. *ou* régime m. en vol. **e) ~maschine** f. || flying machine; aeroplane || appareil m. d'aviation; machine f. volante; aéroplane m. **f) ~motor** m. aero(plane) engine || aéro-moteur m.; moteur m. pour avions *ou* d'aéroplane. **g) ~motorenwerk** n. || aeroplane motor work || usine f. des moteurs d'avions. 19

Flugplatz m. || aerodrome || aérodrome m. **a) ~beleuchtung** f. || aviation-course *or* aérodrome illumination || éclairage m. du champ d'aviation. 20

Flugpost f. || air mail || poste f. aérienne. 21

Flugrichtung f., längs der || in the direction of flight || dans le sens m. du vol. **a) quer zur ~** || at right angles to the direction of flight || dans un sens m. perpendiculaire à la direction du vol. 22

Flug-sand m. || drift *or* quick *or* shifting sand || sable m. emporté par le vent; sable m. mouvant. **a) ~scheibe** f. || flying target || cible f. planeuse *ou* volante. **b) ~schiffahrt** f. || aviation || aviation f. **c) ~schrift** f. || flysheet; pamphlet || feuille f. volante; pamphlet m; brochure f. **d) ~schüler** m. || flying cadet || élève-pilote m. **e) ~sicherungsdienst** m. || service for the safety of aircraft || service m. de sécurité aérienne. 23

Flugstaub m. (Met) || smoke; flue dust || cendre f. volante. **a) ~kammer** f. (Met) || condensing *or* smoke chamber || chambre f. de dépôt. 24

Flugstrecken-befeuerung f. || airway lighting || balisage m. de ligne. **a) ~feuer** n. || airway beacon. || phare m. de ligne. 25

Flug-stunde f., **~n** fpl. || flying hours pl. || nombre m. d'heures en vol. **a) ~technik** f. || technics pl. of flying || aviation f. dynamique. **b) ~weg** m. || airway; course of flight || voie f. aérienne; cours m. de l'avion. **c) ~wesen** n. || aviation || aviation f. **d) ~wetterdienst** m. || meteorological service for aviation || service m. météorologique de l'aviation. **e) ~windrichtung** f. || direction of relative wind || direction f. du vent relatif. **f) ~zeiger** m., **Landungs-** || landing-field indicator || indicateur m. du terrain d'atterrissage. **g) ~zeit** f. || time *or* duration of flight; flying time || durée f. de vol. 1

Flugzeug n. || aeroplane; airplane; flying machine || aéroplane m; avion m. **a) Amphibien~** || amphibian || avion m. amphibie; amphibie f. **b) Arbeits~** || air service aeroplane || avion m. de travail aérien. **c) Aufklärungs~** || scout *or* reconnaissance airplane || avion m. d'éclairage *ou* de reconnaissance. **d) Bomben~** || bombing airplane; bomber || avion m. à bombes *ou* de bombardement. **e) Enten~** || duck-type *or* canard-type aeroplane; tail first machine || avion-canard m. **f) Fernaufklärungs~** || long-distance reconnaissance machine || avion m. de reconnaissance à longue distance. **g) Fracht~** || freight aeroplane; goods-carrying aeroplane || avion m. de frêt. **h) Ganzmetall~** || allmetal aeroplane || avion m. entièrement métallique. **i) Groß~** || large aeroplane || gros avion m. **k) Hochleistungs~** || high-performance aeroplane || avion m. de haute performance. **l) Höhen~** || high altitude aeroplane || avion m. d'altitude. **m) Holz~** || wood built aeroplane; airplane of wood construction || avion m. en bois. **n) Jagd~** || pursuit aeroplane || avion m. de chasse. **o) Kampf~** || fighting aeroplane; fighter || avion m. de combat. **p) Kufen~** || sled plane; ski airplane || avion m. skieur *ou* à skis. **q) Land~** || land plane; land aeroplane; airplane (A) || avion m. terrestre. **r) Leicht~** || light aeroplane || avion m. léger. **s) Luftbild~** || photographic aeroplane || avion m. de photographie. **t) Militär~** || military aeroplane || avion m. militaire. **u) Nacht~** || night airplane || avion m. nocturne. **v) Post~** || mail aeroplane || avion m. postal. **w) Privat~** || private aeroplane; privately owned airplane (A) || avion m. privé. **x) Raketen~** || rocked-propelled (air)plane *or* space ship; plane propelled by rocket || avion m. à réaction; avion-fusée m. **y) Renn~** || racing aeroplane; racer || avion m. de concours. **z) Sanitäts~** || sanitary aeroplane || avion m. sanitaire. 2

a) Schlacht~ || combat airplane || avion m. de bataille. **b) Schnee~** || aeroplane fitted with skis || avion m. à skis. **c) Schul~** || school *or* training aeroplane || avion m. école. **d) schweres Kampf~** || air cruiser || croiseur m. aérien. **e) Segel~** || glider || avion m. du vol à voile. **f) Sport~** || sporting aeroplane || avion m. de sport. **g) Streu~** || aeroplane for crop dusting || avion m. de saupoudrage antiseptique. **h) Torpedo~** || torpedo aeroplane || avion m. torpilleur || **i) Transport~** || transport airplane || avion m. de transport. **k) Übersee~** || sea going *or* high-seas *or* oversea plane || avion m. *ou* hydravion m. de haute mer. **l) Übungs~** || training aeroplane || avion m. d'entraînement. **m) Verkehrs~** || commercial aeroplane || avion m. de transport commercial. **n) Wasser~** || hydroplane; hydroaeroplane; seaplane || hydravion m; hydroplane m. **o) Wasserverkehrs~** || commercial seaplane || hydravion m. commercial. **p) Windmühlen~** || windmill aeroplane || autogyre m. **q) Zivil~** || civil aeroplane || avion m. civile. **r) Zubringer~** || feeder line aeroplane || avion m. de ligne auxiliaire. 3

Flugzeug-aufnahme f. || aerial view || vue f. prise de l'avion. **a) ~baubedarf** m. || materials pl. for construction of aeroplanes || matériel m. et accessoires mpl. pour la construction des aéroplanes. **b) ~bauelement** n. || constructional element of the aircraft || élément m. de la construction des avions. **c) ~beobachter** m. (aerial) observer; navigator || observateur m. **d) ~bespannungsstoff** m. || aeroplane roofing material || matériel m. à couvrir les aéroplanes. **e) ~bestückung** f. || aircraft armament || armement m. d'aéroplane. **f) ~draht** m. || wire for aeroplanes || fil m. pour aéroplanes. **g) ~fahrgestell** n. || carriage for flying machines || chariot m. de lancement pour machines volantes. 4

Flugzeugführer-schein m. || pilot's license || brevet m. de pilote. **a) ~sitz** m. || cockpit of pilot || siège m. de pilote. 5

Flugzeugfunkstelle f. || aircraft station || station f. d'aéronef. 6

Flugzeughalle f. || aircraft shed || hangar m. pour avions. **a) drehbare ~** || revolving type hangar || hangar m. type orientable. 7

Flugzeug-industrie f. || aviation *or* aeroplane industry || industrie f. aéronautique. **a) ~kunde** f. || aeroplane science || science f. de l'avion. **b) ~lack** m. || aeroplane varnish || vernis m. pour aéroplanes. **c) ~luftreifen** m. || airplane tire || pneu m. d'avion. **d) ~maße** npl. || aeroplane dimensions || dimensions fpl. de l'avion. **e) ~meteorograf** m. || aeroplane (airplane A) meteorograph || météorographe m. pour avions. **f) ~motor** m. || aero-engine || moteur m. d'aviation. **g) ~mutterschiff** n. || aircraft *or* airplane carrier; floating aerodrome || navire m. porte-avions; bâtiment m. porte-aéronefs. **h) ~propeller** m. || aeroplane propeller || hélice f. d'aéroplane. **i) ~seil** n. || aeroplane cable || câble m. pour aéroplanes. **k) ~schuppen** m. || aeroplane hangar || hangar m. pour aéroplanes. **l) ~station** f. || aeroplane station || poste f. d'aéroplane. **m) ~träger** m. || aircraft carrier; floating aerodrome || navire m. porte-avions; bâtiment m. porte-aéronefs. **n) ~verband** m. || aeroplane formation || formation f. des avions. **o) ~zelt** n. || tent for aeroplane || tente f. pour aéroplane. **p) ~zubehörteile** mpl. || accessories pl. for aeroplanes || accessoires mpl. d'avion. 8

Fluidalstruktur f. || fluidal structure || structure f. fluidale. 9

Fluidkompaß m. || liquid *or* fluid compass || compas m. liquide. 10

Fluidum n. || fluid || fluide m. 11

Fluor n. || fluorine || fluor m. **a) ~aluminium** n. || aluminium fluoride || fluorure m. d'aluminium. **b) ~ammonium** n. || ammonium fluoride || fluorure m. d'ammonium. **c) ~antimon** n. || antimony fluoride || fluorure m. d'antimoine. **d) ~chrom** n. || chromium fluoride || fluorure m. chromé *ou* de chrome. 12

Fluoreszenz f. || fluorescence || fluorescence f. **a) ~schirm** m. || fluorescent screen || écran m. fluorescent. **b) ~spektrum** n. || fluorescence spectrum || spectre m. fluorescent *ou* de fluorescence. **c) ~streifen** m. || fluorescence strip || bande f. fluorescente. 13

fluoreszieren || to fluoresce || entrer en fluorescence. 14

fluoreszierend || fluorescent || fluorescent. 15

Fluorid n. || fluoride || fluorure m. 16

Fluorit m. || fluorspar; fluorite || fluorine f. 17

Fluor-kalium n. || potassium fluoride || fluorure m. de potassium. **a) ~kalzium** n. || calcium fluoride || fluorure m. de calcium. **b) ~kieselsäure** f. || fluosilicic acid || acide m. fluosilicique. **c) ~magnesium** n. || magnesium fluoride || fluorure m. de magnésium. **d) ~natrium** n. || sodium fluoride || fluorure m. de sodium. **e) ~präparat** n. || fluorine compound || fluorure m. **f) ~salze** npl. || fluorides pl. || fluorures mpl. **g) ~silikat** n. || fluorine *or* fluoric silicate || fluorsilicate m. 18

Fluorwasserstoff m. || hydrofluoric acid || acide m. fluorhydrique. 19

fluorwasserstoffsaures Salz || fluoride || fluorure m. 20

Fluorwasserstoffsäure f. || fluorhydric *or* hydrofluoric acid || fluorure m. d'hydrogène; acide m. fluorhydrique. 21

Fluorzink n. || zinc fluoride || fluorure m. de zinc. 22

Fluozerit m. || fluocerite; fluate of cerium || fluocerine f. 23

Flur m. (Müll) || roller path || chemin m. *ou* poutre f. de roulement. **a) ~balken** m. (Müll) || roller path || chemin m. *ou* poutre f. de roulement. **b) ~platte** f. (Schiffb) || floor plate || tôle f. du parquet. 24

Fluß m. (Chem) || flow || coulée f. **a) ~** (Elektr) || flux; flow || flux m. **b) ~** (Email) || flux || fondant m.; rocaille f.; roquette f. **c) ~** (Gewässer) || river; stream || rivière f.; fleuve m. **d) ~** (Met) || flux - fondant m.; flux m. **e) dichter ~** (Miner) || compact flux || chaux f. fluatée compacte. **f) elektrischer ~** || electrostatic flux || flux m. (d'induction) électrique. **g) magnetischer ~** || magnetic flux || flux m. magnétique. **h) schiffbarer ~** || navigable river || rivière f. navigable **i) schwarzer ~** (Met) || black flux || flux m. noir. **k) weißer ~** (Met) || white flux || flux m. blanc. 25

Fluß-arm m. || arm *or* branch of a river || bras m. *ou* branche f. d'une rivière. **a) ~bett** n. || bed of a river; channel || lit m. d'un fleuve *ou* d'une rivière. **b) ~damm** m. || mole; wharf; dam; dike; bank; pier; jetty || quai m. **c) ~dampfer** m. || river steamer || vapeur m. de rivière. **d) ~delta** n. (Geol) || delta || delta m. 26

Flußeisen n. || ingot iron; mild *or* soft steel || fer m. fondu *ou* de fusion *ou* en lingot *ou* homogène; acier m. doux. **a) härtbares ~** || mild steel capable of being hardened || fer m. homogène prenant la trempe. **b) schweißbares ~** || weldable mild steel || fer m. homogène soudable. 27

Flußeisenblech n. || mild steel plate || tôle f. en acier doux. 28

Fluß-erde f. || earthy fluor; fluor earth || chaux f. fluatée terreuse. **a) ~fischer** m. || river fisherman || pêcheur m. en eau douce *ou* en rivière. **b) ~fischerei** f. ||

river fishing || pêche f. en rivière; pêche fluviale. **c) ~gabelung** f. || fork *or* furcation of a river || bifurcation f. d'un fleuve. **d) ~gebiet** n. || drainage area *or* catchment basin *or* gathering ground of a river || bassin m. d'un fleuve. 1

flüssig || fluid; liquid || fluide; liquide. **a) ~ bleiben** || remaining in the liquid state || rester liquide. **b) tropfbar ~** || liquid || liquide. 2

flüssig-es Ammoniak n. || aqua *or* liquid ammonia || ammoniaque f. liquide. **a) ~es Kapital** n. || spare capital || fonds mpl. disponibles. **b) ~es Kondensationsergebnis** n. || liquid product of condensation || produit m. liquide de condensation; liquide m. résultant. **c) ~er Körper** m. || fluid body || corps m. fluide. **d) ~er Leim** m. || liquid glue || colle f. liquide. 3

flüssige Luft f. || liquid air || air m. liquide. **a) Anlage** f. zur Erzeugung von flüssiger Luft || installation for producing liquid air || installation f. de production de l'air liquéfié. 4

flüssiger Zustand m. || liquid state || état m. liquide. 5

Flüssigkeit f. || fluid; fluidity; liquid || fluide m.; fluidité f.; liquide m. **a)** die **~ abstehen lassen** || to allow the liquid to settle || laisser reposer le liquide. **b) elastische ~** || elastic *or* aeriform fluid || fluide m. aériforme *ou* gazeux. **c) feuergefährliche ~** || inflammable liquid || liquide m. inflammable. **d) Kühl~** || cooling liquid || liquide m. de refroidissement. **e) tropfbare ~** || liquid || liquide m. **f) unentzündbare ~** || non-inflammable liquid || liquide m. ininflammable. **g) weingeisthaltige ~** || alcoholic liquid || liquide m. alcoolique. **h)** in die Luft verdampfte wertvolle **~en** fpl. **zurückgewinnen** || to recuperate precious liquids pl. evaporated in the air || récupérer des liquides mpl. précieux évaporés à l'air. **i) zusammendrückbare ~** || compressible fluid || liquide m. compressible. 6

Flüssigkeits-anlaßwiderstand m. || liquid starting resistance || rhéostat m. de démarrage à liquide. **a) ~behälter** m. || tank for liquids || réservoir m. à liquides. **b) ~bewegung** f. im **Innern** || internal fluid motion || mouvement m. interne du liquide. **c) ~bremse** f. || hydraulic brake || frein m. hydraulique. **d) ~dämpfung** f. || liquid damping || amortissement m. par liquide. **e) ~getriebe** n. || hydraulic gear || (mécanisme m. pour) commande f. hydraulique. **f) ~grad** m. || viscosity || viscosité f. **g) ~heber** m. || liquid siphon || syphon m. à liquides. **h) ~interferometer** n. || interferometer for liquids || interféromètre m. à liquides. **i) ~kompaß** m. || immersed compass || compas m. à liquide. **k) ~kondensator** m. || liquid condenser || condensateur m. à liquides. **l) ~kraftspeicher** m. || liquid accumulator || accumulateur m. hydraulique d'énergie. **m) ~kreislauf** m. || liquid cycle || cycle m. du liquide. **n) ~kühler** m. || liquid cooler || refroidisseur m. du liquide. **o) ~leitung** f. || fluid pipe || tuyauterie f. de liquides. **p) ~messer** m. || liquidmeter || pèse-liquide m. **q) ~prisma** n. || liquid prism || prisme m. à liquide. **r) ~reibung** f. || fluid friction || frottement m. du liquide. **s) ~rheostat** m. || hydrorheostat || rhéostat m. à liquide. **t) ~schicht** f. || fluid strata || couche f. de liquides. **u) ~schieber** m. || liquid slide-valve || vanne f. à liquides. **v) ~schlag** m. || inside splashing of the fluid || impact m. du liquide. **w) ~stand** m. im **Behälter** || depth in tank || hauteur f. de pige. **x) ~umkehranlaßwiderstand** m. || liquid reversing and starting resistance || rhéostat m. de démarrage inverseur à liquide. 7

Flußkabel n. || water *or* river *or* subfluvial cable || câble m. sous-fluvial. **a) ~muffe** f. || river cable box || manchon m. pour câble fluvial. 8

Fluß-kalkstein m. || flux stone || castine f. **a) ~kies** m. || river gravel || gravier m. de rivière. **b) ~korrektion** f. || improvement of river channels || régularisation f. de rivière. **c) ~kraftwerk** n. || river station || usine f. fluviale. **d) ~krebs** m. || fresh water lobster || écrevisse f. de rivière. 9

Flußkrümmung f. || river bend *or* sinuosity || coude m. de rivière; sinuosité f. du lit d'une rivière. **a) ausgehende ~** || outward bend *or* convex sinuosity of a river || convexité f. *ou* partie f. convexe du cours d'une rivière. 10

Fluß-lauf m. || river course || cours m. d'un fleuve. **a) ~lotse** m. || river pilot || pilote m. lamaneur. **b) ~metall** n. || fluid metal || fer m. en lingot. **c) ~mittel** n. || flux || fondant m.; flux m. **d) ~mündung** f. || mouth of a river || embouchure f. d'une rivière. **e) ~netz** n. || net work of streams and torrents || réseau m. des cours d'eau *ou* fluvial. **f) ~niederung** f. || river flats *or* rands; river valley || bas-fond m. de fleuve *ou* fluvial. **g) ~ofen** m. (Met) || flowing furnace || four m. à fonte. **h) ~quelle** f. || origine *or* head of a river || source f. d'un fleuve. **i) ~regulierung** f. || improvement of a river channel || amélioration f. *ou* régularisation f. d'une rivière. **k) ~sand** m. || alluvial *or* river sand || sable m. de ravine *ou* de rivière; arène f. fluviale. **l) ~säure** f. || (hydro-)fluoric *or* fluorhydric acid || fluorure m. d'hydrogène; acide m. fluorhydrique. **m) ~schiff** n. || river boat || bateau m. de fleuve *ou* de rivière. **n) ~schiffahrt** f. || river navigation || navigation f. fluviale *ou* de rivière. **o) ~sohle** f. || river bed; bottom of river || lit m. de fleuve; fond m. d'une rivière. 11

Flußspat m. || fluorspar; fluorite; sparry fluor || fluorine f.; spath m. fluor. **a) erdiger ~** || earthy fluor; fluor earth || chaux f. fluatée terreuse. 12

Flußspat-grube f. || fluor spar quarry || carrière f. de spath fluor. **a) ~imprägnierungsmasse** f. || silico varnish || vernis m. de silice. **b) ~linse** f. || fluorite lens || lentille f. en spath fluor. **c) ~mühle** f. || mill for fluor spar || moulin m. à spath fluorine. **d) ~platte** f. || fluorite plate || lame f. de fluorine. 13

Flußstahl m. || cast *or* ingot steel || acier m. fondu *ou* homogène. **a) ~** in **Blöcken** || mild steel in ingots || acier m. doux en lingots. 14

Flußstahl-arten fpl. || sorts pl. of ingot steel || genres mpl. d'acier. **a) ~erzeugung** f. auf **offenem Herd** || production of ingot steel in an open hearth || production f. de l'acier à l'état fluide dans un four ouvert. 15

Fluß-system n. || net work of streams and torrents || réseau m. des cours d'eau *ou* fluvial. **a) ~ton** m. || river clay || argile f. fluviale. **b) ~überführung** f. (el Leit) || river crossing || traversée f. de rivière. **c) ~ufer** n.) || bank || rive f. **d) ~wasser** n. || river water || eau f. fluviale *ou* de rivière. **e) ~wasserbau** m. || fluviatic hydraulics pl. || hydraulique f. fluviale. 16

Flut f. || flood; high water; flux || flot m.; marée f. montante. **a) Ebbe** f. **und ~** || tide || flux m. et reflux m.; marée f. 17

Flut-anker m. || flood anchor || ancre f. de flot. **a) ~brücke** f. || flood arch || avant-pont m. **b) ~gang** m. || channel; mill-trough || canal m. **c) ~hafen** m. || tidal harbour || port m. à marée. **d) ~höhe** f. || height of the tide || hauteur f. de la marée. 18

Flutlicht-beleuchtung f. || floodlighting || illumination f. par projecteurs à flots de lumière. **a) ~leuchte** f. || floodlight projector || projecteur m. à flots de lumière. 19

Flut-messer m. || tide-gauge || maréomètre m.; maréographe m. **a) ~öffnung** f. (Brückenb) || flood span; high water arch || avant-pont m. 20

Flutometer n. || flutometer; draught gauge || flutomètre m. 21

Flut-raum m. einer **Brücke** || water-way of a bridge || débouché m. *ou* ouverture f. d'un pont. **a) ~schleuse** f. || tide lock || écluse f. de marée. **b) ~strom** m. || flood stream || courant m. de flot. **c) ~tor** n. (Schleuse) || flood gate; crown gate; head gate || porte f. d'amont *ou* de tête. **d) ~welle** f. || tidal wave || onde-marée f. **e) ~werk** n. (Bergb) || wash ore || mine f. de lavage. **f) ~zeichen** n. || flood mark || hauteur f. de marée marquée. **g) ~zeiger** m. || enregistering water gauge; maregraphe || échelle f. enrégistrante; marégraphe m. **h) ~zeit** f. || flood tide; high water || marée f. 22

Fock f. || fore sail || misaine f.; voile f. de misaine. **a) ~braß** f. || fore brace || bras m. de la misaine. **b) ~bukgording** f. || fore bunt line || cargue-fond f. de misaine. **c) ~buktalje** f. || fore bunt whip || chapeau m. de misaine. **d) ~bulin** f. || fore bowline || bouline f. de misaine. **e) ~geitau** n. || fore clew-garnet || cargue-point f. de misaine. **f) ~hals** m. || fore tack || amure f. de misaine. 23

Fockleesegel n. || fore studding sail; lower studding sail || bonnette f. de misaine. **a) ~fall** m. || fore studding sail halliard || drisse f. de la bonnette de misaine. 24

Fock-mars m. || fore top || hune f. de misaine. **a) ~mast** m. || fore mast || mât m. de misaine. 25

Fockrahe f. || fore yard || vergue f. de misaine. **a) ~takel** n. || fore jeer || drisse f. de la vergue de misaine. 26

Fock-rüst f. || fore-channels pl. || petit porte-haubans m.; porte-haubans m. du mât de misaine. 27

Fockschot f. || foresail sheet || écoute f. de la misaine. **a) klar bei** der **~** stehen || to stand by the fore sheet || veiller l'écoute f. de foc. 28

Focksegel n. || fore sail || misaine f.; voile f. de misaine. 29

Fockstag n. || forestay || étai m. de misaine. **a) ~segel** n. || forestay sail || petit foc m.; trinquette f.; tourmentin m. 30

Focktakel n. ‖ fore (runner) tackle ‖ caliorne f. de misaine. **a) ~toppwant** f. ‖ fore lift ‖ balancine f. de misaine. **b) ~wanten** fpl. ‖ fore-(mast-)shrouds pl. ‖ haubans mpl. de misaine. 1

Föhren-harz n. ‖ resin of the fir ‖ résine f. du pin. **a) ~holz** n. ‖ fir wood; fir ‖ bois m. de pinastre *ou* de pin; pin m. 2

Fokal-ebene f. (Leuchtfeuer) ‖ focal plane ‖ plan m. du foyer. **a) ~fläche** f. ‖ focal surface ‖ surface f. focale. **b) ~schlitzverschluß** m. (Foto) ‖ focal plane shutter ‖ obturateur m. à rideau. 3

Fokus m. ‖ focus ‖ foyer m. **a) ~plattenabstand** m. (Röntgent) ‖ target plate distance ‖ distance f. foyer-plaque. 4

Fokussierung f. ‖ focussing mechanism ‖ dispositif m. de mise au point. **a) ~** am **Okularauszug** ‖ focussing attachment on eyepiece draw tube ‖ mise f. au point du tirage oculaire. 5

Fokussierungs-einstellung f. ‖ focussing adjustment ‖ mise f. au foyer. **a) ~mikroskop** (Astro) ‖ focussing microscope ‖ microscope m. de mise au point. 6

Fokustiefe f. ‖ depth of focus ‖ profondeur f. de foyer. 7

Folge f. ‖ sequence ‖ suite f. **a) ~nummer** f. (Fernm) ‖ collective number ‖ numéro m. global. **b) ~pol** m. ‖ consequent pole ‖ pôle m. *ou* point m. conséquent. 8

Folger m. (Reepschl) ‖ leaper; loper ‖ émerillon m. 9

Folge-schalter m. (Selbstanschl) ‖ sequence switch ‖ combinateur m.; combineur m. **a) ~zeiger** m. (Buchdr) ‖ catch word ‖ réclame f. 10

Foliant m. ‖ folio volume ‖ in-folio m. 11

Folie f. (Met) ‖ foil ‖ feuille f. **a) Kupfer~** ‖ copper foil ‖ feuille f. de cuivre. **b) Metall~** ‖ metal foil ‖ feuille f. en métal. 12

Folien-bürste f. ‖ foil brush; laminated brush ‖ balai m. de clinquant. **a) ~lautsprecher** m. ‖ foil loudspeaker ‖ haut-parleur m. à feuille. 13

foliieren (Glasf) ‖ to silver ‖ argenter. **a)** ein **Buch** n. **~** ‖ to page a book; to mark the pages of a book ‖ numéroter les feuilles fpl. d'un livre. 14

Folioformat n. ‖ in-folio; folio ‖ in-folio m.; folio m. 15

Fonciermaschine f. (Pap) ‖ grounding *or* paper-staining machine ‖ machine f. à foncer; fonceuse f. 16

Fondant m. ‖ fondant ‖ fondant m. 17

Fonds m. ‖ capital; funds pl.; stock ‖ fonds mpl. **a) Garantie~** ‖ guarantee fund ‖ fonds m. de garantie. 18

Fondsbörse f. ‖ stock exchange ‖ bourse f. des fonds publics. 19

Fonograf m. ‖ phonograph ‖ phonographe m. 20

Fontäne f. ‖ fountain ‖ fontaine f. 21

Fontanellkügelchen n. ‖ iris root pea ‖ pois m. d'iris *ou* à cautères. 22

forcieren ‖ to force ‖ forcer. 23

Förderanlage f. ‖ transportation equipment; conveying plant ‖ transporteur m.; installation f. de transport. **a) ~** (Bergb) ‖ hauling plant ‖ installation f. d'extraction. **b) Aschen~** ‖ ash handling plant; ash conveyor ‖ appareil m. *ou* installation f. pour le transport des cendres. **c)** durch **Druckluft** betriebene **~** ‖ conveying plant driven by compressed air ‖ installation f. d'engin de transport fonctionnant au moyen de l'air comprimé. **d) Druckluftgestein(s)staub~** ‖ pneumatic conveying plant for stone powder ‖ installation f. pour le transport pneumatique du poussier de pierres. **e) fahrbare ~** ‖ portable conveying plant ‖ installation f. d'extration mobile. **f) ~** für **Massengut** ‖ conveying plant for wholesale goods; loading and handling plant for goods in bulk ‖ installation f. d'engin de transport pour matériaux en grandes quantités; installation de manœuvre et de transport de grandes masses. **g) ortsfeste ~** ‖ fixed conveying plant ‖ installation f. d'extraction fixe. **h) Sack~** ‖ sack handling plant ‖ installation f. pour le transport de sacs. **i)** durch **Saugluft** betriebene **~** ‖ conveying plant driven by suction air ‖ installation f. d'engin de transport fonctionnant au moyen de l'air aspiré. 24

Förderbahn f. ‖ hauling track ‖ chemin m. de transport *ou* d'exploitation. 25

Förderband n. ‖ conveying belt; belt conveyer; transport band ‖ courroie f. de transport; ruban m. (roulant) transporteur; bande f. transporteuse. **a) fahrbares ~** für Säckestapelung ‖ portable belt conveyer for transporting sacks ‖ ruban m. (roulant) transporteur pour la mise des sacs en tas. **b) Gurt~** ‖ girth conveyer ‖ transporteur m. à ruban. 26

Förderbrücke f. ‖ conveying bridge ‖ pont m. de transport. **a) Abraum~** ‖ conveying bridge for coal open working ‖ pont m. de transport pour travaux de déblaiement. 27

Fördereinrichtung f. ‖ hauling *or* conveying installation ‖ installation f. de transport. **a) mechanische ~** f. für Bergeversatz ‖ mechanical conveyer for the precipitations of sand ‖ engin m. mécanique de transport pour éboulis à remblayage. **b) Öl~** ‖ oil conveying plant ‖ installation f. pour le transport de l'huile. 28

Förderer m. ‖ conveyer; conveyor; transporter ‖ transporteur m. **a) Band~** ‖ belt conveyer ‖ transporteur m. à bande; bande f. transporteuse. **b) Becherketten~** ‖ bucket chain conveyer ‖ transporteur m. à chaîne à godets; convoyeur m. **c) Druckluft~** ‖ compressed air conveyer ‖ transporteur m. pneumatique. **d) Gurt~** ‖ belt conveyer ‖ transporteur m. à courroie *ou* à bande. **e) Ketten~** ‖ chain *or* bucket conveyer ‖ transporteur m. à chaîne *ou* à godets. **f) Kreis~** ‖ circular conveyer ‖ transporteur m. circulaire. **g) Nah~** ‖ short distance conveyer ‖ transporteur m. à petite distance. **h) Saugluft~** ‖ suction air conveyer ‖ transporteur m. à aspiration d'air. **i) Schnecken~** ‖ screw conveyer ‖ transporteur m. à vis sans fin. **k) stetiger ~** ‖ continuous conveyer ‖ transporteur m. continu. **l) Unterdruck~** (Auto) ‖ vacuum fuel feed device ‖ élévateur m. d'essence à vide. 29

Förder-gefäß n. ‖ carrier; conveying truck *or* tank ‖ benne f. transporteuse; cuve f. *ou* cage f. d'extraction. **a) ~gerät** n. ‖ hauling *or* conveying appliances pl. ‖ accessoires mpl. de transport. **b) ~gerippe** n. (Bergb) ‖ drawing frame; cage ‖ cage f. d'extraction. **c) ~gerüst** n. (Bergb) ‖ shaft frame work; pit head *or* lift *or* hoist *or* elevator frame; hauling stage ‖ charpente f. de puits *ou* de monte-charges; chevalement m. de mine; échafaudage m. d'extraction. **d) ~geschwindigkeit** f. (Bergb) ‖ winding speed ‖ vitesse f. d'extraction. **e) ~gestell** n. (Bergb) ‖ drawing frame; cage ‖ cage f. d'extraction. **f) ~grus** m. ‖ rough smalls pl. ‖ petit tout-venant m. **g) ~gut** n. ‖ goods pl. to be transported ‖ matières fpl. à transporter. **h) ~haspel** m. ‖ pit head winch; elevator gear; hauling windlass; winding engine ‖ treuil m. d'extraction *ou* de transport *ou* de mines. 30

Förderhöhe f. (Aufzug) ‖ hoisting height ‖ hauteur f. de levage. **a) ~** (Pumpe) ‖ head of elevation; lifting height ‖ hauteur f. d'élévation *ou* de refoulement. **b) manometrische ~** ‖ manometric lift ‖ hauteur f. manométrique de refoulement. 31

Förder-hund m. ‖ tub; miner's truck; troll(e)y ‖ berline f.; wagonnet m. **a) ~kasten** m. ‖ conveying trough ‖ chéneau m. de transport. **b) ~kette** f. ‖ conveyer *or* bucket chain ‖ transporteur m. *ou* chaîne f. à godets; convoyeur m. 32

Förderkohle f. ‖ pit *or* rough coal; run of mine ‖ houille f. crue; tout-venant m.; charbon m. brut *ou* de puits. **a) rohe ~** ‖ rough coal ‖ houille f. tout-venant. **b) sortierte ~** ‖ sorted smalls pl. ‖ tout-venant m. assorti. 33

Förderkorb m. (Bergb) ‖ drawing frame; (hoisting *or* elevator) cage; hauling bridge ‖ cage f. d'extraction *ou* de montée; corbeille f. de transport. **a) ~, Zwischengeschirr** n. für Förderkörbe ‖ intermediate implement for elevator cages ‖ pieces fpl. de commande pour cages de montée. 34

Förderkorb-aufsetzvorrichtung f. ‖ holding apparatus for elevator cages ‖ dispositif m. de chargement pour cages de montée. **a) ~fangvorrichtung** f. ‖ catch device for elevator cages ‖ dispositif m. d'arrêt pour cages de montée. 35

Förder-kosten pl. ‖ hauling *or* winning costs pl. ‖ frais mpl. d'exploitation. **a) ~kübel** m. (Bergb) ‖ kibble; bucket; skip; tub ‖ baquet m.; tonne f.; bâche f. **b) ~länge** f. ‖ length of hauling ‖ distance f. de montée. 36

Förderleistung f. ‖ hauling output ‖ capacité f. de transport. **a) ~** des **Gebläses** ‖ efficiency of delivery of the blower; blower output *or* efficiency ‖ débit m. du ventilateur. **b) ~**einer **Grubenanlage** ‖ production of a mine ‖ production f. d'une installation minière. 37

Förder-leitung f. ‖ conveyor pipe line ‖ tuyauterie f. de transport. **a) ~mann** m. ‖ buggy *or* barrow man; foal and heads man; hurrier; putter; hewing putter; roller; trammer ‖ esclauneur m.; rouleur m.; traîneur m.; hiercheur m.; galibot m.; brouetteur m. 38

Fördermaschine f. ‖ mine hoist; hauling *or* drawing *or* hoisting *or* winding engine ‖ machine f. *ou* treuil m. d'extraction; engin m. de transport. **a) Dampf~** ‖ hauling steam engine ‖ machine f. d'extraction à vapeur. 39

Fördermaschinensicherheitsapparat m. ‖ safety apparatus for winding engines ‖ appareil m. de sûreté pour machines de transport. 40

Fördermaschinist m. ‖ winding-engine man; brakesman ‖ machiniste m. d'extraction. 41

Fördermenge f. (Bergb) ‖ output; tonnage of output ‖ tonnage m. d'exploitation;

produit m. **a)** ~ (Pumpe) ‖ delivery ‖ refoulement m.; refoule f. 1
Fördermittel n. ‖ conveying equipment ‖ engin m. de transport. **a) Nah~** ‖ short distance transporter ‖ transporteur m. à petite distance. 2
Fördermotor m. ‖ winding motor ‖ moteur m. d'extraction. 3
fördern ‖ to convey ‖ transporter; convoyer. **a)** ~ (Bergb) ‖ to draw out; to haul; to raise ‖ extraire. 4
Förderrrinne f. ‖ shoot; chute ‖ déversoir m.; descenderie f. **a)** ~ (Bergb) ‖ conveying trough ‖ gouttière f. transporteuse. **b) mechanisch bewegte ~** ‖ mechanically driven conveyer trough ‖ rigole f. de transport (à actionnement) mécanique. 5
Förderrinnenschubstange f. ‖ connecting rod for conveying troughs ‖ bielle f. pour transporteurs à auge. 6
Förderrohr n. ‖ conveying tube ‖ tuyau m. de transport. **a) mechanisch bewegtes ~** ‖ mechanically driven conveyer tube ‖ tuyau m. de transport à actionnement mécanique. 7
Förderrutsche f. ‖ conveyer chute ‖ plan m. incliné *ou* couloir m. de transport. **a) mechanisch bewegte ~** ‖ mechanically driven conveyer chute ‖ plan m. incliné de transport à actionnement mécanique. 8
Förderschacht m. (Bergb) ‖ winding *or* drawing *or* working pit; pulley *or* hoisting *or* hauling ‖ *or* mine shaft ‖ puits m. *ou* fosse f. d'extraction. **a) ~oberbau** m. ‖ pithead gear ‖ chevalet m. de puit de mine. 9
Förder-schale f. (Bergb) ‖ drawing frame; cage ‖ cage f. d'extraction. **a) ~schnecke** f. ‖ screw conveyer; feed screw; conveyer worm; creeper ‖ vis f. transporteuse *ou* sans fin. **b) ~seil** n. ‖ winding *or* haulage cable; haulage *or* hoisting *or* pit rope ‖ câble m. de trainage *ou* d'extraction *ou* de transport *ou* de levage. **c) ~spirale** f. ‖ conveyor spiral ‖ spirale f. transporteuse. **d) ~station** f. einer Landeswasserversorgung ‖ pumping station of a regional water works ‖ poste m. de mise en charge d'une distribution d'eau d'un pays. **e) ~stollen** m. ‖ adit; supply gallery ‖ galerie f. de roulage. 10
Förderstrecke f. (Bergb) ‖ mother-gate; haulage track ‖ galerie f. de roulage. **a)** aus einer **Diagonalen** angesetzte ~ ‖ board driven from a board gate ‖ coistresse f. de montées. **b)** aus einer **einfallenden Strecke** angesetzte ~ ‖ board driven from an inclined gallery ‖ coistresse f. de vallées. **c) flach einfallende ~** ‖ inclined mother-gate *or* gallery ‖ descenderie f.; vallée f.; toret m. **d) Haupt~** (Bergb) ‖ mother-gate ‖ galerie f. principale *ou* de roulage. **e) schwebende,** zum Streb führende ~ ‖ heading *or* up-brow driven to the long-wall work on the rise ‖ voitière f.; galerie f. de roulage montante. 11
Förderteufe f. (Bergb) ‖ depth (of a pit) ‖ profondeur f. (d'un puits). **a) größte ~** (Bergb) ‖ greatest depth of pit ‖ profondeur f. maximum d'un puits. 12
Förder-tiefe f. *s.* Förderhöhe. **a) ~trommel** f. ‖ winding *or* hauling drum ‖ tambour m. d'enroulement *ou* de machine d'extraction; cylindre m. enrouleur. **b) ~turm** m. (Met) ‖ lift frame; hoist frame ‖ charpente f. du monte-charges. 13
Forderung f. (Schuld) ‖ book debt ‖ créance f. **a) Gegen~** ‖ counter claim; offset; set off; cross-demand ‖ créance f. en compensation; demande f. reconventionnelle. **b) Rechtmäßigkeit** f. einer ~ ‖ legitimacy of a claim ‖ légitimité f. d'une prétension. **c) Rechtsgültigkeit** f. einer ~ ‖ validity of a claim ‖ validité f. d'une créance. 14
Förderung f. (Bergb) ‖ drawing-out; hauling; output ‖ extraction f. **a)** (Erdarb) ‖ conveyance ‖ mouvement m. **b)** ~ (Transport) ‖ conveyance ‖ transport m. **c)** ~ (Vorschub) ‖ feed ‖ avancement m. **d)** ~ im **Abbauen** (Bergb) ‖ haulage in exhaustions ‖ extraction f. aux exploitations. **e) Brennstoff~** (Motor) ‖ delivery of fuel ‖ amenée f. du combustible. **f) Doppel~** (Bergb) ‖ double haulage ‖ extraction f. double. **g) Ketten~** ‖ chain haulage ‖ extraction f. par chaîne. **h)** ~ von **Rohbraunkohle** ‖ output of raw lignite ‖ production f. des lignites brutes. **i) Strecken~** (Bergb) ‖ underground haulage ‖ roulage m. intérieur; traction f. dans les galeries. **k)** ~ **unter Tage** ‖ underground conveyance *or* hauling ‖ roulage m.; transport m. *ou* roulage au fond de mine. **l) Wagerecht~** ‖ level transportation ‖ transport m. horizontal. 15
Fördervorrichtung f. ‖ conveying plant ‖ transporteur m. 16
Förderwagen m. (Bergb) ‖ tub; trolley; wagonet; miner's truck *or* car; delivery car; rolley; tram ‖ wagonnet m. de transport; berline f. (de mine); chien m. galliot m. 17
Förderwagen-aufschieber m. ‖ tram pusher ‖ appareil m. à remonter les wagonnets de transport. **a) ~beschlagteil** m. ‖ fitting of delivery wagon ‖ ferrure f. de chien. **b) ~reinigungsmaschine** f. ‖ tram cleaning machine ‖ machine f. à nettoyer les wagonnets de transport. **c) ~richtmaschine** f. ‖ machine setting the trams to direction ‖ machine f. à diriger les wagonnets de transport. **d) ~zähleinrichtung** f. (Bergb) ‖ counting apparatus for miner's trucks ‖ compteur m. pour wagonnets de mine. 18
Förderwinde f. (Bergb) ‖ extracting winch ‖ treuil m. d'extraction. 19
Forelle f. ‖ trout ‖ truite f. 20
Forke f. (Met) ‖ fork; crutcher ‖ fourche f.; fourchette f. de fourneau; brasseur m. en fourche. **a) Dünger~** ‖ dung fork ‖ fourche f. à fumier. 21
Forkel f. (Met) ‖ furca ‖ fourche f. 22
Form f. ‖ form; figure; shape ‖ forme f. **a)** ~ (Gieß) ‖ mould ‖ moule f. **b)** ~ (Schriftgieß) ‖ matrice; matrix ‖ matrice f. **c)** eine ~ **ablegen** (Buchdr) ‖ to distribute the letters of a form ‖ rompre une forme; distribuer la lettre. **d)** die ~ **auflösen** (Buchdr) ‖ to untie the form ‖ délier la forme. **e)** die ~ **ausheben** (Buchdr) ‖ to lift-out the form ‖ relever la forme. **f) Back~** ‖ backing mould ‖ forme f. pour boulangerie. **g)** ~ für **Blumentöpfe** ‖ mould for flower pots ‖ moule m. pour pots à fleurs. **h) eiserne ~** ‖ iron mould ‖ moule f. en fer. **i)** ~ für **Flaschen und Hohlglaswaren** ‖ mould for bottles and table glass ‖ moule m. pour flaconneries et gobeleteries. **k) geschlossene ~** ‖ closed twyer ‖ tuyère f. fermée. **l) geschweifte ~** ‖ curved form ‖ forme f. ondulée. **m) hölzerne ~** ‖ wooden mould ‖ moule f. en bois. ‖ **n) Hut~** ‖ hat block ‖ forme f. pour chapeaux. **o)** die ~ mit **Kohlenstaub** bestreuen (Gieß) ‖ to face *or* to black the mould ‖ saupoudrer le moule. **p) längliche ~** (Lupe) ‖ long form ‖ forme f. cambrée. **q) neueste ~** ‖ latest pattern ‖ dernière forme f. **r) offene ~** (Gieß) ‖ open sand-mould ‖ moule m. découvert. **s) Präge~** ‖ stamping mould ‖ forme f. à estamper. **t)** ~ des **Schiffes** ‖ lines pl. *or* run of a vessel ‖ lignes fpl. d'un bâtiment. **u) Seifen~** ‖ soap frame ‖ mise f. à savon. **v)** ~ für **Spiegelglas** ‖ mould for plate glass ‖ moule m. à glaces. **w)** ~ für **Teigwaren** ‖ alimentary paste mould ‖ moule m. à pâtes alimentaires. **x) zweite ~** (Buchdr) ‖ inner form; second; retiration ‖ retiration f.; seconde f.; verso m. 23
Formaldehyd n. ‖ formic aldehyde; formaldehyde ‖ aldéhyde m. formique; formaldéhyde f. 24
Formalin n. ‖ formaline ‖ formaline f. 25
Formänderung f. ‖ deformation; distortion ‖ déformation f. **a) bleibende ~** ‖ permanent deformation ‖ déformation f. permanente. **b) dauernde ~** *s.* bleibende ~. **c) elastische ~** ‖ elastic deformation ‖ déformation f. élastique. 26
Format n. (Buchdr) ‖ size ‖ format m. **a)** das ~ **abschlagen** (Buchdr) ‖ to take off the furniture ‖ abattre *ou* enlever la garniture. **b) Atlanten~** ‖ broad side *or* sheet ‖ in-plans m.; format m. atlantique. **c)** ~ einer **Broschüre** ‖ size of a booklet ‖ format m. d'une brochure. **d) Folio~** ‖ infolio; folio ‖ folio m. **e)** ~ **machen** (Buchdr) ‖ to make-up the margin; to gauge a form ‖ mettre la garniture. **f) Papier~** ‖ size of paper sheet ‖ format m. du papier. **g)** ~ des **Satzes** (Buchdr) ‖ size of matter ‖ format m. de la composition. 27
Formation f. (Geol) ‖ formation ‖ groupe m.; formation f. **a)** ~ (Sammler) ‖ forming ‖ formation f. **b) geologische ~** ‖ geological formation ‖ formation f. géologique. **c) Kohlen~** ‖ carboniferous formation ‖ formation f. houillère. 28
Formations-karte f. ‖ geological map ‖ carte f. des couches géologiques. **a) ~raum** m. ‖ forming shop ‖ salle f. de formation. **b) ~strom** n. (Sammler) ‖ forming current ‖ courant m. de formation. 29
Formatquadrate npl. (Buchdr) ‖ guttersticks pl. ‖ bois mpl. de marge. 30
Form-auge n. (Met) ‖ eye of the twyer; twyer hole ‖ œil m. de la tuyère. **a) ~back** n. (Zuck) ‖ mould cistern ‖ bac m. à formes. **b) ~bank** f. (Gieß) ‖ moulding bench ‖ banc m. de moulage. **c) ~blatt** n. ‖ blank ‖ formule f.; formulaire m. **d) ~brett** n. (Gieß) ‖ loam- *or* modelling- *or* templet *or* flask *or* moulding board ‖ gabarit m.; échantillon m.; couche f.; planche f. de fond *ou* de manteau. **e) ~buchse** f. (Brikettpresse) ‖ mould ‖ alvéole f. **f) ~draht** m. (elektr Leit) ‖ shaped wire ‖ fil m. profilé. **g) ~drehteil** m. ‖ profile turned piece ‖ pièce f. façonnée au tour. **h) ~einrichtung** f. (Buchdr) ‖ imposition ‖ imposition f. 31
Formeisen n. ‖ section iron ‖ profilé m.; fer m. profilé; fer m. en barres façonné. 32

Formeisen-schere f. || section iron shear *or* cutter || cisailles fpl. à fers profilés. **a) ~träger** m. || joist || poutrelle f. **b) ~walzwerk** n. || girder and section mill; section rolling mill || laminoir m. à fers profilés. 1

Formel f. || formula; rule || formule f. **a) chemische ~** || chemical notation || formule f. de chimie. **b) empirische ~** || empirical formula || formule f. empirique. **c) mathematische ~** || formula of mathematics; mathematical formula || formule f. mathématique *ou* des mathématiques. **d) physikalisch-chemische ~** || physical and chemical formula || formule f. physique et chimique. 2

formen (Met) || to mould || mouler; faire le moulage. **a) ~** (Ton) || to fashion; to figure; to model; to mould; to form; to shape || façonner; former; modeler; bosseler. **b) ~** (Töpf) || to throw || tourner. **c)** über das **Modell ~** || to mould from a casting || surmouler. 3

Formen n. (Porzell) || moulding; mouldery; forming; working || moulage m. **a) Kaltpresse** f. zum **~** und Stauchen von Nieten || cold press for forming and upsetting rivets || presse f. à froid pour former et fouler des rivets. **b)** in **Schalen ~** || moulding in metal moulds || moulage m. en coquilles. 4

Formen-ausschießer m. (Buchdr) || form setter || metteur m. en forme. **a) ~eingießer** m. (Gieß) || pourer || verseur m. **b) ~gießer** m. (Töpf) || mould maker || confectionneur m. de moules. 5

Formenhalter m. (Allg) || form holder || porte-forme m. **a) ~** (Buchdr) || form lock || serre-forme m. 6

Formenmacherin f. (Hutm) || hat shape maker || formière f. pour modes. 7

Former m. (Eisen) || moulder; mouldmaker || mouleur m. **a) ~** (Töpf) || thrower; former || tourneur m. **b) Dammgruben~** || floor moulder || mouleur m. en fosse. **c) Maschinen~** || machine moulder || mouleur m. à la machine. 8

Formerarbeit f. aus **Wachs** || plastic article of wax || article m. plastique en cire. 9

Formerei f. (Gießraum) || moulding house *or* room; mouldery || moulerie f.; atelier m. de moulage. **a) ~** (Tätigkeit) || moulding; forming; working || moulage m. **b) Hand~** || hand moulding || façonnage m. à la main. **c) ~** mit **fettem Sand** || dry-sand moulding || moulage m. en sable gras. **d) Maschinen~** || mechanical moulding || moulage m. à la machine. **e) Stahlguß~** || steel moulding || moulage m. d'acier. 10

Former-messer n. || moulder's punch || poinçon m. de mouleur. **a) ~schaufel** f. || square foundry shovel || pelle f. de fonderie carrée. **b) ~stift** m. || sand pin; moulding pin *or* stake || pointe f. de mouleur. 11

Formerstoff m. || moulding *or* plastic material || matière f. plastique *ou* à mouler *ou* à moulage. **a) künstlicher ~** || artificial plastic material || matière f. plastique artificielle. 12

Formerstoffwaren fpl. || articles pl. from materials for moulding || ouvrages mpl. en matières à mouler. 13

Formerwerkzeug n. || former's *or* moulder's tool || outil m. pour mouleurs. 14

Formgebung f. || shaping || façonnage m. **a) ~** der **Maschinenteile** || shaping of machinery parts || façonnage m. donné aux éléments des machines. 15

Formgemäuer n. (Hochofen) || twyer arch || voûte f. *ou* encorbellement m. *ou* arche f. des soufflets. **a) ~** (Schmied) || twyer wall || mureau m. 16

Form-gewölbe n. (Met; Schmied) || twyer wall || mureau m. **a) ~gießmaschine** f. || machine for casting moulds || machine f. à mouler. 17

Formguß m. || dead mould casting || coulage m. à creux perdu; moulage m. en châssis. **a) Stahl~** || steel castings pl. || moulage m. en acier. **b) ~ weichster** Beschaffenheit zum Ersatz von Schmiedestücken || steel castings pl. of softest quality to replace forgings || moulages mpl. en acier très doux pour remplacer des pièces forgées. 18

Formhalle f. (Gieß) || moulding hall || hall m. de moulage. 19

formhaltend || rigid || rigide. 20

Formierbatterie f. || forming battery || batterie f. de formation. 21

formieren (Sammler) || to form || former. 22

Formieren n. des **Akkumulators** || forming of an accumulator || formation f. de l'accumulateur. 23

Formier-gefäß n. || forming tank || récipient m. de formation. **a) ~säure** f. || forming acid || acide m. de formation. 24

Form-kappe f. (Gieß) || shell of a mould || enveloppe f. du moule **a) ~kasten** m. || casing *or* moulding box; flask (A) || châssis m. de moulage. **b) ~kern** m. (Gieß) || core; mould core || marron m.; noyau m. du moule. **c) ~kohle** f. || plastic coal || charbon m. plastique. **d) ~kurve** f. (Werkzeugmasch) || forming cam || came f. de façonnage. **e) ~lehm** m. || moulding clay *or* loam || terre f. *ou* argile f. à mouler. **f)** untere und obere **~lippe** f. (Met) || under and upper lip of the twyer || lèvre f. inférieure et supérieure de la tuyère. 25

Formmantel m. (Gieß) || mantle; coat || surmoule m.; surtout m. 26

Formmaschine f. || moulding machine || machine f. à mouler. **a) Gießerei~** || moulding machine for foundries || machine f. à former les moules de fonderie. **b) Massel~** || pig-moulding machine || machine f. à mouler les gueuses. **c) Spiral~** (Holzbearb) || spiral moulding machine || machine f. à moulurer en spirale. **d) Teig~** || dough moulding machine || machine f. à mouler la pâte. **e) Zahnräder~** || gear wheel moulding machine || machine f. à former les moules pour engrenages. 27

Form-masse f. || dry sand || masse f. à mouler. **a) ~nase** f. der **Gebläseform** (Met) || twyer *or* slag nose; slag tube || nez m. de la tuyère. **b) ~ofen** m. (Textil) || finishing oven || four m. d'apprêt. **c) ~platte** f. (Brikettpresse) || rotating moulding table || rouleau-compresseur m. 28

Formpresse f. (Gieß) || mould press || serre f. à mouler. **a) hydraulische ~** (Gieß) || hydraulic moulding press || presse f. hydraulique à mouler. 29

Formpuder m. (Chem) || form powder || poudre f. de moule. 30

Formrahmen m. (Buchdr) || chase || châssis. **a) ~** (Pap) || mould frame || affût m. *ou* fût m. de la forme. 31

Formrüssel m. (Met) || nose *or* furnace end of the twyer || museau m. de la tuyère. 32

Formsand m. || moulding *or* foundry *or* founder's sand; parting sand (A) || sable m. de moule *ou* de moulage *ou* de fonderie. **a) ausgeglühter ~** || dry sand || sable m. recuit *ou* d'étuve *ou* étuvé. **b) feingesiebter ~** || facing sand || sable m. fin de moulage. **c) fetter ~** || dry *or* loamy sand || sable m. gras. **d) grüner ~** || green sand || sable m. vert *ou* maigre. **e) magerer ~** || green sand || sable m. vert *ou* maigre. **f) nasser ~** || green sand || sable m. vert *ou* maigre. **g) trockener ~** || parting sand || sable m. sec. **h) ~ zurichten** (Gieß) || to prepare the moulding sand || préparer le sable de moulage. 33

Form- und Kernsand m. für Gußzwecke || sand for casting purposes || sable m. de moulage et à noyaux pour fonderies. 34

Formsandaufbereitungs-anlage f. || moulding sand dressing plant || installation f. de préparation de sable à moules *ou* de sable de fonderie. **a) ~maschine** f. || preparing machine for moulding material || machine f. à préparer les matières de moulage. 35

Formsand-mischmaschine f. || sand mixing machine || machine f. à mélanger le sable de moulage. **a) ~mühle** f. || moulding sand mill || moulin m. à sable de moulage. **b) ~prüfer** m. || moulding sand tester || appareil m. à essayer le sable de moulage. 36

Form-schleifscheibe f. || shaped grinding wheel || meule m. de forme. **a) ~schlichte** f. || mould finishing smoke black || noir m. de fumée pour fonderies. **b) ~schneider** m. (Holzschn) || form *or* print cutter || graveur m. *ou* metteur m. en bois. **c) ~spindel** f. (Gieß) || spindle of the mould || trousseau m. **d) ~stahl** m. || profile tool steel || acier outil m. profilé. **e) ~stecher** m. (Met) || clearing iron || stoqueur m. **f) ~stein** m. || shaped brick || brique f. moulée. 37

Formstück n. (Schriftg) || form piece || platine f. **a) Rohr~** || pipe connection || pièce f. d'assemblage pour tuyaux. **b) schweres ~** || big moulded piece; heavy casting || grosse pièce f. de moulage. 38

Formtrog m. (Zuck) || mould cistern || bac m. à formes. 39

Formular n. || blank; set; form; formulary || formule f., formulaire m. **a) ~** in **Rollenform** || form in rolls || formulaire m. en forme de rouleaux. 40

formulieren (Brief) || to draw up || rediger. 41

Form-ziegel m. || profilated brick || brique f. profilée. **a) ~zustand** m. (Phys) || physic condition || état m. physique. 42

Formzylinder m. (Druckw) || form cylinder || cylindre m. gravé. **a) ~** der **Rotationsmaschine** || type carrying cylinder of the rotary machine || cylindre m. porte-clichés de la presse rotative. 43

Forschung f. || research || recherches fpl.; investigation f. 44

Forschungsarbeit f. || exploration *or* research work || travail m. d'exploration *ou* de recherche. **a) wissenschaftliche ~** || scientific research || recherche f. scientifique. 45

Forschungs-laboratorium n. ‖ research laboratory ‖ laboratoire m. de recherches. **a) ~mikroskop** n. ‖ research microscope ‖ microscope m. pour les recherches scientifiques. **b) ~reise** f. ‖ discovery voyage ‖ voyage m. de découverte. **c) ~zweck** m. ‖ research purpose ‖ but m. d'investigation. 1

Forst m. ‖ forest ‖ forêt m. 2

Forst f., staatliche ‖ state forest ‖ forêt f. de l'Etat. **a)** der ~ f. **unterstellen** ‖ to manage through forest officiers ‖ soumettre au régime forestier. 3

Forst-akademie f. ‖ forest college ‖ école f. forestière supérieure. **a) ~aufseher** ‖ forest ranger; woodward ‖ garde-forestier m. **b) ~bahn** f. ‖ forest railway ‖ chemin m. de fer forestier. **c) ~baum** m. ‖ forester; forest tree ‖ arbre m. forestier. **d) ~beamter** m. ‖ forest officer ‖ agent m. forestier. 4

Förster m. ‖ forester; forest ranger ‖ forestier m.; garde-forestier m. 5

Försterei f. ‖ forester's house ‖ maison f. forestière. 6

Forsterit m. ‖ forsterite ‖ forstérite f. 7

Forst-hochschule f. ‖ university of forestry ‖ école f. supérieure forestière. **a) ~hüter** m. ‖ forest ranger; woodward; verderer ‖ garde-forestier m. **b) ~kultur** f. *s.* Forstwirtschaft. **c) ~kulturgerät** n. ‖ tools pl. for forest economy ‖ outils mpl. pour l'économie forestière. **d) ~meister** m. ‖ forest master ‖ inspecteur m. des forêts. **e) ~pflanze** f. ‖ forest plant ‖ plante f. forestière. **f) ~strauch** m. ‖ forest-shrub ‖ arbuste m. forestier. **g) ~vermessungswesen** n. ‖ forest survey ‖ arpentage m. **h) ~wirtschaft** f. ‖ forestry; forest culture; sylviculture ‖ exploitation f. des forêts; économie f. forestière; sylviculture f. 8

forstwirtschaftliche Geräte npl. **und Instrumente** npl. ‖ forestal instruments pl. and utensils pl. ‖ instruments mpl. et ustensiles mpl. forestiers. 9

Fortbewegung f. ‖ locomotion; progressive motion; progression ‖ locomotion f.; mouvement m. progressif; marche f. **a)** ~von **Schiffen** ‖ propelling of vessels ‖ propulsion f. des bâtiments. **b) schrittweise** ~ ‖ step-by-step progression ‖ progression f. pas-à-pas. 10

Fortbewegungsmaschine f. ‖ locomotion engine ‖ engin m. de locomotion. 11

Fortbildung f. der **Lehrlinge** ‖ additional education given to apprentices ‖ instruction f. ultérieure des apprentis. 12

Fortepiano n. *s. auch* Piano ‖ piano; pianoforte ‖ piano m. 13

fortkochen (Chem) ‖ to boil off ‖ chasser par ébullition. 14

Fortkochzahl f. ‖ output to keep on the simmer ‖ chiffre f. de maintien de l'ébullition. 15

fortlaufend (Math) ‖ continuous; current ‖ continu; formant une série. 16

fortleiten ‖ to transmit ‖ conduire; transmettre. 17

fortoxydieren ‖ to oxidize off ‖ éliminer par oxydation. 18

fortpflanzen, sich ‖ to propagate ‖ se propager. 19

Fortpflanzung f. (Phys) ‖ propagation ‖ propagation f. **a)** ~ der **Bewegung** ‖ communication of motion ‖ communication f. de mouvement. 20

Fortpflanzungs-geschwindigkeit f. ‖ speed of propagation *or* translation; propagation velocity ‖ vitesse f. de propagation *ou* de translation. **a) ~konstante** f. ‖ propagation constant ‖ constante f. de propagation. **b) ~maß** n. (Fernm) ‖ hyperbolical line angle ‖ affaiblissement m. complexe. 21

Fortrückexzenter m. (Textil) ‖ feed eccentric ‖ excentrique m. d'entraînement. 22

Fortrückung f. ‖ shifting ‖ déplacement m. 23

Fortsatz m. (Masch) ‖ stop ‖ taquet m. 24

fortschalten (Fernm) ‖ to step forward ‖ connecter en avant. 25

Fortschalt-magnet m. ‖ stepping magnet ‖ électro-aimant m. d'avancement. **a) ~vorrichtung** f. (Fernm) ‖ stepping device ‖ mécanisme m. d'avancement. 26

Fortschellklingel f. ‖ constant active bell ‖ sonnerie f. continue. 27

Fortschritt m., **rascher** ~ m. unserer Zeit ‖ rapid progress of modern life ‖ progrès m. rapide des temps modernes. 28

fortsetzen, das **Arbeitsverhältnis** ‖ to continue service relations ‖ prolonger le contrat de travail. 29

fortwälzen ‖ to roll ‖ rouler. 30

fossil~es Mehl n. ‖ fossil flour ‖ farine f. fossile. **a) ~er Rohstoff** m. ‖ fossil material ‖ matière f. fossile. 31

Foto n. *s.* ~grafie (Bild). **a) ~album** n. ‖ photo album ‖ album m. pour photos. 32

Fotochemie f. ‖ photochemistry ‖ photochimie f. 33

fotochemisch ‖ photochemical ‖ photochimique. 34

Fotochrom n. ‖ photochrome ‖ photochromie f. 35

fotochromatisch ‖ photochromatic ‖ photochromatique. 36

fotoelektrisch ‖ photoelectric ‖ photoélectrique. **a) ~e Zelle** f. ‖ photoelectric cell ‖ cellule f. photoélectrique. 37

Fotofon n. ‖ photophone ‖ photophone m. 38

Fotogalvanografie f. ‖ photogalvanography ‖ photogalvanographie f. 39

Fotograf m. ‖ photographer ‖ photographe m. 40

Fotografie f. (Bild) *s. auch* Lichtbild ‖ photographic picture; photograph ‖ épreuve f. photographique; photographie f. **a)** ~ (Verfahren) ‖ photography ‖ photographie f. **b) Astro~** ‖ astro photography ‖ astrophotographie f. **c) Dreifarben~** ‖ three colour photography ‖ photographie f. trichrome. **d) Flieger~** ‖ aerial photography ‖ photographie f. aérienne. **e)** ~ mit **ultraviolettem Licht** ‖ photography with ultraviolet light ‖ photographie f. à la lumière ultra-violette. 41

Fotografie-lupe f. ‖ magnifying lens for photographs ‖ loupe f. pour photographies. **a) ~satinieren** n. ‖ glazing of photographs ‖ satinage m. de photographies. **b) ~satinierer** m. ‖ photograph glazer ‖ satineur m. de photographies. **c) ~schale** f. aus **Papierstoff** ‖ photographic basin of card board ‖ bassine f. de carton-pâte pour photographes. **d) ~vergrößerungsanstalt** f. ‖ studio for photo enlarging process ‖ atelier m. d'agrandissements photographiques. 42

fotografisch ‖ photographic ‖ photographique. **a)** ~ **wirksamer** blauvioletter Teil m. des Spektrums ‖ photochemically active blue violet region of the spectrum ‖ region f. bleu-violette du spectre dont l'action sur la plaque photographique est la plus intense. 43

fotografisch-er Apparat m. ‖ photographic apparatus; camera ‖ appareil m. photographique. **a) ~er Artikel** m. ‖ photographic article ‖ article m. pour la photographie. **b) ~e Aufschreibung** f. ‖ photographic recording ‖ enregistrement m. photographique. **c) ~er Bedarfsartikel** m. ‖ photographical implement ‖ accessoire m. photographique. **d) ~e Chemikalien** fpl. ‖ photographic chemicals pl. ‖ produits mpl. chimiques pour la photographie. **e) ~es Fernrohr** n. mit Ultraviolettriplets ‖ photographic telescope with ultraviolet triplets ‖ lunette f. photographique munie de triplets ultraviolets. **f) ~es Instrument** n. ‖ photographic instrument ‖ instrument m. de photographie. **g) ~er Karton** m. ‖ photographic card board ‖ carton m. pour la photographie. **h) ~es Objektiv** n. ‖ photographic objective ‖ objectif m. photographique. 44

fotografisches Papier n. ‖ photographic paper ‖ papier m. photographique *ou* pour la photographie. **a)** Maschine f. zum **Präparieren** photographischer Papiere ‖ paper sensitizing machine ‖ machine f. à sensibiliser le papier. 45

fotografische Platte f. ‖ photographic plate ‖ plaque f. photographique. **a)** ~ aus **Glas** ‖ photographic plate of glass ‖ plaque f. en verre pour la photographie. 46

fotografisch-es Präparat n. ‖ photographic chemical product ‖ produit m. photographique. **a) ~er Refraktor** m. ‖ photographic refractor ‖ réfracteur m. photographique. **b) ~es Schmelzbild** n. ‖ photographic enamel ‖ émail m. photographique. **c) ~e Trockenplatte** f. ‖ photographic dry plate ‖ plaque f. photographique sèche. **d) ~er Vergrößerungsapparat** m. ‖ photographic(al) magnifying apparatus ‖ appareil m. d'agrandissement pour photographies. 47

Fotogrammetrie f. ‖ photogrammetry; photographic surveying ‖ photogrammétrie f. 48

fotogrammetrisch-es Aufnahmegerät n. ‖ instrument for photogrammetrical surveys ‖ appareil m. photogrammétrique de prise de vue. **a) ~es Auswertungsgerät** n. ‖ photogrammetric working-out apparatus ‖ ustensile m. d'évaluation photogrammétrique. 49

Fotogravüre f. ‖ photo engraving; photogravure ‖ photogravure f. 50

Fotoindustriemaschine f. ‖ photographic trade machine ‖ machine f. pour l'industrie photographique. 51

fotokeramische Anstalt f. ‖ photoceramic establishment ‖ atelier m. photocéramique. 52

Foto-lithograf m. ‖ photolithographer ‖ photolithographe m. **a) ~lithographie** f. ‖ photolithography ‖ photolithographie f. 53

fotolithografieren ‖ to photolithograph ‖ photolithographier. 54

fotomechanisch-er Apparat m. ‖ photomechanical apparatus ‖ appareil m. photomécanique. **a) ~es Verfahren** n. ‖ photomechanical process ‖ procédé m. photomécanique. 55

Fotomesser m. *s.* Fotometer. 56

Fotometer n. || photometer || photomètre m. **a) Fettfleck~** || grease spot photometer || photomètre m. à tache d'huile. **b) Flimmer~** || flicker photometer || photomètre m. à éclats. **c) Glühlampen~** || glow-lamp photometer || photomètre m. pour lampes à incandescence. **d) lichtelektrisches Registrier~** || recording photo electrical photometer || photomètre m. enregistreur photo-électrique. **e) Schwärzungs~** || photographic plate photometer || photomètre m. à noicissement. **f) Stufen~** || graduation photometer || photomètre m. graduel. 1

Fotometerbank m. || photometric bench || banc m. photométrique. 2

Fotometrie f. || photometry || photométrie f. **a) Spektral~** || spectro photometry || photométrie f. spectrale. 3

fotometrieren || to photometer || photométrer. 4

Fotometrierung f. (Opt) || photometric measurement || photométrisation f. 5

fotometrisch (Opt) || photometric || photométrique. **a) spektro~e Messung** f. || spectrophotometric measurement || mesure f. spectrophotométrique. 6

fotoelektrische Zelle f. || photoelectric cell || élément m. *ou* pile f. photoélectrique. 7

Foto-mikrografie f. || photomicrography || photomicrographie f. **a) ~telegraf** m. || phototelegraph || phototélégraphe m. **b) ~theodolit** m. || photo theodolite || photo-théodolite m. **c) ~trockner** m. || photo dryer || appareil m. pour le séchage des photos. **d) ~typografie** f. || phototypography || phototypographie f. 8

Fotozelle f. || photoelectric cell || cellule f. photoélectrique. 9

Fotozellenverstärker m. || photoelectric cell amplifier || amplificateur m. de cellule photoélectrique. 10

Fotozinkografie f. || photozincography || photozincographie f. 11

Foucaultströme mpl. || eddy currents pl. || courants mpl. parasites. 12

Foulard m. || light printed silk goods pl.; foulard || foulard m. 13

Fouriersche Reihe f. || Fourier serie || série f. de Fourier. 14

Fowlerit m. || fowlerite || fowlérite f. 15

Fracht f. (Gebühr) || freight || fret m. **a) ~** (Gut) || load; loading; cargo; freight; goods pl. || charge f. **b) die ~ abschließen** || to make *or* to engage the freight || conclure le fret. **c) in Bausch und Bogen** bedungene **~** || freight stipulated in a lump sum || fret m. en bloc. **d) die ~ bedingen** || to make *or* to engage the freight || conclure le fret. **e) ~ bezahlt** || carriage paid || port m. payé. **f) Durch~** || through-freight || fret m. de transit. **g) ganze ~** || full freight || fret m. entier. **h) ~ für die Gewichtstonne** || freight per ton weight || fret m. par tonneau (pesant). **i) ~ für die Registertonne** || freight per register ton || fret m. par tonneau d'encombrement. **k) volle ~** || full freight || fret m. entier. 16

Fracht-aufseher m. || supercargo || subrécargue m. **a) ~aufzug** m. || freight lift || monte-charge m. **b) ~betrag** m. || amount of freight || montant m. du fret. 17

Frachtbrief m. (Eisenb usw.) || bill of freight; letter of conveyance; freight note; way bill || liste f. de fret; lettre f. de voiture; feuille f. de route. **a) ~** (Seew) || bill of lading || connaissement m.; police f. de chargement. 18

Frachtbuchführung f. || freight accounting || comptabilité f. des frais de transport. 19

Frachtdampfer m. || cargo steamer || vapeur m. cargo de transport. **a) ~verkehr** m. || cargo steamer traffic || trafic m. des vapeurs marchands. 20

Fracht-flugboot n. || goods-carrying flying boat || hydravion m. à coque de fret. **a) ~flugzeug** n. || goods-carrying aeroplane; freight aeroplane || avion m. de fret. 21

frachtfrei || freight free; carriage paid || frane *ou* exempt de fret; franc de voiture. 22

Fracht-fuhre f. || land carriage || chariot m. *ou* voiture f. de roulage. **a) ~fuhrwerksbetrieb** m. || landcarriage office || roulage m. **b) ~geld** n. || freight; carriage; freightage || frais mpl. *ou* prix m. de; transport; camionage m.; port m.; affrétage m. 23

frachtgünstige Lage f. des Brennstoffgebietes || the situation of the fuel district is an advantage from the point of view of transport || le bassin m. du combustible étant favorablement situé. 24

Frachtgut n. || railway goods pl. || marchandise f. en petite vitesse. **a) ~** in **Wagenladung** || wagon load || marchandise f. par charge complète. 25

Frachtgutverkehr m. || freight goods traffic || trafic m. des marchandises à petite vitesse. 26

Fracht-kahn m. || freight boat || chaland m. **a) ~kosten** fpl. || freight charges pl. || frais mpl. de transport. **b) ~markt** m. || freight market || marché m. du fret. **c) ~raum** m. || freight hold || cale f. pour fret. **d) ~satz** m. || freight rate || tarif m. fret; taux m. du fret. 27

Frachtschiff n. || cargo vessel; merchant ship; freighter || cargo m.; navire m. de charge. **a) Eil~** || express freighter || chaland m. pour service accéléré. **b) Motor~** || motor freighter || cargo m. à moteur. 28

Fracht-spesen pl. || freight charges pl. || frais mpl. de transport. **a) ~stück** n. || package || paquet m.; colis m. **b) ~stundung** f. (Eisenb) || deferred payment of freight charges || répit m. pour le paiement de la taxe. **c) ~unternehmer** m. || contractor of carrying || entrepreneur m. de transport. **d) ~verkehr** m. || goods traffic || roulage m.; trafic m. d'expédition. **e) ~versicherung** f. || insurance on freight || assurance f. sur fret. **f) ~vertrag** m. || charter party || contrat m. d'affrètement *ou* de nolisement. **g) ~wagen** m. || land carriage; wagon; van; cart || chariot m. *ou* voiture f. de roulage. **h) ~zuschlag** m. || additional *or* extra freight || frais mpl. additionnels; taxe f. supplémentaire. 29

Frage-bogen m. || enquiry *or* question sheet || questionnaire m. **a) ~zeichen** n. || sign of interrogation || point m. d'interrogation. 30

fraktionieren || to fractionate || fractionner. 31

fraktioniert (Chem) || fractional || fractionné. **a) ~ Destillation** f. || fractional distillation || distillation f. fractionnée. 32

Fraktionierung f. (Chem) || fractionation || fractionnement m. 33

Fraktur f. || gothic letter; german text || caractère m. gothique *ou* allemand. **a) ~schrift** f. || Gothic *or* German type; Gothic letter; German text || écriture f. gothique; caractère m. allemand. 34

Francis-einradturbinensatz m. in vertikaler Anordnung || set of vertical shaft single wheel Francis turbines || groupe m. de turbines Francis à couronne unique et à arbre vertical. **a) ~spiralturbinensatz** m., **Doppel~** in horizontaler Anordnung || set of double horizontal shaft Francis spiral turbines || groupe m. de turbines Francis à spirale et à arbre horizontal. **b) ~turbine** f. || Francis turbine || turbine f. de Francis. **c) einkränzige ~vertikalturbine** f. || single-wheel Francis vertical shaft turbine || turbine f. Francis à couronne unique et à arbre vertical. 35

Frankesche Maschine f. (Elektr) || Franke machine || alternateur m. Franke. 36

Frankfurter Schwarz n. || Francfort black || noir m. de Frankfort. 37

frankieren || to pay for; to prepay || affranchir; payer le port. 38

Frankiermaschine f. || stamping machine || machine f. à affranchir. 39

Frankierung f. || payment of postage || affranchissement m. 40

Franklinit m. || franklinite || franklinite f. 41

franko (Post) || paid; prepaid || franc de port m.; franco. 42

Frankolith m. || francolite || francolite f. 43

Franse f. || fringe || frange f. **a) gedrehte ~** || twisted fringe || frange f. tordue. **b) schraubenförmig gewundene ~** || torsade || torsade f. 44

Fransen-knüpfmaschine f. || fringing machine || machine f. à franger. **a) ~dreherin** f. (Posam) || fringe-twister || guipeuse f. en franges. **b) ~knüpfer** m. (Posam) || fringe-knotter || noueur m. de franges. 45

Franz m. (Luftf) || observer; aerial observer; navigator || observateur m. 46

Franz-band m. || binding in calf; calf binding || reliure f. en veau. **a) ~branntwein** m. || French brandy || eau-de-vie f. de France. 47

franzen (Luftf) || to fix a position; to find one's position (A) || repérer. 48

Franzose m. (Werkzeug) || monkey wrench || clef f. anglaise. 49

Fräs-arbeit f. || milling work || fraisage m. **a) ~bolzen** m. || cutter arbor || mandrin m. porte-fraise. 50

Fräse f. *s.* Fräsmaschine. 51

fräsen || to mill || fraiser. **a) ab~** || to mill off || enlever à la fraise. **b) Zahnräder** npl. **~** || to cut gear || fraiser les dents fpl. 52

Fräsen n. || milling || fraisage m. 53

Fräser m. || (milling) cutter || fraise f. **a) Acker~** || tillage cutter || fraiseuse f. de labour. **b) ~ mit eingesetzten Schneidzähnen** || cutter with inserted teeth || fraise f. à dents rapportées. **c) Fasson~** || formed cutter || fraise f. profilée. **d) Finger~** || end mill || fraise f. à queue. **e) hinterdrehter ~** || backed off cutter || fraise f. à dépouille *ou* à profil invariable. **f) Holz~** || shaper || toupilleur m. **g) horizontal verstellbarer ~** || cutter with horizontal adjustment || fraise f. avec déplacement horizontal. **h) kegeliger ~** || conical type milling cutter || fraise f. conique. **i) linksschneidender ~** || left hand milling cutter || fraise f. coupant à gauche. **k) Muttern~** || nut shaver || fraiseur m. d'écrous. **l) Nuten~** || slot milling-cutter || fraise f. à rainures. **m) Pilz~** || semicircular cutter || fraise f. à champignon. **n) Profil~** || profiling cutter || fraise f. profilée. **o) rotierender ~** rotating milling cutter || fraise f. rotative. **p) Satz~** || gang cutter || fraise f. d'un jeu combiné. **q) Schaft~** || shank end-mill || fraise f. à queue. **r) Scheiben~** || side milling cutter || fraise f. disque. **s) Schienen~** || rail milling machine || fraiseuse f. pour rails. **t) Schnecken~** || worm hob || fraise f. hélicoïdale. **u) Schraubenschlitz~** || screw slotting cutter || fraise f. pour entailler les vis. **v) Vor~** || stocking cutter || fraise f. ébaucheuse. **w) Walzen~** || worm hob; plain milling cutter; cylindrical cutter || fraise-mère f.; fraise f. cylindrique. **x) Winkel~** || angular cutter || fraise f. conique. **y) Zahn~** || cutter for gear wheels || fraise f. à engrenages. **z) ~ zum Zähneschneiden** || milling cutter for toothed-gear cutting || fraise f. module pour tailler les engrenages. 1

a) zweiteiliger ~ || twin milling cutter || fraises fpl. accouplées. 2

Fräser-antriebsrad n. || milling cutter driving gear || roue f. de commande de la fraise. **a) ~bruch** m. || damage to cutter || rupture f. de fraise. 3

Fräserei f. || milling shop || atelier m. de fraisage. 4

Fräser-hinterschleifeinrichtung f. || milling cutter relief grinding attachment || appareil m. à rectifier les flancs de dents des fraises-mères. **a) ~schärfautomat** m. || automatic cutter grinder || machine f. automatique à affûter et à dépouiller les fraises. 5

Fräs-kette f. || chain cutter || chaine f. dentée. **a) ~kopf** m. || cutter head || tête f. de fraisage; plateau-fraiseur m. 6

Fräsmaschine f. || milling machine; miller || machine f. à fraiser; fraiseuse f. **a) ~** (Holzbearb) || (vertical spindle) moulding machine || toupie f. **b) ~ zum Abrunden** der Radzähne || tooth chamfering machine for toothed wheels || machine f. à faire les entrées de dents des roues dentées. **c) ~ mit ausfahrbaren Ständern** || milling machine with adjustable housings || machine f. à fraiser à montants déplaçables. **d) Doppel~** || double *or* duplex milling machine || fraiseuse f. à deux broches horizontales; machine f. à fraiser double. **e) einfache ~** || single spindle milling machine || machine f. à fraiser verticale simple. **f) Einfachwagerecht~** || plain horizontal milling machine || fraiseuse f. horizontale simple. **g) Faßspund~** || bung fraiser || fraiseuse f. pour bondes. **h) ~ mit festen Ständern** || milling machine with fixed housings || machine f. à fraiser à montants fixes. **i) Flächen~** || surface milling machine || machine f. à fraiser les surfaces (planes); fraiseuse-raboteuse f. **k) ~ für Gesenke und Schnitte** || milling machine for dies and punches || fraiseuse f. pour étampes et matrices. **l) Gewinde~** || thread milling machine || machine f. à fileter à la fraise. **m) Hand~** || hand operated milling machine || fraiseuse f. à main. **n) Hochleistungs~** || heavy-duty *or* high-efficiency milling machine || machine f. à fraiser à grand rendement. **o) Horizontal~** *s.* Wagerecht~. **p) Kaliber~** (Walzw) || groove milling machine || fraiseuse-calibre f. **q) Kanten~** || edge-milling machine || chanfreineuse f. **r) Kegelräder~** || bevel gear cutting machine || machine f. à tailler les roues coniques. **s) Keilnuten~** *s.* Langloch~. **t) Kopier~** || copy(ing) *or* profil(ing) milling machine; milling machine with copying *or* profiling device || fraiseuse f. à copier *ou* à reproduire; machine f. à fraiser avec dispositif à reproduire. **u) Kurven~** || cam forming and profiling machine || machine f. à fraiser et à profiler les cames. **v) Lang~** || longitudinal milling machine || machine f. à fraiser longitudinale. **w) Langkopier~** || longitudinal milling machine with copying *or* profiling device || machine f. à fraiser longitudinale avec dispositif à reproduire. **x) Langloch~** || slot *or* key groove *or* keyway milling machine || || machine f. à fraiser les rainures de clavettes. **y) Langtisch~** || milling machine with rectangular table; plano milling machine || machine f. à fraiser à table rectangulaire; fraiseuse f. raboteuse. **z) Mehrzweck~** || milling machine for various purposes || fraiseuse f. d'application pour fabrication variée. 7

a) Muttern~ || nut milling machine || fraiseuse f. à écrous. **b) Nuten~** || groove *or* slot milling machine || machine f. à fraiser les rainures. **c) Parallel~** || parallel milling machine || machine f. à fraiser parallèle. **d) Pfeilräder~** || herringbone gear cutting machine || machine f. à fraiser les roues à denture à chevrons. **e) Plan~** || planomiller; plano *or* surface milling machine || machine f. à fraiser plane; fraiseuse f. raboteuse. **f) Portal~** || portal milling machine || fraiseuse f. à portique. **g) Proben~** || milling machine for test rods || fraiseuse f. pour éprouvettes. **h) Profil~** || profiling machine || machine f. à profiler. **i) Räder~** || gear cutting machine || machine f. à fraiser les engrenages. **k) Rippenplatten~** || rib plate milling machine || fraiseuse f. pour selles à nervures. **l) Ritzel~** || pinion hobbing machine || machine f. à tailler les pignons. **m) Rund~** || circular milling machine || machine f. à fraiser circulairement; fraiseuse f. circulaire. **n) Rundlauf~** || rotary milling machine || fraiseuse f. à plateau horizontal rotatif. **o) Schnecken~** || worm milling machine || machine f. à fraiser les vis sans fin. **p) Schneckenräder~** || worm wheel threading machine || machine f. à fraiser les roues hélicoïdales. **q) Schraubenräder~** || screw wheel threading machine || machine f. à fraiser les roues cylindriques hélicoïdales. **r) Senkrecht~** || vertical milling machine || machine f. à fraiser *ou* fraiseuse f. verticale. **s) Sonder~** || special milling machine || machine f. à fraiser spéciale. **t) Sonder~** f. für den **Automobilbau** || special milling machine for motor car industry || machine f. à fraiser spéciale pour la fabrication des automobiles. **u) Sonder~** f. für **Eisenbahnwerkstätten** || special milling machine for railway repairing shops || machine f. à fraiser spéciale pour les ateliers de chemins de fer. **v) Sonder~** f. für den **Lokomotivbau** || special milling machine for locomotive building || machine f. à fraiser spéciale pour la fabrication des locomotives. **w) Sonder~** f. für den **Motorenbau** || special milling machine for motor industry || machine f. à fraiser spéciale pour la fabrication des moteurs. **x) Spezial~** *s.* Sonder~. **y) ~ mit x-Horizontal- und y-Vertikalspindeln** || milling machine with *x* horizontal and *y* vertical spindles || machine f. à fraiser à *x* broches horizontales et *y* broches verticales. **z) Spiralbohrer~** || twist drill milling machine || machine f. à fraiser les mèches hélicoïdales. 8

a) Ständer~ || column milling machine || fraiseuse f. à montant. **b) ~ für die Steinbearbeitung** || milling machine for stone working || fraiseuse f. pour travailler la pierre. **c) Steuerwellenexzenter~** || cam milling machine || machine f. à fraiser les cames. **d) Universal~** || universal milling-machine || fraiseuse f. *ou* machine f. à fraiser universelle. **e) ~ mit verbreitertem Durchgang** || milling machine with enlarged passage || machine f. à fraiser acec passage élargi. **f) Vertikal~** *s.* Senkrecht~. **g) Wagerecht~** || horizontal milling machine || fraiseuse f. *ou* machine f. à fraiser horizontale. **h) ~ für Werkzeuge** || universal tool milling machine || machine f. universelle à fraiser les outils. **i) Zahnräder~** || gear hobbing machine || machine f. à tailler les engrenages. **k) Zahnstangen~** || rack cutting machine || machine f. à fraiser *ou* à tailler les crémaillères. 9

Fräs-messer n. || knife; cutter || lame-fraise f. **a) ~schlitten** m. || milling carriage; milling support || chariot m. porte-fraise. 10

Frässpindel f. || cutter *or* milling spindle || arbre m. *ou* broche f. porte-fraise; broche f. de fraisage; porte-fraise m. **a) ~ eines Portalfräswerkes** || milling *or* cutter spindle of a portal milling machine || broche f. de fraisage d'un portique de fraisage. **b) schwenkbare ~** || swivelling milling spindle || broche f. inclinable. **c) senkrechte ~** || vertical milling spindle || broche f. porte-fraise verticale. **d) Universal~** || universal milling spindle || broche f. porte-fraise universelle. **e) wagerechte ~** || horizontal milling spindle || porte-fraise m. horizontal. 11

Frässpindel-geschwindigkeit f. || cutter spindle speed || vitesse f. de l'arbre porte-fraise. **a) ~mitte** f., größte Entfernung f. der ~ von der Tischfläche || greatest distance from table surface to milling spindle centre || distance f. maximum de la surface de la table au centre du porte-fraise. **b) ~stock** m. || milling carriage || tête f. porte-fraise. 12

Frästiefe f. || milling depth || profondeur f. à fraiser. 13

Fräsung f. || crisping || fraisure f. 14

Fräs-vorrichtung f. || milling device || dispositif m. à fraiser. **a) ~werk** n. *s.* ~maschine. 15

Frauen-glas n. (Min) || mica || mica m. **a) ~haar** n. || womans' hair || cheveu m. de femme. **b) ~haube** f. || coif || coiffe f. de femme. **c) ~kleidung** f. || clothing for women || vêtement m. pour femmes. **d) ~strumpf** m. || women's hose stocking || bas m. de femme. 16

Fraunhofersche Linien fpl. || Fraunhofer lines pl. || raies fpl. de Fraunhofer. 1

frei || free || libre. **a)** ~ (Gelände) || open; unenclosed || ouvert; découvert. **b)** ~ (Post) || prepaid || franc de port m.; franco. **c)** ~ (unentgeltlich) || free || gratis. **d)** ~ **aufliegend** || freely supported || reposant librement. **e)** ~ **Bahnhof** m. || free depot || franco gare f. **f)** ~ **Baustelle** f. || delivered at building site || marchandise f. rendue sur chantier. **g)** ~ **schwingen** || to swing clear || osciller librement. **h)** ~ **von** || free from || exempt de. **i)** ~ **von totem Gang** m. || free from end play; no back lash (A) || libre de toute marche; sans jeu m. **k)** ~ **Verwendungsstelle** f. || delivered site || franco au lieu d'emploi *ou* à pied d'œuvre. 2

frei-er Auspuff m. || open exhaust || échappement m. libre. **a)** ~**er Fall** m. || free fall || chute f. libre. **b)** ~**e Wahl** f. (Selbstanschl) || hunting movement || recherche f. libre. **c)** ~**e Windrichtung** f. || free wind direction || direction f. libre du vent. **d)** in ~**em Zustande** m. (Chem) || in the free state || à l'état m. libre. 3

Frei-antenne f. || free antenna || antenne f. haute. **a)** ~**arche** f. (Wasserb) || paddle hole; clough arch; waste gate || auge f. *ou* conduit m. d'une écluse. **b)** ~**auslösung** f. (Elektr) || trip free release || déclenchement m. libre. **c)** ~**ballon** m. || free balloon || ballon m. libre. **d)** ~**bau** m., im ~ m. stehen (Bergb) || to cover its costs || couvrir les frais d'exploitation. 4

freibauen (Bergb) || to cover its costs || couvrir les frais d'exploitation. 5

freibleibend || subject to being sold; without engagement || sans engagement m. 6

Frei-bord m. (Schiffb) || free board || francbord m. **a)** ~**brauen** n. || privilege formerly granted to brew beer || privilège m. de brasser de la bière accordé autrefois. 7

Freieslebenit m. || freieslebenite || freieslébénite f. 8

Frei-exemplar n. || free copy || exemplaire m. gratuit. **a)** ~**fahrkarte** f. || free pass || parcours m. libre. 9

Freifall m. *s.* freier Fall. 10

Freifall-bohrer m. || Kindt's boring-instrument || outil m. de sondage de Kindt. **a)** ~**mischer** m. || gravity mixer || malaxeur m. à chute libre. 11

Frei-feld n. (Dachd) || uncovered part of a slab *or* tile || pureau m. **a)** ~**fläche** f. || open space || plein air m. 12

Freigabe f. eines **Schiffes** || release *or* restitution of a vessel || restitution f. d'un bâtiment. **a)** ~ der **Umschaltetaste** f. (Schreibm) || release of the shift key || relâchement m. de la touche des majuscules. **b)** ~ von **Waren** || release of goods || libération f. de marchandises. **c) zwangsläufige** ~ (Selbstanschl) || forced liberation || déconnexion f. forcée. 13

Freigabe-block m. (Eisenb) || clearing block (mechanism) || bloc m. de libération. **a)** ~**signal** n. (Eisenb) || clear signal || signal m. de voie libre. **b)** ~**taste** f. || release key || touche f. de libération. **c)** ~**werk** n (Eisenb) || clearing block mechanism. || bloc m. de libération. 14

freigeben || to lay bare || découvrir. 15

Frei-gebinde n. (Zimm) || empty *or* intermediate truss || ferme f. de remplage. **a)** ~**gepäck** n. || freight-free baggage; free luggage || franchise f. de bagages; bagages mpl. transportés gratuitement. **b)** ~**gerinne** n. (Wasserb) || outlet channel || lancière f.; déchargeoir m. 16

freigesprochen || acquitted || acquitté. 17

Frei-grundbesitz m. || freehold property || pleine propriété f. **a)** ~**hafen** m. || freeport || port m. franc; entrepôt m. réel. **b)** ~**halter** m. (Schiffb) || loose skid; fender || défense f. mobile. **c)** ~**handel** m. || free trade || commerce m. libre; libre-échange m. **d)** ~**handelssystem** n. || freetrade system || système m. du libre-échange. 18

freihändig verkauft || sold privately || vendu à l'amiable. 19

freihändige Vergebung f. || free adjudication || adjudication f. libre. 20

Freihandel m. || free trade || libre-échange m.; commerce m. libre. 21

Freihand-zeichnen n. || free-hand drawing || dessin m. *ou* tracement m. à main levée. **a)** ~**zeichnung** f. || free-hand drawing || dessin m. à main levée. 22

Freiheit f. (Bauw) || parade; esplanade || esplanade f. 23

Freiheitsgrad m. || degree of freedom || degré m. de liberté. 24

Freiholz n. (Schiffb) || loose skid; fender || défense f. mobile. 25

freikommen vom Grund m. (Seew) || to get afloat; to get off || rafluer. **a)** vom **Zusammenstoß** m. ~ (Seew) || to clear *or* to go free from collision || échapper *ou* parer *ou* éviter une collision. 26

Freikux m. || preference share || action f. franche. 27

Freilauf m. (Masch) || free motion || course f. libre. **a)** ~ (Wasserb) || outlet channel || lancière f.; déchargeoir m. **b)** ~**kupplung** f. || overrunning clutch || embrayage m. à roue libre. **c)** ~**nabe** f. || freewheel hub || moyeu m. de la roue libre. **d)** ~**rad** n. || freewheel || roue f. libre. 28

Freilegen n. der **Gleise** || lifting the track || enlèvement m. des rails. 29

Freileitung f. || aerial wire; open wire circuits pl.; overhead cable *or* line || câble m. *ou* fil m. aérien; ligne f. aérienne. **a) Hohlseil**~ || hollow aerial line || ligne f. aérienne à câbles creux. 30

Freileitungs-anlage f. || aerial network || installation f. de ligne aérienne. **a)** ~**armatur** f. || overhead line fittings pl. || accessoire m. pour ligne aérienne. **b)** ~**einführung** f. || aerial lead-in || entrée f. de lignes aériennes. **c)** ~**nachbildung** f. || open line balancing network || équilibreur m. d'un circuit aérien. **d)** ~**sicherung** f. || aerial cut-out || coupe-circuit m. aérien. **e)** ~**verteilungspunkt** m. || overhead distribution point || point m. de distribution aérienne. 31

Freiluft-anlage f., Stützerstromwandler m. in einer || spreader current transformer in an open air transformer station || transformateur m. d'intensité support installé dans un poste extérieur. **a)** ~**leitung** f. || overhead line || ligne f. aérienne. **b)** ~**transformatorenanlage** f. || open air transformer plant || groupe m. de transformateurs à l'air libre. **c)** ~**umspannwerk** n. || outdoor transformer station || poste m. de transformation extérieur. 32

freimachen (Chem) || to set free || mettre en liberté. **a)** ~ (Porto) || to pay for; to prepay || affranchir; payer le port. **b)** ein **Gebäude** n. in seiner Umgebung ~ || to quicken a building || égayer *ou* dégager un édifice. 33

Freimachungsmaschine f. || postal permit printing attachment || dispositif m. pour l'affranchissement du courrier. 34

Freischürfgebiet n. || zone within which prospecting is free || domaine m. de liberté des recherches. 35

freischwingender Antrieb m. || free-swinging drive || commande f. autobalanceuse. 36

Freispruch m. || acquittal || acquittement m. 37

freistehend-er Säulendrehkran m. || isolated pillar crane || grue f. pivotante isolée. **a)** ~**e Windmühle** f. || wind mill standing out *or* clear || moulin m. à vent isolé. 38

Freistrahlturbine f. || free jet turbine; free deviation action turbine || turbine f. à libre jet *ou* à libre déviation. 39

freitragend (Bauw) || cantilever; corbelled-out || encorbellé; en porte à faux. **a)** ~ (Masch) || not supported || non soutenu. 40

freitragend-er Eindecker m. || cantilever monoplane || monoplan m. en porte à faux. **a)** ~**er Flügel** m. (Luftf) || cantilever wing || aile f. en porte à faux. **b)** ~**e Treppe** f. || overhanging stairs pl. || escalier m. suspendu. 41

Freitreppe f. || flier; perron || perron m. 42

freiwerdend, aus einer **Verbindung** f. (Chem) || nascent || naissant. 43

freiwillig || spontaneous || spontané. 44

Freizeichen n. || ringing tone || signal m. de ligne libre. 45

freizügiger Arbeiter m. || free lance; workman free to travel || ouvrier m. ayant la liberté de résidence. 46

Freizügigkeit f. || freedom of movement || liberté f. de résidence. 47

fremd (Chem) || foreign || étranger. 48

Fremdbezug m. von **Strom** || purchase of current || achat m. de courant. 49

fremderregte Dynamomaschine f. || separately-excited generator || génératrice f. à excitation indépendante. 50

Fremderregung f. || separate excitation || excitation f. indépendante. **a)** ~ von **Röhrensendern** || separate excitation of valve transmitters || excitation f. séparée des émetteurs à lampes. 51

Fremdfehler m. || error from external sources || erreur f. par des causes étrangères. 52

Fremdkörper m. || foreign body *or* matter *or* substance || corps m. étranger. **a)** dem Öl alle festen und flüssigen ~ mpl. **entziehen** || to remove all solid and liquid impurities from oil || débarrasser l'huile f. de toutes les impuretés solides et liquides. 53

Fremdlieferung f., vertraglich festgelegte ~ von **Strom** || supply of current from other sources assured by contract || courant m. étranger livré par d'autres sociétés à base de contrats passés. 54

Fremdpeilung f. || bearing by a radiocompass station || relèvement m. par une station radiogoniométrique. **a)** ~**spannung** f. || external voltage || tension f. d'origine étrangère. **b)** ~**sprache** f. || foreign language || langue f. étrangère. 55

fremdsprachiger Schriftwechsel m. || correspondence in foreign languages || correspondance f. en langues étrangères. 56

Fremdstoff m. (Chem) || impurity || impureté f. 57

Frequenz f. || frequency || fréquence f. **a) harmonische ~** || harmonic frequency || fréquence f. harmonique. **b) ~en** fpl. **unterdrücken** || to stifle frequencies pl. || étouffer des fréquences fpl. 1

Frequenz-abhängigkeit f. || dependency *or* response on frequency || dépendance f. de fréquence. **a) ~änderung** f. || variation in frequency || variation f. de la fréquence. **b) ~anzeiger** m. (Elektr) || frequency indicator || indicateur m. de fréquence. **c) ~band** n. || frequency band *or* scale || bande f. de fréquences. **d) ~begrenzung** f. || limitation of frequency bands || limitation f. des bandes de fréquences. **e) ~bereich** m. || range of frequencies || bande f. de fréquences. **f) ~messer** m. || frequency meter || fréquencemètre m. **g) ~schreiber** m. || frequency recorder || fréquencemètre m. enregistreur. **h) ~steigerung** f. || frequency multiplication || multiplication f. de fréquence. **i) ~transformator** m. || frequency transformer || transformateur m. *ou* changeur m. de fréquence. **k) ~vervielfachung** f. || frequency multiplication || multiplication f. de fréquence. 2

Frequenzwandler m. || frequency changer *or* converter || transformateur m. *ou* changeur m. de fréquence. **a) statischer ~** || static frequency-changer || transformateur m. statique de fréquence. 3

Fresko n. || fresco || fresque f. **a) ~malerei** f. || fresco-painting || peinture f. *ou* tableau m. à fresque. 4

fressen (Masch) || to bind || gripper. **a) ~, der Kolben frißt** || the piston seizes *or* grinds || le piston se grippe *ou* se mange. 5

fressend (Chem) || corrosive || corrosif. 6

Freßschaden m. *s. auch* Korrosion. 7

Frettbohrer m. || wimble; gimlet; screw auger || vrille f. 8

Frette f. (Schmied) || ferrule; ferrel; hoop || frette f.; virole f.; etrier m. 9

Frettsäge f. || fret saw; curvelinear saw || scie f. à échancrer *ou* à évider *ou* à chantourner *ou* à découper. 10

Friedens-bedingung f. || peace terms pl. || condition f. de paix. **a) ~erzeugnisse** npl. || products pl. for the civil industries || produits mpl. pour les industries civiles. **b) ~flagge** f. || flag of truce || pavillon m. parlementaire *ou* de paix *ou* blanc. **c) ~material** n. || products pl. for the civil industries || produits mpl. pour les industries civiles. **d) ~richter** m. || Justice of the Peace || juge m. de paix. **e) ~vertrag** m. || peace treaty || traité m. de paix. **f) ~werkstoff** m. || products pl. for the civil industries || produits mpl. pour les industries civiles. 11

Friedhofsgärtner m. || churchyard gardener || jardinier m. de cimetière. 12

frieren || to congeal; to freeze || congeler; glacer. **a) zusammen~** || to congeal; to freeze together || congeler. 13

Fries m. (Bauk) || frieze || frise f.; platebande f. **a) ~** (Web) || friezed cloth; baize; pilot cloth || frise f. **b) ~ einer gestemmten Tür** || frame wood *or* frame piece of a panel door || emboîture f. *ou* membrure f. d'une porte à panneaux. 14

Fries-fußboden m. || cased *or* framed *or* clamped floor || demi-parquet m.; plancher m. à compartiments. **a) ~glieder** npl. (Tischl) || border of a door panel || bordure f. *ou* moulure f. autour d'un panneau. 15

Friktion f. || friction; rubbing || frottement m.; friction f. 16

Friktions-antrieb m. || friction gearing || mise f. en marche par friction. **a) ~aufwickelapparat** m. (Web) || friction winding-on machine || enrouleuse f. à friction. **b) ~aufzug** m. || friction hoist || monte-charge m. commandé par friction. **c) ~bremse** f. || friction brake || frein m. à friction. **d) ~federhammer** m. || friction spring hammer || marteau m. à ressort à fr ction. **e) ~hammer** m. || friction hammer || marteau m. *ou* pilon m. à friction. **f) ~kalander** m. || friction calender || calandre m. à friction. **g) ~kegel** m. || friction cone *or* clutch || cône m. à friction. 17

Friktionskupplung f. || friction coupling || embrayage m. à friction. **a) nachstellbare ~** || adjustable friction coupling || embrayage m. à friction réglable. 18

Friktions-presse f. || friction press || presse f. à friction. **a) ~pulver** n. || fulminating powder || poudre f. fulminante. **b) ~rad** n. || friction *or* brush wheel || roue f. de friction *ou* de frottement. **c) ~regler** m. || friction governor || régulateur m. à friction. **d) ~rolle** f. || friction roller || poulie f. à friction. **e) ~säulenpresse** f. || friction pillar screw press || presse f. à friction à colonnes. **f) ~scheibe** f. || friction plate *or* disc || plateau m. *ou* plaque f. de friction. 19

Friktionsschmiede-hammer m. || friction forging hammer || marteau m. de forge à friction. **a) ~presse** f. || friction forging press || presse f. à forger à friction. 20

Friktionsspindelpresse f. || friction screw press || presse f. à friction. 21

Friktionswende-getriebe n. || friction reversing gear || dispositif m. de renversement de marche à friction. **a) ~kupplung** f. || friction reversing gear || renversement m. de marche à friction. 22

Friktionswinde f. || friction winch *or* windlass || treuil m. à friction. 23

frisch-es Schlachtfleisch n. || fresh meat || viande f. fraîche de boucherie. **a) ~er Speck** m. || fresh bacon || lard m. frais. **b) in ~em Zustand** m. || in fresh state || à l'état m. frais. 24

Frisch-arbeit f. (Met) || fining process || affinage m. **a) ~balge** f. (Seew) || steep tub || baille f. à dessaler les viandes. **b) ~blei** n. || refined *or* litharge lead || plomb m. raffiné. **c) ~dampf** m. || live steam || vapeur f. fraîche *ou* d'admission *ou* vive. 25

Frischdampfturbine f. || live steam turbine || turbine f. à vapeur fraîche. **a) ~ mit Kondensation** für reine Kraftzwecke || live steam turbine with condensing plant only for power purposes || turbine f. à vapeur fraîche avec condensation destinée uniquement à la production d'énergie. 26

Frischeisen n. || refined iron; finery iron || fer m. affiné. **a) ~** (Hochofenansatz) || bears pl. || renard m. 27

frischen (Met) || to fine; to decarburise; to remove the carbon from || décarburer; affiner. **a) Blei** n. **~** || to reduce lead || réduire *ou* refondre le plomb. **b) Bleiglätte** f. **~** || to revive litharge || révivifier la litharge. **c) Eisen** n. **~** || to fine iron || affiner la fonte. **d) im Flammofen** m. **~** || to puddle || puddler; pudler. **e) Kupfer** n. **~** || to revive copper || rafraîchir le cuivre. 28

Frischen n. des **Eisens** || fining *or* fining process of iron || affinage m. de la fonte. **a) Flammofen~** || refining in the reverberatory furnace || affinage m. de la fonte au four à réverbère. **b) Herd~** || decarburization in the open hearth furnace; refining in low hearth || affinage m. au bas-foyer. **c) ~ des Roheisens** (Met) || fining of pig || affinage m. de la fonte. **d) ~ des Roheisens im Flammofen** unter beständigem Umrühren (Puddeln) mit eisernen Haken || fining of pig iron in a reverberatory furnace while constantly stirring it with iron rakes || affinage m. de la fonte au four à réverbère et brassage (puddlage) constant au moyen de ringards en fer. 29

frischend, das Erz wirkte ~ auf das Roheisen (Met) || the ore had a fining effect on the pig || le minerai entrait en fusion, tout en affinant la fonte. 30

Frischereiroheisen n. || forge pig; pig iron for refining || fonte f. d'affinage. 31

Frischfeuer n. || forge hearth; fining forge; finery; fining furnace || forge f.; feu m. de forge *ou* d'affinerie; fourneau m. d'affinage. **a) katalonisches ~** || catalan forge || feu m. catalan. 32

Frisch-fleisch n., **Kühlzelle** f. für ~ || cooling cell for fresh meat || chambre f. froide pour la viande fraîche. **a) ~herd** m. || forge hearth; fining forge; finery; refining furnace || forge f.; feu m. de forge *ou* d'affinerie; fourneau m. d'affinage. **b) ~luft** f. || fresh air || air m. frais. **c) ~luppe** f. || ball || loupe f. **d) ~meister** m. || refiner master || maître m. affineur. **e) ~milchbutter** f. || new milk butter || beurre m. de premier lait. **f) ~prozeß** m. des **Eisens** || fining *or* fining process of iron || affinage m. de la fonte. 33

Frischschlacke f. (Met) || finery *or* refining slag || scorie f. d'affinerie; laitier m. de forge. **a) gare ~** || rich slag || scorie f. douce *ou* riche. **b) rohe ~** || poor slag || scorie f. crue *ou* pauvre. 34

Frischstück n. (Met) || liquation cake *or* disk || disque m. *ou* pain m. de liquation *ou* de ressuage. 35

Frischung f., Roheisen || fining of pig iron || affinage m. de la fonte. 36

Frischwasser n. || fresh water || eau f. fraîche. **a) ~pumpe** f. || fresh water pump || pompe f. à eau fraîche. 37

Frischwerk n. (Met) || finery || usine f. d'affinage; finerie f.; mazerie f. 38

Friseur *s.* Frisör. 39

Frisier-eisen n. || curling iron || fer m. à friser. **a) ~lampe** f. || hairdressing lamp || lampe f. à friser. **b) ~mantel** m. || hairdresser's coat || peignoir m. de coiffeur. **c) ~nadel** f. || curling pin || épingle f. à friser. **d) ~schere** f. || curling tong || fer m. à friser. **e) ~stuhl** m. || hairdresser's chair || chaise f. pour coiffeurs. 40

Frisör m. || hairdresser || coiffeur m. **a) ~apparat** m. || hairdresser's appliance || appareil m. à l'usage des coiffeurs. **b) ~bedarfsartikel** mpl. || articles pl. for hairdressers || fournitures fpl. pour coiffeurs. **c) ~schere** f. || hairdresser's scissors pl. || ciseau m. pour perruquiers. 41

Frist f. (Bergb) || respite; delay; prolongation || délai m.; sursis m. **a) ~ gewähren** || to accord a respite || accorder un répit. **b) innerhalb** der **~** || within the time || dans le temps. **c) eine ~ setzen** || to give a certain time || fixer un terme. 42

Fristgewährung f. ‖ prolongation; extension of time; grant of respite ‖ délai m.; sursis m.; prorogation f. 1
Fristung f. (Bergb) ‖ respite; delay; prolongation ‖ délai m.; sursis m. 2
Fristverlängerung f. ‖ prolongation; extension of time; grant of respite ‖ délai m.; sursis m.; prorogation f. 3
Fritte f. ‖ frit; batch ‖ fritte f. 4
fritten (Glasm) ‖ to frit ‖ fritter. 5
Fritter m. ‖ coherer ‖ cohéreur m. **a)** ~ mit einstellbarer **Empfindlichkeit** ‖ coherer with adaptable sensitiveness ‖ cohéreur m. à sensibilité variable. 6
Fritter-empfänger m. ‖ coherer ‖ cohéreur m. **a) ~klemme** f. ‖ coherer terminal ‖ borne f. de cohéreur. **b) ~pol** m. ‖ coherer pole ‖ pôle m. de cohéreur. **c) ~prüfer** m. ‖ coherer tester ‖ essayeur m. de cohéreur. **d) ~sicherung** f. ‖ coherer protector ‖ cohéreur m. protecteur. **e) ~strom** m. ‖ coherer current ‖ courant m. du cohéreur. **f) ~widerstand** m. ‖ coherer resistance ‖ résistance f. de cohéreur. 7
Fritt-ofen m. ‖ fire *or* calcar arch ‖ arche f. à fritter. **a) ~tafel** f. ‖ fritting bench *or* table ‖ fonceau m. 8
Frittung f. ‖ coherence ‖ cohérence f. 9
Front f. (Bauk) ‖ front; face ‖ façade f.; face f. 10
Front-bogenausleger m. (Druck) ‖ front delivery ‖ sortie f. frontale. **a) ~linse** f. ‖ front lens ‖ lentille f. frontale. **b) ~seite** f. (Bauk) ‖ front face ‖ face f. 11
Frosch m. (Buchdr) ‖ pan ‖ crapaudine f.; grenouille f. **a)** ~ (Hebezeug) ‖ shoulder piece ‖ échantignole f. **b)** ~ (Masch) ‖ cam; wiper; nipper; tappet; lifter; arm ‖ came f.; camme f. 12
Frosch-fänger m. ‖ frog catcher ‖ pêcheur m. de grenouilles. **a) ~klemme** f. ‖ dutch tongs pl. ‖ tendeur-grenouille m. **b) ~laich** m. ‖ frog spawn ‖ frai m. de grenouilles. **c) ~schenkel** m. ‖ hind leg of a frog ‖ patte f. de grenouille. 13
Frost m. ‖ frost ‖ gelée f. **a) Boden~** ‖ ground frost ‖ gelée f. du sol. **b) Rauh~** ‖ hoar frost ‖ givre m. 14
frostbeständig ‖ frost proof ‖ résistant à la gelée. **a)** ~ **sein** ‖ to be frostproof ‖ résister à la gelée. 15
Frostbeständigkeit f. ‖ cold resisting property ‖ résistance f. à la gelée. 16
frostfrei, auf **~e Tiefe** f. reichen ‖ to reach down into unfrozen ground ‖ atteindre la profondeur à l'abri de la gelée. 17
Frostriß m. ‖ frost shake ‖ gélivure f. 18
frostrissig ‖ frost cracked ‖ gélif. 19
Frost-salbe f. ‖ chilblain ointment ‖ onguent m. pour les engelures. **a) ~schutzmittel** n. ‖ frost preservative ‖ préservatif m. contre la gelée. **b) ~spalte** f. (Holz) ‖ fissure ‖ gélivure f. **c) ~sprengung** f. ‖ burst due to frost ‖ rupture f. par le gel. **d) ~wetter** n. ‖ frosty weather ‖ temps m. de gelée. **e) ~wirkung** f. ‖ frost action ‖ action f. du froid. 20
Frottier-artikel m. ‖ rubbing ware ‖ article m. pour frotter. **a) ~bürste** f. ‖ friction brush ‖ brosse f. à friction. **b) ~handtuch** n. ‖ rough towel ‖ essuie-mains m. à frotter. 21
Frucht f. ‖ fruit ‖ fruit m. **a)** in **Branntwein** eingemachte ~ ‖ fruit preserved in brandy ‖ fruit m. conservé à l'eau-de-vie. **b) eingemachte** ~ ‖ preserved fruit ‖ fruit m. confit. **c) einheimische** ~ ‖ indigenous fruit ‖ fruit m. indigène. **d) eßbare** ~ ‖ eatable fruit ‖ fruit m. comestible. **e) exotische** ~ ‖ exotic fruit ‖ fruit m. exotique. **f) gedörrte** ~ ‖ dried fruit ‖ fruit m. torréfié. **g) harte** ~ ‖ hard grain ‖ blé m. dur. **h) künstliche** ~ ‖ artificial fruit ‖ fruit m. artificiel. **i)** im **Treibhaus** gezogene ~ ‖ in a hothouse cultivated fruit ‖ fruit m. produit en serre. **k) verzuckerte** ~ ‖ fruit preserved in sugar ‖ fruits mpl. confits. **l) weiche** ~ ‖ soft grain ‖ blé m. tendre. 22
Frucht-äther m. ‖ fruit ether ‖ éther m. de fruits. **a) ~eiserzeuger** m. ‖ icer ‖ pâtissier-glacier m. **b) ~essenz** f. ‖ fruit essence ‖ essence f. de fruits. **c) ~faser** f. ‖ fruit fibre ‖ fibre f. extraite du fruit. **d) ~gehänge** n. ‖ festoon ‖ feston m. **e) ~gemüse** n. ‖ fruit-vegetables pl. ‖ fruit-légume m. **f) ~haus** n. ‖ corn magazine: granary ‖ grenier m. d'abondance. **g) ~hyphe** f. ‖ sporangium carrier ‖ tube m. sporangifère; porte-sporange m. **h) ~kaffee** m. ‖ fruit coffee ‖ café m. de fruits. **i) ~kammer** f. ‖ corn magazine; granary ‖ grenier m. d'abondance. **k) ~kelterer** m. ‖ fruit presser ‖ pressureur m. de fruits. **l) ~kelterung** f. ‖ fruit pressing ‖ pressurage m. de fruits. **m) ~knoten** m. ‖ ovary ‖ ovaire m. 23
Fruchtkonserve f. ‖ preserved fruit ‖ conserve f. de fruits. **a) ~n** fpl. in **Branntwein** ‖ fruits pl. preserved in brandy ‖ conserves fpl. de fruits à l'eau-de-vie. 24
Fruchtkonservenfabrikant m. ‖ fruit preserver ‖ fabricant m. de conserves de fruits. 25
Frucht-körper m. ‖ sclerotium ‖ sclérote m. **a) ~nabel** m. ‖ hilum ‖ hile m. **b) ~paste** f. ‖ fruit paste ‖ pâte f. *ou* pulpe f. de fruits desséchés. 26
Fruchtpresse f. ‖ fruit press ‖ presse f. à fruit. **a) Obst~** ‖ fruit press ‖ presse f. à fruits charnus. 27
Fruchtsaft m. ‖ fruit juice ‖ jus m. de fruits; sirop m. **a) eingedickter** ~ ‖ concentrated fruit juice ‖ jus m. concentré de fruits. 28
Frucht-schale f. ‖ fruit peel ‖ écorce f. de fruit. **a) ~schiefer** m. ‖ herborised slate clay ‖ agrile f. schisteuse *ou* feuilletée. **b) ~sirup** m. ‖ fruit syrup ‖ sirop m. de fruits. **c) ~sortiermaschine** f. ‖ wheat sorter *or* grader ‖ trieur m. à grain. **d) ~spindel** f. ‖ rachis ‖ rachis m. **e) ~träger** m. ‖ sporangium carrier ‖ tube m. sporangifère; porte-sporange m. **f) ~wand** m. ‖ sporangium wall ‖ membrane f. de sporange. **g) ~wein** m. ‖ fruit wine ‖ vin m. de fruits. **h) ~zapfen** m. des Hopfens ‖ hop cone ‖ cône m. de houblon. **i) ~zubereiter** m. ‖ fruit room hand ‖ préparateur m. de fruits. **k) ~zucker** m. ‖ fruit sugar; fructose; levulose ‖ sucre m. de fruit; lévulose f.; fructose f. 29
Frühjahrsholz n. ‖ spring timber ‖ bois m. de printemps. 30
Frühschicht f. ‖ morning shift ‖ poste f. *ou* tâche f. du matin. 31
frühzeitige Abnutzung f. ‖ premature wear ‖ usure f. prématurée. 32
Frühzündung f. ‖ sparking advance; advanced ignition; pre-ignition ‖ avance f. à l'allumage; allumage m. avancé *ou* prématuré. 33
Frühzündungshebel m. ‖ sparking advance lever ‖ manette f. d'avance à l'allumage. 34
Fruktose f. ‖ fructose; fruit sugar ‖ fructose f.; sucre m. de fruit. 35
Fuchs m. (Glasm) ‖ linnet hole; flue ‖ lunette f. **a)** ~ (Met) ‖ flue ‖ échappement m.; rampant m. 36
Fuchs-ambra m. ‖ black amber ‖ ambre m. noir. **a) ~brücke** f. (Met) ‖ flue bridge ‖ pont m. de rampant *ou* d'échappement; petit autel m. 37
fuchsig ‖ foxy ‖ fauve. 38
Fuchsin n. ‖ fuchsine ‖ fuchsine f. **a) ~lösung** f. ‖ fuchsine solution ‖ solution f. de fuchsine. 39
Fuchspyrometer n. ‖ flue pyrometer ‖ pyromètre m. de carneau. 40
Fuchsschwanz m. (Säge) ‖ hand *or* pad *or* fox saw ‖ scie f. à manche *ou* à main; queue f. de rat. **a) ~säge** f. ‖ hand *or* pad *or* fox saw ‖ scie f. à main *ou* à manche. 41
Fugbalken m. (Windmüll) ‖ main hood beam ‖ poutre f.; entrait m. 42
Fügblock m. (Küf) ‖ cooper's plane ‖ colomb(r)e f.; joindeux m. 43
Fügblock-doppeleisen n. ‖ double iron for cooper's plane ‖ fer m. avec contre-fer à colombe. **a) ~eisen** n. ‖ cooper's plane iron ‖ fer m. de colombe. 44
Führerschein m. (Aut) ‖ driving license ‖ permis m. de conduire. **a) Flugzeug~** ‖ pilot's license ‖ brevet m. de pilote. 45
Führersitz m. (Auto) ‖ driver's seat ‖ siège m. de conducteur. **a)** ~ (Flugzeug) ‖ cockpit of pilot; pilot's seat ‖ siège m. de pilote. 46
Führerstand m. (Lok) ‖ driver's cab ‖ abri m. pour le mécanicien. **a)** ~ (Schiff) ‖ control cabin ‖ cabine f. de manœuvre. **b)** seitlich **fester** ~ (Kran) ‖ fixed driver's stand alongside ‖ poste m. de conducteur fixe à côté. 47
Führerstand-laufkatze f. ‖ telpher *or* crab fitted with driver's stand ‖ chariot m. roulant à poste de conducteur. **a) ~-signal** n. ‖ cab signal ‖ signal m. *ou* appareil m. répétiteur sur la locomotive. 48
Fuhrfaß n. ‖ carriage cask ‖ foudre m. de transport. **a) ~hahn** m. ‖ carriage cask cock ‖ robinet m. de foudre de transport. 49
Fuhr-gelegenheit f. ‖ chance-conveyance ‖ occasion f. de transport. **a) ~lohn** m. ‖ freight; cartage; carriage ‖ frais mpl. de transport *ou* de voiture; port m.; charroi m. camionnage m. **b) ~mann** m. (Bergb) ‖ carter; coal cartman ‖ charretier m.; varlet m. 50
Führung f. (Geschoß) ‖ forcing; centring ‖ forcement m.; guide m. **a)** ~ (Masch) ‖ guide ‖ guide m. **b) Achslager~** ‖ pedestal-box guiding ‖ guidage m. de la boîte d'essieu. **c) Bandsäge~** ‖ band saw guide ‖ guidage m. pour scies à ruban. **d) feinfühlige** ~ ‖ sensitive operation ‖ commande f. sensitive. **e) hintere** ~ ‖ rear guide ‖ guidage m. arrière. **f)** ~ der **Maschine** (Lok) ‖ engine driving ‖ conduite f. de machine. **g)** ~ für **Radialachslagergehäuse** ‖ guiding piece for the radial axle-box housing ‖ glissière f. pour le support de boîte radiale d'essieu. **h)** ~ der **Schieberstange** (Lok) ‖ valve rod guide ‖ guide m. de la tige de tiroir. **i)** die ~ **übernehmen** (Sport) ‖ to take the lead ‖ prendre l'avance *ou* la première place. **k) zwangsläufige** ~ ‖ restricted guidance ‖ guidage m. forcé. 51

Führungs-bahn f. || guide surface || surface f. de guidage. **a) ~block** m. || guide pulley || poulie f. de guidage. **b) ~bogen** m. des **Steuerungshebels** (Lok) || guide of the reversing lever || secteur m. du levier de changement de marche. **c) ~buchse** f. || piercing bushing; guide bush || boîte f. *ou* douille f. de guidage; boîte f. conductrice. **d) ~bügel** m. || guide fork || étrier m. de guidage. **e) ~eisen** n. || guide iron || fer-guide m. 1

Führungsfeder f. einer **Schiebetür** || tongue of a sliding door || coulisseau m. d'une porte à coulisse. **a) ~** einer **Schublade** || tongue of a sliding drawer || coulisseau m. d'un tiroir. 2

Führungs-fläche f., **seitliche** || lateral bearing surface || glissière f. latérale. **a) ~gabel** f. || guide fork || fourche f. conductrice. **b) ~hülse** f. || guide iron || estoquain m. **c) ~kante** f. der **Felder** in der **Geschützseele** || driving edge of the lands in bore of gun || flanc m. d'appui des cloisons dans l'âme d'une bouche à feu. **d) ~kopf** m. || guide head || tête f. de guidage. **e) zylindrischer ~körper** m. || cylindrical guide housing || guidage m. cylindrique. **f) ~länge** f. || guiding length || longueur f. de guidage. **g) ~leiste** f. (Masch) || guide bar || barre f. conductrice. **h) ~lineal** n. || guiding rule || règle f. parallèle. 3

Führungsring m. || guide ring || bague f. de guidage. **a) ~** für **Kugeln** (mach) || ball race || bague f. *ou* rondelle f. à billes; anneau m. de roulement. 4

Führungsrohr n. || tubular guide || tube m. de guidage. **a) ~** des **Zündkabels** || wirebar || tube m. de fils d'allumage. 5

Fuge f. || joint; seam; joining || joint m.; rainure f. **a) abgefaste ~** (Maur) || chamfered joint || joint m. chanfreiné. **b) Ausdehnungs~** || expansion joint || joint m. de dilatation. **c) ~** der **Brechung** || joint of rupture || joint m. de rupture. **d) bündige ~** || flush joint || joint m. plain ou plat. **e) rechtwinklige ~** || square joint || joint m. carré. **f) senkrechte ~** || vertical *or* side joint || joint m. montant *ou* vertical. **g) ~** eines **Steines** || joint *or* pane of a stone || panneau m. d'une pierre. **h) übereinandergelegte ~** (Bauw) || capped joint || joint m. superposé. **i) überfalzte ~** || rebated *or* foliated joint || joint m. à recouvrement. **k) überplattete ~** *s.* überfalzte ~. **l) undichte ~** || leaking joint || joint m. défectif. 6

Füge-bank f. || cooper's plane; whisk; jointer || colombe f.; joindeux m. **a) ~hobel** m. || long plane || varlope f.; galère f. 7

Fugeisen n. (Maur) || jointer || crochet m. pour jointoyer. 8

Fügemaschine f. || jointing machine || machine f. à rainer. **a) ~** (Holz) || jointing machine || machine f. à jointement *ou* à jointer. **b) Bodenabricht-** und **~** (Faß) || head straightening and jointing machine || machine f. à dresser et à jointer les fonds. **c) ~** für **Bodenbretter** (Faß) || head jointing machine || machine f. à jointer les fonds. **d) Bodenbretterhobel-** und **~** mit **Dübellochbohrapparat** (Faß) || head planing, jointing and dowelling machine || machine f. à raboter et à jointer les fonds avec appareil à forer les trous de goujons. **e) ~** für **Dauben** || stave jointing machine || machine f. à jointer les douves. **f) Dauben-** und **Boden~** || stave and head jointing machine || machine f. à jointer les douves et les pièces de fond. **g) ~** für **Faßböden** || cask head jointing machine || machine f. à jointer les fonds de fûts. 9

Füge-, Nut- und **Federmaschine** f. für **Dauben** || stave grooving and tonguing machine || machine f. à jointer les douves et à assembler à rainure et languette. 10

fugen (Maur) || to joint || jointoyer. 11

fügen || to joint || jointer. **a)** ein **Brett** n. **~** || to shoot *or* to smooth the edge of a board || dresser une planche sur la tranche; rabater la tranche d'une planche; dresser la carne d'une planche. **b) Dauben** fpl. **~** || to joint staves pl. || dresser *ou* jointer les douves fpl. 12

Fügen n. || jointing || jointage m. **a) ~** von **Dauben** || stave jointing || action f. de dresser *ou* de jointer les douves. 13

Fugenausstreicher m. (Pflast) || mortar worker || ficheur m. 14

fugendicht || joined || jointif. 15

Fugen-falz m. (Klempn) || edge hammered down; folding border || avisure f. **a) Bodenabricht-** und **~hobelmaschine** f. (Faß) || machine for straightening, heading and planing joints || machine f. à dresser les fonds et à planer les joints. **b) ~leiste** f. (Tischl; Zimm) || rod *or* tringle covering a joint || couvre-joint. **c) ~mörtel** m. || jointing mortar || mortier m. à jointoyer. **d) ~schwelle** f. (Eisenb) || joint sleeper || traverse f. de joint. 16

Fügesäge f. || jointing saw || scie f. à jointer. **a) ~** für **Dauben** || stave jointing saw; saw stave jointer || scie f. à jointer les douves. 17

Fugkelle f. (Maur) || jointer || crochet m. pour jointoyer. 18

Fühlhebel m. || lever of contact || levier m. de contact. 19

Fuhre f. || cart *or* wagon load; load || charroi m.; charge f. 20

Führer m. (Auto) || driver || chauffeur m. **a) ~** (Luftf) || pilot || pilote m. **b) ~** eines **Scherrahmens** (Web) || jack *or* heck box of a warping mill || plot m. *ou* giette f. d'un ourdissoir. 21

Führer-bremsventil n. || driver's brake valve || robinet m. de frein du mécanicien. **a) ~gondel** f. || control car *or* cabin || nacelle f. de pilotage. **b) ~haus** n. (Lok) || driver's cab || abri m. pour le mécanicien. **c) ~häuschen** n. || driver's cage || cabine f. du conducteur. **d) ~raum** m. (Luftf) || pilot's cockpit || cabine f. *ou* poste m. du pilote. 22

Führungs-rolle f. || guide pulley; carrying roller || poulie f. conductrice; galet-guide m.; roulette f. de guide. **a) ~rollenlager** n. || roller bearing || roulement m. à rouleaux. **b) ~schaft** m. (Luftf) || guide shaft || collet m. d'écrou. **c) ~schiene** f. || guide rail || rail-guide m. **d) ~schlitten** m. || guide block || chariot m. de conduite. **e) ~stange** f. || guide bar *or* rod || barre f. *ou* tige f. conductrice *ou* de guidage; barre f. directrice; règle f. *ou* tige f. des glissoires. **f) ~stift** m. || guide pin *or* rod || cheville f. *ou* tige f. de guidage. **g) ~stück** n. || guide piece || pièce f. de guidage. **h) ~system** n., parallaktisches **~** n. der Fernrohrmontierung || equatorial directing system of the telescope mounting || système-conducteur m. parallactique de la monture de lunette. **i) ~traverse** f. || guiding traverse || traverse f. de guidage. **k) ~walze** f. || guide roll || cylindre-guide m.; cylindre m. de guidage. **l) ~winkeleisen** n. || guide angle || cornière f. de guidage. 23

Fuhrwerk n. || vehicle || véhicule f. **a)** ein **~ lenken** || to lock *or* to turn a carriage || tourner *ou* braquer une voiture. 24

Fuhrwerkswage f. || weighing machine for cars || pont-bascule f. à voitures. 25

Fuhrwesen n., **öffentliches** || public carriages || voitures fpl. publiques. 26

Füllanlage f. || filling plant || installation f. de remplissage. **a) ~** für **Flaschen** || bottling plant || canetterie f. 27

Füllansatz m. || filling *or* inflation sleeve; appendix; neck (A) || manche f. de gonflement *ou* de remplissage *ou* d'appendice. 28

Füllapparat m. (Brau) || filler; filling apparatus || appareil m. de soutirage *ou* de remplissage *ou* d'alimentation. **a) Faß~** || cask filling apparatus; racking apparatus || soutireuse f. *ou* appareil m. de soutirage pour fûts. **b) Gegendruck~** || counter-pressure filling apparatus || appareil m. de soutirage à contre-pression. **c) Sack~** || sack filling apparatus || ensacheur m. 29

Füll-baum m. (Bergb) || first frame of a shaft || premier cadre m. d'un puits. **a) ~becken** n. (Zuck) || receiver; skipping teache || bassin m. à suc. 30

Füllbleistift m. || patent lead pencil; filling pencil || porte-mine m.; crayon m. à mines de rechange. **a) ~** aus **Hartgummi** || hard rubber refilling pencil || portemine m. en ébonite. 31

Füll-brett n. || pannel board || carreau m. de parquet. **a) ~diagramm** n. || charging diagram || diagramme m. de remplissage. 32

füllen || to fill; to load || charger; emplir; remplir. **a)** eine **Batterie** f. **~** || to fill a battery || remplir une batterie. **b)** in **Fässer** npl. **~** || to barrel; to tun || mettre en fût. **c)** auf **Flaschen** fpl. **~** || to bottle || mettre en bouteilles fpl. 33

Füllen n. von **Flaschen** || bottling || embouteillage m.; mise f. en bouteilles. 34

Füller m. (Bergb) || wagon filler *or* loader; bondsman || chargeur m. de wagonnets *ou* berlines. 35

Füllerde f. || filling earth || terre f. à remblai. 36

Füll-faß n. (Bergb) || coal basket *or* measure *or* skip || seau m. à puiser; panier m. à charger; corbeille f. **a) ~fassung** f. (Opt) || mounting in nested cells || monture f. fourrée. 37

Füllfederhalter m. || fountain pen || porte-plume m. à réservoir; stylographe m. **a) Gold~** || gold fountain-pen || plume f. à réservoir en or. **b) Sicherheits~** || safety type fountain pen || stylographe m. *ou* porte-plume m. à réservoir de sûreté. 38

Füllfederhalter-klappe f. || cap of the fountain pen || chapeau m. du porte-plume réservoir *ou* du stylographe. **a) ~ring** m. || clip supporting the pen || bague f. de la plume. 39

Füllfedertinte f. || fountain pen *or* stylographic ink || encre f. pour porte-plumes réservoir. 40

Füll-grad m. || degree of admission || degré m. d'admission. **a) ~grube** f. (Erdarb) || side-cutting || emprunt f. **b) ~haar** n.

(Sattl) || stuffing; stuffing hair; padding; short hair || bourre f.; rembourrure f. **c) ~höhe** f. || filling height || hauteur f. de remplissage. **d) ~holz** n. (Buchdr) || white || blanc m. **e) ~kammer** f. (Zuck) || filling room || empli m. **f) ~kanal** m. || filling chute || conduit m. réservoir. **g) ~kastenverfahren** n. (Eisenb) || filling-chest process || procédé m. à boîte de remplissage. **h) ~kohle** f. || cobbles pl.; lump coal || gailettes fpl. **i) ~koks** m. (Gieß) || bed coke || coke m. d'allumage. **k) ~korb** m. (Bergb) || coal basket *or* measure *or* skip || seau m. à puiser; panier m. à charger; corbeille f. **l) ~lochschraube** f. || screw cap for filling hole; filling hole plug (A) || vis f. du trou de remplissage. 1

Füllmaschine f. || filling machine || appareil m. de remplissage. **a) Bierflaschen~** || beer bottle filler *or* filling machine; beer bottling machine || soutireuse f. pour bouteilles à bière. **b) Dosen~** || box filling machine || machine f. à remplir les boîtes. **c) Faß~** || barrel filling machine || machine f. de remplissage de tonneaux. **d) Flaschen~** || bottling machine; bottle filling machine || soutireuse f. à bouteilles. **e) Paket~** || packet filling machine || machine f. à remplir les paquets. **f) rotierende ~** f. für **Flaschen** || revolving bottling machine || soutireuse f. à bouteilles rotative. **g) Tuben~** || tube filling machine || machine f. à remplir les tubes. 2

Füll- und Korkmaschine f. für **Flaschen** || bottling and corking machine || tireuse-boucheuse f. à bouteilles. 3

Füllmasse f. || refilling composition; filling compound *or* paste || composition f. de remplissage; pâte f. **a) ~ für Isolierzwecke** || insulating filling paste || pâte f. de remplage isolante. **b) ~ für Zähne** || dental filling || matériel m. de remplissage des dents. 4

Füllmaterial n. (Bauw) *s.* Füllstoff m. **a) ~** (Buchdr) || whites pl. || blancs mpl. 5

Füll-mauer f. || rubble walling; coffer *or* baked wall || mur m. de remplage *ou* de blocage *ou* rempli de hourdage. **a) ~mauerwerk** n. || filling-in *or* rubble *or* coffer work; baked walling || maçonnerie f. en blocage *ou* de remplage *ou* remplie de hourdage; murage m. bloqué; muraille f. de remplage. **b) ~mund** m. einer **Füllmauer** (Bauw) || filling *or* filling-in of a wall || remplage m. *ou* emplage m. d'un mur. **c) ~ofen** m. || charging stove || calorifère m. à chauffage constant. **d) ~öffnung** f. || filler cap || orifice m. de remplissage. 6

Füllort m. (Bergb) || pit head *or* bottom *or* eye || recette f. d'accrochage; chambre f. de chargement; chargeage m. **a) ~arbeiter** m. || lad; minder || avanceur m. *ou* ravanceur m. de berlines; homme m. de chambre. 7

Füllpfahl m. eines **Fangdammes** || filling pile of a cofferdam || pilotis m. de remplage *ou* de retenue d'un bâtardeau. 8

Füllrohr n. || filling pipe || tuyau m. de remplissage. **a) ~ für Flaschen** || spout *or* filling tube || canule f. 9

Füllrumpf m. || storage hopper || chambre f. de remplissage; trémie f. **a) ~verschluß** m. || closing trap of storage hopper || fermeture f. de trémie. 10

Füllsäure f. || electrolyte; accumulator acid || acide m. de remplissage *ou* pour accumulateurs. 11

Füllschraube f. || filler cap || bouchon m. de remplissage. **a) ~ eines Schmierapparates** || filler plug of a lubricator || bouchon m. de remplissage d'un graisseur. 12

Füll-spant n. || filling timber *or* frame || couple m. de remplissage. **a) ~sparren** m. (Zimm) || principal rafter || chevron m. de remplage. **b) ~station** f. || charging station || station f. de chargement. **c) ~stein** m. (Maur) || expletive *or* rubble *or* filling stone || blocaille. f. 13

Füllstoff m. (Bauw) || filling material || matériel f. de remplissage; matière f. inerte. **a) ~** (Chem) || loading || charge f. **b) ~ für Säuretürme** || filling material for acid towers || matériel m. de remplissage pour tours pour acides. 14

Füllstube f. (Zuck) || filling room || empli m. 15

Füllstutzen m. (Luftf) || gas cylinder manifold || clarinette f. **a) Brennstoff~** || fuel filler cap || orifice m. de remplissage d'essence. **b) Öl~** || oil filler cap || bouchon m. de remplissage d'huile. 16

Füll-trichter m. || filling *or* conveyer charging hopper || trémie f. de chargement. **a) ~trog** m. || filling trough || auge f. de remplissage. 17

Füllung f. || filling || remplissage m. **a) ~** (Dampf) || cut-off || degré m. d'admission. **b) ~** (Luftschiff) || inflation || gonflement m. **c) ~** (Tischl) || panel || panneau m. **d) blinde ~** (Tischl) || false panel || faux panneau m. **e) bündige ~** f. (Tür) || flush panel || panneau m. plein. **f) eingestemmte ~** (Tischl) || cased panel || panneau m. de menuiserie. **g) ~ für Geschosse** || projectile charge || charge f. pour projectiles. **h) veränderliche ~** || variable admission || admission f. variable. **i) Voll~** || full admission || pleine admission f. 18

Füllungs-dauer f. || duration of filling || durée f. de remplissage. **a) ~eisen** n. (Schiffb) || fuller || matoir m. **b) ~glieder** npl. (Tischl) || border of a door panel || bordure f. *ou* moulure f. autour d'un panneau. **c) ~grad** m. (Dampfer) || degree of feeding; rate of expansion || degré m. de détente *ou* d'expansion. 19

Füllventil n. || fill-up valve || soupape f. de remplissage. 20

Füllvorrichtung f. (Brau) || filler; filling apparatus || appareil m. de soutirage *ou* de remplissage *ou* d'alimentation. **a) ~** (Eisfabr) || filling device || appareil m. de remplissage; remplisseur-jaugeur m. **b) Flaschen~** || bottling apparatus; bottle filler || appareil m. à soutirer *ou* à remplir les bouteilles; soutireuse f. à bouteilles. 21

Fund m. || discovery || découverte f.; trouvaille f. 22

Fundament n. || foundation; fundament || fondement m.; fondation f. **a) ~ eines Dampfkessels** || boiler seat || fondations fpl. d'une chaudière à vapeur. **b) gemauertes ~** || masonry foundation || fondation f. en maçonnerie. **c)** das **~** bis auf gewachsenen **Boden** führen || to carry down the foundation to natural ground || faire aller la fondation jusqu'au terrain naturel. **d) leichtes ~** || light foundation || fondations fpl. légères. 23

Fundamentalgleichung f. || fundamental equation || équation f. fondamentale. 24

Fundament-anker m. || foundation *or* anchor bolt || ancre f. *ou* boulon m. de fondation. **a) ~aushub** m. || excavation of the foundations || excavation f. des fondations. **b) ~bolzen** m. || foundation bolt || boulon m. de fondation. 25

Fundamentierung f. || foundation || fondation f. 26

Fundament-isolierung f. || foundation insulation || isolement m. de la fondation. **a) ~klotz** m. || foundation block || plot m. *ou* bloc m. de fondation. **b) ~mauerwerk** n. || foundation in bricks || fondation f. en briques. 27

Fundamentplatte f. || bed *or* foundation *or* sole plate || plaque f. de fondation. **a) ~ aus Eisenbeton** || reinforced concrete foundation slab || semelle f. de fondation en béton armé. 28

Fundament-rahmen m. || bed plate || embase f.; châssis m. de base; cadre m. de fondation. **a) ~schiene** f. || foundation slide rail || glissière f. de fondation. **b) ~schraube** f. || foundation bolt *or* screw || boulon m. de fondation. **c) ~stein** m. || foundation stone || pierre f. de fondement *ou* de fondation. 29

Fundgrube f. (Bergb) || load work; founder shaft || mine f. de découverte. 30

Fundierung f. (Bauw) || foundation walling; foundation; ground work || maçonnerie f. de fondement *ou* de soubassement. 31

fündig werden (Bergb) || to make discovery; to discover || découvrir. 32

Fündigkeit f., Nachweis m. der **~** || proof of the discovery || preuve f. de la découverte. 33

Fundpunkt m. || site of the discovery || lieu m. d'une découverte. 34

Fünfeck n. || pentagon || pentagone m. 35

fünfeckig || pentagonal || pentagonal. 36

Fünfelektrodenröhre f. || five-electrode tube; Pentatron tube || lampe f. à cinq électrodes; lampe f. Pentatron. 37

Fünferalphabet n. || five unit code || code m. à cinq émissions. 38

fünfkantig || pentagonal || pentagonal. 39

Fünfleiter-netz n. || five-wire network || réseau m. à cinq fils. **a) ~system** n. (Elektr) || five-wire system || système m. à cinq conducteurs *ou* fils. 40

fünfmotorig || five-engined || pentamoteur. 41

Fünfpunktblende f. || five-point diaphragm || diaphragme m. à cinq points. 42

Fünfzehnrollenrotationsdruckmaschine f. in Reihenanordnung || fifteen-reel unit rotary printing machine in line arrangement || machine f. rotative à 15 unités d'impression en aggrégat. 43

Funk-amt n. || radiotelegraph station || poste f. radiotélégraphique. **a) ~anlage** f. || wireless station || station f. radioélectrique. **b) ~bildgerät** n. || wireless picture telegraph || appareils mpl. pour la téléphotographie sans fil. **c) ~beförderungsdienst** m. || service of radio transmission || service m. de transmission radioélectrique. **d) ~brief** m. || radio letter telegram || radio-lettre-télégramme m. **e) ~dienst** m. || radio service || service m. de radio-communication. 44

Funke m. || spark || étincelle f. **a) elektrischer ~** || electric spark || étincelle f. électrique. **b) gesteuerte ~n** mpl. || timed-sparks pl. || oscillations f. guidées. **c) musikalischer ~** || musical spark || étincelle f. musicale. **d)** der **~ springt über** || the spark jumps over || l'étincelle f.

éclate. **e) überspringender ~** || jump spark || étincelle f. disruptive. **f) Zünd~** || ignition spark || étincelle f. d'allumage. 1

funkeln || to twinkle; to scintillate; to sparkle || scintiller; étinceler. 2

funkelnagelneu || bran-new || flambant *ou* battant neuf. 3

Funk-empfänger m. || radio receiver || radio-récepteur m. **a) ~empfangsbatterie** f. || receiver accumulator battery || installation f. d'accumulateurs pour récepteur. 4

funken (Elektr) || to spark || cracher. 5

Funken m. *s.* Funke m. 6

Funken n. || sparking || crachement m. 7

Funken-amt n. || radiotelegraph station || poste f. radiotélégraphique. **a) ~ausbläser** m. (Elektr) || spark blow-out || étouffoir m. **b) ~bahn** f. || path of spark || parcours m. de l'étincelle. **c) ~bild** n. || image of the spark || image m. de l'étincelle. **d) ~dekrement** n. || spark decrement || décrément m. d'étincelles. **e) ~entladung** f. || spark *or* disruptive discharge || décharge f. disruptive *ou* à étincelle. 8

Funkenfänger m. (Lok) || spark arrester *or* catcher || pare-étincelles m.; écran m. pare-étincelles. **a) ~ für Lokomotiven** || spark arrester for locomotives || pare-étincelles m. pour locomotives. 9

funkenfrei-es Arbeiten n. des Kollektors || sparkless commutation || commutation f. sans crachement. **a) ~er Grubenfahrschalter** m. || sparkless controller for mining railway || combinateur m. à travail sans étincelles pour chemins de fer de mine. 10

Funkenfrequenz f. || spark frequency || fréquence f. d'étincelles. 11

Funkeninduktor m. || induction *or* spark coil || bobine f. d'induction. **a) ~ mit Hammerunterbrecher** || spark coil with hammerbreak || bobine f. d'induction à interrupteur à marteau. 12

Funken-kammer f. || spark chamber || chambre f. à étincelles. **a) ~karren** m. || radiotelegraph cart || voiture f. radiotélégraphique. **b) ~länge** f. || striking distance of the spark || portée f. explosive de l'étincelle. 13

funkenlos (Elektr) sparkless || sans étincelles fpl. 14

Funken-löscher m. (Elektr) || spark arrester *or* quencher *or* blow-out; arc breaker || étouffoir m.; éclateur m. pare-étincelles; souffleur m. d'arc; étouffeur m. d'étincelles. **a) ~löschspule** f. (Elektr) || blow-out coil || bobine f. à étouffement d'étincelles *ou* pare-étincelles. 15

Funkenlöschung f. || spark estinguishing || extinction f. de l'arc. **a) magnetische ~** || magnetic blow-out || soufflage m. magnétique. 16

Funken-losigkeit f. (Elektr) || non-sparking || absence f. d'étincelles. **a) ~mikrometer** n. || spark micrometer || micromètre m. à étincelles. **b) ~potential** n. || spark *or* disruptive potential || potentiel m. disruptif *ou* des étincelles. **c) ~rost** m. (Lok) || cinder frame; spark collector || grille f. de flammèches. **d) ~schlagweite** f. || spark gap || distance f. explosive. **e) ~schwächer** m. (Elektr) || spark reducer || affaiblisseur m. des étincelles. **f) ~sender** m. || spark transmitter || émetteur m. à étincelles. **g) ~sieb** n. (Lok) || cinder frame; spark collector *or* catcher || attrape-étincelles f.; grille f. de flammèches. **h) ~skale** f. || scale of sparks || échelle f. des étincelles. **i) ~spektrum** n. || spectrum of sparks || spectre m. d'étincelles. **k) ~sprühen** n. (Met) || scintillation || scintillation f. **l) ~station** f., **schwere** || high-power radio station || radio-station f. à grande puissance. 17

Funkenstrecke f. || sparking distance; spark gap; discharger || éclateur m. déchargeur *ou* à étincelle; distance f. explosive. **a) asynchrone ~** (Funkw) || non-synchronous gap || éclateur m. non synchrone. **b) rotierende ~** || rotating spark gap || distance f. explosive rotative; éclateur m. rotatif. **c) Sicherheits~** || safety spark gap || parcours m. d'étincelle de sûreté. **d) synchrone ~** || synchronous gap || éclateur m. synchrone. **e) unterteilte ~** || multiple spark gap || éclateur m. fractionné *ou* en série. 18

Funkenstreckenblitzableiter m. || spark gap type of arrester || écartement m. explosif. 19

Funkentelegrafie f. || wireless telegraphy; wireless || télégraphie f. sans fil; radiotélégraphie f. 20

Funkentelegraphie-anlage f. || wireless installation || installation f. radiotélégraphique. **a) ~ausrüstung** f. || wireless equipment || équipement m. de T. S. F. 21

funkentelegrafisch-e Bordanlage f. (Luftf) || airplane radio set || télégraphie f. sans fil de l'avion. **a) ~er Wetterdienst** m. || wireless *or* radio weather service || service m. radiotélégraphique de prévision du temps; service m. méteorologique de T.S.F. 22

Funken-werfer n. (Met) || scintillation || scintillation f. **a) ~widerstand** m. || spark resistance || résistance f. d'étincelle. **b) ~wurf** m. || throwing-out of sparks || jet m. de flammèches. **c) ~zahl** f. || number of sparks || nombre m. d'étincelles. **d) ~zieher** m. (Elektr) || discharger; spark drawer || excitateur m. **e) ~zündung** f. (Elektr) || spark ignition || allumage m. par étincelles. 23

Funker m. || (wireless) operator || opérateur m. (de télégraphie sans fils). 24

Funk-feuer n. || radio beacon || radiophare m. **a) ~freund** m. || radio amateur || radioamateur m. **b) ~gabelverkehr** m. || radio communication by bifurcation || communication f. radio-électrique à bifurcation. **c) ~gerät** n. || radio set; wireless apparatus || appareil m. de télégraphie sans fil; appareil m. radiotélégraphique. **d) ~hoheitsrecht** n. || monopoly of the State relating to the wireless telegraphy || monopole m. de l'Etat en matière de télégraphie sans fil. **e) ~liebhaber** *s.* Funkfreund. **f) ~meldung** f. || wireless telegram || télégramme m. sans fil. **g) ~offizier** m. || radio officer; wireless officer || officier m. d'antenne. **h) ~peildienst** m. || radio direction finding service || service m. radiogoniométrique **i) ~peiler** m. || radio direction finder || radiogoniomètre m. à cadre mobile. **k) ~peilung** f. || radio bearing || radiogoniométrie f. **l) ~recht** n. || laws pl. and regulations pl. relating to radio telegraphy || lois fpl. et règlements mpl. concernant la télegraphie sans fil. 25

Funkspruch m. || wireless message; marconigram || radiotélégramme m.; sans-fil m. **a) Wettersammel~** || radio synoptic weather message; collective weather radiogram (A) || radiogramme m. météorologique collectif. 26

Funk-station f. || wireless station || poste f. de télégraphie sans fil. **a) ~stelle** f. || radiocommunication station || station f. de radio-communication. **b) ~stille** f. || silence || silence m. **c) ~technik** f. || radio engineering || radiotechnique f. **d) ~telegrafenbetrieb** m. || radio telegraphy || télégraphie f. sans fil. **e) ~telegramm** n. || radiotelegram || radiotélégramme m. 27

Funktion f. (Math) || function || fonction f. **a) abgeleitete ~** || derived function || fonction f. dérivée. **b) algebraische ~** || algebraical function || fonction f. algébrique. **c) derivierte ~** || derived function || fonction f. dérivée. **d) einfache ~** || simple function || fonction f. simple. **e) elliptische ~** || elliptic function || fonction f. elliptique. **f) entwickelte ~** || explicit function || fonction f. explicite. **g) ~ von Funktionen** || compound function || fonction f. de fonctions. **h) homogene ~** || homogenous function || fonction f. homogène. **i) reziproke ~** || inverse function || fonction f. inverse. **k) transzendente ~** || transcendental function || fonction f. transcendente. **l) trigonometrische ~** || trigonometrical *or* circular function || fonction f. trigonométrique. **m) unentwickelte ~** || implicit function || fonction f. implicite. **n) zusammengesetzte ~** || composite function || fonction f. composée. 28

Funk-turm m. || radio *or* wireless tower || tour f. de radiodiffusion *ou* d'antenne. **a) ~urheberrecht** n. || copyright in the broad-casting || droit m. d'auteur en matière de radiodiffusion. **b) ~verbindung** f. || radio ground communication || liaison f. radio-terrestre. **c) ~verordnung** f. || decree of protection of wireless service || décret m. sur la radiotélégraphie. **d) ~wetterdienst** m. || wireless meteorological service || service m. météorologique de télégraphie sans fil. 29

Furche f. (Ackerb) || furrow; drill || sillon m.; rigole f. **a) ~** (Mühlstein) || radius; groove; interstice; rill || rayon m.; éveillure f.; retaille f. **b) ~** (Straßengraben) || rut || ornière f. **c) ~** (Walzw) || groove || cannelure f. **d) gekrümmte ~** || curved furrow || rayon m. courbé. **e) Haupt~** (Müll) || master furrow || maître-rayon m. **f) Mühlstein~** || furrow of a millstone || rayon m. d'une meule. **g) Zug** m. der **~n** (Müll) || draft of furrows || excentricité f. *ou* chasse f. des rayons. 30

furchen (Erdb) || to nick out || sillonner. 31

Furchensaat f. || sawing in furrows || semis m. en sillons. 32

Furkel f. || furca || fourche f. 33

Furnier n. || veneer || plaque f. en bois; feuillet m. *ou* feuille f. de placage. 34

Furnierblatt n. || veneer || plaque f. en bois; feuillet m.; feuille f. de placage. **a) übereinandergelegte** und geleimte Furnierblätter npl. || superposed and glued veneers pl. || feuilles fpl. de placage superposées et collées. 35

furnieren || to veneer; to inlay || plaquer. **a) auf beiden Seiten ~** || to veneer on both sides; to counter-veneer || contre-plaquer. 36

Furnieren n. ‖ veneering ‖ placage m. en bois. 1
Furnierhobelmaschine f. ‖ veneer planing machine ‖ raboteuse f. à placage. 2
Furnierholz n. ‖ ply *or* veneer(ing) wood; veneers pl. ‖ bois m. de placage *ou* de marqueterie; feuillet m.; contreplaqué m. **a) ausgerolltes ~** ‖ unrolled veneers pl. ‖ bois m. de placage déroulé. **b) gesägtes ~** ‖ sawed veneers pl. ‖ bois m. de placage scié. **c) ~ schneiden** ‖ to cut veneers pl. ‖ couper des feuilles fpl. à plaquer. 3
Furnier-leimer m. ‖ veneer gluer ‖ colleur m. de placage. **a) ~maschine f.** ‖ veneering machine; veneer cutting machine ‖ machine f. à placage *ou* à plaquer. **b) ~presse** f. ‖ veneer press ‖ presse f. pour feuilles de placage; presse f. à plaquer. **c) ~presser** m. ‖ clamper ‖ plaqueur m. à la presse. **d) ~rahmensäge** f. ‖ veneer frame saw ‖ scie f. de placage à châssis. **e) ~säge** f. ‖ board *or* frame veneer saw ‖ scie f. à refendre *ou* à placage. **f) ~säger** m. ‖ veneer cutter ‖ refendeur m. de placage. **g) ~schälerei** f. ‖ veneering wood ‖ tranchage m. de bois de placage. **h) ~schneidmaschine** f. ‖ veneer-saw frame; veneer-cutting machine ‖ scie f. *ou* scierie f. à placage; machine f. à découper les feuilles de placage. **i) ~schreiner** m. ‖ veneerer ‖ plaqueur-ébéniste m. **k) ~sitz** m. (Tischl) ‖ plated seat ‖ siège m. en plaqué. 4
Furnierung f. ‖ veneering ‖ placage m. 5
Furt f. ‖ ford ‖ passage m.; gué m. 6
Fusel m. ‖ bad spirit; fusel ‖ mauvaise eau-de-vie f. **a) ~öl** n. ‖ fusel oil; amylic alcohol ‖ alcool m. d'amyle *ou* de queue; huile f. de queue; fusol m. 7
Fusion f. ‖ amalgamation; fusion ‖ fusion f. 8
Fuß m. (Anatom) ‖ foot ‖ pied m. **a) ~** (Bauk) ‖ base; foot ‖ base f.; pied m. **b) ~** (Strumpf) ‖ foot ‖ pied m. **c) ~** einer **Böschung** ‖ horizontal measure of a slope ‖ reculement m. d'un talus. **d) ~** einer **Druckseite** ‖ foot of a page ‖ bas m. de page. **e) ~** des **Kühlers** (Auto) ‖ radiator bracket ‖ support m. de radiateur. **f) ~** eines **Mastes** (Schiffb) ‖ heel of a mast ‖ pied m. d'un mât. **g) ~** einer **Säule** ‖ base *or* socle *or* pedestal of a column ‖ base f. d'une colonne. **h) ~** der **Schiene** (Eisenb) ‖ lower flange *or* patten *or* foot of rail; rail base ‖ semelle f. *ou* patin m. du rail. **i) ~** eines **Schienenstuhls** ‖ foot of a rail chair ‖ semelle f. d'un coussinet de rails. **k) ~** des **Supports** ‖ foot of the rest ‖ semelle f. du support. 9
Fuß-abstreifer m., **eiserner** ‖ scraper ‖ décrottoir m. en fer. **a) ~anker** m. (el Leit) ‖ earth stay ‖ hauban m. de poteau. **b) ~anlasser** m. (Auto) ‖ foot starter ‖ pédale f. de mise en marche. **c) ~anstrickerin** f. ‖ seamer darner ‖ remmailleuse f. **d) ~antrieb** m. ‖ treadle drive ‖ commande f. à pédale. 10
Fußball m. ‖ football ‖ football m. **a) ~pumpe** f. ‖ football pump ‖ pompe f. pour footballs. 11
Fuß-bank f. ‖ foot stool *or* step ‖ escabeau m.; escabelle f. **a) ~becher** m. ‖ wine glass ‖ verre m. à pied. **b) ~betrieb** m. ‖ treadle operation *or* drive ‖ mouvement m. *ou* marche à pédale. 12
Fußboden m. (Bauw) ‖ floor; flooring ‖ aire f. **a)** den **~ aufreißen** ‖ to remove the flooring ‖ relever le plancher. **b)** in den **~** m. **einlassen** ‖ to let in flush with the floor ‖ mettre au niveau m. du sol. **c) eiserner ~** ‖ iron floor ‖ plancher m. en fer. **d) Fabrik~** ‖ factory flooring ‖ plancher m. de fabrique. **e) feuerfester ~** ‖ fireproof floor ‖ plancher m. incombustible. **f) fugenloser ~** ‖ floor without joints ‖ plancher m. sans joints. **g) gedielter ~** ‖ boarded *or* boarding floor ‖ plancher m.; sol m. planchéié. **h) gepflasterter ~** ‖ paved floor ‖ aire f. pavée. **i) ~** aus **gepreßtem** Stahl ‖ pressed-steel flooring ‖ plancher m. en acier embouti. **k) gespundeter ~** ‖ folded *or* folding floor ‖ plancher m. de planches jointes à rainure et languette. **l) Holz~** ‖ wooden floor ‖ plancher m. en bois. **m)** den **~** m. **legen** ‖ to floor; to lay down the floor; to put down the flooring ‖ poser le plancher; faire l'aire. **n) Maschinenhaus~** ‖ floor of the machine house ‖ plancher m. de la salle des machines. **o) Mosaik~** ‖ mosaic floor ‖ plancher m. mosaïque. **p) Parkett~** ‖ inlaid flooring ‖ parquet m. **q) säurefester ~** ‖ acidproof floor ‖ plancher m. résistant aux acides. **r) stumpfgefügter ~** ‖ straight-joint floor ‖ plancher m. à joint plat. **s) Terrakotta~** ‖ terra-cotta floor ‖ dallage m. en terre cuite. **t) zementierter ~** ‖ concrete floor ‖ sol m. cimenté. 13
Fußboden-balken m. ‖ floor beam ‖ solive f. **a) ~belag** m. ‖ floor covering; flooring ‖ enduit m. pour planchers; couverture f. *ou* revêtement m. du plancher. **b) ~blech** n. ‖ flooring plate ‖ tôle f. pour planchers. **c) ~kontakt** m. ‖ floor contact ‖ pédale m. *ou* contact m. de parquet. **d) ~lack** m. ‖ flooring varnish ‖ vernis m. pour planchers. **e) ~maschine** f. ‖ flooring machine ‖ machine f. à bouveter. **f) ~matte** f. ‖ floor mat ‖ natte f. de plancher. **g) ~nagel** m. ‖ brad ‖ clou m. à parquet *ou* à tête encastrée. **h) ~öl** n. ‖ flooring oil ‖ huile f. pour parquets. **i) ~pflegemittel** n. ‖ floor preserving preparation ‖ enduit m. pour l'intretien des planchers. 14
Fußbodenplatte f. ‖ floor plate; flooring slab *or* tile; flag stone ‖ carreau m. de plancher ‖ dalle f. à carrelage. **a) keramische ~** ‖ ceramic pavement slab ‖ carreau m. céramique à planchers. 15
Fußbodenteppich m. ‖ floor carpet ‖ tapis m. de pied. 16
Fuß-breite f. der **Schiene** (Eisenb) ‖ width of base of rail ‖ largeur f. du patin. **a) ~bremse** f. ‖ foot brake ‖ frein m. à pédale *ou* à pied. 17
Fußbrett n., **geneigtes** (Auto) ‖ toe board ‖ plancher m. oblique. **a) wagerechtes ~** (Auto) ‖ floor board ‖ plancher m. horizontal. 18
Fuß-decke f. (Strumpf) ‖ front of the foot ‖ devant m. du pied. **a) ~drahtmatte** f. ‖ wire mat ‖ natte f. de treillis en fil métallique. **b) ~drehbank** f. ‖ foot lathe ‖ tour m. à pédale *ou* au pied. **c) ~flansch** m. ‖ bottom flange; flange with feet ‖ aile f. inférieure; couronne f. à pieds. 19
Fußgänger ‖ walker ‖ piéton m.; marcheur m. **a) ~brücke** f. ‖ foot bridge; walker bridge ‖ passerelle f.; pont m. pour piétons. 20
Fuß-gashebel m. (Auto) ‖ foot throttle ‖ accélérateur m. **a) ~gelenk** n. ‖ ankle; ankle joint ‖ cheville f. du pied; cou-de-pied m. 21
Fußgestell n. ‖ socle ‖ socle m.; pied m. **a) ~** einer **Säule** ‖ pedestal; basis of a column ‖ piédestal m. 22
Fußhebel m. ‖ pedal; foot lever ‖ pédale f. **a) Brems~** ‖ brake pedal ‖ pédale f. de frein. **b) Gas~** ‖ throttle pedal ‖ pédale f. d'accélérateur. **c) Kupplungs~** ‖ clutch pedal ‖ pédale f. d'embrayage. **d) nachstellbarer ~** ‖ adjustable pedal ‖ pédale f. ajustable. **e) ~** für **Rückwärtsfahrt** ‖ reserve pedal ‖ pédale f. de marche arrière. 23
Fußhebel-platte f. ‖ pedal plate ‖ patin m. de pédale. **a) ~welle** f. ‖ pedal shaft ‖ axe m. de pédale. 24
Fuß-knöchel m. ‖ ankle ‖ cheville f. du pied. **a) ~kratzeisen** n. ‖ foot scraper ‖ essuie-pieds m.; décrottoir m. **b) ~lager** n. (Masch) ‖ footstep bearing ‖ crapaudine f. inférieure. **c) ~lasche** f. (Eisenb) ‖ fish plate which also grips beneath the foot of the rail ‖ coussinet-éclisse m. **d) ~latte** f. (Boot) ‖ stretcher ‖ marchepied m. de nage. **e) ~leiste** f. ‖ skirting *or* wash board ‖ socle m. de lambris; lambris m. d'appui bas; liteau m. de butée. **f) ~maschine** f. (Textil) ‖ footer ‖ machine f. à pieds. 25
Fußmatte f. ‖ door mat ‖ paillasson m. **a) ~** aus **Draht** ‖ wire mat ‖ natte f. de treillis en fil métallique. **b) ~** aus **Filz** ‖ mat of felt ‖ natte f. en feutre. 26
Fußpfad m. (Eisenb) ‖ attendant path ‖ chemin m. de service. **a) ~** (Kanal) ‖ foot path; berm ‖ chemin m. de contrehalage. **b) ~** (Weg) ‖ foot path ‖ sentier m. 27
Fußpflegeartikel m. ‖ article for pedicure ‖ article m. pour pédicures. 28
Fußplatte f. ‖ sole plate ‖ plaque f. d'assise. **a) ~** eines **Schienenstuhls** ‖ foot of a rail chair ‖ semelle f. d'un coussinet de rails. 29
Fuß-presse f. (Buchdr) ‖ foot press ‖ presse f. à pédale. **a) ~pumpe** f. (Auto) ‖ foot pump ‖ pompe f. à pied. **b) ~punkt** m. eines **Lotes** ‖ end *or* bottom of a perpendicular ‖ pied m. d'une perpendiculaire. **c) ~rahmen** m. (Bauw) ‖ pole plate ‖ plate-forme f. de *ou* racinal m. de comble. **d) ~raste** f. ‖ foot rest ‖ repose-pied m.; dépose-pied m. **e) ~rolle** f. eines **Stativs** ‖ foot caster of a stand ‖ roulette f. d'un pied. **f) ~sack** m. ‖ foot muff ‖ chancelière f. **g) pneumatischer ~schalter** m. ‖ pneumatic foot switch ‖ commutateur m. pneumatique à pédale. **h) ~schar** f. (Dachd) ‖ eaves *or* barge course; heads pl. ‖ battellement m. **i) ~schemel** m. ‖ foot stool; stool ‖ escabeau m.; escabelle f. **k) ~schicht** f. (Dachd) ‖ eaves *or* barge course; heads pl. ‖ battellement m. **l) ~schiene** f. ‖ foot rail ‖ rail m. à patin. **m) ~schraube** f. eines **Stativs** ‖ foot screw of a stand ‖ vis f. calante d'un pied. **n) ~schutz** m. (el Leit) ‖ protection of the stock ‖ préservation f. du pied des poteaux. **o) ~setzlinie** f. (Buchdr) ‖ foot white ‖ ligne f. de pied. **p) ~sockel** m. ‖ wainscotted socle; socle wainscotting ‖ lambris m. d'appui. **q) ~sohle** f. ‖ sole (of the foot) ‖ plante f. du pied. **r) ~spitze** f. (Strumpf) ‖ toe ‖ bout m. de pied. **s) ~steig** m. ‖ foot path ‖ trottoir m. **t) ~steuerung** f. ‖ foot control ‖ commande f. à pied. **u) ~stifte** mpl. einer

Wagenwinde || spikes pl. of a jack || pointes fpl. d'un cric. **v) ~streupulver** n. || foot poudre *or* ease || poudre f. pour les pieds. **w) ~stütze** f. || foot support || appui-pied m. **x) ~tau** n. || stay tackle || palan m. d'étai. **y) ~teppich** m. || carpet || tapis m. de pied. 1

Fußtritt m. (Masch) || treadle || pédale f. **a)** ~ (Wagen) || foot-board; step || marche-pied m. **b)** ~ einer **Drehbank** || treadle of a lathe || marche f. *ou* pédale f. *ou* pas m. d'un tour. 2

Fußtritt-bremse f. || foot-operated brake || frein m. commandé par pédale. **a) ~schalter** m. || treadle switch || interrupteur m. de parquet. 3

Fuß-umschalter m. || floor contact || commutateur m. à pédale. **a) ~ventil** n. || foot-valve || soupape f. d'aspiration *ou* de fond *ou* inférieur. **b) ~wärmer** m. || foot warmer || bouillotte f.; chaufferette f.; chauffe-pied m. **c) ~wärmplatte** f. || foot warming plate || banc m. chauffe-pied. **d) ~weg** m. || foot path; footway || sentier m.; trottoir m. 4

Fußwinde f. || hand jack || cric m.; cric m. à main. **a)** ~ mit **Haken** || jack; dumb-craft || cric m. à crochet. **b)** ~ mit **Schraube** || hand-screw jack || cric m. à vis. 5

Fuß-winkel m. eines **Stativs** || tread of a tripod || fer m. saillant *ou* équerre f. d'un pied. **a) ~zapfen** m. eines **Mastes** (Schiffb) || heel tenon of a mast || tenon m. d'emplanture. 6

Futter n. (Dichtung an Maschinenteilen) || liner; filling piece; packing || garniture f. **a)** ~ (innere Auskleidung von Kleidung und Behältern) || lining || doublure f. **b)** ~ (beim Pikee) || back || fond m. **c)** ~ (Schutzschicht; Chem) || coating || revêtement m. **d)** ~ (für Vieh) || food; fodder || nourriture f.; pâture f.; mangeaille f.; fourrage m. **e)** ~ (Werkzeugm) || (elastic *or* clamping) chuck || manchon m. pour le faux-bouton; mandrin m. (de serrage); toc-toc m. **f) bekömmliches ~** || beneficial fodder || nourriture f. digestible. **g) Drehbank~** || lathe chuck || manchon m. pour tours. **h) Dreibacken~** || three-jaw chuck || mandrin m. à trois mâchoires. **i) Druckluft~** || air-operated chuck || mandrin m. à serrage pneumatique. **k) Geflügel~** || birds seed || nourriture f. de volaille. **l) getrocknetes ~** || dry crop || fourrage m. sec. **m) Grün~** || green pasture || fourrage m. vert. **n) haltbares** basisches ~ (Met) || resistant basic lining || revêtement m. basique durable. **o) Hut~** || hat lining || coiffe f. de chapeau. **p)** ~ eines **Kohlentiegels** || carbonaceous lining *or* coating of a crucible; charcoal lining || brasque f. d'un creuset. **q) Lager~** (Masch) || bushing || coussinet m. **r)** ~ mit **Melassezusatz** || fodder with molasses || fourrage m. mélassé. **s)** ~ eines **Ofens** (Met) || linings pl. of a furnace || chemise f. d'un four. **t)** ~ zum **Ovaldrehen** || oval chuck || mandrin m. du tour à ovale. **u) Spann~** || clamping chuck || plateau m. *ou* mandrin m. de serrage. **v)** ~ der **Töpferscheibe** || chuck of the potters wheel || choque f.; mandrin m. du tour des potiers. **w) Trocken~** || provender || fourrage m. sec; sec m. **x) Tür~** || casing of a door || fourrure f. **y) Universal~** || universal chuck || mandrin m. universel. **z) Zahnkranz~** || gear wheel rim chuck || mandrin m. à couronne dentée. 7

a) Zentrier~, selbsttätiges || self-centring chuck || mandrin m. à centrage automatique. **b) Zylinder~** (Brau) || loose self sealing liner || chemise f. intérieure. 8

Futteral n. || case || gaine f.; étui m. **a) in ~** || in capsule || en étui m. **b)** ~ eines **Regenschirmes** || umbrella case || fourreau m. de parapluie. **c) Segeltuch~** || canvas bag || étui m. en grosse toile. 9

Futteralfabrik f. || casing factory || gainerie f. 10

Futter-arbeit f., **Drehbank** f. für **~en** || turning lathe for chuck jobs || tour m. à manchon. **a) ~behälter** m. || fodder bin || mangeoire f. de fourrage. **b) ~bereitung** f. || fodder preparing || préparation f. de fourrage. **c) ~beutelschneider** m. || nose-bag maker || pochiste m. 11

Futterblech n. (Brückenb) || welding plate || fausse lamelle f. **a)** ~ (Dachd) || single plate; hip *or* ridge lead || ennusure f.; annusure f.; basque f. 12

Futter-dämpfer m. || fodder stewing apparatus; fodder steamer || appareil m. à étuver le fourrage; étuve f. pour fourrage. **a) ~gerste** f. || feeding *or* fodder barley || orge f. fourragère. **b) ~halbautomat** m. || semi-automatic chucking machine || machine f. semi-automatique pour le travail en mandrin. **c) ~kalk** m. || feed lime; fodder lime || chaux f. pour nourriture *ou* à affourrager. **d) ~kattun** m. || calico for lining || calicot m. pour doublure. **e) ~klinge** f. || chopper; chopping blade; chopping *or* straw knife || couteau m. *ou* Rame f. du hache-paille ordinaire. 13

Futterkuchen m. || forage cake || tourteau m. **a)** ~ aus **ölhaltigen** Samen || forage cake from oil seed || tourteau m. de graines oléagineuses. **b)** ~ zur **Viehfütterung** || forage cake for cattle || tourteau m. pour l'alimentation du bétail. 14

Futter-mauer f. (Hochofen) || revetment *or* lining wall || paroi f. *ou* muraille f. *ou* mur m. de revêtement. **a) ~mehl** n. || low-grade flour || remoulage m. **b) ~mittel** n. || forage; feeding stuff; animal food stuff || produit m. fourrage; nourriture f. pour bétail; fourrage m. 15

füttern (Buchdr) || to key; to wedge; to underlay || taquonner; rehausser. **a)** ~ (Masch) || to line; to bush || revêtir; garnir. **b)** ~ (Kleidung) || to line || doubler; fourrer. **c)** ~ (Vieh) || to feed; to give food || donner à manger; affourager. 16

Futter-näher m. (Bekl) || lining maker || couseur m. de doublure. **a) ~pflanze** f. || forage plant || plante f. fourragère. **b) ~plüsch** m. || lining plush || peluche f. à doublure. **c) ~rahmen** m. || french casement || plate-bande f. *ou* cadre m. de croisée. **d) ~raufe** f. || rack || râtelier m. **e) auswechselbares ~rohr** n. (Geschütz; Waffenw) || loose liner; removable liner || chemise f. amovible. **f) ~-schneidemaschine** f. || forage cutting machine || machine f. à hacher le fourrage; hache-fourrage m.; hache-paille m. 17

Futterstoff m. || cloth for lining || étoffe f. à doublure. **a)** ~ aus **Baumwolle** || cotton lining || doublure f. en coton. 18

Futter-stroh n. || forage straw || paille f. fourrageuse. **a) ~stück** n. am **Lokomotivrahmen** || filling plate of locomotive frame || fourrure f. de châssis de locomotive. **b) ~taft** m. (Seide) || lining taffety || florence m. **c) ~tuch** n. || lined cloth || drap m. fourré. 19

Fütterung f. (Buchdr) || wedge; key; lining || tacon m.; taquon m.; doublure f. 20

Futter-verteiler m. || fodder distributor || distributeur m. de fourrage. **a) ~zubereitung** f. || fodder making || préparation f. de la nourriture. **b) ~zuschneider** m. (Schuhm) || lining sawyer || scieur m. de doublure. 21

G

Gaatjen n. (im Segel) ‖ eyelet hole ‖ œillet m. 1

Gabanholz n. ‖ santal wood ‖ bois m. de santal. 2

Gabel f. ‖ fork ‖ fourchette f. **a)** ~ (Bremsvorrichtung) ‖ slotted jaw ‖ étrier m. **b)** ~ (Masch) ‖ fork link ‖ enfourchement m. **c)** ~ (Met) ‖ furca; fork; prong ‖ fourche f. **d)** ~ (Zimm) ‖ slit ‖ embrèvement m. **e)** ~ (Deichsel) *s.* ~deichsel. **f) Brems~** ‖ slotted jaw ‖ étrier m. **g) Gelenk~** ‖ joint fork ‖ fourche f. d'articulation. **h)** ~ zum **Heuwenden** ‖ tedding fork ‖ fourche f. faneuse. **i) Hinter~** (Motorrad) ‖ back fork ‖ fourche f. arrière. **k) hölzerne ~** ‖ wooden fork ‖ fourche f. *ou* fourchette f. en bois. **l) Schlitten~** ‖ carriage fork ‖ fourche f. du chariot. **m)** ~ eines **Spinnrades** ‖ heck of a spinning wheel ‖ tréchoir m. *ou* ailette f. *ou* épinglier m. d'un rouet à filer. **n) Stahl~** (z. Heuwenden) ‖ steel fork ‖ fourche-faneuse f. en acier. **o) Tisch~** ‖ table fork ‖ fourchette f. de table. **p) Verschiebe~** ‖ striker fork ‖ fourche f. déplaçable. **q)** ~ der **Zahnstange** einer Winde ‖ crutch *or* double claw *or* forked end *or* horns pl. of the rack of a jack ‖ cornes fpl. de la crémaillère d'un cric. 3

Gabel-achse f. ‖ forked axle. ‖ essieu m. chapé. **a) ~amt** n. (Fernm) ‖ bifurcation station ‖ station f. de bifurcation. **b) ~arm** m. (Heuwender) ‖ fork arm ‖ bras m. porte-fourches. **c) ~aufhängung** f., in ~ gelagertes **Fernrohr** n. ‖ telescope mounted on trunnions in fork bearing ‖ lunette f. suspendue dans une fourche. **d) ~baum** m. (Wagenb) ‖ shaft of a forked thill ‖ bras m. de limonière. **e) ~bespannung** f., dreifache (Fuhrw) ‖ treble draught ‖ attelage m. à trois files *ou* à trois chevaux de front. **f) ~bieger** m. (Wagenb) ‖ shaft bender ‖ cintreur m. de brancards. **g) ~deichsel** f. ‖ pair of shafts ‖ limonière f. **h) ~feile** f. ‖ tongue file ‖ langue f. de carpe. 4

gabelförmig ‖ fork shaped ‖ en forme de fourche. 5

Gabel-führung f. ‖ fork guide ‖ guidage m. à fourche. **a) ~gelenk** n. ‖ fork joint ‖ chape f. **b) ~halter** m. für **Scheinwerfer** ‖ forked headlight bracket ‖ fourche f. porte-phare à patte. **c) ~haue** f. ‖ forked hoe ‖ bigot m.; houe f. à crocs. 6

Gabelhebel m. ‖ fork lever ‖ levier m. à fourche. **a) ~welle** f. ‖ forked steering arm shaft ‖ axe m. du levier à. 7

Gabel-heft n. ‖ double pronged tiller ‖ queue f. à fourche. **a) ~heuwender** m. ‖ fork-type tedder ‖ faneuse f. à fourches. **b) ~holz** n. (Schiffb) ‖ futtock; crotch ‖ gibelot m. **c) ~kopf** m. ‖ fork head ‖ tête f. de fourche. **d) ~kreuz** n. (Bauk) ‖ pall ‖ pairle m. **e) ~mehl** n. ‖ superfine flour ‖ fleur f. de farine; farine f. bien blutée. 8

gabeln ‖ to bifurcate; to fork ‖ bifurquer; fourcher. 9

Gabel-punkt m. einer **Vierdrahtleitung** ‖ hybrid terminal station of a four-wire circuit ‖ terminaison f. d'un circuit à quatre fils. **a) ~rahmen** m. (Mot) ‖ forked bed ‖ bâti m. en fourche. 10

Gabelriegel m. einer **Gabeldeichsel** ‖ shaft bar of a forked thill ‖ entretoise f. de limonière. **a) ~band** n. (Wagenb) ‖ strap of the limber rail ‖ écharpe f. de limonière. 11

Gabelrohr n. ‖ forked *or* bifurcated pipe ‖ tube m. *ou* tuyau m. bifurqué. **a) ~schaft** m. (Wagenb) ‖ shaft of a forked thill ‖ bras m. de limonière. 12

Gabelschlüssel m. ‖ fork spanner *or* wrench ‖ clef f. à fourche. **a) doppelter ~** ‖ double branch *or* double fork spanner ‖ clef f. à deux branches. 13

Gabel-stange f. ‖ fork rod; forked connecting rod ‖ tige f. à fourchette; bielle f. à fourche. **a) ~stück** der **Pleuelstange** ‖ cross-tail butt *or* strap *or* stud. ‖ bielle f. latérale du grand té. **b) ~stütze** f. für **Laufbretter** ‖ fork for running boards ‖ console f. à fourche pour marche-pieds. **c) ~teilung** f. ‖ furcation; bifurcation ‖ fourchure f.; bifurcation f. **d) ~tragriemen** m. ‖ back band ‖ dossière f. **e) ~umschalter** m. (Fernm) ‖ hook switch ‖ crochet m. 14

Gabelung f. ‖ furcation; bifurcation ‖ fourchure f.; bifurcation f. 15

Gabel-verbindung f. (Zimm) ‖ slit and tongue ‖ fourche f.; fourchette f. **a) ~wagen** m. ‖ wagon with shafts; thill wagon ‖ fourgon m. **b) ~zapfen** m. ‖ cross head pin ‖ tourillon m. de fourche. 16

Gadolinit m. ‖ gadolinite ‖ gadolinite f. 17

Gaffel f. ‖ gaff ‖ vergue f. à corne; corne f. **a) ~ende** n. ‖ gaff end *or* peak ‖ pic m. *ou* bout m. de la corne. **b) ~fall** n. ‖ peak *or* throat halliard ‖ martinet m.; drisse f. du pic. **c) ~flagge** f. ‖ gaff flag ‖ pavillon m. national à la corne. **d) ~geitau** n. ‖ peak brail ‖ cargue-haute f. **e) ~klaue** f. ‖ gaff jaw ‖ mâchoire f. de la corne. **f) ~liek** n. ‖ gaff head rope ‖ ralingue f. d'envergure. **g) ~nock** f. ‖ gaff end *or* peak ‖ pic m. *ou* bout m. de la corne. **h) ~rack** n. ‖ gaff jaw rope ‖ racage m. d'un pic. **i) ~schoner** m. ‖ fore and aft schooner ‖ goëlette f. franche. **k) ~segel** n. ‖ gaff *or* try sail ‖ ‖ voile f. à corne. **l) ~stander** m. ‖ peak pendant ‖ pantoire f. de pic. **m) ~toppsegel** n. ‖ gaff topsail ‖ voile f. à pic; flèche-en-cul f. 18

Galaktit m. ‖ galactite ‖ galactite f. 19

Galaktometer n. ‖ galactometer; lactometer; lactoscope ‖ galactomètre m.; lactomètre m.; pèse-lait m. 20

Galaktose f. ‖ galactose ‖ galactose f. 21

Galaktoskop n. *s.* Galaktometer. 22

Galalith m. ‖ galalith ‖ galalithe f. **a) ~griff** m. ‖ galalithe handle. ‖ manche f. en galalithe. **b) ~herstellungsmaschine** f. ‖ galalithe producing machine ‖ machine f. pour fabriquer de la galalithe. 23

Galamgummi m. ‖ Galam gum ‖ gomme f. de Galam. 24

Galanteriewaren fpl. ‖ fancy goods pl. ‖ tabletterie f.; articles mpl. de fantaisie *ou* de galanterie. **a)** ~ aus **Holz** ‖ wooden fancy goods pl. ‖ tabletterie f. en bois. **b)** ~ aus **Leder** ‖ fancy leather goods pl. ‖ articles mpl. de fantaisie en cuir. 25

Galanteriewarenhandlung f. ‖ fancy shop ‖ magasin m. d'articles de luxe *ou* de fantaisie. 26

Galbanharz n. ‖ galban gum ‖ gomme f. galban. 27

Galeerenofen m. zur Läuterung des Schwefels ‖ furnace for the distillation of sulphur ‖ fourneau m. de galère pour la distillation de soufre. 28

galenisches Präparat n. ‖ galenical ‖ préparation f. galénique. 29

Galenit m. ‖ galena ‖ galène f. 30

Galerie f. ‖ gallery ‖ galerie f. 31

Galetta f. ‖ galette ‖ galette f. **a) ~garn** n. ‖ filoselle yarn ‖ fil m. de soie galette; filoselle f. 32

Galgantwurzel f. ‖ galangal root ‖ racine f. de galanga. 33

Galgen m. (Bock) ‖ horse ‖ âne m. **a)** ~ (Buchdr) ‖ gallows pl. ‖ chevalet m. du timpan. **b)** ~ (Brückenb) ‖ cross beam ‖ potence f. **c) ~amboß** m. ‖ beak *or* bick iron; anvil with one arm ‖ enclume f. à potence; bigorne f. 34

Galion n. ‖ beakhead ‖ poulaine f.; éperon m. 35

Galipot n. (Harz) ‖ galipot; white resin ‖ galipot m.; poix f. de Bourgogne. 36

Gallapfel m. ‖ gall; nutgall; gallnut; oakgall ‖ noix f. de galle; galle f. **a) französischer ~** ‖ French gall nut ‖ cassenole f. **b) levantischer ~** ‖ blue *or* black *or* Aleppo gall ‖ galle f. noire *ou* verte. 37

Gallapfel-auszug m. ‖ extract of gall(nuts) ‖ extrait m. de noix de galle. **a) ~beize** f. ‖ gallsteep; galling ‖ engallage m. **b) ~farbe** f. *s.* Gallapfelbeize. **c) ~säure** f. ‖ gallotannic *or* gallic acid ‖ acide m. gallique *ou* gallotannique. **d) ~tannin** n. ‖ gall tannin ‖ tannin m. de noix de galle. 38

Galle f. (Anatomie) ‖ gall ‖ bile f. **a)** ~ (Färb) ‖ gall; gallnut; nutgall; oakgall ‖ galle f.; noix f. de galle. **b)** ~ (Gußblase) ‖ flaw; air bubble; blister ‖ paille f.; soufflure f. de fonte; défaut m. *ou* défectuosité f. dans la fonte. 39

Gallert n. ‖ jelly; gelatine ‖ gélatine f.; gelée f. **a) ~ erstarren lassen** ‖ to solidify the (glue) jelly ‖ solidifier la gélatine. 40

gallertartig ‖ gelatinous; colloidal; jellied; jelly-like ‖ gélatineux; colloïdal. **a) ~e Lösung** f. ‖ colloidal solution ‖ solution f. colloïdale. 41

Gallerte f. *s.* Gallert n. 42

Gallertsäure f. ‖ pectic acid ‖ acide m. pectique. 43

Gallitzenstein m. (Min) ‖ goslarite ‖ goslarite f. 44

Galloninsäure f. ‖ gallonic acid ‖ acide m. gallominique. 45

Gallowayrohr n. (Kesselb) ‖ Galloway tube ‖ tube m. Galloway. 46

Gallsche Kette f. ‖ Gall's chain ‖ chaîne-Galle f.; chaîne f. Galle. 47

Gallseife f. ‖ gall soap ‖ savon m. au fiel. 48

Gallussäure f. || gallic acid || acide m. gallique. 1
Gallustinte f. || gallotannic ink || encre f. gallo-tannique. **a) echte** ~ || genuine gallic ink *or* gallotannic ink || véritable encre f. gallique; encre f. gallotannique véritable. 2
Galmei m. || calamine; galmey || calamine f. **a) edler** ~ || native carbonate of zinc; smithsonite || oxyde m. de zinc carbonaté hydraté. 3
Galmei-grube f. || galmey mine || mine f. de calamine. **a) ~messing** n. || calamine brass || laiton m. à la calamine. 4
Galosche f. || galosh || galoche f. **a) Gummi~** || rubber galosh || galoche f. en caoutchouc. 5
Galoschenmacher m. || galosh maker || galochier m. 6
galvanisch || galvanic || galvanique. **a) ~ gefällt** || electro-deposited || galvanique de la pile; déposé par la pile. 7
galvanisch-es Element n. || galvanic cell; primary electric cell || élément m. galvanique; pile f. électrique. **a) ~er Strom** m. || voltaire current || courant m. galvanique. **b) ~e Vergoldung** f. || electro-gilding || dorure f. galvanique. **c) ~e Versilberung** f. || electro-silvering || argenture f. galvanique. **d) ~e Verzinkung** f. des Eisens || galvanizing *or* zinking of iron || zingage m. galvanique de fer; galvanisation f. du fer. 8
Galvanisier-anlage f. || galvanizing *or* electro-plating plant || installation f. de galvanisage *ou* de galvanisation. **a) ~apparat** m. || galvanizer || galvaniseur m. 9
galvanisieren || to galvanize || galvaniser. 10
Galvanisierpfanne f. || galvanizing pan || cuve f. de galvanisation. 11
Galvanisierungsanlage f. *s.* Galvanisieranlage f. 12
Galvano n. || electrotype; electro-plate || galvano m. **a) ~ auf Holzfuß** || electro-plate on wood base || galvano m. sur bois. 13
Galvano-chromie f. || galvanic colouring || colorisation f. électrochimique. **a) ~-kaustik** f. || galvanic etching || galvanocaustie f. **b) ~metallurgie** f. || galvanometallurgy || galvanométallurgie f. 14
Galvanometer n. || galvanometer || galvanomètre m. **a) ballistisches ~** || ballistic galvanometer || galvanomètre m. balistique. **b) Differential~** || differential galvanometer || galvanomètre m. différentiel. **c) Drehspul~** || moving-coil galvanometer || galvanomètre m. à cadre mobile. **d) Nadel~** || moving magnet galvanometer || galvanomètre m. à aimant mobile. **e) Schleifen~** || loop galvanometer || galvanomètre m. à bouche. **f) Spiegel~** || mirror galvanometer || galvanomètre m. à miroir. **g) Spulen~** || moving-coil galvanometer || galvanomètre m. à cadre mobile. 15
Galvanometer-konstante f. || galvanometer constant || constante f. d'un galvanomètre. **a) ~nebenschluß** m. || galvanometer shunt || shunt m. pour galvanomètre. 16
Galvanoplastik f. || galvanoplastic; electrotyping || galvanoplastie f. **a) Druckhilfsmaschine** f. für ~ || auxiliary printing machine for electrotyping || machine f. auxiliaire d'impression pour galvanoplastie. 17
Galvanoplastiker m. || electrotyper || électrotypeur m.; galvanoplasticien m. 18
Galvanoplastikmaschine f. || galvanoplastic machine || machine f. pour la galvanoplastie. 19
galvanoplastisch-e Anlage f. || electroplating plant || installation f. de galvanoplastie. **a) ~e Anstalt** f. || galvanoplastic workshop || atelier m. de galvanoplastie. **b) ~es Bad** n. || galvanoplastic *or* plating bath || bain m. galvanoplastique. **c) ~e Waren** fpl. || electrolytic reproductions || objets mpl. en galvanoplastie. 20
Galvanoskop n. || galvanoscope || galvanoscope m. 21
Galvano-stegie f. || electroplating; electrodeposition || galvanostégie f. **a) ~technik** f. || electro-plating practice || galvanotechnique f. **b) ~typie** f. || galvanotyping || galvanotypie f. 22
Gamaschen fpl. || gaiters pl. || guêtres fpl. **a) ~macher** m. || gaiter-maker || guêtrier m. **b) ~schneider** m. || gaiter cutter || coupeur m. de guêtres. **c) ~stepper** m. || gaiter quilter || piqueur m. de guêtres. **d) ~weber** m. || gaiter weaver || tisseur m. de guêtres. **e) ~wirker** m. || gaiter knitter || tricoteur m. de guêtres. 23
Gang m. (Bauw) || corridor; passage || couloir m.; passage m. **a) ~** (Bergb) || vein || veine f.; filon m. **b) ~** (in einem öffentl. Verkehrsmittel usw.) || gangway || allée f. **c) ~** (Getriebe) || speed || vitesse f. **d) ~** (Masch) || running; working; motion || mouvement m.; marche f.; fonction f. **e) ~** (Ofen) || working; working-state; condition || marche f.; allure f. **f) ~** (Web) || porter || portée f. **g) abgebauter ~** (Bergb) || exhausted vein || filon m. épuisé *ou* exploité. **h)** der ~ **ändert** das **Streichen** (Bergb) || the lode changes its course || le filon change de direction. **i) außer ~ setzen** (Masch) || to stop the engine || arrêter la machine. **k) dritter ~** (Auto) || third gear || troisième vitesse f. **l) echter ~** (Geologie) || fissure vein || vrai filon m.; filon m. de fracture. **m) erster ~** (Auto) || starting gear || première vitesse f. **n) flachfallender ~** (Geologie) || lode of medium dip || filon m. à faible pendage. **o) frei** von **totem ~** || free from end play; no back lash (A) || libre de tout jeu. **p) garer ~** || good working || marche f. régulière. **q) geheimer ~** (Bauw) || private corridor || corridor m. dérobé. **r) geräuschloser ~** (Auto) || noiseless running || allure f. *ou* marche f. silencieuse. **s) geräuschvoller ~** (Auto) || noisy running || allure f. *ou* marche f. bruyante. **t) gleichmäßiger ~** (Masch) || uniform running || marche f. régulière. **u) guter ~** || good working || marche f. régulière. **v) halber ~** (Web) || halfporter || demi-portée f. **w) heißer ~** (Met) || hot working || marche f. chaude. **x) hitziger ~** *s.* heißer ~. **y) in ~** || at work || en marche f. **z) in ~ bringen** || to actuate; to start || mettre en marche. 24
a) im ~e sein || to be working; to work || être en marche f.; aller; fonctionner. **b) in ~ setzen** (Masch) || to set going; to actuate; to start || mettre en marche. **c) in vollem ~** || in full speed || en pleine marche. **d) kalter ~** (Met) || cold working || marche f. froide. **e)** einen guten ~ des **Koksofens** haben || to coke well || produire une belle gueule de four à coke. **f) Leer~** (Masch) || idle motion || mouvement m. perdu. **g) leerer ~** (Gewinde) || back lash || jeu m. inutile. **h) leichter ~** (Masch) || soft *or* smooth running || marche f. légère *ou* douce *ou* facile. **i) leichter ~** des **Motors** || smooth running of the motor || marche f. facile du moteur. **k)** der ~ wird **mächtiger** || the lode grows || le filon m. s'élargit *ou* prend du ventre *ou* gagne de la puissance. **l) ~** einer **Maschine** || working of a machine || marche f. d'une machine. **m) ~** eines **Ofens** || working of a furnace || marche f. d'un fourneau. **n) regelmäßiger ~** (Masch) || uniform running; regular working || marche f. normale *ou* régulière. **o) ruhiger ~** (Masch) || silent *or* quiet *or* noiseless running || marche f. silencieuse. **p) seigerer ~** (Geologie) || (almost) vertical lode || filon m. vertical. **q) spielfreier ~** || movement free from play || marche f. sans jeu. **r) tauber ~** || dead *or* poor lode || faille f.; crain m. **s) tonnlägiger ~** (Geologie) || lode of steep dip || filon m. à fort pendage. **t) toter ~** (Gewinde) || back lash; lost motion || jeu m. mort *ou* inutile; perte f. de course. **u) unmittelbarer ~** (Auto) || direct drive || prise f. directe. **v) unruhiger ~** (Masch) || unquiet *or* noisy running || marche f. par à-coups. **w)** den ~ **verlangsamen** (Masch) || to slow down the engine || ralentir la marche. **x)** ein ~ m. **verwirft** einen **anderen** (Geologie) || one lode is faulted by the other || un filon est rejeté par un autre. **y)** vom ersten auf den zweiten ~ **übergehen** || to change over from first to second speed || passer de la première à la deuxième vitesse. **z) vierter ~** || fourth gear || quatrième vitesse f. 25
a) Vor- und Rückwärts~ || ahead and astern running || marche f. avant et marche arrière. **b) ~** des **Windes** || course of the wind || marche f. du vent. **c) zweiter ~** || second gear || deuxième vitesse f. 26
Gänge mpl. (Bergb) || knockings pl. || minerai m. brut *ou* en morceau. 27
Gangart f. (Bergb) || gangue || gangue f. **a) normale ~** (Masch) || normal speed || marche f. normale. 28
gangartige Lagerstätte f. || gangue deposit || gisement m.; veine f. 29
gangbar-e Ware f. || goods pl. of a ready sale || marchandise f. courante. **a) ~ste Sorten** fpl. || leading species pl. || les marques fpl. les plus courantes. 30
Gang-breite f. der **Schraube** || width of the thread || largeur f. du filet. **a) ~füllung** f. (Geologie) || infilling of veins || remplissage m. du filon. **b) ~gestein** n. || gangue || gangue f. **c) ~hauer** m. || lodesman || mineur m. qui travaille sur un filon. 31
Ganghöhe f. || (Gewinde) || pitch || pas m. **a)** die ~ mit **möglichster Schärfe auswerten** || to determine the pitch of a screw with the utmost accuracy || déterminer la hauteur du pas de vis avec la plus grande précision possible. **b) ~** der **Schraube** || pitch of the screw thread || hauteur f. du pas d'une vis. 32
Gang-kontrolle f. (Uhr) || working control || contrôle m. de la marche. **a) ~masse** f. (Bergb) || gang *or* vein stone || gangue f. **b) ~pfosten** m. (Zimm) || baluster || balustre m. **c) ~setzen** n. (Uhrm) || escapement

setting || plantage m. **d) ~spalte** f. (Bergb) || fault; slide; reed; back || fente f.; fissure f. 1

Gangspill n. || capstan || cabestan m.; vindas m. **a) ~ mit Kettentrommel** || capstan fitted with sproket wheel || cabestan m. à couronne à empreinte. 2

Gangspill-kopf m. || capstan drum head || chapeau m. *ou* tête f. du cabestan. **a) ~spake** f. || capstan bar || barre f. du cabestan. 3

Gang-stein m. || gang *or* gangue stone || filons mpl. sauvages. **a) ~stock** m. (Geologie) || bunch of ore || filon m. en forme d'amas. **b) ~trumm** n. || secondary lode; branch of a vein || veinule f.; branche f. d'un filon. **c) ~wechsel** m. || change of speed || change m. de marche. **d) ~werk** (Müll) || driving gear || moulage m. **e)~zahl** f. || number of gears || nombre m. de vitesses. 4

Gans f. (Hochofen) || pig iron; pig (A); casting pig || saumon m.; gueuse f. 5

Gänse-brusträucherer m. || goose-breast smoker || fumeur m. de poitrines d'oies. **a) ~fett** n. || goose fat || graisse f. d'oie. **b) ~füßchen** npl. (Buchdr) || inverted commas pl.; quotation marks pl. || guillemets mpl. **c) ~hüterin** f. || ganderess || gardeuse m. d'oies. 6

Gänsekötigerz n. || goose-dung ore || argent m. merde d'oie; ganomatite f. 7

Gänse-leberpastete f. || goose liver pie || pâté f. de foie gras. **a) ~versandgeschäft** n. || goose dealer and exporter || commerce m. d'expédition d'oies. 8

Ganter m. (Lagergerüst) || cask and vat support || chantier m. 9

Ganz f. (Hochofen) *s.* Gans f. (Hochofen). 10

ganze Umdrehung f. || complete revolution || tour m. complet. 11

Ganz-holländer m. *s.* ~zeugholländer. **a) ~holz** n. || round *or* unhewn timber || bois m. de brin; bois m. non travaillé. 12

Ganzlederband m. || calf binding; calf bound volume || reliure f. en cuir plein. 13

Ganzmetall-bau m. || allmetal construction || construction f. entièrement métallique. **a) ~flugzeug** n. || allmetal aeroplane || avion m. entièrement métallique. 14

ganzselbsttätige Maschine f. || fully-automatic machine || machine f. entièrement automatique. 15

Ganzstahlkarosserie f. || all-steel body || carrosserie f. tout acier. 16

Ganzzeug n. (Pap) || pulp; paper pulp || pâte f. raffinée; pulpe f.; raffiné m. **a) ~holländer** m. || beating engine; beater; finisher || pile f. raffineuse; cylindre m. affineur *ou* broyeur *ou* à broyer. **b) ~kasten** m. || stuff chest || caisse f. de dépôt. 17

gar (Bäck) || done || assez cuit. **a) ~** (Met) || good; refined || bon. **b) ~ aufbrechen** (Met) || to break up the lump || avaler la loupe. **c) den Stahl** m. **~ machen** || to refine the steel || corroyer *ou* raffiner l'acier m. **d) vollständig ~** (Met) || burned off || parfaitement cuit *ou* distillé. 18

Garage f. || garage; motor house; car shed || garage m.; remise f. **a) Wellblech~** || garage of corrugated sheet iron || garage m. en tôle ondulée. 19

Garagen-bau m. || building garages || construction m. de garages. **a) explosionsgesicherter ~heizofen** m. || explosion-proof garage stove || poêle m. de sûreté pour garages. **b) ~heizung** f. || garage heating || chauffage m. de garage. **c) ~luftpumpe** f. || garage air pump || pompe f. à air pour garages. 20

Gäranlage f. || fermenting plant || installation f. de fermentation. 21

Garantie f. || guarantee; guaranty (A); warranty || garantie f.; caution f.; sûreté f. **a) ~fonds** m. || guarantee fund || fonds m. de garantie. **b) ~gesellschaft** f. || guarantee company || compagnie f. de garantie. 22

garantieren || to warrant; to guarantee || garantir; cautionner. 23

Garantie-schein m. || certificate of warranty; lettre of indemnity; bond || (billet m. de) cautionnement m.; promesse f. de garantie. **a) ~versuch** m. || guarantee test || essai m. *ou* épreuve f. de garantie. 24

Garanzin n. (Färb) || garancin[e] || garancine f. 25

gärbar || fermentable || fermentescible. 26

Gärbarkeit f. || fermentability || fermentescibilité f. 27

Garbe f. (Landw) || sheaf || gerbe f. **a) in ~n** binden || to bind into sheaves pl. || engerber. **b) ~** (Met) || pile *or* faggot of steel || trousse f. *ou* fagot m. *ou* paquet m. d'acier. 28

Gärbecken n. || receptacle for beer working out of the bung hole || cuvelle f. 29

gärben (Stahl) *s.* gerben. 30

Garben-band n. || wisp of straw for tying sheaves || lien m. à gerbes. **a) ~binder** m. (Masch) || binder; binding machine || moissonneuse-lieuse f. **b) ~selbstbinder** m. || sheaf-binding engine || appareil m. à engerber. 31

Gärbottich m. || fermenting vat *or* tub; working *or* guile tun || cuve f. de fermentation; guilloire f.; berne f. **a) emaillierter ~** || enamelled fermenting vessel || cuve f. de fermentation émaillé. **b) gläserner ~** || glass fermenting vessel || cuve f. de fermentation en verre. 32

Gärbottich-bier n. || fermenting tun beer || bière f. provenant des cuves de fermentation; bière f. jeune. **a) ~bürste** f. || brush for washing fermenting tuns || brosse f. pour le nettoyage des cuves de fermentation. **b) ~glasur** f. || varnish for fermenting tuns || vernis m. pour cuves de fermentation. **c) ~hahn** m. || fermenting tun cock || robinet m. de cuve de fermentation. **d) ~kühler** m. || attemperator coil for fermenting tuns || réfrigérant m. pour cuves de fermentation. **e) ~schwimmer** m. || float *or* swimmer for fermenting tuns || flotteur m. réfrigérant pour cuves de fermentation. 33

Garbrennen n. (Porzel) || hardening-on || cuisson f. en couverte. 34

Gärbstahl m. || wrought *or* sheer steel || acier m. corroyé. 35

Gär-bütte f. || fermenter; fermenting round || cuve f. de fermentation. **a) ~dauer** f. || duration of fermentation || durée f. de fermentation. 36

Gardeniaöl n., **künstliches** || synthetic gardenia oil || essence f. de gardénie synthétique. 37

Garderobe f. || wardrobe || garderobe f. **a) ~haken** m. || hat and coat hook || porte-manteaux m. **b) ~halter** m. || wardrobe holder || portemanteau m. **c) ~kette** f. || clothes hanging chain || chaîne f. pour accrocher les vêtements. 38

Gardine f. || curtain || rideau m. **a) gestickte ~** || machine embroidered curtain || rideau m. brodé. **b) weiße ~** || white curtain || rideau m. en tissus à jour. 39

Gardinen-aufmacher m. || curtain hanger || poseur m. de rideaux. **a) ~einfasserin** f. || lace purler || entrepreneuse f. de picotage; picoteuse f. **b) ~haken** m. || curtain hook || crochet m. à rideaux. **c) ~maschine** f. || curtain machine || métier m. à rideaux. **d) ~ring** m. || curtain ring || anneau m. pour rideau. **e) ~spanner** m. || curtain stretcher || étire-rideaux m. **f) ~stange** f. || curtain rod || tringle f. de rideaux. **g) ~stickerei** f. || curtain-embroidery || broderie f. de rideaux. **h) ~tüll** m. || curtain net || tulle m. pour stores. **i) ~waschanstalt** f. || curtain framing || blanchissage m. de rideaux. **k) ~webstuhl** m. || curtain lace machine || métier m. à rideaux. **l) ~zugvorrichtung** f. || curtain drawing device || dispositif m. pour le tirage des rideaux. 40

Gare f. des **Stahls** || temper *or* refined state of steel || affinage m. de l'acier. 41

Gareisen n. (Met) || trial rod || verge f. d'essai. 42

gären || to ferment || fermenter. 43

Gären n. || fermenting; fermentation || fermentation f. 44

Garen n. der **Metalle** || refining of metals || affinage m. des métaux. 45

Garerz n. || roasted *or* burnt ore || mine f. grillée. 46

Gärerzeugnis n. || fermentation product || produit m. de la fermentation. 47

gärfähig || fermentable; fermentative; fermentescible || fermentescible; fermentable. 48

Gär-fähigkeit f. || fermentability || fermentescibilité f. **a) ~faß** n. || loose hogshead; puncheon; stillion || fût m. *ou* tonne f. de fermentation. **b) ~flüssigkeit** f. || fermentable liquid || liquide m. fermentescible. **c) ~führer** m. || head cellar-man; fermenting man || chef m. de fermentation; fermenteur m. **d) ~führung** f. || conduct of fermentation || conduite f. de la fermentation. 49

Gargang m. (Met) || good working || marche f. régulière; bonne marche f. 50

Gärgefäß n. || fermenter; fermenting vessel || vaisseau m. servant à la fermentation. **a) geschlossenes ~** || closed fermenting vessel || vaisseau m. clos pour la fermentation. 51

Gargel f. || chimbre; chimb edge || jâble m. **a) ~kamm** m. (Küf) || grooving comb *or* tool || gravoir m.; jâbloir m. 52

gargeln, ein Faß n. || to notch *or* to groove a cask; to make the chimbs pl. of a cask || jabler un tonneau. 53

Gargelsäge f. (Küf) || grooving saw || scie f. à graver. 54

Gär-geschirr n. || fermenter; fermenting vessel || vaisseau m. servant à la fermentation. **a) ~haube** f. || receptacle for beer working out of the bung hole || cuvelle f. 55

Garherd m. || refining hearth || foyer m. d'affinage. 56

Gärkeller m. || fermenting *or* fermentation cellar || cave f. de fermentation; entonnerie f. **a) ~arbeiter** m. *s.* Gärkellerbursche m. **b) ~bursche** m. || fermenting-room *or* cellar man; tun-room man

|| garçon m. de cave de fermentation; fermenteur m. 1

Garkocher m. || cooking box || caisse f. à cuire. 2

Gärkraft f. || fermentative energy *or* power || force f. fermentative; pouvoir m. fermentatif. **a) ~bestimmung** f. || fermentative test || détermination f. du pouvoir fermentatif. 3

Gar-kupfer n. || rose *or* rosette copper || cuivre m. rosette; rosette f. de cuivre affiné. **a) ~machen** n. des **Rohkupfers** || refining *or* toughening of copper || raffinage m. de cuivre. 4

Gär-messer m. || zymosimeter || zymosimètre m. **a) ~mittel** n. ferment || ferment m. 5

Garn n. (Fischnetz) || net; trammel || filet m.; lacets mpl.; panneau m. **a) ~** (Spinn) || yarn; thread || fil m. **b) baumwollenes ~** || cotton yarn || fil m. de coton. **c) Befeuchtmaschine** f. für **~e** || wetting machine for yarns || machine f. à humecter les fils. **d) Bourrette~** || bourrette yarn || fil m. de bourrette de soie. **e) ~** für **Dochte** || wick yarn || mèche f. **f) dreidrähtiges ~** || threefold *or* three-threads *or* threecord yarn || fil m. triple *ou* retors de trois fils. **g) dreifädiges ~** *s.* dreidrähtiges **~**. **h) Flachs~** || flax yarn || fil m. de lin. **i) Florettseiden-** || schappe silk yarn || fil m. de bourre de soie. **k) gefilztes ~** || felted yarn || fil m. feutré. **l) geschleiftes ~** || double mule twist || fil m. de coton légèrement retors. **m) gezwirntes ~** || doubled yarn || fil m. retors; retors m. **n) Häkel~** || crochetting yarn || fil m. à broder au crochet. **o) Hanf~** || hemp yarn || fil m. de chanvre. **p) Jute~** || jute yarn || fil m. de jute. **q) Kabel~** || rope yarn || fil m. de caret. **r) Kabelfüll~** || cable filling yarn || matière f. de fil pour remplir les câbles. **s) Kamm~** || worsted yarn || fil m. peigné. **t) ~** in Aufmachung für den **Kleinverkauf** || yarn made up for the retail trade || fil m. conditionné pour la vente au détail. **u) Lama~** || lama yarn || laine f. de lama. **v) meliertes ~** || melange yarn || fil m. mélangé. **w) Näh~** || sewing thread || fil m. à coudre. **x) Papier~** || paper yarn || fil m. en papier. **y) plattiertes ~** *s.* meliertes **~**. **z) Ramie~** || ramie yarn || fil m. de ramie. 6

a) Seiden~ || silk yarn || fil m. de soie. **b) Sengen** n. des **~s** || yarn singeing || gazage m. de fil. **c) Stick~** || embroidering yarn || fil m. à broder. **d) Streich~** || carded wool yarn || fil m. cardé. **e) Strick~** || knitting yarn || fil m. à tricoter. **f) Textilose~** || textilose yarn || fil m. en textilose. **g) ~** aus groben **Tierhaaren** || yarn of coarse animal's hairs || fil m. en gros poils d'animaux. **h) weißes ungeteertes ~** || white twine *or* rope yarn || fil m. blanc à cordage. **i) Woll~** || wool yarn || fil m. de laine. **k) Zellulose~** || cellulose yarn || fil m. en cellulose. 7

Garn-anfeuchter m. (Web) || bobbin soaker mouilleur m. d'époules. **a) ~anknüpferin** f. || yarn mender || partisseuse f. **b) ~appretur** f. || yarn finishing || apprêt m. de fils. **c) ~aufhänger** m. (Spinn) || yarn taker-off || déchargeur m. de fil. **d) ~aufkarter** m. || card winder || encarteur m. de fils. **e) ~ausgeber** m. (Web) || yarn carrier || donneur m. de fils. **f) ~auswringer** m. || hank wringer || chevilleur m. **g) ~baum** m. || yarn beam || ensouple f. de derrière. **h) ~bleicher** m. || yarn bleacher || blanchisseur m. de fils. **i) ~bündelpresse** f. || yarn bundling press || presse f. à empaqueter les fils. **k) ~bürstmaschine** f. || yarn brushing machine || machine f. à brosser les fils. **l) ~elastizitätsmesser** m. || apparatus for testing elasticity of yarn || indicateur m. d'élasticité des fils. 8

Garnele f. || shrimp || crevette f. 9

Garnelenfischer m. || shrimper; shrimp fisherman || pêcheur m. de crevettes. 10

Garner m. || yarn maker || filetier m. 11

Garn-fabrik f. || yarn manufacture || fileterie f.; fabrique f. de fils. **a) ~färber** m. || yarn dyer || teinturier m. de fils. **b) ~färberei** f. || yarn dyeing || teinture f. de fils. **c) ~festigkeitsprüfer** m. || yarn strength tester || dynamomètre m. pour fils. **d) ~glätter** m. || hank polisher || étriqueur m. 12

Garnhaspel m. || yarn reel || dévidoir m. **a) ~** mit **Zählvorrichtung** || counting wrap reel || dévidoir m. compteur. 13

Garn-haspelmaschine f. || yarn winding machine || machine f. pour dévider du fil. **a) ~haspler** m. || yarn reeler || dévideur m. de fil. 14

garnieren, das Geschirr (Töpf) || to apply the handles pl. || garnir la vaisselle; habiller les pots mpl. 15

Garnitur f. || fittings pl.; mountings pl.; furniture; garniture || garniture f.; monture f. **a) ~** (Satz) || set || jeu m.; assemblage m.; trousse f.; assortiment m. **b) ~** eines **Dampfkessels** || garniture of a boiler; boiler fittings pl. *or* furniture || garniture f. *ou* robinetterie f. d'une chaudière. 16

Garniturteile mpl. || fittings pl. || armatures fpl.; garnitures fpl.; accessoires mpl.; montures fpl. 17

Garn-kiste f. || case of yarn || caisse f. de fil. **a) ~knäuel** m. || clew *or* ball of yarn || pelote f. *ou* peloton m. de fil. **b) ~knötchen** n. (Seide) || little knot in silk yarn || bouchon m. **c) ~kötzer** m. || cop || cannette f. **d) ~merzerisiermaschine** f. || hank mercerizing machine || merceriseuse f. pour fil. 18

Garnnummer f. || count *or* number of yarn || numéro m. *ou* titre m. du fil. **a) ~bestimmungswage** f. || yarn scale *or* balance || balance f. de numérotage. 19

Garn-polierer m. || thread polisher *or* glazer || lustreur *ou* glaceur de fil. **a) ~presse** f. || bundle *or* bundling press || presse f. à empaqueter. **b) ~rolle** f. || yarn reel || bobine f. pour fils à coudre. **c) ~schlichtung** f. || yarn sizing || encollage m. de fils. **d) ~sengmaschine** f. || singeing machine for yarns || machine f. à griller les fils. 20

Garnsortierwage f. || yarn scale *or* balance || balance f. de numérotage. **a) ~** mit **Weife** || yarn scale with reel || balance f. de numérotage avec dévidoir. 21

Garnspinnerei f. || yarn spinning mill || filanderie f. **a) ~maschine** f. || yarn spinning machine || machine f. pour filanderies. 22

Garn-spuler m. (Spinn) || yarn spooler || bobineur m. de fil. **a) ~spulmaschine** f. || winding machine || bobinoir m. **b) ~streckmaschine** f. || yarn tentering machine || machine f. à tendre les fils. **c) ~träger** m. || yarn carrier || porteur m. d'époules. **d) ~verbrauch** m. || yarn consumption || consommation f. de fil. **e) ~verdämpfer** m. (Web) || yarn steamer || vaporiseur m. d'époules. 23

Garnwage f. || yarn balance || balance f. de fils. **a) ~** mit **Weife** || yarn balance with reel || romaine f. avec dévidoir. 24

Garn-wechseleinrichtung f. || yarn changing attachment || dispositif m. pour le changement de fil. **a) ~weife** f. || reel || dévidoir m. **b) ~wieger** m. || weigher || peseur m. **c) ~winde** f. || yarn windle; reel || dévidoir m.; tournette f.; guindre m. **d) ~windemaschine** f. für die Textilindustrie || winding machine for textile industry || machine f. à bobiner pour l'industrie textile. **e) ~zwirner** m. || twister || retordeur m. de fil. 25

Garprobe f. || refining assay || essai m. de raffinage. 26

Gärprodukt n. || fermentation product || produit m. de la fermentation. **a) ~prozeß** m. *s.* **~**vorgang. 27

Gärraum m. || tun *or* fermenting room || cave f. de fermentation. **a) ~** für die **Rumherstellung** || fermenting room for the rum distillery || rhummerie f.; guildive f. 28

Gar-rösten n. || finishing roasting || grillage m. définitif. **a) ~scheibe** f. || plate of refined copper; rose copper disk || rosette f. *ou* lame f. de cuivre affiné. **b) ~schlacke** f. || rich slag || scorie f. douce *ou* riche; laitier m. riche. 29

Gär-schrank m. || fermenting board || armoire f. de fermentation. **a) ~tätigkeit** f. || fermentative activity || activité f. fermentative. **b) ~temperatur** f. || fermentation temperature || température f. de fermentation. 30

Garten m. || garden || jardin m. **a) ~anlage** f. || garden parterre || parterre m.; jardin m.; square m. **b) ~arbeiter** m. || gardener [labourer] || jardinier m. **c) ~architekt** m. || landscape gardener || architecte m. paysagiste. 31

Gartenbau m. || gardening; horticulture || jardinage m.; horticulture f. **a) ~betrieb** m. || market gardening || horticulture f. **b) ~maschine** f. || machine for horticulture || machine f. pour l'horticulture. 32

Garten-beet n. || garden bed || planche f. *ou* couche f. de jardin. **a) ~erde** f. || humus; (black) mould || humus m.; terre f. végétale *ou* de jardin. **b) ~fräse** f. || rotary tiller for gardens || motoculteur m. de jardin. **c) ~gerät** n. || horticulture implement || instrument m. pour horticulture. **d) ~kunst** f. || horticulture || horticulture f. **e) eiserne ~laube** f. || iron arbour || berceau m. en fer. **f) ~messer** n. || pruning knife || serpe f. **g)** eiserne **~möbel** npl. || garden furniture of iron; iron furniture for gardens || meubles mpl. de jardin en fer. **h) ~pflanze** f. || garden plant || plante f. horticole. **i) ~schere** f. || garden shears pl. || ciseaux mpl. de jardiniers. **k) ~schirm** m. || garden screen || parasol m. pour jardins. **l) ~spritze** f. || garden sprayer *or* syringe || pompe f. d'arrosage; seringue f. de jardin. **m) ~stadt** f. || garden city || cité-jardin f. **n) ~stuhl** m. || garden chair || chaise f. rustique. **o) ~unternehmer** m. || gardening undertaker || entrepreneur m. de jardinage. **p) ~walze** f. || garden roller || rouleau m.

ou cylindre m. de jardin. **q) ~zelt** n. ‖ garden tent ‖ pavillon m. *ou* tente f. de jardin. 1
Gärtner m. ‖ gardener ‖ jardinier m. 2
Gärtnerei f. ‖ gardening; horticulture ‖ jardinage m.; horticulture f. **a) Handels~** ‖ market *or* nursery gardens pl. ‖ établissement m. d'horticulture. **b) Kunst~** ‖ horticulture ‖ horticulture f. 3
Gärtnerei-besitzer m. ‖ gardening owner ‖ jardinier m. propriétaire. **a) ~samen** mpl. ‖ garden seeds pl. ‖ graines fpl. horticoles. 4
Gärtner-gehilfe m. ‖ gardener (helper) ‖ aide-jardinier m. **a) ~hippe** f. ‖ gardener's bill ‖ serpe f. de jardinier. 5
gärtnerische Anlagen fpl. ‖ lawns and flower beds pl. ‖ jardins mpl.; parterres fpl. de fleurs et des glacis de gazon. 6
Gärtner-messer n. ‖ gardener's knife ‖ couteau m. de jardinier. **a) ~säge** f. ‖ grafting *or* pruning saw ‖ scie f. de jardinier *ou* à enter *ou* à greffer. **b) ~tagelöhner** m. ‖ day-labourer gardener ‖ jardinier-journalier m. 7
Gärung f. ‖ fermentation ‖ fermentation f. **a) Alkohol~** ‖ alcoholic fermentation ‖ fermentation f. alcoolique. **b)** die **~ beleben** ‖ to animate the fermentation ‖ activer la fermentation; battre la guilloire. **c) Blasen~** ‖ bladdery *or* bubble fermentation ‖ fermentation f. bulleuse. **d) Bottich~** ‖ tun fermentation ‖ fermentation f. en cuve. **e) ~** des **Brotes** ‖ fermentation of bread; panary fermentation ‖ fermentation f. panaire. **f) ~** der **Buttersäure** ‖ butyric-acid fermentation ‖ fermentation f. butyrique. **g) Druck~** ‖ fermentation under pressure ‖ fermentation f. sous pression. **h) Essigsäure~** ‖ acetic acid fermentation ‖ fermentation f. acétique. **i) Faß~** ‖ cask fermentation ‖ fermentation f. en fûts *ou* en tonneaux. **k) faulende ~** ‖ putrid fermentation ‖ fermentation f. putride. **l) geistige ~** ‖ vinous fermentation ‖ fermentation f. vineuse *ou* spiritueuse. **m) Haupt~** ‖ main fermentation ‖ fermentation f. principale. **n) ~** mit **kahlen Stellen** ‖ bare *or* cold spots fermentation ‖ fermentation f. à places chauves. **o) kochende ~** ‖ boiling fermentation ‖ fermentation f. tumultueuse. **p) Nach~** ‖ after *or* secondary fermentation ‖ fermentation f. secondaire. **q) Ober~** ‖ high *or* top *or* surface fermentation ‖ fermentation f. haute. **r) Oxydations~** ‖ oxidation fermentation ‖ fermentation f. d'oxydation. **s) Rand~** ‖ rim fermentation ‖ fermentation f. périphérique (ayant lieu sur les bords). **t) Rast~** ‖ arrested *or* rest fermentation ‖ fermentation f. d'arrêt m. *ou* d'interruption. **u) saure ~** ‖ sour *or* acetic fermentation ‖ fermentation f. acide. **v) Schleim~** ‖ slimy *or* ropy *or* viscous fermentation ‖ fermentation f. visqueuse. **w) Schnell~** ‖ accelerated fermentation ‖ fermentation f. rapide. **x) Spaltpilz~** ‖ fission fungi fermentation ‖ fermentation f. provoquée par les bactéries schizomycètes. **y) spezifische ~** ‖ specific fermentation ‖ fermentation f. spécifique. **z) spontane ~** ‖ spontaneous fermentation ‖ fermentation f. spontanée. 8

a) Spund~ ‖ bung-hole fermentation ‖ fermentation f. par la bonde. **b) Stand~** ‖ standing fermentation ‖ fermentation f. en cuves. **c) stürmische ~** ‖ boiling *or* fiery fermentation; fretting ‖ fermentation f. tumultueuse. **d) symbiotische ~** ‖ symbiotic fermentation ‖ fermentation f. symbiotique. **e) träge ~** ‖ sluggish fermentation ‖ fermentation f. lente *ou* paresseuse. **f) Unter~** ‖ bottom *or* low fermentation ‖ fermentation f. basse. **g) Vakuum~** ‖ vacuum fermentation ‖ fermentation f. à vide *ou* dans le vide. 9
Gärungs-alkohol m. ‖ ethyl *or* grain alcohol ‖ alcool m. de fermentation. **a) ~bakterium** n. ‖ fermentation bacterium ‖ bactérie f. de fermentation. **b) ~beschleunigungsmittel** n. ‖ dressing ‖ addition f. faite pour accélérer une fermentation. **c) ~chemie** f. ‖ chemistry of fermentation ‖ chimie f. de la fermentation. 10
Gärungsdauer f. (Bergb) ‖ carbonizing period ‖ durée f. de la déstillation. **a) ~** (Brau) ‖ duration *or* speed of fermentation ‖ durée f. de fermentation. 11
gärungserregend ‖ zymogenic ‖ zymogène. 12
Gärungserscheinung f. ‖ anomaly during the fermentation ‖ anomalie f. en cours de fermentation. 13
gärungsfähig *s.* gärfähig. 14
Gärungsfähigkeit f. ‖ fermentability ‖ fermentescibilité f. 15
gärungshemmend (Chem) ‖ antiseptic ‖ antiseptique. 16
Gärungs-industrie f. ‖ fermentation industry ‖ industrie f. de la fermentation. **a) ~küpe** f. (Färb) ‖ warm vat; steeping trough *or* vat; steeper ‖ trempoire f.; cuve f. à chaud; pourriture f. **b) ~lehre** f. (Brau) ‖ zymology ‖ zymologie f. 17
Gärungsmesser m. (Bier) ‖ zymosimeter; zymometer ‖ zymosimètre m. **a) ~** (Wein) ‖ œnometer ‖ œnomètre m. 18
Gärungs-mittel n. ‖ ferment ‖ ferment m. **a) ~organismus** m. ‖ organism of fermentation ‖ organisme m. de fermentation. **b) ~phänomen** n. ‖ fermentation phenomenon ‖ phénomène m. de fermentation. **c) ~physiologie** f. ‖ zymotechnology ‖ zymotechnie f. 19
gärungsphysiologisch ‖ zymotechnic(al) ‖ zymotechnique. **a) ~e Analyse** f. ‖ zymotechnic(al) analysis ‖ analyse f. zymotechnique. 20
Gärungspilz m. ‖ ferment ‖ ferment m. **a) Alkohol~** ‖ alcoholic ferment ‖ ferment m. alcoolique. 21
Gärungs-röhrchen n. ‖ fermenting tube ‖ tube m. à fermentation. **a) ~stoff** m. ‖ ferment ‖ ferment m. **b) ~technik** f. ‖ zymotechnology ‖ technique f. de la fermentation; zymotechnie f. **c) ~theorie** f. ‖ fermentation theory ‖ théorie f. de la fermentation. **d) ~tonne** f. (Stärkef) ‖ fermenting tub ‖ berne f.; berme f. **e) ~wärme** f. ‖ fermenting heat ‖ chaleur f. produite durant la fermentation. **f) ~wissenschaft** f. ‖ zymotechnology ‖ zymotechnie f. 22
Gärverfahren n. ‖ process of fermentation; fermenting process ‖ procédé m. de fermentation. **a) Vakuum~** ‖ vacuum fermenting process ‖ procédé m. de fermentation dans le vide. 23
Gär-vermögen n. ‖ fermentative energy ‖ énergie f. fermentative. 24
Gärvorgang m. ‖ fermenting process; fermentation ‖ procédé m. de fermentation. **a)** den **~ vermeiden** ‖ to prevent fermentation ‖ empêcher la fermentation. 25
Gär-wärmegrad m. ‖ fermentation temperature ‖ température f. de fermentation. **a) ~zylinder** m. ‖ fermenting *or* fermentation cylinder ‖ cylindre m. à fermentation. 26
Gas n. ‖ gas ‖ gaz m. **a)** das **~ aufspeichern** ‖ to store the gas ‖ stocker *ou* emmagasiner le gaz. **b)** das **~** von mitgerissenem Staub **befreien** ‖ to remove the dust from the gas; to rid the gas of dust (A) ‖ débarasser le gaz des poussières entraînées. **c) Braunkohlen~** ‖ brown-coal gas ‖ gaz m. de lignite. **d) brennbares ~** ‖ combustible *or* inflammable gas ‖ gaz m. combustible *ou* inflammable. **e) chemisch ätzendes ~** ‖ corrosive gas ‖ gaz m. corrosif. **f) Edel~** ‖ rare gas ‖ gaz m. rare. **g)** die **~e** npl. **entweichen** ‖ the gases pl. escape ‖ les gaz mpl. s'échappent. **h) flüssiges ~** ‖ liquefied gas ‖ gaz m. liquéfié. **i) ~ geben** ‖ to open (out the) throttle; to open up the engine ‖ mettre les gaz mpl. **k) Generator~** ‖ producer gas ‖ gaz m. de gazogènes. **l) Gicht~** ‖ blast furnace gas ‖ gaz m. du gueulard *ou* de hauts-fourneaux. **m) Heiz~** ‖ heating gas ‖ gaz m. de chauffage. **n) heizkräftiges ~** ‖ gas of high calorific value ‖ gaz m. d'un grand pouvoir calorifique. **o) Hochofen~** ‖ blast furnace gas ‖ gaz m. du gueulard *ou* de hauts-fourneaux. **p) Industrie~** ‖ industrial gas ‖ gaz m. industriel. **q) Kokerei~** ‖ coke oven gas ‖ gaz m. provenant des fours de coke. **r) Koksofen~** ‖ coke-oven gas ‖ gaz m. de fours à coke. **s) komprimiertes ~** ‖ compressed gas ‖ gaz m. comprimé. **t) Kraft~** ‖ power gas; fuel gaz ‖ gaz m. pour moteurs; gaz m. combustible. **u)** das **~ lagern** ‖ to store the gas ‖ stocker *ou* emmagasiner le gaz. **v) Leucht~** ‖ lighting *or* illuminating gas ‖ gaz m. d'éclairage. **w) Rauch~** ‖ flue *or* combustion gas; fumes pl. ‖ gaz m. de combustion *ou* provenant de la combustion. **x) reduzierendes ~** ‖ reducing *or* reduction gas ‖ gaz m. réducteur *ou* de *ou* pour réduction. **y) Reinigung** f. des **~es** ‖ cleansing *or* purification of the **gas** ‖ épuration f. du gaz. **z) Schutz~** ‖ protective gas ‖ gaz m. protectif *ou* de protection. 27

a) Schwel~ ‖ carbonization gas ‖ gaz m. dégagé; gaz m. de distillation lente. **b) Steinkohlen~** ‖ coal gas ‖ gaz m. de houille. **c) Trag~** ‖ buoyant *or* lifting gas ‖ gaz m. de gonflement *ou* de sustentation. **d) Tränen~** ‖ tear gas; lachrymator ‖ lacrymogène m. **e) unbrennbares ~** ‖ non-inflammable gas ‖ gaz m. non inflammable. **f) unreines ~** ‖ impure gas ‖ gaz m. impur. **g) unverbrannte ~e** npl. ‖ unburnt gases pl. ‖ gaz mpl. non brûlés. **h) Verdichtung** f. von **~en** ‖ compressing of gases ‖ compression f. des gaz. **i) verflüssigtes ~** ‖ liquefied gas ‖ gaz m. liquéfié. **k) Verflüssigung** f. von **~en** ‖ liquefying of gases ‖ liquéfaction f. des gaz. **l) Wasser~** ‖ water gas ‖ gaz m. à l'eau. 28
Gas-absaugeanlage f. ‖ exhausting plant for gas ‖ installation f. d'aspiraton des gaz. **a) ~abzug** m. ‖ gas vent ‖ évent m. de gaz. **b) ~analysenapparat** m. ‖ gas testing apparatus ‖ appareil m. d'analyse de gaz. **c) ~angriff** m. ‖ gas attack ‖

attaque f. de gaz. **d) ~anstalt** f. || gas works pl. || usine f. à gaz. **e) ~anwärmer** m. (Motor) || heating jacket || chemise f. de chauffage du mélange. **f) ~anzeiger** m. || gas (leak) indicator || indicateur m. de gaz. **g) ~anzünder** m. || gas lighter || allume-gaz m.; allumeur m. de gaz; allumoir m. pour gaz. **h) ~apparat** m. || gas apparatus || appareil m. à gaz. **i) ~arbeiter** m. || gas worker *or* maker || ouvrier-gazier m.; gazier m. 1

gasarm-es Gemisch n. || weak gas mixture || mélange m. gazeux trop pauvre. **a) ~e Kohle** f. || non gassure coal || charbon m. pauvre en gaz. 2

Gas-arm m. || gas bracket || applique f. *ou* genouillère f. à gaz. **a) ~armatur** f. || gas fittings pl. || armature f. pour gaz. **b) ~automat** m. || slot *or* automatic gas apparatus; mechanical gas seller || distributeur m. automatique de gaz. **c) ~backofen** m. || gas baking oven || four m. à gaz à faire cuire. **d) ~badeofen** m. || gas stove for baths; gas geyser || poêle f. *ou* four m. à gaz pour bains. **e) ~batterie** f. || gas battery || pile f. à gaz. 3

Gasbehälter m. || gasholder; gas reservoir *or* tank; gasometer || gazomètre m.; réservoir m. à gaz. **a) ~ mit schwimmender Glocke** || gas container *or* gasometer with floating cover; gas tank with floating bell || gazomètre m. à cloche flottante. **b) ~aufseher** m. || gasometer prover || surveillant m. de gazomètre. 4

Gas-beleuchtung f. || gas lighting || éclairage m. au gaz. **a) ~beleuchtungsgerät** n. || gas fitting || appareillage m. pour le gaz. **b) ~bestandteile** mpl. || constituents pl. of gas || constituants mpl. essentiels du gaz. **c) ~bildung** f. || formation of gas || formation f. de gaz. **d) ~blasangriff** m. || cloud gas attack || attaque f. par vagues gazeuses. 5

Gasblase f. (Gieß) || gas blow; gas bubble || soufflure f.; bulle f. de gaz. **a)** der **Stahl** hat die Neigung in flüssigem Zustande viele **~n** in ungleichmäßiger Größe **einzuschließen** || the steel has the tendency to enclose many gas bubbles of varying size in the fluid mass || l'acier m. à l'état fluide a la tendance de renfermer de nombreuses bulles de gaz de grandeur variable. 6

Gasbombe f. || gas-filled *or* chemical bomb || bombe f. à gaz. 7

Gasbrenner m. || gas burner || brûleur m. *ou* bec m. à gaz. **a) Azetylen~** || acetylene gas burner || bec m. de gaz à l'acétylène. **b) Kreuzstrom~** || nozzle mixing gas burner || brûleur m. à gaz à jets croisés. **c) ~ mit Mischer** und **Gasdruckregler** || gas burner with a mixer and gas governor || brûleur m. à gaz équipé d'un mélangeur et d'un régulateur de pression de gaz. 8

Gasbrenner-stativ n. || gas burner stative || support m. pour becs à gaz. **a) ~zange** f. || gas burner pliers pl. || pince f. à brûleur. 9

Gas-bügeleisen n. || gas smoothing iron || fer m. à repasser à gaz. **a) ~bügelofen** m. || gas flat iron stove || four m. à gaz pour fers à repasser. **b) ~bürette** f. || gas burette || burette f. à gaz. **c) ~detektor** m. || gas detector || détecteur m. à gaz. 10

Gasdichte f. || density of a gas || densité f. d'un gaz. **a) ~messer** m. || gas density meter *or* gauge || appareil m. de mesure de la densité du gaz. 11

Gas-drosselklappe f. || gas throttle valve || papillon m. de commande des gaz. **a) ~drosselung** f. || strangling of gas || étranglement m. de gaz. 12

Gasdruck m. || gas pressure || pression f. de gaz. **a) ~fernzünder** m. || gas pressure igniter at distance || allumage m. à distance par la pression du gaz. **b) ~messer** m. || gas manometer || manomètre m. à gaz. **c) ~minderer** m. || gas pressure reducing valve || soupape f. à gaz réductrice. **d) ~regler** m. || gas pressure regulator || régulateur m. de pression de gaz. 13

Gas-dynamomaschine f. || gas dynamo || machine f. à gaz dynamo-électrique; dynamo f. à gaz. **a) ~einrichtung** f. || gas fitting || installation f. de gaz. 14

Gaseinsatz-härtung f. || gas case-hardening process || cémentation f. aux gaz carburants. **a) ~ofen** m. || gas case-hardening furnace || four m. à cémenter aux gaz carburants. 15

gasen || to gas || gazer. 16

Gas-entbindungsflasche f. || gas bottle || flacon m. générateur pour gaz. **a) ~entladung** f. || discharge in gas || décharge f. dans le gaz. **b) ~entlüftungsschacht** m. || exhaust-gas trunk || cheminée f. d'évacuation du gaz. **c) ~entwickler** m. || gas generator *or* producer || générateur m. de gaz; gazogène m. **d) ~entwicklung** f. (Sammler) || development *or* formation of gas; gassing || formation f. de bulles; développement m. de gaz. **e) ~entwicklungsgerät** n. || gas apparatus *or* generator || appareil m. à produire les gaz; générateur m. à gaz. **f) ~entziehungsvorrichtung** f. || apparatus for taking-off the gases || appareil m. de prise des gaz. **g) ~entzündung** f. || ignition of gas || inflammation f. des gaz. 17

Gaserzeuger m. || gas producer *or* generator || gazogène m.; appareil m. gazogène. **a) ~ mit Dampferzeugung** || steam-generation gas producer || gazogène m. à production de vapeur. **b) Drehrost~** || revolving-grate gas producer || gazogène m. à grille tournante. **c) ~ mit Nebenerzeugnisgewinnung** || gas producer with recovery of by-products || gazogène f. avec récupération de sousproduits. 18

Gaserzeugungsanlage f. || gas producer plant || installation f. à gazogène. **a) Luft~** || air gas works || installation f. pour gaz à l'air. 19

Gas-erzeugungsapparat m. || gas generator || générateur m. de gaz. **a) ~explosion** f. || gas explosion || explosion f. de gaz. **b) ~fabrik** f. || gas works || usine f. à gaz. **c) ~fang** m. (Met) || gas take || prise f. de gaz. 20

Gasfernversorgungs-anlage f. || gas plant for long distance supply || installation f. d'alimentation de gaz à distance. **a) ~netz** n. || long distance gas supply plant || réseau m. de distribution de gaz à grande distance. 21

Gasfeuerung f. (Betrieb) || gas firing *or* burning || chauffage m. au gaz. **a) ~** (Feuerstelle) || gas-fired furnace || foyer m. à gaz. 22

Gas-feuerungsanlage f. || gas firing plant || installation f. de chauffage au gaz. **a) ~flammkohle** f. || open burning coal || charbon m. flambant. **b) ~flammofenfrischen** n. || gas puddling || puddlage m. au gaz. **c) ~flaschenventil** n. || valve of the gas container || soupape f. de la bouteille à gaz. 23

gasförmig || gaseous || gazeux. **a) ~es Ammoniak** n. || ammonia; volatile alcali || alcali m. volatil; ammoniac m. **b) ~er Körper** m. || gaseous body || corps m. gazeux. **c) ~es Wasser** n. || water in gaseous state || eau f. sous forme de gaz. 24

Gas-frischen n. || gas puddling || puddlage m. au gaz. **a) ~fußhebel** m. || throttle pedal || pédale f. d'accélérateur. 25

Gasgebläse n. || gas blower || soufflerie f. à gaz. **a) ~lampe** f. || gas blast lamp || soufflerie f. à gaz. 26

Gasgebührenerheber m. || gas rate collector || receveur-gazier m. 27

gasgefeuerter Ofen m. (Met) || gas fired furnace || four m. pour le traitement thermique à gaz. 28

Gasgehalt m. (Kohle) || contents pl. of gas || teneur f. en gaz. 29

gasgeheizter Muffelofen m. || gas fired muffle furnace || fourneau m. à moufle au gaz. 30

Gasgemisch n. || gas mixture *or* compound || mélange m. gazeux *ou* de gaz. **a) ~** (Auto) || carburetted air || air m. carburé. **b) optische Analyse** f. eines **~es** || optical analysis of a gas mixture || analyse f. optique d'un mélange de gaz. **c)** optisch **empfindliches ~** || optically sensitive mixture of gases || mélange m. de gaz sensible au point de vue optique. **d) Reinigung** f. von **~en** || purification of gas mixtures || purification f. de mélanges de gaz. **e) Trennung** f. von **~en** || separation of gas mixtures || séparation f. de mélanges de gaz. **f) Verflüssigung** f. von **~en** || liquefaction of gas mixtures || liquéfaction f. de mélanges de gaz. **g) Zerlegung** f. von **~en** || decomposition of gas mixtures || décomposition f. de mélanges de gaz. **h)** Anlage f. zur **Zerlegung** von **~en** || plant for decomposition of gas compounds || installation f. de décomposition des mélanges gazeux. 31

Gasgenerator m. || gas generator *or* producer || génératrice f. gasogène. **a) ~meister** m. (Glasf) || gas maker || gazier m. 32

Gasgeschoß n. (Artillerie) || gas projectile *or* shell; chemical projectile || obus m. *ou* projectile m. à gaz. 33

Gasgewinde-schneidkluppe f. || gas thread pipe-stock || filière f. pour pas du gaz. **a) ~schneidemaschine** f. || die stock for gas pipes || machine f. pour tarauder les tubes à gaz. 34

Gasgewinnung f. || gas generation || production f. de gaz. 35

Gasglühlicht n. || incandescent gas light || lumière f. à incandescence par le gaz. **a) ~brenner** m. || incandescent gas burner || bec m. à incandescence. **b) ~lampe** f. || incandescent gas lamp || lampe f. à incandescence par le gaz. **c) Invert~lampe** f. || inverted incandescent gas burner || lampe f. à gaz à bec renversé. 36

Gas-grus m. (Kohle) || gas slack || menu charbon m. à gaz. **a) ~härteofen** m. || gas fired furnace for hardening || four m. de trempe au gaz. 37

Gashebel m. || gas lever || manette f. d'admission de gaz. **a) Fuß~** (Auto) || foot throttle; throttle pedal || accélérateur m. 38

Gas-heizofen m. || gas stove || fourneau m. à gaz. a) **~heizung** f. || gas heating || chauffage m. au gaz. b) **~herd** m. || gas hearth || fourneau m. à gaz. c) **~hülle** || gas bag *or* balloon || enveloppe f. à gaz. d) **~ingeniör** m. || gas engineer || ingénieur-gazier m. e) **~installationswerk** n. || gas fitting work || atelier m. pour l'installation du gaz. f) **~installatör** m. || gas fitter || installateur m. pour le gaz. g) **~interferometer** n. || interferometer for gases || interféromètre m. à gaz. h) **~kochapparat** m. || kitchen gas stove || fourneau m. de cuisine à gaz. i) **~kocher** m. || gas cooker || fourneau m. à gaz. k) **~kohle** f. || gas coal || houille f. *ou* charbon m. à gaz. l) **~koks** m. || gas coke || coke m. provenant des usines à gaz; coke m. (obtenu par la fabrication) de gaz; coke m. de gaz. m) **~kompressor** f. || gas compressor || compresseur m. à gaz. n) **~kraftmaschine** f. || gas power engine || moteur m. à gaz; gazomoteur m. o) **~krieg** m. || gas warfare; poison-gas warfare || guerre f. des gaz. p) **~krone** f. || gas chandelier; gaselier || lustre m. à gaz. q) **~kühlanlage** f. || gas cooling plant || installation f. de réfrigération des gaz. r) **~kühler** m. || gas refrigerator || réfrigérateur m. de gaz. s) **~lampe** f. || gas lamp || lampe f. à gaz. 1

Gasleitung f. || gas conduit || conduite f. de gaz. a) **Einrichtung** f. für ~ || gas pipe fitting || canalisation f. pour le gaz. 2

Gasleitungsrohr n. || gas pipe || tuyau m. à gaz. 3

Gaslicht n. || gas light || lumière f. de gaz. a) **~papier** n. (Lichtb) || gaslight paper || papier m. à la lumière du gaz. 4

Gas-lötkolben m. || gas soldering copper || fer m. à souder au gaz. a) **~luftfahrzeug** n. || aerostat; lighter-than-air craft || aérostat m.; aéronat m.; aéronef m. plus léger que l'air. b) **~luftgemisch** n. || gas and air mixture || mélange m. d'air et de gaz. c) **~luftmischer** m. || gas air mixer || mélangeur m. d'air et de gaz. 5

Gasmaschine f. || gas engine *or* motor || moteur m. à gaz. a) **Groß~** || high power gas engine || moteur m. à gaz de grande puissance. b) **schnellaufende ~** || quick-speed gas engine || moteur m. à gaz à grande vitesse. 6

Gasmaschinengebläse n. || gas blowing engine || soufflerie f. à gaz. 7

Gasmaske f. || gas mask; box respirator || masque m. à gaz *ou* contre les gaz. a) ~ mit **Chemikalfilter** || gas mask with chemical filter || masque m. à gaz à filtres chimiques. 8

Gasmenge f. || quantity of gas || quantité f. de gaz. 9

Gasmesser m. || gasometer; gas meter || gazomètre m.; compteur m. à gaz. a) **nasser** ~ || wet gas-meter || compteur m. à gaz hydraulique. b) **trockener** ~ || dry gas-meter || compteur m. à gaz sec. 10

Gas-messerprüfapparat m. || gas meter testing apparatus || appareil m. de contrôle des compteurs à gaz. a) **~meßkammer** f. || gas testing chamber || compartiment m. de mesure à gaz. b) **~mischung** f. || gaseous mixture || mélange m. gazeux. 11

Gasmotor m. || gas engine *or* motor || moteur m. à gaz. a) **Erdgas~** || marsh gas motor || moteur m. à gaz naturel. b) **Leuchtgas~** || lighting gas motor || moteur m. à gaz d'éclairage. c) **Saug~** || suction gas engine || moteur m. à gaz pauvre par aspiration. 12

Gasmotor-zylinderöl n. || gas engine zylinder oil || huile f. pour cylindre de moteurs à gaz. a) **~kohle** f. || gas motor coal || charbon m. pour moteur à gaz. 13

Gasofen m. || gas stove *or* furnace || fourneau m. à gaz. a) **~eisenteil** m. || iron part of gas furnace || pièce f. en fer pour fours à gaz. 14

Gasöl n. || gas oil || gasoil m.; huile f. à gaz. a) ~ aus **Braunkohle** || gas oil from lignite || gasoil m. extrait du lignite. b) **Mischung** f. von ~ mit Rückständen || mixture of gas oil and cruide oil || mélange m. de gasoil avec résidus de distillation. 15

Gasolin n. || gasoline; petroleum ether || gazoline f. a) **~lampe** f. || gasoline lamp || lampe f. à gazoline. 16

Gasometer m. || gasometer || gazomètre m. 17

Gas-pedal n. || foot throttle; throttle pedal || pédale f. d'(accélérateur). a) **~plätteisen** n. || gas smoothing iron || fer m. à repasser à gaz. b) **~probe** f. || gas sample; gas test || prise f. de gaz. c) **~prüfer** m. || eudiometer || eudiomètre m. d) **~puddeln** n. || gas puddling || puddlage m. au gaz. e) **~regler** m. || gas regulator *or* governor || régulateur m. de gaz. 18

gasreich-es Gemisch n. || overrich gas mixture || mélange m. gazeux trop riche. a) **~e Kokskohle** f. || coking coal containing a high percentage of volatiles || charbon m. riche en gaz (que l'on veut soumettre à la distillation); charbon m. contenant beaucoup des produits volatils. b) **~er rauchloser Brennstoff** m. || smokeless fuel rich in gas || combustible m. riche en gaz et sant ne produi pas de fumée. 19

Gasreiniger m. || gas purifier || appareil-purgeur m. de gaz. 20

Gasreinigungsanlage f. || gas purifying plant; gas purifier || purgeur m. de gaz; installation f. à purifier le gaz. a) ~ für **elektrische Reinigung** || gas cleaning plant for electric purification || installation f. pour l'épuration électrique de gaz. b) **Hochofen~** || blast furnace gas purifying plant || installation f. d'épuration de gaz de hauts-fourneaux. c) ~ für **Naßreinigung** || gas cleaning plant for wet purification || installation f. pour l'épuration humide de gaz. d) ~ für **Trockenreinigung** || gas cleaning plant for dry purification || installation f. pour l'épuration sèche de gaz. 21

Gasreinigungs-apparat m. || gas purifier || épurateur m. *ou* laveur m. de gaz. a) **~masse** f. || gas purifying mass || masse f. à épurer le gaz. 22

Gas-rest m. || gas residue; residual gas || résidu m. gazeux; gaz m. residuel. a) **~retorte** f. || gas retort || cornue f. à gaz. 23

Gasrohr n. || gas pipe || tuyau m. à gaz. a) **nahtloses** ~ || seamless gas pipe || tuyau m. à gaz sans soudure. 24

Gasrohr-leitung f. || gas piping || tuyauterie f. à gaz; conduite f. de gaz. a) **~schraubstock** m. || tube *or* pipe vice || étau m. pour tubes. b) **~zange** f. || gas pipe tongs pl. || pince f. pour tuyaux de gaz. c) **~zange** f. mit **Schraubenzieher** || turn-screw gas pliers pl. || pince f. à gaz à tournevis. 25

Gas-ruß m. (Färb) || gas black || noir m. de fumée. a) **~sauger** m. || gas exhauster || aspirateur m. à gaz. b) **~schieber** m. || gas slide valve || vanne f. à gaz. 26

Gasschlauch m. || gas tube || tube m. à gaz. a) ~ aus **Gummi** || gas rubber tube || tube m. en caoutchouc pour le gaz. 27

Gasschutz m. || protection against (poisonous) gas || protection f. contre les gaz toxiques. 28

Gasse f. || street || rue f. 29

Gasselbstanzünder m. || automatic gas lighter || allumoir m. automatique pour gaz. 30

Gassenrinne f. (Straßenb) || gutter; trench; drain; kennel of paving; side channel *or* gutter; water gutter; sewer || rigole f. *ou* canal m. de pavé; ruisseau m. *ou* égout m. de rue. 31

Gas-sicherheitsapparat m. || gas safety device || appareil m. de sûreté pour le gaz. a) **~spannung** f. || gas pressure || tension f. des gaz. b) **~spindel** f. des **Gashebels** || throttle hand lever tube || tige f. de manette d'étranglement. 32

Gast m. (Matrosendienstgrad) || man; mast man; seaman || homme m.; marin m.; gabier m.; ouvrier m. 33

Gasten mpl. (Seew) || crew || équipage m. 34

Gast-gondel f. (Luftf) || passenger car || nacelle f. pour voyageurs. a) **~hof** m. || hotel || hôtel m. 35

Gas-tonne f. || gas buoy || bouée f. à gaz. a) **~trockner** m. || gas drying device; gas dessicator || sécheur m. à gaz; séchoir m. à gaz. b) **~turbine** f. || gas turbine || turbine f. à gaz. 36

Gastwirtschaftsartikel mpl. || inn keepers requisites || articles mpl. d'hôtellerie. 37

Gasüberschuß m. || excess of gas || gaz m. en excès; excès m. de gaz. 38

Gasuhr f. || gas meter || compteur m. à gaz. a) **~ableser** m. || gas meter inspector || contrôleur m. de compteur à gaz. 39

gasundurchlässige Gummischicht f. || rubber film impermeable to gas || couche f. de caoutchouc imperméable à gaz. 40

Gas-untersuchung f. || gas analysis || analyse f. des gaz. a) **~ventil** n. || gas valve || soupape f. à gaz. b) **~verbrauch** m. || gas consumption || consommation f. de gaz. c) **~verdichter** m. || gas compressor || compresseur m. à gaz. d) **~verflüssigungsanlage** f. || gas liquefying plant || installation f. de liquéfaction de gaz. e) den **~verlust** m. **ausgleichen** || to compensate the loss of gas || compenser la perte *ou* la fuite de gaz. f) **Fern~versorgungsanlage** f. || long distance gas supply plant || installation f. de distribution de gaz à grandes distances. g) **~wage** f. || gas balance || balance f. à gaz. h) **~walzenzugmaschine** f. || gas rolling mill engine || moteur m. à gaz pour laminoirs. 41

Gaswasch-apparat m. || gas washing apparatus || appareil m. à laver le gaz. a) **~aufsatz** m. || gas washing tube || tube-laveur m. 42

Gas-wascher m. || gas washer; scrubber || laveur m. de gaz; scrubber m. a) **~waschflasche** f. || gas washing bottle || flacon-laveur m. de gaz; barboteur m. pour lavage de gaz. b) **~wasser** n. (Chem) || ammoniacal gas liquor || eau f. ammoniacale. **c) ~werfer** m. ‖ chemical mortar; gas container projector ‖ projecteur m. de gaz. 1

Gaswerk-bau m. ‖ gas works construction ‖ construction f. d'usines à gaz. **a) ~-bauanstalt** f. ‖ gas works building factory ‖ fabrique f. pour la construction d'usines à gaz. **b) ~maschine** f. ‖ gas works machine ‖ machine f. pour usines à gaz. **c) ~ofen** m. ‖ furnace for gas works ‖ four m. pour usines à gaz. 2

Gas-wolke f. ‖ gas cloud; cloud of gas ‖ vague f. de gaz. **a) ~zähler** m. ‖ gas meter ‖ compteur m. à gaz. **b) ~zange** f. *s.* ~rohrzange f. 3

Gaszufuhr f. ‖ gas supply *or* admission ‖ arrivée f. *ou* admission f. du gaz. **a)** die ~ **drosseln** ‖ to stop the admission of gas ‖ étrangler l'admisson f. de gaz. **b) Motor** m. mit zwangsläufiger ~ ‖ forced induction motor ‖ moteur m. à alimentation forcée. 4

Gas-zuführung f., **zwangsläufige** (Auto) ‖ forced induction ‖ alimentation f. forcée. **a) ~zuführungsschlauch** m. ‖ gas admission tubing ‖ tuyau m. d'amenée du gaz. **b) ~zylinder** m. ‖ gas cylinder ‖ réservoir m. cylindrique à gaz. 5

Gat n. (Schiffb) ‖ hole ‖ trou m.; mortaise f. 6

Gatt n. des **Schiffes** ‖ after-part of a vessel ‖ cul m. d'un vaisseau. 7

Gatter n. (Gitter) ‖ cross-bars pl.; grating; grillage; lattice; trellice; trellis ‖ grille f.; treille f.; treillis m. **a)** ~ (Mähmaschine) ‖ platform ‖ tablier m. **b)** ~ (Säge) ‖ frame *or* reciprocating saw ‖ scie f. alternative *ou* à cadre. **c)** ~ (Sägerahmen) ‖ saw frame *or* gate *or* sash ‖ châssis m. *ou* cadre m. de scie; châssis m. porte-lames. **d) Säge~** ‖ saw frame ‖ châssis m. *ou* cadre m. de scie. 8

Gatterbalken m. (Eisenb) ‖ railway gate ‖ barrière f. de clôture. 9

gattern, das **Zinn** ‖ to refine tin ‖ corroyer l'étain. 10

Gatter-rahmen m. ‖ saw frame *or* gate *or* sash ‖ châssis m. *ou* cadre m. de scie; châssis m. porte-lames. **a) ~säge** f. ‖ frame *or* reciprocating saw ‖ scie f. alternative *ou* à cadre. **b) Trenn-~säge** f. ‖ gang saw *or* deal frame ‖ scie f. verticale alternative. **c) ~säger** m. ‖ gang sawyer ‖ conducteur m. de scie à plusieurs lames. **d) ~schenkel** m. ‖ saw-guide ‖ guide m. du châssis. **e) ~stab** m. *s.* Gatterschenkel. **f) ~tor** n. (Bauw) ‖ barrier *or* spar gate ‖ barrière f. de sortie; porte f. à claire-voie. 11

gattieren (Spinn) ‖ to mix ‖ mélanger. **a)** die **Erze** npl. ~ ‖ to mix the ores pl. ‖ mélanger *ou* assortir les minerais mpl. 12

Gattierung f. der **Erze** ‖ mixing of the ores ‖ mélange m. des minerais. 13

Gattung f. ‖ classification ‖ classification f.; groupement m. 14

Gaufrieranstalt f. ‖ cloth printing *or* embossing plant ‖ atelier m. à gaufrer. 15

Gaufrieren n. ‖ embossing ‖ gaufrage m. 16

Gaufrier-gravierung f. ‖ die engraving ‖ gravure f. de gaufroirs. **a) ~maschine** f. ‖ embossing machine ‖ machine f. à gaufrer. **b) ~walze** f. ‖ engraved brass cylinder ‖ gaufroir m. 17

Gaumen m. ‖ palate ‖ palais m. 18

Gaumenplatte f., **gegossene** ‖ cast baseplate ‖ plaque f. base moulée. **a) gepreßte** ~ ‖ swaged baseplate ‖ plaque f. base emboutie. 19

Gaußsches Fehlergesetz n. ‖ error law of Gauss ‖ loi f. de Gauß. 20

gautschen, das **Papier** ‖ to couch the paper sheets ‖ caucher les feuilles de papier. 21

Gautschen n. ‖ couching ‖ couchage m. des feuilles de papier. 22

Gautscher m. (Pap) ‖ coucher ‖ coucheur m.; couchart m. 23

Gayerde f. ‖ native salpetre; salpetre-sweepings pl. ‖ salpêtre m. de houssage. 24

Gay-Lussac-Turm m. (Chem) ‖ Gay Lussac tower ‖ tour f. de Gay-Lussac. 25

Gaylüssit m. ‖ gaylussite ‖ gaylussite f.; hydrocarbonate m. de soude et de chaux. 26

Gaysalpeter m. ‖ native salpetre; swept salpetre; salpetre-sweepings pl. ‖ salpêtre m. de houssage. 27

Gaze f. ‖ gauze ‖ gaze f.; tour m. anglais. **a) baumwollene ~** ‖ canvas ‖ canevas m. **b) broschierte ~** ‖ figured gauze ‖ gaze f. brochée. **c) Eisen~** ‖ iron gauze ‖ gaze f. de fer. **d) geblümte ~** ‖ figured gauze ‖ gaze f. à fleurs. **e) gemusterte ~** ‖ fancy gauze ‖ gaze f. façonnée. **f) glatte ~** ohne Muster ‖ plain gauze; common gauze ‖ gaze f. unie. **g) Seiden~** ‖ silk gauze ‖ soie f. à bluter. 28

Gaze-band n. ‖ gauze-ribbon ‖ ruban m. de gaze. **a) ~binde** f. ‖ gauze bandage ‖ bande f. de gaze. **b) ~boden** m. ‖ gauze bottom ‖ fond m. de gaze. **c) ~geschirr** m. ‖ gauze-loom ‖ métier m. à gaze. **d) ~schaft** m. ‖ leaf of the gauze-loom ‖ lisse f. anglaise *ou* à culotte. **e) ~sieb** n. ‖ gauze sieve ‖ tamis m. à gaze. **f) ~stuhl** n. ‖ gauze-loom ‖ métier m. à gaze. **g) ~weber** m. ‖ gauze weaver ‖ gazetier m. 29

geadert ‖ veined; veiny ‖ veiné. **a)** ~ (marmoriert) ‖ marbled; mottled ‖ madré; marbré. **b) ~es Holz** n. ‖ veined wood ‖ bois m. marbré. **c) ~es Mahagoniholz** n. ‖ veined mahogany ‖ acajou m. veiné. **d) ~es Papier** n. ‖ veined paper ‖ papier m. veiné. 30

Gebäck n. (Ziegelf; Töpf) ‖ batch ‖ cuite f.; fournée f. de briques. **a) ~austräger** m. ‖ bread deliveryman *or* carrier ‖ livreur m. *ou* porteur m. de pain. 31

Gebälk n. ‖ frame *or* timber work; joists pl.; entablature; beams pl. ‖ charpente f.; entablement m. 32

Gebäude n. ‖ building; edifice; structure ‖ bâtiment m.; édifice m.; construction f. **a)** ein ~ **abbrechen** ‖ to demolish *or* to pull down *or* to dismount a building ‖ démolir *ou* raser un bâtiment. **b)** ein ~ n. mit neuen **Grundmauern** versehen ‖ to rebuild the foundation ‖ reprendre un edifice sous œuvre. **c) transportables ~** ‖ transportable house ‖ maison f. transportable. **d)** ein ~ **unterfahren** ‖ to rebuild the foundation *or* to underpin a building ‖ reprendre les fondations d'un édifice. **e)** ~ mit **zwei Flügeln** ‖ two-ailed building ‖ bâtiment m. à deux ailes. 33

Gebäude-blitzableiter m. ‖ lightning conductor for buildings ‖ paratonnerre m. pour édifices. **a) ~erschütterung** f. ‖ jolting of building; shocks to building ‖ vibration f. *ou* trépidation f. au bâtiment. **b) ~kartei** f. ‖ card index of buildings ‖ casier m. des bâtiments. **c) ~steuer** f. ‖ tax on buildings ‖ impôt m. sur la propriété bâtie. **d) ~werksatz** m. ‖ frame work of building ‖ squelette m. d'un bâtiment. 34

gebaut von ‖ built by ‖ construit par; fabriqué par. 35

Gebeeinrichtung f. einer **Bildtelegrafenanlage** ‖ transmitter station for a picture telegraph installation ‖ équipement m. d'émission d'une installation de téléphotographie. 36

Gebeling f. (Schiffb) ‖ ‖ middle bulk-head cloison f. longitudinale. 37

geben (Fernm) ‖ to transmit ‖ transmettre. **a) sich ~** (Mech) ‖ to cede; to give way ‖ céder; se détendre. 38

Geber m. für **Wasserstandsfernmelder** ‖ transmitter for water-level tele-indicators ‖ transmetteur m. pour téléindicateurs de niveau d'eau. **a) ~draht** m. (Funkw) ‖ transmitting aerial ‖ antenne f. d'émission. 39

Gebiet n. ‖ territory ‖ territoire m. **a) gesamtes ~** (Allgem. Gebrauch) ‖ whole sphere ‖ domaine m. entier. **b) Hochdruck~** ‖ area of high pressure ‖ régime m. *ou* région f. de hautes pressions. **c) regenarmes ~** ‖ area with few rain; dry zone ‖ région f. où les pluies sont rares; régime m. de pluies rares. **d) regenreiches ~** ‖ raining area ‖ région f. à fortes pluies *ou* pluvieuse; région f. de fortes pluies; région f. où les pluies sont fréquentes. **e) steinkohlenarmes ~** ‖ country which is poor in bituminous coal ‖ pays m. pauvre en houille. **f) Tiefdruck~** ‖ area of low pressure ‖ régime m. de dépression *ou* de basses pressions. 40

Gebilde n. (Min; Geol) ‖ formation ‖ formation f. 41

Gebildweberei f. ‖ Jacquard *or* figured *or* fancy weaving ‖ tissage m. au Jacquard. 42

Gebinde n. ‖ package; barrel ‖ futaille f. **a)** ~ eines **Dachstuhles** ‖ truss *or* couple *or* poop of a roof ‖ ferme f. de comble. **b) Garn~** ‖ lea; ley; rap; wap ‖ échevette f. de fil. **c) halbes ~** (Zimm) ‖ half-truss *or* -principal ‖ demi-ferme f. de croupe. 43

Gebindsparren m. ‖ tie-beam ‖ chevron m. 44

Gebirge n. (Min) ‖ rock ‖ roche f. **a) festes ~** (Bergb) ‖ fast *or* solid rock; shelf; solid ground *or* soil ‖ terrain m. ferme; roche f. compacte. **b) Kohlen~** (Bergb) ‖ coal measure ‖ terrain m. houiller. **c) Steinkohlen~** ‖ carboniferous rock ‖ terrain m. carbonifère. 45

gebirgig ‖ mountainous ‖ montagneux. 46

Gebirgs-art f. (Geol) ‖ species of stone ‖ espèce f. de terrain. **a) ~artillerie** f. ‖ mountain artillery ‖ artillerie f. de montagne. **b) ~bahn** f. ‖ alpine *or* mountain railway ‖ chemin m. de fer alpin *ou* de montagne. **c) ~druck** m. ‖ pressure of the soil *or* of mountain mass ‖ pression f. du terrain. **d) ~höhe** f. ‖ height of the mountains ‖ hauteur f. des montagnes. **e) ~joch** n. ‖ pass ‖ croupe f.; crête f.; ligne f. de faîte. **f) ~kamm** m. ‖ ridge ‖ crête f. **g) ~lokomotive** f. ‖ mountain locomotive ‖ locomotive f. de rampes. **h) ~sattel** m. *s.* Gebirgsjoch. 47

Gebiß n. ‖ set of teeth; denture ‖ denture f.; dentier m. **a)** ~ (für Pferde) ‖ bit; bridle; horse-bit; bit-mouth ‖ mors m. **b) Kaut-**

schuk~ || rubber denture || dentier m. en caoutchouc. **c) Kunst~** || artificial denture || dentier m. *ou* râtelier m. artificiel. 1
Gebißfeder f. || denture spring || ressort m. de dentier. **a) ~träger** m. || denture spring carrier || porte-ressort m. de dentier. 2
Gebiß-kautschukstück n., Verstärkungseinlage f. aus Draht und Drahtgaze für **~e** || reinforcing wire and wire-gauze strengthener for rubber dentures || renfort m. en fil et grillages pour dentiers en caoutchouc. **a) ~klammer** f. || clasp || crochet m. 3
Gebißplatte f. || base (plate) for dental prosthesis || plaque f. base pour dentiers; râtelier m. **a) Ofen** m. zur **Herstellung** von **~n** || furnace for producing plates for sets of teeth || four m. pour fabriquer des plaques de dentiers. **b) Pressen** n. von **~n** || swaging of base plates || emboutissage m. de plaques base pour dentiers. 4
Gebläse n. (Chem) || blast lamp || chalumeau m. **a) ~** (Met) || blower || soufflerie f.; soufflante f. **b)** das **~** ist **abgestellt** || the blast stops || le vent s'arrête. **c)** das **~ anlassen** || to set the blast to work || donner le vent. **d)** das **~ arbeitet** || the blast is on || le vent va. **e) Balg~** || bellow || soufflet m. **f) Dampf~** || steam blast; steam blower; blowing engine || tirage m. par le jet de vapeur. **g) Dampfstrahl~** || steam-jet blower || machine f. soufflante à jet de vapeur. **h) ~** mit **elektrischem Antrieb** || electric motor blower || soufflerie f. à moteur électrique. **i) Knallgas~** || oxyhydrogen blow || chalumeau m. oxydrique. **k) Kolben~** || piston blower || soufflerie f. à piston. **l) Propeller~** || helical blower || soufflerie f. à hélice. **m) rotierendes ~** || rotary blower || soufflerie f. rotative. **n) Sand~** || sand blast machine || machine f. à jet de sable. **o) Sandstrahl~** || sand blower || soufflante f. à jet de sable. **p) Schieber~** || blowing engine with slide valve || machine f. soufflante à tiroir. **q) Stahlwerk~** || steel works blower || soufflante f. d'aciérie. **r) Trockner~** || blower for the drier || soufflante f. du sécheur. **s) Turbo~** || turbo-blower || soufflerie f. centrifuge; turbo-soufflante f. **t) Unterwind~** || undergrate blower || ventilateur m. *ou* soufflante f. sous grille. **u) Zentrifugal~** || centrifugal blast engine || machine f. soufflante centrifuge. 5
Gebläseanlage f., Hochofen || blast furnace blowing plant || installation f. des machines-soufflantes de hauts-fourneaux. **a) Unterwind~** für **Feuerungen** || undergrate blower plant for furnaces || soufflerie f. pour grilles. 6
Gebläse-bediener m. || blower regulating man || régleur m. de vent. **a) ~druck** m. || blast pressure || pression f. du vent (de soufflerie). **b) ~kies** m. || gravel for blast-engines || sable m. à machines soufflantes. **c) ~lampe** f. || blast lamp || bec-chalumeau m. **d) ~lötlampe** f. || soldering lamp || lampe f. à souder. 7
Gebläseluft f. || blast air || air m. d'une soufflerie. **a) erhitzte ~** || hot air || vent m. chaud. **b) kalte ~** || cold air || vent m. froid. 8
Gebläsemaschine f. || blast *or* blowing engine; blower || soufflante f. **a) Hochofengas~** || blowing engine worked by blast furnace gas || machine-soufflante f. à moteurs à gaz de hauts-fourneaux. **b) Verbunddampf~** || compound steam blowing engine || machine-soufflante f. à vapeur compound. **c) Zylinder~** || cylinder blowing engine || machine f. soufflante à piston. 9
Gebläse-maschinenwärter m. || blower engineer || mécanicien m. des machines soufflantes. **a) ~motor** m. || supercharger engine || moteur m. à alimentation sous pression. 10
geblasenes Glas n. || blown glass || verre m. soufflé. 11
Gebläse-ofen m. || blast furnace || hautfourneau m. **a) ~schachtofen** m. *s.* Gebläseofen m. **b) ~wind** m. || blast || vent m. de la soufflerie. **c) ~zylinder** m. || blast *or* blowing cylinder || cylindre m. soufflant. 12
geblockt || blocked || bloqué. 13
gebogen || curved || courbé. **a) aufwärts ~e Schere** f. || scissors pl. curved on flat || ciseaux mpl. courbes sur plat. **b)** unter dem **Hammer** in kaltem Zustande **~** || bent while cold under the hammer || courbé à froid sous le marteau. **c) rechtwinkelig ~** || bent at a right angle || courbé à angle droit. 14
gebogen-es Blech n. || curved sheet || tôle f. courbée. **a) ~e Holzmöbel** npl. || bent wood furniture || meubles mpl. en bois ployé. **b) ~e Lanzette** f. || curved lancet || couteau m. lancéolaire coudé. **c) ~e Pinzette** f. || curved forceps pl. || pince f. coudée. 15
gebohrt || drilled || foré. 16
gebördelter Boden m. || flanged end || fond m. à bride; fond bridé. 17
geböschte Mauer f. || sloping wall || mur m. rampant. 18
Gebot n., das niedrigst zulässige **~** feststellen || to fix the minimum admissible tender || fixer l'offre la plus basse admissible. 19
gebrannt || burnt; calcined || brûlé; calciné. **a) ~er Gips** m. || burnt gypsum || plâtre m. cuit. **b) ~er Kalk** m. || burnt *or* quick lime || chaux f. vive; oxyde m. de calcium. **c) ~e Mandeln** fpl. || burnt almonds || amandes fpl. pralinées. **d) ~er Ton** m. || burnt clay || argile f. calcinée. 20
Gebräu n. || brew(age) || brassin m. 21
Gebrauch m. || use; usance || usage m.; usance f. **a)** zum **äußerlichen ~** || for external use || pour usage m. externe. **b) gewerblicher ~** || industrial utilisation || utilisation f. industrielle. **c) im ~** || in use || en usage m. **d)** zum **sofortigen ~** || for immediate use || pour usage m. immédiat. 22
gebrauchen || to make use of; to use || faire usage de; employer; utiliser. 23
Gebrauchs-anweisung f. || instructions pl. *or* directions pl. for use || mode m. d'emploi. **a) ~eis** n. || ice for domestic purposes || glace f. brute pour le ménage. 24
gebrauchsfertig, immer || always ready for instant use || toujours prêt à l'usage. **a) Instrument** n. in **~** montiertem Zustande || instrument ready for use || instrument m. tout monté et prêt à entrer en service. **b) sofort ~** || ready for immediate use || prêt immédiatement à l'usage. 25
Gebrauchsgeschirr n. || vessels pl. for use; utility crockery || vaisselle f. d'usage *ou* de ménage. **a) ~** aus **Porzellan** || crockery ware || porcelaine f. d'usage. 26
Gebrauchsgüter npl. || staple products pl.; commodities pl. || objets mpl. d'utilité. 27
gebrauchshoher Ständer m. || frame of convenient working height || support m. en hauteur convenable. 28
Gebrauchs-muster n. || registered design || brevet m. pour modèles d'utilité; modèle m. déposé. **a) ~porzellan** n. || porcelain for household || porcelaine f. pour ménage. **b) ~vorschrift** f. || directions pl. for use || mode m. d'emploi. **c) ~wasser** n. || use water || eau f. d'usage. 29
gebrauchte Maschine f., Händler m. für **~n** || second-hand machinery merchant || marchand m. de machines d'occasion. 30
Gebrechen n. || infirmity || infirmité f. 31
gebremste Pferdestärke f. || brake horse power || cheval m. (mesuré) au frein. 32
gebrochen-e Achse f. || divided axle || essieu m. brisé. **a) ~er Strahl** m. (Opt) || refracted ray || rayon m. réfracté. 33
gebuchtet || wavy || ondulé. 34
Gebühr f. || fee || honoraires mpl. **a) ~** für **Besichtigung** und **Bericht** || fee for inspection and report || honoraires mpl. pour inspection et rapport. **b) Miet~** || hire-charge || prix m. de location. 35
Gebühren-ansage f. || rate notification || notification f. de la taxe. **a) ~ermäßigung** f. || remission of fees *or* rates; reduction in charges || réduction f. des frais. **b) ~freiheit** f. || exemption from charge *or* fee || franchise f. de taxe. **c) ~minute** f. (Fernm) || chargeable time || minute f. comptable. 36
gebündelt || clustered || fasciculé. 37
gebunden (Buchdr) || bound || relié. **a) ~** (Phys) || latent || latent. **b) ~ an** (Chem) || attached to; combined with || fixé à; combiné à. **c) chemisch ~** || chemically combined || chimiquement combiné. 38
gebunden-es Buch n. || bound book || livre m. relié. **a) ~e Elektrizität** f. || dissimulated electricity || électricité f. dissimulée. 39
gebunkert || bunkered || mis en soute f. 40
gedämpft (Elektr) || dead-beat || apériodique. 41
Gedanken-austausch m. || interchange of ideas || échange m. des opinions. **a) ~-strich** m. || break; mark of suspension || tiret m. 42
Gedeck n. || tablecloth || couverture f. de table. 43
gedeckt (Schiffb) || decked || ponté. **a)** durch **Versicherung** f. **~** || covered by insurance || couvert par assurance f. 44
Gedeihen n. des **Kalkes** (Maur) || increasing *or* swelling of lime || foisonnement m. de chaux. 45
gediegen (Met) || native; pure || natif; vierge; pur. **a) ~er Alaun** m. || pure alum || alun m. vierge. **b) ~es Eisen** n. || native iron || fer m. natif. **c) ~es Metall** n. || native metal || métal m. natif. **d) ~es Silber** n. || native silver || argent m. natif. 46
Gedinge n. (Bergb) || tut bargain || accord m.; forfait m. **a) ~arbeit** f. || tutwork; tribute *or* job *or* contract work || travail m. à forfait *ou* à la tâche; marchandage m. **b) ~arbeiter** m. || jobber; pieceworker || ouvrier m. à la tâche. **c) ~geld** n. || contract price || salaire m. de l'ouvrage à la tâche. **d) ~lohn** m. || payment by the job || salaire m. à la tâche *ou* à la journée. **e) ~preis** m. || contract price || prix m. convenu. **f) ~zeichen** n. || draft mark || témoin m. de travail. 47

gedockt || docked || entré au bassin m. *ou* dock m. 1

gedrängt || compact || compact. 2

gedrängte Bauart f. || compact construction || construction f. serrée *ou* compacte. **a) Motor** m. von gedrängter Bauart || motor of compact design || moteur m. de construction compacte. 3

gedrechselt || turned || tourné. **a) ~es Holz** n. || turned wood || bois m. tourné. 4

gedreht (Masch) || turned || tourné. **a) ~** (Spinn) || twined || câblé. 5

gedrillte Saat f. || sowing in lines || semis m. en lignes. 6

Gedrit m. (Min) || gedrite || gédrite f. 7

gedrosselter Dampf m. || throttled steam || vapeur f. étranglée. 8

gedrückt || surbased || à corniche; surbaissé. **a)** der **Markt** m. ist **~** || the market is depressed || le marché est lourd. **b) ~e Kappe** f. (Bauk) || depressed calotte || calotte f. surbaissée. 9

gedübelt || dowelled || chevillé; assemblé par chevilles. 10

gedüngt || fertilized || fertilisé. 11

geebnet || levelled || nivelé. 12

geeicht || gauged || jaugé. 13

geeignet zur gewerblichen **Verwendung** || suitable for industrial use || susceptible d'une utilisation industrielle. 14

Geest f. || high and dry land || terrain m. élevé et sec. 15

Gefahr f. || danger; risk || danger m.; péril m. **a)** auf die **~** des **Absenders** || at sender's risk || aux risques mpl. de l'expéditeur. **b)** auf **~** des **Eigentümers** || at owner's risk || aux risques mpl. du propriétaire. **c)** auf **~** des **Empfängers** || at consignee's risk || aux risques mpl. de consignataire. **d)** auf **~** der **Gesellschaft** || at company's risk || aux risques mpl. de la compagnie. **e)** auf **Ihre ~** || at your risk || à vos risques mpl. 16

gefährdend || endangering || mettant en danger m. 17

Gefährdung f., mittelbare || indirect endangering || danger m. indirect. **a) ~** durch **Starkstrom** (Fernm) || dangerous interference with high tension current || mise f. en danger par courant fort. 18

Gefahrenmeldung f. || warning of danger; danger report || avis m. *ou* annonce f. de danger. 19

gefährlich-e Beanspruchung f. in der Hohlkehle des Zapfens || dangerous stresses pl. in the neck of the pin || effort m. dangereux au congé du tourillon. **a) ~er Querschnitt** m. || dangerous section || section f. dangereuse. **b) ~e Steigung** f. || dangerous hill || descente f. dangereuse. 20

Gefahr-losigkeit f. || absence of danger || absence f. de danger. **a) ~meldeanlage** f. || danger alarm system || installation f. d'avertisseurs de danger. 21

Gefährt n. (Bergb) || track || voie f. en fer. 22

Gefahrzone f., bis außerhalb der **~** f. führen || to carry to a point outside the danger zone || conduire jusqu'en dehors de la zone dangereuse. 23

Gefälle n. (eines Daches) || incline; slope || égout m. **a) ~** (Eisenb) || gradient; falling gradient || pente f. **b) ~** (eines Flusses) || fall || pente f.; chute f. **c) ~** (eines Weges) || incline; slope; descent || inclinaison m.; pente f.; chute f. **d) elektrisches ~** || electric fall || chute f. électrique. **e) geodätisches ~** || geodetic head || chute f. géodésique. **f) Wärme~** || rate of decrease in temperature; drop in temperature; temperature gradient || chute f. de température; gradient m. de la température. **g) ~** des **Wassers** || head or height of water; height of fall || hauteur f. de la chute; chute f. d'eau; charge f. d'eau. 24

Gefälle-messer m. (Feldm; Bauw) || gradient recorder; gradometer; clinometer || indicateur m. de pente; gradomètre m.; éclimètre m. **a) ~verlust** m. (Wasserb) || loss of fall || perte f. de chute. **b) ~wechsel** m. (Eisenb) || point where the declivity changes || passage m. d'une déclivité à une autre. 25

Gefälligkeit f. || kindness; obligingness; accommodatingness || complaisance f.; obligeance f. 26

Gefälligkeits-akzept n. || accommodation bill || effet m. de complaisance. **a) ~wechsel** m. || accommodation bill || effet m. *ou* billet m. de complaisance. 27

gefällt, frisch (Chem) || freshly precipitated || fraîchement précipité. 28

gefalten || wrinkled || plissé. 29

Gefangenentransport m. || prisoner carrying || transport m. des détenus. 30

gefärbt || coloured || coloré. **a) ~es Holz** n. || dyed wood || bois m. teint. 31

gefasertes Rohr n. || raveled cane || canne f. filée. 32

Gefäß n. || vessel || vase m.; vaisseau m. **a) ~** für **Chemikalien** || tank for chemical industries || récipient m. pour industries chimiques. **b) explosionssicheres ~** || explosion-proof *or* non exploding vessel || vase m. *ou* récipient m. inexplosible. **c) kugelförmiges ~** || ball shaped vessel || vase m. sphérique. **d) Steinzeug~** || stoneware vessel || vase m. en grès céramique. 33

Gefäß-barometer n. || bulb barometer || baromètre m. à cuvette. **a) ~diffusion** f. || jar-diffusion || diffusion f. en bocal. **b) ~förderung f., Schacht** || shaft bucket conveyance || transport m. de cages de montée. 34

gefaßte Brille f. || framed spectacles pl. || lunettes fpl. à verres cerclés. **a) ~ Linse** f. (Opt) || mounted lens || lentille f. sertie. 35

gefeilt || filed || limé. 36

gefertigt, aus einem einzigen **Stück** n. || made of a single piece || fait d'une seule pièce. 37

gefiltert || filtered || filtré. **a) ~es Bogenlicht** n. || filtered arc light || lumière f. fournie par un arc électrique muni d'un filtre. 38

gefirnißtes Packpapier n. || varnished packing paper || papier m. d'emballage verni. **a) ~ Segeltuch** n. || varnished sail canvas || toile f. à voile vernie. 39

geflammt (Web) || watered; waved || moiré. **a) ~es Mahagoniholz** n. || plum pattern mahogany || acajou m. flammé. **b) ~er Teppich** m. || variegated carpet || tapis m. jaspé. 40

geflanschtes Rad || flanged wheel || roue f. à boudins. 41

Geflecht n. || wattling; netting; mesh || treillis m.; réseau m.; clayonnage m.; grillage m. **a) Draht~** || wire netting || réseau m. en fil. **b) Handdraht~** || hand made wire cloth || grillage m. fait à la main. 42

gefleckt || marbled; speckled; spotted; stained || tacheté; marqué; tigré; marbré; moucheté. **a) ~es Mahagoniholz** n. || spotted mahogany || acajou m. moucheté. 43

geflickt || patched || rapiécé. 44

geflochtener Riemen m. || twist belt || courroie f. torse. 45

Gefluder n. (Bergb) || launders pl. || boisage m. 46

Geflügel n. || poultry || volaille f. 47

Geflügel-farmbedarf m. || poultry farm supplies pl. || articles mpl. d'usage courant pour l'élevage de la volaille. **a) ~fußring** m. || foot ring for fowls || anneau m. pour pattes de volaille. **b) ~futter** n. || poultry seed || nourriture f. de volaille. **c) ~handlung** f. || poultry shop || magasin m. de volailles. **d) ~haus** n. || poultry coop || poulailler m. **e) ~hof** m. || poultry- *or* fowl-yard, base court || basse-cour f. **f) ~käfig** m. aus **Holz** || wooden poultry house || cage f. à volailles en bois. **g) ~kühlraum** m. || poultry cooling room || chambre f. froide à volaille. **h) ~mäster** m. || poultry fattener || engraisseur m. de volailles. **i)~mästerei** f. || poultry fattening || engraissement m. *ou* engraissage m. de volailles. **k) ~rupfen** n. || poultry plucking || plumage m. de volailles. **l) ~rupferin** f. || poultry plucker || plumeuse f. de volailles. **m) ~schere** f. || poultry shears pl. || ciseaux mpl. à découper la volaille. **n) ~stalleinrichtung** f. || poultry yard equipment || installation f. de poulaillers. 48

Geflügelzucht f. || poultry keeping; poultry breeding || élevage m. de la volaille; aviculture f. **a) ~apparat** m. || breeding apparatus for fowl || éleveuse f. pour volaille. 49

Geflügelzüchter m. || poultry farmer || aviculteur m. 50

gefräster Zahn m. || cut tooth || dent f. taillée à la fraise. 51

Gefrier-anlage f. || freezing *or* refrigerating plant || installation f. de congélation. **a) ~apparat** m. || freezing-apparatus for making ice || appareil m. de congélation. 52

gefrierbar || congealable || congelable. 53

gefrieren || to congeal; to freeze || se congeler; glacer. 54

Gefrieren n. || freezing || congélation f. 55

Gefrier-fleisch n. || frozen meat || viande f. congelée *ou* réfrigerée *ou* frigorifiée. **a) ~punkt** m. || freezing point || point m. de congélation. 56

Gefrierraum m. || freezing chamber || chambre f. de congélation. **a) Fleisch~** || meat freezing room || chambre f. de congélation pour de la viande. 57

Gefrierschacht m. || freezing shaft || puit m. frigorifique. **a) Herstellung** f. von Gefrierschächten mpl. bei schwimmendem Gebirge || freezing shaft sinking in quicksand || fonçage m. des puits frigorifiques à travers de couches de terre mouvantes. 58

Gefrier-schrank m. || freezing cupboard || armoire f. de congélation. **a) ~schutzlösung** f. || antifreezing solution || solution f. anti-réfrigérante. 59

Gefrierung f. || refrigeration || refroidissement m. 60

Gefrierverfahren n., Schachtabteufung f. nach dem || sinking to the refrigerating process || creusement m. de puits de mine d'après le procédé de congélation. 1

Gefrierwasser n. || freezing water || eau f. à congeler. **a) ~temperatur f., mittlere** || mean temperature of the water to be frozen || température f. moyenne de l'eau à congeler. 2

gefroren || frozen || congelé; glacé. **a) ~er Baustoff** m. || frozen building material || matière f. de construction gelée. **b) ~er Mörtel** m. || frozen mortar || mortier m. gelé. 3

Gefüge n. || texture || texture f. **a)** den **Stahlgüssen** mpl. ein dichteres ~ geben || to produce a denser texture in steel castings || donner aux lingots une texture plus compacte. **b) faseriges ~** || fibrous texture || structure f. fibreuse. **c) feinkörniges ~** || fine-grained texture || structure f. à grains fins. **d) gleichmäßig dichtes ~** (Met) || close texture uniform throughout || texture f. serrée et uniforme. **e) gleichmäßiges ~** || homogeneous texture || texture f. parfaitement homogène. **f) körniges ~** || granular structure || texture f. granulée. **g) ~** der **Mineralien** (Min) || grain *or* structure *or* texture *or* articulation of a stone || structure f. *ou* lit m. *ou* grainure f. *ou* texture f. d'une pierre. **h) zähes** sehniges ~ mit ausgesprochener Längsfaser || tough fibrous texture distinctly fibrous in a longitudinal sense || texture f. très tenace et nerveuse nettement fibreuse en sens longitudinal. 4

gefügt, sorgfältig (Tischl) || carefully jointed || bien assemblé. 5

gefurcht || grooved || cannelé. 6

gefüttert (Bekl) || lined || doublé. **a) ~es Spülversatzrohr** n. || lined rinsing pipe || tuyau m. de rinçage doublé. 7

gegabelt || forked || bifurqué. **a) ~e Schubstange** f. || forked connecting rod || bielle f. à fourche. 8

Gegenabdruck m. (Buchdr) || counter proof *or* impression || contre-épreuve f. **a)** einen ~ m. **machen** *oder* **herstellen** (Buchdr) || to counter-draw || décalquer *ou* contretirer. 9

Gegen-angebot n. || counter-offer || contre-proposition f. **a) ~auftrag** m. || counter order || contre-ordre m. **b) ~bewegung** f. || counter-motion *or* -movement || contre-mouvement m.; mouvement m. réactionnaire. **c) ~bord** m. (Schiff) || opposite tack || contre-bord m. 10

gegenbrassen (Seew) || to brace aback || contre-brasser. 11

Gegend f. || country || pays m. 12

Gegendampf m. || counter steam || contre-vapeur f. **a) ~bremse** f. || counter-steam brake || frein m. à contre-vapeur 13

Gegen-detektor m. || double detector || détecteur m. double. **a) ~dienst** m. || service rendered in return || service m. réciproque; revanche f. 14

Gegendruck m. || back pressure; reaction || contre-pression f.; réaction f. **a) ~abfüllapparat** m. || counter-pressure racker || appareil m. de soutirage à contre-pression. **b) ~faßfüllapparat** m. || counter pressure racking apparatus || soutireuse f. à contre-pression pour fûts. **c) ~flaschenfüllapparat** m. || back-pressure bottle filler || soutireuse f. à bouteilles à contre-pression. **d) ~füllapparat** m. || counter-pressure filling apparatus || appareil m. de soutirage à contre-pression. **e) ~turbine** f. || back-pressure *or* counter-pressure turbine || turbine f. à contre-pression. 15

gegeneinander arbeitendes Rührwerk n. || stirring blades working in opposite direction *or* counter-acting stirring mechanism || agitateur m. à mouvement contraire. **a) ~ versetzte Zahnreihen** || rows pl. of teeth displaced relatively to each other || rangées fpl. de dents en chicane. **b) ~ versetzte Zahnscheiben** fpl. || driving pinions pl. staggered || disques mpl. à dents placés alternativement. 16

gegenelektromotorisch || counter electromotive || contre-électromotif. 17

Gegen-email n. || enamel laid on the backside of a plate || contre-émail m. **a) ~feder** f. || counter spring || contre-ressort m. **b) ~flansch** m. || counter flange || contre-bride f. **c) ~forderung** f. || counterclaim; offset; set off; cross-demand || créance f. en compensation; demande f. reconventionnelle. 18

gegenfurnieren || to veneer on both sides; to counterveneer || contre-plaquer. 19

Gegenfurnierung f. || veneering on both sides || contre-placage m. 20

Gegengewicht n. (Funkw) || counterpoise || capacité f. d'équilibre. **a) ~** (Masch) || counterpoise; counterpoise *or* balance weight; counterweight || contrepoids m. **b) ausbalanciert** durch ein ~ || balanced by a counterweight || équilibré par un contrepoids m. **c)** an der **Kupplung** angebrachtes ~ || counter-balance weight fastened to the coupling flange || contrepoids m. rapporté aux brides. d'assemblage. **d) ~** der **Kurbelwelle** || crank back balance || contrepoids m. de vilebrequin. **e) ~** der **Steuerung** || balance-weight of the reversing gear || contre-poids m. de changement de marche. 21

Gegengewichts-balancier m. || counter balance || balancier m. à contre-poids. **a) ~kasten** m. || counterweight box || caisse f. à contrepoids. 22

Gegenhalter m. (Nieten) || head cup; holding-up hammer || contre-bouterolle f. **a) ~** (Werkzeugmasch) || back stop || butée f. **b) ~stütze** f. || outer support || bretelle f. 23

Gegen-keil m. || gib; tightening key || contre-clavette f.; clavette f. de calage. **a) ~kettenrad** n. || counter chain wheel || contre-roue f. à chaîne. **b) ~klage** f. || counter charge *or* suit || plainte f. reconventionelle. 24

Gegenkraft f. || counter force || contre-force f. **a) elektromotorische ~** || electromotive counter force || force f. contre-électromotrice. 25

Gegen-krümmung f. (Eisenb) || reversed curve || contre-courbe f. **a) ~kurbel** f. || return crank || contre-manivelle f. **b) ~lager** n. || outer support || contre-support m. 26

gegenläufig-er Kolben m. || piston working in opposite direction || piston m. convergent. **a) Motor** m. mit **~en** Kolben ||. double piston motor || moteur m. à deux pistons opposés. **b) ~e Kurbeln** fpl. || opposite cranks pl. || manivelles fpl. contraires. 27

Gegen-leistung f. || return service || équivalent m.; revanche f. **a) ~lenker** m. (Masch) || radius rod || bras m. de rappel. **b) ~magnetisierung** f. || back-magnetization || aimantation f. antagoniste. **c) ~mine** f. || countermine || contre-mine f. **d) ~muster** n. || counter-sample || échantillon m. de contrôle. **e) ~mutter** f. || lock *or* locking *or* jam *or* check nut || contre-écrou m.; écrou m. de serrage *ou* de bloquage. **f) ~nebensprechen** n. || crosstalk || diaphonie f. **g) ~ofen** m. (Met) || counter-furnace || contre-fourneau m. **h) ~order** f. || counter order || contre-ordre m. **i) ~partei** f. || opponent; antagonist; opposite party || parti m. opposé; adversaire m.; opposition f. **k) ~passat** m. || counter trade || contre-alizé m. **l) ~posten** m. || counter item; set off; offset; cross-entry || contre-partie f. **m) ~punzen** m. || counter-punch || contre-poinçon m. **n) ~rakel** f. einer **Walzendruckmaschine** (Zeugdr) || lint-doctor || racle f. derrière; contre-rache f. **o) ~rechnung** f. || balancing of accounts; set-off; counter claim *or* reckoning || décompte m.; vérification f.; compte-courant m. **p) ~rimesse** f. || counter *or* return remittance || retour m. **q) ~satz** m. || contrast; opposite || opposition f.; contraire m.; contraste m. **r) ~schaber** m. (Zeugdr) || hut-doctor || rache f. derrière; contre-rache f. **s) ~schaltung** f. (Elektr) || connection in opposition || montage m. en opposition. **t) ~schiene** f. || guide *or* check rail || rail m. de sûreté; contre-rail m. 28

gegenschraffieren (Holzschn) || to cross-hatch || contre-hacher. 29

Gegen-schrift f. || written reply; rejoinder || réplique f.; réfutation f. **a) ~schuld** f. || reciprocal *or* mutual debt; counter claim || dette f. passive. **b) ~see** f. || head sea || mer f. debout. 30

gegenseitig || mutual || mutuel. **a) ~e Induktanz** f. || mutual inductance || inductance f. mutuelle. 31

Gegenseitigkeit f. || reciprocity || réciprocité f.; mutualité f. 32

Gegenseitigkeits-gesellschaft f. || mutual benefit society; co-operative association || société f. mutuelle. **a) ~vertrag** m. || treaty of reciprocity || traité m. de réciprocité. 33

Gegen-spannungsdraht m. || counter voltage conductor || fil m. de contre-tension. **a) ~spant** n. || reversed frame || membre m. renversé. **b) ~sprechbetrieb** m. || duplex working || transmission f. duplex. **c) ~sprechen** n. (Fernm) || duplex telegraphy || télégraphie f. à courants **en** sens inverses. **d) ~sprechschaltsatz** m. || duplex set || groupe f. d'appareils d'une ligne en duplex. **e) ~sprechtaste** f. (Fernm) || reversing key || manipulateur m. duplex. 34

Gegenstand m. aus **Stahl** || steel article || objet m. en acier. **a) technischer ~** || technical article || article m. technique. 35

Gegenständer m. (Werkzeugmasch) || counter support || montant m. à supports. 36

gegenstandslos || annulled; cancelled || annulé. 37

Gegenstrebe f. (Zimm) || hip strut || contre-fiche f.; croyer m. 38

Gegenstrom m. || counter current *or* flow || contre-courant m. **a) ~** (Elektr) || inverse *or* reverse current || courant m. contraire *ou* inverse. 39

Gegenstrom-apparat m. || counter current apparatus || appareil m. à contre-courant. **a) ~bierkühlgerät** n. ‖ counter-current beer cooler ‖ réfrigérant m. à bière à contre-courant. **b) ~heizapparat** m. ‖ counter current heating apparatus ‖ appareil m. de chauffage à contre-courant. **c) ~kessel** m. ‖ counter-current boiler ‖ chaudière f. à système à contre-courant. **d) ~kondensator** m. ‖ counter-current condenser ‖ condenseur m. à contre-courant. **e) ~kühlapparat** m. ‖ counter current *or* counter stream cooler ‖ réfrigérateur m. *ou* réfrigérant m. à contre-courant. **f) ~kühler** m. *s.* ~kühlapparat m. **g) ~röhrenkühlgerät** n. ‖ counter-current pipe cooler ‖ réfrigérant m. tubulaire à contre-courant. **h) ~rolle** f. ‖ electromagnetic shunt ‖ dérivation f. électromagnétique. 1

Gegen-strömung f. (Wasserb) ‖ eddy ‖ remous m. **a) ~stromvorwärmer** m. ‖ counter-current feed heater ‖ réchauffeur m. à contre-courant. 2

Gegentakt-schaltung f. ‖ counter-contact connection; push-pull connection ‖ montage m. en va-et-vient; couplage m. de push-pull. **a) ~verstärker** m. ‖ counter-contact amplifier ‖ amplificateur m. push-pull; amplificateur m. en va-et-vient. 3

Gegenteil n. ‖ contrary; opposite; reverse ‖ contraire m. 4

gegenteilig ‖ opposite; to the contrary ‖ contraire. 5

Gegenverbund-dynamo f. ‖ differentially compounded dynamo ‖ dynamo m. anti-compound. **a) ~wickelung** f. ‖ differential compound winding ‖ enroulement m. anti-compound. 6

Gegen-verpflichtung f. ‖ counter obligation ‖ obligation f. réciproque. **a) ~versuch** m. ‖ control experiment ‖ contre-essai m. **b) ~vorschlag** m. ‖ counter offer ‖ contre-proposition f. **c) ~walze** f. der **Gaufriermaschine** ‖ paper-cylinder of an embossing- *or* a goffering-machine ‖ contre-épreuve f. d'une machine à gaufrer. **d) ~wechsel** m. ‖ cross *or* counter bill; counterdraft ‖ rechange m.; retraite f.; retour m. **e) ~wert** m. ‖ equivalent; counter value ‖ contre-valeur f.; équivalent m. **f) ~wick(e)lung** f. (Elektr) ‖ differential compound winding ‖ contre-enroulement m.; enroulement m. antagoniste. **g) ~wind** m. ‖ headwind; contrary wind ‖ vent m. de bout; contre-vent m.; vent m. contraire *ou* avant. **h) ~winkel** m. (Math) ‖ alternate angle ‖ angle m. opposé *ou* correspondant. 7

gegenwirken ‖ to counteract ‖ contre-balancer. 8

Gegenwirkung f. ‖ reaction ‖ réaction f. **a) Prinzip** n. der **Wirkung** und ~ ‖ principle of action and reaction ‖ principe m. de l'action et de la réaction. 9

Gegenzeichen n. ‖ counter mark ‖ contre-marque f. 10

gegenzeichnen ‖ to countersign ‖ contre-signer. 11

Gegen-zeichnung f. ‖ counter mark ‖ contre-signature f. **a) ~zelle** f. (Sammler) ‖ regulating cell ‖ élément m. de réduction. 12

gegerbt ‖ tanned ‖ tanné. 13

geglättet ‖ smoothed ‖ lissé. 14

geglüht (Rohre) ‖ annealed ‖ recuit. **a) ~er Draht** m. ‖ annealed wire ‖ fil m. recuit. 15

gegoren ‖ fermented ‖ fermenté. **a) ~es Getränk** n. ‖ fermented beverage ‖ boisson f. fermentée. 16

gegossen, im Block m. ‖ cast en bloc ‖ fondu monobloc. **a) paarweise** ~ ‖ cast in pairs pl. ‖ jumelé. **b)** in **Sand** ~ ‖ sand cast ‖ coulé au sable. **c)** in **Stahl** ~ ‖ formed in the casting ‖ moulé en acier m. **d) stehend** ~ ‖ vertically cast ‖ coulé debout. **e) ~es Licht** ‖ mould candle ‖ chandelle f. moulée *ou* au moule. 17

Gehalt m. ‖ contents pl.; yield ‖ teneur f. **a) Extrakt~** ‖ gravity of extract ‖ teneur f. en extrait. **b)** ~ an **Feuchtigkeit** ‖ quantity of moisture ‖ quantité f. d'humidité; teneur f. en humidité. **c)** ~ einer **Flüssigkeit** (Chem) ‖ titre; standard of a solution ‖ titre m. **d) niedriger** ~ ‖ low contents ‖ faible teneur f. **e) schwacher** ~ ‖ small contents ‖ faible teneur f. **f) Salz~** m. des **Seewindes** ‖ salt contents of sea breeze ‖ teneur f. en sel de la brise *ou* du vent de mer. **g)** ~ an **Schiefer** ‖ contents pl. of slate ‖ teneur f. en schiste. **h)** ~ einer **Substanz** an Metall (Met) ‖ yield ‖ richesse f. 18

Gehalt n., **Anspruch** m. auf ~ haben ‖ to be entitled to salary ‖ avoir droit m. à un traitement. **a)** ~ **beziehen** ‖ to earn a salary ‖ toucher un salaire. 19

Gehalts-abzug m. ‖ reduction of salary ‖ réduction f. sur le traitement. **a) ~erhöhung** f. ‖ rise *or* increase of salary; bonus ‖ augmentation f. de traitement. **b) ~wert** m. ‖ quality factor ‖ coefficient m. de qualité. **c) ~zulage** f. ‖ increase of salary; bonus ‖ augmentation f. de traitement *ou* de salaire. 20

gehämmert ‖ hammered ‖ martelé. **a) ~es Eisen** n. ‖ hammered iron ‖ fer m. martelé. **b) ~es Glas** n. ‖ hammered glass ‖ verre m. martelé. 21

Gehänge n. (Bergb) ‖ runner ‖ chef f. de relevée; grappin m. **a)** ~ (Masch) ‖ suspension gear; hinge plate ‖ appareil m. de suspension; paumelle f. **b) Ausgleich~** ‖ self-balancing suspension tackle ‖ suspension f. de compensation. 22

Gehängeteil m., **Brems~** eines **Wagens** ‖ brake pendant of a carriage ‖ pièce f. d'actionnement des freins pour une voiture. 23

gehärtet, gut **~er** Stahl m. ‖ well tempered steel ‖ acier m. bien trempé. **a)** von **neuem** ~ ‖ rehardened ‖ trempé à nouveau. **b) nicht** ~ ‖ not hardened ‖ non trempé. **c) ~es Öl** n. ‖ hydrogenated oil ‖ huile f. hydrogénée. 24

Gehäuse n. ‖ casing; box; case ‖ enveloppe f.; cage f.; carter m. **a)** ~ eines **Flaschenzuges** ‖ block of pulley ‖ corps m. d'une poulie. **b) Kurbel~** ‖ crank case ‖ boîte f. de la manivelle. **c) Laufkatzen~** ‖ casing for travelling crab ‖ bâti m. de chariot porte-crochet. **d) lichtdichtes** ~ ‖ light-proof casing ‖ boîte f. étanche à la lumière. **e) Motor~** ‖ engine case ‖ carter m. de moteur. **f)** ~ für **Pendeluhren** ‖ case for pendulum clocks ‖ cage f. pour pendules. **g) Stahl~** ‖ steel casing ‖ carter m. en acier. **h)** ~ einer **Uhr** ‖ watch case ‖ boîtier m. *ou* boîte f. de montres. **i) wasserdichtes** ~ ‖ water-tight case ‖ caisse f. hermétique. **k) Winden~** ‖ winch housing ‖ bâti m. du treuil. 25

Gehäuse-anlaßwiderstand m. ‖ primary starter ‖ démarreur m. primaire. **a) ~bügel** m. ‖ bow *or* ring of the case ‖ anneau m. de la boîte. **b) ~feder** f. (Uhrm) ‖ case spring ‖ secret m. **c) ~hälfte** f. ‖ half of casing ‖ moitié f. de boîte. **d) ~knopf** m. (Uhrm) ‖ pendant ‖ pendant m. **e) ~krone** f. (Uhrm) ‖ crown of the case ‖ couronne f. de la boîte. **f) ~nenndurchmesser** m. ‖ nominal diameter of case ‖ diamètre m. nominal de la boîte. **g) ~oberteil** m. ‖ upper part of casing; upper casing ‖ partie f. supérieure de l'enveloppe. **h) ~ring** m. *s.* ~bügel (Uhrm). **i) ~unterteil** m. ‖ lower part of casing; lower casing ‖ partie f. inférieure de l'enveloppe. 26

Gehbahn f. ‖ foot path ‖ trottoir m. 27

geheftet (Buchb) ‖ sewed; stitched ‖ broché. **a) ~er Block** m. (Buchb) ‖ stitched pack ‖ bloc m. cousu *ou* piqué. 28

Gehege n. ‖ fence; enclosure. ‖ enclos m. 29

gehen, leer ‖ to run idle ‖ aller avec temps perdu. **a)** in **See** ~ ‖ to go to sea ‖ prendre la mer. 30

Geheimniskrämerei f. ‖ secretiveness; mysteriousness ‖ cachotterie f.; mystère m. 31

Geheim-prüfzähler m. ‖ security controlling counter ‖ compteur m. de contrôle secret. **a) ~schreibmaschine** f. ‖ cipher code typewriter ‖ machine f. à écrire pour écriture chiffrée. **b) ~sprache** f. ‖ secret language ‖ langage m. secret. **c) ~sprecheinrichtung** f. ‖ installation for secret conversations ‖ installation f. pour conversations secrètes. **d) ~verkehr** m. (Fernm) ‖ secret service ‖ service m. secret. 32

Gehilfe m. ‖ helper; assistent ‖ aide m.; compagnon m. 33

Gehirn n. ‖ brain ‖ cerveau m. 34

Gehlenit m. (Min) ‖ gehlenite ‖ gehlénite f. 35

gehobelt-es Brett n. ‖ planed board ‖ planche f. rabotée. **a) ~e Seife** f. ‖ planed soap ‖ savon m. râpé. 36

Gehöft n. ‖ farm; yard ‖ métairie f.; ferme f. 37

geholländerte Bogen mpl. (Buchb) ‖ loosely assembled quires pl. ‖ feuilles fpl. détachées assemblées. 38

gehopft ‖ hopped ‖ houblonné. 39

Gehör n. ‖ hearing ‖ ouïe f. **a)** nach dem ~ n. **aufnehmen** (Fernm) ‖ to take by sound ‖ lire au son. 40

Gehör-gangfernhörer m. ‖ telephone olive for the ear way ‖ récepteur m. à insérer dans le pavillon de l'oreille. **a) ~schutz** m. ‖ ear protection ‖ protection f. contre les chocs acoustiques. **b) ~telegrafie** f. ‖ acoustic telegraphy ‖ télégraphie f. acoustique. 41

Gehrdreieck n., festes (Tischl) ‖ mitre-square ‖ équerre f. onglet *ou* à mitre. 42

Gehre f. (Tischl) ‖ mitre ‖ onglet m. 43

Gehr-fuge f. (Tischl) ‖ mitre joint ‖ assemblage m. à onglet; joint m. à mitre. **a) ~lade** f. (Tischl) ‖ mitre box *or* mitre block ‖ boîte f. de mitre. **b) ~maß** n. mitre-rule ‖ bévau m. **c) ~schnitt** m. am **Holz** ‖ mitre cut ‖ coupe f. à onglet. **d) ~stoß** m. (Tischl) ‖ mitre joint ‖ joint m. à onglet. 44

Gehrung f. ‖ mitre ‖ onglet m.; biaisement m. **a)** ~ des **Hobeleisens** ‖ basil of plane ‖ basile m. du rabot. 45

Gehrungsanschlag m. ‖ mitre-cutting guide ‖ guide m. pour couper les onglets. **a) abklappbarer** ~ ‖ tilting mitre-cutting guide ‖ butée f. d'onglets basculante. 46

Gehrungs-hobel m. ‖ mitre-plane ‖ rabot m. à mitre. **a) ~linie** f. (Tischl) ‖ mitre-line ‖ ligne f. de mitre *ou* d'onglet. **b) ~schere** f. ‖ mitre cutting shear ‖ cisaille f. à onglets. **c) ~stanzmaschine** f. ‖ mitre-cutting machine ‖ machine f. à découper les onglets. **d) ~stoßlade** f. (Tischl) ‖ mitring machine ‖ machine f. à onglet. **e) ~zinke** f. (Bauw) ‖ mitre-dovetail ‖ queue f. perdue. 1

Geh-Steh-Apparat m. (Fernm) ‖ start-stop-apparatus ‖ appareil m. start-stop. 2

Geige f. ‖ violin ‖ violon m. 3

Geigen-bauer m. ‖ violin maker ‖ luthier m. **a) ~bogen** m. ‖ violin bow; fiddle stick ‖ archet m. **b) ~harz** n. ‖ fiddler's resin ‖ colophane f. **c) ~kasten** m. ‖ violin case ‖ boîte f. à violon. **d) ~lack** m. ‖ violin varnish ‖ vernis m. pour violons. **e) ~sattel** m. *s.* Geigensteg m. **f) ~steg** m. ‖ bridge of a violin ‖ chevalet m. de violon. **g) ~wirbel m.** ‖ peg of a violin ‖ cheville f. de violon. 4

Geißel m. (Brau) ‖ flagellum ‖ cil m. 5

Geißfuß m. ‖ spike drawer; pincher; crooked crow bar ‖ pied m. de biche; pince f. à pied; verdillon m.; esse f.; chevron m. **a) ~ zum Ausziehen** abgebrochener Bohrer aus dem Bohrloch ‖ finger-grip; catch ‖ reperteur m.; caracole f. **b) gebogener ~** ‖ bent parting-tool ‖ burin m. triangulaire coudé. **c) gerader ~** ‖ straight parting-tool ‖ burin m. triangulaire droit. 6

Geißler'sche Röhre f. ‖ Geissler tube ‖ tube m. de Geissler. 7

Geitau n. (Seew) ‖ clue line; clue garnet; brail ‖ cargue-point f. **a) ~block** m. (Seew) ‖ clew-garnet block ‖ poulie f. de cargue-point. 8

gekappte Schwelle f. (Eisenb) ‖ lopped sleeper ‖ traverse f. avec fermeture de tête. 9

gekapselt ‖ enclosed in a capsule ‖ capsulé. **a) vollkommen ~** ‖ fully *or* entireley enclosed ‖ entièrement blindé *ou* fermé. 10

gekautschte Pappe f. ‖ couched paste board ‖ carton m. couché. 11

gekeimt ‖ germinated ‖ germé. 12

gekielter Bootsboden m. ‖ keeled bottom of a boat ‖ fond m. du bateau en quille. 13

gekippte Stellung f. des **Wagenkastens** ‖ tipped position of the box; tipping position ‖ caisse f. de wagonnet basculée; position f. de déversement. 14

geklinkert (Bauw) ‖ clinker-built ‖ bâti m. à clin. **a) ~** (Schiffb) ‖ clinker-built ‖ bordé à clin. **b) ~es Boot** n. ‖ clinker-built boat ‖ canot m. bordé à clin. 15

geklöppelter Strumpf m. (Beleucht) ‖ braided sleeve ‖ manchon m. tricoté. 16

geknöpftes Messer n. ‖ probe-ended knife ‖ bistouri m. boutonné. 17

gekocht (Seide) ‖ scoured; boiled ‖ décreusé; cuit. 18

gekohltes Eisen n. ‖ carburized iron ‖ fer m. carburé. 19

geköpert (Web) ‖ tweeled; twilled ‖ croisé à grains d'orge. **a) ~er Baumwollsamt** m. ‖ Genoa *or* jean back velveteen ‖ velours m. de coton à fond croisé. 20

gekoppelt ‖ connected ‖ conjugué. **a) aperiodisch ~** (Funkw) ‖ aperiodically coupled ‖ à accouplement m. apériodique. **b) ~e Schwingungen** fpl. ‖ coupled oscillations pl. ‖ oscillations fpl. liées. **c) ~e Systeme** npl. ‖ coupled circuits pl. ‖ circuits mpl. accouplés. 21

gekörnt (Leder) ‖ corned ‖ grainé; grené; grenu. **a) ~** (Met) ‖ granulated ‖ granulé; grenu. 22

Gekrätz n. (Met) ‖ waste metal; dross; sweepings pl. ‖ crasse f.; déchet m. **a) ~ofen** m. (Met) ‖ almond furnace ‖ fourneau m. à fondre l'arco. 23

gekreuzt ‖ crossed ‖ croisé. **a) ~e Ströme** mpl. ‖ crossed currents pl. ‖ courants mpl. croisés. 24

gekröpft ‖ cranked; crumped; bent at right angles; inturned ‖ coudé; (cambré à gorge). **a) ~e Achse** f. ‖ cranked axle ‖ essieu m. coudé. **b) einfach ~e Kurbelwelle** f. ‖ single-throw crank shaft ‖ arbre m. moteur à une seule manivelle. **c) ~e Handkurbel** f. ‖ bent crank with handle ‖ manivelle f. à main coudée. **d) ~er Schruppstahl** m. ‖ cranked roughing tool ‖ outil m. d'ébauche à droite *ou* à gauche. **e) ~e Welle** f. ‖ crank shaft ‖ arbre m. coudé. 25

Gekrösestein m. ‖ tripe stone ‖ pierre f. de tripes. 26

gekrümmt ‖ arched; curved; crooked ‖ courbe; courbé. **a) leicht ~** ‖ slightly arched *or* curved; having a little swell *or* bulge ‖ bombé. **b) ~e Fläche** f. ‖ curved surface ‖ surface f. courbe. 27

gekühlte Einspritzdüse f. ‖ cooled injection nozzle ‖ gicleur m. refroidi. 28

gekumpeltes Stück n. ‖ beaten *or* shaped piece ‖ pièce f. emboutie. 29

gekuppelt ‖ coupled ‖ accouplé. **a) unmittelbar ~** ‖ direct coupled ‖ à commande f. directe. 30

Geläger n. (Brau) ‖ cask deposit; sediment ‖ dépôt m.; lie f.; fonds mpl. de foudres. **a) Bottich~** ‖ tun sediment ‖ fonds m. de cuve. **b) Faß~** ‖ bottoms pl.; cask deposit *or* sediment ‖ dépôt m. *ou* fonds mpl. *ou* lie f. de foudre. 31

Gelägerfilterpresse f. ‖ sediment filter press ‖ filtre-presse m. pour fonds de foudres. 32

Gelände n. ‖ land ‖ terrain m. **a) bergiges ~** ‖ hilly ground ‖ terrain m. montagneux. **b) flachwelliges ~** ‖ open undulating ground ‖ terrain m. légèrement ondulé. **c)** die **Größe** des verfügbaren **~s** erschien nicht ausreichend ‖ the extent of land available would not suffice ‖ l'étendue f. du terrain disponible ne paraissait pas suffisante. 33

Gelände-aufnahme f. ‖ survey of land ‖ levé m. du terrain. **a) ~beobachtung** f. ‖ terrestrial observation ‖ observation f. terrestre. 34

Geländer n. ‖ hand rail; railing ‖ garde-corps m. **a) ~ mit Docken** (Bauw) ‖ baluster railing ‖ balustrade f. **b) gitterloses ~** ‖ barrier without railings ‖ garde-fou m. sans grillage. **c) ~** aus **Gußeisen** ‖ cast iron railing ‖ balustrade f. en fonte. **d) Holz~** ‖ wooden bannisters pl. ‖ balustrade f. en bois. **e) Holz~ einer Treppe** ‖ wood stair railing ‖ rampe f. d'escalier en bois. **f) Treppen~** ‖ ‖ bannister of stairs ‖ balustrade f. d'escaliers. 35

Geländer-docke f. (Bauw) ‖ rail post ‖ potelet m. **a) ~macher** m. (Tischl) ‖ balusters maker ‖ rampiste m. **b) ~pfosten** m. ‖ rail post ‖ montant m.; barreau m. **c) ~riegel** m. (Zimm) ‖ rail ‖ lisse f. d'appui. **d) ~säule** f. ‖ rail post ‖ potelet m. **e) ~stab** m. ‖ baluster; rail post ‖ balustre m.; montant m.; tournisse f. **f) ~stange** f. ‖ rail iron ‖ lisse f. de garde-corps. **g) ~stütze** f. ‖ rail post ‖ colonnette f. 36

Gelaß n. (Bauw) ‖ room; space; accomodation ‖ pièce f. 37

Gelatine f. ‖ gelatine ‖ gélatine f. **a) ~** in **Blättern** oder **Blättchen** ‖ gelatine in sheets or laminæ ‖ gélatine f. en feuilles ou feuillets. **b) Bouillon~** ‖ meat broth ‖ bouillon m. gélatinisé. **c) Fleisch~** ‖ meat gelatine ‖ gélatine f. de viande. **d) Fleischsaft~** ‖ meat broth gelatine ‖ extrait m. de viande gélatinisé. **e) Fleischsaftpepton~** ‖ meat broth with peptone gelatine ‖ extrait m. de viande peptonisé et gélatinisé. **f) Fleischwasser~** ‖ meat water gelatine ‖ bouillon m. gélatinisé. **g) ~** für **Genußzwecke** ‖ gelatine for food purposes ‖ gélatine f. alimentaire. **h) ~** in **Pulverform** ‖ gelatine in form of powder ‖ gélatine f. en poudre. **i) Spreng~** ‖ blasting gelatine ‖ gélatine f. explosive. **k) ~** in **Tafeln** ‖ gelatine in plates ‖ gélatine f. en plaques. **l) Würze~** ‖ wort gelatine ‖ moût m. gélatinisé; gélatine f. de moût. 38

Gelatine-arbeiter m. ‖ gelatine worker ‖ gélatineur m. **a) ~dynamit** n. ‖ gelatine dynamite ‖ dynamite-gélatine m. **b) ~fabrikanlage** f. ‖ gelatine manufacturers plant ‖ installation f. de gélatine. **c) ~flitter** m. ‖ gelatine spangle ‖ paillette f. en gélatine. **d) ~folie** f. ‖ gelatine foil *or* sheet; sheet gelatine ‖ feuille f. de gélatine; papier m. gélatiné. **e) ~füllung** f. (Sammler) ‖ gelatine filling ‖ remplissage m. de gélatine. 39

gelatinehaltige Masse f. ‖ gelatinous paste *or* mass ‖ pâte f. à base de gélatine. 40

Gelatine-herstellungsanlage f. ‖ gelatine producing plant ‖ installation f. pour fabriquer la gélatine. 41

Gelatinekapsel f. ‖ gelatine capsule ‖ capsule f. gélatineuse *ou* de gélatine. **a) ~maschine** f. ‖ gelatine capsule machinery ‖ machine f. pour la fabrication des capsules gélatineuses. 42

Gelatine-kultur f. ‖ gelatine culture ‖ culture f. sur gélatine. **a) ~leim** m. ‖ gelatine glue ‖ colle f. gélatine *ou* gélatineuse. **b) ~papier** n. ‖ gelatine paper ‖ papier m. gélatiné. **c) ~pauspapier** n. ‖ gelatine tracing paper ‖ papier-gélatine m. à calquer. **d) ~perle** f. ‖ gelatine pearl ‖ perle f. de gélatine. **e) ~platte** f. ‖ gelatine plate ‖ plaque f. *ou* feuille f. en gélatine. **f) ~plattenkühlapparat** m. ‖ congealing apparatus for gelatine plates ‖ appareil m. de congélation pour plaques de gélatine. **g) ~werk** n. ‖ gelatine works pl. ‖ fabrique f. de gélatine. 43

gelatinierte Säure f. ‖ gelatinized acid ‖ acide m. gélatine. 44

Gelatinierungsmittel n. ‖ gelatinizing agent ‖ moyen m. de gélatinisation. 45

gelatinös ‖ gelatinous ‖ gélatineux; mucilagineux. 46

geläutertes Roheisen n. ‖ refined pig iron ‖ fer m. épuré. 47

gelb ‖ yellow ‖ jaune. **a) ~er Amber** m. ‖ yellow amber ‖ ambre m. jaune. **b) ~ elektrisches Licht** n. ‖ yellow electric light ‖ lumière f. électrique jaune-rouge. **c) ~es Licht** n. ‖ yellow light ‖ feu m. jaune. 48

Gelb n., **englisches** (Mal) || yellow oxychloride of lead || jaune m. breveté. **a) Naphthol~** || naphtol yellow || jaune m. de naphtol. **b) Zink~** || zinc yellow || jaune m. de zinc. 1

Gelb-beere f. || french *or* persian berry || graine f. d'Avignon *ou* de Perse. **a) ~bleierz** n. || molybdate of lead; yellow lead-ore; wulfenite || molybdate m. de plomb; plomb m. jaune *ou* molybdaté. **b) ~brennanlage** f. || brass dipping plant || installation f. de dérochage. 2

gelbbrennen (Met) || to pickle || dérocher. 3

Gelb-brennsäure f. || aqua fortis || eau f. forte mordante. **a) ~eisenerz** n. || missy || fer m. oxydé jaune. 4

Gelbeisenstein m. || xanthosiderite || xanthosidérite f. **a) ockeriger ~** || yellow ochre; yellow iron ochre; yellow iron ore || ocre m. jaune; jaune m. de montagne; terre f. jaune; limonite m. 5

Gelb-erde f. || yellow earth *or* ochre || gelberde m.; argile f. ocreuse. **a) ~erz** n. || copper pyrites; yellow copper ore; sylvanite; limonite || pyrite f. cuivreuse; cuivre m. pyriteux; limonite f.; tellure m. natif auro-argentifère. **b) ~filter** n. (Opt) || yellow screen || verre m. jaune. **c) ~gießer** m. || brassfounder || fondeur m. de laiton. **d) ~gießerei** f. || brass foundry || fonderie f. de laiton *ou* de bronze. **e) ~glas** n., **aufsteckbares** || attachable yellow glass || verre m. jaune adaptable. 6

gelbgrün || yellowish green || vert jaunâtre. **a) ~er Strahlenbereich** m. || yellow-green region of radiation || région f. vert jaune des radiations. 7

Gelb-grün n. || yellowish green || vert m. jaune. **a) ~guß** m. || yellow brass *or* copper; brass; bronze || cuivre m. jaune; laiton m.; bronze m. 8

Gelbholz n. (Färb) || fustic; yellow wood || bois m. jaune. **a) ~auszug** m. || yellow wood *or* fustic wood extract || extrait m. de bois jaune. **b) ~extrakt** m. *s.* Gelbauszug. 9

Gelb-kali n. || yellow prussiate of potash; potassium ferrocyanide || prussiate m. jaune; ferrocyanure m. de potassium. **a) ~kreuzgeschoß** n. || yellow-cross shell || obus m. à croix jaune. 10

Gelbkupfer n. || coarse copper || cuivre m. brut. **a) ~erz** n. || copper-pyrites; yellow copper-ore || pyrite f. cuivreuse; cuivre m. pyriteux. 11

gelblich || yellowish || jaunâtre. 12

Gelb-menakerz n. || yellow titanite || sphène f. jaune. **a) ~wurzel** f. (Färb) || turmeric plant; curcuma; Indian safflower || safran m. *ou* souchet m. des Indes; curcuma m. 13

Geld n. || money || argent m.; espèces fpl.; fonds mpl. **a) ~** (Börse) || buyers pl.; bid; takers pl. || argent m.; espèces fpl. **b) ~** (Münz) || coin || argent m.; monnaie f. **c) ~ aufbringen** || to raise money || se procurer de l'argent m. **d) ausstehende ~er** npl. || outstanding debts pl. || sommes fpl. à recouvrer. **e) ~ hineinstecken** in ... || to invest money in ... || s'intéresser avec du capital; mettre des fonds dans ... **f) ~ in ein Geschäft stecken** || to put *or* to invest money in a business || mettre de l'argent m. dans une entreprise. **g) Papier~** || paper money || papier-monnaie m. 14

Geld-angelegenheiten fpl. || money matters pl. || affaires fpl. d'argent. **a) ~anlage** f. || investment of capital || placement m. de fonds. **b) ~anleihe** f. || money loan || emprunt m. **c) ~anweisung** f. || money *or* post-office order || mandat m.; chèque m. **d) ~ausgabe** f. || disbursement; expense; expenditure || argent m. dépensé; dépense f. **e) ~automateneinrichtung** f. des **Fernrohres** || slot paying mechanism of telescope || déclenchement m. monétaire automatique de la lunette. **f) ~beitrag** m. || (money) contribution; subvention || contribution f.; cotisation f. **g) ~betrag** m. || amount || montant m. **h) ~beutel** m., **goldener** || gold purse || bourse f. en or. **i) ~bewilligung** f. || allowance (of money) || allocation f. **k) ~börse** f. || purse || bourse f. **l) ~börsenmacher** m. || purse maker || boursier m. **m) ~brief** m. || letter containing money || lettre f. chargée; chargement m. **n) ~einnahme** f. || receipt of money || recette f. 15

Geldentschädigung f. || reimbursement; compensation || indemnité f. (en espèces). **a)** eine **~ verlangen** || to demand pecuniary compensation || exiger une indemnité en argent. 16

Geldeswert m. || assets pl.; equivalent || valeur f. marchande *ou* en argent. 17

Geld-forderung f. || money due || demande f. d'argent; créance f. **a) ~geschäft** n. || money transaction; banking business; financial enterprise || affaire f. d'argent *ou* de banque. **b) ~handel** m. || exchange; banking || trafic m. de l'argent; change m. **c) ~knappheit** f. || paucity of money || pénurie f. d'argent. **d) ~krise** f. || crisis in the money market || crise f. financière *ou* monétaire. 18

Geldkurs m. || money rate; rate of exchange; bid price; banker's buying rate || cours m. (des espèces). **a) ~zettel** m. || exchange list || cote f. de l'agio. 19

Geld-leute pl. || financiers || gens mpl. de finance. **a) ~makler** m. || money broker || courtier m.; agent m. de change. **b) ~mangel** m. || want of money || disette f. d'argent. **c) ~markt** m. || money market || marché m. monétaire. **d) ~mittel** npl. || means pl.; resources pl. || ressources fpl. **e) ~nachfrage** f. || demand for money || marché m. monétaire. **f) ~not** f. || tightness *or* want of money || pénurie f. d'argent *ou* de numéraire. **g) ~posten** m. || sum of money || somme f. d'argent; article m. **h) ~preis** m. || rate of exchange || cours m. **i) ~rabatt** m. || cash discount || rabais m. en rapport avec le montant. **k) ~rollmaschine** f. || money rolling machine || machine f. à empaqueter la monnaie. **l) ~sack** m. || coin bag || sachet m. à monnaie. **m) ~schale** f. || coin cup || coupe f. pour pièces de monnaie. 20

Geldschein m. || bank note || billet m. de banque. **a) ~tasche** f. || bank note case || porte-feuille m. 21

Geldschrank m. || safe; strong box || coffre-fort m. **a) feuerfester ~** m. aus Beton || concrete made fireproof safe || coffre-fort m. en béton résistant au feu. 22

Geldschrank-beschläge mpl. || fittings pl. for safes || ferrures fpl. de coffres-forts. **a) ~blech** n. || plate for safes || tôle f. pour coffres-forts. **b) ~schloß** n. || safe lock || serrure f. pour coffres-forts. **c) ~schlüssel** m. || safe key || clef f. de coffre-fort. **d) ~sicherung** f. || safety contact for safe || contact m. de sûreté pour coffres-forts. 23

Geld-schublade f. || money *or* cash drawer || tiroir m. de monnaie. **a) ~sendung** f. || cash remittance || envoi m. d'argent *ou* d'espèces; remise f. **b) ~sorte** f. || specie; coin || espèce f. **c) ~strafe** f. || fine || amende f. **d) ~stück** n. || coin || pièce f. (d'argent *ou* de monnaie). **e) ~summe** f. || sum of money || somme f. d'argent. **f) ~täschchen** n. || money case; purse || porte-monnaie m.; bourse f. **g) ~tasche** f. || money bag || porte-monnaie m. 24

Geldtaschen-bügel m. || money purse bow || monture f. pour porte-monnaie. **a) ~näherin** f. || purse sewer || couseuse f. en porte-monnaies. 25

Geld-transportwagen m. || money transport car || voiture f. pour le transport d'argent. **a) ~umlauf** m. || circulation of money || circulation f. monétaire. **b) ~umsatz** m. || turnover; returns pl. || mouvement m. *ou* maniement m. de fonds; roulement m. **c) ~verkehr** m. || turnover; returns pl. || mouvement m. *ou* circulation f. monétaire. **d) ~verlegenheit** f. || pecuniary difficulties pl.; financial embarrassment || embarras m. financier *ou* d'argent; gêne f. **e) ~verlust** m. || pecuniary loss || perte f. pécuniaire. **f) ~vorrat** m. || supply of money || encaisse f. **g) ~vorschuß** m. || money paid in advance || avance f. de fonds. **h) ~wage** f. || money scales pl. *or* balance || trébuchet m. **i) ~wechseln** n. || money changing || change m.; banque f. **k) ~wechsler** m. || money changer || changeur m. **l) ~wesen** n. || financial business || finances fpl. **m) ~wirtschaft** f. || trade on a monetary basis || finances fpl. **n) ~zähler** m. (Masch) *s.* Geldzählmaschine. **o) ~zählmaschine** f. || money counting machine || machine f. à compter la monnaie. **p) ~zins** m. || interest on money || rente f. en espèces. **q) ~zulage** f. || additional wages pl. || supplément m. de solde. 26

Gelee n. || jelly || gélée f. 27

Gelegenheits-fischer m. || amateur fisherman || pêcheur m. amateur. **a) ~kauf** m., Kraftwagen || second-hand car || voiture f. d'occasion. 28

geleimt, auf **Holz** n. || glued on wood || collé sur bois m. 29

Geleise n. (Eisenb) *s. auch* Gleis n. || track || voie f. de fer. **a) ~** (Wagenspur) || wheel track; rut || ornière f. 30

Gelenk n. (Anatomie) || articulation || jointure f. **a) ~** (Brückenb) || turning joint || charnière f. **b) ~** (Gliederkette) || flat link; link || membre m.; maille f.; joint m.; chaînon m.; maillon m. **c) ~** (Techn) || hinge; link; joint || articulation f.; jointure f.; charnière f.; maille f.; joint m. **d) Gabel~** || fork joint || chape f. **e) Kardan~** || cardan *or* universal joint || joint m. universel *ou* de cardan; cardan m. **f)** um ein **~ drehbare Klappe** f. || hinged flap || clapet m. à charnières. **g) Kreuz~** || universal *or* cardan joint || joint m. de cardan. **h) Kugel~** || ball joint || joint m. à rotule. **i) Kuppelungs~** || coupling joint || joint m. d'accouplement **k) Metall~** || metal joint || joint m. métallique. **l) Universal~** || ball and socket joint || joint m. universel. **m) Trocken~** || dry disk joint || joint m. flexible sans graissage. 31

Gelenk-arm m. || slewing bracket || bras m. articulée. **a) ~band** n. (Schloß) || joint frame *or* hinge || fiche f. simple *ou* rivée *ou* à nœuds *ou* à lacet rivé; charnière f. **b) ~becher** m. || hinged bucket || godet m. à charnières. **c) ~gabel** f. || joint fork || fourche f. d'articulation. 1

gelenkig am **Flugzeuggerippe** f. lagern || to mount flexible on the body of the aeroplane || articuler sur le squelette m. de l'avion. 2

Gelenk-kette f. || sprocket *or* Gall's chain; flat link articulated chain || chaîne f. à fuseaux *ou* à joints articulés *ou* de maillons; chaîne-Galle f. **a) ~kupplung** f. || articulated *or* jointed coupling || attelage m. articulé; accouplement m. à articulation. **b) ~maßstab** m. || pliant *or* joint rule || mètre m. pliant. **c) ~muffe** f. || link box || boîte f. articulée. **d) ~punkt** m. || fulcrum; joint || point m. d'articulation. **e) ~puppe** f. || swivel doll || poupée f. articulée. **f) ~quarz** m. || itacolumite; flexible quartz; flexible sand-stone || itacolumite m.; grès m. élastique *ou* flexible. **g) ~säge** f. || hinge saw || scie f. à charnière. **h) ~schlauch** m. || articulated pipe || tuyau m. articulé. **i) ~stange** f. || articulated rod || tige f. articulée. **k) ~stuhl** m. (Eisenb) || jaw-chair || coussinet m. de talon *ou* de rotation. **l) ~stück** n. (Bremsvorr) || articulation piece || pièce f. d'articulation. **m) ~welle** f. || cardan shaft || arbre m. de cardan. 3

Gelenkwellen-rohr n. || drive shaft housing || jambe f. tubulaire de l'arbre à cardan. **a) ~verbindung** f. || binding by means of cardan shafts || assemblage m. par arbres à cardan. 4

Gelenkzahnstange f. || articulated rack || crémaillère f. articulée. 5

Gelese n. (Web) || lease || envergure f.; encroix m. 6

Gelferz n. || copper-pyrites; yellow copper-ore || pyrite f. cuivreuse; cuivre m. pyriteux. 7

gelinde kochen || to simmer || bouillonner. 8

Gellflöte f. || clarionet; clarinet || clarinette f. 9

gelocht || holed || troué; bloqué. **a)** die **Scheiben** fpl. wurden unter einem Hammer **~** || through the centre of the disc a hole was pierced under a hammer || les disques mpl. étaient perforés sous un marteau. **b) ~es Blech** n. || punched *or* perforated plate || tôle f. perforée. **c) ~es Metall** n. || perforated metal || métal m. perforé. 10

gelöscht (Kalk) || slaked || éteint. **a) ~er Kalk** m. || slaked lime || chaux f. éteinte. 11

Gelsemiumwurzel f. || gelsemium root || racine f. de gelsémium. 12

Gelte f. (Böttch) || pail; bucket; tub || seau m.; broc m.; manuel m. 13

geltend machen, Beanstandungen fpl. || to bring complaints pl. to notice || faire réclamations fpl. 14

gemahlener Kaffee m. || ground coffee || café m. moulu. **a) ~ Kakao** m. || cocoa in powder || cacao m. en poudre. 15

Gemälde n. || painting; picture || peinture f.; tableau m. **a) einfarbiges ~** || camaieu; brooch-painting || peinture f. en camaïeu. **b) ~** mit **Wasserfarben** || water-colour painting || aquarelle f. 16

Gemälde-aufkleben n. auf neue Leinwand || picture recanvassing || rentoilage m. de tableaux. **a) ~galerie** f. || picture-gallery || galerie f. de tableaux. **b) ~lack** m. || picture varnish || vernis m. pour tableaux. **c) ~restauration** f. || picture restoring || restauration f. de tableaux. **d) ~restauratör** m. || picture restorer || restaurateur m. de tableaux. 17

gemälzt || malted || malté. **a) ~es Getreide** n. || malted grain || grain m. malté. 18

gemäßigtes Klima n. || temperate climate || climat m. temperé. 19

Gemäuer n. || masonry; mason's work; muring; walling || maçonnerie f.; ouvrage m. de maçonnerie; maçonnage m.; murage m.; muraillement m. **a)** mit schlechtem **Mörtel** aufgeführtes **~** || rough-walling || maçonnerie f. limousine; limousinage m. **b) verfallenes ~** || decayed walling; rubbish of walling; ruins pl. || masure f. 20

Gemeinde-abgabe f. || town dues || contribution f. municipale. **a) ~mühle** f. || mill for common use || moulin m. banal. **b) ~wald** m. || communal forest || forêt f. communale. 21

Gemeinlade f. (Zimm) || half-plank; half-inch plank; shelf || planche f. *ou* ais m. de $^1/_2$ pouce d'épaisseur. 22

Gemeinschafts-anschluß m. (Fernm) || party line || poste m. groupé. **a) ~gründung** f. || establishment in cooperation with somebody || fondation f. en commun avec quelqu'un. 23

gemeinverständlich || popularly || populairement. 24

Gemenge n. (Chem) || mixture || mélange m. **a) ~mischmaschine** f. (Glasf) || conglomerate mixing machine || machine f. à mélanger. 25

gemessen || measured || mesuré. **a) äußerlich ~** (Bauw) || measured without doors || pris hors d'œuvre. **b) im Lichten ~** (Bauw) || measured in the clear or within the walls || pris dans œuvre; mésuré *ou* pris dans le jour. 26

geminderte Ware f. (Textil) || narrowed goods pl. || tricot m. diminué. 27

Gemisch n. || mixture || mélange m. **a) brennbares ~** || combustible mixture || mélange m. combustible. **b) explosionsfähiges ~** || explosive mixture || mélange m. explosif. **c) gasarmes ~** || weak gas mixture || mélange m. gazeux pauvre. **d) Gasluft~** || gas and air mixture || mélange m. d'air et de gaz. **e) gasreiches ~** || overrich gas mixture || mélange m. gazeux riche. **f) gesättigtes ~** (Gasmotor) || saturated mixture || mélange m. saturé. **g) ~** von **gleichen** Teilen || mixture of equal parts || mélange m. à parties égales. **h) kältebeständiges ~** || non congealable mixture || mélange m. incongelable. 28

gemischt || mixed || mixte; mélangé. 29

Gemischtbau m. || mixed construction || construction f. mixte. 30

gemischt-er Betrieb m. (Sammler) || mixed system || système m. mixte. **a) ~e Sprache** f. (Fernm) || mixed telegram || télégramme m. mixte. 31

gemischtpaariges Kabel n. || combined cable || câble m. combiné. 32

gemittet || centred || centré. 33

Gemme f. || gem; cameo || gemme f.; pierre f. gemme; camée f. 34

gemmenartig || bud shaped || gemmiforme. 35

Gemmenbildung f. || gemma formation || formation f. de gemmes. 36

gemohrt (Web) || watered; waved || moiré. 37

Gemsleder n. || chamois (skin) || peau f. de chamois; chamois m. 38

Gemüse n. || vegetables pl. || légume m. **a) Dörr~** || dried vegetables pl. || légumes mpl. séchés. **b) hydratiertes ~** || hydrated vegetables pl. || légumes mpl. hydratés. **c) komprimiertes ~** || compressed vegetables pl. || légume m. comprimé. 39

Gemüse-bau m. || culture of vegetables || horticulture f. maraîchère. **a) ~garten** m. || kitchen garden || jardin m. potager; potager m. **b) ~gärtner** m. || kitchen gardener || maraîcher m. **c) ~händler** m. || green-grocer || vendeur m. de légumes. **d) ~handlung** f. || green-grocer's shop || fruiterie f. **e) ~hobel** m. || vegetable plane *or* cutter || ustensile m. servant à triturer les légumes; coupe-légumes m. **f) ~klauben** n. || vegetable picking || épluchage m. de légumes. **g) ~klauberin** f. || vegetable peeler || éplucheuse f. de légumes. **h) ~konserven** fpl., **naturreine** || canned vegetables pl. in natural state || conserves fpl. de légumes au naturel. **i) ~konservenfabrikant** m. || vegetables preserver || fabricant m. de conserves de légumes. **k) ~samen** mpl. || vegetables seeds pl. || graines fpl. maraîchères. **l) ~schneidmaschine** f. || vegetable cutting machine || machine f. à couper les légumes. **m) ~schneider** m. || vegetable slicer || ustensile m. servant à triturer les légumes. **n) ~schroterei** f. || vegetable grinding mill || décortication f. de légumes. **o) ~treibhaus** n. || vegetables hothouse || serre f. à légumes. **p) ~trockner** m. || vegetable dryer || sécheur m. pour légumes. **q) ~verlesen** n. || vegetable picking || épluchage m. de légumes. **r) ~verleserin** f. || vegetable peeler || éplucheuse f. de légumes. **s) ~wäsche** f. || washery for vegetables || lavage m. de légumes. 40

gemustert || fancy; figured; diapered; flowered || façonné. **a) ~e Socke** f. || fancy sock || chaussette f. fantaisie. 41

genagelt || pinned || cloué. 42

genähter Gegenstand m. || sewed article || article m. confectionné. 43

genarbt (Lederzur) || corned || grainé. 44

genau || accurate || précis; exact. 45

Genaudrahtzieherei f. || accurate wire drawing works pl. || tréfilerie f. de précision. 46

Genauigkeit f. || accuracy; exactness; precision; economy || exactitude f.; précision f.; rigueur f.; parcimonie f. **a)** die **~ erhöhen** || to increase the accuracy || augmenter la précision. **b) Mangel** m. an **~** || want of accuracy || manque m. de précision. **c) Meß~** || accuracy *or* precision of measurement || précision f. de mesure. **d) mit ~** || accurately || exactement. **e) mit ~** f. **messen** || to measure with precision || mesurer avec précision. **f)** von **ziemlicher ~** || with a considerable degree of accuracy || d'une exactitude assez grande. 47

Genauigkeits-feile f. || adjusting file || lime f. à ajuster. **a) ~grad** m. || degree of accuracy || degré m. de précision. **b) ~instrument** n. || precision instrument || instrument m. de précision. **c) ~mechanik** f. || precise mechanical work || mécanique f. de précision. **d) ~meßwerkzeug** n. || accurate measuring instrument || instrument m. à mesurer de précision. **e) ~prüfung** f. || test of accuracy || épreuve f. de perfection. **f) ~verzahnung** f. || precision gear || denture f. de précision. g) ~waffe f. || arm of precision || arme f. de précision. h) ~wage f. || balance of precision || balance f. de précision. i) ~werkzeug n. || precision tool || outil m. de précision. k) ~zirkel m. || fine compasses || compas m. fin. 1

genehmigt || approved || approuvé; accordé. 2

Genehmigung f. eines **Projektes** || approbation of a project || approbation f. d'un projet. 3

geneigt || inclined; sloping || incliné. a) ~e **Ebene** f. || inclined plane || plan m. incliné. 4

General-direktor m. || general manager || directeur m. général. a) **~konsul** m. || consul general || consul m. général. b) **~plan** m. || principal plan || plan m. principal. c) **~quittung** f. || receipt in full || quittance f. finale. d) **~stabskarte** f. || military *or* ordnance-map || carte f. d'Etat-major. e) **~umschalter** m. (Elektr) || universal-switch || commutateur m. universel. f) **~versammlung** f. || general assembly; meeting of shareholders || assemblée f. générale *ou* d'actionnaires. g) **~vollmacht** f. || full power of attorney || plein pouvoir m.; procuration f. générale. 5

Generation f. || growth || génération f. a) **vegetative** ~ || vegetative generation || génération f. végétative. 6

Generator m. || generator || générateur m. a) **Außenpol~** || external pole alternator || alternateur m. à pôles extérieurs. b) **direkt** gekuppelter ~ || direct coupled alternator || alternateur m. directement accouplé. c) **Drehstrom~** || three-phase alternator || alternateur m. triphasé. d) **Eis~** || ice generator || générateur m. à glace. e) **elektrischer** ~ || electric generator || générateur m. électrique. f) den ~ **entschlacken** || to remove the cinders *or* the slag from the generator || tirer les scories du générateur. g) **~mit Fremderregung** || separately excited alternator || alternateur m. à excitation séparée. h) **Gas~** || gas generator; gas producer || génératrice f. gasogène. i) **Innenpol~** || internal pole alternator || alternateur m. à pôles intérieurs. k) **Motor~** || rotary transformer || transformateur m. rotatif. l) ~ mit **Scheibenanker** || disc type alternator || alternateur m. à roteur en disque. m) ~ für **Seilantrieb** || rope-driven alternator || alternateur m. entrainé par câbles. n) ~ mit **Trommelanker** || drum type alternator || alternateur m. à rotor en tambour. o) **Turbo~** || turbo generator || turbo-générateur m. p) **übererregter** ~ || over-excited alternator || alternateur m. surexcité. q) **Zweiphasen~** || two-phase alternator || alternateur m. biphasé. 7

Generator-armatur f. || generator fittings pl. || armature f. pour générateurs. a) **~gas** n. || generator *or* producer gas || gaz m. de gazéificateur *ou* de gazogènes. b) **~kohle** f. || coal for gas works || charbon m. de générateur. c) **~kreis** m. (Funkw) || generator circuit || circuit m. générateur. d) **~röhre** f. (Funkw) || generator tube || lampe f. génératrice. 8

genetisch || genetic || génétique. 9

Genever m. (Brenn) || Hollands pl., Dutch gin; geneva || genièvre m. fin. 10

genietet || rivetted || riveté. a) **warm** ~ || hot rivetted || rivé à chaud. b) **~er Rahmen** m. (Auto) || rivetted frame || châssis m. riveté. 11

Genossenschaft f. || (cooperative) association || association f. *ou* société f. coopérative; syndicat m.; coopérative f. a) eine ~ **aufheben** || to dissolve partnership || dissoudre une association coopérative. b) **Wald~** || forestry association || association f. de propriétaires forestiers. 12

Genossenschafts-bank f. || people's bank; cooperative bank || banque f. coopérative. a) **~wesen** n. || cooperative trading system || associations fpl.; syndicalisme m. 13

Genuakord m. || Genua cord || corde f. de Gênes. 14

Genußmittel n. || food; condiment || aliment m.; denrée f. alimentaire. a) **~fabrik** f. || work of provisions || fabrique f. de produits de denrées. 15

Genußschein m. || deferred share || action f. de jouissance. 16

genutetes Holz n. || grooved wood || bois m. rainé. 17

Geodäsie f. || geodesia; geodesy; geodetic survey *or* surveying || géodésie f. 18

Geodät m. || land-surveyor || géomètre m. 19

geodätisches Dreibeinstativ n. || surveying instrument tripod || trépied m. géodésique. a) ~ **Gefälle** n. || geodetic head || chute f. géodésique. b) ~ **Instrument** n. || surveying *ou* geodetical instrument || instrument m. géodésique *ou* de géodésie. c) ~ **Meßinstrument** n. || geodetic measuring instrument || instrument m. de mesure géodésique. 20

Geodynamik f. || geodynamics pl. || dynamique f. des corps solides. 21

geöffnet, Maschine f. im **~en Zustand** || machine open || machine f. à l'état ouvert. 22

Geognost m. || geognost || géognoste m. 23

geografische Breite f. des Beobachtungsortes (Astro) || latitude of the place of observation || latitude f. du lieu d'observation. 24

Geokronit m. || geocronite || géocronite f.; sulfure m. de plomb antimonifère et arsenifère. 25

geologisch-es Gutachten n. || geological report || expertise f. géologique. a) **~er Hammer** m. || geologist's hammer || marteau m. de géologue. b) **~e Hebung** f. || elevation || soulèvement m. c) **~e Karte** f. || geological map || carte f. géologique. d) **~e Landesaufnahme** f. || geological survey || levé m. géologique. e) **~e Orgel** f. || sand pipe || puits m. naturel; orgue f. géologique. f) **~es Profil** n. || geological section || profil m. géologique. g) **~e Untersuchung** f. || geological research *or* examination || recherche f. géologique. h) **~e Vorarbeiten** fpl. || preliminary geological examination || travaux mpl. géologiques préparatoires. 26

geölt, mit **~em Stiel** m. || with handle coated with oil || avec manche m. enduit de vernis. 27

Geometer m. || surveyor || géomètre m. 28

Geometrie f. || geometry || géométrie f. a) **analytische** ~ || analytic geometry || géométrie f. analytique. b) **analytische** ~ der **Ebene** || analytic geometry of two dimensions || géométrie f. analytique à deux dimensions. c) **analytische** ~ f. des **Raumes** || analytic geometry of three dimensions || géométrie f. analytique à trois dimensions. d) **darstellende** ~ || descriptive geometry || géométrie f. descriptive. e) **elementare** ~ || elementary geometry || géométrie f. élémentaire. f) **höhere** ~ || higher *or* sublime geometry || géométrie f. supérieure. g) **neuere** ~ || modern geometry || méthodes fpl. modernes de géométrie. h) ~ des **Raumes** || stereometry || géométrie f. à trois dimensions; stéréométrie f. 29

geometrisch || geometral; geometric; geometrical || géométrique. a) **~er Ort** m. || (geometrical) locus || lieu m. (géométrique). b) **~es Mittel** n. || geometrical means pl. || moyenne f. proportionnelle *ou* géométrique; moyen m. proportionnel. c) **~e Progression** f. || geometrical progression || progression f. géométrique. d) **~e Zeichnung** f. || geometrical drawing || dessin m. géométrique. 30

geordnet || adjusted || ajust. a) **gütlich** ~ || compromised || arrangé; transigé. 31

Georgia f., **kurze** || upland Georgian cotton || coton m. Géorgie courte soie. a) **lange** ~ || long-staple Georgia cotton || coton m. Géorgie longue soie. 32

Gepäck n. || luggage; baggage (A) || bagage m. a) ~ **aufgeben** || to book *or* to register the luggage || faire enregistrer les bagages mpl. b) **herrenloses** ~ || left luggage || bagage m. abandonné. c) **verschlepptes** ~ || missed luggage || bagage m. égaré. 33

Gepäck-abgabe f. || luggage-office || bureau m. des bagages. a) **~abfertigung** f. || dispatch of luggage || enregistrement m. des bagages. b) **~annahme** f. || luggage office || guichet m. *ou* dépôt m. des bagages. c) **~aufzug** m. || luggage lift || monte-bagage m. d) **~ausgabe** f. || luggage office || livraison f. des bagages. e) **~dreirad** n. || carrier tricycle || tricycle m. porteur. f) **~einschreibung** f. || booking of luggage || enregistrement m. des bagages. g) **~fracht** f. || luggage-freight || frais mpl. de transport des bagages. h) **~gutbeförderung** f. || parcels poterage || factage m. i) **~halle** f. || luggage-office || bureau m. des bagages. 34

Gepäckhalter m. || trunk rack; luggage carrier || porte-paquet m.; porte-bagages m. a) ~ am **Wagenende** || luggage grid at back || porte-bagages m. arrière. 35

Gepäck-karren m. || luggage-truck || cabrouet m. à bagages. a) **~motordreirad** n. || motortricycle for luggage || tricycle m. à moteur pour colis. b) **~netz** n. || net for luggage || filet m. à bagages. c) **~rad** n. || transport cycle || cyclette f. de transport. d) **~raster** m. || luggage carrier *or* grid || porte-bagages m. e) **~raum** m. (Eisenb) || luggage compartment || compartiment m. à bagages. f) **~raum** m. (Schiff) || luggage room || cale f. à bagages. g) **~revision f., zollamtliche** || customhouse luggage-examination || vérification f. des bagages à la douane. h) **~schein** m. || luggage ticket; baggage check (A) || bulletin m. de bagages. 36

Gepäckträger m. (Dienstmann) || porter || commissionnaire m.; porteur m. de bagages *ou* de paquets. a) ~ (Auto) || luggage grid *or* carrier || porte-bagage m. 37

Gepäck-verkehr m. || luggage-traffic || service m. des bagages. a) **~versiche-**

rung f. || luggage-insurance || assurance f. des bagages. **b) ~wagen** m. (Eisenb) || luggage wagon *or* van; baggage car || fourgon m.; wagon m. à bagages. 1
gepanzert || armour plated *or* cased; armoured; ironclad || cuirassé; blindé. **a) ~er Schlepper** m. || armoured tractor || tracteur m. blindé. **b) ~er Wagenaufbau** m. || armoured car body || caisse f. cuirassée du chariot. 2
gepastete Platte f. (Akk) || pasted plate || plaque f. empatée. 3
gepflasterter Deich m. || stone dike || digue f. maçonnée. 4
gepfundete Butter f. || roll butter || beurre m. en livre. 5
gepichtes Faß n. || pitched cask || baril m. poissé. 6
gepolstert || padded || rembourré. 7
gepreßt, grob (Aufber) || coarse; coarsely powdered; slightely crushed || légèrement bocardé. **a)** aus **einem Stück** n. mit Flansch ~ || pressed out from one piece with the flange || avec des brides fpl. embouti en une seule pièce. **b) ~es Metall** n. || extruded metal || métal m. propulsé. **c) ~e Schraube** f. || pressed screw || vis f. estampée. 8
geprüft, auf x Atmosphären fpl. || tested *or* tried for x atmospheres pl. || éprouvé *ou* essayé sur x atmosphères fpl. **a) genau** ~ || scrutinized || scruté; examiné. 9
gepulvert, grob (Chem) || coarsely powdered || grossièrement pulvérisé. 10
gepunktete Linie f. || dotted line || ligne f. pointillée. 11
gerade || right; straight; direct || droit; rectiligne; direct. **a)** ~ (Arithm) || even || pair. **b) ~ Achse** f. || straight axle || essieu m. droit. **c) ~ Pinzette** f. || straight forceps pl. || pince f. droite. **d) ~ Schere** f. || straight scissors pl. || ciseaux mpl. droits. 12
Gerade f. || straight *or* right line || ligne f. droite; droite f. **a) parallele ~n** fpl. || parallel lines pl. || parallèles fpl. 13
Geradebiegen n., Vorrichtung f. zum ~ des abgetrennten Schnitteils || device for straightening the cut-off piece || dispositif m. pour redresser la pièce coupée. 14
Geradeisen n. (Küf) || drawing- *or* planishing-knife || plane f. à lame droite. 15
Gerade-legen n. der **Drähte** (Fernm) || straightening of the wire || redressage m. du fil. **a) ~leger** m., **Bogen** (Druckw) || jogger || égaliseur m. de feuilles. 16
gerademachen || to dress; to straighten || dresser; redresser. 17
Gerademesser n. || draw-knife; plane || couteau m. à deux mains; plane f. droite. 18
geraderichten || to straighten; to dress || dresser. 19
Gerade-richten n. der **Schienen** || setting *or* straightening of rails || dressage m. *ou* dressement m. des rails. **a) ~schlagen** n. (Schmied) || straightening || redressage m. 20
Geradführung f. (Kreuzkopf) || slide-bar; (cross-head) guides pl. || glissière f. 21
Geradführungs-backe f. (Masch) || guide-blocks pl. || coulisseaux mpl.; patins mpl. **a) ~stange** f. || guide bar *or* rod || barre f. *ou* tige f. conductrice; barre f. directrice; règle f. *ou* tige f. des glissières. 22
Gerad-hängvorrichtung f. (Uhrm) || pitching tool || outil m. à planter. **a) ~leitung** f. eines **Flußbettes** || diversion of a river channel || rectification f. du lit d'un fleuve. 23
gerad-linig || straight (lined): rectilinear; right-lined || rectiligne; en ligne f. droite. **a) ~rohriger Wasserrohrkessel** m. || water-tube boiler with straight tubes || chaudière f. aquatubulaire à tubes droits. 24
Geradschliff m. (Sägezähne) || straight-cut || affûtage m. droit. **a) ~maschine** f. (Säge) || straight edge tooth sharpening machine || machine f. pour l'affûtage droit. 25
Geradseit-felge f. || straight-side rim || jante f. straight-side. **a) ~reifen** m. || straight-side tire || pneu m. à tringles. 26
geradsichtig-es Prisma n. || direct vision prism || prisme m. à vision directe. **a) ~er Prismensatz** m. || direct vision set of prisms || jeu m. de prismes à vision directe. 27
gerändelte Mutter f. || knurled *or* milled nut || écrou m. moleté. 28
Geraniumöl n. || geranium oil || essence f. de géranium. 29
Geranyl n., **essigsaures** || geranyl acetate || acétate m. de géranyle. 30
Gerät n. || instrument; apparatus; tool; implement || instrument m.; appareil m.; outil m. **a)** ~ für den **häuslichen** Gebrauch || utensil for the domestic use || ustensile m. propre à l'usage domestique. **b) landwirtschaftliches ~** || agricultural implement || instrument m. agricole. 31
Geräte-brett n. || instrument board || planche f. d'appareils de bord. **a) ~einzelstecker** m. (Elektr) || apparatus single plug || contact m. à une fiche pour appareils. **b) ~wagen** m. (Feuerwehr) || general tool and gear wagon || voiture f. d'agrès. 32
gerättert (Bergb) || separated; sifted || classé. 33
geräuchertes Fleisch n. || smooked meat || viande f. fumée. 34
gerauhte Ware f. || fleeced goods pl. || marchandise f. cardée. 35
geräumig || capacious; large; spacious; roomy || spacieux; grand; vaste. 36
Geräusch n. || noise || bruit m. **a) Abdämpfung** f. der ~e || suppression of the noise || amortissement m. du bruit. **b) klopfendes ~** (Motor) || knocking || bruit m. de cognement. 37
Geräuschfilm m. || effect film || film m. bruyant. 38
geräuschlos || quiet; noiseless || silencieux. **a) ~es Arbeiten** n. (Motor) || noiseless working || travail m. silencieux; marche f. silencieuse. **b) ~er Gang** m. (Auto) || noiseless running || allure f. *ou* marche f. silencieuse. **c) ~es Gleiten** n. || noiseless gliding || glissage m. silencieux. 39
Geräusch-messer m. || noise measurement set || appareil m. de mesure des bruits. **a) ~spannung** f. || noise voltage || tension f. perturbatrice. **b) ~spannungsmesser** m. || noise voltage tester || appareil m. de mesure de la tension perturbatrice. **c) ~unsymmetriemesser** m. || disturbing unbalance measuring set || appareil m. de mesure du déséquilibre de circuits. 40
geräuschvoll || noisy || bruyant. **a) ~er Gang** m. (Auto) || noisy running || allure f. *ou* marche f. bruyante. 41
gerautetes Glas n. || lozanged glass || verre m. losangé. 42
Gerbanlage f. || tanning plant || installation f. de tannerie. 43
Gerbebaum m. || wooden horse *or* beam || chevalet m. des tanneurs. 44
Gerbeisen n. || shaving knife; burnisher || écharnoir m.; drayoir m. 45
gerben || to curry; to dress hides pl. || corroyer. **a) rot ~** || to tan || tanner. 46
gerben, sämisch || to chamois || chamoiser. **a)** den **Stahl** m. ~ || to pile and weld the steel || corroyer (*ou* raffiner) l'acier m. **b) weiß ~** || to taw || mégisser. 47
Gerben n. (Fell) || tanning || tannage m. **a)** ~ (Stahl) || piling and welding || corroyage m. 48
Gerben n., **Rohstoffe** mpl. zum || materials pl. for tanning || matières fpl. premières pour le tannage. 49
Gerber m. || tanner || tanneur m. 50
Gerberei f. (Tätigkeit) || tanning || tannage m. **a)** ~ (Werkstatt) || tannery || tannerie f. 51
Gerberei-abfall m. || waste of tannery || déchet m. de tannerie. **a) ~beize** f. || tanner's mordant || mordant m. pour tanneries. **b) ~maschine** f. || tannery *or* tanning machine || machine f. de tannerie. 52
Gerber-fett n. || degras || dégras m. **a) ~lohe** f. || oak bark; tan || tan m. **b) ~lohe** f., **ausgelaugte** || lixiviated tan || tan m. lessivé. **c) ~messer** n. || currier's knife || couteau m. de corroyeur. **d) ~werkzeuge** npl. || tanner's tools pl. || outils mpl. du tannage. **e) ~wolle** f. (Web) || glover's *or* skinner wool || avalies fpl.; écouailles fpl. 53
Gerb-extrakt m., **Chrom** || chromium tanning extract || extrait m. de chrome tannant. **a) ~faß** n. || tanning vat || tonneau m. de tannage. **b) ~holz** n., Raspelmaschine f. für Gerbhölzer || rasping machine for tanning wood || machine f. à râper pour bois tannants. **c) ~rinde** f. || tanning bark || écorce f. à tan. **d) ~säure** f. || tannine; tannic acid || tanin m.; tannin m.; acide m. tannique. 54
gerbsaures Albumin n. || albumen tannate || tannate m. d'albumine. 55
Gerbstahl m. || wrought steel || acier m. corroyé. 56
Gerbstoff m. (Mittel zum Gerben) || tanning material || matériel m. tannant. **a)** ~ (Tannin) || tannine; tannic acid || tannin m; acide m. tannique. **b) ~auszug** m. || tannin extract || extrait m. tannique. **c) ~erzeugungseinrichtung** f. || tannin producing device || installation f. pour la production des matières tannantes. **d) ~extrakt** m. || tanning extract || extrait m. tannique. **e) ~herstellungsmaschine** f. || tanning extract machinery || machine f. pour la fabrication d'extraits tannants. 57
Gerbung f. || tanning || tannage m. **a) Chrom~** || chrome tanning || tannage m. au chrome. **b) elektrische ~** || electric tanning || tannage m. à l'électricité. **c) Schnell~** || rapid tanning || tannage m. rapide. 58
Gerechtsame f. || right; title || droit m.; franchise f.; legitimité f. 59
gereinigt, elektrochemisch || electro-chemically cleaned || nettoyé électro-chimiquement. 60
Gergel m. (Küf) || chimb; chime || jable m; échantignole f. **a) ~messer** n. || crozer; notcher || jabloire f. 61

gergeln, ein **Faß** n. ‖ to notch *or* to groove a cask; to make the chimbs of a cask ‖ jabler un tonneau. 1

Gericht n. ‖ court (of justice); bench ‖ tribunal m.; cour f. (de justice); juridiction f. 2

gerichtet-e Antenne f. (Funkw) ‖ directive antenne; directional aerial ‖ antenne f. directrice; aérien m. à ondes dirigées. **a)** ~**e drahtlose Telegrafie** f. ‖ directional wireless ‖ radiotélégraphie f. dirigée. 3

gerichtlich ‖ judicial; judiciary ‖ judiciaire; juridique. 4

Gerichts-beschluß m. ‖ decision *or* sentence *or* decree of the court ‖ décision f. du tribunal. **a)** ~**chemie** f. ‖ forensic chemistry ‖ chimie f. légale. **b)** ~**chemiker** m. ‖ chemist to the law courts ‖ chimiste m. consultant des tribuneaux. **c)** ~**ferien** pl. ‖ recess; vacation ‖ vacations fpl. **d)** ~**hof** m., **Oberster** ‖ Supreme Court ‖ Cour m. Suprême. **e)** ~**kosten** pl. ‖ legal charges pl.; law costs pl. ‖ frais mpl. judiciaires *ou* de justice. **f)** ~**ort** m. ‖ venue ‖ tribunal m. compétent. 5

Gerichtsstand m. ‖ domicile ‖ tribunal m. compétent. **a) Erfüllungsort** m. für Lieferung und Zahlung sowie ~ ist N. N. ‖ place for delivery, payment and for legal questions is N. N. ‖ lieu m. pour livraison, payement et tribunal compétent est N. N. 6

Gerichts-termin m. ‖ day on which a case is to be tried ‖ ajournement m.; assignation f. **a)** ~**verfahren** n. ‖ legal proceedings pl. ‖ procédure f. **b)** ~**verhandlung** f. ‖ legal proceedings pl. ‖ débats mpl. **c)** ~**vollzieher** m. ‖ bailiff ‖ huissier m. 7

gerieft ‖ serrated; corrugated ‖ cannelé. **a)** ~**es Pedalgummi** n. ‖ fluted pedal rubber ‖ caoutchouc m. cannelé pour pédales. **b)** ~ **Pinzette** f. ‖ forceps pl. with serrated points ‖ pince f. striée. **c)** ~**er Rand** m. ‖ milled edge ‖ bord m. moleté. 8

geriffelt ‖ corrugated; ribbed; chamfered; fluted; grooved ‖ ridé; cannelé. **a)** ~**es Pedal** n. ‖ rat trap pedal ‖ pédale f. à scie. **b)** ~**e Walze** f. ‖ fluted roll ‖ cylindre m. cannelé. 9

gerillt ‖ grooved ‖ strié. 10

geringfügiger Fehler m. ‖ small error ‖ erreur f. peu importante. 11

geringhaltig (Chem) ‖ low-grade ‖ à faible teneur f. **a) zu** ~ (Münzw) ‖ below the standard ‖ échars. 12

geringwertig ‖ imperfect ‖ insuffisant. **a)** jüngere ~**e Braunkohle** f. ‖ poor lignite of recent growth ‖ lignite m. de formation récente et de peu valeur. 13

gerinnbares Eiweiß n. ‖ coagulable albumine ‖ albumine m. coagulable. 14

Gerinne n. (Bauw) ‖ drain ‖ drain m.; égout m.; rigole f. **a)** ~ (Gieß) ‖ gutter; chute ‖ canal m. de coulage; écheneau m; chénau m. **b)** ~ (Wasserb) ‖ channel ‖ rigole f.; auge f. **c) gekrümmtes** ~ ‖ circular channel ‖ coursier m. *ou* coursière f. circulaire. **d) gerades** ~ (Wasserb) ‖ straight channel ‖ auge f. droite; coursière f. droite. **e) kreisförmiges** ~ ‖ circular channel ‖ coursier m. circulaire. **f)** ~ einer **Schleuse** ‖ paddle-hole; clough-arch ‖ conduit m. d'une écluse. 15

gerinnen ‖ to coagulate; to congeal ‖ se coaguler; se prendre; se cailler; se figer. **a)** ~ **lassen** (Chem) ‖ to coagulate; to curdle ‖ cailler; coaguler. 16

Gerinnen n. ‖ coagulation ‖ coagulation f. 17

Gerinnhaue f. (Bergw) ‖ pick-axe ‖ hoyau m. à canaux. 18

Gerinnsel n. (Chem) ‖ coagulum; curds pl. ‖ coagulum m. 19

Gerinnstücke npl. (Gieß) ‖ drain-metal ‖ échenaux mpl.; résidu m. de métal. 20

Gerinnung f. (Chem) ‖ coagulation ‖ coagulation f. 21

Gerippe n. (Bauw) ‖ profile ‖ profil m. **a)** ~ von Eisen ‖ iron framing ‖ charpente f. *ou* pan m. en fer. **b)** ~ eines **Gebäudes** ‖ frame-work *or* skeleton of a building ‖ carcasse f.; squelette m. d'un bâtiment. **c)** ~ der **Karosserie** (Auto) ‖ frame work of body ‖ squelette f. de caisse. **d) Leitwerk**~ ‖ frame work of tail ‖ ossature f. de l'empennage. **e) Rumpf**~ ‖ fuselage frame work ‖ carcasse f. du fuselage. **f)** ~ eines **Schiffes** ‖ framing of a vessel ‖ membrure f. d'un navire. **g) Tragflügel**~ ‖ wing structure ‖ ossature f. de l'aile. 22

gerippt ‖ ribbed; fluted; corrugated ‖ cannelé; ridé; nervuré; gouffré. **a) quer**~ ‖ transversally ribbed ‖ à nervures fpl. transversales. **b)** ~**er Federstahl** m. ‖ ribbed spring steel ‖ acier m. à ressorts cannelé. **c)** ~**es Glas** n. ‖ ribbed glass ‖ verre m. rayé. **d)** ~**er Strumpf** m. ‖ ribbed stocking ‖ bas m. à côtes. 23

gerissen ‖ chapped; flawed; sprung; cleft (wall); cracked (metal or glass); chinked (wood) ‖ lézardé. 24

Germ m. ‖ yeast ‖ levure f. 25

Geröll n. ‖ boulder *or* rubble stones pl.; pebble; pebble stone; rubbish; rubble ‖ cailloux mpl. roulés; galet m. **a)** ~**masse** f. ‖ detritus ‖ éboulis m. 26

geröstetes Erz n. ‖ roasted ore ‖ minerai m. grillé. 27

Gerste f. ‖ barley ‖ orge f. **a) Abschöpf**~ ‖ empty ears pl. ‖ orge f. légère; écume f.; petite orge f.; orgette f. **b) Annat**~ ‖ Annat barley ‖ orge f. d'Annat. **c) Aussaat**~ ‖ seed *or* sowing barley ‖ orge f. de semence. **d) Brau**~ ‖ brewing barley ‖ orge f. de brasserie. **e) Chevalier**~ ‖ Chevalier barley ‖ orge f. Chevalier. **f) Fächer**~ ‖ battledore barley ‖ orge f. en éventail. **g) Futter**~ ‖ feeding *or* fodder barley ‖ orge f. fourragère. **h) geweichte** ~ ‖ steeped barley ‖ orge f. trempée. **i) Imperial**~ ‖ imperial barley ‖ orge f. impériale. **k) Saat**~ ‖ seed *or* sowing barley ‖ orge f. de semence. **l) sechsreihige** ~ ‖ six-rowed barley ‖ orge f. à six rangs. **m) sechszeilige** ~ *s.* sechsreihige ~. **n) Sommer**~ ‖ summer barley ‖ baillarge f.; marsèche f.; orge f. d'été; pa(u)melle f. **o) vierzeilige** ~ ‖ four-rowed barley ‖ orge f. à quatre rangs. **p) Winter**~ ‖ winter barley ‖ escourgeon m.; orge f. d'hiver. **q) zweizeilige** ~ ‖ two-rowed barley ‖ orge f. à deux rangs. 28

Gersten-boden m. ‖ barley loft ‖ grenier m. à l'orge. **a)** ~**darre** f. ‖ sweating kiln ‖ touraille f. à sécher l'orge. **b)** ~**fett** n. ‖ barley fat ‖ graisse f. d'orge. **c)** ~**korn** n. ‖ barley corn ‖ grain m. d'orge. **d)** ~**malz** n. ‖ barley malt ‖ malt m. d'orge. **e)** ~- und **Malzputzerei** f. ‖ barley and malt dressing plant ‖ fabrique f. pour nettoyer l'orge et le malt. **f)** ~**mehl** n. ‖ barley meal ‖ farine f. d'orge. **g)** ~**prüfer** m. ‖ barley tester; section cutter for barley examination ‖ farinatome m.; coupe-grains m. pour l'orge. **h)** ~**putzerei** f. ‖ barley cleaning plant ‖ installation f. de nettoyage de l'orge. **i)** ~**putzmaschine** f. ‖ barley cleaner *or* cleaning machine ‖ machine f. à nettoyer l'orge. **k)** ~**putz**- und **Sortiermaschine** f. ‖ barley cleaner and separator ‖ machine f. à nettoyer et à trier l'orge; trieur-diviseur m. et nettoyeur m. d'orge. **l)** ~**quellstock** m. ‖ barley steeping tank *or* steep ‖ cuve f. mouilloire *ou* à tremper pour l'orge. **m)** ~**reinigungsmaschine** f. ‖ barley cleaner *or* cleaning machine ‖ machine f. à nettoyer l'orge. **n)** ~**reinigungs-, Sortier-** und **Halbkörnerauslesemaschine** f. ‖ barley cleaning and sorting machine with broken grains separator ‖ machine f. à nettoyer et à trier l'orge et à séparer les demi-grains. **o)** ~**samenöl** n. ‖ barley seed oil ‖ huile f. d'orge. **p)** ~**schrot** n. ‖ bruised barley ‖ mouture f. d'orge. **q)** ~**sortiermaschine** f. ‖ barley separator ‖ trieur m. d'orge. **r)** ~**spelze** f. ‖ barley chaff *or* husk *or* shell ‖ balle f. d'orge. **s)** ~**stärke** f. ‖ barley starch ‖ amidon m. d'orge. **t)** ~**steuer** f. ‖ duty on barley ‖ impôt m. sur l'orge. **u)** ~**stroh** n. ‖ barley straw ‖ paille f. d'orge. **v)** ~**untersuchung** f. ‖ barley examination ‖ analyse f. d'orge. **w)** ~**wäscherei** f. ‖ barley washing plant ‖ installation f. de lavage de l'orge. **x)** ~**waschmaschine** f. ‖ barley washing machine ‖ machine f. à laver l'orge. **y)** ~**weiche** f. ‖ barley soaking trough; barley steeping tank; barley steep ‖ cuve f. mouilloire *ou* à tremper pour l'orge; auge f. de trempage pour l'orge. **z)** ~**weichstock** m. *s.* ~weiche. 29

Geruch m. ‖ smell; odour; scent ‖ odeur f. **a) unangenehmer** ~ ‖ unpleasant odour ‖ odeur f. désagréable. 30

geruchlos ‖ inodorous ‖ inodore. **a)** ~ **machen** ‖ to deodorize ‖ désodoriser. 31

Geruchlosmachen n. ‖ deodorization ‖ désodorisation f. 32

Geruchstoff m., **Abdestillieren** n. der ~**e** ‖ distilling-off the smelling substances ‖ distiller les matières odorantes. **a) Entfernung** f. von ~**en** ‖ removal of the smelling substance ‖ élimination f. des matières odorantes. 33

Geruchverschluß m. ‖ interceptor ‖ siphon m. inodore. 34

Gerüst n. (Bauw) ‖ scaffold ‖ échafaud m. **a)** ~ (Techn) ‖ framing; jack; trestle; truss ‖ chevalet m.; tréteau m. **b) Abteuf**~ ‖ sinking trestle ‖ échafaudage m. pour creusements. **c) Bespannungs**~ ‖ frame-work for covering ‖ asseture f. pour le revêtement. **d) fahrbares** ~ ‖ travelling frame ‖ charpente f. sur roues. **e) fliegendes** ~ (Zimm) ‖ flying scaffold; hanging-stage ‖ échafaud m. *ou* pont m. volant. **f) Förder**~ (Bergb) ‖ pit head frame ‖ charpente f. du puits. **g) Förder**~ (Met) ‖ elevator frame ‖ charpente f. de monte-charge. **h) Heberad**~ (Aufbereitung) ‖ frame for scoap wheel ‖ charpente f. métallique pour roue élévatrice. 35

Gerüst-balken m. ‖ scaffold beam ‖ poutre f. d'échafaudage. **a)** ~**bauer** m. (Schiffb) ‖ scaffolder; stage builder ‖ échafaudeur m. **b) eiserne** ~**bauten** mpl.

für **Transportanlagen** || structural steelwork for conveying plants || charpentes fpl. métalliques pour installations de transport. **c)** **~bauunternehmen** n. || scaffolding enterprise || entreprise f. d'échafaudages. **d)** **~halter** m. || lashing; device for carrying centering || lien m. d'échafaudage. **e)** **~rippe** f. || rib of a centering || ferme f. de cintre. **f)** **hintere** **~säule** f. || rabbit stand || colonne f. de rabat. **g)** **~stange** f. || putlog; scaffolding pole; imp; stilt || boulin m.; échasse f. *ou* perche f. d échafaud. 1

gesägt || sawn || scié. **a)** **~e Faßdaube** f. || sawn stave || douve f. sciée. **b)** **~es Holz** n. || sawed wood || bois m. scié. 2

gesalzen || salted || salé. **a)** zur **Haltbarmachung** f. während der Beförderung **~** || salted for preservation during conveyance || salé pour assurer la conservation pendant le transport. **b)** **~e Butter** f. || salt butter || beurre m. salé. 3

Gesamt-absatz m. || total sale || total m. de vente. **a)** **~anlageplan** m. || general plan || plan m. d'ensemble. **b)** **~anordnung** f. || whole arrangement || disposition f. d'ensemble. **c)** **~anschluß** m. (Elektr) || total connections || nombre m. global d'abonnés. **d)** **~ansicht** f. || general view || vue f. d'ensemble. **e)** **~auftrieb** m. (Luftf) || total lift || poussée f. totale. **f)** **~ausfuhr** f. || total exports pl. || total m. de l'exportation. **g)** **~belastung** f. || total load || charge f. totale. **h)** **~belegschaft** f. || total of employés || ensemble m. du personnel ouvrier. **i)** **~betrag** m. || total amount; (sum) total || montant m. total; somme f. totale. **k)** **~breite** f. || total width || largeur f. totale. **l)** **~dämpfung** f. (Fernm) || total attenuation || affaiblissement m. total. **m)** **~einnahme** f. || total receipts pl. || recette f. totale *ou* brute. **n)** **~ertrag** m. || entire proceeds pl. || produit m. *ou* revenu m. total. **o)** **~flügelfläche** (Windmüll) || total vane surface || surface f. totale des palettes. **p)** **~gewicht** n. || total weight || poids. m total. **q)** **~gewicht** n. einer zollpflichtigen **Ware** || total weight of a dutiable ware || poids m. total d'une marchandise soumise aux droits. **r)** **~härte** f. || total hardness || dûreté f. totale. 4

Gesamtheit f. || generality || ensemble m. 5

Gesamt-heizfläche f. || total heating surface || surface f. de chauffe totale. **a)** **~helligkeit** f. || total intensity || clarté f. générale. **b)** **~kohlenverbrauch** m. || total coal consumption || consommation f. totale de charbon. **c)** **~länge** f. || overall length || longueur f. totale. **d)** **~leistung** f. || whole effect.; total output || effet m. total; débit m. total. **e)** **~oberfläche** f. || total area || surface f. totale. **f)** **~prokura** f. || joint procuration || procuration f. collective. **g)** **~rückstand** m. || total residue || résidu m. total. **h)** **~stromabgabe** f. || total delivery of current || vente f. de courant totale. **i)** **~verbindlichkeit** f. (bei Verträgen) || joint responsibility || responsabilité f. solidaire. **k)** **~vergrößerung** f. (Opt) || total magnification || grossissement m. total. **l)** **~verstärkung** f. (Fernm) || total amplification || amplification f. totale. **m)** **~wärme** f. || total heat || chaleur f. totale. **n)** **~widerstand** m. || total resistance || résistance f. totale. **o)** **~wirkungsgrad** m. || total efficiency || rendement m. total. **p)** **~zahl** f. || total number || nombre m. total. 6

gesättigt || saturated || saturé. **a)** **~er Dampf** m. || saturated steam || vapeur f. saturée. **b)** **~es Gemisch** n. (Gasmotor) || saturated mixture || mélange m. saturé. **c)** **~e Luft** f. || saturated air || air m. saturé. 7

Geschäft n. (Handel) || commerce || commerce m. **a)** **~** (Handelshaus) || commercial house; commercial firm || maison f. de commerce; établissement m. **b)** **~** (kaufm. Vorgang) || business; transaction || affaire f.; opération f. commerciale. **c)** **~** (Laden) || shop || magasin m. **d)** das **~ aufgeben** || to retire from business || cesser le commerce. **e)** **kein ~** || no business || aucune affaire f.; pas d'affaire f. **f)** ein **vereinbartes ~** || a business agreed upon || une affaire f. arrangée. **g)** **wichtiges ~** || important business || affaire f. considérable. 8

geschäftlich || relating to business; commercial || d'affaires fpl.; pour affaires fpl.; commercial. 9

Geschäfts-abschluß m. || transaction; purchase || bilan m.; conclusion f. **a)** **~angelegenheit** f. || business matter || affaire f. commerciale. **b)** **~anschluß** m. (Fernm) || business station || poste m. d'abonné dans un bureau. **c)** **~anteil** m. || share in a business || part m. sociale. **d)** **~anweisung** f. || instructions pl. || instructions fpl. **e)** **~arttaste** f. || key denoting kind of transaction || touche f. du genre de l'opération. **f)** **~aufgabe** f. || giving-up business; retirement from business || cessation f. d'un commerce. **g)** **~auto** n. || delivery *or* commercial car || automobile m. de livraison. **h)** **~aussichten** fpl. || business prospects pl. || conjoncture f.; possibilités fpl. *ou* attentes fpl. d'affaires. **i)** **~bericht** m. || trade *or* annual *or* business report || compte m. rendu; rapport m. de gestion. **k)** **~betrieb** m. || management of a business || exploitation f. **l)** **~beziehung** f. || business connexion || relation f. commerciale *ou* d'affaires. **m)** **~brief** m. || business letter || lettre f. de commerce *ou* d'affaires. **n)** **~buch** n. || commercial *or* account book || livre m. commercial *ou* de compte; registre m. **o)** **~bücherfabrik** f. || commercial-book *or* account-book factory || fabrique f. de registres *ou* de livres commerciaux *ou* de livres de comptabilité. **p)** **~drang** m. || pressure of business || presse f. des affaires. **q)** **~einrichtung** f. || shop room fitting; business equipment || installation f. de magasins *ou* pour maison de commerce. **r)** **~eröffnung** f. || opening of a business || ouverture f. d'une maison. **s)** **~freund** m. || business connexion; correspondent || correspondant m. **t)** **~führer** m. || superintendent; managing director; manager; works manager; head clerk || gérant m. **u)** **~führung** f. || management of a business || gestion f.; direction f. **v)** **~gang** m. || working; course of business; routine || marche f. des affaires; opération f. commerciale. **w)** **~gründung** f. || foundation of a firm || fondation f. d'une maison. **x)** **~haus** n. || business house; commercial firm || maison f. de commerce. **y)** **~jahr** n. || business *or* fiscal year || année f. commerciale; exercice m. **z)** **~kenntnis** f. || know-ledge of business || connaissance f. des affaires. 10

Geschäftskreis m. || scope *or* line of business || sphère f. d'activité. 11

geschäftskundig || experienced; able; smart || versé dans les affaires. 12

Geschäfts-lage f. || state of the market || situation f. des affaires. **a)** **~leiter** m. || manager of a firm; head clerk || gérant m.; directeur m. **b)** **~leitung** f. || works management || direction f. 13

geschäfts-los (Börse) || lifeless; stagnant; mactive || lourd. **a)** **~mäßig** || business-like || selon l'usage. 14

Geschäfts-papier n. || commercial paper || papier m. d'affaire. **a)** **~personal** n. || staff || personnel m. **b)** **~stille** f. || dullness *or* stagnation of business || morte-saison f.; calme m. **c)** **~stockung** f. *s.* ~stille f. **d)** **~stunde** f. || business *or* office hour || heure f. de bureau. **e)** **~teilhaber** m. || partner || associé m. **f)** **~träger** m. || representative; agent || chargé m. d'affaires *ou* d'un état. **g)** **~übertragung** f. || transfer of a business || cession f. d'un commerce. **h)** **~unkosten** pl. || trade expenses pl. || frais mpl. de commerce. **i)** **~unternehmung** f. || commercial enterprise || entreprise f. commerciale. 15

Geschäftsverbindung f. || business relations pl. || relation f. d'affaires. **a)** **regelmäßige ~** || regular business connection || relations fpl. suivies avec une maison. **b)** **in ~ f. treten** || to enter into business relations pl. || entrer en relations fpl. commerciales. 16

Geschäfts-verhältnis n., Erkundigungen fpl. über ~se || reports pl. on firms || demandes fpl. de renseignements. **a)** **~verkehr** m. || business dealings pl. || relations fpl. commerciales. **b)** **~wagen** m. || commercial car; office carriage || voiture f. de magasin. **c)** **~welt** f. || commercial world || monde m. commercial. **d)** **~zweig** m. || branch *or* department of business || branche f. de commerce; spécialité f. 17

geschältes Holz n. || disbarked wood || bois m. écorcé. 18

geschaltet, über einen **Widerstand** m. || connected across a resistance || branché sur la résistance. 19

geschätzt, Ihr ~es Schreiben n. || your esteemed *or* valour || votre (lettre) estimée. 20

gescheitert (Seew) || wrecked || brisé. 21

Geschenkartikel m. || present || article m. cadeau. 22

geschichtet || stacked || foisonné. **a)** **~** (Geol) || stratified || stratifié. **b)** **aus Platten** fpl. **~** || laminated || feuilleté. **c)** **~es Gestein** n. || stratified *or* bedded rock || roche f. stratifiée. 23

Geschicklichkeit f. || skill || aptitude f. 24

geschickte Ausnutzung f. || clever utilization || utilisation f. habile. 25

Geschiebe n. (Geol) || boulder *or* rubble stones pl.; pebble; pebble-stone; rubbish; rubble || cailloux mpl. roulés; galet m. **a)** **~blöcke** mpl. (Geol) || erratic blocks pl.; boulders pl. || moraine f. **b)** **~führung** f. || movement of boulders || transport m. de débris mineraux. 26

Geschirr n. (Brau) || package || futaille f. **a)** **~** (Gefäß) || vessel || vase m.; vaisseau m. **b)** **~** (Sattl) || harness || harnais m. **c)** **~** (Web) || mounting; harness || équipage m.; harnais m.; lisses fpl.; remisse m. **d)** **durchbrochenes ~** (Porzellan) || perforated dish || batterie f. de cuisine perforée. **e) emailliertes ~** || enamelled utensils pl. || batteries fpl. de cuisine émaillées. **f) galvanisch versilbertes ~** || electro silver plate || vaisselle f. argentée par voie galvanique. **g) Gär~** || fermenter; fermenting vessel || vaisseau m. servant à la fermentation. **h) Gebrauchs~** || domestic vessels pl.; vessels pl. for use; utility crockery || vaisselle f. de ménage *ou* d'usage. **i) Gußeisen~** || cast iron ware || poterie f. en fonte. **k) irdenes ~** || earthenware || poterie f. (commune). **l) Kaffee~** || coffee set || service m. à café. **m) Küchen~** || pots pl. and pans pl.; crockery || batterie f. de cuisine. **n) ~ eines Mastes** (Seew) || tackle || agrès mpl.; apparaux mpl.; armement m. **o) Tee~** || tea set || service m. à thé. **p) Tisch~** || table requisites pl.; table crockery || vaisselle f. **q) Wirtschafts~** || crockery || vaisselle f. pour le ménage. 1

Geschirr-aufwaschtisch m. || dish washing table || table f. à laver la vaisselle. **a) ~beschläger** m. (Wagenb) || fittings smith || ferreur m. d'accessoires. **b) ~einzug** m. (Web) || draft; pass || passage m. **c) ~kammer** f. (Fuhrw) || harness *or* saddle room || sellerie f. **d) ~leder** n. (Sattl) || harness leather || cuir m. pour harnachement *ou* de harnais. **e) ~macher** m. (Küche) || kitchen utensil maker || ouvrier m. de casserie. **f) ~macher** m. (Sattl) || harness maker || harnacheur m. **g) ~spülmaschine** f. || crockery washing machine || machine f. à rincer la vaisselle. **h) ~waschmaschine** f. || crockery washing machine || machine f. à laver la vaisselle. **i) ~ziehpresse** f. || bottom slide drawing press || presse f. à emboutir à table mobile. 2

geschlagen, unter dem **Fallwerk** n. || bent under tup || essayé au mouton. **a) ~es Holz** n. || felled timber || bois m. abattu. 3

geschliffen (Glas; Diamant) || ground || taillé. **a) ~** (Werkzeug) || ground; sharpset || affûté; aiguisé. **b)** die **Oberfläche** wurde auf das sorgfältigste ~ || the surface was ground down with the utmost accuracy || la surface fut passée à la meule avec la précision la plus minutieuse. 4

geschliffen-er Edelstein m. || cut precious stone || pierre f. précieuse taillée. **a) ~es Glas** n. || cut glass || cristal m. taillé. **b) ~e Glasfläche** f. || ground lens surface || face f. de verre taillée. 5

geschlissen (Tauwerk) || magged || usé. 6

geschlitzt || slotted; apertured || fendu. 7

geschlossen (Chem. Gefäß) || sealed || scellé. **a) ~** (Hahn) || „off" || fermé. **b) ~er Aufbau** m. || selfcontained construction || construction f. serrée. **c) ~es Gärgefäß** n. || closed fermenting vessel || vaisseau m. clos pour fermentation. **d) Maschine f. in ~em Zustand** || machine closed || machine f. étant fermée. **e) ~er Waldbestand** m. || fully stocked wood || partie f. de bois en massif. 8

Geschmack m. || taste || goût m. 9

geschmacklos || insipid; tasteless || sans goût; insipide. 10

Geschmeide n. || jewellery || joaillerie f. fine. 11

geschmeidig (Met) || ductile; malleable || ductile; malléable. 12

Geschmeidigkeit f. || ductibility || ductibilité f. 13

geschmiedet, durch- || forged through || forgé jusqu'au cœur. **a)** aus **Martinstahl** m. in einem Stück ~ || forged of open-hearth steel in one piece || forgé d'une seule pièce en acier Martin. **b) massiv** in einem Stück ~ || forged solidly out of one piece || forgé massive d'une seule pièce. **c) roh ~** || rough forged || brut de forge. **d)** von **Hand ~** || hand forged || forgé à la main. **e)** die **Stücke** npl. sind teilweise von Hand ~ || the pieces are partly hand-forged || une partie des pièces était forgée à la main. **f) ~e Walze** f. || forged roll || cylindre m. de laminoir forgé. 14

geschmolzen || fused; molten; smelted || fondu. 15

geschnitten, aus dem vollen **Stahl** || cut from the solid steel || taillé de l'acier massif. **a) ~e Ware** f. (Textil) || cut goods pl. || marchandise f. coupée. **b) ~er Zahn** m. || cut tooth || dent f. taillée. 16

geschnitztes Holz n. || carved wood || bois m. sculpté. 17

Geschoß n. (Bauw) || story; floor || étage m. **a) ~** (Waffenw) || projectile; shot || projectile m. **b) Erd~** || ground floor || rez-de-chaussée m. **c) Explosiv~** || bursting projectile || projectile m. éclatant. **d) ~ mit falscher Bogenspitze** || false ogive type of shell || projectile m. à fausse ogive. **e) ~ mit farbiger Rauchwolke** || projectile with coloured cloud of smoke || projectile m. à nuage d'éclatement coloré. **f) flachköpfiges ~** || flat-headed shot || projectile m. cylindrique *ou* de rupture. **g) Gas~** || gas projectile || projectile m. à gaz. **h) gezogenes ~** || rifled projectile || obus m. rayé. **i) Hartguß~** || chilled shot || projectile m. en fonte dure. **k) Hohl~** || hollow shot *or* projectile || projectile m. creux. **l) Lang~** || oblong shot; elongated projectile; long shell || projectile m. allongé. **m) Ober~** || upper story || étage m. supérieur. **n) Panzer~** || armour piercing shell || projectile m. de rupture; projectile m. perforant. **o) Rauchspur~** || tracer bullet || projectile m. traceur. **p) Riefelung** f. des **~es** || rifling of projectile || rayage m. de projectile. **q) Stromlinien~** || boat-tail bullet; shell with tapered end || balle f. fuselée; obus m. à culot rétreint. **r) ~ mit verjüngtem** Bodenteil *s.* Stromlinien~. **s) vollständiges ~** || complete round of ammunition || projectile m. complet. **t) ~ mit Zwangsführung** (Waffenw) || projectile with guide rings || projectile m. forcé. 18

Geschoß-aufschlag m. || projectile graze *or* impact || point m. de chute d'un projectile. **a) ~boden** m. || projectile bottom; bottom of a shell || culot m. du projectile. **b) ~davit** m. || shell davit || grue f. monte-projectiles. **c) ~fang** m. || butt || butte f. de tir. **d) ~feldereinschnitt** m. || marking || empreinte f. **e) ~füllung** f. || projectile charge || charge f. pour projectiles. **f) ~heber** m. || shell-hook; handle for removing shells || tire-obus m.; crochet m. à poignée. **g) ~kammer** f. || shot chambre || chambre f. de projectiles. **h) ~kern** m. || core for casting shells || noyau m. pour la fonte des obus. **i) ~kopf** m. || head *or* top of the projectile || tête f. du projectile. **k) ~körper** m. || body of the projectile || corps m. du projectile. **l) ~mantel** m. || coating of a projectile || chemise f. du projectile. **m) ~raum** m. *s.* ~kammer. **n) ~teil** m. || part of projectile || partie f. d'un projectile. **o) ~trage** f. || shell-barrow; shot-bearer || civière f. porte-projectile. **p) ~verkeilung** f. || jamming of the projectile in the bore || obstruction f. de l'âme par le projectile. **q) ~zündung** f. || priming of a shell || amorce f. du projectile. 19

geschränkt || crossed || croisé. 20

geschuppt || ragged || barbu; grillé. 21

Geschur n. (Met) || dross; residuum || scorie f. 22

Geschütz n. || cannon; gun || pièce f. d'artillerie; canon m. **a) abgeprotztes ~** || unlimbered gun || pièce f. en batterie. **b)** ein **~** n. **laden** || to load a gun || charger un canon. **c) magnetelektrisches ~** || magneto-electric gun || canon m. électro-magnétique. **d) Kampfwagenabwehr~** || antitank gun || canon m. antichar. **e) Luftabwehr~** || anti-aircraft gun. || canon m. contre-avion. **f) ~ auf Rahmenlafette** || gun on slide-carriage || pièce f. sur affût à châssis. **g) ~ auf Radlafette** || truck-gun || pièce f. sur affût marin. **h) Turbinen~** || turbo gun; turbo cannon || turbo-canon m. 23

Geschütz-bronze f. || gun metal || bronze m. *ou* métal m. à canons. **a) ~fabrikant** m. || ordnance manufacturer || constructeur m. d'artillerie. **b) ~komitee** n. || ordnance committee || comité m. de l'ordenance. **c) ~metall** n. || gun-metal || bronze m. à canons; métal m. de canons. **d) ~rohr** n. || gun barrel || canon m.; bouche f. à feu. **e) ~seele** f. || bore of gun || âme f. d'une bouche à feu. 24

geschützt (Masch) || protected || protégé; bloqué. **a) gesetzlich ~** || protected by law || protégé par la loi. **b)** gesetzlich **~er Name** m. || copyrighted *or* registered name || nom m. déposé. **c) vor Staub** m. **~** || protected from dust || imperméable à la poussière. **d) ~er Kreuzer** m. || protected cruiser || croiseur m. protégé. 25

Geschütz-turm- m. || gun turret || tourelle f. des canons. **a) ~wagen** m. || gun truck || truck m. au transport des canons. 26

Geschwader n. (Seew) || squadron || escadre m. **a) ~flug** m. || formation flying || vol m. en formation *ou* d'escadre. 27

geschwärztes Öl n. || blackened oil || huile f. noircie. 28

geschwefelt (Chem) || sulphur containing; sulphuretted || sulfuré. 29

geschweift || curved || relevé. **a) ~e Form** f. || curved form || forme f. ondulée. **b) ~e Stufe** f. || curved step || marche f. courbe. 30

geschweißt || brazed; weld(ed) || brasé; soudé. **a) doppelt ~** || double welded || à soudure f. double. **b) ~e Eiszelle** f. || welded ice can || mouleau m. soudé à glace. **c) ~es Rohr** n. || welded tube || tuyau m. soudé. 31

geschwelkt || air-dried; withered || fané. 32

Geschwindigkeit f. || velocity; speed || vitesse f. **a) Arbeits~** || working velocity || vitesse f. de travail. **b) dritte ~** || third speed || troisième vitesse f. **c) Drucküberträgungs~** || speed of pressure transmission || vitesse f. de transmission de la poussée. **d) Durchfluß~** || velocity of flow || vitesse f. de passage. **e) durchschnittliche ~** || average speed || vitesse f. moyenne. **f) End~** || final velocity ||

vitesse f. finale. **g) errechnete ~** || calculated (A) *or* calculation speed || vitesse f. donnée par le calcul; vitesse f. calculée *ou* prévue *ou* théorétique. **h) erste ~** || low speed; first speed || première vitesse f. **i) Fahrt~** || driving speed || vitesse f. d'avancement. **k) Flug~** || flying speed || vitesse f. de vol. **l) geringe ~** || little *or* low velocity; low or slow speed || petite *ou* faible vitesse f. **m) gleichförmige ~** || uniform velocity || vitesse f. uniforme. **n) Grenz~** || limiting speed || vitesse f. limite. **o) größte ~** || full speed || vitesse f. maximum. **p)** die **~ herabmindern** || to decelerate || ralentir. **q) höchste ~** || maximum speed || limite f. de vitesse; vitesse f. maximum. **r) hohe ~** || high speed || grande vitesse f. **s) Hub~** || hoisting velocity || vitesse f. de levage. **t) kleinste ~** || lowest speed || vitesse f. minima. **u) ~** des **Kolbens** || piston speed || vitesse f. du piston. **v) kritische ~** || critical speed || vitesse f. critique. **w) mittlere ~** || average *or* mean speed || vitesse f. moyenne. **x) normale ~** || normal speed || vitesse f. normale. **y) Reise~** || cruising speed || vitesse f. de croisière. **z) Strömungs~** || velocity of flow || vitesse f. du flux. 1

a) die **~ bewegte sich** zwischen x bis y km je **Stunde** || the speed was between x and y kilometers per hour || la vitesse était comprise entre x et y km par heure. **b) Verkehrs~** || commercial speed || vitesse f. commerciale *ou* d'utilisation. **c) ~ unter Wasser** || underwater speed || vitesse f. sous l'eau. **d) verzögerte ~** || retarded velocity || vitesse f. retardée. **e) vierte ~** (Auto) || fourth speed || quatrième vitesse f. **f) virtuelle ~** || virtual velocity || vitesse f. virtuelle. **g)** die **zulässige ~** überschreiten || to exceed the speed-limit || excéder *ou* dépasser la vitesse permise. **h) zunehmende ~** || acceleration || accélération f. **i) zweite ~** || second speed || deuxième vitesse f. 2

Geschwindigkeits-abnahme f. || deceleration; decrease of speed || ralentissement m. de vitesse; retardation f. **a) ~änderung** f. || speed variation || changement m. de vitesse. **b) ~höhe** f. || height due to the velocity; height of velocity; impetus || hauteur f. de la vitesse. 3

Geschwindigkeitsmesser m. || tachometer; speedometer; speed indicator *or* counter || tachymètre m.; compteur m. *ou* indicateur m. de vitesse. **a) ~ für Eisenbahnzüge** || speedometer for trains || indicateur m. de vitesse pour trains. **b) Fliehkraft~** || centrifugal type speedometer || indicateur m. de vitesse type centrifuge. **c) schreibender ~** || registering speed indicator || enregistreur m. de vitesse. 4

Geschwindigkeits-minderapparat m. || speed reducer || réducteur m. de vitesse. **a) ~parallelogramm** n. || parallelogram of velocities || parallélogramme m. des vitesses. **b) ~potential** n. || velocity potential || potentiel m. de vitesse. **c) ~regler** m. || speed governor || régulateur m. de vitesse. **d) ~reglung** f. || speed adjustment || réglage m. de la vitesse. **e) ~schwankung** f. || variation of velocity || fluctuation f. de vitesse. **f) ~umstellungsvorrichtung** f. || change speed gear || appareil m. à changement de vitesse. **g) ~wechsel** m. || speed change || changement m. de vitesse. 5

geschwungen || swung || évité. 6

Geselle m. || fellow; journey-man; mate || compagnon m.; ouvrier-compagnon m. 7

Gesellschaft f. auf **Gegenseitigkeit** || mutual benefit society; co-operative association || société f. mutuelle. **a) ~** mit **beschränkter Haftung** (G. m. b. H.) || limited company (Ltd.); joint stock company with limited liabilities || société f. à responsabilité limitée. 8

Gesellschafter m., **stiller** || sleeping partner || commanditaire m. 9

Gesellschafts-bericht m. || company's report || rapport m. de la compagnie. **a) ~gesetz** n. || company law || lois fpl. sur les sociétés. **b) ~kapital** n. || joint-stock || capital m. *ou* fonds social. **c) ~leitung** f. (Fernm) || party line || ligne f. pour groupe d'abonnés. **d) ~mittel** n. || capital; joint-stock capital || capital-actions m.; fonds m. social. **e) ~spiel** n. || society game; parlour game || jeu m. de société. **f) ~statuten** npl. || articles pl. of association || statuts mpl. sociaux. **g) ~vertrag** m. || deed of partnership || contrat m. de société; acte m. constitutif. **h) ~wagen** m. || char-à-bancs car || char m. à bancs automobile. **i) ~zimmer** n. || drawing room || salon m. 10

Gesenk n. (Bergb) || sump || bure f. **a) ~** (Schmied) || die; swage; boss; mould || estampe f.; étampe f.; matrice f. **b) Ober~** || upper die || frappe f. **c)** im **~** geschmiedete **Herzstückspitze** f. (Eisenb) || die-forged point of frog || pointe f. de cœur matricée. **d) im ~ schmieden** || to swage; to forge in dies pl. || matricer; forger en matrices fpl.; étamper; estamper. **e) Unter~** || lower die || matrice f. inférieure. 11

Gesenk-amboß m. || swage *or* grooved anvil || enclume f. cannelée *ou* à enfonçures *ou* à estamper. **a) ~arbeit** f. || swaging || travail m. d'étampage. **b) ~dampfhammer** m. || swaging steam hammer || marteau-pilon m. à vapeur d'estampage. **c) ~hammer** m. || top-swage || croissant m. **d) ~justierung** f. || adjusting the dies pl. || réglage m. des matrices. **e) ~klotz** m. || swage-block || estampe f.; étampe f. **f) ~platte** f. || swage block || tas-étampe f. 12

Gesenkpresse f. || die press || presse f. (à travailler) à étampes. **a) hydraulische ~** || hydraulic stamping press || presse f. hydraulique à estamper. 13

Gesenkschmied m. || swager || étampeur m. 14

Gesenkschmiede-industrie f. || drop-forging industry || industrie f. de l'estampage. **a) ~maschine** f. || drop-forging machine || machine f. à estamper. 15

Gesenkschmieden n. || drop-forging || estampage m. **a) ~** von **Eisen** und **Stahl** || swaging of iron and steel || étampage m. à chaud du fer et de l'acier. 16

Gesenkschmiedestück n. || swaged forging; die-hammered forging || pièce f. matricée; pièce f. forgée en matrice *ou* forgée à dé *ou* estampée. 17

gesenkt || sagged || fléchi. 18

Gesenkverschleiß m. || wear on swage || usure f. des matrices. 19

Gesetz n. (Phys) || law || loi f. 20

Gesetzgebung f. || legislation || législation f. 21

gesetzlich geschützter Name m. || copyrighted *or* registered name || nom m. déposé. 22

gesetzliche Vorschriften fpl., einen **Arbeiter** den gesetzlichen Vorschriften entgegen beschäftigen || to employ a workman contrary to the law || embaucher un ouvrier contrairement aux dispositions légales. **a) ~**, für die **Befolgung** gesetzlicher Vorschriften verantwortlich sein || to be responsible for the execution of official instructions || être responsable de l'observation des prescriptions légales. 23

gesetzliches Zahlungsmittel n. || legal tender || valeur f. légale. 24

gesetzmäßig || legal || légal. 25

Gesetzübertretung f. || violation || contravention f. 26

gesetzwidrig || contrary to law || contraire à la loi. 27

gesichert sein || to hold security || être à couvert; être nanti. 28

Gesicht n. (Anatom) || face || visage m. **a) ~** (Schriftg) || face || face f.; œil m. 29

Gesichtsachse f. (Opt; Phys) || axis of vision; optic *or* visual axis || axe m. optique *ou* visuel. 30

Gesichtsfeld n. || field of view; range of vision || champ m. visuel *ou* microscopique. **a) ~** eines **Fernrohrs** || field of view of a telescope || champ m. de vision d'un télescope. **b) ~** des **Okulars** || field of view of the eyepiece || champ m. de l'oculaire. **c) scheinbares ~** des Okulares || apparent field of view of the eyepiece || champ m. apparent de l'oculaire. 31

Gesichtsfeld-beleuchtungseinrichtung f. || illumination attachment to field of view || dispositif m. pour l'éclairage du champ. **a) ~blende** f. || field stop || diaphragme m. de champ. **b) ~blende** f. des **Okulars** || field stop of the eyepiece || diaphragme m. de champ de l'oculaire. 32

Gesichts-kreis m. || horizon || horizon m. **a) ~krem** m. || face cream || crème f. de beauté. **b) ~linie** f. eines **Fernrohrs** || visual line || ligne f. visuelle. **c) ~maske** f. || safety mask || masque m. de sûreté. **d) ~puder** m. || face powder || poudre f. de riz. **e) ~winkel** m. || optic *or* visual angle; angle of sight || angle m. optique *ou* visuel *ou* de visée. 33

gesiebt || screened; sifted; separated || classé; criblé; tamisé. 34

Gesims n. (Bauk) || cornice; moulding || moulure f. **a) ansteigendes ~** || raking moulding || moulure f. oblique *ou* rampante. 35

Gesims-ecke f., **abgerundete** || mitre round || oreille f. **a) ~maschine** f. || moulding machine || machine f. à faire les corniches dans les bords. 36

gespalten (Buchdr) || in columns pl. || en colonnes fpl. **a) ~** (Holz usw) || splitted; chopped; cleft || fendu. **b) ~** (rissig) || cracked; flawed || crevassé; gercé; lézardé. **c) in zwei Teile ~** || divided in two || partagé *ou* coupé en deux. 37

gespalten-es Brennholz n. || splitted firewood || bois m. à brûler refendu. **a) ~e Daube** f. || riven *or* split *or* cleft stave || douve f. fendue. **b) ~er Stift** m. || split pin *or* cotter || goupille f. fendue. 38

Gespan m. (Buchdr) || fellow; companion || compagnon m. typographe; confrère m. 1

Gespann n. (Schmied) || faggot; bundle of iron bars; truss || paquet m.; trousse f. **a)** **~pflug** m. || draught plough || charrue f. attelée. 2

gespannt || stretched; tight || tendu. **a)** **~es Brillenglas** n. || strained spectacle lens || verre m. correcteur serré. 3

gespänt || chipped || sur copeaux mpl. **a)** **~es Bier** n. || chipped beer || bière f. sur copeaux. 4

gespeist, mit Gleichstrom m. || supplied by continuous current || alimenté de courant continu. 5

Gesperr n. *s.* Gesperre. 6

Gesperre n. (Buchdruckerpresse) || frisket (griper) || frisquette f. **a)** ~ (Fördermasch) || safety catch || cliquet m. **b)** ~ (Haken zum Verschluß) || catch || fermoir m. **c)** ~ (Masch) || ratchet || cliquet m.; arrêt m. **d)** ~ (Uhrm) || clickwork || encliquetage m. 7

Gespinst n. || spun yarn; thread || filé m.; filure f. **a)** ~ einer **Bogenlampenglocke** || wire-netting for arc-lamp globes || filet m. de sûreté d'un globe de lampe à arc. **b)** **leonisches** ~ || leonine spun || tissu m. léonique. **c)** ~ aus einem **Spinnstoff** und einem Metallfaden || thread consisting of a spinning material and a metallic filament || filé m. composé d'une matière textile et d'un fil métallique. 8

Gespinstumflechtung f. || braiding with spun yarn || tresse f. de filet. 9

Gespräch n. (Fernm) || call || conversation f. **a)** **dringendes** ~ || urgent call || conversation f. urgente. **b)** **gewöhnliches** ~ || ordinary call || conversation f. ordinaire. 10

Gesprächsanmeldung f. || request for communication || demande f. de communication. **a)** **zurückgestellte** ~ || deferred call || communication f. différée. 11

Gesprächs-aufforderung f. (Fernm) || avis d'appel || avis m. d'appel. **a)** **~blatt** n. || ticket || fiche f. **b)** **~buch** n. || incoming register || liste f. d'arrivée. **c)** **~dauer** f. || duration of a call || durée f. de conversation. **d)** **~dichte** f. || frequency of calls || densité f. du trafic. **e)** **~gebührentarif** m. || measured rate tariff || tarif m. à conversation fixée. **f)** **~minuten** fpl. || ticket time || minutes fpl. de durée de la conversation. **g)** **~überwachung** f. || supervision of calls || contrôle m. des communications. **h)** **~uhr** f. || time check || compteur m. de la durée des conversations. **i)** **~verbindung** f. || connection || communication f. **k)** **~zähler** m. || conversation meter *or* counter; message register || compteur m. de conversations. **l)** **~zählung** f. || call metering || comptage m. des communications. **m)** **~zeitmesser** m . || meter for duration of conversation || compteur m. du temps de conversation. 12

gesprenkelt || speckled; spotted; stained; sprinkled || moucheté; jaspé; tigré. 13

gesprungen (Holz) || split || éclié; fendu; crevassé. 14

gespult || wound on spools *or* bobbins || enroulé sur bobines. 15

Gest f. (Brau) || yeast; barm || levure f.; lie f.; levain m. 16

Gestade n. || beach || plage f. 17

Gestalt f., die ~ **ändern** || to change the shape *or* the form || modifier la figure *ou* la forme. **a)** sich **verjüngende** ~ || tapering shape || forme f. s'effilant. 18

gestalten || to fashion; to figure; to model; to mould; to form; to shape || façonner; former; modeler; bosseler. 19

gestaltlos || amorphous || amorphe. 20

gestampft-er Beton m. || rammed concrete || béton m. comprimé *ou* damé. **a)** **~e Masse** f. (Zement) || rammed stuff || masse f. damée. 21

Gestänge n. || rod; spear; sweep || tige f.; tirant m. **a)** ~ (Motor) || push rods pl. || tringles fpl. **b)** ~ für **Bohrwerkzeuge** (Bergb) || boring tools pl. || tige f. de sondage. **c)** **Brems~** || lever arrangement || timonerie f. du frein. **d)** **Pumpen~** || pump rods pl. || tiges fpl. de pompes. **e)** **Regler~** || governor rod || biellette f. du régulateur. **f)** ~ für **Tiefbohrungen** || system of rods for deep boring || tiges fpl. pour les sondages. 22

Gestänge-antrieb m. (Schalter) || lever system || tige f. de commande. **a)** **~ausrüstung** f. || pole fittings pl. || armement m. d'appui. **b)** **~belastung** f. || strain of pole || charge f. d'appui. **c)** **~bohren** n. || rod boring || sondage m. à tige rigide. **d)** **~kreuz** n. || triangle; cross lever || levier m. en croix. **e)** **~leitung** f. || pole line || ligne f. à poteaux. **f)** **~nachstellvorrichtung** f. || slack adjuster || ajusteur m. de timonerie. **g)** **~rohrdrehbank** f. || lathe for hollow rods || tour m. pour l'usinage des tiges de sonde tubulaires. 23

Gestank m. || stench || mauvaise odeur f. 24

gestanzt || punched || estampé. 25

gestaut, in den **Bunkern** mpl. || trimmed in bunkers || arrimé dans les soutes fpl. 26

Gestehungskosten pl. || manufacturing expenses pl.; working costs pl.; cost price || prix m. coutant *ou* de revient *ou* de fabrication. **a)** die ~ pl. **verbilligen** || to reduce working costs pl. || diminuer le prix de revient. 27

Gestehungspreis m. || cost price; costs pl. of production; raising costs pl. || prix m. coûtant *ou* de revient. 28

gesteigerte Durchlässigkeit f. im Ultraviolett des Glasmaterials || enhanced permeability to ultraviolet rays of the glass || transparence f. plus grande dans l'ultraviolet des verres. 29

Gestein n. || rock || roche f. **a)** **bituminöses** ~ || bituminous rock || roche f. bitumineuse. **b)** **Eruptiv~** || eruptive rock || roche f. éruptive. **c)** **erzhaltiges** ~ || metallic stone || pierre f. de mine. **d)** **festes** ~ (Bergb) || solid rock || roche f. dure. **e)** **massives** ~ || compact || compacte m. **f)** **sedimentäres** ~ || sedimentary rock || roche f. sédimentaire. **g)** **taubes** ~ || attle; deads pl.; rubbish; stuff; trade || gangue f.; matière f. *ou* roche f. stérile. 30

Gesteins-bearbeitungsmaschine f. || stone working machine || machine f. à travailler la pierre. **a)** **~bildung** f. || formation of rock || formation f. de roche. **b)** **~bohranlage** f. || rock drilling plant || installation f. de perforateurs. 31

Gesteinsbohrer m. || rock drill; rock borer || perforatrice f.; perforateur m. 32

Gesteinsbohrer-schärfmaschine f. || rock drill sharpening machine || machine f. à aiguiser les forets à roches. **a)** **~stauchmaschine** f. || rock drill upsetting machine || machine f. à refouler les forest à roches. 33

Gesteinsbohrhammer m. || rock drilling hammer || marteau-foreur m. pour roches. 34

Gesteinsbohrmaschine f. || rock boring machine || machine f. à percer roches. **a)** **elektropneumatische** ~ || electro-pneumatic rock drill(ing machine) || machine f. électro-pneumatique à forer les roches. **b)** **Preßluft~** || compressed air rock drilling machine; pneumatic rock drill || perceuse f. de roches à air comprimé. 35

Gesteins-bohrung f. || rock drilling || forage m. de roches. **a)** **~dünnschliff** m. || thin ground stone plate || lame f. de pierre polie. **b)** **~gang** m. || vein of rock; dyke || filon m. rocheux. **c)** **~hammer** m. || mineralogist's hammer || marteau m. de géologue. 36

Gesteinshauer m. || stone *or* hard-ground miner; stoneman || ouvrier m. à la pierre *ou* aux étreintes; rocheur m.; coupeur m. de voie *ou* de mur. **a)** ~ **im Verworfenen** || shifter of mines || failleur m.; passeur m. en faille. 37

Gesteins-kunde f. || petrography; mineralogy; lithology || pétrographie f.; minéralogie f.; lithologie f. **a)** **~lehre** f. || mineralogy || minéralogie f.; pétrognosie f. **b)** **~magnetismus** m. || magnetism of rocks || magnétisme m. des roches. **c)** **~meißel** m. || stone chisel || ciseau m. minéralogique. 38

Gesteinstaub-förderanlage f. || conveying plant for stone powder || installation f. pour le transport des poussiers de pierres. **a)** **~mahlanlage** f. || stone powder pulverizing plant || installation f. à moudre le poussier de pierres. 39

Gesteinwagen m. (Bergb) || rolley; tram || plate-forme f. de roulage. 40

Gestell n. (Auto) || frame || châssis m. **a)** ~ (Bock) || stand; trestle || tréteau m.; chevalet m. **b)** ~ (Bücher) || shelf; (book) stand || tablettes fpl. **c)** ~ (Hochofen) || hearth || ouvrage m.; creuset m. **d)** ~ (Maschine) || frame || bâti m. **e)** ~ (Rahmen) || frame || châssis m. **f)** ~ (Sammler) || stand || chantier m.; étagère f. **g)** ~ (Spinnrad) || stock || chevalet m. **h)** ~ (Walzwerk) || housing frames pl. || cage f.; châssis m. **i)** ~ der **Druckerpresse** || body of a printer's press || corps m. de la presse d'imprimerie. **k)** ~ eines **Fahrrades** || frame of a cycle || cadre m. d'un cycle. **l)** ~ für selbsttätige **Fernsprechzentralen** || rack for automatic telephone exchanges || support m. pour centraux téléphoniques interurbains. **m)** **Kasten~** || box-shaped bed || bâti m. formant caisson. **n)** ~ auf **Laufrollen** (Büromasch) || stand with casters || support m. à roulettes. **o)** ~ eines **Mahlganges** || pedestal; standard of a couple of mill stones || piédestal m. d'une paire de meules. **p)** ~ der **Maschine** || frame of the machine || bâti m. de la machine. **q)** auf **~en** npl. **montiert** || rack-mounted || monté sur bâtis. **r)** **randloses** ~ (Brille) || rimless holder || monture f. sans cercle. **s)** ~ eines **Regenschirmes** || umbrella frame || carcasse f. de parapluie. **t)** ~ einer **Säge** || saw frame || arc m. *ou* arçon m. *ou* châssis m. d'une scie. 41

Gestell-bein n. || leg of a tripod || pied m. de support. **a)** **~säge** f. || framed saw || scie f. à châssis; scie f. montée. 42

gesteppte Bettdecke f. ‖ quilt ‖ courtepointe f. 1

gesticktes Taschentuch n. ‖ embroidered handkerchief ‖ mouchoir m. brodé. 2

gestielt ‖ having a handle ‖ emmanché. 3

Gestirnpeilung f. ‖ bearing by stars ‖ relèvement m. d'un astre. 4

gestört (Chem) ‖ disturbed ‖ troublé. **a) ~es Gebirge** n. ‖ disturbed deposit ‖ terrain m. disloqué. 5

Gestörtzeichen n. ‖ out of order tone; o. o. o. tone ‖ signal m. de dérangement. 6

gestoßen (Chem) ‖ pounded ‖ pilé. **a) ~er Zimt** m. ‖ broken cassialignea ‖ cannelle f. rompue. 7

Gesträuch n. ‖ brushwood ‖ broussailles fpl. 8

gestreift ‖ striped; striate; striated; streaked ‖ rayé à bandes fpl.; strié; zébré. 9

gestreift-es Mahagoniholz n. ‖ roe mahogany ‖ acajou m. rubané. **a) ~es Muster** n. ‖ striped pattern ‖ dessin m. rayé *ou* à rayures. **b) ~e Ware** f. (Textil) ‖ striped goods pl. ‖ tricot m. rayé. 10

gestrichenes Papier n. ‖ coated paper ‖ papier m. couché. 11

gestrickt ‖ reticulated; knitted ‖ tricoté. **a) ~e Damenjacke** f. ‖ knitted lady's jacket ‖ jaquette f. tricotée pour dames. 12

Gestübbe n. ‖ culm; dust ‖ fraisil m. 13

Gestüt n. ‖ stud farm ‖ haras m. 14

Gestüts-besitzer m. ‖ stud owner ‖ propriétaire m. de haras. **a) ~knecht** m. ‖ stud ostler *or* palefrenier ‖ palefrenier m. de haras. **b) ~meister** m. ‖ stud master ‖ maître m. de haras. **c) ~verwalter** m. ‖ stud manager ‖ administrateur m. de haras. 15

gestützt, beiderseitig ~es Schwungrad n. ‖ flywheel between two bearings ‖ volant m. entre deux paliers. 16

gesucht (Handel) ‖ wanted; in demand ‖ demandé; recherché. 17

gesund-es Bier n. ‖ sound beer ‖ bière f. saine. **a) ~es Holz** n. ‖ sound wood ‖ bois m. sain. 18

Gesundheits-amt n. ‖ board of health ‖ conseil m. d'hygiène; office f. de santé. **a) ~kaffee** m. ‖ wholesome coffee ‖ café m. de santé. **b) ~paß** m. ‖ bill of health ‖ brevet m. de santé. **c) ~pflege f., öffentliche** ‖ public health ‖ hygiène f. publique. 19

gesundheitstechnisch-e Anlage f. ‖ sanitary installation *or* plant ‖ installation f. sanitaire *ou* d'hygiène. **a) ~er Apparat** m. ‖ sanitary apparatus ‖ appareil m. sanitaire. 20

Gesundheitszeugnis n. ‖ certificate of health ‖ certificat m. de santé. 21

Getäfel n. ‖ wainscot; wainscotting; panelling; inlaying ‖ boiserie f.; lambris m.; marqueterie f. 22

getäfelt ‖ panelled ‖ pannelé. **a) ~e Decke** f. (Bauw) ‖ boarded ceiling ‖ plafond m. de planches; plancher m. marqueté. 23

getakelt, hoch ‖ high rigged ‖ à mâture f. haute. **a) niedrig ~** ‖ low rigged ‖ à mâture f. brasse. 24

getaucht ‖ dipped ‖ plongé. 25

geteilt-e Felge f. ‖ divided rim ‖ jante f. sectionnée. **a) ~es Rad** n. ‖ built-up wheel ‖ roue f. partagée. **b) ~e Riemenscheibe** f. ‖ split pulley ‖ poulie f. divisée. 26

getempert (Met) ‖ tempered; ‖ trempé. 27

Getränk n. ‖ beverage; drink ‖ boisson f. **a) alkoholfreies ~** ‖ non-alcoholic beverage; non-spirituous drink ‖ boisson f. sans alcool *ou* anti-alcoolique. **b) erfrischendes ~** ‖ refreshing drink ‖ boisson f. rafraîchissante. **c) gegorenes ~** ‖ fermented drink ‖ boisson f. fermentée. **d) geistiges ~** ‖ spirits pl. ‖ espiritueux mpl.; liqueurs fpl. alcooliques. 28

Getränke-automat m. ‖ drink delivery apparatus ‖ distributeur m. de boissons. **a) ~industrie** f. ‖ trade of beverages ‖ industrie f. des boissons. **b) ~steuer** f. ‖ duty on alcohol; spirit-tax ‖ impôt m. sur les boissons. 29

Getreide n. ‖ corn; grain; cereals pl. ‖ blé m.; grains mpl.; céréales fpl. **a) ~** in **Ähren** ‖ corn in ears ‖ céréales fpl. en épis. **b) ~** in **Garben** ‖ corn in sheaves ‖ céréales fpl. en gerbes. **c) gedroschenes ~** ‖ threshed corn ‖ grains mpl. battus. **d) gemälztes ~** ‖ malted grain ‖ grain m. malté. **e) gereinigtes ~** ‖ cleaned grain ‖ blé m. nettoyé. **f) ~** auf dem **Halm** ‖ standing crop; crop ‖ grains mpl. sur pied. **g) ~ mit** langen **Spelzen** ‖ grain with long beard ‖ grains mpl. à longues glumes. **h) ~ ohne Spelzen** ‖ grain without beard ‖ grains mpl. sans glumes. **i) Saat~** ‖ seed crops pl. ‖ grains mpl. de semence. **k) ungemälztes ~** ‖ unmalted grain ‖ grain m. non malté. 30

Getreide-anbau m. ‖ cultivation of corn ‖ culture f. des grains. **a) ~art** f. ‖ cereal ‖ céréale f. **b) ~aspirationsreinigungsmaschine** f. ‖ receiving and milling separator for grains ‖ nettoyeur-aspirateur m. du blé. **c) ~ausfuhr** f. ‖ exportation of grain ‖ exportation f. des blés. **d) ~beizmaschine** f. ‖ grain saucing machine ‖ machine f. à corroder le blé. **e) ~beschaffenheit** f. ‖ condition of the grain ‖ composition f. de grains. **f) ~brenner** m. ‖ corn distiller ‖ distillateur m. de grains. **g) ~brennerei** f. ‖ corn-brandy distillery ‖ distillerie f. de grains. **h) ~bürste** f. ‖ wheat brush ‖ brosse f. à blé. **i) ~elevator** m. *s.* ~heber m. **k) ~erntemaschine** f. ‖ harvesting machine for crops ‖ machine f. de récolte pour céréales. **l) ~förderanlage f., pneumatische** ‖ pneumatic grain handling plant ‖ transport m. pneumatique de grains. **m) ~handel** m. ‖ corn trade ‖ commerce m. des blés. **n) ~händler** m. ‖ corn dealer *or* chandler ‖ marchand m. de blé. **o) ~haspel** f. ‖ grain reel ‖ aspe m. du blé. 31

Getreideheber m., **pneumatischer** ‖ pneumatic corn elevator ‖ élévateur m. pneumatique de grain. **a) schwimmender ~** floating corn *or* grain elevator ‖ élévateur m. flottant à grains. 32

Getreide-industrie f. ‖ corn industry ‖ industrie f. des céréales. **a) ~kammer** f. ‖ corn magazine; granary ‖ grenier m. à blé; silo m. **b) ~lagerhaus** n. ‖ grain ware house; granary ‖ grenier m.; silo m. **c) ~lupe** f. ‖ seed microscope ‖ loupe f. pour l'examen des grains. **d) ~magazin** n. ‖ granary; corn-magazine ‖ grenier m. d'abondance. **e) ~mähen** n. ‖ harvesting seed crops ‖ récolte f. des céréales. **f) ~mäher** m. ‖ reaper; corn mover reaping machine ‖ moissonneuse-javeleuse f.; moissonneuse f. **g) ~mähmaschine** f ‖ reaping machine; reaper ‖ moissonneuse f. **h) ~markt** m. ‖ corn market ‖ marché m. des blés. **i) ~mühle** f. corn mill; flour mill for wheat and rye ‖ moulin m. à grains; moulin m. à froment et à seigle. **k) ~netzapparat** m. ‖ wheat damper ‖ mouilleur m. du blé. **l) ~poliermaschine** f. ‖ wheat polishing machine ‖ polisseuse f. de blé. **m) ~prober** m. ‖ grain tester ‖ coupe-grains m. **n) ~putzer** m. ‖ wheat cleaner; smutterman ‖ nettoyeur m. de blé. **o) ~putzerei** f. ‖ wheat cleaning ‖ nettoyage m. du blé. **p) ~putzmaschine** f. ‖ grain cleaning machine ‖ machine f. à nettoyer le grain. **q) ~rechen** m. ‖ corn rake ‖ râteau m. pour blé. **r) ~reiniger** m. ‖ corn cleaner ‖ nettoyeur m. de blé. **s) ~reinigung** f. ‖ cleaning of corn ‖ nettoyage m. des grains. **t) ~reinigungsmaschine** f. ‖ grain cleaning machine ‖ machine f. à nettoyer le blé; nettoyeuse f. à grains. **u) ~sack** m. ‖ wheat sack ‖ sac m. à blé. **v) ~schaufel** f. ‖ corn shovel ‖ pelle f. à blé. **w) ~schrot** n. (Landw) ‖ bruised grain ‖ blé m. concassé. **x) ~schroten** n. ‖ grinding; bruising ‖ mouture f. **y) ~silo** m. ‖ grain silo ‖ silo m. à céréales. **z) ~sortierer** m. ‖ seed winnower ‖ trieur m. *ou* cribleur m. *ou* remueur m. de grains. 33

a) ~sortiermaschine f. ‖ sorting machine for corn ‖ machine f. à trier les grains de céréales. **b) ~sortier- und Reinigungsmaschine** f. ‖ corn sifting and cleaning machine ‖ machine f. à trier et à nettoyer les grains. **c) ~speicher** m. ‖ grain ware house; granary ‖ magasin m. *ou* grenier m. à blé. **d) ~spitz- und Schälmaschine** f. ‖ wheat scourer ‖ épointeuse-décortiqueuse f. du blé. **e) ~stecher** m. ‖ grain sampler ‖ sonde f. à grain. **f) ~umschlaganlage** f. ‖ corn transshipping plant ‖ installation f. de déchargement des grains *ou* de manutention des grains. **g) ~wage** f. ‖ grain balance *or* scale ‖ balance f. pèse-grains *ou* à grains. **h) ~wäscher** m. (Müll) ‖ corn washerman ‖ laveur m. de grains. **i) ~waschmaschine** f. ‖ wheat washing machine ‖ laveuse f. à blé. **k) ~weiche** f. steep ‖ cuve f. mouilloire *ou* à tremper. **l) ~zerkleinerungsmaschine** f. ‖ corn crusher ‖ broyeur m. de grain. **m) ~zoll** m. ‖ corn duty ‖ droit m. sur les céréales. **n) ~zufuhr** f. ‖ arrivals pl. of corn ‖ arrivage m. de blés. 34

Getriebe n. (Rad) ‖ pinion ‖ pignon m. **a) ~** (Räderwerk) ‖ gear; driving gear; gearing ‖ engrenage m; rouage m. **b) Flüssigkeits~** ‖ oil gear ‖ mécanisme m. pour commande hydraulique. **c) Kegel~** ‖ bevel gear ‖ engrenage m. conique *ou* d'angle. **d) Kegelrad~** ‖ bevel gear ‖ engrenage m. conique. **e) Kegelradausgleichs~** ‖ bevel gear ‖ engrenage m. différentiel à pignon conique. **f) Ketten~** ‖ chain gear ‖ transmission f. à chaîne. **g) konisches ~** ‖ bevel gear ‖ engrenage m. conique. **h) Pfeilrad~** ‖ herringbone gear ‖ engrenage m. hélicoïdal double *ou* à chevrons. **i) Planeten~** ‖ planetary gear ‖ engrenage m. planétaire. **k) Reduktions-~** ‖ double reduction gear ‖ engrenage m. de démultiplicateur. **l) Reibrad~** ‖ friction gear ‖ engrenage m. à galet de friction *ou* à roue à friction. **m) Reibungs~** ‖ friction gear ‖ engrenage m. à friction. **n) Rohhaut~** ‖ rawhide gear ‖ engrenage m. en cuir vert. **o) Schieberäder~** ‖ sliding change gear || engrenage m. baladeur. **p) Schnecken~** || worm gearing || (renvoi m. à) engrenage m. à vis san fin. **q) Schneckenrad~** || worm gearing || couple m. de roue et vis tangente. **r) ~ mit Schrägverzahnung** || helical gearing. || engrenage m. hélicoïdal. **s) Schraubenrad~** || spiral gearing || couple m. de roues hélicoïdales. **t) selbstsperrendes ~** || self locking gear || mécanisme m. d'encliquetage automatique. **u) Stirnrad~** || spur gear; cylindrical gear || engrenage m. droit *ou* à roue droite. **v) ~ mit gerader Umfangsverzahnung** || wheel-work with cylindrical gearing || engrenage m. cylindrique à roues droites. **w) ~ mit innerer Verzahnung** || (internal) pinion with inside gearing || engrenage m. intérieur. **x) Wechsel~** || change speed gear || changement m. de vitesse; boîte f. à vitesse. **y) Winkel~** || mitre wheel gearing; mitre gear (A) || engrenage m. d'angle. **z) Wurm~** || worm gear || dispositif m. à vis sans fin *ou* hélicoidal. 1

a) Zahnrad~ || toothed wheel gear || engrenage m. à roues dentées. **b) zylindrisches ~** || cylindrical gear || engrenage m. cylindrique. 2

Getriebe-arbeit f. in losem **Gebirge** || piling through quicksand || méthode f. par palplanches. **a) ~bremse** f. || gear brake || frein m. de mécanisme. 3

Getriebegehäuse n. || transmission case; gear case || carter m. de boîte à vitesse; boîte f. à vitesse. **a) ~deckel** m. || transmission case cover || couvercle m. de boîte à vitesse. 4

Getriebekasten m. || gear box || boîte f. à vitesse; carter m. des engrenages. 5

getrieben-e Arbeit f. || raised *or* hammered work || ouvrage m. martelé. **a) ~es Eisenblech** n. || dished plate || tôle f. martelée. 6

Getriebe-querhaupt n. || revolving frame || traverse f. tournante. **a) ~rad** n. || gear wheel || roue f. d'engrenage *ou* de transmission. **b) ~zahnrad** n. || gear pinion || pignon m. de boîte à vitesse. 7

getrocknet || dried || séché. **a)** an der **Luft ~** || airdried || séché à l'air. **b)** an der **Sonne ~** || sundried || séché au soleil. 8

getrocknet-es Blut n. || dried blood; blood meal || sang m. desséché *ou* coagulé. **a) ~es Holz** n. || dried wood || bois m. séché. 9

getuschte Zeichnung f. || washed drawing || dessin m. au lavis. 10

Geviere n. *s.* Geviert. 11

Geviert n. || square || carré m. **a) ~** (Astron) || quadrate; tetragon || quadrature f. **b) ~** (Bergb) || square (tubbing) || cadre m. **c) ~** (Buchdr) || em-quad *or* -quadrat; m-quadrat; em || cadratin m. 12

Gevierte n. *s.* Geviert. 13

Geviert-feld n. (Bergb) || extended concession || champ m. d'exploitation quadraturé *ou* élargé. **a) ~strich** m. (Buchdr) || m-dash || moins m. 14

gewachsener Boden m. || natural *or* grown soil || terrain m. naturel; terre f. ferme. 15

Gewächshaus n. || greenhouse || serre f. **a) eisernes ~** || iron greenhouse || serre f. en fer. **b) halb unterirdisches ~** || deep greenhouse || serre f. profonde. **c) heizbares ~** || hothouse || serre f. à chauffer. **d) hölzernes ~** || wooden greenhouse || serre f. en bois. 16

Gewächshaus-bau m. || construction of greenhouses || construction f. de serres. **a) ~pflanze** f. || greenhouse plant || plante f. de serre. 17

gewachstes Packpapier n. || waxed packing paper || papier m. d'emballage ciré. 18

Gewähr f. || guarantee; security; warranty || garantie f. 19

gewährleisten || to guarantee || garantir. 20

Gewährleistung f. || warranty || garantie f.; sûreté f. 21

Gewalt f., **höhere** || act of God; superior force || force f. majeure. 22

Gewalt-probe f. || violent proof || épreuve f. à outrance. **a) ~versuch** m. || forced proof || essai m. à outrance. 23

gewalzt || rolled || laminé; cylindré. 24

gewalzt-er Draht m. || rolled wire || fil m. laminé. **a) ~er Stab** m. || rolled bar || barre f. laminée. **b) ~er Stahl** m. || rolled steel || acier m. laminé. 25

Gewändanker m. || cramp-iron for fastening the jamb stones on the wall || patte f. en plâtre. 26

Gewände n. || jamb || jambage m.; jambe f. 27

gewaschene Kohle f. || washed *or* dressed coal || charbon m. lavé. 28

Gewässer n. || flood; water || eau f. **a) fließendes ~** || running water; stream || eau f. courante. **b) öffentliches ~** || public waters pl. || eaux fpl. du domaine public. **c) stehendes ~** || stagnant water || eau f. stagnante. 29

Gewässerkunde f. || hydrology || hydrologie f. 30

gewässert || watered || arrosé. **a) ~** (Web) || watered; waved || moiré. 31

Gewebe n. || fabric; texture; tissue; weft; web || tissu m.; toile f. **a) Asbest~** || asbestos cloth || toile f. d'amiante. **b) dichtes ~** || tight tissue || tissu m. serré. **c) Draht~** || woven wire; wire netting; wire gauge; wire cloth || toile f. métallique. **d) elastisches ~** || elastic tissue || tissu m. élastique. **e) ~** aus **Flechtstoffen** || tissue of basketry || tissu m. de vannerie. **f) getränktes ~** zur Bedachung oder Wandbekleidung || impregnated tissue for roofing or clothing of walls || tissu m. imprégné pour toitures ou pour revêtement de murs. **g) Kamelhaar~** || tissue from camel hair || tissu m. en poils de chameau. **h) kreppartiges ~** || crape-like tissue || crépon m. **i) leichtes ~** || light tissue || tissu m. léger. **k) Metall~** || wire gauze; wire cloth || toile f. métallique. **l) Rabitz~** (Bauw) || Rabitz texture || texture f. Rabitz. **m) Rohr~** (Bauw) || reed tissue || tissu m. de rosseaux. **n) Roßhaar~** || tissue from horsehair || tissu m. en crins. **o) Sieb~** || sieve netting || tissu m. à tamisage. **p) Sieb~** (Pap) || strainer texture || tissu m. à tamis. **q) Spezial~** || special tissue || tissu m. spécial. **r) tuberkulöse ~** npl. || tubercular tissues pl. || tissus mpl. atteints de tuberculose. **s) undichtes ~** || transparent tissue || tissu clair. 32

Gewebe-einführapparat m. || entering arrangement for fabric || appareil m. pour l'introduction du tissu. **a) ~legemaschine** f. || cloth folding machine || machine f. à plier les tissus. **b) ~pressen** n. || cloth pressing || pressage m. d'étoffes. 33

Gewehr n. || rifle; gun; shot gun || fusil m. **a) Halbselbstlade~** || semi-automatic rifle || fusil m. mitrailleur. **b) Jagd~** || sporting gun || fusil m. de chasse. **c) Kriegs~** || military gun *or* rifle || fusil m. de guerre. **d) Repetier~** || repeating rifle || fusil m. à répétition. **e) Selbstlade~** || automatic rifle || fusil m. automatique. 34

Gewehr-abzug m. || trigger release || transmission f. de la gâchette de la mitrailleuse. **a) ~granate** f. || rifle grenade || grenade f. à fusil. **b) ~lauf** m. || musket *or* gun barrel || canon m. de fusil. **c) ~laufmacher** m. || barrel maker || canonnier-armurier m. **d) ~putzstock** m. || rifle cleaner || baguette f. à nettoyer les fusils. 35

Gewehrschaft m. || gun stock || fût m. *ou* bois m. de fusil. **a) ~aus Walnuß** || gun stock of walnut || crosse f. de fusil en noyer. 36

Gewehrschloß n. || lock of a gun; gun lock || platine f. 37

gewehrschußsicheres Blech n. || bullet-proof plating || tôle f. à l'épreuve du feu de mousqueterie *ou* des armes à feu. 38

Gewehr-teile mpl. || gun furniture || pièces fpl. détachées pour armes. **a) ~träger** m. || gun clip; gun support || porte-fusil m. **b) ~zielfernrohr** n. || gun sighting telescope || lunette-viseur f. pour armes à feu. 39

geweicht || steeped || mouillé; trempé. **a) ~e Gerste** f. || steeped barley || orge f. trempée. 40

Geweih n. || horns pl. || bois m. **a) Gegenstand** m. aus **~** || good of antler || objet m. de cerf. 41

gewellt (Blech) || corrugated; undulated || ondulé. **a) ~es Flammrohr** n. || corrugated flue || tube-foyer m. ondulé. 42

Gewerbe n. || handicraft; trade; profession; industry || métier m. **a)** ein **~ treiben** || to follow a trade || exercer un métier *ou* une profession. 43

Gewerbe-art f. || trade; handicraft || métier m. **a) ~ausstellung** f. || industrial exhibition || exposition f. industrielle. **b) ~freiheit** f. || freedom of trade || liberté f. industrielle. 44

gewerbehygienische Anlage f. || industrial hygienic plant || installation f. hygiénique pour l'industrie. 45

Gewerbe-ordnung f. || Factories and Workshops Act || loi f. sur les fabriques. **a) ~pflanze** f. || industrial plant || plante f. industrielle. **b) ~schule** f. || technical school *or* college || école f. professionnelle. **c) ~steuer** f. || trade tax *or* license || impôt m. sur le revenu professionnel; impôt m. des patentes. **d) ~treibender** m. || tradesman; craftsman || industriel m. **e) ~unfallversicherungsschein** m. || employer's liability policy || police f. d'assurance contre la responsabilité des patrons. **f) ~verein** m. || tradesmen's union || union f. commerciale; société f. industrielle. **g) ~zweig** m. || trade; handicraft || métier m. 46

gewerbsmäßig || professional || par profession. 47

Gewerkgenossenschaft f. || **trade union** || association f. ouvrière. 48

Gewerkschaft f. (Arbeiterverband) || trade union || union f. des ouvriers; corps m. de métier; syndicat m. ouvrier. **a) ~** (bergm. Unternehmungsform) || costbook mining-company || société f. d'exploitation. 49

Gewerkschaftler m. ‖ trades unionist ‖ membre m. d'un syndicat. 1

Gewerkverein m. ‖ trade union ‖ trade-union f. 2

Gewicht n. ‖ weight ‖ poids m. a) **an ~ abnehmen** ‖ to lose weight ‖ perdre du poids m. b) **Antriebs~ für das Uhrwerk** ‖ driving weight for clock ‖ poids m. moteur pour le mouvement d'horlogerie. c) **Atom~** ‖ atomic weight ‖ poids m. atomique. d) **Ausgleich~** ‖ counter-balance weight ‖ contrepoids m. e) **Brutto~** ‖ gross weight ‖ poids m. brut. f) **Dienst~** ‖ weight in working order ‖ poids m. en service. g) **durchschnittliches ~** ‖ average weight ‖ poids m. moyen. h) **Eigen~** ‖ tare weight ‖ poids m. mort. i) **fakturiertes ~** ‖ invoice weight ‖ poids m. facturé. k) **fehlendes ~** ‖ short weight ‖ poids m. insuffisant. l) **geeichtes ~** ‖ stamped *or* standard weight ‖ poids m. étalon. m) **Gesamt~** ‖ total weight ‖ poids m. total. n) **~ eines Hektoliters** ‖ weight of an hektolitre ‖ poids m. d'un hectolitre. o) **~ eines Körpers** ‖ weight of a body ‖ poids m. d'un corps. p) **Lade~** ‖ load; tonnage ‖ poids m. de charge. q) **Leer~** ‖ weight empty ‖ poids m. à vide. r) **~ der Maschine mit Zubehör** ‖ weight of machine with accessories ‖ poids m. de la machine avec accessoires. s) **Molekular~** ‖ molecular weight ‖ poids m. moléculaire. t) **Netto~** ‖ nett *or* net weight ‖ poids m. net. u) **normales ~** ‖ standard weight ‖ poids m. type. v) **~ in Pfunden** ‖ weight in pounds ‖ poids m. en livres. w) **Präzisions~** ‖ precision weight ‖ poids m. de précision. x) **~ je PS** ‖ weight per HP ‖ poids m. en C.V. y) **~ je Raumeinheit** ‖ weight per unit of volume ‖ poids m. par unité de volume. z) **~ am Regler** ‖ governor ball ‖ boule f. de régulateur. 3

a) **Schwung~** ‖ centrifugal weight ‖ poids m. de lancement. b) **spezifisches ~** ‖ specific gravity *or* weight ‖ gravité f. *ou* poids m. spécifique. c) **Stück~** ‖ individual weight ‖ poids m. à la pièce. d) **totes ~** ‖ dead load *or* wheight ‖ poids m. mort. e) **Trocken~** ‖ dry weight ‖ poids m. à sec. f) **Über~** ‖ extra weight ‖ surpoids m. g) **übliches ~** ‖ standard weight ‖ poids m. type. h) **~ des unbeladenen Fahrzeuges** ‖ unloaden weight ‖ poids m. à vide. i) **ungefähres ~** ‖ approximate weight ‖ poids m. approximatif. k) **Verpackungs~** ‖ weight of packing ‖ poids m. de l'emballage. l) **Volum~** ‖ weight by volume ‖ poids m. en volume. m) **~ des Wagens** ‖ weight of the car ‖ poids m. de la voiture. 4

Gewichts-abgang m. ‖ underweight; short weight ‖ manque m. de poids; discale f.; tare f. a) **~abnahme f., scheinbare** ‖ apparent reduction of weight ‖ diminution f. de poids apparente. b) **~akkumulator** m. *s.* ~sammler m. c) **~analyse f.** ‖ ponderal analysis; gravimetry; gravimetric analysis ‖ analyse f. pondérale; dosage m. en poids. 5

gewichtsanalytisch ‖ gravimetric ‖ gravimétrique. 6

Gewichts-angabe f. ‖ weight indication ‖ indication f. du poids. a) **~antrieb m., Uhrwerk n. mit** ‖ weight driven clock ‖ mouvement m. d'horlogerie à poids. b) **~aräometer n.** ‖ hydrometer; weight areometer ‖ aréomètre m. à poids constant. c) **~aufzug** m. der **Uhr** ‖ weight winding gear of the clock ‖ remontage m. du poids d'horloge. d) **~ausfall** m. ‖ short weight ‖ poids m. insuffisant. 7

Gewichtsausgleich m. ‖ counterbalance of weight ‖ équilibre m. de poids. a) **mit ~ m. versehen** ‖ counterweighted ‖ équilibré. 8

Gewichts-bremse f. ‖ weight brake ‖ frein m. à contrepoids. a) **~einheit** f. ‖ unit of weight ‖ unité f. de poids. b) **~ersparnis f.** ‖ saving of weight ‖ économie f. de poids. c) **~grenze** f. ‖ limit of weight ‖ limite f. de poids. d) **~kapazität** f. ‖ weight capacity ‖ capacité f. massique. e) **~kasten** m. (Kran) ‖ counterweight box ‖ caisse f. à contrepoids. f) **~nota f.** ‖ bill of weight ‖ note f. du poids. 9

gewichtsprozentig ‖ percent by weight ‖ pour cent en poids. 10

Gewichts-sammler m. ‖ weight accumulator ‖ accumulateur m. à poids. a) **~satz** m. ‖ set of weights ‖ série f. de poids. b) **~schale** f. (Brückenwage) ‖ seat for loose poises ‖ godet m. de tare. c) **~teil** m. ‖ part by weight ‖ partie f. en poids. d) **~träger** m. ‖ weight holder ‖ porte-poids m. e) **~uhr** f. ‖ weight-moved clock ‖ horloge f. à poids. f) **~unterschied** m. ‖ difference in weight ‖ différence f. de poids. g) **~verlust** m. ‖ loss in weight ‖ perte f. de poids. h) **~verminderung** f. ‖ reduction of weight ‖ réduction f. de poids. i) **~verteilung f., gleichmäßige** ‖ evenly-distributed load ‖ charge f. uniformément répartie. 11

gewickelt ‖ wound ‖ bobiné; enroulé. a) auf **Holzspulen ~** ‖ wound on wooden spools ‖ enroulé sur des bobines de bois. b) **lagenweise ~** ‖ layer wound ‖ enroulé en couches. 12

Gewinde n. ‖ thread ‖ filet m. a) **Anschluß~** ‖ threaded pipe connection ‖ raccordement m. fileté de tuyaux. b) **doppelgängiges ~** ‖ double thread ‖ double filet m. c) **doppeltes ~** *s.* ~, doppelgängiges. d) **dreieckiges ~** ‖ angular *or* triangular thread ‖ filet m. triangulaire. e) **einfaches ~** ‖ single thread ‖ filet m. simple. f) **flachgängiges ~** ‖ square thread ‖ filet m. carré. g) **Innen~** ‖ inside thread ‖ filet m. interne. h) **Links~** ‖ left hand(ed) thread ‖ filet m. à gauche. i) **linksgängiges ~** *s.* Links ~. k) **männliches ~** ‖ male thread ‖ pas m. de vis mâle. l) **mehrfaches ~** ‖ multiplex thread ‖ vis f. à pas multiple. m) **metrisches ~** ‖ metric thread ‖ filet m. métrique. n) ein **~ nachschneiden** ‖ to chase a screw thread ‖ aviver *ou* repasser un filet; fileter en repassant *ou* au peigne. o) **Rechts- und Links~** ‖ right and left handed thread ‖ vis f. à filets contraires. p) **rechtsgängiges ~** ‖ right-handed thread ‖ filet m. à droite. q) **rundes ~** ‖ round thread ‖ filet m. rond. r) **scharfgängiges ~** ‖ angular *or* triangular thread ‖ filet m. triangulaire. s) **~ schneiden** ‖ to tap; to thread to cut screws ‖ tarauder; fileter. t) das **~ aus freier Hand schneiden** ‖ to cut screws by hand ‖ tarauder à la main. u) **~ einer Schraube** ‖ thread of a screw ‖ filet m. d'une vis. v) **viereckiges ~** ‖ square thread ‖ filet m. carré. w) **weibliches ~** ‖ female thread ‖ pas m. de vis femelle. x) **Whitworth~** ‖ Whitworth thread ‖ filet m. Whitworth. 13

Gewinde-abrundung f. ‖ rounding of the thread ‖ arrondissage m. du filet. a) **~art** f. ‖ kind of thread ‖ genre m. de filet. b) **~auslauf** m. ‖ end of thread ‖ fin m. de filet. c) **~backe f.** ‖ screw die ‖ coussinet m. à fileter. 14

Gewindebohrer m. ‖ (screw) tap; pilot tap (A) ‖ taraud m. a) **~** (Arbeiter) ‖ tapper ‖ taraudeur m. b) **dreimal genuteter ~** ‖ three fluted tap ‖ taraud m. à trois rainures. c) **Hand~** ‖ hand screw tap ‖ taraud m. à main. 15

Gewindebohrerdrehbank f. ‖ tap making lathe ‖ tour m. à fileter les tarauds. 16

Gewinde-bohrmaschine f. ‖ tapping machine ‖ taraudeuse f.; machine f. à tarauder. a) **~bohrung** f. ‖ tap hole ‖ trou m. taraudé. 17

Gewindebolzen m. ‖ threaded bolt ‖ boulon m. fileté. a) **Lehr~** ‖ thread gauge ‖ tampon m. fileté. b) **~ mit rohem Kopf** ‖ threaded bolt with head not machined ‖ boulon m. fileté avec tête brute. 18

Gewinde-büchse f. ‖ threaded bush ‖ tampon m. de vissage. a) **~drehbank** f. ‖ threading lathe ‖ tour m. à fileter. b) **~drückmaschine** f. ‖ thread bulging machine ‖ machine f. à presser les filets de vis. c) **~drück-, Sicken- und Beschneidemaschine** f. ‖ threading, beading and trimming machine ‖ machine f. à rogner et à moulurer et à imprimer les filets de vis. d) **~eisen** n. ‖ screw plate *or* stock; die plate ‖ filière f. à vis *ou* simple. e) **~fräser** m. ‖ thread milling cutter; screw cutting milling cutter ‖ fraise f. à fileter *ou* à tailler les filets. f) **~fräsmaschine** f. ‖ thread milling machine ‖ machine f. à fileter à la fraise; machine f. à fraiser les filets. g) **~gang** m. ‖ thread fillet *or* of screw ‖ filet m.; pas m. de vis. h) **~glas** (Chem) ‖ tube with screw cap ‖ tube m. à filet. i) **Sondermaschine** f. für **~herstellung** f. ‖ special machine for producing threads ‖ machine f. spéciale à produire les filets de vis. k) **~herstellungsmaschine** f. ‖ thread cutting machine ‖ machine f. à faire les filets. l) **~kaliber** n. ‖ thread gauge ‖ calibre m. de filetage. m) **~kluppe** f. ‖ screw-stock ‖ filière f. n) **~länge** f. ‖ length of thread ‖ longueur f. du filet *ou* de filetage. o) **~lehre** f. ‖ thread gauge ‖ calibre m. pour pas de vis *ou* pour filets. p) **~nippel** f. ‖ threaded nipple ‖ chapeau m. fileté. q) **~patrone** f. (Masch) ‖ mandrel ‖ gabarit m. fileté. r) **~rille** f. ‖ groove of thread ‖ rainure f. de filetage. s) **~schablone** f. ‖ screw pitch gauge ‖ calibre m. de taraudage. t) **~schleifmaschine** f. ‖ thread grinding machine ‖ machine f. à rectifier les filets (de vis). 19

Gewindeschneidbacke f. ‖ threading die; screw plate ‖ filière f.; peigne m. à fileter. a) Vorrichtung f. zum Schleifen des **Anschnittes an ~en** ‖ attachment for grinding the throat on threading dies ‖ dispositif m. à rectifier les entrées des peignes à fileter. 20

Gewinde-schneidbackenschleifvorrichtung f. ‖ grinding attachment for threading dies ‖ dispositif m. à affûter les peignes à fileter. a) **~schneideinrichtung** f. für **Linksgewinde** ‖ left hand threading attachment ‖ dispositif m. de filetage à gauche. b) **~ schneider** m. für Muttern ‖ nut tapper ‖ taraudeur m. d'écrous. 21

Gewindeschneidkopf m. || die head; screwing chuck || tête-filière f.; cage f. de filière. **a) geteilter ~** || split screw chuck || mandrin m. (à) gueule-de-loup. **b) selbstöffnender ~** || self-opening diehead || filière f. automatique. 1

Gewindeschneidmaschine f. || screwing *or* tapping *or* screw cutting machine || machine f. à fileter *ou* à tarauder les vis. **a) ~** für **Außengewinde** || external screwing machine || machine f. pour filetage extérieur. **b) ~** für **Gasgewinde** || die stock for gas pipes || machine f. pour tarauder tuyaux à gaz. **c) ~** für **Innengewinde** || internal screwing machine || machine f. à fileter intérieurement. **d) Nippel~** || nipple threading machine || machine f. à fileter les raccords *ou* nipples. **e) Radiatoren~** || radiator tapping machine || machine f. à tarauder les éléments de radiateurs. 2

Gewindeschneid-öl n. || screw cutting oil || huile f. pour taraudage. **a) ~werkzeug** n. || threading *or* screw-cutting tool; thread cutting tool || outil m. à fileter *ou* à tarauder. 3

Gewindestahl m. || chaser; chasing tool || peigne m. 4

Gewindesteigung f. || screw pitch; pitch of thread || pas m. de vis. **a) Abweichung** f. der ~ vom Sollmaß || difference of the thread pitch from the real size || écart m. entre le pas du filetage et la dimension théorique. **b) Meßmaschine** f. für ~en || measuring machine for thread pitches || machine f. à mesurer les pas des filetages. **c) Minimetergerät** n. zum Prüfen der ~ || minimeter instrument to check the pitch of threads || appareil m. à minimètre pour la vérification du pas des filetages. 5

Gewinde-stift m. || threaded pin || goupille f. avec filetage. **a) ~stopfen** m. || screw cap || bouchon m. à vis. **b) ~strähler** m. || chaser; chasing tool || peigne m. à fileter. **c) ~taster** m. || thread calipers || compas m. d'épaisseur pour pas de vis. **d) ~walze** f. || rolling thread-cutter || cylindre m. à laminer les filets. **e) ~walzmaschine** f. || (screw) thread rolling machine || machine f. à cylindrer le filetage *ou* à laminer les filets de vis. 6

Gewinn m. || gain; earnings pl.; profit || gain m.; bénéfice m.; profit m. **a) am ~ beteiligt sein** || to share in profits || participer aux bénéfices mpl. **b) ~ aus ...** || net profits pl. of ... || bénéfices mpl. de .... **c)** einen entgangenen **~ ersetzen** || to compensate for loss of profit || compenser un manque de bénéfice. **d) Jahres~** || year's profit || bénéfice m. de l'année. **e) Teilnahme** f. **am ~** || participation in profits || participation f. aux bénéfices. **f) veranschlagter ~** || estimated profits pl. || évaluation f. des bénéfices. **g) verkauft** mit einem ~ von x RM || sold at a profit of £ x || vendu avec un bénéfice de x frs. 7

Gewinnanteil m. || share of the profits; dividend || part f. dans les bénéfices. 8

gewinnbares Kohlenvorkommen n. || coal deposits pl. which can be extraited || charbon m. reconnu récuperable. 9

Gewinnbeteiligung f. || profit sharing || part f. dans les bénéfices; partiception f. aux bénéfices. 10

gewinnen, Erze npl. || to raise *or* to extract ore || extraire du minerai. **a)** die **offene See ~** || to get the offing || gagner le large. **b)** die **hohe See ~** || to gain the high sea || gagner la haute mer. 11

Gewinn-marge f. || margin of profit || marge f. *ou* écart m. de bénéfice. **a) ~ und Verlustrechnung** f. || profit and loss account || compte m. de gain et de perte. **b) ~saldo** m. || balance of profit || solde m. de bénéfice. **c) ~spanne** f. || margin of profit || marge f. *ou* écart m. de bénéfice. 12

Gewinnung f. || obtaining; extraction || production; f. extraction f. **a) direkte ~** von **Eisen** aus den **Erzen** || producing (wrought) iron directly from the ore || obtenir le fer immédiatement du minerai. **b) elektrothermische ~** || electrothermic recovery || extraction f. électrothermique. **c) ~ feuerfester Erde** || fire clay extraction || extraction f. de terre réfractaire. **d) ~ flüssiger Brennstoffe** aus Kohle || recovery of liquid fuels from coal || récupération f. de combustibles liquides extraits du charbon. **e) ~** von **Nebenerzeugnissen** || recovery of by-products || récupération f. de sous-produits. **f) ~** des **Saftes** (Zuck) || extraction of the juice *or* syrup || extraction f. du jus. **g) ~ unter Tage** || underground winning || exploitation f. souterraine. 13

Gewinnungsanlage f. für **künstliche Düngemittel** || plant for chemical manure manufacturing || installation f. pour la fabrication d'engrais chimiques. 14

gewinnungsberechtigt sein || to be entitled to win || être autorisé à exploiter. 15

Gewinnungs-verfahren n. || process of extraction || procédé m. d'extraction. **a) ~weise** f. (Chem) || means pl. of preparation || mode m. de préparation. 16

Gewinnvortrag m. **aus** ... || profit brought forward from ... || report m. de bénéfices de ... 17

gewirkter Stoff m. || knitted fabric || tissu m. par mailles. 18

gewischte Zeichnung f. || dabbed drawing || dessin m. à l'éstompe. 19

Gewitter n. || thunderstorm; tempest || orage m.; tempête f. **a) magnetisches ~** || magnetic storm || orage m. magnétique. **b) Nacht~** || night thunderstorm || orage m. de nuit. **c) Tages~** || day thunderstorm || orage m. de jour. 20

gewitterarme Zone f. || zone of rare thunderstorms || zone f. pauvre en orages. 21

Gewitter-bank f. || bank of thundercloud; storm bank || banc m. d'orage. **a) ~bö** f. || thunder squall; black squall || grain m. orageux *ou* noir. **b) ~elektrizität** f. || electricity of thunder-weather || électricité f. d'un temps orageux. **c) ~neigung** f. || tendency to thunderstorm || tendance m. d'orage. 22

gewitterreiche Zone f. || zone of frequent thunderstorms || zone f. riche en orages. 23

Gewitter-station f. || thunderstorm station || station f. d'orage. **a) ~warnung** f. || thunderstorm warning || avertissement m. d'orages. **b) ~wolke** f. || thundercloud || nuage m. orageux. 24

gewogen || weighed || pesé. 25

gewöhnen (Chem) || to acclimatize || accoutumer. 26

gewöhnlich (Chem) || ordinary || ordinaire. 27

gewöhnlich-e Ausführung f. || standard *or* common design || constructions fpl. normales. **a) ~es rothaltiges Licht** n. || ordinary light containing red rays || lumière f. ordinaire comprenant le rouge. **b) ~e Sorten** fpl. || leading species pl. || marques fpl. les plus courantes. 28

Gewöhnung f. (Chem) || acclimatisation || accoutumance f. 29

Gewölbe n. || vault; vaulting; arch || voûte f.; arche f. **a)** ein **~** n. **aufführen** || to vault || voûter. **b) Beton~** || concrete arch || voûte f. en béton. **c) Brücken~** || arch of a bridge || voûte f. de pont. **d) ~** für **Feuerungen** || roof for furnaces || voûte f. pour foyers. **e) Keller~** || cellar-vault || voûte f. de cave. **f) Kreuz~** || cross-vaulting || voûte f. croisée. **g) Kuppel~** || cupola dome || voûte f. en cupole. **h) Stampfbeton~** || rammed concrete arch || voûte f. en béton damé. **i) Tonnen~** || barrel vault || voûte f. à tonnelle. 30

Gewölbe-anker m. || tie anchor || ancre f. de voûte. **a) ~bogen** m. || arch work; arch of a vault || arc m. *ou* arceau m. d'une voûte. **b) ~fach** n. || vaulted cell || surface f. d'une lunette *ou* d'un triangle de voûte. **c) ~fläche f., innere** || intrados; soffit || intrados m.; douelle f. intérieure. **d) ~pfeiler** m. || buttress of an arch || arc-boutant m. **e) ~rippe** f. || nerve *or* rib of a vault || côte f. *ou* lierne f. *ou* nerf m. *ou* nervure f. de voûte. **f) ~spannweite** f. || width of the vault || échappée f. de voûte. **g) ~stein** n. || voussoir; arch-brick || voussoir m. **h) ~träger** m. || vault support || support m. de la voûte. **i) ~zwickel** m. || spandrel || rein m. de voûte. 31

gewölbt || curved; arched || cintré; arqué; envouté. 32

gewölbt-es Blech n. || dished plate || tôle f. bombée. **a) ~er Flügel** m. (Windmüll) || curved sail || palette f. cintrée. **b) ~er Kesselboden** m. || dished boiler end || fond m. bombé. 33

gewolfte Lumpen mpl. || devilled rags pl. || cobre m. 34

gewonnenes Schleudergut n. || solid material obtained || résidu m. sec obtenu. 35

gewunden || wound || enroulé. **a) schraubenförmig ~** || spirally wound || enroulé en spirale. 36

gewürfelt || checked; checkered || quadrillé; à carreaux mpl. **a) ~er Stoff** m. || check(er)ed fabric || étoffe à carreaux. 37

Gewürz n. || spice; spicery || épice f. **a) ~auszug** m. || spice extract || extrait m. d'épices. **b) ~destillierer** m. || aromatic distiller || distillateur m. d'essences *ou* aromates. 38

gewürzig || aromatic || aromatique. 39

Gewürzmühle f. || spice (grinding) mill || moulin m. à épices; trituration f. d'épices. **a) ~** für den **Haushalt** || spice mill for the household || moulin m. à épices de ménage. 40

Gewürzmüller m. || perfume powder crusher || broyeur m. d'aromates. 41

Gewürznelke f. || clove || girofle m. 42

Gewürznelkenöl n. || clove oil || essence f. de girofles. 43

Gewürzschränkchen n. aus Holz || cupboard for spices || armoire f. pour épices. 44

Geyserit m. || silicious sinter of the Geyser || Geysérite f.; opale f. incrustante. 45

gezackt || ragged; serrate || barbu; grillé; bretellé. **a) ~er Blitzstrahl** m. || forked lightning || foudre f. en zigzag. 46

Gezähe n. ‖ utensils pl.; instruments pl.; implements pl.; tools pl. ‖ ustensiles mpl.; outils mpl. 1

gezahnt ‖ indented; toothed ‖ denté; endenté. 2

gezahnt-e Pinzette f. ‖ forceps pl. with teeth ‖ pince f. à griffes. a) **~e Schiene** f. ‖ toothed rail ‖ rail m. denté; crémaillière f. 3

gezapftes Holz n. ‖ tongued wood ‖ bois m. langueté. 4

Gezeit f. ‖ tide ‖ marée f. a) die **~ steigt und fällt** ‖ the tide flows and ebbs *or* rises and falls ‖ la marée f. monte et descend. 5

Gezeiten-feuer n. ‖ tide *or* tidal light ‖ feu m. de marée. a) **~kraftwerk** n. ‖ tidal power plant ‖ usine f. marémotrice. b) **~strom** m. ‖ tidal stream; tideway ‖ courant m. de marée. c) **~tafeln** fpl. ‖ tide-tables pl. ‖ annuaire m. des marées. d) **~wechsel** m. ‖ turning of the tide ‖ changement m. des marées. e) **~welle** f. ‖ tidal wave ‖ onde-marée f. 6

Gezimmer n. ‖ timber-work; framework ‖ charpente f. 7

gezinkt ‖ pronged ‖ adenté. 8

gezogen ‖ drawn ‖ étiré. a) **nahtlos ~** ‖ seamless drawn ‖ étiré sans soudure. 9

gezogen-e Achse f. ‖ solid drawn axle ‖ essieu m. étiré. a) **~er Draht** m. ‖ drawn wire ‖ fil m. tréfilé *ou* tiré *ou* étiré. b) **~er Eisendraht** m. ‖ drawn iron wire ‖ fil m. de fer tréfilé. c) **~es Geschoß** n. ‖ rifled projectile ‖ obus m. rayé. d) **~er Hohlkörper** m. ‖ hollow-drawn article ‖ pièce f. emboutie creuse. e) **~er Holm** m. (Luftf) ‖ extruded spar ‖ longeron m. chassé. f) **~er Lauf** m. ‖ rifled barrel ‖ canon m. rayé. g) **~es Licht** n. ‖ dipped candle; dip ‖ chandelle f. plongée *ou* à la baguette. h) **~e Röhre** f. ‖ drawn tube ‖ tube m. étiré. i) **~er Stahldraht** m. ‖ drawn steel wire ‖ fil m. d'acier tréfilé. 10

gezwirnt ‖ twined ‖ câblé. 11

Gicht f. (Met) ‖ furnace-charge ‖ charge f. du fourneau. a) **~ eines Hochofens** ‖ blast furnace mouth *or* top; throat of blast furnace ‖ gueulard m.; gueule f. 12

Gichtanzeiger m. (Met) ‖ indicator on the top of a blast furnace ‖ indicateur m. des charges. 13

Gichtaufzug m. ‖ blast furnace hoist *or* elevator charging apparatus ‖ élévateur m. de haut-fourneau; monte-charges m. de gueulard. a) **geneigter ~** ‖ inclined furnace hoist ‖ plan m. incliné du monte-charge. b) **hydraulischer ~** ‖ water balance furnace hoist ‖ monte-charge m. hydraulique. c) **pneumatischer ~** ‖ pneumatic furnace hoist ‖ monte-charge m. pneumatique. 14

Gichtaufzugführer m. ‖ blast furnace hoist engineer ‖ mécanicien m. du monte-charge. 15

Gicht-brücke f. ‖ bridge leading to the mouth of the furnace; charge bridge ‖ pont m. de gueulard *ou* de chargement. a) **~bühne** f. ‖ charging *or* top gallery; blast furnace platform ‖ plate-forme f. du gueulard. b) **~ebene** f. ‖ top-gallery of a blast furnace ‖ plate-forme f. du gueulard. c) **~flamme** f. ‖ top-flame ‖ flamme f. du gueulard. 16

Gichtgas n. ‖ blast furnace gas ‖ gaz m. du gueulard *ou* de hauts-fourneaux. 17

Gichtgas-entziehung f. ‖ taking-off the gases of blast furnaces ‖ prise f. des gaz des hauts-fourneaux. a) **~fang** m. ‖ gastake of blast furnace ‖ prise f. de gaz de haut-fourneau. b) **~maschine** f. ‖ blast furnace gas engine ‖ moteur m. à gaz de haut-fourneau. c) **~motor** m. *s.* **~-maschine** f. d) **~reinigungsanlage** f. ‖ cleaning installation for blast furnace gas ‖ installation f. pour l'épuration des gaz de hauts fourneaux. 18

Gichtglocke f. ‖ blast furnace cone ‖ cloche f. de haut-fourneau. 19

Gichtglockenwinde f. ‖ throat stopper winch ‖ treuil m. de manœuvre pour cloches à gueulard. 20

Gicht-mann m. ‖ charger; charging man; dumper ‖ chargeur m.; arqueur m. a) **~mantel** m. ‖ mouth-screen; wind-wall on the mouth of a blast furnace ‖ mur m. de bataille. b) **~maß** n. ‖ charging-gauge ‖ sonde f.; bécasse f. c) **~mauer** f. ‖ wind-wall on the mouth of a blast furnace ‖ mur m. de bataille. d) **~messer** m. ‖ measuring-rod for the descent of the charges ‖ sonde f.; bécasse f. e) **~öffnung** f. ‖ mouth of a blast furnace ‖ bure f. d'un fourneau. f) **~öl** n. (Heilk) ‖ antiarthritic oil ‖ huile f. antiarthritique. g) **~rauch** m. ‖ top-smoke of a blast furnace ‖ fumée f. du haut-fourneau. h) **~schirm** m. ‖ wind-screen of a blast furnace ‖ brise-vent m. du haut-fourneau. i) **~schwamm** m. ‖ tutty; tutia; furnace cadmia; furnace calamine; spodium ‖ cadmie f.; calamine f. de fourneau; tutie f.; (Belg:) kiess f.; spode m. 21

Gichtstaub m. ‖ furnace dust ‖ poussière f. des hauts-fourneaux. a) **~brikettierungsanlage** f. ‖ flue-dust briquetting plant ‖ installation f. pour la fabrication des agglomérés de poussière de gueulard. 22

Gicht-treppe f. ‖ top-stairs pl. of a blast furnace ‖ escalier m. d'un haut-fourneau. a) **~turm** m. ‖ charging-tower ‖ tour f. à chargement *ou* guide-hors. 23

Gichtung f. ‖ charging ‖ chargement m. 24

Gichtverschluß m. ‖ throat stopper ‖ fermeture f. de gueulard. a) **Hochofen~** ‖ throat stopper for blast furnaces ‖ fermeture f. de gueulard pour hauts-fourneaux. 25

Gichtwatte f. (Heilk) ‖ antiarthritic wadding ‖ ouate f. antiarthritique. 26

Gickel m. ‖ axis of a hinge ‖ pivot m. du gond. 27

Giebel m. ‖ gable ‖ pignon m. a) **~fenster** n. ‖ gabled dormer window ‖ fenêtre f. de pignon; lucarne f. faîtière. b) **~mauer** f. ‖ gable wall ‖ mur m. de pignon. c) **~wand** f. ‖ gable wall ‖ pan m. de pignon. 28

Giekbaum m. ‖ main boom ‖ baume f.; gui m. 29

gieken ‖ to gybe; to jib; to shift ‖ changer; gambier; trélucher. 30

Gien n. ‖ winding tackle ‖ palan m. à caliorne. a) **großes ~** (Seew) ‖ main purchase ‖ grand appareil m. 31

Gien-block m. ‖ winding-tackle block ‖ poulie f. de caliorne. a) **~läufer** m. ‖ purchase-fall; runner of the winding tackle ‖ garant m. d'un palan à caliorne. 32

Gier f. (Schiffb) ‖ guy; vang ‖ bras m. du pic; palan m. de retenue. a) **~brücke** f. ‖ swing bridge ‖ bac m. à traille; traille f. sur pontons. 33

gieren, vor **Anker** m. ‖ to break sheer ‖ roder. 34

Gieren n. ‖ yawing ‖ lacet m.; embardée f. 35

Gier-fähre f. ‖ swing bridge ‖ traille f. sur pontons. a) **~mast** m. (Wasserb) ‖ horse ‖ potence f. b) **~tau** n. ‖ trail; ferry rope ‖ traille f.; câble m. du pont volant. 36

Gierung f. ‖ mitre ‖ onglet m.; biaisement m. 37

Gierungswinkel m. ‖ angle of yaw ‖ angle m. de lacet. 38

Gierwinde f. ‖ adjusting windlass ‖ cabestan m. 39

Gieß-anlage f. für das graphische Gewerbe ‖ casting implements pl. for the graphic industry ‖ installation f. de coulée pour les arts graphiques. a) **~apparat** m. für **Gelatineplatten** ‖ congealing apparatus for gelatine plates ‖ appareil m. de congélation pour plaques de gélatine. b) **~band** n. ‖ pouring conveyor ‖ convoyeur m. de coulée. 40

Gießbett n. ‖ pig bed; casting *or* pouring bed ‖ lit m. de coulée. 41

Gießbett-aufbereitungsmaschine f. ‖ pig-bed dressing machine ‖ machine f. à préparer les lits de coulée. a) **~kran** m. ‖ casting bed crane ‖ grue f. pour lits de coulée. 42

gießen ‖ to cast; to mould; to found ‖ fondre; jeter en fonte; mouler; couler. a) **fallend ~** ‖ to pour from the top ‖ couler en plan m. incliné. b) im **Herd** m. **~** ‖ to cast in open sand ‖ couler au découvert. c) **hohl ~** ‖ to cast hollow ‖ couler creux *ou* à noyau. d) in **Kokillen ~** ‖ to chill ‖ coquiller. e) **massiv ~** ‖ to cast solid ‖ couler plein. f) ohne **Kern** m. **~** ‖ to cast without core ‖ couler en moule m. sans noyau. g) in **Scheiben** fpl. **~** ‖ to cast in disks pl. ‖ écouler en disques fpl. h) **Schrift** f. **~** ‖ to found *or* to cast types ‖ fondre des caractères. i) das **Spiegelglas ~** ‖ to cast plate-glass ‖ couler les glaces. k) **stehend ~** ‖ to pour on the end ‖ couler debout. l) **steigend ~** ‖ to pour from the bottom ‖ couler en source f. m) in **steigendem Strom ~** ‖ to cast in rising stream ‖ couler en source. n) mit dem **Steigrohr** n. **~** ‖ to cast from the bottom ‖ couler à cale *ou* à siphon. o) **über den Kern ~** ‖ to cast on *or* upon a core; to cast hollow ‖ couler creux *ou* à noyau. 43

Gießen n. ‖ casting ‖ coulage m.; fonte f. 44

Gießer m. (Eisen) ‖ founder; foundry man; caster; melter; smelter ‖ fondeur m. a) **~** (Glasf) ‖ shearer; ladler ‖ verseur m.; pocheur m. b) **~** (Steingut) ‖ caster ‖ couleur m. c) **Eisen~** ‖ iron founder ‖ ouvrier m. de fonderie. d) **Metall~** ‖ metal founder ‖ fondeur m. en métaux. e) **Stahl~** ‖ ladle *or* steel pourer ‖ verseur m. d'acier *ou* de poches. 45

Gießerei f. ‖ foundry; casting shop ‖ fonderie f. a) **Bild~** ‖ bronze statue foundry ‖ fonderie f. de bronzes d'art. b) **Blei~** ‖ lead foundry ‖ fonderie f. de plomb. c) **Bronze~** ‖ brass foundry ‖ fonderie f. de bronze. d) **Eisen~** ‖ iron foundry ‖ fonderie f. de fer. e) **Gelb~** ‖ brass foundry ‖ fonderie f. de laiton. f) **Glokken~** ‖ bell foundry ‖ fonderie f. de cloches. **g) Kunst~** || art foundry || fonderie f. d'art. **h) Kupfer~** || copper foundry || fonderie f. de cuivre. **i) Messing~** || brass foundry || fonderie f. de cuivre jaune. **k) Rot~** || red copper foundry || fonderie f. de cuivre rouge. **l) Schrift~** || type foundry || fonderie f. typographique. **m) Stereotypen~** || stereotype foundry || fonderie f. de stéréotypes. **n) Zink~** || zinc foundry || fonderie f. de zinc. **o) Zinn~** || tin foundry || fonderie f. d'etain. 1

Gießerei-anlage f. || foundry plant || installation f. fonderie. **a) ~bedarf** m. || foundry material || matériel m. pour fonderie. **b) ~bedarfsartikel** mpl. || foundry implements || articles mpl. courants pour fonderies. **c) ~einrichtung** f. || foundry equipment || accessoires mpl. d'une fonderie. **d) ~eisen** n. || foundry pig || fonte f. de moulage. **e) ~formmaschine** f. || moulding machine for foundries || machine f. à former les moules de fonderie. **f) ~formmasse** f. || moulding sand for iron || sable m. de moulage pour fonte. **g) ~koks** m. || foundry coke || coke m. de fonderie. **h) ~kran** m. || casting *or* foundry crane || grue f. pour fonderies *ou* de coulée. **i) ~laufkran** m. || foundry travelling crane || pont m. roulant pour fonderie. **k) ~maschine** f. || foundry machine || machine f. pour fonderie. **l) ~modelltischler** m. || foundry pattern maker || modeleur m. pour fonderie. **m) ~roheisen** n. || foundry (pig) iron || fonte f. brute de fonderie; fonte f. de moulage. **n) ~schwärze** f. *s.* Gießerschwärze. **o) ~wagen** m. || foundry car || chariot m. de coulée. 2

Gießer-schwärze f. || black(en)ing; blackwash; founder's black; **facing** || noir m. de fonderie; enduit m. (noir). **a) ~star** m. || founder's cataract || cataracte f. des fondeurs. 3

Gieß-form f. (Gieß) || mould for casting; casting *or* ingot mould || moule m.; moule m. à fonte; creux m.; lingotière f. **a) ~grube** f. || casting pit || fosse f. de coulée. **b) ~halle** f. || casting house *or* bay || halle f. de coulée. **c) ~kanne** f. || watering can *or* pot || arrosoir m. **d) ~kasten** m. || casting mould || châssis m. de moulage. **e) ~kelle** f. || casting ladle || poche f. à fonte; puisoir m. **f) ~kopf** m. || feeding *or* dead head; runner || jet m.; masselotte f.; saumon m. **g) ~kran** m. || ladle-handling *or* foundry *or* pouring crane || grue f. pour la coulée *ou* de transvasement; pont m. de coulée. **h) ~lade** f. || casting mould || châssis m. de moulage. **i) ~loch** n. || funnel; git; gate; set || godet m. d'un moule; jet m.; amorce f. de coulée. 4

Gießlöffel m. || casting ladle || louche f.; puisoir m.; poche f. de coulée. **a) ~ mit angeschweißtem Stielansatz** || ladle with shank welded on || poche f. avec douille raccordée par soudage. 5

Gießlöffelreiniger m. || ladle cleaner || nettoyeur m. de cuillers. 6

Gießmaschine f. || casting *or* pouring machine || machine f. à fondre *ou* à couler; fondeuse f. **a) ~ mit Handbetrieb** (Schriftgieß) || hand casting machine || machine f. à fondre à main. **b) ~ für runde Stereoplatten** || casting machine for curved plates || fondeuse f. pour clichés ronds. 7

Gieß-meister m. || foundry foreman; mastersmelter; distributor of ladles || chef m. de coulée *ou* de fosse; maître m. fondeur. **a) ~ofen** m. || founding furnace || fourneau m. de fonderie *ou* à fondre. 8

Gießpfanne f. || casting ladle; melting pot; shank; foundry ladle || creuset m.; chaudière f.: poche f. à couler *ou* de coulée. 9

Gießpfannenwagen m. || ladle carriage; casting car || chariot m. porte-poche; transporteur m. de la poche de coulée; chariot m. de coulée. 10

Gieß-pfropfen m. || ladle plug || bouchon m. de trou de coulée. **a) ~raum** m. || moulding floor || moulerie f. **b) ~sand** m. || moulding-sand; sand for moulds || sablon m. **c) ~tafel** f. (Glasf) || casting-plate || table f. à couler. **d) ~technik** f. || pouring method || méthode f. de coulage. **e) ~trommel** f. || casting drum || tambour m. de coulée. **f) ~vorrichtung** f., **Lagerschalen** || casting device for bushes || dispositif m. à couler les coussinets. **g) ~wagen** m. || ladle car; casting carriage || chariot m. porte-poche; poche f. roulante de coulée. **h) ~zapfen** m. || runner stick || modèle m. du jet. 11

Gift n. || poison || poison m.; toxique m. 12

Gift! n. || Poison! || Poison! m. 13

Giftfang m. || poison-tower || cheminée f. pour le poison. 14

giftfrei || harmless; non-poisonous; poisonless || sans venin m.; atoxique. 15

giftfreie Farbe f. || non-poisonous colour || couleur f. anodine *ou* non vénéneuse. **a) ~ ~ für Genußmittel** || non-poisonous colour for victuals || couleur f. inoffensive pour aliments. **b) ~ ~ für Spielwaren** || non-poisonous colour for toys || couleur m. sans poison pour jouets. 16

Giftgas n. || poison-gas || gaz m. toxique. **a) ~krieg** m. || gas warfare; poison-gas warfare || guerre f. des gaz. 17

Giftgetreide n. || poisoned corn || blé m. empoisonné. 18

giftig (Chem) || toxic || toxique. 19

Giftigkeit f. || toxicity || toxicité f. 20

Gift-mehl n. || white arsenic powder; arsenious anhydride || arsenic m. blanc; poudre f. d'arsenic; anhydride m. arsénieux. **a) ~stein** m. || arsenical cadmia; white arsenic || cadmie f. arsenicale. **b) ~turm** m. || poison-tower || cheminée f. pour le poison. 21

Gigantolith m. || gigantolite || gigantolite f. 22

gilben, das Pergament || to dye parchment yellow || jaunir *ou* teindre en jaune le parchemin. 23

Gilde f. || corporation; guild || corporation f.; corps m. de métier. 24

Gileadbalsam m. || balm of Gilead || baume m. de Gilead. 25

Gilling f. (Schiffb) *s.* Gillung. 26

Gillingit m. || hisingerite; thraulite || gillingite f. 27

Gillung f. (Schiffb) || counter || voûte f. 28

Gillungs-holz n. || counter wood || montant m. de voûte. **a) knie** f. || wing transom knee || courbe f. d'arcasse. **b) ~stütze** f. || counter timber || allonge f. de poupe. 29

Gingergrasöl n. || gingergrass oil || essence f. de géranium des Indes. 30

Gingham m. (Web) || gingham || guingan m.; guingamp m. 31

Ginsengwurzel f. || ginseng root || racine f. de ginseng. 32

Ginster m. || broom || genêt m. **a) ~blüte** f. || broom flower || fleur f. de genêt. 33

Gipfel m. || crest || crête f. **a) ~höhe** f. (Luftf) || ceiling || plafond m. **b) ~punkt** m. || culmination point || point m. de culmination. 34

Gipfelung f. || culmination || culmination f. 35

Gips m. || plaster; gypsum || gypse m.; plâtre m. **a) Bildhauer~** || sculptor's plaster || plâtre m. de moulage. **b) faseriger ~** || fibrous gypsum || chaux f. sulfatée fibreuse. **c) feingesiebter ~** || finely sifted plaster || plâtre m. au sas *ou* fin. **d) fetter ~** || well burnt plaster || plâtre m. gras. **e) gebrannter ~** || burnt gypsum || plâtre m. cuit. **f) grober ~** || unsifted plaster || plâtre m. gros. **g) kalkhaltiger ~** || calcarious plaster || plâtre m. de Paris. **h) körniger ~** || compact gypsum || albâtre m. **i) schaumiger ~** || scaly foliated gypsum || chaux f. sulfatée niviforme. **k) schuppigkörniger ~** || foliated granular gypsum || chaux f. sulfatée saccharoïde. **l) ungebrannter ~** || unburnt gypsum || plâtre m. cru. 36

Gips-abguß m. || plastercast || moule m. en plâtre. **a) ~arbeit** f. || plastering || plâtrerie f. **b) ~bewurf** m. || plastering || crépi m. de plâtre. **c) ~bildhauer** m. || ornament maker || ornemaniste m. **d) ~binde** f. || plaster of Paris bandage || bandage m. en plâtre. 37

Gipsblock m. || gypsum block || bloc m. de plâtre. **a) ~kultur** f. || gypsum block culture || culture f. sur bloc de plâtre. 38

Gips-brecher m. || gypsum crusher || concasseur m. de plâtre. **a) ~brei** m. || plaster paste || bouillie f. de plâtre; pâte f. de plâtre. **b) ~brenner** m. || gypsum burner; calciner of gypsum. || cuiseur m. de plâtre; plâtrier m. **c) ~brennerei** f. (Verfahren) || calcination of gypsum; gypsum-burning; plaster burning. || cuite f. du plâtre. **d) ~decke** f. || stucco ceiling || plafond m. de plâtre. **e) ~deckenwerk** n. || plaster ceiling enterprise || entreprise f. de plafonnement. **f) ~diele** f. || plaster slab; gypsum deal || planche f. de plâtre *ou* de gypse. **g) ~dielenstift** m. || nail for plaster of Paris flooring slabs || clou m. à dalles en plâtres. 39

gipsen || to plaister; to plaster || plâtrer. 40

Gips-erde f. || earthy gypsum || gypse m. terreux; chaux f. sulfatée terreuse. **a) ~erhärtung** f. || hardening plaster || durcissage m. des plâtres. **b) ~estrich** m. || plaster floor || aire f. en plâtre. **c) ~figur** f. || gypsum statue; plaster image || figure f. en plâtre. **d) ~form** f. || plaster mould || moule m. *ou* coquille f. en plâtre. **e) ~formen** n. || plaster moulding || moulage m. en plâtre. **f) ~formerei** f. || plaster casting shop *or* factory || atelier m. de mouler en plâtre. **g) ~grube** f. || gypsum quarry || carrière f. de plâtre; plâtrière f. **h) ~haue** f. || plaster hatchet || hachereau m. **i) ~herstellungseinrichtung** f. || gypsum producing plant || installation f. de fabrication du plâtre. **k) ~kelle** f. || plastering trowel || platronoir m. **l) ~marmor** m. || artificial marble; stucco || marbre m. factice. **m) ~matrize** f. || gypsum *or* plaster mould || moule f. de plâtre. **n) ~mergel** m. || gypseous marl || marne f. gypseuse. **o) ~mörtel** m. || stucco; plaster; mortar *or* cement of plaster || mortier-stuc m; plâtre-ciment m. **p) ~mühle** f. || gypsum mill || moulin m. à plâtre. **q) ~ofen** m. || plaster kiln ||

four m. à plâtre. **r) ~plättchen** n. (Opt) || gypsum plate || lame f. de gypse. **s) ~platte** f. || plaster block || carreau m. de plâtre. 1
Gipsputz m. || plaster stucco || enduit m. en plâtre. **a) ~decke** f. || plastering on ceiling || crépi m. *ou* enduit m. de plâtre au plafond; plafonnage m. en plâtre. 2
Gips-spat m. || sparry *or* specular gypsum; selenite; gypseous spar || gypse m. cunéiforme *ou* en fer de lance *ou* spathique; sélénite f. **a) ~statue** f. || gypsum statue || statue f. en plâtre. **b) ~stuck** m. || plaster-stucco; parget; stucco || enduit m. en plâtre; plâtre m.; stuc m. **c) ~wand** f. || plaster partition || cloison f. en plâtre. **d) ~waren** fpl. || plasterware; gypsum articles pl. || objets mpl. en plâtre. **e) ~werk** n. || plaster works || usine f. à plâtre. 3
Gipüre f. || guipure || guipure f. 4
Gipür-gardine f. || guipure curtain || rideau-guipure m. **a) ~tüll** m. || furniture guipure || guipure f. d'ameublement. 5
Girant m. || endorser || endosseur m. 6
girieren || to put into circulation; to endorse (a bill) || endosser; virer. 7
Girlande f. || festoon || feston m. 8
Giro n. || endorsement || endossement m. **a) ~konto** n. || current account || compte m. de virement. **b) ~verkehr** m. || clearing house business || opérations fpl. (*ou* système m.) de virements mpl. 9
Gismondin m. || gismondine || gismondine f. 10
Gissung f. || dead reckoning || gisement m. 11
Gitarre f. || guitar || guitare f. 12
Gitter n. (Bauw) || trellis; fence; grate; screen || grillage m.; grille f.; treillis m.; écran m. **a) ~** (Elektr) || grid || grille f. **b) ~** (Opt) || grating || réseau m. **c) Eisendraht~** || iron wire lattice || grillage m. en fer. **d) eisernes ~** || iron trellis || treillis m. en fer. **e) Holz~** || lattice || grillage m. en bois. **f) schmiedeeisernes ~** || wrought iron grater || grille f. en fer forgé. 13
Gitter-ableitung f. (Fernm) || grid leak || résistance f. de fuite de grille; retour m. de grille. **a) ~akkumulator** m. || grid type accumulator || accumulateur m. à grillage. **b) ~alarmrelais** n. || alarm relay of grid potential || relais m. de contrôle du potentiel de grille. **c) ~aufsatz** m. || top fencing || treillage m. de surhaussement. **d) ~balken** m. || lattice truss || poutre f. en treillis. **e) ~batterie** f. || grid battery || batterie f. de grille. **f) ~blech** n. || perforated sheet iron || tôle f. perforée. **g) ~brücke** f. || lattice bridge || pont m. à grille *ou* en treillis. **h) ~brüstung** f. || chancel; screen || écran m.; paraclose f.; parclose f. 14
gitterförmig-er Ausleger m. || crane arm of lattice type || flèche f. en treillis. **a) ~es Mauerwerk** n. || latticed brickwork || maçonnerie f. grillagée. 15
Gitter-gleichrichtung f. || grid rectification || rectification f. par grille. **a) ~handspektroskop** n. || hand grating spectroscope; diffraction hand grating spectroscope || spectroscope m. à réseau à main. **b) ~kondensator** m. (Funkw) || grid condenser || condensateur m. de la grille. **c) ~konstruktion** f. || lattice work || charpente f. à treillis. **d) ~kopfwand** f. (Eisenb) || cross-barred end || paroi f. frontale à grille. **e) versilberte ~kopie** f. (Spektroskopie) || silvered grating replica || copie f. argentée d'un réseau. **f) ~kreis** m. || grid circuit || circuit m. de grille. **g) ~loge** f. || latticed box || loge f. grillée. **h) ~mast** m. || lattice mast *or* pole *or* tower || pylône m. métallique; mât m. *ou* poteau m. en treillis. **i) ~meßspektroskop** n. || evaluating grating spectroscope || spectromètre m. à réseau. 16
gittern || to grate; to lattice; to rail || mailler. 17
Gitter-ornament n. || ornament for trellis fences || ornement m. de grille. 18
Gitterplatte f. || grid plate || plaque f. à grilles. **a) Akkumulator~** || accumulator grid plate || plaque f. à grillage d'accumulateur. 19
Gitter-rost m. || grate || grille f. **a) ~schaufel** f. || grid shovel || pelle f. à grille. **b) ~schott** n. || batten and space bulkhead || cloison f. à claire-voile *ou* à jour. **c) ~spannung** f. (Funkw) || grid tension *or* voltage; grid potential || tension f. grille; potentiel m. de grille. 20
Gitterspektroskop n. || diffraction grating spectroscope || spectroscope m. à réseau. **a) ~ mit Autokollimation** || autocollimating grating spectroscope || spectroscope m. à réseau autocollimateur. 21
Gitter-spektrum n. || diffraction spectrum; grating spectrum || spectre m. de réseau. **a) ~stab** m. || latticed bar || barre f. de treillis. **b) ~strom** m. (Fernm) || grid current || courant m. de grille. **c) ~tor** n. || spar gate || porte f. à claire-voie. 22
Gitterträger m. || trellis *or* lattice girder || poutre f. à treillis *ou* à lattice. **a) ~** (Fernm) || grid support || support m. de grille. **b) nietloser ~** || boltless trellis girder || poutre f. à treillis sans boulons. 23
Gitter-tür f. || lattice gate *or* door || porte f. à claire-voie; fermeture f. à treillis. **a) ~vorspannung** f., **negative** (Funkw) || negative grid voltage || polarisation f. négative de grille. 24
Gitterwerk n. || lattice work; lattice || treillis m. **a) ~ aus Draht** || grid || grillage m. 25
Glacéhandschuh m. || glacé glove || gant m. glacé. 26
Glacépapier n. || glazed paper || papier m. glacé. **a) ~herstellungsmaschine** f. || glazed paper making machine || machine f. à fabriquer le papier glacé. 27
Glander f. || calender; calendering-machine || calandre m. 28
Glanz m. || brightness; lustre || éclat m. **a) ~** (Edelstein) || brilliancy || brillant m.; éclat m. **b) ~ eines Bieres** || brilliancy of a beer || limpidité f. d'une bière. **c) fettiger ~** || unctuous lustre || éclat m. onctueux. **d) ~ geben** || to polish; to sleek; to smooth || lisser; polir. **e) metallischer ~** || metallic lustre || éclat m. métallique. **f) den ~ m. verlieren** || to fade; to tarnish || perdre son éclat; se ternir. 29
Glanz-arsenikkies m. || löllingite || löllingite f. **a) ~braunstein** m. || hausmannite || hausmannite f. **b) ~bürste** f. (Schuhm) || shining brush || polissoire f. 30
Glanzeisen n. (Min) || lamprite || lamprite f. 31
Glanzeisenerz n. || hematite || hématite f. **a) ~grube** f. || oligist *or* specular iron mine || mine f. de fer oligiste *ou* spéculaire. 32
Glanzeisenstein m. || oligiste iron ore || fer m. oligiste. 33
glänzen || to sparkle; to be bright || étinceler; briller. 34
Glänzen n. **des Zwirnes** || yarn glazing || lustrage m. de fils. 35
glänzend || bright; lustrous || luisant; lustré. **a) ~ machen** || to polish || lisser; polir. 36
glänzendes Aussehen n. || glazed appearance || apparence f. luisante. 37
Glanz-erz n. || native sulphide of silver; silver glance; vitreous silver || argentite m.; argent m. sulfuré. **a) ~farbe** f. || gloss ink || couleur f. de lustre. **b) ~flor** m. || brilliant lisle || fil m. d'Écosse brillant. **c) ~garn** n. || glazed garn || fil n. glacé. **d) ~gold** n. || burnish gold || or m. imité. **e) ~hammer** m. || polishing hammer || marteau m. à polir. 38
Glanzieren n. **von Geweben** || cloth piece glazing || glaçage m. d'étoffes. 39
Glanz-kalander m. (Tuchm) || friction *or* glazing calender || calandre m. à lustrer. **a) ~karton** m. || mill board || carton m. lissé *ou* glacé. **b) ~kattun** m. || glazed calico || lustrine f. **c) ~kobalt** m. || cobalt-glance || cobalt m. gris; cobaltine f. **d) ~kohle** f. || glance coal; anthracite || houille f. luisante *ou* sèche. **e) ~lack** m. || brilliant varnish || vernis m. brillant. 40
Glanzleder n. || patent *or* lacquered *or* japanned leather || cuir m. laqué *ou* verni *ou* brillant. **a) ~handschuh** m. || glacé glove || gant m. glacé. 41
Glanzleinwand f. (Web) || trellis || treillis m. 42
glanzlos (Farbe) || dead; dull || mat. 43
Glanzlosigkeit f. (Glasf) || roughness; opacity; non-transparency || dépoli m. 44
Glänzmaschine f. (Tuch) || glazing machine || lissoir m. 45
Glanzpapier n. || glazed paper || papier m. glacé *ou* satiné *ou* lissé. **a) ~arbeiter** m. || paper glazer || glaceur m. de papier. 46
Glanz-pappe f. || glazed board || carton m. porcelaine *ou* glacé. **a) ~platin** n. || burnish platinum || platine m. imité. **b) ~ruß** m. || shining soot || suie f. cristallisée. 47
glanzschleifen || to burnish; to polish; to smooth || brunir; lustrer; polir. 48
Glanzsilber n. || burnish silver || argent m. imité. 49
Glanzstärke f. || gloss starch || empois m. luisant. **a) ~fabrik** f. || starch works pl. || amidonnerie f. 50
Glanz-stoff m. || brillanté || tissu m. brillanté. **a) ~taft** m. || shot taffeta || taffetas m. glacé. **b) ~tapete** f. || satined hangings pl. || papier-peint m. satiné. **c) ~tuch** n. || glazed linen || toile f. gommée. **d) ~vergoldung** f. || gilding on water size; water *or* burnished gilding; gilding in distemper || dorure f. en détrempe. **e) ~weiß** n. || brillant white || blanc m. brillant. **f) ~welle** f. (Glasur) || glaze wave || retirement m. **g) ~wichse** f. || shining blacking; polish paste || cirage m. brillant. **h) ~zwirn** m. || glace-thread || fil m. glacé. 51
Glas n. || glass || verre m. **a) ~** (Seew) || glass; watch-glass || ampoulette f.; horloge f. de sable; sablier m. **b) Aquarium~** || aquarium glass || verre m. pour aquariums. **c) bedrucktes ~** printed glass || verre m. imprimé. **d) Beleuchtungs~** || glass for lighting articles || verre m. pour articles d'éclairage. **e) Bifokal~** || bifocal lens || verre m. à double foyer. **f) ~ blasen**

|| to blow glass || souffler le verre. **g) von Blasen** und Schlieren völlig **freies ~** || glass entirely free from bubbles and streaks || verre m. parfaitement exempt de bulles et de fils. **h) ~** in **Blättern** || glass in sheets || verre m. en feuilles. **i) Blei~** || lead glass || verre m. plombifère. **k)** für das **ganze Blickfeld gleichmäßig gefärbtes** Umbral~ || Umbral lens with a uniform moderating effect at all viewing angles throughout every part of the disc || verre m. Umbral à coloration uniforme du champ. **l) ~ blind machen** || to blunt glass || émousser la verre. **m) ~Dach** || roofing glass || verre m. de toiture. **n) Deck~** (Opt) || cover glass || lamelle f. couvre-objet. **o) diamantiertes ~** || diamonded glass || verre m. diamanté. **p) Draht~** || wire (rolled) glass || verre m. filé *ou* à fils de fer. **q) dunkles Absorptions~** || dark absorbing glass || coin m. absorbant foncé. **r) entglastes ~** || devitrified glass || verre m. dévitrifié. **s) facettiertes ~** || cut glass; edged lens || verre m. taillé *ou* à biseau. **t) farbiges ~** || coloured glass || verre m. coloré. **u) farbloses ~** n. von ungeschwächter Lichtdurchlässigkeit || colourless lens transmitting the undiminished intensity of the light || verre m. correcteur incolore de transparence parfaite. **v) Fenster~** || window glass || verre m. à vitre. **w) Flaschen~** || bottle glass || verre m. à bouteilles. **x) Flint~** || flint glass || verre m. de flint. **y) geblasenes ~** || blown glass || verre m. soufflé. **z) gebogenes ~** || convex glass || verre m. bombé. 1

a) gefärbtes ~ || coloured glass || verre m. coloré. **b) geformtes ~** || moulded glass || verre m. moulé. **c) gegossenes ~** || cast glass || verre m. coulé. **d) auf Metalltuch gegossenes ~** || glass cast on wire-cloth || verre m. coulé sur toile métallique. **e)** in **Sand gegossenes ~** || glass cast in sand || verre m. sablé. **f) gehämmertes ~** || hammered glass || verre m. martelé. **g) gepreßtes ~** || pressed glass || verre m. moulé. **h) gerautetes ~** || lozanged glass || verre m. losangé. **i) geripptes ~** || ribbed glass || verre m. rayé. **k) geschliffenes ~** || cut glass || verre m. poli *ou* taillé; cristal m. taillé. **l) gestreiftes ~** || corrugated glass || verre m. strié. **m) ~** mit **Gewinde** (Chem) || tube with screw cap || tube m. à filet. **n) gezogenes ~** || drawn glass || verre m. étiré. **o)** von **Glasfehlern** völlig freies ~ || glass entirely free from flaws || verre m. parfaitement exempt de défauts du verre. **p) glattes ~** || plain glass || verre m. uni. **q) Gradal~** f. mit **Farbkeil** || Gradal lens with colour wedge || verre m. dégradé Gradal. **r) ~** mit nach oben hin stetig zunehmender **graubrauner Färbung** || lens having in the upper portion a continuously deepening greyish brown colour || verre m. de teinte gris-brunâtre de plus en plus foncé vers le haut. **s) halbweißes ~** || semi-white *or* straw-coloured glass || verre m. demi-blanc. **t) Hart~** || hard glass; toughened glass || verre m. dur *ou* trempé. **u) hartes** und chemisch widerstandsfähiges **~** || hard glass offering great resistance to chemical influences || verre m. dure résistant bien aux agents chimiques. **v) Kali~** || potash glass || verre m. à base de potasse. **w) Kalk~** || lime glass || verre m. à chaux. **x) kanneliertes ~** || grooved glass || verre m. cannelé. **y) Kathedral~** || cathedral *or* stained glass || verre m. cathédrale. **z) Katral~** für **Staroperierte** || Katral lens for persons operated for cataract || verre m. Katral pour les opérés de la cataracte. 2

a) ~ für **Kirchenfenster** || glass for church windows || verre m. pour vitraux. **b) klares ~** || clear glass || verre m. clair. **c) Konserven~** || preserve glass || verre m. pour conserves. **d) von Kratzern freies ~** || lens free from scratches || verre m. exempt d'éraflures. **e) Kristallspiegel~** || crystal glass for mirrors || cristal m. pour miroirs. **f) Kron~** || crown glass || verre m. Crown. **g) künstlerisches ~** || artistic glass || cristal m. d'art. **h) Laboratoriums~** || laboratory glass || verre m. de laboratoire. **i) luftleeres ~** || evacuated glass || verre m. à vide. **k) marmoriertes ~** || marbled glass || verre-marbre m. **l) ~** für **mechanische Zwecke** || glass for mechanical purposes || verre m. pour usages mécaniques. **m) Milch~** || milk glass || verre m. opale. **n) Mitteltrieb~** (Opt) || joint focusing glass || jumelle f. à molette centrale. **o) mondförmiges ~** || meniscal lens || verre m. ménisque. **p) Natron~** || soda glass || verre m. à base de soude. **q)** nur ganz wenig Licht durchlassendes dunkles **Neutral~** || dense neutral tint glass which allows but little light to pass || verre m. neutre sombre qui ne laisse filtrer que très peu de lumière. **r) optisches ~** || optical glass || verre m. d'optique. **s) optisch mangelhaftes ~** || optically defective lens || verre m. optique défectueux. **t) optisches Spezial~** || special optical glass || verre m. pour optique spécial. **u) Ornament~** || ornamental glass || verre m. ornamental. **v) pantoskopisches ~** || pantoscopic lens || verre m. pantoscopique. **w) Pechpolitur** f. des **~es** || pitch polishing method of glass || polissage m. de verre à la poix. **x) Planparallel~** || plane parallel glass || verre m. à faces planes et parallèles. **y) Quarz~** || quartz glass || verre m. quartzeux. **z) retikuliertes ~** || reticulated glass || verre m. filigrané. 3

a) Riffel~ || ribbed glass || verre m. cannelé. **b) rohes ~** || raw glass || verre m. brut. **c) ~ schleifen** || to grind the glass || tailler le verre. **d) von Schleiffehlern** und Polierfehlern **freies ~** || glass free from faults in the ground and polished surfaces || verre m. exempt d'imperfections de taille et de polissage. **e) schmelzbares ~** || fusible glass || verre m. fusible. **f) ~ schneiden** || to cut glass || tailler le verre. **g) schwer schmelzbares ~** || hardly fusible glass || verre m. difficilement fusible. **h) Schwerflint~** || heavy flint glass || verre m. en flint lourd. **i) ~** ohne **sekundäres Spektrum** || glass without secondary spectrum || verre m. exempt de spectre secondaire. **k) Serum~** || serum glass || tube m. pour sérum. **l) Silikat~** || silicate glass || verre m. au silicate. **m) Spiegel~** || mirror *or* plate glass || glace f. (sans tain); verre m. à glaces. **n) splitterfreies ~** || splinter-proof glass || verre m. incassable. **o) ~** mit **Steckkapsel** (Chem) || tube with push || tube m. à mise en capsule. **p) Tafel~** || sheet glass || verre m. en tables. **q) Tropf~** || drop glass || stilligoutte f. **r) überfangenes ~** || flashed glass || verre m. à deux couches *ou* doublé *ou* plaque. **s) Uhr~** || watch glass || verre m. de montres. **t)** besonders gut **ultraviolett-durchlässiges ~** || glass of unusual transparency for ultraviolet light || verre m. particulièrement transparent pour les radiations ultraviolettes. **u) ungefärbtes ~** || colourless glass || verre m. incoloré. **v) verkittetes ~** || cemented glass || verre m. collé. **w) Waren** fpl. aus **gesponnenem ~** || articles pl. of spun glass || ouvrages mpl. en verre filé. **x) Weber~** || cloth prover; web glass; thread counter || compte-fils m. **y) wissenschaftliches optisches ~** || scientific optic glass || verre m. d'optique scientifique. **z) zerstreuendes ~** (Opt) || diverging lens || verre m. divergent. 4

a) Zirkon~ || zirconium glass || verre m. au circonium. **b) von Zonen freies ~** || glass free from zones || verre m. exempt de zones. 5

Glas-abfall m. || glass waste || déchet m. de verre. **a) ~achromat** m. || achromatic glass lens || objectif m. achromatique en verre. **b) ~apparat** m. || glass apparatus || appareil m. en verre. **c) ~art** f. || species of glass || espèce f. de verre. 6

glasartig || glassy; vitreous || vitreux. 7

Glas-artikel mpl., **wissenschaftliche** || scientific glass ware || verreries fpl. scientifiques. **a) ~ätzer** m. || glass ware etcher || graveur m. à l'acide sur verre. **b) ~ätzerei** f. || glass etching workshop || atelier m. de gravure sur verre. 8

Glasauge n. || glass eye; artificial eye || œil m. de verre; œil m. artificiel. 9

Glasaugenmacher m. || artificial eye maker || ocularisté m. 10

Glasballon m. || carboy; glass ballon || bonbonne f.; dame-jeanne f. 11

Glasbaustein m. || glass tile *or* brick || brique f. *ou* carreau m. de verre. **a) bewehrter ~** || building stone of wire-glass || pierre f. de construction en verre armé. 12

Glasbearbeitungs-maschine f. || glass working machine || machine f. à travailler le verre. **a) ~verfahren** n., **neuzeitliches** || modern glass working method || outillage m. de verre perfectionné. 13

Glas-bedachung f. || glass roofing || toiture f. de verre. **a) ~behälter** m. für **Briefklammern** (Büro) || glass pin cup || coupe f. en verre pour attaches métalliques. **b) ~behang** m. || crystals pl. || applique f. de verre. **c) ~belegerei** f. || glass coating factory *or* shop || atelier m. de garniture en verre. **d) ~beleuchtungsgegenstand** m. || glass light fitting || article m. d'éclairage en verre. **e) ~biegerei** f. || glass bending workshop || atelier m. à courber le verre. **f) ~bild** n. || glass picture || peinture f. de verre. **g) ~birne** f. || glass bulb || ampoule f. de verre. **h) ~blase** f. || blister; bunch; seed; fault in the glass || bulle f. **i) ~blasen** n. || glass blowing || soufflage m. de verre. **k) ~bläser** m. || glass blower || souffleur m. de verre; félatier m.; souffleur-verrier m. 14

Glasbläserei f. || glass blowing works pl. || soufflage m. de verre. **a) ~artikel** m. || blown glass article || article m. en verre soufflé. **b) ~einrichtung** f. || glass blowing plant || installation f. de soufflerie de verre. 15

Glasbläser-lampe f. || glass-blower's lamp || lampe f. du souffleur de verre. **a) ~meister**

m. || foreman glass blower || chef m. de place. **b) ~star** m. || glass blowers' cataract || cataracte f. des souffleurs de verre. 1

Glasblas-form f. || glass blowing mould || matrice f. pour soufflerie à verre. **a) ~maschine** f. || glass blowing machine || machine f. à souffler le verre. **b) ~rohr** n. || glass blower's pipe || tube m. de souffleur de verre. 2

Glasblock m. || glass block || bloc m. de verre. **a)** in einen ~ m. **einschleifen** || to grind into a glass block || tailler dans un bloc de verre. 3

Glas-brocken m. || broken glass; cullet || calcin m.; casson m.; grésil m.; groisil m.; rognure f. de verre; tesson m. **a) ~bruch** m. || cullet; broken glass || groisil m.; grésil m.; rognure f. *ou* tessons mpl. de verre. **b) ~buchstabe** m. || glass letter || lettre f. en verre. **c) ~bürste** f. || glass brush || brosse f. en verre. 4

Glasdach n. || glass roof || toit m. en verre. **a) kittloses ~** || non puttied glass roof || toit m. à tuiles en verre sans mastic. 5

Glas-dachsprosse f. || trellis for glass roofs || treillage m. pour toits en verre. **a) ~dachziegel** m. || glass tile || tuile f. de verre. **b) ~deckel** m., **kugelförmig gekrümmter** || spherically curved glass cover || couvercle m. de verre sphérique. **c) ~diapositiv** n. || photographic glass scale || diapositive f. en verre. **d) ~dose** f. || glass box || boîte f. en verre. **e) ~druck** m. || glass printing; hyalography || impression f. sur verre; hyalographie f. **f) ~eindeckung** f. || roof glazing || couverture f. en verre. **g) ~elektrizität** f. || vitreous electricity || électricité f. du verre. **h) ~emballage** f. || glass embaling || emballage m. en verre. **i) ~entfärbungsmittel** n. || glass bleaching material || matière f. à décolorer le verre. 6

Glaser m. || glazier || vitrier m. **a) ~arbeiten** fpl. || glazier work || travaux mpl. de vitrage. **b) ~bedarfsartikel** m. || glazier's material || fourniture f. pour vitriers. **c) ~beitel** m. || sash mortise chisel || ciseau m. de vitrier. **d) ~blei** n. || glazier's lead; lead for windows || plomb m. à vitres *ou* du vitrier. **e) ~diamant** m. || glass cutter *or* grinder; glazier's diamond || diamant m. de vitrier *ou* à couper le verre; tailleur m. de verre. 7

Glaserei f. || glazing || vitrerie f. **a) Bau~** || glazier workshop for buildings || atelier m. de vitres pour bâtiments. 8

Glaserhammer m. || glazier's (pick-)hammer || marteau m. de vitrier; besaiguë f. 9

Glaserit m. || accanite; glaserite; sulfate of potash || potasse f. sulfatée; aphtalose f.; sel m. polycreste de Glaser. 10

Glaserkitt m. || glazier's putty || mastic m. *ou* lut m. des vitriers. 11

gläserner Gärbottich m. || glass fermenting vessel || cuve f. de fermentation en verre. 12

Glasfabrik-arbeiter m. || glass maker || ouvrier m. de verrerie. **a) ~einrichtung** f. || plant for glass works || équipement m. pour verreries. 13

Glas-faden m. || glass thread; spun glass || fil m. de verre. **a) ~farbe** f. || glass colour || couleur f. pour verre. **b) ~färbung** f. || glass colouring || coloration f. de verre. **c) ~färbungsmittel** n. || glass colouring substance || matière f. à colorer le verre. **d) ~fassungen** fpl. || glass fittings pl. || articles mpl. de montage en verre. **e) ~fehler** m. || flaw in the glass || défaut m. du verre. **f) ~fertigung** f. || glass making || verrerie f. **g) ~firmenschild** n. || shop sign of glass; glass placard || plaque f. de réclame en verre; affiche f. en verre. 14

Glasfläche f. || glass surface || surface f. de verre. **a) geschliffene ~** || ground lens surface || face f. de verre taillée. **b) polierte ~** || polished lens surface || face f. de verre polie. 15

Glasflasche f. || glass bottle || bouteille f. de verre. 16

Glasfluß m. (Glasf) || vitrification || vitrification f. **a)** ~ (künstl. Edelsteine) || paste || fluor m. 17

Glas-formenschieber m. (Glasf) || mould holder || teneur m. de moules. **a) ~fotografie** f. || glass photography || photographie f. sur verre. **b) ~fritte** f. || frit; batch || fritte f. **c) ~galle** f. || glass gall; sandever || sel m. *ou* fiel m. de verre; suin m. **d) ~gebrauchsgegenstand** m. || utility glass ware || verrerie f. d'usage courant. **e) ~gefäß** n. || glass vessel; glass box || vaisseau m. *ou* récipient m. en verre. **f) ~gerät** n. || glass utensil || ustensile m. en verre. **g) ~gespinst** n. || glass thread *or* fibre; spun glass || fil m. de verre; verre m. filé. **h) ~gießer** m. || shearer || verseur m. **i) ~gießform** f. || glass mould || moule m. à mouler les verres. 18

Glasglocke f. || bell shade; glass bell; bell jar || cloche f. en verre; jarre f. **a) graduierte ~** (Chem) || graduated glass-jar || cloche f. graduée. **b) ~ mit Hahnstück** (Chem) || glass-jar with a stopcock || cloche f. à robinet en verre. 19

Glas-gravierung f. || glass engraving || gravure f. sur verre. **a) ~gravur** f. *s.* ~gravierung. 20

Glashafen m. (Gefäß) || glass vase || vase m. en verre. **a)** ~ (Tiegel) || glass crucible; glass melting pot || creuset m. de verrerie. 21

Glashahn m. || glass cock || robinet m. en verre. 22

glashart || glasshard; hard as glass || dur comme le verre. **a) ~ machen** || to chill || durcir en coquille. 23

glashart-e Oberfläche f. || surface as hard as glass || surface f. dure comme le verre. **a) ~er Ziegel** m. || vitrified stock brick || brique f. la plus dure. 24

Glas-härte f. || glass hardness; chilling || trempe f. glacée. **a)** vergoldeter **~hohlspiegel** m. || gilt concave glass mirror || réflecteur m. concave en verre doré. **b) ~hütte** f. || glass house; glass works pl. || verrerie f. **c) ~hüttenerzeugnis** n. || glass works product || verrerie f. 25

glasieren || to varnish; to glaze || vernir; vernisser; glacer. 26

Glasieren n. || varnishing || vernissage m. 27

Glasierer m. (Töpf) || biscuit ware dipper || trempeur m. de biscuit. 28

Glasiermaschine f. (Keramik) || glazing machine || machine f. à glacer. 29

glasig || flinty; glassy; steely; vitreous || vitreux. 30

Glasigkeit f. || flintiness; glassiness; steeliness || état m. vitreux; glaçage m.; vitrification f. 31

Glas-industrie f. || glass industry || industrie f. du verre. **a) ~instrument** n. || glass instrument || instrument m. en verre. **b) ~isolator** m. || glass insulator || isolateur m. en verre. **c) ~kasten** m. || glass case || cage f. *ou* caisse f. vitrée. **d) ~kattun** m. || glass cloth || toile-verre f. **e) ~knopf** m. || glass button || bouton m. de verre. **f) ~kolben** m. || glass matrass *or* flask || matras m. *ou* ballon m. de verre. 32

Glaskopf m. (Ziegel) || stock brick || brique f. vitrifiée. **a) brauner ~** (Min) || limonite || limonite f. **b) roter ~** || fibrous red iron ore; hematite iron ore; red hematite; kidney ore || fer m. oligiste concrétionné; hématite m. rouge; fer m. oligiste fibreux. **c) schwarzer ~** (Min) || psilomelane, barytiferous oxide of manganese; compact and fibrous manganese ore || psilomélane m.; hydroxyde m. de manganèse barytifère *ou* de manganèse oxydé; manganèse m. barytique hydraté. 33

Glas-koralle f. (Glasf) || black point; bugle; glass bead || grain m. de verre. **a) ~korn** n. || glass grain || grain m. de verre. **b) ~körper** m. || vitreous body || corps m. vitré. 34

Glaskugel f. || glass sphere *or* bulb || boule f. de verre. **a)** ~ (Gefäß) || spherical flask || ballon m. de verre. **b) ~bläser** m. || glass ball blower || bossetier m. de ballons en verre. 35

Glas-kurzwaren fpl. || glass jewelry || objets mpl. en verre. **a) ~lack** m. || glass varnish || vernis m. pour verre. **b) ~läuterungsmittel** n. || glass refining material || matière f. à raffiner le verre. **c) ~lava** f. || obsidian; vitreous lava; volcanic glass || laitier m. de volcan; lave f. vitreuse obsidienne; verre m. d'Islande; obsidienne f. **d) ~leinen** n. || glass cloth || toile f. verrée. **e) ~leinwand** f. *s.* ~leinen. 36

Glaslinse f. || lens || lentille f. **a) ~ des Scheinwerfers** || lens of headlight || lentille f. de phare. 37

Glas-löffel m. || glass ladle || poche f. à verre. **a) ~luxusware** f. || glass fancy ware || verrerie f. de luxe. 38

Glasmacher m. || glass manufacturer || maître m. de verrerie. **a) ~kunst** f. || art of glass-making || verrerie f. **b) ~pfeife** f. || blowing-iron || canne f.; felle f. 39

Glasmacherseife f. (Glasf) || glass soap || savon m. de verrerie. **a)** ~ (Min) || pyrolusite; bioxide of manganese; brownstone || pyrolusite f.; manganèse m. oxydé *ou* oxydé gris *ou* oxydé métalloïde; peroxyde m. de manganèse; pierre f. de Périgueux. 40

Glasmacherstuhl m. || glass blower's bench *or* chair || banc m. du verrier. 41

Glasmaler m. || glass painter || peintre m. sur verre; peintre-verrier m. 42

Glasmalerei f. || painting *or* staining of glass || peinture f. sur verre. **a) eingebrannte ~** || glass staining || peinture f. d'apprêt *ou* en apprêt. 43

Glasmalereierzeugnis n. || glass painting || peinture f. sur verre. 44

Glas-malz n. || flinty *or* glassy *or* steely *or* vitrified malt || malt m. vitreux. **a) ~manufaktur** f. || glass manufacture || manufacture f. de verre. 45

Glasmasse f. || glass metal || verre m. en masse. **a) geläuterte ~** || glass metal; refined glass || verre m. affiné. 46

Glas-maßstab m. || glass scale || division f. sur verre. **a) ~material** n. für **optische Teile** || glass required for the optical parts || fontes fpl. pour les pièces optiques. **b) ~mehl** n. || glass powder; powdered glass || verre m. pulvérisé *ou* en poudre. **c) ~mosaik** f. || glass inlaying *or* mosaics pl.; fret work || verre m. mosaïque; mosaïque f. de verre. 1

Glasofen m. || glass furnace; glass kiln || four m. de verrerie. **a) ~arbeiter** m. || furnace man || fliqueur m. 2

Glaspackung f. || glass embaling || emballage m. en verre. 3

Glaspapier n. || glass paper || papier m. verré *ou* de verre. **a) ~herstellungsmaschine** f. || glass paper making machine || machine f. pour fabriquer le papier de verre. 4

Glasparabolspiegel m. || parabolic glass reflector || réflecteur m. parabolique en verre. **a) ~** mit **versilberter Vorderfläche** || parabolic glass reflector with silvered front surface || réflecteur m. parabolique en verre à surface avant argentée. 5

Glas-perle f. || glass *or* artificial pearl; glass bead || perle f. artificielle *ou* en verre. **a) ~pflaster** n. || glass paving || pavement m. en verre. **b) ~pinsel** m. || glass pencil || pinceau m. en verre. **c) ~plakat** n. || glass poster *or* plate || affiche f. en verre. 6

Glasplatte f. || glass plate || plaque f. de verre. **a) planparallele ~** || plane parallel glass plate || lame f. de verre planparallèle. 7

Glasplattensatz m. (Opt) || set of glass plates || pile f. de glaces. 8

Glas-polieren n. || glass polishing || polissage m. de verre. **a) ~polierer** m. || glass polisher || polisseur m. de verre. **b) ~presse** f. || glass press || presse f. à verre. **c) ~presser** m. || pressman || mouleur m. de verre à la presse. **d) ~preßform** f. || glass press || presse f. à verre. **e) ~prisma** n. || glass prism || prisme m. en verre. **f) ~pulver** n. || glass powder || verre m. pulvérisé. **g) ~reklameartikel** mpl. || glass advertising goods pl. || articles-réclame mpl. de verre. **h) ~retorte** f. || glass retort || rétorte f. *ou* cornue f. en verre. **i) ~ring** m. || glassring || anneau m. de verre. **k) ~rohr** n. *s.* Glasröhre. 9

Glasröhre f. || glass tube || tube m. en verre. **a) ~** für **Beleuchtungskörper** || glass tube for lighting apparatus || verrine f. pour appareils d'éclairage. 10

Glassand m. || glass *or* vitreous sand || sable m. verrier *ou* de verre. **a) ~grube** f. || vitreous sand pit || extraction f. de sable pour verrerie. **b) ~werk** n. || vitreous sand pit || carrière f. de sable à verre. 11

Glassatz m. || composition; batch || composition f. du verre. 12

Glasschale f. || glass dish *or* cup || coupe f. *ou* cuvette f. de verre. **a) gegossene ~** || moulded glass dish || cuvette f. de verre coulé. 13

Glasscheibe f. || glass pane *or* plane *or* plate || vitre f.; panneau m. *ou* table f. de verre. **a) Pressen** n. der **Roh~n** || pressing the raw glass discs into their mould || moulage m. des disques de verre bruts. 14

Glas-scherbe f. || broken glass; cullet || tesson m. *ou* rognure f. de verre. **a) ~schieber** m. || glass slide || pièce f. coulissante en verre. **b) ~schleifer** m. || glass cutter; crystal grinder || tailleur m. de verre *ou* de cristaux. 15

Glasschleiferei f. || glass grinding workshop || atelier m. de polissage de verre. **a) ~maschine** f. || glass polishing machine || machine f. à tailler le verre. 16

Glasschmelzer m. || glass melter || fondeur m. de verre. **a) ~gehilfe** m. || skimmer || écumeur m. 17

Glasschmelz-hafen m. || melting kettle for glass || creuset m. à fondre le verre. **a) ~ofenbank** f. || siege floor || banc m.; siège m. **b) ~waren** fpl. || vitrifications pl. || vitrifications fpl. 18

Glasschnee m. für **Dekorationszwecke** || glass powder for decoration purposes || poudre f. de verre à décorer. 19

Glasschneide-maschine f. || glass cutting machine || machine f. à couper le verre. **a) ~messer** n. || glass cutter || couteau m. à couper le verre. 20

Glas-schneider m. || glass cutter || coupeur m. de verre *ou* de glaces; coupe-verre m. **a) ~seitenwand** f. || glass side || paroi à latérale en verre. 21

Glassilber-konvexspiegel m. || silvered convex glass reflector || miroir m. convexe en verre argenté. **a) ~parabolspiegel** m. || silvered parabolic glass reflector || miroir m. en verre parabolisé et argenté. **b) ~spiegel** m. || silvered glass mirror *or* reflector || miroir m. en verre argenté. 22

Glasspektrograf m. || glass spectrograph || spectrograph m. à optique en verre. **a) lichtstarker ~** || glass spectrograph of great light transmitting power || spectrographe m. à optique en verre lumineux. 23

Glas-spiegel m. || glass mirror || miroir m. en verre. **a) ~spinnerei** f. || glass spinning || filature f. du verre. **b) ~spinnmaschine** f. || glass spinning engine || machine f. à filer le verre. **c) ~spitze** f. || glass point || pointe f. de verre. **d) ~splitter** mpl. || fragments pl. of glass || débris mpl. de verre. **e) ~spritze** f. || glass syringe || seringue f. en verre. **f) ~stab** m. || glass rod *or* stirrer; thin strip of glass || baguette f. *ou* bâton m. de verre. **g) ~stäbchen** n. || little glass rod || baguette f. en verre. 24

Glasstange f. || glass rod; glass bar || tige m. *ou* baguette f. en verre. **a) volle ~** || full glass pole || tige f. pleine en verre. 25

Glasstaub m. || powdered glass || verre m. finement pulvérisé. 26

Glasstein m. (Bauw) || glass brick || brique f. en verre. **a) ~** (künstlicher Edelstein) || artificial gem; paste jewel || pierre f. précieuse artificielle. **b) ~** (Miner) || axinite || axinite f. 27

Glasstöpsel m. || glass stopper || bouchon m. de verre. **a) eingeschliffener ~** || ground *or* ground-in glass stopper || bouchon m. en verre hermétique *ou* à l'émeri *ou* de verre rodé. 28

Glas-streifen m. || glass strip || bande f. en verre. **a) ~sturz** m. (Standuhren) || glass bell *or* shade || cloche f. **b) ~träne** f. || glass drop || goutte f. de verre. **c)** plötzlich **abgekühlter ~tropfen** m. || glass-drop *or* -tear || goutte f. de verre. **d) ~trübung** f. || glass muddying || ternissure f. de verre. **e) ~trübungsmittel** n. || glass muddying substance || matière f. à ternir le verre. **f) ~tulpe** f. || glass tulip || tulipe f. de verre. 29

glasüberdeckte Halle f. || room roofed with glass || hall m. vitré. 30

Glasur f. || glazing || glaçure f. **a) ~** durch **Begießen** || glazing by pouring *or* washing || glaçure f. par arrosement. **b) ~** durch **Bestäuben** || glazing by powdering || glaçure f. par saupoudrage *ou* par aspersion. **c)** in das Geschirr **eingedrungene ~** (Porz) || glazing penetrated into the body of the pottery || vernis m. desséché. **d) ~** durch **Eintauchen** || glazing by dipping || glaçure f. par immersion *ou* trempage. **e) ~** für **Eisen** || iron glaze *or* varnish || vernis m. pour fer. **f) farbige ~** || coloured enamel || émail m. coloré. **g) Gärbottich~** || varnish for fermenting tuns || vernis m. pour cuves de fermentation. **h) ~** für **Keramik** || glazing for ceramics || vernissage m. *ou* glaçure f. pour la céramique. **i) leichtflüssige ~** || easily fusible glazing || glaçure f. *ou* vernis m. facilement vitrescible. **k) strengflüssige ~** || refractory glaze || glaçure f. qui ne se vitrifie que très difficilement. **l) ~** durch **Verflüchtigung** || glazing by volatilization || glaçure f. par volatilisation. 31

Glasur-arbeiter m. (Töpf) || glaze grinder || broyeur m. d'émail. **a) ~brand** m. || glaze baking || cuisson f. du vernis. 32

Glasurenfabrikeinrichtung f. || glazing manufacturers' plant || installation f. de fabriques de glaçures. 33

Glasur-erz n. || alquifoux; potter's ore || alquifoux m. **a) ~ofen** m. || glaze *or* glazing kiln || four m. à couverte *ou* à glaçure. **b) ~stein** m. || vitrified brick || brique f. gobetée. 34

Glas-veredelung f. || decoration of glass and crystal; roughing and smoothing of glass || décoration f. de verres et cristaux; affinage m. de verre. **a) ~vergolder** m. || glass gilder || doreur m. sur verre. **b) ~vergoldung** f. || glass gilding || dorure f. sur verre. **c) ~verkitter** m. || glass mastic layer || mastiqueur m. de vitres. **d) ~verschlag** m. || glass partition || vitrage m.; cloison f. vitrée. **e) ~versilberer** m. || glass silverer || argenteur m. sur verre. **f) ~versilberung** f. || glass silvering || argenture f. sur verre. 35

Glaswalzenanfeuchter m. (Büro) || glass-roll dampener || cylindre m. de verre (faisant office d') humecteur. 36

Glas-walzmaschine f. || glass rolling machine || laminoir m. à verre. **a) ~wand** f. || glass partition || vitrage m.; cloison f. vitrée. 37

Glaswaren fpl. || glassware || ouvrages mpl. en verre; verrerie f. **a) Apotheker~** || glasses pl. for apothecaries || verres mpl. de pharmacie. **b) beschlagene ~** || mounted glass ware || verrerie f. garnie. 38

Glaswarenfabrik f. || goblet-works; hollow glass works || gobeleterie f. 39

Glas-watte f. || wadding of glass || ouate f. de verre. **a) ~wolle** f. || glass wool || laine f. de verre. 40

glatt || even; sleek; smooth; flat || lisse; poli. **a) ~** (Gewebe) || plan || plain; uni. 41

Glättahle f. || smoothing broach || alésoir m. à lisser. 42

glattbehauenes Bauholz n. || hewn timber || bois m. dégrossi. 43

glatt-e Fläche f. || even surface || surface f. lisse. **a) ~er Flügel** m. (Windmüll) || smooth sail || palette f. plane. **b) ~ge-**

schoren (Web) || glossy; plain || ras; tondu. **c) ~ hämmern** || to flat-hammer; to flatten || repasser. **d) ~es Mahagoniholz** n. || plain mahogany || acajou m. uni. **e) ~es Muster** n. || plain pattern || dessin m. uni. **f) ~e Ringelware** f. (Textil) || plain striped goods pl. || tricot m. rayé en maille unie. **g)** besonders **~er Schnitt** m. || specially smooth cut || coupe f. spécialement lisse. **h) ~ streichen** (Glasf) || to flatten || estriquer. 1

glatte Walze f. || smooth roll || cylindre m. lisse. **a) ~ Ware** f., Maschine f. zur Herstellung glatter Ware (Textil) || plain machine || machine f. pour maille unie. 2

Glatt-brand m. (Porzel; Töpf) || sharp fire || grand feu m. **a) ~brennen** n. (Porzel) || hardening-on || cuisson f. en couverte. 3

Glätte f. (Blei) || litharge || litharge f. 4

Glatteis n. || sleet || verglas m. 5

Glätteisen n. (Kabelfertigung) || polishing iron || fer m. à polir. 6

Glättemühle f. (Met) || polishing-powder mill || moulin m. pour la fabrication de poudre à polir. 7

glätten || to polish || lisser; polir. **a) ~** (Pap) || to press; to glaze || satiner; lisser. **b)** die **Spiegelfolie ~** (Glasf) || to brighten || aviver la feuille d'étain. 8

Glätten n. || burnishing || brunissage m. **a) ~** von **Seidenzeug** || polishing of silk goods pl. || polissage m. de tissus de soie. 9

Glätter m. (Buchb) || folder || cambreur m. **a) ~** (Juw) || brightener || aviveur m. **b) ~** (Pap) || paper-glazer || lisseur m. 10

Glattfeuer n. (Porzel; Töpf) || sharp fire || grand feu m. 11

glatthämmern (Blech) || to flathammer; to flatten || repasser. 12

Glatthobeln n. || smoothing || opération f. de dresser et de refaire les bois avec le rabot. 13

Glätt-holz n. (Schuhm) || polishing stick, sleeking stick *or* tool || buis n. **a) ~kalander** m. (Tuchm) || friction *or* glazing calender || calandre m. à lustrer. 14

Glättmaschine f. (Pap) || smoothing *or* satining machine || machine f. à lisser; lissoir m. **a) Kattun~** || calico glazing machine || lissoir m. pour toile de coton. **b) Wolle~** || wool scouring machine || lisseuse f. de laine. 15

Glätt-platte f. (Gießß) || round sleeker for shot-moulds || champignon m. pour le moulage des projectiles creux. **a) ~presse** f. (Pap) || standing *or* smoothing press; calender || presse f. à lisser. **b) ~schiene** f. (Schuhm) || polishing stick; sleeking stick *or* tool || buis m. 16

glatt-schneiden, den **Samt** m. || to cut off velvet || raser le velours. **a) ~streichen,** die **Fugen** fpl. (Maur) || to point flat the joints pl. || jointoyer. 17

Glättungseinrichtung f. (Elektr) || device for flattening rectifier currents || dispositif m. pour lisser les courants redressés. 18

Glattwalze f. || sheet plate roll || cylindre m. à tôle. 19

Glattwalzenstuhl m. (Müllerei) || mill with smooth rolls || moulin m. à cylindres lisses; convertisseur m. 20

Glättwalzwerk n., **Röhren** || rolling mill for smoothing tubes || laminoir m. à polir les tubes. 21

Glattwasser n. (Brau) || last runnings pl.; lees pl. || dernier bouillon m.; dernière trempe f. de lavage. 22

Glauberit n. || glauberite || glaubérite m. 23

Glaubersalz n. || Glauber's salt; sodium sulphate || sel m. de Glauber; sulfate m. de soude. 24

Gläubiger m. || creditor || créancier m. **a) sichergestellter ~** || secured creditor || créancier m. garanti. 25

Gläubigerversammlung f. || creditor's meeting || réunion f. des créanciers. 26

Glauchherd m. (Bergb) || jagging-board || table f. allemande *ou* à balais. 27

Glaukodot m. || glaukodote || fer m. arsenical cobaltifère. 28

Glaukonit m. || glauconite || glaukonite f. 29

Glaukophan m. || glaucophane || glaucophane f. 30

gleich (Math) || equal || égal. 31

gleicharmig-e Balkenwage f. || equal-armed beam scale || balance f. à fléaux égaux. **a) ~er Hebel** m. || lever with equal arms || levier m. à bras égaux. 32

gleichartig || homogeneous || homogène. 33

gleichbleibend, zeitlich **~e Strömung** f. || flow constant *or* steady in time; flow invariable with the time (A) || écoulement m. constant dans le temps. 34

Gleich-dauer f. || isochronism || isochronisme m. **a) ~druckturbine** f. || action turbine || turbine f. à action. 35

gleichförmig (Bewegung) || uniform || uniforme. **a) ~** (Phys) || homogeneous; uniform || homogène; uniforme. **b) ~ beschleunigte Bewegung** f. (Phys) || uniformly accelerated motion || mouvement m. uniformément accéléré. **c) ~ dicht** || of uniform density || uniformément compacte. **d) ~ veränderliche** Bewegung f. || uniformly variable motion || mouvement m. uniformément varié. **e) ~ verzögerte** Bewegung f. || uniform decreasing motion || mouvement m. uniformément retardé. **f) ~ wiederkehrende** Bewegung f. || periodical uniform motion || mouvement m. périodiquement uniforme. 36

Gleichförmigkeit f. des **Zinküberzuges** || uniformity of the zinc coating || égalité f. parfaite de la couche de zinc. 37

gleichgerichtet (Elektr) || rectified || redressé. **a) ~e Kräfte** f. || forces pl. in the same direction || forces fpl. dans la même direction. **b) ~er Strom** m. (Elektr) || redressed *or* rectified current || courant m. redressé. 38

Gleichgewicht n. || balance; equilibrium || balance f.; équilibre m. **a) aerodynamisches ~** || aerodynamic balance || balance f. aérodynamique. **b) atmosphärisches ~** || atmospheric equilibrium || équilibre m. atmosphérique. **c)** ins **~** n. bringen || to balance; to equilibrize || équilibrer; mettre en équilibre m. **d) dynamisches ~** || stability; dynamical equilibrium *or* balance || équilibre m. dynamique. **e)** das **~ halten** || to maintain equilibrium; to balance; to counterbalance || maintenir l'équilibre. **f) indifferentes ~** || neutral *or* indifferent equilibrium || équilibre m. indifférent. **g) labiles ~** || unstable equilibrium || équilibre m. instable. **h) laufendes ~** des Mühlsteins || running balance of millstone || équilibre m. de la meule en marche. **i) ruhendes ~** des Mühlsteins || standing balance of millstone || équilibre m. de la meule en repos. **k) sicheres ~** || stable equilibrium || équilibre m. stable. **l) stabiles ~** *s.* sicheres **~**. **m) statisches ~** || static equilibrium || équilibre m. statique. **n)** das **~ stören** || to disturb the balance *or* equilibrium || troubler *ou* rompre l'équilibre m. **o) unsicheres ~** || unstable equilibrium || équilibre m. instable. **p)** das **~ wiederherstellen** || to restore the equilibrium || rétablir l'équilibre m. 39

Gleichgewichtsbedingung f. || condition of equilibrium || condition f. d'équilibre. 40

Gleichgewichtslage f. || state *or* position of equilibrium || position f. d'équilibre. **a) ~** (Schiff) || trim || assiette f. 41

Gleichgewichts-lehre f. || doctrine of equilibrium || pondération f. **a) ~prüfung** f. || balance test || mesure f. de l'équilibre. 42

Gleichgewichtsstörung f. || disturbance of equilibrium || perturbation f. d'équilibre. **a) ~en** fpl. **beseitigen** || to correct disturbances of the balance || corriger des défauts mpl. d'équilibre. 43

Gleichgewichtszustand m. || state of equilibrium || état m. d'équilibre. 44

Gleichheit f. (Math) || equality || égalité f. **a)** auf **~ einstellen** || to adjust to uniformity || mettre au point d'égalité. **b) ~** aller **Zähne** || uniformity of all teeth || égalité f. de toutes les dents. 45

Gleichheitszeichen n. (Math) || equal mark || signe m. d'égalité. 46

gleichlastig (Schiffb) || on even keel; upon an even keel || sans différence de tirant d'eau. 47

Gleichlauf m. || synchronism || synchronisme m. 48

gleichmachen (Techn) || to flush || affleurer deux surfaces. 49

Gleichmachen n. (Chem) || equalization || égalisation f. 50

Gleichmaßanordnung f. || symmetry || symétrie f. 51

gleichmäßig (Bewegung) || uniform || uniforme. **a) ~** (Chem) || homogenous || homogène. **b) ~er Gang** m. (Masch) || uniform running || marche f. régulière. **c) ~es Gefüge** n. || homogeneous texture || texture f. parfaitement homogène. **d) ~e Güte** f. eines Werkstoffes || uniform quality of material || qualité f. uniforme d'un matériel. **e) ~e Mischung** f. || uniform mixture || mélange m. uniforme. 52

gleichmäßig-e Spannung f. (Elektr) || steady voltage || tension f. constante. **a) ~er Strom** m. || steady current || courant m. constant. **b) ~e Teilung** f. || regular parting || division f. régulière. **c) ~ verteilte** Belastung f. || uniformly distributed load || charge f. uniformément répartie. 53

gleichnamig || of the same name || du même nom m. **a) ~** (Elektr) || similar || des mêmes signes mpl. **b) ~** (Math) || correspondent; homologous || correspondent; homonyme. 54

gleichrichten (Elektr) || to rectify || redresser. 55

Gleichrichter m. (Elektr) || rectifier || redresseur m.; rectificateur m. **a) Aluminiumzellen~** || aluminiumcell rectifier || redresseur m. avec anode en aluminium. **b) elektrolytischer ~** || electrolytic converter *or* rectifier || convertisseur m. électrolytique; lampe f. redresseuse électrolytique. **c) Glimmlicht~** || glimmerlight rectifier || lampe f. redresseuse à fluorescence. **d) Glühkathoden~** (Fernm) || glow-cathode rectifier || lampe f. redresseuse à cathode incandescente. **e) Kommutator~** || commutator rectifier || permutatrice f. **f) mechanischer ~** || mechanic rectifier || redresseur m. mécanique. **g) ~ für Mehrphasenstrom** || polyphase rectifier || redresseur m. pour courant polyphasé. **h) Quecksilberdampf~** || mercury arc rectifier || redresseur m. à (vapeur de) mercure. **i) Wechselstrom~** || alternating current rectifier || redresseur m. de courant alternatif. 1

Gleichrichter-anlage f. || rectifier plant || installation f. de redressement. **a) ~-bahn** f. || rectifier railway || chemin m. de fer à courant continu redressé. **b) ~-platte** f. (Elektr) || rectifier plate || panneau m. de redresseur. 2

Gleichrichterröhre f. || tube of current redresser; tube of rectifier || ampoule f. *ou* tube m. de redresseur de courant. **a) ~ für Netzanschlußgeräte** || rectifier tube for line connection instruments || valve f. redresseuse pour boîtes d'alimentation de tension anodique. 3

Gleichrichter-werk n. || rectifier power station || poste m. de redressement. **a) ~zelle** f. (Elektr) || rectifier cell || élément m. redresseur. 4

Gleichrichtung f. (Elektr) || rectifying; rectification || détection f.; redressement m. 5

gleichschenklig || isosceles; equally sided || isocèle; isoscèle; à cuisses fpl. égales. **a) ~es Dreieck** n. || isosceles triangle || triangle m. isoscèle. **b) ~es Winkeleisen** n. || sectional with equal sides || cornière f. à ailes ègales. 6

gleichschenklig-rechtwinkliges Dreieck n. || right-angled isosceles triangle || triangle m. rectangle isoscèle. 7

gleichseitig || equilateral || équilatéral; équilatère. **a) ~es Dreieck** n. || equilateral triangle || triangle m. équilatéral. 8

Gleichstrom m. || continuous-current || courant m. continu. **a) ~amperemeter** m. || direct current ammeter || ampèremètre m. pour courant continu. **b) ~bogenlampe** f. || direct current arc || arc m. à courant continu. **c) ~dampfmaschine** f. || uniflow steam engine || machine f. à vapeur équicourant. 9

Gleichstromdrehstrom - einankerumformer m. || continuous-current rotary-current converter || commutatrice f. à courant continu en courant triphasé. **a) ~umformer** m. || continuous-current rotary-current dynamotor || dynamoteur m. à courant continu en courant triphasé. 10

Gleichstrom-dreileiteranlage f. || direct current three-wire plant || installation f. à courant continu à trois conducteurs. **a) ~dynamomaschine** f. || continuous-current dynamo *or* generator || génératrice f. *ou* dynamo f. à courant continu. **b) ~fahrbetrieb** m. || direct current traction || traction f. à courant continu. **c) ~feld** n. || continuous-current field || champ m. continu. **d) ~generator** m. || continuous-current machine || machine f. à courant continu. **e) ~gleichstromumformer** m. || continuous-current continuous-current dynamotor || dynamoteur m. à courant continu en courant continu. **f) ~leitung** f. || direct current circuit || circuit m. de courant continu. **g) ~messer** m. || continuous-current ammeter || ampèremètre m. pour courant continu. **h) ~meßinstrument** n. || direct current measuring instrument || instrument m. de mesure pour courant continu. **i) ~motor** m. || direct current motor || moteur m. à courant continu. **k) ~nebenschlußgenerator** m. || direct current shunt-wound generator || dynamo f. excitée en dérivation pour courant continu. **l) ~netz** n. || direct current network || réseau m. à courant continu. **m) ~seite** f. || continuous-current side || côté m. continu. **n) ~transformator** m. || continuous-current transformer || transformateur m. à courant continu. **o) ~-unterlagerungstelegrafie** f. || metallic polar duplex telegraphy || télégraphie f. infraacoustique par courant continu. **p) ~voltmesser** m. || direct current voltmeter || voltmètre m. pour courant continu. 11

Gleichstromwechselstrom - einankerumformer m. || continuous-current alternating-current converter || commutatrice f. à courant continu en courant alternatif. **a) ~umformer** m. || continuous-current alternating-current dynamotor || dynamoteur m. à courant continu en courant alternatif. 12

Gleichstrom-wecker m. || trembler bell || sonnerie f. d'appel à courant continu. **a) ~zweileiteranlage** f. || direct current two-wire plant || installation f. à courant continu à deux conducteurs. 13

Gleichung f. (Math) || equation || équation f. **a) algebraische ~** || algebraical equation || équation f. algébrique. **b) eine ~ f. ansetzen** (Math) || to form an equation || mettre les quantités en équation. **c) Bedingungs~** || equation of condition || équation f. de condition. **d) persönliche ~** (Math) || personal equation || équation f. personnelle. 14

Gleichungs-determinante f. **für Leitungen** || determinant of the line equations || déterminant m. des équations de ligne. **a) ~formel** f. (Math) || equation formula || formule f. d'équation. 15

Gleichwellenrundfunk m. || broadcasting stations operating on the same wave length || radiodiffusion f. reglée à la même longueur d'onde. 16

gleichwertig || equivalent || équivalent. 17

Gleichwertigkeit f. || equivalence || équivalence f. 18

gleichwinkelig || equiangular || équiangle. 19

gleichzeitig || simultaneous || simultané. **a) ~** (Mech; Elektr) || isochronal; isochronous || isochrone. 20

Gleichzeitigkeit f. || simultaneity || simultanité f. **a) ~** (Mech; Elektr) || isochronism; synchronism || synchronisme m. 21

Gleis n. || track || voie f. **a) Doppel~** || double track || double voie f. **b) Doppelschienen~** || double rail line || voie f. à rails doubles. **c) Dreischienen~** || three-rail track; triple-rail line || voie f. à trois rails. **d) durchgehendes ~** || through-line || voie f. principale. **e) festes ~** (Eisenb) || fixed track || voie f. fixe. **f) Haupt~** || main track || voie f. principale. **g) Neben~** || side track || voie f. secondaire *ou* accessoire. **h) Ring~** (Eisenb) || circle of railway || réseau m. circulaire. **i) totes ~** || blind track; dead end || impasse f. **k) Transport~** || transfer track || voie f. de transport. **l) Verbindungs~** || cross over road || voie f. de jonction. **m) verlegbares ~** || portable line; contractor's portable line || voie f. portative. **n) das ~ verlegen** || to lay the track || poser la voie. **o) versenktes ~** || sunk line || voie f. noyée. **p) zusammengesetzte ~e** npl. || mounted lines pl. || voies fpl. montées. 22

Gleis-abschnitt m. || track section || section f. de bloc. **a) ~abzweigung** f. || branch line || embranchement m. **b) ~abzweigung** f. zum **Werk** || branch track of the works || branchement m. de voie d'usine. 23

Gleisanlage f. || track plant || installation f. de voie. **a) Ausweich~** || turn-out || évitement m. 24

Gleisanschluß m. || branch line; siding track; junction of lines || jonction f. des lignes; raccordement m. des voies. **a) Vollspur~** || standard gauge siding || embranchement m. de voie normale (de chemin de fer). 25

Gleis-befestigung f. || fastening of track || fixation f. des rails. **a) ~besetzung** f. || track-circuiting for interlocking || blocage m. par des circuits de voie. **b) ~bettung** f. || rolling track bedding || ballastage m. de voie. **c) ~bremszeug** n. || rail brake || sabot-frein m. **d) ~brücke** f. (Eisenb) || rail bridge || pont m. de voie. **e) ~fahrzeug** n. || wagon running on rails || véhicule m. sur rails. **f) ~hammer** m. || drop hammer || mouton m. **g) ~heber** m. || rail lifter || pince f. à rails. **h) ~hebewinde** f. || rail hoisting engine; rail lifting jack || levier m. pour rails; treuil m. pour soulever les rails. 26

Gleisjoch n. (Eisenb) || portable line section || châssis m. *ou* tronçon m. de voie. **a) gerades ~** || straight section of track || châssis m. droit. 27

Gleiskreuzung f. || crossing of rails *or* of lines || croisement m. *ou* traversée f. de voies. 28

Gleiskrümmung f. || curvature of track; curve of line || courbe f. de voie. **a) scharfe ~** (Eisenb) || sharp curve || courbe f. prononcée *ou* accentuée. 29

Gleiskurve f. (Eisenb) || curve || courbe f. 30

gleisloser Oberleitungsomnibus m. || electric trolley bus || autobus m. à trolley sans rails. 31

Gleis-netz n. || network of lines; railway net *or* network || réseau m. de voies. **a) ~rahmen** m., **die ~** mpl. **ziehen sich auseinander.** || the frames pl. become disconnected || les châssis mpl. de voie se déplacent. **b) ~rückmaschine** f. || rail shifting machine || machine f. à avancer les rails. **c) ~sperre** f. || track lock || taquet m. d'arrêt. **d) ~stopfmaschine** f. || track tamping machine || machine f. à bourrer les traverses. **e) ~strang** m. || railway track || file f. de rails. **f) ~stromkreis** m. || track circuit || circuit m. de voie. **g) ~tafel** f. || illuminated track diagram || diagramme m. lumineux des voies. **h) ~verbindung** f. || track connection *or* junction || jonction f. de voie. **i) ~verlängerung** f. || extension of the track || allongement m. d'une voie. **k) ~wage** f. || wagon *or* truck balance; track scales pl. || bascule f. à wagons. **l) ~zwischenstück** n. || interlinked piece || pièce f. intercalaire. 32

Gleitbacke f. || cross-head *or* sliding block || bloc m. coulissant; patin m. de crosse; coulisseau m. des glissoires. **a) Bügel~** (Eisenb) || hornblock; pedestal (A) || guide m. de boîte en forme d'arcade. **b) Expansions~** (Dampfm) || expansion sliding-block || coulisseau m. de détente. 1

Gleitbahn f. (Masch) || cross-head guide; sliding plane || glissière f.; guide f. de tête de piston || voie f. de glissement. **a) ~träger** m. (Lok) || slide bar bracket || support m. de glissière; porte-glissière f. 2

Gleit-block m. || slide block || bloc m. de glissement; coulisseau m. des glissoires. **a) ~boot** n. || scooter boat || hydroglisseur m. **b) ~drahtwiderstand** m. || side-wire resistance || rhéostat m. à curseur; résistance f. à fil. 3

gleiten || to slide; to slip || glisser. 4

Gleiten n. || slipping || glissement m. **a) geräuschloses ~** || noiseless gliding || glissage m. silencieux. **b) ~ der Kupp(e)lung** || slipping of clutch || patinement m. de l'embrayage. **c) ~ des Riemens** || slip of belt || glissement m. de la courroie. 5

gleitende Reibung || sliding friction || frottement m. de glissement. 6

Gleitfeder f. (Masch) || slide spring || ressort m. de glissement. **a) ~** (Werkzeugm) || sliding key || languette f. de guidage. **b) rundstirnige ~** || round ended feather || clavette f. coulissante. 7

Gleit-fläche f. (Weiche) || slide plate || plan m. de glissement. **a) ~flieger** m. || aeroplane glider || planeur m. **b) ~flosse** f. (Luftf) || wing float || nageoire f. latérale. **c) ~flug** m. || gliding flight || vol m. plané *ou* à voile. **d) ~flugzeug** n. || glider || planeur m. **e) ~futter** n., das ~ kann leicht und billig ausgewechselt werden || guide liner can be easily and cheaply replaced || fourrure f. de glissement se laisse remplacer d'une manière facile et à des prix modérés. **f) ~klotz** m. (Kreuzkopf) || shoe of crosshead; guide shoe *or* block || patin m. de crosse; coulisseau m. des glissoires. **g) ~kontakt** m. || sliding contact || curseur m.; contact m. glissant *ou* de glissement. **h) ~lager** n. || sliding *or* plain *or* slide bearing || coussinet m. lisse; palier m. à glissement. **i) ~modul** m. || modulus of transverse elasticity || module m. d'élasticité au cisaillement. **k) ~montage** f. || sliding fitting shop work || montage m. à glissement. **l) ~ring** m. (Drehscheibe) || slide ring || anneau-guide. **m) ~rolle** f. (el Leit) || guide-pulley sheave || rouleau m.; poulie f. 8

Gleitschiene f. || slide bar *or* rail || glissière f.; barre f. de glissière. **a) ~ des Wagens** (Schreibm) || carriage rail || glissière f. du chariot. 9

Gleitschuh m. (Masch) || shoe of crosshead; guide shoe || coulisseau m. *ou* patin m. de crosse. **a) ~** (Wagenb) || slipper || patin m. 10

Gleit-schutz m. || non-skid (cover) || enveloppe f. antidérapante; antidérapant m. **a) ~schütz** n. || sliding sluice || vanne f. à glissement. 11

Gleitschutz m. für **Kraftfahrzeuge** || slide preservers for motor cars || protecteurs mpl. de glissage pour automobiles. **a) Leder~** || slide preventing leather device || cuir m. pour empêcher le glissage. 12

Gleitschutzdecke f. mit aufgenietetem **Ledermantel** || cover with studded leather band || enveloppe f. avec bande de cuir à rivets. **a) ~ mit einvulkanisierten** Nieten || cover with studs vulcanized in || enveloppe f. avec rivets vulcanisés dans la masse. **b) ~ mit Nieten** || studded tread-band; non-skid cover with rivets || protecteur m. antidérapant à rivets. 13

Gleitschutzkette f. || non-skid chain || chaîne f. antidérapante; antidérapant m. à chaîne. 14

Gleitschutzreifen m. || steel studded tire; non-skid tire || pneu m. antidérapant; antidérapant m. **a) ~ aus Gummi** || rubber studded tyre || antidérapant m. tout caoutchouc. 15

Gleitschutzvorrichtung f. || non-skid device || antidérapant m. 16

Gleit-skale f. || sliding scale || échelle f. mobile. **a) ~stein** m. || slide ring || pièce f. de glissement. **b) ~stück** n., in der Schwinge geführtes (Lok; Masch) || guided within the link || guidé dans la coulisse. **c) ~stuhl** m. (Weiche) || slide chair || coussinet m. *ou* plaque f. de glissement. **d) ~werk** n. (Selbstanschl) || sliding switch || sélecteur m. glissant. **e) ~widerstand** m. || slipping resistance || résistance f. de glissement. **f) ~winkel** m. (Luftf) || gliding angle || angle m. (de vol) plané. 17

Gletscher-boden m. || soil formed by glacial action || sol m. glaciaire. **a) ~spalte** f. || crevasse of glacier || crevasse f. d'un glacier. **b) ~topf** m. (Geol) || pot hole || chaudière f. des géants. 18

Glied n. (Anatomie) || limb || membre m. **a) ~** (Math) || term || terme m. **b) Außen~** outside link || membre m. extérieur. **c) äußere ~er** npl (Proportion) || extremes pl.; extreme terms pl. || termes mpl. extrêmes. **d) gekröpftes ~** || bent link || membre m. coudé. **e) gerades ~** || straight link || membre m. droit. **f) Innen~** || inside link || membre m. intérieur. **g) Ketten~** || link of a chain || maillon m. de la chaîne; anneau m. **h) künstliches ~** (Orthopädie) || artificial member *or* limb || membre m. artificiel. **i) mittlere ~er** npl. (Proportion) || means pl. *or* mean terms pl. || termes mpl. moyens. **k) Verbindungs~** || connexion link || membre m. de raccord. 19

Gliederkette f. || open link chain || chaîne f. ordinaire. **a) kalibrierte ~** || calibrated link chain || chaîne f. calibrée à maillons. **b) Transmissions~** || transmission chain || chaîne f. de transmission. 20

Glieder-puppe f. || joint doll; puppet || poupée f. articulée; marionnette f. **a) ~riemen** m. || link belt || courroie f. articulée *ou* à chaînons. **b) ~röhre** || articulated pipe || tube m. articulé. 21

glimmen (Chem) || to ignite || être en ignition. **a) ~** (Elektr) || to glow || s'illuminer sous l'apparence d'une lueur; luire. 22

Glimmen n. (Chem) || ignition || ignition f. 23

Glimmentladung f. || glow discharge; corona || décharge f. à faible lueur; couronne f. **a) elektrische ~** || brush-discharge || effluve f. 24

Glimmentladungsstrom m. || luminous discharge current || courant m. de décharge luminescente. 25

Glimmer m. || mica || mica m. **a) auf ~ aufgewickelt** (Elektr) || wound on mica || enroulé sur mica. **b) einachsiger ~** || uniaxial mica || mica m. à une axe. **c) Platten~** || sheet mica || mica m. en feuilles. **d) Preß~** || pressed mica || mica m. comprimé. **e) ~ roh,** in Blättern, Platten oder groben Scheiben || glimmer, raw, in laminas, plates or coarse disks || mica m. brut, en feuilles, plaques ou disques épais. **f) schwarzer ~** || biotibe; black mica || mica m. magnésien *ou* noir. **g) weißer ~** || biaxial mica; muscovite; potash mica || muscovite f.; verre m. de Moscovie. **h) zweiachsiger ~** || biaxial mica || mica m. à deux axes. 26

Glimmer-brille f. || mica spectacles pl. || lunettes fpl. en mica. **a) ~bruch** m. || mica mine || carrière f. de mica. **b) ~dach** n. || mica cover *or* top || couvercle m. en mica. **c) ~dielektrikum** n. (Elektr) || mica dielectricum || diélectrique m. au mica. **d) ~flitter** m || mica spangle || paillette f. en mica. **e) ~füllung** f. || mica filler || remplissage m. de mica. **f) ~heizelement** n. || mica heating element || élément m. de chauffage en mica. **g) ~hornfels** m. || mica hornfels || roche f. de corne micacée. **h) ~kerze** f. || mica spark-plug || bougie f. en mica. **i) ~kondensator** m. || mica condenser || condensateur m. en mica. **k) ~kupfer** n. || micaceous copper || cuivre m. micacé. **l) ~plättchen** n. || mica film *or* plate || lame f. de mica. **m) ~ring** m. || mica collar *or* ring *or* cone (A) || bague f. de mica. **n) ~schiefer** m. || micaceous schist; mica slate || mica m. schiste; schiste m. micacé. **o) ~streifen** m. || mica strip || bande f. de mica. **p) ~verwertungsmaschine** f. || mica utilizing machine || machine f. pour l'utilisation du mica. **q) ~waren** fpl. || mica goods pl. || articles mpl. en mica. 27

Glimmlampe f. || semi incandescent lamp || lampe f. semi-incandescente. 28

Glimmlicht n. (Elektr) || light generated by silent discharge; blue glow || lumière f. produite par l'effluve; lueur f. de décharge. **a) ~gleichrichter** m. (Fernm) || glimmer-light rectifier || lampe f. redresseuse à fluorescence. **b) ~oszillograf** m. || glow light oscillograph || oscillographe m. à décharge à faible lueur. **c) ~sender** m. || glow transmitter || émetteur m. à faible lueur. 29

Glimm-stift m. || incandescence cartridge || tige f. incandescente. **a) ~strom** m. || glow current || effluves m. **b) ~entladung** f. || luminous current discharge || décharge f. d'effluves. 30

Glinkit m. (Min) || glinkite || glinkite f. 31

Globigerinenschlamm m. || globigerina mud || boue f. à globigérines. 32

Globus m. || globe || globe m. **a) Erd~** || terrestrial globe || globe m. terrestre. **b) Himmels~** || celestial globe || globe m. céleste. 33

Glocke f. (Chem) || bell jar || cloche f. **a) ~** (Klingel) || bell || timbre m.; cloche f. **b) Alarm~** || bell || sonnerie f. d'alarme. **c) Glas~** || bell shade *or* jar || cloche f. en verre. **d) graduierte ~** (Chem) || graduated glass jar || cloche f. graduée en verre pour mesurer les gaz. **e) ~ eines Kapitels** || bell *or* basket *or* drum *or* corbel of a capital || vase m. *ou* corbeille f. *ou* tambour m. de chapiteau. **f) Läutewerks~** (Eisenb) || alarm and signal bell || cloche f. de sonnerie. **g) mattierte ~** (Elektr) || frosted globe || globe m. dépoli. **h) schwimmende ~** (Windregler) || floating bell || cloche f. flottante. **i) ~**

aus **Stahlguß** || cast steel bell || cloche f. en acier coulé. 1
Glocken-anlage f. || system of bells || sonnerie f. a) **~apparat** m. || bell apparatus || appareil m. à cloche. b) **~boje** f. || bell buoy || bouée f. à cloche. c) **~gießer** m. || bell founder || fondeur m. de cloches. d) **~gießerei** f. || bell foundry || fonderie f. de cloches. e) **~isolator** m. || bell-shaped *or* cup *or* shed insulator || isolateur m. en cloche; cloche f. isolante. f) **~klöppel** m. || bell clapper || battant m. d'une cloche. g) **~knopf** m. || bell button || bouton m. de timbre. h) **~kompaß** m. || bell compass || compas-cloche m. i) **~körper** m. || body of a bell || corps m. d'une cloche. k) **~lager** n. (Eisenb) || calotte || calotte f. 2
Glockenläutemaschine f. || bell ringing apparatus || sonnerie f. de cloches mécanique. a) **elektrische ~** || electric bell-ringing machine || cloche f. électrique. 3
Glocken-magnet m. || bell-shaped magnet || aimant m. campanulé *ou* en forme de cloche. a) **~metall** n. || bell metal || bronze m. *ou* métal m. à cloches. b) **~mühle** f. || cone mill; bell crusher || moulin m. à cône; broyeur m. à cloche. c) **~ring** m. || ring of bell-clapper || bélière f. de cloche. d) **~rumpf** m. || hopper with bell || trémie f. à cloche. e) **~schale** f. für **Wecker** || bell vessel for clocks || coupe f. de cloche pour sonneries électriques. f) **~schwengel** m. || clapper; bell-swipe || battant m. d'une cloche. 4
Glockensignal n. (Eisenb) || bell signal || signal m. de cloche. a) **~** (Schreibm) || bell signal (warning) || signal m. d'avertissement du timbre; sonnerie f. d'avertissement. 5
Glocken-speise f. || bell metal || bronze m. à *ou* de cloches; métal m. de cloches. a) **~spiel** n. || carillon; musical chimes; Glockenspiel || carillon m. à musique. b) **~stube** f. || belfry || beffroi m.; clochard m. c) **~stuhl** m. || baufrey; belfrey; belfry || beffroi m.; cage f. de clocher; clocheton m. d) **~tonne** f. || bell buoy || bouée f. à cloche *ou* à sonnerie. e) **~ventil** n. || cup valve; bell-shaped valve || clapet m. à couronne; soupape f. en chapeau. f) **~ventilator** m. (Bergb) || air pump working by means of water-bellows || ventilateur m. à cloche. g) **~verfahren** n. (Chem) || bell process || procédé m. à cloches. h) **~wasserverschluß** m. || bell water closet || clôture f. de cabinet à eau à cloche. i) **~zählwerk** n. (Rechenmaschine) || bell item counter || sonnette-compteur f. 6
Glockenzeichen n. || bell signal || signal m. de cloche. a) **Unterwasser~** || submarine bell signal || signal m. à cloche sous-marine. 7
Glonoin n. (Chem; Bergb) || nitroglycerine; glonoïne; nitroleum || nitroglycérine. f. 8
Gloverturm m. || Glover tower || tour f. de Glover. 9
glucksen[v] || to bump || soubresauter. 10
Glückshaken m. (Bergb) || catch; finger grip || caracole f.; reperteur m. 11
Glückwunsch-karte f. || congratulatory card || carte f. de félicitation. a) **~telegramm** n. || felicitation telegram || télégramme m. de félicitation. 12
Glühanlage f. || annealing installation || installation f. à recuir. 13
glühbeständig (Chem) || stable at a red-heat || stable au rouge. 14
Glühbirne f. || incandescent bulb || ampoule f.; lampe f. poire. 15
glühen || to glow; to anneal || briller; porter au rouge. a) **~** (Blechtafeln) || to anneal; to scale || recuire. b) **das Eisen ~** || to heat *or* to glow the iron; to give heat to iron || chauffer *ou* faire rougir le fer; donner une chaude au fer. 16
Glühen n. || incandescence; glowing || incandescence f.; ardeur f. a) **~** (Chem) || calcination || calcination f. 17
glühend || ignited || porté au rouge. a) **~ machen** || to make red hot || chauffer au rouge. b) **rot~** bleiben || to remain red hot || rester rouge-cerise. c) **weiß~** || white hot || de chaleur f. blanche. 18
glühend-es Eisen n. || red hot iron || fer m. à chaleur rouge. a) **~er Koks** m. || glowing coke || coke m. ardent. 19
Glühfaden m. || filament || filament m. 20
Glühfaden-lampe f. *s.* Glühlampe. a) **~temperatur** f. || filament temperature || température f. du filament. 21
Glüh-frischen n. || annealing of malleable iron; malleableising || **recuit** m. de la fonte malléable. a) **~gefäß** n. || annealing box || caisse f. à recuire *ou* de cémentation. b) **~haus** n. || annealing shop || hall m. de recuit. 22
Glühhitze f. || glowing *or* red heat || chaleur f. rouge *ou* d'incandescence; rouge m.; chaude f. vive. a) auf **~ bringen** || to bring to a red heat || porter au rouge. 23
Glüh-kasten m. || annealing box || caisse f. à recuire *ou* de cémentation. a) **~kathodengleichrichter** m. (Fernm) || glow-cathode rectifier || lampe f. redresseuse à cathode incandescente. b) **~kiste** f. || annealing box || caisse f. à recuire. c) **~kochplatte** f. || glow cooking plate || plaque f. de réchaud. d) **~kolben** m. || retort || cornue f. 24
Glühkopf m. || hot bulb || bulbe m. chaud; calotte f. chaude. a) langwieriges **Anheizen** n. des **~es** || lengthy preheating of hot bulb || réchauffage m. préalable du bulbe d'allumage *ou* de la calotte chaude. b) **Reißen** n. des **~es** || cracking of the hot bulb || rupture f. de la calotte chaude. 25
Glühkopf-motor m. || hot bulb engine || moteur m. à culasse incandescente *ou* à bulbe chaud. a) **~zündung** f. || hot-bulb ignition || allumage m. en tube incandescent. 26
Glühkörper m. || glow body || corps m. à incandescence. 27
Glühlampe f. || glow *or* incandescent *or* filament lamp || lampe f. à incandescence. a) **birnenförmige ~** || pear-shaped glow lamp || lampe f. à incandescence piriforme. b) **elektrische ~** || glow lamp; incandescent lamp || lampe f. électrique à incandescence. c) **~ mit Gasfüllung** || gas-filled lamp || lampe f. à atmosphère gazeuse. d) **Kohlenfaden~** || carbon filament lamp || lampe f. à filament de charbon. e) **Leuchtdraht** m. der **~** || radiant filament of the glow lamp || filament m. lumineux de la lampe à incandescence. f) **mattierte ~** || frosted incandescent lamp || lampe f. à incandescence dépolie. g) **Metallfaden~** || metallic filament lamp || lampe f. à filament métallique. h) **Mikroskopier~** || microscope filament lamp || microlampe f. à incandescence. i) **röhrenförmige ~** || tubular incandescent lamp || lampe f. à incandescence tubulaire. 28
Glühlampen-armatur f. || glow lamp fittings pl. || garnitures fpl. de lampe à incandescence. a) **~ätzpaste** f. || etching paste for incandescent lamps || pâte f. corrosive pour lampes à incandescence. b) **~faden** m. || glow lamp filament; filament of incandescent lamp || filament m. de lampe à incandescence. c) **~fassung** f. || glow lamp fitting *or* holder || douille f. *ou* garniture f. de lampe à incandescence. d) **~fertigung** f., Elektrode f. für die || electrode for incandescent lamps manufacturing || électrode f. pour la fabrication des lampes à incandescence. e) **~fertigungsmaschine** f. || incandescent lamps making machine || machine f. à fabriquer les lampes à incandescence. f) **~fotometer** n. || glow-lamp photometer || photomètre m. pour lampes à incandescence. g) **~lack** m. || varnish for incandescent lamp || laque f. pour lampes à incandescence. h) **~lichtspiegler** m. || glow-lamp reflector || réflecteur m. de lampe à incandescence. i) **~prüfapparat** m. || testing apparatus for incandescent lamps *or* for glow lamps || appareil m. d'essai pour lampes à incandescence. k) **~prüfer** m. || tester for incandescent lamps || instrument m. à essayer des lampes à incandescence. l) **~reflektor** m. || glow lamp reflector || réflecteur m. de lampe à incandescence. m) **~schaltung** f. || connection of incandescent lamps || connection f. de lampes à incandescence. n) **~schrank** m. || lamp switchboard || tableau m. à signaux lumineux. o) **~schutzglas** n. || glass guard of glow lamp || globe m. protecteur de lampe à incandescence. p) **~schutzkorb** m. || basket protector for incandescent lamp || corbeille f. protectrice pour lampes à incandescence. q) **~sockel** m. || glow lamp cap *or* base || culot m. de lampe à incandescence. r) **~widerstand** m. || glow lamp resistance || résistance f. à incandescence. 29
Glühlicht n. || incandescent light || éclairage m. incandescence. a) **Gas~** || incandescent gas light || lumière f. à incandescence par le gaz. 30
Glühlichtchemikalien fpl. || incandescent light chemicals pl. || produits mpl. chimiques pour lumières à incandescence. 31
Glühofen m. || annealing *or* heating furnace || four m. à recuire *ou* à rechauffer à réverbère. a) **Blankhärte- und ~** || non-oxydizing annealing and hardening furnace || four m. à tremper et cémenter. b) **~ für Eisendrähte** || reheating furnace for iron wires || four m. à recuire les fils métalliques. c) **Knochenkohle~** || bone coal glowing furnace || four m. à charbon d'os. 32
Glüh- und Härteofen m. || annealing and hardening furnace || four m. à recuire et à tremper. 33
Glühprobe f. || heating test || essai m. à la chaleur. 34
Glührohr n. (Gasmotor) || ignition tube || tuyau m. d'allumage. a) **~zündung** f. || hot tube ignition || allumage m. à tube incandescent *ou* par brûleurs. 35
Glüh-rückstand m. || ignition residue || résidu m. de calcination. a) **~schälchen** n. || glowing cupel || coupelle f. à brûler.

b) ~schale (Chem) ‖ roasting dish ‖ têt m. à rôtir. **c) ~span** m. ‖ rolling mill *or* hammer scale ‖ pailles fpl. d'oxyde de fer. **d) ~stab** m. ‖ glow-rod ‖ crayon m. incandescent. **e) ~stoff** m. ‖ prepared charcoal; incandescent article ‖ charbon m. composé; matériaux mpl. incandescents. **f) ~strumpf** m. ‖ incandescent *or* gas mantle ‖ capuchon m. à gaz; manchon m. à incandescence. 1

Glühtopf m. ‖ annealing *or* tempering box ‖ pot m. à recuit *ou* de cémentation. **a) gegossener ~** ‖ cast annealing box ‖ caisse f. fondue de cémentation. **b) geschmiedeter ~** ‖ forged annealing box ‖ caisse f. forgée de cémentation. 2

Glühverlust m. ‖ loss due to burning; loss at a red heat; ignition loss ‖ perte f. au rouge *ou* au feu *ou* par cuisson. 3

Glühzünder m. (Bergb) ‖ low tension blasting machine ‖ exploseur m. à basse tension. **a) ~** (Mot) ‖ incandescent exploder ‖ exploseur m. à incandescence. 4

Glukose f. ‖ glucose ‖ glucose m., f.; glycose f. **a) ~fabrik** f. ‖ glucose factory ‖ glucoserie f. 5

Gluthitzemesser m. ‖ ardometer ‖ ardomètre m. 6

Glutin n. ‖ glutine ‖ glutine f. 7

glutintrüb ‖ glutine turbid ‖ trouble de glutine. 8

Glutintrübung f. ‖ glutine cloudiness *or* turbidity ‖ trouble m. de glutine. 9

Glykogen n. ‖ glycogen ‖ glycogène m. 10

Glykolsäure f. ‖ glycolic acid ‖ acide m. glycolique. 11

Glykose f. ‖ glycose ‖ glycose f. 12

Glykosid n. ‖ glycosid ‖ glycoside f. 13

Glyzerin n. ‖ glycerine; glycerol ‖ glycérine f. 14

Glyzerin-destillationsanlage f. ‖ glycerine distilling plant ‖ installation f. de distillation de glycérine. **a) ~ersatz** m. ‖ glycerine substitute ‖ succédané m. de glycérine. **b) ~gewinnungsanlage** f. ‖ glycerin(e) producing *or* extracting plant ‖ installation f. d'extraction de glycérine. 15

glyzerinhaltige Tinte f. ‖ ink containing glycerine ‖ encre f. contenant de la glycérine. 16

Glyzerin-pech n. ‖ glycerin(e) pitch ‖ poix f. de glycérine. **a) ~raffinerie** f. ‖ glycerine refinery ‖ raffinerie f. de glycérine. **b) ~schwefelsäure** f. ‖ glycerinated sulphuric acid ‖ acide m. sulfurique glycérique. **c) ~seife** f. ‖ glycerin(e) soap ‖ savon m. à la glycérine. 17

G. m. b. H. *s.* Gesellschaft mit beschränkter Haftung. 18

Gmelinit m. ‖ gmelinite ‖ gmélinite f. 19

Gneis m. ‖ gneiss ‖ gneiss m. **a) granitischer ~** ‖ granitic gneiss ‖ gneiss m. granitoïde. **b) porphyrartiger ~** ‖ porphyroid gneiss ‖ gneiss m. porphyroïde. 20

Gneis-bruch m. ‖ gneiss quarry ‖ carrière f. de gneiss. **a) ~granit** m. ‖ gneiss granite ‖ granit-gneiss m. 21

Gnomon m. (Astron) ‖ gnomon ‖ gnomon m. 22

Gobelin m. ‖ gobelin ‖ gobelin m. **a) handgewebter ~** ‖ hand made tapestry ‖ gobelin m. fait à la main. 23

Gobelin-tapete f. ‖ gobelin tapestry ‖ gobelin m. **a) ~weber** m. ‖ gobelin weaver ‖ haut-lissier m. **b) ~webstuhl** m. ‖ tapestry loom ‖ métier m. pour tapisserie. 24

Gold n. ‖ gold ‖ or m. **a) ~ in Barren** ‖ bar gold ‖ or m. en barres. **b) in Barren gegossenes ~** ‖ gold cast in bars ‖ or m. coulé en barres. **c) Blatt~** ‖ gold leaf ‖ or m. en feuilles. **d) ~ in Blöcken** ‖ gold in blocks ‖ or m. en masses. **e) ~ mit einem Feingewicht** von ‖ gold of x carats ‖ or m. à x carats. **f) gediegenes ~** ‖ native gold ‖ or m. natif *ou* vierge. **g) geschlagenes ~** ‖ beaten *or* leaf gold ‖ or m. battu *ou* en feuilles; feuilles fpl. d'or. **h) Glanz~** ‖ burnish gold ‖ or m. imité. **i) legiertes ~** ‖ alloyed gold ‖ or m. allié. **k) ~ in Ingots** ‖ gold in ingots ‖ or m. en lingots. **l) mattes ~** ‖ dead gold ‖ or m. mat. **m) ~ in Pulverform** ‖ gold in form of powder ‖ or m. en poudre. **n) Wasch~** ‖ alluvial gold ‖ or m. d'alluvion. **o) wasserlösliches ~** ‖ colloidal gold ‖ or m. colloïdal. 25

Gold-abfall m. ‖ gold chips pl.; parings pl. of leaf gold ‖ bractéole f.; rognure f. de feuilles d'or. **a) ~agio** n. *s.* Goldaufgeld. **b) ~amalgam** n. ‖ gold amalgam ‖ amalgame m. d'or *ou* aurique. **c) ~asche** f. ‖ gold ashes pl. ‖ cendre f. d'orfèvre. **d) ~aufgeld** n. ‖ premium on gold ‖ agio m. sur l'or. **e) ~bad** m. ‖ gold bath ‖ bain m. de dorure. **f) ~belag** m. ‖ gold foil(ing) ‖ feuille f. d'or. **g) ~bergwerk** n. ‖ gold mine ‖ mine f. d'or. **h) ~beryll** m. ‖ chrysoberyl ‖ chrysobéril m.; cymophane f. 26

Goldblatt n. ‖ gold foil ‖ feuille f. d'or. **a) die Goldblätter** npl. auflegen (Vergold) ‖ to apply gold; to lay on gold leaves ‖ dorer dans la dorure en détrempe. 27

Goldblatt-elektrometer n. ‖ gold leaf electrometer ‖ électromètre m. à feuilles d'or. **a) ~elektroskop** n. ‖ gold leaf electroscope ‖ électroscope m. à feuilles d'or. 28

Gold-borte f. ‖ gold lace ‖ galon m. d'or. **a) ~bortenwirker** m. ‖ gold lace maker ‖ galonnier m. des galons d'or; navetier m. **b) ~brille** f. ‖ gold spectacles ‖ lunettes fpl. d'or. ‖ 29

Goldbronze f. ‖ gold bronze ‖ bronze m. d'or. **a) ~pulver** n. ‖ powdered gold bronce ‖ bronze m. d'or en poudre. 30

Gold-chlorid n. ‖ auric chloride; terchloride *or* trichloride of gold ‖ or m. potable; sesqui-chlorure m. d'or. **a) ~cyanür** n. ‖ aurus cyanide; protocyanide of gold ‖ protocyanure m. d'or. 31

Golddoublé n. ‖ rolled gold ‖ doublé m. d'or. 32

Golddoublé-brille f. ‖ rolled gold spectacles pl. ‖ lunettes fpl. en doublé d'or. **a) ~schreibfeder** f. ‖ gold plated pen ‖ plume f. en or doublé. **b) ~waren** fpl. ‖ rolled gold goods pl. ‖ articles mpl. en doublé d'or. 33

Golddraht m. ‖ gold wire ‖ fil m. *ou* trait m. d'or; or m. trait. 34

Golddraht-sticker m. ‖ gold thread embroiderer ‖ brodeur m. en filets d'or. **a) ~zieherei** f. ‖ gold wire drawing works pl. ‖ tréfilerie f. de fils d'or. 35

Gold-dreher m. ‖ gold turner ‖ tourneur m. en or. **a) ~druck** m. ‖ gold printing ‖ impression f. en or. 36

Golderz n. ‖ gold ore ‖ minerai m. d'or. **a) Amalgamiereinrichtung** f. für ~e amalgamating device for gold ores ‖ installation f. pour amalgamer les minerais d'or. 37

Golderz-aufbereitungsanlage f. ‖ gold mining machinery ‖ installation f. pour mines d'or. **a) ~pocher** m. ‖ gold stampman ‖ bocardeur m. *ou* broyeur m. de minerai aurifère. 38

Gold-faden m. ‖ gold thread; spun gold ‖ or m. filé. **a) ~farbe** f. ‖ gold colour ‖ couleur f. à bijou. 39

goldfärben ‖ to gold colour ‖ mettre en couleur d'or. 40

Gold-fassung f. ‖ gold ware setting ‖ sertissage m. en or. **a) ~feder** f. ‖ golden pen *or* nib ‖ plume f. en or. **b) ~feld** n. ‖ gold field ‖ région f. aurifère. **c) ~flitter** m. ‖ gold spangle ‖ paillette f. en or. **d) ~folie** f. ‖ gold foil ‖ feuille f. d'or. 41

goldführend ‖ auriferous; gold bearing ‖ aurifère. **a) ~er Sand** m. ‖ flour gold ‖ gravier m. aurifère. 42

Gold-füllfederhalter m. ‖ gold fountain pen ‖ plume f. à réservoir en or. **a) ~gabel** f. ‖ gold fork ‖ fourchette f. en or. **b) ~gehäuse** n. (Uhrm) ‖ gold case ‖ boîte f. d'or. **c) ~geld** n. ‖ gold money ‖ monnaie f. d'or. **d) ~gespinst** n. ‖ gold filigree threads pl.; spun gold ‖ filigrane m. *ou* filet m. d'or; or m. filé. **e) ~- und Silbergespinst** n. ‖ gold and silver filigree ‖ filigrane m. en or et en argent. **f) ~gewebe** n. ‖ gold tissue ‖ tissu m. d'or. **g) ~gewicht** n. ‖ gold weight ‖ poids m. d'or. **h) elektrolytische ~gewinnungsanlage** f. ‖ electrolytical gold recovery plant ‖ installation f. d'extraction électrolytique de l'or. **i) ~gießer** m. ‖ gold smelter ‖ fondeur m. d'or. **k) ~glätte** f. ‖ gold *or* red litharge ‖ litharge f. jaune d'or *ou* rouge. **l) ~glätter** m. ‖ gold burnisher ‖ brunisseur m. en or. **m) ~glimmer** m. ‖ cat gold; yellow glimmer ‖ faux-or m.; mica m. jaune. **n) ~gräber** m. ‖ gold digger ‖ bêcheur m. d'or. **o) ~gravör** m. ‖ gold engraver ‖ graveur m. sur or. **p) ~grube** f. *s.* Goldbergwerk. 43

Goldgrund m. (Vergold) ‖ gold size ‖ or m. couleur. **a) ~firnis** m. ‖ gold size varnish ‖ vernis m. à fond d'or. 44

goldhaltig ‖ gold-containing; auriferous; auric ‖ aurique; aurifère. 45

Gold-kette f. ‖ gold chain ‖ chaîne f. en or. **a) ~klumpen** m. ‖ gold nugget ‖ morceau m. *ou* tas m. *ou* pépite f. d'or. **b) ~knopfzahn** m. ‖ gold pin tooth ‖ dent f. à pointe en or. **c) ~krätze** f. ‖ dross; sweepings pl. ‖ lavure f. d'or. **d) ~lack** m. ‖ gold varnish ‖ vernis m. d'or. **e) ~leiste** f. ‖ gilt moulding ‖ moulure f. *ou* tringle f. *ou* baguette f. dorée. **f) ~leistenlack** m. ‖ gilt-cornice varnish ‖ vernis m. pour tringles dorées. **g) ~löffel** m. ‖ gold spoon ‖ cuiller f. en or. **h) ~- und Silberlösung** f. ‖ solution of gold and silver ‖ amorce f. 46

Goldmacher m. ‖ alchemist ‖ alchimiste m. **a) ~kunst** f. ‖ alchemy ‖ alchimie f. 47

Gold-münze f. ‖ gold coin ‖ pièce f. *ou* monnaie f. d'or. **a) ~ocker** m. ‖ gold(en) ochre ‖ ocre m. doré. 48

Goldoxyd n. ‖ auric oxyde; peroxide *or* trioxide of gold ‖ oxyde m. d'or. **a) ~ammoniak** n. ‖ fulminating gold; aurate of ammonia ‖ or m. fulminant; aurate m. d'ammoniaque. 49

Goldpapier n. ‖ gold *or* gilt paper ‖ papier m. doré *ou* d'or. 50

goldplattiert ‖ gold plated ‖ doublé *ou* plaqué d'or. 51

Gold-plattierung f. ‖ gold plating ‖ doublé m. *ou* plaqué m. d'or. **a) ~posamenten** pl. ‖ gold trimming ‖ passementerie f. or. 1

Goldpräge-anstalt f. ‖ gold stamping works pl. ‖ établissement m. d'estampage d'or. **a) ~presse** f. ‖ coining press for gold ‖ presse f. pour frapper d'or. 2

Gold-prägung f. ‖ gold stamping ‖ empreinte f. dorée. **a) vereidigter ~probierer** m. ‖ sworn gold assay master ‖ essayeur-juré m. d'or. **b) ~purpur** m. ‖ gold *or* mineral purple; powder *or* purple of Cassius ‖ pourpre m. de Cassius. **c) ~quarzlager** n. ‖ gold bearing quartz deposit ‖ gisement m. de quartz aurifère. **d) ~raffination** f. ‖ gold refining ‖ raffinage m. de l'or. 3

Goldrahmen m. ‖ gold frame ‖ cadre m. doré. **a) ~spiegel** m. ‖ gilt framed mirror ‖ miroir m. à cadre doré. 4

Gold-salz n. ‖ gold salt ‖ sel m. d'or. **a) ~säure** f. ‖ auric oxide; hydrated auric oxide ‖ acide m. aurique. **b) ~-schaum** m. (Goldschl) ‖ dutch gold ‖ or m. faux en feuilles. **c) ~scheider** m. ‖ gold refiner ‖ affineur m. d'or. **d)~scheidung** f. ‖ gold refining ‖ affinage m. d'or. **e) ~schlagen** n. (Goldschl) ‖ gold beating ‖ battage m. des feuilles d'or. 5

Goldschläger m. ‖ gold beater ‖ batteur m. d'or. **a) ~buch** n. (Buchb) ‖ gold-beater's book ‖ livret m. de batteurs d'or. 6

Goldschlägerei f. ‖ gold-beating ‖ battage m. d'or. 7

Goldschläger-form f. ‖ gold beater's mould ‖ moule m. pour le battage d'or. **a) ~haut** f. ‖ gold beater's skin ‖ baudruche f. **b)** hygienische **Artikel** pl. aus **~häutchen** n. ‖ hygienic articles pl. of gold beater's skin ‖ objects mpl. hygiéniques en baudruche. **c) ~hauthülle** f. ‖ gold beater's skin envelope ‖ enveloppe f. en baudruche. 8

Gold-schmied m. ‖ gold smith ‖ bijoutier m.; orfèvre m. **a) ~schmiedearbeit** f. ‖ goldsmith's work ‖ orfèvrerie f. **b) ~-schmiedzange** f. ‖ goldsmith's pincers pl. ‖ molette f. 9

Goldschnitt m. (Buchb) ‖ gilt edge ‖ tranche f. dorée; dorure f. sur tranches. **a) mit ~** (Buchb) ‖ gilt-edged ‖ doré sur tranche; à tranche dorée. 10

Goldschnitt-arbeiter m. (Buchb) ‖ gilt-edge maker ‖ doreur m. sur tranches. **a) ~polierer** m. (Buchb) ‖ gilt-edge burnisher ‖ brunisseur m. en tranches. 11

Goldschnur f. ‖ spun gold ‖ cordonnet m. d'or. **a) gedrehte ~** ‖ gold lace ‖ cordonnet m. d'or. 12

Gold-schreiber m. ‖ gold printer ‖ chrysographe m. **a) ~schwefel** m. ‖ golden sulphide of antimony ‖ soufre m. doré d'antimoine. **b) ~spiegel** m. ‖ gold mirror ‖ miroir m. en or. **c) ~staub** m. ‖ gold dust ‖ poussière f. *ou* grains mpl. d'or. **d) ~stickerei** f. ‖ gold embroidery ‖ broderie f. d'or. **e) ~- und Silberstickerei** f. ‖ gold and silver embroidery ‖ broderie f. d'or et d'argent. **f) ~stoff** m. ‖ gold brocade ‖ drap m. d'or. **g) ~stück** n. ‖ gold coin ‖ pièce f. *ou* monnaie f. d'or. **h) ~tinte** f. ‖ gold ink ‖ encre f. d'or. **i) ~tresse** f. ‖ gold trimming ‖ galon m. d'or. **k) ~wage** f. ‖ gold balance ‖ trébuchet m. **l) ~währung** f. ‖ gold standard ‖ étalon m. d'or. **m) ~walzer** m. ‖ gold roller ‖ lamineur m. d'or. **n) ~walzwerk** n. ‖ gold rolling mill ‖ laminoir m. à or; laminage m. d'or. 13

Goldwaren fpl. ‖ goldware ‖ orfèvrerie f.; articles mpl. en or. **a) ~ für Kirchen** ‖ gold articles pl. for churches ‖ orfèvrerie f. réligieuse. 14

Goldwarenpolierung f. ‖ goldsmith's work polishing ‖ polissage m. en orfèvrerie. 15

Gold-waschen n. ‖ goldwashing ‖ cueillette f. de l'or dans les sables des rivières. **a) ~wäscher** m. ‖ chimmer of gold sand; gold washer; placer miner ‖ orpailleur m.; laveur m. de cendres d'or *ou* de sables aurifères. **b) ~wirker** m. ‖ gold purse maker ‖ fabricant m. d'objets en mailles d'or. **c) ~zunder** m. (Vergold) ‖ rags pl. impregnated with gold-solution ‖ or m. en chiffons *ou* en drapeaux. 16

Golf m. (Erdk) ‖ gulf ‖ golfe m. 17

Golf-ball m. ‖ golf ball ‖ balle f. golf. **a) ~jacke** f. ‖ golf coat ‖ golf m. 18

Gondel f. (Luftf) ‖ car; nacelle; basket ‖ nacelle f. **a) ~** (Schiff) ‖ gondola ‖ gondole f. 19

Goniometer n. ‖ goniometer ‖ goniomètre m. **a) Kristall~** ‖ crystal goniometer ‖ goniomètre m. à cristaux. **b) Rückstrahlungs~** ‖ reflective goniometer ‖ goniomètre m. à réflexion. 20

Goniometrie f. ‖ goniometry ‖ goniométrie f. 21

goniometrisch ‖ goniometric ‖ goniométrique. **a) ~e Sekante** f. ‖ secant of an arc ‖ sécante f. d'un arc. 22

Göpel m. ‖ horse capstan; horse *or* whim gin ‖ manège m. 23

Göpel-antrieb m. ‖ capstan drive ‖ commande f. par manège. **a) ~betrieb** m. ‖ horse gear; whim drive ‖ commande f. à manège. **b) ~dreschmaschine** f. ‖ whim thrashing-machine; horse gear thrasher ‖ batteuse f. à manège. 24

Gording f. ‖ bunt- *or* leech-line ‖ cargue f. 25

Göschflagge f. ‖ jack ‖ pavillon m. de beaupré. 26

Gose f. ‖ gose; Saxon white beer ‖ gose f.; bière f. blanche de la Saxe. 27

Goslarit m. ‖ goslarite; sulphate of zinc; white vitriol ‖ goslarite f.; zinc m. sulfaté. 28

Gosse f. (Straßenb) ‖ gutter; trench; drain; kennel of paving; side channel *or* gutter; water-gutter; sewer ‖ rigole f. *ou* canal m. de pavé; ruisseau m. *ou* égout m. de rue. 29

Gossenbordstein m. ‖ cheekstone of a kennel in paving; gutter stone ‖ jumelle f. de pavement *ou* d'une rigole en pavé; caniveau m.; dalle f. culière; évier m. 30

Grab-arbeit f. ‖ trench work ‖ travail m. de terrassement. **a) ~eisen** n. (Juw) ‖ sharp graver ‖ échoppe f. à champlever. 31

graben ‖ to dig; to trench ‖ fouiller; creuser. **a) einen Brunnen** m. **~** ‖ to spring a well ‖ foncer un puits. 32

Graben m. (Geologie) ‖ graben; fault trough; rift valley ‖ renforçage m. **a) ~** (Wasserb) ‖ ditch; drain; trench ‖ fossé m.; tranchée f. **b) kleiner ~** (Wasserb) ‖ cut; ditch ‖ crique f. **c) ~ zur Seitenentnahme** (Eisenb) ‖ trench ‖ fossé m. latéral. **d)** einen **~** m. **ziehen** ‖ to dig a ditch ‖ fouiller un fossé. 33

Graben-artillerie f. ‖ trench artillery ‖ artillerie f. de tranchée. **a) ~aushebemaschine** f. ‖ ditcher; trenching machine ‖ machine f. à creuser les fossés. **b) ~mine** f. ‖ trench-mortar shell ‖ mine f. de tranchée. **c) ~mörser** m. ‖ trench mortar ‖ mortier m. de tranchée. **d) ~pflug** m. ‖ draining *or* trench *or* trenching plough ‖ charrue f. à effondrer. **e) ~reinigung** f. ‖ ditch cleaning ‖ curage m. de fossés. 34

Gräber m. (Bergb) ‖ digger in open ground; miner ‖ mineur m. à ciel ouvert. **a) ~** in **Zinngruben** ‖ spadier ‖ ouvrier m. dans les mines d'étain. 35

Gräberei f. (Bergb) ‖ digging ‖ exploitation f. à ciel ouvert; minière f. 36

Grab-figur f. aus **Porzellan** ‖ statue of porcelain for tombs ‖ statue f. tombale de porcelaine. **a) ~gewölbe** n. ‖ funeral vault ‖ caveau m.; sépulcre m.; sépulture f. **b) ~gitter** n. ‖ grave railing ‖ grille f. de tombes. **c) ~kranz** m. ‖ funeral wreath ‖ couronne f. funéraire. **d) ~kreuz** n. ‖ sepulchral cross ‖ croix f. de tombes. **e) ~laterne** f. ‖ tomb latern ‖ lanterne f. funéraire. 37

Grabmal n. ‖ tombstone ‖ monument m. funéraire. 38

Grabmalskunst f. ‖ sepulchral art ‖ art m. sépulcral. 39

Grab-maschine f. ‖ digging *or* excavating machine ‖ excavateur m. **a) ~öffnung** f. des **Löffels** (Bagger) ‖ digging end of the dipper ‖ ouverture f. de creusement du godet. **b) ~platte** f. ‖ grave slab; grave stone ‖ pierre f. tombale. **c) ~scheit** n. mit **Stiel** ‖ handled spade ‖ louchet m. emmanché. 40

Grabschmuck m. ‖ artificial flowers pl. for graves ‖ garniture f. pour tombes. **a) ~** aus **Perlen** ‖ funeral ornament of beads ‖ ornement m. funéraire en perles. 41

Grabstein m. ‖ tomb ‖ monument m. funèbre. 42

Grabstichel m. (Dreh) ‖ graver; turning graver ‖ burin m. du tourneur. **a) ~** (Grav) ‖ engraver; graver; scooper; sculper; pointed chisel ‖ burin m. du graveur; matoire f.; ciselet m. **b) gekröpfter ~** ‖ twice-bent graver ‖ burin m. doublement courbé. **c) platter ~** ‖ flat graver ‖ burin m. plat; onglette f. **d) ~** mit **quadratischem** Querschnitt ‖ square graver ‖ burin m. carré. **e) ~** mit **rautenförmigem** Querschnitt ‖ lozenge graver ‖ burin m. losange. 43

Grab-tiefe f. (Bagger) ‖ digging depth ‖ profondeur f. de fouille. **a) ~weite** f. (Bagger) ‖ reach of grab ‖ portée f. de fouille. **b) ~zahn** m. (Bagger) ‖ digging tooth ‖ dent m. de fouille. 44

Grad m. (einer Kurve) ‖ order; degree ‖ ordre m. **a) ~** (Saccharometrie) ‖ pound ‖ degré m. **b) ~** (Temperatur; Winkel) ‖ degree ‖ degré m. **c) Baumé~** ‖ degree Baumé ‖ degré m. Baumé. **d) Celsius~** ‖ degree Celsius; centigrade ‖ degré m. Celsius. **e)** in **~e** mpl. **einteilen** (Thermometer) ‖ to take indications of thermometer ‖ graduer. **f) ~** der **Geschwindigkeit** ‖ rate of speed ‖ intensité f. de la vitesse. **g) ~** einer **Gleichung** ‖ degree of an equation ‖ degré m. d'une équation. 45

Gradalglas n. mit **Farbkeil** ‖ Gradal lens with colour wedge ‖ verre m. dégradé Gradal. 46

Gradbogen m. (Bergb) ‖ miner's level ‖ niveau m. à plomb en demicercle. **a) ~** (Feldm) ‖ graduated arc; limb; surveyor's level ‖ arc m. gradué; limbe m.

b) ~ (Zeichn) || semi-circular protractor || demi-cercle m. gradué; rapporteur m. 1
Gradeinteilung f. || graduation || graduation f. (de l'échelle). 2
Gradient m. || gradient || gradient m. 3
Gradier-beitelchen n. (Bildh) || dented chisel || ciseau m. gradin. **a) ~eisen** n. (Bildh) || dented chisel || gradine f. 4
gradieren (Thermometer) || to take indications of thermometer || graduer. **a)** die **Sole ~** || to graduate *or* refine the brine || faire la graduation du sel. 5
Gradieren n. (Thermometer) || taking the indication of thermometer || prise f. des degrés. 6
Gradier-gutsche f. || dented gouge || gouge f. gradine. **a) ~pfanne** f. (Salzgew) || graduation pan || poèle f. de graduation. 7
Gradierwerk n. || graduation house *or* works pl.; cooling tower || réfrigérant m. à fascines; bâtiment m. de graduation. **a) ~ mit künstlichem Zug** || cooler of closed type with forced draught || réfrigérant m. clos à tirage forcé. 8
Grädigkeit f. (Chem) || concentration || degré m. 9
Gradometer n. || gradient recorder; gradometer || gradomètre m.; indicateur m. de pente. 10
Gradstein m. (Straßenb) || border; curb stone || bordure f. 11
Gradteilung f. || graduation; scale of degrees || graduation f.; division f. en degrés. **a) Positionskreis** m. mit **~** || position circle divided into degrees || cercle m. de position divisé en degrés. 12
Graduierstangenführung f. || graduating stem guide || bouchon m. guide de la tige de graduation. 13
grafisch || graphical || graphique. 14
grafisch-e Anstalt f. || graphic establishment || établissement m. graphique. **a) ~e Berechnung** f. || graphic calculation || calcul m. graphique. **b) ~e Darstellung** f. || graphic representation || tracé m. graphique. **c) ~e Fachartikel** mpl. || requirements pl. for the graphical trade || articles mpl. concernant l'art graphique. **d) ~es Gewerbe** n. || graphic industry || art m. graphique. **e) ~e Kunst** f. || graphic art || art m. graphique. **f) ~e Kunstanstalt** f. || graphical art institute *or* establishment || institut m. *ou* établissement m. d'art graphique. **g) ~e Schußtafel** f. || graphic range table || table f. graphique de tir. **h) ~es Verfahren** n. || graphic method || procédé m. graphique. 15
Grafit m. *s.* Graphit. 16
Grafofon n. || graphophone || graphophone m. 17
Grafostatik f. || graphical statics pl. || statique f. graphique. 18
Grahamgang m. || Graham escapement || échappement m. Graham. 19
Grainpunze f. (Kupferst; Grav) || granulated chasing chisel || égrenoir m.; grenoir m. 20
Gramm n. || gram || gramme m. 21
Grammatit m. || grammatite; tremolite || grammatite f.; trémolite f. 22
Gramm-atom n. || gramme atome || atomegramme m. **a) ~kalorie** f. || gram calory || petite calorie f.; calorie-gramme f. **b) ~molekel** f. || gramme molecule || molégramme f. 23
Grammofon n. || gramophone || gramophone m. 24
Grammofon-nadel f. || needle for gramophone || aiguille f. pour gramophone. **a) ~platte** f. || gramophone record *or* disk || disque m. *ou* plaque f. de gramophones. 25
Granalien fpl. (Met) || granulated metal || grenailles fpl. 26
Granat m. || garnet || grenat m. **a) böhmischer ~** || pyrope || pyrope m.; grenat m. pyrope *ou* magnésien; vermeille f. occidentales. **b) edler ~** || precious *or* noble garnet; almandine; almandite || almandine f.; almandite f.; grenat m. almandin *ou* oriental. **c) grüner ~** || green garnet; grossular || grenat m. calcarifère *ou* grossulaire; grossulaire m. **d) orientalischer ~** || oriental garnet; almandine; almandite || almandine f.; grenat m. almandin *ou* oriental; almandite f. **e) roter ~** || almandine; almandite || almandine f.; almandite f.; grenat m. rouge *ou* almandin. **f) schwarzer ~** || melanite || mélanite f.; grenat m. mélanite *ou* noir; grenat m. de fer et de chaux. 27
Granatapfel m. || pomegranate || grenade f. 28
Granate f. (Waffenw) || shell; grenade || obus m. **a) Hand~** || hand grenade || grenade f. à main. 29
Granatillholz n. || granillo; grenadillo; red ebony || grenadille f. 30
Granatoëder m. || rhombic dodecahedron || dodécaèdre m. rhomboïdal. 31
Granat-schleifer m. || garnet cutter || polisseur m. de grenats. **a) ~waren** mpl. || garnet-work || articles mpl. de grenat. **b) ~werfer** m. || grenade thrower || lance-grenades m. 32
Grand m. (Brau) || grand; underback; underlet; wort sink *or* trough || reverdoir m. **a) ~** (Kies) || gravel; sand || sable m. **b) Würze~** || wort sink *or* trough || reverdoir m. 33
Granit m. || granite || granit m. **a) ägyptischer ~** || Egyptian *or* red granite || granit m. d'Égypte *ou* rouge oriental. **b) porphyrartiger ~** || porphyroid granite || granit m. porphyroïde. **c) roter ~** *s.* ägyptischer **~**. 34
granitartig || granitic || granité. 35
Granit-beton m. || granite concrete || béton m. de granite. **a) ~bruch** m. || granite quarry || carrière f. de granit. **b) ~haue** f. || granit axe || pioche f. à granite. **c) ~-hauen** n. || granite cutting || piquage m. de granit. **d) ~hauer** m. || granite feller || piqueur m. de granit. **e) ~papier** n. || jaspe paper || papier m. jaspé. **f) ~sand** m. || granite *or* granitic sand || sable m. granitique *ou* de granit. **g) ~waren** fpl. || granite wares pl. || objets mpl. en granit. 36
Granometer n. || granometer; grain counter *or* counting apparatus || granomètre m.; compte-grains m. 37
Granulation f. || granulation || granulation f. 38
Granulator m. || granulator || granulateur m. 39
granulieren || to corn; to granulate || grainer; granuler. 40
Granulier-maschine f. || granulating machine || machine f. à granuler. **a) ~mühle** f. || granulating crusher || broyeur-granulateur m. 41
granuliert *s. auch* körnig (Met) || granulated || en grains *ou* en grenailles. **a) ~e Hochofenschlacke** f. || granulated blast furnace slag || laitier m. granulé de haut-fourneau. 42
Granulierung f. || granulation || granulation f. 43
Granulierungsanlage f. für **Hochofenschlacke** || granulating plant for blast furnace slag || installation f. pour granuler le laitier de haut-fourneau. 44
Granulit m. || granulite || granulite f. 45
Granulose f. || granulose || granulose f. 46
Grapen m. (Schmelzkessel) || iron *or* mixing pot || chaudière f. à fusion. 47
graphisch *s.* grafisch. 48
Graphit m. (Met) || graphite; iron froth; kish || limaille f. de fourneau; fer m. carburé; kis m. **a) ~** (Min) || plumbago; graphite; black lead || graphite m.; plombagine f. **b) entflockter ~** || deflocculated graphite || graphite m. défloculé. **c) ~ in Flittern** || graphite in tinsels || graphite m. en paillettes. **d) ~ in Flocken** *s.* Graphit, flockiger. **e) flockiger ~** || graphite in flocks; flaked graphite || graphite m. en flocons. **f) künstlicher ~** || artificial graphite || graphite m. artificiel. **g) Retorten~** || retort graphite || graphite m. de cornue *ou* de rétortes. **h) roher ~** || raw graphite || graphite m. brut. **i) ~ in Stäbchen** || graphite in rods || graphite m. en baguettes. **k) ~ in Stücken** || graphite in pieces || graphite m. en morceaux. 49
Graphit-ausscheidung f. || segregation of graphite || ségrégation f. de graphite. **a) ~bürste** f. || graphitic brush || balai m. graphitique. **b) ~elektrode** f. || graphite electrode || électrode f. en graphite. **c) ~gewinnung** f. || graphite mine || extraction f. de graphite. 50
graphithaltiges Fett n. || graphite grease || graisse f. à graphite. 51
Graphitier-apparat m. || graphite coating apparatus; graphiting spray device || appareil m. pour graphiter. **a) ~bürste** f. || black leading brush || brosse f. à graphiter. **b) ~maschine** f. || machine for coating with graphite; black leading machine || graphiteuse f.; machine f. à graphiter. 52
graphitisch (Met) || graphitic; kishy || limailleux. 53
Graphit-kohle f. || graphitic carbon || charbon m. graphitique. **a) ~masse** f. || graphite paste || pâte f. de graphite. **b) ~mühle** f. || graphite mill || moulin m. à graphite. **c) ~schiefer** m. || graphite schist || gneiss m. graphitique. **d) ~-schmelztiegel** m. || graphite crucible || creuset m. en graphite. **e) ~schmiere** f. || graphite grease *or* lubricant || graisse f. de graphite *ou* à base de graphite. **f) ~schmiermittel** n. *s.* Graphitschmiere. **g) ~schnur** f. || graphited cord || cordon m. graphité. **h) ~schuppe** f. || graphite flake || graphite m. en écailles; écaille f. du graphite. **i) ~stein** m. || graphite brick || brique f. en graphite. **k) ~tiegel** m. || graphite crucible || creuset m. en graphite. **l) ~werk** n. || graphite works pl. || fabrique f. de graphite. **m) ~widerstand** m. || resistance of graphite || résistance f. de graphite. 54
Gras n. || grass || herbe f. **a) chinesisches ~** || cloth *or* China grass || rhéa m. 55
Gras-bleiche f. || grass bleaching || blanchiment m. au pré. **a) ~boden** m. || grass land || terrain m. gazonné; sol-herbeux m. 56

Gräser npl. (Botanik) ‖ gramineal plants pl.; gramineæ pl. ‖ graminées fpl. 1
Gras-erntemaschine f. ‖ harvesting machine for grass ‖ machine f. de récolte pour herbe. a) **~leinen** n. ‖ grass cloth ‖ batiste f. de Canton; drap m. d'herbe. 2
Grasmäher m. ‖ grass *or* lawn mower ‖ tondeuse f. de gazon; faucheuse f. a) **Motor~** ‖ motor grass mower ‖ faucheuse f. à moteur. 3
Gras-mähmaschine f. ‖ grass mowing machine *or* mower ‖ faucheuse f. à herbe. a) **~narbe** f. einer Wiese ‖ sward of a meadow ‖ gazon m. d'une prairie. b) **~saat** f. ‖ grass seed ‖ graines fpl. de graminées. c) **~schere** f. ‖ grass shears pl. ‖ sécateur m. d) **~schneidmaschine** f. ‖ lawn mower ‖ tondeuse f. de gazon. 4
Grat m. (Dach) ‖ arris; groin; hip ‖ arête f. a) **~** (Gebirge) ‖ crest ‖ crête f. b) **~** (Gußnaht) ‖ burr; fash of seams ‖ ébarbure f.; bavure f.; barbe f. c) **~** (an Schneidzeug) ‖ rough *or* wire edge ‖ morfil m. d) den **~** m. **entfernen** ‖ to clean off burrs ‖ ébarber; ébarurer. e) **Quermesser** n. zum Zerteilen des **~es** ‖ crop blade for sectionning the burr ‖ lame f. d'équerre à cisailler la bavure. f) **scharfer ~** ‖ sharp seam ‖ bavure f.; arête f. vive. 5
Grat-balken m. (Zimm) ‖ arris beam ‖ coyer m. a) **~blech** n. (Dachd) ‖ hip lead *or* sheet ‖ annusure f.; ennusure f.; basque f.; bavette f. d'arête. b) **~bogen** m. (Bauk) ‖ cross springer; diagonal arch *or* rib; groined arch ‖ arc m. arêtier *ou* diagonal; croisée f. d'ogive. c) **~eisen** n. *s.* ~hobeleisen. d) **~hobel** m. (Tischl) ‖ dovetail plane ‖ bouvet m. mâle; feuilleret m.; rabot m. à languette. e) **~hobeleisen** n. ‖ iron of a dovetail plane ‖ fer m. de bouvet mâle *ou* de feuilleret. 6
Gräting f. (Schiffb) ‖ grating; cuddy ‖ caillebotis m.; grillage m.; grille f.; tille f. 7
Grat-linie f. (Geom) ‖ edge of regression ‖ arête f. de rebroussement. a) **~seite** f. eines **Daches** ‖ hip-side of a roof ‖ croupe f. d'un toit. b) **~sparrenstrebe** f. (Zimm) ‖ hip-strut ‖ coyer m.; arcboutant m. d'une arbalète. c) **~stichbalken** m. ‖ dragon piece; arris beam ‖ blochet m. d'arêtier *ou* de recrue; coyer m. 8
Gratwulst f. (Dachd) ‖ hip bead ‖ arêtière f. a) **~** von **Metall** (Met) ‖ hip bead of metal ‖ arêtière f. en métal. 9
Gratziegel m. ‖ ridge *or* hip tile ‖ tuile f. faîtière; enfaîteau m.; couvrejoint m. 10
graue Salbe f. ‖ mercurial ointment ‖ onguent m. mercuriel. 11
Grau-braunstein m. ‖ pyrolusite; bioxide of manganese; brownstone ‖ pyrolusite f.; manganèse m. oxydé *ou* oxydé gris *ou* oxydé métalloïde; peroxyde m. de manganèse; pierre f. de Périgueux. a) **~erz** n. ‖ galena ‖ galène f. b) **~gießerei** f. ‖ gray iron foundry ‖ fonderie f. pour fonte grise. 12
Grauglanzoxydbad n. ‖ stibium oxide bath ‖ bain m. oxyde gris-brillant. 13
graugrün ‖ greyish green ‖ gris-vert. 14
Graugültigerz n. ‖ mercurial grey-copper ‖ cuivre m. gris mercurifère. 15
Grauguß m. ‖ cast *or* pig iron castings pl. ‖ fonte f. moulée; pièce f. de fonte; moulage m. en fonte grise. a) **weicher ~** ‖ soft castings pl. ‖ fonte f. douce. 16
Graugußriemenscheibe f. ‖ cast iron pulley ‖ poulie f. en fonte. 17
Grau-kalk m. ‖ lime pyrolignite; gray *or* meager chalk ‖ pyrolignite m. de chaux; chaux f. maigre. a) **~mangan** n. ‖ pyrolusite; bioxide of manganese; brownstone ‖ pyrolusite f.; manganèse m. oxydé *ou* oxydé gris *ou* oxydé métalloïde; peroxyde m. de manganèse; pierre f. de Périgueux. b) **~metall** n. ‖ grey pewter ‖ potin m. gris. 18
Graupe f. ‖ hulled grain ‖ grain m. mondé. 19
Graupen-erz n. ‖ granular ore; ore in grains ‖ mine f. en grains. a) **~mühle** f. ‖ mill for groats ‖ moulin m. à orge perlé. b) **~müller** m. ‖ pearl barley maker ‖ fabricant m. d'orge perlé. c) **~schälerei** f. ‖ pearl barley manufacture ‖ fabrication f. d'orge perlé. 20
Grau-silber n. ‖ selbite; carbonate of silver; grey silver ‖ selbite f.; carbonate m. d'argent. a) **~spießglanzerz** n. ‖ grey antimony ore; trisulphide of antimony; antimonite ‖ antimoine m. gris *ou* sulfuré; stibine f. b) **~wacke** f. ‖ graywacke; greywacke; wacke ‖ grauwacke f.; grès m. schisteux. 21
Gravier-anstalt f. ‖ engraving establishment ‖ établissement m. de gravure. a) **~betelchen** n. ‖ print cutter's chisel ‖ ciseau m. pour graveurs. 22
gravieren ‖ to engrave ‖ graver. 23
Gravierer m. ‖ engraver ‖ graveur m. 24
Graviergeißfuß m., **gebogener** ‖ print-cutter's bent parting-tool ‖ burin m. triangulaire coudé pour graveurs. 25
Graviergutsche f. ‖ print cutter's gouge ‖ gouge f. pour graveurs. a) **~ ohne Band** ‖ print cutter's unshouldered gouge ‖ gouge f. pour graveurs sans embase. 26
Gravierlöffel-geißfuß m. ‖ spoon-bit parting-tool ‖ burin m. triangulaire à cuiller. a) **~gutsche** f. ‖ print-cutter's spoon-bit-gouge ‖ gouge f. à cuillère pour graveurs. 27
Gravier-maschine f. ‖ engraving machine ‖ machine f. à graver. a) **~nadel** f. ‖ engraving needle ‖ pointe f. pour taille-douce. b) **~schaufelbetelchen** n. ‖ print cutter's spoon-bit chisel ‖ fermoir m. à spatule pour graveurs. c) **~stemmbetelchen** n. (Grav) ‖ print cutter's nose chisel ‖ fermoir m. pour graveurs. 28
Gravierung f. ‖ engraving ‖ gravure f. a) **mechanische ~** ‖ mechanical engraving ‖ gravure f. par procédés mécaniques. b) **~ für Platten** ‖ engraving for plates ‖ gravure f. pour plaques. c) **~** der **Walzen** ‖ engraving of the rolls ‖ gravure f. de cylindres. 29
Gravitation f. ‖ gravitation ‖ gravitation f. 30
Gravitations-feld n. ‖ gravitational field ‖ champs m. de gravitation. a) **~gesetz** n. ‖ law of gravitation ‖ loi f. de la gravitation. b) **~kraft** f. ‖ force of gravity ‖ force f. de gravitation. c) **~masse** f. ‖ gravitational mass ‖ masse f. gravitationelle. 31
Gravör m. ‖ engraver ‖ graveur m. a) **~stempel** m. ‖ engraver's die ‖ coin m. pour graveurs. 32
Gravurdruckwalze f. ‖ engraved printing roller ‖ cylindre m. d'imprimerie gravé. 33
Greenockit m. ‖ greenockite ‖ greenockite f.; sulfure m. de cadmium. 34
Greenovit m. ‖ greenovite ‖ greenovite f. 35
Greifbagger m. ‖ grab dredger; grab ‖ grue f. à grappin; grappin m. 36
greifbar ‖ seizable; substantial; palpable; tangible ‖ saisissable; palpable. a) **~e Ware** f. ‖ spot goods pl. ‖ marchandise f. disponible. 37
greifen (Kornhaufen) ‖ to cake; to felt; to mat ‖ prendre. a) **ineinander ~** ‖ to work *or* gear into each other ‖ s'engrener. 38
Greifen n. (Kornhaufen) ‖ felting; matting ‖ prise f. 39
Greifer m. (Kran) ‖ grab ‖ benne f. prenante *ou* preneuse; pelle f. de chargement. a) **~** (Nähmaschine) ‖ looper ‖ boucleur m. b) mit **Baggergut** gefüllter **~** ‖ grab loaded with spoil ‖ grappin m. rempli de matériel dragué. c) **Kohlen~** ‖ coal grab ‖ grappin m. à charbon. d) **~** für **Massengüter** ‖ grab for bulk goods ‖ grue f. à griffes pour marchandises en grandes masses. e) **Motor~** ‖ motor grab ‖ benne f. preneuse *ou* grappin m. à moteur. f) **~** für **Rundholz** ‖ grab for round timber ‖ griffe f. pour rondin. g) **Seil~** ‖ rope grab ‖ benne f. à câble. h) der **~ setzt sich** beim Graben **schief** auf den Boden ‖ the grab works at an angle ‖ le grappin m. se pose en biais en attaquant le sol. i) **Stein~** ‖ grab for stones ‖ benne f. destinée à ramasser les pierres et les cailloux. k) **Verlade~** ‖ loading grab ‖ benne f. de chargement. 40
Greiferbetrieb m. ‖ service with grabs ‖ service m. de bennes. 41
Greifereinrichtung f. ‖ dragline equipment ‖ équipement m. de benne preneuse. a) mit **~** versehener **Löffelbagger** m. ‖ shovel provided with dragline equipment ‖ pelle f. possédant un équipement de benne preneuse. 42
Greifer-inhalt m. ‖ capacity of grab ‖ capacité f. du grappin. a) **~kopf** m. (Bagger) ‖ head of the grab ‖ tête f. de la benne. b) **~kran** m. ‖ grab crane ‖ grue f. à benne piocheuse *ou* à griffes; grue f. dragueuse. c) **~vorschub** m. ‖ gripper feed ‖ amenage m. par pinces. d) **~winde** f. ‖ winch for the grab ‖ treuil m. du grappin. 43
Greifhaken m. ‖ clamp; grab hook (A) ‖ crochet m. prenant. 44
Greifhaufen m. (Brau) ‖ caking *or* rough floor; mat ‖ couche f. qui prend. a) **~schüttelgabel** f. (Brau) ‖ fork for separating malt ‖ râteau-secoueur m. pour démêler les mottes d'une couche de malt. 45
Greif-korb m. ‖ grab; catcher ‖ benne f. preneuse *ou* à griffe. a) **~kübel** m. ‖ automatic grab ‖ benne f. à griffe. b) **~vorrichtung** f. ‖ gripping device ‖ dispositif m. d'arrêt à griffe. c) **~werkzeug** n. ‖ gripping device ‖ appareil m. de préhension. d) **~zirkel** m. ‖ cal(l)ipers pl.; cal(l)iper-compasses pl. ‖ compas m. d'épaisseur. 46
Greisen m. (Min) ‖ greisen ‖ granit m. sans orthose; greisen m.; hyalomicte f. 47
grelles Licht n. der **Autolampen** ‖ glaring light of motorcar headlights ‖ lumière f. des phares d'automobile aveuglants. 48
Grenadierblock m. (Seew) ‖ monkey block ‖ galoche f. 49

Grenadill-holz n. ‖ granillo; grenadillo; red ebony ‖ grenadille f. a) **~korn** m. ‖ pome-granate ‖ pomme f. de grenadille. 1
Grenadine f. ‖ grenadine ‖ grenadine f. 2
Grendel m. eines **Pfluges** ‖ plough beam ‖ arbre m. *ou* flêche f. *ou* haie f. d'une charrue. 3
Grengesit m. ‖ grengesite ‖ grengésite f. 4
Grenz-ausgangsanstalt f. (Fernm) ‖ terminal office of an international circuit ‖ bureau m. tête de ligne. a) **~belastung** f. ‖ limit load ‖ charge f. limite. b) **~berichtigung** f. ‖ demarcation ‖ délimitation f. des terrains. 5
Grenze f. ‖ line; limit ‖ limite f. a) die ~ eines **Grubenfeldes** festlegen ‖ to determine the boundary of a mining area ‖ fixer la limite d'un champ minier. b) **Landes~** ‖ frontier ‖ frontière f. c) **Wirtschaftlichkeits~** ‖ economical limit ‖ limite f. économique. 6
Grenzeisen n. (Gieß) ‖ crown iron ‖ chapelet m. 7
grenzen an ... ‖ to border on ...; to touch; to be adjacent to ... ‖ confiner à ...; approcher de ... 8
Grenz-fall m. (Math) ‖ limit case ‖ cas m. limite. a) **~frequenz** f. ‖ limiting *or* cut-off frequency ‖ fréquence f. limite. b) **~geschwindigkeit** f. ‖ critical *or* limiting speed ‖ vitesse f. critique *ou* limite. c) **~graben** m. ‖ boundary *or* partition ditch ‖ fossé m. limitrophe *ou* mitoyen. d) **~lehre** f. ‖ limit gauge ‖ calibre m. de tolérance; gabarit m. e) **~linie** f. ‖ boundary line ‖ ligne f. de séparation. f) **~mauer** f. ‖ common *or* mean *or* partition *or* party wall ‖ mur m. commun *ou* mitoyen. g) **~pfahl** m. ‖ boundary pole ‖ poteau m. de borne. h) **~reglung** f. ‖ demarcation ‖ délimitation f. i) **~schicht** f. ‖ boundary layer ‖ couche f. limite. k) **~sperre** f. ‖ prohibition of trade (with foreign countries) ‖ blocus m.; fermeture f. des frontières. l) **~station** f. ‖ frontier station ‖ station f. frontière. m) **~stein** m. ‖ boundary stone ‖ borne f. de délimitation. n) **~strich** m. ‖ limit mark ‖ trait-limite m. o) **~wellenlänge** f. ‖ limiting wave length ‖ longueur f. d'onde limite. p) **~verkehr** m. ‖ traffic *or* trading across the frontier ‖ relations fpl. de *ou* trafic m. à la frontière. q) **~wert** m. ‖ limit value; limit ‖ valeur f. limite; limite f. r) **~winkel** m. (Phys) ‖ critical angle ‖ angle m. limite. 9
Grezseide f. ‖ raw silk; grege ‖ soie f. grège; grège f. 10
Grieß m. ‖ semolina ‖ semoule f. a) ~ (Bauw) ‖ coarse sand; gravel; grit; shingle ‖ arène f.; gravier m. b) **feiner ~** ‖ fine semolina ‖ fine semoule f. c) **geputzter ~** ‖ purified semolina ‖ semoule f. sassée. d) **grober ~** ‖ coarse semolina ‖ grosse semoule f. e) **Reis~** ‖ ground rice ‖ semoule f. de riz. f) **Weizen~** ‖ semolina ‖ semoule f. de froment. 11
Grieß-holm m. (Müll) ‖ fender; railing ‖ traverse f. de poteaux. a) **~kohle** f. (Bergb) ‖ dust *or* small *or* slack coal; smalls pl. ‖ charbon m. menu. 12
Grießmühle f. (Erz) ‖ tube mill ‖ tube m. broyeur. a) ~ (Getreide) ‖ grits mill ‖ moulin m. à semoule. 13
Grieß-putzmaschine f. ‖ purifier of semolina ‖ purifieur m. *ou* sasseur m. à semoule. a) ~ **und Dunstputzmaschine** f. ‖ purifier for semolina and dunsts ‖ sasseur m. à gruyaux et à finots. b) **~sortiermaschine** f. nach spezifischem Gewicht ‖ gravity purifier of semolina ‖ purifieur m. à gravité de la semoule. 14
Griff m. (Hufeisen) ‖ toe ‖ griffe f.; pince f. a) ~ (Schmiedezange) ‖ rein ‖ branche f. b) ~ (Werkzeug) ‖ handle; grip; ear; hilt; tiller ‖ poignée f.; manche m.; manette f.; queue f.; anse f. c) **Einsteck~** ‖ removable handle ‖ manche m. amovible. d) **gebogener ~** ‖ bent handle ‖ poignée f. courbe. e) **gewellter ~** ‖ corrugated tip ‖ bout m. ondulé. f) **Hebel~** ‖ lever handle ‖ manche m. de levier. g) **Kork~** ‖ cork handle ‖ poignée f. en liège. h) **Leder~** ‖ leather handle ‖ manche m. en cuir. i) **Messer~** ‖ knife handle ‖ manche m. de couteau. k) **Schirm~** ‖ umbrella handle ‖ poignée f. pour parapluie. l) ~ aus schwarzem **Stahl** ‖ black steel tip ‖ bout m. en acier noir. m) **Stock~** ‖ stick handle ‖ poignée f. pour canne. 15
Griffbrett n. ‖ finger *or* key board ‖ clavier m. a) **alphabetisches ~** (Setzmaschine) ‖ alphabetical claviary *or* key board ‖ clavier m. alphabétique. 16
Griffeherstellungsmaschine f. ‖ machine for making handles ‖ machine f. pour faire des poignées. 17
Griffel m. ‖ slate pencil; crayon ‖ crayon m. à ardoise. 18
Griffel-papier n. ‖ paper for slate pencils ‖ papier m. pour crayons en ardoise. a) **~schiefer** m. ‖ cross-grained slate ‖ ardoise f. à écrire. 19
Griffhahn m. mit **gebogenem Auslauf** ‖ grip type cock with bent outlet ‖ robinet m. à poignée à bec recourbé. a) ~ mit **geradem Auslauf** ‖ grip type cock with straight outlet ‖ robinet m. à poignée à bec droit. b) ~ mit **Schlauchtülle** ‖ grip type cock with sleeve ‖ robinet m. à poignée avec douille. c) ~ mit **Überwurfmutter** ‖ grip type cock with cap screw ‖ robinet m. à poignée avec écrou à chapeau. 20
Griff-schlüssel m. ‖ handle wrench ‖ clé f. à poignée. a) **~stöpsel** m. ‖ pinch stopper ‖ bouchon m. à poignée. b) **~zwinge** f. ‖ handle collar ‖ virole f. pour poignées. 21
grob-abhämmern (Schmied) ‖ to hammer roughly ‖ dégrossir au marteau. a) ~ **gepulvert** ‖ coarsely powdered ‖ grossièrement pulvérisé. b) ~ **regulieren** ‖ to regulate coarsely ‖ régler à peu près. c) ~ **vorgearbeiteter** Gegenstand m. ‖ roughly worked object ‖ ébauche f. d'objet. d) ~ **zerkleinern** ‖ to grind coarsely ‖ moudre grossièrement. 22
grob, mit ~em Schnitt m. ‖ with coarse cut ‖ enlevant de gros coupeaux. a) **~e Körnung** f. ‖ coarse grain ‖ gros grain m. 23
Grobbeitel m. (Bildh) ‖ strong carving chisel ‖ fermoir m. renforcé à dégrossir. 24
Grobblech n. ‖ thick sheet iron; coarse *or* thick plate ‖ grosse tôle f. a) **~richtmaschine** f. ‖ plate straightening rolls pl. ‖ machine f. à dresser les grosses tôles. b) **~straße** f. ‖ plate mill ‖ train m. à grosses tôles. 25
Grob-blitzableiter m. ‖ plate lightning arrester ‖ parafoudre m. à couteaux. a) **~draht** m. ‖ coarse *or* large *or* thick wire ‖ fil m. d'écotage. b) **~einstellung** f. ‖ coarse adjustement ‖ dégrossissage m.; mise f. au point rapide; réglage m. approximatif. 26
Grobeisen n. ‖ merchant iron ‖ fer m. marchand. a) **~walzwerk** n. ‖ merchant rolls pl., rolls for merchant iron ‖ train m. marchand. 27
grobfaserig (Holz) ‖ coarse grained ‖ à fibre f. grossière. 28
Grob-feile f. ‖ rough *or* coarse file; rubber ‖ lime f. grosse *ou* rude. a) **~fleier** m. ‖ slubbing frame ‖ banc m. à broches en gros. b) **~hechel** f. ‖ coarse *or* roughing hackle ‖ ébauchoir m.; gros peigne m. 29
grobjährig (Holz) ‖ coarsely ringed ‖ à cernes mpl. larges. 30
Grob-kalk m. ‖ coarse limestone ‖ chaux f. en gros morceaux. a) **~karde** f. (Spinn) ‖ breaker; breaking card ‖ carde f. briseuse; briseur m. b) **~keramik** f. ‖ ordinary ceramic ‖ céramique f. grosse. c) **~kohle** f. ‖ clod coal; cherry coal; open-burning coal ‖ houille f. demi-grasse à longue flamme; charbon m. vif; houille f. grossière *ou* en mottes. 31
grobkörnig ‖ coarse grained *or* granular ‖ en gros grains. a) **~es Eisen** n. ‖ coarse-grained iron ‖ fer m. à grains gros. 32
Grob-körnigkeit f. ‖ coarseness ‖ grossièreté f. a) **~kornsetzmaschine** f. ‖ coarse grain washer ‖ machine-laveuse de gros. b) **~krempel** m. ‖ breaker *or* scribbler card ‖ carde f. briseuse *ou* en gros. c) **~regulierung** f. ‖ coarse regulation ‖ régulation f. approximative. d) **~schmied** m. ‖ hammersmith; forge-man; blacksmith; edge-tool maker ‖ fabricant-ferronnier m.; taillandier m.; forgeron m. 33
Grobschmiede f. ‖ iron ware manufacture ‖ ferronnerie f. a) **~arbeit** f. ‖ blacksmith's work; black work ‖ taillanderie f.; ouvrage m. du forgeron. 34
Grob-schotter m. ‖ coarse gravel ‖ gros gravier m. a) **~schrot** n. ‖ coarse ground grist ‖ farine f. grossière. b) **~schroten** n. von **Getreide** ‖ coarse bruising of grain ‖ concassage m. grossier de grains. c) **~sicherung** f. (Fernm) ‖ glass tube fuse ‖ fusible m. à tube de verre. d) **~sieb** n. ‖ wide-meshed sieve ‖ tamis m. à grandes mailles. e) **~spannungsschutz** m. ‖ high voltage protector ‖ fusible m. pour haute tension. f) **~steinwaren** fpl. ‖ stone articles pl. ‖ gros objets mpl. en pierre. g) **~strecker** m. ‖ first drawer ‖ étireur m. du gros fil. 35
Grobverstellung f. ‖ coarse motion ‖ mouvement m. rapide. a) ~ eines **Fernrohres** in Höhe ‖ coarse motion of a telescope in altitude ‖ tournement m. vertical de la lunette à la main. b) **Klemmung** f. der ~ (Opt) ‖ clamp for coarse adjustment ‖ blocage m. du mouvement rapide. 36
Grob-walzwerk n. ‖ blooming *or* roughing-down mill; coarse-crushing rolls pl. ‖ gros train m.; cylindres mpl. dégrossisseurs. a) **~zerkleinerung** f. ‖ coarse crushing *or* grinding ‖ broyage m. grossier. b) **~zug** (Drahtz) ‖ drawing bench for thick wires ‖ banc m. à étirer pour gros fil; laminoir m. à gros fil. 37
Grönlandfahrer m. (Fischer) ‖ seal fisher; sealer; Greenlandman ‖ pêcheur m. de phoques; groënlandier m. a) ~ (Fahrzeug) ‖ whale ship ‖ baleinier m. 38
Grönlandfischer m. ‖ greenland fisherman ‖ pêcheur m. au groënland. 39
großbeeriger Kaffee m. ‖ large-berried coffee ‖ café m. à gros grains. 40
Großbetrieb m. ‖ working on a large scale ‖ fabrication f. sur grande échelle. a) Durch-

führung f. des **Verfahrens** im ~ ‖ working the process on a large scale ‖ mettre en œuvre le procédé sur une vaste échelle. 1

Groß-bombenflugzeug n. ‖ large bomber ‖ gros avion m. de bombardement. **a) ~-boot** n. ‖ long boat ‖ chaloupe f. **b) ~bootsklampe** f. ‖ chock of long boat ‖ chantier m. de la chaloupe. 2

Großbram-braß f. ‖ main-brace ‖ grand bras m. **a) ~fall** n. ‖ fall of the main-top-gallant halliard ‖ garant m. de la drisse du grand perroquet. **b) ~geitau** n. ‖ main-top-gallant clew-line ‖ cargue f. du grand perroquet. **c) ~nockgording** f. ‖ main-top-gallant leech-line ‖ cargue-bouline f. du grand perroquet. **d) ~leesegel** n. ‖ main-top-gallant studding-sail ‖ bonnette f. du grand perroquet. **e) ~leespiere** f. ‖ main-top-gallant studding-sail boom ‖ bout-dehors m. de la bonnette du grand perroquet. **f) ~pardun** n. ‖ main-top-gallant backstay ‖ galhauban m. du grand perroquet. **g) ~raa** f. ‖ main-top-gallant yard ‖ vergue f. du grand perroquet. **h) ~rack** n. ‖ parrel of the main-top-gallant yard ‖ racage m. de la vergue du grand perroquet. **i) ~saling** f. ‖ cross-tree of main-topmast ‖ barre f. traversière du grand perroquet. **k) ~-schot** f. ‖ main-top-gallant sheet ‖ écoute f. du grand perroquet. **l) ~segel** n. ‖ main-top-gallant sail ‖ grand perroquet m. **m) ~stag** n. ‖ main-top-gallant stay ‖ étai m. du grand perroquet. **n) ~stag-segel** n. ‖ main-top-gallant stay-sail ‖ voile f. d'étai du grand perroquet. **o) ~stänge** f. ‖ main-top-gallant mast ‖ mât m. du grand perroquet. **p) ~toppnant** f. ‖ lift of the main-top-gallant yard ‖ balancine f. du grand perroquet **q) ~want** n. ‖ main-top-gallant shroud ‖ hauban m. du grand perroquet. 3

Großbrauerei f. ‖ large brewery ‖ grande brasserie f. 4

Größe f. (Gefäßinhalt) ‖ cubical contents pl. ‖ contenance f. **a)** ~ (Gegenstand) ‖ size ‖ grandeur f. **b)** ~ (Math) ‖ magnitude; quantity; value ‖ grandeur f.; quantité f. **c)** ~ (Phys) ‖ amplitude ‖ amplitude f. **d)** ~ (Rauminhalt) ‖ volume; bulk ‖ volume m. **e)** ~ (Zeichnung) ‖ size ‖ grandeur f. **f)** ~ der **Bewegung** (Mech) ‖ quantity of motion ‖ quantité f. de mouvement. **g)** ~ eines **Blockes** ‖ size of an ingot ‖ grosseur f. du bloc. **h) gewöhnliche ~** ‖ standard size ‖ grandeur f. type. **i) imaginäre ~** (Math) ‖ imaginary quantity ‖ quantité f. imaginaire. **k) inkommensurable ~** (Math) ‖ incommensurable quantity ‖ quantité f. incommensurable. **l) in natürlicher ~** ‖ of natural size; in real size ‖ de grandeur f. réelle; en grandeur f. naturelle. **m) irrationale ~** (Math) ‖ irrational quantity ‖ expression f. *ou* quantité f. irrationnelle. **n) kommensurable ~** (Math) ‖ commensurable quantity ‖ quantité f. commensurable. **o) konstante ~** (Math) ‖ (constant) quantity ‖ constante f.; quantité f. constante. **p) mittlere ~** (Math) ‖ mean value ‖ moyenne f. **q) natürliche ~** ‖ natural *or* full scale; actual *or* real size ‖ grandeur f. naturelle; vraie grandeur f. **r) negative ~** (Math) ‖ negative quantity ‖ quantité f. négative. **s) normale ~** ‖ standard size ‖ grandeur f. type. **t) positive ~** (Math) ‖ affirmative *or* positive quantity ‖ quantité f. positive. **u) rationale ~** (Math) ‖ rational quantity ‖ expression f. *ou* quantité f. rationnelle. **v) übliche ~** ‖ standard size ‖ grandeur f. type. **w) unendlich kleine ~** (Math) ‖ differential *or* infinitesimal quantity ‖ ‖ quantité f. différentielle *ou* infiniment petite. **x) veränderliche ~** (Math) ‖ variable quantity ‖ quantité f. variable. **y) wirkliche ~** ‖ natural size ‖ grandeur f. naturelle. 5

Größennummer f. ‖ size ‖ dimension f. 6

Groß-fabrikation f. ‖ manufacture on a large scale ‖ fabrication f. sur une grande échelle. **a) ~fischerei** f. ‖ great fishery ‖ grande pêche f. **b) ~flächenmembrane** f. für Lautsprecher ‖ large area diaphragm for loudspeakers ‖ diaphragme m. à grande étendue pour haut-parleurs. **c) ~flugzeug** n. ‖ large aeroplane ‖ gros avion m. **d) ~funkstation** f. ‖ long distance station ‖ poste f. à grandes distances. **e) ~funkstelle** f. ‖ long-distance radio station ‖ station f. de télégraphie sans fil à grande distance. **f) ~gaffel** f. ‖ main gaff ‖ corne f. de grande voile goélette. 7

Großgasmaschine f. ‖ large gas engine; high power gas engine ‖ gros moteur m. à gaz; moteur m. à gaz de grande puissance. **a) doppeltwirkende Viertakt~** in **Doppelreihenanordnung** ‖ double-acting four-stroke cycle twin-tandem large gas engine ‖ gros moteur m. à gaz à quatre temps à double effet disposé en série jumelée. **b) doppeltwirkende Viertakt~** in **Reihenanordnung** ‖ double-acting four-stroke cycle tandem large gas engine ‖ gros moteur m. à gaz à quatre temps à double effet disposé en série. 8

Groß-geitau n. ‖ main clew garnet ‖ cargue-point f. de la grande voile. **a) ~gewerbe** n. ‖ wholesale manufacture *or* industry ‖ grande industrie f. **b) ~güterwagen** m. ‖ high-capacity goods-wagon *or* truck ‖ wagon m. à marchandises de grande capacité. **c) ~handel** m. ‖ wholesale trade ‖ commerce m. en gros. **d) ~handelsgeschäft** n. ‖ wholesale business ‖ commerce m. de gros. **e) ~handelspreis** m. ‖ wholesale price ‖ prix m. de gros. **f) ~händler** m. ‖ wholesale dealer *or* merchant; wholesaler ‖ commerçant m. *ou* marchand m. en gros; grossiste m.; négociant m. **g) chemische ~handlung** f. ‖ chemical wholesale dealer ‖ marchand m. en gros de produits chimiques. **h) ~helling** f. ‖ building berth for large vessels ‖ cale f. pour grands bâtiments. 9

Grossist m. *s.* Großhändler. 10

Groß-kältemaschine f. ‖ large refrigerating machine ‖ machine f. frigorifique de grande puissance. **a) ~kampfschiff** n. ‖ capital ship ‖ navire m. capital; bâtiment m. du type Dreadnought. **b) ~koks** m. ‖ large coke ‖ gros coke m. **c) ~kompressor** m. ‖ large compressor ‖ compresseur m. de grande puissance. **d) ~kraftwerk** n. ‖ super *or* large power station ‖ supercentrale f.; usine f. d'énergie de forte puissance. 11

Großküchen-einrichtung f. ‖ furniture for large kitchen ‖ installation f. pour grandes cuisines. **a) ~herd** m. ‖ large kitchen range ‖ grande cuisinière f. 12

Groß-lautsprecher m. ‖ giant loudspeaker ‖ haut-parleur m. géant. **a) ~leesegel** n. ‖ main studding sail ‖ grande bonnette f. **b) ~luk** n. ‖ main hatch ‖ grande écoutille f. 13

Großmars m. ‖ main top ‖ grande hune f. **a) ~braß** f. ‖ main topsail brace ‖ bras m. du grand hunier. **b) ~fall** n. ‖ main topsail's halliard ‖ drisse f. du grand hunier. **c) ~geitau** n. ‖ main topsail clew line ‖ cargue-point f. du grand hunier. **d) ~rahe** f. ‖ main topsail yard ‖ vergue f. du grand hunier. **e) ~refftalje** f. ‖ main topsail reef tackle ‖ palan m. *ou* palaquin m. de ris du grand hunier. **f) ~schot** f. ‖ main topsail sheet ‖ écoute f. du grand hunier. **g) ~segel** n. ‖ main topsail ‖ grand hunier m. **h) ~stänge** f. ‖ main topmast ‖ mât m. du grand hunier. 14

Groß-mast m. ‖ main mast ‖ grand mât m. **a) ~mühle** f. ‖ large mill ‖ grande meunerie f. **b) ~oberflächenplatte** f. (Sammler) ‖ large surface plate ‖ plaque f. à grande surface. **c) ~oberleesegel** n. ‖ main topmast studding sail ‖ bonnette f. du grand hunier. **d) ~obermarsrahe** f. ‖ upper main topsail yard ‖ vergue f. supérieure du second grand hunier. **e) ~oktav** n. ‖ large octavo ‖ grand-octavo m. **f) ~rahe** f. ‖ mainyard ‖ grande vergue f. **g) ~raumgüterwagen** m. ‖ 50 tons goods wagon ‖ wagon m. à marchandises de 50 tonnes. **h) ~refftalje** f. ‖ main (sail's) reef tackle ‖ palan m. du ris de la grande voile. 15

Großroyal n. ‖ main royal ‖ grand perroquet m. volant *ou* royal. **a) ~fall** n. ‖ main royal halliard ‖ drisse f. du grand perroquet volant. **b) ~geitau** n. ‖ main royal clew line ‖ cargue f. du grand perroquet volant. **c) ~leesegel** n. ‖ main royal studding sail ‖ bonnette f. du grand perroquet volant. **d) ~pardune** f. ‖ main royal backstay ‖ galhauban m. du grand perroquet volant. **e) ~rahe** f. ‖ main royal yard ‖ vergue f. du grand perroquet volant. **f) ~saling** f. ‖ main royal cross-trees pl. ‖ barres fpl. traversières du grand perroquet volant. **g) ~schot** f. ‖ main royal sheet ‖ écoute f. du grand perroquet volant. **h) ~stag** n. ‖ main royal stay ‖ étai m. du grand perroquet volant. **i) ~stagsegel** n. ‖ main royal staysail ‖ voile f. d'étai du grand perroquet volant. **k) ~stänge** f. ‖ main royal mast ‖ mât m. du grand perroquet volant. **l) ~want** n. ‖ main royal shroud ‖ hauban m. du grand perroquet volant. 16

Groß-rüst f. ‖ main chains pl. *or* channels pl. ‖ écotard m. *ou* porte-hauban m. du grand mât. **a) ~schlächterei** f. ‖ wholesale butchery ‖ boucherie f. engros. **b) ~schot** f. ‖ main sheet ‖ écoute f. de la grande voile. **c) ~segel** n. ‖ main sail ‖ grande voile f. **d) ~stag** n. ‖ main stay ‖ étai m. du grand mât. **e) ~stagsegel** n. ‖ main staysail ‖ voile f. d'étai du grand mât. 17

Großstänge-pardune f. ‖ main topmast backstay ‖ galhauban m. du grand hunier. **a) ~stag** n. ‖ main topmast stay ‖ étai m. du grand hunier. **b) ~stagsegel** n. ‖ main topmast staysail ‖ voile f. d'étai du grand hunier. **c) ~want** n. ‖ main topmast rigging ‖ hauban m. du grand hunier. 18

Groß-station f., **radiotelegrafische** ‖ radiotelegraphic long distance station ‖ poste

f. radiotélégraphique à grande distance. **a) ~stromversorgung** f. ‖ super power distribution ‖ distribution f. de l'énergie électrique. 1

großstückig ‖ in large pieces ‖ en gros morceaux. 2

Großtopp m. ‖ main top ‖ grand phare m. **a) ~nant** f. ‖ main lift ‖ balance f. de la grande vergue. 3

Groß-turbinenhalle f. ‖ super-turbine shop ‖ atelier m. de grosses turbines. 4

Großuhr f. ‖ large clock ‖ grande horloge f. **a) ~glas** n. ‖ glass for pendulum clocks ‖ verre m. de pendule. 5

Groß-verkauf m. ‖ wholesale ‖ vente f. en gros. **a) ~want** n. ‖ main shroud; lower main shroud ‖ hauban m. du grand mât. **b) ~wasserraumkessel** m. ‖ boiler with large water space ‖ chaudière f. à grand volume d'eau. 6

grotesk ‖ grotesque ‖ grotesque. 7

Grotte f. ‖ grotto ‖ rocaille f. 8

Grottenbauer m. ‖ grotto maker ‖ constructeur m. de grottes. 9

Grube f. (Bergb) ‖ mine ‖ mine f.; minière f. **a) an der ~** (Bergb) ‖ at pit-head ‖ à l'entrée du puits. **b)** eine **~ aufnehmen** ‖ to survey a mine ‖ lever le plan d'une mine. **c)** eine **~** f. **bauen** ‖ to work a mine ‖ exploiter. **d)** eine **~** f. **bauhaft** halten ‖ to keep a mine in repair ‖ entretenir une mine. **e) Braunkohlen~** ‖ lignite mine ‖ mine f. de lignite. **f) ~** der **Brettschneider** ‖ saw pit ‖ fosse f. des scieurs de long. **g) Damm~** (Gieß) ‖ foundry pit ‖ fosse f. de coulée. **h) Durchweichungs~** ‖ soaking pit ‖ pit m. chauffé. **i) Eisenstein~** ‖ iron ore mine ‖ mine f. de fer **k) ~ für Holzverkohlung** ‖ charring pit ‖ fosse f. de carbonisation. **l)** die **~** hat **schlagende Wetter** ‖ the mine is fiery ‖ la mine est grisouteuse. **m) Senk~** ‖ cess pool ‖ puisard m. 10

Gruben-abort m. ‖ water closet for pits ‖ cabinet m. d'aisance pour mines. **a) ~anlage** f. ‖ mine; plant ‖ établissement m.; mine f. **b) ~anzug** m. ‖ protection suit ‖ vêtement m. de protection. **c) ~apparat** m. (Fernm) ‖ station of miners ‖ station f. de mine. **d) ~arbeit** f. ‖ pitwork ‖ travaux mpl. de puits. **e) ~arbeiter** m. ‖ miner; colliery labourer ‖ ouvrier m. du fond; mineur m. **f) ~ausbau** m. (Bergb) ‖ support of mines ‖ fortification f. de mines. 11

Grubenbahn f. ‖ mine railway; hauling track ‖ chemin m. de fer minier *ou* de mine *ou* d'exploitation. **a)** funkenfreier **~fahrschalter** m. ‖ sparkless controller for mining railway ‖ combinateur m. à travail sans étincelles pour chemin de fer de mine. 12

Gruben-bau m. ‖ underground winning *or* work *or* working ‖ ouvrage m. *ou* œuvre m. de veine. **a) ~bedarf** m. ‖ requirements pl. for mines ‖ ustensiles mpl. pour mines. **b) ~beleuchtung** f. ‖ lighting of mines ‖ éclairage m. de mine. **c) ~bericht** m. ‖ mining report ‖ rapport m. minier. **d) ~besitz** m. ‖ mining property ‖ propriété f. minière. 13

Grubenbetrieb m. ‖ working of a mine; underground mining ‖ exploitation f. des mines souterraines. **a) ~ unter Tage** ‖ underground winning ‖ exploitation f. souterraine. 14

Gruben-bewetterung f. ‖ ventilation of mines ‖ airage m. *ou* aérage m. de mines. **a) ~bild** n. ‖ mine plan ‖ plan m. de la mine. **b) ~brand** m. ‖ mine fire ‖ incendie m. dans une mine; feux mpl. de mines. **c) ~einrichtungsgegenstand** m. ‖ material for mine equipment ‖ matériel m. d'installation de mines. **d) ~erzeugnis** n. ‖ mining product ‖ produit m. de mines. 15

Grubenfeld n. ‖ allotment ‖ concession f. de mine; gisement m. **a)** querschlägige **Breite** f. des **~es** ‖ breadth of cross-cut ‖ largeur f. du champ d'exploitation. **b)** streichende **Länge** f. des **~es** ‖ length of strike ‖ longueur f. du champ d'exploitation. **c) ~grenze** f. ‖ boundary between adjoining mining areas ‖ borne f. d'une mine. 16

Grubenförderwagen m. ‖ mining car ‖ wagonet m.; berline f. 17

Grubengas n. ‖ fire damp; marsh *or* explosive *or* mine gas; light hydrocarbon gas. ‖ gaz m. léger d'hydrogène carburé; gaz m. des marais; grisou m. **a) ~interferometer** n. ‖ interferential fire damp tester ‖ grisoumètre m. interférentiel. **b) ~messer** m. ‖ fire damp tester ‖ grisoumètre m. 18

Gruben-gesellschaft f. ‖ mining company ‖ compagnie f. minière. **a) ~gezähe** n. ‖ mine tools pl. ‖ outils mpl. de mineur. **b) ~halde** f. ‖ burrow ‖ halde f. **c) ~haushalt** m. ‖ economics pl. of mine ‖ économie f. de la mine. **d) ~hobelmaschine** f. ‖ pit planing machine ‖ raboteuse f. à fosse. **e) ~holz** n. ‖ mine wood *or* timber; pit props pl. ‖ bois m. de mine. **f) ~hund** m. (Bergb) ‖ miner's truck ‖ chien m. **g) ~kabel** n. ‖ mining cable ‖ câble m. minier *ou* de mine. **h) ~kies** m. ‖ pit gravel ‖ ballast m. *ou* gravier m. de carrière. **i) ~klein** n. ‖ rubbish ‖ menus mpl. (débris). **k) ~klosett** n. ‖ water closet for pits ‖ cabinet m. d'aisance pour mines. **l) ~knappe** m. ‖ miner ‖ mineur m. **m) ~kompaß** m. ‖ miner's compass *or* dial ‖ boussole f. de mineur. **n) ~kreissäge** f. ‖ circular saw for mines ‖ scie f. circulaire pour mines. **o) ~kübel** m. (Bergb) ‖ mine kibble ‖ seau m. de mines. **p) ~lampe** f. ‖ pit *or* mining *or* miner's lamp ‖ lampe f. pour mineurs *ou* de mine. **q) ~lampenreinigungsmaschine** f. ‖ machine for cleaning miner's lamps ‖ machine f. pour le nettoyage des lampes de mines. **r) ~licht** n. ‖ miner's lamp ‖ lampe f. de mine. **s) ~lokomotive** f. ‖ mine *or* mining locomotive ‖ locomotive f. pour mines. **t) ~luft** f. ‖ air in mines ‖ air m. des galeries de mine. **u) ~lüftung** f. (Bergb) ‖ mine ventilation ‖ aérage m. de mine. **v) ~maschine** f., **Braunkohlen** ‖ lignite mining machine ‖ machine f. pour mines de lignite. **w) ~mauerung** f. ‖ walling of a mine ‖ muraillement m. des galeries et des puits. **x) ~maurer** m. ‖ packwaller; cogman ‖ maçon m. de mine. **y) ~messung** f. ‖ mine survey ‖ levé m. minier. **z) ~muldenkipper** m. ‖ trough tip wagon for mines ‖ wagon-basculeur m. à auge de mine. 19

a) ~nivellierlatte f. ‖ mine levelling staff ‖ règle f. de nivellement pour mines. **b)** einen **~plan** m. **aufnehmen** ‖ to survey underground ‖ lever un plan de mine. **c) ~pulver** n. ‖ blasting *or* miner's powder ‖ poudre f. de mine. 20

Grubenrettungs-apparat m. ‖ rescue apparatus for mines ‖ appareil m. de sauvetage dans les mines. **a) ~station** f. ‖ pit life saving station ‖ laboratoire m. de sauvage des mines. 21

Gruben-riß m. (Bergb) ‖ plan of a mine *or* of workings ‖ plan m. de mine. **a) ~rost** m. ‖ grizzly ‖ grille f. de mine. **b) ~säge** f. ‖ pit saw ‖ scie f. de mine. **c) ~sand** m. ‖ dug *or* pit sand ‖ sable m. fouillé *ou* de fouille. **d) ~schiene** f. ‖ rail for mines ‖ rail m. pour mines. **e) ~schmiede** f. ‖ smithery *or* smithy (of a mine) ‖ forge f. d'une mine; maréchaudage m. **f) ~sicherungseinrichtung** f. ‖ mine safety device ‖ installation f. de sûreté pour mines. **g) ~signalapparat** m. ‖ mine signalling gear ‖ appareil m. de signaux de mine. **h) ~stempel** m. (Bergb) ‖ mine prop ‖ étançon m. pour mines. **i) ~unfall** m. ‖ accident to mine ‖ accident m. à la mine. **k) ~ventilator** m. ‖ mine ventilator *or* fan ‖ ventilateur m. à mines. **l) ~verkohlung** f. ‖ pit-burning; charring *or* charcoal-burning in pits ‖ carbonisation f. dans des fosses. **m) ~vermessung** f. ‖ underground survey ‖ arpentage m. souterrain. **n) ~verschalung** f. ‖ mine tubbing ‖ cuvelage m. de mine. **o) ~verwaltung** f. ‖ mining administration ‖ administration f. des mines. **p) ~wagen** m. ‖ mine *or* miner's car; mining truck ‖ wagonnet m. pour mines; berline f. de mine; chien m. 22

Grubenwasser n. ‖ pit water ‖ eau f. de mine. **a)** das **~ versickern lassen** ‖ to let mine water drain off ‖ laisser les eaux de mine se perdre par infiltration. 23

Grubenweite f., **äquivalente** ‖ equivalent opening of the mine shaft ‖ orifice m. équivalent de mine; section f. équivalente du puits. **a) gleichwertige ~** ‖ equivalent opening of the mine shaft ‖ section f. équivalente du puits; orifice m. équivalent de mine. 24

Grubenwetter npl. (Grubengas) ‖ mine damp; fire damp ‖ grisou m. **a) ~** (Luft) ‖ air ‖ air m. **b) ~maschine** f. ‖ mine *or* colliery fan ‖ ventilateur m. de mine. 25

Grubenzimmerung f. ‖ timbering of a shaft ‖ cuvelage m.; cuvellement m.; charpente f. de mine. 26

Grude-koks m. ‖ small coke of lignite ‖ coke m. de lignites. **a) ~ofen** m. ‖ Grude stove ‖ fourneau m. Grude. 27

Grummet n. ‖ after-grass; after-math; fog ‖ regain m.; recoupe f. 28

grün fassen (Bier) ‖ to rack green ‖ transvaser la bière verte. 29

grün-e Erde f. ‖ green earth ‖ terre f. verte. **a) ~es Licht** n. ‖ green light ‖ feu m. vert. 30

Grün n. ‖ green; green colour ‖ vert m. **a) Licht~** ‖ light green ‖ vert m. clair. **b) Schweinfurter ~** ‖ Paris green ‖ vert m. de Schweinfurt. **c) Zinn~** ‖ tin green ‖ vert m. d'étain. 31

Grünbleierz n. ‖ phosphate of lead; pyromorphite ‖ plomb m. phosphaté *ou* vert *ou* brun; pyromorphite f. 32

Grund m. (Bauw) ‖ ground; soil ‖ sol m.; terrain m. **a) ~** (Färb) ‖ ground ‖ pied m. **b) ~** (Grobsand) ‖ gravelly bottom ‖ fond m. de gravier. **c) ~** (Leimvergoldung)) whiting ‖ blanc m. **d) ~** (Mal) ‖ back ground ‖ fond m. d'un tableau. **e) ~** (Ölvergoldung) ‖ priming ‖ teinte f. dure. **f) ~** (für gemusterte Webstoffe) ‖

ground || fond m.; plain m. **g)** den ~ **abloten** || to examine *or* to sound the ground || sonder le fond m. **h) auf** ~ m. **geraten** (Seew) || to run aground || mouiller par fond m.; être au sec m. **i)** bei Ebbe **auf** ~ **kommen** || to be neaped || rester à sec avec le jusant. **k) auf lotbarem ~e sein** (Seew) || to be in soundings || être sur la sonde; avoir fond m. **l) auf** ~ **sitzen** (Seew) || to ground; to touch the ground || échouer; faire côte; mouiller par la quille; sentir la somme. **m)** den ~ m. **aufrühren** || to stir up the ground || agiter le fond; troubler l'eau. **n) erkennbarer** ~ || obvious reason || cause f. apparente. **o) felsiger** ~ || rocky ground || fond m. de roche. **p)** ~ eines **Flusses** || river bed *or* bottom || fond m. d'une rivière. **q)** ~ **gewinnen** || to gain ground || gagner du terrain. **r) gut haltbarer** ~ || good holding ground || fond m. de bonne tenue. **s) harter** ~ (Bauw) || hard ground || fond m. dur. **t) kein** ~ (Seew) || no bottom; no ground || pas de fond m. **u) Kiesel~** || gravel *or* shingly bottom; flinty *or* pebble ground || fond m. de galets. **v) lehmiger** ~ || clayey ground || fond m. d'argile. **w) lotbarer** ~ (Seew) || fathomable bottom || fond m. sondable. **x) Meeres~** || bottom *or* ground of the sea || fond m. de la mer. **y) sandiger** ~ || sandy bottom || fond m. de sable. **z) schlechter** ~ (Bauw) || bad holding ground || sol m. de faible résistance. 1

a) stickiger ~ || sticky ground || fond m. tenace. **b) tiefer** ~ || great depth || grand fond m. **c) unreiner** ~ || foul ground || fond m. malsain. **d)** der ~ **ist unterspült** || the foundation is undermined *or* blown up by water || le fondement m. est déchaussé *ou* affouillé. **e) weicher** ~ || soft ground || fond m. mou. **f)** ~ **werfen** (Seew) || to get *or* to obtain *or* to strike ground *or* bottom *or* soundings pl. || avoir *ou* trouver fond m. 2

Grundablaß m. (Schleuse) || pond plug; scouring sluice; sluice board || bonde f. *ou* décharge f. de fond. **a) ~rohr** n. einer **Sperrmauer** || bottom outlet pipe of a dam || conduite f. de fond *ou* de vidange d'un mur du barrage. **b) ~schütz** n. || bottom outlet sluice || vanne f. de vidange de fond. 3

Grund-ablösung f. || expropriation || expropriation f. **a) ~ankauf** m. || purchase of land || achat m. du terrain. **b) ~anstrich** m. || first *or* ground coat; knotting || première couche f. de peinture. 4

Grundbalken m. (Bauw) || ground beam or timber || racinal m.; semelle f.; sablière f. **a)** ~ (Wassermühle) || saddle beam sill || palplanche f. **b)** ~ eines **Kranes** || sole of a crane || racinal m. d'une grue. 5

Grundbau m. (Bauw) || foundation; basement || fondement m. **a)** ~ (Straßenb) || bottoming || empierrement m. de base; blocage m. 6

Grundbesitz m. || land || propriété f. foncière. **a) freier** ~ || freehold property || pleine propriété f. **b) Pacht~** || leasehold property || propriété f. à bail. 7

Grund-besitzer m. || landed proprietor; gentleman farmer; farm owner; yeoman || propriétaire m. foncier *ou* terrien. **a) ~bett** n. eines **Flusses** || bottom of the channel || fond m. du lit. **b) ~bolzen** m. || form *or* foundation bolt || boulon m. de plaque de fondation. **c) ~böschung** f. einer **Uferpflasterung** || foundation of a stone pitching || fondation f. d'une défence de rive. 8

Grundbuch n. || ground register; Doomsday Book; mortgage book || registre-terrien m.; cadastre m. **a)** einen **Vermerk** m. **im** ~ **machen** || to make a note in the mortgage book || faire une inscription dans le registre des hypothèques. 9

Grund-buchbehörde f. || mortgage authority || administration f. des hypothèques. **a) ~büchse** f. (Mot) || bottom bush || boîte f. à clapets. **b) ~dienstbarkeit** f. || real servitude || servitude f. réelle. **c) ~dünung** f. || ground swell || flot m. *ou* gain m. du fond. **d) ~ebene** f. (Zeichn) || datum plane *or* level || plan m. de niveau. **e) ~eigentum** n. || real estate || bien-fonds mpl. **f) ~einheit** f. || fundamental unit || unité f. fondamentale. **g) ~eis** n. || ground *or* anchor ice || glace f. de fond. 10

Grundeisen n. (Holzschn) || dog-leg chisel || pousse-avant m.; butte-avant m. **a)** ~ (Schriftg) || chisel || ciseau m. 11

gründen, ein **Gebäude** n. || to lay the foundation of a building || jeter les fondements mpl. d'un édifice. **a)** eine **Mauer** f. ~ || to found a wall || établir un mur. **b)** auf **Pfähle** mpl. ~ || to pile || piloter. 12

Gründer m. (Gesellschaft) || promoter; founder || promoteur m.; fondateur m. 13

Gründer-aktie f. || founder's share || action f. de fondateur. **a) ~anteile** mpl. || founder's shares pl. || parts mpl. de fondateurs. 14

Grund-erwerb m. || ground acquisition || acquisition f. de terrains. **a) ~erwerbskosten** pl. || charge for acquisition of land || frais mpl. d'acquisition du terrain. **b) ~faden** m. || ground thread || fil m. de fond. **c) ~farbe** f. || first coat; priming; prime *or* ground colour || première couche f. de couleur; couleur f. de fond; fond m. **d) ~farbe** f. (Zeugdr) || ground || fond m. **e) ~felge** f. || wheel felloe || jante f. de roue. 15

Grundfläche f. || ground; floor space || surface f. du plancher. **a)** ~ einer **Böschung** || base of a slope || empattement m. d'un talus. **b)** ~ eines **Körpers** || base *or* basis of a body || base f. d'un solide. 16

Grund-frequenz f. || fundamental frequency || fréquence f. fondamentale. **a) ~gebühr** f. || fixed charge || redevance f. fondamentale. **b) ~geschirr** n. || ground tackle || amarres fpl. **c)** ~ und **Gesprächsgebühr** f. || fixed charge and message rate tariff || régime m. de la redevance fondamentale et de la conversation taxée. **d) ~gestein** n. || primitive rock || roche f. originaire. **e) ~gleichung** f. (Math) || fundamental equation || équation f. fondamentale. **f) ~graben** m. || foundation ditch || fossé m. pour y fonder *ou* de fondations. **g) ~grube** f. *s.* ~graben. **h) ~hieb** m. (Feil) || first course *or* cut || première taille f. 17

Grundiereisen n. || dog-leg chisel || butte-avant m.; pousse-avant m. 18

grundieren (Färb) || to ground || piéter. **a)** ~ (Mal) || to ground; to prime || abreuver; apprêter; donner l'apprêt; imprimer. 19

Grundierer m. || plain colour sizer || fonceur m. 20

Grundier-lack m. || filler || laque f. de première couche. **a) ~maschine** f. (Pap) || grounding *or* paper-staining machine || machine f. à foncer; fonceuse f. 21

grundierte Leinwand f. || painter's *or* primed canvass || imprimature f.; imprimure f.; toile f. imprimée. 22

Grundierung f. (Mal) || priming || imprimure f. **a)** ~ (Papierf) || texture || texture f. 23

Grundierungsfarbe f. || ground colour || première couche f. 24

Grund-kapital n. || opening capital || capital m. d'apport. **a) ~kette** f. (Samtweberei) || ground warp || chaîne f. de fond. **b) ~köder** m. || ground bait || appât m. de fond. **c) ~kraftwerk** n. || base load power station || usine f. de base. **d) ~kreis** m. || base circle || cercle m. primitif. 25

Grundlager n. || main bearing || palier m. principal. **a) ~balken** m. || bed plate beam || poutre f. de fondation. 26

Grundlast f. der **Förderleistung** || base load of production || charge f. de base de la production. 27

Grundlinie f. (Feldm) || base; base line || ligne f. de base; base f. **a)** ~ (Geom) || base; basis; ground line || base f. **b)** ~ einer **Böschung** || horizontal measure of a slope || reculement m. d'un talus. 28

Grundlog n. || ground log || loch m. du fond. 29

grundlos || unfounded; baseless || dénué de fondement. **a) ~e Straße** f. || loose road || route f. défoncée. 30

Grund-maß n. || standard of measurement || mesure f. fondamentale *ou* normale. **a) ~masse** f. (Geol) || base; elementary matter || pâte f. (première). **b) ~mauer** f. || foundation wall || mur m. de fondation. **c) ~mauerwerk** n. || foundation; foundation masonry *or* walling; ground work || maçonnerie f. de fondation *ou* de soubassement. **d) ~moräne** f. || ground moraine || moraine f. profonde. **e) ~mörtel** m. || beton; concrete; grub-stone mortar || béton m. 31

Grundnetz n. || trawl || drague f., rets m. de fond. **a) ~fischerei** f. || trawling || pêche f. à la drague. 32

Grundpacht f. || ground rent || redevance f. emphytéotique. 33

Grundpfahl m. (Brückenb) || pile of substructure || pieu m. *ou* pilot m. de fondement. **a) Brücken~** || bridge pile || pieu m. *ou* pilot m. *ou* pilotis m. d'un pont. 34

Grund-pfählung f. || foundation piling; pile work of substructure || basse-palée f. **a) ~pfand** n. || mortgage || hypothèque f. **b) ~pfeiler** m. || foundation pillar || pilier m. de fondation. **c) ~plan** m. || ground plan || plan m. horizontal. 35

Grundplatte f. || base *or* foundation plate; subbase; bed plate || plaque f. de fondation *ou* d'assise. **a)** ~ der **Drehscheibe** || base plate for the turntable || plaque f. de base de la plaque tournante. **b) gemauerte** ~ (Gieß) || foundation; piedestal || meule f. **c) gemeinsame** ~ || common bed plate || base f. commune. **d) gußeiserne** ~ || cast iron ground plate || soubassement m. en fonte de fer. **e) Motor~** || motor bracket || plaque f. de fondation pour le moteur. **f)** ~ der **Weiche** || switch plate || plaque f. d'assise d'aiguille. 36

Grundplattenlager n. || bearing of bed plate || palier m. de la plaque de fondation. 37

Grund-preis m. || prime cost || prix m. de base. a) **~probe** f. (Schiff) || specimen of the bottom || spécimen m. du fond. b) **~rente** f. || ground rent || rente f. foncière. c) **~ring** m. || neck ring || bague f. du fond. 1

Grundriß m. || horizontal projection; bottom view; plan || projection f. horizontale; plan m. a) einen **~ aufnehmen** || to take a plan || lever un plan m. b) **geometrischer ~** || ground *or* geometrical plan || plan m. géométral. c) **perspektivischer ~** || perspective plan || plan m. perspectif. 2

Grund-satz m., als ~ aufstellen || to lay down as principle || poser en principe m. a) **~schaltung** f. || principal circuit; fundamental circuit || schéma m. de principe. 3

Grundschicht f. || footing of walls || assise f. de fondement. a) **vorspringende ~** || offset; patten; set-off || assise f. saillante; empattement m. d'un fondement. 4

Grund-schieber m. || distributing slide valve || tiroir m. distributeur *ou* de distribution. a) **~schleppnetz** n. || trawl || drague f.; rets m. de fond. b) **~schwelle** f. (Bauw) || dormer; dormant; sleeper; ground beam *or* timber || racinal m.; dormant m.; semelle f.; sablière f. c) **~schwingung** f. || fundamental oscillation || oscillation f. fondamentale. d) **~see** f. || ground sea || mer f. de fond. e) **~stein** m. || foundation stone || pierre f. de fondement *ou* fondamentale. f) **~stellung** f. von Signalen und Weichen || normal position of signals and switches || position f. normale des signaux et aiguilles. g) **~steuer** f. || land tax || impôt m. foncier. h) **~stoff** m. (Chem) || elementary *or* simple body; element || corps m. simple *ou* élémentaire; élément m. i) **~stollen** m. (Bergb) || deep adit || galerie f. chassante *ou* de fond. k) **~strecke** f. (Bergb) || water level || chassage m.; voie f. de niveau *ou* de fond; niveau m. de bure. l) **~stromkreis** m. || fundamental circuit || circuit m. fondamental. 5

Grundstück n. || premises pl. || fonds m. de terre. a) **Abtretung** f. des ~es || cession of the property || cession f. du fond. b) den Grundbesitzer m. zur **Abtretung eines ~es anhalten** || to require the surface owner to cede a property || obliger le propriétaire à la cession du terrain. c) **angrenzendes ~** || adjoining ground || terrain m. voisin. d) das **Eigentum am ~ abtreten** || to cede the ownership of a property || céder la propriété du terrain. e) zum **Erwerb** eines ~es verpflichtet werden || to be bound to acquire property || être obligé à l'acquisition d'un terrain. f) ein ~ n. durch Abtretungen **parzellieren** || to break up a property by the cession of portions thereof || morceler un terrain par la cession de parcelles. g) frei über ein ~ n. **verfügen** || to dispose freely of a property || disposer librement d'un terrain. h) durch Benutzung des ~es n. seinen **Wert mindern** || to decrease the value of a property by its use || diminuer la valeur d'un terrain par l'usage. i) ein ~ n. **zwangsweise abtreten** || to compulsorily cede a property || céder un terrain par voie d'expropriation. 6

Grund-takelung f. || ground tackle || amarres fpl. a) **~talje** f. || relieving rope *or* tackle || câble m. *ou* cravate f. de redresse; palan m. de recul ou de retenue. b) **~tau** n. (Seew) || relieving rope *or* tackle || câble m. *ou* cravate f. de redresse; palan m. de recul *ou* de retenue. c) **~ton** m. || fundamental tone || son m. fondamental. 7

Gründung f. (Bauw) || foundation; foundation walling; ground work || maçonnerie f. de fondement *ou* de soubassement; fondation f. a) ~ (Handel) || establishment; foundation; institution || fondation f.; établissement m.; création f. b) **direkte ~** || direct foundation || fondation f. sur le sol. c) **Druckluft~** || compressed air foundation || fondation f. à l'air comprimé. d) ~ mit **Fangdämmen** || foundation between crib coffer dams || fondation f. par l'emploi de bâtardeaux. e) **Gemeinschafts~** || establishment in cooperation with somebody || fondation f. en commun avec quelqu'un. f) ~ einer **Gesellschaft,** die gemeinschaftlich mit jemandem erfolgte || foundation of a company effected jointly with somebody || fondation f. d'une société qui se fit en commun avec quelqu'un. g) ~ auf **Pfählen** || foundation on piles. || fondation f. sur pieux. h) ~ mit **Preßluft** || pneumatic process of foundation || fondation f. à l'air comprimé. i) ~ zwischen **Spundwänden** || foundation between sheet pilings || fondation f. entre palplanches. k) ~ auf **Steinschüttung** || random stone foundation; riprap foundation || fondation f. à pierres perdues *ou* par enrochements. l) **Tief~** || deep foundation || fondation f. de grande profondeur. m) ~ **unter Wasser** || underwater foundation || fondation f. sous l'eau. 8

Gründungen fpl. und **Gründungsausrüstungen** fpl. (Wasserb) || foundation structures and equipments || fondations fpl. sous eau et matériel pour ces ouvrages. 9

Gründungs-kapital n. || initial capital || capital m. d'établissement. a) **~kosten** pl. || promotion money *or* expenses pl. || frais mpl. de fondation *ou* de promotion. b) **~verfahren** n. || method of laying foundations || méthode f. de fondation. 10

Grund-ventil n. || foot valve || clapet m. de fond *ou* de pied *ou* inférieur. a) **~verstärker** m. (Funkw) || primary amplifier || amplificateur m. d'entrée. 11

Grundwasser n. || subsoil *or* underground water || nappe f. aquifère; eau f. souterraine. a) das ~ **abführen** || to draw off underground water || évacuer l'eau du fond. 12

Grundwasser-abdichtung f. || underground-water packing || calfeutrage m. de la nappe souterraine. a) **~bewegung** f. || ground-water movement || mouvement m. de l'eau souterraine. 13

Grundwasserspiegel m. || underground water-level; surface of the underground water || niveau m. des eaux souterraines; surface f. de la nappe souterraine. a) **Senkung** f. des ~s || lowering of the piezometric level || abaissement m. du plan d'eau souterraine. 14

Grundwasserstand m. || level of underground water || niveau m. de la nappe souterraine. a) den ~ m. **feststellen** || to determine the level of underground water || fixer le plan des eaux souterraines. 15

Grund-wehr n. (Wasserb) || incomplete overfall || déversoir m. incomplet. a) **~welle** f. || fundamental wave || onde f. fondamentale. b) **~wellenfrequenz** f. || carrier wave frequency || fréquence f. d'onde porteuse. c) **~zahl** f. (der Logarithmen) || base || base f. 16

Grün-eisenerde f. || green-iron ore; kraurite || dufrénite f.; fer m. phosphaté vert. a) **~eisenerz** n. || green-iron ore; kraurite || fer m. phosphaté vert; dufrénite f. b) **~erde** f. || green earth; celadonite; glauconite || terre f. verte; céladonite f.; glauconite f. c) **~fäule** f. || green rot || putréfaction f. due à la pezize. d) **~filter** n. || green filter || écran m. vert. e) **~futter** n. || green crop *or* pasture || fourrage m. vert. 17

Grünholz n. || green wood; greenheart || cèdre m. vert; bois m. laurier dur. a) **~säge** f. || green-wood saw || scie f. à bois vert. 18

Grünkohl m. || kale || chou m. vert. 19

Grünkreuzkampfstoff m. || green cross; diphosgene || chloroformiate m. de méthyle trichloré; surpalite m.; croix f. verte. 20

grünlich || greenish || verdâtre. 21

Grünmalz n. || green malt || malt m. vert. a) **~auszug** m. || extract of green malt || extrait m. de malt vert. b) **~befeuchter** m. || green-malt moistener || pulvérisateur m. pour malt vert. c) **~wender** m. (Apparat) || green-malt turning device || retourneur m. mécanique à malt vert. 22

Grün-öl n. || green oil || huile f. verte. a) **~sand** m. (Geol) || green sand || grès m. vert. b) **~sandstein** m. *s.* ~sand m. c) **~schwarz** n. || greenish black || noir m. verdâtre. 23

Grünspan m. || verdigris || verdet m. a) **kristallisierter ~** || crystallized verdigris || verdet m. cristallisé; vert m. distillé *ou* en grappes; cristaux mpl. de Vénus. b) **mit ~ beschlagenes Kupfer** n. || eruginous *or* verdigrised copper || cuivre m. érugineux. 24

Grünspanessig m. || radical vinegar; spirit of verdigris || acide m. acétique cristallisable; esprit m. de vert de gris; vinaigre m. radical. 25

Grünstein m. (Min) || green-stone || tuf m. diabésique; diabase f. 26

Gruppen-antrieb m. || group driving *or* drive || commande f. par groupes. a) **~frequenz** f. (Funkw) || group frequency || fréquence f. de groupe; fréquence f. de série. b) **~schaltung** f. || series-parallel connection || montage m. en série-parallèle. c) **~umschalter** m. (Selbstanschl) || semi-automatic switch || commutateur m. semi-automatique. d) **~verbindung** f. || connection in groups || liaison f. *ou* réunion f. par groupes. e) **~wähler** m. (Selbstanschl) || selector || sélecteur m. 27

gruppenweise || in groups pl. || par groupes mpl. 28

gruppenweiser Antrieb m. || group drive || commande f. par groupes. a) **Kraftbedarf** m. **bei gruppenweisem Antrieb** || power required for group drive || force f. motrice avec commande par groupes. 29

Gruppen-zahnung f. (Säge) || clustered teeth pl. || denture f. en groupes. a) ~-

zuschlag m. (Fernm) || grouping increase || majoration f. du nombre des sélecteurs d'un groupe. 1
gruppieren, übersichtlich || to arrange clearly || grouper de façon synoptique. 2
Gruppierung f. (el Leit) || grouping || armement m. 3
Gruppierungsbild n. für Ortsfernsprechnetze || pole diagram in local telephone plants || schéma m. des groupements de lignes d'abonnés. 4
Grus m. (Kohle) || small *or* slack coal || charbon m. fin *ou* pulvérisé; fines fpl. **a)** ~ (Sand) || gravel; coarse sand; shingle || gravier m.; arène f. **b) ~kohle** f. || slack *or* small coal || fines fpl.; charbon m. fin *ou* pulvérisé. 5
Grütze f. || grits pl.; groats pl. || gruau m. **a) Hafer~** || grits pl.; groats pl. || gruau m. d'avoine. **b) Mais~** || grits pl. of maize || grit m. de maïs. 6
Grützenkleie f. || bran of grit || remoulage m. 7
Grütz-mühle f. || semolina *or* grits *or* groats mill || semoulerie f.; moulin m. à gruaux. **a) ~müller** m. || groats miller || semoulier m. 8
Guajak-harz n. || guaiac (resin) || résine f. de gaïac; gaïac m. **a) ~holz** n. || pockwood; lignum vitæ || gaïac m. 9
Guajakol n. || guaiacol || gaïacol. m. **a) ~derivat** n. || guaiacol derivative || dérivé m. de gaïacol. **b) ~karbonat** n. || guaiacol carbonate || carbonate m. de gaïacol. 10
Guano m. || guano || guano m. **a) Fisch~** || fish guano || guano m. de poisson. **b) künstlicher ~** aus Fleisch, Fischen oder Blut || artificial guano of flesh, fishes or blood || guano m. artificiel de viande, poisson ou de sang. **c) natürlicher ~** || natural guano || guano m. naturel. 11
Guaranin n. || caffeine; guaranine; theine || caféine f.; guaranine f.; théine f. 12
Guck-fenster n. || hidden light; peeping window *or* hole || vue f. dérobée. **a) ~loch** n. || door hole || ouvreau m. 13
Guhr f. *s.* Gur. 14
Guillochieren n. || guilloshing || guillochage m. 15
Guillochiermaschine f. || rose engine || machine f. à guillocher; tour m. à guillocher *ou* à rosettes. 16
Guillochierung f. || rose engine pattern || guillochis m. 17
Guillotine f. || guillotine || guillotine f. 18
güldig (Silber) || auriferous || aurifère. 19
Gulstadrelais n. || vibrating relay || relais m. Gulstad. 20
gültig || valid || valable. 21
Gültigkeit f. || validity; legality; availability || validité f.; cours m. 22
Gültigkeits-dauer f. || availability || durée f. de validité. **a) ~erklärung** f. || validation || validation f. 23
Gumbelit m. (Min) || gumbelite || gumbelite f. 24
Gummi n. || india rubber; rubber; gum; elastic gum || caoutchouc m.; gomme f. (élastique). **a)** ~ in **Blättern** || sheet rubber || feuilles fpl. de caoutchouc. **b) durchsichtiges ~** || transparent rubber || caoutchouc m. transparent. **c) geräuchertes ~** in Blättern || smoked sheet rubber || feuilles fpl. de caoutchouc fumé. **d) hartes ~** || hard rubber || gomme f. dure. **e) Lauf~** || rubber tread || bande f. de roulement du pneu. **f) nahtloses ~** || seamless rubber || caoutchouc m. sans rainure. **g) Para~** || para-rubber || caoutchouc m. para. **h) Platten~** || sheet rubber || caoutchouc m. en plaques. **i) regeneriertes ~** || reclaimed *or* regenerated rubber; rubber from waste || caoutchouc m. régénéré. **k) transparentes ~** || transparent rubber || caoutchouc m. transparent. **l) ungeräuchertes ~** in Blättern || unsmoked sheet rubber || feuilles fpl. de caoutchouc non fumé. **m) vulkanisiertes ~** || vulvanized india rubber || gomme f. vulcanisée; caoutchouc m. vulcanisé. **n) Weich~** || soft rubber || caoutchouc m. tendre. 25
Gummi-abfälle mpl. || scrap rubber || déchets mpl. de caoutchouc. **a) ~absatz** m. || rubber heel || talon m. en caoutchouc. 26
Gummiader f. (Elektr) || rubber-insulated wire || fil m. caoutchouté. **a) ~draht** m. || rubber-insulated wire || fil m. caoutchouté. 27
Gummi-arabikum m. || gum arabic || gomme f. arabique. **a) ~arbeiter** m. || india rubber worker || caoutchoutier m. 28
gummiartig || gummous; gummy || gommeux. 29
Gummibadekappe f. || rubber bathing cap || bonnet m. de bain en caoutchouc. 30
Gummiball m. || india rubber ball || balle f. élastique *ou* en caoutchouc. **a) ~maschine** f. || india rubber ball machine || machine f. pour faire des balles en caoutchouc. 31
Gummiband n. || rubber tap *or* band; elastic ribbon || ruban m. en caoutchouc; élastique m. **a) ~isolierung** f. || rubber tape insulation || isolement m. en ruban de caoutchouc. 32
Gummi-baum m. || rubber tree || arbre m. à caoutchouc. **a) ~bearbeitung** f. || rubber working || préparation f. du caoutchouc. **b) ~bearbeitungsmaschine** f. || india rubber machine || machine f. pour l'industrie du caoutchouc. **c) ~belag** m. || rubber covering || garniture f. de caoutchouc. **d) ~bereifung** f. für **Kraftfahrzeuge** || rubber tires for motorcars || bandage m. en caoutchouc pour automobiles. **e) ~binde** f. || india rubber bandage *or* wrap || bande f. élastique *ou* de caoutchouc. **f) ~bleikabel** n. || lead covered rubber cable || câble m. au caoutchouc sous plomb. **g) ~bleispat** m. || plumbogummite || plumbogummite f. **h) ~bonbon** m. || gum drop || boule f. de gomme. **i) ~buchstabe** m. || rubber type || caractère m. en caoutchouc. **k)** säurefester **~deckel** m. || acidproof composition rubber cover || couvercle m. en caoutchouc inattaquable aux acides. **l) ~dichtung** f. || india rubber joint || joint m. *ou* garniture f. en caoutchouc. **m) ~dichtungsring** m. || rubber packing ring || anneau m. de joint en caoutchouc. 33
Gummidruck m. || offset printing || impression f. offset *ou* sur caoutchouc. **a) ~maschine** f. || offset machine || machine f. d'impression par caoutchouc. **b) ~walze** f. || offset roller || rouleau m. offset. 34
Gummi-ecke f. || rubber corner || coin m. en caoutchouc. **a) ~einlage** f. || rubber core || noyau m. de caoutchouc. **b) ~elastikum** n. || caoutchouc; gum elastic; elastic gum; india rubber || caoutchouc m.; gomme f. élastique. 35
gummieren, Seide f. || to gum the silk || gommer *ou* mouiller la soie. 36
Gummieren n. (Porzel) || gumming || gommage m. 37
Gummier-kalander m. zum ein- und zweiseitigen **Appretieren** von **Geweben** || sizing machine for single and double-sizing of fabrics || machine f. à gommer pour l'apprêt d'un seul côté *ou* de deux côtés des tissus. **a) ~maschine** f. || gumming machine || machine f. à gommer. **b) ~-** und **Beklebemaschine** f. || glueing and labelling machine || machine f. à coller et à étiqueter. 38
Gummiersatzstoff m. || rubber surrogate || succédané m. de caoutchouc. 39
gummiert-es Band n. || gummed tape || ruban m. gommé. **a) ~es Papier** n. || gummed paper || papier m. gommé. **b) ~er Stoff** m. || gummed cloth || étoffe f. gommée. 40
Gummierz n. || pitch blende; pitch ore || urane m. oxydulé; péchurane m. 41
Gummierzeugnis n. || india rubber product || article m. de caoutchouc. **a) geformtes ~** || moulded india rubber article || article m. en caoutchouc moulé. 42
Gummifabrik f. || (india) rubber factory || fabrique f. de caoutchouc. 43
Gummifaden m. || india rubber thread; round elastic || fil m. en caoutchouc. **a) ~scherer** m. || rubber warper || ourdisseur m. en caoutchouc. 44
Gummi-farbwalze f. || rubber feed roller || rouleau m. d'encrage en caoutchouc. **a) ~fingerling** m. || rubber finger (-cot) || doigtier m. en caoutchouc. **b) ~form** f. || mould for rubber || moule m. pour caoutchouc. **c) ~fuß** m. || rubber shoe || pied en caoutchouc. **d) ~galosche** f. || galosh; india rubber shoe || galoche f. *ou* chaussure f. en caoutchouc. **e) ~gleitschutzreifen** m. || rubber studded tire || antidérapant m. tout caoutchouc. **f) ~gurt** m. || elastic strap || cordon m. élastique. **g) ~gürtel** m. || rubber belt || ceinture f. élastique. 45
Gummigutt n. || gamboge || gomme-gutte f. 46
Gummi-handschuh m. || rubber glove || gant m. en caoutchouc. **a) ~harz** n. || rubber *or* resin gum || gomme-résine f.; résine f. de caoutchouc. **b) ~herstellung** f. || rubber manufacturing || fabrication f. de caoutchouc. **c) ~hosenträger** mpl. || elastic braces pl. || bretelles fpl. caoutchouc. **d) ~hülle** f. || rubber envelope *or* covering || revêtement m. *ou* enveloppe f. en caoutchouc. **e) ~industriemaschine** f. || india rubber trade machine || machine f. pour l'industrie du caoutchouc. 47
Gummi-isolationsbedarf m. || rubber insulating material || isolants mpl. à base de caoutchouc. **a) ~isolationsstoff** m. *s.* ~isolationsbedarf. **b) ~isolierband** n. || rubber insulating tape || ruban m. isolant de caoutchouc. **c) ~isolierung** f. || india rubber insulation || isolement m. de caoutchouc. **d) ~kabel** n. || rubber-covered *or* rubber cable || câble m. sous caoutchouc. **e) ~kalander** m. || india rubber calender || calandre f. à caoutchouc. **f) ~kamm** m. || india rubber comb || peigne m. en caoutchouc. **g) ~kette** f. des **Kampfwagens** || rubber track of the tank || chenille f. souple *ou*

au caoutchouc *ou* Kégresse du char de combat. **h) ~kissen** n. || rubber cushion || coussin m. en caoutchouc. **i) ~kragen** m. || india rubber collar || faux-col m. en caoutchouc. 1

Gummilack m. || gum lac; rubber varnish || gomme f. laque; vernis m. au caoutchouc. **a) smyrnaischer ~** || Smyrna gum-lac || cachatin m. 2

Gummi-litzenfederung f. || rubber cord springing || amortissement m. par torons de caoutchouc. **a) ~lösung** f. || india rubber solution || solution f. de caoutchouc. **b) ~maler** m. || painter on rubber || peintre m. sur caoutchouc. **c) ~malerei** f. || painting on rubber || peinture f. sur caoutchouc. 3

Gummimantel m. || mackintosh; waterproof; india rubber coat || imperméable m.; manteau m. en caoutchouc. **a) ~industrie** f. || mackintosh industry || industrie f. des manteaux en caoutchouc. 4

Gummi-mischer m. || india rubber mixer || mélangeur m. de caoutchouc. **a) ~mischwalzwerk** n. || mixing mill for india rubber || laminoir m. mélangeur pour caoutchouc. **b) ~norm** f. || rubber standard || norme f. *ou* règle f. pour le caoutchouc. **c) ~packung** f. || rubber jointing; rubber packing || garniture f. en caoutchouc. **d) ~pfropfen** m. || india rubber stopper || bouchon m. en caoutchouc. **e) ~platte** f. || rubber plate || plaque f. de caoutchouc. **f) ~presse** f. || india rubber press || presse f. à caoutchouc. **g) ~preßformartikel** m. mit **Stoffeinlage** || pressed rubber article with cloth enclosed || article m. matricé en caoutchouc avec étoffe incluse. 5

Gummipuffer m. || rubber buffer || buttoir m. *ou* tampon m. de caoutchouc. **a) ~** der **Feder** || spring rebound clip || tampon m. amortisseur. 6

Gummi-puppe f. || india rubber doll || poupée f. en caoutchouc. **a) ~raffinerie** f. || india rubber refinery || raffinerie f. de caoutchouc. 7

Gummireifen m. || rubber tire || bandage m. en caoutchouc; pneu m. **a) ~** für **Fahrräder** || rubber tire for cycles || bandage m. de roues en caoutchouc pour cycles. 8

Gummiriemen m. || rubber belt || courroie f. en caoutchouc. 9

Gummiring m. || rubber ring || bague f. de caoutchouc. **a) Konservenglas~** || rubber ring for preserve glasses || rondelle f. en caoutchouc pour verres à conserves. 10

Gummi-ringdichtung f. || rubber ring packing || garniture f. à anneau de caoutchouc. **a) ~rock** m. *s.* ~mantel m. **b) ~rohr** n. || india rubber tube || tube m. de caoutchouc. **c) ~röhrchen** n. für **Kunstblumen** || rubber hose for artificial flowers || tube m. en caoutchouc pour fleurs artificielles. **d) ~sauger** m. || rubber teat for feeding bottles || tétine f. en caoutchouc. 11

Gummischeibe f. || rubber disk || disque m. *ou* rondelle f. en caoutchouc. **a) ~** für **Bierflaschen** || rubber washer for beer bottles || caoutchouc m. pour bouteilles de bière. **b) ~ für Flaschen** || bottle washer || rondelle f. de caoutchouc pour bouteilles. 12

Gummischicht f., **gasundurchlässige** || gas-retaining rubber film || couche f. de caoutchouc imperméable au gaz. 13

Gummischlauch m. || india rubber hose; rubber tube || tube m. *ou* tuyau m. en caoutchouc. **a) ~ mit Metallhülse** || rubber tube with metal sleeve || tube m. en caoutchouc à douille métallique. 14

Gummischlauch-leitung f. || rubber tube wiring || cordon m. à conducteur isolé par tuyau de caoutchouc. **a) ~maschine** f. || rubber hose machine || machine f. à faire les tuyaux en caoutchouc. 15

Gummischuh m. || india rubber boot; galosh || soulier m. *ou* chaussure f. en caoutchouc; galoche f. **a) ~macher** m. || galosh maker || galochier m. 16

Gummi-schwamm m. || rubber sponge || éponge f. de caoutchouc. **a) ~seil** n. || rubber cord || câble m. de caoutchouc. **b) ~sohle** f. || rubber sole || semelle f. en caoutchouc. **c) ~spat** m. || plumbogummite || plumbogummite f. **d) ~spielball** m. || rubber playing ball || balle f. à jouer en caoutchouc. **e) ~spielwaren** fpl. || india rubber toys pl. || jouets mpl. en caoutchouc. **f) ~spritze** f. || rubber syringe || seringue f. en caoutchouc. **g) ~stanzwerk** n. || rubber punching work || établissement m. à estamper le caoutchouc. **h) ~stein** m. (Min) || hyalite || hyalithe f. **i) ~stempel** m. || rubber stamp || cachet m. *ou* tampon m. *ou* timbre m. en caoutchouc. **k) ~stoff** m. || rubber fabric *or* cloth || étoffe f. caoutchoutée; tissu m. caoutchouté. **l) ~stoßfänger** m. || rubber shock absorber || amortisseur m. de choc en caoutchouc. 17

Gummistrumpf m. || elastic stocking || bas m. élastique *ou* en caoutchouc *ou* pour varices. **a) ~stricker** m. || elastic stocking maker || tricoteur m. de bas élastiques. 18

Gummiteppich m. || rubber mat || tapis m. de caoutchouc. **a) gerippter ~** || grooved rubber matting || tapis m. de caoutchouc à côtes. 19

Gummi-treibriemen m. || caoutchouc driving belt || courroie f. de commande en caoutchouc. **a) ~tuch** n. || rubber blanket || drap m. de caoutchouc. **b) ~überzug** m. || rubber cover || couverture f. de caoutchouc. **c) ~unterlage** f. || rubber washer || semelle f. en caoutchouc. **d) ~verpackung** f. || rubber packing || bourrage m. en caoutchouc. 20

Gummiwalze f. || rubber roll || rouleau m. en caoutchouc. **a) ~ für Schreibmaschinen** || rubber cylinder for typewriters || rouleau m. de caoutchouc pour machines à écrire. 21

Gummiwalzendruckmaschine f. || Offset printing machine || machine f. à imprimer à cylindres en caoutchouc. 22

Gummiwaren fpl. || india rubber goods pl. || articles mpl. en caoutchouc. **a) ~** für die **chemische Industrie** || India rubber goods for the chemical industry || articles mpl. en caoutchouc pour l'industrie chimique. **b) technische ~** || technical rubber-goods pl. || articles mpl. en caoutchouc pour l'industrie. 23

Gummi-wäsche f. || india rubber linen || linge m. en caoutchouc. **a) ~webwaren** fpl. mit **Metalleinlagen** || rubber weaving goods pl. with metal inserts || articles mpl. tissus en caoutchouc avec doublure métallique. 24

Gummiweb- und -wirkwaren fpl. || rubber woven goods pl. || tissus mpl. de caoutchouc. 25

Gummizeugweber m. || elastic band weaver || tisseur m. d'élastiques. 26

Gummizucker m. || arabinose || arabinose f. 27

Gundelrebe f. || ground ivy || lierre m. terrestre. 28

Gundermann m. *s.* Gundelrebe. **a) ~kraut** n. || ground ivy || herbe f. de lierre terrestre. **b) ~öl** n. || ground ivy oil || essence f. de lierre terrestre. 29

Gunst f., **zu ~en von** || in favour of || en faveur f. de. 30

Gur f. (Kieselgur) || guhr; moor chalk; kieselguhr; fossil meal || guhr m. **a) ~** *s. auch* Gärung. **b) Faß~** || cask fermentation || fermentation f. en tonnes. **c) Spund~** || bung-hole fermentation || fermentation f. par la bonde. **d) Stand~** || standing fermentation || fermentation f. en cuves. 31

Gurgelwasser n. || gargle || gargarisme m. 32

Gurke f. || cucumber || concombre m. **a) Pfeffer~** || gherkin || cornichon m. **b) Salz~** || pickled cucumber || concombre m. confit au sel. **c) saure ~n** fpl. || pickled cucumbers pl. || concombres mpl. confits au vinaigre. 33

Gurken-hobel m. || cutter for cucumbers || coupe-concombres. **a) ~kern** m. || cucumber pip || pépin m. de concombre. **b) ~samen** m. || cucumber seed || semence f. de concombre. 34

Gurt m. || strap; girth; belt; sash; girdle || sangle f. **a) Anschnall~** || safety belt || ceinture f. de sangle. **b) Baumwoll~** || cotton strap || ceinture f. de coton. **c) Ober~** || upper boom || membrure f. supérieure. **d) Unter~** || lower boom || membrure f. inférieure. 35

Gurt-band n. || belt || bande f. **a) ~becherwerk** n. || band elevator || élévateur m. à ruban. **b) ~bett** n. || bed with straps || lit m. de sangle. 36

Gurte f. der **Walze** (Buchdr) || girth of the roller || corde f. du rouleau. 37

Gürtel m. || belt; girdle || ceinture f. **a) geografischer ~** || belt; zone || zône f. **b) lederner ~** || leather belt *or* strap || ceinture f. en cuir. **c) Rettungs~** || life belt || ceinture f. de sauvetage. **d) Zeug~** || cloth belt || ceinture f. en tissu. 38

Gürtel-riff n. || fringe *or* fringing reef || récif m. de côte *ou* en bordure. **a) ~tasche** f. || chatelain bag || aumônière f. 39

Gurt-förderband n. || girth conveyor || transporteur m. à ruban. **a) ~förderer** m. || belt *or* girth *or* ribbon conveyor || transporteur m. à bande *ou* à ruban; convoyeur m. à courroie; bande f. transporteuse. **b) ~gewebe** n. || webbing || sangle m. **c) ~holz** n. (Schiffb) || wale || ceinture f. 40

Gürtler m. || girdle-maker; girdler || ceinturier m.; crochetier m. **a) ~waren** fpl. || brazier's goods pl. || marchandises fpl. de ceinturier. 41

Gurt-scheibe f. || belt *or* girth pulley || poulie f. à ruban *ou* à courroie. **a) ~schnalle** f. || girth buckle || boucle f. de sangle. **b) ~transportör** m. || belt conveyor || transporteur m. à courroie. 42

Gurtung f. || flange || membrure f. **a) ~** eines **Brückenträgers** || boom *or* chord *or* flange of a truss || semelle f. d'une poutre. 43

Gurtungs-blech n. (Brückenb) || bottom *or* top flange || plate-bande f.; semelle f.

a) ~winkel m. || flange angle || cornière f. de la membrure. 1

Gurt-versteifung f. || flange stiffening || entretoisement m. des membrures. **a) ~-weber** m. || strap weaver || tisseur m. de sangles. 2

Guß m. (Gießtätigkeit) || casting; founding || coulage m.; fonte f. **a) ~** (Gußstück) || cast; casting; castings pl. || fonte f. moulée; ouvrage m. en fonte; pièce f. coulée; moulage m. **b) ~** (Schrift) || fount || fonte f. **c) ~** (Sudhaus) || mash liquor *or* water || eau f. de trempe. **d) Automobil~** || casting for automobiles pl. || fonte f. pour autos pl. **e) Bau~** || castings pl. for structures || fonte f. moulée pour constructions de bâtiments. **f) Dynamo~** || dynamo steel casting || acier m. fondu pour dynamos. **g) Eisen~** || pig iron castings pl. || fonte f. moulée. **h) feuerbeständiger ~** || fire resisting *or* fireproof casting || fonte f. allant au feu *ou* à l'épreuve du feu. **i) feuerfester ~** *s.* feuerbeständiger ~. **k) Gelb~** || yellow brass || cuivre m. jaune. **l) Grau~** || grey iron castings pl. || moulage m. en fonte grise. **m) hitzebeständiger ~** || heat-resisting castings pl. || moulages mpl. de résistance à hautes températures. **n) hochwertiger ~** || high quality casting || fonte f. de haute qualité. **o) Hohl~** || hollow casting || moulage m. creux; pièce f. coulée creuse; pièce f. en fonte creuse. **p) Kokillen~** || chilled castings pl. || moulage m. en coquille. **q) Kunst~** || castings pl. for objects of arts || objets mpl. d'art en fonte moulée. **r) künstlerischer ~** || artistic cast goods pl. || articles mpl. artistiques en fonte. **s) Lehm~** || loam castings pl. || moulage m. en argile. **t) liegender ~** || horizontal casting || fonte f. coulée horizontalement. **u) Maschinen~** || machine casting || fonte f. pour machines. **v) Masse~** || dry sand castings || moulage m. en terre. **w) nicht schmiedbarer ~** || non-malleable cast iron || fonte f. non malléable. **x) ~**, Güsse mpl. **ohne harte Kruste** || pieces pl. without hard skin of casting || pièces fpl. sans croûte dure de coulée. **y) poröser ~** || blistered casting || fonte f. spongieuse. **z) Rot~** || gun metal || bronze m. rouge. 3

a) Sand~ || sand castings pl. || coulage m. en sable. **b) säurefester ~** || acid proof casting || fonte f. résistante aux acides; moulage m. à l'épreuve des acides. **c) Schalen~** || chilled iron castings pl.; die cast || fonte f. *ou* coulée f. en coquille. **d) schmiedbarer ~** || malleable castings *or* cast-iron || fonte f. malléable. **e) schwerer ~** || heavy castings pl. || grosses pièces fpl. en fonte. **f) ~** des **Spiegelglases** || casting of plate glass || coulée f. des glaces. **g) stehender ~** || upright casting || fonte f. coulée verticalement. **h) Temper~** || malleable castings pl. || fonte f. malléable. **i) Tiegel~** || crucible steel || acier m. au creuset. 4

Guß-asphalt m. || mastic *or* melted asphalt || asphalte m. coulé *ou* mastic. **a) ~bart** m. (Schriftg) || tang || talus m. **b) ~beton** m. || cast *or* floated concrete || béton m. coulé *ou* moulé. **c) ~blase** f. || flaw; air bubble; blister || paille f.; soufflure f. de fonte; défectuosité f. *ou* défaut m. dans la fonte. 5

Gußblock m. || ingot || lingot m. **a) absolut dichter ~** || absolutely close-grained ingot || lingot m. d'une compacité parfaite. **b) zerteilter ~** || sectioned ingot || lingot m. sectionné. 6

Guß-bruch m. || cast-iron scrap *or* shot || bocage m. *ou* mitraille f. de fonte. **a) ~doppelmantel** m. || cast double jacket || doubles parois fpl. en fonte. 7

Gußeisen n. (Rohling) || cast *or* pig iron || fonte f. (brute). **a) heiß erblasenes ~** || hot-blast pig iron || gueuses fpl. de fonte chaude. **b) kalt erblasenes ~** || cold-blast pig iron || fonte f. au vent froid. **c) schmiedbares ~** || malleable cast iron || fonte f. malléable. **d) ~ umschmelzen** || to recast iron || refondre la fonte. 8

Gußeisen-bearbeitung f. || cast iron work || travail m. de la fonte. **a) ~ biegemaschine** f. || machine for cast iron bending test || machine f. à essayer la fonte à la flexion. **b) ~gehäuse** n. || cast iron casing || boîte f. *ou* bâti m. en fonte [de fer]. **c) ~geschirr** n. || cast iron ware || poterie f. en fonte. **d) ~konstruktion** f., die starkem Temperaturwechsel ausgesetzt ist || cast-iron construction exposed to great changes of temperature || construction f. en fonte soumise à grandes variations de température. **e) ~prüfmaschine** f. || cast iron testing machine || machine f. à essayer la fonte. **f) ~rahmen** m. (Masch) || cast-iron frame || bâti m. *ou* cadre m. en fonte. **g) ~röhre** f. || cast iron pipe || tuyau m. en fonte. **h) ~schmuck** m. || Berlin ware || bijouterie f. en fonte de fer. **i) ~späne** pl. || cast iron chips pl. || copeaux mpl. de fonte. 9

gußeisern || of cast iron || de fonte. **a) ~er Apparat** m. || cast-iron apparatus || appareil m. en fonte. **b) ~er Ofen** m. || cast iron stove || poêle f. en fonte. **c) ~es Rohr** n. || cast iron pipe || tuyau m. en fonte. 10

Gußfehler m. || defect *or* flaw in casting || loup m. de fonderie; défaut m. de coulée. 11

Gußform f. (Gieß; Met) || casting *or* ingot mould || moule m. à fonte; creux m. **a) die ~ anblaken** || to smoke the mould || flamber *ou* noircir le moule à la fumée. **b) Schleuder~** || centrifugal casting mould || moule m. à couleé centrifuge. 12

Guß-führung f. (Sudhaus) || method of sparging || conduite f. de la trempe. **a) ~gerinne** n. || casting gutter; metal drain || chenal m.; échenal m. **b) ~haut** f. || casting skin || croûte f. du métal *ou* de la fonte. **c) ~kasten** m. || box; casting box; flask; moulding box || châssis m.; châssis m. de moulage. **d) ~kopf** m. || feeding *or* dead head of ingots; runner || masselotte f. **e) ~loch** n. || funnel; set; cast *or* tapping hole || godet m. d'un moule; jet m.; trou m. brut de fonte; bobéchon m. 13

Gußmaschine f. (Gieß) *s.* Gießmaschine. **a) Pappen~** || pasteboard casting machine || machine f. à couler le carton. 14

Gußmaschinenbeheizung f., elektrische (Gieß) || electric foundry heating || chauffage m. électrique de machines à couler. 15

Guß-messing n. || cast-brass || laiton m. fondu. **a) ~modell** n. || casting model; pattern for the mould; foundry pattern || modèle m. de fonderie *ou* de fonte. **b) ~mörtel** m. || beton; concrete; grubstone mortar || béton m. **c) ~mutter** f. (Buchdr) || matrice; matrix || matrice f. 16

Gußnaht f. || burr; fash of seams; seam || ébarbure f.; bavure f. **a) die ~ abschlagen** || to knock off the seams from the castings || enlever la bavure. 17

Guß-pfeife f. (Gieß) || runner || égout m. **a) ~platte** f. || cast plate || plaque f. de fonte. 18

Gußputz-anlage f. || cleaning device for castings || installation f. pour l'ébarbage de fonte. **a) ~bürste** f. || brush || brosse f. à nettoyer. **b) ~einrichtung** f. || casting cleansing equipment || installation f. à ébarber la fonte. 19

Gußputzen n. || cleaning-up castings || ébarbage m. *ou* nettoyage m. de la fonte. 20

Gußputzer m. || cleaner-up || décrasseur m. **a) Maschinen~** || rattling-machine tenter || nettoyeur m. à la machine. 21

Gußputzerei f. || cleaning and dressing shop for castings || atelier m. d'ébarbage. 22

Gußputz-hammer m. || casting cleansing hammer || marteau m. à ébarber la fonte. **a) ~säge** f. || cleansing saw for castings || scie f. pour l'ébarbage. **b) ~trommel** f. || apparatus for cleaning castings || appareil m. d'ébarbage pour moulages. **c) ~werkzeug** n. || casting cleansing tool || outil m. à ébarber la fonte. 23

Guß-rinde f. || skin of casting; crust || croûte f. de la fonte. **a) ~rohr** n. || cast iron pipe || tuyau m. de fonte. 24

Gußschale f. (Gieß) || shot mould || coquille f. **a) eiserne ~** || cast iron mould || moule m. en fonte; coquille f. 25

Guß-schleifer m. || castings cleaner || ébarbeur m. à la meule. **a) ~schrott** n. || cast scrap || mitraille f. de fonte. **b) ~spannung** f. || casting stresses pl. *or* strains pl. || tension f. de coulée. 26

Gußstahl m. || cast steel || acier m. fondu *ou* au creuset. **a) geschmiedeter ~** || forged cast steel || acier m. fondu forgé. **b) nicht schweißbarer ~** || harsh cast steel || acier m. fondu non soudable. **c) schweißbarer ~** || soft *or* welding cast steel || acier m. fondu soudable. **d) verbrannter ~** burnt *or* overheated cast steel || acier m. fondu brûlé. 27

Gußstahl-blech n. || cast steel plate || tôle f. d'acier fondu. **a) ~block** m. || cast-steel block || lingot m. d'acier fondu. **b) ~draht** m. || cast steel wire || fil m. d'acier fondu. **c) ~fabrik** f. || cast steel works pl. || aciérie f. **d) ~feder** f. || cast steel spring || ressort m. en acier fondu. **e) ~herzstück** n. || cast steel crossing *or* frog || croisement m. en acier fondu. **f) ~kugel** f. || cast steel bullet || bille f. en acier fondu. **g) ~lauf** m. (Waffenw) || cast steel barrel || canon m. en acier fondu. **h) ~spiegel** m. || cast steel looking glass || miroir m. en acier fondu. **i) ~tiegel** m. || crucible; skillet || creuset m. **k) ~vollsetze** f. || cast steel hoop driver || chasse f. pleine en acier fondu. **l) ~werk** n. || cast steel works pl. || usine f. d'acier fondu. 28

Gußsteinauslauf m. (Bauw) || discharging hole; mouth || écouloir m.; dégorgement m.; dégorgeoir m. 29

Gußstück n. || casting || moulage m.; pièce f. coulée. **a) leichtes eisernes ~** || light iron-casting || petit moulage m. en fonte. **b)** ~ **ohne harte Kruste** || piece without hard skin of casting || pièce f. sans croûte dure de coulée. **c)** ~ **ohne Schrumpfriß** || casting with absence of contraction cracks || pièce f. sans des fissures par le retrait du métal. **d)** ein ~ **putzen** || to fettle a casting || ébarber le moulage. **e) sauberes** ~ || neat casting || moulage m. de l'exécution soigneuse. **f) schweres eisernes** ~ || heavy iron-casting || grosse pièce f. moulée en fonte. **g) Stahl~** || steel casting || moulage m. d'acier. **h)** ~ aus **Temperguß** || malleable iron casting || moulage m. en fonte malléable. 1

Guß-trichter m. || runner head; pouring ingate; casting git *or* gate || saumon m. *ou* gueule f. *ou* jet m. de moule. **a) ~walze** f. || cast roll || cylindre m. moulé. **b) ~waren** fpl. || castings pl. || fonte f. moulée; ouvrages mpl. en fonte. **c) ~warze** f. || nipple || mamelon m. **d) ~zerkleinerer** m. || pick breaker || casseur m. de fonte. 2

gut-befunden || approved || approuvé. **a) ~geleitet** || well managed || bien organisé. 3

Gut n., **aufbereitetes** || dressed products pl. || matières fpl. préparées. 4

Güter npl. in **Ballen** || bale goods pl. || marchandises fpl. en balles. 5

Gut n., **laufendes** (Seew) || running rigging || manœuvres fpl. courantes. **a) stehendes** ~ (Seew) || standing rigging || manœuvres fpl. dormantes. 6

Gutachten n. || expert opinion; counsel's opinion || avis m.; opinion f.; rapport m.; expertise f. **a)** ~ des **Rechtsanwaltes** || counsel's opinion || opinion f. de l'avocat. **b)** ~ eines **Sachverständigen** || expert's report *or* opinion; examination by experts || rapport m. d'expert; expertise f. 7

Gutachter m., **gerichtlich vereidigter** || sworn appraiser || expert m. juré. 8

gutbringen || to write off || créditer. 9

Güte f. (Chem) || quality || qualité f. **a) durchschnittliche** ~ || average quality || qualité f. moyenne. **b)** ~ **gewährleistete** || quality guaranted || qualité f. garantie. **c) gleichmäßige** ~ f. eines Werkstoffes || uniform quality of material || qualité f. uniforme d'un matériel. **d) mittlere** ~ || medium quality || qualité f. moyenne. 10

Güte-faktor m. || quality coefficient || coefficient m. qualitatif. **a) ~grad** m. || efficiency || rendement m. **b) ~koeffizient** m. || quality coefficient || coefficient m. qualitatif *ou* de qualité. 11

Güter-bahnhof m. || goods station || gare f. des marchandises. **a) ~beförderung** f. || forwarding of goods || transport m. des marchandises. **b) ~ladeplatz** m. || goods platform || quai m. à marchandises. **c) ~löschplatz** m. *s.* ~ ladeplatz m. **d) ~rampe** f. || ramp for goods || rampe f. découverte à messageries. **e) ~schuppen** m. || goods shed; freight depot || dépôt m. *ou* halle f. *ou* hangar m. à marchandises. **f) ~transport** m. || transport *or* conveyance of goods || transport m. des marchandises; messagerie f. **g) ~verkehr** m. || goods traffic || trafic m. des marchandises. 12

Güterwagen m. || goods wagon; freight car (A); truck || wagon m. à marchandises. **a) gedeckter** ~ || covered goods *or* covered baggage wagon; box freight car (A) || wagon m. à marchandises couvert *ou* fermé. **b) Groß~** || large-capacity truck || wagon m. de grande capacité. **c) offener** ~ || open truck *or* goods wagon; gondola car (A) || wagon m. découvert. **d) unbedeckter** ~ *s.* ~, offener. **e) x Tonnen~** || x tons goods wagon || wagon m. à marchandises de x tonnes. 13

Güterzug m. || goods *or* baggage *or* freight train || train m. de marchandises. 14

Güterzuglokomotive f. || freight *or* goods locomotive || locomotive f. pour trains de marchandises. **a) Heißdampf~** f. mit getrenntem Tender || superheated steam goods locomotive with separate tender || locomotive f. à vapeur surchauffée pour trains de marchandises avec tender séparé. **b) schwere** ~ || heavy goods locomotive || grosse locomotive f. pour trains de marchandises. 15

Güterzugtenderlokomotive f., $^3/_4$ **gekuppelte** || eight-wheel six-coupled goods tank locomotive || locomotive-tender f. à marchandises à quatre essieux dont trois couplés. **a) Heißdampf~** || superheated steam goods tank locomotive || locomotive-tender f. à vapeur surchauffée pour trains de marchandises. 16

Güte-termin m. || day of settlement || ajournement m. de conciliation. **a) ~verhältnis** n. || efficiency || rendement m. **b) ~vorschrift** f. || specification for quality || prescription f. pour la qualité. **c) ~wert** m. || quality factor || coefficient m. de qualité. **d) ~ziffer** f. || quality factor *or* coefficient || coefficient m. qualitatif *ou* de qualité; chiffre m. qualificatif. 17

Guthaben n. || credit; outstanding debt || avoir m.; actif m.; crédit m. **a) Bank~** || banking account || débiteurs mpl. en banque. 18

gütlich geordnet || compromised || arrangé; transigé. 19

gutsagen || to be answerable for; to guarantee || répondre de. 20

Gutsche f. (Tischl) || hollow chisel; gouge || gouge f. **a) Bildhauer~** || firmer gouge || gouge f. pour sculpteurs. **b) flache** ~ || flat gouge || gouge f. plate. **c) gebogene** ~ || bent gouge || gouge f. coudée. **d) gekrümmte** ~ || curved gouge || gouge f. cambrée. **e) halbflache** ~ || middle gouge || gouge f. demi-plate. **f) halbhohle** ~ || scribing gouge || gouge f. demi-creuse. **g) hohle** ~ || fluting gouge || gouge f. creuse. 21

Gutschrift f. || crediting || créance f.; dette f. active. 22

Guts-pächter m. || estate tenant || tenancier m. de terre *ou* de domaine rural. **a) ~verwalter** m. || farm manager *or* administrator || administrateur m. *ou* régisseur m. d'une terre. 23

Guttapercha f. || guttapercha || gutta-percha f.; gutta f. **a) gebleichte** ~ || bleached guttapercha || gutta-percha f. blanchie. **b)** mit anderen Stoffen **gemischte** ~ || guttapercha mixed with other materials || gutta-percha f. mélangée d'autres matières. **c) rohe** ~ || raw guttapercha || gutta-percha f. brute. 24

Guttapercha-ader f. (Elektr) || guttapercha insulated wire || fil m. isolé au gutta. **a) ~arbeiter** m. (Spinn) || guttapercha worker || ouvrier m. en gutta-percha. **b) ~bearbeitungsmaschine** f. || guttapercha machine || machine f. pour l'industrie du caoutchouc. **c) ~flasche** f. || guttapercha bottle || bouteille f. *ou* flacon m. en gutta-percha. 25

Guttaperchaindustrie f. || guttapercha industry || industrie f. de la gutta-percha. **a) ~maschine** f. || guttapercha trade machine || machine f. pour l'industrie de la gutta-percha. 26

Guttaperchakabel n. || guttapercha cable || câble m. sous gutta. **a) ~muffe** f. || box for guttapercha cable || manchon m. pour câble sous gutta. 27

Guttapercha-kitt m. || guttapercha cement || mastic m. à la gutta-percha. **a) ~presse** f. || guttapercha covering machine || presse f. enveloppeuse à gutta. **b) ~umpreßmaschine** f. || guttapercha covering machine || presse-enveloppeuse f. à gutta. **c) ~waren** fpl. || guttapercha goods pl. || articles mpl. en gutta-percha. **d) ~zahnkitt** m. || guttapercha tooth cement || gutta-percha f. pour les dents. 28

guzen (Bakteriologie) || to chit; to springe; to sprout || piquer. 29

Gymnastikgerät n. || gymnastic appliance || appareil m. de gymnastique. 30

gymnastisch, heil~er Apparat m. || apparatus for hygienic gymnastics || appareil m. de gymnastique médicale. 31

Gymnit m. || gymnite || gymnite f. 32

gynäkologisches Instrument n. || gynecologic instrument || instrument m. gynécologique. 33

Gynokardiaöl n. || gynocardia oil || huile f. de gynocardia. 34

Gyrolith m. || gyrolite || gyrolite f. 35

Gyrometer n. || gyrometer || gyromètre m. 36

Gyroskop n. || gyroscope || gyroscope m. 37

H

Haar n. || hair || cheveu m.; crin m. **a) falsche ~e** npl. (Spinn) || dog hair || jarre m. **b)** auf **Gewebe aufgeklebtes ~** || hair glued upon tissue || poil m. collé sur tissus. **c) grobes ~** || coarse hair || poil m. grossier. **d) grobes ~** von **Tieren** || coarse animal hair || poil m. grossier d'animal. **e) Menschen~** || human hair || cheveux mpl. humains. **f) ~** von **Pferden** || horse's hair || poil m. de cheval. **g) ~** vom **Rindvieh** || cattle's hair || poil m. de bêtes bovines. **h) Tier~** || animal hair || poil m. d'animaux. **i) Ziegen~** || goat's hair || poil m. de chèvre. 1

Haar-arbeit f. || hair work || ouvrage m. en cheveux. **a) ~arbeiter** m. || hair worker || ouvrier m. en cheveux. **b) ~aufsatz** m. || headdress of false hair || postiche m. **c) ~bereitung** f. || hair dressing || préparation f. de cheveux. **d) ~besen** m. || hair broom || balai m. de crin. **e) ~bleicher** m. || hair bleacher || blanchisseur m. de cheveux. **f) ~bürste** f. || hair brush || brosse f. à cheveux. **g) ~busch** m. || tuft of hair || crinière f. **h) ~decke** f. || pile; nap || poil m. **i) ~facher** m. || bower of furs || arçonneur m. de poils. **k) ~farbe** f. || hair dye || teinture f. pour les cheveux. **l) ~färbemittel** n. || hair dye; hair dyeing tincture || teinture f. pour cheveux. **m) ~färber** m. || hair dyer || teinturier m. de cheveux. **~n) feuchtigkeitsmesser** m. || hair hygrometer || hygromètre m. à cheveux. **o) ~filz** m. || hair felt || feutre m. de poil. **p) ~flechte** f. || plaited tress || natte f. de cheveux; tresse f. 2

haarförmig || capillary; capillaceous || capillaire. 3

Haar-gewebe n. || hair cloth || tulle-cheveux m. **a) ~hut** m. || hair hat; fur (felt) hat || chapeau m. (en feutre) de poil. **b) ~hygrometer** n. || hair hygrometer || hygromètre m. à cheveu. **c) ~kalk** m. (Maur) || hair grout || mortier m. blanc. **d) ~kies** m. || sulphuret of nickel; capillary pyrites; millerite; native protosulphide of nickel || nickel m. sulfuré; pyrite f. capillaire; millérite f. **e) ~kraft** f. || capillary attraction; capillarity || capillarité f. **f) ~krempler** m. || hair carder || cardeur m. de poils. **g) ~kunstflechter** m. || designer in hair || dessinateur m. en cheveux. **h) ~künstler** m. || artist in hair; tonsorial artist; (artistic) hair dresser || artiste m. en cheveux. **i) ~kupfer** n. || capillary native copper || cuivre m. vierge capillaire. 4

Haarlemer Öl n. || Dutch drops pl.; Haarlem oil || huile f. de Haarlem. 5

Haarnadel f. || hair pin || épingle f. à cheveux *ou* à friser. **a) ~kurve** f. || hair pin bend || virage m. très accentué. **b) ~herstellungsmaschine** f. || hair pin machine || machine f. à faire des épingles à cheveux. 6

Haar-netz n. || hair lace *or* net || résille f. *ou* filet m. en cheveux; filet m. de front; filet-coiffure m. **a) ~öl** n. || hair oil || huile f. pour les cheveux. **b) ~pinsel** m. || swab; hair brush || blaireau m.; pinceau m. en poils. **c) ~pomade** f. || brilliantine; hair pomade || brillantine f.; pommade f. pour les cheveux. **d) ~punze** f. || hair puncheon || outil m. *ou* matoir m. rayé. **e) ~riß** m. || capillary crack *or* chink || fissure f. *ou* fendille f. (*ou* gerçure f.) capillaire. **f) ~rohr** n. *s.* Haarröhrchen. **g) ~röhrchen** n. || capillary tube || tube m. capillaire. **h) ~salz** n. (Min) || hair salt || halotrichite f. 7

haarscharf || absolutely accurate || rigoureusement exact. **a) ~e Trennungslinie** f. || sharply defined hair line || ligne f. très fine. 8

Haarschere f. || hair scissors || ciseaux mpl. de coiffeur *ou* à couper les cheveux. 9

Haarschmuck m. || hair ornament || décor m. de coiffure; parure f. de cheveux. **a) ~** aus **Schildpatt** || hair ornament of tortoise shell || garniture f. pour cheveux en écaille. 10

Haarschmuckarbeiter m. || jeweller in hair || bijoutier m. en cheveux. 11

Haarschneide-gerät n. || hair clippers pl. || appareil m. à couper les cheveux. **a) ~kragen** m. || collar for hair cutting || col m. pour couper les cheveux. 12

Haarschneidemaschine f. || hair cutting machine; hair clippers pl. || tondeuse f.; machine f. pour couper les cheveux. **a) ~** für **Tiere** || clippers pl. for animals || tondeuse f. pour animaux. 13

Haarschneider m. || hairdresser || coiffeur m. **a) ~** (Lederzur) || hair cutter || coupeur m. de cheveux. 14

Haar-schneiderei f. (Lederzur) || hair cutting || couperie f. de poils. **a) ~seite** f. (Haut; Leder) || grain *or* hair side || fleur f.; grain m. 15

Haarsieb n. || horsehair sieve || tamis m. de crin. **a) ~geflecht** n. || hair cloth for sieves; woven hair for horsehair sieves || étoffe f. en crin *ou* tissu m. de crin pour tamis. 16

Haar-silber n. || capillary silver || argent m. vierge capillaire. **a) ~sohle** f. (Schuhm) || horse hair sole || semelle f. en crin. **b) ~spatium** n. (Buchdr) || hair space || espace m. mince. **c) ~spinner** m. || hair spinner || fileur m. de poils m. **d) ~spinnerei** f. || hair spinning || filature f. de poils *ou* bourre *ou* crins *ou* poils de lapin. 17

Haarstrich m. (Buchdr) || hair line; ceriph; up *or* hair *or* thin stroke || délié m. 18

Haar-tour f. || hair tour || tour m. de cheveux. **a) ~treibriemen** m. || hair belting || courroie f. en crin. **b) ~trockengerät** n. || hair drying apparatus || appareil m. à sécher les cheveux. 19

Haartrockner m. || hair dryer || sèche-cheveux m. **a) elektrischer ~** || electric hair dryer || sèche-cheveux m. électrique. 20

Haar-tuch n. || hair cloth; woven hair || étoffe f. *ou* tissu m. de crin; pante f. **a) ~wäscher** m. || hair washer || laveur m. de cheveux. 21

Haarwasser n. || hairwash; head wash || lotion f. pour les cheveux; eau f. capillaire. 22

Haar-weller m. || hair undulator || ondulateur m. **a) ~wolke** f. || curl cloud || nuage m. bouclé. **b) ~zirkel** m. || hair compasses pl. || compas m. de précision *ou* à cheveu. **c) ~zurichterei** f. || hair finishing || apprêtage m. de poils. 23

Haben n. (Buchh) || credit || avoir m. **a) ~** *s. auch* Habenseite f. (Handel). 24

Habenseite f. (Handel) || credit side; creditors pl. || côté m. du crédit. 25

Hack-beil n. || kitchen chopper || couperet m. de cuisine. **a) ~block** m. || chopping block || billot m. **b) ~bolzen** m. || rag bolt || cheville f. à barbe. 26

Hacke f. (Beil) || axe || hache f. **a) ~** (Erdarb; Bergb) || pick; hack; mattock; pickaxe; hoe || pic m.; pioche f.; houe f.; hoyau m. **b) ~** (Landw) || hack; hoe || pioche f.; houe f.; hoyau m.; binette f. **c) ~** (eines Schiffblockes) || shoulder || talon m. **d) Flach~** || single pickaxe || pioche f. simple. **e) Spitz~** || pic || pic m. **f) einfache Spitz~** || single pick || pic m. simple. **g) ~** einer **Stänge** || heel of a topmast || caisse f. du mât de hune. **h) Stopf~** (Eisenb) || (beater) pick || pioche f. à bourrer. **i) Stopf-** und **Spitz~** || flat pick || pioche f. et pic m. **k) zweizinkige** (Landw) || forked hoe || bigot m.; houe f. fourche *ou* à deux crocs. 27

hacken (Techn) || to hack; to chop; to hew || hacher; fendre. **a) ~** (Landw) || to hoe || piocher; houer. 28

Hacken n. (Ackerb) || hoeing || binage m. 29

Hackenstiel m. || handle for hoes || manche m. pour houes. **a) ~** mit **Keilen** || pick helve with straps || manche m. de pioche avec clavettes. 30

Hacker m. (Landw) || hackman || houeur m. **a) ~** (Spinn) || comb || peigne m. 31

Hackerblatt n. (Spinn) || comb blade || lame f. de peigne. 32

Hackethaldraht m. || Hackethal wire || fil m. de Hackethal. 33

Hackmaschine f. (Fleisch) || chopping machine || hachoir m.; machine f. à hacher. **a)** (Landw) || hoeing machine || piocheuse f.; coupe-racines m. 34

Hackmesser n. || chopping knife || couperet m. 35

Häcksel m. || chaff; chopped straw || paille f. hachée. 36

Häcksel-bank f. || chaff *or* straw cutter || coupe-paille m. **a) ~fabrik** f. || straw chopping factory || fabrique f. de paille hachée. **b) ~klinge** f. || chopper; knife; strawknife || couteau m. *ou* lame f. du hache-paille ordinaire. **c) ~lade** f. chaff cutter || hachoir m. **d) ~maschine** f. || chaff cutter || hache-pailles m. **e) ~messer** n. || chopper; chopping blade; chopping *or* straw knife; blade of a chaff cutter || couteau m. *ou* lame f. du hache-paille ordinaire; couteau m. de hachoir. **f) ~schneider** m. || chaff cutter || hache-paille m. 37

Hadern mpl. (Pap) || (paper) rags pl. || chiffons mpl.; drilles fpl.; pilot m. 38

Hadern-kocher m. || rag boiler || chaudière f. à haillons. **a) ~schneider** m. (Pap) ||

rag cutter ‖ dérompoir m.; coupe-chiffons m. **b) ~schneidmaschine** f. (Pap) ‖ rag cutting machine ‖ dérompoir m. *ou* délisseuse f. mécanique. 1

Häfel f. ‖ heddle; heald ‖ lisse f. 2

Hafen m. (Seew) ‖ port; harbour ‖ port m.; havre m. **a) Abgangs~** ‖ port of departure ‖ port m. de départ. **b) Anlauf~** ‖ port of call ‖ port m. d'escale. **c) Außen~** ‖ outer dock ‖ darse f. extérieure. **d) bedeckter ~** (Glasm) ‖ cap pot ‖ creuset m. couvert *ou* à la moufle. **e) eingeschlossener ~** ‖ land-locked port ‖ port m. entouré de terres. **f) Flut~** ‖ tidal harbour ‖ port m. à marée. **g) Glas~** ‖ glass crucible; glass melting pot ‖ creuset m. **h) Löschungs~** ‖ port of discharge ‖ port m. de déchargement. **i) ~ mit Mündungsbarre** ‖ bar-harbour ‖ havre m. de barre. **k) ~ am Mündungsbecken** ‖ harbour on an estuary ‖ havre m. sur un estuaire. **l) natürlicher ~** ‖ natural port ‖ havre m. naturel. **m) Not~** ‖ calling harbour ‖ escale f. **n) Ober~** ‖ crown port ‖ port m. supérieur. **o) offener ~** ‖ open harbour; harbour of refuge ‖ havre m. de toutes marées; port m. de refuge. **p) Unter~** ‖ tail-water port ‖ port m. inférieur. 3

Hafen-abgabe f. ‖ harbour dues ‖ droits mpl. de port *ou* d'ancrage. **a) ~amt** n. ‖ harbour office ‖ bureau m. du port. 4

Hafenanker m. ‖ moorings pl. ‖ corps m. mort; ancre f. à demeure. **a) einarmiger ~** ‖ blind anchor; single-fluked anchor ‖ ancre f. borgne. 5

Hafen-arbeiten fpl. ‖ harbour works pl. ‖ travaux mpl. de port. **a) ~arbeiter** m. ‖ harbour labourer ‖ ouvrier m. de port. **b) ~bahn** f. ‖ harbour railway ‖ chemin m. de fer du port. **c) ~bau** m. ‖ harbour structure ‖ construction f. de port. **d) ~baum** m. (Wasserb) ‖ boom *or* bar of a harbour ‖ estucade f. *ou* barre f. d'un port. **e) ~becken** n. ‖ basin of a harbour ‖ bassin m. **f) ~boot** n. ‖ harbour boat ‖ vedette f. de port. **g) ~damm** m. ‖ mole; pier; quay ‖ môle m.; jetée f.; quai m.; digue f. d'un port. **h) ~dienst** m. ‖ navigation service ‖ service m. des ports. **i) ~dock** n. ‖ basin; wet dock ‖ darse f.; darsine f.; bassin m. d'un port. **k) ~drehkran** m. ‖ wharf revolving crane ‖ grue f. pivotante pour port. **l) ~einfahrt** f. ‖ channel; entrance of the port ‖ chenal m.; entrée f. du port. **m) ~gebühren** fpl. ‖ harbour dues pl. ‖ droits mpl. de port *ou* d'ancrage. **n) ~geld** n. ‖ portage; harbour *or* port dues pl. ‖ portage m.; droit m. du port *ou* d'ancrage. **o) ~haupt** n. ‖ mole head; pier ‖ tête f. de jetée. **p) ~kai** m. ‖ wharf ‖ quai m. **q) ~kapitän** m. ‖ harbour master; port captain ‖ capitaine m. de port. **r) ~kran** m. ‖ harbour *or* quay crane ‖ grue f. de port *ou* de quai. **s) ~lotse** m. ‖ harbour pilot; harbour master's man ‖ pilote m. du port *ou* du mouillage *ou* lamaneur. **t) ~meister** m. ‖ harbour master ‖ capitaine m. du port. **u) ~mole** f. ‖ quay ‖ quai m. **v) ~ofen** m. (Glasf) ‖ pot furnace ‖ four m. à pots. **w) ~plan** m. ‖ harbour (harbour A) plan *or* map ‖ plan m. de port. **x) ~rechte** npl. ‖ harbour dues ‖ droits mpl. de port. **y) ~sanitätsdienst** m. ‖ port sanitary service ‖ service m. sanitaire de port. **z) ~schlengel** m. (Wasserb) ‖ boom *or* bar of a harbour ‖ estacade f. *ou* barre f. d'un port. 6

a) ~schleuse f. ‖ harbour lock ‖ écluse f. à l'entrée d'un port. **b) ~sperre** f. ‖ embargo ‖ embargo m. **c) ~wache** f. ‖ harbour watch ‖ garde f. d'un port. **d) ~wächter** m. ‖ acting harbour attendant ‖ syndic m. des gens de mer. **e) ~wachtschiff** n. ‖ guard ship; watch vessel ‖ bâtiment m. garde-port; navire m. de surveillance. **f) ~zange** f. (Glasm) ‖ large tongs pl. ‖ tenailles fpl. pour embarrer la cuvette de fusion. **g) ~zeit** f. ‖ establishment; tide hour; full and change ‖ établissement m. du port. **h) ~zoll** m. ‖ harbour dues pl. ‖ droits mpl. de port *ou* d'ancrage. 7

Hafer m. ‖ oats pl. ‖ avoine f. 8

Haferflocken fpl. ‖ crushed oats pl. ‖ avoines fpl. écrasées. **a) ~mühle** f. ‖ oat cleansing mill ‖ moulin *m.* à décortiquer l'avoine. 9

Hafer-grütze f. ‖ grits pl.; groats pl. ‖ farine f. *ou* gruau m. d'avoine. **a) ~mühle** f. ‖ oat mill ‖ moulin m. à avoine. **b) ~quetsche** f. ‖ oat crusher ‖ aplatisseur m. *ou* concasseur m. d'avoine. **c) ~sieb** n. ‖ oat sieve ‖ crible m. à avoine. **d) ~stroh** n. ‖ oat straw ‖ paille f. d'avoine. 10

Haff n. ‖ fresh-water lake; haff ‖ haff m. **a) ~fischer** m. ‖ harbour fisherman ‖ pêcheur m. dans les bas-fonds *ou* dans les lagunes. 11

Hafner m. ‖ potter ‖ potier m. 12

Haft m. (Schneid) ‖ (wire) hook ‖ agrafe f. 13

haftbar ‖ responsible; liable; accountable ‖ responsable. **a) ~ für . . .** ‖ liable for . . . ‖ responsable de . . . 14

Haftblei n. (Glasm) ‖ band; bands pl. ‖ attache f.; lien m. 15

Häftel m. (Schneid) ‖ (wire) hook ‖ agrafe f. 16

haften an ‖ to cling to ‖ être fixé; tenir. **a) ~ für** ‖ to guarantee ‖ répondre de. 17

Haften n. **zwischen Stein und Mörtel** ‖ adhesion between brick and mortar ‖ adhérence f. de la brique au mortier. 18

Haftenbleiben n. ‖ adherence ‖ adhérence f. 19

haftend ‖ adherent ‖ adhérent. 20

Haftbefehl m. ‖ writ of attachment ‖ mandat m. d'arrêt. 21

Haft-festigkeit f. ‖ adhesion ‖ adhérence f. **a) ~fläche** f. ‖ surface of adhesion ‖ surface f. d'adhérence. **b) ~latte** f. ‖ batten ‖ tringle f. **c) ~mittel** n. (Mal) ‖ caustic ‖ caustique m. 22

Haftpflicht f. *s. auch* Haftung ‖ responsibility; liability ‖ responsabilité f. **a) ~versicherung** f. ‖ liability insurance ‖ assurance f. contre les accidents causés à des tiers; assurance f. à responsabilité civile. 23

Haftung f. ‖ liability ‖ responsabilité f. **a) Antennen~** (Funkw) ‖ liability for damages caused by antennas ‖ responsabilité f. des dommages causés par des antennes. **b) beschränkte ~** ‖ limited liability ‖ responsabilité f. limitée. **c) ~ gegen Diebstahl** ‖ liability against theft ‖ responsabilité f. de vol. **d) ~ gegen Einbruchsdiebstahl** ‖ liability against burglary ‖ responsabilité f. de vol avec effraction. **e) gegenseitige ~** ‖ mutual liability ‖ responsabilité f. mutuelle. **f) unbeschränkte ~** ‖ unlimited liability ‖ responsabilité f. illimité. 24

Haftvermögen n. ‖ adhesion force ‖ force f. d'adhérence. 25

Hag m. (Ziegel) ‖ clamp of bricks ‖ haie f. de briques. **a) die Ziegel** mpl. **auf ~e setzen** ‖ to wall the bricks ‖ mettre les briques en haie. 26

Hagebuttenschale f. ‖ hip peel ‖ écorce f. de fruit du rosier sauvage. 27

Hagel m. ‖ hail ‖ grêle f.; grésil m. 28

Hagelbö f. ‖ hail squall; hailstorm ‖ orage m. à grêle; rafale f. de grêle. 29

Hagelschaden m. ‖ damage caused by hail ‖ dommage m. causé par la grêle. **a) ~versicherung** f. ‖ hail insurance ‖ assurance f. contre la grêle. 30

Hagel-schlag m. ‖ damage done by hail ‖ coup m. de grêle; dommage m. causé par la grêle. **a) ~wolke** f. ‖ hail cloud ‖ nuage m. de grêle. 31

Hahn m. ‖ cock; faucet ‖ robinet m. **a) Ablauf~** ‖ outlet cock ‖ robinet m. d'écoulement. **b) ~ des Brennstoffbehälters** ‖ petrol tank tap ‖ robinet m. de réservoir à essence. **c) Durchgangs~** ‖ two-way cock; straight-way cock ‖ robinet m. droit. **d) einen ~ einschleifen** ‖ to grind-in a cock ‖ roder un robinet. **e) ~ eines Gewehres** ‖ cock of a gun ‖ chien m. **f) Glas~** ‖ glass cock ‖ robinet m. en verre. **g) Holz~** ‖ wood cock ‖ robinet m. en bois. **h) Kompressions~** ‖ compression *or* priming cock ‖ robinet m. de compression. **i) Kondenswasserablaß~** ‖ drain cock for condensed water ‖ robinet m. de vidange pour l'eau de condensation. **k) Ölablaß~** ‖ oil-pan drain-cock ‖ robinet m. de vidange du carter. **l) Ölstand~** ‖ bleeder ‖ robinet m. de niveau d'huile. **m) ~ aus Reinnickel** ‖ faucet from pure nickel ‖ robinet m. en nickel pur. **n) Schmier~** ‖ oil cock ‖ graisseur m. à robinet. **o) ~ aus Steinzeug** ‖ stone cock *or* faucet ‖ robinet m. en grès. **p) Tropfen~** ‖ drop tap ‖ robinet m. purgeur. **q) Verdichtungs~** ‖ priming cock; compression cock ‖ robinet m. de compression. **r) Wasser~** ‖ water cock ‖ robinet m. d'eau. **s) ~kegel** m. ‖ plug of a cock ‖ noyau m. d'un robinet. 32

Hahnküken n. (Masch) ‖ plug of a cock ‖ noix f. **a) ein ~ einschleifen** ‖ to grind-in a cock plug ‖ roder la noix. 33

Hahn-öffnung f. ‖ way of cock ‖ passage m. de robinet. **a) ~pot f.** (Seew) ‖ crown-knot ‖ tête f. de more; couronne f. **b) ~schlüssel** m. ‖ plug of a cock ‖ noix f. *ou* clef f. d'un robinet. **c) ~schraube** f. ‖ cock pin *or* nail ‖ vis f. de chien. **d) ~weg** m. ‖ way of cock ‖ trou m. de robinet. 34

Haifisch-fang m. ‖ catching of sharks ‖ pêche f. du requin. **a) ~haken** m. ‖ shark hook ‖ emérillon m. *ou* hameçon m. pour les requins. 35

Hainbalken m. ‖ top *or* collar beam ‖ faux entrait m. 36

Hainbuche f. ‖ hardbeam ‖ charme m. 37

Häkchen n. ‖ crook ‖ crochet m. 38

Häkel-arbeit f. ‖ crochet work ‖ ouvrage m. au crochet. **a) ~garn** n. ‖ yarn for crochet-work; crochetting yarn ‖ filé m. à crocheter; fil m. à broder au crochet. **b) ~haken** m. ‖ crochet hook ‖ crochet m. à crocheter. **c) ~maschine** f. ‖ lace machine ‖ machine f. à faire du crochet. 39

häkeln || to crochet || travailler au crochet. **a)** ~ mit der **Hand** || to crochet by hand || crocheter à la main. 1

Häkel-nadel f. || netting needle; crochet pin *or* needle || aiguille f. à crochet; crochet m. à broder. **a)** **~waren** fpl. || hand knitting || tricotage m. à la main. **b)** **~zeug** n. || drawing hooks apparatus || appareil m. à crocheter. 2

Haken m. || claw; clutch; hook || griffe f.; crochet m.; croc m. **a)** ~ (Dachziegel) || knob || crochet m. **b)** ~ einer **Dachrinne** || brace *or* bracket *or* hoop of a gutter || ferrement m. d'une gouttière. **c)** den ~ m. **einsteuern** (Kran) || to bring the hook into a certain position || amener précisement le crochet. **d)** ~ für **Handschuhe** || hook for gloves || agrafe f. pour gants. **e)** ~ mit **Hülse** || hook with socket || croc m. à douille. **f)** ~ mit **Kausche** || thimble hook || croc m. à cosse. **g)** **Klammer~** || dog hook || griffe f. de serrage. **h)** **Kuppel~** (Eisenb) || coupling hook || crochet m. d'attelage. **i)** **ohne ~ handhaben!** || use no hooks! || défense de se servir de crochets! **k)** ~ mpl. und **Ösen** fpl. || clasps pl. and eyes pl. || crochets mpl. et œillets mpl. **l)** ~ eines **Querriegels** (Schloß) || staple for a bolt || crampon m. *ou* gâche f. d'une targette. **m)** **scharfer ~** (Heilk) || sharp hook || crochet m. tranchant. **n)** **Schlepp~** || front tow hook || crochet m. d'avant. **o)** in die **Schwellendecke eingreifender ~** (Eisenb) || hook engaging in the top of the sleeper || crampon m. s'engageant dans le dessus de la traverse. **p)** **Zug~** || rear tow hook || crochet m. d'arrière. 3

Haken-band n. (Schloß) || hinge with hook; loop and hook || fiche f. à gond *ou* à repos; penture f. à gond. **a)** **~blatt** n. || staple plate || auberonnière f. **b)** **~bolzen** m. || hook *or* rag bolt || boulon m. à croc de fer. **c)** **~eisen** n. || hook iron || fer m. à crochet. 4

hakenförmig || hooked; aduncous || en forme de crochet m. 5

Haken-herstellungsmaschine f. || hook making machine || machine f. à fabriquer les crochets. **a)** **~keil** m. || nose key; gib || contre-clavette f.; clavette f. à mentonnet. **b)** **~kette** f. || hook link chain || chaîne f. à crochets. **c)** **~krone** f. (Seil) || hook-head || croisille f. **d)** **~lasche** f. (Eisenb) || hooked fish plate || éclisse f. à crampon. **e)** **~laschung** f. || hook and butt scarf || écart m. à croc *ou* à dent. **f)** **~nadel** f. || spring needle || aiguille f. à bec. **g)** **~nagel** m. || tenter *or* wall hook; hook nail; dog *or* dog-headed spike || clou m. barbelé *ou* à crochet; crampon m. **h)** **~pinzette** f. || forceps with teeth; hooked forceps || pince f. à griffes *ou* à crochets. **i)** **~platte** f. (Eisenb) || hooked tie plate || selle f. à crochet. **k)** **~plattenoberbau** m. || hook-plate track || superstructure f. à selles à crochet. **l)** **~schlag** m. || hitch for hooking a tackle to a rope; blackwell-hitch || nœud m. de croc de palan. **m)** **~schloß** n. || hook lock || verrou m. à crochet. **n)** **~schlüssel** m. || spanner wrench || clé f. à crochet. 6

Hakenschraube f. || T-headed bolt; hook bolt *or* screw; clip bolt || crampon m. à vis; boulon m. à crochet *ou* à croc. **a)** die **Platte** f. ist mit einem **Loch** für die ~ versehen (Eisenb) || the clip is provided with a hole for the T-headed bolt || la plaque est munie d'un trou pour le crampon à vis. 7

Hakensprengring m. || hook spring ring; snap-hook (A) || bague f. de sûreté à crochet. 8

Hakenstahl m., **linker** (Drechsl) || left-handed hook || mouchette f. à gauche. **a)** **rechter ~** (Drechsl) || right-handed hook || mouchette f. à droite. 9

Haken-stift m. || dog headed spike || crampon m. **a)** **~stütze** f. (El. Leit) || hook shaped bracket; screwed pole insulator bracket || support m. d'isolateur à crochet. **b)** **~umschalter** m. || hook switch || crochet m. commutateur. **c)** **~zahn** m. (Säge) || gullet tooth || dent f. à crochet. **d)** **~zange** f. (Heilk) || hooked retracting forceps pl. || pince f. à abaissement *ou* à deux griffes. **e)** **~zapfenplatte** f. (Eisenb) || hooked tie plate with tenon || selle f. à crochet et crampon. 10

Häkler m. || crocheter || tricoteur m. au crochet. 11

halb || half || demi. **a)** ~ **unter der Erde** f. || half underground || mi-souterrain. **b)** ~ **in der Luft** f. || half in air || mi-aérien. 12

Halbachse f. || half of axle || demi-essieu m. 13

Halbautomat m. || semi-automatic machine || machine f. semi-automatique. **a)** ~ **für Futterarbeit** || semi-automatic machine for chuck work || machine f. semi-automatique pour le travail en mandrin. **b)** **Mehrspindel~** || multiple spindle semi-automatic machine || machine f. semi-automatique à broches multiples. 14

Halbbalken m. || half-beam || demi-bau m. 15

halbbewegliches Gleis n. || semi-portable track || voie f. demi-mobile. 16

Halb-binder m. (Zimm) || half-truss *or* -principal || demi-ferme f. de croupe. **a)** **~blau** n. || Waterloo blue || demi-bleu m. 17

Halbbrett n. (Brückenb) || half-chess || demi-madrier m. **a)** ~ (Zimm) || half-plank || planche f. *ou* ais m. de demi-pouce d'épaisseur. 18

Halb-brillant m. || spread brilliant || demi-brillant m. **a)** **~dach** n. || shed *or* pent roof; lean-to || toit m. *ou* comble m. en appentis; toit m. en potence *ou* à un seul égout. **b)** **~damast** m. || half-damask || lampaze m.; lampas m. **c)** **~deck** n. (Schiffb) || half-deck || demi-pont m.; carapace f. **d)** **~doppelscheibenrad** n. || half-double plate wheel || roue f. à disque semi-double. 19

halb-durchlässig (Phys) || semipermeable || semiperméable. **a)** **~durchsichtig** || semi-opaque; half- *or* semi-transparent || à demi-opaque; semi-opaque. 20

Halbedelstein m. || half-precious *or* semi-precious stone || pierre f. demi-précieuse. **a)** **abgerundeter ~** || rounded semiprecious stone || pierre f. demi-précieuse arrondie. **b)** **bearbeiteter ~** || worked semi-precious stone || pierre f. demi-précieuse travaillée. **c)** **facettierter ~** || faceted semi-precious stone || pierre f. demi-précieuse à facettes. **d)** **geschliffener ~** || cut semi-precious stone || pierre f. demi-précieuse taillée. **e)** **polierter ~** || polished semi-precious stone || pierre f. demi-précieuse polie. **f)** **ungefaßter ~** || unset semiprecious stone || pierre f. demi-précieuse non montée. 21

Halbedelsteinschleifer m. || semi jewel cutter || tailleur m. de pierres semi-précieuses. 22

Halbelliptikfeder f. || half *or* semi elliptic spring || ressort m. demi-elliptique *ou* à demi-pincette. 23

Halberger Rohr n. || Halberg-pipe || tuyau m. de Halberg. 24

Halberzeugnis n. || semi-manufacture; half-finished good || demi-produit m.; semi-produit m. **a)** ~ aus **Metall** || semi-manufacture of metal || mi-produit m. en métal. 25

Halb-fabrikat n. *s.* Halberzeugnis. **a)** **~feder** f. *s.* Halbelliptikfeder. 26

halbfest (Phys) || semisolid || semisolide. 27

halbfett (Buchdr) || half-dark; medium faced || demi-gras. **a)** **~e Linie** f. || mid-faced rule; medium rule || filet m. demi-gras. 28

halbflächig (Kristall) || hemihedral || hémiédrique. 29

Halbflächner m. (Kristall) || hemiheder || hémièdre m. 30

Halbfranzband m. || half-binding *or* -calf || mi-reliure f. 31

halbfreitragend || semi-cantilever || demi-cantilever. 32

Halbgarn n. || carded; mock-worsted || cardé-peigné m.; peigné-cardé m.; peigné-mixte m. 33

halbgekocht (Seid) || half-boiled *or* -scoured || mi-cuit. 34

halbgeleimt (Pap) || half-sized || mi-collé. **a)** **~es Papier** n. || soft sized paper || papier m. demi-collé. 35

Halbgeschoß n. (Bauw) || entresol; half- *or* intermediate story; mezzanine || mezzanine f.; entre-sol m. **a)** **~fenster** n. || Flemish *or* half-window || fenêtre f. mezzanine. 36

Halbgeviert n. (Buchdr) || N-quadrat || demi-cadratin m. 37

Halbhakenform f. || half hook shape || forme f. du semi-crochet. 38

Halb-holländer m. (Pap) || washing engine; washer; worker || pile f. défileuse; cylindre m. effilocheur *ou* dégrossisseur. **a)** **~holz** n. (Zimm) || half-round wood; cripple timber || bois m. mi-plat. 39

halbieren || to bisect || diviser *ou* partager en deux parties égales. 40

Halbierende f. (Math) || bisector || bissectrice f. 41

Halbierschere f. (Nadl) || shears pl. for dividing the wire || cisaille f. pour couper les brins de fil au milieu. 42

halbiert (Met) || mottled || truité. **a)** **~es Eisen** n. || mottled iron || fonte f. truitée. 43

Halbinsel f. || peninsula || presqu'île f.; peninsule f. 44

Halbkammgarn n. || semi-worsted *or* carded-worsted yarn || peigné-cardé m.; fil m. de sayette. 45

Halbkoks m. || semi-coke || demi-coke m.; semi-coke m. **a)** ~ aus **Braunkohle** || semi-coke produced from lignite || semi-coke m. (extrait) de lignite. **b)** **feinkörniger ~** || fine grained semi-coke || semi-coke m. sous forme de grains très fins. **c)** **feinköringer ~** aus **Steinkohlen** || fine semi-coke made from bituminous coal || semi-coke m. de houille à grains fins. **d)** ~ mit einem **Heizwert,** welcher dem der **Steinkohle** nahesteht || semi-coke with a calorific value approaching that of bituminous coal || semi-coke m. dont le pouvoir calorifique est voisin de celui de la houille. **e) stückiger ~** || lumpy semi-coke || semi-coke m. en morceaux. **f) ~ aus Xylit** || semi-coke from xylit || semi-coke m. provenant de xylite. 1

Halbkörnerauslesemaschine f. zum Reinigen und Sortieren von Gerste || barley cleaning and sorting machine with broken grains separator || machine f. à nettoyer et à trier l'orge et à séparer les demi-grains. 2

Halbkreis m. || semi-circle || demi-cercle m. 3

halbkreisförmig || semicircular || demi-circulaire; semi-circulaire. 4

Halbkristallware f. || semi crystal ware || demi-cristal m. 5

Halbkugel f. || hemisphere || hémisphère m. **a) südliche ~** der Erde || southern hemisphere of the earth || hémisphère m. austral de la terre. 6

halbkugelförmig || hemispherical || hémisphérique. 7

Halbkugelgestalt f. || hemispherical shape || forme f. hémisphérique. 8

halbkugelig || hemispherical || hémisphérique. 9

Halbkugel-kristallrefraktometer n. || hemisphere crystal refractometer || réfractomètre m. demi-boule à cristaux. **a) ~linse** f. (Opt) || semi-circular lens || lentille f. demi-boule. 10

Halbkuppel f. || niche || niche f. 11

Halbkutsche f. || coupe || coupé m. 12

Halblast f. || half load || demi-charge. 13

Halbleinen n. || half-linen || mi-lin m.; demi-toile f. **a) ~weberei** f. || half-linen weaving manufacture || fabrication f. de tissus mi-toile. 14

Halbleiter m. (Elektr) || semi-conductor || semi-conducteur m. 15

halbmast || half-mast high || à mi-mât. 16

Halbmesser m. || radius || demi-diamètre m.; rayon m. 17

halbmondförmiges Brillenglas n. || spectacle lens of crescent shape || verre-correcteur m. en demi-lune. 18

Halbmond-meißel m. || curved chisel || gouge f. **a) ~messer** n. || cutting knife for saddler || couteau m. à pied. 19

Halb-mörtel m. || bad mortar || mortier m. bâtard. **a) ~muschelglas** n. (Opt) || mi-coquille lens || verre m. ménisque. 20

Halbnaß-spinnen n. || half dry spinning || filage m. au mouillé à l'eau froide. **a) ~verfahren** n. (Met) || half wet method *or* treatment || voie f. demi-sèche. 21

Halboffenapparat m. (Web) || half-open work appliance || appareil m. pour tricoter le rond-ouvert d'un côté. 22

Halbopal m. || semi-opal || demi-opale f. 23

halboval || half-oval || demi-ovale. 24

Halb-pachtwirtschaft f. || farm rented for half the products || métairie f.; métayage f. **a) ~parkett** n. || cased *or* framed *or* clamped floor || demi-parquet m.; plancher m. à compartiments. **b) ~pfosten** m. (Pont; Brückenb) || half-chess || demi-madrier m. 25

Halbportaldrehkran m. || semi portal revolving crane || grue f. pivotante à semi-portique *ou* tournante à demi-portique. **a) ~ mit Wippenausleger, x t Tragfähigkeit, y m Ausladung** || x-tons semi-portal revolving crane with luffing jib, y m radius || grue f. pivotante à semi-portique avec flèche relevable de x t de puissance, y m de portée. 26

Halbportalkran m. || semi-portal crane || grue f. à demi-portique. **a) schwenkbarer ~** || revolving one-ledged gantry-crane || grue f. tournante à demi-portique. 27

Halb-produkt n. *s.* Halberzeugnis. **a) ~rohgewicht** n. || half-gross weight || poids m. demi-brut. 28

Halbröhrenkessel m. || semi-tubular boiler || chaudière f. semi-tubulaire. 29

halbrund || half-round; semi-circular || demi-rond. **a) ~es Eisen** n. || half round iron || fer m. demi-rond. 30

Halbrund-feile f. || half-round file || lime f. demi-ronde. **a) ~holzschraube** f. || round head wood screw || vis f. à bois à tête goutte de suif. **b) ~kopf** m. der **Schraube** || circular screw-head || tête f. de vis en goutte de suif. 31

Halbsamt m. || uncut *or* terry velvet || velours m. épinglé *ou* frisé. 32

Halbschatten m. || penumbra; half-shadow || pénombre f. **a) ~polarisationsgerät** n. || halfshadow polariscope || polarimètre m. à pénombre. 33

halbschlicht || medium soft || demi-doux. 34

Halbschlicht-feile f. || second-cut file || lime f. demi-douce. **a) ~hieb** m. || mid cut of a file || taille f. demi-douce. 35

Halbschott n. || partial bulkhead || cloison f. intermédiaire *ou* partielle. 36

Halbschuh m. || low shoe || soulier m. bas *ou* découvert. 37

Halbseide f. || caffart *or* half damask; half silk || damas-caffard m.; damassin m.; mi-soie f. **a) ~ mit baumwollenem Einschlag** || silk and cotton stuff || mignonette f. 38

Halbseidenweberei f. || half-silk weaving manufacture || fabrication f. de tissus mi-soie. 39

Halb-seite f. (Buchdr) || column || colonne f. **a) ~selbstladegewehr** n. || semi-automatic rifle || fusil m. mitrailleur. 40

halbselbsttätig-e Anlage f. (Fernm) || semi-automatic exchange || bureau m. demi-automatique. **a) ~e Maschine** f. || semi-automatic machine || machine f. semi-automatique. **b) ~er Ruf** m. (Fernm) || semi-automatic calling || appel m. semi-automatique. 41

Halb-sparren m. || jack rafter; hip rafter || empanon m.; accoinçon m. **a) ~stahl** m. || || semisteel || demi-acier m. 42

halbstarr-es Luftschiff n. || semi-rigid dirigible || dirigeable m. semi-rigide. **a) ~es System** n. (Luftf) || semi-rigid system || système m. semi-rigide. 43

halbstehende Antriebsmaschine f. || semi-portable engine || machine f. demi-fixe. 44

Halbstich m. (Seew) || half-hitch || demi-clef f. **a) ~schurz** m. || half-hitch knot || amarrage m. par demi-clefs. 45

Halbstiefel m. || half *or* low boot || demi-botte f.; bottine f. **a) ~schaft** m. || half-boot leg || tige f. de bottillon. 46

halbstocks || half-staff high || à mi-bâton. 47

Halb-stoff m. aus **Lumpen** || half-stuff of rags || mi-pâte f. de chiffons. **a) ~strumpf** m. || half-hose || chaussette f. 48

Halbtagsarbeiter m. || half timer || ouvrier m. au demi-temps. 49

Halbtonätzung f. (Buchdr) || half painted phototypography || phototypographie f. en demi-teinte. 50

Halbtourschloß n. || German spring lock; half-turning lock || serrure f. à ressort *ou* à demi-tour. 51

halbtrockenes Verfahren n. (Zement) || mixed process || procédé m. mixte. 52

halbtrocknendes Öl n. || half drying oil || huile f. demi-sécheuse. 53

Halb-turm m. || halfturret || demi-tourelle f. **a) ~verdeck** n. || half cover; single hood; half roof || capote f.; demi-toit m.; demi-pavillon m. 54

halbversenkte Drehscheibe f. || half sunk traverser || transbordeur m. à canivaux. 55

Halbwahn m. || false *or* half-hip || demi-croupe f. 56

Halbware f. || semi-manufacture || produit m. à demi façonné. 57

halbwarm || half warm || tiède. 58

Halbwolldecke f. *s.* halbwollene Decke. 59

Halbwolle f. || half-wool; merino || mi-laine f.; demi-laine f. 60

halbwollene Decke f. || half-woolen blanket || couverture f. mi-laine. 61

Halbwoll-spinnerei f. || vigogne spinning || filature f. de la laine vigogne *ou* de la laine mixte. **a) ~weberei** f. || half-wool weaving manufacture || fabrication f. de tissus mi-laine. 62

Halbzeug n. (Met) || half-wrought material; half-finished product || matière f. demi-fabriquée; demi-produit m. **a) ~** (Pap) || half *or* first stuff || pâte f. effilochée; demi-pâte f.; défilé m. **b) ~ aus Flußstahl** || semi-products pl. of mild steel || demi-produits mpl. d'acier doux. 63

Halbzinn n. || base tin; half-tin; tin strongly alloyed with lead || étain m. bas. 64

Halbzylinder m. für **Lichtpausapparate** || half cylinder for light tracing || demi-cylindre m. pour tirage d'épreuve. 65

Halde f. (Bergb) || burrow; dump; (waste) heap || halde f.; crassier m. 66

Halden-arbeiter m. || heap keeper || terrilleur m. **a) ~erz** n. || waste heap ore || minerai m. de halde. **b) ~verlust** m. || loss of entrepot || déchet m. de l'entrepôt. 67

Halfter f. || halter || licou m. 68

Halfter-binde f. || halter || chevêtre m. **a) ~kette** f. || collar chain; halter chain || chaîne f. de licou. **b) ~ring** m. || collar ring; throat *or* center ring of the head collar || anneau *m.* du licou; porte-barres mpl. **c) ~zügel** m. || collar rein; head-collar rein || longe f. du licou *ou* bouclée; corde f. du licou. 69

Hälftflächner m. || hemihedron || hémièdre m. 70

Halle f. || hall || enceinte f.; salle f.; hall m.; halle f. **a) Ausstellungs~** || exhibition hall || hall m. pour expositions. **b) Bahnhofs~** || hall for railway station || hall m. pour gares. **c) Eisen~** || iron hall || halle f. en fer. **d) Flugzeug~** || aircraft *or* aeroplane shed || hangar m. pour avions *ou* aéroplanes. **e) glasüberdeckte ~** || hall roofed with glass || hall m. vitré. **f) Konverter~** || converter shop || hall m. des convertisseurs. **g) Luftschiff~** || airship shed || hangar m. pour dirigeables. **h) Markt~** || covered market || halle f. de marché. **i) verglaste ~** || glazed hall || hall m. vitré. **k) verglaste in Eisenkonstruktion gehaltene ~n** fpl. || glazed-iron-frame constructions pl. || halls mpl. en charpente métallique vitrée. 71

Hallenbau m. || hall building; shed construction || construction f. de halles. **a) Eisen~** || steel framed hall || construction f. de halles métalliques. 1

Hall-Münzfernsprecher m. || Hall coin-box || poste f. à prépaiement Hall. 2

Halm m. (Feuerw) || fuzze; fuze; reed; spire || fusée f. **a) auf dem ~ m. verkauft** || sold standing || vendu sur pied m. **b) Getreide** n. **auf dem ~** || standing crop; crop || grains mpl. sur pied. 3

Halogen n. || halogen || halogène m. **a) ~säure** f. || halogen acid || acide m. chlorhydrique. 4

Haloidsalz n. || haloid salt || sel m. haloïde. 5

Halometer n. || halometer || halomètre m. 6

Halometrie f. || halometry || halométrie f. 7

Hals m. || neck || col m.; collet m. **a)** den ~ m. **aufholen** (Seew) || to haul up the tack || lever le lof d'une voile. **b)** ~ einer **Bessemerbirne** || neck *or* nose of a Bessemer convertor || bec m. d'un convertisseur. **c) Lager~** || axle journal || fusée f. d'essieu. **d)** ~ der **Räumnadel** || neck of the broach || tige f. de la broche. **e)** ~ einer **Retorte** f. || neck of a retort || col m. *ou* cou m. d'une cornue. **f)** ~ einer **Röhre** || socket (end) of a pipe || bout m. *ou* évasement m. *ou* femelle f. d'un tuyau. **g)** ~ eines **Segels** || tack of a sail || amure f. d'une voile. **h)** ~ einer **Welle** || neck *or* throat of a shaft || gorge f. d'un arbre. **i)** ~ der **Wendesäule** eines **Schleusentores** || upper end of the heelpost of a lock-gate || tourillon m. du poteau d'une porte d'écluse. 8

Halsaufholer m. || tack tricing-line || lève-nez m. 9

Halsband n. || necklace; necklet || collier m. ~ (Schleuse) || collar || collier m. **a) Draht~** (Flaschenverschluß) || neck wire || collier m. en fil de fer. 10

Hals-bändsel n. eines **Stagsegels** || tack of a staysail || amure f. d'une voile d'étai. **a) ~bindung** f. (El Leit) || neck groove binding || ligature f. sur la gorge de l'isolateur. **b) ~bolzen** m. eines **Knies** (Schiffbau) || throat bolt of a knee || cheville f. de gorge d'une courbe. **c) ~brett** n. (Web) || collar board || planche f. de collets. 11

halsen (wenden) || to veer || virer vent m. arrière. 12

Halsen pl. (Schiff) || tack || amures fpl.; lof m. 13

Hals-kehle f. || flat hollow; recess-head; quirk head; broad channel; flat flute || gorge f. **a) ~kette** f. || necklace; necklet || collier m. **b) ~klampe** f. (Schiffb) || chesstree; belaying cleat || dogue m. *ou* taquet m. d'amure. **c) ~koppel** f. am **Zugseil** (Schiff) || men's harness for towing boats || bretelle f. au halage des bâteaux. **d) ~kragen** m. || collar || collet m. **e) ~krause** f. || ruff || collerette f. 14

Halslager n. || collar bearing; neck journal bearing || palier m. *ou* coussinet m. à collets. **a)** ~ einer **Spindel** (Spinn) || bolster of a spindle || collet m. d'une broche. 15

Hals-pinsel m. || throat brush || pinceau m. pour la gorge. **a) ~ringbremse** f. || clip *or* collar brake || frein m. à collier. **b) ~talje** f. || tack tackle || palan m. d'amure. **c) ~tuch** n. || neckerchief || fichu m. **d) ~verengerung** f. eines **Gefäßes** || neck of a vessel || écolète f. *ou* écolette f. d'un vase. **e) ~zapfen** m. || journal with collars; neck collar journal (A) || tourillon m. intermédiaire *ou* à collets. 16

halt! || stop! || halte!; halte-là! 17

Halt m. (das Anhalten) || stop; stopping || arrêt m. **a)** ~ (Stütze) || support; mainstay || appui m.; soutien m.; support m. 18

haltbar || durable || durable. **a)** in frischem Zustand **durch ein Kälteverfahren** ~ gemacht || preserved in fresh state by a refrigerating method || conservé à l'état frais par un procédé frigorifique. **b)** ~ **machen** (Nahrungsmittel) || to preserve || conserver. **c) ~es basisches Futter** n. (Met) || resistant basic lining || revêtement m. basique durable. 19

Haltbarkeit f. (Chem) || stability || stabilité f. **a)** ~ (Waren) || lasting wear; imperishable nature || durabilité f.; solidité f. **b)** ~ (Werkstoff) || durability; endurance; life || durabilité f.; endurance f.; solidité f.; durée f. **c) unbegrenzte** ~ || unlimited durability || durabilité f. illimitée. 20

Haltbarmachen n. || conservation || conservation f. **a)** ~ des **Holzes** || preversation of wood || conservation f. du bois. **b)** zum ~ **zubereitet** || prepared for preservation || préparé pour assurer la conservation. 21

Haltebüchse f. || locking bush || douille f. d'arrêt 22

Haltebügel m. (an Kaimauer) || shackle || bouche f. d'amarrage. **a)** ~ (Werkzeugmasch) || retaining clip || étrier m. de retenue. 23

Halte-feder f. || retaining spring || ressort m. de retenue. **a) ~gestell** n. (Luftf) || docking gear || dispositif m. de retenue. **b) ~leine** f. || mooring rope || câble m. de retenue *ou* d'amarrage; amarre f. **c) ~mannschaft** *f.* (Luftf) || handling crew || équipe f. de manœuvre. 24

halten || to hold || tenir. **a) Kurs** m. ~ (Schiff) || to keep *or* to stand upon the course || aller *ou* porter à route f. **b) ein Relais** n. ~ || to keep a relay excited; to hold a relay || maintenir exité un relais. **c) sich** ~ (Chem) || to keep || se conserver. 25

Haltepfahl m. (Eisenb) || mark pole || poteau m. d'arrêt. **a)** ~ (Schiff) || bollard || poteau m. d'amarrage. 26

Haltepunkt m. (Geom) || point of regression || point m. d'arrêt. **a)** ~ (Verkehr) || station; halting station ; stop-over; stage || étape f.; station f.; arrêt m.; point m. d'arrêt. 27

Halter m. || holder || support m. **a)** ~ zum **Scharfschleifen** der Stähle || grinding jig for sharpening the tools || montage m. pour l'affûtage des outils. **b)** ~ für die **Schlußlaterne** || rear *or* tail (A) lamp bracket || porte-lanterne m. arrière. 28

Halterelais n. || locking relay || relais m. d'arrêt. 29

Haltering m. || holding ring || bague f. de support. **a) einschraubbarer** ~ m. zum Auswechseln der Linsen || screw-in retaining ring for interchanging lenses || bague f. filetée permettant d'interchanger les lentilles. 30

Halte-scheibe f. || stopping signal-disk || disque m. d'arrêt. **a) ~schiene** f. (Sammler) || supporting bar || ferrure f. de support. **b) ~seil** n. || holding rope || câble m. de retenue. **c) ~signal** n. || stopping signal || signal m. d'arrêt. 31

Haltestelle f. || station; halting station, halt; stop-over; stage || étape f.; station f.; arrêt m.; halte f.; point m. d'arrêt. 32

Halte-stellung f. (Fernm) || holdover position || position f. d'arrêt. **a) ~stift** m. des **Gießereiarbeiters** || melter's pin || épingle f. du fondeur. 33

Halte-strom m. (Fernm) || holding current || courant m. d'arrêt. **a) ~kreis** m. (Fernm) || locking circuit || circuit m. de collage. 34

Halte-taste f. (Fernm) || holdover key || clé f. de garde. **a) ~tau** n. (Luftf) || hauling-down cable || câble m. de halage. **b) ~vorrichtung** f. (Schreibm) || stopping device || dispositif m. de freinage. 35

Haltezeichen n. (Buchdr) || break || tiret m. **a)** das ~ **geben** (Eisenb) || to block-signal || couvrir la voie. 36

. . . haltig || yielding || contenant; tenant. 37

Haltung f. (Schleuse) || reach; level || bief m. **a) obere** ~ (Schleuse) || upper pond *or* level; higher level || bief m. supérieur; arrière-bief m. **b) untere** ~ || lower pond *or* level || bief m. inférieur; sous-bief m. 38

Hämatin n. || hematine || hématine f. 39

Hämatit m. || hematite || hématite f.; oligiste m. **a) manganarmer** ~ || hematite containing a small amount of manganese || hématite f. à faible teneur en manganèse. **b) roter** ~ || fibrous red iron-ore *or* red iron-stone; red hematite; kidney-ore || fer m. oligiste concrétionné; hématite m. rouge; fer m. oligiste fibreux. 40

Hämatiteisen n. || hematite iron || fonte f. hématite. 41

Hamen m. (Fisch) || hoop net; catcher; bag *or* draw *or* purse net || ableret m.; ablerette f. 42

Hammelfelleim m. || glue made of the refuse of sheep skins || poissonnure f. 43

Hammelfuß m. || sheep's trotter || pied m. de mouton. 44

Hammelklauenfett n. || sheep's trotter grease || huile f. de pied de mouton. 45

Hammer m. (Hand) || hammer || marteau m. **a)** ~ (Masch) || (power) hammer || marteau(-pilon) m. **b) Abklopf~** || scaling hammer *or* chipper || marteau m. détartreur. **c) Abteuf~** || sinking hammer || marteau m. à puits. **d) Anspitz~** || pointing hammer || marteau m. à appointer. **e) Aufwerf~** mit hölzernem Stiel || lift hammer with a wooden shaft || marteau m. à soulèvement à manche en bois. **f) Ball~** || round set hammer || dégorgeoir m. **g) Blattfeder~** || laminated spring hammer || marteau m. à ressort à lames. **h) Bohr~** (Bauw) || drilling hammer || marteau-foreur m. **i) Bohr~** (Bergb) || rock drill hammer || perforatrice f. de mine. **k) Böttcher~** || cooper's hammer || marteau m. pour tonneliers. **l) Breit~** || set hammer || chasse f. à parer. **m) Brust~** mit langsamen Schlägen || slow motion lift hammer || gros marteau m. avec action lente. **n) Dampf~** || steam hammer || marteau m. à vapeur; marteau m. pilon à vapeur. **o) Druckluft~** || compressed-air hammer; pneumatic hammer || marteau m. à air comprimé. **p) Dübelloch~** || dowel socket hammer || marteau m. pour trous de cheville. **q) elektrischer** ~ || electric hammer || marteau m. électrique. **r) elektropneumatischer** ~ ||

electric pneumatic hammer || marteau m. électro-pneumatique. **s) Fall~** || stamp *or* drop hammer || marteau m. mouton; mouton m. à chute libre. **t) Faust~** || hand hammer || marteau m. à main. **u) Feder~** || spring hammer || marteau m. à ressort. **v) ~ mit flacher Finne** || hammer with flat pane || marteau m. à panne plate. **w) Friktionsfeder~** || friction spring hammer || marteau m. à ressort et à friction. **x) mit gespaltener Finne** || claw hammer || marteau m. à panne fendue. **y) ~ mit gewöhnlicher Finne** || hammer with common pane || marteau m. à panne ordinaire. **z) Gußputz~** || casting cleansing hammer || marteau m. à ébarber la fonte. 1

a) Hand~ || hand hammer || marteau m. à main. **b) hölzerner ~** || wooden hammer; mallet || maillet m. de bois. **c) hydraulischer ~** || hydraulic squeezer || marteau m. à pression hydraulique. **d) Kalfater~** || caulking mallet || maillet m. de calfat. **e) Keilloch~** || stone splitting hammer || marteau m. pour trous à coin. **f) Kernbohr~** || core hammer drill || marteau m. à retirer les noyaux. **g) Klauen~** || claw hammer || marteau m. fendu *ou* à panne *ou* à dents. **h) Kraft~** || power hammer || marteaupilon m. mécanique. **i) Kupfer~** || copper hammer || masse f. en cuivre. **k) Kupplungs~** || coupling hammer || marteau m. d'embrayage. **l) Luft~** || air hammer || marteau m. à air comprimé. **m) Luftdruck~** || pneumatic hammer || marteau m. pneumatique *ou* à l'air comprimé. **n) Luftfeder~** || pneumatic spring hammer || marteau m. à ressort pneumatique. **o) Meißel~** || caulking hammer || marteau m. à mater. **p) Nagel~** || spike driver *or* hammer || marteau m. de cloueur *ou* à panne fendue. **q) ~ mit Nagelziehklaue** || claw hammer || marteau m. à dent. **r) Niet~** || riveting hammer || marteau-riveur m.; rivoir m.; marteau m. à river. **s) Pick~** || scaling hammer || picoche f. **t) pneumatischer ~** || pneumatic hammer || marteau m. à air comprimé. **u) Preßluft~** || compressed-air hammer || marteau m. à air comprimé. **v) Preßluftramm~** || pneumatic ramming hammer || marteau m. pneumatique pour enfoncer. **w) Schienen~** || sledge hammer || marteau m. à rails. **x) Schlicht~** || planishing hammer || marteau m. à planer. **y) Schmiede~** || forge *or* trip hammer || marteau m. de forge. **z) Schrot~** || chop *or* chipping hammer || marteau m. à tranche. 2

a) Schwanz~ || tail hammer || marteau m. à queue. **b) Schwellen~** || sledge hammer || marteau m. à rails. **c) schwerer ~** || maul || mailloche f. **d) Setz~** || set hammer || chasse f. à parer. **e) Spitz~** || wedge-ended *or* pane hammer || marteau m. à pointe. **f) Splint~** || hammer for driving-out the pins of shackle-bolts || marteau m. pour dégoupiller les chaînes. **g) Stein~** || quarryman's hammer || casse-pierre(s) m. **h) Typen~** (Schreibmasch) || printing hammer || marteau m. à caractères. **i) Verbundfeder~** || compound spring hammer || marteau m. à ressort compound. **k) Vorschlag~** || sledge hammer; uphand sledge || marteau m. à devant *ou* de frappeur. **l) Wald~** || woodmen's hammer || laie f. **m) Zuschlag~** || uphand sledge || second marteau m. **n) zweischneidiger ~** || two-edged hammer || marteau m. à retreindre à deux biseaux. 3

Hammerauge n. || handle *or* shaft hole of a hammer || œil m. de marteau. 4

Hammerbahn f. || hammer face; flat side of a hammer || panne f. *ou* plat m. *ou* table f. d'un marteau. **a) auswechselbare ~** || interchangeable hammer face || panne f. interchangeable du marteau. 5

Hammer-band n. || tilt brace || moise f. d'ordon. **a) ~bär** m. || hammer tup || mouton m. 6

hämmerbar || malleable || malléable. **a) nicht ~** || immalleable || non-malléable. 7

Hammer-beil n. || hammer hatchet || hachette f. à marteau. **a) ~beschlag** m. || helve hoop; hammer clip, helve ring || abras m.; brée f. 8

Hämmerchen n. einer **Repetieruhr** || jack of a repeater-watch || échappement m. de répétition. 9

Hammer-führer m. || hammer driver || conducteur m. de pilon. **a) ~führung** f. || hammer guide || guidage m. du mouton. 10

hammergar, Kupfer n. **~ machen** || to refine *or* to toughen copper || raffiner le cuivre. **a) ~ sein** || to be at tough pitch || être affiné. 11

Hammergebälk n. || tilt frame || soucherie f. 12

Hammergerüst n. (Schmied) || hammer *or* hirst frame || chevalet m. du mouton; ordon m. **a) ~säule** f. || post of a hammerstand; hirst post || montant m. des tourillons du mouton. 13

Hammer-hacke f. (Bergb) || hammer-shaped poll-pick || pic m. *ou* hoyau m. à tête; grelet m. **a) ~haue** f. *s.* Hammerhacke. **b) ~hülse** f. || helve ring; hirst; hurst || hulse f.; hurasse f., hus m. du gros marteau de forge. **c) ~klaue** f. || claw of a hammer || panne f. à pied de biche. **d) ~klotz** m. || hammer tup || mouton m.; poids m. du mouton. 14

Hammerkopf m. || head of hammer || tête f. de marteau. **a) ~filzer** m. (Piano) || hammer-head coverer || garnisseur m. de marteaux. 15

Hammer-kran m. || hammer-head crane || grue f. marteau. **a) ~lötkolben** m. || copper bit with an edge || soudoir m. en marteau. **b) ~mühle** f. || hammer mill || moulin m. à marteaux. 16

hämmern || to hammer || marteler. 17

Hämmern n. des **Motors** || knocking || tapage m.; cognement m. 18

Hammer-pinne f. || pane of a hammer || panne f. du marteau. **a) ~schlacke** f. || hammer slag; iron dross || paillette f. de fer; crasse f. du marteau; battiture f. **b) ~schlag** m. (Schreibm) || blow of the hammer || frappe f. du marteau. 19

Hammerschlag m. (Met) || forge scales pl.; hammerslag; iron scales pl. || écailles fpl.; pailles fpl.; battiture f. de fer; mâchefer m. **a) Kupfer~** || copper scale || paillettes fpl. de cuivre. 20

Hammerschmied m. || forgeman; hammersmith; black-smith; forger || forgeron m.; forgeur m.; marteleur m. 21

Hammerschmiede f. || hammer *or* tilt mill || forge f. **a) ~stück** n. || drop forging || pièce f. étampée. 22

Hammerschraube f. || T-head *or* hammer bolt || boulon m. de fondation. **a) ~ mit Nase** || T-head bolt with nose || boulon m. de fondation avec nez. 23

Hammer-schwanz m. || tail of a forge hammer || queue f. d'un marteau *ou* d'un martinet. **a) ~spitzhaue** f. (Bergb) || pitching poll-pick || pointerolle f. **b) ~ständer** m., **einseitiger** (Schmied) || single standard of a hammer || montant m. unique d'un marteau-pilon. **c) ~stiel** m. || hammer handle *or* shaft || manche m. de marteau. **d) ~stock** m. (Schmied) || anvil's stock || billot m. de chabotte; tronchet m. de l'enclume. 24

Hammerunterbrecher m. || hammer interrupter || interrupteur m. à marteau. **a) magnetischer ~** || magnetic hammer break || interrupteur m. magnétique à marteau. 25

Hammer-walke f. || fulling mill || moulin m. à foulon. **a) ~welle** f. || turning arbor of a hammer shaft || arbre m. moteur d'un pilon de forge. 26

Hammerwerk n. || hammer *or* iron works pl.; hammer mill; plant of forges; tilt mill || forge f.; moulin m. à forge. 27

Hand f. (Münzw) || layer-on || main f.; posoir m. **a) aus erster ~** || first hand || première main f. **b) von ~ geschmiedet** || hand forged || forgé à la main. **c) über Hand** holen || to haul hand over hand || haler main f. sur main. 28

Hand-abzug m. (Waffenw) || hand release || gâchette f. à main. **a) -amboß** m. || hand *or* small anvil || tasseau m.; bigorneau m.; enclumeau m.; enclumette f. **b) ~amt** n. (Fernm) || manual exchange || bureau m. central manuel. **c) ~anode** f. || hand anode || anode f. à main. 29

Handarbeit f. || hand working; hand work; manual labour || travail m. *ou* ouvrage m. manuel; main f. d'œuvre. 30

Handarbeiter m. || workman; manual labourer; mecanic || manœuvre m. 31

Handarbeitsnadel f. || needle for needle work || aiguille f. *ou* épingle f. pour les ouvrages manuels. 32

Hand-aufwinder m. (Web) || hand splitter || ensoupleur m. à la main. **a) ~ausgabe** f. (Buch) || pocket edition || édition f. de poche. **b) ~ausschalter** m. (Elektr) || hand circuit breaker || interrupteur m. à main. **c) ~axt** f. || hand axe || hache f. à main. **d) ~bagger** m. || hand drag || drague f. à la main. **e) ~beil** n. || hatchet; hacket || **hachette f.**; hache f. à main; hachereau m. 33

Handbetrieb m. || working by hand; hand operation *or* drive || commande f. *ou* marche f. à la main. **a) ~** (Fernm) || manual working || service m. manuel. **b) für ~** oder **Kraftbetrieb** || hand or power driven || à commande f. mécanique ou à main. **c) Maschine** f. für **~** || machine for hand drive || machine f. pour service manuel. 34

Hand-beutel m. || hand bag || réticule m. **a) ~blasebalg** m. || single bellows pl. || soufflet m. simple. **b) ~blechschere** f. || hand plate shears pl.; (tinman's) snips pl. || cisaille f. à main pour tôle; cisailles fpl. (de ferblantier). **c) ~blocksystem** n. || manual blocking system || bloc-système m. manuel. 35

Handbogen m. || festoon || feston m. 36

Handbohrer m. || hand drill || perceuse f. à main; perforatrice f. à main. **a) ~** für

Brauer || brewer's gimblet || vrille f. de brasseur. 1

Handbohrmaschine f. (Bergb) || rock-drill worked by hand || perforatrice f. à main. **a)** ~ (Techn) || hand boring machine || perceuse f. à main. **b) elektrische ~** || electric hand drill || perceuse f. électrique à main. 2

Hand-breche f. || hand brake || broie f. à main. **a) ~bremse** f. || hand brake || frein m. à main *ou* de secours. **b) ~bremshebel** m. || hand brake lever || levier m. de frein à main. **c) ~bügelbefestigung** f. (Masch) || hand clamping || fixation f. du levier à main. **d) ~bürste** f. || hand-brush || brosse f. à main. **e) ~drahtgeflecht** n. || hand made wire cloth || grillage m. fait à la main. **f) ~drehmaschine** f. (Funkw) || manual motor || moteur m. à commande manuelle. **g) ~druck** m. || block *or* hand printing || impression f. à la main. **h) ~drucker** m. || (block) hand printer || imprimeur m. à la main. **i) ~druckerei** f. für Zeuge || hand cloth printing || impression f. de tissus à la main. 3

Handdruck-maschine f. || hand printing machine || imprimeuse f. à main. **a) ~spritze** f. || pressure syringe || seringue f. à main. **b) ~tapete** f. || hand printed wall paper || papier m. peint à la main. 4

Handeinstellung f., **feine** || fine hand adjustment || réglage m. de précision à la main. 5

Handel m. || trade; commerce || commerce m. **a) Ausfuhr~** || export (*or* outward) trade || commerce m. d'exportation. **b)** ~ mit dem **Auslande** || foreign trade; commerce || trafic m. **c)** ~, Einfuhr || import trade || commerce m. d'importation. **d) ~ treiben** || to trade || faire le commerce; trafiquer. **e) überseeischer ~** || transatlantic trade || commerce m. transatlantique. 6

handelnd || acting || agissant. 7

Handels-abteilung f. (Bank) || commercial section || service m. des études commerciales. **a) ~adreßbuch** n. || commercial *or* trades directory || annuaire m. *ou* almanach m. commercial *ou* de commerce. **b) ~akademie** f. || commercial college || académie f. commerciale; école f. des hautes études commerciales. 8

Handelsbilanz f. || trade balance || balance f. commerciale; bilan m. **a) aktive ~** || active *or* favourable balance of trade || bilan m. actif. **b)** die **~ belasten** || to burden the trade balance || grever la balance commerciale. **c) passive ~** || adverse *or* unfavourable *or* passive balance of trade || bilan m. passif. 9

Handels-dampfer m. || merchant steamer || vapeur m. marchand. **a) ~eisen** n. || merchant iron || fer m. marchand. **b) ~flagge** f. || merchant flag || pavillon m. marchand. **c) ~flotte** f. || trading *or* merchant fleet || flotte f. marchande. **d) ~freiheit** f. || freedom of trade; free trade || liberté f. du commerce. **e) ~gericht** n. || commercial court || tribunal m. de commerce. 10

Handelsgesellschaft f. || company; firm || société f. (de commerce); compagnie f. **a)** eine **~ einrichten** || to form a partner ship || constituer *ou* former une société f. de commerce. **b) offene ~** || partnership; private company || société f. en nom collectif. 11

Handels-gesetz n. || commercial law || loi f. relative au commerce. **a) ~gesetzbuch** n. || commercial code || code m. de commerce. **b) ~guß** m. || commercial casting || fonte f. commerciale. **c) ~hafen** m. || commercial harbour || port m. de commerce. **d) ~hochschule** f. || university of commerce || école f. supérieure de commerce. **e) ~holz** n. || timber for trade || bois m. du commerce. **f) ~kammer** f. || chamber of commerce || chambre f. de commerce. **g) ~krieg** m. || war upon trade || guerre f. de destruction du commerce. **h) ~marine** f. || mercantile marine || marine f. marchande *ou* de commerce. **i) ~marke** f. || trade mark || marque f. déposée *ou* de fabrique. **k) ~ministerium** n. || Board of Trade || ministère m. du commerce. **l) ~niederlassung** f. || trading settlement; factory || comptoir m.; factorerie f. **m) ~recht** n. || commercial right || droit m. commercial. **n) ~schiff** n. || merchant vessel; merchantman || navire m. marchand *ou* de commerce. **o) ~schiffbau** m. || construction of merchant ships || construction f. des navires marchands. **p) ~schule** f. || school of commerce || école f. de commerce. **q) ~statistik** f. || commercial *or* trade statistics pl. || statistique f. commerciale *ou* de commerce. 12

handelsüblich-e Güte f. || usual commercial quality || qualité f. courante. **a) ~e Länge** f., zerteilen auf ~ ~n || to divide into commercial lengths || débiter en longueurs fpl. commerciales. **b) ~er Stahl** m. || industrial *or* commercial steel || acier m. du type commercial. 13

Handels-verkehr m. || commercial intercourse; trade; traffic || rélations fpl. commerciales; marché m. des affaires. **a) ~vertrag** m. || commercial treaty || traité m. de commerce. **b) ~wert** m. || commercial value || valeur f. commerciale. **c) ~zeichen** n. || trade mark || marque f. (de commerce). **d) ~zerstörer** m. (Seew) || commerce raider || croiseur m. corsaire. 14

Handeltreibender m. merchant || commerçant m. 15

Hand-fahrwerk n. || hand traversing gear || déplacement m. commandé à la main. **a) ~färbung** f. || hand inking || encrage m. à main. **b) ~fäustel** m. (Bergb) || (small) hammer; mallet; miner's hammer || massette f.; masse f. à main. **c) ~feger** m. || dust brush || balayette f. **d) ~feile** f. || small *or* hand file || lime f. plate *ou* à main; limatule f. **e) ~fernrohr** n. || portable telescope || lunette f. à main. **f) ~feuerlöscher** m. || hand fire extinguisher || extincteur m. de feu. **g) ~feuerspritze** f. || small hand fire engine || pompe f. à incendie à main. **h) ~feuerwaffe** f. || small arm; portable firearm || arme f. à feu portative. **i) ~fläche** f. || palm of the hand || paume f. de la main. **k) ~formerei** f. (Gieß) || hand moulding *or* forming || façonnage m. *ou* moulage m. à la main. **l) ~formmaschine** f. || hand moulding machine || machine f. à mouler à la main. **m) ~fräsmaschine** f. || hand milling machine || fraiseuse f. (avec chariots) à main. **n) ~führung** f. || hand guide || guide-main m. 16

Handgarn n. || hand-spun yarn || fil m. tissé à la main. **a) ~leinen** n. || linen of hand-spun yarn || toile f. de fil de main. 17

Handgebläse n. || hand blow pipe || chalumeau m. à main. 18

handgeformter Dachziegel m. || hand-formed roofing-tile || tuile f. moulée à la main. 19

Handgeländer n. || hand railing || main-courante f. 20

Handgeld n. (Draufgeld) || earnest; handsel || denier m. à Dieu. **a)** ~ (Heuer) || advance money; bounty || avance f. prime d'engagement. 21

Hand-gelenk n. || wrist-joint || poignet m. **a) ~gepäck** n. || small luggage || bagages mpl. à main. 22

handgeschmiedete Schraube f. || hand forged screw || vis f. forgée à la main. 23

handgeschöpftes Papier n. || hand-made paper || papier m. à la cuve *ou* de main. 24

Hand-gespinst n. || hand-spun yarn || fil m. filé à la main. **a) ~gewindebohrer** m. || hand screw tap || taraud m. à main. **b) ~gießmaschine** f. (Schriftg) || hand casting machine || machine (f.) à fondre de mouvement à main. **c) ~glocke** f. || hand bell || clochette f.; sonnette f. 25

Handgranate f. || hand grenade || grenade f. à main. 26

Handgriff m. || handle; hand hold *or* grip || manche m.; poignée f.; griffe f. **a)** ~ (Gieß) || stick; spindle stick || croisée f.; manivelle f. du trousseau. **b)** ~ (Handpresse) || rounce; handle || manivelle f. **c) angeschraubter ~** || screwed-on handle || manche m. vissé. **d)** ~ eines **Riemens** (Seew) || handle of an oar || main f. d'aviron. **e)** ~ eines **Schwabbers** || swab handle || aste m. d'une écoupée. 27

Handhabe f. || handle || poignée f.; manette f.; manche m. **a)** ~ zum **Drehen** || handle for turning || manivelle f. à faire tourner. **b)** ~ einer **Kurbel** || crank handle || poignée f. d'une manivelle. 28

handhaben || to operate; to handle || opérer; manier. 29

Handhabung f. || handling; manipulation; management || maniement m.; manœuvre f. **a)** ~ der **Arbeitsstücke** || handling of the working pieces || manipulation f. des pièces. **b) falsche ~** || wrong manipulation || fausse manipulation f. **c) leichte ~** || effortless operation || manipulation f. facile. 30

Hand-haken m. || hand hook || croc m. à main. **a) ~hammer** m. || hand hammer || marteau m. à main. **b) ~hammerwerk** n. || small hammer work || petite forge f. **c) ~harmonika** f. || accordion || accordéon m. **d) ~haspeler** m. (Spinn) || hand reeler || dévideur m. à la main. 31

Handhebel m. || hand lever || levier m. à main. **a)** ~ (Lok) || starting-lever *or* bar || levier m. de mise en train. 32

Hand-hebelbremse f. || hand lever brake || frein m. à levier. **a) ~hefter** m. (Bekl) || hand baster || faufileur m. à la main. 33

Handkarren m. || hand cart *or* track *or* barrow || charrette f. à bras; haquet m. à main; galopin m. **a)** ~ zur **Erdförderung** || wheel-barrow || brouette f. de terrassier. 34

Hand-kelle f. || hand ladle || poche f. à main; cuiller m. de coulée. **a) ~kettenscherer** m. (Web) || hand warper || ourdisseur m. à la main. **b) ~kippkarren**

m. || wheel-barrow || brouette f. **c) ~-kloben** m. || hand *or* filing vice || étau m. à main. **d) ~klöpfel** m. || mallet || maillet m. **e) ~koffer** m. || hand trunk || valise f. (portative.) **f) ~-kugeldruckprüfgerät** n. || hand ball thrust apparatus || appareil m. d'essai à la bille portative. 1

Handkurbel f. || crank handle || poignée f. d'une manivelle. **a) gekröpfte ~** || bent crank with handle || manivelle f. à main coudée. **b) gerade ~** || straight crank with handle || manivelle f. à main droite. **c) Kugel~** || spherical crank with handle || manivelle f. à main avec boule. 2

Handlampe f. || hand *or* portable *or* inspection lamp || lampe f. baladeuse *ou* portative *ou* de visite. 3

Handlanger m. || jobbing *or* handy man; helper || manœuvre m. **a) ~** (Maur) || hod-man || aide-maçon m. 4

Hand-laterne f. || hand lantern || lanterne f. à main. **a) ~laufkran** m. || travelling crane operated by hand || pont m. roulant actionné à bras. **b) ~leiste** f. (Eisenb) || hand rail || main f. courante. 5

Händler m. || trader; retail trader; dealer || marchand m.; négociant m. **a) ~ für gebrauchte Maschinen** || second-hand machinery dealer || marchand m. de machines d'occasion. 6

Handleuchter m. || candle holder; candlestick || bougeoir m. 7

handlich || handy; manageable || facile à manier; maniable; commode. **a) leicht ~** || manageable || facile à manier. **b) ~e Bauart** f. || handy design || construction f. aisement maniable. **c) ~es Instrument** n. || handy instrument || instrument m. (d'une forme) maniable. 8

Handlichkeit f., **große** || easy handling || maniement m. facile. 9

Handlocher m. || hand perforator *or* puncher || perforateur m. à main. **a) ~ für Kabelbetrieb** || three-key perforator for cable code || perforateur m. pour le câble-code. 10

Handlog n. || log || loch m. 11

Handlot n. (Seew) || hand lead || sonde f. à main; petite sonde f. **a) ~leine** f. (Seew) || hand line || petite ligne f. de sonde. 12

Handlung f. (Tat) || action || action f. **a) ~** (Geschäftshaus) || business house || maison f. de commerce. **b) gegen die guten Sitten verstoßende ~** || action contrary to morality || action f. contraire aux bonnes mœurs. 13

Handlungs-beflissener m. || commercial clerk || employé m. de commerce; commis m. **a) ~freiheit** f. || liberty of action || liberté f. d'action. **b) ~gehilfe** m. || merchant's clerk || employé m. de commerce; commis m. (marchand). **c) ~reisender** m. || commercial traveller || commis m. voyageur. 14

Hand-maler m. (Töpf) || hand painter || peintre m. à la main. **a) ~meißel** m. || hand cold chisel || ciseau m. à main. **b) ~mikroskop** n. || hand microscope || microscope m. à main. **c) ~mischung** f. || hand mixing || mélange m. à la main. **d) ~nieter** m. || hand rivetter || riveur m. à la main. **e) ~mühle** f. || mill worked by hand; hand mill || moulin m. à bras. **f) ~nähmaschine** f. || hand sewing machine || machine f. à coudre à main *ou* à manivelle. **g) ~nummerungsmaschine** f. (Büro) || hand numbering machine || numéroteur m. à main. **h) ~öler** m. || hand oiler || graisseur m. à main m. **i) ~-ölpumpe** f. || hand oil pump || pompe f. de graissage à main. **k) ~ophthalmoskop** n. || hand ophthalmoscope || ophtalmoscope m. à main. **l) ~papier** n. || hand-made paper || papier m. puisé *ou* de cuve. 15

Handpferd n. || off horse || cheval m. de main; sous-verge m. **a) ~** (Seew) || life line || sauve-garde f. 16

Handpflegeartikel m. || article for manicure || article m. pour manicures. 17

Hand-pinne f. || hand-tiller || barre f. franche. **a) ~platte** f. der Segelmacher || sailmaker's palm || paumelle f.; paumet m. des voiliers. 18

Handpresse f. || press; hand press || presse f. à bras. **a) Buchdruck~** || hand press for letterpress work || presse f. d'imprimerie à bras. **b) ~ mit Farbwerk** || self-acting hand-press || presse f. d'imprimerie construite à encrer les formes. 19

Handpressendrucker m. || pressman || pressier m. 20

Handpumpe f. || hand pump || pompe f. à main. **a) ~ zum Ölen** || hand oil pump || coup m. de poing. 21

Handrad n. || hand wheel || volant m. *ou* roue f. à main. **a) ~ mit geraden Armen** || hand wheel with straight arms || volant m. à main avec croisillons droits. **b) ~ mit schrägen Armen** || hand wheel with slant arms || volant m. à main avec croisillons obliques. **c) ~ mit hohlem Kranz** || hand wheel with hollow rim || volant m. à main avec volant creux. **d) ~ mit vollem Kranz** || hand wheel with full rim || volant m. à main avec volant plein. **e) ~ mit Wellenkranz** || hand wheel with undulated rim || volant m. à main avec volant ondulé. 22

Handradschleifmaschine f. || plain grinding machine driven by a hand wheel || fruste machine f. à meuler commandée par un volant à main. 23

Handramme f. (Zum Eintreiben von Pfählen) || hand pile-driver; rammer || mouton m. à bras. **a) ~** (Pflast) || beetle; earth rammer || dame f.; demoiselle f. 24

Hand-rechen m. || hand rake || râteau m. à main. **a) ~register** n. (Feldm) || field book || carnet m. **b) ~riemen** m. || hand strap || courroie f. à main. **c) ~rückzug** m. || hand return || retour m. à main. **d) ~rundstrickmaschine** f. || circular hand knitting machine || machine f. à tricoter circulaire à main. **e) ~säge** f. || hand *or* arm saw || scie f. à main. **f) ~sattel** m. || off-saddle; luggage saddle || sellette f. **g) ~satz** m. (Buchdr) || hand composition || composition f. à main. **h) ~schärfstein** m. || stone for sharpening by hand || pierre f. à affûter à la main. **i) ~scheibensignal** n. (Eisenb) || hand disk-signal || disque m. manœuvré à la main. 25

handscheiden (Bergb) || to cob *or* to sort ores pl. by hand || trier du minerai à la main. 26

Hand-scheidung f. (Bergb) || hand sorting || triage m. à la main. **a) ~schere** f. (Met) || hand shears pl. || cisailles fpl. à main. **b) ~schlägel** m. (Bergb) || miner's hammer for striking the borer || massette f. **c) ~schleifmaschine** f. || hand grinding-machine; portable grinder || machine f. à meuler *ou* rectifier portative. **d) ~schleifstein** m. || hand-grindstone || pierre f. à affiler *ou* à adoucir à la main. **e) ~schleifvorrichtung** f. für **Messer** s. Messerhandschleifvorrichtung. **f) ~schlichter** m. (Web) || hand sizer || encolleur m. à la main. **g) ~schmied** m. || hammer smith || forgeur m. à la main. **h) ~schmierung** f. || hand oiling *or* lubrication || graissage m. à la main. **i) ~schmiervorrichtung** f. || hand lubricator || appareil m. de graissage à la main. **k) ~schnitt** (Tuchm) m. || hand cutting || coupage m. à la main. **l) ~schnitzer** m. || hand carver || sculpteur m. à la main. 27

Handschrift f. || hand writing; manuscript || écriture f. manuscrite; manuscrit m. **a) (laufende** *oder* **liegende) ~** || running hand || écriture f. coulée. 28

Handschriftenmappe f. || manuscript cover *or* zolder (A) || chemise f. pour manuscrits. 29

Handschuh m. || glove || gant m. **a) Baumwoll~** || cotton glove || gant m. de coton. **b) Bourrette~** || bourrette glove || gant m. de bourrette. **c) Faust~** || mitten || mitaine f.; moufle m. **d) Filet~** || lace glove || gant m. de filet. **e) fingerloser ~** || mitten || mitaine f. **f) gefütterter ~** || lined glove || gant m. fourré. **g) Glacé~** || glacé glove || gant m. de peau. **h) Gummi~** || india-rubber glove || gant m. en caoutchouc. **i) langer ~** || elbow glove || gant m. passe-coude. **k) lederner ~** || leather glove || gant m. de peau. **l) Seiden~** || silk glove || gant m. de soie. **m) Stoff~** || cloth glove || gant m. en étoffe. **n) Waschleder~** || washable leather glove || gant m. de peau lavable. **o) Woll~** || worsted glove || gant m. de laine. **p) Zwirn~** || thread glove || gant m. de fil. 30

Handschuh-aufnahtnäherin f. || glove pointer || pointonneuse f. de ganterie d'étoffe. **a) ~ausschneider** m. || glove puncher || fendeur m. de gants. **b) ~fabrik** f. || glove-manufactory || ganterie f. **c) ~fertigung** f. || glove making || ganterie f. **d) ~finger** m. || glove finger || doigt m. de gant. **e) ~former** m. || glove folder || apprêteur m. de gants. **f) ~formofen** m. || finishing oven for gloves || four m. d'apprêt pour gants. 31

Handschuhknopf m. || button for gloves || bouton m. pour gants. **a) ~annäherin** f. || glove buttoner || boutonneuse f. de gants. 32

Handschuhknöpfer m. || glove buttoner || crochet m. à gants. 33

Handschuhleder n. || tawed leather for gloves || peau f. mégissée pour gants. **a) weißgares ~** || tawed gloving-leather *or* glove-leather || cuir m. mégissé pour gants. 34

Handschuhmacher m. || glove maker || gantier m. 35

Handschuhmacherei f. || glove making || ganterie f. 36

Handschuh-maschine f. || glove machine || machine f. de ganterie. **a) ~näherin** f. || glove sewer || couseuse f. de ganterie *ou* de gants de peau. **b) ~nähmaschine** f. || glove sewing machine || machine f. à coudre les gants. **c) ~schneider** m. || glove cutter || coupeur m. de gants. **d) ~stepperei** f. || glove stitching || piqûre f. de gants. **e) ~stoff** m. || glove fabric || tissu m. pour gants. **f) ~stricker** m. || glove knitter || tricoteur m. de gants. **g) ~stepperin** f. || glove stitcher || piqueuse f. en ganterie de peau. **h) ~stickerin** f. || glove embroiderer || brodeuse f. sur gants. **i) ~wäscher** m. || glove scourer || nettoyeur m. de gants. 1

Hand-schutzvorrichtung f. || hand safety guard || pare-main m. **a) ~seilerei** f. || rope making by hand || fabrication f. des cordages à la main. **b) ~seite** f. (Fuhrw) || off-side || côté m. de sous-verge; côté droit du conducteur d'un attelage. **c) ~setzer** m. (Buchdr) || hand compositor || compositeur m. à main. **d) ~sieb** n. || hand sieve || crible m. **e) ~spake** f. || handspeak || anspect m. 2

Handspektroskop n. || hand spectroscope || spectroscope m. à main. **a) ~ mit Reagensglaskondensor** || hand spectroscope with test tube condenser || spectroscope m. à main muni du condensateur pour tubes à essai. 3

Hand-spiegel m. || hand glass || glace f. à main. **a) ~spill** n. || bar capstan || cabestan m. à bras. **b) ~spinner** m. || hand spinner || fileur m. à la main. **c) ~spinnerei** f. || hand spinning || filage m. à la main. **d) ~spinnrad** n. || hand spinning wheel || rouet m. à filer à la main. **e) ~spitze** f. (Textil) || hand lace| dentelle f. à la main. **f) ~spritze** f. || manual fire engine; syringe || pompe f. à main; seringue f. **g) ~spuler** m. (Spinn) || hand spooler || bobineur m. à la main. **h) ~stampfe** f. || beetle || demoiselle f.; dame f.; hie f. à main. **i) ~stempel** m. (Büro) || hand stamp || timbre m. à main. **k) ~steuerrad** n. (Schiff) || hand steering-wheel || roue f. du gouvernail à main. 4

Handstickerei f. (Erzeugnis) || hand (made) embroidery || broderie f. à la main. **a) ~** (Tätigkeit) || hand embroidering || broderie f. à main. 5

Hand-stickerin f. || hand embroiderer || brodeuse f. à la main. **a) ~stopfhacke** f. || ordinary tamping pick || pioche f. ordinaire. **b) ~strickmaschine** f. || hand knitting machine || machine f. à tricoter à main. **c) ~strichziegel** m. || brick formed in moulds || brique f. tassée dans des moules. **d) ~stück** n. (Geol) || geological specimen || échantillon m. **e) ~stuhl** m. (Web) || hand frame; hand loom || métier m. à main *ou* à bras. **f) ~tasche** f. || handbag || réticule m; sac m. à main. **g) ~teilgerät** n. (Werkzeugmasch) || hand indexing device || appareil m. à diviser à main. **h) ~torf** m. || hand-cut peat || tourbe f. extraite à la main. 6

Handtuch n. || towel || essuie-mains m.; serviette f. 7

Handwaffe f. || small arm || arme f. portative. 8

Handwaffenkomitee n. || small arms committee || comité m. des armes portatives. 9

Handwage f. || hand scale || balance f. à main. 10

handwarm || handwarm || à la température de la main. 11

Hand-weben n. || hand loom weaving || tissage m. à main. **a) ~weber** m. || hand weaver || tisseur m. à main. 12

Handweberei f. || hand loom weaving || tissage m. à la main; tissage m. au métier à bras. **a) ~erzeugnis** n. || handwoven good || produit m. du tissage à la main. 13

Handwerk n. || trade; profession; handicraft; craft || métier m.; profession f. (manuelle). **a) ~** (Ramme) || ram; ram-block; rammer; rammer-log; monkey || mouton m.; bélier m.; bilot m. de batte. 14

Handwerker m. || craftsman; tradesman; artisan; mechanic || homme m. de métier; ouvrier m.; artisan m.; mécanicien m. 15

Handwerks-brauch m. || custom *or* way *or* manner of craftsmen || habitude f. des gens du métier; usage m. du métier. **a) ~kniff** m. || mechanical dodge *or* knack *or* trick || coup m. de main; secret m.; truc m. 16

handwerksmäßig || mechanical; by routine; workman-like || technique; machinal. 17

Handwerkszeug n. || (hand)tools pl.; utensils pl.; instruments pl.; implements pl. || outillage m.; outils mpl.; ustensiles mpl. 18

Hand-wetzstein m. || hand-whetstone || pierre f. à aiguiser à la main. **a) ~winde** f. || jack; hand winch || cric m.; treuil m. à main. **b) ~wipper** m. || hand tippler || culbuteur m. à bras. 19

Handzeichnung f. || pencil drawing || dessin m. à la plume. **a) ~** (Unterschrift) || signature || signature f. 20

Hand-zellenschalter m. || hand(-operated) battery switch || réducteur-adjoncteur m. à main; réducteur m. à main. **a) ~ziegelei** f. || hand brick works || briqueterie f. à la main. **b) ~zirkel** m. || dividers pl.; compasses pl. || compas m. de mesure *ou* à pointes sèches. 21

Hanf m. || hemp || chanvre m. **a) Bombay~** || Bombay hemp || bombax m. **b) den ~ brechen** || to break hemp || broyer le chanvre. **c) ~ in Fasern** || hemp in fibres || chanvre m. en pailles. **d) gekämmter ~** || hackled hemp || chanvre m. peigné. **e) gepochter ~** || scutched hemp || chanvre m. teillé. **f) gerösteter ~** || retted hemp || chanvre m. roui. **g) halbreiner ~** || half clean hemp || chanvre m. mi-net. **h) Manila~** || Manila hemp || chanvre m. de Manille. **i) Rein ~** || scutched hemp || chanvre m. teillé. **k) roher ~** || raw hemp || chanvre m. brut. **l) den ~ m. rupfen** || to pull hemp || arracher du chanvre. **m) Saat~** || female hemp || chanvre m. femelle *ou* à fruits. **n) den ~ m. schälen** *oder* **schleißen** || to pull off the bast of the hemp || teiller *ou* tiller le chanvre. **o) Sisal ~** || Sisal hemp || sisal m. **p) ~ in Stengeln** || hemp in stems || chanvre m. en tiges. 22

Hanf-aufbereitungsmaschine f. || hemp dressing machine || machine f. pour préparer le chanvre. **a) ~bereiter** m. || hemp dresser || chanvrier m.; préparateur m. de chanvre. **b) ~bund** n. || bundle || peignon m. **c) ~dichtung** f. || hemp packing; gasket || étoupage m. de chanvre. **d) ~faser** f. || hemp fibre *or* yarn || brin m. *ou* fil m. de chanvre. **e) ~flechte** f. || hemp coiling || tresse f. de chanvre. 23

Hanfgarn n. || hemp yarn; spun hemp || fil m. de chanvre. **a) ~weber** m. || hemp yarn weaver || tisseur m. de chanvre. 24

Hanf-gurt m. || hemp strap || sangle f. de chanvre. **a) ~handel** m. || hemp trade || commerce m. du chanvre. **b) ~hechel** f. || hemp hackle *or* comb || regayoir m. **c) ~hechelei** f. || hemp hackling || peignage m. de chanvre. **d) ~hechelmaschine** f. || hemp hackling machine || machine f. à sérancer le chanvre. **e) ~hede** f. || hemp tow; hemp hard || étoupe f. de chanvre. 25

Hanfleinwand f. || hemp linen || toile f. de chanvre. **a) ~weberei** f. || hemp linen weaving || tissage m. de toiles de chanvre. 26

Hanf-liderung f. || hemp packing || garniture f. de chanvre. **a) ~liderungskolben** m. || hemp-packed piston || piston m. à étoupage *ou* à garniture de chanvre. **b) ~loppe** f. (Reepschl) || bundle of hemp || ceinture f. *ou* peignon m. de chanvre. **c) ~nähgarn** n. || hemp thread || fil m. à coudre en chanvre. **d) ~nesselkraut** n. || galeopsis herbe || herbe f. de galéopsis. **e) ~öl** n. || hemp seed oil || huile f. de chènevis *ou* de chanvre. **f) ~papier** n. || hemp paper || papier m. de chanvre. **g) ~reibemühle** f. || hemp mill || moulin m. à broyer le chanvre. **h) ~röste** f. || retting of hemp || rouissage m. du chanvre. **i) ~saat** f. || hemp seed || chènevis m. **k) ~same** m. || hemp seed || graine f. de chanvre. **l) ~schlauch** m. || hemp hose || tuyau m. en chanvre. **m) ~schwinge** f. || swingle || échanvroir m. **n) ~seele** f. (Seil) || hemp *or* hempen core || âme f. de chanvre. 27

Hanfseil n. || hemp rope *or* cord || câble m. *ou* corde f. en chanvre. **a) ~schmiere** f. || hemp-rope grease || graisse f. pour câbles de chanvre. 28

Hanfspinner m. || hemp spinner || fileur m. de chanvre. 29

Hanfspinnerei f. || hemp spinning mill || filature f. de chanvre. **a) ~maschine** f. || hemp spinning machine || machine f. à filer le chanvre. 30

Hanf-tasche f. || hemp bag || sac m. en chanvre. **a) ~tau** n. || hempen rope || cordage m. de chanvre. **b) ~umspinnung** f. || hemp covering || guipage m. de chanvre. **c) ~weber** m. || hemp weaver || tisseur m. de chanvre. **d) ~werg** n. || hemp hard *or* codille || étoupe f. de chanvre. **e) ~zopf** m. || hemp coiling || tresse f. de chanvre. **f) ~zubereitung** f. || hemp dressing || préparation f. du chanvre. **g) ~zwirner** m. || hemp twister || retordeur m. de chanvre. **h) ~zwirnerei** f. || hemp twist mill || retorderie f. de chanvre. 31

Hang m. (Gelände) || slope; fall; declivity || pente f.; penchant m. **a) ~ eines Daches** || descent of a roof || pente f. *ou* inclinaison f. *ou* descente f. d'un toit. **b) ~ einer Talsperre** || side of a barrage || coteau m. d'un barrage. 32

Hänge-anschlußdose f. (Elektr) || suspended contact box || prise f. de courant à suspension. **a) ~antenne** f. *s.* Hängeluftleiter. 33

Hängebahn f. (Förderbahn) || suspended *or* overhead railway || transporteur m. aérien à câble. **a) ~** (Verkehr) || suspended *or* suspension *or* aerial railway || chemin m. de fer aérien; voie f. suspendue. **b) Elektro~** || electric funicular railway; suspended electric railway; electro overhead railway || chemin m. de fer électrique à suspension; électro-chemin m. suspendu; transporteur m. aérien électrique. 34

Hängebahnwagen m. || wagon for suspension railway || wagonnet m. de chemin de fer suspendu. 1

Hänge-balken m. || hanging beam || poutrelle f. pendante. **a) ~band** n. (Bauk) || hanging tie || moise f. pendante. 2

Hängebank f. (Bergb) || bank; pit-mouth; pitbank; hang-bench || margelle f.; recette f.; palier m. de déchargement; pas m. de bure. **a) Abzug~** || delivery platform || palier m. d'exploitation. 3

Hängebankunterzug m. || way-board girder || poutre f. traverse de recette. 4

Hängebock m. || hanger bracket; shaft hanger || chaise f. pendante. **a) einsäuliger ~** || king post truss || ferme f. à un poinçon. **b) oberer ~** || crown post truss || ferme f. supérieure. **c) zweisäuliger ~** || queen post truss || ferme f. à deux poinçons. 5

Hänge-boden m. (Bauw) || hanging floor || soupente f. **a) ~brücke** f. || hanging *or* suspension *or* pendant bridge || pont m. suspendu. **b) ~decke** f. (Bauw) || suspended roof || ciel m. suspendu. **c) ~docke** f. (Windmüll) || hanging support; hanger || pilier m. suspendu. **d) ~drehschuh** m. || turning suspension shoe || sabot m. de suspension pivotant. 6

Hängeeisen n. (Lok) || suspension iron; hanger || fer m. *ou* tige f. de suspension. **a) ~** (Zimm) || tie band; hanger || étrier m. 7

Hänge-gerüst n. (Zimm) || hanging-stage || échafaud m. *ou* pont m. volant. **a) ~gurt** m. (Sattl) || girth || ventrière f. **b) ~instrument** n. || suspended instrument || instrument m. à suspension. **c) ~isolator** m. || suspension insulator || isolateur m. à suspension. 8

Hängekatze f. || travelling crab || chariot m. suspendu. **a) Einschienen~** || monorail travelling crab || chariot m. monorail suspendu. 9

Hänge-kette f. || suspension chain || chaîne f. de suspension. **a) ~knie** n. || hanging knee || courbe f. verticale. **b) ~kombüse** f. || swinging fire hearth || fourneau m. à roulis. 10

Hängekompaß m. (Bergb) || miner's compass; circumferentor || boussole f. *ou* poche f. de mineur. **a) ~** (Seew) || cabin *or* hanging compass || compas m. pendant *ou* renversé. 11

Hänge-kühler m. || underslung radiator || radiateur m. à éclipse. **a) ~kupplungsdose** f. || suspension coupling-box || boîte f. d'accouplement à suspension. **b) ~lager** n. || hanging bearing || palier m. pendant. **c) ~lampe** f. || suspended lamp; pendant; swing lamp || lampe f. à suspension; suspension f. 12

Hängelichtgaslampe f. || suspended *or* inverted gas lamp || lampe f. à gaz à éclairage renversé. 13

Hängeluftleiter m. || trailing antenna; trailing aerial || antenne f. suspendue. 14

Hängematte f. || hammock || hamac m.; strapontin m.; branle m. 15

hangen || to hang; to be suspended || être suspendu; pendre. 16

hängen (aufhängen) || to hang up; to suspend || pendre. **a) ~** (Bergb) || to let down; to lower || abaisser. **b) das Ventil hängt** || the valve sticks || la soupape reste accrochée. **c) an der Zunge** f. **~** (Miner) || to adhere to the tongue || napper à la langue. 17

hangende Schicht f. || hanging wall; roof; upper surface || couche f. supérieure; toit m. 18

hängend-es Auslaßventil n. || overhead exhaust valve || soupape f. d'échappement commandée par le haut. **a) ~e Ventilanordnung** f. || valve in head; overhead valve arrangement || soupapes fpl. à culbuteurs. 19

Hangendes n. (Bergb) || roof of a seam || toit m. d'une couche; couche f. située au toit. 20

Hängepaneel n. || hanger board || panneau m. suspendu. 21

Hanger m. (Schiffb) || filling futtock || allonge f. de remplissage. **a) ~** (Trockenleine) || pendant || pantoire f.; pendeux m. 22

Hangerblock m. || tackle pendant's block || poulie f. de pantoire. 23

Hängeschiene f. || suspension rail || rail m. suspendu. **a) ~** (Bauk) || hanging tie || moise f. pendante. 24

Hänge-schleifmaschine f. || pendulum *or* swing grinding machine || machine f. à meuler oscillante. **a) ~schloß** n. || padlock || cadenas m.; serrure f. pendante. **b) ~stange** f. || hanging rod || tige f. de suspension. **c) ~tisch** m. || swinging table || table f. à roulis. 25

Hängewerk n. (Zimm) || (hanging) truss || armature f.; ferme f. à poinçons. **a) ~ im Dach** || truss of roofing || armature f. de ferme. **b) einfaches ~** || king post truss || ferme f. à un poinçon. **c) ~ mit einer Hängesäule** (Zimm) || king-post truss || armature f. *ou* ferme f. à un seul poinçon. **d) ~ mit zwei Hängesäulen** (Zimm) || queen-post truss || armature f. *ou* ferme f. à clefs pendantes *ou* à deux poinçons. 26

Hängewerks-binder m. (Zimm) || joggle truss || ferme f. en arbalète. **a) ~brücke** f. || truss framed bridge || pont m. à moises pendantes et à décharges. **b) ~strebe** f. || truss post || poinçon m. 27

Hänge-zentrifuge f. || hanging centrifugal || centrifuge f. suspendue. **a) ~zeug** n. (Bergb) || miner's compass; circumferentor || poche f. de mineur. 28

Hänghaus n. (Bleich) || drying-house || séchoir m.; étendoir m.; sécherie f.; étendage m. 29

Hantel f. || dumb bell || haltère m. 30

Hantierung f. || working || manœuvre f. **a) ~ von Werkstücken** || handling the job || manutention f. des pièces. 31

Harfe f. || harp || harpe f. 32

Harfenbauer m. || harp maker || facteur m. de harpes. 33

Harke f. || rake || râteau m. **a) ~** *s. auch* Rechen. 34

Harmonieflöte f. || flute harmonium || harmonie-flûte f. 35

Harmonika f. || harmonica || harmonica m. **a) ~beschläge** mpl. || concertina fittings pl. || garnitures fpl. d'harmonicas. 36

harmonisch || harmonic || harmonique. 37

harmonisch-e Frequenz f. || harmonic frequency || fréquence f. harmonique. **a) ~e Kurve** f. || harmonic curve || courbe f. harmonique. **b) ~es Mittel** n. (Math) || harmonical mean || moyen m. harmonique. 38

Harmonische f. || harmonic || harmonique f. **a) dreizahlige ~** || triple harmonic || harmonique f. de rang trois; multiple f. de trois. 39

Harmonium n. || harmonium || harmonium m. 40

Harmotom m. (Min) cross-stone; harmotome || pierre f. de croix; harmotome m. 41

Harn m. || urine || urine f. 42

Harnisch m. (Bergb) || slickensides pl. || surface f. polie de roche *ou* de minerai. **a) für Webstühle** || weaving loom harness || harnais m. pour métiers à tisser. 43

Harnisch-brett n. (Web) || compass *or* hole *or* harness board || planche f. d'arcades *ou* à trous. **a) ~bürster** m. (Web) || harness brusher || brosseur m. de lames. **b) ~litze** f. || harness-cord || maille f. de harnais. **c) ~weber** m. || harness loom weaver || lissier m.; tisseur m. de lisses. 44

Harnsäure f. || uric acid || acide m. urique. 45

Harnstoff m. || urea || urée f. 46

Harpune f. || harpoon; fish spear *or* gig; fizgig || harpon m.; foène f.; fouane f. **a) mit der ~ schießen** || to shoot *or* to throw a harpoon || darder. 47

Harpunenkanone f. || harpoon gun || canon-harpon m. pour la pêche de la baleine. 48

harpunieren || to harpoon || harponner. 49

Harpunierer m. || harpooner || harponneur m. 50

Harpunleine f. || whale line || ligne f. de harpon. 51

hart || hard || dur; rude. **a) ~** (Färb) || hard; harsh || aigre. **b) ~** (Seew) || hard; close; near || dur; fort; près. **c) ~** (Webstoff) || harsh; not finished || rude; dur au toucher. **d) ~ werden** || to solidify || se durcir; solidifier. **e) ~es Wasser** n. || hard water || eau f. crue. **f) ~es und chemisch widerstandsfähiges Glas** n. || hard glass offering great resistance to chemical influences || verre m. dur résistant bien aux agents chimiques. 52

härtbarer Stahl m. || steel capable of being hardened || acier m. pouvant être trempé *ou* prenant la trempe. 53

Hartbindsel n. || throat seizing || amarrage m. en étrive. 54

Hartblei n. || hard *or* slag lead || plomb m. aigre *ou* durci *ou* dur. **a) ~rahmen** m. || hard lead frame || cadre m. en plomb durci. 55

Hart-brandstein m. (Ziegel) || hard burnt brick; stock brick || brique f. hollandaise. **a) ~brot** n. || ship's biscuit; sea bread || biscuit m. 56

Härte f. (Chem; Met) || hardness; tempering || dureté f.; trempe f. **a) infolge der außerordentlichen ~ ist der Verschleiß** m. gering || owing to the extraordinary hardness the wear and tear is very small || dureté f. très tenace — ce qui fait que l'usure f. des pièces est minime. **b) Brinell~** || Brinell hardness || dureté f. Brinell. **c) dynamische ~** || dynamic hardness || dureté f. dynamique. **d) Gesamt~** || total hardness || dûreté f. totale. **e) Glas~** || glass hardness || trempe f. glacée. **f) gleichmäßige ~** || uniform hardness || dureté f. uniforme. **g) Oberflächen~** || hardness on parts of the surface || dureté f. à certaines parties de la surface. **h) den ganzen Querschnitt durchdringende ~** || hardness uniformly penetrating the entire section || dureté f. pénétrant toute la section. **i) die ~ ist im ganzen Querschnitt die gleiche** || the hardness is uniform the whole cross section || la dureté est la même dans toute la section transversale. **k) schneidhaltende ~** || hardness of great cutting effect || dureté f. tranchante *ou* d'outil coupant. **l) spröde ~** || brittle hardness || dureté f. d'un caractère cassant. **m) Verschleiß~** || resistance against wear and tear || dureté f. qui rend l'acier fort résistant à l'usure. **n) ~ des Wassers** || hardness of water || crudité f. *ou* dureté f. de l'eau. **o) zähe ~** || tough hardness || dureté f. tenace. 1

Härte-anlage f. || hardening installation || installation f. à tremper. **a) ~anleitung** f. || instruction for the hardening process || instruction f. pour le procédé de trempe des aciers. **b) ~bad** n. || quenching *or* tempering bath || bain m. de durcissement. **c) ~einrichtung** f. || hardening installation || installation f. de trempe. **d) ~flammofen** m. || tempering flame furnace || four m. à réverbère à tremper. 2

Härtegrad m. || degree of hardness; temper || degré m. de dureté; trempe f. **a)** den ~ des Stahles **angeben** || to indicate the hardness of steel || renseigner le degré de dureté de l'acier. 3

Härtegradbezeichnung f. (Bleistift) || designation of the hardness degree || désignation f. du degré de dureté. 4

Harteisen n. || hard iron || fonte f. dure. 5

Härtekammer f. || hardening shop || atelier m. de trempe. 6

Härtekessel m. || hardening boiler || bassin m. de trempe; autoclave m. **a) Stein~** || pan for hardening lime stone || chaudière f. pour le durcissement de pierres. 7

Härtekessel-batterie f. (Kalksandstein) || battery of hardening boilers || batterie f. d'autoclaves. **a) ~haus** n. || hardening-boiler house || hall m. des autoclaves. 8

Härte-messer m. (Miner) || sklerometer || scléromètre m. **a) ~mittel** n. || hardening compound *or* agent || substance f. pour tremper. 9

härten (Met) || to temper; to harden || tremper; durcir; endurcir. **a)** im **Einsatz** m. ~ || to caseharden || tremper la surface f. **b)** den **Film** m. ~ || to harden the film || durcir la pellicule. **c)** den **Stahl** m. ~ || to temper *or* to harden the steel || donner la trempe à l'acier; tremper l'acier. 10

Härten n., **durch ~ und nachheriges Anlassen** n. werden höhere Festigkeiten fpl. erzielt || by means of hardening and subsequent annealing higher resisting qualities may be obtained || on obtient des résistances fpl. plus élevées quand on fait revenir l'acier m. après une trempe. **a)** der **Stahl** m. **erhält beim ~** eine ziemlich tiefgehende **harte Schicht** || the hard layer of hardened steel goes down fairly deep || par la trempe l'acier se durcit à une assez grande profondeur. 11

Härteofen m. || hardening furnace; tempering stove *or* furnace || four m. de trempe *ou* à tremper. **a)** die **Erhitzung** f. **erfolgt in** Härteöfen mpl. von geeigneter Größe || the heating takes place in hardening furnaces of convenient size || le chauffage a lieu dans des fours à tremper d'un volume proportionné. **b) Glühund ~** || annealing and hardening furnace || four m. à chauffer et tremper. 12

Härte-präparat n. || hardening preparation || préparation f. à tremper. **a) ~presse** f. || quenching press || presse f. à tremper. **b) ~prüfgerät** n. || hardness tester || appareil m. à éprouver la dureté. **c) ~prüfmaschine** f. || hardness testing machine || machine f. à vérifier la dureté. 13

Härteprüfung f. (Werkstoff) || hardness test || examen m. de la dureté. **a) ~** der **Innenflächen** || hardness test of inner surfaces || essai m. de dureté des surfaces intérieures. **b) ~** von **Werkstoff** || hardness tester for material || essai m. de dureté de matériel. 14

Härtepulver n. || cementing *or* cementation *or* tempering powder || poudre f. à tremper *ou* à cémenter. **a) Einwirkung** f. des ~s || action of the cementing powder || influence f. de la poudre à cémenter. **b)** das ~ muß überall **fest anliegen** || the cementing powder must lie close against the surfaces to be cemented || la poudre à cémenter doit toucher à toutes les surfaces à cémenter. 15

Härter m. || hardener; tempering workman || trempeur m. 16

Härterei f. || hardening shop || atelier m. de trempe. **a) Draht~** || wire hardening plant || installation f. de trempe des fils. 17

Härte-riß m. || crack *or* flaw *or* fissure from tempering || fissure f. de trempe; gerçure f.; crevasse f.; crique f. **a) ~skale** f. || scale of hardness || échelle f. de dureté. **b) ~temperatur** f. || hardening temperature || température f. de trempe. **c) ~tiefe** f. || depth of hardening || épaisseur f. de la couche durcie; épaisseur f. de trempe. **d) ~topf** m. für **Feilenfertigung** || annealing pot for file makers || auge f. à tremper les limes. **e) ~trog** m. || hardening trough || cuve f. à tremper. **f) ~verfahren** n. || hardening process || procédé m. de trempe. **g) ~verzug** m. || distortion due to hardening || déformation f. qui se produit lors de la trempe. **h) ~wasser** n. || tempering *or* hardening water || eau f. *ou* liquide m. de trempe. 18

Hartfeuerporzellan n. || hard porcelain || porcelaine f. dure *ou* véritable. 19

Hartfloß n. || spiegeleisen; spigle iron; specular pig-iron || fonte f. spéculaire *ou* miroitante. 20

hartgelötet || hard-soldered || soudé fort. 21

Hartglas n. || hard *or* toughen glass || verre m. trempé *ou* dur. **a) hitzebeständiges ~** || heatproof hard-glass || verre m. trempé insensible à la chaleur. 22

Hartgrießmühle f. || hard semolina mill || semoulerie f. 23

Hartgummi n. || hard rubber; hardened caoutchouc; ebonite || caoutchouc m. durci; ébonite m. 24

Hartgummi-deckel m. || hard rubber cover || couvercle m. en ébonite. **a) ~ring** m. || ebonite ring || bague f. en ébonite. **b) ~rolle** f. || ebonite pulley || poulie f. en ébonite. **c) ~scheibe** f. || hard rubber disk || disque m. en caoutchouc durci. **d) ~tisch** m. (Opt) || vulcanite stage || platine f. en ébonite. **e) ~waren** fpl. || ebonite ware || articles mpl. en caoutchouc durci. 25

Hartguß m. (Erzeugnis) || chilled casting || fonte f. moulée en coquille. **a) ~** (Tätigkeit) || chilling; chill casting || fonte f. en coquille. 26

Hartguß-geschoß n. || chilled shot || projectile m. en fonte dure. **a) ~herzstück** n. (Eisenb) || case hardened frog *or* crossing || croisement m. en fonte durcie. **b) ~körper** m. || chilled cast-iron part || pièce f. en fonte durcie. **c) ~kreuzung** f. (Eisenb) || case hardened frog *or* crossing || croisement m. en fonte durcie. **d) ~läufer** m. || chilled iron runner || meule f. de fonte en coquille. **e) ~rad** n. || chilled wheel || roue f. en fonte durcie. **f) ~tiegel** m. || case hardening pot || coffre m. de cémentation. **g) ~walze** f. || case-hardened cylinder; chilled roll; chilled iron well || cylindre m. de fonte dur(ci)e *ou* de fonte trempée *ou* de fonte en coquille. 27

Hart-harz n. für **Lack** || hardened resin for varnish || résine f. durcie pour vernis. **a) ~haue** f. (Bergb) || granite axe || pioche f. à granite. **b) ~holz** n. || hardwood || bois m. dur. 28

Hartit m. (Min) || hartite; hardenite || hartite f. 29

Hart-kautschuk m. || hard caoutchouc || caoutchouc m. durci. **a) ~klamm** m. (Bergb) || hard rebel rock; hard rock *or* stone || roche f. très dure. **b) ~kobalterz** n. || skutterudite; modumite || arséniure f. de cobalt de Scuterud en Norwège. **c) ~kobaltkies** m. || skutterudite; modumite || arséniure f. de cobalt (de Scuterud en Norvège). 30

Hartkupfer n. || hard copper || cuivre m. dur. **a) ~draht** m. || harddrawn copper wire || fil m. de cuivre écroui. 31

Hartläufer m. (Schiff) || good *or* smart sailer || fort bon voilier m.; marcheur m.; vaisseau m. léger à la voile. 32

Hartlot n. || hard solder || brasure f.; sou-(dure f. forte *ou* dure.) 33

hartlöten || to braze; to hard-solder || braser. 34

Hart-löten n. || hard-soldering; brazing || soudure f. forte; brasure f. **a) ~löter** m. || brazier || braseur m. **b) ~lötung** f. || brazing || brasage m.; brasure f. 35

Hart-manganerz n. || psilomelan; barytiferous oxide of manganese; compact and fibrous manganese ore || psilomélane m.; hydroxyde m. de manganèse barytifère *ou* de manganèse oxydé; manganèse m. barytique hydraté. **a) ~meißel** m. || chipping chisel || burin m. **b) ~metall** n. (Zinnlegierung) || hard metal; (plate-) pewter || étain m. fort; potin m. **c) ~nickel** m. || hard (solid) nickel || nickel m. pur trempé; nickel m. dur. 36

Hartpapier n. || hard paper || papier m. dur. **a) ~dose** f. || hard paper box || boîte f. de papier endurci. 37

Hart-pech n. || hard *or* dry pitch. || brai m. sec. **a) ~porzellan** n. || hard porcelain || porcelaine f. dure. 38

Hartriegelholz n. || dog wood || sanguin m.; cornouiller m. sanguin. **a) gelbes ~** || cornel wood || cornouiller m. 39

Hartriegelwerkzeugheft n. || cornelian wood handle || manche m. en cornouiller. 40

Hartsalzmühle f. || hard salt mill || moulin m. à sels durs. 41

hartschalige Mandel f. || hard shelled almond || amande f. en coque dure. 42

hartschlagen || to cool-hammer; to cold hammer; to hammer-harden || écrouir; battre à froid sur l'enclume. 43

Hartspiritus m. || hard spirit || alcool m. durci *ou* solidifié. 44

Hartstahl m. || hard steel || acier m. dur. **a) ~panzerung** f. der **Geldschränke** ||

hard steel armour of safes || blindage m. en acier au manganèse de coffres-forts. 1

Hart-stein m. || hard stone || pierre f. dure. **a) ~steingut** n. || iron stone ware || faïence f. fine. 2

Harttrocken-glanzöl n. || hard drying brilliant oil || huile f. brillante de séchage dur. **a) ~öl** n. || hard drying oil || huile f. de séchage dur. 3

Härtung f. (Met) || tempering; hardening || trempe f.; durcissement m. **a)** den Gußstücken **außenseitige ~** geben || to give external hardness to the castings || donner aux moulages mpl. une dureté à la surface. **b) ~** bis zu etwa einem **Drittel der Plattendicke** || hardening to about one third of the plate thickness || dureté f. allant jusqu'au environ tiers de l'épaisseur de la plaque. **c) Einsatz~** || case hardening || cémentation f. en paquet; trempe f. de surface. **d) ~** von **Gips** || hardening plaster || durcissage m. des plâtres. **e) Luft~** || air hardening || trempe f. à l'air. **f) Öl~** || oil hardening || trempe f. à l'huile. **g) tiefgehende ~** || hardness going down fairly deep || dureté f. d'une assez grande profondeur. **h) Wasser~** || water hardening || trempe f. à l'eau. **i) ~** von **weichen Steinen** || hardening soft stones || durcissage m. des pierres tendres. 4

Härtungs-kohle f. || hardening carbon || carbone m. de trempe. **a) ~verfahren** n. (Fett) || hydrogenizing process || procédé m. d'hydrogénation. 5

Hartwalze f. || case-hardened *or* chilled roller || cylindre m. en fonte durcie à la surface. 6

Hartzerkleinerung f. || crushing hard materials || broyage m. *ou* concassage m. des matières dures. 7

Hartzerkleinerungs-anlage f. || crushing plant for hard materials || fabrique f. pour traitement des matières dures. **a) ~maschine** f. || hard crusher; disintegrating mill || broyeur m. à matière dure; bocard m. 8

Hartzinn n. || pewter || potin m. 9

Harz n. || rosin; resin; gum; pitch || résine f.; poix f. **a) Benzoe~** || benzoin gum || gomme f. de benjoin. **b) Burgunder~** || Burgundy pitch || poix f. de Bourgogne. **c) Fichten~** || pine resin || résine f. de pin. **d) Kirschbaum~** || cherry gum || gomme f. de cerisier. **e) künstliches ~** || artificial rosin *or* resin || résine f. artificielle. 10

Harz-destillation f. || resin distillation || distillation f. de résine. **a) ~destillationsanlage** f. || rosin distilling plant || installation f. de distillation de résine. **b) ~elektrizität** f. || resinous electricity || électricité f. résineuse *ou* négative. **c) ~erzeugnis** n. || rosin product || produit m. résineux. **d) ~gas** n || resin gas || gaz m. de résine. **e) ~geruch** m. || resin odour || odeur f. de résine. **f) ~gewinnung** f. || resin tapping || résinage m. **g) ~glanz** m. (Min) || resinous lustre || éclat m. résineux. 11

harzig || resinous || résineux. 12

Harz-kanal m. (Holz) || resin duct || canal m. résinifère. **a) ~kitt** m. || resinous putty *or* cement; rosin mastic || mastic m. résineux. **b) ~kuchen** m. || cake of resin || disque m. de résine. **c) ~leim** m. || rosin size || colle f. de résine. **d) ~leimung** f. (Buchb) || vegetable size || collage m. résineux. **e) ~masse** f. || resinous compound || masse f. résineuse. **f) ~mühle** f. || resin mill || moulin m. de résine. **g) ~ofen** m. || resin oven || four m. à résine. **h) ~öl** n. || resin *or* rosin oil || huile f. de résine. **i) ~pech** n. || common rosin; liquid pitch || résine f. commune; brai m. sec; poix-résine f.; poix f. grasse. **k) ~produkt** n. *s.* Harzerzeugnis. 13

harzreich (Holz) || highly resinous || riche en résine. **a) ~es Holz** n. || resinous wood || bois m. résineux. 14

harzsaures Blei n. || lead resinate || résinate m. de plomb. 15

Harz-säure f. (Chem) || resin acid || acide m. résineux. **a) ~schmelzanlage** f. || rosin melting plant || installation f. de fusion de résine. **b) ~seife** f. || resin *or* rosin soap || savon m. résineux *ou* de résine. **c) ~sieder** m. || resin burner || fondeur m. de résine. **d) ~stab** m. || resin rod || bâton m. de résine. **e) ~talgseife** f. *s.* Harzseife. **f) ~tanne** f. || resiniferous fir-tree || sapin m. résineux. **g) ~zement** m. || resinous cement || ciment m. de résine. 16

Haschisch m. || haschisch; Indian hemp || haschisch m.; herbe f. de chanvre indien. 17

Haselnuß f. || hazelnut; filbert || noisette f.; aveline f. **a) ~baum** m. || hazel *or* hazelnut tree || noisetier m. 18

Hasel-staude f. || hazel tree || noisetier m. **a) ~strauchwerk** n. || hazel shrub || noisetier m. 19

Haselwurz f. || cabaric root || racine f. d'asari. 20

Hasen-haar n. || hare's hair || poil m. de lapin. **a) ~leim** m. || rabbit glue || colle f. de lapin. 21

Haspe f. (Maur; Zimm) || cramp; cramp iron; clincher || crampon m.; clameau m.; crampe f.; agrafe f.; gond m. **a) ~**(Schloss) || cramp iron; clamp; clink; staple; hasp || happe f.; harpon m.; crochet m.; verterelle f. 22

Haspel m. (Spinn; Drahtz) || spool; reel; winder || dévidoir m.; enrouleur m.; asplet m.; touret m. manivelle. **a) ~** (Masch) || windlass; winch; whim || treuil m.; cabestan m.; tourniquet m. **b) Ab- und Aufwickel~** || wind-off and wind-up reel || dérouleur m. et enrouleur m. **c) Bandeisen~** || hoop-iron spool || dévidoir m. pour fers plats. **d) Draht~** || wire spool || dévidoir m. à fil. **e) Getreide~** || grain reel || aspe m. du blé. **f) Luft~** || pneumatic winch || treuil m. à air comprimé. **g) ~** des **Reepschlägers** || reel of the ropemaker || touret m. du cordier. **h) Schrot~** || spool for scrap || dévidoir m. pour riblons. 23

Haspelei f. (Werkstatt) || reeling room || atelier m. de dévidage. 24

Haspeler m. (Spinn) || winder; reeler || dévideur m. **a) Hand~** (Spinn) || hand reeler || dévideur m. à la main. 25

Haspel-geviert n. (Bergb) || sole-tree; yokings pl. || semelle f. d'un treuil. **a) ~horn** n. (Bergb) || hook *or* winch handle || manivelle f. d'un treuil. 26

Haspelmann m. (Bergb) || winchman || trayeur m. 27

haspeln (emporwinden) || to draw up (with a windlass) || guinder. **a) ~** (Spinn) || to reel || dévider. 28

Haspeln n. (Spinn) || winding; reeling || dévidage m. **a) ~** des **Flachses** || flax winding || dévidage m. de lin. **b) ~** der **Wolle** || wool winding || dévidage m. de laine. 29

Haspel-pumpe f. || winding pump || pompe f. à tourniquet. **a) ~stützen** fpl. (Bergb) || upstanders pl. of a windlass || poteaux mpl. d'un treuil. **b) ~versetzer** m. (Bergb) || pulley winder; sheaveman || placeur m. de poulies. **c) ~wärter** m. (Bergb) || windlass driver; whim driver || conducteur m. de treuil. **d) ~welle** f. || draw beam || arbre m. d'un guindeau. **e) ~zieherin** f. (Bergb) || woman working at the windlass || traînesse f. 30

Hauamboß m. für **Feilen** || file cutting anvil || enclume f. à entailler les limes. 31

haubar (Forst) || fit for hewing *or* cutting; fellable || qui peut être coupé. 32

Haubarkeitsalter n. (Wald) || maturity || âge m. d'exploitabilité. 33

Haube f. (Kopfbedeckg) || cap; bonnet || bonnet m. **a) ~** (Bauw) || cupola; calotte || coupole f.; calotte f. **b) ~** (Auto) || hood; bonnet || capot m. **c) ~** (Hochofen) || bonnet || chapeau m. **d) ~** (Papierholländer) || case || chapeau m.; chapiteau m. **e) ~** (Windmühl) || hood; head; cowl || toit m. du moulin. **f) ~** einer **Axt** || axe eye *or* hole || œil m. de hache. **g) ~** des **Bieres** (Brau) || head of the beer || chapeau m. de la bière. **h) ~** für **Frauen** || coif || coiffe f. de femme. **i) ~** einer **Glocke** || crown of a bell || cerveau m. d'une cloche. **k) ~** eines **Kohlenmeilers** || top of a coal-pile || chemise f. *ou* tête f. d'une meule de carbonisation. **l) leinene ~** || linen cap || bonnet-linge m. **m) Motor~** || motor bonnet *or* hood || capot m. de moteur. **n) Mühlen~** || dome of the mill || calotte f. du moulin. **o) ~** mit **verstärktem Flansch** || dome with thickened flange || calotte f. avec bride renforcé. 34

Hauben-dach n. || capped roof || toit m. à lanterne f. **a) ~geschoß** n. || false ogive type of shell || projectile m. à fausse ogive. **b) ~halter** m. (Motor) || hood fastener (A); bonnet catch || attache-capot m. **c) ~macher** m. || cap maker || ouvrier m. de bonnets. **d) ~näher** m. || cap sewer || couseur m. de bonnets; chapeleur m. **e) ~schloß** n. || hood fastener || serrure-capot f.; attache-capot m. 35

Haubitze f. || howitzer || obus m. 36

Haubitzkopf m. || breechblock of howitzer || tête f. d'obus. 37

Hauchbild n. aus Gelatine || gelatine picture || image f. en gélatine. 38

Haue f. (Erdarb; Bergb) || pick; pickaxe; hoe || pic m.; pioche f.; houe f.; hoyau m. **a) ~** (Müll) || rhind; rynd || anille f.; nille f. **b) feste ~** (Müll) || stiff rynd; fixed cross || anille f. ferme. **c) schwebende ~** || balance *or* bridge rynd || anille f. à balance. 39

Haueisen n. (Bergb) || mattock || pic m. à rocher *ou* à tête; gros pic m. 40

hauen (allg) || to strike || frapper; battre. **a) Feilen** fpl. **~** || to cut files pl. || tailler les limes fpl. **b) Holz** n. **~** || to cut *or* to fell timber || abattre du bois m. **c) Kohle** f. **~** || to hew *or* to cut *or* to break coal || haver *ou* couper le charbon. **d) zurecht~** (Maur) || to cut || couper à la forme voulue. 41

Hauenbuchse f. (Müll) || balance boss || manchon m. d'anille. 42

Hauer m. (Bergb) || hewer; cutter; miner || mineur m.; piqueur m.; abatteur m.; avaleur m.; coupeur m. **a)** ~ (Nagelschm) || nailsmith's chisel || tranchet m. de cloutier. **b) Gesteins~** || cutter || enfonceur m.; bouveteur m. **c) Schacht~** || sinker || avaleur m.; pic m. d'avaleresse. **d) Schräm~** || holer || haveur m. 1

Häuer m. *s.* Hauer (Bergb). 2

Hauerarbeit f. || hewing || travail m. de havage. 3

häufeln (Landw) || to hill; to heap || butter. 4

Häufelpflug m. || ridge plough || buttoir m.; charrue f. à butter. 5

häufen || to heap up || entasser. **a)** sich ~ || to accumulate || s'amonceler; s'accumuler. 6

Haufen m. || heap || tas m. **a)** ~ **alten Eisens** || scrap heap || ferrailles fpl. amoncelées. **b)** ~ von **Seesalz** || pile of sea-salt || camelle f. *ou* vache f. *ou* pilot m. de sel marin. 7

Haufen-röstung f. || roasting in heaps || grillage m. *ou* rôtissage m. en tas. **a) ~verkohlung** f. || charring of wood in large piles || carbonisation f. en grandes meules. **b) ~verkokung** f. || coking in piles || dessouffrage m. en meules. 8

Haufenwolken fpl. || staken clouds pl. || nuages mpl. en groupes. 9

häufig (zeitlich) || frequent; usual || fréquent. **a)** ~ (zahlreich) || numerous || nombreux. **b)** ~ (adverb) || commonly; often; frequently || souvent. 10

Häufigkeit f. || frequency || fréquence f. 11

Häufigkeits-kurve f. (Statistik) || frequency curve || courbe f. de fréquence. **a) ~polygon** n. (Statistik) || frequency polygon || polygone m. de fréquence. 12

Haumeister m. (Holzfäller) || feller foreman || maître-bûcheron m. 13

Haupt n. einer **Schleuse** || bay *or* crown of a sluice || tête f. d'écluse. **a)** ~ eines **Steines** || head *or* frontal side *or* fore part *or* face of a stone || parement m. d'une pierre. 14

Haupt-abflußgraben m. || principal eduction canal || canal m. principal de colature. **a) ~abmessungen** fpl. || principal *or* main dimensions pl. || dimensions fpl. principales. **b) ~absatzgebiet** n. || principal market || débouché m. principal. **c) ~abstimmknopf** m. (Funkw) || main tuning button || bouton m. de réglage principal. 15

Hauptachse f. || principal axis || axe m. principal. **a)** ~ (Ellipse) || major axis || grand axe m. **b)** ~ (Hyperbel) || transverse axis || axe m. transverse; premier axe m. 16

Haupt-amt n. (Fernm) || main exchange; head office || bureau m. principal. **a) ~anker** m. || main *or* sheet *or* waist-anchor || grande *ou* grosse ancre f.; maîtresse-ancre f. 17

Hauptanschluß m. (Fernm) || main station || poste m. principal. **a) Ausnahme~** (Fernm) || extraordinary main station || poste m. principal exceptionnel. 18

Hauptantriebsfeder f. || main driving spring || ressort m. principal de commande. 19

Hauptbahn f. || main line *or* track; principal railway || ligne f. principale. 20

Hauptbahnhof m. || central *or* principal *or* chief station || gare f. centrale. 21

Hauptbahnlokomotive f. || main line locomotive || locomotive f. de grandes lignes. 22

Hauptbalken m. (Bauk) || architrave || architrave f. **a)** ~ (Zimm) || principal *or* chief beam; main beam; main girder; binding joist || maîtresse f. poutre. **b)** ~ eines **Hängewerks** || tie-beam *or* main timber of a truss-frame || tirant m. *ou* maîtresse poutre *ou* maître m. entrait m. d'une ferme en arbalète. 23

Haupt-behälter m. || main tank *or* reservoir || réservoir m. principal. **a) ~bestandteil** m. || main part; chief constituent || partie f. principale; constituant m. principal. **b) ~bett** n. (Masch) || main bed || banc m. principal. **c) ~blickrichtung** f. || principal line of sight || direction f. principale du regard. **d) ~bogen** m. (Brücke) || chief arch || maîtresse f. arche. 24

Hauptbuch n. || ledger || grand-livre m. 25

Haupt-deck n. || main deck || pont m. principal. **a) ~düse** f. || main jet *or* nozzle || gicleur m. principal. **b) ~ebene** f. (Opt) || principal plane || plan m. principal. **c) ~entwässerungsgraben** m. || main drainage canal || fossé m. principal de dessèchement *ou* d'assainissement. **d) ~entwässerungsrohr** n. || main drain || égout m. collecteur. **e) ~erzeugnis** n. || principal product || produit m. principal. **f) ~facette** f. (Edelstein) || pavilion || pavillon m. **g) ~faden** m. || main thread || fil m. principal. **h) ~farbe** f. || primitive colour || couleur f. simple *ou* primitive *ou* originaire. **i) ~feder** f. (Gewehrschloß) || main spring || grand ressort m. **k) ~feuer** n. (Luftfahrt) || principal airway beacon || phare m. principal. **l) ~feuermelder** m. || main alarm || avertisseur m. d'incendie principal. **m) ~flügelrippe** f. (Flugz) || main wing rib; principal wing rib; compression rib || nervure f. principale d'aile; nervure f. de compression d'aile. **n) ~fluß** m. || main river || rivière f. principale; fleuve m. principal. **o) ~förderstrecke** f. (Bergb) || mother-gate || galerie f. principale *ou* de roulage. **p) ~front** f. || principal *or* main front *or* face || façade f. principale. **q) ~furche** f. (Müll) || master furrow || maître-rayon m. **r) ~gärung** f. || main fermentation || fermentation f. principale. **s) ~gebinde** n. im **Dachstuhl** || principal couple; main-poop; main-truss || maîtresse-ferme f. **t) ~geschoß** n. (Bauw) || principal-story; main floor || étage m. principal. **u) ~gesprächszeit** f. (Fernm) || busy period || heure f. la plus chargée (de la journée). **v) ~gestänge** n. (Bergb) || pump-spears pl.; main-rod || maîtresse-tige f.; maître m. tirant. **w) ~gestell** n. der **Druckerpresse** || body of the printing press || corps m. de la presse d'imprimerie. **x) ~gewölbe** n. || main vaulting || maîtresse-voûte f. **y) ~gleis** n. || main track || voie f. principale. **z) ~holm** m. || main spar || longeron m. principal. 26

a) ~hubwerk n. || main hoisting tackle || treuil m. principal. **b) ~inhalt** m. (Buch) || summaries pl. || sommaires mpl. **c) ~joch** n. || main girder || traverse f. principale. **d) ~kabel** n. || main cable || câble m. principal. 27

Hauptkanal m. (Fernm) || route for subscriber's main cable || artère f. de transport du réseau souterrain. **a)** ~ (Wasserb) || main sewer || collecteur m.; égout m. 28

Haupt-kessel m. || principal boiler || chaudière f. principale. **a) ~lager** n. || main bearing || palier m. principal. **b) ~langträger** m. || main girder || longeron m. principal. **c) ~lastverteilungsstelle** f. für das gesamte Netz || main load distributing station for the whole network || poste m. principal de distribution de charge pour le réseau entier. **d) ~leitung** f. (Elektr) || electric main || conduite f. principale. **e) ~linie** f. (Eisenb) || main line *or* road || ligne f. *ou* voie f. principale. **f) ~lüftungsrohr** n. || main ventilating pipe || tuyau m. de ventilation principal; tuyau m. principal d'arrivée d'air. 29

Hauptmaschine f. || primary machine || machine f. principale. **a)** ~ zum **Antrieb** von **Schaufelrädern** (Schiff) || main engine for paddle wheel drive || machine f. principale pour la commande des roues à palettes. **b)** ~ zum **Antrieb** von **Schiffsschrauben** || main engine or propeller drive || machine f. principale pour la commande des hélices. **c)** ~ eines **Motorfrachtschiffes** || main engine of a motor freighter || moteur m. principal de propulsion d'un cargo. 30

Haupt-maschinist m. || chief engineer || mécanicien m. en chef. **a) ~mauer** f. || chief *or* main wall || maîtresse-muraille f. **b) ~merkmal** n. (Handel) || leading feature || avantage m. principal. **c) ~niederlage** f. (kaufmännisch) || principal warehouse || dépôt m. central. **d) ~niederlassung** f. (juristisch) || registered office *or* home (A) || siège m. social. **e) ~patent** n. || master patent; basic patent || brevet m. principal. **f) ~perspektive** f. || principal perspective || perspective f. principale. **g) ~pfeiler** m. (Bauw) || arch pillar *or* jamb; pier || jambage m.; maître m. pilier. **h) ~phase** f. || main phase || phase f. principale. **i) ~phasenwicklung** f. || main-phase winding || enroulement m. de phase principale. **k) ~produkt** n. *s.* Haupterzeugnis. **l) ~pumpenkolben** m. (Bergb) || bucket of a bucket-lift *or* suction-pipe || piston m. creux d'une pompe élévatoire. **m) ~pumpenstange** f. (Bergb) || pump spear; main-rod of a pump || verge f. de pompe; tige f. maîtresse de pompe. 31

Hauptrahmen m. (Masch) || main frame || bâti m. principal. **a)** ~ (Schreibm) || main frame || cadre m. principal. 32

Haupt-reaktion f. || chief reaction || réaction f. principale. **a) ~reglertafel** f. || main regulator board || tableau m. du régulateur principal. **b) ~reservoir** n. *s.* Hauptbehälter. **c) ~rinne** f. || main runner || chenal m. principal. **d) ~rippe** f. des Flügels (Flugz) || main rib *or* principal rib *or* compression rib of the wing || nervure f. principale d'aile; nervure f. de compression d'aile. **e) ~rohr** n. || street-main (pipe) || tuyau m. de conduite. **f) ~rückwirkung** f. || chief reaction || réaction f. principale. 33

Hauptsache f. || chief thing; first consideration || principal m.; essentiel m. 34

hauptsächlich || principal; chief; especially || principal; essentiel. 35

Haupt-sammelschiene f. || main busbar || barre f. omnibus principale. **a) ~schalter** m. || main *or* principal *or* master switch || interrupteur m. principal. **b) ~schalttafel** f. || main switchboard || tableau m. de distribution principal. **c) ~schaltwarte** f. || main switch station || poste m.

principal de manœuvre. **d) ~schiene** f. einer **Weiche** || main *or* stock rail of a siding || rail m. contre-aiguille; rail m. fixe d'un changement de voie. **e) ~schiff** n. (Bauk) || middle-aisle; main bay *or* nave || grande *ou* haute nef f.; travée f. *ou* nef f. centrale *ou* principale. **f) ~schlüssel** m. || master *or* pass key || passe-partout m. **g) ~schnitt** m. || principal section || section f. principale. **h) ~seite** f. (Bauk) || front face || façade f. **i) ~sicherung** f. || main fuse || coupe-circuit m. principal. **k) ~sicherungstafel** f. || main fuse board || tableau m. principal des coupe-circuits. **l) ~signal** n. (Eisenb) || home signal || signal m. d'arrêt absolu. **m) ~spannung** f. || main voltage || tension f. principale. **n) ~spant** n. || midship *or* main frame || maître-couple m. **o) ~sparren** m. (Zimm) || principal rafter || maître-chevron m. **p) ~speisegraben** m. (Schleuse) || main feeder trench || canal m. d'alimentation. **q) ~speise-~leitung** f. (Elektr) || main feeder || feeder m. principal. **r) ~ständer** m. (Masch) || main standard || montant m. principal. **s) ~strahl** m. (Phys) || principal ray || rayon m. principal. **t) ~streichrichtung** f. (Bergbau) || general direction of strike || ligne f. de direction principale. 1

Hauptstrom m. (Elektr) || main current || courant m. principal. **a) ~dynamomaschine** f. || series dynamo || dynamo m. en série. 2

Hauptstromkreis m. || main *or* principal circuit || circuit m. principal. 3

Hauptstrom-maschine f. || series dynamo || dynamo f. en série. **a) ~motor** m. || series motor || moteur m. série. 4

Haupt-stück n. || body || corps m. **a) ~teil** m. (Masch) || body; main part || corps m.; élément m. principal. **b) ~teilhaber** m. || chief partner || associé m. en chef. **c) ~tor** n. || main gate || porte f. principale *ou* majeure. 5

Hauptträger m. || main girder || poutre f. maîtresse *ou* principale. **a) ~** des **Verfahrens** || chief profit making factor of the process || but m. primordial du procédé. 6

Haupt-transmission f. || main shafting *or* transmission || transmission f. principale. **a) ~treppe** f. || main stairs pl. || escalier m. principal. **b) ~triebstange** f. || main connecting rod || grande verge f. de connexion. **c) ~turbine** f. || main turbine || turbine f. principale. **d) ~uhr** f. || master clock || horloge f. principale. 7

Hauptverkehrs-straße f. || thoroughfare; arterial road || grande rue f.; avenue f. de grande communication. **a) ~stunde** f. (Fernm) || busiest *or* busy hour; rush hour (A) || heure f. de trafic intense *ou* d'encombrement; heure f. (la plus) chargée. **b) ~weg** m. || highway || grande route f. 8

Haupt-verstärkeramt n. || main repeater station || station f. de répéteurs principale. **a) ~verteiler** m. (Fernm) || main distributing frame || répartiteur m. d'entrée *ou* principal. **b) ~verwaltung** f. eines Konzerns || chief administration of a concern || administration f. centrale d'un groupe. **c) ~verwaltungsgebäude** n. || chief administrative building; head office building || bâtiment m. *ou* bureau m. de l'administration centrale. **d) ~vorteil** m. || cardinal advantage || avantage m. principal. **e) ~wache** f. || main guard || garde f. principale. **f) ~walze** f. || main drum *or* cylinder || cylindre m. principal. **g) ~welle** f. || main shaft || arbre m. principal de commande; arbre m. de couche. **h) ~-wellenlager** n. || main shaft bearing || coussinet m. de l'arbre principal de commande. **i) ~werkstatt** f. || principal workshop || atelier m. principal. **k) ~wetterstrecke** f. || main air-head *or* wind-gate *or* air-gate || voie f. d'aérage; maîtresse f. allure. **l) ~wettertür** f. (Bergb) || main air-gate || porte f. d'aérage principale. **m) ~wind** m. || principal wind || vent m. dominant. **n) ~windewerk** n. || main lift of crane || gros levage m. **o) ~windleitung** f. || blast main || conduite f. de vent principale. **p) ~zähler** m. || main counter || compteur m. principal. **q) ~zeile** f. (Buchdr) || catch *or* head line || ligne f. principale. 9

Haus n. || house || maison f. **a) ~** einer **Axt** || axe eye || œil m. *ou* douille f. de hache. **b) Holz~** || wooden house || maison f. en bois. **c) solides ~** (Handelsfirma) || firm of good standing || maison f. sérieuse *ou* solide. 10

Hausanschluß m. (Elektr) || house service connection || branchement m. d'abonné. **a) ~kasten** m. || house connection-box || boîte f. de raccordement de maison. 11

Haus-apotheke f. || family medicine chest || pharmacie f. pour familles. **a) ~backofen** m. || home baking oven || four m. de ménage. **b) ~bock** m. (Käfer) || wood beetle || capricorne m. **c) ~boot** n. || house boat || bateau-maison m. 12

Hausbrand m., **hochwertiger** || high class domestic fuel || combustible m. domestique de première qualité. **a) wertvoller ~** || good domestic fuel || combustible m. domestique de bonne qualité. 13

Hausbrandkohle f. || household *or* domestic coal || charbon m. domestique. 14

Hauschläge mpl. eines **Mühlsteins** || radii pl. *or* grooves pl. *or* interstices pl. *or* rills pl. of a millstone || rayons mpl. *ou* éveillures fpl. d'une meule; retaille f. de la meule. 15

Hauseinfahrt f. || gateway || porte-cochère f. 16

Hausenblase f. || fish glue; isinglass; ichthyocolla || colle f. de poisson; ichthyocolle f. 17

Haus-entwässerung f. || house pipe drains pl. || tuyau m. de drainage des maisons. **a) ~entwässerungsartikel** m. || house draining article || articles mpl. pour conduites d'eaux résiduelles de maison. 18

Häuser-anstrich m. || house-painting || peinture f. en bâtiments. **a) ~block** m. || block of houses || île f. de maisons. **b) ~schmuck** m. || house decoration || décoration f. de bâtiments. 19

Haus-fernsprechanlage f. || private telephone installation || installation f. téléphonique privée. **a) ~fernsprecher** m. || house telephone || téléphone m. domestique. **b) ~feuerung** f. || household furnace || four m. de ménage. **c) ~geflügel** n. || poultry || volaille f. **d) ~gerät** n. || domestic *or* household utensil || ustensile m. domestique *ou* de ménage. 20

Haus- und Küchengeräte npl. || house and kitchen utensils pl. || ustensiles mpl. de ménage et de cuisine. 21

Haushalt m. || household || ménage m. 22

Haushalt-anlage f. || domestic plant || installation f. pour applications domestiques. **a) ~beil** n. || gentleman's hatchet || hachette f. d'amateur. **b) ~bügeleisen** n. || domestic smoothing iron; household flat iron || fer m. à repasser pour ménage. **c) ~glas** n. || glass for household use || verre f. de ménage. **d) ~maschine** f. || household *or* domestic machine || machine f. de ménage; appareil m. domestique. **e) ~motor** m. || domestic motor || moteur m. de ménage. **f) ~-presse** f. || house keeping press || presse f. de ménage. 23

Haushaltung f. || household || ménage m. 24

Haushaltungsgegenstand m. || household article *or* requisite || ustensile m. de ménage. 25

Haushaltungsschule f. || house-keeping school || école f. ménagère. **a) Koch-und ~** || cooking and house keeping school || école f. ménagère. 26

Haushalt-wage f. || household scales pl.; household balance || balance f. de maison *ou* de ménage. **a) ~waren** fpl. household articles pl. || articles fpl. de ménage. 27

Haus-industrie f. || domestic industry || industrie f. à domicile. **a) ~installation** f. || house installation; domestic wiring || installation f. des maisons; canalisation f. des immeubles. **b) ~installationsmaterial** n., **elektrotechnisches** || electrotechnic materials pl. for house installations || matériaux mpl. électrotechniques pour installations de la maison. **c) ~kaninchen** n. || tame rabbit || lapin m. domestique. **d) ~korrektor** m. (Buchdr) || corrector || compositeur-corrigeur m. **e) ~korrektur** f. || first proof || correction f. première. **f) ~leinwand** f. || homespun linen || toile f. de ménage. **g) ~leiterkabel** n. || indoor cable || câble m. d'intérieur. **h) ~leitung** f. einer **Kanalisation** || house drainage || conduite f. de canalisation de maison. 28

Häusler m. || cottager || journalier m. 29

Hausmarke f. || house mark || marque f. de la maison. 30

Haus-metzger m. || home slaughterer || boucher m. à domicile. **a) ~müll** n. || refuse; garbage; rubbish || ordures fpl. 31

Hausrat m. || household furniture || ameublement m. 32

Haus-rohrpost f. || house pneumatic tube || tube m. pneumatique à domicile. **a) ~schild** n. || sign || enseigne f.; affiche f. peinte. **b) ~schuh** m. || house shoe; slipper || soulier m. de chambre; chaussure f. d'appartement; comfortable m.; pantoufle f. **c) ~schwamm** m. || fungous growth; dry rot; wood fungus; mycelium || champignon m. du bois; bolet m. destructeur; mycose f.; mérule m. 33

Hausse f. || rise *or* advance in prices; upward tendency; (exchange) boom || hausse f. **a) ~bewegung** f. || upward movement; upswing of prices || mouvement m. de hausse. 34

Hausseife f. || household soap || savon m. de ménage. 35

Haussier m. || bull; bullish operator || haussier m. 36

Haus-signalvorrichtung f. || apparatus for domestic use || appareil m. pour les appartements. **a) ~stelle** f. (Fernm) || extension station without exchange facilities ‖ poste m. privé. 1

Hau-stamm m. (Zimm) ‖ log to be hewn ‖ bille f. de bois. 2

Haustein m. ‖ ashlar; free *or* cut stone ‖ pierre f. taillée *ou* de taille; moellon m. d'appareil *ou* de taille. **a) ~mauerwerk** n. ‖ freestone *or* ashlar masonry ‖ maçonnerie f. en pierres de taille. 3

Haus-telefon n. *s.* Hausfernsprecher. **a) ~telefonie** f. ‖ house telephony ‖ téléphonie f. domestique. **b) ~telegraf** m. ‖ house telegraph ‖ télégraphe m. domestique. **c) ~telegrafie** f. ‖ house telegraphy ‖ télégraphie f. domestique. **d) ~transformator** m. ‖ house transformer ‖ transformateur m. domestique. **e) ~treppe** f. ‖ inner stairs pl. ‖ escalier m. de maison. 4

Haustür f. ‖ street *or* house door ‖ porte f. d'entrée *ou* de rue *ou* de la maison. **a) ~kontakt** m. ‖ street door contact ‖ contact m. pour porte d'entrée de maison. 5

Haus-wäsche f. ‖ household linen ‖ linge m. ordinaire *ou* de ménage. **a) ~wasseranlage** f. ‖ domestic watering installation ‖ installation f. pour service d'eaux ménagères. **b) ~wasserleitung** f. ‖ house water-pipe ‖ tuyau m. de conduite domestique. **c) ~wasserpumpe** f. ‖ domestic water pump ‖ pompe f. de cuisine; pompe f. ménagère. **d) ~wasserversorgung** f. ‖ domestic water supply ‖ adduction f. des eaux à la maison. 6

Hauswasserversorgungs-anlage f. ‖ house water supply plant ‖ installation f. d'adduction d'eau pour maisons. **a) ~pumpe** f. ‖ domestic water pump ‖ pompe f. d'eau pour maisons. 7

Hauswirtschaft f. ‖ management of a household ‖ économie f. domestique. 8

hauswirtschaftliche Maschine f. ‖ household machine; housekeeping machine ‖ machine f. de ménage *ou* de cuisine. 9

Haus-wirtschaftswage f. ‖ kitchen balance *or* scales pl. ‖ balance f. de cuisine. **a) ~zins** m. ‖ house rent ‖ loyer m. 10

Hauszinssteuer f. ‖ house-rent tax ‖ taxe f. locative. **a) Kapitalien** npl. aus der ~ ‖ money obtained from rent taxes ‖ capitaux mpl. provenant de l'impôt sur le loyer. 11

Haut f. ‖ skin; hide ‖ peau f. **a)** ~ (Chem) ‖ crust ‖ croûte f. **b)** die Häute fpl. in die **Beizkufe** legen ‖ to soak the hides ‖ encuver les peaux fpl. **c) frische** ~ ‖ fresh *or* green hide ‖ peau f. verte. **d)** ~ zum **Gerben** ‖ hide for tanning ‖ peau f. pour le tannage. **e) grüne** ~ (Gerb) ‖ raw *or* green hide ‖ cuir m. vert. **f)** ~ von **Kriechtieren** ‖ reptile skin ‖ peau f. de reptile. **g) ungegerbte** ~ ‖ un-tanned hide ‖ peau f. non tannée. **h) ungespaltene** ~ (Lederzur) ‖ hide ‖ peau f. pleine. **i) Waren** fpl. aus Häuten ‖ articles pl. from hides ‖ ouvrages mpl. en peaux. **k) zu stark gewalkte** ~ (Gerb) ‖ hide too much fulled ‖ nerveuse f. 12

Hautausschlag m. ‖ cutaneous eruption ‖ éruption f. cutanée. 13

Häutchen n. (Chem) ‖ film ‖ pellicule f. 14

Hauteffekt m. ‖ skin effect ‖ effet m. Kelvin. 15

Häute-form f. (Goldschl) ‖ mould of gut ‖ chaudret m. **a) ~hobelmaschine** f. ‖ flesh shaving machine ‖ machine f. à écharner. 16

Hauteinheitsdosis f. (Heilk) ‖ erythema dose; unit skin dose ‖ dose f. érithème. 17

Häute-konservierung f. ‖ skin curing ‖ conservation f. des peaux brutes. **a) ~salzer** m. ‖ skin salter ‖ saleur m. de peaux. **b) ~spieker** m. (Schiffb) ‖ sheathing nail ‖ clou m. à doublage. **c) ~trocknung** f. ‖ skin drying ‖ séchage m. de peaux. 18

Hautform f., **erste** (Goldschl) ‖ third mould; first mould of gut ‖ premier chaudret m. 19

Hautkrankheit f. ‖ skin disease; dermatosis ‖ maladie f. cutanée; dermatose f. **a)** jemanden vor **~en** fpl. **schützen** ‖ to protect somebody against diseases of the skin ‖ protéger quelqu'un contre les affections cutanées. 20

Haut-mikroskop n. ‖ skin microscope ‖ microscope m. dermatologique. **a) ~nagel** m. (Schiffb) ‖ copper nail ‖ clou m. en cuivre. **b) ~riß** m. (Werkstoff) ‖ surface crack; superficial scratch ‖ crevasse f. *ou* fissure f. superficielle; petite fente f. qui se produit à la surface de l'acier. 21

Häutung f. (Seidenraupe) ‖ peeling ‖ mue f. 22

Haut-walzendruck m. (Zeugdruck) ‖ surface printing ‖ impression f. par le métier à surface. **a) ~wirkung** f. (Elektr) ‖ skin effect ‖ effet m. Kelvin. **b) ~wolle** f. ‖ skin *or* fellmongered *or* pelt *or* plucked wool ‖ laine f. pelade *ou* Mazamet *ou* de peaux. 23

Hauyn m. ‖ hauyne ‖ haüyne f. 24

Havarie f. ‖ average; damage by sea ‖ avarie f. **a) allgemeine** ~ ‖ general *or* gross average ‖ avarie f. commune *ou* grosse. **b) einfache** ~ ‖ simple average ‖ avarie f. simple. **c) kleine** ~ ‖ small *or* petty average ‖ menue avarie f. **d) Entschädigung** f. **leisten** für ~ ‖ to make good average ‖ indemniser des avaries fpl. **e) Ersatz** m. **erhalten** für ~ ‖ to recover average ‖ recouvrer des avaries fpl. 25

Heaviside-sche Regel f. ‖ Heaviside's expansion rule ‖ développement m. de Heaviside. **a) ~sche verzerrungsfreie Leitung** f. ‖ Heaviside's distorsionless line ‖ ligne f. sans distorsion de Heaviside. **b) ~schicht** f. ‖ Heaviside layer ‖ couche f. de Heaviside. 26

hebbar, die **Kuppel** ist um ein geringes Maß ~ und **senkbar** ‖ the cupola can be raised and lowered a little ‖ dans une mesure restreinte la culotte peut monter et descendre. 27

Hebdrehwähler m. ‖ Strowger selector ‖ sélecteur m. Strowger. 28

Hebe-anlage f. ‖ elevating plant ‖ installation f. de levage. **a) ~apparat** m., Bier ‖ beer pump ‖ pompe f. à bière. **b) ~balken** m. (Zugbrücke) ‖ swipe draw beam; counter poise; plyer ‖ bascule f.; flèche f. **c) ~baum** m. ‖ lever; crow bar ‖ levier m.; anspect m.; pince f.; levier m. de manœuvre. 29

Hebebock m. ‖ lifting jack; crab bar; gin ‖ vérin m. de levage; chèvre f.; cabre f. **a) Auto~** ‖ (lifting) jack; auto lifter ‖ lève-roue m. **b) Lokomotiv~** ‖ locomotive heaver ‖ chèvre f. à locomotive. **c) Schiffs~** ‖ ship's heaver ‖ chèvre f. à bateau. 30

Hebe-bühne f. für **astronomische Instrumente** ‖ rising floor for astronomical instruments ‖ plancher m. mobile pour les instruments astronomiques. **a) ~daumen** m. ‖ cam; cam lever; wiper; nipper; tappet; lifter; lifting cog ‖ came f.; camme f.; poucet m.; mentonnet m. de l'arbre. 31

Hebeeisen n. (Bergb; Bauw) ‖ crow bar ‖ levier m. de fer; pince f.; hameinte f. **a)** ~ (Schmied) ‖ porter ‖ ringard m. 32

Hebe-elektromagnet m. (Selbstanschl) ‖ lifting magnet ‖ électro m. d'ascension. **a) ~flasche f., hydraulische** ‖ hydraulic hoisting jack ‖ vérin m. de levage hydraulique. **b) ~klaue** f. (Bergb) ‖ runner ‖ grappin m.; clef f. de relevée. **c) ~kopf** m. ‖ tappet ‖ taquet m. 33

Hebel m. ‖ lever ‖ levier m. **a) doppelarmiger** ~ ‖ double-armed lever ‖ levier m. à deux branches. **b) federnder** ~ ‖ spring lever ‖ levier m. à ressort. **c)** ~ **für freien Auspuff** ‖ cutout lever ‖ levier m. pour échappement libre. **d) Gabel~** ‖ forked lever ‖ levier m. à fourche. **e) gabelförmiger** ~ *s.* **Gabel~. f) Gas~** ‖ throttle lever; gas lever ‖ manette f. *ou* levier m. d'admission de gaz; manette f. des gaz. **g)** ~ **mit Gegengewicht** ‖ balance lever ‖ levier m. à contrepoids. **h) gerader** ~ ‖ straight lever ‖ levier m. droit. **i) gleicharmiger** ~ ‖ lever with equal arms ‖ levier m. à bras égaux. **k) Hand~** ‖ hand lever ‖ levier m. à main. **l)** ~ der **kleinen Geschwindigkeit** ‖ low speed arm ‖ levier m. de petite vitesse. **m) Klemm~** ‖ clamping lever ‖ levier m. de blocage. **n) Kipp~** ‖ rocking *or* tappet lever ‖ basculeur m. **o) Klinken~** ‖ click lever ‖ levier m. à cliquet. **p) Knie~** ‖ joint *or* bent lever ‖ levier m. coudé *ou* brisé. **q) Lenk~** (Lok) ‖ guide rod ‖ levier m. de manœuvre. **r) rechtwink(e)liger** ~ ‖ rectangular lever ‖ levier m. coudé à angle droit. **s)** ~ des **Reglers** ‖ governor level ‖ levier m. de régulateur. **t) Schalt~** ‖ gear shift lever ‖ levier m. de vitesse. **u) Schwing~** ‖ valve rocker; rocking *or* tappet lever ‖ balancier m.; culbuteur m.; levier m. oscillant. **v) Spann~** ‖ tension lever ‖ levier m. de tension. **w) Umleg~** (Eisenb) ‖ switch lever ‖ levier m. de manœuvre. **x) Verstell~** ‖ adjusting lever ‖ levier m. déplaçable. **y) Wälz~** ‖ cam lever ‖ levier m. à came. **z) Winkel~** ‖ angle *or* knee *or* crooked lever ‖ levier m. courbé *ou* coudé. 34

a) Zug~ ‖ draw lever ‖ levier m. d'attelage. **b) Zwischen~** ‖ intermediate lever ‖ levier m. intermédiaire. 35

Hebelade f. ‖ jack; dumbcraft ‖ cric m. à crochet. 36

Hebeladenfuß m. ‖ pry pole ‖ pied m. de chèvre; bicoq m. 37

Hebel-anordnung f. ‖ lever arrangement ‖ dispositif m. de levier. **a) ~antrieb** m. ‖ lever drive ‖ commande f. par levier. **b) ~arm** m. ‖ arm *or* crank of lever ‖ bras m. *ou* branche f. de levier. **c) ~bremse** f. ‖ lever brake ‖ frain m. à levier. **d) ~fangvorrichtung** f. ‖ lever arresting device ‖ dispositif m. d'arrêt à levier. **e) ~führung** f. ‖ lever guide ‖ guide f. de levier. **f) ~griff** m. ‖ lever handle ‖ manche m. de levier. **g) ~hammer** m. ‖ lever-hammer ‖ marteau m. à levier. **h) ~kraft** f. ‖ leverage ‖ puissance f. de levier. **i) ~lochstanze** f. ‖ lever punching machine ‖ poinçonneuse f. à levier. **k) ~mann** m. (Walzw) ‖ forkman ‖ fourcheur m. **l) ~presse** f. (Buchdr) ‖ lever press ‖ presse f. à levier. 38

Hebelregistrierkasse f. || cash register with lever action || caisse f. enregistreuse à leviers. **a)** ~ für **Quittungsdruck** || cash register with lever action for printing receipt on sales slips || caisse f. enregistreuse à leviers imprimant sur fiche. 1

Hebel-schalter m. || lever switch || interrupteur m. à levier. **a)** **~schere** f. || crocodile *or* lever shears pl. || cisaille f. à mâchoire *ou* à levier. **b)** **~stange** f. || lever arm; brake; balanced lever; lever rod || bascule f.; tige f. de levier. **c)** **~stellwerk** n. || lever set keyboard || clavier m. à leviers. **d)** **~steuerung** f. || spring catch || encliquetage m. **e)** **~stift** m. || lever pin || cheville f. de levier. 2

Hebelträger m. || fulcrum bracket || support m. de point fixe. **a)** **~schraube** f. || bracket stud || prisonnier m. pour support de point fixe. 3

Hebel-übersetzung f. || leverage || transmission f. à levier. **a)** **~umschalter** m. || lever change-over switch; double-throw switch || commutateur m. à levier. **b)** **~unterlage** f. || fulcrum; prop of a lever || orgueil m. *ou* cale f. d'un levier; point m. d'appui. **c)** **~verhältnis** n. || leverage; proportion of the lever arms || rapport m. des leviers. **d)** **~vorrichtung** f. || lever apparatus || appareil m. à levier. **e)** **~werk** n. || lever mechanism || mécanisme m. à levier. 4

Hebelmagnet m. || hoisting *or* lifting magnet || électro m. de levage *ou* d'ascension *ou* de suspension. **a)** **elektrischer** ~ || electric lifting magnet || electro-aimant m. de levage *ou* de suspension. 5

Hebe-maschine f. || hoisting apparatus; lifting *or* hoisting machine || engin m. *ou* appareil m. de levage. **a)** **~mechanismus** m. (Schreibm) || lifting mechanism || mécanisme m. de soulèvement. 6

heben || to heave up; to lift || lever; élever; soulever. 7

Heben n. || hoisting || levage m. **a)** ~ **und Richten** n. des Gleises || packing and ranging the permanent way || relèvement m. et redressement m. de la voie. **b)** ~ der **Stimme** || raising the voice || élévation f. de la voix. **c)** ~ des **Zimmerwerks** || raising of the timber-work || levage m. de la charpente. 8

Hebepumpe f. || lifting pump || pompe f. élévatoire. 9

Heber m. (Phys) || siphon || siphon m. **a)** ~ (Web) || neck *or* jack twine || arcade f. **b)** **Flüssigkeits~** || liquid siphon || syphon m. à liquides. **c)** **hydraulischer** ~ (Auto) || hydraulic jack || vérin m. hydraulique. **d)** ~ einer **Repetieruhr** || jack of a repeater-watch || échappement m. de répétition. **e)** **Wärme~** || thermosiphon || thermosiphon m. 10

Heberad n. (Aufbereitung) || scoop *or* hoisting wheel || roue f. élévatrice. **a)** **~gerüst** n. || frame for scoop wheel || charpente f. métallique pour roue élévatrice. 11

Heberahmen m., Schiffsschrauben || frame for lifting the screw || châssis m. *ou* cadre m. des hélices amovibles. 12

Heber-barometer n. || siphon-barometer || baromètre m. à siphon. **a)** **~docht** m. || siphon-wick || mèche f. à siphon. 13

hebern || to siphon || siphonner. 14

Heber-pumpe f., Druckluft || compressed-air lift pump || pompe f. à air comprimé. **a)** **~rohr** n. (Winderhitzer) || siphon-pipe || tuyau m. à siphon. **b)** **~säuremesser** m. (Chem) || siphon acidometer || acidimètre m. à siphon. **c)** **~schreiber** m. || siphon recorder || récepteur m. *ou* enregistreur m. à siphon. 15

Hebe-schiene f. (Windmüll) || lifting bar || tige f. de levée. **a)** **~schraube** f. (Bauw) || jack screw || vérin m. *ou* cric m. à vis. 16

Hebestein m., **Einsetzen** n. der ~e in den **Anker** (Uhren) || lever setting and jewelling || garnissage m. de l'ancre. 17

Hebetisch m. (Walzw) || lifting table || tablier m. releveur *ou* à rouleaux. **a)** **doppelseitiger** ~ || front and back elevator || releveur m. bilatéral *ou* à double plateau. **b)** **einseitiger** ~ || front elevator || releveur m. unilatéral. **c)** ~ mit **nicht angetriebenen Rollen** (Walzw) || lifting table with idle rollers || releveur m. à rouleaux non commandés. 18

Hebetischanlage f. || lifting table installation || installation f. de table de levage. 19

Hebevorrichtung f. || lifting device *or* tackle; hoisting apparatus || appareil m. de levage. **a)** **Bier~** || beer pump || pompe f. à bière. **b)** **elektrische** ~ || electric hoisting gear || treuil m. électrique. 20

Hebe- und Senkvorrichtung f. || lifting and lowering arrangement || appareil m. de levage et de descente. 21

Hebewerk n. || hoisting device || engin m. de levage. **a)** **Schiffs~** || ship lift || monte-charge m. pour bateaux; élévateur m. pour bateaux. **b)** **Wagen~** (Eisenb) || wagon lifting appliance || élévateur m. de wagons. 22

Hebewinde f. || lifting jack *or* winch || treuil m. *ou* cric m. de levage. 23

Hebezeug n. || winding engine; gin; hoisting apparatus; lifting device || engin m.; chèvre f.; appareil m. de levage. **a)** ~ (Müll) || shaking apparatus || babillard m. **b)** **hydraulisches** ~ || hydraulic lifting device || appareil m. de levage hydraulique. **c)** **Magnet~** || lifting magnet || aimant m. de suspension. **d)** **Preßluft~** || pneumatic lifting device || appareil m. de levage pneumatique. **e)** **Universal~** || universal hoisting appliance || appareil m. universel de levage. 24

Hebezeug-riegel m. || cross bar *or* transom of a gin || entretoise f. *ou* épart m. de chèvre. **a)** **~stütze** f. (Bauw) || pry pole of the triangle gin || pied m. *ou* montant m. *ou* hauche f. *ou* bras m. de chèvre. **b)** **~tau** n. || gin fall || câble m. de chèvre. 25

Hebung f., **geologische** || elevation || soulèvement m. **a)** ~ eines **Seekabels** || picking up *or* grappling of a submarine cable || relèvement m. d'un câble sous-marin. 26

Hebventil n. || lever *or* lifting valve || soupape f. élevatoire. 27

Hechel f. || hackle; comb; hatchel || séran m. (à main); sérançoir m. 28

Hechelei f. || hackling room || salle f. du peignage du lin; sérançage m. 29

Hechel-flachs m. || hackled *or* heckled flax || filasse f. *ou* brin m. de lin peigné. **a)** **~hede** f. || tow || peignon m.; étoupe f. de peignage. **b)** **~kamm** m. || hackle; comb || peigne m.; sérançoir m. **c)** **~maschine** f., Flachs || flax comb || peigneuse f. à lin. 30

hecheln, Flachs m. || to hackle *or* to hatchel flax || peigner *ou* sérancer le lin. **a)** **Hanf** m. ~ || to hackle hemp || sérancer le chanvre. 31

Hecheln n. des **Flachses** || flax hackling || peignage m. de lin. **a)** ~ des **Hanfs** || hemp hackling || peignage m. de chanvre. **b)** ~ mit der **Hand** || hand combing || peignage m. à la main. **c)** ~ mit der **Maschine** || machine combing || peignage m. à la machine. 32

Hechelwerg n. || tow || peignon m.; étoupe f. de peignage. 33

Hechler m. || hackler || séranceur m. **a)** **~zange** f. || comb pliers pl. || pince f. de peigneur. 34

Heck n. || stern || arrière m.; poupe f.; arcasse f. 35

Hecke f. || hedge; fence || haie f. **a)** **lebendige** ~ || quick-set hedge || haie f. vive. 36

Hecken-reihe f. || hedgerow || ligne f. de haies *ou* de bois-saillis. **a)** **~schere** f. || hedging *or* lopping shears || ciseaux mpl. de jardinier. **b)** **~schneider** m. || hedge cutter || tailleur m. de haies. 37

Heck-flagge f. || stern flag *or* ensign || pavillon m. *ou* enseigne f. de poupe. **a)** **~geschütz** n. || stern-chaser || canon m. *ou* pièce f. de retraite. **b)** **~lampe** f. || stern light || feu m. arrière. 38

hecklastig || stern- *or* tail-heavy; trim by the stern (A) || chargé à la poupe; lourd de la queue; à queue f. lourde. 39

Heck-laterne f. (Schiffb) || poop lantern || fanal m. de poupe. **a)** **~rad** n. || stern wheel || roue f. d'arrière. **b)** **~raddampfer** m. || stern wheel steamer || vapeur m. avec roue à l'arrière. **c)** **~radschlepper** m. || stern wheel tug || remorqueur m. à roue arrière. **d)** **~reling** f. || taffrail || bandinet m. **e)** **~spant** n. || stern frame *or* timber || montant m. *ou* allonge f. de poupe. **f)** **~stütze** f. || side counter timber; transom knee || allonge f. de cornière *ou* de poupe. 40

Hede f. || hemp; oakum; tow || chanvre m.; étoupe f. 41

Hedeleinen n. || tow linen || toile f. d'étoupe. **a)** **~weberei** f. || tow linen weaving || tissage m. d'étoupes. 42

Hedenbergit m. || hedenbergite || hédenbergite f. 43

Hederichvernichtungspulver n. || charlock destroying powder || poudre f. à détruire herbe au chantre. 44

Hedespinnerei f. || tow spinning || filature f. d'étoupes. 45

Hedyphan m. || hedyphane || hédiphane m. 46

Heer n., **verkraftetes** || mechanized army || armée f. mécanique. 47

Heeresausrüstung f. || military equipment || équipement m. militaire. 48

Heeresgerät n. || war material || matériel m. de guerre. **a)** **Buntfarbenanstrich** m. des **~s** || vari-coloured coat of war material || peinture f. en plusieurs couleurs du matériel de guerre. 49

Heeres-verkraftung f. || army mechanization and motorization || mécanisation f. et motorisation f. d'armée. **a)** **~waffenamt** n. || office of armature || office m. d'armement. **b)** **~wirtschaftshochschule** f. || army industrial college || école f. industrielle de l'armée. 50

Heerstraße f. || high *or* main road; high way; causeway || chaussée f.; grande route f. 51

Hefe f. || yeast; barm; leaven || levure f.; levain m.; lie f. **a)** **Alkohol~** || alcoholic yeast || levure f. alcoolique. **b)** **Anstell~** || pitching yeast || levain m. **c)** **Ausarten** n.

der ~ || degeneration of the yeast || dégénération f. de la levure. **d) Betriebs~** || yeast || levain m. **e) Bier~** || beer yeast || levure f. de bière. **f) Boden~** || sedimentary yeast || levure f. de dépôt. **g) Brannt~** || spent yeast || levure f. brûlée. **h) Brauerei~** || brewery yeast || levure f. de brasserie. **i) Brennerei~** || distillery yeast || levure f. de distillerie. **k) Faß~** || bottoms pl.; cask deposit *or* sediment || dépôt m. *ou* fonds mpl. *ou* lie f. de foudre. **l) Flug~** || flying *or* light yeast || voltigeurs mpl. **m) Konservieren** n. der ~ || preserving the yeast || conservation f. de la levure. **n) Wein~** || wine yeast; wine lees pl. || lie f. de vin. 1

Hefe-aufziehvorrichtung f. || yeast rousing *or* yeast cultivating apparatus || appareil m. pour la culture de levain; appareil m. à aérer la levure. **a) ~fabrik** f. || yeast works pl.; yeast factory || fabrique f. de levure. **b) ~fabrikant** m. || yeast maker || fabricant m. de levure. **c) ~formmaschine** f. || yeast forming machine || machine f. à mouler la levure. **d) ~form- und -teilmaschine** || yeast forming and dividing machine || machine f. à mouler et à diviser la levure. **e) ~herstellungsanlage** f. || yeast producing plant || installation f. pour fabriquer la levure. **f) ~mehl** n. || yeast powder || levure f. en poudre. 2

Hefenbitter n. || yeast bitter || amertume f. de la bière. 3

Hefe-pfropfen m. || yeast stopper || bouchon m. de levure. **a) ~propagiervorrichtung** f. || yeast propagating apparatus || appareil m. à propager la levure. **b) ~reinzuchtvorrichtung** f. || pure yeast apparatus; apparatus for the culture of yeast || appareil m. à propager la levure pure; appareil m. pour la culture rationnelle des levures. **c) ~teilmaschine** f. || yeast dividing machine || machine f. à diviser la levure. **d) ~trockner** m. || yeast kiln || séchoir m. de levure. **e) ~zählvorrichtung** f. || hæmatimeter; yeast counting apparatus || appareil m. à compter les cellules de la le levure; hématimètre m. 4

Heft n. (Buchb) || stitched book || fascicule m. **a)** ~ (Lieferung) || number; issue || livraison f.; numéro m. **b)** ~ (Griff) || handle; tiller; hilt || manche m.; queue f.; poignée f. **c) Messer~** || knife handle || manche f. de couteau. **d) Sägen~** (Werkz) || saw handle *or* pad || manche m. de scie. **e) Schreib~** || writing *or* copy book || cahier m. 5

Heft-apparat m. *s.* Heftvorrichtung. **a) ~draht** m. || stitching *or* bookbinder's wire || fil m. à relier *ou* à brocher *ou* à coudre. **b) ~eisen** n. (Glasf) || punty; punt; iron-rod; pointal || pontil m. 6

heften (Buchb) || to stich; to sew || piquer; coudre. 7

Heften n. (Buchb) || stitching || brochage m.; couture f. 8

Hefter m. (Buchb) || stitcher; sewer || brocheur m.; couseur m. **a)** ~ (Schneid) || baster || bâtisseur m. 9

Heftfaden m. || stitching thread || fil m. à brocher. 10

heftig (Chem) || brisk || vif. 11

Heftigkeit f. (Chem) || intensity; liveliness || intensité f.; vivacité f. 12

Heft-klammer f. (Buchb) || wire stitch; stitching hook || agrafe f.; clavette f. à brochage. **a) ~lade** f. (Buchb) || sewing press || cousoir m. **b) ~latte** f. || batten || patin m.; patte f.; tringle f. 13

Heftmaschine f. || stapling *or* stitching machine || machine f. à brocher; brocheuse f. mécanique. **a)** ~ für **Drahtheftung** || stapling machine || brocheuse f. à fil métallique. **b)** ~ für **Fadenheftung** || thread stitching machine || machine f. à piquer au fil. 14

Heftnadel f. || stitching needle || aiguille f. à relier. 15

Heftpflaster n. || sticking *or* adhesive plaster || emplâtre m. adhésif; sparadrap m.; taffetas m. gommé. **a) englisches ~** || court *or* isinglass plaster || taffetas m. anglais; emplâtre m. adhésif anglais. 16

Heft-ring m. (Büro) || binding ring || anneau m. de fixation pour les feuillets. **a) ~säge** f. || pad saw || scie f. à main; égohine f.; égoïne f. **b) ~schnur** f. (Buchb) || band; band-string || ficelle f.; nerf m. **c) ~vorrichtung** f. || stitcher || brocheuse f. 17

heftweise (Buchb) || in parts *or* numbers || par livraisons fpl. 18

Heftzwecke f. || drawing pin; peg for drawing boards || punaise f.; broquette f. pour planches à dessiner. 19

Heftzwinge f. || clip || crapaud m. **a)** ~ eines **Werkzeuges** || ferrule *or* vervil of a tool handle || virole f. d'un manche d'outil. 20

Heide f. (Landschaft) || heath || lande f.; bruyère f. 21

Heidebürste f. || heath brush || brosse f. en buisson *ou* de bruyère. 22

Heidekraut n. || heather || bruyère f. **a)** ~ in **Bündeln** || heathers pl. in bundles || bruyères fpl. en paquets. 23

Heidekrautschneider m. || heather gatherer || coupeur m. de bruyère *ou* de buissons. 24

Heideland n. || heath || lande f. 25

Heidelbeere f. || bilberry || myrtille f.; baie f. d'aiselles. **a) ~n** fpl., **getrocknete** || evaporated bilberries pl. || airelles fpl. sèches. 26

Heidelbeerwein m. || bilberry wine || syrop m. de myrtilles. 27

Heidenstein m. (Min) || heath stone; ericite || éricite f. 28

Heilgehilfe m. || ambulance attendant; barber surgeon || aide-chirurgien m. 29

Heilgerät n., **Licht** || salutary lighting apparatus || appareil m. d'éclairage thérapeutique. 30

Heilgymnastik f. || hygienic gymnastics pl. || gymnastique f. hygiénique. 31

heilgymnastisches Gerät n. || apparatus for hygienic gymnastics || appareil m. de gymnastique médicale. 32

Heiligen-bild n. || statue for churches || statue f. réligieuse. **a) ~figur** f. || statue of a saint || statue f. de saint. 33

Heilkunde f. || medical science || science f. medicale; médecine f. **a) Geräte** npl. und **Instrumente** npl. für die ~ || apparatus pl. and instruments pl. for medical science || appareils mpl. et instruments mpl. pour la médecine. 34

Heilmittel n. || medicine; remedy || médicament m.; remède m. **a) gepreßtes ~** || compressed drug || médicament m. comprimé. 35

Heilpflanze f. || medicinal plant || plante f. médicinale. 36

Heilpflanzensammler m. || medicinal plant gatherer || ramasseur m. *ou* herborisateur m. de plantes médicinales. 37

Heil-serum n. || serum || sérum m. **a) ~stätte** f. || sanatory || sanatoire m. 38

Heimarbeiter m. || home worker || ouvrier m. à façon *ou* à domicile; façonnier m. 39

Heimat-erzeugnis n. || home manufacture || produit m. indigène. **a) ~hafen** m. || port of registry || port m. d'enregistrement. **b) ~wimpel** m. || homeward bounder || flamme f. longue. 40

Heiserkeit f. || hoarseness || enrouement m. 41

Heising-Modulationsschaltung f. || Heising's scheme of modulation || schéma m. de modulation par absorption de Heising. 42

heiß || hot || chaud. **a)** der **Motor** wird ~ || the motor becomes hot || le moteur s'échauffe. 43

heiß-e Flamme f. || hard flame || flamme f. dure. **a)** ~ **Quelle** f. || hot spring || source f. chaude. 44

Heiß m. eines **Segels** || depth; depth of a sail || chute f. au mât d'une voile. **a)** einer **Stänge** (Seew) || hoist; housing || guindant m. 45

Heißachsenschmiere f. || antifriction grease || graise f. pour essieux chauds. 46

heißbrüchig || brittle when red-hot || cassant à chaud. 47

Heißdampf m. || superheated steam || vapeur f. surchauffée. 48

Heißdampf-anlage f. || superheated steam plant || chauffage m. à vapeur surchauffée. **a) ~dreiradwalze** f. || three-wheel superheated steam roller || rouleau m. compresseur à trois rouleau à vapeur surchauffée. 49

Heißdampfgüterzuglokomotive f. || superheated-steam goods locomotive || locomotive f. à marchandises à vapeur surchauffée. **a)** ~ mit getrenntem Tender || superheated steam goods locomotive with separate tender || locomotive f. à vapeur surchauffée pour trains de marchandises avec tender séparé. 50

Heißdampf - güterzugtenderlokomotive f. mit kurvenbeweglichen, zahnradgekuppelten Achsen || superheated steam goods tank locomotive with radial, gearwheel coupled axles || locomotive-tender f. à vapeur surchauffée pour trains de marchandises à essieux à orientation radiale, accouplés par roues dentées. **a) ~lokomotive** f. || superheated engine || locomotive f. à vapeur surchauffée. **b) ~personenzugtenderlokomotive** f. || superheated steam tank locomotive for passenger service || locomotive-tender f. à vapeur surchauffée pour trains de voyageurs. **c) ~schieberring** m. für Lokomotiven || superheated slide for locomotives || bague f. de tiroir à locomotives pour vapeur surchauffée. **d) ~schnellzuglokomotive** f. || superheated express locomotive || locomotive f. d'express à vapeur surchauffée. **e) ~tandemwalze** f. || tandem superheated steam roller || rouleau m. compresseur à tandem à vapeur surchauffée. **f) ~thermometer** n. || thermometer for superheated steam || thermomètre m. pour vapeur surchauffée. 51

Heiße f. (Met) || charge of pig || charge f. *ou* mise f. de fonte. 52

Heißeisen-säge f. || hot metal saw || scie f. à chaud pour le fer. **a) ~schere** f. || hot bar shear || cisaille f. à chaud pour le fer.

b) ~schlittensäge f. || hot iron travelling saw || scie f. à chaud à chariot. 1
heißen (Seew) || to hoist; to pull up; to veer aloft; to sway *or* to rise up || hisser; palanquer; haler. 2
Heißkühlung f. || evaporative cooling || refroidissement m. par évaporisation. 3
heißlaufen (Masch) || to overheat; to get hot || surchauffer; s'échauffer. 4
Heißlaufen n. || running hot; overheating || échauffement m. **a)** ~ der **Lager** || running-hot *or* heating of the bearings || échauffement m. du palier. **b) zum ~ neigen** || to incline to heat || avoir une tendance f. à chauffer. 5
Heißluft-apparat m. || hot-air apparatus || appareil m. à air chaud. **a) ~dusche** f. || hot air sprayer || douche f. à air chaud. **b) ~erhitzer** m. || air heater || aérocalorigène m. **c) ~heizung** f. || hot air plant || chauffage m. à air (au charbon). **d) ~maschine** f. || hot-air engine || moteur m. *ou* machine f. à air chaud. **e) ~motor** m. || hot-air engine *or* motor; caloric engine || moteur m. à air chaud. **f) ~turbine** f. || hot-air turbine || turbine f. à air chaud. 6
Heißmaschine f. || hoisting engine || machine f. de hissage. **a) Asch~** || ash hoist || monte-escarbilles m. **b) Boots~** || boat hoist || monte-embarcations m. 7
Heiß-prägepresse f. (Buchb) || embossing press for hot process || presse f. à empreindre à chaud. **a) ~richten** n. der **Schienen** || hot-straightening of rails pl. || dressage m. des rails à chaud. **b) ~stropp** m. für Boote || boat's sling || patte f. d'embarcation. 8
Heißwasser-apparat m., **elektrischer** || electric hot water apparatus || appareil m. électrique pour la préparation de l'eau chaude. **a) ~automat** m. || hot water automatic apparatus || appareil m. automatique à eau chaud. **b) ~beutel** m. || hot water bag || sac m. à eau chaude. **c) ~erzeuger** m. || hot water supplier || chauffe-eau m. d'eau très chaude. **d) ~kanne** f. || hot-water can || bouillotte f. **e) ~kessel** m. || hot water boiler || chaudière f. à l'eau chaude. **f) ~probe** f. || hot-water test || essai m. à l'eau chaude. **g) ~speicher** m. || hot water reservoir || accumulateur m. *ou* réservoir m. d'eau chaude. **h) ~tank** m. || hot water cistern || réservoir m. à eau chaude. **i) ~verbrauch** m. || consumption of hot water || consommation f. d'eau chaude. 9
heißwerden || to get hot || s'échauffer. 10
Heißwerden n. (Chem) || heating; becoming hot || échauffement m. 11
Heißwind-rohrleitung f. || hot air piping || tuyauterie f. à vent chaud. **a) ~wärter** m. || hot air man || régleur m. d'air chaud. 12
heiter (Wetter) || clear || clair. 13
Heiz-apparat m. *s.* Heizgerät. **a) ~band** n. || heating tape || ruban m. de chauffe. **b) ~batterie** f. (Fernm) || heating *or* filament battery || batterie f. de chauffage. **c) ~draht** m. || heating wire || fil m. de chauffe *ou* de chauffage. 14
Heize f. (Met) || charge of pig || charge f. *ou* mise f. de fonte. 15
Heiz-effekt m. || heating effect || effet m. calorifique. **a) ~einrichtung** f. eines Fahrzeuges || vehicle heater || chaufferette f. de voiture. **b) ~einsatz** m. (Elektr) || heating inset || pièce f. de chauffage de rechange. 16
Heizelement n. (Elektr) || heating element || élément m. de chauffage. **a) eingebautes ~** (Elektr) || built-in heating element || élément m. de chauffage monté. **b) Glimmer~** || mica heating element || élément m. de chauffage en mica. 17
heizen || to heat; to fire || chauffer. 18
Heizer m. || firer; fireman; fire tenter; stoker; stoveman; heater || chauffeur m.; homme m. de four; tiseur m. **a)** ~ (Walzwerk) || heater || réchauffeur m. **b) Lokomotiv~** || locomotive fireman || chauffeur m. de locomotive. 19
Heiz-faden m. (Fernm) || heating filament || filament m. de chauffage. **a) ~fähigkeit** f. (Phys) || heating capacity || capacité f. de chauffe. 20
Heizfläche f. || heating surface || surface f. chauffante *ou* de réchauffement *ou* de chauffe. **a)** ~ eines **Dampfkessels** || heating surface of a boiler || surface f. de chauffe d'une chaudière à vapeur. **b) Gesamt~** || total heating surface || surface f. de chauffe totale. 21
heizfreie Stunde f. || hour without heating || heure f. sans chauffage. 22
Heizgas n. || heating gas || gaz m. calorifère *ou* de chauffage. **a) vorzügliche Ausnutzung** f. der **~e** || excellent utilization of the heating gases || utilisation f. parfaite des gaz du chauffage. 23
Heizgasverbrauch m. || fuel gas consumption || consommation f. en gaz de chauffage. 24
Heizgerät n. || calorifere; heating apparatus || calorifère m.; appareil m. de chauffage. **a)** ~ einer **Darre** || kiln heating apparatus || calorifère m. d'une touraille. **b) elektrisches ~** || electric heating apparatus || appareil m. électrique de chauffage. **c)** Gegenstrom~ || counter current heating apparatus || appareil m. de chauffage à contre-courant. **d) Röhren~** || heating pipe system || appareil m. tubulaire de chauffage. 25
Heiz-gitter n. || heating grill *or* grid || grille f. de chauffage. **a) ~kammer** f. (Met) || heating chamber; regenerator || chambre f. de chauffe; chauffe f.; régénérateur m. **b) ~kanal** m. || heating flue || carneau m. de chauffage. **c) ~kathode** f. || filament (of valve) || cathode f. de chauffage. **d) ~kessel** m. || heating boiler || chaudière f. de chauffage. 26
Heizkissen n. || warming cushion || chauffe-corps m. **a) elektrisches ~** || electric heating pad || cataplasme m. électrique. 27
Heizkörper m. || heater; heating body || calorifère m.; radiateur m.; corps m. de chauffe. **a) elektrischer ~** || electric heater || radiateur m. électrique. **b) Lamellen~** || laminated radiator || calorifère m. à ailettes. **c) Rippen~** || ribbed radiator || radiateur m. à ailettes. 28
Heizkörper-lack m. || varnish for heating bodies || vernis m. pour corps chauffants. **a) ~verkleidung** f. || envelopment for heating bodies || revêtement m. de radiateurs. 29
Heizkraft f. || heating power || puissance f. calorifique *ou* de chauffe. **a) kalorimetrische ~** || heating effect || effet m. calorimétrique. 30
heizkräftiges Gas n. || gas of high calorific value || gaz m. (doué) d'un grand pouvoir calorifique. 31
Heiz-kupplung f. || heating pipe coupling || raccordement m. pour circuits de chauffage. **a) ~lampe** f. || heating lamp || lampe f. à chauffer. **b) ~loch** n. || fire door *or* hole; stoke hole || chauffe f.; embrasure f.; ouverture f. de la chauffe; porte f. de chauffe; taquerie f. 32
Heizmantel m. || heating jacket || chemise f. de réchauffage. **a) Wasser~** (Vergaser) || water jacket || chemise f. d'eau. 33
Heiz-mikroskop n. || microscope with a heatable plate || microscope m. à platine à chauffer. **a) ~ofen** m. || heating furnace *or* oven || four m. de chauffage; calorifère m. 34
Heizöl n. || fuel oil || pétrole m. combustible. **a) schweres ~** || heavy fuel oil || huile f. lourde. 35
Heizöl-verbrauch m. || fuel oil consumption || consommation f. en pétrole combustible. **a) ~patrone** f. (Elektr) || heating cartridge || cartouche f. de chauffage. 36
Heizplatte f. || hot *or* heating plate || plaque f. à chauffer. **a) elektrische ~** || electric heating plate || chaufferette f. électrique. 37
Heizplattenpresse f. || press with steam heated plates || presse f. à plaques chauffées. 38
Heizraum m. || fire place || chambre f. de chauffe. **a)** ~ von **X cbm** || heating space of x cbm || x m^3 chauffés. 39
Heizregister n. (Elektr) || heating register || radiateur m. plat. 40
Heizrohr n. || heating tube; radiator pipe || tuyau m. de chauffage. **a)** ~ einer **Darre** || kiln heating pipe || tuyau m. de chauffage d'une touraille. 41
Heizrohr-kessel m. || multitubular boiler || chaudière f. multitubulaire. **a) ~wand** f. || tube plate || plaque f. à tubes. 42
Heiz-schalter m. (Fernm) || heat switch || interrupteur m. de circuit de chauffage. **a) ~schlange** f. || heating coil || serpentin m. réchauffeur. **b) ~schrank** m. || heating chamber || étuve f. **c) ~spannung** f. || filament voltage || tension f. de chauffage. 43
Heizspirale f. || heating spiral || spirale f. de chauffage. **a) offen glühende ~** || exposed heating spiral || spirale f. de chauffe incandescente ouverte. 44
Heiz-spule f. || heating coil || bobine f. de chauffage. **a) ~stiefel** m. || electrically heated boot || bottine f. chauffée électriquement. **b) ~stoff** m. || fuel; combustibles pl. || combustible m. **c) ~strang** m. || heating section || circuit m. de chauffage. 45
Heizstrom m. (Funkw) || filament current || courant m. de chauffage. 46
Heizstrom-alarmrelais n. || alarm relay of filament current || relais m. de contrôle du courant de chauffage. **a) ~kontrollrelais** n. || heating current supervisory relay || relais m. de contrôle du courant de chauffage. **b) ~kreis** m. (Elektr) || heating (current) circuit || circuit m. de chauffage. **c) ~meßschalter** || heating current measuring switch || interrupteur m. de mesure du courant de chauffage. **d) ~stärke** f. der Verstärkerröhren || heating current intensity of repeater valves || intensité f. du courant de chauffage des lampes amplificatrices. 47
Heiz-stunde f. || heating *or* firing hour || heure f. de chauffage *ou* de chauffe. **a) ~technik** f. || heating technic || techni-

que f. du chauffage. **b) ~tisch** m. ‖ heating tablet ‖ table f. de chauffe. **c) ~tür** f. ‖ fire door; fire box door ‖ porte f. du foyer *ou* de chauffe. **d) ~umschalter** m. der **Antenne** (Funkw) ‖ aerial heating switch ‖ commutateur m. d'échauffement de l'antenne. 1

Heizung f. (das Heizen) ‖ heating; firing; stoking ‖ chauffage m. **a) Abgas~** ‖ waste gas heating ‖ chauffage m. par les gaz perdus. **b) Dampf~** ‖ heating by steam; steam heating ‖ chauffage m. à la vapeur. **c) elektrische ~** ‖ heating by electricity ‖ chauffage m. électrique. **d) Gas~** ‖ gas heating ‖ chauffage m. au gaz. **e) Luft~** ‖ air heating ‖ chauffage m. à l'air. **f) ~** von **Maschinenteilen** ‖ heating of engine pieces ‖ chauffage m. de pièces de machine. **g) Warmluft~** ‖ heating with hot air ‖ chauffage m. à l'air chaud. **h) Warmwasser~** ‖ heating with hot-water pipes ‖ chauffage m. à l'eau chaude. **i) Zentral~** ‖ central system of heating ‖ chauffage m. central. 2

Heizungsanlage f. ‖ heating plant *or* installation ‖ installation f. de chauffage. **a) Dampf~** ‖ steam heater ‖ calorifère f. à vapeur. **b) Warmluft~** ‖ hot air heater; hot air heating apparatus ‖ calorifère f. à air chaud. **c) Warmwasser~** ‖ hot water heater ‖ calorifère f. à eau chaude. 3

Heizungs-apparat m. *s.* Heizungsanlage *und* Heizungsvorrichtung. **a) ~kessel** m. ‖ heating boiler ‖ chaudière f. pour chauffage. 4

Heizungskesselthermometer n. ‖ thermometer for heating boilers ‖ thermomètre m. pour chaudières de chauffage. **a) ~** mit **festem Stutzen** ‖ thermometer for heating boilers with fixed branch ‖ thermomètre m. pour chaudières de chauffage avec tubulure fixe. 5

Heizungsrohr n. ‖ heating pipe ‖ tuyau m. de chauffage *ou* de chaleur. 6

Heizungsvorrichtung f. ‖ heating apparatus *or* arrangement ‖ calorifère f. **a) Dampf~** ‖ steam-heating apparatus ‖ calorifère m. à vapeur. **b) ~ unter dem Fußboden** ‖ hypocaust ‖ hypocauste m. **c) Warmwasser~** ‖ hot-water heating apparatus ‖ calorifère m. à l'eau chaude. **d) Warmluft~** ‖ hot-air heating apparatus ‖ calorifère m. à air chaud. 7

Heiz-vorrichtung f. *s.* Heizungsvorrichtung. **a) ~werk** n., **Erweiterung** f. des ~es und Kraftwerkes ‖ extension of the heating and power station ‖ agrandissement m. de la centrale de chauffage et d'énergie. 8

Heizwert m. ‖ heating *or* calorific power; pyrometric effect ‖ pouvoir m. calorifique; effet m. pyrométrique. **a) ~** der **Kohle** ‖ calorific power of the coal ‖ puissance f. calorifique du charbon. 9

Heizwert-bestimmung f. ‖ determination of the calorific value ‖ détermination f. de la puissance calorifique. **a) ~messer** m. ‖ calorimeter ‖ calorimètre m. 10

Heizwiderstand m. (Elektr) ‖ heat(ing) resistance ‖ résistance f. de chauffage. 11

Hektar n. ‖ hectare ‖ hectare m. 12

Hektograf m. ‖ hectograph ‖ hectographe m. 13

Hektografen-blatt n. ‖ hectographing paper ‖ papier m. hectographique. **a) ~masse** f. ‖ copying paste; hectograph mass *or* pulp ‖ pâte f. à autocopier; composition f. hectographique. **b) ~tinte** f. ‖ copying ink ‖ encre f. à autocopier. 14

hektografischer Abzug m. ‖ hectographic copy ‖ copie f. hectographique. 15

Hektogramm n. ‖ hectogram ‖ hectogramme m. 16

Hektoliter n. ‖ hectoliter ‖ hectolitre m. **a) ~gewicht** n. ‖ weight of an hectolitre ‖ poids m. d'un hectolitre. 17

Helfe f. (Web) ‖ heddle; heald ‖ lisse f. 18

Helfer m. ‖ assistant; helper ‖ aide m.; auxiliaire m. 19

Helgen m. ‖ building slip ‖ cale f. de construction. 20

Heliochromogravure f. ‖ heliochromogravure ‖ héliochromogravure f. 21

Heliografie f. ‖ heliography ‖ héliographie f. 22

Heliogravure f. ‖ heliography ‖ photogravure f. en relief; héliogravure f. 23

Heliometer n. ‖ heliometer ‖ héliomètre m. 24

Helioskop n. ‖ helioscope ‖ hélioscope m. 25

Heliostat m. ‖ heliostate ‖ héliostat m.; poste-lumière m. 26

Heliotrop m. ‖ heliotrope ‖ héliotrope m.; agate f. ponctuée verte. 27

heliozentrisch ‖ heliocentric ‖ héliocentrique. **a) ~er Ort** m. ‖ heliocentric place ‖ place f. héliocentrique. 28

Helium n. ‖ helium ‖ hélium m. **a) Roh~** ‖ crude *or* raw helium ‖ hélium m. brut. 29

Helium-linie f. ‖ helium line ‖ raie f. de hélium. **a) ~röhre** f. ‖ helium valve ‖ lampe f. hélium. 30

Helixgetriebe n. ‖ skew spur-wheel ‖ engrenage m. droit hélicoïde. 31

hell ‖ clear ‖ clair. **a) ~es Bier** n. ‖ light beer ‖ bière f. blonde. **b) ~er Faden** m. auf **dunklem Grunde** (Opt) ‖ bright line on a dark ground ‖ fil m. clair sur fond foncé. **c) ~er Körper** m. ‖ light body ‖ corps m. clair. 32

Hellanpassung f. (Opt.) ‖ bright adaptation ‖ adaptation f. à la lumière. 33

hellblau ‖ light blue ‖ bleu clair. 34

Helle f. (Vergold; Mal) ‖ vermeil ‖ vermeil m. 35

Hellegat n. ‖ store room ‖ soute f. 36

hellen (Vergold; Mal) ‖ to apply the vermeil ‖ vermeillonner. 37

Hellfeld-beobachtung f. (Opt) ‖ bright-field observation ‖ observation f. en fond clair. **a) ~beleuchtung** f. ‖ bright-field illumination ‖ éclairage m. à fond clair. 38

hellgrau n. ‖ light grey ‖ gris clair. 39

hellgrün ‖ light *or* gaudy green ‖ vert clair. 40

Helligkeit f. ‖ brightness; lightness; intensity of light ‖ éclat m.; clarté f. **a) Sonnen~** ‖ brightness of the sun ‖ clarté f. du soleil. **b) spezifische ~** einer **Lampe** ‖ intrinsic intensity of a lamp ‖ éclat m. spécifique d'une lampe. 41

Helligkeits-änderung f. ‖ varying of the intensity *or* luminosity ‖ changement m. de la luminosité. **a) ~stufe** f. ‖ degree of luminosity *or* brightness ‖ degré m. de clarté. **b) ~unterschied** m. ‖ variation in the intensity (of light) ‖ différence f. de clarté. **c) ~veränderung** f. ‖ intensity change ‖ modification f. de la luminosité. 42

Helling f. ‖ slips pl. for shipbuilding; slipway; berth ‖ cale f. de construction *ou* de halage. **a) Aufschlepp~** ‖ hauling-up slip ‖ cale f. de halage. **b) ~** für **Bauten** von **besonderer Form** ‖ slip for vessels of special shape ‖ cale f. spéciale pour la construction de bâtiments de formes peu courantes. **c)** die **~** ist in **Beton** ausgeführt ‖ the shipbuilding yard is made of concrete ‖ la cale f. est construite en béton. **d) Groß~** ‖ building berth for large vessels ‖ cale f. pour grands bâtiments. **e)** die **~e** fpl. (Schiffb) sind als **trogförmige Bassins** ausgeführt ‖ the berths take the form of trough-shaped basins ‖ les cales fpl. sont des bassins en forme d'auge. **f) überdachte ~** ‖ roofed building slip; roofed-over berth ‖ cale f. couverte. **g) Vor~** ‖ breast of slipway ‖ avant-cale f. 43

Helling-anlage f. ‖ ship building plant ‖ installation f. de cale de construction. **a) ~drehkran** m. ‖ slipway crane ‖ grue f. pivotante pour cales sèches. **b) ~gerüstlaufkran** m. ‖ travelling crane on top of the slipway superstructure ‖ charpente f. de cales avec pont roulant. **c) ~kran** m. ‖ shipbuilding crane ‖ grue f. de cale sèche *ou* pour cales de construction. **d) ~mole** f. ‖ berth mole ‖ môle m. de cale. **e) ~ponton** m. ‖ caisson of a building slip ‖ bateau-porte m. du cale de construction. **f) ~winde** f. ‖ shipyard winch ‖ treuil m. pour cales de construction. 44

hellrosa ‖ light pink ‖ rose clair. 45

hellrot ‖ light red ‖ rouge clair. 46

Hellrotglühhitze f. ‖ bright red heat ‖ chaleur f. rouge clair. 47

Helm m. ‖ helmet ‖ casque m. **a) ~** (Schiffb) ‖ helm ‖ barre f. du gouvernail. **b) ~** einer **Destillierblase** ‖ head *or* capital of an alembic ‖ chapiteau m. d'un alambic. **c) ~** und **Kolben** m. (Chem) ‖ still; alembic ‖ alambic m. **d) ~** (Turm) ‖ spire ‖ flèche f. 48

Helm-decke f. (Bauk) ‖ dome; spherical vault ‖ dôme m.; voûte f. sphérique. **a) ~gewölbe** n. (Bauw) ‖ cupola; dome; spherical *or* domical vault ‖ coupole f.; dôme m.; voûte f. en dôme *ou* sphérique. **b) ~keil** m. ‖ wedge for fastening the helve to the hammer ‖ angrois m. d'un marteau. **c) ~loch** (Beil) n. ‖ eye ‖ douille f. **d) ~öler** m. ‖ oil cap ‖ graisseur m. à casque. **e) ~rohr** n. (Destilliergerät) ‖ nose; nozzle; beak ‖ bec m. d'un alambic. **f) ~schnabel** m. ‖ nose; nozzle; beak ‖ bec m. d'un alambic. **g) ~stange** f. (Zimm) ‖ broach post ‖ montant m. à l'impériale. **h) ~stangenspitze** f. ‖ hip knob ‖ épi m. de faîte. **i) ~stock** (Seew) m. ‖ helm ‖ barre f. du gouvernail. 49

Hemd n. ‖ shirt ‖ chemise f. **a) Arbeiter~** ‖ worker's shirt ‖ chemise f. pour ouvriers. **b) Flanell~** ‖ flannel shirt ‖ chemise f. de flanelle. **c) ~** mit **leinenem Brusteinsatz** ‖ linen fronted shirt ‖ chemise f. à plastron toile. **d) Trikot~** ‖ knitted shirt ‖ chemise f. en tricot. 50

Hemd-brett n. (Gieß) ‖ thickness board ‖ échantillon m. de chemise. 51

Hemden-einsatz m. ‖ shirt front ‖ devant m. *ou* plastron m. de chemise. **a) ~flanell** n. ‖ shirt flannel ‖ flanelle f. pour chemises. **b) ~kattun** m. ‖ shirting ‖ shirting m.; calicot m. pour chemises. **c) ~knopf** m. ‖ stud; shirt button ‖ bouton m. pour chemises. **d) ~leinwand** f. ‖ shirting ‖ toile f. à chemises. **e) ~macher** m. ‖ shirt maker ‖ chemisier m. **f) ~näherin** f. ‖ shirt seamstress ‖ chemisière f. **g) ~stoff** m. ‖ stuff for shirts ‖ étoffe f. pour chemises. **h) ~tuch** n. ‖ shirt cloth ‖ drap m. pour chemises. 1

Hemdkragen m. ‖ shirt *or* false collar ‖ col m. de chemise; faux-col m. 2

Hemiedrie f. (Krist) ‖ hemihedrism; hemihedral forms pl. ‖ hémiédrie f.; cristaux mpl. hémièdres. 3

hemiedrische Formen fpl. (Krist) ‖ hemihedrism; hemihedral forms pl. ‖ hémihédrie f.; cristaux mpl. hémièdres. 4

Hemimorphismus m. (Min) ‖ hemihedrism; hemimorphism ‖ hémimorphisme m. 5

Hemimorphit m. ‖ hydrous silicate of zinc; siliceous calamine ‖ hydro-silicate m. de zinc; zinc m. oxydé silicifère. 6

Hemisphäre f. ‖ hemisphere ‖ hémisphère m. 7

hemmen (Masch) ‖ to stop ‖ enrayer. **a)** ein **Rad ~** ‖ to skid *or* to chock *or* to scotch a wheel ‖ enrayer *ou* caler une roue. 8

hemmend ‖ lagging ‖ enrayant. 9

Hemm-kette f. ‖ skid *or* trigger chain ‖ chaîne f. d'enrayure. **a) ~klampe** f., Ruder ‖ rudder stop ‖ arrêt m. du gouvernail. **b) ~leisten** fpl. am **Laufbrett** (Buchdruck) ‖ stops pl. on the carriage ‖ arrêt m. de berceau. **c) ~schraube** f. ‖ set screw ‖ vis-arrêtoir f. 10

Hemmschuh m. ‖ brake *or* skid shoe; scotch *or* stop block ‖ sabot m. de freinage *ou* d'enrayage; taquet m. d'arrêt. **a) ~** aus **Stahlguß** ‖ stop block cast in steel ‖ sabot m. d'enrayage en acier moulé. 11

Hemmung f. (Masch) ‖ stopping; stoppage ‖ enrayage m.; enrayement m.; arrêt m. **a) ~** (Uhrm) ‖ (e)scapement ‖ échappement m. **b) freie ~** ‖ chronometer escapement ‖ échappement m. libre des chronomètres. **c) ruhende ~** ‖ repose escapement ‖ échappement m. à repos. **d) schleifende ~** (Uhrm) ‖ dead beat escapement ‖ échappement m. à l'épine *ou* à repos. **e) zurückspringende ~** ‖ recoil escapement ‖ échappement m. à recul. 12

Hemmungs-lappen m. (Uhrm) ‖ pallet of the escapement ‖ aile f. de l'échappement paillette f. **a) ~rad** n. ‖ escapement *or* balance *or* swing wheel ‖ roue f. de rencontre. 13

Hemmvorrichtung f. ‖ braking device ‖ dispositif m. d'enrayage. **a) ~** (Elektr) ‖ impedance device ‖ dispositif m. de réactance. 14

Hemmzeug n. ‖ trigger; drag; wheel-drag; skid ‖ enrayement m.; enrayure f. 15

Hengsthalter m. ‖ stallion owner ‖ étalonnier m. 16

Henkel m. ‖ bail; handle; ear ‖ anse f. 17

Henkel-former m. (Töpf) ‖ handle maker ‖ mouleur m. de poignées. **a) ~plüsch** m. ‖ loop plush ‖ peluche f. à brides. **b) ~setzer** m. (Töpf) ‖ handler ‖ poseur m. de poignées. 18

Hennegatt n. (Schiffb) ‖ helmport ‖ jaumière f. 19

Henneschott n. ‖ after-breastwork of the forecastle ‖ fronteau m. d'arrière de la teugue. 20

Henry (Elektr) ‖ Henry ‖ Henry. 21

Hepatit m. ‖ hepatite; liverstone ‖ hépatite f., pierre f. hépatique. 22

herabgesetzt ‖ abated ‖ rabattu. 23

herab-gleiten ‖ to slide ‖ glisser. **a) ~setzen** ‖ to diminish ‖ diminuer. **b) ~transformieren** ‖ to step down ‖ réduire le voltage. **c) ~treiben,** das **Formband** n. (Hutmach) ‖ to force down the commander ‖ avaler *ou* faire descendre la ficelle. **d) ~tropfen** (Chem) ‖ to drip ‖ égoutter. 24

Herannahen n. eines **Zuges** ‖ approach of a train ‖ arrivée f. d'un train. 25

herausarbeiten, aus dem gröbsten ‖ to rough-work ‖ dégrossir; ébaucher. 26

herausgearbeitet, aus dem vollen ‖ cut from solid; machined from the solid ‖ façonné dans la matière massive. 27

herausgeben (Buchdr) ‖ to publish; to bring out; to edit ‖ publier; éditer; faire paraître. **a)** im **Selbstverlag** m. **~** ‖ to publish at one's own expense ‖ s'éditer. 28

Herausgeber m. ‖ editor; publisher ‖ éditeur m.; gérant m. 29

herausheben ‖ to remove ‖ enlever. **a)** die **Buchstaben** mpl. mit der **Ahle ~** ‖ to pick-out the letters (pl.) ‖ piquer les lettres fpl. 30

Herauslangen n. der **Lettern** aus dem **Kasten** (Buchdr) ‖ taking the letters pl. out of the letter case ‖ levée f. des lettres de la case. 31

herauslösen (Chem) ‖ to eliminate ‖ éliminer. 32

Heräusmetall n. ‖ metal of Heræus ‖ métal m. de Heræus. 33

herausnehmbarer Einsatzkessel m. ‖ removable inner boiler ‖ chaudière f. intérieure mobile. 34

heraus-nehmen (Form) ‖ to lift out; to take out ‖ déchapper. **a) ~oxydieren** ‖ to oxidise off ‖ éliminer par oxydation. **b) ~schleudern** (Chem) ‖ to spatter ‖ projecter. 35

heraus-schneiden, aus dem **Rohblock** m. einen **massiven Kern ~** (Met) ‖ to cut a solid core out of the ingot in one piece ‖ enlever le métal autour d'un noyau solide. **a) ~schrauben** ‖ to unscrew ‖ dévisser. **b) ~spülen** (Motor) ‖ to expel ‖ chasser. **c) ~treiben** ‖ to drive out ‖ retirer; repousser. 36

herausziehen ‖ to withdraw ‖ retirer. **a)** die **Feuer** npl. **~** ‖ to draw the fires pl. ‖ mettre bas les feux mpl. **b)** den **Keil** m. **~** ‖ to take out the wedge ‖ décoincer; décoinser. **c) wagerecht ~** ‖ to withdraw horizontally ‖ enlever horizontalement. 37

herb ‖ harsh; sharp; acrid ‖ âcre; âpre; rude. **a) ~** (Wein) ‖ dry ‖ dur; sec. 38

Herbst m. ‖ autumn ‖ automne m. 39

Herbst-äquinoktium n. ‖ autumnal equinox *or* point ‖ équinoxe m. *ou* point m. équinoxial de l'automne. **a) ~ernte** f. ‖ autumn crop ‖ moisson f.; récolte f. d'automne. **b) ~holz** n. ‖ autumn timber ‖ bois m. d'automne. **c) ~punkt** m. ‖ autumnal point ‖ point m. automnal. 40

Herbstzeitlose-samen m. ‖ colchicum seed ‖ semence f. de colchique. **a) ~wurzel** f. ‖ colchicum corn ‖ racine f. de colchique. 41

Herd m. (Bergb) ‖ buddle; frame ‖ table f.; buddle m. **a) ~** (Gieß) ‖ open sand; bottom *or* ground *or* floor of the moulding room ‖ sole f. au moulage. **b) ~** (Küche) ‖ range ‖ poêle f. **c) ~** (Met) ‖ hearth; forge; fire ‖ foyer m.; feu m.; four m. **d) ~** eines **Blocks** (Seew) ‖ ass *or* crown *or* tail of a block ‖ cul m. *ou* queue f. d'une poulie. **e) fahrbarer ~** (Met) ‖ movable hearth ‖ sole f. mobile. **f) ~** des **Flammofens** ‖ hearth *or* bed *or* floor *or* sole of the reverberatory furnace ‖ foyer m. du four à réverbère. **g) Frisch~** ‖ refining hearth ‖ forge f. d'affinerie. **h) ~** eines **Grenadierblocks** (Seew) ‖ saddle of a monkey block ‖ arçon m. d'une galoche. **i) ~** eines **Hochofens** ‖ hearth of a high-furnace ‖ foyer m. d'un haut-fourneau. **k) Koch~** ‖ cooking range ‖ fourneau m. à cuire. **l) Rund~** (Aufber) ‖ circular convex concentrator ‖ table f. tournante. **m) ~** des **Scheibengatts** ‖ bottom of the sheave hole ‖ fond m. de la mortaise *ou* du clamp. **n) ~** des **Treibofens** ‖ hearth of the refining furnace ‖ fond m. de coupelle. 42

Herd-ansatz m. (Met) ‖ hearth-accretion ‖ agrandissement m. de foyer. **a) ~blei** n. (Met) ‖ furnace-lead ‖ plomb m. de foyer. **b) ~einsatz** m. ‖ hearth casing ‖ caisse f. à foyer. 43

Herder m. (Spinn) ‖ harl; lint ‖ filasse f. 44

Herd-fertigung f. ‖ stove manufacture ‖ fabrication f. de fourneaux. **a) ~feuerung** f. ‖ fire place of a kettle *or* caldron ‖ âtre m. de chaudron. **b) ~form** f. (Gieß) ‖ open sand-mould; hearth mould ‖ moule m. découvert. **c) ~formerei** f. (Gieß) ‖ open-sand moulding *or* casting ‖ moulage m. à découvert. **d) ~frischen** n. ‖ decarburization in the open hearth furnace; refining in low hearth ‖ affinage m. au bas-foyer. **e) ~glas** n. (Glasf) ‖ glass which has flown into the hearth ‖ picadil m. 45

Herdguß m. (Erzeugnis) ‖ open-cast iron; sand casting iron ‖ fer m. fondu à découvert. **a) ~** (Tätigkeit) ‖ open sand-casting ‖ coulage m. à découvert; fonte f. à découvert. 46

Herd-ofen m. ‖ open-hearth furnace ‖ four m. Siemens-Martin. **a) ~platte** f. eines **Kamins** ‖ hearth of a fire-side ‖ plaque-foyer m. de cheminée; âtre m. **b) ~raum** m. des **Flammofens** ‖ body of a reverberatory furnace ‖ laboratoire m. *ou* chauffe f. du four à réverbère. **c) ~schlacke** f. ‖ slag; slack ‖ mâchefer m. **d) ~stein** m. ‖ hearth-stone ‖ pierre f. de cheminée. **e) ~vernickelung** f. ‖ furnace nickel-plating ‖ nickelage m. pour foyers de cuisine. **f) ~zacken** m. ‖ hearth-plate ‖ plaque f. d'âtre. 47

Hering m. (Zelt) ‖ peg ‖ piquet m. 48

Herings-büse f. ‖ herring-buss ‖ buse f. **a) ~fang** m. ‖ herring fishing ‖ harengaison f. **b) ~fischer** m. ‖ herring fisherman; herringer ‖ pêcheur m. de harengs. **c) ~netz** n. ‖ sweep net ‖ aplet m.; harenguière f. **d) ~öl** n. ‖ herring oil ‖ huile f. de hareng. **e) ~packer** m. ‖ herring bareller *or* packer ‖ encaqueur m. de harengs. **f) ~räucherer** m. ‖ herring smoker ‖ préparateur m. de harengs fumés. **g) ~salzer** m. ‖ herring salter ‖ saleur m. de harengs. **h) ~tonne** f. ‖ herring keg ‖ caque f. à harengs. **i) ~werk** n. (Maur) ‖ herring bone work ‖ arête f. de poisson. 49

Herkunft f. (einer Ware) ‖ origin ‖ origine f. 50

hermetisch ‖ airproof; hermetical ‖ hermétique. 51

Herrenanzugstoff m. ‖ stuff for gentlemen's clothing ‖ étoffe f. pour habillement d'homme. 52

Herrenbrett n. (Zimm) ‖ half-plank; half-inch plank; shelf ‖ planche f. *ou* ais m. de demi-pouce d'épaisseur. 53

Herrenhut m. || gentlemen's hat || chapeau m. pour hommes. **a) ~band** n. || ribbon for gentlemen's hats || ruban m. pour chapeaux d'hommes. 1

Herren-kleidung f. || gentlemen's garments pl.; gentlemen's cloth || vêtements mpl. d'hommes. **a) ~konfektion** f. || ready made clothes for gentlemen || confection f. pour hommes. **b) ~maßschneiderei** f. || gentlemen's tailoring to measure || vêtements mpl. sur mesure pour hommes. **c) ~rad** n. || man's bicycle || bicyclette f. d'homme. **d) ~schneider** m. || gentlemen's tailor || tailleur m. pour hommes. **e) ~schneiderartikel** mpl. || requisites pl. for gentlemen's tailors || articles mpl. pour tailleur pour hommes. **f) ~schuhwaren** fpl. || gentlemen's boots and shoes || chaussures fpl. pour hommes. **g) ~wäsche** f. || gentlemen's linen || linge m. pour hommes. 2

herrschende Windrichtung f. || prevailing wind direction || direction f. dominante du vent. 3

herstellen, fabrikmäßig || to manufacture || fabriquer à l'atelier. **a) industriell ~** || to manufacture industrially || fabriquer industriellement. **b) maschinell ~** || to make by machine || fabriquer à la machine. **c)** in **Reihen** fpl. **~** || to produce by series || produire en série. **d) sachgemäß ~** || to make with appropriateness || préparer judicieusement. **e) vorteilhaft ~** || to produce with great advantage || fabriquer avantageusement. 4

Hersteller m. || manufacturer || fabricant m. 5

Herstellung f. || manufacturing; making || fabrication f. **a) fabrikmäßige ~** || industrial manufacturing || fabrication f. industrielle. 6

Herstellungs-fehler m. || defect *or* error of fabrication || défaut m. de fabrication. **a) ~genauigkeit** f. || accuracy of construction || exactitude f. d'exécution. **b) ~kosten** pl. || production cost || frais mpl. de fabrication. **c) ~preis** m. || cost price || prix m. de revient. **d) ~recht** n. || manufacturing rights pl. || droit m. de fabrication. **e) ~verfahren** n. || production process || procédé m. suivi *ou* de fabrication. **f) ~weise** f. || way of manufacturing || mode f. de fabrication. **g) ~wert** m. || selfcost || prix m. de revient. 7

Hertz-scher Doppelpol m. || Hertzian doublet || dipôle m. hertzien. **a) ~sche Funktion** f. || Hertz' radiation integral || fonction f. hertzienne. **b) ~scher Sender** m. || Hertzian oscillator || oscillateur m. hertzien. 8

herumirrender Strom m. || stray current || courant m. vagabond. 9

herunterdrücken, mehrere Tasten fpl. **zu gleicher Zeit ~** (Schreibm) || to depress several keys at one time || abaisser plusieurs touches fpl. à la fois. **a)** die **Spannung ~** || to step down the voltage || réduire la tension. 10

herunter-fieren || to lower *or* to ease down || amener. **a) ~gehen, im Gleitflug** m. || to flatten out || descendre en vol m. plané. **b) ~holen** (Seew) || to haul *or* to clew down || haler bas. 11

herunterklappbar || folding down; hinged (A) || rabattable *ou* repliable vers le bas. **a) ~er Tischflügel** m. || hinged table flap || tablette f. réversible. 12

herunterklappen, das **Verdeck** || to put the hood down || baisser la capote. 13

Herz n. || heart || cœur m. **a) ~** (Schiffsmast) || heart; spindle || âme f.; mêche f. **b) ~** eines **gerösteten Erzes** || core *or* kernel of a roasted ore || partie f. intérieure demicalcinée d'un minerai grillé. **c) ~** eines **Taues** || heart of a rope || mèche f. *ou* âme f. d'une corde. 14

Herz-bindsel n. || throat seizing || amarrage m. en étrive. **a) ~kausche** f. || heart-shaped thimble || cosse f. en forme de cœur. **b) ~klopfen** n. || heart-beating || battements mpl. du cœur. **c) ~kurve** f. (Mech) || cardioid || cardioïde f. **d) ~scheibe** f. || heart-wheel || roue f. *ou* noix f. *ou* excentrique m. en cœur. **e) ~spitze** f. (Weiche) || point of a crossing; frog point || pointe f. de cœur *ou* du croisement. 15

Herzstück n. (Eisenb) || frog point || pointe f. de cœur. **a) Doppel~** (Eisenb) || double frog || cœur m. double. **b) einfaches ~** (Eisenb) || frog || cœur m. simple de voie. **c) ~** mit **Flanschen** || crossing with wheel flange ramp || cœur m. avec semelle guide-bourrelet. **d) ~** mit **geschmiedeter Flußstahlspitze** (Eisenb)|| frog with forged steel point || cœur m. de croisement avec pointe forgée en acier. **e) Gußstahl~** || cast steel crossing *or* frog || croisement m. en acier fondu. **f) Hartguß~** (Eisenb.) || case-hardened frog *or* crossing || croisement m. en fonte en coquille. **g) ~** einer **Kreuzung** || tongue of a crossing; cross frog || pointe f. de cœur d'un croisement. **h) Manganstahl~** (Eisenb) || manganese steel frog || cœur m. en acier manganèse. **i) ~** des **Mühlsteins** || heart of millstone || cœur m. du meule. **k) Schalenguß~** (Eisenb) || chilled cast-iron frog || croisement m. *ou* cœur m. de fonte en coquille. **l) Schienen~** (Eisenb) || built-up frog || cœur m. composé de rails. **m) Stahlguß~** (Eisenb) || steel-cast frog || cœur m. en acier moulé. 16

Herzstück-neigung f. (Eisenb) || angle of crossing || déviation f. du cœur. **a) ~spitze** f., im Gesenk geschmiedete (Eisenb) || die-forged point of frog || pointe f. de cœur matricée. **b) ~unterlagsplatte** f. (Eisenb) || base plate for frog || plaque f. de surhaussement pour cœur. 17

Herzwinkel m. || number *or* angle of the frog || angle m. du croisement. 18

Hessian n. (Textil) || hessian || hessiane f. 19

Hessonit m. || essonite; cinnamon stone || essonite f. 20

Heterodyne m. || heterodyne || hétérodyne m. 21

Heterodynempfang m. || heterodyne reception || réception f. sur hétérodyne. 22

heterogen || heterogeneous || hétérogène. 23

Hetzjagd f. || hunt; hunting; coursing; chase || chasse f. à courre. 24

Heu n. || hay || foin m. 25

Heu-baum m. || hay pole *or* tree || arbre m. (pour serrer le foin sur la voiture). **a) ~binder** m. || hay binder || botteleur m. de foin. **b) ~boden** m. || hay loft || grenier m. à foin. 26

Heuer f. (Seew) || wages pl. || loyer m.; salaire m.; paye f.; solde f. 27

Heuer-amt n. || shipping office || bureau m. de l'inscription maritime. **a) ~geld** n. || sailor's wages pl. || paye f. des matelots. **b) ~baas** m. || shipping master || courtier m. de mâtelots. 28

heuern (ein Schiff) || to hire || affréter. 29

Heu-erntemaschine f. || harvesting machine for hay; hay making machine || machine f. à récolter le foin; machine f. de fenaison. 30

Heuerrückstand m. || claims pl. respecting the wages of the crew || décompte m. 31

Heugabel f. || hay fork; pitchfork || fourche f. à foin *ou* à faner. 32

Heulen n. der **Zahnräder** || humming of gears || ronflement m. des engrenages. 33

Heuleranruf m. (Fernm) || howler connection || appel m. par hurleur. 34

Heultonne f. || whistle buoy; hawling buoy (A) || bouée f. mugissante *ou* à mugissements; bouée f. à trompe *ou* à sifflet. 35

Heu-macher m. || hay maker || faneur m. **a) ~presse** f. || hay press || presse f. à foin. **b) ~rechen** m. || hay rake || râteau m. (à foin). 36

Heurtleyrelais n. || Heurtley's magnifier || relais m. Heurtley. 37

Heu-scheuer f. || hay barn || fenil m. **a) ~wendemaschine** f. || hay tedder || faneuse f. (mécanique). **b) ~wenden** n. || tedding || fanage m. 38

Heuwender m. || tedder; hay sedder *or* kicker || machine f. à retourner le foin; faneuse f.; râteau-faneur m. **a) Gabel~** || fork type tedder || faneuse f. à fourches. **b) Trommel~** || reel tedder || râteau-faneur m. à tambour. 39

Hexachloräthan n. || hexachloræthan || hexachloræthan m. 40

Hexaeder m. || cube; hexaedron || cube m.; hexaèdre m. 41

Hexakistetraeder m. || hexakistetrahedron || hexakistétraèdre m. 42

Hexamethylentetramin n. || hexamethylene-tetramine || hexamétylènetétramine f. 43

Hickoryholz n. || hickory-wood; hickory || hickory m. 44

Hieb m. || stroke; blow || coup m. **a) Bastard~** (Feil) || bastard cut || taille f. bâtarde. **b) Feilen~** || cut of file || taille f. de lime. **c) feiner ~** || smooth-cut || fine taille f.; taille f. douce. **d) grober ~** (Feile) || rough cut || grosse taille f. **e) Schlicht~** (Feilenh) || fine cut || taille f. douce. **f) ~** der **Zahneisen** || cut of tooth irons || taille f. des rabots à dents. 45

Hieb-fläche f. (Wald) || felling area || parterre m. des coupes. **a) ~folge** f. (Wald) || succession of cuttings || succession f. des coupes. 46

Hienfongessenz f. || Hienfong essence || essence f. Hienfong. 47

hieven || to heave in || virer. **a) auf- und nieder~** || to heave a-peak || virer à pic. 48

Hilfe f. || help; assistance; aid || aide f.; assistance f. **a) erste ~** bei **Unglücksfällen** || first aid treatment in case of accidents || premier secours m. en cas d'accidents. **b) ~ leisten** || to help || donner un coup de main. **c) mit ~ von** || assisted by || aidé par. 49

Hilfsaggregat n. für **Schiffe** || auxiliary unit on board || groupe m. auxiliaire pour navires. **a) ~** für **Seeschiffe** und **Binnenschiffe** || auxiliary set for sea and river craft || groupe m. auxiliaire pour la navigation maritime *ou* fluviale. 50

Hilfs-arbeiter m. || assistant || aide-ouvrier m. **a) ~bahn** f. (Eisenb) || auxiliary railway || chemin m. de fer provisoire; voie f. auxiliaire. **b) ~bahnwärter** m. || linekeeper's assistant || garde m. auxiliaire.

c) **~batterie** f. || subsidiary battery || pile f. auxiliaire. 1

Hilfsbehälter m. || auxiliary tank || réservoir m. auxiliaire. a) ~ für **Kraftstoff** || fuel reserve tank || réservoir m. à combustible de réserve. 2

Hilfs-betriebe mpl. || auxiliary shops pl. and installations pl. || services mpl. auxiliaires. a) **~brennstoffbehälter** m. || fuel reserve tank || réservoir m. à combustible de réserve. b) **~brunnen** m. (Kabel) || auxiliary manhole || chambre f. auxiliaire. c) **~düse** f. || auxiliary jet || gicleur m. auxiliaire. d) **~federung** f. || supplementary spring || ressort m. compensateur. e) **~felge** f. || extra rim || jante f. de réserve. f) **~flügel** m. || auxiliary wing || aile f. auxiliaire. g) **~funkenstrecke** f. || auxiliary spark gap || aide-éclateur m. à étincelle. 3

Hilfsgitter n. (Funkw) || auxiliary grid || grille f. auxiliaire. a) **~spannung** f. (Funkw) || auxiliary grid voltage || tension f. de grille auxiliaire. 4

Hilfs-heizer m. || assistant stoker || aide-machiniste m. a) **~hubwerk** n. || auxiliary lift of crane; auxiliary hoisting gear *or* tackle || chariot m. *ou* treuil m. auxiliaire; petit levage m. b) **~joch** n. || false *or* temporary frame || faux-cadre m. c) **~kessel** m. || auxiliary *or* donkey boiler || chaudière f. auxiliaire. d) **~knotenamt** n. (Fernm) || auxiliary centre office || bureau m. auxiliaire de transit. e) **~kranz** m. (Bergb) || temporary *or* false frame || faux cadre m. f) **~kreuzer** m. || auxiliary cruiser || croiseur m. auxiliaire. g) **~kühler** m. || booster radiator || radiateur m. auxiliaire. 5

Hilfsmaschine f. (Lok) || pilot *or* auxiliary engine; auxiliary *or* assistant machine || machine-pilote f.; machine f. auxiliaire. a) **Schiffs~** || marine auxiliary machine || machine f. auxiliaire de bord. b) **Walzwerk~** || auxiliary machine for rolling mills || machine f. auxiliaire pour laminoirs. 6

Hilfs-maschinist m. || assistant engineer *or* machinist || contre-maître m. mécanicien; aide-machiniste m. a) **~mikroskop** n. || auxiliary microscope || microscope m. auxiliaire. b) **~motor** m. || servomotor || servo-moteur m. c) **~pfosten** m. || adjoining-post || poteau m. de soutien *ou* de réserve. d) **~phase** f. || auxiliary phase || phase f. auxiliaire. e) **~phasenwicklung** f. || auxiliary-phase winding || enroulement m. de phase auxiliaire. f) **~platz** m. (Fernm) || helping-out position || position f. auxiliaire. g) **~puddler** m. || underhand puddler || aide-puddleur m. h) **~rad** n. (Auto) || spare wheel || roue f. de secours *ou* de rechange. i) **~rahmen** m. (Auto) || sub-frame || faux-châssis m. k) **~schieber** m. || auxiliary slide-valve || tiroir m. auxiliaire. 7

Hilfsschiff n. || auxiliary vessel || bâtiment m. auxiliaire. a) ~ für die **Korallenfischerei** || tender for coral fishers || navire m. auxiliaire pour la pêche du corail. b) ~ für **Unterseeboote** || submarine depot ship || bâtiment m. de sauvetage de sous-marins. 8

Hilfs-schwimmer m. (Wasserflugzeug) || wing-tip float || ballonet m. de bout d'aile. a) **~spiegel** m. || auxiliary mirror || miroir m. auxiliaire. b) **~spinner** m. || head piecer; spare spinner || caporal m.; fileur m. supplémentaire. c) **~standlinie** f. (Verm) || base of verification || base f. de vérification. d) **~vorrichtung** f. || auxiliary apparatus *or* device || organe m. auxiliaire; appareils mpl. accessoires. e) **~wagen** m. || emergency car || camion m. de secours. f) **~wärter** m. || line-keeper's assistant || garde m. auxiliaire. g) **~welle** f. || intermediate shaft || arbre m. intermédiaire. h) **~zug** m. (Eisenb) || safety train; life train || train m. de secours. i) **~zündvorrichtung** f. || auxiliary ignition device || dispositif m. d'allumage auxiliaire. 9

Himbeere f. || raspberry || framboise f. 10

Himbeersaft m. || raspberry juice || sirop m. de framboises. 11

Himmel m. || sky || ciel m. a) **bedeckter ~** || overcast sky || ciel m. couvert. b) **bewölkter ~** || cloudy sky || ciel m. nuageux. c) **blauer ~** || bright sky || ciel m. brillant. d) **klarer ~** || clear sky || ciel m. clair. e) ~ mit **Schäfchenwolken** fpl. || lamb's wool sky || ciel m. pommelé. 12

himmelblau || sky blue; azure || bleu ciel; azuré. 13

Himmelblaufärber m. || azure dyer || azureur m. 14

Himmels-gegend f. || cardinal point || point m. cardinal. a) **~globus** m. || celestial globe || globe m. céleste. b) **~karte** f. || astronomical *or* celestial chart; map of the stars || carte f. céleste *ou* astronomique. c) **~mehl** n. || earthly gypsum || chaux f. sulfatée saccharoïde. d) **~wölbung** f. || vault of the sky; celestial globe || voûte f. céleste. 15

hinab || down || vers le bas. 16

hinablassen (Bergb) || to let down; to lower || abaisser. 17

hinauf || up || vers le haut. 18

hinauf-fahren, einen **Schacht** m. || to climb up a shaft || remonter un puits. a) **~transformieren** || to step up || survolter. 19

Hindernis n. || obstruction || encombrement m. a) ~ auf der **Strecke** || impediment on the line || obstacle m. sur la route. 20

Hindernis-feuer n. || obstruction light || feu m. d'obstacle. a) **~räumer** m. (Kampfwagen) || wire puller; wire-pulling tank || char m. chasse-fil. 21

hineinstecken, Geld n. **~ in** || to invest money in || s'intéresser avec du capital dans. 22

hin und her || to and fro || va-et-vient. 23

hin- und herbewegen, etwas || to move to and fro || déplacer quelque chose dans un sens et dans l'autre. 24

Hin- und Herbewegung f. || motion to and fro; reciprocating movement || mouvement m. de va-et-vient. 25

Hin- und Herschwanken n. (Lok) || tailing *or* rocking motion || mouvement m. de lacet. 26

Hin- und Rückleitung f. || up and down line; go and return line || ligne f. d'aller et de retour. 27

Hin- und Rückreise f. || voyage out and in || voyage m. d'aller et de retour. 28

hinten || behind; in the rear; at the back || derrière; au fond. 29

Hinterachs-antrieb m. || final drive || transmission f. aux roues arrières; commande f. de l'essieu d'arrière. a) **~brücke** f. || rear axle || pont m. arrière. 30

Hinterachse f. (Lok) || trailing axle || essieu m. arrière. a) ~ (Wagen) || rear *or* hind axle (tree) || essieu m. de derrière; essieu m. arrière. b) **kurvenbewegliche ~** (Eisenb) || radial end axle || essieu m. arrière à orientation radiale par engrenages. 31

Hinterachs-führung f. (Auto) || rear axle guide || guide f. pour essieu arrière. a) **~gehäuse** n. || rear axle housing || carter m. du pont arrière. b) **~rohr** n. || rear axle tube || tube m. du pont arrière *ou* d'essieu arrière. c) **~schale** f. (Wagenb) || hind-bolster || sellette f. de derrière. d) **~schubstange** f. (Auto) || radius rod || bielle f. de poussée. e) **~strebe** f. || rear axle tie-bar || contre-fiche f. du pont arrière. f) **~trichter** m. || flared tube of rear axle || cône m. tubulaire du pont arrière. g) **~unterzug** m. || rear axle tie-rod || tendeur m. du pont arrière. h) **~welle** f. || axle shaft || arbre m. de roue motrice. i) **~wellenrad** n. || differential side gear || roue f. dentée du différentiel. 32

Hinter-ansicht f. || back-view *or* plan || élévation f. de derrière. a) **~boden** m. (Kessel) || back plate; back end plate || fond m. arrière. b) **~brücke** f. (Wagenb) || rear axle || pont m. arrière. c) **~damm** m. || back dike || arrière-digue f. *ou* bord m. d) **~deck** n. || quarter-deck; companion || château m. de derrière; dôme m. e) **~deckel** m. des **Zylinders** || back cover; cylinder back end || couvercle m. arrière. f) **~deich** m. || back dike || arrière-digue f. *ou* -bord. g) **~docke** f. || back-puppet || poupée f. de derrière. 33

Hinterdrehbank f. || relieving *or* backing-off lathe || tour m. à détalonner *ou* à dépouiller. a) **Universal~** || universal relieving lathe || tour m. à détalonner universel. 34

hinterdrehen || to relieve; to back off || dépouiller; dégager; détalonner. 35

Hinterdrehkurve f. (Werkzeugmasch) || relieving cam; relief curve || courbe f. de détalonnage. 36

hinterdrehter Fräser m. || milling cutter backed for clearance || fraise f. dégagée. 37

Hinterdrehvorrichtung f. || relieving apparatus || appareil m. à dépouiller *ou* à détalonner. 38

Hinterebbe f. || end of the ebb || fin f. du jusant. 39

hintereinander (Elektr) || in series pl. || en série f. a) **~ angeordnet** || placed *or* arranged in tandem || installés pl. en tandem. b) **~schalten** (Elektr) || to connect *or* to join in series pl. || réunir *ou* monter en série f. 40

Hintereinanderschaltung f. (Elektr) || series connection || montage m. en série. 41

Hinterfeder f. (Auto) || rear spring || ressort m. arrière. a) **~bock** m. || rear spring bracket || support m. de ressort arrière. 42

Hinterflügel m. (Bauk) || back wing; retreating part || arrière-corps m. d'un bâtiment. 43

hinterfräsen || to relief-mill || dépouiller à la fraise. 44

Hinterfräsmaschine f. || relief milling machine || machine f. à dépouiller à la fraise. 45

Hinterfüllung f. (Wasserb) || backing || terre-plein m. a) ~ mit **Auflast** || backing higher than the wall || terre-plein m. surchargé. 1

Hinter-gabel f. (Motorrad) || back fork || fourche f. arrière. **a) ~gebäude** n. || back house || bâtiment m. de derrière. 2

Hintergestell n. (Auto) || back stand || support m. d'arrière. **a) ~** (Hochofen) || back part; inner crucible || creuset m. de derrière *ou* intérieur. **b) ~** (Wagenb) || hind carriage || arrière-train m.; train m. de derrière. 3

hintergießen, das **Galvano** (Buchdr) || to back up *or* to back the shell || doubler la coquille galvanoplastique. 4

Hintergießmetall n. (Buchdr) || backing metal || métal m. de doublage. 5

Hinter-glied n. eines **Verhältnisses** || consequent of a ratio || conséquent m. *ou* dénominateur m. d'un rapport. **a) ~-graben** m. || back drain || fossé m. en arrière. 6

Hintergrund m. (Mal) || back ground || fond m. **a) ~** der **Bühne** || back ground of the stage || fond m. de la scène. 7

Hinter-hof m. mit **Garten** || xystus || xyste m. **a) ~höhe f.** (Bauw) || stile || fausse-pièce f. **b) ~holm** m. || rear spar || longeron m. arrière. **c) ~kappe** f. (Schuhm) || stiffening || contrefort m. **d) ~kappenzuschneider** m. (Schuhm) || stiffening cutter || coupeur m. de contreforts. **e) ~kipper** m. || end tipper || camion m. basculant d'arrière. **f) ~klüse** f. (Schiffb) || cat hole || écubier m. de retraite. **g) ~knobben** m. eines Hochofens || back of a blast furnace || rustine f. d'un haut-fourneau. **h) ~lader** m. || breech loader || arme f. à feu se chargeant par la culasse. **i) ~lage** f. (Glasf) || scale board for the back of small looking-glasses || derrière m. de glace. 8

hinterlastig (Schiffb) || by the stern || sur l'arriére m. 9

Hinter-linse f. || back lens || lentille f. arrière. **a) ~luke** f. (Schiffb) || after-hatchway || écoutille f. de poupe. **b) ~-mauerung** f. || backing || maçonnerie f. de remplissage. **c) ~mauerungsstein** m. || lining brick; backing stone || brique f. d'intérieur *ou* de remplissage. **d) ~pflicht** f. || after cuddy || tille f. de l'arrière. 10

Hinterrad n. || hind *or* trailing *or* rear wheel || roue f. arrière *ou* de derrière. 11

Hinterrad-antrieb m. || rear-axle *or* back-wheel *or* rear-wheel drive || transmission f. à roue arrière *ou* sur l'arrière; commande f. des roues arrières. **a) ~-bremse** f. || back-wheel *or* rear-wheel brake || frein m. de roue arrière. **b) ~-felgenbremse** f. || back-wheel rim brake || frein m. sur la jante de la roue arrière. **c) ~gabel** f. || rear cycle fork || fourche f. d'arrière. **d) ~gabelverbindung** f. || back fork bridge || entretoise f. de fourche arrière. **e) ~nabe** f. || rear wheel hub || moyeu m. de roue arrière. 12

Hinterradreifen m. (Auto) || back tire || pneu m. arrière. **a) ~bremse** f. || back-wheel tire brake || frein m. sur le pneu de la roue arrière. 13

Hinterradsatz m. || rear wheel pair || train m. de roues arrière. 14

Hinter-reifen m. || back tire || pneu m. arrière. **a) ~riemen** m. (Seew) || stroke oar || aviron m. de chef de nage. **b) ~-schiff** n. || stern; afterbody; hind part || arrière m.; poupe f. 15

Hinterschleifeinrichtung f. || relief grind ing attachment || appareil m. à dépouiller à la meule. **a) Fräser~** || milling cutter relief grinding attachment || appareil m. à rectifier les flancs de dents des fraises-mères. 16

hinterschleifen || to relief-grind || dépouiller à la meule. 17

Hinterschleifmaschine f. || relief grinding machine || machine f. à dépouiller à la meule. **a) Spiralbohrer~** || twist drill relief grinding machine || machine f. à dépouiller à la meule les mèches hélicoïdales. 18

Hintersteven m. || rudder post; stern post || étambot m. **a) ~knie** n. || knee of the sternpost; sternson || courbe f. d'étambot. 19

Hinter-strang m. || hind *or* shaft-trace || trait m. de derrière. **a) ~stützen** fpl. (Bergb) || caps pl. || supports mpl. à charnières. 20

Hintertau n. (Sattl) || hind *or* shaft trace || trait m. de derrière. **a) ~** (Seew) || stern fast || amarre f. de poupe; croupière f. 21

Hinter-treppe f. || back-stairs pl. || escalier m. dérobé ou dégagé. **a) ~tür** f. || back door; postern || fausse-porte f.; poterne f. **b) ~wagen** m. || hind carriage || arrière-train m.; train de derrière. 22

Hinterwand f. (Kessel) || back plate; back end plate || fond m. arrière. **a) ~** (Wagenb) || tail rack; hind board || hayon m. de derrière. **b) ~** eines **Kamins** || back of a chimney || contre-cœur m. de cheminée; plaque f. de feu. 23

hinterwärts || abaft; aft || à *ou* de l'arrière. 24

Hinter-zange f. (Hobelbank) || end screw || presse f. de derrière. **a) ~zacken** m. (Frischherd) || back *or* ash plate || taque f. de fond; herre f.; haire f.; rustine f.; plaque f. *ou* taque f. de rustine. 25

hinweglaufen über (Relais) || to ride over || passer par-dessus. 26

Hinweisstöpsel m. (Fernm) || indicating peg || fiche f. indicatrice. 27

Hinzufügung f. || adjunct; addition || adjonction f. 28

hinzugeben (Chem) || to add || ajouter. 29

Hippe f. (Gärtnermesser) || bill hook; hedging *or* gardening knife || serpe f.; serpette f. **a) ~** (Sense) || scythe || faux f. **b) ~** (Sichel) || sickle || faucillon m.; faucille f. **c) kalabrische ~** || calabrian bill || serpe f. calabraise à soie. **d) kleine ~** || sickle bill || serpillon f. 30

Hippursäure f. || hippuric acid || acide m. hippurique. 31

Hirn-fläche f. (Holz) || cross-cut end || surface f. de bout. **a) ~fuge** f. || butt joint || joint m. en about. **b) ~holz** n. || cross-cut *or* end-grained wood; end grain || bois m. de bout. 32

Hirnleiste f. || cross piece; cross beating of a door-valve; wooden clamp || emboîture f. **a)** ein **Brett** n. **mit ~n versehen** || to clamp a board || emboîter une planche. 33

Hirn-ring m. (Zimm; Schmied) || ferrule; ferrel; hoop || frette f.; virole f.; étrier m. **a) ~schnitt** m. (Holz) || end *or* pin way cut; end-grained *or* cross cut || coupe f. transversale. **b) ~seite** f. (Holz) || cross *or* end *or* pin way of the grain; end grain || côté m. de la moelle. 34

Hirschfänger m. || hanger; cutlass || couteau m. de chasse; coutelas m. 35

Hirschhorn n. || hartshorn || corne f. de cerf. **a) gebranntes ~** || charred *or* burnt hartshorn || corne f. de cerf calcinée. **b) künstliches ~** || artificial hartshorn || corne f. de cerf artificielle. 36

Hirschhorn-öl n. || oil of hartshorn || huile f. de corne de cerf. **a) ~salz** n. || smell salt; sal volatile; hartshorn salt; ammonium carbonate || sel m. volatile; sel m. de corne de cerf; carbonate m. d'ammonium. 37

Hirschtalg m. || suet of deer; stag fat || suif m. *ou* graisse f. *ou* axonge m. de cerf. 38

Hirse f. || millet || mil m.; millet m. 39

Hirsenmühle f. || millet mill || moulin m. à millet. 40

Hirsestroh n. || millet straw || paille f. de millet. 41

Hirt m. || herd; herdsman; beastman; shepherd || berger m.; pâtre m.; bouvier m.; vacher m.; pasteur m.; gardien m. de troupeaux. 42

Hirtentäschelkraut n. || shepherds purse || herbe f. de panetière. 43

hissen || to haul; to hoist; to pull up; to sway up; to rise up || haler; hisser; palanquer. **a)** die **Flagge ~** || to hoist the flag *or* the colours || hisser *ou* arborer le pavillon. **b) Hand** f. über **Hand ~** || to haul hand over hand *or* hand over fist; to palm in || hisser main f. sur main. 44

Hißtau n. || tackle rope || corde f. de poulie. 45

histologisch || histological || histologique. 46

historisch || historical || historique. 47

Hittorfsche Röhre f. (Elektr; Phys) || Hittorf-tube || tuyau m. d'Hittorf; tube f. d'Hittorf. 48

Hitzdraht m. || hot wire || fil m. thermique. 49

Hitzdraht-amperemesser m. || hot-wire ammeter || ampèremètre m. thermique. **a) ~galvanomesser** m. || hot wire galvanometer || galvanomètre m. à fil chauffé. **b) ~instrument** n. || hot-wire instrument || instrument m. à fil chaud. **c) ~meßgerät** n. || hot-wire instrument || appareil m. à fil chaud. **d) ~relais** n. || hot wire relay || relais m. thermique. **e) ~spannungsmesser** m. || hot wire voltmeter || voltmètre m. à fil chaud. **f) ~strommesser** m. || hot-wire ammeter || ampèremètre m. à fil chaud. **g) ~voltmesser** m. || hot-wire voltmeter || voltmètre m. thermique. 50

Hitze f. || heat || chaleur f. **a) ~** (Schmied) || heat || chaude f. **b) abgehende ~** || waste heat || chaleur f. perdue. **c)** das **Auswalzen** n. erfolgt in einer **~** || the rolling out is done in one heat || le laminage m. se fait dans une seule chaude. **d)** der Block m. wurde **in x ~n unter einer Presse ausgeschmiedet** || the ingot was forged out under an hydraulic press (the actual forging required x heats) || le lingot m. fut étiré sous une presse en x chauffes. **e) eine ~ geben** || to give one heat || donner une chaude. **f) Glüh~** || red heat || chaleur f. rouge; rouge m. **g) verlorene ~** || waste-heat || flammes fpl. perdues. **h)** in **voller ~** || in full heat || en pleine chaleur. 51

hitzebeständig || heat resisting; heatproof; stable under heat || résistant à la chaleur; indéformable à la chaleur. 52

hitzebeständig-e Farbe f. ‖ heatproof paint(ing) *or* colour(ing) ‖ couleur f. (*ou* colorant m.) résistante à la chaleur. **a) ~er Guß** m. ‖ heat-resisting castings pl. ‖ moulages mpl. de résistance à hautes températures. **b) ~e Retorte** f. ‖ heat-resisting retort ‖ cornue f. d'une haute résistance à la chaleur. **c) ~es Rohr** n. ‖ heat-resisting tube ‖ tuyau m. allant au feu. **d) ~er Stahl** m. ‖ heat resisting steel ‖ acier m. résistant à la chaleur. 1

Hitzebeständigkeit f. ‖ resistance to heat ‖ résistance f. aux températures élevées. 2

hitzeempfindlich ‖ sensitive to the action of heat ‖ sensible à l'action de la chaleur. 3

Hitzegrad m. (Phys) ‖ degree of heat; temperature ‖ température f. **a)** ~ (Met) ‖ degree of heat ‖ degré m. de chaleur. 4

Hitzegradmesser m. ‖ pyrometer ‖ pyromètre m. 5

Hitzemesser m. ‖ pyrometer ‖ pyromètre m. **a) ~schutzrohr** n. ‖ protector tube for pyrometers ‖ tube m. protecteur de pyromètre. 6

Hitzewelle f. ‖ heat wave ‖ onde f. *ou* vague f. de chaleur. 7

Hobel m. (Buchb) ‖ plough (knife) ‖ rognoir m.; couteau m. à rogner. **a)** ~ (Buchdr) ‖ shootboard ‖ biseautier m.; rabot m. **b)** ~ (Tischl) ‖ plane ‖ rabot m. **c) Bierstein~** ‖ beer scale *or* beer stone scraper ‖ rabot m. à tartre. **d)** der ~ **greift** ‖ the plane has iron enough ‖ le rabot m. mord *ou* prend. **e)** der ~ **greift nicht an** ‖ the plane has not iron enough ‖ le rabot ne mord pas. **f)** ~ mit **Nase** ‖ plane with handle ‖ varlope f. **g)** ~ für **nebeneinanderliegende Rundstäbe** ‖ reed plane ‖ rabot m. à chantourner. **h) runder** ~ ‖ spout plane ‖ rabot m. rond. **i) Schienen~** ‖ rail plane ‖ rabot m. pour rails. **k) Schrupp~** ‖ jack plane ‖ riflard m. **l) Sohle** des **~s** ‖ face *or* sole of the plane ‖ plan m. *ou* semelle f. du rabot. **m) Zinken~** ‖ dovetailing plane ‖ bouvet m. à languette. 8

Hobelanschlag m. ‖ ledge of plane ‖ joue f. de rabot. **a) verstellbarer ~** ‖ fence of a plane ‖ joue f. de rabot mobile. 9

Hobelarbeit f. ‖ planing work ‖ travail m. de rabotage. 10

Hobelbank f. ‖ planing *or* joiner's *or* carpenter's bench ‖ établi m. (de menuisier). **a) ~arbeiter** m. ‖ bench worker ‖ ouvrier m. d'établi. **b) ~eisen** n. ‖ carpenter's bench clamp ‖ valet m. d'établi. 11

Hobel-beitel m. ‖ ripping chisel ‖ ciseau m. fort. **a) ~diele** f. ‖ planed flooring ‖ plancher m. raboté. 12

Hobeleisen n. ‖ plane iron ‖ fer m. de rabot *ou* de varlope. **a) doppeltes ~** ‖ double plane iron ‖ fer m. double de rabot. **b)** das ~ **einsetzen** ‖ to set in the plane iron ‖ mettre en fût m. le fer de rabot. **c)** das ~ **vortreiben** ‖ to give iron to the plane; to drive-on the plane iron ‖ donner du fer au rabot. 13

Hobel-gehäuse n. ‖ stock of a plane ‖ fût m. de rabot. **a) ~kamm** m. (Werkzeugmasch) ‖ gear cutter ‖ couteau m. 14

Hobelkasten m. ‖ plane stock; stock; plane wood ‖ fût m. de rabot. **a)** ~ (Buchb) ‖ shaving tub ‖ âne m. 15

Hobelmaschine f. (Bleich) ‖ rubber; rubbing boards pl. ‖ batte f.; battoir m. **a)** ~ (Tischl; Masch) ‖ planing machine; planer ‖ planeuse f.; raboteuse f.; machine f. à raboter *ou* à planer. **b)** ~ für **Dauben** ‖ stave backing *or* stave planing machine ‖ machine f. à doler *ou* à planer les douves. **c) Einständer~** ‖ open-side planer ‖ raboteuse f. à montant unique. **d)** ~ für **Faßböden** ‖ cask head planing machine ‖ machine f. à raboter les fonds de fûts. **e) Gruben~** ‖ pit planing machine ‖ raboteuse f. à fosse. **f) Holz~** ‖ wood planing machine ‖ machine f. à raboter le bois. **g) Kegelräder~** ‖ bevel gear *or* bevel wheel planing machine ‖ machine f. à raboter les engrenages *ou* les pignons coniques. **h) Parkett~** ‖ parquet planing machine ‖ raboteuse f. pour parquets. **i) Pfeilrad~** ‖ double-helical gear planing machine ‖ machine f. à raboter les engrenages à chevrons. **k) Räder~** ‖ gear planing machine ‖ machine f. à raboter les engrenages. **l)** ~ **für Sonderzwecke** ‖ single purpose planer ‖ raboteuse f. spéciale. **m) Stirnrad~** ‖ spur gear planing machine ‖ machine f. à raboter les engrenages droits. **n) Weichenzungen~** ‖ switch blade planing machine ‖ raboteuse f. d'aiguilles de changement de voie. **o)** ~ zum Hobeln von **Weiden und Rohr** ‖ machine for planing willow and cane ‖ machine f. à raboter d'osier et du jonc. 16

Hobel- und Aussparrmaschine f. für **Dauben** ‖ stave backing and hollowing machine ‖ machine f. à doler et à évider les douves. 17

Hobel- und Fügemaschine f. mit Dübellochbohrapparat (für Bodenbretter) ‖ head planing, jointing and dowelling machine ‖ machine f. à raboter et à jointer les fonds avec appareil à forer les trous de goujons. 18

Hobelmaschinenschlitten m. ‖ planing-machine table ‖ chariot m. de machine à raboter. 19

Hobel-meißel m. ‖ planing tool ‖ outil m. raboteur. **a) ~messer** n. ‖ planer knife ‖ couteau m. à raboter. 20

hobeln ‖ to plane ‖ raboter; aplanir. **a)** ~ (Bleich) ‖ to rub ‖ batteler. **b)** die **Lettern** fpl. am Kopf **schräg~** ‖ to chamfer the letters pl. ‖ dégager les caractères mpl. 21

Hobeln n. der **Schwellen** ‖ planing of sleepers ‖ entaillage m. des traverses. 22

Hobelspäne mpl. (Techn) ‖ shavings pl.; parings pl. ‖ copeaux mpl.; planure f.; raboture f. 23

Hobelstahl m. ‖ planing tool ‖ outil m. à raboter. **a)** ~, ein **Satz** Hobelstähle ‖ a set of cutting tools ‖ un jeu m. d'outils à raboter. 24

Hobelstahlschleifmaschine f., **Dreh- und ~** ‖ lathe and planer tool grinder ‖ machine f. à meuler et affûter les outils de tours et de raboteuses. 25

Hobelvorrichtung f. ‖ planing device ‖ dispositif m. à raboter. **a) Konvex~** ‖ convex shaping attachment ‖ dispositif m. à raboter convexe. **b) Rund~** ‖ circular shaping attachment ‖ dispositif m. à raboter circulaire. 26

Hobelwerk n. ‖ planing mill; planing works pl. ‖ atelier m. de rabotage. 27

Hobler m. (Arbeiter) ‖ planer ‖ raboteur m. **a)** ~ (Maschine) *s.* Hobelmaschine. **b) Keilachs~** (Werkzeugmasch) ‖ spline shaper ‖ machine f. à raboter les arbres à clavettes prises dans la masse. **c) Maschinen~** (Arbeiter) ‖ planing machinist *or* machine tenter ‖ raboteur m. à la machine. 28

Hoboe f. ‖ oboe ‖ hautbois m. 29

hoch ‖ high ‖ haut. **a)** ~ ‖ aloft!; high! ‖ haut!; en haut! **b)** ~ **am Winde** m. liegen ‖ to sail high on the wind ‖ se tenir au plus près serré. **c)** ~ **anliegen** (Schiff) *s.* ~ am Winde liegen. 30

Hoch n. (hoher Luftdruck) ‖ high pressure ‖ haute pression f. 31

Hoch-antenne f. ‖ high aerial; elevated antenna ‖ antenne f. haute *ou* extérieure. **a) ~ätzung** f. ‖ relievo-engraving ‖ gravure f. en relief. 32

Hochbahn f. (Verkehrsmittel) ‖ elevated *or* overhead *or* high level railway ‖ chemin m. de fer surélevé *ou* à voie aérienne. **a)** ~ (Kran) ‖ overhead track ‖ voie f. surélevée. 33

Hochbahnkran m. ‖ bridge crane ‖ grue f. sur voie surélevée. 34

Hochbau m. ‖ superstructure work; high building ‖ construction f. au-dessus du sol; travail m. de superstructure; construction f. en élévation. **a) Eisen~** ‖ steel frame superstructure ‖ superstructure f. en charpente métallique. 35

Hochbau-kran m. ‖ building crane ‖ grue f. de construction. **a) ~unternehmung** f. ‖ enterprise of overground workings ‖ entreprise f. de constructions au-dessus du sol. 36

Hochbehälter m. (Luftf; Wasserb) ‖ gravity *or* overhead *or* elevated tank ‖ réservoir m. surélevé *ou* en charge; auge f. surélevée. **a)** ~ von **x cbm Fassung** für Wasser ‖ water tower of x cub. m capacity ‖ château m. d'eau de x m^3 de capacité. 37

Hochbild n. ‖ relief ‖ relief m. **a) ~karte** f. (Geogr) ‖ relief map ‖ carte f. en relief. 38

Hoch-bunker m. ‖ elevated bunker ‖ soute f. surélevée. **a) ~decker** m. ‖ high-wing monoplane ‖ monoplan m. à ailes surélevées. 39

Hochdruck m. ‖ high pressure ‖ haute pression f. **a) ~armatur** f. ‖ high-pressure fittings pl. ‖ armature f. *ou* garniture pour haute pression. 40

Hochdruckbehälter m. ‖ high pressure receiver ‖ réservoir m. à haute pression. **a) nahtloser ~** ‖ seamless high pressure receiver ‖ réservoir m. à haute pression sans soudure. 41

Hochdruck-brenner m. mit **Gas-Luft-Vermischung** ‖ high pressure burner unit with premixing of the gas and air ‖ brûleur m. à haute pression à prémélange d'air et de gaz. **a) ~dampf** m. ‖ high pressure steam ‖ vapeur f. à haute pression. **b) ~dampfkessel** m. ‖ high-pressure steam boiler ‖ chaudière f. à vapeur à haute pression. **c) ~dampfmaschine** f. ‖ high-pressure steam engine ‖ machine f. à vapeur à haute pression. **d) ~dampfturbine** f. ‖ high-pressure steam turbine ‖ turbine f. à vapeur à haute pression. **e) ~gebiet** n. ‖ area of high pressure; high ‖ régime m. *ou* région f. *ou* zone f. de hautes pressions. **f) ~gebläse** m. ‖ high-pressure blower *or* draught ‖ soufflerie f. à haute pression. **g) ~kapselgebläse** n. ‖ high pressure rotary blower ‖ soufflerie f. rotative à haute pression. **h) ~kessel** m. ‖ high-pressure boiler || chaudière f. à haute pression. **i) ~luftkompressor** m. || high-pressure air compressor || compresseur m. d'air à haute pression. **k) ~luftleitung** f. || high pressure air piping || tuyauterie f. d'air à haute pression. **l) ~pumpmaschine** f. || high pressure pumping engine || pompe f. *ou* machine f. à pomper à haute pression. **m) ~reifen** m. || high pressure tire || pneu m. à haute pression. **n) ~rohr** n. || high-pressure tube || tuyau m. à haute pression. **o) ~röhrenkühlvorrichtung** f. || high pressure pipe cooler || appareil m. frigorifique tubulaire à haute pression. **p) ~turbine** f. || high pressure turbine || turbine f. à haute pression. **q) ~turbopumpe** f. || high pressure turbo pump || turbo-pompe f. à haute pression. **r) ~zylinder** m. || high-pressure cylinder || cylindre m. à haute pression. 1

Hoch-ebene f. (Topo) || elevated plain; table land; plateau || plaine f. élevée; plateau m. **a) ~email** m. || embossed enamel || émail m. en haute *ou* en basse taille. 2

hochevakuiert || high evacuated || à un degré de vide élevé. 3

hochfein || superfine; exquisite; first-rate || superfin. 4

Hochferse f. || high heel || talon m. haut. 5

hochfeuerfest || highly refractory || fort réfractaire. 6

Hochflöte f. || oboe || hautbois m. 7

hochflüchtiger Kälteträger m. || highly volatile cooling agent || agent m. frigorifique très volatil. 8

Hoch-flut f. || high tide || grande marée f. **a) ~format** n. (Buchb) || upright size || format m. normal. 9

hochfrequent (Elektr) || high-frequency || à haute fréquence. 10

Hochfrequenz f. || high frequency || haute fréquence f. **a)** Gerät n. für **~-** und **Diathermiebehandlung** f. || electro-thermic treatment apparatus || appareil m. pour le traitement à haute fréquence et pour l'électro-thermothérapie. 11

Hochfrequenz-drahtsystem n. || wired wireless system || système m. téléphonique à haute fréquence le long des fils. **a) ~gerät** n. || apparatus for high frequency; high frequency apparatus || appareil m. (pour le traitement) à haute fréquence. **b) ~induktionsofen** m. || high frequency induction furnace || four m. à induction de haute fréquence. **c) ~isolator** m. || high frequency insulator || isolateur m. à haute fréquence. **d) ~kreis** m. || high-frequency circuit || circuit m. haute fréquence. **e) ~litze** f. || high-frequency wire strand || fil m. à multiples brins haute fréquence. 12

Hochfrequenzmaschine f. || high-frequency alternator || alternateur m. à haute fréquence. **a) ~ für drahtlose Fernmeldung** || high frequency machine for wireless telegraphy || machine f. haute fréquence pour télégraphie sans fil. 13

Hochfrequenz-meßbrücke f. || high frequency bridge || pont m. Wheatstone pour hautes fréquences. **a) ~röhre** f. || high-frequency tube || lamp f. haute fréquence. **b) ~schwingung** f. || high frequency oscillation || oscillation f. haute fréquence. **c) ~siebkette** f. || high pass filter || filtre m. haute fréquence. **d) ~-spule** f. || high frequency coil || bobine f. de haute fréquence. **e) ~strom** m. || high frequency current || courant m. à haute fréquence. **f) drahtlose ~telefonie** f. || radio telephony || radiotéléphonie f. **g) ~telegrafie** f. und **~telefonie auf Leitungen** || carrier telegraphy and telephony with high frequencies || télégraphie f. et téléphonie f. à haute fréquence sur fils. **h) ~transformator** m. || high-frequency transformer || transformateur m. à haute fréquence. **i) ~übertragerwelle** f. || high frequency carrier wave || onde f. porteuse de haute fréquence. **k) ~verstärker** m. || high-frequency amplifier || amplificateur m. à haute fréquence. **l) ~verstärkung** f. || high-frequency amplification || amplification f. haute fréquence. **m) ~widerstand** m. high-frequency resistance || résistance f. de haute fréquence. 14

Hochführungsschacht m. (Kabel) || vertical wall duct || cheminée f. d'ascension. 15

Hochgehen n., **gleichzeitiges ~** des Stempels und **Niedergehen** n. des Preßtisches || simultaneous rising of the punch and lowering of the table || mouvements mpl. simultanés de montée du porte-poinçon et de descente de la table. 16

hochgespannt (Elektr) || high-pressure(d) || à haute tension. **a) ~er Dampf** m. || high-pressure steam || vapeur f. à haute pression. **b) ~er Strom** m. || high-pressure current || courant m. sous haute tension. 17

Hochglanz-bleikristall n. || high polish lead crystal glass || cristal m. de plomb brillant. **a) ~gebung** f. || polishing || polissage m. **b) ~paste** f. || extra glossy paste || composition f. pour ravirage. 18

hochglanzpoliert || highly polished || haut-brillant; finement poli. 19

Hochglanzpolitur f. || polish for high lustre || poli m. extrafin. 20

hochgradig (Chem) || high concentrated || à haut degré; très concentré. 21

hochhaltiges Erz n. || high grade ore || minerai m. de qualité supérieure *ou* d'une teneur très haute. 22

Hochhaus n. || skyscraper || palais m. gigantique; gratte-ciel m. **a) ~ aus Eisenbeton** || skyscraper of reinforced concrete || gratte-ciel m. en béton armé. 23

hochkant || edgewise; on edge || debout; de champ; sur champ. **a) ~ gewickelt** || edgewise wound || enroulé *ou* bobiné de champ. 24

hochkantig || edge way || de champ; de camp. 25

hochkippbar-er Abstreifer m. || in the height adjustable stripper || dévêtisseur m. basculant vers le haut. **a) ~e Oberwalze** f. || in height tilting device for top roller || cylindre m. supérieur basculant en haut. 26

Hochklappflügel m. (Luftf) || wing folding upwards; upward folding wing || aile f. repliable en hauteur. 27

Hochlaßtau n. || handling guy || câble m. de transport du ballon flottant dans l'air *ou* de retenue pour le transport du ballon. 28

Hochleistungs-blechrichtmaschine f. || high capacity plate straightening machine || machine f. à planer de grand rendement. **a) ~dekupiermaschine** f. || high capacity nibbling machine || machine f. à découper *ou* grignoteuse f. de grand rendement. **b) ~flächenfräsmaschine** f. für **Leichtmetallbearbeitung** || heavy duty surface milling machine for machining light metal || machine f. à fraiser les surfaces planes de métal léger de grand rendement. **c) ~flugzeug** n. || high performance airplane || avion m. de haute performance. **d) ~fräsmaschine** f. || high-efficiency *or* heavy duty milling machine || machine f. à fraiser de grand rendement. **e) ~genauigkeitsmaschine** f. || heavy duty machine for accurate work || machine f. de grand rendement pour travaux de précision. **f) ~kessel** m. || heavy duty boiler || chaudière f. à grand débit. **g) ~motor** m. || heavy duty engine || moteur m. de haute capacité. **h) ~revolverautomat** m. || high production automatic turret screw machine || tour m. revolver automatique à grand rendement. **i) ~schleifmaschine** f. || high-duty grinder || machine f. à rectifier à grand rendement. **k) ~schleifrad** n. || high-production grinding wheel || meule m. à grand rendement. **l) ~triör** m. || high capacity separator || trieur m. à grand débit. **m) ~waschmaschine** f. für **Tuche** und **Kammgarnstoffe** || high production washing machine for cloth and worsted yarn || machine f. à laver de grand rendement pour draps et tissus peignés. 29

hochliegend || elevated || surélevé. 30

hochmodern || up-to-date; quite modern || de dernier genre m.; de dernier cri. 31

Hochmoor n. || high moor || plateau m. marécageux. 32

hochnehmen, die **Riemen** mpl. (Seew) || to toss the oars pl. || mâter les avirons mpl. 33

Hochofen m. || blast furnace || haut-fourneau m. **a)** den **~ abstechen** || to tap the blast furnace || faire couler la fonte; couler *ou* percer le haut-fourneau. **b)** den **~ anblasen** || to blow in the furnace; to put the furnace in blast || mettre le fourneau à feu. **c)** den **~ ausblasen** || to blow-out the furnace || mettre le haut-fourneau hors feu; éteindre le haut-fourneau. **d)** den **~ ausgehen lassen** || to blow down the furnace || mettre hors feu un haut-fourneau. **e)** Vorrichtung f. zum **Beschicken** von Hochöfen || device for charging blast furnaces || appareil m. de chargement pour hauts-fourneaux. **f) ~** für **gemischten Brennstoff** || blast furnace for mixed fuel || haut-fourneau m. pour combustible mélangée. **g) ~** mit **geschlossener Brust** || blast furnace with closed front || haut-fourneau m. à poitrine fermée. **h)** den **~ in Betrieb setzen** || to set the blast furnace to work || mettre le haut-fourneau en activité. **i) ~** für **Koks** || coke blast furnace || haut-fourneau m. au coke. **k) ~** mit **offener Brust** || blast furnace with open front || haut-fourneau m. à poitrine ouverte. **l) ~** für **rohe Steinkohle** || blast furnace for raw coal || haut-fourneau m. à la houille. 34

Hochofenanlage f. || blast furnace plant || installation f. de hauts-fourneaux. **a) ~** von **x Hochöfen** || blast furnace plant composed of x furnaces || installation f. de x hauts-fourneaux. 35

Hochofen-armatur f. || blast-furnace fittings pl. || armature f. *ou* garniture f. pour hauts-fourneaux. **a) ~aufzug** m. || elevator for blast furnaces || monte-charge m. pour hauts-fourneaux. **b) ~begichtung** f. || charging of blast furnaces ||

chargement m. des hauts-fourneaux. **c) ~begichtungsanlage** f. || charging hoist for blast furnaces || dispositif m. de chargement de gueulard pour hauts-fourneaux. **d) ~besitzer** m. || ironmaster || maître m. de haut-fourneau. 1

Hochofengas n. || blast-furnace gas || gaz m. des hauts-fourneaux *ou* du gueulard. 2

Hochofengas-gebläsemaschine f. || blowing engine worked by blast furnace gas || || machine-soufflante f. à moteurs à gaz de hauts-fourneaux. **a) ~ und -luftleitung** f. || gas piping and air mains for blast furnaces || conduite f. de gaz et d'air pour usines métallurgiques. **b) ~reinigungsanlage** f. || blast furnace gas purifying plant || installation f. d'épuration de gaz de hauts-fourneaux. 3

Hochofengebläse n. || blowing engine for blast furnaces || soufflante f. de hauts-fourneaux. **a) ~anlage** f. || blast furnace blowing plant || installation f. des machines-soufflantes à moteurs à gaz de hauts-fourneaux. 4

Hochofengerüst n. || framework of the blast furnace; blast furnace frame || carcasse f. de hauts-fourneaux; charpente f. du haut-fourneau. 5

Hochofengicht f. || throat || gueulard m. **a) ~verschluß** m. || throat stopper for blast furnaces || fermeture f. de gueulard pour hauts-fourneaux. 6

Hochofen-guß m. || iron cast direct from the blast furnace || fonte f. moulée de première fusion. **a) ~koks** m. || blast furnace coke || coke m. métallurgique *ou* de haut-fourneau. **b) ~kranz** m. || throat of furnace || gueulard m. de haut-fourneau. **c) ~meister** m. || furnace foreman || premier fondeur m.; garde-feu m. **d) ~panzer** m. || blast furnace jacket *or* armour || blindage m. pour hauts-fourneaux. **e) ~rumpf** m. || blast furnace without appendices || masse f. du haut-fourneau. **f) ~schaufel** f. || blast furnace shovel || pelle f. de haut fourneau. 7

Hochofenschlacke f. || blast furnace slag || scorie f. *ou* laitier m. de haut-fourneau. **a) granulierte ~** || granulated blast furnace slag || laitier m. granulé de haut-fourneau. **b) Granulierungsanlage** f. für ~ || granulating plant for blast furnace slag || installation f. pour granuler le laitier de haut-fourneau. 8

Hochofen-schlackenzement m. || blast furnace slag cement || ciment m. de laitier du haut-fourneau. **a) ~stückschlacke** f. || blast furnace slag in pieces || laitier m. du haut-fourneau en morceaux. 9

Hochofenwind m. || furnace blast || air m. de haut-fourneau. **a) Trocknung** f. des **~es** || drying the furnace blast || séchage m. de l'air des hauts-fourneaux. 10

Hochofenzement m. || blast furnace (slag) cement || ciment m. (de laitier) de haut-fourneau. 11

Hochohmwiderstand m. (Elektr) || high ohmic resistance || résistance f. à valeurs ohmiques très élevées. 12

Hochparterre n. || raised ground-floor || entresol m. 13

hochphosphorhaltiges Erz n. || high phosphorus ore || minérai m. à haute teneur en phosphore. 14

Hochplan m. || parade; esplanade || esplanade f. 15

hochprozentig-e Legierung f. || alloy of high percentage || alliage m. de haut teneur. **a) ~er Nickelstahl** m. || nickel steel high in Ni || acier m. au nickel à haute teneur en Ni. 16

Hochquellenleitung f. || water supply from springs || conduite f. d'eaux de source des montagnes. 17

hochräderig || high wheeled || à grandes roues fpl. 18

Hochrelief n. || high relief || plein *ou* haut relief m. 19

hochschäftige Tapete f. || high warp tapestry || tapisserie f. de haute-lisse. 20

hochschmelzend (Chem) || high melting || à point de fusion élevé. 21

Hochschule f. || academy; university || académie f.; université f. **a) Forst~** || university of forestry || école f. supérieure forestrière. **b) Handels~** || university of commerce || école f. supérieur de commerce. **c) landwirtschaftliche ~** || agricultural university || école f. supérieure d'agriculture. **d) technische ~** || technical college; central engineering school || école f. polytechnique. **e) tierärztliche ~** || veterinary academy *or* college || école f. supérieure vétérinaire. 22

Hochschulterlager n. (Kugellager) || single row rigid deep groove ball journal bearing || roulement m. à simple rangée de billes à gorge profonde. 23

Hochsee-fischer m. || open sea fisherman || pêcheur m. en haute-mer. **a) ~fischerei** f. || fishery on the open sea || pêche f. en haute-mer; pêche f. hauturière. **b) ~flotte** f. || deep-sea fleet *or* navy || flotte f. de haute-mer. **c) ~schiffahrt** f. || ocean navigation; highsea navigation || navigation f. hauturière. **d) ~schleppdampfer** m. || ocean going steam tug || bateau m. remorqueur à vapeur de haute-mer. 24

hochsiedend (Chem) || high boiling || à point m. d'ébullition élevé. 25

Hochspannung f. || high tension || haute-tension f. 26

Hochspannungs-anlage f. || high tension plant || installation f. à haute tension. **a) ~batterie** f. high tension battery || batterie f. à haute tension. **b) ~durchführung** f. || high-voltage duct || traversée f. à haute tension. **c) ~erzeuger** m. || high-tension generator || génératrice f. à haute tension. **d) ~fernschalter** m. || high tension remote control switch || téléinterrupteur m. pour haute tension. 27

hochspannungsgeschützte Fernsprechleitung f. || telephone line with protection against high tension || ligne f. téléphonique protégée contre l'action de la haute tension. 28

Hochspannungs-isolator m. || high tension insulator || isolateur m. à haute tension. **a) ~isolierwerkstoff** m. || insulating material for electric high-tension || matière f. isolante à haute tension électrique. **b) ~kraftquelle** f. (Elektr) || high potential source of supply || source f. de force de haute tension. **c) ~magnet** m. || high-tension magneto || magnéto m. à haute tension. **d) ~maschine** f. || high-tension machine || machine f. à haute tension. **e) ~netz** n. || high-tension network || réseau m. à haute tension. **f) ~ölschalter** m. || high-voltage oil-switch || interrupteur m. à huile à haute tension. 29

Hochspannungsprüfeinrichtung f. || high voltage testing equipment || installation f. pour essais sous haute tension. **a) ~ zur Erzeugung von Stoßspannungen** || high tension equipment for generating surge pressures || dispositif m. d'essais sous haute tension pour la production d'à-coups de tension. 30

Hochspannungs-relais n. || high tension relay || relais m. pour haute tension. **a) ~röhrensicherung** f. || high-voltage tube fuse || coupe-circuit m. à tube pour haute tension. **b) ~schalter** m. || high tension switch || interrupteur m. à haute tension. **c) ~schutzvorrichtung** f. || protective apparatus for high tension || appareil m. de protection pour haute tension. **d) ~spule** f. || high-tension coil || bobine f. à haute tension. **e) ~spulenzündung** f. || high tension coil ignition || allumage m. à haute tension par bobine. **f) ~strommesser** m. || high-tension ammeter || ampèremètre m. à haute tension. **g) ~stütze** f. || high-voltage insulation support || appui m. d'isolateur à haute tension. **h) ~system** n. || high voltage system || réseau m. de haute tension. **i) ~wicklung** f. || high-tension winding || enroulement m. à haute tension. 31

Hochspeicherbecken m. || elevated storage basin || réservoir m. surélevé. 32

hochstämmig || full grown || de haute futaie f. 33

Höchst-angebot n. || highest tender || offre f. la plus haute. **a) ~ausschlag** m. der **Schwingung** || maximum amplitude *or* maximum deflection of the oscillation || déviation f. maxima de l'oscillation. **b) ~beanspruchung** f. || highest stress || effort m. maximum. **c) ~belastung** f. || maximum *or* peak load || charge f. maximum. **d) ~betrag** m. || maximum (amount) || somme f. la plus forte; maximum m. 34

Hochstellvorrichtung f. eines **Fernrohrstativs** || elevating gear of a telescope tripod || dispositif m. élévateur d'un pied de lunette. 35

höchstempfindlich (Chem) || extremely sensitive || extrèmement sensible. 36

Höchst-gebot n. || highest offer *or* bid *or* tender || offre f. la plus élevée; enchère f. la plus forte. **a) ~geschwindigkeit** f. || maximum speed || limite f. de vitesse; vitesse f. maximum. **b) ~grad** m. der **Wärme** || maximum temperature || température f. maximum. **c) ~lage** f. || highest position || haut m. de la course; position f. la plus élevée. 37

Höchstleistung f. || maximum amount of work; record || maximum m. de rendement; record m. **a) ~ eines Motors** || maximum output of a motor || puissance f. maxima d'un moteur. 38

Höchst-leistungsmaschine f. || heavy duty machine || machine f. à rendement maximum. **a) ~preis** m. || maximum price || prix m. maximum. 39

höchstprozentig (Chemie) || at the maximum of concentration || au maximum de concentration. 40

Höchstspannungs-anlage f. || extra high tension plant || installation f. à très haute tension. **a) ~kabel** n. || super tension cable. || câble m. très haute tension. **b) ~kreuz** n. || high tension cross || croisement m. de haute tension. **c)~leitung** ||

line carrying very high voltage || ligne f. à très haute tension. 1
Höchststrom-schalter m. || over-load switch || interrupteur m. à maximum. a) **~stärke** f. || limit of current || limite f. du courant. 2
Höchst-temperatur f. || maximum temperature || température f. maximum. a) **~verbrauchsmesser** m. || maximum-demand meter || compteur m. à maximum. b) **~wärmegradmesser** m. || maximum thermometer || thermomètre m. à maximum. c) **~wert** m. || peak value || valeur f. maximum. 3
Hochvakuum n. || high vacuum || vide m. élevé *ou* très poussé; haut vide m. 4
Hochvakuum-desodorisierungsanlage f. || high vacuum deodorization plant || installation f. de désodorisation sous haute vide. a) **~pumpe** f. || high vacuum pump || pompe f. à vide élevé. 5
hochviskos (Chem) || very viscid || très visqueux. 6
Hochwald m. || high forest || futaie f. 7
Hochwasser n. || high water || haute marée f. a) ~ eines **Flusses** || high water of a river || haute-eau f. *ou* crue f. d'une rivière. b) **höchstes** ~ || maximum flow at high water; maximum high water || les plus hautes eaux. 8
Hochwasser-bett n. || inundation-limit || lit m. majeur. a) **~marke** f. || high-water *or* flood *or* spring tide mark || marque f. des plus hautes eaux *ou* de la pleine mer. b) **~rad** n. || high water turbine || turbine f. pour hautes eaux. c) **~schutz** m. || protection against high water || protection f. contre les crues. d) **~zeit** f. || time of high-water || l'heure f. de la pleine mer. 9
hochwertig || of high valence; of high quality || à haute teneur; de haute qualité. a) **~es Destillationserzeugnis** n. || very valuable distillation product || produit m. de distillation de grande valeur. b) **~er Guß** m. || high quality casting || fonte f. de meilleure qualité. c) **~es Hausbrandmaterial** n. || high class domestic fuel || combustible m. domestique de première classe. d) **~e Lebensmittel** npl. || goods pl. of high nutritive value || comestibles mpl. de haute valeur nutritive. e) **~er Stahl** m. || high quality steel || acier m. de haute qualité. 10
hochziehbares Fahrwerk n. (Luftf) || undercarriage which can be raised up || châssis m. escamotable. 11
Hock n. (Seew) || cot; pen || cage f.; parc m.; stablat m. 12
höckerig || humpy || raboteux. 13
Hockeygerät n. || hockey equipment || ustensile m. de hockey. 14
Hof m. || yard || cour f. a) ~ (Opt) || halo; ring; corona || halo m.; couronne f. 15
Hofarbeiter m. || yardman || ouvrier m. de cour. 16
Hoffmannstropfen mpl. || Hoffmann's tincture || liqueur m. d'Hoffmann. 17
hohe Übersetzung f. || high gearing || multiplication f. forte. 18
Höhe f. (Geom) || height || hauteur f. a) ~ (über dem Meeresspiegel) || altitude || altitude f.; élévation f. b) ~ (Breitengrad) || latitude || latitude f. c) ~ (eines Sternes) || altitude || hauteur f.; élévation f. d) **absolute** ~ || height above sea level || altitude f. e) **auf der ~ von** . . . || off the . . .; in the latitude of . . . || à la hauteur de . . .; au large de . . . f) ~ **über dem Boden** || height above floor || hauteur f. au-dessus du sol. g) **in die ~ steigen** || to rise; to ascent || monter; s'éléver en altitude. h) auf der ~ einer **Insel** sein || to be off an island || être à la hauteur d'une île. i) **relative** ~ || height above the ground || hauteur f. relative. k) ~ des **Schleusenabfalls** || lift of a lock || chute f. de l'écluse. l) ~ des **Schwerpunkts** || height of the centre of gravity || heuteur f. du centre de gravité. m) **verstellbare** ~ || adjustable height || hauteur f. réglable. n) **Widerstands~** || resistance head || hauteur f. de résistance. o) ~ **zwischen den Decks** (Schiffb) || height between decks || hauteur f. d'entre-pont. 19
Höhen-bestimmung f. || levelling || nivellement m.; mésure f. des hauteurs. a) **~bewegung** f., **Balanzierung** f. eines **Fernrohres** in || balancing of a telescope for motion in altitude || équilibrage m. d'une lunette pour le mouvement vertical. b) **~differenzmelder** m. || level-difference indicator || indicateur m. de la différence de niveaux. 20
Höhenfeinbewegung f. des **Fernrohres** || slow motion of telescope in altitude || mouvement m. lent vertical de la lunette. a) ~ durch **Schneckenrad** mit auslösbarer Schnecke zur Grobverstellung in Höhe (Fernrohr) || altitude slow motion by worm wheel with disengaging worm for coarse motion in altitude || mouvement m. vertical lent par roue et vis sans fin déclanchable pour effectuer le déplacement rapide en hauteur. 21
Höhenflosse f. || tailplane; stabilizer || stabilisateur m.; plan m. fixe stabilisateur. 22
Höhenflossenverstellung f. || tailplane trimming gear || réglage m. d'incidence du stabilisateur. 23
Höhen-flug m. || altitude flight || vol m. d'altitude. a) **~flugzeug** n. || high altitude aeroplane || avion m. d'altitude. b) **~förderer** m. || elevator || élevateur m. c) **~fries** m., **mittlerer** (Türrahmen) || mullion || montant m. de milieu; meneau m. montant moyen. d) **~karte** f. || orographical map || carte f. orographique. e) **~klima** n. || high altitude climate || climat m. des hautes altitudes. 24
Höhenlage f. gegen einen höher gelegenen Festpunkt || height with reference to a bench mark || altitude f. par rapport à un point de repère. a) ~ eines **Ortes** || altitude of a place || altitude f. *ou* hauteur f. d'un lieu. 25
Höhen-luftkurort m. || health-resort on the mountains || station f. alpestre *ou* d'altitude. a) **~marke** f. (Bauw) || bench mark || signe m. marquant la hauteur; point m. de repère. b) **~maß** n. (Bauw) || measure of altitude *or* elevation || élévation f.; mesure f. de la hauteur. c) **~maßstab** m. || height gauge; scale of height || échelle f. des hauteurs; pied m. à hauteur. 26
Höhenmesser m. || altimeter; height finder || altimètre m. 27
Höhenmessung f. (Feldm) || measuring of altitudes; altimetry || hypsométrie f. a) **barometrische** ~ (Feldm) || barometrical levelling || nivellement m. barométrique. 28
Höhen-navigation f. von **Luftschiffen** || high altitude airship navigation || repérage m. altimétrique des dirigeables. a) **~parallaxe** f. || parallax of altitude || parallaxe f. de hauteur. b) **~plan** m. || elevation plan || plan m. d'élévation. 29
Höhenruder n. || elevator || gouvernail m. de profondeur. a) **~stoßstange** f. || elevator push and pull rod || biellette f. de la commande de profondeur. b) **~welle** f. || elevator rocking shaft || arbre m. oscillant de la commande de profondeur. 30
Höhen-schreiber m. || altigraph; recording altimeter || barographe m.; baromètre m. *ou* altimètre m. enregistreur. a) **~-schritt** m. (Selbstanschl) || vertical step || niveau m. 31
Höhensonne f. || mountain sun || soleil m. d'altitude. a) **künstliche** ~ || artificial mountain sun || soleil m. de montagne artificiel. 32
Höhen-steuer n. || horizontal *or* depth rudder || gouvernail m. horizontal *ou* de profondeur. a) **~steuermann** m. || elevator helmsman || timonier m. d'altitude. b) **~unterschied** m. **zweier Punkte** || difference of level between two points || différence f. de niveau de deux points. 33
Höhenverstellung f. (Luftf) || elevation adjustment || limbe m. de réglage de la hauteur du tir. a) ~ (Opt) || adjustment in elevation || déplacement m. en hauteur. 34
Höhen-wetterdienst m. || meteorological service concerning the atmosphere at high altitudes || service m. météorologique pour les couches supérieures de l'atmosphère. a) **~windmessung** f. || measurement of wind at high altitude || mesure f. du vent en altitude *ou* à une certaine altitude. b) **~winkel** m. || angle of altitude || angle m. d'ascension. c) **~zahl** f. (Feldm) || relative elevation || côté f. de niveau. d) **~zenter** m. zum **Fräsen** schlanker konischer Gegenstände || adjustable centre for milling slight tapers || contre-pointe f. réglable pour le fraisage de pièces coniques de forme allongée. 35
Höhepunkt m. (Phys) || maximum || maximum m. a) seinen ~ **erreichen** || to culminate || être au point culminant. 36
höherer Druck m. || higher pressure || pression f. plus élevée. 37
hohl || cored; hollow || creux. a) ~ (Geom) || obtuse || obtus. b) ~ (konkav) || concave || concave. c) ~ **geschliffen** || hollow ground || évidé. 38
hohl-e Felge f. || hollow rim || jante f. creuse. a) **~e Speiche** f. || hollow spoke || rayon m. creux. b) **~e Stelle** f. || hollow place || excavation f. 39
Hohl n. des **Schiffsraumes** || depth of the hold || creux m. *ou* calaison f. d'un navire. 40
Hohlachse f. || hollow axle || essieu m. creux. a) **Herstellung** f. von **~n** durch Pressen || manufacture of hollow axles by pressing || fabrication f. des essieux creux étirés par pression hydraulique. 41
Hohl-balken m. || hollow beam || poutre f. creuse. a) **~beitel** m. || gouge || gouge f. b) **~block** m. || hollow block || bloc m. creux. 42
Hohlbohrer m. || hollow chisel || fleuret m. creux. a) ~ (Holzbearb) || shell auger; shell *or* gouge bit || tarière f. à cuiller; mèche-cuiller f.; évidoir m. b) ~ mit **Zahn** || nose bit; shell auger; slitnose *or*

auger bit || mèche-cuiller f.; tarière f. à *ou* en cuiller. 1

Hohl-bohrmaschine f. || trepanning machine || machine f. à forer. **a) ~dachziegel** m. || hollow roofing-tile || noue f. **b) ~dechsel** f. || hollow adze || aissette f. **c) ~diele** f., **Zement** || hollow concrete slab || dalle f. creuse en ciment. **d) ~docht** m. || circular wick || mèche f. ronde. **e) ~düllbeitel** m. || socket gouge || gouge f. à douille. 2

Höhle f. || cave; cavern || caverne f.; grotte f. 3

Hohleisen n. (Schiffb) || gouge || gouge f. **a)** ~ (Tischl) || hollow chisel; gouge || gouge f. **b) aufgeworfenes** ~ || entering *or* spoon-gouge || gouge f. à nez rond. **c) gebogenes** ~ || bent-neck *or* bent gouge || gouge f. à bec de corbin. **d) gekröpftes** ~ || bent *or* bent-neck gouge || bec m. de corbin; gouge f. à bec de corbin. **e) rundes** ~ || round gouge || gouge f. ronde. **f) viereckiges** ~ || square gouge || gouge f. carrée. 4

Höhlenforschung f. || exploration of caves || exploration f. de cavernes. 5

Hohl-flachstahl m. || hollow flat bar steel || acier m. plat creux. **a) ~former** m. (Töpf) || hollow ware presser || mouleur m. en faïence. 6

hohl-gebohrte Schiffswelle f. || trepanned marine shaft || arbre m. de couche foré creux. **a) ~geschmiedeter Zahnkranz** m. || hollow-forged toothed rim || couronne f. dentée forgée creuse. 7

Hohl-geschoß n. || hollow shot *or* projectile || projectile m. creux. **a) ~gewebe** n. || hollow web || tissu m. double-étoffe. 8

Hohlglas n. || hollow *or* concave glass || verre m. creux *ou* concave. **a) ~schleifer** m. || polisher of concave glass || polisseur m. de verres concaves. 9

Hohlglaswaren fpl. || hollow-glass ware || gobeleterie f. **a)** ~ **für den Toilettegebrauch** || hollow-glass ware for toilet service || articles mpl. de gobeleterie pour le service de toilette. 10

Hohlguß m. || cored work; hollow casting || fonte f. en creux; moulage m. creux; pièce f. coulée creuse. 11

Hohlkehle f. || hollow; groove; flute; channel || rainure f.; cannelure f.; chenal m.; gorge f.; congé m. **a)** ~ (an einer Ecke) || hollow chamfer || chanfrein n. creux. **b) eingeschliffene** ~ || hollow ground edge || cannelure f. obtenue à la meule. 12

Hohlkehlen-eisen n. || right side round iron; round-nose iron || fer m. de congé; fer m. de rabot rond. **a) ~schleifvorrichtung** f. || device for hollow grinding || dispositif m. pour affûtage concave. **b) ~stahl** m. || hollow ground tool || outil m. à lèvre concave. 13

Hohl-keil m. || hollow *or* saddle key || clavette f. creuse. **a) ~kolben** m. || trunk piston || tige f. creuse. 14

Hohlkörper m. (Met) || hollow piece; hollow ware; tube blank || pièce f. creuse; corps m. creux; ébauche f. **a) gezogener** ~ || hollow drawn article || pièce f. emboutie creuse. **b) nahtloser** ~ || hollow part seamless drawn || pièce f. creuse emboutie sans soudures. **c) Ziehen** n. **unregelmäßig geformter** ~ || drawing of irregular-formed hollow parts || étirage m. des corps creux de forme irrégulière. 15

Hohl-kugel f. || hollow ball *or* sphere || boule f. *ou* sphère f. creuse. **a) ~leiste** (Tischl) || hollow (groove); concave *or* hollow moulding || cannelure f.; gorge f.; cavet m. **b) ~linse** f. || concave glass *or* lens || lentille f. concave *ou* divergente. 16

Hohlmaß n. || dry measure; measure of capacity; dry and liquid meter || mesure f. de capacité *ou* pour les liquides. **a)** ~ **aus Holz** || wooden capacity measure || mesure f. de capacité en bois. 17

Hohlmauer f. || hollow wall || mur m. creux. 18

Hohlmeißel m. || gouge; hollow chisel || gouge f. **a)** ~ (Drechsl) || turning gouge || gouge f. à ébaucher. **b) gekröpfter** ~ || bent *or* bent-neck *or* crooked gouge || bec m. à *ou* de corbin; fer m. crochu. **c) krummer** ~ || bent hollow chisel || fermoir m. à nez. **d) schrägschneidiger** ~ || skew carving chisel || fermoir m. néron *ou* nez-rond *ou* à nez rond. 19

Hohl-nadel f. zum **Aderlassen** || canula needle || aiguille f. trocart pour saignée. **a) ~pfahl** m. || hollow pile || pieu m. creux. **b) ~querschnitt** m. || hollow section || profil m. creux. **c) ~radsatz** m. || hollow wheel set || essieu m. monté creux. 20

Hohlraum m. || hollow space || espace m. vide. **a) ~bildung** f. (durch den Propeller) || cavitation || cavitation f. 21

hohlrund || concave || concave. 22

Hohlsaum m. || hem stitch || ourlet m. à jour. 23

Hohlsaum-maschine f. || hemstitch machine || machine f. à ourler à jour. **a) ~näherin** f. || open work hemmer || ourleuse f. à jours. 24

Hohl-schaber m. || fluted scraper || grattoir m. cannelé. **a) ~schiene** f. || bridge-rail; U-iron || rail m. en U-inverse; rail m. Brunel. **b) ~schlüssel** m. || hollow key || noyau m. 25

hohlschmieden || to forge hollow || forger à creux. 26

Hohl-setzen m. || hollow drift || baguette f. creuse *ou* percée. **a) ~sonde** f. || concave sound || sonde f. creuse. **b) ~spat** m. || chiastolite || chiastolithe f. 27

Hohlspiegel m. || concave mirror || miroir m. concave. **a) Glas~** || concave glass mirror || réflecteur m. concave en verre. **b) Krümmungshalbmesser** m. des ~s || radius of curvature of the concave mirror || rayon m. de courbure du miroir concave. **c)** ~ von **kurzer Brennweite** || concave mirror of short focal length || miroir m. concave de foyer court. **d) parabolischer** ~ || parabolic concave mirror || miroir m. parabolique concave. **e) sphärischer** ~ || spherical concave mirror || miroir m. sphérique concave. **f)** ~ aus **Spiegelmetall** || concave mirror of speculum metal || miroir m. concave en métal spéculaire. **g) vergoldeter** ~ || gilt concave mirror || réflecteur m. concave doré. 28

Hohlspiegel-kathode f. || concave mirror cathode || cathode f. à miroir concave. **a) ~spektrometer** n. || concave mirror spectrometer || spectromètre m. à miroirs concaves. **b) ~spektroskop** n. || spectroscope with concave mirrors || spectroscope m. à miroirs concaves. 29

Hohlspindel f. || hollow spindle || arbre m. creux. **a) ~drehbank** f. || hollow spindle lathe || tour m. à arbre creux. 30

Hohl-ständer m. || hollow column || montant m. creux. **a) ~stege** mpl. (Buchdr) || gutterstricks pl. || bois mpl. de marge. 31

Hohlstein m. || hollow *or* sleeve brick || brique f. creuse. **a)** ~ aus **Beton** || hollow concrete stone || pierre f. creuse en béton. 32

Hohl-stempel m. || hollow-drift || baguette f. creuse *ou* percée. **a) ~stopfen** m. || cap plug || bouchon m. creux. 33

Höhlung f. || cavity; excavation; groove; hollow; recess || cavité f.; creux m. **a)** ~ (Schneidwerkzeug) || sweep || cintre m. 34

Hohlungsstück n. (Schuhm) || camber || cambrure f. 35

Hohlweg m. || narrow pass; narrow sunken road; ravine; gorge || chemin m. creux; ravin m.; gorge f. 36

Hohlzahnkraut n. || galeopsis herbe || herbe f. de galéopsis. 37

Hohlziegel m. (Bauw) || hollow *or* tubular brick; air-brick || brique f. creuse *ou* perforée. **a)** ~ (Dachd) || gutter *or* hollow tile || chanée f.; tuile f. creuse *ou* gouttière *ou* imbricée; noue f. 38

Hohlzirkel m. || inside callipers pl. || compas m. à jauge. 39

Höhschenkel m. || stile || montant m. 40

Holdinggesellschaft f. || holding company || trust m. de valeurs. 41

Holländer m. (Pap) || rag *or* pulp engine || moulin m. *ou* pile f. à cylindres; pile f. raffineuse. **a)** ~ (Landw) *s.* Schweizer (Landw). **b) selbsttätiger** ~ || self acting rag-engine || pile f. raffineuse automate. 42

Holländeranlage f. (Pap) || rag dressing plant || installation f. pour la préparation des chiffons. 43

Holländerei f. (Landw) || milk cow house || vacherie f. 44

Holländer-kasten m. || vat of the rag engine || pile f. *ou* cuve f. *ou* bac m. du moulin à cylindre. **a) ~messer** n. || knife of the pulp engine; knife of machinery for pulp manufacture || lame f. de moulin à cylindre. **b) ~mühle** f. || roller mill || moulin m. à cylindres. **c) ~müller** m. (Pap) || beaterman || gouverneur m. **d) ~walze** f. || cylinder of the rag engine || cylindre m. *ou* rouleau m. du moulin à cylindre. 45

Höllenstein m. || lunar caustic; nitrate of silver; argentic nitrate || pierre f. infernale; azotate m. d'argent; nitrate m. d'argent. **a) ~halter** m. || caustic stone holder || porte-nitrate m. 46

Holm m. (Brückenjoch) || top beam; head beam; ridge beam || chapeau m.; chapiteau m. **a)** ~ (Flugzeug) || spar || longeron m. **b)** ~ (Zimm) || cross *or* head beam || sommier m. **c) gezogener** ~ (Luftf) || extruded spar || longeron m. chassé. **d)** ~ **mit gleichmäßig verteiltem Querschnitt** || spar of symmetrical cross section || longeron m. à section droite symétrique *ou* symétriquement répartie. **e) Haupt~** || main spar || longeron m. principal. **f) Hinter~** || rear spar || longeron m. arrière. **g) Holz~** || wooden spar || longeron m. en bois. **h) Kasten~** || box spar || longeron m. en caisson. **i) Rumpf~** || longeron *or* spar of the fuselage || longeron m. de fuselage. **k) Stahl~** || steel spar || longeron m. en acier. **l) Stirn~** || rear spar || arêtier m. **m)** die ~e mpl. **verlegen** || to set the string pieces pl. *or* wale pieces pl. || mettre les chapeaux mpl. 47

Holm-gurt m. (Luftf) || spar flange; flange *or* chord of spar; cap strip (A) ||

bride f. de longeron. **a) ~querschnitt** m. (Luftf) || spar section || section f. transversale du longeron. **b) ~schuh** m. (Luftf) || wing spar box || embout m. du longeron. **c) ~steg** m. (Luftf) || spar web || âme f. du longeron. 1

holoedrische Kristalle mpl. || holohedral crystals pl. || cristaux mpl. holoédriques *ou* homoèdres. 2

holperiger Weg m. || bumpy road || route f. cahotante. 3

Holunder-beere f. || elder berry || baie f. de sureau. **a) ~blüte** f. || elder blossom *or* flower || fleur f. de sureau. **b) ~holz** n. || elder (wood) || sureau m. 4

Hollundermark n. || elder pith || moelle f. de sureau. **a) ~elektroskop** n. || pith ball electroscope || électroscope m. à balles de sureau. **b) ~kugel** f. || elder pith ball || balle f. de sureau. 5

Holz n. || wood || bois m. **a) ~** (Bauholz) || timber; stuff || charpente f.; bois m. de charpente. **b) abgefaßtes ~** || cant *or* canted timber || bois m. écorné. **c) abgerindetes ~** || barked wood || bois m. écorcé. **d) abgestorbenes ~** || dead wood || bois m. mort. **e) ~ abhobeln** || to jack *or* jack down stuff; to plane off *or* to roughplane timber || dégrossir le bois. **f) Ablagern** n. des **~es** || seasoning of timber || séchage m. du bois. **g) ~ abschnüren** || to line out stuff || aligner le bois. **h) ~ abvieren** || to square *or* to timber wood || carrer *ou* équarrir le bois. **i) Ahorn~** || maple || écrable m. **k) Alt~** || old timber || vieille futaie f. **l) Amarant~** *s.* Holz, Purpur. **m) angefaultes ~** || decayed wood || bois m. piqué. **n)** das **~ arbeitet** || the wood works || le bois joue. **o) Ast~** || branch timber || bois m. des branches. **p) astfreies ~** || clean timber || bois m. net. **q) Atlas~** || satin wood || bois m. satiné de l'Inde. **r) aus ~** || wooden || en bois. **s) ausgetrocknetes ~** || seasoned *or* dried wood || bois m. desséché *ou* séché. **t) ~ austrocknen** || to season wood || dessécher le bois. **u) Bau~** || timber; stuff || charpente f.; bois m. de charpente. **v) behauenes ~** || rough hewn timber || bois m. dressé à la hache. **w) ~** aus dem **groben behauen** *s.* **~ berappen. x) ~ berappen** || to baulk *or* to rough-hew timber || dégauchir le bois. **y) ~ beschlagen** || to square *or* to timber wood || carrer *ou* équarrir le bois. **z) beschlagenes ~** || square- *or* squared timber || bois m. d'équarrissage *ou* carré *ou* équarri. 6

a) Birken~ || birch wood || bois m. de bouleau. **b) Birnbaum~** || pear tree wood || bois m. de poirier. **c) Blau~** || logwood || bois m. de campèche. **d) Bleistift~** || pencil cedar; Virginian jupiter || genévrier m. de Virginie. **e) brandiges ~** || dry-rotten wood || bois m. échauffé *ou* pouilleux *ou* pourri. **f) Brenn~** || fire wood || bois m. à brûler. **g) Buchen~** || beech wood || bois m. de hêtre. **h) Buchsbaum~** || box wood || buis m. **i) Campèche-~** || logwood || bois m. de campèche. **k) China~** || Cinchona wood || bois m. de quinquina. **l) ~ drechseln** || to turn wood || tourner le bois. **m) Eben~** || ebony wood || (bois m. d')ébène f. **n) Eiben~** || yew wood || bois m. d'if. **o) Eichen~** || oak wood *or* timber || bois m. de chêne. **p) ~ für Einlegearbeiten** || wood for inlaid work || bois m. de marqueterie. **q) einsträhniges ~** || thick wood || bois m. gras. **r) einwüchsiges ~** || wood flawy on one side || bois m. cautiban *ou* cantiban. **s) eisklüftiges ~** || wood having fissures || bois m. gélif *ou* gélivé. **t) Ellern~** *s.* Holz, Erlen. **u) engringiges ~** || wood with small annual rings || bois m. aux cernes étroits. **v) entrindetes ~** || barked wood || bois m. écorcé. **w) Erlen~** || alder wood || bois m. d'aune. **x) Eschen~** || ash wood || bois m. de frêne. **y) Espen~** || aspen wood || bois m. de tremble. **z) ~ fällen** || to fell timber || abattre *ou* couper le bois. 7

a) Farb~ || dye(r's) wood || bois m. de teinture. **b) faules ~** || rotten wood || bois m. détérioré *ou* pourri. **c) fehlerhaftes ~** || defective wood || bois m. défectueux. **d) fehlerloses ~** || wood free from defects || bois m. sans défauts. **e) feines ~** || fine wood || bois m. fin. **f) fettes ~** || resinous wood || bois m. résineux. **g) feuchtes ~** || damp wood || bois m. humide. **h) Fichten~** || pine wood || bois m. d'épicéa. **i) Floß~** || raftwood || bois m. flotté. **k) ~ flößen** || to raft wood || flotter du bois. **l) frisches ~** || green wood || bois m. vert *ou* vif. **m) Frühjahrs~** || spring timber || bois m. de printemps. **n) Furnier~** || veneer; veneering wood || feuille f. de placage. **o) Ganz~** || whole section *or* log || section f. entière. **p) ganz aus ~** n. hergestellt || made entirely of wood || fait entièrement en bois. **q) geadertes ~** || veined wood || bois m. marbré *ou* veiné. **r) gedrechseltes ~** || turned wood || bois m. tourné. **s) gefärbtes ~** || dyed wood || bois m. teint. **t) gemahlenes ~** || ground wood || bois m. moulu. **u) genutetes ~** || grooved wood || bois m. rainé. **v) geradstämmiges ~** || straight timber || bois m. d'un beau brin. **w) gesägtes ~** || sawed wood || bois m. scié. **x) geschältes ~** || disbarked wood || bois m. écorcé. **y) geschlagenes ~** || felled timber || bois m. abattu. **z) geschnitztes ~** || carved wood || bois m. sculpté. 8

a) gesundes ~ || sound wood || bois m. sain. **b) gezapftes ~** || tongued wood || bois m. langueté. **c) Gruben~** || mine timber || bois m. pour les mines. **d) grünes ~** || green wood || bois m. vert *ou* vif. **e) Halb~** || half section *or* log || demi-bois m. **f) Handels~** || timber for trade || bois m. du commerce. **g) Hart~** || hard wood || bois m. dur. **h) harziges ~** || resinous wood || bois m. résineux. **i) harzreiches ~** *s.* harziges **~. k) ~** zum **Heizen** || wood for heating || bois m. de chauffage. **l) Herbst~** || autumn timber || bois m. d'automne. **m) Hickory~** || hickory || hickory m. **n) hochgeschoßtes ~** || upshot wood || bois m. de haut revenu. **o) hochstämmiges ~** || tall *or* lofty wood || bois m. de haute futaie. **p) Holunder~** || elder wood || sureau m.; bois m. de sureau. **q) Kant~** || scanting; rectangular timber || bois m. équarri. **r) Kastanien~** || chestnut wood || bois m. de châtaigner. **s) Kern~** || heartwood || bois m. de cœur. **t) kernschäliges ~** || colty wood || bois m. roulé *ou* crevassé circulairement. **u) Kiefern~** || pine wood || bois m. de pin. **v) Kirschbaum~** || cherry tree wood || bois m. de cerisier. **w) Klafter~** || corded *or* stacked wood || bois m. de stère. **x) Kloben~** || wood in logs || bois m. de bûche. **y) knorriges ~** || knaggy wood || bois m. malandreux. **z) knotiges ~** || knotty wood || bois m. malandreux. 9

a) Knüppel~ || faggot wood || rondin m. **b) Kokos~** *s.* Kokospalmen~. **c) Kokospalmen~** || cocos wood; cocos nut palm || bois m. de cocotier. **d) Kork~** || cork wood || bois m. de liège. **e) krankes ~** || rotten wood || bois m. détérioré. **f)** mit **Kreosot getränktes ~** || creosoted wood || bois m. créosoté. **g) Kreuz~** || quarter section *or* cleft; quartered timber || quart m. de rond; quartier m. de tronc. **h) Kron-~** || crown wood || bois m. de première qualité. **i) Krumm~** || knee timber || bois m. courbe. **k) krummgewachsenes ~** || crooked grown tree || arbre m. déjeté *ou* contourné. **l) ~,** das nach **Kubikmaß** bezahlt wird || wood paid for by the cube || bois m. payé au cube. **m) kurzfaseriges ~** || wood with short fibre || bois m. à fibre courte. **n) Lang~** || long wood || bois m. de fil. **o) Lärchen~** || larch wood || bois m. de mélèze m. **p) Laub~** || broad leaved tree; leaf wood || bois m. feuillu. **q) lebendes ~** || live wood || bois m. vivant. **r) liegendes ~** || felled wood || bois m. gisant. **s) Linden~** || lime wood || bois m. de tilleul. **t) lufttrockenes ~** || air-seasoned *or* air-dried wood || bois m. séché à l'air. **u) Mahagoni~** || mahogany wood || bois m. d'acajou. **v) morsches ~** || rotten wood || bois m. passé. **w) Nadel~** || coniferous wood || bois m. conifère. **x) Nußbaum~** || walnut wood || bois m. de noyer. **y) Nutz~** || timber || bois m. d'ouvrage. **z)** im **Ofen** getrocknetes **~** || kiln dried wood || bois m. séché au four. 10

a) Ölbaum~ || olive wood || bois m. d'olivier. **b) Olivenbaum~** *s.* Holz, Ölbaum. **c) ~** ohne **Knoten** || wood free from knots || bois m. sans nœuds. **d) Palisander~** || rosewood; palisander wood || bois m. violet; palissandre m. **e) Palmen~** *s.* Holz, Kokospalmen. **f) Pappel~** || poplar wood || bois m. de peuplier. **g) Pechtannen~** || pitchpine wood || bois m. de pitch-pin. **h) Platanen~** || plane-tree wood || bois m. de platane. **i) Pock~** || guiacum wood || bois m. de gaïac. **k) Purpur~** || amaranth *or* purple wood || bois m. d'amarante. **l) Rahmen~** || framing timber || bois m. pour châssis. **m)** das **~ reißt auf** || the wood cracks *or* rifts *or* splits || le bois crevasse *ou* se fend. **n) ~** mit **Rinde** || unbarked timber || bois m. en grume. **o) ~** ohne **Risse** || wood free from flaws || bois m. sans roulures. **p) rohes ~** || raw wood || bois m. brut. **q) Rosen~** || rosewood || bois m. de rose. **r) Rot~** || redwood; Brazil wood || bois m. du Brésil. **s) rückgängiges ~** || overseasoned wood; timber beginning to decay || bois m. surâgé *ou* suranné *ou* sur le retour. **t) Rund~** || round timber *or* log || bois m. rond. **u) ~** in **Saft** || wood in the sap || bois m. en sève. **v) saftreiches ~** || sappy wood || bois m. riche en sève. **w) Sandel~** || sandal wood || bois m. de santal. **x) Satin~** *s.* Holz, Atlas. **y) Scheit~** || wood in logs *or* billets; logs pl.; split firewood || bois m.

de bûche *ou* de quartier. z) **Schicht~** || stacked wood || bois m. empilé. 1

a) **Schiffbau~** || timber for shipbuilding || bois m. de construction navale. b) ~ **schneiden** || to block out *or* to cut up *or* to saw timber || couper *ou* débiter *ou* découper le bois. c) in ~ **schneiden** || to engrave in wood || graver sur bois. d) **Schnitt~** || sawn timber || bois m. sciage. e) ~ **schnitzen** || to carve wood || sculpter; tailler en bois m. f) in ~ **schnitzen** *s.* ~ schnitzen. g) ~ **schrubben** || to jack *or* jack down stuff; to plane off *or* rough-plane timber || dégrossir le bois. h) **Schwarzulmen~** || rock elm wood || bois m. d'orme m. noir. i) **Sechstel~** || log in six sections || sixième m. de rond. k) **Spalt~** || split wood || bois m. de refend. l) **spaltbares ~** || cleavable wood || bois m. fendable. m) ~ in **Spänen** zum Klären von Flüssigkeiten || wood in chips for clarifying liquids || bois m. en copeaux pour la clarification des liquides. n) **Splint~** || sapwood || aubier m. o) **splintrissiges ~** || wood with circular crevices inside; colty wood || bois m. roulé *ou* crevassé circulairement. p) **Splitter~** || wood chips pl. || éclats mpl. de bois. q) **Stamm~** || stem wood || bois m. de tige. r) auf dem **Stamm** geschnittenes ~ || standing wood || bois m. sur pied. s) **Stangen~** || pole timber || rondin m. t) **Stark~** || heavy timber || gros bois m. u) **Stein~** || xylolite || xylolithe f. v) **Steineichen~** || white oak || chêne m. blanc. w) **Stellmacher~** || wood for wheelwrights || bois m. de charrounage. x) **Stempel~** || pit prop || bois m. pour étais de mine. y) **Stock~** || stump wood || bois m. de souche. z) **Stollen~** || log in six sections || sixième m. de rond. 2

a) **Tannen~** || deal; fir wood || bois m. de sapin m. b) **Teak~** || teak wood || bois m. de teck. c) **Tischler~** || joinery wood || bois m. de menuiserie. d) **totes ~** || dead wood || bois m. mort. e) **trockenes ~** || seasoned wood *or* timber || bois m. sec *ou* desséché. f) **Tropen~** || tropical wood || bois m. des tropiques. g) **überständiges ~** || overseasoned wood || bois m. surâgé *ou* suranné *ou* sur le retour. h) **Ulmen~** || elm wood || bois m. d'orme f. i) **unbehauenes ~** || wood in round; unhewn timber || bois m. en grume. k) das ~ **vermessen** || to measure the timber || cuber le bois. l) **vertrocknetes ~** || dead wood || bois m. mort. m) **verwachsenes ~** || cross grained wood || bois m. rebours. n) **verwundenes ~** || wavy fibred wood || bois m. à fibre contournée. o) **vierkantig beschlagenes ~** || squared timber || bois m. au carré. p) **Viertel~** || quarter section *or* cleft; quartered timber || quart m. de rond; quartier m. de tronc. q) **Violett~** || violet wood || bois m. de violette. r) **vollkantiges ~** || full edged timber || bois m. à vives arêtes *ou* vif. s) ~ für die Herstellung von **Vorhängen** || wood for the manufacturing of curtains || bois m. pour la fabrication des stores. t) **waldkantiges ~** || dull- *or* rough-edged timber || bois m. flacheux *ou* dévers. u) **Weich~** || tender *or* soft wood || bois m. tendre. v) **Weiden~** || willow wood || bois m. de saule. w) **Weißulmen~** || grey elm wood || bois m. d'orme m. blanc. x) **Werk~** || industrial wood || bois m. de travail. y) **widerwüchsiges ~** || wood with crooked fibres pl. || bois m. tranché *ou* versé. z) **windbrüchiges ~** || rolled timber; windfall || bois m. chablé *ou* chablis; chablis m. 3

a) **windschiefes ~** || back-sided timber || bois m. gauchi. b) das ~ **wirft sich** || the wood is casting *or* warping || le bois se déjette *ou* se gauchit. c) **wohlriechendes ~** || scented wood || bois m. odorant. d) **wurmstichiges ~** || worm-eaten wood || bois m. mouliné *ou* vermoulu. e) das ~ wird **wurmstichig** || the wood gets pricked by worms pl. || le bois se pique. f) **Wurzel~** || root timber || bois m. de racine. g) **wurzelfaules ~** || root-rot wood || bois m. charmé. h) **zähes ~** || tough wood || bois m. raide. i) **Zedern~** || cedar wood || bois m. de cèdre. k) **Zigarrenkisten~** || cigar box wood || bois m. de caisses à cigares. l) **Zitronen~** || lemon wood || bois m. de citronnier. m) ~ für die Herstellung von **Zündhölzern** || wood for the manufacturing of matches || bois m. pour la fabrication des allumettes. n) **zusammengeleimtes ~** || wood glued together || bois m. collé. o) ~ **zuschneiden** || to block out *or* to cut up *or* to saw timber || couper *ou* débiter *ou* découper le bois. p) **Zypressen~** || cypress wood || bois m. de cyprès. 4

Holzabfall m. || refuse *or* waste wood; wood waste *or* chip || bois m. de rebut; déchets mpl. de bois. a) **~sammelanlage** f. || wood refuse collecting plant || installation f. à ramasser les déchets de bois. 5

Holz-abfuhr f. || wood transport || vidange f. de bois. a) **~abhieb** m. || felling || coupe f. b) **~abnehmer** m. (Bergb) || timber taker || recueilleur m. de bois. c) **~abrinden** n. || wood barking *or* peeling || écorçage m. du bois en forêt. d) **~absatz** m. (Schuh) || wooden heel || talon m. en bois. e) **~ausschlepper** m. (Bergb) || timber loader || meneur m. de bois. f) **~anstrich** m. || paint for wood || peinture f. à bois. 6

Holzapfelbaum m. || crab *or* wild apple tree || pommier m. sauvage. 7

Holzarbeiter m. (Forst) || wood plantation labourer; worker in wood || forestier m.; ouvrier m. forestier. a) ~ (Sägew) || woodworker || boiseron m. 8

Holzart f. || species *or* sort *or* kind of wood || espèce f. *ou* sorte de bois. 9

holzartig || ligneous || ligneux. 10

Holz-asbest m. || lignous asbestos; rock wood || asbeste m. ligniforme. a) **~asche** f. || wood ashes pl. || cendre f. de bois. b) **~äther** m. || methylic ether || éther m. méthylique. c) **~aufnahme** f. || registration of the felling || inventaire m. de la coupe. d) **~ausfuhr** f. || wood exportation || exportation f. de bois. e) **~auskleidung** f. || inside wooden casing || tubage m. en charpente. f) **~ausschneider** m. || wood cutter || découpeur m. de bois. g) **~ausschnittarbeit** f. || marquetry cutting || découpage m. de marqueterie. h) **~axt** f. || felling axe; axe for cutting wood || marlin m.; cognée f. de bûcheron. i) **~balken** m. || wooden beam || poutre f. en bois. k) **~baracke** f. || wooden barrack || barraque f. en bois. l) **~bau** m. || wooden building; building in wood || construction f. en bois. m) **~baukasten** m. (Spielzeug) || wood building blocks pl. *or* box || boîte f. de construction en bois. n) **~bearbeitung** f. || wood working || travail m. du bois. o) **~bearbeitungsmaschine** f. || wood-working machine || machine f. à travailler le bois. p) **~beize** f. || wood mordant *or* stain || mordant m. *ou* caustique m. pour bois. q) **~beizen** n. || wood dyeing || teinture f. du bois. 11

Holzbelag m. || wood covering || revêtement m. en bois. a) durch ~ **abgedeckt** || covered by timber planking || garni d'une couverture en madriers. 12

Holz-besäumer m. (Sägew) || tail edger || coupeur m. de bouts. a) **~bestand** m. || standing crop || peuplement m. b) **~besteck** n. || wooden knife and fork || couvert m. en bois. c) **~biegemaschine** f. || wood bending machine || machine f. à courber *ou* à cintrer le bois. d) **~bieger** m. || wood bender || courbeur m. *ou* cintreur m. de bois. e) **~biegerei** f. || wood bending manufacture || fabrique f. de bois courbés. 13

Holzbildhauer m. || carver || sculpteur m. en bois. a) **~arbeit** f. || wood sculpture || ouvrage m. en bois sculpté. 14

Holzbildhauerei f. || wood sculpture *or* carving || sculpture f. en bois. 15

Holzbildschnitzer m. || carver of figures on wood || sculpteur m. de figurines en bois. 16

Holzbirnbaum m. || wild pear tree || poirier m. sauvage. 17

Holz-blasinstrument n. || wood wind instrument || instrument m. à vent en bois. a) **~block** m. || block of wood || bloc m. de bois. 18

Holzboden m. (Forstw) || wood land || terre f. à bois. a) **abnehmbarer ~** (Eisenb) || removable wooden platform || fond m. en bois démontable. 19

Holzbohle f. || deal || madrier m. 20

Holzbohrer m. || auger; wimble; gimlet || mèche f. à bois; foret m. de charpentier *ou* à bois; vrille f. a) ~ mit **Vierkantkopf** || plank bit square shank || mèche f. pour menuisier tête carrée. 21

Holzbohrmaschine f. || drilling machine for wood || perceuse f. pour bois. 22

Holzbrand m. || gangrene || gangrène f. a) **~gerät** n. || wood burning *or* wood branding apparatus || appareil m. de pyrogravure. b) **~malerei** f. || pyrography; burnt painted work || peinture f. encaustique; pyrogravure f. 23

Holz-brettchen n. || wooden board || planchette f. de bois. a) **~bügel** m. für **Kreuzungen** (el Leit) || wood bow || archet m. de bois. 24

Holzbündel n. || faggot; wood bundle || fagot m.; bourrée f. a) **~macher** m. || faggot maker || fagotier m. 25

Holz-dach n. || wooden roof || toit m. en bois. a) **~destillation** f. || wood distillation || distillation f. du bois. b) **~destillatör** m. || wood distiller || distillateur m. de bois. c) **~destillieranlage** f. || wood distilling plant || installation f. pour la distillation du bois. d) **~diele** f. || wooden plank || planche f. e) **~draht** m. || match splint || fil m. en bois. f) **~drechsler** m. || wood turner || tourneur m. sur bois. g) **~dreharbeit** f. || wood turnery || tournage m. sur bois. h) **~drehbank** f. || wood-turning lathe || tour m. à (travailler le) bois. 26

Holzdruck m. || xylography || xylographie f. **a) Druckstempel** m. für ~ || printing stamp for wood printing || timbre m. à imprimer sur bois. 1

Holzdruckbrennstempel m. || burning stamp for wood printing || timbre m. à marquer au feu sur bois. 2

Holz-dübel m. || wooden dowel *or* pin || cheville f. en bois; goujon m. **a) ~eimer** m. || wooden bucket *or* pail || seau m. en bois. **b) ~einlegearbeit f.** || marquetry || marqueterie f. **c) ~einleger** m. || marquetry inlayer || incrusteur m. sur bois. **d) bituminöse ~erde** f. || earth coal; earthy brown coal || bois m. bitumineux terreux; lignite m. terreux. 3

hölzern || wooden || en bois. **a) ~e Ausführung** f. || execution in wood || exécution f. en bois. 4

Holzessig m. || pyroligneous acid; wood vinegar || acide m. pyroligneux; vinaigre m. de bois. 5

holzessigsaures Blei n. || lead pyrolignite || pyrolignite m. de plomb. 6

Holzessigsäure f. || pyroligneous acid || acide m. pyroligneux. 7

Holz-etui n. || wooden case || étui m. en bois. **a) ~fachwerk** n. || timber framing || assemblage m. de charpente. **b) ~fällen** n. || wood cutting *or* felling || abattage m. 8

Holzfäller m. || woodman; feller; wood cutter; squatter (A) || bûcheron m.; bocanier m.; bocquillon m.; fendeur m. de bois. **a) ~axt** f. || woodcutter's axe || hache f. de bûcheron. 9

Holz-farbe f. || wood colour || couleur f. pour le bois; brun m. jaunâtre. **a) ~färben** n. || wood colouring || coloration f. du bois. **b) ~färber** m. || wood dipper || trempeur m. de bois. 10

holzfarbig || wood coloured || de couleur f. de bois. 11

Holzfaser f. || wood fibre *or* grain || fibre f. de bois; fil m. ligneux. **a) ~imitator** m. || grainer of wood || graineur m. sur bois. 12

Holz-faß n. || wooden barrel || tonneau m. en bois. **a) ~fehler** m. || defect in timber || vice m. de bois. **b) ~felge** f. || wooden rim *or* felloe || jante f. en bois. **c) ~fender** m. (Schiffb) || hanging fender; skid; wood fender || défense f. en bois. **d) ~fenster** n. || wooden window || fenêtre f. en bois. **e) ~feuerung** f. || wood firing || chauffage m. au bois. **f) ~floß** n. || raft || radeau m. **g) ~flößerei** f. || wood floating || entreprise f. de flottage de bois. 13

Holzflügel m. (Flugzeug) || wooden wing || aile f. de bois. **a) ~** (Windmühle) || wooden sail *or* vane || palette f. en bois. 14

Holz-flugzeug n. || wood built aeroplane; airplane of wood construction || avion m. en bois. **a) ~förderanlage** f. || wood conveying plant || installation f. pour transporter le bois. **b) ~form** f. || timber casing; wooden mould || moule m. en bois. **c) ~fräser** m. || shaper || toupilleur m. 15

holzfreies Papier n. || paper without woodpulp *or* without cellulose || papier m. exempt de pâte mécanique; papier m. sans bois *ou* sans cellulose. 16

Holz-fuß m. (Masch) || wood base || pied m. de bois. **a) ~fußboden** m. || wooden floor || plancher m. en bois. **b) ~futteral** n. || wooden capsule *or* case || étui m. en bois. **c) ~gabel** f. || wooden fork || fourche. *ou* four fchette f. en bois. **d) ~gas** n. || wood gas || gaz m. de bois. **e) ~gattung** f. || kind of timber || espèce f. de bois. **f) ~geflecht** n. || wood plait || tresse f. de bois. 17

Holzgeist m. || wood *or* methylated spirit; wood alcohol || esprit m. de bois; alcool m. méthylique. **a) Roh~** || raw woodspirit || alcool m. méthylique brut. 18

Holzgeist-azeton n. || wood alcohol acetone || acétone m. d'alcool méthylique. **a) ~öl** n. || wood alcohol oil || huile f. d'alcool méthylique. 19

Holz-geländer n. || wood stair-railing *or* bannisters pl. || balustrade f. en bois; rampe f. d'escalier en bois. **a) ~gestell** n. || wooden stand || carcasse f. *ou* étagère f. *ou* support m. en bois. **b) ~geviert** n. (Bergb) || timber square tubbing || cadre m. de boisage. 20

Holzgewebe n. || wood tissue || tissu m. de bois. **a) ~hut** m. || wood tissue hat || chapeau m. en tissu-bois. 21

Holz-gitter n. || lattice || grillage m. en bois. **a) ~gneis** m. || fibrous gneiss || gneiss m. fibreux. **b) ~gravör** m. || engraver on wood; carver || xylographe m. **c) ~griff** m. || wood handle || manche f. de bois. **d) ~großhändler** f. || timber wholesale merchant || marchand m. de bois en gros. **e) ~großhandlung** f. || timber wholesale trade; lumbergoods wholesale || commerce m. de bois en gros. **f) ~hacker** m. || wood chopper *or* cleaver; log cutter || fendeur m. de bois. **g) ~hafen** m. || timber harbour || port m. des bois. **h) ~hahn** m. || wood cock || robinet m. en bois. **i) ~hammer** m. || mallet; wooden hammer || maillet m. **k) ~handel** m. || timber trade || commerce m. du bois. **l) ~händler** m. || dealer in wood || marchand m. de bois. 22

Holzhauer m. || woodman; lumberman (A); woodcutter || bûcheron m. 23

Holzhauer-axt f. || cleaver; felling axe || cognée f. du bûcheron; marlin m. **a) ~-hippe** f. || woodcutter's bill || serpe f. de bûcheron. 24

Holzhaus n. || wooden house || maison f. en bois. **a) zerlegbares ~** || wood-house that can be takens to pieces || maison f. démontable en bois. 25

Holz-hinterlage f. (Schiffb) || wood backing || matelas m. en bois. **a) ~hobelmaschine** f. || wood planing machine || machine f. à raboter le bois. **b) ~holm** m. (Luftf) || wooden spar || longeron m. en bois. **c) ~hülle** f. || wood *or* wooden envelope || enveloppe f. en bois. **d) ~hülse** f. || wooden cover *or* shell || étui m. *ou* douille f. en bois. **e) ~imprägnierung** f. *s. auch* Holztränkung. 26

Holzindustrie f. || wood (working) industry || industrie f. du bois. **a) Sondermaschine** f. für die ~ || special machine for the wood industry || machine f. spéciale pour l'industrie du bois. 27

Holz-jalousie f. || wood window blind || jalousie f. en bois. **a) ~käfig** m. wooden cage || cage f. en bois. **b) ~kamm** m. || wood comb || peigne m. en bois. **c) ~kanal** m. || wood conduit || canal m. en bois. **d) ~kantenbestoßmaschine** f. || wood trimmer || machine f. à trancher les bois en bout. **e) ~kapsel** f. || wooden capsule || étui m. en bois. **f) ~karte** f. || wood card || carton m. en bois. **g) ~kasten** m. || wooden box *or* case || coffret m. *ou* récipient m. en bois. **h) ~keil** m. || wooden wedge || coin m. en bois. **i) ~kistchen** n. || wooden box || boîte f. en bois. **k) ~kiste** f. || wooden box || caisse f. en bois. **l) ~kitt** m. || joiner's putty || mastic m. de colle; futée f. **m) ~klammer** f. || wooden clamp || fichoir m. 28

Holzklotz m. || log; plank timber || bloc m. de bois. **a) ~** (Pflaster) || wood block || pièce f. de bois. 29

Holz-knopf m. || wood button || bouton m. en bois. **a) ~knopfform** f. || wooden button mould || moule m. en bois pour boutons. **b) ~knorren** m. || snag in wood || malandre f. **c) ~kocher** m. || cooker || cuiseur m. **d) ~koffer** m. || wooden trunk || malle f. en bois. 30

Holzkohle f. || charcoal (of wood) || charbon m. de bois; fusain m. **a) ~ in Stücken** || charcoal lump || charbon m. de bois en morceaux. 31

Holzkohlen-brikett n. || charcoal briquette || briquette f. de charbon de bois. **a) ~eisen** n. || charcoal iron || fer m. au bois. **b) ~feuer** n. || charcoal fire || feu m. de braise *ou* de charbon de bois. **c) ~feuerung** f. || heating with charcoal || chauffage m. au charbon de bois. **d) ~filter** m. || charcoal filter || filtre m. en charbon de bois. **e) ~frischstahl** m. || charcoal hearth steel || acier m. affiné au charbon de bois. **f) ~gestübbe** n. || charcoal dust mixed with clay || fraisil m. à terre glaise. **g) ~hochofen** m. || charcoal blast-furnace || haut-fourneau m. au charbon de bois. **h) ~klein** n. || small charcoal || braise f. *ou* poussière f. de charbon de bois. **i) ~lösche** f. *s.* ~klein n. **k) ~meiler** m. || charcoal pile || meule f. de charbon de bois. **l) ~pulver** n. || pounded charcoal || poudre f. *ou* poussière f. de charbon de bois. **m) ~roheisen** n. || charcoal pig *or* blast iron || fonte f. crue en charbon de bois. **n) ~stahl** m. || charcoal steel || acier m. au charbon de bois. **o) ~staub** m. || charcoal powder *or* dust || poussier m. de charbon de bois. 32

Holz-konservierung f. || timber preserving || conservation f. des bois. **a) ~konservierungsmittel** n. || wood preserver || produit m. à conserver le bois. **b) ~konsole** f. || wooden pedestal; wooden stand || socle m. en bois. **c) ~körper** m. || wooden body || corps m. en bois. **d) ~krampe** f. || cramp iron for wood || patte f. en bois. **e) ~krankheit** f. || disease of wood *or* trees || maladie f. *ou* vice m. du bois. **f) ~krebs** m. cankerous growth || tuméfaction f. de l'écorce. **g) ~kropf** m. || tree wart; rind gall || excroissance f. du tronc. **h) ~kumt** m. || horse wood collar || collier m. en bois. **i) ~kupfererz** n. || wood copper; arseniate of copper; fibrous olivenite || cuivre m. arséniaté fibreux; olivénite f. fibreuse. **k) ~kuppel** f. einer **Sternwarte** || observatory wooden dome || coupole f. en bois d'un observatoire. **l) ~ladepforte** f. || raft port || sabord m. de charge. **m) ~ladung** f. || cargo of timber || charge f. de bois. **n) ~lager** n. || wood stores pl. || entrepôt m. de bois. **o) ~lehre** f. || wooden gauge || gabarit m. en bois. 33

Holzleiste f. || wood border *or* lath *or* moulding || bordure f. *ou* latte f. *ou* tringle f. en bois. **a) doppelt gerillte ~** || double-groove casing || moulure f. en bois à deux rainures. **b) einfach ge-**

rillte ~ || single-groove casing || moulure f. en bois à une rainure. c) ~ für Möbel || furniture wood moulding || moulure f. pour meubles. 1

Holz-leisten m. für **Schuhe** || boot tree of wood || forme f. en bois pour chaussures. a) **~liste** f. || list of timber || borderau m. du bois. 2

Holzlöffel m. || wooden spoon || cuiller f. en bois. a) **~schnitzer** m. || wooden spoon maker || fabricant m. de cuillers en bois. 3

Holz-luftschraube f. || wooden airscrew *or* propeller || hélice f. en bois. a) **~maler** m. || wood *or* furniture painter || peintre m. sur bois. b) **~malerei** f. || painted wooden art work || travail m. d'art en bois peint. c) **~markt** m. || wood market || marché m. au bois. d) **~maschinenarbeiter** m. || wood machine worker || ouvrier m. de machine à bois. e) **~maserung** f. || grain of wood || fil m. de bois. 4

Holzmehl n. || wood dust *or* meal *or* powder || poudre f. *ou* farine f. de bois. 5

Holzmehl-fabrik f. || wood dust factory || fabrique f. de sciure de bois. a) **~maschine** f. || wood dust making machine; wood crusher || machine f. pour la fabrication de farine de bois. 6

Holz-meßgerät n. || caliper (lumber) || compas m. forestier. a) **~möbel** n. || furniture of wood || meuble m. en bois. b) **~modell** n. || wood pattern || modèle m. en bois. c) **~mosaik** f. || inlaid work of wood || marqueterie f. d) **~nabe** f. || wooden hub || moyeu m. en bois. e) **~nagel** m. || treenail; trunnel; wooden pin || gournable f.; cheville f. de bois; goujon m. 7

Holzöl n. || wood oil || huile f. de bois. a) **~firnis** m. || wood-oil varnish || vernis m. à l'huile de bois. 8

holzölsaures Blei n. || lead lignoleate || lignoléate m. de plomb. 9

Holz-opal m. || wood opal || bois m. opalisé. a) **~pantoffel** m. || wood slipper || pantoufle f. en bois. b) **~pappe** f. || cellular pasteboard || carton m. en pâte de bois. c) **~pech** n. || wood pitch || poix f. végétale. d) **~perle** f. || wood bead || perle f. en bois. e) **~pfahl** m. || timber pile || pieu m. en bois. f) **~pfeife** f. || wooden pipe || pipe f. en bois. g) **~pflanzung** f. || cultivation of wood || culture f. de bois. h) **~pflaster** n. || wood pavement *or* paving || pavage m. *ou* pavé m. en bois. i) **~pflasterung** f. *s.* Holzpflaster. k) **~presse** f. (Buchdr) || wooden press || presse f. en bois. l) **~puffer** m. (Eisenb) || wooden buffer || tampon m. en bois. m) **~pumpe** f. || wooden pump || pompe f. en bois. n) **~[quer]schwelle** f. || timber [cross] sleeper || traverse f. en bois. 10

Holzrahmen m. || wooden frame || châssis m. *ou* cadre m. de bois. a) **armierter ~** || wood filled frame || châssis m. en bois armé. 11

Holzrahmenfenster n. || wood window || fenêtre f. en bois. 12

Holz-raspel f. || wood rasp || râpe f. à bois. a) **~riemenscheibe** f. || wooden belt-pulley; wood pulley || poulie f. en bois. 13

Holzring m. || wooden ring || bague f. en bois. a) **furnierter ~** || laminated *or* plywood ring || cercle m. en bois plaqué *ou* en bois de placage. 14

Holz-rinne f. || wooden culvert || caniveau m. en planches. a) **~röhre** f. || wooden pipe || tuyau m. *ou* conduite f. en bois. b) **~rolladen** m. || wood window blind; wooden revolving shutter || valet m. roulant *ou* jalousie f. en bois; store m. de boutiques en bois. c) **~rolle** f. (Möbel) || wood caster || roulette f. en bois. d) **~rost** m. || wooden stand || grille f. en bois. e) **~saft** m. || sap || sève f. f) **~säge** f. || wood saw || scie f. à bois. g) **~sägen** n., **mechanisches** || mechanical wood sawing || sciage m. mécanique de bois. h) **~säger** m. || timber cutter's labourer; wood sawyer || scieur m. de bois. i) **~schachtel** f. || wooden *or* packing box || boîte f. en bois *ou* d'emballage. k) **~schaft** m. (Geländer) || hand-rail post || acrotère m. 15

Holzschäl-maschine f. || wood peeling machine || machine f. à décortiquer le bois. a) **~vorrichtung** f. || apparatus for peeling wood || appareil m. à enlever l'écorce des arbres. 16

Holz-schaufel f. || wooden shovel || pelle f. en bois. a) **~scheit** n. || billet *or* log of wood || bûche f. 17

Holzschiff n. || wood ship || bateau m. *ou* navire m. en bois. a) **~** (Schriftsetzerei) || wood galley || galée f. en bois. 18

Holzschiffbau m. || wood ship building || construction f. de barques. 19

Holzschlag m. || wood cutting *or* felling || abat(t)age m. a) **~aufseher** m. || wood bailiff; wood steward || garde-vente m. 20

Holz-schlägel m. (Holzspalten) || beetle || maillet m.; massue f. a) **~schleifer** m. || wood grinder || défibreur m. *ou* râpeur m. de bois. 21

Holzschleiferei f. (Pap) || pulp factory; wood grinding || fabrique f. de pâte de bois *ou* de cellulose; râperie f. de bois. a) **~** (Tischl) || wood polishing factory || atelier m. à polir le bois. 22

Holzschleifereianlage f. || wood grinding plant || installation f. d'affilerie de bois. 23

Holzschleif-maschine f. || sanding machine || machine f. à poncer le bois. a) **~mühle** f. || stuff grinder || défibreur m. 24

Holzschliff m. || wood pulp || pâte f. *ou* pulpe f. de bois. a) **~papier** n. || mechanical wood-pulp paper || papier m. de pâte de bois. 25

Holzschneidekunst f. || wood cutting *or* engraving; xylography || gravure f. sur bois; xylographie f. 26

Holzschneiden n. (Sägewerk) || wood cutting || tranchage m. de bois. 27

Holzschneider m. (Grav.) || wood carver *or* cutter *or* engraver || graveur m. sur bois. 28

Holzschnitt m. || wood cut *or* engraving || gravure f. en *ou* sur bois. a) **~ mit Farbendruck** || stereochromic wood cutting || tableau m. xylo-stéréochromique. 29

Holz-schnitzer m. || wood carver || sculpteur m. sur bois. a) **~schnitzerei** f. || carved wood || bois m. sculpté; sculpture f. de bois. 30

Holzschnitz-kunst f. || wood carving || sculpture f. sur bois. a) **~waren** fpl. || carved wood || bois mpl. sculptés. 31

Holzschraube f. (Schraube aus Holz) || wooden screw || vis f. en bois. a) **~** (Schraube für Holz) || wood screw || vis f. à bois. b) **Halbrund~** || round head wood screw || vis f. à bois à tête goutte de suif. 32

Holzschraubenherstellung f. || making wood screws || fabrication f. des vis à bois. 33

Holzschuh m. || clog; wooden shoe; sabot || sabot m.; socque m. a) **~macher** m. || wooden shoe maker || sabotier m. b) **~maschine** f. || machine for making wooden shoe || machine f. à faire les sabots. c) **~riemen** m. || clog lace || bride f. pour sabots. 34

Holz-schuppen m. || wood barn || hangar m. à bois. a) **~schüssel** f. || wooden bowl || sébille f. b) **~schutzkasten** m. || wooden protective hood || couvercle m. de protection en bois. c) **~schwamm** m. || wood fungus; dry rot || champignon m. du bois; mérule m. 35

Holzschwelle f. (Eisenb) || timber sleeper || traverse f. en bois. 36

Holzschwellenoberbau m. || track having wooden sleepers || superstructure f. sur traverses en bois. 37

Holz-sims m. || wood moulding || moulure f. en bois. a) **~sohle** f. || wooden sole || semelle f. en bois. b) **~spaltmaschine** f. || wood splitting machine; veneer cutting saw || machine f. à trancher les placages *ou* à fendre les bûches. 38

Holzspan m. || wooden splint *or* slip *or* chip || ruban m. *ou* copeau m. *ou* éclat m. de bois; bois m. en éclisses. 39

Holzspankorb m. || wood basket || corbeille f. en bois. 40

Holzspan-presse f. || press for wood chips || presse f. pour agglomérer des copeaux de bois. a) **~schachtel** f. || wood shaving box || boîte f. en copeaux de bois. 41

Holzspeiche f. || wooden spoke || rayon m. en bois. 42

Holz-speichenrad n. || wood wheel || roue f. en bois. a) **~spielwaren** fpl. || wooden toys pl. || jouets mpl. en bois. b) **~splitter** mpl. || splinters pl. of wood; wood chips pl. || éclats mpl. de bois. 43

Holzspule f. || wooden spool *or* bobbin || bobine f. *ou* bobinot m. en bois. a) **auf ~n** fpl. **gewickelt** || mounted on wooden spools || enroulé sur des bobines de bois. 44

Holz-spund m. || wooden bung || bonde f. en bois. a) **~spundwand** f. || wooden sheet-piling || cloison f. de palplanches. 45

Holzstabgewebe n. || material made of wooden lattice-work; wooden beading material || treillis m. en bois; treillage m. en bois. a) **~herstellungsmaschine** f. || wooden lattice work making machine || machine f. pour fabriquer des grillages en bois. 46

Holzstamm m., **bewaldrechteter** || baulked *or* rough hewn stem *or* trunk || brin m. de bois; tronc m. dégrossi. 47

Holzstampfer m. (Zement) || wooden tamp *or* rammer || dame f. en bois. 48

Holzstange f. || wooden pole || poteau m. en bois. a) **einfache ~** (el Leit) || single pole || poteau m. simple. 49

Holzstangenpendel m. || wooden bar pendulum || pendule m. à tige en bois. 50

Holz-stapel m. || wood pile || tas m. *ou* pile f. de bois. a) **~stapler** m. (Sägew) || stacker || empileur m. b) **~stativ** n. || wooden tripod || pied m. en bois. c) **~staub** m. || wood dust || poudre f. de bois. 51

Holzstecherkunst f. || wood cutting *or* engraving; xylography || gravure f. en *ou* sur bois; xylographie f. 1

Holz-steg m. (Drechsl) || wood centre || cinglot m. **a) ~stein** m. || silicified wood || silex m. corné. 2

Holzstich m. || wood cut *or* engraving || gravure f. en bois *ou* en taille de bois. 3

Holzstiel m. || wood handle || manche m. en bois. **a) ~** eines **Werkzeuges** || wood handle of tool || manche m. d'outil en bois. 4

Holzstift m. || wooden peg *or* nail || cheville f. en bois. **a) ~** für die **Schuhmacherei** || woodpin for shoemaking || cheville f. en bois pour la cordonnerie. 5

Holzstiftmaschine f. || wooden pegs making machine || machine f. à faire des goupilles en bois. 6

Holzstock m., **gravierter** || wood engraving || bois-gravure m. 7

Holzstoff m. (Chem) || lignin(e); wood cellulose; lignon(e) || lignine f.; cellulose f. de bois; lignone f. **a) ~** (Pap) || wood pulp || pâte f. de bois. 8

Holzstoff-bleicher m. || wood pulp bleacherman || blanchisseur m. de pâte de bois. **a) ~fabrik** f. || wood pulp works pl.; lignine factory || fabrique f. de pâte de bois. **b) ~herstellungsmaschine** f. || wood-pulp making machine || machine f. pour fabriquer la pâte de bois. **c) ~-maschine** f. || wood pulp machine || machine f. à pâte de bois. **d) ~masse** f. || wood cellulose || cellulose f. du bois. **e) ~waren** fpl. || wood pulp articles pl. || pulpe f. de bois. 9

Holz-stoß m. || wood pile *or* stack || chale f.; bûcher m. **a) ~stroh** n. || wood straw || paille f. de bois. **b) ~stuck** m. || ligneous stucco || bois m. coulé. **c) ~stütze** f. || wooden support || support m. en bois. **d) ~substanz** f. || cellulose; woody fibre || cellulose f. **e) ~täfelung** f. || wood panelling || revêtement m. en bois. 10

Holzteer m. || wood *or* vegetable tar || goudron m. végétal *ou* de bois. 11

Holzteer-öl n. || wood-tar oil || huile f. de goudron végétal. **a) ~pech** n. || pitch || brai m. 12

Holz-träger m. || wooden pillar || pilier m. en bois. **a) ~tränkung** f. || wood impregnating || imprégnation f. du bois. **b) ~tränkungsanlage** f. || plant for impregnation of timber || installation f. pour imprégner le bois. **c) ~treppe** f. || wood stair; wooden step || escalier m. en bois. **d) ~trockenanlage** f. || timber drying plant || séchoir m. à bois. **e) ~trocknung** f. || wood drying *or* desiccation || séchage m. *ou* dessiccation f. des bois. **f) ~trocknungsanlage** f. || wood drying plant || installation f. pour sécher le bois; séchoir m. à bois. **g) ~tür** f. || wooden door || porte f. en bois. **h) ~turm** m. || wood tower || tour f. en bois. **i) ~type** f. (Buchdr) || wooden type || caractère m. en bois. **k) ~unterlage** f. für **Panzer** (Schiffb) || wood backing || matelas m. en bois. **l) ~untersatz** m. || tray || plateau m. en bois. **m) ~verband** m. || construction of a frame *or* timber work || assemblage m. des bois. **n) ~verbindung** f. *s.* ~verband **o) ~verdämmung** f. || timbering of a shaft || cuvelage m.; couvelage m.; cuvellement m. **p) ~vergolder** m. || gilder on wood || doreur m. sur bois. **q) ~vergoldung** f. || wood gilding || dorure f. sur bois. **r) ~verkauf** m. || sale of wood || vente f. de bois. **s) ~verkleidung** f. || timber facing || revêtement m. en bois. 13

Holzverkohlung f. || carbonization; charring of wood; wood distillation || carbonisation f. de bois. 14

Holzverkohlungs-anlage f. || carbonization plant; wood charring plant || installation f. à carboniser le bois *ou* de carbonisation du bois. **a) ~grube** f. || charring pit || fosse f. de carbonisation. 15

Holz-verschalung f. || wooden fence; inlaying; wainscot || lattis m. de bois; lambris m.; revêtement m. en bois. **a) ~versilberer** m. || silverer on wood || argenteur m. sur bois. **b) ~versilberung** f. || wood silvering || argenture f. sur bois. **c) ~versteigerung** f. || timber auction || vente f. de bois aux enchères. **d) ~verteiler** m. (Bergb) || timber distributor || distributeur m. de bois. **e) ~vorrat** m. || stock of wood || provision f. de bois. **f) ~wagen** m. || wood cart || fardier m. **g) ~wanne** f. aus **Pitchpine** || bath in pitchpine || cuve f. en bois de pitchpin. 16

Holzwaren fpl. || wood ware; wood articles pl. || articles mpl. en bois. **a) ~** für **Küche** und **Haus** || wooden articles pl. for housekeeping and kitchen || articles mpl. en bois de ménage et de cuisine. 17

Holzwarenlackierer m. || wood varnisher || vernisseur m. sur bois. 18

Holzweberschiffchen n. || wood shuttle || navette f. en bois. 19

Holzweg m. || wood road; forest road || chemin m. de vidange. 20

Holzwerk n. eines **Gebäudes** || frame *or* timber work *or* carcass of a building || charpente f. d'un bâtiment. 21

Holzwespe f. || wood wasp; horntail || sirèce f. 22

Holzwolle f. || wood fibre *or* wool || laine f. *ou* charpie f. de bois. **a) ~** in **Schnüren** || wood wool in cords || laine f. de bois en cordes. 23

Holzwolle-maschine f. || wood wool machine || machine f. pour la fabrication de la laine de bois. **a) ~verarbeitungsmaschine** f. || wood wool working machine || machine f. à préparer la laine de bois. 24

Holzwoll-seil n. || wood wool rope || tresse f. en laine de bois. **a) ~watte** f. || wood fibre wadding || laine f. de bois. 25

Holzwurm m. || wood fretter || artison m. **a) ~mittel** n. || wood-worm exterminator || exterminateur m. de gâte-bois. 26

Holz-zahn m. (Kammrad) || cog; cog tooth || alluchon m. **a) ~zelle** f. (Chem) || membranous tube of the vascular tissue || cellule f. du tissu végétal. **b) ~zellulose** f. || wood cellulose || cellulose f. fibreuse de bois; fibreuse f. de bois. 27

Holzzement m. || wood cement || ciment m. de bois; ciment m. à pâte de bois. **a) ~-dach** n. || roof of wood cement || toit m. en ciment à pâte de bois. 28

Holz-zerstörer m. || timber destroyer || destructeur m. de bois. **a) ~zinn** n. || wood tin || étain m. de bois. **b) ~zubereitung** f. || preservation of wood || préservation f. du bois. **c) ~zucker** m. || wood sugar || sucre m. de bois. 29

Homodynmethode f. (Funkw) || homodyne method || méthode f. homodyne. 30

homoedrische Kristalle mpl. || homohedral crystals pl. || solides mpl. homoèdres. 31

homogen || homogeneous || homogène. **a)** der **Block** m. ist völlig **~** || the ingot is absolutely homogeneous || le lingot est d'une homogénéité parfaite. **b) ~e Leitung** f. (Fernm) || homogeneous line || ligne f. homogène. 32

Homogenität f. || homogeneity || homogénéité f. 33

Homogen-kohle f. || solid carbon || charbon m. homogène. **a) ~stahl** m. || homogenous steel || acier m. homogène. 34

homöomorph || isomorphous || isomorphe. 35

homöopathisches Arzneimittel n. || homœopathic medicine || médicament m. homéopathique. **a) ~ Glas** n. || homœopathic glass || flacon m. homéopathique. 36

Honig m. || honey || miel m. **a) gereinigter ~** || purified honey || miel m. épuré. **b) künstlicher ~** || artificial honey || miel m. artificiel. **c) natürlicher ~** || natural honey || miel m. naturel. 37

Honigaromaöl n. || honey aroma oil || huile f. d'arome de miel. 38

Honigkuchen m. || gingerbread || pain m. d'épices. **a) ~bäcker** m. || gingerbread maker || fabricant m. de pain d'épices. **b) ~fertigungsmaschine** f. || machine for the manufacture of gingerbread || machine f. pour la fabrication de pain d'épice. 39

Honig-säure f. || mellitic acid || acide m. mellitique. **a) ~schleudergerät** n. || honey strainer || machine f. centrifuge pour miel. **b) ~seife** f. || honey soap || savon m. au miel. **c) ~stein** m. (Min) || mellite || mellite f. **d) ~wabenspule** f. || honeycomb coil || bobine f. en nid d'abeilles. **e) ~zucker** m. || honey sugar || sucre m. de miel. 40

Honorar n. || fee; remuneration; honorarium || honoraires mpl. 41

honorieren || to honour; to give protection; to pay; to accept; to take up || honorer; rémunérer. 42

Hooperscher Draht m. || Hooper wire || fil m. Hooper. 43

hopfen, das Bier || to hop *or* to put hops pl. into the beer || houblonner la bière. 44

Hopfen m. || hop || houblon m. **a) August~** || early hop || houblon m. hâtif *ou* précoce. **b) Darren** n. des **~s** || hop drying || sécherie f. de houblon. **c) ~ pflücken** || to gather hops pl. || cueillir du houblon. 45

Hopfen-anpflanzung f. || hop field *or* garden *or* ground *or* yard || houblonnière f. **a) ~ballen** m. || hop bale || balle f. de houblon. **b) ~bauer** m. || hop grower || planteur m. de houblon. **c) ~darre** f. || hop drying kiln; hop oast || touraille f. à sécher le houblon. **d) ~destillier-** und **Extraktionsapparat** m. || hop distilling and extraction apparatus || appareil m. à distiller et à extraire le houblon. **e) ~drüse** f. || lupulin gland of hop || glande f. de houblon. **f) ~extraktionsvorrichtung** f. || hop extractor || appareil m. à extraire le houblon. **g) ~feld** n. || hop field *or* garden *or* ground *or* yard || houblonnière f. **h) ~kühlraum** m. || hop cooling room || chambre f. froide à houblon. **i) ~mehl** n. || hop flour; lupulin || lupuline f. de houblon; glandules fpl. de houblon. **k) ~öl** n. || hop oil || huile f. de houblon. **l) ~pflücker** m. || hop picker || cueilleur m. de houblon. **m) ~presse** f. || hop press || presse f. à houblon. **n) ~-schwefeldarre** f. || kiln for sulphuring hops || touraille f. à soufrer le houblon. **o) ~seiher** m. || hop back *or* basket || bac m. à houblon. **p) ~zapfen** m. || hop cone || cône m. de houblon. **q) ~zerblätterungsvorrichtung** f. || hop plucking apparatus || effeuilleuse f. à houblon. 1

hörbar || audible || audible. 2

Hörbarkeitsfaktor m. (Fernm) || audibility factor || facteur m. d'audibilité. 3

Hörbereich m. || range of audibility || intervalle m. audible. **a) in ~** || within earshot || en intervalle f. audible. 4

Horchgerät n. || sound locator *or* detector *or* listening device || appareil m. de repérage par le son. 5

Horde f. || hurdle || claie f. **a) ~ einer Darre** || kiln hurdle; kiln floor || plateau m. de touraille. **b) Draht~** (Darre) || wire kiln floor *or* hurdle || plateau m. de touraille en toile métallique. **c) geflochtene ~** || hurdle || claie f. **d) Klapp~** (Brau) || dumping kiln || touraille f. à jalousie. **e) ~ für Reiniger** || hurdle for purifier || claie f. pour épurateurs. 6

Hordenwascher m. || hurdle washer || laveur m. à claie. 7

Hörempfang m. || reception by sound || réception f. auditive. 8

Hörer m. (Fernsprecher) || receiver || récepteur m. **a) den ~ abheben** (Fernm) || to take off *or* to remove the receiver || enlever le récepteur. **b) den ~ abnehmen** *s.* den ~ abheben. **c) den ~ anhängen** (Fernm) || to restore the telephone *or* receiver || raccrocher le récepteur. 9

Hörergabel f. (Fernsprecher) || hook of the receiver || fourchette f. de téléphone. 10

Hör-frequenz f. || acoustic frequency || fréquence f. acoustique. **a) ~gerät** n. || apparatus for the deaf || appareil m. acoustique. 11

Horizont m. (Astron; Seew) || horizon || horizon m. **a) ~** (Feldm) || level || niveau m. **b) astronomischer ~** || astronomical *or* rational *or* real horizon || horizon m. astronomique *ou* rationnel *ou* vrai. **c) künstlicher ~** || artificial horizon || horizon m. fictif. **d) scheinbarer ~** || apparent *or* sensible *or* visual horizon || horizon m. physique *ou* sensible *ou* visible *ou* visuel. **e) sichtbarer ~** *s.* scheinbarer ~. **f) wahrer ~** (Astron) || rational *or* real horizon || horizon m. rationnel *ou* vrai. **g) wahrer ~** (Feldm) || true level || niveau m. vrai. 12

horizontal || horizontal || horizontal. 13

Horizontal-antenne f. || horizontal aerial || antenne f. horizontale. **a) ~aussteifung** f. || horizontal stiffening || renforcement m. horizontal. 14

Horizontale f. || horizontal line; level || ligne f. de niveau *ou* horizontale. 15

Horizontalebene f. || horizontal plane || plan m. horizontal. **a) ~** (Feldm) || level || niveau m. **b) rechte ~** || true level || niveau m. vrai. **c) scheinbare ~** || apparent level || niveau m. apparent. 16

Horizontalfeinbewegung f. des **Fernrohres** || slow motion of telescope in azimuth || mouvement m. lent horizontal de la lunette. **a) ~ durch Schneckenrad** mit auslösbarer Schnecke zur Grobverstellung in Azimut (Fernrohr) || horizontal slow motion by wormwheel with disengaging worm for coarse motion in azimuth || mouvement m. horizontal lent par roue et vis sans fin déclenchable pour effectuer le déplacement rapide en azimut. 17

Horizontal-fräsmaschine f. || horizontal milling machine || machine f. à fraiser horizontale. **a) ~gatter** n. || horizontal deal frame; horizontal saw-mill || scie f. horizontale alternative; scierie f. horizontale. **b) ~gelenk** n. || horizontal hinge || articulation f. horizontale. **c) ~intensität** f. || horizontal intensity || intensité f. horizontale. **d) ~kurve** f. || contour line || courbe f. *ou* ligne f. de niveau. **e) ~parallaxe** f. || horizontal parallax || parallaxe f. horizontale. **f) ~transport** m. || horizontal conveyance || transport m. horizontal. **g) ~verband** m. || horizontal brace || entretoisement m. horizontal. 18

Horizontierung f. || levelling (device) || horizontalité f. 19

Horn n. (Werkstoff) || horn || corne f. **a) ~ eines Ambosses** || beak of an anvil || bigorne f. d'enclume. **b) drehbares ~** (Werkzeugmasch) || reversible horn || bigorne f. pivotante. **c) künstliches ~** || artificial horn || corne f. artificielle. **d) Niet~** || riveting horn || bigorne f. à river. **e) ~ eines Segels** || corner of a sail || point m. d'une voile. 20

Hornabfälle mpl. || horn waste || déchets mpl. de corne. 21

hornähnliche Masse f. || hornlike mass || masse f. cornée. 22

Hornamboß m. || beak iron; anvil with one arm || bigorne f.; enclume f. à potence. **a) doppelter ~** || beak iron; rising anvil || bigorne f.; enclume f. à deux cornes. 23

Horn-arbeiter m. || horn dresser; horn worker; horner || cornassain m.; apprêteur m. de corne; cornetier m. **a) stählerner ~arm** m. || steel horn || bigorne f. en acier. **b) ~bearbeitung** f. || horn dressing || apprêt m. de corne. 24

Hornblende f. || amphibole; hornblende || amphibole f.; hornblende f. **a) basaltische ~** || black hornblende || hornblende f. noire. **b) edle ~** *s.* weiße ~. **c) weiße ~** || grammatite; tremolite || grammatite f.; trémolite f. 25

Hornblende-gneis m. || amphibolic gneiss || gneiss m. amphibolique. **a) ~granit** m. || hornblende granite || granit m. amphibolique. **b) ~grube** f. || amphibole quarry || carrière f. d'hornblende. **c) ~schiefer** m. || hornblende slate *or* schist || schiste m. amphibolique; amphibolite f. schisteuse. 26

Hornbrille f. || horn spectacles pl. || lunettes fpl. en corne *ou* en buffe. 27

Hornbrillengestell n. || horn spectacles rim *or* frame || monture f. de lunettes en corne. 28

Hörnchenwickelmaschine f. (Bäckerei) || crescent and French roll shaping machine || machine f. à faire les croissants. 29

Horndrechsler m. || horn turner || tourneur m. sur corne. 30

hörnerartig || horn-shaped || en forme f. de corne. 31

Hörnerblitzableiter m. || horn type lightning arrester || parafoudre m. à cornes. 32

Hornerz n. || chloride of silver; horn silver; kerargyrite; kerate || argent m. corné *ou* muriaté; kérargyre f.; mine f. d'argent cornée. 33

Hornfels m. (Geol) || hornfels || cornéenne f. 34

Horn-fischbein n. || imitation whale bone || baleine f. de corne. **a) ~griff** m. || bone handle || manche f. d'os. **b) ~großhändler** m. || horn wholesale merchant || marchand m. de corne en gros. **c) ~gummi** n. || hard-rubber || caoutchouc m. durci. **d) ~haspel** m. || common windlass || treuil m. à manivelle. 35

Hornhaut f. (Auge) || cornea || cornée f. **a) ~krümmung** f. || curved profile of the cornea || courbure f. de la cornée. 36

Hornhautmikroskop n., **bildaufrichtendes** || image erecting corneal microscope || microscope m. cornéen redresseur. **a) binokulares ~** || binocular corneal microscope || microscope m. cornéen binoculaire. 37

Hornhaut-nerv m. || corneal nerve || nerf m. de la cornée. **a) ~wand** f. || wall of the cornea || paroi f. de la cornée. 38

Horn-kamm m. || horn comb || peigne m. en corne. **a) ~knopf** m. || horn button || bouton m. en corne. **b) ~mehl** n. || horn meal || poudre f. de corne. **c) ~platte** f. || horn plate || feuille f. de corne. **d) ~presser** m. || horn presser || presseur m. de corne. **e) ~rolle** f. (Möbel) || horn caster || roulette f. en corne. **f) ~schiene** f. einer **Kreuzung** || check *or* wing rail || contrerail m. d'un croisement. **g) ~schleifer** m. || horn polisher || gratteur m. de corne. **h) ~schneiden** n. || horn cutting || sciage m. de corne. **i) ~schneider** m. || horn cutter || découpeur m. de corne. **k) ~schwenkkopf** m. (Eisenb) || reversible pilot coupler || attelage m. à griffe pivotante. 39

Hornsilber n. || chloride of silver; horn silver; kerargyrite; kerate || argent m. corné *ou* muriaté; kérargyre f.; mine f. d'argent cornée. 40

Horn-späne mpl. || horn chips pl. || frisons mpl. de corne. **a) ~spitze** f. || horn tip || bout m. de corne. **b) ~stecher** m. || horn engraver || graveur m. sur corne. 41

Hornstein m. || horn stone || silex m. corné. **a) ~porphyr** m. || horn stone porphyry || porphyre m. kératique. 42

Horn-substanz f. (Chem) || horn matter || matière f. cornée. **a) ~waren** fpl. || hornware; horn goods pl. || articles mpl. en corne; tabletterie f. de corne. **b) ~zurichtung** f. (Drechsl) || horn dressing || apprêt m. de corne. 43

Hör-rohr n. || hearing trumpet || cornet m. *ou* tube m. acoustique. **a) ~schlauch** m. der **Diktiermaschine** || listening tube || tube m. acoustique. 44

Horst m. (Geologie) || horst; fault block || horst m. 45

Hörstrom m., **ankommender** || incoming audible current || courant m. de transmission arrivant. 46

Horstsäemaschine f. || drop drill || semoir m. intermittent. 47

Hose f. (Schneid) || trousers pl.; breeches pl. || pantalon m. 48

Hosen-drell m. || twilled linen-trowsering || coutil m. pour pantalons. **a) ~halter** m. für **Radfahrer** || bicyclist's trouser clip || pince f. de pantalon pour cyclistes. **b) ~knopf** m. || trouser button || bouton m. pour pantalons. 49

Hosenrohr n. (Winderhitzer) || siphon pipe || tuyau m. à siphon. 50

Hosenrutsche f. || hose chute; loading funnel || goulotte f. *ou* tuyau m. de déversement; tubulure f. de chargement. 51

Hosen-schnalle f. || clasp *or* buckle for trousers || boucle f. de pantalons. **a) ~-schneider** m. || breeches maker || culottier m. 1

Hosenträger m. || braces pl. || bretelle f. **a) ~schnalle** f. || brace buckle || boucle f. de bretelles. 2

Hospital n. || infirmary; hospital || maison-Dieu f.; infirmerie f.; hôtel-Dieu m.; hôpital m. **a) ~schiff** n. || hospital ship || navire m. hôpital. 3

Hostie f. || wafer; host || pain m. à chanter; hostie f. 4

Hotel n. || hotel || hôtel m. 5

Hotel-omnibus m. || hotel (omni)bus || omnibus m. d'hôtel. **a) ~porzellan** n. || porcelain for hotels. || porcelaine f. à l'usage des hôtels. **b) ~schalter** m. || two-way switch || interrupteur m. d'escalier. 6

Howescher Träger m. (Bauw) || Howe truss || ponte f. du système Howe. 7

Hoye f. (Bauw) || pile driver *or* engine; ram (engine) || sonnette f.; batte f. **a) ~** (Pflast) || beetle; paving hammer || hie f.; demoiselle f. 8

Hoyer m. (Ramme) || monkey; ram; rammer; rammer log || bélier m.; billot m. de batte; mouton m. 9

Hoyt-Nachbildung f. von Pupinleitungen || Hoyt balancing network of coil-loaded circuits || équilibreur m. Hoyt en circuits pupinisés. 10

Hub m. (Motor) || stroke || course f. **a) ~** (Fallwerk) || height of stroke || hauteur f. de chute. **b) Abwärts~** || downward stroke || course f. descendante. **c) Aufwärts~** || upward stroke || course f. ascendante. **d) ~** der **Bohrspindel** || travel of drill spindle || course f. de la broche. **e) doppelter ~** (Kolben) || up and down stroke || course f. double. **f) Einlaß~** || induction stroke || course f. d'aspiration. **g) Explosions~** || explosion stroke || course f. d'explosion. **h) Kolben~** || piston stroke || course f. de piston. **i) ~** der **Kurbel** || lift of crank || levée f. de moulinet. **k) Mindest~** || minimum stroke || course f. minima. **l) ~** des **Nockens** || lift of cam || levée f. de la came. **m) ~** eines **Pochstempels** || lift *or* stroke of a lifter || levée f. de la flèche d'un bocard. **n) ~** der **Presse,** der **~** ist in den weitesten Grenzen verstellbar || the stroke of the press can be adjusted to any required measure || la course du piston presseur est réglable dans des limites très larges. **o) Rückwärts~** || back stroke || coup m. d'arrière du piston. **p) Schlitten~** || stroke of carriage || marche f. du chariot. **q) ~** des **Ventiles** || valve lift || levée f. de soupape. **r) Verdichtungs~** || compression stroke || course f. de compression. **s) Vorwärts~** || fore stroke || coup m. d'avance du piston. 11

Hubbegrenzer m. || stroke arresting device || dispositif m. d'arrêt de course. 12

Hubbegrenzung f. || top limit of lift || limite f. supérieure de levage. **a) ~** eines **Ventils** || valve guard; valve lift stop || limitation f. de course d'une soupape. 13

Hub-brücke f. || bascule *or* lifting bridge || pont m. à bascule; pont-levis m. **a) ~fahrschalter** m. || derricking controller || contrôleur m. pour appareils de levage. **b) ~geschwindigkeit** f. || hoisting speed *or* velocity || vitesse f. de levage. 14

Hubhöhe f. (Kolben) || lift; length of the stroke || course f.; levée f.; volée f.; coup m. **a) gesamte ~** || total lift || hauteur f. totale de la levée. **b) größte ~** || maximum lift || course f. maximum. **c) ~** beim **Kran** || height of lift of crane || course f. de levage de grue. 15

Hub-kraftformel f. || formula for raising force; lift force formula (A) || formule f. de poussée. 16

Hublänge f. eines **Kolbens** || length of the stroke; piston's travel || coup m. *ou* course f. *ou* levée f. *ou* volée f. du piston. 17

Hublängenanzeiger m. || indicator showing the length of stroke || indicateur m. de longueur de course. 18

Hub-motor m. || lifting motor || moteur m. de levage. **a) ~organ** n. || lifting part || organe m. de levage. **b) ~pumpe** f. || lifting pump || pompe f. élévatoire *ou* soulevante. 19

Hub- und Druckpumpe f. || lifting and forcing pump || pompe f. simultanément aspirante et foulante. 20

Hubpumpenkolben m. || bucket valve piston of a lift pump || piston m. creux d'une pompe élévatoire. 21

Hubrad n. zum **Heben** von **Kartoffeln** || lifting wheel for potatoes || roue f. élévatoire pour pommes de terre. **a) ~** zum **Heben** von **Rüben** || lifting wheel for beets || roue f. élévatoire pour betteraves. 22

Hubraum m. || cylinder capacity || cylindrée f. 23

Hubscheibe f. || eccentric sheave; cam plate || disque m. d'excentrique *ou* à came. 24

Hubscheiben-hälfte f. || eccentric sheave half || moitié f. de disque d'excentrique. **a) ~ring** m. || eccentric strap || collier m. *ou* bride f. d'excentrique. **b) ~welle** f. || cam shaft || arbre m. à cames. 25

Hub-schraube f. || helicopter screw || hélice f. sustentatrice. **a) ~sinn** m. || hoisting direction || sens m. du levage. **b) ~steuerschalter** m. || derricking controller || contrôleur m. (pour appareils) de levage. **c) ~verstellung** f. || adjustment of stroke || réglage m. de la course. **d) ~volumen** n. || cylinder capacity; stroke volume || cylindrée f. 26

Hubwechsel m. || change of stroke || changement m. de course. **a)** bei **jedem ~** || at the end of each stroke || à chaque changement m. de course. 27

Hubwerk n. || hoisting gear || dispositif m. de levage; treuil m. **a) Elektro~** || electric hoisting gear || treuil m. électrique **b) ~** einer **Erzverladebrücke** || lifting gear of an ore loading bridge || mécanisme m. de levage d'un pont de chargement de minerais. **c) Fein~** || precision hoisting gear || dispositif m. de levage de précision. **d) Haupt~** || main hoisting tackle || treuil m. principal. **e) Hilfs~** || auxiliary hoisting gear *or* tackle || treuil m. *ou* chariot m. auxiliaire. 28

Hub-winde f. || lifting winch || treuil m. de levage. **a) ~windwerk** n. || lifting movement of crane || mécanisme m. de levage. **b) ~zähler** m. || stroke counter || compteur m. de courses. 29

Huf m. || hoof || sabot m.; corne f.; ongle m. 30

Hufbeschlag m. || shoeing of horses || ferrure f. 31

Hufbeschlag-artikel m. || article for shoe smithies || article m. pour maréchalerie. **a) ~stand** m. || box for horse shoe smithing || cabine f. pour maréchalerie. 32

Hufeisen d. || horseshoe || fer m. à cheval. **a) breites ~** || shoe with a wide cover || fer m. couvert. **b) englisches ~** || english shoe || fer m. à demi *ou* à l'anglaise. **c) ~** mit **gestutzten Enden** || half shoe *or* tip || fer m. à lunettes; lunette f. **d) gewölbtes ~** || vaulted *or* hollow shoe || fer m. voûte. **e) halbbreites ~** || shoe with a half-wide cover || fer m. à cheval à glace. **f) halbes ~** || half shoe *or* tip || fer m. à lunette; lunettes f. **g)** das **~ krümmen** || to bend a horseshoe || voûter un fer à cheval. **h) ~** eines **Maultieres** || planch-shoe || planche f. **i) ~** mit **Stollen** || horseshoe with calkings || fer m. à cheval cramponné *ou* relevé. **k)** das **~ verengern** || to bend a horseshoe || voûter un fer à cheval. 33

Hufeisen-bogen m. (Bauk) || horseshoe arch || arc m. outre-passé *ou* en fer à cheval. **a) ~dorn** m. || pritchel; punch || poinçon m. **b) ~fuß** m. || horseshoe stand || pied m. en fer à cheval. **c) ~hammer** m. || shoeing hammer; smith's shoeing-hammer || brochoir m. **d) ~herstellungsmaschine** f. || horseshoe making machine || machine f. à fabriquer les fers à chevaux. 34

Hufeisenmagnet m. || horseshoe magnet || aimant m. en fer à cheval. 35

Huf-fett n. || cattle-foot *or* neat's-foot oil; hoof ointment || huile f. de pied de bœuf; onguent m. pour pieds de cheval. **a) ~messer** n. || hoof knife || couteau m. de maréchal. **b) ~nagel** m. || horse(shoe) nail || clou m. à cheval *ou* à ferrer. **c) ~raspel** f. || farrier's *or* blacksmith's rasp || râpe f. **d) ~räumer** m. || horse *or* hoof picker || cure-pied m. **e) ~salbe** f. || hoof ointment || onguent m. pour pieds de cheval. **f) ~schmied** m. || horseshoe maker; farrier *or* shoeing smith || forgeur m. de fers à chevaux; maréchal m. ferrant. **g) ~schmiede** f. || farriery; shoeing forge; horseshoe manufacture || fabrique f. de fers à chevaux; maréchalerie f.; forge f. maréchale. **h) ~schmiere** f. || hoof grease || graisse f. pour sabots. **i) ~schraubstollen** m. || calk with screws for horse shoe || crampon m. à vis pour fers à cheval. **k) ~sonde** f. || searcher || rainette f. **l) ~stabeisen** n. || horseshoe iron || fer m. à maréchal. **m) ~stollen** m. || horseshoe spike || crampon m. pour fer à cheval. 36

Hüfte f. || hip || hanche f. 37

Hüftweh n. || sciatic || sciatique f. 38

Hufzange f. || farrier's *or* shoeing pincers pl. || tricoises fpl. 39

Hufzwang m. || narrow heeledness || encastelure f. 40

hufzwängig werden || to become hoofbound *or* narrow-heeled || s'encasteler. 41

Hügel m. (Bodenerhebung) || hill; elevation; hillock; swelling of the ground || colline f.; elevation f.; hauteur f.; monticule m. **a) ~** (Erdhaufen) || mound || tertre m. 42

hügelig || hilly || montueux. 43

Hügelkette f. || range *or* chain of hills || chaînon m.; chaîne f. de collines. 44

Hügellandstrecke f. (Eisenb) || line with heavy gradients || ligne f. en pays accidenté. 45

Hughesapparat m. || Hughes apparatus || appareil m. Hughes. 46

Hühnerauge n. || corn || cor m. 47

Hühneraugen-messer n. ‖ corn knife ‖ coupe-cors m. a) **~mittel** n. ‖ corn cure ‖ remède m. contre les cors; coporistique m. 1

Hühnerhof m. ‖ poultry *or* fowl yard; base court ‖ basse-cour f. a) **~halter** m. ‖ poultry keeper ‖ basse-courrier m. 2

Hühnerstall m. ‖ poultry coop; hen house ‖ poulailler m. 3

Hulk m. (Schiffb) ‖ hulk ‖ fosse f. 4

Hülle f. ‖ cover ‖ enveloppe f. a) ~ für **fotografische Apparate** ‖ case for photographic apparatus ‖ étui m. pour appareils photographiques. b) ~ für **Jagdwaffen** ‖ case for shooting weapons ‖ étui m. pour armes de chasse. c) ~ für **Riechfläschchen** ‖ case for scent bottles ‖ étui m. pour flacons. d) **schlappe** ~ (Ballon) ‖ slack *or* loose *or* soggy envelope ‖ enveloppe f. flasque *ou* détendue. 5

Hülse f. (Drehscheibe) ‖ handspike socket ‖ emmanchement m. de levier de manœuvre. a) ~ (Frucht) ‖ shell; peel; husk ‖ gousse f.; cosse f.; écale f. b) ~ (Schraubstock) ‖ box ‖ boîte f. c) ~ (Techn) ‖ sleeve; housing; socket ‖ douille f. d) ~ der **Führung** einer **Kolbenstange** ‖ bush of a piston-rod ‖ douille f. de la tige de piston. e) ~ aus **Holz** ‖ wooden shell ‖ douille f. en bois. f) ~ einer **Rolle** (Mech) ‖ shell *or* block of a pulley ‖ chape f. d'une moufle. g) **Spindel~** ‖ spindle sleeve ‖ douille f. des broches. h) ~ zum **Vorspinnen** ‖ tube for preparation of the roving *or* slubbing ‖ tube m. de préparation. i) **Zigaretten~** ‖ cigarette tube ‖ douille f. de cigarettes. 6

Hülsen-bestimmung f. (Brau) ‖ husk determination ‖ détermination f. de la quantité des balles. a) **~bund** m. (el Leit) ‖ twisted sleeve joint ‖ joint m. d'Arld. 7

Hülsenfrucht f. ‖ legume ‖ légume m. a) **getrocknete** ~ ‖ dried legume ‖ légume m. sec. b) **Mehl** n. aus Hülsenfrüchten ‖ meal of legumes ‖ farine f. de légumineuses. 8

Hülsen-pufferpresse f. ‖ buffer casing press ‖ presse f. pour fabrication des tampons à boisseau. a) **~wickelmaschine** f. (Pap) ‖ tube wrapping machine ‖ machine f. à enrouler les douilles. 9

Humboldtin m. ‖ oxalite; humboldtine ‖ fer m. oxalaté. 10

Hummer m. ‖ lobster ‖ homard m. 11

Hummern-fischer m. ‖ lobster fisherman ‖ pêcheur m. de homards. 12

Humus m. ‖ humus; (black) mould; vegetable earth; soil covering ‖ couverture f. vivande humus m.; terre f. végétale; terreau m. 13

Humus-boden m. ‖ vegetable soil ‖ terre f. végétale. a) **~erde** f. *s.* Humus. b) **~gestein** n. ‖ vegetable humus deposit ‖ roche f. d'humus. c) **~säure** f. ‖ humic acid ‖ acide m. humique. 14

Hund m. ‖ dog ‖ chien m. a) ~ (Förderwagen) ‖ tub; miner's truck; troll(e)y ‖ berline f.; wagonnet m.; chien m. b) ~ (Ramme) ‖ ram-block; rammer; rammer log; monkey ‖ mouton m.; bélier m.; bilot m. de batte. c) ~ (kleiner Ofen) ‖ small stove ‖ prussienne f.; cheminée f. à la prussienne. 15

Hundeende n. (Tau) ‖ rope end; fag end ‖ œillet m. *ou* tistre m. d'un cordage. a) ~ einer **vollen Trosse** (Seew) ‖ fag end of a new coil of rope ‖ témoin m. de cordage neuf. 16

Hunde-futter n. ‖ dog feed ‖ nourriture f. pour chiens. a) **~halsband** n. ‖ dog collar ‖ collier m. pour chiens. b) **~hütte** f. ‖ dog kennel *or* hutch *or* house ‖ chenil m.; niche f. à chiens. c) **~kuchen** m. ‖ dog biscuit *or* cake ‖ biscuit m. *ou* gâteau m. pour chiens. 17

Hundeleine f. ‖ dog's leash ‖ laisse f. pour chiens. a) ~ aus **Leder** ‖ leather leash for dogs ‖ laisse f. en cuir pour chiens. 18

Hundepeitsche f. ‖ dog whip ‖ cravache f. 19

Hunderte mpl. ‖ hundreds pl. ‖ centaines fpl. 20

hundert-gradig ‖ centigrade ‖ centigrade. a) **~teilig** ‖ centesimal ‖ centésimal. 21

Hundertteilung f. ‖ centesimal division (of the quadrant) ‖ division f. centésimale. 22

Hundesportartikel m. ‖ dog's requisite; article for dog sport ‖ article m. pour le sport canin. 23

Hunds-haare mpl. (Spinn) ‖ dog-hair ‖ jarre m. a) **~läufer** m. (Bergb) ‖ draw boy ‖ rouleur m. de chiens. 24

Hungerlohn m. ‖ starvation wages pl. ‖ salaire m. de famine. 25

Hungersnot f. ‖ famine ‖ famine f. 26

Hupe f. ‖ horn; trumpet ‖ trompe f.; cornet m. a) **Auto~** ‖ automobile *or* motorcar horn ‖ cornet m. *ou* corne f. *ou* trompe f. pour automobiles. b) **elektrische** ~ ‖ buzzer; electric siren *or* horn ‖ avertisseur m. *ou* trompe f. électrique. c) **Kraftwagen~** *s.* Auto~. d) **mechanisch betätigte** ~ ‖ mechanical horn ‖ cornet m. mécanique. e) **Schlauch~** ‖ horn with flexible tube ‖ cornet m. à tube flexible. 27

Hupen-ball m. ‖ horn bulb ‖ poire f. de trompe. a) **~birne** f. *s.* Hupenball. b) **~halsring** m. ‖ horn bracket ‖ collier m. de trompe. c) **~signal** n. ‖ hooting ‖ coup m. de sirène. 28

Hüpfen n. der **Bürsten** (Elektr) ‖ jumping of the brushes ‖ balais mpl. soubresautants. 29

hüpfende Bewegung f. ‖ skipping motion ‖ mouvement m. sautillant. 30

Hürde f. ‖ hurdle; wickerwork ‖ claie f.; clayonnage m. 31

Hurenkind n. (Buchdr) ‖ wrong overturn ‖ bout m. de ligne. 32

Hurzel f. (Bauw) ‖ stone imperfectly hewn; rugged stone; veiny and streaked stone ‖ libage m. 33

Hüsing f. ‖ housing ‖ lusin m. 34

Husten m. ‖ cough ‖ toux f. 35

Husten-anfall m. ‖ coughing spell ‖ accès m. de toux. a) **~bonbon** m. ‖ cough drop ‖ bonbon m. contre la toux. b) **~mittel** n. ‖ pectoral cure ‖ médicament m. antitousseux. 36

Hut m. ‖ hat ‖ chapeau m. a) ~ (Brau) ‖ head ‖ chapeau m. b) ~ (Drahtz) ‖ drawing reel ‖ chapeau m. c) ~ (Gerb) ‖ layer of used up tanning bark ‖ chapeau m. d) ~ (Uhrm) ‖ dust pipe ‖ chapeau m. e) ~ (Wein) ‖ scum ‖ chapeau m. f) **Damen~** ‖ ladies' hat ‖ chapeau m. de dames. g) **eiserner** ~ (Bergb) ‖ gossan ‖ chapeau m. ferrugineux. h) **Fantasie~** ‖ fancy hat ‖ chapeau m. fantaisie. i) **Filz~** ‖ felt hat ‖ chapeau m. de feutre. k) ~ mit **Garnitur** ‖ trimmed hat ‖ chapeau m. garni. l) **Haar~** ‖ fur felt hat ‖ chapeau m. en feutre de poil. m) ~ aus **Holzgewebe** ‖ wood tissue hat ‖ chapeau m. en tissu-bois. n) ~ der **Kompaßnadel** (Schiff) ‖ dab *or* socket of the needle ‖ chape f. *ou* chaperon m. du compas. o) ~ mit schmaler **Krempe** ‖ narrow brimmed hat ‖ chapeau m. à petit bord. p) ~ mit breiter **Krempe** ‖ broad brimmed hat ‖ chapeau m. à large bord. q) **Lack~** ‖ varnished hat ‖ chapeau m. vernis. r) ~ aus **Seide** ‖ silk plush hat; silk hat ‖ chapeau m. de soie *ou* de peluche de soie. s) ~ aus **Stoff** ‖ cloth hat ‖ chapeau m. d'étoffe. t) **Stroh~** ‖ straw hat ‖ chapeau m. de paille. u) **Trauer~** ‖ mourning hat ‖ chapeau m. de deuil. 37

Hut-aufsetzer m. (Uhrm) ‖ fitter of dust pipes ‖ poseur m. de chapeaux. a) **~band** n. ‖ hat band ‖ galon m. pour chapellerie. b) **~borde** f. ‖ hat ribbon ‖ galon m. pour chapeaux. c) **~bürste** f. ‖ hat brush ‖ brosse f. à chapeau. 38

Hutfabrik f. ‖ hat manufactory ‖ chapellerie f. a) ~ (Uhrm) ‖ dust pipe factory ‖ fabrique f. de chapeaux. 39

Hut-fertigungsmaschine f. ‖ hattery machine ‖ machine f. à la fabrication de chapeaux. a) **~färber** m. ‖ hat dyer ‖ teinturier m. de chapeaux. 40

Hutform f. ‖ hat block ‖ forme f. pour chapeaux. a) ~ aus **Holz** ‖ wooden block for hats ‖ forme f. en bois pour chapeaux. b) ~ aus **Metall** ‖ metal block for hatters ‖ forme f. en métal pour la chapellerie. 41

Hut-former m. ‖ hat blocker ‖ dresseur m. de chapeaux. a) **~formmacher** m. ‖ block maker ‖ formier m. en bois. b) **~futter** n. ‖ hat lining ‖ coiffe f. de chapeau. c) **~garnitur** f. ‖ hat trimming ‖ garniture f. de chapeau. d) **~gerippe** n. ‖ hat body; skeleton of a hat ‖ galette f. e) **~haken** m. ‖ hat hook *or* rack ‖ porte-chapeaux m. f) **~- und Mantelhaken** m. ‖ hat and coat hook ‖ patère f. pour porte-chapeaux et porte-manteaux. g) **~herstellungsmaschine** f. ‖ hat making machine ‖ machine f. pour fabriquer des chapeaux. h) **~kappe** f. ‖ calotte for hats ‖ calotte f. pour chapeaux. i) **~krempe** f. ‖ brim of hat ‖ retroussis m. *ou* bord m. du chapeau. 42

Hutleder n. ‖ hat leather ‖ cuir m. à chapeaux. a) **~benähmaschine** f. ‖ hat leather sewing-in machine ‖ machine f. pour coudre le cuir dans les chapeaux. 43

Hutmacher m. ‖ hat maker; hatter ‖ ouvrier m. chapelier. 44

Hutmacherei f. ‖ hatting ‖ chapellerie f. 45

Hutmacher-kunst f. ‖ hat manufacture; hattery ‖ chapellerie f.; art m. du chapelier. a) **~leim** m. ‖ hatter's glue ‖ colle f. de chapeliers. 46

Hut-nadel f. ‖ hat pin ‖ épingle f. à chapeaux. a) **~presse** f. ‖ hat press ‖ presse f. à chapeaux. b) **~presser** m. ‖ hat presser ‖ presseur m. de chapeaux. c) **~-schachtel** f. ‖ hat case *or* box ‖ étui m. à chapeau; boîte f. à chapeau. d) **~-schmuck** m. ‖ hat adornment ‖ parure f. pour chapeaux. e) **~schnalle** f. ‖ hat buckle ‖ boucle f. pour chapeaux. f) **~steife** f. ‖ hat stiffening ‖ empois m. de chapeau. g) **~stepper** m. ‖ hat trimmer ‖ garnisseur m. en chapeaux. h) **~stock** m. ‖ block ‖ forme f. de chapeau. i) **~stoff** m. ‖ hat cloth; hat stuff ‖ étoffe f. pour chapeaux. k) **~stumpen** m. ‖ hat stump ‖ forme f. de chapeau. 47

Hütte f. (kleines Haus) || hut; cottage || hutte f.; cabane f. **a)** ~ (Met) || ironworks pl. || usine f. à fer; établissement m. sidérurgique. **b)** ~ (Schiffb) || poop || dunette f. **c) Eisen~** || iron works pl. || usine f. à fer. 1

Hütten-after n. (Met) || dross; residuum || scorie f. **a) ~arbeiter** m. || metal worker || ouvrier m. métallurgiste. **b) ~bedarf** m. || smelting-works requirements pl. || articles mpl. d'usine métallurgique. **c) ~besitzer** m. || owner of a foundry || maître m. des forges. **d) ~betrieb** m. || metallurgy || métallurgie f. **e) ~ingeniör** m. *s.* ~mann. **f) ~katze** f. (Med) || phthisis of lead smelters; lead colic || colique f. de plomb. **g) ~kunde** f. || metallurgy || métallurgie f. **h) ~mann** m. || metallurgist || métallurgiste m. **i) ~meister** m. || iron master || maître m. des forges. **k) ~rauch** m. (Met) || smoke; flue dust || fumée f. de l'usine. **l) ~remedium** n. || allowance || remède m. **m) ~sohle** f. || level of iron works || niveau m. d'usine. **n) ~wagen** m. || wagon for iron and steel works || wagonnet m. pour usines sidérurgiques. 2

Hüttenwerk n. || smelting works pl.; smelting house || usine f. métallurgique. 3

Hüttenwerks-anlage f. || ironworks plant || installation f. pour aciéries. **a) ~einrichtung** f. || metallurgical work equipment || installation f. métallurgique. **b) ~hilfsmaschine** f. || auxiliary machine for metallurgical works || machine f. auxiliaire pour usines métallurgiques. **c) ~kran** m. || crane for metallurgical works; smelting house crane || pont m. roulant *ou* grue f. d'usines métallurgiques. 4

Hüttenwesen n. || metallurgy || métallurgie f. 5

Hut-umpressform f. || hatter's press form || forme f. à presser les chapeaux. **a) ~walker** m. || hat felter || fouleur m. en chapeaux. **b) ~zinn** n. || cap *or* Malacca tin || étain m. en chapeau *ou* de Malacca. **c) ~zucker** m. || loaf sugar || sucre m. en pains. 6

Hyalografie f. || hyalography || hyalographie f. 7

Hyalophan m. || hyalophane || hyalophane m.; feldspath m. barytique. 8

Hyalotypie f. *s.* Glasdruck m. 9

Hyazinth m. (Min) || hyacinth; jacinth || jacinthe f.; hyacinthe f. 10

Hydrant m. || hydrant || hydrante m.; bouche f. à eau. **a) Unterflur~** || underground hydrant || bouche f. à eau sous sol. 11

Hydrantenschlüssel m. || key for hydrants || clef f. pour bouches à eau. 12

Hydrastiswurzel f. || golden seal root || racine f. d'hydrastis. 13

Hydrat n. || hydrate || hydrate m. 14

hydratiertes Gemüse n. || hydrated vegetables pl. || légumes mpl. hydratés. 15

Hydration f. (Chem) || hydration || hydration f. 16

Hydrationswärme f. (Phys) || heat of hydration || chaleur f. d'hydration. 17

hydratisch || hydrated || hydraté. 18

hydratisieren || to hydratize || hydrater. 19

Hydratwasser n. || hydration water || eau f. d'hydration. 20

Hydraulik f. || hydraulics pl. || hydraulique f. 21

Hydraulikpackung f. || hydraulic packing || garniture f. hydraulique. 22

hydraulisch || hydraulic(al) || hydraulique. **a)** ~ **betriebene Maschine** f. || hydraulically operated machine || machine f. commandée hydrauliquement. **b)** sämtliche Stücke npl. sind ~ **gepreßt** || all parts pl. are obtained by hydraulic pressure || toutes les pièces fpl. sont obtenues par emboutissage hydraulique. 23

hydraulisch-er Akkumulator m. || hydraulic accumulator || accumulateur m. hydraulique. **a) ~e Anlage** f. || hydraulic plant || installation f. hydraulique. **b) ~e Bremse** f. || hydraulic brake || frein m. hydraulique. **c) ~e Dampfschmiedepresse** f. || steam-hydraulic forging press || presse f. hydraulique à vapeur. **d) ~e Drillingspreßpumpe** f. || hydraulic three-throw pump || pompe f. de compression à trois corps. **e) ~er Heber** m. || hydraulic jack || vérin m. hydraulique. **f) ~er Kalk** m. || hydraulic lime || chaux f. hydraulique. **g) ~e Ledermanschette** f. || hydraulic leather || garniture f. en cuir pour machines hydrauliques. **h) ~e Maschine** f. || hydraulic engine || machine f. hydraulique. **i) ~er Mörtel** m. || hydraulic mortar || mortier m. hydraulique. **k) ~er Motor** m. || hydraulic engine; water motor || moteur m. hydraulique. **l) ~e Nietung** f. || hydraulic riveting || rivure f. hydraulique. **m) ~e Presse** f. || hydraulic press || presse f. hydraulique. **n) ~e Presse** f., **schnellaufende** || quick acting hydraulic press || presse f. hydraulique à marche rapide. **o) ~e Schmiedepresse** f. || hydraulic forging press || presse f. à forger hydraulique. **p) ~e Turbine** f. || hydraulic turbine || turbine f. électrique. **q) ~er Widder** m. || hydraulic ram for water lifting || bélier m. hydraulique pour élever l'eau. **r) ~er Zuschlag** m. (Bauw) || hydraulic admixture || addition f. hydraulique. 24

Hydrid n. || hydride || hydrure m. 25

hydrieren (Chem) || to hydrogenize || hydrogéner. 26

Hydrierung f. || hydrogenation || hydrogénation f. 27

Hydro-bromsäure f. || hydrobromic acid || acide m. hydrobromique. **a) ~chinon** n. || hydroquinone || hydroquinone f. **b) ~dolomit** m. || hydrodolomite || hydrodolomite f. **c) ~dynamik** f. || hydrodynamics pl. || hydrodynamique f. 28

hydroelektrisch || hydroelectric || hydroélectrique. 29

Hydro-graf m. || hydrographer || hydrographe m. **a) ~grafie** f. || hydrography || hydrographie f. **b) ~hämatit** m. || hydrohematite || hydrohématite f. **c) ~kompressor** m. || compressor by fall of water || compresseur m. à chute d'eau. 30

Hydrologie f. || hydrology || hydrologie f. 31

Hydrolyse f. || hydrolysis || hydrolyse f. 32

hydrolytisch-es Ferment n. || hydrolytic ferment || ferment m. hydrolyte. **a) ~er Vorgang** m. || hydrolysis || processus m. hydrolytique. 33

Hydro-magnesit m. || hydromagnesite || hydrocarbonate m. de magnésie. **a) ~mechanik** f. || mechanics pl. of fluids || mécanique f. des fluides; hydraulique f. 34

Hydrometer n. || hydrometer || hydromètre m. 35

hydrometrisches Instrument n. || hydrometric instrument || instrument m. hydrométrique. 36

Hydrostatik f. || hydrostatics pl. || hydrostatique f. 37

hydrostatischer Druck m. || hydrostatic pressure || pression f. hydrostatique. 38

Hydro-sulfit n. || hydrosulphite || hydrosulfite m. **a) ~technik** f. || canal-, harbour- and river-engineering || technique f. hydraulique *ou* des canaux, des rivières et des ports maritimes. 39

hydrotherapeutisch || hydrotherapeutic || hydrothérapique. 40

Hydroxyd n. || hydroxide || hydrate m. 41

hygienisch || hygienic || hygiénique. **a) ~e Anlage** f. || sanitary installation || installation f. sanitaire. **b) ~er Artikel** m. || hygienic article || article m. hygiénique. **c)** in **~er Beziehung** || from a hygienic point || au point m. de vue hygiénique. **d) ~e Einrichtungen** fpl. || sanitary arrangements pl. || installations fpl. sanitaires. 42

Hygroelektrometer n. || hygroelectrometer || hygroélectromètre m. 43

Hygromesser m. *s.* Hygrometer n. 44

Hygrometer n. || hygrometer || hygromètre m. **a) Haar~** || hair hygrometer || hygromètre m. à cheveu. 45

hygro-metrisch || hygrometric || hygrométrique. **a) ~skopisch** || hygroscopic || hygroscopique. 46

Hygroskopizität f. || hygroscopicity || hygroscopicité f. 47

Hyperbel f. || hyperbola || hyperbole f. **a) gleichseitige ~** || equilateral hyperbola || hyperbole f. équilatère. 48

Hyperboloid n. || hyperboloid; hyperbolic conoïd || hyperboloïde m. 49

Hyperboloidenrad n. || hyperbolical *or* skew wheel; skew bevil || roue f. (dentée) hyperboloïque. 50

Hypernik n. (Met) || hypernik || hypernik m. 51

Hyperoxyd n. || peroxide || hyperoxyde m.; peroxyde m. 52

Hypersthen m. || hypersthene; paulite || hypersthène m.; paulite f. 53

Hypo-phosphit n. || hypophosphite || hypophosphite m. **a) ~sulfit** n. || thiosulphate || hyposulfite m.; thiosulphate m. 54

Hypotenuse f. || hypotenuse || hypoténuse f. 55

Hypothek f. || mortgage || hypothèque f. **a) Amortisierung** f. einer ~ || paying off a mortgage || purge f. d'hypothèque. **b)** eine ~ **aufnehmen** || to raise a mortgage || lever une hypothèque. **c) erste ~** || first mortgage || première hypothèque f. **d)** eine ~ **verbriefen** || to mortgage property || hypothéquer des immeubles mpl. 56

Hypothekar m. || mortgagee || créancier m. hypothécaire. 57

hypothekarisch || hypothecary; on mortgage || hypothécaire. 58

hypothekarisch verpfändet || mortgaged || hypothéqué. 59

Hypotheken-bank f. || mortgage bank || banque f. hypothécaire. **a) ~brief** m. || mortgage (deed) || lettre f. hypothécaire. **b) ~darlehen** n. || mortgage loan || prêt m. hypothécaire. **c) ~gläubiger** m. || mortgagee || créancier m. hypothécaire. **d) ~makler** m. || house agent || marchand m. d'hypothèques et d'immeubles. **e) ~pfandbrief** m. || mortgage bond || obligation f. d'hypothèque. **f) ~schuldner** m. || mortgager || débiteur m. hypothécaire.

g) ~verwalter m. ‖ registrar of mortgages ‖ conservateur m. des hypothèques. **h) ~zinsen** pl. ‖ interest on mortgage ‖ intérêt m. de l'hypothèque. 1
Hypothese f. ‖ hypothesis ‖ hypothèse f. 2
hypothetisch ‖ hypothetical ‖ hypothétique. 3
Hypoxanthit m. ‖ hypoxanthite ‖ hypoxanthite f. 4
Hypozykloide f. ‖ interior *or* internal epicycloid; hypocycloid ‖ épicycloïde f. intérieure *ou* inférieure; hypocycloïde f. 5
Hysterese f. *s.* Hysteresis. 6
Hysteresis f. ‖ hysteresis ‖ hystérésis f. **a) elastische ~** (Phys) ‖ elastic hysteresis ‖ hystérésis f. élastique. **b) Energieverlust** m. durch ~ ‖ loss of energy by hysteresis ‖ perte f. d'énergie par hystérésis. 7
Hysteresis-schleife f. ‖ hysteresis loop ‖ boucle f. d'hystérésis. **a) ~verlust** m. ‖ hysteresis loss ‖ perte f. par hystérésis. 8

I

Ichsel n. (Bauw) ‖ corner nock; reentering angle ‖ encoignure f.; encognure f.; pli m. d'un comble. 9
Ichthyolseife f. ‖ ichthyol soap ‖ savon m. à l'ichthyol. 10
ideale Leitung f. (Fernm) ‖ ideal *or* non-dissipative line ‖ ligne f. idéale. 11
Idee f. ‖ idea; notion ‖ idée f.; notion f. 12
identisch ‖ identical; self same ‖ identique. 13
Identität f. ‖ identity ‖ identité f. 14
idiochromatisch ‖ idiochromatic ‖ idiochromatique. 15
idioelektrisch ‖ idioelectric ‖ idioélectrique. 16
Igel m. (Spinn) ‖ porcupine ‖ peigne m. circulaire. 17
Igeltransformator m. ‖ hedgehog transformer ‖ transformateur m. hérisson. 18
Ignatiusbohne f. ‖ Ignatius bean ‖ fève f. de St. Ignace. 19
Ikosaeder n., m. ‖ icosahedron; icosaedron ‖ icosaèdre m. 20
Ikositetraeder n. ‖ trisoctahedron; trapezohedron ‖ icositetraèdre m.; trapezoèdre m. 21
Illipeöl n. ‖ illipe oil ‖ huile f. d'illipé. 22
Illuminations-gegenstand m. ‖ illumination article ‖ article m. pour illuminations. **a) ~laterne** f. ‖ lantern for illuminations ‖ lanterne f. pour illuminations. 23
Illuminator m., **Vertikal** (Opt) ‖ vertical illuminator ‖ illuminateur m. vertical. 24
Illuminierer m. ‖ illuminator ‖ illuminateur m. 25
Illustration f. ‖ illustration ‖ illustration f. 26
Illustrationsdruck m. ‖ cut-work printing; printing of illustrations ‖ impression f. d'illustrations. 27
Illustrationsdruck-papier n. ‖ illustration printing paper ‖ papier m. pour impression d'illustration. **a) ~presse** f. ‖ press for illustration printing ‖ presse f. pour impression d'illustrations. 28
Illustrationsrotationsdruckmaschine f. ‖ rotary printing machine for producing illustrated work ‖ machine f. rotative pour l'impression d'illustrations. 29
illustrieren ‖ to illustrate ‖ illustrer. 30
Iltispinsel m. ‖ fitch pencil; fitchet pencil ‖ pinceau m. en poils de putois. 31
imaginär ‖ imaginary ‖ imaginaire. **a) ~e Größe** f. (Math) ‖ imaginary quantity ‖ quantité f. imaginaire. 32
Imitation f. ‖ imitation ‖ imitation f. 33
imitieren ‖ to imitate ‖ imiter. 34
Imker m. ‖ bee keeper; apiarist; hiver ‖ apiculteur m. 35
Imkerei f. ‖ bee keeping *or* rearing ‖ apiculture f. **a) ~gerät** n. ‖ apicultural implements pl. ‖ ustensiles mpl. d'apiculture. 36
Imkerschutzbekleidung f. ‖ protective clothing for bee keepers ‖ vêtement m. de protection pour éleveurs d'abeilles *ou* pour apiculteurs. 37
Immersion f., **Wasser** ‖ water immersion ‖ immersion f. à eau. 38
Immersions-flüssigkeit f. ‖ immersion-fluid ‖ liquide m. d'immersion. **a) ~objektiv** n. ‖ immersion objective ‖ objectif m. à immersion. 39
Immortellenkranz m. ‖ everlasting crown ‖ couronne f. en immortelles. 40
immun ‖ immune ‖ immun. 41
Immunität f. ‖ immunity ‖ immunité f. 42
Impedanz f. (Elektr) ‖ impedance ‖ impédance f. **a) kapazitive ~** ‖ capacitance ‖ impédance f. capacitive. 43
Impedanz-relais n. ‖ impedance relay ‖ relais m. à impédance. **a) ~spule** f. mit **Luftkern** (Elektr) ‖ air core protecting choke ‖ bobine f. de réactance sans noyau de fer. 44
Imperialgerste f. ‖ imperial barley ‖ orge f. impériale. 45
impfen ‖ to inoculate ‖ vacciner. 46
Impf-instrument n. ‖ instrument for vaccination ‖ instrument m. pour la vaccination. **a) ~lanzette** (Heilk) ‖ vaccinating lancet ‖ lancette f. à vaccin. **b) ~mittel** n. ‖ vaccine ‖ vaccin m. **c) ~stoff** m. ‖ vaccine matter *or* lymph ‖ vaccin m. (humain). 47
Import-geschäft n. ‖ importing firm *or* business ‖ affaire f. d'importation. **a) ~haus** n. ‖ importing firm *or* business ‖ maison f. d'importation. 48
Importör m. ‖ importer ‖ importateur m. 49
imprägnieren *s. auch* tränken ‖ to impregnate; to steep ‖ imprégner; imbiber. 50
Imprägnieren n. von **Holz** ‖ creosoting of wood ‖ créosotage m. de bois. 51
Imprägnier-kessel m. ‖ impregnating boiler; steaming pan ‖ chaudière f. d'imprégnation. **a) ~maschine** f. ‖ impregnating machine ‖ machine f. à imprégner. **b) ~mittel** n. ‖ impregnating preparation ‖ préparation f. d'imprégnation; enduit m. **c) ~öl** n. ‖ impregnating oil ‖ huile f. à imprégner. **d) ~pfanne** f. ‖ impregnating pan ‖ chaudière f. d'imprégnation. **e) ~stoff** m. ‖ impregnating substance ‖ substance f. d'imprégnation. 52
imprägniert ‖ impregnated ‖ imprégné. **a) ~e Pflanze** f. ‖ impregnated plant ‖ plante f. impregnée. 53
Imprägnierung f. *s. auch* Tränkung f. ‖ impregnation; steeping ‖ imprégnation f.; injection f. **a) Holz~** ‖ wood steeping *or* impregnation *or* preparation ‖ imprégnation f. *ou* pénétration f. *ou* injection f. de bois. **b) ~ von Schwellen** ‖ (Eisenb) ‖ impregnation of sleepers ‖ injection f. de traverses. **c) ~ von Telegrafenstangen** ‖ impregnation of telegraph poles ‖ injection f. de poteaux télégraphiques. **d) ~ mit Zinkchlorid** ‖ impregnation with chloride of zinc ‖ imprégnation f. au chlorure de zinc. 54
Imprägnierverfahren n. ‖ method of impregnation ‖ procédé m. d'imprégnation. 55
Imprägniervorrichtung f. ‖ impregnating apparatus ‖ appareil m. à imprégner. **a) Kohlensäure~** ‖ carbonic acid impregnation apparatus ‖ appareil m. pour l'imprégnation à acide carbonique. 56
Imprimatur! (Buchdr) ‖ for press! ‖ bon à tirer! 57
Impuls m. ‖ impulse ‖ impulsion f. 58
Impuls-frequenzfernmessung f. ‖ impulse frequency tele-metering ‖ télémesure f. à fréquence d'impulsions. **a) ~leitung** f. ‖ (Selbstanschl) ‖ stepping line ‖ ligne f. d'impulsions. **b) ~telegrafie** f. ‖ impulse telegraphy ‖ télégraphie f. par des impulsions de courant. **c) ~veränderung** f. ‖ change of impulse; momentum change (A) ‖ variation f. de la quantité de mouvement. 59
Inbegriff m. ‖ sum; total ‖ somme f.; abrégé m.; substance f. 60
inbegriffen ‖ included; inclusively ‖ inclusivement; inclus. 61
inbetriebsetzen ‖ to start; to set agoing ‖ mettre en mouvement m. *ou* en train m. 62
Inbetriebsetzung f. (Masch; Sammler) ‖ putting into service ‖ mise f. en marche. **a) ~** (Bergwerk) ‖ commencement of operations ‖ mise f. en exploitation. **b) ~ des Motors** ‖ starting the motor ‖ mise f. en marche du moteur. **c) ~ eines Ofens** ‖ starting of a furnace ‖ mise f. à feu *ou* en feu *ou* en œuvre d'un fourneau. 63
Inbetriebsetzungsvorschrift f. ‖ starting instruction ‖ instruction f. de mise en marche. 64
Indanthren n. ‖ indanthren ‖ indanthrène m. **a) ~farbstoff** m. ‖ indanthrene dye; indanthrene colouring matter ‖ matière f. colorante à l'indanthrène; colorant m. d'indanthrène. 65
Index m. ‖ index ‖ index m. **a) Brechungs~** ‖ refractive index ‖ indice m. de réfraction. 66
Indexkerbe f. ‖ index notch ‖ coche-index f. 67
Indienst-haltung f. (Schiff) ‖ commission ‖ armement m. **a) ~stellung** f. (Schiff) ‖ commissioning ‖ mise f. en armement. 68
indifferent (Chem; Phys) ‖ indifferent; inert ‖ indifférent; inerte; neutre. **a) statisch ~** ‖ neutral equilibrium ‖

équilibre neutre. **b) ~es Gleichgewicht** n. ‖ neutral *or* indifferent equilibrium ‖ équilibre m. indifférent. 1

Indifferenz-linie f. (Elektr) ‖ dead line ‖ ligne f. neutre. **a) ~stelle** f. eines **Magnets** ‖ neutral line of a magnet ‖ zone f. neutre d'un aimant. 2

Indifferenzzone f. (Elektr) ‖ neutral zone ‖ zone f. neutre. **a) ~** (Magn) ‖ magnetic equator ‖ zone f. neutre. 3

Indig-karmin n. *s.* Indigokarmin n. **a) ~-monosulfosäure f.** ‖ phœnicine; indigo purple; red indigo carmin; sulphopurpuric *or* sulphophœnicic acid ‖ phénicine f. 4

Indigo m. ‖ indigo ‖ indigo m. **a) abgezogener ~** ‖ sublimed indigo ‖ indigo m. traité. **b) ausgewitterter ~** ‖ weathered indigo ‖ indigo m. éventé. **c) feuriger ~** ‖ copper indigo ‖ indigo m. cuivré. **d) gebänderter ~** ‖ striped indigo ‖ indigo m. rubané. **e) halbstückiger ~** ‖ indigo in half squares ‖ indigo m. demi-pierré. **f) kleinstückiger ~** ‖ indigo in small fragments ‖ indigo m. en grabeaux. **g) künstlicher ~** ‖ synthetic *or* artificial indigo ‖ indigo m. synthétique *ou* artificiel. **h) natürlicher ~** ‖ natural indigo ‖ indigo m. naturel. **i) punktierter ~** ‖ spotted indigo ‖ indigo m. piqueté. **k) sandiger ~** ‖ sandy indigo ‖ indigo m. sablé. **l) synthetischer ~** ‖ synthetic indigo ‖ indigo m. synthétique. **m) unechter ~** ‖ counterfeit *or* falsified indigo ‖ indigo m. bâtard. **n) verbrannter ~** ‖ scorched indigo ‖ indigo m. brûlé. 5

indigoartig ‖ indigoid ‖ indigoïde. 6

Indigo-blau n. ‖ indigo blue; pure indigo ‖ indigo m. bleu *ou* pur; bleu m. d'indigo. **a) ~braun** n. ‖ indigo brown ‖ brun m. d'indigo. **b) ~fabrik** f. ‖ indigo manufactory ‖ indigoterie f. **c) ~karmin** n. ‖ precipitated indigo; indigocarmine; indigo paste ‖ indigo m. soluble; indigocarmine f. **d) ~küpe** f. ‖ indigo vat *or* bath ‖ cuve f. d'Inde *ou* d'indigo. **e) ~leim** m. ‖ indigo gluten; gliadine ‖ matière f. glutineuse d'indigo. **f) ~papier** n. ‖ indigo paper ‖ papier m. d'indigo. **g) ~präparat** n. ‖ indigo derivative ‖ dérivé m. de l'indigo. **h) ~purpur** m. ‖ red indigo carmine; indigo purple; phenicine; sulphophœnicic acid ‖ phénicine f. **i) ~rot** n. ‖ indigo red ‖ matière f. rouge m. d'indigo. **k) ~tinktur** f. ‖ indigo composition *or* tincture ‖ composition f. *ou* teinture f. d'indigo. **l) ~weiß** n. ‖ reduced indigo; indigo white ‖ indigo m. réduit; indigo blanc. 7

Indikator m. ‖ indicator ‖ indicateur m. 8

Indikator-anhaltevorrichtung f. ‖ detent gear of an indicator ‖ dispositif m. d'arrêt d'un indicateur. **a) ~diagramm** n. *s.* Indikatorschaubild. **b) ~hahn** m. ‖ indicator cock ‖ robinet m. d'indicateur. **c) ~papier** n. ‖ diagram paper ‖ papier m. de (l')indicateur. **d) ~rolle** f. ‖ indicator pulley ‖ poulie f. à gorge de l'indicateur. **e) ~schaubild** n. ‖ indicator diagram ‖ diagramme m. d'indicateur. **f) ~schnur** f. ‖ indicator string *or* cord ‖ cordon m. de l'indicateur. **g) ~stift** m. ‖ indicator pencil ‖ crayon m. de l'indicateur. **h) ~trommel** f. (Dampf) ‖ paper cylinder of the indicator ‖ cylindre m. porte-papier de l'indicateur. **i) ~verschlußschraube** f. ‖ indicator screw plug ‖ bouchon m. à vis d'indicateur. 9

indisches Rohr n. ‖ rattan ‖ rotin m. 10

Indischrot n. ‖ indian red ‖ rouge m. indien *ou* des Indes. 11

individuell behandeln ‖ to deal with ... individually ‖ traiter d'une façon individuelle. 12

indizieren ‖ to indicate; to take a card ‖ relever un tracé m. d'indicateur. 13

indizierte Pferdestärke f. ‖ indicated horsepower ‖ cheval m. indiqué; puissance f. indiquée en chevaux. 14

Indo-farbschreiber m. ‖ Indo-apparatus ‖ appareil m. Indo. **a) ~gesellschaft** f. ‖ Indo company ‖ société f. Indo. 15

Indossament n. ‖ indorsement; endorsement; transference ‖ endossement m. 16

Indossant m. ‖ endorser; indorser; transferrer ‖ endosseur m. 17

Indossat m. *s.* Indossatar m. 18

Indossatar m. ‖ indorsee; endorsee; transferee ‖ endossé m. 19

indossieren to endorse; to indorse; to back ‖ endosser. 20

Indotaste f. ‖ double current key ‖ manipulateur m. à deux pôles. 21

Induktanz f. zum **Abstimmen** der **Antenne** (Funkw) ‖ aerial tuning inductance ‖ inductance f. à syntoniser le circuit d'antenne. **a) ~** mit **Eisenkern** ‖ iron-core inductance ‖ inductance f. avec noyau de fer. **b) gegenseitige ~** ‖ mutual inductance ‖ inductance f. mutuelle. **c) ~** mit **Luftkern** ‖ air-core inductance ‖ inductance f. sans fer. **d) verteilte ~** ‖ distributed inductance ‖ inductance f. répartie. 22

Induktanzspule f. ‖ inductance coil ‖ bobine f. d'inductance. **a) ~** mit **niedriger Frequenz** ‖ low frequency inductance coil ‖ bobine f. d'inductance du circuit à basse fréquence. 23

Induktion f. ‖ induction ‖ induction f. **a) magnetische ~** ‖ magnetic induction ‖ induction f. magnétique. **b) ~** durch **Starkstromanlagen** (Fernm) ‖ induction from power circuits ‖ induction f. par les installations d'énergie électrique. 24

Induktions-elektrizität f. ‖ induced electricity; electricity by induction ‖ électricité f. d'induction *ou* induite *ou* par influence. **a) ~erscheinung** f. ‖ phenomenon of induction ‖ phénomène m. d'induction. **b) ~fluß** m. ‖ induction flux ‖ flux m. d'induction. 25

induktionsfrei ‖ non-inductive ‖ sans induction. **a) ~er Nebenschluß** m. ‖ non inductive shunt ‖ shunt m. non inductif. **b) ~er Widerstand** m. (Elektr) ‖ non-inductive resistance ‖ résistance f. non-inductive. 26

Induktions-funke m. ‖ induction spark ‖ étincelle f. d'induction. **a) ~gerät** n. ‖ induction coil apparatus ‖ appareil m. d'induction. **b) ~geräusch** n. ‖ induction noise ‖ bruit m. d'induction. **c) ~gesetz** n. ‖ law of induction ‖ loi f. de l'induction. **d) ~kapazität** f. ‖ inductive capacity ‖ pouvoir m. d'induction. **e) spezifische ~kapazität** f. ‖ specific inductive capacity ‖ pouvoir m. inducteur spécifique. **f) ~kurve** f. ‖ induction curve ‖ courbe f. d'induction. **g) ~minderung** f. durch **Schienenstrom** und Kabelmantelstrom ‖ screening effect of rail and cable-sheath currents ‖ effet m. compensateur du courant de rail et d'enveloppe de câbles. **h) ~motor** m. ‖ induction motor ‖ moteur m. d'induction. 27

Induktionsofen m. ‖ induction furnace ‖ four m. à induction. **a) Niederfrequenz~** ‖ low frequency induction furnace ‖ four m. à induction à basse fréquence. 28

Induktionsrelais n. ‖ induction-current relay ‖ relais m. à courant d'induction. 29

Induktionsschutz m., elektrostatischer ~ m. der Kabel ‖ capacity balancing in cables ‖ équilibrage m. de capacité des câbles. **a) ~** für **Fernsprechleitungen** ‖ anti-inductive protection for telephone lines ‖ anti-induction f. des circuits téléphoniques. 30

Induktionsschutz-plan m. ‖ anti-induction design ‖ projet m. d'anti-induction. **a) ~schaltung** f. ‖ anti-inductive circuit ‖ ligne f. de contre-tension. **b) ~vorschrift** f. (Fernm) ‖ rule of anti-induction ‖ règle f. d'anti-induction. 31

Induktions-spule f. ‖ induction *or* choking *or* impedance coil inductor ‖ bobine f. de self *ou* d'induction; self m. **a) ~störung** f. zwischen **benachbarten Telegrafeneinzelleitungen** ‖ telegraph crossfire ‖ trouble m. inductif des lignes. **b) ~strom** m. ‖ inductive *or* induced current ‖ courant m. induit. **c) ~verfahren** n. ‖ induction process ‖ procédé m. d'induction. **d) ~vermögen** n. ‖ inductive capacity ‖ capacité f. inductrice. **e) ~wage** f. ‖ induction balance ‖ balance f. d'induction. 32

induktiv (Elektr) ‖ inductive ‖ inductif. **a) ~er Blindwiderstand** m. ‖ inductive reactance ‖ réactance f. inductive. **b) ~ gekoppelter Sender** m. (Funkw) ‖ inductive transmitter ‖ transmetteur m. à couplage inductif. 33

Induktivität f. ‖ inductance ‖ coefficient m. d'induction; inductance f. 34

Induktor m. (Elektr) ‖ induction *or* Ruhmkorff's coil ‖ inducteur m.; bobine f. de Ruhmkorff *ou* d'induction. **a) ~** (Fernm) ‖ calling magneto ‖ inducteur m. *ou* magnéto m. d'appel. 35

Induktor-anruf m. ‖ ring down operation ‖ appel m. magnétique. **a) ~feuermeldesystem** n. ‖ magneto fire alarm system ‖ système m. d'avertisseurs d'incendie à appel par magnéto. 36

Induktorium n. ‖ induction coil; induced winding ‖ enroulement m. induit; inducteur m. 37

Induktorkurbel f. ‖ magneto crank ‖ manivelle f. du magnéto d'appel. 38

Industrie f. ‖ industry ‖ industrie f. **a) chemische ~** ‖ chemical industry ‖ industrie f. chimique. **b)** auf **einheimische Rohstoffe** gestützte **~** ‖ industry subsisting on native raw materials ‖ industrie f. alimentée par des matières premières du pays. **c)** die **~ fördern** ‖ to promote the industry ‖ être favorable à l'industrie f.; favoriser *ou* encourager l'industrie. **d) Klein~** ‖ small industry ‖ petite industrie f. 39

Industrie-bahn f. ‖ industrial railway ‖ chemin m. de fer industriel; voie f. d'usine. **a) ~bau** m. ‖ industrial building ‖ bâtiment m. industriel. **b) ~bürste** f. ‖ brush for industrial use ‖ brosse f. industrielle. **c) ~erzeugnis** n. ‖ trade ware ‖ produit m. de l'industrie. **d) ~film** m. ‖ industrial film ‖ film m. d'industrie. 40

Industriegas n. ‖ industrial gas ‖ gaz m. industriel. **a) Verdichtung** f. von **~** ‖ compressing of industrial gases ‖ compression f. des gaz de fabrique. **b) Ver-**

flüssigung f. von ~ || liquefying of industrial gases || liquéfaction f. des gaz industriels. 1
Industrie-gleis n. || works line || voie f. industrielle. **a) ~gruppe** f. || industrial group || groupe m. d'industrie. **b) ~-kamin** m. || factory chimney || cheminée f. d'usine. **c) ~krieg** m. || industrial war || guerre f. industrielle. 2
industriell || industrial || industriel. **a) ~e Anlage** f. || industrial *or* manufacturing plant || établissement m. industriel. **b) ~e Kriegsbereitschaft** f. || industrial preparedness for war || préparation f. industrielle en vue de la guerre. **c) ~e Mobilmachung** f. || industrial mobilisation || mobilisation f. industrielle. **d) ~es Unternehmen** n. || industrial enterprise || entreprise f. industrielle. 3
Industrieller m. || industrial || industriel m. 4
Industrieofen m. || furnace for industry || four m. pour l'industrie. **a) ~ für Gasfeuerung** || industrial furnace for gas firing || four m. industriel pour le chauffage au gaz. 5
Industrie-schlauch m. || hose with cloth enclosed || tuyau m. avec garniture intérieure en étoffe. **a) ~schule** f. || industrial school || école f. industrielle. **b) ~seife** f. || industry soap || savon m. industriel. **c) ~vereinheitlichung** f. || industrial planning || unification f. industrielle. **d) ~-weiche** f. || inclined plane switch; pass-bye || changement m. de voie provisoire *ou* à plans inclinés. 6
induzieren || to induce || induire. 7
induziert || induced; secondary || induit; secondaire. **a) ~e Ladung** f. (Elektr) || induced charge || charge f. induite. 8
ineinander || into one another; into each other; one into the other || l'un dans l'autre; les uns dans les autres. 9
ineinander-geschachtelt || emboxed in each other; telescoped || emboîtés pl. les unes dans les autres. **a) ~greifen** (Räder) || to gear into one another; to work into each other || engrener sur . . .; s'engrener. 10
Ineinandergreifen n. der **Zähne** || meshing of the teeth || engrènement n. des dents. 11
ineinander-passen, die **Teile** mpl. passen ineinander || the parts pl. fit together || les pièces fpl. s'adaptent l'une à l'autre. **a) ~schieben** || to encase || s'emboîter. **b) ~stecken** || to fit into one another || (s')emboîter les uns dans les autres. 12
Ineinanderstecken n., die **Stücke** npl. sind **durch ~ vereinigt** || the parts have been telescoped || les pièces fpl. sont assemblées en télescope. 13
Inertanz f. || inertance || inertance f. 14
Infanteriegeschütz n., **doppelrohriges** || double barrel infantry accompanying gun || canon m. d'infanterie à double tube. **a) zweirohriges ~** || two-barrel infantry accompanying gun || canon m. d'infanterie muni de deux tubes; canon m. d'infanterie à deux bouches. 15
Infanterie-mörser m. || infantry howitzer || mortier m. d'infanterie. **a) ~träger** m. || infantry carrier || camion m. d'infanterie portée. 16
Infektion f., **Bakterien** || bacteria contamination || infection f. bactérienne. 17
Inflation f. || inflation || inflation f. 18
Inflexionspunkt m. (Geom) || point of inflexion || point m. d'inflexion. 19
Influenz f. || electrostatic induction || induction f. électrostatique. **a) ~ durch Starkstromanlagen** || static induction by power plants || induction f. électrique par les installations à courant fort *ou* par courant de haute intensité. 20
Influenz-maschine f. || influence *or* induction machine || machine f. d'influence. **a) ~schutzwirkung** f. einer **Baumreihe** (Fernm) || screening effect of a range of trees || effet m. d'écran d'une rangée d'arbres. **b) ~vermögen** n. (Elektr) || inductive power || pouvoir m. inducteur. 21
infrarot (Opt) || infrared || infrarouge. 22
Infusion f. (Chem) || infusion || infusion f. 23
Infusorienerde f. || kieselguhr; infusorial earth; fossil meal || kieselguhr m.; farine f. fossile; terre f. d'infusoires. **a) ~gewinnung** f. || infusorial earth quarry || carrière f. de terre d'infusoires. 24
ingangsetzen || to start; to set agoing || mettre en marche f. *ou* en mouvement m. *ou* en train. 25
Ingangsetzen n., **stoßfreies** || starting without shock || mise f. en marche sans choc. **a) unvorhergesehenes ~** || accidential resumption of work || mise f. en marche inopinée. 26
Ingangsetzung f. (Motor) || starting || mise f. en marche. 27
Ingangsetzungsvorrichtung f. || starting-gear || mise f. en train. 28
Ingenieur m. *s.* Ingeniör. 29
Ingeniör m. || engineer || ingénieur m. **a) Bau~** || civil engineer || ingénieur m. des constructions civiles; ingénieur m. des travaux (publiques). **b) Bau~** (Straßenb) || road builder; constructor of roads; engineer of roads, bridges and canals || ingénieur m. des ponts et chaussées. **c) Bau~** (technisch) *s.* Konstruktions~. **d) beratender ~** || consulting engineer; consultant || ingénieur m. conseil. **e) Berg~** || mining engineer || ingénieur m. des mines. **f) Betriebs~** || managing *or* works' engineer; works' manager; engineer in charge || ingénieur m. de service (technique); ingénieur m. d'exploitation. **g) Chef~** *s.* Ober~. **h) Diplom~** || certificated engineer || ingénieur m. diplômé. **i) Eisenbahn~** || railway *or* railroad engineer || ingénieur m. des voies ferrées. **k) Elektro~** || electrical engineer || ingénieur m. électricien. **l) Faserstoff~** || textile engineer || ingénieur m. textile. **m) Festungs~** || fortification engineer || ingénieur m. des fortifications. **n) Flugzeugbau~** || flying-machine *or* airplane builder || ingénieur m. aviateur. **o) Gewerbe~** || industrial engineer || ingénieur m. des arts et métiers. **p) Hochbau~** || structural engineer || ingénieur m. des édifices et des ponts (publiques). **q) Hütten~** || blast furnace engineer || ingénieur m. de hauts-fourneaux. **r) Konstruktions~** || constructional engineer || ingénieur m. constructeur. **s) Luftschiffbau~** || airship builder || ingénieur m. aviateur. **t) Marine~** *s.* Schiffs~. **u) Maschinen~** || mechanical engineer || ingénieur m. mécanicien. **v) Ober~** || chief engineer; engineer in chief || ingénieur m. principal *ou* en chef. **w) Prüf(feld)~** || test floor engineer || ingénieur m. préposé aux épreuves. **x) Schiffbau~** || naval architect *or* engineer || ingénieur m. naval. **y) Schiffs~** || marine engineer || ingénieur m. de la marine. **z) Stadt~** || municipal engineer || ingénieur m. municipal. 30
a) Strecken~ (Eisenb) || superintending engineer; permanent-way engineer || ingénieur m. de la voie (ferrée). **b) Textil~** *s.* Faserstoff~. **c) Verwaltungs~** || administrative engineer || ingénieur m. d'administration. **d) Wegebau~** *s.* Bau~ (Straßenb). **e) Werbe~** || advertising engineer || ingénieur m. de réclame. **f) Zivil~** || civil engineer || ingénieur m. civil. 31
Ingeniör-abteilung f. || engineering department || département m. des constructions mécaniques. **a) ~büro** n. || engineering office || bureau m. des constructions. **b) ~-Chemiker** m. || chemical engineer || ingénieur m. chimiste. **c) ~wesen** n. || engineering || art m. *ou* science f. de l'ingénieur. **d) ~wissenschaften** fpl. || (sciences pl. of) engineering || sciences fpl. de l'ingénieur. 32
Ingwer m. || ginger || gingembre m. 33
Ingwer-bier n. || ginger beer || bière f. de gingembre. **a) ~öl** n. || ginger oil || essence f. de gingembre. 34
Inhalationsgerät n. || inhaler || appareil m. d'inhalation; inhalateur m. 35
Inhalator m. *s.* Inhalationsgerät n. 36
Inhalt m. || contents pl. || contenu m. **a) ~** (Geom) || area; capacity || aire f.; capacité f. **b) ~** (Buchdr) || index; contents pl. || index m. **c) ~ einer Fläche** || area of a surface || aire f. d'une surface. **d) körperlicher ~** || solid *or* cubical contents pl.; volume; solidity || volume m. **e) nutzbarer ~** || maximum working capacity || capacité f. utile. **f) sichtbarer ~** || visible contents pl. || contenu f. visible. **g) ~ einer Wasserlinie** (Schiffb) || surface of a water-line || surface f. d'une ligne d'eau. 37
Inhaltsangabe f. || statement of contents; index || résumé m.; index m. **a) ~** (Zoll) || declaration || déclaration f. (du contenu). 38
Inhaltsbestimmung f. einer **Fläche** || quadrature || quadrature f. **a) ~ eines Körpers** || cubature || cubature f. 39
Inhaltsverzeichnis n. || index; table of contents; contents pl. || index m.; table f. des matières. **a) abeceliches ~** || alphabetical register *or* table || registre m. *ou* table f. alphabétique. **b) unterteiltes abeceliches ~** || subdivided alphabetical index || registre m. alphabétique subdivisé. 40
Inholz n. eines **Schiffes** || timbers pl. *or* frame of a ship || membrure f. d'un navire. 41
Initiale f. || initial letter || lettre f. initiale. 42
Injektionsspritze f., **zahnärztliche** || dental injection syringe || seringue f. d'injection pour dentistes. 43
Injektor m. || injector || injecteur m. 44
Inkasso n. || encashment; cashing; payment; collection; recovery (of money due) || encaissement m.; recouvrement m. **a) ~geschäft** n. || collecting business || affaire f. d'encaissement. 45
Inklination f. || inclination || inclinaison f. **a) erdmagnetische ~** || earth's magnetic inclination || inclinaison f. magnétique terrestre. 46
Inklinations-bussole f. || inclination compass || boussole f. d'inclinaison. **a) ~nadel** f. || dipping *or* inclinatory needle || aiguille

f. *ou* boussole f. d'inclinaison; inclinatoire m. magnétique. 1

Inklinatorium n. (Phys) || dipneedle || boussole f. d'inclinaison. 2

Inkohlung f. || transformation into coal || carburation f. 3

inkommensurable Größe f. (Math) || incommensurable quantity || quantité f. incommensurable. 4

Inkompetenz f. || incompetence; incompetency || incompetence f. 5

inkorrekt || incorrect || incorrect. 6

Inkrustation f. || incrustation || incrustation f. 7

inkrustieren || to incrust || incruster; encroûter. 8

inkrustiert || incrusted || revêtu d'incrustations. 9

Inkunabel f. || incunabel; wood stereotype || édition f. incunable; ouvrage m. stéréotype sur bois. 10

Inlaidpresse f. || inlaid press || presse f. d'incrustation. 11

Inland n. || inland || intérieur m. du pays. **a) ~eis** n. || continental *or* inland ice || glace f. continentale. 12

inländisch || home made; native; domestic || indigène; intérieur. 13

Inlandserzeugung f. || inland production || production f. indigène. 14

Inlett n. || inlet; bed ticking || plumeau m.; calicot m. pour literie. 15

inliegend || enclosed || ci-inclus; inclus; sous ce pli. 16

innehalten || to observe; to keep; to adhere || observer. 17

innen, außen und **~** || outwards and inwards; externally and internally || au dehors et en dedans. 18

Innen || internal || interne; intérieur. 19

Innen-abmessungen fpl. || internal dimensions pl. || dimensions fpl. intérieures. **a) ~ansicht** f. || interior view; interior || intérieur m.; vue f. intérieure. **b) ~antenne** f. || interior antenna || antenne f. intérieure. **c) ~architektur** f. || interior decorating || décoration f. d'intérieurs. **d) ~ausbau** m. || completion of interior rooms || achèvement m. des intérieurs. **e) ~ausstattung** f. || indoor equipment || décoration f. intérieure. **f) ~ausstattungsgegenstand** m. || inside decorating article || article m. décoratif pour l'intérieur. **g) ~backe** f. einer **Bremse** || inner brake shoe || mâchoire f. de frein intérieure. **h) ~baukunst** f. || interior decorating || décoration f. d'intérieurs. **i) ~beleuchtung** f. für **Industrieräume** || indoor lighting for industrial places || diffuseur m. pour locaux industriels. **k) ~-B-Platz** m. (Fernm) || inner B-position || position f. B intèrieure. 20

Innenbremse f. || inner *or* internal *or* inside brake || frein m. intérieur. 21

Innendekorations-gegenstand m. || inside decorating article || article m. décoratif pour l'intérieur. **a) ~werkstätte** f. || establishment for interior art decoration || atelier m. de décors artistiques des intérieures. 22

Innen-durchmesser m. || inside diameter || diamètre m. intérieur. **a) ~einrichtung** f. || furniture || installation f. intérieure. **b) ~feuermelder** m. || indoor fire alarm || avertisseur m. d'incendie d'intérieur. **c) ~feuerung** f. || internal furnace || foyer m. intérieur. **d) ~fläche** f. || interior surface || paroi f. intérieure. **e) ~flansch** m. || interior flange || bride f. intérieure. **f) ~fräsvorrichtung** f. **für selbsttätige Stirnradfräsmaschinen** || internal cutting attachment for automatic spur gear cutting machines || dispositif m. de taillage intérieur pour machines alternatives automatiques à tailler les engrenages droits. **g) ~front** f. einer **Mauer** || inner side of a wall || parement m. intérieur d'un mur. 23

Innengewinde n. || inside *or* female thread || filet m. intérieur *ou* femelle. **a) ~stahl** m. || inside screw-tool || peigne m. femelle. 24

Innen-glied n. || inside link || membre m. intérieur. **a) Werkstätte für ~kunst** f. || establishment for artistic equipment and decoration of rooms || atelier m. d'équipement et décors artistiques de logements. **b) ~kurbel** f. || inside crank || manivelle f. intérieure. 25

Innenlager n. || inside box || boîte f. intérieure. **a) ~radsatz** m. || set of wheels for inside bearings || essieu m. monté pour boîtes à graisse intérieures. 26

Innen-lasche f. **mit runden Löchern** (Eisenbahn) || inner fish plate with round holes || éclisse f. intérieure avec trous ronds. **a) ~leitung** f. (Fernm) || inner wire || fil m. intérieur. **b) ~limusine** f. || sedan || limousine f. à conduite intérieure. **c) ~mauer** f. || party *or* partition wall || mur m. intérieur *ou* de séparation. 27

Innenmeßgerät n. (Gewinde) || internal thread measuring instrument || appareil m. pour les mesures d'alésages *ou* pour les **filets intérieurs. a) ~ mit Dreipunktmeßköpfen** || internal measuring instrument with three point measuring head || appareil m. pour mesures intérieurs à têtes de contrôle à trois contacts. **b) ~ mit federndem Anschlag** || internal measuring instrument with spring type rest || appareil m. pour les mesures d'alésages à contact élastique. **c) ~ mit festem Anschlag** || internal measuring instrument with fixed rest || appareil m. pour les mesures d'alésages à contact fixe. **d) ~ für sphärische Ringe** || internal measuring instrument for round rings || appareil m. pour les mesures intérieures des anneaux sphériques. **e) ~ mit verstellbarem Anschlag** || internal measuring instrument with adjustable type rest || appareil m. pour les mesures d'alésages à contact réglable. 28

Innen-messung f. || inspection of internal surface || mesurage m. d'intérieur. **a) ~mikrometer** n. || internal micrometer || jauge f. à coulisse; micromètre m. d'intérieure. 29

Innenpol-anker m. (Elektr) || inner pole armature || induit m. à pôles intérieurs. **a) ~gehäuse** n. || inner-pole frame || carcasse f. à pôles intérieures. **b) ~generator** m. || internal pole alternator || alternateur m. à pôles intérieurs. 30

Innen-raumluzette f. || indoor lucette || lucette f. d'intérieur. **a) ~reflektor** m. || inner reflector || réflecteur m. intérieur. **b) ~riß** m. || internal shake || crevasse f. intérieure. **c) ~rundschleifmaschine** f. || internal circular grinding machine || machine f. à rectifier les alésages. **d) ~rundschliff** m. || internal circular grinding || rectification f. des surfaces cylindriques intérieures. 31

Innenschleifeinrichtung f. || internal grinding attachment || dispositif à rectifier intérieurement. 32

Innenschleifmaschine f. || internal grinding machine || machine f. à rectifier intérieurement. **a) Einstech~** || plunge-cut internal grinder || machine f. à rectifier à l'intérieur. **b) horizontale ~** || horizontal internal grinding machine || machine f. horizontale à rectifier intérieurement. **c)** vertikale **~** mit **kreisender Planscheibe** || vertical internal grinding machine with rotary circular table || machine f. verticale à rectifier intérieurement avec plateau circulaire rotatif. **d)** vertikale **~** mit **kreisender Spindel** || vertical internal grinding machine with planetary movement || machine f. verticale à rectifier intérieurement à mouvement planétaire. 33

Innen- und Stirnflächenschleifmaschine f. || internal and face grinding machine || machine f. à rectifier les alésages et les surfaces planes en bout. 34

Innenschleifspindel f. || internal grinding spindle || arbre m. porte-meule à rectifier les intérieurs. 35

Innenschliff m. **konischer Rundflächen** || internal grinding of taper bores || rectification f. intérieure de surfaces circulaires coniques. **a) ~ zylindrischer Büchsen** || internal grinding of straight bores || rectification f. intérieure de bagues cylindriques. 36

Innen-schwellen fpl. eines **Rostes** (Zimm) || interior sleepers pl. of a grating || dedans m. d'une grille; traverse f. intérieure d'un grillage. **a) ~schwungrad** n. || internal flywheel || volant m. intérieur. **b) ~strähler** m. || inside chaser || peigne m. femelle. **c) ~taster** m. || inside compasses || compas m. d'intérieur. **d) ~temperatur** f. || internal temperature || température f. à l'intérieur. **e) ~treibradbetrieb** m. || inside gearing || transmission f. par roues intérieures. **f) ~tür** f. || inside door || porte f. intérieure. **g) ~vergoldung** f. || interior gilding || dorure f. à l'intérieur. **h) ~verzahnung** f. || internal gear || engrenage m. intérieur. **i) ~wange** f. (Treppe) || inner string || limon m. intérieur. **k) ~weite** f. || inside diameter; inner span || diamètre m. intérieur; portée f. de rez. 37

inner-e Spannung f. || interior stress || tension f. intérieure. **a) ~er Widerstand** m. || internal resistance || résistance f. intérieure. **b) ~e Wölbung** f., Radius m. der inneren Wölbung des Kesselbodens || inside radius of dished ends || rayon m. intérieur des fonds bombés. 38

innig (Chem) || intimate || intime. **a) ~es Mischen** n. (Zement) || homogeneous *or* intimate mixing || mélange m. intime *ou* homogène. 39

Innung f. || corporation; guild; gild || corps m. de métier; corporation f. 40

Inplano n. (Buchdr) || broad side or sheet || in-plans m.; format m. atlantique. 41

Inschrift f. || inscription || inscription f. 42

Insektenpulver n. || insect powder; insecticides pl. || poudre f. insecticide; insecticides mpl. **a) Einstäuben** n. von Kleidungsstücken mit **~** || dry-spraying clothes with insect powder || dispersion f. de la poudre insecticide (pour la préservation) dans les vêtements. 43

Insektenpulverspritze f. || insect powder blower || soufflet m. de poudre insecticide. 44

Insekten-vertilgungsmittel n. || insect destroying means pl.; vermin killing product || préparations fpl. insecticides; produit m. insecticide. 1

Inserat n. *s. auch* Anzeige || advertisement || annonce f. 2

Inserent m. || advertiser || personne f. qui fait une annonce. 3

Insertions-gebühr f. *s.* ~kosten. **a) ~kosten** pl. || cost of advertisement; advertising expense || frais mpl. d'insertion; prix m. des annonces. 4

insolvent || insolvent; bankrupt || insolvable. 5

Insolvenz f. || insolvency; bankruptcy || insolvabilité f. **a) ~erklärung** f. || declaration of bankruptcy || déclaration f. de faillite. 6

Inspektion f. für Waffen und Gerät || inspection for arms and gear || inspection f. des armes et de l'outillage. 7

Inspektor m. || inspector || inspecteur m. 8

Instabilität f. || instability || instabilité f. 9

Installation f., **Haus** || house installation || installation f. des maisons. **a) Wohnungs~** || lodging installation || installation f. des logements. 10

Installations-gegenstand m., **sanitärer** || sanitary installation implement || appareil m. pour installations sanitaires. **a) ~geschäft** n. || contracting for installation || entreprise f. d'installations. 11

Installationsmaterial n. || installation material || matériel m. d'installation. **a) ~** aus **Papierstoff** || installation material of cardboard || matériel m. d'installation de carton pâte. 12

Installations-teil m., **elektrischer** || material for electric installations || pièce f. pour installations électriques. **a) ~zubehör** n. || insulating accessories pl. || petit matériel m. d'installation. 13

Installatör m. || plumber || plombier m. **a) ~gaszange** f. || plumber's coupling pliers pl. || pince f. à gaz pour plombier. 14

installiertes Kilowatt n. || installed kilowatt || kilowatt m. installé. 15

instandgesetzt (Seew) || overhauled || examiné. 16

Instandhaltung f. || upkeep; maintenance || entretien m. **a) ~** der **Gleise** || maintenance of the rails || maintien m. de la voie. **b) ~** des **Motors** || maintenance of the motor || entretien m. du moteur. 17

Instandhaltungs-anweisung f. || direction for keeping something in good order || instruction f. pour l'entretien. **a) ~kosten** pl. || maintenance costs pl. || frais mpl. d'entretien. 18

Instandsetzung f. || repairing; overhauling || réparation f.; mise f. en état. 19

Instandsetzungsarbeit f. || repair work || travail m. de réparation. 20

Instanz f., in **letzter** || as a last resource || en dernier ressort m. 21

Instanzenweg m. || stages pl. of appeal || voie f. hiérarchique. 22

Instruktionsreise f. || preliminary visit || voyage m. d'instruction. 23

Instrument n. || instrument || instrument m. **a) ~** für **Absteckungen** im Straßenbau || instrument for setting out roads || instrument m. destiné aux jalonnements pour la construction des routes. **b) ärztliches ~** || medical instrument || instrument m. de médecine. **c) astronomisches ~** || astronomical instrument || instrument m. astronomique. **d) augenärztliches ~** || ophthalmological instrument || instrument m. d'ophtalmologie. **e) Beobachtungs~** || instrument of observation || instrument m. d'observation. **f) chirurgisches ~** || surgical instrument || instrument m. chirurgique. **g) Demonstrations~** || demonstration instrument || instrument m. de démonstration. **h) direkt zeigendes ~** || direct reading instrument || instrument m. à lecture directe. **i) elektrodynamisches ~** || electro-dynamic instrument || électrodynamomètre m. **k) Erdmeß~** || instrument of geodesy || instrument m. de géodésie. **l) feinmechanisches ~** || mechanical instrument of precision || instrument m. de précision. **m) Feldmeß~** || surveying instrument || instrument m. d'arpentage. **n) fotografisches ~** || photographic instrument || instrument m. de photographie. **o) ~** in **gebrauchsfertig** montiertem Zustande || instrument ready for use || instrument m. tout monté et prêt à entrer en service. **p) geodätisches ~** || geodetical *or* surveying instrument || instrument m. géodétique. **q) ~** aus **Glas** || glass instrument || instrument m. en verre. **r) hydrometrisches ~** || hydrometric instrument || instrument m. hydrométrique. **s) kosmografisches ~** || cosmographical instrument || instrument m. de cosmographie **t) kurzes handliches ~** || short and handy instrument || instrument m. d'une forme pratique et maniable. **u) medizinisches ~** || medical instrument || instrument m. de médecine. **v) medizinisch optisches ~** || medico optical instrument || instrument m. médico-optique. **w) Meß~** || measuring instrument || instrument m. de mesurage. **x) meteorologisches ~** || meteorological instrument || instrument m. météorologique *ou* de météorologie. **y) nautisches ~** || nautical instrument || instrument m. nautique. **z) nichtrostendes ~** || rustproof instrument || instrument m. inoxydable. 24

a) Nivellier~ || levelling instrument || instrument m. de nivellement; niveau m. à lunette. **b) ophthalmologisches ~** || ophthalmological instrument || instrument m. d'ophtalmologie. **c) optisches ~** || optical instrument || instrument m. d'optique. **d) physikalisches ~** || physical instrument || instrument m. physique. **e) Präzisions~** || instrument of precision || instrument m. de précision. **f) ~** zum **Rechnen** || instrument for calculating || instrument m. à calculer. **g) registrierendes ~** || recording instrument || instrument m. enregistreur. **h) ~** für **Sehprüfung** und Brillenverordnung || instrument for sight testing and the prescription of spectacles || instrument m. pour l'examen de la vue et l'ordonnance de lunettes. **i) ~** für **technische Einwägungen** (Vermessung) || instrument for levelling operations || instrument m. destiné aux nivellements techniques. **k) tierärztliches ~** || veterinary instrument || instrument m. vétérinaire. **l) wissenschaftliches ~** || scientific instrument || instrument m. scientifique. **m) zahnärztliches ~** || dental instrument || instrument m. pour dentistes. **n) Zeichen~** || drawing instrument || instrument m. de dessin. 25

Instrumentalfehler m. || instrumental error || erreur m. instrumental. **a) die ~** mpl. **berichtigen** || to correct the instrumental errors pl. || corriger les erreurs mpl. instrumentales. 26

Instrumenten-brett n. || instrument board || planche f. à instruments. **a) ~holz** n. || wood for musical instruments || bois m. de résonnance. **b) ~körper** m. || body of the instrument || corps m. de l'instrument. **c) ~lackierer** m. || musical instrument polisher || polisseur m. en lutherie. **d) ~leder** n. || piano-forte hammer leather || cuir m. pour pianos. **e) ~macher** m. (Mus) || musical instrument maker || facteur m. d'instruments de musique. **f) ~pfeiler** m. || instrument pier || pilier m. pour les instruments. **g) ~planchette** f. || board for instruments || planchette f. à instruments. **h) ~saite** f. || string for musical instruments || corde f. pour instruments de musique; corde f. harmonique en boyau. **i) ~stimmer** m. || instrument tuner || accordeur m. d'instruments de musique. **k) ~tisch** m. || instrument table || table f. porte-instruments. 27

Instrumentfehler m. || instrumental error || erreur m. de l'instrument. 28

Intarsie f. || inlaid work || marqueterie f. 29

Intarsienfeile f. || inlaying file || lime f. à marqueterie. 30

Integral n. || integral || intégrale f. **a) bestimmtes ~** || integral definite || intégrale f. définie. **b) unbestimmtes ~** || integral indefinite || intégrale f. indéfinie. 31

Integral-rechnung f. || integral calculus || calcul m. intégral. **a) ~zeichen** n. (Math) || integral sign || signe m. intégral. 32

Integration f. || integration || intégration f. **a) partielle ~** || integration by parts || intégration f. par parties. 33

integrieren || to integrate || intégrer. 34

Intensität f. || intensity || intensité f. **a) ~** des **Stromes** (Elektr) || intensity *or* strength of the current || intensité f. du courant. 35

Interessengebiet n. || territory of interest; sphere of influence || zone f. d'intérêt; sphère f. d'influence. **a) Haupt~** || main sphere of interest || périmètre m. d'influence. 36

Interessengemeinschaft f. || combination *or* union *or* amalgamation of interests; combine; pool; trust || convention f.; syndicat m.; communauté f. d'intérêts. 37

Interferenz f. || interference || interférence f. **a) ~** im **Empfang** (Funkw) || interference in reception || interférence f. dans la réception. 38

Interferenz-erscheinung f. || phenomenon of interference; interference figure || phénomène m. d'interférence. **a) ~farbe** f. || interference colour || couleur f. d'interférence. **b) ~gerät** n. || interference apparatus || appareil m. interférentiel. **c) ~-komparator** m. für **Absolutmessungen** || interference comparator for absolute measurements || comparateur m. interférentiel pour mesures absolues. **d) ~-kurve** f. || interference curve || courbe f. d'interférence. **e) ~kurve** f., Apparat m. zur **Beobachtung** von **~n** an Glasplatten || apparatus for observing interference curves in glass plates || appareil m. pour l'observation des courbes d'interférence des lames de verre. **f) ~meßgerät** n. || interference measuring apparatus || appareil m. de mesure interférentiel. **g) ~-spektroskop** n. || interference spectroscope || spectroscope m. d'interférence.

h) ~streifen m. (Opt) ‖ interference band ‖ frange f. d'interférence. 1
interferieren (Opt) ‖ to interfere ‖ interférer. 2
Interferometer n. ‖ interferometer ‖ interféromètre m. a) **Flüssigkeits~** ‖ interferometer for liquids ‖ interféromètre m. à liquides. b) **Gas~** ‖ interferometer for gases ‖ interféromètre m. à gaz. c) **Grubengas~** ‖ fire damp tester ‖ grisoumètre m. interférentiel. d) **Laboratoriums~** ‖ laboratory interferometer ‖ interféromètre m. de laboratoire. e) vereinigtes **Gas-** und **Wasser~** ‖ combined gas and water interferometer ‖ interféromètre m. à eau et à gaz. f) **technisches ~** ‖ industrial interferometer ‖ interféromètre m. technique. g) **Wasser~** ‖ water interferometer ‖ interféromètre m. à eau. 3
Interferrikum n. ‖ air gap of a magnet ‖ interfer m. d'un aimant. 4
Interims-bahn f. (Eisenb) ‖ temporary line ‖ chemin m. de fer provisoire. a) **~dividende** f. ‖ interim dividend ‖ dividende m. provisoire. b) **~quittung** f. ‖ provisional receipt ‖ reçu m. provisoire. c) **~schein** m. ‖ interim certificate ‖ certificat m. provisoire. 5
Interkostalplatte f. ‖ intercostal plate ‖ tôle f. intercostale. 6
intermittierend-e Belastung f. ‖ intermittent load ‖ charge f. intermittante. a) **~er Strom** m. ‖ intermittent current ‖ courant m. intermittant. 7
Internationale Elektrotechnische Kommission f. ‖ International Electrotechnical Commission ‖ Commission f. Électrotechnique Internationale. 8
internationaler Wettbewerb m. ‖ international competition ‖ concours m. international. 9
Interpolation f. ‖ interpolation ‖ interpolation f. 10
Interpolationswiderstand m. ‖ interpolation resistance ‖ résistance f. d'interpolation. 11
Interpolator m. von **Creed** ‖ cable interpolator ‖ interpolateur m. de Creed. 12
interpolieren (Math) ‖ to interpolate ‖ interpoler. 13
interpunktieren ‖ to point; to punctuate; to interpoint ‖ mettre la ponctuation. 14
Interpunktion f. ‖ punctuation ‖ ponctuation f. 15
Intervall n. ‖ spacing; interval ‖ intervalle m. 16
intervenieren ‖ to intervene ‖ intervenir. 17
Inundation f. *s.* Überschwemmung f. 18
invalider Arbeiter m. ‖ disabled workman ‖ ouvrier m. invalide. 19
Invaliden-fahrrad n. ‖ cycle for sicks ‖ cyclette f. pour infermes. a) **~versicherung** f. ‖ disablement *or* disability insurance; insurance of the aged and disabled workman ‖ assurance f. contre l'invalidité et vieillesse. 20
Invalidität f. ‖ invalidism ‖ invalidité f. 21
Invar n. (Met) ‖ invar ‖ invar m. 22
Invariant n. *s.* Invariante f. 23
Invariante f. ‖ invariant ‖ invariant m. 24
Inventar n. ‖ inventory ‖ inventaire m. 25
Inventaraufnahme f. ‖ stock taking ‖ inventaire m. a) eine **~ machen** ‖ to take stock; to draw up an inventory ‖ inventorier. 26
Inventur f. ‖ stock taking ‖ inventaire m. a) **laufende ~** ‖ continuous inventory ‖ inventaire m. permanent. 27
Inventurausverkauf m. ‖ stock taking sale ‖ liquidation f. après inventaire. 28
Invert-entfernungsmesser m. ‖ inversion telemeter ‖ télémètre m. à renversement. a) **~gasglühlichtlampe** f. ‖ inverted incandescent gas burner ‖ lampe f. à gaz à bec renversé. 29
invertierendes Ferment n. ‖ inverting ferment ‖ ferment m. intervertissant. 30
Invertzucker m. ‖ invert sugar ‖ sucre m. interverti. 31
Inverzugsetzung f. ‖ notice of default ‖ mise f. en retard. 32
Ion m. ‖ ion ‖ ion m. a) **Wanderung** der **~en** ‖ migration of ions ‖ transport m. des ions. 33
Ionentheorie f. ‖ theory of ions ‖ théorie f. des ions. 34
Ionisation f. ‖ ionisation ‖ ionisation f. a) **~ durch Stoß** ‖ ionisation by collision ‖ ionisation f. par les chocs. 35
Ionisationsstromstärke f. ‖ intensity of ionisation current ‖ intensité f. du courant d'ionisation. 36
ionisierbar ‖ ionisable ‖ ionisable. 37
ionisieren ‖ to ionise ‖ ioniser. 38
Ionisierung f. von **Gasen** ‖ ionisation of gases ‖ ionisation f. d'un gaz. 39
Ionisierungs-mittel n. ‖ ioniser ‖ ionisant m. a) **~vermögen** n. ‖ ionising power ‖ pouvoir m. ionisant. 40
Ionisor m. ‖ ionisor ‖ ionisateur m. 41
irden ‖ earthen ‖ de terre f. 42
Irdengeschirr n. ‖ earthenware ‖ poterie f. 43
irdisch ‖ terrestrial ‖ terrestre. 44
Iridium n. ‖ iridium ‖ iridium m. a) **~spitze** f. (Füllfederhalter) ‖ iridium point ‖ pointe f. d'iridium. 45
Irisblende f. ‖ iris diaphragm ‖ diaphragme-iris m. a) **Verengern** m. der **~** ‖ contracting the iris diaphragm ‖ réduction f. de l'ouverture du diaphragme-iris. b) **Verschieben** n. der **~** ‖ displacing the iris diaphragm ‖ déplacement m. du diaphragme-iris. 46
Iris-druck m. ‖ saddening ‖ irisé m.; ombré m. a) **~fond** m. ‖ iris ground; rainbow ground ‖ fond m. irisé; fond m. ombré. b) **~fleck** m. ‖ irisated spot ‖ rose f. 47
irisieren ‖ to irisate ‖ iriser. 48
irisierend ‖ iridescent ‖ irisé. 49
Irisiersalz n. ‖ irising salt ‖ sel m. à iriser. 50
Iris-knopf m. ‖ irised button; button with iris-ornaments ‖ bouton m. irisé. a) **~momentverschluß** m. (Foto) ‖ instantaneous iris shutter ‖ obturateur m. instantané à iris. b) **~muschel** f. ‖ sea ear; earshell ‖ oreille f. de mer. c) **~öl** n. ‖ iris oil ‖ essence f. d'iris. d) **~papier** n. ‖ irized paper ‖ papier m. irisé. e) **~pinzette** f. ‖ iris forceps pl. ‖ pince f. à iris. f) **~tapete** f. ‖ irized paper-hangings pl. ‖ papier-peint m. irisé. 51
irrational-e Größe f. (Math) ‖ irrational quantity ‖ expression f. *ou* quantité f. irrationnelle. a) **~e Zahl** f. ‖ irrational *or* surd number ‖ nombre m. irrationnel *ou* sourd. 52
irreführen ‖ to mislead; to misdirect ‖ égarer; fourvoyer. 53
irren, sich in der **Rechnung** f. **~** ‖ to be far out in the calculations ‖ être dans l'erreur m. de calcul. 54
Irrigator m. ‖ irrigator ‖ irrigateur m. 55
Irrstrom m. ‖ stray (sneak) current ‖ courant m. vagabond. 56
Irrtum m. ‖ error; mistake; misunderstanding ‖ erreur m.; méprise f. 57
irrtümlich ‖ erroneous; mistaken ‖ erroné; faux. 58
Isländisches Moos n. ‖ Iceland moss ‖ lichen m. d'Islande. 59
isobarometrischer Faßfüllapparat m. ‖ isobarometrical racking apparatus ‖ soutireuse f. isobarométrique pour fûts. 60
Isobornylpräparat n. ‖ isobornyl preparation ‖ préparation f. d'isobornyle. 61
Isobuttersäure f. ‖ isobutyric acid ‖ acide m. isobutyrique. 62
Isobutylpräparat n. ‖ isobutyl preparation ‖ préparation f. isobutylique. 63
isochron ‖ isochronal; isochronous ‖ isochrone. 64
Isochrone f. (Mech) ‖ isochronous curve ‖ ligne f. *ou* courbe f. isochrone. 65
Isochronismus m. (Phys) ‖ isochronism ‖ isochronisme m. 66
Isodyname f. ‖ isodynamic line ‖ ligne f. isodynamique; isodyname f. 67
isodynamisch ‖ isodynamic ‖ isodynamique. 68
isoelektrisch ‖ equipotential ‖ équipotentiel. 69
Isogone f. ‖ isogone; isogonic line; isogonal line (A) ‖ ligne f. isogone; isogone f. 70
Isokline f. ‖ isoclinic line; isoclinal ‖ ligne f. isocline; isocline f. 71
Isolation f. ‖ insulation ‖ isolation f. a) **eingefressene ~** ‖ burnt insulation ‖ isolement m. corrodé. b) die **~** vom Draht **entfernen** ‖ to denude *or* to strip a wire ‖ mettre le fil à nu; dénuder le fil. c) **~** gegen **Erde** ‖ insulation from earth ‖ isolation f. par rapport à la terre. d) **verstärkte ~** ‖ strengthened insulation ‖ isolement m. renforcé. 72
Isolations-abziehzange f. ‖ stripping tongs pl. ‖ pincette f. écorchante. a) **~hülle** f. ‖ insulating covering ‖ revêtement m. isolant. b) **~messer** m. ‖ insulation tester ‖ essayeur m. d'isolement. c) **~messung** f. ‖ measurement of insulation ‖ mesure f. d'isolement. d) **~mittel** n. (Elektr) ‖ isolator ‖ isolant m. e) **~prüfer** m. ‖ insulation tester ‖ essayeur m. d'isolement. f) **~prüfung** f. ‖ insulation test ‖ essai m. d'isolement. 73
Isolationsstoff m., **fester** ‖ solid insulating material ‖ isolant m. solide. a) **künstlicher ~** ‖ artificial insulating material ‖ isolant m. synthétique. 74
Isolations-teile mpl., **elektrische** ‖ electrical insulation parts pl. ‖ pièces fpl. d'isolation électriques. a) **~vermögen** n. ‖ insulating property ‖ pouvoir m. isolant. 75
Isolationswiderstand m. ‖ insulation resistance ‖ résistance f. d'isolement. a) **sehr hoher ~** ‖ very high insulation resistance ‖ résistance f. d'isolement très élevée. 76
Isolator m. ‖ insulator ‖ isolateur m. a) **Einfachglocken~** ‖ single-cup insulator ‖ isolateur m. à simple cloche. b) **~** für **Empfangsantenne** ‖ receiving insulator ‖ isolateur m. de réception. c) **Fahrdraht~** ‖ contact-wire insulator ‖ isolateur m. de fil de contact. d) **flexibler ~** (Funkw) ‖ flexible insulator ‖ isolateur m. souple. e) **Glocken~** ‖ bell-shaped insulator ‖ isolateur m. en cloche. f) **~** für **Hochfrequenz** ‖ high frequency insulator ‖ isolateur m. à haute fréquence. g) **Hochspannungs~** ‖ high-tension insulator ‖

isolateur m. à haute tension. **h) Klemm~** || cleat insulator || ioslateur m. à collier. **i) Preßform** f. für **~en** || mould for insulators || matrice f. d'isolateurs. **k) ~ mit Schraubenkappe** || screw cap insulator || isolateur m. à cloche filetée. **l) ~ für Sendeantenne** || transmitting insulator || isolateur m. de transmission. **m) Stab~** || rod insulator || isolateur m. à tige. **n) Stütz~** || pin insulator || isolateur m. à ferrure. **o) ~** für Befestigung von **Zimmerantennen** || insulator for the fixing of room antennas || isolateur m. pour la pose des antennes de chambre. 1

Isolatoren-kette f. || insulator chain *or* string || chaîne f. d'isolateur. **a) ~prüfmaschine** f. || testing machine for insulators || machine f. à essayer pour les isolateurs. 2

Isolatorstütze f. || insulator pin *or* spindle *or* bracket || porte-isolateur m.; console f. *ou* support m. d'isolateur. 3

Isolieranstrich m. || insulating paints pl. || peinture f. isolante; enduit m. isolant. 4

Isolierband n. || insulating tape || ruban m. isolant *ou* d'isolation *ou* isolateur *ou* à isoler. **a) ~ aus Gummi** || rubber insulating tape || ruban m. isolant de caoutchouc. 5

Isolierbandherstellungsmaschine f. || insulating tapes producing machine || machine f. pour fabriquer le ruban isolant. 6

isolieren || to isolate; to insulate || isoler. 7

Isolier-fähigkeit f. || insulating power || pouvoir m. isolant. **a) ~firnis** m. || insulating varnish || vernis m. isolant. **b) ~flasche** f. || vacuum flask; insulating bottle || bouteille f. récipiente *ou* isolante. **c) ~flaschenherstellungsmaschine** f. || insulated bottles manufacring machine || machine f. pour fabriquer des bouteilles isolantes. **d) ~fuß** m. || insulating support || pied m. isolant. **e) ~glocke** f. || porcelain cup; shed; petticoat (A) || cloche f. isolante *ou* en porcelaine. **f) ~kitt** m. || insulating cement || ciment m. *ou* mastic m. isolant. **g) ~lack** m. || insulating varnish || vernis m. isolant. **h) ~leiste** f. || insulating ledge || baguette f. d'isolement. **i) ~masse** f. || insulating compound || composition f. *ou* pâte f. isolante. **k) ~material** n. *s.* Isoliermittel n. 8

Isoliermittel n. || insulating material; non conducting composition || matière f. isolante; isolant m. **a) elektrisches ~** || electric insulating material || matière f. isolante électrique. **b) Kälte~** || cold insulator || calorifuge m. frigorifique. **c) Wärme~** || heat insulator || calorifuge m. thermique. 9

Isolier-mull m. || isolating muslin || organdi m. d'isolation. 10

Isolierpapier n. || insulating paper || papier m. isolateur. **a) ~maschine** f. || insulating paper machine || machine f. à préparer le papier isolant. 11

Isolier-platte f. || insulating slab || plaque f. isolante. **a) ~polster** n. || insulating pad || rembourrement m. isolant; coussin m. d'isolation. 12

Isolierrohr n. || insulating tube *or* conduit || tube m. *ou* tuyau m. isolant. **a) ~ mit Eisenarmierung** || armoured insulated conduit || tube m. isolateur armé d'acier ou de fer. **b) ~ mit geschlossener Naht** || conduit with closed seam || tube m. isolant à couture fermée. **c) Messing~** || brass insulating conduit || tube m. isolant de laiton. **d) ~ mit Messingüberzug** || brass sheathed insulating conduit || tube m. isolateur doublé de laiton. **e) ~ mit offener Naht** || conduit with open seam || tube m. isolant à fente. **f) Papier~** || paper conduit || tube m. isolant en papier. **g) Stahlpanzer~** || steel-armoured insulating conduit || tube m. isolant armé d'acier. **h) Verlegung** f. in **~** || drawn-in system || système m. sous tubes; pose f. en tubes. 13

Isolierrohrwickelmaschine f. || insulating tube coiling machine || enrouleuse f. de tubes isolants. 14

Isolier-rolle f. || reel insulator; knob (A) || poulie f. isolante à gorge. **a) ~schemel** m. || insulating stool *or* chair || tabouret m. isolant. **b) ~schicht** f. || layer of insulation || couche f. isolante. **c) ~sockel** m. || insulating base || base f. isolante. 15

Isolierstoff m. || insulating material || matière f. isolante. **a) Abdecken** n. mit **~** || covering with insulating material || application f. d'un isolant (sur). **b) ~e** mpl. für **Elektrotechnik** || electric insulating materials || matières fpl. isolantes pour l'électricité. **c) Hochspannungs~** || insulating material for electric hightension || matière f. isolante à haute tension électrique. **d) plastischer ~** || plastic insulating material || isolant m. plastique. 16

Isolierstoffherstellungsmaschine f. || insulating materials making machine || machine f. pour fabriquer des matières isolantes. 17

isoliert, hohl (Elektr) || air-space insulated || isolé à l'air. **a) ~er Draht** m. || isolated *or* insulated wire || fil m. isolé. 18

Isolierung f. || isolation; insulation || isolement m.; isolation f. **a) elektrische ~** || electric insulation || isolement m. électrique. **b) Gummiband~** || rubber tape insulation || isolation f. en ruban de caoutchouc. **c) Kälteschutz~** || insulator for cold || isolation f. à froid. **d) ~ aus Kieselgur** || fossil meal covering || revêtement m. en farine fossile. **e) Mauerwerk~** || insulation of masonry || isolation f. de maçonnerie. **f) Wärmeschutz~** || insulator for heat || isolement m. à chaleur. 19

isometrische Perspektive f. || isometrical perspective || espèce f. de vue d'angle. 20

isomorph || isomorphous || isomorphe. 21

isotherm (Phys) || isothermal || isotherme. 22

Isotherme f. (Phys) || isothermal || isotherme f. 23

Isothermenkarte f. || isothermal chart *or* map || carte f. des isothermes. 24

isothermische Verdichtung f. || isothermal compression || compression f. isotherme. 25

isotrop || isotrop || isotrope. 26

Isotropie f. || isotropy || isotropie f. 27

Itakolumit m. || itacolumite; flexible quartz; flexible sand-stone || itacolumite m.; grès m. élastique *ou* flexible. 28

Ivorin n. || ivorine || ivorine f. 29

J

Jaborandiblätter npl. || jaborandi leaves pl. || feuilles fpl. de jaborandi. 30

Jacht f. || yacht || yacht m. **a) Dampf~** (Seew) || steam yacht || yacht m. à vapeur. **b) Luxus~** || yacht || yacht m. de luxe. **c) Motor~** || motor yacht || yacht m. automobile. **d) Renn~** || racing yacht || yacht m. de course. **e) Schoner~** || schooner yacht || schooner m. || **f) Segel~** || sailing yacht || yacht m. à voile. **g) Vergnügungs~** || pleasure yacht || yacht m. de plaisance. 31

Jacke f. || jacket || camisole f.; veste f. **a) Sport~** || sweater || sweater m. **b) Unter~** || undervest || camisole f. 32

Jacken-maschine f. || jacket body machine || machine f. pour camisoles. **a) ~schneider** m. || vest maker || vestonnier m. **b) ~stuhl** m. || jacket body machine || métier m. pour camisoles. 33

Jacquard-buntmusterstrickmaschine f. || knitting machine for multicoloured Jacquard patterns || machine f. Jacquard pour dessins multicolores. **a) ~handstrickmaschine** f. || Jacquard hand knitting machine || machine f. Jacquard à main. **b) ~karte** f. || Jacquard card || carton m. Jacquard. **c) ~kartenschläger** m. || Jacquard card puncher || perceur m. de cartons Jacquard. **d) ~kettenstuhl** m. || Jacquard chain loom || métier m. chaîne à Jacquard. **e) ~maschine** f. || Jacquard loom || métier m. Jacquard. **f) ~maschinenvorrichter** m. || Jacquard fitter || jacquardier m. **g) ~rundstrickmaschine** f. || Jacquard circular knitting machine || machine f. circulaire Jacquard. **h) ~stuhl** m. || Jacquard loom || métier m. Jacquard. **i) ~vorrichtung** f. || Jacquard attachment || dispositif m. à Jacquard. **k) ~weber** m. || Jacquard weaver || tisserand m. au Jacquard. 34

Jadeit m. (Min) || jade || jade f.; jadéite f. 35

Jagd f. || hunting; chase || chasse f. 36

Jagd-anzug m. || shooting-suit || vêtements mpl. de chasse. **a) ~bekleidung** f. || dress of huntsmen || habillement m. de chasseurs. **b) ~blei** n. || shooting lead || plomb m. de chasse. **c) ~flinte** f. || fowling piece; sporting *or* shot gun || fusil m. de chasse. **d) ~flugzeug** n. || pursuit airplane || aéroplane m. de poursuite; avion m. de chasse. **e) ~geräte** npl. || hunting equipment; articles pl. for the chase || articles mpl. de chasse. **f) ~gewehr** n. || fowling piece; sporting gun || fusil m. de chasse. **g) ~glas** n. || hunting glass || jumelle f. de chasse. **h) ~horn** n. || hunting horn || cor m. de chasse. **i) ~messer** n. || cutlass; hunting knife; hanger ||

couteau m. de chasse. **k) ~pächter** m. || sporting tenant || fermier m. de chasse. **l) ~patrone** f. || sporting *or* shot(gun) cartridge || cartouche f. (d'arme) de chasse. **m) ~pulver** n. || sporting *or* shooting (gun-)powder || poudre f. de chasse *ou* à giboyer. 1

Jagdrequisiten npl. || hunting and shooting requisites pl. || articles mpl. de chasse. **a) aus Leder** || leather shooting articles pl. || articles mpl. de chasse en cuir. 2

Jagd-schleuse f. || inlet sluice || écluse f. de chasse. **a) ~tasche** f. || game bay *or* pouch || gibecière f. **b) ~taschennetz** n. || game bay net || filet m. de carnassières. **c) ~weste** f. || hunting coat; cardigan jacket || gilet m. de chasse. **d) ~zapfen** m. || tenon to be driven in || tenon m. à chasse. **e) ~zeug** n. || hunting equipage || équipage m. de chasse. 3

Jagen n. (Forst) || forest section || section f. de forêt. 4

Jäger m. || hunter; huntsman || chasseur m. 5

Jahr n. || year || an m.; année f. **a) astronomisches ~** || astronomical year || année f. astronomique. **b) bürgerliches ~** || civil year || année f. civile. **c) ~ im Holz** || annual rings pl. of timber || cercles mpl. annuels; couches fpl. de bois; couches fpl. ligneuses annuelles. 6

Jahres-abrechnung f. || yearly settlement; annual reimbursement || liquidation f. du fin d'année. **a) ~abschluß** m. || yearly *or* annual balance of account; annual statement *or* balance-sheet || fin f. de l'année; balance f.; bilan m. **b) ~beitrag** m. || annual subscription || contribution f. annuelle. **c) ~bericht** m. || annual report || rapport m. annuel. **d) ~einkommen** n. || yearly income || revenu m. annuel. **e) ~erzeugung** f. || output per year || rendement m. par an. **f) ~gewinn** m. || year's profit || bénéfice m. de l'année. **g) ~konsum** m. || yearly consumption || consommation f. annuelle. **h) ~kontrakt** m. || yearly contract || contrat m. annuel. **i) ~leistung** f. || output per year || rendement m. par an. **k) ~leistungsfähigkeit** f. || yearly capacity; annual output || production f. annuelle. **l) ~messe** f. || annual fair || foire f. annuelle. **m) ~mittel** n. der Temperatur || mean annual temperature || moyenne f. annuelle de température. **n) ~prämie** f. || annual premium || prime f. annuelle. **o) ~rechnung** f. || annual bill || compte m. annuel. **p) ~rente** f. || annuity || rente f. annuelle. **q) ~ring** m. (Holz) || annual ring || cerne m.; couche f. annuelle; cercle m. annuel. **r) ~uhr** f. || clock going a year without winding up || horloge f. pour toute une année. **s) ~verbrauch** m. || yearly consumption || consommation f. annuelle. **t) ~wärme** f., **mittlere** || mean annual temperature || température f. moyenne de l'année. **u) ~wassermenge** f. einer **Talsperre** im Mittel || mean annual flow of a barrage || quantité f. d'eau annuelle en moyenne d'un barrage de vallée. 7

Jahreszeit f. || season || saison f. **a) nebelreiche ~** || foggy season || saison f. brumeuse *ou* à nombreux brouillards. **b) regnerische ~** || rainy season || saison f. pluvieuse. **c) trockene ~** || dry season || saison f. sèche. 8

Jahrgang m. (Buchh) || annual publication || année f. **a) ~** (Wein) || vintage || récolte f. 9

Jahrhundert n. || century || siècle m. 10

jährlich-e Niederschlagsmenge f. || annual precipitation || quantité f. annuelle de précipitation *ou* de condensation *ou* de pluie. **a) ~er Verbrauch** m. || annual consumption || consommation f. annuelle. 11

Jahrmarkt m. || fair || foire f. 12

Jakaranda-braun n. || jacaranda brown || brun m. jacaranda. **a) ~holz** n. || rose *or* jacaranda wood || jacaranda m.; palissandre m. 13

Jakonett m. (Web) || jaconet || jaconas m. 14

Jalape f. || jalap plant || jalap m. 15

Jalapen-wurzel f. || jalap root || racine f. de jalap. **a) ~harz** n. || jalap resin || résine f. de jalap. 16

Jalousie f. *s. auch* Rolladen m. || venetian *or* Venetian blind || jalousie f.; persienne f. **a) ~** (Windmühle) || louver; shutter || persienne f. **b) Holz~** || wood window blind || jalousie f. en bois. **c) selbsttätige ~** (Windmühle) || self-acting louver || persienne f. automatique. 17

Jalousie-blech || shutter sheet || lame f. de persienne. **a) ~brett** n. || window blind lath || lame f. de jalousies. **b) ~gurt** m. || strap for blinds || sangle f. de jalousies. 18

Jalousienapparat m. (Brau) || lattice apparatus || appareil m. à jalousies. 19

Jalousieverschluß m. || Venetian shutter *or* blind || fermeture f. à jalousie. 20

Janus-schalter m. || Janus switch || clé f. Janus. **a) ~schrank** m. || Janus-switchboard || tableau m. Janus. 21

Japan-holz n. || sapan; sapan wood || bois m. de sapan *ou* du Japon. **a) ~lack** m. || japanner || laque f. japonaise. **b) ~papier** n. || India paper || papier m. du Japon. **c) ~wachs** n. || Japan wax || cire f. du Japon. **d) ~waren** fpl. || Japan ned ware || objets mpl. japonais. 22

Jardiniere f. || jardinière; (ornamental) flower stand || jardinière f. 23

Jargon m. || jargon || jargon m.; zircon m. de Ceylon. 24

Jasminöl n. || jasmine oil || essence f. de jasmin. 25

jaspiert (Bauk) || diapered || diapré; gaufré. **a) ~** (Web) || jaspe || jaspé. 26

Jaspis m. || jasper || jaspe m.; quartz-jaspe m. **a) ägyptischer ~** || egyptian pebble || jaspe m. égyptien. **b) schwarzer ~** || black jasper || jaspe m. noir; pierre f. de Lydie *ou* de touche. 27

Jaspisachat m. || jasper agate || agate f. jaspée. 28

Jaspopal m. || ferruginous opal; opal jasper || opale f. ferrugineuse; jaspe m. opale. 29

jäten || to weed || sarcler. 30

Jäter m. || weeder || sarcleur m. 31

Jäthacke f. || weeding hoe; gardener's hoe || serfouette f.; sarcloir m.; sarclet m. 32

Jauche-faß n. || liquid manure barrel *or* cask || baril m. *ou* tonneau m. à purin. **a) ~gerät** n. || liquid manure implement || instrument m. à purin. **b) ~pumpe** f. || pump for liquid manure *or* for filthy waters || pompe f. à purin. **c) ~schöpfer** m. || liquid manure shovel || pelle f. à purin. **d) ~verteiler** m. || liquid manure spreader || distributeur m. de purin. 33

jedesmal wenn || at every time when || chaque fois que. 34

Jett n. || jet || jayet m.; jais m. **a) künstliches ~** || artificial jet || jais m. artificiel. 35

Jettgrube f. || jet mine || mine f. de jais. 36

Jigger m. (Seew) || jigger || bosse f. à rouelle; palan m. de tournevire. **a) ausbalanzierter ~** (Funkw) || balanced jigger || jigger m. compensé. **b) Primär~** || primary jigger || jigger m. primaire. **c) Sekundär~** || secondary jigger || jigger m. secondaire. **d) ~ mit übereinandergestellten Wicklungen** || jigger with heaped windings || transformateur m. d'oscillations à enroulements superposés. 37

Joch n. (Bauk) || bay; compartment || baie f.; bée f.; travée f. **a) ~** (Bergb) || shaft frame || cadre m. pour le coffrage des puits de mines. **b) ~** (Brückenb) || pier of a pile bridge; pile work || palée f. **c) ~** (Elektr) || yoke || culasse f. **d) ~** (im Gebirge) || pass || croupe f.; crête f.; ligne f. de faîte. **e) ~** (Landw) || yoke || joug m. **f) ~** (Ruder) || yoke || barre f.; joug m. **g) ~** (Eisenb) || **genügend leichtes ~,** um von Hand verlegt zu werden || section sufficiently light that it may be easily laid down by hand || tronçon m. de voie assez léger pour qu'un homme puisse l'emporter facilement à la main. **h) Gleis~** (Eisenb) || portable line section || châssis m. *ou* tronçon m. de voie. **i) Kurven~** || curve section || tronçon m. de voie courbe. **k) Trapez~** || bevelled track section || châssis m. trapéziforme. 38

Joch-aufhängung f. || yoke suspension || suspension f. du joug *ou* à deux supports. **a) ~brücke** f. || pile bridge || pont m. de pilots. **b) ~holm** m. || cap; capping || chapeau m. de palée. **c) ~holz** (Bergb) || long piece of a set of timber || longue pièce f. *ou* porteuse f. d'un cadre de boisage. **d) ~pfahl** m. || bridge pile; pile || aiguille f.; pieu m.; pilot m.; pilotis m. **e) ~pfette** f. || cap; capping; capping piece; head beam; ridge piece; top beam || quille f.; chape f.; chapeau m.; lisse f.; traverse f.; travon m. **f) ~schwelle** f. || cap; capping || chapeau m. de palée. **g) ~träger** m. *s.* Jochpfette. **h) ~weite** f. einer **Brücke** || span *or* width of the bays || débouché m. *ou* ouverture f. de pont. 39

Jockeyrelais n. || Eastern Jockey Relay || relais m. à Jockey. 40

Jod n. || iodine || iode m. 41

Jod-argyrit m. || argentic iodide; iodargyrite; iodide of silver || argent m. ioduré *ou* ioduré jaune; iodure m. d'argent. **a) ~äthyl** n. || ethyl iodide || iodure m. d'éthyle. **b) ~bromchlorsilber** n. || iodobromite || iodobromite m. **c) ~bromid** n. || bromide of iodine || bromure m. d'iode. 42

Jodid n. || iodide || iodure m.; iodide m. 43

jodieren (Chem) || to iodinate; to iodize || ioder; iodurer. 44

Jod-kali(um) n. || potassium iodate *or* iodide || iodure m. de potassium. **a) ~methyl** n. || methyl iodide || iodure m. de méthyle. **b) ~methylen** n. || methylene iodide || iodure m. de méthylène. **c) ~natron** n. || sodium iodine || iode m. de soude. 45

Jodoform n. || iodoform || iodoforme m. **a) ~gaze** f. || iodoform gauze || gaze f. iodoformée. 1
Jod-probe f. || iodine test || indice m. iodique. **a) ~salz** n. || iodide || iodure m. **b) ~säure** f. || jodic acid || acide m. iodique. **c) ~silber** m. || iodargyrite; iodide of silver || iodargure f.; iodure m. d'argent. **d) ~stickstoff** m. || nitrogen iodide || iodure m. d'azote; azoture m. d'iode. **e) ~thymol** n. || thymol biiodide || biiodure m. de thymole. 2
Jodür n. || iodide || iodure m. 3
Jodwasser n. || iodine water || eau f. hydriodatée. 4
Jodwasserstoff m. || hydriodic acid || acide m. iodhydrique. **a) ~säure** f. || hydroiodic acid || hydracide m. jodique; acide m. iodhydrique. 5
Jogglingmaschine f. || joggling machine || machine f. à épauler *ou* à joggliner. 6
Joghurt n. || yogurt || yoghourt m. 7
Johannisbeere f. || currant || groseille f. (à grappes). **a) schwarze ~** || black currant || cassis m. 8
Johannisbeer-kultur f. || currant growing || culture f. de groseilles. **a) ~wein** m. || currant wine || vin m. de groseilles à grappes. 9
Johannisbrot n. || St. John's bread; carob bean || caroube f.; carouge f.; fruit m. de cératonie. 10
Johannit m. || johannite || johannite f.; urane m. sulfaté. 11
Jollblock m. || girt line block || poulie f. de cartahu. 12
Jolle f. (Boot) || yawl || yole f. **a) ~** (Seil) || mast *or* yard rope || drisse f.; guinderesse f. 13
Jollenführer m. || water *or* wherry man || bachoteur m.; batelier m.; nageur m.; passeur m. 14
Jollentau n. || girt line; whip || agui m.; cartahu m. **a) doppeltes ~** || double whip; whip upon whip || cartahu-double m. 15
Joppe f. || jacket; light short coat || vareuse f.; casaquin m. 16
Joule m. (Elektr) || joule || joule m. 17
Journalist m. || journalist || journaliste m. 18
J-Stütze f. (el Leit) || J-spindle || support m. double en J. 19
Juchten-leder n. || Russia leather || cuir m. de Russie; youftes mpl. **a) ~öl** n. || birch-tar oil || essence f. de goudron de bouleau. 20
Judenkirschenbeere f. || winter cherry; alkekengi berry || baie f. d'alkékenge. 21
Judenpech n. || jew's pitch; bitumen of Judea || bitume m. de Judée. 22
Juffer f. || dead eye || cap m. de mouton. 23
jung-e geringwertige Braunkohle f. || poor lignite of recent growth || lignite m. de formation récente et de peu valeur. **a) ~er Brennstoff** m. || fuel of recent geological formation || combustible m. des couches de formation récente. **b) ~e Kohlenvorkommen** npl. || coal supplies pl. of recent formation || charbon m. provenant de couches de formation récente. 24
Jumel m. || jumel cotton || jumel m. 25
Jumper m. || jumper || jumper m. 26
Jungbier n. || young beer || bière f. jeune; jeune bière f. 27
Jungfer f. (Münzw) || iron ladle || demoiselle f. **a) ~** (Pflast) || beetle; paving hammer || hie f.; demoiselle f. **b) ~** (Wasserb) || pile block || faux-pieux m.; faux-pilot m. **c) ~** (Schriftart) *s.* Petit f. **d)** die **~n** fpl. **einbinden** (Seew) || to turn in the dead eyes pl. || fixer les caps mpl. de mouton. 28
Jungfern-blei n. || first lead of a reverberatory furnace || plomb m. vierge. **a) ~block** m. || dead eye || cap m. de mouton. **b) ~glas** n. || biaxial mica; muscovite; potash mica || muscovite f.; verre m. de Moscovie. **c) ~harz** n. || crude turpentine || gème f.; gomme f. molle; résine-vierge f. **d) ~metall** n. || native *or* virgin metal; native ore || métal m. natif *ou* vierge *ou* aux vierges. **e) ~milch** f. || lac virginale; virginal milk || lait m. virginal. **f) ~öl** n. || virgin oil || huile f. vierge. **g) ~pergament** n. || vellum || parchemin m. vierge; vélin m. **h) ~schwefel** m. || native *or* virgin sulphur || soufre m. gris *ou* vierge. **i) ~wachs** n. || virgin wax || cire f. vierge. 29
Jünglingskleidung f. || clothing for young men || vêtement m. pour jeunes gens. 30
Jung-matrose m. || deck boy; apprentice || novice m. **a) ~ziegenleder** n. || kid leather *or* skin || cabron m.; chevrotin m. 31
Jupitermond m. || Jupiter's moon *or* satellite || satellite m. de Jupiter. 32
Jura m. (Geol) || jurassic system || jura m. **a) weißer ~** (Geol) || upper oolite || jurassique m. supérieur. 33
Jurakalk m. || Jura-limestone || calcaire m. jurassique. 34
juristisch || juristic; legal || juridique. 35
Jury f. || jury || jury m. 36
justieren (Buchdr) || to justify || justifier. **a) ~** (Instrum) || to adjust || régler. 37
Justier-feile f. (Münzw) || adjusting *or* cabinet file || lime f. à ajuster; écouane f.; écouenne f. **a) ~klotz** m. (Münzw) || adjusting-block || bilboquet m. **b) ~leiste** f. || checking strip || listel m. de réglage. **c) ~maschine** f. (Münzw) || sizing-machine || colifichet m. **d) ~schraube** f. || set screw || écrou m. de fixation. 38
Justierung f. (Buchdr) || justification || justification f. 39
Justier-wage f. (Münzw) || adjusting balance || ajustoir m. **a) ~walzwerk** n. || finishing rolling mill || laminoir m. à calibrer. **b) ~werk** n. (Münzw) || adjusting machinery || atelier m. d'ajustage. 40
Justorium n. (Buchdr) || gauge || justifieur m. 41
Jute f. || jute || jute m. **a) ~ in Fasern** || jute in fibres || jute m. en brins. **b) gebrochene ~** || scutched jute || jute m. teillé. **c) rohe ~** || raw jute || jute m. brut. 42
Jute-bleichung f. || jute bleaching || blanchiment m. de jute. **a) ~druck** m. || jute printing || impression f. sur jute. **b) ~einweicher** m. || jute softener feeder || assouplisseur m. de jute. **c) ~erzeugnis** n. || jute good || article m. en jute. **d) ~fabrikat** n. || jute good || article m. en jute. **e) ~garn** n. || jute yarn || fil m. de jute. **f) ~gewebe** n. || jute weaving || étoffe f. en jute. **g) ~kabel** n. || cable insulated by jute || câble m. à isolement de jute. **h) ~kardätscher** m. || jute carder || cardeur m. de jute. **i) ~krempler** m. || jute stricker || briseur m. de jute. **k) ~sack** m. || jute bag || sac m. de jute. **l) ~schläger** m. || jute beater *or* scutcher || batteur m. de jute. **m) ~schneider** m. || jute cutter || coupeur m. de jute. **n) ~sortierer** m. || jute sorter || assortisseur m. de jute. **o) ~spinner** m. || jute spinner || dévideur m. de jute. **p) ~spinnerei** f. || jute *or* indian hemp spinning || filature f. de jute. **q) ~spinnereimaschine** f. || jute spinning machine || machine f. à filer le jute. **r) ~tasche** f. || jute bag || sac m. en jute. **s) ~teppich** m. || jute carpet || tapis m. en jute. **t) ~trense** f. || jute string; wormed jute || filet m. de jute; jute m. congré. **u) ~umspinnung** f. || jute covering || guipage m. de jute. **v) ~walze** f. || jute roller || cylindre m. à jute. **w) ~waren** fpl. || jute goods pl. || articles mpl. en jute. **x) ~weber** m. || jute weaver || tisseur m. de jute. **y) ~weberei** f. || jute weaving || tissage m. de jute. 43
Juwelen pl. || jewelry; jewels pl. || joaillerie f.; joyaux mpl. 44
Juwelen-färber m. || jewel colourer || metteur m. en couleur pour bijouterie. **a) ~fasser** m. || jewellery mounter || monteur m. en bijouterie. **b) ~schmuck** m., **kunstgewerblicher** || jewelry of applied art || bijouterie f. d'art. 45
Juwelier m. || jeweller; lapidary || bijoutier m.; joaillier m.; orfèvre m. 46
Juwelier-refraktometer n. || jeweller's refractometer || réfractomètre m. de bijoutier. **a) ~waren** fpl. || jewellery || joaillerie f. 47

K

Kab n. (Wagen) || cab || cab m. 1
Kabbelsee f. || chopping *or* cockling *or* rippling sea || clapotage m.; clapotis m. 2
Kabbelung f. || chopping || clapotage m.; clapotis m. 3
Kabel n. || cable || câble m. **a)** ein ~ n. **abrollen** || to pay out a cable || dérouler un câble. **b) armiertes** ~ || armoured cable || câble m. armé. **c)** Gerät n. zum **Aufsuchen** von ~n || equipment for locating cables || appareil m. permettant de trouver la position de câbles. **d) Ausgießen** n. der ~ npl. (Elektr) || filling up cables || remplissage m. des câbles. **e)** ein ~ n. **auslegen** || to pay out a cable || dérouler un câble. **f) biegsames** ~ || flexible cable || câble m. souple. **g) blankes** ~ || bare cable || câble m. nu. **h) Blei~** || lead-covered cable || câble m. sous plomb. **i)** ~ ohne **Bleimantel** || plain cable || câble m. sans gaine de plomb. **k)** ein ~ n. **einbetten** || to imbed *or* to bury a cable || poser *ou* noyer un câble. **l) Erd~** || subterranean cable || câble m. souterrain. **m) Fang~** || bracing cable || hauban m. inférieur de sustentation. **n) Fluß~** || water cable || câble m. sous-fluvial. **o) Gruben~** || mine cable || câble m. minier. **p) Gummi~** || rubber covered cable || câble m. sous caoutchouc. **q) Gummiblei~** || lead covered rubber cable || câble m. au caoutchouc sous plomb. **r)** mit **Guttapercha isoliertes** ~ || cable covered with guttapercha || câble m. isolé à la gutta. **s)** ~ mit **geteerter Hanfumspinnung** cable covered with tarred hemp || câble m. sous guipage de chanvre goudronné. **t) Höchstspannungs~** || super tension cable || câble m. à très haute tension. **u) isoliertes** ~ || insulated cable || câble m. isolé. **v) kombiniertes** ~ || combined cable || câble m. combiné. **w) Kraft~** || power transmission cable || câble m. pour le transport d'énergie. **x) künstliches** ~ || artificial cable || câble m. artificiel. **y)** ein ~ n. **legen** (Seew) || to lay a cable || mouiller un câble. 4
Kabel n., **Lenk~** (Luftf) || check cable || câble m. de commande de la roue arrière orientable. **a) Licht~** || electric light cable || câble m. d'éclairage *ou* pour lumière électrique. **b) Luft~** || overhead cable || câble m. aérien. **c) oberirdisches** ~ || aerial *or* overland cable || câble m. aérien. **d) Papier~** || cable covered with paper || câble m. sous papier. **e) Prüf~** || measuring cable || câble m. de mesure. **f)** in **Röhren verlegtes** ~ || duct laid cable || câble m. posé en conduite d'argile cuite. **g) Rückleitungs~** || return cable || câble m. de retour. **h) Rückspeise~** || return feeder cable || artère f. de retour. **i) Schwachstrom~** || weak current cable || câble m. à faible intensité. **k) See~** || submarine cable || câble m. sous-marin. **l) Spann~** || bracing cable || câble m. tendeur. **m)** ein ~ n. **spleißen** || to split a cable || épisser un câble. **n) Starkstrom~** || power current cable || câble m. pour courant fort. **o) Telegrafen~** || telegraph cable || câble m. télégraphique. **p) Tiefsee~** || deep-sea cable || câble m. océanique. **q) transatlantisches** ~ || transatlantic cable || câble m. d'outre-mer. **r) Trockenapparat** m. für ~ npl. || drying apparatus for cables || séchoir m. pour câbles. **s) Trockenkessel** m. für ~ npl. || drying tank for cables || bassin m. de séchage pour câbles. **t) Trockenofen** m. für ~ npl. || drying stove for cables || séchoir m. pour câbles. **u) Trockenschrank** m. für ~ npl. || drying tank for cables || réservoir m. de séchage pour cables. **v) Trocknen** n. von **feuchten** ~n || desiccating of moist cables || dessèchement m. de câbles humides. **w) umklöppeltes** ~ || braided cable || câble m. sous tressage. **x) unterirdisches** ~ || subterranean *or* underground cable || câble m. souterrain. **y) Untersee~** || submarine cable || câble m. sous-marin. **z)** ein ~ n. **verlegen** || to lay a cable || poser un câble. 5
a) Verlegung f. eines ~s || laying of a cable || pose m. d'un câble. **b) Verseilung** f. der ~ npl. || twisting of cables || câblage m. **c)** ein ~ n. **ziehen** || to draw a cable || tirer un câble. **d) Zünd~** || ignition cable || câble m. d'allumage. **e)** ~ für die **Zündkerze** || ignition wire || câble m. d'allumage. 6
Kabel-abschluß m. || cable head || tête f. de câble. **a) ~ader** f. || core conductor of the cable || conducteur m. du câble. **b) ~adernetz** n., starres (Fernm) || cable plant without distribution boxes || réseau m. souterrain sans boîtes de coupure. **c)** Lageplan m. einer **~anlage** || general plan of a cable plant || plan m. *ou* croquis m. d'une ligne de câbles. 7
Kabelaring f. || messenger || tournevire f. 8
Kabel-armatur f. || armouring of cable || armure f. du câble. **a) ~armierung** f. || armouring of cable || armure f. du câble. 9
Kabelarmierungsmaschine f. || armouring machine for cables || machine f. à armer les câbles. **a) Asphaltkasten** m. für ~n || asphalt box for cable armouring machines || réservoir m. à asphalte pour machines à armer les câbles électriques. 10
Kabelarschäkel m. || iron-nipper || manille f. de tournevire. 11
Kabel-art f. || kind of cable || espèce f. de câble. **a) ~asphalt** m. || cable compound || asphalte m. pour câbles. **b) ~aufführung** f. || cable distributing point || point m. de distribution des lignes de câble. **c) ~aufnahmeröhre** f. || cable duct || tuyau m. à câble. **d) ~ausgußmasse** f. || cable compound || matériel m. de remplissage de câbles. **e) ~auslegemaschine** f. || cable paying out machine || machine f. à dérouler le câble. **f) ~bahn** f. || cable railway || funiculaire f. **g) ~bake** f. || cable beacon || balise f. de câble. **h) ~bewehrung** f. || armouring of cable || armure f. du câble. **i) ~bewehrungsmaschine** f. || cable armouring machine || machine f. à armer les câbles. **k) ~boje** f. || cable buoy || bouée f. de câble; flotteur m. **l) ~brief** m. || cable letter telegram || câble-lettre-télégramme m. 12
Kabelbrunnen m. || jointing chamber; manhole || chambre f. de soudure *ou* de tirage. **a) Lüften** n. des ~s || ventilation of the manhole || ventilation f. de la chambre de soudure. 13
Kabel-dampfer m. || cable steamer || câblier m. **a) ~flotte** f. || cable steamers pl. || câbliers mpl. 14
Kabel-dichtigkeitsprüfung f. mittels **Druckluft** || cable test with compressed air || essai m. d'étanchéité des câbles par air comprimé. **a) ~drahtverzinker** m. || wire tinner || étameur m. de fils. **b) ~dynamometer** n. || cable dynamometer || dynamomètre m. de câble. **c) ~einführung** f. || cable inlet || entrée f. de câble. **d) ~einziehgerät** n. || cable laying implement || ustensile m. pour la pose des câbles. **e) ~einziehkasten** m. || cable drawing-in box || boîte f. à tirer les câbles. **f) ~endverschluß** m. || terminal box || tête f. de câble. **g) ~fabrik** m. || cable factory || fabrique f. de câbles. **h) ~fehler** f. || cable fault || défaut m. de câble. **i) ~fett** n. || cable grease || graisse f. à câbles. **k) ~form** f. (Fernm) || cable form || peigne m. de câble. **l) ~formbrett** n. (Fernm) || cable former || gabarit m. pour peignes de câble. **m) ~füllgarn** n. || cable filling yarn || matière f. de fil pour remplir les câbles. **n) ~garn** n. || rope yarn || fil m. de caret. **o) ~garnitur** f. || cable fittings pl. || accessoire m. pour câbles. **p) ~gatt** n. || cable stage || soute f. aux câbles. **q) ~gestell** n. (Fernm) || cable rack || châssis m. de câble. **r) ~graben** m. || cable channel *or* trench || caniveau m. *ou* tranchée f. de câble. **s) ~halter** m. || cable hanger *or* bearer || porte-câble m.; support m. de câble. **t) ~haspel** m. || cable reel || bobine f. de câble. **u) ~herstellung** f. || cable manufacturing || fabrication f. des câbles. **v) ~hochbahnkran** m. || elevated cableway crane || grue f. à câbles aériens; Blondin m. **w) ~hochführung** f. || taking-up cables || montée f. de câbles. **x) ~hochführungsschacht** m. || vertical cable wall duct || cheminée f. d'ascension de câble. **y) ~hülle** f. || covering of the cable || enveloppe f. de câble. **z) ~isoliermaschine** f. || cable covering machine || machine f. à chemiser les câbles. 15
Kabeljaufischer m. || cod fisherman || pêcheur m. de morues; morutier m. 16
Kabel-kanal m. || cable conduit *or* pit || conduite f. de câble; fourreau m. porte-câbles; puits m. d'aboutissement des câbles. **a) ~kasten** m. || cable box *or* trough || boîte f. de câble; gaine f. pour ligne de câbles. **b) ~keller** m. || cable cellar || cave f. des câbles. **c) ~klemme** f. || binding screw || serre-fil m. **d) ~korb** m. || cable basket || benne f. à câble. **e) ~kran** m. || cableway crane || grue f. à câbles.

f) ~kupplung f. || cable coupling || joint m. de câbles. **g) ~lageplan** m. || map of cable lay-out || plan m. *ou* croquis m. de pose du câble. **h) ~landungsrecht** n. || laws pl. relating to the landing submarine cables || lois fpl. de l'atterrissage des câbles sous-marins. **i) ~länge** f. (Fernm) || length of cable || longueur f. de câble. **k) ~länge** f. (Seew) || cable's length || encâblure f. **l) ~legeplan** m. || plan of the position of the cable || plan m. de position des câbles. **m) ~leger** (Schiff) || cable laying ship || mouilleur m. de câbles. **n) ~leitung** f. || cable line || ligne f. de câbles. **o) ~litze** f. || strandwire of cables || cordon m. conducteur des câbles. **p) ~lose** f. (Fernm) || cable slack || mou m. de câble. **q) ~löterzelt** n. || wireman's tent || tente f. de soudeur des câbles. **r) ~lötmuffe** f. || cable soldering sleeve || manchon m. de soudage de câbles. 1

Kabelmantel m. || cable sheath || enveloppe f. de câble. **a) ~strom** m. || cable sheath current || courant m. d'enveloppe de câble. 2

Kabelmaschine f. (Fertigung) || cable machine || machine f. à câbles *ou* pour câbleries *ou* pour fabriquer des câbles. **a) ~** (Legung) || cable paying-out machine || machine f. à poser les câbles; machine f. de pose des câbles. 3

Kabelmeß-einrichtung f. || cable testing set || appareil m. pour l'essai des câbles. **a) ~erde** f. || cable test earth || terre f. pour les mesures électriques des câbles. **b) tragbares ~gerät** n. || portable cable measuring set || appareil m. de mesures portatif pour câbles. 4

Kabel-messung f. || cable measurement || mesure f. électrique des câbles. **a) ~meßwagen** m. || cable testing car || voiture-laboratoire f. pour l'essai des câbles. **b) ~muffe** f. || cable coupling box || manchon m. d'assemblage pour câbles. 5

kabeln || to cable || câbler. 6

Kabel-nachbildung f. || cable balancing network || dispositif m. d'équilibrage d'un câble. **a) ~norm** f. || cable standard || norme f. *ou* règle f. pour les câbles. **b) ~panzermaschine** f. || cable armouring machine || machine f. à armer les câbles. **c) ~panzermaschinenarbeiter** m. || armourer of cables || conducteur m. de machine à armer les câbles. **d) ~papier** n. || cable paper || papier m. pour câbles. **e) ~pfandgesetz** n. || cables mortgaging Act || loi f. sur le nantissement des câbles sous-marins. **f) ~presse** f. || cable press || presse f. à câbles. **g) ~prüfeinrichtung** f. || cable testing outfit || installation f. d'essai de câbles. **h) ~prüfer** m. || cable tester || essayeur m. de câbles. **i) ~prüfwagen** m. zum Prüfen von Starkstromkabeln || testing van for testing power current cables || fourgon m. d'essai de câbles pour courant fort. **k) ~rost** m. || cable shelf || équerre f. de câble. **l) ~schaltung** f. || cable circuits pl. || circuits mpl. pour les câbles. **m) ~schiff** n. || cable ship || bâtiment m. pour la pose des câbles; navire m. câblier. **n) ~schrift** f. || cable code || câble-code m. **o) ~schuh** m. || cable clip; cable eye; thimble || raccord m. *ou* cosse f. de câble; attache-câble m. 7

Kabelschutz-bekleidung f. || protective covering of cables || enveloppe f. protectrice des câbles. **a) ~recht** n. || provisions pl. concerning the protection of submarine cables || règlements mpl. concernant la protection des câbles sous-marins. **b) ~vertrag** m. || convention concerning the protection of cables || convention f. pour la protection des câbles. 8

Kabel-seele f. || core of the cable || âme f. du câble. **a) ~sonde** f. || cable sounding || sonde f. pour l'immersion d'un câble. **b) ~splissung** f. || splice of a cable || épissure f. du câble. **c) ~spuler** m. || cable core maker || bobineur m. de câbles. **d) ~strang** m. || a length of cable || tronçon m. de câble. **e) ~stumpf** m. || sealed cable end || capote f. de câble. **f) ~sucher** m. || cable finder || appareil m. permettant de trouver la position de câbles. **g) ~tank** m. || cable tank || tank m. à câbles. **h) ~tau** n. || hawser || câbleau m.; câblot m. **i) ~tonne** f. (Seew) || cable buoy || tonne f. de câble. **k) ~träger** m. || cable bearer || porte-câble m. **l) ~tragseil** n. || messenger strand || câble m. porteur. **m) ~tränkkessel** m. || cable impregnating tank || vaisseau m. d'imprégnation des câbles. **n) ~tränkung** f. || impregnating of cables || imprégnation f. des câbles. **o) ~transportwagen** m. || cable van || chariot m. de câbles. 9

Kabeltrocken-apparat m. || cable drying apparatus || séchoir m. pour câbles. **a) ~ofen** m. || cable drying stove || séchoir m. pour câbles. **b) ~schrank** m. || cable drying shelf || étagère f. de séchage des câbles. 10

Kabel-trocknung f. || cable drying || séchage m. des câbles. 11

Kabeltrommel f. || cable drum *or* reel || touret m. *ou* tambour m. de câble. **a) ~winde** f. || cable reel jack || vérin m. à vis de câble. 12

Kabelüberführungs-endverschluß m. || cable distribution box || guérite f. de raccordement pour câbles. **a) ~kasten** m. || cable distribution box || guérite f. de raccordement pour câbles. **b) ~säule** f. || cable distribution pole || guérite f. de raccordement pour câbles. 13

Kabel-umflechtmaschine f. || cable stranding machine || machine f. à tresser le guipage du câble. **a) ~umklöppelung** f. || cable braiding || tressage m. de câble. **b) ~umklöppler** m. || cable plaiter || tresseur m. de câbles. **c) ~verbindungsmuffe** f. || cable connecting box || manchon m. de jonction pour câbles. **d) ~vergußmasse** f. || cable compound || matériel m. de remplissage des câbles. **e) ~verlegemaschine** f. || cable laying machine || machine f. à poser les câbles. **f) ~verlegung** f. || cable laying || pose f. du câble. **g) ~verseilmaschine** f. || cable stranding machine || toronneuse f. **h) ~verseilung** f. || twisting of cable || câblage m. **i) ~verzweiger** m. || cable distribution box || chambre f. de concentration des câbles. **k) ~verzweigungsmuffe** f. || cable branching box || manchon m. de branchement pour câbles. **l) ~wachs** n. || cable wax || cire f. pour câbles. 14

Kabelwagen m. || cable wagon *or* trolley || chariot m. à câbles. **a) ~ mit Zugmaschine** || cable car with traction engine || voiture f. à câbles avec machine de traction. 15

Kabel-werk n. || cable works pl. || fabrique f. de câbles; câblerie f. **a) ~winde** f. || capstan; cable winch || cabestan m.; treuil m. à câble. **b) ~zwischenstück** n. || intermediate cable || câble m. intermédiaire. 16

Kabine f. || cabin || cabine f. 17

Kabinen-fenster n. || cabin window || fenêtre f. de la cabine. **a) ~tür** f. || cabin door || porte f. de la cabine. 18

Kabriolett n. || cabriolet; cab || cabriolet m.; cab m. 19

Kachel f. || dutch *or* paving tile; flag stone || briquette f.; carreau m. de brique glacée. **a) quadratische ~** || square stove tile || carreau m. glacé carré. **b) rechteckige ~** || rectangular stove tile || carreau m. glacé rectangulaire. **c) ~ für Tonöfen** || stove tile for clay stoves || carreau m. glacé pour poêles en faïence. 20

Kachel-herd m. || tile hearth || poêle m. de cuisine en carreaux glacés *ou* de poterie *ou* de faïence. **a) ~maschine** f. || tile machine || machine f. pour tuilerie. **b) ~ofen** m. || glazed *or* tile stove || poêle m. en faïence *ou* de poterie. 21

Kadaververwertungs-anlage f. || carcasse utilization plant || installation f. de préparation industrielle des cadavres d'animaux. **a) ~maschine** f. || cadaver utilization machine || machine f. d'utilisation de cadavres d'animaux. 22

Kadmium n. || cadmium || cadmium m. **a) ~elektrode** f. || cadmium electrode || électrode f. en cadmium. **c) ~gelb** n. || cadmium yellow || jaune m. de cadmium. 23

kadmiumhaltig || cadmiferous || cadmifère. 24

Kadmium-messung f. || measurement with cadmium || mesure f. au cadmium. **a) ~salz** n. || cadmium salt || sel m. de cadmium. **b) ~überzug** m. || cadmium plating || doublé m. de cadmium. 25

Kaff n. (Spreu) || chaff || bourrier m. 26

Kaffee m. || coffee || café m. **a) Auslesen des ~s** || coffee sorting || triage m. de café. **b) blanker ~** || bright coffee || café m. luisant. **c) blasser ~** || pale coffee || café m. pale. **d) ~ in Bohnen** || coffee in beans || café m. en fèves. **e) Eichel~** || acorn coffee || café m. de glands. **f) Feigen~** || fig coffee || café m. de figues. **g) Frucht~** || fruit coffee || café m. de fruits. **h) gemahlener ~** || ground coffee || café m. moulu. **i) gerösteter ~** || roasted coffee || café m. torréfié. **k) Gesundheits~** || wholesome coffee || café m. de santé. **l) großbohniger ~** || large berried coffee || café m. à gros grains. **m) grüner ~** || green coffee || café m. vert. **n) guter ~** || fine and good coffee || café m. bon. **o) kleinbohniger ~** || small berried coffee || café m. à petit grains. **p) Korn~** || corn coffee || café m. de graines. **q) künstlicher ~** || artificial coffee || café m. artificiel. **r) Malz~** || malt coffee || café m. de malt. **s) mittelguter ~** || good middling coffee || café m. bon marchand. **t) reinschmekkender ~** || clean coffee || café m. droit de goût. **u) Runkelrüben~** || beetroot coffee || café m. de betteraves. **v) Spar~** || cheap coffee || café m. économique. **w) ungebrannter ~** || raw *or* unroasted coffee || café m. vert. **x) unreiner ~** || unclean coffee || café m. gras. **y) Zichorien~** || chicory coffee || café m. de chicorée. 27

Kaffee-aufbereitungsmaschine f. || coffee preparing machine || machine f. de préparation du café. **a) ~auszug** m. ‖ coffee extract ‖ extrait m. de café. **b) ~baum** m. ‖ coffee shrub ‖ cafier m. **c) ~bearbeitungsmaschine** f. ‖ coffee dressing machine ‖ machine f. pour le traitement du café. **d) ~bohne** f. ‖ coffee in the bean; coffee bean ‖ café m. en fève; grain m. de café. **e) ~bohnenauszug** m. ‖ coffee extract ‖ extrait m. de café. **f) ~brennen** n. ‖ coffee roasting ‖ torréfaction f. du café. 1

Kaffeebrenner m. (Arbeiter) ‖ coffee roaster ‖ grilleur m. de café. **a) ~** (Gerät) ‖ coffee roaster ‖ torréfacteur m. 2

Kaffee-ersatz m. ‖ coffee substitute *or* surrogate ‖ succédané m. du café. **a) ~ersatzstoff** m. ‖ coffee substitute ‖ succédané m. du café; café m. indigène. **b) ~essenz** f. ‖ coffee essence ‖ essence f. de café. **c) ~extrakt** m. ‖ coffee extract ‖ extrait m. de café. 3

Kaffeegeschirr n. ‖ coffee set *or* service ‖ service m. à café; (cabaret m.) **a) ~** in farbigen **Glasuren** ‖ coffee-set in coloured enamel ‖ service m. à café avec émail coloré. 4

Kaffee-glasur f. ‖ coffee glazing ‖ glaçure f. pour café. **a) ~haus** n. ‖ coffeehouse ‖ café m. **b) ~herd** m. ‖ coffee range ‖ cuisinière-cafétière f. **c) ~herstellungsanlage** f. ‖ coffee machinery ‖ installation f. à produire le café. 5

Kaffeekanne f. ‖ coffee pot ‖ cafetière f. **a) ~** mit **Überkochung** ‖ coffee pot with flow-over system ‖ cafetière f. à fontaine. 6

Kaffee-kochgerät n. ‖ coffee boiling apparatus ‖ machine f. à café; appareil m. à préparer le café. **a) ~löffel** m. ‖ teaspoon ‖ cuiller f. à café. **b) ~maschine** f. ‖ coffee machine *or* percolator ‖ machine f. à café; (cafétière f.). **c) ~mühle** f. ‖ coffee mill *or* grinder ‖ moulin m. à café. **d) ~reinigungs-** und **-sortieranlage** f. ‖ coffee-cleaning and sorting plant ‖ machines fpl. à dresser et conditionner le café. **e) ~rösten** n. ‖ coffee roasting ‖ torréfaction f. *ou* grillage m. du café. **f) ~rösterei** f. ‖ coffee roasting (factory) ‖ brûlerie f. de café; torréfaction f. de café. **g) ~röstmaschine** f. ‖ coffee roasting machine; coffee roaster ‖ torréfacteur m. à café; brûloir m. pour café; machine f. à torréfier le café. **h) ~säure** f. ‖ caffeic acid ‖ acide m. caféique. **i) ~schenke** f. ‖ coffee stall ‖ cantine f. du café. **k) ~sortierer** m. ‖ coffee sorter ‖ trieur m. de café. **l) ~-surrogat** n. ‖ coffee substitute *or* surrogate ‖ succédané m. à café. **m) ~tasse** f. ‖ coffee cup ‖ tasse f. à café. **n) ~trichter** m. ‖ coffee strainer ‖ entonnoir m. à café. **o) ~trommel** f. ‖ coffee roaster ‖ tambour m. à griller le café. 7

Kaffein n. ‖ caffeine ‖ caféine f. 8

Käfig m. ‖ cage ‖ cage f. **a) Draht~** ‖ wire cage ‖ cage f. en fil de fer. **b) Holz~** ‖ wooden cage ‖ cage f. en bois. **c) ~** für **Geflügel** ‖ poultry house ‖ cage f. à volailles. 9

Käfig-anker m. (Elektr) ‖ squirrel cage armature ‖ induit m. à cage d'écureuil. **a) ~bauerzange** f. ‖ grating nippers pl. ‖ pince f. de cagiste. **b) ~macher** m. ‖ cage maker ‖ fabricant m. de cages. **c) ~spule** f. ‖ cage coil ‖ bobine f. en cage. 10

Kahlschlag m. ‖ clear felling ‖ coupe f. à blanc estoc. **a) ~fläche** f. ‖ denuded area ‖ surface f. denudée. 11

Kahn m. ‖ skiff; (small) boat ‖ esquif m.; bateau m.; barque f.; nacelle f. **a) zerlegbarer~** ‖ dismountable boat ‖ canot m. démontable. 12

Kahn-bauer m. ‖ boat wright ‖ constructeur m. de canots. **a) ~brücke** f. ‖ boat bridge ‖ pont m. de bateaux. 13

Kai m. ‖ key; mole; quay; wharf; dam; dike; bank; pier; jetty ‖ môle m.; quai m. **a) ~ ab** ‖ ex-wharf ‖ ex-quai. 14

Kai-arbeiter m. ‖ quay labourer ‖ ouvrier m. de quai. **a) ~fläche** f. ‖ embankment ‖ terre-plein m. **b) ~geld** n. ‖ wharfage ‖ droits mpl. de quai. **c) ~mauer** f. ‖ quay *or* jetty wall ‖ mur m. d'un quai. **d) ~meister** n. ‖ wharfinger ‖ maître m. de quai. 15

Kainit m. ‖ kainite ‖ kaïnite f. 16

Kaisergelb n. ‖ mineral yellow ‖ jaune m. minéral. 17

Kajeputöl n. ‖ cajeput oil ‖ essence f. de cajéput. 18

Kajütboot n., **gedecktes** ‖ decked cabin boat ‖ canot m. ponté à cabine. **a) offenes ~** ‖ open boat with cabin ‖ canot m. non ponté à cabine. 19

Kajüte f. ‖ cabin ‖ cabine f.; cajute f. **a) Zwischendecks~** ‖ cabin of lower decks ‖ cabine f. d'entrepont. 20

Kajüts-kompaß m. ‖ cabin compass ‖ compas m. pendant *ou* de chambre. **a) ~ofen** m. ‖ cabin stove ‖ poêle m. de cabine. **b) ~passagier** m. ‖ cabin passenger ‖ passager m. de chambre. **c) ~treppe** f. ‖ companion ladder ‖ échelle f. de la chambre. 21

Kake m. *s.* Keks. 22

Kakao m. ‖ cocoa; cacao ‖ cacao m. **a) ~** in **Bohnen** ‖ cocoa in beans ‖ cacao m. en fèves. 23

Kakaobohnen-presser m. ‖ presser of cocoa beans ‖ presseur m. de fèves de cacao. **a) ~quetscher** m. ‖ cocoa beans crusher ‖ broyeur m. de fèves de cacao. **b) ~sortierer** m. ‖ cleaner of raw cocoa beans ‖ trieur m. de fèves de cacao. 24

Kakao-brenner m. ‖ cocoa roaster ‖ grilleur m. de cacao. **a) ~bruch** m. ‖ broken cocoa ‖ brisure f. de cacao. **b) ~butter** f. ‖ cocoa butter ‖ beurre m. de cacao. **c) ~häutchen** n. ‖ cocoa pellicle ‖ pellicule f. de cacao. **d) ~hülse** f. ‖ cocoa hull ‖ pelure f. de cacao. **e) ~maschine** f. ‖ cocoa preparing machine ‖ machine f. à cacao. **f) ~mühle** f. ‖ cocoa grinder ‖ moulin m. à cacao. **g) ~paste** f. ‖ cocoa paste ‖ pâte f. de cacao. **h) ~pulver** n. ‖ cocoa meal *or* powder ‖ cacao m. en poudre. **i) ~schale** f. ‖ cocoa shell *or* husk ‖ coque f. *ou* pelure f. de cacao. **k) ~zubereitung** f. ‖ preparation of cocoa ‖ préparation f. de cacao. 25

kaken, Heringe mpl. ‖ to gut and salt herrings pl. ‖ caquer les harengs mpl. 26

Kakifeige f. ‖ kaki ‖ kaki m. 27

Kakodylsäure f. ‖ kakodylic acid ‖ acide m. kakodylique. 28

Kakoxen n. ‖ kakoxene ‖ kakoxène m. 29

Kaktus-feige f. ‖ cactus fig ‖ figue f. de cactus. **a) ~waren** fpl. (Korbm) ‖ cactus articles pl. ‖ objets mpl. en cactus. 30

Kalabarbohne f. ‖ Calabar bean ‖ fève f. de Calabar. 31

Kalait m. ‖ calaite ‖ calaïte f.; callaïte f. 32

Kalambak n. ‖ calambac ‖ calambac m. 33

Kalamit m. ‖ calamite ‖ calamite f. 34

Kalander m. (Pap; Tuchm) ‖ calender ‖ calandre f. **a) Gummi~** ‖ india rubber calender ‖ calandre f. à caoutchouc. **b) Gummier~** ‖ sizing machine ‖ machine f. à gommer. **c) Naß~** ‖ wet calender ‖ calandre m. au mouillé. **d) ~** für **Papier** und **Pappe** ‖ calender for paper and cardboard ‖ calandre f. pour papier et carton. **e) Seidenglanz~** (Pap) ‖ glazing calender ‖ calandre m. de satinage soyeux. **f) Textil~** ‖ textile calender ‖ calandre m. textile. **g) ~** für die **Textilindustrie** ‖ calender for the textile industry ‖ calandre f. pour l'industrie textile. **h) ~** mit **versetzter Walzenanordnung** für Papier in Rollen ‖ calender with staggered arrangement of rolls for paper-in-rolls ‖ calandre m. à disposition excentrée des cylindres pour papier en rouleaux. 35

Kalanderführer m. (Pap) ‖ calenderman ‖ calandreur m.; lamineur m. de papier. 36

kalandern ‖ to calender ‖ cylindrer; lustrer; satiner. 37

Kalandern n. (Tuchm) ‖ calendering ‖ calandrage m. 38

Kalander-teil m. ‖ part of calender ‖ pièce f. pour calandres. **a) ~walze** f. ‖ calender bowl *or* roller ‖ rouleau m. calendreur; cylindre m. de calandres. **b) ~walzenpresse** f. ‖ calender roller press ‖ presse f. à rouleaux; presse f. pour cylindres de calandres. 39

Kälberhaarspinner m. ‖ calf's hair spinner ‖ fileur m. de poils de veau. 40

Kalbleder n. ‖ calf leather ‖ cuir m. de veau. **a)** in **~** n. **gebunden** ‖ bound in calf ‖ relié en veau. 41

Kalbmäster m. ‖ fattener of calves ‖ engraisseur m. de veaux. 42

Kalbs-fuß m. ‖ calf's foot ‖ pied m. de veau. 43

Kalbsmagen m. ‖ rennet; runnet ‖ présure f. **a) ~zubereiter** m. ‖ rennet maker ‖ présurier m. 44

Kalbspergament n. ‖ vellum ‖ vélin m. 45

Kaldaunen-bereiter m. ‖ scalder; tripe boiler ‖ échaudeur m.; ouvrier tripier m. **a) ~bereitung** f. ‖ tripe dressing ‖ préparation f. des tripes. 46

Kaledonit m. ‖ caledonite ‖ calédonite f.; plomb m. sulfaté-carbonaté cuprifère. 47

Kalender m. (als Buch) ‖ almanac ‖ almanach m. **a) ~** (an der Wand) ‖ calendar ‖ calendrier. m. **b) Abreiß~** ‖ tear-off calendar ‖ calendrier m. à feuilles détachables ephéméride m.; calendrier m. à effeuiller. **c) astronomischer ~** ‖ astronomical *or* nautical almanac ‖ almanach m. nautique; connaissance f. des temps. **d)** auf **Pappe** aufgeklebter **~** ‖ almanac glued upon pasteboard ‖ calendrier m. collé sur carton. **e) Schreibtisch~** ‖ writing table calendar ‖ calendrier m. de table bureau. **f) Wand~** ‖ wall calendar ‖ calendrier m. de mur. 48

Kalender-block m. ‖ date *or* calendar block ‖ bloc m. de calendrier. **a) ~ersatzblock** m. ‖ replacing calendar block ‖ bloc m. de remplacement à calendrier. **b) ~-rückwand** f. ‖ calendar back ‖ dos m. *ou* dossier m. de calendriers. **c) ~-spezialmaschine** f. ‖ special machine for making calendars. ‖ machine f. spéciale pour la fabrication de calendriers. **d) ~untersatz** m. ‖ calendar socle support m. de blocs calendriers **e) ~-**

wand f. ‖ back of wall calendar ‖ dos m. de calendrier mural. 1
Kalesche f. ‖ calash ‖ calèche f. 2
Kalfat-bütte f. ‖ caulking *or* caulker's tub ‖ caisse f. des calfateurs; sellette f. à calfat. **a) ~eisen** n. ‖ caulking iron ‖ fer m. à calfat; ciseau m. de calfat. 3
Kalfater m. ‖ caulker ‖ calfat m.; calfateur m.; radoubeur m. 4
Kalfater-gasten mpl. ‖ caulker's crew ‖ ouvriers mpl. calfats. **a) ~hammer** m. ‖ caulking mallet ‖ maillet m. de calfat. 5
kalfatern ‖ to calk; to caulk ‖ calfater; radouber. 6
Kalfatern n. (Schiffb) ‖ caulking ‖ calfatage m. 7
Kalfaterung f. ‖ caulking ‖ calfat m.; radoub m . 8
Kalfat-hammer m. ‖ caulking mallet ‖ maillet m. *ou* marteau m. de calfat. **a) ~werg** n. ‖ oakum ‖ étoupe f.; calfatage m.; calfas m.; cordage m. dépecé. 9
Kali n. ‖ potash ‖ potasse f.; kali m. **a) antimonsaures ~** ‖ antimoniate of potassium ‖ antimoniate m. de potasse. **b) arsensaures~** ‖ arsenite of potassium ‖ arsénite m. de potasse. **c) blausaures ~** ‖ cyanide of potassium; potassic cyanide ‖ prussiate m. de potasse; cyanure m. de potassium. **d) bromsaures ~** ‖ potash bromate ‖ bromate m. de potasse. **e) chlorsaures ~** ‖ chlorate of potassium ‖ chlorate m. de potasse. **f) chromsaures ~** ‖ potash chromate ‖ chromate m. de potasse. **g) doppeltchromsaures ~** ‖ bichromate of potassium ‖ bichromate m. de potasse. **h) doppeltkohlensaures ~** ‖ bicarbonate of potassium ‖ bicarbonate m. de potasse. **i) doppeltschwefelsaures ~** ‖ bisulphate of potash ‖ bisulfate m. de potasse. **k) doppeltweinsteinsaures ~** ‖ bitartrate of potash ‖ bitartrate m. de potasse. **l) essigsaures ~** ‖ acetate of potassium ‖ acétate m. de potasse. **m) gelbes chromsaures ~** ‖ neutral *or* yellow chromate of potassium; potassium monochromate ‖ chromate m. de potasse; chromate m. neutre de potasse. **n) indigoschwefelsaures ~** ‖ indigo carmine; sulphindigotate of potassium ‖ céruléosulfate m. *ou* sulf-indigotate m. de potasse; indigo m. soluble. **o) kieselsaures ~** ‖ silicate of potassium ‖ silicate m. de potasse. **p) kohlensaures ~** ‖ potassium carbonate; potash ‖ carbonate m. de potasse. **q) neutrales chromsaures ~** ‖ neutral *or* yellow chromate of potassium; potassium monochromate ‖ chromate m. neutre de potasse. **r) oxalsaures ~** ‖ acid oxalate of potassium; salt of sorrel; sorrel-salt; oxalium; sal acetosellae ‖ bioxalate m. de potasse; sel m. d'oseille. **s) phosphorsaures ~** ‖ potash phosphate ‖ phosphate m. de potasse. **t) salpetersaures ~** ‖ nitrate of potassium; nitre; salpetre ‖ azotate m. de potasse; nitre m.; salpêtre m. **u) schwefelsaures ~** ‖ sulphate of potassium ‖ sulfate m. de potasse. **v) schwefligsaures ~** ‖ potash sulphite ‖ sulfite m. de potasse. **w) Stangen~** ‖ stick potash ‖ potasse f. en crayons. **x) überchlorsaures ~** ‖ potash perchlorate ‖ perchlorate m. de potasse. **y) übermangansaures ~** ‖ permanganate of potassium ‖ permanganate m. de potasse. **z) überschwefelsaures ~** ‖ potash persulphate ‖ persulfate m. de potasse. **a) unterphosphorigsaures ~** ‖ potash hypophosphite ‖ hypophosphite m. de potasse. **b) unterschwefligsaures ~** ‖ potash hyposulphite ‖ hyposulfite m. de potasse. **c) weinsaures ~** ‖ potassium tartrate ‖ tartrate m. de potasse. **d) xanthogensaures ~** ‖ potash xanthogenate ‖ xanthogénate m. de potasse. **e) zitronensaures ~** ‖ potash citrate ‖ citrate m. de potasse. 10 11
Kali-alaun n. ‖ potash alum ‖ alun m. de potasse. **a) ~apparat** m. ‖ potash bulb ‖ tube m. à boules pour potasse. 12
Kaliber n. ‖ caliber ‖ calibre m. **a) Walzen~** ‖ roll caliber ‖ calibre m. de cylindre de laminoir. 13
Kaliber-bohrer m. ‖ finishing *or* polishing bit; polisher ‖ alésoir m.; polissoir m. **a) ~bolzen** m. ‖ plug gauge ‖ calibre m. à bouchon. **b) ~fräsmaschine** f. (Walzw) ‖ groove milling machine ‖ fraiseuse-calibre f. 14
Kalibergwerk n. ‖ salt of potash *or* potassium mine ‖ mine f. de sels de potasse. 15
Kaliber-lehre f. ‖ ring *or* shot *or* shell gauge ‖ lunette f. à calibrer *ou* de réception; calibre m. en forme d'anneau. **a) ~maß** n. ‖ caliber gauge ‖ calibre m. **b) ~ring** m. ‖ ring gauge ‖ bague f. étalon. **c) ~röhre** f. (Kabel) ‖ groove ‖ cylindre m. de réception. **d) ~stab** m. ‖ staff for measuring the dispart ‖ verge f. de calibre. **e) ~walze** f. ‖ grooved roll ‖ cylindre m. calibré *ou* cannelé. **f) ~zylinder** m. ‖ barrel plug; cylinder gauge; standard plug; standard cylinder ‖ cylindre m. vérificateur; cylindre m. à calibrer. 16
kalibrieren ‖ to take the size; to size; to gauge; to dispart. ‖ calibrer. **a)** eine **Walze** f. **~** ‖ to cut the grooves pl. in a roll ‖ tourner les cannelures fpl. d'un cylindre; canneler; calibrer. 17
Kalibrier-instrument n. ‖ calipering instrument ‖ instrument m. de calibrage. **a) ~maschine** f. ‖ calibrating machine ‖ machine f. à calibrer. **b) ~maß** n. ‖ caliper (gauge) ‖ calibre m. **c) ~presse** f. ‖ calibrating press ‖ presse f. à calibrer. 18
kalibrierte Glasglocke f. (Chem) ‖ graduated glass jar ‖ cloche f. graduée. **a) ~ Gliederkette** f. ‖ calibrated link chain ‖ chaîne f. calibrée à maillons. **b) ~ Kette** f. ‖ calibrated chain; tested chain ‖ chaîne f. calibrée. **c) ~ Walze** f. ‖ grooved roll ‖ cylindre m. calibré *ou* cannelé. 19
Kalibrierung f. (Tätigkeit) ‖ calibration ‖ calibrage m. **a) ~** (Kennzeichnung) ‖ groove ‖ cannelure f. 20
Kalibrierzahn m. einer **Räumnadel** ‖ sizing tooth of a broach ‖ dent f. de calibrage d'une broche. 21
Kali-düngesalz n. ‖ potash manure ‖ engrais m. potassique. **a) ~erzeugung** f. ‖ potash production ‖ production f. de potasse. **b) ~fabrikanlage** f. ‖ potassium works plant ‖ installation f. de fabrication de la potasse. **c) ~glas** n. ‖ potash glass ‖ verre m. à base de potasse. **d) ~glimmer** m. ‖ biaxial *or* argentine *or* potash mica; muscovite ‖ muscovite f.; verre m. de Moscovie; mica m. argentin. 22
kalihaltig ‖ potassic ‖ potassique. 23
Kaliko m. ‖ embossed calico ‖ toile f. de coton gaufrée. 24
Kali-lauge f. ‖ potash lye; solution of potash; potassium hydrate; liquid potash. ‖ lessive f. *ou* solution f. de potasse caustique. **a)** schwefelsaure **~magnesia** f. ‖ potash-magnesia sulfate ‖ sulfate m. de potasse et de magnésie. **b)** weinsaures **~natron** n. ‖ Seignette salt ‖ sel m. de Seignette. **c) ~psilomelan** m. ‖ psilomelan containing potassa ‖ peroxyde m. de manganèse potassé. **d) ~salpeter** m. ‖ potash nitrate ‖ nitrate m. de potasse. **e) rohes natürliches ~salz** n. ‖ raw natural potassic salt ‖ sel m. de potasse brut naturel. **f) ~seife** f. ‖ potash soap; soft soap ‖ savon m. de potasse; savon m. mou. **g) ~siederei** f. ‖ potash works pl. ‖ fabrique f. de sel de potasse. 25
Kalium n. *s. auch* Kali. 26
Kalium-alaun m. ‖ potash alum ‖ alun m. de potasse. **a) ~ammoniumpersulfat** n. ‖ potassium ammonia persulfate ‖ persulfate m. d'ammonium et de potassium. **b) ~bichromat** n. ‖ potassium bichromate ‖ bichromate m. de potasse. **c) ~bikarbonat** n. ‖ bicarbonate of potassium ‖ bicarbonate m. de potasse. **d) ~bioxalat** n. ‖ sorrel salt; salt of sorrel; acid oxalate of potassium; potassium bioxalate ‖ sel m. d'oseille; bioxalate m. de potasse. **e) ~bromid** n. ‖ bromide of potassium ‖ bromure m. de potassium. **f) ~chlorid** n. ‖ potassium chloride ‖ chlorure m. de potasse. **g) ~chromat** n. ‖ chromate of potassium ‖ chromate m. de potasse. **h) ~eisenzyanid** n. ‖ ferricyanide of potassium ‖ cyanoferride m. de potassium. **i) ~eisenzyanür** n. ‖ potassium ferrocyanide ‖ ferrocyanure m. de potassium. 27
kaliumhaltig ‖ potassic ‖ potassique. 28
Kalium-hydrat n. ‖ hydrate of potassium ‖ hydrate m. de potasse. **a) ~hypochlorit** n. ‖ hypo-chlorite of potash ‖ hypochlorite m. de potassium. **b) ~karbonat** n. ‖ potassium carbonate; potash ‖ carbonate m. de potasse. **c) ~kupfersulfat** n. ‖ cupric sulphosteatite ‖ sulfostéatite m. cuprique. **d) ~kupferzyanür** n. ‖ cyanide of potassium and copper ‖ cyanure m. de potassium et de cuivre. **e) ~permanganat** n. ‖ potassium permanganite ‖ permanganate m. de potassium. **f) ~platinchlorür** n. ‖ chloride of potassium and platinum ‖ chlorure m. de potasse et de platine. **g) ~quecksilberzyanür** n. ‖ cyanide of potassium and mercury ‖ cyanure m. de potassium et de mercure. **h) ~röhre** f. (Fernm) ‖ potassium tube ‖ tube m. à potassium. **i) ~silikat** n. ‖ silicate of potash ‖ silicate m. de potasse. **k) ~sulfat** n. ‖ potassium sulphate ‖ sulfate m. de potasse. **l) ~sulfid** n. ‖ hepar of sulphur; sulphur of potash ‖ foie m. de soufre. **m) ~tartrat** n. ‖ potassium tartrate ‖ tartrate m. de potasse. **n) ~zinkzyanür** n. ‖ cyanide of zinc and potassium ‖ cyanure m. de zinc et de potassium. **o) ~zyanid** n. ‖ cyanide of potassium ‖ cyanure m. de potassium. 29
Kaliwasserglas n. ‖ potassium silicate ‖ silicate m. de potasse. 30
Kalk m. ‖ lime ‖ chaux f. **a) abgestandener ~** ‖ lime slaked in the air; dead lime ‖ chaux f. éteinte. **b) abgestorbener ~** ‖ lime slaked in the air; dead lime ‖ chaux f. éteinte. **c) ~ ablöschen** ‖ to slake lime ‖ éteindre la chaux. **d) angemach-**

ter ~ || plashed lime || bain m. de chaux. **e) Ätz~** (Chem) || quicklime || chaux f. vive. **f) ~ brennen** || to burn lime || cuire la chaux. **g) Chlor~** || bleaching powder || chlorure m. de chaux. **h) doppeltschwefligsaurer ~** || lime bisulphite || bisulfite m. de chaux. **i) den ~ m. ersaufen lassen** || to slake the lime with too much water || noyer la chaux. **k) essigsaurer ~** || calcium *or* lime acetate || acétate m. de chaux. **l) faseriger ~** (Min) || fibrous calcite || calcite f. fibreuse. **m) fetter ~** || fat lime || chaux f. grasse. **n) gebrannter ~** || quick *or* burnt lime || chaux f. cuite; oxyde m. de calcium. **o) der ~ geht** sehr **auf** || the slaked lime increases well *or* swells || la chaux foisonne bien; la chaux se gonfle. **p) gelöschter ~** || slaked lime || chaux f. hydratée *ou* éteinte. **q) gewöhnlicher ~** || ordinary lime || chaux f. ordinaire. **r)** der **~ gibt viel aus** || the slaked lime increases well *or* swells || la chaux foisonne bien; la chaux se gonfle. **s) hydraulischer ~** || hydraulic lime || chaux f. hydraulique. **t) karbolsaurer ~** || lime phenylate || phénate m. de chaux. **u) kaustischer ~** || caustic lime || chaux f. vive (caustique). **v) kohlensaurer ~** || calcium carbonate; carbonate of lime || carbonate m. de chaux. **w) künstlicher hydraulischer ~** || artificial hydraulic lime || chaux f. hydraulique artificielle. **x) ~ löschen** || to slake lime || éteindre la chaux. **y) Löschung** f. des **~es** || slaking of the quicklime || extinction f. de la chaux. **z) Luft~** || air-hardening lime || chaux f. durcissant à l'air. 1

a) magerer ~ || poor lime || chaux f. maigre. **b) Marmor~** || marble lime || chaux f. marbrière. **c) Muschel~** || shell lime || chaux f. de coquilles *ou* d'écailles. **d) Natron~** || soda lime || chaux f. sodée. **e) phosphormilchsaurer ~** || calcium lactophosphate || lactophosphate m. de chaux. **f) phosphorsaurer ~** || lime phosphate || phosphate m. de chaux. **g) Putz~** || stucco || chaux f. d'enduit **h) schwefligsaurer ~** || lime sulphite || sulfite m. de chaux. **i) Staub~** || lime powder || chaux f. en poudre. **k) totgebrannter ~** || dead *or* dead-burnt *or* overburnt lime || chaux f. morte. **l) trocken gelöschter ~** || dry-slaked lime || chaux f. étouffée. **m) ungelöschter ~** || quick lime || chaux f. vive. **n) unterphosphorigsaurer ~** || lime hypophosphite || hypophosphite m. de chaux. **o) ~ verlöschen** || to kill lime || surcuire la chaux. **p) verwitterter ~** || lime slaked in the air; dead lime || chaux f. fusée. **q) Wasser~** || hydraulic lime || chaux f. hydraulique. **r) weinsaurer ~** || lime tartrate || tartrate m. de chaux. **s) Weiß~** || white lime || chaux f. blanche. **t) wolframsaurer ~** || lime tungstate || tungstate m. de chaux. **u) zitronensaurer ~** || lime citrate || citrate m. de chaux. 2

Kalk-abmeßapparat m. || measuring device for lime || jauge f. pour chaux. **a) ~anlage** f. || lime work || four m. à chaux. **b) ~anstrich** m. || lime paint || peinture f. à la chaux. 3

kalkartig || calcareous; limy || calcaire. 4

Kalk-bad n. || lime bath || bain m. de chaux *ou* de mortier. **a) ~beton** m. || lime concrete || béton m. à la chaux. **b) ~blau** n. || blue verditer; blue ashes pl. || cendres fpl. bleues; bleu m. de Brême. **c) ~borazit** m. || rhodicite || rhodicite f. 5

Kalkbrei m. (Bauw) || paste of lime; lime paste || pâte f. de chaux; chaux f. fondue. **a) ~** (Gerb) || lime cream || enchaux m. 6

Kalk-brenner m. || lime burner || chaufournier m. **a) ~brennerei** f. || lime burning; lime kiln || chaufournerie f. **b) ~brennmeister** m. || lime kiln foreman || maître-chaufournier m. **c) ~bucht** f. || lime-chest || bassin m. à éteindre la chaux; caisse f. à chaux. **d) ~deckelwagen** m. || covered lime wagon || wagon m. à couvercle pour chaux. **e) ~dünger** m. || calcium fertilizers pl. || engrais m. de chaux. **f) ~düngung** f. || manuring with lime || chaulage m. 7

kalken, das Getreide || to lime the grain || chauler le blé. 8

Kalken n. || liming || pelanage m. à la chaux; plainage m.; plamage m. 9

Kalker m. || limer || chauleur m. **a) ~** (Gerb) || limer || pelaineur m. 10

Kalk-farbe f. || lime paint *or* colour || peinture f. *ou* couleur f. à chaux. **a) ~faß** n. (Gerb) || limepit || enchaussenoir m.; enchaussumoir m. **b) ~gehalt** m. || percentage of lime || richesse f. en chaux. **c) ~glas** n. || lime glass || verre m. à chaux. **d) ~glimmer** m. || margarite; pearlmica || margarite f.; mica m. nacré. **e) ~glimmerschiefer** m. || calcareous mica schist || schiste m. micacé calcaire. **f) ~granat** m. || green garnet; grossular || grenat m. calcarifère *ou* grossulaire; grossulaire m. 11

Kalkgrube f. (Bauw) || lime pit || bassin m. *ou* fosse f. à chaux. **a) ~** (Gerb) || lime pit || plain m. 12

Kalk-grün n. || lime green || vert m. à la chaux. **a) ~hacke** f. || lime beater || rabot m. à chaux; bouloir m. **b) ~haken** m. || lime rake || mouve-chaux m. 13

kalkhaltig || calcareous; calcariferous; calciferous || calcarifère; calcifère. 14

Kalk-harmotom m. || phillipsite; limeharmotome; christianite || christianite f.; phillipsite f.; harmotome m. calcaire *ou* de chaux. **a) ~hütte** f. || lime kiln || four m. à chaux. **b) ~hydrat** n. || hydrate of lime || chaux f. hydratée; hydrate m. de chaux. 15

kalkig || chalky; calcareous || calcaire. 16

Kalk-kasten m. || lime chest || caisse f. à chaux. **a) ~kern** m. || over-burned particle of limestone || lopin m.; écrevisse f.; rigaud m. **b) ~kies** m. || calcareous gravel || gravier m. calcaire. **c) ~krücke** f. || lime rake *or* beater || mouve-chaux m.; mouveron m.; rabot m. à chaux; bouloir m. **d) ~krumpe** f. || overburned particle of limestone; grain in the mortar || lopin m.; écrevisse f.; rigaud m. **e) ~krumpenestrich** m. || floor of limegrains || aire f. à repous. **f) ~kübel** m. || mortar tub || cuve f. à mortier. **g) ~leiste** f. || ruille || ruillée f. 17

Kalklicht n. || lime light || lumière f. de Drummond. **a) Drummondsches ~** || Drummond's lime light || lumière f. de Drummond. 18

Kalklichtapparat m. || limelight apparatus || appareil m. de lumière oxydrique. 19

Kalk-loch n. || lime pit *or* basin || fosse f. *ou* bassin m. à chaux. **a) ~löschen** n. || slaking of lime || extinction f. de la chaux. **b) ~löscher** m. || lime slaker || extincteur m. de chaux. 20

Kalklösch-kasten m. || lime slaking box || caisse f. pour éteindre la chaux. **a) ~pfanne** f. || slake pan || caisse f. à chaux. **b) ~trommel** f. || lime slaking drum || tambour m. d'extinction de chaux. 21

Kalk-mehl n. || lime powder || poudre f. de chaux. **a) ~mergel** m. || lime *or* calcareous marl || chaux f. marneuse. **b) ~milch** f. || lime milk *or* wash || lait m. de chaux. 22

Kalkmörtel m. || lime mortar || mortier m. de chaux. **a) Zement~** || cement and lime mortar || mortier m. au ciment et à la chaux. 23

Kalk-mühle f. || lime (grinding and bolting) mill || broyage m. et bluterie f. de chaux; moulin m. à chaux. **a) ~müller** m. || lime grinder || broyeur m. de chaux. **b) ~nest** n. || nugget of lime || poche f. de chaux. 24

Kalkofen m. || lime kiln || four m. à chaux; chaufour m. **a) ~anlage** f. || lime kiln plant || installation f. de four à chaux. 25

Kalk-paste f. || paste of lime; lime paste || pâte f. de chaux; chaux f. fondue *ou* en pâte. **a) ~rutsche** f. || mortar funnel || trémie f. à mortier. **b) ~salpeter** m. || nitrate of lime; nitrocalcite || nitrate m. de chaux; chaux f. nitratée; nitrocalcite m. 26

Kalksand-gemisch n. || mixture of sand and lime || mélange m. de sable et de chaux. **a) ~mörtel** m. || sandlime mortar; mortar of lime and sand || mortier m. de chaux et de sable. 27

Kalksandstein m. (Bauw) || sandlime brick || brique f. silico-calcaire. **a) ~** (Min) || calcareous *or* chalky sandstone || pierre f. chaux-grès; grès m. argilo-calcaire. 28

Kalksandstein-fabrik f. || sandlime brick factory || fabrique f. de briques silico-calcaires. **a) ~herstellung** f. || manufacture of sandlime bricks || fabrication f. de briques silico-calcaires. **b) ~herstellungsanlage** f. || calcareous sand stone making plant || installation f. pour fabriquer des briques silico-calcaires. **c) ~maschine** f. || sandlime brick making machine || machine f. pour la fabrication de briques silico-calcaires. **d) ~mauerstein** m. || lime sand brick || brique f. en chaux et sable *ou* de sable calcaire. **e) ~paket** n. || skip of sandlime bricks || briques fpl. silico-calcaires en piles. 29

Kalk-sandziegel m. || limeloam brick || brique f. argilo-calcaire. **a) ~schaufel** f. || lime rake; mortar beater || mouve-chaux m.; rabot m. *ou* croc m. à chaux. **b) ~schieferbruch** m. || calcareous shale quarry || carrière f. de schiste calcaire. **c) ~schuppen** m. || lime shed || hangar m. à chaux. **d) ~schutt** m. || rubble || gravois mpl.; gravats mpl. de plâtre. **e) ~schwefelleber** f. || calcium polysulphide || polysulfures mpl. de calcium. **f) ~seife** f. || lime soap || savon m. calcaire. **g) ~sinter** m. || calcareous sinter; stalactite || stalactite f.; kalksinter m. 30

Kalkspat m. || calcspar; calcite; calcareous spar || spath m. calcaire; calcite f. **a) gemahlener ~** || ground calcspar || chaux f. carbonatée cristallisée moulue. **b) schaliger ~** || schiefer *or* slate spar || chaux f. carbonatée macrée. 31

Kalk-sprenger m. (Bergb) || limer || chauleur m. de wagons. **a) ~stechmaschine** f. für Wiesenkalk || lime cutting machine for chalky soil || machine f. d'extraction de chaux de prairies. 1

Kalkstein m. || limestone || pierre f. calcaire *ou* à chaux. **a) Asphalt~** || asphaltic lime stone || calcaire m. asphaltique. **b) bituminöser ~** || stink *or* swine stone; bituminous limestone || chaux f. carbonatée fétide; calcaire m. fétide. **c) dichter ~** || common limestone || chaux f. carbonatée compacte. **d) gemeiner ~** || common limestone || chaux f. carbonatée compacte. **e) harter ~** || hard limestone || pierre f. à chaux dure. **f) körniger ~** || granular limestone || chaux f. carbonatée saccharoïde. **g) Muschel~** || carbonate of lime || chaux f. carbonatée. 2

Kalkstein-bruch m. || limestone quarry || carrière f. de pierre à chaux *ou* de castine. **a) ~mehl** n. || limestone powder || poudre f. de pierres à chaux *ou* pierres calcaires. **b) ~niere** f. || spheroidal concretion of marl; cement stone || dé m. de van Helmont; marne f. sphéroidale cloisonnée. **c) ~werk** n. || lime kiln || chaufour m. **d) ~zerkleinerungsanlage** f. || limestone crushing plant || installation f. de broyage de la chaux. 3

Kalkstickstoff m. || nitrogene of lime; calcium cyanamide || cyanamide m. de chaux; chaux-azote f.; nitrogène m. de chaux. **a) ~fabrikanlage** f. || nitrogeneous lime works plant || installation f. de fabrique de cynamide de chaux. 4

Kalk-tiegel m. || lime crucible || creuset m. de chaux. **a) ~tünche** f. || white wash; whiting; lime milk || échaudage m. **b) ~tuff** m. || tufaceous limestone; calc tuff; calcareous tuff || tuf m. calcaire. 5

Kalkulagraf m. || calculagraph || calculagraphe m. 6

Kalkulation f. || estimate || devis m. provisoire. 7

Kalkulationsfehler m. || miscalculation; mistake in calculation || erreur m. en calcul. 8

kalkulieren || to cast up || calculer. 9

Kalk-uranglimmer m. || uranite || uranite f. **a) ~wage** f. || lime weighing machine || bascule f. à chaux. **b) ~wasser** n. || lime water || eau f. de chaux. **c) ~werk** n. || lime works pl. || usines fpl. à chaux. **d) ~werkseinrichtung** f. || lime work equipment || installation f. d'usine de chaux. **e) ~zuschlag** m. || limestone flux || castine f.; fondant m. calcaire. 10

Kalligraf m. || calligrapher || calligraphe m. 11

Kalmen fpl. (Wetter) || calms pl. || calmes mpl. 12

Kalmus-öl n. || calamus oil || essence f. d'acore; huile f. de calamus. **a) ~wurzel** f. || flag root || racine f. de calamus. 13

Kalomel n. || calomel; mercurious chloride || calomel m. 14

Kalorie f. || calorie; calory || calorie f. **a) Gramm~** *s.* Kalorie, kleine. **b) große ~** || heat *or* thermal unit || unité f. thermique *ou* de chaleur; grande calorie f.; kilogramme-degré m. **c) kleine ~** || small calorie; gram(me)-calorie || petite calorie f.; calorie-gramme f.; gramme-degré m. **d) ~n** fpl. **je Stunde** || calories pl. per hour || calories fpl. *ou* frigories fpl. -heure. 15

Kalorifer m. || radiator || radiateur m.; calorifère m. 16

Kaloriferendarre f. || heating pipe system kiln || touraille f. à calorifère. 17

Kalorimesser m. *s.* Kalorimeter. 18

Kalorimeter n. || calorimeter || calorimètre m. **a) Eis~** || ice calorimeter || calorimètre m. à glace. **b) Mischungs~** || water calorimeter || calorimètre m. à eau. 19

kalorimetrisch || calorimetric || calorimétrique. **a) ~e Bestimmung** f. || calorimetric determination || détermination f. calorimétrique. **b) ~e Bombe** f. || calorimetric bomb || bombe f. calorimétrique. **c) ~e Einrichtung** f. || calorimetric plant || installation f. calorimétrique. **d) ~e Heizkraft** f. || heating effect || effet m. calorimétrique. **e) ~e Messung** f. || calorimetric measurement || mesure f. au calorimètre. 20

kalorisch || caloric || calorifique. **a) ~e Leistung** f. || caloric capacity || débit m. calorifique. **b) ~e Maschine** f. || caloric engine || machine f. calorifique. 21

Kalotte f. (Math) || calotte || calotte f. 22

kalt || cold || froid. **a) ~ erblasenes Eisen** n. || cold blast pig || fonte f. à air froid. **b) ~ werden** || to cool; to get cool || se refroidir. 23

kalt-e Luftschicht f. || cold air stratum *or* layer || couche f. d'air froid. **a) ~er Luftstrom** m. || cold air current || courant m. d'air froid. **b) ~er Schlag** m. || return shock *or* stroke || choc m. en retour. **c) im ~en Zustande** verbogene Teile mpl. || parts pl. bent while cold || éléments mpl. déformés à froid. 24

kaltbiegen || to bend cold || plier à froid. 25

Kaltbruch m. || cold break || cassure f. à froid. 26

kaltbrüchig || brittle when cold; cold short || cassant à froid. 27

Kaltbrüchigkeit f. || cold brittleness || qualité f. d'un fer cassant à froid. 28

Kälte f. || cold || froid m. **a) künstliche ~** || mechanic refrigeration || froid m. artificiel. **b)** wohlfeile Erzeugung f. **künstlicher ~** || produce of mechanic refrigeration at reasonable costs || production f. rationnelle du froid artificiel. 29

Kälte-anlage f. || refrigerating plant || installation f. frigorifique. **a) ~automat** m. || automatic refrigerator || producteur m. de froid automatique. 30

kältebeständiges Gemisch n. || anti-freezing mixture || mélange m. non congélable. 31

Kälte-einheit f. || refrigerating unit || frigorie f. **a) ~einwirkung** f., den Entwicklungsgang m. der Larve durch ~ künstlich unterbrechen || to interrupt artificially the development of the larvæ by cold storage || suspendre le développement de la larve par l'emploi du froid. **b) ~erzeugung** f. || refrigeration || production f. du froid. **c) ~industrie** f. || refrigerating industry || industrie f. frigorifique. **d) ~isoliermittel** n. || cold insulator || calorifuge m. frigorifique. **e) ~lagerraum** m. || chill room || chambre f. frigorifique. **f) ~leistung** f. || refrigerating capacity || débit m. frigorifique. 32

Kältemaschine f. || refrigerating machine; refrigerator || machine f. frigorifique *ou* à froid. **a) Ammoniak~** || ammonia cooling machine || machine f. frigorifique à ammoniaque. **b) Batterie** f. **elektrisch angetriebener ~n** || group of electrically driven refrigerating machines || groupe m. de machines frigorifiques actionnées par des électromoteurs. **c) Kohlensäure~** || carbonic acid cooling machine || machine f. frigorifique à acide carbonique. 33

Kälte-maschinenanlage f. || refrigerating machinery || installation f. de machines frigorifiques. **a) ~medium** n. *s.* Kältemittel n. **b) ~mischung** f. || freezing mixture || mélange m. réfrigérant *ou* frigorifique. **c) ~mittel** m. || refrigerating medium || agent m. frigorifique. **d) ~probe** f. || cold test || essai m. à froid. 34

Kälteschutz-isolierung f. || insulator for cold || isolement m. à froid. **a) ~mittel** n. || cold protective || préservatif m. contre le froid. 35

Kältetechnik f. || refrigeration || technique f. du froid. 36

Kälteträger m. || cooling agent || agent m. frigorifique. **a) hochflüchtiger ~** || highly volatile cooling agent || agent m. frigorifique très volatil. 37

Kältewelle f. || cold wave || onde f. *ou* vague f. de froid. 38

kaltgeben (Met) || to slacken the fire || amortir le feu; donner froid. 39

Kaltgebläseofen m. || cold-blast furnace || fourneau m. à vent froid. 40

kaltgepreßt || cold pressed || pressé à froid. 41

kaltgereckt (Geschützrohr) || cold worked; self-hooped || autofretté. **a) ~er Rohling** m. || cold-worked blank || ébauche f. autofrettée. 42

kalt-gerührte Seife f. || cold stirred soap || savon m. fabriqué à froid. **a) ~geschmiedetes Eisen** n. || cold *or* cool hammered iron; hammer hardened iron || fer m. écroui. **b) ~gewalzt** || cold rolled || laminé à froid. 43

Kaltgewindewalze f. || cold thread rolling machine || machine f. à laminer à froid les filets de vis. 44

kaltgezogen || cold drawn || étiré à froid. 45

kaltgießen || to cast cold || couler à froid. 46

Kaltguß m. || spoiled casting || moulage m. froid; rebut m. 47

kalthämmern || to cold-hammer || écrouir; battre à froid. 48

Kalt-haus n. || cold green house || serre f. froide. **a) ~kreissäge** f. || cold circular saw || scie f. circulaire à froid. 49

kaltlegen, den Ofen m. || to blow down *or* to blow out *or* to stop the furnace || mettre le fourneau hors feu. 50

Kaltleim m. || cold glue || colle f. froide. 51

kaltliegen (nicht in Betrieb stehen) || to be stopped || être hors feu. 52

Kaltluft-erzeugungsgerät n. || cold air producing apparatus || appareil m. à produire l'air froid. **a) ~maschine** f. || cold air machine || machine f. à air froid. **b) ~masse** f. || mass of cold air || masse f. d'air froid. 53

Kalt-meißel m. || cold chisel || ciseau m. *ou* tranche f. à froid. **a) ~mutternpresse** f. || cold nut press || presse f. à froid pour la fabrication d'écrous. **b) ~poliertinte** f. || cold polishing ink || encre f. à polir au froid. 54

Kaltpresse f. || cold press || presse f. à froid. **a) ~** zum Formen und Stauchen von Nieten || cold press for forming and upsetting rivets || presse f. à froid pour former et fouler des rivets. 55

Kaltpressen n. || cold pressing || presser à froid. **a)** ~ (Tuchm) || dressing cold || écatissage m. 1
Kaltrecken n. || cold working || écrouissage m. **a)** ~ n. (Geschützrohr) || self-hooping radial expansion || autofrettage m. 2
Kalt-richten n. || cold dressing || dressage m. à froid. **a)** **~riß** m. (Holz) || fissure || gélivure f. **b)** **~säge** f. || cold saw || scie f. à froid. **c)** **~- und Warmsägenschärfautomat** m. || automatic sharpening machine for cold and hot saws || machine f. automatique à affûter les scies à chaud et à froid. 3
kaltscheren || to cold-shear || cisailler à froid. 4
kaltschmieden, das Eisen || to cool hammer the iron || battre le fer à froid; écrouir le fer. 5
Kalt-schmieden n. || cold hammering; hammer-hardening || écrouissage m.; écrouissement m. **a)** **~schneiden** n. von Walzeisen || cold cutting of rolled iron || coupe f. à froid de fers laminés. 6
kalt-schüren (Glasf) || to cool down || faire la braise. **a)** **~strecken** || to cold-stretch || marteler à froid. 7
Kalt-verformung f. || cold working || écrouissage m. **a)** **~vorstauchmaschine** f. || cold upsetting machine || machine f. à refouler à froid. **b)** **~walze** f. || cold roll || cylindre m. de laminoir pour laminage à froid. 8
kaltwalzen || to cold-roll; to roll cold || laminer à froid. 9
Kaltwalz-maschine f. || cold rolling mill || laminoir m. à froid. **a)** **~werk** n. || cold rolling mill || laminoir m. à froid. 10
Kaltwasser-farbe f. || cold water paint || couleur f. à eau froide. **a)** **~probe** f. || cold water test || essai m. à l'eau froide. **b)** **~pumpe** f. || cold water pump || pompe f. à eau froide. **c)** **~spinnmaschine** f. || wet-spinning frame || métier m. à eau froide. **d)** **~trog** m. || cold water trough || cuve f. à eau froide. 11
kaltziehen || to cold-draw || étirer à froid. 12
Kalzinieranlage f. || calcining plant || installation f. de calcination. 13
kalzinieren || to calcine || calciner. 14
Kalzinieren n. (Chem) || calcination || calcination f. **a)** ~ (Met) || calcining || calcinage m. 15
Kalzinier-ofen m. || calcining furnace || four m. à calciner. **a)** **~topf** m. || calcination pot || pot m. à calcination. 16
Kalzit m. || calcareous spar; carbonate of lime || chaux f. carbonatée *ou* cristallisée; calcaire m.; spath m. calcaire *ou* d'Islande. 17
Kalzium n. || calcium || calcium m. **a)** **bleisaures ~** || calcium plumbate || plombate m. de calcium. **b)** **karbolsaures ~** || calcium phenylate || phénate m. de calcium. 18
Kalzium-bromid n. || bromide of calcium || bromure m. de calcium. **a)** **~chlorid** n. || calcium chloride || chlorure m. de calcium. **b)** **~hydrat** n. || lime water *or* milk || lait m. de chaux; échaudage m. **c)** **~karbid** n. || calcium carbide; carburet of calcium || carbure m. de calcium. **d)** **~natriumelektrolyse** f. || calcium soda electrolysis || électrolyse f. de calcium et de sodium. 19
kalziumhaltig || calcic || calcique. 20
Kalziumphosphat n. || calcic phosphate || phosphate m. de chaux. **a)** **präzipitiertes ~** || precipitated calcic phosphate || phosphate m. de chaux précipité. 21
Kalzium-superoxyd n. || calcium peroxide || peroxyde m. de calcium. **a)** **~superphosphat** n. || calcic superphosphate || superphosphate m. de chaux. **b)** **~zyanamid** n. || calcium cyanamid || cyanamide m. calcique; chaux-azote f. 22
Kambrik m. || cotton cambric || batiste m. de coton. 23
kambrisches System n. || cambrian system || système m. cambrien. 24
Kamee f. || cameo || camée f.; camaïeu m. 25
Kamelhaar n. || camel's hair || poil m. de chameau. 26
Kamelhaar-decke f. || camel hair cover *or* rug || couverture f. en poil de chameaux. **a)** **~gewebe** n. || tissue from camel hair || tissu m. en poils de chameau. **b)** **~riemen** m. || camel hair belt(ing) || courroie f. en poil de chameau. **c)** **~spinner** m. || camel's hair spinner || fileur m. de poils de chameau. 27
Kamelhaarstoff m. || camel hair fabric || étoffe f. en poil de chameau. **a)** ~ für Hausschuhe || camelhair shoe cloth || tissu m. de chaussure en poil de chameau. 28
Kamelhaarstrichloden m. || camel hair loden || lodier m. en poil de chameau. 29
Kameliensame m. || seed of camellia || graine f. de cameline. 30
Kamelott m. || camlet || camelot m. **a)** **halbseidener ~** || silk-warp cotton-weft camlet || camelot m. de demi-soie. 31
Kamera f. (Lichtb) || camera || chambre f. (noire). **a)** **astrofotografische ~** || astrophotographic camera || chambre f. astrophotographique. **b)** **Doppel~** || double camera || double-chambre f. noire. **c)** ~ von sehr **langer Brennweite** || camera with very long extension || chambre f. noire de très long foyer. **d)** **Mond~** || moon camera || chambre f. noire pour la lune. **e)** **Planeten~** || planet camera || chambre f. noire pour les planètes. **f)** **Sonnen~** || solar camera || chambre f. noire pour le soleil. **g)** **Sonnemond~** || sun and moon camera || chambre f. noire pour le soleil et la lune. **h)** **spektrografische ~** || spectroscopic camera || chambre f. spectroscopique. **i)** **Spezial~** || camera of special design || chambre f. noire à usages spéciaux **k)** ~ zur Fotografie von **Sternen-** und **Nebelflecken** || camera for photographing stars and nebulae || chambre f. noire pour photographier les étoiles et les nébuleuses. **l)** auf **unendlich** eingestellte ~ || camera set to infinity || chambre f. noire réglée sur les lointains. **m)** **Vergrößerungs~** || enlarging camera || chambre f. noire pour l'agrandissement. 32
Kamera-ansatz m. || camera attachment || chambre-rallonge f. **a)** **~einstellung** f. || camera adjustment || mise f. au point de la chambre noire. **b)** **~gerüst** n. || camera mounting || support m. de la chambre photographique. **c)** **~objektiv** n. || camera lens || objectif m. pour les chambres noires. 33
Kamille f. || camomile || camomille f. 34
Kamillen-blüte f. || camomile-blossom || fleur f. de camomille. **a)** **~öl** n. || camomile oil || essence f. de camomilles. 35
Kamin m. || chimney; fire place || cheminée f. **a)** **achteckiger ~** || octagonal chimney || cheminée f. de forme octogonale. **b)** **Dunst~** || ventilating chimney || cheminée f. d'appel. **c)** **Eisen~** || iron chimney || cheminée f. en métal. **d)** **freistehender ~** || isolated *or* insulated chimney || cheminée f. isolée. **e)** die **Öfen** mpl. erhalten ihren Zug sämtlich durch einen ~ || the draught of all furnaces is obtained by one chimney || les fours mpl. ont un tirage commun par une cheminée. 36
Kamin-ausrüstung f. || fire place fitting || garniture f. de cheminée. **a)** **~deckel** m. || cover of chimney || capuchon m. de la cheminée. **b)** **~einfassung** f. || chimney jambs pl. || jambages mpl. de cheminée. **c)** **~feger** m. || flueman; chimney sweeper || nettoyeur m. de cheminées; ramoneur m. **d)** **~fegerscharre** f. || chimney sweeper's scraper || grappin m. de ramoneur. **e)** **~gerät** n. || fire irons pl. || garniture f. de feu. **f)** **~gewände** n. || chimney jambs pl. || jambages mpl. de cheminée. **g)** **~herd** m. || hearth of a fire side || foyer m. de cheminée; âtre m. 37
Kaminkühler m. || chimney cooler || réfrigérant m. à cheminée. **a)** **offener ~** || cooler of open type || réfrigérant m. ouvert. **b)** **selbstlüftender ~** || cooler with natural draught || réfrigérant m. à tirage naturel. 38
Kamin-ofen m. || stove imitating a fireplace || cheminée f. à la prussienne. **a)** **~rohr** n. || chimney flue; smoke pipe || tuyau m. de cheminée. **b)** **~schieber** m. || slide valve for chimneys || glissière f. de cheminées. **c)** **~schirm** m. || fire screen || garde-feu m. **d)** **~schnäpper** m. || chimney spring || ressort m. de cheminée. **e)** **~tür** f. || door for chimneys || porte f. de cheminées. **f)** **~ziegel** m. || crest tile || tuile f. de crête. **g)** **~zug** m. || chimney draught || tirage m. de cheminée. 39
Kamm m. || comb || peigne m. **a)** ~ (Deich) || summit; top; superior surface || crête f.; couronnement m.; sommet m. **b)** ~ (Gebirge) || ridge || crête f. **c)** ~ (Masch) || cam; wiper; nipper; tappet; lifter; arm || came f.; camme f. **d)** ~ (Zahnräder) || cog || alluchon m. **e)** ~ (Zimm) || notching || assemblage m. à tenon et entaille. **f)** **Elfenbein~** || ivory comb || peigne m. en ivoire. **g)** **Galanterie~** || fancy comb || peigne m. fantaisie. **h)** **Holz~** || wood comb || peigne m. en bois. **i)** **Horn~** || horn comb || peigne m. en corne. **k)** **Knochen~** || bone comb || peigne m. en os. **l)** ~ der **Kröse** (Küf) || croze iron || peigne m. à jable. **m)** ~ aus **Kunsthorn** || artificial horn comb || peigne m. en corne artificielle. **n)** **Mähnen~** || curry-comb || étrille f. **o)** ~ einer **Rahe** || jack-stay of wood || filière f. d'envergure en bois. **p)** ~ für **Scherrahmen** (Web) || reed for warping frame || râteau m. d'ourdissoirs. **q)** **Schildpatt~** || tortoise shell comb || peigne m. en écaille. **r)** ~ einer **Welle** (Seew) || crest of a wave || couronne f. d'une lame. **s)** **Zelluloid~** || celluloid comb || peigne m. en celluloïd. 40
Kamm-abfall m. (Spinn) || combings pl. || bourre f. **a)** **~beschlag** m. || metal fittings for hair combs || articles mpl. en metal pour peignes. **b)** **~breite** f. (Eisenb) || width of the summit *or* top || largeur f. de la crête. 41
Kämmen n. (Spinn) || combing || peignage m. **a)** **Abfall** m. vom ~ (Wolle) || waste from combing || déchet m. du peignage.

b) ~ der Baumwolle || cotton combing || peignage m. de coton. **c) ~ der Wolle** || wool combing || peignage m. de laine. 1

Kammer f. || chamber || chambre f. **a) ~** (Bergb) || excavation || chambre f. **b) ~** (Schiffb) || cabin || cabine f.; soute f. **c) Feucht~** || moist *or* wet chamber || chambre f. humide. **d) Filter~** || filter chamber || chambre f. de filtre-presse. **e) Geschoß~** || shot chamber || chambre f. du projectile. **f) Schleusen~** || lock chamber || chambre f. d'une écluse. 2

Kämmer m. (Spinn) || comber || peigneur m. 3

Kammer-bau m. (Bergb) || excavation || exploitation f. en chambres *ou* halles. **a) ~boden** m. (Wasserb) || floor of a lock || busc m. d'une écluse. **b) ~deich** m. || dike with chambers || digue f. munie de chambres. 4

Kämmerei f. (Spinn) || combing works pl. || peignerie f. 5

Kammerfilterpresse f. || chamber filter press || filtre-presse m. à chambres. **a) ~** mit **einfacher Auslaugung** || chamber filter press without lixiviation with aeration || filtre-presse m. à chambres sans lavage avec aération. **b) ~** mit **oberer doppeltperfekter Auslaugung** unter Luftabschluß || chamber filter press with double perfect upper lixiviation and exclusion of air || filtre-presse m. à chambres à lavage double parfait supérieur et à l'abri d'air. 6

Kammer-halter m. (Opt) || cell holder || porte-chambre m. **a) ~jäger** m. || rat catcher || chasseur m. de rats. **b) ~mauer** f. (Wasserb) || side wall of a lock || bajoyer m. 7

Kammerofen m. (Gas) || chamber furnace || fourneau m. à chambre. **a) Entlademaschine für Kammeröfen** || discharging machine for chamber furnaces || machine f. de déchargement pour fours à chambre. 8

Kammer-schleuse f. || lock || écluse f. à sas. **a) ~tiefenmesser** m. (Auge) || chamber depth micrometer || appareil m. pour mesurer la profondeur de la chambre. **b) ~wand** f. (Wasserb) || side wall of a lock || bajoyer m. **c) ~winkel** m. des Auges || iridic angle of the eye || angle m. iridien de l'œil. 9

Kamm-fertigungsmaschine f. || machine for the manufacture of combs || machine f. à fabriquer les peignes. **a) ~fett** n. || horse grease || graisse f. de cheval. **b) ~flug** m. || comber fly || duvet m. **c) ~führung** f. || guide comb || peigne m. de guidage. 10

Kammgarn n. || worsted yarn || fil m. peigné; peigné m. **a) dubliertes ~** || doubled worsted yarn || fil m. retors de laine de peigne. **b) gezwirntes ~** || doubled worsted yarn || fil m. retors de laine de peigne. 11

Kammgarn-färberei f. || worsted dyeing || teinture f. de laine peignée. **a) ~gewebe** n. || worsted fabric || étoffe f. de laine peignée. **b) ~spinner** m. || worsted spinner || fileur m. de laine peignée. 12

Kammgarnspinnerei f. || worsted-yarn spinning mill || filature f. de laine peignée *ou* de laine longue. **a) ~maschine** f. || worsted spinning machine || machine f. à filer la laine peignée. 13

Kammgarn-stoff m. || worsted yarn cloth || étoffe f. de laine peignée. **a) ~weber** m. || worsted weaver || tisseur m. de laine peignée. **b) ~weberei** f. || weaving mill for worsted yarn || tissage m. de laine longue. 14

Kamm-kissen n. || ornamental pad of a harness || mantelet m. **a) ~lager** n. || collar thrust bearing || palier m. à cannelures *ou* à collets. 15

Kämmling m. (Spinn) || noil; combing || blousse f.; peignon m. 16

Kämmlingswollefärberei f. || noils dyeing || teinture f. de blousses. 17

Kammacher m. || comb maker || fabricant m. de peignes. 18

Kämmaschine f. für Wolle || combing machine for wool || machine f. à peigner la laine. 19

Kamm-rad n. || cog wheel || roue f. à cames *ou* à dents. **a) ~säge** f. || comb saw; comb cutter's web || scie f. pour peignes. **b) ~schleifer** m. || comb polisher *or* finisher || polisseur m. *ou* arrondisseur m. de peignes. **c) ~stahl** m. || rack tool || outil-peigne m. **d) ~stahleinrichtung** f. || rack planer tool attachment || dispositif m. de taillage par peigne. **e) ~stuhlarbeiter** m. (Spinn) || comb tenter || peigneur m. à la machine. **f) ~verzierer** m. || comb decorator || ornementier m. en peignes. **g) ~walze** f. || doffing cylinder; pinion; porcupine || peigneur m. enleveur; pignon m. à chevrons; pignon m. denté; peigne m. circulaire. **h) ~walzengetriebe** n. || grooved roller gear || harnais m. d'engrenages à rouleaux à cannelures. **i) ~walzmaschine** f. || drawing roller || machine f. à défeutrer. **k) ~zug** m. || top; combed material || peigné m.; trait m. **l) ~zwirn** m. || heddle thread || fil m. d'arcade. 20

Kampagne f. (Landw) || working season *or* period; campaign || campagne f. 21

Kampanje f. (Schiffb) || poop || dunette f. 22

Kampescheholz n. || campeachy wood || bois m. de Campêche. **a) ~auszug** m. || extract of campeachy wood || extrait m. de bois de Campêche. 23

Kampf-brigade f., mechanisierte || mechanized fighting brigade || brigade f. de combat mécanisée. **a) ~einsitzer** m. (Luftf) || single-seater fighter || monoplace m. de combat. 24

Kampfer m. || camphor || camphre m. 25

Kämpfer m. (Bauk) || abutment; butment || aboutissement m.; imposte f.; naissance f. **a) ~** (Fenster) || transom || traverse f. de fenêtres. **b) ~** (Tischl) || dormant tree || dormant m. de porte. **c) eingezogener ~** (Bauw) || flat impost || imposte f. mutilée. **d) Fenster~** || transom of a French casement; dormant tree of a window || imposte f. *ou* dormant m. de croisée. **e) gekröpfter ~** || mitred *or* bent impost || imposte f. recoupée. **f) unterbrochener ~** (Bauw) || discontinuous impost || imposte f. coupée. **g) zurücktretender ~** (Bauk) || back pier || fausse alette f. 26

Kämpfer-gelenk n. eines Brückenbogens || turning joint on the abutment of a bridge arch || charnière f. aux naissances d'un arc de pont. **a) ~gesims** n. || impost moulding || imposte f. ornée. 27

Kampfer-harz n. (Min) || enosmite || enosmite f. **a) ~öl** n. || camphor oil || essence f. de camphre. **b) ~raffinerie** f. || camphor refinery || raffinerie f. de camphre. **c) ~säure** f. || camphoric acid || acide m. camphorique. 28

Kämpferschicht f. (Bauw) || springing course || assise f. des sommiers. 29

Kampferspiritus m. || camphorated spirit of wine || alcool m. camphré. 30

Kämpferstein m. (Bauw) || bearing block; springing stone || imposte f.; sommier m. 31

Kampffahrzeug n., gepanzertes || armoured motor car; armoured fighting vehicle || véhicule m. de combat blindé. 32

Kampfflugzeug n. || fighting aeroplane; fighter || avion m. de combat. **a) schweres ~** || air cruiser || croiseur m. aérien. 33

Kampf-gas n. || war gas || gaz m. de combat. **a) Raupen ~ maschine f.**, || track fighting machine || engin m. de combat muni de chenilles. **b) ~verband** m. || union for fighting purposes || union f. de combat *ou* de lutte. 34

Kampfwagen m. (Waffenw) || tank || char m. d'assaut *ou* de combat; tank m. **a)** mit **Kanonen fpl. bestückter ~** || male tank || char m. canon. **b) Erkundungs~** || reconnaissance tank || char m. de reconnaissance. **c) Gummikette** f. des **~s** || rubber track of the tank || chenille f. souple *ou* au caoutchouc *ou* Kégresse du char de combat. **d) Klein~** || Baby tank; tankette || tankette f. **e) leichter ~** || light tank || char m. (de combat) leger. **f) männlicher ~** || male tank || char m. canon. **g) mittelschwerer ~** || medium tank || char m. médium; médium tank m. **h) Nachschub~** || supply tank || char m. supplémentaire. **i) Nahkampf~** || close-support tank || char m. d'accompagnement. **k) Räderraupen~** || hermaphrodite tank || char m. de combat composite; tank m. composite. **l) Radio~** || radio tank; tank equipped with radio || char m. télégraphique sans fil. **m) Raupen~** (Waffenw) || tank || char m. d'assaut *ou* de combat; tank m. **n) Schein~** || dummy tank || char m. de combat simulé; faux char m. de combat. **o) schwerer ~** || heavy tank || char m. de combat lourd *ou* de rupture; tank m. écraseur. **p) Überschreitungsvermögen** des **~s** || spanning power of the tank || franchissement m. du char de combat. **q) Unterstützungs~** || close-support tank || char m. d'accompagnement. **r) weiblicher ~** || female tank; machine-gun tank || char m. mitrailleuse; tank m. femelle. 35

Kampfwagen-abwehrgeschütz n. || antitank gun || canon m. antichar. **a) ~abwehrartillerie** f. || antitank artillery || artillerie f. de défense contre les chars d'assaut. **b) ~bestückung** f. || armament of the tank || armement m. de char de combat. **c) ~jäger** m. || tank destroyer || contre-tank m. **d) ~panzer** m. || tank armour || cuirasse f. de char de combat. **e) ~raupe** f., elastische Nachgiebigkeit f. der **~n** || elasticity of tank tracks || souplesse f. des chenilles de char de combat. 36

Kampylit m. || kampylite || kampylite f. 37

Kanadabalsam m. || Canada balsam || baume m. du Canada. 38

kanadische Pappel f. || canadian poplar || peuplier m. du Canada. 39

Kanal m. || canal; channel || canal m. **a) natürlicher ~** || channel || chenal m. **b) Schiffahrts~** || canal; ship canal || canal m. de navigation. **c) unterirdischer ~** || tunnel || canal m. souterrain. **d) Ver-**

bindungs~ || junction canal || canal m. de jonction. 1

Kanal-bagger m. || canal dredger || drague f. à creuser les canaux; révoyeur m. **a) ~bau** m. || canal building; channel structure || construction f. de canaux. **b) ~blech** n. || U-shaped plate || tôle f. en U. **c) ~bürste** f. || channel brush || brosse f. à canaux. **d) ~düker** m. || culvert; siphon || aqueduc m. siphon. **e) ~hafen** m. (Wasserb) || canal harbour || garage m. *ou* gare f. d'un canal. 2

Kanalisation f. || canalization; sewerage || canalisation f. 3

Kanalisations-anlage f. || canalization plant || installation f. de canalisation. **a) ~anstalt** f. || canalization works || entreprise f. de canalisations. **b) ~arbeiter** m. || pipeman || ouvrier m. de canalisation. **c) ~bau** m. || sewer building || construction f. d'égouts. **d) ~kläranlage** f. || decanting plant for canalization || installation f. de clarification pour canalisation. 4

Kanalisierung f. eines Flusses || canalization *or* correcting of a river || canalisation f. *ou* correction f. d'une rivière. 5

Kanal-jauche f. || sewage || eaux fpl. d'égout. **a) ~mundstück** n. (Kabel) || orifice of conduit || orifice m. de conduite. **b) ~mündung** f. || mouth of a canal || embouchure f. d'un canal. **c) ~netz** n. || system of canals || réseau m. de canaux. **d) ~reinigungsgerät** n. || implement for drain-cleansing; canal cleaning outfit || instrument m. pour le nettoyage des canaux; ustensile m. pour le nettoyage des conduits de drainage. **e) ~scheibe** f. || grooved disc || disque m. à gorges. **f) ~schieber** m. || canal slide-valve || tiroir m. à canal. **g) ~schiffahrt** f. || traffic on canals; canal navigation || navigation f. sur canaux. **h) ~schlammsauger** m. || mud exhauster for cleaning sewers || aspirateur m. de boue pour le nettoyage des égouts. **i) ~schlepper** m. || canal tug || remorqueur m. de canal. **k) ~schleuse** f. || lock in a canal || écluse f. de canal. **l) ~sohle** f. || canal bottom || lit m. du canal. **m) ~spüler** m. || drain rinsing apparatus || appareil m. à rincer les conduits de drainage. **n) ~spundwand** f. || canal piling || palplanche f. de canal. **o) ~strahlen** mpl. (Elektr) || canal rays pl. || rayons mpl. canaux. **p) ~trockner** m. || tunnel dryer || canal-sécheur m. **q) ~wage** f. || water level || niveau m. d'eau. **r) ~ziegel** m. || thin brick; channel brick || chantignolle f.; brique f. mince; demi-brique f. 6

Kananga-öl n. || cananga oil || essence f. de cananga. **a) ~wasser** n. || cananga water || eau f. de cananga. 7

Kanarien-gelb n. || canary yellow || jaune m. serin. **a) ~gras** n. || canary grass || herbe f. des Canaries. **b) ~holz** n. || canary wood || bois m. des Canaries. **c) ~same(n)** m. (Futter) || alpist; alpia; canary seed || alpiste m.; millet m. long; graine f. d'oiseau *ou* de canari. 8

Kanarienvogel m. || canary; canary bird *or* finch || canari m.; serin m. des Canaries. **a) ~ausfuhr** f. || export of canary birds || exportation f. de canaris. 9

Kandare f. || curb bit || mors m. 10

Kandelaber m. || chandelier; candelabrum || candélabre m. 11

Kandelillawachs n. || candelilla wax || cire f. de candélille. 12

kandeln || to groove; to gutter; to flute || évider; canneler. 13

Kandidat m., als ~ **aufstellen** || to put up *or* to propose as candidate || porter *ou* présenter comme candidat m. 14

kandieren || to candy || candir. 15

Kandis-kocher m. || candy maker || cuisinier m. de candi. **a) ~zucker** m. || sugar candy; candy sugar || sucre m. candi; candi m. **b) ~zuckerfabrik** f. || candy sugar manufacture || fabrique f. de sucre candi; candisèrie f. 16

Kaneel-granat m. || garnet; cinnamon stone || essonite f.; garnet m.; grossularite f. **a) ~stein** m. || essonite; cinnamon stone || essonite f.; grossulaire m. 17

Kanevas m. || canvas || canevas m. 18

Kaninchen-fell n. || rabbit skin || peau f. de lapin. **a) ~haar** n. || rabbit's hair || poil m. de lièvre. **b) ~stall** m. || hutch || clapier m. **c) ~zucht** f. || rabbit breeding || léporiculture f. **d) ~züchter** m. || rabbit breeder || léporiculteur m. 19

Kanister m. || canister || bidon m. **a) Kraftwagen~** || motor car can || bidon m. pour automobiles. 20

Kännchen n. || small can || petit bidon m.; burette f. 21

Kanne f. || can || pot m. **a)** ~ (Brennstoff) || can || bidon m.; burette f. **b)** ~ (Schmelzofen) || twyer || tuyère f. **c) Lack~** || varnish can || bidon m. à laque. **d) Öl~** || oil can || bidon m. d'huile. **e) vernickelte ~** || nickel-plated can || burette f. nickelée; bidon m. nickelé. 22

kannelieren || to chamfer; to channel; to flute || canneler. 23

Kannelier-gutsche f. || veining gouge || gouge f. á bretter. **a) ~hobel** m. || fluting plane || guillaume m. à canneler. **b) ~maschine** f. (Spinn) || fluting machine || machine f. à canneler. 24

Kannelierung f. (Bauk) || channels pl. of a column; fluting; channeling || cannelures fpl. **a)** ~ (Walzw) || groove || cannelure f. 25

Kannelkohle f. || cannel *or* candle coal || houille f. compacte; perroquet m. 26

Kannen-macher m. || pitcher maker || broquier m. **a) ~träger** m. (Spinn) || can carrier || porteur m. de pots. **b) ~wärter** m. (Spinn) || can tenter || soigneur m. de pots. **c) ~wieger** m. || weigh-boy tenter || échantillonneur m. 27

Kanone f. || cannon; gun || canon m. 28

Kanonen-bohrer m. || tube bit || mèche f. à canon(ner). **a) ~boot** n. || gun boat || canonnière f. **b) ~haubitze** f. || cannon-howitzer || canon-obusier m. **c) ~kugel** f. || cannon ball || boulet m. **d) ~lafette** f. || gun mounting || affût m. **e) ~metall** n. || gun metal || bronze m. à canons. **f) ~ofen** m. || bomb furnace || bloc m.; fourneau m. bloc. 29

Kanonschrift f. || canon || deux points mpl. de grosromain. 30

Kantbeitel m. || cant chisel; cant firmer chisel; wheeler's chisel || ciseau m. en biseau *ou* de charron. 31

Kante f. || edge; border; rim || tranche f.; bord m. **a)** ~ (Brett) || cant; edge; arris || carne f.; arête f.; tranche f. **b)** ~ (Mauer) || crest || crête f.; arête f. **c)** ~ (Webrand) || selvedge || lisière f. cordeline f. **d)** mit **abgerundeten ~n** fpl. || with rounded edges pl. || avec coins mpl. arrondis. **e) abgeschrägte ~** || chamfer; chamfered edge; bever cant || chanfrein m.; biseau m. **f) abgestoßene ~** || broken corner || écornure f. **g) ~n** fpl. **bearbeiten** || to machine the edges || dresser les arêtes fpl. **h) bestoßene ~** || trimmed edge || arête f. taillée. **i)** die **~n** fpl. **bestoßen** *s.* Kante f., die ~n fpl. bearbeiten. **k)** die ~ **brechen** || to chamfer the edge || faire le chamfrein. **l) Fenster~** || window edge || arête f. de la fenêtre. **m) geklöppelte ~** || pillow *or* bone lace || dentelle f. au fuseau. **n) hohe ~** f. eines Brettes || edge *or* narrow side of a board || carne f. *ou* champ m. *ou* tranche f. d'une planche. **o)** auf der **hohen ~** || on edge; on the narrow side || de champ m. **p) scharfe ~** || sharp edge || arête f. vive. **q)** mit **scharfen ~n** fpl. || keen edged; with sharp edges || à vive arête f.; présentant d'angles vifs mpl. **r) schmale ~** || edge || carne f. **s) zugeschärfte ~** || feather edge || chanfrein m.; biseau m. 32

kanten (Balken) || to cant; to overturn; to cant up; to turn up || rouler sur la carne; cabaner; renverser; faire l'abatage m. 33

Kanten-fräsmaschine f. || edge milling machine || chanfreineuse f. **a) ~hobelmaschine** f. für Bleche || plate edge planing machine || machine f. à chanfreiner les tôles. **b) ~pfahl** m. || bush pile || pieu m. de haie. **c) ~riegel** m. (Schloß) || flush-bolt of door || verrou m. à coulisse. **d) ~riß** m. || edge fracture || crevasse f. du bord. **e) ~schiene** f. (Eisenb) || edge-rail || ornière f.; bande f. saillante; rail m. à rebord. 34

Kanthaken m. (Schiffb) || cant hook || renard m. 35

Kantharide f. || cantharide; Spanish fly || cantharide f. 36

Kantholz n. || rectangular *or* square(d) timber || bois m. carré *ou* équarri *ou* d'équarrissage. 37

kant' Holz! || cant him! || roulez! 38

kantige Oberfläche f. || edged surface || surface f. anguleuse. 39

Kantille f. || purl; cantilla; bullion || cannetille f.; bouillon m. 40

Kantine f. (Werks) || canteen || cantine f. 41

Kant-ring m. (Zimm) || ring on the cant-hook || anneau m. du renard. **a) ~spant** n. || cant frame *or* timber || couple m. dévoyé *ou* élancé. 42

Kantung f. (Luftf) || tilting || inclinaison f. latérale. 43

Kantvorrichtung f. (Walzw) || tilter; tilting device || culbuteur m. **a)** ~ für **Walzwerke** || tilting device for rolling mills || culbuteur m. pour laminoirs. **b)** ~ und **Vorschiebevorrichtung** f. für **Walzwerke** || tilting and moving device for rolling mills || culbuteur m. et dispositif m. de déplacement *ou* d'avancement *ou* d'amenée pour laminoirs. 44

Kanu n. || canoe || canot m.; pirogue f. 45

Kanzel f. (Kirche) || pulpit || chaire f.; tribune f. sacrée. **a)** ~ (Met) || pulpit || banc m. de manœuvre. 46

Kanzeldach n. || soundboard; roof over a pulpit || abat-voix m. 47

Kanzelle f. (Bauw) || chancel; screen || écran m.; paraclose f.; parclose f. 48

Kanzlei-bedarf m., Fabrik f. für || factory for office appliances || fabrique f. d'articles de bureau. **a) ~papier** n. || foolscap *or* official paper ‖ papier m. écu *ou* de chancellerie. 1

Kaolin n. (Min) ‖ porcelain earth *or* clay; china clay; kaolin ‖ terre f. à porcelaine; kaolin m.; lithomarge f. **a)** ~ (Tuchm) ‖ lencinite ‖ lencinite f. **b) ~grube** f. ‖ china clay quarry ‖ carrière f. de terre à porcelaine. 2

Kaolinisierung f. ‖ kaolinization ‖ kaolinisation f. 3

Kaolin-sandstein m. ‖ arcose; kaoliniferous sandstone ‖ grès m. kaolinique *ou* feldspathique; arcose f. **a) ~schlämmerei** f. ‖ china clay washing ‖ laverie f. de kaolin. **b) ~schlämmaschine** f. ‖ kaolin decanting machine ‖ machine f. à laver le kaolin. 4

Kap n. (Erdk) ‖ cape; headland ‖ cap m. 5

Kapazität f. (Brückenb) ‖ water way ‖ débouché m.; ouverture f. **a)** ~ (Elektr) ‖ capacity ‖ capacité f. **b) elektrische** ~ ‖ electric capacity ‖ capacité f. électrique. **c) große** ~ ‖ large capacity ‖ grande capacité f. **d) kleine** ~ ‖ small capacity ‖ faible capacité f. **e) konzentrierte** ~ ‖ lumped capacity ‖ capacité f. concentrée. **f)** ~ eines **Sammlers** ‖ charge capacity ‖ capacité f. de charge. **g) verteilte** ~ ‖ distributed capacity ‖ capacité f. répartie. 6

kapazitätsarme Spule f. ‖ coil of low capacity ‖ bobine f. à capacité réduite. 7

Kapazitäts-faktor m. ‖ factor of capacity ‖ facteur m. de capacité. **a) ~kurve** f. ‖ capacity curve ‖ courbe f. de capacité. **b) ~messung** f. ‖ measurement of electrostatic capacity ‖ mesure f. de capacité. **c) ~probe** f. ‖ capacity test ‖ essai m. de capacité. **d) ~schwund** m. (Sammler) loss of capacity ‖ perte f. de capacité. 8

kapazitiv (Elektr) ‖ capacitive ‖ capacitif. **a) gemischt** ~ und **induktiv** (Elektr) ‖ combined inductive and capacitive ‖ combinaison f. d'inductif et de capacitif. **b) ~er Blindwiderstand** m. ‖ capacity reactance ‖ réactance f. capacitive. **c) ~es Mikrophon** n. ‖ condenser transmitter ‖ microphone m. électrostatique. 9

Kapelle f. (Met; Chem) ‖ cupel; test ‖ coupelle f. **a)** ~ (Bauk) ‖ chapel ‖ chapelle f. 10

Kapellen-kluft f. (Met) ‖ cupel-tongs pl. ‖ tenaille f. à coupelle. **a) ~ofen** m. (Met) ‖ assay *or* cupelling *or* muffle furnace. ‖ fourneau m. de coupelle. **b) ~probe** f. (Met) ‖ cupel test *or* assay; cupellation ‖ essai m. de coupelle. **c) ~raub** m. (Met) ‖ loss by cupellation ‖ perte f. par la coupellation. **d) ~silber** n. ‖ fine silver ‖ argent m. affiné *ou* de coupelle. **e) ~zange** f. (Met) ‖ cupel-tongs pl. ‖ tenaille f. à coupelle. **f) ~zug** m. (Met) ‖ loss by cupellation ‖ perte f. par la coupellation. 11

Kapern fpl. ‖ capers ‖ câpres fpl. 12

kapillar ‖ capillary ‖ capillaire. 13

Kapillardruck m. ‖ capillary pressure ‖ pression f. capillaire. 14

Kapillare f. ‖ capillary ‖ tube m. capillaire. 15

Kapillar-elektrometer n. ‖ capillary electrometer ‖ électromètre m. capillaire. **a) ~flasche** f. ‖ capillary bottle ‖ bouteille f. capillaire. 16

kapillarförmig ‖ capillary ‖ capillaire. 17

Kapillarität f. ‖ capillary attraction; capillarity ‖ capillarité f.; attraction f. capillaire. 18

Kapillaritätsstrom m. ‖ capillary current ‖ courant m. de capillarité. 19

Kapillar-meßmikroskop n. ‖ capillary reading microscope ‖ microscope m. de mesure capillaire. **a) ~rohr** n. ‖ capillary tube ‖ tube m. capillaire. **b) ~wirkung** f. ‖ capillary action *or* working ‖ action f. capillaire. 20

Kapital n. (Buchb) ‖ head band ‖ tranchefile f. **a)** das ~ **angreifen** ‖ to touch the capital ‖ entamer le capital. **b)** ~ **anlegen** ‖ to invest capital ‖ placer de l'argent. 21

Kapital n., **autorisiertes** ‖ authorized capital ‖ capital m. autorisé. **a) Betriebs~** ‖ funds pl.; stock; working capital ‖ capital m.; fonds mpl. **b) brach liegendes** ~ ‖ idle capital ‖ capital m. oisif. **c)** ~ **einfordern** ‖ to call for funds pl. ‖ appeler du capital. **d) eingetragenes** ~ ‖ registered capital ‖ capital m. social *ou* nominal. **e)** noch nicht **eingezahltes** ~ ‖ uncalled capital ‖ capital m. nonappelé. **f)** ~ **festlegen** ‖ to lock up capital ‖ immobiliser le capital. **g) flüssiges** ~ ‖ spare capital ‖ fonds mpl. disponibles. **h)** ~ **flüssig machen** ‖ to release capital ‖ mobiliser du capital m. **i) gezeichnetes** ~ ‖ subscribed capital ‖ capital m. souscrit. **k) großes** ~ (Buchdr) ‖ great capital; large letter ‖ grande capitale f. *ou* lettre f. **l)** ~ **hineinstecken** ‖ to invest capital ‖ engager du capital. **m) kleines** ~ ‖ small capital *or* letter; minuscula ‖ petite capitale f.; minuscule f. **n)** ~ **kündigen** ‖ to recall capital ‖ révoquer du capital. 22

Kapitäl n. (Bauw) *s.* Kapitell. 23

Kapital-anlage f., **mündelsichere** ‖ safe investment ‖ placement m. de tout repos. **a) ~buchstabe** m. ‖ capital ‖ capitale f.; lettre f. capitale. **b) ~einlage** f. ‖ share of capital ‖ apport m. 24

kapitalisieren ‖ to capitalize ‖ capitaliser. 25

kapitalisiert ‖ capitalized ‖ capitalisé. 26

Kapitalisierung f. ‖ capitalization ‖ capitalisation f. 27

Kapital-kasten m. (Buchdr) ‖ upper case for capitals ‖ haut m. de case pour capitales. **a) ~keil** m. (Buchdr) ‖ head bolt for capitals ‖ têtière f. *ou* bois m. de tête pour capitales. **b) ~konto** n. ‖ capital *or* stock account ‖ compte m. capital. **c) ~steg** m. (Buchdr) ‖ headstick for capitals ‖ bois m. plat pour capitales. 28

kapitalkräftig ‖ possessing ample capital; financially strong *or* powerful; sound; solid; well-founded ‖ disposant d'importants capitaux mpl. 29

Kapitalmarkt m. ‖ money market ‖ marché m. des capitaux. 30

Kapitän m., **Schiffs** ‖ captain of a ship ‖ capitaine m. d'un bateau. 31

Kapitell n. ‖ capital ‖ chapiteau m. **a) Glocke** f. eines **~s** ‖ bell *or* basket *or* drum *or* corbel of a capital ‖ vase m. *ou* corbeille f. *ou* tambour m. de chapiteau. 32

Kapitelldeckplatte f. ‖ abacus ‖ abaque m.; tailloir m. 33

Kaplanturbine f. ‖ Kaplan turbine ‖ turbine f. de Kaplan. **a)** ~ mit **regelbarem Laufapparat** und **Leitapparat** ‖ Kaplan turbine with adjustable runner vanes and guide blades ‖ turbine f. Kaplan avec appareil de marche réglable. 34

Kapok m. ‖ kapok; vegetable down ‖ capoc m.; duvet m. végétal. 35

Käppchen n. ‖ skull cap ‖ calotte f. 36

Kappe f. (Bauw) ‖ caping; capping; coping; top course; cope ‖ chaperon m.; tablettes fpl. **a)** ~ (Brückenb) ‖ top *or* head *or* ridge beam; cap ‖ chape f.; chapiteau m. **b)** ~ (Geom) ‖ calotte ‖ calotte f. **c)** ~ (Gasofen) ‖ vault ‖ voûte f.; couronne f. **d)** ~ (Kapuze) ‖ hood ‖ camail m. **e)** ~ (Kopfbedeckung) ‖ cap ‖ coiffe f. **f)** ~ (Schuhm) ‖ toecap ‖ bout m. de chaussure. **g) abnehmbare** ~ (Walzw) ‖ removable top ‖ chapeau m. amovible. **h) Abschluß~** ‖ cover strip ‖ chapeau m. arêtier. **i)** ~ eines **Dammes** ‖ summit *or* top of a dam ‖ crête f. *ou* couronnement m. *ou* sommet m. d'une digue. **k) Eck~** ‖ covering strip ‖ couvre-joint m. d'angle. **l) gedrückte** ~ (Bauk) ‖ depressed calotte ‖ calotte f. surbaissée. **m)** ~ eines **Kohlenmeilers** ‖ top of a coal-pile ‖ chemise f. *ou* tête f. d'une meule de carbonisation. **n) preußische** ~ ‖ Prussian cap ‖ voussette f. entre nervures. **o) Radnaben~** ‖ wheel hub cap ‖ chapeau m. de moyeu de roue. **p)** ~ über den Enden des **Tauwerkes** ‖ cap over the ends of the rigging ‖ coise f. *ou* capuchon f. pour bouts de manœuvres dormantes. **q) Türstocks~** (Bergb) ‖ cap-sill *or* lintel *or* horizontal-beam of a gallery-frame ‖ chapeau m. du châssis d'une galerie. 37

kappen (Gärtn; Forstw) ‖ to head; to poll; to lop-off; to top ‖ étêter; échouper; écimer; épointer. **a)** einen **Baum** ~ ‖ to top a tree ‖ étêter un arbre. **b)** das **Tau** ~ ‖ to cut the cable ‖ couper *ou* tailler le câble. 38

Kappen-leimer m. (Schuhm) ‖ tip paster ‖ colleur m. de bouts. **a) ~markierer** m. (Schuhm) ‖ tip marker ‖ pointeur m. de bouts. **b) ~näher** m. (Schuhm) ‖ tip stitcher ‖ piqueur m. de bouts. **c) ~schärfmaschine** f. (Schuhm) ‖ stiffener skiving machine ‖ machine f. à parer les contreforts. **d) ~schlüssel** m. ‖ spanner for caps ‖ clé m. pour couvercles. **e) ~steife** f. (Schuhm) ‖ heel-piece stiffening ‖ empois m. de paton. **f) ~stoff** m. (Schuhm) ‖ heel-piece stuff ‖ étoffe f. pour patons. **g) ~ziegel** m. ‖ capping brick; gutter-tile ‖ brique f. à chaperon; mitron m.; dalle f. de brique. **h) ~zuschneider** m. (Schuhm) ‖ toecap cutter ‖ coupeur m. de bouts. 39

Kappfenster n. (Bauw) ‖ window in a vaulting-cell ‖ lunette f.; fenêtre f. à lunette. 40

Käppi n. ‖ kepi ‖ képi m. 41

Kapplaken n. (Seew) ‖ primage; hat money ‖ chapeau m. de maître. 42

Kappung f. (Schwelle; Eisenb) ‖ jag; notch ‖ entaille f. 43

Kapsel f. ‖ capsule ‖ capsule f. **a)** ~ (zum Brennen von Porzellan) ‖ saggar ‖ gazette f.; cassette f. **b)** ~ (zum Brennen von Ton) ‖ saggar ‖ tambour m.; manchon m. **c)** ~ (Gieß) ‖ shell of mould ‖ enveloppe f. du moule. **d)** ~ (Masch) ‖ box; case ‖ enveloppe f. **e) Flaschen~** ‖ bottle cap; foil ‖ capsule f. pour bouteilles. **f) Holz~** ‖ wooden capsule ‖ étui m. en bois. **g) in** ~ ‖ in capsule ‖ en étui m. **h) pharmazeutische** ~ ‖ medicinal capsule ‖ capsule f. médicamenteuse. **i)** ~ zur **Verbindung** der **Ober-** und

Unterfeder (Wagenb) || box used for the joining of the lower and the upper spring || boîte f. d'assemblage du ressort supérieur et du ressort inférieur. 1

Kapsel-gebläse n. || Root's blower || ventilateur m. de Root; soufflerie f. Root. **a) ~guß** m. || chilled work || fonte f. coulée en coquille. **b) ~kompressor** m. || enclosed compressor || compresseur m. blindé. 2

Kapselmaschine f. für **Federn** || spring capping machine || capsuleuse f. à ressorts. **a) ~** f. für **Flaschen** || bottle capping machine || machine f. à capsuler les bouteilles. 3

Kapsel-mutter f. || capped nut || chapeau m. d'écrou fileté. **a) ~ständer** m. (Porzel) || support of saggars; cock-spur; triangle || cheval m. de frise; patte f. de cog. **b) ~stoß** m. (Porzel) || bung; pile; set of saggars || pile f. de cassettes. **c) ~ton** m. (Porzel) || saggar-clay || terre f. à cassettes. 4

Kapuze f. || hood || capeline f. 5

Karabiner m. || carbine || carabine f.; mousqueton m. **a) ~haken** m. || snap *or* spring hook || crochet m. porte-mousqueton; porte-mousqueton m. 6

Karaghenmoos n. || irish moss || lichen m. carragheen. 7

Karamel m. || caramel || caramel m. 8

Karamelbier n. || caramel beer || bière f. caramélisée. 9

karamelisieren || to convert into caramel || caraméliser. 10

Karamelisieren n. || conversion into caramel || caramélisation f. 11

karamelisierter Sirup m. || caramelized sirup || sirop m. caramélisé. 12

Karamelle f. || caramel || caramel m. 13

Karamellen-fabrikant m. || caramel maker; toffee maker; toffyman || fabricant m. de caramels. **a) ~schneider** m. || lozenge cutter || découpeur m. de caramels. 14

Karamelmalz n. || caramel malt || malt m. caramélisé; caramelmalt m. 15

Karat n. || carat || carat m. **a) ~gold** n. || alloyed gold || or m. allié. 16

karatieren, das Gold || to alloy gold with other metals || faire l'alliage de l'or avec un autre métal. 17

Karatierung f., **gemischte** || alloy of gold with copper and silver || alliage m. de l'or avec le cuivre et l'argent. **a) ~** des **Goldes** || alloying of gold with other metals || alliage m. de l'or avec un autre métal. **b) rote ~** || alloy of gold with copper || alliage m. de l'or avec le cuivre. **c) weiße ~** || alloy of gold with silver || alliage m. de l'or avec l'argent. 18

Karawanenhandel m. || caravan trade || commerce m. par caravanes. 19

Karbid n. || carbide || carbure m. **a) gepreßtes ~** || pressed carbide || carbure m. comprimé. **b) Kalzium~** || calcium carbide || carbure m. de calcium. 20

Karbid-beleuchtungskörper m. || carbide lamp || lampe f. à carbure. **a) ~fabrik** f. || carbide works || fabrique f. de carbure **b) ~herstellung** f. || production of calcium carbide || fabrication f. de carbure de calcium. **c) ~lampe** f. || carbide lamp || lampe f. à carbure. **d) ~ofen** m. || carbide furnace || four m. à carbure. 21

Karbolgaze f. || carbolated gauze || gaze f. phéniquée. 22

Karbolineum n. || carbolineum || carbolinéum m. 23

Karbolkalk m. || carbolic lime || chaux f. carbolique. 24

karbolsaures Kalzium n. || calcium phenylate || phénate m. de calcium. 25

Karbol-säure f. || carbolic acid || acide m. carbolique *ou* phénique. **a) ~seife** f. || carbolated *or* carbolic soap || savon m. (à l'acide) carbolique. **b) ~watte** f. || carbolated cotton || coton m. phénique. 26

Karbonat n. || carbonate || carbonate m. 27

karbonathaltig || carbonated || carbonaté. 28

karbonisches System n. (Geol) || carboniferous system || système m. carbonifère. 29

Karbonisier-anlage f., **kontinuierliche ~** für **Tuche** || continuous carbonizing plant for clothes || installation f. à carboniser les draps. **a) ~anstalt** f. || carbonizing workshop || atelier m. de carbonisation. **b) ~arbeiter** m. || carbonizer || carboniseur m. de laine. 30

karbonisieren (Spinn) || to carbonize || carboniser. 31

Karbonisierofen m. (Met) || carburizing furnace || four m. à cémenter aux gaz carburants. **a) ~** (Spinn) || carbonizing stove || four m. de carbonisation. **b) Druckgas-** und **~** (Met) || gas case-hardening *or* carburizing machine || four m. à cémenter aux gaz carburants. 32

karbonisiertes Bier n. || carbonated beer || bière f. artificiellement saturée d'acide carbonique. 33

Karbonisierung f. von **Wollgeweben** || wool cloth carbonizing || épaillage m. chimique des tissus de laine. 34

Karbonisiervorrichtung f. || carbonizing apparatus; carbonator || appareil m. à carboniser; carbonisateur m. 35

Karbonyl-chlorid n. || carbonyl chloride; phosgene || oxychlorure m. de carbone; phosgène m. **a) ~verbindung** f. || carbonyl composition || composé m. à carbonyle. 36

Karborundscheibe f. || carborundum wheel || meule f. carborundum. 37

Karborundum n. || carborundum || carborundum m. **a) ~papier** n. || carborundum paper || papier m. de carborundum. **b) ~stab** m. || carborundum rod || baguette f. en carborundum. **c) ~widerstand** (Elektr) || carborundum resistance || résistance f. de carborundum. 38

Karbür n. || carbide || carbure m. 39

Kardamom m. || cardamom || cardamome m. **a) ~öl** n. || cardamom oil || essence f. de cardamome. 40

Kardan-antrieb m. || Cardan shaft drive (transmission) || transmission f. à cardan. **a) ~aufhängung** f. || gimbal mounting || suspension f. à cardan. 41

Kardangelenk n. || Cardan *or* universal joint || joint m. universal *ou* de cardan; cardan m. **a) ~** mit **Kreuzzapfen** || cross pin Cardan joint || joint m. de cardan à croisillon. **b) ringförmiges ~** || ring type Cardan joint || joint m. de cardan à cercle. 42

kardanisch aufhängen || to suspend on gimbals; to hang by gimbals || suspendre à la cardan. 43

Kardan-übertragung f. || system of transmission by cardan || transmission f. à la cardan. 44

Kardanwelle f. || Cardan shaft; torque rod || arbre m. cardan; cardan m. **a) ~** mit **einem Gelenk** || single jointed drive shaft || arbre m. de cardan à un seul joint. **b) ~** mit **zwei Gelenken** || propeller shaft || arbre m. à deux cardans. 45

Kardätsche f. (Spinn) || card || étoqueresse f.; plaqueresse f.; carde f. 46

kardätschen (Spinn) || to card || carder. **a)** den **Stoff** m. **~** || to scratch *or* to raise the nap of cloth || égratigner *ou* lainer *ou* garnir l'étoffe f. 47

Kardätschen n. (Spinn) || carding || cardage m. **a) ~** von **Seidenabfall** || silk waste carding || peignerie f. de bourre de soie. 48

Kardätschen-führer m. (Spinn) || card tenter || conducteur m. de cardes. **a) ~-putzer** m. (Spinn) || card brusher || nettoyeur m. de cardes. 49

Kardätscher m. (Spinn) || carder; card feeder || cardeur m.; ouvrier m. de carderie; alimenteur m. de cardes. 50

Karde f. || card || carde f. **a) Deckel~** (Web) || fillet card || carde f. à feuilles. **b) ~** für **Spinnereimaschinen** || card for spinning machines || carde f. pour machines de filatures. 51

Kardeel n. (Seew) || strand; hawser-laid rope || cordon m. **a)** ein **Tau** n. in **~e zerlegen** || to unlay a rope || décommettre un cordage. **b) ~stropp** m. || grommet || anneau m. de corde; daillot m.; ringot m. 52

Karden-beschlag m. (Spinn) || card fitting || garniture f. de cardes. **a) ~distel** f. || teasel || chardon m. cardère. **b) ~nadelrichter** m. (Spinn) || card grinder || aiguiseur m. de cardes. **c) ~reinigungsbürste** f. (Web) || teasel cleaning brush || brosse f. à nettoyer les chardons. **d) ~schleifer** m. (Spinn) || card grinder || aiguiseur m. de cardes. **e) ~schleifmaschine** f. || card grinding machine || machine f. à affûter les cardes. **f) ~setzer** m. || card fixer; pin *or* card setter || bouteur m. *ou* régleur m. de cardes; débouteur m. **g) ~spindel** f. || teasel spindle || broche f. de chardon. 53

Karderie f. (Spinn) || card room || carderie f. 54

Kardinalpunkt m. || cardinal point || point m. cardinal. 55

Kardioide f. || cardioid || cardioïde f. 56

Kardioid-kondensor m. || cardioid condenser || condensateur m. cardioïde. **a) ~ultramikroskop** n. || cardioid ultramicroscope || ultramicroscope m. cardioïde. 57

Kardobenediktenkraut n. || blessed thistle herb || herbe f. de chardon bénit. 58

Karfunkelstein m. || almandine; almandeit; (garnet) carbuncle; pyrope; lychnis || almandite f.; almandine f.; grenat m. almandin *ou* pyrope; escarboucle m. 59

Kariteöl n. || shed oil || huile f. de Karité. 60

Karlsbader Salz n. || Carlsbad salt || sel m. de Carlsbad. **a) künstliches ~** || artificial Carlsbad salt || sel m. de Carlsbad artificiel. 61

Karmesin n. || crimson || cramoisi m. 62

Karmin n. || carmine || carmin m. 63

Karmin-blau n. || indigo-carmine; sulphindigotate of potassium || indigo m. soluble; céruléosulfate m. *ou* sulf-indigotate m. de potasse. **a) ~lack** m. || carmine lac || laque f. carminée. **b) ~rot** n. || carmine || carmin m. **c) ~spat** m. || carmin spar; carminite || spath m. carmine; carminite f. 64

Karmoisin n. || crimson || cramoisi m. 65

Karnallit m. || carnallite || carnallite f. 66

Karnat m. || carnat || carnat m. 67

Karnauba-wachs n. ‖ carnauba wax ‖ cire f. de carnauba. **a) ~ersatz** m. ‖ carnauba-wax substitute ‖ cire f. de carnauba imitée. 1

Karneol m. ‖ cornelian; carneol ‖ carnéole f.; cornaline f.; sardoine f. 2

Karnevalsgegenstände mpl. ‖ articles pl. for carnival ‖ articles mpl. de carnaval. 3

Karnieseisen n. (Tischl) ‖ quirk ogee iron ‖ fer m. doucine. **a) ~ mit Platte** ‖ common ogee iron with square ‖ fer m. de boudin à baguette. **b) ~ mit Platte** und **Rundstab** ‖ quirk ogee iron with square and bead ‖ fer m. de doucin à baguette. **c) ~ mit Rundstab** ‖ common ogee iron with quirk bead ‖ fer m. de talon à baguette. 4

Karnieshobel m. ‖ moulding *or* ogee *or* cornice plane ‖ grain m. d'orge; mouchette f.; rabot m. à moulures *ou* à doucine. **a) ~ mit Stäbchen** ‖ ogee plane with bead ‖ doucine f. guimpée. 5

Karnieshobeleisen n. ‖ quirk ogee iron ‖ fer m. doucine. 6

Karobe f. ‖ St. John's bread; carob (bean) ‖ caroube f.; carouge f. 7

Karolus-Zelle f. ‖ Karolus-cell ‖ couple m. photoélectrique Karolus. 8

Karosserie f. ‖ car *or* carriage body; body ‖ caisse f. d'auto; carosserie f. **a) auswechselbare ~** ‖ interchangeable body ‖ carrosserie f. interchangeable. **b) Ganzstahl~** ‖ all-steel body ‖ carrosserie f. tout acier. **c) geschlossene ~** ‖ enclosed body ‖ carrosserie f. fermée. **d) offene ~** ‖ open body ‖ carrosserie f. découverte. **e) ~ für Probefahrten** ‖ testing body ‖ carrosserie f. d'essai. **f) Stromlinien~** ‖ streamline body ‖ carrosserie f. à lignes fuyantes. **g) ~ mit verschiebbarem Dach** ‖ sliding roof body ‖ carrosserie f. à toit mobile. **h) ~ mit versenktem Verdeck** ‖ body with concealed hood ‖ carrosserie f. à capote invisible. **i) zerlegbare ~** ‖ detachable body ‖ carrosserie f. démontable. 9

Karosserie-abmessungen fpl. ‖ measurement over body ‖ dimensions fpl. de la caisse. **a) ~blech** n. ‖ body sheet ‖ tôle f. pour carosseries. **b) ~gerippe** n. ‖ framework of body ‖ squelette f. de caisse. **c) ~holzgestell** n. ‖ wooden framework of body ‖ encadrement m. de menuiserie de carrosserie. 10

Karotte f. (Tabak) ‖ carrot tobacco ‖ carotte f. de tabac. 11

Karraramarmor m. ‖ carrara marble ‖ carrare m. 12

Karre f. ‖ cart; (wheel) barrow ‖ charrette f.; brouette f. 13

Karren m. ‖ (wheel) barrow; cart ‖ brouette f.; charette f. **a) ~ einer Druckerpresse** ‖ carriage of a printing press ‖ coffre m. *ou* ferceau m. d'une presse d'impression. **b) Elektro~** ‖ electric truck ‖ chariot m. électrique. **c) ~ für Flaschen** ‖ bottle wheel barrow ‖ chariot m. à bouteilles. **d) Hand~** (mit einem Rad) ‖ wheel barrow ‖ brouette f. **e) Hand~** (mit zwei Rädern) ‖ hand cart *or* track ‖ (tombereau m. *ou*) charrette f. à bras. **f) Kasten~** ‖ box cart ‖ charrette f. à caisse. **g) Kipp~** ‖ tipping cart ‖ tombereau m.; camion m. basculant. **h) Kraft~** ‖ motor lorry ‖ chariot m. à moteur. **i) ~ eines elektrischen Kranes** ‖ electric crane truck ‖ truck m. électrique de grue. **k) Lauf~** (mit zwei Rädern) ‖ hand cart *or* track ‖ charrette f. à bras. **l) Schub~** (mit einem Rad) ‖ wheel barrow ‖ brouette f. **m) Wasser~** ‖ water cart ‖ charrette f. à eau. **n) zweiräd(e)riger ~** ‖ (hand) cart ‖ charrette f. 14

Karren-förderung f. ‖ wheeling; working *or* transport(ation) by the cart ‖ transport m. avec la charette. **a) ~kasten** m. (Druckerpresse) ‖ coffin ‖ train m. *ou* châssis du coffre. **b) ~läufer** m. ‖ barrow man ‖ brouetteur m. **c) ~macher** m. ‖ wheelbarrow maker ‖ brouettier m. **d) ~-station** f. (Fernm) ‖ cart type station wagon set ‖ station f. du type sur voiture. **e) ~transport** m. (Eisenb) ‖ cartage ‖ transport m. à la brouette *ou* au tombereau. **f) ~zähler** m. (Bergb) ‖ truck counter ‖ compteur m. de chariots. 15

karriert (Web) ‖ checked; checkered ‖ quadrillé à carreaux. 16

Karst m. (Landw) ‖ prong hoe ‖ houe f.; hoyau m. 17

Kartätsche f. ‖ case shot; grape shot ‖ cartouche f. *ou* boîte f. à mitraille *ou* à belles. 18

Karte f., die **~ berichtigen** ‖ to correct the map ‖ corriger la carte. **a) gleichgradige ~** ‖ plane chart ‖ carte f. plate *ou* plane. **b) hydrografische ~** ‖ chart; sea-chart; hydrographical map ‖ carte f. marine *ou* nautique *ou* hydrographique. **c) Isothermen~** ‖ isothermal chart *or* map ‖ carte f. des isothermes. **d) Mercators~** ‖ Mercator's chart ‖ carte f. réduite *ou* de Mercator. **e) reduzierte ~** ‖ Mercator's chart ‖ carte f. réduite. **f) topographische ~** ‖ topographical map ‖ carte f. topographique. 19

Kartei f. ‖ card index *or* register ‖ cartothèque f.; casier m.; fichier m. **a) ~karte** f. ‖ index card; card for card registers ‖ carte f. de cartothèque *ou* de classement. **b) ~kasten** m. ‖ card index box ‖ boîte f. de cartothèque. 20

Karten-binder m. (Web) ‖ Jacquard card lacer ‖ enlaceur m. de cartons. **a) ~brief** m. ‖ letter card ‖ carte-lettre f. **b) ~drucker** m. ‖ map printer ‖ imprimeur m. de cartes géographiques. **c) ~halter** m. ‖ map holder ‖ porte-cartes m. **d) ~kleber** m. (Pap) ‖ card sticker ‖ assembleur m. de cartes. **e) ~kopieren** n. (Web) ‖ card repeating ‖ repiquage m. de cartons. **f) ~locher** m. ‖ ticket nippers pl. ‖ pince f. de contrôle. 21

Kartenloch-maschine f. (Web) ‖ card punching machine ‖ machine f. à piquer les cartons; piqueuse f. pour cartons. **a) ~zange** f. ‖ ticket nippers pl. ‖ pince f. de contrôle. 22

Karten-maßstab m. ‖ scale of the map ‖ échelle f. de la carte. **a) ~papier** n., **geglättetes** ‖ satin paper for cards ‖ carton m. glaçé *ou* satiné. 23

Kartenschläger m. (Web) ‖ card cutter ‖ liseur m. au semple. **a) Jacquard~** ‖ Jacquard card puncher ‖ perceur m. de cartons Jacquard. 24

Kartenschlägerei f. im **Handbetrieb** ‖ card punching by hand ‖ perçage m. de cartons à la main. **a) mechanische ~** ‖ dobby card punching ‖ perçage m. au métier. 25

Karten-schlagmaschine f. (Web) ‖ card punching machine ‖ machine f. à piquer les cartons; piqueuse f. pour cartons. **a) ~schoner** m. ‖ map protector ‖ poche f. pour enfermer la carte. 26

kartenstarkes Papier n. ‖ thick *or* card paper ‖ papier m. fort pour cartes. 27

Karten-stecher m. ‖ geographical engraver ‖ graveur m. de cartes géographiques. **a) ~tasche** f. ‖ pocket for cards; map case *or* pocket ‖ poche f. pour cartes; porte-cartes m. **b) ~tisch** m. ‖ map table ‖ table f. pour étaler la carte. **c) ~verbesserung** f. ‖ correction of the map ‖ amélioration f. de la carte; correction f. apportée à la carte. **d) ~verbinden** n. (Web) ‖ card lacing ‖ enlaçage m. de cartons. **e) ~werk** n. ‖ cartography; map work (A); atlas ‖ atlas m. 28

Karthamin n. ‖ carthamine ‖ carthamine f.; rouge m. *ou* rose m. végétal. 29

Kartierung f. ‖ tracing a map ‖ confection f. d'une carte. 30

Kartoffel f. ‖ potato ‖ pomme f. de terre. 31

Kartoffel-ausgraber m. ‖ potato grubber *or* digger ‖ arracheur m. *ou* piocheuse f. de pommes de terre. **a) ~auslesemaschine** f. ‖ potato sorting apparatus *or* drum ‖ appareil m. *ou* tambour m. à assortir les pommes de terre. **b) ~bauer** m. ‖ potato grower; cultivator of potatoes ‖ planteur m. de pommes de terre. **c) ~brennerei** f. ‖ starch spirit distillery ‖ distillerie f. de pommes de terre. **d) ~dämpfer** m. ‖ potato steamer ‖ étuve f. pour pommes de terre. **e) ~erntemaschine** f. ‖ potato digging *or* gathering machine ‖ machine f. à récolter les pommes de terre; arracheur m. de pommes de terre. **f) ~-kulturgerät** n. ‖ potato planting implement ‖ outil m. pour la culture des pommes de terre. **g) ~legemaschine** f. ‖ potato planting machine ‖ planteur m. mécanique de pommes de terre. **h) ~mehl** n. ‖ potato flour; fecula; farina ‖ farine f. *ou* fécule f. de pommes de terre. **i) ~mehlfabrik** f. ‖ potato starch manufacture ‖ féculerie f. **k) ~quetsche** f. ‖ potato crusher ‖ machine f. à écraser les pommes de terre; écraseur m. de pommes de terre. **l) ~schäler** m. ‖ peeling knife ‖ couteau m. à peler. **m) ~schälmaschine** f. ‖ potato peeling machine ‖ machine f. à peler les pommes de terre. **n) ~schneider** m. ‖ potato cutting machine ‖ machine f. à hacher les pommes de terre. **o) ~schneid- und -Quetschmaschine** f. ‖ potato cutting and mashing machine ‖ machine f. à couper et à écraser les pommes de terre. **p) ~sortiermaschine** f. ‖ potato sorting apparatus *or* drum ‖ appareil m. *ou* tambour m. à assortir les pommes de terre. **q) ~stärke** f. ‖ potato starch *or* flour; farina ‖ amidon m. *ou* fécule f. de pommes de terre. **r) ~verarbeitungsmaschine** f. ‖ potato working machine ‖ machine f. pour la préparation industrielle des pommes de terre. **s) ~wäsche** f. ‖ potato washer ‖ laveur m. de pommes de terre. **t) ~waschmaschine** f. ‖ potato washer ‖ appareil-laveur m. de pommes de terre. 32

Kartograf m. ‖ cartographer ‖ cartographe m. 33

Kartografie f. ‖ map printing; cartography ‖ cartographie f. 34

kartografisches Werk n. ‖ cartographic work ‖ ouvrage m. cartographique. 35

Karton m., **lose in ~s** mpl. ‖ loose in carton ‖ en vrac. **a) photografischer ~** ‖ photographic cardboard || carton m. pour la photographie. 1

Kartonage f. || cardboard *or* pasteboard box || cartonnage m.; boîte f. en carton. **a) geprägte ~** || embossed cardboard box || cartonnage m. estampé. 2

Kartonagen-arbeiter m. || pasteboard article maker || cartonnier m. **a) ~beschläge** mpl. || cardboard box fittings pl. || garnitures fpl. pour cartonnages. **b) ~decke** f. || box top || couvercle m. de cartonnages. **c) ~drahthefter** m. || cardbox wire stitcher || agrafeur m. de cartonnages. **d) ~fabrik** f. || cardbox manufacturing || fabrique f. de cartonnages. **e) ~fertigung** f. || cardboard goods manufacture || fabrication f. de cartonnages. **f) ~kleber** m. || cardbox gluer || colleur m. de cartonnages. **g) ~leim** m. || box makers glue || colle f. pour cartonnages. **h) ~maschine** f. || cardboard *or* cardbox machine || machine f. pour la fabrication des cartonnages; machine f. à cartonnages. 3

Kartonagewaren fpl. || cardboard articles pl. || cartonnages mpl. 4

Kartonherstellungsmaschine f. || cardboard manufacturing machine || machine f. pour fabriquer le carton. 5

kartonieren || to put in boards || cartonner. 6

Karton-industrie f. || cardboard industry || industrie f. du carton. **a) ~papier** n. || cardboard; pasteboard; limed millboard || carton m. en feuilles de papier collées; papier-carton m. **b) ~schere** f. || scissors pl. for cardboard || ciseaux mpl. à carton. **c) ~schneider** m. (Buchb) || board cutter || coupeur m. de carton. 7

Kartothek f. *s.* Kartei. 8

Kartusche f. || gun cartridge || gargousse f.; cartouche f. 9

Kartuschenhülse f. || shell of gun cartridge || douille f. de gargousse *ou* de cartouche. 10

Karussell n. || round-about; merry-go-round || carrousel m. (forain). 11

Karussell-bad n. (Galv) || revolving bath || bain m. tournant. **a) ~drehbank** f. || lathe with horizontal face plate || tour m. à plateau horizontal. **b) ~kran** m. || carrousel crane || grue f. à carrousel. 12

Karvel-nagel m. || belaying pin || cabillot m; cheville f. de tournage. **a) ~werk** n. || carvel work || bordage m. en carvelle *ou* à joints carrés. 13

Karyatide f. || caryatide; caryate || cariatide f.; caryatide f. 14

Kaschiermaschine f. für **Papier** und **Karton** || pasting machine for paper and cardboard || machine f. à doubler le papier et le carton. 15

Kaschmir m. || cashmere || cachemire m. **a) ~schal** m. || cashmere shawl || châle m. de cachemire; cachemire m. **b) ~wolle** f. || kashmir *or* cashmere *or* cashemire wool || laine f. de cachemire. **c) ~ziegenhaar** n. || cashmere goat's hair || poil m. de chèvre cachemire. 16

Kaschu n. || cachou || cachou m. 17

Käse m. || cheese || fromage m. **a) ~** (für Schmelztiegel) || crucible stand || fromage m.; tourte f. **b) Backstein~** || baked cheese || fromage m. cuit. **c) frischer ~** || fresh cheese || fromage m. frais. **d) gegorener ~** || fermented cheese || fromage m. fermenté. 18

Käse-bäcker m. || cheese baker || cuiseur m. de fromage. **a) ~form** f. || cheese mould || moule m. à fromage; caserette f. **b) ~former** m. || cheese moulder || mouleur m. de fromage. **c) ~formmacher** m. (Korbm) || cheese sieve maker || cazerotier m. 19

Kasein n. || casein || caséine f. **a) pflanzliches ~** || vegetable casein; legumine || caséine f. végétale; légumine f. 20

kaseinartig || caseous || caséeux. 21

Kasein-farbstoff m. || casein paint || couleur f. à caséine. **a) ~kaltleimpulver** n. || casein cold glue powder || colle f. froide de caséine en poudre. **b) ~leim** m. || cheese *or* casein glue || colle f. de caséine. 22

Käse-kühlraum m. || cheese cooling room || chambre f. froide à fromage. **a) ~leim** m. || caseum *or* cheese glue || colle f. caséine. 23

Kasematte f. || casemate || casemate f. 24

Käse-messer n. || cheese knife || couteau m. à fromage. **a) ~prüfnadel** f. || cheese tryer || sonde f. à fromage. 25

Käser m. || cheese maker || fromager m.; marcaire m. 26

Käserei f. || cheese making; cheese dairy || fromagerie f. **a) ~einrichtung** f. || equipment for cheese factories || installation f. de fromagerie. 27

Kaserne f. || barracks pl. || caserne f. 28

Kasernen-herd m. || military kitchen || cuisine f. militaire. **a) ~schiff** n. || receiving ship || caserne f. flottante. 29

Käse-salzer m. || cheese salter || saleur m. de fromages. **a) ~stoff** m. || casein || caséine f. 30

käsig || curdy; caseous || caillebotté; caséeux. **a) ~ ausscheiden** || to coagulate; to curdle || se coaguler; se prendre. **b) ~er Niederschlag** m. || curd; curdy precipitation || précipité m. caillebotté; caillé m. 31

Kaskade f. || cascade || cascade f. 32

Kaskaden-batterie f. || battery by cascade || batterie f. en cascades. **a) ~schaltung** f. || cascade connection || couplage m. en cascade; montage m. en tandem. **b) ~spannungswandler** m. || cascade voltage transformer || transformateur m. de potentiel à cascade. **c) ~umformer** m. || cascade converter || convertisseur m. en cascade. **d) ~verstärkung** f. || cascade amplification || amplification f. en cascade. 33

Kasko n. || body; hull || corps m. (et quille f.) **a) ~versicherung** f. || insurance on hull and appurtenances || assurance f. sur corps et quille. 34

Kasperletheater n. || punch and judy show || théâtre m. de polichinelle. 35

Kassa f. gegen Dokumente || cash against documents || paiement m. contre documents. 36

Kassationsgericht n. || Court of Cassation || cour f. de cassation. 37

Kasse f. **abgeschlossen** || cash *or* register closed || caisse f. fermée. **a) per ~** || for *or* by cash || comptant. **b) Registrier~** || cash register || caisse f. enregistreuse. **c)** die **~** gibt den **Scheck** mit **Doppelaufdruck** aus || the register issues duplicate checks || la caisse émet ticket double. 38

Kasseler-braun n. || Cassel brown *or* earth || brun m. *ou* terre f. de Cassel. **a) ~gelb** n. || Cassel yellow || jaune m. de Cassel. 39

Kassen-abschluß m. || balancing of (cash) accounts *or* books; cash balance; cashing up || clôture f. de la caisse. **a) ~anweisung** f. || cash order; bank note *or* bill; cheque; check (A) || bon m. de caisse; billet m. de banque. **b) ~bestand** m. || cash balance || montant m. de l'encaisse. 40

Kassenblock m. || cash block || bloc m. de caisse. **a) ~klammer** f. || cash block clip || pince f. pour blocs de caisse. **b) ~rotationsdruckmaschine** f. || cash block rotary printing machine || machine f. rotative à imprimer les blocs de caisse. 41

Kassen-bote m. || bank messenger || garçon m. de recette. **a) ~buch** n. || cash book || livre m. de caisse. **b) ~leergang** m. || change of register || change m. de caisse. **c) ~schein** m. || cash order; bank note or bill; cheque; check (A) || billet m. de banque; bon m. de caisse. **d) ~schrank** m. || cash-box; safe || caisse f. **e) ~sperrschloß** n. || lock for cash register || serrure f. de caisse. 42

Kassette f. || cash box; casket || cassette f. **a) ~** (Lichtb) || back || châssis m. **b) ~** (Porzellanbrennerei) || saggar || cassette f. **c) Doppel~** (Foto) || double dark slide || châssis-double m. **d) Doppelschlitten~** || double dark slide || châssis m. à deux chariots. **e)** mit einer Platte **geladene ~** (Foto) || dark slide loaded with a plate || châssis m. chargé d'une plaque. **f) Metall~** (Allg) || tin cash box || cassette f. métallique. **g) Metall~** (Lichtb) || metal dark slide || châssis m. métallique. **h) Rollfilm~** || roll film container || châssis m. à bobine muni de rouleaux de film. 43

Kassetten-decke f. (Bauw) || ceiling with bays; coffered ceiling || plafond m. à caissons. **a) ~schlitten** m. || dark slide carriage || chariot m. du châssis. 44

Kassia-körner npl. || cassia kernels pl. || graines fpl. de cassie. **a) ~schote** f. || cassia pod || casse f.; gousse f. de cassie. 45

kassieren || to annul; to cancel; to quash || casser; annuler; destituer. 46

Kassierer m. || cashier || caissier m. 47

Kassiervorrichtung f. (Fernm) || coin box || poste m. à prépaiement. 48

Kassiterit m. || cassiterite || cassitérite f. 49

Kastanie f. (Frucht) || chestnut || châtaigne f. 50

Kastanienauszug m. || chestnut extract || extrait m. de châtaignier. 51

Kastanienbaum m. || chestnut tree || châtaignier m. **a) wilder ~** || horse chestnut tree || marronnier m. d'Inde. 52

kastanienbraun || chestnut brown; auburn || brun châtain. 53

Kastanienbraun n. || maroon; chestnut brown || couleur f. rouge foncée; châtain m. 54

Kastanienholz n., **wildes** || horse-chestnut wood || marronnier m. d'Inde. **a) ~auszug** m. || chestnut wood extract || extrait m. de bois de châtaignier. 55

Kastanien-klauberin f. || chestnut peeler || éplucheuse f. de marrons. **a) ~mehl** || n. chestnut meal || farine f. de chataignes. **b) ~mühle** f. || chestnut grinding mill || moulin m. à châtaignes. **c) ~rinde** f. || chestnut bark || écorce f. du châtaignier. 56

Kästchen n. || small box; small case || coffret m. 57

Kasten m. || case; chest; box || caisse f. **a) ~** (Tonbrennerei) || saggar || tambour m.; manchon m. **b) eiserner ~** || iron caisson || caisson m. en fer. **c) Hobel~** || plane stock || fût m. de rabot. **d) hölzerner ~** || wooden box *or* case || coffre(t) m. en bois. **e) Metall~** (Schreibm) || metal hood || coffre m. métallique. **f)** ~ für **Musikinstrumente** || case for musical instruments || étui m. pour instruments de musique. **g) Öl~** || oil-bath || bain m. d'huile. **h) Ring~** (für Edelsteinfassung) || bezel || chaton m. **i)** ~ einer **Rolle** || shell; pulley frame || caisse f.; chape f.; corps m. d'une poulie. **k) Wagen~** (Eisenb) || box of freight car || caisse f. de voiture. 1

kastenartiger Stützrollenträger m. || supporting roller pedestal in box-form || support m. des rouleaux d'appui en forme de boîte. 2

Kasten-aufsatz m. box || caisse f. **a) ~beschläger** m. (Wagenb) || body ironer || ferreur m. en voitures. **b) ~bett** n. || box-form bed || bâti m. en forme de caisson. **c) ~biegepresse** f. || body forming machine || presse f. à former les corps de boîtes. **d) ~blau** n. || pencil blue || bleu m. de pinceau *ou* d'application. **e) ~brücke** f. || bridge of airproof cases || pont m. de caisses. **f) ~damm** m. || coffer dam || bâtardeau m. **g) ~drachen** m. || box kite || cerf-volant m. cellulaire. **h) ~drusen** fpl. (Min) || hopper-shaped crystals pl. || cristaux mpl. en forme d'escalier. **i) ~fenster** n. || box type window || fenêtre f. à caisson. **k) ~förderband** n. || scraper band || bande f. à raclettes. 3

Kastenform f. || box form || forme f. caisse. **a)** ~ (Gieß) || flask mould || moule m. en châssis. 4

Kastenformerei f. (Gieß) || sand casting between flasks; flask moulding || moulage m. en châssis. 5

kastenförmig, hydraulisch gepreßte ~e **Stahlbleche** npl. || box-shaped steel plates pl. pressed by hydraulic power || tôles fpl. d'acier embouties à la presse hydraulique en forme de boîtes. 6

Kasten-gebläse n. || chest blowing machine; chest bellows pl. || soufflets mpl. à caisse *ou* à piston de bois. **a) ~gestell** n. || box-shaped bed || bâti m. formant caisson. **b) ~guß** m. || flask *or* box casting || coulage m. *ou* coulé m. *ou* moulage m. en châssis. **c) ~hälfte** f. || half-box || demi-châssis m. **d) ~holm** m. || box spar || longeron m. en caisson. **e) ~karren** m. || trunk barrow; box cart || charrette f. à caisse. **f) ~keimapparat** m. || germinating box || case f. de germination. **g) ~kette** f. || chain of buckets; bucket chain || chapelet m. *ou* chaîne f. à godets. **h) einseitiger ~kipper** m. || one side dump tip box wagon || wagonnet m. à caisse basculante d'un seul côté. **i) ~kippwagen** m. || lowry tip wagon || basculeur m. à caisse. **k) ~lafette** f. || box-trail carriage || affût m. rigide *ou* monoflèche. **l) ~oberwange** f. (Schere) || box upper beam || sommier m. supérieur. **m) ~platte** f. (Sammler) || box plate || plaque f. de caisse. **n) ~pult** n. (Büro) || box desk || coffre-pupitre m. **o) ~rad** n. (Wasserb) || cellular *or* chest wheel || roue f. à augets *ou* à godets. **p) ~rinne** f. || conveying trough || chéneau m. de transport en bois; transporteur m. à caisse. **q) ~rippe** f. || box rib || nervure f. en caisson. **r) ~rundkipper** m. || all-round box tip wagon || wagonnet m. à caisse basculante dans toutes les directions. 7

Kastenschleuse f. || square sluice || écluse f. carrée. **a)** ~ mit **einflügeliger Tür** || one door square sluice || écluse f. carrée à une seule porte. 8

Kastenschloß n. || case *or* box lock || serrure f. à palastre. **a) deutsches** ~ || rim lock || serrure f. à secret *ou* à ressort caché. **b)** ~ mit **schrägem Umschweif** || cased lock with sloping borders || serrure f. à bosse. 9

Kasten-spiere f. || box spar || longeron-caisson m. **a) ~teil** m. (Wagen) || body part || partie f. de caisse. **b) ~tisch** m. (Werkzeugmasch) || box table || table f. cubique. **c) ~träger** m. || box girder || poutre f. en caisson *ou* à boîte. **d) ~wage** f. || box scale || balance f. à caisse. 10

Kastenwagen m. || box cart; trolly; dray || chariot m. à bords. **a)** ~ (Eisenb) || box freight car; open wagon || wagon m. à caisse. **b) normalspuriger eiserner** ~ || iron box freight car for standard gauge || wagon m. à caisse en fer à écartement normal. 11

Kasten-werkzeug n. || block tool || semelle f. à combinaisons. **a) ~zimmerung** f., die ~ schlagen (Bergb) || to jam props pl. and stalls pl. || jeter le cuvelage. 12

Katadioptrik f. || catadioptrics pl. || catadioptrique f. 13

katadioptrisch || catadioptric; catadioptrical || catadioptrique. 14

Katalog m. *s. auch* Preisliste || catalogue || catalogue m. **a) Sonder~** || special catalogue || catalogue m. spécial. 15

Katalog-bezeichnung f. || reference title of the catalogue || désignation f. du catalogue. **a) ~preis** m. || catalogue *or* list price || prix m. de catalogue. **b) ~satz** (Buchdr) || composition of catalogues || composition f. de catalogues. 16

Katalysator m. || catalyser; catalyst || catalyseur m.; catalysateur m. 17

Katalyse f. || catalysis || catalyse f. 18

katalysieren || to catalyse || catalyser. 19

katalytisch || catalytic || catalytique. **a) ~e Verbrennung** f. || catalytic combustion || combustion f. catalytique. 20

kataphorische Wirkung f. || electric osmose *or* endosmose || endosmose f. électrique. 21

Katapult m., **preßluftgetriebener** || compressed air impulse catapult || catapulte f. de lancement à air comprimé. **a) pulvergetriebener** ~ || powder impulse catapult || catapulte f. de lancement à poudre. 22

Katarakt m. || cataract || cataracte f. 23

Kataster m.; n. || land register; cadastre || registre m. des taxes; cadastre m. 24

Katastervermessung f. || cadastral survey-(ing) || mesure f. cadastrale; arpentage m. cadastral. **a)** ~ nach der **Polarmethode** || cadastral survey by the polar method || levé m. du cadastre par la méthode polaire. 25

Katechu n. || catechu; cutch; cashoo || catéchou m.; cachou m. 26

Kategorie f. || category || catégorie f. 27

Katgut n. || catgut || catgut m. 28

Kathedralglas n. || cathedral glass || verre m. cathédrale. 29

Kathete f. || one of the small sides pl. of a rectangular triangle || un des petits côtés mpl. d'un triangle rectangle. 30

Kathode f. || cathode || cathode f. 31

Kathoden-oszillograf m. *s.* ~strahlen-oszillograf. 32

Kathodenstrahl m. || cathode ray || rayon m. cathodique. 33

Kathodenstrahlen-oszillograf m. || cathode ray oscillograph || oscillographe m. cathodique. **a) ~relais** n. || cathode stream relay || relais m. à rayons cathodiques. 34

kathodische Abscheidung f. des Goldes || cathodic separation of gold || séparation f. cathodique de l'or. 35

Katigenfarbstoff m. || katigene dye || couleur f. de catigène. 36

Kation n. || cation || cation m. 37

Katoptrik f. || catoptrics pl. || catoptrique f. 38

Katralglas n. für Staroperierte || Katral lens for persons operated for cataract || verre m. Katral pour les opérés de la cataracte. 39

Katt f. (Seew) || cat || capon m. **a)** ~ (Wasserb) || bollard || corps m. mort. **b)** ein **Boot vor** eine ~ **legen** || to moor a boat || mettre la chaloupe sur le fer. 40

Katt-anker m. || backing anchor || empennelle f. **a) ~block** m. || cat block || poulie f. de capon. 41

katten, den Anker m. || to cat the anchor || caponner l'ancre. 42

Katt-fall n. || cat fall || garant m. du capon. **a) ~gien** f. || cat tackle || palan m. de capon. **b) ~haken** m. || cat hook || croc m. du capon. **c) ~kette** f. || cat chain || capon m. en chaîne. **d) ~läufer** m. || cat fall *or* rope || garant m. du capon. **e) ~sporen** fpl. || riders pl. || porques fpl. **f) ~spuren** fpl. *s.* ~sporen. **g) ~stander** m. || standing part of the cat fall || dormant m. du capon. 43

Kattsteert m. || a plaited tail of a tail block || amarrage m. à fouet. **a) ~schot** f. || pointed rope || cordage m. *ou* écoute f. en queue de rat. 44

Katt-stopper m. || cat head stopper || bosse f. de bout. **a) ~takel** n. || cat tackle || palan m. de capon. 45

Kattun m. || (heavy make of) calico || calicot m. fort. **a) Bett~** || bed ticking || calicot m. pour literie. **b) Buchbinder~** || embossed calico || toile f. de coton gaufrée. **c) Druck~** || printed calico || calicot m. imprimé; indienne f. **d) Futter~** || calico for lining || calicot m. pour doublure. **e) Glanz~** || glazed calico || lustrine f. 46

Kattun-druck m. || calico printing || impression f. de tissus de coton. **a) ~drucker** m. || calico printer || indienneur m. **b) ~druckerei** f. || calico printing || impression f. d'indiennes. **c) ~druckmaschine** f. || calico printing machine || machine f. à imprimer la toile de coton. **d) ~färber** m. || cotton dyer || teinturier m. sur coton. **e) ~weberei** f. || manufactory of calico; calico weaving mill || tissanderie f.; fabrique f. de tissus de calicot. 47

Katze f. (Hebezeug) || travelling crab || chariot m. **a) Hänge~** || travelling crab || chariot m. suspendu. **b) innenlaufende** ~ || inside running crab || chariot m. circulant à l'intérieur. **c) Lauf~** || travelling crab || chariot m. roulant. **d)** ~ eines **Scherrahmens** (Web) || jack *or* heck box of a warping mill || plot m. *ou* giette f. d'un ourdissoir. **e) Seilzug~** (Hebezg) || rope-drawn crab *or* hauled crab || chariot m. mu par câbles. 48

Katzen-auge n. (Min) || cat's eye || œil m. de chat. **a) ~darm** m. || catgut || catgut m. 49

Katzenfell n. || catskin || peau f. de chat. **a) ~überzug** m. || catskin cover || taie f. en peau de chat. 50

Katzengold n. || cat gold; yellow glimmer || faux-or m.; mica m. jaune. 51

Katzenkopf m. (Schiffb) || chain toggel || trésillon m. **a)** ~ (Schloss) || bolt staple || pêne m. en bords. **b)** **~schloß** n. || box lock || serrure f. aubéronnière. 1

Katzenpfötchenblüten fpl. || cat's foot flowers pl. || fleurs fpl. de pied de chat. 2

Katzen-rücken m. des Kiels || camber *or* cambering of the keel || arc m. de la quille. **a)** **~silber** n. || mica || mica m. **b)** **~wagen** m. || crab carriage || treuil m. **c)** **~winde** f. || crab winch || treuil m. roulant. 3

katzfahren || to traverse the crab || déplacer le chariot. 4

Katzfahrgeschwindigkeit f. || traversing speed of the crab || vitesse f. de déplacement du chariot. 5

Kaue f. (Bergb) || coe; coop || hangar m.; abri m. 6

kaufen || to buy || acheter. 7

Kauf-glätte f. || litharge for sale; commercial litharge || litharge f. marchande *ou* en poudre. **a)** **~haus** n. || trading house; warehouse; store rooms pl. || maison f. de commerce; bazar m. **b)** **~kraft** f. || purchasing *or* buying power || pouvoir m. d'achat. 8

Kaufläche f. || masticating surface || surface f. triturante. 9

Kauf-laden m. || store; store house; merchant's shop || boutique f.; magasin m. de marchand. **a)** **~lust** f. || demand || demande f. **b)** **~mann** m. || merchant || marchand m. 10

kaufmännisches Unternehmen n. || commercial enterprise || entreprise f. commerciale. 11

Kauf-preis m. || buying price || prix m. d'achat. **a)** **~vertrag** m. || contract of purchase || contrat m. de vente. **b)** **~zink** n. || commercial zinc || zinc m. ordinaire. 12

Kausche f. || thimble; gutter ring; cord eye || cosse f.; passe-fils m.; anneau m. de gouttière. **a)** **Herz~** || heart-shaped thimble || cosse f. en forme de cœur. 13

kaustisch || caustic || caustique. 14

Kaustizierung f. || caustification || caustification f. 15

Kautabak m. || twist tobacco; chewing tobacco || tabac m. à chiquer *ou* à mâcher. 16

Kauter m. || cautery || cautère m. 17

Kaution f. || deposit; security || cautionnement m.; caution f. 18

kautionsfähig || able to put up security || capable de fournir un cautionnement. 19

Kautionswechsel m. || guarantee bill || cautionnement m. 20

kautschen (Pap) || to couch || coucher. 21

Kautschen n. (Pap) || couching || couchage m. 22

Kautscher m. (Pap) || coucher || coucheur m.; couchart m. 23

Kautschuk m. || caoutchouc; india-rubber; elastic gum || caoutchouc m.; gomme f. élastique. **a)** ~ in **flüssigem Zustand** || caoutchouc in liquid state || caoutchouc m. à l'état liquide. **b)** **gehärteter** ~ || hardened caoutchouc || caoutchouc m. durci. **c)** mit anderen Stoffen **gemischter** ~ || with other materials mixed caoutchouc || caoutchouc m. mélangé d'autres matières. **d)** **Hart~** || hard caoutchouc || caoutchouc m. durci. **e)** ~ in **Klumpen** oder **Blöcken** || caoutchouc in lumps or blocks || caoutchouc m. en masses ou en blocs. **f)** ~ in **Kuchen** || caoutchouc in cakes || caoutchouc m. en nappes. **g)** ~ in **Kugel-** oder **Brotform** || caoutchouc in balls or breads || caoutchouc m. en boules ou en pains. **h)** **künstlicher** ~ || artificial caoutchouc || caoutchouc m. artificiel. **i)** ~ in **Lösung** || caoutchouc in solution || caoutchouc m. en solution. **k)** ~ in Verbindung mit **Metall** || caoutchouc in addition of metal || caoutchouc m. en addition de métal. **l)** **natürlicher** ~ || natural caoutchouc || caoutchouc m. naturel. **m)** ~ in **rauhen Blättern** oder **Platten** || caoutchouc in rough leaves or plates || caoutchouc m. en feuilles ou plaques rugueuses. **n)** **regenerierter** ~ || regenerated caoutchouc || caoutchouc m. régénéré. **o)** ~ **reinigen** || to purify caoutchouc || déchiqueter le caoutchouc. **p)** **roher** ~ || raw caoutchouc || caoutchouc m. brut. **q)** ~ **schwefeln** || to vulcanize || vulcaniser. **r)** **synthetischer** ~ || synthetic caoutchouc || caoutchouc m. synthétique. **s)** **umgeschmolzener** ~ || recasted caoutchouc || caoutchouc m. refondu. **t)** **vulkanisierter** ~ || vulcanized caoutchouc || caoutchouc m. vulcanisé. **u)** **weder bearbeiteter noch verarbeiteter** ~ || unworked nor manufactured caoutchouc || caoutchouc m. non ouvré ni manufacturé. **v)** **Weich~** || soft caoutchouc || caoutchouc m. souple. 24

Kautschuk-abfall m. || waste of caoutchouc || déchet m. de caoutchouc. **a)** **~baum** m. || hevea caoutchouc || hévé m.; hévée f. **b)** **~blatt** n. || sheet of caoutchouc || feuille f. de caoutchouc. **c)** **~bruch** m. || caoutchouc breakage || brisure f. de caoutchouc. **d)** **~buchstabe** m. || letter of caoutchouc || lettre f. en caoutchouc. **e)** **~dichtung** f. || rubber packing || joint m. *ou* garniture f. en caoutchouc. **f)** **~faden** m. || filament of caoutchouc || fil m. de caoutchouc. **g)** **~fassung** f. (Opt) || vulcanite mount || monture f. caoutchouc. **h)** **~flasche** f. bottle of india-rubber || poire f. *ou* bouteille f. de caoutchouc. **i)** **~gebiß** n. || rubber denture || dentier m. en caoutchouc. **k)** **~gewebe** n. || caoutchouc tissue || tissu m. en caoutchouc. 25

Kautschukindustrie f. || caoutchouc industry *or* trade || industrie f. du caoutchouc. **a)** **~maschine** f. || caoutchouc trade machine || machine f. pour l'industrie du caoutchouc. 26

Kautschuk-kitt m. || caoutchouc cement || ciment m. *ou* mastic m. de caoutchouc. **a)** **~leim** m. || caoutchouc glue || colle f. de caoutchouc. 27

Kautschukmasse f. || caoutchouc paste || pâte f. de caoutchouc. **a)** **vulkanisierte** ~ für zahnärztliche Zwecke || vulcanized caoutchouc paste for dentists || pâte f. de caoutchouc vulcanisée pour dentistes. 28

Kautschuk-milch f. || caoutchouc milk || lait m. de caoutchouc. **a)** **~öl** n. || caoutchoucin || essence f. de caoutchouc. **b)** **~packung** f. || rubber packing || garniture f. en caoutchouc. **c)** **~pflaster** n. || rubber surgical plaster; rubber base plaster || emplâtre m. au caoutchouc. **d)** **~puffer** m. || india-rubber buffer || tampon m. à rondelles de caoutchouc. **e)** **~pulver** n. || caoutchouc powder || poudre f. de caoutchouc. **f)** **~röhre** f. || caoutchouc tube || tube m. en caoutchouc. **g)** **~schaum** m. || mousse rubber || caoutchouc-mousse m. **h)** **~schlauch** m. || caoutchouc hose || tuyau m. en caoutchouc. **i)** **~schnitzel** mpl. || caoutchouc chips pl. || rognures fpl. de caoutchouc. **k)** **~sohle** f. || sole of caoutchouc || semelle f. en caoutchouc. **l)** **~stempel** m. || caoutchouc pad; rubber stamp || cachet m. *ou* marquoir m. *ou* timbre m. en caoutchouc. **m)** **~stopfen** m. || rubber cork *or* stopper || bouchon m. en caoutchouc. **n)** **~stöpsel** m. || caoutchouc stopple || bouchon m. de caoutchouc. **o)** **~treibriemen** m. || rubber belt || courroie f. en caoutchouc. **p)** **~überzug** m. || cover of caoutchouc || enduit m. à base de caoutchouc. **q)** **~umspinner** m. für Seidenfäden || rubber thread coverer with silk || guipeur m. de caoutchouc. **r)** **~walzwerk** n. || rubber rolling machine || laminoir m. à caoutchouc. 29

Kautschukwaren fpl. || caoutchouc *or* india-rubber goods pl. || ouvrages mpl. de caoutchouc. **a)** **Bruchstücke** mpl. von alten ~ || fragments pl. of old caoutchouc goods || débris mpl. de vieux (ouvrages en) caoutchouc. 30

Kautschukziffer f. || cipher *or* figure of caoutchouc || chiffre m. en caoutchouc. 31

Kavalier m. (Dachd) || ridge plate || plomb m.; tôle f. de faîtage. 32

Kavallerie-draht m. || field-wire for cavalry || fil m. isolé pour la cavalerie. **a)** **~sendegerät** n. || transmitter for cavalry || transmetteur m. pour cavalerie. 33

Kaviar m. || caviar[e] || caviar m. **a)** **~ersatzstoff** m. || substitute of caviar[e] || succédané m. de caviar. **b)** **~zubereiter** m. || caviare dresser || préparateur m. de caviar. 34

Kavielnagel m. || belaying pin || cabillot m.; cheville f. de tournage. 35

Keep f. (Schiffb) || notch; channel; jag || entaille f.; coche f.; goujure f.; rainure f. **a)** ~ (Zimm) || slit || embrèvement m. 36

Kefir m. || kefir || kéfir m. **a)** **~pilz** m. || kefir fungus || fungus m. kéfir. 37

Kegel m. || cone || cône m. **a)** ~ (Spiel) || skittle; ninepin || quille f. **b)** **Auslaß~** || exhaust valve cone || cône m. de soupape d'échappement. **c)** **Einlaß~** || admission valve cone || cône m. de soupape d'admission. **d)** **Friktions~** || friction cone || cône m. à friction. **e)** **gerader** ~ || right *or* upright cone || cône m. droit *ou* vertical. **f)** **schiefer** ~ || scalene *or* oblique cone || cône m. scalène *ou* oblique. **g)** **Schrift~** || body *or* shank *or* depth of a letter; type-body || corps m. de lettre; force f. de corps d'un caractère. **h)** **vulkanischer** ~ || volcanic cone || cône m. volcanique. 38

Kegel-achse f. || axis of the cone || axe m. du cône. **a)** **~band** n. (Schloß) || loop and hook; hinge with hook || fiche f. à gond *ou* à repos; penture f. à gond. **b)** **~boje** f. || can buoy || bouée f. conique. **c)** **~brecher** m. || conical breaker || concasseur m. à cônes. **d)** **~bremse** f. || cone brake || frein m. à cône de friction. **e)** **~fläche** f. || conical surface || surface f. conique. **f)** **~form** f, || conical shape || conicité f. 39

kegelförmig || conical || côné; en forme f. de cône; conique. **a)** ~ **zuspitzen** || to taper || ajuster cône; donner du cône; faire (le) cône; tailler cône. **b)** **~er Kessel-**

schuß m. || taper shell ring || virole f. conique de chaudière. 1

Kegel-gestalt f. || conical shape || forme f. conique. **a) ~getriebe** n. || bevel gear || engrenage m. conique d'angle. **b) ~griff** m. || tapered machine handle || poignée f. conique. **c) ~grund** m. || pebble *or* flinty ground || fond m. de cailloutage. **d) ~-herd** m. (Bergb; Met) || round buddle || table f. conique. **e) ~hülse** f. || taper sleeve; conical socket || douille f. conique. 2

kegelig || conical; cone-shaped; coniform || côné; en forme f. de cône; conique. **a) ~er Stift** m. || taper pin || goupille f. conique. 3

Kegel-innenring m. (Kugellager) || single row inner race with taper bore || bague f. intérieure à alésage conique. **a) ~kugel** f. || skittle ball || boule f. de quilles. **b) ~kugellager** n. || cup and cone bearing || roulement m. à billes par cône et cuvettes. **c) ~kuppe** f. || tapered top || coupe f. conique. **d) ~kupplung** f. || cone coupling *or* clutch || accouplement m. conique *ou* par cônes; embrayage m. à cône. **e) ~-lager** n. || cone bearing || coussinet m. à cône. **f) ~meßgerät** n. || instrument for testing tapers || appareil m. pour la vérification de cônes. 4

Kegelrad n. || angular *or* bevel *or* conical *or* mitre wheel || roue f. conique *ou* d'angle. **a) großes Differentialantriebs~** || differential axle drive bevel gear || pignon m. du centre du différentiel. **b) kleines Differentialantriebs~** || differential axle drive bevel pinion || pignon m. différentiel. **c) ~ mit Holzzähnen** || bevel gear wheel with wooden teeth || roue f. conique à denture de bois. 5

Kegelrad-antrieb m. || bevel gear drive || transmission f. à pignon conique. **a) ~ausgleichsgetriebe** n. || bevel gear || engrenage m. différentiel à pignon conique. **b) ~paar** n. || pair of bevel wheels || paire f. de roues coniques. **c) ~werk** n. || wheel-work with conical gearing || engrenage m. à roues coniques. 6

Kegelrad-fräsmaschine f. || bevel gear cutting machine || machine f. à tailler les roues coniques. **a) ~getriebe** n. || bevel gear || engrenage m. conique; roues fpl. d'angle. 7

Kegelradhobelmaschine f. || bevel gear *or* bevel wheel planing machine || machine f. à raboter les engrenages *ou* les pignons coniques. **a) halbselbsttätige ~** || semi-automatic bevel gear planing machine || machine f. semi-automatique à raboter les engrenages coniques. **b) selbsttätige ~** || automatic bevel gear planing machine || machine f. automatique à raboter les engrenages coniques. 8

Kegelradschleifmaschine f. || bevel gear grinding machine || machine f. à rectifier les engrenages coniques. **a) selbsttätige ~** || automatic bevel gear grinding machine || machine f. automatique à rectifier les engrenages coniques. 9

Kegelradverzahnung f. || bevel wheel toothing || denture f. à pignons coniques. 10

Kegelradvorfräsmaschine f. || bevel gear roughing-out machine || machine f. à ébaucher les engrenages coniques. **a) selbsttätige ~** mit horizontalem Aufspannbolzen || automatic bevel gear roughing-out machine with horizontal work arbor || machine f. automatique à ébaucher les engrenages coniques avec mandrin porte-pièce horizontal. 11

Kegel-riemenscheibe f. || cone pulley || poulie f. à cône. **a) ~rollenlager** n. || taper roller bearing || roulement m. à rouleaux coniques. **b) ~rost** m. (Met) || conical grate || grille f. conique. **c) ~-schnitt** m. || conic section || section f. conique. **d) ~senkschraube** f. || countersunk head bolt screw || vis f. à tête fraisée conique. **e) ~spiel** n. || pin and skittle || jeu m. de quilles. 12

Kegelstift m. || tapered pin || tige f. *ou* goupille f. conique. **a) ~ mit Gewindezapfen** || tapered pin with threaded end || goupille f. conique avec tige filetée. 13

Kegel-stumpf m. || truncated cone || cône m. tronqué. **a) ~ventil** n. || conical valve || soupape f. conique. 14

Kehl-balken m. || collar beam || petit *ou* second entrait m.; entrait m. supérieur. **a) ~blech** n. (Dachd) || gutter lead; flashing || noquet m. 15

Kehle f. (Anatomie) || throat || gorge f. **a) ~** (Techn) || groove; hollow; gorge || creusure f.; rainure f.; gorge f.; cannelure f. **b) ~** (Zimm) || throat || gorge f. **c) ~ der Axt** || neck of a hatchet || néron m. d'une hache. **d) Hohl~** || hollow || congé m. **e)** die Beanspruchung f. in der ~ des **Zapfens** || the stresses pl. in the neck of the pin || les efforts mpl. au congé du tourillon. 16

Kehleisen n. || moulding plane iron || fer m. à moulure *ou* de grain d'orge. 17

kehlen || to groove; to channel || creuser; rainer. 18

Kehlhobel m. || hollow *or* hollowing *or* round sole plane || gorget m.; gorge-fouille f.; varlope f. onglée; nacelle f. **a) ~** (Simshobel) || moulding *or* ogee *or* cornice plane || grain m. d'orge; mouchette f.; rabot m. à moulures. **b) ~ mit Anschlag** || moulding plane with ledge || mouchette f. à joue; grain m. d'orge à joue. 19

Kehl-hobeleisen n. || moulding plane iron || fer m. à moulure *ou* de grain d'orge. **a) ~hobelmaschine** f. || wood moulding machine || machine f. à moulures. 20

Kehlkopf m. || larynx || larynx m. **a) ~-spiegel** m. || laryngeal mirror; laryngoscope || miroir m. laryngien; laryngoscope m. 21

Kehl-leiste f. (Bauk) || ogee; cyma reversa || talon m.; gueule f. renversée; cymaise f. lesbienne. **a) ~maschine** f. || moulding machine || machine f. à moulurer; raineuse f. **b) ~messer** n. || moulding cutter || fraise f. à moulurer. **c) ~riemen** m. || throat lash *or* band || sous-gorge f. **d) ~rinne** f. (Dachd) || gutter tile; valley channel *or* gutter || noue f. cornière; noulet m. **e) ~schifter** m. || valley rafter || noulet-chevron m.; chevron m. à noulet. **f) ~sparren** m. || valley rafter || noulet-chevron m.; chevron m. à noulet. **g) ~stichbalken** m. || collar hammer beam || petit entrait m. retroussé. **h) ~stoß** m. *s.* ~leiste. 22

Kehlung f. || moulding || moulure f. 23

Kehlziegel m. (Eckziegel) || gutter *or* corner tile || noue f.; nolet m.; chanée f.; tuile f. imbricée *ou* cornière. **a) ~** (Hohlziegel) || hollow tile || tuile f. creuse *ou* gouttière *ou* canal. 24

Kehr-besen m. || broom || balai m. **a) ~bewegung** f. (Mech) || reversing motion || mouvement m. alternatif. **b) ~bild** n. || inverted image || image f. inversée. **c) ~blech** n. || dust pan || pelle f. aux balayures. 25

Kehre f. (Bewegung) || turn || virage m. **a) ~** (Straße) || turn(ing) || tournant m.; courbe f.; lacet m. **b) ~ einer Serpentinenstraße** || turn(ing) of a serpentine road || lacet m.; courbe f. *ou* tournant m. d'une route en lacets. 26

Kehrherd m. (Bergb) || jagging board || table f. allemande *ou* à balais. 27

Kehricht m. || mud; sweepings pl. || boue f.; balayures fpl. **a) ~abfuhrwagen** m. || refuse removing cart || chariot m. pour enlèvement des ordures. **b) ~behälter** m. || dustbin || poubelle f. **c) ~schaufel** f. || dust pan || pelle f. à ordures. **d) ~verbrennung** f. || burning of dust || incinération f. d'ordures. 28

Kehrmaschine f., Straßen || street cleansing machine || machine f. à balayer les rues. **a) Teppich~** || carpet cleansing machine || machine f. à brosser les tapis. 29

Kehr-pflug m. || turn wrest plough || charrue f. tourne-oreille. **a) ~rad** n. || rack || roue f. hydraulique à deux directions. **b) ~salpeter** m. || native *or* swept saltpetre; saltpetre-sweepings pl. || salpêtre m. de houssage. 30

Kehrseite f. (Buchdr) || even page; reverse || page f. paire; verso m. **a) ~ einer Münze** || reverse of a coin || pile f. *ou* revers m. d'une monnaie. 31

Kehrstange f. || porter || ringard m. 32

Keigrund m. || pebble *or* flinty ground || fond m. de cailloutage. 33

Keil m. || wedge || coin m.; cale f. **a) ~** (Buchdr) || quoin; sliding quoin || coin m. **b) ~** (Schlußstein) || key || clef f. de voûte. **c)** den **~ antreiben** || to drive-in the wedge || enfoncer la cale. **d)** den **~ anziehen** || to tighten the cottar || serrer la clavette. **e) ~ eines Bolzens** || forelock-key *or* forelock of a bolt || clavette f. d'arrêt f. **f) Einlege~** || layed-in key; round-ended taper sunk key || clavette f. encastrée. **g) einen ~ eintreiben** || to drive in a wedge || enfoncer un coin; serrer une clavette. **h) Eisen~** || iron wedge || coin m. en fer. **i) eiserner ~** (Bergb) || gad; miner's wedge || coin m. en fer; aiguille f. du mineur. **k) eiserner ~** (Buchdr) || iron quoin || coin m. de fer. **l) Flach~** || flat key || clavette f. conique sur méplat; clavette f. plate. **m) gespaltener ~** || slit *or* split cotter || clavette f. fendue. **n) Hohl~** || hollow key; saddle key || clavette f. conique creuse. **o) Holz~** || wooden wedge *or* quoin || coin m. en bois. **p) Kreuzkopf~** || adjusting *or* tightening wedge || clavette f. de réglage; coin m. d'ajustage. **q) Nasen~** || gib key; gib-headed key; nose key || clavette f. à talon. **r) Nasenhohl~** || gib headed saddle key || clavette f. creuse à talon. **s) Schließ~** (Buchdr) || quoin || coin m. de serrage. **t) Schlüssel~** || key || clavette f. **u) schräger ~** || inclined quoin || biseau m. **v) Spalt~** || riving knife || couteau m. diviseur. **w) Spitz~** (Bergb) || wedge; spare || picot m. **x) Stell~** || adjusting *or* tightening wedge || clavette f. de réglage; coin m. d'ajustage. **y) Tangential~** || tangent keying || clavette f. tangentielle. **z) Treib~** || taper sunk key; forced-in key || clavette f. conique; clavette f. chassée. 1

a) ~ und Lösekeil m. || gib and cotter || clavette f. et contre-clavette. **b) ~ des Ventils** || valve spring retainer lock || clavette f. de soupape. 2

Keil-achshobler m. (Werkzeugmasch) || spline shaper || machine f. à raboter les arbres à clavettes prises dans la masse. **a) ~anstellung** f. || wedge pass-gap-setting device || réglage m. par coin. **b) ~anzug** m. || taper of key || serrage m. de la clavette. 3

Keilbolzen m. || cotter bolt || boulon m. à clavette. **a) hölzerner ~** || wooden wedge || épite f. 4

Keilbreite f. || width of key || largeur f. de clavette. 5

keilen || to quoin; to wedge || coincer. 6

Keil-feder f. || coiled spring || ressort m. à languette. **a) ~ferse** f. || American heel || talon m. américain. **b) ~fersenvorrichtung** f. || pouch heel apparatus || dispositif m. à faire les talons américains. 7

keilförmig || wedge sized *or* shaped || cunéiforme; en forme f. de coin. **a) ~ zuschneiden** || to cut on the slant || biaiser. **b) ~e Platte** f. || wedge-shaped plate || plaque f. à forme conique. 8

Keilhaue f. (Bergb) || pike; pick; pickaxe; miner's axe; slitter || pic m. ordinaire *ou* à roc. **a) ~ für die Arbeit im Gestein** || pick for working on the rock || pic m. à pierre *ou* à roc. 9

Keil-höhe f. || thickness of key || épaisseur f. de clavette. **a) ~klemme** f. (Eisenb) || wedge rail anchor || dispositif m. d'ancrage à coin. 10

Keilloch n. || cotter slot || encoche f. de clavette. **a) ~ des Hobels** || mouth of the plane || lumière f. du rabot. 11

Keil-lochhammer m. || slotting hammer; stone splitting hammer || marteau m. pour trous à clavette. **a) ~nase** f. || keyhead || talon m. de clavette. **b) ~nut** f. || key way; key groove || rainure f. de clavette; mortaise f. 12

Keilnutenfräsmaschine f. || key groove milling machine || machine f. à fraiser les rainures de clavettes. **a) selbsttätige ~** || automatic keyway milling machine || machine f. automatique à fraiser les rainures de clavettes. 13

Keilnuten-hobelmaschine f. || key way planing machine; key way cutting machine || machine f. à raboter les rainures de clavettes. **a) ~ziehmaschine** f. || key seater || machine f. à faire les rainures de clavettes. 14

Keilnut-platte f. || plate with wedge shaped groove || plaque f. à rainure en coin. **a) ~scheibe** f. || grooved pulley || poulie f. à gorge. 15

Keil-rad n. || wedge-friction wheel; grooved friction wheel || roue f. à gorge *ou* à coin. **a) ~rädergetriebe** n. || wedge-friction gear; multiple V-gear; frictional grooved gearing || engrenage m. à friction; transmission f. à friction par poulies à gorge. **b) ~rahmen** m. (Buchdr) || chase for board-sides; quoin chase || châssis m. à coin. **c) ~riemen** m. || cone belt || courroie f. en forme de coin. **d) ~ring** m. || conical ring || bague f. conique. **e) ~rücken** m. || back of the wedge || dos m. du coin. **f) ~schrift** f. || arrow headed letters pl. *or* types pl. || caractères mpl. cunéiformes. **g) ~spaltmethode** f. || wedge cleaving method || méthode f. qui consiste à fendre au moyen de coins. **h) ~stahl** m. || key bar || barre f. à clavette. **i) ~steg** m. (Buchdr) || inclined quoin || biseau m.; bois m. de corps. **k) ~stein** m. (Bauw) || archstone || voussoir m. 16

Keilstift m. || taper pin || cheville f. **a) ~herstellungsmaschine** f. || taper pins making machine || machine f. à fabriquer les chevilles. 17

Keilstück n. || wedge formed part || pièce f. en forme de coin *ou* conique. **a) ~** (Gieß) || false core; drawback || pièce f. rapportée *ou* de rapport. 18

Keiltisch m. || tilting table || table f. inclinable. 19

Keiltreiber m. (Buchdr) || shooting stick || cignoir m.; chasse-coins m. **a) ~** (Buchdr. Arbeiter) || wedge man || homme m. de bois. **b) ~** (Werkzeugmasch) || cotter key || chasse-foret m. conique; chasse-clavette m. 20

Keilung f. || wedging || calage m. 21

Keil-verbindung f. || keying || clavetage m. **a) ~verschluß** m. (Buchdr) || wedge closing contrivance; lever stick || fermeture f. à coin. **b) ~vorrichtung** f. der Zugstange am Schleusentor || keying of the tie of a lock gate || clavetage m. des tirants d'une porte d'écluse. 22

Keilwellen-schleifeinrichtung f. || spline shaft grinding attachment || dispositif m. à rectifier les arbres baladeurs. **a) ~schleifmaschine** f. || key shaft grinding machine || machine f. à rectifier les arbres à rainures. 23

Keilziegel m. || feather-edged *or* wedge-shaped brick || brique f. en coin. 24

Keim (Bot) || germ || germe f. **a) ~** (Kristall) || crystal nucleus || germe m. cristallin. 25

Keimapparat m. || sprouting *or* germinating apparatus || germoir m. d'essai; germinateur m. 26

keimen || to sprout; to germinate || germer. 27

keimfrei || free from germs pl.; sterile || exempt de bactéries fpl.; sterilisé. 28

Keim-kraft f. || germinating power || faculté f. germinative. **a) ~tötung** f. || destruction of the bacteria || destruction f. des microbes. **b) ~trommel** f. || germinating *or* malting drum || tambour-germeur m.; tambour m. à germer *ou* de germination. 29

Keimung f. || germination; sprouting || germination f. 30

Kek m. *s.* Keks. 31

Keks m. || cake; biscuit || biscuit m. anglais. **a) ~fabrik** f. || cake-factory || fabrique f. de cakes. 32

Kelch m. (Botanik) || **calyx** || calice m. **a) ~** (Gefäß) || cup; goblet || coupe f.; goblet m. **b) ~glas** n. || goblet || coupe f. en cristal. 33

Kelle f. (Bauw) || trowel || truelle f. **a) ~** (Holzlöffel) || wooden spoon || cuiller f. en bois. **b) eine ~ voll** || a trowel full || une truellée. **c) Gieß~** || ladle; hand ladle || poche f.; cuiller f. **d) Gips~** || plastering trowel || platronoir m. **e) Kratz~** || notched trowel || truelle f. brettée. **f) Maurer~** || trowel || truelle f. **g) Probe~** || assay trowel || truelle f. d'essai. 34

Kellenmacher m. || wooden spoon maker || || fabricant m. de cuillers en bois. 35

Keller m. || cellar; cave || cave f.; cellier m.; sous-sol m. **a) ~** (Bergb) || enlargement || carrefour m. **b) Felsen~** || rock *or* tunnel cellar || cave f. creusée dans le roc. **c) Flaschen~** || bottle shop; bottling department || canetterie f. **d) Flaschenbier~** || bottle beer store || cave f. à bouteilles à bière. **e) Gär~** || fermentation room; fermenting cellar; tun *or* vat room || cave f. de fermentation; entonnerie f. 36

Keller-aufzug m. || cellar lift || monte-charges m. de cave. **a) ~bursche** m. (Brau) || cellarman || garçon m. de cave. 37

Kellerei f. || cellarage || sommellerie f.; caves fpl. **a) ~** (Brau) || brewery || brasserie f. **b) Faß~** || cask cellarage || caves fpl. à tonneaux. **c) Flaschen~** || bottle cellarage || caves fpl. à bouteilles. **d) Sekt~** || champagne cellarage || caves fpl. à champagnes. **e) Wein~** || wine cellarage || caves fpl. à vins. 38

Kellerei-arbeiter m. || cellarman; cellarer || cuviste m.; sommelier m.; ouvrier m. de cave. **a) ~gegenstände** mpl. || butler's implements pl. || articles mpl. pour caves. **b) ~maschine** f. || cellarage machine; device for breweries || machine f. pour caves de brasseries. 39

Kellerfenster n. || cellar window || fenêtre f. de cave. **a) liegendes ~** || cellar sky light || vue f. de terre. 40

kellerfeuchte Matrize f. || cellar damp matrix || flan m. humide. 41

Keller-gewölbe n. || cellar vault || voûte f. de cave. **a) ~mauer** f. || cellar wall || mur m. de cave. **b) ~meister** m. || (head) cellarman || cuviste m.; sommelier m.; chef m. de cave. **c) ~sinkkasten** m. (Bauw) || cellar sink water trap || siphon m. de décantation de cave. **d) ~treppe** f. || cellar stairs pl. || escalier m. de cave. 42

Kellner m. || waiter || garçon m. **a) ~taste** f. || waiter key || touche f. du garçon. 43

Kelp n. || kelp || kelp m. 44

Kelter f. || wine press || pressoir m. **a) Apfel~** || cider press || presse f. à cidre. 45

Kelter-boden m. || wine press bottom || maie f. **a) ~butte** f. || wine dosser || hotte f. battue *ou* poissée. **b) ~mantel** m. || wine press cloak *or* mantle || manteau m. du pressoir. 46

keltern || to press the grapes pl. || pressurer les raisins mpl. 47

Keltern n. von Obst || fruit pressing || pressurage m. de fruits. 48

Kennleitwert m. (Elektr) || indicial admittance || admittance f. indicatrice. 49

Kennlinie f. || characteristic line || courbe f. *ou* ligne f. caractéristique. **a) ~ von Eisenwiderständen** || characteristic curve of iron filament ballast lamps || courbe f. caractéristique des ballasts. **b) ~ von Elektronenröhren** || characteristic of thermionic valves || caractéristique f. de triodes. **c) Verbrauchs~** || consumption characteristic || courbe f. caractéristique de consommation. 50

Kennmarke f. (Abzeichen) || identification mark || plaque f. d'identité. **a) ~** (Opt) || line of orientation || repère m. de montage. 51

Kenntlichmachung f. (Chem) || characterisation || caractérisation f. 52

Kennzeichen n. || sign; distinguishing mark; token || marque f. distinctive; signe m. caractéristique. **a) ~in Email** || enamelled badge || insigne m. en émail. 53

kennzeichnen || to characterize || caractériser. 1

Kennziffer f. (Selbstanschl) || code number || numéro m. indicatif. **a)** ~ eines **Logarithmus** || characteristic of a logarithm || caractéristique f. d'un logarithme. 2

Kenterhaken m. (Schiffb) || cant hook || renard m. 3

kentern (Balken) || to cant; to overturn; to cant up; to turn up || rouler sur la carne; cabaner; renverser; faire l'abatage. **a)** ~ (Schiff) || to overset; to be overset; to capsize || chavirer; sombrer; faire capot; capoter. 4

Kentern n. des Stromes (Seew) || turn of the tide || changement m. *ou* renversement m. de la marée. 5

Keramik f. || ceramic || céramique f. **a) Fein~** || fine ceramic || céramique f. fine. **b) Grob~** || ordinary ceramic || céramique f. grosse. **c) Kunst~** || art ceramics pl. || céramique f. d'art. **d) zahnärztliche ~** || dental ceramic || céramique m. dentaire. 6

Keramik-maschine f. || ceramic machine || machine f. pour la céramique. **a) ~waren** fpl. || pottery || poterie f. 7

keramisch || ceramic || céramique. **a) ~er Brennofen** m. || ceramic kiln || four m. céramique. **b) ~e Buntdruckerei** f. || artistic establishment for ceramic printing in colours || atelier m. artistique à imprimer des produits céramiques en couleurs. **c) ~es Erzeugnis** n. || ceramics pl. || produit m. céramique. **d) ~e Farbe** f. || potter's colour || couleur f. céramique. **e) ~e Industrie** f. || ceramic industry || industrie f. céramique. **f) ~e Rohstoffe** mpl. || raw materials pl. of pottery || matières fpl. premières de l'industrie céramique et de la poterie. **g) ~er Stoff** m. || material for pottery || matière f. pour l'industrie céramique. 8

Kerat n. || chloride of silver; horn silver; kerargyrite; kerate || argent m. corné *ou* muriaté; kérargyrite f.; mine f. d'argent corné. 9

Keratometer n. || keratometer || kératomètre m. 10

Kerb m. || jag; notch; (flat) indent || entaille f.; encoche f. **a)** ~ (Bergb) || cutting; kerving || échancrure f. latérale. **b)** ~ einer **Nähnadel** || groove *or* channel of a needle || cannelure f. chas d'une aiguille à coudre. **c) Rund~** || round notch || entaille f. à fond arrondi. **d) Scharf~** || V-notch; V-shaped notch || entaille f. en V. 11

Kerbe f. *s.* Kerb. 12

kerben || to notch || entailler. **a)** ~ (Kohle) || to cut; to kerve || couper. **b)** die **unterschrämte Kohle ~** || to cut *or* to kerve the curved coal || couper l'échancrure f. latérale; couper la coulaie; xhaver. 13

Kerben-fügung f. || slit and tongue-joint || assemblage m. par embrèvement. **a) ~macher** m. (Nadl) *s.* ~stampfer. **b) ~stampfer** m. || groove ram; needle stamper || estampeur m. des aiguilles à coudre. 14

Kerb-haue f. (Bergb) || pick; pickaxe; pike || pic m. **a) ~hauer** m. (Bergb) || cutter || coupeur m. de l'échancrure latérale; coupeur m. de la coulaie; xhaveur m. **b) ~holz** n. (Bergb) || tolly; score; notched stick || taille f. des mines; bois m. entaillé. **c) ~maschine** f. für Röhren (Holzbearb) || tube knicking machine || machine f. à entailler les tubes. **d) ~messer** n. || notching knife || cochoir m. **e) ~rolle** f. || grooved wheel || poulie f. à gorge. **f) ~säge** f. || cross-cut saw; pit saw; trim saw; notching saw || scie f. à debiter *ou* à entailler. **g) ~schlagprobe** f. || impact test; notch bending test || essai m. de choc; essai m. sur éprouvette entaillée. **h) ~schnittarbeit** f. || chip carved ware || travail m. à l'encoche. **i) ~stütze** f. (Schiffb) || samson's post || épontille f. à échelons. **k) ~verzahnung** f. || rudge teeth pl. || denture f. rudge. 15

Kerbzähigkeit f. || impact resistance || ténacité f. en barreaux entaillés. **a)** die ~ **nimmt** mit steigender Festigkeit **ab** || the impact resistance decreases as tensile strength increases || la ténacité en barreaux entaillés diminue alors que la résistance à la rupture augmente. 16

Kerbzahnnabe f. || serrated hub || moyeu m. à cannelures. 17

Kermes m. (Färb) || kermes || kermès m. **a)** ~ (Min) || mineral kermes; brown red sulphide of antimony || antimoine m. oxydé sulfuré; kermès m. minéral. **b) ~scharlach** m. || French scarlet || écarlate f. de France; écarlate f. de graine. 18

Kern m. || core; heart; kernel || noyau m. **a)** ~ (Gieß) || core; mould core || marron m.; noyau m. du moule. **b)** ~ (in Marmor) || hard grain || durillon m. **c)** ~ (Röhrenpresse) || triblet; core bar || mandrin m.; âme f. **d)** ~ (Schraubenspindel) || nucleus || noyau m. **e) harter ~** || hard kernel || grain m. dur. **f)** der ~ wurde nach dem Bohren ganz **herausgehoben** || the whole core was taken out of the shaft after it was bored out || le noyau fut enlevé en entier après le forage. **g) Holz~** || woodheart; woodcore || cœur m. *ou* âme f. du bois. **h) holziger ~** m. des Flachses || boon of flax || tige f. ligneuse du lin. **i)** ~ eines **Querschnittes** || core of a section || noyau m. central d'une section. **k)** ~ zur **Tiegelfertigung** || stamp *or* plug for making crucibles || noyau m. pour la fabrication des creusets. 19

Kern-auge n. || print; core print || logement m. du noyau. **a) ~bindemittel** n. (Gieß) || core binding material || ciment m. pour noyaux. **b) ~bock** m. (Gieß) || core chaplet || support m. pour noyaux. **c) ~bohrhammer** m. || core hammer drill || marteau m. à retirer les noyaux. **d) ~brett** n. || core board; middle plank || planche f. de cœur; échantillon m. de noyau. **e) ~drehbank** f. || core turning lathe || tour m. à noyauter. **f) ~drücker** m. (Gieß) || core box || boîte f. à noyau. **g) ~eisen** n. (Elektr) || core iron || fer m. du noyau. **h) ~fäule** f. || heart wood rot || pourriture f. du cœur. **i) ~flachs** m. || heckled flax || filasse f. *ou* brin m. de lin peigné. **k) ~formmaschine** f. || core-making *or* core moulding machine || machine f. à mouler les noyaux *ou* à noyauter. **l) ~gehäuse** n. des Apfels || core of apple || trognon m. de pomme. **m) ~gerippe** n. || core skeleton || armature f. *ou* cage f. du noyau. 20

Kernguß m. (Fertigerzeugnis) || cored work || ouvrages mpl. en fonte à noyau. **a)** ~ (das Gießen) || casting on a core; hollow casting || fonte f. en creux; coulage m. en fonte à noyau. 21

Kern-holz n. || seedling; heart wood || bois m. de franc pied *ou* de cœur. **a) ~kabel** n. || central quad of a cable || quart m. central d'un câble. **b) ~kasten** m. (Gieß) || core box || boîte f. à noyau. **c) ~ladung** f. || nuclear charge || charge f. du noyau. **d) ~lager** n. || print; core print || logement m. du noyau. 22

Kernleder n. || bend leather || cuir m. de choix. **a) ~treibriemen** m. || belt of best leather || courroie f. en cuir corroyé. 23

Kern-linse f. (Opt) || nuclear lens || lentille f. nucléaire. **a) ~lüftung** f. || ventilation of the core || aérage m. du noyau. **b) ~macher** m. || core maker || noyauteur m. **c) ~macherei** f. || core moulding || atelier m. à faire les noyaux. **d) ~marke** f. (Gieß) || mark; core print || portée f. **e) ~maß** n. (Schriftg) || caliber || prototype m.; typomètre m. **f) ~obst** n. || pip fruits pl. || fruits mpl. à pépins. **g) ~öl** n. (Gieß) || kernel oil || huile f. de noyau. **h) ~presse** f. (Gieß) || core press || presse f. à noyaux. **i) ~riß** m. || heart shake || crévasse f. dans le cœur. 24

kernrissig || shaken || cadrané; cadranuré. 25

Kern-sand m. || core sand || sable m. à noyau. **a) ~schablone** f. || core strickle || trousse f. à noyaux. **b) ~schacht** m. (Hochofen) || shaft; body || vide m.; cuve f. **c) ~schäle** f. || shakiness; circular crevice in wood; blea; false sap || roulure f.; faux aubier m. **d) ~schatten** m. || complete *or* core *or* deep shadow; umbra || ombre f. absolue *ou* pure; noyau m. d'ombre. **e) ~schleifmaschine** f. || core grinder || machine f. à rectifier les noyaux. 26

Kernspindel f. (Gieß) || core spindle *or* bar || fuseau m. gabarit; arbre m. à noyau; gabarit-trousseau m. **a) ~rohr** n. || core spindle pipe || tube-broche f. de noyau. 27

Kern-stange f. || core bar *or* spindle || arbre m. en fer du noyau. **a) ~stopfen** m. (Mot) || stopper || bouchon m. **b) ~stück** n. (Gieß) || false core; drawback || pièce f. rapportée *ou* de rapport. **c) ~stütze** f. (Gieß) || core frame; chaplet for foundry works || support m. *ou* cage f. de noyau. **d) ~transformator** m. || core transformer || transformateur m. à noyau. **e) ~trockenofen** m. || core drying stove || four m. à sécher les noyaux; étuve f. à noyaux. **f) ~wolle** f. || finest *or* back *or* spine wool; prime locks pl. || laine f. mère. 28

Kerze f. (Motor) || magnetic spark plug || bougie f. magnétique *ou* d'allumage. **a)** ~ (Wachs) || candle || chandelle f.; bougie f.; cierge m. **b) farbige ~** || coloured candle || bougie f. colorée. **c) gefärbte ~** || dyed candle || bougie f. teintée. **d) Kirchen~** || church candle || cierge m. d'église. **e) Magnet~** || magnetic spark plug || bougie f. magnétique. **f) Palmitin~** || palmitin candle || bougie f. palmitique. **g) Räucher~** || fumigating candle || pastille f. à fumigation. **h) verzierte ~** || adorned candle || bougie f. ornée *ou* de fantaisie. 29

Kerzen-docht m. || candle wick || mèche f. pour bougies *ou* pour chandelles. **a) ~fassung** f. (Elektr) || candle lamp holder || douille f. à bougie. **b) ~fertigung** f. || candle manufacturing || fabrication f. de bougies. **c) ~fertigungsmaschine** f. || candle manufacturing machinery || machine f. pour la fabrication de bougies. **d) ~gewinde** n. (Mot) || spark-plug thread || filetage m. de la bougie. **e) ~gießmaschine** f. || candle moulding machine || machine f. à mouler les bougies. **f) ~glät-**

ter m. || candle polisher || lisseur *ou* polisseur de bougies. **g) ~halter** m. || candle holder || chandelier m. **h) ~herstellungsmaschine** *s.* Kerzenfertigungsmaschine. **i) ~laterne** f. || candle lamp || lanterne f. à bougie. **k) ~stunde** f. || candle hour || bougie-heure f. **l) ~zündung** f. (Mot) || spark plug ignition || allumage m. par bougie. 1

Kessel m. || boiler; copper; kettle || chaudière f.; chaudron m. **a) ~ für Augenblicksverdampfung** || flash boiler || chaudière f. à vaporisation instantanée. **b)** den **~** m. **ausklopfen** || to scale *or* to fur the boiler || piquer la chaudière. **c) Bau** m. des **~s** || boiler construction || construction f. des chaudières; travail m. de chaudronnerie. **d)** im **Bau** m. befindlicher **~** || boiler in (process of) construction || chaudière f. en (cours de) construction. **e) Belleville~** || Belleville boiler || chaudière f. Belleville. **f) beweglicher ~** || portable boiler || chaudière f. transportable. **g) Dampf~** || steam boiler *or* generator; boiler || chaudière f. à vapeur; générateur m. de vapeur. **h) Dämpfungs~** (Böttch) || steaming boiler || chaudière f. à étuver. **i) doppelwandiger ~** || double-shell boiler || chaudière f. à double paroi. **k) Druck~** || pressure boiler || chaudière f. à pression. **l) Druckluft~** || compressed air chamber || récipient m. à air comprimé. **m) Einflammrohr~** || one-flue boiler || chaudière f. à un foyer. **n) Elefanten~** || elephant *or* French boiler || chaudière f. à bouilleur. **o) Etagen~** || multiple stage boiler; double storied boiler || chaudière f. à étages. **p) Feuerbuchs~** || internal flue boiler || chaudière f. à foyer intérieur. **q) Feuerrohr~** || firetube boiler || chaudière f. multitubulaire à tubes de fumée. **r) Flammrohr~** || flue boiler || chaudière f. à tubes-foyers. **s) Flammrohrsiederöhren~** || multitubular boiler with firebox and smoke tubes || chaudière f. avec boîte à feu et faisceau tubulaire. **t) Gegenstrom~** || counter-current boiler || chaudière f. (à) système (à) contre-courant. **u) Großwasserraum~** || boiler with large water space || chaudière f. à grand volume d'eau. **v) gußeiserner ~** || cast iron boiler || chaudière f. en fonte. **w) Haupt~** || principal boiler || chaudière f. principale. **x) Heizrohr~** || fire tube boiler || chaudière f. à tubes de fumée. **y) Imprägnier~** || steaming pan || chaudière f. à imprégnation. **z) kleiner ~** || kettle; caldron; copper || chaudron m.; petite chaudière f. 2

a) Koch~ || boiling kettle || marmite f.; chaudière f. à bouillir; bouillotte f. **b) Kohlenstaub~** || boiler for coal dust combustion || chaudière f. chauffée au poussier de charbon. **c) kombinierter Flammrohrrauchrohr~** || combination of flue and smoke tube boiler || chaudière f. combinée de tube-foyer et de tubes de fumée. **d) Kupfer~** || copper boiler || chaudière f. en cuivre. **e) ~ mit kupferner Feuerbuchse** || boiler with copper firebox || chaudière f. avec boîte à feu en cuivre. **f) Land~** || stationary *or* land type boiler || chaudière f. terrestre. **g) Lang~** (Lok) || boiler barrel *or* shell; cylindrical part of a boiler || corps m. cylindrique de la chaudière. **h) Lehr~** || training boiler || chaudière f. d'instruction. **i) Lokomotiv~** || tubular *or* locomotive boiler || chaudière f. tubulaire *ou* à flamme directe *ou* de locomotive. **k) Niederdruck~** || low pressure boiler || chaudière f. à basse pression. **l) offener ~** || open boiler || chaudière f. découverte. **m) ortsfester ~** || fixed boiler || chaudière f. fixe. **n) ~ für ortsfesten Betrieb** || land type of boiler; stationary boiler || chaudière f. fixe. **o) Quersiede~** || boiler with cross tubes || chaudière f. à bouilleurs transversaux. **p) Röhren~** || (multi)tubular boiler || chaudière f. (multi)tubulaire. **q) stehender Röhren~** || vertical tube boiler || chaudière f. tubulaire verticale. **r) Rühr~** || stirring boiler || chaudière f. à agiteur. **s) Rund~** || spherical pot || chaudière f. ronde. **t) Schiffs~** || marine boiler || chaudière f. marine. **u) Schiffsdoppel~** || marine twin boiler || chaudière f. double marine; écossaise-marine f. **v) Schmelz~** || melting boiler || chaudière f. de fusion. **w) Seifen~** || soap boiler || chaudière f. pour savonneries. **x) selbsttätig geregelter ~** || automatically controlled boiler || chaudière f. à réglage automatique. **y) Siederohr~** || generator with boiler tubes || chaudière f. à bouilleurs. **z) Soda~** || soda boiler || chaudière f. pour soude. 3

a) stehender ~ || vertical boiler || chaudière f. verticale. **b) Transport~** || transport kettle || encaissée f. de transport. **c) transportabler ~** || portable boiler || chaudière f. locomobile. **d) ~ mit eingebautem Überhitzer** || superheater boiler || chaudière f. avec surchauffeur intérieur. **e)** den **~** m. **verankern** || to grapple the boiler || ancrer la chaudière. **f) Versuchs~** || experimental boiler || chaudière f. d'essai. **g) Vulkanisier~** || vulcanizing boiler || chaudière f. à vulcanisation. **h) Wasserbad~** || water-bath boiler || chaudière f. pour bains-marie. **i) Wasserfassungsvermögen** n. des **~s** || water capacity of boiler || cubage m. d'eau de la chaudière. **k) Wasserrohr~** || water tube boiler || chaudière f. aquatubulaire *ou* à tubes d'eau. **l) weitrohriger Steilrohr~** || boiler with vertical large tubes || chaudière f. à gros tubes verticaux. **m) ~ für Zentralheizung** || boiler for central heating || chaudière f. pour le chauffage central. **n)** aus Teilen **zusammengebauter ~** || sectional boiler || chaudière f. sectionnée. **o) Zweiflammrohr~** || double-flue boiler || chaudière f. à deux foyers intérieurs. **p) Zylinder~** || cylindrical boiler || chaudière f. cylindrique. 4

Kesselabklopfwerkzeug n. || boiler scaling tool || outil m. pour le décrassage *ou* pour le détentrage des chaudières. 5

Kesselabnahme f. || boiler acceptance || réception f. d'une chaudière. **a) ~prüfung** f. || boiler acceptance test || épreuve f. de réception d'une chaudière. 6

Kessel-anlage f. || boiler plant || installation f. *ou* batterie f. de chaudières. **a) ~anzug** m. || boiler dress || vêtement m. pour chaudronniers. **b) ~armatur** f. || boiler fittings pl. *or* mountings pl. || garnitures fpl. *ou* accessoires mpl. pour chaudières. **c) ~aufseher** m. (Bergb) || boiler inspector || visiteur m. de chaudières. **d) ~ausbesserung** f. || repairing the boiler || réparation f. *ou* raccommodage m. des chaudières. **e) ~auto** n. || tank motor-lorry || camion m. citerne automobile. **f) ~batterie** f. || battery *or* bank of boilers || batterie f. de chaudières; batterie f. génératrice de vapeur. 7

Kesselbau m. || boiler construction || construction f. des chaudières; travail m. de chaudronnerie. **a) ~material** n. || material for boiler construction || matériaux mpl. pour la construction des chaudières. 8

Kessel-bedarfsartikel m. || appliances pl. for boilers || accessoires mpl. de chaudières. **a) ~bedienung** f. || boiler attendance || service m. de la chaudière. **b) ~bekleidung** f. || boiler lagging || enveloppe f. (en tôle) pour chaudières. **c) ~bekleidungsstoff** m. || boiler lagging material || matière f. de revêtement de chaudières. **d) ~bekohlungsanlage** f. || boiler coaling plant || installation f. pour alimenter les foyers des chaudières. 9

Kesselblech n. || boiler plate || tôle f. à chaudière *ou* de chaudronnerie. **a) ~flansch** m. || boiler plate flange || bride f. d'une tôle de chaudière. 10

Kesselbock m. || boiler cradle || chevalet m. 11

Kesselboden m. || boiler end *or* bottom || fond m. de chaudière. **a) Bördeln** n. von Kesselböden || flanging the boiler ends || emboutissage m. de fonds de chaudières. **b) ~** unter x mm **Durchmesser** || boiler end less than x mm diameter || fond m. de chaudière d'un diamètre moins de x mm. **c) flacher ~** || flat boiler end || fond m. plat. **d) gewölbter ~** || dished boiler end || fond m. bombé. **e) Krempe** f. des **~s** || flange of boiler end || bord m. du fond. **f)** mittels maschineller Vorrichtung **umgezogener~** || machine flanged boiler end || fond m. de chaudière bridé *ou* embouti à la machine. 12

Kessel-bohrmaschine f. || boiler drilling machine || machine f. à percer les chaudières. **a) ~bruch** m. (Geologie) || circular subsidence || affaisement m. en forme de cuvette. **b) ~bunker** m. || boiler bunker || soute f. de la chaufferie. **c) ~decke** f. || top of the boiler || ciel m. de la chaudière. **d) ~deich** m. || half-moon dike || digue f. en demi-lune. **e) ~dekatiervorrichtung** f. || decatizing machine || appareil m. de décatissage. **f) ~dom** m. || boiler dome; steam dome || dôme m. de chaudière. **g) ~druck** m. || boiler pressure || pression f. de chaudière. **h) ~einmauerung** f. || boiler masonry; setting of boiler || (emmuraillement m. *ou*) maçonnage m. *ou* maçonnerie f. de chaudières. **i) ~explosion** f. || boiler explosion || explosion f. de chaudière. **k) ~fertigung** f. || boiler making || grosse chaudronnerie f. **l) ~feuerung** f. || boiler furnace || foyer m. de chaudière. **m) ~flammrohr** n. || boiler flue || carneau m. *ou* tube-foyer m. de chaudière. 13

Kesselflicker m. || kettle *or* boiler repairer || chaudronnier m. réparateur *ou* rhabilleur. **a) herumziehender ~** || tinker || chaudronnier m. ambulant. 14

Kessel-garnitur f. || armature *or* garniture of a boiler; boiler fittings pl. or mountings pl. || garniture f. d'une chaudière à vapeur. **a) ~gewölbe** n. || dome; cupola; spherical *or* domical vault || dôme m.; cul-de-four m.; voûte f. sphérique. **b) ~gliederbearbeitungsmaschine** f. || boiler sections working machine || machine

f. à travailler les sections de chaudières. **c) ~gruppe** f. || battery of boilers || batterie f. de chaudières. **d) ~hammer** m. || boiler scaling hammer || marteau m. à piquage. 1

Kesselhaus n. || boiler house || salle f. de chaudières; chaufferie f. **a) ~einrichtung** f. || equipment for boiler house || installation f. de bâtiment de chaudières. 2

Kessel-isolierstoff m. || boiler insulating composition; boiler non-conducting composition || isolants mpl. pour chaudières. **a) ~isolierung** f. || boiler covering *or* insulation || calorifugeage m. de la chaudière. **b) ~kohle** f. || boiler coal || charbon m. pour chaudières. **c) ~körper** m. || boiler body || corps m. de chaudière. **d) ~lager** n. || bedding *or* bed of the boiler || lit m. d'une chaudière. **e) ~lagerung** f. || boiler setting || disposition f. *ou* logement m. de la chaudière. **f) ~mantel** m. || boiler shell || chemise f. *ou* enveloppe f. *ou* coque f. *ou* corps m. cylindrique de chaudière. 3

kesseln (Bergb) || to ventilate with a fire kibble || aérer par des feux mpl. 4

Kessel-naht f. || seam of boiler || rivure f. de chaudière. **a) ~platte** f. || boiler plate || tôle f. de chaudière. **b) ~probe** f. || trial; test || épreuve f. des chaudières. **c) ~prüfer** m. || boiler inspector || visiteur m. de chaudières. **d) ~prüfung** f. *s.* ~überwachung. **e) ~prüfungsverein** m. *s.* ~überwachungsverein. **f) ~raum** m. || boiler room || salle f. des chaudières. **g) ~reg(e)lung** f. || regulation of boilers || réglage m. de chaudières. **h) ~reiniger** m. || boiler cleaner || nettoyeur m. de chaudière. **i) ~reinigung** f. || boiler cleaning || nettoyage m. de chaudières. **k) ~reparatur** f. || repairing the boiler || réparation f. *ou* raccommodage m. des chaudières. **l) ~revision** f. *s.* ~überwachung. **m) ~revisionsverein** m. *s.* ~überwachungsverein. **n) ~revisor** m. *s.* ~prüfer. 5

Kesselrohr n. || boiler tube || tube m. de chaudière. **a) ~reiniger** m. || boiler tube cleaner || appareil m. à décrasser *ou* détartrer les tubes de chaudière; nettoyeur m. de tubes de chaudières. **b) ~reinigungstrommel** f. || boiler tube cleaning drum || tambour-laveur m. pour tuyaux de chaudières. 6

Kesselrost m. || boiler grate || grille f. de chaudière. **a) mechanischer ~** || mechanical boiler grate || grille f. mécanique pour chaudières. 7

Kessel-schleuse f. || sluice *or* lock with circular chamber || écluse f. à tambour. **a) ~schmied** m. || boiler maker; brazier || constructeur m. de chaudières; chaudronnier m. 8

Kesselschmiede f. || boiler smithy *or* forge || chaudronnerie f. **a) ~arbeit** f. || boiler forging job; boiler work || travail m. pour chaudières; chaudronnerie f. 9

Kesselschuß m. || shell ring || virole f. de chaudière. **a) kegelförmiger ~** || taper shell ring || virole f. conique de chaudière. 10

Kesselspeise-pumpe f. || boiler feed pump || pompe f. d'alimentation de chaudière. **a) ~rückschlagventil** n. || feed check valve || soupape f. d'alimentation de retenue. **b) ~ventil** n. (Lok) || feed valve || robinet m. d'alimentation. **c) ~vorrichtung** f. || boiler feed device || appareil m. alimentaire des chaudières. **d) ~wasser** n. || feed water for boilers || eau f. d'alimentation de chaudières. 11

Kessel-speisung f. || boiler feed || alimentation f. des chaudières. **a) ~spülpumpe** f. || boiler rinsing pump || pompe f. à laver les chaudières. 12

Kesselstein m. || boiler incrustation *or* scale *or* fur || incrustations fpl.; tartre m.; calcin m.; sédiments mpl. **a) den ~ m. abklopfen** || to knock off *or* to chip off the boiler scales; to scale off the boiler || détartrer (*ou* écailler) *ou* piquer une chaudière. 13

Kesselstein-abklopfer m. || scaling tool for boilers || piqueur m. de chaudière. **a) ~ablagerung** f. || scale deposit || entartrage m.; dépôt m. de tartre. **b) ~abmeißeln** n. || boiler scaling || piquage m. des chaudières. **c) ~ansatz** m. || incrustation of boiler fur || dépôt m. de calcaire. **d) ~beseitigung** f. *s.* ~entfernung. **e) ~entfernung** f. || fur deposit removing || détartrage m. **f) ~hammer** m. || boiler scaling hammer || marteau m. de piquage. **g) ~lösungsmittel** n. || anti-scaling composition; boiler-cleansing compound || désincrustant m.; tartrifuge f.; antitartre m. **h) ~putzer** m. (Bergb) || boiler cleaner || piqueur m. de chaudières. **i) ~verhütungsmittel** n. || anti-incrustant composition; boiler anti-scaling composition || anti-incrustant m.; anti-tartre m.; composé m. détartreux. 14

Kessel-stirnwand f. || front end-plate of boiler || fond m. avant de chaudière. **a) ~stück** n. (Bessemerbirne) || kettle piece; crucible || creuset m. **b) ~stütze** f. || bracket of the boiler || support m. *ou* attache f. de la chaudière. **c) ~tal** n. || round deep valley || vallée f. encaissée. 15

Kesselthermometer n. **mit Doppelstutzen** || boiler thermometer with two branches || thermomètre m. pour chaudières avec tube double. **a) ~ mit festem Tauchrohr** || boiler thermometer with fixed immersion tube || thermomètre m. pour chaudières avec tube d'introduction fixe. 16

Kesselträger m. || boiler holder *or* bearer || support m. d'une chaudière. 17

Kesselüberwachung f. || boiler testing *or* inspection || revision f. *ou* visite f. des chaudières. **a) innere ~** || inside inspection of the boiler || visite f. intérieure de la chaudière. 18

Kesselüberwachungsverein m. || boiler inspection association || association f. pour la surveillance des chaudières. 19

Kessel-untersuchung f. *s.* ~überwachung. **a) ~untersuchungsverein** m. *s.* ~überwachungsverein. **b) ~verkleidung** f. || boiler-covering or cleading || garniture f. *ou* enveloppe f. d'une chaudière. **c) ~versicherung** f. || boiler insurance || assurance f. pour chaudières. 20

Kesselwagen m. (Eisenb) || tank wagon || wagon-citerne m. **a) ~** (Fuhrw) || carriage with kettle || voiture f. avec chaudron. **b) ~armatur** f. || fittings pl. of tank trucks || armature f. pour voitures à chaudières. 21

Kessel-wand f. || boiler shell plate || paroi f. de la chaudière. **a) ~warte** f. || boiler switchboard || poste m. de surveillance pour chaudières. **b) ~wärter** m. || boiler feeder || alimenteur m. 22

Kesselwasser n. *s.* Kesselspeisewasser. **a) ~reinigungsapparat** m. || feed water purifier || épurateur m. d'eau d'alimentation. 23

Keton n. || ketone || quétone f.; cétone f. 24

Kettbaum m. || weaver's beam; winding-on beam || ensouple f. 25

Kettchen n. || chainlet || chaînette f. 26

Kette f. || chain || chaîne f. **a) ~** (Web) || warp || chaîne f. **b) Anker~** || anchor chain; chain cable || chaîne f. d'ancre; câble-chaîne f. **c) Antrieb** m. **mit einer ~** || single chain drive || transmission f. par chaîne unique. **d) Antrieb** m. **mit zwei ~n** || double chain drive || transmission f. par deux chaînes. **e) Block~** || block chain || chaîne f. à blocs. **f) Brems~** || brake chain || chaîne f. de frein. **g) Doppelrollen~** || double roller chain || chaîne f. à doubles rouleaux. **h) ~ mit einfachen Rollen** || single roller chain || chaîne f. à simples rouleaux. **i) ~ mit Einschlagkeilen** || chain with spike hooks || chaîne f. avec crampons. **k) eiserne ~** || iron chain || chaîne f. de fer. **l) endlose ~** || endless chain || chaîne f. sans fin. **m) Fahrrad~** || chain for cycles. || chaîne f. pour cycles. **n) ~ mit feinen Ringen** (Juw) || fine chain || chaîne f. en jaseron. **o) Gallsche ~** (Masch) || Gall's chain || chaîne f. Gall(e). **p) geräuschlose ~** || silent chain || chaîne f. silencieuse *ou* sourde. **q) geschweißte ~** || welded chain || chaîne f. à maillons soudés. **r) Haken~** || hook link chain || chaîne f. à crochets. **s) kalibrierte ~** || calibrated chain; tested chain || chaîne f. calibrée. **t) ~ des Kampfwagens** || track *or* endless track of the tank || chenille f. du char de combat. **u) klare ~ n** fpl. (Seew) || clear hawse *or* chains pl. || chaînes fpl. dégagées. **v) Kraftwagen~** || motor car chain || chaîne f. pour automobiles. **w) Kuppel~** || coupling chain || chaîne f. d'accouplement *ou* d'attelage. **x) kurzgliedrige ~** || short-link chain || chaîne f. à maillons courts. **y) langgliedrige ~** || long-link chain || chaîne f. à maillons longs. **z) ~ mit länglichen Gliedern und Steg** || stud chain || chaîne f. à mailles étançonnées. 27

a) Laschen~ || sprocket chain || chaîne f. articulée. **b) mit der ~ f. messen** (Feldm) || to chain; to measure with the chain || chaîner. **c) ~ ohne Ende** || endless chain || chaîne f. sans fin. **d) Rollen~** || roller chain || chaîne f. à rouleaux. **e) Rundglieder~** || round-link chain || chaîne f. à maillons ronds. **f) Schaken~** || open link chain || chaîne f. à maillons. **g) Schaufel~** (Schiffb) || chain with paddles || chaîne f. à aubes. **h) ~ für Schnecken** (Uhrm) || fusee chain || chaîne f. à fusée. **i) Schnee~** (Auto) || tire chain || chaîne f. à neige. **k) Schuppen~** || wire chain || chaîne f. colonne. **l) Steg~** || stud link chain || chaîne f. à étançons. **m) Treib~** || driving chain || chaîne f. motrice. **n) ~ und Schuß** m. (Web) || warp and filling || chaîne f. et trame f .**o) unklare ~n** fpl. (Seew) || foul hawse *or* chains pl. || chaînes fpl. avec des tours. **p) Vaucanson'sche ~** || pitch chain || chaîne f. à la Vaucanson. **q) zerlegbare ~** || detachable chain || chaîne f. démontable. 28

Kettel f. ‖ hasp; clasp ‖ chaînette f. **a)** ~ und **Haspen** m. ‖ hasp and staple; clasp and clamp ‖ chaînette f. et picolet m. 1

Kettelmaschine f. ‖ looping *or* binding-off *or* linking machine ‖ remmailleuse. f. **a)** ~ für **Trikotagen** ‖ frame knitting machine f. for hosiery ‖ machine f. à mailler les tricotages. 2

ketteln ‖ to loop; to stitch; to bind off; to link ‖ remmailler; entrelacer. 3

Ketteln n. ‖ linking; looping ‖ remmaillage m. 4

Kettelnadel f. ‖ turning hook ‖ aiguille f. à manche. 5

ketten (Chem) ‖ to connect ‖ lier. 6

Ketten-andreher m. (Web) ‖ twister-in ‖ noueur m. de chaînes. **a)** **~anknoten** n. (Web) ‖ chain twisting ‖ nouage m. de chaînes. **b)** **~antrieb** m. ‖ chain and sprocket wheel drive; chain drive ‖ entraînement m. par pignons et chaîne; transmission f. *ou* commande f. par chaînes. **c)** **~armband** m. ‖ chain bracelet ‖ bracelet m. de chaîne. 7

Kettenaufleger m. (Masch) ‖ chain tool ‖ outil m. pour remettre la chaîne. **a)** ~ (Web) ‖ beamer ‖ monteur m. de chaînes. 8

Kettenaufziehen n. am Webstuhl ‖ adjusting of the warp on the loom ‖ montage m. de la chaîne sur le métier. 9

Kettenbahn f. ‖ chain railway ‖ transporteur m. à chaîne. **a)** **bodenständige** ~ ‖ chain railway built on the ground ‖ funiculaire m. fixe à chaîne. 10

Ketten-baum m. (Web) ‖ roller *or* warp *or* yarn beam ‖ ensouple f. de derrière. **a)** **~bäumer** m. (Web) ‖ chain builder ‖ monteur m. de chaîne. 11

Kettenbaum-regelvorrichtung f. (Web) ‖ warp beam adjusting apparatus ‖ appareil m. de réglage pour ensouples. **a)** **~träger** m. (Web) ‖ beam carrier ‖ porteur m. d'ensouples. 12

Ketten-becherwerk n. ‖ chain elevator ‖ élévateur m. à chaîne; chaîne f. à godets. **a)** **~bolzen** m. ‖ link pin ‖ goujon m. *ou* tourillon m. de chaîne. **b)** **~brecher** m. (Gangspill) ‖ pointer ‖ désengreneur m. **c)** **~bremse** f. ‖ chain brake ‖ frein m. à chaîne. **d)** **~bruch** m. (Mathem) ‖ continued fraction ‖ fraction f. continue. **e)** **~brücke** f. ‖ chain suspension bridge; chain pendant bridge ‖ pont m. suspendu en chaînes. **f)** **~dampfer** m. ‖ chain steam tug ‖ toueur m. à chaîne. **g)** **~-druck** m. (Zeugdr) ‖ printing of the warp ‖ impression f. des chaînes *ou* sur chaîne. **h)** **~druckmaschine** f. ‖ chain printing mill ‖ machine f. à chiner *ou* à imprimer des chaînes. **i)** **~einziehen** n. (Web) ‖ warp drawing-in ‖ remettage m. de chaînes. **k)** **~einzieher** m. (Web) ‖ warp drawer-in ‖ remetteur m. de chaînes. **l)** **~eisen** n. ‖ chain iron ‖ fer m. de chaîne. **m)** **~elevator** m. ‖ chain elevator ‖ élévateur m. à chaîne. 13

Kettenfaden m. ‖ warp thread ‖ fil m. de chaîne. **a)** **~wächter** m. ‖ stopper ‖ casse-chaîne m. 14

Kettenflaschenzug m. ‖ chain pulley block ‖ palan m. épicycloïdal. 15

Kettenförderer m. ‖ chain *or* bucket conveyer ‖ transporteur m. à chaîne *ou* à godets. **a)** **Becher~** ‖ bucket chain conveyer ‖ transporteur m. à chaîne à godets; convoyeur m. 16

Kettenförderung f. (Bergb) ‖ chain haulage ‖ extraction f. *ou* traînage m. par chaîne. 17

kettenförmig (Chem) ‖ forming a chain ‖ en chaîne. 18

Ketten-gabel f. (Gangspill) ‖ pointer ‖ désengreneur m. **a)** **~gang** m. (Spill) ‖ sprocket wheel ‖ couronne f. à empreintes. 19

Kettengarn n. ‖ warp thread *or* yarn ‖ fil m. de chaîne. **a)** **~färberei** f. ‖ warp dyeing ‖ teinture f. de chaînes pour tissus. **b)** **~kötzer** m. ‖ warp cop ‖ cannette f. *ou* fusée f. à chaîne. **c)** **~spinner** m. ‖ warp thread spinner ‖ fileur m. de chaîne. **d)** **~zwirner** m. (Web) ‖ warp-yarn twister ‖ tordeur m. de chaînes. 20

Ketten-gebläse n. ‖ rosary *or* chain trompe ‖ soufflerie-chapelet m. **a)** **~gehäuse** n. ‖ chain box ‖ carter m. de chaîne. **b)** **~getriebe** n. ‖ chain drive *or* gear ‖ commande f. *ou* entraînement m. *ou* transmission f. par chaîne. **c)** **~gewicht** n. (Textil) ‖ chain weight ‖ poids m. de chaîne. 21

Kettenglied n. ‖ link of a chain ‖ maillon m. *ou* maille f. *ou* anneau m. d'une chaîne; chaînon m. **a)** ~ des **Kampfwagens** ‖ track link *or* track shoe of the tank ‖ patin m. de la chenille du char de combat. **b)** ~ mit **Wirbel** ‖ swivel link ‖ maillon m. à émerillon. **c)** ~ mit **Steg** ‖ stud *or* bar link ‖ maillon m. à étai. **d)** ~ ohne **Steg** ‖ unstudded link; link without stay pin ‖ maillon m. sans étai. 22

Ketten-hahnpot n. (Seew) ‖ bridle-chains pl. ‖ pattes fpl. d'oie. **a)** **~haken** m. ‖ chain hook ‖ crochet m. de chaînes. **b)** **~halter** m. (Feldm) ‖ picket ‖ bâton m. de la chaîne d'arpenteur. **c)** **~herstellungsmaschine** f. ‖ machine for making chains ‖ machine f. pour fabriquer des chaînes. **d)** **~isolator** m. ‖ chain insulator ‖ chaîne f. d'isolateur. 23

Kettenkasten m. (Auto) ‖ chain case ‖ carter m. de chaînes. **a)** ~ (Schiffb) ‖ chain locker *or* well ‖ puits m. aux chaînes. 24

Ketten-klüse f. ‖ chain hawse ‖ écubier m. de chaîne. **a)** **~kneifer** m. (Schiffb) ‖ chain compresser ‖ cou m. de cygne à câble. **b)** **~kötzer** m. ‖ warp cop ‖ cannette-chaîne f. **c)** **~kranz** m. ‖ crown wheel; chain ring ‖ couronne f. pour chaîne; roue f. de chaîne. **d)** **~-kupplung** f. ‖ chain coupling ‖ accouplement m. par chaînes *ou* à chaîne. 25

Kettenlänge f. (Feldm) ‖ length of the land chain ‖ chaînée f. **a)** ~ (Seew) ‖ chain length ‖ maillon m. *ou* longueur f. de chaîne. 26

Kettenlasche f. ‖ chain link; link ‖ maillon m.; flasque m. de chaîne. **a)** **zweifache** ~ ‖ twofold chain link ‖ maillon m. double. 27

Ketten-lauffläche f. ‖ chain tread ‖ surface f. de roulement de chaîne. **a)** **~leerkupplung** f. ‖ chain dummy coupling ‖ faux accouplement m. avec chaînette. **b)** **~leimer** m. (Web) ‖ warpsizer ‖ encolleur m. de chaînes. **c)** **~leiter** m. (Fernm) ‖ iterative *or* recurrent network; filter ‖ chaîne f. de circuits identiques; système m. itératif; filtre m. 28

Kettenlinie f. ‖ catenary; catenarian curve ‖ chaînette f.; ligne f. de chaînette. **a)** ~ von gleichem **Widerstande** ‖ catenary of equal resistance ‖ chaînette f. d'égale résistance. 29

kettenlos ‖ chainless ‖ sans chaîne f. 30

Ketten-macher m. ‖ chain maker ‖ chaîniste m. **a)** **~maschine** f. (Spinn) ‖ warping *or* warp machine ‖ machine f. à ourdir; peigne m. **b)** **~maß** n. (Feldm) ‖ length of the land-chain ‖ chaînée f. **c)** **~niet** n. ‖ chain rivet ‖ rivet m. de chaîne. **d)** **~nietung** f. ‖ chain riveting ‖ rivure f. à chaîne *ou* en carré. **e)** **~nuß** f. ‖ sprocket wheel ‖ pignon m. à chaîne. **f)** **~öler** m. ‖ chain oiler ‖ graisseur m. à chaîne. 31

Kettenprüfmaschine f. ‖ chain testing machine ‖ machine f. à essayer les chaînes. **a)** ~ mit **Laufgewichtswage** ‖ chain testing machine with sliding weight balance ‖ machine f. à éprouver les chaînes avec balance à poids curseur. 32

Ketten- und Seilprüfmaschine f. ‖ chain and rope testing machine ‖ machine f. à essayer les chaînes et les câbles. 33

Kettenpumpe f. ‖ chain *or* rag pump ‖ pompe f. à chapelet. 34

Kettenrad n. ‖ chain wheel ‖ roue f. à chaîne. **a)** **~kranz** m. ‖ rim of a chain wheel ‖ couronne f. dentée. **b)** **~lager** n. ‖ sprocket-wheel bearing ‖ palier m. du pignon à chaîne. 35

Ketten-regel f. ‖ chain rule; conjoined rule of three ‖ règle f. conjointe. **a)** **~riemen** m. ‖ chain belt ‖ courroie f. articulée *ou* à chaîne. **b)** **~rolle** f. ‖ chain pulley *or* roller ‖ poulie f. *ou* rouleau m. à chaîne. 36

Kettenrost m. (Kesselb) ‖ chain grate ‖ grille f. à chaînes. **a)** **~feuerung** f. ‖ chain-grate stoker ‖ foyer m. avec grille à chaîne. 37

Ketten-säge f. ‖ chain saw ‖ scie f. à chaîne. **a)** **~schake** f. ‖ chain link ‖ chaînon m.; maille f.; maillon m.; anneau m. d'une chaîne. **b)** **~schäkel** m. ‖ chain shackle ‖ manille f. d'une chaîne. **c)** **~scheibe** f. ‖ chain sheave ‖ rouet m. à chaîne. **d)** **~scheren** n. (Web) ‖ warping ‖ ourdissage m.; warpage m. 38

Kettenscherer m. (Web) ‖ warper ‖ ourdisseur m. **a)** **Hand~** (Web) ‖ hand warper ‖ ourdisseur m. à la main. 39

Ketten-schermaschine f. (Web) ‖ warping mill *or* frame ‖ ourdissoir m.; machine f. *ou* métier m. à ourdir. **a)** **~schlepper** m. ‖ chain tractor ‖ tracteur m. à chaîne. **b)** **~schleppschiff** n. ‖ tow boat ‖ toueur m.; bateau-toueur m. **c)** **~schleppschifffahrt** f. ‖ chain-towing ‖ remorquage m. par chaîne. **d)** **~schlichten** n. (Web) ‖ warp dressing ‖ dressage m. de chaînes. **e)** **~schlichtmaschine** f. ‖ dressing and sizing machine ‖ pareuse-encolleuse f. **f)** **~schmied** m. ‖ chain maker ‖ chaînier m. **g)** **~schmiedemaschine** f. ‖ chain forging machine ‖ machine f. à forger les chaînes. **h)** **~schranke** f. ‖ chain barrier ‖ barrière f. à chaîne. **i)** **~schutz** m. ‖ chain guard ‖ garde-chaîne m. **k)** **~-schützer** m. ‖ chain guard ‖ garde-chaîne m. **l)** **~schutzkasten** m. ‖ gear chain case ‖ carter m. de chaîne. **m)** **~-schweißmaschine** f. ‖ chain welding machine ‖ machine f. à souder les chaînes. **n)** **~spanner** m. ‖ chain stretcher ‖ tendeur m. de chaîne. **o)** **~spannung** f. ‖ chain tension ‖ tension f. de chaîne.

p) ~**spill** n. || chain windlass || vireveau m.; guindeau m. de chaîne. q) ~**stab** m. (Feldm) || picket || bâton m. de la chaîne d'arpenteur. r) ~**steg** m. || stud; bar; stay pin || étai m. du maillon. s) ~**stern** m. || chain drum || étoile f. à chaîne. t) ~**steuerung** f. || chain control || manœuvre f. par chaîne. u) ~**stich** m. || chain stitch || point m. de chaînette. v) ~**stickerei** f. || chain-stitching || broderie f. au crochet. w) ~**stopper** m. || deck *or* cable *or* chain stopper || bosse f. de câble. x) ~**stuhl** m. || warp loom || métier m. chaîne. y) ~**teilung** f. || chain pitch || pas m. de chaîne. z) ~**treibscheibe** f. || dredging tumbler || tambour m. de drague. 1

a) ~**trieb** m. || chain drive || commande f. par chaîne. b) ~**trockner** m. (Web) || warp dryer || sécheur m. de chaînes. 2

Kettentrommel f. (Schleppdampfer) || chain drum || tambour(-moteur) m. à chaîne. a) ~ (Spill) || sprocket wheel || couronne f. à empreintes. 3

Ketten-übertragung f. || chain transmission || transmission f. par chaîne. a) ~**vorlauf** m. (Ankerkette) || fore ganger || premier maillon m.; première longueur f. 4

Kettenware f. (Web) || warp fabric || tricot m. chaîne. a) **durchbrochene** ~ (Textil) || lace warp fabric || tricot m. chaîne à jour. 5

Ketten-welle f. || sprocket shaft || arbre m. de chaîne. a) ~**winde** f. || chain jack || cric m. à noix. b) ~**wirbel** m. (Seew) || swivel || émerillon m. c) ~**wirkware** f. || warp knit goods pl. || tricot m. chaîne. 6

Kettenzahnrad-scheibe f. || sprocket wheel washer || rondelle f. de pignon. a) ~-**welle** f. || pinion spindle || arbre m. de pignon. 7

Kettenzieher m. (Feldm) || chain leader; chain follower || porte-chaîne m. 8

Ketter m. (Miner) || ketter || grès m. de Pirna. 9

Kett-garn n. || warp thread *or* yarn || fil m. de chaîne f. a) ~**plüsch** m. || warp plush || peluche f. par chaîne. b) ~**samt** m. || warp velvet || velours m. par chaîne. c) ~**seide** f. || organzine || organsin m. 10

ketzern (Bergb) || to cleave hard rocks with quoins || fendre la roche. 11

Keubel m. (Bergb) || sieve with a wide mouth || crible m.; tamis m. à grandes mailles. 12

Keule f. (Buchdr) || brayer || brayon m. 13

Keulengriff m. || club handle || poignée f. en forme de massue. 14

Keupermergel m. || red marl || marne f. irisée. 15

Kickstarter m. || kick starter || démarreur m. à pied. 16

Kiefern-nadelöl n. || fir *or* pine needle oil || essence f. d'aiguilles de pin. a) ~**holz** n. || fir *or* pine wood || bois m. de pinastre *ou* de pin. 17

Kiel m. (Schiffb) || keel || quille f. a) **Eschenholz**~ || ash keel || quille f. en bois de frêne. b) ~ der **Feder** || quill || tuyau m. de la plume. c) den ~ m. eines Schiffes **legen** || to lay a keel || mettre la quille en place *ou* sur le chantier. d) den ~ m. **strecken** (Schiffb) || to set the keel || poser la quille. 18

Kielbank f. || gridiron || grillage m. de carénage. 19

kielen || to keel || effiler la quille. 20

Kiel-feder f. || quill feather || plume f. à tige. a) ~**flosse** f. || tail fin || plan m. de quille. 21

Kielgang m. || garboard strake || gabords mpl.; virure f. de gabord. a) ~**planke** f. || garboard plank || plaque f. *ou* madrier m. de gabord. 22

kielholen, ein Schiff n. || to careen a vessel || caréner un vaisseau; mettre un navire à la bande. 23

Kiel-holen n. || careen || abatage m. a) ~**klotz** m. || block || tain m.; tin m. b) ~**laschung** f. || keel scarf || écart m. de la quille. c) ~**linie** f. || line ahead; middle line || file f.; ligne f. de file. d) ~**planke** f. || garboard strake || virure f. de gabord. 24

Kielplatten-biegemaschine f. || keel plate bending press || machine f. à cintrer des tôles de carène *ou* des plaques de quille. a) ~**biege- und Abkantmaschine** f. || keel plate bending and flanging machine || machine f. à plier et à tomber les bords aux tôles pour quilles de navires. 25

Kiel-schwein n. || keelson; carling || carlingue f. a) ~**sponung** f. || rabbet of the keel || rablure f. de la quille. b) ~**wasser** n. || wake; dead water || sillage m.; remous m.; houa(i)che f. 26

Kienholz n. || fir *or* pine wood; resinous wood || bois m. pinastre *ou* de pin; bois m. gras. a) ~**öl** n. || light wood oil || essence f. de bois résineux. 27

Kienöl n. || pine oil || huile f. de pin. a) ~**brenner** m. || resin oil distiller || || distillateur m. d'huile de pin. 28

Kienruß m. || (pine) soot; sootblack; lampblack || noir m. de fumée; suie f. a) **gebrannter** ~ || burnt black || noir m. de fumée calciné. 29

Kienrußfarbe f. || smoke black || noir m. de fumée. 30

Kienspan m. || pine torch || perluau m. a) ~**stock** m. (Met) || carcass || gâteau m. de ressuage; carcasse f. 31

Kienteer n. || pine tar || goudron m. pin. a) ~**pech** n. || pinetar pitch || poix f. de goudron de pin. 32

Kiepe f. || wicker basket; scuttle; dosser || hotte f. 33

Kies m. || gravel; coarse sand; shingle; (pyrite) || gravier m.; (pyrite f.); arène f. a) ~ **baggern** || to draw out gravel || draguer le gravier. b) **Eisen**~ || marcasite; (iron) pyrites; native disulphide of iron || fer m. sulfuré; pyrite f. de fer; marcassite f. c) **Filter**~ || filtering gravel || gravier m. à filtrer. d) **Fluß**~ || river gravel || gravier m. de rivière. e) **Gebläse**~ || gravel for blast engines || sable m. à machines soufflantes. f) **gewaschener** ~ || washed gravel || gravier m. lavé. g) **grober** ~ (Geol) || pebble; pebble-stone; rubble || cailloux mpl. roulés. h) **Gruben**~ || pit gravel || gravier m. de carrière. i) **lehmhaltiger** ~ || loamy gravel || gravier m. argileux. k) **See**~ || sea gravel || gravier m. de mer. 34

Kies-abbrand m. || burnt *or* purble ore; calcined pyrites || pyrite f. traitée; résidu m. de pyrites grillées. a) ~**bank** f. || gravel bank; shelf; shoal || banc m. de gravier *ou* de sable. b) ~**beton** m. || gravel concrete || béton m. de gravier. 35

Kiesbettung f. (Bauw) || gravel ballast || ballast m. en gravier. a) ~ (Eisenb) || ballast || ballast m. 36

Kiesboden m. || gravel ground; gravelly soil || terrain m. graveleux. 37

Kiesel m. || pebble; flint; silex || caillou m.; silex m. a) **ägyptischer** ~ || egyptian jasper || jaspe m. égyptien. 38

kieselartig || siliceous; silicious || siliceux. 39

Kieselerde f. || silica; flinty earth || silice f.; terre f. siliceuse. 40

kieselerdehaltig *s.* kieselartig. 41

Kieselfluor-magnesium n. || magnesium silicofluoride || silicofluorure m. de magnesium. a) ~**natrium** n. || sodium fluosilicate *or* silicofluoride || fluosilicate m. *ou* silicofluorure m. de sodium. b) ~**salz** n. || silicofluoride; fluosilicate || fluosilicate m.; silicofluorure m. c) ~**säure** f. || fluosilicic acid || acide m. hydrofluosilicique. 42

Kiesel-fluß m. || siliceous flux || fondant m. siliceux. a) ~**flußsäure** f. || silicofluoric *or* fluosilicic acid || acide m. fluosilicique *ou* silicofluorique. b) ~**galmei** m. || siliceous oxide of zinc; hydrous silicate of zinc; electric *or* siliceous calamine || hydro-silicate m. de zinc; zinc m. oxydé silicifère; calamine f. c) ~**grube** f. || silex quarry || carrière f. de silex. d) ~**grund** m. || gravel *or* shingly bottom; flinty *or* pebble ground || fond m. de galets *ou* de gravier. 43

Kieselgur f. || kieselguhr; infusorial earth; fossil meal || kieselguhr m.; farine f. fossile; terre f. d'infusoires. a) ~**grube** f. || kieselguhr digging || extraction f. de Kieselguhr. b) ~**stein** m. || fossil-meal brick || brique f. en farine fossile. 44

kieselhaltig || siliciferous || silicifère. 45

kieselig || flinty || caillouteux. a) ~**er Zuschlag** m. || siliceous flux || fondant m. siliceux. 46

Kiesel-kalk m. || siliceous limestone || calcaire m. siliceux. a) ~**kreide** f. || silicious chalk; foam silica || craie f. siliceuse. b) ~**kupfer** n. || chrysocolla; copper green || chrysocolle m.; cuivre m. hydro-siliceux. c) ~**malachit** m. || chrysocolla; copper green || chrysocolle m.; cuivre m. hydro-siliceux. d) ~**mangan** n. || silicious manganese; rhodonite || manganèse m. siliceux; rhodonite f. e) ~**papier** n. || flint paper || papier m. silexé. f) ~**pulver** n. || pebble powder || poudre-pebble f. g) ~**sandstein** m. || quartzy sandstone || grès m. quartzeux *ou* lustré. 47

kieselsaur-es Salz n. || silicate || silicate m. a) ~**e Tonerde** f. || silicate of alumina || silicate m. d'alumine. 48

Kieselsäure f. || silicic acid || acide m. silicique. 49

Kieselschiefer m. || silicious schist; flinty slate; slaty jasper || jaspe m. noir. a) **edler** ~ || Lydion stone; touchstone || lydite f.; lydienne f. 50

Kiesel-schlag m. (Straßenb) || macadamizing; macadam pavement || macadam m. a) ~**sinter** m. || silicious *or* quartz sinter || opale f. incrustante; quartz agate m. thermogène. 51

Kieselstein m. || flint; pebble || caillou m. a) ~**seife** f. || silicated soap || savon m. silicifié. 52

Kiesel-tuff m. || silicious sinter of the Geyser || Geysérite f.; opale f. incrustante. a) ~**weiß** n. || silex white || blanc m. siliceux *ou* de silex. b) ~**wismut** n. || eulytine; bismuth silicate || eulytine f.;

bismuth m. silicaté. **c) ~zinkerz** n. || hydrous silicate of zinc; siliceous calamine || hydro-silicate m. de zinc; zinc m. oxydé silicifère. **d) ~zinkspat** m. || hydrous silicate of zinc; siliceous calamine || hydro-silicate m. de zinc; zinc m. oxydé silicifère. 1

Kies-filter n. || rubble filtre || filtre m. à gravier. **a) ~gewinnungsanlage** f. || gravel getting installation || installation f. à extraire gravier. **b) ~gräber** m. || gravel labourer || grèvier m. **c) ~grube** f. || gravel pit *or* extraction || carrière f. *ou* extraction f. de gravier; ballastrière f. **d) ~grund** m. || pebble *or* flinty ground || fond m. de cailloutage. 2

kiesig || gritty || graveleux. 3

Kies-sand m. || gravel || gravier m. **a) ~schicht** f. || gravel layer || couche f. de gravier. **b) ~schüttung** f. (Straßenb) || ballasting || ballastage m.; couche f. de gravier. **c) ~straße** f. || gravelled road || chemin m. ferré; route f. en gravier. **d) ~wagen** m. (Eisenb) || ballast wagon || wagon m. de gravier *ou* d'ensablement. **e) ~waschmaschine** f. || washing machine for gravel || laveur m. à gravier. **f) ~wasch- und sortiermaschine** f. || gravel washing and sorting machine || machine f. à laver et à trier le gravier. **g) Wäsche** f. für **~werke** || washery for pebble works || laveur m. pour usines de gravier. 4

Kilogramm n. || kilogram(me) || kilogramme m. **a) ~kalorie** f. || heat *or* thermal unit || unité f. thermique *ou* de chaleur; grande calorie f.; kilogramme-degré m. **b) ~meter** n. || kilogrammeter || kilogrammètre m.; mètre m. kilogramme. 5

Kilometer n. || kilometre || kilomètre m. **a) ~stein** m. || milestone || borne f. kilométrique; pierre f. milliaire. **b) ~zähler** m. || odometer; mileage recorder *or* indicator; mileometer || compteur m. kilométrique; odomètre m. 6

Kilovoltampere n. || kilovolt-ampere || kilovolt-ampère m. 7

Kilowatt n. || kilowatt || kilowatt m. **a) installiertes ~** || installed kilowatt || kilowatt m. installé. **b) ~kurve** f. || curve of kilowatts || courbe f. de puissance en kilowatts. 8

Kimme f. (Küf) || chime || jable m.; échantignole f. **a) ~** (Schiffb) || bilge || sentine f. **b) ~** (Waffenw) || notch || encoche f. **c)** als **~** ausgebildeter **Drehpunkt** m. eines gleicharmigen Hebels || fulcrum of a lever with equal arms forming a notch || centre m. de rotation d'un levier à bras égaux constitué par une encoche. **d) Kreis~** || ring sight || hausse f. annulaire. 9

Kimm-gang m. (Schiffb) || bilge strake || virure f. de bouchain; bordages mpl. des fleurs. **a) ~sente** f. || bilge harpin || lisse f. du fort. **b) ~spiegel** m. (Sextant) || horizon glass || miroir m. fixe. **c) ~tiefe** f. || dip of the horizon || abaissement m. de l'horizon. 10

Kimmung f. (Schiffb) || floor heads pl.; bilge || fleurs fpl.; petits fonds mpl. **a) ~** (Wetter) || mirage; looming || mirage m. 11

Kimmungsplanke f. || bilge strake || virure f. de bouchain. 12

Kinder-abort m. || children's toilet || chaise-toilette f. pour enfants. **a) ~abziehbild** n. || transfer picture for children || décalcomanie f. pour enfants. **b) ~anzug** m. || children's suit || costume f. pour enfants. **c) ~druckerei** f. || printing box for children || boîte f. d'imprimerie pour enfants. **d) ~fahne** f. || toy flag || drapeau m. pour enfants. **e) ~fahrrad** n. || bicycle for children || bicyclette f. pour enfants. 13

Kindergartengerät n. || kindergarten utensil || ustensiles mpl. pour jardins d'enfants. 14

Kinder-geige f. || violin for children || violon m. pour enfants. **a) ~geschirr** n. || toy tea set || service m. pour enfants. **b) ~gewehr** n. || toy gun || fusil m. d'enfants. **c) ~kaufladen** m. || toy shop || magasin m. pour enfants. **d) ~klavier** n. || toy piano || piano m. pour enfants. **e) ~kleidung** f. || clothing for children || vêtements mpl. pour enfants. **f) ~kochherd** m. || toy cooking range || fourneau m. de cuisine pour enfants. **g) ~küche** f. || children's kitchen || cuisine f. d'enfants. **h) ~küchengeschirr** n. || children's kitchen utensils pl. || vaisselles fpl. d'enfants. **i) ~leiterwagen** m. || rack wagon for children || chariot m. à ridelles pour enfants. **k) ~luftballon** m. || gas balloon for children || ballon m. à gaz pour enfants. **l) ~mehl** n. || infants' food || farine f. lactée *ou* pour enfants. **m) ~möbel** m. aus Holz || wooden children's furniture || meuble m. en bois pour enfants. **n) ~musikinstrument** n. || toy musical instrument || instrument m. de musique pour enfants. **o) ~nähmaschine** f. || toy sewing machine || machine f. à coudre pour enfants. **p) ~nährmittel** npl. || childrens' food stuffs || aliments mpl. pour enfants. **q) ~peitsche** f. || whip for children || fouet m. d'enfants. **r) ~pferd** n. aus Holz || rocking horse || cheval m. de bois. **s) ~pistole** f. || toy pistol || pistolet m. d'enfants. **t) ~puder** n. || infant's powder || poudre f. pour enfants. **u) ~rechenmaschine** f. || children's counting frame || machine f. à calculer pour enfants. **v) ~säbel** m. || toy sabre || sabre m. d'enfants. **w) ~saugflasche** f. || infant's sucking bottle || biberon m. pour enfants. **x) ~schlitten** m. || sleigh for children || traîneau m. pour enfants. **y) ~schreibmaschine** f. || children's typewriter || machine f. à écrire pour enfants. **z) ~schreibpult** n. || desk for children || pupitre m. pour enfants. 15

a) ~schuh m. || children shoe || chaussure f. pour enfants. **b) ~schuhwaren** fpl. || children's boots and shoes || chaussures fpl. pour enfants. **c) ~service** n. *s.* ~geschirr. **d) ~socke** f. || half-hose || chaussette f. d'enfant. **e) ~spazierstock** m. || walking stick for children || canne f. pour enfants. **f) ~spielzeug** n. || children's toy || jouet m. pour enfants. **g) ~strumpf** m. || children's hose || bas m. d'enfant. **h) ~stuhl** m. || children's chair || siège m. pour enfants. **i) ~täschchen** n. || children's bag || sac m. à main pour enfants. **k) ~theater** n. || theatre for children || théâtre m. pour enfants. **l) ~waffe** f. || toy weapon || arme f. pour enfants. **m) ~wagen** m. || perambulator || poussette f.; voiture f. d'enfants. **n) ~wäsche** f. || baby linen || lingerie f. d'enfants. 16

Kinematik f. || kinematics pl. || cinématique f. 17

Kinematograf m. || cinematograph || cinématographe m. 18

Kinematografenapparat m. || cinematographical apparatus || appareil m. cinématographique. 19

Kinematografie f. || cinematography || cinématographie f. 20

kinematografisch-er Apparat m. || cinematographical instrument || instrument m. cinématographique. **a) ~es Bild** n. || cinematographic picture || vue f. cinématographique. 21

Kinetik f. || kinetics pl. || cinétique f. 22

kinetisch || kinetic || cinétique. **a) ~e Energie** f. || kinetic energy || énergie f. cinétique. 23

Kinn n. || chin || menton m. 24

Kinn-backen m. || jaw || mâchoire f. **a) ~haken** m. (Sattl) *s.* ~kettenhaken. **b) ~halter** m. || violin chin rest || mentonnière f. pour violons. **c) ~kette** f. (Sattl) || curb-chain || gourmette f. 25

Kinnketten-glied n. || link of the curb-chain || maille f. de la gourmette. **a) ~haken** m. || curb hook || crochet m. *ou* touret m. de gourmette. 26

Kinnstütze f. || chin rest || mentonnière f. 27

Kino n. || cinema || cinéma m. **a) ~apparat** m. || apparatus for moving picture shows || appareil m. cinématographique. **b) ~film** m. || cinema film || film m. pour cinémas. **c) ~filmkopiermaschine** f. || copying machine for cinematographic films || machine f. à copier les films cinématographiques. **d) ~filmrolle** f. || cinematograph film spool || rouleau m. de film cinématographique. **e) ~flecker** m. || cinematic spotter *or* spotting device || instrument m. cinématographique d'observation du tir. **f) ~lampe** f. || cinema lamp || lampe f. cinéma. **g) ~rohfilm** m. || cinematographic raw film || film m. brut cinématographique. **h) Tonfilm~maschine** f., || sound film projector *or* talkie-cinema-projector || appareil m. de projection pour films sonores. **i) ~vorführungsapparat** m. || kinematograph *or* cinema *or* motion picture projector; apparatus for cinematographic representations || appareil m. de projection de cinéma *ou* pour représentations cinématographiques. **k) ~wand** f. || screen for cinemas || écran m. pour cinémas. **l) ~zubehör** n. || accessories pl. for cinemas || accessoires mpl. pour cinémas. 28

Kiosk m. || kiosk || kiosque m. 29

Kipp-achse f. || hingepin || axe m. d'inclinaison. **a) ~anlage** f. für Häfen || tipping plant for harbours || installation f. d'appareils basculants *ou* pivotants pour ports. 30

kippbar, der **Wagenkasten ist ~** || the box of the wagon is arranged for being tipped || la caisse est à rabattement. **a) ~er Trog** m. || tip pan || auge f. basculante. 31

Kippbecher m. || tipping bucket || auget m. basculant. **a) ~werk** n. || elevator with bucket-tipping device || élévateur m. à godets basculants. 32

Kipp-bewegung f. || tilting movement || mouvement m. basculant. **a) ~bühne** f. || tipping stage || déchargeur m. basculant. 33

Kippe f. || hinge || dispositif m. d'inclinaison *ou* basculant. 34

kippen || to tip; to tilt; to throw off || renverser; culbuter; faire basculer. **a) um seine Achse** f. **~** || to tilt about its axis || tourner autour de son axe. **b)** gekippte Stellung f. des **Wagenkastens** || tipped position *or* tipping position of the box ||

caisse f. de wagonnet basculée; position f. de déversement. 1

Kippen n. || tipping || mouvement m. de bascule. a) ~ der **Gichten** || irregular sinking *or* descent of the furnace-charge || éboulement m. *ou* descente f. irrégulière des charges d'un haut-fourneau. 2

kippend || tipping || basculant. a) **nach beiden Seiten** ~er Wagen m. || wagon for tipping towards either sides || wagonnet m. basculant des deux côtés. 3

Kipper m. || tipper; wipper; tippler || culbuteur m.; verseur m.; basculeur m.; benne f. basculante. a) **Berge~** || tipping device for mine rubbish || tombereau m. à éboulis. b) **Block~** || ingot tipping device || culbuteur m. à lingots. c) **Gruben-mulden~** || trough tip wagon for mines || basculeur m. à auge de mine. d) **Hinter~** || end tipper || camion m. basculant à l'arrière. e) **einseitiger Kasten~** || side dump tip box wagon || wagonnet m. à caisse basculante d'un seul côté. f) **Konverter~** (Met) || converter leverman || opérateur m. du convertisseur. g) **Kreisel~** || rotary wagon tipper || basculeur m. circulaire. h) **Mulden~** || through tip-wagon || basculeur m. à auge; benne f. basculante à auge. i) **Rund~** || all-round box tip wagon || wagonnet m. à caisse basculante dans toutes les directions. k) **Schnabel-vorder~** || scoop type car (tips at end) || wagonnet m. avec bec basculant en bout. l) **Seiten~** || side tip wagon || benne f. basculante latéralement; camion m. basculant de côté. m) **Stirn~** || end tip wagon || benne f. basculante longitudinalement. n) **Vierzapfen~** || tipping trough four bolted wagon || wagonnet m. basculaut à quatre tourillons. o) **Vorder~** || front tipper || wagonnet m. basculant en bout. p) **Wagen~** || wagon tipper || culbuteur m. à wagons. q) **Wiegen~** || cradle tip wagon || wagonnet m. à berceaux de versement. r) **Zapfen~** || trunnion tip wagon || wagonnet m. culbuteur à tourillons. 4

Kipper-katzenbrücke f. || tipping stage || pont m. à chariots culbuteurs. a) **~rahmen** m. || tipping frame || cage m. du culbuteur. 5

Kipp-hebel m. || rocking *or* tappet lever || basculeur m. a) **~karren** m. || tipping *or* tilting cart || charrette f. basculante; tombereau m. b) **~kübel** m. || tipping tub || bâche f. basculante. c) **~lager** n. (Brückenbau) || swing support; pivoting bearing || appui m. à bascule. d) **~lager** n. (Masch) || tilting bearing || palier m. renversable *ou* culbutable. e) **~lampe** f. || reversible lamp || lampe f. à bascule. f) **~leine** f. (für Schiffsanker) || shank painter || serre-bosse f. 6

Kippmoment n. (Allg) || overturning *or* tilting moment || moment m. de renversement. a) ~ (Luftf) || pitching moment || moment m. de tangage. 7

Kipp-mulde f. || tipping trough *or* hopper || benne f. basculante; benne-griffe f. a) **~ofen** m. || tilting furnace || four m. culbutant *ou* basculant. b) **~pfanne** f. || swing *or* see-saw pan || chaudière f. à bascule. c) **~regel** f. mit Höhenkreis für topografische Arbeiten || telescopic alidade with vertical circle for topographic mapping || alidade f. munie d'un cercle vertical pour les levés tachéométriques. d) **~ring** m. (Müller) || side ring || couronne f. latérale. e) **~röhre** f., Quecksilber || mercury tilting *or* tipping tube || tube m. à mercure basculant. f) **~schalter** m. || reversible *or* tumbler switch || interrupteur m. trumbler *ou* à bascule. g) **~stuhl** m. || tipping chair || chaise f. à bascule. h) **~trogmischmaschine** f. || tip through mixing machine; tipping through mixer || malaxeur m. *ou* mélangeur m. à auge basculante. 8

Kippvorrichtung f. || hinge fitting; tipping device || basculateur m.; dispositif m. d'inclinaison; appareil m. à bascule. a) ~ für **Eisenbahnwagen** || tipping device for railway trucks || appareil m. à bascule pour wagons de chemin de fer. b) ~ für **Kraftwagen** || tipping device for motor cars || dispositif m. de renversement culbuteur pour automobiles. c) ~ für **Mischer** || tipping device for mixers || culbuteur m. pour mélangeurs. d) **maschinell verstellbare ~** || mechanically operated tilting support || inclinaison f. mécanique du bâti. e) Wagen m. mit **mechanischer ~** || wagon with mechanical tipping device || wagonnet m. basculeur à dispositif mécanique de bascule. f) **selbsttätige ~** || automatic tipping device || déversement m. automatique. 9

Kippwagen m. || tipper; tip *or* tilting wagon; dump(ing) truck; tipping cart || camion m. à benne basculante; wagon m. à bascule; basculeur m.; tomberau m. a) ~ für **Lokomotivbetrieb** || tip wagon moved by locomotives || wagon m. à bascule pour traction par locomotive. b) **Motor~** || tipping automobile || automobile m. basculant. c) **zweiseitiger ~** || dump car tipping to either side || wagonnet m. à double bascule basculant des deux côtés. 10

Kipp-wagenmulde f. || tipping trough || benne f. *ou* auge f. basculante. a) **~wäsche** f. || swing sieve || crible m. à manivelle *ou* à bascule. b) **~welle** f. || tip shaft *or* beam || arbre m. de versement. c) **~wiege** f. || tipping cradle || berceau m. de versement. d) **~winkel** m. || tipping angle || angle m. de bascule. e) **~zapfen** m. || tipping trunnion || tourillon m. de wagonnet basculant. f) **~zeiger** m. (Luftf) || pitching indicator || indicateur m. de tangage. 11

Kirche f. || church || église f. 12

Kirchen-beheizung f. || church heating || chauffage m. d'église. a) **~brokat** m. || church brocade || brocard m. d'église. b) **~damast** m. || church damask || damas m. d'église. c) **~fahne** f. || church banner || oriflamme f. 13

Kirchenfenster n. || church window || vitrail f. (d'église). a) **bemaltes ~** || painted church window || vitrail m. peint. b) **~glas** n. || glass for church windows || verre m. pour vitraux. 14

Kirchen-gerät n. || church implements pl. || ustensiles mpl. d'église. a) **~glocke** f. || church bell || cloche f. d'églises. b) **~kerze** f. || church candle || cierge m. d'église. c) **~möbel** n. || church furniture || mobilier m. réligieux; meuble m. d'église. d) **~orgel** f. || church organ || orgue m. d'église. e) **~orgelbau** m. || factory of church organs || fabrique f. d'orgues pour églises. f) **~schmuck m., gewebter** || church woven ornament || ornement m. d'église en tissu. g) **~schmucksachen** fpl. || church ornaments pl. || ornements mpl. et vêtements mpl. sacerdotaux. h) **~wimpel** m. || church pendant || oriflamme f. religieux. 15

Kirchhoffsche Regeln fpl. || Kirchhoff's laws pl. || lois fpl. de Kirchhoff. 16

kirchliche Kunst f. || ecclesiastical art || art m. ecclésiastique. 17

Kirchturm m. || steeple; church tower || clocher m. 18

Kirschbaum m. || cherry tree || cerisier m. a) **~gummi** m. || cherry gum || gomme f. de cerisier. b) **~harz** n. *s.* ~gummi. c) **~-holz** n. || cherry wood || (bois m. de) cerisier m. 19

Kirschbranntwein m. || cherry brandy; kirsch || kirsch m. 20

Kirsche f. || cherry || cerise f. 21

Kirschen-entkernmaschine f. || cherry stoning machine || dénoyauteuse f. de cerises. a) **~stiel** m. || cherry stalk || tige f. *ou* queue f. de cerises. 22

Kirsch-glut f. || cherry red heat || chaude f. rouge cerise. a) **~harz** n. *s.* ~baumharz n. b) **~lorbeeröl** n. || cherry laurel oil || huile f. de laurier cerise. c) **~rotglühhitze** f. *s.* ~rotglut. d) **~rotglut** f. || cherry-read heat || chaude f. rouge-cerise. 23

Kirschwasser n. || cherry brandy; kirsch || kirsch m. a) **~brennerei** f. || cherry distillery || distillerie f. de kirsch. 24

Kissen n. || cushion || coussin m. a) **Gummi-~** || rubber cushion || coussin m. en caoutchouc. b) **Leder~** || leather cushion || coussin m. de cuir. c) **Rücken~** || back cushion || coussin m. de dosser. d) **Schmier~** || oiling pad || pellicule f. de graissage. 25

Kissendeckel m. (Sattl) || housing of the collar || coiffe f. du collier. a) **~riemen** m. (Sattl) || housing strap || courroie f. servant à attacher la coiffe. 26

Kissenfallschirm m. || seat pack parachute || parachute m. sac-coussin. 27

Kiste f. || box; case; chest || caisse f. a) ~ aus **Holz** || wooden box || caisse f. en bois. b) **Pack~** || packing case || caisse f. d'emballage. c) ~ mit **Zinkeinlage** || zinc lined case || caisse f. doublée de zinc. 28

Kisten-ausmaße npl. || case dimensions pl. || dimensions fpl. de l'emballage. a) **~beschläge** mpl. || box fittings pl. || ferrures fpl. de caisses. b) **~boden** m. || bottom of the packing case || fond m. de la caisse. c) **~brennstempelapparat** m. || box branding apparatus || appareil m. à marquer les caisses au feu. 29

Kistenbrett n. || box board || planche f. pour caisses. 30

Kistenbretter-bedruckmaschine f. || box board printing machine || machine f. à marquer les planches des caisses. a) **~-maschine** f. || box board making machine || machine f. à faire les planches des caisses. b) **~brennmaschine** f. || box board branding machine || machine f. à marquer au feu les planches des caisses. 31

Kisten-griff m. || box hold || manche m. de caisse. a) **~herstellungsmaschine** f. || machine for manufacturing (of) cases || machine f. pour fabriquer des caisses. b) **~macher** m. || box maker || caissier m. c) **~maße** npl. || case dimensions pl. || dimensions fpl. de l'emballage des caisses. d) **~nagelmaschine** f. || case nailing machine || machine f. à clouer les caisses. e) **~nagler** m. || box nailer || cloueur m. de caisses. f) **~öffner** m. mit **rundem**

Stiel || nail wrench with round shank || ciseau m. à déballer à manche ronde. g) **~plombe** f. || chest seal || plomb m. à sceller les caisses. h) **selbsttätige ~rollbahn** f. || automatic roller gear bed for cases || tapis m. roulant automatique pour caisses. i) **~schloß** n. || coverplate lock || serrure f. de coffre. k) **~schoner** m. || case protector; save chest || protecteur m. de caisse; gardecaisse m. l) **~stapelförderer** m. || staple conveyor for cases || transporteur m. avec dispositif stapleur de caisses. m) **~verschließapparat** m. || case closing apparatus || appareil m. à fermer les caisses. n) **~verschluß** m. || locking device for boxes || fermeture f. de caisses. 1

Kitt m. (Bauw) || putty; cement; mastic || ciment m.; mastic m. a) ~ (Chem) || lute; luting || lut m. b) **alkoholfester ~** || alcohol-proof cement || mastic m. résistant à l'action de l'alcool. c) **Asbest~** || asbestos putty || mastic m. d'amiante. d) **bituminöser ~** || bituminous *or* black cement || mastic m. bitumineux. e) **Eisen~** || iron cement || mastic m. de fer. f) **feuerfester ~** || fireproof cement || mastic m. réfractaire. g) **Guttapercha~** || gutta-percha cement || mastic m. à la gutta-percha. h) **Harz~** || rosin mastic; resinous cement *or* putty || mastic m. résineux. i) **Holz~** || joiner's putty || mastic m. de colle. k) **Isolier~** || insulating cement || mastic m. isolant. l) **Kautschuk~** || rubber cement || mastic m. au caoutchouc. m) **Leim~** || joiner's cement || mastic m. à la colle. n) **Mennig~** || red-lead putty || mastic m. au minium. o) **Öl~** || oil putty || mastic m. à l'huile. p) **säurefester ~** || acidproof mastic || mastic m. résistant aux acides. q) **wasserfester ~** || waterproof cement || mastic m. résistant à (l'action de) l'eau. 2

Kittel m. || smock frock || sarreau m. 3

kitten (Bauw; Glaser) || to cement; to putty || cimenter; mastiquer. a) ~ (Chem) || to lute || luter. 4

Kitten n. (Chem) || lutation; luting || lutation f. 5

Kittfabrikant m. || manufacturer of putty || fabricant m. de mastic. 6

kittfrei eingesetztes Fenster n. || uncemented window || fenêtre f. posée sans mastic. 7

Kitt-herstellungsmaschine f. || mastic manufacturing machinery || machine f. pour la fabrication de mastic. a) **~öl** n. || putty oil || huile f. pour mastics. b) **~schicht** f. || layer of cement || couche f. de mastic. 8

Kladde f. || waste *or* day book || brouillon m.; brouillard m. 9

Klafter f. (Holz) || cord || corde f.; stère m. a) ~ (Maß) || fathom || brasse f. 10

klagbar || actionable || actionnable. 11

Klage f. || claim || action f. a) eine ~ **einreichen** || to make complaint || porter plainte. b) ~ **erheben** || to institute legal proceedings pl. || intenter un procès. c) **Gegen~** || counter charge || reconvention f. 12

Klagegrund m. || grievance || grief m. 13

Klamm f. || glen; ravine; defile || ravin m. 14

Klammer f. (Bauw) || cramp; cramp iron; clincher; clamp; dog; holdfast || crampon m.; clameau m.; crampe f.; agrafe f.; bride f.; griffe f.; valet m. a) ~ (Buchdr) || brace || accolade f. b) ~ (Chem) || clamp || pince f. c) ~ (künstl. Gebiß) || clasp || crochet m. d) ~ (Math) || parenthesis || paranthèse f. e) ~ (Schloss) || cramp iron; clamp; clink; staple || happe f. f) **eckige ~n** fpl. || brackets pl.; crotchets pl. || crochets mpl. g) die ~n fpl. **einsetzen** || to fix the cramps pl. || enclaver les crampons mpl. h) **eiserne ~** || iron clamp; cramp *or* corner iron || crampon m. *ou* cornière f. en fer. i) **geschweifte ~n** fpl. (Buchdr) || braces pl. || accolade f. k) in ~n fpl. **setzen** || to include in parenthesis || mettre en parenthèse *ou* entre (deux) parenthèses. l) ~ für **Kassenblocks** || cash block clip || pince f. pour blocs de caisse. m) **runde ~n** fpl. (Buchdr) || parenthesis pl. || parenthèses fpl. n) ~ aus **Vierkanteisen** zur Befestigung von Schienen auf Schwellen || cramp of square iron for fixing rails on sleepers || crampon m. en fer carré pour fixer les rails aux traverses. o) mit ~n fpl. **verbinden** (Buchdr) || to brace together || accolader. p) **Verbindungs~** || splicing clamp || agrafe f. de joint. q) die ~n fpl. **vergießen** (Maur) || to run in the cramps pl. || couler *ou* sceller les crampons mpl. r) **Wäsche~** || clothes' peg || épingle f. à linge en bois. 15

Klammerhaken m. (Bauw) || square clincher; dog hook || griffe f. de serrage; lien m. d'assemblage; clameau m. à deux faces; bride f. a) ~ (Zimm) || holdfast || clameau m.; valet m. 16

Klammer-hefter m. (Büro) || clip binder || classeur m. à pince. a) **~loch** n. || cramphole || trou m. de crampon. 17

klammern || to cramp; to brace; to clasp || cramponner. 18

Klammerring m. (Radreifen) || retaining ring || cercle m. de retenue. 19

Klampe f. || hasp; clasp; cleat || chaînette f.; taquet m. a) **Heck~** || stern cleat || taquet m. de poupe. 20

Klampfe f. || guitar || guitare f. 21

Klang m. || ring; sound || son m. 22

Klang-farbe f. || timbre; stamp || timbre m. (acoustique). a) **~film** m. || sound film; talking film; talkie || film m. parlant *ou* sonore. b) **~holz** n. || soundingboard wood; belly-board || bois m. de résonnance. 23

klanglose Münzplatte f. || dumb piece || flan m. cendreux. 24

Klangzinn n. || fine *or* ringing *or* sonorous tin || étain m. fin *ou* sonnant. 25

klappbar || hinged || relevable; à bascule; à charnières; à rabattement. a) **~er Werkzeughalter** m. || hinged tool holder || boîte f. porte-outil à charnière. 26

Klapp-bettstelle f. || folding bedstead || lit m. cage *ou* de sangle. a) **~boden** m. || hinged bottom || fond m. mobile. b) **~brücke** f. || bascule bridge; lever drawbridge luffing bridge || pont m. à bascule; pont-levis m. à trappe. c) **~deckelbrillenfutteral** n. || snap spectacle case || étui m. à lunettes à couvercle rabattant. 27

Klappe f. || clack || clapet m. a) ~ (Fernm) || annunciator; (switchboard) drop || annonciateur m. (à clapet); indicateur m. téléphonique. b) ~ (Wasserb) || trap || clapet m. c) ~ (Windmüll) || hood; head; cowl || toit m. du moulin. d) **Aschfall~** || ash-damper; ash-door || porte f. du cendrier. e) **Auspuff~** || exhaust cut out || disjoncteur m. d'échappement. f) **Boden~** (Eisenb) || bottom flap; hinged bottom || trappe f. de fond; fond m. à rabattement. g) um ein Gelenk **drehbare ~** || hinged flap || clapet m. à charnières. h) **Sicherheits~** || safety valve || soupape f. de sûreté. 28

Klappen-brücke f. || bascule bridge || pont m. à bascule. a) **~öffnung** f., **selbsttätige** || self-opening flap || ouverture f. automatique (en clapet). b) **~öler** m. || flap-covered oil cup || graisseur m. à clapet. 29

Klappenschrank m. (Fernm) || magneto board; drop switch board || tableau m. commutateur à clapets. a) ~ für **Nebenstellen** || telephone switchboard for P. B. X. || tableau m. à volets pour postes supplémentaires. b) ~ für **Reihenanlagen** || switchboard for intercommunication sets || tableau m. à volets pour les postes en série. c) **schnurloser ~** (Fernm) || cordless switchboard || tableau m. commutateur à volets sans cordons. d) ~ **Z B** || switchboard c. b. || tableau m. à volets à b. c. 30

Klappen-streifen m. (Fernm) || strip of drops || réglette f. d'annonciateurs. a) **~ventil** n. || clack *or* leaf *or* flap valve; clapper || clapet m.; soupape f. à clapet b) **~verschluß** m. || hinged cover || fermeture f. à clapet. c) **~wehr** n. (Wasserb) || lever-weir || batardeau m. à hausses mobiles. 31

klappern || to chatter; to rattle || cliqueter; claquer. 32

Klapp-form f. || folding mould || moule m. à bascule. a) **~horde** f. || dumping kiln || touraille f. à jalousie. b) **~horn** n. || cornet || cornet m. à piston. c) **~hut** m. || opera hat || chapeau m. mécanique *ou* claque; gibus m. d) **~korn** n. (Waffenw) || moveable fore-sight || guidon m. à charnière. e) **~kübel** m. || hinged *or* tipping bucket || benne f. basculante *ou* ouvrante. f) **~kübelwagen** m. || bucket truck || wagon m. à bennes ouvrantes. g) **~laden** m. || venetian blind || persienne f. h) **~lager** n. || tilting bearing || palier m. renversable *ou* culbutable. i) **~leiter** f. || folding ladder || échelle f. briseée *ou* pliante. k) **~maßstab** m. || pliant rule || mètre m. pliant. l) **~messer** n. || claspknife || eustache m. m) **~schanzkleid** n. || topsides pl. which can be turned down || pavois m. à rabattement. n) **~schraube** f. || hasp screw || boulon m. à charnière. o) **~schraubenbolzen** m. || hinged screw bolt || boulon m. articulé. p) **~sitz** m. || folding seat || strapontin m. q) **~stuhl** m. || folding stool || siège m. pliant. r) **~tisch** m. || folding table || table f. pliante *ou* à abattants. s) **~tor** n. (Wasserb) || drop gate || porte f. à trappe. t) **~tür** f. || flap door; swing door || trappe f.; porte f. à rabattement. u) **~verdeck** n. || collapsible hood || capote f. pliable. 33

klar || clear || clair. a) ~ (Flüssigkeit) || limpid; bright || clair; limpide. 34

Kläranlage f. || sewerage purification plant; clarifying plant || installation f. de clarification. a) **Abwasser~** || wastewater purification plant; sewerage plant || installation f. de purification des eaux vannes. b) **biologische ~** || biological cleaning plant for waste water || installation f. de nettoyage biologique des eaux résiduaires. c) ~ für **Kanalisation** || decanting plant for canalisation || installation f. de clarifi-

cation pour canalisation. **d)** ~ für **Wasserwerke** || decanting plant for water supply works || installation f. de clarification pour services des eaux. 1
Klär-apparat m. || waste water purifyer || appareil m. d'épuration des eaux d'égouts. **a)** **~bassin** n. || clearing cistern; settling reservoir *or* pool *or* basin *or* sump *or* tank || réservoir m. à clarifier; bassin m. de décantation *ou* de curage. **b)** **~becken** n. || settling sump *or* tank *or* basin || bassin m. de décantation *ou* de curage; purgeoir m.; bac m. de décantation. **c)** **~behälter** m. (Wasserb) || settling tank || bassin m. de curage. 2
Kläre f. || coal dust || fraisil m. *ou* poussier m. *ou* poussière f. de charbon. 3
Klareis n. || transparent ice || glace f. transparente. 4
klären (Chem) || to clarify; to clear || clarifier; faire la défécation. **a)** ~ (Wasser) || to defecate || déféquer. **b)** **sich** ~ (Chem) || to clear up || s'éclaircir. 5
Klären n. (Brau) || fining; clarification || collage m. 6
Klärfaß n. || settling cask; settler || vase m. clarificatoire. 7
Klargasanlage f. || clear gas plant || installation f. à gaz clair. 8
Klarglasglocke f. || clear-glass globe || globe m. en verre clair. 9
Klarierungsschein m. || clearance paper || document m. d'acquittement (congé). 10
Klarinette f. || clarionet; clarinet || clarinette f. 11
Klarinettenmundstück n. || clarionet mouthpiece || bec m. de clarinette. 12
klar-legen, ein Tau n. || to clear a rope; to make ready a rope || parer un câble. **a)** **~machen** zum Ankern || to clear for coming to anchor || faire péneau m. 13
Klär-meister m. (Brau) || clarifierman || clarifieur m. **a)** **~mittel** n. (Brau) || clarifier; beer finings pl. || clarifiant m. **b)** **~pfanne** f. || clarifier; clearing pan || chaudière f. à défécation *ou* à clarification; claire f.; poissonnière f. **c)** **~rechen** m. || clarifying rake || écrille f. 14
klarschleifen (Glasf) || to grind || doucir. 15
Klärsel n. (Zuck) || clear; fine liquor || clairce f.; clairée f. 16
Klär-spänewaschmaschine f. || clarifying chips *or* shavings washer || machine f. à laver les copeaux de clarification. **a)** **~sumpf** m. || settling sump || bassin m. de décantation. **b)** **~teich** m. || settling tank; sewerage filter || bassin m. de décantation; cuve f. de repos. 17
Klärung f. (Chem; Zucker) || clarifying; clearing; clarification || clairçage m.; défécation f.; clarification. **a)** ~ (Flüssigkeit) || settling; purification; clarification || clarification f.; décantation f. **b)** ~ der **Weine** || clarification of crops || collage m. des vins. 18
Klärungsmittel n. (Chem) || fining || clarifiant m. 19
Klasse f. (Seew) || class; division; rating || division f.; classe f. **a)** in **~n** fpl. **einordnen** || to classify || classifier. 20
Klassenordnung f. || classification || classification f.; classement m. 21
Klassierapparat m. || classifying apparatus || appareil-classeur m. 22
klassieren || to classify; to screw; to separate || classer; trier; séparer. 23
Klassiererin f. || ranger || rangeuse f. 24
Klassier-rost m. || classifying grate || grille-classeur f. **a)** **~sieb** n. || classifying screen || crible-classeur m. **b)** **~trommel** f. || sizing *or* classifying drum || trommel m. *ou* tambour m. classeur. 25
Klassierung f. || screening; sizing || classement m.; triage m.; separation f. 26
Klassifikation f. || classification || classification f. 27
klassifizieren || to classify || classer; classifier. 28
Klassifizierungsschein m. || certificate of classification || certificat m. de classification. 29
Klaub-arbeit f. || hand picking || triage m. à la main. **a)** **~bühne** f. || sorting board || épluchoir m. 30
klauben, Erze npl. (Bergb) || to separate the ore from deads || trier les minerais mpl. 31
Klauben n. von **Gemüse** || vegetable picking || épluchage m. de légumes. 32
Klaubetisch m. || picking table || table f. à trier. 33
Klaubhammer m. || picker; pick hammer || marteau m. de triage. 34
Klaue f. (Masch) || claw; clutch || griffe f. **a)** ~ der **Andrehkurbel** || starting crank jaw || griffe f. de la manivelle de mise en marche. **b)** ~ eines **Dreggankers** || claw of a grapnel || patte f. d'un grappin. **c)** ~ des **Hammers** || claw of a hammer || panne f. fendue du marteau. **d)** **Kuppel~** (Eisenb) || coupler jaw || griffe f. de la tête d'attelage. **e)** ~ einer **Kupplungsmuffe** || clutch of a coupling box || endenture f. *ou* griffe f. d'un manchon d'accouplement. **f)** **Nagel~** || spike drawer || pince f. à pied-de-biche. **g)** ~ für **unmittelbaren Gang** || direct driving clutch || griffe f. de prise directe. 35
Klauen-fett n. || cattle foot *or* neat's foot oil || huile f. de pied de bœuf. **a)** **~haken** m. || claw hook || crochet m. à griffes. **b)** **~hammer** m. || claw hammer || marteau m. à panne fendue. **c)** **~körper** m. || dog || griffe f. 36
Klauenkupplung f. || claw *or* dog coupling || embrayage m. *ou* accouplement m. à griffes. **a)** ~ für **unmittelbaren Gang** || high speed clutch || accouplement m. à griffes de la prise directe. 37
Klauen-kurbel f. || forked lever || levier m. fourchu. **a)** **~magnet** m. || claw magnet || aimant m. à griffes. **b)** **~mehl** n. || hoof meal || poudre f. de griffes. **c)** **~öl** n. || neat's foot oil || huile f. de pieds de bœuf. **d)** **~seuche** f. || claw-sickness; foot-rot; black leg disease; foot disease || maladie f. de la corne. **e)** **~winde** f. || jack with claw || cric m. à crochet. 38
Klausel f. || clause || clause f. 39
Klaustalit m. || clausthalite; selenide of lead || clausthalite f.; plomb m. sélénié. 40
Klaviatur f. || keys pl.; keyboard; finger board || clavier m.; claviature f. **a)** **~macher** m. || keyboard maker || facteur m. de claviers. **b)** **~schreibmaschine** f. || key board typewriter || machine f. à écrire à clavier. 41
Klavier n. || harpsichord; clavichord; piano; pianoforte || clavecin m.; piano m. **a)** **Kinder~** || toy piano || piano m. pour enfants. 42
Klavierarbeiter m. || piano worker || ouvrier m. en pianos. 43
Klavierbauer m. || piano(forte) maker || fabricant m. *ou* facteur m. de pianos. **a)** **~bohrer** m. || pianomaker's bit || mèche f. pour facteur de pianos. **b)** **~zange** f. || piano maker's nippers pl. || pince f. de facteur de piano. 44
Klavier-bestandteile mpl. || piano fittings pl. || accessoires mpl. pour pianos. **a)** **~draht** m. || piano string || fil m. de clavecin. **b)** **~hammer** m. || piano hammer || marteau m. de piano. **c)** **~lampe** f. || piano lamp || lampe f. pour pianos. **d)** **~macher** m. || piano maker || facteur m. de pianos. **e)** **~mechanik** f. || piano mechanism (*or* action) || mécanique f. pour pianos. 45
Klaviersaite f. || piano cord || corde f. de piano. 46
Klaviersaiten-draht m. || piano wire; wire for musical instruments || corde f. à piano; fil m. pour instruments de musique. **a)** **~zange** f. || piano maker's nippers pl. || pince f. de facteur de piano. 47
Klavier-schreiner m. || piano case maker || caissier m. en pianos. **a)** **~sessel** m. || piano stool || tabouret m. de piano. **b)** **~stift** m. || stop pin for pianos || goujon m. pour pianos. **c)** **~stimmer** m. || piano tuner || accordeur m. de pianos. **d)** **~stuhl** m. || piano stool || tabouret m. *ou* chaise f. pour piano. **e)** **~transport** m. || piano removing || transport m. de pianos. **f)** **~tuch** n. || piano cloth || drap m. de piano. **g)** **~zubehör** n. || piano accessories pl. || fourniture f. pour pianos. 48
Klebe-apparat m. || pasting apparatus || appareil m. à coller. **a)** **~lack** m. || sizing glue || collage m. 49
Klebemaschine f. || pasting machine || machine f. à coller. **a)** **Briefumschlag~** || gumming machine for envelopes || colleuse f. pour enveloppes à lettres. **b)** ~ für **Schachteln** || gumming machine for boxes || colleuse f. pour boîtes. 50
Klebemittel n. || glue; adhesive substance || colle f.; matière f. adhésive *ou* collante. 51
kleben (Buchb) || to paste; to work in paste || coller; empâter. 52
Klebepflaster n. || sticking plaster || emplâtre m. collant *ou* adhésif. 53
Kleber m. || gluten || gluten m. 54
Kleberleim m. || glue of gluten || colle f. végétale *ou* albuminoïde; gluten m. 55
Kleberolle f. || gummed tape || rouleau m. de papier collant *ou* adhésif. 56
Kleb-gummischicht f. || layer of adhesive *or* sizing (A) rubber || couche f. de caoutchouc collante. **a)** **~pflaster** n. || adhesive *or* sticking patch || pièce f. adhésive; taffetas m. adhésif; emplâtre m. **b)** **~pfosten** m. (el Leit) || consolidation pole || soutien m. **c)** **~sand** m. || loamy *or* sticky sand; mortar sand || sable m. collant. **d)** **~schiefer** m. || adhesive slate; slate-clay || argile f. feuilletée. 57
Klebstoff m. || agglutinant; adhesive substance; gluten || matière f. collante; colle f.; gluten m. **a)** **~behälter** m. (Büro) || mucilage holder || récipient m. à colle. 58
Klebwachs n. || sticking wax; wax for securing || cire f. à luter. 59
klecksig (Buchdr) || chocked || pâteux. 60
Klee-bogen m. (Bauk) || foiled arch || arc m. lobé. **a)** **~salz** n. || sorrel salt; oxalate of potash || oxalate m. de potasse; sel m. d'oseille. **b)** **~samenreinigungsmaschine** f. || trefoil seed cleaning machine || machine f. à nettoyer les graines de trèfle. 61

kleesaures Salz n. || oxalate || oxalate m. 1

Klei m. (toniger Boden) || clay; marl; loam || argile f. 2

Kleid n., Damen || ladies pl. cloth || vêtement m. pour dames. **a)** ~ aus **Leder** || leather cloth || vêtement m. en cuir. **b) Sport~** || sport dress || vêtement m. de sport. 3

Kleider-ablage f. || locker *or* cloak room || vestiaire m. **a) ~ausbesserung** f. || garment mending || raccommodage m. de vêtements. **b) ~bügel** m. || clothes suspender; coat hanger || porte-vêtements m.; porte-habits m. **c) ~bügler** m. || tailor's presser || presseur m. **d) ~bürste** f. || clothes brush || brosse f. à habits. **e) ~-fabrik** f. || clothing factory || confection f. de vêtements. **f) ~haken** m. || coat *or* dress hook; clothes' peg *or* pin. || portemanteau m. **g) ~halter** m. || clothes' peg *or* pin || portemanteaux m. **h) ~hefter** m. || coat baster || faufileur m. d'habits. **i) ~knopf** m. || button || bouton m. **k) ~leiste** f. || clothes rack || porte-vêtement m. **l) ~posamenten** pl. || tailor's trimming || passementerie f. pour vêtements. **m) ~reiniger** m. || clothes cleaner || nettoyeur m. d'habits. **n) ~riegel** m. || peg-board || portemanteau m. **o) ~sack** m. || sailor's bag || sac m. de mâtelot. **p) ~schrank** m. || wardrobe || garde-robe f. **q) ~schützer** m. || dress guard || garde-jupe m. **r) ~ständer** m. || cloth *or* wardrobe stand; rack || porte-habits m. **s) ~stoff** m. || dress material || étoffe f. pour costumes. **t) ~zuschneidemaschine** f. || cutting out machine for clothes || machine f. à tailler *ou* couper les habits. 4

Kleidung f. || clothing; dress || habillement m.; habit m. **a)** ~ (Seew) || service || fourrure f. **b) Arbeiterschutz~** || save clothing for workmen || vêtement m. de protection *ou* de sûreté pour ouvriers. **c) Berufs~** || cloth for workmen || vêtement m. d'ouvriers. **d) Damen~** || ladies cloth || vêtement m. pour dames. **e) Frauen~** || clothing for women || vêtement m. pour femmes. **f) Herren~** || gentlemens cloth || vêtement m. pour hommes. **g) Jünglings~** || clothing for young men || vêtement m. pour jeunes gens. **h) Kinder~** || clothing for children || vêtement m. pour enfants. **i) Knaben~** || clothing for boys || vêtement m. pour garçonnets. **k) Mädchen~** || clothing for girls || vêtement m. pour fillettes. **l) Männer~** || clothing for men || vêtement m. pour hommes. **m) Unter~** || underwear || sous-vêtements mpl. 5

Kleidungsstück n, || clothing || vêtement m. **a) wasserdichtes ~** || water-proof clothing || vêtement m. imperméable. 6

Kleidungszubehör n. || accessories pl. for clothing || accessoires mpl. du vêtement. 7

Kleie f. || bran; clover || son m. **a) feine ~** || small bran || petit son m. **b) Flug~** || beswing bran || soufflure f. de son. **c) grobe ~** || broad bran || gros son m. **d) Grützen~** || bran of grit || remoulage m. 8

Kleien-beize f. || bran-maceration || lessive f. à nettoyer. **a) ~bürste** f. || bran duster || brosse f. à son. **b) ~bürstmaschine** f. *s.* ~bürste f. **c) ~kasten** m. || bran chest || dodinage m. **d) ~preßstuhl** m. || bran roll mill || aplatisseur m. de son. 9

klein || little; small || petit. **a) ~er Buchstabe** m. || small letter; minuscula || lettre f. minuscule; minuscule f. 10

Kleinauto n. || light car; runabout || voiture f. légère; voiturette f. 11

Kleinbahn f. || narrow gauge railway || chemin m. de fer à voie étroite. **a) ~-lokomotive** f. || narrow gauge locomotive || locomotive f. à voie étroite. **b) ~material** n. || light-railway material || matériel m. pour chemin de fer à voie étroite. **c) ~wagen** m. || narrow-gauge *or* light-railway wagon || wagon m. à voie étroite. 12

Kleinbeleuchtung f. || small lighting outfits pl. || petites installations fpl. d'éclairage. 13

Kleinbessemerei f. || baby Bessemer steel plant || installation f. Bessemer de rendement restreint. 14

Kleinbessemer-stahl m. || baby Bessemer steel; steel made in baby converters || acier m. de convertisseur d'acier Bessemer de rendement restreint. **a) ~werk** n. *s.* Kleinbessemerei. 15

Kleinbetrieb m. || establishment on a small scale; small concern || exploitation f. sur une petite échelle. **a) landwirtschaftlicher ~** || small holder || petit cultivateur m. 16

kleinbohniger Kaffee m. || small-berried coffee || café m. à petits grains. 17

Kleineisen n. || light-section iron || fers mpl. de petit échantillon *ou* de faible échantillon. 18

Kleineisenindustrie f. || small iron trade; small iron ware industry || industrie f. de quincaille; industrie f. des objets de quincaillerie. **a) ~erzeugnis** n. || small iron trade ware || produit m. de quincaillerie. 19

Kleineisenwaren fpl. || small iron ware || (petite) quincaillerie f. 20

Kleineisenzeug n. (Eisenb) || small iron fittings pl. || petites pièces fpl. en fer; accessoires mpl. de voie. **a) ~fabrik** f. || hardware works pl. || ferronnerie f. 21

Kleinelektromotor m. || small power electromotor || petit électromoteur m. 22

kleiner-machen || to lower || baisser. **a) ~ werden** (Opt) || to decrease || diminuer. 23

Kleinerwerden n. || diminuation; shrinkage || rapetissement m. 24

Klein-fernhörer m. || small receiver || petit récepteur m. **a) ~galvanoplastik-anlage** f. || small galvanoplastic plant || petite installation f. de galvanoplastie. 25

Kleingeld n. || (small) change || monnaie f. de change. 26

Klein-granit m. || small granite || petit granit m. **a) ~handel** m. || retail business; small trade || commerce m. de détail. **b) ~händler** m. || retail dealer || détaillant m. **c) ~haus** n. || small house || maisonnette f. 27

Kleinheit f. || smallness || petitesse f. 28

Kleinigkeit f. || trifle; small matter || bagatelle f. 29

Klein-industrie f. || small industry || petite industrie f. **a) ~kältemaschine** f. || small refrigerating machine || petite machine f. frigorifique. **b) ~kampfwagen** m. || Baby tank; tankette || tankette f. **c) ~kapazitätsmesser** m. || small-capacity meter || appareil m. pour la mesure de faibles capacités. **d) ~kinderschule** f. || infant school || école f. enfantine. **e) ~-kolbenkompressor** m. || small piston compressor || compresseur m. à piston de faible puissance. 30

Kleinküche f. || small kitchen || petite cuisine f. **a) elektrische ~** f. mit **Wärmehaube** || portable electric stove with heating chamber || four m. électrique à rôtir et à cuire avec hotte de chaleur. 31

Klein-kunstmöbel n. || small art furniture || meubles mpl. mignons. **a) ~lichtbildkunst** f. || photomicrography || photomicrographie f. **b) ~luftschiff** n. || small airship; blimp; rubber cow (A) || dirigeable m. de petites dimensions. **c) ~malerei** f. || miniature-painting || miniature f. **d) ~möbel** npl. || small furniture || petits meubles mpl. **e) ~motor** m. (Elektr) || small motor || moteur m. (électrique) de faible puissance. **f) ~mühle** f. || crushing *or* pulverizing mill || moulin m. de pulvérisation *ou* de broyage. **g) ~offsetdruck** m. || small offset printing || petite imprimerie f. Offset. **h) ~schalter** m. || installation switch || interrupteur m. d'installation. **i) ~schlag** m. (Straßenb) || broken stone; chippings pl. || gros gravier m.; pierres fpl. concassées. **k) ~schmied** m. || tool maker || taillandier m. **l) ~seher** m. *s. auch* Mikroskop || microscope || microscope m. **m) ~spulerei** f. || small coil winding || fabrication f. de petites bobines. **n) ~stahlwaren** fpl. || polished steel articles pl. || objets mpl. en acier poli. **o) ~station** f. (Funkw) || small power station || station f. à faible puissance. 32

Kleinstmotor m. || extra small motor || moteur m. de très petite puissance. 33

Kleintransformator m. || small transformer || petit transformateur m.; transformateur m. de faible puissance. 34

Kleinverkauf m. || retail(ing); selling by retail || vente f. en détail. **a)** in **Aufmachung** f. für den ~ || dressed for the retail-trade || conditionné pour la vente en détail. 35

Kleinvieh n. || small cattle || menu bétail m. **a) ~zucht** f. || poultry breeding || élevage m. d'animaux de bassecour. 36

Klein-wagen m. (Auto) || light car; runabout || voiture f. légère; voiturette f. **a) ~werkzeug** n. || small tool || petit outillage m. 37

Kleisode f. (Rasenstück) || clay-sod || gazon m. pour digues. 38

Kleister m. || paste; slipping; pap || colle f. d'amidon *ou* de farine *ou* de pâte; empois m. **a) Stärke~** || starch paste || colle f. d'amidon. 39

Kleisterkasten m. || size box || bâche f. à colle. 40

kleistern (Buchb) || to paste; to work in paste || coller; empâter; cartonner. 41

Kleister-pinsel m. || paste-brush || brosse f. à colle. **a) ~tiegel** m. (Buchb) || paste-pot || jatte f. **b) ~topf** m. (Buchb) || paste-bowl || poêlon m. à colle. 42

Klemmauge n. || clamping eye || œil m. de blocage. 43

Klemmbacke f. || clamp; jaw || coussinet m. *ou* mâchoire f. *ou* mordache f. de serrage. **a) selbstzentrierende ~n** fpl. || self-centering jaws pl. || mâchoires fpl. à centrage automatique. 44

Klemmbackenmaul n., das **obere ~ greift von beiden Seiten** um den Schienenfuß || the upper mouth of the jaws is clasping round the flanges of the rail || la bouche *ou* la mâchoire supérieure des mordaches embrasse de deux côtés le patin du rail. **a)** das ~ ist der Neigung des Schienenfußes entsprechend **schräg ausgewalzt** ‖ the mouth of the jaws is rolled at an angle corresponding to the incline of the rail foot ‖ la bouche de mordache est laminée obliquement conformément à l'inclinaison du patin. 1

Klemmbackenöffnung f. ‖ opening of the jaws ‖ ouverture f. des mâchoires. 2

Klemm-bolzen m. ‖ clamping bolt ‖ boulon m. de serrage. **a) ~brett** n. ‖ terminal board ‖ planche f. *ou* tablette f. à bornes. 3

Klemme f. (Elektr) ‖ terminal; binding-screw *or* post (A) ‖ borne f.; serre-fil m. **a)** ~ (Heilk) ‖ forceps pl. ‖ pince f. **b) Abzweig~** (Elektr) ‖ branch terminal ‖ borne f. de dérivation *ou* de branchement. **c) Aluminium~** ‖ aluminium clip *or* clamp ‖ pince f. en aluminium. **d) Anfressen** n. der **~n** (Elektr) ‖ terminal corrosion ‖ corrosion f. des bornes. **e) Arterien~** ‖ artery forceps pl. ‖ pince f. hémostatique. **f) Einheits~** (Eisenb) ‖ universal rail anchor ‖ dispositif m. d'ancrage universel. **g) federnde ~** ‖ spring clip ‖ pince f. à ressort. **h) Keil~** (Eisenb) ‖ wedge rail anchor ‖ dispositif m. d'ancrage à coin. **i) konzentrische ~** (Elektr) ‖ concentric terminal ‖ serre-fil m. concentrique. **k) Lüster~** (Beleucht) ‖ connector clip ‖ agrafe f. **l)** ~ aus **nichtrostendem Stahl** (Heilk) ‖ forceps of rustless steel ‖ pince f. en acier inoxydable. **m) Pol~** ‖ pole terminal ‖ borne f. d'élément. **n) Schrauben~** (Eisenb) ‖ screw rail anchor *or* clip ‖ crampon m. à vis de serrage; dispositif m. d'ancrage à vis. **o) Tuch~** (Heilk) ‖ towel clip ‖ pince f. à champ. 4

klemmen ‖ to jam; to clamp ‖ serrer; caler. **a) die Stifte** mpl. ~ (Zahlkasse) ‖ the punches stick ‖ les poinçons mpl. se serrent *ou* coincent. 5

Klemmen-anschluß m., verdeckter (Elektr) ‖ covered-in terminal connection ‖ bornes fpl. recouvertes. **a) ~schutzkasten** m. (Elektr) ‖ terminal box ‖ boîte f. de protection de bornes de jonction. **b) ~spannung** f. ‖ terminal voltage; terminal potential difference ‖ tension f. aux bornes. 6

Klemmer m. ‖ eyeglasses pl. ‖ pince-nez m. **a) Nah~** ‖ reading pince-nez *or* eye glass ‖ pince-nez m. pour voir de près. **b)** ~ mit **Randfassung** ‖ rimmed folder ‖ pince-nez m. à cercle. **c) randloser ~** ‖ rimless folder ‖ pince-nez m. à verres nus. 7

Klemmfutter n. ‖ clamping chuck ‖ mandrin m. de serrage. **a)** ~ **mit zwei Backen** ‖ two-jawed chuck ‖ mandrin m. à deux mâchoires. 8

Klemm-haken m. (Zimm) ‖ holdfast ‖ clameau m.; valet m.; clef f. de serrage. **a) ~hebel** m. ‖ clamping lever ‖ levier m. de blocage; manette f. 9

klemmig (Bergb) ‖ sturdy ‖ serré. 10

Klemm-isolator m. ‖ cleat insulator ‖ isolateur m. à collier. **a) ~leiste** f. (Fernm) ‖ screw terminal ‖ réglette f. de bornes. **b) ~muffe** f. ‖ clamping sleeve ‖ manchon m. de raccordement à serrage. 11

Klemmplatte f. (Eisenb) ‖ clip; clamping plate ‖ plaque f. de serrage; crapaud m.; étrier m. **a) Nasen~** (Eisenb) ‖ catch-fitted clip ‖ plaque f. de serrage à talon. 12

Klemmring m. ‖ clamping ring ‖ bague f. de serrage. **a) Lenkstangen~** ‖ locking ring of the handle bar ‖ collier m. de serrage du guidon. 13

Klemmrolle f. (el Leit) ‖ clamp roller ‖ bobine f. à borne. 14

Klemmschraube f. ‖ binding post; clamping *or* terminal screw; set screw ‖ serre-fil m.; vis f. de serrage *ou* d'arrêt. **a)** die ~ **lösen** ‖ to release the clamping screw ‖ desserrer la vis de pression. 15

Klemmung f. ‖ jamming ‖ calage m. **a)** ~ der **Feinverstellung** f. (Opt) ‖ clamp for fine adjustment ‖ blocage m. du mouvement lent. **b)** ~ der **Fokussierung** f. clamp for focussing attachment ‖ blocage de la mise au point. **c)** ~ der **Grobverstellung** f. (Opt) ‖ clamp for coarse adjustment ‖ blocage m. du mouvement rapide. **d)** ~ des **Okularauszuges** m. ‖ clamp for eyepiece draw tube ‖ vis f. immobilisant le tube-tirage. 16

Klemm-verbindung f. ‖ screw fastening; clamp connection (A) ‖ accouplement m. à pression. **a) ~verschiebehebel** m. ‖ displaceable clamp lever ‖ levier m. à pince déplaçable. 17

Klempner m. ‖ tinker; plumber; tinman ‖ ferblantier m.; plombier m. 18

Klempnerarbeit f. ‖ tinman's work ‖ ouvrage m. du ferblantier. 19

Klempnerei f. (Gewerbe) ‖ tinsmith's trade ‖ métier m. de ferblantier; ferblanterie f. **a)** ~ (Werkstatt) ‖ tinsmith's workshop ‖ ferblanterie f. **b) ~maschine** f. ‖ tinsmith's machine ‖ machine f. à ferblanterie. 20

kletten (Wolle) ‖ to pick; to cull; to unbur ‖ égrateronner. 21

Klette f. ‖ burdock ‖ bardane f.; glouteron m. 22

Kletten-samenöl n. ‖ bur oil ‖ huile f. de bardane. **a) ~wolf** m. (Spinn) ‖ burring-willow ‖ égloutronneuse f.; échardonneuse f. 23

Klettenwurzel f. ‖ burdock root ‖ racine f. de bardane. **a) ~öl** n. ‖ burdock oil ‖ huile f. de racines de bardane. 24

Kletter-drehscheibe f. ‖ climbing turntable ‖ plaque f. en saillie. **a) ~eisen** npl. ‖ grapplers pl. ‖ grappins mpl. **b) ~fähigkeit** f. ‖ climbing power ‖ aptitude f. de grimper. **c) ~kreuzung** f. (Eisenb) ‖ inclined plane switch ‖ changement m. de voie à plan incliné. **d) ~schuh** m. (elLeit) ‖ climber ‖ étrier m. à grimper; griffe f. **e) ~weiche** f. (Eisenb) ‖ inclined plane switch ‖ changement m. de voie à plans inclinés *ou* sans discontinuité de la voie principale; changement m. grimpeur *ou* grimpant. 25

Klima n., Binnen ‖ continental climate ‖ climat m. continental. **a) gemäßigtes ~** ‖ temperate climate ‖ climat m. tempéré. **b) Höhen~** ‖ high altitude climate ‖ climat m. des hautes altitudes. **c) in jedem ~** ‖ in any climate ‖ sous tous les climats mpl. **d) See~** ‖ ocean climate ‖ climat m. marin *ou* maritime. **e) ungesundes ~** ‖ unhealthy climate ‖ climat m. insalubre. 26

Klimalehre f. ‖ climatology ‖ climatologie f. 27

klimatische Verhältnisse npl. ‖ climatic conditions pl. ‖ conditions fpl. climatériques. 28

Klinge f. (Messer) ‖ blade ‖ lame f. **a)** ~ für **Bleistiftspitzer** ‖ blade for pencil sharpeners ‖ lame f. de taille-crayons. **b) Fecht~** ‖ sword blade ‖ lame f. (d'épée). **c)** ~ mit **Griff** ‖ blade with handle ‖ lame f. à poignée. **d) hohlgeschliffene ~** ‖ hollow ground blade ‖ lame f. évidée *ou* à gouttières. **e) Messer~** ‖ knife blade ‖ lame f. couteau. **f) Rasiermesser~** ‖ razor blade ‖ lame f. de rasoir. **g) Säbel~** ‖ sabre blade ‖ lame f. de sabre. **h) Säge~** ‖ saw blade ‖ lame f. de scie. **i) Scheren~** ‖ scissors blade ‖ lame f. de ciseaux. **k) schmale ~** ‖ narrow blade ‖ lame f. étroite. **l) Schwert~** ‖ sword blade ‖ lame f. d'épée. 29

Klingel f. ‖ bell ‖ sonnette f. **a) elektrische ~** ‖ electric bell ‖ sonnette f. électrique. **b) Fortschell~** ‖ constant active bell ‖ sonnerie f. continue. 30

Klingel-akkumulator m. ‖ bell accumulator ‖ accumulateur m. de sonnerie. **a) ~draht** m. ‖ bell wire ‖ conducteur m. de sonnette. **b) ~knopf** m. ‖ bell push ‖ bouton m. de sonnerie. **c) elektrischer ~kontakt** m. für Türschilder ‖ electric bell contact for door plates ‖ contact m. de sonnerie électrique pour plaques de porte. **d) ~schnur** f. ‖ bell pull *or* cord ‖ cordon m. de sonnette; fil m. pour sonneries électriques. **e) ~taster** m. ‖ bell push ‖ bouton m. de sonnerie. **f) ~transformator** m. ‖ bell transformer ‖ transformateur m. pour sonnerie. **g) ~zeichen** n. ‖ bell signal ‖ signal m. de la sonnerie. 31

Klingelzug m. ‖ bell rope; bell wire *or* pull ‖ conducteur m. de sonnette. **a) ~hebel** m. ‖ bell wire lever ‖ renvoi m. *ou* équerre f. d'une sonnette. 32

Klingenabziehapparat m. ‖ sharpener for shaving blades ‖ appareil m. à repasser les lames de rasoir. 33

Klingstein m. ‖ phonolite ‖ phonolithe m. 34

Klinke f. ‖ latch; catch; handle; pawl ‖ loquet m.; clenche f.; cliquet m. **a)** ~ (Fernm) ‖ jack ‖ jack m. 35

Klinken-apparat m. ‖ pawl coupling ‖ appareil m. à cliquet. **a) ~buchse** f. (Fernm) ‖ sleeve ‖ douille f. de jack. **b) ~feder** f. (Fernm) ‖ spring ‖ ressort m. **c) ~feld** n. (Fernm) ‖ jack panel ‖ panneau m. de jacks. **d) ~gitter** n. (Fernm) ‖ band for jack strips ‖ bande f. pour attacher des réglettes de jacks. **e) ~hebel** m. ‖ click lever ‖ levier m. à cliquet. **f) ~numerierung** f. (Fernm) ‖ numbering of jacks ‖ numérotage m. des jacks. **g) ~prüfeinrichtung** f. (Fernm) ‖ testing equipment for jacks ‖ dispositif m. d'essai pour jacks. **h) ~scheibe** f. ‖ jack disc ‖ disque m. à cliquet. **i) ~streifen** m. (Fernm) ‖ jacks strip ‖ réglette f. de jacks. **k) ~umrahmung** f. (Fernm) ‖ jack framing ‖ ripolinage m. de jacks. **l) ~umschalter** m. (Fernm) ‖ trunk *or* toll test board; jack unit ‖ commutateur m. manuel *ou* à jacks. 36

Klinker m. ‖ clinker; stock brick; hard stock ‖ brique f. hollandaise *ou* recuite; brique f. à four. **a) harter ~** ‖ hard clinker ‖ brique f. dure recuite. **b) Pflaster~** ‖ paving clinker ‖ brique f. dure à paver. **c) Portland~** ‖ Portland clinker ‖ brique f. de ciment Portland. **d) säurefester ~** ‖ acidproof clinker ‖ brique f. hollandaise à l'épreuve d'acides. 37

Klinker-boot n. ‖ clincher-built boat ‖ canot m. bordé à clin. **a) ~pflaster** n. ‖ brick pavement ‖ pavé m. en brique.

b) ~straße f. ‖ brick road ‖ chaussée f. de briques; route f. pavée en briques. **c) ~verwertungsmaschine** ‖ clinker utilization machine ‖ machine f. à utiliser le mâchefer. **d) ~waren** fpl. ‖ hard-baked tiles pl. ‖ articles mpl. en terre cuite hollandaise. 1

Klinket n. eines Schleusentores ‖ wicket of a lock-gate ‖ guichet m. d'une porte d'écluse. 2

Klink-rad n. ‖ ratchet wheel ‖ roue f. à rochet. **a) ~werk** n. ‖ ratched gear ‖ rochet m.; cliquetage m. 3

Klinometer n. ‖ batter lever; clinometer ‖ clinomètre m. 4

Klippe f. ‖ rock ‖ écueil m.; rocher m.; roche f. 5

Klippen-brandung f. ‖ waves dashing against cliffs ‖ ressac m. contre les rochers. **a) ~insel** f. ‖ rock-island ‖ rocher m. isolé. 6

Klipper m. ‖ clipper ‖ clipper m. 7

Klischee n. ‖ cliché; stereotype *or* printing block; galvano; cut; electro ‖ cliché m. 8

Klischee-fuß m. ‖ mount of a block ‖ pied m. **a) ~herstellung** f. ‖ cliché manufacturing ‖ fabrication f. de clichés. **b) ~nagelapparat** m. ‖ mounting apparatus ‖ appareil m. à clouer les clichés. 9

klischieren ‖ to electrotype; to dab ‖ clicher. 10

Klischieren n. ‖ stereotyping; block making ‖ stéréotypie f.; stéréotypage m.; clichage m. 11

Klischiermaschine f. (Buchdr) ‖ dabbing machine ‖ machine f. à clicher. 12

Klistier n. ‖ enema ‖ lavement m. **a) ~spritze** f. ‖ rectal syringe ‖ seringue f. à lavement. 13

Kloake f. ‖ sewer; sink; cloaca; cesspool ‖ égout m.; cloaque m. 14

Klöbeisen n. ‖ riving knife ‖ coutre m. 15

klöben ‖ to rive; to cleave ‖ fendre; refendre. 16

Kloben m. (Holz) ‖ log ‖ bûche f. **a) ~** (Masch) ‖ block; pulley (sheave *or* drum) ‖ poulie f.; navette f. **b) ~** (Zimm) ‖ holdfast ‖ clameau m.; valet m. **c) Feil~** ‖ filing vice ‖ étau m. à limer à main. **d) ~** für **Flaschenzüge** ‖ block for tackles ‖ poulie f. à moufle. 17

Kloben-gehäuse n. einer **Rolle** ‖ shell; pulley frame ‖ caisse f. *ou* chape f. *ou* corps m. d'une poulie. **a) ~welle** f. (Windmüll) ‖ shaft of dressing machine ‖ arbre m. du babillard. 18

Klobsäge f. ‖ board *or* frame *or* veneer saw ‖ scie f. à refendre *ou* à placage. 19

Klopf-brett n. (Buchdr) ‖ planer ‖ taquoir m. **a) ~bürste** f. (Buchdr) ‖ beating brush ‖ brosse f. à mouler. 20

Klöpfel m. (Tischl) ‖ mallet; beater ‖ maillet m.; battoir m.; enfonçoir m. 21

klopfen (Kesselstein) ‖ to scale ‖ piquer. **a)** (Motor) ‖ to knock ‖ cogner. **b)** die **Baumwolle ~** ‖ to batten *or* to beat the cotton ‖ battre le coton. **c)** die **Form ~** (Buchdr) ‖ to plain down the form ‖ taquer la forme. **d)** den **Hanf** m. **~** ‖ to beat the hemp ‖ battre *ou* piler le chanvre. 22

Klopfen n. (Baumwolle) ‖ beating; batting ‖ battage m. **a) ~** des **Kolbens** (Motor) ‖ piston knock ‖ cognement m. du piston. 23

klopfendes Geräusch n. (Motor) ‖ knocking ‖ tapage m.; cognement m. 24

Klopfer m. (Fernm) ‖ tapper; decoherer ‖ frappeur m.; décohéreur m. **a) ~** (Hutm) ‖ beater; mallet ‖ battoir m.; maillet m.; enfonçoir m. **b) ~** (Tür) ‖ knocker; rapper; click ‖ heurtoir m. **c) ~apparat** m. (Fernm) ‖ sounder ‖ parleur m. 25

Klopfgestänge n. (Bergb) ‖ signal wire ‖ fil m. à signaux. 26

Klopfholz n. (Buchdr) ‖ planer ‖ taquoir m. **a) ~abzug** m. (Buchdr) ‖ planer proof ‖ épreuve f. du taquoir. 27

Klopfmaschine f. (Tuchf) ‖ beating machine ‖ machine f. à battre. **a) ~** mit x **Klopfstäben** ‖ beating machine with x beating rods ‖ machine f. à battre avec x batons batteurs. **b) Kokon~** ‖ cocoon beating machine ‖ batteuse f. pour cocons. **c) ~** zum **Reinigen** karbonisierter Tuche ‖ milling machine *or* rumpel with beaters for treating carbonized cloth ‖ foulon m. servant au nettoyage des draps carbonisés. 28

Klopf-schlägel m. (Wagenb) ‖ hollowing hammer ‖ enfonçoir. **a) ~sense** f. ‖ Styrian *or* German scythe ‖ faux f. façon d'Allemagne. **b) ~stab** m. ‖ beating rod ‖ baton m. batteur. **c) ~stock** m. (Tuchm) ‖ beater ‖ gaulette f. **d) ~walke** f. (Tuchf) *s.* ~maschine. **e) ~wolf** m. (Spinn) ‖ beating-opener ‖ loup-batteur m. 29

Klöppel m. (Glocke) ‖ clapper ‖ battant m. **a) ~** (Schreibm) ‖ hammer ‖ battant m. **b) ~** (Textil) ‖ cop ‖ fuseau m. 30

Klöppelarbeit f. ‖ bobbin work ‖ travail m. au fuseau. 31

Klöppelmaschine f. ‖ bobbin *or* braiding machine; spindle loom ‖ métier m. à fuseaux *ou* à lacets; tresseuse f. **a) Spitzen~** ‖ bobbin machine for making pillow-lace ‖ machine f. à fuseaux pour faire de la dentelle. 32

klöppeln ‖ to weave bone lace; to braid ‖ travailler au fuseau m.; tresser. 33

Klöppel-ring m. einer Glocke ‖ ring of bell-clapper ‖ bélière f. de cloche. **a) ~spitze** f. ‖ bone *or* pillow lace ‖ dentelle f. aux fuseaux *ou* au carreau. 34

Klosett n. ‖ closet ‖ closet m. 35

Klosettanlage f. ‖ lavatory installation ‖ installation f. d'un cabinet d'aisance. **a) ~** mit **Wasserspülung** ‖ water closet installation ‖ installation f. de water-closet. 36

Klosett-papier n. ‖ toilet paper ‖ papier m. de toilette *ou* hygiénique. **a) ~sitz** m. ‖ toilet seat ‖ siège m. de cabinets d'aisance. **b) ~spülvorrichtung** f. ‖ flash cistern; water-closet flushing apparatus ‖ appareil m. de chasse pour WC. 37

Klotz m. ‖ trunk of a tree ‖ souche f. **a) ~** unter einem **Hebebaum** ‖ fulcrum; prop of a lever ‖ orgueil m. *ou* cale f. d'un levier; point m. d'appui. **b) Holz~** ‖ log; trunk; plank-timber ‖ tronche f.; souche; f.; bloc m. de bois. **c) Leder~** ‖ leather cam bloc ‖ sabot m. en cuir. 38

Klotz-arbeiter m. (Sägew) ‖ log maker ‖ fendeur m. de bûches. **a) ~bremse** f. ‖ shoe *or* block brake ‖ frein m. à sabot. 39

Klötzchen n., **dreikantiges** (Buchdr) ‖ wedge ‖ mentonnet m. 40

Klotze f. ‖ open stamp-mill ‖ bocard m. en plein air. 41

Klotz-maschine f. (Tuchm) ‖ stiffening-machine ‖ machine f. à amidonnage. **a) ~modell** n. (Schiffb) ‖ block-model ‖ modèle m. par bloc. **b) ~mühle** f. ‖ open stamp-mill ‖ bocard m. en plein air. **c) ~pflaster** n. ‖ block pavement ‖ pavement m. en bois. **d) ~wagen** m. (Sägew) ‖ drag ‖ chariot m. 42

Klub-möbel npl. ‖ club furniture ‖ ameublement m. de club. **a) ~sessel** m. ‖ club chair ‖ siège m. de club. 43

Kluft f. (Bergbau) ‖ fissure; crevasse; charm ‖ fente f.; fissure f.; crevasse f. **a) ~** (Geol) ‖ joint ‖ joint m. **b) ~** (Maßstab) ‖ folding rule ‖ règle f. pliante; échelle f. pliante. **c) ~** (Met) ‖ tongs pl.; forceps ‖ pinces fpl. à essai *ou* à creuset. **d) ~holz** n. ‖ split timber; billet *or* lath *or* log wood ‖ bois m. de fente. 44

klüftig ‖ cleft; cracked ‖ crevassé. 45

Klumpen m. (Bergb) ‖ nugget; lump ‖ masse f. **a) ~** (Met) ‖ lump; bloom; ball ‖ loupe f. 46

klumpig ‖ cloddish; clotted ‖ motteux; grumeleux. 47

Klüppchen n. (Web) ‖ tweezer; weaver's tweezer *or* nippers pl. ‖ pincette f. du tisserand. 48

Kluppe f. (el Leit) ‖ jointing clamp ‖ pince f. **a) ~** (Masch) ‖ screw *or* die stock ‖ filière f. **b) ~** (Web) ‖ clip; tenter-hook ‖ tenaille f. **c) Schneid~** ‖ screw plate ‖ filière f. à fileter. **d) Spann~** ‖ side-hook; holdfast; vice-clamps pl.; vice-cap; vice-jaw ‖ crampon m.; mordache f.; mâchoire f. 49

Kluppen-macher m. ‖ stock and die maker ‖ filiériste m.; fabricant m. de filières. **a) ~schmied** m. ‖ stock smith ‖ forgeur m. de filières f. 50

Klüse f. ‖ hawse-hole ‖ écubier m. **a) Anker~** ‖ hawse pipe ‖ écubier m. 51

Klüsenschott n. ‖ bulkhead of the manger ‖ cloison f. de la gatte. 52

Klüver m. ‖ jib ‖ foc m. **a) ~baum** m. ‖ jib-boom ‖ bâton m. de foc; boute-hors m. du beaupré. **b) ~fall** n. ‖ jib halliard ‖ drisse f. du grand foc. **c) ~gast** m. ‖ jib-man ‖ gabier m. du grand foc. **d) ~leiter** f. ‖ jib stay ‖ draille f. *ou* étai m. du foc. **e) ~schot** n. ‖ jib sheet ‖ écoute f. du foc. **f) ~stag** m. ‖ jib stay ‖ draille f. *ou* étai m. du foc. 53

Klydonograf m. ‖ clydonograph ‖ appareil m. régistreur d'ondes de surtension. 54

Knabbelkoks m. ‖ crushed coke ‖ coke m. concassé. 55

Knabenkleidung f. ‖ clothing for boys ‖ vêtement m. pour garçonnets. 56

Knack-geräusch n. (Fernm) ‖ click ‖ clic m. **a) ~mandel** f. ‖ shell almond ‖ coquemolle f. **b) ~prüfung** f. (Fernm) ‖ click testing ‖ test m. par clic *ou* au récepteur. **c) ~ton** (Fernm) ‖ click ‖ toc m. 57

Knagge f. ‖ cam; catch ‖ came f.; taquet m.; toc m. **a) Auslösungs~** ‖ coupling tappet ‖ taquet m. d'embrayage et de débrayage. 58

Knaggenrad n. ‖ cam wheel ‖ roue f. à cames. 59

Knall m. ‖ detonation ‖ détonation f. 60

Knall-bonbon m. ‖ cracker ‖ bonbon m. fulminant. **a) ~büchse** f. ‖ pop-gun ‖ canonnière f. 61

Knallen n. im **Auspufftopf** ‖ muffler explosion ‖ pétarade f. au pot d'échappement. **a) ~** im **Vergaser** ‖ popping in the carburettor ‖ pétarade f. au carburateur. 62

Knall-erbse f. ‖ toy torpedo ‖ bombe f. pétard; pois m. fulminant. **a) ~funke** m. ‖ slow spark ‖ étincelle f. explosive.

b) ~funksender m. || spark transmitter || émetteur m. à étincelles. 1

Knallgas n. || oxyhydrogen gas; detonating gas || gaz m. oxyhydrique *ou* fulminant *ou* explosif. **a) ~entwicklung** f. || formation of oxyhydrogen gas || formation f. de gaz détonnant. **b) ~gebläse** n. || oxyhydrogen blow pipe || chalumeau m. oxyhydrique *ou* à gas fulminant. **c) ~voltameter** n. || oxyhydrogen gas voltameter || voltamètre m. à oxygène et hydrogène. 2

Knall-geräusch n. (Fernm) || cracking || crépitement m.; friture f. **a) ~gold** n. || fulminating gold; aurate of ammonia || or m. fulminant; aurate m. d'ammoniaque. **b) ~korken** m. || alarm cork || bouchon m. détonant. **c) ~pulver** n. || fulminating powder || poudre f. fulminante. **d) ~quecksilber** n. || fulminate of mercury; fulminating mercury; mercuric fulminate || mercure m. fulminant; fulminate m. mercurique. **e) ~säure** f. || fulminic acid || acide m. fulminique. **f) ~signal** n. (Eisenb) || detonating *or* fog signal || pétard m. **g) ~silber** n. || fulminating silver; silver fulminate || argent m. fulminant. **h) ~zucker** m. (Chem) || nitrosaccharose || nitrosaccharose m. 3

Knappe m. (Bergb) || miner; pitman; pioneer; derrick || mineur m. 4

Knappe f. (einer Peitsche) || whip cord; whip lash || mèche f. *ou* ficelle f. de fouet. 5

Knappeisen n. (Salzgew) || mattock || pic m. à tête. 6

Knappheit f. || scarcity; shortage *or* meagreness; tightness || étroitesse f.; modicité f.; pénurie f. 7

Knappschaft f. || society *or* body of miners; miners' union *or* association || corps m. des mineurs. 8

Knappschafts-kasse f. || miners' benefit fund || caisse f. de secours des mineurs. **a) ~verband** m. || miner's association *or* union || association f. de mineurs. 9

Knast m. im Holz || knag *or* snag *or* knot *or* nob in wood || nœud m. dans le bois. 10

knästig || knaggy; snaggy; knobby; knotty || noueux. 11

knattern (Motor) || to detonate || détoner. 12

Knattern n. (Funkw) || sizzle || friture f. 13

Knäuel n. (Allg) || clew || peloton m. **a) ~wickelmaschine** f. || ball winding machine; balling machine || pelotonneuse f.; peloteuse f. **b) ~wickler** m. (Spinn) || ball winder; baller || pelotonneur m.; peloteur m. 14

Knauer m. (Bergb) || hard rebel rock; hard rock *or* stone || roche f. très dure. 15

Knauf m. || knob || bouton m. 16

Knebel m. || crossbar || attache f.; garrot m. **a) ~** (Säge) || tongue || garrot m.; languette f. **b) ~** (Seew; Luftf) || toggle || cabillot m.; garrot m. 17

Knebelgelenk n. || toggle joint || genouillère f. 18

knebeln || to fix with a toggle || trésillonner. 19

Knebelschraube f. || thumb *or* tommy screw || vis f. à clef. 20

Knecht m. (Landw) || farm servant; hind || valet m. *ou* garçon m. de ferme. **a) ~** (Tischl) || support stock; standing vice || servante f.; valet m. de pied. 21

Kneifer m. || pince-nez; eye glasses pl. || binocle m.; pince-nez m. **a) ~fassung** f. || eye glass frame || monture f. de pince-nez. 22

Kneifzange f. || (cutting) nippers pl.; cutting pliers pl.; pincers pl. || pince f.; tenaille f. à couper; pince f. coupante. 23

Knetarm m. || kneading arm || bras m. pétrisseur. 24

knetbar || kneadable; ductile; plastic; plastical || pétrissable; plastique. 25

kneten || to knead || pétrir; malaxer. **a)** den **Teig** m. **~** (Bäckerei) || to knead *or* to make the dough || pétrir la pâte. 26

Kneten n. (Bäck) || kneading || pétrissage m.; pétrissement m. **a) ~** (Töpf) || wedging; pugging; slopping || pétrissage m. 27

Kneter m. (Bäck) || kneader; dough maker; dough mixer || pétrisseur m.; gindre m.; mitron m. **a) Maschinen~** (Bäck) || machine mixer || pétrisseur m. à la machine. 28

Knetmaschine f. || kneading machine; dough mixer; masticator || pétrin m. mécanique; malaxeuse f.; pétrisseuse f. **a) ~** für die **Nahrungsmittelindustrie** || kneeding machine for the provisions industry || pétrisseuse f. pour l'industrie des produits alimentaires. **b) Teig~** || dough kneeding machine || machine f. à pétrir la pâte. **c) Ton~** || clay kneading machine || machine f. à pétrir la glaise. **d) ~** mit **Trogbremse** am Boden || kneading machine with brake device for the bowl at the bottom || pétrin m. avec disposition de frein à la base de la cuve. 29

Knet- und **Mischmaschine** f. für **Beton** und **Mörtel** || kneading and mixing machine for concrete and mortar || machine f. à pétrir et à mélanger le béton et le mortier. **a) Vakuum~ ~ ~** || vacuum kneader and mixer || malaxeur m. et mélangeur m. à vide. 30

Knetwerk n. || kneading machine; masticator || machine f. à pétrir. 31

Knick m. (Biegung) || bend || coude m. **a) ~** (Buschwerk) || quickset hedge || buisson m. **b) ~** (Sprung) || crack || felûre f. **c) ~** einer **Mauer** f. || break *or* brisure of a wall || brisure f. d'une muraille. 32

Knickbeanspruchung f. || breaking strain || effort m. de rupture. 33

knicken || to collapse || flamber; briser. 34

Knicken n. des Flachses || flax breaking || broyage m. de lin. 35

Knick-festigkeit f. || buckling strength; resistance to crushing by cross-breaking || résistance f. à la compression *ou* au flambage. **a) ~last** f. || buckling load || charge f. de flambage. **b) ~prüfmaschine** f. || buckling test machine || machine f. à essayer les matériaux au flambage. **c) ~spannung** f. || buckling stress || tension f. de flambage; effort m. de compression axiale. 36

Knickung f. || buckling || flambage m. 37

Knie n. || knee || genou m. **a) ~** (Masch) || knee; angle; elbow || coude m. 38

Knie-gamasche f. || legging || jambière f. **a) ~gelenk** n. || toggle joint || genouillère f. 39

Kniehebel m. || joint *or* bent lever || levier m. coudé *ou* brisé. **a) ~bewegung** f. || toggle lever mechanism || commande f. par levier coudé. **b) ~bremse** f. || toggle joint brake || frein m. à genouillère. **c) ~klemme** f. || drawing tongs pl. || patte f. de grenouille. **d) ~matrizenprägepresse** f. mit dampfelektrischer Heizung || knee lever (toggle) embossing press for matrices with combined steam and electrical heating || presse f. à empreindre à genouillère avec chauffage combiné électrique et à vapeur. **e) ~nietmaschine** f. || toggle joint rivetting machine || riveuse f. à col de cygne et à genouillère. 40

Kniehebelpresse f. || crank *or* toggle lever press || presse f. à genouillère. **a) ~** mit **selbsttätiger Druckregelung** || toggle lever press with automatic regulation of pressure || presse f. à levier coudé avec réglage automatique de la pression. 41

Kniehebel-tubenpresse f. || toggle collapsible tube press || presse f. à genouillère pour tubes. **a) ~ziehpresse** f. || toggle drawing press || presse f. à emboutir à genouillère. 42

Knieholz n. || knee timber || bois m. coudé *ou* genouillé. 43

Kniekehle f. || ham of the knee || jarret m. 44

Knie-leder n. || apron || tablier m. **a) ~presse** f. für Öl || oil *or* stamper press || harnard m. 45

Knieriemen m. || stirrup; knee strap || tire-pied m. **a) ~** aus **Gewebe** || elastic knee cap || genouillère f. en tissu élastique. 46

Knierohr n. || pipe bend || tube m. courbé. **a) ~biegemaschine** f. || pipe elbow bending machine || machine f. à faire les coudes des tuyaux de poêle. 47

Kniescheibe f. || knee cap || rotule f. 48

Kniestück n. (Rohrleit) || knee; angle; elbow (band) || coude m. **a) rechtwinkliges ~** || right-angle bend || coude m. d'équerre. 49

Knie-verbindung f. || elbow joint || jointure f. en ˥. **a) ~wärmer** m. || knee cap || genouillère f. 50

knipsen (Fahrkarte) || to clip || perforer. **a) ~** (Fotografie) || to photograph; to snap || photographier. 51

Knipszange f. || ticket nippers pl. || pince f. de contrôle. 52

Knirschen n. || squeak || grincement m. **a) ~** des **Sandes** m. || crunching of sand || crissement m. du sable. **b) ~** des **Zinns** n. || crackling sound of tin || cric m. de l'étain. 53

Knistern n. (Funkw) || sizzle || friture f. 54

Knoblauch m. || garlic || aulx mpl.; ail m. 55

knoblauchartig || garliclike || alliacé. 56

Knoblauchöl n. || garlic oil || essence f. d'ail. 57

Knochen m. || bone || os m. **a) gebrannte ~** mpl. || calcined bones pl. || os mpl. calcinés. **b) gelöste ~** mpl. || dissolved bones pl. || os mpl. dissous. **c) gemahlene ~** mpl. || ground bones pl. || os mpl. moulus. 58

Knochen-asche f. || bone ashes pl. || cendre f. d'os. **a) ~brekzie** f. || bone bed || brèche f. osseuse. **b) ~brecher** m. || bone crusher || concasseur m. *ou* broyeur m. d'os. **c) ~brenner** m. || bone calciner || brûleur m. d'os. **d) ~drechsler** m. || bone turner || tourneur m. sur os. **e) ~dünger** m. || bone manure || engrais m. d'os. **f) ~entfettungsvorrichtung** f. || bone grease extracting apparatus || appareil m. de dégraissage des os. **g) ~fett** n. || bone fat *or* grease || suif m. *ou* graisse f. d'os. **h) ~kamm** m. || bone comb || peigne m. en os. **i) ~knopf** m. || bone button || bouton m. d'os. 59

Knochenkohle f. || animal *or* bone charcoal; bone black || charbon m. d'os; noir m. d'os *ou* animal. **a) ~dämpfer** m. || bone coal steaming apparatus || étuve f.

à charbon d'os. **b) ~glühofen** m. || bone coal glowing furnace || four m. à charbon d'os. **c) ~kochbottich** m. || bone coal cooking drum || tonneau m. de cuisson à charbon d'os. **d) ~wäsche** f. || bone coal washer || laverie f. à charbon d'os. 1

Knochenleim m. || bone glue; osteocolla || colle f. *ou* gélatine f. d'os; ostéocolle f.; osséine f. 2

Knochenmehl n. || bone meal *or* dust *or* powder || poudre f. d'os *ou* noire; poussière f. d'os. **a) ~anlage** f. || bone meal plant || installation f. d'usine de poudre d'os. **b) ~fabrik** f. || bone flour factory || fabrique f. de farine d'os. 3

Knochen-mühle f. || bone mill || moulin m. à os. **a) ~nagel** m. (Heilk) || bone nail || clou m. à os. 4

Knochenöl n. || neat's foot oil; bone oil || huile f. de pied de bœuf; huile f. d'os *ou* animale. **a) ~sieder** m. || bone oil boiler || fabricant m. d'huile d'os. 5

Knochen-säger m. || bone sawyer || scieur m. d'os. **a) ~schild** n. || bone label || étiquette f. en os. **b) ~schilderarbeiter** m. || bone label maker || découpeur m. d'étiquettes en os. **c) ~schneider** m. || bone cutter || débiteur m. d'os. **d) ~-schnitzer** m. || bone cutter || découpeur m. *ou* tabletier m. d'os. **e) ~schrot** n. || crushed bones pl. || os mpl. granulés. **f) ~schwarz** n. || bone black || noir m. d'os. **g) ~sieder** m. || bone boiler || bouilleur m. d'os. **h) ~superphosphat** n. || bone superphosphate || superphosphate m. d'os. **i) ~tafelleim** m. || bone glue in blocks || colle f. d'os tabulaire. **k) ~-teeröl** n. || bone oil || huile f. de Dippel. **l) ~verarbeitungsanlage** f. || bone working plant || installation f. de préparation d'os. **m) ~verbindungsschiene** f. (Heilk) || bone plate || attelle f. à os. **n) ~verkohlungsofen** m. || bone carbonizing oven || fourneau m. de carbonisation d'os. **o) ~waren** fpl. || bone goods pl. || tabletterie f. d'os. **p) ~zapfen** m. || horn core || cornillon m. 6

knöchern || (made of) bone || d'os m.; en os m. 7

knochig || bony || osseux. 8

Knolle f. (Pflanze) || tuber; bulb || tubercule m. **a) ~** (Min; Met) *s.* Knollen m. **b) eßbare ~** || edible tuber || tubercule m. alimentaire. 9

Knollen m. (Met; Min) || nodule; lump || nodule m. 10

Knopf m. || button; stud || bouton m. **a) Bein~** || bone button || bouton m. en os. **b) drehbarer ~** || rotating button || bouton m. rotatif. **c)** durch **Druck** m. auf einen **~** || by pressing upon a button || en appuyant sur un bouton. **d) Druck~** (Elektr) || push button || poussoir m. **e) Druck~** (Konfektion) || press stud; spring hook || bouton m. de pression. **f) gegossener ~** || cast button || bouton m. moulé. **g) gerändelter ~** || milled knob || bouton m. molleté. **h) Glas~** || glass button || bouton m. de verre. **i) goldener ~** || gold button || bouton m. d'or. **k) Handschuh~** || button for gloves || bouton m. pour gants. **l) Holz~** || wood button || bouton m. en bois. **m) Horn~** || horn button || bouton m. en corne. **n) ~** für **Kleidungsstücke** || button for clothings || bouton m. pour vêtements. **o) ~** mit **Löchern** || button with holes || bouton m. à trous. **p) Metall~** || metal button || bouton m. en métal. **q) ~mit Öhr** || long button || bouton m. à queue. **r) ~** einer **Örtersäge** || handle of a frame saw || poignée f. d'une scie à débiter. **s) Papier~** || paper button || bouton m. en papier. **t) Perlmutter~** || pearl button || bouton m. de nacre. **u) Segel~** || tomkin || quillon m. **v)** mit **Seide überzogener ~** || silk button || bouton m. de soie. **w) silberner ~** || silver button || bouton m. argent. **x) Steinnuß~** || button of corozo || bouton m. en corozo. **y) übersponnener ~** || button spun over || bouton m. jeté. **z) überzogener ~** || covered button || bouton m. couvert *ou* cousu. 11

Knopf-annäher m. || button hand sewer || couseur m. *ou* poseur m. de boutons à la main. **a) ~anzeichner** m. || button tracer || traceur m. en boutons. **b) ~-ausschneider** m. || boutton cutter || détacheur m. de boutons. **c) ~bohrer** m. || button borer || perceur m. de boutons. **d) ~dreher** m. || button turner || tourneur m. de boutons. **e) ~dübel** m. || knob dowel || goujon m. à bouton. **f) ~färber** m. || button dyer || teinturier m. en boutons. 12

Knopfform f. || button mould || moule m. de bouton. **a) Holz~** || wooden button mould || moule m. en bois pour boutons. 13

Knopf-gabel f. || button stick || patience f. **a) ~gießer** m. || button founder || fondeur m. de boutons. **b) ~herstellungsmaschine** f. || button making machine || machine f. à fabriquer les boutons. **c) ~karte** f. || button card || carte f. pour encartage de boutons. **d) ~leiste** f. || terminal board || planchette f. à borne. 14

Knopfloch n. || button hole || boutonnière f. 15

Knopfloch-anmerker m. (Schneid) || button hole marker || marqueur m. de boutonnières. **a) ~näher** m. || button hole worker || couseur m. de boutonnières; boutonniériste m. **b) ~nähmaschine** f. || button hole sewing machine || machine f. à coudre les boutonnières. **c) ~schere** f. || button hole scissors pl. || ciseaux mpl. à boutonnière. **d) ~-vernäher** m. (Schuhm) || button hole finisher || brideur m. de boutonnières. 16

Knopf-macher m. || button maker || boutonnier m. **a) ~maschine** f. *s.* Knopfherstellungsmaschine. **b) ~öhr** n. || shank || queue f.; attache f. **c) ~öse** f. *s.* Knopföhr. **d) ~polierer** m. || button polisher || polisseur m. de boutons. **e) ~rad** n. || heading lathe || tour m. à tête. **f) ~samt** m. || button *or* covering velvet || velours m. pour boutons. **g) ~schere** f. || pin maker's scissors pl.; flat shears pl. || ciseaux mpl. camards. **h) ~sonde** f. (Heilk) || blunt sound || sonde f. à bouts olivaires. **i) ~sortiererin** f. || button sorter || trieuse f. de boutons. **k) ~spindel** f. (Nadl) || mould; header; heading machine. || fuseau m. **l) ~-stopper** m. (Seew) || rope stopper || bosse f. à bouton *ou* à cul-de-porc. 17

Knoppenkammer m. || Alman *or* German forge || allemanderie f. 18

Knopper f. (Bot) || drillet; valonia; gall || gallon m.; vallonée f. 19

Knoppereisen n. (Schloss) || rod iron; rods pl. || carillon m. 20

Knorpel m. || cartilage; gristle || cartilage m. 21

knorpelig || cartilaginous; gristly || cartilagineux. 22

Knörperkohle f. || raking; nuts pl. || gailleteries fpl.; grélassons mpl. 23

Knorren m. (Holz) || knag; knot; snag || nœud m. 24

knorrig (Holz) || knotty; knaggy || noueux. 25

Knospe f. || bud || bouton m. 26

Knoten m. || knot || nœud m. || **a) ~** (Astron) || node || nœud m. **b) ~** (Schiff) || nautical *or* sea mile; knot || mille m. marin; nœud m. **c) ~** im **Holz** n. || knag *or* snag *or* knot *or* nob in wood || nœud m. dans le bois. **d) x ~** mpl. **laufen** (Seew) || to run x knots pl. || filer x nœuds mpl. **e) ~** der **Logleine** f. || knot of the log line || nœud m. de la ligne de loch. **f) ~** mpl. im **Schiefer** m. || knots pl. in slate || moelle f. d'ardoise. 27

Knotenamt n. (Fernm) || tandem office || tandem bureau m.; bureau m. de concentration. 28

Knotenblech n. || gusset *or* sling *or* junction plate; web || gousset m. d'assemblage; plaque f. de jonction *ou* d'éclissage. **a) ~verbindung** f. || gusset joint connection || assemblage m. par gousset. 29

Knotenfänger m. (Pap) || pulp strainer; knotter || machine f. à boutons; épurateur m. de pâte à papier. **a) ~** (Web) || knot *or* snarl catcher || nettoyeur m. de nœuds. 30

Knotenlösevorrichtung f. || knot loosening device || dispositif m. à défaire les nœuds. 31

Knotenpunkt m. (Eisenb) || junction (point); point of intersection || raccordement m.; nœud m.; point m. nodal *ou* de jonction. **a)** (Phys) || nodal point || point m. nodal. 32

Knotenpunktelast f. || load in the joints || charge f. aux nœuds. 33

Knoten-station f. || branching-off station || station f. de bifurcation. **a) ~stich** m. (einer Nähmaschine) || knotted stitch || point m. de chaînette double; point noué. **b) ~verbindung** f. (el Leit) || T-joint || raccordement m. en Y. 34

Knöterich m., russischer || knotgrass herb || herbe f. de persicaire. 35

knotig (Holz) || knaggy; snaggy; knotty; knobby || noueux. 36

Knotmaschine f. (Web) || knotting machine || machine f. à nouer. 37

Knüpfarbeit f. || knotted work || ouvrage m. noué. 38

knüpfen, Schnüre fpl. || to knot cords pl. || nouer des lacets mpl. 39

Knüpfer m. (Nähmaschine) || knotter || noueur m. 40

Knüpferhaken m. (Mähmaschine) || knotter hook || bec m. du noueur. **a) ~kamm** m. || knotter hook cam || came f. de commande du bec noueur. 41

Knüpfmaschine f., Netz || netting machine || machine f. à nouer les filets. 42

Knüppel m. (Holz) || cudgel || rondin m. **a) ~** (Hüttenw) || billet || billette f. **b) ~** (Seil) || winch; lever || gaton m. **c)** der **Stahl** m. wird in Form von **~n** mpl. in den Handel gebracht || the steel enters the market in the shape of billets || l'acier m. se vend en billettes. 43

Knüppel-band n. || winch rope || livarde f. de gatton. **a) ~bohrmaschine** f. || billet boring machine || foreuse f. pour billettes. **b) ~bremse** f. || sprag brake || freinage m. à gourdin. **c) ~holz** n. || (round) billet wood || rondin m. **d) ~schere** f. || billet shears pl. || cisailles fpl. à billettes. **e) ~steuerung** f. || stick control || commande f. par manche à balai. **f) ~walzwerk** n. || billet mill || laminoir m. à billettes. 1

koagulierbares Eiweiß n. || coagulable albumine || albumine m. coagulable. 2

koagulieren || to coagulate || coaguler. 3

Koagulierung f. (Chem) || coagulation || coagulation f. 4

Koalitions-freiheit f. || freedom to organize || liberté f. à l'organisation. **a) ~verbot** n. || prohibition to combine || interdiction f. de coalition. 5

Kobalt m. || cobalt || cobalt m. **a) arseniksaurer ~** || cobalt bloom; red cobalt ochre; arseniate of cobalt; cobalt mica || cobalt m. arséniaté; fleur f. de cobalt; erythrine f.; mine f. de cobalt en efflorescence. 6

Kobalt-arsenikkies m. || glaukodate || fer m. arsenical cobaltifère. **a) ~bad** n. || cobaltic bath || bain m. de cobaltage. **b) ~bergwerk** n. || cobalt mine || mine f. de cobalt. **c) ~beschlag** m. || earthy cobalt bloom; cobalt crust || arséniate m. de cobalt terreux; efflorescence f. de cobalt. 7

kobaltblau || cobalt blue || bleu de cobalt. 8

Kobaltblüte f. || cobalt bloom; red cobalt ochre; arseniate of cobalt; cobalt mica || cobalt m. arséniaté; fleur f. de cobalt; érythrine f.; mine f. de cobalt en efflorescence. **a) erdige ~** || earthly cobalt bloom; cobalt crust || efflorescence f. de cobalt; arséniate m. de cobalt terreux. 9

Kobalt-chlorür n. || chloride of cobalt || chlorure m. de cobalt; hydrochlorure m. d'oxyde de cobalt. **a) ~erz** n. || cobalt ore || minerai m. de cobalt. **b) ~flasche** f. || cobalt bottle || bouteille f. à cobalt. **c) ~glanz** m. || cobalt-glance || cobalt m. gris; cobaltine f. **d) ~grün** n. || cobalt green || vert m. de cobalt. 10

kobalthaltig || cobaltiferous; cobaltic || cobaltifère; cobaltique. 11

Kobaltierung f. || cobalt-colouring || cobaltinage m. 12

Kobalt-kies m. || linnæite; sulphure of cobalt || linnéite f.; cobalt m. sulfuré; koboldine f. **a) ~mulm** m. || earthy cobalt; black cobalt ochre; wad || cobalt m. terreux noir; cobalt m. oxydé noir. **b) ~nickelkies** m. || siegenite; nickellinnæite || siégenite f. **c) ~oxyd** n. || cobalt oxide || oxyde m. de cobalt. **d) ~oxydul** n. || protoxide of cobalt; cobaltous oxide || protoxyde m. de cobalt. **e) ~oxyduloxyd** n. || China blue || chaux f. métallique; bleu m. de porcelaine. **f) ~salz** n. || cobalt salt || sel m. de cobalt. **g) ~schwärze** f. || earthy *or* black cobalt ochre; wad || cobalt m. terreux noir; cobalt oxydé noir. **h) ~speise** f. || cobalt speiss; cobalt regulus; white *or* hard metal || speiss m. de cobalt; arséniure f. de cobalt. **i) ~trockenmittel** n. || cobalt drier || siccatif m. de cobalt. **k) ~ultramarin** n. || cobalt-blue || bleu m. de cobalt. 13

Koch-anlage f. || cooking plant || installation f. de cuisine. **a) ~apparat** m. *s.* Kochgerät. **b) ~becher** m. (Chem) || beaker || gobelet m. 14

kochbeständig (Chem) || stable when boiling || stable à l'ébullition. 15

Kochbottich m. für Knochenkohle || bone coal cooking drum || tonneau m. de cuisson à charbon d'os. 16

Kochelit m. || kochelite || kochélite f. 17

kochen || to boil; to cook || cuire; bouillir. **a) ~** (Sammler) || to gas || cuire. **b) ~** (Seide) || to scour || cuire. **c) gelinde ~** || to simmer || bouillonner. **d) lebhaft ~** || to boil briskly || bouillir vivement. 18

Kochen n. || cooking; cookery; boiling; coction || cuisson f.; coction f. **a) ~** (Phys) || ebullition; boiling || ébullition f. 19

kochend-e Gärung f. || boiling fermentation || fermentation f. tumultueuse. **a) ~e Lauge** f. || boiling hot causting solution || lessive f. bouillante. 20

Kochenille f. || cochineal || cochenille f. 21

Kocher m. (Allg) *s.* Kochgerät. **a) ~** (Chem) || digester || vase m. à cuire; marmite f. **b) ~** (Pap) || cooker || bouilleur m. **c) elektrischer ~** || electric cooker *or* pan || marmite f. chauffée électriquement. **d) Hadern~** || rag boiler || chaudière f. à haillons. 22

Kochermühle f. || case *or* trunk mill || moulin m. à vent de support *ou* à colonne creuse. 23

Kochflasche f. || boiling flask || fiole f. à décoction. 24

Kochgefäß n. || cooking vessel || marmite f. **a) elektrisch** beheiztes **~** || electrically heated cooking-vessel || marmite f. chauffée électriquement. 25

Kochgerät n. || boiling *or* cooking apparatus || appareil m. à bouillir; bouilloire f.; appareil m. de cuisson. **a) Dampf~** || steam boiling apparatus || appareil m. de cuisson à vapeur. **b) elektrisches ~** || electric cooking apparatus || appareil m. électrique pour la cuisine; bouilloire f. électrique. **c) Gas~** || kitchen gas stove || fourneau m. de cuisine à gaz. 26

Koch-, Brat- und **Backgerät** n. || cooking, frying and baking apparatus || appareil m. pour cuire, rôtir et frire. 27

Kochgeschirr n. || kitchen *or* cooking utensils pl. || casseroles fpl.; vaisselle f. de ménage; batterie f. de cuisine. **a) Aluminium~** || aluminium kitchen sets pl. *or* utensils pl. || batterie f. de cuisine *ou* bouillottes fpl. de cuisine en aluminium. **b) emailliertes ~** || enamelled kitchen utensils. pl. || ustensile m. de cuisine en fer émaillé. **c) feuerfestes ~** || refractory cooking utensils || batterie f. de cuisine à l'épreuve du feu. 28

Koch- und **Fixiermaschine** f. (Web) boiling and crabbing machine || machine f. à cuire et fixer. 29

Kochherd m. || kitchen range || fourneau m. de cuisine. **a) ~** aus **Eisenguß** || cast iron kitchen stove || fourneau m. de cuisine en fonte. **b) elektrischer ~** || electric cooking range || appareil m. à cuire électrique. 30

Kochkessel m. || boiler; kettle; boiling vessel || bouilloire f.; bouillotte f.; chaudron m.; chaudière f. à bouillir; marmite f. **a) kupferner ~** || copper kettle || bouilloire f. en cuivre. 31

Koch-kiste f. || cooking box; self cooker || coffre m. pour la cuisson économique des aliments; caisse f. à cuir; fourréchaud m. **a) ~ofen** m. || kitchen stove *or* range; cooking-range || poêle f. de cuisine. **b) ~pfanne** f., Dampf || steam cooking kettle || chaudière f. pour cuisson à la vapeur. 32

Kochplatte f. || cooking plate || plateau-réchaud m. de cuisine. **a) elektrisch beheizte ~** || electrically heated cooking-plate || plateau m. chauffé électriquement. 33

Koch-probe f. boiling test || essai m. de cuisson. **a) ~punkt** m. (Phys) || boiling point || point m. d'ébullition. 34

Kochsalz n. || common salt; kitchen salt; sodium chloride || sel m. de cuisine; sel m. commun *ou* gemme; soude f. muriatée; chlorure m. de sodium. **a) ~bad** n. || brine bath || bain m. d'eau salée. 35

kochsalzhaltig || salted || salé. 36

Kochsalzlösung f. || brine; salt solution || eau f. salée; solution f. de sel de cuisine. **a) gesättigte ~** || concentrated salt solution || solution f. de sel de cuisine saturée; saumure f. 37

Koch- und **Haushaltungsschule** f. || cooking and house keeping school || école f. ménagère. 38

Kochstelle f. || cooking point || feu m. 39

Kochtopf m. || cooking pot; boiler || marmite f.; casserolle f. **a) Dampf~** || steam cooking apparatus || marmite f. à vapeur. **b) elektrischer ~** || electric pan || marmite f. chauffée électriquement. 40

Kochung f., Dampf || steam boiling || cuisson m. à vapeur. **a) Feuer~** || fire boiling || cuisson m. au feu. 41

Kochzucker m. || lump sugar; cassonade || lumps m.; cassonade f. 42

Kodain || codeine || codéine f. 43

Köder m. (Fischerei) || lure; bait || résure f.; appât m.; boitte f. **a) Grund~** || ground bait || appât m. de fond. 44

ködern || to bait || amorcer. 45

Ködernadel f. || baiting needle || aiguille f. à amorcer. 46

Kode-schlüssel m. || telegraphic code || code m. télégraphique. **a) ~wort** n. || code word || mot m. de code. 47

Koeffizient m. || coefficient || coefficient m. 48

Koerzit n. || koerzit || koerzit m. 49

Koerzitivkraft f. || coercive *or* coercitive force || force f. coercitive. 50

Koffein n. || caffeine || caféine f. 51

koffeinfrei || without caffeine || sans caféine f. 52

Koffeinsalz n. || caffeine salt || sel m de caféine. 53

Koffer m. || (travelling) box; trunk || malle f. **a) ~** (Damm) || layer of broken stones || coffrage m.; couche f. de pierres cassées. **b) Auto~** || motor trunk || malle f. pour auto. **c) Hand~** || hand bag || valise f. **d) Holz~** || wooden trunk || coffre m. *ou* malle f. en bois. **e) kleiner ~** || portemanteau; small box || valise f.; coffret m. **f) Leder~** || leather trunk || malle f. en cuir. **g) mit Leder überzogener ~** m. aus Pappe || trunk of pasteboard covered with leather || malle f. en carton recouverte de cuir. **h) ~** mit **rundem Deckel** || hutch; coffin || bahut m.; bahu m. **i) Werkzeug~** || tool case || coffre m. à outils. 54

Koffer-beschläge mpl. || trunk fittings pl. || ferrures fpl. de malles. **a) ~bügel** m. || trunk bow || monture f. de valises. **b) ~gestell** n. || trunk frame || châssis m. de malle. **c) ~griff** m. || trunk handle || poignée f. de malles. **d) ~herstellungsmaschine** f. || trunk making machine || machine f. pour fabriquer des coffres. **e) ~kessel** m. || wagon-boiler; wagon head boiler || chaudière f. à tombereau *ou* à tombeau. **f) ~schloß** n. || trunk lock || serrure f. à malles. **g) ~segeltuch** n. || canvas for trunks || toile f. d'emballage pour malles. 1

Kognak m. || cognac; French brandy || cognac m. **a) ~essenz** f. || cognac essence || essence f. de cognac. 2

Kohärer m. || coherer || cohéreur m. 3

Kohäsion f. || cohesion; cohesive hold *or* attraction || cohésion f.; prise f. cohésive. 4

Kohl m. || cabbage || chou m. **a) Blumen~** || cauliflower || chou-fleur m. **b) Grün~** || kale || chou m. vert. **c) Rosen~** || brussels sprouts pl. || chou m. de Bruxelles. **d) Rot~** || red cabbage || chou m. rouge. **e) Weiß~** || white cabbage || chou m. blanc. 5

Kohle f. || coal || charbon m. **a) abgedämpfte ~** || quenched charcoal || charbon m. de braise. **b) aufbereitete ~** || dressed coal || charbon m. préparé. **c) ~ aufhäufen** || to pile up coal || entasser la houilie. **d) backende ~** || baking coal || charbon m. collant. **e) ~ bester Qualität** || best quality coal || charbon m. de la meilleure qualité. **f) ~ bester Sorte** || first class coal || charbon m. de première qualité. **g) bituminöse ~** || bituminous coal || charbon m. bitumineux. **h) Blätter~** || foliated *or* slate *or* slaty *or* lamellar coal || houille f. schisteuse *ou* feuilletée. **i) Braun~** || brown coal; lignite || lignite m. **k) Bunker~** || bunker coal || charbon m. de soute. **l) eingeführte ~** || imported coal || charbon m. d'importation. **m) ~n** fpl. **einnehmen** || to coal || faire son charbon; faire du charbon. **n) Element~** || elemental carbon || charbon m. pour piles. **o) Entfärbungs~** || decolourizing carbon || noir m. *ou* charbon m. décolorant. **p) Erbs~** || pea coal || menu charbon m. **q) erdige ~** (Bergb) || smuth; dander *or* humphed coal || houille f. terreuse. **r) Eß~** || forge coal || charbon m. de forge. **s) Fein~** || small coal || fines fpl. **t) Fett~** || cannel *or* gas coal || houille f. grasse; charbon m. gras. **u) Filter~** || filtering charcoal || charbon m. à filtrer. **v) rohe Förder~** || rough coal || charbon m. tout venant. **w) Form~** || plastic coal || charbon m. plastique. **x) frische ~** || green coal || charbon m. vierge. **y) Füll~** || cobbles pl.; lump coal || gaillettes fpl. **z) galvanische ~** || electric carbon || charbon m. électrique. 6

a) Gas~ || gas coal || charbon m. *ou* houille f. à gaz. **b) gasarme ~** || non gassure coal || charbon m. pauvre en gaz. **c) Gasmotor~** || gas motor coal || charbon m. pour moteur à gaz. **d) gasreiche ~** || gas coal || charbon m. à gaz. **e) gepreßte ~** || pressed coal || charbon m. comprimé. **f) gesiebte ~** || screened coal || charbon m. criblé. **g) gewaschene ~** || washed *or* dressed coal || charbon m. lavé. **h) Graphit~** || graphitic carbon || charbon m. graphitique. **i) graphitische ~** || graphitic carbon || charbon m. graphitique. **k) halbfette ~** || semi-bituminous coal || houille f. demi-grasse. **l) Holz~** || charcoal || charbon m. de bois. **m) Koker~** || coking coal || houille f. à coke. **n) künstliche ~** || artificial coal || charbon m. artificiel. **o) Kupfer~** (Elekt) || copper-plated carbon || charbon m. cuivré. **p) kurzflammige ~** || short flame coal || charbon m. *ou* houille f. à courte flamme. **q) langflammige ~** || cannel coal; long flame coal || houille f. flambante *ou* à long flamme. **r) Licht~** || electric lighting carbon || crayon m. à lumière. **s) Löt~** || soldering carbon || charbon m. à souder. **t) Mager~** || non-baking coal || houille f. maigre. **u) ~ für medizinische** Zwecke || medical charcoal || charbon m. médicinal. **v) minderwertige ~** || poor coal; inferior slack || charbon m. pauvre *ou* de rebut. **w) Moor~** || moor coal || houille f. limoneuse. **x) Papier~** (Geol) || paper coal; papyraceous lignite || houille f. papyracée. **y) pflanzliche ~** || vegetable coal || charbon m. végétal. **z) rauchlose ~** || smokeless coal || charbon m. sans fumée. 7

a) Scheinwerfer~ || search-light carbon || charbon m. pour projecteurs. **b) Schiefer~** || slaty *or* lamellar *or* foliated coal; slate coal; splint coal || houille f. schisteuse *ou* feuilletée. **c) schlackende ~** || clinkering coal || charbon m. scorifère. **d) schlackenreine ~** || coal free of slag || charbon m. non scorifère. **e) Schmiede~** || smithy *or* forge coal || houille f. maréchale; charbon m. de forge. **f) Staub~** || coal dust || charbon m. menu. **g) Stein~** || coal; pit coal || houille f.; charbon m. de terre. **h) teerreiche ~** || coal rich in tar || charbon m. riche en goudron. **i) tierische ~** || animal charcoal || noir m. *ou* charbon m. animal. **k) Torf~** || peat coal || charbon m. de tourbe. **l) vegetabilische ~** || vegetable charcoal *or* coal; charcoal || charbon m. végétal. **m) verkupferte ~** || coppered carbon || charbon m. cuivré. **n) verwachsene ~** || combined pieces of coal and shale || charbon m. barré. **o) ~ an der Zeche** f. || coal at pithead || charbon m. au puits. **p) zusammengebackene ~** || baked coal || charbon m. cuit. **q) zusammengepreßte ~** || agglomerated coal || charbon m. aggloméré. 8

Kohle-anode f. || carbon anode || anode f. de charbon. **a) ~aufbereitungsanlage** f. || coal dressing plant || installation f. de préparation de charbon. **b) ~brikettierungsanlage** f. || coal briquetting plant || installation f. pour la fabrication des agglomérés de charbon. **c) ~bürste** f. || carbon brush || balai m. de charbon. **d) ~druck** m. || carbon print || impression f. au charbon; héliogravure f. sur papier au charbon. 9

Kohlefaden m. || carbon filament || filament m. de charbon. **a) ~lampe** f. || carbon filament lamp || lampe f. à filament de charbon. 10

Kohle-gärung f. || coal-forming fermentation. || fermentation f. carbonique. **a) ~hydrat** n. || carbohydrate || hydrate m. de carbone. 11

Kohlekontakt m. || carbon contact || contact m. à charbon; touche f. de charbon. **a) ~schalter** m. || carbon break switch || interrupteur m. à contacts de charbon. 12

kohlen || to burn charcoal; to carbonize wood || carboniser le bois. 13

Kohlen-abbrand m. (Bogenlampe) || consumption of carbons || usure f. des charbons. **a) ~abfall** m. || refuse-coal || rebut m. de charbon. **b) ~abladeplatz** m. || coal tip *or* hoist || estacade f. *ou* fosse f. à houille. **c) ~analyse** f. || coal analysis || analyse f. du charbon. **d) ~anzünder** m. fire lighter || allume-feu m. **e) ~aufbereitung** f. || coal dressing || préparation f. mécanique de charbon. **f) ~aufbereitungsanlage** f. || dressing plant *or* preparing plant for coal || installation f. pour le traitement *ou* pour la préparation du charbon. **g) ~ausbiß** m. || coal outcrop || affleurement m. de charbon. **h) ~ausklauber** m. || coal *or* nut picker || ramasseur m. de gailletteries. **i) ~badeofen** m. || coal stove for bath || poêle f. à charbon pour bain. **k) ~becken** n. || coal basin; coal mine district || bassin m. houiller. **l) ~bergmann** m. || coal miner; collier || houilleur m. **m) ~bergwerk** n. || coal mine *or* pit; colliery || mine f. de houille *ou* de charbon; houillère f. **n) ~beutelelektrode** f. || carbon electrode || électrode f. à sachet de charbon. **o) ~blende** f. || anthracite; blind *or* glance-coal || anthracite m. **p) ~blitzableiter** m. || carbon lightning arrester || paratonnère m. à charbon. **q) ~bogenlampe** f. || arc lamp || lampe f. à arc. 14

Kohlenbohrer m. (Arbeiter) || coal borer || foreur m. en veine. **a) ~** (Werkzeug) || coal drill || perforatrice f. à charbon. 15

Kohlen-brecher m. || coal crusher *or* breaker || broyeur m. *ou* casseur m. *ou* concasseur m. à charbon. **a) ~ und Koksbrecher** m. || coal and coke crusher || broyeur m. à charbon et à coke. **b) ~bunker** m. || coal bunker || soute f. *ou* trémie f. à charbon. 16

Kohlenbürste f. || carbon brush || balai m. en charbon. **a) metallisierte ~** || metalized brush || balai m. métallisé. 17

Kohlen-dioxyd n. || carbon dioxide; carbonic acid || acide m. carbonique; dioxyde m. de carbone. **a) ~docke** f. (Köhl) || charcoal stack; small charcoal-pile || petite meule f. **b) ~drehbohrmaschine** f. rotary coal drilling machine || perceuse f. tournante à houille. **c) ~eimer** m. || coal bucket || seau m. à charbon. **d) ~eisenstein** m. || blackband; blackband ore || fer m. carbonaté; fer m. carbonaté lithoïde; fer m. lithoïde. **e) ~elektrode** f. || carbon electrode || électrode f. en charbon. **f) ~element** n. || carbon pile || pile f. à charbon. 18

Kohlenfaden m. || carbon filament || filament m. de charbon. **a) ~lampe** f. || carbon filament lamp || lampe f. à filament de charbon. 19

Kohlenfeld n. || coal field || terrain m. carbonifère. **a) noch unaufgeschlossenes ~** || at present undeveloped coal deposits pl.; coal field not yet „won" || gisement m. houiller non encore mis en exploitation. 20

Kohlen-feuerung f. || coal firing || chauffage m. au charbon. **a) ~filter** n. || charcoal filter || filtre m. à charbon. 21

Kohlenflöz n. || coal seam *or* vein || couche f. de charbon *ou* de houille; veine f. de charbon. **a) unverritztes ~** || ungot coal seam || veine f. vierge. 22

Kohlen-flügelbahn f. || colliery branch-line || embranchement m. houiller.

a) ~förderanlage f. ‖ coal conveying plant; coal handling plant ‖ installation f. pour l'exploitation du charbon; amenée f. du charbon. **b) ~förderer** m. ‖ coal conveyor ‖ transporteur m. à charbon. **c) ~fördermaschine** f. ‖ colliery winding *or* hauling machine ‖ machine f. d'extraction des charbons. **d) ~formation** f. ‖ carboniferous formation ‖ formation f. houillère. **e) ~fuhrmann** m. ‖ carter; coal cartman ‖ charretier m.; varlet m. **f) ~füller** m. ‖ coal box ‖ caisse f. à charbon. **g) ~füllwagen** m. ‖ coal loading wagon ‖ wagon-chargeur m. de charbon. **h) ~gärung** f. *s.* Kohlegärung. **i) ~gas** n. ‖ coal gas ‖ gaz m. de houille. **k) ~gebirge** f. ‖ carbonaceous rocks pl.; coal measure ‖ terrain m. carbonifère *ou* houiller. **l) ~gehalt** m. ‖ percentage of carbon ‖ teneur m. en charbon. 1

Kohlengestübbe n. (für Köhlereien) ‖ mixture of charcoal-dust and soil ‖ fraisil m. **a) ~** (für Öfen) ‖ mixture of charcoal-dust and clay; brasque ‖ brasque f. 2

Kohlengewinnung f. im Tagebau ‖ obtaining the coal in the open workings ‖ production f. du charbon à ciel ouvert. 3

Kohlen-gicht f. ‖ charge of coal ‖ charge f. de charbon. **a) ~greifer** m. ‖ coal grab ‖ grappin m. à charbon. **b) ~grieß** m. ‖ small coal ‖ charbon m. menu. **c) ~größe** f. ‖ size of coal ‖ grosseur f. du grain *ou* du charbon. **d) ~großhändler** m. ‖ wholesale coal merchant ‖ négociant m. en gros de charbons. 4

Kohlengrube f. ‖ coal mine *or* pit; colliery ‖ mine f. de charbon; houillère f. **a) elektrische Einrichtung für ~n** fpl. ‖ electrical equipment for collieries ‖ équipement m. électrique pour mines de charbon. 5

Kohlengruben-anlage f. ‖ coal mines plant ‖ établissement m. houillère. **a) ~ventilator** m. ‖ colliery fan ‖ ventilateur m. pour mines. **b) ~vereinigung** f. ‖ mining association ‖ comité m. des houillères. 6

Kohlen-grus m. ‖ slack *or* small coal ‖ fines fpl.; charbon m. fin *ou* pulvérisé. **a) ~halde** f. ‖ coal pile ‖ pile f. à charbon. 7

Kohlenhalter m. ‖ carbon holder ‖ porte-charbon m. **a) ~ des Magnets** m. ‖ magneto carbon holder ‖ porte-charbon m. de magnéto. 8

Kohlen-händler m. ‖ coal merchant ‖ marchand m. de charbon; charbonnier m. **a) ~handlung** f. ‖ coal merchant's business ‖ commerce m. de charbon. **b) ~hauer** m. ‖ coal hewer *or* getter ‖ houilleur m.; piqueur m. de houille. 9

Kohlenheber m. ‖ coal elevator ‖ élévateur m. à charbon. **a) schwimmender ~** ‖ floating coal elevator ‖ élévateur m. flottant à charbon. 10

Kohlen-hock n. ‖ coal hole ‖ charbonnière f.; charbonnerie f. **a) ~holz** n. ‖ branch wood ‖ bois m. de chemise. **b) ~hydrat** n. *s.* Kohlehydrat. **c) ~kalkstein** m. ‖ mountain *or* carboniferous limestone ‖ chaux f. *ou* calcaire m. carbonifère. **d) ~karrer** m. ‖ coal wheeler ‖ rouleur m. de charbon. **e) ~kasten** m. ‖ coal box *or* scuttle ‖ caisse f. à charbon. **f) ~kippvorrichtung** f. ‖ coal tip ‖ appareil m. pour décharger les charbons; estacade f. à houille. **g) ~kippwagen** m. ‖ coal tip wagon ‖ wagonnet m. basculant à charbon. **h) ~klauber** m. ‖ coal sorter ‖ classeur m. de charbon. **i) ~klein** n. ‖ small coal; slack ‖ menu charbon m.; charbon m. fin. **k) ~klemme** f. ‖ carbon terminal ‖ presse f. à charbon. **l) ~knappheit** f. ‖ coal shortage ‖ disette f. de charbons. **m) ~kontrakt** m. ‖ coal contract ‖ contrat m. pour charbon. **n) ~korb** m. ‖ coal scuttle *or* skip *or* basket ‖ banne f. *ou* benne f. *ou* rasse f. de charbon. **o) ~krahle** f. ‖ coal rake ‖ harque f. *ou* fourgon m. de charbon. **p) ~krücke** f. ‖ coal poker ‖ tire-braise m.; fourgon m. **q) ~ladebühne** f. ‖ coal tip ‖ estrade f. pour le chargement des houilles. **r) ~ladekran** m. ‖ coaling crane ‖ grue f. à charger le charbon. **s) ~ladeplatz** m. ‖ coal ascent ‖ quai m. à houille. **t) ~lader** m. ‖ coal heaver ‖ charbonnier m. **u) ~ladung** f. ‖ coal cargo ‖ cargaison f. de charbon. **v) ~lager** n. ‖ coal stores pl. ‖ dépôt m. de charbon. **w) ~lagerplatz** m. ‖ coal storage *or* depot ‖ dépôt m. *ou* parc m. de charbon. 11

Kohlenloch n. ‖ coaling scuttle ‖ trou m. à charbon. **a) ~deckel** m. ‖ coaling scuttle cover ‖ plaque f. de trou de charbon. **b) ~gräting** f. ‖ coal bunker grating ‖ grille f. *ou* rosace f. à jour de trou de charbon. 12

Kohlen-lösche f. ‖ breeze; coal dust *or* cinder; culm ‖ braise f.; fraisil m.; escarbille f. **a) ~löschplatz** m. ‖ coal wharf ‖ quai m. à houille. **b) ~mahlanlage** f. ‖ coal grinding plant ‖ broyeur m. de charbon. **c) ~meiler** m. ‖ charcoal pile ‖ pile f. à charbon; meule f. de carbonisation. **d) ~mikrofon** n. ‖ carbon transmitter ‖ transmetteur m. à charbon. **e) ~mischanlage** f. ‖ coal mixing plant ‖ installation f. pour mélanger le charbon. **f) ~mischturm** m. ‖ coal mixing plant ‖ bâtiment m. *ou* tour f. de mélangeurs à houille. **g) ~mischung** f. ‖ mixing of coal ‖ mélange m. de charbon. **h) ~mühle** f. ‖ coal crusher ‖ broyeur m. de charbon. 13

Kohlenoxyd n. ‖ carbon (mon)oxide ‖ oxyde m. de carbone. **a) ~gas** n. ‖ carbon oxide gas ‖ monoxyde m. de carbone. 14

Kohlen-pforte f. ‖ coaling scuttle ‖ sabord m. pour l'embarquement du charbon. **a) ~presenning** f. ‖ coaling screen ‖ masque m. pour l'embarquement du charbon. **b) ~raum** m. ‖ coal bunker ‖ soute f. alimentaire *ou* à charbon; charbonnière f.; charbonnerie f. **c) ~rutsche** f. ‖ coal chute ‖ couloir m. *ou* plan m. incliné pour charbons. **d) ~sack** m. ‖ coal bag ‖ sac m. à charbon. **e) ~sandstein** m. ‖ millstone grit ‖ grès m. houiller. 15

kohlensauer ‖ carbonic ‖ carbonique. 16

kohlensaur-es Ammoniak n. ‖ ammonium carbonate ‖ carbonate m. d'ammoniaque. **a) ~es Barium** n. ‖ barium carbonate ‖ carbonate m. de baryte. **b) ~es Kalium** n. ‖ potash; carbonate of potash; neutral carbonate of potassium ‖ potasse f.; carbonate m. de potasse. **c) ~er Kalk** m. ‖ carbonate of lime ‖ carbonate m. de chaux. **d) ~es Manganoxydul** n. ‖ manganous carbonate ‖ carbonate m. manganeux. **e) ~es Natrium** n. ‖ sodium carbonate ‖ carbonate m. de sodium. **f) ~es Salz** n. ‖ carbonate ‖ carbonate m. 17

Kohlensäure f. ‖ carbonic acid; carbon dioxide ‖ acide m. carbonique; dioxyde m. de carbone. **a) flüssige ~** ‖ liquid carbonic acid ‖ acide m. carbonique liquide. **b) mit ~ sättigen** ‖ (to aerate); to saturate with carbonic acid ‖ (aérer); saturer avec de l'acide carbonique. 18

Kohlensäure-abscheider m. ‖ carbon dioxide separator ‖ séparateur m. d'acide carbonique. **a) ~anhydrid** n. ‖ anhydrous carbonic acid ‖ anhydride m. carbonique. **b) ~armatur** f. ‖ carbonic acid fittings pl. ‖ garniture f. pour acide carbonique. **c) ~bestimmung** f. ‖ carbonic acid determination ‖ dosage m. de l'acide carbonique. **d) ~bestimmungsgerät** n. ‖ apparatus for the determination of carbonic acid ‖ appareil m. de dosage de l'acide carbonique. **e) einstufiger ~doppelverdichter** m. ‖ double carbonic acid compressor of one single stage ‖ compresseur m. double à acide carbonique à un seul étage. **f) ~eismaschine** f. ‖ carbonic acid ice machine ‖ machine f. à glace à acide carbonique. 19

Kohlensäuregewinnungs-anlage f. ‖ carbonic acid producing plant ‖ installation f. pour fabriquer l'acide carbonique. **a) ~vorrichtung** f. ‖ carbonic acid generator ‖ générateur m. à acide carbonique. 20

kohlensäurehaltiges Wasser n. ‖ aerated water ‖ eau f. gazeuse. 21

Kohlensäure-imprägniervorrichtung f. ‖ carbonic acid impregnation apparatus ‖ appareil m. pour l'imprégnation à acide carbonique. **a) ~kältemaschine** f. ‖ carbonic acid cooling machine ‖ machine f. frigorifique à acide carbonique. **b) ~kompressor** m. ‖ carbonic acid compressor ‖ compresseur m. d'acide carbonique. **c) ~schnee** m. ‖ carbon dioxide snow ‖ neige f. carbonique. **d) ~verflüssigungsanlage** f. ‖ carbonic acid liquefying plant ‖ installation f. de liquéfaction d'acide carbonique. **e) ~wäsche** f. ‖ carbonic acid washer ‖ laverie f. d'acide carbonique. 22

Kohlen-schalter m. (Elektr) ‖ carbon break switch ‖ interrupteur m. à contacts de charbon. **a) ~schaufel** f. ‖ coal *or* fire shovel; coal scoop ‖ pelle f. à charbon; ébraisoir m. **b) ~schaufler** m. ‖ coal shoveller ‖ bouteur m. **c) ~scheider** m. ‖ coal separating plant ‖ installation f. de triage des charbons. **d) ~schicht** f. (Geol; Bergb) ‖ layer of coal ‖ couche f. de charbon. **e) ~schiefer** m. ‖ carbonaceous *or* bituminous shale ‖ schiste m. houiller *ou* bitumineux. **f) ~schiff** n. ‖ collier; coal ship ‖ charbonnier m. **g) ~schlamm** m. ‖ coal washings pl. *or* slimes pl. *or* sludge *or* mud ‖ boue f. de charbon; schlamms mpl. **h) ~schleifer** m. (Bogenlampe) ‖ carbon maker ‖ tailleur m. de charbon. **i) ~schlepper** m. (Bergb) ‖ coal carrier ‖ brouetteur m. *ou* brouettier m. de charbon. **k) ~schrämmaschine** f. ‖ coal holing machine ‖ machine f. à entailler les couches de charbon. **l) ~schuppen** m. ‖ coal shed ‖ hangar m. à charbon. **m) ~schutz** m. (Schiffb) ‖ coal protection ‖ protection f. par charbon. **n) ~schwarz** n. ‖ carbon black ‖ noir m. de charbon. **o) ~separation** f. *s.* ~sichtungsanlage. **p) ~sichtungsanlage** f. ‖ coal separating plant ‖ installation f. de triage de charbon *ou* de séparation de charbon. **q) ~sieb** n. ‖ coal screen ‖ crible m. à charbon. **r) ~sieberei** f. ‖ coal sifting plant ‖ installation f. de tamis à charbon. **s) ~silo** m. ‖ coal bunker ‖ silo m. à charbon. **t) ~sparer** m. ‖ economiser ‖ économiseur m. **u) ~stampfanlage** f. ‖ coal stamping

plant || pilonage m. de charbon. **v) ~-stampfer** m. || coal stamper || pileur m. de charbon m. 1
Kohlenstaub m. || coal dust || poussière m. de charbon. **a) ~anlage** f. || coal dust plant || installation f. de poussière de charbon. 2
Kohlenstaubfeuerung f. (Betrieb) || coal dust firing || chauffage m. au poussier *ou* au charbon pulvérisé. **a) ~** (Anlage) || coal dust furnace || foyer m. à poussier. 3
Kohlenstaub-kessel m. || boiler for coal dust combustion || chaudière f. chauffée au poussier de charbon. **a) ~mühle** f. || coal dust mill || pulvérisateur m. à charbon. **b) ~wagen** m. || coal dust wagon || wagon m. à poussier. **c) ~ziegel** m. || coal dust cake || briquette f. de poussier. 4
Kohlenstiftpresse f. || carbon moulding press || presse f. à filer le charbon. 5
Kohlenstoff m. || carbon || carbone m. **a) ~** der **Kohle** f. || carbon contained in the coal || carbone m. du charbon. 6
kohlenstoffarmes Roheisen n. || low-carbon pig || fonte f. brute à basse teneur de carbone. 7
Kohlenstoffgehalt m. || percentage of carbon || teneur f. en carbone. **a)** der **~ schwankt** (Hüttenw) || the contents of carbon was varied || la teneur en carbone varie. 8
kohlenstoffhaltig || carboniferous; carbonaceous || carbonifère; carboné; carboneux. 9
kohlenstoffreich || rich in carbon || riche en carbone. **a) ~e Schicht** f. (Geol) || layer rich in carbon || couche f. riche en carbone. 10
Kohlenstoff-stahl m. || carbon steel || acier m. au carbone. **a) ~stein** m. || carbon *or* graphite brick || brique f. de carbone *ou* de graphite. **b) ~tetrachlorid** n. || carbon tetrachloride || tétrachlorure m. de carbone. **c) ~verbindung** f. || carburet || carbure m. 11
Kohlenstürze f. || coal-tip || appareil m. pour décharger les charbons; estacade f. à houille. 12
Kohlenteer m. || coal *or* gas tar || goudron m. de huile; coaltar m. **a) ~farbe** f. || coal tar dye || matière f. colorante dérivée de goudron de houille. **b) ~präparat** n. || coal tar produce || produit m. dérivé du goudron de houille. **c) ~schweler** m. || coal tar burner || distillateur m. de goudron. 13
Kohlen-tiegel m. || coal crucible || creuset m. en charbon. **a) ~transportschiff** n. || steam collier || charbonnier m. **b) ~transportwagen** m. || coal transport car || wagon m. à transporter la houille. **c) ~-trichter** m. || coal hopper || trémie f. à charbon. **d) ~trimmer** m. || coal trimmer || soutier-charbonnier m. **e) ~trocknungsanlage** f. || coal drying plant || installation f. de séchage du charbon. **f) ~turm** m. || coal (storage) tower || trémie f. à charbon; tour f. d'emmagasinement des charbons. 14
Kohlenverbrauch m. || coal consumption || consommation f. de charbon. **a) Gesamt~** || coal total consumption || dépense f. de charbon totale. **b) ~** je **Kilowattstunde** || consumption of coal per kilowatt hour || consommation f. de charbon par kilowatt-heure. 15
Kohlen-vergasung f. || coking process; coal distillation || gazéification f. du charbon. **a) ~verladeanstalt** f. || coal loading plant || installation f. de chargement de charbon. **b) ~vermahlung** f. || coal grinding *or* pulverizing || pulvérisation f. de charbon. **c) ~verwieger** m. || coal measurer || mesureur m. de charbon. 16
Kohlenvorkommen n., gewinnbares || coal deposits pl. which can be extracted || charbon m. reconnu récupérable. **a) jüngere ~** npl. || coal deposits pl. of recent formation || charbon m. provenant de couches de formation récente. 17
Kohlenvorrat m. || coal supply || approvisionnement m. *ou* provision f. de charbon. 18
Kohlenvorrats-behälter m. || coal storage room || récipient m. pour emmagasiner le charbon. **a) ~trichter** m. || coal storage hopper || trémie f. d'emmagasinage de charbon. 19
Kohlen-vorschub m. (Elektr) || feeding of the carbons || avancement m. des charbons. **a)** selbsttätige **~wage** f. || automatic coal balance || bascule f. automatique à charbon. 20
Kohlenwagen m. (Bergb) || coal hutch; colliery wagon || wagon m. pour mines; benne f. piocheuse *ou* à charbon. **a) ~** (Eisenb) || coal truck *or* wagon || wagon m. charbonnier *ou* à charbon *ou* à houille. **b) ~füller** m. || wagon filler *or* loader; bondsman || chargeur m. de wagonnets *ou* berlines. 21
Kohlenwäsche f. || coal washing plant; coal washery || lavoir m. à charbon; laverie f. de houille. **a) ~arbeiter** m. || washman || laveur m. de charbon. 22
Kohlenwäscher m. || coal washer || laveur m. de charbon. 23
Kohlenwasserstoff m. || hydrocarbure; hydrocarbon || hydrocarbure m.; carbure m. d'hydrogène. **a) aromatische ~e** mpl. || aromatic hydrocarbons pl. || hydrocarbures mpl. aromatiques. **b)** in der **Kohle enthaltene ~e** mpl. || hydrocarbons pl. contained in the coal || hydrocarbures mpl. contenus dans le charbon. 24
Kohlenwasserstoffgas n. || hydrocarbon gas || gaz m. d'hydrogène carburé. **a) leichtes ~** || light hydrocarbon gas || gaz léger d'hydrogène carburé. **b) schweres ~** || heavy hydrocarbon gas || gaz m. lourd d'hydrogène carburé; gaz m. oléifiant. 25
Kohlenzeche f. || colliery; coal mine *or* pit || mine f. de houille; houillère f.; charbonnage m. **a) abgebaute ~** || exhausted coal-pit || houillière f. épuisée. 26
Kohlen-zerkleinerung f. || coal breaking || concassage m. de charbon. **a) ~zerkleinerungsanlage** f. || coal crushing plant || installation f. pour le concassage de charbon. **b) ~zermahlungsanlage** f. || coal pulverizing plant; coal grinding plant || installation f. pour la pulvérisation du charbon. **c) ~zinnober** m. || hepatic cinnabar || mercure m. sulfuré compact. 27
Kohlenzufuhr f. || coal supply || amenée f. *ou* provision f. de charbon. **a) ~** durch eine **Standbahn auf** die Hochbunker || coal transport by rail and discharged on to elevated bunkers || transport m. du charbon par voie fixe aux soutes hautes. 28
Kohlenzug m. || coal train || train m. de charbon. 29
Kohlepapier n. || carbon(ic) paper || papier-carbone m. **a) ~bogen** m. (Schreibm) || sheet of carbon paper || feuille f. de papier-carbone. 30
Kohlepräparat n. || coal preparation || préparation f. de charbon. 31
Köhler m. || charcoal burner || charbonnier m. 32
Köhlerei f. (Kohlenofen) || charcoal kiln; charring place || charbonnière f. 33
Kohle-schwelung f. || carbonization of coal || distillation f. lente des charbons. **a) ~-stift** m. || carbon pencil || fusain m. **b) ~umwandlungstechnik** f. || coal conversion *or* gasification industry || industrie f. de transformation du charbon. **c) ~verflüssigung** f. || coal liquefaction || liquéfaction f. du charbon. **d) ~zeichenpapier** n. || charcoal paper || papier m. pour le dessin au fusain. **e) ~zeichnung** f. || charcoal drawing || fusain m.; charbonnée f. 34
Kohlrabi m. || kohlrabi || chou-rave m. 35
Kohlraps m. || rape; rape-seed || colza m. **a) ~öl** n. || rape-seed oil || huile f. de colza. 36
Kohlrübe f. || Swedish turnib || chou-navet m. 37
Kohlung f. || carburization; carbonization || carburation f. **a) ~** durch **festen Kohlenstoff** || carburization by solid carbon || carburation f. par carbone solide. 38
Kohlungs-mittel n. || coaling substance || substance f. de carbonisation. **a) ~vorgang** m. || process of carburization || carburation f. 39
Koinzidenz-entfernungsmesser m. || coincidence telemeter || télémètre m. à coïncidence. **a) ~signal** n. || synchronization signal || signal m. de synchronisation. 40
Koje f. || berth || couchette f. 41
Kokablätter npl. || coca leaves pl. || feuilles fpl. de coca. 42
Kokain n. || cocaine || cacaïne f. 43
Koker m. (Porzel) || saggar || cassette f. 44
Kokerei f. || coke works pl. || fabrique f. de coke. **a) ~anlage** f. || coking plant; coke oven plant || cokerie f.; installation f. pour la cokification du charbon; installation f. pour la fabrication du coke. **b) ~einrichtung** f. || coking plant || installation f. de cokerie. **c) ~gas** n. || coke oven gas || gaz m. provenant des fourneaux de coke. **d) ~industrie** f. || coke oven industry || industrie f. du coke. **e) ~maschine** f. || coking machine || machine f. pour la fabrication du coke. 45
Kokerkohle f. || coking coal || houille f. à coke. 46
Kokille f. || cast iron *or* chill *or* ingot mould || coquille f.; moule m. en fonte; lingotière f. 47
Kokillenguß m. || chilled castings pl.; case-hardened castings pl. || fonte f. *ou* moulage m. en coquille. 48
Kokkelskorn n. || cockle || coque f. du Levant. 49
Kokkolith m. || coccolite || coccolithe f.; pyroxène m. 50
Kokon m. || cocoon || cocon m. **a) ohne Beschädigung** f. der **~s** mpl. || without any damage to the cocoons || sans préjudice m. aux cocons. **b) Verarbeiten** n. **der ~s** mpl. auf größere Zeiträume verteilen || to extend the working-up the cocoons over a longer lapse of time || répartir le traitement des cocons sur un laps de temps plus étendu. 51

Kokon-faden m. || cocoon fibre || fil m. de cocon. **a) ~haspeler** m. || cocoon reeler || dévideur m. de cocons. **b) ~häutchen** n. || pellicle of cocoons || pellicule f. de cocons. **c) ~klopfmaschine** f. || cocoon beating machine || batteuse f. pour cocons. **d) ~öffner** m. || cocoon opener || coconneuse f. **e) ~sortierer** m. || cocoon sorter || trieur m. de cocons. **f) ~spinner** m. || cocoon spinner || fileur m. de cocons. **g) ~winderei** f. || cocoon reeling || dévidage m. de cocons. 1

Kokos-bast m. *s.* ~faser. **a) ~baum** m. *s.* ~palme. 2

Kokosfaser f. || coconut fibre; coir || fibre f. de coco; coir m. **a) ~bürste** f. || coconut fibre brush || brosse f. en fibre de coco. **b) ~waren** fpl. || coconut fibre ware || articles mpl. en fibres de coco. 3

Kokosnuß f. || coconut; cocoa nut || noix f. de coco. **a) ~bast** m. *s.* Kokosfaser. **b) ~butter** f. || coconut butter || beurre m. de coco; cocose f. **c) ~faser** f. *s.* Kokosfaser. **d) ~öl** n. || coconut oil || huile f. de coco. **e) ~schale** f. || coconut shell || coque f. de noix de coco. 4

Kokos-öl n. *s.* Kokosnußöl. **a) ~palme** f. || coconut tree; cocoa nut tree || cocotier m. 5

Koks m. || coke || coke m. **a) fester stückiger ~** || hard lumpy coke || coke m. solide en morceaux. **b) Gas~** || gas *or* retorte coke || coke m. de gaz. **c) gesiebter ~** || sifted coke || coke m. criblé. **d) glühender ~** || glowing coke || coke m. ardent. **e)** Transportgefäß n. für **glühenden ~** || pan for carrying glowing coke || réservoir m. de transport pour du coke ardent. **f) Halb~** || semi-coke || demi-coke m.; semi-coke m. **g) ~** von **hochwertiger** Beschaffenheit || coke of a high class || coke m. de première qualité. **h) Hütten~** *s.* Koks, Schmelz. **i) Petrol~** || oil coke || coke m. de pétrole. **k) Schmelz~** || smelting coke || coke m. d'usine. 6

Koks-abfall m. || coke waste || déchets mpl. de coke. **a) ~ablöscher** m. || coke cooler || extincteur m. de coke. 7

koksähnlicher Destillationsrückstand m. || coke-like residue of distillation || résidu m. similaire au coke provenant de la distillation. 8

Koks-ansatz m. || deposit of coke || résidu m. de coke. **a) ~arbeiter** m. (Koksofen) || coke burner; stoker of coke ovens || cokeur m. **b) ~aufbereitungsanlage** f. || coke dressing plant || installation f. de préparation ou de traitement m. de coke. **c) ~auflader** m. || coke filler || chargeur m. de coke. **d) ~ausdrückmaschine** f. || coke pushing machine; coke pusher || machine f. à défourner de coke; défourneuse f. de coke. **e) ~aussieber** m. || coke riddler || cribleur m. de coke. **f) ~brechanlage** f. || coke crushing plant || installation f. de concassage de coke. **g) ~brecher** m. || coke breaker *or* crusher || broyeur m. *ou* concasseur m. de coke. **h) ~brechwerk** n. || coke crushing works pl. || concassage m. de coke. **i) ~darre** f. || coke burning kiln || touraille f. à coke. **k) ~einsetzmaschine** f. || coke charging machine || machine-enfourneuse f. à coke. **l) ~erzeugung** f. || production of coke || fabrication f. du coke. **m) ~feinkohle** f. || coking small || fines fpl. à coke. **n) ~filter** n. || coke filter || filtre m. à coke. **o) ~gabel** f. || coke fork || fourche f. à coke. **p) ~grus** m. || coking duff || poussier m. de coke. **q) ~karren** m. || coke barrow || wagonnet m. à coke. **r) ~klein** n. || small coke; coke breeze || braise f. *ou* fraisil m. de coke; coke m. menu *ou* en grains menus. 9

Kokskohle f. || coking coal || charbon m. *ou* houille f. de coke. **a) Magerungsmittel** n. für **zu gasreiche ~n** || lean material for mixing with coking coal containing too high a percentage of volatiles || matière f. pour la mélanger avec des charbons trop riches en gaz à soumettre à la distillation. **b) zu gasreiche ~** || coking coal containing too high a percentage of volatiles || charbon m. trop riche en gas à soumettre à la distillation. 10

Koks-korb m. || coke basket || corbeille f. *ou* panier m. à coke. **a) ~kuchen** m. || coke cake || saumon m. *ou* tourteau de coke. **b) ~kühlungsanlage** f. || coke cooling plant || installation f. à refroidir le coke. **c) ~lader** m. || coke filler || chargeur m. de coke. 11

Kokslöschanlage f. (Kokerei) || extinguishing plant for coking coal || installation f. pour l'extinction de coke. **a) ~** (Transport) *s.* Koksverladanlage. 12

Kokslösche f. || coke dust *or* cinder; small coke || braise f. *ou* poussière f. de coke. 13

Kokslösch-turm m. || coke quenching tower || tour f. d'extinction de coke. **a) ~wagen** m. || coke quenching car *or* wagon || wagon m. *ou* chariot m. pour l'extinction du coke. 14

Koksmühle f. || coke crushing rolls pl. || rouleaux mpl. concasseurs à coke. 15

Koksofen m. || coke oven || four m. à coke. **a) geschlossener ~** || closed coke oven || four m. à coke clos. 16

Koksofen-anlage f. || coke oven plant || installation f. de fours à coke. **a) ~ausrüstung** f. || coke oven equipment || équipement m. de four à coke. **b) ~batterie** f. || set *or* battery of coke ovens || batterie f. de fours à coke. **c) ~entleerer** m. || oven drawer || défourneur m.; déchargeur m. de fours. **d) ~füller** m. || oven filler || chargeur m. de fours. **e) ~füllwagen** m. || coking coal charging wagon; coke oven charging wagon; truck for charging the coke kiln || wagonnet-chargeur m. de four à coke; voiture f. de remplissage pour fours à coke. **f) ~gas** n. || coke oven gas || gaz m. de cokerie *ou* de fours à coke. **g) ~gruppe** f. || set *or* battery of coke ovens || batterie f. de fours à coke. 17

Koksrampe f. || inclined coke bench || aire f. de four à coke. 18

Koksrückstand m. || coke residue || résidu m. de coke. **a)** von anhaftenden Koksrückständen mpl. **reinigen** || to remove deposited coke residues || nettoyer des résidus mpl. de coke adhérents. 19

Koks-schaufel f. mit Griffstiel || coke shovel with sheet head handle || pelle f. à charger à manche à poignée. **a) ~sieber** m. || coke screener || cribleur m. de coke. **b) ~sieberei** f. || coke sifting plant; coke screening plant || criblage m. à coke. **c) ~siebwagen** m. || coke sifting wagon || wagon m. pour le tamisage du coke. **d) ~sortierungsanlage** f. || coke sorting plant || triage m. de coke. 20

Koksstaub m. || coke dust || poussière f. de coke. **a) ~feuerung** f. || coke dust firing || foyer m. à poussière de coke. 21

Koks-transportwagen m. || coke conveying wagon || wagon m. de transport à coke. **a) ~trennung** f. || coke separation || séparation f. de coke. **b) ~turm** m. || coke tower || tour f. à coke. **c) ~verladeanlage** f. || coke loading plant || installation f. pour transporter le coke *ou* pour le chargement de coke. **d) ~zerkleinerungs- und -sortieranlage** f. || coke crushing and sizing plant || concassage m. et triage m. des cokes. 22

Kola-nuß f. || kolanut || noix f. de cola. **a) ~tabletten** fpl. || kola tablets pl. || tablettes fpl. de cola. 23

Kolatorium n. || cloth filter || couloir m. *ou* filtre m. en toile. 24

Kolben m. (Masch) || piston || piston m. **a) ~** (Glühlampe) || bulb || ampoule f. **b) ~** (Met) || bloom; slap || lopin m.; maquette f.; massoque f. **c) Absauge~** (Chem) || suction flask || fiole f. à vide. **d) ~** mit **Ansatzrohr** n. (Chem) || tubulated flask || ballon m. à tubulure. **e) Arbeits~** || working piston || piston m. moteur **f)** einen **~ beledern** || to leather a piston || garnir un piston de cuir. **g) Brenn~** || burning iron || fer m. à brûler. **h) Dampf~** || steam piston || piston m. à vapeur. **i) Differential~** || double diameter piston || piston m. différentiel. **k)** den **~ einbringen** || to put in the piston || mettre le piston en place. **l) eingeschliffener ~** || ground-in piston || piston m. rodé. **m)** den **~ einschleifen** || to grind the piston in || roder le piston. **n)** der **~ frißt** || the piston seizes *or* grinds || le piston se mange *ou* se grippe. **o) gegenläufiger ~** || piston working in opposite direction || piston m. convergent. **p)** im **Gesenk** n. **geschmiedeter ~** || die-forged piston || piston m. matricé. **q) ~** eines **Gewehres** || butt of a musket || crosse f. de fusil. **r) gläserner ~** || glass matrass || matras m. en verre. **s) ~** mit **Hanfliderung** f. || hemp-packed piston || piston m. à garniture de chanvre. **t)** den **~ herausziehen** || to remove the piston || retirer le piston. **u) Hohl~** || trunk piston || piston m. creux. **v) ~** mit **Lederliderung** f. || piston with leather packing || piston m. à garniture de cuir. **w) Luftpumpen~** || air pump piston || piston m. d'une pompe à air. **x) massiver ~** || full *or* solid piston || piston m. plein. **y) ~** mit **Metalliderung** f. || piston with metallic packing || piston m. à garniture métallique. **z) Pumpen~** || pump piston || piston m. de pompe. 25

a) seitliche Luft f. des **~s** m. || piston clearance || jeu m. latéral de piston. **b) selbststeuernder ~** || self-distributing piston || piston m. à distribution automatique. **c) Stufen~** || differential piston || piston m. différentiel. **d) Vergaser~** || carburettor piston || piston m. du carburateur. **e) versenkt liegender ~** || submerged piston || piston m. noyé. **f) voller ~** || full *or* solid piston || piston m. plein. 26

Kolben-achse f. || piston pin || axe m. de piston. **a) ~achsenschraube** f. || screw for piston pin || vis f. d'axe de piston. **b) ~aufgabevorrichtung** f. || piston feeder || feeder m. à piston. **c) ~boden** m. (Mot) || piston head || fond m. de piston. 27

Kolbenbolzen m. (Mot) || piston pin || axe m. de piston. 1

Kolbenbolzen-bohrung f., Minimetergerät n. zum Prüfen der Lage der ~ zur Kolbenachse || minimeter instrument for testing the squareness of the piston pin holes with the axis of the piston || appareil m. à minimètre pour la vérification de la position de l'alésage des tourillons de pistons par rapport à l'axe du piston. **a) ~buchse** f. || piston pin bushing || coussinet m. de pied de bielle. **b) ~entferner** m. || piston bolt removing device || appareil m. à enlever les boulons de piston. **c) ~lager** n. (Mot) || piston pin bearing; small end bearing of connecting rod || coussinet m. de pied de bielle. **d) ~sicherungsschraube** f. || piston pin lock screw || vis f. de fixation de l'axe de piston. 2

Kolben-buchse f. || piston boss bushing || coussinet m. de bossage du piston. **a) ~dampfmaschine** f. || piston steam engine || machine f. à vapeur à piston. **b) ~deckel** m. || piston cover || couvercle m. *ou* plateau m. du piston. **c) ~feder** f. (Masch) || piston spring || ressort m. de piston. **d) ~fläche** f. || piston surface || surface f. de piston. **e) ~gebläse** n. || piston blower *or* blowing engine || soufflerie f. *ou* soufflet m. à piston. 3

Kolbengeschwindigkeit f. || piston speed || vitesse f. du piston. **a) lineare ~** || linear speed of piston || vitesse f. linéaire du piston. 4

Kolbengeschwindigkeitskurve f. || piston speed curve || courbe f. de vitesse du piston. 5

Kolbenheizung f. || piston heating || échauffement m. du piston. 6

Kolbenhub m. || piston stroke || course f. de piston. **a)** Verhältnis n. von ~ und **Zylinderdurchmesser** m. || stroke-bore ratio || rapport m. de la course à l'alésage. 7

Kolben-kopfplatte f. || piston head plate || plaque f. de tête du piston. **a) ~körper** m. || piston barrel *or* body || corps m. de piston. **b) ~liderung** f. || piston packing || garniture f. de piston. **c) ~lokomotive** f. || reciprocating locomotive || locomotive f. à piston. **d) lederne ~manschette** f. || piston packing leather || cuir m. embouti du piston. **e) ~niedergang** m. || downstroke of the piston || course f. descendante du piston. **f) ~nute** f. || piston ring groove || rainure f. annulaire de piston. **g) ~packung** f. || piston packing *or* ring || bague f. *ou* garniture f. *ou* segment m. de piston. **h) ~pumpe** f. || piston pump || pompe f. à piston. 8

Kolbenring m. || piston packing *or* ring || bague f. *ou* segment m. de piston. **a) ~** mit **schräger Stoßfuge** f. || diagonally cut piston ring || segment m. de piston à fente en sifflet. **b)** der **~ sitzt fest** || the piston ring stucks || le cercle de piston est calé. **c) ~** mit **überlapptem Stoß** m. || lap-ended piston ring || segment m. de piston à (coupure en) recouvrement. 9

Kolbenring-nut f. || piston ring groove || alvéole m. de piston. **a) ~schleifmaschine** f. || piston ring grinding machine || machine f. à rectifier les segments de pistons. **b) ~spannblech** n. (Motor) || piston-ring tightener || appareil m. tendeur de segments de piston. **c) ~stift** m. || piston packing-ring pin || goupille f. de segments de piston. 10

Kolbenschieber m. || piston valve || piston-tiroir m.; tiroir m. à piston. **a) ~ventil** n. || piston slide valve || vanne f. de distribution à tiroir-piston. 11

Kolben-schlüssel m. || piston wrench || clef f. du piston. **a) ~schmierstutzen** m. || piston lubricating connection || embouchure f. de graissage de piston. **b) ~schmierung** f. || piston lubrication || graissage m. du piston. **c) ~setzmaschine** f. || washer with submerged piston || bac m. à piston. **d) ~spiel** n. || piston clearance *or* play || jeu m. du piston. 12

Kolbenstange f. || piston rod || tige f. de piston. 13

Kolbenstangen-bruch m. || break-down of the piston rod || rupture f. de la tige de piston. **a) ~kopf** m. || connecting rod tip || tête f. de bielle. **b) ~mutter** f. || piston rod nut || écrou m. pour tige de piston. **c) ~schleifmaschine** f. || piston rod grinding machine || machine f. à rectifier les tiges de pistons. 14

Kolben-stulp m. || piston packing leather || cuir m. du piston. **a) ~ventil** n. || piston slide valve || soupape f. à piston. **b) ~verdrängung** f. || piston displacement || déplacement m. de piston. **c) ~weg** m. || piston stroke || course f. du piston. 15

Koliertuch n. || cloth filter || couloir m. *ou* filtre m. en toile. 16

kollationieren (Buchdr; Buchhalt) || to collate || collationner. 17

Kollationierer m. || collator; verifier; checker || collationneur m. 18

Kollegheft n. || student's note book || calepin m. pour étudiants. 19

Kollegium n. || council; board || collège m.; corps m. enseignant; conseil m. 20

Kollektiv-linse f. || field lens || verre m. de champ. **a) ~prokura** f. || joint procuration || procuration f. collective. 21

Kollektor m. || collector || collecteur m. **a) unrunder ~** || oval commutator || collecteur m. ovale. 22

Kollektor-abdrehvorrichtung f. || commutator turning-up device || appareil m. pour dresser le collecteur au tour; rectifieuse f. pour collecteurs. **a) ~balsam** m. in **Stangen** || commutator balsam in bars || lubrifiant m. pour collecteurs en bâtonnets. **b) ~buchse** f. || commutator sleeve *or* bush || manchon m. du collecteur. **c) ~fahne** f. || commutator lug || talon m. du collecteur. **d) ~fett** n. || commutator composition || apprêt m. pour collecteurs. **e) ~gehäuse** n. || commutator casing || cage f. *ou* carter m. de collecteur. **f) ~klemmring** m. || commutator clamping ring || bague f. de calage du collecteur. **g) ~lamelle** f. || commutator segment || lame f. du collecteur. **h) ~motor** m. mit Hilfsschleifringen || commutator motor with auxiliary slip rings || moteur m. à collecteur et à bagues collectrices auxiliaires. **i) ~schleifpapier** n. || commutator polishing paper || papier m. à polir le collecteur. **k) ~schleifring** m. || collector slip ring || bague f. collectrice *ou* de contact. **l) ~schmiere** f. || commutator lubricant || lubrifiant m. pour collecteur. **m) ~schritt** m. || commutator pitch || pas m. du collecteur. 23

Kollergang m. || edge runner || broyeur m. à meules. **a) ~** mit feststehender und umlaufender **Mahlbahn** f. || edge runner with stationary and rotary grinding track || moulin m. à meules verticales avec plateau de roulement fixe ou tournant. **b) Misch~** || mixing runner || mélangeur m. à meules verticales. **c) Naß~** || edge runner for wet grinding || moulin m. à meules verticales. 24

Kollergang-bandage f. || edge runner bandage || bandage m. pour broyeurs à meules. **a) ~blech** n. || connecting perforated tin for mill use || tôle f. pour moulins tournants en acier trempé. 25

Koller-mühle f. mit aufrechten Steinen || vertical edge-mill; vertical crushing mill || broyeuse f. à meules verticales; tordoir m. **a) ~platte** f. || edge runner plate || plaque f. pour meules verticales. **b) ~ring** m. || edge runner ring || anneau m. de meules verticales. 26

Kolli npl. *s.* Kollo n. **a) ~anhänger** m. || label and ticket fastener || étiquette f. pour colis. 27

Kollimator m. || collimator || collimateur m. 28

Kollimator-fernrohr n. || collimator telescope || lunette f. collimatrice. **a) ~objektiv** n. || collimator objective *or* lens || objectif m. pour les collimateurs. **b) ~rohr** n. mit **Fokussierung** f. || collimator with focussing mechanism || collimateur m. muni d'un dispositif de mise au point. **c) ~spiegel** m. || collimator mirror || miroir-collimateur m. 29

Kollision f. || collision || collision f. 30

Kollisions-matte f. (Seew) || collision mat || paillet m. de collision. **a) ~schott** n. || collision bulkhead || cloison f. d'abordage. 31

Kollo n. || parcel; bale; bundle || colli m.; coli m. 32

Kollodium n. || collodion || collodion m.; collode m. **a) ~baumwolle** f. || collodion cotton || coton m. collodion. **b) ~emulsion** f. || collodion emulsion || émulsion f. de collodion. **c) ~schicht** f. || collodion layer || couche f. de collodion. **d) ~seide** f. || collodion silk; nitro silk || soie f. de collodion. **e) ~verfahren** n. || collodion proceeding || procédé m. au collodion. **f) ~wolle** f. || collodion cotton || coton m. collodion. 33

Kolloid n. || colloid || colloïde m. 34

kolloidal || colloidal || colloïdal. **a) ~es Silber** n. (Chem) || colloidal silver || argent m. colloïdal. 35

Kolloidal-substanz f. || colloidal substance || matière f. colloïdale. **a) ~zustand** m. || colloidal state || état m. colloïdal. 36

Kollyrit m. || collyrite; scarbroite || collyrite f. 37

Kolmation f. (Wasserb) || colmation || colmation f. 38

Kölnischer Leim m. || Cologne glue || colle f. de Cologne. 39

Kölnisches Wasser n. || eau-de-Cologne || eau f. de Cologne. 40

Kolon n. || colon || deux points m. 41

Kolonial-bahn f. || colonial railway || ligne f. coloniale. **a) ~handel** m. || colonial trade || commerce m. des colonies. **b) ~helm** m. || colonial helmet || casque m. colonial. **c) ~maschine** f. || colonial machine || machine f. coloniale. **d) ~ölmühle** f. || colonial oil mill || moulin m. à huile pour les colonies. 42

Kolonialwaren fpl. || colonial products pl.; groceries pl. || denrées fpl. coloniales **a) ~mühle** f. || mill for groceries || moulin m. à denrées coloniales. 43

Kolonie (ausländ. Besitzung) || colony; settlement || colonie f. **a)** ~ (Arbeitersiedlung) || workmen's colony || cité f. ouvrière. **b) Bakterien~** || bacteria colony || colonie f. de bactéries. 1

Kolonne f. || column || colonne f. 2

Kolonnen-apparat m. || column apparatus || appareil m. colonne. **a) ~führer** m. (Eisenb) || foreman of plate-layers || chef m. d'équipe. **b) ~spundapparat** m. || section bunging apparatus || appareil m. à bondonner une série de foudres. **c) ~steller** m. (Büro) || self starter; indenting mechanism || sélecteur m. de colonnes. 3

Kolophonit m. || colophonite || colophonite m. 4

Kolophonium n. || colophony; rosin || colophane f.; arcanson m. **a) ~gießer** m. || colophony burner || fondeur m. de colophane. **b) ~lötzinn** n. || colophony solder || soudure f. à colophane. **c) ~pulver** n. || pulverized colophony || colophane f. pulvérisée. 5

Koloquinte f. || colocynth || coloquinte f. 6

Kolorieranstalt f. || colouring workshop || atelier m. de coloriage. 7

kolorieren || to illuminate; to colour || enluminer; colorer. 8

Kolorieren n. || colouring || coloriage m. 9

Kolorimeter n. || colorimeter || colorimètre f. 10

kolorimetrische Bestimmung f. || colorimetric determination || détermination f. colorimétrique. 11

Kolorist m. || colourer; colourist || coloriste m. 12

Kolorit n. || colouring || coloris m. 13

Kolter n. || coulter || coutre m.; sep m. 14

Kolumbit m. || columbite || columbite f. 15

Kolumbowurzel f. || columbo root || racine f. de colombo. 16

Kolumne f. || page || page f. **a) gerade ~** || even page; reverse || page f. paire; verso m. 17

Kolumnen-breite f. || measure || largeur f. de colonne. **a) ~maß** n. || scale; rule || longueur f.; mesure f. d'une réglette. **b) ~schnur** f. || page cord || ficelle f. à colonnes. **c) ~titel** m. || heading; head; head-line; running-title || titre m. courant; ligne f. de tête. **d) ~träger** m. || bearer of pages || porte-page m. 18

kolumnenweise || in columns pl. || par colonnes fpl. 19

Kolzasame(n) m. || coleseed || graine f. de colza. 20

Kombination f. || combination || combinaison f. 21

Kombinations-dampfbackofen m. || combined steam baking oven || four m. à vapeur combiné. **a) ~gerät** n. (Funkw) || combination apparatus || récepteur m. à montages de combinaison. **b) ~schloß** n. || combination *or* puzzle lock || cadenas m. à combinaison; serrure f. secrète. 22

Kombinator m. || combinator || combinateur m. 23

Kombinatorik f. || doctrine of combinations || théorie f. des combinaisons. 24

kombiniert || combined || jumelé. 25

kombiniert-e Feuermelde- und Alarmanlage f. mit selbsttätiger Ortsangabe || combined fire alarms and fire station alarms with automatic indication of locality || installation f. combinée d'avertisseurs d'incendie et d'alarme avec indication automatique du lieu. **a) ~es Kabel** n. || combined cable || câble m. combiné. **b) ~e Morse-Sicherheitsschaltung** f. || combined Morse safety circuit || montage m. Morse combiné de sécurité. 26

Kombüse f. (Herd) || cook's stove || fourneau m. **a)** ~ (Raum) || galley; cuddy; cook room || cuisine f. de l'équipage. 27

Kometenbahn f. || path of a comet || orbite f. de comète. 28

Kometensucher m. (Opt) || comet finder || chercheur m. de comètes. **a) azimutaler ~** || azimuthal comet finder || chercheur m. de comètes azimutale. **b) parallaktischer ~** || equatorial comet finder || chercheur m. de comètes parallactique. **c) parallaktische Montierung** f. eines ~s m. || equatorial mounting of a comet finder || monture f. parallactique d'un chercheur de comètes. 29

Komfort m. || comfort; ease || confort m. 30

Komma n. || comma || virgule f. 31

Kommandant m. || commander; captain; officer in command || commandant m.; capitaine m. 32

Kommandantenraum m. || commanding officer's compartment || poste m. du commandant. 33

Kommanditär m. || share holder in a limited liability company; sleeping *or* limited partner || commanditaire m. 34

Kommanditgesellschaft f. || limited partnership || société f. en commandite. 35

Kommanditist m. *s.* Kommanditär. 36

Kommando n. || command || commandement m. **a) Übermittlung** f. von ~s npl. in **Kraftwerken** || transmission of orders in power stations || transmission f. des ordres dans les usines d'énergie. 37

Kommando-bank f. || conning bench || banc m. de quart. **a) ~brücke** f. || conning bridge || passerelle f. de navigation. **b) ~gerät** n. || fire control director || téléindicateur m. **c) ~raum** m. || control room || poste m. de commandement. **d) ~säule** f. zur schnellen und eindeutigen Übermitt(e)lung von Befehlen || control pillar for the speedy and distinct transmission of instructions || colonne f. de commande pour la transmission rapide et irréprochable des ordres. **e) ~turm** m. || conning tower || tourelle f. de commandement. 38

kommensurable Größe f. (Math) || commensurable quantity || quantité f. commensurable. 39

Kommißbrot n. || ration bread || pain m. de commission. 40

Kommission f., eine ~ **gewähren** || to accord a commission || allouer une commission. 41

Kommissionär m. || commissioner; commission agent || commissionaire m. 42

Kommissions-geschäft n. || commission agency *or* business || maison f. de *ou* affaire f. en commission. **a) ~handel** m. || commission trade || commerce m. de commission. 43

Kommode f. || chest of drawers || commode f. **a) hohe ~** || chiffonnier || chiffonnière f. 44

kommunizierend (Phys) || communicating || communiquant. 45

Kommutator m. || commutator || commutateur m. **a) ~ansatz** m. || commutator ear || talon m. du collecteur. **b) ~fett** n. || commutator grease || lubrifiant m. pour collecteur. **c) ~gleichrichter** m. || commutator rectifier || permutatrice f. **d) ~segment** n. || commutator bar || lame f. *ou* touche f. de collecteur. **e) ~welle** f. || commutator shaft || arbre m. de commutateur. 46

kommutierter Strom m. || commutated current || courant m. commuté. 47

Kommutierungs-feld n. || commutating field || champ m. de commutation. **a) ~strom** m. || commutation current || courant m. de commutation. 48

Komparator m. (Messung) || comparator || comparateur m. **a) Farben~** || colour comparator || comparateur m. de teintes. **b) Spektro~** || spectro comparator || spectrocomparateur m. **c) Stereo~** m. mit Blinkmikroskop || stereo comparator with flicker microscope || stéréocomparateur m. avec microscope à éclipses. 49

Kompaß m. || compass || boussole f. **a) Abweichungs~** || declination instrument || boussole f. déclinatoire. **b) Boots~** || boat compass || volet m. **c)** ~ mit **Deviationstafel** f. || compass with deviation table || boussole f. avec table des déclinaisons. **d) drahtloser ~** || radiocompass || radiocompas m. **e) Einkreisel~** || monogyro compass; single gyro compass || compas m. monogyroscopique *ou* à un seul gyroscope. **f) Erdinduktions~** || earth inductor compass || compas m. d'induction terrestre. **g) Feld~** || surveyor's compass *or* dial || boussole f. d'arpenteur. **h) Flüssigkeits~** || immersed compass || compas m. à liquide. **i) funkentelegrafischer ~** || wireless compass || boussole f. pour sans fil. **k) Glocken~** || bell compass || compas-cloche m. **l) Hänge~** (Bergb) || miner's compass; circumferentor || poche f. de mineur. **m) Kreisel~** || gyro compass || compas m. *ou* boussole f. gyroscopique. **n) Leucht~** || illuminated *or* luminous compass || compas m. lumineux. **o) Luftfahrt~** || aeronautical (aerial A) compass || compas m. de navigation aérienne. **p) Magnet~** || magnetic compass || compas m. magnétique. **q) Marine~** || mariner's compass || boussole f. marine. **r) Peil~** || bearing compass || compas m. de relèvement. **s) Reise~** || travelling compass || compas m. de route. **t) Schiffs~** || nautical *or* marine compass || boussole f. marine; compas m. de navires; compas m. marin. **u) Steuer~** || steering compass || compas m. de route. **v) Taschen~** || pocket compass || boussole f. de sac *ou* de poche. **w) Tochter~** || auxiliary (repeater A) compass || boussole f. filiale *ou* secondaire *ou* commandée. **x) Trocken~** || dry compass || compas m. sec. **y) Trommel~** || barrel *or* drum compass || compas-tambour m. **z)** ~ **für Uhrmachereien** || mariner's compass for watches || boussole f. pour l'horlogerie. 50

Kompaß-ausgleichung f., **behelfsmäßige** || improvised *or* appropriate (A) compensation of compasses || compensation f. par des moyens de fortune. **a) ~berichtigung** f. || compensation of compass errors || compensation f. des erreurs de la boussole. **b) ~büchse** f. || compass box || mortier m. *ou* boîte f. du compas. **c) ~diopter** n. || sight vane || pinnule f. **d) ~dose** f. || compass box || mortier m. *ou* boîte f. du compas. **e) ~einteilung** f. || division of the compass || division f. de la rose des vents. **f) ~fahrtrichtung** f. || compass course *or* direction || direction f. de parcours au compas; route f. au compas. **g) ~flüssigkeit** f. || compass liquid || liquide m. pour compas. **h) ~gehäuse** n. || compass bowl || cuvette f. du compas. **i) ~glas** n. || compass lens || verre m. pour boussoles. **k) ~häuschen** n. (Seew) || binnacle || habitacle m.; gésole f. **l) ~hütchen** n. || dab; socket of the compass needle || chape f. de la rose des vents. **m) ~kessel** m. || compass kettle || caisse f. du compas. **n) ~kurs** m. || compass course || route f. au compas. **o) ~laterne** f. || binnacle light || fanal m. d'habitacle. **p) ~nachthaus** n. || binnacle || habitacle m.; gésole f. **q) ~nadel** f. || compass needle || aiguille f. de boussole *ou* de compas. **r) ~peilung** f. || compass bearing || relèvement m. au compas. **s) ~pinne** f. || pin of the compass || pivot m. du compas. **t) mißweisende ~richtung** f. || magnetic compass bearing || direction f. de l'aiguille du compas magnétique. **u) ~ringe** m. || gimbal *or* jimbal || balanciers m. du compas. **v) ~rose** f. || compass card || rose f. des vents *ou* du compas. **w) ~säule** f. || pedestal of the compass || piédestal m. du compas. **x) ~spitze** f. || pin of the compass || pivot m. du compas. **y) ~stativ** n. || compass stand || trépied m. d'un compas. **z) ~strich** m. || point *or* rhumb *or* rhumb line of the compass || aire f. de vent de la rose; quart m. *ou* rumb m. de vent. 1

a) ~zifferblatt n. || card || rose f. de vents. 2

Kompensation f. || compensation; indemnification || compensation f. 3

Kompensations-gerät n. || compensating set || appareil m. compensateur *ou* de compensation. **a) ~magnet** m. || compensation magnet || aimant-compensateur m. **b) ~meßgerät** n. || compensation test apparatus || appareil m. à mesures de compensation. **c) ~methode** f. || compensation method || méthode f. de compensation. **d) ~okular** n. || compensating eyepiece || oculaire m. compensateur. **e) ~pendel** n. || compensation *or* compensated pendulum || pendule m. de compensation *ou* compensé *ou* compensateur. **f) ~verfahren** n. (Chem) || method of compensation || méthode f. de compensation. 4

Kompensator m. || compensator || compensateur m. **a) ~** (Rohrleitung) || expansion-joint || joint m. glissant; compensateur m. **b) magnetischer ~** || magnetic compensating plate || compensateur m. magnétique. 5

kompensieren || to compensate || compenser. 6

kompensierende Unruhe f. || compensating balance wheel || balancier m. compensé. 7

Komplement n. (Geom) || complement || complément m. 8

komplementär || complementary || complémentaire. 9

Komplementärfarbe f. || complementary colour || couleur f. complémentaire. 10

komplett || complete || complet. 11

komplettieren || to complete || compléter. 12

komplexes Rechnen n. mit Wechselstromgrößen || application of complex quantities to alternating current problems || calcul m. de phénomènes alternatifs au moyen de quantités complexes. 13

Komplex m. || aggregate; congeries || ensemble m.; assemblage m. 14

kompliziert geformtes Stück n. || part of complicated shape || élément m. de formes compliquées. 15

Komponente f. (Math) || component || composante f. **a) ~ der Geschwindigkeit** || component of velocity || composante f. de vitesse. **b) senkrechte ~** || vertical component || composante f. verticale. **c) wagerechte ~** || horizontal component || composante f. horizontale. 16

Komponist m. || composer || compositeur m. de musique. 17

Kompositbau m. || composite building || construction f. en bois et en fer. 18

Komposition f. (Blei) || hard lead || plomb m. aigre. **a) ~** (Met) || alloy; composition || composition f. 19

Kompositschiff n. || composite vessel || navire m. en bois et en fer. 20

Kompost m. || mixed manure || engrais m. composé. 21

Kompott n. || stewed fruit; preserve || compote f. **a) ~früchte** fpl. || fruits pl. preserved with syrup || conserves fpl. de fruits au sirop. 22

Kompound- *s. auch* Verbund-. **a) ~dampfmaschine** f. || compound steam-engine || machine f. à vapeur (du système) compound. **b) ~erregung** f. || compound excitation || excitation f. composée *ou* compound. **c) ~expansion** f. || compound expansion || expansion f. compound. 23

kompoundieren || to compound || compounder. 24

Kompoundierung f. || compounding || compoundage m. 25

Kompound-maschine f. || compound engine || machine f. compound. **a) ~schnitt** m. (Werkz) || combination die || matrice f. combinée. 26

kompreß (Buchdr) || solid; close || plein; non-interlignée; serré. **a) kompresser Satz** m. (Buchdr) || solid *or* close matter || composition f. pleine *ou* approchée *ou* serrée. 27

Kompressibilität f. (Phys) || compressibility || compressibilité f. 28

Kompression f. || compression || compression f. **a) Motor** m. **mit hoher ~** || high compression motor || moteur m. à haute compression. **b) Motor** m. **mit niedriger ~** || low compression motor || moteur m. à basse compression. 29

Kompressions-enddruck m. || pressure reached at end of compression || degré m. de compression final. **a) ~hahn** m. || priming cock || robinet m. de compression. **b) Minimetergerät** n. zum Messen der **~höhe** || minimeter instrument for testing the distance between the pin holes and the piston head || appareil m. à minimètre pour la vérification de la hauteur de compression. **c) ~hub** m. || compression stroke || course f. de compression. **d) ~kühlmaschine** f. || compression cooling machine || machine f. frigorifique à compression. **e) ~kurve** f. || compression curve || courbe f. de compression. **f) Ammoniak~maschine** f. || ammonia compression machine || machine f. à compression à l'ammoniaque. **g) ~nocken** m. || compression release || came f. de décompression. **h) ~periode** f. || compression stroke || temps m. de compression. **i) ~pumpe** f. || compression pump || pompe f. de compression. **k) ~raum** m. || compression space || chambre f. de compression. **l) ~röhre** f. || compression tube || tuyau m. repoussé *ou* par compression. **m) ~verhältnis** n. || ratio of compression || taux m. de compression. **n) ~verlust** m. || compression loss; loss of pressure || perte f. par compression. **o) ~verminderung** f. || compression relief || décompression f. **p) ~volumen** n. || clearance volume of cylinder || volume m. de la chambre de compression. **q) ~widerstand** m. || strength of compression || résistance f. à la compression. **r) ~zündung** f. || ignition by compression || allumage m. par compression. 30

Kompressor m. || compressor || compresseur m. **a) Achs~** (Eisenb) || axle compressor || compresseur m. d'essieux. **b) Ammoniak~** || ammonia compressor || compresseur m. à ammoniaque. **c) Eis~** || ice compressor || compresseur m. à glace. **d) Gas~** || gas compressor || compresseur m. à gaz. **e) Hochdruckluft~** || high-pressure air compressor || compresseur m. d'air haute pression. **f) Hydro~** || compressor by fall of water || compresseur m. à chute d'eau. **g) Kapsel~** || enclosed compressor || compresseur m. blindé. **h) Kleinkolben~** || small piston compressor || compresseur m. à piston de faible puissance. **i) Kohlensäure~** || carbonic acid compressor || compresseur m. d'acide carbonique. **k) Luft~** || air compressor || compresseur m. d'air. **l) Rotations~** || rotary compressor || compresseur m. rotatif. **m) Turbo~** || turbo compressor || turbo-compresseur m. **n) Wasserdruck~** || hydraulic compressor || compresseur m. hydraulique. 31

Kompressorkühler m. || cooler for the compressor || réfrigerant m. pour le compresseur. 32

kompressorlos-er Dieselmotor m. || compressorless Diesel engine; airless injection Diesel engine || moteur m. à injection mécanique; moteur m. Diesel sans compresseur. **a) ~e einfachwirkende Viertaktmaschine** f. mit Tauchkolben || compressorless single acting four stroke engine with trunk pistons || machine f. à quatre temps et à simple effet à injection mécanique et à pistons fourreaux. **b) ~er ortsfester Viertaktdreizylinderdieselmotor** m. || three-cylinder airless injection stationary four-stroke Diesel engine || moteur m. Diesel fixe sans compresseur à trois cylindres de cycle à quatre temps. **c) ~er umsteuerbarer Achtzylinderdieselmotor** m. || eight cylinder direct reversible compressorless Diesel engine || moteur m. Diesel réversible à injection mécanique à huit cylindres. 33

Kompressormetallteil m. || metallic part of compressors || pièce f. métallique pour compresseurs. 34

Kompressoröl n. || compressor oil || huile f. de compresseur. 35

komprimieren || to compress || comprimer. 36

Komprimiermaschine f. || compriming engine || machine f. à comprimer. 37

komprimiertes Gas n. || compressed gas || gaz m. comprimé. 38

Kondensat n. (Chem) ‖ condensation product ‖ produit m. de condensation. **a)** ~ (Masch) ‖ condensate ‖ condensé m. 1

Kondensation f. ‖ condensation ‖ condensation f. **a)** auf ~ **arbeiten** ‖ to work condensing ‖ marcher à condensation f. **b) Einspritz~** ‖ condensation by injection ‖ condensation f. par injection *ou* par mélange. 2

Kondensationsanlage f. ‖ condensing plant ‖ installation f. de condensation. **a)** ~ mit **Strahlluftpumpe** f. ‖ condensing plant with air jet pump ‖ appareil m. condensateur avec pompe centrifuge de circulation et éjecteur condenseur. **b)** ~ zum **Turbosatz** m. ‖ condenser plant of the turbo set ‖ installation f. de condensation pour le groupe turbo-générateur. **c) Zentral~** ‖ central condensation plant ‖ installation f. pour la condensation centrale. 3

Kondensations-dampfmaschine f. ‖ condensing steam engine ‖ machine f. à vapeur à condensation. **a) flüssiges ~ergebnis** n. ‖ liquid product of condensation ‖ produit m. liquide de condensation; liquide m. résultant. **b) ~gefäß** n. ‖ condensing vessel ‖ récipient m. *ou* vase m. de condensation; bonbonne f. pour eau condensée. **c) ~gerät** n. ‖ condensing apparatus ‖ appareil m. condenseur. **d) ~kammer** f. (Chem) ‖ condensing chamber ‖ chambre f. de condensation. **e) zweigehäusige ~turbine** f. ‖ two cylinder condensing turbine ‖ turbine f. à condensation à deux corps. **f) ~turm** m. ‖ condensing tower ‖ tour f. de condensation. 4

Kondensator m. ‖ condenser ‖ condensateur m.; condenseur m. **a) Berieselungs~** (Brau) ‖ surface evaporative cooler ‖ condenseur m. à ruissellement. **b) doppeltgeschalteter ~** ‖ twin-coupled condenser ‖ condensateur m. jumelé. **c) Einspritz~** ‖ jet condenser ‖ condenseur m. par injection *ou* par mélange. **d) elektrischer ~** ‖ electric condenser ‖ condensateur m. électrique. **e) Flächenberieselungs~** ‖ trickling surface condenser ‖ condenseur m. à ruissellement à surface. **f) Kugel~** (Elektr) ‖ spherical condenser ‖ condensateur m. sphérique. **g) ~ zur Luftleiterabstimmung** f. ‖ aerial tuning condenser ‖ condensateur m. de syntonisation d'antenne. **h) Oberflächen~** ‖ surface condenser ‖ condenseur m. à surface. **i) Platten~** (Elektr) ‖ plate condenser ‖ condensateur m. à plateaux. **k) ~ im Sekundärkreis** m. (Funkw) ‖ secondary circuit condenser ‖ condensateur m. du circuit intermédiaire *ou* secondaire. **l) variabler ~** ‖ variable *or* adjustable condenser ‖ condensateur m. variable *ou* réglable. **m) Verdampfungs~** ‖ evaporation condenser ‖ condenseur m. à évaporation. **n) zweilinsiger ~** ‖ two-lens condenser ‖ condensateur m. à deux lentilles. **o) ~ im Zwischenkreis** m. (Funkw) ‖ intermediate circuit condenser ‖ condensateur m. du circuit intermédiaire. 5

Kondensator-abgleich m. (Fernm) ‖ balancing by condensers ‖ équilibrage m. condensateur. **a) ~abschnitt** m. (Fernm) ‖ condenser section ‖ section f. de condensateur. **b) ~belegung** f. ‖ condenser armature ‖ armature f. de condensateur. **c) ~bett** n. ‖ condenser bed ‖ lit m. condensateur. **d) ~blitzschutzvorrichtung** f. ‖ condenser lightning arrester ‖ parafoudre m. à condensateur. **e) ~gefäß** n. ‖ condenser tank ‖ réservoir m. du condenseur. **f) ~hahn** m. ‖ condenser cock ‖ robinet m. du condenseur. **g) ~kapazität** f. (Elektr) ‖ condenser capacity ‖ capacité f. du condensateur. **h) ~kreis** m. ‖ condenser circuit ‖ circuit m. du condensateur. **i) ~leiter** f. (Fernm) ‖ high-pass filter ‖ filtre m. passe-haut. **k) ~luftpumpe** f. ‖ condenser air pump ‖ pompe f. à air de condenseur. **l) ~mikrofon** n. ‖ condenser transmitter ‖ microphone m. à condensateur. **m) ~prüfer** m. (Elektr) ‖ condenser test set ‖ indicateur m. de rendement pour condensateurs. 6

Kondensatorröhre f. ‖ condenser pipe *or* tube ‖ tuyau m. *ou* tube m. de condenseur. **a) Messing~** ‖ brass condenser tube ‖ tube m. de condenseur en laiton. 7

Kondensatorrohrring m. ‖ condenser ferrule ‖ virole f. de condenseur. 8

Kondensator-rührwerk n. ‖ condenser agitator ‖ agitateur m. du condenseur. **a) ~schaber** m. ‖ condenser scaling tool ‖ outil m. de décrassage pour condenseurs. **b) ~system** n. ‖ condenser system ‖ système f. de condensateurs. 9

Kondensatpumpe f. ‖ condensed steam pump ‖ pompe f. à vapeur condensée. 10

kondensieren ‖ to condense ‖ condenser. 11

kondensierte Milch f. ‖ condensed milk ‖ lait m. condensé. 12

Kondensierungsanlage f., **Milch** ‖ milk condensing plant ‖ installation f. pour lait condensé. 13

Kondensiervermögen n. ‖ condensing capacity ‖ pouvoir m. condensatif. 14

Kondensor m., **ausklappbarer** (Opt) ‖ swing-out condenser ‖ condensateur m. s'écartant. **a) Dunkelfeld~** ‖ dark-field condenser ‖ condensateur m. à fond noir. **b) Kardioid~** ‖ cardioid condenser ‖ condensateur m. cardioïde. **c) Leuchtbild~** ‖ luminous spot ring condenser ‖ condensateur m. à images lumineuses. **d) Paraboloid~** ‖ paraboloid condenser ‖ condensateur m. parabolique. **e) Quarz~** ‖ quartz condenser ‖ condensateur m. en quartz. **f) Schlitten~** ‖ centring slide condenser ‖ condenseur m. coulissant centrable. **g) Trocken~** ‖ dry condenser ‖ condensateur m. fonctionnant à sec. **h) Wechsel~** ‖ change-over *or* interchangeable condenser ‖ condensateur m. interchangeable *or* alternatif. **i) zweilinsiger ~** (Opt) ‖ two-lens condenser ‖ condensateur m. à deux lentilles. 15

Kondensor-linse f. ‖ condenser lens ‖ lentille f. de condensateur. **a) ~spiegel** m. ‖ condenser mirror ‖ miroir-condensateur m. 16

Kondenstopf m. ‖ steam trap ‖ purgeur m. de vapeur. **a) ~kontrollvorrichtung** f. ‖ steam separator recorder ‖ appareil m. de contrôle pour pots de condensation. 17

Kondenswasser n. ‖ condensation water ‖ eau f. condensée *ou* de condensation. **a) ~ablaßhahn** m. ‖ drain cock for condensed water ‖ robinet m. de vidange pour l'eau de condensation. **b) ~ableiter** m. ‖ condensation water remover; steam trap ‖ conduite f. *ou* purgeur m. pour eau de condensation. **c) ~abscheider** m. ‖ water separator ‖ séparateur m. d'eau. **d) ~rückleitung** f. ‖ condensing water reconductor ‖ réconducteur m. d'eau de condensation. **e) ~rückspeiseanlage** f. ‖ apparatus pl. for returning water of condensing ‖ installation f. alimentaire à recouvrement de l'eau de condensation. 18

Kondition f. ‖ service ‖ service m. 19

Konditioniergerät n. ‖ conditioning apparatus ‖ appareil m. de conditionnement. 20

konditionieren, Seide f. ‖ to test silk ‖ conditionner la soie. 21

Konditor m. ‖ confectioner ‖ confiseur m. 22

Konditorei f. ‖ confectionery ‖ confiserie f. **a) ~backofen** m. ‖ confectioner's oven ‖ four m. de pâtisserie. **b) ~bedarf** m. ‖ confectioner's supplies pl. *or* requisites pl. ‖ fournitures fpl. pour confiseurs *ou* pour pâtissiers. **c) ~maschine** f. ‖ confectionery machine ‖ machine f. pour pâtisseries *ou* pour confiseries. 23

Konditor-farbe f. ‖ confectionery colour ‖ matière f. colorante pour la confiserie. **a) ~form** f. ‖ mould for pastry ‖ moule m. pour confiserie. **b) ~herd** m. ‖ confectionery oven ‖ four m. patissier. **c) ~waren** fpl. ‖ confectionery ‖ produits mpl. de la pâtisserie. 24

Kondurangowurzel f. ‖ condurango root ‖ racine f. de condurango. 25

Konfekt n. ‖ confection; confectionery; sweetmeats pl.; sweets pl. ‖ sucrerie f.; dragées fpl.; confiture f. 26

Konfektion f. ‖ ready made clothes pl. ‖ confection f. 27

Konfektions-bügeleisen n. ‖ dress-maker's smoothing-iron ‖ fer m. à repasser pour la confection. **a) ~geschäft** n. ‖ clothing factory; shop for ready made clothes ‖ confection f. de vêtements; maison f. de confection. **b) ~modellschneider** m. ‖ sample maker ‖ confectionneur m. de modèles. **c) ~pelz** m. ‖ ready-made fur ‖ fourrure f. confectionnée. **d) ~schneider** m. ‖ ready made clothing maker ‖ confectionneur m. **e) ~stoff** m. ‖ fabric for ready-made clothes ‖ étoffe f. pour la confection. **f) ~ware** f. ‖ confection ‖ confection f. 28

Konferenz f. ‖ conference ‖ conférence f. 29

konferieren ‖ to confer; to deliberate ‖ collationner. 30

Konfetti n. ‖ confetti ‖ confetti m. 31

Konfiskation f. ‖ confiscation ‖ confiscation f.; saisie f. 32

konfiszieren ‖ to confiscate ‖ confisquer; saisir. 33

Konfitüre f. ‖ candied fruit; candy (A) ‖ confiture f. 34

Konfitürenfabrikant m. ‖ jam maker ‖ confiturier m. 35

Konflikt m. ‖ conflict ‖ conflit m. 36

Konglomerat n. ‖ conglomerate ‖ conglomérat m. 37

Kongopapier n. ‖ Congo paper ‖ papier m. Congo. 38

Kongreß m. der Fernmeldetechniker ‖ international meeting of telegraph and telephone engineers ‖ congrès m. international d'ingénieurs des télégraphes et des téléphones. 39

Kongreßstoff m. ‖ étamine; bunting; congress tissue ‖ étamine f.; tissu-congress m. 40

Kongruenzzeichen n. (Math) ‖ sign of equivalence ‖ signe m. d'équivalence. 41

Koniferenöl n. ‖ conifer oil ‖ essence f. de conifères. 42

Königinmetall n. ‖ queen's metal ‖ alliage m. à la reine. 43

Königs-gelb n. (Mal) || massicot || massicot m. **a) ~holz** n. || royal *or* king's *or* queen's wood || bois m. royal. **b) ~kerze** f. || high-taper; mullein || bouillon m. blanc. **c) ~säule** f. || central pivot; royal post; king pillar *or* journal || pivot m. central. **d) ~stuhl** m. || centre support || support m. de la crapaudine. **e) ~-wasser** n. || aqua regia *or* regalis; nitro-muriatic acid || eau f. régale; acide m. nitro-muriatique. **f) ~welle** f. (Masch) || vertical shaft || maître-arbre m. **g) ~-** (Windmühle) || main shaft *or* axletree || arbre m. principal. **h) ~zapfen** m. || central pivot; royal post; king pillar *or* bolt || pivot m. central. 1

konisch || conical; coniform || conique; en cône. **a) ~** *s. auch* kegelig *und* kegelförmig. 2

konisch-er Ansatz m. || tapered shoulder || collet m. conique. **a) ~e Bohrung** f. || taper hole || forage m. conique. **b) ~es Einrollen** n. von **Kesselschüssen** mpl. || conical bending of boiler shells || cintrage m. conique des tôles de chaudières. **c) ~es Getriebe** n. || bevel gear || engrenage m. conique. **d) ~e Mulde** f. (Eisenb) || tipping trough with sloping ends || auge f. conique. **e) ~es Rad** n. || conical *or* bevel wheel || roue f. conique. **f) ~es Zahnrad** n. || bevel wheel || pignon m. conique. 3

Konisch-biegevorrichtung f. || conical bending arrangement || dispositif m. de cintrage conique. **a) ~bohrvorrichtung** f. || attachment for boring taper holes || appareil m. à aléser cône. **b) Einrichtung** f. zum **~drehen** n. || attachment for taper turning || dispositif m. à tourner conique. 4

Konizität f. des **Kegels** || angle of taper || conicité f. *ou* angle m. du cône. **a) ~** der **Radreifen** || conical form of the wheel tires || conicité f. des bandages. 5

Konjunktur f. || turn of the market; trade outlook || conjoncture f. 6

konkav || concave || concave. **a) ~e Linse** f. || concave lens || lentille f. concave. 7

Konkavhobelvorrichtung f. || concave shaping attachment || dispositif m. à raboter concave. 8

Konkavität f. || concavity || concavité f. 9

konkavkonvexe Linse f. || concavo-convex lens || lentille f. concavo-convexe; ménisque m. divergent. 10

Konkav-linse f. *s.* konkave Linse. **a) ~spiegel** m. || concave mirror || miroir m. concave. 11

Konkordanz f. (Buchdr) || concordance || concordance f. **a) ~** der **Schichten** (Geol) || conformability of strata || concordance f. des couches. 12

Konkretion f. || concretion || concrétion f. 13

Konkurrent m. || competitor; rival || concurrent m.; compétiteur m. 14

Konkurrenz f. || competition; rivalry || concurrence f. **a) außer ~** || beyond competition || hors concours m. **b) ohne ~** || without competition || sans concurrence f. **c) scharfe ~** || severe competition || forte concurrence f. 15

konkurrenz-fähig || able to compete; competitive; marketable || capable de soutenir la concurrence. **a) ~los** || without competition || sans concurrence f. 16

konkurrierend || competing || en concurrence f. 17

Konkurs m. || bankruptcy; failure; insolvency || faillite f. **a) in ~** m. **geraten** || to fail; to become bankrupt || tomber en faillite f. 18

Konkurs-anmeldung f. || declaration of bankruptcy || se déclarer en faillite f. **a) ~gericht** n. || bankruptcy Court || cour f. des procès en faillite. 19

Konkursmasse f. || bankrupt's *or* insolvent estate; assets pl. || masse f. *ou* actif m. de faillite. **a) Verwalter** m. der **~** || assignee in bankruptcy || syndic m. de faillite. 20

Konkursordnung f. || insolvency act || loi f. sur les faillites. 21

Konkursverfahren n. || bankruptcy proceedings pl. || procédure f. de faillite. **a)** das **~ einstellen** || to stop liquidation proceedings || suspendre la procédure de faillite. **b)** das **~ eröffnen** || to commence liquidation proceedings || engager la procédure de faillite. 22

Konkursverwalter m. || trustee in bankruptcy || syndic m. de faillite. **a) amtlicher ~** || official receiver || syndic m. officiel. 23

Konkursverwaltung f. || receivership || syndicat m. **a) Gerichtsbefehl** m. zur **~** || receiving order || ordre m. nommant un syndic. 24

Konnossement n. || bill of lading || connaissement m.; police f. de chargement. 25

Konoid n. || conoid || conoïde m. 26

konoskopisch || conoscopic || conoscopique. 27

Konservator m. für **Tiere** || naturalist || naturaliste m. 28

Konserve f. || preserve || conserve f. **a) Fleisch~** || canned meat || conserve f. de viande. 29

Konservenbüchse f. || preserve tin (box) || boîte f. à conserves. 30

Konservenbüchsenöffner m. || box opener || clef f. pour boîtes de conserves. 31

Konserven-dose f. *s.* **~büchse**. **a) ~fabrik** f. || factory of preserves *or* of canned goods pl.; cannery || fabrique f. de conserves (alimentaires). 32

Konservenglas n. || preserving glass; preserve jar || verre m. à conserves. **a) ~-gummiring** m. || rubber ring for preserve glasses || rondelle f. en caoutchouc pour verres à conserves. **b) ~verschluß** m. || fastening for preserve glasses || fermeture f. pour verres de conserves. 33

Konservenindustriemaschine f. || preserve trade machine || machine f. pour l'industrie des conserves. 34

konservieren || to preserve || conserver. 35

Konservieren n. der **Hefe** || preserving the yeast || conservation f. de la levure. 36

konserviertes Fleisch n. || canned meat || viande f. de conserve. 37

Konservierung f. von **Häuten** || skin curing || conservation f. des peaux brutes. **a) ~** von **Holz** || timber preserving || conservation f. des bois. 38

Konservierungsmittel n. || preserving preparation; antiseptic; conservation ingredient; preservative || préparation f. à conserver; antiseptique m.; ingrédient m. conservateur; préservatif m. **a) Holz~** || wood preserver || produit m. à conserver le bois. 39

Konservierungssalz n. || preserving salt || sel m. à conserver. 40

konsistent || consistent; firm; compact || consistant. **a) ~es Fett** n. || Stauffer grease; consistent grease || graisse f. consistante. 41

Konsistenz f. (Chem) || consistence || consistance f. 42

Konsole f. || bracket; truss; corbel; console || corbeau m.; console f. **a) gepreßte ~** (Eisenb) || stamped out bracket || console f. emboutie. **b) ~** aus **Holz** || wooden pedestal; wooden stand || socle m. en bois. 43

Konsolenticker m. (Funkw) || cantilever trembler || trembleur m. à console. 44

Konsolfächer m. || bracket fan || ventilateur m. mural. 45

Konsolidation f. *s.* Konsolidierung. 46

konsolidieren || to consolidate || consolider; fonder. 47

Konsolidierung f. || consolidation || consolidation f. **a) ~** von **Bergwerken** npl. || amalgamation of mines || réunion f. *ou* fusion f. *ou* consolidation f. de mines. 48

Konsolidierungsanleihe f. || consolidated loan || emprunt m. de consolidation. 49

Konsolkran m. || wall *or* bracket crane || grue f. à console. 50

Konsolträger m. || cantilever truss || poutre f. en console. **a) eiserner ~** || iron corbel || console f. en tôle. 51

Konsortium n. || association; syndicate; group || consortium m.; syndicat m.; groupe m. 52

konstant (Mech) || constant || constant. **a)** die **Drehzahl** annähernd **~ halten** || to keep the speed approximately constant || maintenir la vitesse f. à peu près constante. **b) ~e Größe** f. || constant (quantity) || constante f.; quantité f. constante. 53

Konstantan n. || constantan || constantan m. 54

Konstante f. || constant || constante f. 55

Konstanthaltung f. || keeping *or* maintaining constant || maintien m. de la constance. 56

Konstitutionswasser n. || constituting water; water of crystallization || eau f. de constitution. 57

konstruieren || to construct || construire. 58

Konstruktion f. || construction || construction f. **a)** die **~** ist die **denkbar einfachste** || the construction is of the simplest kind imaginable || la construction est la plus simple possible. **b) stabile ~** || solid construction || construction f. robuste. 59

Konstruktions-blatt n. || design sheet || feuille f. de construction. **a) ~büro** n. || engineering department || bureau m. d'étude *ou* des études; salle f. de construction *ou* de dessins. **b) ~fehler** m. || fault *or* defect of construction; mistake in the drawing || défaut m. *ou* vice f. de construction. **c) ~gedanke** m. || principle of construction || principe m. de construction. **d) ~plan** m. || working drawing || plan m. de construction. **e) ~skizze** f. || constructional sketch || croquis m. de construction. 60

Konstruktionsstahl m. || structural steel || acier m. de construction. **a) Herstellung** f. von Konstruktionsstählen aus kaltem Einsatz || producing constructional steels from a cold charge || fabrication f. d'acier de construction à partir de charge froide. 61

Konstruktionsstück n. in **zerlegtem Zustand** || piece of construction in dismounted state || pièce f. de construction à l'état démonté. 62

Konstruktionsteile mpl., **stark beanspruchte** ‖ structural parts pl. subject to highest stresses ‖ pièces fpl. de construction exposées aux grands efforts. **a)** ~, die bei **hoher Temperatur** noch **große Festigkeit** besitzen müssen ‖ machine elements pl. which even at high temperature still have to be very resisting ‖ pièces fpl. qui doivent offrir une grande résistance même à très haute température. **b)** ~, die **höchsten Widerstand** gegen **Verschleiß** und **größte Sicherheit** gegen **Bruch** bieten müssen ‖ constructive elements pl. for which a minimum of wear and tear is desirable and which at the same time demand the greatest possible safety against breakage ‖ pièces fpl. qui doivent présenter à la fois un minimum d'usure et une haute résistance à la rupture. 1

Konstruktionszeichnung f. ‖ working *or* construction(al) drawing ‖ plan m. de construction; dessin m. d'exécution. 2

konstruktiv ‖ constructive ‖ constructif. 3

konstruktive Rücksichten fpl. ‖ constructional reasons pl. ‖ raisons fpl. techniques. **a)** wo **größere Abmessungen** fpl. aus konstruktiven Rücksichten unbequem sind ‖ where larger dimensions are inconvenient for constructional reasons ‖ dans le cas où pour des raisons techniques on ne peut pas choisir des dimensions plus grandes. 4

Konstruktör m. ‖ builder m.; constructer ‖ constructeur m. **a) Eisen~** ‖ iron structure builder ‖ charpentier m. en fer. 5

konsularische Beglaubigung f. ‖ consular certificate ‖ certificat m. consulaire. 6

Konsulat n. ‖ consulate ‖ consulat m. 7

Konsulent m. ‖ counsel; barrister ‖ agent m.; homme m. d'affaires. 8

Konsum m. ‖ consumption ‖ consommation f. 9

Konsum-anstalt f. ‖ supply stores pl. ‖ magasins mpl. économiques. **a) ~artikel** m. ‖ article for daily use ‖ article m. de consommation quotidienne. 10

Konsument m. ‖ consumer; user ‖ consommateur m. 11

konsumieren ‖ to consume; to use up ‖ consommer. 12

Konsumverein m. ‖ cooperative society; cooperative store ‖ société f. coopérative de consommation. 13

Kontakt m. ‖ contact ‖ contact m. **a)** einen ~ **aufheben** ‖ to break contact ‖ rompre le contact. **b) Batterie~** ‖ battery stop ‖ contact m. d'une pile. **c) Erd~** ‖ earth-contact ‖ contact m. terrestre. **d) fester ~** in der Gleismitte ‖ fixed contact between rails ‖ crocodile m. **e) gleitender ~** ‖ sliding contact ‖ contact m. de glissement. **f) in ~ bringen** ‖ to make contact ‖ mettre au contact. **g) in ~ setzen** ‖ to bring together ‖ mettre en contact m. **h) intermittierender ~** ‖ ticker ‖ contact m. à trembleur. **i) mittlerer ~** ‖ medium contact ‖ contact m. médian. **k)** einen ~ **öffnen** ‖ to break a contact ‖ ouvrir un contact. **l) Platin~** ‖ platinum contact ‖ contact m. en platine. **m) Rollen~** ‖ roller contact ‖ contact m. à roulette *ou* à rouleaux. **n) schlechter ~** (Elektr) ‖ bad contact ‖ contact m. imparfait. **o) schleppender ~** (Selbstanschl) ‖ make before break contact ‖ contact m. travail-repos. 14

Kontakt-arm m. (Selbstanschl) ‖ wiper ‖ frotteur m.; barre f. de contact. **a) ~bank** f. (Selbstanschl) ‖ contact bank ‖ banc m. des contacts. **b) ~büchse** f. ‖ contact bush ‖ boîte f. de contact. **c) ~detektor** m. ‖ contact detector ‖ détecteur m. de contact. **d) ~druck** m. ‖ contact pressure ‖ pression f. des contacts. **e) ~feder** f. ‖ connecting spring ‖ ressort m. de connexion. **f) ~fehler** m. ‖ contact fault ‖ contact m. défectueux. **g) ~feld** n. (Selbstanschl) ‖ contact panel ‖ panneau m. des contacts. 15

Kontaktfinger m. ‖ contact finger ‖ touche f. **a)** ~ der **Schaltwalze** ‖ controller finger ‖ doigt m. de contact du contrôleur. 16

Kontaktfläche f. ‖ area of contact; contact surface ‖ surface f. de contact. 17

kontaktführender Teil m. ‖ contact carrying member ‖ plot m. de contact. 18

Kontakt-glühlampe f. ‖ contact lamp ‖ lampe f. à contact. **a) ~knopf** m. ‖ contact button *or* stud ‖ bouton m. de contact. **b) ~lamelle** f. (Selbstanschl) ‖ contact lamination ‖ broche f. **c) ~lockerung** f. (Elektr) ‖ loosening of the contact ‖ desserrage m. des contacts. **d) ~material** n. ‖ material for contacts ‖ matériel m. pour les contacts. **e) ~platte** f. ‖ contact-plate ‖ plaque f. de contact. **f) ~reihe** f. (Selbstanschl) ‖ contact bank ‖ rangée f. de contact. **g) ~ring** m. ‖ contact ring ‖ bague f. de contact. **h) ~rolle** f. (Elektr) ‖ contact trolley ‖ trolley m. **i) ~satz** m. (Selbstanschl) ‖ line bank ‖ banc m. des contacts; jeu m. de broches. **k) ~scheibe** f. ‖ contact segment ‖ disque m. de contact. **l) ~schelle** f. (Elektr) ‖ contact clip ‖ collier m. de contact. **m) ~schlitten** m. (Fernm) ‖ contact chariot *or* skate ‖ chariot m. de contact; frotteur m. de prise. **n) ~schraube** f. ‖ contact screw ‖ vis f. de contact. **o) ~stift** m. ‖ contact point *or* pin ‖ pointe f. *ou* goujon m. de contact. **p) ~stöpsel** m. ‖ connecting plug ‖ cheville f. de contact. **q) ~theorie** f. ‖ contact theory ‖ théorie f. du contact. **r) ~träger** (Elektr) ‖ contact carrier ‖ porte-contact m. **s) ~verfahren** n. ‖ contact process ‖ procédé m. de contact. 19

Kontaktwerk n. ‖ contact device *or* mechanism ‖ mécanisme m. de contact. **a)** ~ für **Wassermesser** ‖ contact mechanism for watermeters ‖ mécanisme m. de contact pour compteurs d'eau. 20

Kontermesser n. einer Tuchschere ‖ immoveable blade of a cylindrical shearing machine ‖ contre-couteau m. *ou* femelle f. d'une tondeuse hélicoïdale. 21

kontinuierlich ‖ continuous ‖ continu. **a) ~es Spektrum** n. ‖ continuous spectrum ‖ spectre m. continu. **b) ~er Träger** m. ‖ continuous girder ‖ poutre f. droite à plusieurs travées. **c) ~es Walzwerk** n. ‖ continuous rolling mill ‖ laminoir m. à mouvement continu. 22

Kontinuität f. (Math) ‖ continuity ‖ continuité f. 23

Kontinuitätsgleichung f. ‖ equation of continuity ‖ équation f. de continuité. 24

Konto n. ‖ account ‖ compte m. **a)** die Posten mpl. eines ~s n. **prüfen** ‖ to check items in an account ‖ pointer les articles mpl. d'un compte. **b)** ein ~ **unterhalten** ‖ to keep an account ‖ tenir un compte. 25

Konto-auszug m. ‖ extract of account ‖ extrait m. de compte. **a) ~blatt** n. (Buchh) ‖ account sheet ‖ relevé m. de compte. **b) ~buch** n. ‖ account book ‖ livre m. *ou* registre m. de commerce; livre m. de comptes. **c) ~eröffnung** f. ‖ opening of account ‖ ouverture f. d'un compte. **d) ~korrent** n. ‖ account-current ‖ compte m. courant. 26

Kontor n. ‖ counting-house; office ‖ comptoir m.; bureau m. **a) ~bedarfsartikel** m. ‖ office utensils ‖ articles mpl. de bureaux. 27

Kontostand m. ‖ balance of account ‖ solde m. créditeur. 28

Kontrabaß m. ‖ counterbass ‖ contrebasse f. 29

Kontrahent m. ‖ contracting party ‖ contractant m. 30

kontrahieren ‖ to make a contract ‖ contracter. 31

Kontrakt m. ‖ contract; agreement ‖ contrat m.; forfait m. **a) Jahres~** ‖ yearly contract ‖ contrat m. annuel. **b)** einen ~ **schließen** ‖ to enter into a contract ‖ passer un contrat. 32

Kontraktbruch m. ‖ breach of contract ‖ violation f. *ou* rupture f. de contrat. 33

Kontraktion f. ‖ contraction ‖ contraction f. **a) Quer~** (Phys) ‖ contraction of diameter ‖ contraction f. transversale. **b) unvollkommene ~** ‖ imperfect contraction ‖ contraction f. imparfaite. **c) unvollständige ~** ‖ incomplete contraction ‖ contraction f. incomplète. 34

Kontraktionskoeffizient m. ‖ coefficient of contraction ‖ coefficient m. de contraction. 35

kontraktlich ‖ (stipulated) by contract ‖ contractuel; convenu au contrat. 36

kontraktmäßig gebunden ‖ to be under contract ‖ être lié par contrat. 37

Kontrakurve f. ‖ reversed curve ‖ contre-courbe f. 38

Kontrastmikrometer n. ‖ contrast micrometer ‖ micromètre m. à contraste. 39

Kontrastwirkung f., die ~ **erhöhen** ‖ accentuating contrasts pl. ‖ obtenir des contrastes mpl. plus vifs. 40

Kontredampf m. ‖ counter steam ‖ contre-vapeur f. 41

Kontroll-amt n. (Fernm.) ‖ control section ‖ bureau m. de contrôle. **a) ~-anlage** f. ‖ control-gear ‖ installation f. de contrôle. **b)** monatliche **~bilanz** f. ‖ monthly control balance ‖ balance f. mensuelle vérificative. **c) ~bohrloch** n. ‖ check bore hole ‖ sondage m. de contrôle. 42

Kontrolle f. ‖ control; supervision; check ‖ contrôle m. **a) Betriebs~** ‖ control of manufacturing operations ‖ contrôle m. de fabrication. 43

Kontroll-einrichtung f. in Feuermeldeanlagen ‖ control equipment for fire alarm systems ‖ installation f. de contrôle dans le service des avertisseurs d'incendie. **a) ~frage** f. (Fernm) ‖ supervisory enquiry ‖ demande f. de contrôle. 44

Kontrollgerät n. ‖ control apparatus; check instrument ‖ appareil m. pour le contrôle. **a) elektrisches ~** ‖ electric controlling device ‖ contrôleur m. électrique. **b) ~ für Gasverluste** mpl. ‖ recorder for gas leakages ‖ appareil m. contrôleur des fuites de gaz. 45

Kontrollkarte f. ‖ time card ‖ carte f. de contrôle. 46

Kontrollkasse f. ‖ cash register ‖ caisse f. enregistreuse. **a) Einzählerhebel~** ‖ simple lever cash register ‖ totalisatrice f. simple à leviers. **b) Mehrzählerhebel~** ‖

‖ multiple lever cash register ‖ totalisatrice f. multiple à leviers. 1

Kontroll-lampe f. ‖ pilot lamp ‖ lampe f. de contrôle. a) **~marke** f. ‖ check ‖ plaque f. de contrôle. 2

Kontrollör m., **Betriebs-** ‖ professional factory inspector ‖ contrôleur m. de fabrication. a) **Wagen~** (Eisenb) ‖ wagon checker ‖ contrôleur m. de wagons. 3

Kontroll-registrierkasse f. ‖ control cash-register ‖ caisse f. enregistreuse de contrôle. a) **~relais** n. ‖ pilot *or* supervisory relay ‖ relais m. des lampes pilotes *ou* de contrôle. b) **~streifen** m. ‖ control *or* detail strip ‖ bande f. *ou* bordereau m. de contrôle. c) **~stutzen** m. ‖ control sleeve ‖ support m. de contrôle. d) **~-system** n. ‖ control system ‖ système m. de contrôle. e) **~thermometer** n. einer Darre ‖ kiln controlling thermometer ‖ thermomètre m. de contrôle d'une touraille. 4

Kontrolluhr f. ‖ control clock ‖ horloge f. de contrôle; montre f. contrôleur. a) **feststehende ~** ‖ stationary indicator ‖ horloge f. de contrôle stationnaire. b) **tragbare ~** für **Wächter** mpl. ‖ watchman's portable control clock ‖ contrôleur m. de rondes pour veilleur de nuit. 5

Kontroll-umschalter m. (Fernm) ‖ check switch ‖ commutateur m. de contrôle. a) **~vorrichtung** f. ‖ controlling device ‖ dispositif m. de contrôle. b) **~weichen** fpl. und **~Signale** npl. ‖ interlocking points pl. and signals pl. ‖ rails mpl. mobiles et signaux mpl. à contrôle. 6

Kontur f. ‖ contour ‖ contour m. 7

Konus m. ‖ cone ‖ cône m. a) **metrischer ~** ‖ metric taper shank ‖ cône m. métrique. b) **Morse~** ‖ Morse's cone; standard cone ‖ cône m. normal (de l'arbre). c) **Stufen~** ‖ step cone ‖ cône m. à gradins. 8

Konus-dorn m. ‖ taper shank ‖ mandrin m. conique. a) **~hülse** f. (Werkzeugmasch) ‖ socket ‖ douille f. *ou* manchon m. conique de réduction. b) **~kupplung** f. ‖ conical coupling ‖ accouplement m. à cône. c) **~lineal** n. (Werkzeugmasch) ‖ taper turning attachment ‖ dispositif m. à tourner conique. d) **~mühle** f. ‖ cone mill ‖ moulin m. à cône. e) **~-spülung** f. ‖ conical rinsing ‖ rinçage m. conique. 9

Konvektion f., **elektrolytische** ‖ electrolytic convection ‖ convection f. electrolytique. 10

Konvektionsstrom m. ‖ convection current ‖ courant m. de convection. 11

Konventionalstrafe f. ‖ penalty for nonfulfilment of a contract; fine for nonperformance of contract ‖ amende f. contractuelle. a) **~ für verspätete Lieferung** ‖ fine *or* penalty for late delivery ‖ amende f. contractuelle pour livraison en retard. 12

konvergente Linien fpl. ‖ convergent lines pl. ‖ lignes fpl. convergentes. 13

Konvergenz f. ‖ convergence ‖ convergence f. 14

Konvergenzwinkel m. ‖ angle of convergence ‖ angle m. de convergence. a) **~messer** m. ‖ convergence angle gauge ‖ appareil m. pour mesurer l'angle de convergence. 15

konvergieren ‖ to converge ‖ converger. 16

Konverter m. (Met) ‖ converter ‖ convertisseur m. a) **birnenförmiger ~** (Met) ‖ pear-shaped converter ‖ convertisseur m. en forme de poire. b) **Bodeneinsatzwagen** m. für **~** ‖ truck for converters ‖ wagonnet m. de transport pour fonds de convertisseurs. 17

Konverterbirne f. (Met) ‖ converter ‖ convertisseur m. 18

Konverterboden m. (Met) ‖ converter bottom ‖ fond m. de convertisseur. a) **~stampfmaschine** f. ‖ machine to stamp converter bottoms; plug ramming machine for convertors ‖ machine f. à damer les fonds de convertisseurs. 19

Konverter-futter n., **saures** (Met) ‖ acid lining of the converter ‖ garnissage m. acide du convertisseur. a) **~halle** f. ‖ converter shop ‖ hall m. des convertisseurs. b) **~kipper** m. (Met) ‖ converter leverman ‖ opérateur m. du convertisseur. c) **~ring** m. ‖ converter ring ‖ anneau m. de convertisseur. 20

konvexe Linse f. ‖ convex lens ‖ lentille f. convexe. 21

Konvexhobelvorrichtung f. ‖ convex shaping attachment ‖ dispositif m. à raboter convexe. 22

konvexkonkave Linse f. ‖ convexo-concave lens ‖ lentille f. convexo-concave; ménisque m. (convergent). 23

Konvexlinse f. ‖ convex *or* converging *or* condensing lens ‖ verre m. convergent *ou* convexe; lentille f. convergente. 24

Konvexspiegel m. ‖ convex reflector *or* mirror ‖ miroir m. convexe. a) **Glassilber~** ‖ silvered convex glass reflector ‖ miroir m. convexe en verre argenté. 25

Konzentration f. ‖ concentration ‖ concentration f. 26

Konzentrationsanlage f. ‖ concentration plant ‖ installation f. de concentration. a) **Schwefelsäure~** ‖ sulphuric acid concentration plant ‖ installation f. de concentration d'acide sulfurique. 27

Konzentrations-arbeit f. (Met) ‖ concentration work ‖ fonte f. de concentration. a) **~schmelzen** n. ‖ concentration smelting ‖ fusion f. de concentration. 28

Konzentrationsstein m. ‖ concentrated *or* white metal ‖ matte f. concentrée *ou* enrichie *ou* blanche de cuivre. a) **blauer ~** ‖ blue metal ‖ matte f. bleue. b) **weißer ~** ‖ white metal ‖ matte f. blanche. 29

Konzentrationsvorrichtung f. ‖ concentration machinery ‖ appareil m. de concentration. 30

konzentrieren ‖ to concentrate ‖ concentrer. 31

konzentrierte Säure f. ‖ concentrated acid ‖ acide m. concentré. 32

konzentrisch ‖ concentric; concentrical ‖ concentrique. a) **~e Skale** f. ‖ concentric scale ‖ échelle f. concentrique. 33

Konzept-halter m. ‖ copy holder for typewriters ‖ porte-sténogramme m. a) **~papier** n. ‖ exercise *or* scribbling paper ‖ papier m. écolier *ou* brouillon. 34

Konzern m. ‖ trust; concern ‖ concern m.; groupe m. 35

Konzertflügel m. ‖ concert grand ‖ piano m. de concert. 36

Konzertino n. ‖ concertina ‖ concertino m. 37

Konzertsaal m. ‖ concert hall ‖ salle f. de concert. 38

Konzession f. ‖ concession; license; franchise ‖ concession f.; privilège m. 39

konzessionieren ‖ to concede; to yield *or* to make concession ‖ concéder. 40

Konzessionsinhaber m. ‖ licensee ‖ propriétaire m. de la licence. 41

Koordinaten fpl. ‖ coordinates pl. ‖ coordonnées fpl. a) **Umrechnung** f. von **~** ‖ transformation of coordinates ‖ transformation f. des coordonnées. b) **Dreilinien~** ‖ trilinear coordinates pl. ‖ coordonnées fpl. triangulaires. c) **kartesische ~** ‖ cartesian coordinates pl. ‖ coordonnées fpl. cartésiennes. d) **rechtwinklige ~** ‖ rectangular *or* right-angled coordinates pl. ‖ coordonnées fpl. rectangulaires. e) **schiefwinklige ~** ‖ oblique-angled coordinates pl. ‖ coordonnées fpl. obliques. f) **Tangenten~** ‖ tangential coordinates pl. ‖ coordonnées fpl. tangentielles. 42

Koordinaten-anfang m. (Math) ‖ origin of coordinates ‖ origine f. des coordonnées. a) **~anfangspunkt** m. *s.* ~anfang. b) **~geometrie** f. ‖ analytic geometry ‖ géométrie f. analytique. 43

Koordinatenmeßgerät n. ‖ coordinate measuring apparatus ‖ appareil m. pour la mesure des coordonnées. a) **~** für **astronomische Zwecke** ‖ coordinate measuring instrument for astronomical purposes ‖ appareil m. pour la mesure des coordonnées destiné aux travaux astronomiques. 44

Koordinaten-meßmikroskop n. für **Taschenuhrbestandteile** ‖ coordinate reading microscope for measuring watch parts ‖ microscope m. pour la mesure des coordonnées de pièces d'horlogerie. a) **~verbesserung** f. ‖ correction of coordinates ‖ rectification f. des coordonnées. b) **Aufnahme** f. nach dem **~verfahren** n. ‖ plotting by rectangular coordinates ‖ levé m. de plan par la méthode des coordonnées. c) **~wähler** m. ‖ cross bar switch ‖ sélecteur m. coordinateur. 45

Kopaivabalsam m. ‖ Gurjun balsam; balsam of copaiba ‖ baume m. de copahu. 46

Kopal m. ‖ copal; copal resin ‖ copal m.; copalle f.; copale f. a) **~firnis** m. ‖ copal varnish ‖ vernis m. à la copale *ou* copal *ou* Martin. b) **~harz** n. ‖ copal resin ‖ résine f. copale. 47

Kopalin m. ‖ mineral resin; fossil copal; high-gate resin; copaline ‖ copale f. *ou* copal m. fossile. 48

Kopal-lack ‖ copal varnish ‖ vernis m. au copal. a) **~öl** n. ‖ copal oil ‖ huile f. de copal. b) **~wäscherei** f. ‖ copal washing ‖ laverie f. de copal. 49

Köper m. ‖ cotton tweel *or* serge *or* twill; tweeled *or* twilled cotton ‖ croisé m. *ou* sergé m. coton. a) **beidrechter ~** ‖ double face twill ‖ croisé m. sans envers. b) **dreifädiger ~** ‖ three-leaved tweel ‖ croisé m. à trois lames; sergé m. de trois. c) **vierfädiger ~** ‖ four-leaved tweel ‖ croisé m. à quatre lames; sergé m. de quatre. d) **zweiseitiger ~** ‖ double face twill ‖ croisé m. sans envers. 50

Köper-gaze f. ‖ tweeled gauze ‖ gaze f. croisée. a) **~manchester** m. ‖ Genoa *or* jean back velveteen ‖ velours m. de coton à fond croisé. 51

köpern (Web) ‖ to tweel; to twill ‖ croiser. 52

Köper-samt m. ‖ tweeled *or* jean-back *or* Genoa back-velvet ‖ velours m. de Gênes; velours m. croisé. a) **~tuch** n. ‖ tweeled woollen cloth ‖ drap m. de Berry. 53

Kopf m. || head || tête f. **a)** ~ (Schriftg) || face || face f.; œil m. **b)** ~ des **Buchstabens** m. || head of letter; top surface || œil m. **c)** ~ des **Erdbohrers** m. || stirrup of a boring apparatus || tête f. de sonde. **d) flacher** ~ (Schraube) || flat head || tête f. plate. **e) gewölbter** ~ (Schraube) || convex head || tête f. bombée. **f) Hebe~** || tappet || taquet m. **g)** ~ eines **Keiles** m. || back *or* base *or* head of a wedge || tête f. d'un coin. **h)** ~ eines **Kohlenmeilers** m. || top of a coal-pile || chemise f. *ou* tête f. d'une meule de carbonisation. **i)** ~ eines **Kometen** m. || head of a comet || tête f. d'une comète. **k) Kuppel~** (Eisenb) || coupler head || tête f. d'attelage. **l) Niet~** || rivet head || tête f. de rivet. **m) runder** ~ (Schraube) || fillister *or* cheese head || tête f. ronde. **n)** ~ der **Schiene** f. (Eisenb) || head of the rail || champignon m. d'un rail. **o) sechseckiger** ~ (Schraube) || hexagonal head || tête f. à six pans. **p) verlorener** ~ (Gieß) || dead *or* feeding *or* lost head || tête f. perdue; jet m.; masselotte f.; saumon m. **q) versenkter** ~ || countersunk head || tête f. fendue. **r)** ~ der **Welle** f. || crest of the wave || sommet m. de vague. **s)** ~ einer **Zeitung** f. || title || en-tête f. 1

Kopf-bahnhof m. || terminus || gare f. terminus *ou* cul-de-sac. **a) ~balken** m. (Brücke) || top *or* head *or* ridge beam || chapeau m.; chapiteau m.; chape f. **b) ~band** n. || head band || ruban m. serre-tête. **c) ~bedeckung** f. || head covering || coiffure f. **d) ~bindung** f. (el Leit) || top binding || ligature f. supérieure. **e) ~bolzen** m. || set bolt || boulon m. à tête. **f) ~breite** f. der **Schiene** f. (Eisenb) || width of the rail head || largeur f. du champignon du rail. **g) verstellbarer ~bügel** m. || adjustable head rest || arc m. réglable embrassant la tête. **h) ~dreher** m. (Nadl) || header || enrouleur m. 2

köpfen (Gärtn; Forstw) || to head; to poll; to lop off; to top || étêter; épointer; éhouper; écimer. **a)** einen **Baum** m. ~ || to top a tree || étêter un arbre. 3

Kopf-faschine f. (Wasserb) || headed fascine || fascine f. de retraite. **a) ~fernhörer** m. *s.* Kopfhörer. **b) ~gestell** n. (Pferdezaum) || head stall || têtière f. **c) ~halter** m. (Lichtb) || head rest || appui-tête m. **d) ~haltung** f. || position of the head || position f. de la tête. **e) ~haube** f. (Becherwerk) || top casing || chapeau m. d'élévateur. **f) ~holz** n. || pollard || têtard m. 4

Kopfhörer m. || earphone; head set; head receiver || casque m. **a) ~schnur** f. (Fernm) || head cord || cordon m. pour casque. **b) ~wiedergabe** f. || head piece reproduction || audition f. à casque. 5

Kopfkissen n. || pillow || oreiller m. **a) ~überzug** m. || pillow case || taie f. d'oreiller. 6

Kopf-kontakt m. (Selbstanschl) || off-normal contact || contact m. supérieur *ou* de travail. **a) ~lager** n. || head bearing || crapaudine f. supérieure. 7

kopflastig (Schiff; Luftf) || top *or* nose heavy || lourd du nez; trop chargé sur l'avant. **a) ~es Schiff** n. || vessel by the head || navire m. sur le nez; navire m. trop sur l'avant. 8

Kopflastigkeit f. || nose heaviness || lourdeur f. de nez *ou* de l'avant. 9

Kopflaterne f. (Lok) || head light || falot m.; lanterne f. 10

kopflose Zeitung f. || partly printed sheets pl. || journal m. sans titre. 11

Kopfplatte f. (Nähmaschine) || head cap || plaque f. à couvrir la tête. **a) Schwellen~** (Eisenb) || top-plate of sleeper || table f. supérieure de la traverse. 12

Kopf-querträger m. (Fahrzeug) || end support || traverse f. extrême. **a) ~rechnen** n. || mental calculations pl. || calcul m. mental. **b) ~runge** f. (Eisenb) || end stanchion || rancher m. de bout. **c) ~salat** m. || cabbage lettuce || laitue f. **d) ~schicht** f. (Maur) || course of headers; heading course || assise f. par boutisses. **e) ~schiene** f. || champignon rail || rail m. à surface bombée. **f) ~schmerzen** mpl. || headache || mal m. de tête. **g) ~schraube** f. || cap screw *or* bolt || boulon m. à chapeau; vis f. à tête. **h) ~seite** f. eines **Steines** m. || head *or* frontal side *or* face of a stone || parement m. d'une pierre. **i) ~spreize** f. (Bauw) || headed prop || étrésillon m. coudé; étrier m. en bois. **k) ~stein** m. || paving *or* head stone || pavé m.; grès m. à pavés. **l) ~stempel** m. (Nagelschm) || head stamp || estampe f. pour les têtes. **m) ~steuer** f. || poll tax || capitation f. **n) ~stock** m. (Textil) || head piece || têtière f. 13

Kopfstück n. (Maur) || header || fausse boutisse f. **a)** ~ (Pferdezaum) || head stall || têtière f. **b)** ~ (Wagenb) || head stock || traverse f. d'about. **c)** ~ eines **Erdbohrers** m. (Bergb) || stirrup *or* cross-handle of an earth borer || manivelle f. d'un trépan; tête f. de sonde. 14

Kopfstückenschicht f. (Maur) || course of headers || assise f. en demi-boutisse. 15

Kopf-träger m. || end piece || traverse f. de bout. **a) ~tuch** n. || kerchief || madras m. 16

Kopfwand f. (Eisenb) || end of car; end-plank || paroi f. frontale *ou* de bout. **a) Gitter~** (Eisenb) || cross-barred end || paroi f. frontale à grille. 17

Kopf-wasser n. || head *or* hair wash; cosmetic || eau f. *ou* lotion f. capillaire. **a) ~ziegel** m. (Maur) || head brick || demi-boutisse f. en brique. 18

Kopie f. (Zeichn) || tracing; copy; counter drawing; calking || calque m. 19

Kopierapparat m. || copying apparatus || autocopiste m. **a) fotografischer** ~ || photo-copying apparatus || appareil m. photographique à dessiner. 20

Kopier-arbeiten fpl. (Büro) || copying work || travaux mpl. de copie. **a) ~bad** n. || copying bath || bain m. à copier. **b) ~bogenlampe** f. || copying arc lamp || lampe f. à arc pour travaux de copie. **c) ~buch** n. || copy(ing) book || livre m. de copies; copie f. de lettres; copie-lettres m. **d) ~drehbank** f. || copying lathe || tour m. à copier. **e) ~drehpresse** f. || rotative copying press || presse f. rotative à copier. 21

kopieren || to copy || copier. 22

Kopieren n. der **Karten** fpl. (Web) || card repeating || repiquage m. de cartons. **a)** ~ von **Zeichnungen** fpl. || copying drawings || copie f. des dessins. 23

Kopierer m. (Lichtb) || photographic assistant for copying || tireur m. de photographies. 24

Kopier-fähigkeit f. || copying property || propriété f. copiante. **a) ~farbe** f. || copying ink || encre f. à copier. **b) ~fräsmaschine** f. || profile *or* copy(ing) milling machine || fraiseuse f. à copier; machine f. à fraiser avec dispositif à reproduire. **c) ~lampe** f. || copying lamp; blue-printing lamp || lampe f. à photocalquer. **d) ~leinwand** f. || tracing *or* copying cloth || toile f. à calquer. 25

Kopiermaschine f. || copying machine || machine f. à copier. **a)** ~ für **Holzbearbeitung** f. || wood working copying lathe || machine f. à copier pour le travail du bois. 26

Kopier-mine f. || copying mine || mine f. à copier. **a) ~papier** n. || copying *or* duplicating paper || papier m. carbone *ou* à copier *ou* autocopiste. 27

Kopierpresse f. || copying press || presse f. à copier. **a) Brief~** || letter press; copy-book press || presse f. à copier les lettres. 28

Kopierstift m. || copying pencil || crayon m. à copier. **a) farbiger** ~ || coloured copying pencil || crayon m. de couleur à copier. 29

Kopier-stoßmaschine f. || die shaper || machine f. à mortaiser suivant gabarit; mortaiseuse f. à copier. **a) ~telegraf** m. || copying telegraph || télégraphe m. copieur *ou* autographique. **b) ~tinte** f. || copying ink || encre f. à copier. **c) ~tuch** n. || copying cloth || drap m. à copier. 30

Koppelkurs m. || dead reckoning; compound course || route f. estimée *ou* compliquée; journée f. 31

koppeln || to connect; to couple || coupler. **a)** die **Kurse** mpl. ~ (Schiff) || to work the traverses pl. || réduire les routes fpl. 32

Kopplung f. (Chem) || coupling || copulation f. **a)** ~ (Elektr) || coupling || couplage m.; accouplement m. **b) feste** ~ || close coupling || accouplement m. rigide; couplage m. serré. **c) galvanische** ~ || galvanic coupling || couplage m. galvanique. **d) induktive** ~ || inductive coupling || accouplement m. inductif. **e) kapazitive** ~ || capacitive coupling || accouplement m. électrostatique. **f) lose** ~ || loose coupling || couplage m. lâche *ou* faible. **g) prozentuale** ~ || percentage of coupling || expression f. procentuelle du couplage. **h) schlaffe** ~ || loose coupling || couplage m. lâche. 33

Kopplungs-grad m. || coupling factor; coefficient of coupling || coefficient m. de couplage *ou* d'accouplement. **a) ~messer** m. || capacity unbalance meter || appareil m. de mesure des déséquilibres de capacité. **b) magnetischer ~schutz** m. || protection by choking coil || protection f. par des bobines de décharge. **c) ~schwingung** f. || oscillation in coupled circuits || oscillation f. de circuits accouplés. **d) ~spule** f. || coupling coil || bobine f. de couplage *ou* d'accouplement. **e) ~wechsler** m. || coupling changer || inverseur m. *ou* commutateur m. de couplage. **f) ~zahl** f. || coupling value || valeur f. de couplage. 34

Kopra f. || copra || copra(h) m. **a) Cochin~** || Cochin copra || coprah m. cochinchinois. 35

Kopra-öl n. || copra oil || huile f. de coprah. **a) ~trockner** m. || copra dryer || séchoir m. à coprah. 36

Koprolith m. || coprolite || coprolithe m. 37

Kops-färberei f. || spool dyeing || teinture f. de fils en cannettes. **a) ~spulmaschine** f. || bobbin winder for cops || bobinoir m. pour fuseaux. 1

Koralle f. || coral || corail m. **a) natürliche ~** || natural coral || corail m. naturel. 2

Korallen-erz n. || coral ore || mercure m. sulfuré bitumineux. **a) ~fischer** m. || coral fisherman; coral diver || pêcheur m. de corail; corailleur m. **b) ~fischerei** f. || coral fishery || pêche f. du corail. **c) ~-insel** f. || atoll; coral island || attolle m.; île f. de coraux. **d) ~kalk** m. || coral limestone *or* rag || calcaire m. corallion; marbre m. coralloïde. **e) ~riff** n. || coral reef || récif m. de coraux. **f) ~schmuck** m. || coral ornament || décor m. à corails. **g) künstliche ~waren** fpl. || artificial coral ware || objets mpl. en corail artificiel. **h) ~zinke** f. || branch of coral || branche f. de corail. **i) ~zubereiter** m. || coral worker || préparateur m. de coraux; corailleur m. 3

Korb m. || basket || panier m. **a) Bagger~** || dredging bucket || godet m. de drague. **b) Draht~** || wire basket || panier m. de treillis en toile *ou* fil métallique. **c) Eß~** || provision basket || panier m. à provisions. **d) Flaschen~** || bottle hamper || panier m. à bouteilles. **e) in Körben** mpl. || in hampers pl. || en paniers mpl. **f) Kabel~** || cable basket || benne f. à câble. **g) Säuretransport~** || acid transport basket || panier m. à transporter les acides. **h) Weiden~** (Luftf) || wicker basket || nacelle f. en osier. 4

Korb-flasche f. || carboy; demijohn; wicker bottle || ballon m.; dame-jeanne f.; flacon m. clissé; bouteille f. clissée. **a) ~flaschenflechter** m. || wicker bottle plaiter || clissier m. 5

Korbflechter m. || basket plaiter || tresseur m. de corbeilles. **a) Kunst~** || fine basket plaiter || tresseur m. de paniers artistiques. 6

Korb-flechterei f. || basketry; osier-good manufacture || vannerie f.; fabrication f. d'articles en osier. **a) ~flechterwaren** fpl. || wickerwork; basketware || articles mpl. de vannerie. **b) ~flicker** m. || basket mender || raccommodeur m. de paniers. **c) ~futteral** n. || case of osier || étui m. en osier. **d) ~lack** m. || basket varnish || vernis m. pour vannerie. **e) ~lampe** f. || wicker lamp || lampe f. (de parquet) en moelle de rotin. 7

Korbmacher m. || basket maker || vannier m. **a) ~bedarfsartikel** m. || basket makers supply || article m. d'usage courant pour vannerie. **b) ~binse** f. || basket maker's rush || épart m.; espar(t) m. 8

Korbmacherei f. || basketry || vannerie f. 9

Korb-möbel n. || osier furniture || meuble m. en tresses *ou* en osier. **a) ~modellier-kunst** f. || phelloplastics || phelloplastique f. **b) ~spielwaren** fpl. || wicker work toys pl. || jouets mpl. d'osier. **c) ~-spule** f. || basket coil || bobine f. type fond de panier. **d) ~stickerin** f. || basket embroiderer || brodeuse f. sur paniers. 10

Korbwaren fpl. || basket ware; basketry || vannerie f. **a) ~fabrik** f. || basket works pl. || fabrique f. de vannerie. 11

Korbweide f. || (common) osier; wicker || osier m.; saule m. 12

Kord m. (Anzugstoff) || ribbed velvet; cord || velours m. à côtes; cordelet m.; velours m. cordelet; velours m. de chasse. 13

Korde f. (Web) || cord || corde f. 14

Kordel f. || packthread; twine; string || ficelle f. **a) ~ader** f. || yarn conductor || conducteur m. sous fil. **b) ~macher** m. || string maker || ficellier m. 15

kordeln || to knurl || moleter. 16

Kordelschraube f. || milled head screw || vis f. (à tête plate) moletée. 17

kordieren || to knurl || moleter. 18

Kordierit m. (Miner) || cordierite; dichroite || cordiérite m.; dichroïte m. 19

kordonnierte Seide f. || twisted silk || cordonnet m. 20

Kordreifen m. || cord tire || pneu m. à corde. 21

Korduan n. || cordwain; cordovan; cordovan-leather || cordouan m. 22

Koriander m. || coriander || coriandre f. 23

Kork m. (Pfropfen) || cork (stopper) || bouchon m. **a) ~** (Rinde) || cork || liège m. **b) abgekratzter ~** || scraped cork || liège m. raclé. **c) Flaschen~** || bottle stopper || bouchon m. à bouteilles. **d) geglätteter ~** || smoothed cork || liège m. lissé. **e) gemahlener ~** || ground cork || liège m. moulu. **f) gepulverter ~** || pulverized cork || liège m. pulvérisé. **g) Kronen~** || crown cork || liège m. à couronne. **h) roher ~** || raw cork || liège m. brut. **i) Spritz~** || sprinkler stopper || bouchon m. à jet. **k) ~ in Tafeln** || cork in plates || liège m. en planches. **l) zerschnittener ~** || cut cork || liège m. découpé. **m) zerstoßener ~** || crushed cork || liège m. concassé. **n) zugerichteter ~** || prepared cork || liège m. préparé. **o) zusammengepreßter ~** || agglomerated cork || liège m. aggloméré. 24

Kork-abfälle m. || cork chip || déchet m. de liège. **a) ~apparat** m., Flaschen || bottle corker || appareil m. à boucher les bouteilles. **b) ~artikel** mpl. || cork goods pl. || articles mpl. de liège. **c) ~bohrer** m. || cork *or* stopper borer || foreur m. de bouchon; perce-bouchon m. **d) ~boje** f. || cork buoy || bouée f. de liège. **e) ~brecher** m. || cork breaker || concasseur m. à liège. **f) ~eiche** f. || cork oak || chêne-liège m. **g) ~einlegesohle** f. || sock of cork || semelle f. intérieure en liège. **h) ~einweichapparat** m. || cork softening apparatus || appareil m. à détremper les bouchons. 25

korken || to cork || boucher. 26

Korken m. || cork (stopper) || bouchon m. de liège. 27

Kork-entferner m. || cork remover || enlève-bouchon m. **a) ~fender** m. || cork fender || défense f. en liège. **b) ~griff** m. || cork handle || poignée f. en liège. **c) ~holz** m. || cork wood || bois m. de liège. **d) ~isolation** f. || cork insulation || isolement m. de liège. **e) ~jacke** f. || cork jacket || veste f. en liège. 28

Korkmaschine f., **Faß** || cask corking machine || machine f. à boucher les fûts; boucheuse f. pour fûts. **a) Flaschen~** || bottle corking machine || machine f. à boucher les bouteilles; presse-bouteilles f. **b) Flaschenfüll- und ~** || bottling and corking machine; bottle filling and corking machine || soutireuse-boucheuse f. à bouteilles. 29

Kork-masse f. || cork composition || enveloppe f. linogomme. **a) ~mehl** n. || cork ground *or* dust *or* powder || poudre f. *ou* sciures fpl. de liège. **b) ~mühle** f. || cork mill || moulin m. à liège. **c) ~müllerei** f. || machinery for cork mills || meunerie f. à liège; machines fpl. pour moulins à liège. **d) ~papier** n. || cork paper || papier-liège m. **e) ~paraffinierapparat** m. || cork paraffining apparatus || appareil m. à paraffiner les bouchons. **f) ~pfropfen** m. || cork stopper || bouchon m. en liège. **g) ~platte** f. || cork sheet *or* slab *or* plate || planche f. *ou* dalle f. *ou* carreau m. de liège. **h) ~plattenfabrik** f. || cork plate factory || fabrique f. de plaques de liège. **i) ~presse** f. || cork press || mâche-bouchon m. **k) ~rad** n. || cork wheel || roue f. en liège. **l) ~ring** m. || cork ring || rondelle f. en liège. **m) ~rohrbekleidung** f. || cork moulds pl. || coquilles fpl. en liège. **n) ~säure** f. || suberic acid || acide m. subérique. **o) ~scheibe** f. || cork disk || liège m. en planches; disque m. en liège. **p) ~schneider** m. || cork worker *or* cutter || découpeur m. de liège; bouchonnier m. **q) ~schnitzel** mpl. || cork shavings pl. || rognures fpl. de liège. **r) ~schwimmer** m. || cork float || macaron m. **s) ~sohle** f. || cork sole || semelle f. en liège. **t) ~stein** m. || (agglomerated) cork brick; rock cork || brique f. en liège; liège m. aggloméré *ou* durci. **u) ~stempel-apparat** m. || cork marking apparatus || appareil m. à marquer les bouchons. **v) ~stopfen** m. || cork (stopper) || bouchon m. de liège. **w) ~stöpsel** m. || cork stopple || bouchon m. de liège. **x) ~stück** n. || piece of cork || morceau m. de liège. **y) ~verschluß** m. || cork || bouchon m. de liège. **z) ~waren** fpl. || corkware; cork articles pl. || objets mpl. *ou* produits mpl. en liège. 30

a) ~zieher m. || cork screw || tire-bouchon m. 31

Korn n. (im Bruch von Metallen) || grain; crystal || grain m.; cristal m. **a) ~** (Landw) || corn; grain || blé m.; grain m. **b) ~** (Met) || standard || titre m. **c) brandiges ~** || blasted *or* smutty corn || ébrun m.; blé m. charbonné. **d) feines ~** (Eisen) || fine grain || grain m. fin. **e) glattes ~** (Eisen) || smooth grain || grain m. lisse. **f) grobes ~** (Eisen) || coarse grain || grain m. gros; gros grain m. **g) mittleres ~** (Eisen) || medium grain || grain m. moyen. **h) Probe~** (Met) || assay grain || culot m. *ou* grain m. d'essai. **i) Staub~** || grain of dust || grain m. de poussière. 32

Korn-ablader m. (Müller) || wheat shoveler; unloader || déchargeur m. de grains. **a) ~art** f. (Met; Min) || grain || grainure f. **b) ~beschaffenheit** f. || nature of grain || nature f. du grain. **c) ~bildung** f. des Zuckers || granulation of sugar || cristallisation f. du sucre. **d) ~blei** n. || assay lead; grain-lead || plomb m. d'essai *ou* en grains. **e) ~boden** m. || granary; corn loft || grenier m. 33

Körnchenpunze f. || freezing tool || frisoir m. 34

Kornelevator m. || elevator for grain || élévateur m. à grain. 35

Kornelkirschenholz n. || cornel wood || cornouiller m. 36

körnen || to corn; to granulate || granuler. **a) ~** (Pap) || to grain || grainer. 37

Körnen n. || granulation || granulation f.; grainage m. **a) ~ des Zuckers** || granulation of sugar || grainage m. du sucre. 38

Körner m. || center || centre m.; pointeau m. **a) ~fritter** m. || granular coherer || cohéreur m. à grenaille. **b) ~lack** m. || seed lac || laque f. en grains. 1

Körnermarke f. || center mark || coup m. de pointeau. **a) Niederstellen** n. des Stempels auf ~ || bringing down the punch on to centre mark || amenage m. du poinçon sur le coup de pointeau. 2

Körner-mikrofon n. || granular transmitter || microphone m. à granules sphériques. **a) ~punkt** m. || center mark || coup m. de pointeau. **b) ~schlag** m. || centre punch mark || trou m. de pointeau. **c) ~sieb** n. || grain sieve || tamis m. à graines. **d) ~spitze** f. (Werkzeugmasch) || dead centre || contre-pointe f. **e) ~zählapparat** m. || kernel counting apparatus || compte-grains m.; granomètre m. **f) ~zinn** n. || grain-tin; grained tin || étain m. en graines *ou* en larmes. 3

Korngröße f. || size of the granulations; fineness of grain || grosseur f. des grains. 4

körnig || granular; granulated; grained; grainy; corned || granuleux; grenu; granulé; granulaire. **a) ~er Bruch** m. (Eisen) || crystalline fracture || texture f. grenue *ou* cristalline; grainure f. **b) ~es Eisen** n. || crystalline iron || fer m. à texture grenue. **c) ~es Gefüge** n. || granular structure *or* fracture || texture f. granulée. **d) ~es Roheisen** n. || granular pig-iron || fonte f. grenue. **e) ~e Struktur** f. || granular texture || structure f. granulée. 5

Korn-kaffee m. || corn coffee || café m. de grains. **a) ~mühle** f. || corn mill || moulin m. à farine. **b) ~pulver** n. || granulated powder; powder in grain || poudre f. grenée. **c) ~putzen** n. || cleaning of corn || nettoyage m. des grains. **d) ~rade** f. || cockle || nielle f. **e) ~reinigung** f. || brushing of wheat || brossage m. des blés. **f) ~reinigungsmaschine** || grain cleaning machine; winnowing machine || machine f. pour le nettoyage des céréales; vanneuse f. **g) ~sand** m. || graining sand || sable m. à grainer. **h) ~schaufel** f. || corn shovel || pelle f. à grains. **i) ~schwinge** f. || corn cleaner || émotteur m. **k) ~sieber** m. (Müller) || screenman || ouvrier m. des trieurs. **l) ~sortierer** m. || seed winnower; flayman || trieur m. *ou* cribleur m. *ou* remueur m. de grains. **m) ~sortierung** f. || seed sorting || triage m. de grains *ou* graines. **n) ~speicher** m. || granary; corn loft *or* house || grenier m. **o) ~trockenapparat** m. || grain dryer || séchoir m. à céréales. **p) ~trockner** m. (Arbeiter) || grain dryer || sécheur m. de grains. 6

Körnung f. (Chem; Min) || granulation; grain || granulation f.; grainure f. **a) ~** (Metall) || pitting; grain || piqué m.; grainure f. **b) glatte ~** || smooth grain || grain m. lisse. **c) mittlere ~** || medium grain || grain m. moyen. **d)** von **verschiedener ~** || of varying granulations || de grains mpl. de grosseurs différentes. 7

Körnungsbeschaffenheit f. || nature of grain || nature f. du grain. 8

Korn-wage f. || button *or* bullion scale || bouillon-scale m. **a) ~walze** f. || toothed roller || cylindre m. cannelé. **b) ~zähler** m. || grain counting apparatus *or* counter; granometer || compte-grains m.; granomètre m. **c) ~zange** f. || large forceps pl. || grande pince f. **d) ~zinn** n. || grain-tin; grained tin || étain m. en grains *ou* en larmes. 9

Koronaeffekt m. || corona effect || effet m. de couronne. 10

Körper m. (Geom) || solid; body || solide m.; corps m. **a) ~** (Phys; Chem) || body; substance || corps m.; substance f. **b) abgeleiteter ~** (Chem) || derivate || dérivé m. **c) dunkler ~** || dark body || corps m. sombre *ou* foncé. **d) einfacher ~** (Chem) || simple body; element; elementary substance || substance f. élémentaire; élément m. **e) fester ~** || solid body; solid || corps m. solide. **f) flüssiger ~** || fluid body || corps m. fluide. **g) gasförmiger ~** || gaseous body || corps m. gazeux. **h) ~** mpl. von **gleichem Widerstande** || bodies pl. of the same resistance || corps mpl. d'égales résistances. **i) heller ~** || light body || corps m. de couleur claire. **k) ~** eines **Kessels** || body of a boiler || corps m. d'une chaudière. **l) ~** des **kleinsten Widerstandes** || body of least resistance || corps m. de moindre résistance. **m) ~** einer **Maschine** || body *or* solid of a machine || corps m. d'une machine. **n) sanker ~** (Seew) || body heavier than water || corps m. plus pesant que l'eau. **o) ~ schwerer als Luft** || body heavier than air || corps m. plus lourd que l'air. **p) schwimmender ~** (Phys) || floating body || corps m. flottant. **q) starrer ~** (Phys) || rigid body || corps m. rigide. **r) tropfbar flüssiger ~** || liquid body || corps m. liquide. **s) zusammengesetzter ~** (Chem) || compound body || corps m. composé. 11

Körper-farbe f. (Met) || body colour || couleur f. courante. **a) ~lehre** f. || stereometry || stéréometrie f. 12

körperlich (Chem; Phys) || material; corporal || matériel; corporal. 13

Körper-maß n. (Phys) || solid *or* cubical measure || mesure f. de volume. **a) ~pflegemittel** n. || cosmetic || cosmétique f. 14

Korpus f. (Buchdr) || long primer || petit-romain m.; neuf m. 15

korpuskular || corpuscular || corpusculaire. 16

Korrektion f. || correction || correction f. **a) Azimutal~** || azimuth correction || rectification f. de l'azimut. **b) chromatische ~** || chromatic correction || correction f. chromatique; correction f. des aberrations chromatiques. **c) Polhöhen~** (Astro) || altitude *or* latitude correction || rectification f. de la latitude. **d) sphärische ~** (Opt) || spherical correction || correction f. sphérique; correction f. de l'aberration de sphéricité. 17

Korrektions-daumen m. (Fernm) || correcting cam || came f. de correction. **a) ~fassung** f. (Opt) || correction mount || monture f. à correction. 18

Korrektionsglas n. für **Brillenträger** || sight correcting lens for spectacle wearers || verre m. correcteur pour porteurs de lunettes. **a) ~** n. für **Fehlsichtige** || sight correcting lens for eyes ametropia || verre m. correcteur pour amétropes. 19

Korrektionsrad n. (Fernm) || correcting wheel || roue f. de correction. 20

Korrektor m. || proof-reader; corrector; reviser || correcteur m.; compositeur-correcteur m. 21

Korrektur f. || correction || correction f. **a) erste ~** || first proof || première épreuve f.; première f. (typographique). **b) ~ lesen** || to correct; to read the proofs || corriger; lire les épreuves fpl. **c)** auf dem **Blei** n. **~ lesen** || to correct type || corriger sur le plomb. 22

Korrekturabzug m. || proof sheet *or* print; revise proof || épreuve f. au rouleau. 23

Korrekturbogen m. || first proof; proof sheet || première épreuve f.; première f.; épreuve f. en feuilles. **a)** einen **~ abziehen** || to strike off *or* to beat off a proof sheet || tirer une épreuve avec la brosse. 24

Korrektur-fahne f. || slip proof || épreuve f. en placard. **a) ~leser** m. || proof reader || correcteur m. **b) ~lettern** fpl. im **Winkelhaken aufsetzen** || to put the revise-type into the composing stick || lever la correction d'une épreuve. **c) ~zange** f. || pincers pl. for correction || pincette f. à correction. **d) ~zeichen** n. || mark of correction || marque f. des correcteurs *ou* de la correction. 25

Korrelation f. || correlation || corrélation f. 26

Korridor m. || corridor || corridor m. 27

Korrigierahle f. (Buchdr) || awl for correcting || alêne f. à correction. 28

korrigieren (Buchdr) || to correct; to read the proofs || corriger; lire les épreuves. 29

Korrigierstrich m. (Buchdr) || mark of correction || signe m. de correction. 30

korrodieren || to corrode || corroder. 31

Korrosion f. || corrosion || corrosion f. **a) infolge** von **~** || owing to corrosion || dû à la corrosion. **b) widerstandsfähig gegen ~** || impervious to corrosion || résistant à l'action corrosive. 32

Korrosionsmittel n. (Chem) || corroding agent; corrosive || corrodant m.; agent m. corrosif. 33

Korsett n. || corset; stays pl. || corset m. **a) gewebtes ~** || woven corset || corset m. tissé. 34

Korsettfeder f. || corset spring || ressort m. pour corsets. **a) ~stahl** m. || steel for corset springs || acier m. pour baleines de corsage. 35

Korsett-macher m. || stay maker || corsetier m. **a) ~ösenmaschine** f. || machine for corset hooks || machine f. pour la fabrication des agrafes pour corsets. **b) ~schneider** m. || stay cutter || coupeur m. en corsets. **c) ~schnur** f. || stay lace || lacet m. de corsets. **d) ~schoner** m. || linen bodice; corset cover || cache-corset m. **e) ~stoff** m. || corset material || étoffe f. pour corsets. 36

Korund m. || corundum || corindon m. **a) blauer ~** || sapphire; corundum || saphir m.; corindon m. **b) edler ~** || precious corundum; ruby; sapphire || corindon m. hyalin; rubis m.; saphir m. **c) gemeiner ~** || common corundum; adamantin spar || corindon m. harmophane; corindon m. *ou* spathe m. adamantin. **d) körniger ~** || emery || corindon m. granulaire; émeri m.; émeril m. **e) künstlicher ~** || artificial corundum || corindon m. artificiel. 37

Korundstein m. || corundum brick || brique f. de corindon. 38

Korvette f. || corvette; sloop of war || corvette f. 39

Koschenille f. || cochineal || cochenille f. **a) ~farbe** f. || carmine of cochineal || carmin m. de cochenille. **b) ~rot** n. || cochineal red || rouge m. de cochenille. **c) ~tinktur** f. || cochineal tincture || teinture f. de cochenille. 40

Kosekante f. || cosecant || cosécante f. 41

Kosinus m. || cosine || cosinus m. 1

Kosinus-reihe f. || series of the cosine || série f. du cosinus. **a) ~versus** m. || coversed sine || cosinus m. verse. 2

Kosmetik f. || cosmetic || cosmétique f. 3

kosmetisch-es Mittel n. || cosmetic; toilet preparation || cosmétique m.; préparation f. cosmétique. **a) ~es Präparat** n. *s.* ~es Mittel. **b) ~-pharmazeutische Industrie** f. || cosmetic pharmaceutical industry || industrie f. cosmétique-pharmaceutique. 4

kosmisch-e Einwirkung f. auf die **Magnetnadel** || action of the earth on a magnetic needle || influence f. cosmique sur l'aiguille aimantée. **a) ~er Vorgang** m. || cosmic event || fait m. cosmique. 5

kosmografisches Instrument n. || cosmographical instrument || instrument m. de cosmographie. 6

Kosmonautik f. || astronautics pl.; cosmonautics pl. || super-aviation f.; navigation f. extra-atmosphérique; astronautique f. 7

Kossäte m. || cottager || journalier m. 8

kostbar (wertvoll) || precious || précieux. 9

Kostbarkeit f. || preciousness || objet m. précieux. 10

Kosten pl., **Anlage~** || prime cost || frais mpl. d'établissement. **a)** geringe **Anschaffungs~** || small cost of buying || frais mpl. réduits d'achat. **b) außerordentliche ~** || extraordinary *or* additional *or* incidental charges pl. *or* expenses pl. || faux-frais mpl. **c)** geringe **Betriebs~** || minimal operating costs pl. || frais mpl. d'exploitation très avantageux. **d)** die **~ belaufen** sich auf ... || the expenses pl. amount to ... || les frais mpl. s'élèvent à ... **e)** die ~ gehen **zu Lasten** des Bestellers || the expenses pl. are at the cost of the purchaser || les frais mpl. sont à la charge du client. **f) Transport~** || cost of carriage || frais mpl. de transport. **g) Umwandlungs~** || cost of conversion || frais mpl. de transformation. **h) Verpackungs~** || packing cost || frais mpl. d'emballage. 11

Kosten-anschlag m. || estimate of cost || tender devis m.; estimation f. **a) ~aufstellung** f. || cost sheet || bordereau m. du prix de revient. **b) ~aufwand** m. || expenditure || frais mpl.; dépense f. **c) ~ersparnis** f. || saving of expense || économie f. de frais. 12

kostenfrei || free of charge || sans frais mpl. 13

kostenlos || free || gratuitement. 14

Kosten-verteilung f. || expense distribution || répartition f. des frais accessoires. **a) ~voranschlag** m. || rough estimate || devis m. estimatif. 15

Kostüm n. || costume || costume m. **a) Theater~** || play costume || costume f. théatrale. 16

Kostümzeichner m. || dress designer || dessinateur m. de costumes. 17

Kot m. || mud; sludge || boue f. 18

Kot n. (Hängematte) || cot || lit m. volant *ou* de bord. 19

Kotangente f. || cotangent || cotangente f. 20

Kot-bad n. || dung bath || bain m. bis *ou* de fiente. **a) ~blech** n. *s.* ~flügel m. 21

Kote f. (Feldm) || cote || cote f. 22

Kotfänger m. (Wagenb) || mud guard || garde-boue m. 23

Kotflügel m. || mud guard *or* protector || aile f.; garde-boue m. **a) Blech~** || sheet wing || aile f. en tôle. **b) hinterer ~** || back mudguard || garde-boue m. arrière **c) Holz~** || wood wing || aile f. en bois. **d) vorderer ~** || front mudguard || garde-boue m. avant. 24

Kotflügel-halter m. || mud guard bracket || support m. de l'aile. **a) ~stütze** f. || fender support || support m. de pareboue. 25

Kotillon-artikel mpl. || cotillon articles pl. || accessoires mpl. de cotillon. **a) ~zubehör** m. || accessories pl. of cotillion || accessoire m. de cotillon. 26

Kot-kratze f. || door scraper || décrottoir m. **a) ~löffel** m. (Wagenb) || bolster lip || cache-boue m. **b) ~spitzen** fpl. (Tuchm) || dung bits || crottins mpl.; crottes mpl. 27

Kötze f. || scuttle; dosser || hotte f. **a) gepichte ~** || wine dosser || hotte f. battue *ou* poissée. 28

Kotzenzeug n. (Web) || shaggy coverlet; rough covering || étoffe f. pour couvertures grossières. 29

Kötzer m. (Spinn) || cop; pirn || canette f.; époule f. **a) ~garn** n. || cop yarn || fil m. en cannette. **b) ~ständer** m. || cop lath || support m. des bobines. 30

Kovellin m. || indigo *or* blue copper; covelline || covelline f. 31

Krabbe f. || crab || crabe m. 32

Krabbenfischer m. || crab fisherman || pêcheur m. de crabes. 33

Krabber m. || racing knife || rouanne f. à marquer. 34

Krachmandeln fpl. || soft shelled almonds || almandes fpl. en coques tendres. 35

Krackverfahren n. || cracking || cracking m. **a) Teer** m. durch das ~ in Treiböle **überführen** || to convert tar by cracking into motor spirit and Diesel oil || traiter le goudron par cracking de manière à les transformer en essences pour moteurs. 36

Kraft f. (Mech) || force; power || force f.; puissance f. **a) ablenkende ~** || deflecting force || force f. déviante. **b) Angriffspunkt** m. einer ~ || origin of force || point m. d'application d'une force. **c) Betriebs~** || driving power || force f. motrice. **d) bewegende ~** || moving *or* motive power || force f. motrice. **e)** die ~ **greift in einem Punkte an** || the force acts on a point || la force s'applique sur un point. **f) elektromotorische ~** || electromotive force || force f. électromotrice. **g) entgegengesetzt gerichtete Kräfte** fpl. || opposite forces pl. || forces fpl. opposées. **h)** die **Kräfte** fpl. wirken in **entgegengesetzter Richtung** || the forces pl. act in an opposite direction || les forces fpl. agissent *ou* sont dirigées dans la direction opposée *ou* contraire. **i) gleichgerichtete Kräfte** fpl. || forces pl. in the same direction || forces fpl. dans la même direction. **k)** in ~ f. **treten** || to enter into force; to come into force || entrer en vigueur f. **l)** in ~ f. **treten lassen** || to let come into force || mettre en vigueur f. **m) Koerzitiv~** || coercive force || force f. coercitive. **n) lebendige ~** || inertia; vis viva || inertie f.; force f. vive. **o) magnetische ~** || magnetic force || force f. magnétique. **p) magnetomotorische ~** || magnetomotive force || force f. magnétomotrice. **q) Nutz~** || effective power || force f. effective. **r) resultierende ~** || resultant force || force f. résultante. **s) rückelektromotorische ~** || back electromotive force || force f. électromotrice inverse. **t) thermoelektrische ~** || thermoelectric force || force f. thermoélectrique. **u) tierische ~** || animal power || force f. animale. **v) treibende ~** || moving power || force f. motrice. **w) mit voller ~** (Dampf) || at full steam || à toute vapeur f. **x) widerstehende ~** || internal force || force f. intérieure. **y)** die ~ **zerlegen** || to resolve (decompose A) the force || décomposer la force. 37

Kraftanlage f. || power station *or* plant || établissement m. *ou* centrale f. de force motrice. **a) Wasser~** || water power plant || établissement m. de force d'eau. 38

Kraft-artillerie f. || automotive ordnance || artillerie f. mécanique. **a) ~äußerung** f. || stress; strain || effort m.; action f. d'une force. **b) ~balken** m. || corbel tree || poutre f. de force. **c) ~beanspruchung** f. || necessary power || force f. nécessaire. 39

Kraftbedarf m. || want of power; power consumption || besoin m. *ou* demande f. de force; force f. nécessaire. **a) geringer ~** || low consumption of power || force f. absorbée minime. **b)** bei **geringstem ~** || with a minimum of power consumption || consommant un minimum de puissance. **c) ~** bei **gruppenweisem Antrieb** || power required for group drive || force f. motrice avec commande par groupe. **d) ~** der **Maschine** || power required by the machine || force f. nécessaire de la machine. 40

Kraftbetrieb m., **Maschine** f. für ~ || machine for power drive || machine f. commandée au moteur. 41

Kraftdroschke f. || taxicab || taxi m. 42

Kräftebestimmung f. || stress analysis || détermination f. des efforts. 43

Krafteck n. || polygon of forces || polygone m. des forces. 44

Kräftedreieck n. || triangle of forces || triangle m. de forces. 45

Kräftegleichgewicht n. || equilibrium of forces || équilibre m. des forces. 46

Krafteinheit f. || unit of force || unité f. de force. 47

Kräftepaar n. || couple of forces || couple m. de forces. **a) aufrichtendes ~** || righting couple || couple m. de rappel. 48

Kräfteparallelogramm n. || parallelogram of forces || parallélogramme m. des forces. 49

Kräfteplan m. || stress diagram || diagramme m. *ou* polygone m. des forces. **a) Cremonas~** || Cremona's polygon of forces || diagramme m. de Crémona. 50

Kräftepolygon n. || force polygon || polygone m. de forces. 51

Kraft-ersparnis f. || power saving || gain m. de puissance. **a) ~erzeugung** f., das Gas n. wird zur ~ ausgenutzt || the gas is used for power generating purposes || le gaz est utilisé pour la production d'énergie. 52

Kräfte-zerlegung f. || resolution of forces || décomposition f. de forces. **a) ~zusammensetzung** f. || composition of forces || composition f. de forces. 53

Kraftfahrer-bekleidung f. || automobile clothes pl. || vêtement m. pour automobilistes. **a) ~brille** f. || motor goggles pl. || lunettes fpl. d'automobile. 54

Kraftfahrwesen n. || automobilism || automobilisme m. 55

Kraftfahrzeug n. || motor vehicle || véhicule m. moteur. **a) ~ausbesserungs-**

werkstatt f. ‖ motor car repair shop ‖ atelier m. de réparation d'automobiles. **b) ~winde** f. ‖ jack for motor cars ‖ cric m. pour automobiles. 1

Kraftfeld n. (Elektr) ‖ field of force ‖ champ m. de force. 2

Kraftfluß m. ‖ flux of force ‖ flux m. de force. **a) Anker~** (Elektr) ‖ armature flux ‖ flux m. de l'induit. 3

Kraftfutter n. ‖ cattle food ‖ fourrage m. *ou* aliment m. pour le bétail. 4

Kraftgas n. ‖ motor gas; fuel gas ‖ gaz m. pauvre; gaz-combustible m. **a) ~anlage** f. ‖ gas producer plant ‖ installation f. de gazogènes. 5

kraftgeschleppte Artillerie f. ‖ tractor drawn artillery ‖ artillerie f. à tracteur. 6

Kraft-gleichung f. ‖ force equation ‖ équation f. des forces. **a) ~hammer** m. ‖ power hammer ‖ marteau-pilon m. (mécanique). **b) ~hub** m. (Motor) ‖ working stroke ‖ course f. motrice. 7

kräftig, besonders **~e Bauart** f. ‖ particularly strong construction ‖ construction f. particulièrement robuste. 8

Kräftigungsmittel n. ‖ strengthening preparation ‖ produit m. de régime. 9

Kraft-kabel n. ‖ power cable ‖ câble m. pour transport de force. **a) ~karren** m. ‖ motor lorry *or* truck ‖ chariot m. à moteur. **b) ~lafette** f. ‖ self-propelled mount ‖ affût m. automoteur. **c) ~leitung** f. (Elektr) ‖ power line ‖ ligne f. de force motrice. **d) ~linie** f. ‖ line of force ‖ ligne f. de force. 10

Kraftlinien-ablenkung f. ‖ deflection of the lines of force ‖ déviation f. des lignes de force. **a)** magnetisches **~bild** n. ‖ magnetic figure ‖ spectre m. magnétique. **b)** magnetisches **~feld** n. ‖ field of magnetic force ‖ champ m. magnétique. **c) ~fluß** m. ‖ flux ‖ flux m. 11

Kraftmaschine f. ‖ power engine ‖ machine f. motrice. **a) Gas~** ‖ gas motor ‖ moteur m. à gaz. 12

Kraftmaschinenbau m. ‖ motor-engine building ‖ construction f. de machines motrices. 13

Kraft-mehl n. ‖ starch ‖ amidon m. **a) ~messer** m. ‖ dynamometer ‖ dynamomètre m. **b)** selbsttätige **~messung** f. ‖ automatic load indication ‖ mesurage m. de force automatique. **c) ~moment** n. ‖ moment of a force ‖ moment m. d'une force. 14

Kraftomnibus m. ‖ autobus; (motor) bus ‖ omnibus m. automobile; autobus m. **a) ~führer** m. ‖ motor omnibus driver ‖ chauffeur m. d'autobus. 15

Kraft-probe f. (Artist) ‖ feat of strength ‖ tour m. de force. **a)** elastischer **~prüfer** m. ‖ elastic force tester ‖ machine f. élastique pour l'essai des forces. 16

Kraftquelle f. ‖ source of power *or* of energy ‖ source f. d'énergie; source f. énergétique. **a)** eine **~** in wirtschaftlichster Weise **erschließen** ‖ to tap a source of power in an economical manner ‖ soumettre une source f. énergétique à l'exploitation la plus rationnelle. **b) ~n** fpl. zu einem **System zusammenfassen** ‖ to combine sources pl. of power to form one closed system ‖ réunir des sources fpl. énergétiques dans un seul système. 17

Kraft-rad n. ‖ motor cycle ‖ motocycle m. **a) ~richtung** f. ‖ direction of a force ‖ direction f. de la force. **b) ~schiene** f. (Elektr) ‖ power bus-bar ‖ barre f. (omnibus) de force motrice. 18

Kraftschlepper m. ‖ tractor ‖ tracteur m. **a) kleiner ~** ‖ small tractor ‖ tracteur m. léger. 19

Kraft-sinn m. ‖ direction of the force ‖ direction f. de la force. **a) Flüssigkeits-~speicher** m. ‖ liquid accumulator ‖ accumulateur m. hydraulique d'énergie. 20

Kraftstation f. ‖ high-power station ‖ station f. à grande puissance. **a) elektrische ~** ‖ electric central station ‖ station f. centrale d'électricité. 21

Kraft-stein m. (Bauw) ‖ stone corbel ‖ corbeau m. *ou* console f. en pierre. **a) ~stellung** f. von Signalen und Weichen ‖ power operating of signals and switches ‖ commande f. des aiguilles et signaux mécaniquement. 22

Kraftstoff m. *s. auch* Brennstoff ‖ fuel; combustible ‖ combustible m. **a) flüssiger ~** ‖ liquid fuel ‖ combustible m. liquide. 23

Kraftstoff-behälter m. ‖ fuel tank ‖ réservoir m. à combustible *ou* à carburant. **a) ~ersparnis** f. ‖ fuel economy ‖ économie f. de combustible. **b) ~hilfsbehälter** m. ‖ fuel reserve tank ‖ réservoir m. à combustible de réserve. **c) ~leitung** f. ‖ fuel pipe ‖ tuyau m. de combustible. **d) ~messer** m. ‖ petrol meter ‖ jauge f. d'essence à distance. **e) ~nadelventil** n. ‖ carburettor needle valve ‖ soupape f. d'essence à pointeau. **f) ~reiniger** m. ‖ fuel strainer ‖ filtre m. de combustible. **g) ~stand** m. ‖ fuel level ‖ niveau m. de combustible. **h) ~uhr** f. ‖ fuel indicator *or* gage (A) ‖ indicateur m. de niveau de combustible. **i) ~verbrauch** m. ‖ fuel consumption ‖ consommation f. de combustible. **k) ~zuführung** f. ‖ fuel feed ‖ alimentation f. de combustible. 24

Kraft-stromkreis m. ‖ power circuit ‖ circuit m. de force motrice. **a) ~strömung** f. (Elektr) ‖ flux ‖ flux m. de force. **b) ~stuhl** m. (Web) ‖ power *or* mechanical loom ‖ métier m. à tisser mécanique. **c) ~überschuß** m. ‖ power reserve *or* surplus; margin of power ‖ réserve f. de puissance; excès m. de force; excédent m. de puissance. **d) ~übertragung** f. ‖ power transmission ‖ transmission f. de puissance *ou* de force. 25

Kraftübertragungs-anlage f. ‖ power transmission plant ‖ installation f. de transport de force motrice. **a) ~kabel** n. ‖ electric power cable ‖ câble m. à transmission de force. **b) ~technik** f. ‖ power transmission engineering ‖ manipulation f. de l'énergie. 26

Kraftverbrauch m. ‖ power consumption ‖ consommation f. de force. **a) ~** unter **Schnitt** ‖ power required under cut ‖ force f. absorbée en travail. 27

Kraft-verlust m. ‖ loss of power ‖ perte f. de force. **a) ~verstärker** m. (Radio) ‖ amplifier ‖ amplificateur m. de puissance. **b) ~verteilung** f. ‖ distribution of energy ‖ distribution f. d'énergie. 28

Kraftwagen m. *s. auch* Automobil ‖ automobile; auto car; motor car ‖ automobile m. **a) ~** (Elektr) ‖ dynamo wagon ‖ voiture f. portant le générateur. **b) benzin-elektrischer ~** ‖ petrol-electric automobile ‖ voiture f. pétroléo-électrique. **c) elektrischer ~** ‖ electric motor car ‖ voiture f. électrique. **d) ~** für **große Leistungen** ‖ motor car of high efficiency ‖ automobile f. de rendement élevé. **e) Last~** ‖ motor lorry *or* truck; motor freight car ‖ camion m. automobile. **f) ~** für **Müllabfuhr** ‖ garbage removal truck ‖ camion m. pour ordures ménagères. **g) Sechsrad~** ‖ six-wheeler ‖ automobile f. à six roues. **h) Verpflegungs~** ‖ victualling motor vehicle ‖ camion m. de ravitaillement. 29

Kraftwagen-bau m. ‖ building of motor cars ‖ construction f. d'automobiles. **a) ~baumaschine** f. ‖ machine for constructing motor cars ‖ machine f. pour la construction d'automobiles. **b) ~ersatzteil** m. ‖ motor car spare part ‖ pièce f. détachée pour l'auto(mobile). **c) ~farbe** f. ‖ colour for motor cars ‖ couleur f. pour automobiles. **d) ~führerausrüstung** f. ‖ chauffeur equipment ‖ équipement m. de chauffeurs. **e) ~guß** m. ‖ casting for automobiles ‖ pièces fpl. en fonte pour autos. **f) ~industrie** f. ‖ motor car industry ‖ industrie f. automobile. **g) ~kasten** m. ‖ motor car body ‖ carosserie f. d'automobile. **h) ~kette** f. ‖ motor car chain ‖ chaîne f. pour automobiles. **i) ~kippvorrichtung** f. ‖ tipping device for motor cars ‖ dispositif m. de basculage pour automobiles. **k) ~lack** m. ‖ varnish for motor cars ‖ vernis m. pour automobiles. **l) ~lastzug** m. ‖ motor freight car train ‖ convoi m. de camions automobiles. **m) ~öl** n. ‖ automobile oil ‖ huile f. pour automobiles. **n) ~öler** m. ‖ motor car lubricator ‖ graisseur m. d'automobiles. **o) ~rahmen** m. ‖ truck chassis ‖ châssis m. d'automobile. **p) ~schuppen** m. ‖ garage ‖ garage m. **q) ~uhr** f. ‖ automobile watch ‖ horloge m. d'automobiles. **r) ~verdeck** n. ‖ automobile head ‖ dais m. pour automobiles. **s) ~vermietung** f. ‖ motor car letting-out ‖ location f. d'automobiles. **t) ~zubehör** n. ‖ motor car accessories pl. ‖ accessoires mpl. pour l'auto(mobile). 30

Kraftwerk n. ‖ power station *or* house ‖ centrale f. de force motrice; usine f. génératrice. **a) Aushilfs~** ‖ emergency power station ‖ usine f. auxiliaire. **b) Braunkohlenschwel~** ‖ lignite low temperature carbonization power station ‖ usine f. à distillation de lignite. **c) ~** für **mittlere Ausnutzung** ‖ power station for medium utilization ‖ usine f. de charge moyenne. **d) Talsperren~** ‖ barrage power station ‖ usine f. de barrage. **e)** ein **~ übernehmen** ‖ to take over a power station ‖ prendre à sa charge une usine. **f) vollautomatisches Asynchron~** ‖ fully automatic asynchronous power station ‖ centrale f. électrique asynchrone entièrement automatique. 31

Kraftwerkgruppe f. ‖ group of power stations ‖ groupe m. d'usines. 32

Kraft-zentrale f. ‖ power station ‖ centrale f. de force motrice. **a) ~zug** m. ‖ motor traction ‖ traction f. mécanique. 33

Kragen m. ‖ collar ‖ faux-col m. **a) Gummi~** ‖ india rubber collar ‖ faux-col m. en caoutchouc. **b) Hemd~** ‖ shirt *or* false collar ‖ col m. de chemise; faux-col m. 34

Kragen-dach n. ‖ cantilever roof ‖ toit m. en porte-à faux. **a) ~knopf** m. ‖ collar stud ‖ bouton m. à faux-cols. **b) ~macher** m. (Bekleid) ‖ collarer ‖ confectionneur m. de cols. **c) ~näherin** f. ‖ collar machinist ‖ piqueuse f. de faux-cols. **d) ~samt** m. ‖

collar velvet || velours m. pour col. **e) ~schoner** m. || collar cover *or* protector || protège-col m.; cache-col m. **f) ~zuschneider** m. (Schneid) || collar cutter || coupeur m. de cols. 1

Kragstein m. || stone corbel *or* console || corbeau m. *ou* console f. en pierre. **a)** auf **~en** mpl. **ruhen** || to be corbelled out || porter à faux *ou* en saillie f. **b) ~ unter dem Fenstergewände** (Bauw) || corbel under a window jamb || console f. de fenêtre. 2

Krag-stück n. || ancon; truss; corbel; console; corbetel || corbeau m.; console f.; ancone f. **a) ~stütze** f. || bracket support || console f. d'encorbellement. **b) ~träger** m. || overhung girder || poutre f. en encorbellement. 3

Krähennest n. (Schiff) || crow's *or* bird's nest || cage f.; échauguette f. 4

Krahle f. || rake; rabble; stirring rabble || râble m. 5

Kralle f. || claw || griffe f. 6

Kramladen m. || general store; haberdasher's shop || boutique f. 7

Kramme f. (el Leit) || staple || cavalier m.; crampon m. **a) ~** (Maur; Zimm) || cramp; cramp iron; clincher || crampon m.; clameau m.; crampe f.; agrafe f. 8

Krampe f. || cramp || crampon m. **a)** mit **~n** fpl. **befestigen** || to cramp || acclamper. 9

Krämpel-bank f. || carding bench || banc m. à carder. **a) ~kamm** m. (Spinn) || card || étoqueresse f.; plaqueresse f.; carde f. 10

Krampf m. || spasm || spasme m. 11

Krämpfe mpl. || cramps pl. || crampes fpl. 12

Kramp-nagel m. || hook nail; spike; doghead nail || crampon m.; clou m. barbelé. **a) ~ziegel** m. || flap tile || tuile f. plate recourbée *ou* à rebord. 13

Kran m. || crane || grue f. **a) ~**(Küf) || (stop) cock || robinet m.; chante-pleure f. **b) Abstreif~** || stripping crane || grue f. à démouler. **c) Ausladung** f. eines **~es** || radius *or* outreach of a crane || portée f. d'une grue. **d)** der **~** hat eine nutzbare **Ausladung** f. von **x m** || the crane has a useful radius of x metres || la grue a une portée utile de x mètres. **e) Ausleger~** || jib crane || grue f. à flèche. **f) Ausrüstungs~** || equipment crane || grue f. d'armement. **g) Bahnhofbekohlungs~** || coaling crane for railway stations || grue f. à charger le charbon pour gares. **h) Bau~** || building crane || grue f. de construction. **i) Benzol~** || benzol crane || grue f. à benzol. **k) Beschickungs~** || charging crane || pont-roulant m. chargeur; grue f. pour le chargement des fours. **l) ~** mit **beweglichem Ausleger** || crane with hinged jib || grue f. à volée articulée. **m) Bock~** || frame *or* gantry crane || grue f. portique *ou* à chevalet. **n)** vom **Boden** aus **betätigter ~** || crane controlled from floor level || pont m. commandé depuis le sol. **o) ~** mit **Brennkraftmotor** || crane with combustion engine || grue f. à moteur à combustion. **p) Chargier~** || charging crane || grue f. de chargement. **q) Dampf~** || steam crane || grue f. à vapeur. **r) Dampfdreh~** || steam driven revolving crane || grue f. à vapeur pivotante. **s) Dampfschwimm~** || steam driven floating crane || grue f. flottante à vapeur. **t) Dieselmotor~** || Diesel crane || grue f. à moteur Diesel. **u) Dreh~** || slewing *or* revolving crane || grue f. pivotante. **v) drehbarer Wand~** || wall slewing crane || grue f. murale pivotante. **w) Dreifach~** || triple crane || grue f. triple. **x) Einzieh~** || luffing crane || grue f. à volée variable *ou* à volée basculante; grue f. à flèche relevable. **y) Eisenbahndreh~** || wagon crane || grue f. montée sur wagon. **z) Eisgeneratoren~** || crane for ice producers || grue f. pour générateurs de glace. 14

a) fahrbarer ~ || travelling crane || grue f. roulante. **b) fahrbarer Dreh~** || travelling revolving crane || grue f. pivotante roulante. **c) Fallwerks~** || ram crane || grue f. à bélier. **d) fester ~** || stationary crane || grue f. fixe. **e) feststehender Dampfdreh~** || stationary steam driven revolving crane || grue f. à vapeur pivotante et fixe. **f) feststehender Hafendreh~** || stationary wharf revolving crane || grue f. fixe pivotante pour port. **g) ~** mit **feststehender Säule** || fixed pillar crane || grue f. à colonne fixe. **h) feststehender Turmdreh~** || stationary tower revolving crane || grue f. pivotante géante et fixe. **i) freistehender Säulendreh~** || isolated pillar crane || grue f. pivotante à colonne isolée. **k) ~** mit **Gegengewicht** || balance crane || grue f. à contrepoids. **l)** der **~** gestattet in all seinen Bewegungen die größte Genauigkeit || all movements pl. of the crane can be performed with the greatest exactness || la grue permet d'exécuter tous les mouvements avec la plus grande précision. **m) Gieß~** || ladle-handling *or* foundry crane || grue f. pour la coulée. **n) Gießbett~** || casting bed crane || grue f. pour lits de coulée. **o) Gießerei~** || foundry crane || grue f. pour fonderies. **p) Gießereilauf~** || foundry travelling crane || pont m. roulant pour fonderie. **q) Greifer~** || crane with crab gear || grue f. à benne. **r) Hafen~** || harbour crane || grue f. de port. **s) Halbportaldreh~** || semi portal revolving crane || grue f. pivotante à semi-portique *ou* tournante à demi portique. **t) Handlauf~** || travelling crane operated by hand || pont m. roulant actionné à bras. **u) Hellingdreh ~** || slipway crane || grue f. pivotante pour cales sèches. **v) Hochbahn~** || bridge crane || grue f. sur voie surélevée. **w) Hochbau~** || building crane || grue f. de construction. **x) Hüttenwerks~** || smelting house crane; crane for metallurgical works || pont m. roulant d'usines métallurgiques. **y) hydraulischer ~** || hydraulic crane || grue f. hydraulique. **z) Kabel~** || cableway crane || grue f. à câbles. 15

a) Kabelhochbahn~ || elevated cableway crane || grue f. à câbles aériens; blondin m. **b) Konsol~** || bracket *or* wall crane || grue f. murale à console. **c) Lauf~** || travelling crane || pont-roulant m.; grue f. roulante. **d) lichte Höhe** f. unter dem **~** || headway free under crane || dégagement m. sous grue. **e) Lokomotiv~** || locomotive crane || grue f. à locomotive. **f) Lokomotivhebe~** || locomotive lifting crane || pont m. roulant pour le transport des locomotives. **g) Magnet~** || magnet crane || grue f. à aimant. **h) Masten~** || mast crane || grue f. à poteau. **i) Montage~** || erecting crane || grue f. de montage. **k) Muldenbeschick~** || trough charging crane || grue f. d'enfournement. **l) Portal~** || portal *or* gantry crane || grue f. à portique. **m) Pratzen~** || claw crane || grue f. à griffes. **n) Reichweite** f. eines **~es** || area served by a crane || rayon m. desservi par une grue. **o) Rohrtransport~** || travelling crane for transporting tubes || pont m. roulant pour le transport des tuyaux. **p) Saugrahmen~** für Spiegeltransporte || crane with suction frame for the transport of plate glass || grue f. à cadre à suçoirs pour le transport des glaces. **q) Scheren~** || shear legs crane || bigue f. **r) Schmiede~** || forge crane || grue f. de forge. **s) schwenkbarer ~** || slewing crane || grue f. tournante *ou* pivotante. **t) Schwimm~** || floating crane || grue f. flottante. **u) selbstfahrender Wagendreh~** mit Dieselmotorenantrieb || self-propelled Diesel engine driven revolving wagon crane || grue f. locomotive pivotante sur wagon actionnée par moteur Diesel. **v) Stahlwerks~** || crane for steel works || pont m. roulant d'aciéries. **w) Stückgut~** || piece-goods crane || grue f. pour colis. **x) Tiefofen~** || soaking pit crane || grue f. pour fours profonds. **y) transportabler ~** || travelling *or* moveable crane || grue f. roulante *ou* mobile. **z) Turm~** || tower crane || grue f. à pylône. 16

a) Turmdreh~ || tower revolving crane || grue f. tournante sur pylône. **b) Ufer~** || quay crane || grue f. de quai. **c) Veloziped~** || bicycle crane || grue-vélocipède f. **d) Verlade~** || handling crane || grue f. de manutention. **e) Versatz~** || crane for pit cogging; shifting crane || grue f. pour remplayer les puits de mines; grue f. à déplacer. **f) Vollportaldreh~** || portal revolving crane || grue f. pivotante à portique entier *ou* tournante à plein portique. **g) Wagen~** || wagon crane || grue f. roulante sur wagon. **h) ~** zum **Wagenaufzug** || wagon hoist || grue pour soulever les wagons. **i) Wagendreh~** || revolving wagon crane || grue f. pivotante sur wagon. **k) Waggon ~** || derrick wagon crane || grue f. roulante; grue f. montée sur wagon. **l) Wand~** || wall crane || grue f. murale. **m) Winkel~** || angle crane || grue f. à support triangulaire. 17

Kran-anlage f. || crane installation || installation f. de grue. **a) ~arbeiter** m. || crane driver || conducteur m. de grue. **b) ~arm** m. || crane jib || flèche f. de grue. **c) ~ausleger** m. || crane beam *or* jib || bras m. *ou* flèche f. *ou* fauconneau m. de grue. **d)** Lokomotive f. mit **~ausrüstung** f. || locomotive fitted up with crane || locomotive f. à grue. 18

Kranbahn f. || crane way || chemin m. de roulement. **a) ~träger** m. || crane runway girder || poutre f. de pont roulant. 19

Kran-balken m. || crane girder || poutre m. de la grue. **a) ~baum** m. || crane post || pylône m. *ou* flèche f. de grue. **b) ~bohrmaschine** f. || radial drilling machine || perceuse f. (à bras) radiale; machine f. à percer radiale. **c) ~brücke** f. || crane bridge || pont m. de grue. **d) ~eimer** m. || basket; skip; tub || benne f. 20

Kranführer m. || crane man *or* runner || conducteur m. de grue. **a) ~** (Walzw) || manipulator man || avioteur m. **b) ~haus** n. || driver's cabin || guérite f. de manœuvre. 21

Krangeld n. || crane dues pl.; cranage || droits mpl. de grue. 1

krängen (Seew) || to heel; to lean over || donner de la bande; pencher; se pencher. **a)** ein **Schiff** n. ~ || to heel a vessel; to incline a ship || mettre un navire à la bande; incliner un navire. 2

Krangerüst n. || crane frame || échafaudage m. pour grues. 3

Krängung f. (Schiff; Luftf) || heel; list; heeling || bande f. 4

Krängungs-fehler m. (Schiffskompaß) || heeling error || erreur f. de bande. **a) ~magnet** m. || heeling magnet || aimant m. générateur du champ additionnel. **b) ~pendel** n. || clinometer pendulum || pendule m. à clinomètre. **c) ~versuch** m. || inclining experiment || expérience f. de stabilité. **d) ~winkel** m. || heeling angle || angle m. de bande. 5

Kran-katze f. || crab || chariot m. 6

Kranken-auto n. || ambulance car; motor ambulance || ambulance f. automobile; voiture f. d'ambulance. **a) ~baracke** f. || barrack-hospital || hôpital-baraquement m. **b) ~fahrstuhl** m. || invalid wheel chair || fauteuil m. roulant pour malades. **c) ~fahrstuhl** m. zum Schieben || rolling arm chair for sick persons || voiture f. à pousser; poussette f. pour malades. **d) ~fahrzeug** n. || carriage for patients || voiture f. pour malades. 7

Krankenhaus n. || hospital; infirmary || hôpital m.; hôtel-Dieu m.; maison-Dieu f.; infirmerie f. **a) ~einrichtung** f. || hospital equipment || installation f. d'hôpitaux. 8

Kranken-kasse f. || sick fund || caisse f. d'assurance pour malades *ou* de secours en cas de maladie. **a) ~pflegeartikel** mpl. || hospital requisites pl. || articles mpl. pour le soin des malades. **b) ~proviant** m. || sick provisions pl. || provisions fpl. d'hôpital. **c) ~raum** m. || sick room || chambre f. des malades. **d) ~stuhl** m. || chair for sick persons || chaise f. de malades. **e) ~stütze** f. || surgical support || pelviphore m. 9

Krankentransport-auto n. || auto ambulance van || automobile m. d'ambulance. **a) ~gerät** n. || ambulance car utensils; invalid carriage utensils || ustensile m. de transport de malades. **b) ~wesen** n. || ambulance service || transport m. des malades. 10

Kranken-unterstützung f. || indemnity for sickness || secours m. en cas de maladie. **a) ~versicherung** f. || insurance against sickness || assurance f. contre la maladie. 11

Krankenwagen m. || ambulance (carriage) || ambulance f.; voiture f. d'ambulance. **a)** ~ für **ansteckend Erkrankte** || ambulance car for persons affected with infectious diseases || voiture f. pour les personnes atteintes de maladies contagieuses. **b) Motor~** || motor ambulance || ambulance f. automobile. 12

Kranken-wärtersitz m. || seat for attendant || siège m. de l'infirmier. **a) ~zimmer** n. || sick room || chambre f. de malades. 13

Kran-kette f. || crane chain || chaîne f. de grue. 14

krankhaft || morbid || maladif. 15

Krankheit f. || illness; sickness || maladie f. **a)** ~ des **Holzes** || disease of wood *or* trees || maladie f. du bois. 16

krankheitserregend || pathogenic || pathogène. 17

Kran-laufkatze f. || crane travelling crab || chariot m. de pont roulant. **a) ~leiter** f. || peg ladder of a crane || rancher m. *ou* échelle f. de grue. **b) ~lokomotive** f. || crane locomotive || locomotive f. à grue. **c) ~magnet** m. || crane magnet || aimant m. de grue. **d) ~prahm** m. || crane pontoon || ponton m. de grue. **e) ~säge** f. || pit saw || scie f. du scieur de long. **f) ~säule** f. in Eisenfachwerk || crane post of iron framework || pylône m. en charpente métallique. **g) ~schaufler** m. || shovel crane || pelle f. mécanique. **h) ~schiene** f. || crane rail || rail m. pour grues; rail m. de pont roulant. **i) ~-schiff** n., **Bergungs** || salvage crane ship || bateau m. à grue de sauvetage. **k) ~-schnabel** m. || cat-head of a crane || bec m. *ou* escoperche f. de grue. **l) ~-ständer** m. || crane post || colonne f. *ou* pylon m. de grue. **m) ~wage** f. || crane weighing machine || balance f. pour grues. 18

Kranwagen m. (Eisenb) || crane truck; derrick car || wagon-grue m.; wagon m. dépanneur. **a) Motor~** || motor crane truck || grue f. automobile. **b)** ~zum **Reinigen** der **Straßensinkkästen** || crane truck for cleaning the sinkwater traps || voiture-grue f. à nettoyer les siphons de décantations. 19

Kranz m. (Blumen) || wreath || couronne f. **a)** ~ (Druckerpresse) || coffin || train m. *ou* châssis m. du coffre. **b)** ~ (Hochofen) || lid || chapeau m. **c)** ~ (Müller) || ring || couronne f. **d)** ~ (beim Schachtausbau) || crib; curb || rouet m.; couronne f. **e)** ~ (an der Stenge) || grommet || anneau m. de corde. **f) Glocken~** || prim *or* paunch of a bell || bord m. d'une cloche. **g) Hut~** || brim of a hat || rebord m. du chapeau. **h) Ketten~** || crown wheel; chain ring || couronne f. pour chaîne; roue f. de chaîne. **i) Schwung~** || fly wheel || volant m. 20

Kranz-bindezubehör n. || material for winding wreaths || matériel m. à couronnes. **a) ~eisen** n. (Gieß) || crown iron || chapelet m. **b) ~gesims** n. || cornice || corniche f. **c) ~leiste** f. (Bauk) || dripstone; corona; weather-moulding; cornice || larmier m.; corniche f. **d) ~messer** n. || felloe knife || plane f. à déraser. **e) ~reif** m. (Bauk; Masch) || cornice || corniche f. **f) ~reifen** m. (Gärtn) || frame for crowns || carcasse f. pour couronnes. **g) ~stück** n. eines Lehrbogens || back piece of a centering || courbe f. de cintre. 21

Krapp m. || madder || garance f. **a) beraubter** ~ || crop madder || garance f. robée. **b) unberaubter** ~ || omber; ombro madder || garance f. non-robée. 22

Krapp-auszug m. || extract of madder || extrait m. de garance. **a) ~blüte** f. || flowers pl. of madder; madder-bloom || fleurs fpl. de garance. **b) ~darrer** m. || madder drying man || sécheur m. de garance. 23

Krappen n. der Baumwolle (Färb) || dyeing of cotton-yarn with Turkey-red || garançage m. 24

Krapp-farbendruck m. || madder style || impression f. à la garance; impression f. genre garance. **a) ~gelb** n. || scanthine; madder yellow || scanthine f. **b) ~karmin** m. || madder carmine || carmin m. de garance. 25

Krapplack m. || madder lake || laque f. de garance. **a) roter** ~ || red madder lake; madder carmine || laque f. de garance rouge; carmin m. de garance. 26

Krapp-mühle f. || madder mill || moulin m. à garance. **a) ~purpur** m. || purpurine; madder purple || purpurine f. **b) ~rot** n. || madder; madder red; alizarine || garance f.; alizarine f. **c) ~stoff** m. || alizarine; lizaric acid || alizarine f.; pincoffine f. **d) ~wurzel** f. || madder root || racine f. de garance. 27

Krarup-kabel n. || Krarup cable || câble m. Krarup. **a) ~leitung** f. || Krarup line || ligne f. krarupisée. 28

Krater m. (Geol) || crater || cratère m. **a)** ~ des **Lichtbogens** || crater of the arc || cratère m. de l'arc. **b) Mond~** || lunar crater || cratère m. de la lune. 29

Kratersee m. || crater lake || maar m. 30

Kratzband n. || scraping band || bande f. à racloirs. **a) ~förderer** m. || scraper conveyor || transporteur m. à racloirs. 31

Krätzblei n. || slag lead || plomb m. de crasse. 32

Kratze f. (am Bagger) || rake || râble m. **a)** ~ (Bergb) || scraper || râble m.; rasette f. **b)** ~ (Kupferst; Bildh; Tischl) || scraper; scraping iron || grattoir m.; ébarboir m.; ébardoir m.; racloir m. **c)** ~ (Met) || paddle; rake; rabble || perche f. à brasser; râble m.; brassoir m. **d)** ~ (Spinn) || (hand) card || carde f. (à main); drousette f.; étoquereuse f.; plaqueresse f. 33

Krätze f. (Goldschl) || parings pl. || déchet m.; bractéole f. **a)** ~ (Goldschm) || dross; sweepings pl. || lavure f.; cendres fpl.; terre f. de monnaie; laise f. **b)** ~ (Met) || dross; sweepings pl.; waste metal || crasse f.; déchet m. 34

Kratzeisen n. (Kupferst; Bildh; Tischl) || scraper; scraping iron || grattoir m.; ébarboir m.; ébardoir m. **a)** ~ (Maur) || raker || grattoir m. **b)** ~ (Schmied) || raker || ratissette f. **c) gezahntes** ~ || toothed scraper || ripe f. dentée. **d) vierkantiges** ~ || square scraping iron || ébardoir m.; grattoir m. carré. 35

Kratzen-band n. (Spinn) || card fillet(ing) || ruban m. pour cardes. **a) ~beschlag** m. || card clothing || garniture f. de cardes. **b) ~draht** m. || scraper wire || fil m. à cardes *ou* à gratteurs *ou* pour grattoirs. **c) künstliches ~leder** n. || artificial card leather || cuir m. artificiel pour carde. 36

Kratzer m. || scraper || racloir m.; écurette f. **a)** ~ (Bergb) || scraper; raker; paddle staff || curette f. **b) fahrbarer** ~ || portable shovelling apparatus || excavateur m. mobile à traînage en câble. **c)** von ~n **freies Glas** n. || lens free from scratches || verre m. exempt d'éraflures. 37

Krätzer m. || packing worm; wad hook || blaguette f. à déboucher; tire-étoupe m.; tire-bourre m. 38

Kratzer-schaufel f. || creeper blade || raclette f. **a) ~scheibe** f. || scraper disk || disque m. à racloir. **b) ~transportör** m. || scraping band *or* transporter || transporteur m. à raclettes; chaîne f. à rateau. 39

Kratzgarn n. || trammel; seine; dredge net || drège f. 40

krätzig (Glasf) || fibrous || galeux. 41

Kratzkelle f. || notched trowel || truelle f. brettée. 1

Krätzkupfer n. || copper obtained by melting waste copper || cuivre m. de refonte du déchet. 2

Kratz-maschine f. (Galv) || scratching machine || machine f. à gratte-bosser. **a) ~motor** m. (Galv) || scratching brush motor || moteur m. à gratte-bosser. 3

Krätz-schlacke f. || slag *or* dross of liquation || crasses fpl.; scories fpl. de liquation. **a) ~schlich** m. (Met) || slick *or* slime of waste metal || schlich m. du déchet des métaux. 4

Kraurit m. (Min) || green-iron ore; kraurite || dufrénite f.; fer m. phosphaté vert. 5

Krauseisen n. || notched bar iron || fer m. en barreaux fins rainurés. 6

Kräuselmaschine f. für Pflanzenfasern und Tierhaare || curling machine for vegetable fibres and animal hairs || ratineuse f. pour filaments végétaux et poils d'animaux. 7

Kräuseln n. (Tuchm) || crisping; friezing || crêpage m.; frisage m. 8

Kräuselvorrichtung f. für Federn und Federboas || apparatus for curling feathers and feather boas || appareil m. pour friser les plumes et boas en plumes. 9

Kräuselung f. einer Münze || impression of the edge of a coin || cordon m. d'une monnaie. 10

Krauseminze f. || spearmint || menthe f. crépue. 11

Krauseminzöl m. || spearmint oil || essence f. de menthe crépue. 12

krausen || to crape || crêper. 13

Kräusen fpl., **Braun** || fuzzy heads pl. || kræusen mpl. bruns. 14

Kräusenbier n. || chipping wort; kræusing; kreising || kræusen mpl. 15

Krausgummi n. || crêpe rubber || caoutchouc m. crêpé. 16

Krauskopf m. (Werkz) || counterbore; rose head counter-sink bit || fraise f. conique *ou* champignon; fraiseuse f. 17

Kräusler m. (Tuchm) || crisper || crêpeur m. 18

Kraus-punze f. || freezing tool || frisoir m. **a) ~putz** m. || coarse plaster; rough plaster *or* cast || enduit m. hourdé; hourdage m.; ravalement m. 19

krausschmieden || to notch; to tooth || créneler *ou* crêper le fer. 20

Kraustabak m. || shag tobacco || tabac m. frisé. 21

krautartiger Stengel || herbaceous stalk || tige f. herbacée. 22

Kräuter-presse f. || herb press || presse f. pour herbes. **a) ~schiefer** m. || herborised slate clay || argile f. schisteuse *ou* feuilletée. 23

Kraut-gärtner m. || cabbage grower || planteur m. de choux. **a) ~hobel** m. || cabbage knife || couteau m. à choucroute. **b) ~presser** m. || cabbage compressor || presseur m. de choux. **c) ~schneidemaschine** f. || cabbage cutter || coupechoux m. **d) ~schneider** m. || cabbage cutter || coupeur m. de choux. 24

Krawatte f. || cravat; necktie || cravate f. 25

Krawatten-maschine f. || necktie machine || machine f. à cravates. **a) ~nadel** f. || scarfpin || épingle f. de cravate. **b) ~näherin** f. || cravat maker || cravatière f. **c) ~stoff** m. || necktie cloth || étoffe f. de cravates. 26

Krawel-bau m. || carvel work || bordé m. à plat-joint; bordé m. exécuté à franc bord. **a) ~boot** n. || carvel built boat || canot m. bordé à joints carrés *ou* ouverts. 27

Kreasleinen n. || dowlas || toile f. creas. 28

Krebs m. || crayfish || écrevisse f. **a) ~** (Krankheit) || cancer || cancer m. **b) ~** (im Marmor) || hard grain || durillon m. **c) ~** (im Ton) || small stone; grain || féramine f. 29

Krebs-fänger m. || crayfish catcher || pêcheur m. d'écrevisses. **a) ~korb** m. || crayfish bow net || nasse f. à écrevisses. **b) ~reuse** f. *s.* ~korb. 30

Krecke f. (Wasserb) || cut; ditch || crique f. 31

Kredit m. || credit; charge || crédit m. **a) auf ~ kaufen** || to buy on credit || acheter à crédit. **b) beschränkter ~** || limited *or* restricted credit || crédit m. restreint *ou* limité. **c) offener ~** || unsecured loan || avance f. à découvert. **d) widerruflicher ~** || unconfirmed credit || crédit m. non-confirmé. **e) zusätzlicher ~** || additional credit || crédit m. additionnel. 32

Kredit-bedingungen fpl. || credit terms pl. || termes mpl. de crédit. **a) ~brief** m. || letter of credit || lettre f. de crédit. 33

kreditfähig || trustworthy; sound; solvent || solide. 34

Kreditfähigkeit f. || trustworthiness; reliability || solidité f. 35

kreditieren || to give on credit; to place to the credit || créditer. 36

Kreditkolonne f. (Buchh) || credit posting || colonne f. des crédits. 37

Kreditor m. || creditor || créditeur m.; créancier m. 38

Kreditverkauf m. || credit sale || vente f. à crédit. 39

kreditwürdig || reliable; sound; safe; deserving (of) credit || digne de crédit. 40

Kreide f. || chalk || craie f. **a) Berg~** || mountain chalk || craie f. de montagne. **b) lithografische ~** || lithographic chalk || craie f. *ou* crayon m. lithographique. **c) Schlämm~** || whiting ground chalk || blanc m. lavé *ou* de Meudon. **d) Schneider~** || talc; soapstone; tailor's chalk || talc m.; craie f. pour tailleurs. **e) Schreib-~** || writing *or* white chalk || craie f. blanche *ou* à écrire. **f) Schul~** || school chalk || craie f. pour écoles. **g) schwarze ~** || black chalk || craie f. noire; crayon m. noir. **h) spanische ~** || Spanish chalk; soapstone; talc || craie f. de Briançon; craie f. d'Espagne; talc m. **i) weiße ~** || white chalk || craie f. blanche. **k) Zeichen~** || drawing chalk || craie f. à dessiner. **41**

Kreide-bereitung f. || chalk dressing || apprêt m. de craie. **a) ~brecher** m. || chalk breaker || concasseur m. à craie. **b) ~bruch** m. || chalk quarry || carrière f. de craie. **c) ~gräber** m. || chalk digger || extracteur m. de craie. **d) ~karton** m. || glazed cardboard || carte f. couchée. **e) ~mühle** f. || chalk mill || moulin m. à craie. **f) ~papier** n. || art paper; enamelled paper *or* board || papier m. crayonneux *ou* porcelaine. **g) ~paste** f. (Kreide und Leim) || composition || gros-blanc m. **h) ~stift** m. || chalk pencil || crayon m. (à la craie). **i) ~system** n. (Geol) || cretaceous system || système m. crétacé. **k) ~werk** n. || chalk works pl. || usine f. à craie. **l) ~zeichnung** f. || crayon drawing || dessin m. au crayon *ou* à la craie. 42

Kreis m. || circle || cercle m. **a) ~** (Elektr) || circuit || circuit m. **b) aperiodischer ~** (Funkw) || aperiodic circuit || circuit m. apériodique. **c) astronomischer ~** || astronomical circle || cercle m. d'astronomie. **d) exzentrischer ~** || eccentric circle || cercle m. excentrique. **e) größter ~** (Fernm) || great circle || orthodrome m. **f) größter ~** einer Kugel || great circle of a sphere || grand cercle m. d'une sphère. **g) konzentrische ~e** mpl. || concentric *or* parallel circles pl. || cercles mpl. concentriques. **h) magnetischer ~** || magnetic circuit || circuit m. magnétique. 43

Kreis-abschnitt m. || segment of a circle || segment m. d'une cercle. **a) ~ausheber** m. (Tischl) || borer with circular bit || coupe-cercle m. **b) ~ausschnitt** m. || sector of a circle || secteur m. d'une cercle. **c) ~bewegung** f. || circular movement *or* motion || mouvement m. circulaire. **d) ~bogen** m. || arc || arc m. **e) ~bohrer** m. || borer with circular bit || coupe-cercle m. 44

Kreischen n. des Zinns || crackling sound of tin || cric m. de l'étain. 45

Kreisdiagramm n. || circle diagram || diagramme m. circulaire. 46

Kreisel m. || gyroscope || toupie f. **47**

Kreisel-bewegung f. || movement of gyro || mouvement m. gyroscopique. **a) ~brecher** m. || rotary breaker; centrifugal crusher || broyeur m. centrifuge; concasseur m. circulaire. **b) ~feuerleitanzeiger** m. || gyroscopic direction indicator || indicateur m. gyroscopique. **c) ~geradlaufgerät** n. für Torpedos || torpedo gyro || instrument m. gyroscopique pour torpilles. **d) ~kipper** m. || rotary wagon tipper || basculeur m. circulaire. 48

Kreiselkompaß m. || gyro compass || compas m. *ou* boussole f. gyroscopique. **a) Drei~** || triple gyro compass || compas m. trigyroscopique *ou* à trois gyroscopes. **b) Ein~** || mono-gyro compass; single gyro compass (A) || compas m. monogyroscopique *ou* à un seul gyroscope. **c) ~** für **Feuerleitung** || gyro compass for gunfire control || boussole f. gyroscopique pour la conduite du tir. 49

Kreisel-pumpe f. || centrifugal pump || pompe f. centrifuge; centrifugeur m. **a) ~rad** n. || turbine || turbine f. **b) ~-schlinger- und -Stampfanzeiger** m. || gyroscopic roll and pitch recorder || appareil m. enregistreur gyroscopique de roulis et de tangage. **c) ~schwerpunkt** m. || centre of gravity of the gyro *or* gyroscope; gyrocentre || centre m. de gravité du gyroscope. **d)** ungedämpfte **~schwingung** f. || undamped gyro oscillation || oscillation f. de gyroscope non amortie. **e) ~steuergerät** n. || gyro pilot || appareil m. de pilotage gyroscopique. **f) ~vorrichtung** f. zum Geschützrichten || gyroscopic gun fire control || appareil m. gyroscopique de la conduite du tir de l'artillerie. 50

Kreiselwipper m. || rotary tipper; tippler || culbuteur m. basculant. **a) fahrbarer ~** || rotary tipper on wheels || culbuteur m.

basculant sur roues. **b)** ~ m. für **Grubenwagen** || rotary tipper for trams || culbuteur m. basculant pour wagonnets de mine. 1

Kreiselwirkung f. || gyroscopic *or* gyrostatic effect || effet m. gyroscopique *ou* de toupie. 2

kreisen || to move in a circle; to revolve; to rotate || tourner; faire un mouvement de rotation. 3

Kreiseschere f. || circle cutting machine || cisaille f. circulaire pour découper les cercles. 4

Kreis-evolvente f. || involute of the circle || développante f. du circle. **a)** **~falzsäge** f. || circular grooving-saw || scie f. circulaire à rainer. **b)** **~fläche** f. || area of a circle || aire f. du cercle. **c)** **~förderer** m. || circular conveyor || transporteur m. circulaire. 5

kreisförmig || circular || circulaire. **a)** **~e Aufhängung** f. der Typenhebel || circular suspension of the type bars || suspension f. circulaire des tiges à caractères. **b)** **~es Kurbelblatt** n. || circular disc; circular shape of the crank web || flasque f. circulaire de manivelle. 6

Kreis-frequenz f. || angular velocity || vitesse f. angulaire. **a)** **~funkfeuer** n. || circular radiobeacon || radiophare m. circulaire. **b)** **~funktion** f. || circular function || fonction f. circulaire. **c)** **~inhalt** m. || area of a circle || aire f. du cercle. **d)** **~kimme** f. || ring sight || hausse f. annulaire. 7

Kreislauf m. || cycle || cycle m. **a)** **geschlossener ~** || closed cycle || cycle m. fermé. **b)** **~system** n. (Selbstanschl.) || by-path system || système m. circulaire. 8

Kreis-linie f. || circular line || ligne f. circulaire. **a)** **~messer** n. || circular knife || couteau m. circulaire. **b)** **~messung** f. || cyclometry || cyclométrie f. **c)** **~mikrometer** n. || circular micrometer || micromètre m. à cercles. **d)** **~peripherie** f. || circumference *or* periphery of a circle || circonférence f. du cercle. 9

Kreisprozeß m. || cycle of operations || cycle m. **a)** **geschlossener ~** || complete cycle || cycle m. parfait. **b)** **nicht umkehrbarer ~** || non-reversible cycle || cycle m. non reversible. **c)** **thermischer ~** || thermal cycle || évolution f. *ou* cycle m. thermique. 10

Kreisquadrant n. (Geom; Astron) || quadrant || quart m. de cercle. 11

kreisrund || circular || circulaire. **a)** **~er Querschnitt** m. || circular section || section f. circulaire. 12

Kreissäge f. || circular saw || scie f. circulaire. **a)** **Egrenier~** || gin-saw for cotton cleaning || scie f. à égrener le coton. **b)** **Gruben~** || circular saw for mines || scie f. circulaire pour mines. **c)** ~ mit **mehreren Sägeblättern** || multiple rip saw bench || scie f. circulaire à coupe multiple. **d)** **Metall~** || metal circular saw || scie f. circulaire à métaux. 13

Kreis-schere f. || circular shears pl. || cisailles fpl. circulaires. **a)** **~skale** f. || circular scale || cercle m. gradué. **b)** **~strömung** f. || cyclic flow || circulation f.; courant m. circulaire. 14

Kreisteil-apparat m. für **Zahnräder** || circular dividing apparatus for toothed wheels || appareil m. diviseur pour roues dentées. **a)** **~maschine** f. || circular graduating machine || machine f. à graduer les cercles. 15

Kreis-teilung f. || division of a circular arc || graduation f. circulaire. **a)** **~umfang** m. || circumference *or* periphery of a circle || circonférence f. du cercle. **b)** **~zylinderfläche** f. || surface of a circular cylinder || surface f. cylindrique circulaire. 16

Krem m. || cream || crème f. **a)** **~farbe** f. || creme colour || couleur f. crème. 17

Krempe f. des **Kesselbodens** || flange of boiler end || bord m. du fond de chaudière. 18

Krempel f. (Spinn) || card || carde f.; machine f. à carder. **a)** **~bezieher** m. (Spinn) || card clothier || habilleur m. de cardes. **b)** **~block** m. || carding bench || banc m. à carder. 19

Krempelei f. (Spinn) || card room || carderie f. 20

Krempelkamm m. || card || étoqueresse f.; plaqueresse f.; carde f. 21

Krempelmaschine f. (Spinn) || carding machine || machine f. à cardes. **a)** **Segment** n. für **~n** || segment for combing machines || segment m. pour peigneuses. 22

Krempelmeister m. (Spinn) || carding master || contremaître m. de cardes. 23

krempeln (Tuchm) || to burr || chardonner; ratiner. **a)** die **Baumwolle ~** || to card the cotton || carder *ou* briser le coton. 24

Krempeln n. der **Baumwolle** || cotton carding || cardage m. de coton. **a)** ~ der **Wolle** || wool carding || cardage m. *ou* droussage m. de laine. 25

Krempelschleifmaschine f. (Spinn) || card grinding machine || machine f. à affûter les cardes. 26

Krempler m. (Spinn) || carder; card feeder || cardeur m.; ouvrier m. de carderie; alimenteur m. de cardes. 27

Kremschokolade f. || cream chocolate || chocolat m. à la crème. 28

Kremserweiß n. || silver *or* cremnitz white || blanc m. d'argent *ou* de Krems. 29

Kreosot n. || creosote || créosote f. **a)** **kohlensaures ~** || creosote carbonate || carbonate m. de créosote. **b)** mit **~ tränken** || to impregnate with creosote || imprégner à la créosote. 30

Kreosotierung f. des Holzes || impregnation of wood with creosote; creosoting of wood || injection f. des bois à créosote. 31

Kreosot-karbonat n. || creosote carbonate || carbonate m. de créosote. **a)** **~öl** n. || creosote oil || huile f. de créosote. **b)** **~-tränkanlage** f. || creosoting plant || installation f. à créosoter. 32

Krepp m. || crape; crêpe || crêpe m. 33

kreppartiges Gewebe || crape-like tissue || crépon m. 34

kreppen || to crape || crêper. 35

Kreppmaschine f. || craping machine || machine f. à crêper. 36

Kreppapier n. || crape paper || papier m. crêpé; papier-crêpe m. **a)** **~herstellungsmaschine** f. || crape paper making machine || machine f. pour fabriquer du papier crêpé. 37

Kresol n. || cresol || crésole m. 38

Kresotinsäure f. || cresotic acid || acide m. crésotique. 39

Kressen-schneider m. || watercress cutter || ramasseur m. de cresson. **a)** **~züchter** m. || watercress cultivator || cressiculteur m. 40

Kreuz n. || cross || croix f. **a)** ~ (Anker) || crown; cross || croisée f.; crosse f.; diamant m. **b)** ~ (Buchdr) || pile || étendoir m. **c)** ~ (Web) || lease || envergure f.; encroix m. **d)** ~ des **Südens** (Astron) || southern cross || croix f. australe. 41

Kreuzband n. (Papierumschlag) || (newspaper-)wrapper || bande f. **a)** ~ (Schloß) || double garnet || té m.; té m. simple. **b)** **unter ~** || by bookpost || sous (double) bande f. 42

Kreuzbandsendung f. || parcel sent by book post || envoi m. sous bande. 43

Kreuz-beerauszug m. || buck-thorn berries extract || extrait m. de baies de nerprun. **a)** **~beere** f. || buckthorn berry || baie f. de nerprun. **b)** **~bewegung** f. || cross movement || mouvement m. croisé. **c)** **~bogen** m. (Bauk) || cross-springer; diagonal arch *or* rib; groined arch || arc m. arêtier *ou* diagonal; croisée f. d'ogive. **d)** **~bohrer** m. || cross-mouthed chisel *or* borer || fleuret m. à double tranchant en croix *ou* en bonnet de prêtre; pistolet m. à tête carrée. **e)** **~bram** f. || mizen topgallant brace || bras m. de perruche. **f)** **~braß** f. || mizen topgallant brace || bras m. de perruche. 44

Kreuzdorn-beere f. || buckthorn berry || baie f. de nerprun. **a)** **~holz** n. || buckthorn || nerprun m. 45

Kreuzdrehscheibe f. || two-way turntable || plaque f. tournante pour croisement. 46

Kreuzeisen n. (Bauw; Walzw) || cross iron || fer m. en croix. **a)** ~ (Gieß) || crown iron || chapelet m. 47

kreuzen (el Leit) || to transpose || croiser. **a)** ~ (Seew) || to cruise || croiser. **b)** **auf der Höhe** f. von . . . ~ (Schiff) || to cruise off . . . || croiser à la hauteur de . . . **c)** die **Kettenfäden** mpl. ~ (Web) || to cross the warp threads || enverger *ou* encroiser les fils de chaîne. **d)** an der **Küste** f. ~ (Schiff) || to cruise along the coast || croiser en vue de terre *ou* sur une côte. **e)** **lange** (auf der Stelle) **in See** f. ~ (Schiff) || to plough the sea || battre la mer. 48

Kreuzer m. || cruiser || croiseur m. **a)** **Aufklärungs~** || scout; scout cruiser || éclaireur m. **b)** **geschützter ~** || protected cruiser || croiseur m. protégé. **c)** **Hilfs~** || auxiliary cruiser || croiseur m. auxiliaire. **d)** **kleiner ~** (Seew) || small *or* light cruiser || petit croiseur m. **e)** **Linien~** || battle cruiser || grand croiseur m. de bataille; cuirassé m. rapide. **f)** **Panzer~** || armoured cruiser || croiseur m. cuirassé. **g)** **Untersee~** || submersible *or* submarine cruiser || croiseur m. submersible *ou* sous-marin. 49

Kreuz-feld n. (Bauk) || intersection || intersection f. **a)** **~gang** m. (Bergb) || cross vein *or* lode || filon m. croiseur. 50

Kreuzgelenk n. || universal *or* cardan joint || joint m. de cardan. **a)** **~kupplung** f. || universal type coupling || joint m. brisé. 51

Kreuz-gewebereifen m. || fabric thread tire || pneu m. à entoilage normal. **a)** **~gewölbe** n. (Bauw) || cross vaulting || voûte f. croisée. **b)** **~gleis** n. || crossing track || voie f. de croisement. **c)** **~gurtung** f. || diagonal ties pl. || moises fpl. inclinées *ou* en écharpe. **d)** **~hacke** f. || flat pick || pic m.; pioche f. **e)** **~hahn** m. || four-way cock || robinet m. à quatre passages. 52

Kreuzhaspel m. (Grav) || cross || croisée f. **a)** ~ (Masch) || windlass || treuil m. à leviers. 53

Kreuzhieb m. (Feil) || second course; double cut || seconde taille f.; taille f. croisée. a) einem **Stein** m. den ~ geben || to crosscut a stone || traverser une pierre. 1

Kreuz-holz n. (Seew) || cleat || taquet m. a) **~klampe** f. || belaying cleat || taquet m. à branches. b) **~klemme** f. || crossing-over clamp || pince f. de croisement. c) **~knoten** m. || reef *or* right *or* crown knot || nœud m. droit *ou* marin; tête f. de more *ou* d'alouette. 2

Kreuzkopf m. || cross head || traverse f.; crosse f. *ou* tête f. de piston; crossette f. a) **gabelförmiger ~** || forked type of cross head || crosse f. bifurquée. b) **geschlossener ~** || closed type of cross head || crosse f. fermée. c) ~ mit **oberer** und **unterer Führung** || cross head with upper and lower slippers || guidage m. de croisillon à deux savates. d) **Langloch~** || slotted cross head || crossette f. à coulisse. 3

Kreuzkopfbolzen m. || cross head pin *or* gudgeon || boulon m. de tête de bielle; tourillon m. de glisseur. 4

Kreuzkopfführung f. || guide; cross head guide; slide bar || guide f. de la tête *ou* du croisillon; glissière f. de crosse. a) **einschienige ~** || single slide bar guide || glissière f. à barre simple. 5

Kreuzkopf-gleitbahn f. || cross head guide || glissière f. de la crosse; guide f. de la tête. a) **~keil** m. || adjusting *or* tightening wedge || clavette f. de réglage; coin m. d'ajustage. 6

Kreuzkopflager n. || cross head bearing || coussinet m. de la crosse. a) **~deckel** m. || cross head cap || chapeau m. du croisillon. 7

Kreuzkopfschuh m. || cross head shoe || patin m. de crosse. 8

Kreuzlappenzugöse f., **gesenkgeschmiedete** || swaged cross bar traction eye || anneau m. d'attelage à joint en croix matricé. 9

Kreuzloch-mutter f. || cross hole nut || écrou m. de crosse. a) **~schraube** f. || capstan head screw; cross-hole screw || vis f. de crosse; vis f. de crosse à évidements en croix. 10

Kreuzmars m. || mizen top || hune f. d'artimon. a) **~gasten** mpl. (Seew) || main-topmen pl. || gabiers mpl. du grand mât. b) **~segel** n. || mizen topsail || perroquet m. de fougue. 11

Kreuzmaß n. (Buchdr) || gauge || justifieur m. a) ~ (Feldm) || cross staff; cross || équerre f. d'arpenteur. 12

Kreuz-mast m. || mizenmast || mât m. d'artimon; artimon m. a) **~meißel** m. || crosscut chisel; bolt chisel || bédane m.; bec-d'âne m. b) **~mittel** n. (Bauk) || intersection || intersection f. c) **~nagel** m. (Web) || lease pin *or* peg || cheville f. d'encroix. 13

Kreuznaht f. || cross seam || couture f. en points croisés. a) ~ (Segelm) || herring bone seam || couture f. à arête de poisson. 14

Kreuz-peilung f. || cross bearing || relèvement m. croisé. a) **~rahmenantenne** f. || cross-coil aerial || cadre m. double. b) **~ring** m. || cross ring || bague f. *ou* anneau m. à deux axes en croix. c) **~royal** n. || mizen royal || cacatois m.; perroquet m. *ou* volant m. d'artimon. d) **~rüst** f. || mizen channels pl. || porte-haubans m. d'artimon. e) **~rute** f. (Web) || lease rod || baguette f. d'envergure. f) **~scheibe** f. (Feldm) || cross-staff head || équerre f. pomme de canne *ou* d'arpenteur. g) **~schichtung** f. (Bergbau) || cross bedding || stratification f. croisée. h) Schalttafel f. mit **~schienenverteiler** m. || switchboard with distribution bus bars || tableau m. de couplage avec répartiteur à barres croisées. i) **~schlaufe** f. || cross loop || nœud m. croisé. k) **~schlitten** m. || compound slides pl. || chariot m. à glissieres. l) **~schraffierung** f. || cross hatching || hachure f. croisée. m) **~see** f. || cross sea; cross-running sea || mer f. contraire *ou* creuse. n) **~segel** n. || mizen course; cross jack; mizen topsail || basse voile f. d'artimon; perroquet m. de fougue. o) **~spreize** f. || diagonal stay || étai m. en sautoir. p) **~sprossenmaschine** f. || machine for making window sash bars || machine f. à faire les croisées de fenêtres. q) **~spule** f. (Fernm) || crossed coil || cadre m. rectangulaire. r) **~spulmaschine** f. || traverse winding frame || bobinoir m. à fil croisé. 15

Kreuzspur f., Drehscheibe f. mit eingegossener ~ || turntable with flush rails || plaque f. tournante avec ornières entre-croisées de fonte. a) Drehscheibe f. mit **~leisten** fpl. || turn table with cross guide ledges || plaque f. tournante avec rails-guides entrecroisés. 16

Kreuz-stabmikrometer n. || cross bar micrometer || micromètre m. à barres croisées. a) **~stag** n. || mizen stay || étai m. du mât d'artimon. b) **~steg** m. (Buchdr) || cross || têtière f.; bois m. de tête. c) **~stein** m. || cross stone; harmotome || pierre f. de croix; harmotome m. d) **~stenge** f. (Schiffb) || mizen topmast || mât m. de perroquet de fougue. e) **~stepper** m. (Bekl) || cross stitcher || piqueur m. en croix. f) **~stich** m. || cross stitch || point m. croisé. g) **~strebe** f. || cross stud || jambe f. de force croisée. 17

Kreuzstrom-brenner m. || nozzle mixing burner || brûleur m. à jets croisés. a) **~gasbrenner** m. || nozzle mixing gas burner || brûleur m. à gaz à jets croisés. 18

Kreuz-stück n. (Eisenb) || four-way cross || pièce f. en croix. a) **~support** m. || compound slide rest || support m. à chariots croisés. 19

Kreuztisch m. (Mech; Opt) || mechanical stage || platine f. à chariot. a) ~ (Werkzeugmasch) || compound table || table f. composée. b) **mikrofotografischer ~** || photomicrographic mechanical stage || platine f. à chariot de microphotographie. 20

Kreuz-träger m. || cruciform girder || poutre f. en croix. a) **~tür** f. || four-panelled door || porte f. à quatre panneaux. 21

Kreuzung f. (Bauk) || intersection || intersection f. a) ~ (Eisenb) || crossing || croisement m. de voie. b) ~ (el Leit am Gestänge) || transposition; crossing || transposition f.; croisement m. c) ~ (von Tierrassen) || crossing || croisement m. d) **Gleis~** || crossing of rails *or* lines || croisement m. de voies. e) **Hartguß~** (Eisenb) || case hardened froy *or* crossing || croisement m. en fonte coulée en coquille. f) **Kletter~** (Eisenb) || inclined plane switch || changement m. de voie à plan incliné. g) **Kurven~** (Eisenb) || curve crossing || croisement m. en courbe. h) **rechtwinklige ~** (Eisenb) || crossing at right angle || croisement m. de voie à angle droit; traversée f. rectangulaire. i) **Schlepp~** || contractor's crossing || croisement m. à rails pivotants. k) **spitzwinklige ~** (Eisenb) || crossing at acute angles || croisement m. de voie oblique *ou* à angle aigu. l) **umwendbare ~** || reversible crossing || croisement m. à retournement. m) ~ **zwischen** einer **Hauptbahn** und einer **Kleinbahn** || crossing between a main track and a narrow gauge line || croisement m. entre une ligne normale et une ligne à voie étroite. n) ~ **zwischen Kleinbahnen** unter sich || crossing between narrow gauge railways || croisement m. entre deux lignes à voie étroite. 22

Kreuzungsabschnitt m. (el Leit) || transposition section || élément m. de transposition. a) **vollständiger ~** (Fernm) || complete transposition section || section f. d'anti-induction complète. 23

Kreuzungs-abstand m. (el Leit) || transposition step || pas m. de transposition. a) **~anlage** f. aus Manganstahl (Eisenb) || manganese steel crossing || croisement m. en acier manganèse. b) **~folge** f. (el Leit) || scheme of crossings *or* transpositions || schéma m. de croisements *ou* transpositions. c) **~mast** m. || crossing pole || support m. de traversée. 24

Kreuzungspunkt m. (Eisenb) || crossing (point) || point m. de croisement. a) ~ (el Leit) || transposition point || point m. de transposition. 25

Kreuzungs-schema n. (el Leit) || scheme of crossings *or* transpositions || schéma m. de croisements *ou* de transpositions. a) **~stange** f. (el Leit) || transposition *or* crossing pole || support m. de traversée; poteau m. de transposition. b) **~stelle** f. || crossing (point) || croisement m.: croisière f. 26

Kreuzungsstück n. (Eisenb) || diamond crossing; double frog (A) || croisement m. *ou* cœur m. double; pièce f. de croisement. a) ~ mit **geschmiedeter Spitze** || crossing with forged point || pièce f. de croisement avec pointe forgée. b) **rechtwinkliges ~** || rectangular crossing piece || pièce f. de croisement rectangulaire. 27

Kreuzungs-stuhl m. (Eisenb) || double chair || double coussinet m.; coussinet m. du croisement. a) **~system** n. (el Leit) || transposition system || armement m. de transposition. b) **~verfahren** n. (Kabel) || test splicing || procédé m. de croisement. c) **~verhältnis** n. (Eisenb) || angle of crossing || déviation f. du cœur. 28

Kreuzungsweiche f. (Eisenb) || slip points pl.; crossover || traversée f. à aiguille. a) **doppelte ~** || double crossing switch; double slip points pl. || traversée-jonction f. double. b) **einfache ~** (Eisenb) || single slip points || traversée-jonction f. simple. 29

Kreuzungswinkel m. (Eisenb) || angle of a crossing || angle m. du croisement. 30

Kreuz-verband m. || cross brace *or* bond *or* frame; diagonal framing || assemblage m. croisé *ou* diagonal *ou* à croisettes; membrure f. diagonale; contreventement m.; contrefiches fpl. diagonales. a) **~verspannung** f. || diagonal bracing || croisillons mpl. d'incidence. b) **~verzapfung** f. (Zimm) || cross joint || joint m. en croix. c) **~wasserwage** f. || pair of bubbles at right angles to each other || niveaux mpl. d'eau croisés. **d) ~weg** m. || by-road; cross road *or* way; crossing; cross country-road || chemin m. de traverse; carrefour m. 1

kreuzweise verbinden || to joint crosswise || assembler en croix f. 2

Kreuzwicklung f. || cross winding || bobinage m. en forme de croix. **a) Spule** f. mit ~ || cross wound bobbin || bobine f. à fil croisé. 3

Kreuz-zangen fpl. || diagonal ties pl. || moises fpl. inclinées *ou* en écharpe. **a) ~zeichen** n. (Buchdr) || dagger; cross || croix f. **b) ~ziegel** m. || lease tile || tuile f. d'encroix. 4

Kricketspiel n. || cricket || jeu m. de criquet. 5

kriechen (Chem) || to creep || grimper. 6

Kriechen n. des Stromes über Porzellan || creepage of current along the surface of the porcelain || glissement m. des étincelles sur la superficie de la porcelaine. 7

Kriechstrom m. (Elektr) || creeping *or* sneak current || courant m. de fuite superficiel. 8

Kriechtier n. || reptile || reptile m. **a) ~haut** f. || reptile skin || peau f. de reptile. 9

Krieg m. || war; warfare || guerre f. **a) Bewegungs~** || mobile warfare || guerre f. de mouvement. **b) Handels~** || war upon trade || guerre f. de destruction du commerce. **c) Industrie~** || industrial war || guerre f. industrielle. **d) Piraten~** || corsair warfare || guerre f. de course *ou* des pirates. **e) Welt~** || world war || guerre f. mondiale. 10

Kriegführung f. || warfare; belligerence || direction f. de la guerre; manière f. de faire la guerre. **a) chemische ~** || chemical warfare || guerre f. chimique. **b)** Ausschuß m. für **chemische ~** || chemical warfare committee || comité m. de la guerre chimique. 11

Kriegs-ausrüstung f. || armament || armement m. **a)** industrielle **~bereitschaft** f. || industrial preparedness for war || préparation f. industrielle en vue de la guerre. **b) ~brücke** f. || military bridge || pont m. militaire. **c)** Plan m. zur Werksumstellung auf **~fertigung** f. || factory plan for the conversion from peace to war footing || plan m. pour changer à l'usine le travail de la paix au pied de guerre. **d) ~gerät** n. || war material || matériel m. de guerre. **e) ~gewehr** n. || military gun *or* rifle || fusil m. de guerre. **f) ~industrie** f. || war industry || industrie f. de guerre. 12

kriegsindustrielle Werke npl. || war industry plant || usines fpl. du matériel de guerre. 13

Kriegsindustrieamt n. || war industry board || commission f. des industries de guerre. 14

Kriegsschiff n. || man of war; vessel of war || bâtiment m. de guerre. **a) veraltetes ~** || obsolete war ship || bâtiment m. de guerre vieilli. **b) zu verschrottendes ~** || war ship to be scrapped || navire f. de guerre à démolir. 15

Kriegs-stärke f. || war strength || effectif m. de guerre. **a) ~vorbereitung** f. || preparedness for war || préparation f. à la guerre. **b) ~waffe** f. || war arm || arme f. de guerre. **c)** unbrauchbar für weitere **~zwecke** mpl. || incapable of further warlike service || incapable de servir dorénavant à la guerre. 16

krimpen (Tuchm) || to shrink; to spunge || décatir; rentrer. 17

Krimpen n. (Tuchm) || shrinking; sponging; steaming; shrinkage || décatissage m.; délustrage m.; rentrée f. 18

Kringelbäcker m. || cracknel biscuit maker || fabricant m. de craquelins. 19

Krinoid n. || crinoid || crinoïd m. 20

Krinoline f. || crinoline || crinoline f. 21

Krippe f. || crib; manger || crèche f.; mangeoire f. **a) ~** für **Blumen** || flower stand || jardinière f. pour fleurs. 22

Krippmaschine f. für die Drahtweberei || crimping machine for wire netting || machine f. à plier le gros fil pour le tissage. 23

Krise f. auf dem Geldmarkt || crisis in the money market || crise f. financière *ou* monétaire. 24

Krispel-holz n. (Gerb) || cripper; graining board; pommel || paumelle f.; pommelle f.; marguerite f. à la main; grènetoir m. **a) ~maschine** f. (Gerb) || boarding *or* crippling *or* graining *or* pebbling machine || machine f. à rebrousser; marguerite f. mécanique. 25

krispeln (Gerb) || to board; to grain; to raise the grain; to cripple || rebrousser; crêpir. 26

Kristall m. || crystal || cristal m. **a) Bleikammer~** || leaden chambers crystal || cristal m. de chambre de plomb. **b) doppeltbrechender ~** || double refracting crystal || cristal m. biréfringent. **c) einachsiger ~** || uniaxial crystal || cristal m. uniaxe. **d) holoedrische ~e** mpl. || holohedral crystals pl. || cristaux mpl. holoèdriques *ou* homoèdres. **e) isländischer ~** || calcareous spar; carbonate of lime || chaux f. carbonatée cristallisée; cristal m. *ou* spath m. d'Islande. **f) Misch~** || mixed crystal || cristal m. mixte. **g) zweiachsiger ~** || biaxial crystal || cristal m. biaxe. 27

Kristallachse f. || axis of a crystal; crystal axis || axe m. de cristal. 28

Kristallbild n. || image of the crystal || image f. du cristal. **a) Abblendung** f. des **~es** || stopping down of the image of the crystal || diaphragme m. agissant sur l'image du cristal. 29

Kristallbildung f. || crystallization; crystallizing || cristallisation f. 30

Kristalldetektor m. (Funkw) || crystal detector || détecteur m. à cristal *ou* à galène. **a) ausbalanzierter ~** (Funkw) || balanced crystal detector || détecteur m. à cristal équilibré. 31

Kristall-druse f. || cluster of crystals || géode f. cristallifère; groupe m. de cristaux. **a) ~ecke** f. || solid angle of a crystal || angle m. solide *ou* sommet m. d'un cristal. **b) ~eis** n. || crystal *or* transparent ice || glace f. cristalline *ou* transparente. **c) ~endfläche** f. || base *or* terminal face *or* end face of a crystal || base f. d'un cristal. 32

Kristallfläche f. || face *or* plane of a crystal || face f. *ou* facette f. *ou* plan m. d'un cristal. **a)** Einrichtung f. für die Untersuchung **mangelhafter ~n** || device for the examination of defective surfaces of crystals || dispositif m. pour l'examen de surfaces cristallines défectueuses. **b) unregelmäßige ~n** fpl. || irregular crystal surfaces pl. || surfaces fpl. cristallines irrégulières. 33

Kristallflüssigkeit f. (Chem) || liquid of crystallization || liquide m. de cristallisation. 34

Kristallform f. || form of crystal; crystalline form || forme f. cristalline. **a) in ~** || in the crystalline state || à l'état m. cristallin. 35

Kristallglas n. || crystal glass || cristal m. (artificiel). **a) englisches ~** || flint glass; flint crystal || verre m. de cristal. 36

Kristallglasfabrik f. || crystal glass works || cristallerie f. 37

Kristallgoniometer n. || crystal goniometer || goniomètre m. à cristaux. **a) zweikreisiges ~** || crystal goniometer with two circles || goniomètre m. à cristaux muni de deux cercles. 38

Kristall-gravierung f. || crystal engraving || gravure f. sur cristaux. **a) ~haut** f. || crystal crust || croûte f. cristalline. 39

kristallhell || crystalline || cristallin. 40

kristallinisch || crystalline || cristallin. 41

Kristallisation f. || crystallization || cristallisation f. **a) fraktionierte ~** || fractional crystallization || cristallisation f. fractionnée. **b) gestörte ~** || disturbed crystallization || cristallisation f. troublée. **c) körnige ~** (Met) || grainlike crystallization || grainaille f. **d) letzte ~** f. des raffinierten Alauns || rocking of alum || cristallisation f. de l'alun purifié. **e) ~** des **Zuckers** || granulation of sugar || cristallisation f. du sucre. 42

Kristallisations-apparat m. || crystallizing apparatus || appareil m. de cristallisation. **a) ~becken** n. (Salzgew) || last brine pit || aire f. **b) ~gefäß** n. || crystallizing pan *or* pot *or* vessel; crystallizer || cristallisoir m.; chaudière f. de cristallisation. **c) ~kessel** m. *s.* ~gefäß. **d) ~schale** f. || crystallizing dish || cristallisoir m. **e) ~wasser** n. *s.* Kristallwasser n. 43

kristallisches Eisen || crystallized iron || fer m. cristallisé. 44

Kristallisierapparat m. (Chem) *s.* Kristallisationsapparat. 45

kristallisierbar || crystallizable || cristallisable. 46

kristallisieren || to crystallize || cristalliser. 47

Kristallisieren n. || crystallization || cristallisation f. 48

Kristallisierung f. || crystallization || cristallisation f. 49

Kristallkante f. || edge of a crystal || arête f. d'un cristal. 50

Kristallografie f. || crystallography || cristallographie f. 51

Kristallpapier n. || crystal paper || papier m. cristal. 52

Kristallrefraktometer n. || crystal refractometer || réfractomètre m. à cristaux. **a) Halbkugel~** || hemisphere crystal refractometer || réfractomètre m. demi-boule à cristaux. 53

Kristall-sand m. || crystal sand || sable m. cristallin. **a) ~schleifen** n. || crystal cutting || taille f. de cristaux. **b) ~seitenfläche** f. || lateral plane of a crystal || face f. latérale *ou* plan m. d'un cristal. **c) ~skelett** n. || crystal skeleton || squelette m. de cristal; armature f. cristalline. 54

Kristallsoda f. || soda crystal; crystallized sodium carbonate || cristal m. de soude; carbonate m. de sodium cristallisé. **a) ~arbeiter** m. || crystal house man || ouvrier m. de cristaux de soude. 55

Kristall-spiegelglas n. ‖ crystal glass for mirrors ‖ cristal m. pour miroirs. **a) ~struktur** f. ‖ crystal structure ‖ structure f. cristalline *ou* de cristal. 1

Kristallsystem n. ‖ system of crystallization; crystal system ‖ système m. cristallin. **a) reguläres ~** ‖ monometric *or* tesseral system of crystallization ‖ système m. cristallin régulier *ou* cubique. 2

Kristall-umhüllung f. ‖ perimorphous crystal ‖ périmorphose f. **a) ~wasser** n. ‖ water of crystallization ‖ eau f. de cristallisation. **b) ~wellenanzeiger** m. s. Kristalldetektor. 3

Kritik f. ‖ criticism ‖ critique f. 4

kritisch ‖ critical; judicious ‖ critique. **a) ~e Daten** npl. (Phys) ‖ critical dates pl. ‖ constantes fpl. critiques. **b) ~e Geschwindigkeit** f. ‖ critical speed ‖ vitesse f. critique. **c) ~er Punkt** m. ‖ critical point ‖ point m. critique. **d) ~e Temperatur** f. ‖ critical temperature ‖ température f. critique. **e) ~er Widerstand** m. ‖ critical resistance ‖ résistance f. critique. 5

kritzeln ‖ to scrawl; to scribble ‖ griffonner. 6

Krocketspiel n. ‖ croquet ‖ jeu m. de croquet. 7

Krokierpapier n. ‖ sketching paper ‖ papier m. à croquis. 8

Krokoit m. ‖ chromate of lead; red lead ore; crocoite ‖ plomb m. chromaté. 9

Krokus m. (Eisenoxyd) ‖ crocus; jeweller's red; rouge ‖ rouge m. à polir. 10

Kroll-haar n. ‖ spun hair ‖ crin m. frisé. **a) ~spint** m. ‖ vegetable hair ‖ crin m. d'Afrique. 11

Krone f. (Druckerpresse) ‖ cap; hat ‖ chapeau m.; chapiteau m.; chaperon m. **a) ~** (Damm) ‖ top; summit ‖ couronne f.; couronnement m. **b) ~** (Juw) ‖ crown ‖ couronne f. **c) ~** (Kreuzknoten) ‖ crown ‖ tête f. de more *ou* d'alouette. **d) ~** (Mauerkrone) ‖ crest; crowning ‖ crête f. **e) ~** eines **Dammes** ‖ summit *or* top *or* superior surface of a dike ‖ crête f. *ou* couronnement m. *ou* sommet m. d'une digue. **f) Gas~** ‖ gaselier; gas chandelier ‖ lustre m. à gaz. **g) ~** der **Sperrmauer** ‖ crown of the dam ‖ crête f. du mur de barrage. **h) Zahn~** ‖ tooth crown ‖ couronne f. de dent. 12

kröneln (Steinm) ‖ to bush-hammer; to kernel ‖ bretteler; bretter. 13

Kronenbohrer m. ‖ cross-mouthed chisel *or* borer; crown drill; crown *or* square bitt ‖ pistolet m. à pointe carrée; bonnet m. de prêtre; foret m. *ou* perçoir m. à couronne. **a) vierschneidiger ~** ‖ square borer; square bit; square taper bit ‖ fleuret m. *ou* perçoir m. à couronne. 14

Kronen-breite f. (Damm) ‖ breadth of top *or* summit ‖ largeur f. en couronne *ou* de crête. **a) ~brenner** m. (Chem) ‖ boiling *or* ring burner ‖ brûleur m. à couronne. **b) ~kork** m. ‖ crown cork ‖ liège m. à couronne. **c) ~mutter** f. ‖ castellated nut ‖ écrou m. crénelé *ou* cannelé; écrou m. à crénaux *ou* à entailles. **d) ~ventil** n. ‖ cup valve; bell shaped valve ‖ clapet m. à couronne. **e) ~welle** f. (Windmühle) ‖ axle tree *or* wind shaft ‖ arbre m. 15

Kronglas n. (Opt) ‖ crown glass ‖ verre m. Crown. **a)** besonders **klares Prismen~** ‖ exceptionally clear type of prism crown glass ‖ verre m. Crown à prismes parfaitement transparent. 16

Kronholz n. (Wasserb) ‖ cap; capping; head *or* top beam ‖ quille f.; chape f.; lisse f.; traverse f. 17

Kronleuchter m. ‖ chandelier; lustre ‖ lustre m. **a) elektrischer ~** ‖ electrolier ‖ lustre m. électrique. 18

Kron-linie f. der Erdarbeiten ‖ formation level ‖ niveau m. des remblais. **a) ~pfeilerkopf** m. ‖ fore *or* stream starling ‖ avant-bec m. (d'une pile); bec m. d'amont. **b) ~rad** n. ‖ crown *or* face wheel ‖ roue f. à dents de côté *ou* à couronne. **c) ~säge** f. ‖ crown *or* annular saw ‖ scie f. cylindrique. **d) ~schwelle** f. ‖ cap; capping; head *or* top beam ‖ quille f.; chape f.; lisse f.; traverse f. 19

Kropf m. (Krankheit) ‖ goitre ‖ goitre m. **a) ~** eines **Holländers** ‖ breasting backfall ‖ gorge f. d'une pile à cylindrique. **b) runder ~** (Bauk) ‖ mitre round ‖ oreille f. **c)** ohne **~** arbeitendes **Wasserrad** n. ‖ water wheel working without channels ‖ roue f. hydraulique travaillant sans coursier. 20

Kropfachswelle f. ‖ crank shaft *or* axle ‖ arbre m. coudé *ou* à manivelle; essieu m. coudé. **a)** die **~** erlitt bei einem heftigen Schlag einen **Bruch** in der Kurbel ‖ the crank shaft was fractured at the crank in consequence of a shock ‖ l'essieu m. coudé essuya un choc violent et se rompit à la manivelle. **b) schrägschenkelige ~** ‖ oblique crank axle ‖ essieu m. coudé à corps oblique. **c) Stahlguß~** ‖ steel-cast crank axle ‖ essieu m. coudé d'acier moulé. 21

Kropfeisen n. ‖ sling; cran iron; grapnel; devil's claw; dog; ram ‖ louve f.; renard m. 22

kröpfen ‖ to form a knee *or* angle; to bend at angles ‖ couder; épauler. 23

Kropf-gerinne n. ‖ circular channel ‖ coursier m. circulaire. **a) ~grat** m. ‖ mitre line ‖ ligne f. de mitre *ou* d'onglet. **b) ~hals** m. (Lok) ‖ crank pin ‖ tourillon m. excentré. **c) ~kante** f. ‖ mitre line ‖ ligne f. de mitre *ou* d'onglet. **d) ~loch** n. ‖ sling hole; lewis; hole for the ram ‖ trou m. pour y mettre la louve. 24

Kröpfmaschine f. ‖ joggling machine ‖ machine f. à épauler *ou* à joggliner. 25

Kropf-rad n. (Masch; Müller) ‖ breast water wheel; breast *or* middle shot wheel ‖ roue f. hydraulique de côté. **a) ~sonde** f. ‖ goitre sound ‖ sonde f. de goitre. 26

Kropfstein m. (Bauw) ‖ quoin; corner stone ‖ pierre f. d'encoignure. **a) ~** (Türpfeiler) ‖ corner stone; sconcheon of a jamb ‖ écoinçon m.; écoinson m. 27

Kröpfung f. ‖ cambering ‖ étranglement m. **a) ~** der **Kurbelwelle** ‖ throw of crank shaft ‖ coude m. du vilebrequin. 28

Kröpfwalze f. ‖ joggling roll ‖ galet m. à épauler. 29

Kröse f. (Werkz) ‖ croze; notching tool ‖ jabloire f. **a) ~** (Böttch) ‖ chimbre ‖ jable m. 30

Kröseisen n. ‖ croze iron ‖ peigne m. à jable. 31

Kröseleisen n. ‖ crumbling iron ‖ grésoir m.; grugeoir m. 32

Krösemaschine f., Daubenabkürz- und ~ ‖ stave shortening and grooving machine ‖ machine f. à raccourcir et à jâbler les douves. **a) Faß~** ‖ croze *or* groove cutting machine; crozing *or* grooving machine ‖ machine f. à jâbler les douves. 33

Kroton-öl n. ‖ croton oil ‖ huile f. de croton. **a) ~saat** f. ‖ croton seeds pl. ‖ semence f. de croton. 34

Krücke f. (Brau) ‖ rake; oar ‖ fourquet m.; brassoir m. **a) ~** (Heilk) ‖ crutch ‖ béquille f. **b) ~** (zum Kalkrühren) ‖ beater ‖ rabot m. **c) ~** (Met) ‖ rake; crutch; rabble ‖ râble m.; crosse f. **d) ~** (Pap) ‖ peel ‖ ferlet m. 35

Krückelstück n. (Bergb) ‖ brace-head on the top of the bore-rod ‖ tête f. de sonde; manivelle f. de sonde. 36

Krückwerk n. ‖ crutch (apparatus) ‖ agitateur m. de potier; pétrisseuse f. à béquilles. 37

Krug m. ‖ jug; pitcher; jar; mug ‖ cruche f.; jarre f. **a) Bier~** ‖ beer jug ‖ cruchon m. à bière. **b) Mineralwasser~** ‖ jug for mineral water ‖ cruche f. pour eaux minérales. **c) Stein~** ‖ stone mug ‖ cruche f.; cruchon m. 38

Kruke f. ‖ stone bottle *or* jar ‖ cruchon m. **a) ~** für **Salben** ‖ ointment jug ‖ pot m. à onguent. 39

Krulltabak m. ‖ shag tobacco ‖ tabac m. frisé. 40

krümeliger Boden m. ‖ friable soil ‖ sol m. friable. 41

krumm ‖ crooked; bent; curved ‖ courbe; courbé; tordu. **a) ~ werden** (beim Härten) ‖ to get a set; to cast side ways pl.; to warp; to bend; to bow ‖ courber; se courber; se voiler; se déjeter. **b)** sich **~ werfen** s. krumm werden. **c)** sich **~ ziehen** (Holz) ‖ to cast; to distort ‖ se gauchir; se déjeter; se voiler. 42

krumme Fläche f. ‖ curved surface ‖ surface f. courbe. **a) ~ Linie** f. ‖ curve (line) ‖ courbe f.; ligne f. courbe. 43

Krumm-achse f. ‖ crank ‖ manivelle f. **a) ~eisen** n. (Küf) ‖ hollowing knife ‖ plane f. à lame courbe. 44

krümmen ‖ to bend; to crook; to curve ‖ courber; plier. 45

Krümmen n. (Sammler) ‖ buckling ‖ gondolement m. 46

Krümmer m. (Masch) ‖ quarter bend; elbow part ‖ coude m. **a) ~** (Zimm) ‖ bent *or* curved *or* arched beam ‖ poutre f. courbée *ou* cintrée. **b) Auspuff~** ‖ quarter-bend for exhaust ‖ coude m. d'échappement. 47

krummgewachsenes Holz n. ‖ crooked grown tree ‖ arbre m. déjeté *ou* contourné. 48

Krummhaue (Küf) f. ‖ barrel howel ‖ herminette f. plate. **a) ~** (Zimm) ‖ hollow adze; addice; howel ‖ assette f.; essette f.; asseau m.; hachette f.; erminette f. 49

Krummholz n. (Schiffb) ‖ rising timber ‖ courbe f. **a) ~** (Zimm) ‖ crooked wood; kneetimber arched timber ‖ bois m. bombé; bois m. courbe. 50

Krummhölzerarbeit f. (Bergb) ‖ long-wall working on small veins ‖ travail m. à col tordu. 51

krummlinig ‖ curvilinear ‖ curviligne. 52

Krumm-meißel m. ‖ paring tool ‖ ciseau m. à bride **a) ~messer** n. ‖ hollowing knife ‖ plane f. creuse. **b) ~ofen** m. ‖ blast furnace; half-high furnace; elbow furnace ‖ fourneau m. à manche; bas fourneau m. **c) ~raspel** f. ‖ crooked rasp ‖ égobine f.; égohine f. 53

krummrohriger Wasserrohrkessel m. ‖ bent-tube type of water-tube boiler ‖ chaudière f. aquatubulaire à tubes cintrés. 1

Krummstehen n. (Buchstaben) ‖ riding ‖ chevauchement m. 2

Krümmung f. ‖ bend; curvature; curve ‖ courbure f.; courbe f. **a)** ~ (Straße) ‖ turn ‖ virage m.; tours mpl. et retours mpl. **b) doppelte** ~ ‖ double curvature ‖ double courbure f. **c)** ~ einer **Kurve** (Math) ‖ curvature of a curve ‖ courbure f. d'une courbe. **d)** Stellen fpl., wo die Form **scharfe** ~**en** aufweist ‖ places marked by sharp bends ‖ là où la forme accuse des courbes *ou* lacets très accentuées. **e)** ~ eines **Weges** ‖ curvature of a road ‖ courbe f. d'un chemin. 3

Krümmungshalbmesser m. ‖ radius of curvature *or* of curvation ‖ rayon m. de courbure. **a)** ~ des **Hohlspiegels** ‖ radius of curvature of the concave mirror ‖ rayon m. de courbure du miroir concave. 4

Krümmungs-kreis m. einer Kurve ‖ circle of curvature; osculatory circle ‖ cercle m. osculateur *ou* de courbure. **a)** ~**messer** m. ‖ curvimeter; curvometer ‖ curvimètre m. **b)** ~**mittelpunkt** m. (Geom) ‖ centre of curvature ‖ centre m. de courbure. **c)** ~**radius** m. ‖ radius of curve ‖ rayon m. de courbure. 5

Krumm-ziegel m. ‖ compass brick; concave brick ‖ brique f. courbée. **a)** ~**zirkel** m. ‖ callipers pl.; caliber compasses pl.; calibers pl.; crooked compasses ‖ compas m. d'épaisseur. 6

krumpen (Tuchm) ‖ to shrink; to spunge ‖ décatir. 7

Krumpmörtel m. (Bauw) ‖ mortar of over-burnt lime-grains ‖ repous m. 8

Krüppelwalm m. ‖ false *or* half hip ‖ demi-croupe f. 9

Kruste f. ‖ incrustation ‖ incrustation f. **a) Brot**~ ‖ crust of bread ‖ croûte f. du pain. **b) Gußstücke** npl. ohne harte ~ ‖ pieces pl. without hard skin of casting ‖ pièces fpl. sans croûte dure de coulée. **c) Zement**~ ‖ crust of cement ‖ croûte f. du ciment. 10

Kruzifix n. ‖ crucifix ‖ crucifix m. 11

Kryolith m. ‖ cryolite ‖ cryolithe f. **a) künstlicher** ~ ‖ artificial cryolithe ‖ cryolithe f. artificielle. 12

Kryptofon n. ‖ cryptophone ‖ cryptophone m. 13

Kubatur f. ‖ cubature; cubing ‖ cubature f.; cubage m. 14

Kübel m. ‖ tub; bucket ‖ baquet m.; caisse f. **a)** ~ (Bergb) ‖ kibble; tub; tun ‖ seau m.; tonne f.; tine f. **b) Abteuf**~ ‖ sinking bucket ‖ benne f. de creusement. **c) Blumen**~ ‖ flower tub ‖ cache-pot m. pour fleurs. **d) Dreh**~ ‖ revolving bucket ‖ benne f. basculante. **e) Hochofenbegichtungs**~ ‖ bucket for charging blast furnaces ‖ seau m. *ou* benne f. pour le remplissage des hauts-fourneaux. **f) Klapp**~ ‖ hinged bucket ‖ benne f. ouvrante. **g) Pflanzen**~ ‖ flower bucket ‖ bac m. à fleurs. **h) Schlacken**~ ‖ slag bucket ‖ baquet m. à scories. 15

Kübelwagen m. ‖ bin wagon ‖ wagon m. à benne. 16

kubieren ‖ to cube; to raise to the cube ‖ cuber; élever au cube. 17

Kubierungsformel f. ‖ cubing formula ‖ formule f. cubique. 18

Kubik-berechnung f. ‖ cubature ‖ cubature f. **a)** ~**fuß** m. ‖ cubic foot ‖ pied m. cube. **b)** ~**inhalt** m. ‖ cubic capacity *or* contents ‖ capacité f. cube; cubage m. **c)** ~**meter** n. ‖ cubic meter ‖ mètre m. cube. **d)** ~**wurzel** f. ‖ cube root ‖ racine f. cubique. **e)** ~**zahl** f. ‖ cube; cube-number; cubic number; third power of a number ‖ cube m. d'un nombre; nombre m. cube. **f)** ~**zentimeter** m. ‖ cubic centimeter ‖ centimètre m. cube. **g)** ~**zoll** m. ‖ cubic inch ‖ pouce m. cube. 19

kubisch (Math) ‖ cubic ‖ du troisième degré. **a)** ~ *s. auch* würfelförmig ‖ cubical ‖ cubique; cube. 20

Kubizierapparat m. (Brau) ‖ gauging apparatus ‖ appareil m. à jauger. 21

kubizieren, die Masse f. ‖ to calculate the volume of a solid ‖ cuber la masse f. 22

Kubus m. (Würfel) ‖ cube; hexahedron ‖ cube m.; hexaèdre m. **a)** ~ einer **Zahl** ‖ cube; cubic number; third power of a number ‖ cube m. *ou* troisième puissance f. d'un nombre. 23

Küche f. ‖ kitchen ‖ cuisine f. **a) Dampf**~ ‖ steam kitchen ‖ cuisine f. à vapeur. **b)** elektrische **Klein**~ mit Wärmehaube ‖ portable electric stove with heating chamber ‖ four m. électrique à rôtir et à cuire avec hotte de chaleur. 24

Kuchen m. ‖ cake ‖ gâteau m. **a) Honig**~ ‖ gingerbread ‖ pain m. d'épice. **b) Leb**~ ‖ gingerbread ‖ pain m. d'épice. **c) Lein**~ ‖ linseed cake ‖ gâteau m. *ou* tourteau m. de lin. **d) Öl**~ ‖ oil cake ‖ tourteau m. **e) Pfeffer**~ *s.* Kuchen, Leb. 25

Küchenanrichte f. ‖ kitchen dresser ‖ fourneau-crédence m. 26

Kuchen-bäcker m. ‖ pastry cook ‖ pâtissier-cuisinier m. **a)** ~**bäckerei** f. ‖ pastry ‖ pâtisserie f. 27

Küchen-beil n. ‖ kitchen hatchet ‖ hachette f. de ménage. **a)** ~**einrichtung** f. ‖ kitchen installation ‖ installation f. de cuisine. 28

Kuchenform f. ‖ cake form ‖ forme f. à gâteaux. 29

Küchengarten m. ‖ kitchen garden ‖ jardin m. potager; potager m. 30

Küchengerät n. ‖ hollow ware; kitchen utensil ‖ ustensile m. de cuisine. **a) emaillierte** ~**e** npl. ‖ enamelled hollow ware ‖ ustensiles mpl. de ménage émaillés. 31

Küchen-geschirr n. ‖ kitchen utensils pl. ‖ batterie f. de cuisine. **a)** ~**gewächs** n. ‖ potherb; kitchen plant ‖ plante f. potagère. **b)** ~**herd** m. ‖ kitchen stove *or* range ‖ fourneau m. de cuisine; cuisinière f. 32

Kuchenlack m. ‖ lump lac ‖ laque f. en masses. 33

Küchen-maschine f. ‖ kitchen machine ‖ machine f. de cuisine; machine f. destinée à la cuisine. **a)** ~**messer** n. ‖ kitchen *or* cooking knife ‖ couteau m. de cuisine. **b)** ~**möbel** npl. ‖ kitchen furniture ‖ meubles mpl. de cuisine. **c)** ~**motor** m. ‖ kitchen motor ‖ moteur m. pour cuisine. **d)** ~**ofen** m. ‖ kitchen stove ‖ fourneau m. de cuisine. 34

Kuchenpfanne f. ‖ cake pan ‖ poêle f. à gâteaux; poupelinier m. **a)** ~ aus **Stahlblech** ‖ cake pan of steel plate ‖ poupelinier m. en tôle d'acier. 35

Küchen-schornstein m. ‖ kitchen chimney ‖ cheminée f. de cuisine. **a)** ~**schrank** m. ‖ cupboard ‖ buffet m. crédence. 36

Kuchenstärke f. (Filter) ‖ cake thickness ‖ épaisseur f. de tourteau. 37

Küchen-uhr f. ‖ kitchen clock ‖ horloge f. de cuisine. **a)** ~**wage** f. ‖ kitchen balance; kitchen *or* household scales pl. ‖ balance f. de maison *ou* de cuisine. **b)** ~**wäsche** f. ‖ kitchen linen ‖ linge m. *ou* lingerie f. de cuisine. **c)** ~**zeug** n. ‖ kitchen linen ‖ linge m. de ménage. 38

Kuckucksuhr f. ‖ cuckoo clock ‖ pendule f. à coucou. 39

Kufe f. ‖ skid ‖ patin m. 40

Kufenflugzeug n. ‖ sled plane; ski airplane ‖ avion m. skieur *ou* à skis. 41

Küfer m. ‖ cooper ‖ tonnelier m.; futailleur m.; douvrier m.; baquetier m.; foudrier m. 42

Küferei f. ‖ cooperage ‖ tonnellerie f.; barillage m. 43

Küferkrummesser n. ‖ cooper's hollowing knife ‖ plane f. creuse pour tonneliers. 44

Küfermesser n. ‖ cooper's drawing knife ‖ plane f. pour tonneliers. **a) gerades** ~ ‖ cooper's straight drawing knife ‖ plane f. droite pour tonneliers. 45

Küfer-putzmesser n. ‖ cooper's cleaning knife ‖ plane f. curette pour tonneliers. **a)** ~**schaber** m. ‖ cooper's round shave ‖ plane f. à genoux pour tonneliers. **b)** ~**schroppmesser** n. ‖ cooper's heading knife ‖ plane f. à foncer pour tonneliers. **c)** ~**zugschaber** m. ‖ cooper's drawing scraper ‖ racloir m. à deux manches pour tonneliers. 46

Kuff f. ‖ koff ‖ koff m. 47

Kugel f. ‖ ball ‖ boule f. **a)** ~ (Geom) ‖ sphere ‖ sphère f. **b)** ~ (aus Stein oder Marmor) ‖ ball ‖ bille f. **c)** ~ (Waffenw) ‖ bullet ‖ balle f.; boulet m. **d) Hohl**~ ‖ hollow ball ‖ boule f. creuse. **e)** ~ für **Rosenkränze** ‖ bead for chaplets ‖ perle f. à chapelets. **f) Schwung**~ ‖ ball of the governor ‖ boule f. du régulateur. **g) Thermometer**~ ‖ bulb of thermometer ‖ réservoir m. du thermomètre. 48

Kugel-abschnitt m. (Phys) ‖ segment of a sphere ‖ segment m. de la sphère. **a)** ~**ausschnitt** m. ‖ section of sphere; spherical sector ‖ secteur m. sphérique. 49

Kugelboden m. ‖ spherical bottom ‖ fond m. sphérique. **a) Doppel**~ ‖ spherical double-bottom ‖ double-fond m. sphérique. 50

Kugelbolzen m. ‖ ball pin ‖ boulon m. à rotule. **a)** ~**pfanne** f. ‖ ball socket ‖ grain m. de butée pour boulon à rotule. 51

Kügelchen n. ‖ globule ‖ globule m. 52

Kugel-drehen n. ‖ spherical turning ‖ tournage m. de sphères. **a)** ~**drehscheibe** f. (Eisenb) ‖ turntable supported on balls; ball bearing turntable ‖ plaque f. tournante sur billes. 53

Kugeldruck-lager n. ‖ ball thrust bearing ‖ palier m. de butée à billes; roulement m. de butée. **a)** ~**probe** f. ‖ ball test for hardening; Brinell process *or* test of hardness; ‖ épreuve f. de pression par empreinte; procédé m. Brinell; essai m. à la bille. 54

Kugeldruckprüfapparat m. für **Radkränze** ‖ ball thrust apparatus for wheel rims ‖ appareil m. d'essai à bille pour bandages de roues. **a)** ~ für **Schienen** ‖ ball thrust apparatus for rails ‖ appareil m. d'essai à bille pour rails. **b)** ~ für **Walzen** ‖ ball thrust apparatus for rolls ‖ appareil m.

d'essai à bille pour cylindres et rouleaux. **c)** ~ für **Zylinder** und Rohre ‖ ball thrust apparatus for cylinders and tubes ‖ appareil m. d'essai à bille pour cylindres et tuyaux. 1

Kugeldruck-prüfmaschine f. ‖ ball thrust testing machine ‖ machine f. à essayer à la bille. **a) ~schnellpresse** f. ‖ ball thrust rapid press ‖ presse f. rapide à billes. 2

Kugel-einsprache f. ‖ microphone cap ‖ calotte f. du microphone. **a) ~eisen** n. (Schmied) ‖ patten shoe ‖ fer m. à globe *ou* à patin. **b) ~fallhammer** m. ‖ indentation machine with ball drop hammer ‖ mouton m. à bille. **c) ~fang** m. ‖ butt ‖ butte f. de tir. 3

kugelfest ‖ bullet proof ‖ à l'épreuve f. des balles. 4

Kugel-fläche f. ‖ spherical surface ‖ surface f. sphérique. **a) ~form** f. ‖ bullet mould ‖ moule m. à balles. 5

kugelförmig ‖ spherical ‖ sphérique. **a) ~er Boden** m. *s.* Kugelboden. **b) ~es Gefäß** n. ‖ ball shaped vessel ‖ vase m. sphérique. 6

Kugel-fräser m. ‖ cherry; spherical cutter ‖ fraise f. sphérique. **a) ~funkenstrecke** f. ‖ ball spark gap ‖ éclateur m. à électrodes sphériques. **b) ~funktion** f. ‖ spherical function ‖ fonction f. sphérique. 7

Kugelgelenk n. ‖ ball and socket joint ‖ joint m. à boulet *ou* à bille. **a) ~arm** m. ‖ ball-jointed arm ‖ bras m. à joints sphériques. **b) ~lager** n. ‖ ball and socket joint bearing ‖ palier m. articulé à billes. 8

Kugel-gestalt f. ‖ spherical shape ‖ forme f. sphérique. **a) ~gewölbe** n. ‖ spherical vault; hemispherical vault ‖ cul-defour m.; voûte f. sphérique. **b) ~griff** m. ‖ ball handle ‖ poignée f. à bille. **c) ~halter** m. ‖ ball support ‖ support m. à billes. **d) ~handkurbel** f. ‖ crank handle with ball ‖ manivelle f. à main avec boule. **e) ~hebel** m. ‖ ball lever ‖ levier m. à boule. 9

kugelig ausgebildetes Ende n. ‖ ball chaped end ‖ extrémité f. sphérique. 10

Kugel-jaspis m. ‖ egyptian pebble. ‖ jaspe m. égyptien. **a) ~kaliber** n. ‖ indentation; hollow ‖ logement m. de la boule. **b) ~kalotte** f. ‖ spherical calotte ‖ calotte f. sphérique. **c) ~kammer** f. (Kugellager) ‖ ball race ‖ chemin m. de roulements des billes. **d) ~kondensator** m. ‖ spherical condenser ‖ condensateur m. sphérique. **e) ~kontakt** m. ‖ ball contact ‖ contacteur m. à bille. **f) ~korb** m. (Kugellager) ‖ ball race ‖ bague f. *ou* rondelle f. à billes; anneau m. *ou* chemin m. de roulement. **g) ~kühler** m. (Chem) ‖ bulb condenser ‖ réfrigérant m. à boules. **h) ~kurbel** f. ‖ lever with spherical end ‖ levier m. à boule. **i) ~lack** m. ‖ round lac ‖ laque f. de boule. 11

Kugellager n. ‖ ball *or* roller *or* spherical bearing ‖ palier m. *ou* roulement m. à billes; coussinet m. sphérique *ou* à sphère *ou* à billes. **a) Fahrrad~** ‖ ball bearing for cycles ‖ palier m. à billes pour bicyclettes. **b) fertig montiertes ~** ‖ assembled ball bearing ‖ roulement m. à billes monté. **c) Kegel~** ‖ cup and cone bearing ‖ roulement m. à billes par cône et cuvettes. **d) Quer~** ‖ transversal ball bearing ‖ palier m. transversal à billes. **e) Ring~** ‖ ball race bearing ‖ palier m. de roulements annulaires. **f)** sich **selbst einstellendes ~** ‖ automatic ball bearing ‖ palier m. sphérique automatique. 12

Kugellager-freilaufrad n. ‖ free wheel with ball bearings ‖ roue f. libre à billes. **a) ~gehäuse** n. ‖ ball bearing cup; spherical bush *or* brass ‖ cage m. de roulement à billes; coussinet m. sphérique. 13

Kugellagerring m. ‖ ball bearing ring ‖ bague f. *ou* anneau m. du roulement à billes. **a)** Stativ n. zum Prüfen der Lage von Rillen zur Stirnwand in **~en** ‖ stand to check the position of grooves in relation to the face of ball bearing rings ‖ support m. pour la vérification de la position des gorges des bagues de roulement par rapport aux billes. 14

Kugellager-schale f. *s.* ~gehäuse. **a) ~spindel** f. ‖ ball bearing spindle ‖ broche f. sur roulement à billes. **b) ~stahl** m. ‖ ball bearing stee ‖ acier m. pour roulements à billes. 15

Kugel-lehre f. ‖ ball-gauge; hollow ‖ jauge f. à billes. **a) ~leuchte** f. ‖ spherical fitting ‖ lucette f. en forme sphère. **b) ~linse** f. (Opt) ‖ spherical lens ‖ verre m. sphérique. **c) ~meßhalter** m. ‖ ball measuring stand ‖ support m. pour le calibrage des billes. **d) ~mikroskop** n. ‖ ball stage microscope ‖ microscope m. à articulations. 16

Kugelmühle f. ‖ ball *or* pebble mill; ball type of crusher; shot grinder ‖ moulin m. à boulets; broyeur m. à boules. **a) Laboratoriums~** ‖ laboratory ball mill ‖ moulin m. à boulets pour laboratoires. **b) Mahlplatte** f. für **~n** ‖ grinding plate for ball mills ‖ plaque f. de broyage pour moulins à boulets. **c) Naß~** (Aufber) ‖ ball mill for wet grinding ‖ moulin m. à boulets pour le broyage par voie humide. 17

Kugelmutter f. ‖ ball nut ‖ écrou m. sphérique. 18

kugeln ‖ to roll; to form into a ball ‖ rouler; arrondir. 19

Kugel-panzergalvanometer n. ‖ galvanometer with ball-shaped shield ‖ galvanomètre m. à cuirasse sphérique. **a) ~patrone** f. ‖ ball cartridge ‖ cartouche f. à balle. **b) ~pfanne** f. ‖ ball socket ‖ coussinet m. sphérique. **c) ~poliertrommel** f. ‖ ball polishing drum ‖ tambour m. de polissage pour billes. **d) ~porphyr** m. ‖ globuliferous porphyry ‖ pyroméride m.; porphyre m. globuleux. **e) ~presse** f. ‖ ball press ‖ presse f. à billes. **f) ~prüfmaschine** f. ‖ ball testing machine ‖ machine f. à essayer les billes. **g) ~reihe** f. ‖ ball race ‖ rangée f. de billes. **h) ~ring** m. ‖ ball race ‖ bague f. *ou* rondelle f. à billes; anneau m. de roulement. **i) ~rückschlagventil** n. ‖ ball-retaining valve ‖ soupape f. de retenue à boulet. 20

Kugelschale f. ‖ ball cup ‖ cuvette f.; culot m.; tasse f. **a) ~** (Geom) ‖ spherical calotte ‖ calotte f. sphérique. 21

Kugel-schaltung f. (Auto) ‖ ball and socket gear shifting ‖ changement m. de vitesses par levier oscillant. **a) ~scharnier** n. ‖ ball and socket joint ‖ joint m. à boulet; joint m. sphérique; articulation f. à rotule. **b) ~schleifmaschine** f. ‖ ball grinding machine ‖ machine f. à rectifier les billes. **c) ~schneidmaschine** f. ‖ ball cutting machine ‖ coupeuse f. de billes. **d) ~schwimmer** m. ‖ spherical *or* ball float ‖ flotteur m. sphérique. **e) ~segment** n. ‖ segment of a sphere ‖ segment m. de la sphère. **f) ~sektor** m. ‖ spherical sector ‖ secteur m. sphérique. **g) ~senker** m. ‖ cherry; spherical cutter ‖ fraise f. sphérique. 22

kugelsicher ‖ bulletproof ‖ à l'épreuve f. de la balle. 23

Kugel-spitzfeder f. ‖ ball pointed pen ‖ plume f. à pointe sphérique. **a) ~spur** f. (Kugellager) ‖ ball race ‖ bague f. de roulement. **b) ~spurlager** n. ‖ spherical thrust bearing ‖ butée f. à billes. **c) ~stahl** m. ‖ ball steel ‖ acier m. à billes. **d) ~stollen** m. ‖ patten of horse shoe ‖ patin m. d'un fer à cheval. **e) ~stutzen** m. ‖ ball connecting branch ‖ tubulure f. à boulets. **f) ~support** m. ‖ revolving slide rest ‖ chariot m. circulaire *ou* tournant *ou* pivotant. **g) ~tisch** m. (Opt) ‖ ball stage ‖ surplatine f. hémisphérique. **h) ~ventil** n. ‖ spherical *or* ball *or* bullet *or* globe valve; ball clack ‖ soupape f. à boulet. **i) ~wascher** m. ‖ ball washer ‖ laveur m. à boulets. **k) ~zapfen** m. ‖ ball pivot *or* gudgeon; ball and socket joint ‖ tourillon m. à boulet *ou* à billes; pivot m. à rotule. **l) ~zone** f. ‖ spherical zone ‖ zone f. sphérique. 24

Kuh-fuß m. ‖ crow bar; nail claw *or* drawer ‖ pied m. de chèvre; pince f.; loup m.; verdillon m. **a) ~glocke** f. ‖ cow bell ‖ clochette f. pour vaches. **b) ~haargewebe** n. ‖ cow hair cloth ‖ thibaude f. **c) ~haut** f. ‖ cowhide ‖ peau f. de vache. **d) ~horn** n. ‖ cow horn ‖ corne f. de vache. **e) ~knecht** m. ‖ cow boy ‖ gardeur m. de vaches. 25

kühl ‖ cool; fresh ‖ frais. **a) ~ aufbewahren** ‖ to keep in cool place ‖ garder en lieu frais. 26

Kühlanlage f. ‖ refrigerating *or* cooling plant ‖ installation f. frigorifique *ou* réfrigérante; réfrigérant m. **a) Gas~** ‖ gas cooling plant ‖ installation f. de réfrigération des gaz. **b) Luft~** ‖ air cooling plant ‖ installation f. de rafraîchissement d'air. **c) Milch~** ‖ milk cooling plant ‖ installation f. frigorifique dans une laiterie. **d) Seifenplatten~** ‖ soap slab cooling plant ‖ refroidisseur m. de plaques de savon. 27

Kühlanlagenarmatur f. ‖ fittings pl. for cooling plants ‖ armature f. pour installations frigorifiques. 28

Kühlapparat m. ‖ cooling tank; refrigerator ‖ appareil m. réfrigérant; réfrigérant m. **a) Bier~** ‖ beer cooling apparatus; Baudelot *or* beer cooler ‖ Baudelot m.; réfrigérant m. à bière. **b) Flächenberieselungs~** ‖ surface cooler ‖ réfrigération f. à surface à ruissellement. **c) Gegenstrom~** ‖ counter current *or* counter stream cooler ‖ réfrigérant m. à contre-courant. **d) Gegenstrombier~** ‖ counter current beer cooler ‖ réfrigérant m. à bière à contre-courant. **e) Gegenstromröhren~** ‖ counter current pipe cooler ‖ réfrigérant m. tubulaire à contre-courant. **f) Hochdruckröhren~** ‖ high pressure pipe cooler ‖ appareil m. frigorifique tubulaire à haute pression. **g) Luft~** ‖ air cooling apparatus ‖ appareil m. à refroidir l'air. 29

Kühl-band n. ‖ cooling band ‖ bande-refroidisseur f. **a) ~becken** n. ‖ cooling pond ‖ bassin m. de refroidissement. 30

Kühlbett n. (Walzw) ‖ cooling bed *or* rack *or* trough ‖ lit m. refroidisseur; refroidissoir m. **a) Rollen~** ‖ roller cooling bed ‖ refroidissoir m. à rouleaux. 1

Kuhle f. (Wasserb) ‖ pool ‖ creux m. 2

Kühle f. (Brau) ‖ bac; cooler; cooling floor ‖ bac m. refroidisseur *ou* rafraîchissoir. 3

kuhlen (Seew) ‖ to blow ‖ siffler. 4

kühlen ‖ to cool; to chill ‖ réfrigérer; refroidir. **a)** ~ (Glasf) ‖ to anneal ‖ recuire. **b)** das **Feuer** ~ ‖ to slacken the fire ‖ modérer le feu. **c)** einen **Ofen** m. ~ *s.* das Feuer ~. 5

Kühlen n. (Glasf) ‖ annealing ‖ recuit m. 6

kühlend (Chem) ‖ cooling ‖ réfrigérant. 7

Kühler m. (Auto) ‖ radiator; cooler ‖ radiateur m. **a)** ~ (Chem) ‖ condenser; cooler ‖ réfrigérant m. **b)** ~ (Zuck) ‖ cooler ‖ rafraîchissoir m. **c) ausziehbarer ~** ‖ draw out *or* retractable *or* extractable (A) radiator ‖ radiateur m. amovible *ou* escamotable. **d) Batterie~** ‖ tubular cooler ‖ réfrigérant m. tubulaire. **e) Bienenkorb~** ‖ honeycomb radiator ‖ radiateur m. à nid d'abeilles. **f) Bug~** ‖ nose radiator ‖ radiateur m. avant. **g) Dampf~** ‖ steam cooling device ‖ réfrigérant m. à vapeur. **h) einziehbarer ~** *s.* ausziehbarer ~. **i) Gärbottich~** ‖ attemperator coil for fermenting tuns ‖ réfrigérant m. pour cuves de fermentation. **k) Gas~** ‖ gas cooler *or* refrigerator ‖ réfrigérateur m. à gaz. **l) Gegenstrom~** ‖ counter-current cooler ‖ réfrigérateur m. à contre-courant. **m) Kugel~** (Chem) ‖ bulb condenser ‖ réfrigérant m. à boules. **n) Lamellen~** (Auto) ‖ ribbed radiator ‖ radiateur m. à ailettes de tôle. **o) Laugen~** ‖ lye cooler ‖ rafraîchissoir m. à lessives. **p) Luft~** (Chem) ‖ air condenser ‖ réfrigérant m. à air. **q) Nach~** ‖ re-cooler ‖ condenseur m. complémentaire. **r) Ohren~** (Luftf) ‖ lateral radiator ‖ radiateur m. auriculaire *ou* latéral. **s) Öl~** ‖ oil cooler ‖ refroidisseur m. *ou* radiateur m. d'huile. **t) Rippen~** ‖ rib radiator *or* cooler ‖ radiateur m. à ailettes. **u) Rippenrohr~** ‖ gilled tube radiator ‖ radiateur n. à tuyaux garnis d'ailettes. **v) Röhren~** ‖ tubular radiator *or* cooler ‖ radiateur m. tubulaire *ou* à tuyaux. **w) Rückfluß~** (Chem) ‖ reflux condenser ‖ réfrigérant m. à reflux. **x) Schlangen~** ‖ radiator coil ‖ radiateur m. à serpentins. **y) Spitz~** ‖ pointed radiator; V-fronted radiator ‖ radiateur m. en coupe-vent. **z) Stirn~** ‖ front radiator ‖ radiateur m. frontal. 8

a) Tragdeck~ ‖ wing radiator ‖ radiateur m. de plan sustentateur. **b) ~ vorn** am Wagen (Auto) ‖ front mounted radiator ‖ radiateur m. à l'avant. **c) Waben~** ‖ honey comb radiator ‖ radiateur m. à nid d'abeilles. **d) Zellen~** ‖ cellular radiator ‖ radiateur m. à nid d'abeilles. **e) Zusatz~** ‖ extra radiator ‖ radiateur m. auxiliaire. **f) Zwischen~** ‖ intermediate cooling ‖ refroidissement m. intermédiaire. 9

Kühler-abdeckung f. ‖ radiator cover ‖ revêtement m. du radiateur. **a) ~ablaßhahn** m. (Auto) ‖ radiator drain cock ‖ robinet m. de vidange du radiateur. **b) ~ablaßschraube** f. (Auto) ‖ radiator draw-off plug ‖ bouchon m. de vidange du radiateur. **c) ~ausflußstutzen** m. (Auto) ‖ water outlet of radiator ‖ sortie f. d'eau du radiateur. **d) ~block** m. (Auto) ‖ radiator core ‖ faisceau m. de radiateur. **e) ~einfüllstutzen** m. (Auto) ‖ radiator filler cap ‖ orifice m. de remplissage du radiateur. **f) ~einlaßstutzen** m. (Auto) ‖ water inlet of radiator ‖ entrée f. de l'eau au radiateur. **g) ~fuß** m. (Auto) ‖ radiator bracket ‖ support m. de radiateur. **h) ~haube** f. (Auto) ‖ radiator cover ‖ couvre-radiateur m. **i) ~klappe** f. ‖ radiator shutter ‖ volet m. du radiateur. **k) ~klappenhebel** m. ‖ lever for operating radiator shutter ‖ levier m. de commande des volets de radiateur. **l) ~rahmen** m. (Auto) ‖ radiator shell ‖ cadre m. du radiateur. **m) ~schutzbügel** m. (Auto) ‖ radiator bumper rod ‖ pare-chocs m. de radiateur. **n) ~schutzring** m. (Auto) ‖ radiator guard ring ‖ bague f. protectrice de radiateur. **o) ~strebe** f. (Auto) ‖ radiator stay ‖ tirant m. de radiateur. **p) ~turbine** f. ‖ cooler turbine ‖ turbine f. de réfrigérant. **q) ~ventilator** m. ‖ radiator fan ‖ ventilateur m. du radiateur. **r) ~haubenwärmer** m. (Auto) ‖ motor hood heater ‖ chauffe-radiateur m. à mettre dessous le capot. 10

Kühl-faß n. (Chem) ‖ refrigeratory ‖ réfrigérant m. **a) ~fläche** f. ‖ cooling surface ‖ surface f. refroidissante *ou* de refroidissement *ou* de réfrigération. **b) ~flüssigkeit** f. ‖ cooling liquid ‖ liquide m. de refroidissement. **c) ~gefäß** n. ‖ refrigerating vessel ‖ vase m. réfrigérant. **d) ~gut** n. ‖ chilled goods pl. ‖ marchandise f. refroidie. **e) ~halle** f. ‖ cold store ‖ entrepôt m. frigorifique. **f) ~haus** n. ‖ cold store; cold storage house ‖ entrepôt m. frigorifique *ou* de refroidissement. **g) ~kammer** f. (Mühle) ‖ hopper boy ‖ refroidisseur m. **h) ~kasten** m. ‖ water box ‖ boîte f. à eau. **i) ~leitung** f. ‖ cooling pipe ‖ conduite f. de réfrigération. **k) ~luftregler** m. ‖ radiator shutter *or* damper ‖ volets mpl. de radiateur. 11

Kühlmantel m. ‖ cooling jacket ‖ chemise f. de réfrigerant; enveloppe f. réfrigérante. **a) ~motor** m. ‖ cooling jacket motor ‖ moteur m. à enveloppe de refroidissement. 12

Kühlmaschine f. ‖ refrigerating machine; refrigerator ‖ machine f. réfrigérante; réfrigérateur m. **a) Absorptions~** ‖ absorption cooling machine ‖ machine f. frigorifique à absorption. **b) Äther~** ‖ ether refrigerating machine ‖ machine f. frigorifique à éther. **c) Eiserzeugungs- und ~** ‖ ice making and refrigeration machine ‖ machine f. à glace et à froid. **d) Kompressions~** ‖ compression cooling machine ‖ machine f. frigorifique à compression. 13

Kühlofen m. (Glasf) ‖ annealing furnace *or* oven ‖ fourneau m. de recuision *ou* à recuire. **a)** ~ (Spiegelfabr) ‖ cooling arch ‖ carcaise f.; carquaise f. **b) Zug~** für die Flaschenindustrie ‖ blast cooling furnace for bottle industry ‖ four m. de refroidissement à tirage pour l'industrie des bouteilles. 14

Kühlpumpe f. ‖ cooling pump ‖ pompe f. de refroidissement. 15

Kühlraum m. ‖ chill room; cooling chamber; cold storage ‖ chambre f. frigorifique *ou* de refroidissement. **a) fester ~** ‖ fixed cooling room ‖ chambre f. froide fixe. **b) Fisch~** ‖ fish cooling room ‖ chambre f. froide à poissons. **c) Fleisch~** ‖ meat cooling room ‖ chambre f. froide à viande. **d) transportabler ~** ‖ removable cooling room ‖ chambre f. froide transportable. 16

Kühlraumtür f. ‖ cold chamber door ‖ porte f. pour chambres froides. 17

Kühl-rechen m. (Brau) ‖ hopper boy ‖ rateau m. refroidisseur. **a) ~ring** m. für **Hochöfen** ‖ cooling ring for blast furnaces ‖ anneau m. refroidisseur pour hauts-fourneaux. **b) ~rippe** f. ‖ cooling rib; radiator fin ‖ ailette f. pour le refroidissement. 18

Kühlrohr n. (Chem) ‖ condenser tube ‖ tube m. de condensation. **a)** ~ (Motor) ‖ radiator tube ‖ tube m. de refroidissement. **b) ~system** n. ‖ cooling pipes pl. ‖ tuyaux mpl. réfrigérants. 19

Kühlschiff n. (Gefäß) ‖ cooling tank; cooler ‖ bac m. refroidisseur *ou* rafraîchissoir. **a)** ~ (Schiffb) ‖ cooling ship ‖ navire m. frigorifique. 20

Kühl-schlange f. ‖ condensing coil *or* worm; coiled cooling pipe; radiator ‖ serpentin m. refroidisseur *ou* réfrigérateur *ou* réfrigérant; radiateur m. **a) ~schnecke** f. ‖ cooling worm ‖ hélice f. réfrigérante. 21

Kühlschrank m. ‖ ice safe; cooling cupboard ‖ appareil m. conservateur; armoire f. glacière *ou* frigorifique. **a) elektrischer ~** ‖ electric refrigerator ‖ armoire f. réfrigérante électrique. **b) Schokoladen~** ‖ chocolate cooling cupboard ‖ armoire f. frigorifique à chocolat. 22

Kühlsieb n. ‖ cooling sieve ‖ tamis m. de refroidissement. **a) Farbmalz~** ‖ black malt cooling sieve ‖ tamis m. à refroidir le malt torréfié. 23

Kuhl-stock m. (Brau) ‖ bac; cooler; cooling floor ‖ bac m. refroidissoir *ou* rafraîchissoir. **a) ~system** n. ‖ cooling system ‖ système m. de refroidissement. 24

Kühlte f. (Wetter) ‖ breeze; gale ‖ brise f. 25

Kühltrog m. (Schmied) ‖ smith's *or* cooling trough ‖ auge f. de rafraîchissement; étang m. d'enclume. 26

Kühlturm m. ‖ cooling tower ‖ tour f. de réfrigération; réfrigérant m. à cheminée. **a) ~ mit künstlichem Zug** ‖ cooler with forced draught ‖ réfrigérant m. à tirage forcé. **b) ~ aus Lattenwerk** ‖ cooler of lath type ‖ réfrigérant m. à persiennes. **c) Stundenleistung** f. eines **~es** ‖ hourly capacity of a cooling tower ‖ puissance f. horaire d'une tour de réfrigération. 27

Kühlung f. ‖ cooling; refrigerating ‖ réfrigération f.; refroidissement m. **a) Druckluft~** ‖ forced draught cooling ‖ refroidissement m. à courant d'air forcé. **b) Luft~** ‖ air cooling ‖ refroidissement m. par air. **c) ~ der Malztennen** ‖ cooling of malt floors ‖ refroidissement m. des germoirs. **d) maschinelle ~** ‖ mechanic refrigeration ‖ réfrigération f. mécanique. **e) ~ durch selbsttätigen Umlauf** ‖ cooling by automatic circulation ‖ refroidissement m. par thermo-siphon. **f) Thermosiphon~** ‖ natural circulation water cooling ‖ refroidissement m. par thermo-siphon. **g) Verdampfungs~** ‖ evaporation hopper cooling ‖ refroidissement m. par évaporation. **h) Wasser~** (Auto) ‖ water cooling ‖ refroidissement

m. d'eau. **i)** ~ durch **Zerstäubung** ‖ spray cooling ‖ rafraîchissement m. par pulvérisation. 1

Kühl-vermögen n. der Kühlanlage ‖ refrigerator capacity ‖ capacité f. de l'appareil frigorifique. **a)** **~vorrichtung** f. ‖ refrigerator ‖ réfrigérateur m. 2

Kühlwagen m. ‖ refrigerator car ‖ voiture f. frigorifique. **a)** ~ (Eisenb) ‖ cooling wagon; cold-storage wagon ‖ wagon m. frigorifique *ou* réfrigérant. 3

Kühlwanne f. ‖ cooling tube ‖ cuve f. réfrigérante. 4

Kühlwasser n. ‖ cooling water ‖ eau f. réfrigérante *ou* de refroidissement *ou* à refroidir. 5

Kühlwasser-ableitung f. ‖ cooling water discharge pipe ‖ conduite f. d'écoulement de l'eau de refroidissement. **a)** **~austritt** m. ‖ cooling water outlet ‖ sortie f. de l'eau de refroidissement. **b)** **~bedarf** m. ‖ quantity of cooling water required ‖ quantité f. d'eau nécessaire au refroidissement. **c)** **~beschaffung** f. ‖ cooling water supply ‖ alimentation f. en eau réfrigérante. **d)** **~einrichtung** f. für Drehbänke ‖ wet turning attachment ‖ dispositif m. d'arrosage pour tours. **e)** **~eintritt** m. ‖ cooling water inlet ‖ entrée f. de l'eau de refroidissement. **f)** **~leitung** f. ‖ cooling water pipe line ‖ conduite f. de l'eau réfrigérante. **g)** **~pumpe** f. ‖ cooling water; water circulating pump ‖ pompe f. à eau froide *ou* à eau de refroidissement. **h)** **~raum** m. ‖ cooling-water space ‖ enveloppe f. de circulation d'eau froide. **i)** **~regler** m. ‖ thermostate ‖ thermostat m. **k)** **~thermometer** n. ‖ cooling-water thermometer; radiator thermometer ‖ thermomètre m. de refroidissement. **l)** **~umlauf** m. ‖ cooling water circulation ‖ circulation f. d'eau de refroidissement. **m)** **~umlaufpumpe** f. ‖ circulating pump for cooling water ‖ pompe f. à circulation pour l'eau de refroidissement. **n)** **~wärter** m. ‖ cooling water tenter ‖ régleur m. d'eau de refroidissement. **o)** **~zuleitung** f. ‖ cooling water feed pipe ‖ conduite f. d'amenée de l'eau de refroidissement. 6

Kühl-werk n. ‖ refrigerating plant; cold storage; cooler ‖ usine f. frigorifique; réfrigérant m. **a)** **~wirkung** f. ‖ cooling action ‖ action f. refroidissante. **b)** **~zelle** f. ‖ cooling cell ‖ loge f. froide. 7

Kühlzug m. ‖ cooling train ‖ train m. frigorifique. **a)** **Eisenbahn~** ‖ train with refrigerator cars ‖ train m. à wagons frigorifiques. 8

Kuhmagd f. ‖ byrewoman ‖ vachère f. 9

Kuhmist m. ‖ cow dung ‖ bouse f. de vache. **a)** **~bad** n. (Färb) ‖ dunging; cow dung bath ‖ bousage m. des indiennes. **b)** **~koten** m. (Färb) *s.* ~bad. 10

Kuh-pockenstoff m. ‖ vaccine lymph ‖ vaccine m. **a)** **~schweizer** m. ‖ alpine herd ‖ berger m. des Alpes. **b)** **~stall** m. ‖ cow shed ‖ vacherie f. **c)** **~züchter** m. ‖ cow breeder ‖ éleveur m. de vaches. 11

Külbchen n. (Glasf) ‖ ball; piece; lump ‖ paraison f. 12

kulieren (Textil) ‖ to sink the loops pl. ‖ cueillir. 13

Kulierware f. ‖ hosiery ‖ tricot-cueilli m. 14

Kulisse f. (Lok; Masch) ‖ link ‖ coulisse f. 15

Kulissen-lager n. ‖ link bracket ‖ attache f. de coulisse. **a)** **~schleif- und Kopiermaschine** f. ‖ link grinding and copying machine ‖ machine f. à rectifier et à copier les coulisses. **b)** **~schütz** n. ‖ paddle valve ‖ ventelle f. *ou* vannelle f. à jalousie. **c)** **~stein** m. (Lok; Masch) ‖ sliding block ‖ coulisseau m. **d)** **~steuerung** f. ‖ link motion; distributing valve motion ‖ distribution f. à coulisse. **e)** **~wähler** m. (Selbstanschl) ‖ Ericsson selector ‖ sélecteur m. Ericsson. 16

Kulmination f. (Astron) ‖ culmination ‖ culmination f.; passage m. par le méridien. 17

Kulminationspunkt m. ‖ point of culmination ‖ point m. de culmination; point m. culminant. 18

kulminieren (Astron) ‖ to culminate ‖ culminer. 19

Kultivator m. ‖ cultivator ‖ cultivateur m. **a)** **~zinke** f. (Landw) ‖ cultivator tooth ‖ dent f. de cultivateur. 20

kultivieren (Landw) ‖ to cultivate ‖ cultiver. 21

Kultur f. ‖ civilization; culture ‖ civilisation f. **a)** ~ (Anbau) ‖ cultivation; tilling ‖ culture f.; cultivation f. **b)** ~ (Bakteriol) ‖ culture ‖ culture f. **c)** ~ (Pflanzenzüchtung) ‖ growing ‖ culture f. **d)** ~ (Tierzüchtung) ‖ breeding; rearing ‖ culture f. **e)** **Bakterien~** ‖ bacterial culture ‖ culture f. de bactéries. **f)** **Gelatine~** ‖ gelatine culture ‖ culture f. sur gélatine. **g)** **Gipsblock~** ‖ gypsum block culture ‖ culture f. sur bloc de plâtre. 22

Kulturapparat m. (Bakteriol) ‖ (bacteriological) culture apparatus ‖ appareil m. (bactériologique) pour cultures. 23

Kulturgerät n. (Landw) ‖ agricultural implement; apparatus for purposes of cultivation ‖ ustensile m. agricole; appareil m. pour la culture. **a)** **Forst~** ‖ tools pl. for forest economy ‖ outils mpl. pour l'économie forestière. 24

Kultur-pflanze f. ‖ cultivated plant ‖ plante f. cultivée. **a)** **~techniker** m. ‖ engineer for drainage; agricultural expert ‖ agent m. technique; ingénieur m. agricole. 25

Kumaronharz n. ‖ coumarone resin ‖ résine f. de coumarone. 26

Kumaru-blatt n. ‖ leaf of coumarou ‖ feuille f. de coumarou. **a)** **~bohne** f. ‖ coumarou bean ‖ fève f. de coumarou. 27

Kümmel m. ‖ caraway ‖ cumin m.; carvi m. **a)** **~öl** n. ‖ caraway oil ‖ essence f. de carvi. 28

Kümpel-arbeit f. ‖ dishing ‖ travail m. d'emboutissage. **a)** **~blech** n. ‖ flanged plate ‖ tôle f. à bord rabattu *ou* tombé; plaque f. bridée. 29

kümpeln, Blech n. ‖ to dish the plate ‖ cintrer *ou* emboutir la tôle. 30

Kümpelpresse f. ‖ flanging press ‖ presse f. à border *ou* à emboutir. **a)** **hydraulische** ~ ‖ hydraulic circular flanging press ‖ presse f. hydraulique à emboutir les fonds de chaudières. 31

Kümpelteile mpl. ‖ flanged and dished parts pl. ‖ pièces fpl. bombées *ou* embouties. 32

Kümpelung f. ‖ flanging ‖ emboutissage m. **a)** **Tiefe** f. der ~ ‖ depth of dishing ‖ flèche f. de l'emboutissage. 33

Kumt n. (Sattl) ‖ horse-collar; collar of harness ‖ collier m. de cheval. **a)** **Holz~** ‖ wood collar ‖ collier m. en bois. 34

Kumtdeckel m. (Sattl) ‖ housing of the collar ‖ coiffe f. du collier. **a)** **~riemen** m. ‖ housing strap ‖ courroie f. servant à attacher la coiffe. 35

Kumteisen n. ‖ iron hame ‖ attelle f. en fer. 36

Kumtfeder f. (Sattl) ‖ breast strap ring; hame ‖ maille f. d'attelle; attelle f. d'un collier. **a)** **~öse** f. (Sattl) ‖ loop *or* eye of a hame ‖ anneau m. *ou* œil m. d'attelle. **b)** **~riemen** m. (Sattl) ‖ hame strap ‖ courroie f. d'attelle. 37

Kumt-geschirr n. (Sattl) ‖ collar harness ‖ harnais m. à colliers. **a)** **~macher** m. ‖ horse collar maker ‖ bourrelier m. **b)** **~metall** n. ‖ saddlery plate ‖ plaqué m. pour la sellerie. 38

kündbar ‖ terminable ‖ limité. 39

Kunde m. ‖ customer; client ‖ client m. 40

Kunden-bäcker m. ‖ bake-house proprietor ‖ fournier-boulanger m. **a)** **~mühle** f. ‖ exchange mill ‖ moulin m. à façon. **b)** **~wechsel** m. ‖ trade bill ‖ papier m. commercial. **c)** **~zähler** m. (Zahlkasse) ‖ counter of customers ‖ compteur m. de clients. 41

kündigen ‖ to give notice *or* warning ‖ donner *ou* demander son congé. **a)** den **Dienst** m. ~ ‖ to dismiss ‖ dénoncer le contrat de service. 42

Kündigung f. ‖ notice ‖ congé m. 43

Kündigungsfrist f. ‖ time allowed for giving notice ‖ terme m. du congé. **a)** die ~ **einhalten** ‖ to observe the length of notice of dismissal ‖ observer le délai m. de congé(diement). **b)** eine ~ f. **vereinbaren** ‖ to agree upon a period of notice of dismissal ‖ fixer un délai de congé(diement). **c)** **x-tägige** ~ ‖ x-days notice of dismissal ‖ délai m. de congé(diement) de x jours. 44

Kündigungs-grund m. ‖ ground for dismissal ‖ motif m. de congé(diement). **a)** **~recht** n. ‖ right of dismissal ‖ droit m. de congé(diement). 45

Kundschaft f. ‖ clients pl.; customers ‖ clients mpl. 46

Kunkel m. ‖ distaff; rock ‖ quenouille f. 47

Kunst f. ‖ art ‖ art m. **a)** **~asphalt** m. ‖ artificial asphalt ‖ asphalte m. artificiel. **b)** **~bau** m. ‖ art work ‖ ouvrage m. d'art. 48

Kunstbaumwolle f. ‖ artificial cotton ‖ coton m. artificiel. **a)** **~fertigungsmaschine** f. ‖ artificial cotton making machine ‖ machine f. de fabrication du coton artificiel. 49

Kunst-bernstein m. ‖ artificial amber ‖ ambre m. jaune artificiel. **a)** **~blume** f. ‖ artificial flower ‖ fleur f. artificielle. **b)** **~blumenarbeiterin** f. ‖ artificial flower mounter ‖ monteuse f. en fleurs artificielles. **c)** **~bronze** f. ‖ art bronze ware ‖ objet m. d'art en bronze. 50

Kunstbutter f. ‖ artificial butter; margarine ‖ beurre m. artificiel; margarine f. **a)** **~fabrik** f. ‖ margarine factory ‖ fabrique f. de margarine. 51

Kunstdrechsler m. ‖ fancy goods turner ‖ tourneur m. en tabletterie. **a)** **~arbeit** f. ‖ artistic turned work ‖ travail m. d'art tourné. **a)** **~waren** fpl. aus Hartkautschuk ‖ turnery of hard caoutchouc ‖ tabletterie f. de caoutchouc durci. 52

Kunstdruckerei f. ‖ art printing office ‖ imprimerie f. artistique *ou* d'art. 53

Kunstdruckpapier n. ‖ art *or* enamelled *or* chromo paper ‖ papier m. chromo; papier m. pour impression artistique. **a)** **mattes** ~ ‖ mat surface *or* mat art paper ‖ papier m. mat pour impression artistique. 54

Kunstdünger m. ‖ artificial manure ‖ engrais m. artificiel *ou* chimique. **a) ~streumaschine** f. ‖ sowing machine for chemical manure ‖ semoir m. à engrais artificiels. 1

Kunsteis n. ‖ artificial ice ‖ glace f. artificielle. **a) Herstellung** f. von **~** ‖ production of artificial ice ‖ fabrication f. de glace artificielle. 2

Kunst-eisbahn f. ‖ artificial ice skating rink ‖ piste f. de patinage en glace artificielle. **a) ~elfenbein** n. ‖ artificial ivory; albolite ‖ ivoire m. artificiel; albolite f. **b) ~fett** n. ‖ artificial grease ‖ graisse f. préparée *ou* artificielle. **c) ~feuerwerker** m. ‖ fire-work maker ‖ artificier m. **d) ~flug** m. ‖ trick flying ‖ vol m. acrobatique. **e) ~fotograf** m. ‖ photographic artist ‖ artiste m. photographe. **f) ~garn** n. ‖ fancy yarn ‖ fil m. fantaisie. **g) ~gärtnerei** f. ‖ horticulture ‖ horticulture f. **h) ~gebiß** n. ‖ artificial denture ‖ denture f. artificielle; plaque f. de dentier; prothèse f. dentaire. **i) ~gegenstand** m. ‖ article of virtue; fine art object ‖ objet m. d'art. 3

Kunstgewerbe n. ‖ applied art ‖ art m. industriel. **a) ~museum** n. ‖ applied-art museum ‖ musée f. d'art industriel. **b) ~schule** f. ‖ school of arts and crafts ‖ école f. des arts industriels. 4

kunstgewerblich-e Arbeiten fpl. ‖ works pl. of applied art ‖ travaux mpl. d'art industriel. **a) ~er Gegenstand** m. ‖ industrial art object ‖ article m. d'art appliqué. **b) ~e Metallarbeiten** fpl. ‖ metal work of applied art ‖ travail m. d'art en métal. **c) ~e Werkstätte** f. ‖ workshop for industrial art ‖ atelier m. d'art industriel. 5

Kunst-gießerei f. ‖ art(istic) foundry; casting of works of art ‖ fonderie f. artistique *ou* (des objects) d'art. **a) ~glas** n. ‖ artistic glass ‖ verre m. *ou* cristal m. d'art. **b) ~glaswaren** fpl. ‖ artistic glass ware ‖ verrerie f. artistique. **c) ~griff** m. ‖ mechanical dodge *or* knack *or* tric ‖ coup m. de main; secret m.; truc m. **d) ~guß** m. ‖ castings pl. for objects of art; artistic cast goods pl. ‖ objets mpl. d'art de fonte moulée; articles mpl. artistiques en fonte. 6

Kunstharz n. ‖ artificial rosin *or* resin ‖ résine f. artificielle. **a) ~waren** fpl. ‖ amberoid ware ‖ articles mpl. en résine artificielle. 7

Kunst-holz n. ‖ artificial wood ‖ bois m. artificiel. **a) ~honig** m. ‖ artificial honey ‖ miel m. artificiel. 8

Kunsthorn n. ‖ artificial horn ‖ corne f. artificielle. **a) ~herstellungsmaschine** f. ‖ artificial horn producing machine ‖ machine f. pour fabriquer la corne artificielle. **b) ~kamm** m. ‖ artificial horn comb ‖ peigne m. en corne artificielle. **c) ~waren** fpl. ‖ imitation horn ware ‖ articles mpl. en corne artificielle. 9

Kunst-käse m. ‖ artificial cheese ‖ fromage m. artificiel. **a) ~keramik** f. ‖ art ceramics pl. ‖ céramique f. d'art. **b) ~kohle** f. ‖ artificial coal ‖ charbon m. artificiel. **c) ~korbflechter** m. ‖ fine basket platter ‖ tresseur m. de paniers artistiques. **d) ~kork** m. ‖ artificial cork ‖ liège m. factice. 10

Kunstleder n. ‖ leatheroid; artificial *or* imitation leather ‖ simili-cuir m.; cuir m. imité *ou* artificiel. **a) ~fabrik** f. ‖ artificial-leather manufactory ‖ fabrique f. de cuir artificiel. **b) ~pappe** f. ‖ artificial leather cardboard ‖ carton m. de cuir artificiel. 11

Kunstleitung f. (Fernm) ‖ balancing network ‖ ligne f. artificielle. 12

Künstlerfarbe f. ‖ artist's paint *or* colour ‖ couleur f. fine pour artistes *ou* pour peintre-artistes. 13

künstlerisch ‖ artistic ‖ artistique. **a) ~e Ausführung** f. ‖ artistic finish ‖ modèle m. artistique. 14

Künstler-postkarte f. ‖ art post-card; postal card with paintings ‖ carte f. postale (illustrée) artistique. **a) ~puppe** f. ‖ artistic doll ‖ poupée f. artistique. 15

künstlich ‖ artificial; counterfeit; factitious; imitated ‖ artificiel; factice. **a) ~e Blume** f. ‖ artificial flower ‖ fleur f. artificielle. **b) ~er Edelstein** m. ‖ precious stone imitation ‖ imitation f. de pierre précieuse. **c) ~es Eis** n. ‖ artificial ice ‖ glace f. artificielle. **d) ~es Glied** n. (Orthopädie) ‖ artificial limb ‖ membre m. artificiel. **e) ~es Kabel** n. ‖ artificial cable ‖ câble m. artificiel. **f) ~e Kühlung** f. ‖ artificial cooling ‖ rafraîchissement m. artificiel. **g) ~e Leitung** f. ‖ artificial line ‖ ligne f. artificielle. **h) ~er Nebel** m. ‖ artificial fog ‖ brouillard m. artificiel. **i) ~es Trocknen** n. ‖ artificial drying ‖ séchage m. artificiel. **k) ~er Zug** m. ‖ artificial draught ‖ tirage m. artificiel. 16

Kunst-marmor m. ‖ artificial marble ‖ marbre m. artificiel *ou* factice. **a) ~möbel** n. ‖ artistic furniture ‖ meuble m. artistique. 17

Kunstmühle f. ‖ merchant mill ‖ moulin m. de commerce. 18

Kunstmühlenbesitzer m. ‖ corn flour manufacturer ‖ minotier m. 19

Kunst-porzellan n. ‖ artistic porcelain ‖ porcelaine f. artistique. **a) ~sandstein** m. ‖ artificial sandstone ‖ grès m. artificiel; aggloméré m. de ciment. **b) ~schleifstein** m. ‖ artificial grinding mill ‖ meule f. artificielle. **c) ~schmalz** n. ‖ artificial lard ‖ saindoux m. artificiel. **d) ~schmied** m. ‖ artistic locksmith ‖ serrurier m. *ou* forgeron m. d'art. 20

Kunstschmiede f. ‖ fine art forge; artistic locksmith's work ‖ forge f. artistique; ferronnerie f. d'art. **a) ~erzeugnis** n. ‖ artistically forged article ‖ travail m. d'art en fer forgé. **b) ~stück** n. ‖ artistic forged piece ‖ pièce f. d'art en fer forgé. 21

Kunst-schnitzer m. ‖ toy maker ‖ tabletier m.; débiteur m. pour tabletterie. **a) ~schreiner** m. ‖ cabinet maker *or* worker; ebonist ‖ ébéniste m. **b) ~schreinerei** f. ‖ cabinet making *or* work ‖ ébénisterie f. 22

Kunstseide f. ‖ imitation *or* artificial silk ‖ soie f. artificielle. **a) mit anderen Spinnstoffen** gemischte **~** ‖ artificial silk mixed with other spinning materials ‖ soie f. artificielle (à l'état de) mélangée avec d'autres textiles. **b) mit natürlicher Seide** gemischte **~** ‖ artificial silk mixed with natural silk ‖ soie f. artificielle (à l'état de) mélangée avec de la soie naturelle. 23

Kunstseideherstellungsmaschine f. ‖ artificial silk making machine ‖ machine f. de fabrication de la soie artificielle. 24

Kunstseiden-abfall m. ‖ artificial silk waste ‖ déchet m. de soie artificielle. **a) ~fabrik** f. ‖ artificial silk factory ‖ fabrique f. de soie artificielle. 25

Kunstseidenfaser f. ‖ artificial silk fibre ‖ fibre f. de soie artificielle. **a) ~ in Bändern** ‖ artificial silk fibre in ribbons ‖ fibre f. de soie artificielle en rubans. **b) gekämmte ~** ‖ combed artificial silk fibre ‖ fibre f. de soie artificielle peignée. **c) gekrempelte ~** ‖ carded artificial silk fibre ‖ fibre f. de soie artificielle cardée. **d) ~ in Vorgespinsten** ‖ artificial silk fibre in slubbings *or* rovings ‖ fibre f. de soie artificielle en mèches. 26

Kunstseidengarn n. ‖ artificial-silk yarn ‖ fil m. de soie artificielle. 27

Kunstspeisefett n. ‖ artificial *or* compound lard ‖ graisse f. comestible artificielle. 28

Kunststein m. ‖ artificial stone ‖ pierre f. artificielle *ou* factive. **a) ~fabrik** f. ‖ artificial stone factory ‖ fabrique f. de pierres artificielles. **b) ~gut** n. ‖ artistic pottery ‖ poterie f. artistique. **c) ~herstellungsmaschine** f. ‖ artificial stones making machine ‖ machine f. pour la fabrication de pierres artificielles. **d) ~industrie** f. ‖ industry of artificial stones ‖ industrie f. des produits en pierre artificielle. **e) ~pflaster** n. ‖ artificial stone pavement ‖ pavé m. aggloméré *ou* en pierres artificielles. **f) ~platte** f. ‖ artificial stone plate ‖ plaque f. de pierre factice. **g) ~schrotmühle** f. ‖ artificial stone bruising mill ‖ moulin m. concasseur de meules artificielles. **h) ~waren** fpl. ‖ artificial stone articles pl. ‖ objets mpl. en pierre artificielle. 29

Kunst-sticker m. ‖ art-embroiderer ‖ brodeur m. d'art. **a) ~stickerei** f. ‖ artistic embroidery ‖ broderie f. artistique. 30

Kunststoff m. ‖ artificial material ‖ matière f. artificielle. **a) ~herstellungsmaschine** f. ‖ artificial materials making machine ‖ machine f. pour fabriquer des matières artificielles. 31

Kunst-stopfen n. (Kleid) ‖ fine darning ‖ stoppage m. **a) ~straße** f. ‖ high road; main road; high way; turnpike road; causeway ‖ chaussée f.; grande route f.; route f. nationale. **b) ~straußmacherin** f. ‖ artificial spray maker ‖ confectionneuse f. de bouquets en fleurs artificielles. **c) ~stricker** m. ‖ cuff knitter ‖ tricoteur m. de parements. **d) ~tintenfaß** n. ‖ artistic inkstand ‖ encrier m. artistique. **e) ~tischler** m. ‖ cabinet maker *or* worker; ebonist ‖ ébéniste m. 32

Kunsttischlerei f. ‖ cabinet making; cabinet work; art furniture making ‖ ébénisterie f.; menuiserie f. d'art. **a) ~holz** n. ‖ wood for cabinet making ‖ bois m. d'ébénisterie. 33

Kunst-tonwaren fpl. ‖ terra cotta ‖ terres fpl. cuites. **a) ~töpfer** m. ‖ clay worker ‖ céramiste m. **b) ~töpferei** f. ‖ art pottery ‖ poterie f. artistique. **c) ~verlag** m. ‖ art publishers pl. ‖ éditeurs mpl. d'art. **d) ~verlagsanstalt** f. ‖ art publishing establishment ‖ maison f. de publications et librairies artistiques. **e) ~weber** m. ‖ art square weaver ‖ tisseur m. d'art. **f) ~wein** m. ‖ artificial wine ‖ vin m. artificiel. 34

Kunstwerk n. ‖ work of art ‖ œuvre f. d'art. **a) ~wiederherstellung** f. ‖ works of art repairing ‖ restauration f. d'objets d'art. 35

Kunstwiese f. ‖ irrigated *or* preparated meadow ‖ pré m. irrigué. 36

Kunstwolle f. ‖ artificial *or* re-manufactured wool; shoddy (wool) ‖ laine f. artificielle *ou* refaite. **a) ~fabrik** f. ‖ artificial wool manufactory ‖ fabrique f. de laine artificielle. **b) ~herstellungsmaschine** f. ‖

artificial wool making machine || machine f. de fabrication de la laine artificielle. 1

Kunstwoll-maschine f. || machine for shoddy || effilocheuse f. **a) ~spinnerei** f. || shoddy *or* mungo wool spinning mill || filature f. de déchets de laine *ou* de laine Renaissance. 2

Kunst-zahn m. || artificial tooth || dent f. artificielle. **a) ~zement** m. || artificial cement || ciment m. artificiel. 3

Küpe f. (Färb) || drum for steaming; vat; dyeing vat; boiler; copper || cuve f. de teinture; tonneau m. de vaporisage. **a)** die **~ ansetzen** || to prepare the vat || monter *ou* poser la cuve; faire assiette. **b) deutsche ~** || German *or* soda vat || cuve f. allemande. **c) dritte ~** || fecula vat || diablotin m.; bassinet m. **d) durchgehende ~** || decomposing vat || cuve f. à soufrer. **e) fertige ~** || prepared *or* made vat || assiette f. *ou* cuve f. garnie. **f) kalte ~** || cold vat || cuve f. à froid. **g) leise ~** || soft vat || cuve f. douce. **h) scharfe ~** || sharp vat || cuve f. forte *ou* raide *ou* usée. **i) schwarze ~** || thrown-back vat || cuve f. rebutée. **k) warme ~** || warm vat || cuve f. à chaud. **l)** die **~ zurichten** *s.* Küpe, die **~ ansetzen.** 4

Kupee n. (Wagenb) || coupe *or* landaulet || coupé m. 5

Kupellation f. *s.* Kupellieren. 6

Kupelle f. || cupel || coupelle f. d'essai. 7

kupellieren || to cupel; to capel || coupeller. 8

Kupellieren n. || cupellation || coupellation f. 9

Küpen-farbstoff m. || vat dye || colorant m. pour cuve. **a) ~rahmen** m. (Färb) || dipping frame || cadre m. **b) ~wäscher** m. (Färb) || tub washer || nettoyeur m. de cuves. 10

Kupfer n. || copper || cuivre m. **a) arsenigsaures ~** || copper arsenite || arsénite m. de cuivre. **b) ~** in **Barren** || copper in ingots || cuivre m. en lingots. **c) ~** in **Blöcken** || copper in blocks || cuivre m. en blocs. **d) borsaures ~** || copper borate || borate m. de cuivre. **e) chromsaures ~** || copper chromate || chromate m. de cuivre. **f) elektrolytisches ~** || electrolytic copper || cuivre m. électrolytique. **g) essigsaures ~** || copper acetate; verdigris || acétate m. de cuivre; verdet m. **h) Flach~** || flat bar copper || cuivre m. plat. **i) ~ frischen** || to revive copper || rafraîchir le cuivre. **k) galvanisch gefälltes ~** || electrotype copper || cuivre m. galvanique *ou* de la pile. **l) gediegenes ~** || native copper || cuivre m. natif. **m) gegossenes ~** || cast copper || cuivre m. coulé. **n) fein granuliertes ~** || feathered shot copper || cuivre m. en plumes. **o) grob granuliertes ~** || beau shot *or* granulated copper || cuivre m. en grains *ou* en dragées. **p)** mit **Grünspan** beschlagenes **~** || eruginous *or* verdigrised copper || cuivre m. érugineux. **q) ~ hammergar machen** || to refine copper || raffiner le cuivre. **r) hammergares ~** || refined *or* tough pitch copper || cuivre m. fin *ou* raffiné. **s) Hart~** || hard copper || métal m. dur. **t) hart gezogenes ~** || hard drawn copper || cuivre m. écroui; cuivre étiré à froid. **u) harzsaures ~** || copper resinate || résinate m. de cuivre. **v) kaltbrüchiges ~** || dry *or* under-poled copper || cuivre m. cassant *ou* sec. **w) kohlensaures ~** || copper carbonate || carbonate m. de cuivre. **x) leinölsaures ~** || copper linoleate || linoléate m. de cuivre. **y) ~** in **Masseln** || copper in solid blanks || cuivre m. en masses. **z) ~** in **Mulden** || copper in pigs || cuivre m. en saumons. 11

a) natürliches ~ || native copper || cuivre m. natif. **b) ~** in **Platten** || copper in sheets || cuivre m. en planches. **c) ~ polen** || to pole copper || travailler le cuivre avec la perche. **d) rohes ~** || raw copper || cuivre m. brut. **e) rohgares ~** || first refined copper || cuivre m. demi-fin *ou* raffiné une fois. **f) Rot~** || red copper || cuivre m. rouge. **g) Rund~** || round copper || cuivre m. rond. **h) salpetersaures ~** || copper nitrate || nitrate m. de cuivre. **i) ~ schwarz machen** || to get coarse copper || fondre le cuivre noir. **k)** das **~ steigt** (Raffinieren) || the copper rises || le cuivre monte *ou* s'élève. **l) übergares ~** || dry *or* under-poled copper || cuivre m. cassant *ou* sec. **m) überpoltes ~** || over-poled copper || cuivre m. surraffiné. **n) vergoldetes ~** || gilt copper || cuivre m. doré. **o) versilbertes ~** || (silver) plated copper || cuivre m. argenté. **p) ~ zähe polen** || to toughen copper || affiner le cuivre. 12

Kupfer-ader f. (Bergb) || lode of copper || veine f. de cuivre. **a) ~ammoniumsulfat** n. || copper and ammonia sulphate || sulfate m. de cuivre ammoniacal. **b) ~apparat** m. || copper apparatus || appareil m. en cuivre. **c) ~asche** f. || copper ashes pl. *or* scales pl.; scale oxide of copper || paille f. *ou* cendres fpl. de cuivre; battiture f. **d) ~ätzung** f. || halftone engraving on copper || gravure f. sur cuivre. **e) ~aufwand** m. || amount of copper used || cuivre m. employé. **f) ~backe** f. || copper jaw socket || plaque f. pour étaux en cuivre. 13

Kupferbad n. || copper bath || bain m. à cuivre *ou* de cuivrage. **a) zyankalisches ~** || cyanide of copper bath || bain m. de cyanure de cuivre. 14

Kupferband n. || copper band || cuivre m. en bande. 15

Kupferbarren m. || copper bar || barre f. de cuivre. **a)** den **~** zu Stangen auswalzen || to roll the copper billet to bars || laminer le lingot de cuivre en barres. 16

Kupfer-bedachung f. || copper covering of roofs || couverture f. en cuivre. **a) ~bergwerk** n. || copper mine || mine f. de cuivre. 17

Kupferbeschlag m. (Schloß) || copper fitting || garniture f. en cuivre. **a) ~** (Schiffb) || copper bottom *or* sheathing || doublage m. en cuivre. **b) ~blech** n. || sheet copper; sheathing plate of copper || cuivre m. en feuilles pour doublage. 18

Kupferblech n. || copper sheet *or* plate || plaque f. *ou* feuille f. de cuivre; cuivre m. laminé *ou* en plaques *ou* en lames. **a) goldplattiertes ~** || gold-plated copper sheet || cuivre m. plaqué *ou* doublé d'or **b) plattiertes ~** || plated copper sheet *or* sheet copper || cuivre m. plaqué *ou* doublé. **c) silberplattiertes ~** || silver-plated copper sheet || cuivre m. plaqué *ou* doublé d'argent. 19

Kupfer-bleiglanz m. || alisonite || alisonite f. **a) ~blende** f. || tennantite || tennantite f.; cuivre m. gris arsenifère. **b) ~blüte** f. || capillary red oxide of copper; chalcotrichite; cuprite || cuivre m. oxydulé capillaire; ziguéline f. capillaire; cuprite f. **c) ~boden** m. || copper bottom *or* sheathing || doublage m. *ou* fond m. en cuivre. 20

kupferbodig (Schiffb) || copper bottomed || doublé en cuivre. 21

Kupfer-braun n. || tile ore; ferruginous red oxide of copper; ziqueline || cuivre m. oxydulé ferrifère *ou* oxydulé terreux. **a) ~buchstabe** m. || copper type || lettre f. en cuivre. 22

Kupferchlorid n. || protochloride of copper; cupric chloride || chlorure m. cuivrique; chlorure m. *ou* protochlorure m. de cuivre. **a) ~ammoniak** n. || ammonico-muriatic copper || cuivre m. ammonico-muriatique. 23

Kupfer-chlorür n. || hemichloride of copper; cuprous chloride || chlorure m. cuivreux *ou* de cuivre. **a) ~dämpfung** f. || copper damping || amortissement m. en cuivre. **b) ~decker** m. || copper coverer || couvreur m. en cuivre. **c) ~dichtung** f. || copper washer *or* gasket || joint m. en cuivre. **d) ~doppelsalz** n. || copper double salt || sel m. double de cuivre. **e) ~dorn** m. || copper *or* liquation thorns pl. || épines fpl. de ressuage. 24

Kupferdraht m. || copper wire || fil m. de cuivre. **a) Hart~** || hard drawn copper wire || fil m. de cuivre étiré dur. **b) unisolierter ~** || non insulated copper wire || fil m. de cuivre non isolé. **c) zementierter ~** || cemented copper wire || trait m. de cuivre jaune *ou* cémenté. 25

Kupfer-dreher m. || brass turner || tourneur m. en cuivre. **a) ~druck** m. || copper plate printing || impression f. en taille-douce; gravure f. **b) ~drucker** m. || copper(plate) printer || imprimeur m. en taille-douce. **c) ~druckerei** f. || copper printing works || imprimerie f. en taille-douce. 26

Kupferdruck-farbe f. || Frankfort black || noir m. d'Allemagne. **a) ~papier** n. || copper plate paper || papier m. pour taille-douce. **b) ~presse** f. || copper plate printing press || presse f. à impression en taille-douce. **c) ~verfahren** n. || copper-plate printing || impression f. en taille-douce. 27

Kupfereisen-kies m. || copper and iron pyrites || pyrites fpl. de cuivre et de fer. **a) ~vitriol** n. || pisanite || pisanite f. 28

Kupfer-erz n. copper ore || minerai m. de cuivre. **a) ~erzeugnis** n. || copper product || produit m. en cuivre. **b) ~erzprobe** f. || assay of copper ore || essai m. des minerais de cuivre. **c) ~fabrikat** n. || copper product || produit m. en cuivre. **d) ~fahlerz** n. || grey copper ore || cuivre m. gris (antimonifère). **e) ~folie** f. || copper foil || feuille f. *ou* paillon m. de cuivre. 29

kupferführend || copper bearing || cuprifère. 30

Kupfer-galvanoplastikanlage f. || copper galvanoplastic plant || installation f. de galvanoplastic au cuivre. **a) ~garherd** m. || copper refining hearth || foyer m. à affiner le cuivre. **b) ~garschlacke** f. || copper refining slag; recrements pl. of copper || scorie f. de cuivre raffiné. **c) ~gaze** f. *s.* Kupfergewebe. **d) ~geld** n. || copper money || monnaie f. de cuivre. 31

Kupfergewebe n. || copper gauze || toile f. en cuivre. **a) ~bürste** f. || copper-gauze brush || balai m. en toile de cuivre. 32

Kupfer-gewinnung f. ‖ copper manufacture ‖ métallurgie f. du cuivre. **a) ~gießer** m. ‖ copper founder ‖ fondeur m. en cuivre. **b) ~gießerei** f. ‖ copper foundry ‖ fonderie f. de cuivre. **c) ~glanz** m. ‖ copper glance; glance *or* sulphide of *or* vitreous copper; chalcocite; redruthite ‖ cuivre m. sulfuré *ou* vitreux; chalcosite f. **d) ~glas** n. ‖ copper glance; glance *or* sulphide of *or* vitreous copper; cuprite; redruthite ‖ cuivre m. sulfuré *ou* vitreux; cuprite f. **e) ~glimmer** m. (Met) ‖ micaceous copper; copper mica; rhomboidal arseniate of copper ‖ cuivre m. micacé *ou* mica; cuivre m. arséniaté lamelliforme. **f) ~glühspan** m. ‖ scale of copper; copper scales pl. ‖ écailles fpl. de cuivre. **g) ~granalien** fpl. ‖ bean *or* round shot ‖ cuivre m. en graines *ou* en dragées. **h) ~griff** m. ‖ copper handle ‖ poignée f. en cuivre. **i) ~grube** f. *s.* Kupferbergwerk. **k) ~grün** n. ‖ copper green; chrysocolla; earthy malachite; verditer; subacetate of copper ‖ cuivre m. carbonaté vert terreux; chrysocolle m.; cuivre m. hydro-siliceux; acétate m. de cuivre; verdet m. 1

kupferhaltig ‖ copper containing ‖ cuprique. 2

Kupferhammer m. (Werk) ‖ copper mill *or* works pl. ‖ forge f. à cuivre. **a)** ~ (Werkz) ‖ copper hammer ‖ masse f. en cuivre. 3

Kupfer-hammerschlag m. ‖ copper ashes pl. *or* scales pl.; scale oxide of copper ‖ paille f. *ou* cendres fpl. de cuivre; battiture f. **a) ~haut** f. (Schiffb) ‖ copper bottom *or* sheathing ‖ doublage m. en cuivre. **b) ~heftung** f. ‖ copper setting ‖ sertissage m. en cuivre. **c) ~hülse** f. ‖ copper sleeve ‖ manchon m. en cuivre. **d) ~hütte** f. ‖ copper works pl. ‖ usine f. de cuivre. **e) ~indigo** m. ‖ blue copper; covelline ‖ cuivre m. sulfureux; covellite f. **f) ~kessel** m. ‖ caldron; copper boiler *or* kettle ‖ chaudron m. *ou* chaudière f. en cuivre. **g) ~kette** f. ‖ copper chain ‖ chaîne f. en cuivre. **h) ~kies** m. ‖ copper pyrites; chalcopyrite; yellow copper ore ‖ chalcopyrite f.; pyrite f. cuivreuse; cuivre m. pyriteux. **i) ~kiste** f. (Lok) ‖ copper fire box ‖ foyer m. en cuivre. **k) ~kohle** f. (Elektr) ‖ copper-plated carbon ‖ charbon m. cuivré. **l) ~kohlenbürste** f. ‖ copper carbon brush ‖ balai m. de charbon cuivré. **m) ~kuchen** m. (Met) ‖ copper cake ‖ pain m. de cuivre. **n) ~lasur** f. (Min) ‖ azurite; blue copper; blue carbonate of copper; chessy copper; azure copper ore ‖ azurite f.; cuivre m. carbonaté bleu; azur m. de cuivre. **o) ~lot** n. ‖ copper solder ‖ soudure f. de cuivre. 4

Kupfermangan-erz n. ‖ cupreous manganese ‖ manganate m. de cuivre; manganèse m. cuprifère. **a) ~schwärze** f. ‖ cupreous manganese ‖ manganate m. de cuivre; manganèse m. cuprifère. 5

Kupfermünze f. ‖ copper coin; copper ‖ pièce f. *ou* monnaie f. de cuivre. 6

kupfern (aus Kupfer) ‖ of copper; copper ‖ de cuivre m. **a)** ~ (mit Kupfer belegen) ‖ to copper; to sheath with copper ‖ doubler en cuivre m. 7

Kupfern n. (Belegen mit Kupfer) ‖ sheathing with copper ‖ doublage m. de cuivre. 8

Kupfer-nagel m. ‖ copper nail ‖ clou m. de cuivre. **a) ~nickel** m. ‖ nickeline; copper nickel ‖ kupfernickel m.; nickeline f. **b) ~niederschlag** m. ‖ copper shell ‖ coquille f. galvanoplastique. **c) ~niet** n. ‖ copper rivet ‖ rivet m. en cuivre. **d) ~norm** f. ‖ copper standard ‖ norme f. *ou* règle f. pour le cuivre. 9

Kupferoxyd n. ‖ cupric *or* copper oxide ‖ (prot)oxyde m. de cuivre. **a) kohlensaures** ~ ‖ carbonate of copper; cupric carbonate ‖ carbonate m. de cuivre; cuivre m. carbonaté. **b) phosphorsaures** ~ ‖ phosphate of copper ‖ cuivre m. phosphaté. **c) schwefelsaures** ~ ‖ sulphate of copper ‖ sulfate m. de cuivre; cuivre m. sulfaté *ou* vitriolé. 10

Kupferoxydul n. ‖ red oxide of copper; cupreous oxide; hemioxide *or* suboxide of copper ‖ oxydule m. de cuivre; cuivre m. oxydulé. **a) natürliches** ~ ‖ native cuprous oxide ‖ cuivre m. rouge *ou* oxydulé. 11

Kupfer-plastikbad n. ‖ galvano-plastic copper bath ‖ bain m. de cuivrage plastique. **a) ~platte** f. ‖ copper plate ‖ plaque f. de cuivre. **b) ~prägerei** f. ‖ copper embossing ‖ emboutissage m. du cuivre. **c) ~präparat** n. ‖ copper salt ‖ sel m. de cuivre. **d) ~probe** f. ‖ copper assaying *or* assay ‖ essai m. de cuivre. **e) ~pulver** n. ‖ copper powder ‖ cuivre m. en poudre. **f) ~raffination** f. ‖ copper refining ‖ raffinage m. du cuivre. **g) ~raffinieren** n. ‖ copper refining ‖ raffinage m. du cuivre. **h) ~rauch** m. ‖ copper smoke ‖ fumée f. de cuivre. **i) ~regen** m. ‖ copper rain ‖ pluie f. de cuivre. **k) ~rohr** n. *s.* Kupferröhre f. **l) ~röhre** f. ‖ copper tube *or* pipe ‖ tube m. *ou* tuyau m. en cuivre. **m) ~rohstein** m. ‖ coarse copper ‖ matte f. brute de cuivre. **n) ~rosette** f. ‖ cake of rose copper ‖ rondelle f. *ou* rosette f. de cuivre **o) ~rot** n. ‖ red copper ore; red oxide of copper ‖ cuivre m. rouge *ou* oxydulé. **p) ~rückgewinnungsanlage** f. (Galv) ‖ copper recovery plant ‖ installation f. de récupération de cuivre. **q) ~samterz** n. ‖ velvet copper ore; lettsomite ‖ cuivre m. velouté. **r) ~schaum** m. ‖ copper froth; cupriferous calamine; tyrolite ‖ tyrolite f.; kupaphrite f. **s) ~scheibe** f. ‖ copper disk ‖ rosette f. de cuivre. **t) ~schiefer** m. ‖ copper bearing *or* schist; cupriferous, slate ‖ schiste m. cuivreux. **u) ~schlacke** f. ‖ copper slag ‖ crasse f. de cuivre. **v) ~schlange** f. ‖ copper worm ‖ serpentin m. en cuivre. **w) ~schmied** m. ‖ coppersmith ‖ chaudronnier m. en cuivre. 12

Kupferschmiede f. ‖ coppersmiths' shop ‖ chaudronnerie f. de cuivre. **a) ~arbeit** f. ‖ work of forged copper ‖ travail m. de chaudronnerie. **b) ~draht** m. ‖ kettle maker's wire ‖ fil m. de chaudronnier. **c) ~stück** n. ‖ copper forging ‖ pièce f. en cuivre forgé. 13

Kupfer-schwamm m. ‖ copper sponge ‖ éponge f. de cuivre. **a) ~schwefelkies** m. ‖ copper pyrites ‖ pyrites fpl. de cuivre. **b) ~seide** f. ‖ cuprammonium silk ‖ soie f. au cuivre. **c) ~seil** n. ‖ stranded copper wire ‖ câble m. en cuivre. **d) ~smaragd** m. ‖ dioptase; emerald copper ‖ dioptase f.; cuivre m. dioptase. **e) ~soda** f. ‖ copper soda ‖ soude f. de cuivre. **f) ~spieker** m. (Schiffb) ‖ copper nail ‖ clou m. de cuivre. **g) ~spitze** f. ‖ copper point ‖ pointe f. en cuivre. **h) ~stab** m. ‖ copper bar ‖ lingot m. de cuivre. **i) ~stange** f. ‖ copper bar ‖ tringle m. en cuivre; cuivre n. en barre. **k) ~stecher** m. ‖ chalcographer; copper plate engraver ‖ chalcographe m.; graveur m. sur cuivre *ou* en taille-douce *ou* au burin. **l) ~stecherei** f. ‖ copper plate engraving; chalcography ‖ gravure f. en taille-douce; chalcographie f. **m) ~stechkunst** f. *s.* Kupferstecherei. 14

Kupferstein m. ‖ copper matt *or* metal *or* regulus ‖ matte f. de cuivre. **a) blasiger** ~ ‖ pimple copper metal ‖ matte f. de cuivre véticuleuse. **b) blauer** ~ ‖ blue copper metal ‖ matte f. de cuivre bleue. **c) dichter** ~ ‖ close copper metal ‖ matte f. de cuivre serrée. **d) erster** ~ ‖ coarse copper metal ‖ métal m. brut de cuivre; matte f. bronze. **e) gerösteter** ~ ‖ roasted *or* calcined copper metal ‖ matte f. de cuivre grillée *ou* calcinée *ou* rôtie. **f) gespurter konzentrierter** ~ ‖ concentrated copper metal ‖ matte f. de cuivre concentrée *ou* enrichie. **g) granulierter** ~ ‖ granulated copper metal ‖ matte f. de cuivre granulée *ou* en plumes. **h) weißer** ~ ‖ white copper metal ‖ matte f. blanche de cuivre. 15

Kupferstein-granalien fpl. *s.* Kupferstein m., granulierter. **a) ~röstofen** m. ‖ metal calciner; copper furnace ‖ four m. de grillage des mattes de cuivre. 16

Kupferstich m. ‖ copper plate engraving ‖ gravure f. sur cuivre; estampe f. en taille-douce. **a)** ~ in **Tuschmanier** ‖ aquatinta engraving ‖ gravure f. à l'aqua-tinta; gravure f. imitant le dessin au lavis. 17

Kupferstich-kabinett n. ‖ collection of copper plate engravings ‖ cabinet m. de gravures en taille-douce. **a) ~platte** f. ‖ copperplate ‖ planche f. en cuivre. 18

Kupfer-sulfat n. ‖ sulphate of copper ‖ sulfate m. de cuivre; cuivre m. sulfaté *ou* vitriolé. **a) ~sulfür** n. ‖ hemisulphide of copper; cuprous sulphide ‖ sulfure m. de cuivre. **b) ~tiefdruck** m. ‖ copper plate printing ‖ impression f. sur cuivre *ou* en taille douce. **c) ~uranglimmer** m. ‖ chalkolite; torberite ‖ chalcolite f. **d) ~verhüttung** f. ‖ copper smelting ‖ fonte f. du cuivre. **e) ~verlust** m. (Elektr) ‖ copper loss ‖ perte f. dans le cuivre. 19

Kupfervitriol n. ‖ copper *or* blue vitriol; sulphate of copper; chalcanthite ‖ couperose f. bleue; vitriol m. bleu; sulfate m. de cuivre; cuivre m. sulfaté *ou* vitriolé; chalcanthite f. **a) ~anlage** f. ‖ copper sulphate plant ‖ installation f. de fabrique de sulfate de cuivre. 20

Kupfer-walzwerk n. ‖ copper rolling mill ‖ laminoir m. à cuivre; relaminage m. du cuivre; usine f. de laminage de cuivre. **a) ~waren** fpl. ‖ copper articles; coppersmith's ware ‖ objets mpl. en cuivre; petite chaudronnerie f.; cuivrerie f. **b) ~werk** n. ‖ copper works pl. ‖ fonderie f. de minerai de cuivre. 21

Kupferwismut-erz n. *s.* ~glanz. **a) ~glanz** m. ‖ emplectite; tannentite ‖ bismuth m. sulfuré cuprifère; emplectite f. 22

Kupferzyanür n. ‖ copper cyanide ‖ cyanure m. de cuivre. 23

Kupfonspat m. ‖ zeolithe ‖ zéolithe f. 24

Kupholit m. ‖ prehnite ‖ prehnite f. 25

Kupolofen m. ‖ cupola *or* smelting furnace ‖ cubilot m.; coupelot m. **a)** ~ zum

Schmelzen des Roheisens mit einer **täglichen Leistung** von x t || cupola furnace for melting pig iron of x tons daily output || cubilot m. pour la fusion de la fonte d'une capacité de x t par jour. 1

Kupolofen-bediener m. || cupola keeper || fondeur m. au cubilot. **a) ~begichtungsanlage** f. || charging plant for cupola furnaces || installation f. de charge pour cubilots. **b) ~guß** m. || casting from the cupola || coulage m. du cubilot; fonte f. au cubilot. **c) ~schmelzer** m. || cupola tenter || fondeur m. au cubilot. 2

Kupon m. || coupon || coupon m. **a) notleidender ~** || outstanding coupon || coupon m. restant en souffrance. 3

Kuponbogen m. || coupon sheet || feuille f. de coupons. 4

Kuppe f. (Geol) || cone || dôme m. **a) ~** (Glasf) || vault || couronne f.; voûte f. 5

Kuppel f. (Bauw) || cupola; dome; spherical vault || coupole f.; dôme m.; voûte f. sphérique. **a) ~** (Flammofen) || dome; reverberating roof || dôme m.; réverbère m. **b) Holz~** f. einer Sternwarte || observatory wooden dome || coupole f. en bois d'un observatoire. **c) Sternwarten~** || observatory dome || coupole f. d'observatoire. 6

Kuppel-achse f. || coupled axle || essieu m. couplé *ou* accouplé. **a) ~bolzen** m. || drag bolt; knuckle pin || cheville f. d'attelage. **b) ~dach** n. || dome || dôme m. **c) ~gewölbe** n. || cupola dome || voûte f. en coupole. **d) ~haken** m. (Eisenb) || coupling *or* drag hook || crochet m. d'attelage. **e) ~kette** f. || coupling chain || chaîne f. d'accouplement *ou* d'attelage. **f) ~klaue** f. (Eisenb) || coupler jaw || griffe f. de la tête d'attelage. **g) ~konus** m. || clutch taper || cône m. d'embrayage. **h) ~kopf** m. (Eisenb) || coupler head || tête f. d'attelage. **i) ~lasche** f. (Eisenb) || shackle link || bielle f. d'attelage. 7

kuppeln || to engage || embrayer. 8

Kuppelofen m. *s.* Kupolofen. 9

Kuppelrad n. || coupled wheel || roue f. accouplée. **a) verschiebbares ~** || coupled wheel with lateral play || roue f. couplée à jeu latéral. 10

Kuppelradsatz m. || coupled wheel set || essieu m. accouplé monté. 11

Kuppel-rippe f. (Bauw) || rib of a dome || côte f. de dôme. **a) ~schlauch** m. || coupling hose || tube m. flexible coupleur. **b) ~schraube** f. (Eisenb) || coupling screw || tendeur m. 12

Kuppelstange f. (Eisenb) || coupling bar *or* rod; draw bar || tige f. d'attelage; barre f. de traction; bielle f. d'accouplement. **a) ~** (el Leit) || coupled pole || poteau m. moisé. **b) hintere ~** (Lok) || rear side rod || bielle f. d'accouplement d'arrière. **c) vordere ~** (Lok) || front coupling rod || bielle f. d'avant. 13

Kuppel-strom m. (Fernm) || control current || circuit m. répétiteur d'itinéraire. **a) ~türmchen** n. || round lantern || tourelle f. en dôme. **b) ~untersatz** m. (Bauk) || tholobate || tambour m. du dôme; tholobate m. **c) ~vorrichtung** f. (Eisenb) || coupling device || dispositif m. d'accouplement. **d) ~zapfen** m. (Eisenb) || coupling pin || bouton m. de manivelle d'accouplement. 14

Kuppler m. (Eisenb) || coupler; shunter || accrocheur m.; atteleur m. 15

Kupplung f. || coupling; clutch || accouplement m.; embrayage m.; attelage m. **a) Ausdehnungs~** || expansion coupling || accouplement m. extensible. **b) Band~** || band coupling || accouplement m. *ou* embrayage m. à ruban. **c) Brems~** || brake coupling || accouplement m. à frein. **d) Drucklager** n. der **~** || thrust clutch bearing || butée f. d'embrayage. **e) Einscheiben~** || plate clutch || embrayage m. à disque unique. **f) elastische ~** || flexible coupling || accouplement m. élastique *ou* flexible. **g) elastische Feder~** || elastic spring coupling || accouplement m. à ressort élastique. **h) elektromagnetische ~** || electro-magnetic coupling || accouplement m. électromagnétique. **i) Federband~** || coil clutch || embrayage m. à spirale. **k) Freilauf~** || overrunning clutch || embrayage m. à roue libre. **l) Friktionswende~** || friction reversing gear || renversement m. de marche à friction. **m)** an der **~** angebrachtes **Gegengewicht** n. || counterbalance weight fastened to the coupling flange || contrepoids m. rapporté aux brides d'assemblage. **n) harte ~** || fierce clutch || embrayage m. trop brusque. **o) hydraulische ~** || hydraulic coupling || accouplement m. hydraulique. **p) Kegel~** || cone clutch || embrayage m. à cône. **q) Kettenleer~** || chain dummy coupling || faux accouplement m. avec chaînette. **r) Klauen~** || dog *or* claw coupling || accouplement m. à griffe. **s) Kreuzgelenk~** || universal type coupling || joint m. brisé. **t) Lamellen~** || (multiple) disk clutch || embrayage m. à disques. **u) Leder~** || leather coupling || accouplement m. en cuir. **v) Leer~** || dummy coupling || faux accouplement m. **w) lösbare ~** || engaging and disengaging coupling || accouplement m. à embrayage et débrayage. **x) Magnet~** || magneto coupling || accouplement m. de magnéto. **y) magnetelektrische ~** || magnetic clutch || embrayage m. magnétique. **z) Mehrscheiben~** || disk clutch || embrayage m. à disques. 16

a) nachgiebige ~ || flexible *or* elastic coupling || accouplement m. élastique *ou* flexible. **b) Not~** || safety coupling || attelage m. de sûreté. **c) Platten~** || plate clutch || embrayage m. à plateaux. **d) Reibungs~** || friction clutch || embrayage m. à friction. **e) Reibungslamellen~** || friction disk clutch || embrayage m. à friction à disques. **f) Rutsch~** || friction coupling || accouplement m. à friction. **g) Scheiben~** || plate clutch || embrayage m. par plateau. **h) Schlauch~** (Eisenb) || hose coupling || accouplement m. de tuyaux flexibles. **i) Schrauben~** || screw coupling || accouplement m. à vis. **k) selbsteinrückende ~** || self-actuating clutch || accouplement m. automatique. **l) selbsttätige ~** || automatic coupling || attelage m. automatique. **m) Sicherheits~** || safety coupling || accouplement m. de sûreté. **n) Spiralfeder~** || coil clutch || embrayage m. à spirale. **o) Stahlbolzen~** || steel bolt coupling || embrayage m. à clavettes en acier. **p) Stangen~** || bar coupling || accouplement m. à barres. **q) starre ~** || rigid coupling || accouplement m. fixe. **r) unmittelbare ~** || direct coupling || couplage m. direct; accouplement m. direct. 17

Kupplungs-ausrückmuffe f. || clutch release sleeve || épaulement m. *ou* manchon m. de débrayage. **a) ~belag** m. || coupling lining; clutch facing || garniture f. d'embrayage. **b) ~bolzen** m. || coupling bolt || boulon m. d'accouplement. **c) ~bremse** f. || clutch brake || frein m. d'embrayage. **d) ~daumen** m. || clutch cam || came f. d'embrayage. **e) ~feder** f. || clutch spring || ressort m. d'embrayage. **f) ~flansch** m. || coupling flange || bride f. d'accouplement. **g) ~fußhebel** m. || clutch pedal || pédale f. de débrayage. **h) ~gabel** f. || clutch fork || fourchette f. de débrayage. **i) ~gehäuse** n. || clutch case || cage f. d'embrayage. **k) ~gelenk** n. || clutch coupling || accouplement m. d'embrayage. **l) ~gestänge** m. || clutch operating device || tringle f. de commande de l'embrayage. **m) ~hahn** m. (Eisenb) || coupling cock || robinet m. d'accouplement. **n) ~haken** m. || draw hook || crochet m. d'attelage. **o) ~hammer** m. || coupling hammer || marteau m. d'embrayage. **p) ~hebel** m. || coupling *or* disengaging lever || levier m. d'embrayage et de désembrayage. **q) ~kegel** n. || clutch cone || cône m. d'embrayage. **r) ~lager** n. || radial clutch bearing || roulement m. annulaire d'embrayage. **s) ~lamelle** f. || clutch disk || disque m. d'embrayage. 18

Kupplungsleitung f. || connection line || ligne f. d'interconnection. **a)** ein Netz n. leistungsfähiger Übertragungsleitungen und **~en ausbauen** || to develop a network of high capacity transmission and connection lines || ajouter un réseau m. puissant de lignes de diffusion et d'interconnections. 19

Kupplungs-muffe f. || coupling box *or* clutch || manchon m. d'accouplement. **a) ~pedal** n. || clutch pedal || pédale f. de débrayage. **b) ~scheibe** f. || clutch plate; coupling disk || plateau m. d'embrayage *ou* d'accouplement. **c) ~schlauch** m. || coupling hose || boyau m. d'accouplement. **d) ~spule** f. coupling coil || bobine f. de couplage. 20

Kupplungsstange f. (Allg) || coupling bar || barre f. d'attelage. **a) ~** (Lok) || tender-coupling; draw bar; drag bar || barre f. d'attelage. 21

Kupplungs-stangenfeder f. || drag spring || ressort m. de la barre d'attelage. **a) ~-welle** f. || clutch spindle || arbre m. d'embrayage. 22

Kuprit m. || red oxide of copper; red copper ore; red copper; tile ore || cuivre m. oxydule *ou* oxydé rouge. 23

Kuprodekopierbad n. || cuprous pickling bath || bain m. de décuivrage. 24

Kupronelement n. (Elektr) || copper oxide cell || élément m. à oxyde cuivrique. 25

Kurbel f. || crank || manivelle f. **a) ~** (Druckerpresse) || spit; rounce || manivelle f. **b) abnehmbare ~** || detachable crank || manivelle f. détachable. **c) Andreh~** || starting handle *or* crank || manivelle f. de mise en marche *ou* de lancement. **d)** die **~** in die **Anlaßstellung** einstellen || to turn the crank to the starting position || placer la manivelle dans la position de mise en marche. **e) ~** zum **Anwerfen** des Motors || crank for starting the motor || manivelle f. de lancement du moteur. **f)** durch **aufgeschrumpfte** Stahlgußkurbelblätter und einen geschmiedeten Kurbelzapfen gebildete ~ || crank built up of two steel-cast discs shrunk on having between them a forged crank pin || manivelle f. formée de deux plateaux en acier moulé serrés à chaud et reliés par une soie forgée. **g)** die ~ **aufkeilen** || to key on the crank || claveter la manivelle sur l'arbre. **h)** die ~ **aufpressen** || to force the crank by pressure || presser la manivelle. **i) Außen~** || outside crank || manivelle f. extérieure. **k) Brems~** || brake crank || manivelle f. de frein *ou* de serrage. **l) Gegen~** || return crank || contre-manivelle f. **m)** ~ mit **Gegengewicht** || balanced crank; crank with counter-balance weight || manivelle f. à contrepoids *ou* à plateaux équilibrateurs. **n) gegenläufige ~n** fpl. || opposite cranks pl. || manivelles fpl. contraires. **o)** durch ~ angetriebener **Hammer** || crank hammer || marteau m. à manivelle. **p) Hand~** || (winch) handle || coude m. **q) Innen~** || inside crank || manivelle f. intérieure. **r) Klauen~** || forked lever || levier m. fourche. **s) Kugel~** || lever with spherical end || levier m. à boule. **t) Lokomotiv~** || locomotive crank || manivelle f. de locomotive. **u)** in einem Stück **massiv geschmiedete** ~ || crank forged out of a massive piece || manivelle f. forgée d'une seule pièce (massive). **v)** im rechten Winkel **versetzte ~n** fpl. || cranks pl. at right angles || manivelles fpl. à 90°. **w)** die ~ **warm aufziehen** || to shrink on the crank || emmancher la manivelle à chaud sur l'arbre. **x)** die ~ ist aus **zwei Stücken** zusammengebaut || the crank is in two parts bolted together || la manivelle f. est assemblée de deux pièces. 1

Kurbelachse f. || crank axle || essieu m. coudé; axe m. à manivelle. **a) Lokomotiv~** || locomotive crank axle || essieu m. coudé de locomotive. 2

Kurbelantrieb m. || working by crank || commande f. à manivelle. 3

Kurbelarm m. || crank web; crank arm (A) || bras m. *ou* flasque m. de manivelle; cigogne f. **a)** ~ mit **Schrumpfbändern** || crank cheek with hoops shrunk on; crank web || bras m. de manivelle muni de frettes. 4

Kurbelausschalter m. || lever switch || interrupteur m. à manette. 5

Kurbelblatt n. || crank disc; web || flasque m. de manivelle. **a) ausgespartes ~** || opening provided in the crank disc || plateau m. évidé; évidement m. des flasques de manivelle. **b) kreisförmiges ~** || circular disc; circular shape of the crank web || flasque f. circulaire de manivelle. **c) volles ~** || solid crank disc || flasque m. plein. 6

Kurbel-blechtafelschere f. || guillotine shear || cisaille f. à guillotine. **a) ~drehmoment** n. || crank turning moment || moment m. de rotation de la manivelle. **b) ~drehwinkel** m. || angle of rotation of the crank || angle m. de rotation de la manivelle. **c) ~dynamo** f. (Fernm) || cranked dynamo || dynamo f. à manivelle. 7

Kurbelgehäuse n. || crank case || boîte f. de manivelle; carter m. de moteur. **a) Tunnel~** || barrel type crank case || carter m. tubulaire. 8

Kurbelgehäuse-oberteil m.; n. || crank case upper half || cuvette f. supérieure du carter. **a) ~unterteil** m.; n. || crank case lower half || cuvette f. inférieure du carter. 9

Kurbel-gestänge n. || crank arrangement || manivelles fpl. **a) ~getriebe** n. || crank mechanism || mécanisme m. à manivelle. **b) ~griff** m. || crank handle || poignée f. à manivelle. **c) ~hebel** m. || crank lever || levier m. coudé; cigogne f. **d) ~heft** n. || crank handle || manche m. de manivelle. **e) ~herstellungsmaschine** f. || machine for making cranks || machine f. pour fabriquer des manivelles. **f) ~hub** m. || lift of crank || levée f. de moulinet. **g) ~induktor** m. (Fernm) || magneto generator || magnéto f. d'appel. 10

Kurbelkasten m. || crank case || carter m. de manivelle *ou* de moteur. **a) geteilter ~** || split-type crank case || carter m. en deux moitiés. **b) obere Hälfte** f. des ~s || crank case upper half || cuvette f. supérieure du carter. **c) untere Hälfte** f. des ~s || crank case lower half || cuvette f. inférieure du carter. 11

Kurbel-kreis m. || crank circle || cercle m. de manivelle. 12

Kurbellager n. || crank-shaft bearing || palier m. (de l'arbre) de manivelle; palier m. principal. **a) ~bock** m. || crank bearing pedestal || chevalet m. de palier d'arbre à manivelle. **b) ~schmierung** f. || lubrication of crankshaft bearing || graissage m. du palier de vilebrequin. 13

Kurbel-mechanismus m. || crank mechanism || mécanisme m. à manivelle. **a) ~-meßbrücke** f. (Elektr) || measuring bridge with lever switches || pont m. de mesure à manettes. **b) ~nähmaschine** f. || embroidering machine || couso-brodeur m. **c) ~presse** f. || crank press || presse f. à manivelle. 14

Kurbelrad n. || handle wheel || roue m. à manivelle f. **a) ~antrieb** m. || crank wheel drive || commande f. par manivelle. 15

Kurbel-schalter m. || switch operated by crank || commutateur m. à cheville; interrupteur m. à manivelle. **a) ~scheibe** f. || crank disc || flasque m. *ou* plateau m. de manivelle. **b) ~schere** f. || crank shears pl. || cisaille f. à guillotine. **c) ~schlag** m. || knocking in the crank || cognement m. dans la manivelle. **d) ~stange** f. || connecting rod; crank rod || bielle f.; tige f. de manivelle. 16

Kurbelstellung f. || position of crank || position f. de manivelle. **a)** in **jeder** ~ anspringen || to start in any position of the crankshaft || pouvoir être lancé dans n'importe quelle position de manivelle. 17

Kurbel-stickmaschine f. || crank handle embroidery machine || machine f. à broder à manivelle. **a) ~stoßbohrmaschine** f. || crank slotting machine || perforatrice f. percutante à manivelle. **b) ~versetzung** f. || angle between cranks || angle m. de calage des manivelles. **c) ~walke** f. **und Hammerwalke** f. || fulling stocks pl. || foulon m. à manivelle. 18

Kurbelwange f. || crank cheek *or* web || flasque m. de vilebrequin *ou* de coude. **a) abgerundete ~** || rounded cheek || flasque m. arrondi. 19

Kurbelwelle f. || crankshaft || arbre m. de manivelle; vilebrequin m. **a)** aus **einem Stück** geschmiedete ~ || solid crankshaft || coude m. faisant corps avec l'arbre. **b)** ~ mit **Gegengewicht** || counterbalanced crankshaft || vilebrequin m. à maneton équilibré. **c) einfach gekröpfte ~** || one-throw crank shaft || arbre m. vilebrequin. **d) doppelt gekröpfte ~** || two-throw crank shaft || arbre m. à deux coudes *ou* double coudé. **e) x-mal gekröpfte ~** || x-throw crankshaft || vilebrequin m. à x coudes. **f) x-mal gelagerte ~** || crankshaft carried in x bearings || vilebrequin m. à x paliers. **g)** ~ mit **Kugellagern** || ball bearing crankshaft || arbre-manivelle m. *ou* vilebrequin m. à paliers à billes. **h) vierfache ~** aus vier zusammengebauten durchbohrten Kurbelwellenstücken || four-throw crankshaft of four built-up and hole bored cranks || arbre m. à quatre coudes composé de quatre tronçons chacun foré et assemblé de plusieurs pièces. **i) zusammengebaute ~** || built-up crankshaft || arbre m. à manivelle en plusieurs pièces. 20

Kurbelwellen-auge n. || crank eye || œil m. de l'arbre de la manivelle. **a) ~bund** m. || shoulder on crankshaft || collet m. du vilebrequin *ou* d'arbre à manivelle. **b) ~drehbank** f. || crankshaft lathe || tour m. à arbre coudé. **c) ~kröpfung** f. || throw of crankshaft || coude m. du vilebrequin. **d) ~kupplungsflansch** m. || shaft-coupling flange || plateau m. d'accouplement du vilebrequin. **e) ~lager** n. || crankshaft bearing || palier m. de vilebrequin *ou* de l'arbre à manivelle. **f) ~lagerschale** f. || crankshaft bearing bushing || coussinet m. de palier de vilebrequin. **g) ~rad** n. || crankshaft timing gear || roue f. du vilebrequin. **h) ~schleifmaschine** f. || crankshaft grinding machine || machine f. à rectifier les arbres à manivelle. 21

Kurbelzapfen m. || crank pin || bouton m. de manivelle; maneton m.; tourillon m. **a) äußerer ~** || outside crank pin || bouton m. extérieur de manivelle. **b) durchbohrter ~** || hollow crank pin || bouton m. de manivelle évidé *ou* creux. **c) eingesetzter ~** || inserted crank pin || bouton m. de manivelle emmanché. **d) innerer ~** || inside crank pin || bouton m. intérieur de manivelle. 22

Kurbelzapfen-auge n. || eye of the crank pin || œil m. de bouton de manivelle. **a) ~drehbank** f. || crank-pin lathe || tour m. pour les manetons d'arbres à vilebrequin. **b) ~lager** n. || crank pin bearing || coussinet m. de tête de bielle *ou* de bouton de la manivelle. **c) ~lagerschale** f. || crank pin brass || coussinet m. du maneton. 23

Kurbelziehpresse f. || crank drawing press || presse f. excentrique à étirer. 24

Kürbis m. || gourd; pumpkin || courge f.; citrouille f. **a) ~kern** m. || pumpkin *or* gourd pip || pépin m. de courge *ou* de citrouille. 25

Kürette f. || curette || curette f. 26

Kurhaus n. || sanatorium || sanatorium m. 27

Kurier m. || mail cart driver || courrier m. 28

Kurkuma f. (Chem; Färb) || curcuma; turmeric || curcuma m. **a) ~papier** n. || turmeric *or* curcuma paper || papier m. de curcuma. **b) ~wurzel** f. || curcuma root || racine f. de curcuma. 29

Kurrent m. (Buchdr) || running || courant m. **a) ~schrift** f. || italics pl.; italic type || cursive f.; italique m. 30

Kurs m. (Börse) || exchange; current price *or* rate || cours m.; change m. **a)** ~ (Schiff) || course || route f. **b)** ~ **ändern**

(Luftf) || to go about || virer de bord m. **c) außer ~** m. setzen || to recall from circulation || mettre hors de circulation f. **d) direkter ~** || direct course || route f. directe. **e)** die **~e** mpl. halten sich **fest** || the prices pl. keep firm; the prices pl. maintain their level || les valeurs fpl. se maintiennent. **f) gesteuerter ~** || steered course || route f. suivie. **g) ~ halten** || to keep *or* to stand upon the course || aller *ou* porter à route f. **h) ~ setzen auf...** (Schiff) || to shape the course for... || tracer la route pour... **i) ~ steuern** || to keep course || faire route f. **k)** den m. **~ verbessern** (Schiff) || to correct the course || corriger la route. **l) wahrer ~** || true course || route f. vraie *ou* bonne. 1

Kurs-änderung f. || altering the course; change of course || changement m. de route. **a) ~bericht** m. || market report; stock exchange (official) list || bulletin m. de la Bourse. 2

Kürschner m. || furrier || pelletier m. **a) ~zange** f. || furrier's pliers pl. || pince f. de pelletier. 3

kursfähig || in circulation; current || coté. 4

kursieren || to be current *or* in circulation || circuler; courir. 5

kursiv (Buchdr) || italic || italique. 6

Kursivschrift f. || italics pl.; italic type || cursive f.; italique m. 7

Kurs-karte f. || track chart || routier m. **a) ~makler** m. || jobber || coulissier m. **b) ~mikroskop** n. || class microscope || microscope m. de travaux pratiques. **c) ~schreiber** m. (Luftf) || course recorder; navigraph (A) || navigraphe m.; enregistreur m. de route. **d) ~schwankung** f. (Geld) || exchange fluctuation || fluctuation f. des changes. **e) ~signal** n. || course signal || signal m. de route. **f) ~skizze** f. || track chart || trace f. des routes. **g) ~winkel** m. || course angle; angle of position || angle m. de route. **h) ~zettel** m. || stock exchange list; course of exchange || bulletin m. *ou* cote f. de la Bourse. 8

Kurve f. || curve || courbe f.; virage m.; tournant m.; lacet m. **a)** eine **~** f. **abstecken** || to lay out *or* to range out a curve || piqueter une courbe. **b) algebraische ~** || algebraical curve || courbe f. algébrique. **c)** sich in einer **~** f. **bewegen** || to conform to a curve || s'inscrire dans la courbe. **d) ebene ~** || plane curve || courbe f. plane. **e) Einfahren** n. in die **~** || curve entering || entrée f. en courbe. **f) ~** der **Expansion** || expansion curve || courbe f. de détente. **g)** eine **~** f. **fahren** || to turn a curve || virer. **h) flache ~** || curve of large radius || courbe f. de grand rayon. **i) harmonische ~** || harmonic curve || courbe f. harmonique. **k) kaustische ~** || caustic curve || courbe f. caustique. **l) ~ mit kleinem Radius** || curve of short radius || courbe f. de petit rayon. **m) Links~** || left-hand curve || courbe f. à gauche. **n) magnetische ~** || magnetic curve || courbe f. magnétique. **o)** eine **~** f. **nehmen** || to corner; to turn a curve || prendre un virage. **p) Rechts~** || right-hand curve || courbe f. à droite. **q) scharfe ~** (Eisenb) || sharp curve || courbe f. prononcée *ou* accentuée *ou* raide. **r)** eine **scharfe ~ durchfahren** (Eisenb) || to run through a sharp curve || franchir une courbe à faible rayon. **s) stark gekrümmte ~** || short-radius curve || courbe f. de faible rayon. **t) Steilheit** f. der **~** || slope of the curve || pente f. de la courbe. **u) transzendente ~** || transcendental curve || courbe f. transcendante. **v) Weg~** || road curve || virage m. **w) wendigste ~** || best turn || virage m. dans les meilleurs conditions. **x) ~ zweiten Grades** || curve of the second order || courbe f. du second degré. 9

Kurvenabsteckung f. || ranging *or* setting-out curves pl. || tracé m. de courbes. 10

kurvenbeweglich-e Endachse f. (Eisenb) || radial end axle || essieu m. arrière à orientation radiale par engrenages. **a) ~e Lokomotive** f. || articulated locomotive || locomotive f. articulée. 11

Kurven-fräsmaschine f. || curve milling machine; cam forming and profiling machine || machine f. à fraiser et à profiler les cames; machine f. à fraiser en courbes. **a) ~joch** n. || curve section || tronçon m. de voie courbe. **b) ~kreuzung** f. (Eisenb) || curve crossing || croisement m. en courbe. **c) ~lineal** n. (Zeichn) || curve templet; pliant rule; (irregular) curve; bow || règle f. courbe *ou* montée *ou* pliante; pistolet m. **d) ~messer** m. || curvimeter || curvimètre m. **e) ~rahmen** m. (Eisenb) || curve frame || châssis m. de voie courbe. 12

kurvenreiche Linienführung f. || line with numerous curves || ligne f. ayant nombreuses courbes. 13

Kurven-scheitelpunkt m. || peak of the curve || apogée m. de la courbe. **a) ~schere** f. || curve cutting machine || cisaille f. circulaire pour découper les courbes. **b) ~schiene** f. (Eisenb) || curve rail || rail m. pour courbes. **c) ~stück** n. || curved piece || pièce f. courbe. **d) ~tafel** f. (Eisenb) || curve table *or* board || tableau m. des courbes; indicateur m. de courbe. **e) ~weiche** f. || curve switch double-courve points pl. || changement m. en courbe. **f) ~widerstand** m. || resistance in curves || résistance f. des courbes. **g) ~ziehfeder** f. || curve pen tire-curviligne m. 14

kurz || short || court. **a) ~ zuschlagen** || to hammer quickly || rabattre court. **b)** mit **~er Lieferfrist** f. || at short notice || à delai m. court de livraison. 15

kurz-en Schlag m. **rudern** || to pull short stroke || nager vivement. **a) ~e Schläge** mpl. (Seew) || short boards pl. *or* tacks pl. || petit bords mpl. **b) ~e Welle** f. (Funkw) || short wave || onde f. courte. 16

kurzbrennweitig-es Fernrohr n. || telescope of short focal length || lunette f. à foyer court. **a) ~es Objektiv** n. || objective of short focal length || objectif m. à court foyer. **b) ~er Spiegel** m. || mirror of short focal length || miroir m. de court foyer. 17

kürzen (abkürzen) || to abbreviate || abréger. **a) ~** (verkürzen) || to shorten || raccourcir. **b)** den **Riemen** m. **~** || to shorten the belt || raccourcir la courroie. 18

Kurzflachs m. || cut flax || lin m. coupé. 19

kurz-fristig || for a short time; on short notice || à courts jours mpl. **a) ~gliederige Kette** f. || short-link chain || chaîne f. à maillons courts. **b) ~haariger Hut** m. || short nap hat || chapeau m. à poil ras. **c) ~halsig** || short-necked || à col m. court. **d) ~hubig** || short-stroke || à faible course f. 20

kurzschließen || to short circuit || court-circuiter. **a)** den **Widerstand** m. **~** || to short-circuit the resistance || mettre la résistance en court-circuit. 21

Kurz-schließer m. || short circuiting device || dispositif m. de mise en court circuit. **a) ~schlittenstrickmaschine** f. || short carriage knitting machine || machine f. à tricoter à chariot court. 22

Kurzschluß m. || short circuit || court-circuit m. **a) ~anker** m. (Elektr) || short-circuit(ed) armature *or* rotor; squirrel cage armature || induit m. en court-circuit; induit m. à cage d'écureuil. **b) ~bremse** f. || short circuit brake || frein m. à court-circuit. **c) ~bremsung** f. || short-circuit braking || freinage m. par court-circuit. **d) ~bürste** f. || short-circuit brush || balai m. de court-circuit. **e) ~charakteristik** f. || short-circuit characteristic || caractéristique f. de court-circuit. 23

Kurzschlußläufer m. || short-circuited rotor; squirrel-cage rotor || induit m. à cage d'écureuil; induit m. en court-circuit **a) Drehstrommotor** m. mit **~** || three-phase squirrel cage motor || moteur m. triphasé à rotor à cage. **b) Motor** m. mit **~** || short-circuit rotor motor || moteur m. asynchrone. 24

Kurzschluß-schleifringläufer m. || short-circuit slip-ring rotor || induit m. à cage d'écureuil. **a) ~spannung** f. || short-circuit voltage || tension f. de court-circuit. **b) ~stöpsel** m. || short circuit plug || indicateur m. de court-circuit; plot m. de mise en court-circuit. **c) ~strom** m. || short-circuit current || courant m. en court-circuit. **d) ~strombremse** f. || short circuit brake || frein m. par court-circuit. **e) ~taste** f. || short-circuit key || clé f. de mise en court-circuit. **f) ~vorrichtung** f. || short-circuit(ing) device || dispositif m. pour la mise en court-circuit. **g) ~wicklung** f. || short-circuit winding || enroulement m. à court-circuit. 25

Kurzschlußwiderstand m. || closed-end impedance || impédance f. en court-circuit. **a) ~ in Gleisstromkreisen** || shunt resistance || résistance f. du shuntage. 26

kurzschneiden || to shorten || abréger. 27

Kurzschrift f. *s. auch* Stenografie || shorthand; stenography || sténographie f. 28

Kurzschriftblock m. || stenographer's notebook || bloc-notes m. de sténographe. **a) ~ mit losen Blättern** || loose leaf stenographer's note-book || bloc-notes m. sténographique à feuilles mobiles. 29

Kurzschriftblockhalter m. || steno-bookholder || support m. pour bloc-notes sténographiques. 30

Kurzschrift(schreib)maschine f. || short hand typewriter || machine f. à sténographier. 31

kurzsichtig || short-sighted || myope. 32

Kurz-sichtigkeit f. || shortsightedness; near sight || myopie f. **a) ~tisch** m. (Werkzeugmasch) || short table || table f. courte. 33

Kurzwaren fpl. || haberdashery; hardware || menues marchandises fpl.; quincaillerie f.; mercerie f. **a) ~** aus mit Fäden übersponnenem **Metall** (Posam) || haberdashery articles of metal covered with thread || articles mpl. de mercerie en métal recouvert de fil. **b) ~** aus **Porzellan** || porcelain fancy goods || objets mpl. en porcelaine. 34

Kurzwellen-empfänger m. || short wave receiver || récepteur m. à ondes courtes.

a) ~**sender** m. || short wave transmitter || émetteur m. à ondes courtes. b) ~**telegraf** f. || short wave wireless telegraphy || télégraphie f. sans fil à ondes courtes. 1
kurzwellig (Phys) || of short wave-length || de faible longueur f. d'onde. a) ~**er Strahl** m. || ray of short wave length; short-wavy ray || rayon m. de faible longueur d'onde. 2
kurzzeitiger Betrieb m. || short-period service || service m. de courte durée. 3
Kurz-zeitmesser m. || micro-chronometer || appareil m. pour mesurer les petits intervalles de temps. a) ~**zeichen** n. || symbol; abbreviation || abréviation f. 4
Kussoblüte f. || kousso flower || fleur f. de cousso. 5
Küste f. || coast; land; shore || côte f.; terre f. a) an der ~ **entlang** || along the coast || le long de la côte. b) **felsige** ~ || rocky coast || côte f. rocheuse *ou* garnie de roches. c) **flache** ~ || flat coast; low shore || côte f. basse. d) **gefährliche** ~ || foul coast || côte f. malsaine. e) **gehobene** ~ || raised beach || plage f. soulevée. f) **hohe** ~ || high coast *or* land || terre f. grosse *ou* haute. g) **jähe** ~ || bold coast || accore m.; escarpement m. de côte. h) **längs der** ~ || along shore || le long de la côte. i) **längs der** ~ f. **fahren** || to coast; to range the coast; to run down the coast || côtoyer une terre; descendre une côte. k) in der **Nähe** f. der ~ || off the coast || au large m. de la côte. l) **niedrige** ~ || flat coast; low shore || côte f. basse. m) **reine** ~ || clear coast || côte f. saine. n) **Steil**~ || shelving *or* steep *or* bold coast || côte f. raide *ou* escarpée *ou* accore *ou* à pic. o) **Verlauf** m. der ~ || bearing of the coast || gisement m. de la côte. 6
Küsten-ablagerung f. || littoral deposit || sédiment m. côtier. a) ~**aufnahme** f. || coast survey || levé m. d'une côte. b) ~**befeuerung** f. || shore lighting || éclairage m. des côtes. c) ~**fahrer** m. || coaster || caboteur m. d) ~**fahrt** f. || coasting || cabotage m. e) ~**fahrzeug** n. (Schiff) || coaster; coasting vessel || cabotier m.; caboteur m. f) ~**feuer** n. || coastal light || feu m. de côte. g) ~**fischer** m. || coasting fisherman || pêcheur m. côtier. h) ~**fischerei** f. || inshore fishery || pêche f. côtière. i) ~**fluß** m. || coast river || fleuve m. côtier. k) ~**funkstelle** f. || coast radio station || radio-station f. côtière. l) ~**geschütz** n. || coast-gun || pièce f. de côte. m) ~**gestaltung** f. || configuration of coast || configuration f. de la côte. 7
Küstenhandel m. || coasting trade; cabotage || commerce m. côtier; cabotage m. a) ~ **treiben** || to coast || caboter. 8
Küsten-kabel n. || shallow-water cable; coastal cable || câble m. côtier. a) ~**kenntnis** f. (Seew) || cabotage; experience of a coast || cabotage m.; expérience f. d'une côte. b) ~**lotse** m. || coasting pilot || côtier m.; pilote-côtier m. c) ~**meer** n. || territorial sea || mer f. territoriale. d) ~**riff** n. || fringing reef || récif m. côtier *ou* en bordure. e) ~**schiffer** m. || coaster || caboteur m. f) ~**schiffahrt** f. || coasting; cabotage; coasting navigation || navigation f. côtière; cabotage m. g) ~**schlick** m. || littoral deposit under water || limon m. côtier. h) ~**strömung** f. || current along the coast || courant m. côtier. i) ~**terrasse** f. || coast terrace || plateforme f. littorale. k) ~**tiefland** n. || coastal lowlands || pays m. bas côtier. l) ~**vermessung** f. || coast survey || levé m. d'une côte. m) ~**versetzung** f. || shifting of beach sand || déplacement m. des côtes. n) ~**wachtschiff** n. || coast guard vessel || garde-côte m. 9
Kustos m. (Buchdr) || catch word || réclame f. 10
Kutscher m. || driver; coachman; cabman || cocher m. a) ~**sitz** m. || coachman's seat; driving seat || siège m. du cocher. 11
Kutter m. || cutter || côtre m.; cutter m. a) ~**meißel** m. || rock *or* drop chisel || burin m. brise-rocs. b) ~**takelage** f. || cutter rig || gréement m. en côtre. 12
Kuvelage f. (Bergb) || timbering; tubbing || cuvelage m.; cuvellement m.; cuves fpl. 13
küvelieren (Bergb) || to timber || cuveler. 14
Küvelierung f. (Bergb) *s.* Kuvelage. 15
Kuvert n. *s. auch* Briefumschlag || enveloppe || enveloppe f. 16
kuvertieren || to put in an envelope || envelopper; mettre sous enveloppe. 17
Kuvertmaschine f. || envelope machine || machine f. à faire des enveloppes. 18
Küvette f. || cell; vessel || cuve f. a) ~ mit **bekannter Schichtdicke** || cell of a known thickness || cuve f. d'épaisseur connue. b) **Porzellan**~ || porcelain cell || cuve f. en porcelaine. c) **Vorsatz**~ (Foto) || light filter trough || cuve-écran m. 19
Kux m. || cost-book mining share || part f. de mine; valeur f. minière. 20
KW = Kilowatt n. || kw = kilowatt || kw = kilowatt m. 31
kyanisieren || to kyanize || kyaniser; cyaniser. 22
Kyanisieren n. || kyanizing || préparation f. au sublimé corrosif. 23
Kyrosit m. || kyrosite || kyrosite f. 24

L

L-Antenne f. || L- (shaped) aerial || antenne f. (en forme) L. 25
Lab n. || rennet; runnet || présure f. a) ~ in **natürlichem Zustand** || rennet in natural state || présure f. à l'état naturel. 26
labil || unstable || instable. 27
Laborant (Chem) || laboratory assistant || aide m. de laboratoire. 28
Laboratorium n. || laboratory || laboratoire m. a) **Betriebs**~ || laboratory || laboratoire m. b) **Brauerei**~ || brewery laboratory || laboratoire m. de brasserie. c) **chemisches** ~ || chemical laboratory || laboratoire m. d'analyses chimiques. d) **chemisches** ~ zur **Überwachung** der laufenden Fertigung || chemical laboratory to control the current manufacture || laboratoire m. d'analyses chimiques pour contrôler la fabrication courante. e) **pyrotechnisches** ~ || pyrotechnic laboratory || laboratoire m. de pyrotechnique. f) **Stahlwerks**~ || steel works laboratory || laboratoire m. d'aciérie. g) **Unterrichts**~ || teaching laboratory || laboratoire m. d'enseignement. 29
Laboratoriums-assistent m. || laboratory assistant || assistant m. de laboratoire. a)~ **ausbeute** f. || laboratory yield || rendement m. de laboratoire. b) ~**diener** m. || laboratory man || garçon m. de laboratoire. c) ~**einrichtung** f. || laboratory equipment *or* outfit || équipement m. pour laboratoires; installation f. de laboratoire. d) ~**filterpresse** f. || laboratory filter press || filtre-presse m. pour laboratoire. e) ~**gehilfe** m. *s.* ~diener. 30
Laboratoriumsgerät n. || laboratory apparatus || accessoire m. de laboratoire. a) **elektrisch beheiztes** ~ || electrically heated laboratory apparatus || appareil m. de laboratoire à chauffage électrique. b) ~ für **Zuckerfabriken** || laboratory apparatus for sugar works || appareil m. pour laboratoires de sucreries. 31
Laboratoriums-glas n. || laboratory glass || verre m. de laboratoire. a) ~**interferometer** n. || laboratory interferometer || interféromètre m. de laboratoire. b)~**kugelmühle** f. || laboratory ball mill || moulin m. à boulets pour laboratoires. c) ~**mikroskop** n. || laboratory microscope || microscope m. de laboratoire. d) ~**mühle** f. || laboratory crusher || triturateur m. de laboratoire. e) ~**ofen** m. || laboratory furnace || four m. pour laboratoires. f) ~**porzellan** n. || laboratory porcelain || porcelaine f. de laboratoire. g) ~**presse** f. || laboratory press || presse f. pour laboratoires. h) ~**zentrifuge** f. || laboratory centrifugal machine || centrifuge f. pour laboratoires. 32
Labpräparat n. *s.* Lab. 33
Labradorfeldspat m. || labradorite; Labrador feldspar || labradorite f.; feldspath m. chatoyant. 34
Labradorisieren n. (Min) || change of colours || chatoiement m. 35
Labradorit m. *s.* Labradorfeldspat. 36
Labradorstein m. || Labrador stone || pierre f. de Labrador; labrador m. 37
labsalben (Seew) || to give a goat of tar; to pay with tar; to tar || brayer *ou* enduire de goudron; goudronner. 38
Labyrinthbüchse f. || labyrinth box || boîte f. à labyrinthe. 39
Labzubereiter m. || rennet maker || présurier m. 40
Lache f. || pool || mare f. 41
Lachgas n. || laughing gas; nitrous oxide || gaz m. hilarant; protoxyde m. d'azote. 42
Lachs m. || salmon || saumon m. a) ~**fischer** m. || salmon fisherman || pêcheur m. de saumons. 43
Lachsforelle f. || salmon tackle || truite f. saumonnée. 44
Lacht m. (Met) || slag; finery slag || scorie f. d'affinerie. 45
Lachter m. (Bergb) || fathom || brasse f.; toise f. 46
Lachter-kette f. (Bergb) || measuring chain || chaîne f. d'arpentage *ou* d'arpenteur; chaînette f. a) ~**stab** m. (Bergb) || surveyor's rod || mesure f. d'arpenteur. 47

Lack m. || lacquer; varnish; lac; lake || laque f.; vernis m. **a) alkalifester ~** || alkali-proof varnish || vernis m. résistant aux alcalis. **b) Blech~** || tinplate varnish || vernis m. pour fer-blanc. **c) ~ zum Drucken** || printers' lake || laque f. d'impression. **d) Eisen~** || iron varnish || vernis m. à fer. **e) ~ für Fensterbriefumschläge** || varnish for window envelopes || vernis m. pour enveloppes à guichet. **f) Fußboden~** || flooring varnish || vernis m. pour planchers. **g) Gemälde~** || picture varnish || vernis m. pour tableaux. **h) Glanz~** || brilliant varnish || vernis m. brillant. **i) Heizkörper~** || varnish for heating dampers || vernis m. pour radiateurs. **k) Japan~** || japanner || laque f. japonaise. **l) Kugel~** || round lac || laque f. de boule. **m) luftbeständiger ~** || airproof varnish || vernis m. résistant à l'air. **n) Möbel~** || furniture varnish || vernis m. pour meubles. **o) Negativ~** || negative varnish || vernis m. négatif. **p) Politur~** || flatntig varnish || vernis m. à polir. **q) säurefester ~** || acidproof varnish || laque f. anti-acide *ou* inattaquable aux acides; vernis m. résistant aux acides. **r) Schokoladen~** || chocolate varnish || laque f. pour chocolat. **s) Strohhut~** || straw hat lake || laque f. pour chapeaux de paille. **t) Tafel~** || shellac || laque f. plate *ou* en écailles *ou* en feuilles *ou* en tablettes. **u) Überzugs ~** || coating varnish || vernis m. enduit. **v) Wagen~** || carriage varnish || vernis m. pour carrosserie. **w) Zellon~** || cellon lacquer || laque f. celluloide. **x) ~-Zellulose~** || cellulose finish || émail m. à la cellulose. 1

Lack-abbeizmittel n. || varnish remover || décapant m. de vernis. **a) ~ader** f. (elLeit) || varnished conductor || conducteur m. verni. **b) ~aderdraht** m. || varnished wire || fil m. verni. **c) ~arbeit** f. || varnished wooden art work || travail m. d'art en bois verni. **d) ~auflösungsmittel** n. || varnish dissolvent || dissolvant m. de vernis. **e) ~auszug** m. || varnish extract || extrait m. pour vernis. **f) ~draht** m. || varnished *or* enamelled wire || fil m. laqué *ou* verni. **g) ~fabrikanlage** f. || varnish maker plant || installation f. de fabrication de vernis. **h) ~fabrikationseinrichtung** f. || varnish manufacturing plant || installation f. pour fabriquer la laque. **i) ~farbe** f. || lacquer; drop lake; varnish colour || laque f. colorée; peinture f. laquée. **k) ~firnis** m. || lacquer || laque f. **l) ~firnislack** m. || lac lake || lac-laque f. **m) ~herstellungsgerät** n. || varnish makers apparatus || appareil m. pour la fabrication de vernis. **n) ~hut** m. || varnished hat || chapeau m. verni. 2

lackieren || to lacquer; to varnish || laquer; vernir; vernisser. **a) mit japanischem Lack** m. **~** || to japan || vernir avec du vernis du Japon. 3

Lackieren n. || varnishing || vernissage m. **a) ~ von Holzwaren** || wood varnishing || vernissage m. sur bois. 4

Lackierer m. || lacquerer; japanner; varnisher || laqueur m.; vernisseur m. **Holzwaren~** || wood varnisher || vernisseur m. sur bois. 5

Lackiermaschine f. || varnishing machine || machine f. à laquer *ou* à vernir; four m. de vernissage. **a) Draht~** || wire lacquering machine || machine f. à laquer le fil. 6

Lackier-ofen m. || varnishing furnace || four m. à sécher les objets vernis; four m. à vernir. **a) ~pinsel** m. varnishing brush || pinceau m. à vernir. **b) ~spritzverfahren** n. || paint spraying system || vernissage m. au pistolet-pulvérisateur. 7

lackiert || lacquered; varnished || laqué; vernissé. **a) ~e Blechwaren** fpl. || japanned sheet iron articles pl. || objets mpl. en tôle vernie. **b) ~er Stiefel** m. || patent leather boot || botte f. de cuir verni. 8

Lackiertrommel f. || varnishing drum || tambour m. à laquer. 9

Lackierung f. || dope paint || enduit m. de vernis. **a) elfenbeinfarbige ~** || ivory enamel finish || exécution f. en couleur d'ivoire émaillé. **b) schwarze ~** || black enamel finish || exécution f. en noir émaillé. 10

Lackkanne f. || varnish can || bidon m. à vernis. **a) Tüllenverschlußapparat** m. für **~n** || spout closing apparatus for varnish cans || appareil m. de fermeture à douille pour bidons à vernis. 11

Lackleder n. || varnished *or* patent leather || cuir m. laqué *ou* verni. **a) ~waren** fpl. || patent leather articles pl. || objets mpl. en cuir verni. 12

Lackmus n. || litmus; turnsol || tournesol m. **a) sauer reagierend auf ~** (Chem) || acid to litmus || acide au tournesol. 13

Lackmuspapier n. || litmus paper || papier m. de tournesol. **a) blaues ~** || blue litmus paper || papier m. bleu de tournesol. **b) rotes ~** || red litmus paper || papier m. rouge de tournesol. 14

Lacknormen fpl. || varnish standards pl. || règles fpl. *ou* normes fpl. pour le vernis. 15

Lackpapier-kabel n. || lac paper cable || câble m. sous vernis et papier; câble m. émaillé sous papier. **a) ~mantelkabel** n. || lac paper shell cable || câble m. à gaîne de plomb avec isolement de laque et papier. 16

Lack-rohr n. (Korbm) || varnished rush || jonc m. verni. **a) ~rot** n. || varnish red || laque f. rouge. **b) ~schicht** f. || coating of japan || couche f. de vernis. **c) ~schwarz** n. || black lake || vernis m. noir. **d) ~siegel** n. || wax seal || cachet m. de cire. **e) ~waren** fpl. || lacquered *or* japanned goods pl. || objets mpl. en laque *ou* vernis. 17

Lacoursches Rad n. || phonic wheel || roue f. phonique. 18

Lade f. (Lichtb) || chest; trunk; box || caisse f.; coffre m.; tiroir m.; châssis m. **a) die ~ anschlagen** (Web) || to beat the lathe || frapper le battant. **b) ~ eines Webstuhles** || batten of a loom || battant m. d'un métier. 19

Lade-aggregat n. (Elektr) || charging set || agrégat m. de charge. **a) ~anlage** f. für **Massengüter** || unloading plant for bulk goods || installation f. de transbordement pour matières en amas. **b) ~baum** m. || derrick; davit || bossoir m.; mât m. de charge. **c) ~block** m. (Schiff) || loading block || bloc m. de chargement. **d) ~bord** m. (Seew) || skid; fender || défense f. **e) ~bühne** f. || loading platform || rampe f. *ou* plate-forme f. *ou* estacade f. de chargement. **f) ~damm** m. (Seew) || landing place; pier; quay; shipping-molo || embarcadère m. **g) ~dauer** f. || charging duration || durée f. de chargement. **h) ~einrichtung** f. (Sammler) || charging outfit *or* plant || installation f. de chargement. **i) ~fähigkeit** f. (Fahrzeug) || carrying *or* loading capacity || capacité f. de charge(ment). **k) ~fläche** f., **freie ~** zwischen den Drehgestellen (Eisenb) || clear charging space inside cross bearers || espace m. de chargement libre — sans traverses — entre les bogies. **l) ~frist** f. || time for loading || délai m. pour le chargement. **m) ~gebühr** f. *s.* Ladegeld. **n) ~geld** n. || loading charges pl. || frais mpl. de chargement. **o) ~gerüst** n. für **Kohlen** || coal handling platform || pont m. de chargement de charbons. **p) ~gewicht** n. (Eisenb) || load; tonnage || poids m. de charge; tonnage m. **q) ~gleichrichter** m. (Elektr) || charging rectifier || redresseur m. de charge d'accumulateurs. **r) ~gleis** n. || loading track *or* sidings pl. || voie f. de chargement. **s) ~kran** m. || loading *or* charging crane || grue f. de chargement. **t) ~lehre** f. (Eisenb) || clearance loading gauge *or* limit || gabarit m. de chargement. **u) ~linie** f. || freeboard mark; load line || ligne f. de charge. **v) ~loch** n. des **Keilverschlusses** (Art) || hole in the wedge || lunette f. de chargement. **w) ~luke** f. (Schiffb) || loading hatch || écoutille f. de charge. 20

Lademaschine f. (Met) || charging machine || enfourneuse f. **a) ~** (Sammler) || charging machine *or* generator || dynamo f. de charge. **b) ~ für Retorten** || charging machine for retorts || machine f. de chargement *ou* chargeuse f. pour cornues. 21

Lade-maß n. (Eisenb) || loading gauge; clearance limit || gabari[t] m. de chargement. **a) ~mast** m. || hoist || grue f. **b) ~meister** m. (Bergb) || drill charger || chargeur m. de mines. **c) ~mulde** f. || charging box; loading trough || pelle f. *ou* récipient m. de chargement. 22

laden (Elektr; Met) || to charge || charger. **a ~** (Fuhrw) || to load || charger. **b) ~** (Schiff) || to lade; to load; to take in lading *or* loading || charger; prendre chargement m. **c) einen Sammler** m. **~** (Elektr) || to charge an accumulator || charger un accumulateur. **d) ein Schiff** n. **~** || to load a ship || charger un vaisseau. 23

Laden n. (Fahrzeug) || lading *or* loading || chargement m. **a) ~ einer Batterie** || charging a battery || charge f. d'une batterie. **b) ~ in Karren** || filling into barrows pl. || chargement m. 24

Laden m. (Brett) || plank || planche f. **a) Fenster~** || window shutter || contrevent m.; volet m. 25

Laden-angestellter m. || shop assistant || commis m.; employé m. de magasin. **a) ~diener** m. || shop assistant || garçon m. de magasin. 26

Ladeneinrichtung f. || shop room equipment || installation f. de magasin. **a) ~ für Fleischereien** || butcher's shop fitting || installation f. pour débit de boucheries. 27

Ladenhüter m. || unsaleable article || fond m. de magasin; garde-boutique m. 28

Ladenkasse f. || cash till || caisse f. de magasin *ou* de boutique. 29

Ladenklotz m. (Web) || slay beam *or* cheek || masse f. *ou* sommier m. *ou* semelle f. du battant. 30

Laden-mädchen n. || shop girl || fille f. de boutique. **a) ~möbel** npl. || shop fittings pl. || meubles mpl. de magasin. **b) ~preis** m. || retail price || prix m. de vente. 1

Laden-prügel m. (Web) || rocking tree || porte-battant m.; bâton m. **a) ~stock** m. (Web) || rocking tree; swing beam || porte-battant m.; bâton m.; arbre m. de l'épée de chasse. 2

Ladentisch m. || counter || comptoir m. 3

Lade-pforte f. (Schiffb) || raft port || sabord m. de charge. **a) ~platz** m. (Eisenb; Schiffb) || loading platform *or* station || quai m. de chargement. **b) ~podest** m. || loading ramp *or* wharf || rampe f. de chargement. **c) ~pritsche** f. || plank bed || plateau m. de chargement. 4

Lader m., **Erz** || ore filler || chargeur m. de minerai. **a) Koks~** || coke filler || chargeur m. de coke. 5

Lade-rampe f. || loading platform *or* ramp || plate-forme f. de chargement; rampe f.; quai m. découvert. **a) ~raum** m. (Schiff) || hold || cale f. **b) ~satz** m. (Sammler) || battery charger; charging set || groupe m. de charge. **c) ~schalter** m. || charging switch || commutateur m. *ou* interrupteur m. de charge. **d) ~schalttafel** f. || charging switchboard || tableau m. de charge. **e) ~schaltung** f. || charging connection || raccordement m. pour la charge. **f) ~schein** m. || backet note || permis m. d'embarquement. **g) ~spannung** f. || charging voltage || voltage m. *ou* tension f. de charge. **h) ~station** f. (Elektr) || charging station || station f. de charge. **i) ~stelle** f. || loading place *or* berth *or* station || lieu m. de chargement; embarcadère f. **k) ~stellung** f. (Sammler) || charging position || position f. de charge. **l) ~stöpsel** m. (Elektr) || charging plug || bouchon m. de charge. **m) ~strom** m. || charging current || courant m. de charge. **n) ~takel** npl. || garnets pl. || bredindins mpl.; petits palans mpl. d'étai. **o) ~ventil** n. || charging valve || soupape f. de charge. **p) ~verlust** m. (Elektr) || loss of charge || perte f. de charge. **q) ~verzug** m. (Geschütz) || dead time || temps m. mort. 6

Ladevorrichtung f. (Masch) || charging device || appareil m. de chargement. **a) ~** (Elektr) || charging set || chargeur m. **b) ~ für Akkumulatoren** || accumulator charging apparatus || installation f. de recharge d'accumulateurs. 7

Lade-wasserlinie f. || load water line || ligne f. de charge *ou* de flottaison en charge. **a) ~widerstand** m. (Elektr) || charging resistance || résistance f. pour chargement. 8

Ladewinde f. || loading winch || treuil m. de chargement. **a) ~** (Schiff) || loading hoist || treuil m. d'embarquement. 9

Lade-zeit f. || time of loading *or* charging || temps m. de chargement *ou* de charge. **a) ~ziffer** f. (Eisenb; Schiffb) || proportion of gross load to net load || rapport m. du poids mort au poids utile. 10

Ladung f. (Elektr; Tätigkeit) || charging || chargement m. **a) ~** (Elektr; Zustand) || charge || charge f. **b) ~** (Fuhrwerk) || loading || chargement m. **c) ~** (Schiff) || cargo || chargement m.; cargaison f.; fret m. **d) Anfangsspannung** f. der **~** || initial voltage on charge || tension f. initiale de la charge. **e) ~ des Bohrlochs** || charge of powder for blasting || charge f. du pétard *ou* de poudre pour l'explosion. **f) ~ einnehmen** || to lade; to load; to take in lading *or* loading || charger; prendre chargement m. **g) Endspannung** f. der **~** || final voltage on charge || tension f. à la fin de la charge. **h) gebundene ~** (Elektr) || bound charge || charge f. latente. **i) die ~ hat sich losgerissen** (Schiff) || cargo has shifted || la cargaison s'est dérangée. **k) ~ mit Ruhepausen** (Sammler) || periodic supplementary charging || chargement m. suivi de repos. **l) ~ von Sammlern** || charging of storage cells || charge f. des accumulateurs. **m) schlecht verstaute ~** || (Schiff) || badly stowed cargo || cargaison f. mal arrimée. **n) mit voller ~ schießen** || to fire with full service charge || tirer à charge pleine. 11

Ladungs-empfänger m. || receiver of cargo || destinataire m. de la cargaison. **a) ~-koeffizient** m. (Elektr) || coefficient of charge || coëfficient m. de charge. 12

Ladungsrückstand m., **gebundener** (Elektr) || bound residual charge || charge f. résiduelle latente. **a) ~ der Leydener Flasche** || bound residual charge of the Leyden jar || charge f. residuelle latente de la bouteille de Leyden. 13

Ladungs-spule f. (Funkw) || loading coil || bobine f. de charge. **a) ~strom** m. (Sammler) || current of charge || courant m. de charge. **b) ~verlust** m. (Sammler) || loss of charge || perte f. de charge. **c) ~versicherung** f. || insurance on cargo || assurance f. sur cargaison. **d) ~verteilung** f. (Sammler) || distribution of charge || distribution f. de la charge. 14

Lafette f. || gun carriage *or* mounting || affût m. (de bouche à feu). **a) Kasten~** || box-trail carriage || affût m. rigide *ou* monoflèche. **b) Raupenkraft~** || motor caterpillar (gun) mount || affût m. automoteur à chenilles. **c) Rundum~** || universal gun carriage || affût m. universel. **d) Spreiz~** || split-trail carriage || affût m. biflèche *ou* à flèches ouvrantes. 15

Lafettenbefestigung f. || gun mount support || fixation f. de l'affût. 16

Lage f. || location || position f. **a) ~** (Geol) *s.* Lager (Geol). **b) ~** (Mauerstein) || course || assise f. **c) ~** (Stellung) || position || position f. **d) ~ des Bogensatzes** || sheet of the quires || couche f. d'un ensemble de feuilles. **e) erste ~** (Bauw) || first coat || première couche f. **f) finanzielle ~** || financial situation || situation f. financière. **g) gegenseitige ~** || relative positions pl. || position f. réciproque. **h)** in **geneigter ~** || in an inclined position || dans une position inclinée. **i) ~ des Geschäfts** || state of the market || situation f. des affaires. **k) Kies~** (Straßenb) || layer *or* coating of gravel || couche f. de gravier. **l) ~ der Last** || position of load || position f. de la charge. **m) ~n** fpl. **machen** (Buchdr) || to gather; to lay down a gathering || assembler le cahier. **n) die ~ eines Ortes bestimmen** || to determine the position of a place *or* point || fixer la position d'un lieu. **o) Papier~** || layer of paper || cahier m. **p) ~ im Raume** || position in space || position f. dans l'espace. **q) ~ des Schiffes** || trim of a ship || assiette f. d'un navire. **r) zweite ~** (Maur) || second coat || chemise f. 17

Lageempfindlichkeit f. || sensitiveness to position || sensibilité f. de position. 18

lagenweise (Bergb) || in layers; in beds || par couches fpl. 19

Lageplan m. || general plan; plan; ground plan || plan m. (de situation). **a) ~ einer Kabelanlage** || general plan of a cable plant || plan m. *ou* croquis m. d'une ligne de câbles. 20

Lager n. || camp || camp m. **a) ~** (Geol) || bed; seam || couche f.; gisement m.; lit m. **b) ~** (Kaufm) || stock; warehouse || dépôt m.; magasin m. **c) ~** (Masch) || bearing || palier m. **d) Achs~** || axle bearing || fusée f. **e) auf ~ haben** || to keep on stock || avoir en magasin. **f) auf ~ haltend** || stocking || mettant en magasin. **g) ein ~ ausfüttern mit . . .** || to line a bearing with . . . || garnir un palier de . . . **h) ein ~ ausrichten** || to true a bearing || aligner un palier. **i) Drehzapfen~** (Eisenb) || center plate || crapaudine f. de pivot de bogie. **j) Druck~** (Schiffb) || thrust block || palier m. de butée. **k) Einscheibengleitdruck~** (Schiffb) || single collar thrust bearing || palier m. de butée à disque unique. **l) Eisenstein~** (Bergb) || deposit of iron ore || gisement m. de fer. **m) falsches ~** (Bauw) || breaking grain || délit m.; faux lit m. **n) Faß~** || gantry; stillage || chantier m. **o) Feder~** (Kraftwagen) || spring bearing || bride f. de ressort formant palier. **p) federndes ~** || spring bearing || palier m. à ressort. **q) Fuß~** (Mach) || footstep bearing || palier m. inférieur. **r) Gleit~** || plain bearing || coussinet m. lisse. **s) Grund~** || main bearing || palier m. principal. **t) Grundplatten~** || bearing of the bed plate || palier m. de la plaque de fondation. **u) Hals~** || collar bearing || palier m. à collets; coussinet m. à collier. **v) ~ der Hauptwelle** || bed of the main shaft || coussinet m. de l'arbre principal de commande. **w) Kamm~** || collar thrust-bearing || palier m. à cannelures. **x) Kegel~** || cone bearing || coussinet m. à cône. **y) ~ der Kernspindel** (Gieß) || collar of the spindle in the core-frame || encastrement m. *ou* empoise f. de l'arbre du noyau. **z) Kolbenbolzen~** || small end bearing || coussinet m. de pied de bielle. 21

a) Kugel~ || ball *or* roller *or* spherical bearing || roulement m. *ou* palier m. *ou* boîte f. à billes; coussinet m. à sphère. **b) ~ mit Kugelbewegung** || pivoting ball bearing || palier m. à rotules; roulement m. à billes. **c) Kugeldruck~** || ball thrust bearing || butée f. à billes. **d) Kugelgelenk~** || ball and socket joint bearing || palier m. articulé à billes. **e) Kulissen~** (Lok; Masch) || link bracket || attache f. de coulisse. **f) Kupplungs~** || radial clutch bearing || coussinet m. d'embrayage. **g) Kurbelwellen~** || crankshaft bearing || palier m. de vilebrequin. **h) Kurbelzapfen~** || crank pin bearing || coussinet m. de tête de bielle. **i) Längs~** || side bearing || palier m. longitudinal. **k) nachstellbares ~** || adjustable bearing || coussinet m. ajustable *ou* réglable. **l) die ~** npl. **nachstellen** || to take up bearings pl. || rattraper le jeu. **m) nicht auf ~** || not in stock || pas en magasin m. **n) Nockenwellen~** || camshaft bearing || palier m. de l'arbre à cames. **o) Pleuelstangen~** || big end bearing; connecting rod bushing || coussinet m. de tête de bielle. **p) Quer~** ||

radial bearing || palier m. *ou* coussinet m. transversal. **q) Rollen~** || roller bearing || palier m. *ou* roulement m. à rouleaux. **r) Scheiben~** || disc bearing || palier m. à disque. **s) Schmier~** || self-oiling bearing || palier-graisseur m. **t) selbstschmierendes ~** || self-lubricating bearing || coussinet m. auto-graisseur. **u) Spannhülsen~** || batt bearing with taper clamping sleeve || palier m. à douille de serrage. **v) Spur~** || step bearing || crapaudine f. **w) ~ einer stehenden Welle** || step bearing; step brass || crapaudine f.; crapaudine f. femelle. **x) ~ eines Steines** || bed of a stone || lit m. de carrière. **y) Wälz~** || roller bearing || palier m. à rouleaux. **z) warmgelaufenes ~** || heated bearing || coussinet m. échauffé. 1

a) wassergekühltes ~ || water-cooled bearing || coussinet m. à refroidissement par eau. **b) ~ der Windform** (Met) || bed of the twyer || logement m. de la tuyère. **c) Zapfen~** || spindle bearing || palier m. d'un tourillon. 2

Lager-auflagefläche f. || bearing surface || surface f. portante. **a) ~aufnahme** f. || stock taking || inventaire m. **b) ~aufseher** m. || store keeper; storeman || garde-magasin m.; magasinier m. **c) ~ausguß** m. || lining of the bearing || garniture f. de palier. **d) ~balken** m. || bed plate beam || poutre f. de plaque de fondation. **e) ~bestand** m. || stock; inventory || état m. des marchandises; stock m. **f) ~bier** n. || strong *or* lager *or* stock beer; beer for keeping || bière f. forte *ou* de garde *ou* de conserve. **g) ~bock** m. || bearing stand *or* bracket || support m. de palier; porte-coussinet m. **h) ~buch** n. || stock book || livre m. de magasin; livre m. des entrées et des sorties. **i) ~buchführung** f. || store keeping accounts pl. || comptabilité f. des stocks. 3

Lagerbuchse f. || bearing bush *or* shell || coussinet m.; douille f. **a) geteilte ~** || split bushing || coussinet m. fendu *ou* en deux pièces. 4

Lagerdeckel m. || bearing cap || chapeau m. *ou* couvercle m. de palier. **a) den ~ abheben** || to lift the bearing cap || enlever le chapeau *ou* le couvercle du palier. **b) ~ der Kurbelwelle** || crankshaft bearing cap || chapeau m. de palier de vilebrequin. 5

Lager-faß n. || storage *or* store cask || foudre m. (de garde). **a) ~filz** m. || bearing felt || feutre m. de graissage. **b) ~fläche** f. || bearing surface || surface f. de palier. 6

lagerförmig (Geol) || in beds || en couches fpl. 7

Lager-frist f. || time of warehousing || magasinage m. **a) ~frucht** f. || corn laid by rain or wind; down crops pl. || récolte f. versée. **b) ~fuge** f. (Stein) || bed built; joint of the bed || joint m. de lit *ou* d'assise. **c) ~futter** n. || lining of the bearing || fourrure f. *ou* garniture f. de coussinet. **d) ~gang** m. (Geol) || vein following bedding planes || filon-couche f. **e) ~geld** n. || charges pl. for storage || frais mpl. de dépôt; magasinage m. **f) ~hälfte** f. || half of the bearing || moitié f. de palier. **g) ~hals** m. || axle journal || fusée f. d'essieu. **h) ~halter** m. || store clerk || magasinier m. **i) ~haus** n. || ware house; store; depot; magazine || magasin m.; entrepôt m. **k) ~hof** m. || dock || dock m.; entrepôt m. 8

Lagerist m. *s.* Lageraufseher m. 9

Lager-keller m. || storage cellar || cave f. de garde; dépôt m. **a) abschwenkbarer ~-kopf** m. || releasable head bearing || palier m. basculant. **b) ~körper** m. || pedestal body || corps m. de palier. **c) ~liste** f. (Handel) || stock list || liste f. de stocks. 10

Lagermetall n. || bearing *or* white metal || métal m. blanc *ou* à coussinets; régule m. **a) das ~ läuft aus** || the white metal drips out of the bearings || le métal blanc s'écoule des coussinets. 11

lagern || to store || mettre en magasin; entreposer. **a) ~** (Wein) || to season || mettre sur chantier m.; enchanteler. **b) die Erde ~** || to deposit the earth || déposer la terre sur le sol. **c) in fester Stuhlung** f. **~** || to carry on solid frames pl. || monter sur un bâti fixe. **d) pendelnd ~** || to arrange after the fashion of a pendulum; to arrange to oscillate || articuler comme un pendule. **e) unter Wasser** n. **~** || to keep under water || garder sous l'eau f. 12

Lagerpfanne f. (Schleusentor) || step; bearing || crapaudine f. 13

Lagerplatz m. || goodsyard || dépot m. de matériel. **a) Erz~** || ore yard || dépôt m. de minerais. **b) Kohlen~** || coal storage || dépôt m. de charbon. **c) Materialien~** || materials store || dépôt m. de matériaux. 14

Lager-raum m. || storing room || dépôt m. **a) ~reibungsverlust** m. || bearing-friction loss || perte f. par frottement des coussinets. 15

Lagerschale f. || bearing bush(ing); axle box; brass; pillow || couche f.; coussinet m.; coquille f. de coussinet. **a) einstellbare ~** || adjustable bearing lining *or* bush || coussinet m. réglable. **b) Kurbelwellen~** || crankshaft bearing bushing || coussinet m. de palier de vilebrequin. **c) ~ aus Weißmetall** || babbit bushing || coussinet m. en métal blanc. **d) ~n** fpl. **mit Weißmetall ausgießen** || to line bearings pl. with white metal || antifrictionner les coussinets mpl. 16

Lagerschalen-ausguß m. || journal brass bearing lining || garniture f. antifriction du coussinet. **a) ~bund** m. || flange of brass bearings || rebord m. du coussinet. **b) ~gießvorrichtung** f. || casting device for bushes || dispositif m. à couler les coussinets. **c) ~hälfte** f. || half of bearing lining || moitié f. du coussinet. 17

Lagerschein m. || (dock) warrant || bulletin m. de dépôt; warrant m. 18

Lagerschild m. || (end shield) bearing bracket || plateau m. *ou* bouclier m. à palier. **a) ~type** f. || bearing-bracket type || type f. à bouclier à palier. 19

Lagerschwelle f. des **Fußbodens** || dormer *or* dormant *or* sleeper of the ground floor || racinal m. *ou* sole f. de plancher. 20

Lagerstätte f. (Bergb) || deposit; bed (of ores); seam (of coal) || gîte m.; gisement m.; couche f. **a) die ~ auf ihre Mächtigkeit untersuchen** || to unvestigate the width of a deposit || explorer le gisement sous le rapport de sa puissance. 21

Lagerstuhl m. (Schiffb) || thrust block || palier m. de butée. 22

Lagerung f. (Geol) || (natural) bed; bedding || gisement m.; lit m. **a) ~** (Speicherung) || storing || emmagasinage m. **b) Brennstoff~** || fuel storage || stockage m. de combustible. **c) ~ feuergefährlicher Flüssigkeiten** || storing of inflammable liquids || magasinage m. des liquides inflammables. 23

Lagerungstisch m. (Röntgen) || radiographic couch || table f. de radiographie. 24

Lager-verwalter m. || storekeeper; storeman; warehouseman; warehouse keeper || magasinier m.; chef m. de dépôt; manutentionnaire m.; garde-magasin m. **a) ~wein** m. || well seasoned wine || vin m. de conserve. 25

Lagewechsel m. (Telefonleit) || transposition || changement m. de position; transposition f. 26

Lagune f. || lagoon || lagune f. 27

Lagunenriff n. || atoll || attoll m. 28

Lähmung f. || paralysis || paralysie f. 29

Lahn m. || tinsel || lame f. 30

Laib m. (Bäck) || loaf || pain m. 31

Laibung f. *s.* Leibung. 32

Laichen n. || spawning || frai m. 33

Laichzeit f. || spawning-time || temps m. *ou* saison m. du frai. 34

Laken n. || linen; linen sheet; sheet || toile f.; drap m. 35

Lakepumpe f. zum Schnellpökeln || brine pump for rapid pickling || pompe f. de saumure pour mariner *ou* saler rapidement. 36

Lakritzen-fabrik f. || liquorice manufacture || réglisserie f. **a) ~holz** n. || liquorice root || bois m. de réglisse. **b) ~präparat** n. || liquorice preparation || préparation f. de réglisse. **c) ~presse** f. || liquorice press || presse f. à comprimer la réglisse. 37

Lakritzensaft m. || liquorice juice || jus m. de réglisse. **a) ~auszug** m. || liquorice extract || extrait m. de réglisse. 38

Lakritzen-stengel m. || liquorice cake || pâte f. de réglisse. **a) ~wurzel** f. || liquorice-root || racine f. de réglisse. 39

Laktat n. || lactate || lactate m. 40

Laktose f. || lactose || lactose f. 41

Lama-garn n. || llama *or* lama yarn || laine f. de lama. **a) ~haar** n. || llama's hair || poil m. de lama. **b) ~weber** m. || llama weaver || tisseur m. de lama. 42

Lambris m. (Bauw) || inlaying; panelling; wainscott || boiserie f.; lambris m. 43

Lamelle f. || lamina; lamella || lamelle f. **a) Bronze~** || bronze disc || lamelle f. en bronze. **b) Kollektor~** || commutator bar *or* segment || segment m. *ou* secteur m. d'un collecteur. **c) Kupplungs~** || clutch disc || disque m. d'embrayage. **d) Stahl~** || steel disc || lamelle f. en tôle d'acier. 44

Lamellen-bremse f. || plate-compressor brake || frein m. à lames centrales. **a) ~heizkörper** m. für Stufenbeheizung (Web) || laminated radiator arrangement for gradual heating || calorifère m. à ailettes à chauffage réglable. **b) ~kühler** m. (Auto) || ribbed radiator || radiateur m. à ailettes de tôle. 45

Lamellenkupplung f. || (multiple) disc clutch || embrayage m. à disques. **a) Reibungs~** || friction disc clutch || embrayage m. à friction à disques. 46

Lamellen-magnet m. || lamellar magnet || aimant m. lamellaire *ou* feuilleté. **a) ~riemen** m. || laminated belt || courroie f. à plis multiples. **b) ~satz** m. (Selbstanschl) || line bank || jeu m. de broches. 47

lamellieren || to laminate || feuilleter. 1
Lamellierung f. || lamination || feuilletage m. 2
Lametta f. || lametta || lamelles fpl. 3
Lämmerwolken fpl. || mackerel sky || nuage m. moutonneux. 4
Lamm-fell n. || lamb skin || peau f. d'agneau. **a) ~leder** n. || fine skin of lamb || canepin m. **b) ~wolle** f. || lamb's wool || laine f. agneline. 5
Lampe f. || lamp || lampe f. **a) Ableucht~** || lamp for lighting off || lampe f. à éclairer l'intérieur. **b) Ausleucht~** s. Ableucht~. **c) Azetylen~** || acetylene lamp || lampe f. à acétylène. **d) Bestrahlungs~** || radiation lamp || lampe f. radiateur; lampe f. pour bains de lumière. **e) ~ für drahtlose Telegrafie** || lamp for wireless telegraphy || lampe f. pour la télégraphie sans fil. **f) Dreifaden~** (Elektr) || three filament lamp || lampe f. à trois filaments. **g) Dunkelkammer~** || dark-room lantern || lampe f. de chambre noire. **h) Durchleuchtungs~** || translumination lamp || lampe f. pour l'éclairage interne pénétrant. **i) Einbrenn~** (Glasur) || blast lamp || lampe f. à souder *ou* à chalumeau. **k) einwattige ~** (Elektr) || one-watt lamp || lampe f. d'un watt. **l) elektrische ~** || electric lamp || lampe f. électrique. **m) Gas~** || gas lamp || lampe f. à gaz. **n) Hand~** || hand *or* inspection lamp || lampe f. baladeuse *ou* de visite. **o) Heck~** || stern light || feu m. arrière. **p) Heiz~** || heating lamp || lampe f. à chauffer. **q) Invertgasglühlicht~** || inverted incandescent gas burner || bec m. à gaz renversé. **r) Karbid~** || carbide lamp || lampe f. à carbure. **s) kunstvolle ~** || artistic lamp || lampe f. artistique. **t) ~ mit leuchtenden Gasen** || luminous gas lamp || lampe f. remplie des gaz lumineux. **u) Öl~** || oil lamp || lanterne f. à huile. **v) Petroleum~** || petroleum lamp || lampe f. à pétrole. **w) Prüf~** || test lamp || lampe f. témoin. **x) Punktlicht~** || point light lamp; tungsten arc lamp || lampe f. ponctuelle. **y) Quarzquecksilber~** || mercury vapour quartz lamp || lampe f. aux vapeurs de mercure. **z) Quecksilberlicht~** || mercury light lamp || lampe f. à lumière de mercure. 6
a) Schluß~ (Auto) || rear *or* tail lamp || lanterne f. arrière *ou* de queue. **b) Sicherheits~** || safety lamp || lampe f. de sûreté. 7
Lampen-anlasser m. || arc-lamp starter || résistance f. d'allumage. **a) ~anzünder** m. (Bergb) || lamp lighter || allumeur m. de lampes; porte-feu m. **b) ~brennerkapsel** f. || lamp burner part *or* case || capsule f. de lampe. **c) ~docht** m. || lamp wick || mèche f. de lampe. 8
Lampenfassung f. (Elektr) || lamp socket *or* holder || douille f. de lampe. **a) ~ mit zentraler Drahteinführung** || lamp-holder with cord-grip || douille f. à entrée centrale du fil. 9
Lampen-franse f. || lamp fringe || frange f. de lampe. **a) ~füller** m. (Bergb) || lamp filler || garnisseur m. de lampes. **b) ~fuß** m. || lamp stand || pied m. de lampe. **c) ~gestell** n. || lampadary; lamp post || lampadaire m. **d) ~glocke** f. || lamp globe || ballon m. *ou* globe m. pour lampes. **e) ~halter** m. (Auto) || lamp bracket || portelanterne m. **f) ~kappe** f. (Fernm) || lamp shield || calotte f. de lampe. **g) ~macher** m. || lamp maker || fabricant m. de lampes; lampiste-ferblantier m. **h) ~meister** m. (Bergb) || lamp examiner || visiteur m. de lampes. **i) ~ofen** m. (Chem) || lamp || fourneau-lampe m. **k) ~putzer** m. (Bergb) || lamp cleaner || nettoyeur m. de lampes. 10
Lampenruß m. || lamp black || noir m. de lampe *ou* de fumée. **a) ~farbe** f. || ink made of lamp black || encre f. à base de fumée. 11
Lampenschirm m. || lamp shade || abat-jour m.; réflecteur m. **a) ~drahtgestell** n. || wire frame for lamp-shades || monture f. en fil de fer pour abat-jours de lampes. 12
Lampen-schwarz n. || lamp black || noir m. de fumée. **a) ~streifen** m. (Fernm) || lamp strip || réglette f. de lampes. **b) ~stromkreis** m. || lamp circuit || circuit m. des lampes. **c) ~stube** f. (Bergb) || cabin for safety-lamps || lampisterie f. **d) ~sucher** m. (Elektr) || lamp detector || lampe f. témoin. **e) ~träger** m. (Bergb) || lamp carrier || porteur m. de lampes. **f) ~überzug** m. || lamp cover || enveloppe f. de lanterne. **g) ~wärter** m. (Bergb) || lampman; davyman || lampiste m. **h) ~zylinder** m. || lamp chimney || verre m. *ou* cheminée f. de lampe. 13
Lampion m. || chinese *or* paper lantern || lanterne f. vénitienne; lampion m. 14
Land n. (Seew) || shore; land || terre f. **a) angespültes ~** || alluvium || alluvion f. **b) bewässertes ~** || irrigated land || terrain m. arrosé. **c) das ~ ist gesunken** (außer Sicht) || the land is sunk || la terre est noyée. **d) hohes ~** || high coast *or* land || terre grosse *ou* haute. **e) ~ in Sicht** bekommen || to make *or* to sight the land *or* coast || découvrir la terre; atterrer. **f) nach ~ zu** halten (Seew) || to bear in shore || porter vers la terre. **g) ölarmes ~** || country that is poor in oils || pays m. sans *ou* dépourvu de sources naturelles d'huiles minérales. **h) unter ~** halten (Seew) || to hug the land; to keep the land aboard || serrer *ou* ranger la terre. 15
Land-abdachung f. (Wasserb) || down stream slope; lower side *or* ebb-side of a dam || talus m. intérieur *ou* d'aval. **a) ~arbeit** f. || agricultural work || travail m. aux champs. **b) ~arbeiter** m. || farm hand *or* worker; tiller || ouvrier m. agricole. 16
Landauer m. || landau || landau m. 17
Landaufnahme f. s. Landesaufnahme. 18
Landaulet n. || landaulet || landaulet m. 19
Land-bau m. || farming; agriculture || agriculture f. **a) ~besitzer** m. || land owner || propriétaire m. foncier. **b) ~briefträger** m. || rural postman || facteur m. rural. **c) ~brise** f. (Seew) || land breeze; land turn || brise f. de terre. 20
Landbrotbäcker m. || country baker || boulanger m. rural. 21
Landebahn-feuer n. || landing direction light || feu m. d'atterrissage. **a) ~leuchte** f. || landing flood light; battery of flood-light || projecteur m. *ou* batterie f. d'atterrissage. 22
Landegeschwindigkeit f. (Luftf) || landing speed || vitesse f. d'atterrissage. 23
Landeigentümer m. || land owner || propriétaire m. foncier. 24
landeinwärts || inland; up to country || vers l'intérieur. 25
landen || to land || débarquer; accoster; aborder. **a) ~** (Luftf) || to land || atterrir. **b) auf dem Meere** n. **~** (Luftf) || to alight on sea || amerrir. 26
Landen n. (Luftf) || alighting; landing || atterrissage m; descente f. à terre. 27
Landenge f. || isthme || isthme m. 28
Landesaufnahme f. || geodetical survey; land surveying || lever m. géodésique; levé m. du plan d'un terrain. **a) geologische ~** || geological survey || relèvement m. géologique. 29
Landescheinwerfer m. || landing light || phare m. d'atterrissage. 30
Landes-erzeugnis n. || agricultural product || produit m. agricole *ou* indigène. **a) ~grenze** f. || frontier || frontière f. **b) ~produkt** n. s. Landeserzeugnis n. **c) ~sprache** f. || national language || langue f. nationale. 31
landesüblich || customary in a country || d'usage m. courant dans le pays. 32
Landesvermessung f. || surveying the land || mesurage m. du terrain. 33
Landesvermessungsnetz n. || triangulation network || réseau m. de triangles géodésiques. 34
Landfernsprechnetz n. für Selbstanschlußbetrieb || rural telephone plant; community automatic exchange (A) || installation f. de téléphone rural. 35
Landflugzeug n. || land plane || avion m. terrestre. 36
Landhaus n. || rural mansion; country house || manoir m. 37
Land-gericht n. || High Court || tribunal m. régional. **a) ~gut** n. || estate || terre f.; domaine m. **b) ~kabel** n. || underground cable || câble m. terrestre. **c) ~kabelmuffe** f. || underground cable box || manchon m. pour câble terrestre. 38
Landkarte f. || (geographical) map || carte f. géographique. 39
Landkarten-aufzieher m. || map sticker || colleur m. de cartes géographiques. **a) ~druckerei** f. || map printing works || imprimerie f. de cartes géographiques. **b) ~maler** m. || map colourer || coloriste m. en cartes géographiques. **c) ~schreibfeder** f. || pen for maps || plume f. pour cartes géographiques. 40
Land-kessel m. || stationary *or* land-type boiler || chaudière f. terrestre. **a) ~marke** f. (Seew) || landmark; beacon || amer m. 41
Landmaschine f. s. landwirtschaftliche Maschine. **a) Einspänner~** || one-horse agricultural machine || machine f. agricole pour simple attelage. **b) Zweispänner~** || two-horse agricultural machine || machine f. agricole pour double attelage. 42
Landmaschinenfabrik f. || argricultural machine factory || fabrique f. de machines agricoles. 43
Landmesser m. || surveyor || géomètre m.; arpenteur m. 44
Landmeßkunst f. || land surveying || arpentage m. 45
Land-nebel m. || land *or* country fog || brouillard m. de campagne. **a) ~omnibus** m. || inter-urban bus || autobus m. interurban. **b) ~peilung** f. || shore bearing || relèvement m. d'une terre. **c) ~planke** f. (Schiff) || gangboard || planche f. **d) ~recht** n. || common law || droit m. civil *ou* commun. **e) ~regen** m. || general rain || pluie f. générale. **f) ~rotte** f. (Flachs usw.) || dew retting || rouissage m. à la rosée

ou sur terre; rorage m.; rosage m.; sereinage m.; sérénage m. 1

Landschaft f. ‖ landscape; ‖ paysage m.; site m. 2

Landschafts-gärtner m. ‖ landscape gardener ‖ jardinier-paysagiste m. **a) ~maler** m. ‖ landscape painter ‖ paysagiste m. 3

Land-schnecke f. ‖ land snail ‖ escargot m. de terre. **a) ~schwelle** f. (Pont) ‖ shore beam ‖ corps m. mort. **b) ~see** m. ‖ lake ‖ lac m. 4

landseitig ‖ at inland end ‖ côté m. terre. 5

Land-straße f. ‖ highway; overland route ‖ grand chemin m.; grande route f. **a) ~-transport** m. ‖ land transport ‖ transport m. par terre. 6

Landung f. (Luftf) ‖ landing ‖ atterrissage m. **a) ~** (Seew) ‖ landing ‖ atterrissage m. **b) Boden~** (Luftf) ‖ alighting on earth; ground landing ‖ atterrissage m. (sur le sol). **c) Wasser~** (Luftf) ‖ alighting on water; water landing ‖ atterrissage m. (*ou* descente f.) sur l'eau; amerissage m. 7

Landungs-brücke f. ‖ landing stage; jetty; wharf ‖ débarcadère m.; appontement m. **a) ~damm** m. ‖ pier ‖ débarcadère m. **b) ~fühler** m. ‖ landing-field indicator ‖ indicateur m. du terrain d'atterrissage. **c) ~licht** n. (Luftf) ‖ landing light ‖ phare m. d'atterrissage. **d) ~platz** m. (Seew) ‖ landing place; pier; quay; shipping molo ‖ débarcadère m. **e) ~puffer** m. ‖ bumping bag ‖ tampon m. *ou* amortisseur m. d'atterrissage. **f) ~scheinwerfer** m. (Luftf) ‖ landing projector ‖ projecteur m. d'atterrissage. **g) ~station** f. ‖ landing station ‖ poste f. de débarquement. **h) ~steg** m. ‖ landing pier; jetty ‖ débarcadère m. **i) ~stoß** m. (Luftf) ‖ landing shock ‖ choc m. d'atterrissage. 8

Land-vermessung f. *s.* Landesvermessung. **a) ~wind** m. ‖ land breeze *or* wind ‖ terral m.; brise f. *ou* vent m. de terre. 9

Landwirt m. ‖ agriculturist; farmer ‖ agriculteur m.; cultivateur m. 10

Landwirtschaft f. ‖ agriculture; farming; husbandry ‖ agriculture f.; économie f. rurale. 11

landwirtschaftlich-er Betrieb m. ‖ agricultural installation ‖ installation f. agricole. **a) ~e Dampfmaschine** f. ‖ steam cultivating-machine ‖ machine f. à labourer à vapeur. **b) ~es Gebiet** n. ‖ agricultural district ‖ région f. agricole. **c) ~es Gerät** n. ‖ agricultural implement ‖ instrument m. agricole. **d) ~e Hochschule** f. ‖ agricultural university ‖ école f. supérieure d'agriculture. **e) ~er Kleinbetrieb** m. ‖ small holder ‖ petit cultivateur m. **f) ~es Kleingerät** n. ‖ agricultural small implements ‖ instrument m. aratoire de petit modèle. **g) ~e Maschine** f. ‖ agricultural *or* farming machine ‖ machine f. agricole *ou* pour l'agriculture. **h) ~er Tagelöhner** m. ‖ agricultural day-labourer ‖ journalier m. agricole. 12

Landwirtschafts-betrieb m. mit Eigenland ‖ owner farmed land ‖ propriété f. agricole. **a) ~schüler** m. ‖ farmer's apprentice ‖ élève m. agriculteur. 13

Landzentrale f. (Fernm) ‖ rural plant ‖ bureau m. (public) rural. **a) kleine ~** (Fernm) ‖ rural telephone plant ‖ centrale f. rurale. 14

Landzunge f. ‖ spit of land ‖ langue f. de terre; flèche f. 15

lang ‖ long ‖ long. **a) ~** (Wein) ‖ ropy; oily ‖ gras. **b) ~en Schlag** m. rudern ‖ to pull long stroke ‖ nager *ou* ramer lentement. 16

Langbaum m. (Fuhrw) ‖ perch; reach; pole; tongue ‖ flèche f.; perche f. 17

Langbaum-blech n. ‖ perch-plate ‖ plaque f. de flèche. **a) ~vorstecker** m. ‖ perch pin ‖ esse f. de flèche. 18

Langbohrer m. ‖ long borer ‖ esseret m. 19

langbrennweitig-es Fernrohr n. ‖ long focus telescope ‖ lunette f. à long foyer. **a) ~es Okular** n. ‖ eyepiece of long focal length ‖ oculaire m. à long foyer. 20

Lang-drehen n. ‖ turning along ‖ chariotage m. longitudinal. **a) ~drehschlitten** m. (Werkzeugmasch) ‖ tool slide for turning ‖ chariot m. longitudinal pour tournage. **b) ~duodez** n. ‖ long twelves ‖ in-douze m. long. 21

Länge f. (Astron) ‖ longitude ‖ longitude f. **a) ~** (Schifftau) ‖ sling; strap ‖ élingue f.; palombe f.; longe f. **b) assortierte ~n** fpl. ‖ assorted lengths pl. ‖ longueurs fpl. assorties. **c) äußerste ~** ‖ length over all ‖ longueur f. totale. **d) durchschnittliche ~** ‖ average length ‖ longueur f. moyenne. **e) freitragende ~** eines Balkens ‖ bearing of a beam ‖ portée f. d'une poutre. **f) Führungs~** ‖ guiding length ‖ longueur f. de guidage. **g) genaue ~** ‖ exact length ‖ longueur f. exacte. **h) geographische ~** ‖ terrestrial longitude ‖ longitude f. géographique *ou* géodésique. **i) geozentrische ~** ‖ geocentric longitude ‖ longitude f. géocentrique. **k) gewöhnliche ~** ‖ standard *or* usual length ‖ longueur f. habituelle. **l) größte ~** zwischen den Spitzen ‖ greatest length between centres ‖ longueur f. maximum entre pointes. **m) heliozentrische ~** ‖ heliocentric longitude ‖ longitude f. héliocentrique. **n) in ~n** fpl. von . . . ‖ in lengths of . . . ‖ en longueurs fpl. de . . . **o) normale ~** ‖ standard length ‖ longueur f. type. **p) östliche ~** ‖ East longitude ‖ longitude f. Est *ou* orientale. **q) regelrechte ~** ‖ standard length ‖ longueur f. type. **r) der ~ nach** schneiden ‖ to cut lengthwise ‖ couper de long. **s) ~ über alles** ‖ overall length; length over all ‖ longueur f. hors-tout. **t) ~ über Zapfen** ‖ width over the trunnions ‖ longueur f. sur les tourillons. **u) übliche ~** ‖ standard length ‖ longueur f. type. **v) ungefähre ~** ‖ approximate length ‖ longueur f. approximative. **w) unrichtig gemessene ~** ‖ length measured incorrectly ‖ longueur f. mesurée inexactement. **x) ~** in der **Wasserlinie** ‖ length at water line ‖ longueur f. à la flottaison. **y) zerteilen auf handelsübliche ~n** fpl. ‖ to divide into commercial lengths ‖ débiter en longueurs fpl. commerciales. **z) ~ zwischen** den **Loten** (Schiffb) ‖ length between perpendiculars ‖ longueur f. entre perpendiculaires. 22

Langeisenwagen m. ‖ car for transporting long iron bars ‖ voiture f. à longues barres métalliques. 23

Längen-änderung f. ‖ change of length ‖ changement m. de longueur. **a) ~ansicht** f. ‖ longitudinal view élévation f. longitudinale. **b) ~ausdehnung** f. ‖ linear expansion ‖ dilatation f. linéaire. **c) ~dehnung** f. (Phys; Mech) ‖ dilatation of length ‖ dilatation f. linéaire. **d) ~einheit** f. ‖ unit of length ‖ unité f. de longueur. **e) ~faser** f. im Holz ‖ grain of wood; woody fibre ‖ fibre f. ligneuse; fil m. ligneux. **f) ~fehler** m. ‖ longitude error ‖ erreur f. en longitude. 24

Längengurt m. (Bauw) ‖ longitudinal arch ‖ arc-formeret m. du long d'une voûte. **a) anliegender ~** (Bauw) ‖ wall arch ‖ arc-formeret m. du long d'un mur. **b) freistehender ~** ‖ pier arch ‖ arc-bornant m. 25

Längenlinie f. (Buchdr) ‖ (nipper) gauge ‖ réglette f. de longueur. 26

Längenmaß n. ‖ measure of length ‖ mesure f. de longueur. **a) elektrisches ~** (el Leit) ‖ total distortion ‖ longueur f. électrique. 27

Längenmaßstab m. ‖ scale of length ‖ échelle f. des longueurs. 28

Längenmeß-gerät n. ‖ instrument for measuring lengths ‖ appareil m. pour la mesure des longueurs; instrument m. de mesure en long. **a) ~instrument** n. *s.* ~gerät. **b) ~maschine** f. ‖ length measuring machine ‖ machine f. à mesurer la longueur. 29

Längen-metazentrum n. ‖ longitudinal metacentre ‖ métacentre m. longitudinal. **a) ~nivellement** n. ‖ levels pl. of the ground taken along a line ‖ nivellement m. composé; nivellement m. de l'axe d'un profil longitudinal. **b) ~profil** n. einer Eisenbahn ‖ longitudinal section of a railway ‖ profil m. longitudinal d'un chemin de fer. **c) ~schnitt** m. (Zimm) ‖ cut with the grain ‖ coupe f. longitudinale *ou* de fil. **d) ~stuhl** m. ‖ legging frame ‖ cotière f. **e) ~teilmaschine** f. ‖ dividing machine for lengths ‖ machine f. à diviser des longueurs. **f) ~unterschied** m. ‖ difference of longitude ‖ différence f. en longitude. **g) ~wachstum** n. ‖ growth in length ‖ croissance f. en longueur. 30

Langfalz-, Biege- und **Zudrückmaschine** f. ‖ folding bending and grooving machine ‖ machine f. à agrafer. 31

Langfalzzudrückpresse f. ‖ folding and grooving press ‖ presse f. à serrer les agrafes. 32

Langflächenschleifmaschine f. mit Horizontalschleifkopf ‖ planer type horizontal spindle grinding machine ‖ machine f. à rectifier les surfaces planes avec porte-meule horizontal. **a) ~** mit Vertikalschleifkopf ‖ planer type vertical spindle grinding machine ‖ machine f. à rectifier les surfaces planes avec porte-meule vertical. 33

Langflachs m. ‖ long flax ‖ lin m. long. 34

langflammige Kohle f. ‖ cannel coal ‖ houille f. flambante. 35

Langformat n. (Buchdr) ‖ oblong size ‖ format m. oblong. 36

Langfräsmaschine f. ‖ longitudinal milling machine ‖ machine f. à fraiser longitudinale. **a) doppelte ~** ‖ duplex *or* double longitudinal milling machine ‖ machine f. à fraiser longitudinale double. **b) ~** mit **Kopiereinrichtung** *s.* Langkopierfräsmaschine. **c) Vertikal~** ‖ vertical longitudinal milling machine ‖ machine f. à fraiser longitudinale verticale. 37

Lang- und **Vertikalfräsmaschine** f. ‖ combined longitudinal and vertical milling machine ‖ machine f. à fraiser longitudinale et verticale. 38

langfristig ‖ for a long time ‖ à longs jours mpl.; pour longtemps. 39

langgebaute Filterpresse f. ‖ long filter press ‖ filtre-presse m. de grande dimension. 40

Langgeschoß n. ‖ oblong shot; elongated projectile; long shell ‖ projectile m. allongé. 1

langgestreift (Textil) ‖ vertically striped ‖ rayé en long. **a)** ~**e Ware** f. ‖ vertically striped goods pl. ‖ marchandise f. rayée verticalement. 2

langgliederige Kette f. ‖ long-link chain ‖ chaîne f. à maillons longs. 3

langhalsig ‖ long-necked ‖ à long col m. 4

Langhobelmaschine f. ‖ parallel planing machine ‖ raboteuse f. longitudinale. 5

Langholz n. (Forst) ‖ long wood ‖ bois m. de fil. **a)** ~ (Bauholz) ‖ long spar *or* beam ‖ poutre f. (carrée *ou* ronde); tronc m. (équarri). **b) Sägen** n. von ~ ‖ plank sawing ‖ sciage m. de long. 6

Langholz-kran m. ‖ crane for long timber ‖ grue f. pour bois en grandes longueurs. **a)** ~**transportwagen** m. ‖ transport car for trunks ‖ chariot m. de transport pour troncs. **b)** ~**wagen** m. ‖ car for transporting long beams ‖ voiture f. à longs bois. 7

langhubig ‖ long-stroke ‖ à longue course f. 8

Langkessel m. ‖ boiler barrel *or* shell; cylindrical part of a boiler ‖ corps m. cylindrique de la chaudière. **a)** ~**träger** m. ‖ boiler barrel holder; boiler barrel bearer ‖ support m. du corps cylindrique de chaudière. 9

Langkopierfräsmaschine f. ‖ longitudinal milling machine with copying *or* profiling device ‖ machine f. à fraiser longitudinale avec dispositif à reproduire. 10

länglich ‖ oblong ‖ oblong. 11

länglichrund ‖ oval ‖ ovale. 12

Langloch n. ‖ ovale hole; slot ‖ longtrou m.; trou m. (ob)long *ou* ovale. 13

Langloch-bohrmaschine f. ‖ slot boring machine ‖ machine f. à percer les trous oblongs. **a)** ~**fräsmaschine** f. ‖ slot *or* key groove milling machine ‖ machine f. à fraiser les rainures de clavettes. **b)** ~**kreuzkopf** m. ‖ long-slotted crosshead ‖ crossette f. à coulisse. 14

Langmascher m. ‖ long loop apparatus ‖ appareil m. pour rangée lâche. 15

längs ‖ lengthwise; along ‖ en long. **a)** ~ der **Flugrichtung** f. ‖ in the direction of flight ‖ dans le sens du vol. **b)** ~ der **Küste** f. ‖ along shore ‖ le long de la côte. **c)** ~ der **Walzrichtung** f. ‖ along the rolling direction ‖ dans le sens du laminage. 16

Längsachse f. (Math) ‖ longitudinal axis ‖ axe m. longitudinal. 17

langsam ‖ slow ‖ lent. **a)** ~ **abbindender Zement** m. ‖ slow setting cement ‖ ciment m. à prise lente. **b)** ~ **laufend** (Masch) ‖ for slow action *or* speed ‖ à petite vitesse f.; à faible vitesse. 18

langsamlaufend-e Dampfmaschine f. ‖ slow-speed steam engine ‖ machine f. à vapeur à faible vitesse. **a)** ~**er Motor** m. ‖ slow speed motor ‖ moteur m. à faible vitesse. 19

langsam wachsend ‖ slow growing ‖ à croissance f. lente. 20

Langsamkeit f. ‖ slowness ‖ lenteur f. 21

Längs-ansicht f. ‖ longitudinal view ‖ vue f. longitudinale. **a)** ~**ausgleichhebel** m. (Masch) ‖ longitudinal equalizer ‖ balancier m. compensateur longitudinal. **b)** ~**balken** m. (Zimm) ‖ main beam ‖ drome f. **c)** ~**bank** f. ‖ longitudinal bench ‖ banquette f. longitudinale. **d)** ~**bauten** mpl. (Wasserb) ‖ regulating dykes pl. ‖ digues fpl. longitudinales. **e)** ~**beanspruchungen** fpl. unnachgiebig **widerstehen** ‖ rigidly resist longitudinal stresses ‖ résister rigidement aux efforts longitudinaux. **f)** ~**bedeckungsmaschine** f. (Kabel) ‖ longitudinal machine ‖ caoutchouteuse f. longitudinale. **g)** ~**bewegung** f. des **Tisches** ‖ longitudinal motion of the table ‖ course f. longitudinale de la table. **h)** ~**bruch** m. ‖ longitudinal fracture ‖ cassure f. longitudinale. 22

Langschermaschine f. für **Deckenstoffe** und **Schuhstoffe** ‖ length shearing machine for covers and shoe fabrics ‖ tondeuse f. longitudinale pour draps de couvertures et de chaussures. **a)** ~ mit vorgebauter **Veloursheberorrichtung** ‖ length shearing machine combined with pile *or* nap lifting apparatus ‖ tondeuse f. longitudinale avec appareil à relever les velours. 23

Lang-schleifverfahren n., im ~ schleifen ‖ to grind by the longitudinal traverse method ‖ rectifier par va-et-vient. **a)** ~**schlitten** m. ‖ long carriage ‖ chariot m. long. **b)** ~**schneidemaschine** f. ‖ long-cutting engine ‖ coupeuse f. en long. 24

Langschwelle f. (Eisenb) ‖ longitudinal sleeper ‖ longrine f. **a)** ~ (Pfahlrost) ‖ capping piece; sleeper; grating beam *or* sill; ledger ‖ longrine f.; chapeau m.; sablière f.; plate-forme f. 25

Langschwellenoberbau m. ‖ longitudinal sleeper road ‖ voie f. à longrines. 26

Langsein n. (Wein) ‖ ropiness; viscidity ‖ graisse f. 27

Langseite f. eines **Daches** ‖ long pane of a roof ‖ long-pan m. de comble. 28

Längs-entzerrung f. (Fernm) ‖ equalization in series ‖ compensation f. de la distorsion en série. **a)** ~**falz** m. ‖ longitudinal seam ‖ couture f. longitudinale. **b)** ~**feder** f. ‖ longitudinal spring ‖ ressort m. longitudinal. 29

Langsieb n. (Pap) ‖ endless wire ‖ toile f. sans fin. 30

Längsinduktion f. ‖ longitudinal induction ‖ induction f. longitudinale. 31

Längslager n. ‖ side bearing ‖ palier m. longitudinal. **a) flaches**~ (Kugellager) ‖ single thrust ball bearing with flat seating ‖ butée f. à billes avec siège plan. 32

Längs-lastigkeit f. (Luftf) ‖ longitudinal trim ‖ centrage m. longitudinal. **a)** ~**linie** f. ‖ horizontal line ‖ ligne f. horizontale. 33

Längsnaht f. ‖ longitudinal seam ‖ rivure f. longitudinale; joint m. longitudinal. **a)** ~**lötmaschine** f. ‖ side seam soldering machine ‖ machine f. à souder en long. **b)** ~**lötung** f. ‖ soldering of longitudinal seams ‖ soudure f. longitudinale. 34

Längsnut f. ‖ longitudinal slot ‖ rainure f. longitudinale. 35

Langsplissung f. ‖ long splice ‖ épissure f. longue. 36

Längsreiber m. (Bäck) ‖ longitudinal grinder; longitudinal friction device ‖ broyeur m. longitudinal. 37

Längsrichtung f. ‖ sense of length ‖ sens m. de la longueur. 38

Längsriß m. (Schiffb) ‖ sheer plan ‖ plan m. vertical longitudinal. **a)** ~ (Werkstoff) ‖ longitudinal crack ‖ fissure f. longitudinale. 39

Langssaling f. ‖ trestle tree ‖ barre f. maîtresse; élongis m. 40

längsschiffs ‖ fore and aft ‖ de l'avant à l'arrière. 41

Längs-schneider m. (Pap) ‖ longitudinal sheet cutter ‖ coupeur m. longitudinal de feuilles. **a)** ~**schnitt** m. ‖ longitudinal section ‖ coupe f. longitudinale. **b)** ~**schott** n. ‖ longitudinal bulkhead ‖ cloison f. longitudinale. **c)** ~**schwingung** f. ‖ longitudinal vibration ‖ vibration f. longitudinale. 42

längsseits (Seew) ‖ alongside ‖ bord m. à bord; le long du bord. **a)** ~ **kommen** ‖ to come alongside ‖ venir accoster. 43

Längs-selbstgang m. des Tisches ‖ longitudinal power traverse of the table ‖ course f. longitudinale automatique de la table. **a)** ~**sitz** m. ‖ seat lengthwise ‖ place f. disposée en long. **b)** ~**spant** n. ‖ longitudinal frame ‖ membrure f. longitudinale. **c)** ~**stabilität** f. ‖ longitudinal stability ‖ stabilité f. longitudinale. **d)** ~**tal** n. ‖ longitudinal valley ‖ vallée f. longitudinale. 44

Längsträger m. ‖ longitudinal girder ‖ longeron m. **a)** am ~ **aufgehängt** ‖ suspended on one of the side girders ‖ suspendu à un des longerons. **b)** aus **einem Stück** gepreßter ~ ‖ longitudinal pressed girder in one piece ‖ longeron m. embouti d'une seule pièce. **c)** ~ der **Karosserie** ‖ longitudinal runner of carriage body ‖ brancard m. longitudinal de carrosserie; longeron m. de carrosserie. 45

Langstreifen-maschine f. ‖ machine for vertical stripes ‖ machine f. à rayures en long. **a)** ~**muster** n. ‖ vertical stripe pattern ‖ dessin m. à rayures verticales. 46

Längsverband m. (Bauw) ‖ longitudinal bond *or* bracing ‖ entretoisement m. longitudinal. 47

Längsverschiebung f. ‖ longitudinal motion ‖ déplacement m. en longueur. **a)** ~ der **Schienen** ‖ creeping of the rails ‖ déplacement m. longitudinal des rails. 48

Längsversteifung f. ‖ longitudinal stiffening ‖ renforcement m. *ou* raidissement m. longitudinal. 49

Langtischfräsmaschine f. ‖ plano milling machine ‖ fraiseuse f. raboteuse. 50

Languste f. ‖ spring lobster ‖ langouste f. 51

Lang-vorschub m. ‖ longitudinal feed ‖ avance f. longitudinale. **a)** ~**wellensender** m. ‖ long wave transmitter ‖ émetteur m. à ondes longues. 52

langwellig (Phys) ‖ of long wave length ‖ de grande longueur d'onde. **a)** ~**er Strahl** m. ‖ long wavy ray; ray of long wave length ‖ rayon m. de grande longueur d'onde. 53

langwieriges Anheizen n. des **Glühkopfes** ‖ lengthy preheating of hot-bulb ‖ réchauffage m. préalable du bulbe d'allumage. 54

Lanolin n. ‖ lanolin(e) ‖ lanoline f. **a)** ~**seife** f. ‖ lanoline soap ‖ savon m. à lanoline. 55

Lantenne f. ‖ scaffolding pole *or* imp ‖ baliveau m.; échasse f. d'échafaud. 56

Lanthan n. (Chem) ‖ lanthanum ‖ lanthane m. 57

Lanthanit m. (Min) ‖ lanthanite ‖ lanthanite f.; carbocérine f. 58

Lanthansalz n. ‖ lanthanum salt ‖ sel m. de lanthane. 59

Lanze f. (Waffenw) ‖ lance ‖ lance f. **a)** ~ (Heilk) *s.* Lanzette. 60

Lanzette f. || lancet || lancette f.; couteau m. lancéolaire. **a) gebogene ~** || curved lancet || couteau m. lancéolaire coudé. **b) ~ zum Impfen** || vaccinating lancet || lancette f. à vaccin. 1

Lanzettmesser n. || lancet knife || couteau m. lancéolé. 2

Lanzierrohr n. || launching tube || tube m. de lancement. 3

Lapisdruck m. || lapis style || genre m. lapis. 4

Lapislazuli m. || lapis lazuli; azurestone || lapis-lazuli m.; pierre f. d'azur; lazulite m. 5

Lappen m. || shred; duster || chiffon m.; loque f.; guenille f.; lobe m. **a) ~ eines Türbandes** || loop of hinge || platine f. d'une charnière. 6

Lappen-band n. (Schloss; Bauw) || joint frame *or* hinge || fiche f. simple *ou* rivée *ou* à nœuds *ou* à lacet rivé; charnière f. **a) ~ring** m. || ring with flaps; flanged ring || anneau m. à pattes. **b) ~scheibe** f. (Galv) || cloth mop || disque m. en drap. 7

Lärche f. (Baum) || larch || mélèze m. 8

Lärchenholz n. || larch wood || bois m. de mélèze. 9

Lärm m., Motoren || motor noise || bruit m. de moteur. 10

Lärmpfeife f. || alarm-whistle || sifflet m. d'alarme. 11

Larve f. || larva || larve f. **a)** den Entwicklungsgang m. der **~** durch Kälteeinwirkung künstlich unterbrechen || to interrupt artificially the development of the larvæ by cold storage || suspendre le développement de la larve par l'emploi du froid. **b)** die **~** erst kurz vor dem Abspinnen töten || to suffocate the chrysalis shortly before setting-off to spin || étouffer la chrysalide tout peu avant le filage. 12

Lasch n. (Schiffb) || scarf || écart m. 13

Lasche f. (Eisenb) || fish plate || éclisse f. **a) ~** (Kessel) || cover plate; butt strap || couvre-joint m. **b) Befestigung** f. der **~n** an den Schienenenden (Eisenb) || fastening fish plates to the ends of the rail || attache f. des éclisses aux bouts des rails. **c) Befestigungs~** || attachment collar || collier m. de fixation. **d) Brems~** (Eisenb) || brake pull rod || bielle f. du frein; joue f. de bielle du frein. **e) Doppelwinkel~** (Eisenb) || double-angle fish plate || éclisse f. double cornière. **f) elastische ~** || spring fish || éclisse f. en ressort. **g) Feder~** || spring shackle || menotte f. du ressort. **h) Flach~** (Eisenb) || flat fish plate || éclisse f. plate. **i) Fuß~** (Eisenb) || fish plate which also grips beneath the foot of the rail || coussinet-éclisse m. **k) gerade ~** || straight fish plate || éclisse f. plate. **l) Haken~** (Eisenb) || hooked fish plate || éclisse f. à crampon. **m) Kuppel~** (Eisenb) || shackle link || bielle f. d'attelage. **n) ~ mit Langlöchern** (Eisenb) || fish plate with elongated holes || éclisse f. avec trous oblongs. **o) Schienen~** || rail fish plate || éclisse f. de rails. **p) Schuhwinkel~** || shoe-shaped fish plate || éclisse f. cornière à sabots. **q) Stemm~** gegen Schienenwandern || splice bar to prevent creeping of the rails || éclisse f. épaulée pour empêcher le cheminement des rails. **r) Übergangs~** (Eisenb) || cranked fish plate || éclisse f. de raccordement. **s) ~ zur Verbindung** der **Schienen** untereinander || fish plate to join the rails || éclisse f. pour l'assemblage des rails. **t) Winkel~** (Eisenb) || angle fish plate || éclisse f. cornière. **u) Z-~** (Eisenb) || Z fish plate || éclisse f. Z. 14

Laschen-ausklinkung f. (Eisenb) || notching of the fish plate || encochement m. *ou* entaille f. de l'éclisse. **a) ~bezeichnung** f. (Eisenb) || designation of fish plate || désignation f. des éclisses. **b) ~blech** n. || fish plate || couvre-joint m. **c) ~bolzen** m. (Eisenb) || track bolt for fastening fish plates || boulon m. à vis pour fixer les éclisses. **d) ~gewicht** n. je lfd. **Meter** (Eisenb) || weight of fish plate per meter run || poids m. de l'éclisse par mètre courant. **e) ~kette** f. || link *or* sprocket chain || chaîne f. articulée *ou* à maillons. **f) ~loch** n. (Eisenb) || track bolt hole; hole in the fish plate for the bolt || trou m. pour le boulon d'éclisse. **g) ~lochmaschine** f. (Eisenb) || fish plate punching machine || machine f. à poinçonner les éclisses. **h) ~nietung** f. || covering plate riveting; joint riveted butt || rivure f. à couvre-joint. **i) ~profil** n. (Eisenb) || fish-plate section || profil m. d'éclisse. **k) ~schenkel** m. (Eisenb) || flange of the fish plate || cornière f. de l'éclisse. **l) ~schiene** f. (Eisenb) || fish-plate rail || rail m. éclisse. **m) ~schraube** f. (Eisenb) || track bolt || boulon m. à vis. **n) ~teilung** f. || space between the links || division f. des maillons. **o) ~verbindung** f. || fishing; double butt strap joint || éclissage m.; rivure f. à double couvre-joint. 15

Laschung f. (Schiffb) || scarf || écart m. **a) ~** (durch Tauwerk) || lashing || amarrage m.; saisine f.; ligature f.; liure f. **b) horizontale ~** || horizontal scarf || écart m. pratiqué sur le tour. **c) vertikale ~** || vertical scarf || écart m. pratiqué sur le droit. 16

Laßeisen n. || tapping bar; lancet || perrière f.; perce-fournaise m. 17

Lassoring m. || lasso ring || anneau m. de lassos. 18

Last f. || load; burden || charge f. **a) ~** (Schiffstragfähigkeit) || last; burden || last(e) m. **b)** (Schiffsvorratsraum) || hold || cale f.; soute f. **c) Achs~** || axle load || charge f. de l'essieu. **d) bewegliche ~** || live load || charge f. variable. **e) Bruch~** || breaking load || charge f. de rupture. **f) Lage** f. der **~** || position of load || position f. de la charge. **g) Real~** || feudal service || charge f. immobilière. **h) rollende ~** || live *or* rolling load || charge f. roulante. **i) ruhende ~** || dead load || charge f. au repos. **k) tote ~** || dead load || poids m. mort. **l) Trag~** || burden load || charge f. **m) Verbrauchs~** || consumable load || charge f. de consommation. **n)** die **~en** fpl. **verteilen** || to distribute the loads || répartir la charge. **o) verteilte ~** || distributed load || charge f. répartie; poids m. distribué. **p)** die **~ wächst** allmählich **an** || the load increases slowly || la charge augmente *ou* accroît lentement. **q) zahlende ~** || pay load || charge f. payante. **r) zu ~en** fpl. von || to the debit of || à charge f. de. **s)** die Kosten pl. gehen **zu ~en des Bestellers** || at the cost of the purchaser || les frais mpl. sont à la charge du client. 19

Lastaufzug m. || freight elevator || monte-charge m. **a) ~** ohne **Führerbegleitung** || automatic goods lift || monte-charge m. ne nécessitant pas de conducteur. 20

Lastauto n. *s. auch* Lastkraftwagen || lorry || camion m. **a) ~rad** n. || motor lorry wheel || roue f. pour camion. 21

Lastboot n. || cargo-boat || gabarre f. 22

Lastdruckbremse f. || load pressure brake || frein m. actionné par le poids de la charge. 23

Lasten-aufzug m. *s.* Lastaufzug. **a) ~heft** n. || specification || cahier m. des charges. **b) ~maßstab** m. (Schiffb) || curve of displacement || échelle f. de solidité. **c) ~zug** m. || load train || train m. routier. 24

Last-haken m. || load hook || crochet m. porte-charge. **a) ~hebemagnet** m. || lifting magnet || aimant m. *ou* électro m. de levage. 25

Lasting m. (Web) || lasting || prunelle f.; lasting m. **a) ~garn** n. || lasting yarn || fil m. pour lasting. 26

Lastkraftwagen m. || freight motor car; motor lorry || camion-automobile m. 27

Lastkraftwagen-anhänger m. || trailer of the freight motor car || remorque f. de camion. **a) ~zug** m. || motor freight car train || convoi m. de camions automobiles. 28

Last-magnet m. || crane *or* lifting magnet || aimant m. porteur de charge. **a) ~mann** m. (Seew) || holder || calier m. **b) ~seil** n. || load rope || câble-porteur m. **c) ~träger** m. || load porter || coltineur m. **d) ~vermehrung** f. || increase of load || augmentation f. de charge. **e) ~verteileranlage** f. (Elektr) || load dispatching plant || installation f. de répartition de charge. **f) ~verteilung** f. || load distribution || répartition f. de la charge. **g) ~verteilungsstelle** f. für das gesamte Netz || load distributing station for the whole network || poste m. de distribution de charge pour le réseau entier. 29

Lastwagen m. || lorry; freight *or* goods car; freight wagon; truck || camion m.; voiture f. à marchandises. **a) Dampf~** || steam lorry || camion m. à vapeur. **b) elektrischer ~** || electric lorry || camion m. électrique. **c) ~** mit **Kippvorrichtung** || tipwagon || camion m. à benne basculante. **d) kleiner ~** || small truck || camionette f. **e) leichter ~** || light truck || camionette f. **f) Motor~** *s.* Lastkraftwagen. 30

Lasur f. || glazing || glacis m. **a) ~blau** n. || ultramarine; azure; lazulite-blue || azur m.; outremer m. **b) ~farbe** f. || transparent colour; glazing-colour || couleur f. transparente. **c) ~lack** m. || transparent varnish || vernis m. transparent. **d) ~stein** m. || lapis lazuli; azure stone || lapis-lazuli m.; pierre f. d'azur; lazulite m. 31

latent || latent || latent. 32

Latenzzeit f. (Fernm) || time of propagation || temps m. de propagation. 33

Laterit m. || laterite || latérite f. 34

Laternamagikabild n. || magic lantern slide || image f. pour lanternes magiques. 35

Laterne f. || lantern; lamp; light || lanterne f. **a) ~** (Masch) || distance piece || lanterne f. **b) ~** (Schornsteinhut) || cowl || chapeau m. en tôle d'une cheminée. **c) ~** (Zeugdr.) || lanthorn; lantern || guérite f.; lanterne f. **d) Kerzen~** || candle lamp || lanterne f. à bougie. **e) kuppelförmige ~** (Bauw) || round lantern ||

tourelle f. en dôme. **f) Lokomotiv~** || engine head lamp || falot m. *ou* lanterne f. de locomotive. **g) Öl~** || oil lamp || lampe f. à huile. **h) Schluß~** || rear *or* tail lamp || lanterne f. arrière *ou* de queue. **i) seitliche ~** || side lamp || lanterne f. latérale. 1

Laternen-anzünder m. || lamp lighter || allumeur m. de réverbères. **a) ~dach** n. || lantern roof || toit m. à lanterne. **b) ~halter** m. || lantern bracket || porte-lanterne m. **c) ~kappe** f. || lamp hood || chapeau m. de lanterne. **d) ~spiegel** m. || lamp reflector || réflecteur m. de lanterne. **e) ~stütze** f. || lamp bracket || porte-lanterne m. **f) ~träger** m. (Seew) || arm for side-lights || chandelier m. pour fanaux-phares. **g) ~wäscher** m. || lamp cleaner || nettoyeur m. de lanternes. 2

Latierbaum m. || stable bar || barre f. d'écurie. 3

Latrine f. || necessary-pit || fosse f. d'aisance; latrine f. 4

Latrinentonne f. || privy tub || tonneau m. pour fosses d'aisance. 5

Latsche f. (Bauw) || patten; sole *or* footing of a wall || empattement m.; fondation f. en saillie. 6

Latschenkiefer f. || dwarf pine || pin m. de montagne; pin m. nain. 7

Latschenkiefernöl n. || dwarf pine oil || essence f. de pin de montagne *ou* de pin nain. **a) ~destillation** f. || distillation of dwarf-pine oil || distillerie f. d'huile de pin nain. 8

Latte f. || batten; lath || tringle f.; latte f. **a)** mit **~n** fpl. **befestigen** || to batten || latter. **b) getrennte ~** || broad lath || latte f. volice *ou* de sciage. **c) Nivellier~** || leveling staff || mire f. de nivellement. **d) Spur~** || guide rail || rail m. pour le guidage. **e) Zentimeterfelderteilung** f. einer ~ || centimeter division on a staff || division f. en centimètres d'une mire. 9

Lattei-brett n. || window sill; elbow board || accoudoir m.; planche f. d'appui. **a) ~holz** n. || dormant tree || dormant m. de porte. 10

Latten-gestell n. || lathwork || lattis m. **a) ~kiste** f. || crate || caisse f. à claire-voie. **b) ~nagel** m. || lath nail || clou m. à lattes. **c) ~profil** n. (Erdarb) || gauge of laths || gabarit m. *ou* profil m. de terrassement en lattes. **d) ~säger** m. || lath sawyer || scieur m. de lattes. **e) ~schott** n. || batten and space bulkhead || cloison f. à claire-voie *ou* à jour. **f) ~spieker** m. || lath nail || clou m. à lattes. **g) ~verschlag** m. || lattice work || cloison f. lattée. **h) ~wand** f. || lattice partition || cloison f. lattée. **i) ~werk** n. || lathwork || lattis m. **k) ~zaun** m. || fence of trellis-work; lattice work || clôture f. en lattis *ou* en treillage. 11

Lattich m., **wilder** || wild lettuce || scarole f. 12

Latwerge f. || electuary || électuaire m. 13

Latz m. || bib; feeder || corset m.; bavette f. 14

lau || lukewarm; tepid || tiède. 15

Laub n. || foliage; leaves pl. || feuillage m.; feuilles fpl. **a) sterilisiertes ~** || prepared leaves pl. || feuillages mpl. naturalisés. 16

Laub-gehänge n. || festoon || feston m. **a) ~holz** n. || leaf wood; broad leaved tree || bois m. feuillu *ou* à feuilles caduques. 17

Laubsäge f. || piercing *or* fret *or* inlaying saw || petite scie f. à contourner *ou* à chantourner; scie f. à marqueterie *ou* d'horloger. **a) ~arbeit** f. || fret-sawing manufacture || chantournage m. 18

Laubstengel m. (Bauk) || twig; tige of a trail || tige f. de rinceau. 19

Laubungsbogen m. || discharging vault || arrière-voussure f. 20

Laub-wald m. || leafy wood || bois m. d'arbres à feuilles. **a) ~werk** n. || foliage; leaf work || feuillage m.; rinceaux mpl. 21

laudieren (Tuchm) || to gloss || lustrer; donner un faux lustre. 22

Lauer m. (Brenn) || singlings pl.; low wine || blanquette f. 23

Lauf m. (Bauw) || flight || rampe f.; volée f. **a) ~** (Schiff) || way; rate || erre f. **b) ~ eines Flusses** || course of a river || cours m. d'une rivière. **c) ~ eines Gewehrs** || gun barrel || canon m. de fusil. **d) gezogener ~** || rifled barrel || canon m. rayé. **e) glatter ~** || smooth barrel || canon m. lisse. **f) Gußstahl~** || cast steel barrel || canon m. en acier fondu. **g) ruhiger ~** (Fahrzeug) || smooth running || douceur m. de roulement. **h) ruhiger schaukelfreier ~** (Fahrzeug) || smooth running without any rocking || marche f. silencieuse et stable. 24

Laufachse f. || carrying *or* running *or* dead axle || essieu m. porteur. 25

Laufbahn f. (Kran) || crane balks pl. || voie f. de roulement. **a) ~** (Masch) || track || voie f. de roulement. **b) ~** (Sport) || (race) course; race || carrière f. **c) ~** (Windmotor) || path || chemin m. de roulement. **d) Einschienen~** || monorail track || voie f. de roulement monorail. **e) kaufmännische ~** || commercial career || carrière f. commercielle. **f) Seil~** || cableway; ropeway || câble m. aérien de transport. **g) ~ des Reifens** (Auto) || tyre tread || bande f. de roulement. 26

Lauf-boden m. (Sammler) || floor || plancher m. **a) ~bohle** f. (Bergb) || barrow way; tram-board || planche f. de circulation **b) ~bohrer** m. || barrel fine borer || aléseur m. de canons. 27

Laufbrett n. || running board || marchepied m. **a) ~** (Bergb) || barrow way; tram board || planche f. de circulation **b) ~ der Druckerpresse** || bank of the printing press || berceau m. de la presse d'imprimerie. 28

Laufbrettstütze f. (el Leit) || tramboard bracket || porte-planchette f.; porte-planche f. 29

Laufbrücke f. (Bauw) || rising scaffold bridge; rolling *or* running bridge || pont m. roulant *ou* d'échafaudage. **a) ~** (Bergb) || flying bridge || pont m. volant. **b) ~** (Masch) || (running) bridge; platform || passerelle f. de service. **c) ~** (Schiffb) || gangway || passerelle f. 30

Laufbuchse f. (Mot) || cylinder liner || chemise f. **a) Brennstoffpumpen~** || fuel pump liner || fourreau m. de la pompe à combustible. **b) Zylinder~** (Motor) || cylinder liner || fourreau m. du cylindre. 31

Laufbuchsenhalteschraube f. || liner locking screw || boulon m. d'arrêt du fourreau. 32

Laufbühne f. || platform || plate-forme f. 33

Laufbühnenbelag m. || slab for platforms || planche f. de plate-forme. 34

Laufbursche m. || errand boy; messenger; office boy || garçon m. de course *ou* de magasin; galopin m. 35

Laufdecke f. (Autoreifen) || outer cover || enveloppe f. **a)** Neubelegen n. der **~** || retreading *or* retiring of outer cover of pneumatic tire || rechapage m. de l'enveloppe de pneu. 36

Laufdeckenwulst m. || bead of tire || bourrelet m. 37

Laufel f. (Färb) || husk of walnut || brou m. de noix. 38

laufen (Motor) || to run || tourner. **a) ~** (Schiff) || to run; to sail; to go || courir. **b) ~** (Fahrzeug) || to run || marcher. **c)** einen **Schlag** m. **~** || to make a board || courir un bord *ou* une bordée. **d) synchron ~** || to run synchronous || marcher synchrone. **e)** vor dem **Winde** m. **~** (Seew) || to sail *or* to run before the wind || courir vent arrière. 39

Laufen n. der **Schienen** || slipping of the rails || glissement m. *ou* marche f. des rails. 40

laufend, mäßig rasch (Masch) || for medium action || à vitesse f. modérée. **a) schnell ~** (Masch) || for high-speed action || à grande vitesse f. 41

laufend-es Meter n. || running meter || mètre m. courant. **a) ~e Nummer** f. || running *or* current number || numéro m. d'ordre *ou* de série. **b) ~e Rechnung** f. || running *or* open account; account-current || compte m. ouvert. 42

Läufer m. (Bauw) || stretcher || panneresse f. **a) ~** (Elektr) || armature; rotor || induit m.; rotor m. **b) ~** (Müller) || runner; upper millstone || meule f. courante; surmeule f. **c) ~** (Spinn) || traveller || curseur m. **d) ~** (Teppich) || strip of cloth *or* carpet || chemin m. de toile *ou* de velours; tapis-chemin m. **e) ~** (Wage) || slider; sliding weight || poire f. **f) doppelkonischer ~** || double-conical runner || meule f. biconique. **g) ~ aus Filz** || carpet of felt || tapis m. en feutre. **h) Hartguß~** || chilled iron runner || meule f. de fonte en coquille. **i) Stein~** || stone runner || meule f. en pierre. **k) Treppen~** || stair carpet || tapis m. d'escalier. **l) Tisch~** || table carpet || chemin m. de table. 43

Läufer-gewicht n. (Wage) || sliding weight || poids m. mobile *ou* curseur. **a) ~mühle** f. (Aufber) || edge-mill; vertical mill || meule f. verticale; tordoir m. **b) ~ring** m. (Müller) || runner ring || bandage m. de meule. **c) ~rute** f. (Ramme) || guide post; leader || guide m.; montant m. **d) ~schicht** f. || course of stretchers || assise f. de panneresse. **e) ~stein** m. (Mühle) || runner stone || courante f. **f) ~strom** m. (Elektr) || armature current || courant m. de l'induit. **g) ~zarge** f. || runner frame || cuve f. de broyeur à meules. 44

Lauffläche f. (Lager) || journal || portée f. **a) ~** (Rad) || bearing *or* running surface; tire tread || surface f. de roulement. **b)** das Eisen strahlt von der **~** aus nach innen hart ein || the metal settles hard on the outside with a gradual transition from the tread into the middle || la couche blanche et dure à la surface de roulement se nuance graduellement vers l'intérieur. **c) harte ~** (Eisenb) || hard tread || surface f. de roulement dure. **d) ~ der Kette** || chain tread || surface f.

de roulement de chaîne. e) ~ einer **Schiene** ‖ upper surface of a rail ‖ surface f. de roulement d'un rail. 1

Laufgang m. (Bauw) ‖ gallery ‖ galerie f. a) ~ (Luftschiff) ‖ walkway ‖ passerelle f. 2

Lauf-geschwindigkeit f. (Selbstanschl) ‖ speed ‖ vélocité f. a) **~gestell** n. (Wagenb) ‖ car frame ‖ bâti m. de chariot. 3

Laufgewicht n. ‖ sliding weight *or* poise ‖ poids m. mobile *ou* curseur. 4

Laufgewichtswage f. ‖ steelyard; scale beam; sliding weight balance ‖ balance f. romaine *ou* à poids curseur. 5

Lauf-graben m. ‖ trench ‖ tranchée f. a) **~gummi** m. ‖ rubber tread ‖ bande f. de roulement du pneu. b) **~karren** m. ‖ wheel barrow; hand cart ‖ brouette f.; tombereau m. à bras. 6

Laufkatze f. ‖ travelling crab *or* trolley; crane carriage ‖ chariot m. *ou* treuil m. roulant. 7

Laufkatzengehäuse n. ‖ casing for travelling crab ‖ bâti m. de chariot porte-crochet. 8

Lauf-knoten m. ‖ running-knot ‖ nœud m. coulant. a) **~kraftwerk n., selbsttätiges** ‖ automatic continuous service plant ‖ usine f. automatique. 9

Laufkran m. ‖ travelling crane ‖ grue f. roulante; pont m. roulant. a) ~ mit **drehbarer Laufkatze** ‖ travelling crane with underslung jib ‖ pont m. canard à flèche pivotante suspendue. b) **Hand~** ‖ hand travelling crane ‖ pont m. roulant actionné à bras. c) **Hellinggerüst-~** ‖ travelling crane on top of the slipway superstructure ‖ charpente f. de cales avec pont roulant. d) **unter dem Hallendach** angebrachter ~ ‖ travelling crane arranged under the roofs of the shops ‖ pont m. roulant disposé sous la toiture des halls. e) **Wand~** ‖ bracket travelling crane ‖ grue-console f. latérale. 10

Laufkran-führer m. ‖ crane driver ‖ conducteur m. de pont-roulant. a) **~ständer** m. ‖ support of travelling crane ‖ support m. de pont roulant. 11

Laufkranz m. (Eisenb) ‖ tread ‖ cercle m. de roulement. a) der ~ kann **weiter abgenutzt** werden (Eisenb) ‖ the tread may be worn down to a greater extent ‖ le cercle de roulement permet de pousser l'usure plus loin. 12

Lauf-löter m. (Waffenw) ‖ barrel brazer ‖ braseur m. de canons. a) **~mädchen** n. (Hutm) ‖ errand girl ‖ trottin m. b) **~mantel** m. (Luftreifen) ‖ tread band ‖ bande f. de roulement. c) **~masche** f. ‖ ladder ‖ maille f. coulée. d) **~montör** m. (Waffenw) ‖ barrel setter ‖ monteur m. de canons. e) **~paß** m. (Schiffb) ‖ gangboard ‖ planche f. 13

Laufplanke f. ‖ gang plank; walkway plank (A) ‖ planche f. pour la circulation. a) ~ (Schiffb) ‖ gangway ‖ passe-avant m. 14

Lauf-platte f. ‖ rotary disc ‖ plateau m. tournant. a) **~prüfmaschine** f. für **Zahnräder** ‖ machine for testing the silent running of toothed wheels ‖ machine f. à examiner la marche silencieuse des roues dentées. 15

Laufrad n. (Flugzeug) ‖ landing wheel ‖ roue f. d'atterrissage. a) ~ (Kran) ‖ traversing wheel ‖ galet m.; roue f. portante. b) ~ (Lok) ‖ bogie wheel ‖ roue f. porteuse. c) ~ (Turbine) ‖ blade *or* rotor wheel ‖ roue f. mobile; rotor m. d) ~ einer **Drehbrücke** ‖ wheel of a swing bridge ‖ roue f. sur l'arbre d'un pont tournant. 16

Laufradachse f. ‖ landing wheel axle ‖ essieu m. de la roue d'atterrissage. 17

Laufrädchen n. ‖ roller ‖ galet m. 18

Laufrad-durchmesser m. ‖ car wheel diameter ‖ diamètre m. de roue motrice. 19

Lauf-radsatz m., **hinterer** ‖ two-wheel trailing truck ‖ essieu m. porteur arrière. a) **~richter** m. (Waffenw) ‖ barrel setter ‖ dresseur m. de canons. 20

Laufrichtung f. (Mech) ‖ direction of running ‖ direction f. de la marche. a) ~ des **Farbbandes** (Schreibm) ‖ direction of the movement of the ribbon ‖ direction f. de la course du ruban. 21

Laufrille f. (Kugellager) ‖ track ‖ gorge f. de roulement. a) ~ des **Kugellageraußenringes** ‖ track of external ring of ball bearing ‖ gorge f. de roulement de la bague extérieure du roulement à billes. 22

Laufring m. (Kugellager) ‖ ball race ‖ bague f. a) **auswechselbarer ~** ‖ exchangeable (ball) race ‖ anneau m. à billes interchangeables. b) der **äußere** ~ ist **einstellbar** ‖ the outside race is adjustable ‖ l'anneau m. (de fond) extérieure est ajustable. 23

Lauf-rolle f. ‖ roller; runner ‖ galet m. a) **~schiene** f. ‖ guide rail ‖ rail m. (de roulement). b) **~spule** f. (Web) ‖ rolling bobbin ‖ bobine f. à dérouler. c) **~stag** n. (Seew) ‖ life line; man rope ‖ garde-corps m.; garde-fou m. d) **~stange** f. (Geländer) ‖ hand rail ‖ main f. coulante *ou* courante. 24

Laufsteg m. (über ein Gewässer) ‖ foot bridge ‖ passerelle f. a) ~ (Land) ‖ platform; run way ‖ marchepied m.; passerelle f. b) ~ (Schiffb) ‖ gangboard ‖ planche f.; passerelle f. 25

Lauf-stein m. (Müll) ‖ runner stone ‖ surmeule f. a) **~tisch** m. ‖ travelling table ‖ banc m. à glissières. b) **~wagen** m. (Kran) ‖ bogie wagon ‖ chariot m. c) **~-wasserkraftwerk** n. ‖ river station ‖ usine f. fluviale *ou* hydraulique. d) **~welle** f. ‖ intermediate shaft ‖ arbre m. intermédiaire. 26

Laufwerk n. (Eisenb) ‖ running gear ‖ mécanisme m. de roulement. a) ~ (Kran) ‖ traversing gear ‖ mécanisme m. d'avancement. b) ~ einer **Sprechmaschine** ‖ spring motor of talking machine ‖ mécanisme m. de machines parlantes. 27

Lauf-winde f. ‖ travelling winch ‖ treuil m. roulant. a) **~zettel** m. ‖ order form ‖ fiche f. de travail. 28

Lauge f. ‖ lye ‖ lessive f. a) **abgeschleuderte ~** ‖ liquor discharge ‖ liquide m. d'essorage. b) **klare ~** (Seifens) ‖ clear lye ‖ capitel m. c) **kochende ~** ‖ boiling hot caustic liquor *or* causting solution ‖ lessive f. bouillante. d) **schwache ~** (Salpeter) ‖ weak brine *or* wash ‖ eaux fpl. faibles *ou* petites; eaux fpl. de lessivage. e) **starke ~** (Salpeter) ‖ strong wash ‖ eaux fpl. fortes. 29

laugen ‖ to lixiviate; to steep in lye; to buck ‖ lessiver. 30

laugenartig ‖ alkaline ‖ alcalin. 31

Laugenauflöse-behälter m. ‖ lye dissolving tank ‖ réservoir m. pour dissoudre la soude caustique *ou* les lessives. a) **~vorrichtung** f. ‖ apparatus for dissolving lyes ‖ appareil m. à dissoudre la lessive. 32

Laugen-bereiter m. (Wollwäsche) ‖ soap solution maker ‖ préparateur m. de lessive. a) **~bereitungsbehälter** m. ‖ lye graduating tank ‖ réservoir m. à lessives. b) **~einrichtung** f. ‖ leaching plant ‖ installation f. de lessivage. 33

Laugenfaß n. (Met) ‖ dissolving vat ‖ cuve f. à couler *ou* de dissolution. a) ~ (Seifens) ‖ lie vat ‖ mène f.; gerle m. 34

Laugen-heber m. ‖ lye lever ‖ siphon m. de lessive. a) **~kessel** m. ‖ lye boiler ‖ chaudière f. à lessive. b) **~kühler** m. ‖ lye cooler ‖ réfrigerant m. *ou* rafraîchissoir m. à lessives. c) **~leitungsarmaturen** fpl. ‖ fittings pl. for lye pipe lines ‖ accessoires mpl. pour conduites de lessive. d) **~pumpe** f. ‖ lye pump ‖ pompe f. des lessives. e) **~topf** m. ‖ lye jar ‖ pot m. à la lessive. f) **~tuch** n. ‖ bucking cloth ‖ charrier m. 35

Laug-flüssigkeit f. (Met) ‖ liquor ‖ liquide m. a) **~rückstände** mpl. (Met) ‖ residues pl. *or* residuum of extraction ‖ résidu m. d'extraction. 36

Lauschstelle f. (Fernm) ‖ listening point ‖ poste m. d'écoute. 37

laut Spezifikation f. ‖ according to specification ‖ selon spécification f. 38

Laute f. ‖ lute ‖ luth m. 39

Läute-induktor m. ‖ ringing inductor ‖ inducteur m. magnéto-électrique. a) **~-maschine** f. ‖ bell ringing machine ‖ machine f. à sonner. 40

läuten ‖ to ring ‖ sonner. a) eine **Glocke** f. ~ ‖ to toll a bell ‖ sonner une cloche. 41

Lautenband n. ‖ lute ribbon ‖ ruban m. de luths. 42

lauter fassen (Bier) ‖ to rack clear ‖ traverser la bière tombée. 43

Läuterelais n. ‖ ringing relay ‖ relais m. d'appel. 44

läutern (Branntwein) ‖ to clear; to refine ‖ épurer. a) ~ (Glasf) ‖ to refine ‖ affiner; raffiner. b) ~ (Zucker) ‖ to clear; to clarify ‖ faire la défécation. c) den **Salpeter** m. ~ ‖ to refine the saltpetre ‖ raffiner le salpêtre. 45

Läutern n. (Glasf) ‖ refining ‖ affinage m.; raffinage m. a) ~ (Met) ‖ affinage; affining; refining ‖ affinage m. b) ~ des **Roheisens** ‖ refining of pig-iron ‖ raffinage m. de la fonte. 46

Läutertrommel f. (Aufber) ‖ picking *or* purificating drum; clearing *or* washing cylinder ‖ tambour m. de purification *ou* de triage; débourbeur m. 47

Läuterung f. (Aufber) ‖ clearing ‖ débourbage m. a) ~ (Chem) ‖ rectification ‖ rectification f. b) ~ (Met) ‖ affinage; affining; refining ‖ affinage m. c) ~ (Zucker) ‖ clarifying; clearing ‖ clairçage m.; défécation f.; clarification f. 48

Läuterungsbecken n. ‖ clarifying tank ‖ bassin m. de décantation. 49

Läuterungskessel m. (Salpeter) ‖ refining boiler ‖ chaudière f. de raffinage. a) ~ (Schwefel) ‖ black pot; melting pot ‖ chaudière f. de raffinage. 50

Läutervorrichtung f. ‖ straining apparatus ‖ extracteur m. siphoïdal. 51

Läute-schaltung f. ‖ alarm-bell circuit ‖ connexion f. de sonnerie. a) **~taste** f. ‖ bell push ‖ bouton m. de sonnerie. 52

Läutewerk n. ‖ bell; sounder; signalling bells pl.; ringing device ‖ timbre m.;

sonnerie f.; sonneur m. a) ~ (Eisenb) || (warning) bell; signal alarm bell; || sonnerie f. d'annonce. b) **elektrisches** ~ || electric bell || sonnerie f. électrique. c) **Lokomotiven~** || bells pl. for locomotives || cloches fpl. pour locomotives. d) ~ für **Nebenbahnlokomotiven** || alarm for narrow gauge locomotives || timbre m. pour locomotives de chemins de fer secondaires. e) **zweiglockiges** ~ || bright's bells pl.; two sounders pl. || sonneur m. double. 1

Läutewerksglocke f. (Eisenb) || alarm and signal bell || cloche f. de sonnerie. 2

Lautfernsprecher m. || loud-speaking telephone || téléphone m. haut-parleur. 3

Lautsprecher m. || loudspeaker; loud talker (A) || hautparleur m. a) **Artillerie~** (Fernm) || artillery loudspeaker || haut-parleur m. d'artillerie. b) **Groß~** || giant loudspeaker || haut-parleur m. géant. c) ~ einer **Musikübertragungsanlage** || loudspeaker of a wireless broadcasting station for music || haut-parleur m. pour une installation de transmission de musique. d) ~ mit **Papierkonus** || loudspeaker with paper conus || haut-parleur m. à diaphragme conique en papier. e) **Radio~** || radio loudspeaker || haut-parleur m. pour radiophonie. f) **Richtungseffekt** m. bei ~n || directional effect of loudspeakers || effet m. directif en haut-parleurs. g) **Riffel~** || loudspeaker with corrugated diaphragm || haut-parleur m. à membrane striée. h) **trichterloser** ~ || loudspeaker without funnel *or* horn || haut-parleur m. sans pavillon. i) ~ zur **Übermittlung** von **Kommandos** in Kraftwerken || loudspeaker for the transmission of orders in power stations || haut-parleur m. pour la transmission des ordres dans les usines d'énergie. k) ~ mit **Zellstoffkonus** || loudspeaker with cellulose conus || haut-parleur m. à diaphragme conique en cellulose. 4

Lautsprecher-betrieb m. || loudspeaker service || service m. à haut-parleur. a) **~-röhre** f. (Fernm) || loudspeaker tube || lampe f. de puissance. b) **~trichter** m. || loudspeaker horn || haut-parleur-pavillon m. c) **~wiedergabe** f. || loudspeaker reproduction || audition f. *ou* réception f. en haut-parleur. 5

Laut-stärke f. || sound intensity; volume of sound; loudness || intensité f. de la voix; sonorité f.; audition f. a) **~verständlichkeit** f. || articulation of letters || netteté f. pour les lettres. b) **~verstärker** m. (Fernsprecher) || sound amplifier || amplificateur m. acoustique. 6

lauwarm || lukewarm || tiède. 7

Lava f. || lava || lave f. a) **erstarrte** ~ || consolidated lava || lave f. solidifiée. b) **fließende** ~ || flowing lava || lave f. coulante. c) **flüssige** ~ || liquid lava || lave f. liquide. d) **schlackige** ~ || scorified lava || lave f. scorifiée. e) **steinige** ~ || stony lava || lave f. lithoïde. 8

Lava-pflasterstein m. || lava paving stone || pavé m. lave. a) **~steinbruch** m. || lava quarry || carrière f. de lave. b) **~strom** m. || current *or* stream of lava || coulée f. *ou* courant m. de lave. 9

Lavendel m. || lavender || lavande f. 10

Lavendel-blüte f. || lavender flower || fleur f. de lavande. a) **~öl** n. || lavender flowers oil || essence f. de lavande. b) **~wasser** n. || lavender water || eau f. de lavande. 11

Lavör m. || washer || laveur m. 12

Lawine f. || avalanche || avalanche f. 13

Lawinen-schutzmauer f. (Eisenb) || avalanche baffle works pl. || mur m. pare-avalanche. a) **~verbauung** f. || breaking up of an avalanche at the starting point || dislocation f. des masses de neige au point d'origine. 14

Lazarett n. || (military) hospital || hôpital m. (militaire). 15

Lazarettschiff n. || hospital ship || navire m. hôpital. 16

Lazulith m. || lazulite || lazulite m. 17

lebend-es Holz n. || live wood || bois m. vivant. a) **~es Tier** n. || living animal || animal m. vivant. 18

lebendige Kraft f. || inertia || inertie f. 19

Lebensdauer f. (Masch) || life; age || vie f.; durée f. d'existence; durabilité f. a) **mittlere** ~ (Chem) || mean life || vie f. moyenne. b) die ~ **verkürzen** || to shorten the life || raccourcir la durée f. (habituelle). 20

Lebenserscheinungen fpl. || biological phenomena pl. || phénomènes mpl. biologiques. 21

lebensfähig || viable || viable. 22

Lebensfrage f. || vital matter || question f. vitale. 23

Lebensgefahr f. || danger to (a person's) life || danger m. de mort. a) **mit** ~ || at the peril *or* risk of life || au péril m. de la vie. 24

lebensgefährlich || endangering life; perilous || menaçant la vie; très dangereux. 25

Lebens-haltung f. || standard of life || coût m. de la vie. a) **~haltungskosten** pl. || living expenses pl. || coût m. de la vie. b) **~luft** f. || vital air || air m. vital. 26

Lebensmittel npl. || provisions pl.; victuals pl. || produits mpl. alimentaires; vivres mpl. a) **hochwertige** ~ npl. || goods pl. of high nutritive value || comestibles mpl. de haute valeur nutritive. b) **leicht verderbliche** ~ npl. || perishable goods pl. || comestibles mpl. périssables. 27

Lebensmittel-industrie f. || provision-industry || industrie f. alimentaire. a) **~lieferwagen** m. || food delivery car || voiture f. de livraison pour denrées alimentaires. 28

Lebens-öl n. || life oil || essence f. de vie. a) **~rente** f. || life annuity || rente f. viagère. b) **~stellung** f. || social status; permanent post || position f. 29

Lebensversicherung f. || life insurance || assurance f. sur la vie. 30

Lebensversicherungs-arbeiten fpl. || life insurance work || travaux mpl. d'assurances sur la vie. a) **~schein** m. || life policy || police f. d'assurance sur la vie. b) **~verein** m. || life insurance association || société f. d'assurance sur la vie. 31

lebenswichtiger Teil m. || vital part || partie f. vitale. 32

Leber f. || liver || foie m. 33

Leber-erz n. || hepatic mercurial ore; hepatic cinnabar || mercure m. hépatique; mercure m. sulfuré compact. a) **~kies** m. || pyrrhotite; magnetic pyrites pl. || pyrrhotine f.; sulfure m. de fer magnétique. b) **~kraut** n. || liverwort herb || herbe f. d'hépatique. c) **~opal** m. || menilite || ménilite f.; opale f. résinite. d) **~tran** m. || cod liver oil || huile f. de foie de morue. e) **~torf** m. || indurated slime peat || tourbe f. de saprocolle. 34

lebhaft || vivacious || vif. a) ~ (belebt) || brisk; animated || animé. b) ~ (Bewegung) quick; impulsive || prompt. c) ~ (Farbe) || bright; gay; vivid || brillant. d) ~ **kochen** || to boil briskly || bouillir vivement. e) die **Nachfrage** f. ist ~ || the demand is strong; there is a strong demand || la demande est active; la demande se reveille. f) **~e Verbrennung** f. || rapid combustion || combustion f. vive. 35

Lebkuchen m. || gingerbread || pain m. d'épices. a) **~fertigungsmaschine** f. || machine for the manufacture of gingerbread || machine f. pour la fabrication de pain d'épice. 36

leblos || lifeless; inactive; dull; flat; stagnant || inanimé. 37

leck (Seew) || leaking; leaky || faisant eau. a) ~ **sein** (Faß) || to leak || couler. b) ~ **sein** (Schiff) || to have sprung a leak || avoir une voie d'eau. c) ~ **werden** (Schiff) || to spring a leak || faire de l'eau. 38

Leck n. || leak || fuite f. a) ein ~ **stopfen** || to stop *or* to fother a leak || aveugler *ou* boucher une voie d'eau. b) das ~ hat sich **zugezogen** || the leak has been stopped || la voie f. d'eau a supé. 39

Leckage f. || leakage || coulage m. 40

lecken (Flüssigkeitsbehälter) || to leak; to drop || couler; fuir. a) ~ (Schiff) || to leak; to make water || faire de l'eau. 41

Lecken n. || dropping out; leaking || fuite f.; avelage m.; coulis m. a) ~ der **Formen** (Hochofen) || leakage *or* leaking *or* dropping-out of tuyères || fuite f. *ou* fuites fpl. des tuyères. 42

leckend (Seew) || leaking || faisant eau. 43

Leck-leitung f. || leakage pipe || conduite f. à fuite. a) **~ölleitung** f. || pipe for oil drippings pl. || conduite f. pour l'huile de fuite. b) **~stein** m. || lick stone || salègre m. c) **~sucher** m. || leak finder *or* detector || appareil m. chercheur de fuite. d) **~tuch** n. (Seew) || collision mat || paillet m. de collision. 44

Leclanché-Element n. || Leclanché cell || élément m. de Leclanché. 45

Leder n. || leather || cuir m. a) ~ **abflammen** || to tallow *or* to grease leather over a charcoal fire || donner de suif au cuir. b) **abgenarbtes** ~ || smooth leather || cuir m. lissé. c) **alaungares** ~ || alumed leather || cuir m. aluné. d) **Automobil~** || leather for automobiles || cuir m. pour automobiles. e) **Boden~** || sole leather || cuir m. de semelle. f) **Chrom~** || chrome leather || cuir m. chromé. g) **dänisches** ~ || Danish skin *or* leather || cuir m. à la danoise *ou* au sippage. h) **englisches** ~ || moleskin; sateen || peau f. de taupe; cuir m. anglais; molesquine f. i) ~ für **Fächer** || fan leather || peau f. pour éventails. k) **farbiges** ~ || coloured leather || cuir m. de couleur. l) **Fensterputz~** || window leather || époussetoir m. en cuir pour fenêtres. m) **fettgares** ~ || oil leather || cuir m. chamoisé. n) **gegerbtes** ~ || tanned skin || cuir m. corroyé. o) **Geldtaschen~** || purse leather || cuir m. à portemonnaie p) **Gems~** || chamois || peau f. de chamois. q) **genarbtes** ~ || corned *or* grained leather || cuir m. grainé *ou* grené. r) **gepreßtes** ~ || embossed leather || cuir m. façonné. s) **geschmiertes** ~ || greased *or* oiled leather || cuir m. gras. t) **gestrichenes** ~ || scraped leather || cuir m. étiré. u) **getriebenes** ~ || cup leather || cuir m. embouti. v) **Glanz~** || patent leather || cuir m. laqué *ou* verni. w) **Hut~** || hat leather || cuir m. à chapeaux. x) **Juchten~** || Russia leather || cuir m. de Russie. y) **Kalb~** || calf leather

|| cuir m. de veau. **z) Kunst~** || imitation leather || simili-cuir m. 1

a) ~ für **Kunstgegenstände** || artistic leather || cuir m. d'art. **b) Lack~** || varnished *or* patent leather || cuir m. laqué *ou* verni. c) in **Lohbrühe** gegerbtes ~ || leather tanned in oozes || cuir m. à la jusée. **d) ~ lohen** || to ooze the hides pl. || juser le cuir. **e) lohgares ~** || oozed leather || cuir m. jusé. **f) lohgrubengegerbtes ~** || ground oak-bark *or* underground tanned leather || cuir m. tanné dans la fosse. **g) Möbel~** || upholstery leather; leather for furniture || cuir m. pour meubles. **h) ~ nähen** || to stitch leather || brédir du cuir. **i)** das ~ mit **Narben** versehen || to shagreen the leather || chagriner le cuir. **k) Ober~** (Schuh) || upper leather || empeigne f. **l) ölgares ~** || oiled leather || cuir m. en huile. **m) Polier~** || buff leather || cuir m. pour polir. **n) Polster~** || leather for stuff-bottomed furniture || cuir m. pour meubles rembourrés. **o) Riemen~** || strap leather || cuir m. pour courroies. **p) Rind~** || neat's leather; cow hide || cuir m. de bœuf *ou* de vache; vache f. **q) rohgares ~** || tanned leather || cuir m. tanné. **r) Roß~** || horse leather || cuir m. de cheval. **s) sämisches ~** || chamois; shammy; shamoy *or* wash *or* oil leather || cuir m. chamoisé; peau f. chamoisée *ou* à la chamois. **t) sämischgares ~** || chamois-dressed leather || peau f. chamoisée. **u) Sattler~** || leather for saddlery || cuir m. de sellerie. **v) Schaf~** || sheep skin || cuir m. de mouton. **w) Sohlen~** || sole leather || cuir m. à semelles. **x) Spritz~** || dash board || pare-crotte m. **y) Stark~** || strong leather || cuir m. dur. **z)** mit **Talg** m. eingeschmiertes ~ || tallowed leather || cuir m. en suif. 2

a) ~ für **technische** Zwecke || leather for technical purposes || cuir m. pour travaux techniques. **b) ungarisches ~** || Hungarian leather || cuir m. hongroyé. **c) wasserdichtes ~** || waterproof leather || cuir m. imperméable. **d) Weich~** || soft leather || cuir m. mou. **e) weißgares ~** || tawed leather || cuir m. mégissé; peau f. passée en mégie. **f) Wichs~** || wax leather || cuir m. à cirer. **g) Ziegen~** || goatskin || cuir m. de chèvre. **h) zugerichtetes ~** || curried *or* dressed leather || cuir m. corroyé. 3

Lederabfälle mpl. || refuse of leather; leather waste || déchets mpl. de cuir. **a) gepreßte ~** || agglomerated leather cuttings pl. || déchets mpl. de cuirs agglomérés. 4

Leder-absatz m. (Schuh) || leather heel || talon m. en cuir. **a) ~appretur** f. || leather finishing || apprêt m. de cuir. **b) ~arbeiter** m. || leather worker || ouvrier m. en cuir. **c) ~art** f. || sort of leather || cuir m. 5

Lederartikel mpl. || leather goods pl. || articles mpl. en cuir. a) ~ für **Hunde** || leather articles pl. for dogs || articles mpl. en cuir pour chiens. b) ~ mit **Reklame** || leather articles pl. with advertising matter || articles mpl. de réclame en cuir. **c) technische ~** || leather goods pl. for technical objects || articles mpl. techniques en cuir. 6

Leder-ball m. || leather ball || balle f. en cuir. **a) ~bearbeitungsmaschine** f. || leather working machine || machine f. pour travailler le cuir. **b) ~behälter** m. || leather-container || étui m. en cuir. **c) ~bekleidung** f. || leather dress *or* clothing || vêtement m. en cuir. **d) ~beschlag** m. || leather fitting || garniture f. de cuir. **e) ~beutel** m. || leather pouch || poche f. en cuir. **f) ~bleiche** f. || leather whitening || blanchissage m. de cuirs. **g) ~bleicher** m. || leather whitener || blanchisseur m. de cuir. **h) ~börse** f. || leather purse || bourse f. en cuir. **i) ~brille** f. || leather spectacles pl. || lunettes fpl. en cuir. **k) ~bronzierer** m. || leather bronzer || métalliseur m. sur cuir. **l) ~bügel** m. (am Kopfhörer) || leather head-gear || ressort m. de tête garni de cuir. **m) ~dickenmeßvorrichtung** f. || apparatus for measuring leather thicknesses || appareil m. à mesurer l'épaisseur de cuir. **n) ~ecke** f. || leather corner || coin m. en cuir. **o) ~einband** m. (Buchb) || leather cover; binding in calf || reliure f. en cuir. **p) ~emaillierer** m. || leather enameller || émailleur m. sur cuir. **q) ~erhaltungsmittel** n. || leather preserving preparation || produit m. conservateur de cuir. **r) ~fabrik** f. || curriery || corroirie f. **s) ~falzmaschine** f. || leather fold machine || plieuse f. à cuir. **t) ~farbe** f. || leather colour || couleur f. pour cuir. **u) ~feile** f. (Schloß; Techn) || buff *or* burnishing *or* emery stick || buffle m.; cabron m.; polissoir m. **v) ~fett** n. || leather grease *or* fat || graisse f. pour cuir. **w) ~futteral** n. || leather case || étui m. en cuir. **x) ~galanteriewaren** fpl. || fancy leather goods pl. || articles mpl. de fantaisie en cuir. **y) ~gamaschen** fpl. || leather gaiters pl.; leggings pl.; uppers pl. || guêtres fpl. en cuir. **z) ~geschirr** n. || harness || harnais m. 7

a) ~gleitschutz m. || slide preventing leather device || cuir m. pour empêcher le glissage. **b) ~griff** m. || leather handle || manche m. en cuir. **c) ~gürtel** m. || leather strap *or* girdle *or* belt || ceinture f. en cuir. **d) ~handschuh** m. || leather glove || gant m. de peau. **e) ~hausschuh** m. || leather slipper || chausson m. en cuir. **f) ~haut** f. (Sklera) || sclerotic || sclérotique f. **g) ~helm** m. || leather helmet || casque m. en cuir. 8

Lederhobel m. || spoke shave || vastringue f. a) ~ mit **eiserner Montierung** || iron spoke shave || vastringue f. avec monture en fonte. b) ~ mit **gewöhnlicher Montierung** || handwood spoke shave || vastringue f. avec monture ordinaire. 9

Leder-hose f. || leather breeches pl. || culotte f. de peau. **a) ~imitation** f. || leather imitation || imitation f. de cuir. **b) ~karton** m. || leather cardboard || carton-cuir m. **c) ~kissen** n. || leather cushion || coussin m. de cuir. **d) ~klappe** f. || leather valve || clapet m. en cuir. **e) ~kleid** n. || leather cloth || vêtement m. en cuir. **f) ~kleidung** f. || leather clothing || vêtement m. en cuir. **g) ~klopferei** f. || leather hammering || battage m. de cuirs. **h) ~klopfmaschine** f. || leather beating machine || machine f. à battre les cuirs. **i) ~klotz** m. || leather cam block || sabot m. en cuir. **k) ~knopf** m. || leather button || bouton m. en cuir. 10

Lederkoffer m. || leather box *or* trunk *or* case || coffret m. *ou* malle f. *ou* valise f. en cuir. **a) ~macher** m. || leather trunk maker || coffretier m. en cuir. 11

Leder-kohle f. || leather coal || charbon m. de cuir; cuir m. torréfié. **a) ~konservierungsmittel** n. || leather preserving preparation || produit m. conservateur de cuir. **b) ~krem** m. || leather dressing cream || crème f. pour cuir. **c) ~kupplung** f. || leather coupling || accouplement m. en cuir. **d) ~lack** m. (Lederfabr) || leather lake *or* varnish || laque f. au cuir. **e) ~lackierer** m. || leather varnisher || vernisseur m. sur cuir. **f) ~leim** m. || size; skin *or* leather glue. || colle f. de peau *ou* de cuir. **g) ~leinwand** f. || dowlas || crès f. **h) ~liderung** f. || leather packing || garniture f. de cuir. **i) ~maler** m. || leather painter || peintre m. sur cuir. 12

Ledermanschette f. || cup leather; leather cuff || cuir m. embouti; manchette f. en cuir. **a) hydraulische ~** || hydraulic leather || garniture f. en cuir pour machines hydrauliques. 13

Leder-mappe f. || leather wrapper; portfolio || portefeuille m. **a) ~mehl** n. || ground leather || cuir m. en poudre. **b) ~meßmaschine** f. || leather surface measuring machine || machine f. à mesurer les surfaces de cuir. **c) ~möbel** npl. || leather furniture || meubles mpl. de cuir. 14

ledern || leathern; of leather || de cuir. 15

Leder-nähmaschine f. || leather sewing machine || machine f. à coudre les cuirs. **a) ~nähriemen** m. für Treibriemen || leather strap for belts || lanière f. de courroies. **b) ~öl** n. || leather dressing oil || huile f. pour cuir. **c) ~papier** n. || leather *or* morocco paper || papier-cuir m.; papier m. maroquiné. **d) ~pappe** f. || leather cardboard; pancake; imitation leather || carton m. cuir. **e) ~peitschenriemen** m. || leather thong for whips || courroie f. en cuir pour fouets. **f) ~prägewerk** n. || establishment for leather stamping || atelier m. *ou* usine f. à empreindre le cuir. **g) ~presse** f. || pad grimper || presse f. à cuir. **h) ~preßwerk** n. || establishment for leather pressing || atelier m. à presser le cuir. **i) ~puffer** m. || leather pad *or* bumper || amortisseur m. en cuir. **k) ~puppe** f. || leather doll || poupée f. en cuir. **l) ~putzmittel** n. || leather polishing material || produit m. pour le nettoyage de cuir. **m) ~pressen** n. || leather embossing || gaufrage m. de cuir; coréoplastie f. **n) ~presser** m. || leather pressman || dresseur m. de cuir. **o) ~rahmen** m. || leather frame || cadre m. en cuir. **p) ~reep** n. || hide rope || corde f. en cuir. 16

Lederriemen m. || leather belt *or* strap || courroie f. en cuir. a) ~ für **Holzschuhe** || leather strap for clogs || bride f. de sabots. 17

Leder-ring m. || leather washer || rondelle f. de cuir. **a) ~schablone** f. || leather pattern || patron m. en cuir. **b) ~schärfer** m. (Buchb) || paring man || pareur m. **c) ~schärfmaschine** f. || leather skiving machine || machine f. à parer le cuir. **d) ~schärf- und Spaltmaschine** f. || leather skiving and splitting machine || machine f. à parer et refendre le cuir. 18

Lederscheibe f. || washer of leather || rondelle f. de cuir. a) ~ für **Wasserarmaturen** || leather for water fittings || rondelle f. en cuir pour robinets. 19

Leder-schlauch m. || leather pipe *or* hose || tuyau m. *ou* manche f. en cuir. **a) ~schmiermittel** n. || leather lubricating material ‖ matière f. à graisser le cuir. **b) ~schnürsenkel** m. ‖ leather boot lace ‖ lacet m. en cuir. **c) ~schürze** f. ‖ leather apron ‖ tablier m. en cuir. **d) ~schwärze** f. ‖ black dye for leather ‖ noir m. pour cuir. **e) ~schwarzfärber** m. ‖ leather blacker ‖ noircisseur m. de cuir. **f) ~sessel** m. ‖ leather bottomed seat ‖ siège m. en cuir. **g) ~sitz** m. ‖ leather seat ‖ siège m. de cuir. **h) ~sohle** f. ‖ leather sole ‖ semelle f. en cuir. **i) ~-spaltmaschine** f. ‖ leather splitting machine ‖ machine f. à refendre les cuirs **k) ~spielwaren** fpl. ‖ leather toys pl. ‖ jouets mpl. en cuir. **l) ~sportartikel** mpl. ‖ leather sport requisites pl. ‖ articles mpl. de sport en cuir. **m) ~stanzer** m. ‖ leather cutter-out ‖ découpeur m. de cuir. **n) ~stanzwerk** n. ‖ establishment for leather punching ‖ atelier m. à estamper le cuir. **o) ~stopfbuchse** f. ‖ stuffing box with leather lining ‖ presse-étoupe m. à garniture en cuir. **p) ~-streifenschneidmaschine** f. ‖ roller leather cutting machine; leather strip cutting machine ‖ machine f. à couper les cuirs en bandes. **q) ~stulp** m. ‖ bucket leather ‖ manchette f. en cuir. **r) ~tafelleim** m. ‖ leather glue in blocks ‖ colle f. de cuir en tablettes. **s) ~tapete** f. leather hangings pl. ‖ tapis m. en cuir. 1

Ledertasche f. ‖ leather bag ‖ poche f. en cuir. **a) ~ für fotografische Apparate** ‖ leather case for photographic apparatus ‖ trousse f. en cuir pour appareils photographiques. 2

Ledertreibriemen m. ‖ leather driving belt ‖ courroie f. de transmission en cuir. **a) endloser ~** ‖ endless leather belt ‖ courroie f. sans fin en cuir. 3

Ledertrocknungsanlage f. ‖ leather drying plant ‖ installation f. de séchage de cuir. 4

Ledertuch n. ‖ leather cloth ‖ toile-cuir m. **a) ~anlage** f. ‖ leather cloth plant ‖ installation f. pour fabriquer la toile de cuir. 5

Leder-überschuh m. mit Holzsohle ‖ leather shoe with wooden sole ‖ galoche f. en cuir avec semelle en bois. **a) ~-unterlegscheibe** f. ‖ leather washer ‖ rondelle f. de cuir. **b) ~vergolder** m. ‖ gilder on leather ‖ doreur m. sur cuir. **c) ~vergoldung** f. ‖ leather gilding ‖ dorure f. sur cuir. **d) ~versilberer** m. ‖ leather silverer ‖ argenteur m. sur cuir. **e) ~versilberung** f. ‖ leather silvering ‖ argenture f. sur cuir. **f) ~verwertungs-anlage** f. ‖ leather utilizing plant ‖ installation f. d'utilisation de cuir. 6

Lederwalze f. (Spinn) ‖ leather pressing roller ‖ cylindre m. de pression pour cuir. **a) ~** (Steindruck) ‖ leather roller ‖ rouleau m. de cuir. 7

Lederwalzer m. ‖ leather roller ‖ lisseur m. de cuir. 8

Lederwaren fpl. ‖ leather goods pl. *or* articles pl. ‖ articles mpl. *ou* ouvrages mpl. en cuir. **a) ~** für **gewerbliche** Zwecke ‖ leather articles pl. for industrial purposes ‖ articles mpl. en cuir pour l'industrie. 9

Lederwaren-fabrik f. ‖ leather goods manufacturing ‖ fabrique f. d'objets en cuir. **a) ~industrie** f. ‖ leather goods industry ‖ industrie f. travaillant le cuir. 10

Lederziehmesser n. ‖ leather drawing knife ‖ plane f. à cuir. **a) zweiballiges ~** ‖ double-canneled leather drawing knife ‖ plane f. à cuir à deux biseaux. 11

Leder-zurichterei f. ‖ leather treating establishment ‖ atelier m. *ou* usine f. à travailler *ou* à corroyer le cuir. **a) ~zurichtung** f. ‖ leather currying ‖ corroyage m. de cuir. **b) ~zurichtungswerkstatt** f. ‖ currier's works pl. ‖ corroirie f. 12

lediger Arbeiter m. ‖ unmarried worker ‖ ouvrier m. célibataire. 13

Lee f. ‖ lee; lee side ‖ bord m. *ou* côté m. sous le vent. **a) in ~** ‖ leeward; a-lee ‖ sous le vent. 14

Lee-braß f. ‖ lee brace ‖ bras m. de dessous du vent. **a) ~küste** f. ‖ lee shore ‖ côte f. sous le vent. 15

leer ‖ empty ‖ vide. **a) ~ anlaufen** (Motor) ‖ to start without load ‖ démarrer sans charge. **b) ~ zurück** nach . . . ‖ when empty return to . . . ‖ emballages vides retour à . . . 16

leerer Raum m. ‖ vacuum ‖ vide m. **a) im leeren Raum** ‖ in absolute vacuo ‖ dans le vide absolu. 17

Leere f. ‖ emptiness; blankness; void ‖ vide m. **a) Torricellische ~** ‖ Torricellian vacuum ‖ vide m. de Torricelli. 18

leeren ‖ to empty; to vacate; to clear ‖ vider; évacuer. 19

Leergang m. (Masch) ‖ running light; idle motion ‖ marche f. à vide; mouvement m. perdu. **a) Kassen~** ‖ change of register ‖ change m. de caisse. 20

Leergebinde n. (Zimm) ‖ empty *or* intermediate truss ‖ ferme f. de remplage. 21

leergehend ‖ working without load ‖ marchant à vide. **a) ~er Wagen** m. ‖ wagon running without load ‖ wagon m. marchant à vide. 22

Leer-gewicht n. ‖ empty weight ‖ poids m. à vide. **a) ~kontakt** m. ‖ dummy *or* vacant contact ‖ contact m. inoccupé *ou* vacant. **b) ~kupplung** f. ‖ dummy coupling ‖ faux accouplement m. 23

Leerlauf m. ‖ idle motion *or* running; running without load ‖ marche f. *ou* marchant m. à vide. **a) bei ~** ‖ when running empty ‖ à vide. **b) ~** eines **Wehres** ‖ waste weir ‖ déversoir m. d'une digue. 24

Leerlauf-arbeit f. ‖ stray power; wasted energy ‖ dépense f. *ou* travail m. à vide. **a) ~büchse** f. ‖ no-load bushing; loose bush ‖ boîte f. *ou* douille f. pour marche à vide. **b) ~charakteristik** f. ‖ no-load characteristic ‖ caractéristique f. à circuit ouvert. **c) ~düse** f. ‖ slow running jet; pilot jet ‖ gicleur m. secondaire *ou* de ralenti. 25

leerlaufen ‖ to run idle ‖ marcher à vide. **a)** der **Motor** läuft leer ‖ the motor runs without load ‖ le moteur marche à vide. 26

leerlaufend ‖ working without load ‖ marchant à vide m. **a) ~es Rad** n, ‖ idle running pulley *or* wheel ‖ roue f. marchant à vide. 27

Leerlauf-hub m. (Schapingmaschine) ‖ return stroke ‖ course f. de retour. **a) ~periode** f. (Elektr) ‖ idle period ‖ période f. en circuit ouvert. **b) ~spannung** f. ‖ open-circuit voltage ‖ tension f. de marche à vide. **c) ~strom** m. ‖ no load current; idle running current ‖ courant m. à vide. **d) ~verlust** m. ‖ no-charge loss ‖ perte f. en marche à vide. **e) ~versuch** m. ‖ no-load test ‖ essai m. à vide. **f) ~widerstand** m. (Fernm) ‖ no-load impedance ‖ impédance f. en circuit ouvert. 28

Leertaste f. (Schreibm) ‖ space bar ‖ barre f. d'espacement. 29

Leerung f. ‖ emptying ‖ vidange f. 30

Leerzeit f. (Fernm) ‖ no-load time ‖ temps m. vide. 31

Leeschot f. ‖ lee sheet ‖ écoute f. de revers; écoute f. sous le vent. **a) ~horn** n. ‖ lee clew ‖ point m. d'écoute sous le vent. 32

Leesegel n. ‖ studding sail ‖ bonnette f. **a) ~** npl. **bergen** ‖ to take-in the studding-sails pl. ‖ rentrer les bonnettes fpl. **b) ~** npl. **setzen** ‖ to set the studding-sails pl. ‖ établir les bonnettes fpl. 33

Leesegels-außenschot f. ‖ studding-sail tack ‖ amure f. de bonnette. **a) ~binnen-schot** f. ‖ studdingsail sheet ‖ écoute m. de bonnette. **b) ~fall** n. ‖ studdingsail halliard ‖ drisse f. de bonnette. **c) ~raa** f. ‖ studdingsail yard ‖ vergue f. de la bonnette. **d) ~spier** f. ‖ studdingsail boom ‖ boute-dehors m.; boute-hors m. de la bonnette. **e) ~spierbraß** f. ‖ brace of the studdingsail boom ‖ écoute m. en étui de la bonnette. 34

Lee-seite f. ‖ lee; lee side ‖ côté m. de sous le vent. **a) ~taue** npl. ‖ lee ropes pl. ‖ manœuvres mpl. de revers. 35

leewärts ‖ lee ward; a-lee ‖ sous le vent. **a) ~ querab** ‖ on the lee beam ‖ par le travers sous le vent. **b) ~ vorbeisegeln** ‖ to pass in lee ‖ passer par sous le vent. 36

Leeweg m. (Seew) ‖ leeway ‖ dérive f. 37

legalisieren ‖ to render valid; to legalize ‖ légaliser. 38

Legat ‖ legacy ‖ legs m. 39

Legemaschine f. für Gewebe ‖ cloth folding machine ‖ machine f. à plier les tissus. 40

legen ‖ to lay; to put ‖ jeter; mettre; placer; poser. **a) Bresche** f. **~** ‖ to batter in breach ‖ battre en brèche f. **b)** die **Dielen** fpl. **~** ‖ to lay down the floor boards pl. ‖ poser les planches fpl. **c)** die **Fliesen** fpl. **~** ‖ to flag; to lay flags pl. ‖ poser les carreaux mpl. **d)** den **Grund** m. zu einem Gebäude **~** ‖ to lay the foundation of a building ‖ jeter les fondements mpl. d'un édifice. **e)** einen Stein m. **lagerrecht ~** ‖ to lay a stone upon its cleaving-grain ‖ poser une pierre sur son lit. **f)** eine Straße f. **tiefer ~** ‖ to lower a road ‖ abaisser une route. 41

Leger m. (Pap) ‖ lifter ‖ leveur m. 42

Legerwall m. (Seew) ‖ lee shore ‖ côte f. sous le vent. 43

legieren ‖ to alloy ‖ allier; aloyer. 44

legiert ‖ alloyed ‖ allié. **a) ~er Edelstahl** m. ‖ alloyed superrefined steel ‖ acier m. spécial allié. **b) ~er Stahl** m. ‖ alloy steel ‖ alliage m. d'acier. 45

Legierung f. ‖ alloy; alligation; composition metal ‖ alliage m. **a) alterungsfreie ~** ‖ alloy that does not deteriorate with age ‖ alliage m. n'accusant pas de vieillissement. **b) antimonhaltige ~** ‖ antimony alloy ‖ alliage m. antimonié. **c) Bleiwismut~** ‖ lead bismuth alloy ‖ alliage m. plomb-bismuth. **d) Bleizinn~** ‖ lead tin alloy ‖ alliage m. plomb-étain. **e) hochprozentige ~** ‖ alloy of high percentage; high-grade alloy ‖ alliage m. à haute teneur *ou* de haut pourcentage. **f)** ~ von **Metallen** || alloy of metals || alliage m. de métaux. **g) niedrigprozentige** ~ || alloy of low percentage || alliage m. à faible teneur. **h) pyrophore** ~ || pyrophoric alloy || alliage m. pyrophorique. **i) schmelzbare** ~ || fusible alloy || alliage m. fusible. **k) Stahl~** || steel alloy || alliage m. d'acier. **l) wärmeleitende** ~ || heat-conducting alloy || alliage m. pyrophorique. 1

Legierungs-körper m. || alloying element || élément m. constituant. **a) ~pyrometer** n. || cupel pyrometer || pyromètre m. à la coupelle *ou* de Princep. **b) ~stahl** m. || alloy steel || acier m. spécial. 2

Legitimation f. || proof of identity || légitimation f. **a) gegen** ~ || by proof of identity || contre légitimation f. 3

Legitimationspapiere npl. || identity papers pl. *or* proofs pl. || pièces fpl. d'identité. 4

legitimieren, sich || to prove one's identity || établir son identité m. 5

Leguan n. (Seew) || dolphin; puddening; pudding || baderne f.; bourrelet m. de mât. 6

Legumin n. || legumin(e); vegetable caseine || légumine f.; caséine f. végétale. 7

Lehm m. || loam; clay || argile f.; limon m.; terre f. glaise. 8

Lehm-bau m. || mud walling || bousillage m. **a) ~boden** m. || clayey soil; loamy ground || terre f. limoneuse *ou* glaise *ou* glaiseuse; sol m. argileux. **b) ~estrich** m. || earthen floor || aire f. en argile. 9

Lehmform f. || loam mould || moule m. en argile *ou* en terre. **a)** die ~ **schwärzen** || to black-wash the loam mould || noircir le moule en argile. 10

Lehm-formerei f. || loam moulding *or* casting || moulage m. en argile *ou* en terre. **a) ~gemäuer** n. || mud walling || maçonnerie f. en torchis *ou* en bousillage. **b) ~gräber** m. || clay miner || argileur m. **c) ~grube** f. || loam *or* clay pit || glaisière f. **d) ~grund** m. || clayey ground || fond m. d'argile. **e) ~guß** m. || loam casting || moulage m. en argile; coulage m. en terre. 11

lehmig || argilaceous || argileux. 12

Lehm-kern m. || loam core || noyau m. en terre. **a) ~kneter** m. || clay pugger || malaxeur m. d'argile. **b) ~messer** n. || loam beater || couteau m. pour battre les terres à mouler. **c) ~mörtel** m. || loam *or* clay mortar || mortier m. de limon *ou* de terre. **d) ~pfropfen** m. || clay-plug || tampon m. en argile. **e) ~-schlag** m. || puddle || couche f. battue; corroi m. de terre glaise. **f) ~stampfbau** m. || rammed loam construction || construction f. en argile pilonnée *ou* damée. 13

Lehmstein m. (Ziegl) || air-dried *or* unburnt brick || brique f. crue; brique f. séchée à l'air. **a) gebrannter** ~ || burnt brick || brique f. cuite. 14

Lehm-tenne f. || earthen floor || aire f. en argile. **a) ~wand** f. || cob wall || mur m. de bousillage. **b) ~ziegelmauer f.** || cob brick wall || muraille f. de briques crues. 15

Lehnbrett n. (Rückenbrett im Boot) || back board || dossier m. 16

Lehne f. (Pap) || ass; gallows || égouttoir m. de la cuve. **a) Brust~** || balustrade || garde-fou m. **b) Rücken~** || back rest || dossier m. **c) Stuhl~** || back of a chair || dossier m. *ou* dos m. d'une chaise. **d) verstellbare** ~ || tilting back || dossier m. réversible. 17

Lehnstuhl m. || easy *or* arm chair || chaise f. à dos; fauteuil m. **a) verstellbarer** ~ || mechanical chair || fauteuil m. mécanique. 18

Lehranstalt f. || educational establishment; college; professional school || établissement m. d'instruction; école f.; institution f. 19

Lehrbogen m. (Bauw) || center(ing); centre || cintre m. (de charpente). **a) ~gerippe** n. (Bauw) || truss of a center || canevas m. 20

Lehrbrett n. (Maur) || centering || cintre m. de charpente. **a)** ~ (Tischl) || wooden gauge || moulet m. 21

Lehrbursche m. || apprentice || apprenti m. 22

Lehre f. (Bauk) || centering; centre || cintre m. (de charpente). **a)** ~ (Bergb) || rule; jointing rule; straight edge || gabarit m. **b)** ~ (Bildh) || model || modèle m. **c)** ~ (Buchdr) || type gauge || calibre m. **d)** ~ (Form; Gieß) || loam *or* modelling *or* templet board || gabarit m.; échantillon m. **e)** ~ (Kaliber) || calibre; size || calibre m. **f)** ~ (Lehrzeit) || apprenticeship || apprentissage m. **g)** ~ (Meßinstr) || gauge || jauge f.; gabarit m. **h)** ~ (Meßstock) || staff; rule || jauge f. **i)** ~ (Muster) || templet || modèle m. **k)** ~ (Schablone) || pattern || cherche f. **l)** ~ (Töpf) || templet; pattern || calibre m.; échantillon m. **m)** ~ (Wissenschaft) || science || science f. **n)** ~ (wissenschaftl. Form) || doctrine; teaching || enseignement m.; doctrine f.; discipline f. **o)** ~ (Zimm) || pattern; strickle; gauge || échantillon m. **p) Bohr~** || templet for boring; drill gauge || calibre m. *ou* gabarit m. pour le perçage. **q) Draht~** || wire gauge || jauge m. pour fils de fer. **r)** ~ zum **Einschneiden** der Schwellen || templet for scoring sleepers || gabarit m. pour l'entaillage des traverses. **s) Gewinde~** || thread gauge || calibre m. pour filets. **t) Gleichgewichts~** || doctrine of equilibrium || pondération f. **u) Grenz~** || limit gauge || calibre m. de tolérance *ou* de dimension. **v) Holz~** || wooden gauge || gabarit m. en bois. **w) Kaliber~** || stud and ring shape gauge || calibre m. en forme de boulon et d'anneau. **x) Loch~** || hole gauge || calibre m. pour diamètres. **y)** ~ für **Mauern** || face mould || panneau m. **z) Mittelpunkt~** || centering gauge || calibre m. de centrage. 23

a) mit einer ~ **nachprüfen** || to inspect by a gauge || vérifier moyennant d'un calibre. **b) Normal~** || standard gauge || calibre m. normal *ou* étalon. **c) Rachen~** || snap gauge || calibre m. en fer à cheval. **d)** ~ des **Reepschlägers** || layingtop || cochoir m.; gabieu m.; masson m.; sabot m.; toupin m. **e) Reiter~** || straddle gauge || calibre m. cavalier. **f) Schieb~** *s.* Lehre, Schub~. **g) Schrauben~** || micrometer; micrometer gauge || palmer m. **h) Schub~** || slide gauge *or* callipers pl. || pied m. à coulisse. **i) Taster~** || calibre gauge || calibre m. à mâchoire. **k) Toleranz~** || limit gauge || calibre m. de tolérance. 24

Lehr-film m. || instructive film || film m. d'enseignement. **a) ~gebinde** n. (Zimm) || standard truss || ferme f. d'échantillon. **b) ~geld** n. || apprentice's fee || salaire m. d'apprentissage. **c) ~gerüst** n. (Bauw) || centering || cintre m. (de charpente). **d) ~hauer** m. || collier's boy || galibot m. **e) ~herr** m. || employer; master; patron || patron m.; maître m. **f) ~kessel** m. || training boiler || chaudière f. d'instruction. 25

Lehrling m. || apprentice || apprenti m. 26

Lehrlings-ausbildung f. || education of apprentices || éducation f. d'apprentis. **a) ~werkstatt** f. || instructional workshop; apprentice-training room || atelier m. d'apprentissage. 27

Lehr-meister m. || employer; master || patron m.; maître m. **a) ~mittel** n. || article for teaching; educational appliance || article m. pour l'enseignement. 28

Lehrmodell n. || instruction model || modèle m. pour l'enseignement. **a) anatomisches** ~ || model for anatomical courses of instruction || modèle f. pour l'enseignement de l'anatomie. 29

Lehr-satz m. (Math) || proposition; theorem || proposition f.; théorème m. **a) ~schmiede** f. || farrier's school || école f. de maréchalerie. **b) ~spektrograf** m. || teaching spectrograph || spectrographe m. d'enseignement. 30

Lehrwerkzeug n. (zum Messen) || gauge calibre m. **a)** ~ (für Unterricht) || utensil for courses of instruction || outil m. pour l'enseignement. 31

Lehr-zeit f. || apprenticeship; time of learning || temps m. d'apprentissage. **a) ~zweck** m. || demonstration purpose || but m. d'enseignement. 32

Leib-holz m. (Schiffb) || waterway || gouttière f. **a) ~binde** f. || woven bandage || bande f. à maillot. 33

Leibchen n. || bodice || corsage m. 34

Leib-rente f. || life annuity || rente f. viagère. **a) ~stuhl** m. für **Gefängnisse** || chamber chair for prisons || chaise f. percée pour prisons. 35

Leibung f. || intrados; soffit || intrados m.; douelle f. intérieure. **a) Bogen~** (Bauk) || intrados || intrados m. **b)** ~ eines **Gewölbes** || intrados; soffit || intrados m.; douelle f. intérieure. **c) innere** ~ || flanning; inner splay || ébrasement m.; embrasure f. **d) schräge** ~ || splayed flanning || embrasure f. oblique. 36

Leibungs-bogen m. || back arch; discharging vault || arrière-voussure f. **a) ~druck** m. (Niet) || pressure of intrados || pression f. de douelle. 37

Leibwäsche f. || body linen || linge m. de corps. 38

Leiche f. || corpse || corps m.; cadavres mpl. **a)** ~ (Buchdr) || out; omission || bourdon m.; omission f. **b) ~n** fpl. **aufbewahren** || to preserve corpses || conserver des cadavres mpl. 39

Leichen-halle f. || morgue || morgue f. **a) ~fett** n. (Chem) || adipocere || adipocire m.; graisse f. de cadavres. 40

Leichenschauhaus n. || morgue || morgue f. **a)** gekühlte **Schauzelle** f. in einem ~ || cooled inspection cell in a mortuary || cellule f. refroidie dans une morgue. 41

Leichen-verbrennung f. || cremation || crémation f. **a) ~versenkvorrichtung** f. || funeral lowering device || dispositif m. pour descendre des cadavres. **b) ~wagen** m. || funeral carriage; hearse || char m. funèbre; corbillard m. 42

leicht (Gewicht) || light || léger. **a)** ~ (nicht schwierig) || easy || facile. **b)** ~ **bewegliches Gleis** n. für häufiges und schnelles Verlegen || portable track for a frequent and quick displacement || voie f. facilement mobile pour la poser et changer souvent et rapidement. **c)** ~ **entzündlich** || of easily combustible nature || de facile combustibilité f. **d)** ~ **entzündlicher Brennstoff** m. || combustible *or* inflammable fuel || combustible m. très inflammable. **e)** ~ **Erkrankter** m. || slightly sick person || homme m. légèrement malade. **f)** ~ **schmelzbar** (Chem) || easily fusible || facilement fusible. **g)** ~ **zugänglich** || of easy access || d'un accès facile; facilement accessible. 1

leicht-e Bauart f. || light pattern || construction f. légère. **a)** ~**er Gang** m. (Masch) || soft running || marche f. légère. **b)** ~**e Handhabung** f. || effortless operation || manipulation f. facile. **c)** ~**e Tragbarkeit** f. (z.B. Schreibm) || easy portability || facilité f. de transport. **d)** ~**er Wagen** m. || light car || voiture f. légère. 2

Leicht-beton m. || light concrete || béton m. léger. **a)** ~**brennstoff** m. || light fuel || combustible m. léger. 3

leichter als **Luft** f. || lighter than air || plus léger que l'air m. 4

Leichter m. || lighter; barge || allège m. **a)** ~**mann** m. || lighterman || gabarier m. 5

leichtern, ein Schiff n. || to lighten a ship || alléger un navire. 6

Leicht-flintprisma n. || prism of light flint || prisme m. en flint léger. **a)** ~**flugzeug** n. || light aeroplane || avion m. léger. 7

leicht-flüssig (Chem) || easily fusible || facilement fusible. **a)** ~**gebaute Maschine** f. || light *or* feeble constructed machine || machine f. à construction légère. 8

Leichtigkeit f. (figürlich) || easiness; ease; facility || légèreté f.; facilité f. **a)** ~ (Gewicht) || lightness || légèreté f. 9

Leichtkraftrad n. || light motor cycle || motocyclette f. légère. 10

leichtlöslich (Chem) || easily soluble || facilement soluble. 11

Leichtmatrose m. || ordinary seaman || matelot m. de pont. 12

Leichtmetall n. || light metal || métal m. léger. 13

Leichtmetall-bearbeitung f. || light metal work || travail m. du métal léger. **a)** ~**dieseltriebwagen** m. || light weight Diesel rail car || automotrice f. à moteur Diesel d'une construction en métaux légers. **b)** ~**gerippe** n. || light metal framework || carcasse f. *ou* charpente f. en métal léger. 14

Leichtöl n. || light oil || huile f. légère *ou* très fluide. **a)** **raffiniertes** ~ || refined light oil || huile f. légère raffinée. **b)** **rohes** ~ || raw light oil || huile f. légère brute. 15

leichtsiedend (Chem) || low-boiling || à bas point d'ébullition. 16

Leicht-spat m. || light spar || blanc minéral m. léger. **a)** ~**ziegel** m. || light brick || brique f. légère. 17

leichtzügig || with light draught || à traction f. légère; de traction f. douce. 18

leiden an || to suffer from || souffrir de. 19

Leiden n. || disease || maladie f. 20

Leierkasten m. || barrel organ || orgue m. d'Allemagne *ou* de barbarie. 21

Leifel f. (Färb) || husk of walnut || brou m. de noix. 22

Leifmaschine f. (Bleich) || rubber; rubbing boards pl. || batte f.; battoir m. 23

Leih-bibliothek f. *s.* ~bücherei. **a)** ~**bücherei** f. || circulating library || bibliothèque f. circulante. **b)** ~**geschäft** n. || lending *or* loan business || prêt m. sur gage *ou* sur nantissement. 24

leihweise || on hire; as a loan || à titre m. de prêt. 25

Leim m. || glue || colle f. (forte). **a)** **Anziehen** n. des ~**es** (Buchb) || setting of the glue || prise f. de la colle. **b)** dem ~ die Zeit zum **Anziehen** geben (Buchb) || to give to the glue the time to set || donner à la colle le temps de prendre. **c)** **Appretur**~ || dressing glue || colle f. pour apprêts. **d)** ~ **auftragen** (Buchb) || to apply the glue to || enduire de colle f. **e)** ~ in **Blättern** || glue in leaves || colle f. en feuilles. **f)** ~ für **Etiketten** || label glue || colle f. pour étiquettes. **g)** **Fisch**~ || isinglass || colle f. de poisson. **h)** **flandrischer** ~ || Flanders glue || colle f. de Flandre; colle de Hollande. **i)** **Fliegen**~ || fly cement *or* glue || collant m. pour mouches. **k)** **flüssiger** ~ || liquid glue; mucilage || colle f. liquide. **l)** ~ in **Gallertform** || glue in form of jelly || colle f. en gelée. **m)** **Gelatine**~ || gelatine glue || colle f. gélatine. **n)** ~ aus **Häuten** || glue from hides || colle f. de peaux. **o)** **Kalt**~ || cold glue || colle f. à froid. **p)** **Käse**~ || cheese glue || colle f. caséine. **q)** **Kasein**~ || casein glue || colle f. de caséine. **r)** **Knochen**~ || bone glue; osteocolla || colle f. d'os; ostéocolle f.; osséine f. **s)** **kölnischer** ~ || Cologne glue || colle f. de Cologne. **t)** **Leder**~ || skin glue *or* size || colle f. de peau. **u)** **pflanzlicher** ~ || vegetable glue; gliadin || colle f. végétale; gliadine f. **v)** ~ in **Pulverform** || pulverized glue || colle f. en poudre. **w)** **Tafel**~ || glue in plates || colle f. en plaques. **x)** **Tapeten**~ || glue for paper hangings || colle f. pour papiers peints. **y)** ~ in **Teigform** || glue in form of paste || colle f. en pâte. **z)** ~ aus **tierischen Abfällen** || tauro-colla || taurocolle f. 26

a) **Tischler**~ || (joiner's) glue || colle f. (forte). **b)** **vegetabilischer** ~ || vegetable glue || colle f. végétale. **c)** **Vogel**~ || bird glue || glu f. **d)** ~ aus **Walfischsehnen** || glue of whale tendons || colle f. de tendons de baleine. 27

Leim-arbeiter m. || size maker || encolleur m. **a)** ~**auftragmaschine** f. || glueing *or* glue spreading machine || machine f. à étendre la colle; colleuse f. 28

leimen || to glue || coller. **a)** ~ (steifen) || to size || coller. **b)** das **Papier** ~ || to size the paper || encoller le papier. 29

Leimen n. (Web) || sizing || (en)collage m. **a)** ~ in der **Bütte** || sizing in the vat || collage m. à la cuve; collage en pâte. **b)** ~ des **Papiers** || sizing of paper || encollage m. du papier. 30

Leimer m. (Buchb) || gluer; gummer; paster; sizer || encolleur m. 31

Leim-fabrik f. || glue works || fabrique f. de colle. **a)** ~**farbe** f. || size paint *or* colour; glue colour || couleur f. en détrempe; détrempe f.; peinture f. à colle. **b)** ~**farbenmalerei** f. || painting in size colours || peinture f. à la colle. **c)** ~**flasche** f. mit **Schwammverschluß** (Büro) || mucilage bottle with sponge top || bouteille f. à colle à bouchon-éponge. **d)** ~**form** f. (Gipsgieß) || glue mould || moule m. en colle. **e)** ~**fuge** f. (Tischl) || straight-glued joint; plain joint || joint m. à plat-point. **f)** ~**glas** n. || glue glass || verre m. pour colle. **g)** ~**grund** m. (Vergold) || glue-priming || encollage m. **h)** ~**gut** n. || glue-materials pl.; spetches pl. || colles fpl.; rognures fpl. des peaux; pessonure f. **i)** ~**herstellungsanlage** f. || glue producing plant || installation f. de fabrication de la colle. **k)** ~**kitt** m. || joiner's cement || mastic m. à la colle. **l)** ~**knecht** m. (Tischl) || screw clamp; cramp frame || sergent m.; serre-joint m. **m)** ~**kochapparat** m. || glue boiling *or* cooking apparatus; glue boiler || appareil m. à cuire la colle; bouilleur m. *ou* cuiseur m. de colle forte. **n)** ~**kocher** *s.* ~kochapparat. 32

Leimleder n. (Gerbereiabfälle) || hide scrapings pl. *or* parings pl. *or* shreds pl. || dragure f.; écharnure f. du cuir. **a)** ~ (Lederabfälle) || scrap leather; spetches pl. || oreillons mpl.; rognures fpl.; effélure f. 33

Leim-leiste f. (Buchb) || gluing strip || lame f. de collage. **a)** ~**luder** n. *s.* Leimleder n. (Gerb). 34

Leimmaschine f. (Web) || dressing machine || encolleuse f. **a)** **Broschüren**~ || book glueing machine || machine f. à coller les brochures. 35

Leim-pinsel m. || glue *or* paste brush || pinceau m. à colle; brosse f. à coller. **a)** ~**pulver** n. || glue powder; powdered glue || colle f. en poudre. **b)** ~**schneidmaschine** f. || glue cutting engine || machine f. à couper la colle. 36

Leimsieder m. (Gefäß) || glue boiler || chaudière f. de colle. **a)** ~ (Hersteller) || glue maker || fabricant m. de colle forte; faiseur m. de colle. 37

Leim-stempel m. (Buchb) || glue stamp || tampon m. à colle. **a)** ~**tiegel** m. || glue pot || pot m. à colle. **b)** ~**topf** m. *s.* ~tiegel. 38

leimtränken (Pergament) || to give a coating of glue || enduire de colle f. **a)** ~ (Tischl) || to imbue || abreuver de colle. f. 39

Leim-trockenanlage f. || glue drying plant || installation f. de séchage de colle. **a)** ~**trockner** m. || glue dryer || séchoir m. à colle. **b)** ~**trog** m. (Pap) || sizing vat *or* trough || mouilloir m. **c)** ~**umwender** m. || glue turner-over || retourneur m. de colle forte. 40

Leimung f. (Pap) || sizing || encollage m. **a)** ~ mit **Harz** (Buchb) || vegetable size || collage m. résineux. 41

Leim-vergoldung f. || gilding on water size *or* in distemper; burnished *or* water gilding || dorure f. en détrempe. **a)** ~**wärmapparat** m. || glue heating apparatus || appareil m. à chauffer la colle. **b)** ~**wasser** n. || size; glue water || eau f. de colle. **c)** ~**werk** n. || glue works pl. || fabrique f. de colles. **d)** ~**zucker** m. || glycine; glycocoll; gelatine sugar || sucre m. de gélatine; glycocolle f. **e)** ~**zwinge** f. || hold fast; screw clamp; glue-press || presse f. à main; serre-joints m.; sergeant m. 42

Lein m. || flax (plant) || lin m. **a)** **gemeiner** ~ || common *or* toad flax || lin m. commun *ou* cultivé *ou* sauvage. 43

Leinbaum m. || norway maple || érable m. platane *ou* plane. 44

Leine f. || cord; line || corde f.; cordage m. **a)** ~ mit **Fischhaken** || line with fish-hooks || ligne f. avec hameçons. **b) geflochtene** ~ || plaited cord *or* line || corde f. tressée; drisse f. **c) geschlagene** ~ || braided cord; twisted rope || corde f. en fils tordus *ou* à torons. **d) Halte~** || mooring rope || câble m. de retenue *ou* d'amarrage; amarre f. **e) Zug~** || tow line; tracking rope || corde f. de traction; câble m. de remorque; cordelle f. 1

Leinen n. || linen || linge m. **a) Drillich~** crash linen; tirking || toile f. treillis. **b) Feuerstein~** || flint cloth || toile f. silexée. **c) Glas~** || glass cloth || toile f. verre. **d) Kreas~** || dowlas || toile f. créas. 2

Leinen-bast m. || harl; lint || filasse f. **a) ~binde** f. || linen bandage || bande f. de toile. **b) ~damast** m. || linen damask; damask (table-) linen || damas m.; linge m. damassé. **c) ~einband** m. (Buchb) || cloth binding || reliure f. en toile. **d) ~garn** n. || flax *or* linen yarn || fil m. de lin. **e) ~gaze** f. || linen-gauze || gaze f. de fil. 3

Leinengewebe n. || linen texture *or* woof || linge m. (uni). **a) glattes** ~ || plain linen || linge m. uni. **b) gemustertes** ~ || figured linen || linge m. à dessin *ou* de fantaisie. 4

Leinen-industrie f. || linen manufacture || industrie f. linière. **a) ~papier** n. || linen paper; linen-rag paper; cloth-mounted paper || papier m. entoilé *ou* de chiffons de lin. **b) ~plüsch** m. || linen plush || peluche f. de fil. **c) ~rücken** m. (Buchb) || cloth back || dos m. en toile. **d) ~schuh** m. || canvas shoe || chaussure f. de toile. **e) ~spinnerei** f. || flax *or* linen spinning || filature f. du lin. **f) ~spitze** f. || footing || bisette f. **g) ~strickerei** f. || linen hosiery || bonneterie f. de lin. **h) ~umschlag** m. || cloth-lined envelope || enveloppe f. en papier de lin. **i) ~ware** f. || linen || toile f. **k) ~weberei** f. || flax *or* linen weaving || tissage m. de toile *ou* de lin. **l) ~werggespinst** n. || flaxen tow yarn || fil m. d'étoupe et de lin. **m) ~wurfapparat** m. || line throwing apparatus || appareil m. à lancer des cordages. 5

Leinenzwirn m. || linen thread || fil m. retors de lin. **a) ~fabrik** f. || yarn manufacture || fileterie f.; fabrique f. de fil de lin. 6

Lein-garnspuler m. || linen spooler || bobineur m. de fil de lin. **a) ~kuchen** m. linseed cake || tourteau m. *ou* gâteau m. de lin. 7

Leinöl n. || linseed oil || huile f. de lin. **a) gekochtes** ~ || boiled linseed oil || huile f. de lin cuite. 8

Leinölersatz m. || linseed-oil substitute || huile f. de lin imitée. 9

Leinölfirnis m. || linseed oil varnish || vernis m. à l'huile de lin. **a) ~ersatz** m. || linseed-oil drying substitute || succédané m. de vernis à l'huile de lin. 10

Leinölkuchen m. || linseed cake || tourteau m. de lin. 11

leinölsaures Blei n. || lead linoleate || linoléate m. de plomb. 12

Leinöl-säure f. || linoleic acid || acide m. linoléique. **a) ~schläger** m. || linseed oil crusher || presseur m. d'huile de lin. 13

Lein-pfad m. || tow *or* towing path || chem. de halage; balise f.; tirage m.; lé m.; marchepied m. **a) ~pflanze** f. || flax (plant) || lin m. **b) ~saat** f. || linseed; flax seed || graine f. de lin. 14

Leinsamen m. || linseed || graine f. de lin. **a) ~putzer** m. || linseed sorter || trieur m. de graines de lin. 15

Leinwand f. || linen; duck; cloth || toile f. **a) chinesische** ~ || China linen || nunna m. **b) durchscheinende** ~ || transparent cloth || toile f. transparente. **c) feine** ~ || fine linen || toile f. fine en lin. **d) gebleichte** ~ || bleached linen || tissu m. blanchi. **e)** ~ aus **gebleichtem Garn** || blanchards pl. || blanchard m. **f) gefirnißte** ~ || varnished canvas || toile f. peinte *ou* vernie; prélart m. **g) geköperte** ~ || quilled linen || toile f. croisée *ou* grainée. **h) geteerte** ~ || tarred canvas || toile f. goudronnée; prélart m. **i) grundierte** ~ || painter's *or* primed canvass || imprimature f.; imprimure f.; toile f. imprimée. **k) gummierte** ~ || friction *or* rubberized cloth; friction duck || toile f. caoutchoutée *ou* frictionnée. **l) halbgebleichte** ~ || half bleached *or* cream coloured linen || blondines fpl. **m)** ~ aus **halbgebleichtem Garn** || cream coloured linen || toile f. crémée. **n) Haus~** || home-spun linen || toile f. de ménage. **o) Hemden~** || shirting || toile f. à chemises. **p) holländische** ~ || Dutch linen || toile f. de Hollande. **q) irische** ~ || cotton-warp linen || toile f. d'Irlande. **r)** mit **Lack getränkte** ~ || japanned canvas || canevas m. *ou* toile f. enduit de vernis. **s) Maler~** || painter's canvas || toile f. imprimée pour peintres. **t) Mikanit~** || micanite linen || toile f. de mica. **u) Plan~** || tilt linen || toile f. à bâches. **v) schottische** ~ || gingham || guingan m.; guingham m. **w) Stangen~** || figured linen || toile f. ouvrée. **x) Tisch~** || table linen || linge m. de table. **y) ungebleichte** ~ || unbleached linen || toile f. écrue. 16

Leinwand-prober m. || cloth prover; web glass; thread counter || compte-fils m. **a) ~schicht** f. des **Reifenlaufbandes** (Auto) || breaker strip of tire || toile f. de la bande de roulement. **b) ~tasche** f. || canvas bag || sac m. en toile. **c) ~weber** m. || linen (cloth) weaver || tisseur m. de toile f. 17

Leinweber m. *s.* Leinwandweber. 18

Leiogomm n. || leiocome || leigomme f. 19

leise (Färb) || not having lime enough || doux. **a)** ~ || soft; low || bas; léger. 20

Leiste f. (Bauk; Tischl) || ledge; listel; reglet; ledge; fillet || tringle f.; listel m.; listeau m. **a)** ~ (Buchdr) || tail *or* head piece || bouchon m.; vignette f.; fleuron m. **b)** ~ (Glasf) || border || bardelle f. **c)** ~ (Mühle) || rib || liteau m. **d)** ~ (Webrand) || selvedge || lisière f.; cordeline f. **e) Fuß~** || skirting at the bottom || liteau m. de butée; socle m. de butée. **f) Gold~** || gilt moulding || baguette f. dorée. **g) Holz~** || wooden moulding || tringle f. en bois. **h) polierte** ~ || polished moulding || tringle f. polie. **i) Rahmen-** || moulding for frames || baguette f. d'encadrement. **k) Rand~** || rubbing strip || lisse f. arêtière. **l) Verstell~** || adjusting ledge || lanière f. déplaçable. 21

leisten || to do; to perform; to carry out; to effect || faire; effectuer; accomplir; produire. 22

Leisten m. || last || forme f. **a) Schuh~** || (shoe) last; boot tree || embauchoir m.; forme f. 23

Leisten-arbeit f. || cleat work || ouvrage m. de tasseaux. **a) ~graben** m. (Met) || sow channel || lit m. de gueuse; rigole f. 24

Leistenhobel m. || moulding *or* fillet plane || tarabiscot m.; bouvet m. à doucine. **a) ~eisen** n. || square nose iron || fer m. de tarabiscot. 25

Leisten-holz n. || fleabane wood || bois m. de Guillaume. **a) ~macher** m. || wood moulder || moulurier m. **b) ~modelliermaschine** f. (Holzbearb) || beading machine || tour m. pour moulures variées. **c) ~schneider** m. || last maker || formier m. **d) ~stein** m. || border stone; curbstone || bordure f. **e) ~vergolder** m. || gilder of mouldings || doreur m. de baguettes. **f) ~verschalungsdraht** m. || cleat work wire || fil m. de fer pour travaux en tasseaux. 26

Leistung f. || power; output || effet m.; puissance f. **a) abgegebene** ~ (Masch) || outgoing output || puissance f. disponible. **b) aufgenommene** ~ (Masch) || incoming output || puissance f. fournie. **c) ~en** fpl. **bis** etwa || capacities pl. up to about || capacités fpl. jusqu'à environ. **d) Dauer~** || continuous output || débit m. continu. **e) durchschnittliche** ~ || average output || rendement m. moyen. **f) erhöhte** ~ || increased output || débit m. élevé. **g) Gegen~** || return service || équivalent m.; revanche f. **h) gegenseitige ~en** fpl. || mutual obligations || obligations fpl. réciproques. **i) Gesamt~** || total output || débit m. total. **k) Gesamt~ der Motoren** || total output of the motors || puissance f. totale des moteurs. **l) Höchst~** || maximum output || puissance f. maximum. **m) installierte** ~ || installed power || puissance f. installée. **n) kalorische** ~ || caloric capacity || débit m. calorifique. **o) mechanische** ~ || mechanical power *or* effect || quantité f. de travail. **p) Minder~** || reduced output || débit m. réduit. **q)** Maschine f. mit einer **minutlichen** ~ von x cbm Wasser || engine with a delivery of x cub. m of water per minute || machine f. refoulant *ou* d'un débit de x m^3 d'eau par minute. **r) mittlere** ~ || mean power || puissance f. moyenne. **s) normale** ~ || normal output || puissance f. normale. **t) optische** ~ || optical performance || action f. optique. **u) scheinbare** ~ (Elektr) || apparent power || débit m. apparent; puissance f. apparente. **v)** für **schwerste ~en** fpl. || for maximum capacity || pour le plus grand rendement. **w) stündliche** ~ || output per hour || rendement m. par heure; production f. horaire. **x) tägliche** ~ || daily output *or* turning out; capacity per working day || production f. journalière; débit m. journalier; capacité de production par jour. **y) tatsächliche** ~ (Masch) || output || puissance f. effective. **z) theoretische** ~ (Masch) || input || puissance f. théorique. 27

a) vermehrte ~ || increased output || rendement m. augmenté. **b) verminderte** ~ || decreased output || rendement m. diminué. **c) ~en** fpl. **von** x PS **aufwärts** || capacities pl. from x PS upwards || capacités fpl. à partir de x PS. **d) vorübergehende** ~ || temporary output || puissance f. transitoire. **e) wattlose** ~ (Elektr) || wattless *or* idle power || puissance f. réactive *ou* déwattée. **f) wirkliche** ~ (Elektr)

‖ real power ‖ puissance f. effective *ou* réelle *ou* active. **g) wöchentliche** ~ ‖ output per week ‖ rendement m. par semaine. **h) zugeführte** ~ (Elektr) ‖ input ‖ puissance f. fournie. 1

Leistungs-abgabe f. (Elektr) ‖ output ‖ débit m. de puissance. **a) ~aufnahme** f. ‖ input ‖ prise f. *ou* consommation f. de puissance. **b) ~bedarf** m. der Pumpe ‖ power required by pump ‖ force f. demandée par pompe. **c) ~bild** n. (einer Maschine) ‖ indicator diagram ‖ diagramme m. d'indicateur. **d) ~einheit** f. ‖ unit of output ‖ unité f. de débit *ou* de puissance. 2

leistungsfähig-e Fabrikeinrichtung f. ‖ highly efficient manufacturing plant ‖ usine f. *ou* atelier m. à grand rendement. **a) ~e Werkstatt** f. ‖ first class workshop ‖ atelier m. important. 3

Leistungsfähigkeit f. (Elektr) ‖ capacity ‖ capacité f. **a)** ~ (Masch) ‖ efficiency ‖ puissance f.; rendement m. **b)** ~ der **Betriebseinrichtung** ‖ capacity of plant ‖ capacité f. de l'installation. **c)** bis zur **Grenze** f. der ~ ausnützen ‖ to strain to the utmost limit of the capacity ‖ employer à la limite f. de la puissance. **d) Steigerung** f. der ~ ‖ increase of the capacity ‖ augmentation f. de la capacité. 4

Leistungsfaktor m. ‖ power factor ‖ facteur m. de puissance. 5

Leistungsfaktor-anzeiger m. ‖ power factor indicator ‖ indicateur m. du facteur de puissance. **a) ~messer** m. ‖ power-factor meter ‖ phasemètre m. 6

Leistungsmesser m. ‖ wattmeter ‖ wattmètre m. **a) Genauigkeits~** ‖ precision wattmeter ‖ wattmètre m. de précision. 7

Leistungs-pegel n. (Fernm) ‖ power level ‖ niveau m. de puissance. **a) ~pferdestärke** f. ‖ brake horse power ‖ puissance f. en chevaux-vapeur effective. **b) ~schild** n. ‖ output *or* rating plate ‖ écusson m.; plâque f. caractéristique. **c) ~schreiber** m. ‖ output recorder ‖ wattmètre m. enregistreur. **d) ~steigerung** f. ‖ increase of power ‖ augmentation f. de puissance. **e) ~transformator** m. ‖ power transformer ‖ transformateur m. à grande puissance. **f) ~vermögen** n. ‖ power of output ‖ capacité f. de production. **g) ~verstärker** m. ‖ output-amplifier ‖ amplificateur m. de puissance. **h) ~versuch** m. ‖ output test ‖ essai m. de puissance. **i) ~zähler** m. (Fernm) ‖ mechanical call counter ‖ compteur m. statistique. **k) ~zähltaste** f. (Fernm) ‖ call counter key ‖ bouton m. de compteur statistique. **l) ~zählung** f. (Fernm) ‖ load counting ‖ comptage m. de la charge. 8

Leitachse f. (Auto) ‖ steering axle ‖ essieu m. directeur. **a)** ~ (Lok) ‖ leading *or* front axle ‖ essieu m. avant. 9

Leitapparat m. (Turbinenb) ‖ distributor ‖ distributeur m. **a) Turbine** f. mit regelbarem Laufapparat und ~ ‖ turbine with adjustable runner vanes and guide blades ‖ turbine f. avec appareil de marche réglable. 10

Leit-artikel m. (Zeitung) ‖ leader; leading article ‖ article m. de fond; premier m. **a) ~auge** n. (Kabel) ‖ guide ‖ œil-guide f. **b) ~block** m. ‖ guide pulley ‖ poulie f. de guide **c) ~damm** m. ‖ training dyke ‖ digue f. 11

leiten (Elektr) ‖ to conduct ‖ conduire. **a) Wärme** f. ~ ‖ to conduct heat ‖ conduire la chaleur. 12

leitend machen (Elektr) ‖ to make conducting ‖ rendre conducteur. 13

Leitepunkte mpl. (Buchdr) ‖ leaders pl.; guides pl. ‖ points mpl. conducteurs; carrés mpl. 14

Leiter m. (Elektr) ‖ conductor ‖ conducteur m. **a) blanker** ~ ‖ bare conductor ‖ conducteur m. nu. **b) elektrischer** ~ ‖ electric conductor ‖ conducteur m. électrique. **c) schlechter** ~ ‖ poor conductor ‖ corps m. de faible conductivité. **d) stromführender** ~ ‖ charged conductor ‖ conducteur m. chargé. 15

Leiter f. ‖ ladder ‖ échelle f. **a) Baum~** ‖ skid ‖ poulain m.; échelle f. **b) Fabrik~** (Gerät) ‖ factory ladder ‖ échelle f. de fabrique. **c) Feuerwehr~** ‖ fire ladder ‖ échelle f. des pompiers. **d) Motordreh~** ‖ motor aerial *or* motor extension ladder ‖ échelle f. automobile mécanique. **e) Schrot~** ‖ dray ladder ‖ poulain m. 16

Leiter-baum m. (Wagenb) ‖ ladder beam ‖ montant m. d'échelle. **a) ~macher** m. ‖ ladder maker ‖ échelleur m. 17

Leitersprosse f. ‖ ladder spoke *or* step *or* rung ‖ échelon m. **a) aufklappbare** ~ ‖ tip-up tread of a ladder ‖ marche f. relevable d'une échelle. 18

Leiter-stufe f. *s.* ~sprosse. **a) ~wagen** m. ‖ lumber *or* rack *or* open-spar wagon ‖ chariot m. à ridelles. 19

Leitfaden m. ‖ text book; manual ‖ guide m.; manuel m. 20

Leitfähigkeit f. ‖ conductivity; conductibility ‖ conductivité f.; conductibilité f. **a) einseitige** ~ ‖ unilateral conductance ‖ conductance f. unilatérale. **b) elektrische** ~ ‖ electric conductibility ‖ conductibilité f. électrique. **c) geringe** ~ ‖ low conductivity ‖ faible conductivité f. **d)** ~ der **Metalle** (Elektr) ‖ specific conductivity ‖ conductibilité f. 21

Leitfähigkeits-gefäß n. ‖ conductivity vessel ‖ boîte f. de conductance. **a) ~wasser** n. (Elektr) ‖ conductivity water ‖ eau f. de conductivité. 22

Leit-fernrohr n. ‖ guiding telescope ‖ lunette-guide f. **a) ~feuer** n. (Seew) ‖ leading light ‖ feu m. d'alignement. **b) ~fläche** f. (Luftf) ‖ fin ‖ empennage m. **c) ~geschütz** n. ‖ directing gun ‖ pièce f. directrice; pièce-guide f. **d) ~kabel** n. (Schiff) ‖ leading cable ‖ câble m. de guidage. **e) ~kranz** m. ‖ rim of guide blading ‖ couronne f. directrice. **f) ~kurve** f. (Werkzeugmasch) ‖ lead cam ‖ came f. de chariotage. **g) ~leine** f. (Longe) ‖ longing *or* cavesson rein ‖ longe f. **h) ~linie** f. ‖ directrix; directrice (A) ‖ directrice f. **i) ~marke** f. (Schiff) ‖ leading mark ‖ marque f. de guide. 23

Leitrad n. (Luftf) ‖ guide wheel ‖ satellite m. **a)** ~ **in Hälften** (Turbine) ‖ guide wheel halves ‖ roue f. directrice en moitiés. 24

Leitrad-träger m. (Luftf) ‖ guide wheel carrier ‖ support m. de la roue satellite. **a) ~welle** f. (Luftf) ‖ guide wheel spindle ‖ axe m. du satellite. 25

Leit-rechen m. (Wasserb) ‖ leading grate ‖ allingre f.; gautier m. **a) ~rolle** f. ‖ guide pulley *or* roller ‖ poulie f. de renvoi *ou* de guidage; poulie-guide f.; galet-guide m.; roulette f. de guide. **b) ~salz** n. ‖ conducting salt ‖ sel m. conducteur. 26

Leitschaufel f. ‖ directrix; baffle palte; guide vane *or* blade *or* bucket ‖ directrice f.; aube f. *ou* pale f. directrice; palette f. fixe *ou* directrice. **a)** die **~n** fpl. **eingießen** ‖ to cast in the guide blades ‖ couler les aubes fpl. directrices dans la roue. 27

Leit-schiene f. (Eisenb) ‖ guide *or* check *or* guard *or* safety *or* side rail ‖ contre-rail m. **a) ~schienenstuhl** m. ‖ guard rail chair ‖ coussinet m. de contre-rail. **b) ~seil** n. ‖ guide rope *or* cord ‖ laisse f. 28

Leitspindel f. (Dreh) ‖ guide *or* leading spindle; guide screw ‖ vis-mère f.; arbre m. fileté de tour. **a) metrische** ~ ‖ metric pitch lead screw ‖ vis-mère f. métrique. **b) Zoll~** ‖ English pitch lead screw ‖ vis-mère f. au pas de pouces. 29

Leitspindel-bank f. *s.* ~drehbank. **a) ~drehbank** ‖ engine lathe; screw cutting lathe; leading screw lathe; lathe with lead screw ‖ tour m. à fileter *ou* à vis-mère. **b) ~- und Zugspindeldrehbank** f. sliding and screw cutting lathe ‖ tour m. à charioter et à fileter. 30

Leitstange f. ‖ guide bar *or* rod ‖ barre f. *ou* tige f. conductrice; barre f. directrice. **a)** ~ (Ruderpinne) ‖ sweep; carriage ‖ tamise f.; tamisaille f.; chariot m. 31

Leit-strahl m. (Geom) ‖ radius vector ‖ rayon m. vecteur. **a) ~strick** m. (Windmüll) ‖ stay; guy ‖ hauban m. 32

Leitung f. (Elektr) ‖ line; lead ‖ ligne f. **a) Abdampf~** ‖ exhaust steam main ‖ conduite f. de vapeur d'échappement. **b) abgehende** ~ (Fernm) ‖ outgoing circuit ‖ circuit m. de départ. **c)** die ~ **absperren** ‖ to shut off the pipe line ‖ fermer *ou* couper la conduite. **d) ankommende** ~ (Fernm) ‖ incoming circuit ‖ circuit m. d'arrivée. **e)** eine ~ **auftrennen** (Elektr) ‖ to interrupt a line ‖ interrompre un circuit. **f)** eine ~ **belegen** (Fernm) ‖ to seize a line ‖ saisir une ligne. **g)** die ~ mit Strom **beschicken** ‖ to carry current on the line ‖ porter du courant sur la ligne; faire passer *ou* entrer le courant sur la ligne. **h) bewegliche** ~ (Fernm) ‖ distributing line ‖ ligne f. mobile. **i) biegsame** ~ ‖ flexible cord ‖ conducteur m. souple. **k) Bier~** ‖ beer pipe ‖ conduite f. à bière. **l) Dampf~** ‖ steam-conduit ‖ distribution f. de la vapeur. **m) Doppel~** (Elektr) ‖ double line ‖ ligne f. double. **n) Eindraht~** (Elektr) ‖ single wire line ‖ ligne f. à fil unique. **o) Einziehen** n. von **~en** in Rohre ‖ drawing of cables into pipes ‖ tirage m. de conducteurs dans les tubes. **p) elektrische** ~ ‖ electrical conduit ‖ ligne f. électrique. **q) Erd~** (Elektr) ‖ underground piping *or* wire ‖ conduite f. souterraine; fil m. de terre. **r) feste** ~ (Fernm) ‖ fixed line ‖ ligne f. fixe. **s) Frei~** (Elektr) ‖ aerial wire ‖ fil m. aérien. **t) freie** ~ (Fernm) ‖ disengaged line ‖ jonction f. disponible. **u) Freiluft~** ‖ overhead line ‖ ligne f. aérienne. **v)** ~ in **Gebäuden** (Elektr) ‖ piping inside the buildings ‖ conduite f. dans les bâtiments. **w) gleichmäßig belastete** ~ ‖ continuously loaded line ‖ ligne f. à charge continue. **x) gleichmäßige** ~ ‖ smooth line ‖ ligne f. homogène. **y) Gleichstrom~** ‖ direct current circuit ‖ circuit m. de courant continu. **z) Hin- und Rück~** ‖ up and down line; go and return line ‖ ligne f. d'aller et de retour. 33

a) homogene ~ (Fernm) *s.* gleichmäßige ~ **b). induzierende** ~ (Elektr) || inducing line || ligne f. inductrice. **c) induzierte** ~ (Elektr) || induced line || ligne f. induite. **d)** ~ **auf Konsolen** (Elektr) || line on brackets || ligne f. sur consoles. **e) künstliche** ~ || artificial line || ligne f. artificielle. **f) Lecköl~** || pipe for oil drippings pl. || conduite f. pour l'huile de fuite. **g) musikpupinisierte** ~ || coil loaded line with musical loading || ligne f. pupinisée à charge musicale. **h) nicht berechtigte** ~ (Fernm) || restricted line || ligne f. non autorisée. **i) oberirdische** ~ (Elektr) || overhead *or* aerial line || ligne f. aérienne. **k)** ~ **auf Querträgern** (Elektr) || line on crossarms || ligne f. sur traverses. **l) Rohr~** || pipe line || tuyauterie f.; canalisation f. **m) stromdurchflossene** ~ || wire carrying current; live wire (A) || ligne f. *ou* canalisation f. traversée par un courant. **n) technische** ~ eines Werkes || technical managing direction of the works || direction f. technique d'une usine. **o) Überschleus~** || overflow pipe || canalisation f. *ou* conduite f. de dégorgement. **p) ungleichmäßige** ~ (Fernm) || uneven line || ligne f. hétérogène. **q) unterirdische** ~ (Elektr) || underground line *or* main *or* cable || ligne f. souterraine. **r) unterseeische** ~ || submarine cable || câble m. sous-marin. **s)** eine ~ **verlegen** || to assemble a piping || poser une conduite. **t)** mit **Verstärkern** mpl. versehene ~ (Fernm) || repeatered circuit || circuit m. muni d'amplificateurs. **u) verzerrungsfreie** ~ (Fernm) || distorsionless line || ligne f. sans distorsion. **v)** ~ **auf Wandkonsolen** (Elektr) || line on wall brackets || ligne f. sur potelets *ou* sur consoles fpl. murales. **w) zusammengesetzte** ~ (Fernm) || composite line || ligne f. composée. **x)** eine ~ f. durch Schmutz **zusetzen** || to block a pipe with dirt || obstruer une conduite par des saletés. **y) Zweig~** || branch piping *or* pipe || branchement m.; conduite f. branchée *ou* greffée sur une autre. 1

Leitungs-abgleichverfahren n. (Fernm) || balancing of circuits || équilibrage m. des circuits. **a) ~ausnutzung** f. (Fernm) || line utilization || utilisation f. des lignes. **b) ~batterie** f. || line battery || batterie f. de ligne. **c) ~bezeichnung** f. (Fernm) || wire marking || dénomination f. du fil. **d) ~blitzableiter** m. || lightning conductor for overhead lines || paratonnerre m. de ligne. 2

Leitungsbündel n. (Fernm) || grouping of junction lines || arrangement m. des jonctions. **a) abgehendes** ~ (Fernm) || bunch of outgoing trunks || groupe f. de lignes de départ. **b) ankommendes** ~ (Fernm) || bunch of incoming trunks || groupe f. de lignes d'arrivée. 3

Leitungsdraht m. || wire || fil m. conducteur. **a) blanker** ~ || blank wire; bare electric wire || fil m. électrique nu. **b) elektrischer** ~ || conducting wire || fil m. conducteur. **c) isolierter** ~ || insulated wire || fil m. isolé. **d)** mit **Kautschuk isolierter** ~ || electric wire covered with india-rubber || fil m. électrique isolé au caoutchouc. **e) umwickelter** ~ || taped wire || fil m. métallique recouvert. 4

Leitungs-einführung f., **oberirdische** || leading-in of an overhead line || entrée f. d'une ligne aérienne. **a) ~fähigkeit** f. (Elektr) || conductivity || conductibilité f. **b) ~fläche** f. || conducting surface || surface f. conductrice. **c) ~führung** f. (Elektr) || wiring || tracé m. de la ligne. **d) ~gleichung** (Fernm) || line equation || équation f. de ligne. **e) ~gruppierung** f. (Fernm) || grouping the circuits on pole lines || armement m. de la ligne. **f) ~hang** m. (Elektr) || sag; dip || flèche f. **g) ~klemme** f. für **Kurven** || curve ear || joint-manchon m. pour courbes. **h) ~kupfer** n. || copper for wire; wire bar || cuivre m. pour fil. 5

Leitungsmast m. (Fernm) || telegraph pole; tower for aerial lines || poteau m. télégraphique; pylône m. métallique pour conduites. **a)** ~ für **Straßenbahnen** || railway pole || poteau m. pour lignes électriques de tramways. 6

Leitungsnachbildung f. (Fernm) || artificial balancing line; balancing network || équilibreur m.; circuit m. d'équilibrage; reproduction f. artificielle de la ligne. 7

Leitungsnetz n. || supply network; distribution system || canalisation f. électrique. **a)** bestehende ~e npl. **verbessern** || to improve existing networks pl. || améliorer les réseaux mpl. existants. 8

Leitungs-parameter n. (Fernm) || line parameter || paramètre m. de ligne. **a) ~querschnitt** m. || wire cross-section || section f. de conducteur. 9

Leitungsrohr n. || conduit (pipe) || conduit m.; tube m. **a)** ~ für **Dampf** || steam pipe || conduit m. de vapeur; tuyau m. à vapeur. **b)** ~ für **Gas** || gas conduit pipe || tuyau m. à (conduite de) gaz. **c)** ~ für **Wasser** || water pipe || tuyau m. d'eau. 10

Leitungs-röhre f. *s.* ~rohr n. **a) ~schaltung** f. für **Telegrafie** || line circuit for telegraphy || circuit m. télégraphique. **b) ~schiene** f. || line bar || barre f. d'amenée. **c) ~schleife** f. (Fernm) || line loop || boucle f. de ligne. **d) ~schnur** f. cord || corde f. **e) ~störung** f. || line fault || dérangement m. de la ligne. **f) ~seite** f. (Fernm) || line side || côté-ligne m. **g) ~strang** m. mit **Absperrvorrichtung** || pipe system with shut-off device || tronçon m. de la canalisation à fermeture. **h) ~strom** m. (Elektr) || conduction current || courant m. conduit *ou* de conduction. **i) ~sucher** m. (Selbstanschl) || line finder || chercheur m. de ligne. **k) ~theorie** f. || transmission theory || théorie f. de transmission. **l) ~träger** m. || wire carrier || support m. de conducteur. **m)** verzerrende **~verlängerung** f. (Fernm) || distorting artificial line extension || prolongement m. déformant de ligne. **n) ~verlust** m. (Elektr) || line loss || perte f. de ligne. **o) ~vermögen** n. (Elektr) || conductibility; conductivity || conductibilité f. **p) ~verteiler** m. || line distributing frame || distributeur m. de lignes. 11

Leitungswähler m. (Selbstanschl) || (line) connector; final switch || connecteur m.; sélecteur m. final. **a)** ~ für **Orts- und Fernverkehr** || connector for local and long distance traffic || connecteur m. combiné. 12

Leitungswählerschaltung f. für **Zweiganschlüsse** (Selbstanschl) || connection for party line central office equipment || montage m. de connecteur pour tronçons de lignes. 13

Leitungs-wasser n. || main *or* tap water || eau f. de conduite. **a) ~weg** m. (Elektr) || current path || parcours m. du courant. **b) widerstand** m. (Elektr) || resistivity || résistivité f. **c) ~zusatzgestell** n. (Fernm) || additional rack || bâti m. additionnel. **d) ~zuschlag** m. (Fernm) || extra mileage rate || redevance f. d'entretien de la ligne. 14

Leit-vorrichtung f. || guide mechanism; guiding device || dispositif m. de guidage. **a) ~walze** f. (Drucker) || guide roller || rouleau m. conducteur. **b) ~weg** m. (Fernm) || route || route f. 15

Leitwerk n. (Luftf) || tail plane || empennage m. 16

Leitwerk-flosse f. (Luftf) || tail plane fin || dérive f. d'empennage. **a) ~gerippe** n. (Luftf) || framework of tail || ossature f. de l'empennage. **b) ~strebe** f. || tail strut || mât m. d'empennage. 17

Leitwert m. (Elektr) || admittance || admittance f. **a) elektrischer** ~ || electric conductibility *or* conductance || conductibilité f. *ou* conductance f. électrique. 18

Leit-zunge f. (Eisenb) || point rail || rail m. mobile. **a) ~zwangschiene** f. (Eisenb) || guard rail || contre-rail m. 19

Lemniskate f. || lemniscate || lemniscate f. 20

Lemongrasöl n. || lemongrass oil || essence f. de lemongrass. 21

Lenkachse f. (Auto) || adjustable *or* steering axle || essieu m. directeur *ou* orientable de direction. **a)** ~ (Eisenb) || leading bogie || essieu m. mobile. **b) freie** ~ || free flexible axle || essieu m. orientable libre. 22

Lenkachsuntergestell n. für Motorwagen || flexible axle frame for motor cars || châssis m. à essieux articulés pour voitures motrices. 23

Lenkballon m. || dirigible || dirigeable m. 24

lenkbar || dirigible || dirigeable. **a)** ~ (Opt) || deflectable || déviable. **b) ~es Luftschiff** n. || dirigible (airship) || ballon m. dirigeable; dirigeable m. 25

Lenkbarkeit f. || dirigibility || dirigeabilité f. 26

Lenk-baum m. (Fuhrw) || perch; pole; reach; tongue || flèche f.; perche f. **a) ~beil** n. (Küf) || broad axe || doloire f. **b) ~einrichtung** f. || steering gear || mécanisme m. de direction. 27

lenken || to steer || diriger. **a)** ein **Fuhrwerk** n. ~ || to lock *or* to turn a carriage || tourner *ou* braquer une voiture. 28

Lenkerbolzen m. || link pin || boulon m. du guide. 29

Lenkgehäuse n. || steering gear box || carter m. de direction. 30

Lenkhebel m. (Auto) || steering knuckle; gear rod arm || levier m. de manœuvre des roues. **a)** ~ (Lok) || guide rod || levier m. de manœuvre. 31

Lenk-kabel n. (Luftf) || check cable || câble m. de commande de la roue arrière orientable. **a) ~luftschiff** n. || airship; dirigible || dirigeable m.; ballon m. dirigeable. **b) ~mutter** f. || steering nut || écrou m. de direction. 32

Lenkrad n. (Auto; Luftf) || steering wheel || volant m. (de direction); roue f. directrice. **a)** ~ (Seilbahn) || caster wheel || roue f. de guide. 33

Lenkradsatz m. || set of steering wheels || roues f. directrices montées. **a)** nur **radial** einstellbarer ~ || radial wheel set || essieu m. radial orientable. 34

Lenk-rolle f. || leading pulley || poulie f. de guidage. **a) ~säule** f. || steering column || colonne f. de direction. **b) ~scheit** n. (Fuhrw) || sway *or* sweep bar || sassoire f. **c) ~schemel** m. (Fuhrw.) || riding bed *or* bolster; rider; transom bed || lisoir m. **d) ~schenkel** m. || steering worm; steering knuckle arm || levier m. de commande de la fusée; vis f. sans fin de direction. **e) ~schraube** f. || steering screw || vis f. de direction. **f) ~schubstange** f. || steering connecting rod || bielle f. de direction. **g) ~segment** n. (Auto) || steering worm sector || secteur m. de direction. **h) ~spindel** f. || steering wheel shaft || arbre m. de colonne de direction. 1

Lenkstange f. (Auto) || steering gear connecting rod || barre f. de direction. **a)** ~ (Fahrrad) || handle bar || guidon m. **b) umdrehbare ~** || reversible handle bar || guidon m. réversible. 2

Lenkstangen-bieger m. || handle bar bender || courbeur m. de guidons. **a) ~klemmring** m. || locking ring of the handle bar || collier m. de serrage du guidon. **b) ~rohr** n. || handle bar stem || tube-plongeur m. du guidon. 3

Lenkstock-hebel m. || steering gear arm || levier m. de direction. **a) ~spindel** f. || steering shaft || arbre m. de colonne de direction. 4

Lenkung f. || steering || direction f. **a) Zweizapfen~** || two-pivots steering gear || direction f. à deux pivots. 5

Lenkungsanschlag m. || steering stop || arrêt m. de braquage. 6

Lenkvorrichtung f. (Auto) || steering gear || mécanisme m. de direction. **a) Fahrrad~** || handle bar of cycle || guidon m. de cycle. 7

lensen || to run *or* to sail before the wind; to scud || courir *ou* faire vent arrière. 8

Lentzsteuerung f. || Lentz valve gear || distribution f. système Lentz. 9

Lenzin n. || lencinite || lencinite f. 10

Lenzpumpe f. || bilge pump || pompe f. de cale. **a) Trockendock~** || emptying *or* clearing pump of dry dock || pompe f. de cale sèche. 11

lenzpumpen, ein Schiff n. || to free a ship || affranchir un navire. 12

leonisches Gespinst n. || leonine spun || tissu m. léonique. 13

Lepidolith m. || lepidolite; lithia mica; lithionite || mica m. violet; lithionite f.; lépidolithe f. 14

lernen || to learn || apprendre. 15

lesbar || readeable || lisible. 16

Lese-abstand m. || reading distance || distance f. de lecture. **a) ~band** n. (Aufber) || sorting belt; picking band || bande f. de triage. **b) ~ und Verladeband** n. || picking and loading belt || bande f. de triage et de chargement. **c) ~brille** f. || reading spectacles pl. || lunettes fpl. pour lecture. **d) ~glas** n. || reading *or* magnifying glass || verre m. à lire; loupe f. **e) ~halle** f. || reading room || salle f. de lecture. 17

Lesen n. || reading || lecture f. **a) ~ der Wolle** || wool sorting || assortissage m. de laines. 18

Lesepult n. || reading desk || pupitre m. 19

leserlich || legible; easy to read || lisible. 20

Lese-rost m. (Web) || heck || plot m. à grille. **a) ~saal** m. || reading room || salle f. de lecture; cabinet m. littéraire. **b) ~tisch** m. (Aufber) || picking table || table f. de triage. **c) ~zeichen** n. || bookmark || signet m.; liseuse f. 21

Letten m. (Bergb) || clay; fluc(c)an || glaise f.; terre f. glaise. 22

Letten-bohrer m. (Bergb) || claying bar || pilon m.; boulon m. **a) ~damm** m. || layer of puddled clay || corroi m. 23

Lettenhaue f. (Bauw) || mattock || hoyau m. **a) ~** (Bergb) || hack || pioche f. 24

Letten-kluft f. (Bergb) || weigh-board || filon m. de glaise. **a) ~nudel** f. (Bergb) || roll of clay || tige f. en terre glaise. **b) ~querkluft** f. (Bergb) || cross-fluccan || faille f. glaiseuse. **c) ~salband** n. (Bergb) || fluccan course || éponte f. glaiseuse. 25

Letter f. (Buchdr) || type; printing letter *or* type; vignette || type m.; caractère m. *ou* type m. d'imprimerie **a) ~n** fpl. **verrücken** || to squabble types pl. || déranger les lettres fpl. 26

Lettern-messer m. || typometer || typomètre m. **a) ~metall** n. || type metal || métal m. à lettres. **b) ~notendruck** m. printing notes by types || mélotypie f. **c) ~stich** m. || letter engraving || gravure f. en caractères d'imprimerie. 27

lettig || clayey; loamy || glaiseux. 28

letztjährig, die ~e Ernte f. || the harvest of last || la récolte de la dernière. 29

Leucht-apparat m. || illuminating apparatus || appareil m. d'éclairage. **a) ~bake** f. || light beacon || balise f. lumineuse. **b) ~bildkondensor** m. || luminous spot ring condenser || condensateur m. à images lumineuses. **c) ~blume** f. || luminous flower || fleur f. lumineuse. **d) ~boje** f. || beacon *or* lighted buoy || bouée f. éclairée *ou* lumineuse; bouée-balise f. **e) ~draht** m. || radiant filament || filament m. lumineux. 30

Leuchte f. (Lampe) || lamp; lantern || lampe f.; lanterne f. **a) ~** (Leuchtfeuer) || projector || projecteur m. **b) Flutlicht~** || floodlight projector || projecteur m. à flots de lumière. **c) Landebahn~** || landing floodlight; battery of floodlight || projecteur m. *ou* batterie f. d'atterissage. 31

leuchten (Chem) || to shine || luire. 32

leuchtend || illuminating || éclairant. 33

leuchtend-er Dampf m. || incandescent vapour || vapeur f. incandescente. **a) ~e Flamme** f. || luminous flame || flamme f. éclairante. 34

Leuchter m. || candle stick || chandelier m. **a) ~gehänge** n. || crystals pl.; lustres pl. || pendeloque f; cristaux mpl. 35

Leucht-erscheinung f. || luminous phenomenon || phénomène m. lumineux. **a) ~fackel** f. || torch || flambeau m. **b) ~farbe** f. || luminous *or* light colour || couleur f. luisante *ou* brillante; peinture f. lumineuse. **c) ~feldblende** f. || radiant field stop || diaphragme m. limitant le champ lumineux. 36

Leuchtfeuer n. || beacon || phare m.; fanal m. **a) Azetylen~** || acetylene flare light || phare m. à acétylène. 37

Leuchtflamme f. || lighting flame || flamme f. éclairante. 38

Leuchtgas n. || lighting *or* illuminating gas || gaz m. d'éclairage. **a) ~motor** m. || lighting gas motor || moteur m. à gaz d'éclairage. 39

Leucht-kompaß m. || illuminated *or* luminous compass || compas m. lumineux. **a) ~kraftkurve** f. || candle power curve || courbe f. d'intensité lumineuse. **b) ~kugel** f. || light-ball || balle f. luisante *ou* à éclairer. **c) ~ofen** m. || luminous stove || radiateur m. à feu visible. **d) ~öl** n. || illuminating oil || huile f. d'éclairage. **e) ~patronenträger** m. || carrier for light cartridges || porte-fusées-éclairantes m. **f) ~petroleum** n. || lamp oil; refined petroleum || pétrole m. ordinaire *ou* lampant. **g) ~pistole** f. || flare *or* pyrotechnic pistol || pistolet m. éclairant *ou* pour fusées d'éclairage. **h) ~punkt** m. || luminous point || point m. lumineux. **i) ~rakete** f. || light flare; rocket light ball || fusée f. éclairante. 40

Leuchtschaltbild n. || luminous circuit diagram || diagramme m. lumineux. **a) ~ mit Fernsteuerung** und Fernmessung || luminous indicator panel with remote control and telemetering devices || diagramme m. lumineux avec télécommande et mesure à distance. 41

Leucht-schild n. || luminous advertising board || enseigne f. lumineuse. **a) ~tonne** f. || light buoy || bouée f. éclairée *ou* lumineuse; bouée portante un feu. 42

Leuchtturm m. || light house || phare m. 43

Leuchtturm-apparat m. || lighthouse apparatus || appareil m. pour phares. **a) ~-wärter** m. || lighthouse keeper || gardien m. de phare. 44

Leuchtvermögen n. (Opt) || illuminating power || pouvoir m. éclairant. 45

Leukosaphir m. || leucosaphire || leucosaphir m.; saphir m. blanc. 46

Leumundszeugnis n. || certificate of good character || certificat m. de bonne conduite. 47

Leute pl. || hands pl.; men pl. || monde m. 48

Leuzit m. (Min) || leucite || leucite f.; amphigène m. 49

Lexikon n. *s. auch* Wörterbuch || encyclopaedia || lexique m. **a) ~format** n. || large octavo || grand in- octavo m. 50

Leydener Flasche f. || Leyden jar || bouteille f. de Leyden. **a) Ladungsrückstand** m. der ~ || bound residual charge of the Leyden jar || charge f. residuelle latente de la bouteille de Leyde. 51

Liage f. || binding threads pl. || liage m. **a) ~kamm** m. || binding leaf || lisse f. de liage. 52

Lias m. (Geol) || lias (formation) || lias m.; système m. liasien. 53

Libelle f. (Wage) || air *or* bubble *or* spirit *or* water level || niveau m. à alcool *ou* d'eau *ou* à bulle (d'air); bulle f. de niveau. **a) Dosen~** || circular bubble; circular spirit level || niveau m. sphérique. **b) Einstellung** f. der ~ || setting the bubble || calage m. du niveau. **c) Fernglas~** || surveyor's level; leveling instrument || niveau m. à lunette. **d) parallaxenfreie** Beobachtung f. der ~ durch Prismen || seeing the bubble without parallax through prisms || observation f. du niveau sans parallaxe par l'intermédiaire de prismes. **e) Prüf~** || control air level || niveau m. de contrôle. **f) Wende~** || reversible spirit level || niveau m. réversible. 54

Libellen-gehäuse n. || bubble casing || boîte f. du niveau. **a) ~sextant** m. || bubble sextant || sextant m. à bulle. **b) ~wage** f. || air *or* spirit *or* water level

|| niveau m. à bulle d'air; niveau m. d'eau. 1

Libethenit m. || phosphate of copper || cuivre m. phosphaté. 2

licht (im Inneren gemessen) || interior; inside; in the clear || à l'intérieur; dans œuvre. **a) im Lichten** (Bauw) || in the clear || dans œuvre. 3

licht-e Breite f. (Bauw) || breadth of the day || largeur f. du jour. **a) ~er Durchmesser** m. || interior diameter || diamètre m. intérieur. **b) ~e Höhe** f. (Bauw) || height of the day || hauteur f. du jour; hauteur libre. **c) ~er Raum** m. || space in the clear; clearance || aire f. **d) ~e Weite** f. (Bauw) || clear span; inner width; width in the clear; width of the day || échappée f, (du jour); largeur f. intérieure *ou* dans œuvre. **i) ~e Weite** f. (Rohr usw.) || inside diameter || diamètre m. intérieur. 4

Licht n. || light || lumière f. **a) ~** (Kerze) || candle || cierge m.; chandelle f. **b) auffallendes ~** || incident light || lumière f. incidente. **c) blaues** elektrisches **~** || blue electric light || lumière f. électrique bleue. **d) Büschel~** (Elektr) || brushlight || aigrette f. lumineuse. **e) ~** mit **gedrehtem Docht** || candle with twisted wick || chandelle f. à mèche retorse. **f) ~** mit **geflochtenem Docht** || candle with plaited wick || chandelle f. à mèche tressée. **g) ~** mit **gewebtem Docht** || candle with woven wick || chandelle f. à mèche tissée. **h) Drummondsches ~** || Drummond's light || lumière f. de Drummond. **i) durchfallendes ~** || transmitted light || lumière f. transmise. **k) einfallendes ~** (Bauw) || skylight || lumière f. pénétrante. **l) einfallendes ~** (Opt) || incident light || lumière f. faisant incidence. **m) farbiges ~** || coloured light || lumière f. colorée. **n) kleines farbiges ~** || small colo[u]red candle || petite bougie f. colorée. **o) gegossenes ~** || moulded candle; mould-candle; mould || chandelle f. moulée. **p) gelbes ~** || yellow light || feu m. jaune. **q) gelbes elektrisches ~** || yellow electric light || lumière f. électrique jaune-rouge. **r) gezogenes ~** || dip; dipped candle || chandelle f. à la baguette; chandelle f. plongée. **s) grelles ~** der **Autolampen** || glaring light of motorcar headlights || lumière f. aveuglante des phares d'automobile. **t) grünes ~** || green light || feu m. vert. **u) kaltes ~** || cold light || lumière f. froide. **v) Moore'sches ~** || Moore's light || lumière f. Moore. **w) Paraffin~** || paraffin candle || chandelle f. en paraffine. **x) polarisiertes ~** || polarized light || lumière f. polarisée. **y) rotes ~** || red light || feu m. rouge. **z) rotfreies ~** || red free light || lumière f. exempte de rouge. 5

a) rotfreies elektrisches ~ || red free electric light || lumière f. électrique exempte de rouge. **b)** gewöhnliches **rothaltiges ~** || ordinary light containing red rays || lumière f. ordinaire comprenant le rouge. **c) Sonnen~** || sunlight || lumière f. solaire. **d) Stearin~** || stearin candle || chandelle f. en stéarine. **e) Stellungs~** || navigation light || feu m. de position. **f) Talg~** || tallow candle || chandelle f. en suif. **g) ultraviolettes ~** || ultraviolet light || lumière f. ultraviolette. **h) Wachs~** || wax candle || chandelle f. en cire. **i) weißes ~** || white light || lumière f. blanche. **k) weißes,** an **blauen Strahlen** reiches **~** || white light which is also rich in blue rays || lumière f. blanche et riche en rayons bleus. **l) Tages~** || daylight || jour m. **m) Zeresin~** || ceresin(e) candle || chandelle f. en cérésine. **n) zerstreutes ~** || diffused light || lumière f. diffuse. 6

Licht-abschluß m., **unter** (Chem) || in the absence of light || à l'abri de la lumière. **a) ~absorption** f. || absorption of light; luminous absorption || absorption f. lumineuse *ou* de lumière. **b) ~aggregat** n. || lighting set || groupe m. de lumières. 7

Lichtanlage f. || light plant || installation f. d'éclairage. **a) elektrische ~** || plant for electric light || installation f. d'éclairage électrique. 8

Licht-anschlußdose f. || light socket || boîte f. de jonction pour éclairage. **a) ~antenne** f. || light antenna || antenne f. électrique. **b) ~ausschluß** m., **unter** *s.* Lichtabschluß, unter. **c) ~bad** n. || light bath || bain m. de lumière. **d) ~batteriezünder** m. || battery lighting-ignition generator || génératrice f. et batterie f. à éclairage et allumage. **e) ~behandlung** f. || lighttreatment || traitement m. par les bains de lumière. 9

lichtbeständig || stable to light || stable à la lumière. 10

Lichtbild n. *s. auch* Fotografie (Bild) || photographic picture; photograph || épreuve f. photographique; photographie f. 11

Lichtbild-apparat m. || photographic apparatus || appareil m. pour la photographie. **a) ~auswertung** f. || photogrammetry || photogrammétrie f. 12

Lichtbilderalbum n. || photo album || album m. pour photos. 13

Lichtbild-kunst f. || photography || photographie f. **a) ~meßkunst** f. || photographic surveying || photogrammétrie f. 14

Lichtbildnerei f. || photography || photographie f. 15

Lichtbild-rahmen m. || photograph frame || cadre m. pour photographie. **a) ~schale** f. aus Papierstoff || photographic basin of cardboard || bassine f. de carton pâte pour photographes. **b) ~typendrucker** m. || sparking printer || appareil m. imprimeur à étincelle. **c) ~vergrößerer** m. || photo enlarger || agrandisseur m. photographe. 16

Lichtblitzsignal n. || flashing signal || signal m. à éclats. 17

Lichtbogen m. || arc || arc m. **a) Auslöschen** des **~s** || extinction of the arc || extinction f. de l'arc. **b) Dämpfung** f. des **~s** || damping of the arc || amortissement m. de l'arc. **c) elektrischer ~** || electric arc || arc m. électrique *ou* voltaïque. **d) flackernder ~** || unsteady arc || arc m. vacillant. **e) intermittierender ~** || intermittent arc || arc m. intermittent. **f) musikalischer ~** *s.* singender **~. g) singender ~** || singing arc || arc m. chantant *ou* musical. **h) Sprühen** n. des **~s** || spluttering of arc || crachement m. de l'arc. **i) Unterbrechung** f. eines **~s** || breaking of an arc || rupture f. d'un arc. **k) Wandern** n. des **~s** || wandering of the arc || migration f. de l'arc. 18

Lichtbogen-bilder m. || arc-striking mechanism || amorceur m. d'arc. **a) ~kohle** f. || arc lamp carbon || crayon m. d'arc. **b) ~länge** f. || length of arc || longueur f. de l'arc. 19

Lichtbogenofen m. || electric-arc furnace || four m. électrique à arc. **a) Drehstrom~** || three-phase arc smelting furnace || four m. à arc électrique à courant triphasé. **b) indirekter** elektrischer **~** || indirect arc furnace || four m. à arc indirect. 20

Lichtbogen-schritt m. || arcing step; step of the arc || pas m. de l'arc. **a) ~schweißapparat** m. || arc welding machine || appareil m. à souder à l'arc électrique. **b) ~schweißen** n. *s.* ~schweißung. **c) ~schweißung** f. || arc welding || soudure f. au arc. **d) ~schwingung** f. || arc oscillation || oscillation f. d'arc. **e) ~sender** m. || arc transmitter || émetteur m. à arc. **f) ~spitze** f. || arcing tip; tip of the arc || pointe f. de l'arc. **g) ~wärme** f. || heat of the arc || température f. de l'arc. **h) ~widerstand** m. || arc resistance || résistance f. à arc. **i) ~widerstandsofen** m. || arc resistance furnace || four m. à résistance de l'arc. **k) ~zündung** f. || arc ignition || allumage m. par arc. 21

lichtbrechend || refracting || réfringent. 22

Lichtbrechungsvermögen n. || molecular refraction || pouvoir m. réfringent moléculaire. **a) ~** eines **Edelsteines** || refractive index of a gem || indice m. de réfraction d'une pierre précieuse. 23

Lichtbüschel n. || pencil of rays || faisceau m. lumineux. 24

lichtchemisch || photochemical || photochimique. 25

Lichtdämpfung f. || light subduing || atténuation f. de la lumière. 26

lichtdicht-es Gehäuse n. || light proof casing || boîte f. étanche à la lumière. **a) ~er Kasten** m. (Lichtb) || light-tight box || boîte f. inaccessible à la lumière. 27

Lichtdruck m. || phototype; photo engraving; photolithography; photogravure || photogravure f.; phototypie f. **a) Farben~** || heliographic printing; collotype; heliography || impression f. héliographique; héliogravure f. 28

Lichtdruck-anstalt f. || phototype printing establishment || atelier m. d'impression phototypique. **a) ~papier** n. || photolithopaper || papier m. pour phototypie. **b) ~schnellpresse** f. || phototype high speed press || presse f. rapide pour phototypie. 29

Lichtdurchlässigkeit f. || transparency || transparence f. **a) ~** des **Glases** || light transmitting quality of the glass || transparence f. du verre. **b)** farbloses Glas n. von **ungeschwächter ~** || colourless lens transmitting the undiminished intensity of the light || verre m. correcteur incolore de transparence parfaite. 30

Lichtdynamo f. || lighting dynamo || dynamo f. pour éclairage. 31

Lichte n. (Bauw) || clear; intermeditae space || jour m.; entre-deux m. **a) ~** eines **Fensters** || day *or* light of a window || jour m. de fenêtre. 32

lichtecht || light-resisting || résistant à la lumière. 33

Lichteinheit f. || unit of light || unité f. de la lumière. 34

lichtelektrisch || photoelectric; radio-electric || photoélectrique; radio-électrique. **a) ~es Registrierfotometer** n. || recording photo-electrical photometer || photomètre m. enregistreur photo-électrique. 35

Lichtemission f. || light emission || émission f. de lumière. 1
lichtempfindlich || sensible to light || sensible à la lumière. **a)** ~ **machen** || to sensitize || sensibiliser. 2
lichtempfindlich gemacht-er Film m. || sensitized film || pellicule f. sensibilisée. **a)** **~e Platte** f. || sensitized plate || plaque f. sensibilisée. 3
lichtempfindlich-es Papier n. || photographic paper || papier m. photographique. **a)** **~e Platte** f. *s.* lichtempfindlich gemachte Platte. 4
Lichtempfindlichkeit f. || sensibility to light || sensibilité f. à la lumière. 5
lichten || to thin || desserrer. **a)** ~ (Forst) || to clear (a forest) || élaguer. **b)** den **Anker** m. ~ || to weigh the anchor || lever *ou* déplanter *ou* déraper l'ancre; démarrer un vaisseau. 6
Lichten n. des **Ankers** (Seew) || weighing the anchor || désancrage m. 7
Lichtenmaß n. || measures pl. of the day || échappée f. du jour. 8
Lichter m. (Schiff) || lighter; barge; || allège m. **a)** **~kosten** pl. (Seew) || cost of lighterage || coût m. d'allège. 9
Licht-erscheinung f. || optical phenomenon || phénomène m. optique. **a)** **~farbendruck** m. *s.* Lichtdruck, Farben. 10
Lichtfilter n. || coloured screen || écran m. coloré. **a)** **flüssiges** ~ || liquid light filter || écran m. liquide coloré. 11
Licht-fleck m. (Phys) || spot || spot m. **a)** **~garn** n. (Docht) || wick yarn || méche f. **b)** **~grün** n. || light green || vert m. clair. 12
Lichtheilapparat m. || salutary lighting apparatus || appareil m. d'éclairage thérapeutique. **a)** **elektrischer** ~ || electrotherapeutic light apparatus || appareil m. électrophotothérapique. 13
Licht-heilstation f. || establishment for light treatment || établissement m. de bains de lumière. **a)** **~hülle** f. || aureole || auréole f. 14
Lichtkabel n. || lighting cable || câble m. d'éclairage. **a)** **elektrisches** ~ || electric light cable || câble m. pour lumière électrique. 15
Licht-kegel m. || cone of light rays || cône m. lumineux *ou* de lumière. **a)** **~kohle** f. || electric-lighting carbon || crayon m. à lumière. **b)** **~kreis** m. || circle of illumination || cercle m. d'illumination. **c)** **~kupplung** f. || lighting connection || connexion f. de la conduite d'éclairage. **d)** **~leitung** f. || lighting mains pl. || canalisation f. d'éclairage; ligne f. de lumière. **e)** **~leitungskondensator** m. || lighting line condenser || condensateur m. fixe de réseau. **f)** **~magnetzünder** m. || ignition-lighting generator || génératrice f. d'éclairage et d'allumage. **g)** **~manschette** f. || light-proof connecting sleeve || manchon m. pour la lumière. **h)** **~maschine** f. || light dynamo || machine f. à éclairage. **i)** **~menge** f. || quantity of light || quantité f. de lumière. **k)** **~messen** n. || flash ranging || repérage m. par la lueur. **l)** **~messer** m. || photometer || photomètre. **m)** **~meßtrupp** m. || flash ranging troop || section f. de repérage optique sur terre. **n)** **~messung** f. || photometry || photométrie. f **o)** **~netz** n. || lighting line || réseau m. d'éclairage. **p)** **~öffnung** f. || day *or* light of a window || jour m. d'une fenêtre. 16
Lichtpaus-anstalt f. || light tracing establishment || établissement m. de calquage. **a)** **~apparat** m. || copying apparatus || appareil m. à calquer *ou* à tirer les bleus. **b)** **~lampe** f. || blue print lamp || lampe f. pour héliogravure. 17
Lichtpauspapier n. || printing paper || papier m. héliographique *ou* photocalque. **a)** **~herstellungsmaschine** f. || heliographic paper making machine || machine f. pour fabriquer des papiers photographiques *ou* héliographiques. 18
Lichtpausverfahren n. || photographic printing || procédé m. photographique. 19
Licht-pforte f. (Schiffb) || light port; dead light || faux sabord m. **a)** **~polarisation** f. || polarization of light || polarisation f. de la lumière. 20
Lichtpunkt m. || lighting point || point m. lumineux. **a)** **~höhe** f. || height of focus || hauteur f. du point lumineux. 21
Lichtquelle f. || source of light || source f. lumineuse. **a)** ~ von **großer Intensität** || source of light of great intensity || source f. lumineuse très intense. **b)** **künstliche** ~ || artificial source of light || source f. lumineuse artificielle. **c)** **monochromatische** ~ || monochromatic source of light || source f. lumineuse monochromatique. **d)** **natürliche** ~ || natural source of light || source f. lumineuse naturelle. **e)** ~ mit **Struktur** || source of light exhibiting structural markings || source f. lumineuse présentant une structure. **f)** ~ ohne **Struktur** || structureless source of light || source f. lumineuse unie. **g)** ~ für die völlig rotfreie **Untersuchung** des **Augenhintergrundes** || source of light for viewing the fundus of eye by entirely red free light || source f. lumineuse pour l'examen du fond de l'œil avec une lumière absolument exempte de rouge. 22
Licht-rand m. || bright rim || bord m. lumineux. **a)** **~raum** m. *s.* lichter Raum. **b)** **~raumprofil** n. || clearance || espace m. libre. **c)** **~reiz** m. || sensation of light || impression f. lumineuse. 23
Lichtreklame f. || luminous advertising; illumination advertisements pl. || réclame f. lumineuse. **a)** ~ durch **leuchtende Zeichen** || electrical advertising || avertissement m. par enseignes lumineuses. 24
Licht-reklameapparat m., **drehbarer** || revolving illuminated advertising || appareil m. rotatif pour l'illumination de réclames. **a)** **~säule** f. || light column || colonne f. lumineuse. **b)** **~schacht** m. (Bauw) || light room || évente f.; puits m. au jour. 25
Lichtschein m. || gleam of light || lueur f. **a)** **heller** ~ m. || flare || éclat m. 26
Lichtsicherung f. (Elektr) || light fuse || coupe-circuit m. d'éclairage. 27
Lichtsignal n. || light signal || signal m. lumineux. 28
Lichtsignal-anlage f. || light signalling installation || installation f. de signalisation à lumière. **a)** **~gerät** n. || flash signal gear || appareil m. de signalisation lumineuse. 29
Lichtsinnprüfer m. || retinal *or* visual photometer || appareil m. pour examiner la sensibilité à la lumière. 30
Lichtspiegler m. || reflector || réflecteur m. **a)** **Decken~** || ceiling reflector || réflecteur m. de plafond. **b)** **Glühlampen~** || glow lamp reflector || réflecteur m. de lampe à incandescence. 31
Lichtspieltheater n. || cinema || cinéma m. 32
lichtstark-e Beleuchtungslinse f. || lens of great light-transmitting capacity || lentille f. d'éclairage très lumineuse. **a)** **~er Feldstecher** m. || field glass of great light transmitting capacity || jumelle f. très lumineuse. **b)** **~es Fernrohr** n. || telescope of great light transmitting power *or* capacity || lunette f. très lumineuse. **c)** **~er Glasspektrograf** m. || glass spectrograph of great light transmitting power || spectrographe m. à optique en verre lumineux. **d)** **~es Objektiv** n. || rapid lens; objective of great light transmitting capacity *or* power || objectif m. lumineux. **e)** **~er Spektralapparat** m. || spectrum apparatus of great light transmitting power || appareil m. spectral lumineux. **f)** **~er Weitwinkelfeldstecher** m. || wide angle field glass of great light transmitting capacity || jumelle f. lumineuse grand-angulaire. 33
Lichtstärke f. || candlepower || intensité f. *ou* puissance f. lumineuse. **a)** ~ eines **Feldstechers** || light transmitting capacity of a field glass || intensité f. lumineuse *ou* luminosité f. d'une jumelle. **b)** ~ des **Fernrohres** || light transmitting power *or* capacity of the telescope || luminosité f. de la lunette. **c)** **fotometrische** ~ || photometric intensity || intensité f. photométrique. **d)** **hemisphärische** ~ || hemispherical luminous intensity || intensité f. lumineuse hémisphérique. **e)** **mittlere hemisphärische** ~ || mean hemispherical candle power || intensité f. hémisphérique moyenne mesurée en bougies. **f)** **mittlere sphärische** ~ || mean spherical candle power || bougies fpl. moyennes sphériques. **g)** ~ des **Objektives** || light intensity || pouvoir m. lumineux. **h)** **sphärische** ~ || spherical luminous intensity || intensité f. lumineuse sphérique. 34
Lichtstärke-messer m. || photometer || photomètre m. **a)** **~messung** f. || photometry || photométrie f. **b)** **~schwankung** f. || variation of the light intensity || variation f. de l'intensité lumineuse. 35
Lichtsteindruck m. || photolithography || photolithographie f. 36
Lichtstrahl m. || ray *or* beam of light || rayon m. *ou* faisceau m. de lumière. **a)** **gebrochener** ~ || refracted *or* broken ray; ray of refraction || rayon m. réfracté *ou* rompu. **b)** **einfarbiger** ~ || ray of any given colour || rayon m. monochromatique. **c)** **polaris erter** ~ || polarized ray || rayon m. de lumière polarisé. **d)** **rückgestrahlter** ~ || reflected ray || rayon m. de lumière réfléchi. 37
Lichtstrahlen-büschel n. || beam *or* pencil of light || faisceau m. de rayons. **a)** **~wirkung** f. (Phys) || actinism || actinisme m. 38
Lichtstrahlung f. || radiation of light || radiation f. lumineuse. **a)** die ~ in ihr Spektrum **zerlegen** || to decompose the radiation into the elements of its spectrum || décomposer la radiation lumineuse en spectre. 39
Lichtstrom m. || light flux || flux m. lumineux. 40

Lichttableau n. (Fernm) || luminous indicator board || tableau m. lumineux. **a) ~schalter** m. || luminous indicator board switch || interrupteur m. de tableau lumineux. 1

Lichttheorie f. || theory of light || théorie f. de la lumière. **a) elektromagnetische ~** || electromagnetic theory of light || théorie f. électromagnétique de la lumière. 2

Licht-tonfilm m. || film with photographed sound || film m. à sons photographiés. **a) ~transformator** m. || lighting transformer || transformateur m. pour l'éclairage. 3

lichtundurchlässig || opaque || opaque. 4

lichtunempfindlich || not sensitive to light || inaltérable à la lumière. **a) ~ machen** || to fix || rendre inaltérable à la lumière; fixer. 5

Lichtung f. || opening || clairière f. 6

Licht-verschlußtrichter m. || light-proof connecting funnel || cône m. à intercepter le faux jour. **a) ~verteilung** f. || distribution of light || repártition f. de la lumière. 7

Lichtverteilungs-kurve f. || curve of distribution of light || courbe f. de répartition de la lumière. **a) ~schirm** m. || concentric light diffuser || diffuseur m. de la lumière concentrée. 8

Lichtzeichen n. || luminous *or* light signal || signal m. lumineux; signe m. de feu. 9

Lid n. || eye-lid || paupière f. 10

lidern || to leather; to pack || étouper. a) einen **Kolben** m. ~ (Masch) || to leather a piston || garnir un piston de cuir. 11

Liderung f. || packing || garniture f. **a) Dampfkolben~** || packing of the steam piston || garniture f. de piston à vapeur. **b) Hanf~** || hemp packing || garniture f. de chanvre. **c) Kolben~** || piston packing || garniture f. de piston; étoupage m. d'un piston. **d) Leder~** || leather packing || garniture f. de cuir. **e) Metall~** || metallic packing || garniture f. métallique. 12

Liderungsdeckel m. || packing-washer || rondelle f. de garniture. 13

Lid-halter m. (Heilk) || eyelid retractor || releveur m. de paupière. **a) ~sperre** f. || eyelid retractor with clamp || blépharostat m. 14

Liebenröhre f. || Lieben valve || lampe f. Lieben. 15

Liebhabereinband m. (Buchb) || amateur binding || reliure f. amateur. 16

Liebstock-öl n. || lovage oil || essence f. de livèche. **a) ~wurzel** f. || lovage root || racine f. de livèche. 17

Lieferant m. *s.* Lieferer. 18

Lieferauto n. || (auto) delivery car || automobile m. de livraison. 19

lieferbar || to be delivered; saleable; marketable || livrable; à livrer. **a) in großen Mengen ~** || to be supplied in bulk || livrable par grandes quantités. 20

Lieferbedingung f. *s.* Lieferungsbedingung. 21

Lieferer m. || contractor; purveyor; furnisher; seller || fournisseur m.; pourvoyeur m. 22

Lieferfrist f. || date *or* term of delivery || délai m. *ou* terme m. de livraison. **a) mit kurzer ~** || at short notice || à delai m. court de livraison. 23

Lieferfristangaben fpl. gelten als unverbindlich || dates of delivery should not be regarded as binding upon somebody || les délais mpl. de livraisons s'entendent sans engagement. 24

Liefermenge f. || delivery; quantity delivered || débit m.; quantité f. débitée. **a) ~** in der **Minute** || delivery per minute || débit m. par minute. **b) ~** einer **Pumpe** || total amount of delivery of pump || débit m. en eau livrée d'une pompe. **c) stündliche ~** || delivery per hour || débit m. par heure. 25

liefern || to deliver; to provide with; to supply || livrer; fournir; alimenter. 26

Liefer-schein m. || delivery note || bulletin m. de livraison. **a) ~termin** m. || term of delivery; contracte date || terme m. de livraison; date f. contractuelle. 27

Lieferung f. || delivery; supply || livraison f.; fourniture f.; refoulement m.; alimentation f. **a) ~** (Zeitschrift) || issue; number || livraison f.; numéro m. **b) Halbmonats~** || half-monthly delivery || livraison f. par quinze jours *ou* tous les quinze jours *ou* en étapes de quinze jours. **c)** zur **sofortigen ~** || for immediate delivery || à livraison f. immédiate. **d) ~verweigert** || refused delivery || livraison f. refusée. **e) zahlbar bei ~** || payable on delivery || payable à la livraison. 28

Lieferungs-angebot n. || tender || offre f.; devis m. **a) ~auto** n. *s.* Lieferauto. **b)~-bedingung** f. || condition of sale; specification; term of delivery; business term || cahier m. de charges; stipulation f.; condition f. de livraison *ou* de vente. 29

Lieferungsvertrag m. || contract for future delivery || contrat m. de livraison. **a)** einen **~ abschließen** || to tender and contract for a supply || entreprendre une fourniture. 30

Lieferungs-verzögerung f. || delay in delivery || retard m. de la livraison. **a) ~wagen** m. *s.* Lieferwagen. 31

lieferungsweise (Buch) || in parts *or* numbers || par livraisons fpl. 32

Liefer-wagen m. || delivery car *or* wagon || voiture f. de livraison; camionette f. **a) ~walze** f. || delivery roll || cylindre m. de décharge. **b) ~werk** n. || purveyance works pl. || usine-livreuse f.; fabrique f. de livraison. 33

Lieferzeit f. || time of delivery || délai m. de livraison. **a)** die **~ innehalten** || to observe the time of delivery || respecter le délai de livraison. 34

Liegegeld n. || demurrage || frais mpl. de surestarie. 35

liegend || horizontal || horizontal. 36

liegend-e Dampfmaschine f. || horizontal steam engine || machine f. à vapeur horizontale. **a) ~e Schicht** f. || foot wall; sill; sole; floor || sol m.; mur m.; couche f. inférieure. 37

Liegendes n. eines **Flözes** || sill *or* floor of a seam || base f. d'une couche *ou* d'un gisement. 38

Lieger m. einer **Tuchschere** || immovable blade of a cylindrical shearing-machine || contre-couteau m. *ou* femelle f. d'une tondeuse hélicoïdale. 39

Liege-stuhl m. || ottomane || fauteuil-chaise f. longue. **a) ~tag** m. (Schiff) || lay-day; laying day || jour m. de planche. **b) ~wagen** m. (Eisenb) || sleeping car || wagon-lit m. **c) ~zeit** f. (Eisenbahnoberbau) || lay-days pl. || durée f. essentielle. 40

Liek n. eines **Segels** || leech *or* bolt-rope of a sail || ralingue f. d'une voile. 41

Liek-garn n. || roping twine || fil m. à ralingue. **a) ~gut** n. || bolt rope || ligne f. à ralingue. **b) ~nadel** f. || bolt-rope *or* roping needle || aiguille f. à ralinguer. 42

Ligatur f. || ligature || ligature f. 43

Lignin n. (Chem) || lignin(e) || lignine f. 44

Lignit m. (Min) || lignite; peat-coal || lignite m.; houille f. brune. 45

lignitische nicht brikettierbare **Braunkohle** f. || lignite which is not briquettable at all || lignite m. que l'on ne peut pas mettre sous forme de briquettes. 46

Lignose f. || cellulose; lignose || cellulose f. 47

Ligroin n. (Chem) || ligroine; petroleum spirit || ligroïne f. 48

Likör m. || liquor; cordial (water); liqueur || liqueur f. 49

Likör-essenz f. || essence for liquors || essence f. pour liqueurs. **a) ~fabrik** f. || liqueur distillery || distillerie f. de liqueurs. **b) ~fabrikant** m. || liqueur maker || distillateur-liquoriste m. **c)~fabrikeinrichtung** f. || installation for liqueur distilleries || équipement m. à distiller de liqueurs. **d) ~flasche** f. || liqueur bottle || bouteille f. à liqueur. **e) ~glas** n. || liqueur glass || verre m. à liqueur. **f) ~-herstellung** f. || liqueur making || distillerie f. de liqueurs. **g) ~schrank** m. || liqueur stand || cave f. à liqueurs. **h) ~wage** f. (Brenn) || areometer || pèseliqueur m. **i) ~wein** m. || liqueur wine; dessert wine || vin m. de liqueur. 50

Lilie f. eines **Faßhahns** || plug of a tap || clef f. *ou* noix f. d'un robinet. 51

Limbus m. (Feldm) || graduated arc; limb; limbus || arc m. gradué; limbe m. 52

Limnograf m. || self-registering tide gauge || marégraphe m. 53

Limonade f. || lemonade || limonade f. 54

Limonaden-fabrik f. || lemonade factory || fabrique f. de limonade. **a) ~flasche** f. || lemonade bottle || bouteille f. à limonade. **b) ~pulver** n. || sherbet || limonade f. sèche. **c) ~- und Selterausschankapparat** m. || distributing apparatus for lemon juice and Seltzer's water || appareil m. pour le débit de limonades et d'eau de Seltz. 55

Limonit m. || meadow *or* swamp *or* lake ore; bog-iron ore || limonite f.; minerai m. de fer à fleur de terre; minerai m. (de fer) des lacs *ou* des marais. 56

Limusine f. || limousine || limousine f. **a) ~** mit **eingebautem Führersitz** || Sedan || Sedan m. **b) ~** mit **Innenlenkung** || Sedan || limousine f. à conduite intérieure. **c) ~** mit **Innenlenkung und abgeteiltem Führersitz** || berline || berline f. **d) ~** mit **Klappverdeck** || convertible sedan || limousine f. avec toit amovible. **e) ~** mit **runder Vorderscheibe** || D-front limousine || limousine f. à parebrise arrondi. **f) ~** mit **vorn zurückschiebbarem Dach** || sunshine body limousine || carrosserie f. à avant transformable. 57

Linaloeöl n. || linaloe oil || essence f. de linaloés. 58

lind (Seide) || scoured; boiled || décreusé; cuit. 59

Linde f. || lime || tilleul m. **a) amerikanische ~** || basswood || tilleul m. d'Amérique. 60

Lindenbast m. || linden bast || écorce f. de tilleul. **a) ~seil** n. || linden cordage; bast rope || corde f. d'écorce de tilleul; corde de liber *ou* de livret. 61

Linden-blüte f. || lime blossom || fleur f. de tilleul. **a) ~holz** n. || lime wood || bois m. de tilleul. 1

Lineal n. || rule || règle f. **a) Führungs~** || guiding rule || règle f. parallèle. **b) ~ mit Maßeinteilung** || graduated rule || règle f. graduée. **c) Normal~** || standard rule || règle f. normale. 2

linear || linear || linéaire. 3

linear-er Ausdehnungskoeffizient m. || coefficient of linear expansion || coefficient m. de dilatation linéaire. **a) ~e Kolbengeschwindigkeit** f. || linear speed of piston || vitesse f. linéaire du piston. **b) ~e Zunahme** f. der Aufwindgeschwindigkeit || linear increase of velocity of ascending *or* upward currents || accroissement m. linéaire de la vitesse du vent ascendant. 4

Linear-maßstab m. || linear measure || mesure f. linéaire. **a) ~perspektive** f. || linear perspective || perspective f. linéaire. **b) ~zeichnung** f. || linear drawing || dessin m. linéaire. 5

Linie f. (Buchdr) || reglet || reglette f. **a) ~** (Verkehrsweg) || line || alignement m. **b) ~** (Zeichnung) || line || trait m. **c) divergente ~n** fpl. || divergent lines pl. || lignes fpl. divergentes. **d) doppelt gekrümmte ~** || line of double curvature || ligne f. à double courbure. **e) einfach gekrümmte ~** || plane curve || courbe f. plane. **f) elastische ~** (Mech) || elastic curve || courbe f. élastique. **g) gepunktete ~** || dotted line || ligne f. pointillée. **h) gerade ~** || straight *or* right line || ligne f. droite; droite f. **i) ~ gleichen Luftdruckes** || line of equal barometric(al) pressure || ligne f. d'égale pression d'air. **k) halbfette ~** || mid-faced rule; medium rule || filet m. demi-gras. **l) imaginäre ~** (Zeichn) || fictive line || emprunt m. **m) konvergente ~n** fpl. || convergent lines pl. || lignes fpl. convergentes. **n) krumme ~** || curve line; curve || ligne f. courbe; courbe f. **o) kurze ~** (Buchdr) || break line || ligne f. abrégée. **p) logarithmische ~** || logarithmic curve || logarithmique f. **q) neutrale ~** || neutral line || ligne f. neutre. **r) normale ~** || perpendicular line || ligne f. perpendiculaire; perpendiculaire f. **s) parallele ~n** fpl. || parallel lines pl. || lignes fpl. parallèles. **t) punktierte ~** || dotted line || ligne f. ponctuée *ou* pointillée; ligne f. en traits interrompus. **u) ~n** fpl. eines **Schiffes** || lines pl. *or* run of a vessel || lignes fpl. d'un bâtiment. **v)** die **~n** fpl. **schneiden** einander || the lines pl. cut *or* intersect each-other || les lignes fpl. se coupent entre'elles. **w) senkrechte ~** || perpendicular line || ligne f. perpendiculaire; perpendiculaire f. **x) ~** im sichtbaren **Spektrum** || line in the visible spectrum || raie f. du spectre visible. **y) Trennungs~** || dividing rule; dash || couillard m.; védette f. **z) wagerechte ~** || horizontal line; level || ligne f. de niveau; ligne f. horizontale. 6

Linien-batterie f. (Fernm) || line battery || batterie f. *ou* pile f. de ligne. **a) ~biegeapparat** m. || rule bender || appareil m. à cintrer les filets. **b) ~bild** n. (Fernm) || line scheme || plan m. de la ligne. **c) ~blatt** n. || ink lines pl.; transparent lines pl. || guide-âne m. **d) ~breite** f. (Buchdr) || space between two lines || réglure f. **e) ~element** n. || linear *or* line element || élément m. de ligne. **f) ~festpunkt** m. (el Leit) || pole with line stays || appui m. d'arrêt. 7

Linienführung f. (Eisenb) || location || détermination f. du tracé; tracé m. **a) ~** (el Leit) || direction of the line || tracé m. de la ligne. **b) kurvenreiche ~** || line with numerous curves || ligne f. ayant de nombreuses courbes. 8

Linien-hobel m. (Buchdr) || rule shoot board || biseautoir m. pour filets. **a) ~integral** n. || line integral || intégrale f. linéaire. **b) ~kreuzer** m. || battle cruiser || grand croiseur m. de bataille; cuirassé m. rapide. **c) ~leitung** f. (Elektr) || line wires pl. || fils mpl. de ligne. **d) ~maß** m. || linear measure || mesure f. linéaire. **e) ~nachweis** m. (el Leit) || statement of lines || carnet m. des lignes. **f) ~ papier** n. (Web) || point *or* squared *or* design *or* drafting *or* cartridge *or* ruled paper || papier m. quadrillé *ou* de mise en carte *ou* à patron *ou* à divisions. 9

linienreich-es Element n. (Spektroskopie) || element with large number of spectrum lines || élément m. riche en raies. **a) ~es Metall** n. (Spektroskopie) || metal rich in lines || métal m. riche en raies. **b) ~es Spektrum** n. || spectrum exhibiting a great wealth of lines || spectre m. riche en raies. 10

Linienreißer m. || ruler || tire-ligne m. 11

Linienrelais n. (Morseleitungen) || line relay || relais m. d'un circuit morse. **a) ~** (Selbstanschl) || line relay || relais m. de ligne. 12

Linien-rufstrom m. || line calling current || courant m. d'appel de ligne. **a) ~schiff** n. || ship of the line; liner; battle ship || vaisseau m. de ligne. **b) ~schneidmaschine** f. (Buchdr) || rule cutting machine || taille-filets m. **c) ~spektrum** n. || line spectrum || spectre m. linéaire *ou* de raies. **d) ~sucher** m. (Selbstanschl) || line finder || chercheur m. de ligne. **e) ~strom** m. (Fernm) || line current || courant m. de ligne. **f) ~umschalter** m. (Fernm) || line commutator || commutateur m. de ligne. 13

Linienverschiebung f. (Spektrografie) || displacement of lines || déplacement m. de raies. **a)** Apparat m. zur **Messung** von **~en** || apparatus for measuring displacements of spectrum lines || appareil m. pour mesurer les déplacements des raies. 14

Linien-verstärkung f. (el Leit) || line consolidation || consolidation f. de la ligne. **a) ~verzweiger** m. (Fernm) || cable distribution box || chambre f. de concentration. 15

Linienwähler m. (Fernm) || final switch || sélecteur m. de lignes. **a) ~kabel** n. || line selector cable || câble m. pour appareils téléphoniques multiples. 16

Linien-ziehbank f. (Buchdr) || rule drawing frame || établi m. à tirer les filets. **a) ~zieher** m. (Schreibm) || ruling device; ruler || dispositif m. pour tracer les lignes; tire-ligne m. 17

lini(i)eren || to rule || régler. 18

Lin(i)ier-farbe f. || ruling ink || encre f. pour régler. **a) ~feder** f. || drawing pen || plume f. à dessin. **b) ~maschine** f. || ruling machine || machine f. à ligner *ou* à régler; régleuse f. 19

lin(i)iertes Papier n. || ruled paper || papier m. ligné *ou* réglé. 20

Lin(i)iervorrichtung f. || ruling arrangement || dispositif m. de réglage. 21

Linkrusta f. || lincrusta || lincrusta m. 22

Linkrusta-fabrik f. || lincrusta factory || fabrique f. de lincrusta. **a) ~waren** fpl. || lincrusta goods pl. || articles mpl. de lincrusta. 23

links || left || à gauche. 24

Links-ablenkung f. || backing (shifting counter clockwise); deflection to the left || déviation f. vers la gauche. **a) ~abweichung** f. || left hand deviation || déviation f. à gauche. 25

linksdrehend || levo-rotatory || lévogyre. **a) ~er Milchzucker** m. || levogyrate milk sugar || sucre m. de lait lévogyre. **b) ~er Quarz** m. || left-handed crystals pl. of quartz || quartz m. lévogyre. 26

Linksdrehung f. || anti-clockwise motion || tournant m. à gauche. 27

Linkser m. (Uhrm) || left handed arbor || arbre m. à rebours. 28

Linksgang m. || left-hand action || tournant m. à gauche. 29

linksgängig || left-handed || à pas à gauche. **a) ~es Gewinde** n. *s.* Linksgewinde. 30

Linksgewinde n. || left hand(ed) thread || filet m. à gauche. **a) ~schneidvorrichtung** f. || left hand threading attachment || dispositif m. de filetage à gauche. 31

linksgewundene Feder f. || spring with left-handed helice || ressort m. fileté à gauche. 32

Links-kurve f. || left-hand curve || courbe f. à gauche. **a) ~lauf** m. || left hand motion; counter-clockwise rotation || marche f. à gauche; rotation f. à gauche. 33

linksläufig zählen || to count contra-clockwise *or* from right to left || compter dans le sens opposé des aiguilles d'une montre. 34

Linksmaschine f. || left-hand engine || machine f. à gauche. 35

linksschneidend || left hand cutting || coupant à gauche. **a) ~er Fräser** m. || left hand milling cutter || fraise f. coupant à gauche. 36

linksseitig || left handed || à gauche. 37

Links-weiche f. || left-hand switch *or* deviation *or* turn-out || branchement m. *ou* changement m. à gauche; croisement m. de déviation à gauche. **a) ~wicklung** f. || counter-clockwise winding || enroulement m. à gauche. 38

Linneit m. (Min) || linnaeite || linnéite f.; cobalt m. sulfuré; koboldine f. 39

Linnen n. || linen (cloth) || toile f. 40

Linograph m. || linographer || linographe m. 41

Linoleum n. || linoleum || linoléum m. **a) einfarbiges ~** || unicolor linoleum || linoléum m. unicolore. **b) Einleg~** || inlaid linoleum || linoléum m. incrusté. **c) ~** mit aufgedruckten oder eingelegten **Mustern** || linoleum with imprinted or inlaid designs || linoléum m. à dessins imprimés ou à dessins incrustés. 42

Linoleum-erzeugung f. || linoleum manufacturing || fabrication f. de linoléum. **a) ~fabrik** f. || linoleum works pl. || fabrique f. de linoléum. **b) ~herstellungsmaschine** f. || linoleum making machine || machine f. pour fabriquer du linoléum. **c) ~schnitt** m. || linoleum engraving || gravure f. sur linoléum. **d) ~teppich** m. || linoleum carpet || tapis m. de linoléum.

e) ~wachs n. || floor-cloth wax || cire f. et encaustique f. pour linoléum. **f) ~wichse** *s.* ~wachs. 1

Linon m. || lawn || linon m. **a) ~form** f. || linon block || forme f. en linon. 2

Linophanie f. || linophany || linophanie f. 3

Linotype f. || linotype || linotype f. 4

Linotype-satz m. || linotype composition || composition f. linotypique. **a) ~setzer** m. || linotype operator || linotypiste m. **b) ~setzmaschine** f. || linotype machine || linotype m. 5

Linse f. (Frucht) || lentil || lentille f. **a) ~** (Opt) || lens || lentille f.; cristallin m. **b) achromatische ~** || achromatic lens || lentille f. achromatique. **c) anastigmatische ~** || anastigmatic lens || lentille f. anastigmatique. **d) aplanatische** asphärische **~** || non-spherical aplanatic lens || lentille f. aplanétique asphérique. **e) Augen~** || eye lens || verre m. d'œil. **f) Auswechseln** n. der **~n** || interchanging of lenses || change m. des lentilles. **g) bikonkave ~** || double-concave *or* concavo-concave lens || lentille f. biconcave *ou* concavo-concave. **h) dreifache** verkittete **~** || triple cemented lens || lentille f. constituée par trois verres accolés. **i) Einschalten** n. einer **~** || interposition of a lens || interposition d'une lentille. **k) Faserung** f. der **~** || fibrillation of the lens || fibres fpl. du cristallin. **l) Front~** || front lens || lentille f. frontale. **m) gefaßte ~** (Opt) || mounted lens || lentille f. sertie. **n) Hinter~** || back lens || lentille f. arrière. **o) Kollektiv~** || field-lens || verre m. de champ. **p) konkave ~** || concave lens || lentille f. concave. **q) konkavkonvexe ~** || concavo-convex lens || lentille f. concavo-convexe; ménisque m. divergent. **r) konvexe ~** || convex lens || lentille f. convexe. **s) konvexkonkave ~** || convexo-concave lens || lentille f. convexo-concave; ménisque m. (convergent). **t) kugelige ~** || globular lens || lentille f. à surface sphérique. **u) nicht achromatische ~** || non achromatic lens || lentille f. non achromatique. **v) Objektiv~** ohne Fassung || object glass without mount || objectif m. non monté. **w) Ophthalmoskop~** || ophthalmoscope lens || lentille f. ophtalmoscopique. **x) ~** eines **Pendels** || pendulum ball *or* bob || lentille f. d'un pendule. **y) plankonkave ~** || plano-concave lens || lentille f. plan-concave *ou* concave-plane. **z) plankonvexe ~** || plano-convex lens || lentille f. plan-convexe *ou* convexe-plane. 6

a) Quarz~ || quartz lens || lentille f. en quartz. **b) Sammel~** || convex *or* converging lens || lentille f. convergente *ou* convexe. **c) ~ mit schwacher Vergrößerung** || lens of small magnifying power || lentille f. faible. **d) Spaltrohr~** || slit tube lens || lentille f. du tube qui porte la fente. **e) sphärische ~** || spherical lens || lentille f. sphérique. **f) ~** für elektrische **Taschenlampen** || lens for electric pocket lamps || lentille f. pour lampes électriques de poche. **g) verkittete ~n** fpl. || cemented lenses pl. || lentilles fpl. accollées. **h) Vorder-** || field lens || lentille f. avant. **i) Vorsatz~** || front lens || lentille f. additionnelle. **k) Zentrier~** || centering lens || lentille f. de centrage. **l) zerstreuende ~** || concave *or* dispersing lens || lentille f. divergente *ou* concave. **m) ~** in der Form eines **Zweiecks** mit oberem flach gewölbtem Bogen || half lens bounded below by a portion of the full disc circle and above by a flat arc || demi-lentille f. en forme de fuseau de cercle dont l'arc supérieur est faiblement courbé. **n) Zwillings~** || binary lens || lentille f. double. **o) Zylinder~** in Fassung || cylinder lens in mount || lentille f. cylindrique avec monture. 7

Linsen-achse f. || axis of the lens || axe m. de la lentille. **a) ~durchmesser** m. (Opt) || lens diameter || diamètre m. de la lentille. **b) ~erz** n. || oolitic iron-stone; liroconite || fer m. oolithique; liroconite f. **c) ~fassung** f. || lens mount || monture f. de lentille. 8

linsenförmig || lentiform; lenticular || lenticulaire. 9

Linsen-glas n. für **Laternen** || lens glass for lanterns || verre m. lenticulaire pour lanternes. **a) ~halter** m. (Opt) || lens holder || porte-lentille m. **b) ~mehl** n. || meal of lentils || farine f. de lentilles. **c) ~paar** n. (Opt) || pair of lenses || paire f. de lentilles. **d) ~schleiferei** f. (Opt) || lens grindery || atelier m. pour la taille des lentilles. **e) ~schraube** f. || lens head screw || vis f. à tête fraisée goutte de suif. **f) ~senkholzschraube** f. || oval head countersunk wood screw || vis f. à bois à tête fraisée bombée. **g) ~senkschraube** f. || oval head countersunk screw || vis f. à tête fraisée bombée. 10

Linsensystem n. || lens combination || système m. de lentilles. **a)** verstellbares **bildumkehrendes ~** || variable image erecting system of lenses || système m. de lentilles redresseur mobile. 11

Linsenträger m. || inverted bow-and-chain girder || poutre f. lenticulaire. 12

Liparit m. || liparit || liparite f. 13

Lippe f. || lip || lèvre f. **a) ~** (Tischl) || groove || entaille f. de jointure. 14

Lippen-pomade f. || lip salve || pommade f. pour les lèvres. **a) ~stift** m. || lip stick || bâton m. (de rouge) pour les lèvres. **b) ~ventil** n. || lip valve || soupape f. à lèvres. 15

Lippklampe f. (Schiffb) || snatch || taquet m. à manche. 16

Liquidation f. (Handel) || liquidation || liquidation f. 17

Liquidations-preis m. || making up price || cours m. de compensation. **a) ~verfahren** n. || winding up of the estate || vérification f. des créances. 18

Liquidator m. || administrator of the estate; liquidator || liquidateur m. 19

liquidieren || to settle; to liquidate || liquider. 20

Lirokonit m. (Min) || liroconite; oolitic iron-stone || liroconite f.; fer m. oolithique. 21

Listendruckvorrichtung f. (Büro) || lister || dispositif m. pour l'impression des listes. 22

listenförmig zusammenstellen || to tabulate || cataloguer. 23

Listenpreis m. || list price || prix m. du catalogue. 24

Listoformseife f. || listoforme soap || savon m. au listoforme. 25

Liter n. || liter || litre m. 26

Literatur f. || literature || documentation f. littéraire. 27

Lithion n. (Chem) || lithia; lithine; oxide of lithium || lithine f. 28

Lithium n. || lithium || lithium m. 29

Lithium-feldspat m. || lithia feldspar; petalite || feldspath m. à lithine; pétalite f. **a) ~glimmer** m. || lepidolite; lithia mica; lithionite || lépidolithe f.; mica m. violet; lithionite f. 30

lithiumhaltig || lithia containing || lithiné. 31

Lithium-salz n. || lithia salt || sel m. de lithium. **a) ~turmalin** m. (Min) || apyrite || apyrite f. 32

Lithochromie f. || lithochromy || lithochromie f. 33

Lithofraktör m. (Sprengmittel) || lithofracteur || lithofracteur m. 34

Lithograf m. || lithographer; lithographic artist || lithographe m.; dessinateur m. lithographe. 35

Lithografie f. || lithography || lithographie f. 36

lithografieren || to draw on stone; to lithograph || lithographier. 37

Lithografie-stein m. || lithographer's *or* lithographic stone || pierre f. lithographique. **a) ~walze** f. || lithographic cylinder || cylindre m. à lithographie. 38

lithografisch || lithographic(al) || lithographique. 39

lithografisch-e Anstalt f. || lithographic establishment || atelier m. de lithographie. **a) ~er Bedarf** m. || lithographical requirements pl. || fournitures fpl. lithographiques. **b) ~er Farbendruck** m. || chromolithography || chromolithographie f. **c) ~e Kreide** f. || lithographic chalk || craie f. *ou* crayon m. lithographique. **d) ~e Tinte** f. || lithographic ink || encre f. lithographique. **e) ~e Tusche** f. || autographic writing-ink || encre f. autographique. 40

Lithophanie f. (Porzel) || lithophany || lithophanie f. **a) ~** aus **Glas** || lithophane of glass || lithophanie f. en verre. 41

Lithopon n. || lithopone || lithopone f. 42

Lithopon-anlage f. || lithopone plant || installation f. de lithopone. **a) ~fabrik** f. || lithopone works pl. || fabrique f. de lithopone. 43

Litze f. (elLeit) || stranded wire; flexible || toron m.; tresse f. **a) ~** (Textil) || braid; cord || galon m.; soutache f. 44

Litzen-einrichter m. (Web) || harness fixer || lamier m.; monteur m. de lames. **a) ~knüpfmaschine** f. || heald knitting machine || machine f. à tricoter les lisses; tricoteuse f. pour lisses. **b) ~maschine** f. || braiding *or* plaiting machine || machine f. à lacets. **c) ~schnur** f. (Elektr) || tinsel cord || tresse f. corde. **d) ~strickmaschine** f. *s.* ~knüpfmaschine. **e) ~zwirn** m. || heddle thread || fil m. d'arcade. 45

Litzung f. || lacing || enlacement m. 46

Lizenz f. (Pat) || license || licence f. 47

Lizenz-gebühren fpl. (Pat) || royalties pl. for the use of patents || redevance f. payée pour l'usage d'un brevet d'invention. **a) ~inhaber** m. (Pat) || licensee || concessionnaire m. 48

Lloydvorschriften fpl. || Lloyds rules and regulations pl. || règlement m. du Lloyd pour la construction et la classification des navires. 49

Lobelienkraut n. || lobelia herb || herbe f. de lobélie. 50

Loch n. || hole || trou m. **a) Löcher** npl. **aufdornen** || to enlarge holes pl. with a reamer || mandriner des trous mpl. avec un alésoir oblong. **b) blindes ~** || dead hole || trou m. aveugle. **c) längliches ~**

|| elongated hole || trou m. oblong. **d)** ~ im **Mittelsteg** (Buchdr) || hole in the longcross || rigole f. *ou* trou m. dans la barre. **e)** ~ eines **Mühlsteins** || eye of a mill-stone || œillard m. d'une meule. **f) Niet~** || rivet hole || trou m. de rivet. 1

Lochapparat m. || punching apparatus || appareil m. de poinçonnage. **a) Mehrstempel~** || multiple punching attachment || dispositif m. de poinçonnage multiple. 2

Loch-beitel m. || mortise chisel || bédane m. **a) ~dorn** m. || pritchel; punch || poinçon m. **b) ~eisen** n. || puncher; (hollow) punch; plugging chisel || emporte-pièce m.; perce-meule m.; découpoir m. 3

lochen || to punch; to pierce; to perforate || percer; poinçonner; perforer. **a) dicht ~** || to punch flat || estamper gras. 4

Locher m. (Büro) || paper piercer; perforator || perçoir m.; perforateur m. **a)** ~ (Masch) || piercer; punch || poinçon m.; perforateur m. **b)** ~ (Nadl) || marker || marqueur m. **c) Blech~** || sheet iron puncher || poinçonneur m. de tôle. **d) Hand~** || hand perforator || perforateur m. à main. 5

Löcherbrett n. (Web) || compass *or* hole *or* harness board || planche f. d'arcades *ou* à trous. 6

Loch-feile f. || entering file || lime f. d'entrée. **a) ~fraß** m. *s.* Korrosion. **b) ~hammer** m. || drift || chasse f. à percer. **c) ~handwerkzeug** n. || punching tools pl. for workmen || outils mpl. à poinçonner pour ouvriers. **d) ~holz** n. (Schuhm) || block || billot m. **e) ~hülse** f. für **Lochzangen** || punch pliers tube || tube m. pour pince à emporte-pièces. **f) ~kaliber** n. || punching die || calibre m. à poinçonner. **g) ~kante** f. || edge of hole || arête f. de trou. **h) ~kehrer** m. (Bäck) || scovel; malkin || écouvillon m. 7

Lochkreis m. || pitch circle of bolt holes; bolt circle || cercle m. de forage des trous de boulons. **a) ~durchmesser** m. || boltcircle diameter || diamètre m. du cercle de trou. 8

Loch-lehre f. || hole gauge || calibre m. pour diamètres. **a)** größte **~leistung** f. (Stanze) || heaviest punching duty || maximum m. de poinçonnage. 9

Lochmaschine f. || punching machine || machine f. à poinçonner; poinçonneuse f. **a) Blech~** || plate punching-machine || poinçonneuse f. à tôle. **b) Briefmarken~** || postage stamps perforating machine || machine f. à perforer les timbres. **c) Einmann~** || punching machine requiring only one operator || poinçonneuse f. conduite par un seul homme. **d) horizontale ~** || horizontal punching machine || poinçonneuse f. horizontale. **e) horizontale Universal~** f. vereinigt mit Biege- und Richtpresse || universal horizontal punching machine combined with bending and straightening press || poinçonneuse f. universelle horizontale combinée avec presse à cintrer et à dresser. **f) Mehrstempel~** || multiple punching machine || poinçonneuse f. à poinçonnage multiple. **g) Nieten~** || punching machine || machine f. à poinçonner; poinçonneuse f. **h) Reihen~** || rectilinear punching machine || poinçonneuse f. rectiligne. **i) Universal~** || universal punching machine || poinçonneuse f. universelle. **k) Vielstempelreihen~** || multiple rectilinear punching machine || poinçonneuse f. multiple rectiligne. 10

Loch- und Ausklinkmaschine f. || punching and notching machine || poinçonneuse f. grugeoir. 11

Lochmaschinenarbeiter m. || punch press man || poinçonneur m. à la machine. 12

Lochmeißel m., **dreikantiger** || threefaced burr || percemeule m. triangulaire. 13

Loch-nadel f. || eye pointed needle || aiguille f. percée. **a) ~platte** f. || swage block; boss; print || tas-étampe f. **b) ~presse** f. || hole *or* punching press || poinçonneuse f.; presse f. (à mandriner *ou*) à poinçonner. **c) ~putzen** n. || burr || découpure f.; débouchure f. **d) ~reihe** f. || row of holes || rangée f. *ou* ligne f. de trous. **e) ~säge** f. || compass *or* lock *or* pad *or* keyhole saw || scie f. à guichet; scie f. égoïne. **f) ~schreiber** m. für Feuermelde- und Polizeirufanlagen || punching recorder for fire and police alarm systems || appareil m. enregistreur par perforation pour installations d'incendie et d'appel de police. 14

Lochstanze f. || (hole) punching machine || emporte-pièce m.; poinçonneuse f.; machine f. à découper. **a) Bandeisenschere** f. und ~ (Faß) || hoop shearing and punching machine || machine f. à couper et à perforer les cercles. **b)** ~ mit **Gehrungsschere** || punching machine with bevel shears *or* with profile iron shears || poinçonneuse f. avec cisaille pour coupes obliques. 15

Loch-stanzer m. (Kesselb) || puncher || poinçonneur m. **a) ~stanzmaschine** f. für ovale und runde Löcher || oval and round hole punching machine || machine f. à poinçonner les trous ovales et ronds. 16

Lochstein m. (Bauw) || perforated brick || brique f. perforée. **a)** ~ (Bergb) || markstone || (pierre f. de) borne f. **b) poröser ~** || porous ventilated brick || brique f. (creuse) poreuse. 17

Lochstempel m. || punch; stamp || poinçon m. 18

Lochstreifen m. || strip with holes || bande f. perforée. 19

Lochstreifen-empfänger m. || perforated strip recorder || récepteur-perforateur m. **a) ~sender** m. || perforated strip transmitter || transmetteur-perforateur m. 20

Lochtaster m. || inside calipers pl. || compas m. d'intérieur. **a) ~teilung** f., **genaue** || precise hole pitch || écartement m. de trous précise. 21

Lochung f. || boring || perçage m. **a) diagonal** stehende ~ || perforation placed in diagonals || perforation f. en diagonale. **b) Metall~** || metal punching || poinçonnage m. de métaux. 22

Loch-walke f. || fulling mill || moulin m. à foulon. **a) ~weite** f. || inside diameter || diamètre m. intérieur. **b) ~werk** n. *s.* Lochmaschine. **c) ~winkel** m. || sliding *or* turning square || équerre f. à coulisse. **d) ~zahn** m. || diatoric || dent f. diatorique. 23

Lochzange f. || punch pliers pl. || pince f. emporte-pièce. **a)** ~ mit **geschweiften Schenkeln** || punch pliers pl. with bent handles || pince f. emporte-pièce à branches coudées. 24

Lochziegel m. || hollow brick || brique f. creuse. **a) poriger ~** || porous hollow brick || brique f. (creuse) poreuse. 25

Lochzirkel m. || inside compass || compas m. d'intérieur. 26

Löckchen n. || ringlet || mèche f. 27

Locke f. (Spinn) || roll || loquette f.; ploque f. 28

Lockennadel f. || curling pin || épingle f. à friser. 29

locker (Chem) || soft || mou. **a)** ~ (Erde) || loose; light || meuble. **b)** ~ (nicht straff) || loose; slack || lâche. **c)** ~ **arbeiten** (Textil) || to loosen the loops pl. || desserrer les mailles fpl. **d)** ~ **werden** || to get loose || se déserrer; se relâcher; se dresser. 30

locker-er Boden m. || light ground *or* soil || sol m. meuble. **a) ~er luftiger Teig** m. || silky, light and well formed dough || pâte f. légère et volumineuse. 31

lockern || to loosen; to slacken; to release || relâcher; desserrer. **a)** einen **Bolzen** m. ~ || to loosen a bolt || dégager *ou* déserrer un boulon. **b)** das **Mahlgut** ~ || to loosen the stock || ramollir la marchandise. **c)** eine **Schraube** f. ~ || to loosen a screw || desserrer une vis. 32

Lockern n. der Mutter im Betrieb || getting loose of the nut || desserrage m. de l'écrou par vibrations. 33

Lock-fackel f. (Fisch) || luring torch || clairon m. **a) ~pfeife** f. (Jagd) || call || appeau m. **b) ~klingel** f. (Fernm) || call bell || sonnerie f. d'appel. **c) ~vogel** m. (Jagd) || decoy || appelant m. 34

Loden m. || shag; rough woollen cloth; coarse cloth || drap m. brut; loden m. **a) ~stoffe** mpl. || shag goods pl. || étoffes f. imperméables „loden“ 35

Löffel m. || spoon || cuiller f. **a)** ~ (Heilk) || spoon || curette f. **b) Glas~** || glass ladle || poche f. à verre. **c) hölzerner ~** || wooden spoon || cuiller f. en bois. **d)** ~ eines **Löffelbaggers** || dipper ladle || cuiller f.; godet m. **e)** die ~ sind auf **Prägemaschinen** angefertigt || spoons pl. are manufactured on stamping machines || les cuillers fpl. sont confectionnées aux machines à estamper. **f) Suppen~** || soup ladle || louche f.; cuiller f. à potage. **g) Tisch~** || table spoon || cuiller f. de table. 36

Löffelbagger m. || shovel dredger || drague f. à cuillers. **a) Dampf~** || steam navvy || excavateur m. à vapeur. **b) Dampfkran~** || steam crane navvy; steam crane shovel dredger || grue-drague f. à vapeur. **c)** mit **Greifereinrichtung** versehener ~ || shovel provided with dragline equipment || pelle f. possédant un équipement de benne preneuse. **d)** ~ mit **abgefederten Raupenketten** || shovel fitted with sprung crawlers || pelle f. pourvue de chenilles suspendues sur ressorts. **e)** ~ mit **starr geführten Raupenketten** || shovel fitted with rigidly guided crawlers || pelle f. à chenilles guidées d'une façon rigide. **f)** mit **Schleppschaufeleinrichtung** versehener ~ || shovel provided with dragline equipment || pelle f. possédant un équipement de dragline. **g) Tief~** || ditcher || pelle f. en fouille. 37

Löffelbaggerwindwerk n. || winding mechanism of the shovel || mécanisme m. de treuil de la pelle. 38

Löffelbohrer m. || auger; shell auger || tarière f. à cuiller. **a)** ~ für **Brunnenbau** || pump borer *or* bit || cuiller f. à pompes;

rouanne f. de pompe; perçoir m. à curette. **b) halbelliptischer ~** || duck nose bit || mèche f. de cuiller *ou* creusée en gouge. **c) spitzer ~** || spoon bit || mèche-cuiller f. à pointe. 1

Löffel-breite f. || width of scoop || largeur f. de la cuiller. **a) ~entleerung** f. (Bagger) || dipper discharging || déchargement m. du godet. **b) ~geißfuß** m. (Grav) || spoon-bit parting-tool || burin m. triangulaire à cuiller. 2

Löffelgutsche f. || spoon-bit gouge || gouge f. à cuillère. **a) Gravier~** || print-cutter's spoon-bit gouge || gouge f. à cuillère pour graveurs. **b) vierkantige ~** || square spoon-bit gouge || gouge f. à cuillère carrée. 3

Löffel-inhalt m. (Bagger) || dipper capacity || capacité f. du godet. **a) ~klappe** f. (Bagger) || dipper slide || trappe f. du godet. **b) ~kraut** n. || scurvy grass || herbe f. de cochléaria. **c) ~räumer** m. (Bergb) || scraper || curette f. **d) ~schreibfeder** f. || turn-up point pen || plume f. à pointe relevée. **e) ~stiel** m. (Bagger) || dipper arm || bras m. du godet. **f) ~strebe** f. || spatular *or* spoonshaped (A) strut || jambe f. de force *ou* contrefiche f. en forme de cuiller. **g) ~verschiebung** f. (Bagger) || dipper displacement || déplacement m. du godet. 4

Löffelwalze f. || spoon rolling mill || laminoir m. à cuillers. **a) pendelnde ~** || hunting spoon rolling mill || laminoir m. à pendule pour faire des cuillers *ou* cuillères. **b) rotierende ~** || rotating spoon rolling mill || laminoir m. tournant pour faire des cuillers *ou* cuillères. 5

Löffel-walzmaschine f. *s.* Löffelwalze. **a) ~zahn** m. (Bagger) || dipper tooth || dent m. du godet. 6

Log n. || log || loch m. **a) das ~ werfen** || to heave the log; to pay out the log line || filer le loch; filer la ligne de loch. 7

logarithmisch || logarithmic || logarithmique. **a) ~ abgestuft** || graded logarithmically || échelonné logarithmiquement. 8

logarithmisch-es Dekrement n. || logarithmic decrement || décrément m. logarithmique. **a) ~e Linie** f. || logarithmic curve || logarithmique f. 9

Logarithmus m. || logarithm || logarithme m. **a) Briggscher ~** || Brigg's *or* common logarithm || logarithme m. ordinaire. **b) gemeiner ~** *s.* Briggscher ~ **c) Napierscher ~** || Napier's *or* natural logarithm || logarithme m. naturel *ou* napérien. **d) natürlicher ~** *s.* Napierscher ~. 10

Log-balje f. || log line tub || baille f. de loch. **a) ~brett** n. || log *or* watch board || table f. de loch; casernet m. **b) ~buch** n. || log book; ship's *or* official log book || livre m. du loch; journal m. de bord. 11

Loge f. (Theater) || box || loge f. 12

loggen || to heave the log || jeter le loch. 13

Logger m. || lugger || lougre m. 14

Logglas n. || log glass || horloge f. du loch. 15

Logis n. (Schiffb) || forecastle || gaillard m. 16

Logleine f. || log line || ligne f. de loch. **a) Vorlauf** m. der ~ || forerunner *or* stray line of the log line || houache m. de la ligne de loch. 17

Log-rolle f. || log reel || rouleau m. *ou* tour m. du loch. **a) ~tafel** f. || log *or* watch board || table f. de loch; casernet m. 18

Loh-ballen m. || tan cake *or* ball; brick made with refuse tan || briquette f. de tan. **a) ~brühe** f. (Gerb) || ooze || jus m. de tannée. 19

Lohe f. || tan; oak-bark || tan m. **a) ~fabrik** f. || tan-yards pl. || fabrique f. de tan. 20

lohen, Leder n. || to ooze the hides pl. || juser le cuir. **a) die Segel ~** npl. || to tan the sails pl. || tanner les voiles fpl. 21

Lohfarbe f. || tancolour || couleur f. de tan. 22

lohgares Leder n. || oozed leather || cuir m. jusé. 23

Lohgerben n. || bark tanning || tannage m. aux écorces. 24

Lohgerber m. || tanner || tanneur m. 25

Lohgerberei f. (Verfahren) || tanning || tannage m. **a) ~** (Werkstatt) || tannery || tannerie f. 26

Lohgerbergeräte npl. || tanner's tools || outils mpl. du tannage. 27

lohgrubengegerbtes Leder n. || underground tanned leather || cuir m. tanné dans la fosse. 28

Loh-haus n. || tan-house || écorcier m. **a) ~käse** m. *s.* Lohkuchen. **b) ~kuchen** m. || tan ball *or* brick *or* cake || motte f. à brûler; briquette f. de tan. **c) ~kufe** f. || tan vat || emprimerie f. **d) ~mühle** f. || tan mill || moulin m. à tan. **e) ~müller** m. || bark grinder || pile-tan m. 29

Lohn m. || wages pl. || gages mpl.; salaire m.; paye f. **a) die Arbeit** wird zu einem bestimmten **~** ausgeführt, der vorher zwischen Betrieb und Arbeiter ausgesetzt wird || the labour cost of the work is fixed beforehand mutually by the firm and the hands || le travail m. est exécuté à prix fixe convenu entre la société *ou* entre le patron et les ouvriers. **b) Arbeits~** || workman's pay || salaire m.; main-d'œuvre f. **c) Hunger~** || starvation wages pl. || salaire m. de famine. **d) Mindest~** || minimum wages pl. || salaire m. minimum. **e) Tage~** || daily wages pl.; wages pl. || journée f. **f) wöchentlicher ~** || weekly wages pl. || semaine f. 30

Lohn-abbau m. || cut in wages || réduction f. des salaires. **a) ~arbeiter** m. || common workman || manœuvre m.; manouvrier m. 31

Lohnbedingung f. || wage condition || condition f. de salaire. **a)** sich zur **Erlangung besserer ~en** fpl. zusammenschließen || to combine in order to obtain better wage conditions || se coaliser pour obtenir de meilleures conditions de salaire. 32

Lohnbeutel m. || pay envelope || enveloppe f. *ou* sachet m. de paye. **a) Schreibvorrichtung** f. für **~** || device for writing pay envelopes || dispositif m. à écrire les enveloppes de paye. 33

Lohn-drescherei f. || enterprise of thrashing || entreprise f. de battage. **a) ~empfänger** m. || wage earner || salarié m. 34

lohnen (eine Arbeit) *s.* löhnen. **a) sich ~** || to be profitable || être profitable. **b)** die **Verarbeitung f. lohnt sich** selbst in kleinen Einheiten || it pays to work it even in small units || l'industrie f. rend même si elle est entreprise sur une petite échelle. 35

löhnen || to pay wages pl. || payer le salaire *ou* la solde. 36

Lohn-erhöhung f. || increase *or* raise of wages || augmentation f. des salaires. **a) ~ersparnis** f. || saving of wages || économie f. de salaires. **b) ~fuhrwerkhalterei** f. || coach letting-out || location f. de voitures. **c) ~kürzung** f. || decrease of wages. || réduction f. de salaire. **d) ~liste** f. pay roll *or* list; register of wages || feuille f. *ou* fiche f. *ou* liste f. de paye; liste f. des salaires. **e) ~näherin** f. || seamstress || couturière f. à façon. **f) ~sägerei** f. || saw mill to measure and price || scierie f. à façon. **g) ~satz** m. || rate of wage || tarif m. **h) ~scheck** m. || pay cheque || chèque m. de paye. 37

Lohnsystem n. || wage(s) system || système m. de salaire. **a) Prämien~** || premium bonus system || système m. de salaire à prime. 38

Lohn-tag m. || pay *or* account *or* settling day || jour m. de payement *ou* de paye. **a) ~tüte** f. || pay envelope || enveloppe f. *ou* sachet m. de paye; *s. auch* Lohnbeutel. 39

Löhnung f. || payment; pay || payement m.; paye f. 40

Lohn-verhandlung f. || wages conference || négociation f. sur les salaires. **a) ~zahlung** f. || payment of wages || payement m. des salaires. **b) ~zettel** m. || pay bill; register of wages || bordereau m. de paiement; note f. des gages. 41

Lohtrockenpresse f. || bark drying press || séchoir m. du jus du tannin. 42

Lokal-bahn f. || local railway; secondary line || chemin m. de fer local; ligne f. secondaire *ou* d'intérêt local. **a) ~batterie** f. || local battery || batterie f. locale. 43

lokalisieren || to localize || localiser. 44

Lokal-lastverteilungsstelle f. || local load distributing station || poste m. pour la distribution de charge local. **a) ~verkehr** m. (Eisenb) || local traffic || trafic m. local *ou* intérieur. 45

Lokomobile f. || locomobile; portable steam engine || locomobile f.; machine f. locomobile. **a) Motor~** || motor locomobile || locomobile f. motrice. **b) Petroleum~** || petroleum locomobile || locomobile f. à pétrole. **c) Rohöl~** || portable crude-oil engine || locomobile f. à huile brute. 46

Lokomobilkessel m. || (semi-)portable boiler || chaudière f. mi-fixe *ou* locomobile. 47

Lokomotiv-achsfeder f., tragbare Vorrichtung f. zum Auswechseln von **~n** || portable device for changing locomotive axle springs || dispositif m. portatif pour le rechange des ressorts d'essieu de locomotives. **a) ~armatur** f. || locomotive fittings pl. || armature f. pour locomotives. **b) ~auswaschanlage** f. || locomotive washing plant || installation f. à nettoyer les locomotives. 48

Lokomotivbau m. || building of locomotives || construction f. de locomotives. 49

Lokomotivbau-sonderfräsmaschine f. || special milling machine for locomotive building || machine f. à fraiser spéciale pour la fabrication de locomotives. **a) ~sondermaschine** f. || special machine for the construction of locomotives || machine f. spéciale pour la construction de locomotives. 50

Lokomotiv-bekohlungsanlage f. || locomotive coaling plant || installation f. de chargement de charbon pour locomotives. **a) ~bespannung** f. || locomotive traction || traction f. par locomotive.

b) ~betrieb m. ‖ engine-drive ‖ traction f. par locomotive. 1

Lokomotive f. ‖ locomotive (engine) ‖ locomotive f.; machine f. locomotive. **a) Bau~** ‖ contractors' locomotive ‖ locomotive f. pour entrepreneurs. **b) betriebsfähige ~** ‖ locomotive in working order ‖ locomotive f. à l'état de service. **c) Breitspur~** ‖ broad gauge locomotive ‖ locomotive f. à voie plus large. **d) Diesel~** ‖ Diesel locomotive ‖ locomotive f. Diesel. **e) Drehgestelltender~** ‖ articulated tank locomotive ‖ locomotive-tender f. à essieux couplés articulés. **f) Druckluft~** ‖ compressed air locomotive ‖ locomotive f. à air comprimé. **g) elektrische ~** ‖ electric locomotive ‖ locomotive f. électrique. **h) feuerlose ~** ‖ fireless locomotive ‖ locomotive f. sans foyer *ou* sans feu. **i) Gebirgs~** ‖ mountain engine *or* locomotive ‖ locomotive f. de rampes. **k) Gruben~** ‖ mine locomotive ‖ locomotive f. pour mines. **l) Güterzug~** ‖ freight locomotive ‖ locomotive f. pour trains de marchandises. **m)** $^3/_4$ gekuppelte **Güterzugtender~** ‖ eight-wheel six-coupled goods tank locomotive ‖ locomotive-tender f. à marchandises à quatre essieux dont trois couplés. **n) Hauptbahn~** ‖ main line locomotive ‖ locomotive f. de grandes lignes. **o) Heißdampf~** ‖ superheated engine ‖ locomotive f. à vapeur surchauffée. **p) Heißdampfgüterzug~** ‖ superheated-steam goods locomotive ‖ locomotive f. à marchandises à vapeur surchauffée. **q) Heißdampfgüterzugtender~** f. mit kurvenbeweglichen zahnradgekuppelten Achsen ‖ superheated steam goods tank locomotive with radial, gear-wheel coupled axles ‖ locomotive-tender f. à vapeur surchauffée pour trains de marchandises à essieux à orientation radiale, accouplés par roues dentées *ou* engrenages. **r) Heißdampfpersonenzugtender~** ‖ superheated steam tank locomotive for passenger service ‖ locomotive-tender f. à vapeur surchauffée pour trains de voyageurs. **s) Heißdampfschnellzug~** ‖ superheated express locomotive ‖ locomotive f. d'express à vapeur surchauffée. **t) Kolben~** ‖ reciprocating locomotive ‖ locomotive f. à piston. **u) Kran~** ‖ crane locomotive ‖ locomotive f. à grue. **v) ~ mit Kranausrüstung** ‖ crane locomotive; locomotive fitted up with crane gear ‖ locomotive f. à grue. **w) kurvenbewegliche ~** ‖ articulated locomotive ‖ locomotive f. articulée. **x) ~ mit Laufachse** ‖ locomotive with carrying axle ‖ locomotive f. à essieu accouplé avec essieu porteur. **y) Motor~** f. für Leichtbrennstoffe ‖ motor locomotive for light fuel ‖ locomotive f. à moteur pour combustibles légers. **z) Naßdampftender~** ‖ saturated steam tank locomotive ‖ locomotive-tender f. à vapeur saturée. 2

a) Normalspur~ ‖ standard gauge locomotive ‖ locomotive f. à voie normale. **b) ~ mit Ölfeuerung** ‖ locomotive with liquid combustible *or* for oil fuel ‖ locomotive f. à combustibles liquides *ou* pour chauffage à huile. **c) Personenzug~** ‖ passenger locomotive ‖ locomotive f. pour trains de voyageurs. **d)** $^2/_4$ gekuppelte **Personenzugtender~** ‖ eight-wheel four-coupled passenger tank locomotive ‖ locomotive-tender f. à voyageurs à quatre essieux dont deux couplés. **e) Rangier~** ‖ shunting locomotive ‖ locomotive f. de manœuvre. **f) Rohölmotor~** ‖ crude oil motor locomotive ‖ locomotive f. avec moteur à huile lourde. **g) ~ mit Schlepptender** ‖ engine with tender ‖ locomotive f. et tender. **h) Schmalspur~** ‖ small-gauge locomotive ‖ locomotive f. pour voie étroite. **i) Schnellzug~** ‖ express locomotive ‖ locomotive f. d'express. **k) Straßen~** ‖ road traction locomotive; street locomotive ‖ locomotive f. routière *ou* de tramway. **l) Tender~** ‖ tender locomotive; tank engine ‖ locomotive f. à tender. **m) Turbinen~** ‖ turbine-driven locomotive ‖ locomotive f. à turbine. **n) Verbrennungs~** ‖ internal combustion locomotive ‖ locomotive f. à moteur à combustion. **o) Verbund ~**, ‖ compound locomotive ‖ locomotive f. compound. **p)** $^2/_3$ gekuppelte **Verbund~** ‖ six-coupled compound locomotive ‖ locomotive f. compound à trois essieux couplés. 3

Lokomotiv(en)läutewerk n. ‖ alarm *or* warning bells pl. for locomotives ‖ cloches fpl. *ou* sonnerie f. d'avertissement pour locomotives. 4

Lokomotiv-führer m. ‖ locomotive driver ‖ mécanicien m. de locomotive. **a) ~-gelenkdrehscheibe** f. ‖ articulated locomotive turntable ‖ plaque f. tournante à articulation pour locomotives. **b) ~-hebebock** m. ‖ locomotive heaver ‖ chèvre f. à locomotive. **c) ~hebekran** m. ‖ locomotive lifting crane ‖ pont m. roulant pour le transport des locomotives. **d) ~heizer** m. ‖ locomotive fireman ‖ chauffeur m. de locomotive. 5

Lokomotivkessel m. ‖ locomotive boiler ‖ chaudière f. de locomotive. **a) Turbinen~** ‖ turbine locomotive boiler ‖ chaudière f. de la locomotive à turbine. 6

Lokomotiv-kran m. ‖ locomotive crane ‖ grue-locomotive f. **a) ~kuppelvorrichtung** f. ‖ locomotive coupling device ‖ dispositif m. d'accouplement pour locomotives. **b) ~kurbel** f. ‖ locomotive crank ‖ manivelle f. de locomotive. 7

Lokomotivkurbelachse f. ‖ locomotive crank axle ‖ essieu m. coudé de locomotive. **a) doppelt gekröpfte ~** ‖ two-throw locomotive crank axle ‖ essieu m. à deux coudes pour locomotives. **b) einfach gekröpfte ~** ‖ single-throw locomotive crank axle ‖ essieu m. à coude unique pour locomotives. **c) ~ mit prismatischen Kurbelblättern** ‖ locomotive crank axle with prismatic webs ‖ essieu m. coudé à flasques prismatiques pour locomotives. **d) ~ mit runden Kurbelblättern** ‖ locomotive crank axle with circular webs ‖ essieu m. avec flasques circulaires pour locomotives. **e) ~ mit schrägem Mittelstück** ‖ locomotive crank axle with oblique body ‖ essieu m. coudé à corps oblique pour locomotives. 8

Lokomotiv-laterne f. ‖ engine head lamp ‖ lanterne f. *ou* falot m. de locomotive. **a) ~plattform** f. ‖ foot-plate of the locomotive ‖ tablier m. d'une locomotive. **b) ~pfeife** f. ‖ locomotive whistle ‖ sifflet m. d'alarme d'une locomotive. **c) ~prüfstand** m. ‖ testing stand for locomotives ‖ plateforme f. d'essai pour locomotives. **d) ~putzer** m. ‖ locomotive cleaner ‖ nettoyeur m. de locomotives. **e) ~radsatz** m. ‖ locomotive wheel set ‖ essieu m. monté pour locomotives. 9

Lokomotivrahmen m. ‖ frame of the locomotive ‖ longeron m. de locomotive. **a) Futterstück** n. am **~** ‖ filling plate of locomotive frame ‖ fourrure f. de châssis de locomotive. 10

Lokomotivschiebebühne f. ‖ locomotive traverser ‖ transbordeur m. à locomotives. **a) ~ mit elektrischem Antrieb** ‖ locomotive traverser for electric drive ‖ transbordeur m. à locomotives actionné électriquement. **b) ~ mit Handantrieb** ‖ locomotive traverser for hand drive ‖ transbordeur m. à locomotives actionné à la main. **c) auf zwei Schienensträngen** laufende ~ ‖ locomotive traverser running on a double rail ‖ transbordeur m. à locomotives circulant sur deux rails. 11

Lokomotiv-schraube f. ‖ screw for locomotives ‖ vis f. pour locomotives. **a) ~-schuppen** m. ‖ locomotive shed ‖ remise f. à locomotives. **b) ~stehkessel** m. ‖ locomotive firebox ‖ boîte f. à feu d'une locomotive. **c) ~teil** m. ‖ part of locomotive ‖ pièce f. de locomotive. **d) ~-tender** m. ‖ locomotive tender ‖ tender m. de locomotive. **e) ~überhitzer** m. ‖ locomotive superheater ‖ surchauffeur m. de locomotive. **f) ~versatzkran** m. ‖ locomotive shifting crane ‖ grue f. à déplacer les locomotives. 12

Lokomotivvorwärmer m. ‖ locomotive pre-heater ‖ réchauffeur m. d'une locomotive. **a) Dichtungsflächenschleifmaschine** f. für **~** ‖ locomotive pre-heater joint grinding machine ‖ machine f. à rectifier les surfaces de joints des réchauffeurs de locomotives. 13

Lokomotivwinde f. ‖ locomotive jack ‖ vérin m. de locomotive. 14

Lombardgeschäft n. ‖ deposit *or* loan business ‖ prêt m. *ou* avance f. sur gages. 15

lombardieren ‖ to advance *or* loan money on security ‖ prêter sur gages. 16

Lonarit n. ‖ lonarite ‖ lonarite f. 17

Longe f. (Leitleine) ‖ longing *or* cavesson rein ‖ longe f. 18

Longitudinal-maschine f. (Kabel) ‖ longitudinal machine ‖ caoutchouteuse f. longitudinale. **a) ~metazentrum** n. ‖ longitudinal metacentre ‖ métacentre m. longitudinal. **b) ~schermaschine** f. (Tuchm) ‖ longitudinal shearing machine ‖ tondeuse f. longitudinale. 19

Loppe f. (Hanf) ‖ bundle of hemp ‖ ceinture f. *ou* peignon m. de chanvre. 20

Lorbeerblatt n. ‖ laurel leaf ‖ feuille f. de laurier. **a) ~messer** n. ‖ knife with myrthe-leaf blade ‖ bistouri m. à double tranchant. 21

Lorbeeren fpl. ‖ laurel berries pl. ‖ baies fpl. de laurier. 22

Lorbeeröl n. ‖ laurel oil ‖ huile f. de laurier. 23

Lore f. (Eisenb) ‖ truck; lowry; flat car (A) ‖ fardier m.; truck m. 24

Lorgnette f. ‖ lorgnette; opera glass ‖ jumelles fpl.; lorgnette f.; binocle m.; face-à-main m. 25

Lorgnettenschnur f. ‖ cord for lorgnettes ‖ cordon m. pour faces-à-main. 26

Lorgnon n. ‖ single eyeglass ‖ lorgnon m. 27

Lorimer-System n. (Selbstanschl) ‖ Lorimer system ‖ système m. Lorimer. 28

Los n. (Abnahme) ‖ lot ‖ lot m. **a)** das **~** wurde **verworfen** ‖ the lot is rejected *or* was refused ‖ le lot fut rebuté. 29

lösbar (Chem) || soluble || soluble. **a)** ~ (Math) || resolvable || résoluble. 1

Lösbarkeit f. (Chem) || solubility || solubilité f. **a)** ~ (Math) || resolvability || résolubilité f. 2

losblättern (Min) || to exfoliate || exfolier; s'exfolier. 3

losbrechen, die **Gußform** || to open the mould || dévêtir un objet fondu; démouler une pièce coulée. 4

Löschanlage f. für **Kalk** || lime slaking plant || installation f. d'extinction de chaux. **a)** ~ für **Koks** || coke loading device || installation f. de chargement pour coke. **b)** ~ für **Schiffe** || ship discharging plant || installation f. de déchargement des navires. 5

Lösch-apparat m. || unloading apparatus || appareil m. de déchargement. **a) ~-arbeit** f. (Met) || fining in a charcoal bed; charcoal fining process || affinage m. dans le feu brasqué. 6

Löschblatt n. || sheet of blotting paper || feuille f. de papier buvard. **a) ~halter** m. || holding blotter || porte-buvard m. 7

Lösch-boden m. || charcoal bed *or* bottom || fond m. brasqué; sole f. en charbon. **a) ~bord** m. || skid; fender || défense f. **b) ~drossel** n. (Elektr) || quenching coil || extinction f. à réactance. 8

Lösche f. || cinder; coal dust; culm || fraisil m.; escarbille f. **a)** ~ von **Steinkohlen** || coal-dust || charbonaille f.; charbon m. menu; fraisil m. de charbon. 9

Löschebeton m. || ashes *or* cinder concrete || béton m. d'escarbille *ou* de cendre. 10

Löscheimer m. (Schmied) || quenching tub || baquet m.; seau m. de forge. 11

löschen || to extinguish || éteindre. **a)** ~ (Schiff) || to unload; to unship || décharger; débarquer. **b)** ~ (Zuck) || to loosen || locher. **c) Feuer** n. ~ || to extinguish the fire || éteindre l'incendie m. **d) Kalk** m. ~ || to slake lime || éteindre la chaux. **e)** die **Schiffsladung** ~ || to unload *or* to discharge a ship || décharger un navire. 12

Löschen n. (Zuck) || loosening || lochage m. **a)** ~ des **Kokses** || damping down of the coke || extinction f. du coke. **b)** ~ der **Ladung** || discharging *or* unloading of the cargo || débarquement m. de la cargaison. 13

Löscher m. (für Tinte) || blotter || buvard m. **a) Fern~** || extinguisher for distance || extincteur m. à distance. 14

Löschfeuer n. || charcoal hearth || feu m. brasqué. 15

Löschfunke m. || quenched spark || étincelle f. étouffée *ou* de rupture. 16

Löschfunken-sender m. || quenched spark transmitter || émetteur m. à étincelles (chantantes) étouffées. **a) ~strecke** f. || quenched spark gap || éclateur m. pour étincelle étouffée. **b) ~system** n. || quenched spark system || système f. à étincelle étouffée. 17

Lösch-gebühr f. || lighterage || gabarage m. **a) ~gefäß** n. || quenching tank || réservoir m. d'extinction. **b) ~gerät** n. (Feuerw) || (fire) extinguishing apparatus; (fire) extinguisher || appareil m. extincteur *ou* d'extinction *ou* d'incendie; attirail m. pour combattre les incendies. **c) ~geschirr** n. (Schiffb) || discharging tackles; gear for discharging || palan m. de charge; palan d'étai. **d) ~grube** f. || quenching *or* ash pit || fosse f. d'extinction; fosse à piquer le feu. **e) ~haken** m. (Seew) || can hook || élingue f. à pattes. **f) ~karton** m. || thick blotting paper || carton m. buvard. **g) ~kohle** f. || quenched charcoal || charbon m. de braise. **h) ~kondensator** m. || quenching condenser || condensateur m. étouffant. **i) ~korb** m. (Zuck) || loosening basket || panier m. à clairée *ou* à clairce *ou* de lochage. 18

Löschpapier n. || blotting paper || papier m. buvard; buvard m. **a) schnelltrocknendes** ~ || highly absorptive blotting paper || papier m. buvard séchant rapidement. 19

Löschplatz m. (Handel) || quay; key; mole; (discharging) wharf; pier || quai m.; débarcadère m. **a)** ~ (Seew) || landing place *or* stage || débarcadère m. 20

Lösch-rampe f. || quenching bench || aire f. d'extinction. **a) ~spule** f. || blow-out coil || bobine f. souffleuse d'étincelles. **b) ~trog** m. (Schmied) || smith's *or* cooling trough || auge f. de rafraîchissement; étang m. d'enclume. 21

Löschtrommel f. || quenching *or* slaking drum || tambour m. extincteur. 22

Löschtrommel-batterie f. || battery of slaking drums || batterie f. de tambours extincteurs. **a) ~verfahren** n. || slaking drum process || procédé m. par tambour extincteur. 23

Löschturm m. || quenching tower || tour f. d'extinction. 24

Löschung f. || unloading || déchargement m. **a)** ~ des **Kalkes** || slaking of the quicklime || extinction f. de la chaux. 25

Löschungs-geschwindigkeit f. (Schiff) || rate of discharge || quantité f. à décharger. **a) ~hafen** m. || port of discharge || port m. de déchargement. 26

Lösch-vorrichtung f. (Masch) || discharging device || appareil m. de déchargement. **a) ~wagen** m. || quenching car || chariot m. d'extinction. **b) ~wasser** n. (Schmied) || tempering *or* cementation *or* quenching water || eau f. d'extinction; eau f. à tremper. **c) ~wedel** m. || sprinkle || goupillon m. **d) ~wesen** n. || organisation of fire extinction || service m. d'incendie. **e) ~wirkung** f. (Funkw) || quenching effect || effet m. extincteur. **f) ~zeit** f. (Handel) || running days for discharging || jours mpl. de planche pour le débarquement. 27

lose || loose; slack; movable || lâche; mou; mobile; coulant. **a)** ~ **in Kartons** mpl. || loose in carton || en vrac; en carton. **b)** ~ **sein** || to be slack || avoir du mou. **c)** mit **~m Stiel** m. || with loose handle || avec manche m. rapporté. 28

lose Blätter npl. (Büro) || loose sheets pl. || feuilles fpl. détachées. **a) ~r Bord** m. (Rohr) || loose flange || bague f. folle. **b) ~r Rost** m. (Chem) || loose rust || rouille f. détachée. 29

Lösedüse f. || exhaust throttle disc || bouchon m. de réglage d'échappement. 30

Loseisen n. (Gieß) || tapping bar; lancet || perrière f.; perce-fournaise m. 31

Lösekeil m. || cottar || contre-clavette f. 32

lösen (Chem) || to dissolve || dissoudre. **a)** ~ (Math) || to resolve || résoudre. **b)** die **Bremse** ~ || to release the brake || débloquer *ou* desserrer le frein. **c)** eine **Feder** f. ~ || to release a spring || détendre un ressort. **d)** ein **Flöz** n. ~ || to drain a seam *or* bed || saigner *ou* démerger une veine. **e)** eine **Schraube** f. ~ || to undo a screw || défaire un boulon. **f)** einen **Schuß** m. ~ || to fire *or* to make a shot || tirer un coup. **g)** die **Teile** mpl. **einer Maschine** ~ || to slacken the parts of a machine || desserrer les parties d'une machine. **h)** die **Wasser** npl. **einer Grube** durch einen Stollen ~ || to drain a mine by means of an adit || assécher une mine par une galerie d'écoulement. 33

loser machen (Seew) || to slacken; to slack off || lâcher. 34

Löse-stunde f. (Bergb) || hour of relief || heure f. de relais. **a) ~vorrichtung** f. für **Knoten** || knot loosening device || dispositif m. à défaire les nœuds. **b) ~walzwerk** n. || detaching mill || laminoir m. pour décoller le tube du mandrin. 35

loshaken || to unhook || décrocher. 36

Loshaken m. (Seew) || can hook || élingue f. à pattes. 37

loshauen, den **Erdboden** m. (Straßenb) || to hack the ground || attaquer le terrain. 38

Losholz n. || transom of a French casement; dormant tree of a window || imposte f. *ou* dormant m. de croisée. 39

loskeilen || to loosen the wedge || déclaveter. 40

Loskiel m. || false keel || fausse quille f. 41

loskommen, vom **Grund** m. (Seew) || to get afloat; to get off || rafluer. 42

loskuppeln || to disengage; to disconnect || désembrayer. 43

loslassen || to cast loose; to cast adrift; to let go || larguer; lâcher; relâcher. 44

löslich || soluble || soluble. **a)** ~ **machen** || to make soluble || solubiliser. 45

Löslichkeit f. (Chem) || solubility || solubilité f. 46

loslöten || to unsolder || dessouder. 47

losmachen, das **Ankertau** n. vom Ankerring || to unbend the cable; to take the cable off from the anchor || détalinguer le câble *ou* l'ancre; démarrer le câble. **a)** ein **Segel** n. ~ || to unfurl *or* to loose a sail || déferler *ou* larguer une voile. 48

losnageln || to unnail || déclouer; désenclouer. 49

losnieten || to unrivet || dériver; dériveter. 50

losreißen, den **Anker** m. (Seew) || to rip the anchor || faire déraper l'ancre f. 51

Losrolle f. || moveable pulley || poulie f. mobile. 52

Losrollenlager n. || loose roller bearing || palier m. à rouleaux libres. 53

Löß m. || lœss || lœss m.; glaise f. 54

losschäkeln || to unshackle || démaniller. 55

Losscheibe f. || loose pulley || poulie f. folle. **a)** ~ am **Deckenvorgelege** || loose countershaft pulley || poulie f. folle du renvoi. 56

Losschicht f. (Geol) || soft vein || moye f.; moie f. 57

losschnallen || to unbuckle || déboucler. 58

losschrauben || to screw off; to unscrew; to slacken the screws || déboulonner; dévisser; desserrer les vis fpl. 59

Lösung f. (Chem; Phys) || solution; dissolution || solution f.; dissolution f. **a)** ~ (Math) || solution || solution f. **b) alkoholische** ~ || alcoholic solution || solution f. alcoolique; alcoolat m. **c) chemische** ~ || chemical solution || solution f. chimique. **d) in** ~ **f. gehen** (Chem) || to pass into solution; to dissolve || passer en solution f.; se dissoudre. **e) Normal~** (Chem) || normal solution || solution f. normale. **f) wässerige** ~ || aqueous solution || solution f. aqueuse. 60

Lösungsmittel n. ‖ solvent; dissolvent ‖ solvant m.; dissolvant m. **a)** das ~ **entweicht** ‖ the solvent vaporizes *or* escapes ‖ le dissolvant s'évapore *ou* s'échappe. **b) flüchtiges ~** (Chem) ‖ volatile solvent ‖ (agent m.) dissolvant liquide. **c) Lack~** ‖ varnish (dis)solvent ‖ dissolvant m. de vernis. **d) Zelluloid~** ‖ celluloid solvent ‖ dissolvant m. du celluloïd. 1

Lösungsmittelfabrik f. ‖ dissolvents producing factory ‖ fabrique f. à dissolvants. 2

Lösungs-tension f. (Elektr) ‖ solution tension ‖ tension f. de dissolution. **a) ~theorie** f. (Elektr) ‖ theory of solution ‖ théorie f. de dissolution. 3

Lot n. (Geom) ‖ perpendicular ‖ perpendiculaire f. **a)** ~ (zum Löten) ‖ soldering ‖ soudure f.; brasure f. **b)** ~ (Maur; Seew) ‖ lead; plummet; plumb; plumb bob *or* line; sounding ‖ plomb m.; fil m. à plomb; sonde f.; plomb m. de sonde. **c)** ~ mit **Abrollung** ‖ plummet with reel ‖ plomb m. avec poulie. **d) aus dem ~e** ‖ overhanging ‖ surplombant. **e) birnenförmiges ~** ‖ pear shaped plummet ‖ plomb m. en forme de poire. **f)** ein ~ **fällen** ‖ to draw a perpendicular line ‖ abaisser une perpendiculaire. **g)** das ~ **feststellen** ‖ to steady the plummet ‖ fixer le plomb. **h) frei hängendes ~** ‖ freely suspended plummet ‖ plomb m. à suspension libre. **i) im ~** ‖ onend; right by the plummet; perpendicular; vertical ‖ à plomb; d'aplomb. **k) Länge** f. zwischen den ~en (Schiffb) ‖ length between perpendiculars ‖ longueur f. entre perpendiculaires. **l) optisches ~** ‖ optical plummet ‖ plomb m. optique. **m) Richt~** ‖ plummet ‖ fil m. de plomb. **n) Weich~** ‖ tinman's solder ‖ soudure f. à l'étain. **o) zinnarmes ~** ‖ solder poor in tin ‖ soudure f. maigre. **p) zinnreiches ~** ‖ rich solder ‖ soudure f. grasse. 4

Lotabweichung f. ‖ deflection of the plumb line ‖ déviation f. de la verticale. 5

Lotapparat m. ‖ sounding apparatus ‖ appareil m. de sondage. **a) Tiefen~** (Schiff) ‖ sounding apparatus ‖ appareil m. de sondage à plomb. 6

Lötapparat m. ‖ soldering apparatus ‖ appareil m. à souder *ou* de soudure. 7

lötbar ‖ solderable ‖ soudable. 8

Lötblech n. ‖ soldering plate ‖ plaque f. à souder. 9

Lotblei n. ‖ sounding lead *or* plummet ‖ plomb m. de sonde; plomb m. 10

Lötblei n. ‖ lead solder ‖ plomb m. à souder. 11

Löt-brenner m. ‖ gas *or* bellows blowpipe ‖ chalumeau m. **a) ~brett** n. (Klempn) ‖ soldering board ‖ étamoir m. **b) ~brunnen** m. (Kabel) ‖ jointing chamber ‖ chambre f. de soudure. **c) ~büchse** f. ‖ borax *or* soldering box ‖ boraxoir m.; borasseau m.; rochoir m. **d) ~einrichtung** f. ‖ soldering device ‖ installation f. à brasure. **e) ~eisen** n. ‖ soldering iron; copper bit *or* bolt ‖ soudoir m.; fer m. *ou* barre f. à souder. 12

loten (Bauw) ‖ to try with the plummet; to plumb ‖ plomber; prendre l'aplomb. **a)** ~ (Schiffb) ‖ to sound ‖ sonder. 13

Loten n. ‖ leading; heaving the lead ‖ prise f. de l'aplomb. 14

löten ‖ to solder; to braze; to burn on ‖ souder; braser. 15

Löten n. ‖ soldering; brazing ‖ brasure f.; soudure f. **a) elektrisches ~** ‖ electric soldering ‖ soudure f. électrique. 16

Löter m. ‖ solderer ‖ soudeur m. **a) Rohr~** ‖ blowpipe solderer ‖ soudeur m. au chalumeau. 17

Löt-flamme f. ‖ blowpipe flame ‖ flamme f. de chalumeau *ou* à souder. **a) ~flansch** m. ‖ brazed flange ‖ bourrelet m. de soudure. **b) ~form** f. (Goldschl) ‖ third mould; first mould of gut ‖ premier chaudret m. **c) ~gebläse** n. ‖ soldering blowers pl. ‖ souffleries fpl. pour soudure. 18

lötig (Met) ‖ of half an ounce ‖ d'une demi-once f. **a) ~es Silber** n. ‖ silver of due alloy ‖ argent m. fin. 19

Löt-klemme f. ‖ soldering terminal ‖ borne f. à souder. **a) ~kohle** f. ‖ soldering carbon ‖ charbon m. à souder. **b) ~kolben** m. ‖ soldering iron *or* bit; copper bit *or* bolt ‖ soudoir m.; fer m. *ou* barre f. à souder. 20

Lötlampe f. ‖ blow *or* soldering lamp ‖ lampe f. à souder; soudeuse f. **a) Spiritus~** ‖ alcohol soldering lamp ‖ lampe f. à alcool pour le soudage. 21

Lotleine f. (Seew) ‖ plumb *or* sounding line ‖ fil m. à plomb; ligne f. de sonde. 22

Lotmaschine f. ‖ sounding machine ‖ machine f. de sondage. **a) Tiefsee~** ‖ deep-sea lead machine ‖ machine f. pour sonder les grands fonds de mer. 23

Löt-material n. ‖ soldering material ‖ matériel m. à souder. **a) ~metall** n. ‖ soldering metal ‖ métal m. de soudure. 24

Lötmittel n. ‖ soldering means; solder ‖ matériel m. de brasure; soudure f.; brasure f. **a) Silber~** ‖ silver solder ‖ soudure f. à l'argent. 25

Löt-mörtel m. ‖ plumber's solder ‖ soudure f. de plombier. **a) ~muffe** f. ‖ soldering box ‖ moufle m. de soudage. **b) ~naht** f. ‖ soldered *or* welded seam ‖ soudure f.; joint m. soudé. **c) ~ofen** m. ‖ soldering furnace ‖ four m. à braser *ou* à souder. 26

Lotosbaum m. ‖ lotus; lotos; lotus tree ‖ micocoulier m. 27

Lötöse f. ‖ tag; soldering terminal ‖ bayonnette f. *ou* plot m. de jonction; lame f. de raccord. 28

Lötösenstreifen m. ‖ soldering terminal strip; soldering eye strip; tag strip ‖ réglette f. de bayonnettes *ou* de connexion; réglette de contact à soudure. 29

Löt-pfanne f. ‖ soldering pan ‖ polastre m. **a) ~pulver** n. ‖ soldering powder ‖ poudre f. à braser. 30

Lotpunkt m. ‖ point vertically beneath a given point ‖ point m. de prise d'aplomb. 31

lotrecht ‖ vertical; perpendicular; right by the plummet ‖ à plomb; vertical; perpendiculaire; d'aplomb. **a) ~e Linie** f. *s.* Lotriß. 32

Lotriß m. (Bauw) ‖ vertical *or* plumming line ‖ ligne f. à plomb. 33

Lötrohr n. ‖ blowpipe ‖ chalumeau m.; bouffoir m. **a) kupfernes ~** ‖ copper blow pipe ‖ chalumeau m. à souder en cuivre. 34

Lötrohr-analyse f. (Chem) ‖ analysis carried on by means of a blowpipe ‖ analyse f. pyrognostique. **a) ~flamme** f. ‖ blowpipe flame ‖ flamme f. du chalumeau. **b) ~gebläse** n. ‖ bellows blowpipe; blower ‖ chalumeau m. à soufflet *ou* à gazomètre. **c) ~lampe** f. ‖ blowpipe lamp ‖ lampe f. du chalumeau. **d) ~probe** f. *s.* ~versuch. **e) ~reagentien** npl. ‖ blowpipe reagents pl. ‖ réactifs mpl. au chalumeau. **f) ~spitze** f. ‖ blowpipe nipple; nozzle of a blowpipe ‖ buse f. du chalumeau. **g) ~untersuchung** f. *s.* ~versuch. **h) ~versuch** m. ‖ blowpipe assay *or* proof *or* test ‖ essai m. au chalumeau. **i) ~zange** f. ‖ forceps pl.; small forceps pl. ‖ pince f. du chalumeau. 35

Löt-säure f. ‖ soldering acid ‖ acide m. à souder. 36

Lot-schnur f. ‖ plummet; lead; plumb line ‖ plomb m.; fil m. à plomb; sonde f. **a) ~schwankung** f. ‖ oscillation of the plumb ‖ oscillation f. du plomb 37

Lotse m. ‖ pilot ‖ pilote m. 38

Lotsen n. ‖ piloting; navigating ‖ pilotage m.; lamanage m. 39

Lotsen-beförderungsboot n. ‖ pilot boat ‖ vedette f. de pilotage. **a) ~behörde** f. ‖ pilotage authorities pl. ‖ autorité f. de pilotage. **b) ~boot** n. ‖ pilot boat *or* vessel ‖ bateau m. pilote. **c) ~dampfer** m. ‖ pilot steamer ‖ bateau m. pilote à vapeur. **d) ~dienst** m. ‖ pilotage ‖ pilotage m. **e) ~fahrzeug** n. ‖ pilot boat *or* vessel ‖ bateau m. pilote. **f) ~flagge** f. ‖ pilot flag ‖ pavillon m. de pilote. **g) ~geld** n. pilotage ‖ droit m. de pilotage. **h) ~kommandör** m. ‖ master of the pilot station ‖ commandant m. d'une station de pilotes. **i) ~patent** n. ‖ certificate of pilotage ‖ certificat m. de pilotage. **k) ~signal** n. ‖ pilot signal ‖ signal m. de pilote. **l) ~station** f. ‖ pilot station ‖ station f. des pilotes. **m) ~tarif** m. ‖ rates pl. of pilotage ‖ droit m. des pilotes; taxe f. *ou* tarif m. pour le pilotage. **n) ~wesen** n. ‖ pilotage ‖ pilotage m.; lamanage m. **o) ~zwang** m. ‖ compulsory pilotage ‖ pilotage m. obligatoire. 40

Löt-spitze f. ‖ nozzle ‖ buse f. du chalumeau. **a) ~stein** m. ‖ soldering stone ‖ roche f. à souder. 41

Lötstelle f. ‖ soldering seam; brazing ‖ brasure f.; soudure f. 42

Lötstellennachweis m. ‖ record of joints ‖ état m. des raccords. 43

Lotte f. (Met) ‖ ball *or* bloom of steel ‖ loupe f. d'acier. 44

Lotteller m. ‖ disc for centering a plummet wire ‖ plateau m. du plomb. 45

Lotterielos ‖ lottery ticket ‖ billet m. de loterie. 46

Lottospiel n. ‖ lotto ‖ jeu m. de loto m. 47

Lotung f. (Seew) ‖ plumbing; sounding; casting the lead ‖ sondage m. **a) Echo~** ‖ echo sounding ‖ sondage m. par le son. **b) Tiefsee~** ‖ deep sea sounding ‖ sondage m. des grandes profondeurs. 48

Lötung f. soldering ‖ soudure f.; soudage m. **a) Hart~** ‖ brazing ‖ brasure f.; brasage m. **b) Längsnaht~** ‖ soldering of longitudinal seams ‖ soudure f. longitudinale. **c) Messing~** ‖ brass soldering ‖ soudure f. au laiton. **d) Selbst~** ‖ autogenous soldering ‖ soudure f. autogène. 49

Löt-vorrichtung f. *s.* Lötapparat. **a) ~wasser** n. ‖ soldering water ‖ eau f. à souder *ou* de soudure; esprit m. de sel dénaturé. 50

Lötwerkzeug n. ‖ soldering tools pl. *or* utensils pl. ‖ outils mpl. de soudage. **a) elektrisches ~** ‖ electric soldering tools pl. ‖ outils mpl. à souder électriques. 51

Löt-zange f. ‖ burning tongs pl.; soldering tongs pl. *or* tweezers pl.; hawkbill;

hawkbill pliers pl. || pince f. *ou* pincette f. *ou* tenaille f. à souder. **a) ~zelt** n. || jointer's tent || tente f. de soudeur. **b) ~zinn** n. || soldering pewter *or* tin || étain m. marcassite *ou* de soudure. **c) ~zubehör** n. || soldering equipment || matériel m. à souder. 1

Löweit m. || löweite || löwéite f. 2

Löwenmaul n. (Masch) || crocodile spanner || clef f. à mâchoires dentées. 3

Löwenzahnwurzel f. || dandelion root || racine f. de pissenlit. 4

Löwigit m. || löwigite || löwigite f. 5

Loxodrome f. || loxodromic spiral; rhumb line || loxodromie f. 6

Loxoklas m. || loxoclase || loxoclase f. 7

Lucke f. (Met) || blister || soufflure f. 8

Lücke f. || gap; blank || brèche f.; lacune f. **a)** eine **~ ausfüllen** || to supply a want || combler une lacune. **b)** eine **~ lassen** || to allow a space || ménager un vide m. **c) weiße ~** (Buchdr) || white || colombier m. 9

lückenhaft || incomplete; having many gaps || incomplet; défectueux. 10

lückenlos || unbroken; uninterrupted; without a gap || sans lacune f. **a) ~ ineinandergeschoben** (Beschotterung) || packed compactly || tassé très compactement. 11

luckig (Met) || porous; blistered || poreux; lacuneux. 12

luckiges Eisen n. || porous iron || fer m. poreux *ou* caverneux. **a) ~ Gefüge** n. || cavernous structure || structure f. caverneuse. 13

Luft f. || air || air m. **a)** vom Motor m. **angesaugte ~** || air drawn in by the engine || air m. aspiré par le moteur. **b) ~ ansaugen** || to take air from surrounding atmosphere || aspirer l'air m. ambiant. **c) Außen~** || surrounding air *or* atmosphere || air m. extérieur; atmosphère f. **d) ~ auslassen** || to deflate || dégonfler. **e) bewegte ~** || air in motion; moved air || air m. agité *ou* en mouvement. **f)** wechselnde **Dichtigkeit** f. der **~** || varying *or* changing density of the air || densité f. variable de l'air. **g) Durchsichtigkeit** f. der **~** || transparency of the air || transparence f. de l'air. **h) Durchwirbelung** f. der **~** || turbulence *or* turbulent motion of the air || turbulence f. de l'air; mouvement m. turbulent de l'air. **i)** das **Eindringen** n. von **~** verhindern || to prevent the air from entering || empêcher l'air de pénétrer. **k) ~ eintreten lassen** || to allow air to enter || faire rentrer l'air m. **l)** die **~ entweichen lassen** || to disinflate || dégonfler. **m) flüssige ~** || liquid air || air m. liquide. **n)** Anlage f. zur **Erzeugung von flüssiger ~** || air liquefying plant || installation f. pour la liquéfaction de l'air. **o) gekühlte ~** || cooled air || air m. refroidi. **p) gesättigte ~** || saturated air || air m. saturé. **q) Gruben~** || air in mines || air m. des galeries de mine. **r) halb in der ~** || half in air || mi-aérien. **s)** mit **~ imprägnieren** || aeration || aération f. **t) Ozongehalt** m. der **~** || percentage *or* amount of ozone in the air || teneur f. *ou* richesse f. de l'air en ozone; quantité f. d'ozone dans l'air. **u) See~** || sea air || vent m. de mer. **v) seitliche ~** des Kolbens || piston clearance || jeu m. latéral de piston. **w) staubfreie ~** || dustless air || air m. sans poussière. **x) staubhaltige ~** || dust laden air || air m. chargé de poussière. **y) ~** mit **staubigen** Bestandteilen || air impregnated with particles of dust || air m. poussiéreux. **z)** an der **~ trocknen** || to dry in the open air || sécher à l'air libre. 14

a) übersättigte ~ || supersaturated air || air m. sursaturé. **b) umgebende ~** || surrounding *or* ambient air || air m. ambiant. **c) ungesättigte ~** || unsaturated air || air m. non saturé. **d) Verbrennungs~** || air of combustion || air m. de combustion. **e) verdorbene ~** foul air || air m. vicié. **f)** die **~ verdrängen** || to displace the air || déplacer l'air. 15

Luft-absauger m. || suction ventilator || aspirateur m. **a) ~absaugvorrichtung** f. || air suction device || dispositif m. d'aspiration de l'air. **b)** unter **~abschluß** m. || away from the air; hermetically closed || à l'abri de l'air; hermétiquement clos. **c) ~abwehrgeschütz** n. || anti-aircraft gun || canon m. anti-avion. **d) ~abzug** m. || air exhaust(er) || évent m. **e) ~anfeuchter** m. *s.* ~befeuchter. 16

Luftansaug-rohr n. || air supply tube || tube m. d'aspiration d'air. **a) ~schlauch** m. || air supply hose || tuyau m. d'aspiration d'air. 17

Luftausschluß m., **unter** *s.* unter **~abschluß. a) unter ~ aufbewahren** || to keep from contact with the air || conserver à l'abri m. de l'air. 18

Luft-austausch m. || interchange *or* exchange (A) of air || échange m. d'air. **a) ~bad** n. || air bath || bain m. d'air. **b) ~ballon** m. || free *or* air balloon; balloon; aerostat || aérostat m.; ballon m. libre. **c) ~befeuchter** m. || air humidifier || humidificateur m. d'air. 19

Luftbefeuchtungs-anlage f. || air wetting *or* air damping plant || installation f. pour humidifier l'air *ou* d'humectation de l'air. **a) ~gerät** n. || air moistening apparatus || appareil m. pour la humidification de l'air. **b) ~kammer** f. || air moistening chamber || chambre f. d'humidification. 20

Luft-behälter m. || air reservoir || réservoir m. à air. **a) ~beobachtung** f. || aerial observation || observation f. aérienne. **b) ~beschreibung** f. || aerography || aérographie f. 21

luftbeständig (Chem) || stable in the air || stable à air. 22

Luftbestandteil m. || constituent *or* component of the air || élément m.constituant de l'air. 23

Luftbild n. (Luftf) || airscape || vue f. aérienne. 24

Luftbild-flugzeug n. || photographic aeroplane || avion m. de photographie. **a) ~kamera** f. || aerial camera || appareil m. photographique aérien. **b) ~karte** f. || map from air photographs; aerial map (A) || carte f. *ou* plan m. de photographies aériennes. **c) ~meßkamera** f. || air survey camera; aerial mapping camera || chambre f. aéro-photogrammétrique. **d) ~plan** m. || map from air photographs; aerial map (A) || carte f. *ou* plan m. de photographies aériennes. 25

Luftbläschen n. || air bubble || bulle f. d'air. 26

Luftblase f. (Fisch) || air bladder; sound || vessie f. natatoire. **a) ~** (Glasf) || bleb; air bubble || bouillon m. **b) ~** (Gieß) || air bubble || soufflure f.; bulle f. d'air. **c) ~** (Töpf) || air bubble || bulle f. d'air; vent m. **d) Bildung** f. von **~n** (Sammler) || formation of bubbles || formation f. de bulles d'air. 27

Luft-bombardement n. || aerial bombardment; bombardment by airplane || bombardement m. aérien. **a) ~bombe** f. || aerial bomb || bombe f. aérienne. **b) ~bombenzielvorrichtung** f. || aerial bomb aiming device || appareil m. de pointage pour lancement de bombes aériennes. **c) ~bremse** f. || atmospheric *or* air brake || frein m. atmosphérique *ou* à vide. **d) ~dämpfer** m. || air brake || frein m. à pales. **e) ~dämpfung** f. || air damping || amortissement m. par l'air. **f) ~darre** f. || air kiln || touraille f. à calorifère. 28

luftdicht || airtight; airproof; hermetical; impervious to air || étanche *ou* fermé à l'air; fermé hermétiquement; imperméable à l'air; hermétique. **a) ~ verschlossener** Behälter m. || air-tight closed box || emballage m. hermétiquement fermé. 29

luftdicht-er Deckel m. || air-tight cover || couvercle m. hermétique. **a) ~er Verschluß** m. || airtight closing || fermeture f. hermétique. 30

Luftdichte f. || air density || densité f. d'air. **a) ~messer** m. || densimeter || aéro-densiomètre m.; appareil m. de mesure de la densité de l'air. 31

Luftdraht m. (Fernm) || aerial; antenna || antenne f.; aérien m. **a) ~umschalter** m. (Funkw) || aerial change-over switch || commutateur m. d'antenne. 32

Luftdrossel f. || air lock || écluse f. à air. 33

Luftdruck m. || air *or* atmospheric *or* barometric pressure || pression f. atmosphérique *ou* de l'atmosphère *ou* barométrique *ou* d'air. **a) Boden~** || air pressure at ground level || pression f. de l'air au sol *ou* à la surface de la terre. **b) Linie** f. gleichen **~es** || line of equal barometric(al) pressure || ligne f. d'égale pression d'air. **c)** der **~** ist zu **niedrig** || the pressure of compressed air is too low || la pression d'air est trop faible. **d)** der **~ nimmt ab** || the atmospheric pressure diminishes *or* decreases || la pression atmosphérique baisse. 34

Luftdruck-akkumulator m. || pneumatic accumulator || accumulateur m. à air comprimé. **a) ~bremsausrüstung** f. || compressed air brake equipment || équipement m. du frein à air comprimé. **b) ~bremse** f. || pneumatic brake; compressed air brake || frein m. à air comprimé. **c) ~bremsventil** n. || compressed air brake valve || clapet m. *ou* soupape f. de freinage à air comprimé. **d) ~entlastung** f. für **Wagen** || pneumatic balancing for weighing machines || dispositif m. de décharge à air comprimé pour bascules. **e) ~hammer** m. || compressed-air *or* pneumatic hammer || marteau m. pneumatique *ou* à air comprimé. **f) ~kessel** m. || air-pressure boiler || chaudière f. à pression atmosphérique. **g) ~kompensation** f. || air pressure compensation || compensation f. par compression d'air. **h) ~lehre** f. || aerodynamics pl. || aérodynamique f. **i) ~meißel** m. || pneumatic chisel || burin m. à air comprimé. 35

Luftdruckmesser m. (Masch) || air pressure gauge || manomètre m. d'air. **a) ~** (Phys) || barometer || baromètre m. **b) Prüfungs~**

|| test *or* standard barometer || baromètre m. d'essai *ou* de contrôle. 1
Luftdruck-messung f. || barometry || barométrie f. **a) ~stand** m. || height of barometer || hauteur f. barométrique. 2
Luft-durchgang m. || air passage || passage m. d'air. **a) ~düse** f. (Vergaser) || airbleed || buse f. d'air. **b) ~einblaseflasche** f. || injection air bottle || réservoir m. d'insufflation d'air. 3
Lufteinlaß-rohr n. || air inlet pipe || tube m. de prise d'air. **a) ~klappe** f. || air damper *or* strangler || clapet m. d'entrée d'air. **b) ~schlitz** m. || air admission port || lumière f. d'admission d'air. 4
Lufteintritt m. || air inlet || entrée f. d'air. 5
luftelektrisches Feld n. || electric field of the air || champ m. électrique de l'air *ou* de l'atmosphère. 6
Luftelektrizität f. || atmospherical electricity || électricité f. atmosphérique. 7
luftempfindlich || affected by the air || altérable à l'air. 8
lüften || to air; to renew the air; to ventilate || aérer. **a) ~** (Färb) || to air; to expose to the air || éventer. **b)** einen **Baum** m. **~** (Gärtn) || to prune or to lop a tree || égayer un arbre. **c)** die **Bremse ~** || to release *or* to throw off the brake || desserrer le frein m.; défreiner. 9
Lüften n. || airing; weathering || évent m. **a) ~** der **Typenhebel** || lifting of the type bars || soulèvement m. des tiges à caractères. 10
luftentzündlich (Chem) || pyrophoric || pyrophorique. 11
Lüfter m. || ventilator || ventilateur m. **a) ~** (Nadl) || puncheon || boutereau m. **b) Saug~** || exhauster || exhausteur m. 12
Luft-erhitzer m. || air heater || aérochauffeur m.; réchauffeur m. d'air. **a) ~-erkundung** f. || aerial observation || observation f. aérienne. 13
Luftfahrkunst f. *s.* Luftfahrwesen. 14
Luftfahrt f. *s.* Luftfahrwesen. **a) ~kompaß** m. || aeronautical *or* aerial (A) compass || compas m. de navigation aérienne. 15
Luftfahrwesen n. || aeronautics pl. || aéronautique f. 16
Luftfahrzeug n. || aero; aircraft || aéronef m.; navire m. aérien. **a) gasgetragenes ~** || aerostat; lighter-than-air craft || aérostat m.; aéronat m.; aéronef m. plus léger que l'air. **b) ~ leichter als Luft** *s.* gasgetragenes **~ c) ~ schwerer als Luft** || aero dyne; aircraft heavier than air; heavier than air craft || aéronef m. plus lourd que l'air. 17
Luft-federhammer m. || pneumatic spring hammer || marteau m. à ressort pneumatique. **a) ~feuchtigkeit** f. || atmospheric humidity; moisture of air || humidité f atmosphérique *ou* de l'air. **b) ~feuchtigkeitsgehalt** m. || humidity contents of air || degré m. d'humidité de l'air. **c) ~filter** n. || air filter *or* strainer || filtre m. à air *ou* d'air. **d) ~flasche** f. || air bottle || bouteille f. à air. 18
luft-förmig || aeriform || aériforme. **a) ~frei** (Chem) || free from air || exempt d'air. 19
luftgekühlt || air-cooled || à refroidissement d'air; refroidi à l'air *ou* par air. **a) ~es Maschinengewehr** n. || air-cooled machine gun || mitrailleuse f. à refroidissement d'air. **b) ~er Motor** m. || air-cooled engine || moteur m. refroidi par l'air. **c) ~er Transformator** m. || air-cooled transformer || transformateur m. refroidi à l'air. 20
Luftgeschwindigkeit f. || air speed *or* velocity || vitesse f. aérodynamique; vitesse f. *ou* vélocité f. de l'air. 21
Luftgeschwindigkeitsmesser m. || anemometer; air-speed indicator || indicateur m. de vitesse de l'air; anémomètre. **a) Schalenkreuz~** || anemometer-type air-speed indicator || indicateur m. de vitesse de l'air anémométrique. 22
Luft-gespräch n. || call for air traffic || communication f. de service des lignes d'aviation. **a) ~gewehr** n. || air gun || fusil m. à air comprimé. 23
Lufthahn m. || air cock || robinet m. à air. **a) Doppel~** || double air cock || robinet m. à air double. **b) ~** einer **Röhrenleitung** || stop cock of a windpipe || robinet m. d'une conduite d'air. 24
lufthaltig || aerated || aéré. 25
Luft-hammer m. || air hammer || marteau m. pneumatique *ou* à air comprimé. **a) ~härtung** f. || air-hardening || trempe f. à l'air. **b) ~haspel** m. || pneumatic winch || treuil m. pneumatique *ou* à air comprimé. **c) ~hebel** m. || air lever || manette f. d'admission d'air. 26
Luftheizung f. || air heating || chauffage m. à l'air. 27
Luftheizungs-anlage f. || air heating plant || installation f. de chauffage à air. **a) ~-apparat** m. || hot air apparatus || calorifère m. à air. 28
Lufthülle f. || atmosphere || atmosphère f. 29
lufthydraulische Universalpresse f. || air hydraulic universal press || presse f. universelle hydro-pneumatique. 30
luftig || aerial || aérien. 31
Luftisolation f. || air isolation || isolement m. à air. 32
Luftkabel n. || air *or* aerial *or* overhead cable || câble m. aérien. **a) Abspannung** f. eines **~s** || straining of a overhead cable || arrêt m. d'un câble aérien. **b) Gestänge** n. für **~** || aerial cable poles pl. || appuis mpl. de câble aérien. **c) Muffe** f. für **~** || sleeve for overhead cable || manchon m. pour câble aérien. **d) Stufenmuster** n. eines **~s** || design of a overhead cable || construction f. d'un câble aérien. 33
Luftkabeltragseil n. || messenger wire *or* supporting strand for overhead cables || corde f. de suspension pour câbles aériens. 34
Luft-kalk m. || air-hardening lime || chaux f. durcissante à l'air. **a) ~kammer** f. || air chamber || chambre f. d'air. **b) ~-kampf** m. || air fighting || combat m. aérien. 35
Luftkanal m. (Bauw; Gieß) || air hole *or* valve *or* drain *or* duct *or* channel || évent m.; éventouse f.; éventoir m. conduit m. à air; canal m. d'air. **a) ~** (Elektr) || ventilating duct || évent m. *ou* conduit m. de ventilation. **b) ~** eines **Kohlenmeilers** || vapour channel *or* air hole *or* funnel of a charcoal pile || évent m. en maçonnerie d'un fourneau de carbonisation. 36
Luftkasten m. || air reservoir || réservoir m. à air. **a) ~** eines **Rettungsbootes** || air case of a life boat || récipient m. à air d'un canot de sauvetage. 37
Luftkessel m. *s.* Luftkammer. **a) Torpedo-~** || compressed air chamber for torpedoes || réservoir m. à air comprimé pour torpilles. 38
Luftkissen n. || air *or* invalid cushion || coussin m. *ou* tampon à air; coussin m. pneumatique. 39
Luftkompressor m. || air compressor || compresseur m. d'air. **a) ~** mit minutlicher **Leistung** von x cbm auf y Atm gepreßter Luft || air compressor with a delivery per minute of x cubm of compressed air at y atmospheres pressure || compresseur m. d'air refoulant par minute x m^3 d'air comprimé à y atmosphères. 40
Luft-kondensator m. || air condenser || condensateur m. à air. **a) ~kraft** f. || air force || force f. aérodynamique; réaction f. de l'air. **b) ~kreuzer** m. || air cruiser || croiseur m. aérien. **c) ~kreuzung** f. (el Leit) || aerial crossing || traversée f. aérienne; croisement m. aérien. **d) ~-krieg** m. || air war; aerial warfare || guerre f. aérienne. **e) ~kühlanlage** f. || air cooling plant || installation f. de refroidissement d'air. **f) ~kühlapparat** m. || air cooler || refroidisseur m. d'air. **g) ~kühler** m. || air cooler || réfrigérant m. *ou* rafraîchisseur m. à air; aérorefroidisseur m. 41
Luftkühlung f. || aircooling || refroidissement m. à l'air. **a) ~** bei Wohn- und Arbeitsräumen in den **Tropen** || cooling of the air in dwelling and working rooms in the tropics || réfrigération f. de l'air des appartements et des ateliers dans les pays tropicaux. 42
Luftkurort m. || health resort || station f. climatérique. 43
Luftlack m. || airproof varnish || vernis m. résistant à l'**air**. 44
luftleer || airvoid; void of air || vide d'air; évacué. **a) ~ machen** || to evacuate || évacuer. 45
luftleer-er Raum m. || vacuum || vide m. **a) ~er Weltenraum** m. || airvoid interstellar space || espace m. de l'univers vide d'air. 46
Luftleerblitzableiter m. || tube lightning arrester || paratonnerre m. à vide 47
Luftleiter m. (Funkw) || aerial; antenna || antenne f.; fil m. aérien. **a)** horizontale **Ausbreitung** f. des **~s** (Funkw) || horizontal extension of antenna || branche f. horizontale de l'antenne. **b) einfacher ~** (Funkw) || plain aerial; simple antenna || antenne f. simple. **c) Fächer~** (Radio) || fan-shaped antenna || antenne f. en éventail. **d) horizontaler ~** (Funkw) || horizontal aerial || antenne f. horizontale. **e) Rahmen~** (Funkw) || loop (A); aerial frame || antenne f. sur cadre. **f) sternförmiger ~** (Funkw) || star aerial || antenne f. en étoile. **g) verlängerter T-~** (Funkw) || extended T-shaped antenna || antenne f. en T à branches horizontales prolongées. **h) wagerechter ~** || horizontal aerial || antenne f. horizontale. 48
Luftleiter-konduktor m. (Funkw) || aerial conductor || conducteur m. d'antenne. **a) ~kreis** m. (Funkw) || aerial circuit || circuit d'antenne. **b) ~widerstand** m. (Funkw) || antenna resistance || résistance f. d'antenne. 49
Luftleitung f. || air piping || conduite d'air. f. **a) Hochdruck~** || high pressure air piping || tuyauterie f. d'air à haute pression. 50
Luftleitungsrohr n. || air piping || conduite f. d'air. 51

Luftloch n. (Bauw) || air *or* vent hole || trou m. d'air; ventouse f. **a)** ~ (Erdarb) || funnel; air hole; ventilator || évent m.; éventoir m.; trou m. d'air; éventouse f. **b)** ~ (Glasofen) || air hole || bonichon m. **c)** ~ (Gußform) || air *or* vent hole; air pipe || évent m.; trou m. d'air. 1
luftlose Einspritzung f. (Met) || airless injection || injection f. mécanique. 2
Luft-malz n. || air-dried malt || malt m. séché à l'air. **a) ~mangel** m. || deficiency of air || manque m. d'air. 3
Luftmanometer n. || air manometer || manomètre m. à air. **a) geschlossenes ~** || compressed air manometer || manomètre m. à air comprimé. **b) offenes ~** || open air manometer || manomètre m. à air libre. 4
Luft-masse f. || mass of the air || masse f. d'air. **a) ~matratze** f. || air mat(t)ress *or* bed || matelas m. à air. **b) ~meer** n. im trockenen Zustand || air in dry state || atmosphère f. en état de sécheresse. 5
Luftmenge f. || quantity of air || quantité f. d'air. **a) angesaugte ~** || volume of air drawn-in *or* of sucked air || volume m. *ou* poids m. de l'air aspiré. **b) geförderte ~** || fan delivery || rendement m. en air aspiré. **c)** zur **Verbrennung** notwendige ~ || quantity of air required for combustion || quantité f. d'air nécessaire à la combustion. **d)** Gewicht der **verdrängten ~** || weight of air displaced || poids m. de l'air déplacé. **e) zugeführte ~** || quantity of air supplied || quantité f. de l'air admise. 6
Luft-meßbild n. || aero survey photograph; airscape (A) || photographie f. de mesure aérienne; aérophotogrammé m. **a) ~-meßbildkamera** f. || aerial-mapping camera || appareil m. photogrammétrique. **b) ~messer** m. || aerometric instrument || compteur m. d'air. **c) ~** und **Dampfmischung** f. || air and steam mixture || mélange m. d'air et de vapeur. **d) ~-mischungsbehälter** m. || air doser || doseur m. d'air. **e) ~mörtel** m. || air mortar || mortier m. aérien. 7
Luftöffnung f. (Erdarb; Bergb) || wind gate || voie f. d'aérage. **a)** ~ (Luftf) || air opening || trou m. d'air. 8
Luft-perspektive f. || aerial perspective || perspective f. aérienne. **a) ~pfeife** f. || air whistle || sifflet m. à air. **b) ~pistole** f. || air pistol || pistolet m. à vent *ou* à air comprimé. **c) ~polster** n. || air cushion || matelas m. d'air **d) ~post** f. || air mail || lettres-avion m. **e) ~propeller** m. || air propeller || hélice f. aérienne. **f) ~puffer** m. || air buffer *or* cushion || amortisseur m. à air; tampon m. atmosphérique *ou* pneumatique. 9
Luftpumpe f. || air pump || pompe f. à air. **a)** ~ (Auto) || pneumatic *or* air pump || gonfle-pneus m.; pompe f. pneumatique. **b) Anlaß~** || starting air-pump || pompe f. (pour l'air) de mise en marche. **c) Dampf~** || steam air pump || pompe f. à air commandée par la vapeur. **d) Einblase~** || injection air compressor || compresseur m. à injecter l'air. **e) einstufige ~** || single stage air compressor || pompe f. à air à une phase. **f) Kondensator~** || condenser air pump || pompe f. à air de condenseur. **g) Molekular~** || molecular air pump || pompe f. à air moléculaire. **h) Motor~** (Auto) || power tire pump || gonfleur m. mécanique. **i) Quecksilber~** || mercury air pump || pompe f. pneumatique à mercure. **k) Sprengel'sche~** || Sprengel pump || pompe f. de Sprengel. **l) Spül~** || scavenging air-pump || pompe f. de balayage. **m) Taucher~** || diving air pump || pompe f. à air de scaphandrier. **n) Wasserstrahl~** || water jet air pump || pompe f. à air par jet d'eau. **o) zweistiefelige ~** || double-barreled air pump || machine f. pneumatique à deux corps. **p) zweistufige ~** || two-stage air compressor || pompe f. à air à deux phases. 10
Luftpumpen-kolben m. || air pump piston || piston m. d'une pompe à air. **a) ~regler** m. || air compressor governor || régulateur m. de la pompe à air. **b) ~ventil** n. || air pump valve || clapet m. de pompe à air. 11
Luft-raum m. über Grundstücken || aerial region above the site || espace m. d'air au-dessus de terrains. **a) ~reduzierventil** n. || air choke tube; nozzle tube || clapet m. de reduction de la pompe à air. **b) ~regelung** f. || air regulation || réglage m. d'air. **c) ~reibung** f. || air friction || frottement m. de l'air. 12
Luftreifen m. || (pneumatic) tire || pneumatique m.; pneu m. **a)** den **~ aufziehen** || to fit on the tire || monter le pneu. **b) ~** für **Flugzeuge** || airplane tire || pneu m. d'avion. **c) glatter ~** || smooth tire || pneu m. lisse. **d) Riesen~** || giant air tire || pneu m. ballon. **e) ~** in **Übergröße** || oversize tire || pneu m. surprofilé. **f) Zwillings~** || twin tire || pneumatique m. jumelé. 13
Luftreifenfelge f. || pneumatic tire rim || jante f. pour pneu. 14
Luftreiniger m. || air purifier *or* filter || épurateur m. *ou* filtre m. d'air. 15
Luftreinigung f. || purification of air || épuration f. *ou* purification f. de l'air. 16
Luftreinigungs-anlage f. || air purifying plant || installation f. d'épuration de l'air. **a) ~apparat** m. || air purifying apparatus || appareil m. à purifier l'air. **b) ~-sieb** n. || air strainer || filtre m. à air. 17
Luftröhre f. (Anatomie) || wind-pipe || trachée-artère f. **a)** ~ (Bergb) || channel; air channel *or* conduit *or* pipe *or* tube || buse f.; buse f. d'airage. **b)** ~ (Gußform) || air *or* vent hole; air pipe || évent m. 18
Luftröhrenentzündung f. || tracheitis || trachéite f. 19
Luftröste f. (Landw; Spinn) || dew retting || rouissage m. à la rosée *ou* sur terre; rosage m. 20
Luftsack m. || air pocket || poche f. d'air. **a) ~** in **Leitungen** || air-pocket in piping || bulle f. d'air dans la conduite. 21
Luft-salpetersäure f. || synthetical nitric acid || acide nitrique synthétique. **a) ~-sättigungsgrad** m. || degree of saturation of air || degré m. de saturation de l'air. 22
Luftsaug-loch n. || inlet hole || trou m. d'aspiration d'air. **a) ~ventil** n. || air suction valve || soupape f. d'aspiration d'air. 23
Luftsäule f. || air column || colonne f. d'air. **a) pendelnde ~** || swinging air column || colonne f. d'air alternative. 24
Luftschacht m. (Bergb) || air *or* ventilating shaft || bure f. *ou* puits m. d'airage; avaleresse f. **a)** ~ (Erdarb) || funnel; air hole; ventilator || évent m.; éventoir m.; conduite f. d'air; éventouse f. 25
Luftschicht f. || layer *or* stratum of air; air space || couche f. *ou* pellicule f. d'air; région f. d'atmosphère. **a) ~ gleicher Wärme** || isothermal air stratum || couche f. d'air isotherme. **b) kalte ~** || cold air stratum *or* layer || couche f. d'air froid. **c) warme ~** || stratum *or* layer of warm air || couche f. d'air chaude. **d) wasserarme ~** || air stratum *or* layer of low humidity || couche f. d'air pauvre en eau *ou* sèche. **e) wasserreiche ~** || air stratum *or* layer of high humidity || couche f. d'air riche en eau *ou* humide. 26
Luftschieber m. || ventilation register; damper plate || registre m. de ventilation. 27
Luftschiff n. || airship || navire m. aérien; dirigeable m. **a)** das **~ fällt** || the airship descends *or* sinks || le dirigeable descend. **b) halbstarres ~** || semi-rigid dirigible *or* airship || dirigeable m. semi-rigide. **c) Klein~** || small airship; blimp; rubber cow (A) || dirigeable m. de petites dimensions. **d) lenkbares ~** || dirigible airship || dirigeable m.; ballon m. dirigeable. **e) Motor~** || engine driven airship || dirigeable m. à moteur. **f) Prall~** || non-rigid airship || dirigeable m. souple; souple m. **g) Riesen~** || giant airship || dirigeable m. géant. **h)** das **~ sinkt** || the airship descends *or* sinks || le dirigeable descend. **i) Starr~** || rigid airship || dirigeable m. rigide; rigide m. **k) unstarres ~** || blimp; non-rigid airship || dirigeable m. souple. 28
Luftschiffer m. || aëronaut; aviator || aéronaute m.; aviateur m.; aérostier m. 29
Luftschiffahrt f. || air *or* aerial navigation; aeronautics pl. || navigation f. aérienne; aéronautique f. 30
Luftschiff-funkerei f. || airship radio || radio m. d'aéronat. **a) ~gondel** f. || airship car || nacelle f. de dirigeable. **b) ~halle** f. || airship shed || hangar m. pour dirigeables. **c) ~halteseil** n. || airplane holding rope || cable m. de retenue pour ballons dirigeables. **d) ~körper** m. || body *or* hull of airship || carène f. du dirigeable. **e) ~propeller** m. || airship propeller || propulseur m. pour ballons dirigeables. **f) ~station** f. || airship station; aëronautic establishment || station f. de dirigeable; établissement m. d'aérostation. **g) ~typ** m. || type of airship || type m. de dirigeable. 31
Luft-schild n. || air board || plaque-adresses f. sur treillis en fil métallique. **a) ~schlange** f. aus Papier || paper snake || serpentin m. de carnaval. **b) ~schlauch** m. (Auto) || air tube; tire (inner tube) || chambre f. à air; pneumatique f. 32
Luftschleuse f. || air lock || écluse f. d'air. **a)** ~ (Bergb) || air sluice || sas m. à air. **b)** ~ (Brückenbau) || antechamber || sas m. à air. 33
Luftschlitz m. in der **Motorhaube** || louvre || persienne f. de capot. 34
Luftschraube f. || air *or* aerial propeller; airscrew || hélice f. aérienne; aéro-propulseur m. **a) ~** eines **Flugzeugs** || aeroplane propeller || hélice f. d'aéroplane. **b) Holz~** || wooden airscrew || hélice f. en bois. **c) Leitkante** f. der **~** || airscrew blade leading edge || rebord m. de la pale d'hélice. **d) Vorderseite** f. der **~** || airscrew blade face || face f. de l'hélice. 35
Luftschrauben-blatt n. || airscrew blade || pale f. d'hélice. **a) ~nabe** f. || airscrew hub || moyeu m. de l'hélice. 36
Luft-seilbahn f. || aerial cableway || transport m. aérien par câble. **a) ~sieb** n. || air strainer || filtre m. à air. **b) ~spalt** m. (Elektr) || air gap || entrefer m. **c) ~spiegelung** f. || mirage; looming || mirage m.

d) ~spieß m. (Sandformerei) || venting wire; wire riddle || aiguille f.; dégorgeoir m. **e) ~stickstoff** m. || aerial nitrogen || azote m. atmosphérique. **f) ~störung** f. || atmospherics pl.; atmospheric disorder || perturbation f. atmosphérique. **g) ~streitkräfte** fpl. || air corps *or* forces pl. *or* units pl. || forces fpl. (militaires) aériennes. 1

Luftstrom m. || air current || courant m. d'air. **a) kalter ~** || cold air current || courant m. d'air froid. **b) umkehrbarer ~** || reversible air current || courant m. d'air réversible. **c) warmer ~** || warm air current || courant m. d'air chaud. 2

Luft-strömung f. || air flow; air current (A) || courant m. atmosphérique *ou* d'air; écoulement m. d'air. **a) ~strömungsbild** n. || air flow pattern || forme f. d'écoulement de filet d'air. **b) ~tasche** f. (Rohrleitung) || air bound || poche f. d'air. **c) ~thermometer** n. || air *or* atmospherical thermometer || thermomètre m. à air. **d) ~torpedo** m. || aerial torpedo || torpille f. aérienne. **e) ~transformator** m. || air gap transformer || transformateur m. dans l'air. 3

lufttrocken || air dry *or* dried || sec *ou* séché à l'air m. **a) ~es Holz** n. || air-seasoned wood || bois m. séché à l'air. 4

Lufttrocken- f. und Spannmaschine f. (Web) || tentering and air drying machine || rameuse-sécheuse f. à air. 5

Lufttrocknung f. durch **Absorptionsmittel** || air-drying by means of absorbents || séchage m. de l'air à l'aide de corps absorbants. **a) ~** des **Holzes** || air-drying *or* seasoning of wood || séchage m. du bois à l'air. 6

Luft-trübung f. || turbidity *or* murkiness of the air. || obscurcissement m. *ou* assombrissement m. atmosphérique *ou* de l'air. **a) ~tüchtigkeit** f. || airworthiness || tenue f. en l'air. **b) ~überschuß** m. || excess of air || excès m. d'air. **c) ~umlauf** m. || air circulation || circulation f. d'air. 7

Lüftung f. || ventilation || ventilation f. 8

Lüftungs-anlage f. || ventilation plant || installation f. d'aération *ou* de ventilation. **a) ~apparat** m. *s.* Lüftungsgerät. **b) ~aufsatz** m. || ventilator cowl || mitre f. *ou* capot m. de ventilation. **c) ~blech** n. || ventilation plate || tôle f. de ventilation. **d) ~flügel** m. (Bauw) || ventilation flap || clapet m. de ventilation. 9

Lüftungsgerät n. || aerating apparatus || appareil m. d'aération. **a) Boden~** (Landw) || soil ventilating tools pl. || outils mpl. à ventiler le sol. 10

Lüftungs-kanal m. || conduit for ventilation || canal m. de ventilation. **a) ~maschine** f. || ventilating machine || machine f. pour ventiler. 11

Lüftungsrohr n. || ventilating pipe || tuyau m. de ventilation. **a) Haupt~** || main ventilating pipe || tuyau m. de ventilation principal; tuyau m. principal d'arrivée d'air. 12

Lüftungs-röhre f. *s.* Lüftungsrohr. **a) ~schacht** m. || ventilating shaft || puits m. de ventilation. 13

Luft-ventil n. || air valve || soupape f. à air; reniflard m. **a) ~verbesserungsapparat** m. || air purifying apparatus || appareil m. servant à l'épuration de l'air. **b) ~verdichter** m. || air compressor || compresseur m. d'air. **c) ~verdrängung** f. || air volume displacement; aerodynamic volume displacement (A) || déplacement m. d'air. 14

luftverdünnter Raum m. || rarified air space || espace m. d'air raréfié. **a) im luftverdünnten Raum** || under diminished pressure || sous pression f. réduite. 15

Luft-verdünnung f. || rarefaction of the air || raréfaction f. de l'air. **a) ~verflüssigung** f. || liquefaction of air || liquéfaction f. de l'air. **b) ~verflüssigungsanlage** f. || air liquefying plant || installation f. de liquéfaction de l'air. 16

Luftverkehr m. *s.* Luftverkehrswesen. 17

Luftverkehrs-vorschriften fpl. || air-traffic rules pl. || règlements mpl. de circulation aérienne. **a) ~wesen** n. || air traffic || circulation f. aérienne. 18

Luft-vorreiniger m. || air (pre)purifier || épurateur m. préliminaire. **a) ~vorwärmer** m. || air pre-heater || réchauffeur m. préliminaire d'air. **b) ~wärme** f. || air temperature || température f. de l'air. **c) ~wärmeofen** m. || air stove || calorifère f. à air chaud. **d) ~wärmer** m. (Vergaser) || hot-air pipe || prise f. d'air chaud. **e) ~warnungsdienst** m. || aviation weather service; air warning service || service m. d'avertissement météorologique pour la navigation aérienne. **f) ~wasserdampf** m. || atmospheric water vapour || vapeur f. d'eau contenue dans l'air. 19

Luftwechsel m. *s.* Lüftung. **a) natürlicher ~** || natural ventilation || aérage m. naturel. 20

Luftwechselklappe f. || air changing valve || clapet m. d'aération. 21

Luftweg m. || airway || route f. aérienne. **a) ~karte** f. || airway map || carte f. de route *ou* de ligne aérienne. 22

Luft-weiche f. || aerial frog || aiguillage f. aérien; changement m. de voie aérien. **a) ~welle** f. || air wave || vague f. d'air; onde f. aérienne. **b) ~wichte** f. || specific weight of air || poids m. spécifique de l'air. **c) ~widerstand** m. || air resistance || résistance f. de l'air. **d) ~widerstandsfläche** f. || aerofoil || surface f. soumise à la résistance de l'air. **e) ~wirbel** m. || air eddy; whirl; vortex || remou m.; tourbillon m. **f) ~ziegel** m. || clay *or* cob *or* air-dried *or* unburnt brick; adobe || brique f. crue *ou* séchée à l'air. **g) ~ziel** n. || air target || objectif m. aérien. **h) ~zirkulation** f. || circulation of air || circulation f. d'air. **i) ~zufuhr** f. || air supply || supplément m. d'air. **k) ~zuführungsrohr** n. || air feeder || manche f. à air. 23

Luftzug m. || current of air; air draught || courant m. d'air. **a) ~** (Erdarb) || funnel; air hole; ventilator || évent m.; (éventoir m.; éventouse f.); conduite f. d'air. **b) künstlicher ~** || artificial draught || courant m. d'air *ou* tirage m. artificiel. **c) natürlicher ~** || natural draught || courant m. d'air *ou* tirage m. naturel. **d) ~** eines **Ofens** || draught of a stove || tirage m. d'un foyer. 24

Luftzwischenraum m. || air gap || espace m. d'air. 25

Luk n. (Schiffb) || hatch; hatchway || écoutille f. 26

Luke f. (Bauw) || dormer *or* garret window || lucarne f. 27

Luken-deckel m. (Schiffb) || hatchway cover || couvercle m. d'écoutille. **a) ~-gräting** f. || hatchway grating || caillebottis m. pour écoutilles. **b) ~kran** m. || hatch crane || grue f. de lucarne. 28

lullen (Wind) || to lull || accalmir; tomber. 29

Lullen n. (Wind) || lull || accalmie f. 30

Lumachell m. || shell *or* lumachella marble || lumachelle f.; marbre m. lumachelle *ou* coquillier. 31

Lumen n. || lumen || lumen m. **a) ~stunde** f. || lumen hour || lumen-heure m. 32

Lumineszenz f. || luminescence || luminescence f. 33

lumineszierende Substanz f. || luminescent substance || substance f. luminescente. 34

Lumpen mpl. || rags pl. || haillon m.; drilles fpl.; chiffons mpl. **a)** die **~ auslesen** || to sort the rags pl. || délisser *ou* séparer *ou* trier les chiffons mpl. **b)** grobe graue **Ausschuß~** || coarse paper rags pl. || boulangeon m. **c) gekochte ~** || boiled rags pl. || bouillie f. **d) gewolfte ~** || devilled rags pl. || cobre m. **e) karbonisierte ~** || carbonized rags pl. || chiffons mpl. carbonisés. **f)** die **~ schneiden** || to cut the rags pl. || dérompre les chiffons mpl. **g)** die **~ sieben** || to dust the rags pl. || nettoyer les chiffons mpl. **h)** die **~ sortieren** || to sort the rags pl. || délisser *ou* séparer *ou* trier les chiffons mpl. **i)** die **~ zerreiben** || to grind the rags pl. || broyer les chiffons mpl. 35

Lumpen-behälter m. (Pap) || chest for rags || cassot m. **a) ~butte** f. (Pap) || rag tub *or* bucket || gerlon m.; gerlot m. **b) ~halbstoffwerk** n. || rag working in half-products || fabrication f. de chiffons en demi-produits. **c) ~kocher** m. (Pap) || rag boiler || bouilleur m. *ou* lessiveur m. des chiffons. **d) ~reinigungsmaschine** f. || rag cleaning machine; rag duster || machine f. à nettoyer les chiffons; blutoir m. pour chiffons. **e) ~reißer** m. || rag tearing machine tenter; shoddy teaser || effilocheur m. de chiffons. **f) ~reißerei** f. || rag cutting || effilochage m. de chiffons. **g) ~reißmaschine** f. || rag grinder *or* devil || effilocheuse f. pour chiffons. **h) ~sammler** m. || ragman; rag gatherer *or* picker || chiffonier m.; drillier m. **i) ~schneider** m. || rag cutter || coupeur m. de chiffons. **k) ~schneidmaschine** f. (Pap) || rag cutting machine || dérompoir m.; délisseuse f. mécanique; coupe-chiffons m. **l) ~sortierer** m. || rag sorter *or* assorter || délisseur m.; drillier m.; trieur m. de chiffons; chiffonnier m. **m) ~sortierkasten** m. (Pap) || chest for rags || cassot m. pour chiffons. **n) ~stäuber** m. (Pap) || rag duster || blutoir m. de chiffons. **o) ~stoff** m. (Pap) || rag pulp || pâte f. de chiffons. **p) ~verarbeitungsmaschine** f. || rag working machine || machine f. pour la préparation des chiffons. **q) ~wäscher** m. || rag washer(man) || laveur m. de chiffons. **r) ~wäscherei** f. || rag washing || blanchissage m. de chiffons. **s) ~waschmaschine** f. || rag washing engine || pile-laveuse f. **t) ~wolf** m. || rag tearing machine; raveling machine; shoddy devil || effilocheuse f. **u) ~wolle** f. || artificial *or* shoddy wool; shoddy || laine f. artificielle *ou* renaissance *ou* refaite. **v) ~zupferin** f. || rag-tearing woman || effilocheuse f. *ou* effiloqueuse f. de chiffons. **w) ~zurichterin** f. (Pap) || shredder || délisseuse f. 36

Lünette f. || collar plate || poupée f. à lunette. 1

Lunge f. || lung || poumon m. 2

Lungen-entzündung f. || pneumonia || pneumonie f. a) **~kraut** n. || lungwort herb || herbe f. de pulmonaire. b) **~-schützer** m. || lung protector || protège-poumons m. 3

Lunker m. || pipe *or* shrink *or* draw hole; pipe; (contraction) cavity; funnel || retassement m.; retassure f.; cavité f. a) **~bildung** f. || piping; (contraction) cavity || retassure f.; retassement m.; ravalement m. 4

lunkern || to pipe || retasser. 5

Lunkern n. *s.* Lunkerbildung. 6

Lunkerung f. *s.* Lunkerbildung. 7

Lünse f. || forelock; linch *or* axle pin || esse f.; asse f. a) **~ mit Kotdeckel** || linch pin with a cap || esse f. d'essieu à coiffe. 8

Lünsscheibe f. || linch washer || rondelle f. de bout d'essieu. 9

Lunte f. || (slow) match wick || mèche f. (à canon *ou* de guerre); corde f. à feu. a) **~** (Spinn) || slubbing; roving || mèche f. b) **Brand~** || slow match || mèche f. incendiaire. c) **~ für Feuerzeuge** || wick for fire lighters || mèche f. pour briquets. d) **Zünd~** (Motor) || sparking paper || mèche f. d'allumage. 10

Luntespinnen n. || slubbing; roving || filage m. en gros; préparation f. de la filature *ou* de la mèche. 11

Lupe f. || lens; magnifier; magnifying lens || loupe f. a) **anastigmatische ~** || anastigmatic magnifier || loupe f. anastigmatique. b) **anastigmatische Einschlag~** || anastigmatic folding magnifier || loupe f. fermante anastigmatique. c) **aplanatische ~** || aplanatic magnifier || loupe f. aplanétique. d) **aplanatische Einschlag~** || aplanatic folding magnifier || loupe f. aplanétique fermante. e) **~ für die Augenuntersuchung** || magnifier for the examination of the eyes || loupe f. pour l'examen des yeux. f) **Bild~** || magnifying picture viewer || loupe f. photoscopique. g) **botanische ~** || botanical magnifier || loupe f. pour botanistes. h) **Brillen~** || spectacle magnifier || lunette-loupe f. i) einen Gegenstand m. **durch** die **~** betrachten || to examine an object through a magnifying lens || regarder un objet à la loupe. k) **Edelstein~** || gem magnifier || loupe f. de bijoutier. l) **~ mit einfacher** anastigmatischer **Linse** || magnifier with simple anastigmatic lens || loupe f. constituée par une lentille simple anastigmatique. m) **Einschlag~** || folding magnifier || loupe f. fermante *ou* pliante. n) **Einstell~** || focussing magnifier || loupe f. de mise au point. o) **Fernrohr~** || telescopic magnifier || téléloupe f. p) **starke ~** || magnifier of high power || loupe f. puissante. q) **stereoskopische ~** || stereoscopic magnifier || loupe f. stéréoscopique. r) **Taschen~** für den freihändigen Gebrauch || pocket magnifier for use in the hand || loupe f. de poche employée à la main. s) **Verzeichnungsfreiheit** f. der **~** || freedom from distortion of the magnifier || absence f. de distorsion de la loupe. t) **zusammenlegbare ~** || collapsible *or* folding magnifying-glass || loupe f. à manche pliante. 12

Lupen-beobachtung f., stereoskopische **~** des **Auges** || stereoscopically magnifier viewing of eyes || examen m. stéréoscopique de l'œil. a) **~lampe** f. || magnifier lamp || lampe f. à loupe. b) **~linse** f. || magnifying lens || lentille f. de la loupe. c) **~stativ** n. || lens stand || statif m. de la loupe; pied m. porte-loupe. d) **~vergrößerung** f. || factorial *or* lens magnification || grossissement m. de la loupe. 13

Lupferpunzen m. || punch for making fine flutes *or* grooves || outil m. à canneler; bouge m. 14

Lupine f. || lupine || lupin m. 15

Lupinenentbitterungsvorrichtung f. || lupine unbittering apparatus || appareil m. à enlever l'amertume du lupin. 16

Luppe || lump; bloom; (puddle) ball; loop; loupe; mass || loupe f.; bloom m.; pain m.; boule f.; balle f. en fer; masse f. a) **~** von **gefrischtem Stahl** || charcoal-steel ball || balle f. d'acier affiné. b) **gezängte ~** || shingled bloom || bloom m. cinglé. c) **kleine gezängte ~** || small shingled ball || masselet m. 17

Luppen-eisen n. || iron loop *or* bloom || fer m. en loupes. a) **~fahrer** m. || loop wheeler || porteur m. de loupes. b) **~frischarbeit** f. || direct extraction of iron in a charcoal hearth || extraction f. directe du fer dans les forges. c) **~frischfeuer** n. || bloomery fire || bas-foyer m. d) **~herd** m. || bloomery forge || feu m. *ou* foyer m. à loupe; basfoyer m. e) **~mühle** f. || rotary squeezer || moulin m. à cingler; cingleur m. rotatif. f) **~quetschwerk** n. || squeezer || presse à cingler. g) **~schmied** m. || shingler || cingleur m. h) **~schmiede** f. || Alman *or* German forge || Allemanderie f. i) **~wagen** m. (Met) || bloom wagon || wagon m. à loupes. k) **~walze** f. || blooming *or* roughing *or* puddle roll; roughing cylinder || cylindre m. ébaucheur *ou* dégrossisseur *ou* cingleur. l) **~walzer** m. || puddled bar roller || ébaucheur m. m) **~walzwerk** n. || rough *or* roughing rolls pl.; slabbing mill || train m. ébaucheur; laminoir m. à blooms. n) **~zange** f. || large tongs pl. || écrevisse f.; loupe-resse f.; cingleresse f. 18

Lüster m. || chandelier || lustre m. a) **~klemme** f. (Beleucht) || connector clip || agrafe f. 19

lustlos (Börse) || lifeless; stagnant; inactive || lourd. 20

Lustrieren n. von **Pelzen** || fur lustring || lustrage m. de fourrures. 21

Lüstrine f. || lustring || lustrine f. 22

Lustschiffahrt f. || yachting || navigation f. de plaisance. 23

lutieren (Chem) || to lute || luter. 24

Lutieren n. (Chem) || lutation; luting || lutation f. 25

Lutte f. (Bergb) || air conduit || buse f. d'aérage. 26

Lutten-richtapparat m. || air conduit adjusting apparatus || appareil m. à dresser les tuyaux d'aération. a) **~ventilator** m. || ventilator for the air conduit || ventilateur m. de galerie. 27

Lutter m. (Brenn) || singlings pl.; low wine || blanquette f. 28

Lutum n. *s.* Kitt. 29

Luv n. || weather side *or* gage; loof || côté m. du vent; lof m. a) **~ halten** || to keep the weather gage || tenir le lof *ou* le vent. 30

Luv-baum m. || outrigger || boute-hors m. a) **~braß** f. || weather brace || bras m. du dessus du vent. 31

luven || to luff; to spring a luff || loffer; venir au lof; venir au vent. 32

Luv-küste f. || weather *or* windward shore || terre f. *ou* côte f. au vent. a) **~ruder** n. || weather helm || gouvernail m. arrivé. 33

Luvschot f. || weather sheet || écoute f. de revers. a) die **~ fieren** || to start the weather sheet || larguer l'écoute f. du vent. 34

Luv-schothorn n. || weather clew || point m. d'amure *ou* de vent. a) **~seite** f. || weather side || côté m. du vent. 35

luvwärts || windward; aloof; luff || au vent. 36

Lux n. || lux || lux m. 37

Luxus-ausführung f. || de-luxe model || modèle m. de luxe. a) **~ausgabe** f. (Buchdruck) || large paper edition; edition de luxe || édition f. de luxe. b) **~einband** m. (Buchb) || rich binding || reliure f. de luxe. c) **~jacht** f. || yacht || yacht m. de luxe. d) **~kerze** f. || candle de luxe; fancy candle || bougie f. de luxe. e) **~küchenherd** m. || kitchen range de luxe || cuisinière f. de luxe. f) **~möbel** n. || fancy *or* ornamental furniture || meuble m. de luxe. 38

Luxuspapier n. || fine paper || papier n. de luxe. a) **~herstellungsmaschine** f. || fancy paper making machine || machine f. pour fabriquer du papier de luxe. 39

Luxus-polstermöbel npl. || fine art upholstered furniture || meubles mpl. rembourrés de luxe. a) **~porzellan** n. || fancy porcelain || porcelaine f. de luxe. b) **~steuer** f. || duty on luxuries || impôt m. sur le luxe. c) **~wagen** m. || car de luxe; splendid carriage || carrosse f. *ou* voiture f. de luxe. 40

lydischer Stein m. *s.* Lydit. 41

Lydit m. || Lydian stone || lydite f.; lydienne f.; pierre f. de Lydie *ou* de touche. 42

Lymphe f. || lymph; vaccine || lymphe f.; vaccin m. 43

Lysoform n. || lysoform || lysoforme m. 44

Lysol n. || lysol || lysol m. 45

M

M-Zahn m. (Säge) || M-tooth || dent f. en forme de M. 1
Maar n. || crater lake || maar m. 2
Maat m. || mate || quartier-maître m. 3
Maatjeshering m. || white herring; matic || hareng m. vierge. 4
machen || to make || faire. **a)** in einer **Warengattung** f. ~ (Kaufm) || to deal in a ware || faire dans un article. 5
Macherlohn m. || cost of production || main-d'œuvre f.; façon f. 6
Macht f. der öffentlichen Meinung der zivilisierten Welt || force of public opinion of the civilized world || force f. d'opinion publique des nations civilisées. 7
mächtig (Bergb) || wide; thick; large || épais; large. 8
Mächtigkeit f. der **Flöze** (Bergb) || thickness of the seam || puissance f. des couches. 9
macklich (Seew) || handy; easy; snug || commode. 10
Mädchenkleidung f. || clothing for girls || vêtement m. pour fillettes. 11
Madeiramahagoni n. || bastard mahogany || acajou m. bâtard. 12
Magazin n. einer **Maschine** || magazine of a machine || magazin m. d'une machine. 13
Magazin-arbeiter m. (Bergb) || store keeper || magasinier m. **a) ~einrichtung** f. || magazine feed attachment || magasin m. **b) ~kamera** f. || magazine camera || appareil m. magasin. 14
Magd f. (Landw) || maidservant; servant || servante f. 15
Magen m. || stomach || estomac m. **a) ~bitter** m. || bitter || bitter m.; liqueur f. stomachique. 16
mager (Buchdr) || meagre; lean-faced || maigre. 17
mager-er Beton m. || meagre concrete || béton m. maigre. **a) ~er Mörtel** m. || meagre mortar || mortier m. maigre. **b) ~e Schrift** f. || lean-faced type || caractères mpl. maigres. 18
Mager-kalk m. || poor lime || chaux f. maigre. **a) ~kohle** f. || non-bituminous *or* non-baking coal || houille f. maigre. **b) ~koks** m. || lean coke || coke m. maigre. **c) ~milch** f. || skim milk || lait m. écrémé. 19
Magerungsmittel n. (Töpf) || lean clay; lean material || matière f. amaigrissante. **a)** ~ für zu **gasreiche Kokskohlen** || lean material for mixing with coaking coal containing too high a percentage of volatiles || matière f. pour la mélanger avec des charbons trop riches en gaz que l'on veut soumettre à la distillation. 20
Magistral n. (Met) || magistral || magistral m. 21
Magnalium n. || magnalium || magnalium m. 22
Magnanerie f. (Seidenf) || silkworm house || coconière f.; magnanière f.; vererie f. 23
Magnesia f. || magnesia; oxide of magnesium || magnésie f. *ou* oxyde m. de magnésium. **a) kieselsaure** ~ || silicate of magnesia || silicate m. de magnésie. **b) kohlensaure** ~ || carbonate of magnesia || carbonate m. de magnésie. **c) salzsaure** ~ || chloride of magnesium || chlorure m. de magnésium. **d) schwefelsaure** ~ || sulphate of magnesia; bitter-salt; Epsom salt || sulfate m. de magnésie. **e) zitronensaure** ~ || magnesia citrate || citrate m. de magnésie. 24
Magnesia-alaun m. || magnesia *or* talc alum || alun m. de magnésie. **a) ~glimmer** m. || biotite; black mica || mica m. magnésien *ou* noir. **b) ~salpeter** m. || nitromagnesite || nitromagnésite f. **c) ~zement** m. || magnesia cement || ciment m. de magnésie. 25
Magnesioferrit m. || magnesioferrite; magnoferrite || magnésioferrite f.; magnoferrite f. 26
Magnesit m. || magnesite || magnésite f.; magnésie f. carbonatée. **a) quarziger** ~ || siliciferous carbonate of magnesia || magnésie f. carbonatée silicifère. 27
Magnesit-fabrikeinrichtung f. || magnesite works equipment || équipement m. *ou* installation f. de fabrique de magnésite. **a) ~mühle** f. || magnesite mill || moulin m. à magnésite. **b) ~stein** m. || magnesite brick || brique f. de magnésite. 28
Magnesium n. || magnesium || magnésium m.; magnésie f. **a) phosphorsaures** ~ || magnesium phosphate || phosphate m. de magnésie. **b) salpetersaures** ~ || magnesium nitrate || nitrate m. de magnésie. **c) stearinsaures** ~ || magnesium stearate || stéarate m. de magnésium. **d) zitronensaures** ~ || magnesium citrate || citrate m. de magnésie. 29
Magnesiumdraht m. || magnesium wire || fil m. de magnésium. 30
magnesiumhaltig || magnesian || magnésique. 31
Magnesium-karbonat n. || magnesium carbonate || carbonate m. de magnésium. **a) ~legierung** f. || magnesium alloy || magnésium-alliage m. **b) ~licht** n. || magnesium light || lumière f. du magnésium. **c) ~olivin** n. || forsterite || forstérite f. **d) ~perborat** n. || magnesium perborate || perborate m. de magnésium. **e) ~sulfat** n. || magnesium sulphate; Epsom salt || sulfate m. de magnésie; sel m. d'Epsom. **f) ~superoxyd** n. magnesium peroxide || peroxyde m. de magnésium. **g) ~verbindung** f. (Chem) || magnesium compound || combinaison f. magnésienne. 32
Magnet m. || magnet || aimant m.; barreau m. magnétique. **a) Anlaß~** || starting magneto || magnéto f. de mise en marche. **b) Ausgleichungs~** || compensating (compensation A) magnet || aimant m. de compensation. **c) Band~** (Elektr) || plate-magnet || aimant m. plat en lames. **d) Dauer~** || permanent magnet || aimant m. permanent. **e) Elektro~** || electro-magnet || électro-aimant m. **f) geschlossener** ~ || closed magnet || aimant m. fermé. **g) Hebe~** || lifting magnet || électro-aimant m. de levage. **h) Hochspannungs~** || high-tension magneto || magnéto f. à haute tension. **i) hufeisenförmiger** ~ || horse-shoe magnet || aimant m. en fer à cheval. **k)** ~ mit **Kettenantrieb** || chain-driven magneto || magnéto f. à commande par chaîne. **l) Krängungs~** || heeling magnet || aimant m. générateur du champ additionnel. **m) künstlicher** ~ || artificial magnet || aimant m. artificiel. **n) Last~** || crane magnet || aimant m. porteur de charge. **o) Lasthebe~** || lifting magnet || aimant m. de levage. **p) natürlicher** ~ || natural magnet; lodestone; loadstone; native magnet || pierre f. d'aimant; aimant m. naturel. **q) nicht geschlossener** ~ || unclosed magnet || aimant m. non fermé. **r) Niederspannungs~** || low-tension magneto || magnéto f. à basse tension. **s)** ~ mit **selbsttätiger Zündmomentverstellung** || automatic timed magneto || magnéto f. à avance automatique. **t) Stahl~** || steel magnet || aimant m. d'acier. 33
Magnet-anker m. || magnet keeper || armature f. d'un aimant. **a) ~antrieb** m. || magneto drive || commande f. de magnéto. 34
Magnetapparat m. (Motor) || magneto || magnéto f. **a)** ~ für **Zündung** und **Beleuchtung** || ignition and lighting magneto || magnéto f. d'allumage et d'éclairage. 35
Magnetapparatstütze f. || magneto bracket || support m. de magnéto. 36
Magnet-ausschalter m. || field break switch || interrupteur m. de l'excitation. **a) ~bügel** m. || magneto strop || bride f. de magnéto. **b) ~bündel** n. || magnetised fagot || faisceau m. aimanté. **c) ~detektor** m. || magnetic detector || détecteur m. magnétique. **d) ~eisenerz** n. || magnetite; magnetic iron ore || fer m. magnétique; magnétite f. 37
Magneteisenstein m. || natural magnet; magnetic iron ore; lodestone; loadstone; magnetite || aimant m. naturel; fer m. magnétique; pierre f. d'aimant; magnétite f. **a) ~grube** f. || magnetite mine || mine f. de fer magnétique. 38
magnetelektrisch || magneto-electric || magnéto-électrique. **a) ~es Geschütz** n. || magneto-electric gun || canon m. électro-magnétique. 39
Magnet-feld n. || magnetic field || champ m. magnétique. **a) ~gestell** n. || magnet frame || bâti m. magnétique. **b) ~halter** m. magnet holder || porte-aimant m. **c) ~hebezeug** n. || lifting magnet || aimant m. de levage. **d) ~induktion** f. magnetic induction || induction f. magnétique. 40
magnetisch || magnetic(al) || magnétique. **a) nord~** || north-magnetic || magnétique nord. **b) süd~** || south-magnetic || magnétique sud. 41

magnetisch-er Detektor m. ‖ magnetic detector ‖ détecteur m. magnétique. **a)** ~**e Energie** f. ‖ magnetic energy ‖ énergie f. magnétique. **b)** ~**es Feld** n. ‖ magnetic field ‖ champ m. magnétique. **c)** ~**e Feldstärke** f. ‖ magnetic field intensity ‖ intensité f. du champ magnétique. **d)** ~**er Fluß** m. ‖ magnetic flux ‖ flux m. magnétique. **e)** ~**er Hammerunterbrecher** m. ‖ magnetic hammer break ‖ interrupteur m. à marteau. **f)** ~**es Kraftlinienbild** n. ‖ magnetic figure ‖ spectre m. magnétique. **g)** ~**es Kraftlinienfeld** n. ‖ field of magnetic force ‖ champ m. magnétique. **h)** ~**er Kreis** m. ‖ magnetic circuit ‖ circuit m. magnétique. **i)** ~**es Potential** n. ‖ magnetic potential ‖ potentiel m. magnétique. **k)** ~**e Reibungsarbeit** f. ‖ hysteresis ‖ hystérèse f. **l)** ~**e Sättigung** f. ‖ magnetic saturation ‖ saturation f. magnétique. **m)** ~**e Schwankung** f., tägliche ‖ diurnal magnetic variation ‖ variation f. magnétique diurne. **n)** ~**er Stahlstab** m. ‖ magnetic steel bar ‖ barreau m. d'acier magnétique. **o)** ~**e Untersuchung** f. ‖ magnetic investigation ‖ recherche f. magnétique. **p)** ~**er Widerstand** m. ‖ reluctance ‖ réluctance f. 1

magnetisierbar ‖ magnetizable ‖ aimantable; magnétisable. 2

Magnetisierbarkeit f. ‖ magnetizability ‖ aimantabilité f. 3

magnetisieren ‖ to magnetize ‖ aimanter. 4

magnetisierender Strom m. ‖ magnetizing current ‖ courant m. aimantisant. 5

Magnetisierung f. ‖ magnetization ‖ magnétisation f.; aimantation f. **a) Strich**~ ‖ magnetization by touch ‖ aimantation f. par friction. 6

Magnetisierungs-kurve f. ‖ magnetization curve ‖ courbe f. d'aimantation. **a)** ~**stärke** f. ‖ intensity of magnetization ‖ intensité f. d'aimantation. **b)** ~**strich** m. ‖ magnetizing touch ‖ touche f. **c)** ~**strom** m. ‖ magnetizing current ‖ courant m. d'aimantation. 7

Magnetismus m. ‖ magnetism ‖ magnétisme m. **a)** in den Polen **angehäufter** ~ ‖ magnetism collected in the poles ‖ magnétisme m. accumulé dans les pôles. **b)** den ~ m. **entfernen** ‖ to remove the magnetism ‖ enlever *ou* détruire le magnétisme. **c) freier** ~ ‖ free magnetism ‖ magnétisme m. libre. **d) gebundener** ~ ‖ bound magnetism ‖ magnétisme m. latent. **e) remanenter** ~ ‖ residual magnetism ‖ magnétisme m. résiduel *ou* rémanent. **f) Schiffs**~ ‖ ship's magnetism ‖ magnétisme m. du navire. **g)** den ~ m. **übertragen** ‖ to transfer *or* to transmit the magnetism ‖ transmettre *ou* faire passer le magnétisme d'un corps sur un autre. **h) Unempfindlichkeit** f. gegen ~ ‖ insensitiveness to magnetism ‖ insensibilité f. contre le magnétisme. **i)** den ~ m. **verlieren** ‖ to lose magnetism ‖ perdre le magnétisme. 8

Magnetit m. ‖ magnetite ‖ fer m. magnétique; magnétite f. **a)** ~**elektrode** f. ‖ magnetite electrode ‖ électrode f. en magnétite. 9

Magnet-joch n. ‖ yoke of magnet ‖ culasse f. de l'aimant. **a)** ~**kern** m. ‖ magnet core ‖ noyau m. d'un aimant. **b)** ~**kerze** f. ‖ magnetic spark plug ‖ bougie f. magnétique. **c)** ~**kerzenzündung** f. ‖ magnetic plug ignition ‖ allumage m. par bougie magnétique. **d)** ~**kies** m. ‖ magnetic pyrites; pyrrhotine ‖ pyrite f. magnétique. **e)** ~**kompaß** m. ‖ magnetic compass ‖ compas m. magnétique. **f)** ~**kraftfluß** m. ‖ magnetic field flux ‖ flux m. de champ inducteur. **g)** ~**kran** m. ‖ magnet crane ‖ grue f. à aimant. **h)** ~**kupplung** f. ‖ magneto coupling ‖ accouplement m. de magnéto. **i)** ~**mitnehmer** m. ‖ magneto clutch ‖ griffe f. de magnéto. 10

Magnetnadel f. ‖ (magnetic) needle; compass needle ‖ aiguille f. aimantée *ou* de compas. **a) rautenförmige** ~ ‖ rhomboidal (square shaped A) magnetic needle ‖ aiguille f. aimantée en forme de losange. **b)** die ~ **schwankt** hin und her ‖ the needle yaws ‖ l'aiguille f. vacille. 11

Magnetnadelinstrument n. ‖ instrument employing magnetic needle ‖ instrument m. à aiguille aimantée. 12

Magneto-graf m. ‖ magnetograph; recording magnetometer ‖ magnétographe m.; magnetomètre m. enregistreur. **a)** ~**meter** n. ‖ magnetometer ‖ magnétomètre m. 13

magnetomotorisch ‖ magnetomotive ‖ magnétomoteur. **a)** ~**e Kraft** f. ‖ magnetomotive force ‖ force f. magnétomotrice. 14

Magnet-pol m. ‖ magnetic pole ‖ pôle m. d'aimant. **a)** ~**rad** n. ‖ magnet wheel ‖ roue f. magnétique. **b)** ~**regler** m. ‖ magnet regulator ‖ régulateur m. de champ magnétique. 15

Magnetron n. ‖ magnetron ‖ magnétron m. 16

Magnet-schalter m. ‖ ignition switch ‖ commutateur m. de magnéto. **a)** ~**scheideanlage** f. ‖ magnetic screening device ‖ installation f. de triage magnétique. 17

Magnetscheider m. ‖ magnetic separator ‖ séparateur m. magnétique. **a) Trommel**~ ‖ magnetic drum separator ‖ tambour m. séparateur magnétique. 18

Magnet-schlüssel m. ‖ spanner for magneto ‖ clef f. à magnéto. **a)** ~**spannplatte** f. ‖ magnetic holding device ‖ plateau m. de serrage à aimant. **b)** ~**spule** f. (Elektr) ‖ magnet *or* field coil ‖ bobine f. d'électro-aimant *ou* pour aimants. **c)** ~**stab** m. ‖ bar magnet ‖ barreau m. aimanté; aimant m. droit. **d)** ~**stahl** m. ‖ magnet steel ‖ acier m. pour aimants. **e)** ~**stein** m. *s.* ~eisenstein m. 19

Magnetsummer m. ‖ electromagnetic oscillator ‖ oscillateur m. électromagnétique. **a)** ~**schaltung** f. ‖ electromagnetic oscillator connection ‖ dispositif m. d'oscillateur magnétique. 20

Magnet-walze f. ‖ magnetic roller ‖ cylindre m. aimanté. **a)** ~**wicklung** f. ‖ magnet winding ‖ enroulement m. d'électro. 21

Magnetzünder m. ‖ magneto ‖ magnéto f. **a) Anlaß**~ ‖ starting magneto ‖ magnéto f. de mise en marche. 22

Magnetzündung f. ‖ magneto ignition ‖ allumage m. par magnéto. 23

Magnoferrit m. *s.* Magnesioferrit. 24

Magnuseffekt m. ‖ Magnus effect ‖ effet m. Magnus. 25

Mahagoni n. ‖ mahogany ‖ acajou m. 26

Mahagonibaum m. ‖ mahogany (tree) ‖ arbre m. à acajou; acajou m. **a)** ~**gummi** m. ‖ mahogany gum ‖ gomme f. d'acajou. 27

Mahagoni-bohle f. ‖ mahogany plank ‖ madrier m. d'acajou. **a)** ~**block** m. ‖ log of mahogany ‖ bille f. d'acajou. **b)** ~**furnierholz** n. ‖ veneer pattern mahogany ‖ feuille f. d'acajou. 28

Mahagoniholz n. ‖ mahogany ‖ acajou m. **a) afrikanisches** ~ ‖ bastard mahogany ‖ acajou m. bâtard. **b)** mit ~ n. **auslegen** ‖ to mahoganize ‖ acajouter. **c) geädertes** ~ ‖ veined mahogany ‖ acajou m. veiné. **d) geflammtes** ~ ‖ plum pattern mahogany ‖ acajou m. flammé. **e) gefiecktes** ~ ‖ spotted mahogany ‖ acajou m. moucheté. **f) gestreiftes** ~ ‖ roe mahogany ‖ acajou m. rubané. **g) glattes** ~ ‖ plain mahogany ‖ acajou m. uni. **h)** ~ in **Klötzen** ‖ mahogany in trunks ‖ acajou m. en billes *ou* en canons. **i) Madeira**~ ‖ bastard mahogany ‖ acajou m. bâtard. **k) moiriertes** ~ ‖ mottled mahogany ‖ acajou m. moiré. 29

Mahagoni-nuß f. ‖ cashew nut ‖ pomme f. d'acajou. **a)** ~**schrank** m. ‖ mahogany cabinet ‖ armoire f. en acajou. **b)** ~**sockel** m. ‖ mahogany base ‖ base f. d'acajou. 30

Mahd f. (Heuernte) ‖ hay crop; hay harvest ‖ fauchaison f.; fenaison f. **a)** ~ (das Mähen) ‖ mowing ‖ fauchage f. **b)** ~ (Schwaden) ‖ grass after cutting; swath ‖ foin m.; andain m. 31

mähen (Landw) ‖ to mow; to cut ‖ faucher. 32

Mäher m. ‖ harvester; mower; haymaker ‖ moissonneur m.; faucheur m. **a) Binde**~ ‖ grain binder ‖ moissonneuse-lieuse f. 33

Mahlanlage f. ‖ crushing plant ‖ installation f. de broyage. **a)** ~ für die **Getreideindustrie** ‖ grinding plant for the corn industry ‖ installation f. de mouture pour l'industrie des céréales. **b)** ~ für die **Müllereiindustrie** f. ‖ grinding plant for miller's industry ‖ installation f. de mouture pour l'industrie meunière. **c) Zement**~ ‖ cement mill plant ‖ installation f. pour la fabrication du ciment. 34

Mahlbahn f. (Mühle) ‖ skirt of a millstone ‖ feuillure f. **a) Kollergang** m. mit feststehender und umlaufender ~ ‖ edge runner with stationary and rotary grinding track ‖ moulin m. à meules verticales avec plateau de roulement fixe ou tournant. 35

Mahldiagramm n. ‖ grinding diagram ‖ diagramme m. de mouture. 36

mahlen (Müll) ‖ to grind ‖ moudre. **a)** ~ (Pap) ‖ to break ‖ défiler; broyer. **b)** zu **Pulver** n. ~ ‖ to pulverize; to reduce to powder ‖ pulvériser. **c)** den **Schnupftabak** m. ~ ‖ to grind the snuff ‖ pulvériser *ou* râper le tabac à priser. **d)** ~ und **waschen** (Kohle) ‖ to crush and to wash ‖ broyer et laver. 37

Mahlen n. ‖ grinding ‖ mouture f. 38

Mahl-feinheit f. ‖ fineness of grinding *or* of grist ‖ degré m. *ou* finesse f. de mouture. **a)** ~**fläche** f. ‖ grinding *or* crushing surface ‖ feuillure f.; surface f. travaillante d'un broyeur. **b)** ~**gang** m. ‖ millstone ‖ meule f. **c)** ~**gehäuse** n. ‖ mill casing ‖ enveloppe f. de meule. **d)** ~**geld** n. ‖ miller's charges pl.; multure ‖ mouture f.; farinage m.; droit m. du meunier. 39

Mahlgut n. ‖ grist; ground material grains mpl. à moudre; mouture f. **a)** ~ **auflösen** ‖ to detach the stock ‖ désagréger le produit. **b)** ~ **lockern** ‖ to loosen the stock ‖ ramollir la marchandise. 40

Mahlkonus m. || grinding cone || cône m. broyeur. **a) geriffelter ~** || corrugated grinding cone || cône m. broyeur cannelé. 1
Mahl-kranz m. || grinding box || anneau m. broyeur. **a) ~kugel** f. || crushing ball || boulet m. de broyage. **b) ~maschine** f. || roller mill || broyeur m. à cylindres. **c) ~methode** f. || grinding method || mouture f. 2
Mahlmühle f. (Aufber) || crushing drum || tambour-broyeur m. **a) ~** (Müll) || corn- *or* flour-mill || moulin m. à blé. **b) amerikanische ~** || American corn mill || moulin m. à mouture américaine. **c) ~ mit mehreren Mahlgängen** || corn-mill for several couples of millstones || moulin m. à plusieurs paires de meules. 3
Mahlplatte f. || grinding plate || plaque f. de mouture *ou* de broyage; disque-broyeur m. **a) ~ für Kugelmühlen** || grinding plate for ball mills || plaque f. broyeuse pour moulins à boulets. 4
Mahl-ring m. || breaking *or* grinding ring || anneau m. broyeur *ou* de mouture; couronne f. de concassage. **a) ~rückstand** m. || grinding-residue || résidu m. de la mouture. 5
Mahlscheibe f. (Müll) || disc || disque m. **a) gezahnte ~** || toothed grinding disc || disque m. broyeur denté. 6
Mahl-stein m. || millstone || meule f.; meulière f.; meulard m. **a) ~steuer** f. || grinding duty || droits mpl. de mouture. **b) ~trommel** f. || crushing drum; grinding cylinder || tambour m. de broyage *ou* à mouture. **c) ~verfahren** n. || milling process || procédé m. de mouture. **d) ~walzwerk** n. || grinding mill || laminoir m. broyeur *ou* de mouture. 7
Mähmaschine f. || mower; reaper; harvester; reaping *or* mowing machine || faucheuse f.; moissonneuse f. **a) Binde~** || harvester and binding machine; grain binder || moissonneuse-lieuse f. **b) Getreide~** || reaping machine; reaper; corn mower || moissonneuse-javeleuse f.; moissonneuse f. **c) Gras~** || grass mower || faucheuse f. **d) Motor~** || motor mower || faucheuse f. à moteur. 8
Mähmaschinen-führer m. || reaping machine driver || moissonneur m. à la machine; conducteur m. de la moissonneuse. **a) ~messer** n. || knife of the mover || lame f. de la faucheuse. 9
Mahnbrief m. || letter requesting payment; dunning letter || réclamation f.; rappel m.; lettre f. d'avertissement. 10
mahnen wegen einer **Schuld** f. || to dun; to press for payment || exiger le payement d'une dette. 11
Mähnenkamm m. || curry-comb || étrille f. 12
Mahn-verfahren n. || dunning proceedings pl. || mise f. en demeure. **a) ~zettel** m. || reminder; promptnote || avertissement m.; sommation f. 13
Maiblume f. || lily of the valley || muguet m. 14
Maiblumen-keim m. || seed of lily of the valley || germe m. de muguet. **a) ~kraut** n. || may flowers pl. || muguets mpl. 15
Mais m. || maize || maïs m. **a) enthülster ~** || hulled maize || maïs m. pelliculé. 16
Maisbearbeitungsmaschine f. || maize working machine || machine f. à travailler le maïs. 17
Maisch-apparat m. || mashing apparatus; pony masher; wort-masher || hydrateur m.; appareil m. à moût. **a) ~behälter** m. || mash charger || réservoir m. à moût. **b) ~bottich** m. || mash-tun; mashing tub || bac m. à moût; brassin m.; cuve f. matière. 18
Maische f. || mash || moût m. **a) Dick~** || thick mash || dickmaische f.; trempe f. épaisse. 19
maischen || to mash || brasser; démêler. 20
Maischer m. || mashman; skimmer || mélangeur m. 21
Maisch-harke f. || mash rake || brassoir m. *ou* fourquet m. de trempe. **a) ~kessel** m. || mash kettle || chaudière f. à trempe. 22
Maischmaschine f. || mash machine || machine f. à moût *ou* à vaguer. **a) ~ mit beweglichen** Schaufeln || mash-machine with moveable rakes || machine f. à vaguer à palettes mobiles. **b) ~ mit festen** Schaufeln || mash machine with solid rakes || machine f. à vaguer à palettes fixes. 23
Maisch-pfanne f. || mash tub || chaudière f. à trempe. **a) ~pumpe** f. || mash pump || pompe f. à trempe. 24
Mais-flockenstuhl m. || maize flaking mill || moulin m. à flocons de maïs. **a) ~grütze** f. || grits pl. of maize || grit m. de maïs. **b) ~mehl** n. || maize meal || farine f. de maïs. **c) ~mühle** f. || maize mill || moulin m. à maïs. **d) ~ und Reismühle** f. || pop-corn and rice mill || moulin m. à riz et à maïs. **e) ~öl** n. || maize oil || huile f. de maïs. **f) ~stärke** f. || maize starch || amidon m. de maïs. **g) ~stroh** n. || maize straw || paille f. de maïs. 25
Majolika f. || majolica (ware) || majolica m. 26
Majolika-farbe f. || majolica colour || couleur f. pour majolique. **a) ~fliese** f. || majolica slab || carreau m. de majolique. **b) ~maler** m. || majolica painter || peintre m. en majolique. **c) ~waren** fpl. || majolica ware || articles mpl. de majolica. 27
Majoran m. || marjoram || marjolaine f. **a) ~öl** n. || majoram oil || essence f. de marjolaine. 28
Majorität f., die ~ einer Aktiengesellschaft besitzen || to own the majority of the stock of a joint-stock company || être titulaire m. de la majorité des parts d'une société anonyme. 29
Majuskel f. || capital; two-line letter || lettre f. capitale *ou* majuscule; majuscule f. 30
Makadam m.; n. || macadam || macadam m. 31
Makadamisierung f. || macadamizing; macadam pavement || macadam m. 32
Makadamstraße f. || macadamized road || macadam m. 33
Maker m. (Hammer) || (double-headed) maul *or* mall; sledge || masse f.; massette f.; mailloche f. 34
Makkaroni pl. || macaronies pl. || macaronis mpl. 35
Makler m. || broker || courtier m. 36
Maklergebühr f. || brokerage || courtage m. **a) einschließlich ~** || including brokerage || y inclus courtage m. **b) ohne** jede **~** || free of brokerage || franco courtage m. **c) übliche ~** || usual brokerage || courtage m. d'habitude. 37
Maklerprovision f. || broker's commission || commission f. de courtier. 38
Mako m. || jumel cotton || jumel m. 39
Makrameearbeit f. || knotted work || ouvrage m. noué. 40
Makrele f. || mackerel || maquereau m. 41
Makrelenfischer m. (Fahrzeug) || mackerel boat || maquilleur m. 42
Makroprojektion f. || macro projection || macroprojection f. 43
Makulatur f. (Buchdr) || mackled sheets pl.; waste paper || maculature f.; papier m. de rebut. **a) ~** (Tapete) || lining paper || dessous m. **b) ~bogen** m. (Buchdr) || sheet of waste-paper; waste sheet || braie f.; feuille f. de maculature. 44
makulieren (Buchdr) || to print waste || faire de la maculature. 45
Malachit m. || malachite; green copper-ore || malachite f.; cuivre m. carbonaté vert. **a) erdiger ~** || earthy malachite || malachite f. terreuse; cuivre m. carbonaté vert terreux. **b) faseriger ~** || fibrous malachite || cuivre m. carbonaté vert fibreux; malachite f. fibreuse. 46
Malakkazinn n. || cap *or* Malacca tin || étain m. de Malacca *ou* en chapeau. 47
Malakolith m. || sahlite || malacolithe f.; pyroxène m. 48
Mal-blatt n. (Bauw; Mal) || pattern *or* stenciling-paper || imprimure f.; papier m. pour faire des patrons. **a) ~buch** n. für **Kinder** || painting book for children || cahier m. à illustrer pour enfants. 49
malen || to paint || peindre. 50
Maler m. || painter || peintre m. 51
Malerei f. || painting || peinture f. **a) Glas~** || glass staining || peinture f. sur verre. **b) Holzbrand~** || burnt painted ware || peinture f. encaustique. **c) ~ mit Lasurfarben** || painting with transparent colours || peinture f. à couleurs transparentes. **d) ~ mit Leimfarben** || painting in size colours || peinture f. à la colle. **e) ~ mit Wasserfarben** || water-colour painting || peinture f. à l'aquarelle. 52
Maler-email n. || painter's enamel || émail m. pour la peinture. **a) ~farbe** f. || painter's colour || couleur f. pour peintres. **b) ~glasur** f. (Mal) || glazing || glacis m. 53
Malergold n. || ormolu; painter's *or* shell *or* water gold || or m. moulu *ou* d'applique. **a) ~farbe** f. || shell-gold colour || couleur f. d'or moulu. 54
Maler-lauge f. || painter's lie *or* lye || eau f. seconde; lessive f. des peintres. **a) ~leim** m. || painter's glue || colle f. pour peintres. **b) ~leinwand** f. || painter's *or* primed canvass || imprimature f.; imprimure f.; toile f. imprimée *ou* de peinture *ou* pour peintres. **c) ~meister** m. || master painter || maître-peintre m. **d) ~pinsel** m. || pencil; painter's *or* painting brush || pinceau m. (à peindre). **e) ~stift** m. || artist's pencil || crayon m. pour artistes. **f) ~stock** m. || maulstick; mahlstick; resting stick || appui-main m. **g) ~tuch** n. || canvas || toile f. 55
Malkasten m. || paint box || boîte f. à couleurs. 56
Mall n. || mould || gabari(t) m. 57
Mall-boden m. || mould loft floor || salle f. des gabarits *ou* à tracer. **a) ~ebene** f. || joint *or* moulding side || plan m. de gabariage *ou* du couple. 58
Mal-leinen n. für **Theaterzwecke** || canvas for painting for theatrical purposes || toile f. à décors de théâtre. **a) ~leinwand** f. *s.* Malerleinwand. 59
mallen || to mould || gabarier. 60
Mallkante f. || moulding edge || gabariage m. 61

Malm m. (Geol) || upper oolite || jurassique m. supérieur. 1
Malonsäure f. || malonic acid || acide m. malonique. 2
Malstock m. *s.* Malerstock. 3
Malteserkreuz n. || maltese cross || croix f. de Malte. 4
Maltose-bestimmung f. || maltose determination || dosage m. du maltose. **a) ~bestimmungsapparat** m. || apparatus for maltose determination || appareil m. à doser le maltose. **b) ~sirup** m. || maltose sirup || sirop m. de maltose. 5
Malven-blätter npl. || mallow leaves pl. || feuilles fpl. de mauve bleue. **a) ~blüte** f. || mallow-blossom || fleur f. de mauve. 6
Malz n. || malt || malt m. **a) Brau~** || brewing malt || malt m. de brasserie. **b) Braun~** || brown malt || malt m. brun. **c) Darr~** || cured malt; kiln-dried malt || malt m. touraillé. **d) Farb~** || black *or* colour *or* roasted malt || farbmalz m.; malt m. grillé *ou* torréfié. **e) Gersten~** || malt from barley || malt m. d'orge. **f) Glas~** || flinty *or* glassy *or* steely *or* vitrified malt || malt m. vitreux. **g) Grün~** || green malt || malt m. vert. **h) Karamel~** || caramel malt || malt m. caramélisé *ou* de caramel. 7
Malz-abreibeapparat m. || malt detriction apparatus || appareil m. à frottement pour dégermer le malt. **a) ~aufschlag** m. || duty on malt || droit m. de fabrication sur le malt. **b) ~auszug** m. || malt extract || extrait m. de malt. **c) ~bier** n. || malt beer || bière f. de malt. **d) ~bonbon** m. || malt drop || bonbon m. de malt. 8
Malzdarre f. || malt drying kiln; malt dryer || touraille f. *ou* claie f. à sécher le malt. **a) Dampf~** || steam malt kiln || touraille f. pour malt chauffée par la vapeur. **b) Trommel~** || malt drying drum kiln || touraille f. à tambour à sécher le malt. 9
Malz-darrer m. || malt roaster || tourailleur m. **a) ~eiweiß** n. || diastase || diastase f.; maltine f. 10
malzen || to malt || malter. 11
mälzen *s.* malzen. 12
Mälzer m. || maltman; maltster || malteur m. **a) Ober~** || maltster's foreman || chef m. malteur. 13
Mälzerei f. || malting; malthouse || malterie f. 14
Mälzerei-anlage f. || malting plant || installation f. de malterie. **a) ~einrichtung** f. || maltery installation || installation f. pour malteries. **b) ~maschine** f. || machine for malt factories || machine f. pour malteries. 15
Malzessig m. || malt vinegar || vinaigre m. de malt. 16
Malzextrakt m. || malt extract || extrait m. de malt. **a) ~anlage** f. || malt extract plant || installation f. d'extrait de malt. 17
Malz-fabrik f. || malting; malt factory || malterie f. **a) ~harke** f. || iron rake; oar || brassoir m. **b) ~kaffee** m. || malt coffee || café m. de malt. **c) ~keimapparat** m. || malting apparatus || germoir m. mécanique. **d) ~krücke** f. || (iron) rake; oar || brassoir m. **e) ~milchapparat** m. || malt milk apparatus || appareil m. à lait de malt. **f) ~mühle** f. || malt mill || moulin m. à malt. **g) ~müller** m. || maltmillman || ouvrier m. des moulins à malt. **h) ~pepton** n. || malted pepton || malto-peptone f. **i) ~polieranlage** f. || malt polishing plant || installation f. pour le lissage du malt. **k) ~putzereianlage** f. || malt cleaning plant || installation f. pour le nettoyage du malt. **l) ~quetsche** f. || malt crushing mill || concasseur m. à malt. **m) ~quetschen** n. || malt crushing || broyage m. *ou* concassage m. de malt. **n) ~quetscher** m. || malt crusherman || ouvrier m. des concasseurs de malt. **o) ~schaufel** f. || shovel for malt || pelle f. à malt. **p) ~schaufler** m. || malt shoveller || pelleteur m. de malt. **q) ~schrot** n. (Brau) || bruised malt; grist || drèche f. **r) ~schroterei** f. || malt bruising plant || installation f. pour broyage de malt. **s) ~schrotmühle** f. || malt bruising mill || moulin m. à concasser le malt. 18
Malztenne f. || malt floor || germoir m.; grenier m. à malt. **a) Kühlung** f. der ~n || cooling of malt floors || refroidissement m. des germoirs. 19
Malz-treber pl. || malt husks pl. *or* returns pl. || drêche f. *ou* marc m. du malt. **a) ~trebertrockenapparat** m. || draff drying apparatus || appareil m. à sécher les drèches. **b) ~wendeapparat** m. *s.* ~wender. **c) ~wender** m. || malt oar *or* turner || appareil m. à retourner les malts; tour m. *ou* retourneur m. à malt. 20
Mammut-baum m. || giant redwood; Wellingtonia || arbre m. mammouth; wellingtonie f. **a) ~pumpe** f. || mammoth pump || pompe f. système Mamouth. 21
Manchester m. || velveteen; fustian; Manchester velvet || velours m. de coton; velventine f.; velours m. de Manchester. **a) geköperter ~** || Genoa *or* jean back velveteen || velours m. de Gênes *ou* de coton à fond croisé. **b) gestreifter ~** || thickset || velours m. de coton rayé. 22
Manchon m. aus verfilztem Wollgewebe || tubular felt from entangled woollen goods pl. || manchon m. en tissu de laine feutré. 23
Manchonspanner m. || manchon stretcher || tendeur m. à manchon. 24
Mandant m. || customer || commettant m.; mandateur m. 25
Mandarinagearbeit f. || mandarining || mandarinage m. 26
Mandarindruck m. || mandarining || mandarinage m. 27
Mandarine f. || mandarin || mandarine f. 28
Mandarinenöl n. || mandarine oil || essence f. de mandarines. 29
Mandat n. || order; power; authorization || mandat m.; plein pouvoir m. 30
Mandatar m. || authorized person; assignee; mandatory || mandataire m. 31
Mandause f. (Spinn) || back shaft scroll || poulie f. à main douce. 32
Mandausenwelle f. (Spinn) || back shaft || arbre m. des mains-douces. 33
Mandel f. (Frucht) || almond || amande f. **a) ~** (Geol) || geode || amande f.; géode f. **b) abgeschälte ~** || shelled almond || amande f. cassée. **c) ausgesuchte ~n** fpl. || picked almonds || amandes fpl. triées à la main. **d) gebrannte ~** || praline; crisp almond || praline f. **e) hartschalige ~** || hard shelled almond || amande f. en coque dure. **f) Maschine** f. zum **Zerreiben** von vorzerkleinerten **~n** || machine for grating the almonds which have already been ground || machine f. à râper les amandes déjà moulues. 34
mandelartig || amygdaline || amygdalin. 35
Mandelbleicher m. || almond blancher || blanchisseur m. d'amandes. 36
mandelförmig || amygdaloidal || amygdaliforme. 37
Mandel-kuchen m. || nougat || nougat m. **a) ~milch** f. || almond milk || lait m. d'amande. **b) ~öl** n. || almond oil || huile f. *ou* essence f. d'amandes. **c) ~quetscher** m. (Heilk) || tonsil probe || sonde f. à amygdales. **d) ~reibmaschine** f. || almond grinding machine || machine f. à râper les amandes. **e) ~schälmaschine** f. || almond peeling machine || râpeuse f. mécanique pour amandes; machine f. à peler les amandes. **f) ~seife** f. || almond soap || savon m. de pâte d'amandes; amandine f. 38
Mandelstein m. (Min) || amygdaloid || roche f. amygdaloïde. **a) ~textur** f. || amygdaloidal texture || texture f. amygdaloïdale. 39
Mandelteig m. || almond paste || pâte f. d'amande. 40
Mandoline f. || mandolin(e) || mandoline f. 41
Mandolinenplättchen n. || mandolin pick || médiateur m. pour mandoline. 42
Mangan n. || manganese || manganèse m. **a) borsaures ~** || manganese borate || borate m. de manganèse. **b) Eisen~** || manganese iron || ferro-manganèse m. **c) essigsaures ~** || manganese acetate || acétate m. de manganèse. **d) harzsaures ~** || manganese resinate || résinate m. de manganèse. **e) holzölsaures ~** || manganese lignoleate || lignoléate m. de manganèse. **f) kohlensaures ~** || manganese carbonate || carbonate m. de manganèse. **g) leinölsaures ~** || manganese linoleate || linoléate m. de manganèse. **h) schwefelsaures ~** || manganese sulphate || sulfate m. de manganèse. 43
manganarmes Hämatit n. || hematite containing a small amount of manganese || hématite f. à faible teneur en manganèse. 44
Manganat n. || manganate || manganate m. 45
Mangan-blende f. || alabandine || alabandine f.; manganèse m. sulfuré. **a) ~braun** n. || manganese brown || brun m. de manganèse. **b) ~bronze** f. || manganese bronze || bronze m. manganésé *ou* au manganèse. **c) ~chlorür** n. || chloride of manganese; manganous chloride || chlorure m. de manganèse. 46
Manganeisen n. || manganesian iron; ferromanganese || fer m. manganésien. **a) ~grube** f. || manganesiferous iron mine || mine f. de fer manganésien. 47
Manganepidot m. || manganesian epidote; piedmontite || épidote m. manganésifère; piémontite f. 48
Manganerz n. || manganese ore || manganèse m.; minerai m. de manganèse. **a) ~bergwerk** n. || manganese mine || mine f. de manganèse. 49
Mangan-glanz m. || alabandine || alabandine f.; manganèse m. sulfuré. **a) ~granat** m. || manganese garnet; spessartite || spessartite f. 50
manganhaltig || manganiferous; manganesian; manganous || manganésifère; manganeux. 51
Manganhyperoxyd n. || pyrolusite; bioxide of manganese; brownstone || pyrolusite f.; manganèse m. oxydé *ou* oxydé gris *ou* oxydé métalloïde; peroxyde m. de manganèse. 52

Manganin n. || manganine || manganine f. 1
Manganindraht m. || manganine wire || fil m. de manganine. **a) ~widerstand** m. || manganin wire resistance || résistance f. en fil de manganine. 2
Manganit m. (Min) || manganite || manganite f. 3
Mangan-kiesel m. || silicious manganese; manganese spar; rhodonite || silicate m. de manganèse; rhodonite f. **a) ~kitt** m. || manganese composition || mastic m. au manganèse. **b) ~kupfer** m. || manganese copper || cuivre m. manganésé *ou* au manganèse. **c) ~metall** n. || manganese metal || manganèse m. métallique. 4
Mangano-kalzit m. || manganocalcite || manganocalcite f. **a) ~karbonat** n. || manganous carbonate || carbonate m. manganeux. 5
Manganoxyd n. || manganese oxide; sesquioxide of manganese || oxyde m. de manganèse; sesquioxyde m. de manganèse. **a) ~hydrat** n. || manganic hydroxide || hydroxyde m. manganique. 6
Manganoxydul n. || manganous oxide; protoxide of manganese || protoxyde m. de manganèse; oxyde m. manganeux. **a) kohlensaures ~** || manganous carbonate || carbonate m. manganeux. 7
Mangan-säure f. || manganic acid || acide m. manganique. **a) ~schwarz** n. || manganese black || noir m. de manganèse. **b) ~siliziumstahl** m. || silico-manganese steel || acier m. mangano-siliceux. **c) ~spat** n. || manganese spar; carbonate of manganese; red manganese; dialogite || carbonate m. de manganèse; manganèse m. carbonaté; dialogite f. 8
Manganstahl n. || manganese steel || acier m. au manganèse. 9
Manganstahl-herzstück n. (Eisenb) || manganese steel frog || cœur m. en acier manganèse. **a) ~schiene** f. || manganese steel rail || rail m. en acier au manganèse. 10
Mangan-stein m. || rhodonite || rhodonite f. 11
Mangansuperoxyd n. || manganese dioxide; pebble manganese || peroxyde m. de manganèse. **a) ~anode** f. || manganese dioxide anode || anode f. en peroxyde de manganèse. 12
Manganwolframat m. || hübnerite || hübnérite f. 13
Mangel m. || deficiency || manque m. **a) ~ an Arbeitskräften** || scarcity of labour || rareté f. de la main d'œuvre. **b) ~ an Luft** || deficiency of air || manque m. d'air. **c) mit Mängeln** mpl. behaftet || having defects pl. || comportant des imperfections fpl. **d) ~ an Platz** || restricted space || manque m. de place. **e) wegen Mängel** mpl. || owing to defects pl. || à cause des défauts mpl. 14
Mangel f. (Wäsch) || calender; mangle || calandre f. 15
mangelhaft || faulty; defective; imperfect || défectueux; incomplet; insuffisant. **a) höchst ~** || very imperfect || très défectueux. **b) mangelhafte Arbeit** || defective workmannship || construction f. défectueuse *ou* mal faite. 16
mangeln (Tuchm; Wäsch) || to calender; to mangle || calandrer; cylindrer; lustrer; satiner. 17
mangels || for want of; in default of; in the absence of; failing || à défaut de; faute de. 18
Mangfutter n. || mixed grain || dragées fpl. 19
Mangler m. (Tuchm) || mangler || mangleur m. 20
Manifest n. der **Schiffsladung** || manifest || déclaration f.; manifeste m. 21
Maniküregerät n. || manicure instrument || instrument m. pour manucures *ou* manicures. 22
Manila-hanf m. || manilla hemp; abaca || chanvre m. de Manille. **a) ~tau** n. || manilla rope || filin m. en abaca. 23
Maniokwurzel f. || root of manioc; manioc || racine f. de manioc; manioc m. 24
Manna f. || manna || manne f. **a) ~zucker** m. || mannite; sugar of manna || mannite f. 25
Männerkleidung f. || clothing for men || vêtement m. pour hommes. 26
Mannesmannrohr n. || Mannesmann tube || tuyau m. Mannesmann. **a) ~mast** m. || Mannesmann pole || poteau m. en tubes Mannesmann. 27
mannigfach || manifold; varied || varié; divers. 28
männlich-es Gewinde n. || male thread || pas m. de vis mâle. **a) ~er Kraftwagen** m. || male tank || char m. canon. **b) ~er Tank** m. || male tank || char m. canon. 29
Mannloch n. (Masch) || manhole || trou m. d'homme. **a)** die Böden werden mit **eingepreßtem ~** geliefert || the plates are supplied with manhole flanged-in || les fonds mpl. sont fournis avec trou d'homme embouti. 30
Mannloch-boden m. || manhole end plate || fond m. de trou d'homme. **a) ~bügel** m. || cross bar of the manhole || traverse f. de trou d'homme; étrier m. **b) ~deckel** m. || manhole cover || couvercle m. du trou d'homme. **c) ~stanze** f. || manhole punch || poinçon m. pour trous d'homme. **d) ~verkleidung** f. || clothing of the manhole || chemise f. du trou d'homme. **e) vollständiger ~verschluß** m. || complete manhole door || fermeture f. complète de trou d'homme. **f) ~versteifung** f. || manhole ring || renforcement m. de trou d'homme. 31
Mannschaft f. (Seew; Luftf) || crew; (ship's) company || équipage m.; équipe f. 32
Mannschafts-kombüse f. || ship's fire hearth || cuisine f. pour l'équipage. **a) ~raum** m. (Schiffb) || berth of the crew || poste m. de l'équipage. **b) ~tau** n. || man rope || garde-corps m.; sauvegarde f.; filière f. 33
Manntau n. (Seew) || life line; man rope || garde-corps m.; garde-fou m.; sauvegarde f. 34
Manntausendseil n. || drawing rope || corde f. de main douce. 35
Manomesser m. *s.* Manometer. 36
Manometer n. || manometer; pressure *or* steam gauge || manomètre m. **a) Metall~** || metallic manometer || manomètre m. métallique. **b) Öl~** || oil pressure gauge || manomètre m. à huile. **c) Platten~** || plate manometer || manomètre m. à membrane métallique. **d) Plattenfeder~** || diaphragm pressure gauge || manomètre m. à diaphragme ondulé. **e) Quecksilber~** || mercurial pressure gauge; mercury manometer || manomètre m. à mercure. **f) Röhren~** || tube manometer || manomètre m. à tube courbé. 37
Manometerabsperr-hahn m. mit Entlüftung || stop cock of pressure gauge with air discharge || robinet m. d'arrêt de manomètre avec évacuation d'air. **a) ~ventil** n. mit **rundem Prüfflansch** || stop valve of pressure gauge with round test flange || soupape f. d'arrêt de manomètre à bride de contrôle ronde. 38
Manometeraufnahme f., drehbare || movable pressure gauge connexion || raccordement m. du manomètre mobile. **a) ~ durch drehbare Muffe** || pressure gauge connexion by movable socket || raccordement m. du manomètre par raccord mobile. **b) feste ~** || fixed pressure gauge connexion || raccordement m. du manomètre fixe. **c) ~ durch feste Muffe** || pressure gauge connexion by fixed socket || raccordement m. du manomètre par raccord fixe. 39
Manometergehäuse n. || pressure-gauge *or* manometer case || boîte f. du manomètre. 40
Manometerhahn m. || pressure gauge cock || robinet m. de manomètre. **a) ~** mit ovalem **Prüfflansch** || cock of pressure gauge with oval test flange || robinet m. de manomètre à bride de contrôle ovale. 41
Manometer-leitung f. || gauge pipe || tuyauterie f. de manomètre. **a) ~rohr** n. || tube of steam gauge || tube m. du manomètre. **b) ~tafel** f. || gauge board || tableau m. de manomètre. **c) ~zeiger** m. || pressure-gauge *or* manometer hand; pressure gauge pointer || aiguille f. du manomètre. 42
manometrische Förderhöhe f. || manometric lifting *or* delivery height || hauteur f. manométrique de refoulement. 43
Manovakuummesser m. || pressure vacuum gauge || manovacuomètre m. 44
Manövriereigenschaften fpl. || manœuvring capabilities || qualités fpl. évolutionnaires. 45
manövrieren (Seew) || to manœuvre || manœuvrer. **a) ~ lassen** (Seew) || to manœuvre || faire manœuvrer. 46
Manövrier-fähigkeit f. || manœuvrability || maniabilité f. **a) ~ventil** n. || manœuvring *or* hand valve; top gas valve || soupape f. de manœuvre. 47
Mansardendach n. || mansard roof || toiture f. à la Mansard. 48
Manschester m. *s.* Manchester. 49
Manschette f. (Bekleid) || cuff; ruffle || manchette f. **a) ~** (Masch) || collar || rondelle f.; rosette f.; virole f. **b) Schlauch~** || hose collar || manchette f. de tuyau. 50
Manschettenknopf m. || sleeve link; cuff stud || bouton m. de manchettes. 51
Mantel m. (Bekleid) || mantle || manteau m. **a) ~** (Techn) || case; casing; jacket || chemise f.; manteau m.; enveloppe f. **b) ~ einer Form** || shell of a mould || enveloppe f. du moule. **c) Geschoß~** || coating of a projectile || chemise f. du projectile. **d) Gummi~** || caoutchouc cloak || manteau m. de caoutchouc. **e) Gußdoppel~** || cast double jacket || doubles parois fpl. en fonte. **f) Hochofen~** || shell *or* outer casing of a blast furnace || enveloppe f. *ou* manteau m. d'un haut-fourneau. **g) Kegel~** || curved superficies of a cone; surface of a cone || nappe f. du cône; surface f. convexe. **h) Kessel~** || boiler shell *or* jacket *or* casing || chemise f. *ou* enveloppe f. *ou* corps m. cylindrique de la chaudière. **i) Lehmform~**

|| case; cope; exterior mould; mantle || chape f.; manteau m.; moule-chape m.; surmoule m.; surtout m. **k) Luftreifen~** || tire casing *or* shoe || bandage m. pneumatique. **l) Pyramiden~** || convex surface of a pyramid || surface f. convexe *ou* latérale d'une pyramide. **m) Schornstein~** || chimney mantle *or* casing; funnel air case || manteau m. *ou* chemise f. de cheminée. **n) Zylinder~** || cylinder jacket || chemise f. du cylindre. 1

Mantel-biegemaschine f. || machine for bending casings || machine f. à cintrer des viroles. **a) ~blech** n. || jacket sheet iron; shell plate; sheet casing || tôle f. d'enveloppe *ou* de caisson. **b) ~draht** m. || wrapped wire || fil m. enveloppé. **c) ~eisen** n. || mantle iron || fer à enveloppe. **d) ~fläche** f. eines Hyperboloids || superficies of an hyperboloid || nappe f. d'un hyperboloïde. **e) ~gründung** f. || timber and iron cased concrete foundations pl. || fondation f. par encaissement. **f) ~haken** m. || coat rack || patère f. pour porte-manteaux. **g) ~holz** n. (Gieß) || wood cover || bois m. du moule. **h) ~knagge** f. || corbel of a chimney mantle; mantle corbel || courge f. de manteau. **i) ~kühlung** f. (Masch) || jacket cooling; cold-water jacket || enveloppe f. réfrigérante; rafraîchissement m. *ou* refroidissement m. de la chemise. **k) ~kurve** f. für den Langvorschub (Werkzeugmasch) || face cam operating the longitudinal traverse || came f. périphérique pour le chariotage longitudinal. **l) ~manschette** f. (Luftreifen) || blow out patch || corset m. **m) ~riemen** m. (Sattel) || cloak strap || courroie f. de manteau. **n) ~ring** m. (Gieß) || mould hoop || cercle m. du moule d'une bouche à feu. **o) ~sack** m. || portmanteau; valise; cloak bag || porte-manteau m.; valise f. **p) ~stoff** m. || woven material for cloaks; covercoating || étoffe f. pour manteaux. **q) ~transformator** m. || shell transformer || transformateur m. cuirassé *ou* à enveloppe. 2

Manual n. (Feldm) || field book || carnet m. 3

Manufakturwaren fpl. || manufactured goods; ready-made articles of dress || articles mpl. manufacturés. 4

Manuskript n. (Buchdr) || copy; manuscript || copie f.; manuscrit m. **a)** ein ~ n. **absetzen** || to set a copy || composer une copie. **b) seltenes ~** || rare manuscript || manuscrit m. rare. 5

Manuskript-abschrift f. || manuscript copy || copie f. à la main. **a) ~halter** m. (Buchdr) || manuscript *or* copy holder || teneur m. de copie; visorium m. **b) ~mappe** f. || manuscript cover || chemise f. pour manuscrits. **c) ~verteiler** m. || copy cutter || découpeur m. de copie. 6

Mappe f. || portfolio; leather wrapper || portefeuille m.; porte-cahier m. 7

Marbel m. (Glasm; Töpf) || marble; marver || marbre m. 8

marbeln || to marver; to turn || marbrer. 9

Margarine f. || margarine || margarine f. 10

Margarinefabrik f. || margarine factory || fabrique f. de margarine. 11

Margarinefabrik-arbeiter m. || margarine maker || margarinier m. **a) ~einrichtung** f. || margarine producing plant || installation f. pour fabriques de margarine. 12

Margarinekäse m. || margarine cheese || fromage m. margariné. 13

Margarinsäure f. || margaric acid || acide m. margarique. 14

Margarit m. || margarite; pearl-mica || margarite f.; mica m. nacré. 15

Marginale f. *s. auch* Randbemerkung || marginal *or* side note; marginal gloss || note f. marginale; manchette f. 16

Marginalien fpl., **eingelaufene** || cut-in-notes pl. || notes fpl. marginales dans le texte. 17

Marienglas n. || gypseous spar; selenite; sparry *or* specular gypsum; mica || gypse m. cunéiforme *ou* en fer de lance *ou* spathique; sélénite f.; mica m. 18

Marine f. || navy || marine f. **a) Handels~** || mercantile marine; merchant navy *or* service || marine f. marchande *ou* du commerce. 19

marineblau || marine blue || bleu-marine. 20

Marine-feuerleitgerät n. || naval fire control device || appareil m. de conduite du tir naval. **a) ~glas** n. || marine glass || jumelles fpl. de marine. **b) ~ingeniör** m. || naval architect *or* constructor || ingénieur m. des constructions navales *ou* de la marine. **c) ~kompaß** m. || mariner's compass || boussole f. marine. **d) ~leim** m. || marine glue || colle f. *ou* glu f. marine. **e) ~metall** n. || naval brass || métal m. marin. **f) ~werft** f. || naval dockyard || chantiers mpl. de la marine. 21

Mark n. (Anatomie) || marrow || moelle f. **a)** ~ (Holz) || pith; heart || moelle f.; sève f. **b)** ~ vom spanischen **Rohr** || pith of ratan || moelle f. de rotin. 22

Markasit m. || marcasite || marcassite f. 23

Marke f. (Fabrikzeichen) || mark; brand || marque f.; insigne m. **a)** ~ (Güte einer Ware) || sort; quality || sorte f. **b)** ~ (Klebemarke) || stamp || timbre m. **c)** ~ (Land- oder Seezeichen) || beacon; mark || amer m.; marque f.; remarque f. **d)** ~ (Merkzeichen) || counter || marque f. **e) Handels~** || trade mark || marque f. de fabrique. 24

marken (Seew) || to mark || marquer; signer. 25

Markenschutz m. || protection of trade marks || protection f. des marques de fabrique. 26

Markierapparat m. || marking apparatus; marker || appareil m. marqueur; marqueur m. **a) Objekt~** || object marker || marqueur m. pour objets. 27

markieren || to mark; to brand || marquer. 28

Markieren n. des **Tuches** || cloth marking || marquage m. de drap. 29

Markierer m. || marker || marqueur m. 30

Markier-maschine f. || marking machine || machine f. à marquer. **a) ~pfahl** m. || mark pile || fiche f. *ou* piquet m. *ou* poteau m. d'arrêt. **b) ~zange** f. für **Schafe** || marking pincers pl. for sheeps || pince f. à marquer les moutons. 31

Markise f. || blind; awning; marquee || marquise f. 32

Markisenstoff m. || marquee stuff || étoffe f. pour persiennes. 33

Mark-pfahl m. || boundary post || croix f. *ou* poteau m. servant de borne. **a) ~röhre** f. (Holz) || medullary tube || tube m. médullaire. 34

Markscheide f. || border; boundary || borne f. 35

Markscheide-gerät n. || mine surveying instrument || instrument m. pour arpenteurs de mines. **a) ~kunst** f. || mine surveying || arpentage m. des mines; géometrie f. *ou* topographie f. souterraine. 36

markscheiden || to dial; to survey underground || lever *ou* tracer des plans de mine. 37

Markscheider m. || mine surveyor || arpenteur m. de mines. **a) ~gehilfe** m. || surveyor's assistant of mines; chainman || jambot-niveleur m.; posteur m. de chaîne. 38

markscheiderische Arbeiten fpl. || mine surveying operations pl. || travaux mpl. d'arpentage de mines. 39

Markscheideriß m. || plot of a mine || plan m. de mine. 40

Markscheider-lampe f. || surveyor's lamp || lampe f. d'arpenteur de mines. **a) ~steiger** m. || assistant mine surveyor || aide-arpenteur m. **b) ~wage** f. || miner's *or* surveyor's level || niveau m. à plomb en demi-cercle. **c) ~zeug** n. || mine surveying appliances || outillage m. d'arpenteur. **d) ~zug** m. (Bergb) || dialing; lining || levé m.; tracé m. 41

Mark-stab m. (Schießsport) || marking stick || palette f. **a) ~stein** m. || boundary *or* mile stone; landmark || borne m. en pierre. **b) ~strahl** m. (Holz) || medullary ray || rayon m. médullaire. 42

Markt m. (Handel) || market || marché m. **a)** ~ (Platz) || market (place) || foire f.; marché m. **b) auf** den ~ m. bringen || to bring on the market || lancer sur le marché. **c)** der ~ m. ist **gedrückt** || the market is depressed || le marché est lourd. **d) Geld~** || money market || marché m. monétaire. 43

Markt-bericht m. || market report || rapport m. *ou* bulletin m. du marché. **a) ~bude** f. || (market) booth *or* stall *or* stand || boutique f.; loge f.; échoppe f.; baraque f. **b) ~budenbauer** m. || market standing builder || constructeur m. de baraques pour marchés. 44

marktgängig || saleable; marketable || courant; vendable. 45

Markt-halle f. || covered market; (market) hall || halle f. (aux marchandises); marché m. couvert. **a) ~platz** m. || market (place) || foire f.; marché m. 46

Marktpreis m. || market price *or* rate || prix m. du marché; prix m. courant. **a) unter ~** || below market price || au-dessous du cours m. du marché. 47

Markt-schwankungen fpl. || market fluctuations pl. || fluctuations fpl. du marché. **a) ~tasche** f. || market bag || sac m. à provisions. 48

Marleisen n. || marline spike || épissoir m.; marprime f.; poinçon m. à épisser. 49

marlen || to marl; to marl down || merliner; transfiler. 50

Marlleine f. || marline || merlin m. **a) mit ~** befestigen || to marline || merliner. 51

Marl-pfriem m. || marline-spike || marprime f.; épissoir m.; poinçon m. à épisser. **a) ~spieker** m. || marline spike || épissoir m.; marprime f.; poinçon m. à épisser. 52

Marmelade f. || jam; marmalade || marmelade f. 53

Marmelade-fabrik f. || jam factory || fabrique f. de marmelade. **a) ~farbe** f. || jam colour || couleur f. pour marmelade. **b) ~kocher** m. || marmalade maker || cuiseur m. de marmelade. **c) ~kochkessel** m. || marmalade boiling vessel || chaudron m. pour marmelade. 54

Marmeladeneimer m. || pail for jams || seau m. à marmelades. 1
Marmolith m. || marmolite || marmolite f. 2
Marmor m. || marble || marbre m. **a) bunter ~** || compound marble || marbre m. composé *ou* combiné. **b) ~ für Büsten** || marble for statuaries || marbre m. statuaire. **c)** in rohe Platten **gesägter ~** || marble sawed in rough plates || marbre m. débité en plaques brutes. **d) Gips~** || artificial marble || marbre m. factice. **e) körniger ~** || granular marble || salignon m.; marbre m. salignon. **f) künstlicher ~** || artificial marble || marbre m. artificiel. **g) roter ~** || red marble || marbre m. rouge. **h) Ruinen~** || ruin *or* Florence marble || marbre m. ruiniforme *ou* de Florence. **i) Statuen~** || marble for statuaries || marbre m. statuaire. **k) Verblend~** || facing marble || marbre m. de parement. **l) zusammengesetzter ~** || compound marble || marbre m. composé *ou* combiné. 3
Marmor-ader f. || vein *or* cloud in the marble || fil m. dans le marbre. **a) ~arbeit** f. || marble working || marbrerie f. **b) ~arbeiter** m. || marble workman || marbrier m. **c) ~bildhauen** n. || marble carving || sculpture f. sur marbre. **d) ~bruch** m. || marble quarry || carrière f. de marbre; marbrière f. **e) ~drechsler** m. || marble turner || tourneur m. de marbre. **f) ~fliese** f. || marble flag *or* tile || carreau m. *ou* dalle f. de marbre. **g) ~gravierer** m. || marble engraver || graveur m. sur marbre. **h) ~gravierung** f. || engraving on marble || gravure f. sur marbre. 4
marmorieren || to vein; to marble || veiner; marbrer. 5
Marmorierer m. || marbler || marbreur m. 6
Marmorierkasten m. (Pap) || trough for marbling || baquet m. à marbrer. 7
marmoriert || marbled; mottled || madré; marbré. **a) ~es Papier** n. || marbled paper || papier m. marbré. 8
Marmorierung f. || marbling; mottling || madrure f.; madrage m.; marbrure f. 9
Marmorierwasser n. (Pap) || gum water for marbling || gomme f. à marbrer. 10
Marmorit m. (Glas) || marmorite || marmorite f. 11
Marmor-kalk m. || marble lime; lime of marble || chaux f. marbrière *ou* de marbre **a) ~mehl** n. || marble dust *or* meal || poudre f. de marbre; marbre m. moulu. **b) ~mühle** f. || marble mill || moulin m. à marbre. 12
Marmorpapier n. || marbled *or* stained paper || papier m. peigne *ou* marbré. **a) getupftes ~** || marbled paper made by tipping || papier m. guilloché. 13
Marmor-plastik f. || marble sculpture || travail m. en marbre. **a) ~platte** f. || marble plate *or* slab || plaque f. *ou* dalle f. de marbre. **b) ~sägeblatt** n. || marble saw blade || lame f. pour scies à marbre. **c) ~sägerei** f. || marble sawing mill *or* yard || scierie f. de marbre. **d) ~sägesand** m. || marble sand for sawing || sable m. à scier le marbre. **e) ~schalttafel** f. || marble switchboard || tableau m. de distribution en marbre. **f) ~schleifen** n. || marble polishing || polissage m. de marbre. **g) ~schleifer** m. || marble polisher || marbrier m.; polisseur m. de marbre. **h) ~schneidemühle** f. || marble cutting mill || moulin m. à scier le marbre. **i) ~tafel** f. || marble board || tableau m. en marbre. **k) ~uhr** f. || marble clock || pendule f. en marbre. **l) ~waren** fpl. || marble articles pl. || objets mpl. en marbre. 14
Marmorwerk n. || marble work || marbrerie f. **a) ~ für Grabmäler** || marble monument works pl. || marbrerie f. funéraire. 15
Marmorzement m. || (Keene's) marble cement; artificial marble || ciment m. anglais; plâtre m. aluné. 16
Marocainpapier n. || morocco paper || papier m. maroquiné. 17
Marokkoleder n. || morocco leather || maroquin m,; cuir m. maroquiné. 18
Maroquin m. *s.* Marokkoleder. 19
Marone f. || chestnut; maroon; marron || marron m. **a) glasierte ~** || glazed chestnut || marron m. glacé. 20
Maronen-mehl n. || meal of chestnuts || farine f. de marrons. **a) ~püree** f. || mashed chestnuts pl. || purée f. de marrons. **b) ~sortiererin** f. || chestnut sorter || trieuse f. de marrons. 21
Mars m. (Schiffb) || top || hune f. 22
Mars-bezug m. || top cover || étui m. de hune. **a) ~brass** f. || topsail brace || bras m. de hunier. 23
Marsch-bauer m. || fen land farmer; marshman || exploitant m. de polders *ou* watringues. **a) ~boden** m. || marshy soil; marchy land || terrain m. marécageux. 24
Mars-fall n. || topsail halliard || drisse f. de hunier. **a) ~gast** m. || topman || gabier m. **b) ~geitau** n. || topsail clewline || cargue-point f. de hunier. **c) ~korb** m. || top framing || cage f. de mât de hune. **d) ~rahe** f. || topsail yard || vergue f. du hunier. **e) ~rand** m. (Schiffb) || toprim || listeau m. de hune. **f) ~reling** f. || topsail || cercle m. de hune. **g) ~saling** f. || cross-tree of the top || barre f. de hune. **h) ~segel** n. || topsail || hunier m. **i) ~segelschoner** m. || hermaphrodite brig || brick-goélette f. **k) ~stänge** f. || topmast || mât m. de hune. 25
Martinofen m. || open hearth furnace || four m. Siemens-Martin. **a) basischer ~** || basic openhearth furnace || four m. Martin basique. **b) saurer ~** || acid openhearth furnace || four m. Martin acide. 26
Martin-prozeß m. || open-hearth process || procédé m. Martin. **a) ~stahl** m. || openhearth *or* Martin steel || acier m. Martin. **b) ~verfahren** n., Herstellung f. von Stahl im || production of steel by the Martin process || fabrication f. de l'acier par le procédé Martin. **c) ~werk** n. || openhearth plant || aciérie f. Martin. 27
Marzipan n. || marchpane; marzipan || massepain m. 28
Marzipan-fabrikation f. || manufacture of marchpane || fabrication f. de massepain. **a) ~maschine** f. || marchpane machine || machine f. à faire le massepain. 29
Masche f. (Allg) || mesh || maille f. **a) ~** (Fischnetz) || mesh || gueule f.; maille f. **b) ~** (Met) || ore compartment || compartiment m. à minerai. **c) Doppel~** || double stitch || maille f. gardée. **d) nicht elastische ~** || nonelastic mesh || maille f. non élastique. **e)** aus nicht elastischen **~n** fpl. bestehende **Waren** fpl. || goods pl. consisting of nonelastic meshes || ouvrages mpl. constitués par des mailles non élastiques. 30
Maschen-bildung f. || looping || rebouclement. m. **a) ~gewebe** n. || mesh tissue || tissu m. à mailles. 31
Maschenleger m. || loop wheel || mailleuse f. **a) ~rückstreifer** m. || repusher of loop wheel || repousseuse f. de mailleuse. 32
Maschen-rad n. || looping wheel || roue f. mailleuse. **a) ~reihe** f. || row *or* series (A) of meshes || rangée f. de mailles. **b) ~ware** f. || looped fabric || tissu m. à mailles. **c) ~weite** f. || width of mesh || largeur f. de maille. **d) ~zähler** m. || stitch glass || compte-maille m. 33
maschig || meshy || maillé. 34
Maschine f. || machine; engine || machine f. **a) arbeitsparende ~** || labour saving machine || machine-outil f. d'un rendement plus économique. **b) ~ zur Ausbesserung** von Schraubenkupplungen || machine for repairing screw couplings || machine f. pour réparer des accouplements à vis. **c) ~ zum Auspressen** von Metallen || metal-extruding machine || machine f. à refouler le métal. **d)** die **~** ist **betriebsunfähig** || the engine has broken down || la machine est en panne. **e) Dampf~** || steam-engine || machine f. à vapeur. **f) dampfhydraulisch** betriebene **~** || steam-hydraulic machine || machine f. vapo-hydraulique. **g) dreizylindrige ~** || triple cylinder engine || machine f. à trois cylindres. **h) dynamoelektrische ~** || dynamo-electric machine || machine f. dynamoélectrique. **i) einzylindrige ~** || single-cylinder engine || machine f. à un cylindre. **k) Eis~** || ice machine || machine f. à glace. **l) elektrische ~** || electric machine || machine f. électrique. **m) ~ zur Erhaltung** und Einstellung von Werkzeugen || machine for adjusting and keeping tools in good repair || machine f. pour l'entretien et l'ajustage des outils. **n) Gartenbau~** || machine for horticulture || machine f. pour l'horticulture. **o)** mit der **~ geschrieben** || typed || écrit à la machine. **p) ~** mit **hin-** und **hergehender** Bewegung || reciprocating engine || machine f. à mouvement alternatif. **q) hydraulisch betriebene ~** || hydraulically operated machine || machine f. commandée hydrauliquement. **r) hydraulische ~** || hydraulic engine || machine f. hydraulique. **s) ~** zur Herstellung elektrischer **Kabel** || electric cable making machine || machine f. à fabriquer les câbles électriques. **t) kalorische ~** || caloric engine || machine f. calorifique. **u) Kammherstellungs~** || machine for the manufacture of combs || machine f. à fabriquer les peignes. **v) Kolonial~** || colonial machine || machine f. coloniale. **w) landwirtschaftliche ~** || agricultural machine || machine f. agricole *ou* pour l'agriculture. **x) leichtgebaute ~** || feeble constructed machine || machine f. à construction légère. **y) Leimherstellungs~** || machine for the manufacture of glue || machine f. pour la fabrication de colle. **z) ~ zum Nageln** von Kisten || box-nailing machine || machine f. à clouer les caisses. 35

a) ~ für **ortsfeste** Zwecke || stationary machinery || machine f. fixe. **b) Papierherstellungs~** || machine for the manufacture of paper || machine f. pour la fabrication du papier. **c) Pappen-**

fertigungs~ || machine for pasteboard manufacture || machine f. pour la fabrication de carton. **d)** ~ von x-**Pferdestärken** || x horse-power engine || machine f. de x chevaux **e)** ~ zum Schreiben von **Rechnungen** || invoice typewriter || machine f. à écrire les factures. **f)** mit **Riemen** angetriebene ~ || belted machine || machine f. commandée par courroie. **g)** ~ zum selbsttätigen Wickeln von **Schraubenfedern** || automatic machine for coiling helical springs || machine f. automatique à enrouler les ressorts à boudin. **h)** ~ zur Herstellung von **Sonderpapier** || machine for special paper manufacturing || machine f. pour la fabrication des papiers spéciaux. **i)** ~ zum **Spalten** und Hobeln von Weiden und Rohr || machine for splitting and planing willow and cane || machine f. à fendre et à raboter l'osier et le jonc. **k)** ~ zur Herstellung von **Spiralbohrern** || machine for the production of twist drills || machine f. pour la fabrication des forets hélicoïdaux. **l) Tapetenherstellungs~** || machine for wall paper manufacturing || machine f. pour la fabrication de papiers peints. **m) universell brauchbare ~** || allround machine || machine f. universelle. **n) unmittelbar angetriebene ~** || directly operated machine || machine f. à commande directe. **o)** ~ für **Waschhäuser** || machine for laundries || machine f. pour buanderies. **p) zweipolige ~** (Elektr) || bipolar machine || machine f. bipolaire. 1

maschinell || mechanical || mécanique. **a)** ~ **verstellbare Kippvorrichtung** f. || mechanically operated tilting support || inclinaison f. mécanique du bâti. 2

maschinell-e Bewegung f. || power movement || commande f. mécanique. **a) ~e Einrichtung** f. || mechanical plant || installation f. mécanique. **b) ~e Verstellung** f. || mechanical adjustment || réglage m. mécanique. **c) ~er Teil** m. || mechanical part || partie f. mécanique. 3

Maschinen-alter n. || age of the machine || âge m. de la machine. **a) ~antrieb** m. || machine drive || commande f. par moteur. **b) ~arbeit** f. || machine work || ouvrage m. à la mécanique; travail m. mécanique. **c) ~arbeiter** m. || machine operator *or* worker; engineman || ouvrier m. mécanicien; mécanicien m. **d) ~arbeitsnadel** f. || needle for mechanical work || aiguille f. *ou* épingle f. pour les ouvrages mécaniques. **e) ~armaturen** fpl. || engine mountings pl. *or* fittings pl. || garnitures fpl. pour machines. **f) ~aufseher** m. || machine-inspector || surveillant m. *ou* inspecteur m. des machines. 4

Maschinenbau m. || construction of machines; mechanical engineering || construction f. mécanique *ou* de machines. 5

Maschinenbau-abteilung f. || engineering department || département m. de la construction mécanique. **a) ~anstalt** f. || machine works pl. || atelier m. de construction de machines. 6

Maschinen-bauer m. || machinery maker || constructeur m. de machines. **a) ~bäumer** m. (Web) || beaming machine minder || ensoupleur m. à la machine. **b) ~bestandteil** m. || part of machinery || accessoire m. pour la machine. **c) ~bett** n. || bed of the machine || banc m. de la machine. **d) ~bleicher** m. || bleaching machine operator || blanchisseur m. à la machine. **e) ~bronze** f. || machine bronze || bronze m. pour machines. **f) ~buntstickerei** f. || machine made coloured embroidery || broderie f. mécanique de couleur. **g) ~bürste** f. || machine brush || brosse f. à machine. **h) ~dachziegelei** f. || mechanical tile works || tuilerie f. mécanique. **i) ~daten** npl. || machine data pl. || données fpl. caractéristiques de machines. **k) ~deckfenster** n. || engine room skylight || claire-voie f. de la chambre des machines. **l) ~druck** m. || printing by machine || impression f. à la machine. 7

Maschinendrucker m. || printing machine minder || conducteur m. typographe. **a)** ~ für **Stoffe** || cloth printing machine operator || imprimeur m. de tissus à la machine. 8

Maschinen-drucktapete f. || machine printed wall paper || papier m. peint fait à la machine. **a) ~element** n. || engine part || organe m. de machines. **b) ~fabrik** f. || machine works pl. *or* factory; engine works pl. || atelier m. de construction de machines. **c) ~falzer** m. || machine folder || plieur m. à la machine. **d) ~fett** n. || machine grease || graisse f. pour machines. 9

Maschinenformer m. (Gieß) || machine moulder || mouleur m. à la machine. **a)** ~ (Töpf) || jigger || calibreur m. 10

Maschinen-formerei f. || mechanical moulding || moulage m. à la machine. **a) ~führer** m. (Dampfm) || engineman; chauffeur; engine driver || (chauffeur-)conducteur m.; (chauffeur-)mécanicien m.; machiniste m. **b) ~garn** n. || machine spun *or* mill spun yarn || fil m. mécanique. 11

maschinengearbeitet || machine-made || travaillé mécaniquement. **a) ~e Zähne** mpl. || machine-made teeth pl. || dents fpl. formées à la machine. 12

maschinengefertigtes Papier n. || machine-made paper || papier m. fait à la machine. 13

Maschinengestell n. || frame of the machine || bâti m. de la machine. 14

Maschinengewehr n. || machine gun; quick firer || mitrailleuse f. **a) Boden~** || machine gun in floor || mitrailleuse f. tirant à travers le plancher. **b) luftgekühltes ~** || air-cooled machine gun || mitrailleuse f. à refroidissement à l'air. **c) wassergekühltes ~** || water-cooled machine gun || mitrailleuse f. à refroidissement à l'eau. 15

Maschinengewehr-antrieb m. || machine gun drive || commande f. de mitrailleuse. **a) ~bock** m. || machine gun support || support m. de mitrailleuse. **b) ~garbe** f., widerstandsfähig gegen **~n** fpl. sein || to withstand a rain of machine gun bullets || résister aux gerbes fpl. des balles de mitrailleuse. **c) ~nest** n. || machine gun nest || nid m. de mitrailleuses. **d) ~schlitz** m. || machine gun slit || fente f. de mitrailleuse. **e) ~schütze** m. || gunner || mitrailleur m. **f) ~stand** m. || machine gun stand || poste m. de mitrailleuse. **g) ~träger** m. (Luftf) || machine-gun support || support m. de la mitrailleuse. **h) ~zielfernrohr** n. || machine-gun telescopic sight || lunette f. viseur pour mitrailleuses. 16

maschinenglatt (Pap) || mill finished || glacé à la machine. 17

Maschinen-gondel f. (Luftf) || engine car || nacelle-moteur f. **a) ~gravör** m. || engraving machine worker || graveur m. à la machine. 18

Maschinenguß m. || machine casting || coulée f. *ou* moulage pour pièces de machine. 19

Maschinenguß-putzer m. || rattling machine tenter || nettoyeur m. de fonte à la machine. **a) ~stück** m. || machine casting || fonte f. pour machines. 20

Maschinen-hacke f. (Landw) || hoeing machine || piocheuse f. **a) ~halle** f. || engine room || salle f. des machines. **b) ~händler** m. || machinery merchant || négociant m. en machines. **c) ~hauer** m. (Bergb) || rock cutting machine driver; machine driller of mines || haveur m. à la machine. 21

Maschinenhaus n. || machine *or* engine house; machinery hall || bâtiment m. *ou* hall m. *ou* pavillon m. aux machines. **a)** ~ (Eisenb) || engine house || dépôt m. de machines; remise f. à locomotives. **b) ~fußboden** m. || machine room floor || sol m. de la salle des machines. 22

Maschinen-hefter m. (Buchb) || machine stitcher *or* sewer || couseur m. à la machine. **a) ~hobler** m. || planing machine tenter *or* hand; planing machinist || raboteur m. à la machine. **b) ~ingeniör** m. || machine *or* mechanical engineer || ingénieur m. mécanicien. **c) ~inspektor** m. (Eisenb) || machine surveyor || inspecteur m. de la traction. **d) ~kneter** m. (Bäck) || machine mixer || pétrisseur m. à la machine. **e) ~kontrolle** f. || controlling machines || contrôle m. de machines. **f) ~kraft** f. || engine power || force f. de la machine. **g) ~kurbel** f. || crank || coude m. **h) ~lack** m. || engine varnish || vernis m. pour machines. **i) ~leistung** f. || engine power *or* output || puissance f. des moteurs. **k) ~luke** f. || hatch to engine-room || écoutille f. de la machine. 23

maschinenmäßig || mechanical; automatic || mécanique; machinal. 24

Maschinenmechaniker m. || mechanic workman || ouvrier m. mécanicien. 25

Maschinenmeister m. || machine minder || conducteur m. de machines. **a)** ~ (Met) || outdoor fitter || appareilleur m. 26

Maschinenmesser n. || machine knive || lame f. de machine. **a) ~naßschleifmaschine** f. || wet machine-knife grinding machine || machine f. à affûter à l'eau les couteaux des machines. 27

Maschinen-mischung f. (Zement) || machine mixing || mélange m. à la machine. **a) ~modell** n. || machine model || modèle m. de machine. **b) ~nagel** m. || machine-made nail; cut nail || clou m. fait à la machine. **c) ~nieter** m. || machine rivetter || riveur m. à la machine. **d) ~nietung** f. || machine riveting || rivetage m. mécanique. **e) ~nummer** f. || number of the machine || matricule f. de la machine. **f) ~öl** n. || machinery *or* engine oil || huile f. pour machines. **g) ~packung** f. || engine packing || bourrage m. pour machines. **h) ~paginierer** m. (Buchb) || numbering machine operator || numéroteur m. à la machine. **i) ~papier** n. (Rotationsmasch) || endless paper || papier m. sans fin *ou* continu. **k) ~parallelschraubstock** m. für **gerade** und **Winkelspannung** || parallel vice with straight or angular tightening || étau m. parallèle à serrage droit ou angulaire. **l) ~park** m. || machinery; machine equipment || parc m. à machines pour l'usinage. **m) ~personal** n. (Schiff) || engine-room complement || personnel m. de la machine. **n) ~pistole** f. || machine pistol || pistolet m. mitrailleur. **o) ~plattform** f. || engine platform || plateforme f. de la machine. **p) ~presser** m. (Tuchm) || pressing machine minder || presseur m. à la presse hydraulique. **q) ~prüfer** m. || machine tester || ouvrier m. aux essais de machines. **r) ~rahmen** m. || engine frame *or* bed plate || bâti m. de machine. **s) ~raum** m. (Schiff) || engine room || compartiment m. des machines. **t) ~reparatur** f. || engine repair || réparation f. de la machine. **u) ~reparaturwerkstatt** f. || machine repair workshop || atelier m. de réparation de machines. **v) ~riemen** m. || engine belt || courroie f. pour machines. **w) ~saal** m. || room for machines || salle f. des machines. 1

Maschinensatz m. (Buchdr) || machine composition || composition f. mécanique. **a) ~** eines **Dampfkraftwerkes** || unit of a steam plant || groupe m. de maschines génératrices d'une usine thermique. **b) ~** für **Halbautomaten** || semi-automatic sender || émetteur m. d'impulsions dans les bureaux demi-automatiques. 2

Maschinen-schacht m. (Bergb) || engine *or* rod-shaft || puits m. d'épuisement *ou* d'exhaure. **a) ~schere** f. || shearing machine || machine f. à cisailler. **b) ~scherer** m. (Web) || warping machine minder || ourdisseur m. à la machine. **c) ~schild** n. || engine sign plate || plaque f. pour machines. 3

Maschinenschlichter m. (Tuchm) || starching machine operator || colleur m. à la machine. **a) ~** (Web) || slasher man || encolleur m. à la machine. 4

Maschinen-schlosser m. || metal fitter || ajusteur-mécanicien m. **a) ~schmiere** f. || lubricating grease || graisse f. de machines. **b) ~schnitt** m. (Tuchm) || machine cutting || coupage m. à la machine. **c) ~schnitzer** m. || machine carver || sculpteur m. à la machine. **d) ~schraube** f. || machine screw || vis f. de machines. **e) ~schreiber** m. (Büro) || typist || dactylographe m. **f) ~schreiberin** f. || female typist || dame f. dactylographe. **g) ~schrift** f. || typewriting || dactylographie f.; écriture f. à la machine. **h) ~schweißung** f. || automatic welding || soudage m. automatique *ou* mécanique. **i) ~seilerei** f. || mechanical rope making || corderie f. mécanique. **k) ~sender** m. (Fernm) || automatic transmitter || transmetteur m. automatique. **l) ~setzer** m. (Buchdr) || machine compositor || compositeur m. à la machine. **m) ~spalter** m. (Gerb) || skiving machine operator || raseur m. à la machine. **n) ~speck** m. || machine lard || lard m. coupé à la machine. **o) ~spinnerei** f. || machine spinning || filature f. à la machine. **p) ~stärke** f. || efficiency of engines || puissance f. des machines. **q) ~steller** m. || machine setter || régleur m. de machines. **r) ~steppen** n. (Bekleid) || machine stitching || piquage m. à la machine. **s) ~sticker** m. || machine embroiderer || brodeur m. à la mécanique. **t) ~stickerei** f. || machine-embroidery || broderie f. à la mécanique. **u) ~stricker** m. || frame knitter || tricoteur m. à la machine. **v) ~strickerei** f. || machine knitting || tricotage m. au métier. **w) ~system** n. (Selbstanschl) || machine switching system || système m. à synomoteur. **x) ~tagundnachtbetrieb** m. || machine running day and night || marche f. de machines de jour et de nuit. 5

Maschinenteil m. || engine part || organe m. de machines. **a) einfach** geformte **~e** mpl. || members pl. which have plain regular shapes || organes mpl. de machine de forme simple et régulière. 6

Maschinenthermometer n. || machine thermometer || thermomètre m. pour machines. **a) ~** mit **Doppelstutzen** || machine thermometer with two branches || thermomètre m. pour machines avec tube double. 7

Maschinen-unfall m. || accident to machinery || accident m. aux machines. **a) ~wache** f. || steam watch || quart m. à la machine. **b) ~wärter** m. || machine attendant *or* tenter; engineman || mécanicien m.; machiniste m.; conducteur m. de machines. **c) ~weber** m. || power loom weaver || tisseur m. *ou* tisserand à la mécanique. **d) ~weißstickerei** f. || machine-made white embroidery || broderie f. blanche à la mécanique. **e) ~zahlengeber** m. (Selbstanschl) || sender driven by motor || émetteur m. des impulsations avec moteur. **f) ~zapfenschneider** m. || tenoning machinist || tenoneur m. à la machine. **g) ~zeichnung** f. || engineering drawing || dessin m. de génie *ou* de machines. **h) ~ziegel** m. || machine-made brick || brique f. moulée à la machine. **i) ~ziegelei** f. || mechanical brick works || briqueterie f. mécanique. 8

Maschinerie f. || machinery || machinerie f. 9

Maschinist m. || engine driver; engineman; engineer; machinist || mécanicien m.; mécanicien m. conducteur; machiniste m. **a) Haupt~** || chief engineer || mécanicien m. en chef. **b) Walzwerk~** || mill engine man || mécanicien m. de laminoir. 10

Maschinistenstand m. || driver's stand || plate-forme f. du mécanicien. 11

Maserholz n. || curled *or* speckled wood || bois m. madré *ou* tapiré. 12

Maserung f. des **Holzes** || grain of wood || fil m. de bois. 13

Maserwuchs m. || veined growth || croissance f. d'un arbre veiné. 14

Masholder m. || common maple || érable m. champêtre. 15

Maske f. || mask || masque m. **a) Fecht~** || fencing mask || masque m. d'escrime. **b) Gesichts~** || safety mask; face shield || masque m. de sûreté. **c) Schutz~** || protective mask; face shield || masque m. protecteur. 16

Maskenkostüm n. || fancy dress || costume m. de bal masqué. 17

Maß n. || measure; dimension || mesure f. **a) Akkord** m. nach **~** || agreement by meter || marché m. au mètre. **b) in bescheidenem ~e** || in small proportions pl. || dans des proportions fpl. restreintes. **c) eingeschriebenes ~** (Zeichn) || figured dimension || cote f. d'un dessin. **d) sämtliche ~e** npl. in die Skizze **eintragen** || to put down all the measures pl. in the sketch || inscrire toutes les mesures fpl. sur le croquis. **e) ~e** npl. **einzeichnen** (Zeichn) || to write *or* to draw the dimensions into a design || coter un dessin. **f) genaues ~** || exact measurement || mesure f. exacte. **g) Hohl~** || dry and liquid meter || mesure f. de capacité. **h) Raum~** || stacked measure || mésure f. de capacité. **i) Schwind~** || shrinkage rule || mesure f. de contraction. **k) volles ~** || full range || mesure f. comble. 18

Massageapparat m. || massage apparatus || appareil m. de massage. 19

Maßanalyse f. (Chem) || volumetric analysis; volumetry || analyse f. volumétrique; volumétrie f. 20

maßanalytisch || volumetric || volumétrique. 21

Maß-angabe f. || dimension || cote f. **a) ~bezeichnung** f. (Zeichn) || figured dimension || cote f. d'un dessin. 22

Masse f. || mass || masse f. **a) ~** (Gieß) || dry *or* loamy sand || sable m. gras. **b) ~** (Töpf) || paste; clay mass || pâte f. céramique. **c) aktive ~** (Sammler) || active paste || masse f. active. **d) gestampfte ~** || rammed stuff || masse f. damée. **e) plastische ~** || plastic substance || substance f. plastique. **f) rollige ~n** fpl. (Bergb) || unfixed masses pl. || terrains mpl. mouvants. **g) teigige ~** || doughy mass || pâte f. 23

Masse-behälter m. für die **Kabelherstellung** || compound tank for cable manufacturing || récipient m. de masse pour la fabrication des câbles. **a) ~form** f. (Gieß) || dry-sand mould || moule m. en sable gras. **b) ~formerei** f. || dry-sand moulding || moulage m. en sable gras. **c) ~guß** m. || dry sand casting || moulage m. en terre; coulage m. en sable gras. 24

Maßeinheit f. (Opt) || unit of notation *or* measure *or* measurement || unité f. de mesure. 25

Massekernspule f. || iron-powder core coil; pressed dust core coil || bobine f. à noyau en poudre de fer comprimé. 26

Massel f. || pig || gueuse f.; gueuset m. **a)** die **~ brechen** || to break up the pig || casser la gueuse. 27

Masselbrecher m. || pig breaker || casseur m. de gueuses. **a)** das Roheisen mittels eines **~s zerkleinern** || to break up the pig iron by means of a pig breaker || casser la fonte par une casse-gueuses. 28

Massel-eisen n. || pig *or* crude *or* raw iron || fonte f. crue; fer m. cru; gueuses fpl. **a) ~formmaschine** f. || pig-moulding machine || machine f. à mouler les gueuses. **b) ~gießmaschine** f. || pig machine || machine f. à couler les gueuses. **c) ~graben** m. || sow channel || lit m. de gueuse; rigole f. **d) ~ grabeneisen** n. || sow iron; sow || gueuse f. mère; maître-calle f.; maître-câle m. 29

Massen-artikel mpl. || wholesale articles pl.; articles pl. in bulk || articles mpl. (faits) en masse. **a) ~ausgleich** m. || balancing of masses; balanced reciprocating weights pl. || contre-balancement m. des masses; équilibre m. des masses. 30

Massenberechnung f. (Erdarb) || mensuration of earthwork || calcul m. des masses. **a) ~** (Phys) || calculation of volume || cubage m. 31

Masseneinteilungsmaschine f. || graduating machine || machine f. de dosage. 32

Massenerzeugung f. || mass *or* bulk production || production f. en masse. **a)** für die **~** bestimmte **Anlage** || large enterprise for the production en masse || usine f. destinée à une production industrielle d'objets en masse. **b) billige ~** || mass production of cheap ware || fabrication f. à bas prix et par grandes masses. **c)** ~ von **Installationsmaterial** || mass production of installation materials || fabrication f. en masse de matériel d'installation. 1

Massen-fabrikation f. *s.* ~fertigung. **a) ~-fertigung f.** || mass *or* quantity manufacture *or* manufacturing || fabrication f. en grande série *ou* en masse. **b) ~förderung** f. || conveyance in mass *or* bulk || déplacement m. *ou* extraction f. *ou* transport m. en masse. **c) ~form** f. || dry-sand mould || moule m. en sable gras. **d) ~formerei** f. || dry sand moulding || moulage m. en sable gras. **e) ~galvanisierapparat** m. || wholesale electro-plating apparatus || appareil m. pour dépôts galvaniques. 2

Massengüter npl. || bulk goods pl. || marchandises fpl. communes *ou* de gros tonnage *ou* en grandes masses. **a) Beförderungsmittel** n. für ~ || conveying equipment for wholesale goods || dispositif m. de transport de marchandises en gros. **b) Förderanlage** f. für ~ || conveying plant for wholesale goods || installation f. d'engin de transport pour marchandises en gros. 3

Massen-herstellung f. *s.* ~erzeugung *oder* ~fertigung. **a) ~kleinpackungen** fpl. || small packings pl. in large numbers || petits emballages mpl. pour articles de consommation. **b)~mittelpunkt** m. (Mech) || center of mass || centre m. de masse. **c) ~produktion** f. *s.* ~erzeugung. **d) ~profil** n. || section of earthworks || profil m. des terrassements. **e) ~prüfung** f. || great quantities testing || essai m. en masse. **f) ~punkt** m. || elementary mass || quantité f. élémentaire. **g) ~rührmaschine** f. (Bäckerei) || cake mixer for mixing pastes || batteuse f. pour malaxer les pâtes. **h) ~störung** f. (Fernm) || line faults pl. en masse || dérangements mpl. en masse. **i) ~teil** m. (Fabrikation) || piece produced in series || pièce f. fabriquée en série. **k) ~teilchen** n. || corpuscle || corpuscule m. **l) ~wirkungsgesetz** n. || law of mass action || loi m. d'action de masse. 4

Masseplatte f. (Sammler) || paste plate || plaque f. à masse *ou* empâtée *ou* tartinée. 5

Maßgabe f., nach ~ f. von || in proportion to || conformément à; selon; en raison de. 6

maßgebend || competent; decisive || décisif. 7

massig || massy || massif. 8

mäßig || moderate; cheap; reasonable || modéré; sobre. **a)** ~ **rasch** laufend || for medium action || à vitesse modérée. 9

mäßigen || to moderate || modérer; ralentir. 10

Massikot n. (Chem) || massicot; yellow lead || massicot m. 11

massiv || massive || massif. **a) ~es Gestein** n. || compact || compacte m. 12

Massiv-messing n. || solid brass || laiton m. massif. **a) ~reifen** m., Felge f. für || felloe for solid tires || jante f. à bandages pleins. 13

Maß-latte f. || gauge || jauge f. **a) ~nahme** f. || step || mesure f. 14

Maßregel f. || step || mesure. **a) ~n** fpl. **treffen** || to take precautions || prendre des mesures fpl. 15

Maß-schneider m. || bespoke tailor || tailleur m. sur mesure. **a) ~schuster** m. || boot maker to measure || cordonnier m. sur mesure. **b) ~skizze** f. || sketch to scale || croquis m. coté. 16

Maßstab m. (zum Messen) || rule; measure; measuring rod; (divided) scale || règle f. divisée; échelle f.; mètre m. **a)** ~ (Zeichn) || scale || échelle f. **b) dreikantiger ~** || triangular scale || règle f. graduée triangulaire. **c) Gelenk~** || joint rule; pliant *or* sliding rule || mètre m. pliant. **d)** in **großem ~** || on a large scale || en grand; sur une grande échelle. **e) Höhen~** || scale of height || échelle f. des hauteurs. **f)** in **kleinem ~** || on a small scale || en petit; sur une petite échelle. **g) Längen~** || scale of length || échelle f. des longueurs. **h) natürlicher ~** || plain scale; full size || grandeur f. naturelle. **i) Normal~** || standard measure || mesure f. *ou* échelle f. normale. **k) perspektivischer ~** || scenographical scale || échelle f. perspective. **l) Schwind~** || contraction rule || mesure f. de contraction. **m) Vergrößerungs~** || enlarging scale; scale of enlargement || échelle f. d'agrandissement. **n)** in **vergrößertem ~e** m. || on an enlarged scale || sur une *ou* à échelle f. agrandie. **o) Verjüngungs~** || scale of reduction; reducing scale (A) || échelle f. de réduction. **p)** in **verjüngtem ~e** || in diminished proportions pl.; on a reduced scale || à échelle f. de réduction. **q) Verkleinerungs~** || scale of reduction || échelle f. de réduction. **r)** in **verkleinertem ~** || on a reduced scale || à échelle f. de réduction. **s) ~ x : y** || scale x to y || échelle f. de x : y. **t) zusammenlegbarer ~** || pocket rule; folding pocket rule || réglet m.; mètre m. 17

maßstäblich zeichnen || to draw to scale || dessiner à l'échelle f. 18

Maßstabmaschine f. || machine for making rules || machine f. pour la fabrication des mètres pliants. 19

Maß-stock m. || measure rule || jauge f. **a) ~system** n. || system of measures || système m. de mesure. **b) ~tabelle** f. eines **Gebäudes** || rule of a building || métré m. d'un bâtiment. **c) ~teil** m. (Chem) || part by measure || partie f. en volume; volume m. **d) ~toleranz** f. || tolerance || tolérance f. **e) ~walzwerk** n. || sizing mill || laminoir m. de précision. 20

Maßzeichnung f. || dimensioned *or* outline drawing || plan m. coté. **a) verbindliche ~** || binding drawing to scale || dessin m. coté obligatoire. 21

Mast m. (el Leit) || pole; tower || mât m.; poteau m. **a)** ~ (Schiffb) || mast || mât m. **b) A-~** || A-pole || poteau m. en A. **c) Doppel~** || double pole || poteaux mpl. jumelés. **d) Flügel~** (Windmüll) || whip; sail mast || bras m. des ailes. **e) Gitter~** || lattice-work mast || mât m. en treillis. **f)** einen **~ kappen** || to cut away a mast || couper un mât. **g) Rohr~** || tubular pole || poteau m. tubulaire. **h) Straßenbahn~** || railway pole || poteau m. pour lignes électriques de tramways. **i) Telegrafenleitungs~** || telegraph pole || poteau m. télégraphique. **k) tragbarer ~** || portable mast || mât m. portatif. **l) versetzbarer ~** || portable mast || mât m. portatif. 22

Mast f. || fattening (pasture) || engrais m. 23

Mast-ausleger m. || outrigger || bras m. de poteau. **a) ~blitzableiter** m. || lightning conductor for poles || paratonnerre m. pour mâts. 24

mästen || to fatten; to cram || engraisser. 25

Masten-holz n. || rough spars pl. for masts || bois m. de mâture. **a) ~kran** m. || mast crane || grue f. à poteau *ou* à mâter; bigue f. 26

Mast-fesselgeschirr n. || mast mooring gear || gréement m. *ou* agrès m. *ou* équipage m. *ou* dispositif m. d'amarrage au mât. **a) ~fuß** m. || heel of a mast || pied m. d'un mât. **b) ~isolator** m. || mast insulator || isolateur m. de mât. 27

Mastix m. (Harz) || mastic || mastic m.; gomme-mastic m. **a) ~harz** n. || lentisk gum || lentisque m. **b) ~zement** m. || mastic cement || mastic m. des fontainiers. 28

Mast-käfig m. (Viehzucht) || fattening stable || épinette f. **a) ~knecht** m. (Schiffb) || sheet bitt || bitte f. de pied de mât; bitton m. de manœuvres. **b) ~korb** m. || crow's nest; top framing || échanguette f.; cage f. de mât de hune. 29

mastlos || dismasted || démâté. 30

Mast-macher m. || mast maker || mâtier m. **a) ~plattenbiegemaschine** f. || bending machine for mast plates || machine f. à cintrer les plaques pour mâts de navires. **b) ~schale** f. (Schiffb) || side-piece of a made mast || jumelle f. d'assemblage. **c) ~schalter** m. || pole switch || interrupteur m. de poteau. **d) ~signal** n. (Eisenb) || block signalling apparatus || appareil m. de bloc. **e) ~sockel** m. || base of pole || socle m. de poteau. **f) ~sohle** f. (Schiffb) || step || sole f. **g) ~spur** f. (Schiffb) || mast-step || carlingue f. du mât; emplanture f. **h) ~stütze** f. (Schiffb) || mast-prop for careening || aiguillette f. de mât. **i) ~transformator** m. || pole transformer || transformateur m. à mât. 31

Mästung f. || fattening || engraissement m. 32

Mastwerk n. (Schiffb) || the masts pl. || mâture f. 33

Masut n. || mazout; masut || mazout m. 34

Mate f. (Getränk) || maté || maté m. 35

Mater f. (Buchdr) || matrix || matrice f. 36

Material n. *s. auch* Werkstoff || material || matériel m. **a) Eisenbahn~** || material for railways || matériel m. de chemins de fer. **b) rollendes ~** || rolling stock || matériel m. roulant *ou* d'exploitation. **c) Straßenbahn~** || material for tramways || matériel m. de tramways. 37

Material-auswahl f., **sorgfältige** || careful selection of material || choix m. judicieux des matériaux. **a) ~beanspruchung** f. || material stress || effort m. des matériaux. **b) ~bedarf** m. || consumption of materials || consommation f. de matériaux. **c) ~-ersparnis** f. || economy *or* saving of material || économie f. de matière. **d) Struktur** f. der **~fasern** || structure of the material || structure f. de la matière. 38

Materialien npl. *s. auch* Werkstoff || materials pl. || matériaux mpl. **a) ~lagerplatz** m. || materials store || dépôt m. de matériaux. 39

Material-niederhalter m. || holder-down for material || presse-fer f. pour matériel. **a) ~prüfer** m. || material testing device || appareil m. pour l'essai des matériaux. **b) ~prüfmaschine** f. || material testing machine || machine f. à essayer la résistance des matériaux. **c) ~prüfung** f. || testing of materials || essai m. *ou* épreuve f. des matériaux. 40

Materialprüfungs-amt n. ‖ office for material testing ‖ bureau m. d'essai des matériaux. a) **~anstalt** f. ‖ material testing laboratory ‖ laboratoire m. d'essai des matériaux. b) **~maschine** f. *s.* Materialprüfmaschine. 1

Material-untersuchung f. ‖ material test; research of materials ‖ épreuve f. de matériaux. a) **~verbrauch** m. ‖ material consumption ‖ consommation f. de matériaux. b) **~warenhändler** m. ‖ grocer; druggist; chemist ‖ épicier m. 2

Materie f. ‖ substance; matter ‖ matière f. 3

materiell ‖ material ‖ matériel. 4

Mathematik f. ‖ mathematics pl. ‖ mathématique f. 5

mathematisch ‖ mathematical ‖ mathématique. a) **~e Arbeit** f. ‖ mathematical work ‖ travail m. mathématique. b) **~e Erdkunde** f. ‖ geodesy; geophysics pl.; mathematical geography ‖ géographie f. mathématique. c) **~e Formel** f. ‖ mathematical formula ‖ formule f. mathématique. d) **~es Instrument** n. ‖ mathematical instrument ‖ instrument m. de mathématique. e) **~e Zeichen** npl. (Buchdr) ‖ mathematical signs pl. ‖ signes mpl. mathématiques. 6

Matikoblätter npl. ‖ matico leaves pl. ‖ feuilles fpl. de matico. 7

Matratze f. ‖ mattress ‖ matelas m.; sommier m. a) ~ (Wasserb) ‖ mattress ‖ claie f. b) **Feder~** aus **Metall** ‖ metallic spring mattress ‖ sommier m. métallique. c) **Sprungfeder~** ‖ spring mattress ‖ sommier m. élastique. 8

Matratzen-drell m. ‖ ticking for mattresses ‖ treillis m. pour matelas. a) **~macher** m. ‖ mattress-maker ‖ matelassier m. b) **~nadel** f. ‖ mattress needle ‖ aiguille f. à matelas. 9

Matrize f. (Schmied) ‖ bolster; die ‖ perçoir m. a) ~ (Schriftgieß) ‖ matrix; matrice ‖ matrice f. b) ~ (Stereotypie; Galvanoplastik) ‖ mould ‖ empreinte f. c) **Blei~** (Druckw) ‖ lead moulding matrice ‖ flan m. en plomb. d) **Gips~** ‖ gypsum *or* plaster mould ‖ moule f. de plâtre. e) **Papier~** (Buchdr) ‖ paper mould ‖ moule f. en papier. f) **kellerfeuchte** ~ ‖ cellar damp matrix ‖ flan m. humide. 10

Matrizen-band n. ‖ matrix band ‖ bande f. pour matrices. a) **~prägepresse** f. ‖ matrix striking press ‖ presse f. à empreindre. b) **~trockner** m. mit **Ventilator** ‖ matrix drying drum with fan ‖ séchoir m. à ventilateur pour flans. 11

Matrose m. ‖ sailor; seaman; mate ‖ matelot m.; marin m.; marinier m. 12

Matrosen-heuer f. ‖ seaman's wages pl.; man's pay ‖ matelotage m. a) **~mütze** f. ‖ tam o' shanter ‖ béret m. 13

matt (Börse) ‖ lifeless; stagnant; inactive ‖ lourd. a) ~ (Farbe) ‖ dead; dull; dulled ‖ mat. b) ~ (kraftlos) ‖ feeble; enfeebled ‖ faible. c) ~ (Met) ‖ thickly liquid ‖ pâteux; consistant. d) ~ **geschliffen** (Glas) ‖ opaque ground; dead ground ‖ dépoli. e) das Innere des Fernrohres ~ **schwärzen** ‖ to blacken the inside of the telescope ‖ noircir en mat l'intérieur de la lunette. 14

matt-es Gold n. ‖ dead gold ‖ or m. mat. a) **~e Wetter** npl. ‖ oppressive air ‖ air m. lourd *ou* méphitique. 15

Mattdruck m. (Buchdr) ‖ mat impression ‖ impression f. mate. 16

Matte f. ‖ mat ‖ natte f.; paillasson m.; paillet m. a) **chinesische** ~ ‖ China mat ‖ natte f. de chine. b) **englische** ~ ‖ wrought mat ‖ paillet m. tortu. c) **gespickte** ~ ‖ thrummed mat ‖ paillet m. lardé *ou* cordé. d) **gewebte** ~ ‖ sewed mat; paunch ‖ sangle f.; boderne f. e) **Stroh~** ‖ straw mat ‖ paillasson m. 17

Matteis n. ‖ opaque *or* white ice ‖ glace f. opaque. 18

Matten-damm m. ‖ mat dike ‖ digue f. mattée. a) **~flechter** m. ‖ mat maker ‖ nattier m. b) **~stoff** m. ‖ matting ‖ natte f. 19

Matt-farbe f. (Vergold) ‖ deadening matter ‖ mat m. a) **~glas** n. ‖ frosted glass ‖ verre m. mat. 20

mattieren (Vergold) ‖ to deaden ‖ mater; donner le mat; mettre au mat. 21

Mattieren n. ‖ deadening ‖ mise f. au mat; matage m. a) ~ des **Messingblechs** ‖ dead dipping of brass ‖ décapage m. du laiton. 22

mattiert ‖ dullet ‖ dépoli. a) **~e Glühlampe** f. ‖ frosted incandescent lamp ‖ lampe f. à incandescence dépolie. 23

Mattiertonne f. ‖ deadening vat ‖ tonneau m. au mat. 24

Mattigkeit f. ‖ tiredness ‖ lassitude f. 25

Matt-kohle f. ‖ dull coal ‖ charbon m. mat. a) **~kunstdruckpapier** n. ‖ mat surface paper ‖ papier m. mat pour impression artistique. b) **~lack** m. ‖ dull lake ‖ vernis m. mat. c) **~punze** f. ‖ matting tool; tarnisher; burnisher ‖ matoir m. d) **~salz** n. ‖ matting salt ‖ sel m. de mattage. 26

Mattscheibe f. ‖ ground glass disc; focussing screen ‖ verre m. *ou* vitre f. dépolie; écran m. en verre dépoli. a) **Einstellung** f. des Bildes auf der ~ ‖ focussing the image on the ground glass screen ‖ mise f. de l'image au point sur le dépoli. 27

mattschleifen ‖ to make opaque by grinding ‖ dépolir. 28

Mattschleifen n. ‖ making opaque by grinding; frosting ‖ dépolissage m.; dépolissement m. 29

Mattschwarz n. ‖ dull black ‖ noir terne. 30

Mattvergoldung f. ‖ dead-gilding ‖ dorage m. mat. 31

Matze f. ‖ azyme bread; motza ‖ pain m. azyme. 32

Mauer f. ‖ wall ‖ mur m. a) an das Erdreich **angelehnte** ~ ‖ wall leaning against an earth body ‖ mur m. adossé à un terre-plein. b) **ausgebauchte** ~ ‖ battering *or* shrinking wall ‖ mur m. bouclé *ou* gauchissant. c) ~ mit **Balkenlöchern** ‖ wall with timber holes ‖ mur m. coupé. d) **bauchige** ~ ‖ battering *or* shrinking wall ‖ mur m. bouclé *ou* gauchissant. e) die ~ **baucht aus** ‖ the wall batters *or* shrinks ‖ le mur gauchit. f) ~ aus lauter **Binderschichten** ‖ perpend wall ‖ mur m. de parpaing. g) **blinde** ~ ‖ dead *or* blind wall ‖ mur m. orbe *ou* aveugle. h) auf **Bogen** ruhende ~ ‖ spandrel wall ‖ mur m. en l'air *ou* portant à faux *ou* monté sur des voûtes. i) **Brand~** ‖ fire wall ‖ mur m. réfractaire. k) **Bruchstein~** ‖ wall of rough stone ‖ mur m. de moellon. l) **einhalb Stein** starke ~ ‖ wall half a brick thick ‖ mur m. de l'épaisseur de $^1/_2$ brique. m) **einhäuptige** ~ ‖ wall with one side worked fair ‖ mur m. aligné d'un côté seulement. n) **einseitig** abgeglichene ~ ‖ wall with one side worked fair ‖ mur m. aligné d'un côté seulement. o) ~ mit **entblößtem** Grund ‖ bare-based wall ‖ mur m. déchaussée. p) **fensterlose** ~ ‖ dead wall ‖ mur m. orbe. q) **Feuer~** ‖ fire wall ‖ mur m. réfractaire. r) **fliegende** ~ ‖ spandrel wall ‖ mur m. en l'air *ou* portant à faux *ou* monté sur des voûtes. s) **fluchtlose** ~ ‖ slovenly-built wall ‖ mur m. bâti par épaulées. t) **freistehende** ~ ‖ detached revetment ‖ revêtement m. *ou* mur m. détaché. u) **Futter~** ‖ revetment wall ‖ mur m. de revêtement. v) **gemeinschaftliche** ~ ‖ common wall ‖ mur m. mitoyen *ou* commun. w) **gezinnelte** ~ ‖ battled *or* embattled wall ‖ mur m. crénelé. x) **Giebel~** ‖ gable wall ‖ mur m. de pignon. y) **Grund~** ‖ foundation wall ‖ mur m. de fondation. z) eine ~ f. **gründen** ‖ to found a wall ‖ fonder un mur. 33

a) **Haustein~** ‖ wall of freestone ‖ mur m. de pierre franche. b) **Hohl~** ‖ hollow wall ‖ mur m. creux. c) **innerhalb** der ~ f. befindlich ‖ intramural ‖ intramuros. d) **Kai~** ‖ quay wall ‖ mur m. de quai. e) **kalte** ~ ‖ dry wall ‖ mur m. en pierres sèches; perré m.; pierré m. f) eine ~ f. **netzen** ‖ to soak a wall ‖ abreuver un mur. g) die ~ bekommt **Risse** ‖ the wall cracks *or* splits *or* gapes ‖ le mur se fend. h) auf einen **Rost** gegründete ~ ‖ wall founding upon grating ‖ mur m. planté. i) die ~ **sackt** ‖ the wall settles *or* sinks in ‖ le mur s'affaise *ou* prend coup. k) auf einem **Schildbogen** ruhende ~ ‖ wall upon discharging arches ‖ mur m. en décharge. l) **schwebende** ~ ‖ spandrel wall ‖ mur m. en l'air *ou* portant à faux *ou* monté sur des voûtes. m) die ~ **senkt** sich ‖ the wall settles *or* sinks in ‖ le mur s'affaise *ou* prend coup. n) die ~ **setzt** sich ‖ the wall settles *or* sinks in ‖ le mur s'affaise *ou* prend coup. o) **Stirn~** ‖ face wall ‖ mur m. frontal. p) **Stütz~** ‖ supporting wall ‖ mur m. de talus. q) **trockene** ~ ‖ dry wall ‖ mur m. en pierres sèches; perré m.; pierré m. r) **Ziegelstein~** ‖ wall of brick ‖ mur m. de brique. s) **Zwischen~** ‖ partition wall ‖ mur m. de séparation. 34

Mauerabdeckung f. ‖ caping; capping; coping; top course; cope ‖ chaperon m.; tablettes fpl. a) ~ einer **Einfriedigungsmauer** ‖ coping *or* caping *or* brow of an enclosure wall ‖ larmier m. d'un mur de clôture. b) **konvexe** ~ ‖ convex *or* segmental coping ‖ chaperon m. en bahut. 35

Mauer-anker m. ‖ wall tie; wall clamp ‖ lien m. tirant; tirant m. de mur. a) **~bettung** f. ‖ bed of masonry ‖ lit m. de maçonnerie. b) **~bogen** m. ‖ arch in a wall; wall-arch ‖ arc m. *ou* arceau m. dans un mur. c) **~bruch** m. ‖ breach of a wall ‖ brèche f. d) **~brüstung** f. ‖ cornice ‖ faîte m. du mur. e) **~bügel** m. (el Leit) ‖ wall bracket ‖ potelet m. de ligne en façade; console f. murale. f) **~damm** m. (Bergb) ‖ dam of brickwork ‖ serrement m. en maçonnerie. g) **~deckplatte** f. ‖ caping; capping; coping; top course; cope ‖ chaperon m.; tablettes fpl. h) **~dübel** m. ‖ wall dowel ‖ goujon m. mural. i) **~durchführung** f. ‖ (el Leit) wall channel ‖ percement m. de mur. k) **~einsturz** m. ‖ fall *or* failure *or* destruction of a wall ‖ rupture f. *ou* écroulement m. d'un mur. 36

Mauerfeld n. || pane of a wall || pan m. de muraille. **a) vertieftes ~** || break in a wall || renfoncement m. dans le nu d'un mur. 1

Mauer-fläche f. *s.* ~flucht. **a) ~flucht** f. || plain of a wall || nu m. *ou* pan m. *ou* surface f. d'un mur. **b) innere ~flucht** f. || inner side *or* back of a wall || rez-mur m.; parement m. intérieur d'un mur. **c) ~fraß** m. (Bauw) || efflorescence of wall || carie f. de muraille. 2

Mauerfront f. || face *or* outside of a wall || parement m. *ou* côté de devant d'un mur. **a) innere ~** || inner side *or* back of a wall || rez-mur m.; parement m. intérieur d'un mur. 3

Mauer-fuß m. || footing *or* base of wall || pied m. de mur. **a) ~gelb** n. (Farbe) || badigeon; yellow badigeon *or* mason's colour || badigeon m.; badigeon m. jaune. **b) ~haupt** n. || mantle *or* outer stack of a wall || parement m. d'un mur. **c) ~hut** m. || cap *or* capping of a wall || chape f. d'un mur. **d) ~kappe** f. || cap *or* capping of a wall || chape f. d'un mur. **e) ~kehle** f. || ruile; border of plaster on roofs || ruillée f. **f) ~klammer** f. || clamp iron for walls || main m. de fer. **g) ~konsole** f. || wall bracket || palier m. mural. **h) ~krone** f. || cap *or* capping of a wall || chape f. d'un mur. **i) ~lager** n. || wall-bracket bearing || palier m. mural. **k) ~latte** f. || wall plate || filet m. de mur; plate-forme f. **l) ~mantel** m. || mantle or outer stack of a wall || parement m. d'un mur. 4

mauern || to build; to wall || maçonner. **a) mit Füllsteinen** mpl. **~** || to build with baking; to bake a wall || bloquer. **b) mit Lehm** m. und Stroh n. **~** || to build with loam and straw; to mud-wall || torcher; bousiller. **c) roh ~** || to wall roughly || limosiner; limousiner; hourder. **d) verbandsmäßig ~** || to wall in bond; to lay in good bond || murer en liaison; poser en bonne liaison; liaisonner. 5

Mauer-nagel m. || tile pin || clou m. à tuile. **a) ~platte** f. || wall-plate || filet m. de mur; plate-forme f. **b) ~quadrant** m. || mural quadrant || quart m. de cercle mural. **c) ~rohr** n. || reed; thatch || roseau m.; canne f. **d) ~säge** f. || stone saw || scie f. à murs. **e) ~salpeter** m. || aphronitre; wall saltpetre || aphronitre f. **f) ~säule** f. || wall column || colonne f. de paroi. **g) ~spalte** f. || crevice *or* gap *or* crack *or* chink of a wall || lézarde f. *ou* fente f. d'une muraille. **h) ~sprung** m. || crevice *or* gap *or* crack *or* chink *or* breach of a wall || lézarde f. *ou* fente f. *ou* brèche f. d'une muraille. 6

Mauerstein m. || brick; stone for building; freestone || brique f.; moellon m.; pierre f. à bâtir *ou* de construction. **a) ~** aus **Bimsstein** und Kalk || brick of pumice and lime || brique f. en pierre ponce et chaux. **b) feuerfester ~** || kiln brick; fire brick || brique f. réfractaire. **c) gebrannter ~** || burnt brick || brique f. cuite. **d) hellfarbiger ~** || clear colored brick || brique f. de couleur claire. **e) kieselhaltiger ~** || silicious brick || brique f. siliceuse. **f) Schlacken~** || slag brick || brique f. de laitier. **g) weißer ~** || white brick || brique f. blanche. 7

Mauerstein-bruch m. || ashlar quarry || carrière f. de moellons. **a) ~maschine** f. || brick machine || machine f. à briques. 8

Mauerstrecke f. || pane of a wall || pan m. de muraille. 9

Mauerung f. || masonry; mason's work; muring; walling; brick-laying || maçonnerie f.; ouvrage m. de maçonnerie; maçonnage m.; murage m.; muraillement m. **a) Mörtel~** || cemented masonry || liaison f. de joint. **b) trockene ~** || masonry without mortar; dry masonry || liaison f. à sec. 10

Mauer-verband m. || bond in masonry || liaison f. *ou* assemblage m. de maçonnerie. 11

Mauerwerk n. || masonry; mason's work; muring; walling || maçonnerie f.; ouvrage m. de maçonnerie; maçonnage m.; murage m.; muraillement m. **a) gitterförmiges ~** || latticed brickwork || maçonnerie f. grillagée. **b) glattes ~** || plain work || appareil m. par assises réglées. **c) Grund~** || foundation masonry *or* walling || maçonnerie f. de fondement. **d) ~** aus **künstlichen** Steinen || artificial stone masonry || maçonnerie f. en pierres artificielles. **e) ~** aus **natürlichen** Steinen || natural stone masonry || maçonnerie f. en pierres naturelles. **f) rauhes ~** || rag work; rubble walling || maçonnerie f. en moëllons bruts. **g) Strohlehm~** || mud walling || maçonnerie f. en torchis *ou* en bousillage. **h)** in **Verband** aufgeführtes **~** || bound masonry || maçonnerie f. en liaison. **i) verfallenes ~** || decayed walling || masure f. **k) wasserdichtes ~** || impervious masonry || maçonnerie f. hydraulique. **l) Ziegel~** || brickwork || maçonnerie f. en briques. 12

Mauerwerk-isolierung f. || insulation of masonry || isolation f. de maçonnerie. **a) ~verblendung** f. || facing in bricks || parement m. en briques. 13

Mauerziegel m. || brick || brique f. **a) feuerfester ~** || fire-tile block || bloc m. réfractaire. 14

Maul n. (Zange) || bit; chap || mors m.; bouche f. **a) Brech~** || breaker mouth || ouverture f. *ou* mâchoire f. du concasseur. 15

Maulbeerbaum m., Papier || paper mulberry || broussonétie f. 16

Maulesel m. || hinny || bardot m. **a) ~züchter** m. || mule breeder || éleveur m. de mulets. 17

Maul-keil m. || side jaw || joue f. latérale. **a) ~korb** m. || muzzle || muselière f. **b) ~tiefe** f. || depth of throat || portée f. de gorge. 18

Maultier n. || mule || mulet m. 19

Maultier-vermietung f. || mule letting-out || location f. de mulets. **a) ~zucht** f. || mule breeding || élevage m. de mulets. 20

Maul- und Klauenseuche f. || mouth and foot disease || fièvre f. aphteuse. 21

Maulweite f. des **Schraubenschlüssels** || opening of the screw spanner || ouverture f. de clef à écrou. 22

Maulwurffänger m. || mole catcher || chasseur m. de taupes; taupier m. 23

Maurer m. || mason; brick layer || maçon m. 24

Maurer-arbeit f. || mason's work; masonry; brick-laying || maçonnage m. (en brique); travail m. du maçon. **a) ~bürste** f. || brush || brosse f.; brossette f. **b) ~gehilfe** m. || mason's labourer || aide-maçon m. **c) ~kelle** f. || trowel || truelle f. **d) ~meister** m. || master mason || maître-maçon m. **e) ~pinsel** m. || brush || brosse f.; brossette f. **f) ~polier** m. || foreman || maître-compagnon m. **g) ~schnur** f. || chalk line; line || cordeau m.; fouet m.; ligne f. 25

maurisch || moorish || moresque; mauresque. 26

Mäuse-falle f. || mouse trap || souricière f. **a) ~fänger** m. || mouse catcher || chasseur m. *ou* preneur m. de souris. **b) ~gift** n. || ratsbane || mort f. aux rats. **c) ~vertilgungsmittel** n. || mouse destroyer || destructeur m. de souris. 27

Maximal-ausschalter m. || maximum cut-out; overload circuit breaker || interrupteur m. à maximum. **a) ~automat** m. (Elektr) || maximum automatic device || disjoncteur m. à maxima. **b) ~feld** n. || maximum area || champ m. d'exploitation maximum. **c) ~gefälle** n. (Eisenb) || greatest gradient || maximum m. des pentes. **d) ~melder** m. (Fernm) || maximum alarm || avertisseur m. à maximum. **e) ~preis** m., zu einem **~** von . . . || at a maximum price of . . . || à un prix maximum de . . . **f) ~vergrößerung** f. || maximum magnification || grossissement m. maximum. **g) ~wert** m. || maximum value || valeur f. maxima. 28

Maximum n. || maximum || maximum m. 29

Maximum- und Minimumthermometer n. || maximum and minimum thermometer || thermomètre m. à maxima et à minima. 30

Maxwellerde f. (Fernm) || shunted condenser || terre f. de Maxwell. 31

Mayonnaise f. || mayonnaise || mayonnaise f. 32

Mayonnaisenrührmaschine f. || mayonnaise stirring machine || batteuse f. pour mayonnaise. 33

mazerieren || to macerate || macérer. 34

Mechanik f. || mechanics pl. || mécanique f. **a) ~ fester** Körper || mechanics pl. of rigid bodies || mécanique des corps solides. **b) ~ flüssiger** Körper || mechanics pl. of fluids || mécanique f. des fluides; hydraulique f. **c) ~ gasförmiger** Körper || mechanics pl. of gaseous fluids || mécanique f. des fluides aériformes. 35

Mechaniker m. || mechanic; mechanist; mechanician; engine builder || mécanicien m. **a) Maschinen~** || mechanic workman || ouvrier m. mécanicien. **b) ~drehbank** f. || mechanic's lathe || tour m. pour mécaniciens. 36

mechanisch || mechanic(al) || mécanique. **a) ~ bewegte Förderrinne** f. || mechanically driven conveyor trough || rigole f. de transport actionnée mécaniquement. 37

mechanisch-er Antrieb m. || mechanical drive || commande f. mécanique. **a) ~e Bremse** f. || mechanical brake || frein m. mécanique. **b) ~e Energie** f. || mechanical energy || énergie f. mécanique. **c) ~e Feuerung** f. || mechanical furnace || foyer m. mécanique. **d) ~e Methode** f. || mechanical method || méthode f. mécanique. **e) ~es Musikwerk** n. || mechanical musical instrument || instrument m. de musique mécanique. **f) ~es Prinzip** n. || mechanical principle || principe m. de mécanique. **g) ~es Sedimentgestein** n. || mechanical sedimentary rock || roche f. sédimentaire mécanique. **h) ~e Trübung** f. der Luft || artificial turbidity of the air || obscurcissement m. *ou* assombrissement m. mécanique de l'air. **i) ~e Vorrichtung** f. || mechanical device || engin m. mécanique. 38

mechanisiert-e Kampfbrigade f. || mechanized fighting brigade || brigade f. de combat mécanisée. a) **~e Streitkräfte** fpl. || mechanized forces pl. || forces fpl. motorisées. 1

Mechanismus m. || mechanism || mécanisme m. 2

Medaille f. || medal || médaille f. 3

Medaillen-gravierung f. || medal engraving || gravure f. en médailles. a) **~gravör** m. || medal engraver || graveur m. en médailles. b) **~prägeanstalt** f. || medal manufacturing || fabrique f. de médailles. 4

Medaillon n. || medallion || médaillon m. 5

Mediane f. || median || médiane f. 6

Medianpapier n. || medium paper || grand papier m.; papier m. grand raisin. 7

Medikament n., **gepreßtes** || compressed drug || médicament m. comprimé. 8

Medium n. || medium || milieu m. a) **brechendes ~** (Phys) || refractive medium || milieu m. réfringent. b) **dichtes ~** (Phys) || dense medium || milieu m. dense. c) **dünnes ~** (Phys) || rare *or* subtil medium || milieu m. rare. 9

Medizinal-seife f. || medicinal soap || savon m. médicinal. a) **~wein** m. || medicinal *or* medicated wine || vin m. médicinal *ou* médicamenteux. 10

Medizinglas n. || medicine *or* dispensing glass || verre m. à médecine. a) **~waren** pl. || medicine glassware || verrerie f. pour usages médicaux. 11

medizinisch-er Apparat m. || medical apparatus || appareil m. médical *ou* de médecine. a) **~er Bestrahlungsapparat** m. || medical lighting device || appareil m. d'éclairage médical. b) **~es Instrument** n. || medical instrument || instrument m. médical *ou* de médecine. c) **~e Seife** f. || medicinal soap || savon m. médicinal. d) **~e Untersuchung** f. || medical investigation || recherche f. médicale. 12

medizinisch-optisches Instrument n. || medico-optical instrument || instrument m. médico-optique. 13

Medizin-kiste f. || medicine chest || coffre m. de médicaments. a) **~korken** m. || medicine stopper || bouchon m. médicinal. b) **~löffel** m. || medicine spoon || cuiller f. à médecine. 14

Meer n. || sea; ocean || mer f. 15

Meer-busen m. || gulf; bay || sein m. de mer; golfe m. a) **~enge** f. || strait; straits pl.; narrow channel || détroit m. 16

Meeres-grund m. || bottom *or* ground of the sea || fond m. de la mer. a) **~höhe** f. || sea level || niveau m. de mer. b) **~höhenzahl** f. || relative elevation || côte f. de niveau. c) **~leuchten** n. || phosphorescence of the sea || phosphorescence f. de la mer. d) **mittleres ~niveau** n. || mean level of the sea || niveau m. moyen de la mer. e) **~schnecke** f. || sea snail || escargot m. de mer. f) **~spiegel** m. || level of the sea || niveau m. de la mer. g) **~strömung** f. || oceanic current || courant m. marin. 17

Meer-fischpresser m. || salt water fish presser || presseur m. de poissons de mer. a) **~salz** n. || sea salt || sel m. de mer. 18

Meerschaum m. || meerschaum || écume f. de mer. a) **regenerierter ~** || regenerated meerschaum || écume f. de mer recomposée. b) **unechter ~** || false meerschaum || écume f. de mer fausse. 19

Meerschaum-gravör m. || meerschaum engraver || graveur m. sur écume de mer. a) **~pfeife** f. || meerschaum pipe || pipe f. en écume de mer. b) **~pfeifendrechsler** m. || meerschaum pipe turner || tourneur m. de pipes en écume de mer. c) **~schnitzer** m. || meerschaum cutter || découpeur m. d'écume de mer. d) **~waren** fpl. || meerschaum *or* sea-foam articles pl. || objets mpl. en écume de mer. 20

Meer-schleuse f. || harbour lock || écluse f. maritime. a) **~wasser** n. || sea water || eau f. de mer. b) **~zwiebel** f. || squill || scille f. 21

Megadyne f. || megadyne || mégadyne f. 22

Megohmmeter n. || megohmmeter || mégohmmètre m. 23

Mehl n. || flour || farine f. a) **aromatisiertes ~** || aromatized meal || farine f. aromatisée. b) **feinstes ~** || superfine flour || fleur f. de farine. c) **fossiles ~** || fossil flour || farine f. fossile. d) **Gersten~** || barley meal || farine f. d'orge. e) **Getreide~** || flour of corn || farine f. de céréales. f) **Glas~** || glass meal || verre f. en poudre. g) **Kartoffel~** || potato flour || fécule f. de pomme de terre. h) **Knochen~** || bone meal || poussière f. d'os. i) **Kork~** || cork powder || poudre f. de liège. k) **Roggen~** || rye flour *or* meal || farine f. de seigle. l) **Streu~** || strewing meal || farine f. à poudrer. 24

Mehl-abkühler m. || hopper boy || rateau m. refroidisseur. a) **~bank** f. || meal bench || plancher m. de farine. 25

Mehlbeerbaumholz n. || white hawthorn || alizier m. 26

Mehl-bürstmaschine f. (Müll) || brush bolter; cylindrical dressing machine || bluterie f. à brosses. a) **~förderschnecke** f. || flour worm conveyer || vis f. à farine. b) **~führung** f. eines **Pochwerkes** || launders pl. of slimes in stamping-mill || labyrinthe m. d'un bocard. c) **~gips** m. || earthy gypsum || chaux f. sulfatée saccharoïde. 27

mehlhaltig || containing flour || farineux. 28

Mehl-handel m. || corn *or* flour trade || minoterie f. a) **~händler** m. || corn chandler; flour merchant *or* dealer || marchand m. de farine; minotier m. 29

mehlig || floury || farineux. a) **~e Stoffe** mpl. || amylaceous matters pl. || matières fpl. amylacées. 30

Mehl-kasten m. || flour chest *or* box || huche f. (de moulin *ou* à mouture); farinière f.; récipient m. à farine. a) **~Kleister** m. || paste; slipping; pap || colle f. d'amidon *ou* de farine *ou* de pâte. b) **~maschine** f. || bolting mill; rubber || bluterie f. d'un moulin à blé. 31

Mehlmischanlage f. || flour mixing plant || installation f. de mélangeuses à farine. 32

Mehl- und Kleiemischanlage f. || flour and bran mixing plant || installation f. de mélangeuses à farines et sons. 33

Mehlmischmaschine f. || flour mixer || mélangeuse f. à farine; machine f. à mêler de farine. 34

Mehl-mühle f. || flour mill || moulin m. à farine. a) **~oblate** f. || flour wafer || hostie f. de farine. b) **~packmaschine** f. || flour packer || ensacheuse f. à farines. c) **~prüfer** m. || flour tryer || sonde f. à farine. d) **~rohr** n. (Müll) || spout || tuyau m. à farine. e) **~schwefel** m. || earthy sulphur || soufre m. pulvérulent. f) **~sichter** m. || flour sifter || crible m. à farine. 35

Mehlsieb-anlage f. || flour sifting plant || installation f. de tamis à farine. a) **~maschine** f. || flour sifting machine || machine f. à tamiser la farine. 36

Mehl-speise f., **getrocknete** || food paste || pâte f. alimentaire. a) **~veredlungsverfahren** m. || flour improving process || procédé m. pour l'amélioration des farines. b) **~verpackungsmaschine** f. || flour packing machine || machine f. d'emballage de farine. c) **~wage** f. || flour scale || balance f. à farine. 37

mehr als || above; more than || plus de; plus que. 38

Mehr-aufwand m. || additional expenditure || surcroît m. de dépense. a) **~ausgabe** f. || additional expenditure || surcroît m. de dépense. b) **~decker** m. (Luftf) || multiplane (aeroplane) || appareil m. multiplan; multiplan m. c) **~düsenvergaser** m. || multiple jet carburettor || carburateur m. à plusieurs gicleurs. d) **~einnahme** f. || additional receipts pl. *or* drawings pl. || excédent m. de recette. 39

Mehrfach-anschlußapparat m. (Fernm) || multiple request line apparatus || poste m. à appel multiple. a) **~betrieb** m. auf Leitungen (Fernm) || multiple transmission on lines || multiple transmission f. sur lignes. 40

Mehrfaches n. (Math) || multiple || multiple m. 41

Mehrfach-gesenk n. || multiple die || étampe f. multiple. a) **~röhre** f. (Fernm) || multiple tube || lampe f. multiple. b) **~röhrenempfänger** m. (Funkw) || receiver for multiple tubes || récepteur m. pour lampes universelles. c) **~schnur** f. || multiple cord || cordon m. multiple. d) **~schweißmaschine** f. || multiple operator welding machine || machine f. à souder multiple. e) **~sprechen** n. mit hochfrequenten Trägerströmen || multiple telephony with high-frequent carrier currents || téléphonie f. multiple à l'aide des courants porteurs à haute fréquence. f) **~stromkreis** m. (Elektr) || multiple circuit || circuit m. bifurqué. g) **~telefonie** f. || multiplex telephony || téléphonie f. multiplex. h) **~telegraf** m. || multiplex apparatus || appareil m. multiple. 42

Mehrfachtelegrafie f. || multiplex telegraphy || télégraphie f. multiplex *ou* multiple. a) **gleichzeitige ~** || simultaneous multiplex telegraphy || télégraphie f. multiplex simultanée. b) **wechselseitige ~** || selective multiplex telegraphy || télégraphie f. multiplex alternative. 43

Mehrfach-telegramm n. || multiple telegram || télégramme m. multiple. a) **~verteiler** m. (Fernm) || distributor || distributeur m. b) **~zählung** f. (Fernm) || repeated metering || comptage m. répété. 44

Mehrfarben-druck m. || multi-colour printing || impression f. en plusieurs couleurs. a) **~rotationsdruckmaschine** f. || multi-colour rotary printing machine || machine f. rotative pour illustrations en plusieurs couleurs. 45

mehrfarbige Schrift f. || multi-coloured writing || écriture f. polychrome. 46

Mehr-farbigkeit f. || polychromy || polychromie f. a) **~fracht** f. || additional freight || taxe f. supplémentaire. b) **~funkenzündung** f. || multipoint ignition || allumage m. à plusieurs étincelles.

c) **~gewicht** n. || overweight; excess weight; advantage || surpoids m.; avantage m. 1

Mehrheit f. || majority || pluralité f.; majorité f. 2

Mehr-kantstab m. || polygonal bar || barre f. polygonale. a) **~kosten** pl. || additional cost || coût m. additionnel. 3

mehrlinsiges Objektiv n. || objective composed of several lenses || objectif m. composé de plusieurs lentilles. 4

Mehrmotoren-antrieb m., **elektrischer ~** einer Papiermachine || electric multimotor drive of a paper making machine || commande f. électrique multiple d'une machine à papier. a) **~flugzeug** n. || multi-engine plane || avion m. à multimoteurs. 5

mehrmotorig || multi-engined || multimoteur. 6

Mehrphasen-generator m. || multiphase generator; polyphase alternator || génératrice f. polyphasée; alternateur m. polyphasé. a) **~strom** m. || multiphase *or* polyphase current || courant m. polyphasé. b) **~wechselstromgenerator** m. || polyphase alternator || alternateur m. polyphasé. 7

mehr-phasig || multiphase; polyphase || polyphasé. a) **~polig** (Elektr) || multipolar || multipolaire. 8

Mehr-preis m. || extra charge; increase in price || supplément m. de prix; plus-value f. a) **~scheibenkupplung** f. || multiple plate *or* disk clutch || embrayage m. à disques *ou* à plateaux multiples. 9

mehrschiffiges Gebäude n. || multi-bayed building || édifice f. à plusieurs travées. 10

Mehrspindel-automat m. || multiple spindle automatic machine || machine f. automatique à broches multiples. a) **~bohrkopf** m. || multiple spindle drill head || plateau m. d'alésage à forets multiples. b) **~halbautomat** m. || multiple spindle semi automatic machine || machine f. semi-automatique à broches multiples. c) **~vollautomat** m. || multiple spindle full automatic machine || machine f. automatique à broches multiples. 11

mehrspindlig || multiple spindle || à plusieurs broches fpl. a) **~e Bohrmaschine** f. || multiple spindle drill || machine f. à percer à broches multiples. b) **~e Zentriermaschine** f. || multiple spindle centering machine || machine f. à centrer à plusieurs broches. 12

Mehrstahlhalter m. || multiple tool holder || bloc m. porte-outils pour outils multiples. 13

Mehr-stempellochapparat m. || multiple punching attachment || dispositif m. de poinçonnage multiple. a) **~stufenpumpe** f. (hydrPresse) || multi-stage pump || pompe f. à plusieurs étages. 14

mehrstufig || multi-chambered; multistage || poly-étagé; à étages mpl. multiples; à plusieurs étages. a) **~e Verdichtung** f. || multiple stage compression || compression f. à plusieurs étages. 15

Mehrwegumschalter m. || multiple-way switch || commutateur m. à plusieurs directions. 16

mehrwertig (Chem) || polyvalent || polyvalent. 17

Mehr-zählerhebelkontrollkasse f. || multiple lever cash register || totalisatrice f. multiple à leviers. a) **~zweckfräsmaschine** f. || various-purpose milling machine || fraiseuse f. pour fabrication variée. b) **~zylindermotor** m. || multicylinder motor || moteur m. polycylindrique *ou* à plusieurs cylindres. 18

Meier m. (Tierzucht) || cattle fodderer *or* feeder || laitier-nourrisseur m. 19

Meierei f. || farm; dairy || ferme f.; laiterie f.; métairie f. 20

Meierhof m. || farm yard; (dairy) farm || cour f. rurale; ferme f.; métairie f. 21

Meile f. || mile; league || mille m.; lieue f. a) **englische ~** || statute mile || mille m. d'Angleterre. 22

Meilen-geld n. || mileage || indemnité f. kilométrique *ou* de route. a) **~stein** m. || milestone || borne f. kilométrique; pierre f. *ou* borne f. milliaire; milliaire m. 23

Meiler m. || heap; stack; pile; charcoal pile *or* burning || meule f. de carbonisation; meule f. *ou* pile f. à charbon; charbonnière f. a) **großer ~** || large charcoal pile || tas m.; grande meule f. b) **kleiner ~** || charcoal stack; small charcoal pile || petite meule f. c) **liegender ~** || horizontal pile; lying pile || meule f. couchée. d) der **~ schwitzt** || the charcoal pile sweats || la meule exsude. e) **stehender ~** || vertical pile || meule f. debout. 24

Meiler-bauer m. || charcoal pile dresser || dresseur m. de meules de bois. a) **~-brenner** m. || charcoal-mound burner || cuiseur m. de meules de bois. b) **~decke** f. || cover of a pile || couverture f. d'une meule. c) **~stätte** f. || charring place; place of a pile || plancher m.; charbonnière f. d) **~stelle** f. (Köhl) || charring place; place of a pile || plancher m.; charbonnière f. e) **~verfahren** n. || process of charring wood in heaps || procédé m. des meules. f) **~verkohlung** f. || charring of wood in heaps || carbonisation f. en meules. g) **~verkokung** f. || coking in heaps || carbonisation f. en meules. 25

Meinung f., Macht der öffentlichen **~** der zivilisierten Welt || force of public opinion of the civilized world || force f. d'opinion publique des nations civilisées. 26

Meißel m. || chisel || burin m.; ciseau m.; tranche f. a) **~** (Hobelmaschine) || planing tool; cutter || outil m. raboteur b) der **~** zeigte nur eine **Abnutzung** von x Millimetern || from a chisel only y inches were worn away || le burin ne montrait qu'une usure de x millimètres. c) **Bohr~** (Bergb) || trepan || trépan m.; fleuret m. d) **Bohr~** (Werkzeugmasch) || boring cutter || lame f. d'alésage. e) **Fels~** || rock chisel || burin m. brise-roc. f) **Flach~** || flat chisel || burin m. plat. g) **gerader ~** || chipping chisel || burin m. h) **Hand~** || hand cold chisel || ciseau m. à main. i) **Hobel~** || planing tool || outil m. raboteur; acier m. de rabot. k) **Kalt~** || chisel for cold metal; cold chisel || ciseau m. à froid; tranche f. à froid. l) **Kreuz~** || cross cut(ting) chisel || bec-d'âne m.; bédâne m.; bédane m. m) **Kutter~** || rock *or* drop chisel || burin m. brise-rocs. n) **Schaufel-~** || spade type chisel || bêche f. o) **Schlicht-~** (Dreh) || finishing tool || outil m. à planer. p) **Spitz~** || pointed chisel || aiguille f. q) **Tischler~** || joiner's chisel || ciseau m. de menuisier. 27

Meißel-arbeiter m. || chipper || burineur m. a) **~bohrer** m. || flat jumper; pitching borer || trépan m. à tranchant; pistolet m. b) **~hammer** m. || caulking *or* chisel hammer || marteau m. à mater *ou* à ciseler. 28

meißeln || to chip; to chisel; to work with chisel || buriner; ciseler. 29

Meißelstahl m. || chisel steel || acier m. à ciseau. 30

Meistbegünstigungsklausel f. || most favoured nation clause || clause f. de la nation la plus favorisée. 31

meistbietend || offering most || plus offrant. a) **~ verkauft** || sold by auction || vendu aux enchères. 32

Meister m. || foreman; master-worker *or* workman || contremaître m. a) **Maschinen~** || machine minder || conducteur m. de machines. 33

Meister-stück n. || masterpiece || chef-d'œuvre m. a) **~wurz** f. (Rohst) || masterwort root || racine f. d'impératoire. b) **~-zimmer** n. || master's office || chambre f. du maître. 34

Meistgebot n. || highest tender *or* bid || offre f. la plus élevée; dernière enchère f. 35

Mekkabalsam m. || balm of Mecca || baume m. de Judée. 36

Melalithisolator m. || melalite insulator || isolateur m. en mélalithe. 37

Melanglanz m. || black *or* antimonial silver glance; brittle silver ore; stephanite || argent m. antimonié sulfuré noir; argent m. sulfuré fragile; stéphanite f. 38

Melanit m. || melanite || mélanite f.; grenat m. noir *ou* mélanite; grenat m. de fer et de chaux. 39

Melaphyr m. || augit-porphyry || mélaphyre m. 40

Melasse f. || molasses pl. || mélasse f. a) schnelle und gründliche **Entzuckerung** f. der **~** || rapid and thorough extraction of the sugar from the molasses || désucration f. rapide et radicale de la mélasse. b) **Futter** n. mit Zusatz von **~** || fodder with molasses || fourrage m. mélassé. 41

Melasse-entzuckerung f. || desugarization of molasses || sucraterie f. a) **~fabrik** f. || molasses factory || fabrique f. de mélasse. b) **~futter** n. || molassed fodder || fourrage m. mélassé. c) **~futtermischer** m. || pailmel manufacturer || fabricant m. de pailmel. d) **~raffinerie** f. || molasses refinery || raffinerie f. de mélasse. e) **~raffinierer** m. || molasses refiner || raffineur m. de mélasse. f) **~sirup** m. || sirup of molasses || sirop m. de mélasse. g) **~sprit** m. || beetroot spirit || alcool m. de betterave. h) **~treber** pl. || sweet malt || drèches f. mélassées. 42

Meldeamt n. (Behörde) || registration office || bureau m. de police *ou* du recensement. a) **~** (Fernm) || record office || bureau m. d'enregistrement des demandes. 43

Melde-beamtin f. (Fernm) || recording telephonist; record operator; recorder || annotatrice f. a) **~leitung** f. (Fernm) || record line; recording wire || ligne f. annotatrice *ou* d'ordre. b) **~leitung** f. für den **Störungdienst** || recording trunk for line fault service || fil m. avertisseur du service des dérangements. c) **~platz** m. (Fernm) || record position || position f. d'annotatrice. 44

Melder m. einer vereinigten Feuermeldeanlage und Wächterkontrollanlage || transmitter of a combined fire alarm and watchman control installation || avertisseur m. d'une installation combinée d'avertissement d'incendie et de contrôle de rondes. 1

Melde-schrank m. (Fernm) || recording section || groupe m. d'annotatrices. **a) ~stelle** f. (Fernm) || record station || table f. d'annotatrice. **b) ~stöpsel** m. (Fernm) || answering plug || fiche f. annotatrice. **c) ~tisch** m. (Fernm) || recording desk || table f. annotatrice. **d) ~verkehr** m. (Fernm) || record traffic || trafic m. d'enregistrement. **e) ~verteileramt** n. (Fernm) record section with selectors || bureau m. d'enregistrement avec sélecteurs. **f) ~zettel** m. || registration form || lettre f. d'avis. 2

Meldung f. || advice; notification || annonce f.; rapport m. 3

melieren, Baumwolle || to mix the cotton || mélanger le coton. 4

meliert, flammig || jaspe || jaspé. 5

Melierte f. || good quality trough || tout-venant m. (bonne composition). 6

Melioration f. || amelioration || amélioration f. 7

Melissen-blüte f. || melissa-blossom || fleur f. de mélisse. **a) ~kraut** n. || balm mint leaves pl. || feuilles fpl. de mélisse. **b) ~öl** n. || melisse oil || essence f. de mélisse. 8

melken || to milk || traire. 9

Melkmaschine f. || milking machine || machine f. à traire. 10

Mellit m. || honey stone; mellite; native mellitate of alumina || mellate m. d'alumine hyrdaté; mellite f. 11

Melone f. || melon || melon m. 12

Melonen-öl n. || melon seed oil || huile f. de petit béraff. **a) ~schale** f. || melon peel || écorce f. de melon. 13

Meltau m. || blight || rouille f. 14

Membran f. || membrane; (porous) diaphragm || membrane f.; diaphragme m. **a) durchsichtige ~** || transparent membrane || membrane f. transparente. **b) ~ aus weichem** Eisen (Fernm) || diaphragm of soft iron || membrane f. en fer doux. 15

Membran-deckel m. || diaphragm cap || couvercle m. du diaphragme. **a) ~pumpe** f. || membrane *or* diaphragm pump || pompe f. à diaphragme *ou* à membrane. 16

Memorandum n. || note; memorandum || mémoire m. 17

Menge f. || quantity; amount; deal || quantité f. **a)** auf **~ f. arbeiten** || to work for volume || travailler en débit m. **b) beliebig** große **~** || unlimited quantity || quantité f. illimitée. 18

Mengekorn n. || mangcorn; bread corn; meslin; maslin || mouture f.; blé m. mêlé. 19

Mengeneinteilungsmaschine f. || dosing machine || machine f. de dosage. 20

mengenmäßig || quantitative || quantitatif. 21

Mengkorn n. || meslin; dredge; bread corn || blé m. mêlé; méteil m.; mouture f. **a) Mehl** n. von **~** || flour of maslin || farine f. de méteil. 22

Meng-maschine f., Fleisch || flesh mixing machine || malaxeur m. de viande. **a) ~tafel** f. || fritting bench *or* table || fonceau m. 23

Mengungsverhältnis n. (Pulver) || proportion of ingredients for gunpowder || dosage m. de la poudre à canon. 24

meniskenförmig || meniscal || en forme de ménisque. 25

Meniskus m. || meniscus || ménisque m. **a)** auf den **~** m. **einstellen** || to adjust || affleurer. 26

Mennig m. *s.* Mennige f. 27

Mennig-anlage f. || red lead plant || installation f. de minium. **a) ~anstrich** m. || red lead coating || couche f. de minium. 28

Mennige f. || red-lead; minium || minium m.; oxyde m. rouge de plomb. **a) Eisen~** || red iron ochre || minium m. de fer. **b) englische ~** || orange minium *or* lead || minium m. orange *ou* anglais. 29

Mennig-ersatz m. || substitute for minium || minium m. factice. **a) ~kitt** m. || red-lead putty || mastic m. de minium. 30

Menschen-haar n. || human hair || cheveux mpl. humains. **a) ~kraft** f. || man power || force f. humaine *ou* de l'homme. 31

menschlich || human || humain. 32

Mensel f. (Feldm) || plane table || planchette f. **a) ~platte** f. || board of the plane table || planche f.; tablette f. 33

Mensur (ChemApp) || graduated glass *or* porcelain || porcelaine f. *ou* verrerie f. graduée. 34

Menthol n. || menthol || menthol m. **a) baldriansaures ~** || menthol valerianate || valérianate m. de menthol. **b) ~stift** m. || menthol pencil || crayon m. de menthol *ou* à migraine. 35

Mercatorkarte f. || Mercator's chart || carte f. réduite *ou* de Mercator. 36

Mercator's Projektion f. || Mercator's projection || projection f. de Mercator. 37

Mergel m. || marl || marne f. **a) bituminöser ~** || bituminous marl || marne f. bitumineuse. **b) Kalk~** || lime marl || chaux f. marneuse. **c) verhärteter ~** || compact marl, marlstone || marne f. compacte. 38

Mergel-erde f. || earthy marl || marne f. cendrée. **a) ~grube** f. || marl pit || marnière f.; carrière f. de marne. 39

mergeln || to marl || marner. 40

Mergel-niere f. || spheroidal concretion of marl || marne f. sphéroïdale *ou* cloisonnée *ou* en géode. **a) ~sandstein** m. || marly sandstone || grès m. marneux. **b) ~schiefer** m. || slaty marl; marl slate || schiste m. marneux; marne f. schisteuse. **c) ~stein** m. || compact marl; marlstone || marne f. compacte. **d) ~ton** m. || argillaceous marl; marly clay || marne. f. argileuse; argile f. marne(use). 41

Meridian m. (Erdk) || meridian || méridien m.; méridienne f. **a) durch** den **~** m. **gehen** (Astron) || to culminate || culminer. **b) magnetischer ~** || magnetical meridian || méridien m. magnétique. 42

Meridian-radius m. || meridian radius || rayon m. méridien. **a) ~schnitt** m. || meridian section || section f. méridienne. 43

Merino m. (Web) || merino; tweeled bombazet || mérinos m. 44

Merino-rot n. || Turkey *or* Adrianopel red || rouge m. turc *ou* d'Adrianople *ou* des Indes. **a) ~schaf** n. || merino sheep || mérinos m. **b) ~schaf n., sächsisches** || Saxon *or* electoral sheep || mérinos m. électoral. **c) ~wolle** f. || merino wool || laine f. mérine. 45

Merkantilsystem n. || mercantile system || système m. mercantile. 46

merken (Seew) || to mark || pointer; marquer. 47

Merkmal n. || mark; characteristic || marque f.; caractère m. 48

Merkuriammoniumchlorid n. || mercurammonium chloride; infusible white precipitate || précipité m. blanc infusible. 49

Merkurochlorid n. || calomel; mercurous chloride; protochloride of mercury || calomel m.; sous-chlorure m. de mercure; mercure m. doux. 50

Merkzeichen n. (Buchdr) || (guide) mark || point m. de repère. **a) ~** (Feldm) || mark; sign || marque f.; repaire m.; repère m.; signal m. **b)** mit **~** npl. **versehen** || to mark || repérer. 51

Merzerisationsmaschine f. *s.* Merzerisiermaschine. 52

merzerisieren || to mercerize || merceriser. 53

Merzerisieren n. || mercerization || mercerisage m. 54

Merzerisiermaschine f. || mercerizing machine || machine f. à merceriser; merceriseuse f. 55

Merzerisierung f. || mercerizing || mercerisage m.; similisage m. 56

Merzerisierungspresse f. || mercerization press || presse f. à mercérisage. 57

Mesakonsäure f. || mesaconic acid || acide m. mésaconique. 58

Mesitinspat m. || mesitine spar || mésitine f. 59

Mesole f. || mesole || mésole f.; féroëlite f. 60

Mesolit m. || mesolite; scolezite || mésolite f.; scolésite f. 61

Mesotyp m. || mesotype; natrolite || natrolithe m.; mésotype m. 62

mesozoische Gruppe f. || mesozoic group || group m. mésozoïque. 63

Meßader f. (Kabel) || second wire || fil m. sain. 64

Meßaltar m. (Bauk) || chantry altar || chantrerie f. 65

Meßapparat m. *s.* Meßgerät. **a) ~** für **astrofotografische** Aufnahmen || measuring apparatus for astro photography || appareil m. pour la mensuration des clichés astrophotographiques. **b) ~** für **Gewebe** || cloth measuring machine || machine f. à mesurer les tissus. **c) Interferenz~** || interference measuring apparatus || appareil m. de mesure interférentiel. **d) Koordinaten~** || co-ordinate measuring apparatus || appareil m. pour la mesure des coordonnées. **e) Koordinaten~** m. für **astronomische** Zwecke || coordinate measuring instrument for astronomical purposes || appareil m. pour la mesure des coordonnées destiné aux travaux astronomiques. **f) Längen~** || instrument for measuring lengths || appareil m. pour la mesure des longueurs. **g) ~** für **Sand** und **Kalk** || sand and lime measurer || doseur m. pour sable et chaux. **h) selbsttätiger ~** || automatic measurer || doseur m. automatique. 66

Meßband n. || measuring tape || ruban m. de mesure. 67

meßbar || measurable || mesurable. 68

Meßbatterie f. || testing battery || pile f.; batterie f. de mesure. 69

Meßbereich m. || measuring range || portée f. *ou* amplitude f. de mesure. **a) angenäherter ~** || approximate range of measurement || étendue f. approximative des mesures. **b) weiter ~** || wide measuring range || portée f. ample de mesure. 1

Meß-bildkunst f. || photographic surveying || photogrammétrie f. **a) ~brief** m. || bill *or* certificate of tonnage || certificat m. de jaugeage *ou* du tonnage. **b) ~brücke** f. || measuring bridge || pont m. de mesure. **c) ~buch** n. || field-book || livre m. de notes. **d) ~dose** f., **hydraulische** || fluid gauge chamber || boîte f. de mesure hydraulique. **e) ~draht** m. (Elektr) || pilot *or* slide wire || fil m. de mesure. **f) ~druck** m. || pressure for measuring || pression f. à mesurage. 2

Messe f. (Seew) || mess room || carré m.; poste m. **a) Jahres~** || annual fair || foire f. annuelle. **b) technische ~** || technical fair || foire f. technique. 3

Messegeschirr n. (Seew) || mess trap || matériel m. de table. 4

Meß-einsatz m. || gauge slide || cadre-mesure m. 5

Meß-einteilung f., mit ~ f. **versehen** || to graduate || jauger. 6

Messemitglied n. (Seew) || messmate || commensal m. 7

messen || to measure || mesurer. **a) ~** (Tuchm) || to measure || auner; métrer; mesurer. **b) ~** (Wassertiefe) || to measure; to sound; to plump || mesurer; sonder. **c)** eine **Bohrung** f. ~ || to check a bore || mesurer un alésage. **d)** mit **Genauigkeit** ~ f. || to measure with precision || mesurer avec précision. **e)** mit der **Kette** f. ~ || to chain || chaîner. **f)** mit der **Schmiege** f. ~ || to bevel || mesurer avec, la fausse équerre. **g)** einen **Winkel** m. ~ || to take an angle; to determine *or* to take a bearing || mesurer *ou* relever *ou* observer un angle. 8

Messen n. der gegenseitigen **Beeinflussung** von Starkstromleitungen und Schwachstromleitungen || measuring the inductive effects between high-voltage lines and low-voltage lines || mesure f. de l'induction mutuelle de lignes d'énergie et de lignes à courant faible. **a) ~** mit der **Kette** || chaining; chainsurveying || chaînage m. **b) ~** des **Speisewasserverbrauches** || metering the feed water consumption || mesure f. de la consommation de l'eau d'alimentation. **c) zum ~** || for measuring || pour mesurer. 9

Messer m. || meter || compteur m. 10

Messer n. || knife || couteau m. **a) ~** (Heilk) || knife || bistouri m. **b) ~** (Nähmasch) || cutter || coupoir m. **c) ärztliches ~** || surgical knife || bistouri m. **d) auswechselbares ~** || interchangeable cutter || lame f. remplaçable. **e) ~** des **Bohrmeißels** || tooth of trepan || tranchant m. de fleuret. **f) Brabanter~** (Gerb) || single-edged tanner's knife || couteau m. à racler. **g) ~** mit **fester** Klinge || knife with fixed blade || couteau m. non fermant. **h) Fräs~** || knife; cutter || lame f. **i) Garten~** || pruning *or* gardening knife || serpe f. **k) geknöpftes ~** || probe-ended knife || bistouri m. boutonné. **l) Gerade~** || draw-knife; plane || couteau m. à deux mains; plane f. droite. **m) Gerber~** || currier's knife || couteau m. de corroyeur. **n) Jagd~** || hunting knife || couteau m. de chasse. **o) Küchen~** || kitchen knife || couteau m. de cuisine. **p) Lanzett~** || lancet knife || couteau m. lancéolé. **q) Nachtisch~** || dessert knife || couteau m. à dessert. **r) Lorbeerblatt~** || knife with myrtleleaf blade || bistouri m. à double tranchant. **s) ~** der **Mähmaschine** || knife of the mower || lame f. de la faucheuse. **t) ~** aus **nichtrostendem** Stahl (Heilk) || knife of rustless steel || bistouri m. en acier inoxydable. **u) Okulier~** || budding knife || greffoir m.; couteau m. à greffer. **v) Pfropf~** || budding knife || greffoir m.; couteau m. à greffer. **w) Rasier~** || razor || rasoir m. **x) Reb~** || knife for cutting vines || couteau m. à vendanges. **y) Schäl~** || peeling knife || couteau m. diviseur. **z) Schlacht~** || butcher's knife || couteau m. de bouchers. 11

a) Schlächter~ || butcher's knife || couteau m. de boucher. **b) Schuster~** || shoemaker's knife || tranchet m. **c) spitzes ~** (Heilk) || sharp pointed knife || bistouri m. à lame pointue. **d) Star~** (Heilk) || cataract knife || couteau m. à cataracte. **e) Tafel~** || table knife || couteau m. de table. **f) Taschen~** || pocket knife || couteau m. de poche. **g) Tisch~** || table knife || couteau m. de table. **h) Tranchier~** || carving knife || couteau m. à découper. **i) Vorlege~** || carving knife || couteau m. à découper. **k)** nicht **zusammenklappbares ~** || non-shutting knife || couteau m. non fermant. **l) ~** einer **Zylinderschermaschine** || helicoid cutter of a cylindrical shearing-machine || couteau m. *ou* mâle m. d'une tondeuse hélicoïde. 12

Messer-bändsel n. || knife seizing || amarrage m. de couteau. **a) ~block** m. (Mähmasch) || cutter holder support || chevalet m. du porte-coupoir. **b) ~brecher** m. || knife crusher || concasseur m. à couteaux. **c) ~egge** f. (Landw) || scarifier || scarificateur m. **d) ~feile** f. || knife *or* hack file || lime f. à couteau *ou* à dossière. **e) ~feiler** m. || knife filer || limeur m. en coutellerie. **f) ~griff** m. || knife handle || manche m. de couteau. **g) ~halter** m. (Mähmasch) || cutter holder || porte-coupoir m. **h) ~handschleifvorrichtung** f. || hand operated knife grinder || dispositif m. de serrage des lames à la main. **i) ~härter** m. || knife hardener || trempeur m. de couteaux. 13

Messerheft-feiler m. || knife handle shaper *or* filer || façonneur m. *ou* ébaucheur de manches de couteaux. **a) ~schneider** m. || knife handle cutter || découpeur m. de manches de couteaux. 14

Messerklemme f. (Mähmasch) || cutter clamp || écrou m. à fixer le coupoir. 15

Messerklinge f. || knife blade || lame f. de couteau. **a) Feilen** n. der **~n** || knife blade finishing || façonnage m. de lames de couteaux. 16

Messerkopf m. (Holzmasch) || cutter head || porte-lames m.; tête f. porte-lames. **a) ~** (Werkzeugmasch) || cutter head || tête f. de fraisage; plateau-fraiseur m. **b) ~** mit **eingesetzten** Messern || milling head *or* large facing head with inserted teeth || tête-fraise f. à outils rapportés. 17

Messerkopf-schleifapparat m. || face mill cutter grinding attachment || appareil m. à affûter les fraises à dents rapportées. **a) ~schleifmaschine** f. || milling *or* facing head grinding machine; cutter head grinder || machine f. à affûter les têtes-fraises à lames rapportées; machine f. à émoudre les têtes à couteaux. 18

Messer-polieren n. || knife polishing || polissage m. de couteaux. **a) ~polierer** m. || knife polisher || polisseur m. de couteaux. **b) ~prüfmaschine** f. || machine for testing cutlery || machine f. à essayer les couteaux. **c) ~putzmaschine** f. || knife cleaning machine; polishing machine for knives || machine f. à polir les couteaux *ou* à nettoyer les couteaux. 19

Messersäge f. || knife pruning-saw || scie f. à couteau. **a) ~** mit **Pistolenheft** || knife saw with pistol-handle || scie f. à couteau à manche pistolet. 20

Messer-schalter m. (Elektr) || (bladed) knife switch || commutateur m. à couteau; interrupteur m. à lames. **a) ~schärfer** m. || knife sharpener; strickle || affiloir m. **b) ~schärfmaschine** f. || sharpening machine for knives || machine f. à affûter *ou* à aiguiser les couteaux. **c) ~scheibe** f. || cutter disc; knife disc || disque m. à couteaux; couteau m. circulaire. **d) ~scheibenwelle** f. (Bleistiftschärfmaschine) || shaft of the knife disc || arbre m. porte-couteau. **e) ~schleifen** n. || knife regrinding || repassage m. de couteaux. **f) ~schleifer** m. || knife grinder || affûteur m. *ou* repasseur m. de couteaux. 21

Messerschleif-maschine f. || knife grinding machine; knife grinder || machine f. à aiguiser *ou* à affûter les couteaux. **a)** von **Hand betriebene ~vorrichtung** *s.* Messerhandschleifvorrichtung. 22

Messerschmied m. || cutler; knife smith || coutelier m.; forgeur m. de couteaux. 23

Messerschmiede f. || cutler's workshop || coutellerie f. 24

Messerschmiede-handwerk n. || cutlery || coutellerie f. **a) ~waren** pl. || cutlery || coutellerie f. 25

Messer-schnur f. || knife seizing || amarrage m. de couteau. **a) ~stahl** m. || knife steel || acier m. pour couteaux. **b) ~stellschraube** f. || cutter adjusting screw || vis f. de réglage du coupoir. **c) ~verstellung** f., **Ober** || adjustment of top cutter || réglage m. de la lame supérieure. 26

Messerwalze f. (Masch) || cutter block || arbre porte-lames m. **a) ~** (Pap) || cylinder of the rag engine || cylindre m. *ou* rouleau m. du moulin à cylindre. 27

Messer-waren fpl. || cutlery ware || coutellerie f. **a) ~wechsel** m. (Werkzeugmasch) || change of blades || changement m. des lames. **b) ~welle** f. || cutter spindle; knife driving shaft || arbre m. porte-outils; arbre m. de commande du couteau. 28

Messerzeiger m. (Elektr) || knife indicator || mesure f. à aiguille en couteau. **a) ~** (Grav) || knife tool *or* graver || onglette f. 29

Messe-stand m. || stall at a fair || stand m. d'exposition. **a) ~vorstand** m. (Seew) || mess president || chef m. de carré *ou* de poste. 30

Meß-faden m., Entfernungs (Vermessung) || stadia line || fil m. stadimétrique; stadia. **a) ~fähnchen** n. (Feldm) || bandrol; banderole || banderole f. **b) ~fehler** m. || measuring fault || erreur f. de mesure. **c) ~flasche** f. (Chem) || graduated flask || fiole f. jaugée. 31

Meßgefäß n. (Chem) || graduated vessel || vase m. jaugé. **a) ~** zum **Einfüllen** || measure || mesure f. 32

Meßgehilfe m. (Feldm) || staff man || jalonneur m. 1

Meßgenauigkeit f. || accuracy of measurement || précision f. des mesures. **a) große** ~ || high accuracy of measurement || haut degré m. de précision de mesure. 2

Meßgerät n. || measuring device || appareil m. mesureur *ou* de mesure. **a) aerologisches** ~ || instrument for aerological measuring || instrument m. pour des mesures aérologiques. **b) Bolzen~** || measuring instrument for cylindrical work || appareil m. pour la vérification de tourillons. **c) Hand~** n. zum Prüfen der Teilung von Stirnrädern || hand measuring instrument to check the circular pitch of spur gears || appareil m. de mesure à main pour la vérification du pas des roues dentées droites. **d) Innen~** || internal measuring instrument || appareil m. pour les mesures d'alésages. **e) Innen~** n. für **sphärische** Ringe || internal measuring instrument for round rings || appareil m. pour les mesures intérieures des anneaux sphériques. **f) Kegel~** || instrument for testing tapers || appareil m. pour la vérification de cônes. **g) Leder~** || leather measuring instrument || instrument m. à mesurer le cuir. **h) schreibendes** ~ || recording measuring instrument || appareil m. enregistreur de mesure. **i) Zylinder~** || cylinder measuring instrument || appareil m. pour la mesure des cylindres. 3

Meßgeschwindigkeit f. || rapidity of measurement || rapidité f. des mesures. 4

Meßgewand n. || chasuble || chasuble f. **a) ~schneider** m. || chasuble maker || chasublier m. 5

Meßgrenze f., **obere** || upper limit of measurement || limite f. supérieure de mesure. **a) untere** ~ || lower limit of measurement || limite f. inférieure de mesure. 6

Messing n. || latten; brass; yellow brass || laiton m.; cuivre m. jaune; archal m. **a) ~ abbrennen** || to pickle *or* to dip brass || relever la couleur du laiton. **b) Barren~** || ingot brass || laiton m. en lingots. **c) blankes** ~ || polished brass || laiton m. poli. **d) lackiertes** ~ || lacquered brass || laiton m. laqué. **e) poliertes** ~ || straightened brass || laiton m. plané. **f) Stangen~** || bar brass || laiton m. en barres. **g)** mit ~ n. **überziehen** || to cover with brass || laitonner. **h) unreines** ~ || impure yellow brass || cuivre-potin m. **i)** mit ~ n. **verkleidet** || brass cased || plaqué de laiton m. **k) vernickeltes** ~ || nickel plated brass || laiton m. nickelé. 7

Messing-abzug m. || scum of yellow brass || écume f. de laiton. **a) ~armaturen** fpl. || brass fittings pl. || robinetterie f. *ou* garnitures fpl. en laiton. **b) ~backe** f. || brass jaw socket || plaque f. pour étaux en laiton. **c) ~bad** n. || brass bath || bain m. de laitonnisage. **d) ~band** n. || brass band || bande f. en laiton. **e) ~beschlag** m. || brass coating || laitonnage m. **f) ~bindedraht** m. || brass binding wire || fil m. laiton. 8

Messingblech n. || sheet *or* plate *or* latten brass; brass plate *or* latten || planche *ou* feuille f. *ou* tôle f. de laiton; laiton m. en feuilles *ou* en lames. **a) federhart geschlagenes** ~ || brass hammered spring-hard || tôle f. de laiton écrouie. 9

Messing-blüte f. || aurichalcite || aurichalcite f. **a) ~doppelsalz** n. || brass double salt || sel m. double de laiton. 10

Messingdraht m. || brass wire || fil m. de laiton *ou* d'archal. **a) lichter** ~ || clear brass wire || fil m. de laiton clair. **b) schwarzer** ~ || black brass-wire || fil m. de laiton noir. 11

Messingdrahtgewebe n. || brass wire cloth || tissu m. en fil de laiton. 12

Messingecke f. (Buchdr) || brass corner || coin m. de laiton. 13

Messingfassung f. || brass casing || enveloppe f. *ou* gaine f. de laiton. **a) oxydierte** ~ || (Opt) oxidized brass mounting || monture f. cuivre oxydé. **b)** fein **vergoldete** ~ (Opt) || gilt brass mounting || monture f. cuivre doré. 14

Messing-folie f. || brass foil || feuille f. de laiton. **a) ~gewicht** n. || brass *or* copper weight || poids m. en cuivre jaune *ou* en laiton. **b) ~gießer** m. || yellow metal founder || fondeur m. en cuivre jaune. **c) ~gießerei** f. || brass foundry || fonderie f. de cuivre jaune *ou* de laiton. **d) ~hohlkugel** f. || hollow sphere of brass || boule f. creuse en laiton. **e) ~hülse** f. || brass box *or* shell || boîte f. *ou* capsule f. en laiton. **f) ~hütte** f. || brass forge || usine f. à laiton. **g) ~isolierrohr** n. || brass insulating tube || tube m. isolant de laiton. **h) ~kette** f. || brass chain || chaîne f. en laiton. **i) ~klammer** f. || brass brace || crampon m. en laiton. **k) ~kondensatorröhre** f. || brass condenser tube || tube m. de condenseur en laiton. **l) ~linie** f. (Buchdr) || brass reglet || réglette f. en laiton. **m) ~lot** n. || hard-solder || brasure f. **n) ~lötung** f. || brass soldering || soudure f. au laiton. **o) ~pfanne** f. || brass pan || chaudière f. de laiton. **p) ~platte** f. || brass plate || plaque f. de laiton. **q) ~profile** npl. || brass profiles pl. || profils mpl. *ou* profilés mpl. de laiton. **r) ~pulver** n. || brass powder || laiton m. en poudre. **s) ~rohr** n. || brass tube *or* pipe || tuyau m. *ou* tube m. de laiton. **t) ~röhre** f. || brass tube *or* pipe || tube m. en laiton. **u) ~scheibe** f. || brass disc || disque m. en laiton. **v) ~schlaglot** n. || brass-solder || brasure f.; soudure f. au cuivre *ou* de laiton. **w) ~schlichtmaschine** f. || brass finishing machine || machine f. à polir le laiton. **x) ~schrift** f. || brass types pl. || caractères mpl. typographiques en laiton. **y) ~späne** mpl. || brass turnings pl. *or* shavings pl. || tournure f. *ou* rognures fpi. de bronze. **z) ~stange** f. || brass rod *or* bar || barre f. *ou* verge f. *ou* tige f. en laiton. 15

a) ~stift m. || brass nail || clou m. en laiton. **b) ~walzwerk** n. || brass rolling mill || laminoir m. à laiton. **c) ~waren** fpl. || braziery; brass articles pl.; brass ware || dinanderie f.; objets mpl. en cuivre jaune. **d) ~werk** n. || brass forge || usine f. à laiton. 16

Meßinstrument n. || measuring instrument || instrument m. de mesure *ou* de mesurage. **a) elektrisches** ~ || electric measuring instrument || instrument m. de mesures électriques. **b) Flächen~** || superficial measure || instrument m. de mesure de superficie. **c) geodätisches** ~ || geodetic measuring instrument || instrument m. de mesure géodésique. **d) Längen~** || length measuring instrument || instrument m. de mesure de longueur. **e) optisches** ~ || optical measuring instrument || appareil m. optique de mensuration. **f) optisches** ~ n. für mineralogische Untersuchungen || optical measuring instrument for mineralogical investigations || instrument m. optique de mensuration pour les recherches minéralogiques. **g) registrierendes** ~ || recording measuring instrument || instrument m. de mesure enregistreur. **h) Werkstatt~** || workshop measuring instrument || instrument m. de mesure d'atelier. **i) Winkel~** || angle measuring instrument || instrument m. à mesurer les angles. 17

Meß-kette f. || measuring chain; surveyor's chain || chaîne f. d'arpentage *ou* d'arpenteur; chaînette f. **a) ~kolben** m. (Chem) || graduated flask; measuring piston || ballon m. jaugé *ou* de mesure. **b) ~kraftwagen** m. || auto car for electrical measurement || automobile m. pour mesure électrique. **c) ~länge** f. || gauged length || longueur f. entre repères. **d) ~latte** f. || measuring staff *or* rod || règle f. divisée; latte f. de mesure; règle f. d'arpenteur. **e) ~lupe** f. || measuring magnifier || loupe f. de mesure. 18

Meßmaschine f. || measuring machine || machine f. de mesure. **a)** ~ (Web) || measuring machine || machine f. à auner *ou* à métrage. **b)** ~ für **Bänder** || measuring machine for ribbons || machine f. servant au mesurage de rubans. **c)** ~ für **Gewindesteigungen** || measuring machine for thread pitches || machine f. à mesurer les pas de filetages. **d) Längen~** || length measuring machine || machine f. à mesurer la longueur. **e) Leder~** || leather surface measuring machine || machine f. à mesurer les surfaces de cuir. **f) Pflasterstein~** || paving stone measuring device || machine f. à mesurer les pavés. **g) Warenschau- und** ~ (Web) || fabric inspecting and measuring machine || machine f. à visiter et mesurer les tissus. 19

Meß-meister m. || marker || marqueur m. **a) ~membran** f. || metering diaphragm || membrane f. d'organe de mesure. 20

Meßmikroskop n. || reading *or* measuring microscope || microscope m. de mesure. **a) Kapillaren~** || capillary reading microscope || microscope m. de mesure capillaire. **b) Koordinaten~** n. für Taschenuhrbestandteile || coordinate reading microscope for measuring watch parts || microscope m. pour la mesure des coordonnées destiné à l'horlogerie. **c) Negativ~** || microscope for evaluating negatives; negative reading microscope || microscope m. de mesure pour négatifs; microscope m. pour la mensuration des négatifs. 21

Meß-okular n. || micrometer eyepiece || oculaire-micromètre m. **a) ~pipette** f. || graduated pipette; scale-pipette || pipette f. jaugée. **b) ~platte** f. || measuring plate || plaque f. à mesurer *ou* de mesure. **c) ~rad** n. (Feldm) || measuring wheel || podomètre m.; rouet m. d'arpenteur. **d) ~punkt** m. || point of measuring || point m. de mesurage. **e) ~rahmen** m. (Eisenb) || loading-gauge; carriage-gauge || gabarit m. de chargement. **f) ~rohr** n. || graduated tube || tube m. gradué. **g) ~röhre** f. || burette || burette f. **h) ~röhrenklemme** f. || burette pincer || pince f. à burettes. **i) ~schaltung** f. || connections for measurement || montage m. de mesure. **k) ~schnabel** m. || measuring pin || touche f. de mesure. **l) ~schnur** f. || measuring tape *or* cord *or* line || cordeau m. pour le mesurage; corde f. à mesurer. **m) ~schrank** m. für **Verstärkerämter** || repeater station test desk || table f. de mesure pour répéteurs. **n) ~schraube** f. || measuring *or* contact screw || vis f. de mesure. **o) ~spannung** f. || measuring voltage || tension f. de mesure. **p) Gitter-~spektroskop** n. || evaluating grating spectroscope || spectromètre m. à réseau. **q) ~spule** f. || measuring coil || bobine f. de mesure. 1

Meßstab m. (Bergb) || surveyor's rod || mesure f. d'arpenteur. **a)** den ~ m. nach dem Lot senkrecht **aufstellen** || to set the pole perpendicular by the plummet || planter le jalon verticalement au moyen du fil à plomb. 2

Meß-stand m. *s.* Messestand. **a) ~stange** f. (Feldm) || perch; measuring *or* directing staff || perche f.; règle f. divisée; verge f.; jalon m. **b) ~strich** m. || measuring *or* indicating line || trait m. de mesurage *ou* d'indication. **c) ~stromkreis** m. || measuring *or* testing circuit || circuit m. de mesure. **d) ~support** m. || lathe testing tool machine || support m. d'essais. **e) ~taste** (Fernm) || testing key || touche f. d'essai. **f) ~tätigkeit** f. || operation of measurement || opération f. de mesurage. **g) ~technik** f. || technics pl. of measurement || technique f. de mesure. 3

Meßtisch m. (Feldm) || plane table || planchette f. **a)** ~ (Masch) || anvil; plane table || support m. *ou* planchette f. **b) Aufnahme** f. mit dem ~ || plane table survey || levé m. à la planchette. **c)** ~ zum **Markscheiden** || surveyor's table || plateau m. pour tracer des plans de mine. **d) quer verstellbarer ~** || lengthwise adjustable anvil || planchette f. *ou* support m. réglable en longueur. **e) senkrecht** verstellbarer ~ || vertically adjustable anvil || support m. réglable en hauteur. 4

Meßtisch-blatt n. || plane table survey sheet || feuille f. topographique levée à la planchette. **a) ~platte** f. || board of the plane table || planche f.; tablette f. 5

Meß-transformator m. || measuring transformer || transformateur m. de mesure. **a) ~trichter** m. || measuring hopper || trémie f. de dosage. 6

Meßtrommel f. || graduated drum || tambour m. divisé. **a)** ~ mit **Typendruckregistriereinrichtung** || micrometer drum with type inking recording attachment || tambour m. de mesure avec dispositif enregistreur par caractères d'impression. 7

Meßtrommelablesung f. || micrometer drum reading || lecture f. du tambour de mesure 8

Meß-trupp m. || ranging *or* measuring section || section f. de repérage. **a) ~übertrager** m. (Fernm) || measuring transformer || transformateur m. de symétrie. **b) ~uhr** f. || measuring clock || compteur m. **c) ~umschalter** m. || testing commutator || clé f. de mesure. 9

Messung f. || measure; measurement || mesure f.; mesurage m.; mensuration f. **a) Dicken~** || measurement of thickness || mesure f. d'épaisseur. **b) Einzel~** || single *or* separate measurement || mesure f. séparée *ou* individuelle. **c)** die **~en** fpl. von **Fehlern** befreien || to eliminate errors from the observations || éliminer les erreurs de mesures. **d) Genauigkeit** f. der **~en** || accuracy of measurements || précision f. des mesures. **e) Gewicht** n. einer ~ || importance of a measurement || importance f. d'une mesure. **f)** ~ zu **gleichen** Zeiten || synchronous measurement || mesure f. à des intervalles de temps égaux. **g) kalorimetrische ~** || calorimetric measurement || mesure f. au calorimètre. **h)** ~ von **Linienverschiebungen** || measurement of displacements of spectrum lines || mesurer les déplacements des raies. **i)** ~ im **Schwenkprisma** || measuring in V block || contrôle m. avec vé à bascule. **k) spektrometrische ~** || spectrometric measurement || mesure f. spectrométrique. **l) vergleichende ~en** fpl. || comparative measurements pl. || mesures fpl. comparatives. **m) wahrscheinlicher** Fehler m. der ~ || probable error in measuring || erreur f. de mesure probable. **n)** ~ **zwischen** zwei Punkten || measuring between two points || contrôle m. entre deux points. 10

Meßverfahren n., aerophysikalisches || method of aerophysical measurement || méthode f. de mesures aérophysiques. **a) Dreipunkt~** || three-point measuring system || système m. de mesure avec trois points de contact. **b)** nach dem **Zweipunkt~** m. arbeiten || to apply the two-point measuring system || travailler avec deux points de contact. 11

Meßvorrichtung f., **elektrische** || electric measuring device || appareil m. de mesure électrique. **a) Lederdicken~** || apparatus for measuring leather thicknesses || appareil m. à mesurer l'épaisseur de cuir. 12

Meß-walze f. || graduated *or* measuring drum || tambour m. gradué *ou* de mesure. **a) ~-werk** n., **elektro-dynamisches** || electrodynamic measuring work || enregistreur m. avec mécanisme électrodynamique. 13

Meßwerkzeug n. || measuring tool || outil m. de mesure. **a) Genauigkeits~** || accurate measuring instrument || instrument m. à mesurer de précision. **b) Markscheider~** || surveying tool || outil m. *ou* instrument m. d'arpenteur. 14

Meß-zentrale f. || central office of measurement || centrale f. de mesure. **a) ~zimmer** n. || testing floor || salle f. d'épreuve. **b) ~zirkel** m. || bow spacer || compas m. de mesure. **c) ~zylinder** m. || graduated *or* measuring cylinder || éprouvette f. (graduée); cylindre m. gradué *ou* de mesure. 15

Mesteckcochenille f. || mastique cochineal || cochenille f. mestèque; mestèque f.; mestica f.; grana fina f. 16

Met m. || mead || hydromel m. (vineux). 17

Metall n. || metal || métal m. **a)** Maschine f. zum **Auspressen** von **~en** || metal extruding machine || machine f. à refouler le métal. **b) Ermüdung** f. des **~s** || fatigue of metal || fatigue f. du métal. **c) gelochtes ~** || perforated metal || métal m. perforé. **d) gepreßtes ~** || pressed *or* swaged metal || métal m. embouti *ou* estampé. **e) Kompositions~** || yellow metal || composition f.; métal m. composition. **f) linienreiches ~** (Spektroskopie) || metal rich in lines || métal m. riche en raies. **g) Nicht~** || metalloid; non-metal || non-métal m.; metalloïde m. **h) nicht eisenhaltiges ~** || non-ferrous metal || métal m. non-ferreux. **i) nicht oxydierbares ~** || non-corrosive metal || métal m. inoxydable. **k)** ~ aus der **Platinfamilie** || metal of the family of platinum || métal m. de la famille du platine. **l) schweres ~** || heavy metal || métal m. lourd *ou* pesant. **m) unedles ~** || base *or* ignoble metal || métal m. commun *ou* ignoble. **n) Zünd~** || inflammable metal || métal m. inflammable *ou* d'allumage. 18

Metall-abfall m. || waste metal; skimmings pl. and drosses pl.; scrap || scraps mpl.; fer m. de riquette; ferraille f.; déchets mpl. métalliques. **a) ~anlaßwiderstand** m. || metallic starting-rheostat || rhéostat-démarreur m. métallique. **b) ~arbeiter** m. || metal worker; metallist || ouvrier m. en métaux; métallurgiste m. 19

metall-arm || impoverished || pauvre en métal. **a) ~artig** || metalliform; metalline; metallic || métallique. 20

Metall-asche f. || metal(lic) ashes pl. || cendre f. métallique. **a) ~ätzerei** f. || metal etching || gravure f. sur métal à l'eau forte. **b) ~auftrag** m. || metal plating || métal m. appliqué (sur un autre). **c) ~ausschneider** m. || metal puncher *or* stamper *or* cutter || découpeur m. de métaux. **d) ~backenbremse** f. || metal-to-metal brake || frein m. à machoires métalliques. **e) ~bad** n. || metal bath || bain m. de métal *ou* métallique. **f) ~bau** m. || metal construction || construction f. *ou* charpente f. métallique. **g) ~baukasten** m. || metal architectural box || boîte f. de construction en métal. **h) ~bearbeitung** f. || metal working || travaillage m. *ou* usinage m. des métaux. **i) ~bearbeitungsmaschine** f. || metal working machine || machine f. pour le travail des métaux . **k) ~bedachung** f. || metal covering || couverture f. *ou* toiture f. en métal. **l) ~bekleidung** f. || metal covering || revêtement m. métallique. 21

Metallbeschlag m. (Schiffb) || metal sheathing || doublage m. en métal. **a)** ~ (Schloß) || metal bindings pl. || monture f. métallique. 22

Metall-bettstelle f. || metal bedstead || lit m. métallique. **a) ~blasinstrument** n. || brass wind instrument || instrument m. à vent en métal. 23

Metallblatt n. (Web) || metallic reed || peigne m. métallique. **a) ~bürste** f. || sheet-metal brush || balai m. feuilleté métallique. 24

Metall-blechstanzen n. || sheet metal punching *or* stamping || découpage m. de tôles. **a) ~bohrer** m. || metal drill || foret m. à métaux. 25

Metallbörse f. (Geldbeutel) || metal purse || bourse f. en mailles métalliques. **a)** ~ (Handel) || metal exchange || bourse f. des métaux. 26

Metall-bronzieren n. || metal bronzing || bronzage m. sur métaux. **a) ~bügel** m. (am Kopfhörer) || metal head-gear || ressort m. de tête en métal. **b) ~bürste** f. || metallic brush || balais m. métallique. **c) ~chlorid** n. || metallic chloride || chlorure m. métallique. **d) ~dampfschicht** f. || stratum of metallic vapour || couche f. de vapeur de métal. **e) ~dichtung** f. || metal(lic) packing *or* joint || garniture f. métallique *ou* en métal. **f) ~dichtungsring** m. || metal packing ring || anneau m.

de garniture métallique. **g) ~dose** f. || metallic box || boîte f. métallique. **h) ~drahtsitz** m. || wire seat || siège m. à tissu métallique. **i) ~drahttopfreiniger** m. || metal wire pot cleaner || nettoie-casserole m. en fil métallique. **k) ~drahtzieherei** f. || metal wire drawing || tréfilage m. de fils métalliques. **l) ~dreher** m. || metal turner || tourneur m. sur métaux. **m) ~dreherei** f. || metal turning || tournage m. sur métaux. **n) ~druckerei** f. || metal printing works pl. || imprimerie f. sur métaux. **o) ~druckmaschine** f. || metal printing machine || machine f. pour la métallographie. **p) ~druckverfahren** n. || woodbury print || impression f. métallographique. **q) ~einlage** f. einer **Achsbüchse** || upper bush of an axle box || coussinet m. d'une boîte à graisse. **r) ~emaillierer** m. || metal enameller || émailleur m. sur métaux. **s) ~entfettungsapparat** m. || metal ungreasing apparatus || appareil m. de dégraissage des métaux. **t) ~entfettungsmittel** n. || grease remover from metal || dégraisseur m. de métaux. 1

Metallfaden m. || metal filament || fil m. métallique. **a) ~**, aus Metallfäden bestehende Waren fpl. || articles pl. composed of metallic filaments || articles mpl. composés de fils métalliques. 2

Metall-fadenlampe f. || metal filament lamp || lampe f. à filament métallique. **a) ~-farbe** f. || metallic ink || encre f. métallique. 3

Metallfärbung f. || metal colouring || coloration f. des métaux. **a) galvanische ~** || galvanic colouring of metals; metallochromy || colorisation f. électrochimique des métaux; métallochromie f. 4

Metall-fassung f. || metal mounting || monture f. métallique. **a) ~feder** f. (zum Schreiben) || metallic pen || plume f. métallique. **b) ~fiberrad** n. || composite wheel || roue f. en fibre et métal. **c) ~flügel** m. || metal wing || aile f. en métal. **d) ~folie** f. || metal foil || feuille f. en métal. **e) ~fuß** m. || metal base || pied m. en métal. **f) ~futter** n. (Lager) || bush; pillow; brass || coussinet m. **g) ~galanteriewaren** pl. || metal fancy goods pl. || articles mpl. de fantaisie en métal. **h) ~gehalt** m. || amount of metal in ores; yield of ores || teneur f. en metal *ou* aloi m. des minerais. **i) ~gehäuse** n. (Uhrm) || metal case || boîte f. en métal. **k) ~gelenk** n. || metal joint || joint m. métallique. **l) ~gewebe** n. || wire gauze *or* cloth *or* netting; metal texture || toile f. métallique; tissu m. à mailles métalliques. **m) ~gewindeschraube** f. || metal screw || vis f. en métal. **n) ~gießer** m. || metal founder || fondeur m. en métaux. **o) ~gießerei** f. || metal foundry || fonderie f. de métaux. **p) ~gießform** f. || casting *or* ingot-mould || lingotière f. **q) ~gift** n. || metallic poison || poison m. métallique. **r) ~glanz** m. || metallic luster || éclat m. métallique. **s) ~grabkranz** m. || sepulchral wreath of metal || couronne f. funéraire en métal. **t) ~gravierer** m. || metal engraver || graveur m. sur métaux. **u) ~gravierung** f. || engraving on metal || gravure f. sur métaux. **v) ~gravör** m. *s.* ~gravierer. **w) ~guß** m. || metal casting || fonte f. métallique non ferreuse; métal m. coulé. **x) ~haken** m. || metallic hook || agrafe f. métallique; crochet m. en métal. 5

metallführend || metalliferous || métallifère. 6

metallhaltig || metalliferous || métallifère. 7

Metall-hülle f. || metal envelope || enveloppe f. métallique. **a) ~hütte** f. || metal works pl. || usine f. métallurgique. **b) ~induktionsschutz** m. in **Kabeln** || metallic induction protection in cables || protection f. d'induction métallique des câbles. 8

metallisch || metallic || métallique. **a) ~ klingend** || metallic sounding || d'un son métallique. **b) ~ machen** || to metallize || métalliser. 9

metallisch-es Element n. || metallic element || élément m. métallique. **a) ~er Schutzüberzug** m. || protective metallic coating || revêtement m. protecteur métallique. **b) ~e Verbindung** f. || metallic compound || combinasion f. métallique. 10

metallisieren || to metallize || métalliser. 11

metallisiert || metallized || metallisé. **a) ~es Papier** n. || metallized paper || papier m. métallisé. 12

Metallisierung f. || metallization || métallisation f. 13

Metall-kamm m. || metallic comb || peigne m. métallique. **a) ~karbid** n. || metal carbide || carbure m. des métaux. 14

Metallkassette f. (Allg) || tin cash box || caissette f. métallique. **a) ~** (Fot) || metal dark slide || châssis m. métallique. 15

Metall-kasten m. (Schreibm) || metal hood || coffre m. métallique. **a) ~knopf** m. || metal button || bouton m. en métal. **b) ~konstruktion** f. || metal construction || construction f. *ou* charpente f. métallique. **c) ~korn** n. || globule; regulus || bouton m. métallique; culot m. **d) ~kreissäge** f. || metal circular saw || scie f. circulaire à métaux. **e) ~kreuzschlitten** m. || metal cross slide; compound metal tool rest || chariot m. à deux mouvements rectangulaires. **f) ~kurzwaren** fpl. für die Bekleidungsindustrie || hard ware for clothing industry || quincailleries fpl. pour l'industrie des vêtements. **g) ~-lack** m. || metal lacquer || vernis m. pour métaux. **h) ~lackiererei** f. || metal varnishing || vernissage m. sur métaux. **i) ~legierung** f. || alloy *or* composition of metals || alliage m. métallique *ou* de métaux. **k) ~leuchterdille** f. || metal socket of a candlestick || bobèche f. en métal. **l) ~liderung** f. || metallic packing || garniture f. métallique. **m) ~liderungskolben** m. || piston with metallic packing || piston m. à garniture métallique. **n) ~lineal** n. || metal rule || règle f. métallique. **o) ~lochung** f. || metal punching || poinçonnage m. de métaux. **p) ~lochzange** f. || metal punch pliers pl. || pince f. emporte-pièce pour métaux. **q) ~makler** m. || metal broker || courtier m. en métaux. **r) ~maler** m. || metal painter || peintre m. sur métaux. **s) ~malerei** f. || metal painting || peinture f. sur métaux. **t) ~manometer** n. || metallic manometer || manomètre m. métallique. **u) ~membran** f. || metal diaphragm || diaphragme m. métallique. **v) ~mikroskop** n. || metallurgical microscope || microscope m. pour la recherche des métaux. **w) ~niet** n. || metal rivet || rivet m. en métal. **x)** Behandlung f. der **~oberfläche** f. || refinement of metal surface || traitement m. de surface des métaux. 16

Metallo-fon n. || metallophone || métallophone m. **a) ~graf** m. || metallographist || métallographe m. **b) ~grafie** f. || metallography || métallographie f. 17

Metalloid n. (Chem) || metalloid; non metallic element || métalloïde m. 18

metallometrische Wage f. (Galv) || metallometric balance || balance f. métallométrique. 19

Metalloxyd n. || metallic oxide || oxyde m. métallique *ou* de métal. 20

Metallpackung f. || metallic packing || joint m. *ou* garniture f. métallique. **a) knetbare ~** || flexible metallic packing || bourrage m. métallique flexible. 21

Metall-papier n. || metal(lic) *or* watered paper || papier-métal m.; papier m. (moiré) métallique. **a) ~patrone** f. || metallic cartridge || cartouche f. métallique. 22

Metallplatte f. || metal sheet; sheet metal; plate of metal || plaque f. *ou* feuille f. *ou* table f. de métal. **a) durchlochte ~** || perforated metal disk || disque m. en métal perforé. 23

Metall-polierer m. || metal polisher || polisseur m. sur métaux. **a) ~poliermittel** n. || metal polishing material || matière f. à polir les métaux. **b) ~porzellan** n. || metal porcelain || porcelaine f. montée. 24

Metallpräge f. || metal stamping press || presse f. à estamper des métaux. 25

Metallpräge-anstalt f. || metal stamping workshop || atelier m. d'estampage de métaux. **a) ~presse** f. || stamping press for metal || presse f. à estamper le métal. 26

Metall-präger m. || metal embosser || ciseleur-repousseur m. **a) ~prägerei** f. || metal (cold) stamping || estampage m. (à froid) de métaux. **b) ~ prägewaren** fpl. || embossed metal articles || articles mpl. en métal repoussé. **c) ~preßarbeit** f. || metal chasing || emboutissage m. **d) ~probe** f. || assay || vérification f.; essai m. **e) ~prüfmaschine** f. || testing machine for metals || machine f. à essayer les métaux. **f) ~putzmittel** n. || metal polish || pâte f. *ou* brillant m. pour nettoyer les métaux. **g) ~putztuch** n. || metal scouring cloth || tissu m. métallique servant à nettoyer les métaux. **h) ~rahmen** m. || metallic frame || cadre m. métallique. **i) ~reinigung** f. || metal cleaning || fourbissage m. *ou* nettoyage m. de métaux. **k) ~-ring** m. || metal ring || bague f. métallique. **l) ~rohr** n. || metal tubing || tube m. métallique. 27

Metallröhre f. || metal pipe || tube m. métallique. **a) biegsame ~** || flexible metal tube || tuyau m. métallique flexible. 28

Metall-rohrpresse f. || metal pipe *or* tube (making) press || presse f. à faire *ou* à profiler les tuyaux métalliques. **a) ~-rolladen** m. || metal roller blind || jalousie f. *ou* rouleau m. métallique. **b) ~rückstand** m. || metallic residue || résidu m. métallique. **c) ~sackbinde** f. || metal bagging twine || ligature f. métallique pour sacs. **d) ~safran** m. (Chem) || saffron of antimony || crocus m. d'antimoine. **e) ~säge** f. (Säge für Metalle) || iron-cutting saw; hacksaw || scie f. à métaux. **f) ~sägemaschine** f. || sawing machine for metals || scie f. à métaux. **g) ~salz** n. || metallic salt; inorganic compound || sel m. inorganique. **h) ~sarg** m. || metallic coffin || cercueil m. métallique. **i) ~schablone** f. || metal gauge *or* pattern || patron m. en métal *ou* métallique. **k) ~schachtel** f. ||

metal *or* tin box || boîte f. en métal *ou* en fer-blanc. **l) ~schale** f. *s.* ~gehäuse (Uhrm). **m) ~scheibe** f. || metallic pulley || poulie f. en métal. **n) ~schere** f. (Schere für Metalle) || (plate-)shears pl. || cisaille f.; cisailles pl.; cisoire f. **o) ~scheuermittel** n. || metal cleaning agent || produit m. à nettoyer les métaux. **p) ~schiefer** m. || metal slate || ardoise f. métallique. **q) ~schild** n. || metal label; brass plate || plaque f. métallique; étiquette f. en métal. **r) ~schirm** m. || metal screen || écran m. en métal. **s) ~schlacke** f. || metal slag || scorie f. de métal. **t) biegsamer ~schlauch** m. || flexible metal hose || manche f. métallique flexible. **u) ~-schmelzwerk** n. || work for metal smelting || usine f. pour la fusion des métaux. **v) ~schmiedestück** n. || non-ferrous forging || pièce f. de forge non ferreux. **w) ~schneidanlage** f. || metal-cutting plant || installation f. à découper les métaux. **x) ~schneidekunst** f. (Buchdr) || engraving on metals || gravure f. sur métaux. **y) ~schneiden** n. || metal shearing || découpage m. de métaux. **z) ~schneider** m. || metal chaser || ciseleur m. sur pièce. 1

a) ~schraube f. || metal screw || vis f. à métaux. **b) ~schreibfeder** f. || metallic writing pen || plume f. métallique à écrire. **c) ~schutzband** n. (Kabel) || protective metal ribbon || ruban m. de métal protecteur. **d) ~seele** f. || metal core || âme f. en métal. **e) ~sieb** n. || metal sieve || crible m. en métal. **f) ~späne** mpl. beim **Bohren** || bore-chips pl.; borings pl. || bûchilles fpl.; alésures fpl. **g) ~spiegel** m. || metal reflector *or* mirror || miroir m. *ou* réflecteur m. métallique. **h) ~spielwaren** fpl. || metal toys pl. || jouets mpl. en métal. **i) ~stangenpresse** f. || extrusion press for metal bars || presse f. à profiler les barres métalliques. **k) ~stanzerei** f. || metal stamping works pl. || usine f. d'objets estampés en métal. **l) ~steg** m. || metal stud || bande f. métallique. **m) ~strangpresse** f. || profile press for metal rods; wire rope press || presse f. pour profiler les barres en métal; presse f. à exprimer *ou* à refouler les barres métalliques. **n) ~tafel** f. || plate of metal || feuille f. de métal. **o) ~teil m., Kompressoren** || metallic part of compressors || pièce f. métallique pour compresseurs. **p) ~thermometer** n. || metallic thermometer || thermomètre m. métallique. **q) ~tintenfaß** n. || metal inkstand || encrier m. en métal. **r) ~tisch** m. (Opt) || metal stage || platine f. en métal. 2

Metalltuch n. || metal cloth || toile f. métallique. 3

Metalltuch-streckmaschine f. || metal gauze stretching machine || machine f. à étirer les toiles métalliques. **a) ~webstuhl** m. || metal gauze loom || métier m. à tisser les toiles métalliques. 4

Metall-type f. || metal type || caractère m. métallique. **a) ~überzug** m. || metallic cover *or* plating || dépôt m. métallique. **b) ~untersuchung** f. || metal analysis || analyse f. des métaux. 5

Metallurg m. || metallurgist || métallurgiste m. 6

Metallurgie f. || metallurgy || métallurgie f. **a) Elektro~** || electro-metallurgy || électrométallurgie f. 7

metallurgisch || metallurgic(al) || métallurgique. **a) ~er Betrieb** m. || metallurgical plant || atelier m. métallurgique. **b) ~er Chemiker** m. || metallurgical chemist || chimiste m. métallurgique. **c) ~e Einrichtung** f. || metallurgical equipment || installation f. métallurgique. 8

Metallverarbeitung f., **Werkzeug** n. für || tool for working' metal || outil m. à travailler le métal. 9

Metallverbindung f. (Verbindung mit Metall) || metallic compound || combinaison f. métallique. **a) ~** (Verbindung von Metallen) || combination of metals || combinaison f. de métaux. 10

Metall-veredlung f. || metal refinement || raffinage m. des métaux. **a) ~vergolder** m. || metal gilder || doreur m. sur métaux. **b) ~vergoldung** f. || metal gilding || dorure f. sur métaux. **c) ~versilberer** m. || metal silverer || argenteur m. sur métaux. **d) ~-versilberung** f. || metal silver plating || argenture f. sur métaux. **e) ~walzwerk** n. || metal strip mill; metal rolling mill || laminoir m. à métaux. 11

Metallwaren fpl. || metal goods pl. || articles mpl. *ou* objets mpl. en métal; quincaillerie f. **a) versilberte ~** || silverplated metal goods pl. || objets mpl. en métal argentés. 12

Metall-werkerzeugnis n. || metallic product || produit m. métallurgique. **a) ~wolle** f. || metal wool || laine f. métallique. **b) ~zement** m. || metal cement || ciment m. métallique. **c) ~ziegel** m. || metal tile || tuile f. métallique. **d) ~ziselierer** m. || metal chaser || ciseleur m. sur métaux. **e) ~zünder** m. || metal-fuse || fusée f. métallique. 13

metamorphisch || metamorphic || métamorphosé; métamorphique. 14

Metamorphismus m. || metamorphism || métamorphisme m. 15

metaphosphorsaures Salz n. || metaphosphate || métaphosphate m. 16

metazentrisch-e Höhe f. || metacentric height || hauteur f. métacentrique. **a) ~e Kurve** f. || metacentric curve || courbe f. métacentrique. 17

Metazentrum n. || metacentre || métacentre m. 18

Meteoreisen n. || meteoric iron || fer m. météorique. 19

Meteorograf m., Flugzeug || aeroplane (airplane A) meteorograph || météorographe m. pour avion. 20

Meteorologie f. || meteorology || météorologie f. 21

meteorologisches Instrument n. || meteorological instrument || instrument m. de météorologie. 22

Meteor-stahl m. || nickel steel || acier m. au nickel. **a) ~stein** m. || meteoric stone; meteorolite; aerolite || aérolithe f.; météorolithe f.; pierre f. météorique; météorite f. 23

Meter n. || metre || mètre m. **a) laufendes ~** || running metre || mètre m. courant. **b) je laufendes ~** || per meter run; per running meter || par mètre courant. 24

Metergewicht n. || weight per meter || poids m. par mètre. **a) rechnungsmäßiges ~** || theoretic weight per meter run || poids m. théorique par mètre courant. 25

Meter-kerze f. (Elektr) || metre candle || bougie f. métrique. **a) ~kilogramm** n. || kilogrammeter || kilogrammètre m.; mètre m. kilogramme. 26

Metermaß n. || metre rule || mètre m. **a) ~ aus Holz** || meter in wood || mètre m. en bois. **b) x-teiliges ~** || x-part rule || || mètre m. à x branches. **c) zusammenlegbares ~** || hinged metre-rule || mètre m. pliant. 27

Metertonne f. || meter ton; mt || tonnemètre f.; tm. 28

Methanol n. || methanol || méthanol m. 29

Methode f. *s. auch* Verfahren || method; process || méthode f. 30

Methyl n. || methyl || méthyle m. **a) benzoesaures ~** || methyl benzoate || benzoate m. de méthyle. **b) essigsaures ~** || methyl acetate || acétate m. de méthyle. **c) salizzylsaures ~** || methyl salicylate || salicylate m. de méthyle. 31

Methyl-alkohol m. || methyl(ic) alcohol; methylated sprit || alcool m. méthylique; esprit m. de bois. **a) ~amidophenol** n. || methylamidophenol || méthylamidophénol m. **b) ~anilin** n. || methylaniline || méthylaniline f. **c) ~azetat** n. || methylacetate || acétate m. de méthyle. **d) ~blau** n. || methyl blue || bleu m. de méthyle. 32

Metol n. || metol || méthol m. 33

metrisch || metric || métrique. **a) ~es Feingewinde** n. || metric fine thread || filetage m. métrique fin. **b) ~es Gewinde** n. || metric thread || filetage m. métrique. **c) ~e Leitspindel** f. || metric pitch lead screw || vis-mère f. métrique. **d) ~es System** n. || metric system || système m. métrique. 34

Metronom n. || time keeper; metronome || batteur m. de mesure; métronome m. 35

Mettör m. (Buchdr) || maker-up; clicker || metteur-en-pages m.; pageur m. 36

Metze f. (Hohlmaß) || peck || minot m. 37

Metzgersäge f. || butcher's saw || scie f. du boucher. 38

Meuteführer m. || kennelman || valet m. de chiens *ou* de meute. 39

Mieder n. || bodice; corset || corsage m.; corset m. **a) ~macher** m. || stay maker || corsetier m. 40

Miesmuschel f. || mussel || moule f. 41

Miete f. || rent || louage m.; loyer m. 42

mieten || to hire || louer. 43

Mietentschädigung f. || lodging allowance || indemnité f. de logement. 44

Mieter m. || lease holder; tenant || locataire m. 45

Miet-gebühr f. || hire-charge || prix m. de location. **a) ~geld** n. || rental || revenu m. **b) ~kontrakt** m. *s.* ~vertrag m. **c) ~vertrag** m. || lease || bail m. 46

Mignon f. (Buchdr) || minion; minim || mignonne. 47

Migränestift m. || megrim crayon; migraine pencil || crayon m. antimigraine. 48

Mikafoliummaschine f. || mica foil machine || machine f. à préparer des feuilles de mica. 49

Mikanit n. || micanite || micanite f. 50

Mikanit-herstellungsmaschine f. || micanite producing machine || machine f. pour fabriquer de la micanite. **a) ~leinwand** f. || micanite linen || toile f. de mica. **b) ~papier** n. || micanite paper || papier m. micanite. 51

Mikrobe f. || microbe || microbe m. 52

Mikro-bogenlampe f. || micro arc-lamp || microlampe f. à arc. **a) ~brenner** m. || micro burner || micro-brûleur m. 53

mikrochemische Analyse f. || microchemic(al) analysis || analyse f. microchimique. 54

Mikrofon n. ‖ mikrophone ‖ microphone m. **a) Band~** (Fernm) ‖ ribbon transmitter ‖ microphone m. avec plaque. **b) Echo~** ‖ echo microphone ‖ microphone m. d'écho. **c) elektromagnetisches ~** ‖ electromagnetic microphone ‖ microphone m. électromagnétique. **d) elektrostatisches ~** ‖ electrostatic microphone ‖ microphone m. électrostatique. **e) kapazitives ~** ‖ condenser transmitter ‖ microphone m. électrostatique. **f) ~ für Rundfunk** ‖ broadcasting microphone ‖ microphone m. pour radio-diffusion. 1

Mikrofon-apparat m. ‖ microphone apparatus ‖ appareil m. microphone. **a) ~element** n. ‖ microphone cell ‖ élément m. de microphone. **b) ~membran** f. ‖ transmitter diaphragm ‖ plaque f. microphonique. **c) ~speiseröhre** f. ‖ speaking current supply tube ‖ tube m. à gaz spécial pour alimentation de microphones. **d) ~speisung** f. ‖ speaking current supply ‖ alimentation f. du microphone. **e) ~summer** m. für **Telegrafie** ‖ microphone buzzer ‖ ronfleur m. **f) ~verstärker** m. ‖ microphone amplifier ‖ amplificateur m. microphonique. 2

Mikrofotografie f. ‖ photo-micrography ‖ microphotographie f. 3

mikrofotografisch-er Apparat m. ‖ photomicrographic camera ‖ appareil m. de microphotographie. **a) ~er Apparat** m. für sichtbares und ultraviolettes Licht ‖ microphotographic apparatus for visual and ultraviolet light ‖ appareil m. de microphotographie pour les radiations visibles et ultraviolettes. **b) ~e Einrichtung** f. ‖ microphotographic installation ‖ installation f. pour la microphotographie. **c) ~er Kreuztisch** m. ‖ photomicrographic mechanical stage ‖ platine f. à chariot de microphotographie. 4

Mikro-fotogramm n. ‖ photo-micrograph ‖ microphotogramme f. **a) ~grafie** f. ‖ micrography ‖ micrographie f. **b) ~kolorimeter** n. ‖ micro colorimeter ‖ microcolorimètre m. 5

mikrokristallinisch ‖ microcrystalline ‖ microcristallin. 6

Mikro-manipulator m. ‖ micromanipulator ‖ micromanipulateur m. **a) ~messer** m. *s.* ~meter n. 7

Mikrometer n. ‖ micrometer ‖ micromètre m. **a) Doppelbild~** ‖ double image micrometer ‖ micromètre m. à image double. **b) Kontrast~** ‖ contrast micrometer ‖ micromètre m. à contraste. **c) Kreis~** ‖ circular micrometer ‖ micromètre m. à cercles. **d) Kreuzstab~** ‖ cross bar micrometer ‖ micromètre m. à barres croisées. **e) lineares ~** ‖ linear micrometer ‖ micromètre m. linéaire. **f) Netz~** ‖ crossline micrometer ‖ micromètre m. à réseau. **g) Objekt~** ‖ stage micrometer ‖ micromètre-objectif m. **h) Okular~** ‖ eyepiece micrometer ‖ micromètre-oculaire m. **i) Okularnetz~** ‖ eyepiece cross line micrometer ‖ micromètre-oculaire à réseau. **k) Okularschrauben~** ‖ eyepiece screw micrometer ‖ oculaire-micromètre m. à vis. **l) Positionsfaden~** ‖ position filar micrometer ‖ micromètre m. de position. **m) Ring~** ‖ ring micrometer ‖ micromètre m. annulaire. **n) Strich~** ‖ line scale micrometer ‖ micromètre m. à traits. 8

Mikrometer-einstellung f. ‖ micrometer adjustment ‖ réglage m. par vis micrométrique. **a) ~funkenstrecke** f. (Funkw) ‖ micrometric spark discharger ‖ éclateur m. à intervalle micrométrique. **b) ~gehäuse** n. ‖ micrometer casing ‖ boîte f. pour le micromètre. 9

Mikrometerokular n. ‖ micrometer eyepiece ‖ oculaire m. de micromètre. **a) ~ mit Dioptrieneinstellung** ‖ micrometer eyepiece with focussing collar graduated in terms of diopters ‖ oculaire m. pour micromètres muni d'une graduation en dioptries. **b) orthoskopisches ~** ‖ orthoscopic micrometer eyepiece ‖ oculaire m. orthoscopique pour micromètres. 10

Mikrometer-schraube f. ‖ micrometer *or* micrometrical screw ‖ vis f. micrométrique *ou* à micromètre. **a) ~zirkel** m. ‖ micrometrical calipers pl. ‖ micromètre m. 11

mikrometrisch verstellbarer Blendschieber m. ‖ micrometrically movable slide ‖ volet m. à mouvement micrométrique. 12

Mikro-millimeter m. ‖ micron ‖ micron m. **a) ~organismus** m. ‖ microorganism ‖ microorganisme m. **b) ~projektion** f., Projektionsapparat m. für ‖ projection apparatus for micro projection ‖ appareil m. de microprojection. 13

Mikroskop n. ‖ microscope ‖ microscope m. **a) Ablese~** ‖ microscope reading to ‖ microscope m. de lecture. **b) ~ für Apotheker** ‖ pharmacological microscope ‖ microscope m. pour pharmaciens. **c) Augen~** ‖ eye microscope ‖ microscope m. ophtalmoscopique. **d) Beleuchtungsapparat** m. eines **~es** ‖ illuminating apparatus of a microscope ‖ appareil m. d'illumination d'un microscope. **e) bildaufrichtendes ~** ‖ image erecting microscope ‖ microscope m. redresseur. **f) bildaufrichtendes Hornhaut~** ‖ image erecting corneal microscope ‖ microscope m. cornéen redresseur. **g) binokulares Hornhaut~** ‖ binocular corneal microscope ‖ microscope m. cornéen binoculaire. **h) Blink~** ‖ flicker microscope ‖ microscope m. à éclipses. **i) ~ für diagnostische** Zwecke ‖ microscope for diagnostic purposes ‖ microscope m. pour le diagnostic. **k) Einstell~** ‖ focussing microscope ‖ microscope m. de mise au point. **l) Eintauch~** ‖ dipping microscope. ‖ réfractomètre m. à immersion. **m) Fernrohr~** ‖ telescopic microscope ‖ télémicroscope m. **n) Fokussierungs~** (Astro) ‖ focussing microscope ‖ microscope m. de mise au point. **o) Forschungs~** ‖ research microscope ‖ microscope m. pour les recherches scientifiques. **p) Haut~** ‖ skin microscope ‖ microscope m. dermatologique. **q) Heiz~** ‖ microscope with a heatable plate ‖ microscope m. à platine chauffante. **r) Kurs~** ‖ class microscope ‖ microscope m. de travaux pratiques. **s) Laboratoriums~** ‖ laboratory microscope ‖ microscope m. de laboratoire. **t) Meß~** ‖ reading microscope ‖ microscope m. de mesure. **u) mineralogisches Kurs~** und **Arbeits~** ‖ petrological class and laboratory microscope ‖ microscope m. minéralogique pour travaux pratiques et de laboratoire. **v) monoobjektivbinokulares ~** ‖ one-objective binocular microscope ‖ microscope m. binoculaire à un seul objectif. **w) Negativmeß~** ‖ microscope for evaluating negatives; negative reading microscope ‖ microscope m. de mesure pour négatifs; microscope m. pour la mensuration des négatifs. **x) Okular~** ‖ eyepiece microscope ‖ microscope m. oculaire. **y) Plattenkultur~** ‖ plate culture microscope ‖ microscope m. pour plaques de culture. **z) Pointierungs~** (Astro) ‖ guiding microscope ‖ microscope m. de pointage. 14

a) Polarisations~ ‖ polarising microscope ‖ microscope m. polarisant. **b) schwenkbares ~** ‖ microscope with hinged body ‖ microscope m. à genouillère. **c) Skalen~** ‖ scale telescope ‖ microscope m. à micromètre. **d) Sonnen~** ‖ solar microscope ‖ microscope m. solaire. **e) Spiegel~** ‖ reflecting microscope ‖ microscope m. à réflecteur. **f) stereoskopisches Präparier~** ‖ stereoscopic dissecting microscope ‖ microscope m. à dissection stéréoscopique. **g) Ultra~** ‖ ultramicroscope ‖ ultramicroscope m. **h) Vergleichs~** für Spektra ‖ comparison microscope spectra ‖ microscope m. pour la comparaison des spectres. **i) ~ mit weitem Tubus** ‖ microscope with wide tube ‖ microscope m. à large tube. **k) zusammengesetztes ~** ‖ compound microscope ‖ microscope m. composé. 15

Mikroskop-achse f. ‖ axis of the microscope ‖ axe m. du microscope. **a) ~bau** m. ‖ design of the microscope ‖ construction f. d'un microscope. **b) ~bild** n. ‖ microscopic image ‖ image f. formée par le microscope. 16

Mikroskopie f. (Opt) ‖ microscopic optics pl. ‖ microscopie f. **a) Spaltlampen~** ‖ slit lamp microscopy ‖ étude f. microscopique au moyen de la lampe à fente. 17

Mikroskopier-bogenlampe f. ‖ microscope arc lamp ‖ microlampe f. à arc. **a) ~gasglühlampe** f. ‖ incandescent gas microscope lamp ‖ microlampe f. à gaz à manchon incandescent. **b) ~glühlampe** f. ‖ microscope incandescent lamp ‖ microlampe f. à incandescence. **c) ~lampe** f. ‖ microscope lamp ‖ lampe f. pour la microscopie. **d) ~punktlichtlampe** f. ‖ microscope point-light lamp ‖ microlampe f. ponctuelle. 18

mikroskopisch ‖ microscopic ‖ microscopique. **a) ~e Erforschung** f. ‖ microscopical research ‖ étude f. *ou* exploratation f. microscopique. **b) polarisations~e Erforschung** f. ‖ studying with the polarizing microscope ‖ examen m. en lumière polarisée. **c) ultra~e Erforschung** ‖ studying by ultramicroscopic illumination ‖ étude f. ultramicroscopique. **d) ~es Gerät** n. ‖ micrographic apparatus ‖ appareil m. de micrographie. **e) ~es Präparat** n. ‖ microscopic preparation ‖ préparation f. microscopique. **f) ~e Utensilien** pl. ‖ microscopic utensils pl. ‖ ustensiles fpl. microscopiques. **g) ~es Zubehör** n. ‖ microscopic accessories pl. ‖ accessoires mpl. microscopiques. 19

Mikroskop-objektiv n. ‖ microscope objective ‖ objectif m. de microscope. **a) ~theodolit** m. ‖ theodolite with reading microscopes ‖ théodolite m. microscope. **b) ~tubus** m. ‖ tube of the microscope ‖ tube m. du microscope. **c) ~typ** m. ‖ type of microscope ‖ type m. de microscope. 20

Mikro-spektralokular n. || microspectroscopic eyepiece || oculaire m. microspectroscopique. a) **~spektroskop** n. || microspectroscope || microspectroscope m. 1

Milch f. || milk || lait m. a) **Dauer~** || condensed milk || lait m. condensé. b) **entrahmte ~** || skim milk || lait m. écrémé. c) **frische ~** || fresh milk || lait m. frais. d) **geronnene ~** || coagulated milk; curdled milk || lait m. caillé. e) **kondensierte ~** || condensed milk || lait m. condensé. f) **konservierte ~** || preserved milk || lait m. conservé. g) **Malz~** || malt milk || lait m. de malt. h) **peptonisierte ~** || peptonized milk || lait m. peptonisé. i) **sterilisierte ~** || sterilized milk || lait m. stérilisé. 2

Milch-arbeiter m. || creamery worker || laitier m. a) **~eimer** m. || milk bucket || seau m. à lait. b) **~entrahmer** m. || cream separator || écrémeuse f. de lait. c) **~extrakt** m. || milk extract || extrait m. de lait. d) **~fettrefraktometer** n. || milkfat refractometer || réfractomètre m. à lait. e) **~flasche** f. || feeding *or* baby bottle || bouteille f. à lait. 3

Milchglas n. (Miner) || marmorite; opaline || marmorite f. a) **~** (Glasf) || bone *or* alabaster *or* ground *or* milk *or* opal glass || verre m. opale *ou* dépoli. 4

Milchglas-dose f. || milk-glass jar || boîte f. en verre opale. a) **~flasche** f. || milk-glass bottle || bouteille f. en verre opale. b) **~platte** f. || opal glass plate || lame f. de verre opalin. 5

milchig (Chem) || milky || laiteux. 6

Milch-kanne f. || milk pot || pot m. à lait. a) **~käser** m. || cheese maker || fromager m.; marcaire m. b) **~keller** m. || dairy || laiterie f. c) **~kondensierungsanlage** f. || milk condensing plant || installation f. pour lait condensé. d) **~konserve** f. || milk preserve || lait m. en conserve. e) **~krug** m. || milk jug || cruchon m. à lait. f) **~kübel** m. || milk bucket || baquet m. pour lait. 7

Milchkühl-anlage f. || milk cooling plant || installation f. frigorifique de laiterie. a) **~raum** m. || milk cooling room || chambre f. froide à lait. 8

Milch-mädchen n. || dairymaid; milkmaid || laitière f. a) **~mann** m. || dairyman; milkman || laitier m. b) **~messer** m. || lactometer; galactometer; milk gauge || lactomètre m.; galactomètre; pèse-lait m. c) **~opal** m. || (milk) white opal || opale f. laiteuse. d) **~pächter** m. || dairy farmer || laitier-fermier m. e) **~prüfer** m. || milk tester || pèse-lait m. f) **~pulver** n. || milk powder || lait m. en poudre. g) **~pumpe** f. || breast pump || pompe f. à lait; tire-lait m. h) **~quarz** m. || milky quartz || quartz m. laiteux. 9

milchsaur-es Ammoniak n. || ammonium lactate || lactate m. d'ammoniaque. a) **~es Antimon** n. || antimony lactate || lactate m. d'antimoine. b) **~es Salz** n. || lactate || lactate m. 10

Milch-säure f. || lactic acid || acide m. lactique. a) **~schleuder** f. || cream separator || écrémeuse f. centrifuge. b) **~schokolade** f. || milk chocolate || chocolat m. au lait. c) **~separator** m. || cream separator || séparateur m. de lait. d) **~sieb** n. || milk sieve || passoir m. à lait. e) **~sieder** m. || milk boiler || chauffe-lait m. f) **~sterilisieranstalt** f. || preserved milk manufactory || fabrique f. de lait stérilisé. g) **~tiefkühlanlage** f. || milk cooling plant for low temperature || installation f. pour la réfrigération intense du lait. h) **~transportkanne** f. || milk transporting can || bidon m. pour le transport de lait. i) **~vorwärmer** m. || milk heater || réchauffeur m. pour lait. k) **~wage** f. || galactometer; lactometer; milk gauge || galactomètre m.; lactomètre m.; pèse-lait m. l) **~wagenkutscher** m. || dairy carter || charretier m. de laiterie; cocher-laitier m. m) **~wirtschaft** f. || milking; dairy || laiterie f. n) **~zentrifuge** f. || centrifugal cream separator || écrémeuse f. centrifuge de lait. o) **~zentrifugenteile** mpl. || parts pl. of centrifugals for the making of cream || pièces fpl. pour écrémeuses centrifuges. 11

Milchzucker m. || milk sugar; lactine; lactose || sucre m. de lait; lactine f.; lactose f. a) **linksdrehender ~** || levogyrate *or* levo-rotary milk sugar || sucre m. de lait lévogyre. b) **rechtsdrehender ~** || dextro-rotary milk sugar || sucre m. de lait dextrogyre. 12

Mildern n. der **Farben** || softening of colours || adoucissage m. des couleurs. 13

Militär-ausrüstung f. || military equipment || équipement m. militaire. a) **~bäcker** m. || army baker || boulanger m. de garnison. b) **~bäckerei** f. || army bakery || boulangerie f. militaire. 14

Militäreffekten pl. || military equipments *or* trappings pl. || équipements mpl. militaires. a) **~** aus **Leder** || military leather equipments pl. || équipements mpl. militaires en cuir. 15

Militär-fahrzeug n. || military car || voiture f. militaire. a) **~flugzeug** n. || military airplane (A) *or* aeroplane || avion m. *ou* aéroplane m. militaire. b) **~posamenten** pl. || military braid || passementerie f. militaire. c) tragbare **~station** f. (Funkw) || portable military station || poste f. militaire transportable. d) **~telegrafie** f. || military telegraphy || télégraphie f. militaire. e) **~tuch** n. || army cloth || drap m. de troupe. 16

Millefiori fpl. (Glasf) || fret work; glass mosaics pl.; millefiori pl. || verre m. mille-fleurs *ou* mosaïque. 17

Millerit m. || sulphide of nickel; nickel pyrites; millerite || nickel m. sulfuré; millerite f. 18

Milliampere n. || milliampere || milliampère m. 19

Milliamperemeter n. || milliammeter || milliampèremètre m.; milliammètre m. 20

Millimeter n. || millimetre || millimètre m. 21

Millimeter-papier n. || millimetre paper || papier m. quadrillé. a) **~skale** f. || millimetre scale || échelle f. millimétrique. 22

Millivolt n. || millivolt || millivolt m. 23

Milz f. || spleen || rate f. 24

Mimosenbaum m., Rinde f. vom || mimosa bark || écorce f. du mimosa. 25

Minder-einnahme f. || decrease of *or* deficiency in receipts || déficit m. a) **~gewicht** n. || underweight || manque m. de poids. 26

minderhaltiges Erz n. || low grade ore || minerai m. de qualité inférieure. 27

Minder-heit f. || minority || minorité f. a) **~leistung** f. || reduced output || débit m. réduit. b) **~maschine** f. || narrowing machine || diminueuse f. 28

mindern || to lessen || diminuer. a) die **Geschwindigkeit ~** || to decelerate || ralentir. 29

Minderung f. || narrowing || diminution f. 30

Minderwert m. || inferiority; depreciation (in value) || moins-value f. a) den **~** m. **ersetzen** || to compensate for the decrease in value || compenser la moins-value. 31

minderwertig || of inferior quality *or* value || d'une valeur *ou* qualité inférieure. a) **~e Kohle** f. || poor coal || charbon m. pauvre. 32

Minderzahl f. || minority; smaller amount *or* number || nombre m. inférieur; minorité f. 33

Mindest-anlaßspannung f. || minimum starting voltage || tension f. initiale de démarrage. a) **~auftriebsgeschwindigkeit** f. (Luftf) || stalling speed || vitesse f. minimum de sustentation. b) **~betrag** m. || lowest amount; minimum (sum); limit || minimum m. c) **~druckfestigkeit** f. || minimum compressive strain || résistance f. minimum à la compression. d) **~festigkeit** f. je **Quadratmillimeter** des ursprünglichen Querschnitts (Mech) || minimum strength per square millimeter of the primitive section || résistance f. minimum par millimètre carré de la section primitive. e) **~fordernder** m. || cheapest contractor; lowest tenderer || le moins offrant *ou* demandant. f) **~gebot** n. || lowest tender || offre f. la plus avantageuse. g) **~gebühr** f. || minimum fee || taxe f. minimum. h) **~gesprächgebühr** f. || minimum rate || minimum m. de conversations. i) **~gewicht** n. || minimum weight || poids m. minimum. k) **~grenze** f. || minimum limit || minimum m. de limite. l) **~hub** m. || minimum stroke || course f. minima. m) **~kronenbreite** f. (Eisenb) || smallest breadth of the top of an embankment || largeur m. minimum en couronne. n) **~lohn** m. || minimum wages pl. || salaire m. minimum. o) **~maß** n. || minimum || minimum m. p) **~preis** m. || minimum price || prix m. minimum. q) **~wert** m. || minimum value *or* characteristics || valeur f. minimum; chiffre m. minimum qualitatif. 34

Mine f. (Bleistift) || lead mine; lead || mine f. a) **~** (Miner; Bergb) || mine; pit || mine f. b) **~** (Seew) || mine || torpille f. fixe. c) **~** (Sprengt) || blast; mine || mine f.; fourneau m. d) **einfache ~** (Sprengt) || single mine || fourneau m. isolé. e) **Ersatz~** (Füllbleistift) || spare lead || mine f. de réserve. f) **gekoppelte ~n** fpl. (Sprengt) || conjunct mines pl. || fourneaux mpl. accolés. g) **überladene ~** (Sprengt) || overcharged *or* surcharged mine || fourneau m. surchargé. 35

Minen-arbeit f. (Sprengt) || miner's work || fouille f. a) **~auge** n. (Sprengt) || entrance into a gallery || entrée f. de galerie. b) **~feld** n. (Kriegsw) || mine field || barrage m. en mines. 36

Minengang m. (Sprengt) || gallery of a mine || galerie f. de mine; conduit m. de mine. a) **fallender ~** || descending gallery || galerie f. descendante; galerie en pente. b) **halber ~** || low gallery || demi-galerie f. c) **söhliger ~** || level gallery || galerie f. horizontale. d) **steigender ~** || ascending gallery || galerie f. montante. 37

Minen-herd m. (Sprengt) || focus *or* hearth of a mine || foyer m. de mine; endroit m. des feux; point m. du feu. a) **~hund** m. (Bergb) || miner's truck; truck; rolly; trolley || chariot m. 1

Minenkammer f. (für Bleistift) || lead magazine || magasin m. à mines. a) ~ (Sprengt) || chamber of mine || fourneau m. *ou* chambre f. de mine. 2

Minen-kratze f. (Bergb) || drag; scraper || drague f. a) **~ladung** f. || charge of mine || charge f. de mine. b) **~spaten** m. (Sprengt) || miner's spade || écoupe f.; escope f. c) **~sperre** f. || mine field || barrage m. en mines. d) **~werfer** m. || mine projector || lance-mine m. e) **~zünder** m. mit elektrischer **Zündung** || mine fuse with electric ignition || détonateur m. pour mines avec amorce électrique. f) **~zündmaschine** f. || mine priming machine || machine f. déflagratrice pour mines. 3

Mineral n. || mineral || minéral m. a) sich die **Gewinnung** von ~ien npl. vorbehalten || to reserve the right of mineral exploitation || se réserver l'extraction des minéraux. b) ein ~ n. in Menge und Beschaffenheit **nachweisen** || to prove the existance of a mineral in respect of its quantity and constitution || signaler un minéral en qualité et en quantité. c) **nicht** brennbares ~ || incombustible mineral || minéral m. non combustible. d) **schichtenweise** übereinandergelagerte **~ien** npl. || minerals lying stratified one above the other || minéraux mpl. en couches superposées. e) **unbefugt ~ien** npl. gewinnen || to get minerals without being authorised thereto || extraire des minéraux sans autorisation. f) **~ien** npl. der **Verfügung** des Grundeigentümers entziehen || to withdraw minerals from the disposal of the owner || soustraire au propriétaire du fonds la disposition des minéraux. g) vom **Verfügungsrecht** des Grundbesitzers ausgeschlossenes ~ || mineral excluded from the right of disposal of the surface owner || minéral m. exclu du droit de disposer du propriétaire du fonds. h) **vorbehaltenes** ~ || reserved mineral || mineral m. réservé. 4

Mineral-bildner m. || mineralizer || agent m. minéralisateur. a) **~brunnen** m. || mineral *or* thermal spring || source f. minérale *ou* thermale. b) **~detektor** m. || mineral detector || détecteur m. à minéral. c) **~farbe** f. || mineral colour *or* dye || couleur f. minérale. d) **~farbstoff** m. || mineral colouring matter || matière f. colorante d'origine minérale. e) **~feile** f. || emery stick || polissoir m.; rodoir m. f) **~gang** m. || mineral vein || filon m. minéral. g) **~gelb** n. || Cassel yellow || jaune m. de Cassel. h) **~glanz** m. (Min) || lustre || éclat m. i) **~grün** || mineral green || vert m. minéral. 5

Mineralienmahlanlage f. || mineral grinding plant || broyeur-pulvérisateur m. pour minéraux. 6

mineralisch || mineral || minéral. a) **~er Brennstoff** m. || mineral fuel || combustible m. minéral. b) **~e Säure** f. || mineral acid || acide m. minéral. c) **~er Stoff** m. || mineral material || matière f. minérale. d) **Waren** fpl. aus **~en** Stoffen || articles pl. of mineral materials || articles mpl. *ou* objets mpl. en matières minérales. 7

Mineral-kermes m. || mineral kermes; brown red sulphide of antimony || antimoine m. oxydé sulfuré; kermès m. minéral. a) **~mohr** m. || (black *or* amorphous) mercury sulphide || sulfure m. noir de mercure. b) **~moor** n. || mineral peat || marais m. minéral. c) **~mühle** f. || mineral mill || moulin m. pour minéraux. 8

Mineraloge m. || mineralogist || minéralogiste m. 9

Mineralogie f. || mineralogy || minéralogie f. 10

mineralogisch || mineralogical || minéralogique. a) **~es Kurs-** und **Arbeitsmikroskop** n. || petrological class and laboratory microscope || microscope m. minéralogique pour travaux pratiques et de laboratoire. b) **~e Untersuchung** f. || mineralogical research *or* investigation || recherche f. minéralogique. 11

Mineralöl n. || mineral oil || huile f. minérale. 12

Mineralöl-firnis m. || mineral oil varnish || vernis m. à l'huile minérale. a) **~gewinnungsanlage** f. || mineral oil producing plant || installation f. pour l'extraction de l'huile minérale. 13

Mineral-quelle f. || mineral spring || source f. d'eaux minérales. a) **~reich** n. || mineral kingdom || règne m. minéral. b) **~salz** n. || mineral salt || sel m. minéral. c) **~säure** f. || mineral acid || acide m. minéral. d) **~schmieröl** n. || mineral sperm-oil || huile f. minérale de graissage. e) **~schwarz** n. || mineral black || noir m. minéral. f) **~teer** m. || mineral tar || goudron m. minéral. g) **~turpith** m. || turpeth *or* turbith mineral; Queen's yellow || turbith m. minéral. h) **~vorkommen** n. || deposit of minerals || gisements mpl. de minerais. i) **~wachs** n. || ozocerite; ceresin || cérésine f.; cire f. fossile; ozokérite f. 14

Mineralwasser n. || mineral water || eau f. minérale *ou* minéralisée. a) **Anreicherung** f. von natürlichem ~ || enriching natural mineral water || enrichissement m. d'eau minérale naturelle. b) **Herstellung** f. von künstlichem ~ || producing artificial mineral water || fabrication f. d'eau minérale artificielle. c) **künstliches** ~ || artificial mineral water || eau f. minérale artificielle. d) **natürliches** ~ || natural mineral water || eau f. minérale naturelle. 15

Mineralwasser-apparat m. || aerated *or* mineral water apparatus || appareil m. pour fabriquer les eaux minérales. a) **~farbe** f. || colour for mineral water || couleur f. pour eau gazeuse. b) **~füllmaschine** f. || bottling machine for mineral water || soutireuse f. pour eaux minérales. c) **~herstellungsanlage** f. || mineral waters producing plant || installation f. pour fabriquer des eaux minérales. d) **~krug** m. || jug for mineral water || cruche f. pour eaux minérales. e) **~maschine** f. || aerated water *or* soda water machine || machine f. pour la fabrication d'eaux gazeuses. f) **~salz** n. || mineral water salt || sel m. d'eaux minérales. g) **~salz** n. für **hygienische** und **Heilzwecke** || mineral water salt for hygienic and healing purposes || sel m. d'eau minérale pour usages hygiéniques et curatifs. 16

Mineralwolle f. || mineral wool || laine f. minérale. 17

Minette f. || oolitic iron ore; minette || minette f. a) **~grube** f. || calcareous ironstone mine || mine f. de fer oolithique calcifère. 18

Miniatur-feldstecher m. || miniature field glass || jumelle f. de poche. a) **~maler** m. || miniature painter || peintre m. en miniature; miniaturiste m. b) **~malerei** f. || miniature-painting || miniature f. c) **~spielwaren** pl. || miniature toys pl. || jouets-miniatures mpl. 19

Minimal- *s. auch* Mindest-. 20

Minimal-fracht f. || lowest freight || minimum m. de fret. a) **~hörbarkeit** f. (Fernm) || minimum audibility || audibilité f. minima. b) zu einem **~preis** von . . . || at a minimum price of . . . || à un prix m. minimum de . . . c) **~stromausschalter** m. || minimum current cutout || disjoncteur m. à minima. d) **~vergrößerung** f. || minimum magnification || grossissement m. minimum. e) **~wert** m. (Math) || minimum value || valeur f. minima. 21

Minimeter n. || minimeter || minimètre m. 22

Minimetergerät n. zum **Messen** der Kompressionshöhe || minimeter instrument for testing the distance between the pin holes and the piston head || appareil m. à minimètre pour la vérification de la hauteur de compression. a) ~ zum **Prüfen** der Lage der Kolbenbolzenbohrung zur Kolbenachse || minimeter instrument for testing the squareness of the piston pin holes with the axis of the piston || appareil m. à minimètre pour la vérification de la position de l'alésage des tourillons de pistons par rapport à l'axe du piston. b) ~ zum Prüfen der **Steigung** an Gewinden || minimeter instrument to check the pitch of threads || appareil m. à minimètre pour la vérification du pas des filetages. c) ~ zum Prüfen der **Teilung** von Zahnrädern || minimeter instrument to check the pitch of gears || appareil m. minimètre pour la vérification du pas des roues dentées. 23

Minimum n. (Math) || minimum || minimum m. a) ~ (Schrift) || fount of letter; job fount || minimum m.; quantité f. minima. 24

Minus-elektrizität f. || negative electricity || électricité f. négative. a) **~elektrode** f. || negative plate *or* electrode || électrode f. négative. 25

Minuskel f. (Buchdr) || small letter; minuscula || lettre f. minuscule; minuscule f. 26

Minus-platte f. || negative plate || plaque f. négative. a) **~zeichen** n. || minus sign || signe m. de la soustraction; moins m. 27

Minute f. || minute || minute f. a) **Bogen~** || minute of arc || minute f. d'arc. b) **Zeit~** || minute of time || minute f. de temps. 28

Minuten-rad n. (Uhrm) || minute *or* centre-wheel || roue f. de minute *ou* de longue tige *ou* de chaussée *ou* de fond; grande roue moyenne. a) **~werk** n. || minute wheel work || minuterie f. b) **~zeiger** m. || minute hand || aiguille f. à minutes. 29

minutliche Umdrehungszahl f. || revolutions pl. per minute || tours mpl. par minute. 30

Mirbanöl n. || mirbane essence || essence f. de mirbane. 31

Mischanlage f., Kohlen || coal mixing plant || installation f. pour mélanger le charbon. a) **pneumatische** ~ || pneumatic mixing plant || installation f. à mélanger pneumatiquement. 32

Misch-apparat m. ‖ mixer; mixing apparatus ‖ mélangeur m. a) **~arbeiter** m. (Met) ‖ mixing house man ‖ malaxeur m. 1
mischbar (Chem) ‖ miscible ‖ miscible. 2
Mischbarkeit f. (Chem) ‖ miscibility ‖ miscibilité f. 3
Misch-batterie f. (Heiz) ‖ mixing battery ‖ mitigeur m. a) **~bau** m. ‖ mixed construction ‖ construction f. mixte. b) **~behälter** m. ‖ mixing drum ‖ enveloppe f. du mélangeur. c) **~bestand** m. (Wald) ‖ mixed stand ‖ peuplement m. mélangé. d) **~bottich** m. ‖ mixing trough ‖ cuve f. à mélange. e) **~dünger** m. ‖ mixed manure ‖ engrais m. composé. f) **~düse** f. ‖ combining nozzle ‖ tuyère f. de mélange. 4
mischen ‖ to mix together ‖ mélanger; mêler. a) **Farben** fpl. ~ ‖ to mix colours ‖ mêler *ou* mélanger des couleurs fpl. b) **sich** ~ mit ‖ to mix with ‖ se mélanger à. 5
Mischen n. *s. auch* Mischung. a) **inniges** ~ (Zement) ‖ homogenous mixing ‖ mélange m. intime. 6
Mischer m. ‖ mixer ‖ mélangeur m.; malaxeur m. a) ~ mit **absatzweisem** Betrieb ‖ intermittent-working mixer ‖ malaxeur m. à fonctionnement intermittent *ou* discontinu. b) **Freifall~** ‖ gravity mixer ‖ malaxeur m. à chute libre. c) **Mörtel~** ‖ mortar mixer ‖ mélangeur m. à mortier. d) **Roheisen~** ‖ pig iron mixer ‖ mélangeur m. de fonte. e) **Schleuderrad~** ‖ fan blower mixer ‖ mélangeur m. centrifuge. f) ~ mit **Schüttelsieb** ‖ mixing machine with shaking sifter ‖ mélangeur m. avec crible à secousses. g) ~ mit **ununterbrochenem** Betrieb ‖ mixer with uninterrupted drive ‖ malaxeur m. à fonctionnement continu. 7
Mischeranlage f. ‖ mixing plant ‖ mélangeur m. a) ~ mit zwei **Roheisenmischern** ‖ mixer plant with two pig iron mixers ‖ installation f. de mélangeurs avec deux mélangeurs de fonte crue. 8
Mischer-schaufel f. ‖ mixing blade ‖ palette f. mélangeuse. a) selbsttätige **~steuerung** f. für Roheisenmischer ‖ automatic control valve for pig iron mixers ‖ distributeur m. automatique pour mélangeurs de fonte crue. 9
Misch-farbe f. ‖ mixed colour ‖ couleur f. mêlée *ou* binaire. a) **~flügel** m. ‖ mixing blade ‖ palette f. mélangeuse. b) **~frucht** f. ‖ meslin ‖ méteil m. 10
Mischgas n. ‖ Dowson-gas ‖ gaz m. mixte. a) **~maschine** f. ‖ Dowsongas machine ‖ machine f. à gaz mixte. 11
Misch-gefäß n. ‖ mixing vessel ‖ récipient m. à mélanger. a) **~hahn** m. ‖ mixing cock ‖ robinet m. mélangeur. b) **~kammer** f. (Vergaser) ‖ mixing chamber ‖ chambre f. de mélange. c) **~kessel** m. ‖ mixing vessel ‖ chaudron m. pour mélanger. d) **~kollergang** m. ‖ runner for mixing ‖ mélangeur m. à meules verticales; malaxeur m. e) **~korn** n. ‖ meslin ‖ méteil m. f) **~kristall** m. ‖ mixed crystal ‖ cristal m. mixte. 12
Mischmaschine f. ‖ mixing machine *or* mill; mixer ‖ machine f. à mélanger; mélangeuse f.; mélangeur m. a) ~ für **Beton** und Mörtel ‖ mixing machine for concrete and mortar ‖ mélangeuse f. pour béton et mortier. b) **Fleisch~** ‖ flesh mixing machine ‖ mélangeur m. de viande. c) **Freifall~** ‖ gravity mixer ‖ malaxeur m. à chute libre. d) **Gemenge~** (Glasf) ‖ conglomerate mixing machine ‖ machine f. à mélanger. e) **Kipptrog~** ‖ tip trough mixing machine; tipping trough mixer ‖ malaxeur m. *ou* mélangeur m. à auge basculante. f) **Knetmaschine** f. und ~ für Beton und Mörtel ‖ kneading and mixing machine for concrete and mortar ‖ machine f. à pétrier et à mélanger le béton et le mortier. g) **Mehl~** ‖ flour mixing machine ‖ machine f. à mélanger la farine. h) **Mörtel~** ‖ mortar mixing machine ‖ malaxeur m. à mortier. i) ~ für die **Nahrungsmittelindustrie** ‖ mixing machine for the provisions industry ‖ malaxeur m. pour l'industrie des produits alimentaires. k) **Teig~** ‖ dough mixing machine ‖ machine f. à mélanger *ou* à pétrir la pâte. l) **Ton~** ‖ clay mixing machine ‖ machine f. à mélanger la glaise. m) **Trommel~** ‖ drum mixer ‖ mélangeur m. à tambour. n) **Vakuumknet-** und ~ ‖ vacuum kneader and mixer ‖ malaxeur m. et mélangeur m. à vide. 13
Misch-pipette f. ‖ mixing pipette ‖ pipette-mélangeur f. a) **~raum** m. ‖ mixing chamber ‖ chambre f. de mélange. b) **~raumarbeiter** m. (Baumwolle) ‖ cotton mixer ‖ mélangeur m. de coton. c) **~rohr** n. (Vergaser) ‖ carburettor choke ‖ tuyau m. de mélange. d) **~schaufel** f. ‖ mixing blade ‖ palette f. pour le malaxage. e) **~schnecke** f. ‖ mixing worm ‖ vis-mélangeuse f. f) **~trommel** f. ‖ mixing drum; pug mill ‖ tonneau m. *ou* tambour m. mélangeur. g) **~turm** m., **Kohlen** ‖ coal mixing shed ‖ bâtiment m. de mélangeurs à houille. 14
Mischung f. (Chem) ‖ mixture ‖ mélange m. a) ~ (Fernm) ‖ combination ‖ combinaison f. b) ~ der **Erze** ‖ mixing of the ores ‖ mélange m. des minerais. c) ~ von **Gasöl** und Erdölrückständen ‖ mixture of gas oil and residual fuels ‖ mélange m. de gasoil et de fuel-oil. d) **gleichmäßige** ~ ‖ uniform mixture ‖ mélange m. uniforme. e) ~ von **Hand** ‖ hand mixing ‖ mélange m. à la main. f) innige ~ des **Heizgases** mit der Verbrennungsluft ‖ intensive mixture of the fuel gas with the combustion air ‖ mélange m. intime du gaz de chauffage avec l'air de combustion. g) **Maschinen~** ‖ machine mixing ‖ mélange m. à la machine. h) **Trocken~** ‖ dry mixture ‖ mélange m. à sec. 15
Mischungs-kalorimeter n. ‖ water calorimeter ‖ calorimètre m. à eau. a) **~reihenfolge** f. ‖ order of mixing ‖ marche f. de mélange. b) **~verhältnis** n. ‖ proportion of mixture ‖ proportion f. de mélange *ou* d'alliage. c) **~vorgang** m. ‖ mixing operation ‖ opération f. de mélange. d) **~welle** f. ‖ mixer shaft ‖ arbre m. du mélangeur. e) **~werk** n. ‖ mixer ‖ mélangeur m. 16
Misch-wähler m. (Selbstanschl) ‖ outgoing secondary switch ‖ sélecteur m. de mélange. a) **~walzwerk** n. ‖ mixing mill ‖ laminoir m. mélangeur. 17
Mispel f. ‖ medlar ‖ nèfle f. 18
Mispickel m. (Min) ‖ arsenopyrite; mispickel ‖ arseno-sulfure m. de fer; mispickel m.; arsénopyrite f. 19
Missal f. (Buchdr) ‖ french canon ‖ gros canon m. 20
Miß-brauch m. ‖ abuse; wrong use ‖ abus m. a) **~druck** m. ‖ maculature; monks pl. and friars pl. ‖ maculation f.; impression f. défectueuse *ou* fausse *ou* incorrecte; rebut m. b) **~erfolg** m. ‖ failure ‖ insuccès m.; échec m. 21
mißfarbig ‖ colour is faulty ‖ incolore. 22
Mißgriff m. ‖ blunder; error ‖ méprise f. 23
mißklingend ‖ dissonant ‖ dissonant. 24
mißlingen ‖ to fail; to have no success ‖ ne pas réussir; échouer. 25
mißratenes Stück n. ‖ failed piece ‖ pièce f. manquée. 26
Miß-verhältnis n. ‖ disproportion ‖ disproportion f. a) **~weisung** f. der **Magnetnadel** ‖ deviation *or* variation of the magnetic needle ‖ déviation f. *ou* déclinaison f. d'aiguille aimantée. 27
Mist m. (Landw) ‖ dung; manure ‖ engrais m. a) ~ (Färb) ‖ dung ‖ fiente f. 28
Mistbad n. ‖ dung bath ‖ bain m. bis; bain m. de fiente. 29
Mistel f. ‖ mistletoe ‖ gui m. 30
Mistwagen m. ‖ dung *or* manure cart ‖ chariot m. à engrais *ou* à fumier. 31
Mit-arbeiter m. ‖ collaborator; colleague ‖ collaborateur m.; compagnon m. (de travail). a) **~bewerber** m. ‖ competitor ‖ concurrent m.; compétiteur. b) **~eigentümer** m. ‖ part owner ‖ co-propriétaire m. c) **~glied** n. des **Direktoriums** ‖ member of the directorate ‖ membre m. du comité de direction. d) **~gliedskarte** f. ‖ membership ticket ‖ carte f. d'identité d'affiliation. e) **~höreinrichtung** f. (Fernm) ‖ monitoring device ‖ arrangement m. d'écoute. 32
mithören (Fernm) ‖ listening in ‖ être à l'écoute. 33
Mithör-klinke f. (Fernm) ‖ monitoring jack ‖ jack m. d'écoute. a) **~leitung** f. (Fernm) ‖ controlling line ‖ ligne f. d'observation. 34
Mithörrelais n. ‖ listening relay ‖ relais m. d'écoute. 35
Mithör-schalter m. ‖ listening key ‖ clef f. d'écoute. a) **~schrank** m. ‖ monitoring board ‖ tableau m. d'écoute. b) **~spule** f. (Fernm) ‖ monitoring coil ‖ bobine f. d'écoute. c) **~stöpsel** m. (Fernm) ‖ listening plug ‖ fiche f. d'écoute. d) **~taste** f. (Fernm) ‖ listening button ‖ clef f. d'écoute. 36
Mitinhaber m. ‖ joint proprietor; partner in a firm ‖ codétenteur m.; copropriétaire m.; compagnon m. 37
Mitläufer m. (Web) ‖ wrapper ‖ doublier m. a) **~pflegeeinrichtung** f. (Web) ‖ wrapper renovating device ‖ dispositif m. à soigner le doublier. 38
Mit-laufwerk n. (Selbstanschl) ‖ switching repeater selector ‖ sélecteur m. à permutation. a) **~leser** m. (Fernm) ‖ monotorial device ‖ transcripteur m. à contrôle. 39
Mitnehmer m. (Werkzeugmasch) ‖ driver ‖ toc m. a) **~bolzen** m. ‖ tappet ‖ broche f. d'entraînement. b) **~gabel** f. ‖ carrying fork ‖ fourchette f. d'entraînement. c) **~klaue** f. ‖ engaging dog ‖ griffe f. d'entraînement. d) **~ring** m. ‖ driving ring ‖ bague f. de captation. e) **~löcherbohrmaschine** f. ‖ drilling machine for driving pin holes ‖ perceuse f. pour trous d'entraînement. f) **~schaufel** f. ‖ pushing blade ‖ palette f. d'entraînement. g) **~scheibe** f. (Werkzeugmasch) ‖ driving plate ‖ plateau m. à toc. h) **~stift** m. ‖ tappet ‖ broche f. d'entraînement. i) **~welle** f. ‖ clutch shaft ‖ essieu m. d'entraînement. k) **~zapfen** m. ‖ bar link ‖ pivot m. 40

Mitreeder m. || part-owner || coarmateur m.; copropriétaire m. 1
mitreißen, Wasser n. (Lok) || to prime water || entraîner l'eau. 2
Mitsprechen n. (Fernm) || overhearing || cross talk entre combinant et combiné. 3
Mittags-linie f. (eines Ortes) || meridian line || méridienne f. a) **~weite** f. (eines Sterns) || southern amplitude || amplitude f. méridionale. 4
Mitte f. (Math) || centre; midst || centre m.; milieu m. a) **Abstand** m. von ~ zu ~ || distance between center lines || écartement m. d'axe en axe. b) von ~ **zu Mitte** gemessen || measured from center to center || mesuré de centre m. en centre *ou* d'axe m. en axe. 5
Mitteilung f. der **Bewegung** || communication of motion || communication f. de mouvement. 6
Mittel f. (Buchdr) || English (double minion) || Saint-Augustin m.; corps-quatorze m. 7
Mittel n. (Math) || mean; medium || moyen m.; moyenne f. a) ~ (Phys) || medium || milieu m. b) ~ (Chem) || agent; mean || agent m. c) **arithmetisches ~** || arithmetical mean || moyen m. *ou* moyenne f. arithmétique. d) **brechendes ~** (Phys) || refractive medium || milieu m. réfringent. e) **dichtes ~** (Phys) || dense medium || milieu m. dense. f) **dünnes ~** (Phys) || rare *or* subtil medium || milieu m. rare. g) **fäulnisverhinderndes ~** (Chem) || antiseptic || antiseptique m. h) **geometrisches ~** || geometrical mean; mean proportional || moyenne f. proportionnelle *ou* moyen m. proportionnel géométrique. i) **harmonisches ~** (Math) || harmonical mean || moyen m. harmonique. k) **reduzierendes ~** (Chem) || reducing agent || agent m. de réduction. l) **reichliche ~** npl. || ample means pl. || moyens mpl. suffisants. m) **schwebendes ~** (Bergb) || isolated mass || milieu isolé. n) **taubes ~** (Bergb) || sterile mass || milieu m. stérile. o) **widerstehendes ~** (Phys) || resistent medium || milieu m. résistant. p) **wirkendes ~** (Chem) || agent || agent m. 8
Mittel-achse f. || axle center *or* shaft || corps m. de l'essieu. a) **~balken** m. || central girder || poutre f. centrale *ou* du milieu. b) **~bau** m. (Bauw) || frontage || corps m. central du bâtiment. c) **~blech** n. || medium plate *or* sheet || tôle f. moyenne. d) **~bogen** m. || centre arch || arche f. maîtresse. e) **~decker** m. || aeroplane with mid-set wing; semi-high wing monoplane || avion m. à ailes à demi surélevés. 9
Mitteldruck m. || medium pressure || moyenne pression f. 10
Mitteldruck-brenner m. mit **Gas-Luft-Vormischung** || medium pressure burner unit with pre-mixing of the gas and air || brûleur m. à moyenne pression à prémélange d'air et de gaz. a) **~dampfmaschine** f. || middle-pressure steam engine || machine f. à vapeur à moyenne pression. b) **~kessel** m. || mean pressure boiler || chaudière f. à moyenne pression. c) **~maschine** f. || mean-pressure engine || machine f. à moyenne pression. 11
Mittel-ebene f. || middle plain || plan m. médian. 12
Mitteleisen-straße f. || medium iron train *or* mill || laminoir m. *ou* train m. à fers moyens. a) **~walzwerk** n. || medium iron rolling mill || laminoir m. à pieces de grandeur moyenne. 13
Mittel-farben fpl. (Färb) || secondary colours pl. || couleurs fpl. secondaires *ou* composées *ou* hétérogènes. a) **~feile** f. || fine-toothed file || lime f. moyenne. 14
Mittelfleier m. (Apparat) || intermediate fly frame || banc m. à broches intermédiaire. a) ~ (Arbeiter) || intermediate fly-frame tenter || bancbrocheur m. intermédiaire. 15
Mittel-flügel m. (Luftf) || middle wing || plan m. médian; aile f. médiane. a) **~fries** m. || munnion || montant m. *ou* meneau m. de milieu. b) **~furche** f. || middle groove || cannelure f. médiane. c) **~gang** m. || central corridor *or* platform || couloir m. médian *ou* central. d) **~gatter** n. (Sägew) || saw mill with one saw || scierie f. verticale à une lame au milieu. e) **~größe** f. || medium size || grosseur f. moyenne. f) **~gurt** m. (Sattl) || middle saddle girth || seconde sangle f. g) **~halle** f. einer **Werkstatt** || middle bay of a shop || nef f. centrale d'un atelier. 16
mittelharter Werkstoff m. || moderately hard material || matières fpl. mi-dures. 17
Mittel-hieb m. (Feil) || bastard cut || taille f. moyenne *ou* bâtarde. a) **~kasten** m. (Gieß) || middle flask || châssis m. intermédiaire *ou* de milieu. 18
Mittelkiel m., **durchlaufender** || centre through-plate keel || quille f. carlingue. 19
Mittelkielplatte f. || centre through-plate || tôle f. centrale continue. 20
Mittel-klüver m. || middle jib || faux foc m.; second foc. a) **~kraft** f. || resultant force || force f. résultante. b) **~kurbel** f., die ~ ist gegen die Rechtskurbel um x^0 und gegen die Linkskurbel um y^0 versetzt || the central crank is set at x^0 with the right crank and y^0 with the left || la manivelle centrale est déplacée de x^0 par rapport à la manivelle droite et de y^0 par rapport à la manivelle gauche. c) **~kurs** m. || middle price || cours m. moyen. d) **~lage** f. || central position || position f. moyenne. 21
Mittelleiter m. || third wire || conducteur m. médian. a) **~system** n. (Elektr) || neutral wire system || système m. à trois fils. 22
Mittellinie f. || median *or* center line; axis || ligne f. médiane; axe m. 23
mittellos || without means; destitute || dépourvu de ressources. 24
Mittel-mauer f. || party *or* mean wall || mur m. mitoyen. a) **~motor** m. || central engine || moteur m. central. b) **~öffnung** f. (Brücke) || main arch || arche maîtresse f. c) **~öl** n. || medium *or* middle oil || huile f. moyenne. d) **~papier** n. || mean paper || papier m. de sorte moyenne. e) **~pfeiler** m. || intermediate pier *or* butment || pied-droit m. intermédiaire. f) **~pfosten** m. || mullion; munnion || meneau m. 25
Mittelpunkt m. || center; centre; central point || centre m. a) ~ der **Bewegung** einer Wage || center of motion *or* fulcrum of a balance || centre m. de mouvement d'une balance; point m. d'appui d'une balance. b) ~ der **Drehung** || center of gyration *or* rotation || centre m. de rotation. c) ~ einer **Fläche** || centre of a surface || centre m. d'une surface. d) ~ des **Flüssigkeitsdrucks** || center of pressure of the liquid || centre m. de pression du liquide. e) ~ der **Krümmung** (Geom) || centre of curvature || centre m. de courbure. f) ~ **paralleler** Kräfte || center of parallel forces || centre m. des forces parallèles. 26
Mittelpunkt-gleichung f. || equation of the center || équation m. du centre. a) **~lehre** f. || centreing gauge || calibre m. de centrage. b) **~sucher** m. || center punch; center punching apparatus || outil m. à centrer; amorçoir m.; centreur m. 27
Mittel-quaderpfeiler m. || intermediate jamb || jambe f. étrière. a) **~qualität** f. || medium quality || qualité f. moyenne. b) **~rad** n. || middle *or* central *or* minute wheel || petite roue f. moyenne. 28
Mittelriegel m. (el Leit) || cross brace; middle traverse || entretoise f. a) ~ (Schleuse) || middle cross piece || entretoise f. seconde; traverse f. moyenne. 29
Mittel-schaft m. || intermediate jamb || jambe f. étrière. a) **~scheibe** f. || groove *or* intermediate disk || fer m. à cheval; fausse-rondelle f.; faux-taillant m.; rondelle f. entre-deux. b) **~schenkel** m. eines **Fensterkreuzes** || cross bar of a window frame || croisillon m. d'une croisée. c) **~schiff** n. (Bauk) || middle aisle || haute nef f.; nef f. centrale *ou* principale. 30
mittelschlächtiges Wasserrad n. || middle-shot water wheel || roue f. hydraulique de côté. 31
Mittel-schiene f. || central rail || rail m. central *ou* du milieu. a) **~schrift** f., **geneigte** || large text || (écriture f.) bâtarde f. 32
mittelschwerer Kampfwagen m. || medium tank || char m. médium; médium tank m. 33
Mittelspant n. || midship frame || maître-couple m. 34
Mittelsteg m. (Buchdr) || long cross || barre f. du compositeur. a) ~ der **Brille** || central bridge of the spectacles || pont m. des lunettes. 35
Mittel-stellarretiervorrichtung f. || central arresting device || dispositif m. d'arrêt de la position moyenne. a) **~stellung** f. || intermediate position || position f. intermédiaire. b) **~strecker** m. || intermediate drawer || étireur m. intermédiaire. c) **~stück** n. eines **Bohrers** (Bergb) || lengthening rod *or* joint of a drill || allonge f. d'un trépan. d) **~stück** n. der **Welle** || middle shaft || arbre m. intermédiaire *ou* de couche. e) **~träger** m. || central girder || poutre f. centrale *ou* du milieu. 36
Mitteltrieb m. eines **Feldstechers** || joint focussing wheel at the middle between the two bodies of a field glass || molette f. centrale d'une jumelle. a) mit ~ **ausgestatteter** Feldstecher m. || field glass fitted with central twin focussing device || jumelle f. à molette centrale. 37
Mitteltrieb-einstellung f. der Okulare eines Feldstechers || joint focussing arrangement to the eyepieces of a field glass || mise f. au point par molette centrale des oculaires d'une jumelle. a) **~glas** n. || joint focussing glass || jumelle f. à molette centrale. 38
Mittel-walze f. || middle roll || cylindre m. médial *ou* médian *ou* du milieu. a) **~wand** f. || middle partition of baywork || cloison f. mitoyenne. 39
Mittelwasser n. (Wasserb) || mean water || eau f. moyenne. a) ~ einer **Talsperre** || average flow of a barrage || eau f. moyenne d'un barrage. 40

Mittelweg m. zwischen zwei **Gleisen** (Eisenb) || six foot way || chemin m. entre deux rails. 1
mittelweich || medium soft || mi-tendre. 2
Mittelwert m. || mean value; mean || valeur f. moyenne; moyenne f. **a)** die **~e** mpl. sind in der Abbildung **eingetragen** || the average values pl. have been inserted in the sketch || les valeurs fpl. moyennes se trouvent indiquées sur le dessin. 3
mitten || to centre || centrer. 4
Mittenanzapfung f. der **Primärwicklung** (Elektr) || central tapping of the primary windings || prise f. médiane de l'enroulement primaire. 5
Mitternachtsgang m. (Bergb) || north *or* northern lode || filon m. qui prend sa direction vers le nord. 6
mittig · einstellen || to center || centrer. **a) ~e Aufstellung** f. des Instrumentes || centric setting of the instrument || disposition f. centrique de l'instrument. 7
mittler-er Druck m. || mean pressure || pression f. moyenne. **a) ~e Größe** f. (Math) || mean value || valeur f. moyenne; moyenne f. **b) ~e Höhe** f. || mean height || hauteur f. moyenne. **c) ~er Wert** m. (Math) || mean value || valeur f. moyenne; moyenne f. 8
mittschiffs (Seew) || amidships; midships || au milieu m. du navire. **a)** das **Ruder ~** legen || to right the helm || dresser la barre. 9
Mittung f. || centring || centrage m. 10
Mittungs-schneide f. || centring disc; knife edge bearing (A) || couteau m. de centrage. **a) ~stift** m. || centring screw; centering pin (A) || goupille f. *ou* ergot m. de centrage. 11
Mittzapfen m. || spigot shaft || queue f. de centrage. 12
Möbel n. || furniture; piece of furniture || meuble m. **a) Sitz~** || sitting furniture || meuble m. de siège. 13
Möbel npl. || furniture || meubles mpl.; ameublement m. **a) Bambus~** || bamboo furniture || meubles mpl. en bambou. **b) Büro~** || office fittings pl. *or* furniture || meubles mpl. de bureau. **c) eiserne ~** || iron furniture || meubles mpl. en fer. **d) Garten~** || garden furniture || meubles mpl. de jardin. **e) gebogene ~** || bent wood furniture || meubles mpl. en bois ployé. **f) ~** für **Kinder** || children's *or* toy furniture || meubles mpl. pour enfants. **g) Kirchen~** || church furniture || meubles mpl. d'église. **h) Klein~** || small *or* fancy furniture || petits meubles mpl. **i) Kleinkunst~** || small art furniture || meubles mpl. mignons. **k) Klub~** || club furniture || ameublement m. de club. **l) Korb~** || osier furniture || meubles mpl. en tresses. **m) Küchen~** || kitchen furniture || meubles mpl. de cuisine. **n) Kunst~** || artistic furniture || meubles mpl. artistiques. **o) Laden~** || shop fittings pl. || meubles mpl. de magasin. **p) lederne~** || leather furniture || meubles mpl. en cuir. **q) Luxus~** || fancy furniture || meubles mpl. de luxe. **r) Luxuspolster~** || fine art upholstered furniture || meubles mpl. rembourrés de luxe. **s) Rohr~** || cane furniture || meubles mpl. en jonc. **t) Schul~** || school furniture || meubles mpl. pour écoles; mobilier m. scolaire. **u) Stahl~** || steel furniture || meubles mpl. métalliques. **v) Weiden~** || furniture of osier || meubles mpl. en osier. 14
Möbelausstattung f. || furniture || ameublement m. 15
Möbelbeschlag m. || furniture fitting *or* mounting || garniture f. *ou* ferrure f. pour meubles. **a) kupferner ~** || furniture copper fitting || garniture f. d'ameublement en cuivre. **b) Metall~** || metal furniture fitting || garniture f. métallique pour meubles. **c) ~herstellungsmaschine** f. || machine for making furniture fittings || machine f. pour fabriquer des garnitures de meubles. 16
Möbel-bezugstoff m. || furniture stuff || étoffe f. pour ameublement. **a) ~damast** m. || furniture damask || damas m. *ou* tissu m. damassé pour meubles. **b) ~einlageplatten** fpl. || earthen-ware *or* stone plates pl. for furniture || plaques fpl. en faïence *ou* en pierre pour meubles. **c) ~firnis** m. || cabinet varnish || vernis m. pour meubles. **d) ~griff** m. || handle for furniture || poignée f. pour meubles. **e) ~gurt** m. || furniture belt || sangle f. de meuble. **f) ~holzleiste** f. || furniture wood moulding || moulure f. pour meubles. **g) ~klopfer** m. || upholstered furniture beater || bat-meuble m. **h) ~lack** m. || cabinet *or* furniture varnish || vernis m. pour meubles. **i) ~lackierer** m. || furniture varnisher || vernisseur m. de meubles. **k) ~leder** n. || upholstery *or* furniture leather || cuir m. pour ameublement. **l) ~pinsel** m. || furniture brush || pinceau m. pour meubles. **m) ~plüsch** m. || furniture plush || peluche f. pour meubles. **n) ~polierer** m. || furniture polisher || polisseur m. de meubles. **o) ~politur** f. || furniture polish *or* encaustic || brillant m. *ou* encaustique f. pour meubles. **p) ~posamenten** pl. || upholsterer's trimming || passementerie f. d'ameublement. 17
Möbelrolle f. || castor *or* caster (for furniture) || rouleau m. *ou* roulette f. pour meubles. **a) ~** aus **Gummi** || rubber roller for furniture; rubber castor || roulette f. en caoutchouc pour meubles. 18
Möbel-samt m. || furniture velvet || velours m. d'ameublement. **a) ~schloß** n. || furniture lock || serrure f. pour meubles. **b) ~schreinerei** f. || cabinet making || ébénisterie f. 19
Möbelstoff m. || furniture cloth || étoffe f. pour meubles. **a) ~weber** m. || upholstery weaver || tisseur m. d'étoffes d'ameublement. 20
Möbel-stück n. || piece of furniture || meuble m. **a) ~tapezierer** m. || cabinet maker and decorator || tapissier-ébéniste m. **b) ~tischler** m. || furniture maker || menuisier m. en meubles; ébéniste m. **c) ~tischlerei** f. || cabinet making || menuiserie f. en meubles; ébénisterie f. 21
Möbeltransport m. || furniture removing || transport m. de meubles. **a) ~** mit **Kraftwagen** || furniture removal by automobiles || transport m. de meubles par automobiles. **b) ~wagen** m. *s.* Möbelwagen. 22
Möbel-verkitter m. || furniture filler || mastiqueur m. de meubles. **a) ~verzierer** m. || decorator || décorateur m. en meubles. **b) ~verzierung** f. || ornamental fitting for furniture || ornement m. pour meubles. **c) ~wagen** m. || furniture van; moving car || voiture f. de déménagement; tapissière f. **d) ~wichser** m. || furniture polisher || cireur m. en ébénisterie. 23
Mobilmachung f., **industrielle** || industrial mobilisation || mobilisation f. industrielle. 24
Moddergrund m. || muddy *or* slimy *or* slicky ground; soft mud ooze; oozy bottom || fond m. mou; vase f. molle. 25
moddern (Seew) || to stir up the ground || agiter le fond; troubler l'eau. 26
Modder-prahm m. || ballast lighter || ponton m. à curer. **a) ~sand** m. || muddy *or* miry *or* slimy sand || sable m. vasard. 27
Mode-artikel mpl. || articles pl. of fashion || articles mpl. de mode. **a) ~knopf** m. || fashion button || bouton m. à la mode. **b) ~kunst** f. || fashion art || art m. de mode. 28
Modell n. (Bildh) || model || maquette f.; modèle m. **a) ~** (Techn) || model; pattern; shape; mould || modèle m.; façon f. **b) ~** für **Ausstellungen** || showroom pattern || modèle m. pour expositions. **c) erstes ~** || original model || modèle m. primitif. **d) geteiltes ~** || split pattern || modèle m. en deux parties. **e) gewöhnliches ~** || regular model || modèle m. régulier. **f) Guß~** || (foundry) pattern || modèle m. (pour la fonderie). **g) Luxus~** || de luxe model || modèle m. de luxe. **h) Maschinen~** || machine model || modèle m. de machine. **i) Schiffs~** || model of a ship || modèle m. d'un navire. **k) schwerstes ~** || heaviest type || modèle m. extra-lourd. **l) verbessertes ~** || improved model || modèle m. amélioré. 29
Modell-boden m. || pattern storage || magasin m. de modèles. **a) ~brett** n. (Gieß) || flask *or* moulding *or* pattern board || planche f. à modèles *ou* de fond; couche f. **b) ~drechsler** m. || pattern turner || modeleur-tourneur m. **c) ~druckmaschine** f. (Zeugdr) || block printing machine || machine f. à planche. **d) ~hälfte** f. || pattern half || moitié f. d'un modèle. **e) ~heber** m. || pattern lifter || poignée f. pour enlever le modèle. 30
modellieren || to model; to mould || modeler. **a)** in **Wachs** n. **~** || to mould *or* to model in wax || modeler en cire f. 31
Modellier-masse f. || modelling paste || pâte f. à modeler. **a) ~ton** m. || modeller's *or* plastic clay || argile f. du modelleur; terre f. à modeler. **b) ~wachs** n. || modelling wax || cire f. à modeler. 32
Modell-kammer f. || pattern room || magasin m. de modèles. **a) ~lack** m. || pattern *or* model varnish || laque m. *ou* vernis m. à modèles. 33
Modellmacher m. || pattern *or* model maker || modeleur m. **a) ~beitel** m. || mill wright chisel || ciseau m. pour modelleurs. 34
Modellör m. (Porzel) || ornamenter || pastillageur m. **a) Bronze~** || brass pattern maker || modeleur m. pour bronze. 35
Modell-saal m. || hall with models || salle f. de modèles. **a) ~sand** m. || moulding sand || sable m. de moulage; sable m. de fonderie. **b) ~satz** m. || set of patterns || jeu m. de modèles. **c) ~schreiner** m. || wood pattern maker || menuisier-modeleur m.; menuisier-mécanicien m. **d) ~schreinerei** f. || pattern makers' shop || atelier m. de modelage. **e) ~tischler** m. *s.* ~schreiner m. **f) ~tischler** m., Gießerei || foundry pattern maker || modeleur m. pour fonderie. **g) ~tischlerei** f. *s.* ~schreinerei f. **h) ~tischlereiartikel** mpl. || pattern shop appliances pl. || matériel

m. pour modeleurs. **i) ~zeichnung** f. || pattern drawing || dessin m. pour le modelage. 1

Moderator m. || moderator; governor; conical pendulum || modérateur m. 2

Modererde f. || rotten earth || terre f. pourrie. 3

moderfleckig (Pap) || foxed || piqué. 4

modern || modern; fashionable; up to date || moderne; à la mode. 5

modern || to decay || pourir. 6

modernisieren || to bring up to date; to modernize || moderniser. 7

Modewaren fpl. || fancy goods pl.; millinery; drapery || modes fpl.; nouveautés fpl. 8

Modul m. || modulus; module || module m. **a) Elastizitäts~** || modulus of elasticity || module m. d'élasticité. **b) ~** eines **Zahnrades** || module of a gear || module m. d'un engrenage. 9

Modulation f. || modulation || modulation f. 10

Modulator m. || modulator || modulateur m. 11

modulieren || to modulate || moduler. 12

Möglichkeit f., nach || as far as possible || dans la mesure du possible. 13

Mohärwolle f. || mohair || poil m. de chèvre d'Angora; mohair m. 14

Mohn m. || poppy || pavot m. 15

Mohn-mühle f. || poppy mill || moulin m. à pavot. **a) ~öl** n. || poppy (-seed) oil || huile f. de pavot *ou* d'œillette; œillette f. **b) ~saat** f. || poppy seed || graines fpl. de pavot. **c) ~same** m. || poppy seed || graine f. d'œillette. **d) ~stampfer** m. || poppy pounder || broyeur m. de pavot. 16

Möhre f. || carrot || carotte f. 17

Moiré m. || moire || moiré. **a) ~garn** n. || watered *or* moire yarn || fil m. moiré. 18

moirieren || to water; to cloud; to moire || moirer; tabiser. 19

moiriert (Web) || watered; waved || moiré. **a) ~es Mahagoniholz** n. || mottled mahogany || acajou m. moiré. 20

Mokette f. || Wilton carpet; moquette || tapis m. moquette; moquette f. 21

Mokka-stein m. (Min) || mocha-stone; moss-agate || agate f. moka *ou* mousseuse; pierre f. de moka. **a) ~tasse** f. || cup for mocca || tasse f. à mocca. 22

Mol n. || mole || molécule gramme f. 23

Molasse f. || molasse || molasse f. 24

Mole f. || mole; pier *or* dam of a harbour; quay || môle m. de port; jetée f. *ou* digue f. d'un port. **a) Hafen~** || quay || quai m. **b) Helling~** || berth mole || môle m. de cale. **c) Zoll~** || customs wharf || môle m. de la douane. 25

Molekel f. *s.* Molekül n. 26

Molekül n. || molecule || molécule f. 27

molekular || molecular || moléculaire. 28

Molekular-gewicht n. || molecular weight || poids m. moléculaire. **a) ~kraft** f. || molecular force || force f. moléculaire. **b) ~luftpumpe** f. || molecular air pump || pompe f. à air moléculaire. **c) ~magnet** m. || molecular magnet || aimant m. moléculaire. 29

Molekül-umlagerung f. || molecular transformation || déplacement m. moléculaire. **a) ~zertrümmerung** f. || destruction of the molecule || destruction f. de l'édifice moléculaire. 30

Molenkopf m. || pier *or* mole head || musoir m.; tête f. de la jetée. 31

Moleskin m. || moleskin || moleskine f.; peau f. de taupe. 32

Molke f. || whey || petit lait m. 33

Molkerei f. || creamery; dairy || laiterie f. **a) Dampf~** || steam dairy || laiterie f. à vapeur. 34

Molkerei-anlage f. || dairy plant || crêmerie f. **a) ~besitzer** m. || dairy owner || propriétaire m. de laiterie. **b) ~einrichtung** f. || dairy equipment || installation f. de laiterie. **c) ~erzeugnis** n. || dairy product || produit m. de la laiterie. **d) ~gerät** n. || dairy implement || ustensile m. de laiterie. **e) ~hilfsstoffe** mpl. || accessory products pl. for dairy || produits mpl. accessoirs pour laiteries. **f) ~maschine** f. || dairy machine || machine f. pour la laiterie. **g) ~verwalter** m. || dairy manager || gérant de laiterie f. 35

Möller m. (Hüttenw) || mixture || lit m. de fusion. 36

Möllerboden m. || ore *or* mixing house || halle f. aux mélanges. 37

möllern || to mix ores pl. and fluxes pl. || mélanger les minerais avec les fondants. 38

Möllerung f. || mixture || mélange m. dosage m. 39

Möllerwagen m. || charging wagon || benne f. de chargement. 40

Molton m. || swanskin; molton || molleton m. **a) Baumwoll~** || swanskin || molleton-coton m.; pilou m. 41

Molybdän n. || molybdenum || molybdène m. **a) ~blei** n. || molybdate of lead; yellow lead-ore; wulfenite || molybdate m. de plomb; plomb m. jaune *ou* molybdaté. **b) ~eisen** n. || ferro-molybdenum || ferro-molybdène m. **c) ~erz** n. || molybdenum ore || minerai m. de molybdène. **d) ~glanz** m. || molybdenite; molybdenum glance; sulphide of molybdenum || molybdénite f.; molybdène m. sulfuré. **e) ~ocker** m. || molybdic ochre; molybdine || molybdène m. oxydé; oxyde m. de molybdène. 42

molybdänsaures Ammoniak n. || ammonium molybdate || molybdate m. d'ammoniaque. 43

Molybdänsäure f. || molybdic acid || acide m. molybdique. 44

Moment n. (Mech) || moment || moment m. **a) ~** einer **Kraft** || moment of a force || moment m. d'une force. **b) ~** eines **Kräftepaares** || moment of a couple || moment m. d'un couple. **c) magnetisches ~** || magnetic moment || moment m. magnétique. **d) statisches ~** || moment of a force || moment m. d'une force. **e) virtuelles ~** || virtual momentum || moment m virtuel. 45

Momentanreserve f. || instantaneous standby || réserve f. momentanée. 46

Moment-aufnahme f. || snapshot; instantaneous photograph || photographie f. instantanée; instantané m. **a) ~ausrücker** m. || instantaneous stop motion device || dispositif m. de débrayage instantané. **b) ~betrieb** m. || momentary running || service m. momentané. 47

Momentenausgleich m. || equilibrium of moments || compensation f. des moments. 48

Moment-klauenkuppelung f., selbsttätig ausrückende || self acting instantaneous gear clutch || accouplement m. à machoires et à débrayage automatique instantané. **a) ~platte** f. (Foto) || instantaneous plate || plaque f. pour instantanés. **b) ~schalter** m. || quick break switch || interrupteur m. à rupture brusque. **c) ~schalthebel** m. (Elektr) || quick breaker || commutateur m. à rupture brusque. **d) ~unterbrechung** f. (Elektr) || quick break || rupture f. brusque. 49

Momentverschluß m. || instantaneous shutter || obturateur m. instantané *ou* pour l'instantané. **a) Auslösung** f. des **~es** (Foto) || release to instantaneous shutter || déclenchement m. de l'obturateur instantané. **b) Iris~** (Foto) || instantaneous iris shutter || obturateur m. instantané à iris. **c) Schlitz~** (Foto) || roller blind shutter || obturateur m. instantané à rideau. **d) Sektor~** (Foto) || sector instantaneous shutter || obturateur m. instantané à secteurs. **e) ~** mit verstellbarer Sektorweite (Foto) || instantaneous shutter with variable sector opening || obturateur m. instantané à secteurs à ouverture variable. 50

Monat m. || month || mois m. 51

Monats-auszug m. || monthly statement || relevé m. mensuel *ou* de fin de mois. **a) ~bericht** m. || monthly report || rapport m. mensuel *ou* du mois. **b) ~gespräch** n. (Fernm) || conversation by subscription || conversation f. par abonnement. **c) ~schrift** f. || monthly || journal m. mensuel. 52

monatweise || by the month || par mois m. 53

Monazitsand m. || monazite sand || sable m. de monazite. 54

Mönch m. (Buchdr) *s.* Mönchsbogen. **a) ~** (Dachd) || ridge tile || couvre-joint m.; tuile f. faîtière. 55

Mönchs-bogen m. (Buchdr) || friar; blank sheet || bouquet m.; feinte f.; feuille f. venue par bouquets; moine m. **a) ~kolben** m. (Bergb) || plunger; (plunger) piston; ram || piston-plongeur m.; plongeur m. 56

Mond m. || moon || lune f. **a) abnehmender ~** || waning moon || lune f. décroissante. **b) Jupiter~** || Jupiter's moon *or* satellite || satellite m. de Jupiter. **c) Neu~** || new moon || nouvelle lune f. **d) Saturn~** || satellite of Saturn || satellite m. de Saturn. **e) Voll~** || full moon || pleine lune f. **f) zunehmender ~** || waxing *or* crescent moon || lune f. croissante. 57

mondförmig || meniscal || en forme de ménisque. 58

Mondglas n. (Glaser) || crown glass; bull's-eye glass || verre m. à boudines *ou* à vitres souflé en plateaux ronds. **a) ~** (Opt) || moon glass || verre m. lunaire. 59

Mond-kamera f. || moon camera || chambre f. noire pour la lune. **a) ~krater** m. || lunar crater || cratère m. de la lune. 60

mondlose klare Nacht f. || clear moonless night || nuit f. claire sans lune. 61

Mond-umlauf m. || lunation || lunaison f. **a) ~viertel** n. || quarter of the moon || quartier m. de lune. 62

Monier-bau m. || Monier's building || construction f. système Monier. **a) ~decke** f. (aus Eisenbeton) || Monier's reinforced concrete ceiling || plancher m. Monier en béton armé. **b) ~eisen** n. || fastening iron || fer m. de consolidation. 63

monieren || to find fault with || relever une erreur f. 1

Monier-gewölbe n. || Monier's arch *or* vault || voûte f. système Monier. **a) ~-platte** f. || Monier slab || dalle f. Monier. **b) ~wand** f. || Monier's wall || paroi f. système Monier. 2

Monitor m. || monitor || monitor m. 3

Monochloressigsäure f. || monochloracetic acid || acide m. monochloracétique. 4

monochromatisch || monochromatic || monochromatique. 5

Monochromater m. || monochromator || monochromateur m. **a) ~** für sichtbares und ultraviolettes **Licht** || monochromator for visible and ultra-violet light || monochromateur m. pour la lumière visible et ultraviolette. 6

monochromatische Lichtquelle f. || monochromatic source of light || source f. lumineuse monochromatique. 7

Monochromie f. || camaieu || camaïeu m. 8

Monogramm-prägepresse f. || press for stamping monograms || presse f. à monogrammes. **a) ~schnürung** f. (Web) || tie up for weaving names || empoutage m. pour noms *ou* monogrammes. **b) ~-stickerin** f. || monogram embroiderer || chiffreuse-brodeuse f. 9

Monokel n. || monocle || monocle m. 10

monokular || monocular || monoculaire. **a) ~es Aussichtsfernrohr** n. || monocular look-out telescope || lunette f. d'approche monoculaire. **b) ~er Feldstecher** m. || monocular field glass || longue-vue f. monoculaire. **c) ~er Feldstecher** m. für einäugigen Gebrauch || monocular field glass for use with one eye || longue-vue f. monoculaire pour un seul œil. **d) ~e Fernrohrlupe** f. || monocular telescopic magnifier || téléloupe f. monoculaire. 11

Monoline f. (Buchdr) || monoline || monoline f. 12

monoobjektivbinokulares Mikroskop n. || one-objective binocular microscope || microscope m. binoculaire à un seul objectif. 13

Monopol n. || monopoly || monopole m. **a)** ein **~** n. **ausüben** || to exercise a monopoly || exercer un monopole. 14

monopolisieren || to monopolize || monopoliser. 15

Monotype f. || monotype || monotype f. 16

Monotype-gießmaschine f. || monotype casting machine || monotype-fondeuse f. **a) ~setzer** m. || monotyper; monotype operator || monotypiste m. **b) ~setzmaschine** f. (Buchdr) || monotype || monotype m. 17

monozentrisches Okular n. || monocentric eyepiece || oculaire m. monocentrique. 18

Montage f. || assemblage || assemblage m.; montage m. 19

Montage-anzug m. || working cloth || vêtement m. de travail. **a) ~bild** n. (Elektr) || cabling diagram || schéma m. de câblage. **b) ~gerüst** n. || erecting scaffolding || échaffaudage m. de montage. 20

Montagehalle f. || fitting *or* mounting *or* erecting shop || halle f. *ou* atelier m. de montage; atelier m. de montage. **a) ~** eines **Dynamowerkes** || erecting shop of a dynamo work || hall m. de montage d'une usine des dynamos. 21

Montage-kosten pl. || expenses pl. for erecting || frais mpl. de montage. **a) ~kran** m. || erecting crane || grue f. de montage. **b) ~raum** m. || erecting shop || atelier m. de montage. **c) ~schacht** m., die Halle f. ist mit x Montageschächten ausgestattet || the hall is provided with x erecting pits || le hall est muni de x puits de montage. **d) ~-wagen** m. || erecting chariot; erection car || chariot m. de montage. **e) ~werkstatt** f. || mounting shop || atelier m. de montage. **f) ~werkzeug** n. || erecting *or* engineer's tool || outillage m. pour mécaniciens; outil m. de montage. **g) ~zeichnung** f. || erection drawing || dessin m. de montage. 22

Montan- *s. auch* Bergbau-. 23

Montanindustrie f. || mining industry || industrie f. minière. 24

Montanwachs n. || lignite *or* mineral *or* mountain wax || cire f. montaine *ou* minérale *ou* de lignite. **a) ~fabrik** f. || mining wax works pl. || fabrique f. de cire minérale. 25

Montejus m. || monte-jus || monte-jus m. 26

montieren || to assemble; to adjust || monter; assembler; ajuster. **a)** eine **Maschine ~** || to fit up *or* to erect a machine || monter une machine. 27

Montierung f. || fitting-up; erection || montage m. 28

Montierungsglas n. || glass for mounts || verre m. pour montures. 29

Montör m. (Masch) || engine fitter; erecting machinist || monteur m.; monteur-mécanicien m. **a) ~** (Schloss) || fitter || levageur m. **b) Werkzeug~** || tool fitter || monteur m. d'outils. 30

Moor n. || bog; moor || marais m. **a) Hoch~** || high moor || plateau m. marécageux. 31

Moor-bauer m. || fen land farmer; marshman || exploitant m. de polders *ou* watringues. **a) ~boden** m. || swampy soil; marshy ground || sol m. marécageux. **b) ~entwässerungskanal** m. || moor canal || canal m. de marais; wateringue m. 32

Moore'sches Licht n. || Moore's light || lumière f. Moore. 33

moorig || moory || marécageux. 34

Mooring f. || mooring || amarre. 35

Moorings-block m. || mooring-block || aurai m. **a) ~schäkel** m. || mooring swivel || émerillon m. d'affourche. 36

Moor-kohle f. || moor coal || houille f. limoneuse. **a) ~kultur** f. || cultivating marshy soil || culture f. des marais. **b) ~wärter** m. || marsh bailiff || garde-marais m. 37

Moos n. || moss || mousse f. 38

Moos-achat m. || moss agate || agate f. mousseuse. **a) ~arbeiter** m. (Korbm) || moss dresser || apprêteur m. de mousse. **b) ~färberei** f. || moss dyeing || teinture f. de mousse. **c) ~grün** n. || moss green || vert m. de mousse. **d) ~sammler** m. || moss gatherer || moussier m. 39

Moräne f. || moraine || moraine f. **a) Grund~** || ground moraine || moraine f. profonde. **b) Seiten~** || lateral moraine || moraine f. latérale *ou* marginale. 40

Moränenschutt m. || moraine || amas m. de moraines. 41

Morast m. || mud; bog; swamp || terrain m. vaseux; vase f. 42

Morgen-dämmerung f. || dawn || crépuscule m. du matin; aube m. *ou* pointe f. du jour. **a) ~rock** m. || morning gown || matinée f. 43

Morphin n. || morphine || morphine f. **a) Diazethyl~** || diacetylmorphine || diacéthylmorvine. 44

Morphium n. || morphia; morphine || morphine f. **a) salzsaures ~** || morphia muriate || muriate m. de morphine. 45

Morphotropie f. || morphotropy || morphotropie f. 46

morsch || decayed; fragile; brittle || pourri; vermoulu. **a) ~es Holz** n. || rotten wood || bois m. passé. 47

Morse-alphabet n. || Morse alphabet *or* code || alphabet m. *ou* code m. Morse. **a) ~apparat** m. || Morse recorder *or* receiver *or* telegraph || télégraphe m. *ou* appareil m. Morse; Morse m. 48

Morseempfang m. || Morse reception || réception f. de signes Morse. **a) drahtloser ~** || wireless Morse reception || réception f. de signes Morse radiodiffusés. **b) Schnell~** || high-speed Morse reception || réception f. rapide de signes Morse. 49

Morse-farbschreiber m. || Morse inker || récepteur m. enregistreur Morse à molette. **a) ~konus** m. (Werkzeugmasch) || Morse's cone; standard cone || cône m. normal (de l'arbre). **b) ~papier** n. || Morse paper || papier m. en bandes pour appareils télégraphiques; papier m. Morse. **c) ~-punkt** m. || dot || point m. 50

Mörser m. (Chem; Haushalt; Waffenwesen) || mortar || mortier m. **a) elektrischer ~** || electric mortar || mortier m. électrique. **b) gezogener ~** || rifled mortar || mortier m. rayé. 51

Morse-schreiber m. *s.* Morseapparat m. **a) ~schrift** f. || Morse writing || écriture f. Morse. **b) ~sicherheitsschaltung** f. in **Feuermeldeanlagen** || Morse safety circuit in fire alarm installations || montage m. Morse de sécurité dans les installations d'avertisseurs d'incendie. **c) ~streifen** m. || Morse slip || bande f. Morse. **d) ~strich** m. || dash || trait m. **e) ~system** n. in **Feuermeldeanlagen** || code signalling system in fire alarm installations || système m. Morse dans les installations d'avertisseurs d'incendie. **f) ~taste** f. || Morse key || manipulateur m. Morse. **g) ~telegraf** m. *s.* Morseapparat m. **h) ~zeichen** n. || mark; Morse signal || signal m. *ou* caractère m. Morse. 52

Mörtel m. || mortar || mortier m. **a) Asphalt-** || asphalt mortar || mortier m. d'asphalte. **b) fetter ~** || rich mortar || mortier m. gras. **c) feuerfester ~** || fireproof mortar || mortier m. réfractaire. **d) Fugen~** || jointing mortar || mortier m. à jointoyer. **e) gefrorener ~** || frozen mortar || mortier m. gelé. **f) Halb-** || bad mortar || mortier m. bâtard. **g) hydraulischer ~** || cement; hydraulic cement *or* mortar || ciment m. hydraulique *ou* romain; mortier m. hydraulique. **h) Kalk~** || lime mortar || mortier m. à chaux. **i) Kalksand~** || mortar of lime and sand || mortier m. à chaux et sable. **k) langsam bindender ~** || slowly hardening *or* setting mortar || mortier m. à prise lente. **l) Lehm~** || loam mortar || mortier m. de limon. **m) Luft~** || air mortar || mortier m. durcissant à l'air. **n) magerer ~** || meagre mortar || mortier m. maigre. **o) Putz~** || finishing mortar || mortier m. d'achèvement. **p) säurefester ~** || acidproof cement || ciment m. résistant aux acides. **q) Schamotte~** || fireproof cement || ciment m.

réfractaire. r) **schnell bindender** ~ || quickly hardening *or* setting mortar || mortier m. à prise rapide. s) **Stuck~** || plaster mortar || mortier stuc m. t) **Traß~** || trass mortar || mortier m. de trass. u) **Zement~** || cement mortar || mortier m. de ciment. v) **Zementkalk~** || cement and lime mortar || mortier m. au ciment et à la chaux. 1

Mörtel-aufbereitung f. || making the mortar || préparation f. du mortier. a) **~bad** n. || mortar bath || bain m. de mortier. b) **~behälter** m. || mortar vase || vase m. *ou* bac m. à mortier. c) **~fuge** f. || mortar joint || joint m. au mortier. d) **~gefäß** n. *s.* ~behälter. e) **~knetmaschine** f. || mortar kneading machine || machine f. à pétrir *ou* à malaxer le mortier. f) **~mischer** m. || mortar mixer || mélangeur m. à mortier. g) **~mischmaschine** f. || mortar mixing machine || mélangeuse f. à mortier; machine f. à mêler *ou* à mélanger le mortier. h) **~mühle** f. || mortar mill || moulin m. à mortier. i) **~schicht** f. || layer of mortar || couche f. de mortier. k) **~ständer** m. || mortar pillar || pilier m. à mortier. l) **~trog** m. || mortar hod *or* trough || auge f. de mortier. m) **~zusatz** m. || mortar admixture || addition f. pour mortier. 2

Mosaik n. || mosaic || mosaïque f. 3

Mosaik-arbeit f. || mosaic work || ouvrage m. à la mosaïque. a) **~arbeiter** m. || mosaic worker || mosaïste m. b) **~bildner** m. || mosaic worker || mosaïste m. c) **~fliese** f. mosaic flag || carreau m. en mosaïque. 4

Mosaikfußboden m. || mosaic floor || parquet m. *ou* carrelage m. *ou* plancher m. en mosaïque. a) **~leger** m. || inlayer of parquet floor || mosaïste m. en parquets. 5

Mosaikplatte f. || mosaic tile || carreau m. mosaïque. 6

Moschus m. || musk || musc m. a) **~körneröl** n. (Chem) || ambrette seeds oil || essence f. de graines d'ambrette. 7

Most m. von **Trauben** || must || moût m. 8

Mostereigerät n. || musting implement || ustensile m. de cidrerie. 9

Mostrich m. || mustard || moutarde f. 10

Mostwein m. || sweet wine || vin m. doux. 11

Motiv n., **ausgeschnittenes** || fretwork || découpure f. 12

Motor m. || motor; engine || moteur m. a) **ausbalanzierter** ~ *s.* ausgewuchteter ~. b) **ausgewuchteter** ~ || balanced motor || moteur m. équilibré. c) der ~ fällt **außer Tritt** || the motor comes out of step || le moteur ne tourne plus synchroniquement. d) **Benzin~** || petrol engine || moteur m. à essence. e) **Boots~** || marine motor || moteur m. pour bateaux. f) **Differentialkolben** || double diameter piston type motor || moteur m. à piston différentiel. g) den ~ m. **einlaufen** lassen || to let the motor run itself in || laisser tourner le moteur pour qu'il se fasse. h) ~ mit **einzeln** stehenden Zylindern || motor with separate cylinders || moteur m. à cylindres séparés. i) **Einzylinder~** || single cylinder motor || moteur m. monocylindrique. k) **Explosions~** || internal explosion engine; explosion motor || moteur m. à explosion. l) **fahrbarer** ~ || portable motor || moteur m. sur roues. m) **Fahrrad~** || bicycle motor || moteur m. de bicyclette. n) **Fahrradeinbau~** || motor for cycles || moteur m. pour bicyclettes. o) **Flansch~** || flange motor || moteur m. à bride. p) **Gas~** || gas engine *or* motor || moteur m. à gaz. q) ~ **gedrängter** Bauart || motor of compact design || moteur m. de construction compacte. r) ~ mit **gegenläufigen** Kolben || double-piston motor || moteur m. à deux pistons opposés. s) ~ mit **gesteuerten** Ventilen || motor with mechanically operated valves || || moteur m. à soupapes commandées. t) **Glühkopf~** || hot-bulb motor *or* engine || moteur m. à culasse incandescente *ou* à bulbe chaude. u) ~ mit **hängenden** Ventilen || I-head motor || moteur m. à soupapes commandées par le haut. v) der ~ wird **heiß** || the motor becomes hot || le moteur s'échauffe. w) **Hochleistungs~** || heavy-duty *or* high-capacity engine || moteur m. à haute capacité *ou* à grand rendement. x) **hydraulischer** ~ || hydraulic engine; water motor || moteur m. hydraulique. y) **Klein~** (Elektr) || small motor || moteur m. de faible puissance. z) ~ mit hoher **Kompression** || high-compression motor || moteur m. à haute compression. 13

a) ~ mit **kurzem** Hub || short-stroke motor || moteur m. à courte course. b) ~ mit **Kurzschlußanker** || motor with short-circuit rotor || moteur m. avec induit en court-circuit. c) ~ mit **langem** Hub || long-stroke motor || moteur m. à longue course. d) **langsam** laufender ~ || low-speed *or* slow-speed motor || moteur m. à faible vitesse. e) der ~ läuft **leer** || the motor runs idle *or* without load || le moteur marche à vide. f) **liegender** ~ || horizontal engine || moteur m. horizontal. g) ~ mit **Luftkühlung** || air-cooled motor || moteur m. à refroidissement à l'air. h) ~ mit unterteilter **Magnetwicklung** || motor with subdivided magnet winding || moteur m. à enroulement subdivisé d'électro-aimant. i) **Mehrzylinder~** || multicylinder motor || moteur m. polycylindrique *ou* à plusieurs cylindres. k) **Nebenschluß~** || shunt motor || moteur m. shunt. l) ~ mit **niedriger** Kompression || low-compression motor || moteur m. à basse compression. m) niedrig **verdichtender** ~ || low-compression engine || moteur m. à basse compression. n) **ortsfester** ~ || stationary motor || moteur m. fixe. o) ~ mit **paarweise** zusammengegossenen Zylindern || motor with cylinders cast in pairs || moteur m. à cylindres fondus par paires. p) **Petroleum~** || petroleum motor || moteur m. à pétrole. q) **Regel~** || variable-speed motor || moteur m. à vitesse réglable. r) **Rohöl~** || crude-oil engine || moteur m. à huile lourde *ou* brute. s) **ruhig** gehender ~ || smoothly running motor || moteur m. marchant silencieusement. t) der ~ arbeitet **ruhig** und stoßfrei || the motor works quietly and without shocks || le moteur travaille tranquillement et sans chocs. u) **Sauggas~** || suction gas motor || moteur m. à gaz pauvre combiné avec gazogène par aspiration. v) ~ mit **Schleifringanker** || slip-ring motor || moteur m. à bagues collectrices. w) ~ **mit Schleuderpumpe** zum Kesselfüllen und Sprengen verwendbar || motor with centrifugal pump for tank filling and watering || groupe moteur-pompe m. centrifuge servant au remplissage du réservoir et à l'arrosage. x) **Schweröl~** || heavy-oil motor || moteur m. à huile lourde. y) **Sechszylinder~** || six-cylinder motor || moteur m. à six cylindres. z) **stehender** ~ || vertical motor || moteur m. vertical. 14

a) **Stern~** || radial engine || moteur m. en étoile. b) **überkühlter** ~ || over-cooled motor || moteur m. surrefroidi. c) **überverdichteter** ~ || supercharged engine || moteur m. suralimenté. d) **Umlauf~** || revolving-cylinder motor; rotary motor || moteur m. rotatif *ou* à cylindres rotatifs. e) **umsteuerbarer** ~ || reversible motor || moteur m. réversible. f) **Universal~** || universal motor || moteur m. universel. g) mit **unveränderlicher** Umlaufzahl || constant-speed motor || moteur m. à vitesse constante. h) **ventilierter** ~ || ventilated motor || moteur m. ventilé. i) **ventilloser** ~ || valveless motor || moteur m. sans soupapes. k) **Verbrennungs~** || internal combustion motor || moteur m. à combustion. l) ~ mit **V-förmig** angeordneten Zylindern || V-type motor || moteur m. à cylindres en V. m) **Viertakt~** || four-stroke *or* four-cycle motor || moteur m. à quatre temps. n) **Vierzylinder~** || four-cylinder motor || moteur m. à quatre cylindres. o) den ~ m. **voll** ausnutzen || to utilize the motor fully || utiliser la pleine puissance du moteur. p) **Vorderrad~** || front wheel motor || moteur m. attaquant l'essieu avant. q) **Wartung** f. des ~s || treatment of the motor || soins mpl. à donner au moteur. r) **wasserdichter** ~ || waterproof motor || moteur m. étanche. s) **wassergekühlter** ~ || water-cooled motor || moteur m. à refroidissement *ou* refroidi à l'eau. t) **Wechselstrom~** || alternating-current motor || moteur m. à courant alternatif. u) ~ mit **Wendepolen** (Elektr) || motor with reversing poles *or* with commutating poles || moteur m. à pôles (auxiliaires) de commutation. v) **Wind~** || wind motor || moteur m. à vent. w) der ~ ist **windschnittig** verkleidet eingebaut || the engine is mounted in a stream-lined cowling || le moteur revêtu d'un capot est encastré à lignes fuyantes. x) **x-Zylinder~** || x-cylinder motor || moteur m. à x cylindres. y) ~ mit x **Zylindern** hintereinander || motor with x cylinders in line || moteur m. à x cylindres en ligne. z) ~ mit **zwangsläufiger** Gaszuführung || forced-induction motor || moteur m. à alimentation forcée. 15

a) **Zweitakt~** || two-cycle *or* two-stroke motor || moteur m. à deux temps. b) **Zweizylinder~** || two-cylinder motor || moteur m. à deux cylindres. 16

Motor-achse f. || driving axle || essieu m. moteur. a) **~ackerfräser** m. || motor tillage cutter || fraiseuse f. de labour à moteur. b) **~anhängegerät** n. für die Landwirtschaft || agricultural implement drawn by motor || machine f. d'agriculture remorquée par moteur. c) **~anlage** f. || motor plant || installation f. motrice. d) **~anlasser** m. || motor starter || démarreur m. à moteur. e) mit **~antrieb** m. || motor driven || actionné *ou* commandé par moteur. f) **~barkasse** f. || motor launch || chaland m. automobile. g) **~betrieb** m. || motion by motor || marche f. au moteur. h) **~bock** m. engine bed || support

m. de moteur. **i) ~bogenlampe** f. || motor arc-lamp || lampe f. à arc à moteur. 1
Motorboot n. || motorboat || canot m. *ou* bateau m. automobile. **a) ~industrie** f. || motorboat industry || industrie f. des bateaux automobiles. **b) ~scheinwerfer** m. || motorboat head light || phare m. pour canots. **c) ~werft** f. || building yard for motorboats || chantier m. de construction de bateaux automobiles. 2
Motor-brecher m. || motor breaker || concasseur-motor m. **a) ~drehleiter** f. || motor aerial *or* motor extension ladder || échelle f. automobile mécanique. **b) ~dreirad n., Gepäck** || motortricycle for luggage || tricycle m. à moteur pour colis. **c) ~dreschmaschine** f. || motor threshing machine; motor thresher || batteuse f. à moteur; motobatteuse f. **d) ~droschke** f. || taxicab; taxi || fiacre m. automobile; taxi-auto m. **e) ~dynamo** f. || motor-generator set || groupe m. de moto-générateur; station f. à moteur générateur. **f) ~einzelantrieb** m. || individual motor drive || commande f. individuelle. 3
Motoren-bausonderfräsmaschine f. || special milling machine for motor industry || machine f. à fraiser spéciale pour la fabrication des moteurs. **a) ~fabrik** f. || motor works pl. || ateliers mpl. de construction de moteurs. **b) ~lärm** m. || motor noise || bruit m. de moteur. **c) ~öl** n. || motor oil || huile f. à moteurs. **d) ~satz** m. || motor set || groupe m. de moteurs. **e) ~fahrer** m. || motorcyclist || motocycliste m. **f) ~fahrrad** n. *s.* **~rad** n. **g) ~fahrzeug** n. || motor vehicle || voiture f. automobile; véhicule m. à moteur. **h) ~feuerspritze** f. || motor fire-engine || pompe f. à incendie à moteur. **i) ~feuerwehrfahrzeug** n. || fire brigade motor vehicle || voiture f. automobile pour service d'incendie. **k) ~fischerboot** n. || motor fishing-smack || bateau m. de pêche automobile. **l) ~fischkutter** m. || motor fish cutter || cutter m. pêcheur à moteur. **m) ~flug** m. || motor flight || vol m. avec moteur. **n) ~frachtschiff** n. || motor freighter || cargo m. à moteur. **o) ~gebläse** n. || motor blower || soufflerie f. à moteur. 4
Motorgehäuse n. (Auto) || motor casing *or* cover; engine case; crankcase || carter m. *ou* carcasse f. de moteur. **a) ~** (Elektr) || motor frame || bâti m. de moteur. 5
Motorgenerator m. || motor-generator (set) || groupe m. moto-générateur; moteur-générateur m. **a) ~aggregat** n. || motor-generator set || groupe m. moto-générateur; station f. à moteur générateur. 6
Motor-grasmäher m. || motor grass mower || faucheuse f. à moteur. **a) ~greifer** m. || motor grab || benne f. preneuse *ou* grappin m. à moteur. **b) ~grundplatte** f. || motor bracket || plaque f. de fondation de moteur. **c) ~haube** f. || (motor) hood *or* bonnet || capot m. de moteur. 7
Motorhauben-blech n. || engine cowling || tôle f. frontale de capotage du moteur. **a) ~verschluß** m. || hood fastener || fermeture f. de capot. 8
motorisierte Batterie f. || motorized battery || batterie f. motorisée. 9
Motor-jacht f. || motor yacht || yacht m. automobile *ou* à moteur. **a) ~karren** m. || motor truck || chariot m. porte-moteur. **b) ~kesselwagen** m. für x cbm Inhalt || motor tank truck of x cubic meters capacity || camion m. automobile à citerne d'une capacité de x m. **c) ~kippwagen** m. || tipping automobile || automobile m. basculant. **d) ~klemmbrett** n. || motor terminal board || planchette f. à cyterne d'un moteur. **e) selbstfahrende ~kraftsäge** f. || automobile motor sawing device || scie f. à moteur automobile. **f) ~krankenwagen** m. || motor ambulance || ambulance f. automobile. **g) ~kranwagen** m. || motor crane truck || grue f. automobile. **h) ~lafette** f. || self-propelled mount || affût m. automoteur. **i) ~lastboot** n. || motor cargo-boat || gabare f. à moteur. **k) ~lastwagen** m. || internal combustion lorry || camion m. à moteur à combustion. **l) ~laufwinde** f. || travelling motor hoist || treuil m. roulant à moteur. **m) ~lokomobile** f. || motor locomobile || locomobile f. motrice. **n) ~lokomotive** f. für **Leichtbrennstoffe** || motor locomotive for light fuel || locomotive f. à moteur pour combustibles légers. **o) ~luftpumpe** f. || power tire-pump || gonfleur m. mécanique. **p) ~luftschiff** n. || engine driven airship || dirigeable m. à moteur. **q) ~mähmaschine** f. || motor mower || faucheuse f. à moteur. **r) ~müllwagen** m. || motor dust cart || chariot m. automobile pour le transport des ordures. **s) ~nummer** f. || motor number || numéro m. du moteur. **t) ~omnibus** m. || motor bus || autobus m.; omnibus m. **u) ~pflug** m. || motor plough; motor plow (A) || charrue f. à moteur; charrue f. automobile. **v) ~pumpe** f. || motor-driven pump || pompe f. à moteur. **w) ~pumpenantrieb** m. || engine driven pump || commande f. de la pompe du moteur. 10
Motorrad n. || motor cycle || motocycle m.; motocyclette f. **a) ~** mit **Hinterradantrieb** || motorcycle with back-wheel drive || motocyclette f. à transmission sur l'arrière. **b) ~** mit **Lieferwagen** || motor cycle with delivery van || motocyclette f. avec sidecars pour marchandises. **c) ~** mit **Vorderradantrieb** || motorcycle with front-wheel drive || motocyclette f. à transmission sur l'avant. 11
Motorrad-dynamomaschine f. || motorcycle dynamo || dynamo f. de motocyclette. **a) ~fahrer** m. || motor cyclist || motocycliste m. **b) ~riemen** m. || motor cycle belt || courroie f. pour motocyclettes. **c) ~schutzblech** n. || sheet iron underguard for motor cycles || garde-boue m. pour motocyclettes. 12
Motor-roller m. || motor scooter || motoscooter m. **a) ~schiff** n. || motor boat *or* ship || bateau m. moteur *ou* à moteur. **b) ~schleife** f. || motor sled || traîneau m. porte-moteur. **c) ~schlepper** m. (Schiff) || motor tug || remorqueur m. automobile. **d) ~schlitten** m. || motor sled *or* sleigh || traîneau m. automobile. **e) ~schutzschalter** m. || motor protection switch || interrupteur m. de protection pour moteurs. **f) ~segler** m. || motor-sailing vessel || voilier m. à moteur auxiliaire. **g) ~sirene** f. || motor syren || sirène f. à moteur. **h) ~sprengmaschine** f. mit **Kehr-** und **Waschwalze** || motor sprinkler with brush and washing roll || automobile f. d'arrosage avec cylindre à brosse et cylindre-laveur. **i) ~sprengwagen** m. || motor sprinkling machine || arroseuse f. automobile. **k) ~spritze** f. || motor fire engine || pompe f. à moteur *ou* à incendie automobile. **l) ~steinbrecher** m. || automobile stone breaker || concasseur m. de pierres à automobile. **m) ~störung** f. || engine breakdown || panne f. de moteur. **n) ~straßenkehrmaschine** f. || motor street cleanser || autobalayeuse f. **o) ~system** n. || engine system || système m. de moteur. **p) ~tandemwalze** f. || tandem motor roller || rouleau m. tandem à moteur. **q) ~tankwagen** m. (für Straßenreinigung) || motor tank truck || tonneau m. d'eau automobile. **r) ~trage** f. || motor stretcher || brancard m. du moteur. **s) ~trecker** m. || motor tractor || tracteur m. à moteur. **t) ~triebwagen** m. || (rail) motor car || automotrice f.; voiture f. motrice. **u) ~typ** m. || type of engine; motor type || type m. du moteur. **v) ~umformer** m. || motor generator || moteur-générateur m. **w) ~verkleidung** f. || engine cowling || capote f. du moteur. **x) ~verstrebung** f. (Flugzeug) || engine strutting; engine nacelle bracing (A) || mâture f. de bâti-moteur. **y) ~vorbau** m. || engine installation || berceau m. du moteur. 13
Motorwagen m. || motor car || automobile f.; voiture f. à moteur. **a) benzinelektrischer ~** || petrol electric motor car || voiture f. pétroléo-électrique. **b) offener ~** || open motor car || voiture f. motrice ouverte. **c) schienenloser ~** (Elektr) || railless trolley car || trolleybus m. 14
Motor-welle f. || motor shaft || arbre m. de moteur. **a) ~winde** f. || motor winch || treuil m. à moteur. **b) ~zähler** m. || motor supply meter || compteur-moteur m. 15
Motorzug-maschine f. || motor tractor || tracteur m. à moteur. **a) ~schlepper** m. || heavy traffic motor || tracteur m. **b) ~wagen** m. || motor tractor || tracteur m. automobile. 16
Motten-fraß m. || damage done by moths || mangeure f. de teignes. **a) ~präparat** n. || moth preventative || préventif m. contre les teignes. **b) ~schutzmittel** n. || moth preventative; insecticide || préventatif m. contre les teignes; insecticide m. 17
Mückenköpfe mpl. (Buchdr) || turned letters pl. || lettres fpl. bloquées *ou* renversées. 18
Mudderprahm m. || mud lighter || gahare f. à vase. 19
Muff m. (Pelz) || muff || manchon m. 20
Muffe f. || coupling box; socket; sleeve; muff || manchon m. (d'accouplement). **a) gußeiserne ~** || cast iron box || manchon m. de fonte. **b) ~** für **Luftkabel** || sleeve for self-supporting overhead cable || manchon m. pour câble aérien à autosupport. **c) ~** eines **Pendels** || coupling box of a pendulum || manchon m. fixe d'un pendule. **d) Regler~** || governor sleeve || manchon m. de régulateur. **e) ~** einer **Röhre** || socket; socket end || bout m. *ou* évasement m. *ou* femelle f. d'un tuyau. **f) Verschiebe~** || displaceable sleeve || manchon m. déplaçable. 21
Muffel f. || muffle || moufle m. 22
Muffelofen m. || muffle furnace || four m. à moufles; fourneau m. à coupelle *ou* docimastique. **a) elektrischer ~** || electric muffle furnace || fourneau m. à moufle électrique. 23
Muffelofen m., **gasgeheizter** || gas-fired muffle furnace || furneau m. à moufle au gaz. 24
muffenartige Wiege f. || cradle assuming the shape of a sleeve || berceau m. à moufles. 25

Muffen-ausgußmasse f. || box compound || mastic m. de remplissage pour manchons. **a) ~bogen** m. || bend || raccord m. courbé. **b) ~dreh- und Gewindeschneidbank** f. || socket turning and screwing machine || tour m. à façonner et fileter les manchons. **c) ~hülse** f. || coupling box || manchon m. d'accouplement. **d) ~krümmer** m. || elbow || coude m. 1

Muffenkupplung f. || muff coupling || accouplement m. par manchon. **a) Vergießen** n. der **~en** fpl. || filling-up of the sleeve joints || coulage m. des joints à manchon. 2

Muffen-rohr n. || socket *or* faucet pipe || tuyau m. à manchon *ou* à emboîtement. **a) ~übergang** m. || taper || raccord m. conique. **b) ~ventil** n. || sleeve valve || soupape f. à manchon. **c) ~walzwerk** n. || muffs rolling mill || laminoir m. à manchons. 3

muffig || mouldy; fusty; musty || qui sent le moisi. 4

mühevoller Versuch m. || wearisome experiment || expériment m. laborieux. 5

Mühl-beutel m. || bolter || blutoir m. **a) ~-buchse** f. || stonebox || boîtard m. 6

Mühle f. || mill || moulin m. **a) Bauern~** || country mill || moulin m. agricole. **b) Bock~** || German *or* post wind mill || moulin m. allemand *ou* à pile. **c) Bock-wind~** *s.* Bock~. **d) Bock** m. der **~** || post *or* frame of the mill || chaise f. *ou* pylone du moulin. **e) Chemikalien~** || mill for chemicals || moulin m. pour produits chimiques. **f) Dampf~** || steam mill || moulin m. à vapeur. **g) deutsche ~** || German *or* post windmill || moulin m. allemand *ou* à pile *ou* à pylone. **h) Drogen~** || mill for drugs || moulin m. à drogues. **i) Dünger~** || manure mill || moulin m. à engrais. **k) Email~** || enamel mill || moulin m. à émail. **l) Export~** || export mill; colonial flour mill || moulin m. pour l'exportation. **m) Gemeinde~** || mill for common use || moulin m. banal. **n) Getreide~** || corn mill; grist mill; flour mill for wheat and rye || moulin m. à blé; moulin m. à froment et à seigle. **o) Gewürz~** || mill for spices || moulin m. à épices. **p) Gips~** || gypsum mill || moulin m. à plâtre. **q) Glocken~** || cone mill; bell crusher || moulin m. à cône; broyeur m. à cloche. **r) Graphit~** || graphite mill || moulin m. à graphite. **s) Graupen~** || mill for groats || moulin m. à orge perlé. **t) Grieß~** || grits mill || moulin m. à semoule. **u) Groß~** || large mill || grande meunerie f. **v) Grütz~** || mill for grits || moulin m. à gruaux. **w) Hammer~** || hammer mill || moulin m. à marteaux. **x) Hand~** || mill worked by hand || moulin m. à bras. **y) Hartgrieß~** || hard semolina mill || semoulerie f. **z) Hartsalz~** || hard salt mill || moulin m. à sels durs. 7

a) ~ für **Industrie** und Landwirtschaft || mill for industrial and agricultural purposes || moulin m. pour l'industrie et l'agriculture. **b) Kaffee~** || coffee mill *or* grinder || moulin m. à café. **c) Kalk~** || lime mill || moulin m. à chaux. **d) Knochen~** || bone mill || moulin m. à os. **e) Kocher~** || case *or* trunk mill || moulin m. à colonne creuse *ou* de support. **f) Kohlenstaub~** || coal-dust mill || pulvérisateur m. à charbon. **g) Kolonialöl~** || colonial oil mill || moulin m. à huile pour les colonies. **h) Kolonialware ~** || mill for groceries || moulin m. à denrées coloniales. **i) Konus~** || cone mill || moulin m. à cône. **k) Kork~** || cork mill || moulin m. à liège. **l) Kreide~** || chalk mill || moulin m. à craie. **m) Kugel~** || ball mill; shot grinder || broyeur m. *ou* moulin m. à boulets. **n) Kunden~** || exchange mill || moulin m. à façon. **o) Kunst~** || merchant mill || moulin m. de commerce. **p) Magnesit~** || magnesite mill || moulin m. à magnésite. **q) ~** mit **Mahlgängen** || mill with millstones || moulin m. à meules. **r) Malz~** || malt mill || moulin m. à malt. **s) Marmor~** || marble mill || moulin m. à marbre. **t) Mehl~** || flour mill || moulin m. à farine. **u) Mineral~** || mineral mill || moulin m. pour minerais. **v) Mörtel~** || mortar mill || moulin m. à mortier. **w) Naß~** || wet grinding mill || moulin m. à voie humide. **x) Obstfrucht~** || fruit mill || moulin m. à fruits charnus. **y) Öl~** || oil mill || moulin m. à huile; huilerie f. **z) Ölkuchen~** || oil cake mill || broyeur m. à tourteaux. 8

a) Paltrock~ || wind mill for drainage || moulin m. à assécher *ou* pour assèchements. **b) Pendel~** || pendulum mill || moulin m. à pendule. **c) Pferde~** || horse mill || moulin m. à manège. **d) Phosphat~** || phosphate mill || moulin m. à phosphate. **e) Polder~** || wind mill for drainage || moulin m. à assécher *ou* pour assèchements. **f) Quetsch~** || bruising mill || moulin m. écraseur. **g) Reis~** || rice mill || moulin m. à riz; rizerie f. **h) Roggen~** || rye flour mill || moulin m. à seigle. **i) Rohr~** || tube mill || moulin m. à tubes; tube m. broyeur. **k) Rüben~** || turnip cutting machine || machine f. à hacher les navets. **l) Salz~** || salt mill || moulin m. à sel. **m) Scheiben~** || disc mill || moulin m. à disque. **n) Schiffs~** || mill on board ship || moulin m. sur bateau. **o) Schlag~** || centrifugal mill || broyeur m. centrifuge; desintégrateur m. **p) Schlagkreuz~** || cross beater mill || moulin m. à croisillon percuteur; moulin m. *ou* broyeur m. de percussion à crosse. **q) Schlagstift~** || pin beater mill || moulin m. à battoirs à chevilles. **r) Schleuder~** || centrifugal mill || broyeur m. centrifuge; desintégrateur m. **s) Schotter~** || road material plant || casse-pierre m. **t) Schrauben~** || screw mill || moulin m. à vis. **u) Schrot~** || kibbling *or* bruising mill || moulin m. concasseur; moulin m. pour égruger. **v) Schwerspat~** || heavy-spar *or* barytes mill || moulin m. à baryte. **w) Semmel~** || roll grinding machine || machine f. à chapelure. **x) Ständer~** || German *or* post wind mill || moulin m. allemand *ou* à pile. **y) Stein~** || stone grinding mill || moulin m. à pierres. **z)** die **~** zum **Stillstand** bringen || to stop the mill || arrêter le moulin. 9

a) Stuhl m. der **~** || post *or* frame of the mill || chaise f. *ou* pylone m. du moulin. **b) Teller~** || dish mill || moulin m. à plateaux. **c) Thomasschlacken~** || Thomas slag mill || moulin m. à scorie Thomas. **d) Torf~** || peat mill || moulin m. à tourbe. **e) Traß~** || trass mill || moulin m. à trass. **f) Verbund~** || compound mill || moulin m. compound. **g) Vierwalzen~** || four roller mill || broyeur m. à quatre cylindres. **h) Walk~** || fulling mill || moulin m. à foulon. **i) Walzen~** || roller mill || moulin m. à cylindres. **k) Wasser~** || water mill || moulin m. à eau. **l) Weizen~** || wheat flour mill || moulin m. à froment. **m) Zement~** || cement mill || moulin m. pour ciment. 10

Mühleisen n. (Windmüll) || stone spindle || arbre m. de la meule. 11

Mühlen-arbeiter m. || mill hand || garçon m. meunier. **a) ~bauer** m. || mill machinery maker || constructeur m. de moulins. **b) ~bauindustrie** f. || millwright industry || industrie f. de construction des moulins. **c) ~diagramm** n. || flow sheet || diagramme m. de mouture. **d) ~gerinne** n. || mill-race || coursière f. **e) ~haube** f. || dome of the mill || calotte f. du moulin. **f) ~laboratorium** n. || mill laboratory || laboratoire m. du meunier. **g) ~ständer** m. || standard of mills || montant m. pour moulins. **h) ~staub** m. || mill dust || farine-folle f. **i) ~verwalter** m. || head miller || chef m. meunier. 12

Mühl-gerüst n. || hurst frame; framing of a mill || tambour m. de meules de moulin; beffroi m. d'un moulin. **a) ~haue** f. || rhynd || anille f. **b) ~kalkstein** m. || millstone rock || meulière f. **c) ~sandstein** m. || millstone grit || meulière f. de grès; grès m. à meules. 13

Mühlstein m. || millstone || meule f. **a) Schärfen** n. von **~en** || millstone dressing || rhabillage m. de meules de moulins. 14

Mühlstein-arbeiter m. || mill stone cutter || tailleur m. de meules. **a) ~bohrer** m. || mill-stone piercer || percemeule m. **b) ~-buchse** f. || millstone box || boîtard m. **c) ~furche** f. || furrow of a millstone || sillon m. d'une meule. **d) ~grube** f. || millstone quarry || carrière f. de pierre meulière. **e) ~loch** n. || millstone eye || œillet m. de meule. **f) ~picke** f. || millstone hammer || marteau m. pour moulins. **g) ~quarz** m. || millstone quartz || caillouasse f. **h) ~rille** f. || groove *or* interstice *or* rill of a millstone || rayon m. *ou* éveillure f. *ou* retaille f. de la meule. **i) ~schleifer** m. || millstone dresser || piqueur m. de meules. **k) ~spindel** f. || millstone spindle || fer m. de meule. 15

Mühl-teich m. || mill pond || étang m. **a) ~zimmermann** m. || mill carpenter || charpentier m. moulageur. 16

Mulde f. || trough || auge f. **a) ~** (Bergb) || hole; cavity || excavation f.; cavité f.; enfoncement m. **b) ~** (Eisenmassel) || iron pig || saumon m. de fer. **c) Kipp~** || tipping trough *or* hopper || benne f. *ou* auge f. basculante; benne-griffe f. **d) konische ~** || conical trough; tipping trough with sloping ends || auge f. *ou* benne f. conique. **e) Lade~** || charging box || récipient m. de chargement. **f)** die **~** wird in **Ladestellung** festgehalten || the trough is locked in charging position || la caisse est retenue en position de chargement. **g) Sammel~** || collecting trough || benne f. collectrice. **h) Transport~** || transport trough || auge f. de transport. **i)** Einrichtung f. zum seitlichen **Verstellen** der **~** für Tuche mit stärkeren Leisten || control device for side movement of cylinder for cloth with heavy selvedge || dispositif m. pour déplacement latéral de la cuvette pour draps à fortes lisières. 17

Mulden-beschickkran m. || trough charging crane || grue f. d'enfournement.

a) **~bildung** f. (Geologie) || synclinal formation || formation f. synclinale. b) **~blei** n. (Met) || pig lead || plomb m. en saumons. c) **~falte** f. (Geol) || synclinal flexure of strata || synclinal m. d) **~feststellung** f., selbsttätige (Eisenb) || automatic fastening device for tip trough || dispositif m. de retenue automatique de la benne. e) **~flügel** m. || limb of syncline || flanc m. du synclinal. 1

Muldenkipper m. || trough tip (wagon) || culbuteur m. à cuiller; basculeur m. à auge. a) **Gruben~** || trough tip wagon for mines || basculeur m. à auge de mine. b) ~ mit selbsttätiger **Muldenfeststellung** || V-dump car with automatic locking device || basculeur m. avec dispositif de fixation automatique de l'auge. 2

Muldenlinie f. eines Flözes || basonic axis || ennoyage m.; crochon m. 3

Muldenpresse f. mit **abhebbarem Zylinder** (Web) || cylinder press with liftable cylinder || presse f. cylindrique avec cylindre relevable. a) ~ mit **festgelagertem** Zylinder (Web) || cylinder cloth pressing machine with firmly fixed cylinder || presse f. cylindrique à une cuvette avec cylindre fixe. b) ~ mit **Mitläuferfilzeinrichtung** || cylinder press with felt wrapper control || presse f. cylindrique avec feutre sans fin. c) ~ mit langem **Warenabzug** (Web) || cylinder press with long cloth take off || presse f. cylindrique avec plieuse longue. 4

Mulden-rolle f. || trough roller || rouleau m. pour courber la bande. a) **~tiefstes** n. || bottom of trough || fond m. du synclinal. b) **~trockner** m. || trough dryer || sécheur m. à auge. 5

Mulemaschine f. || jenny mule; mule spinning machine || mull-jenny m. en fin; renvideur m. a) **selbstspinnende ~** || self-actor; self-acting mule || mull-jenny m. renvideur; renvideur m. automatique. 6

Mule-spinner m. || mule spinner || fileur m. au mulljenny. a) **~spinnerei** f. || mule spinning || filature f. de renvideur. b) **~twist** m. || mule twist || fil m. du métier mulljenny m.; chaîne f. du renvideur; demi-chaîne f. c) **~zwirnmaschine** f. || twining mule; mule twiner || mull-jenny m. *ou* renvideur m. à retordre. 7

mulinieren (Seide) || to throw || mouliner. 8

Mulinör m. (Spinn) || thrower || moulineur m. 9

Mull m. || mull; fine muslin || mousseline f. fine. 10

Müll n. || refuse; garbage; rubbish || ordures fpl.; gadoue f. 11

Müllabfuhr f. || refuse transportation || transport m. de gadoues. 12

Müllabfuhr-anstalt f. || institution of removal of house garbage || entreprise f. d'enlèvement des ordures ménagères. a) **~fahrzeug** n. || dust-cart || voiture f. à ordures. b) **~wagen** m. || garbage truck; refuse removing cart; dust cart || chariot m. pour l'enlèvement des ordures; tombereau m. de transport des ordures; voiture f. de transport des immondices; chariot m. à ordures. 13

Müllbehälter m. || dust bin || poubelle f. 14

Mullbinde || muslin bandage || bande f. de mousseline. 15

Mülleimer m. || dust bucket || seau m. à ordures. 16

Müller m. || corn miller || meunier m. 17

Müllerei f. (Fabrik) || corn grinding; flour milling || minoterie f. a) ~ (Gewerbe) || miller's trade; millery || meunerie f. b) **Kork~** || cork mill; machinery for cork mills || moulin m. à liège. 18

Müllerei-erzeugnis n. || miller's product || produit m. de la minoterie. a) **~industrie** f. || miller's industry || industrie f. meunière. b) **~maschine** f. || machine for millery; mill machine || machine f. pour la minoterie *ou* meunerie. 19

Müllergaze f. || bolting cloth || tissu-gaze f. pour blutoirs. 20

Müll-kasten m. aus **Eisenblech** || sheet iron dust bin || caisse f. à ordures en tôle. a) **~kraftwagen** m. || garbage removal truck || camion m. pour ordures ménagères. 21

Mullkrapp m. || mull madder || garance-mulle f.; billon m.; garance f. mulle courte. 22

Müllsauger m. || refuse exhauster || aspirateur m. d ordures. 23

Mullstickerei f. || embroidered muslin || broderie f. sur mousseline. 24

Müllverbrennungs-anstalt f. || house refuse incineration || usine f. d'incinération d'ordures. a) **~ofen** m. || refuse burning furnace || four m. à brûler les ordures. 25

Müll- und Abfallverbrennungsofen m. || garbage and town refuse burning furnace || four m. à brûler les ordures et déchets. 26

Müll-verwertung f. || house refuse dressing || utilisation f. de vidanges. 27

Müllwagen m. || dust cart || chariot m. à ordures; tombereau m. à déchets ménagers. a) **Motor~** || motor dust cart || chariot m. automobile pour le transport des ordures. 28

Mulm m. (Bauw) || rubble || gravois mpl. *ou* gravats mpl. de plâtre. a) ~ (Bergb) || dust *or* earthy ore; ore dust || mine f pulvérulante. 29

mulmig || friable; earthy || friable. a) **~e Braunkohle** f. || pulverulent *or* friable brown-coal || cendre f. noire; lignite m. friable. b) **~e Erdschicht** f. || layer of friable earth || couche f. de terrain décomposé pulvérulent. 30

Multiplex-betrieb m. || multiplex working || transmission f. multiplex. a) **~verteilung** f. von Kabeladern || multiple connection of cable wires || connection f. multiple des fils de câble. 31

Multiplikation f. || multiplication || multiplication f. 32

Multiplikationszeichen n. || multiplication sign || signe m. de multiplication. 33

Multiplikator m. || multiplicator; multiplier || multiplicateur m. 34

multiplizieren || to multiply || multiplier. 35

Multiplizier-maschine f. || multiplying machine || machine f. à multiplier. a) **~vorrichtung** f. || multiplying arrangement || dispositif m. multiplicatif. 36

Multon m. || swanskin; molton || molleton m. 37

Mumetal n. || mumetal || mumétal m. 38

Mumme f. (Brau) || mum || mom m.; moumme f. 39

Mund m. || mouth || bouche f. 40

Mundbeleuchtungsapparat m. || device for the illumination of the mouth || appareil m. pour éclairer la bouche. 41

Mündelgeld n. || trust money || deniers mpl. pupillaires. 42

mündelsicher || sufficiently safe for investment of trust money || d'une sûreté absolue. a) **~e Kapitalanlage** f. || safe investment || placement m. de tout repos. 43

Mund-harmonika f. || mouth organ || guimbarde f.; harmonica f. à bouche. a) **~lack** m. || sealing wafer || pain m. à cacheter. b) **~leim** m. || lip glue; mouth glue || colle f. à bouche. 44

mündliche Vereinbarung f. || verbal agreement || convention f. verbale; accord m. verbal. 45

Mund-loch n. (Schacht) || mouth || ouverture f.; embouchure f. a) **~schwamm** m. || mouth sponge || éponge f. pour la bouche. b) **~spiegel** m. (Heilk) || mouth mirror || miroir m. buccal. 46

Mundstück n. (Mus) || mouth; mouthpiece || embouchure f.; embouchoir m.; buse f.; bout m.; bec m. a) **Ausblas~** || exhaust nipple || bouchon m. d'échappement. b) ~ des **Sprechschlauchs** (Diktiermaschine) || mouthpiece of the speaking tube || embouchure f. du tube acoustique. c) ~ des **Zaumes** || mouth *or* mouthpiece *or* bit of a bridle || embouchure f. du mors. 47

Mund-stückmacher m. || mouth piece maker || tourneur m. d'embouchures. a) **~tuch** n. || (table) napkin || serviette f. 48

Mündung f. (Fluß) || mouth || embouchure f. a) ~ (Gefäß; Rohr) || orifice; opening; hole; mouth || orifice m.; entrée f.; ouverture f.; bouche f. 49

Mündungs-bremse f. (an Geschützrohren) || muzzle brake || frein m. de bouche. a) Mittel n. gegen **~feuer** n. || flame killer || antilueurs mpl. 50

Mundwasser n. || mouth-wash || collutoire m. 51

Munition f. || ammunition || munition f. a) **gefüllte ~** || charged ammunition || munition f. chargée. b) chemische **Zersetzungsprozesse** in der ~ verhindern || to prevent the chemical disintegration of the ammunition || prévenir la décomposition chimique de la munition. 52

Munitions-kammer f. || ammunition chamber || chambre f. de munition. a) **~kraftwagen** m. || motor caisson || voiture-caisson f. automotrice. b) **~maschine** f. || ammunition machine || machine f. pour la fabrication de munition. 53

Munitionswagen m., **Anhänger** || trailer caisson || caisson-remorque m. a) **Beobachtungs~** || observatory caisson || caisson-observatoire m. b) **Schlepper~** || tractor caisson || caisson-tracteur m. 54

Munitionszähler m. || round counter || compteur m. de munitions. 55

Münster n. || monastery; minster; cathedral-church || cathédrale f.; dôme m. 56

Münzbronze f. || mint-bronze || bronze m. de monnaie. 57

Münze f. (Geldstück) || coin; money || monnaie f. a) ~ (Münzstätte) || mint || hôtel m. des monnaies; Monnaie f. b) **Automaten~** || slot coin; penny-in-the-slot || jeton m. pour les déclenchements monétaires. c) **Einwurf** m. der ~ (Automat) || insertion of the coin || introduction f. de la monnaie. d) **falsche ~** || false *or* counterfeit coin || fausse monnaie f. **e) geringhaltige ~** || light *or* bad coin || monnaie f. de mauvais aloi. **f) gezähnelte ~** || serrated coin || monnaie f. dentelée. **g) ~n** fpl. **schlagen** || to coin || monnayer. **h) stempelharte ~** || hardened coin || monnaie f. écrouie. 1

Münzeinheit f. || unit of coinage || unité f. monétaire. 2

münzen || to coin *or* to stamp money; to mint || frapper *ou* battre des monnaies; monnayer. 3

Münzen n. || coining; coining *or* minting of money || monnayage m.; monnéage m. 4

Münzen-prägemaschine f. || coining press || machine f. à frapper les monnaies et médailles. **a) ~sortierapparat** m. || coin sorter || appareil m. pour trier les pièces de monnaie. **b) ~zähler** m. || coin counter || appareil m. pour compter les pièces de monnaie. 5

Münz-feile f. (Münzw) || cabinet-file || écouane f.; écouenne f. **a) ~fernsprecher** m. || coin box || poste m. à prépaiement. **b) ~fuß** m. || monetary standard || titre m. des monnaies. **c) ~gekrätz** n. || sizel; clippings pl. || cisailles fpl. **d) ~gold** n. || standard *or* mint gold || or m. de vaisselle *ou* de monnaie. **e) ~gravör** m. || coin engraver || graveur m. en monnaies. **f) ~krätze** f. || sizel, clippings pl. || cisailles fpl. **g) ~kunst** f. || coinage; minting || monnayage m.; art m. de monnayer. **h) ~maschine** f. || coining press; minting machine || machine f. pour battre *ou* frapper la monnaie. 6

Münzplatte f. || plank; blank; coin plate; planchet || flan m. **a) klanglose ~** || dumb piece || flan m. cendreux. **b) unganze ~** || dumb piece || flan m. cendreux. 7

Münzpräge-anstalt f. || coin manufactory || usine f. de monnaies. **a) ~maschine** f. || coining machine || machine f. à frapper les monnaies. 8

Münz-prägung f. || coinage || frappe f. **a) ~recht** n. || mintage || droit m. de monnayage. **b) ~schere** f. || cutter; coupoir; cutting out machine || coupoir m. **c) ~schläger** m. || coiner || frappeur m. de monnaies. **d) ~schlaghammer** m. || coining hammer || bouard m. **e) ~schwengel** m. || coiner's stamp || balancier m. à monnayage. **f) ~stempel** m. || coining die || coin m. **g) ~stempelgravierung** f. || coin engraving || gravure f. en monnaies. **h) ~streckwerk** n. || Mint mill; rolling mill for the Mint || laminoir m. monnayeur *ou* monétaire. **i) ~wage** f. || money scale || balance f. pour monnaie. **k) ~walzwerk** n. || mint mill; rolling mill for the mint || laminoir m. monnayeur *ou* monétaire. **l) ~wesen** n. || coinage || monnaie; monnayage m. **m) ~zähler** m. || prepayment meter || compteur m. automatique à paiement préalable. 9

Mure f. || avalanche of sand and stones || lave f. de boue et de pierres. 10

Murexid n. || murexide || murexide f. 11

Murmel f. (Glasm; Töpf) || marble; marver || marbre m. 12

Murray's Reihentelegraf m. || Murray telegraph || appareil m. Murray. **a) ~ Schleife** f. || Murray's loop test || bouche f. de **Murray.** 13

Musche f. || patch || écaille f. 14

Muschel f. || mussel; shell || moule f.; coquille f. **a) volle ~** || full mussel || coquillage m. plein. 15

Muschel-arbeiter m. || shell worker || ouvrier m. en coquillages. **a) ~bank** f. || bank of shells || banc m. de coquilles. **b) ~fischer** m. || shell *or* cockle *or* mussel gatherer || pêcheur m. de coquilles *ou* de moules. **c) ~gold** n. (Mal) || ormolu; painter's *or* shell *or* water gold || or m. moulu *ou* d'applique *ou* en coquille. **d) ~griff** m. || drawer pull || coquille f. 16

muschelig || conchoidal; flinty; shelly || conchoïdal; conchoïde; coquillier. **a) ~kalk** m. || shell lime *or* marl *or* limestone || chaux f. de coquilles *ou* d'écailles; calcaire m. conchylien. 17

Muschelkalkstein m. || carbonate of lime || chaux f. carbonatée. **a) ~bruch** m. || bath stone quarry || carrière f. de calcaire coquillier. 18

Muschel-marmor m. || shell *or* lumachella marble || lumachelle f.; marbre m. lumachelle *ou* coquillier. **a) ~sand** m. || shell sand || sable m. coquilleux. **b) ~sandstein** m. || shelly sandstone || grès m. coquillier. **c) ~schale** f. || shell || coquille f.; coquillage m. **d) ~schieber** m. (Dampf) || slide valve || tiroir m. à coquille. **e) ~seide** f. || byssus || bysse m.; byssus m. **f) ~seidenspinnerei** f. || spinning of byssus silk || filature f. de soie marine. **g) ~waren** fpl. || shell articles pl. || articles mpl. en coquillages. **h) ~werk** n. || shell work || coquillage m. **i) ~zucht** f. || mussel culture || mytiliculture f. **k) ~züchter** m. || mussel culturist || cultivateur m. *ou* éleveur m. de moules; bouchoteur m. 19

Museum n. || museum || musée m. 20

musierte Schrift f. || rimmed letter || caractère m. encadré. 21

Musik f., Begleit || appertaining music || musique f. d'accompagnement. 22

Musikalien-drucker m. || music printer || imprimeur m. de musique. **a) ~druckerei** f. || music printing works || imprimerie f. de musique. **b) ~handlung** f. || music shop || librairie f. musicale. 23

musikalischer Lichtbogen m. || singing arc || arc m. musical. 24

Musik-automat m. || music automaton || automate m. de musique. **a) ~dose** f. || musical box || pièce f. à musique. **b) ~drahtpoliereinrichtung** f. || wire polishing device for string wires || installation f. à polir le fil pour cordes à musique. **c) ~film** m. || music film || film m. musical. 25

Musikinstrument n. || musical instrument || instrument m. de musique. **a) ~** mit **direktem** Schlag || musical instrument with direct percussion || instrument m. de musique à percussion directe. **b) Etui** n. für **~e** || case for musical instruments || étui m. pour instruments de musique. **c) ~** für **Kinder** || toy musical instrument || instrument m. de musique pour enfants. **d)** mittels Walzen **mechanisch** spielendes **~** || music instrument playing mechanically by means of rolls || instrument m. de musique jouant mécaniquement à l'aide de cylindres. 26

Musikinstrumenten-macher m. || musical instrument maker || facteur m. d'instruments de musique. **a) ~saite** f. || string || corde f. 27

Musiknote f., **gedruckte** || printed note *or* music type || musique f. *ou* note f. imprimée. **a) gestochene ~** || engraved note *or* music || note f. gravée. 28

Musiknotenmappe f. aus **Leder** || music leather case || porte-musique m. en cuir. 29

musikpupinisierte Leitung f. || coil loaded line with musical loading || ligne f. pupinisée à charge musicale. 30

Musik-saite f. || musical string || corde f. harmonique. **a) ~spielwaren** fpl. || musical toys pl. || jouets mpl. à musique. **b)** Großlautsprecher m. einer **~übertragungsanlage** f. || giant loudspeaker of a wireless broadcasting station for music || haut-parleur m. géant pour une installation de transmission de musique. **c) ~verleger** m. || music publisher || éditeur m. de musique. **d)** automatisches **~werk** n. || mechanical musical instrument || orchestrion m. 31

Musiv-arbeit f. || mosaic work || ouvrage m. à la mosaïque; mosaïque f. **a) ~gold** n. (Mal) || mosaic gold || or m. musif *ou* de Judée *ou* mosaïque. **b) ~silber** n. || mosaic silver || argent m. musif. 32

Muskat-blüte f. || mace || macis m. **a) ~butter** f. || nutmeg *or* mace butter || beurre m. de muscade. **b) ~nuß** f. || nutmeg || noix f. de muscade; muscade f. **c) ~nußöl** n. || nutmeg oil || essence m. de noix de muscade. 33

Muskel m. || muscle || muscle m. 34

Muskel-kraft f. || muscular power || force f. musculaire. **a) ~strom** m. || muscular current || courant m. musculaire. 35

Muskete f. || musket || mousqueton m. 36

Muskocher m. || marmalade maker || cuiseur m. de marmelade. 37

Muskovit m. || biaxial mica; muscovite; potash mica || muscovite f.; verre m. de Moscovie. 38

Musselin m. || muslin || mousseline f. **a) broschierter ~** || figured muslin || mousseline f. brochée. **b) gestickter ~** || embroidered muslin || mousseline f. brodée. **c) lancierter ~** || embroidered muslin || mousseline f. lancée. 39

Musselin-glas n. || muslin glass || verre m. mousseline. **a) ~weber** m. || muslin weaver || mousselinier m. 40

mussierendes Wasser n. || aerated water || eau f. gazeuse. 41

Muster n. || model || modéle m. **a) ~** (Schablone) || pattern || patron m. **b) ~** (Urbild) || type || type m. **c) ~** (Warenprobe) || sample || échantillon m. **d) ~** (Zeichnung) || design || dessin m. **e) fortlaufendes ~** || current pattern || dessin m. courant. **f) Gegen~** || counter-sample || échantillon m. de contrôle. **g) gestreiftes ~** (Web) || striped pattern || dessin m. rayé *ou* à rayures. **h) glattes ~** || plain pattern || dessin m. uni. **i)** dem **~ gleichkommend** || equal to sample || conforme *ou* égal à l'échantillon m. **k) nach ~** || according to pattern || selon modèle m. **l) ~ nehmen** (Web) || to design || mettre en carte. **m) nicht** dem **~** entsprechend || not according to sample || pas pareil *ou* non conforme à l'échantillon m. **n) ~** ohne **Wert** || sample of no value || échantillon m. sans valeur. **o) wiederkehrendes ~** || repeated pattern || dessin m. diapré *ou* gaufré. 42

Muster-apparat m. || pattern mechanism || appareil m. à dessins. **a) ~aufkleberin** f. || card girl || encarteuse f. **b) ~ausnehmer** m. (Web) || designer || metteur m. en cartes pour tissus. **c) ~aussetzer** m. (Web) || designer; draughtsman || metteur m. en carte; encarteur m.

d) **~beutel** m. || sample bag || sac m. (de papier) pour échantillons. e) **~bogen** m. (Papier) || sample sheet || feuille f. de modèle. f) **~brett** n. (Gieß) || loam *or* modelling *or* templet *or* moulding-out board || gabarit m.; échantillon m.; planche f. de manteau. 1

Musterbuch n. || book of patterns *or* samples; specimenbook || livre m. *ou* collection f. d'échantillons. a) **~ mit auswechselbaren Proben** || sample book with interchangeable samples || livre m. (d'échantillons) avec échantillons détachables et interchangeables. 2

Muster-karte f. || sample *or* pattern card || carte f. d'échantillons. a) **~kartenarbeiter** m. || pattern card maker || perforeur m. de cartes d'échantillons. b) **~koffer** m. || sample trunk || coffre m. à échantillons. c) **~kollektion** f. || collection of samples || collection f. d'échantillons. d) **~kolorierer** m. (Web) || design painter || coloriste m. pour tissus. e) **~lager** n. || sample room || bureau m. d'échantillon. f) **~maschine** f. (Web) || figuring machine || métier m. à l'armure. g) **~messe** f. || (sample) fair || foire f. d'échantillons (spécimens). 3

mustern (Seew) || to ship; to sign articles; to sign the agreement || signer l'engagement; enrôler; engager. 4

Muster-papier n. (Web) || design *or* point *or* rule paper || papier quadrillé *ou* de mise en carte *ou* rayé *ou* à patron. a) **~presse** f. || tuck presser || presse f. à guillocher. b) **~riß** m. || design in full size || épure f. c) **~rolle** f. (Seew) || ship's articles mpl.; muster book || rôle m. d'équipage. d) **~samt** m. || figured velvet || velours m. façonné. e) **~schläger** m. (Web) || card cutter || piqueur m. de dessins. f) **~schneidemaschine** f. für **Zackenschnitt** || design cutting machine for indentation || machine f. à denteler les échantillons. g) **~schutz** m. || utility model; registered pattern || modèle m. d'utilité. h) **~stechmaschine** f. || pattern perforating machine || machine f. à perforer les échantillons. i) **~stück** n. || master piece || pièce f. originale. k) **~tasche** f. (Chem) || sample pouch || sac m. pour échantillons. l) **~tüll** m. || figured net || tulle m. façonné. m) **~tüte** f. || sample bag || sachet m. pour échantillons. n) **~umschlag** m. || sample envelope || enveloppe f. à échantillons. 5

Musterung f. (Seew) || mustering; inspection || revue f.; appel m. 6

Musterungsamt n. (Seew) || shipping office || bureau m. de l'inscription maritime. 7

Muster-walze f. (Web) || engraved brass cylinder || gaufroir m. a) **~weber** m. || pattern weaver || échantillonneur m.; tisseur-échantillonneur m. b) **~weberei** f. || fancy weaving || tissage m. des étoffes façonnées. c) **~zeichnen** n. (Web) || designing for fabrics || mise f. en cartes de tissus. d) **~zeichner** m. || pattern designer *or* drawer; sketcher || dessinateur m. de modèles. e) **~zeichnung** f. || drawing || dessin m. f) **~zusammenstellung** f. || collection of samples || collection f. d'échantillons. 8

muten || to sue for the permission of working a mine; to claim || demander la concession d'une mine. 9

Muter m. || claimant; claimholder; concessionnaire || aspirant m. d'une mine; demandeur m. de concession. a) **Vorzugsrecht** n. des **~s** || prior right of the concessionaire || droit m. de priorité du demandeur. 10

mutmaßliche Erstreckung f. der Lagerstätte || probable extent of the deposit || extension f. présumée des gisements. 11

Mutter f. (Masch) || (screw) nut || écrou m. a) **aufgeschnittene ~** || split nut || écrou m. fendu. b) **Bund~** || collar nut || écrou m. à bride. c) **Flügel~** || butterfly nut; thumb nut; wing nut || écrou m. à oreilles. d) **Gegen~** || lock *or* jam *or* check nut || contre-écrou m.; écrou m. de bloquage. e) **gerändelte ~** || milled *or* knurled nut || écrou m. mo(l)leté. f) **Kaltpresse** f. zum Formen und Stauchen von **~n** || cold press for forming and upsetting nuts || presse f. à froid pour former et fouler des écrous. g) **Kapsel~** || capped nut || chapeau m. d'écrou fileté. h) **Kolben~** || piston rod nut || écrou m. pour tige de piston. i) **Kronen~** || castellated nut || écrou m. cannelé. k) **rohe ~** || raw nut || écrou m. brut. l) **Schrauben~** || screw nut || écrou m. m) **Überwurf~** || cap nut || écrou m. à chape. n) eine **~ versplinten** || to fix a nut with a splitpin || goupiller un écrou. o) **Vierkant~** || square nut || écrou m. carré. 12

Mutter-faß n. (Essig) || mother vat of vinegar || mère f. de vinaigre. a) **~furche** f. || female groove *or* roll || cannelure f. femelle. b) **~gestein** n. || bedrock || roche f. de fond. c) **~kaliber** n. || matrix || matrice f. d) **~korn** n. || ergot (of rye) || ergot m.; blé m. cornu *ou* ergoté; seigle m. ergoté. e) **~kornauszug** m. || ergot extract || extrait m. de seigle ergoté. 13

Mutterlauge f. || mother lye *or* water *or* liquor || eau-mère f.; lessive f. mère. a) **eisenhaltige ~** || ferriferous mother-lye || eau-mère f. ferrifère. b) **kupferhaltige ~** || cupriferous mother-lye || eau-mère f. de cuivre. c) **silberhaltige ~** || argentiferous mother-lye || eau-mère f. argentifère. 14

Muttern-abgratmaschine f. || nut burr removing machine || machine f. à ébarber les écrous. a) **~abkantmaschine** f. || nut bevelling machine || machine f. à émousser les écrous. b) **~draht** m. || wire for nuts || fil m. pour écrous. c) **~fertigung** f. || making nuts || fabrication f. des écrous. d) **~fräsautomat** m. || nut milling automatic machine || fraiseuse f. automatique à écrous. e) **~fräser** m. || nut shaver || fraiseur m. d'écrous. f) **~fräsmaschine** f. || nut milling machine; nut-shaping machine; polygon machine || fraiseuse f. à écrous; machine f. à dresser *ou* à tailler les écrous. g) **~gewindeschneider** m. || nut tapper || taraudeur m. d'écrous. h) **~herstellungsmaschine** f. || machine for making nuts || machine f. pour fabriquer des écrous. i) **~macher** m. || nut maker || fabricant m. d'écrous. k) **~presse** f. || nut (making) press; screw nut press || presse f. à faire les écrous. l) **~pressen** n. || pressing nuts pl. || estampage m. d'écrous. m) **~schmiedmaschine** f. || nut forging machine || machine f. à forger les écrous. n) **~schneidmaschine** f. || nut tapping *or* screw-cutting machine || machine f. à tarauder les écrous. 15

Mutter-schaf n. || ewe || brebis f. a) **~scheibe** f. || nut washer || rondelle f. d'écrou. b) **~schlüssel** m. || spanner; screw wrench || clef f. à écrous. c) **~schraube** f. || bolt with head and nut || boulon m. à tête et écrou. d) **~sicherung** f. || nut locking || frein m. d'écrou. e) **~substanz** f. (Chem) || mother-substance || substance-mère f. 16

Mutteruhr f. || master clock || horloge f. mère. a) **~unterlagscheibe** f. || washer || rondelle f. 17

Mutung f. || claim || demande f. de concession. a) eine **~ abweisen** || to decline to grant a concession || rejeter une demande. b) dem **Anspruch** m. des **Muters** eine andere **~** entgegenhalten || to oppose the claim of a concessionaire by means of another concession || opposer une autre demande à la prétention du requérant. c) mehrere **Mineralien** npl. in einer **~** begehren || to apply for several minerals in one concession || viser plusieurs minéraux dans une seule demande. d) das **Recht** auf **~** veräußern || to alienate the right to a concession || aliéner le droit à la demande. e) **Ungültigkeit** f. der **~** || invalidity of the concession || invalidité f. de la demande. f) eine **~ zurückziehen** || to withdraw an application for a concession || retirer une demande. 18

Mutungs-gemeinschaft f. || concession syndicate || communauté f. pour une demande de concession. a) **~gesellschaft** f. || mining prospecting enterprise || entreprise f. de recherches minières. b) **~karte** f. || concession plan || carte f. des demandes de concession. c) **~recht** n. || right to a concession || droit m. du requérant. d) **~riß** m. || plan of the concession || plan m. de la demande de concession. e) **~schein** m. (Bergb) || certificate of permission to work a mine || brevet m. de concession d'une mine. f) **~übersichtskarte** f. || general concession map || carte f. d'ensemble des demandes de concessions. g) **~urkunde** f. || deed of concession || acte m. de demande de concession. 19

Mütze f. || cap || casquette f. a) **Zipfel~** || toque || toque f. 20

Mützen-band n. || ribbon for caps || ruban m. pour casquettes. a) **~furnitur** f. || cap materials pl. || fournitures fpl. pour casquettes. b) **~macher** m. || cap maker || casquettier m. 21

Mützenschirm m. || cap peak || visière f. de casquette. a) die **~e** mpl. **steppen** || to stitch the cap peaks pl. || piquer les visières fpl. de casquettes. b) **~schneider** m. || cap peak cutter || coupeur m. de visières de casquettes. 22

Mützenschnalle f. || cap clasp || boucle f. pour des casquettes. 23

Myrikawachs n. || myrtle wax || cire f. de myrica. 24

Myristinsäure f. || myristic acid || acide m. myristique. 25

Myrobalane f. || myrobalan || myrobalan m. 26

Myrobalanenauszug m. || myrobalan extract || extrait m. de myrobalans. 27

Myrrhe f. || myrrh || myrrhe f. 28

Myrrhentinktur f. || myrrhs tincture || teinture f. de myrrhe. 29

Myrten-kranz m. || bridal wreath || couronne f. en myrtes. a) **~öl** n. || myrtle oil || essence f. de myrte. b) **~wachs** n. || myrtle wax; bayberry oil || cire f. de myrica *ou* de myrte. 30

N

Nabe f. || hub; nave; boss || moyeu m. **a)** die **~n fpl.** haben eingegossene **Buchsen** || the naves pl. of wheels have bushes cast in || les moyeux mpl. sont garnis de boîtes venues de fonderie. **b) Fahrrad~** || cycle hub || moyeu m. de bicyclette. **c) Freilauf~** || freewheel hub || moyeu m. de la roue libre. **d) Rad~** || wheel hub || moyeu m. de roue. **e) ~** eines **Schaufelrades** (Schiffb) || centre boss of a paddle wheel || tourteau m. d'une roue à aubes. **f) Schrauben~** (Schiffb) || propeller *or* ship-screw boss || moyeu m. d'hélice. **g) ~** des **Windflügels** (Auto) || fan hub || moyeu m. de ventilateur. 1

Nabel m. || navel || nombril m. **a) ~binde** f. || navel bandage || ceinture f. ombilicale. **b) ~bruch** m. || umbilical rupture || hernie f. ombilicale. 2

Nabelschnur f. || navel string; umbilical cordon || cordon m. ombilical. **a) ~schere** f. || umbilical scissors pl. || ciseaux mpl. à cordon ombilical. 3

Nabenaufweiteprobe f. || widening test of the hub || essai m. de mandrinage du moyeu. 4

Nabenbohrer m. (Arbeiter) || hub mortising machine hand || mortaiseur m. de moyeux. **a) ~** (Werkz) || nave-borer || quillier m.; taraud m. pour les moyeux. 5

Naben-bremse f. || hub brake || frein m. du moyeu. **a) ~buchse** f. || nave *or* wheel box || boîte f. de roue. **b) ~drechsler** m. || nave turner; hub turner || tourneur m. de moyeux. **c) ~durchbiegeprobe** f. || deflection test by pressure on the hub || essai m. de défonçage du moyeu. **d) ~flansch** m. || flange of the boss || contre-disque m. de moyeu. **e) ~kappe** f. wheel cap || chaperon m. du moyeu. **f) ~loch** n. || nave hole || emboîture f. du moyeu. **g) ~nute** f. || key way in the hub || rainure f. du moyeu. **h) ~schaufel** f. || nave paddle || palette f. de moyeu. **i) ~scheibe** f. || nave disc || disque m. de moyeu. **k) ~sitz** m. || wheel seat *or* fit || portée f. de calage du moyeu. 6

Nach-ahmung f. || imitation || imitation f. **a) ~arbeit** f. || extra work || travail m. supplémentaire. 7

nacharbeiten || to mend; to touch up || retoucher; réparer. 8

Nachbar-feld n. (Bergb) || adjoining concession || champ m. de concession voisin. **a) ~ortsverkehr** m. (Fernm) || neighbourhood traffic || trafic m. avec les réseaux voisins. **b) ~stellung** f. (Chem) || neighbouring position || position f. voisine. 9

nach-bessern *s.* ~arbeiten. **a) ~bessern** (Mal) || to retouch || retoucher. **b) ~bestellen** || to repeat an order || faire une commande f. supplémentaire. 10

Nach-bestellung f. || subsequent *or* additional *or* repeat order || commande f. *ou* ordre m. supplémentaire. **a) ~beuchen** n. (Bleich) || scalding || débouillissage m. **b) ~bewilligung** f. || supplementary allowance; subsequent grant || crédit m. supplémentaire. 11

Nachbildung f. || copy; imitation || copie f.; imitation f. 12

Nachbildungs-fehler m. (Fernm) || fault of balancing || défaut m. d'équilibrage. **a) ~gestell** n. (Fernm) || balancing network rack || bâti m. des équilibreurs. **b) ~prüfer** m. (Fernm) || balance tester || appareil m. pour vérifier les équilibreurs. **c) ~satz** m. (Fernm) || balance testing set || appareillage m. d'équilibrage. **d) ~verfahren** n. (Fernm) || method of balancing || méthode f. d'équilibrage. 13

nachbohren || to rebore; to widen; to drill finished holes || revider; reforer; repercer; aléser. 14

Nach-bohrmaschine f. || (re)drilling *or* widening machine || machine f. à aléser *ou* à repasser *ou* à repercer. **a) ~brecher** m. || additional breaker || reconcasseur m. **b) ~destiller** m. || secondary still || appareil m. de redistillation; appareil m. redistillateur. 15

nachdrehen || to take the finishing cut || rafraîchir *ou* repasser au tour. 16

Nachdruck m. (unveränderter Abdruck eines Buches) || reprint || reproduction f.; réimpression f. **a) ~** (unerlaubter Abdruck) || counterfeit || contrefaçon f.; contrefaction f. **b) ~** auch auszugsweise **verboten** || reprints pl. either partly or in full, forbidden || reproduction f., même par extraits, interdite. 17

nachdrucken || to reprint || réimprimer. **a) unerlaubt ~** || to counterfeit || contrefaire. 18

Nachdrucker m. || counterfeiter; piratical printer || contrefacteur m. 19

nach-dunkeln || to become darker; to darken || se foncer. **a)** in der **Phase** f. **nacheilen** || to lag in phase || être en retard de phase. 20

Nach-eilen n. des **Dampfschiebers** || exhaust lag of the slide valve || retard m. à l'introduction du tiroir. **a) Phasen-~eilung** f. || phase lag || retard m. de phase. **b) ~folger** m. || successor || successeur m. 21

nachfordern || to charge extra || demander en sus. 22

Nachforderung f. || extra charge || demande f. supplémentaire *ou* en sus. 23

nachforschen || to inquire into; to investigate || rechercher; s'enquérir. 24

Nachforschung f. || inquiry; investigation || recherche f.; enquête f. 25

Nachfrage f. || requirements pl. || recherche f.; demande f. **a) ~** nach **Geld** || demand for money || demande f. d'argent *ou* de fonds; marché m. monétaire. **b) lebhafte ~ f. nach** || active demand for || demande f. active pour. 26

Nach-fräser m. || finishing cutter || fraise f. finisseuse. **a)** Bodenrundschneid- und **~fräsmaschine** f. (Faß) || head rounding and bevelling machine || machine f. à arrondir et à biseauter les fonds. **b) ~frist** f. || respite || nouveau terme m. **c)** automatische **~führung** f. des **Spektrografen** in der täglichen Bewegung der Sonne || keeping automatically the spectrographe with the diurnal motion of the sun || tourner le spectrographe pour suivre automatiquement le mouvement diurne du soleil. 27

nachfüllen || to refill; to fill up || remplir; ouiller. 28

Nach-füllung f. || after-admission || admission f. subséquente. **a) ~gärung** f. || after *or* secondary fermentation || fermentation f. secondaire; guillage m. 29

nach-geahmt || counterfeit; imitated; feigned || dissimulé; feint; imité. **a) ~geben** || to give way; to yield || céder; relâcher. 30

Nachgeben n. des **Bodens** || yielding of the ground || cèdement m. du sol. 31

nachgemacht || artificial || artificiel; factice. 32

Nachgerber m. || retanner || retanneur m. 33

nachgiebige Kupplung f. || flexible *or* elastic coupling || accouplement m. élastique *ou* flexible. 34

Nachgiebigkeit f., elastische ~ der **Kampfwagenraupen** || elasticity of tank tracks || souplesse f. des chenilles de char de combat. 35

nach-gießen, Wasser n. (Chem) || to pour water again || remettre de l'eau f. **a)** ein Metall n. **~glühen** || to temper a metal || faire revenir un métal recuit. 36

Nachhall m. || echo || écho m. 37

nach-haltig || durable; lasting; permanent || durable; efficace; persistant; permanent. **a) ~hämmern** (Blech) || to flathammer; to flatten || repasser. 38

Nach-hieb m. (Forst) || secondary felling || coupe f. secondaire. **a) ~kochen** n. (Sammler) || gassing after the charge || bouillonnement m. au repos. **b) ~kühler** m. || re-cooler || condenseur m. complémentaire. 39

nachladen || to recharge || recharger. 40

Nachladen n. || additional charge; recharge || chargement m. supplémentaire; rechargement m. **a) ~ladung** f. (Sammler) || additional charge || rechargement m. **b) ~laß** m. (Preis) || abatement; deduction; discount; rebate || rabais m.; diminution f.; remise f. 41

nachlassen (Chem) || to expand || détendre. **a) ~** (los lassen) || to slacken; to slack off || lâcher. **b) ~** (Preis) || to make a reduction || rabattre. **c) ~** (Wind) || to abate || mollir. 42

Nachlauf m. (Brenn) || last runnings pl.; (week) faints pl. || queues fpl.; après-coulant m. **a) ~** (Zuck) || drips pl. || sirop m. d'égout. **b) ~weg** m. || slowing-down path || chemin m. parcouru. 43

nach-liefern || to deliver subsequently || livrer plus tard. **a) ~machen** || to counterfeit; to imitate; to copy || imiter; contrefaire; copier. 44

Nachmauerung f. (Hintermauerung) || backing || remplissage m. 45

Nachnahme f. || reimbursement; cash *or* payment on delivery || remboursement

m. **a) gegen ~** || to be paid for on delivery || contre remboursement m. 1

nachnehmen || to send for cash on delivery || faire suivre en remboursement m. 2

Nachöl n., Oliven || refuse olive oil || huile f. d'olive de ressence. 3

nachprüfen || to check; to examine again || vérifier; contrôler. 4

Nach-prüfung f. || checking; check test || vérification f.; épreuve f. de vérification. **a) ~prüfvorrichtung** f. || quartering gauge || dispositif m. de contrôle. 5

nach-rechnen || to check *or* verify accounts || calculer encore une fois; supputer. **a)** die Firste f. **~reißen** (Bergb) || to stow away the roof || bossoyer la faîte. 6

Nachreißen n. einer **Strecke** (Bergb) || widening-out || élargissement m. 7

Nachricht f. **an alle** || one-way information message || message m. d'information unilatéral. **a) ~ für Seefahrer** || notice to mariners || avis m. aux navigateurs. 8

Nachrichten-dienst m., **Eis** || ice information service; iceberg service || service m. d'avertissement des glaces *ou* des icebergs. **a) ~trupp** m. || signal corps || section f. de transmission; formation f. de télégraphie militaire. **b) ~weitergabe** f. || retransmission || retransmission f. 9

Nach-rotte f. des **Flachses** || after-retting of flax || curage m. de lin. **a) ~schicht** f. (Bergb) || extra task || tâche f. extraordinaire. 10

nach-schicken || to send after; to forward || faire suivre. **a) ~schießen** (Bergb) || to widen by blasting || élargir à coups de mine. 11

nachschleifen, der **Kolben** kann leicht nachgeschliffen werden || the piston can easily be re-ground || le piston m. peut se rectifier facilement. **a)** ein **Ventil** n. ~ || to regrind a valve || rectifier une soupape. **b) Walzen** fpl. ~ || to grind rolls pl. again || rectifier des cylindres mpl. 12

Nach-schleifen n. stumpf gewordener **Stähle** || resharpening of dull and heavily damaged tools || affûtage m. d'outils émoussés. **a) ~schlüssel** m. || double *or* false *or* skeleton key; picklock; by-key || fausse clef f. 13

nachschneiden, ein **Gewinde** n. || to chase a screw thread || aviver *ou* repasser un filet. 14

Nach-schneiden n. (Tuchm) || trimming || repassage m. **a) ~schrift** f. (Brief) || postscript || post-scriptum m. 15

Nachschub-kampfwagen m. || supply tank || char m. supplémentaire. **a) ~vorrichtung** f. (Bogenlampe) || feeding gear || mécanisme m. d'avance. 16

Nachschwaden mpl. || after *or* choke damp || gaz mpl. délétères; mofette f. 17

nachsehen, eine **Maschine** f. in regelmäßigen Abständen ~ || to overhaul an engine at regular intervals pl. || vérifier une machine périodiquement. 18

Nachsendung f. der **Telegramme** || telegrams to follow the addressee || télégrammes mpl. à faire suivre. 19

nachsetzen, Erz n. || to add ores pl. || ajouter du minerai. 20

Nachsetzmaschine f. || rewashing machine || relaveur m. 21

nachspannen, eine **Feder** f. || to increase the tension of a spring || resserrer *ou* retendre un ressort. **a)** den **Riemen** m. ~ || to regulate the tension of belt || régler la tension de la courroie. 22

Nachspannen n. der **Feder** || rebending of the spring || resserrage m. du ressort. 23

nachstellbar || adjustable || ajustable; réglable. **a) ~e Friktionskupplung** f. || adjustable friction coupling || embrayage m. à friction réglable. **b) ~er Gewindebohrer** m. || adjustable tap || taraud m. ajustable. **c) ~e Stößelführung** f. || guide of slide with adjustment; adjustable guide of slide || guidage m. de coulisseau réglable. **d) ~er Stoßfänger** m. || adjustable shock absorber || amortisseur m. de choc réglable. 24

nachstellen, die **Lager** npl. || to take up bearings pl. || rattraper le jeu des paliers. 25

Nachstell-keil m. || wedge bolt || vis f. à coin de serrage. **a) ~mutter** f. || adjusting nut || écrou m. tendeur. 26

Nachstellung f. (Techn) || adjustment || ajustage m. **a) keine weitere ~** (Masch) || no further adjustment || sans réglage m. ultérieur; sans plus de réglage m. 27

Nachstellvorrichtung f. || tension arrangement; adjusting device || dispositif m. de tension *ou* de réglage *ou* de rattrapage de jeu. **a) Gestänge~** || slack adjuster || ajusteur m. de timonerie. 28

Nachsteuer f. || additional tax || surtaxe f. 29

nächst-höher (Chem) || next higher || immédiatement supérieur. **a) ~niedrig** (Chem) || next lower || immédiatement inférieur. 30

nachstopfen, das **Gleis** || to re-pack *or* retamp the sleepers pl. || rebourrer la voie. 31

Nachstrecken n. || thinning || allongement m. 32

Nacht f., **mondlose klare** || clear moonless night || nuit f. claire sans lune. 33

Nacht-arbeit f. || night work || travail m. de nuit; nuitée f.; veillée f. **a) ~aufnahme** f. || night photograph || prise f. de vue nocturne *ou* pendant la nuit. **b) ~blau** n. || night blue || bleu m. de nuit. 34

nachtblindes Auge n. || night blind eye || œil m. héméralope. 35

Nacht-blindheit f. || hemeralopia; noctalopia || héméralopie f. **a) ~bombenflugzeug** n. || night bombing aeroplane; night bomber || avion m. de bombardement de nuit. **b) ~dienst** m. || night service || service m. de nuit. 36

Nachteil m. || disadvantage; loss || désavantage m.; préjudice m. 37

nachteilig (Chem) || inconvenient || gênant. 38

Nacht-fernschrank m. || night trunk position || groupe m. interurbain de nuit. **a) ~flug** m. || night-flying || vol m. de nuit. **b) ~flugzeug** n. || night aeroplane || avion m. nocturne. **c) ~gewitter** n. || night thunderstorm || orage m. de nuit. **d) ~glas** n. (Seew) || night glass || jumelle f. *ou* binocle m. *ou* lunette f. de nuit. **e) ~hemd** n. || night shirt || chemise f. de nuit. 39

Nachtischmesser n. || dessert knife || couteau m. à dessert. 40

Nacht-kleid n. || night gown *or* dress || robe f. de chambre. **a) ~lampe** f. || night lamp || lampe f. de nuit. **b) ~licht** n. || night *or* child's *or* float light; night candle || veilleuse f. **c) ~platz** m. (Fernm) || night position || position f. de nuit. 41

Nachtrag m. || supplement || supplément m. **a) ~** zu einer **Patentschrift** || supplementary patent specification || supplément m. à un brevet (d'invention). 42

nachträglich || subsequent || supplémentaire; ultérieur. 43

Nachtragszahlung f. || payment after a certain date; new capital || payement m. à effectuer après un certain délai; nouveau versement m. 44

Nacht-riegel m. || night bolt || verrou m. de nuit. **a) ~rock** m. || night gown *or* dress || robe f. de chambre. **b) ~ruf** m. (Fernm) || night call || appel m. de nuit. **c) ~schalter** m. (Fernm) || night service key || commutateur m. de nuit. **d) ~schattenbeere** f. || nightshade berry || baie f. de morelle. **e) ~schicht** f. (Bergb) || night-work || travail m. de nuit; poste f. de nuit. **f) ~signal** n. || night signal || signal m. de nuit. **g) ~signaleinrichtung** f. || night signalling plant || dispositif m. de signal de nuit. **h) ~strom** m. || night current || courant m. de nuit. **i) ~tarif** m. || night tariff || tarif m. de nuit. **k) ~verbindung** f. (Fernm) || night connection || communication f. de nuit. **l) ~viole** f. (Landw) || dame's violet; julian || julienne f. **m) ~wächter** m. || watchman || garde m. de nuit. **n) ~wind** m. || night wind || vent m. de nuit. 45

Nach-übertrager m. (Fernm) || output transformer || translateur m. *ou* transformateur m. de sortie. **a) ~walzwerk** n. || finishing mill || laminoir m. finisseur. **b) ~wäsche** f. || rewashing || relavage m. 46

nachwaschen || to wash (after decantation *or* precipitation *or* treatment); to rewash || laver (après décantation *ou* précipitation *ou* traitement); relaver. 47

Nachwasch-kohle f. || residue of coal washing || rebuts mpl. de lavage. **a) ~setzmaschine** f. || rewashing machine || machine f. de relavage. 48

Nachweis m. (Buchdr) || index || index m. **a) ~** (Chem) || detection || décèlement m. **b) Arbeits~** || labour exchange || bureau m. de placement. 49

nachweisbar (Chem) || detectable || décelable. 50

nachweisen || to inform || indiquer. **a) ~** (Chem) || to detect || déceler. 51

Nachweisung f. der oberirdischen Linien und Leitungen eines Ortsfernsprechnetzes || statement of the aerial lines and wires of the local telephone plant || carnet m. des lignes aériennes d'un réseau urbain. 52

nachwiegen || to weigh again || repeser; vérifier le poids. 53

Nachwirkung f. || ultimate effect || effet m. ultérieur; suites mpl. **a) dielektrische ~** || dielectric fatigue || fatigue f. diélectrique. **b) elastische ~** || elastic hysteresis *or* lag || effet m. résiduel; résidu m. *ou* fatigue f. élastique. 54

Nachwirkungs-berichtigung f. || correction for hysteresis *or* lag || correction f. d'effet résiduel *ou* de fatigue. **a) ~erscheinung** f. || phenomenon of hysteresis *or* lag || phénomène m. d'effet résiduel *ou* de fatigue. 55

nachzählen || to check || vérifier. 56

Nachzahlung f. || additional payment || payement m. ultérieur. 57

nachzeichnen, ein **Gemälde** n. || to copy a picture || prendre le trait; copier; retracer. 58

Nach-ziehschlauch m. (Kabel) || cable grip split || grip m. double. **a) ~zündung** f. || sparking retard; retarded ignition || retard m. à l'allumage; allumage m. retardé. 1

Nacken m. || neck || nuque f. **a) ~zopf** m. || chignon || chignon m. **b) ~zopfmacher** m. || chignon maker || chignonnier m. 2

nackt-er Draht m. || bare wire || fil m. (métallique) nu. **a) ~e Elektrode** f. || bare electrode || électrode f. nue. **b) ~er Lichtbogen** m. || open arc || arc m. en air libre. **c) ~er Schweißstab** m. || bare welding rod *or* electrode || barre f. *ou* électrode f. de soudure nue. 3

Nadel f. || needle || aiguille f. **a) ~** (Web) || wire || fer m.; aiguille f. **b) Eis~** || ice needle || aiguille f. de glace. **c) Frisier~** || curling pin || épingle f. à friser. **d) Grammofon~** || needle for gramophone || aiguille f. pour gramophone. **e) Haar~** || hair pin || épingle f. à cheveux. **f) Häkel~** || crochet pin; netting needle || crochet m. à broder; aiguille f. à crochet. **g) Handarbeits~** || needle for needlework || aiguille f. *ou* épingle f. pour les ouvrages manuels. **h) Heft~** (Buchb) || stitching needle || aiguille f. à relier. **i) Hut~** || hat pin || épingle f. à chapeau. **k) Maschinenarbeits~** || needle for mechanical work || aiguille f. *ou* épingle f. pour les ouvrages mécaniques. **l) Näh~** || sewing needle; needle || aiguille f. à coudre. **m) Nähmaschinen~** || sewing machine needle || aiguille f. pour machines à coudre. **n) ~ mit rundem Öhr** || round eyed needle || aiguille f. à chas rond. **o) ~ mit silbernem Öhr** || silver eyed needle || aiguille f. à tête d'argent. **p) Probier~** || touch needle || aiguille f. d'essai. **q) Schmuck~** || fancy needle || aiguille f. de fantaisie. **r) die ~ schwankt** hin und her (Seew) || the needle yaws || l'aiguille f. vacille. **s) Sicherheits~** || safety pin || épingle f. de sûreté *ou* de nourrice. **t) Sprechmaschinen~** || talking machine needle || aiguille f. pour machines parlantes. **u) Stick~** || embroidery needle || aiguille f. à broder. **v) Stickmaschinen~** || embroidering machine needle || aiguille f. pour métiers à broder. **w) Stopf~** || darning needle || aiguille f. à reprises. **x) Strick~** || knitting needle || aiguille f. à bas *ou* à tricoter. **y) Strickmaschinen~** || knitting machine needle || aiguille f. pour machine à tricoter *ou* pour métiers à bas; aiguille f. à tricoteuse. **z) ~ mit Verzierungen** || pin with ornaments || épingle f. avec ornements *ou* de fantaisie. 4

Nadel-arbeit f. || needlework || travail m. à l'aiguille. **a) ~aufreiher** m. || needle splitter || enfileur m. d'aiguilles. **b) ~augendriller** m. || needle driller || drilleur m. d'aiguilles. **c) ~bart** m. || needle beard || || barbe f. d'aiguille. **d) ~bett** n. || needle bed || lit m. d'aiguilles. **e) ~bettbreite** f. || width of needle bed || largeur f. de lit d'aiguilles. **f) ~biegezange** f. || nipper for needle bending || coudoir m. d'aiguilles. **g) ~boden** m. || needle *or* perforated bottom || fond m. en terre réfractaire perforé avec des baguettes. **h) ~brecher** m. || needle breaker || concasseur m. à aiguilles. **i) ~brett** n. || needle board || planchette f. des aiguilles. **k) ~brief** m. || card of needles; paper of pins || paquet m. d'épingles. **l) ~bronzeur** m. || needle bronzer || bronzeur m. d'aiguilles. **m) ~büchse** f. || needle case || étui m. à aiguilles; aiguillier m. **n) ~draht** m. || needle wire || fil m. pour aiguilles. **o) ~eisenerz** n. || needle iron ore; goethite || fer m. hydro-oxydé; goethite f. **p) ~entfernung** f. || needle distance || écartement m. d'aiguilles. **q) ~erz** n. || acicular bismuth; needle ore; aciculite || aciculite f.; patrinite f. **r) ~fabrik** f. || needle works pl. || aiguillerie f. **s) ~fadenzug** m. || needle thread take-up || crochet m. tendeur de fil. **t) ~feder** f. || needle spring || ressort m. d'aiguille. **u) ~feile** f. || neele fild || lime f. à aiguille. **v) ~feiler** m. || needle filer || limeur m. d'aiguilles. 5

nadelförmig || needle-shaped; acicular || aciculaire; aiguillé; en forme d'aiguille. **a) ~es Gefüge** n. || needle fracture || fracture f. aciculaire *ou* aiguillée *ou* hérissée. 6

Nadel-galvanometer n. || moving magnet galvanometer || galvanomètre m. à aiguille *ou* à aimant mobile. **a) ~halter** m. || needle holder || porte-aiguilles m. **b) ~holz** n. || coniferous *or* pine wood; wood of coniferous trees || bois m. conifère. **c) ~hülse** f. (Mot) || needle bush || douille f. d'aiguille. **d) ~industriemaschine** f. || machine for the needle industry || machine f. pour l'industrie des aiguilles. **e) ~kissen** n. || pincushion || pelote f. **f) ~länge** f. || length of wire for pins; pin length || hanse f. **g) ~locher** m. || marker || marqueur m. **h) ~macher** m. || needle maker || aiguillier m. **i) ~maß** n. || needle gauge || jauge f. à piquer. **k) ~öhr** n. || needle eye || trou m. d'aiguille; chas m. **l) ~öler** m. || needle lubricator || graisseur m. à aiguille. **m) ~paar** n. || pair of needles || couple f. d'aiguilles. **n) ~polierer** m. || needle polisher || polisseur m. d'aiguilles. **o) ~reihe** f. || needle row || rangée f. d'aiguilles. **p) ~reinigungsapparat** m. || comb cleaning apparatus || appareil m. à nettoyer les peignes. **q) ~richtzange** f. || needle dressing plyer || pince f. à dresser l'aiguille. **r) ~schaft** m. || needle shank || tige f. d'aiguille. **s) ~schmiergefäß** n. || needle lubricator || graisseur m. à épinglette. **t) ~senker** m. || wing cam || descente f. d'aiguilles. **u) ~setzer** m. (Web) || needle caster || monteur m. d'aiguilles. **v) ~sortierer** m. || needle sorter || trieur m. d'aiguilles. **w)** auswechselbare **~spitze** f. (des Zirkels) || interchangeable needle point || pointe f. sèche interchangeable. **x) ~spitzenarbeiterin** f. || pointer || brideuse f.; pointeuse f.; pointonneuse f. **y) ~spitzer** m. || pointer || empointeur m. d'aiguilles. **z) ~stahldraht** m. || steel wire for needles || fil m. d'acier pour aiguilles. 7

a) ~stich m. || prick of a needle; stitch || piqûre f. d'épingle. **b) ~stickerei** f. || needle embroidering *or* tapestry || broderie f. *ou* tapisserie f. à l'aiguille. **c) ~telegraf** m. || needle telegraph || télégraphe m. à aiguille. **d) ~ventil** n. || needle valve || soupape f. à pointeau. **e) ~ventilsitz** m. || needle valve seat || siège m. du pointeau. **f) ~wald** m. || resinous forest || forêt f. résineuse *ou* de conifères. **g) ~walze** f. (Textil) || porcupine || peigne m. circulaire. **h) ~wehr** n. || needle weir || barrage m. à aiguilles. **i) ~zylinder** m. || needle cylinder || cylindre m. à aiguilles. 8

Nadir m. || nadir || nadir m. 9

Nadler m. || needler; needle maker || épinglier m. **a) ~waren** fpl. || pins pl.; needlemaker's articles pl. || épinglerie f. 10

Nagel m. (Anatomie) || nail || ongle m. **a) ~** (Techn) || nail || clou m. **b) Blei~** || lead nail || clou m. en plomb. **c) eingekerbter ~** || fluted spike || crampon m. à encoche. **d) Extensions~** (Heilk) || nail for extension || clou m. pour extension. **e) gegossener ~** || cast nail || clou m. fondu. **f) geschmiedeter ~** || forged *or* hand-made *or* wrought nail || clou m. forgé. **g) geschnittener ~** || cut nail; machine made nail || clou m. coupé *ou* découpé. **h) gußeiserner ~** || cast iron nail || clou m. fondu en fonte de fer. **i) Haken~** || tenter hook || clou m. à crochet. **k) hölzerner ~** || dowel; peg; treenail; wooden pin || cheville f. en bois; goujon m. **l) Huf~** || horse nail || clou m. à cheval. **m) Knochen~** || bone nail || clou m. à os. **n) langer ~** || spike || broche f. **o) Polster~** || upholsterer's nail || clou m. de tapissier. **p) prismatischer ~** || prismatical nail || cheville f. prismatique. **q) Schienen~** || dog spike || crampon m. de rail. **r) Schmiede~** || forged nail || clou m. forgé. **s) schmiedeeiserner ~** || wrought nail || clou m. forgé. **t) Schuh~** || shoe nail || clou m. pour chaussures. **u) Stift~** || pin || pointe f. **v) ~ mit Widerhaken** || barbed nail || cheville f. barbelée. **w)** der **~ zieht an** || the nail takes || le clou m. prend. 11

Nagelauszieher m. || nail claw *or* drawer; claw; claw wrench || arrache- *ou* tire-clou m. 12

nagelbar || nailable || pénétrable aux clous. 13

Nagel-bohrer m. || gimlet || vrille f. **a) ~bürste** f. || nail brush || brosse f. à ongles. **b) ~docke** f. || nail bore *or* mould *or* tool || clouière f.; cloutière f.; étampe f. de cloutier. **c) ~eisen** n. (Werkstoff) || nail rod *or* iron || fer m. en barres pour clous. **d) ~eisen** n. (Werkz) || heading tool; bolt header || cloutière f.; clouière f. **e) ~erz** n. || clay iron ore; columnar argillaceous ironore; columnar red || argile f. ferrugineuse en tiges. **f) ~fabrik** f. || nail works pl. || clouterie f. **g) ~fänger** m. (Auto) || nail-catcher || arrache-clou m. **h) ~feile** f. || nail file || lime f. à ongles. **i) ~fertigungsmaschine** f. || nail making machine || machine f. de clouterie; machine f. pour faire des clous. 14

Nagelfluh f. || gompholite; pudding-stone || poudinque m. calcaire *ou* polygénique. **a) ~steingrube** f. || pudding-stone quarry || carrière f. de poudingues. 15

nagelförmig || nail-shaped || cludiforme. 16

Nagel-hammer m. || spike driver *or* hammer || marteau m. de cloueur *ou* à panne fendue. **a) ~heber** m. || nail claw *or* drawer *or* puller; claw; claw wrench || arrache- *ou* tire-clou m. **b) ~kaliber** n. || nail pass || cannelures fpl. pour fer à clous. **c) ~klaue** f. || nail *or* spike drawer || pince f. à pied-de-biche; tire-clou m. **d) ~klotz** m. (Schiffb) || plug *or* peg-wood || fenton m. 17

Nagelkopf m. || nail head || tête f. de clou. **a) ~eisen** n. || heading tool || cloutière f.; clouière f. 18

Nagel-loch n. || pin *or* nail hole || trou m. de clou. **a)** Kisten**~maschine** f. ||

box nailing machine || machine f. à clouer les caisses. 1

nageln || to nail; to spike; to tack; to clinch || clouer. 2

nagelneu || bran-new || flambant *ou* battant neuf. 3

Nagel-niet m. || clinch of horseshoe nail || rivet m. de clou à ferrer. **a) ~öhr** n. || ear of nail || anse f. de clou. 4

Nagelpflege-artikel m. || manicure article || article m. pour manicure. **a) ~instrument** n. || manicure instrument || instrument m. de manicure. **b) ~kasten** m. || manicure case || onglier m. 5

Nagel-reiniger m. || nail cleaner || lime f. à ongle. **a) ~schaft** m. || shank of the nail || tige f. de clou. **b) ~schere** f. || nail scissors pl.; scissors pl. for manicure || ciseaux mpl. à ongles; onglier m. **c) ~schmied** m. || nailer; nail maker *or* smith || cloutier m. **d) ~schmiede** f. || nail manufacture *or* works pl. || clouterie f. **e) ~schneide** f. || edge of nail || tranchant m. de clou. **f) ~schneider** m. || nail cutter || coupe-ongle m. **g) ~schnur** f. || small lace || galon m. à rabattre. **h) ~schrot** m. || nail smith's chisel || tranchet m. 6

nagelsicher (Luftreifen) || puncture-proof || à l'épreuve f. de (toute) perforation par un clou. 7

Nagelspitze f. || point of nail || point m. de clou. 8

Nagelung f. || nailing || clouture f.; clouage m. **a) ~ der Schienen** || fastening the rails to the sleepers with bolts and spikes || clouage m. des rails. 9

Nagel-zange f. || nail nippers pl. *or* puller || arrache-clou m.; tire-clou m. **a) ~zieher** m. *s.* ~zange f. 10

Nagyagit m. || black tellurium; nagyagite || tellure m. natif auroplombifère. 11

Näharbeit f. || sewing; needlework || ouvrage m. de couture. 12

Nah-bereich m. (Funkw) || antenna proximity zone || zone f. d'action immédiate. **a) ~brille** f. || reading spectacles pl. || lunette f. pour la lecture. **b) ~empfang** m. (Funkw) || short-distance receiving || réception f. régionale. 13

nähen || to sew || coudre. **a) ~** (Takelage) || to lash || aiguilleter. **b) Leder** n. **~** (mit Lederriemchen) || to stitch leather || brédir du cuir. **c)** mit der **Maschine** f. **~** || to sew by machine || coudre à la machine. **d) überwendlich ~** || to whip || surjeter. 14

Nahepunkt m. (Opt) || near point || punctum m. proximum. 15

Näherei f. || sewing; needlework || couture f. 16

Näherin f. || seamstress || couturière f. 17

näherstellen, die Walzen fpl. wurden nach jedem Stich nähergestellt || the rolls pl. are brought nearer together after each pass || les cylindres mpl. s'approchaient l'un à l'autre à chaque passage. 18

Näherungs-methode f. *s.* ~verfahren. **a) ~verfahren** n. || method of approximation || méthode f. d'approximation. **b) ~wert** m. || approximate value || valeur f. approchée. 19

Nahewirkungstheorie f. || theory of continuous action || théorie f. d'action continue. 20

Nähfaden m. || sewing thread || fil m. à coudre. **a) ~** aus **Baumwolle** || sewing cotton || coton m. à coudre. 21

Nahförderer m. || short distance transporter; close-range conveyor || transporteur m. à courte distance. 22

Nähgarn n. || sewing thread *or* cotton || fil m. à coudre. **a) Hanf~** || hemp thread || fil m. à coudre en chanvre. 23

Nahkampfwagen m. || close-support tank || char m. d'accompagnement. 24

Näh-kante f. || seam || lisière f. **a) ~kasten** m. || ladies' work box || coffret m. à ouvrage. 25

Nahklemmer m. || reading pince-nez *or* eye glass || pince-nez m. pour voir de près. 26

Näh-korb m. || work basket || corbeille f. à ouvrage. **a) ~mädchen** n. (Bekl) || shop girl || petite main f. 27

Nähmaschine f. || sewing machine || machine f. à coudre; coudreuse f. **a) Doppelkettenstich~** || double-chain stitch sewing machine || machine f. à coudre le point de chaînette double. **b) Hand~** || hand sewing machine || machine f. à coudre à manivelle. **c) Handschuh~** || glove sewing machine || machine f. à coudre les gants. **d) ~ für Kinder** || toy sewing machine || machine f. à coudre pour enfants. **e) Knopfloch~** || button hole sewing machine || machine f. à coudre les boutonnières. **f) Steppstich~** || trimming machine || machine f. à piquer. **g) Strohhut~** || straw hat sewing machine || machine f. à coudre les tresses de chapeaux de paille. **h) Strumpf~** || hosiery sewing machine || machine f. à coudre pour bonneterie. 28

Nähmaschinen-ausbesserungswerkstatt f. || sewing machine repairing workshop || atelier m. de réparation de machines à coudre. **a) ~beleuchtung** f. || sewing machine lighting || éclairage m. pour machines à coudre. **b) ~lack** m. || varnish for sewing machines || vernis m. pour machines à coudre. **c) ~motor** m. || sewing machine motor || moteur m. pour machines à coudre. **d) ~nadel** f. || sewing machine needle || aiguille f. pour machines à coudre. **e) ~öl** n. || sewing machine oil || huile f. pour machines à coudre. **f) ~schiffchen** n. || sewing machine shuttle || navette f. de machines à coudre. **g) ~teil** m. || sewing machine part || pièce f. de machine à coudre. 29

Nähnadel f. || sewing needle || aiguille f. à coudre. **a) chirurgische ~** || surgical sewing needle || épingle f. à coudre pour usages chirurgicaux. **b) ~** mit **gebohrtem Öhr** || needle with drilled eye || aiguille f. à œil *ou* à chas percé au foret. 30

nahrhaft || nourishing; nutritious || nourrissant; nutritif. 31

Nähriemen m. aus Leder für Treibriemen || leather strap for belts || lanière f. de courroies. 32

Nährmittel n. *s. auch* Nahrungsmittel || food(stuff); nutriment; victual; nourishing preparation || aliment m.; produit m. reconstituant *ou* alimentaire. **a) ~für Kinder** || infant's food || aliment m. pour enfants. **b) zuckerhaltiges ~** || saccharine nutriment || aliment m. saccharin. **c) ~fabrik** f. || foodstuff factory || fabrique f. alimentaire; fabrique f. de produits alimentaires. **d) ~farbe** f. || nutriment colouring || couleur f. pour denrées alimentaires. **e) ~industrie** f. || foodstuff *or* provision industry || industrie f. de l'alimentation *ou* de denrées alimentaires. **f) ~zubereitung** f. || preparation of nutriments || préparation f. alimentaire. 33

Nähr-präparat n. || food(stuff) preparation || préparation f. alimentaire. **a) ~saft** m. || sap || sève f. **b) ~salz** n. || feed salt || sel m. nutritif. 34

Nahrungsmangel m. || lack of provisions || disette f. 35

Nahrungsmittel n. *s. auch* Nährmittel || food; nutriment; provisions pl.; victuals pl. || aliment m.; comestible m.; denrée f.; produits mpl. *ou* denrées fpl. alimentaires. **a) Schiffsraum** m. mit leicht **verderbenden ~n** || ship's hold containing perishable foodstuffs || soute f. de navire contenant des aliments sujets à se gâter. 36

Nahrungsmittel-chemie f. || chemistry of food || sitiochimie f. **a) ~chemiker** m. || chemist for food stuffs; food chemist || chimiste m. en matières alimentaires. **b) ~fabrikeinrichtung** f. || foodstuff factory equipment || équipement m. *ou* installation f. pour fabrique de produits alimentaires. **c) ~industrie** f. || foodstuff *or* provisions industry || industrie f. de l'alimentation *ou* de denrées alimentaires. 37

Nahrungszweig m. || branch of trade *or* industry || branche f. d'industrie. 38

Nähseide f. || sewing silk || soie f. à coudre. 39

Nahsender m. (Funkw) || short-distance sender || émetteur m. rapproché. 40

Naht f. (Allg) || seam || couture f. **a) ~** (Klemp) || joint; seam || rapport m. **b) ~** (zwischen Schiffsplanken) || edge; seam || couture f. **c)** die **~ aufschlagen** (Schiffb) || to ream the seam || ouvrir la couture. **d) doppelte ~** (Segelm) || flat seam || couture f. cousue et rabattue. **e) durchgenähte ~** (Segel) || monk seam; middle-stitched seam || couture f. plate piquée au milieu. **f) falsche ~** || mock seam || fausse couture f. **g) Löt~** || soldered seam || soudure f. **h) Niet~** || rivet seam; row of rivets || joint m. rivé; file f. *ou* ligne f. de rivets. **i) offene ~** || open seam || couture f. ouverte. **k) platte ~** (Segelm) || flat seam || couture f. cousue et rabattue. **l) runde ~** || round seam || bigourelle f.; couture f. ronde. **m) schlecht ausgeführte ~** || pucker || couture f. mal faite. **n) Schweiß~** || welding seam; welded joint || joint m. soudé; ligne f. de soudure. **o) ~** an einem **Segel** || seam of sail || couture f. d'une voile. **p) Stemm~** || caulked seam || joint m. maté; matage m. **q) überwendliche ~** || overcast || rentraiture f. **r) versetzte Nähte** fpl. || staggered seams pl.; sock stitches pl. (A) || coutures fpl. contrariées *ou* croisées. **s) wulstlose ~** || ridgeless seam || joint m. sans surépaisseur. 41

Naht-breite f. || breadth *or* width of seam || largeur f. de la couture. **a) ~haken** m. || rave hook; ripping iron || bec m. à corbin *ou* de corbeau. 42

nahtlos (Allg) || seamless || sans couture f. **a) ~** (Met) || seamless || sans soudure f. **b) ~ gepreßtes Rad** n. || seamless pressed wheel || roue f. matricée. **c) ~ gewalztes Rohr** n. || seamless rolled tube || tuyau m. laminé sans soudure. **d) ~ gezogenes Rohr** n. || seamless drawn tube || tube m. étiré sans soudure. 1

nahtlos-er Eisenbahnradreifen m. || weldless tire || bandage m. sans soudure. **a) ~es Gummi** n. || seamless rubber || caoutchouc m. sans soudure. **b) ~er Hochdruckbehälter** m. || seamless high pressure receiver || réservoir m. à haute pression sans soudure: **c) ~er Hohlkörper** m. || seamless drawn hollow part || pièce f. creuse emboutie sans soudures. **d) ~er Radreifen** m. || weldless tire || bandage m. de roue sans soudure. **e) ~es Rohr** n. || seamless tube *or* pipe || tube m. *ou* tuyeau m. sans soudure. **f) ~e Röhre** f. *s.* ~es Rohr n. **g) ~e Strumpfwaren** fpl. || seamless hosiery || bonneterie f. sans couture. 2

Naht-schnur f. (Sattl) || round lace || galon m. à coudre. **a) ~schweißmaschine** f. || seam welding machine || machine f. à souder les joints (pour tôles). 3

Nahtschweißung f. || seam welding || soudage m. des joints (pour tôles). **a) überlappte ~** || lapped seam welding || soudage m. de joints à recouvrement. **b) wulstlose ~** || ridgeless seam welding || soudage m. de joints sans surépaisseur. 4

Nahverkehr m. (Eisenb) || local traffic; short distance traffic || trafic m. à petite distance; service m. de banlieu. **a) ~** (Fernm) || toll service || trafic m. téléphonique à courte distance. 5

Nahverkehrsleitung f. (Fernm) || toll line || circuit m. suburbain. 6

Näh-wachs n. || sewing wax || cire f. de couture. **a) ~zwirn** m. || (twisted) sewing-thread || fil m. (tordu) à coudre. 7

Namen-band n. || name band || ruban m. à inscriptions. **a) ~schild** n. auf **Drahtgewebe** || name plate on plaited wirework || plaque-adresse f. sur treillis en fil métallique. **b) ~stickerin** f. (Web) || name embroiderer || brodeuse f. de noms *ou* de monogrammes. 8

Namens-unterschrift f. || signature || signature f. **a) ~zug** m. || signature || chiffre m.; parafe m. 9

Namenweberei f., Schnürung f. für ~ || tie up for weaving names || empoutage m. pour noms *ou* monogrammes. 10

namhaft || named; renowned; notable || dénommé; notable. 11

Nanking m. (Web) || nankin; nanking; nankeen || nanquin m.; nankin m. **a) feiner ~** (Web) || prime nankeen || nankinet m. **b) ~baumwolle f.** || nankeen cotton || coton m. nankin. 12

Napf m. || bowl; basin; cup || écouelle f. 13

Näpfchen n. || cup || godet m. 14

Näpfchenkobalt m. || flaky arsenic || arsenic m. natif. 15

Naphtha f.; n. || naphtha; rock *or* earth *or* mineral oil || naphte m.; bitume m. liquide; huile f. minérale. **a) ~** mit hohem **Flammpunkt** || high flash naphtha || naphte m. à point d'inflammation élevé. **b) ~feld** n. || oil field || terrain m. pétrolifère. 16

Naphthalen n. || naphthalene || naphtalène m. 17

Naphthalin n. || naphthaline; naphthalene || naphtaline f. **a) ~ausscheidung** f. || segregation of naphthaline || séparation f. *ou* ségrégation f. de la naphtaline. **b) ~fabrik** f. || naphthalene works pl. || fabrique f. de naphtaline. **c) ~motor** m. || naphthalene engine || moteur m. à naphtaline. **d) ~wascher** m. || naphthaline washer *or* washing-cylinder || laveur m. de naphtaline. **e) ~waschöl** n. || naphthaline washing oil || huile f. à laver la naphtaline. 18

Naphthapech n. || naphtha pitch || poix f. de naphte. **a) ~produkt** n. || naphtha product || produit m. de naphte. **b) ~quelle** f. || oil well || source f. de naphte. 19

Naphthazen n. || naphthacene || naphtacène m. 20

Naphthensäure f. || naphthenic acid || acide m. naphténique *ou* de naphtène. 21

Naphthol n. || naphthol; naphtol || naphtol m. **a) ~gelb** n. || naphthol yellow || jaune m. de naphtol. 22

Narbe f. (Pap) || scar; grain || grain m. **a)** das **Leder** n. mit **~n** versehen || to shagreen the leather || chagriner le cuir. **b) künstliche ~** f. des Maroquins || artificial grain of morocco leather || croisé m. du grain du maroquin. **c) ~** des **Saffians** || grain of morocco leather || grain m. du maroquin. 23

narben, das Leder || to grain || greneler; grener; chagriner. 24

Narben-abstoßer m. (Lederzur) || bloomer || effleureur m. de cuir. **a) ~seite** f. (Haut; Leder) || grain *or* hair side || fleur f.; grain m. 25

narbenbrüchig (Lederzur) || chapped || cicatricé; crevassé. 26

Narkotin n. || narcotine || narcotine m. 27

Nase f. (Anatomie) || nose || nez m. **a) ~** (Dachziegel) || crocket; knob; hook; nose || crochet m. **b) ~** (Keil) || head || talon m. **c) ~** (Lager) || joggle; lip || butoir m. **d) ~** (Mitnehmer) || catch; cog || prisonnier m.; toc m. **e)** die **~** f. **bilden** (Met) || to make the nose || former le nez. **f) gegabelte ~** || forked projection || appendice m. en forme de fourche. **g) ~** des **Hobels** || horn of plane || poignée f. *ou* manche m. de rabot. **h) ~** eines **Ringes** || lug of a collar *or* ring || tenon m. d'une bague. **i)** mit **~** f. schmelzen (Met) || to smelt with a nose || fondre à nez. **k)** die **~** des **Wechselringes** in die Aussparung des Klemmringes einführen (Fernrohr) || to introduce the lug of the changing ring into the recess of the clamping ring || faire pénétrer le tenon de la bague adaptatrice dans l'évidement correspondant de la bague de serrage. 28

Nasen-bein n. || nasal bone || os m. nasal. **a) ~bluten** n. || nosebleeding || saignement m. du nez. **b) ~band** n. (Sattl) || nose band *or* piece; musrole || muserolle f. **c) ~bogen** m. (Bauk) || foiled arch || arc m. lobé. **d) ~dusche** f. || nasal douche || douche f. nasale. **e) ~flachkeil** m. || flat gib key || clavette f. plate à talon; clavette f. à talon sur méplat. **f) ~flügel** m. || side *or* wing of the nose || aile f. du nez. **g) ~form** f. || shape of the nose || forme f. du nez. **h) ~höhe** f. || height of gib head || hauteur f. du talon. **i) ~hohlkeil** m. || hollow gib key || clavette f. creuse à talon. **k) ~instrument** n. || rhinological instrument || instrument m. rhinologique. **l) ~keil** m. || gib key || clavette f. à talon. **m) ~klemmplatte** f. (Eisenb) || catch-fitted clip || plaque f. de serrage à talon. **n) ~loch** n. || nostril || narine f. **o) ~riemen** m. (Sattl) || nose band *or* piece; musrole || muserolle f. **p) ~schmelzen** n. (Met) || smelting with a nose || fonte f. à nez **q) ~schraube** f. || snug bolt || boulon m. à ergot. **r) ~spitze** f. || tip of the nose || bout m. du nez. **s) ~steg** m. (Opt) || bridge; rest; bracket || pont m.; nez m. 29

naß || wet; moist || mouillé; humide. **a) ~e Aufbereitung** f. || wet dressing || traitement m. par voie humide. **b) ~er Dampf** m. || damp steam; wet vapour || vapeur f. humide. **c) ~e Extraktion** f. (Met) || wet extraction || extraction f. par voie humide. **d) ~e Scheidung** f. || wet separation || triage m. par voie humide. **e)** auf **~em Wege** m. (Chem) || in the wet way || par voie f. humide. 30

nasses Verfahren n. || wet process || procédé m. par voie humide. **a) ~ ~** bei der **Aufbereitung** || wet dressing; dressing of ores on the wet method || traitement m. des matières premières par voie humide. 31

Naß-appreturmaschine f. || wet finishing machine || machine f. pour l'apprêt au mouillé. **a) ~aufbereitung** f. der **Erze** || concentration of ore by flotation process || enrichissement m. des minerais par flotation. **b) ~brikett** n. || wet pressed briquette || briquette f. faite par voie humide; aggloméré m. fait par voie humide. **c) ~bürstmaschine** f. || wet brushing machine || machine f. à brosser au mouillé. 32

Naßdampf m. || wet steam || vapeur f. humide. **a) ~tenderlokomotive** f. || saturated steam tank locomotive || locomotive-tender f. à vapeur saturée. 33

Naßdekatiermaschine f. (Web) || wet decatizing machine || décatisseuse f. au mouillé. **a) Universal~** f. mit einem verschließbaren Trog (Web) || universal wet decatizing machine *or* universal boiling, crabbing, steaming and lustring machine with one closable trough || décatisseuse f. au mouillé universelle à cuve avec couvercle. **b) ~** mit **zweiseitiger** Dampf-, Wasser- und Lufteinströmung (Web) || boiling, crabbing, steaming and lustring machine with double-sided steam, water and air admission || décatisseuse f. au mouillé à double admission de vapeur, d'eau et d'air. 34

Nässe f., vor ~ zu schützen! || keep dry! || à préserver de l'humidité. 35

nässen || to shower; to wet || rincer; mouiller. 36

Nässen n. der **Kohle** || wetting the coal || arrosage m. du charbon. 37

Naß-fäule f. || wet rot || putréfaction f. humide. **a) ~gehalt** m. der **Kohlen** || moisture of coals || humidité f. des charbons. **b) ~kalander** m. (Pap; Tuchm) || wet *or* water calander || calandre m. au mouillé; calendreuse f. **c) ~kollergang** m. || edge runner for wet grinding || moulin m. à meules verticales par voie humide. **d) ~kugelmühle** f. (Aufber) || ball mill for wet grinding || moulin m. à boulets pour le broyage par voie humide. **e) ~mühle** f. || wet grinding mill || moulin m. broyeur à l'eau *ou* par voie humide. **f) ~pochwerk** n. (Bergb) || wet stamps || bocard m. mouillé. **g) ~presse** f. (Pap) || wet press || presse f. humide. **h) ~preßstein** m. (Brikett) || patent fuel || aggloméré m. 38

Näßprobe f. || essaying for water || essai m. pour l'humidité. 39

Naß-reinigung f. (Met) || wet purification; washing || épuration f. à l'eau *ou* par voie humide. **a)** elektromagnetischer **~scheider**

m. ‖ electromagnetic wet separator ‖ trieur m. électromagnétique par voie humide. **b) ~schleifeinrichtung** f. ‖ wet grinding attachment ‖ dispositif m. d'arrosage d'une machine à rectifier. **c) ~schleifen** n. ‖ wet grinding ‖ affûtage m. à l'eau; meulage m. en mouillant. **d) ~schliff** m. ‖ wet grinding ‖ affûtage m. avec arrosage. **e) ~schroten** n. ‖ wet grinding ‖ égrugage m. mouillé. **f) ~spinnen** n. (Flachs) ‖ wet spinning ‖ filage m. au mouillé. **g) ~spinnmaschine** f. ‖ wet-spinning frame ‖ métier m. à filer au mouillé. 1

Naß- und Schlämmverfahren n. ‖ wet *or* washing process ‖ procédé m. humide et schlammage. 2

naszierend (Chem) ‖ nascent ‖ naissant. 3

nationales Verteidigungsgesetz n. ‖ national defense act ‖ loi f. de défense nationale. 4

National-flagge f. ‖ national flag ‖ pavillon m. national. **a) ~ökonom** m. ‖ political economist ‖ économiste m. **b) ~ökonomie** f. ‖ political economy; social philosophy ‖ économie f. politique. 5

Natrium n. ‖ natrium; sodium ‖ natrium m.; sodium m. **a) ameisensaures ~** ‖ sodium *or* soda formiate ‖ formiate m. de sodium *ou* de soude. **b) antimonsaures ~** ‖ sodium antimoniate ‖ antimoniate m. de sodium. **c) arsenigsaures ~** ‖ soda arsenite ‖ arsénite m. de soude. **d) arsensaures ~** ‖ sodium arseniate ‖ arséniate m. de sodium. **e) benzoesaures ~** ‖ soda benzoate ‖ benzoate m. de soude. **f) borsaures ~** ‖ borax; borate of sodium ‖ borax m.; soude f. boratée; borate m. de soude. **g) chlorsaures ~** ‖ sodium chlorate ‖ chlorate m. de sodium. **h) doppeltchromsaures ~** ‖ sodium bichromate ‖ bichromate m. de sodium. **i) doppeltkohlensaures ~** ‖ sodium bicarbonate ‖ bicarbonate m. de sodium. **k) essigsaures ~** ‖ sodium acetate ‖ acétate m. de sodium. **l) mangansaures ~** ‖ sodium manganate ‖ manganate m. de sodium. **m) phosphorsaures ~** ‖ soda phosphate ‖ phosphate m. de soude. **n) pyrophosphorsaures ~** ‖ soda pyrophosphate ‖ pyrophosphate m. de soude. **o) salizylsaures ~** ‖ soda salicylate ‖ salicylate m. de soude. **p) salpetrigsaures ~** ‖ sodium nitrite ‖ nitrite m. de soude. **q) schwefligsaures ~** ‖ soda sulphite ‖ sulfite m. de soude. **r) selenigsaures ~** ‖ soda selenite ‖ sélénite m. de soude. **s) selensaures ~** ‖ soda seleniate ‖ séléniate m. de soude. **t) unterchlorigsaures ~** ‖ sodium hypochlorite ‖ hypochlorite m. de sodium. **u) unterphosphorigsaures ~** ‖ sodium hypophosphite ‖ hypophosphite m. de sodium. **v) unterschwefligsaures ~** ‖ sodium hyposulphite ‖ hyposulfite m. de sodium. **w) uransaures ~** ‖ sodium uranate ‖ uranate m. de sodium. **x) wolframsaures ~** ‖ soda tungstate ‖ tungstate m. de soude. **y) zinnsaures ~** ‖ sodium stannate ‖ stannate m. de sodium. **z) zitronensaures ~** ‖ soda citrate ‖ citrate m. de soude. 6

Natrium-alaun n. ‖ soda alum ‖ alun m. de soude. **a) ~aluminat** n. ‖ sodium aluminate ‖ aluminate m. de sodium. **b) ~ammonium** n. ‖ sodammonium ‖ sodammonium m. **c) ~ammoniumphosphat** n. ‖ ammonium-sodium phosphate ‖ phosphate m. de soude ammoniacal. **d) ~arsenit** n. ‖ sodium arsenite ‖ arsénite m. de soude. **e) ~azetat** n. ‖ sodium acetate ‖ acétate m. de sodium. **f) ~bichromat** n. ‖ sodium bichromate ‖ bichromate m. de sodium. **g) ~bisulfit** n. ‖ sodium bisulphite ‖ bisulfite m. de sodium. **h) ~borat** n. ‖ sodium borate ‖ borate m. de sodium. **i) ~brenner** m. ‖ sodium burner ‖ brûleur m. sodique. **k) ~chlorid** n. ‖ sodium chloride ‖ chlorure m. de sodium. **l) ~flamme** f. ‖ sodium flame ‖ flamme f. de sodium. **m) ~hydrosulfit** n. ‖ hydrosulphite of soda *or* sodium ‖ hydrosulfite m. de sodium. **n) ~hypochlorit** n. ‖ chlorite of soda *or* sodium ‖ hypochlorite m. de sodium. **o) ~hyposulfit** n. ‖ hyposulphite of soda *or* sodium ‖ hyposulfite m. de sodium. **p) ~karbonat** n. ‖ soda; sodium carbonate ‖ carbonate m. de sodium; sel m. de soude. **q) ~metall** n. ‖ sodium metal ‖ sodium m. métallique. **r) ~nitrat** n. ‖ sodium nitrate; Chili saltpetre ‖ nitrate m. *ou* azotate m. de sodium; salpêtre m. de soude *ou* du Chili. **s) ~nitrit** n. ‖ sodium nitrite ‖ nitrite m. de sodium. **t) ~oxyd** n. ‖ sodium oxide ‖ oxyde m. de sodium. **u) ~perborat** n. ‖ sodium perborate ‖ perborate m. de sodium. **v) ~phosphat** n. ‖ sodium phosphate; phosphate of soda ‖ phosphate m. de sodium *ou* de soude. **w) ~presse** f. ‖ sodium press ‖ presse f. à sodium. **x) ~pyrophosphat** n. ‖ sodium pyrophosphate ‖ pyrophosphate m. de sodium. **y) ~pyrosulfit** n. ‖ sodium pyrosulphite ‖ pyrosulfite m. de sodium. **z) ~sulfat** n. ‖ sulphate of soda; sodium sulphate; Glauber's salt ‖ sulfate m. de soude *ou* de sodium; sel m. de Glauber. 7

a) ~sulfhydrat n. ‖ sodium sulphhydrate ‖ sulfhydrate m. de sodium. **b) ~sulfit** n. ‖ sulphite of soda ‖ sulfite m. de sodium. **c) ~sulfit n., ~ neutrales** ‖ sodium monosulphite ‖ sulfite m. neutre de sodium. **d) ~superoxyd** n. ‖ superoxide of sodium ‖ peroxyde m. de sodium. **e) ~thiokarbonat** n. ‖ sulpho-carbonate of soda ‖ sulfocarbonate m. de soude. **f) ~thiosulfat** n. ‖ sodium thiosulphate ‖ thiosulfate m. de sodium. **g) ~wolframat** n. ‖ sodium tungstenate ‖ tungstate m. de sodium. **h) ~zitrat** n. ‖ citrate of sodium ‖ citrate m. de sodium. 8

Natro-borokalzit m. ‖ ulexite ‖ ulexite f.; natroborocalcite f. **a) ~kalzit** m. ‖ gaylussite ‖ gaylussite f.; hydrocarbonate m. de soude et de chaux. **b) ~lith** m. ‖ mesotype; natrolite ‖ natrolithe m.; mésotype m. 9

Natron n. ‖ sodium oxide ‖ oxyde m. de sodium; soude f. **a) anderthalb-kohlensaures ~** ‖ sesquicarbonate of soda ‖ sesquicarbonate m. de soude. **b) arsenigsaures ~** ‖ sodium arsenite ‖ arsénite m. de soude. **c) chlorsaures ~** ‖ sodium chlorate ‖ chlorate m. de soude. **d) doppeltkohlensaures ~** ‖ bicarbonate of soda ‖ bicarbonate m. de soude. **e) essigsaures ~** ‖ sodium acetate ‖ acétate m. de sodium. **f) kohlensaures ~** ‖ soda; sodium carbonate; carbonate of soda ‖ carbonate m. de sodium; sel m. de soude. **g) phosphorsaures ~** ‖ sodium phosphate ‖ phosphate m. de sodium. **h) pyrophosphorsaures ~** ‖ sodium pyrophosphate ‖ pyrophosphate m. de sodium. **i) salpetersaures ~** ‖ sodium nitrate; Chile *or* Chili saltpetre; nitrate of soda ‖ azotate m. *ou* nitrate m. de sodium; salpêtre m. de soude; nitre m. du Chili. **k) schwefelsaures ~** ‖ sulphate of soda; sodium sulphate; Glauber's salt ‖ sulfate m. de soude; sel m. de Glauber. **l) schwefligsaures ~** ‖ sulphite of soda ‖ sulfite m. de soude. **m) zinnsaures ~** ‖ stannate of soda ‖ stannate m. de soude. **n) zitronensaures ~** ‖ citrate of sodium ‖ citrate m. de sodium. 10

Natron-alaun m. ‖ soda alum ‖ alun m. de soude. **a) ~feldspat** m. ‖ albite; clevelandite ‖ albite f.; clevelandite f. **b) ~glas** n. ‖ soda glass ‖ verre m. (à base) de soude. **c) ~glimmer** m. ‖ paragonite ‖ paragonite f. **d) ~kalk** m. ‖ soda lime ‖ chaux f. sodée. **e) ~lauge** f. ‖ soda lye; sodium hydrate; caustic soda ‖ lessive f. de soude *ou* soudique; soude f. caustique liquide; hydrate m. de sodium. **f) ~salpeter** m. ‖ sodium nitrate; Chile *or* Chili saltpetre; nitrate of soda ‖ azotate m. de sodium; salpêtre m. *ou* nitrate m. de soude; nitre m. du Chili. **g) ~see** m. ‖ soda lake ‖ lac m. natron. **h) ~seife** f. ‖ soda soap ‖ savon m. (à base) de soude. **i) ~wasserglas** n. (Lichtb) ‖ sodium silicate ‖ silicate m. de soude. **k) ~weinstein** m. ‖ Rochelle salt; tartarated soda ‖ sel m. de la Rochelle; tartrate m. sodicopotassique. **l) ~zellstoff** m. ‖ sodium wood-pulp ‖ pâte f. de bois à soude. **m) ~zellstoffabrik** f. ‖ soda cellulose works pl. ‖ fabrique f. de cellulose à soude. **n) ~zellulose** f. ‖ sodium cellulose ‖ cellulose f. à soude. 11

Natur-bleicher m. ‖ grass bleacher ‖ blanchisseur m. sur pré. **a) ~eis** n. ‖ natural ice ‖ glace f. naturelle. **b) ~erzeugnis** n. ‖ natural produce ‖ produit m. naturel. **c) ~forscher** m. ‖ natural philosopher ‖ naturaliste m. **d) ~gas** n. ‖ natural gas ‖ gaz m. naturel. **e) ~geschichte** f. ‖ natural history ‖ histoire f. naturelle. 12

naturhart ‖ naturally hard ‖ de dureté f. naturelle; naturellement dur. **a) ~er Stahl** m. ‖ natural hard steel ‖ acier m. d'une dureté naturelle. **b) ~er Tiegelstahl** m. ‖ natural hard crucible steel ‖ acier m. au creuset de dureté naturelle. 13

Natur-holz n. ‖ natural wood ‖ bois m. naturel. **a) ~ korkplatte** f. ‖ natural cork plate ‖ plaque f. en liège véritable. **b) ~lehre** f. ‖ physics pl.; natural philosophy ‖ physique f. générale. 14

natürlich ‖ natural ‖ naturel. **a) ~** (Min) ‖ native ‖ natif. **b) ~e Größe** f. ‖ actual *or* natural *or* real size; full scale ‖ grandeur f. naturelle; vraie grandeur f. **c) ~e Größe f., in natürlicher Größe** f. ‖ of natural size; in real size ‖ de grandeur f. réelle; en grandeur f. naturelle. 15

Natur-papier n. ‖ stuff-coloured paper ‖ papier m. coloré à pâte. **a) ~produkt** n. (Chem) ‖ native substance ‖ principe m. immédiat. **b) ~seide** f. ‖ natural silk ‖ soie f. naturelle. **c) ~stein** m. ‖ natural stone ‖ pierre f. naturelle. **d) ~wissenschaften** fpl. ‖ natural philosophy ‖ sciences fpl. naturelles. **e) ~zement** m. ‖ natural cement ‖ ciment m. naturel. 16

Naumannit m. ‖ selenide of silver; naumannite ‖ argent m. séléniuré; séléniuré m. d'argent; naumannite f. 17

Nautik f. ‖ nautics pl.; navigation ‖ nautique f.; navigation f. 18

nautisch || nautical || nautique. **a) ~es Instrument** n. || nautical instrument || instrument m. nautique. 1

Navigation f., **Höhen~** f. von Luftschiffen || high altitude airship navigation || repérage m. altimétrique des dirigeables. 2

Navigations-ausrüstung f. || navigating *or* navigation equipment || installation f. *ou* équipement m. de navigation. **a) ~schule** f. || nautical school || école f. d'hydrographie. 3

navigieren (Schiff) || to navigate || naviguer. 4

Navigierung f. eines **Schiffes** || navigating of a ship || l'art m. de conduire un navire; navigation f. d'un navire. 5

Neapelgelb n. || Naples yellow || jaune m. de Naples. 6

Nebel m. (Seew) || fog; haze; mist; smoke; nebule || brouillard m.; brume f.; nonvue f. **a) Boden~** || mist; ground fog || bruine f.; brouillard m. inférieur. **b) Dunst~** || mist due to water vapour; fog mist (A) || brouillard m. de fumées *ou* de vapeurs légères. **c) künstlicher ~** || artificial fog || brouillard m. artificiel. **d) Land~** || land *or* country fog || brouillard m. de campagne. **e) Stadt~** || town *or* city fog || brouillard m. de ville. **f) Staub~** || dust haze || brouillard m. de poussière. 7

Nebel-apparat m. (Brau) || spraying apparatus || pulvérisateur m. **a) ~bildung** f. || formation of fog || formation f. de brouillard *ou* de brume. **b) ~fleck** m. || nebulæ || nébuleuse f. **c) ~glocke** f. (Seew) || fog bell || cloche f. de brouillard. **d) ~horn** n. || fog horn *or* trumpet || sirène f. pour brouillard; trompe f. de brume. 8

nebelig || foggy; misty || nébuleux; brumeux. 9

Nebel-lichtsignal n. || fog repeater || répétiteur m. lumineux. **a) ~pfeife** f. || fog whistle || sifflet m. de brume. 10

nebelreiche Jahreszeit f. || foggy season || saison f. brumeuse *ou* à nombreux brouillards. 11

Nebel-schicht f. || wall of fog || couche f. de brouillard. **a) ~schwaden** m. || streaks pl. *or* swath of mist; damp fog (A) || brouillard m. flottant. **b) ~signal** n. || fog signal || signal m. de brume. **c) ~wolke** f. || vapour cloud || nuage m. brumeux. **d) ~zeichen** n. || fog signal || signal m. de brume. 12

Nebenachse f. || conjugate *or* secondary axis || axe m. imaginaire *ou* non traverse; second axe m. **a) ~** (Ellipse) || conjugate axis; minor axis || petit axe m. **b) ~** (Hyperbel) || conjugate axis || axe m. non transverse; axe m. imaginaire; second axe m. 13

Neben-amt n. (Fernm) || branch exchange || bureau m. secondaire. **a) ~anlage** f. (Bauw) || additional plant; annexe || hall m. annexé; annexe f. 14

Nebenanschluß m. || extension line *or* station || communication f. téléphonique secondaire; poste m. supplémentaire. **a) Ausnahme~** (Fernm) || extraordinary extension station || poste m. supplémentaire exceptionnel. **b) ~leitung** f. || extension line || ligne f. de poste auxiliaire. 15

Neben-apparat m. || accessory || appareil m. auxiliaire. **a)** Beseitigung f. aller entbehrlichen **~arbeiten** fpl. || doing away with all auxiliary details which could be spared || la suppression de tous travaux latéraux. **b) ~ausgaben** fpl. || extraordinary *or* additional *or* incidental charges pl. *or* expenses pl. || faux-frais mpl. **c) ~bahn** f. || light railway; secondary line || ligne f. secondaire *ou* d'intérêt local; chemin m. de fer vicinal. **d) ~bau** m. || annexed building || annexe f. **e) ~chaussee** f. || byway || route f. vicinale. **f) ~düse** f. für **Langsamgang** || slow-running nozzle || gicleur m. de ralenti. 16

nebeneinander (Elektr) || in parallel || en parallèle. **a) ~ angeordnet** || placed *or* arranged side by side || installé l'un à côté de l'autre. 17

Nebeneinander-bestehen n. kleiner vielfach zersplitterter Versorgungsnetze || simultaneous existence of a number of desintegrated supply networks || un grand nombre m. de petits réseaux existant les uns à côté des autres. **a) ~schaltung** f. (Elektr) || connection in quantity || montage m. en quantité. 18

Neben-einkünfte pl. || additional income || revenus mpl. accessoirs; casuel m. **a) ~einnahme** f. *s.* ~einkünfte. **b) ~entladung** f. || lateral discharge || décharge f. latérale. 19

Nebenerzeugnis n. || by-product || sous-produit m. **a) ~gewinnung** f. || by-product recovery || récupération f. des sous-produits. **b) ~rückgewinnungsanlage** f. || by-product recovery plant || installation f. pour la récupération des sous-produits. 20

Neben-produktengewinnungsanlage f. || by-products producing plant || installation f. pour l'extraction des produits accessoires. **a) ~farben** fpl. || secondary colours pl. || couleurs fpl. secondaires *ou* composées *ou* hétérogènes. **b) ~feuermeldeanlage** f. || sub-alarm system || installation f. de poste d'avertisseur secondaire. **c) ~fluß** m. || confluant; tributary river || confluent m.; affluent m. **d) ~gang** m. (Bauw) || private corridor || passage m. dégagé; corridor m. dérobé. **e) ~gebäude** n. || additional building; annexe || bâtiment m. accessoire *ou* additionnel *ou* secondaire; annexe f.; hall m. annexé. **f) ~geräusch** n. (Fernm) || stray; frying noise; side tone; extraneous noise || bruit m. parasite *ou* étranger. **g) ~geräuschunterdrücker** m. (Funkw) || x-stopper || suppresseur m. de bruits parasites. **h) ~gestein** n. (Bergbau) || country rock || roche f. envoisinante. **i) ~gleis** n. || branch *or* side track || voie f. secondaire *ou* déviée *ou* accessoire *ou* de garage *ou* de service. **k) ~kläger** m. || co-plaintiff || demandeur m. subsidiaire; plaignant m. en second. **l) ~kosten** pl. || additional *or* extraordinary *or* incidental expenses pl.; incidentals pl.; extras pl. || fauxfrais mpl.; dépenses fpl. *ou* frais mpl. accessoires. **m) ~landstraße** f. || byway || route f. vicinale. **n) ~linie** f. (Eisenb) || secondary *or* branch *or* siding line || ligne f. latérale; embranchement m. **o) ~mond** m. || paraselen || parasélène f. **p) ~pfeiler** m. || adjoining pillar || pilier m. latéral. **q) ~register** n. (Orgel) || additional stop || jeu m. accessoire d'orgues. **r) ~schiff** n. (Bauk) || side *or* low aisle; low side || nef f. latérale *ou* base; petite nef f.; collatéral m.; bas-côté m.; contre-allée f. 21

nebenschließen (Elektr) || to shunt || shunter. 22

Nebenschluß m. || shunt || shunt m. || **a)** als **~** m. **gewickelt** || shunt wound || enroulé en dérivation f. **b) in den ~** m. **legen** (Elektr) || to connect in parallel; to shunt || monter en dérivation. **c) induktionsfreier ~** || non-inductive shunt || shunt m. non inductif. **d) ~** mit erheblicher **Induktivität** || magnetic shunt || dérivation f. d'induction. **e) ~** mit hoher **Selbstinduktion** || highly inductive shunt || shunt m. à pouvoir inductif élevé. 23

Nebenschluß-bogenlampe f. || shunt type arc lamp || lampe f. à arc en dérivation. **a) ~bremse** f. (Elektr) || shunt brake || frein m. shunt *ou* de dérivation. **b) ~drosselspule** f. (Bogenlampe) || substitutional induction coil || bobine f. de self de substitution. **c) ~dynamo** f. || shunt dynamo || dynamo f. shunt. **d) ~feldspule** f. || shunt field coil || bobine f. shunt de champ. **e) ~generator** m. || shunt-wound generator || génératrice f. shunt. **f) ~generator** m. mit **Spannungsteiler** || shunt-wound generator with voltage divider || dynamo f. excitée en dérivation à trois conducteurs. **g) ~maschine** f. || shunt dynamo || dynamo f. shunt. 24

Nebenschlußmotor m. || shunt(-wound) motor || moteur m. shunt *ou* en dérivation. **a) Wechselstrom~** || alternating-current shunt-motor || moteur m. à collecteur en dérivation. 25

Nebenschluß-regelung f. (Elektr) || shunt regulation || réglage m. shunt. **a) ~regelwiderstand** m. || shunt regulating resistance || résistance f. de réglage shunt. **b) ~regler** m. || shunt regulator || régulateur m. shunt. **c) ~schaltung** f. (Elektr) || shunt connection || montage m. en dérivation. **d) ~spule** f. || shunt coil || bobine f. shunt. **e) ~strom** m. || shunt current || courant m. shunt. **f) ~stromkreis** m. || derived *or* shunt circuit || circuit m. dérivé. **g) ~summer** m. (Funkw) || shunted buzzer || vibrateur m. à dérivation. 26

Neben-sprechen n. (Fernm) || cross talk || mélange m. de conversation; diaphonie f. **a) ~sprechmesser** m. || crosstalkmeter || diaphonomètre m. 27

nebenstehend || alongside || en marge f. **a)** wie **~ gezeigt** || as is shown in the engraving annexed || le croquis ci-contre démontre bien que ... **b) ~e Abbildung** f. || the opposite illustration || la figure ci-contre. 28

Nebenstelle f. (Fernm) || extension station || poste m. supplémentaire *ou* annexe. 29

Nebenstellen-betrieb m. || extension station service || emploi m. des postes supplémentaires. **a) ~speisung** f. || current supply to extension telephones || alimentation f. des postes supplémentaires. **b) ~umschalter** m. || substation switchboard || commutateur m. de centrale d'abonné. **c) ~zentrale** f. zur Vermittlung von ankommenden Amtsgesprächen nach den Apparaten einer selbsttätigen Hausfernsprechanlage || extension board for the distribution of incoming exchange calls to the stations of a private automatic telephone installation || poste m. supplémentaire pour l'écoulement de conversations de service d'arrivée vers les appareils d'une installation téléphonique privée automatique. 1

Neben-straße f. || by-road; cross road; cross country-road || chemin m. de traverse. **a) ~stromkreis** m. || secondary circuit || circuit m. secondaire. **b) ~teil** m. || accessory part || partie f. accessoire. **c) ~telegraf** m. || private wire connecting business *or* private premise with the Post Office for the dispatch and the receipt of the renter's telegrams || télégraphe m. accessoire. **d) ~titel** m. (Buchdr) || subhead || sous-titre m. **e) ~ton** m. (Fernm) || side tone || bruit m. **f) ~uhr** f. einer elektrischen Uhrenanlage || secondary clock of an electric clock installation || horloge f. secondaire d'une installation d'horloges électriques. **g) ~valenz** f. (Chem) || secondary valency || valence f. secondaire. **h) ~verstärkeramt** n. || secondary repeater station || station f. de répéteurs secondaire. **i) ~weg** m. || by-road; cross road; byway; cross country-road || chemin m. de traverse; petite route f. **k) ~winkel** m. || adjacent *or* adjoining *or* contiguous angle || angle m. adjacent *ou* contigu. **l) ~wirkung** f. (Chem) || secondary action || action f. secondaire. **m) ~zimmer** n. || adjoining room || chambre f. voisine. **n) ~zug** m. (Orgel) || additional stop || jeu m. accessoire d'orgues. 2

Necessairetäschchen n. || dressing case || sac m. de toilette. 3

negativ || negative || négatif. **a) ~ elektrisch** || electronegative; negatively electric || électronégatif; négativement électrique. **b) ~e Größe** f. (Math) || negative quantity || quantité f. négative. **c) ~e Photographie** f. *s.* Negativ. 4

Negativ n. || negative; negative photography || image f. *ou* épreuve f. négative; négative f.; film m. négatif. **a) ~betrachtungsgerät** n. || viewing apparatus for negatives || appareil m. pour examiner les négatifs. **b) ~lack** m. || negative varnish || vernis m. négatif. **c) ~meßmikroskop** n. (Foto) || microscope for evaluating negatives; negative reading microscope || microscope m. de mesure pour négatifs; microscope m. pour la mensuration des négatifs. **d) ~papier** m. || negative paper || papier m. sensible négatif. **e) ~schrift** f. (Buchdr) || non-relief type || caractère m. négatif. 5

Negatron n. || negatron || négatron m. 6

nehmen || to take || prendre. 7

Nehrung f. || tongue of land *or* spit of land separating the haff from the sea || langue f. de terre entre la mer et un lac côtier; Nehrung f. 8

neigbar || inclinable || inclinable. **a) ~e Exzenterpresse** f. || inclinable crank *or* eccentric press || presse f. à excentrique inclinable. 9

neigen || to incline || incliner. **a) nach unten ~** || to give a dip || incliner vers le bas. **b) sich ~** || to incline || s'incliner; (se) pencher. **c) sich ~** (Ebene) || to slope || aller en pente. **d) ~ zu . . .** || to tend to . . .; to incline to . . . || tendre à . . .; incliner à . . . 10

Neigung f. (Chem) || tendency || tendance f. **a) ~** (einer Fläche) || fall; declivity; gradient; inclination; slope; descent || inclinaison f.; pente f.; descente f.; déclivité f.; penchant m. **b) ~** des **Herzstücks** (Eisenb) || angle of crossing || déviation f. du cœur. **c) ~** der **Kastenwand** (Eisenb) || slope of the side || pente f. de la paroi. **d) ~** der **Rast** eines Hochofens || slope of the boshes of a blast furnace || inclinaison f. des étalages d'un haut-fourneau. **e) ~** der **Schienen** || inclination of the rails || écartement m. *ou* inclinaison f. des rails. **f) ~** der **Strecke** (Eisenb) || gradient of the line || déclivité f. de voie. 11

Neigungs-differenz f. || difference of vergence || différence f. d'inclinaison. **a) ~ebene** f. || inclined plane; slope || pente f. **b) ~kompaß** m. || inclination compass; inclinatorium || boussole f. d'inclinaison. 12

Neigungsmesser m. || (in)clinometer; batter level || (in)clinomètre m.; indicateur m. de pente. **a) ~** mit **Wasserfüllung** || gradient indicator with water tube || clinomètre m. à eau. 13

Neigungs-verhältnis n. || relation of the inclination; gradient || rapport m. d'inclinaison; pente f. **a) ~wage** f. || inclination-balance || balance f. à cadran. **b) ~winkel** m. || angle of inclination || angle m. d'inclinaison. **c) ~zeiger** m. (Eisenb) || gradient post; indicator of gradient || indicateur m. de déclivité. 14

Nektarine f. || nectarine || brugnon m. 15

Nelken-öl n. || cloves oil || essence f. de girofles. **a) ~pfeffer** m. || pimento; allspice; Jamaica pepper || piment m. des Anglais *ou* de Jamaïque. **b) ~zimt** m. || clove bark || cannelle f. giroflée. 16

Nenn-aufnahme f. (Elektr) || initial *or* nominal acceptivity || puissance f. absorbée normale; réception f. nominale. **a) ~drehmoment** n. || nominal torsional moment || moment m. nominal. **b) ~durchmesser** m. des **Gehäuses** || nominal diameter of case || diamètre m. nominal de la boîte. 17

nennenswert || worth mentioning || notable; appréciable. 18

Nenner m. (Math) || denominator || dénominateur m. 19

Nenn-leistung f. || nominal *or* rated output || débit m. nominal; puissance f. nominale *ou* normale. **a) ~spannung** f. || nominal tension *or* voltage || tension f. nominale. **b) ~spannungsbereich** m. || range of nominal tension || étendue f. de la tension nominale. 20

Nennstrom m. (Elektr) || nominal current || courant m. nominal. **a) ~stärke** f. || nominal current strength || nombre m. d'ampères. 21

Nennwert m. || nominal value || valeur f. nominale. **a) ~fehler** m. || error of calibration || erreur f. d'étalonnage. 22

Neoïdenrad n. || heart wheel || roue f. en cœur. 23

Neokom n. || neocomian || néocomien m. 24

Neolith n. || neolite || néolithe m. 25

Neon n. (Gas) || neon || néon m. 26

Neotyp m. (Min) || neotype || néotype m. 27

neozoische Gruppe f. (Geol) || neozoic group || groupe f. néozoïque. 28

Nephelin m. || nepheline; elæolite || néphéline f.; élæolite f.; pierre f. grasse; sommite f. 29

Nephrit m. || nephrite || néphrite f.; jade m. 30

Nernstlampe f. || Nernst lamp || lampe f. Nernst. 31

Neroliöl n. || neroli oil || essence f. néroli. 32

Nerv m. || nerve || nerf m. 33

Nerven-faser f. || nerve fibre || fibre f. nerveuse. **a) ~heilanstalt** f. || neurotic establishment || maison f. de santé pour névropathes. **b) ~strom** m. || nervous current || courant m. des nerfs. **c) ~substanz** f. || nerve tissue || substance f. nerveuse. **d) ~system** n. || nervous system || système m. nerveux. 34

nervig || nervous || nerveux. 35

Nerv-kanalsonde f. || nerve-canal probe || sonde f. exploratrice à nerf. **a) ~nadel** f. || nerve broach || tire-nerfs m. 36

nervös || nervous || nerveux. 37

Nerzfell n. || minks pl. || vison m. 38

Nessel f. (Pflanze) || nettle || ortie f. **a) ~** (Gewebe) || grey cotton cloth || tissu m. de coton écru. 39

Nessel-band n. || nettle ribbon || ruban m. en fil d'ortie. **a) ~faser** f. || nettle fibre || fibre f. d'ortie. **b) ~weber** m. || nettle fibre weaver || tisseur m. de fil d'ortie. **c) ~weberei** f. || muslin weaving || fabrication f. de tissus de mousseline. 40

Nest n., Erz || pocket *or* group of ore || poche f. *ou* nid m. de minerai. 41

nesterweise (Bergb) || by groups pl. || par nids mpl. 42

Nestler m. || lace-maker; laceman; trimming *or* loop maker || passementier m. 43

netto || net; nett || net. 44

Netto-absackwage f. || sack net-weigher || balance f. d'ensachage net. **a) ~arbeitszeit** f. || net working-time || temps m. net du travail. **b) ~betrag** m. || net amount || montant m. *ou* produit m. net. **c) ~einnahmen** fpl. || net receipts pl. || recettes fpl. nettes. **d) ~erträgnis** n. || net yield *or* proceeds pl. || rendement m. net; produit m. net. **e) ~fracht** f. || net *or* clear freight || fret m. net. **f) ~gewicht** n. || net weight || poids m. net. **g) ~gewinn** m. || clear *or* net profit || bénéfice m. net. **h) ~kostenpreis** m. || net cost || prix m. coûtant net. **i) ~last** f. || net load || poids m. net. **k) ~preis** m. || net price || prix m. net. **l) ~tonnengehalt** m. || net tonnage || tonnage m. net. **m) ~verkäufe** mpl. || net sales pl. || ventes fpl. nettes. 45

Netz n. (Fisch) || net; netting || filet m.; rets m. **a) Ball~** (Sport) || ball net || filet m. à balles. **b) Draht~** || wire netting *or* gauze || clôture f. en fil; toile f. métallique. **c) Dreileiter~** || three-wire network || réseau m. à trois fils. **d) Dreiphasenvierleiter~** || three-phase network with four wires || réseau m. triphasé à quatre fils. **e) Einphasen~** || monophase network || réseau m. monophasé. **f) engmaschiges ~** || close-meshed net || pallîole f. **g) Fischerei~** || net for the fishery || filet m. pour la pêche. **h) Fliegen~** (für Pferde) || fly net || émouchette f.; épissière f. **i) Fünfleiter~** || five-wire network || réseau m. à cinq fils. **k) geschlossenes ~** (Elektr) || closed network || réseau m. fermé. **l) Gleichstrom~** || direct current network || réseau m. à courant continu. **m) Gleis~** || network of lines; railway net *or* network || réseau m. de voies. **n) Haar~** || hair net || filet m. à cheveux. **o) Hochspannungs~** || high-tension network || réseau m. à haute tension. **p) ~** für **Pferde** || horse net || filet m. pour chevaux. **q) Schützen~** (Textil) || shuttle net || pare-navette m. **r) Straßenbahn~** || traction network || réseau m. de tramway. **s) trigonometrisches ~** || trigonometrical survey || canevas m. trigonométrique. **t)** ~ einer **Vermessung** || skeleton *or* canvas of a survey || réseau m. *ou* canevas m. d'une levée. **u) Verteilungs~** || distribution network || réseau m. de distribution. **v) weitverzweigtes** ~ normal- und schmalspuriger Schienenstränge || extensive network of standard and narrow-gauge lines of rail-roads || réseau m. étendu de voies normales et étroites. **w) Zweileiter~** || two-wire network || réseau m. à deux fils. 1

Netzanode f. || line connection anode battery || appareil m. tension d'anode. 2

Netzanschluß m. || public supply || branchement m. du réseau. **a) ~gerät** n. (Funkw) || line connection apparatus; mains equipment; power supply || boîte f. de tension; bloc m. d'alimentation; alimentation f. par le secteur. 3

Netz-ausbesserung f. || net mending || raccommodage m. de filets. **a) ~elektrode** f. || wire gauze electrode; net shaped electrode || électrode f. réticulaire *ou* en toile métallique. 4

netzen || to wet || mouiller; humecter. **a)** eine **Mauer** f. ~ || to soak a wall || abreuver un mur. 5

Netzer m. (Müll) || damper || mouilleur m. 6

Netzersatz-anlage f. || spare current source || installation f. de courant de secours. **a) ~maschine** f. || machine reserve set || machine f. en réserve. 7

Netz-fischer m. || net fisherman || pêcheur m. au filet. **a) ~flicker** m. || net mender || réparateur m. de filets. **b) ~gang** m. (Geol) || lode forming a network || filon m. en forme de réseau. **c) tüllartiges ~gewebe** n. || tulle-like net tissue || tissu m. à réseau façon tulle. **d) ~hälfte** f. (Elektr) || half of the system || demi-réseau m. 8

Netzhaut f. || retina || rétine f. **a) ~ablösung** f. || detachment of the retina || décollement m. de la rétine. **b) ~bild** n. || image of the retina || image f. de la rétine. **c) ~kammer** f. || retinal camera || chambre f. rétinienne. 9

Netz-hemd n. || netting || chemise f. de filet. **a) ~knotenpunkt** m. || nodal point of plant || centre m. d'alimentation. **b) ~knoter** m. || net knotter || noueur m. de filets. **c) ~knüpfmaschine** f. || netting machine || machine f. à nouer les filets. **d) ~macher** m. || net maker || filetier m. **e) ~mikrometer** n. || crossline micrometer || micromètre m. à réseau. **f) ~mittel** n. (Tuchm) || wetting *or* damping product || moyen m. de mouiller. **g) ~nadel** f. || netting needle || navette f. **h) ~pinsel** m. (Maur) || mason's broom; sprinkling brush; mason's brush || balais m.; goupillon m. **i) ~plan** m. (Elektr) || network map || plan m. de réseau. **k) ~punkt** m. (Feldm) || station; base || point m. de repère. **l) ~riegel** m. (Zimm) || pullock; putlog || boulin m. *ou* traverse f. d'échafaudage. **m) ~rufmaschine** f. (Fernm) || network calling machine || machine f. d'appel à réseau. **n) ~spannung** f. || tension of the system; line voltage || tension f. du réseau. **o) ~stricker** m. || net knitter || tricoteur m. de filets. **p) ~strom** m. (Elektr) || line *or* street current || courant m. de ligne *ou* du secteur. **q) ~umschalter** m. || main switch || commutateur m. principal. **r) ~unterteilung** f. (Elektr) || subdivision of plant || division f. des réseaux. **s) ~verband** m. (Bauw) || diamond work; net masonry; reticulated work *or* bond || maçonnerie f. maillée *ou* en échiquier *ou* réticulée; ouvrage m. réticulé. **t) ~wäscher** m. || net washer || laveur m. de filets. **u) ~wäscherei** f. || netting washing || lavage m. de filets. **v) ~werk** n. || network; netting || filet m.; treillis m. 10

neu || new || nouveau; nouvelle. 11

neuaufgebaut || rebuilt || reconstruit. 12

neuaufgeschlossener Tagebau m. || recently opened cast working || mine f. à ciel ouvert récemment installée. 13

Neubau m. || new construction *or* building || nouvelle construction f. **a) ~kosten** pl. || cost of rebuilding || frais mpl. de reconstruction. 14

Neubekleiden n. von **Walzen** || re-filling of rolls || regarnissage m. de cylindres. 15

Neubelegen n. der **Laufdecke** (Radreifen) || re-tiring *or* retreading of tire casing || rechapage m. de l'enveloppe. 16

Neuberechnung f. || re-calculation || calcul m. fait à nouveau. 17

Neubildung f. (Geologie) || new formation || formation f. nouvelle. 18

Neublau n. || starch blue || bleu m. de toilette. 19

Neudruck m. || new impression || réimpression f. 20

Neuerung f. || innovation || innovation f. 21

neuest-e Form f. || latest pattern || dernière forme f. *ou* mode f. **a) ~e Konstruktion** f. || latest construction || dernière construction f. 22

Neufundlandfahrer m. || Newfoundlandman || Terre-neuvier m. 23

Neugelb n. || massicot; yellow lead || massicot m. 24

neugemutetes Normalfeld n. einer Grubenanlage || normal field of a mine where coal was recently disclosed by borings || concession f. normale d'une installation minière récemment reconnue par sondages. 25

Neugliederung f. des **Stromversorgungsgebietes** || fresh grouping of the supply area || réorganisation f. du centre de consommation. 26

Neuheit f. (das Neusein) || newness || nouveauté f. **a)** ~ (Handel) || novelty || nouveauté f. 27

Neumagnetisieren n. || new magnetization || réaimantation f. 28

Neumond m. || new moon || nouvelle lune f. 29

Neunauge n. || lamprey || lamproie f. **a) ~n** npl. **rösten** || to smoke the lampreys pl. || fumer les lamproies fpl. 30

Neuneck n. || enneagon; nonagon || ennéagone m. 31

Neuschnee m. || new *or* fresh snow || neige f. tombée récemment. 32

Neuseelandflachs m. || New Zealand flax || lin m. de la Nouvelle Zélande. 33

Neusilber n. || German silver; nickel silver; argentan; packfong || maillechort m.; argent m. d'Allemagne; argentan m.; métal m. blanc; packfong m. **a) ~band** n. || german silver band || bande f. en argent chinois. **b) ~blech** n. || german silver sheet || feuille f. en argent chinois. **c) ~draht** m. || german silver wire || fil m. en argent chinois. **d) ~fassung** f. || german silver mounting || monture f. en maillechort. **e) ~waren** fpl. || china-silver goods pl.; german-silver ware || argenterie f. Christofle; articles mpl. d'argentan *ou* de maillechort. 34

neutral-es Blendglas n. || absorbing filter of neutral *or* tinted glass || verre m. sombre à teinte neutre. **a) ~e Faser** f. || neutral fibre || fibre f. neutre. **b) ~e Linie** f. *s.* Neutrale. 35

Neutrale f. || neutral line || ligne f. neutre. 36

Neutralfett n. || neutral fat || corps m. gras neutre. 37

Neutralglas n. (Opt) || neutral glass || verre m. neutre. **a)** nur ganz **wenig Licht durchlassendes** dunkles ~ || dense neutral tint glass which allows but little light to pass || verre m. neutre sombre qui ne laisse filtrer que très peu de lumière. 38

Neutralisation f. *s.* Neutralisierung. 39

neutralisieren || to neutralize || neutraliser. 40

Neutralisieren n. (Chem) *s.* Neutralisierung. 41

Neutralisierung f. || neutralization || neutralisation f. 42

Neutralisierungs-anlage f. || neutralization plant || installation f. de neutralisation. **a) ~kondensator** m. (Funkw) || neutralizing condenser || condensateur m. de neutralisation. 43

Neutralität f. (Chem) || neutrality || neutralité f. 44

Neutraltinte f. || neutral tint || teinte f. neutre. 45

Neutrodyn n. || neutrodyne || neutrodyne m. **a) ~empfänger** m. (Funkw) || neutrodyne receiver || récepteur m. neutrodyne. 46

Neutrogerät n. (Funkw) || neutro-apparatus || récepteur m. neutrodyne. 47

Neuwicklung f. (Elektr) || rewinding || réfaction f. des enroulements; ré-enroulement m. **a)** ~ einer **Spule** || new winding of a coil || rébobinage m. d'une bobine. 48

neuzeitlich-e Fertigung f. || up to date manufacture || fabrication f. moderne. **a)** ~ eingerichtete **Werkstätte** f. || modern workshop || atelier m. moderne. 49

Nichrothermstahl m. || nichrotherm steel || acier m. nichrotherm. 50

nicht kanten! || not to be tipped! || ne pas culbuter! 51

nicht stürzen! || not to be dropped!; keep upright! || ne pas laisser tomber!; ne pas renverser! 52

Nichtannahme f. || non acceptance || non acceptation f. 53

nichteisenhaltiges Metall n. *s.* Nichteisenmetall. 54

Nichteisenmetall n. || non-ferrous metal || métal m. non ferrugineux *ou* non-ferreux. 55

Nichterfüllung f. || non fulfilment || inexécution f. 56

Nichtfachleute pl. || inexperienced people *or* hands pl. || non-professionnels mpl.; personnel m. non spécialisé. **a)** unter den **Händen** von **~n** || in the hands of inexperienced people || entre les mains fpl. d'un personnel non spécialisé. 57

Nichtfachmann m. || inexperienced hand || non-professionnel m. 58

nicht-flüchtig || non-volatile || non-volatil. **a) ~hämmerbar** || immalleable || nonmalléable. 59

nichtig || invalid; void || nul; vain. **a) null und ~** || null and void || nul et non avenu; de nul effet. 60

Nichtigkeits-erklärung f. || annulment; invalidation; cancellation || annulation f.; cassation f. a) **~klage** f. || plea of nullity || demande f. en nullité. 1

nicht-kenterbar || non-capsizable || inchavirable. a) **~leitend** || insulating; non-conducting; dielectric || isolant; diélectrique. 2

Nicht-leiter m. (Elektr) || non-conductor; insulator; dielectric || corps m. isolateur; isolant m.; diélectrique m. a) **~lieferung** f. || non-delivery || non-accomplissement m.; non-livraison f. b) **~metall** n. || metalloid; non-metal || métalloïde m.; non-métal m. 3

nichtoxydierbar || inoxidable || inoxydable. 4

nichtrostend || rustproof || inoxydable. a) **~es Instrument** n. || rustproof instrument || instrument m. inoxydable. b) **~es Rohr** n. || rust-resisting tube || tuyau m. inoxydable. c) **~er Stahl** m. || stainless *or* rustless steel || acier m. inoxydable. 5

nicht-söhlig || unleveled || hors d'eau. a) **~trocknendes Öl** n. || non-drying oil || huile f. non-sécheuse. 6

Nichtzahlung f. || non-payment || non-paiement m. 7

Nickel n. || nickel || nickel m. a) **arseniksaures ~** || nickel arsenicate; annabergite || nickel m. arseniaté. b) **aus ~ bestehend** || niccolic || niccolique. c) **Plattierung** f. mit **~** || nickel plating || doublé m. de nickel. 8

Nickel-anode f. || nickel anode || anode f. de nickel. a) **~antimonglanz** m. || antimonial nickel; ullmannite || nickel m. antimonié sulfuré; ullmannite f. b) **~apparat** m. || nickel apparatus || appareil m. en nickel. c) **~bad** n. || nickel bath || bain m. de nickelage. d) **~blech** n. || nickel plate *or* sheet || feuille f. *ou* tôle f. de nickel. e) **~blüte** f. || nickel arseniate; annabergite || nickel m. arséniaté. f) **~brille** f. || nickel spectacles pl. || lunettes fpl. en nickel. g) **~bolzen** m. || nickel bolt || boulon m. de nickel. h) **~bromid** n. || bromide of nickel || bromure m. de nickel. i) **~bronze** f. || nickel bronze || bronze m. au nickel. k) **~draht** m. || nickel wire || fil m. de nickel. 9

Nickeleisen n. || ferronickel; nickel iron || ferro-nickel m. a) **~sammler** m. || iron-nickel accumulator || accumulateur m. fer-nickel. 10

Nickel-elektrode f. || nickel electrode || électrode f. de nickel. a) **~erzbergwerk** n. || nickel mine || mine f. de nickel. b) **~galvanoplastikanlage** f. || nickel galvanoplastic plant || installation f. de galvanoplastie au nickel. c) **~gefäß** n. || nickel vessel || vase m. *ou* bac m. *ou* récipient m. en nickel. d) **~gewinnung** f. || nickel production || métallurgie f. du nickel. e) **~glanz** m. || nickel glance || nickel m. arsenio-sulfuré. f) **~grün** n. || nickelgreen || vert m. de nickel. g) **~gymnit** m. || nickelgymnite || nickelgymnite f. h) **~hütte** f. || nickel works pl. || fonderie f. de minerai de nickel. 11

Nickelin m. || nickeline; niccolite; copper-nickel || nickéline f.; kupfernickel m. 12

Nickel-karbonat n. || carbonate of nickel || carbonate m. de protoxyde de nickel. a) **~kies** m. || sulphide of nickel; nickel pyrites; millerite || nickel m. sulfuré; millerite f. b) **~kupfer** n. || nickel copper || alliage m. de nickel et de cuivre. c) **~legierung** f. || nickel alloy || alliage m. de nickel. d) **~mater** f. (Grav) || nickel matrice || matrice f. en nickel. e) **~münze** f. || nickel coin || monnaie f. de nickel. f) **~niete** f. || nickel rivet || rivet m. de nickel. g) **~ocker** m. || nickel ochre || nickel-ocre m.; nickel m. arséniaté. h) **~oxyd** n. || nickelic oxide; oxide of nickel || oxyde m. nickélique; sesquioxyde m. de nickel. 13

Nickeloxydul n. || nickel oxide *or* protoxide || oxyde m. *ou* protoxyde de nickel. a) **kohlensaures ~** || carbonate of nickel || carbonate m. de protoxyde de nickel. 14

Nickel-papier n. || nickel foil || papier m. nickelé. a) **~pulver** n. || nickel powder || nickel m. en poudre. b) **~salz** n. || nickel salt || sel m. de nickel. c) **~schwamm** m. || spongy nickel || nickel m. spongieux. d) **~smaragd** m. || emerald nickel; zaratite || émeraude f. de nickel; zaratite f. e) **~speise** f. || nickel speiss || speiss m. de nickel. f) **~spießglanz** m. || antimonial nickel; ullmannite || nickel m. antimonié sulfuré; ullmannite f. g) **~spießglanzerz** n. *s.* ~spießglanz. 15

Nickelstahl m. || nickel steel || acier m. au nickel. a) **hochprozentiger ~** || nickel steel high in Ni || acier m. au nickel à haute teneur en Ni. b) **~pendel** n. || nickel steel pendulum || pendule m. en acier au nickel. 16

Nickel-stange f. || nickel rod || barre f. en nickel. a) **~stein** m. || nickel metal *or* matte || matte f. de nickel. b) **~streifen** m. || nickel strip || ruban m. de nickel. c) **~walzwerk** n. || nickel rolling mill || laminoir m. à nickel. d) **~waren** fpl. || nickel ware || articles mpl. en nickel. 17

niederblasen, einen **Ofen** m. (Met) || to blow down *or* to blow out *or* to stop the furnace || mettre le fourneau hors feu. 18

Niederbordschiff n. || vessel with low free board || navire m. bas de bord. 19

nieder-brechen || to fall down || se briser en tombant; s'écrouler. a) **~bringen** (Bergb) || to sink || foncer; avaler. 20

Niederdruck m. || low pressure || basse pression f. a) **~dampf** m. || low pressure steam || vapeur f. à basse pression. b) **~dampfkessel** m. || low pressure steam boiler || chaudière f. à vapeur à basse pression. c) **~dampfmaschine** f. || low pressure steam engine || machine f. à vapeur à basse pression. 21

Niederdrücken n. der **Taste** || pressure applied to the key || pression f. exercée sur la touche. 22

Niederdruck-gebiet n. (Wetter) || low || zone f. de basse pression. a) **~heizung** f. || low pressure heating || chauffage m. à basse pression. b) **~kessel** m. || low pressure boiler || chaudière f. à basse pression. c) **~reifen** m. || low pressure tire || pneu m. à basse pression. d) **~turbine** f. || low pressure turbine || turbine f. à basse pression. e) **~zylinder** m. || low pressure cylinder || cylindre m. à basse pression. 23

Niederfahrt f. || downward journey || descente f. 24

niederfallen (Chem) || to be deposited *or* precipitated; to settle (down); to separate; to precipitate; to fall down; to deposit || se déposer; être déposé *ou* précipité; (se) précipiter. 25

Niederfrequenz f. || low frequency || basse fréquence f. a) **~filter** m. (Funkw) || low pass filter || filtre m. passe-bas. b) **~siebkette** f. || low frequency filter || filtre m. basse fréquence. c) **~transformator** m. (Fernm) || low-frequency transformer || transformateur m. à basse fréquence. d) **~verstärker** m. || low-frequency amplifier || amplificateur m. à basse fréquence. e) **~verstärkung** f. || low-frequency amplification || amplification f. basse fréquence. 26

Niedergang m. (Schiffb) || hatchway; scuttle || écoutille f. a) **~** des **Kolbens** || down-stroke of the piston || course f. descendante du piston. 27

niedergehen (Bergb) || to subside || crouler. a) den **Bruch** m. **~ lassen** || to cause the roof of a mine to fall in *or* to fall down || ébouler *ou* faire ébouler le débris. 28

Niederhalter m., **Blech** || holding-down clamp for plates || presse-tôle m. 29

Niederhaltevorrichtung f., **hydraulische** (Blechschere) || hydraulic holding down arrangement || dispositif m. presse-tôle hydraulique. 30

Niederhauen n. (Bergb) || driving || descente f. 31

niederholen, ein **Segel** n. || to haul *or* clew down a sail || haler bas *ou* carguer une voile. 32

Niederlage f. (Waren) || depot; magazine; agency; ware house; store house; staple house || dépôt m.; entrepôt m.; magasin m. a) **Bier~** || beer repository || dépôt m. de bière. 33

niederlassen, die **Schütze** || to lower the hatch || baisser la pale. 34

Niederlassung f. (Siedlung) || settlement || établissement m.; colonie f. a) **~** eines **Konzerns** || branch of a concern || succursale f. d'un groupe. 35

Niederlaßvorrichtung f. || lowering device || dispositif m. de descente. 36

niederlegen, die **Arbeit** || to cease work || abandonner le travail. 37

niederohmig || of low resistance || de basse résistance f. 38

Niederrahmenfahrgestell n. || low built chassis || châssis m. surbaissé. 39

niederreißen, ein **Gebäude** n. || to demolish *or* to pull down *or* to dismount a building || démolir *ou* raser un bâtiment. 40

Niederschlag m. (Chem) || sediment; deposit; precipitate || sédiment m.; dépôt m.; précipité m. a) **~** (Wetter) || precipitation (of atmosphere) || condensation f. atmosphérique; pluie f. b) der **~ blättert ab** (Chem) || the precipitation peals off || le dépôt se détache. c) der **~ brennt an** || the precipitation burns || le dépôt se brûle. d) **elektrolytischer ~** || electrolytic precipitation || précipité m. électrolytique. e) **Entstaubungsvorrichtung** f. durch **elektrischen ~** || dust removing device by electric precipitation || appareil m. pour la séparation de poussière par extinction électrique. f) **galvanischer ~** || electro deposit || précipité m. galvanique. g) **galvanoplastischer ~** || galvanoplastic deposit || dépôt m. galvanique. h) **jährlicher ~** || (Wetter) || annual rainfall || quantité f. de pluie annuelle. i) **käsiger ~** (Chem) || curds pl.; curdy precipitation || caillé m.; précipité m. caillebotté. k) **pulverförmiger ~** || pulverulent precipitation || précipité m. pulvérulent. l) **Zink~** || zinc coat || dépôt m. de zinc. 41

Niederschlagelektrode f. ‖ precipitation electrode ‖ électrode f. de précipitation. 1
niederschlagen (Chem) ‖ to precipitate; to deposit ‖ précipiter; déposer. **a)** eine **Untersuchung** f. ~ ‖ to quash *or* to stop proceedings pl. ‖ arrêter une enquête. 2
Niederschlagen n. (Chem; Met) ‖ precipitation ‖ précipitation f. **a)** ~ des **Staubes** ‖ settling of dust ‖ captation f. de la poussière. 3
Niederschlagsarbeit f. (Met; Chem) ‖ precipitation process ‖ méthode f. de précipitation. 4
niederschlagsarm ‖ of light precipitation; dry ‖ pauvre en condensations *ou* en pluies; à faibles condensations fpl. 5
Niederschlags-elektrizität f. ‖ electricity of precipitations ‖ électricité f. des précipitations. **a)** **~gebiet** n. ‖ drainage area; catchment basin; water gathering ground ‖ bassin m. **b)** **~höhe** f. ‖ depth of rainfall ‖ hauteur f. de pluie. 6
Niederschlagsmenge f. ‖ amount of rainfall ‖ quantité f. de pluie *ou* d'eau précipitée. **a)** **jährliche** ~ ‖ annual precipitation ‖ quantité f. annuelle de précipitation *ou* de condensation *ou* de pluie. 7
Niederschlagsmittel n. (Chem) ‖ precipitant; precipitating substance ‖ précipitant m.; réactif m. 8
niederschlagsreich ‖ of heavy precipitation; wet; rainfull; rainy ‖ riche de condensations *ou* en pluies; à fortes condensations. 9
Niederschlags-verteilung f. ‖ distribution of precipitation *or* rainfall ‖ distribution f. de la pluie. **a)** **~wasser** n. ‖ rainwater; atmospheric *or* meteoric water ‖ eau f. de pluie; eau f. météorique. 10
Niederschlagung f. eines **Prozesses** ‖ quashing of a lawsuit ‖ arrêt m. de non-lieu. **a)** ~ der **Teernebel** ‖ precipitation of tar mists ‖ précipitation f. des brouillards de goudron. 11
Nieder-schrift f. ‖ writing (down) ‖ procès-verbal m. **a)** **~sinken** n. der Gichten eines Hochofens ‖ descent of the charges of a blast furnace ‖ descente f. des charges d'un haut-fourneau. 12
Niederspannung f. ‖ low tension ‖ basse tension f. 13
Niederspannungs-anlage f. ‖ low tension plant ‖ installation f. à basse tension. **a)** **~erzeuger** m. ‖ low tension generator ‖ génératrice f. à basse tension. **b)** **~kraftquelle** f. (Elektr) ‖ low potential source of supply ‖ source f. de force de basse tension. **c)** **~magnet** m. ‖ low tension magneto ‖ magnéto m. à basse tension. **d)** **~schalter** m. ‖ low-voltage switch ‖ interrupteur m. à basse tension. **e)** **~spule** f. ‖ low tension coil ‖ bobine f. à basse tension. **f)** **~wicklung** f. ‖ low tension winding ‖ enroulement m. à basse tension. **g)** **~zündung** f. ‖ low tension ignition ‖ allumage m. à basse tension. 14
Nieder-stellen n. des **Stempels auf Körnermarke** ‖ bringing down the punch on to centre mark ‖ amenage m. du poinçon sur le coup de pointeau. **a)** **~tor** n. (Schleuse) ‖ tail *or* aft gate ‖ porte f. d'aval *ou* de mouille. 15
Niederung f. ‖ low ground ‖ terrain m. bas. 16
Niederwald m. ‖ low forest; coppice wood ‖ taillis m. simple. 17
niederwärts ‖ downward(s) ‖ vers le bas. 18
Niederwasser n. ‖ low water ‖ basse eau f.; étiage m. 19
niedrig ‖ low ‖ bas. **a)** **~er Bau** m. (Masch) ‖ low construction ‖ construction f. basse. **b)** **~er Gehalt** m. ‖ low content ‖ faible teneur f. **c)** **~er gelegen** sein (Feldm) ‖ to be lower ‖ être en contre-bas (d'un point). **d)** **~er machen** ‖ to lower ‖ abaisser. 20
niedrig-legierter Stahl m. ‖ low-alloy steel ‖ acier m. à faible alliage. **a)** **~prozentige Legierung** f. ‖ alloy of low percentage ‖ alliage m. à faible teneur. **b)** **~siedend** (Chem) ‖ low-boiling ‖ à bas point m. d'ébullition. 21
Niedrigspannungsdynamo f. ‖ low tension dynamo ‖ dynamo f. à basse tension. 22
Niedrigstwärmegrad m. ‖ minimum temperature ‖ température f. minimum. **a)** **~messer** m. ‖ minimum thermometer ‖ thermomètre m. à minimum. 23
niedrigverdichtender Motor m. ‖ low-compression engine ‖ moteur m. à basse compression. 24
Niedrigwasser n. ‖ low water ‖ basse-mer f. **a)** **kleinstes** ~ ‖ minimum flow at low water ‖ eau f. minima. 25
niellieren ‖ to inlay with black enamel; to work in niello ‖ nieller. 26
Niellierung f. (Uhrm) ‖ niello making ‖ niellage m. 27
Niello n. ‖ niello engraving ‖ niellure f. 28
Niere f. (Bergb; Min) ‖ nodule; spheroidal concretion ‖ rognon m.; globule m. oblong. **a)** ~ von **Kalkmergelstein** ‖ spheroidal concretions pl. of marl ‖ dés mpl. de van-Helmont; marne f. spheroïdale cloisonnée. 29
Nieren-erz n. ‖ nodular *or* kidney ore ‖ minerai m. en rognons. 30
nierenförmig ‖ kidney shaped; reniform ‖ en forme f. de rein; réniforme. **a)** ~ (Min) ‖ drusy; drused ‖ drusiforme. 31
nierig (Bergb) ‖ in nodules pl.; in pockets pl. ‖ en rognons mpl. 32
Nießwurz f. ‖ hellebore ‖ ellébore m. 33
Niet n. ‖ rivet; clinch nail; pin ‖ rivet m. **a)** **Eisen~** ‖ iron rivet ‖ rivet m. en fer. **b)** **Kaltpresse** f. zum **Formen und Stauchen** von **~en** ‖ cold press for forming and upsetting rivets ‖ presse f. à froid pour frapper et fouler des rivets. **c)** **Metall~** ‖ metal rivet ‖ rivet m. de métal. **d)** **versenktes** ~ ‖ countersunk *or* flush rivet ‖ rivet m. noyé *ou* à tête perdue *ou* à tête fraisée. 34
Niet-anlage f., **pneumatische** ‖ pneumatic riveting machinery ‖ riveuses fpl. pneumatiques. **a)** **~anordnung** f. ‖ arrangement of rivets ‖ disposition f. des rivets. **b)** **~apparat** m. ‖ riveting apparatus ‖ appareil m. à riveter. **c)** **~bank** f. ‖ riveting stock ‖ outil m. à trous; banc m. à river. **d)** **~döpper** m. ‖ riveting snap tool ‖ bouterolle f. **e)** **~einteilung** f. ‖ arrangement of rivets ‖ distribution f. des rivets. **f)** **~eisen** n. ‖ rivet iron ‖ fer m. à rivets. 35
nieten ‖ to rivet ‖ river. **a)** **kalt** ~ ‖ to clinch ‖ river à froid. **b)** **warm** ~ ‖ to rivet hot ‖ river à chaud. 36
Nieten n. ‖ rivet(t)ing ‖ rivure f.; rivetage m. 37
Nieten-draht m. ‖ rivet wire ‖ fil m. pour rivets. **a)** **~einschlager** m. ‖ rivet(t)er ‖ riveur m. **b)** **~glühofen** m. ‖ rivet furnace ‖ four m. à rivets. **c)** **~herstellung** f. ‖ making rivets ‖ fabrication f. des rivets. **d)** **~herstellungsmaschine** f. ‖ rivet making machine ‖ machine f. à fabriquer les rivets. **e)** **~lochbohrer** m. ‖ rivet hole driller ‖ mèche f. à forer les trous de rivets. **f)** **~presse** f. ‖ rivet making press ‖ presse f. à faire les rivets. **g)** **~reihe** f. ‖ row of rivets ‖ rangée f. *ou* ligne f. de rivets. **h)** **~schere** f. ‖ rivet shearing machine ‖ cisaille f. à rivets. **i)** **~schmiedemaschine** f. ‖ rivet forging machine ‖ machine f. à forger les rivets. 38
Nietentfernung f. ‖ pitch of rivets ‖ espacement m. des rivets. 39
Nieten-wärmer m. ‖ rivet heater ‖ chauffeur m. de rivets. **a)** **~zieher** m. ‖ rivet setter ‖ chasse-rivets m. **b)** **~ziehmaschine** f. ‖ riveting machine ‖ riveuse f. 40
Nieter m. ‖ rivet(t)er ‖ riveur m. **a)** **Hand~** ‖ hand rivetter ‖ riveur m. à la main. **b)** **Maschinen~** ‖ machine rivetter ‖ riveur m. à la machine. 41
Niet-esse f. *s.* ~feuer. **a)** **~feuer** n. ‖ rivet hearth ‖ four m. à rivets. **b)** **~fuge** f. ‖ joint ‖ joint m. 42
Niethammer m. ‖ riveting hammer ‖ marteau-riveur m.; rivoir m.; marteau m. à river. **a)** **Preßluft~** ‖ pneumatic riveting hammer ‖ marteau m. à river à air comprimé. 43
Niet-horn n. ‖ riveting horn ‖ bigorne f. à river. **a)** **~keil** m. ‖ gudgeon pin ‖ broche f. **b)** **~kloben** m. ‖ holding-up tool; dolly ‖ mandrin m. d'abattage; appuyeur m.; contre-bouterolle f. **c)** **~kluppe** f. ‖ riveting clamp ‖ mordache f. à river; presse f. pour river; pince f. à rivets. **d)** **~kolonne** f. ‖ set of riveters ‖ équipage m. de riveurs. **e)** **~kontrollgerät** n. ‖ rivet control apparatus ‖ appareil m. à contrôler le rivetage. **f)** **~kontrollvorrichtung** f. ‖ rivet controlling device ‖ dispositif m. de contrôle pour rivures. **g)** **~kopf** m. ‖ rivet head ‖ tête f. de rivet. **h)** **~länge** f. in Abhängigkeit von den Klemmlängen ‖ length of rivets depending on the joint thickness ‖ longueur f. des rivets dépendant de l'épaisseur des tôles. **i)** **~loch** n. ‖ rivet hole ‖ trou m. de rivet. 44
nietloser Gitterträger m. ‖ boltless trellis girder ‖ poutre f. à treillis sans boulons. 45
Nietmaschine f. ‖ rivet(t)ing machine; rivet(t)er ‖ riveuse f.; riveteuse f.; machine f. à river. **a)** **bewegliche** ~ ‖ portable riveting plant ‖ riveuse f. portative *ou* mobile. **b)** **Dampf** ~ ‖ steam rivetter ‖ riveuse f. à vapeur. **c)** **elektrohydraulische** ~ ‖ electric hydraulic rivetting machine ‖ riveuse f. électro-hydraulique. **d)** **Faßreifen~** ‖ hoop riveting machine ‖ machine f. à river les cercles de fûts. **e)** **feststehende** ~ ‖ stationary riveting machine ‖ riveuse f. fixe. **f)** **hydraulische** ~ ‖ hydraulic riveting machine ‖ riveuse f. hydraulique. **g)** ~ für die **Kartonindustrie** ‖ riveting machine for the card box industry ‖ riveteuse f. pour l'industrie du carton. **h)** **Kniehebel~** ‖ toggle joint riveting machine ‖ riveuse f. à col de cygne. **i)** **ortsfeste** ~ ‖ stationary riveting machine ‖ riveuse f. fixe. **k)** ~ für **Sonderzwecke** ‖ special riveting machine; special purpose riveting machine ‖ riveuse f. spéciale. **l)** **Zangen~** ‖ tongs riveting machine ‖ riveuse f. à pince. 46
Niet-meißel m. ‖ riveting punch ‖ poinçon m. à river. **a)** **~nagel** m. ‖ rivet ‖ clou m. rivé; rivet m. 47
Nietnaht f. ‖ riveting; riveted joint *or* seam; row of rivets ‖ rivure f.; file f. *ou*

ligne f. *ou* rangée f. de rivets. **a) doppelte ~** ‖ double riveted seam ‖ rivure f. à deux rangs *ou* double; couture f. à double rivure. **b) einfache ~** ‖ single riveted seam ‖ rivure f. à un rang; couture f. à simple rivure. 1

Niet-ofen m. ‖ rivet-heating furnace ‖ four m. à chauffer les rivets. **a) ~pfaffe** m. ‖ riveting set; snap; rivet stamp ‖ chasse-rivet m.; bouterolle f. à rivet. **b) ~platte** f. ‖ riveting stock ‖ outil m. à trous; banc m. à river. **c) ~presse** f. ‖ riveting machine *or* press; riveter ‖ machine f. *ou* presse f. à river; riveuse f. **d) ~punze** f. ‖ riveting punch ‖ poinçon m. à river. 2

Nietreihe f. ‖ row of rivets ‖ file f. *ou* ligne f. *ou* rang m. *ou* rangée f. de rivets. **a) versetzte ~** ‖ staggered row of rivets ‖ rang m. de rivets alternés. 3

Niet-schaft m. ‖ shaft of rivet; rivet shank ‖ tige f. *ou* corps m. de rivet. **a) ~stempel** m. ‖ riveting set; setter; snap; rivet stamp ‖ chasse-rivet m.; bouterolle f. à rivet. **b) ~stöckchen** n. ‖ riveting stock ‖ outil m. à trous; banc m. à river. **c) ~teilung** f. ‖ pitch of rivets ‖ écartement m. des rivets. 4

niet- und nagelfest ‖ clinched and riveted ‖ tenant à fer et à clou. 5

Nietung f. ‖ rivet(t)ing; riveted joint ‖ rivure f. **a) doppelschnittige ~** ‖ double shear rivet joint ‖ rivure f. à deux sections de cisaillement. **b) doppelte ~** ‖ double riveting ‖ rivure f. double *ou* à deux rangs **c) dreifache ~** ‖ treble *or* triple riveting ‖ rivure f. triple *ou* à trois rangs. **d) dreireihige ~** *s.* dreifache ~. **e) einfache ~** ‖ single riveting ‖ rivure f. simple *ou* à un rang. **f) einreihige ~** *s.* einfache ~. **g) einschnittige ~** ‖ single shear rivet joint ‖ rivure f. à une section de cisaillement. **h) hydraulische ~** ‖ hydraulic riveting ‖ rivure f. hydraulique. **i) kalte ~** ‖ cold riveting ‖ rivure f. à froid. **k) Maschinen~** ‖ machine riveting ‖ rivetage m. mécanique. **l) wasserdichte ~** ‖ watertight riveting ‖ rivetage m. étanche. **m) zweireihige ~** ‖ double riveting ‖ rivure f. double *ou* à deux rangs. 6

Nietverbindung f. ‖ junction of rivets ‖ assemblage m. par rivets. **a) schwer zugängliche ~** ‖ riveted joint of difficult accessibility ‖ rivure f. d'accès difficile. 7

Nietwärmofen m. ‖ rivet heating furnace; rivet forge ‖ four m. à (chauffer les) rivets. **a) elektrischer ~** ‖ electric engine for rivet warming ‖ appareil m. électrique à chauffer de rivets. 8

Niet-winde f. ‖ shrew dolly ‖ truc m. à vis. **a) ~wippe** f. ‖ dolly bar; lever dolly ‖ brimbale f. de l'abattage *ou* de contre-bouterolle; levier m. porte-tas; porte-contre-bouterolle m. **b) ~zange** f. ‖ riveting tongs pl. ‖ pince f. à rivets. **c) ~zieher** m. ‖ riveting set ‖ bouterolle f. à rivet. **d) ~zwinge** f. ‖ riveting clamp ‖ serre-tubes m. 9

Nigersame(n) m. ‖ Niger seed ‖ graine f. de Niger. 10

Nikotin n. ‖ nicotin(e) ‖ nicotine f. 11

nikotinfrei ‖ free from nicotine ‖ sans nicotine f. 12

Nippel m. ‖ nipple ‖ raccord m. à vis. **a) Speichen~** ‖ spoke nipple ‖ écrou m. de rayon. 13

Nippel-gewindeschneidmaschine f. ‖ nipple threading machine ‖ machine f. à fileter les raccords *ou* nipples. **a) ~maschine** f. ‖ machine for making nipples ‖ machine f. à faire des raccords. 14

Nippes pl. *s.* Nippsache f. 15

Nippsache f. ‖ fancy ware; trinket ‖ bibelot m. 16

Nische f. (Bauw) ‖ niche ‖ niche f. **a) ~** (Wasserbau) ‖ recess ‖ niche f. **b) ~im Mauerwerk** ‖ break in a wall ‖ renfoncement m. dans le nu d'un mur. 17

Nistkasten m. ‖ breeding cage ‖ couveuse f. pour oiseaux. 18

Nitrat n. ‖ azotate; nitrate ‖ azotate m.; nitrate m. 19

Nitrier-apparat m. ‖ nitrating apparatus ‖ appareil m. de nitrification. **a) ~baumwolle** f. ‖ nitrating cotton ‖ coton m. à nitrer. 20

nitrieren ‖ to nitride; to nitrate ‖ nitrurer; nitrer. 21

Nitrier-härtung f. ‖ nitride hardening ‖ trempe f. par nitruration. **a) ~säure** f. ‖ nitric-sulphuric acid ‖ mélange f. sulfonitrique. **b) ~stahl** m. ‖ nitrided steel ‖ acier m. nitruré. 22

Nitrierung f. ‖ nitration ‖ nitration f. 23

Nitrierverfahren n. ‖ nitriding process ‖ nitruration f. 24

Nitrit n. ‖ nitrite; azotite ‖ azotite m.; nitrite m. 25

Nitro-benzin n. ‖ nitrobenzine ‖ nitrobenzine f. **a) ~benzol** n. ‖ nitrobenzol; nitrobenzene ‖ nitrobenzol m.; nitrobenzène f. **b) ~farbstoff** m. ‖ nitro dye ‖ colorant m. nitré. **c) ~glyzerin** n. ‖ nitroglycerin[e]; glonoine; nitroleum; blasting oil ‖ nitroglycérine f. **d) ~kalzit** m. ‖ nitrate of lime; nitrocalcite ‖ nitrate m. de chaux; chaux f. nitratée; nitrocalcite m. **e) ~magnesit** m. ‖ nitromagnesite ‖ nitromagnésite f. 26

nitros-er Dampf m. ‖ nitrous fume ‖ vapeur f. nitreuse. **a) ~es Gas** n. ‖ nitrous gas ‖ gaz m. nitré. 27

Nitrotoluol n. ‖ nitrotoluene ‖ nitrotoluène m. 28

Nitrozellulose f. ‖ nitrocellulose; collodion cotton ‖ nitrocellulose f.; coton m. explosif. **a) ~lack** m. ‖ pyroxyline lacquer ‖ laque f. de nitrocellulose. 29

Niveau n. ‖ level ‖ niveau m. **a) auf gleiches ~ einstellen** (Phys) ‖ to adjust levels ‖ égaliser les niveaux. **b) über** dem **~** ‖ above the level ‖ au-dessus du niveau. **c) unter** dem **~** ‖ below the level ‖ au-dessous du niveau. 30

Niveau-abstand m. ‖ distance of level ‖ distance f. du niveau. **a) ~fixpunkt** m. ‖ bench mark ‖ repère m. **b) ~fläche** f. ‖ (Elektr) ‖ equipotential surface ‖ surface f. de niveau *ou* équipotentielle. 31

Niveauübergang m. (Eisenb) ‖ level crossing ‖ passage m. à niveau. **a) rechtwinkliger ~** ‖ level crossing in right angle ‖ passage m. à droit. **b) schräger ~** ‖ level crossing on the skew ‖ passage m. à niveau oblique. 32

nivellieren ‖ to level; to bring to the level; to take the level ‖ niveler; égaliser; aplanir; mettre en niveau; prendre le niveau; mesurer avec le niveau. **a)** die **Höhenlage** von **Grubenbauten ~** ‖ to level the horizontal elevation of underground workings ‖ niveler *ou* dépendre pour tracer des plans de mines. 33

Nivellierinstrument n. ‖ levelling instrument; level ‖ instrument m. de nivellement; niveau m. (à lunette). **a) ~** mit **Fernrohr** ‖ telescope level ‖ niveau m. à lunette. **b) ~** mit **Horizontalkreis** ‖ level with horizontal circle ‖ niveau m. à lunette muni d'un cercle horizontal. 34

Nivellierkreuz n. ‖ boning rod ‖ nivelette f.; voyant m.; porte-lanterne f. 35

Nivellierlatte f. ‖ levelling staff ‖ mire f. de nivellement; mire f. graduée. **a) Fein~** ‖ high precision levelling staff ‖ mire f. parlante de précision. **b) ~** zum **Selbstablesen** ‖ self-reading *or* speaking staff ‖ mire f. parlante. **c) ~** zum **Verschieben** ‖ sliding staff ‖ mire f. à coulisse. 36

Nivellier-maßstab m. ‖ levelling rule ‖ mire f. graduée. **a) ~scheibe** f. ‖ sliding vane ‖ voyant m.; plaque f. **b) ~tachometer** n. ‖ tachometer level ‖ niveau-tachymètre m. 37

Nivellierung f. ‖ levelling ‖ nivellement m. 38

Nobels Sprengöl n. ‖ nitroglycerine; glonoine; nitroleum ‖ nitroglycérine f. 39

Nock f. eines **Segels** ‖ upper corner *or* cringles pl. of a sail ‖ empointure f. *ou* point m. d'envergure d'une voile. 40

Nocken m. ‖ cam; lift; lifter; lifting-cog; wiper; tappet ‖ came f.; mentonnet m. **a) Anschlag~** ‖ bearing stud ‖ butée f. d'aiguille. **b) aufgekeilter ~** ‖ cam keyed on ‖ came f. clavetée (sur). **c) Auflauf~** ‖ arresting *or* stopping cam ‖ came f. d'arrêt. **d) Auslaß~** ‖ exhaust cam ‖ came f. d'échappement. **e) Einlaß~** ‖ admission *or* inlet cam ‖ came f. d'admission. **f)** mit der Welle aus **einem Stück gefräster ~** ‖ cam milled-out of the solid ‖ came f. et arbre fraisés d'une seule pièce. **g) Kompressions~** *s.* Verdichtungs~. **h) Verdichtungs~** ‖ compression release ‖ came f. de décompression. **i) verschiebbarer ~** ‖ sliding cam ‖ came f. de déplacement. **k) verstellbarer ~** ‖ adjustable cam ‖ came f. réglable. 41

Nocken-form f. ‖ shape of cam; cam contour ‖ forme f. *ou* profil m. de came. **a) ~gestalt** f. *s.* ~form. **b) ~hub** m. ‖ lift of cam ‖ levée f. de came. **c) ~steuerung** f. ‖ cam gear ‖ commande f. par came. 42

Nockenwelle f. ‖ camshaft ‖ arbre m. à cames. **a) Auslaß~** ‖ exhaust camshaft ‖ arbre m. à cames d'échappement. **b) verschiebbare ~** ‖ shifting camshaft ‖ arbre m. à cames baladeur. 43

Nockenwellen-antriebsrad n. ‖ camshaft timing gear ‖ roue f. de l'arbre à cames. **a) ~lager** n. ‖ camshaft bearing ‖ palier m. de l'arbre à cames. **b) ~schleifeinrichtung** f. ‖ camshaft grinding attachment ‖ dispositif m. à rectifier les arbres à cames. **c) ~schleifmaschine** f. ‖ camshaft grinding machine ‖ machine f. à rectifier les arbres à cames. 44

Nockhorn n. *s.* Nock f. eines Segels. 45

Nominal-betrag m. ‖ nominal value ‖ valeur f. nominale. **a) ~wert** m. *s.* Nennwert. 46

Nomographie f. ‖ nomography ‖ nomographie f. 47

Nonientheodolit m. ‖ vernier theodolite ‖ théodolite m. à vernier. 48

Nonius m. ‖ nonius; vernier ‖ nonius m.; vernier m. **a) ~** mit **Lupe** ‖ vernier with magnifying reader ‖ vernier m. muni d'une loupe. **b)** auf eine **Minute** ablesbarer **~** ‖ vernier reading to one minute ‖ vernier m. donnant la minute. **c)** auf einer **Teilung gleitender ~** ‖ vernier

sliding on the graduation || vernier m. glissant sur une graduation. 1
Nonius-nullpunkt m. || vernier *or* nonius zero || zéro m. du vernier. **a) ~nullstrich** m. || zero line of the vernier || zéro m. du vernier. **b) ~teilstrich** m. || nonius graduation; vernier division || trait m. de division de vernier. 2
Nonne f. (Dachd) || gutter *or* hollow *or* concave tile || tuile f. creuse *ou* gouttière *ou* femelle *ou* imbricée. **a) ~** (Masch; Met) || mould; matrix || matrice f. **b) ~** (Schmetterling) || black arches || nonne f. 3
Nonpareille f. || nonpareil || nonpareille f.; six m. 4
Noppeisen n. (Tuchm) || burling iron; pick pincers pl. || épincette f.; brucelles fpl. 5
noppen || to burl; to pick; to cull || épincer; épinceler; épinceter; éplucher. 6
Noppen n. des **Tuches** || cloth burling || épetissage m. *ou* épincetage m. *ou* nopage m. de drap. 7
Noppen-muster n. || nap pattern || dessin m. à nopes. **a) ~strickmaschine** f. || purl knitting machine || machine f. à tricoter à nopes. 8
Nopper m. || trimmer; burler || pareur m.; épinceteur m. 9
Nopp-maschine f. || burling machine || épinceteuse f. mécanique. **a) ~rahmen** m. || burling frame || pupitre m. à épinceter. **b) ~zange** f. || tweezer; weaver's tweezer *or* nippers pl. || pincette f. du tisserand. 10
Nord m. *s.* Norden m. **a) ~breite** f. || north latitude || latitude f. nord. 11
Norden m. || north || nord m. 12
nördlich || northern; to the north; northerly || septentrional; boréal; du nord; arctique. 13
Nordlicht n. || northern light || aurore f. boréale. 14
nordmagnetisch || north-magnetic || magnétique nord. 15
Nord-ostpassat m. || North-East trade wind || alizé m. de Nord-Est. **a) ~pol** m. || north pole || pole m. nord. **b) ~see** f. || German ocean; north sea || mer f. d'Allemagne *ou* du nord. **c) ~stern** m. || pole star || étoile f. polaire. 16
Noria f. (Masch) || noria; paternoster work || noria f.; patenôtre f. 17
Norm f. || standard; rule; model || norme f.; règle f. **a) ~en** fpl. **festsetzen** || to standardize || standardiser. **b) nach ~en** fpl. **hergestellt** || standardized || standardisé. **c) über** der **~** || above the standard || au-dessus du type m. **d) unter** der **~** || below the standard || au-dessous du type m. 18
normal || normal || normal. **a) ~e Gangart** f. (Masch) || normal speed || marche f. normale. 19
Normal-antrieb m. || normal drive || commande f. normale. **a) ~atmosphäre** f. || standard atmosphere || atmosphère f. normale. **b) ~aufstellung** f. (Motor) || normal scheme of erection || réglage m. normal. **c) ~ausführung** f. || standard construction || construction f. normale. **d) ~bahn** f. || standard railway || chemin m. de fer normal. **e) ~bedingungen** fpl. || standard specifications pl. || conditions fpl. normales. **f) ~beschleunigung** f. || normal acceleration || accélération f. normale. **g) ~bohrer** m. (Techn) || plug *or* original *or* master tap || taraud-mère f. **h) ~breite** f. eines **Flusses** || normal breadth of a river || largueur f. du profil amélioré d'une rivière. **i) ~brennweite** f. der **Objektive** || standard value of focal length of object glasses || focale f. normale d'objectifs. **k) ~buchstabe** m. (Buchdr) || standard letter || moyenne f.; caractère m. *ou* lettre f. étalon. **l) ~bug** m. (beim Pressen) || normal bend || pli m. normal. 20
Normale f. (Geom) || normal (line) || normale f. 21
Normal-elektrode f. || standard electrode || électrode f. normale. **a) ~element** n. || standard cell || pile f. étalon; élément m. normal. **b) ~faß** n. || standard gauge barrel || baril m. normal. **c) ~feile** f. || standard file || lime f. normale. **d)** neugemutetes **~feld** n. einer **Grubenanlage** || normal field of a mine where coal was recently disclosed by borings || concession f. normale d'une installation minière récemment reconnue par sondages. **e) ~fixpunkt** m. || datum point || point m. de repère. **f) ~format** n. || standard size || dimensions fpl. normales; format m. courant *ou* normal. **g) ~fracht** f. || normal freight || fret m. normal. **h) ~gefällerad** n. || normal head turbine || turbine f. pour eaux normales. **i) ~geschwindigkeit** f. || proper *or* normal speed || vitesse f. normale. **k) ~gewicht** n. || standard weight || poids m. type. **l) ~gewinde** n. || standard screw *or* thread || filet m. normal. **m) ~größe** f. || standard size || grandeur f. type. **n) ~heizelement** n. (Elektr) || standard heating element || élément m. de chauffage normal. **o) ~horizont** m. || datum surface || niveau m. vrai. 22
normalisieren *s.* normen. 23
Normalisierung f. *s. auch* Normung f. || standardization || standardisation. 24
Normal-kerze f. || standard candle || bougie f. normale. **a) ~kessel** m. || standard boiler || chaudière f. type. **b) ~konus** m. (Werkzeugmasch) || standard cone; Morse's cone || cône m. normal (de l'arbre). **c) ~kraft** f. || normal force || force f. normale. **d) ~kupfer** n. || standard copper || cuivre m. étalon. **e) ~kurve** f. || normal curve || courbe f. normale. **f) ~länge** f. || standard length || longueur f. type. **g) ~lehre** f. || standard gauge || calibre m. étalon *ou* normal. **h) ~leistung** f. || normal *or* rated output || débit m. normal; puissance f. normale. **i) ~lineal** n. || standard rule || règle f. normale. **k) ~lösung** f. || normal solution || solution f. normale. **l) maß** n. || standard (measure) || étalon m. **m) ~maßstab** m. || standard measure || échelle f. *ou* mesure f. normale. **n) ~meßlänge** f. des **Probestabes** || standard gauged length of test bar || longueur f. normale de l'éprouvette. **o) ~null** f. (Wasserb) || datum surface; mean sea level || niveau m. moyen d'une mer. **p) ~papier** n. *s.* Normpapier n. **q) ~preis** m. || standard price || prix m. normal. **r) ~probestab** m. || standard test bar || éprouvette f. normale. 25
Normalprofil n. des **lichten Raumes** || standard section of inner span || gabarit m. **a) ~schablone** f. (Eisenb) || standard clearance gauge || gabarit m. de profil normal. 26
Normalsack m. || standard gauge sack || sac m. normal. 27
Normalspur f. (Eisenb) || standard gauge || voie f. normale; écartement m. *ou* gabarit m. normal. **a) ~bahn** f. || standard gauge railway || chemin m. de fer à voie normale. 28
normalspuriger eiserner **Kastenwagen** m. || iron box freight car for standard gauge || wagon m. à caisse en fer à écartement normal. 29
Normalspurlokomotive f. || standard gauge locomotive || locomotive f. à voie normale. 30
Normal-stoß m. des **Windes** || normal wind pressure || poussée f. normale du vent. **a) ~strom** m. || standard current || courant m. normal. **b) ~trockner** m. || standard dryer || sécheur m. normal. 31
Normaluhr f. || central clock; regulating clock || horloge f. régulatrice *ou* centrale. **a) elektrische ~** || electric regulating clock || horloge f. régulatrice électrique. 32
Normal-versuchsprobe f. || standard assay-sample || échantillon m. normal. **a) ~wert** m. || normal value || valeur f. normale. **b) ~widerstand** m. || standard resistance || étalon m. de résistance. **c) ~würfel** m. || standard cube || cube m. normal. **d) ~ziegelformat** n. || standard brick-size || dimensions fpl. normales des briques. 33
Normalblatt n. || standardizing sheet || tableau m. de normalisation. 34
normen || to standardize || standardiser; normaliser. 35
Normen fpl. || standards pecifications pl. || règles fpl. **a) ~ausschuß** m. || standardization committee || comité m. de normalisation. 36
normieren *s.* normen. 37
Norm-papier n. || standard paper || papier m. normal. **a) ~schlüssel** m. || standard spanner || clef f. normale. **b) ~zeile** f. (Buchdr) || direction line || ligne f. de pied. 38
Normung f. || standardization; normalization || standardisation f.; normalisation f. 39
Not f. (Mangel) || need; want || besoin m.; nécessité f.; pénurie f. **a) ~** (Mangel an Lebensmitteln) || famine || disette f. **b) ~** (Seew) || distress || détresse f. 40
Nota f. || note; bill || bordereau m.; note f. 41
Not-ablaß m. einer **Sperrmauer** || emergency outlet of a dam || vanne f. de secours d'un mur du barrage. **a) ~anker** m. || spare anchor; emergency anchor || ancre f. de sûreté *ou* de secours *ou* de la cale. 42
Notar m. || notary || notaire m. 43
Notariat n. || notary's office || notariat m. 44
Notariatsgebühren fpl. || notary's fees pl. || droits mpl. notariaux. 45
notariell || drawn up by a notary || notarié; passé devant notaire. 46
Not-ausbesserung f. || emergency repair || réparation f. improvisée. **a) ~ausgang** m. || emergency exit || sortie f. de réserve *ou* de secours. **b) ~ausgangstür** f. || emergency exit || porte f. de réserve *ou* de secours. **c) ~auslaß** m. (Kanalisation) || rain outlet; stormwater overflow || bonde f. *ou* bouche f. de pluie. **d) ~ausrücker** m. || safety disconnecter || débrayeur m. supplémentaire. **e) ~ausschalter** m. || emergency switch || interrupteur m. de secours. **f) ~balken** m. (Zimm) || corbel tree || force f. de solivure; poutre f. de force. **g) ~behelf** m. || last resource; stop gap || pis-aller m.; expédient m. **h) ~beleuchtung** f. || emergency light-

ing || éclairage m. de sûreté *ou* de secours. **i)** sich selbsttätig einschaltendes **~beleuchtungsaggregat** n. || automatically controled emergency lighting set || groupe m. d'éclairage de secours à mise en route automatique. 1

Notbremse f. || emergency *or* safety brake || frein m. de sûreté *ou* de secours *ou* de détresse. 2

Notbrems-einrichtung f. || emergency brake apparatus || appareils mpl. du frein de secours des voyageurs. **a) ~ventil** n. || emergency brake valve || valve f. du frein de secours. 3

Notbrücke f. || temporary *or* provisory bridge || pont m. provisoire *ou* de service *ou* de circonstances. 4

notdürftig || needy; poor; scanty || à peine suffisant; indigent. 5

Note f. (Mus) || note || note f. **a) ~n** fpl. (Mus) || notes pl.; musics pl. || musique f. **b) ~** (Bank) || banknote || billet m. (de banque) 6

Noten-ausgabe f. (Geld) || issue of banknotes || émission f. de billets. **a) ~bank** f. || issuing bank || banque f. d'émission. **b) ~buch** n. || music- *or* note-book || livre m. de musique. **c) ~buchstabe** m. (Buchdr) || reference (letter) || lettrine f.; renvoi m. 7

Notendruck m. || music-printing || impression f. musicale *ou* de la musique. **a) ~** mit **Lettern** || printing notes by types || mélotypie f. 8

Noten-drucker m. || music printer || imprimeur m. de musique. **a) ~druckerei** f. || music printing office || imprimerie f. de musique. **b) ~druckpapier** n. || music paper || papier m. à musique. **c) ~feder** f. || pen for writing music || plume f. à écrire la musique. **d) ~heft** n. || music book || cahier m. de musique. **e) ~linien** fpl. || staff || portée f. **f) ~mappe** f. aus **Leder** || music leather case || porte-musique m. en cuir. **g) ~papier** n. || music paper || papier m. à musique. **h) ~pult** n. || note stand || pupitre m. à musique. **i) ~rolle** f. für **Klavierspielapparate** || music roll for automatic pianos || rouleau m. de musique pour les appareils à jouer le piano. **k) ~schreiber** m. || copier of notes || copiste m. de musique; noteur m. **l) ~schreibmaschine** f. || music typewriter || machine f. à écrire les notes à musique. **m) ~ständer** m. || music stand || pupitre m. à musique. **n) ~stanzmaschine** f. || music engraving machine || machine f. à estamper les notes. **o) ~stechen** n. (Grav) || engraving of music || gravure f. de musique. **p) ~stecher** m. || music engraver || graveur m. de musique. **q) ~stich** m. (Buchdr) || music engraving || gravure m. de musique. **r) ~system** n. || staff || portée f. **s) ~umlauf** m. || circulation of banknotes; note circulation || circulation f. des billets. **t) ~zeichen** n. (Anmerkungszeichen) || reference mark || marque f. de référence. **u) ~zeile** f. (Mus) || staff || portée f. 9

Notfall m. || case of necessity || cas m. de besoin. **a) im ~** || in case of need || au besoin; s'il le faut. 10

Not-flagge f. (Seew) || flag of distress; waft flag || pavillon m. de détresse *ou* en berne. **a) ~floß** n. || temporary raft || radeau m. de circonstances. 11

notgedrungen || under compulsion; forced || contraint par la nécessité. 12

Nothafen m. || calling harbour; harbour of refuge; port of distress || escale f.; port m. de refuge. 13

notieren, Protest m. || to note protest || noter procès m. verbal *ou* protêt m. 14

Notizblock m. || block || bloc m. de notes. 15

Notizbuch n. || memo(randum) *or* note book || carnet m.; calepin m.; livre m. de notes. **a) ~** mit **Heftringen** || memo book with rings || calepin m. à anneaux. 16

Not-joch n. (Bauw) || false *or* temporary frame || faux-cadre m. **a) ~kabel** n. || interruption cable || câble m. provisoire. **b) ~kette** f. (Eisenb) || side *or* check *or* safety *or* auxiliary chain || chaîne f. de sûreté; contre-chaîne f. **c) ~kuppelung** f. || safety coupling || attelage m. de sûreté. **d) ~landung** f. (Luftf) || forced landing || atterrissage m. forcé. **e) ~laschung** f. || jury *or* preventer *or* sailor's scarf || écharpe f. de fortune. **f) ~leine** f. (Eisenb) || communication cord; bell pull; safety rope || cordon m. d'alarme; corde f. de sûreté. **g) ~mast** m. || jury mast || mât m. de fortune. **h) ~ruder** n. || jury *or* temporary rudder || gouvernail m. de fortune. **i) ~schake** f. || spare *or* preventer link || esse f. de fortune. **k) ~schaltung** f. || emergency connection || connexion f. de secours. **l) ~schott** n. (Wasserb) || outlet || épanchoir m. **m) ~sender** m. || emergency transmitter || transmetteur m. de secours. **n) ~signal** n. || emergency call; danger *or* distress signal || signal m. de secours *ou* d'assistance *ou* de détresse. **o) ~sitz** m. || folding *or* spare *or* emergency seat || siège m. de réserve; strapontin m **p) ~stand** m. || distress; crisis || crise f. **q) ~takelage** f. || jury rigging || gréement m. de fortune. **r) ~tank** m. || emergency tank || réservoir m. de secours. **s) ~verschluß** m. || emergency closure || bâtardeau m. **t) ~wehr** f. || self defence || légitime défense f. 17

notwendig || necessary || nécessaire. 18

Notzeichen n. || distress signal; emergency call || signal m. de détresse *ou* de secours. 19

Nudeln fpl., **deutsche** || strips of paste || nouilles fpl. **a) Faden~** || vermicelli || vermicel m. **b) italienische ~** || macaroni || macaroni m. **c) Stopf~** || fattening balls pl. || pâtons mpl. 20

Nudelfertigungsmaschine f. || noodle-making machine || machine f. à la fabrication de nouilles. 21

Nugat n. || nougat || nougat m. **a) ~herstellungsmaschine** f. || machine for the manufacture of nougat masses || machine f. pour la fabrication de nougat. 22

null || zero; naught; nought || zéro. 23

Null f. || naught; nought; zero || zéro m.; nulle f. **a) auf ~ einstellen** || to reset *or* to adjust to zero || (re)mettre à zéro m. **b) über ~** || above zero || au-dessus de zéro. **c) unter ~** || below zero || au-dessous de zéro. 24

Null-ausschalter m. || zero *or* no-load cutout || disjoncteur m. *ou* interrupteur m. à zéro. **a) ~einstellung** f. || initial adjustment || mise f. au point zéro. 25

Null(en)zirkel m. || bow compasses pl. || compas m. à pompe; petit balustre m. 26

Null-instrument n. (Phys) || balancing apparatus || appareil m. de zéro. **a) ~klemme** f. || zero terminal || borne f. de raccordement de fil neutre. **b) ~lage** f. || zero position || position f. zéro. 27

Nulleiter m. || neutral wire; zero conductor || fil m. neutre; conducteur m. neutre *ou* mis à la terre. **a) ~mantel** m. || sheath of neutral wire || enveloppe f. du fil neutre. **b) ~strom** m. || neutral-wire current || courant m. de fil neutre. 28

Null-linie f. || neutral line *or* axis || ligne f. *ou* axe m. neutre. **a) ~methode** f. (Elektr) || zero *or* null method || méthode f. de réduction à zéro. 29

Nullpunkt m. || zero (point) || zéro m. **a) absoluter ~** || absolute zero || zéro m. absolu. **b) falscher ~** (Elektr) || false zero || faux zéro m. **c) Koordinaten~** (Math) || origin of coordinates || origine f. des coordonnées. **d) ~** in der **Mitte** (Elektr) || centre zero || zéro m. au milieu. **e) seitlicher ~** (Elektr) || zero at scale end || zéro m. au début de l'échelle. **f) unter** dem **~** (Phys) || below zero || au-dessous de zéro. **g) unterdrückter ~** (Elektr) || suppressed zero || zéro m. supprimé. 30

Nullpunkt-abweichung f. || zero error || déviation f. du zéro. **a) ~erdung** f. || neutral grounding || mis à la terre du point neutre. **b) ~widerstand** m. || zero resistance || résistance f. de point neutre. 31

Nullspannung f. || zero voltage *or* potential; no-voltage || tension f. *ou* potentiel m. zéro. 32

Nullspannungs-auslösung f. || no-volt release || déclenchement m. à tension nul. **a) ~ausschalter** m. || no-voltage circuit breaker; no-tension switch; undervoltage circuit-breaker || interrupteur m. à tension nul. 33

Nullspant n. || midship frame || maître-couple m. 34

Nullstellenzähler m. (Zahlkasse) || resetting counter || compteur m. de remise à zéro. 35

Nullstellung f. || neutral position || position f. de repos. **a) ~** (Zahlkasse) || set *or* setting to zero || mise f. à zéro. **b) ~** der **Additionsmaschine** || adjustment to zero of the adding machine || mise f. de la machine à additionner au point zéro. 36

Nullstrich m. (Buchdr) || zero mark || nullité. f. **a) ~** (Skale) || zero mark *or* line || marque f. de zéro; trait m. zéro. 37

Null-verfahren n. (Chem) || null method || méthode f. de zéro. **a) ~zirkel** m. || bow compasses pl.; spring bow compasses pl. || compas m. à pompe; petit balustre m. 38

Numerier-anstalt f. (Buchb) || workshop for numbering || atelier m. de numérotage. **a) ~apparat** m. *s.* Nummerngeber. 39

numerieren *s. auch* nummern *und* benummern. **a) durchlaufend ~** || to number continuously || numéroter d'un bout m. à l'autre. 40

Numerieren n. *s.* Nummerngebung. 41

Numeriermaschine f. || numbering machine || machine f. à numéroter. 42

Numerierung f. || numbering || numération f.; numérotage m. **a) ~** (Spinn) || numbering || titrage m.; numérotage m. 43

numerisch || numeral || numérique. **a) ~e Apertur** f. (Opt) || numerical aperture || ouverture f. numérique. 44

numismatisch || numismatic(al) || numismatique. 45

Nummer f. || number || numéro m. **a) Garn~** || count *or* number of yarn || numéro m. *ou* titre m. du fil. **b) laufende ~** || running *or* current number || numéro m. d'ordre *ou* de série. **c)** ~ einer **Maschine** || number of a machine || matricule f. d'une machine. **d) mittelgroße ~** || medium size || dimension f. moyenne. **e)** die **~ wählen** (Selbstanschl) || to dial || combiner le numéro. 1

nummern || to mark with a number; to number || numéroter. 2

Nummernanzeiger m. || call indicator || indicateur m. d'appel. **a) optischer ~** || optical call indicator || indicateur m. optique des numéros. 3

Nummern-apparat m. || number apparatus || appareil n. de transmission des numéros. **a) ~beleuchtung** f. || illumination of number || éclairage m. de numéro. **b) ~geber** m. || numbering apparatus || numéroteur m. 4

Nummerngebung f. || numbering || numérotage m. **a) Werkstatt** f. für ~ (Buchb) || workshop for numbering || atelier m. de numérotage. 5

Nummern-lichttableau n. || number luminous indicator board || tableau m. lumineux à numéros. **a) ~pfahl** m. || number peg; stake marked with a number || pieu m. numéroté. **b) ~scheibe** f. (Selbstanschl) || finger disk; dial switch || disque m. d'appel; cadran m. **c) ~schild** n. (Auto) || number *or* license (A) plate || plaque f. à numéro *ou* de contrôle. **d) ~schlägel** m. || die hammer || marteau m. compteur. **e) ~werk** n. (Büro) || numberer || numéroteur m. 6

Nummerung f. || numbering || numérotage m. 7

Nummerungsmaschine f. (Büro) || numbering machine || machine f. à numéroter. **a) Hand~** (Büro) || hand numbering machine || numéroteur m. à main. 8

Nummulitenkalk m. (Geol) || nummulitic lime-stone || chaux f. nummulitique. 9

Nuß f. || nut || noix f. **a)** ~ (Kohlenart) *s.* Nußkohle. **b) Ketten~** || chain sprocket wheel || noix f. *ou* pignon m. à chaîne. 10

Nußauskernerin f. || walnut sheller || dénoiseuse f. 11

Nußbaum-blatt n. || nut-tree leaf || feuille f. de noyer. **a) ~holz** n. || nut *or* walnut wood || noyer m. **b) ~kasten** m. || walnut case || boîte f. en noyer. **c) ~öl** n. || walnut-tree oil || essence f. de feuilles de noyer. 12

Nuß-beize f. || nut mordant || mordant m. noyer. **a) ~gruskohle** f. || dross || menus mpl. grenus *ou* greneux. **b) ~knacker** m. || nut cracker || casse-noix m.; casse-noisettes m. 13

Nußkohle f. || trebles pl.; nut *or* chestnut coal; nuts pl. || gailletteries fpl.; noisettes fpl.; gros grains mpl.; gaillette f.; gailletin m.; grélats mpl.; grenettes fpl.; braisettes fpl.; charbon m. gailleteux. **a) gewaschene ~** || washed trebles pl. || gaillettes fpl. lavées. 14

Nuß-öl n. || nut *or* walnut oil || huile f. de noix. **a) ~schale** f. (Boot) || cockle shell || coque f. de noix. **b) ~schelfe** f. (Färb) || husk of walnut || brou m. de noix. 15

Nut f. || mortise; mortice; groove; key groove *or* bed *or* seat *or* way; slot; rabbet; furrow; notch || mortaise f.; rainure f. (de clavette); enrayure f. **a)** ~ und **Feder** f. || groove and tongue; slot and key || rainure f. et languette f. **b) geschlossene ~** || closed slot || rainure f. fermée. **c) halbgeschlossene ~** || half-open slot || rainure f. sémi-ouverte. **d) Kolben~** || piston ring groove || rainure f. annulaire de piston. **e) Kolbenring~** || piston ring groove || alvéole m. de piston. **f) offene ~** || open slot || rainure f. ouverte. **g) Öl~** || oil groove || patte f. d'araignée. **h) ringförmige ~** || circular groove || rainure f. annulaire. **i) schwalbenschwanzförmige ~** || dovetail slot *or* groove || entaille f. *ou* rainure f. en queue d'aronde. 16

Nutation f. (Astron) || nutation || nutation f. 17

Nutbreite f. || width of key way || largeur f. de la rainure. 18

Nute f. *s.* Nut. 19

Nuteisen n. || cold *or* cope chisel; groove-cutting chisel; plough bit || bec m. d'âne; ciseau m. à canneler; fer m. du bouvet à rainures. 20

nuten || to groove || rainer. 21

Nuten n. von **Werkstücken** || key-seating of parts || rainurage m. de pièces. 22

Nuten-anker m. || slotted armature || induit m. à rainures. **a) ~fräsarbeit** f. || keyway cutting || fraisage m. des rainures. **b) ~fräser** m. || grooving cutter; slot milling cutter || fraise f. pour cannelures *ou* rainures. 23

Nutenfräsmaschine f. || groove *or* slot milling machine || machine f. à fraiser les rainures. **a) Schlitz-** und **~** || slot and key-way milling machine || machine f. à fraiser les rainures et les lumières. 24

Nuten-hobler m. (Arbeiter) || groove planer || bouveteur m. **a) ~pfahl** m. (Spundwand) || grooved *or* plank pile || palplanche f. **b) ~raspel** f. || rasp for widening grooves || ramasse f. **c) ~reißer** m. || router-gade || trusquin m. à filet **d) ~-stanzmaschine** f. || notching machine || machine f. à encocher. **e) ~stoßmaschine** f. || key groove machine; key way; slotting machine || machine f. à mortaiser; mortaiseuse-raineuse f. **f) ~teilung** f. || slot pitch || pas m. des rainures. **g) ~welle** f. || sliding shaft || arbre m. profilé. **h) ~ziehmaschine** f. || key seating machine; key way planing machine || machine f. à rainurer; machine f. à tailler les rainures. 25

Nuthobel m. || grooving *or* plough *or* routing plane || bouvet m. à approfondir *ou* à rainure *ou* femelle; rabot m. à rainure; guimbarde f. **a)** ~ und **Federhobel** m. || plough and tongue plane || bouvet m. à fourchement. **b)** ~ mit **Stellung** || screw plough plane || bouvet m. brisé *ou* de deux pièces. **c)** ~ mit **verstellbarem Auflauf** || plough plane with moveable shop || bouvet m. à approfondir *ou* à dégorger. **d) ~eisen** n. || plough bit || fer m. du bouvet à approfondir *ou* à rainures *ou* femelle. 26

Nut-maschine f. || grooving machine || machine f. à rainurer. **a) Daubenfüge~-** und **Federmaschine** f. || stave grooving and tonguing machine || machine f. à jointer les douves et à assembler à rainure et languette. **b) ~rolle** f. || grooved pulley || poulie f. à gorge. **c) ~säge** f. || grooving saw || scie f. à mortaiser. 27

Nutschapparat m. || suction apparatus || appareil m. de succion. 28

Nutsche f. (Chem) || porcelain funnel; suction filter || entonnoir-filtre m.; aspirateur m. de sucrerie. 29

Nutschenfilter n. || suction filter || filtre m. de succion. 30

Nutscher m. (Zuck) || sucker || suceur m. 31

Nuttiefe f. || depth of key way || profondeur f. de la rainure. 32

Nutung f. || spline || cannelure f. 33

Nutzarbeit f. (Mech) || effective *or* useful work || travail m. utile. 34

nutzbar || effective || effectif. **a)** die Werkstatt f. bedeckt eine **~e Fläche** f. von x qm || the shop covers a useful area of about x square metres || la surface f. utile de l'atelier est de x mètres carrés. **b) ~er Inhalt** m. || maximum working capacity || capacité f. utile. 35

Nutzbarmachung f. || utilization || mise f. en valeur; utilisation f. 36

Nutzbreite f. || working width || largeur f. utile. 37

nutzbringend || profitable || profitable; productif; lucratif. 38

Nutz-dämpfung f. (Fernm) || useful resistance || amortissement m. utile. **a) ~effekt** m. || efficiency || rendement m. 39

Nutzen m., **wirtschaftlicher** || commercial efficiency || rendement m. économique. 40

Nutz-fahrzeug n. || commercial vehicle || véhicule m. industriel. **a) ~höhe** f. || efficient *or* useful height || hauteur f. utile. **b) ~holz** n. || (store) timber; lumber; carpenter's wood || bois m. d'œuvre *ou* à ouvrer *ou* façonné pour l'industrie *ou* de construction *ou* de charpente. **c) ~kraft** f. || effective power || force f. effective. **d) ~kreis** m. (Elektr) || output circuit || circuit m. utile. **e) ~länge** f. || working length || longueur f. utile. 41

Nutzlast f. (Eisenb) || real weight; useful load || poids m. utile *ou* effective. **a) zahlende ~** || pay load || charge f. utile payante. 42

Nutz-leistung f. || useful output *or* power *or* effect || travail m. *ou* puissance f. *ou* effet m. utile. **a) ~leistungsbelastung** f. || useful-performance load || charge f. du rendement utile. 43

Nützlichkeit f. || utility || utilité f. 44

nutzlos || unprofitable; useless || inutile. 45

Nutz-pferdestärke f. || effective horse power || cheval m. effectif. **a) ~prozente** npl. || utilization per cent || taux m. du rendement. **b) ~strom** m. (Elektr) || main-current; useful current || courant m. utile *ou* d'utilisation. 46

Nutzung f. || yield; revenue; use || mise f. à profit; exploitation f.; jouissance f.; rapport m. **a)** die **~ entziehen** || to withdraw the usufruct || retirer la faculté de jouissance. **b)** ~ von **Grund** und **Boden** || usufruct of surface and soil || utilisation f. du fonds. 47

Nutzungs-berechtigter m. eines **Grundstückes** || possessor of the usufruct of a property || usufruitier m. d'un terrain. **a) ~recht** n. || right of using || droit m. d'usage. **b) ~wert** m. || amount of revenue || valeur f. de rapport. 48

Nutzwasser n. || useful water || eaux fpl. utiles. 49

O

OB-Betrieb m. (Fernm) || local battery working || service m. à batteries locales. 1
Obacht! || take care! beware! look out! || gare!; attention! **a) ~ f. geben auf** || to take care to || faire attention f. à. 2
oben || above || au-dessus. **a) ~** (in Takelage) || aloft || dans la mâture; en-haut. **b) ~** (Verpackung) || this side up!; top!; || haut!; dessus! 3
Ober- || upper- || supérieur. 4
Oberbau m. (Eisenb) || permanent way; superstructure || superstructure f.; voie f. permanente. **a) Eisenschwellen~** || track having steel sleepers || superstructure f. sur traverses en fer. **b) eiserner ~** || iron superstructure || voie f. permanente en fer; tablier m. métallique. **c) Hakenplatten~** || hook plate track || superstructure f. à selles à crochet. **d) Holzschwellen~** || track having wooden sleepers || superstructure f. sur traverses en bois. **e) Rippenplatten~**(Eisenb) || ribplate track || superstructure f. à selles à nervures. 5
Oberbau-arbeiter m. || plate *or* rail *or* track layer || ouvrier m. *ou* poseur m. de voie. **a) ~gerät** n. (Eisenb) || implement for superstructure || ustensile m. de superstructure. **b) ~material** n. *s.* ~stoff m. 6
Oberbaustoff m. (Eisenb) || material for permanent way || matériaux mpl. de superstructure. **a) Aufbereitungsmaschine** f. für **~e** || dressing machine for permanent way materials || machine f. à préparer les matériaux de superstructure. 7
Oberbett n. || coverlet || édredon m. 8
Oberboden m. || top soil || couche f. superficielle du sol. **a) ~** eines **Blasebalgs** || top bellows board; top of double bellows || planche f. de dessus de soufflet de forge. **b) ~** eines **Knopfes** || shell of a button || coquille f. d'un bouton. 9
Ober-bootsmann m. || chief boatswain || premier maître m. de manœuvre. **a) ~-bramsaling f.** || royal *or* jack cross-tree || barre f. de cacatois *ou* de flèche. **b) ~-bramsegel** n. || royal || cacatois m.; perroquet m. volant. **c) ~deck** n. (Schiff) || upper deck || pont m. supérieur *ou* des gaillards. **d) ~decksbalken** m. (Schiffb) || upper-deck beam || bau m. des gaillards. 10
obere(r) || higher; superior; upper || supérieur. 11
Ober-feder f. || upper spring || ressort m. supérieur. **a) ~feuer** n. || upper heat || chaleur f. du gueulard. 12
Oberfläche f. || surface; superficies; area || surface f.; superficie f.; aire f. **a) aktive ~** || active surface || surface f. active. **b) glänzende ~** || bright *or* shining (A) surface || surface f. polie *ou* brillante. **c) harte ~** || hard surface || surface f. dure. **d) kantige ~** || edged surface || surface f. anguleuse. **e) Reinheit** f. der **~** || cleanliness of surface || propreté f. de la surface. 13
Oberflächen-beschaffenheit f. des **Bodens** || character of the earth's crust; constitution of the soil || constitution f. de la surface du sol. **a) ~dosis** f. (Heilk) || surface dose || dose f. superficielle. **b) ~einheit** f. || surface unit || unité f. de surface. **c) ~entladung** f. || surface discharge || décharge f. superficielle. **d) ~entwicklung** f. (Akk) || development of the surface || développement m. de surface. **e) ~härte** f. || hardness on parts of the surface || dureté f. à certaines parties de la surface. **f) ~härtung** f. || case hardening; surface converting || trempe f. en paquet *ou* en coquille *ou* de surface. **g) ~integral** n. || surface integral || intégrale f. de surface. **h) ~kapazität** f. || surface capacity || capacité f. surfacique. **i) ~kondensation** f. || surface condensation || condensation f. à surface *ou* par contact. **k) ~kondensator** m. || surface condenser || condenseur m. à surface. **l) ~kühlung** f. || surface cooling || refroidissement m. superficiel. **m) ~reibung** f. || surface friction || frottement m. superficiel. **n) ~relief** n. || relief of the surface || relief m. superficiel. **o) ~riß** m. (Werkstoff) || surface crack; superficial scratch || fissure f. superficielle; petite fente f. (qui se produit) à la surface de l'acier. **p) ~spannung** f. (Phys) || surface tension || tension f. superficielle. **q) ~therapie** f. || skin *or* surface therapy || thérapeutique f. superficielle. **r) ~verbrennung** f. || surface combustion || combustion f. sans flamme. **s) ~vergaser** m. || surface carburettor || carburateur m. à léchage *ou* par surface. **t) ~wärme** f. || surface temperature || température f. superficielle. **u) ~welle** f. || surface wave || onde f. de surface. 14
oberflächlich (Phys) || superficial || superficiel. 15
Ober-flansch m. (Kesselb) || top flange || bride f. supérieure. **a) ~form** f. (Gieß) || top box *or* flask || contre-châssis m. **b) ~fräser** m. für **Holz** || surface milling cutter for wood || défonceuse f. à bois. **c) ~fries** m. einer eingestemmten **Tür** || top rail of a door frame || traverse f. supérieure d'une porte encadrée. **d) ~führung** f. || upper guide || guide m. supérieur. 16
obergärig || fermented from top || à fermentation f. haute. **a) ~es Bier** n. || high *or* top fermentation beer || bière f. de fermentation haute. **b) ~e Bierbrauerei** f. || high *or* top fermentation brewery || brasserie f. de fermentation haute. 17
Ober-gärung f. || high *or* top *or* surface fermentation || fermentation f. haute. **a) ~-gerinne** n. (Müll; Wasserb) || upper channel || bief m. d'amont. **b) ~geschoß** n. (Bauw) || upper story || haute-œuvre f.; étage m. supérieur. **c) ~gesenk** n. || upper die || frappe f.; étampe f. supérieure. **d) ~gestell** n. eines **Hochofens** || upper part *or* top of hearth || partie f. supérieure de l'ouvrage m.; ouvrage m. **e) ~gewicht** n. (Schiffb) || top hamper *or* weight || poids m. des hauts. **f) ~glas** n. (Glasf) || muller; upper plate || glace f. du moëllon; glace f. supérieure. 18
Obergurt m. (Bauk) || head *or* over arch || arcdoubleau m. supérieur. **a) ~** (Brükkenb) || upper boom *or* chord; top flange || membrure f. *ou* bride f. supérieure. **b) ~** (Sattl) || wantey; wanty || **surfaix** m. 19
Oberhafen m. || crown port || port m. supérieur. 20
oberhalb der **Schleuse** f. || above lock || en amont de l'écluse f. **a) ~** im **Strom** m. || up stream || en amont de. 21
Oberhaupt n. (Schleuse) || head bay *or* crown; upper chamber || chambre f.; tête f. 22
Oberhefe f. || high *or* top fermentation yeast || levûre f. haute *ou* de fermentation haute. **a) Brauerei~** || high brewery yeast || levure f. haute de brasserie. 23
Ober-hemd n. || day shirt || chemise f. de jour. **a) ~hieb** m. (Feile) || second course || seconde taille f. 24
Oberhitze f. (Backofen) || upper heating *or* heat || chauffage m. par en haut. **a) ~** (Met) || upper heat || chaleur f. du gueulard. 25
Ober-holm m. || head beam || sommier m. supérieur. **a) ~ingeniör** m. || engineer-in-chief || ingénieur m. en chef. 26
oberirdisch (Allg) || above ground || au-dessus du sol. **a) ~** (el Leit) || overhead; aerial || aérien. **b) ~es Kabel** n. || aerial *or* overland cable || câble m. aérien. **c) ~e Leitung** f. || aerial line || ligne f. aérienne; fil m. aérien. 27
Oberkante f. || upper edge || bord m. supérieur. **a) ~** einer **Schiene** || upper edge of a rail || dessus m. d'un rail. 28
Oberkasten m. (Gieß) || top box *or* flask; cope || contre-châssis m.; châssis m. supérieur. 29
Oberkessel m. (Masch) || steam drum; upper boiler || chaudière f. supérieure. **a) mit einseitig liegendem ~** || with upper drum laterally arranged || avec collecteur m. supérieur disposé de côté. 30
Ober-kette f. (Web) || nap *or* pile warp || chaîne f. de poil; poil m. **a) ~lager** n. (Bauw) || upper cleaving grain || lit m. de dessus. **b) ~länge** f. (Buchdr) || ascender; ascending letter || lettre f. montante. 31
oberlastig (Schiffb) || top-heavy || trop chargé (dans les hauts). 32
Oberlauf m. eines **Wildbaches** || catchment basin of a torrent || bassin m. de réception d'un torrent. 33
Oberleder m. (Schuhm) || upper leather; vamp || dessus m.; empeigne f. **a) ~-zuschneider** m. (Schuhm) || upper leather cutter || coupeur m. de dessus. 34
Oberleitung f. (Elektr) || aerial conduit; trolley wire; overhead line || fil m. aérien; ligne f. *ou* conduite f. aérienne. 35
Oberleitungs-omnibus m., **gleisloser** || electric trolley bus || omnibus m. à trolley sans rail. **a) ~werkstoff** m. für **Straßenbahnen** || overhead line material for tramways || matériel m. pour lignes de contact de tramway. 36

Oberlicht n. (Bauw) || skylight || claire-voie f.; lanterneau m.; hypèthre m.; jour m. d'en haut *ou* à plomb; abat-jour m. **a)** ~ (des Fensters) || fan-light || vasistas m. **b)** **~beschläge** mpl. || skylight fittings pl. || ferrures fpl. de jour à plomb. **c)** **~fensterchen** n. über einer Tür || skylight above a door || fenêtre m. du jour d'une porte. 1

Ober-lippe f. (Pfeife) || upper-labium; upper-lip || lèvre f. supérieure. **a)** **~lotse** m. || head-pilot; pilot-master || maître m. pilote. **b)** **~maat** m. || chief *or* first boatswain || capitaine m. en second; second maître m. **c)** **~marssegel** n. || upper topsail || volant m. **d)** **~matrose** m. || top sailor; leading seaman || gabier m. breveté; quartier-maître m. **e)** **~meister** m. || sub-foreman || maître m. principal. **f)** **~messerverstellung** f. || adjustment of top cutter || réglage m. de la lame supérieure. **g)** **~montör** m. || chief fitter *or* erector || chef-monteur m. **h)** **~pfanne** f. der **Türangel** || upper-frog of the hinge || femelle f. du gond. 2

Oberpforte f. || upper port || porte f. supérieure. **a)** **~platte** f. eines Knopfes || shell of a button || coquille f. d'un bouton. **b)** **~rahmen** m. (Schleusentor) || *s.* Oberriegel m. (Schleusentor). 3

Oberriegel m. (Schleusentor) || top cross piece || traverse f. *ou* entretoise f. supérieure. **a)** ~ (Zimm) || upper transom || troisième épart m. 4

Ober-schacht m. (Hochofen) || upper shaft *or* chamber || cuve f. *ou* petite masse f. supérieure; vide m. supérieur. **a)** **~schanzkleid** n. (Schiffb) || topgallant bulwark || bastingage m. **b)** **~schenkel** m. (Bauw) || top rail || traverse f. supérieure. **c)** **~schicht** f. der **Betonstraßendecke** || surface of the concrete road surface || couche f. supérieure du revêtement de route en béton. 5

oberschlächtiges Wasserrad n. || overshot water wheel || roue f. hydraulique en dessus. 6

Ober-schwelle f. (Fachwand) || summer; brest summer || sommier m.; dormant m. **a)** **~schwingung** f. || harmonic || oscillation f. *ou* vibration f. harmonique. **b)** **~segel** n. || top and topgallant sail || voile f. haute. **c)** **~seilführung** f. || upper rope traction || passage m. du câble par dessus. **d)** **~seite** f. || upside; top || dessus m. **e)** **~spannung** f. (Elektr) || high-tension voltage || haute tension f. 7

oberspannungsseitig || on high-tension voltage side || du côté m. de la haute tension. 8

Ober-sparren m. (Bauw) || curb rafter; kirb rafter || chevron m. du faux comble. **a)** **~steiger** m. || foreman of the mine; (mining) captain || maître-mineur m. **b)** **~stempel** m. || over *or* upper die || étampe f. supérieure. **c)** **~steuermann** m. || chief *or* first mate; chief officer || second lieutenant m. du navire; premier pilote m.; second m. 9

Oberteil m. || upper part || partie f. supérieure. **a)** ~ (Stiefel) || vamp || empeigne f. **b)** ~ des **Gesenks** || top swage || dessus m. d'une estampe *ou* étampe. 10

Ober-ton m. || upper harmonic; overtone || son m. *ou* note f. harmonique. **a)** **~tor** n. (Schleuse) || head *or* flood *or* tide gate || porte f. d'amont *ou* de tête. **b)** **~trieb** m. (Steinschloß) || heel; tail || talon m.; trousse f. **c)** **~trempel** m. (Pforte) (Schiffb) || upper port sill || sommier m. **d)** **~ventil** n. || top valve || soupape f. *ou* clapet m. de tête. 11

Oberwalze f. || upper roller; top roll || rouleau m. *ou* cylindre m. supérieur. **a)** **auswechselbare ~** || exchangeable top roll || cylindre m. supérieur interchangeable. **b)** **hochkippbare ~** || in heigh tilting device for top roller || cylindre m. supérieur basculant en hauteur. 12

Oberwalzen-lagerkörper m. || top roll bearing body || corps m. de palier du cylindre supérieur. **a)** **~system** n. || upper roller system || système m. des cylindres supérieurs. 13

Oberwange f., **ausschwenkbare** || swing-out top clamping bar || coulisse f. supérieure articulée. **a)** **Vierkant~** || square upper beam || sommier m. supérieur rectangulaire. 14

Oberwasser n. (Schleuse) || upper pond || bief m. supérieur *ou* d'amont. 15

Oberwelle f. (Phys) || overtone; harmonic vibration || onde f. harmonique. 16

Oberwellendrossel f. || choking coil for higher harmonics || bobine f. de réactance pour les ondes supérieures. 17

Ober-werk n. (Schiffb) || dead *or* upper work || accastillage m.; œuvre f. morte. **a)** **~wolle** f. || finest *or* back *or* spine wool; prime locks pl. || laine f. mère. **b)** **~ziegel** m. || upper tile || tuile f. de dessus. 18

Objekt n. || object || objet m. **a)** **durchscheinendes ~** || transparent object || objet m. translucide. 19

Objekt-abstand m. (Opt) || object distance || distance f. frontale. **a)** **~ebene** f. || plane of the object || plan m. de la préparation; plan m. objet. 20

Objektiv n. || objective; object glass || objectif m. **a)** **anastigmatisches ~** || anastigmatic lens || objectif m. anastigmatique. **b)** **Arbeits~** || working objective || objectif m. de travail. **c)** **astigmatisch korrigiertes ~** || astigmatically corrected objective || objectif m. astigmate corrigé. **d)** **astrofotografisches ~** || astrophotographic objective || objectif m. astrophotographique. **e)** **Fernrohr~** || telescope objective || objectif m. de lunette. **f)** **fotografisches ~** || photographic objective *or* object glass || objectif m. photographique. **g)** ~ mit **gesteigertem Auflösungsvermögen** || objective of an enhanced resolving power || objectif m. de pouvoir résolvant plus grand. **h)** **Immersions~** || immersion objective || objectif m. à immersion. **i)** **Kamera~** || camera lens || objectif m. pour les chambres. **k)** **Kollimator~** || collimator objective *or* lens || objectif m. du collimateur. **l)** für den fotografisch wirksamen blauvioletten Teil des Spektrums **korrigiertes ~** || objective corrected for the photo-chemically active blue violet region of the spectrum || objectif m. corrigé pour la région bleu-violette du spectre dont l'action sur la plaque photographique est la plus intense. **m)** **kurzbrennweitiges ~** || objective of short focal length || objectif m. à court foyer. **n)** ~ am **Lichtbildapparat** *s.* fotografisches ~. **o)** **lichtstarkes ~** || rapid lens; objective of great light transmitting capacity *or* power || objectif m. lumineux. **p)** **mehrlinsiges ~** || composite objective composed of . . . || objectif m. composé de plusieurs lentilles. **q)** **Mikroskop~** || microscope objective || objectif m. de microscope. **r)** **Quarzfluorit~** || quartz fluorite lens || objectif m. en quartz-fluorine. **s)** **zweiteiliges ~** || two-lens objective || objectif m. à deux lentilles. 21

Objektivabstand m. || distance between the objectives || écartement m. des objectifs. 22

Objektivdeckel m. (Opt) || lens cap || couvercle m. de l'objectif. **a)** **aufklappbarer ~** m. in der Taukappe || hinged lens cap in dew mount || couvercle m. à clapet de l'objectif dans le tube parerosée. 23

Objektiv-kopf m., Fernrohr || telescope head || portée f. de lunette. **a)** **~linse** f. ohne Fassung || object glass without mounting || objectif m. non monté. 24

Objektivöffnung f. || objective aperture || ouverture f. *ou* diamètre m. de l'objectif. **a)** **Verhältnis** n. der ~ zur Brennweite || ratio of the aperture of the lens and the focal length || rapport m. entre l'ouverture de l'objectif et la distance focale. 25

Objektivprisma n. || objective prism || prisme-objectif m. **a)** **~spektrograf** m. || objective prism spectrograph; prismatic objective spectrograph || spectrographe m. à prisme-objectif. 26

Objektiv-revolver m. || revolving objective changer || revolver m. à objectifs. **a)** **~schutzglas** n. (Opt) || objective protector glass || verre m. protégeant l'objectif. **b)** **~sonnenblende** f. || objective sun shade || diaphragme m. pour le soleil s'adaptant sur l'objectif. **c)** **~type** f. || type of object glass || type m. d'objectif. **d)** **~vorsatzlinse** f. || front lens operating as an objective || lentille f. additionnelle se plaçant devant l'objectif. **e)** **~wechselvorrichtung** f. || objective changing device || dispositif m. pour le changement des objectifs. 27

Objektivwechsler m. || objective changer || changeur m. d'objectifs. **a)** **Schlitten~** || sliding objective changer || changeur m. d'objectifs à coulisse. 28

Objekt-markierapparat m. || object marker || marqueur m. pour objets. **a)** **~mikrometer** n. || stage micrometer || micromètre-objectif m. **b)** **~punkt** m. || object point || point-objet m. **c)** **~tisch** m. || object stage || platine f. **d)** **~träger** m. || object holder *or* slide; glass slide || porte-objets m.; lame f. porte-objets. 29

Oblate f. (Heilk) || medicamental seal || cachet m. médicamenteux. **a)** ~ (Kirche) || wafer || pain m. à chanter; hostie f.; oublie f. **b)** ~ zum **Einnehmen** || medicine wafer || cachet m. à prendre. **c)** **Mehl~** || flour wafer || hostie f. de farine. **d)** **Siegel~** || seal wafer || cachet m. en hostie. **e)** **süße ~** zum Essen || sweet wafer || oublie f. douce. 30

Obligation f. || bond || obligation f. **a)** **Ausgabe** f. von **~en** || issue of debentures || émission f. d'obligations. 31

obligatorisch || obligatory || obligatoire. 32

Obmann m. || chairman || chef m.; président m. 33

Oboe f. || oboe || hautbois m. 34

Obsidian m. || obsidian; vitreous lava; volcanic glass || laitier m. de volcan; lave f. vitreuse obsidienne; verre m. d'Islande; obsidienne f. **a)** **edler ~** (Min) || marekanite || marékanite f. 35

Obst n. || fruit || fruits mpl. **a) Dörr~** || dried fruit || fruits mpl. desséchés. 1

Obstbaum m. || fruit-tree || arbre m. fruitier. **a) ~wärter** m. || orchard watchman || gardien m. de verger. **b) ~zucht** f. || fruit culture || arboriculture f. fruitière. **c) ~züchter** m. || fruit grower; orchardist || pomiculteur m. 2

Obst-besteck n. || knives pl. and forks pl. for fruits || couvert m. de fruits. **a) ~dörranstalt** f. || fruit drying plant || dessication f. de fruits. **b) ~dörrer** m. || dry fruit manufacturer || fabricant m. de fruits séchés. **c) ~fruchtmühle** f. || fruit mill || moulin m. à fruits charnus. **d) ~fruchtpresse** f. || fruit press || presse f. à fruits charnus. **e) ~garten** m. || orchard || verger m. **f) ~horde** f. || fruit hurdle || claie f. pour fruits. **g) ~kelterung** f. || fruit pressing || pressurage m. de fruits. **h) ~kern** m. || kernel; pip || pépin m. **i) ~konserven** fpl. || preserved fruits pl. || conserves fpl. de fruits. **k) ~kühlraum** m. || fruit cooling room || chambre f. froide pour fruits. **l) ~mark** n. || fruit pulp || pulpe f. de fruits. **m) ~mühle** f. || fruit mill || pressoire f. pour fruits. **n) ~pflükker** m. || fruit picking instrument || cueilloir m. **o) ~presse** f. || fruit mill || presse f. à fruits. **p) ~strauch** m. || fruit-shrub || arbuste m. fruitier. **q) ~teller** m. || dessert plate || assiette f. à dessert. **r) ~trockner** m. || fruit dryer || sécheur m. de fruits. **s) ~verwertung** f. || fruit preserving || industrie f. du fruit. **t) ~wein** m. || fruit wine || vin m. de fruits. 3

Ochras m. || black salt; melted ashes pl.; crude potash || salin m.; cassoudes fpl.; casottes fpl. 4

Ochsenauge n. (Fenster) || porthole light; bullseye; dormer window; side light || œil m. de bœuf; hublot m.; ventouse f.; lucarne f. à œil de bœuf. **a) ~** (Glasf) || bull's eye; bullion; knob || boudine f.; œil m. de bœuf; noyau m. central. 5

Ochsen-fleisch n. || beef || bœuf m. **a) ~galle** f. || ox gall || fiel m. de bœuf. **b) ~maulsalat** m. || ox-muzzle salad || salade f. de museau de bœuf. **c) ~treiber** m. || ox-driver || conducteur m. de bœufs. **d) ~züchter** m. || ox feeder || éleveur m. de bœufs. 6

Ochsenzunge f. (Dachziegel) || flat tile || tuile f. plate *ou* à crochet. **a) ~** (Bergb) || push pick || langue f. de bœuf. 7

Ochsenzungenkocher m. || ox tongue boiler || cuiseur m. de langue de bœuf. 8

Ocker m. || ochre; ocher; yellow earth; mineral yellow || ocre f.; argile f. ochreuse. **a) gelber ~** || yellow ochre || ocre m. jaune; terre f. jaune; limonite m. 9

Ocker-brenner m. || ochre maker || briocheur m. **a) ~farbe** f. || ochre; coloured earth || ocre f.; terre f. d'ombre. **b) ~gelb** n. (Min) || limonite || limonite f. **c) ~grube** f. || yellow earth quarry || carrière f. d'ocres. 10

ockeriger Ton m. || ochrey clay || argile f. ocreuse. 11

Ockerschlämmerei f. || ochre washing || laverie f. d'ocre. 12

Ofen m. (Bäck) || oven || four m. **a) ~** (Glasf) || arch; calcar || arche f. **b) ~** (Met) || oven; furnace || four m.; fourneau m. **c) ~** (Zimmer) || stove || poêle m. **d)** einen **~ anheizen** || to heat a furnace || mettre en feu un four; allumer un poêle. **e) Asphalt~** || asphalt furnace || four m. à asphalte. **f) ausgeblasener ~** (Met) || furnace out of blast || fourneau m. arrêté. **g) Back~** || baker's stove; baking oven || four m. pour pâtissiers *ou* à cuire. **h) ~ für Badezimmer** || bathroom stove || chauffebain m.; poêle f. pour bains *ou* pour cabinets de bain. **i)** einen ~ m. **beschlagen** || to arm a furnace || armer un fourneau. **k)** einen **~** in **Betrieb** m. setzen || to set a furnace to work || mettre un fourneau en activité. **l) ~ mit beweglichem Herd** || furnace with movable hearth || four m. à sole mobile. **m) Blechmantel** m. des **~s** (Hüttenw) || iron shell of furnace || enveloppe f. en tôle de four. **n) Brenn~** || calcining furnace || four m. pour la cuisson. **o) ~** mit **Dauerbetrieb** || continuous working kiln || four m. continu. **p) Dreh~** || rotary furnace || four m. tournant. **q) Drehrohr~** || revolving tubular kiln || four m. tubulaire tournant. **r) eiserner ~** || iron stove || four m. *ou* poêle f. en métal. **s) elektrischer ~** || electric stove *or* furnace || fourneau m. *ou* four m. électrique. **t) elektrisch beheizter ~** (Met) || electrically heated furnace || four m. pour le traitement thermique électrique. **u) Emaillier~** || enamel furnace || four m. à émailler. **v) Etagen~** || kiln with overlying beds || four m. à étages. **w) ~** mit **fahrbarem Herd** (Met) || furnace with movable hearth || four m. à sole mobile. **x) Flamm~** (Met) || reverberatory furnace || four m. à réverbère. **y) Gas~** || gas stove || fourneau m. à gaz. **z) gasgefeuerter ~** (Met) || gas fired furnace || four m. (pour le traitement thermique) à gaz. 13

a) ~ zur Herstellung von **Gebißplatten** || furnace for producing plates for sets of teeth || four m. pour fabriquer des plaques de dentiers. **b)** der **~ geht** || the furnace works || le fourneau va *ou* marche. **c) ~** mit **geschlossener Brust** || furnace with closed breast *or* front || fourneau m. à poitrine fermée. **d) Glüh~** || annealing *or* heating furnace || four m. à recuire; four m. réverbère. **e) ~aus Gußeisen** || cast iron stove || poêle f. en fonte. **f) Hafen~** || pot furnace || four m. à pots. **g) Hoch~** || blast furnace || hautfourneau m. **h) Induktions~** || induction furnace || four m. à induction. **i) Kalk~** || lime kiln || chaufour m. **k) Kammer~** (Gas) || chamber furnace || fourneau m. à chambre. **l) Karbonisier~** || carburizing furnace || four m. à cémenter aux gaz carburants. **m) Kessel~** || boiler furnace || four m. de chaudière. **n) Kipp~** || tilting furnace || four m. culbutant. **o) Knochenverkohlungs~** || bone carbonizing oven || fourneau m. de carbonisation d'os. **p)** einen **~ kühlen** || to slacken the fire || modérer le feu. **q) Kupol~** || smelting furnace || cubilot m. **r) liegender ~** || horizontal *or* reverberatory furnace || four m. dormant. **s) Löt~** || brazing furnace || four m. à souder. **t) niedriger ~** || small furnace || foyer m. **u) Retorten~** (Gas) || retort furnace || fourneau m. à retortes. **v) Ring~** || rotary kiln || four m. circulaire *ou* annulaire. **w) Röst~** || roasting oven *or* kiln *or* furnace; calciner || fourneau m. de grillage. **x) Schacht~** || vertical kiln; shaft kiln || four m. vertical *ou* à cuve. **y) Schlempe~** || furnace for distiller's wash || four m. à vinasse. **z) Schwefel~** || sulphur kiln || four m. à soufre. 14

a) ~ mit **selbsttätiger Beschickung** und Abkühlung des Massengutes || continuous furnace with automatic charging and discharging of the work for use in quantity production || four m. à alimentation et refroidissement automatiques pour grandes séries. **b) ~** aus **Ton** || clay stove || poêle m. de terre. **c) tragbarer ~** || portable furnace || fourneau m. portatif. **d) Trocken~** || drying stove || étuve f. (séchoire). **e)** der **~** ist **übersetzt** || the furnace is overcharged || le fourneau m. est surchargé. **f)** der saure **~** m. wurde in einen basischen **umgewandelt** || the acid furnace was converted into a basic one || le four à sole acide fut transformé en four à sole basique. **g) ~** mit **unterbrochenem Betrieb** || alternate working kiln || four m. discontinu. **h) ~** mit **ununterbrochenem Gang** || perpetual *or* running kiln || four m. continu. **i) Wannen~** || tank furnace || four m. à bassin. **k) Wärm~** || heating *or* reheating furnace || four m. à rechauffer. **l) wassergekühlter ~** || water jacket furnace || four m. à chemise d'eau. **m) Wassermantel~** (Met) || water jacket furnace || four m. à chemise d'eau. **n) Zementbrenn~** || cement furnace || four m. à ciment. **o) Zementier~** (Met) || cementation furnace || four m. à cémentation. **p) Ziegel~** || brick kiln || four m. de grillage. 15

Ofenanlage f. || oven plant || installation f. de fours. **a) elektrische ~** für Einsatzhärtung || electric carburizing furnace plant || installation f. de fours électriques pour trempe de surface. 16

Ofen-ansätze mpl. || residues pl. *or* remains pl. of a furnace || résidus mpl. *ou* débris mpl. d'un fourneau. **a) ~arbeiter** m. || furnace man || enfourneur m. **b) ~armatur** f. || furnace fittings pl. || armature f. pour four. **c) ~auge** n. || eye of a furnace || évent m. de fourneau. **d) ~ausmauerung** f. || furnace lining || maçonnage m. *ou* revêtement m. du four. **e) ~batterie** f. || range of ovens || batterie f. de fours. **f) ~bau** m. || oven building || fumisterie f. **g) ~bruch** m. || tutty; tutia; furnace cadmia; furnace calamine; spodium || cadmie f.; calamine f. de fourneau; tutie f.; (Belg:) kiess f.; spode m. **h) ~einsetzer** m. (Töpf) || oven man || enfourneur m. **i) ~form** f. || twyer || tuyère f. **k) ~frischerei** f. || puddling || puddlage m. 17

Ofenfutter n. || furnace lining || revêtement m. du four. **a) basisches ~** || basic furnace lining || revêtement m. basique du four. **b) saures ~** (Met) || furnace lining of silica bricks || revêtement m. acide du four. 18

Ofengabel f. || furnace fork || fourchette f. de fourneau. 19

Ofengang m. (Met) || working(-state) of a furnace || marche f. *ou* allure f. d'un fourneau. **a) ~kennzeichen** n. || mark of working of the furnace || signe m. de l'allure du fourneau. 20

Ofen-generator m. für Heizung der Retorten || furnace regenerator *or* generator for heating the retorts || générateur m. à four de chauffage des cornues. **a) ~gerät** n. || fire irons pl. || garniture f. de feu. **b) ~gewölbe** n. (Met) || arch of a furnace ||

arche f. d'un fourneau. c) ~guß m. || stove casting || fonte f. de poêle. d) ~gußstück n. || furnace casting || pièce f. de fonte de four. e) ~haus n. || furnace house || salle f. de fours. f) ~herd m. || hearth || foyer m. g) ~kegel m. || upper shell of a blast furnace || tour m. d'un haut fourneau. h) ~klappe f. || damper of a stove || clef f. d'un tuyau de poêle. i) ~koks m. || oven coke || coke m. de fourneau. 1

Ofenkrücke f. (Glasf) || glazier's scraper || graton m. a) ~ (Met) || rake; stoker || croc m. à feu; râble m. 2

Ofen-lack m. || stove varnish || vernis m. pour poêles. a) ~loch n. || furnace hole || embrasure f. de fourneau. b) ~macher m. || stove maker || constructeur m. de fours. c) ~meister m. (Met) || furnace foreman || chef m. de four. d) ~nische f. || chimney corner || ruelle f. de poêle. e) ~putzmittel n. || stove polish || pâte f. à fourneaux. 3

Ofenreise f. || life of furnace || campagne f. d'un four. a) größere ~ (Met) || longer life of the blast furnace || campagne f. du fourneau plus grande. 4

Ofen-rohr n. || stove pipe || tuyau m. de poêle. a) ~röhre f. *s.* Ofenrohr. 5

Ofenrohrradiator m. || radiator for stove pipes || radiateur m. pour tuyaux de poêle. 6

Ofen-ruß m. || oven *or* furnace soot || suie f. de fourneau. a) ~sau f. || iron block; bear; salamander; sow || loup m.; renard m.; bloc m.; carcas m. b) ~schacht m. || shaft of a furnace || cuve f. *ou* puits m. *ou* vide m. d'un fourneau. 7

Ofenschieber m. (Allg) || slide valve for chimneys || glissière f. de cheminée. a) ~ (Met) || damper of a stove || registre m. d'un fourneau. 8

Ofen-schirm m. || stove *or* fire screen; fender || garde-feu m.; écran m. de poêle. a) ~schließstein m. || stopper; lid || bouchoir m. d'un fourneau. b) ~schwärze f. || black lead || plombagine f. impure. c) ~setzer m. || chimney builder || fumiste m. d) ~stock m. || outer casing *or* mantle *or* rough walling *or* ground wall of a furnace || mur m. de base *ou* manteau m. d'un fourneau. 9

Ofentür f. || stove door || porte f. de fourneau *ou* de poêle. a) ~hebevorrichtung f. || furnace door lifting device || dispositif m. de soulèvement pour portes de feu. 10

Ofen-verkokung f. || coking in closed ovens pl. || carbonisation f. de la houille dans des fours. a) ~vorsetzer m. || stove fender || garde-cendre m. b) ~wisch m. (Bäck) || scovel; malkin || écouvillon m. c) ~ziegel m. || fire brick; kiln brick || brique f. réfractaire *ou* blanche. d) ~zubehör n. || furnace fittings pl. || accessoires mpl. de four. 11

offen || open || ouvert. a) ~ (Reede) || open || foraine; ouverte. b) ~ (Feldm) || open; unenclosed || ouvert; découvert. c) ~ halten || to keep open || tenir à l'ouvert. 12

offen-e Antenne f. || open antenna || collecteur m. ouvert. a) ~e Bauart f. (Masch) || open face construction || construction f. ouverte. b) ~es Boot n. || open boat || bâtiment m. non ponté. c) ~er Güterwagen m. || open goods wagon; gondola car (A) || wagon m. découvert. d) ~e Stelle f. || vacant situation *or* post; vacancy || place f. vacante. e) ~e Straße f. || public thoroughfare || pleine rue f. 13

offenbaren || to make known; to manifest; to reveal || manifester; révéler. 14

offenhalten || to reserve || réserver. 15

offenkundig || well known; obvious; evident; public; notorious || notoire; public. 16

öffentlich || public || public. a) ~e Ausschreibung f. || official submission || adjudication f. publique. b) ~e Meinung f., Macht der öffentlichen Meinung der zivilisierten Welt || force of public opinion of the civilized world || force f. d'opinion publique des nations civilisées. c) ~es Netz n. || public plant || réseau m. public. d) ~e Sprechstelle f. || public station || poste m. public. e) ~e Verkehrsanstalt f. || enterprise for facilitating public intercourse || entreprise f. des communications publiques. f) ~e Versteigerung f. || public auction || encan m. public. 17

Öffentlichkeit f. || publicity || publicité f.; public m. 18

offerieren || to offer || offrir; proposer. 19

Offerte f. || offer; tender || offre f. 20

Offiziersmesse f. || ward room || carré m. des officiers. 21

Offizin f. || laboratory || officine f. 22

öffnen || to open || ouvrir. a) den Durchlaß ~ m. (Wasserb) || to open the raft || ouvrir la portière. b) hier ~! || open here! || ouvrir ici! c) einen Kontakt m. ~ || to break a contact || ouvrir un contact m. d) ein Schloß n. mit dem Dietrich ~ || to pick a lock || crocheter une serrure. e) einen Stromkreis m. ~ || to open a circuit || ouvrir *ou* couper un circuit. 23

Öffner m. (Spinn) || opener || ouvreuse f. 24

Öffnung f. || aperture; opening; orifice || ouverture f.; aperture f.; orifice m.; jour m. a) freie ~ || free aperture || ouverture f. libre. b) Füll~ || filler cap || orifice m. de remplissage. 25

Öffnungs-funke m. || spark at breaking contact; break spark || étincelle f. d'ouverture *ou* de rupture. a) ~induktionsstrom m. || induced *or* breaking current || courant m. d'induction d'ouverture. b) ~maschine f. || opener; opening machine || ouvreuse f. mécanique. c) ~verhältnis n. (Opt) || aperture ratio || ouverture f. relative. d) ~winkel m. (Opt) || aperture angle || angle m. d'ouverture. 26

Offsetdruck m. || offset printing || impression f. offset *ou* sur caoutchouc. a) Klein~ || small offset printing || petite imprimerie f. offset. 27

Offset-druckpresse f. *s.* ~presse. a) ~maschine f. || offset (printing) machine || machine f. (d'imprimerie) offset. 28

Offsetpresse f. || offset (printing) press || presse f. (typographique) offset. a) Bogen~ || sheet-fed offset machine || machine-offset f. pour la marge de feuilles. 29

Offset-rotationsdruckmaschine f. || offset rotary printing machine || machine-offset f. rotative. a) ~walze f. || offset roller || rouleau m. offset. 30

oftmalig || repeated; frequent || fréquent. 31

Ohm n. || ohm || ohm m. 32

Ohmmesser m. || ohmmeter; megger || ohmmètre m. 33

Ohmmeter n. *s.* Ohmmesser. 34

Ohmsches Gesetz n. || Ohm's law || loi f. d'Ohm. 35

ohne Ende n. || endless || sans fin f. 36

Ohnmacht f. || fainting || évanouissement m. 37

Ohr n. || ear || oreille f. 38

Öhr n. (Knopf) || shank || attache f. *ou* queue f. d'un bouton découpé. a) ~ (Masch) || eye; ear; lug || œil m.; œillet m.; oreille f.; douille f. b) ~ (Nadel) || eye || trou m.; chas m. c) ~ einer Axt || axe eye *or* hole || œil m. *ou* douille f. de hache. 39

Ohren-instrument n. || otological instrument || instrument m. otique. a) ~klappe f. || ear tab || oreillette f. b) ~kühler m. (Luftf) || lateral radiator || radiateur m. auriculaire. c) ~pinzette f. || aural forceps pl. || pince f. à oreilles. d) ~reiniger m. || ear cleaner || cure-oreille m. e) ~schmerzen mpl. || ear ache || mal m. d'oreilles. f) ~schraube f. || thumb screw || vis f. à oreille. g) ~schützer m. || ear shield *or* cap || protège-oreille m.; oreillette f. 40

Öhrfurche f. (Nadl) || channel for the eye || enrue f. 41

Ohr-joch n. (Bergb) || top frame; topshaft frame || cadre m. à oreilles. a) ~kettchen n. (Opt) || ear chain || chaînette f. pour l'oreille. b) ~kissen n. (Wagenb) || pillow cod || custode f. c) ~rahmen m. (Bergb) || top (shaft) frame || cadre m. à oreilles. d) ~ring m. || ear ring || boucle f. d'oreilles. e) ~spange f. || ear loop || arc m. auriculaire. f) ~spant m. || foremost frame || couple m. de coltis; colti m. 42

okkludieren || to occlude || occluder. 43

Okklusion f. || occlusion || occlusion f. 44

Okonit n. || okonite || okonite m. 45

Oktaeder n. || octahedron; octaedron || octaèdre m. 46

Oktant m. || octant || octant m. 47

Oktavblatt n. || sheet in 8^0 || feuillet m. in-octavo. 48

Oktave f. || octave || octave f. 49

Oktavformat n. || octavo || (format m.) in-octavo m. 50

Okular n. || eyepiece; eye lens || oculaire m. a) astronomisches ~ || astronomical eyepiece || oculaire m. astronomique. b) ~ für astronomische Beobachtungen || eyepiece for astronomical observations || oculaire m. pour les observations astronomiques. c) binokulares ~ || binocular eyepiece || oculaire m. binoculaire. d) Demonstrations~ || demonstration eyepiece || oculaire m. de démonstration. e) ~ mit Dioptrieneinstellung || eyepiece adjustable in terms of diopters || oculaire m. muni d'un dispositif de mise au point gradué en dioptries. f) Doppel~ || double eyepiece || oculaire m. double. g) ~ mit aufgeschraubtem doppeltbrechendem Prisma || eyepiece with double refracting prism screwed on || oculaire m. sur lequel un prisme biréfringent est vissé. h) das ~ auf die Sehschärfe des Beobachters einstellen || setting the eyepiece to the observer's sight || adapter la mise au point à la vue de l'observateur. i) farbenfreies ~ || eyepiece free from colour || oculaire m. achromatique. k) jedes ~ eines Feldstechers für sich einstellen || to focuse independently either eyepiece of a field glass || mettre séparément au point chaque oculaire d'une jumelle. **l) fotografisches** ~ || photographic eyepiece || oculaire m. photographique. **m) Kompensations~** || compensating eyepiece || oculaire m. compensateur. **n) kurzbrennweitiges** ~ || eyepiece of short focal length || oculaire m. à foyer court. **o) langbrennweitiges** ~ || eyepiece of long focal length || oculaire m. à long foyer. **p) Meß~** || micrometer eyepiece || oculaire-micromètre m. **q) Mikrometer~** || micrometer eyepiece || oculaire m. de micromètre. **r) Mikrospektral~** || microspectroscopic eyepiece || oculaire m. microspectroscopique. **s) monozentrisches** ~ || monocentric eyepiece || oculaire m. monocentrique. **t) orthoskopisches** ~ || orthoscopic eyepiece || oculaire m. orthoscopique. **u) Pointierungs~** || guide eyepiece || oculaire m. de pointage latéral. **v) reflexfreies** ~ || eyepiece free from internal reflection || oculaire m. exempt de reflets. **w) Sonder~** || special eyepiece || oculaire m. spécial. **x) Spektral~** *s.* Spektroskop~. **y) Spektroskop~** || spectroscopic eyepiece || oculaire m. spectroscopique. **z) Strichkreuz~** || cross-line eyepiece || oculaire m. à réticule. 1

a) Sucher~ || finder eyepiece || oculaire-chercheur m. **b) terrestrisches** ~ || terrestrial eyepiece || oculaire m. terrestre. **c) Vergleichs~** || comparison eyepiece || oculaire m. de comparaison. **d) verzeichnungsfreies** ~ || eyepiece free from distortion || oculaire m. exempt de distorsion. **e) Zeiger~** || pointer eyepiece || oculaire m. indicateur. 2

Okular-abstand m. || distance between the eyepieces || écartement m. des oculaires. **a) ~aufsteckglas** n. (Opt) || eyepiece correcting lens || verre m. à emboîter sur l'oculaire. 3

Okularauszug m. || eyepiece draw tube || tube-tirage m. oculaire; tirage m. oculaire. **a)** ~ mit **Dreispindelantrieb** || eyepiece draw tube with three spindle mechanism || tirage m. oculaire à trois tiges filetées. **b) Klemmung** f. des **~es** || clamp for eyepiece draw tube || vis f. immobilisant le tube-tirage. **c)** ~ mit **Zahn und Trieb** (Opt) || eyepiece draw tube with rack and pinion || tube-tirage m. oculaire à crémaillère. 4

Okular-auszugsverstellbarkeit f. || eyepiece draw tube extension || course f. du tirage oculaire. **a) ~blende** f. || eyepiece diaphragm || diaphragme m. oculaire. **b) ~-blendebene** f. || eyepiece field stop || plan m. du diaphragme de l'oculaire. **c) ~-brennweite** f. || focal length of the eyepiece || distance f. focale de l'oculaire. **d) ~deckel** m. || eyepiece cap || bonnette f. de l'oculaire. 5

Okularende n. des **Refraktors** || eye end of the refractor || extrémité f. intérieure du réfracteur. **a)** ~ des **Spiegelrohres** || eye end of the reflector tube || extrémité f. oculaire du tube du réflecteur. 6

Okular-fokussierung f. auf dem Fadenkreuz || pinion head for focussing eyepiece upon cross lines || mise f. au point de l'oculaire sur le réticule. **a) ~glas** n. || eye glass *or* lens || verre m. oculaire; oculaire m. **b) ~klemmung** f. || eyepiece clamping device || serrage m. de l'oculaire. **c) ~mikrometer** n. || eyepiece micrometer || micromètre-oculaire m. 7

Okularmikroskop n. || eyepiece microscope || microscope m. oculaire. **a)** ~ mit **veränderlicher Vergrößerung** || eyepiece microscope with variable magnification || microscope m. oculaire à grossissement variable. 8

Okularmuschel f. || eyepiece cup || bonnette f. d'oculaire. **a) flache** ~ f. für **Brillenträger** || shallow eyepiece cup for spectacle wearers || bonnette f. plate pour les porteurs de lunettes. 9

Okular-netzmikrometer n. || eyepiece cross line micrometer || micromètre-oculaire m. à réseau. **a) ~öffnung** f. || opening in the ocular plate || œilleton m. **b) ~paar** n. || pair of eyepieces || paire f. d'oculaires. **c) ~prisma** n. || eyepiece prism || prisme m. oculaire. 10

Okularrevolver m. || revolving eyepiece head; eyepiece revolver || revolver-oculaire m. **a)** ~ mit **drei Okularen** || revolving eyepiece changer furnished with three eyepieces || revolver m. à trois oculaires. 11

Okular-schraubenmikrometer n. || eyepiece screw micrometer || oculaire-micromètre m. à vis. **a) ~spektroskop** n. || eyepiece spectroscope || spectroscope m. oculaire. **b) ~steckhülse** f. || eyepiece sliding sleeve || douille f. porte-oculaire; douille f. pour les oculaires. 12

okulieren || to inoculate; to bud || écussonner. 13

Okuliermesser n. || grafting *or* budding knife || écussonnoir m.; greffoir m.; couteau m. à greffer. **a) zusammenklappbares** ~ || foldable grafting knife || serpette f. fermante. 14

Öl n. || oil || huile f. **a) Affenbrotbaum~** || baobab oil || huile f. de baobab. **b) Ahornholz~** || maple-tree oil || essence f. de bois d'érable. **c) Akazien~** || acacia oil || huile f. d'acacia. **d) Angelika~** || angelica oil || huile f. *ou* essence f. d'archangélique. **e) Anthrazen~** || anthracene oil || huile f. d'anthracène. **f) antikes** ~ || antique oil || huile f. antique. **g) Aprikosenkern~** || apricot kernel oil || huile f. de noyaux d'abricots. **h) aromatisches** ~ || aromatic oil || huile f. aromatique. **i) ätherisches** ~ || essential *or* volatile oil || huile f. volatile *ou* essentielle *ou* éthérée. **k) Azeton~** || acetone oil || huile f. d'acétone. **l) Back~** || baking oil || huile f. à frire. **m) Baumwollsamen~** || cotton-seed oil || huile f. de coton. **n) Birkenteer~** || birch tar oil || huile f. de goudron de bouleau. **o) Bohr~** || boring oil || huile f. pour perçage et taraudage. **p) Braunkohlenteer~** || lignite tar oil || huile f. de goudron de lignite. **q) Brenn~** || burning oil || huile f. à brûler. **r) dickflüssiges** ~ || thick oil; viscous oil || huile f. peu fluide; huile f. épaisse. **s) Diesel~** || Diesel oil || huile f. Diesel; Dieseloil f. **t) Dynamo~** || dynamo oil || huile f. pour dynamo. **u) Eichenkern~** || acorn oil || huile f. de gland. **v)** ~ aus **einheimischem Brennstoff** || oil from inland fuel || huile f. (en partant) de combustible indigène. **w) Erdnuß~** || groundnut *or* earthnut oil || huile f. d'arachides. **x)** das ~ **erneuern** || to replenish oil supply || renouveler l'huile f. **y) Fabrik f. ätherischer ~e** || factory of essential oils || fabrique f. d'huiles éthérées. **z) Fahrrad~** || bicycle oil || huile f. pour bicyclettes. 15

a) das ~ von allen **fäulniserregenden Stoffen** befreien || freeing the oil from all septic matter || débarrasser l'huile f. de toutes les matières septiques. **b) fettes** ~ || fat *or* fixed oil || huile f. grasse *ou* fixe. **c) flüchtiges** ~ || essential *or* volatile oil || huile f. volatile. **d) fortgeschleudertes** ~ || oil thrown about || graissage m. jaillit. **e)** dem ~ n. alle festen und flüssigen **Fremdkörper entziehen** || to remove all solid and liquid impurities from oil || débarrasser l'huile f. de toutes les impuretés solides et liquides. **f) Fusel~** || fusel oil || fusel m.; huile f. de grain. **g) Gas~** || gas oil || gasoil m.; huile f. à gaz. **h) gebleichtes** ~ || bleached oil || huile f. blanchie. **i)** mit ~ n. **gefüllt** || full of oil || remplis d'huile. **k) gehärtetes** ~ || hydrogenated *or* fixed oil || huile f. hydrogénée. **l) gekochtes** ~ || boiled oil || huile f. épaisse *ou* cuite. **m) geschwärztes** ~ || blackened oil || huile f. noircie. **n) Gewürznelken~** || clove oil || essence f. de girofles. **o) halbtrocknendes** ~ || half drying oil || huile f. demi-sécheuse. **p) Harz~** || resin oil || huile f. de résine. **q) harzfreies** ~ || oil free from resin || huile f. exempte de résine; huile f. non-résinifère. **r) Heiz~** || heating oil || huile f. lourde. **s) Herings~** || herring oil || huile f. de hareng. **t) hochsiedendes** ~ || oil of high boiling point || huile f. à point d'ébullition élevé. **u) Holz~** || wood oil || huile f. de bois. **v) Hopfen~** || hop oil || huile f. de houblon. **w) Ingwer~** || ginger oil || huile f. *ou* essence f. de gingembre. **x) Jasmin~** || jasmine oil || essence f. de jasmin. **y) Juchten~** || birch tar oil || essence f. de goudron du bouleau. **z) Kalmus~** || calamus oil || essence f. d'acore. 16

a) Kampfer~ || camphor oil || essence f. de camphre. **b) Kardamom~** || cardamom oil || essence f. *ou* huile f. de cardamome. **c) Kiefernadel~** || pine needle oil || essence f. d'aiguilles de pin. **d) Kien~** || pine oil || huile f. de pin. **e) Kitt~** || putty oil || huile f. pour mastics. **f) Knoblauch~** || garlic oil || essence f. d'ail. **g) Knochen~** || bone oil || huile f. animale. **h) Lavendel~** || lavender flowers oil || essence f. de lavande. **i) Leicht~** || light oil || huile f. légère. **k) leichtflüssiges** ~ || easily fusible oil || huile f. très fluide *ou* minée. **l) Lein~** || linseed oil || huile f. de lin. **m) Mais~** || corn oil || huile f. de maïs. **n) Mandel~** || almond oil || essence f. d'amandes. **o) Maschinen~** || lubricating *or* engine oil || huile f. de machines. **p) mineralisches** ~ || mineral oil || huile f. minérale. **q) Mohn~** || poppy(-seed) oil || huile f. de pavot *ou* d'œillette. **r) Myrthen~** || myrthe oil || essence f. de myrthe. **s) Nähmaschinen~** || sewing machine oil || huile f. pour machines à coudre. **t) Nelken~** || clove oil || essence f. de girofles. **u) nichttrocknendes** ~ || non-drying oil || huile f. nonsiccative *ou* non-sécheuse. **v)** ~ mit **niedrigem Siedepunkt** || oil of low boiling point || huile f. à point d'ébullition bas. **w) Nuß~** || nut oil || huile f. de noix. **x) oxydiertes** ~ || oxidated *or* oxidized oil || huile f. oxydée. **y) Palmkern~** || palmkernel oil || huile f. de noix d'Inde. **z) Paraffin~** || paraffin oil || huile f. de paraffine. 17

a) parfümiertes ~ || scented oil || huile f. parfumée. **b) Patschuli~** || patchouli oil || essence f. de patchouly. **c) Perubalsam~**

|| peruvian balsam oil || huile f. de baume du Pérou. **d) pflanzliches ~** || vegetable oil || huile f. (d'origine) végétale. **e) Raffinationsanlage** f. für vegetabilische ~e || refining plant for vegetable oils || installation f. de raffinage d'huiles végétales. **f) ~ reinigen** || to depurate the oil || dépurer l'huile. **g) Rizinus~** || castoroil || huile f. de ricin. **h) Roherd~** || residual oil || naphte f. brute. **i) Rosen~** || oil of roses || essence f. *ou* huile f. de roses. **k) Rüb~** || grape seed oil || huile f. de colza. **l) säurefreies ~** || oil free from acid || huile f. exempte d'acide; huile f. neutre. **m) Schalter~** || circuit breaker oil || huile f. pour interrupteurs. **n) Schiefer~** || shale *or* slate oil || huile f. de schiste. **o) Schwer~** || heavy oil || huile f. lourde. **p) schwer siedendes~** || oil of high boiling point || huile f. à point d'ébullition élevé. **q) schweres mineralisches ~** || heavy mineral oil || huile f. minérale lourde. **r) Solar~** || solar oil || huile f. solaire. **s) Sonnenblumen~** || sunflower oil || huile f. d'hélianthe. **t) Sojabohnen~** || soya bean oil || huile f. de fèves de soya. **u) Speise~** || edible oil || huile f. alimentaire *ou* de table. **v) Steinkohlenteer~** || mineral tar oil; coal tar oil || essence f. *ou* huile f. de goudron de houille. **w) technisches ~** || oil for technical purposes || huile f. technique. **x) terpenfreies ätherisches ~** || terpeneless essential oil || essence f. déterpénée. **y) Textil~** || oil for the textile industry || huile f. pour l'industrie textile. **z) tierisches ~** || animal oil || huile f. animale. 1

a) Transformatoren~ || transformer oil || huile f. pour transformateurs. **b) Treib~** n. für **Explosionsmotoren** || fuel oil for explosion motors || huile f. lourde pour moteurs à explosion. **c) trocknendes ~** (Mal) || drying oil || huile f. siccative. **d) Türkischrot~** || Turkey red oil || huile f. rouge d'Andrinople. **e) Uhren~** || watch oil || huile f. pour horloges. **f) vegetabilisches ~** || vegetable oil || huile f. végétale. **g) ~ zum Verdünnen** der Druckerschwärze || oil for lowering printing-ink || huile f. pour étendre l'encre d'imprimerie. **h) wasserlösliches ~** || water-soluble oil || huile f. soluble dans l'eau. **i) ~ für Wolleinfettung** || oil for wool oiling || huile f. d'ensimage. **k) Ysop~** || hyssop oil || essence f. d'hysope. **l) Zypressen~** || cypress oil || essence f. *ou* huile f. de cyprès. 2

Ölabdichtung f. || oil joint || joint m. à huile. 3

Ölablaß m. || oil outlet || vidange f. d'huile. **a) ~hahn** m. || oil-pan drain cock || robinet m. de vidange du carter. **b) ~schraube** f. || waste oil screw || vis f. de purge pour l'huile de graissage. **c) ~stopfen** m. || oil-pan drain plug || bouchon m. de vidange du carter 4

Öl-abscheider m. || oil separator || séparateur m. d'huile. **a) ~abstreifer** m. || oil wiper || racloir m. d'huile. **b) ~abstreifring** m. || oil wiper ring; oil scraper ring || segment m. de raclage d'huile. **c) ~achse** f. || oil *or* patent axle || essieu m. à l'huile; essieu m. breveté. 5

Ölanstrich m. || oil paint(ing) || peinture f. à l'huile. **a) erster ~** || first coat in oil-painting; priming in oil || imbu m.; première couche f. d'huile. **b) matter ~** || flatting || vernis m. d'huile sans poli. **c) ~ ohne Lackierung** *s.* matter~. 6

Ölanzug m. || oil cloth || vêtement m. imprégné d'huile. 7

ölarmes Land n. || country (that is) poor in mineral oils || pays m. qui ne possède pas de sources naturelles d'huiles minérales. 8

Ölbad n. || oil bath || bain m. d'huile. 9

Ölbaum m. || olive tree || olivier m. **a) ~gummi** n. || elemi; olive gum || élémi m.; gomme f. d'olivier. **b) ~harz** n. *s.* ~gummi. **c) ~holz** n. || olive wood || bois m. d'olivier. 10

Ölbehälter m. || oil tank *or* cabinet || réservoir m. *ou* récipient m. à huile. **a) ~ für Transformatorenöl** || oil reservoir for transformers || réservoir m. à l'huile de transformateurs. 11

Öl-beize f. || mordant of oil || corrosif m. d'huile. **a) ~bilderdruck** m. || lithochromic print || chromo-lithographie f. **b) ~bleichanlage** f. || oil bleaching plant || installation f. de blanchissement d'huile. **c) ~bodensatz** m. || residuum of oil || fèces fpl. d'huile. **d) ~bohranlage** f. || oil boring plant || installation f. pour le sondage d'huile. **e) ~bohrung** f. || oil well || puits m. à huile. **f) ~brenner** m. || oil burner || brûleur m. à huile. **g) ~büchse** f. || oil cup || godet m. grasseur. **h) ~dampfer** m. || oil steamer || navire m. pétrolier. 12

öldicht || oil-tight || étanche à huile. **a) mit ~em Verschluß** m. || with oil-tight locking device || à obturateur m. étanche à l'huile. 13

Öldruck m. (Bild) || oil print; oleograph || impression f. à l'huile. **a) ~** (Verfahren) || oleography; linography || chromolithographie f.; chromotypographie f.; oléographie f.; linographie f. 14

Öldruckbild n. *s.* Öldruck (Bild). 15

Öldruckmesser m. || oil-pressure gauge *or* indicator || manomètre m. à huile. 16

Öldruckpapier n. || oleographic paper || papier m. à d'oléographie. 17

Öldüse f. || oil atomizer || pulvérisateur m. d'huile. 18

Oleat n. || oleate || oléate m. 19

Olein n. || olein(e) || oléine f.; huile f. de suif. 20

Öleinfüllstutzen m. || oil filler || bouchon m. *ou* orifice m. de remplissage d'huile. **a) Deckel** m. des ~s || oil filler cap *or* lid || couvercle m. de l'orifice de remplissage d'huile. 21

Olein-säure f. || oleic acid || acide m. oléique. **a) ~seife** f. || oleine soap || savon m. à l'oléïne. 22

ölen || to oil; to lubricate; to grease || huiler; lubrifier; graisser. 23

Ölen n. (Masch) || lubrication; oiling; greasing || lubrifaction f.; lubrifiage m. 24

Ölendverschluß m. (Kabel) || oil cable head || tête f. de câble avec isolation d'huile. 25

Oleomargarine f. || oleomargarine || Oléomargarine f. 26

Öler m. || oiler; lubricator; greaser || godet m. graisseur; lubrificateur m.; graisseur m.; huileur m. **a) Einzel~** || single lubricator || graisseur m. individuel *ou* séparé. **b) Klappen~** || flap-covered oil cup || graisseur m. à clapet. **c) Kraftwagen~** || motor car lubricator || graisseur m. d'automobiles. **d) Ring~** || ring oiler || graisseur m. à bague. **e) Schautropf~** || sight feed lubricator || graisseur m. à débit visible. **f) Selbst~** || self oiler; automatic oil feeder || graisseur m. automatique. **g) Tropf~** || drop oiler || graisseur m. à compte-gouttes. 27

Ölerantriebsrad n. || lubricator wheel || roue f. de commande du graisseur. 28

Oleum n. || fuming sulphuric acid || acide m. sulfurique fumant. 29

Ölextraktionsanlage f. || oil extraction plant || installation f. d'extracteurs d'huile. 30

Ölfabrik f. || oil factory || huilerie f. **a) ~einrichtung** f. || oil manufacturing plant || installation f. d'huileries. 31

Öl-fänger m. || oil collector *or* catcher || collecteur m. d'huile. **a) ~fangring** m. || oil seal of crank case || anneau m. du carter pour retenue d'huile. 32

Ölfarbe f. || oil colour || couleur f. à l'huile. 33

Ölfarben-anstrich m. (Bauw) || painting *or* colouring in oil || peinturage m. à l'huile; **a) ~druck** m. || lithochromic print || chromo-lithographie f. **b) ~mühle** f. || oil colour mill || moulin m. à broyer les couleurs à l'huile. 34

Ölfeld n. || oil field || terrain m. pétrolifère. 35

Ölfeuerung f. (Feuerstelle) || oil (fired) furnace || four m. *ou* foyer m. à (brûler) l'huile. **a) ~** (Tätigkeit) || oil burning *or* firing || chauffage m. à l'huile. 36

Ölfeuerungs-anlage f. || oil firing plant *or* installation || installation f. de chauffage à l'huile. **a) ~vorrichtung** f. || oil firing apparatus || brûleur m. à l'huile lourde. 37

Ölfilter n. || oil strainer *or* filter || filtre m. d'huile. **a) ~sieb** n. || strainer for oil filter || tamis m. pour filtre d'huile. 38

Öl-filz m. || oil felt pad || feutre m. huilé. **a) ~firnis** m. || oil varnish; boiled oil || vernis m. gras *ou* à l'huile. **b) ~flammpunktprüfer** m. || flash-point testing apparatus *or* tester for oil || appareil m. à déterminer le point d'inflammation des huiles. **c) ~fläschchen** n. || oil cruet || bidon m. pour l'huile. **d) ~flasche** f. || oil bottle || bouteille f. à huile. **e) ~födereinrichtung** f. || oil conveying plant || installation f. pour le transport de l'huile. **f) ~füllstutzen** m. *s.* Öleinfüllstutzen. 39

ölgares Leder n. || oiled leather || cuir m. en huile. 40

Ölgas n. || oil gas || gaz m. d'huile. **a) ~brenner** m. || oil gas burner || brûleur m. à gaz d'huile. **b) ~teer** m. || oil gas tar || goudron m. de gaz d'huile. 41

Ölgestein n., **schiefriges** || oilshale || schiste m. ardoisier huileux. 42

Ölgewinnungsanlage f. || oil extracting plant || installation f. d'extraction des huiles. **a) ~ für Mineralöle** || mineral oil producing plant || installation f. pour l'extraction de l'huile minérale. 43

Öl-härtung f. || oil hardening || trempe f. à l'huile. **a) ~härtungsanlage** f. || oil hardening plant || installation f. de hydrogénisation d'huiles. **b) ~hefe** f. || dregs pl. of oil || lie f. d'huile. **c) ~heizanlage** f. || oil heating plant || installation f. de chauffage m. à l'huile. 44

Oliban n. || olibanum || oliban m. 45

ölig || fatty; greasy; unctuous; adipose; adipous; oily || onctueux; graisseux; adipeux; huileux. 46

Oligoklas m. || oligoclase; sunstone || oligoclase m.; héliolithe f. 47

Oligonspat m. || oligon spar || oligonite f.; sidérose m. manganésifère. 1
Oligozän n. || oligocene || système m. oligocène. 2
oliv (Farbe) || olive || olive. 3
Olivbraun n. || olive brown || brun m. olive. 4
Olive f. || olive || olive f. **a)** ~ (Schloß) || knob || bouton m. (en olive); olive f. 5
Oliven-baum m. *s.* Ölbaum. **a)** **~einsalzer** m. || olive salter || saleur m. d'olives. **b)** **~holz** n. *s.* Ölbaumholz. 6
Olivenit m. || olivenite; prismatic arseniate of copper || olivénite f.; cuivre m. arséniaté en octaèdres aigus. 7
Olivennachöl n. || refuse olive oil || huile f. d'olive de ressence. 8
Olivenöl n. || olive oil || huile f. d'olive. **a)** **~fettsäure** f. || olive-oil fatty acid || acide m. graisse d'huile d'olives. **b)** **~-kuchen** m. || marc; oil graves pl. *or* lees pl.; olive husks pl. || grignons mpl. **c)** **~seife** f. || olive-oil soap || savon m. à l'huile d'olives. 9
Olivenquetsche f. || crusher for olives || moulin m. à olives. 10
olivgrün || olive green || vert olive. 11
Olivgrün n. || olive green || vert m. olive. 12
Olivin m. (Min) || olivine || olivine f. 13
Olivschwarz n. || olive black || noir m. olive. 14
Öl-kanal m. || oil way || gouttière f. de graissage. **a)** **~kännchen** n. || oil cup || burette f. à huile. **b)** **~kanne** f. || oil can || godet m. *ou* burette f. *ou* bidon m. à huile. **c)** **~karton** m. || oil cardboard || carton m. huilé. **d)** **~kasten** m. || oil-bath || chambre f. d'huile. 15
Ölkesselwärter m. (Vaselinefabr) || black-pot attendant || charbonnier m. cuiseur. 16
Öl-kitt m. || putty || mastic m. à l'huile. **a)** **~kruste** f. (Auto) || oil crust || croûte f. d'huile. 17
Ölkuchen m. || oil cake || tourteau m. (à l'huile); pain m. d'olives; gâteau m. à l'huile. **a)** **Brechen** n. von ~ mpl. || oil-cake crushing || concassage m. de tourteaux. 18
Ölkuchen-brecher m. || oil cake breaker *or* bruiser *or* crusher || concasseur m. de tourteaux; broyeur m. pour gâteaux d'huile. **a)** **~mahlanlage** f. || oil cake mill plant || moulin m. à tourteaux. **b)** **~-mühle** f. || oil cake mill || broyeur m. à tourteaux. || **c)** **~vermahlung** f. zur Bodendüngung || oil cake crushing for manuring || broyage m. et trituration f. de tourteaux pour engraissement. 19
Öl-kühler m. || oil refrigerator || réfrigérant m. à huile. **a)** **~lack** m. || oil varnish || vernis m. gras. **b)** **~lade** f. || oil *or* stamper press || harnard m. **c)** **~lampe** f. || oil lamp || lanterne f. à huile. **d)** **~laterne** f. *s.* ~lampe. **e)** **~leder** n. || oil *or* chamois leather || cuir m. chamoisé; peau f. chamoisée. 20
Ölleinen n. || oiled linen || toile f. huilée. **a)** **~herstellungsmaschine** f. || oil linen making machine || machine f. pour fabriquer des toiles cirées. **b)** **~tauch-anlage** f. || dipping plant for oil linen || installation f. d'immersion de la toile huilée. 21
Öl-leitung f. || oil duct || canalisation f. d'huile. **a)** **~loch** n. (Masch) || oil hole || trou m. de graissage. **b)** **~malerei** f. || painting in oil; oil painting || peinture f. à l'huile. **c)** **~manometer** n. || oil pressure gauge || manomètre m. à huile. **d)** **~meß-stab** m. || dip rod || réglette-jauge f. **e)** **~motor** m. || oil engine || machine f. *ou* moteur m. à huile. 22
Ölmühle f. || oil mill || huilerie f.; moulin m. à huile; tordoir m. d'huile. **a)** **Kolonial~** || colonial oil mill || moulin m. à huile pour les colonies. 23
Öl-mühlenbetrieb m. || oil milling service || service m. de l'huilerie. **a)** **~müller** m. || oil maker || huilier m.; presseur m. d'huile. **b)** den **Brennstoff** m. zu einem feinen **~nebel** m. zerstäuben || to atomize the fuel thoroughly || pulveriser le combustible en un fin nuage d'huile. **c)** **~nut** f. || oil groove || patte f. d'araignée. 24
Ölpapier n. || oiled *or* transparent paper || papier m. huilé *ou* verni *ou* transparent. **a)** **~herstellungsanlage** f. || oil paper making plant || installation f. de fabrication du papier huilé. 25
Öl-pinsel m. || oil brush || pinceau m. à huile. **a)** **~polschuh** m. (Sammler) || oil pole shoe || pièce f. polaire à huile. 26
Ölpreßanlage f. nach dem **Plattenpressen-system** || oil pressing plant on the plate-press system || presse f. à huile du système à plateaux. **a)** ~ nach dem **Seihersystem** || oil pressing plant on the cage system || presse f. à huile du système à cages. 27
Öl-presse f. || oil press || presse f. à huile. **a)** **~prüfeinrichtung** f. || oil testing device || dispositif m. d'essai d'huile. **b)** **~prüfer** m. || oil tester || essayeur m. d'huile. **c)** **~prüfmaschine** f. || oil testing machine || machine f. à essayer les huiles. **d)** **~puffer** m. || oil dashpot || dash-pot m. à huile. 28
Ölpumpe f. || oil pump || pompe f. à huile. **a)** **Hand~** || oil hand pump || pompe f. de graissage à main. 29
Ölpumpensicherheitsventil n. || oil pump safety valve || soupape f. de sûreté de pompe à huile. 30
Öl-quetsche f. || olives crushing mill || détritoir m. **a)** **~raffination** f. *s.* ~raffinierung. **b)** **~raffinerie** f. || oil refinery || raffinerie f. d'huile. **c)** **~raffinieranlage** f. || oil refining plant || installation f. de raffinage d'huile. **d)** **~raffinierung** f. || oil refining || raffinage m. d'huile. 31
ölreich-e Braunkohle f. || bituminous lignite || lignite m. riche en huile. **a)** **~es Land** n. || country (that is) rich in mineral oils || pays m. riche en sources naturelles d'huiles minérales. 32
Ölreiniger m. || oil purifier *or* strainer; oil cleaning apparatus || purificateur m. *ou* épurateur m. d'huile. **a)** **Zentrifugal~** || centrifugal oil purifier || épurateur m. d'huile centrifuge. 33
Ölreinigungs-apparat m. || oil cleaning apparatus || filtre m. décanteur d'huile. **a)** **~zentrifuge** f. || centrifugal for cleaning oil; centrifugal oil purifier || épurateur m. d'huile à force centrifuge. 34
Öl-ring m. || lubrication *or* oiling ring || bague f. de graissage. **a)** **~rinne** f. || oil way || gouttière f. de graissage. **b)** **~rohr** n. || oil lead || tuyau m. d'huile. **c)** **~röhr-chen** n. || small oil tube || petit tube m. d'huile. **d)** **~rücklaufrohr** n. || oil return pipe || tube m. de retour d'huile. **e)** festgebrannter **~rückstand** m. || oil deposit burnt on || résidu m. d'huile adhérent après avoir été brûlé. **f)** **~sammler** m. || save oil pan *or* trough || auge f. à l'huile. 35
Ölsardinen fpl. || sardines pl. in oil (packing) || sardines fpl. à l'huile. 36
ölsaures Bleimangan n. || lead manganese oleate || oléate m. de plomb et de manganèse. 37
Öl-säure f. || oleic acid || acide m. oléique. **a)** **~schalter** m. || oil switch || interrupteur m. à huile. **b)** **~schauglas** n. || oil sight glass; sight feed || viseur m. de graissage; indicateur m. de niveau d'huile. **c)** **~schlägerei** f. || oil mill || huilerie f. **d)** **~schlamm** m. || pasty sediment of oil || crasses fpl. d'huile. **e)** **~-schneckenpresse** f. || oil expelling worm press || presse f. à huile à vis sans fin. **f)** **~schutzblech** n. || oil splash guard || plaque f. d'huile; pare-huile m. **g)** **~-schwarz** n. || oil black || noir m. d'huile. 38
Ölseide f. || oil silk || soie f. huilée. **a)** **Tauch-anlage** f. für ~ || dipping plant for oil silk || installation f. d'immersion de la soie huilée. 39
Öl-seife f. || oil *or* soft soap || savon m. d'huile. **a)** **~sieb** n. || oil strainer || filtre m. d'huile. **b)** **~sieder** m. || oil refiner || raffineur m. d'huiles; épurateur-huilier m. **c)** **~siederei** f. || oil refinery || raffinerie f. d'huile. 40
Ölspar-apparat m. || economical oiling apparatus || graisseur m. économique. **a)** **~- und Abfüllapparat** m. || oil governor and racker || oléo-comptoir m. 41
Öl-spiegel m. || oil level || niveau m. d'huile. **a)** **~spritze** f. || syringe of lubricating; oil gun || seringue f. d'huile *ou* pour graisser; injecteur m. à l'huile. **b)** **~-spritzring** m. || oil retaining ring || égoutteur m. 42
Ölstand m. || oil level || niveau m. d'huile. **a)** **~glas** n. || oil gauge glass || tube m. de verre du niveau d'huile. **b)** **~hahn** m. || bleeder || robinet m. de niveau d'huile. **c)** **~zeiger** m. || oil level gauge || indicateur m. d'huile. 43
Öl-stein m. (zum Schleifen) || (grinder's) oil stone || pierre f. *ou* queue f. à l'huile; pierre f. à adoucir. **a)** **~stoßdämpfer** m. || oleo pneumatic shock absorber || amortisseur m. oléo-pneumatique. **b)** **~sumpf** m. (Masch) || oil pan || fond m. du carter formant réservoir. **c)** **~süß** n. (Chem) || glycerine || glycérine f. **d)** **~tinte** f. || oily ink; oil-ink || encre f. oléique. **e)** **~trans-formator** m. || oil transformer || transformateur m. à l'huile *ou* dans l'huile. **f)** **~trester** mpl. || marc; oil graves pl. *or* lees pl.; olive husks pl. || grignons mpl. **g)** **~trichter** m. || oil funnel || entonnoir m. à huile. **h)** **~trocknen** n. || dehydration of oil || séchage m. *ou* essorage m. de l'huile f. **i)** **~tropfschale** f. || oil catcher || cuvette f. d'égouttage. **k)** **~tuch** n. || oil cloth || drap m. huilé; toile f. graissée. **l)** **~überlauf** m. || oil overflow || tuyau m. de trop-plein d'huile. **m)** **~überzug** m. || cover of oil || enduit m. à base d'huile. 44
Ölumlauf m. || oil circulation || circulation f. d'huile. **a)** **~schmierung** f. || oil circulating lubrication || graissage m. à circulation d'huile. 45
Ölung f. || oiling; lubrication || graissage m.; lubrification. **a)** zu **starke** ~ || over lubrication || excès m. de graissage. 46
Öl-untersuchungsapparat m. || oil testing apparatus || appareil m. d'examination d'huiles. **a)** **~ventil** n. (Auto) || lubricator ball || bille f. de graisseur. **b)** **~verbrauch** m. || oil consumption || consommation f.

d'huile. **c) ~vergoldung** f. ‖ gilding in oil; oil gilding ‖ dorure f. à l'huile. **d) ~verschlußschraube** f. ‖ oil cap screw ‖ vis m. de fermeture d'huile. **e) ~verteiler** m. ‖ lubricant distributer ‖ distributeur m. de graissage. **f) ~weiß** n. ‖ oil white ‖ blanc m. d'huile. **g) ~wetzstein** m. ‖ (grinder's) oil stone ‖ pierre f. *ou* queue f. à l'huile. **h) ~wolf** m. (Spinn) ‖ oiling devil *or* willow ‖ brisoir m. à huiller; ensimeuse f. **i) ~zirkulation** f. ‖ oil circulation ‖ circulation f. d'huile. 1

Ölzuführung f. ‖ oil feed ‖ canalisation f. d'huile. 2

Ölzuführungsschraube f. ‖ screw for oil feed ‖ vis f. d'amenée d'huile. 3

Omnibus m. ‖ omnibus; bus ‖ omnibus m. **a) Decksitz~** ‖ double-deck bus ‖ omnibus m. à impériale. **b) Doppeldeck~** *s.* Decksitz~. **c) Einmann~** ‖ one-man-bus ‖ autobus m. avec la conduite et la surveillance par le même employé. **d) geschlossener Doppeldeck~** ‖ double-deck top covered bus ‖ omnibus m. à impériale américain. **e) gleisloser Oberleitungs~** ‖ electric trolley bus ‖ autobus m. à trolley sans rail. **f) Hotel~** ‖ hotel bus ‖ omnibus m. d'hôtel. **g) Kraft~** ‖ motor bus ‖ omnibus m. automobile; autobus m. **h) Land~** ‖ inter-urban bus ‖ autobus m. inter-urban. **i) Motor~** ‖ motor bus ‖ autobus m.; omnibus m. **k) ~ ohne Oberdeck** ‖ single deck bus ‖ omnibus m. **l) Überland~** ‖ long distance bus ‖ omnibus m. à grand rayon d'action. 4

Omnibusleitung f. (Fernm) ‖ intermediate station line ‖ ligne f. omnibus *ou* partagée. 5

Onyx m. ‖ onyx ‖ onyx m. 6

Oolith m. ‖ oolite ‖ calcaire m. oolithique; oolithe f. 7

Opal m. ‖ opal ‖ opale f.; quartz m. résinite opalin. **a) edler ~** ‖ precious *or* noble opal ‖ opale f. irisée *ou* noble. **b) gemeiner ~** ‖ common opal ‖ quartz m. résinite commun; opale f. commune. **c) lauchgrüner ~** ‖ pras opal ‖ prasopale f. **d) orientalischer ~** ‖ fire opal; girasol; harlequin ‖ girasol m.; opale f. 8

Opal-glas n. ‖ opal glass ‖ verre m. opale. **a) ~glasglocke** f. ‖ opal globe ‖ globe m. en verre opale. 9

Opalin m. (Glas) ‖ opaline ‖ opaline f. 10

opalisieren ‖ to opalize ‖ opaliser. 11

Opalisieren n. ‖ opalescence ‖ opalescence f. 12

Opaljaspis m. (Min) ‖ jasper *or* ferruginous opal; opal jasper ‖ jaspe m. opale; opale f. ferrugineuse. 13

Operation f. ‖ operation ‖ opération f. 14

Operationslampe f. ‖ operation lamp ‖ lampe f. pour opérations. **a) augenärztliche ~** ‖ lamp for operations on the eye ‖ lampe f. pour les opérations ophtalmologiques. 15

Operationssaal m. ‖ operating room *or* theatre ‖ salle f. d'opération. **a) Möbel** npl. für den ~ ‖ furniture for an operating-room ‖ ameublement m. d'une salle d'opération. 16

Operationstisch m. ‖ operating table ‖ table f. d'opération *ou* à opérer. 17

Operment n. ‖ orpiment; yellow sulphide *or* trisulphide of arsenic; arsenious trisulphide ‖ orpiment m.; trisulfure m. d'arsenic; arsenic m. sulfuré jaune. 18

Opern-glas n. ‖ opera glass ‖ jumelles fpl. (de théâtre); lorgnette f. de spectacle. **a) ~gucker** m. *s.* Operngias n. **b) ~übertragung** f. ‖ transmission of opera-music ‖ transmission f. de la musique de l'opéra. 19

Ophthalmologie f. ‖ ophthalmology ‖ ophtalmologie f. **a) Unfall~** ‖ treatment of ophthalmic lesions occasioned by accidents ‖ ophtalmoscopie f. relative aux accidents. 20

ophthalmologisches Instrument n. ‖ ophthalmological instrument ‖ instrument m. d'ophtalmologie. 21

Ophthalmoskop n. ‖ ophthalmoscope ‖ ophtalmoscope m. **a) Demonstrations~** ‖ demonstration ophthalmoscope ‖ ophtalmoscope m. de démonstration. **b) Hand~** ‖ hand ophthalmoscope ‖ ophtalmoscope m. à main. **c) vereinfachtes großes ~** ‖ simplified large ophthalmoscope ‖ grand ophtalmoscope m. simplifié. 22

Ophthalmoskopfernrohrlupe f. ‖ telescopic ophthalmoscope magnifier ‖ téléloupe f. de l'ophtalmoscope. 23

Ophthalmoskopie f., **azentrische** ‖ eccentric ophthalmoscope method ‖ ophtalmoscopie f. excentrique. **a) zentrische ~** ‖ central ophthalmoscope method ‖ ophtalmoscopie f. centrée. 24

Ophthalmoskoplinse f. ‖ ophthalmoscope lens ‖ lentille f. ophtalmoscopique. **a) aplanatische asphärische ~** ‖ non-spherical aplanatic focussing lens ‖ lentille f. ophtalmoscopique aplanétique asphérique. 25

Opium n. ‖ opium ‖ opium m. 26

opiumhaltig ‖ containing opium ‖ opiace. 27

Opopanax m. ‖ opopanax ‖ opopanax m. **a) ~öl** n. ‖ opopanax oil ‖ essence f. d'opopanax. 28

Optik f. ‖ optics pl. ‖ optique f. **a) astronomische ~** ‖ astro optical equipment ‖ optique f. astronomique. 29

Optiker m. ‖ optician ‖ opticien m. **a) Fach~** ‖ special optician ‖ opticien m. spécialiste. 30

Option f. (Handel) ‖ option ‖ option f. 31

Options-erneuerung f. (Handel) ‖ renewal of option ‖ renouvellement m. d'option. **a) ~geld** n. ‖ option money ‖ dépôt m. de fonds garantissant option. **b) ~recht** n. ‖ option ‖ option f. **c) ~verlängerung** f. ‖ extension of option ‖ prolongation f. d'option. 32

optisch ‖ optic(al) ‖ optique. **a) ~ aktiv** ‖ optically active ‖ optiquement actif. **b) ~ empfindliches Gasgemisch** n. ‖ optically sensitive mixture of gases ‖ mélange m. des gaz sensibles au point de vue optique. **c) ~ mangelhaftes** Glas n. ‖ optically defective glass ‖ verre m. optique défectueux. **d) ~ wissenschaftliches** Glas n. ‖ scientific optic glass ‖ verre m. d'optique scientifique. 33

optisch-e Achse f. ‖ optic axis ‖ axe m. optique. **a) ~e Analyse** f. eines Gasgemisches ‖ optical analysis of a mixture of gases ‖ analyse f. optique d'un mélange de gaz. **b) ~er Apparat** m. ‖ optical apparatus ‖ appareil m. optique. **c) ~e Artikel** mpl. ‖ opticians pl. ‖ articles mpl. d'optique; opticiens mpl. **d) ~er B-Verkehr** m. (Fernm) ‖ call indicator traffic ‖ trafic m. avec des indicateurs d'appel. **e) ~e Bank** f. ‖ optical bench ‖ banc m. d'optique. **f) ~er Bau** m. **des Auges** ‖ optical structure of the eye ‖ système m. optique de l'œil. **g) ~e Berichtigung** f. des fehlsichtigen Auges ‖ optical correction of the defective sight ‖ correction f. optique de l'amétropie. **h) ~e Eigenschaften** fpl. eines Feldstechers ‖ optical particulars of a field glass ‖ constantes fpl. optiques d'une jumelle. 34

optisches Instrument n. ‖ optical instrument ‖ instrument m. d'optique. **a) medizinisches ~** ‖ medico optical instrument ‖ instrument m. médico-optique. 35

optisch-e Leistung f. ‖ optical performance ‖ action f. optique. **a) ~e Linsenschleiferei** f. ‖ optical lens grindery ‖ atelier m. pour la taille des lentilles optiques. **b) ~es Lot** n. ‖ optical plummet ‖ plomb m. optique. 36

optisches Meßinstrument n. ‖ optical measuring instrument ‖ appareil m. optique de mensuration. **a) ~ für mineralogische Untersuchungen** ‖ optical measuring instrument for mineralogical investigations ‖ instrument m. optique de mensuration pour les recherches minéralogiques. 37

optisch-es Spezialglas n. ‖ special optical glass ‖ verre m. optique spécial. **a) ~er Teil** m. eines Instrumentes ‖ optical component of an instrument ‖ partie f. optique d'un instrument. **b) ~e Übersetzung** f. ‖ optic transmission *or* optical transference ‖ transmission f. *ou* transfert m. optique. **c) ~e Unterschiedsempfindlichkeit** f. ‖ optical sensibility to variation ‖ sensibilité f. optique différentielle. **d) ~e Waren** fpl. ‖ optical goods pl. ‖ articles mpl. d'optique. 38

Optometer n. ‖ optometer ‖ optomètre m. 39

orange ‖ orange ‖ orange. 40

Orange n. *s.* Orangefarbe. 41

Orange f. ‖ orange ‖ orange f. 42

Orangeade f. *s.* Orangenwasser. 43

Orange-farbe f. ‖ orange colour ‖ couleur f. d'orange; orange m. **a) ~mennige** f. ‖ orange minium *or* lead ‖ minium m. orange *ou* anglais. 44

Orangenblatt n. ‖ orange leaf ‖ feuille f. d'orange. 45

Orangenblüte f. ‖ orange blossom *or* flower ‖ fleur f. d'orange(r). 46

Orangenblüten-öl n. ‖ neroli; neroli oil; oil of orange flowers ‖ essence f. du néroli. **a) ~wasser** n. ‖ orange-blossom water ‖ eau f. de fleur d'oranger. 47

Orangenöl n. ‖ orange oil; oil of orange peels ‖ huile f d'orange. 48

Orangenschale f. ‖ orange peel ‖ écorce f. d'orange. 49

Orangenschalenöl n. ‖ sweet orange oil; Portugallo oil ‖ essence f. de Portugal; extrait m. d'écorce d'orange. 50

Orangen-schälerin f. ‖ orange peeler ‖ éplucheuse f. d'oranges. **a) ~wasser** n. ‖ orangeade ‖ orangeade f. 51

Orangerie f. ‖ greenhouse; orange house ‖ orangerie f. 52

Orangezinnfarbe f. ‖ spirit-orange ‖ couleur f. d'orange à sel d'étain. 53

Orchestrion n. ‖ orchestrion ‖ orchestrion m. 54

Orchideenzüchter m. ‖ orchid grower ‖ cultivateur m. d'orchidées. 55

Orden m. ‖ order ‖ décoration f.; ordre m. 56

Ordensband n. ‖ decoration ribbon ‖ ruban m. pour ordres. 1

ordentliche Versammlung f. ‖ statutory meeting ‖ assemblée f. statutaire. 2

Order f., Gegen ‖ counter order ‖ contre-ordre m. 3

Ordinate f. ‖ ordinate ‖ ordonnée f. 4

Ordinatenachse f. ‖ axis of ordinates ‖ axe m. des ordonnées *ou* de Y. 5

ordnen ‖ to arrange; to put in order ‖ assortir; mettre en ordre m.; régler. 6

Ordnen n. (Buchdr) ‖ ranging ‖ alignement m.; rangette f. 7

Ordner m. ‖ adjuster ‖ ajusteur m. **a) Brief~** ‖ letter file ‖ classeur m. de lettres. **b) Stab~** ‖ bar arranging device ‖ classeur m. de barres. 8

Ordnung f. (Math) ‖ order; degree ‖ ordre m. **a) aus der ~** (Buchdr) ‖ out of register ‖ mal en registre m. **b) nicht in ~** ‖ out of order ‖ pas en règle f. 9

ordnungsmäßig ‖ in due order ‖ réglementaire; régulier. 10

Ordnungsstrafe f. ‖ fine ‖ peine f. disciplinaire. 11

ordnungswidrig ‖ against the rules ‖ contraire à l'ordre; irrégulier. 12

Organdin m. ‖ organdie ‖ organdi m. 13

Organdy m. *s.* Organdin. 14

Organisation f. ‖ organization ‖ organisation f. 15

Organisations-talent n. ‖ organizing ability ‖ talent m. organisateur. **a) ~zwang** m. ‖ compulsion to organize ‖ contrainte f. au syndicat. 16

Organisator m. ‖ organizer ‖ organisateur m. 17

organisch ‖ organic ‖ organique. **a) ~es Präparat** n. ‖ organic compound ‖ composé m. organique. **b) ~e Säure** f. ‖ organic acid ‖ acide m. organique. 18

organisieren ‖ to organize ‖ organiser. 19

Organismus m., Gärungs ‖ organism of fermentation ‖ organisme m. de fermentation. 20

organogenes Sedimentgestein n. ‖ organogeneous sedimentary rock ‖ roche f. sédimentaire organogénique. 21

organotherapeutisches Präparat n. ‖ organotherapeutical preparation ‖ préparation f. organothérapeutique. 22

Organsinseide f. ‖ organzine ‖ organsin m. 23

Orgel f. ‖ organ ‖ orgue f. **a) geologische ~** ‖ sand pipe ‖ puits m. naturel; orgue f. géologique. **b) Kirchen~** ‖ church organ ‖ orgue m. d'église. **c) mechanische ~** ‖ mechanical organ ‖ orgue m. mécanique. **d) Pfeifen~** ‖ pipe organ ‖ orgue m. à tuyaux. **e) tragbare ~** ‖ regal; portable organ ‖ orgue f. portative. 24

Orgel-ausbauer m. ‖ organ finisher ‖ monteur m. d'orgue. **a) ~bauanstalt** f. ‖ organ factory ‖ fabrique f. d'orgues. **b) ~bauer** m. ‖ organ builder ‖ facteur m. d'orgues. **c) ~blasebalg** m. ‖ organ bellow ‖ soufflet m. d'orgue. **d) ~bühne** f. ‖ organ loft ‖ tribune f. d'orgue. **e) ~chor** m. *s.* ~-bühne. **f) ~gehäuse** n. ‖ organ case ‖ buffet m. *ou* cabinet m. d'orgue. 25

Orgelpfeife f. ‖ organ pipe ‖ tuyau m. d'orgue. 26

Orgelpfeifenarbeiter m. ‖ organ pipe maker ‖ ouvrier m. en tuyaux d'orgue. 27

Orgel-register n. ‖ organ stop ‖ jeu m. d'orgues. **a) ~stimmer** m. ‖ harmonist ‖ harmoniste m. **b) ~zug** m. ‖ organ stop *or* register ‖ registre m. *ou* jeu m. d'orgue. **c) ~zunge** f. ‖ organ reed ‖ anche f. pour orgue. 28

Orient m. ‖ Orient ‖ Orient m.; le Levant. 29

orientieren (Feldm) ‖ to set right ‖ orienter. **a) sich im Raume** m. **~** ‖ to take the bearings in the space ‖ s'orienter dans l'espace. 30

Orientierung f. (Bauk) ‖ orientation; eastering ‖ orientation f. 31

Origanum-kraut n. ‖ Spanish marjoram ‖ herbe f. de marjolaine d'Espagne. **a) ~öl** n. ‖ origanum oil ‖ essence f. d'origan. 32

Original-bohrer m. ‖ master *or* original *or* plug *or* hob tap; hob ‖ taraud-mère m.; taraud-matrice m. **a) ~modell** n. ‖ master pattern ‖ modèle m. original. **b) ~verpackung** f. ‖ original packing ‖ emballage m. d'origine. **c) ~werke** npl. von **Künstlern** ‖ original works of artists ‖ œuvres fpl. originales des artistes. 33

Orkan m. ‖ hurricane ‖ ouragan m. 34

Orlean m. (Färb) ‖ annatto; annotto; arnotto; arnatta; arnatto ‖ rocou m. **a) ~färberei** f. ‖ annatto works pl. ‖ rocouerie f. **b) ~körner** npl. ‖ seed of annatto ‖ graines fpl. de rocou. 35

Orleansserge f. ‖ Orleans serge ‖ serge f. d'Orléans. 36

Ornament n. ‖ ornament ‖ ornement m. **a) ~glas** n. ‖ ornamental glass ‖ verre m. ornemental. **b) ~stepper** m. (Schuhm) ‖ fancy stitcher ‖ piqueur m. de fantaisie. 37

Orpiment n. *s.* Operment. 38

Orseille f. (Färb) ‖ orseille; archil; orchil ‖ orseille f. **a) ~extrakt** m. ‖ orchil liquor ‖ extrait m. d'orseille. **b) ~karmin** m. ‖ archil carmine ‖ carmin m. d'orseille. **c) ~präparat** n. ‖ orchil *or* cudbear derivative ‖ dérivé m. d'orseille. 39

Orsoyseide f. ‖ organzine ‖ organsin m. 40

Ort m. ‖ place ‖ lieu m.; place f. **a) geometrischer ~** ‖ (geometrical) locus ‖ lieu m. (géométrique). **b) heliozentrischer ~** ‖ heliocentric place ‖ place f. héliocentrique. **c) mittlerer ~** (Astron) ‖ mean place ‖ lieu m. moyen. **d) scheinbarer ~** eines Gegenstandes ‖ apparent place of an object ‖ lieu m. apparent d'un objet. 41

Ort m. (Bergb) ‖ working place; working in the drift; head *or* end of the gallery ‖ front m. de taille; lieu m. de travail d'une galerie. **a) vor ~** (Bergb) ‖ at the face; in the drift ‖ à la veine; à front m. de taille. 42

Ortbalken m. ‖ beam touching the wall ‖ poutre f. contiguë au mur. 43

orten ‖ to take a bearing; to fix (to find A) a position ‖ s'orienter. 44

Örtersäge f. ‖ framed whip-saw; turning saw; great span saw ‖ scie f. à débiter. 45

Ortfach n. (Bauw) ‖ tail bay ‖ travée f. contiguë au mur. 46

Orthit m. ‖ orthite ‖ orthite f. 47

Orthodrome f. ‖ great circle ‖ orthodrome m. 48

orthogonal *s.* rechtwinklig. 49

Orthoklas m. ‖ orthoclase; (common) feldspar ‖ orthoclase f.; feldspath m. 50

Orthopäde m. ‖ orthopedist ‖ orthopédiste m. 51

Orthopädie f. ‖ orthopedy; orthopædy; orthopedics pl.; orthopædics pl.; orthopedia; orthopædie ‖ orthopédie f. 52

orthopädisch-er Apparat m. ‖ orthopedic apparatus; apparatus for orthopedy ‖ appareil m. orthopédique *ou* d'orthopédie. **a) ~es Leder** n. ‖ orthopedic leather ‖ cuir m. orthopédique. **b) ~er Schuhmacher** m. ‖ orthopedic boot maker ‖ bottier m. orthopédiste. 53

orthoskopisch ‖ orthoscopic ‖ orthoscopique. **a) ~es Mikrometerokular** n. ‖ orthoscopic micrometer eyepiece ‖ oculaire m. orthoscopique pour micromètres. **b) ~es Okular** n. ‖ orthoscopic eyepiece ‖ oculaire m. orthoscopique. 54

örtliche Erwärmung f. ‖ local heating ‖ échauffement m. local. 55

Orts-amt n. (Fernm) ‖ local exchange ‖ bureau m. central urbain. **a) ~angabe** f. ‖ direction; address ‖ indication f. du lieu. **b) ~batterie** f. ‖ local battery ‖ batterie f. locale. **c) ~beamtin** f. (Fernm) ‖ local telephonist ‖ opératrice f. urbaine. **d) ~behörde** f. ‖ local authority ‖ autorité f. de localité. 56

ortsbesetzt (Fernm) ‖ local busy ‖ occupé par une conversation urbaine. 57

Ortsbesichtigung f. ‖ local inspection ‖ inspection f. locale. 58

Ortsbestimmung f. durch **drahtlose Telegraphie** ‖ wireless position finding ‖ radiogoniométrie f. **a) ~** durch **Gestirnhöhenmessung** ‖ determination of position by measurement of star's altitude ‖ détermination f. astronomique du point. **b) Schiffs~** ‖ finding the ship's place ‖ détermination f. du point du navire. **c) ~** mit einer **Standlinie** ‖ determination of position by one base line ‖ détermination f. de la position d'un lieu au moyen d'une ligne de base. 59

Ortscheit n. (Fuhrw) ‖ swingle tree; swing tree *or* bar ‖ palonnier m. **a) ~klappe** f. ‖ swingle-tree-clasp ‖ lamette f. de palonnier. **b) ~öse** f. ‖ loop of a swingle-tree clasp ‖ amorce f. de lamette de palonnier. **c) ~riemen** mpl. ‖ swingle braces pl. ‖ courroies fpl. de palonnier. 60

Orts-empfang m. (Funkw) ‖ local receiving ‖ réception f. de l'émetteur local. **a) ~empfänger** m. (Funkw) ‖ local receiver ‖ appareil m. à recevoir le poste local. **b) ~ und Fernleitungswähler** m. ‖ long distance and local connector ‖ connecteur m. local et interurbain. 61

ortsfest, Kessel m. für **~en Betrieb** ‖ land type of boiler; stationary boiler ‖ chaudière f. fixe. 62

ortsfest-e Dampfmaschine f. ‖ stationary steam engine ‖ machine f. à vapeur stationnaire. **a) ~e Nietmaschine** f. ‖ stationary rivet(t)ing machine ‖ riveuse f. fixe. 63

Orts-gebrauch m. ‖ local custom ‖ usage m. local. **a) ~gespräch** n. ‖ local call ‖ communication f. urbaine. **b) ~gruppenumschalter** m. ‖ local group switch ‖ commutateur m. de groupe d'abonnés pour le service local. **c) ~kabel** n. ‖ local cable ‖ câble m. urbain. **d) ~kenntnis** f. ‖ knowledge of a place ‖ connaissance f. des lieux. **e) ~leitung** f. (Fernm) ‖ local line ‖ ligne f. urbaine. **f) ~netzübersicht** f. (Fernm) ‖ statement of local plant ‖ plan m. d'ensemble des lignes d'un réseau urbain. **g) ~platz** m. (Fernm) ‖ local position ‖ position f. urbaine. 64

Ortssender m. ‖ local sender ‖ poste m. local. **a)** den **~** m. **ausschalten** ‖ to cut out the local sender ‖ éliminer le poste local. 65

Ortstein m. (Min) || meadow *or* swamp ore; bog-iron ore || limonite f.; mine f. de fer à fleur de terre; mine f. de marais. **a)** ~ (Pflast) || second cheek stone || contre-jumelle f. 1
Orts-sternzeit f. || local sidereal time || temps m. sidéral du lieu. **a) ~stromkreis** m. || local circuit || circuit m. local. **b) ~telegrafenkabel** n. || local telegraph cable || câble m. télégraphique urbain. 2
Ortsstoß m. (Bergb) || head *or* end (of the gallery) || lieu m. de travail dans une galerie; front m. d'une galerie. **a)** ~ (Tunnelbau) || heading; head || lieu m. de travail. 3
ortsüblich || customary in a place || conforme à l'usage local. 4
Ortsverbindung f. || local connection || communication f. locale. 5
Ortsverbindungs-kabel n. || local connecting cable || câble m. de jonction urbaine. **a) ~leitung** f. || local junction line || ligne f. de raccordement urbaine. 6
Orts-verkehr m. || local communication *or* traffic || service m. urbain; trafic m. local. **a) ~vermittlungsstelle** f. || local exchange || bureau m. central urbain. **b) ~zeit** f. || local time || heure f. du lieu. 7
Ortung f. || orientation; position fixing *or* finding (A); taking a bearing || orientation f. **a) radiogoniometrische** ~ (Luftf) || direction finding by radiogoniometry || repérage m. *ou* localisation f. radiogoniométrique. 8
Ortungsgerät n. || position finder || chercheur m. de position. **a) Radio~** || radio direction finder || radio-chercheur m. de position. 9
Ortziegel m. || tile for the borders; border tile || tuile f. gironnée. 10
Öse f. || loop; eye; ear || boucle f.; ganse f.; œil m. **a)** ~ (el Leit) || staple || cavalier m.; crampon m. **b) Bolzen~** || bolt eye || œillet m. d'un boulon. **c) Stahl~** || steel ring || anneau m. en acier. 11
Öseneinsetzmaschine f. || eyeletting machine || machine f. à placer les œillets. 12
Ösenloch n. (Schuhm) || eyelet || œillet m. **a) ~macher** m. || gang punch operator || perforeur m. d'œillets. 13
Ösenriemen m. (Schuhm) || eyelet stay || sous-œillet m. **a) ~stepper** m. || eyelet stay stitcher || piqueur m. de sous-œillets. 14
Ösen-schlager m. (Schuhm) || fastener setter || poseur m. d'œillets. **a) ~schraube** f. || eye screw *or* bolt; screw eyelet || œillet m. à vis; piton m. **b) ~stepper** m. (Schuhm) || eyelet row stitcher || piqueur m. de bordure d'œillets. **c) ~teil** m. eines **Türbandes** || loop of hinge || platine f. d'une charnière. **d) ~zange** f. || eyelet punch pliers pl. || pince f. à œillet. **e) ~zug** m. || hoist with suspension eyes || suspension f. par œils. 15
Ösfaß n. || boat's scoop || écope f. *ou* écoupe f. *ou* écoupée f. à main; sasse f. 16
Oskulation f. (Geom) || osculation || osculation f. 17
Oskulations-ebene f. || plane of osculation || plan m. osculateur. **a) ~kreis** m. || osculating circle || cercle m. osculateur. 18
oskulierend (Geom) || osculatory || osculateur. 19
Osmiridium n. || osmiridium; osmium-iridium || iridosmine f.; iridosmium m. 20
Osmium n. || osmium || osmium m. **a) ~säure** f. || osmic acid || acide m. osmique. 21
Osmose f. || osmosis || osmose f. 22
osmotisch || osmotic || osmotique. **a) ~er Druck** m. || osmotic pressure || pression f. osmotique. 23
Osramlampe f. || Osram lamp || lampe f. Osram. 24
Osseinanlage f. || osseine plant || installation f. d'osséine. 25
Ost m. *s.* Osten. 26
Osten m. || east; orient || est m. 27
Oster-artikel m. || easter article || cadeau m. de Pâques. **a) ~karte** f. || Easter card || carte f. pour fêtes de Pâques. **b) ~messe** f. || Easter fair || foire f. de Pâques. 28
östlich || oriental; eastern || oriental; d'est. **a) ~e Länge** f. || East longitude || longitude f. Est *ou* orientale. 29
Ostpunkt m. || east; orient || est m. 30
Ostsee f. || Baltic (sea) || mer f. baltique. 31
Ostung f. (Kirche) || orientation; eastering || orientation f. 32
ostwärts || eastward || à l'est; dans l'est. 33
Oszillation f. || oscillation || oscillation f. 34
Oszillationsumformer m. || oscillatory transformer || transformateur m. d'oscillations. 35
Oszillator m. (Phys) || oscillator || oscillateur m. **a) offener** ~ || open oscillator || oscillateur m. ouvert. 36
oszillieren || to oscillate; to vibrate || osciller; vibrer. 37
oszillierend || oscillating || oscillant. **a) ~e Dampfmaschine** f. || oscillating steam engine || machine f. à vapeur à cylindre oscillant. **b) ~e Entladung** f. || oscillatory discharge || décharge f. oscillatoire. 38
Oszillograf m. || oscillograph || oscillographe m. 39
Ottomane f. || ottoman || ottomane f. 40
oval || oval || ovale. **a) ~e Form** f. || oval shape || forme f. ovale. 41
Oval-drehbank f. || oval-turning lathe || tour m. (à tourner en) ovale. **a) ~drehwerk** n. *s.* ~drehbank. 42
Ovale f. (Geom) || oval (line) || ovale m. 43
Oval-feile f. || oval file; tumbler || lime f. ovale. **a) ~rahmen** m. || oval frame || cadre m. oval. **b) ~schneidmaschine** f. für **Faßböden** || cask head ovalling machine || machine f. à ovaliser les fonds de fûts. **c) ~werk** n. || oval chuck || poupée f. de tour ovale. **d) ~zirkel** m. || elliptical compasses pl.; trammels pl. || compas m. à ovale *ou* à ellipse. 44
Oxalat n. || oxalate || oxalate m. 45
Oxalit m. || oxalite; humboldtine || fer m oxalaté. 46
Oxalsalz n. *s.* oxalsaures Salz. 47
oxalsaures Salz n. || oxalate || oxalate m. 48
Oxalsäure f. || oxalic acid || acide m. oxalique. **a) ~fabrik** f. || oxalic acid works pl. || fabrique f. d'acide oxalique. **b) ~verbindung** f. || oxalate || oxalate m. 49
Oxfordton m. || oxford clay || masse f. argileuse oxfordienne. 50
Oxhoft m. || hogshead || demi-pièce f. 51
Oxychlorid n. || oxychloride || oxychlorure m. 52
Oxyd n. || oxide || oxyde m. **a) Eisen~** || ferric oxide || oxyde m. ferrique. 53
Oxydation f. || oxidation; oxidizement; oxygenation || oxydation f.; oxygénation f. 54
Oxydations-einrichtung f. || oxidizing plant || installation f. d'oxydation. **a) ~flamme** f. || oxidation *or* oxidizing flame || flamme f. oxydante; feu m. d'oxydation. **b) ~gärung** f. || oxidation fermentation || fermentation f. d'oxydation. **c) ~mittel** n. || oxidizing agent; oxidizer; oxygenizer; oxidant || oxydant m.; agent m. d'oxydation. **d) ~stufe** f. || oxidation step || degré m. d'oxydation. **e) ~zone** f. || zone of oxidation || zone f. d'oxydation. 55
Oxyd-draht m. || oxide coated filament || filament m. recouvert d'oxyde. **a) ~hydrat** n. || hydrated oxide || oxyde m. hydraté. 56
oxydierbar || oxidizable || oxydable. **a) nicht** ~ || inoxidizable || inoxydable. 57
Oxydierbarkeit f. || oxidizability || oxydabilité f. 58
oxydieren || to oxidate; to oxidize; to oxidise; to oxygenate; to oxygenize || oxyder; oxygéner. **a) sich** ~ || to oxidize || s'oxyder. 59
Oxydieren n. || oxidizing || oxydage m. 60
oxydierend || oxidizing || oxydant. **a) ~es Enzym** n. || oxidizing enzym(e) || enzyme m. d'oxydation. **b) ~es Schmelzen** n. || oxidizing smelting || fondage m. d'oxydation. 61
Oxydiermittel n. *s.* Oxydationsmittel. 62
oxydierte Messingfassung f. (Opt) || oxidized brass mounting || monture f. de cuivre oxydé. 63
Oxydierung f. *s.* Oxydation. 64
oxydische Ausscheidung f. || segregation by oxidation || séparation f. par oxydation. 65
Oxyd-kathode f. (Funkw) || oxide cathode || cathode f. à oxyde. **a) ~röhre** f. || oxide-coated filament valve || lampe f. d'oxyde. **b) ~rot** n. || Turkey red; purple oxide of iron || rouge m. oxyde. 66
Oxydschicht f. || layer of oxide || couche f. d'oxyde. **a) die ~ entfernen** || to remove the film of oxide || enlever la couche d'oxyde. 67
Oxydul n. || protoxide || protoxyde m. **a) Eisen~** || ferrous oxide; ferro-oxide; protoxide of iron || fer m. oxydulé; protoxyde m. de fer; oxyde m. ferreux. 68
Oxyduloxyd n. || mixed oxide || oxyde m. salin. 69
Oxygen m. || oxygen || oxygène m. 70
Oxylith m. || oxylite || oxylithe m. 71
Oxyverbindung f. || oxide; oxide compound || oxyde m.; combinaison f. d'oxyde. 72
Ozeankabel n. || ocean cable || câble m. transocéanique. 73
Ozelitwiderstand m. || ocelit rod || résistance f. en océlite. 74
Ozokerit m. || ozocerite; ozokerit(e); mineral wax; soft paraffin || cérésine f.; cire f. fossile; ozokérite f.; ozocérite f. **a) gereinigter** ~ || purified ozocerite || ozokérite f. purifiée. 75
Ozon n. || active oxygen; ozone || oxygène m. actif; ozone m. 76
Ozon-anlage f. || ozoning plant || installation f. de préparation d'ozone. **a) ~bleichapparat** m. || ozone bleaching apparatus || appareil m. de blanchiment à l'ozone. **b) ~erzeugung** f. || production of ozone || production f. de l'ozone. **c) ~gehalt** m. der **Luft** || percentage *or* amount of ozone in the air || teneur m. *ou* richesse f. de

l'air en ozone; quantité f. d'ozone dans l'air. 1
ozonhaltig || ozoniferous || ozonifère; ozonisé. **a) ~e Luft** f. || ozonized air || air m. ozonisé. 2
Ozonisator m. (Chem) || ozonizer || ozoniseur m. 3
ozonisieren (Chem) || to ozonize || ozoniser. 4
Ozonisierung f. || ozonizing; ozonization || ozonisage m.; ozonisation f. **a) Wasser~** || water ozonizing || ozonisage m. d'eau. 5
Ozonmesser m. || ozonometer || ozonomètre m. 6
Ozonometer m. *s.* Ozonmesser. 7
Ozonoskop n. || ozonoscope || ozonoscope m. **a) ~ selbstschreibendes** || ozonograph || ozonographe m. 8
Ozon-papier n. || ozone paper || papier m. à ozone. **a) ~reagenspapier** n. *s.* Ozonpapier. 9
ozonreich || rich in ozone || riche en ozone m. 10
Ozon-sauerstoff m. || ozonized oxygen || oxygène m. ozonisé. **a) ~wasser** n. || ozone *or* ozonized water || eau f. ozonisée. 11

P

Paar n. || couple || couple m. 12
paarweise || in pairs pl. || par paires fpl. **a) ~ gegossen** || cast in pairs pl. || jumelé. **b) ~** zusammengegossene **Zylinder** mpl. || cylinders pl. cast in pairs || cylindres mpl. fondus par deux *ou* fondus en paires. 13
Pacht f. || tenancy; lease || ferme f.; bail m.; fermage m. **a) monatliche ~** || monthly rental || ferme f. mensuelle. 14
Pachtbetrag m. || rental charge || taux m. de la ferme. 15
Pachtbetrieb m. (Landw) || farm || ferme f. 16
pachten || to rent; to take on lease || prendre à ferme *ou* à bail. 17
Pächter m. || land holder *or* tenant; farmer || amodiataire m.; fermier m. 18
Pacht-garten m., auf den unbebauten Ländereien sind Pachtgärten mpl. für die Arbeiter angelegt || gardens pl. are laid out on the waste landed property which are let out to the workers || sur les terrains non occupés on a installé des jardins mpl. qui sont loués aux ouvriers. **a) ~grundbesitz** m. || leasehold property || propriété f. à bail. **b) ~gut** n. || farm; dairy farm; grange || ferme f.; métairie f. **c) ~hof** m. || farm yard || ferme f.; métairie f. **d) ~kontrakt** m. || tenure; lease || contrat m. de ferme. **e) ~vertrag** m. || leasehold deed || bail m. **f) ~wirtschaft** f. (Landw) || farm || ferme f. 19
Päckchen n. || small parcel *or* package || petit paquet m.; ballot m. 20
Packeis n. || pack ice || banquise f. 21
packen || to pack (up) || emballer; paqueter; empaqueter. a) in Fässer npl. **~** || to barrel up; to tun || embariller; enfutailler. 22
Packer m. || packer; wrapper || emballeur m.; emboîteur m. 23
Pack-faschinen fpl. || layers pl. of fascines || fascinages mpl. **a) ~faß** n. || packing barrel || tonneau m. d'emballage. **b) ~feile** f. || straw *or* rough *or* coarse file || lime f. grosse *ou* à grosse taille *ou* au paquet. **c) ~film** m. || packfilm || filmpack m. 24
Packfong n. || packfong || packfond m. 25
Pack-hadern mpl. || pack rags pl. || chiffons-emballages mpl. **a) ~hof** m. || packing yard; bonded warehouse || entrepôt m. 26
Packkiste f. || packing case || caisse f. d'emballage. **a) zerlegte ~** || dismounted packing case || caisse f. d'emballage démontée. **b) zusammengesetzte ~** || mounted packing case || caisse f. d'emballage montée. 27
Packkistenbrennmaschine f. || packing box branding machine || machine f. à marquer les caisses d'emballage au fer rouge. 28
Packlage f. (Straßenb) || bottoming || empierrement m. de base; blocage m. 29
Packleinen n. || packcloth; packing linen || toile f. d'emballage. **a) ~weberei** f. || packcloth weaving || tissage m. de toile d'emballage. 30
Packleinwand f. || burlap; packing cloth || canevas m. *ou* toile f. d'emballage. 31
Packlumpen mpl. || pack rags pl. || chiffons-emballages mpl. 32
Packmaschine f. für **Fässer** || barrel packing machine || machine f. d'emballage de barils. **a) ~** für **Trockenerzeugnisse** || packing machine for dry products || machine f. à empaqueter les produits secs. 33
Packnadel f. || packing needle || aiguille f. à emballer *ou* d'emballeur *ou* à réguiller; carrelet m. 34
Packpapier n. || packing *or* wrapping paper || papier m. d'emballage. **a) gefirnißtes ~** || varnished packing paper || papier m. d'emballage verni. **b) gewachstes ~** || waxed packing paper || papier m. d'emballage ciré. **c) gewöhnliches ~** || common packing *or* wrapping paper || papier m. d'emballage courant *ou* ordinaire. **d)** mit einer **Teerschicht** überzogenes **~** || tar covered packing paper || papier m. d'emballage goudronné *ou* recouvert d'une couche de goudron. 35
Packpappe f. || straw boards pl. || carton m. de paquetage. **a) gefaltete ~** || plaited cardboard for packing || carton m. d'emballage plissé. **b) gegautschte ~** || couched cardboard for packing || carton m. d'emballage gaufré. **c) gerunzelte ~** || wrinkled cardboard for packing || carton m. d'emballage froncé. **d)** durch **Gewebe** verstärkte **~** || cardboard for packing strengthened by tissue || carton m. d'emballage renforcé par du tissu. **e) gewellte ~** || corrugated cardboard for packing || carton m. d'emballage ondulé. **f)** durch einen **Papierbogen** m. verstärkte **~** || cardboard for packing strengthened by a paper sheet || carton m. d'emballage renforcé par une seconde feuille de papier. **g) ~** mit **Zwischenlage** aus Gewebe || cardboard for packing with insertion of tissue || carton m. d'emballage avec étoffage. 36
Packpresse f. || baling *or* packing press || presse f. à emballer *ou* à (em)paqueter. **a) ~** (Spinn) || bundle *or* bundling press || presse f. à (em)paqueter. 37
Pack-ring m. || washer || joint m. **a) ~rolle** f. (Kabel) || guide pulley || touret m. **b) ~sattel** m. || pack saddle || bât m. **c) ~schnur** f. || pack thread || fil m. d'emballage. **d) ~stock** m. || packing *or* woolding stick; woolder || cheville f. à tourniquet. **e) ~stoff** m. || packing material || matériel m. d'emballage. **f) ~tuch** n. || packing *or* pack cloth || baline f.; toile f. *ou* canevas m. d'emballage. 38
Packung f. (Hülle) || package || emballage m. **a) ~** (Bauw) || dry stone pitching || perré m. en pierre sèche. **b) ~** (Masch) || gasket; packing; stuffing || étoupage m.; bourrage m.; garniture f. **c) Dampf~** || steam packing || garniture f. pour machines à vapeur. **d) Doppelring~** || double packing rings pl. || anneaux mpl. doubles de garniture. **e) Kolben~** || piston packing || étoupage m. *ou* garniture f. de piston. **f) Maschinen~** || engine packing || bourrage m. **g) Schnur~** || cord packing || garniture f. en cordon. **h) Stopfbuchs~** || stuffing box packing || bourrage m. de presse-étoupe. **i) Weich~** || soft packing || bourrage m. mou. 39
Packungs-bolzen m. || packing bolt || boulon m. de serrage. **a) ~material** n. || packing material || matériel m. d'étoupage. **b) ~scheibe** f. || packing washer || rondelle f. (de garniture). **c) ~zieher** m. || packing worm || tire-bourre m.; tire-bourrage m; tire-étoupe f. 40
Pack-wagen m. || luggage van; baggage car (A) || fourgon m.; wagon m. à bagages. **a) ~watte** f. || packing wadding || ouate f. d'emballage. **b) ~werk** n. (Wasserb) || fascine work; mattress || fascinage m.; plateforme f. en fascines. 41
paginieren || to paginate; to mark the pages || marquer les pages; folioter; paginer. a) ein **Buch** n. **~** || to page a book; to mark the pages of a book || numéroter les feuilles fpl. d'un livre. 42
Paginierer m., **Maschinen** (Buchb) || numbering machine operator || numéroteur m. à la machine. 43
Paginiermaschine f. || paging machine || machine f. à paginer *ou* à folioter; pagineuse f. 44
Paginierung f. || paging; pagination || pagination f. 45
Paket n. || parcel || colis m. **a) ~** aus **Eisenabfällen** || faggot of old iron || fagot m. *ou* ramasse f. *ou* paquet m. de mitrailles || **b) ~** von **Reisig** || fagot; faggot; bundle of wood || paquet m. *ou* faisceau m. de menu bois. 46
Paket-beförderung f. || conveyance of parcels; parcel delivery || transport m. des colis. **a) ~binder** m. (Met) || bundler; piler || botteleur m.; paquetier m. **b) ~boot** n. || packet boat || paquebot m. **c) ~fahrtgesellschaft** f. || parcels delivery company || entreprise f. de distribution de colis postaux. **d) ~füllmaschine** f. || packet filling machine || machine f. à remplir des paquets. 47

paketieren || to packet || paqueter. **a) ~** (Schrott usw.) || to pile || mettre en paquets mpl. 1

Paketierer m. || piler || paquetier m. 2

Paketier-maschine f., Schrott || scrap piling machine || machine f. à paqueter les déchets de fer. **a) ~ofenmann** m. (Walzw) || dragger-out; hooker || paqueteur m. **b) ~presse** f. || baling *or* packing press || presse f. à emballer *ou* à paqueter. 3

Paket-satz m. || piece work; composition of slips *or* packets || pieces fpl.; composition f. en paquets; paquetage m. **a) ~setzer** m. (Buchdr) || piece hand; solid compositor || paquetier m.; piècier m. **b) ~schließer** m. (Büro) || package sealer || appareil m. pour fermer les paquets. 4

Paketverschluß-marke f. || parcel closing stamp || marque f. *ou* cachet m. à fermer les paquets. **a) ~scheibe** f. || packet closing disk || rondelle f. à fermer les paquets. 5

Paketwage f. || parcel balance || balance f. à paquets. 6

Pakoshaar n. || paco hair; hair of the alpaca || alpaca m.; poil m. d'alpaca. 7

Pakt m. || agreement || pacte m.; contrat m. 8

Palagonit m. || palagonite || palagonite f. **a) ~tuff** m. || palagonitic tufa || tuf m. palagonitique. 9

paläontologisch || palæontologic(al) || paléontologique. 10

Paletotstoff m. || covercoating || étoffe f. à manteau. 11

Palette f. || pallet || palette f. 12

Palisanderholz n. || (Brazilian) rosewood; jacaranda (wood); palis(s)ander (wood) || (bois m. de) palissandre m.; (bois m. de) jacaranda m. **a) ~öl** n. || rosewood *or* palis(s)ander (wood) oil || huile f. de bois de palissandre. 13

Palladium n. || palladium || palladium m. **a) ~amalgam** n. || amalgam of palladium || palladure f. de mercure. **b) ~bad** n. || palladium bath || bain m. de palladiumage. **c) ~legierung** f. || alloy of palladium || palladure f. **d) ~gold** n. || palladium gold; porpezite || palladium m. aurifère. 14

Pallscheibe f. (Schiffb) || pawl rim || cercle m. des linguets. 15

Palmarosaöl n. || palmarosa oil || essence f. de palme rose. 16

Palm-baum m. || palm (tree) || palmier m. **a) ~butter** f. || palm oil *or* butter || huile f. de palme. 17

Palme f. || palm (tree) || palmier m. 18

palmen || to haul hand over hand *or* hand over fist; to palm in || hisser main f. sur main. 19

Palmenstärke f. || sago || sagou m. 20

Palm-faser f. || palm fibre || fibre f. de palmier. **a) ~fruchtaufbereitungsmaschine** f. || palm fruit dressing machine || machine f. à travailler les fruits des palmiers. 21

Palmitin n. || palmitine || palmitine f. **a) ~kerze** f. || palmitin candle || bougie f. palmitique. **b) ~säure** f. || palmitic acid || acide m. palmitique. 22

Palm-kernöl n. || palm nut oil; palm kernel oil || huile f. de palmiste *ou* de palme *ou* de noix d'Inde. **a) ~nuß** f. || palm nut || noix f. de palmier. **b) ~öl** n. || palm oil || huile f. de palme. **c) ~seife** f. || palm soap || savon m. de palme. **d) ~stärke** f. || sago || sagou m. 23

Paltrockmühle f. || wind mill for drainage || moulin m. à assécher *ou* pour assèchements. 24

Panamarinde f. || Panama bark || bois m. de Panama. 25

Paneel n. || panel || panneau m. 26

Panne f. || purlin; break-down; accident; trouble; fault; mishap || panne f. 27

Panse f. (Bauw) || barn || las m. 28

Pantine f. || clog; patten || socque m. 29

Pantoffel m. || slipper || pantoufle f.; chausson m. **a) Filz~** || felt slipper || pantoufle f. en feutre. **b) Stroh~** || plaited *or* bathing shoe || chausson m. de nattes; espadrille f. 30

Pantoffel-klammer f. || cramp || crampon m. **a) ~stoff** m. (Samt) || shoe velvet || velour m. pour pantoufles. 31

Pantograf m. || pantograph || pantographe m. **a) ~sticker** m. || pantograph embroiderer || pantographiste-brodeur m. **b) ~zeichner** (Web) || pantograph designer || pantographiste-dessinateur m. 32

Pantoskop n. || pantoscope || pantoscope m. 33

pantoskopisch, Brillenfassung f. in **~er Scheibenform** || spectacle frame of pantoscopic shape || monture f. de lunette à drageoir pantoscopique. **a) ~es Glas** n. || pantoscopic lens || verre m. pantoscopique. 34

Pantry f. || pantry || office f. 35

Pantschmaschine f. || washing machine with beetles; beater || battoir m.; plateau m. à battoir. 36

Panzer m. || armour || cuirasse m. **a) Hochofen~** || blast furnace jacket || blindage m. pour hauts-fourneaux. **b) Holzunterlage** f. für ~ (Schiffb) || wood backing || matelas m. en bois. **c) ~ des Kampfwagens** || armour of the tank; tank armour || cuirasse f. de char de combat. 37

Panzer-biegepresse f. || armour bending press || presse f. à cintrer les blindages. **a) ~brecher** m. || breaker with mantle of armoured steel plates || concasseur m. avec enveloppe en acier à plaques de blindage. **b) ~deck** n. || armoured deck || pont m. cuirassé. **c) ~draht** m. || armoured cable || câble m. blindé. **d) ~dynamo** f. || iron-clad dynamo || dynamo f. cuirassée *ou* blindée. **e) ~feldkabel** n. || armoured war cable || câble m. armé de campagne. **f) ~geschoß** n. || armour piercing shell || projectile m. de rupture; projectile m. perforant. **g) ~hemd** n. || coat of mail || cotte f. de mailles. **h) ~kabel** n. || armoured cable || câble m. armé. 38

Panzerkreuzer m. || armoured *or* battle cruiser || croiseur m. cuirassé *ou* de bataille. **a) armierter ~** || belted cruiser || croiseur m. à ceinture cuirassée. 39

Panzermotor m. (Elektr) || armoured *or* iron-clad motor || moteur m. cuirassé. 40

panzern || to put on armour plates || cuirasser. 41

Panzerplatte f. || armour plate || plaque f. de blindage *ou* de cuirasse. 42

Panzerplatten-bearbeitungsmaschine f. || machine for the working of armour plates || machine f. pour le travail des plaques de blindage. **a) ~biegemaschine** f. || machine for bending armour plates || machine f. pour cintrer les plaques de blindage. **b) ~walzwerk** n. || armour plate rolling mill || laminage m. de plaques de blindage; laminoir m. à blindages. **c) ~wendevorrichtung** f. || tilter for armour plates || appareil m. de renversement pour plaques de blindage. 43

Panzer-schlauch m. || hose woven round with wire || tuyau m. à blindage de fil. **a) ~schott** n. || armour bulkhead || cloison f. cuirassée. **b) ~stahl** m. || armour steel || acier m. de blindage. **c) ~streitkräfte** fpl. || military forces pl. armoured by tanks || forces fpl. militaires blindées *ou* cuirassées. **d) ~träger** m. (Schiffb) || armour shelf || appui m. de la cuirasse. **e) ~tür** f. || armour door || porte f. blindée *ou* cuirassée. 44

Panzerung f. || armour plating; iron plating || cuirassement m.; blindage m. **a) Hartstahl~ der Geldschränke** || hard steel armour of safes || blindage m. en acier au manganèse des coffres-forts. **b) ~ der Kabel** || armouring of cables || armature f. des câbles. 45

Panzer-wagen m. || armoured car || automobile f. *ou* voiture f. blindée. **a) ~walzwerk** n. || armour plate mill || laminoir m. à blindages. 46

Papenaht f. (Segelm) || middle-stitched *or* monk seam || couture f. plate piquée et rabattue. 47

Papier n. || paper || papier m. **a) ~ abzählen** || to count paper || compter les feuilles fpl. **b) Alt~** || waste paper || vieux papier m. **c) Asbest~** || asbestos paper || papier m. d'amiante. **d) Banknoten~** || currency paper || papier-monnaie m. **e) das ~ beschneiden** || to edge the paper || rogner le papier. **f) bitumiertes ~** || bituminized paper || papier m. bitumé. **g) Blei~** || sheet lead || feuille f. de plomb. **h) Braunholz~** || brazil wood paper || papier m. de bois brun. **i) Brief~** || letter paper || papier m. à lettres. **k) Bristol~** || Bristol paper; ivory paper || papier m. Bristol. **l) Bütten~** || handmade paper || papier m. puisé *ou* de cuve. **m) chemisch präpariertes ~** || chemically prepared paper || papier m. chimique. **n) dialytisches ~** || dialytic paper || papier m. dialytique. **o) dünnes ~** || thin paper || papier m. mince. **p) Durchschlag~** (Kohlepapier) *s.* Durchschreibe~. **q) Durchschlag~** (weißes Papier) || thin typewriting paper || papier m. pelure. **r) mit ~ n. durchschossen** (Buchb) || interleaved || interfolié. **s) Durchschreibe~** || copying *or* duplicating paper || papier m. à charbon *ou* à copier *ou* autocopiste; papier m. carbon. **t) durchsichtiges ~** || transparent paper || papier m. transparent. **u) Einschlag~** || wrapping paper || papier m. à emballer. **v) Einwickel~** *s.* Einschlag~. **w) emailliertes ~** || enamelled paper || papier m. émaillé. **x) endloses ~** || paper in reels || (bande f. de) papier m. sans fin. **y) Feuchtmaschine** f. für ~ || wetting machine for paper || machine f. à humecter le papier. **z) Filter~** || filter(ing) *or* sinking paper || papier m. à filtre *ou* emporétique *ou* fluant. 48

a) Fliegen~ || fly paper || papier m. tue-mouches. **b) fotografisches ~** || photographic paper || papier m. photographique *ou* pour la photographie. **c) fotografisches ~** n. mit einer **Reproduktionsmasse** überzogen || photographic paper covered with a reproducing paste ||

papier m. photographique recouvert d'une pâte à reproduire. d) **gaufriertes ~** || goffered paper || papier m. gaufré. e) **geädertes ~** || veined paper || papier m. veiné. f) **geglättetes ~** || glazed paper || papier m. lissé. g) **gekörntes ~** || grained paper || papier m. grainé. h) **Gelatine~** || gelatine paper || papier m. gélatiné. i) **geleimtes ~** || sized paper || papier m. collé. k) **geöltes ~** || oiled paper || papier m. huilé. l) **gepreßtes ~** || ornamented *or* pressed paper || papier m. gaufré *ou* pressé. m) **geripptes ~** || laid paper || papier m. vergé *ou* vergeuré. n) **geschöpftes ~** || hand-made paper || papier m. de cuve. o) **gesprengtes ~** || jaspe paper || papier m. jaspé. p) **gestreiftes ~** || striped paper || papier m. rayé. q) **gestrichenes ~** || coated *or* stained paper || papier m. couché. r) **getupftes ~** || marbled paper made by tipping || papier m. guilloché. s) **gewachstes ~** || wax paper || papier m. ciré. t) **Glas~** || glass paper || papier m. verré. u) **glattes ~** || glazed paper || papier m. glacé *ou* satiné. v) **Granit~** || jaspe paper || papier m. jaspé. w) **gummiertes ~** || gummed paper || papier m. gommé. x) **halbgeleimtes ~** || half *or* soft sized paper || papier m. demi-collé. y) **handgeschöpftes ~** || hand-made paper || papier m. puisé *ou* de cuve. z) **harzgeleimtes ~** || vegetable-sized paper || papier m. d'encollage végétal. 1

a) **holzfreies ~** || paper without wood pulp || papier m. exempt de pâte de bois. b) **Iris~** || irized paper || papier m. irisé. c) **Isabey~** || Bristol paper; ivory paper || papier m. Bristol. d) **kartenstarkes ~** || thick *or* card paper || papier m. fort pour cartes. e) **Kreide~** || enamelled paper *or* board || papier m. porcelaine. f) **Krepp~** || crape paper || papier m. crêpé. g) das **~ leimen** || to size the paper || encoller le papier. h) **Leinen~** || linen paper || papier m. de chiffons de lin. i) **leuchtendes ~** || lighting paper || papier m. lumineux. k) **lichtempfindliches ~** || sensitized *or* sensitive *or* photographic paper || papier m. photographique *ou* sensible à la lumière. l) **lin(i)iertes ~** || ruled paper || papier m. ligné *ou* réglé. m) **marmoriertes ~** || marbled paper || papier m. marbré. n) **Marokain~** || Morocco paper || papier m. maroquiné. o) **maschinengefertigtes ~** || machine-made paper || papier m. à la mécanique. p) **maschinenglattes ~** || mill-finished paper || papier m. glacé à la machine. q) **metallisiertes ~** || metallized paper || papier m. métallisé. r) **Mikanit~** || micanite paper || papier m. micanite. s) **Mittel~** || mean paper || papier m. de moyenne sorte. t) auf den **Namen** lautendes **~** || registered share || titre m. nominatif. u) **nichtwasseranziehendes ~** || non-hygroscopic paper || papier m. non hygroscopique. v) **Nickel~** || nickel foil || papier m. nickelé. w) **~ ohne Ende** || endless paper || papier m. sans fin *ou* continu. x) **Öl~** || oil paper || papier m. huilé *ou* transparent. y) **paraffiniertes ~** || paraffine paper || papier m. paraffiné. z) **Pergament~** || parchment paper || papier m. parcheminé *ou* parchemin. 2

a) **Perlmutter~** || nacreous paper || papier m. nacré. b) **pharmazeutisches ~** || pharmaceutical paper || papier m. pharmaceutique. c) das **~ planieren** || to size the paper || encoller le papier. d) **Puder~** || powder paper || papier m. poudré. e) **~** aus **Reis** || pith *or* rice paper || papier m. de riz. f) **~** in **Rollen** || paper in reels || papier m. en bobines. g) **Sack~** || wrapping paper || papier m. d'emballage. h) **Saffian~** || Morocco paper || papier m. maroquiné. i) **Salpeter~** || nitre paper || papier m. nitré. k) **Samt~** || flock *or* velvet paper || papier m. velouté. l) **samtartiges ~** || velveted paper || papier m. velouté. m) **satiniertes ~** || glazed *or* super-calendered paper || papier m. glacé *ou* satiné. n) **Schild~** || shield paper || écu m.; papier m. écu. o) **Schildpatt~** || tortoise paper || papier m. écaille. p) **schlechtes~** || bad paper || camelotier m.; camelote f. de papier. q) **Schreibmaschinen~** || typewriter paper || papier m. pour machine à écrire. r) mit **Schwefelsäure** behandeltes **~** || sulphurized paper || papier m. sulfurisé. s) **Seiden~** || silk *or* tissue paper || papier m. de soie. t) **Seifen~** || soap paper || papier m. savonné. u) **Spezial~** || special paper || papier m. spécial. v) **Stroh~** || straw paper || papier m. de paille. w) **Taft~** || glazed paper || papier m. lissé. x) **~** aus **Tauen** || hemp paper || papier m. cordé *ou* de cordes. y) **Titel~** || title paper || papier m. verni. z) **ungeleimtes ~** || blotting *or* floating *or* unsized paper || papier m. fluant *ou* non-collé. 3

a) **vergoldetes ~** || guilt paper || papier m. doré. b) **versilbertes ~** || silver-plated paper || papier m. argenté. c) **Vorsatz~** || fancy paper || papier m. de fantaisie. d) **Wachs~** || wax paper || papier m. ciré. e) **Wachstuch~** || paper varnished with oil-varnish || papier-toile f. cirée. f) **~** mit **Wasserzeichen** || filigreed paper || papier m. filigrané. g) **~** zum **Zeichnen** || drawing paper || papier m. à dessin. h) **Zellulose~** || wood-pulp paper || papier m. de cellulose. i) **Zündholz~** || match paper || papier m. pour allumettes. k) **zweifarbiges ~** || bicoloured paper || papier m. bicolore. l) **zweifarbig metallisiertes ~** || bi-chrome metallized paper || papier m. métallisé bicolore. 4

Papier-abfall m. || paper waste; waste paper; maculature || déchet m. de papier; papier m. de rebut; maculature f. a) **~abgang** m. *s.* ~abfall. b) **~abreißvorrichtung** f. (Büro) || paper tearing device || coupe-papier m. c) **~abschlußkabel** n. || paper terminal cable || câble m. de fermeture sous papier. d) **~andrückstange** f. (Schreibm) || paper rod || barre f. presse-papier. e) **~anfeuchter** m. (Buchdr) || paper wetter || trempeur m. du papier. f) **~arbeiter** m. || paper maker || ouvrier papetier m. g) **~art** f. || paper sort || sorte f. de papier. h) **~auflegeblech** n. (Schreibm) || paper table || table f. porte-papier. i) **~ausschläger** m. || paper cutter-out || découpeur m. de papier. k) **~ausschuß** m. || paper refuse || bardot m.; rebut m. de papier. l) **~ausstattung** f. || paper fancy || décor m. en papier. m) **~bahn** f. (Druckw) || web || bande f. de papier. n) **~ballen** m. || bale of paper || balle f. de papier. o) **~ballon** m. || paper balloon || ballon m. en papier. p) **~band** n. || paper tape || bande f. *ou* ruban m. de papier. 5

Papier-baumwollkabel n. || paper- and cotton-covered cable || câble m. sous papier et coton. a) **~befeuchter** m. (Buchdr) || paper wetter || trempeur m. du papier. b) **~behälter** m. || paper container || récipient m. à papier. 6

Papierbereitung f. || paper manufacture || fabrication f. du papier. a) **Stoffe** mpl. zur **~** || materials for paper making || matières fpl. servantes à la fabrication du papier. 7

Papier-beschneider m. || trimmer || rogneur m.; massicoteur m. a) **~beschwerer** m. (Büro) || paper weight || presse-papier m. 8

Papierbeutel m. || paper bag || sac m. en papier. a) **~maschine** f. || machine for paper bag manufacture || machine f. pour la fabrication des sacs en papier. 9

Papierbindfaden m. || paper twine || ficelle f. en papier. 10

Papierblume f. || paper flower || fleur f. en papier. a) **Ausschneiden** n. von **~n** || paper flower punching || découpage m. de papier pour fleurs. 11

Papierbogen m. || sheet of paper || feuille f. de papier. a) **Rand** m. des **~s** || margin of the paper sheet || marge f. de la feuille de papier. 12

Papier-brei m. || paper pulp || pâte f. de papier. a) **~bremse** f. (Rotationsmasch) || web brake || frein m. de réglage de tension du papier. b) **~buchstabe** m. || paper letter || lettre f. de papier. c) **~einstellung** f. (Fernm) || adjustment of paper || ajustage f. du papier. d) **~erzeugung** f. || paper manufacturing || fabrication f. du papier. e) **~fabrik** f. || paper works pl.; paper mill *or* manufacture || papeterie f.; moulin m. à papier. f) **~fabrikant** m. || paper manufacturer || fabricant-papetier m. g) **~fahne** f. || paper flag || drapeau m. en papier. h) **~falzerin** f. || paper folder || plieuse f. du papier. i) **~faß** n. || paper barrel || fût m. *ou* tonneau m. en papier. k) **~finger** m. || paper finger || guide-papier m. l) **~flasche** f. || bottle of paper || bouteille f. de papier. m) **~form** f. || paper mould || forme f. *ou* moule m. en papier. n) **~format** n. || size of paper (sheet) || format m. du papier. 13

Papierführung f. (Buchdr) || paper guide || guide m. du papier. a) **~** f. (Drucktelegraf) || paper-moving system || système m. d'entraînement du papier. 14

Papierführungsrolle f. (Schreibm) || paper guide roll || rouleau mpl. de guidage du papier. 15

Papiergarn n. || paper twine *or* yarn || ficelle f. en papier. a) **~spinnerei** f. || spinning mill for paper yarns || filature f. de fils de papier. b) **~tellerspinnmaschine** f. || paper yarn plate spinning machine || machine f. à plateau pour le filetage du fil en papier. 16

Papiergeld n. || paper money; paper currency || papier-monnaie m. a) **~-papier** n. || currency-paper || papier-monnaie m. 17

Papier-geschwindigkeit f. || speed of paper || vitesse f. du papier. a) **~gewebe** n. || paper texture || texture f. du papier. b) **~girlande** f. || paper garland || guirlande f. en papier. c) **~großhandlung** f. || paper wholesale trade || commerce m. de papier en gros. d) **~gummierer** m. || paper gummer || gommeur m. de papier.

e) ~handel m. ‖ paper trade; stationery ‖ commerce m. de papeterie; papeterie f. f) ~händler m. ‖ paper merchant; stationer ‖ marchand m. papetier. g) ~handlung f. ‖ stationer's shop ‖ papeterie f.; magasin m. de papetier. h) klammerloser ~hefter m. (Büro) ‖ clipless paper fastener ‖ pince f. perforante pour le brochage sans attache. i) ~herstellungsmaschine f. ‖ paper making machine ‖ machine f. pour fabriquer le papier. k) ~höhe f. der Schrift ‖ height of letters ‖ hauteur f. en papier. l) ~holz n. ‖ paper wood ‖ bois m. à papier. m) ~hülse f. ‖ paper tube ‖ tube m. en carton. n) ~industrie f. ‖ paper industry ‖ industrie f. papetière. o) ~isolierrohr n. ‖ paper insulating tube ‖ tube m. isolant en papier. p) ~isolierung f. ‖ paper insulation ‖ isolement m. de papier. q) ~kabel n. ‖ paper insulated cable ‖ câble m. isolé au papier. r) ~kapsel f. ‖ paper capsule ‖ capsule f. en papier. s) ~knopf m. ‖ paper button ‖ bouton m. en papier. t) ~kohle f. (Geol) ‖ paper coal; papyraceous lignite ‖ houille f. papyracée. u) ~kondensator m. ‖ paper condenser ‖ condensateur m. à papier. 1

Papierkorb m. ‖ paper basket ‖ panier m. à papier. a) ~ aus **Fiber** ‖ fibre waste basket ‖ panier m. à papier en fibre. b) ~ aus **Stahl** ‖ steel waste basket ‖ panier m. à papier en acier. 2

Papier-kragen m. ‖ paper collar ‖ col m. en papier. a) ~lackwaren fpl. ‖ varnished paper goods pl.; papier-mâché goods pl. ‖ articles mpl. en carton verni *ou* en papier-mâché. b) ~laterne f. ‖ paper-lantern ‖ lanterne f. vénitienne; lampion m. c) ~leimer m. ‖ sizer ‖ colleur m. d) ~leimung f. ‖ paper sizing ‖ collage m. de papier. e) ~lini(i)eren n. ‖ paper ruling ‖ réglage m. de papier. 3

Papierlini(i)er-maschine f. ‖ paper ruling machine ‖ régleuse f.; machine f. à régler le papier. a) ~maschinenarbeiter m. ‖ paper ruling machine tenter ‖ régleur m. de papier à la machine. 4

Papier-locher m. (Büro) ‖ paper punch ‖ perforateur m. à papier. a) ~lochung f. ‖ perforation of the paper ‖ perforation f. du papier. 5

Papierluftraum-isolierung f. ‖ air-space paper insulation ‖ isolement m. à air et au papier. a) ~kabel n. ‖ air space paper core cable ‖ câble m. sous papier et couche d'air. 6

Papiermaché n. *s. auch* Papierstoff *und* Papierteig ‖ papier-mâché ‖ papier mâché m.; carton-pâte m. a) **lackiertes** ~ ‖ lacquered papier-mâché ‖ papier-mâché m. laqué. 7

Papiermaché-dose f. ‖ papier-mâché box ‖ boîte f. en carton-pâte. a) ~former m. ‖ papier-mâché moulder ‖ mouleur m. en papier-mâché. b) ~knopf m. ‖ papier-mâché button ‖ bouton m. de papier-mâché. 8

Papiermachéwaren fpl. ‖ papier-mâché ware ‖ objets mpl. en carton-pâte. a) **lackierte** ~ ‖ lacquered papier-mâché ware ‖ objets mpl. en carton laqué. 9

Papier-manschette f. ‖ paper cuff ‖ manchette f. en papier. a) ~maschine f. ‖ paper making machine ‖ machine f. à fabriquer le papier. 10

Papiermaschinen-glättwerk n. ‖ glazer for paper machines ‖ lisseuse f. pour machines à papier. a) ~meister m. ‖ paper-machine tenter ‖ conducteur m. de machine à papier. b) ~schaber m. ‖ doctor web; paper knife ‖ docteur m.; lame f. de docteur pour papeteries. c) ~wärter m. ‖ back-tenter ‖ aide-conducteur m. de machine à papier. 11

Papiermasse f. ‖ paper pulp ‖ pâte f. *ou* matière de papier. a) ~ aus **Holz** ‖ paper pulp from wood ‖ pâte f. de papier en bois. b) ~ aus **Lumpen** ‖ paper pulp from rags ‖ pâte f. à papier de chiffons. c) ~ aus **Spartgras** ‖ paper pulp from esparto ‖ pâte f. à papier d'alfa. d) ~ aus **Stroh** ‖ paper pulp from straw ‖ pâte f. à papier de paille. e) **chemische** ~ ‖ chemical paper pulp ‖ pâte f. à papier chimique. f) **feuchte** ~ ‖ humid paper pulp ‖ pâte f. à papier humide. g) **halbchemische** ~ ‖ semi-chemical paper pulp ‖ pâte f. à papier mi-chimique. h) **mechanische** ~ ‖ mechanical paper pulp ‖ pâte f. à papier mécanique. i) ~ in **trockenem** Zustand ‖ paper pulp in dry state ‖ pâte f. à papier à l'état sec. 12

Papier-massebleicher m. ‖ paper pulp bleacher ‖ blanchisseur m. de pâte à papier. a) ~maulbeerbaum m. ‖ paper mulberry ‖ broussanétie f. b) ~messer n. ‖ paper knife ‖ couteau m. à papier. c) ~mühle f. ‖ paper mill ‖ moulin m. à papier; papeterie f. d) ~mundtuch n. ‖ paper napkin ‖ serviette f. en papier. e) ~musterbogen m. ‖ sample sheet ‖ feuille f. de modèle. f) ~nachschub m. (Schreibm) ‖ paper feed ‖ avancement m. du papier. g) ~pergament n. ‖ parchment paper ‖ papier-parchemin m. h) ~prägemaschine f. ‖ stamping machine for paper ‖ machine f. à estamper le papier. i) ~präger m. ‖ paper stamper ‖ estampeur m. sur papier. k) ~prüfapparat m. ‖ paper testing apparatus ‖ appareil m. à essayer des papiers. l) ~prüfung f. ‖ paper testing ‖ analyse f. *ou* épreuve f. des papiers. m) ~rahmen m. ‖ frame of paper ‖ cadre m. en papier. n) ~rohr n. ‖ paper tube ‖ tube m. en carton. o) ~röhrchen n. ‖ paper sleeve ‖ manchon m. de papier. 13

Papierrolladen m. ‖ paper roller-blind ‖ store m. en papier. a) ~drucker m. ‖ paper roller-blind stainer ‖ imprimeur m. de stores en papier. 14

Papier-rolle f. (Rotationsmasch) ‖ roll of paper ‖ bobine f. de papier; rouleau m. de papier. a) ~rollenhalter m. ‖ holder for rolled paper ‖ porte-rouleau m. de papier. 15

Papiersack m. ‖ paper sack ‖ sac m. en papier. a) ~maschine f. ‖ paper sack manufacturing machine ‖ machine f. pour la fabrication de sacs en papier. 16

Papier-satinieranstalt f. ‖ paper glazing works ‖ atelier m. de satinage de papier. a) ~satinierer m. ‖ paper glazer ‖ satineur m. de papier. b) ~schachtel f. ‖ paper box ‖ boîte f. en carton. c) ~schere f. ‖ paper scissors pl. ‖ ciseaux mpl. à papier. d) ~schlange f. ‖ coiled-up paper ribbon ‖ serpentin m. de papier. e) ~schneider m. ‖ paper cutter hand ‖ coupeur m. de papier. 17

Papierschneidmaschine f. ‖ paper cutter; paper cutting machine ‖ coupeuse f. de papier; coupe-papier m. mécanique. a) **Lang~** ‖ longitudinal paper cutting machine ‖ coupeuse f. de papier en long. b) **Quer~** ‖ paper cross-cutting machine ‖ coupeuse f. de papier en travers. 18

Papier-schneidvorrichtung f. (Büro) ‖ paper cutter ‖ coupe-papier m. a) ~schnitzel npl. ‖ scraps pl. of paper ‖ rognures fpl. de papier. b) ~serviette f. ‖ paper napkin ‖ papier-linge m. c) ~siegel n. ‖ paper seal ‖ cachet m. en papier. d) ~sohle f. (Schuh) ‖ paper sole ‖ semelle f. en papier. e) ~sorte f. ‖ kind of paper ‖ sorte f. de papier. f) ~spinnerei f. ‖ paper spinning factory ‖ filature f. de papier. g) ~spitze f. ‖ lace paper ‖ papier-dentelle m. h) ~spitzenarbeiterin f. ‖ lace-paper maker ‖ dentellière f. en papier. 19

Papierspule f. ‖ paper bobbin ‖ bobine f. en carton. a) ~ für **Spinnereien** ‖ paper spool for spinning frames ‖ busette f. en papier pour filatures. 20

Papier-stampfe f. ‖ paper stamp ‖ pilon m. a) ~stanzen n. ‖ paper cutting-out ‖ découpage m. de papier. b) ~stickerei f. ‖ paper embroidery ‖ papier-broderie f. 21

Papierstoff m. (Papierfertigung) *s. auch* Papiermasse ‖ paper pulp ‖ matière f. *ou* pâte f. de papier. a) ~ (Papiermaché) ‖ papier-mâché ‖ papier-mâché m.; carton-pâte m. b) ~bereitungsmaschine f. ‖ pulp preparing machine ‖ machine f. pour la préparation de la pâte de papier. c) ~waren fpl. ‖ cardboard goods pl. ‖ articles mpl. en carton pâte. d) ~weberei f. ‖ weaving factory for paper stuff ‖ tissage m. des étoffes de papier. 22

Papier-stramin m. ‖ punched card-paper for embroidery ‖ carton m. à broder. a) ~streichanlage f. ‖ coating plant for paper ‖ appareil m. à enduire pour papier. b) ~streicher m. ‖ coucher ‖ coucheur m. c) ~streifen m. ‖ paper strip *or* tape ‖ bande f. de papier. d) ~stütze f. (Schreibm) ‖ paper support ‖ support m. pour le papier. e) ~sudler m. ‖ bungler *or* dauber of paper ‖ mâchurot m. f) ~tapete f. ‖ paper hangings pl. ‖ papier m. peint. g) ~teig m. ‖ papier-mâché ‖ papier m. mâché; carton m. moulé. h) ~tischtuch n. ‖ paper table cloth ‖ nappe f. en papier. i) selbsttätiger ~transport m. (Schreibm) ‖ automatic paper transport ‖ entraînement m. automatique du papier. k) ~tüte f. ‖ paper bag ‖ cornet m. en papier. l) ~tütenmaschine f. ‖ paper bag machine ‖ machine f. à faire les sacs en papier. 23

papierverarbeitende Industrie f. ‖ paper working industry ‖ industrie f. du papier. 24

Papier-verarbeitungsmaschine f. ‖ paper working machine ‖ machine f. pour papeteries. a) ~vernichtungsmaschine f. ‖ paper destroying machine ‖ machine f. pour la destruction du papier. b) ~verpackung f. ‖ paper packing ‖ emballage m. en papier. c) ~vorschub m. (Fernm) ‖ paper feed ‖ avancement m. de la bande. d) ~wage f. ‖ paper scales pl. ‖ balance f. à papier. e) ~währung f. ‖ paper currency ‖ cours m. *ou* valeur f. du papier-monnaie. f) ~walze f. (Kalander) ‖ paper roller ‖ cylindre m. en papier. 25

Papierwaren fpl. ‖ paper goods pl.; stationery ‖ papeteries fpl.; articles mpl. en papier. a) ~ für **gewerbliche** Zwecke ‖ paper articles pl. for industrial purposes ‖ articles mpl. industriels en papier. 26

Papierwarenhandlung f. || stationer's shop || papeterie f. 1

Papierwäsche f. || paper linen || linge m. en papier. **a)** ~ in Verbindung mit **Spinnstoffen** || paper linen with addition of spinning materials || linge m. en papier avec addition de matières textiles. 2

Papier-weberei f. || paper weaving factory || tissanderie f. de papier. **a)** **~weißer** m. || white sizer || blanchisseur m. sur papier. **b)** **~zeichen** n. (250 Bogen) || token || marque f. *ou* corne f. de papier. **c)** **~zelle** f. für Seidenraupen || paper cell for silk worms || cellule f. en papier pour vers à soie. **d)** **~zubereiter** m. || paper finisher || apprêteur m. de papier. 3

Papillottenpapier n. (Pap) || curling paper || papillotte f. 4

Papp m. (Buchb) || paste; pap || colle f. de farine. **a)** **~arbeit** f. || pasteboard work || cartonnage m.; cartonnerie f. **b)** **~arbeiter** m. || pasteboard *or* bandbox maker || cartonnier m. **c)** **~ausschneider** m. || cardbox cutter || découpeur m. de carton. **d)** **~band** m. (Buchb) || book in boards || livre m. relié en carton; reliure f. en carton. **e)** **~dach** n. || waterproof paper roof || toiture f. en carton bitumé. **f)** **~deckel** m. || board; pasteboard || carton m. **g)** **~dichtung** f. || pasteboard packing || joint m. en carton. 5

Pappe f. || pasteboard; cardboard || carton m. **a)** ~ aus **Abfallpapier** || pasteboard from paper-waste || carton m. de deuxième moulage. **b)** mit **Albumin** überzogene ~ || albuminized cardboard || carton m. albuminé. **c)** **Dach~** || roofing *or* tarred *or* asphalted cardboard || carton m. bituminé *ou* goudronné; carton-pierre m. **d)** **durchlochte** ~ || perforated pasteboard || carton m. perforé. **e)** **elastische** ~ || elastic pasteboard || carton m. élastique. **f)** mit **Feuersteinpulver** bestreute ~ || flinted cardboard || carton m. silexé. **g)** **geformte** ~ || mill-board || carton m. de moulage. **h)** **gegautschte** ~ || couched pasteboard || carton m. couché. **i)** mit **Gelatine** überzogene ~ || gelatinized cardboard || carton m. gélatiné. **k)** **geleimte** ~ || sized pasteboard || carton m. collé *ou* de collage. **l)** **gepreßte** ~ || pressed cardboard || carton m. pressé. **m)** **gewöhnliche** ~ || common cardboard || carton m. commun. **n)** mit **Glaspulver** bestreute ~ || glassed cardboard || carton m. verré. **o)** **Leder~** || leather board; pancake; imitation leather || carton m. cuir. **p)** mit **Paraffin** überzogene ~ || paraffined cardboard || carton m. paraffiné. **q)** mit **Sand** bestreute ~ || sanded cardboard || carton m. sablé. **r)** ~ für die **Schuhmacherei** || pasteboard for bootmaking || carton m. pour la cordonnerie. **s)** mit **Stearin** überzogene ~ || cardboard coated with stearin || carton m. stéariné. **t)** mit **Steinkohlenteer** getränkte ~ || cardboard impregnated with coal tar || carton m. imprégné de goudron de houille. **u)** mit **weißem Papier** überzogene ~ || white-covered pasteboard || carton m. blanchi. **v)** **~herstellungsmaschine** f. || pasteboard making machine || machine f. pour fabriquer le carton. 6

Pappel f., **kanadische** || canadian poplar || peuplier m. du Canada. **a)** **Pyramiden~** || pyramidal poplar || peuplier m. pyramidal. **b)** **Schwarz~** || black poplar; water poplar || peuplier m. noir. 7

Pappelholz n. || poplar (wood) || peuplier m.; grisard m.; bois m. de peuplier. **a)** **~scheibe** f. || poplar-wood disk || disque m. en peuplier. 8

Pappel-knospe f. || poplar bud || bourgeon m. de peuplier. **a)** **~rinde** f. || poplar bark || écorce f. du peuplier. 9

pappen (Buchb) || to paste; to work in paste || coller; empâter; cartonner. 10

Pappen-abschärfmaschine f. || chamfering machine for pasteboard || machine f. à chanfreiner le carton. **a)** **~abschrägmaschine** f. || bevelling machine for pasteboard || machine f. à biseauter le carton. **b)** **~art** f. || pasteboard || carton m. **c)** **~biegemaschine** f. || cardboard bending machine || machine f. à plier le carton. **d)** **~fabrik** f. || cardboard factory || fabrique f. de carton; cartonnerie f. 11

Pappenfertigung f. || cardboard manufacture || cartonnerie f. **a)** **Büttengarnitur** f. für die ~ || set of butts for the manufacture of cardboard || garniture f. de cuves à cartonneries. 12

Pappen-gußmaschine f. || pasteboard casting machine || machine f. à couler le carton. **a)** **~presse** f. || pasteboard press || presse f. à carton. 13

Pappgalanteriewaren fpl. || fancy articles pl. in cardboard || articles mpl. de fantaisie en carton. 14

pappig || pasty; sticky || pâteux. 15

Papp-karte f. || pasteboard card || carton m. **a)** **~karton** m. || cardboard box || boîte f. de carton. **b)** **~kasten** m. || cardboard case || boîte f. en carton. **c)** **~matrizenprägung** f. (Druckwes) || cardboard matrice pressing || empreinte f. des flans. **d)** **~messer** n. (Buchb) || paste knife || pointe f. *ou* couteau m. à rabaisser. **e)** **~rahmen** m. || cardboard frame || cadre m. en carton. **f)** **~rohr** n. || pasteboard tube || tube m. cylindrique en carton. **g)** **~rolle** f. || pasteboard roll || roulette f. en carton. **h)** **~schachtel** f. || cardboard *or* pasteboard box || boîte f. en carton. **i)** **~schere** f. || cardboard cutter || cisaille f. à carton. **k)** **~sohle** f. (Schuh) || board sole || semelle f. en carton. **l)** ~ und **Papierspielwaren** fpl. || pasteboard and paper toys pl. || jouets mpl. de carton et de papier. **m)** **~spielwarenherstellungsmaschine** f. || cardboard toy making machine || machine f. pour fabriquer des jouets en carton. **n)** **~stift** m. || nail for tarred felt || clou m. à carton-pierre. **o)** **~teller** m. || cardboard plate || assiette f. en carton. **p)** **~waren** fpl. || pasteboard *or* cardboard goods || cartonnages mpl. 16

Paprika m. || red pepper; chillies pl. || piment m.; poivre m. rouge; paprika m.; fruits fpl. de capsicum. 17

Parabel f. || parabola || parabole f. **a)** ~ **höherer Ordnung** || parabolic curve; parabola of a higher degree *or* higher order || parabole f. d'ordre *ou* de degré supérieur. 18

Parabel-achse f. || principal diameter of the parabola || axe m. de la parabole. **a)** **~gestalt** f. || parabolic shape || forme f. parabolique. **b)** **~weiche** f. || parabolic crossing || croisement m. parabolique. 19

parabolisch || parabolic(al) || parabolique. **a)** **~er Glassilberspiegel** m. || silvered parabolic glass reflector || miroir m. en verre parabolisé et argenté. **b)** **~er Hohlspiegel** m. || parabolic concave mirror || miroir m. parabolique concave. 20

Paraboloid n. || paraboloid || paraboloïde m. **a)** **~kondensor** m. || paraboloid condenser || condensateur m. parabolique. 21

Parabolreflektor m. || parabolic reflector || réflecteur m. parabolique. 22

Parabolspiegel m. || parabolic mirror *or* reflector || miroir m. *ou* réflecteur m. parabolique. **a)** **Glas~** || parabolic glass reflector || réflecteur m. parabolique en verre. **b)** **Glas~** mit **versilberter Vorderfläche** || parabolic glass reflector with silvered front surface || réflecteur m. parabolique en verre à surface argentée. **c)** **unversilberte** Stelle f. in der Mitte des ~s || unsilvered clearance at the centre of the parabolic reflector || place f. non argentée au centre du réflecteur parabolique. 23

Paradiesholz n. || aloe wood || bois m. d'aloès. **a)** **edles** ~ || calambac || calambac m.; calambouc m.; calampart m. 24

Paraffin n. || paraffin(e) || paraffine f. 25

Paraffin-apparat m. || waxer || paraffineur m. **a)** **~fabrik** f. || paraffin(e) works pl. || fabrique f. de paraffine. **b)** **~fabrikanlage** f. || paraffine plant || installation f. de paraffine. 26

Paraffinierapparat m. || paraffining apparatus || appareil m. à paraffiner. **a)** ~ für **Korken** || cork paraffining apparatus || appareil m. à paraffiner les bouchons. 27

paraffiniert || paraffined || paraffiné. 28

Paraffin-kerze f. || paraffin(e) candle || bougie f. de paraffine. **a)** **~lack** m. || paraffin lacquer || laque f. à paraffine. **b)** **~licht** n. || paraffin candle || bougie f. *ou* chandelle f. en paraffine. **c)** **~öl** n. || paraffin oil || huile f. de paraffine. 29

Paraffinpapier n. || paraffin(e) paper || papier m. paraffiné. **a)** **~herstellungsmaschine** f. || paraffine paper manufacturing machine || machine f. pour fabriquer du papier paraffiné. 30

Paraffinsalbe f. || paraffin ointment || onguent m. de paraffine. 31

Paragon f. (Buchdr) || paragon || paragon m.; dix-huit m. **a)** **kleine** ~ || small paragon || petit paragon m. 32

Paragonit m. paragonite || paragonite f. 33

Paragraf m. || paragraph || paragraphe m. 34

Paragummi m. || para rubber || caoutchouc m. para. 35

Paraldehyd n. || paraldehyde || perchlorate m. d'éthylène; paraldéhyde m. 36

parallaktisch montiertes Fernrohr n. || equatorially mounted telescope || lunette f. à monture parallactique. **a)** **~e Achse** f. (Astro) || equatorial *or* parallactic axis || axe m. parallactique. **b)** **~es Achsensystem** n. mit Stundenkreis und Deklinationskreis || equatorial head with hour circle and declination circle || système m. d'axes parallactiques avec cercle horaire et cercle de déclinaison. **c)** **~e Aufstellung** f. eines Fernrohres || equatorial mounting of a telescope || monture f. parallactique d'une lunette. **d)** **~es Fernrohr** n. || equatorial telescope || lunette f. parallactique. **e)** **~er Kometensucher** m. || equatorial comet finder || chercheur m. de comètes parallactique. **f)** **~e Montierung** f. eines Kometensuchers || equatorial mounting of a comet finder || monture f. parallactique d'un chercheur de comètes. 37

Parallaxe f. || parallax || parallaxe f. **a)** die **~ beseitigen** || to remove *or* to correct parallax || écarter la parallaxe. **b) geozentrische ~** || diurnal *or* geocentric parallax || parallax f. diurne *ou* géocentrique. **c) heliozentrische ~** || annual *or* heliocentric parallax || parallaxe f. annuelle *ou* héliocentrique. **d) jährliche ~** || annual *or* heliocentric parallax || parallaxe f. annuelle *ou* héliocentrique. **e) tägliche ~** || diurnal *or* geocentric parallax || parallaxe f. diurne *ou* géocentrique. 1

parallaxenfrei || free from parallax || exempt de parallaxe f. **a) ~e Beobachtung** f. der Libelle durch Prismen || observation of the bubble without parallax through prisms || observation f. du niveau sans parallaxe par l'intermédiaire de prismes. 2

Parallaxenrefraktometer n. || parallax refractionometer || réfractomètre m. à parallaxe. 3

parallel || parallel || parallèle. **a) ~ schalten** || to connect in parallel || coupler en parallèle. 4

parallel stellen || to set parallel || placer parallèlement. **a)** die **Fernrohrachse** zur Instrumentenachse **~** || to set the axis of the telescope parallel to the plane of the instrument || placer l'axe de la lunette parallèle au plan du limbe. 5

parallel zu || parallel to *or* with || parallèle avec. **a) ~e Gerade** fpl. || parallel lines pl. || parallèles fpl. **p) ~es Lichtstrahlenbüschel** n. || beam *or* pencil of parallel light || faisceau m. de rayons parallèles. 6

Parallel-betrieb m. || parallel working || marche f. en parallèle. **a) ~bewegung** f. || parallel motion || mouvement m. parallèle. **b) ~drehbank** f. || slide lathe || tour m. parallèle *ou* à chariot. 7

Parallele f. || parallel (line) || ligne f. parallèle; parallèle f. 8

Parallelendmaß n. || parallel precision gauge block || jauge f. étalon. 9

Parallelepipedon n. || parallelopiped; parallelopipedon || parallélopipède m. 10

Parallel-feilkloben m. || parallel hand vice || étau m. à main à mouvement parallèle. **a) ~fräsmaschine** f. || parallel milling machine || machine f. à fraiser parallèle. 11

Parallelität f. || parallelism || parallélisme m. **a) Stativ** n. zum Prüfen der **~** ebener Flächen und Kanten || stand for checking the parallelism of flat surfaces and edges || support m. à vérifier le parallélisme des surfaces planes et des arêtes. 12

Parallel-kanal m. || lateral canal || canal m. de dérivation. **a) ~kreis** m. || parallel (circle) || parallèle m. **b) ~kurbelblechtafelschere** f. || crank guillotine shearing machine || cisailles fpl. à guillotine. **c) sicherer ~lauf** m. || steady running in parallel || mise f. en parallèle aisée. **d) ~leitung** f. (Lok; Masch) || guides pl.; cross-head guides pl. || glissoire f.; guide m.; glissière f. **e) ~lineal** n. || parallel rule *or* ruler || règle f. à parallèles. 13

Parallelmaß n. || marking gauge || trusquin m. 14

Parallelogramm n. || parallelogram || parallélogramme m. **a) ~** der **Geschwindigkeiten** || parallelogram of velocities || parallélogramme m. des vitesses. **b) ~** der **Kräfte** || parallelogram of forces || parallélogramme m. des forces. 15

Parallel-ohmmethode f. || parallel ohm method || réception f. à résistance parallèle. **a) ~perspektive** f. || parallel perspective || perspective f. en vue de face. **b) ~projektion** f. || parallel projection || projection f. parallèle. **c) ~reißer** m. || surface gauge || trusquin m. **d) ~schalten** n. || parallel switching || montage m. en parallèle. **e) ~schaltung** f. || shunt connection; connection in parallel || couplage m. *ou* mise f. en parallèle. **f) ~schere** f. || parallel shears pl. || cisaille f. à guillotine. **g) ~schiene** f. || parallel rail || rail m. à champignon symétrique; rail m. parallèle. 16

Parallelschraubstock m. || parallel vice || étau m. parallèle. **a) ~ mit graduiertem Drehteil** || parallel vice with graduated swivel base || étau m. parallèle avec semelle pivotante graduée. **b) ~ ohne Drehteil** || parallel vice without swivel base || étau m. parallèle sans semelle pivotante. 17

Parallel-schreibfeder f. || double-pointed pen || plume f. à deux becs. **a) ~strömung** f. || parallel flow || courant m. parallèle. **b) ~struktur** f. || parallel bedding || structure f. parallèle. **c) ~träger** m. || braced girder || poutre f. droite. 18

Parallelverschiebung f., Einrichtung f. zur optischen **~** der Ziellinie (Vermessung) || optical device for the parallel displacement of the sighting line || dispositif m. pour le déplacement optique parallèle de la ligne de visée. **a) ~** der **Koordinatensysteme** || parallel shift of systems of coordinates || déplacement m. parallèle des systèmes de coordonnées. 19

paramagnetisch || paramagnetic || paramagnétique. 20

Paramagnetismus m. || paramagnetism || paramagnétisme m. 21

Parament n. (Textil) || parament || parement m. 22

Parameter m. (Geom) || parameter || paramètre m. 23

Paramorphose f. (Miner) || paramorphose || paramorphose f. 24

Paranuß f. || Brazil nut || noix f. du Brésil. **a) ~öl** n. || brazil nut oil || huile f. de noix du Brésil. 25

parazentrisch || paracentric; paracentrical || paracentrique. 26

Pardun n. || backstay || galhauban m. 27

Pardunenisolator m. || backstay insulator || isolateur m. d'arrêt. 28

Parenthese f. (Buchdr) *s. auch* Klammer f. **a)** in **~** f. **setzen** || to include in parentheses || mettre en parenthèse *ou* entre (deux) parenthèses. 29

Parfüm n. || scent; perfume || parfum m. **a) ~behälter** m. || receptacle for perfume || porte-parfum m. 30

Parfümerie f. || perfumery || parfumerie f. **a) ~artikel** mpl. || perfumes pl. || parfumerie f. **b) ~essenz** f. || essence for perfumers || essence f. pour parfumeurs. **c) ~etikett** n. || perfume label || étiquette f. pour parfumerie. 31

Parfümeriefabrik f. || perfumery manufacture; factory of perfumes || parfumerie f.; fabrique f. de parfumeries. **a) ~anlage** f. || perfumery plant || installation f. de parfumerie. 32

Parfümerie-geschäft n. || perfumery || parfumerie f. **a) ~seife** f. || perfumery soap || savon m. parfumé *ou* de parfumerie. 33

Parfüm-fabrik f. *s.* Parfümeriefabrik. **a) ~-flakon** n. *s.* ~fläschchen. **b) ~fläschchen** n. || perfume flasc *or* flacon || flacon m. pour parfums. **c) ~flasche** f. || scent bottle || flacon m. à parfum. 34

parfümiertes Öl n. || scented oil || huile f. parfumée. **a) ~e Paste** f. || scented paste || pâte f. parfumée. **b) ~e Pomade** f. || scented pomade || pommade f. parfumée. **c) ~e Seife** f. || scented soap || savon m. parfumé. **d) ~e Zigarette** f. || perfumed cigarette || cigarette f. parfumée. 35

Parfümör m. || perfumer || parfumeur m. 36

Parfüm-verdunster m. || scent spray || évaporateur m. à parfum. **a) ~zerstäuber** m. || perfume sprayer || pulvérisateur m. de parfum. 37

Pargasit m. || amphibole; hornblende || amphibole f. 38

pari, Aktien fpl. stehen auf **~** || shares pl. are at par || actions fpl. sont au pari. 39

Parian n. (Porz) || parian || pâte f. de Paros; parian m. 40

Parikurs m. || par (rate) of exchange || pair m. du change. 41

Pariser-blau n. || Paris blue; Chinese blue || bleu m. de Paris. **a) ~rot** n. || jeweller's *or* Paris *or* English red; rouge; crocus || rouge m.; rouge m. à polir. **b) ~schwarz** n. || Parisian black || noir m. de Paris. 42

Parität f. || equality; parity || parité f. 43

paritätisch || on an equal footing; at par || égalitaire; sur le même pied. 44

Pariwert m. || par value || valeur f. au pair. 45

Parkett n. || parquet; parquetry; inlaid floor || parquet m.; parqueterie f. **a) ~** aus **Hartholz** || hard-wood parquet floor || parquet m. en bois dur. **b) ~** aus **Weichholz** || soft-wood parquet floor || parquet m. en bois tendre. 46

Parkett-abhobeln n. || floor dressing || aplanissage m. de parquets. **a) ~boden** m. || parquet *or* inlaid floor(ing); parquetry || parquet m. de plancher; parqueterie f.; parquet m. **b) ~bohner** m. || floor scrubber || cireur m. de parquets. 47

Parkettfußboden m. || parquet *or* inlaid flooring || parquet m. **a) ~leger** m. || flooring inlayer || parqueteur-menuisier m. 48

Parkett-hobler m. || floor flogger || raboteur m. de parquets. 49

parkettieren || to inlay a floor || parqueter. 50

Parkettierung f. || inlaying of floors; parquet flooring || parquetage m.; carrelage m. en bois. 51

Parkett-schleifmaschine f. || parquetry machine || machine f. à poncer les parquets. **a) ~tafel** f. (Tischl) || pannel board || carreau m. de parquet. **b) ~wachs** n. || floor wax; wax floor-polish || cire f. à parquets. 52

Park-verbot n. || no parking || parc m. interdit. **a) ~weg** m. || park walk || chemin m. de parc. 53

Part f., feste **~** f. eines Takels || standing-part of tackle || dormant m. d'un palan. **a) holende ~** || hauling part || courant m. **b) laufende ~** || running part || garant m. **c) ~** des **Takels** || part of tackle || passe f. d'un palan. 54

Parterre n. (Theater) || pit || parterre m. **a) ~loge** f. || pit box || baignoire f. 55

Partialfunke m. || partial discharge || décharge f. partielle. 56

partiell || partial || partiel. 57

partiellreflektierter Strahl m. || partially reflected ray || rayon m. partiellement réfléchi. 58

Partikel f. || particle || particule f. 1
Parzelle f. || parcel; plot; allotment; compartment || parcelle f.; pièce f. de terre. 2
Parzellenvermessung f. || survey of parcels of land || arpentage m. parcellaire. 3
parzellieren || to parcel (out) || parceller; morceler; lotir. 4
Paspel m. || braid || passe-poil m. 5
Paß m. || passport || congé m. a) **Auslands~** || passport for abroad || passeport m. pour l'étranger. 6
Passage f. (Web) || draught; pass || passage m.; remettage m. a) **pointierte ~** (Web) || diamond-draught || passage m. à point; remettage m. à retour. 7
Passageinstrument n. (Astron) || transit instrument || instrument m. de passages; lunette f. méridienne. 8
Passagier m. *s. auch* Fahrgast. || passenger || passager m. a) **~raum** m. || passenger cabin || cabine f. de passagers. b) **~schiff** n. || passenger ship || navire m. à passagers. 9
Paßarbeit f. || fitting work || ajustement m. 10
Passat m. || trade wind || vent m. alizé. a) **Nordost~** || North-East trade wind || alizé m. de Nord-Est. b) **Südost~** || South-East trade wind || alizé m. de Sud-Est. 11
Passat-gebiet n. || region of the trade winds || région f. alizée *ou* des alizés. a) **~grenze** f. || limit of the trade winds || limite f. de vents alizés. b) **~wind** m. || trade wind || vent m. alizé. c) **~wolken** fpl. || trade clouds pl. || nuages mpl. (qui courent) en direction contraire aux alizés. 12
Paßeinsatz m. || sleeve socket || coussinet m. de réduction. 13
passen, die Platten fpl. ~ zu den Schienen (Eisenb) || the plates pl. fit to the rails || les selles fpl. conviennent aux rails. 14
Paß-feder f. || adjusting spring || ressort m. d'ajustage. a) **~glas** n. || graduated glass *or* jar || grand verre m. gradué *ou* à cercles *ou* à divisions. 15
passieren || to pass || passer. 16
Passier-maschine f. || passing machine || hache-viande m.; passoire f. a) **~schein** m. || pass; permit || laissez-passer m.; coupe-file m.; permis m.; transit m. 17
Passigdrehbank f. || lathe for eccentric turning || tour m. à guillocher. 18
passiv (Chem) || passive || passif. a) **~er Widerstand** m. || canny; passive resistance || résistance f. passive. 19
Passiva npl. || liabilities pl. || passif m.; masse f. passive. 20
Passivität f. || passivity || passivité f. a) ~ des **Eisens** || passivity of the iron || passivité f. du fer. 21
Paß-karte f. || chart; sea chart; hydrographical map || carte marine *ou* nautique *ou* hydrographique. a) **~ring** m. (Elektr) || gauge ring || bague f. de contact. b) **~schraube** f. || tight fitting screw; reamed bolt (A) || boulon m. ajusté. c) **~stift** m. || set pin || goujon m. prisonnier; goujon m. d) **~stück** n. || fitting piece || cale f. d'ajustage. e) **~zwang** m. || compulsory passport system || obligation f. de se munir d'un passeport. 22
Paste f. || paste || pâte f. a) **parfümierte ~** || scented paste || pâte f. parfumée. b) ~ zur Erhaltung von **Schuhwerk** || paste for conservation of boots and shoes || pâte f. pour l'entretien des chaussures. 23
Pastell n. || pastil; pastel || (crayon m. à) pastel m.; couleur f. à pastel. 24
Pastell m. || pastel || pastel m. a) **~gemälde** n. || pastil picture || (tableau m. à) pastel m. b) **~kreide** f. || pastel chalk || craie f. pour peintures au pastel. c) **~malerei** f. || pastil painting; crayon painting || peinture f. à *ou* en pastel. d) **~papier** n. || pastil paper || papier m. pumicif. e) **~stift** m. || pastel; crayon || pastel m. 25
Pastetenfüller m. || pie filler || remplisseur m. de pâtés. 26
Pasteurisierapparat m. || pasteurizing apparatus || appareil m. de pasteurisation *ou* à pasteuriser; pasteurisateur m. a) ~ für **Flaschen** || bottle pasteurizing apparatus || appareil m. à pasteuriser les bouteilles; pasteurisateur m. pour bouteilles. 27
Pasteurisierer m. || pasteurizer || pasteurisateur m. 28
Pasteurisiergeschmack m. || bread *or* cooked *or* steam taste || goût m. de cuit *ou* de pain. 29
pastieren || to paste || tartiner. 30
Pastiermaschine f. || pasting machine || machine f. à tartiner. 31
pastierte Platte f. (Sammler) || pasted plate || plaque f. empâtée. 32
Pastille f. || pastil[le]; lozenge || pastille f. 33
Pastillenbereiter m. || lozenge maker || pastilleur m. 34
Patent n. *s. auch* Zulassung || patent || brevet m. (d'invention). a) ~ (Buchdr) || broadside; placard || placard m. b) ~ **angemeldet** || patent applied for . . . || brevet m. a été demandé. c) zum Schutze der **Erfindung** ist ein ~ n. angemeldet || to protect the invention an application for a patent was made || voulant protéger l'invention on avait fait enregistrer un brevet m. d) **Erfindungs~** || patent of invention || brevet m. d'invention. e) ein ~ n. **erteilen** || to grant a patent || accorder un brevet. f) ~ ist **erteilt** worden || patent has been granted || brevet m. a été accordé. g) ein ~ n. **erwirken** für . . . || to secure a patent for . . . || obtenir un brevet de . . . h) **Gültigkeit** f. des **~es** || validity of patent || validité f. de brevet. i) **Haupt~** || master patent || brevet m. principal. k) **Kosten** pl. des ~es || cost of patent || coût m. du brevet. l) ein ~ n. **nehmen** || to take out a patent || prendre un brevet d'invention. m) **Ungültigkeit** f. eines ~es || nullity of a patent || nullité f. d'un brevet. n) ~ ist **verweigert** worden || patent has been rejected || brevet m. a été refusé. o) **vorläufiges ~** || provisional patent || brevet m. provisoire. p) **Zusatz~** || additional patent || brevet m. additionnel. 35
Patent-achse f. || patent *or* oil axle || essieu m. breveté *ou* à l'huile. a) **~amt** n. || patent office || bureau m. des brevets. 36
patentamtlich geschützte Konstruktion f. || patented construction || construction f. brevetée. 37
Patentanspruch m. || patent specification *or* claim || spécification f. du brevet. a) der ~ ist in folgenden **Hauptpunkten** klar ausgedrückt || the claim of the patent is clearly expressed in the following points || les points principaux qui sont protégés par le brevet résultent clairement de la demande. 38
Patent-anwalt m. || patent agent *or* lawyer *or* solicitor || avocat m. spécialisé dans la juridiction des brevets; agent m. de *ou* en brevets. a) **~beschreibung** f. || patent specifications pl. || description f. de brevet; spécification f. b) **~bleistift** m. || patent pencil || crayon m. breveté. c) **~büro** n. || patent office || office f. de brevets. d) **~gebühren** fpl. || patent fees pl. || taxes fpl. des brevets. e) **~gesetz** n. || patent law || loi f. sur les brevets d'invention. f) **~gesuch** n. || demand for a patent || demande f. de brevet. 39
patentierbar || patentable || brevetable. 40
patentieren || to patent || breveter. 41
patentiert || patented || breveté. a) **nicht ~** || not patented || pas breveté. 42
Patent-inhaber m. || patentee || breveté m.; concessionnaire m.; titulaire m. *ou* possesseur m. d'un brevet. a) **~log** n. || patent *or* harpoon log || sillomètre m. b) **~lot** n. || patent lead || sonde f. spéciale. c) **~maschine** f. || patented machine || machine-modèle m. de brevet. d) **~modell** n. || model of patent || modèle m. du brevet. e) **~recht** n. || patent right || droit m. à brevet. 43
Patentschrift f. || patent specification || lettre f. patente. a) **Abschrift** f. der ~ || copy of patent || copie f. du brevet. b) in der ~ f. sind verschiedene andere **Kombinationen** berücksichtigt || several other combinations are possible, all of which are described in the patent specification || les cas mpl. qui pourraient se présenter sont étudiés dans la description du brevet. c) **Nachtrag** m. zu einer ~ || supplementary patent specification || supplément m. à une lettre patente. 44
Patent-untersuchung f. || patent survey || examen m. du brevet. a) **~verletzung** f. || infringement of patent || contrefaçon f. du brevet. b) **~zeichnung** f. || patent office drawing || dessin m. *ou* désigne m. de brevet. c) **~zement** m. || Roman cement; Parker's cement || ciment m. romain. 45
Paternoster n. (Bauk) || paternoster || patenôtre f. a) **~aufzug** m. || paternoster elevator *or* lift || monte-charge m. à chaîne sans fin; ascenseur-patenôtre m. b) **~band** n. || chaplet hinge || fiche f. à chapelet. c) **~gebläse** n. || rosary *or* chain trompe || chapelet m. d) **~werk** n. || paternoster work; bucket elevator; noria; chain pump || patenôtre f.; élévateur m. à augets; noria f.; chapelet m. 46
pathologische Veränderungen fpl. || pathological changes pl. || modifications fpl. pathologiques. 47
Patina f. || patina || patine f. 48
Patrize f. || punch || poinçon m. 49
Patrone f. (Mal) || stencil; pattern || patron m. a) ~ (Waffenw) || cartridge || cartouche f. b) ~ (Web) || point paper draft *or* design || dessin m. mis en carte. c) **Gewinde~** (Masch) || mandrel || gabarit m. fileté. d) ~ einer **Guillochiermaschine** || roset; movement || rosette f.; couronne f. e) **Jagd~** || sporting cartridge || cartouche f. de chasse. f) **oberste ~** (Bergb) || primer (cartridge) || cartouche f. d'amorce. g) **Spann~** (Werkzeugmasch) || spring chuck || pince f. de serrage. h) **Vorschub~** (Werkzeugmasch) || feed chuck || pince f. d'avance. i) **Zünd~** || ignition plug || cartouche m d'allumage. 50
Patronen-ausschalter m. || cartridge cutout || cartouche f. fusible pour coupe-circuit. a) **~auswerfer** m. || cartridge ejector || boutoir m. 51

patronenbeheiztes Gerät n. || cartridge heated apparatus || appareillage m. à cartouches de chauffe. 1

Patronen-drehbank f. || gauge lathe || tour m. à gabarit. **a) ~fabrik** f. || cartridge works || cartoucherie f.; fabrique f. de cartouches. **b) ~falzerin** f. (Buchb) || pattern folder || plieuse f. de patrons. **c) ~filzpfropfen** m. || cartridge-wad || bourre f. de chasse. **d) ~heizkörper** m. (Elektr) || cartridge heating member || corps m. de chauffage, forme cartouche. **e) ~herstellungsmaschine** f. || cartridge making machine || machine f. à fabriquer les cartouches. **f) ~hülse** f. || cartridge case || étui m. de cartouches; douille f. **g) ~kasten** m. || ammunition box || boîte f. aux cartouches. **h) ~macher** m. || cartridge maker || cartouchier m. 2

Patronenpapier n. (Mal) || pattern paper || imprimure f.; papier m. imprimé à l'huile. **a) ~** (Web) || point *or* squared *or* design *or* drafting *or* cartridge *or* ruled paper || papier m. quadrillé *ou* de mise en carte *ou* à patron *ou* à divisions. 3

Patronen-sicherung f. || plug type cutout; cartridge fuse || sûreté f. à bouchon; coupe-circuit m. à cartouche. **a) ~-trommel** f. || ammunition drum || tambour m. à cartouches. **b) ~zieher** m. || shell extractor || tire-cartouches m. 4

patronieren (Web) || to design; to draft || mettre en carte. 5

Patrouillenapparat m. || patrol instrument || appareil m. pour patrouilles. 6

Patschuli-kraut n. || patchouli herb || herbe f. de patchouly. **a) ~öl** n. || patchouli oil || essence f. de patchouly. 7

Pattinsonieranstalt f. || crystallization works pl. || usine f. à la Pattinson. 8

pattinsonieren || to pattinsonize; to work at Pattinson's method || pattinsonner. 9

Pattinsonieren n. || Pattinson's process || pattinsonnage m. 10

Pauke f. || cymbal || cymbale f. 11

Paulit m. || hypersthene; paulite || hypersthène m.; paulite f. 12

Pauschal-preis m. || lump price || prix m. global. **a) ~quantum** n. *s.* ~summe. **b) ~summe** f. || lump (sum); bulk || somme f. globale *ou* fixe. 13

pauschen, das Zinn || to refine the tin || affiner l'étain m. 14

Pausch-gebühr f. || flat rate || abonnement m. forfaitaire. **a) ~herd** m. || refining plate || table f. d'affinage. 15

Pauscht m. || post || porse f. **a) befilzter ~** || felt post || porse-feutre m.; porse-flotre f. **b) weißer ~** || white post || porse f. blanche. 16

Pause f. (Arbeitsunterbrechung) || pause; rest || brisure f.; pause f. **a) ~** (Zeitzwischenraum) || interval || intervalle m. **b) ~** (Zeichn) || tracing; traced design; copy; calking; counter-drawing || calque m. **c) ~** (durchstochenes Muster) || pricked drawing *or* pattern used in pouncing || poncis m.; poncif m.; ponsif m.; calque m. **d) Blau~** || blue print || bleu m. 17

pausen (Zeichn) || to trace; to counterdraw; to calk; to pounce; to caulk || calquer; poncer. 18

Pausensignalanlage f. || break signalling system || installation f. pour émission de signaux d'intervalle. 19

Paus-farbe f. || calking colour || couleur f. à calquer. **a) ~leinen** n. || tracing *or* vellum cloth || toile f. à calquer; papier-toile m. **b) ~leinwand** f. || tracing *or* writing *or* vellum cloth || toile f. à calquer; papier m. toile. 20

Pauspapier n. (zum Kopieren) || blue print paper || papier m. à imprimer bleu. **a) ~** (zum Zeichnen) || tracing paper || papier m. à poncer *ou* à calquer; papier-calque m. 21

Pauszeichnung f. || calking; counterdrawing || calque m. 22

Pavillon m. (Juw) || upper part of a precious stone || dessus m. d'une pierre précieuse. 23

Pech n. || pitch || poix f.; brai. **a) Buchenholz~** || beech-tar pitch || poix f. de goudron de hêtre. **b) Email~** || enamel pitch || poix f. émail. **c) Faß~** || cask pitch || poix f. pour fûts. **d) gemeines schwarzes ~** || common black pitch || brai m. gras; poix f. noire. **e) Hart~** || dry pitch || brai m. sec. **f) Holzteer~** || pitch || brai m. **g) Petrol~** || petroleum pitch || poix f. de pétrole. **h) Steinkohlenteer~** || coal tar pitch || brai m. de houille. **i) Terpentin~** || turpentine pitch || poix f. de térébenthine. **k) Weich~** || moist pitch || brai m. gras. **l) weißes ~** || white rosin || poix f. blanche. 24

Pech-blende f. || pitch *or* black blende; pechblende || pechblende f. **a) ~boot** n. || pitch boat || pigoulière f.; pégoulière. **b) ~brecher** m. || pitch breaker || concasseur m. de poix. **c) ~draht** m. || pitch *or* shoemaker's thread || fil m. poissé. **d) ~eisenerz** n. || compact brown iron ore; iron pitch ore || fer m. oxydé noir vitreux. 25

pechen || to pitch; to pay || poisser; goudronner. 26

Pech-fackel f. || resin *or* pitch torch || torche f. de résine *ou* de poix. **a) ~-faschine** f. || pitched (and tarred) fascine || fascine f. goudronnée. **b) ~glanz** m. || resinous lustre || éclat m. résineux. **c) ~granat** m. || colophonite || colophonite m. **d) ~harz** n. || tar || brai m. gras. **e) ~-hütte** f. || pitch house; pitch shed || pigoulière f.; pégoulière f. **f) ~kelle** f. (Pont) || pitch ladle; pitch pan || pucheux m.; puchet m. **g) ~kessel** m. || pitch kettle || chaudière f. à poix. **h) ~kohle** f. || pitch coal; jet || jais m.; houille f. poisseuse. **i) ~koks** m. || pitch *or* tar coke || coke m. de poix *ou* de goudron. **k) ~küche** f. || pitch house; pitch shed || pigoulière f.; pégoulière f. **l) ~kupfer** n. (Min) || chrysocolla || chrysocolle f. **m) ~löffel** m. || paying ladle; pitch ladle || cuiller f. à brai. **n) ~mühle** f. || pitch grinding mill || moulin m. à brai. **o) ~pfanne** f. || pitch ladle; pitch pan || pucheux m.; puchet m. **p) ~pinie** f. *s.* ~tanne. **q) ~politur** f. des **Glases** || pitch polishing method of glass || polissage m. de verre à la poix. **r) ~quast** m. || pitch mop || penne f. à brai; guipon m. à calfat. **s) ~sieder** m. || pitch burner || fondeur m. de poix. 27

Pechspritzapparat m. || jet-pitching *or* pitch-spraying apparatus || injecto-poisseur m.; appareil m. pulvérisateur à poisser. **a)** mit der **Rollmaschine** kombinierter **~** (Faßfertigung) || pitch spraying apparatus combined with the rolling machine || appareil m. pulvérisateur à poisser combiné avec la machine à rouler. 28

Pech-stein m. || pitch stone || rétinite f.; feldspath m. rétinite; pechstein m. **a) ~tanne** f. || pitch pine || pitch-pin m. **b) ~torf** m. || black peat || tourbe f. limoneuse. **c) ~uran** n. || pitch blende; pitch ore || urane m. oxydulé; péchurane m. 29

Pecqueur'sche Pfanne f. (Zuck) || Pecqueur's pan || chaudière f. à compensation de Pecqueur. 30

Pedal n. || pedal || pédale f. **a) ~** (Orgel) || pedal; foot-keys pl. || pédale f. **b) geriffeltes ~** || rat-trap pedal || pédale f. à scie. **c) nachstellbares ~** || adjustable pedal || pédale f. ajustable. **d) ~** für **Rückwärtsfahrt** (Auto) || reverse pedal || pédale f. de marche arrière. 31

Pedal-achsenschraubenmutter f. || pedal fastening nut || écrou m. d'axe de pédale. **a) ~auflage** f. || foot pedal pad || patin m. à pédale. 32

Pedalgummi n. || pedal rubber || caoutchouc m. pour pédales. **a) gerieftes ~** || fluted pedal rubber || caoutchouc m. cannelé pour pédales. 33

Pedal-konus m. || pedal cone || cône m. de pédale. **a) ~platte** f. || pedal plate || patin m. de pédale. **b) ~welle** f. || pedal pin || axe m. de pédale. 34

Peddig n. || pith of ratan || nivelle f. de rotin. 35

Pede-System n. (Elektr) || Pede system || système m. Pede. 36

Pegamoid n. || pegamoid || pégamoïd m. 37

Peganit m. || peganite || péganite f. 38

Pegel m. || depth gauge || échelle f. fluviale. **a) selbstschreibender ~** || registering water gauge; maregraph || échelle f. enregistrante; marégraphe m. 39

Pegel-messer m. (Fernm) || transmission level meter || appareil m. à mesurer le niveau de transmission. **a) ~zeiger** m. (Fernm) || transmission level indicator || indicateur m. de niveau de transmission. 40

Pegmatit m. || graphic granite *or* stone; pegmatite || granit m. graphique *ou* hébraïque; pegmatite f. graphique. 41

Pegmatolit m. || pegmatolite || pegmatolite f. 42

peil (Seew) || straight || droit. 43

Peil m. (Wasserb) || water mark post; water gauge; marker; floater || échelle f. d'eau *ou* fluviale; marque m. d'eau. 44

Peil-dienst m. || direction finding service || service m. goniométrique. **a) ~empfänger** m. || direction finder || récepteur m. radiogoniomètre. 45

peilen (Meerestiefe) || to sound; to plumb || sonder. **a) ~** (Ortsbestimmung) || to take a bearing || faire des relèvements mpl.; relever. **b) die Pumpe ~** || to sound the pump || sonder la pompe. 46

Peil-feld n. || bearing field || champ m. de relèvement. **a) ~kompaß** m. || bearing compass || compas m. de relèvement. **b) ~spule** f. || direction finder coil || bobine f. radiogoniométrique. **c) ~station** f. || radio-bearing station; direction finder station || poste f. de relèvement par télégraphie sans fil; station f. radiogoniomètre. **d) ~stock** m. || sounding rod || sonde f. de pompe. 47

Peilung f. || bearing || relèvement m. **a) drahtlose ~** || radio bearing || relèvement m. par télégraphie sans fil. **b) Ge-**

stirn~ ‖ bearing by stars ‖ relèvement m. d'un astre. c) **magnetische** ~ ‖ magnetic bearing ‖ relèvement m. magnétique. d) **rechtweisende** ~ ‖ true bearing ‖ relèvement m. vrai. e) **Sonnen~** ‖ bearing by the sun ‖ relèvement m. du soleil. 1

Peinlichkeit f. ‖ carefulness ‖ caractère m. pénible. 2

Peitsche f. ‖ whip ‖ cravache f.; fouet m. 3

Peitschen-griff m. ‖ whip handle ‖ manche m. de fouet. a) **~knappe** f. *s.* ~schnur f. b) **~macher** m. ‖ whip maker ‖ fouettier m. c) **~riemen** m. ‖ whip end ‖ longe f. d'un fouet. d) **~schmitze** f. *s.* ~schnur f. e) **~schnur** f. ‖ whip cord *or* lash ‖ mèche f. *ou* ficelle f. de fouet. f) **~stiel** m. ‖ whip handle ‖ manche m. de fouet. 4

Pektin n. ‖ vegetable jelly; pectine ‖ gelée f. végétale; pectine f. a) **~säure** f. ‖ pectic acid ‖ acide m. pectique. 5

pellen, den Hanf m. ‖ to pull out the reed ‖ teiller *ou* tiller le chanvre. 6

Pellhanf m. ‖ dressed hemp ‖ chanvre m. teillé. 7

Pelo f. *s.* Pelseide f. 8

Pelseide f. ‖ single ‖ poil m. 9

Peltiereffekt m. ‖ Peltier effect ‖ phénomène m. Peltier. 10

Peltonrad n. ‖ Pelton water-wheel ‖ roue f. hydraulique de Pelton. 11

Pelz m. ‖ fur ‖ fourrure f. a) ~ (Spinn) ‖ fleece ‖ nappe f. b) **mit ~ besetzt** ‖ bushed ‖ fourré. c) **Bleichen** n. des ~es ‖ fur bleaching ‖ décoloration f. de fourrures. d) **Färben** n. des ~es ‖ fur dyeing ‖ teinture f. de fourrures. e) **Konfektions~** ‖ ready-made fur ‖ fourrure f. confectionnée. f) **Lustrieren** n. des ~es ‖ fur lustring ‖ lustrage m. de fourrures. g) **natürlicher Glanz** des ~es ‖ natural lustre of the fur ‖ éclat m. naturel de la fourrure. h) **Roh~** ‖ raw fur ‖ fourrure f. brute. 12

Pelz-besatz m. ‖ fur trimming ‖ garniture f. en pelleterie. a) **~färbemaschine** f. ‖ fur dyeing machine ‖ machine f. pour teindre les fourrures. b) **~futter** n. ‖ fur lining ‖ doublure f. de pelisse; fourrure f. c) **~handschuh** m. ‖ fur glove ‖ gant m. en pelleterie. d) **~kragen** m. ‖ fur collar ‖ palatine f. e) **~krempel** f. (Spinn) ‖ second breaker ‖ repasseuse f. f) **~mantille** f. ‖ fur mantilla ‖ pelisse f. g) **~mütze** f. ‖ fur cap ‖ casquette f. en fourrure. h) **~samt** m. ‖ long poil; feather shag ‖ panne f.; peluche f. i) **~schuhwerk** n. ‖ fur boots and shoes pl. ‖ chaussure f. en fourrure. k) **~stiefel** m. ‖ fur boot ‖ bottine f. fourrée. l) **~waren** fpl. ‖ furs pl.; fur goods pl. ‖ pelleteries fpl.; fourrures fpl. m) **~wäsche** f. (Schaf) ‖ fleece washing; washing on sheep's back ‖ lavage m. à dos *ou* sur pied. 13

Pelzwerk n. ‖ peltry; furs pl.; furriery ‖ pelleterie f. a) ~ mit einer **antiseptischen Masse** zur Verhinderung der Fäulnis **überzogen** ‖ peltry imbued with an antiseptic paste to prevent rottenness ‖ pelleterie f. enduite d'une pâte antiseptique pour éviter la corruption. b) mit **Asche** behandeltes ~ ‖ peltry dressed with ashes ‖ pelleterie f. traitée de cendres. c) **gereinigtes** ~ ‖ purified peltry ‖ pelleterie f. purifiée *ou* nettoyée. d) **geschmeidig gemachtes** ~ ‖ softened peltry ‖ pelleterie f. assouplie. e) **getrocknetes** ~ ‖ dried peltry; dried furs pl. ‖ pelleterie f. séchée. f) **glänzend gemachtes** ~ ‖ varnished peltry ‖ pelleterie f. lustrée. g) ~ für **Kleidung** ‖ peltry for clothing ‖ pelleterie f. pour l'habillement. h) **konfektioniertes** ~ ‖ ready-made peltry ‖ pelleterie f. confectionnée. i) **künstliches** ~ ‖ artificial furriery ‖ fourrure f. factice. k) ~ für **Möbel-** oder **Zimmerausstattung** f. ‖ peltry for furniture ‖ pelleterie f. pour l'ameublement. l) **rohes** ~ ‖ raw peltry *or* furs pl. ‖ pelleterie f. brute. m) ~ zum **Schmuck** ‖ peltry for finery ‖ pelleterie f. pour la parure. n) ~ in **Spitz-** oder **Quadratform** ‖ peltry in form of triangles or squares ‖ pelleterie f. en forme de touloupes ou carrés. o) **verarbeitetes** ~ ‖ dressed furs pl. *or* peltry ‖ pelleterie f. ouvrée. p) **weißgegerbtes** ~ ‖ tawed peltry ‖ pelleterie f. passée en mégie. q) ~ in **zusammengenähten Fellen** oder **Fellteilen** ‖ peltry in skins or skin-parts sewed together ‖ pelleterie f. en peaux ou en parties de peaux cousues ensemble. 14

Pelzwerk-bereitung f. ‖ furriery ‖ pelleterie f. a) **~maschine** f. ‖ machine for furriers ‖ machine f. pour fourrures et pelleteries. 15

Pendel n. ‖ pendulum ‖ pendule m. a) **ballistisches** ~ ‖ ballistic pendulum ‖ pendule m. ballistique. b) **einfaches** ~ ‖ simple pendulum ‖ pendule m. simple. c) **elektrisches** ~ ‖ electric pendulum ‖ pendule m. électrique. d) **hydrometrisches** ~ ‖ hydrometrical pendulum ‖ pendule m. hydrométrique. e) **konisches** ~ ‖ conical pendulum ‖ pendule m. conique. f) **zusammengesetztes** ~ ‖ compound pendulum ‖ pendule m. composé. 16

Pendel-achse f. (Auto) ‖ jointed cross shaft axle ‖ essieu m. à cardans transversaux. a) **~anker** m. (Fernm) ‖ swinging lever ‖ ancre f. oscillante. b) **~antrieb** m. der **Uhr** ‖ working clock with pendulum ‖ commande f. de pendule pour l'horloge. 17

pendelartig ‖ pendulous ‖ pendulaire. 18

Pendel-ausschlag m. ‖ amplitude of pendulum swing ‖ amplitude f. des oscillations du pendule. a) **~hammer** m. ‖ impact-testing machine of the pendulum type ‖ marteau m. de pendule; mouton m. pendule. b) **~isolator** m. ‖ swinging isolator with suspending-hook; suspended isolator ‖ isolateur m. à suspension. 19

Pendellager n. (Brückenb, Eisenkonstr) ‖ pendulum bearing ‖ palier m. de balanciers. a) ~ (Werkzeugm) ‖ self aligning bearing ‖ roulement m. *ou* palier m. oscillant. 20

Pendel-linse f. ‖ pendulum bob ‖ lentille f. du pendule. a) **~mühle** f. ‖ pendulum mill ‖ broyeur m. pendule; moulin m. à pendule. 21

pendelnd lagern ‖ to arrange after the fashion of a pendulum; to arrange to oscillate ‖ articuler comme un pendule. a) **~e Bewegung** f. ‖ pendulous motion ‖ mouvement m. du pendule. b) **~e Löffelwalzmaschine** f. ‖ hunting spoon rolling mill ‖ laminoir m. à pendule pour faire des cuillers *ou* cuillères. c) **~e Luftsäule** f. ‖ swinging air column ‖ colonne f. d'air alternative. d) **~e Welle** f. ‖ oscillating shaft ‖ arbre m. pendulaire. 22

Pendel-regler m. ‖ pendulum governor ‖ régulateur m. à pendule. a) **~säge** f. ‖ pendulum saw ‖ scie-pendule f. b) **~schlagwerk** n. ‖ pendulum ram impact testing machine ‖ mouton m. pendule. c) **~schleifmaschine** f. ‖ pendulum *or* swing grinding machine ‖ machine f. à meuler oscillante. d) **~schnur** f. ‖ pendant cord ‖ cordon m. pour suspension. e) **~schwingung** f. ‖ oscillation *or* swing of the pendulum ‖ oscillation f. du pendule. f) **~standuhr** f. ‖ table *or* standing pendulum clock ‖ pendule f. de cheminée *ou* d'ameublement. g) **~stange** f. ‖ pendulum rod ‖ tige f. du pendule. h) **~störung** f. ‖ pendulum disturbance ‖ dérangement m. du pendule. i) **~stütze** f. (Kran) ‖ gantry upright *or* pillar *or* post ‖ pilier m. pendule; montant m. articulé. 23

Pendeluhr f. ‖ pendulum clock ‖ pendule f. a) **Gehäuse** n. für **~en** ‖ case for pendulum clocks ‖ cage f. pour pendules. b) **Sekunden~** ‖ seconds pendulum clock ‖ pendule f. battant la seconde. 24

Pendel-vorrichtung f. für elektrische Lampen ‖ pendulum appliance for electric lamps ‖ appareil m. à pendule pour lampes électriques. a) **~wage** f. ‖ pendulum level ‖ niveau m. à pendule. b) **~wanduhr** f. ‖ hanging *or* wall pendulum clock ‖ pendule f. suspendue *ou* murale. c) **~wiege** f. ‖ swing bolster ‖ balancier m. transversal. d) **~windmesser** m. ‖ pendulum anemometer ‖ anémomètre m. à pendule. e) **~zähler** m. ‖ pendulum meter ‖ compteur m. à pendule. 25

Pendelzentrifuge f. ‖ pendulum hydro-extractor ‖ essoreuse f. oscillante. a) **Elektro~** ‖ motor driven pendulum hydro-extractor ‖ essoreuse f. oscillante électrique. b) **Riemen~** ‖ belting pendulum hydro-extractor ‖ essoreuse f. oscillante à courroie. 26

Pendelzug m. (Eisenb) ‖ down- and up-train ‖ convoi m. d'aller et retour. 27

Peniselektrode f. ‖ penis electrode ‖ électrode f. pénienne. 28

Pension f. (Ruhegehalt) ‖ pension ‖ pension f. 29

Pensionskasse f. ‖ superannuation fund ‖ caisse f. des retraites. a) ~ für **Arbeiter, Witwen** und **Waisen** ‖ pensions fund for workmen, their widows and orphans ‖ caisse f. de pensions de retraite pour ouvriers, leurs veuves et orphelins. 30

Pentagondodekaeder n. ‖ pentagonal dodecahedron; hemitetrahexahedron ‖ hémihexatétraèdre m.; dodecaèdre m. pentagonal. 31

Pentatron n. ‖ pentatron ‖ pentatron m. 32

Penterhaken m. ‖ fish hook ‖ croc m. de traversière. 33

Pepsin n. ‖ pepsin ‖ pepsine f. 34

Pepton n. ‖ peptone ‖ peptone f. a) **Fleisch~** ‖ peptone of meat ‖ peptone f. de viande. 35

Perborat n. ‖ perborate ‖ perborate m. 36

Perchlorat n. ‖ perchlorate ‖ perchlorate m. 37

Perchlor-äthylen n. ‖ perchlorethylenum; perchlorate of ethylene ‖ perchlor-éthylène m. a) **~säure** f. ‖ perchloric acid ‖ acide m. perchlorique. 38

perforieren ‖ to puncture; to perforate ‖ perforer. 39

Perforier-linie f. ‖ perforating rule ‖ filet m. à perforer. a) **~maschine** f. ‖ perforating machine ‖ machine f. à perforer; perforeuse f. b) **~presse** f. ‖ perforating press ‖ presse f. à perforer. 40

perforiert || perforated || perforé. 1
Perforiervorrichtung f. || perforator || perforateur m. 2
Pergament n. || parchment; vellum; forril || parchemin m.; vélin m. **a) pflanzliches** ~ || vegetable parchment || parchemin m. végétal. **b) künstliches** ~ || paper parchment || papier m. parcheminé. **c) Schreib-**~ || vellum || vélin m.; parchemin m. à écrire. **d) tierisches** ~ || animal parchment || parchemin m. animal. **e) vegetabilisches** ~ *s.* pflanzliches ~. 3
pergamentartig || parchment-like || parcheminé. 4
Pergament-aufzieherin f. (Spinn) || roll coverer || colleuse f. de parchemin. **a) ~blatt** n. || parchment leaf || feuille f. de parchemin. **b) ~einband** m. || parchment binding || reliure f. en parchemin. **c) ~ersatz** m. || parchment substitute || parchemin m. d'imitation. **d) ~form** f. (Goldschl) || mould of vellum; first and second mould || caucher m. **e) ~-haut** f. (Buchdr) || skin || braie f. **f) ~-leder** n. || parchment leather || cuir m. parcheminé. **g) ~leim** m. || parchment glue; parchment size || colle f. au baquet *ou* au parchemin. **h) ~macher** m. || parchment maker || parcheminier m. 5
Pergamentpapier n. || parchment *or* vellum paper || papier m. parchemin *ou* parcheminé. **a) ~herstellungsmaschine** f. || parchment paper manufacturing machine || machine f. pour fabriquer le papier parcheminé. 6
Pergamin n. || imitation parchment; pergamyne || papier m. parchemin imité; pergamyne m. 7
Peridot m. || peridot; chrysolite || péridot m. 8
Perihel(ium) n. (Astron) || perihelion; perihelium || périhélie m. 9
Periklas m. || periclas || périclase f.; magnésie f. native. 10
Perillaöl n. || perilla oil || huile f. de pérille. 11
Perimorphose f. || perimorphous crystal || périmorphose f. 12
Perinialelektrode f. || perineal electrode || électrode f. périnéale. 13
Periode f. (Math; Phys) || period || période f. **a)** ~ (Met) || part; period; repetend || période f.; partie f. **b) einzifferige** ~ || simple *or* single repetend || période f. d'une seule chiffre. **c) mehrzifferige** ~ || compound repetend || période f. contenant plusieurs chiffres. **d) ~n** fpl. je **Sekunde** (Elektr) || cycles pl. per second || cycles mpl. par seconde. 14
Perioden-wähler m. || selector of periods || sélecteur m. de périodes. **a) ~zahl** f. || number of periods *or* cycles; frequency; periodicity || nombre m. de(s) périodes; fréquence f.; périodicité f. 15
periodischer Strom m. || periodical current || courant m. périodique. 16
Periodizität f. || periodicity || fréquence f. 17
Peripherie f. || circumference; periphery || circonférence f.; périphérie f. 18
Periskop n. || periscope || périscope m. 19
periskopisch || periscopic || périscopique. **a) ~konkav** || periscopic concave || périscopique-concave. **b) ~konvex** || periscopic convex || périscopique-convexe. 20
Perkal m. || percale || percale f. 21
Perkussionszünder m. || percussion fuze || fusée f. *ou* amorce f. à percussion. 22
Perl f. (Schriftgröße) || pearl || perle f. 23
perlartig || pearly || perlaire. 24
Perlasche f. (Chem) || pearl ash || perlasse f. 25
Perle f. || pearl; bead || perle f. **a) Bohren** n. der **~n** || pearl boring || perçage m. de perles. **b) echte** ~ || real *or* fine pearl || perle f. fine. **c) Glas~** || glass pearl *or* bead || perle f. en verre. **d)** ~ aus **Kunsthorn** || bead of artificial horn || perle f. en corne artificielle. **e) künstliche** ~ || artificial bead || perle f. artificielle. **f) unechte** ~ || false pearl || perle f. fausse. **g) venezianische** ~ || bead || perle f. de Venise. 26
Perlen-blume f. || bead flower || fleur f. en perles. **a) ~bohrer** m. || pearl borer || perceur m. de perles. **b) ~erzeugnis** n. || pearl goods pl. || article m. en perles. **c) ~essenz** f. || essence of pearls || essence f. d'Orient *ou* nacrée. **d) ~fischer** m. || pearl oyster dredger; pearl diver || pêcheur m. d'huîtres perlières *ou* de perles. **e) ~flechter** m. || bead platter || tisseur m. de perles. **f) ~halsband** n. || pearl necklace || collier m. en perles. **g) ~kollier** n. *s.* ~halsband. **h) ~kranz** m. || pearl *or* bead crown || couronne f. en perles. **i) ~näherei** f. || bead works pl. || broderie f. en perles. **k) ~schnur** f. (Bauk) || bead cut *or* roll; beads pl.; chaplet; paternoster; row of beads || chapelet m.; collier m.; fusarolle f.; patenôtre f.; perles fpl. **l) ~stab** m. *s.* ~schnur (Bauk). 27
Perl-fangware f. || royal rib || tricot m. perlé. **a) ~franse** f. || bead fringe || frange f. de perles. **b) ~glimmer** m. || margarite; pearl-mica || margarite f.; mica m. nacré. **c) ~graupe** f. || pearl barley *or* oats pl. || orge m. perlé. 28
Perlit m. || pearlstone; perlite || perlite f. 29
Perl-kohle f. || pea *or* pearl coal || charbon m. menu. **a) ~koks** m. || culm coke || grésillon m. **b) ~kranz** m. || bead wreath || couronne f. de perles. 30
Perlmutter f. || nacre; mother-of-pearl; pearl shell || nacre f. (de perles). 31
perlmutterartig || nacreous || nacré. 32
Perlmutter-glanz m. || pearly lustre || éclat m. nacré *ou* perlé. **a) ~gravör** m. || mother-of-pearl engraver || graveur m. sur nacre. 33
Perlmutterknopf m. || mother-of-pearl button || bouton m. en nacre. **a) ~drechsler** m. || pearl button cutter || tourneur m. de boutons de nacre. 34
Perlmutter-papier n. || nacreous paper || papier m. nacré. **a) ~schale** f. || mother-of-pearl || nacre f. **b) ~schleifer** m. || mother-of-pearl polisher || polisseur m. de nacre. **c) ~waren** fpl. || mother-of-pearl goods pl. || articles mpl. en nacre. 35
Perl-posamenten pl. || pearl strings pl. || passementerie f. en perles. **a) ~punze** f. || pearling punch || perloir m. **b) ~spat** m. || pearl spar || spath m. perlé *ou* de perles. **c) ~stab** m. || bead moulding || batonnet m. perlé. **d) ~stein** m. || pearlstone; perlite || perlite f. **e) ~stickerei** f. || beading *or* bead work || broderie f. de perles. **f) ~tasche** f. || bead bag || sac m. en perles. **g) ~untersatz** m. || bead underplate || dessous m. en perles. **h) ~vorhang** m. || bead curtain || rideau m. en perles. 36
permanenter Magnet m. || permanent magnet || aimant m. permanent. 37
Permanent-grün n. || permanent green || vert m. permanent. **a) ~weiß** n. || blanc fix; permanent white || blanc m. fixe *ou* permanent. 38
Permanganat n. || permanganate || permanganate m. 39
Permeabilität f. (Magen) || permeability || perméabilité f. **a) Anfangs~** (Elektr) || initial permeability || perméabilité f. initiale. **b) große magnetische** ~ || great magnetic permeability || haute perméabilité f. magnétique. **c)** ~ eines **Mediums** || permeability of a medium || perméabilité f. d'un milieu. **d) reversible** ~ || reversible permeability || perméabilité f. réversible. 40
Permeabilitätskurve f. || permeability curve || courbe f. de perméabilité. 41
Permeameter n. || permeameter || perméamètre m. 42
Permutation f. (Math) || permutation || permutation f. 43
Peroxolsauerstoffsalz n. || peroxol oxygen salt || sel m. d'oxygène-peroxol. 44
Peroxyd n. || peroxide || hyperoxyde m.; peroxyde m. 45
Perpendikel n. *s. auch* Pendel || pendulum || pendule m. **a)** ~ (Schiffb) || perpendicular || perpendiculaire f. 46
Perpetuum mobile n. || perpetuum mobile || mouvement m. perpétuel. 47
Persenning f. || tarpauling; tarpaulin || prélart m.; prélat m. 48
Persio m. || cudbear || orseille f. violette. 49
Persischrot n. || Persian red || rouge m. de Perse. 50
Personal n. || staff || personnel m. **a) geschultes** ~ || trained staff || personnel m. habile. 51
Personalbedarf m. || staff demand || besoin m. en personnel. 52
Personen-aufzug m. || passenger lift || ascenseur m. pour passagers. **a) ~beförderung** f. || passenger transport *or* service *or* traffic || transport m. de personnes *ou* de voyageurs. **b) ~boot** n. || passenger launch || vedette f. à passagers. **c) ~fahrstuhl** m. || passenger lift || ascenseur m. pour passagers. **d) ~fahrzeug** n. || passenger carriage || voiture f. à voyageurs. **e) ~kraftwagen** m. || passenger motor car || automobile m. à voyageurs. **f) ~-schwebebahn** f. || suspension railway for persons || transporteur m. suspendu à câbles pour personnes. **g) ~suchanlage** f. || staff locator installation || installation f. de recherche de personnes. **h) ~transport** m. *s.* ~beförderung. **i) ~verkehr** m. || passenger traffic || trafic-voyageurs m. **k) ~wage** f. || scale for persons || balance f. *ou* bascule f. pour personnes. 53
Personenwagen m. (Eisenb) || passenger carriage || wagon m. *ou* voiture f. des voyageurs. **a)** ~ für **Gruben** || miner's passenger car || wagonnet m. pour le personnel dans les mines. **b) offener** ~ (Eisenb) || open passenger carriage || voiture f. ouverte à voyageurs. 54
Personenzug m. || passenger train || train m. de voyageurs. 55
Personenzuglokomotive f. || passenger locomotive || locomotive f. pour trains de voyageurs. **a)** $^{2}/_{4}$ **gekuppelte** ~ || eight-wheel four coupled passenger locomotive || locomotive f. à voyageurs à quatre essieux dont deux couplés. 56
Personenzugtenderlokomotive f. || tank locomotive for passenger service || loco-

motive-tender f. pour trains de voyageurs. 1

Perspektive f. || perspective || perspective f. **a)** ~ (Zeichn) || perspective (drawing) || dessin m. perspectif; perspective f. **b) Akzidental~** || oblique perspective || perspective f. en vue accidentale. **c) isometrische ~** || isometrical perspective || espèce f. de vue d'angle. **d) Lehre** f. von der ~ || science of perspective || perspective f. spéculative. **e) Linear~** || linear *or* lineal perspective || perspective f. linéaire. **f) Luft~** || aerial perspective || perspective f. aérienne. **g) Parallel~** || parallel perspective || perspective f. en vue de face. 2

perspektivisch || perspective || perspectif. **a) ~e Darstellung** f. || perspective representation || représentation f. perspective. 3

Perstoff m. (Kriegsgas) || diphosgene; green cross || croix f. verte; surpalite m.; chloroformiate m. de méthyle trichloré. 4

Pertinax n. || pertinax || pertinax m. 5

Perubalsam m. || Peru *or* Peruvian balsam || baume m. péruvien *ou* du Pérou. **a) künstlicher ~** || synthetic Peruvian balsam || baume m. du Pérou synthétique. **b) ~öl** n. || Peruvian balsam oil || huile f. de baume du Pérou. 6

Perücke f. || periwig; wig || perruque f. **a) Theater~** || theatrical wig || perruque f. de théâtre. 7

Perücken-haareinsetzer m. || wig maker || implanteur m. en cheveux; perruquier m. **a) ~macher** m. || wig maker || perruquier m. 8

Peschelrohr n. || insulating tube Peschel || canal m. isolant Peschel. 9

Pest f. || pestilence || peste f. 10

Petalit m. || lithia feldspar; petalite || feldspath m. à lithine; pétalite f. 11

Petersilien-kraut n. || parsley herb || herbe f. de persil **a) ~öl** n. || parsley oil || huile f. de persil. 12

Petinet-einrichtung f. || lace attachment || dispositif m. à jour. **a) ~glas** n. (Glasf) || reticulated glass || verre m. filigrané. **b) ~maschine** f. || lace machine || métier m. à jour. 13

Petit f. (Schriftgröße) || brevier || petit-texte m. 14

Petrefakt n. || fossil; petrifaction || fossile m. 15

Petrografie f. *s.* Gesteinskunde f. 16

Petroläther m. || petroleum ether *or* spirit || éther m. de pétrole. 17

Petroleum n. || petroleum; petrol; mineral oil *or* naphtha || pétrole m.; huile f. minérale *ou* de naphte. **a) gereinigtes ~** || refined petroleum || pétrole m. épuré *ou* raffiné. **b) Leucht~** || refined petroleum; lamp oil || pétrole m. lampant *ou* ordinaire. **c) rohes ~** || raw *or* crude (A) petroleum || pétrole m. brut. **d) schweres ~** || heavy oil || pétrole m. lourd. 18

Petroleum-behälter m. || petroleum tank || soute f. *ou* cuve f. à pétrole. **a) ~brenner** m. || petroleum burner || bec m. *ou* brûleur m. à pétrole. **b) ~destillation** f. || petroleum distillation || distillation f. du pétrole. **c) ~feuerungsanlage** f. || petroleum firing plant || installation f. de chauffage au pétrole. **d) ~gaskocher** m. || petroleum-gas stove || réchaud m. à gaz de pétrole. **e) ~gewinnung** f. || petroleum extraction || exploitation f. de puits à pétrole. **f) ~glühlicht** n. || petroleum incandescent light || lumière f. incandescente au pétrole. **g) ~glühlichtlampe** f. || incandescent lamp for petroleum || lampe f. à incandescence à pétrole. **h) ~industrieanlage** f. || petroleum obtaining plant || installation f. pour l'industrie du pétrole. **i) ~kanne** f. || petroleum can || bidon m. à pétrole. **k) ~kocher** m. || petroleum cooking apparatus || appareil m. de cuire à pétrole. **l) ~koks** m. *s.* Petrolkoks. **m) ~lampe** f. || petrol *or* oil lamp || lampe f. à pétrole. **n) ~lampenbrenner** m. || oil lamp burner || bec m. pour lampes à pétrole. **o) ~lokomobile** f. || petroleum locomobile || locomobile f. à pétrole. **p) ~motor** m. || petrol engine; petroleum motor || moteur m. à pétrole. **q) ~ofen** m. || petroleum stove || fourneau m. à pétrole. **r) ~raffinerie** f. || petroleum refinery || raffinerie f. de pétrole. **s) ~raffinieranlage** f. || petroleum refining plant || installation f. de raffinerie de pétrole. **t) ~raffinierer** m. || naphta distiller || raffineur m. de pétrole. **u) ~tankdampfer** m. || petroleum-tank steamer || navire-pétrolier m.; navire-tank m. à pétrole; pétrolier m. **v) ~teerdestillation** f. || petroleum tar distillation || distillation f. des goudrons. **w) ~untersuchungsgerät** n. || petroleum testing apparatus || appareil m. d'examination de pétrole. **x) ~vergaser** m. || petrol carburettor || carburateur m. à pétrole. 19

Petrol-koks m. || petrol *or* oil coke || coke m. de pétrole. **a) ~motor** m. || petroleum engine || moteur m. à pétrole. 20

Petrolör m. (Buchdr) || petroleum set-off device. || pétroleur m. 21

Petrolpech n. || petroleum pitch || poix f. de pétrole. 22

Petschaft n. || impression die; envelope sealer || cachet m. **a) ~stecher** m. || stamp engraver || graveur m. de cachets. 23

Pfahl m. (Baumstütze) || prop || tuteur m. **a)** ~ (lange Stange) || pole || perche f. **b)** ~ (Pfosten) || post || poteau m. **c)** ~ (für Reben) || prop; vine-prop || échalas m. **d)** ~ (Schachtzimmerung) || lath || planche f. **e)** ~ (Wasserb) || pile || pilot m.; pilotis m.; pieu m. **f)** ~ (Zaunpfahl) || stake; pale || palis m. **g) einen ~ abschneiden** || to cut off the top of a pile || couper un pieux. **h) Absteck~** (Feldm) || rod; picket; stake || piquet m.; jalon m. **i) Abtreibe~** (Bergb) || lath || palplanche f. **k) einen ~ ausziehen** || to draw out a pile || retirer un pieu. **l) beschuhter ~** || ferruled pile || pieu m. ferré. **m) Beton~** || concrete pile || pieu m. en béton. **n) einen ~ eintreiben** || to pitch a pile || mettre en fiche un pieux. **o) Eisenbeton~** || pillar of reinforced concrete || pieu m. *ou* pilier m. en béton armé. **p) Hohl~** || hollow pile || pieu m. creux. **q) Holz~** || timber pile || pieu m. en bois. **r) Schrauben~** || screw pile || pilotis m. à vis. **s) der ~ sitzt auf** (Wasserb) || the pile sits on the ground || le mouton m. refuse; le pieu m. refuse le mouton. **t) ~ aus Stahlblech** || sheet steel piling || pieu m. de palplanches en tôle d'acier. **u) Vortreibe~** (Bergb) || lath || palplanche f. **v) Zaun~** || fence pale || palis m.; petit pieu m. pointu. 24

Pfahl-ausheber m. || pile withdrawing engine || machine f. à arracher les pilotis. **a) ~ausziehmaschine** f. || pile extractor || extracteur m. de pieux. **b) ~bau** m. || pile work || pilotage m. **c) ~bauen** n. || pile driving || battage m. de pilots. **d) ~bewehrung** f. || pile reinforcement || armature f. de pieu. **e) ~brücke** f. || pile bridge || pont m. de pilotis. 25

pfählen || to fasten with pales pl. *or* stakes pl. || échalader; échalasser. 26

Pfählen n. || pile driving; piling || battage m. de pieux; pilotage m. 27

Pfahl-fundament n. *s.* Pfahlgründung f. **a) ~gründung** f. || pile foundation || fondation f. sur piles *ou* sur pieux. **b) ~hecke** f. || paling; fencing; fence (of pales); palissade; stockade || palissade f.; clôture f. de palis. **c) ~holm** m. || capping piece || chapeau m. de palée. **d) ~holz** n. || pile wood || bois m. de pilotage. **e) ~joch** n. || pile pier; pile work || palée f. **f) ~mast** m. || pole mast || mât m. à pible. **g) ~rammanlage** f. || pile driving plant || installation f. à battre les pieux. **h) ~ramme** f. || pile driver || marteau-pilon m.; sonnette f.; mouton m.; hie f. **i) ~reihe** f. || rank *or* row of piles || file f. de pieux; rang m. de pilots. 28

Pfahlrost m. || pile framing; grillage || grillage m. de pilotis; pilotis m. **a) ~gründung** f. || foundation on a grillage || fondation f. sur pieux *ou* sur un radier de pilotis. 29

Pfahl-schlagen n. || piling; pile driving || battage m. des pieux; pilotage m. **a) ~schuh** m. || pile shoe || sabot m. de pieu. **b) ~spitze** f. || point of the pile || pointe f. du pieu. **c) ~stich** m. || bowline; bowline knot || nœud m. d'agui *ou* de chaise simple. 30

Pfählung f. || pile-work; piling; set of piles || pilotage m.; piloté m.; ouvrage m. de pilotis. 31

Pfahlwand f. || rank *or* row of piles || file f. de pieux; rang m. de pilots. 32

Pfahlwerk n. (Bauw) || pile-work; piling; set of piles; timber work || pilotage m.; piloté m.; ouvrage m. de pilotis; palée f.; estacade f. en charpente. **a) ein ~ verholmen** || to lay the string-pieces pl. of a pilework on the top of earth piles || mettre les chapeaux mpl. par-dessus les pieux. 33

Pfahl-wurm m. || sea worm || taret m.; ver m. de digue *ou* de vaisseaux. **a) ~zaun** m. || paling; staccado || haie f.; clôture f. en échalas; échalier m.; estacade f. 34

Pfand n. || deposit || gage m.; nantissement m. 35

pfändbar || seizable || saisissable; exploitable. 36

Pfandbrief m. || mortgage bond *or* deed; debenture || cédule f. *ou* titre m. hypothécaire; lettre f. de gage; obligation f. foncière. 37

Pfändekeil m. || miner's wedge || coin m. du coffrage. 38

pfänden || to seize || saisir. 39

Pfand-haus n. || pawn shop || maison f. de prêt; mont-de-piété m. **a) ~leiher** m. || pawn broker || prêteur m. sur gages. **b) ~recht** n. (Grundstück) || right of a mortgagee || droit m. attaché à l'obligation foncière. **c) ~schein** m. || pawn ticket || quittance f. de nantissement; reconnaissance f. du mont-de-pitié. **d) ~schuldner** m. || mortgager || débiteur m. hypothécaire. 40

Pfändung f. ‖ seizure; execution ‖ saisie-gagerie f.; exécution f. 1

Pfandverschreibung f. ‖ pawn ticket; mortgage deed ‖ cédule f. hypothécaire; lettre f. de gage. 2

Pfanne f. (Haushalt) ‖ copper; pan; pot; kettle; boiler ‖ poêle f.; chaudière f.; brassin m.; casserole f. **a)** ~ (Bauw) ‖ pantile ‖ tuile f. flamande. **b)** ~ (Buchdr) ‖ pan ‖ crapaudine f.; grenouille f. **c)** ~ (Masch) ‖ brass; pillow ‖ coussinet m. **d) Amalgamier~** ‖ amalgamating pan ‖ cuve f. d'amalgamation. **e) Galvanisier~** ‖ galvanizing pan ‖ cuve f. de galvanisation. **f) Gieß~** ‖ ladle ‖ poche f. de coulée. **g)** ~ zum **Kugelbolzen** ‖ ball socket ‖ grain m. de butée pour boulon à rotule. **h) Messing~** ‖ brass pan ‖ chaudière f. de laiton. **i) Pecqueur'sche** ~ ‖ Pecqueur's pan ‖ chaudière f. à compensation de Pecqueur. **k) Rühr~** ‖ stirring pan ‖ marmite f. à agitateur. **l) Wasch~** ‖ washing pan ‖ cuve f. de lavage. 3

Pfannen-dach n. ‖ pan tiling ‖ couverture f. en tuiles flamandes. **a) ~führer** m. (Met) ‖ ladleman ‖ pocheur m. **b) ~lager** n. ‖ brass bushes pl. ‖ coussinet m. **c) ~ofen** m. ‖ calebasse furnace ‖ calebasse f. **d) ~rest** m. (Gieß) ‖ skull ‖ cul m. *ou* fond m. de poche. 4

Pfannenstein m. (Bauw) ‖ ladle brick ‖ brique f. de poche. **a)** ~ (Kessel) ‖ boiler sediment *or* fur *or* scales pl. *or* incrustation ‖ couche f. de tartre; calcin m.; incrustations fpl.; tartre m. **b)** ~ (Salzgew) ‖ pan scales pl.; calcareous fur of the salt pan; stony lining; copper fur ‖ écailles fpl. (de sel). 5

Pfannen-stiel m. ‖ shank ‖ queue f. de la poche. **a) ~wagen** m. ‖ ladle car ‖ chariot m. porte-poche. 6

Pfeffer m. ‖ pepper ‖ poivre m. **a) gemahlener** ~ ‖ ground pepper ‖ poivre m. moulu. **b)** ~ in **Körnern** ‖ pepper in corns ‖ poivre m. en grains. 7

Pfeffer-büchse f. ‖ pepper box *or* cruet ‖ poivrière f. **a) ~gurke** f. ‖ gherkin ‖ cornichon m. **b) ~kraut** n. ‖ savory herb ‖ herbe f. de sarriette. **c) ~kuchen** m. ‖ gingerbread ‖ pain m. d'épices. 8

Pfefferminze f. ‖ peppermint ‖ menthe f. poivrée. 9

Pfefferminz-geist m. ‖ spirit of peppermint ‖ pipermenthe f.; alcool m. de menthe. **a) ~kraut** n. ‖ peppermint herb ‖ herbe f. de menthe poivrée. **b) ~öl** n. ‖ peppermint oil ‖ essence f. de menthe poivrée *ou* de pipermenthe *ou* de menthe. **c) ~plätzchen** npl. ‖ peppermint drops pl. ‖ pastilles fpl. de menthe. **d) ~tropfen** mpl. ‖ mint alcohol ‖ alcool m. de menthe. 10

Pfeffer-mühle f. ‖ pepper (grinding) mill ‖ moulin m. à poivre. **a) ~öl** n. ‖ black pepper oil ‖ essence f. de poivre. 11

Pfeife f. (Gieß) ‖ air *or* vent hole ‖ évent m. **a)** ~ (Mus) ‖ whistle ‖ sifflet m. **b)** ~ (Tabak) ‖ pipe ‖ pipe f. **c) Glasmacher~** ‖ blowing-iron ‖ canne f.; felle f. **d) Lokomotiv~** ‖ locomotive whistle ‖ sifflet m. d'alarme d'une locomotive. **e) Meerschaum~** ‖ meerschaum pipe ‖ pipe f. en écume de mer. **f) Tabaks~** ‖ tobacco pipe ‖ pipe f. **g) Ton~** ‖ clay pipe ‖ pipe f. de terre. 12

pfeifen ‖ to whistle; to pipe ‖ siffler. 13

Pfeifen n. (Funkw) ‖ singing; hawling ‖ chantage m.; sifflement m.; amorçage m. des oscillations. **a)** ~ der **Verstärkerröhren** ‖ amplifier noises pl. ‖ sifflement m. des amplificateurs. 14

Pfeifen-beschlag m. ‖ metal fitting for tobacco pipe ‖ garniture f. métallique pour pipes. **a) ~block** m. (Mus) *s.* ~boden. **b) ~boden** m. (Mus) ‖ block *or* foot of a whistle ‖ noyau m. *ou* pied m. d'un sifflet. **c) ~drechsler** m. ‖ wooden pipe turner ‖ tourneur m. de pipes. **d) ~erde** f. ‖ pipe clay ‖ argile f. *ou* terre f. de pipe. 15

Pfeifenholz-säger m. ‖ pipe wood sawyer ‖ détailleur m. de bois pour pipes. **a) ~zubereiter** m. ‖ rough shaper of pipe wood ‖ ébaucheur m. de pipes. 16

Pfeifenkern m. (Orgel) ‖ block *or* foot of a whistle ‖ noyau m. *ou* pied m. d'un sifflet. 17

Pfeifenkopf m. ‖ pipe bowl ‖ fourneau m. *ou* tête f. de la pipe. **a)** ~ aus **Ton** ‖ earthen bowl of pipe ‖ fourneau m. de pipe en terre cuite. **b) ~schnitzer** m. ‖ pipe bowl carver ‖ sculpteur m. sur pipes. 18

Pfeifen-macher m. ‖ pipe maker ‖ fabricant m. de pipes; pipier m. **a) ~mundstück** n. ‖ mouthpiece for pipes ‖ bout m. de pipe. **b) ~orgel** f. ‖ pipe organ ‖ orgue m. à tuyaux. **c) ~räumer** m. ‖ pipe cleaner ‖ cure-pipe m. **d) ~stiel** m. aus **Ton** ‖ earthen stem of pipe ‖ tuyau m. de pipe en terre cuite. **e) ~ton** m. (Töpf) ‖ pipe clay ‖ argile f. plastique; terre f. à pipes. 19

Pfeifgrenze f. (Fernm) ‖ singing point ‖ point m. d'amorcage des oscillations. 20

Pfeiler m. (Bauk) ‖ pillar ‖ pied-droit m.; pilier m. **a)** ~ (Bergb) ‖ pillar; post ‖ pilier m.; massif m. long. **b)** ~ (Brückenb) ‖ buttress; pier ‖ culée f.; massif m.; pied-droit m.; pilier m. **c)** ~ mpl. **bergmännisch absenken** ‖ sinking piles pl. in miners' method ‖ fonçage m. de piliers selon l'usage des mineurs. **d) Beton~** ‖ concrete pillar ‖ pilier m. en béton. **e) Brücken~** ‖ pillar of a bridge ‖ pilier m. de pont. **f) glattrunder** ~ ‖ smooth round-shafted pillar ‖ colonne f. monocylindrique; pilier-monocylindre m. **g) Grund~** ‖ foundation pillar ‖ pilier m. de fondation. **h)** ~ einer **Holzbrücke** ‖ fixed pier of a timber bridge ‖ support m. fixe d'un pont en bois. **i) schwimmender** ~ ‖ floating pier ‖ support m. flottant. **k) Strebe~** ‖ buttress ‖ contrefort m. 21

Pfeiler-abbau m. (Bergb) ‖ panel work ‖ travail m. par compartiment *ou* par chambres isolées. **a) ~durchhieb** m. ‖ cross board; holing; stenting; narrow place ‖ traverse f. dans un pilier. **b) ~haupt** n. ‖ cutwater of a bridge; starling ‖ bec m. de pile. **c) ~ort** m. ‖ cross board; holing; stenting; narrow place ‖ traverse f. dans un pilier. **d) ~strecke** f. ‖ heading ‖ coistresse f. **e) ~tisch** m. (Tischl) ‖ pier table ‖ table f. de trumeau. 22

Pfeilhöhe f. ‖ sap; dip ‖ flèche f. **a)** ~ einer **Wölbung** ‖ height *or* pitch *or* rise *or* rising of a vault ‖ flèche f. *ou* montée f. de voûte; voussure f. 23

Pfeilräder-fräsmaschine f. ‖ herringbone wheel cutting machine ‖ machine f. à fraiser les roues à denture à chevrons. **a) ~getriebe** n. ‖ herringbone gear ‖ engrenage m. hélicoïdal double. **b) ~hobelmaschine** f., **selbsttätige** ‖ automatic double-helical gear planing machine ‖ machine f. automatique à raboter les engrenages à chevrons. 24

Pfeil-schrift f. ‖ arrow headed letters pl. *or* types pl. ‖ caractères mpl. cunéiformes. **a) ~zahn** m., **mit** Pfeilzähnen ‖ v-toothed ‖ denté à chevrons mpl. 25

Pferd n. ‖ horse ‖ cheval m. 26

Pferdebahn f. ‖ horse tramway ‖ tramway m. à chevaux. **a) ~wagen** m. ‖ horse tram car ‖ voiture f. de tramway à chevaux. 27

Pferde-bespannung f. ‖ horse draught ‖ attelage m. à chevaux. **a) ~betrieb** m. (Bergb) ‖ horse hauling; horse drive ‖ traction f. à chevaux. **b) ~decke** f. ‖ caparison; horse cloth *or* rug ‖ caparaçon m.; couverture f. de chevaux; housse f. **c) ~droschke** f. ‖ cab ‖ fiacre m. **d) ~geschirr** n. ‖ horse harness *or* trappings pl. ‖ harnais m. des chevaux. **e) ~göpel** m. ‖ horse whims mechanism; whim gin ‖ manège m. à chevaux. 28

Pferdehaar n. ‖ horsehair ‖ crin m.; poil m. de cheval. **a) doppelt gezogenes** ~ ‖ double horsehair ‖ crin m. carré. **b) gekräuseltes** ~ ‖ curled horsehair ‖ crin m. crépi *ou* frisé. **c) gezogenes** ~ ‖ drawn horsehair ‖ crin m. assorti en bottes. 29

Pferdehaar-gewebe n. ‖ horsehair cloth ‖ tissu-crin m. **a) ~teppich** m. ‖ horsehair carpet ‖ tissu m. de crin pour tapis. 30

Pferde-hacke f. ‖ horse hoe ‖ houe f. à cheval. **a) ~handel** m. ‖ horse-trade ‖ maquignonnage m.; commerce m. de chevaux. **b) ~harke** f. *s.* ~rechen m. **c) ~haut** f. ‖ horse hide ‖ peau m. de cheval. **d) ~knecht** m. ‖ horse keeper ‖ garçon m. *ou* valet m. d'écurie. **e) ~kraft** f. *s.* ~stärke f. **f) ~leder** n. ‖ horse leather ‖ peau f. de cheval. **g) ~leine** f. (Schiff) ‖ tow rope *or* line ‖ grelin m.; remorque f.; corde f. de halage. **h) ~mist** m. ‖ dung; horse dropping ‖ crottin m. de cheval. **i) ~mühle** f. ‖ horse mill ‖ moulin m. à manège. **k) ~netz** n. ‖ horse net ‖ filet m. pour chevaux. **l) ~omnibus** m. ‖ horse omnibus ‖ omnibus m. à chevaux. 31

Pferderechen m. ‖ horse rake; hay rake ‖ râteau m. à cheval. **a)** ~ mit **selbsttätiger Entleerung** ‖ self dumping horse rake ‖ râteau m. à cheval à décharge automatique. 32

Pferde-schaufel f. ‖ scraper ‖ pelle f. à cheval; ravale f. **a) ~schermaschine** f. ‖ shearing machine for horses ‖ tondeuse f. mécanique pour chevaux. **b) ~schwemme** f. ‖ horse-pond; watering-place for horses ‖ abreuvoir m. **c) ~stall** m. ‖ stable ‖ écurie f. 33

Pferdestärke f. ‖ horse power ‖ cheval-vapeur m.; cheval m. **a) effektive** ~ ‖ effective horse power ‖ cheval m. effectif. **b) gebremste** ~ ‖ brake horse power ‖ cheval m. (mesuré) au frein. **c) indizierte** ~ ‖ indicative *or* indicated horse power ‖ cheval m. indiqué. **d) nominelle** ~ ‖ nominal horse power ‖ chevaux mpl. nominaux. **e) nutzbare** ~ ‖ effective horse power ‖ cheval m. au frein. **f) Wellen~** (Masch) ‖ shaft horse power ‖ force f. mesurée sur l'arbre de la machine. 34

Pferde-transportwagen m. ‖ horse box *or* car ‖ waggon m. à chevaux; waggon écurie. **a) ~treiber** m. (Bergb) ‖ horse driver *or* putter ‖ conducteur m. de chevaux. **b) ~treidelung** f. ‖ towing by horses pl. ‖ halage m. par chevaux. **c) ~vermietung** f. ‖ horse letting-out ‖ louage m. de chevaux. **d) ~zucht** f. ‖ horse breeding ‖ élevage m. de chevaux.

e) ~züchter m. ‖ horse breeder ‖ éleveur m. de chevaux. 1

Pferdezug m. (Schiff) ‖ horse haulage ‖ halage m. **a) zweispänniger ~** ‖ two horse draught ‖ attelage m. à deux chevaux. 2

Pfette f. ‖ purlin; templet ‖ panne f.; filière f. de comble. **a) First~** ‖ ridge purlin ‖ panne f. faîtière. 3

Pfetten-dach n. ‖ purlin-poop *or* roof ‖ comble m. à pannes. **a) ~knagge** f. ‖ corbel under the purlins ‖ chantignole f. **b) ~lage** f. ‖ course of purlins ‖ cours m. de pannes. **c) ~träger** m. ‖ principal rafter of a purlin poop ‖ arbalétrier m. d'un comble à pannes. 4

Pfiff m. ‖ whistle ‖ sifflement m.; coup m. de sifflet. 5

Pfirsich m. ‖ peach ‖ pêche f. **a) ~kern** m. ‖ peach stone ‖ noyau m. de pêche. 6

Pflanze f. zum **Heilgebrauch** ‖ medicinal plant ‖ plante f. médicinale *ou* employée en médecine. **a) lebende ~** ‖ living plant ‖ plante f. vivante. **b) ~** zur Verwendung in der **Parfümerie** ‖ plant for use in perfumery ‖ plante f. utilisée en parfumerie. **c) sterilisierte ~** ‖ prepared plant ‖ plante f. naturalisée. 7

Pflanzen-auszug m. ‖ vegetable extract ‖ extrait m. végétal. **a) ~bast** m. ‖ bast ‖ écorce f. végétale. **b) ~butter** f. ‖ vegetable butter ‖ beurre m. végétal; végétaline f. **c) ~chemie** f. ‖ vegetable chemistry; phytochemistry ‖ chimie f. végétale; phytochimie f. **d) ~daune** f. ‖ vegetable down; kapok ‖ duvet m. végétal; kapok m. **e) ~dünger** m. ‖ vegetable manure ‖ engrais m. d'origine végétale. **f) ~eiweiß** n. ‖ vegetable albumine ‖ albumine f. végétale. **g) ~erde** f. ‖ vegetable earth *or* mould ‖ terreau m. **h) ~erzeugnis** n. ‖ vegetable product ‖ produit m. végétal. **i) ~farbe** f. ‖ vegetable colour ‖ couleur f. végétale. **k) ~farbstoff** m. ‖ vegetable colouring matter ‖ matière f. colorante naturelle d'origine végétale. 8

Pflanzenfaser f. ‖ vegetable fibre ‖ filament m. végétal. **a) ~kräuselmaschine** f. ‖ curling machine for vegetable fibres ‖ ratineuse f. pour filaments végétaux. **b) ~stoff** m. ‖ fibre material ‖ matière f. de fibre. 9

Pflanzen-fett n. ‖ vegetable fat ‖ graisse f. végétale. **a) ~fibrin** n. ‖ vegetable fibrin ‖ fibrine f. végétale. **b) ~gallert** n. ‖ vegetable jelly; pectine ‖ gelée f. végétale; pectine f. **c) ~haar** n. ‖ palm fibre ‖ crin m. végétal. **d) ~kasein** n. ‖ legumine; vegetable caseine ‖ caseïne f. végétale; légumine f. **e) ~kasten** m. ‖ flower box ‖ caisse f. pour fleurs. **f) ~kohle** f. ‖ vegetable coal; charcoal ‖ charbon m. végétal. **g) ~kübel** m. ‖ flower bucket ‖ bac m. à fleurs. 10

Pflanzenkunde f. ‖ botany ‖ botanique f. **a) vorgeschichtliche ~** ‖ palæobotany ‖ paléophytologie f. 11

Pflanzenleim m. ‖ vegetable glue ‖ colle f. végétale. 12

Pflanzenöl n. ‖ plant *or* vegetable oil ‖ huile f. végétale. **a) festes ~** ‖ fixed vegetable oil ‖ huile f. fixe végétale. **b) ~reinigung** f. ‖ vegetable oil refining ‖ épuration f. d'huiles végétales. 13

Pflanzen-pflege f. ‖ cultivation of plants ‖ cultivation f. des plantes. **a) ~reste** mpl. ‖ remains of plants ‖ restes mpl. *ou* débris mpl. de plantes. **b) ~saft** m. ‖ sap ‖ suc m. végétal. **c) ~säure** f. ‖ vegetable acid ‖ acide m. végétal. **d) ~schleim** m. ‖ mucilage ‖ mucelage m. **e) ~schutzmittel** n. ‖ plant protective ‖ produit m. protectif pour plantes. **f) ~schwarz** n. ‖ vegetable black ‖ noir m. végétal. **g) ~stengel** m. ‖ vegetable stalk ‖ tige f. végétale. **h) ~stoff** m. ‖ vegetable matter ‖ substance f. végétale. **i) ~talg** m. ‖ malabar tallow ‖ suif m. de malabar. **k) ~tannin** n. ‖ vegetable tannin ‖ tannin m. végétal. **l) ~wachs** n. ‖ vegetable wax ‖ cire f. végétale. **m) ~wuchs** m. ‖ vegetation ‖ végétation f. 14

Pflanzer m. ‖ planter ‖ planteur m. 15

pflanzlich ‖ vegetable ‖ végétal. **a) ~es Erzeugnis** n. ‖ vegetable produce ‖ produit m. du règne végétal. **b) ~er Fettstoff** m. ‖ vegetable grease ‖ corps m. gras d'origine végétale. **c) ~es Öl** n. ‖ vegetable oil ‖ huile f. d'origine végétale. **d) ~er Spinnstoff** m. ‖ vegetable spinning material ‖ matière f. textile végétale. **e) ~es Wachs** n. *s.* Pflanzenwachs. 16

Pflänzling m. ‖ seedling ‖ jeune plante f. semée. 17

Pflanzmaschine f. ‖ planter; planting machine ‖ planteuse f. 18

Pflanzung f. ‖ plantation ‖ plantation f. 19

Pflaster n. (Heilk) ‖ medical plaster ‖ emplâtre m. **a) ~** (Straßenb) ‖ paved floor *or* place; pavement ‖ aire f. pavée; pavé m.; pavement m. **b) ~** (von Böschungen) ‖ pitching ‖ perré m. **c) Asphalt~** ‖ asphalt pavement ‖ pavé m. d'asphalte *ou* en ciment. **d)** das **~ besetzen** ‖ to beat down *or* to ram the pavement ‖ battre le pavé. **e) bossiertes ~** ‖ square-dressed pavement ‖ pavage m. rangé. **f) englisches ~** ‖ court plaster ‖ taffetas m. gommé *ou* anglais. **g) gemustertes ~** ‖ fancy pavement ‖ pavé m. panneau *ou* de fantaisie. **h) Holz~** ‖ wood pavement ‖ pavé m. de bois. **i)** das **~ rammen** ‖ to beat down *or* to ram the pavement ‖ battre le pavé. **k) ~** in **Schichtenverband** ‖ paving with broken joints ‖ caniveau m.; gros pavé m. (qu'on asseoit alternativement). **l) Schlackenstein~** ‖ slagstone pavement ‖ pavé m. en brique de scorie. **m) Senf~** ‖ mustard plaster ‖ sinapisme m. **n)** das **~ setzen** (Straßenb) ‖ to place close the paving stones pl. ‖ poser le pavé. **o) Stein~** ‖ stone pavement ‖ pavé m. de pierre. **p)** das **~ stoßen** ‖ to beat down *or* to ram the pavement ‖ battre le pavé. **q)** das **~ umlegen** (Straßenb) ‖ to relay a paving ‖ remanier *ou* replacer un pavé. **r) unregelmäßiges ~** ‖ rubble pavement ‖ pavé m. en blocages. 20

Pflaster-arbeit f. ‖ pavier's work; paving ‖ travail m. du paveur; pavage m. **a) ~baustoff** m. ‖ paving material ‖ matériaux mpl. de pavage. 21

Pflasterer m. ‖ paver; pavier; paviour ‖ paveur m. 22

Pflaster-hammer m. ‖ pavier's hammer ‖ marteau m. d'assiette *ou* du paveur. **a) ~kelle** f. ‖ pavier's trowel ‖ décentoir m. **b) ~klinker** m. ‖ paving clinker ‖ brique f. dure à paver. **c) ~material** n. *s.* ~baustoff. 23

pflastern ‖ to lay a pavement; to pave ‖ paver. **a)** mit **Fliesen** fpl. **~** ‖ to flag ‖ carreler. 24

Pflaster-platte f. ‖ paving flag ‖ carreau m. de pavage. **a) ~ramme** f. ‖ beetle; pavement rammer ‖ démoiselle f. de pavage. 25

Pflasterstein m. ‖ paving stone ‖ pierre f. de pavage *ou* à paver. **a) bossierter ~** ‖ squared paving stone ‖ pierre f. échantillonnée. **b) fertig bearbeiteter ~** ‖ dressed paving stone ‖ pavé m. piqué. **c) ~** von **halber Dicke** ‖ paving stone of half size ‖ pavé m. de deux; pavé m. refendu. **d) ~** aus **natürlichem Stein** ‖ paving stone from natural stone ‖ pavé m. en pierre naturelle. **e) roher ~** ‖ rough paving stone ‖ pavé m. brut. 26

Pflasterstein-bruch m. ‖ paving-stone quarry ‖ carrière f. de pavés. **a) ~meßmaschine** f. ‖ paving stone measuring device ‖ machine f. à mesurer les pavés. 27

Pflasterung f. ‖ paved floor *or* place; pavement ‖ aire f. pavée; pavé m.; pavement m. **a) ~** (Tätigkeit) ‖ paving ‖ pavage m. 28

Pflaster-verzahnung f. ‖ set of teeth stones in pavement ‖ morces fpl.; morses fpl. **a) ~weiche** f. ‖ tramway switch ‖ changement m. de voie de tramway. **b) ~werkstoff** m. ‖ paving material ‖ matériaux mpl. de pavage. **c) ~ziegel** m. ‖ paving tile ‖ carreau m. 29

Pflaume f. ‖ plum ‖ prune f. 30

Pflaumen-baumgummi m. ‖ plum gum ‖ gomme f. de prunier. **a) ~kern** m. ‖ plum stone ‖ noyau m. de prune. **b) ~sieder** m. ‖ plum distiller ‖ distillateur m. de prunes. 31

Pflicht f. (Schiffb) ‖ cuddy ‖ tille f. **a) ~anker** m. ‖ main *or* sheet waist anchor ‖ grande *ou* grosse ancre f.; maîtresse-ancre f. 32

Pflichtgefühl n. ‖ sense of duty ‖ sentiment m. du devoir. 33

pflichtwidrig ‖ contrary to (one's) duty ‖ déloyal. 34

Pflock m. (Feldm) ‖ picket; stake ‖ piquet m. **a) ~** (Holznagel) ‖ peg; pin; plug ‖ cheville f. de bois; goujon m. **b) ~** eines **Scharnieres** (Schloß) ‖ pin of a hinge; hinge pin ‖ clavette f. d'une charnière. 35

Pflockholz n. (Schiffb) ‖ plug- *or* peg-wood ‖ fenton m. 36

pflücken, Hopfen m. ‖ to gather hops pl. ‖ cueillir du houblon. **a)** die **Wolle ~** ‖ to pick *or* pull *or* pluck the wool ‖ éplucher la laine. 37

Pflug m. ‖ plough; plow (A) ‖ charrue f. **a) Dampf~** ‖ steam plough ‖ charrue f. à vapeur. **b) Gespann~** ‖ draught plough ‖ charrue f. attelée. **c)** der **~ greift zu tief** ein ‖ the plough enters too deeply ‖ la charrue est sur son nez. **d) ~** zum **Häufeln** ‖ ridge plough ‖ charrue-buttoir f.; charrue f. à buter. **e) mehrschariger ~** ‖ plough with several shares ‖ polysoc m. **f) Motor~** ‖ motor plough; motor plow (A) ‖ charrue f. automobile *ou* à moteur. **g) Räder~** ‖ wheel plough ‖ charrue f. à roues. **h) Rasen~** ‖ paring *or* sod *or* turf plough; sward cutter ‖ charrue f. à peler; dégazonnoir m. **i) Schwing~** ‖ swing plough ‖ sochet m. **k) Soden~** ‖ sod knife; turf cutter ‖ coupe-gazon m.; tranche-gazon m. **l) Straßen~** ‖ road making plough ‖ charrue f. pour chemins. **m) Untergrund~** ‖ subsoil plough ‖ charrue f. à sous-sol. 38

Pflug-balken m. *s.* ~baum. **a) ~baum** m. ‖ plough beam ‖ arbre m. *ou* flèche f. *ou* haie f. d'une charrue. **b) ~eisen** n. ‖ coulter ‖ coutre m.; sep m. 39

pflügen ‖ to plough; to plow (A) ‖ labourer; remuer avec la charrue. 1
Pflügen n. ‖ ploughing; plowing (A) ‖ labourage m. 2
Pflug-kasten m. ‖ body of the plough ‖ corps m. de charrue. a) **~körper** m. *s.* ~kasten. b) **~haupt** n. ‖ axle tree of a plough ‖ essieu m. de la charrue. c) **~-maschine** f., **Seil** ‖ cable plough ‖ charrue f. à treuil. d) **~messer** n. ‖ colter; coulter ‖ coutre m. de charrue; sep m. e) **~nase** f. ‖ beak of the sock ‖ nez m. d'une charrue. f) **~schar** f. ‖ ploughshare ‖ soc m. de charrue. g) **~sech** n. *s.* ~messer n. 3
Pflugsterz m. ‖ plough hale; plough stilt; plough tail ‖ mancheron m. *ou* manche m. de la charrue. 4
Pforte f. ‖ gate ‖ porte f. a) **~** (Schiffb) ‖ port ‖ sabord m. 5
Pforten-verschluß m. (Schiffb) ‖ port closing ‖ fermeture f. de mantelets de sabords. a) **~zurrung** f. ‖ lashing of a port ‖ amarrage m. d'un sabord. 6
Pförtnergemach n. ‖ door-keeper's cell; porter's box ‖ loge f. de concierge. 7
Pfoste f. ‖ plank ‖ madrier m. 8
Pfosten m. ‖ post ‖ poteau m. a) **kleiner ~** (el Leit) ‖ house-attachment ‖ potelet m. 9
Pfriem m. ‖ awl; saddler's awl; pricker ‖ alène f.; perçoir m.; poinçon m. 10
Pfriemengras n. (Pap) ‖ esparto ‖ sparte m. 11
Pfropf m. *s.* Pfropfen m. 12
pfropfen ‖ to graft ‖ enter; greffer. 13
Pfropfen m. ‖ plug; stopple; stopper ‖ bouchon m.; tape f.; tampon m. a) **Blei~** ‖ lead plug; safety plug ‖ plomb m. de sûreté. b) **Gummi~** ‖ India-rubber stopper ‖ bouchon m. en caoutchouc. c) **Kautschuk~** *s.* Gummi~. d) **Kork~** ‖ cork ‖ bouchon m. de liège. 14
Pfropfen-loch n. ‖ plug-hole ‖ nable m. a) **~schneider** m. ‖ cork cutter ‖ bouchonnier m. b) **~verkapseler** m. (Schaumwein) ‖ tin foiler; capsule fixer ‖ capsuleur m. c) **~zieher** m. ‖ cork screw ‖ tire-bouchon m. 15
Pfropfer m. (Gärtn) ‖ grafter ‖ greffeur m. 16
Pfropf-messer n. ‖ grafting *or* budding knife ‖ greffoir m.; couteau m. à greffer; entoir m. a) **~reis** n. ‖ graft ‖ greffe f. b) **~säge** f. ‖ pruning *or* grafting saw ‖ scie f. de jardinier *ou* à enter *ou* à greffer. 17
Pfund n. ‖ pound ‖ livre f. a) **Gewicht** n. in **~en** ‖ weight in pounds ‖ poids m. en livres. 18
Pfund-leder n. ‖ crop hide; sole leather; crop butt ‖ cuir m. fort *ou* nerveux. a) **~nagel** m. ‖ pound nail ‖ taranche f. b) **~zinn** n. ‖ common stamped tin with an alloy of lead ‖ étain m. commun. 19
pfuschen ‖ to bungle; to blunder ‖ bousiller; tricher. 20
Pfütze f. ‖ pool ‖ mare f. 21
Pfützeimer m. ‖ bucket ‖ seau m. 22
pfützen ‖ to scoop; to pale out the water ‖ épuiser l'eau. 23
Phaeton n. ‖ phaeton ‖ phaéton m. 24
Phantom-kreis m. (Fernm) ‖ phantom circuit ‖ circuit m. (à) fantôme. a) **~leitung** f. ‖ phantom circuit ‖ ligne f. combinée. 25
Pharmakochalzit m. ‖ olivenite; pharmacochalcite; prismatic arseniate of copper ‖ cuivre m. arséniaté en octaèdres aigus. 26
Pharmakolith m. ‖ arseniate of lime; pharmacolithe ‖ arséniate m. de chaux; chaux f. arséniatée; pharmacolithe f. 27
Pharmazeut m. ‖ apothecary; pharmacist ‖ pharmacien m.; apothicaire m. 28
pharmazeutisch-es Erzeugnis n. ‖ pharmaceutical product ‖ produit m. pharmaceutique. a) **synthetisches ~es Erzeugnis** n. ‖ synthetic pharmaceutical product ‖ produit m. médicamenteux synthétique. b) **~er Extrakt** m. ‖ pharmaceutical extract ‖ extrait m. pharmaceutique. c) **kosmetisch ~e Industrie** f. ‖ cosmetic pharmaceutical industry ‖ industrie f. cosmétique-pharmaceutique. d) **~e Kapsel** f. ‖ medicinal capsule ‖ capsule f. médicamenteuse. e) **~e Maschine** f. ‖ pharmaceutical machine ‖ machine f. pharmaceutique. f) **~es Papier** n. ‖ pharmaceutical paper ‖ papier m. pharmaceutique. g) **~es Präparat** n. ‖ pharmaceutical preparation ‖ préparation f. pharmaceutique. h) **~e Spezialität** f. ‖ pharmaceutical speciality ‖ spécialité f. pharmaceutique. 29
Pharmazie f. ‖ pharmacy ‖ pharmacie f. 30
Phase f. ‖ phase ‖ phase f. a) **beliebig belastete ~n** fpl. ‖ any load of phases pl. ‖ phases fpl. non uniformément chargées. b) in **gleicher ~** sein ‖ to be in phase ‖ être en phase f. c) **gleichbelastete ~n** pl. ‖ equally loaded phases pl. ‖ phases fpl. uniformément chargées. d) in der **~ nacheilen** ‖ to lag in phase ‖ être en retard de phase. e) **ungleiche ~** haben ‖ to differ in phase ‖ différer en phase f. f) in der **~ verschoben** sein ‖ to be out of phase ‖ être déphasé. g) in der **~ voreilen** ‖ to lead in phase ‖ être en avance de phase. 31
Phasen-ausgleicher m. (Fernm) ‖ phase equalizer ‖ égalisateur m. de phase. a) **~-differenz** f. ‖ difference of phases ‖ différence f. de phases. b) **~erdschluß** m. ‖ one phase grounded; leakage on one phase ‖ terre f. accidentelle sur un des conducteurs. c) **~geschwindigkeit** f. ‖ velocity of phase ‖ vitesse f. de phase. d) **~gleichheit** f. ‖ phase coincidence ‖ concordance f. de phases. e) **~konstante** f. einer **Leitung** ‖ phase constant of a line ‖ mesure f. angulaire linéique. f) **~-lampe** f. ‖ phase lamp ‖ lampe-témoin f. g) **~laufzeit** f. auf einer **Leitung** ‖ time of phase transmission ‖ temps m. de la progression de phase. h) **~maß** n. einer **Leitung** ‖ change of phase ‖ mesure f. angulaire. i) **~messer** m. ‖ phasemeter ‖ phasemètre m. k) **~nacheilung** f. ‖ phase lag ‖ retard m. de phase. l) **~nacheilungswinkel** m. ‖ angle of phase lag ‖ angle m. de retard de phase. m) **~regel** f. (Chem) ‖ phase rule ‖ règle f. des phases. n) **~schreiber** m. ‖ phase recorder ‖ phasemètre m. enregistreur. 32
Phasenspannung f. ‖ phase voltage ‖ voltage m. de phase; tension f. de phase. a) **unverkettete ~** ‖ non-interlinked phase voltage ‖ tension f. du courant à phases non reliées. 33
Phasen-strom m. ‖ current in phase ‖ courant m. en phase. a) **~transformator** m. ‖ phase transformer ‖ transformateur m. de phase. b) **~unterschied** m. ‖ phase difference ‖ différence f. de phases. c) **~-verkettung** f. ‖ interlinking of phases ‖ accouplement m. des phases. d) **~verschieber** m. ‖ phase shifter ‖ décaleur m. de phases. 34
Phasenverschiebung f. ‖ phase displacement *or* shifting; lag and lead of phases ‖ déphasage m.; décalage m. de phase. a) **voreilende ~** durch **Übererregung** ‖ leading phase displacement, due to over-excitation ‖ déphasage m. en avant par surexcitation. 35
Phasen-verschiebungswinkel m. ‖ phase difference angle; phase displacement angle ‖ angle m. de déphasage. a) **~voltmesser** m. ‖ phase voltmeter ‖ phasevoltmètre m. b) **~voreilung** f. ‖ phase lead ‖ avance f. de phase. c) **~voreilungswinkel** m. ‖ angle of lead in phase ‖ angle m. d'avance de phase. d) **~winkel** m. ‖ phase angle ‖ angle m. de phase. 36
Phenetidin n. ‖ phenetidine ‖ phénétidine f. a) **zitronensaures ~** ‖ phenetidine citrate ‖ citrate m. de phénétidine. 37
Phenol n. ‖ phenol ‖ phénol m. a) **~äther** n. ‖ phenol ether ‖ éther m. phénolique. b) **~farbstoff** m. ‖ phenol dye ‖ colorant m. de phénol. c) **~phthalein** n. ‖ phenolphthalein ‖ phénolphtaléine f. d) **~rot** n. ‖ phenol red ‖ rouge m. phénol. e) **~seifenlösung** f. ‖ phenol soap solution ‖ savon m. liquide phénolique. 38
Phensäure f. ‖ phenic acid ‖ acide m. phénique. 39
Phenyl n. ‖ phenyl ‖ phényle m. a) **salizylsaures ~** ‖ phenyl salicylate ‖ salicylate m. de phényle. 40
Phenyl-alkohol m. ‖ phenylic alcohol ‖ alcool m. phénylique. a) **~äthylalkohol** m. ‖ phenylethylic alcohol ‖ alcool m. phényléthylique. b) **~cinchoninkarbonsäure** f. ‖ phenylcinchonincarbonic acid ‖ acide m. phénylcinchonincarbonique. c) **~essigsäure** f. ‖ phenylacetic acid ‖ acide m. phénylacétique. 41
Phiole f. ‖ vial; phial ‖ fiole f. 42
Phlorogluzin n. ‖ phloroglucine ‖ phloroglucine f. 43
Phönizin n. ‖ phœnicine; indigo purple; red indigo carmin ‖ phénicine f. a) **~-schwefelsäure** f. ‖ sulphopurpuric *or* sulphophœnicic acid ‖ acide m. sulfophénicique. 44
Phonograph m. *s.* Fonograf. 45
Phonolith m. ‖ phonolite; clinkstone ‖ phonolithe m. a) **~tuff** m. ‖ phonolite-tuff ‖ phonolithe-tuf m. 46
Phonoskop n. ‖ phonoscope ‖ phonoscope m. 47
Phorometer n. ‖ phorometer ‖ phoromètre m. 48
Phosgen n. ‖ phosgene; carbonyl chloride ‖ phosgène m.; oxychlorure m. de carbone. a) **~gas** n. ‖ phosgene gas ‖ gaz m. phosgène. 49
Phosphat n. ‖ phosphate; phosphoric salt ‖ phosphate m. 50
Phosphaterde f. ‖ phosphated earth ‖ terre f. phosphatée. a) **~zubereitung** f. ‖ phosphated earth preparation ‖ préparation f. de terres phosphatées. 51
phosphatführend ‖ phosphate-bearing ‖ phosphaté. 52
Phosphat-mühle f. ‖ phosphate mill ‖ moulin m. à phosphates (bruts). a) **~-müller** m. ‖ phosphate miller ‖ broyeur m. de phosphates. 53
Phosphid n. ‖ phosphide ‖ phosphure m. 54
Phosphit n. ‖ phosphite ‖ phosphite m. 55
Phosphor m. ‖ phosphorus ‖ phosphore m. a) **amorpher ~** *s.* roter ~. b) **~metalli-**

scher ‖ metallic phosphorus ‖ phosphore m. métallique. **c) roter ~** ‖ amorphous *or* red phosphorus ‖ phosphore m. rouge *ou* amorphe. **d) weißer ~** ‖ white phosphorus ‖ phosphore m. blanc. 1

Phosphor-beseitigung f. (Hüttenw) ‖ removal of the phosphorus ‖ élimination f. du phosphore. **a) ~blei** n. ‖ pyromorphite; green lead ore; phosphate of lead ‖ pyromorphite f.; plomb m. phosphaté *ou* brun *ou* vert. 2

Phosphorbronze f. ‖ phosphor-bronze ‖ bronze m. phosphoreux *ou* phosphoré; phosphorbronze m. **a) ~draht** m. ‖ phosphor-bronze wire ‖ fil m. de bronze phosphoreux. 3

Phosphoreisensinter m. ‖ diadochite ‖ diadochite f. 4

Phosphoreszenz f. ‖ phosphorescence ‖ phosphorescence f. 5

phosphoreszieren ‖ to phosphoresce ‖ entrer en phosphorescence f. 6

phosphoreszierend ‖ phosphorescent ‖ phosphorescent. 7

phosphorfrei ‖ free from phosphorus ‖ exempte de phosphore. **a) ~es Roheisen** n. ‖ pig iron with the lowest percentage of phosphorus ‖ fonte f. renfermant un minimum de phosphore. 8

Phosphorguano m. ‖ phosphatic guano ‖ guano m. phosphaté. 9

phosphorhaltig ‖ phosphatic; phosphorous; phosphorized; phosphoric ‖ phosphoré; phosphoreux; phosphorique. **a) ~e** Schlacke f. ‖ phosphatic slag ‖ scorie f. phosphatée *ou* de déphosphoration. 10

phosphorig ‖ phosphorous ‖ phosphoreux. **a) ~e Säure** f. ‖ phosphorous acid ‖ acide m. phosphoreux. 11

phosphorigsaures Salz n. ‖ phosphite ‖ phosphite m. 12

Phosphorit m. ‖ apatite; phosphorite ‖ apatite m.; chaux f. phosphatée. **a) ~gräber** m. ‖ phosphate miner ‖ phosphatier m. **b) ~grube** f. ‖ phosphate of lime quarry ‖ carrière f. de phosphate de chaux. **c) ~wäsche** f. ‖ phosphorite washing works pl. ‖ laverie f. de phosphates. **d) ~wäscherei** f. ‖ phosphorite washing works pl. ‖ laverie f. de phosphates. 13

Phosphor-kalzium n. ‖ phosphide of calcium ‖ phosphure m. de calcium. **a) ~kupfer** n. (Min) ‖ pseudo malachite; phosphochalcite; phosphate of copper ‖ cuivre m. phosphaté. **b) ~kupfererz** n. *s.* **~kupfer. c) ~metall** n. ‖ phosphorus metal ‖ métal m. phosphorisé. **d) ~nickeleisen** n. ‖ schreibersite ‖ schreibersite f. **e) ~oxychlorid** n. ‖ phosphorus oxichloride ‖ oxychlorure m. de phosphore. **f) ~pentasulfid** n. ‖ phosphorus pentasulphide ‖ pentasulfure m. de phosphore. **g) ~roheisen** n. ‖ phosphoric *or* basic pig ‖ fonte f. phosphoreuse. **h) ~salz** n. ‖ microcosmic salt; stercorite ‖ sel m. de phosphore; stercorite f. 14

phosphorsaur-es Ammoniak n. ‖ ammonium phosphate ‖ phosphate m. d'ammoniaque. **a) ~es Barium** n. ‖ barium phosphate ‖ phosphate m. de baryte. **b) ~es Eisen** n. ‖ phosphate of iron ‖ fer m. phosphaté; phosphate m. de fer. **c) ~er Kalk** m. ‖ phosphate of lime ‖ chaux f. phosphatée. **d) ~es Natron** n. ‖ sodium phosphate ‖ phosphate m. de soude. **e) ~es Salz** n. ‖ phosphate ‖ phosphate m. 15

Phosphorsäure f. ‖ phosphoric acid ‖ acide m. phosphorique. **a) lösliche ~** ‖ soluble phosphoric acid ‖ acide m. phosphorique soluble. 16

Phosphorsäure-anhydrid n. ‖ phosphoric anhydride ‖ anhydride m. phosphorique; acide m. phosphorique anhydre. **a) ~-bestimmung** f. ‖ phosphoric acid determination ‖ dosage m. de l'acide phosphorique. 17

Phosphor-sesquisulfid n. ‖ sesquisulfide of phosphorus ‖ sesquisulfure m. de phosphore. **a) ~stahl** m. ‖ phosphor steel ‖ acier m. phosphoreux. **b) ~teigbereiter** m. ‖ phosphorous composition attendant ‖ chimiqueur m. **c) ~trichlorid** n. ‖ phosphorus trichloride ‖ trichlorure m. de phosphore. **d) ~trisulfid** n. ‖ phosphorus trisulphide ‖ trisulfure m. de phosphore. **e) ~wasserstoff** m. ‖ hydrogen phosphide ‖ hydrogène m. phosphoré. **f) ~wolframsäure** f. ‖ phosphotungstic acid ‖ acide m. phosphotungstique. **g) ~zinn** n. ‖ phosphide of tin ‖ phosphure m. d'étain. **h) ~zündholz** n. ‖ phosphorus match ‖ allumette f. phosphorique. 18

Photo- *und* **photo-** *s.* Foto- *und* foto. 19

Photogen n. ‖ photogen ‖ photogène m. 20

Phthalein n. ‖ phthalein ‖ phtaléine f. 21

Phthalin n. ‖ phthalin ‖ phtaline f. 22

Phthalsäure f. ‖ phthalic acid ‖ acide m. phtalique. 23

Phyllit m. ‖ mica-slate ‖ phyllite f.; micaschiste m. argileux. 24

Physik f. ‖ physics pl. ‖ physique f. 25

physikalisch ‖ physical ‖ physique. **a) ~e Chemie** f. ‖ physical chemistry ‖ chimie f. physique. **b) ~er Apparat** m. ‖ physical apparatus ‖ appareil m. de physique. **c) ~e Eigenschaft** f. ‖ physical quality ‖ propriété f. physique. **d) ~es Institut** n. ‖ physical science institute ‖ institut m. de physique. **e) ~es Instrument** n. ‖ physical instrument ‖ instrument m. physique. **f) ~es Prüfgerät** n. ‖ physical testing apparatus ‖ appareil m. d'essai physique. 26

physikalisch-chemisch ‖ physico-chemical ‖ physico-chimique. **a) ~e Formel** f. ‖ physical and chemical formula ‖ formule f. physique et chimique. **b) ~e Versuchsanstalt** f. ‖ chemical and physical laboratory for scientific and technical research ‖ laboratoire m. de recherches chimiques-physiques. 27

Physiker m. ‖ physicist ‖ physicien m. 28

physiologisch ‖ physiological ‖ physiologique. 29

physiologisch-e Analyse f. ‖ physiologic(al) analysis ‖ analyse f. physiologique. **a) ~e Kochsalzlösung** f. ‖ physiological salt solution ‖ solution f. du sel de cuisine physiologique. **b) ~es Präparat** n. ‖ physiological product ‖ produit m. physiologique. 30

Piano n. *s. auch* Klavier n. ‖ piano ‖ piano m. **a) selbstspielendes ~** ‖ automatic *or* mechanical piano ‖ auto-piano m. 31

Piano-beschläge mpl. ‖ piano fittings pl. ‖ armatures fpl. de piano. **a) ~draht** m. ‖ piano wire ‖ corde f. pour piano. **b) ~einbaubestandteil** m. ‖ part and accessory for the piano industry ‖ pièce f. pour l'intérieur de pianos. **c) ~forte** n. ‖ piano ‖ piano m. **d) ~leuchter** m. ‖ candlestick for piano ‖ chandelier m. de piano. **e) ~platte** f. ‖ piano plate ‖ planche f. pour piano. **f) ~sessel** m. ‖ piano chair ‖ fauteuil m. de piano. **g) ~sockel** m. ‖ socle for pianos ‖ socle m. pour piano. 32

Pianzit m. ‖ pianzite ‖ pianzite f. 33

Piassava f. ‖ piassaba; piassava; bast palm ‖ piazzava f. **a) ~bürste** f. ‖ piassava brush ‖ brosse f. en piazzava. **b) ~faser** f. ‖ piassava fibre ‖ fibre f. de piazzava. 34

Pichapparat m. (Faß) ‖ pitching apparatus ‖ appareil m. à goudronner *ou* à poisser. **a) Faß~** ‖ cask pitching apparatus ‖ appareil m. à goudronner les fûts. 35

Pichautomat m. (Faßfertigung) ‖ automatic pitching machine ‖ goudronneur m. automatique. **a) Leistung** f. des **~en** bis x Faß je Stunde ‖ capacity of the automatic pitching machine up to x kegs per hour ‖ rendement m. du goudronneur automatique jusqu'à x fûts par heure. 36

pichen ‖ to pitch ‖ poisser; goudronner. 37

Pichmaschine f. ‖ pitching machine ‖ machine f. à poisser *ou* à goudronner. **a) Faß~** ‖ cask pitching machine ‖ machine f. à goudronner les fûts. 38

Picke f. *s.* Pickel. **a) Mühlstein~** ‖ millstone hammer ‖ marteau m. pour moulins. 39

Pickel m. ‖ pick; pickaxe; hoe ‖ pic m. **a) Eis~** ‖ ice axe ‖ piolet m. 40

Pickel-flöte f. ‖ piccolo ‖ petite flûte f. **a) ~hammer** m. ‖ mineralogist's hammer with pic ‖ marteau m. de géologue à pointes. 41

picken (Mühlstein) ‖ to edge; to redress; to restore ‖ repiquer; rhabiller. 42

Pickenträger m. (Bergb) ‖ pick carrier ‖ porteur m. de pics. 43

Pick-hacke f. ‖ pitch ‖ pointerolle f. **a) ~hammer** m. ‖ scaling-hammer ‖ picoche f. **b) ~schiefer** m. ‖ scales pl. of the liquated masses ‖ écailles fpl. des matières suintées *ou* des suintements. 44

Piedestal n. ‖ pedestal; basis of a column ‖ piédestal m. 45

Piek f. (Schiffb) ‖ peak ‖ pic m. **a) ~** des **Giekbaumes** ‖ topping lift of the spanker-boom ‖ balancine f. de bôme *ou* du guy. 46

Piekband n. ‖ knee *or* hook of the run ‖ courbe f. de liaison d'arcasse. 47

pieken, die Raaen fpl. ‖ to set the yards a-peak; to peak up the yards ‖ apiquer les vergues; mettre les vergues en pantenne. 48

Piek-fall n. ‖ peak *or* throat halliard ‖ martinet m.; drisse f. du pic. **a) ~geitau** n. ‖ peak brail ‖ cargue-haute f. **b) ~hölzer** npl. ‖ crotches pl.; crutches pl. ‖ fourcats mpl.; fourques fpl.; fours mpl. **c) ~stücke** npl. *s.* ~hölzer. **d) ~tau** n. des Giekbaumes (Seew) ‖ topping lift of the spanker boom ‖ balancine f. de bôme *ou* du guy. 49

Pier m. ‖ mole; wharf; dam; dike; bank; pier; jetty ‖ quai m. 50

piezoelektrisch ‖ piezoelectric ‖ piézoélectrique. 51

Piezo-elektrizität f. ‖ piezo-electricity ‖ piézoélectricité f. **a) ~meter** n. ‖ piezometer ‖ piézomètre m. 52

Pigment n. ‖ pigment; colouring matter ‖ pigment m.; matière f. colorante. **a) ~druck** m. (Buchdr) ‖ carbon print ‖ impression f. au charbon. **b)** mineralische **~farbe** f. ‖ mineral pigment ‖ pigment m. minéral. **c) ~papier** n. ‖ carbon paper ‖

papier m. au charbon; papier-carbone m. 1

Pikaba f. || piassaba || picaba f. 2

Pikee m. (Textil) || piqué; quilting || piqué m. **a) Seiden~** || silk piqué || tissu m. piqué soie. 3

Pikeeweber m. || quilting weaver || tisseur m. de piqué. 4

Piket n. || picket; little marking-pole || piquet m.; taquet m. 5

Pikkolo m. (Mus) *s.* Pikkoloflöte. **a) ~flöte** f. || piccolo || petite flûte f.; piccolo m. 6

Piknometer n. || paper gauge || piknomètre m. 7

Pikör m. || whipper-in || piqueur m.; valet m. de chasse. 8

Pikotit m. || chromic spinel; picotite || picotite f. 9

Pikrat n. || picrate || picrate m. **a) ~pulver** n. *s.* Pikrinpulver. 10

Pikrin-pulver n. || picric powder || poudre f. picrique. **a) ~säure** f. || picric acid || acide m. picrique. 11

Pikrolith m. || picrolite; serpentine || picrolite f.; serpentin m. 12

Pikrosmin m. || picromine || picrosmine f. 13

Pilar m. || post || pilier m. **a) hinterer ~** || heel post || pilier m. postérieur. **b) Krippen~** || head post || pilier m. antérieur. 14

Pilarwalzwerk n. || pillar rolling mill || laminoir m. à colonnes. 15

Pilaster m. || column; pilaster || pilastre m. **a) flacher ~** || inserted *or* imbedded pillar || pilastre m. engagé. **b) freistehender ~** || isolated pilaster || pilastre m. isolé. 16

Pilasterschleif- und Riffelmaschine f. || grinding and fluting machine with a column saddle || polisseuse f. et canneleuse f. avec support pilastre. 17

Pilgergerüst n. (Walzw) || roll housing of pilger mill || cage f. de laminage à pas de pèlerin. 18

Pilgerschritt-schweißung f. || step-back welding || soudage m. à pas de pèlerin. **a) ~walzwerk** n. || pilgrim step rolling mill || laminoir m. à pas de pèlerin. **b) ~walzenbearbeitungsmaschine** f. || pilgrim step roll working machine || machine f. à travailler les cylindres au pas de pèlerin. 19

Pilier-anlage f. (Seife) || soap refining outfit || installation f. pour le broyage de savon. **a) ~maschine** f. || soap mill || broyeuse f. 20

pilierte Toiletteseife f. || ground toilet soap || savon m. de toilette pilé. 21

Pille f. || pill || globule m.; pilule f. 22

pillen (Mühlstein) || to edge; to redress; to restore || repiquer; rhabiller. 23

Pillen-glas n. || pill vial || tube m. en verre pour pilules. **a) ~maschine** f. || pill making machine || machine f. pour pilules. **b) ~schachtel** f. || pill box || boîte f. à pilules. 24

Pilot m. || pilot || pilote m. 25

Pilotensitz m. || pilot's cock pit || poste m. du pilote. 26

pilotieren || to pile || piloter. 27

Pilsener Malz n. || Pilsen malt || malt m. de Pilsen. 28

Pilz m. || fungus || fungus m.; champignon m. **a) eßbarer ~** || mushroom || champignon m. comestible. **b) Gärungs~** || ferment || ferment m. **c) getrockneter ~** || dried mushroom || champignon m. séché. **d) konservierter ~** || preserved mushroom || champignon m. conservé. 29

Pilz-anker m. (Seew) || mushroom anchor || crapaud m. d'amarrage. **a) ~bildung** f. || fungoid growth || naissance f. à fungus; formation f. de champignons. 30

pilzförmig-er Stöpsel m. || mushroom cap || bouchon m. à champignon. **a) ~es Ventil** n. || mushroom valve || soupape f. en champignon. **b) ~er Zerstäuber** m. || mushroom sprayer || pulvérisateur m. en champignon. 31

Pilzfräser m. || semi-circular cutter || fraise f. à champignon. **a) Vorrichtung** f. zum Schleifen von **~n** || attachment for grinding semi-circular cutters || dispositif m. à affûter les fraises à champignon. 32

Pilz-sammler m. || mushroom gatherer || ramasseur m. de champignons. **a) ~schiene** f. || double headed rail || rail m. à double champignon. **b) ~zucht** f. || cultivation of mushrooms || culture f. de champignons de couche. 33

Pimelith m. || pimelite || pimélite f. 34

Piment m. || pimento || piment m. 35

Pimpelstein m. || pimple metal || matte f. vésiculeuse. 36

Pimpinellwurzel f. || pimpernell root || racine f. de boucage. 37

Pinasse f. || canal boat; shallop; pinnace || péniche f.; pinasse f.; grand canot m. 38

Pinge f. || Kettle-shaped deepening || enfoncement m. en forme de chaudron. 39

Pingenbau m. || open digging || exploitation f. à ciel ouvert. 40

Pinguit m. || pinguite || pinguite f. 41

Pinienkern m. || pine kernel || pignon m. 42

Pinit m. || pinite || pinite f. 43

Pinitrid m. || pinitride || pinitride f. 44

Pinke f. (Schiffb) || pink-ship; pink || pingue f. 45

Pinksalz n. || pink salt || bichlorure m. d'étain ammoniacal. 46

Pinne f. (Dreh) || back center || pointe f.; contre-pointe f. **a) ~** (Handhammer) || pane || panne f. **b) ~ des Kompasses** || centre-pin of the compass || pivot m. du compas. 47

pinnen (Seew) || to pane || panner. 48

Pinnplanke f. || provisional dike || digue f. provisoire. 49

Pinode f. (Werkzeugmasch) || spindle || canon m. 50

Pinsel m. || pencil; (painter's) brush || pinceau m. **a) flacher ~** || flat brush || pinceau m. plat. **b) Glas~** || glass pencil || pinceau m. en verre. **c) langer ~** || long brush || long pinceau m. **d) ~ zum Malen** || pencil *or* brush for painting; paint-brush || pinceau m. *ou* brosse f. à peindre. **e) runder ~** || round brush || pinceau m. rond. 51

Pinsel-fertigung f., Werkzeug n. für **~** || tool for manufacturing paint-brushes || outil m. pour la fabrication de pinceaux. **a) ~haar** n. || paint-brush hair || crin m. pour pinceau. **b) ~herstellungsmaschine** f. || brush making machine || machine f. pour la fabrication des pinceaux. **c) ~kapsel** f. || brush holder || virole f. à pinceau. **d) ~macher** m. || paint-brush maker || pinceautier m. **e) ~stiel** m. || pencil stick || hampe f. de pinceau. 52

Pinzette f. || pinzers pl.; tweezers pl.; forceps pl. || pince f.; pincette f. **a) anatomische ~** || dissection forceps pl. || pince f. à dissection. **b) Augen~** || iris forceps pl. || pince f. à iris. **c) chirurgische ~** || surgical forceps pl. || pince f. de chirurgie. **d) ~ mit drei Zähnen** || forceps pl. with three teeth || pince f. à trois griffes. **e) Feststell~** || fixation forceps pl. || pince f. à fixer. **f) Fixier~** s. Feststell~. **g) gebogene ~** || curved forceps pl. || pince f. coudée. **h) gerade ~** || straight forceps pl || pince f. droite. **i) Haken~** || hooked forceps pl.; forceps pl. with teeth || pince f. à griffes. **k) Iris~** || iris forceps pl. || pince f. à iris. **l) Ohr~** || aural forceps pl. || pince f. à oreilles. **m) ~ mit Querriefen** || forceps pl. with nibbed points || pince f. à mors striés transversalement. **n) ~ mit Riefen** || forceps pl. with serrated points || pince f. striée. **o) Splitter~** || splinter forceps pl. || pince f. à écharde. **p) ~ für Zahnärzte** || dental forceps pl. || précelle f. *ou* pince f. de dentiste. **q) ~ mit Zähnchen** || forceps pl. with teeth || pince f. à griffes. **r) Zilien~** || cilia forceps pl. || pince f. à épiler les cils. 53

Pionierkomitee n. || engineer board || comité m. du génie. 54

Piotin m. || soap stone || saponite f.; pierre f. de savon. 55

Pipette f. || pipette || pipette f. **a) Filter~** || filtering pipette || pipette f. à filtration. 56

Piratenkrieg m. || corsair warfare || guerre f. de course. 57

Piroge f. || pirogue; indian canoe || pirogue f. 58

Pirschjagd f. || shooting; stalking || chasse f. à tir. 59

Piseebau m. || beaten cobwork; tapia; coffer work of loam earth || construction f. en pisé *ou* en terre battue. 60

Pisolit m. || peastone; pisolite || pisolite f.; pierre f. de pois. 61

Pissoir n. || urinal; urinary; men's room; lavatory || pissoir m.; urinoir m. 62

Pissophan m. || pissophane || pissophane f. 63

Pistazie f. || pistachio || pistache f. 64

Pistaziendörrer m. || pistachio-nut dryer || pistachier m. 65

Pistole f. || pistol || pistolet m. **a) Abblas~** || blow gun *or* air pistol || pistolet m. souffleur. **b) Leucht~** || flare pistol || pistolet m. pour fusées d'éclairage. **c) Maschinen~** || machine pistol || pistolet m. mitrailleur. **d) Schweiß~** || welding handle *or* pistol || pistolet m. à souder. **e) Selbstlade~** || automatic pistol || pistolet m. automatique. **f) Spritz~** f. zum Anstreichen || spraying pistol for painting || pistolet m. pulvérisateur à peinturer *ou* à peindre. 66

Pistolen-halfter f. || holster || fonte f. de selle; fourreau m. de pistolet. **a) ~heft** n. || pistol handle || manche f. à pistolet. **b) ~röhre** f. || pistol pipe || tuyau m. à pistolet. **c) ~röhrenapparat** m. || pistol pipe oven; apparatus with pistol pipes || appareil m. à air chaud avec des tuyaux à pistolet. 67

Pistomesit m. || pistomesite || pistomésite f. 68

Pitchpineholz n. || pitch-pine wood || bois m. de pitchpin. 69

Pitehanf m. || pita || pitte f.; aloès pitte m.; chanvre m. des Indes. 70

Pitsreiniger m. || cinder pit man || nettoyeur m. de pits. 71

Pittizit m. || pittizite; pitticite || pittizite f.; fer m. oxydé résinite. 72

Pivotgeschütz n. || pivot- *or* turning-gun || pièce f. pivot *ou* sur pivot. 73

Plaggenpflug m. || sod knife; turf cutter || coupe-gazon m.; tranche-gazon m. 1
Plagioklas m. || plagioclase || plagioclase f. 2
Plagionit m. || plagionite || plagionite f. 3
Plaidriemen m. || belt for plaids || courroie f. pour plaids. 4
Plakat n. || poster; placard; show card || tableau m. réclame; affiche f.; placard m. **a) Reklame~** || show card || tableau m. réclame. **b) ~** aus **Zelluloid** || celluloid showcard || pancarte f. en celluloïd. 5
Plakat-buntdruckerei f. || colour posters work || fabrique f. d'affiches en couleurs. **a) ~drucker** m. || bill printer || imprimeur m. d'affiches. **b) ~druckerei** f. || placard printing establishment || imprimerie f. de placards. **c) ~einfassung** f. || border for posters || encadrement m. pour affiches. **d) ~farbe** f. || show card colour || couleur f. pour tableaux réclames. **e) ~papier** n. || paper for posters || papier m. à affiches. **f) ~säule** f. || advertising pillar || colonne-affiche f. 6
Plakatschrift f. || poster type || caractères mpl. pour affiches. 7
plamotieren || to brush off || plamoter. 8
Plamotieren n. || brushing-off || plamotage m. 9
Plan m. || plan || plan m. **a) ~** (einer Stadt usw.) || plan map || plan m.; dessin m. **b) ~** (Wagen) *s.* Plane. **c) ~** zur **Werksumstellung** auf Kriegsfertigung || factory plan for the conversion from peace to war footing || plan m. de l'usine pour le changement du travail en temps de paix au pied de guerre. **d) Wirtschafts~** || plan of management || plan m. d'exploitation. 10
Planar n. (Opt) || planar || planar m. **a) ~beiten** fpl. (Eisenb) || plans pl.; plots pl.; designs pl. || plans pl.; dessins mpl. 11
Planchette f. || drawing board || planche f. à dessin. 12
Plandrehbank f. || facing *or* face *or* surface lathe || tour m. en l'air *ou* à plateau *ou* à facer. 13
plandrehen || to surface; to face || dresser un plateau; tourner une plane. 14
Plandrehen n. || facing || dressage m. 15
Plan-drehschlitten m. (Werkzeugmasch) || tool slide for facing || chariot m. transversal pour tournage. **a) ~druckanstalt** f. || light tracing establishment || établissement m. de calquage. 16
Plane f. (Wagen) || tilt; awning || banne f.; bâche f. 17
Pläner m. (Bauw) || rag stone || moellon m. gisant *ou* feuilleté *ou* lamineux *ou* marneux *ou* schisteux. **a) ~** (Miner) || cretaceous marly limestone || calcaire m. marneux crétacé. **b) hochkantiger ~** || ragstone laid contrary to the cleaving grain || moellon m. posé en délit. 18
Plänermauerwerk n. || ragstone work; rag work || maçonnerie f. en pierre marneuse. 19
Planet m. || planet || planète f. 20
Planeten-bewegung f. (Schnellpresse) || planet-wheel *or* planetary motion || mouvement m. planétaire. **a) ~getriebe** n. || planetary *or* epicyclic gear || engrenage m. planétaire *ou* épicycloïdal. **b) ~kamera** f. || planet camera || chambre f. noire pour les planètes. **c) ~rad** || planet wheel || roue f. planétaire. **d) ~rührwerk** n. || planetary stirring mechanism || agitateur m. planétaire. 21
Plan-flächenschliff m. mit Schleiftopf || facing with cup wheel || rectification f. de surfaces circulaires planes avec meule à boisseau. **a) ~fräser** m. || facing cutter || fraise f. en bout à surfacer; fraise f. de fraiseuse-raboteuse. 22
Planfräs-kopf m. || facing head || tête-fraise f. à surface. **a) ~maschine** f. || planomiller; plano *or* surface milling machine || machine f. à fraiser plane; fraiseuse f. raboteuse. **b) ~vorrichtung** f. || surface milling attachment || dispositif m. à surfacer. 23
plangemäß || according to plan || selon plan. 24
Planglas n. || plano-spherical lens || verre m. ayant une face plane. **a) ~spiegel** m. mit **Vorderversilberung** || plane glass mirror silvered in front || miroir m. plan en verre argenté sur la face avant. 25
Planherd m. || (Bergb) blanket sluice; racking table || table f. toile. 26
Planie f. || level plane; formation; formation level || assiette f.; plate-forme f.; palier m. 27
Planier-bagger m. || skimmer || niveleur m.; pelle f. à niveler. **a) ~bank** f. || smoothing lathe || tour m. à lisser. 28
planieren || to plane; to level || aplanir; planer; coller; égaler; niveler. **a) ~** (Schmied) || to planish || planer; réparer. **b)** das **Papier ~** || to size the paper || encoller le papier. 29
Planieren n. des **Papiers** || sizing of paper || encollage m. du papier. 30
Planierer m. (Bauw) || leveller; planer || régaleur m. **a) ~** (Met) || planisher || planeur m. || 31
Planier-löffel m. || skimmer || godet m. à niveler. **a) ~schaufel** f. || trenching shovel || louchet m.; pelle f. tranchante. **b) ~stange** f. || levelling rod *or* bar || barre f. à planer; tige f. repaleuse. 32
planiert || levelled || nivelé. 33
Planierung f. || grading; finishing || régalage m. **a) ~** des **Bodens** || levelling of the ground || rasement m. *ou* régalage m. *ou* régalement m. du terrain. 34
Planiervorrichtung f. || levelling arrangement || repaleuse f. 35
Planiglob m. || globular chart; planisphere || planisphère m. 36
Planimeter n. || planimeter || planimètre m. 37
Planimetrie f. || planimetry || planimétrie f. 38
planimetrieren, ein Diagramm n. || to planimeter a diagram || planimétrer un diagramme m. 39
Plankarte f. || plane chart || carte f. plate. 40
Planke f. || plank; board; table; shelf || planche f.; ais m.; madrier m. **a)** die **~ gapt** (Schiffb) || the plank is started || le bordage est laché. **b)** eine **~** f. **gar machen** || to boil a plank; to make a plank pliant || chauffer un bordage. 41
Plankenende (Schiffb) n. || butt *or* plank end || bout m. *ou* tête de bordage. 42
Plankengang m. (Schiffb) || strake; streak || virure f. de bandages. **a)** einen **~** m. **abbrechen** (Schiffb) || to rip off a strake of planks || dépecer *ou* découdre une file de bordage. 43
Planken-naht f. (Schiffb) || plank seam || couture f. entre les virures de bordage. **a) ~schlag** m. (Schiffb) || strake || virure f.; file f. **b) ~spieker** m. (Schiffb) || plank nail || clou m. à madrier. **c) ~stoß** m. (Schiffb) || plank butt || about m. de bordages. **d) ~verdopp(e)lung** f. (Schiffb) || doubling of planks || soufflage m. 44
plankonkav || plano-concave || planconcave. **a) ~e Linse** f. || plano-concave lens || lentille f. plan-concave. 45
plankonvex || plano-convex || planconvexe. **a) ~e Linse** f. || plano-convex lens || lentille f. plan-convexe. 46
Plan-kurvenfräsapparat m. || longitudinal profiling apparatus || appareil m. à fraiser les cames planes. **a) ~leinwand** f. || tilt linen || toile f. à bâches. 47
planmäßig || systematic; methodical || systématique; méthodique. 48
Planoausleger m. (Druckw) || open sheet delivery || sortie f. de feuilles à plat. 49
planparallel || with parallel faces || à faces fpl. parallèles. **a) ~e Glasplatte** f. || plane parallel glass plate || lame f. de verre planparallèle. 50
Planparallelglas n. || plane parallel glass || verre m. à faces planes et parallèles. 51
Planparallelität f., Apparat m. zur Prüfung der **~** von Glasplatten || apparatus for testing the plane parallelism of glass plates || appareil m. pour le contrôle des lames planparallèles. 52
Planrätter m. || shaking table || crible m. oscillant. 53
Planrost m. || plane grate || grille f. horizontale. **a) ~feuerung** f. || furnace with horizontal grate || foyer m. à grille horizontale. **b) ~stab** m. || plane grate bar || barreau m. de grille horizontale. 54
Planscheibe f. || face plate || plateau m. **a) Zahnkranz~** || gear driven face plate; toothed face plate || plateau m. à couronne dentée. 55
Planscheiben-getriebe n. || disk friction gear || transmission f. par plateaux de friction. **a) ~welle** f. || flanged shaft || arbre m. à plateau. 56
planschleifen, eine Stirnfläche f. || to face a surface square to the axis || surfacer en bout. 57
Planschleifen n. || surface grinding || rectification f. des surfaces planes. 58
Planschleifmaschine f. || face *or* surface grinding machine || machine f. à rectifier les surfaces planes. **a) horizontale ~** || horizontal surface grinding machine || machine f. horizontale à rectifier les surfaces planes. 59
Plan- und Rundschleifmaschine f. || face and circular grinding machine || machine f. à rectifier les surfaces circulaires et planes. 60
Plan-schlichten n. || finish facing || dressage-finissage m. **a) ~schliff** m. *s.* Planschleifen. **b) ~schrank** m. || shelf for plans || armoire f. à plans. 61
Plansichter m. || plan sifting machine; plansifter || blutoir m. horizontal; plansichter m. **a) Einkasten~** || single box plansifter || plansichter m. à caisse unique. **b) freischwingender ~** || free-swinging plansifter || plansichter m. autobalanceur. **c) Zweikasten~** || two-case *or* double-box plansifter || plansichter m. à deux caisses. 62
Planspiegel m. || plane mirror || miroir m. plan. **a) ~** aus **Spiegelmetall** || plane mirror of speculum metal || miroir m. plan en métal à miroir. 63
Plantagengerät n. || implements pl. for plantations || ustensiles fpl. pour plantages. 64

Plantiermaschine f. (Uhrm) || pitching-machine || machine f. à planter. 1

Planum n. || level plane; formation; formation level *or* surface || assiette f.; plate-forme f.; palier m. 2

Planumsohle f. (Eisenb) || formation level; formation line || niveau m. de l'assiette. 3

Planung f. || plan verification || établissement m. d'un projet. 4

Plan-vorschub m. (Werkzeugmasch) || cross feed || avance f. transversale. **a) ~wagen** m. || covered van || voiture f. à bâche; wagon m. bâché. **b) ~zeichnung** f. || plan drawing || dessin m. des plans *ou* des cartes topographiques. 5

planzylindrisch || plano-cylindrical || plan-cylindrique. 6

Plasma m. (Miner) || plasma || plasma m. 7

Plastik f. || plastic art; plastics pl. || art m. plastique; plastique f. **a) erhöhte ~** f. des Bildes || enhanced plastic *or* stereoscopic effect of the view || relief m. rehaussé de l'image. 8

plastisch || ductile; plastic; plastical || plastique. **a) ~es Isoliermaterial** n. || plastic insulating material || isolant m. plastique. **b) ~e Masse** f. || plastic substance || substance f. plastique. **c) ~es Sehen** n. || seeing in relief || vision f. stéréoscopique. **d) ~er Stoff** m. || plastic material || matière f. plastique. **e) ~er Ton** m. || plastic clay || argile f. plastique. **f) ~es Wachs** n. || plastic wax || cire f. à modeler. 9

Platanenholz n. || plane-tree wood || (bois m. de) platane f. 10

Plateau n. || plateau || plateau m. **a) ~wagen** m. || flat wagon; platform lorry || wagonnet m. à plateforme *ou* à plateau. 11

Platin n. || platinum; platina || platine m. **a) gediegenes ~** || native platina || platine m. natif. 12

Platin-anode f. || platinum anode || anode f. de platine. **a) ~apparat** m. || platinum apparatus || appareil m. en platine. **b) ~asbest** m. || platinum asbestos || amiante m. de platine. **c) ~bad** n. || platinum bath || bain m. de platinage. **d) ~blech** n. || platinum sheet *or* foil || lame f. de platine; platine m. laminé. **e) ~chlorür** n. || dichloride of platinum; platinous chloride || bichlorure m. de platine; chlorure m. platineux. 13

Platindraht m. || platinum wire || fil m. de platine. **a) ~spirale** f. || platinum wire spiral || spirale f. en fil de platine. 14

Platindruck m. || platinotype || platinotypie f. 15

Platine f. (Met) || sheet billet; flat *or* puddling bar; skelp || larget m.; maquette f.; lopin m. **a) ~** (Web) || stop rod; notched bar || tige f. de déclenchement; platine f. 16

Platinelektrode f. || platinum electrode || électrode f. en platine. 17

Platinen-brett n. || bottom board || planche f. des collets *ou* des platines. **a) ~kranz** m. (Textil) || sinker ring || couronne f. à platines. **b) ~presse** f. (Textil) || sinker lifting bar || loqueur m. **c) ~schere** f. || sheet-bar shears pl. || cisailles fpl. à largets. **d) ~schnur** f. (Jacquardstuhl) || neck cord || collet m. **e) ~walzwerk** n. || sheet billets rolling mill || laminoir m. à tôles-platines *ou* à largets. 18

Platin-ersatzanode f. || platinum substitute anode || anode f. en faux platine. **a) ~gerät** n. || platinum ware || ustensile m. en platine. **b) ~grube** f. || platinum mine || mine f. de platine. 19

platinhaltig || platiniferous || platinifère. 20

Platinichlorid n. || platinic *or* platinum chloride; tetrachloride of platinum || (tétra)chlorure m. de platine; platinichlorure m. 21

platinieren || to platinate || platiner. 22

Platiniridium n. || platinum iridium || platine-iridium m. **a) ~drahtnetz** n. || platinum-iridium wire netting || grillage m. de platine iridé. 23

Platinit n. || platinit || platinite m. 24

Platin-kontakt m. || platinum contact || contact m. en platine. **a) ~metall** n. || platinum metal || métal m. de platine. **b) ~mohr** m. || platinum black; spongy platinum || noir m. de platine. **c) ~nadel** f. || platinum pin || aiguille f. en platine. **d) ~oxyd** n. || platinic *or* platinum oxide || oxyde m. platinique *ou* de platine. **e) ~papier** n. || platinum paper || papier m. platiné. **f) ~plattierung** f. || platinum plating || doublé m. *ou* plaqué m. de platine. **g) ~salz** n. || platinum salt || sel m. de platine. **h) ~säure** f. || platinic acid || acide m. platinique. **i) ~schale** f. || platinum dish *or* basin || coupelle f. de platine. **k) ~scheider** m. || platinum refiner || affineur m. de platine. **l) ~scheidung** f. || platinum refining || affinage m. de platine. **m) ~schraube** f. || platinum-tipped screw || vis f. platinée. **n) ~schwamm** m. || spongy platinum; platinum sponge || mousse f. de platine; platine m. spongeux. **o) ~schwarz** n. || platinum black; spongy platinum || noir m. de platine. **p) ~tetrachlorid** n. || platinic chloride; tetrachloride of platinum || (tétra)chlorure m. de platine. **q) ~tiegel** m. || platinum crucible || creuset m. en platine. **r) ~veraschungsschale** f. || platinum incineration dish || cuvette f. en platine pour incinération. **s) ~walzwerk** n. || platinum rolling mill || laminage m. de platine. **t) ~waren** fpl. || platinum articles pl. || objets mpl. en platine. **u) ~widerstandsthermometer** n. || platinum resistance thermometer || thermomètre m. à résistance de platine. **v) ~zahn** m. || platinum pin tooth || dent f. à pointe en platine. **w) ~zyanür** n. || platinocyanide || platinocyanure m. 25

platt || flat || plat. **a) ~** (Gelände) || flush || plain. **b) ~ drücken** || to flatten || aplatir. **c) die Riemen** mpl. **~ werfen** (Seew) || to feather the oars pl. || décirer les avirons mpl. **d) ~ vor dem Winde** m. || dead *or* right before the wind || droit de l'arrière m. 26

Plättanstalt f. || linen ironing establishment || établissement m. d. repassage du linge. 27

Plattbank f. || side fillister || rabot m. plate-bande; feuilleret m. *ou* guillaume m. à plates-bandes. **a) ~eisen** n. || skew and bevilled plane iron || fer m. de rabot plate-bande. 28

Plättbrett n. || ironing board || planche f. à repasser. 29

Plättchen n. (Bauk) || fillet; label; list; small band || bandelette f.; filet m.; listel m.; réglet m. **a) Stahlblech~** (für Schreibfedern) || steel plate *or* flat || lamette f. d'acier. 30

Platte f. (Bauk) || pane; plate; slab; table || dalle f.; lame f.; plaque f.; table f. **a) ~** (Blech) || plate || tôle f. **b) ~** (Buchdr) || plate || planche f. **c) ~** (Tuchf) || flaw || rupture f. d'une maille. **d) ~** (für Türfüllung) || rebate || plate-bande f. **e) Abschnitte** mpl. von **~n** (Met) || slices pl. cut off from plates || rognures fpl. des plaques. **f) beschnittene ~** || plate cut to size || plaque f. taillée à dimension. **g) blanke ~** (Sammler) || dommy plate || plaque f. polie *ou* luisante. **h) Blei~** || lead plate || plaque f. en plomb. **i) fotografische ~** || photographic plate || plaque f. photographique. **k) fotografische ~ aus Glas** || photographic plate of glass || plaque f. en verre pour la photographie. **l) Fußboden ~** (Bauw) || flag; flagging *or* floor stone || carreau m. en pierre naturelle; dalle f. **m) gebogene ~** || bent plate || plaque courbée. **n) Haken~** (Eisenb) || hooked tie plate || selle f. à crochet. **o) Hakenzapfen~** (Eisenb) || hooked tie plate with tenon || selle f. à crochet et crampon. **p) keilförmige ~** || wedge-shaped plate || plaque f. (à forme) conique. **q) Klemm~** (Eisenb) || clip plate || plaque f. de serrage. **r) lichtempfindliche ~** || sensitized plate || plaque f. sensible à la lumière; plaque f. sensibilisée. **s) lichtempfindlich gemachte ~** || sensitized plate || plaque f. sensibilisée. **t) Milchglas~** || opal glass plate || lame f. de verre opalin. **u) negative ~** || negative plate || plaque f. négative. **v) radierte ~** || etched plate; etching; stamp || estampe f. gravée à l'eau-forte. **w) Sammel~** || collecting plate || plaque f. de rassemblement. **x) Schaff~** (Schmied) || furnace foreplate || seuil m. du four. **y) die ~n** fpl. passen auch zu **Schienen** mit ähnlicher Fußbreite (Eisenb) || the plates pl. also fit to rails of similar bases || les selles fpl. conviennent aussi aux rails de largeur d'appui semblable. **z). Schlitz~** || slot plate || plaque f. à fente. 31

a) ~ aus Stahl || steel plate || tôle f. d'acier. **b) Streifenschere** f. zum **Besäumen** von Streifen und **~n** || strip shear for flanging strips and plates || cisailles fpl. à bandes pour border les bandes et les plaques. **c) Streifenschere** f. zum **Teilen** von Streifen und **~n** || strip shear for dividing strips and plates || cisailles fpl. à bandes pour sectionner les bandes et les plaques. **d) Stuhl~** (Eisenb) || bed *or* chair plate; saddle || coussinet-selle m.; selle f. pour rails Vignoles. **e) Trocken~** (Lichtb) || dry plate || plaque f. sensible. **f) unganze ~** (Met) || dumb piece || flan m. cendreux. **g) Unterlags~** || (bed) plate || plaque f.; platine f.; selle f. 32

Plätteisen n. || smoothing *or* flat iron || fer m. à repasser. **a) ~** (Schneider) || goose || carreau m. **b) elektrisches ~** || electric flat iron || fer m. repasser électrique. 33

Plätteisenbolzen m. || heater || fer m. 34

Plattel f. || disk of pig iron || plaque f. de fonte. 35

plätten || to iron; to smooth || repasser. **a) den Draht** m. **~** || to flatten *or* to laminate the wire || aplatir *ou* écacher le fil. **b) das Eisen ~** (Met) || to beat out *or* to hammer iron || aplatir *ou* battre *ou* forger le fer. **c) die Schrötlinge** mpl. **~** || to flatten *or* to planish the blanks pl. || flatir les flans mpl. 36

Platten-band n. || plate conveyor || transporteur m. à tablier sans fin. **a) ~beiz-**

anlage f. (Met) || plate pickling plant || installation f. pour le décapage des plaques. **b) ~belag** m. || flag; floor of slabs; table floor; pavement of paving tiles || carrelage m.; dallage m. **c) ~beschauer** m. (Lichtb) || examiner of plates || visiteur m. des plaques. **d) ~biegepresse** f. || plate bending press || presse f. à cintrer les tôles. **e) ~blitzableiter** m. || plate (type) lightning conductor *or* arrester || paratonnerre m. à plaques; parafoudre m. à lames. **f) ~dicke** f. || thickness of plates || épaisseur f. des tôles. 1

Plattendruck m. (Buchdr) || stereotype printing; stereotypography || stéréotypage m.; stéréotypie f.; clicherie f. **a) ~** (Zeugdr) || copperplate printing || impression f. à la planche. **b) ~maschine** f. (Zeugdr) || copperplate printing machine || machine f. à imprimer à planche plate. 2

Plattendurchlaß m. || drain *or* culvert covered by slabs || aquéduc m. couvert en *ou* par dalles. 3

Platteneis n. || plate ice || glace f. en plaques. **a) ~erzeuger** m. || freezing tank for manufacture of plate ice || générateur m. à glace en plaques. 4

Platten-elektrometer n. || plate electrometer || électromètre m. à feuilles. **a) ~empfindlichkeit** f. || sensibility of plates || sensibilité f. des plaques. **b) ~fahne** f. (Sammler) || plate lug || queue f. de plaque. **c) ~federmanometer** n. || diaphragm pressure gauge || manomètre m. à diaphragme ondulé. **d) ~former** m. || plate moulder || mouleur m. de plaques. **e) ~funkenstrecke** f. || disc gap transmitter || éclateur m. à plaques. 5

Plattengang m. (Schiffb) || strake of plates || virure f. de tôles. **a) abliegender ~** || outside *or* raised strake || tôle f. formant clin extérieur; virure f. d'en dehors. **b) anliegender ~** || inside *or* sunken strake || virure f. d'en dedans; tôle f. formant clin intérieur. **c) äußerer ~** *s.* abliegender **~ d) innerer** *s.* anliegender ~. 6

Platten-gewicht || weight of plate || poids m. de plaque. **a) ~gießapparat** m. für **Gelatineplatten** || congealing apparatus for gelatine plates || appareil m. à congélation pour plaques de gélatine. **b) ~gleichrichter** m. || copperplate rectifier || redresseur m. à plaques de cuivre. **c) ~glimmer** m. || sheet mica || mica m. en feuilles. **d) ~gummi** m. || sheet rubber || caoutchouc m. en plaques. **e) ~hebel** m. (Fernm) || lever for slabs || levier m. pour dalles. **f) ~hobel** m. || side fillister || rabot m. plate-bande; feuilleret m. *ou* guillaume m. à plates-bandes. **g) ~kiel** m. || plate keel || quille f. en tôle. **h) ~kondensator** m. || plate condenser || condensateur m. à lames. **i) ~kröpfmaschine** f. || plate joggling machine || machine f. à épauler les tôles. **k) ~kulturmikroskop** n. || plate culture microscope || microscope m. pour plaques de culture. **l) ~kupplung** f. || plate clutch || embrayage m. à plateaux. **m) ~kurzschluß** m. || short-circuit between plates || court-circuit m. entre plaques. **n) ~lager** n. || plate racks pl. || magasin m. des tôles. **o) ~lagerung** f. || plate bearing *or* bed || fondation f. en plaques; appui m. uni. **p) ~leger** m. || floor tiler; paver || carreleur m. **q) ~manometer** n. || plate manometer || manomètre m. à membrane métallique. **r) ~pflaster** n. || flagstone pavement || carrelage m. **s) ~puffer** m. || plate buffer || tampon m. à plaques. **t) ~putzer** m. || plate cleaner || nettoyeur m. de plaques. **u) ~schere** f. || plate shearing machine || machine f. à couper les plaques. **v) ~schlag** m. (Schiffb) || strake || virure f.; file f. **w) ~schleifer** m. (Met) || flat hammerer || planeur m. sur métaux. **x) ~schneider** m. (Lichtb) || cutter of plates || coupeur m. de plaques. **y) ~schnellspannvorrichtung** f. || rapid plate locking up device || dispositif m. de serrage rapide de clichés. **z) ~schrift** f. || stereotype || stéréotype m. 7

a) ~schutz m. || plate protection || protection f. par plaques. **b) ~stoß** m. || butt of plates || about m. de tôles. **c) ~trockengestell** n. (Lichtb) || plate drying rack || châssis m. pour sécher les plaques. **d) ~unterlage** f. *s.* Plattenlagerung. **e) ~verblendung** f. || dressing *or* lining with tables *or* slabs || tablement m. **f) ~verdopplung** f. || doubling of plates || doublure f. de tôles. **g) ~verkleidung** f. || dressing *or* lining with tables *or* slabs || recouvrement m. **h) ~wäscher** m. (Lichtb) || glass washer || laveur m. de plaques. **i) ~weiche** f. || switch with sliding plates || changement m. à plaque d'assise. 8

Plätter m. (Wolle) || backwasher || lisseur m. 9

Plättereimaschine f. || ironing machine || machine f. à repasser. 10

Plätterin f. || ironer || repasseuse f. 11

Plattes n. (Flöz) || flat coal || plat m.; plateur m. 12

Plattform f. || flat; platform || comble m. plat; plate-forme f. **a) ~** auf einem **Dach** || terrace on a roof || terrasse f. sur un toit. **b) geschlossene ~** || closed platform || plate-forme f. fermée. **c) ~** eines **Hochofens** || top-gallery of a blast furnace || plate-forme f. du gueulard. 13

Plattform-deck n. || platform deck; orlop deck || plate-forme f. **a) ~kipper** m. || tipping platform || plate-forme f. à bascule. 14

Plattformwagen m. (Eisenb) || platform wagon *or* car || wagon m. plat *ou* à plate-forme. **a) ~** aus **gepreßten Blechen** (Eisenb) || platform wagon of pressed plates || wagon m. à plate-forme en tôle emboutie. 15

Plattfußeinlage f. || arch supporter for flat feet || support m. pour pieds-plats. 16

Plätthammer m. || flattening *or* planishing hammer; plank flattener || flatoir m. 17

platthämmern || to hammer even || rabattre; planer au marteau. 18

plattieren || to plate || doubler; plaquer. **a) ~** (Met) || to plate || plaquer. **b) ~** (Textil) || to plait || vaniser. 19

Plattieren n. (Hutm) || covering; plating || dorage m. 20

Plattierfaden m. || plaiting thread || fil m. de vanisage. 21

plattiert || plated || doublé; plaqué. **a) ~e Arbeit** f. (Met) || plated; plated ware *or* work; plating || doublé m.; plaqué m. **b) ~e Ferse** f. || plaited heel || talon m. en maille vanisée. **c) ~e Schlauchware** f. (Textil) || plaited tubular goods pl. || tricot m. tubulaire en maille vanisée. **d) ~e Waren** fpl. || plated goods pl.; plate-goods pl. || articles mpl. plaqués; plaqués mpl. 22

Plattierung f. (Hutm) || covering; plating || dorure f. des chapeaux. **a) ~** (Met) || plated; plated ware *or* work; plating || doublé m.; plaqué m. **b) ~** auf **Eisen** || plating on iron || plaqué m. sur fer. **c) galvanische ~** || electro-plated || plaqué m. galvanique. **d) Metall~** || metal plating || placage m. sur métaux. 23

Plattier-vorrichtung f. || plaiting tackle || dispositif m. à vaniser. **a) ~walzwerk** n. || plating mill || laminoir m. à plaquer. 24

Platting f. || sennit || sangles fpl.; tresse f. **a) französische ~** || french sennit || tresse f. **b) gewöhnliche ~** || common sennit || tresse-plate f. 25

Platt-kopf m. (Schiffb) || scupper nail || clou m. à maugère. **a) ~lot** n. (Seew) || sheet lead || plomb m. jeté en tôle. 26

Plättmaschine f. (Techn) || flatting mill || laminoir m. **a) Stein~** f. für **Glanzpappe** und **Preßspan** || stone smoothing machine for glazed board and pressing board || calandre f. à pierre pour carton glacé et presspan. 27

Plättmaschinenarbeiter m. (Wolle) || backwasher || lisseur m. 28

Platt-meißel m. || turning chisel || ciseau à planer. **a) ~menage** f. || cruets pl. || huilier m. 29

Plätt-mühle f. || flatter; planishing mill || moulin m. à écacher *ou* à laminer le fil. **a) ~raum** m. || ironing room || salle f. de repassage. 30

Platt-scherenarbeiter m. || plate shearer || cisailleur m. de feuillard. **a) ~schiene** f. || plate rail || bande f. plate; rail m. plat. **b) ~seide** f. || embroidery silk || soie f. plate *ou* à broder. 31

Plattstich-stickerei f. || flat-stitch *or* trimming-stitch embroidery || broderie f. hache-bachée. **a) ~stickerin** f. || needle-embroiderer || brodeuse f. en plumetis. 32

Platt-stickerei f. || flat embroidery || broderie f. plate. **a) ~stück** n. (Zimm) || capping plate; coping piece; coping plate || poitrail m.; chape f.; lisse f.; raineau m.; chapeau m. de cloison. 33

Plätt-walze f. (Walzw) || flatter; flatting *or* laminating roller || aplatissoire f. **a) ~werk** n. || flatting mill || laminoir m. 34

Platt-zange f. || pliers pl.; flat pliers pl. || pincette f. plate; béquette f. **a) ~ziegel** m. || flat *or* plain tile || tuile f. plate *ou* à crochet. 35

Platymeter (Elektr) || platymeter || platymètre m. 36

Platz m. mit zwei **Setzkasten** (Buchdr) || row with two cases || rang m. de deux casses. 37

Platz-änderung f. || shifting || déplacement m. **a) ~arbeiter** m. (Bergb) || yard labourer || homme m. de cour. **b) ~aushilfe** f. (Fernm) || team work || entr'aide m. **c) ~beamtin** f. (Fernm) || telephonist || opératrice f. 38

Platzbedarf m. (Raum) || space required || encombrement m. **a) ~** (Waren) || local requirements pl. || besoins mpl. de la place. 39

Platz-belegung f. (Fernm) || position wiring || charge f. de la position avec des lignes. **a) ~beleuchtung** f. (Verkehr) || lighting of squares || éclairage m. public. 40

platzen (explodieren) || to explode || éclater; faire explosion f. **a) ~** (Luftreifen) || to burst || crever. **b)** (springen) || to crack || fendre; fissurer; craquer. 41

Platzen n. (Kessel) ‖ bursting ‖ explosion f. **a)** ~ (Luftreifen) ‖ blow off ‖ éclat m. 1
Platz-ersparnis f. ‖ saving of space ‖ économie f. de place. **a) ~gebrauch** m. ‖ local usance ‖ usance f. de la place. **b) ~geschäft** n. ‖ local business; spot transactions pl. ‖ commerce m. local. **c) ~karte** f. ‖ ticket for a reserved seat ‖ billet m. spécial. **d) ~lampe** f. (Fernm) ‖ pilot lamp ‖ lampe f. pilote. **e) ~mangel** m. ‖ restricted space; want of place ‖ manque m. de place. **f) ~patrone** f. ‖ blank cartridge ‖ cartouche f. blanche. **g) ~regen** m. ‖ downpour; pelting rain ‖ (pluie f. d')averse f.; sac m. d'eau; pluie f. battante *ou* diluvienne; pluie f. en hallebardes. **h) ~reisender** m. ‖ town travel(l)er ‖ voyageur m. de place. **i) ~wechsel** m. (el Leit) ‖ circuit crossing; twisting; phantom transposition ‖ croisement m. des circuits. **k) ~zähler** m. (Fernm) ‖ position meter ‖ compteur m. de contrôle. **l) ~zusammenschaltung** f. (Fernm) ‖ coupling ‖ groupement m. de position. 2
plazieren ‖ to place ‖ placer; écouler. 3
Pleiotron n. ‖ pliotron ‖ pleiotron m. 4
Pleistozän n. ‖ pleistocene era ‖ ère f. pleistocène. 5
Plenarsitzung f. ‖ general meeting ‖ séance f. publique *ou* plénière. 6
Pleochroismus m. ‖ pleochroism ‖ pléochroïsme m. 7
Pleonast m. ‖ black spinel; pleonaste ‖ ceylanite f.; pléonaste m.; spinelle m. noir. 8
Plessit m. (Miner) ‖ plessite ‖ plessite f. 9
Pleuelstange f. ‖ connecting rod; main rod (A) ‖ bielle f. **a) versetzte ~** ‖ offset connecting rod ‖ bielle f. déportée. 10
Pleuelstangen-kopf m. ‖ connecting rod big end ‖ tête f. de bielle. **a) ~lager** n. ‖ connecting rod bearing *or* bushing; big end bearing ‖ coussinet m. (de tête) de bielle. 11
Plinthe f. (Piedestal) ‖ base; foot ‖ pied m. **a)** ~ (Säule) ‖ plinth ‖ plinthe f. *et* m. 12
Pliozän n. ‖ pliocene ‖ système m. pliocène. 13
Plissee-maschine f. ‖ plissé *or* pleating *or* trill machine ‖ machine f. à plisser; plisseuse f. mécanique. **a) ~presser** m. ‖ plaiter ‖ plisseur m. 14
Plissiermaschine f. *s.* Plisseemaschine. 15
Plombe f. ‖ lead seal ‖ plomb m. à sceller. **a) Kisten~** ‖ chest seal ‖ plomb m. à sceller les caisses. 16
Plomben-gießmaschine f. ‖ lead seal casting machine ‖ machine f. à couler les plombes. **a) ~verschluß** m. ‖ leaden seal ‖ plomb m. **b) ~zange** f. ‖ lead stamping punch pliers pl. ‖ pince f. à plomber. 17
plombieren, einen **Zahn** m. ‖ to fill up *or* to plug a hollow tooth ‖ plomber une dent. 18
Plombierung f. ‖ plumbing ‖ plombage m. 19
Plombierzange f. ‖ leading tongs pl. ‖ pince f. de plombage. 20
Plotz m. ‖ explosion ‖ explosion f. 21
Plötz m. ‖ broad iron wedge ‖ coin m. fort. 22
plotzen ‖ to explode ‖ éclater; exploser; explosionner; faire explosion f. 23
plötzlich ‖ sudden; unexpected ‖ subit; soudain. 24
Plumbokalzit m. ‖ plumbocalcite ‖ plumbocalcite f. 25
Plunger m. ‖ plunger ‖ piston-plongeur m.; plongeur m. **a)** ~ in **Metallführung** (Masch) ‖ plunger in metal guides ‖ plongeur m. guidé par des barres métalliques. 26
Plunger-kolben m. ‖ plunger; plunger piston *or* bucket ‖ plongeur m.; piston-plongeur m. **a) ~pumpe** f. ‖ plunger pump ‖ pompe f. à plongeur. 27
Plüsch m. ‖ plush; shag ‖ peluche f. **a) gerissener ~** ‖ cut plush ‖ peluche f. coupée. **b) Kett~** ‖ warp plush ‖ peluche f. par chaîne. **c) Möbel~** ‖ furniture plush ‖ peluche f. d'ameublement. **d) Schuß~** ‖ weft plush ‖ peluche f. par trame. **e) Seiden~** ‖ silk plush ‖ peluche f. soie. **f) ungerissener ~** ‖ uncut plush ‖ peluche f. bouclée. 28
Plüsch-decke f. ‖ plush cover ‖ couverture f. de peluche. **a) ~kräusler** m. ‖ plush friezer ‖ ratineur m. de peluche. **b) ~schneidemaschine** f. ‖ plush cutting machine ‖ machine f. à couper la peluche. **c) ~spieltier** n. ‖ toy animal of plush ‖ animal m. en peluche. 29
Plüschteppich m. ‖ plush *or* rug *or* pile carpet ‖ tapis m. velouté. **a) ~weber** m. ‖ plush carpet weaver ‖ moquettier m. 30
Plüsch-weber m. ‖ plush weaver ‖ tisseur m. de peluche. **a) ~weberei** f. ‖ plush weaving mill ‖ tissage m. de peluche. **b) ~webstuhl** m. ‖ loom for weaving plush ‖ métier m. pour peluche. 31
plüsen, die Wolle ‖ to pick *or* pull *or* pluck the wool ‖ éplucher la laine. 32
Plus- und Minusabmaß n. ‖ plus and minus limits pl. ‖ tolérances mpl. maxima et minima. 33
Plus-elektrizität f. ‖ positive electricity ‖ électricité f. positive. **a) ~elektrode** f. ‖ positive plate *or* electrode ‖ électrode f. positive. **b) ~platte** f. ‖ positive plate ‖ plaque f. positive. **c) ~zeichen** n. ‖ plus sign ‖ signe m. plus. 34
plutonisch ‖ plutonic ‖ plutonique. 35
Pneumatik m. ‖ pneumatic; tire ‖ pneu m.; pneumatique m. **a)** den ~ m. **abnehmen** ‖ to remove the tire ‖ démonter le bandage. **b)** mit **Draht** besponnener ~ ‖ cover *or* tire wired-on ‖ pneumatique m. à tringles. 36
Pneumatikpumpe f. ‖ tire pump ‖ pompe f. à pneu. 37
pneumatisch ‖ pneumatic ‖ pneumatique. **a) ~er Anlasser** m. ‖ compressed air starter ‖ démarreur m. à air comprimé. **b) ~e Bremse** f. ‖ pneumatic brake ‖ frein m. pneumatique. **c) ~er Elevator** m. ‖ pneumatic hoist ‖ monte-charge m. pneumatique. **d) ~er Hammer** m. ‖ pneumatic hammer ‖ marteau m. à air comprimé. **e) ~e Nietanlage** f. ‖ pneumatic rivetting machinery ‖ riveuses fpl. pneumatiques. **f)** die Werkstatt besitzt **~e Niet- und Bohranlage** ‖ the plant is equipped with pneumatic riveting and drilling machinery ‖ l'atelier m. est équipé de riveuses et foreuses pneumatiques. **g) ~es Werkzeug** n. ‖ pneumatic tool ‖ machine-outil f. pneumatique. 38
Pocharbeiter m. ‖ dresser ‖ bocardeur m. 39
Pocheisen n. ‖ iron of the pounder; iron shoe of the stamper; stamp shoe; stamp socket; stamp head; stem ‖ armure f. en fonte du pilon d'un bocard; sabot m. en fonte. 40
pochen ‖ to knock; to beat ‖ frapper. **a)** das **Erz** ~ ‖ to pound *or* to stamp the ore ‖ bocarder le minerai. 41
Pocher m., **Erz** ‖ ore stamper ‖ broyeur m. de minerai. 42
Poch-erz n. ‖ halvans pl.; halvings pl.; hanaways pl. ‖ minerai m. pauvre à bocarder. **a) ~gänge** mpl. ‖ halvans pl.; halvings pl.; hanaways pl. ‖ minerai m. pauvre à bocarder. **b) ~hammer** m. ‖ pounding machine ‖ marteau m. à briser le minerai. **c) ~laden** m. ‖ mortar; pounding *or* stamping trough ‖ huche f. **d) ~mehl** n. ‖ stamped ore ‖ poussière f. *ou* sable m. de bocard. **e) ~schuh** m. (Bergb; Hüttenw) ‖ beating *or* stamp *or* ore crushing *or* battery shoe ‖ sabot m. de bocards *ou* de pilon. **f) ~sohle** f. ‖ (Bergb; Hüttenw) ‖ stamp die ‖ dé m. de bocards. **g) ~steiger** m. ‖ captain dresser ‖ maître-bocardeur m. 43
Pochstempel m. ‖ stamp; stamper; lifter; battery dies pl. ‖ pilon m.; matrice f. de pilon. **a) ~schaft** m. (Bergb; Hüttenw) ‖ shaft of the stamp ‖ tige f. de pilon. **b) ~schuh** m. ‖ iron shoe of the stamper; stem; stamp shoe; stamp socket; stamp head ‖ armure f. en fonte du pilon d'un bocard; sabot m. en fonte. 44
Poch-trog m. ‖ mortar; pounding *or* stamping trough ‖ huche f. **a) ~werk** n. ‖ stamp(ing) mill *or* battery; crushing mill; poolwork ‖ bocard m.; broyeuse f. 45
Pocken fpl. ‖ pox ‖ variole f.; petite vérole f. 46
Pockholz n. ‖ guaiac *or* pock wood; lignum vitæ ‖ bois m. de gaïac; gaïac m. **a) brasilianisches ~** ‖ Brazilian rosewood; jacaranda *or* palisander wood ‖ palissandre m.; jacaranda m. 47
Podest n. ‖ landing; landing place of stairs; resting place ‖ palier m. *ou* repos m. d'escalier. **a) Bedienungs~** ‖ operator's platform ‖ poste m. de commande. **b) gesprengtes ~** ‖ trussed resting place ‖ claveau m. d'escalier. **c) halbes ~** ‖ half place ‖ demi palier m. 48
Podest-balken m. ‖ joist of a landing place ‖ patin m. de palier d'un escalier. **a) ~platte** f. ‖ landing slab ‖ palier m. **b) ~stufe** f. ‖ landing step ‖ marche-palier f. **c) ~treppe** f. mit zwei Läufen ‖ two-flighted stairs pl. ‖ escalier m. à deux rampes alternatives. 49
Podium n. (Windmüll) ‖ plinth ‖ plateforme f. 50
Pointiereinrichtung f. für fotografische Aufnahmen ‖ guiding attachment for photographic work ‖ appareil m. de pointage pour la photographie. 51
Pointieren n. (Web) ‖ diamond draught ‖ passage m. en pointe. 52
Pointierungs-mikroskop n. (Astro) ‖ guiding microscope ‖ microscope m. de pointage. **a) ~okular** n. ‖ guide eyepiece ‖ oculaire m. de pointage latéral. 53
Pointierungsokularkopf m. ‖ guiding eyepiece head ‖ porte-oculaire m. de pointage. **a) ~ mit Positionswinkeleinstellung** ‖ guiding eyepiece head with revolving position collar ‖ porte-oculaire m. de pointage avec cercle de calage pour l'angle de position. 54
Pökelei f. ‖ (meat) salting house ‖ fabrique f. de salaisons. 55

Pökel-fleisch n. || saltbeef; saltmeat || bœuf m. salé; salaison f. **a) ~kufe** f. || pickling tub || saloir m. 1
pökeln || to pickle || mariner. 2
poken, Flachs m. *oder* Hanf m. || to brake the flax *or* hemp || piler le lin *ou* le chanvre. 3
Pol m. (Erdk) || pole || pôle m. **a) ~** (Geom) || origin; pole || origine f.; pôle m. **b) geerdeter ~** || earthed pole || pôle m. à la terre. **c) gleichnamiger ~** || like pole || pôle m. de même nom. **d) negativer ~** || negative electrode *or* pole || pôle m. négatif. **e) positiver ~** || positive pole || pôle m. positif. **f)** die **~e** mpl. **umschalten** (Elektr) || to change the pole connections pl. || regrouper les pôles mpl. **g) ungleichnamiger ~** || unlike pole || pôle m. de nom contraire. 4
Polacker m. (Schiffb) || polacre || polacre f.; polaque f. 5
Polackermast m. (Schiffb) || pole mast || mât m. à pible. 6
Polanzeiger m. || pole finder || indicateur m. de pôles. 7
polar || polar || polaire. **a) ~es Trägheitsmoment** n. || polar moment of inertia || moment m. d'inertie polaire. 8
Polar-achse f. (Geom) || polar axis; prime radius || axe m. polaire. **a) ~distanz** f. || polar distance || distance f. polaire. 9
Polare f. (Geom) || polar || polaire f. **a) reziproke ~** || reciprocal polar || polaire f. réciproque. 10
Polargleichung f. || polar equation || équation f. polaire. 11
Polarimeter n. || polarimeter || polarimètre m. 12
Polarisation f. || polarization || polarisation f. **a) elektrische ~** || electric polarization || polarisation f. d'un diélectrique. **b) elektrolytische ~** || electrolytic polarization || polarisation f. électrolytique. **c) ~** des **Lichtes** || polarization of light || polarisation f. de la lumière. 13
Polarisationsapparat m. || polarizing apparatus || appareil m. de polarisation. **a) Halbschatten~** || halfshade polariscope || polarimètre m. à pénombre. 14
Polarisations-batterie f. || polarization battery || pile f. de polarisation. **a) ~-ebene** f. || plane of polarization || plan m. de polarisation. **b) ~einrichtung** f. || polarizing attachment || appareil m. de polarisation. **c) ~instrument** n. || instrument of polarization || instrument m. de polarisation. **d) ~mikroskop** n. || polarizing microscope || microscope m. polarisant. **e) ~mikroskopie** f. || polarizing microscopy || microscopie f. en lumière polarisée. 15
polarisationsmikroskopische Erforschung f. || studying with the polarizing microscope || examen m. en lumière polarisée. 16
Polarisations-röhre f. || polarization tube || tuyau m. à polarisation. **a) ~sonnenprisma** n. || polarizing solar prism *or* sun prism || hélioscope m. de polarisation. **b) ~strom** m. || polarization current || courant m. de polarisation. **c) ~vorrichtung** f. || polarizing attachment || appareil m. de polarisation. **d) ~zelle** f. || polarization cell; electrolytic rectifier || pile f. polarisable; élément m. de polarisation. 17
Polarisator m. || polarizer || polariseur m. 18
polarisierbar || polarizable || susceptible de se polariser. 19
Polarisierbarkeit f. || polarizability || susceptibilité f. de se polariser. 20
polarisieren || to polarize || polariser. **a) sich ~** || to be polarized || se polariser. 21
Polarisieren n. (Opt) || polarization || polarisation f. 22
polarisierend (Opt) || polarizing || polariseur. 23
polarisiertes Licht n. || polarized light || lumière f. polarisée. 24
Polarität f. || polarity || polarité f. 25
Polarkoordinaten fpl. || polar coordinates pl. || coordonnées fpl. polaires. 26
Polarkreis m. || polar circle || cercle m. polaire. **a) nördlicher ~** || arctic circle || cercle m. polaire arctique. **b) südlicher ~** || antarctic circle || cercle m. antarctique *ou* méridional. 27
Polar-kurve f. || polar curve || courbe f. polaire. **a) ~licht** n. || aurora borealis || aurore f. boréale; lumière f. polaire. **b) ~-planimeter** n. || polar planimeter || planimètre m. polaire. **c) ~projektion** f. || polar projection || projection f. polaire. **d) ~stern** m. || pole star || étoile f. polaire. **e) ~subtangente** f. || polar subtangent || soustangente f. polaire. **f) ~subnormale** f. || polar subnormal || sousnormale f. polaire. **g) ~winkel** m. || polar angle || angle m. décrit par le rayon polaire. 28
Polder m. || swamps pl. *or* marshes pl. drained *or* reclaimed || polder m. **a) ~boden** m. || marshy ground || maraîchère f. **b) ~mühle** f. || wind mill for drainage || moulin m. à assécher *ou* pour assèchements. 29
Pol-distanz f. || polar distance || distance f. polaire. **a) ~draht** m. || electrode || électrode f. 30
Pole f. des **Samts** || nap; pile || poil m. 31
Polecke f. (Miner) || vertical solid angle || angle m. terminal *ou* du sommet. 32
polen, Kupfer n. || to pole copper || travailler le cuivre avec la perche. **a)** das **Kupfer zähe ~** || to toughen copper || affiner le cuivre. 33
Poleyöl n. || penny royal oil || essence f. de pouliot. 34
Pol-faden m. || moveable *or* turning thread of the warp || fil m. de tour. **a) ~flügel** m. (Web) || front standard || lisse f. de tour. **b) ~gehäuse** n. für **Dynamomaschinen** || pole casing for dynamos || carcasse f. inductrice de dynamo. **c) ~höhe** f. || altitude *or* elevation of the pole; latitude || élévation f. *ou* hauteur f. du pôle; latitude. 35
Polhöhen-korrektion f. (Astro) || latitude correction || rectification f. de la latitude. **a) ~verstellung** f. (Fernrohr) || polar adjustment || réglage m. de la latitude. 36
Polianit m. || polianite || polianite f.; manganèse m. oxydé hydraté. 37
Police f. || insurance policy || police f. d'assurance. **a) laufende ~** || floating policy || police f. flottante. **b)** eine **~** f. **nehmen** || to take out a policy || prendre une police. 38
Polier m. || foreman || appareilleur m.; maître-ouvrier m.; parlier m. **a) Zimmer-** || carpenter foreman || charpentier m. appareilleur. 39
Polier-ahle f. || round broach || alésoir m. rond. **a) ~anlage** f., **Malz** || malt polishing plant || installation f. pour le lissage du malt. **b) ~bürste** f. || polishing brush || brosse f. à polir; polissoire f. **c) ~einrichtung** f., **Federdraht** || wire polishing device for spring wires || installation f. à polir le fil pour ressorts. 40
polieren (Holz) || to polish || lustrer. **a) ~** (Met) || to polish; to scour || blanchir; polir. **b) ~** (Spiegelf) || to burnish; to brighten || aviver le métal. **c) Flintenschrot** m. **~** || to polish the gun shot || lustrer *ou* roder la dragée. 41
Polieren n. || grinding; polishing; rubbing || adoucissage m.; opération f. de doucir *ou* de frotter *ou* de polir *ou* de roder. **a) ~** mit **Gärbstahl** || burnishing || brunissage m. **b) ~** von **Messern** || knife polishing || polissage m. de couteaux. **c) ~** von **Metallwaren** || metal polishing || polissage m. sur métaux. **d) ~** der **Nadeln** || needle grinding *or* scouring *or* polishing || polissage m. des aiguilles. **e) ~** von **Scheren** || scissors polishing || polissage m. de ciseaux. 42
Polierer m. || polisher || polisseur m. **a) Bürsten~** || brush polisher || polisseur m. de bois de brosses. **b) Messer~** || knife polisher || polisseur m. de couteaux. **c) Scheren~** || scissors polisher || polisseur m. de ciseaux. 43
polierfähig || polishable || polissable. 44
Polierfähigkeit f., Stahl m. von hoher || steel of high capacity for taking a brilliant polish || acier m. susceptible de recevoir un poli brilliant. 45
Polier-faß n. || polishing barrel || lissoir m. **a) ~fehler** m., von **~n** freies Glas n. || lens free from faults in the polished surfaces || verre m. exempt d'imperfections de polissage. **b) ~feile** f. || burnisher; polishing file || brunissoir m.; carrelette f. **c) ~filz** m. || felt for polishing || feutre m. à polir. **d) ~hammer** m. || polishing hammer || marteau m. à polir. **e) befilztes ~holz** n. || felted polisher *or* stick; flattening-wood || estrique f.; lustroir m.; moellette f. **f) ~kopf** m. || polishing head || nez m. de polissage. **g) ~leder** n. || buff-leather || cuir m. pour polir. 46
Poliermaschine f. || polishing machine || machine f. à polir; polisseuse f. **a) Blech~** || sheet metal polishing machine || machine f. à polir les tôles. **b) Entkeimungs- und ~** (Malz) || screening and scouring machine || machine f. à dégermer et à polir. **c) Stein~** || stone polishing machine || machine f. à polir les pierres. **d) ~** für die **Textilindustrie** || polishing machine for textile industry || machine f. à lustrer pour l'industrie textile. **e) Zylinder~** || cylinder polishing machine || machine f. à polir l'intérieur des cylindres. 47
Poliermasse f. || polishing composition || composition f. *ou* produit m. à polir. 48
Poliermittel n. || polishing material *or* agent || produit m. *ou* agent m. à polir. **a) Metall~** || metal polishing material || produit m. à polir les métaux. **b) ~, roh,** gekörnt, geschlämmt oder gemahlen || polishing material, raw, granulated, washed *or* ground || agent m. à polir brut, granulé, lavé ou moulu. 49
Polier-motor m. || polishing motor || moteur m. pour appareils de polissage; moteur m. à polir. **a) ~pulver** n. || polishing powder || poudre f. à polir. **b) ~rahmen** m. || polisher's frame || châssis m. pour tenir les objets à polir. **c) ~rot** n. || polishing rouge || rouge m. d'Angleterre *ou* à polir. **d) ~saal** m. für astronomische **Optik** || astro optical glass polishing shop || atelier

m. pour le polissage des objectifs astronomiques. 1
Polierscheibe f. || polishing *or* glazing *or* buffing wheel; polisher || aviveuse f.; disque m. à brunir *ou* à polir; polissoire f. **a) Flanell~** || flannel polishing wheel || roue f. de polissage en flanelle. 2
Polier-schiefer m. || polishing slate; tripoli || schiste m. tripoléen *ou* à polir. **a) ~stahl** m. || burnishing steel; burnisher || brunissoir m. **b) ~stein** m. || burnishing stone *or* millstone || pierre f. de brunissage; meule f. polissoire. **c) ~stock** m. || planishing stake || tas m. à planer. 3
poliert, die Oberfläche wurde mit äußerster Genauigkeit ~ || the surface was polished with extreme accuracy || la surface fut polie avec la précision la plus minutieuse. 4
poliert, Hochglanz m. || highly polished || poli à reflets. 5
poliert, mit ~en Kanten fpl. || with polished edges || avec bords mpl. polis. **a) ~e Glasfläche** f. || polished lens surface || face f. de verre polie. 6
Polier-trommel f. || glazing barrel; polishing drum || lissoir m.; tambour m. polisseur. **a) ~wachs** n. || polishing *or* rubbing wax || cirage m. **b) ~walze** f. || polishing roll || cylindre m. à polir. 7
Politur f. || polish || poli m.; vernis m. **a) französische ~** || french polish || vernis m. français. **b) Kraftwagen~** || motor car polish || vernis m. d'automobile. **c) ~ für Möbel** || furniture polish || brillant m. pour meubles. **d) Pech~** f. des **Glases** || pitch polishing method of glass || polissage m. de verre à la poix. **e) Wiener~** || french polish || vernis m. 8
Politur-lack m. || flatting varnish || vernis m. à polir. **a) ~leiste** f. || polished moulding || tringle f. polie. 9
Polizei-beamter m. || police official || officier m. *ou* employé m. de police. **a) ~boot** n. || police launch || vedette f. de police. **b) ~funkdienst** m. || police radio service || service m. radioélectrique de la police. **c) ~melder** m. || police box || avertisseur m. de police. 10
Polizeirufanlage f. || police signal system || installation f. d'appel de police. **a) Umschalteschrank** m. für **~n** || switchboard for police signal systems || commutateur m. téléphonique pour installations d'appel de police. 11
Polizist m. || policeman || agent m. de police; sergent m. de ville. 12
Pol-kante f. eines **Kristalls** || terminal edge || arête f. culminante. **a) ~kette** f. (Web) || nap *or* pile warp || chaîne f. de poil; poil m. **b) ~klemme** f. || pole terminal || borne f. d'élément. 13
Poller m. (Schiffb) || bollard || bitton m. **a) ~** (Wasserb) || bollard || borne f. d'amarrage. 14
Pollux m. (Miner) || pollux || pollux m. 15
Pol-reagenzpapier n. || litmus paper || papier m. cherche-pôles. **a) ~ring** m. in **Hälften** || pole ring in halves || anneau m. de pôles en moitiés. **b) ~schritt** m. (Elektr) || pole step || pas m. polaire. **c) ~schuh** m. || pole shoe; lead cup || cosse f. *ou* pièce f. polaire. **d) ~stange** f. (Met) || pole || perche f.; pôle m. **e) ~stärke** f. || strength of pole || intensité f. de pôle. 16
Polster n. || cushion; pad; squab || coussin m.; rembourrement m.; matelas m. **a) ~** des **Klüwerbaums** || jib-boom saddle || chevalet m. du bâton du foe. **b) Luft~** || air cushion || matelas m. d'air. 17
Polsterer m. || mattress-maker || matelassier m. 18
Polster-gurt m. (Posam) || notched galloon || lézarde f. **a) ~haar** n. || hair for stuffing || rembourrure f. 19
Polsterholz n. || filler; straw boxer; boarding *or* bridging joist || rembourroir m.; soliveau m. 20
Polsterhölzer npl. eines **Ablaufgerüstes** || stopping-up pieces pl. of a cradle || billots mpl. d'un berceau. 21
Polster-leder n. || leather for stuff-bottomed furniture || cuir m. pour meubles bourrés. **a) ~leinwand** f. || stuffing coat || rembourrure f.; toile f. à rembourrure. **b) ~material** n. || upholstering *or* stuffing material || matière f. de rembourrage. **c) ~möbel** npl. || upholstered furniture || meubles mpl. rembourrés. 22
polstern || to upholster; to line; to pad; to stuff (out) || matelasser; rembourrer. 23
Polstern n., Watteband m. zum || ribbon of wadding for upholstering || ruban m. d'ouate pour rembourrer. 24
Polster-nagel m. || cut *or* upholstering nail || clou m. découpé *ou* de tapisserie. **a) ~sitz** m. || cushion seat; upholstered seat || siège m. rembourré. **b) ~stange** f. || iron rod for stuffing collars || verge f. à enverger. 25
Polsterung f. || quilt work; upholstery || rembourrage m.; capitonnage m. 26
Polsterwaren fpl. || upholstered goods pl. || rembourrages mpl. 27
Polsterwerkstoff m. || upholstering material || matériel m. à rembourrer. **a) Automobil~** || stuffing for motor cars || matériaux mpl. de rembourrage pour autos. 28
Polster-watte f. || wadding for upholstering || ouate f. de rembourrage; rembourrure f. **a) ~werg** n. || stuffing tow || étoupe f. à rembourrer. 29
Pol-strahl m. || polar line; radius vector || rayon m. polaire *ou* vecteur. **a) ~suchpapier** n. || pole-finding paper || papier m. pôle. 30
polumschaltbarer Drehstromflanschmotor m. || flanged three-phase current motor with change of pole connections || moteur m. triphasé à bride avec changement des connections polaires. 31
Pol-umschaltung f. || pole changing || changement m. du nombre de pôles; commutation f. *ou* permutation f. des connections polaires. **a)** Aufnahme f. nach dem **~verfahren** n. || plotting by polar coordinates || levé m. de plan par la méthode polaire. 32
Polwechsel m. (Elektr) || alternation || alternance f. **a) ~zahl** f. (Elektr) || frequency || fréquence f. 33
Pol-wechsler m. (Fernm) || pole changer || inverseur m. de pôles; vibrateur m. générateur. **a) ~wender** m. (Fernm) || current reverser || inverseur m. du courant. 34
Polybasit m. || polybasite || polybasite f. 35
Polydymit m. || polydymite || polydymite f. 36
Polyeder n. || polyedron; polyhedron || polyèdre m. 37
Polygon n. || polygon || polygone m. **a)** einem **Kreise** m. **eingeschriebenes ~** || polygon inscribed in a circle || polygone m. inscrit au cercle. **b)** einem **Kreise** m. **umschriebenes ~** || polygon circumscribed about a circle || polygone m. circonscrit au cercle. 38
Polygonalzahl f. || polygonal number || nombre m. polygone. 39
Polygon-aufhängung f. || polygonal suspension || suspension f. polygonale. **a) ~berechnung** f. || calculation of a traverse || calcul m. des polygones. 40
Polygonierung f. || precise traversing || tachéométrie f. 41
polygonisieren || to make a traverse survey || mesurer des polygones mpl. 42
polygoniometrische Aufgabe f. || traverse problem || problème m. polygoniométrique. 43
Polygonzug m. || draft of traverse || tracé m. polygonal *ou* de polygones. 44
polygrafisches Gewerbe n. || polygraphy || polygraphie f. 45
Polyhalit m. || polyhalite || polyhalithe f. 46
Polykras m. || polycrase || polycrase f. 47
Polynom n. || multinomial; polynomial || polynôme m. 48
Polytypie f. || cast || polytypage m. 49
Polyxen n. || native platinum || platine m. natif. 50
Pomade f. || pomade; pomatum; ointment || pommade f. **a) Haar~** || hair pomatum || pommade f. pour les cheveux. **b) Lippen-** || lip salve || pommade f. pour les lèvres. **c) parfümierte ~** || perfumed *or* scented pomade || pommade f. parfumée. 51
Pomadendose f. || pomatum box || boîte f. pour pommade. 52
Pomeranzen-öl n. || orange oil || essence f. d'orange. **a) ~schale** f. || bitter orange peel || écorce f. d'oranges amères. 53
Pompejanischrot n. || pompeian red || rouge m. pompéien. 54
Pompelmuse f. || pompelmous; grapefruit || pamplemousse f. 55
Poncelet-brücke f. (Wasserb) || balance bridge of Poncelet || pont-levis m. de Poncelet. **a) ~rad** n. || Poncelet's water wheel || roue f. Poncelet. 56
Poncho m. || poncho || poncho m. 57
Ponte f. || ferry-boat bac; floating bridge || bac m.; pont m. flottant. 58
Ponton m. || pontoon || ponton m.; ponton-embarcadère m. 59
Ponton-boden m. || pontoon bottom || fond m. de bateau. **a) ~brücke** f. || pontoon *or* boat bridge || pont m. de pontons *ou* de bateaux. **b) ~kran** m. || floating luffing crane; floating crane || grue-ponton f.; grue f. flottante. **c) ~tor** n. || caisson gate || bateau-porte m. **d) ~verschluß** m. für **Docks** || dock pontoon || ponton m. à dock. **e) ~wagen** m. || pontoon carriage *or* wagon; boat wagon || haquet m. à bâteau *ou* à ponton. 60
Ponywagen m. || pony car || voiture f. à poneys. 61
Poonalith m. || poonalite || poonalithe f. 62
Popelin m. || poplin || popeline f. de laine. 63
Pore f. || pore || pore m. 64
porig || porous || poreux. 65
porös *s.* porig. **a) ~** (Gieß) || blown || loupé; poreux. 66
Porosität f. || porosity || porosité f. 67
Porpezit m. || palladium gold; porpezite || palladium m. aurifère; porpézite f. 68
Porphyr m. || porphyry || porphyre m. **a) quarzfreier ~** || porphyrite || porphy-

rite f. **b) quarzführender ~** || elvan; quartz porphyry || porphyre m. quartzifère; elvan m. **c) roter ~** || red porphyry || porphyre rouge. m. **d) schwarzer ~** || augit-porphyry || mélaphyre m. 1

Porphyrbruch m. || porphyry quarry || carrière f. de porphyre. 2

Porphyrit m. || porphyrite || porphyrite f. 3

Porphyrwalze f. || porphyry roller || rouleau m. de porphyre. 4

Portal n. (Bauk) || front gate; porch || portail m. **a)** ~ (Fähre) || horse || potence f. 5

portalartig, die Beine npl. des Krans sind ~ ausgeführt || the crane supports pl. are gate-like shaped || les montants mpl. de grue sont en forme de portail. 6

Portaldrehkran m., Halb || semi portal revolving crane || grue f. pivotante à semi-portique *ou* tournante à demi portique. **a) Voll~** || portal revolving crane || grue f. pivotante à portique entier *ou* tournante à plein portique. 7

Portalfräswerk n. || portal milling machine || fraiseuse f. à portique. 8

Portalkran m. || portal *or* gantry crane || grue f. à portique. **a) Halb~** || semi-portal crane || grue f. à demi-portique. 9

Portativ n. || portable organ || orgue f. portative. 10

Portefeuille-herstellung f. || portfolios manufacturing || manufacture f. de portefeuilles. **a) ~leder** n. || portfolio leather || cuir m. à portefeuille. 11

Portiere f., Zimmer || portiere || portière f. d'ameublement. 12

Portland-kalk m. || portland rock *or* lime stone *or* stone || calcaire m. portlandien. **a) ~klinker** m. || Portland clinker || brique f. de ciment Portland. **b) ~zement** m. || Portland cement || ciment m. Portland. 13

Porto n. || postage; payment || port m. **a) einschließlich ~** || inclusive of postage || port m. compris. 14

portofrei || postage free || franc de port. 15

Portokosten pl. || postal charges pl. || frais mpl. de port. 16

portopflichtig || liable to postage || soumis à la taxe. 17

Porto-satz m. || rate of postage || taxe f. **a) ~vergütung** f. || allowance made for postage || indemnité f. pour frais de correspondance. 18

Porträt n. *s. auch* Bildnis n. || portrait || portrait m. 19

Porträt-film m. || portrait film || portrait-film m. **a) ~fotograf** m. || portrait photographer || photographe-portraitiste m. 20

Porzellan n. || porcelain; china || porcelaine f. **a) Auftragen** n. von Reliefs auf ~ || china ornamentation || pastillage m. **b) ~ für chemisch-technische** Zwecke || china articles pl. for chemical and technical purposes || porcelaine f. d'usage chimique et technique. **c) Delfter ~** || Delf(t)-ware || poterie f. de Delft. **d) Edel~** || hard porcelain || porcelaine f. dure. **e) elektrotechnisches ~** || electrotechnical porcelain || porcelaine f. électro-technique. **f) englisches ~** || English china *or* porcelain || porcelaine f. anglaise. **g) Feldspat~** || hard porcelain || porcelaine f. dure. **h) Gebrauchs~** || chinaware for household || porcelaine f. d'usage. **i) Hart~** || hard porcelain || porcelaine f. dure. **k) künstlerisches ~** || artistic porcelain || porcelaine f. artistique. **l) ~ für Laboratorien** || laboratory porcelain || porcelaine f. de laboratoire. **m) Luxus~** || fancy porcelain || porcelaine f. de luxe. **n) ~ Meißener** || Meißen china || porcelaine f. de Meißen. **o) Stein~** || hard porcelain || porcelaine f. dure. **p) unglasiertes ~** || biscuit || biscuit m. **q) verglühtes ~** || biscuit-baked porcelain || dégourdi m. **r) weiches ~** || soft *or* tender porcelain; tender chinaware || porcelaine f. tendre. 21

Porzellan-arbeiter m. || porcelain maker || ouvrier m. porcelainier. **a) ~bild** n. || picture on porcelain || peinture f. sur la porcelaine. **b) ~bohrer** m. || china *or* porcelain borer || perceur m. de porcelaine. **c) ~brennofen** m. || porcelain calcining furnace || four m. à cuire la porcelaine. **d) ~doppelglocke** f. || double-shed porcelain insulator || isolateur m. en porcelaine à double cloche. **e) ~dreher** m. || porcelain *or* china thrower || tourneur m. en porcelaine. **f) ~eindampfschale** f. || porcelain evaporating basin || vase f. d'évaporation en porcelaine. **g) ~erde** f. || kaolin; china *or* fine clay; kaolinite; porcelain earth || kaolin m.; terre f. *ou* argile f. porcelaine; kaolinite f.; lithomarge f. **h) ~fabrikanlage** f. || porcelain manufacturing plant || installation f. de fabrique de porcelaines. **i) ~-fadenführer** m. || porcelain thread guide || guide-fil m. en porcelaine. **k) ~farbe** f. || porcelain colour || couleur f. pour porcelaine. **l) ~fotografie** f. || photo-printing on china || photocéramique f. **m) ~gebrauchsgeschirr** n. || crockery ware || porcelaine f. d'usage. **n) ~gerät** n. || porcelain ware || ustensile m. en porcelaine. **o) ~geschirr** n. für Gaststätten || porcelain for hotels || porcelaine f. pour hôtels. **p) ~gießer** m. || porcelain *or* china caster || mouleur m. en porcelaine. **q) ~goldmaler** m. || porcelain gilder || doreur m. sur porcelaine. **r) ~grabfigur** f. || statue of porcelain for tombs || statue f. tombale en porcelaine. **s) ~industrie** f. || porcelain industry || industrie f. de la porcelaine. **t) ~isolationsstoff** m. || porcelain insulating material || matière f. isolante en porcelaine. **u) ~isolator** m. || porcelain *or* china insulator || isolateur m. en porcelaine. **v) ~jaspis** m. || porcelain jasper; porcel(l)anite || jaspe m. porcelaine; porcel(l)anite f. **w) ~-klemme** f. || porcelain insulating cleat || taquet m. en porcelaine. **x) ~knopf** m. || porcelain button || bouton m. en porcelaine. **y) ~küvette** f. || porcelain cell || cuve f. en porcelaine. **z) ~lack** m. || porcelain varnish || vernis m. porcelaine. 22

a) ~maler m. || china *or* slip painter || peintre m. sur porcelaine; engobeur m. **b) ~malerei** f. || painting on porcelain; china painting || peinture f. sur porcelaine. **c) ~rohr** n. || porcelain tube || tube m. en porcelaine. **d) ~schiefer** m. || bituminous slate || argile f. schisteuse; schiste m. bituminifère. **e) ~schild** n. || porcelain plate || plaque f. en porcelaine. **f) ~schleifer** m. || porcelain polisher || polisseur m. de porcelaine. **g) ~tiegel** m. || porcelain crucible || creuset m. en porcelaine. **h) ~veredelung** f. || porcelain *or* china decoration || décoration f. de porcelaine. 23

Porzellanwaren fpl. || chinaware; porcelain ware *or* goods pl. || porcelaines fpl. **a) ~ für die Elektrotechnik** || electrotechnical porcelain goods pl. || articles mpl. électrotechniques en porcelaine. 24

Porzellan-zahn m. || porcelain tooth || dent f. en porcelaine. **a) ~ziegel** m. || fire brick; kiln brick || brique f. réfractaire *ou* blanche. 25

Posamenten-fabrik f. || trimming manufacturing || fabrication f. de passement. **a) ~maschine** f. || lace-trimming machine || machine f. à passementerie. **b) ~sticker** m. || trimming embroiderer || passementier-brodeur m. 26

Posamentier m. || lace maker; laceman; trimming *or* loop maker || passementier m. **a) ~arbeit** f. || lace work; trimmings pl. || passement m.; passementerie f. 27

Posamentiererei f. || trimming || passementerie f. 28

Posamentiermaschine f. || lace work machinery || machine f. de passementerie. 29

Posamentierwaren fpl. || trimmings pl.; lace work; haberdashery; passementerie || garnitures fpl. de passementeries; passementerie f. **a) ~ aus natürlichem Roßhaar** || passementeries pl. from natural horsehair || passementeries fpl. en crin naturel. 30

Posamentierwerkzeug n. || lace work tool || outil m. de passementerie. 31

Posamentmaschine f. || lace and trimming machine || métier m. de passementerie. 32

Posaune f. || trombone || trombone f. 33

Positionsfadenmikrometer n. || position filar micrometer || micromètre m. de position. 34

Positionskreis m. **mit Bogenminutenteilung** (Astro) || position circle divided into minutes of arc || cercle m. de position divisé en minutes d'arc. **a) ~ mit Gradteilung** (Astro) || position circle divided into degrees || cercle m. de position divisé en degrés. 35

Positions-lampe f. || navigation light || feu m. de position. **a) ~laterne** f. (Schiff) || position *or* navigation light || fanal m. de route *ou* de position. **b) ~-licht** n. (Schiff) || side *or* steering light || feu m. de route. **c) ~winkeldrehung** f. (Astro) || rotation about the position axis || rotation f. dans l'angle de position. 36

positiv || positive || positif. **a) ~ elektrisch** || electropositive; positively electric || électropositif; positivement électrique. **b) ~e Größe** f. (Math) || affirmative *or* positive quantity || quantité f. positive. 37

Positiv n. (Lichtb) || positive picture; positive || épreuve f. *ou* image f. positive; film m. positif. 38

Positivdruck m. || positive printing || impression f. positive. 39

Poßhammer m. *s.* Boßhammer. 40

Post f. || post; mail || poste f. 41

Post-amt n. || post office || bureau m. de poste. **a) ~anweisung** f. || money *or* post-office order || mandat m. de poste. 42

Postbeamter m., **höherer** || officer of the Post Office || employé m. des postes. **a) niederer ~** || post office servant || commis m. des postes. 43

Post-beförderung f. || conveyance by post || transport m. postal. **a) ~beutel** m. || mail bag || sac m. de dépêches. **b) ~bote** m. || postman || facteur m. (de poste). **c) ~dampfer** m. || mail steamer || malle f.; paquebot m. de poste; vapeur m. postal.

d) ~dienst m. || mail service || service m. postale. **e) ~direktion** f. || post office authorities pl. || direction f. des postes. **f) ~direktor** m. || post master || directeur m. des postes. 1

Posten m. (Buchung) || entry; item || écriture f.; entrée f.; article m. **a) ~** (Geld) || sum || somme f. **b) ~** (Glasf) || ball; piece; lump || paraison f. **c) ~** (Stellung als) || post; place || poste m.; place f. **d) ~** (Ware) || lot || lot m. **e) auf seinem ~** m. sein || to be on one's post || être à son poste. **f) Gegen~** (Buchung) || counter item; set off; offset; cross-entry || contre-partie f. 2

Postenschuß m. || buck shot || chevrotines fpl.; postes fpl. 3

Postenzähler m. (Zahlkasse) || counter of transactions || compteur m. de ventes. 4

Post-fach n. || post office box || casier m. postal. **a) ~flugzeug** n. || mail aeroplane || avion m. postal. **b) ~gebäude** n. || post-office || hôtel m. des postes. **c) ~halterei** f. || mail-cart service || service m. des postes. 5

Postierapparat m. (Web) || raising device before the machine || dispositif m. d'avant-lainage à l'entrée de la machine. 6

Postinspektor m. || post office surveyor || inspecteur m. des postes. 7

Postkarte f. || postcard || carte f. postale. **a) ~ mit Ansicht** || view postcard || carte f. postale illustrée. **b) ~ mit Stimme** || postcard with voices || carte f. postale parlante *ou* à voix. 8

Postkarten-album n. || album for postcards || album m. pour cartes postales. **a) ~format** n. || postcard size || format m. d'une carte postale. **b) ~halter** m. || postcard holder || porte-cartes m. **c) ~karton** m. || fine cardboard for postcards || carton m. pour cartes postales. **d) ~schreibvorrichtung** f. || card writing feature; arrangement for writing postal cards || dispositif m. pour écrire les cartes postales. **e) ~ständer** m. || postcard stand || étalage m. pour cartes postales. 9

Post-kraftwagenverkehr m. || service of post-office vans || service m. des automobiles postaux. **a) ~kutsche** f. || stage coach || diligence f. 10

postlagernd || to be left till called for; poste restante || poste restante. 11

Postnachnahme f. || cash order; advance made by post-office || remboursement m. postal. 12

Postpaket n. || parcel post || colis m. postal. **a) als ~** || by parcel post || par colis m. postal. **b) ~wage** f. (Büro) || parcel post scale || balance f. pour colis-postaux. 13

Post-papier n. || letter *or* postal paper || papier m. postal *ou* à lettres. **a) ~prüfeinrichtung** f. für **Privatnebenstellenanlagen** || test box for private branch exchanges || appareil m. de contrôle pour installations privées. **b) ~sack** m. || mail bag || sac m. de dépêches. 14

Postscheck m. || postal cheque *or* check (A) || chèque m. postal. **a) ~konto** n. || post office cheque account || compte m. de chèque postale. 15

Post-schließfach n. || post office box || caisse f. *ou* boîte f. postale; casier m. de la poste. **a) ~schluß** m. || close of mail || heure f. du courrier. **b) ~sekretär** m. || post office clerk || commis m. des postes. **c) ~scriptum** n. || postscript || post-scriptum m. **d) ~ stempel** m. || postmark || timbre m. **e) ~tag** m. || mail day || jour m. du courrier. **f) ~versandmaschine** f. || mailing machine || machine f. à expédier le courrier. **g) ~wagen** m. (Eisenb) || post wagon; post-office carriage; postal van; mail car || voiture f. postale; malle-poste m.; wagon-poste m. 16

postwendend || by return of post *or* of mail || par retour m. du courrier. 17

Post-wertzeichen n. || postage stamp || valeur f. postale; timbre-poste m. **a) ~zug** m. || mail train || train-poste m. 18

Potential n. || potential || potentiel m. **a) elektrisches ~** || electric potential || potentiel m. électrique. **b) Funken~** (Elektr) || disruptive potential || potentiel m. disruptif. **c) magnetisches ~** || magnetic potential || potentiel m. magnétique. 19

Potential-abfall m. || fall of potential || chute f. de potentiel. **a) ~differenz** f. || potential difference || différence f. de potentiel. **b) ~funktion** f. || potential function || fonction f. potentielle. **c) ~gefälle** n. || potential gradient *or* fall || chûte m. *ou* gradient m. de potentiel. **d) ~sprung** m. (Elektr) || potential drop || variation f. brusque de potentiel. 20

potentiell (Phys) || potential || potentiel. **a) ~e Energie** f. || potential energy || énergie f. potentielle. 21

Potentiometer n. || potentiometer || potentiomètre m. 22

Potenz f. (Math) || power || puissance f. **a) dritte ~** || cube; cubic number; third power || cube m.; troisième puissance f. **b) auf eine ~** f. **erheben** || to raise to a power || élever à une puissance. **c) ~ einer Zahl** || power of a number || puissance f. d'un nombre. **d) zweite ~** || second power; square || deuxième puissance f.; carré m. 23

Potenz-exponent m. || exponent; index || exposant m. **a) ~flaschenzug** m. || tackle of pulleys with only one fixed pulley || moufle f. qui n'a q'une seule poulie fixe. 24

potenzieren, eine Zahl f. || to raise a number to a power || élever un nombre à une puissance. 25

Pottasche f. || potash; neutral carbonate of potassium; carbonate of potash || potasse f.; carbonate m. de potasse. **a) kaustische ~** || caustic potash || potasse f. caustique. **b) künstliche ~** || artificial potash || potasse f. artificielle. **c) rohe ~** || black salt; melted ashes pl. || salin m.; cassoudes fpl.; casottes fpl. **d) ~ von Rübenschlempe** || potash from beet-root molasses || potasse f. de vinasses. **e) schwarze ~** || black salt; crude potash || salin m. **f) Wollschweiß~** || potash from suint || potasse f. de suint. 26

Pottasche-fluß m. || black salt; melted ashes pl.; crude potash || salin m.; cassoudes fpl.; casottes fpl. **a) ~gewinnung** f. || recovery of potash || récupération f. du carbonate de potasse. **b) ~küpe** f. || indigo *or* potash vat || cuve f. d'Inde *ou* d'indigo *ou* à la potasse. **c) ~sieder** m. || potash maker || ouvrier m. de potasse. 27

Pottfisch m. || sperm whale || cachalot m. 28

Pottlot n. || black lead; plumbago graphite || plombagine f. 29

Pozzolane f. (Geol) || pozzolana || pouzzolane f. 30

Pozzol(u)anerde f. || pozzolana || pouzzolane f.; thermantide f. cimentaire. **a) künstliche ~** || artificial pozzolana || pouzzolane f. artificielle. 31

Pracht-ausgabe f. (Buchdr) || large paper edition; edition de luxe || édition f. de luxe. **a) ~einband** m. (Buchb) || rich binding || reliure f. de luxe. **b) ~uhr** f. || monumental clock || horloge f. monumentale. 32

Präge f. *s.* Prägepresse f. **a) ~anstalt** f. (Münzw) || mint || hôtel m. des monnaies. 33

Prägedruck m. (Buchdr) || relief print || gaufrure f. **a) ~** (Metall) || die stamping || estampage m.; étampage m. 34

Präge-form f. || stamping mould || matrice f. à estamper. **a) ~gerät** n. || stamping appliances pl. || outils mpl. à estamper. **b) ~maschine** f. || coining *or* embossing machine || presse f. à frapper; estampeuse f. 35

prägen (Buchdr) || to stamp || empreindre; gaufrer. **a) ~** (Metall) || to stamp; to coin || estamper; étamper; frapper; battre. 36

Prägen n. || stamping || estampage m.; étampage m. 37

Präge-platte f. (Buchdr) || die || plaque f. à gaufrer. **a) ~polieren** n. || burnishing || galetage m. 38

Prägepresse f. (Buchdr) || embossing machine; die stamp || presse f. à empreindre. **a) ~** (Münzw) || coining press || presse f. à frapper. **b) ~** (Schmied) || stamping press || presse f. à matricer *ou* à estamper. **c) ~ zum Heißprägen** (Buchb) || embossing press for hot process || presse f. à empreindre à chaud. **d) Kniehebelmatrizen~** f. mit dampfelektrischer Heizung || knee lever (toggle) embossing press for matrices with combined steam- and electrical heating || presse f. à estamper à genouillère avec chauffage combiné électrique et à vapeur. **e) Metall~** || metal stamping press || presse f. à estamper les métaux. **f)** für **~ Papier** und **Pappe** || stamping press for paper and pasteboard || presse f. à estamper le papier et le carton. 39

Präger m. || stamper || estampeur m. 40

Prägerei f. (Münzw) *s.* Prägeanstalt f. **a) Leder~** || establishment for leather stamping || établissement m. à empreindre le cuir. 41

Präge-stempel m. || die; coin || coin m.; matrice f.; carré m. **a) ~werk** n. *s.* Prägepresse. 42

Prägring m. || coining ferrule || virole f. **a) dreiteiliger gebrochener ~** || open coining-ferrule made of three parts || virole f. brisée. **b) gekerbter ~** || channeled coining-ferrule; grooved ferrule || virole f. cannelée. **c) glatter ~** || not channeled coining-ferrule; smooth ferrule || virole f. lisse. **d) ungeteilter ~** || closed coining-ferrule || virole f. pleine. 43

Präg-schatz m. || mintage || rendage m.; brassage m. **a) ~stock** m. || fly press; stamping press || balancier m. 44

Prägung f. || stamping; coining || empreinte f. **a) Pappmatrizen~** (Druckw) || card-board matrice pressing || empreinte f. des flans. 45

Präg-werk n. *s.* Prägepresse. **a) ~werkzeug** n. || stamping tool || outil m. *ou* matrice f. à estamper. 46

Prahm m. ‖ praam; pontoon; barge ‖ prame f.; ponton m.; barque f. **a) ~bagger** m. ‖ dredger transporting the ballast; hopper-dredger ‖ dragueur-porteur m. **b) ~knecht** m. ‖ bargeman ‖ batelier m. 1

Praktikant m. ‖ practitioner ‖ pratiquant m.; volontaire m. 2

praktisch ‖ handy; practicable; practical ‖ pratique. **a) ~e Ausbeute** f. ‖ practical yield ‖ rendement m. pratique. **b) ~e Einheit** f. ‖ practical unit ‖ unité f. pratique. **c) ~e Erfahrung** f. ‖ practical experience ‖ expérience f. pratique. 3

Praline f. ‖ praline ‖ praline f. 4

Pralinenmacher m. ‖ praline maker ‖ pralineur m. 5

Prall-anzeiger m. ‖ gas pressure indicator; volume *or* fullness indicator ‖ indicateur m. de plénitude *ou* de remplissage du ballon. **a) ~luftschiff** n. ‖ pressure *or* non-rigid airship ‖ dirigeable m. souple; souple m. **b) ~stock** m. ‖ anvil; recoil; rabbit; spring beam ‖ billot m.; rabat m.; battoir m. 6

Prämie f. ‖ option; premium ‖ prime f. **a) Einfuhr~** ‖ import premium ‖ prime f. d'importation. **b) Jahres~** ‖ annual premium ‖ prime f. annuelle. **c) Produktions~** ‖ producing premium ‖ prime f. à la production. 7

Prämien-lohnsystem n. ‖ premium bonus system ‖ système m. de salaire à prime. **a) ~schein** m. ‖ premium bond ‖ lot m. 8

prämiieren ‖ to award a prize *or* a medal to ‖ primer. 9

Präparat n. ‖ preparation ‖ préparation f. **a) anatomisches ~** ‖ anatomical preparation ‖ préparation f. anatomique. **b) Dauer~** ‖ permanent slide culture ‖ préparation f. fixée. **c) dosiertes ~** ‖ dosed preparation ‖ préparation f. dosée. **d) kosmetisches ~** ‖ toilet preparation ‖ cosmétique m. **e) mikroskopisches ~** ‖ microscopic preparation ‖ préparation f. microscopique. **f) organisches ~** ‖ organic compound ‖ composé m. organique. **g) pharmazeutisches ~** ‖ pharmaceutical preparation ‖ préparation f. pharmaceutique. **h) physiologisches ~** ‖ physiological product ‖ produit m. physiologique. **i) Trocken~** ‖ dry preparation ‖ préparation f. à sec. **k) zoologisches ~** ‖ zoological preparation ‖ préparation f. zoologique. 10

Präparator m. ‖ preparator ‖ empailleur m. 11

Präparierbesteck n. ‖ dissecting instrument pl. ‖ trousse f. à dissection. 12

präparieren ‖ to prepare ‖ préparer. 13

Präparier-lupe f. ‖ dissecting magnifier ‖ loupe f. à dissection. **a)** stereoskopisches **~mikroskop** n. ‖ stereoscopic dissecting microscope ‖ microscope m. à dissection stéréoscopique. **b) ~nadel** f. ‖ dissecting needle ‖ aiguille f. à dissection. **c) ~salz** n. ‖ stannate of soda ‖ stannate m. de soude. **d) ~stativ** n. ‖ dissecting stand ‖ statif m. à dissection. **e) ~tisch** m. ‖ dissecting table ‖ platine f. à dissection. **f) ~utensilien** npl. ‖ preparation utensils pl. ‖ trousse f. à dissection. **g) ~walze** f. ‖ roughing *or* blooming roll; puddler's roll; roughing cylinder ‖ cylindre m. à cingler; cylindre cingleur *ou* dégrossisseur *ou* ébaucheur. 14

Prasem m. ‖ prase ‖ quartz m. amphiboleux *ou* prase. 15

präsentieren, einen **Wechsel** m. ‖ to present a bill of exchange (for acceptance) ‖ présenter une lettre f. de change. 16

Präsentierteller m. ‖ tray ‖ cabaret m.; plateau m. 17

Präsidium n., im **~** einer **Gesellschaft** vertreten sein ‖ to be represented on the board of a company ‖ faire partie f. de la présidence d'une société. 18

Prasopal m. ‖ pras-opal ‖ prasopale f. 19

Prätschmaschine f. ‖ washing machine with beetles; beater ‖ battoir m.; plateau m. à battoir. 20

Pratze f. ‖ strap; claw ‖ griffe f. 21

Pratzenkran m. ‖ claw crane ‖ grue f. à griffes. 22

Präventionsrecht n. ‖ right of prevention ‖ droit m. de prévention. 23

Praxis f. ‖ practice ‖ pratique f. **a)** in der **~** f. **bewährt** ‖ successful in practice ‖ éprouvé par la pratique f. **b)** in die **~ umsetzen** ‖ to put to practical use ‖ utiliser dans la pratique. 24

Präzedenzfall m. ‖ precedent ‖ précédent m. 25

Präzipitat n. *s. auch* Niederschlag m. **a) rotes ~** ‖ red precipitate; red oxide of mercury ‖ précipité m. rouge; bioxyde m. de mercure. **b) weißes ~** ‖ white precipitate (of mercury) ‖ précipité m. blanc. 26

Präzisions- *s. auch* Genauigkeits-. 27

Präzisions-arbeit f. ‖ precision work ‖ travail m. de précision. **a) ~drahtzieherei** f. ‖ accurate wire drawing works pl. ‖ tréfilerie f. de précision. **b) ~garnwage** f. ‖ accurate yarn quadrant ‖ romaine f. de précision. **c) ~gewicht** n. ‖ precision weight ‖ poids m. de précision. **d) ~instrument** n. ‖ precision instrument ‖ instrument m. de précision. **e) ~mechanik** f. ‖ precision machine work ‖ mécanique f. de précision. **f) ~mechaniker** m. ‖ precision mechanician ‖ mécanicien m. de précision. **g) ~meßinstrument** n. ‖ precision measuring instrument ‖ instrument m. de mesure de précision. **h) ~meßwerkzeug** n. ‖ precision tool for gauging; accurate measuring instrument ‖ échiquier m. de précision; instrument m. à mesurer de précision. **i)** astronomische **~pendeluhr** f. ‖ astronomical precision pendulum clock ‖ horloge f. astronomique de précision à pendule. **k) ~regler** m. mit Sekundenschlag (Uhrm) ‖ precision regulator with seconds stroke ‖ régulateur m. de précision battant la seconde. **l) ~schaltwerk** n. ‖ high-precision gear ‖ rouage m. de précision. **m) ~schnellbohrmaschine** f. ‖ presion high speed sensitive drilling machine ‖ perceuse f. rapide de précision. **n) ~schraube** f. ‖ precision screw ‖ vis f. de précision. **o) ~spalt** m. (Opt) ‖ precision slit ‖ fente f. de précision. **p) ~taschenuhr** f. ‖ precision watch ‖ montre f. de précision. **q) ~waffe** f. ‖ arm of precision ‖ arme f. de précision. **r) ~wage** f. ‖ precision balance *or* scales pl. ‖ balance f. de précision; appareil m. de pesage de précision. 28

Präzisionswerkzeug n. ‖ precision tool ‖ outil m. de précision. **a) ~fabrikant** m. ‖ precision-tool maker ‖ fabricant m. d'outils de précision. 29

Prehnit m. ‖ prehnite ‖ prehnite f. 30

preien, ein **Schiff** n. ‖ to hail a ship ‖ héler *ou* appeler un vaisseau. 31

Preientfernung f. ‖ range of hailing ‖ portée f. de la voix. 32

Preis m. (Kosten) ‖ price ‖ prix m. **a) ~** (Prämie) ‖ prize ‖ prix m.; prime f. **b) ~ ab Lager** ‖ price ex warehouse ‖ prix m. ex magasin. **c) ~e** mpl. werden **auf Anfrage** mitgeteilt ‖ prices pl. will be quoted on demand ‖ nous envoyons sur demande des devis. **d)** der **äußerste ~** ‖ the lowest price ‖ le dernier prix. **e) Bar~** ‖ cash price ‖ prix m. au comptant. **f) Durchschnitts~** ‖ average price ‖ prix m. moyen. **g) Einheits~** ‖ unit price ‖ prix m. unitaire. **h)** der **~** muß **einschließen** ... ‖ the price must include ... ‖ le prix m. doit comprendre ... **i)** einen **~** m. **erzielen** (Handel) ‖ to reach a price ‖ atteindre un prix. **k) Faktura~** ‖ invoice price ‖ prix m. de facture. **l)** die **~e** mpl. **fallen** ‖ the prices pl. are declining ‖ les prix mpl. sont en baisse. **m) fester ~** ‖ fixed price ‖ prix m. fixe *ou* fait. **n) ~ frei Grube** ‖ pithead price ‖ prix m. sur le carreau de la mine. **o) früherer ~** ‖ former price ‖ prix m. antérieur. **p) ~** des **Geldes** ‖ rate of exchange ‖ cours m. **q)** der **~** ist **gestiegen** auf x RM ‖ price has risen to y £ ‖ le prix m. s'est élevé à z frs. **r) ~** für **greifbare Mengen** ‖ spot price ‖ cours m. en disponibles. **s) herrschender ~** ‖ current price ‖ prix m. courant. **t) Höchst~** ‖ highest *or* maximum price ‖ prix m. maximum. **u) höchstmöglicher ~** ‖ highest possible price ‖ prix m. le plus élevé possible. **v) Katalog~** ‖ list price ‖ prix m. du catalogue. **w) Kauf~** ‖ buying price ‖ prix m. d'achat. **x)** der **~** läßt **keinen Nutzen** ‖ the price leaves no profit ‖ le prix m. ne laisse pas de bénéfice. **y) Markt~** ‖ market price ‖ cours m. du marché; prix m. du marché. **z) Maximal~** *s.* Höchst~. 33

a) Mehr~ ‖ extra charge ‖ supplément m. de prix. **b) Mindest~** ‖ minimum price ‖ prix m. minimum. **c) Netto~** ‖ net price ‖ prix m. net. **d) niedrigster ~** ‖ lowest price ‖ le plus bas prix m. **e)** der **~** unterliegt einem **Rabatt** von ... ‖ the price is subject to a discount of ... ‖ le prix m. est sujet à un escompte de ... **f)** der **~ richtet sich nach der Ware** ‖ the price depends on the goods ‖ le prix se règle sur la marchandise. **g) ~ schließt nicht ein** ... ‖ price does not include ... ‖ prix m. ne comprend pas ... **h)** der **~ schwankte auf und nieder** ‖ the price varied widely ‖ le prix eut des soubresauts. **i)** die **~e** mpl. **steigen** ‖ the prices pl. are advancing ‖ les prix mpl. sont à la hausse. **k)** die **~e** mpl. in die Höhe **treiben** ‖ to force *or* to send up prices ‖ faire hausser les prix mpl. **l)** der **~** darf ... nicht **übersteigen** ‖ the price must not exceed ... ‖ le prix m. ne doit pas excéder ... **m) Verkaufs~** ‖ selling price ‖ prix m. de vente. 34

Preis-abbau m. ‖ reduction of prices ‖ réduction f. de prix. **a) ~abschwächung** f. ‖ weaker tendency of prices ‖ affaiblissement m. des prix. **b) ~änderung** f. ‖ change in price ‖ changement m. dans le prix. **c) ~angabe** f. ‖ indication of price; quotation ‖ mise f. à prix; indication f. de prix. **d) ~angebot** n. **machen** ‖ to quote ‖ faire une offre. **e) ~aufschlag** m. ‖ rise in price ‖ augmentation f. des

prix. f) ~ausschreiben n. ‖ (prize) competition ‖ mise f. au concours. g) ~bewerber m. ‖ competitor ‖ concurrent m. 1
Preischuß m. (Seew) ‖ gun fired to hail a ship ‖ coup m. de canon à héler un vaisseau. 2
Preiselbeere f. ‖ red whortleberry; cranberry ‖ airelle f. 3
Preis-erhöhung f. von ... ‖ advance in price of ... ‖ hausse f. de prix de ... a) ~ermäßigung f. ‖ lowering of price; price reduction ‖ dégrèvement m.; rabais m.; réduction f. de prix. b) ~grenze f. ‖ (price) limit ‖ limite f. de prix. 4
Preisliste f. ‖ price list ‖ prix-courant m. a) neueste ~ ‖ latest price list ‖ dernier prix-courant m. 5
Preislistenumschlag m. ‖ catalogue cover ‖ couverture f. de catalogues. 6
Preis-notierung f. ‖ quotation ‖ cote f. des prix. a) ~schild n. ‖ price board ‖ écriteau m. pour prix. b) ~schneiderei f. ‖ underselling ‖ vente f. à plus bas prix. c) ~schrift f. ‖ prize essay ‖ mémoire m. couronné. d) ~schwankung f. ‖ fluctuation in prices ‖ fluctuation f. des prix. 7
Preißelbeere f. *s.* Preiselbeere. 8
Preis-steigerung f. ‖ advance in *or* rise of prices ‖ renchérissement m. a) ~sturz m. ‖ sudden fall in prices; slump; break (A) ‖ baisse f. soudaine. b) ~unterschied m. ‖ difference in price ‖ différence f. de prix. c) ~veränderung f. ‖ change of prices ‖ changement m. de prix. d) ~verderber m. ‖ underseller; undercutter; cheap jack ‖ gâte-métier m.; gâcheur m. e) ~verzeichnis n. *s.* Preisliste. 9
preiswert ‖ moderate in price; cheap ‖ économique; avantageux; modique; (d'un prix) modéré; (à) bon marché 10
Prellanschlag m. (Schreibm) ‖ recoil rod ‖ tige f. de butée. 11
Prellbock m. ‖ buffer stop; bumper; bumping post (A) ‖ buttoir m.; heurtoir m. a) beweglicher ~ (Eisenb) ‖ moveable buffer ‖ heurtoir m. mobile. 12
prellen (Fernm) ‖ to chatter ‖ rebondir. 13
Prellklotz m. (Eisenb) ‖ stop block ‖ heurtoir m.; buttoir m. a) ~ (Met) ‖ recoil; spring beam ‖ billot m.; rabat m. 14
Prellpfahl m. (Eisenb) ‖ bumping post ‖ poteau m. de garde. a) ~ (Straßenb) ‖ wheel guard; fender (pile) ‖ chasse-roue m.; pieu m. chasse-roue; bouteroue f. 15
Prellschlag m. ‖ jarring blow ‖ rebondissement m. 16
Prellstein m. ‖ curb *or* kerb *or* guard *or* spur stone ‖ borne f.; bouteroue f.; garde-pavé m. a) ~ (Met ‖ spring-stone ‖ chappe f. 17
Prell-träger m. ‖ buffer stop ‖ poutre f. à taquet. a) ~vorrichtung f. ‖ cushioning ‖ dispositif m. amortisseur. b) ~zange f. (Wasserb) ‖ fender wale ‖ défense f. 18
Presenning f. ‖ tarpaulin ‖ prélart m.; prélat m. 19
Preßanlage f. ‖ pressing plant ‖ installation f. de presses. a) Baumwoll~ ‖ pressing plant for cotton ‖ installation f. de presses à coton. 20
Preß-arbeit f. ‖ pressing ‖ travail m. de pressage. a) ~backe f. ‖ swage for shaping trusses ‖ estampe f. b) ~balken m. (Windmüll) ‖ brake beam ‖ sommier m. du frein. c) ~bau m. ‖ press shop ‖ forge f. à presses. d) ~bengel m. (Buchdr) ‖ press jack *or* bar *or* stick ‖ barre f. *ou* barreau m. de la presse; taranche f. e) ~beutel m. von Roßhaartuch ‖ pressing bag of horsehair cloth ‖ étreinte f.; étrindelle f.; étendelle f.; sac m. de crin; cabas m. 21
preßblanke Schraube f. ‖ semi-machined screw ‖ vis f. forgée. 22
Preß-blech n. (Textil) ‖ presser plate ‖ presse f. à encoches. a) ~brett n. ‖ pressing board ‖ membrure f. intermédiaire. 23
Preßdeckel m. ‖ tympan; tympanum ‖ tympan m. a) ~bogen m. (Pap) ‖ fourpage ‖ carton m. 24
Preßdruck m. ‖ press power ‖ puissance f. de pression. 25
Presse f. (Haushalt) ‖ press ‖ pressoir m.; presse f. 26
Presse f. (Masch) ‖ press ‖ presse f. a) ~ (Spinn) ‖ clasp ‖ pince f.; serre f. 27
Presse f. (Zeitungsw) ‖ the Press; journalism ‖ la Presse; journaux mpl. a) Abgrat~ ‖ edge finishing *or* trimming press; press for taking-off the burr ‖ presse f. à ébarber *ou* d'ébarbage; ébarbeuse f. b) Abkant~ ‖ trimming press ‖ presse f. à écorner. c) Akzidenzschnell~ ‖ flatbed printing machine for job-work ‖ machine f. à imprimer en blanc. d) Amalgam~ ‖ amalgam press ‖ presse f. pour amalgame. e) ~ für den Anker- und Transformatorenbau ‖ armature and transformer core building press ‖ presse f. à serrer les tôles pour induits et transformateurs. f) ~ zur Herstellung von Asphaltplatten ‖ press for manufacturing slabs of asphalt ‖ presse f. pour la fabrication de plaques en asphalte. g) ~ zum Aufmontieren der Vollreifen ‖ press for mounting solid tires ‖ presse f. pour le montage des pneus pleins. h) Aufschweiß~ ‖ welding press ‖ presse f. à souder. i) Aufweite~ ‖ reaming press ‖ presse f. à largir. k) ~ zum Aufziehen von Vollgummireifen *s.* ~ zum Aufmontieren der Vollreifen. l) aus der ~ nehmen ‖ to take out of the press ‖ retirer de la presse. m) Auto~ ‖ automatic press ‖ presse f. automatique. n) Balkenbiege~ ‖ beam-bending press ‖ presse f. à cintrer les poutrelles. o) Ballen~ ‖ baling *or* bale packing press ‖ presse f. à emballer *ou* à paqueter; presse f. pour balles. p) Baumwollballen~ ‖ cotton baling press ‖ presse f. à mettre le coton en balles. q) ~ für die Baustoffindustrie ‖ press for building-materials ‖ presse f. pour l'industrie des matériaux de construction. r) Biege~ ‖ bending press ‖ presse f. à cintrer. s) Bleidraht~ ‖ lead wire press ‖ presse f. pour fils en plomb. t) Bleikabel~ ‖ lead cable press ‖ presse f. à câbles en plomb. u) Bleirohr~ ‖ lead pipe *or* tube press ‖ presse f. pour tubes en plomb *ou* à profiler les tuyaux de plomb. v) Bördel~ ‖ beading *or* dishing *or* flanging press ‖ presse f. à emboutir *ou* à border. w) Buchdruck~ ‖ printing *or* letter press ‖ presse f. typographique *ou* d'imprimerie. x) Buchdruckhand~ ‖ hand press for letterpress work ‖ presse f. d'imprimerie à bras. y) Bündel~ ‖ bundling press ‖ presse f. à empaqueter. z) dampfhydraulische ~ ‖ steam-hydraulic press ‖ presse f. hydraulique à vapeur. 28
a) dampf- und lufthydraulische Universal~ ‖ steam and air hydraulic universal press ‖ presse f. universelle vapohydraulique et hydro-pneumatique. b) Dauben~ ‖ stave press ‖ presse f. à douves. c) Doppeldruckkalt~ ‖ double blow cold upsetting machine ‖ presse f. froide à double effet. d) Doppelständerexzenter~ ‖ double-sided eccentric press ‖ presse f. à excentrique à double montant. e) Dorneintreib~ ‖ mandrel press ‖ presse f. à mandriner. f) Dornstauch~ ‖ mandrel upsetting press ‖ presse f. à fouler les mandrins. g) Draht~ ‖ wire press ‖ presse f. à profiler les fils. h) die ~ ist für einen Druck von x kg gebaut ‖ the press is adapted for a pressure of about x tons ‖ la presse est construite pour une pression de x kg. i) Drucker~ ‖ printing press ‖ presse f. à imprimer. k) Druckkraft f. der ~ ‖ pressing power ‖ force f. de pression. l) Einständerexzenter~ ‖ open-front eccentric press ‖ presse f. à excentrique à col de cygne. m) Einständerexzenter~ f. für direkten Schwungradantrieb ‖ open-front eccentric press for direct flywheel drive ‖ presse f. à excentrique à col de cygne à commande directe sur le volant. n) Elektroden~ ‖ electrode press ‖ presse f. à électrodes. o) elektrohydraulische ~ ‖ electro-hydraulic press ‖ presse f. électrohydraulique. p) End~ f. für Kettgarnspulen ‖ warper's bobbin end press ‖ presse f. latérale pour bobines d'ourdissage. q) ~ für die Erzverarbeitung ‖ press for ore working ‖ presse f. à travailler le minerai. r) Exzenter~ ‖ eccentric press ‖ presse f. à excentrique. s) Faßreifen~ ‖ hoop press ‖ presse f. à cercles de fûts. t) Filter~ ‖ filtering press ‖ presse-filtre f. u) Filter~ f. für Geläger ‖ sediment filter press ‖ filtre-presse m. pour fonds de foudres. v) Filtermassen~ ‖ filterstuff press ‖ presse f. à masse filtrante. w) Flansch~ ‖ flanging press ‖ presse f. à faire des collerettes. x) Friktions~ ‖ friction press ‖ presse f. à friction. y) Frucht~ ‖ fruit press ‖ pressoir m. pour fruits. z) Furnier~ ‖ veneering press ‖ presse f. à plaquer. 29

a) Fuß~ (Buchdr) ‖ foot press ‖ presse f. à pédale. b) ~ für Galvanoplastik ‖ press for galvanoplastic ‖ presse f. pour la galvanoplastie. c) Garn~ ‖ bundle; bundling press ‖ presse f. à empaqueter. d) ~ für die Genußmittelindustrie *s.* ~ für die Nahrungsmittelindustrie. e) Gesenk~ ‖ die press ‖ presse f. à travailler à étampes. f) ~ für die Getränkeindustrie ‖ press for the trade of beverages ‖ presse f. pour l'industrie des boissons. g) ~ für gleichzeitigen Druck auf beiden Seiten ‖ book-perfecting press ‖ presse f. à double impression. h) Hand~ (Buchdr) ‖ hand press ‖ presse f. à bras. i) Hebel~ (Buchdr) ‖ lever press ‖ presse f. à levier. k) Heizplatten~ ‖ press with steam heated plates ‖ presse f. à plaques chauffées. l) Heu~ ‖ hay press ‖ presse f. à foin. m) hölzerne ~ (Buchdr) ‖ wooden press ‖ presse f. en bois. n) horizontale Biege- und Form~ ‖ horizontal bending and forming press ‖ presse f. horizontale à cintrer et à former. o) der Hub der ~

ist in den weitesten Grenzen verstellbar. ‖ the stroke of the press can be adjusted to any required measures ‖ la course du piston presseur est réglable dans des limites très larges. **p) hydraulische ~** ‖ hydraulic press ‖ presse f. hydraulique. **q) hydraulische Dampfschmiede~** ‖ steam hydraulic forging press ‖ presse f. hydraulique à vapeur. **r) hydraulische Gesenk~** ‖ hydraulic stamping press ‖ presse f. hydraulique à estamper. **s) hydraulische Röhren~** ‖ hydraulic tube drawing press ‖ presse f. hydraulique à étirer les tuyaux. **t) Inlaid~** ‖ inlaid press ‖ presse f. pour marqueterie. **u) Kalanderwalzen~** ‖ calender roller press ‖ presse f. à rouleaux. **v) Kaltmuttern~** ‖ cold nut press ‖ presse f. à froid pour la fabrication d'écrous. **w) Kniehebel~** ‖ crank *or* toggle lever press ‖ presse f. à genouillère. **x) Kohlenstift~** ‖ carbon moulding press ‖ presse f. à filer le charbon. **y) Kopier~** ‖ copying *or* letter press ‖ presse f. à copier. **z) Kräuter~** ‖ herb press ‖ presse f. pour herbes. 1

a) Kugel~ ‖ ball press ‖ presse f. à billes. **b) Kümpel~** ‖ circular flanging press ‖ presse f. à border circulaire *ou* à emboutir. **c) Kupferdruck~** ‖ copper plate press ‖ presse f. en taille-douce. **d) Kurbel~** ‖ crank press; crank operated press ‖ presse f. à manivelle. **e) Laboratoriums~** ‖ laboratory press ‖ presse f. pour laboratoires. **f) Loch~** ‖ punching press ‖ presse f. à poinçonner. **g) Metallrohr~** ‖ metal pipe press ‖ presse f. à profiler les tuyaux métalliques. **h) Metallstangen~** ‖ extrusion press for metal bars ‖ presse f. à profiler les barres métalliques. **i) Metallstrang~** ‖ metal rod press; profile press for metal rods ‖ presse f. à refouler *ou* à profiler *ou* à exprimer les barres métalliques. **k) Muttern~** ‖ nut making press; screw nut press ‖ machine f. à forger des écrous. **l) ~ für die Nahrungsmittelindustrie** ‖ press for the trade of provisions ‖ presse f. pour l'industrie des produits alimentaires *ou* denrées. **m) Niet~** ‖ riveting press ‖ presse f. à river. **n) Nieten~** ‖ rivet-making press ‖ presse f. à faire les rivets. **o) Obst~** ‖ fruit mill ‖ presse f. à fruits. **p) Öl~** ‖ oil press ‖ presse f. à huile. **q) Pack~** ‖ baling *or* packing press ‖ presse f. à emballer *ou* à paqueter. **r) Paketier~** *s.* Pack~. **s) Panzerbiege~** ‖ armour bending press ‖ presse f. à cintrer les blindages. **t) ~ für Papierfabriken** ‖ press for paper works ‖ presse f. pour papeteries. **u) ~ für Pappenfabriken** ‖ press for cardboard works ‖ presse f. pour cartonneries. **v) ~ für pharmazeutische Artikel** ‖ press for pharmaceutic articles ‖ presse f. à comprimés pharmaceutiques. **w) Plattenbiege~** ‖ plate bending press ‖ presse f. à cintrer les tôles. **x) ~ für Prägedruck** ‖ press for relief print ‖ presse f. pour empreindre en relief. **y) Pülpe~** ‖ pulp press ‖ presse f. à pulpe. **z) Räderabzieh~** ‖ press for putting-off wheels ‖ presse f. à décaler les roues. 2

a) Räderaufzieh~ ‖ wheel press ‖ presse f. à caler les roues. **b) Radreifen~** ‖ tire press ‖ presse f. à caler les bandages. **c) Rahmen~** ‖ frame press ‖ presse f. à longeron. **d) Rahmenbiege~** ‖ frame bending press ‖ presse f. à cintrer les châssis. **e) Reifen~** ‖ tire press ‖ presse f. à bandage. **f) Revolver~** ‖ rotary press ‖ presse-révolver f. **g) Richt~** ‖ straightening press ‖ presse f. à dresser *ou* de dressage. **h) Rohr~** ‖ extrusion press for tubes ‖ presse f. à profiler les tubes métalliques. **i) Rohraufweit~** ‖ pipe expanding press ‖ presse f. à élargir les tuyaux. **k) Röhrenprobier~** ‖ pipe testing press ‖ presse f. à éprouver les tuyaux. **l) Röhrenpuffer~** ‖ tube buffer press ‖ presse f. à faire des tampons tubulaires. **m) Röhrenstauch~** ‖ pipe jumping press ‖ presse f. à refouler les tuyaux. **n) Säulen~** ‖ column press ‖ presse f. à colonnes. **o) Schiffbau~** ‖ shipbuilding press ‖ presse f. pour les constructions navales. **p) Schmiede~** ‖ forging press ‖ presse f. à forger. **q) Schnell~** (Buchdr) ‖ mechanical press ‖ presse f. mécanique. **r) schnellaufende hydraulische ~** ‖ quick acting hydraulic press ‖ presse f. hydraulique à marche rapide. **s) Schnellschmiede~** ‖ rapid forging press ‖ presse f. à forger à marche rapide. **t) Schnellspindel~** ‖ rapid-action screw press ‖ presse f. à vis rapide. **u) selbsttätige Schraubenbolzen~** ‖ automatic screw-bolt press ‖ presse f. automatique à faire les boulons. **v) Schrottpaketier~** ‖ scrap baling press ‖ presse f. à former les ferrailles en paquets; presse f. à paqueter la mitraille. **w) Schwellen~** ‖ sleeper press ‖ presse f. à emboutir les traverses. **x) Sperrholz~** ‖ veneering press ‖ presse f. à plaquer. **y) Spezial~** ‖ special press ‖ presse f. spéciale. **z) Spindel~** ‖ screw press ‖ presse f. à vis. 3

a) Stanz~ ‖ stamping press ‖ presse f. à étamper; étampeuse f. **b) Stein~** ‖ brick press ‖ presse f. à faire les briques. **c) Steindruck~** ‖ lithographic press ‖ presse f. lithographique. **d) ~ für die Steinkohlenindustrie** ‖ press for the pit coal industry ‖ presse f. pour l'industrie de la houille. **e) Stempel~** (Buchdr) ‖ hand press ‖ presse f. à bras. **f) Strang~** ‖ plodder; trace press ‖ boudineuse-peloteuse f.; boudineuse f. **g) Stroh~** ‖ straw press ‖ presse f. à paille. **h) Tiegel~** (Buchdr) ‖ platen press ‖ presse f. à platine. **i) Torf~** ‖ peat press ‖ presse f. à mottes de tourbe. **k) ~ für die Torfgewinnung** ‖ press for producing peat ‖ presse f. pour l'extraction de la tourbe. **l) Walzenabzieh~** ‖ press for putting-off roller shells ‖ presse f. à décaler les chemises de cylindres. **m) Walzenaufzieh~** ‖ roller press ‖ presse f. à caler les cylindres. **n) Warmmuttern~** ‖ hot-nut press ‖ presse f. à chaud pour écrous. **o) Wein~** ‖ wine press ‖ presse f. à vin. **p) Wellblech~** ‖ press for corrugated iron ‖ presse f. à tôle ondulée. **q) Zelluloid~** ‖ celluloid press ‖ presse f. pour celluloïde. **r) Zentrier~** ‖ centering press ‖ presse f. à centrer. **s) Ziegel~** ‖ brick press ‖ presse f. à briques. **t) Zieh~** ‖ extruding *or* drawing press ‖ presse f. à étirer *ou* à emboutir *ou* à profiler. **u) Zweitourenschnell~** (Drucker) ‖ two-revolution press ‖ machine f. à deux tours. 4

Presseabonnementsgespräch n. ‖ press conversation by subscription ‖ conversation f. de presse par abonnement. 5

pressen ‖ to press; to squeeze; to compress ‖ presser; comprimer. **a) aus einem Stück n. mit Flansch ~** ‖ to press out from one piece with the flange ‖ emboutir avec des flasques en une seule pièce. **b) das Glas ~** ‖ to press the glass ‖ mouler le verre. **c) kalt ~** ‖ to cold-press ‖ presser à froid. **d) kalt ~** (Tuchf) ‖ to cold-press ‖ écatir. **e) einen Luftstrom durch das flüssige Roheisen ~** (Met) ‖ to force a blast of air through the molten metal ‖ faire passer un courant d'air à travers la fonte liquide. **f) das Papier trocken ~** ‖ to dry the paper by pressing ‖ écacher le papier. **g) das Tuch ~** ‖ to gloss *or* to press the cloth ‖ catir le drap. 6

Pressen n. ‖ pressing ‖ travail m. à la presse; pressage m.; pression f. **a) ~** (Tuchf) ‖ pressing; glossing ‖ catissage m. **b) ~** (Web) ‖ embossing ‖ gaufrage m. **c) ~ von Geweben** ‖ cloth pressing ‖ pressage m. d'étoffes. **d) ~ des Leders** ‖ leather embossing ‖ gaufrage m. de cuir; coréoplastie f. 7

Pressenhaus n. ‖ press shop ‖ salle f. des presses. 8

Presser m. (Glasf) ‖ pressman ‖ mouleur m. **a) ~** (Pap) ‖ presser; pressman ‖ pressier m. **b) ~** (Web) ‖ pressman ‖ presseur m. 9

Preßerzeugnis n. (Chem) ‖ pressings pl. ‖ pression f. 10

Pressetelegramm n. ‖ press telegram ‖ télégramme m. de presse. 11

Preß-filter n. ‖ press filter ‖ filtre m. sous pression. **a) ~finger** m. (Spinn) ‖ spring finger ‖ doigt m. comprimeur. **b) ~fleier** m. ‖ presser frame ‖ banc m. à broches à bobines comprimées. **c) ~flügel** m. (Spindelbank) ‖ presser flyer ‖ aile f. comprimeuse. 12

Preßform f. ‖ press mould ‖ matrice f. de presse. **a) ~ für Isolatoren** ‖ mould for insulators ‖ matrice f. d'isolateurs. 13

Preß-formerei f. ‖ press working ‖ moulage m. à la presse. **a) ~freiheit** f. ‖ freedom of the press ‖ liberté f. de la presse. **b) ~führer** m. (Schmied) ‖ squeezer man ‖ forgeur m. à la presse. **c) ~fundament** n. (Buchdr) ‖ press stone ‖ fondement m. de la presse. **d) ~futter** n. ‖ press mould ‖ moule m. de presse. 14

Preßgas n. ‖ high pressure gas ‖ gaz m. comprimé *ou* surpressé. **a) ~anlage** f. ‖ pressed gas plant ‖ installation f. de gaz comprimé. 15

Preßgipsplatte f. ‖ compressed rubble ‖ hourdi m. comprimé. 16

Preßglanz m. eines Tuches ‖ gloss of cloth ‖ cati m. d'une étoffe. 17

Preßglanzdekatiermaschine f. ‖ lustre shrinking machine ‖ machine f. à décatir et polir. 18

Preßglas n. ‖ pressed *or* moulded glass ‖ verre m. comprimé *ou* moulé *ou* pressé. **a) Sockel** m. aus **~** ‖ pressed glass base ‖ socle m. en verre pressé. 19

Preßglasformer m. ‖ pressed glass maker ‖ mouleur m. de verre comprimé. 20

Preß-glimmer m. ‖ pressed mica ‖ mica m. comprimé. **a) ~hammer** m. ‖ pressing hammer ‖ marteau m. à pression. **b) ~hartglas** n. für Schiffsfenster ‖ pressed hard glass for ship windows ‖ verre m. trempé moulu à hublots. 21

Preßhefe f. ‖ dry *or* (com)pressed *or* German yeast ‖ levure f. sèche *ou* pressée. **a) ~fabrik** f. ‖ press yeast works pl. ‖ fabrique f. de levure comprimée. 22

Preß-holm m. ‖ cross head of a press ‖ sommier m. de presse. **a) ~karbid** n. ‖ pressed carbide ‖ carbure m. comprimé. 1

Preßkartoneinleger m. (Tuchm) ‖ press setter ‖ cartonneur m. 2

Preß-kohle f. ‖ briquette; coal cake ‖ briquette f.; aggloméré m. **a) ~kolben** m. ‖ press piston ‖ piston m. de presse. **b) ~kopf** m. (Masch) ‖ press head ‖ traverse f. de presse. 3

Preßling m. ‖ pressing ‖ pièce f. estampée *ou* pressée. **a)** den **~** m. **ausheben** ‖ to eject the brick ‖ démouler la brique. 4

Preßluft f. ‖ compressed air ‖ air m. comprimé. 5

Preßluft-abbauhammer m. ‖ pneumatic coal pick hammer ‖ marteau m. d'exploitation minière à air comprimé; marteau-pic m. pneumatique. **a) ~abklopfer** m. ‖ pneumatic scaling hammer ‖ détarteur m. pneumatique. **b) ~anlage** f. ‖ compressed-air plant ‖ installation f. d'air comprimé. **c) ~anlasser** m. ‖ compressed-air starter ‖ démarreur m. à air comprimé. **d) ~antrieb** m. ‖ drive by compressed air ‖ commande f. par air comprimé. **e) ~armatur** f. ‖ compressed air fittings pl. ‖ armature f. pour air comprimé. **f) ~betätigung** f. ‖ operation by compressed air ‖ exécution f. à air comprimé. **g) ~bohrhammer** m. ‖ pneumatic hammer drill *or* drilling hammer ‖ marteau m. perforateur pneumatique; marteau m. foreur à air comprimé. **h) ~bohrmaschine** f. ‖ compressed-air drilling machine ‖ perceuse f. à air comprimé. **i) ~entöler** m. ‖ compressed-air oil separator ‖ déshuileur m. d'air comprimé. **k) ~festspannung** f. ‖ chucking by compressed air ‖ dispositif m. de serrage à air comprimé. **l) ~gegenhalter** m. ‖ pneumatic holder-up ‖ contre-bouterolle f. pneumatique. **m) ~gesteinsbohrmaschine** f. ‖ compressed-air rock drilling machine; pneumatic rock drill ‖ perceuse f. de roches à air comprimé. 6

preßluftgetriebener Katapult m. ‖ compressed-air impulse catapult ‖ catapulte f. de lancement à air comprimé. 7

Preßluft-gründung f. ‖ pneumatic process of foundation ‖ fondation f. à l'air comprimé. **a) ~hammer** m. ‖ compressed-air hammer ‖ marteau m. à air comprimé. **b) ~hebezeug** n. ‖ pneumatic lifting device ‖ appareil m. de levage pneumatique. **c) ~kühlung** f. ‖ forced air cooling ‖ refroidissement m. à soufflage. **d) ~maschine** f. ‖ pneumatic machine ‖ machine f. pneumatique *ou* aérostatique. **e) ~meißelhammer** m. ‖ pneumatic chisel hammer; pneumatic chipper ‖ marteau m. pneumatique à buriner. **f) ~messer** m. ‖ compressed-air meter ‖ appareil m. à mesurer la consommation d'air comprimé. **g) ~motor** m. ‖ (compressed-) air motor ‖ moteur m. à air comprimé. **h) ~niethammer** m. ‖ pneumatic riveting hammer ‖ marteau m. à river à air comprimé. **i) ~rammhammer** m. ‖ pneumatic ramming hammer ‖ marteau m. pneumatique pour enfoncer. **k) ~schmiedehammer** m. ‖ sledge hammer driven by compressed air ‖ marteau m. de forge à air comprimé. **l) ~spitzhacke** f. ‖ pneumatic pickax(e) ‖ pic m. à air comprimé. **m) ~stampfer** m. ‖ pneumatic rammer ‖ fouloir m. pneumatique; pilon m. à air comprimé. **n) ~turbine** f. ‖ compressed-air turbine ‖ turbine f. à air comprimé. **o) ~ventil** n. ‖ air pressure valve ‖ soupape f. à air comprimé. **p) ~wasserabscheider** m. ‖ compressed-air water separator ‖ séparateur m. d'eau d'air comprimé. **q) ~werkzeug** n. ‖ pneumatic tool ‖ outil m. pneumatique *ou* à air comprimé. 8

Preß-maschine f. (Textil) ‖ tuck presser ‖ presse f. à guillocher. **a) ~meister** m. ‖ press man ‖ pressier m. **b) ~muster** n. (Textil) ‖ tuck pattern ‖ dessin m. de presse. 9

Preßölschmierung f. ‖ oiling under pressure ‖ graissage m. à l'huile sous pression. 10

Preßplatte f. ‖ press plate ‖ plateau m. compresseur. 11

Preßpumpe f. ‖ press pump; pressure test pump ‖ pompe f. de presse; pompe f. (foulante) d'épreuve. **a) Doppeldrillings~** ‖ double three-throw pressure pump ‖ pompe f. double à compression à trois plongeurs. **b) liegende Drillings~** ‖ horizontal three-throw pressure pump ‖ pompe f. horizontale à compression à trois plongeurs. **c) stehende Drillings~** ‖ vertical three-throw pressure pump ‖ pompe f .verticale à compression à trois plongeurs. 12

Preßpumpwerk n. ‖ press *or* high pressure pump ‖ pompe f. à haute pression *ou* de presse hydraulique. 13

Preßring m. (Röhrenfertigung) ‖ die; shaping ring ‖ matrice f.; modèle m. **a) ~ einer Windmühle** ‖ press of a wind mill ‖ frein m. d'un moulin à vent. 14

Preß-sack m. aus Roßhaartuch ‖ pressing bag of horsehair cloth ‖ étreinte f.; étrindelle f.; étendelle f.; sac m. de crin; cabas m. **a) ~schmierung** f. ‖ forced lubrication; lubrication under pressure ‖ graissage m. sous pression. **b) ~schraube** f. ‖ press screw ‖ vis f. de pression. **c) ~schuh** m. (Windmüll) ‖ brake block ‖ sabot m. de frein. **d) ~schweißung** f. ‖ pressure welding ‖ soudage m. à pression. **e) ~span** m. ‖ pressspahn; pressing-board; pressboard ‖ presspan m.; carton m. glacé *ou* comprimé. **f) ~spindel** f. ‖ spindle of a press ‖ vis f. de la presse. **g) ~spule** f. (Spinn) ‖ roving bobbin with presser ‖ bobine f. comprimée. **h) ~stange** f. ‖ press bar; pressing bar ‖ écrive f. **i) ~stempel** m. ‖ press ram *or* plunger ‖ poinçon m. **k) ~stiel** m. (Windmüll) ‖ brake post ‖ montant m. du frein. 15

Preßstoff m. ‖ pressed material ‖ matière f. comprimée. **a) ~gehäuse** n. ‖ casing of pressed material ‖ boîte f. en matière comprimée. 16

Preß-stück n. ‖ pressed piece; pressing ‖ pièce f. emboutie à la presse; pièce f. estampée. **a) ~teil** m. *s.* Preßstück. **b) ~- und Stanzteile** mpl. aus Eisen- und Stahlblech ‖ pressed and punched pieces of sheet iron and steel plate ‖ pièces fpl. embouties et pièces fpl. estampées de tôle en fer et d'acier. **c) ~tisch** m. ‖ press plate ‖ plateau m. de presse. 17

Preßtorf m. ‖ pressed peat ‖ tourbe f. condensée au pressoir *ou* comprimée. **a) ~fertigung** f. ‖ compressed turf making ‖ fabrication f. de tourbe comprimée. 18

Preßträger m. ‖ pressed girder ‖ longeron m. embouti. **a) U-förmiger ~** ‖ U shaped pressed girder ‖ longeron m. embouti en U. 19

Preßträgeruntergestell n. ‖ pressed girder underframe ‖ châssis m. à longerons emboutis. 20

Preß-tuch n. ‖ press cloth ‖ tissu m. de pressure *ou* de pression. **a) ~vergoldung** f. (Buchb) ‖ press gilding ‖ dorure f. à la presse. **b) ~walze** f. ‖ press cylinder; pressing roll ‖ rouleau m. compresseur; cylindre m. comprimeur. **c) ~wand** f. ‖ cheek ‖ jumelles fpl.; montant m. 21

Preßwerk n. ‖ squeezer; pressing plant ‖ cingleur m.; machine f. à cingler; installation f. de presses. **a) Leder~** ‖ establishment for leather pressing ‖ établissement m. à presser le cuir. 22

Preßwerksanlage f. ‖ pressing plant; pressed work installation ‖ installation f. de presses *ou* d'atelier d'emboutissage. 23

Preßzylinder m. ‖ press(ing) *or* compression cylinder ‖ cylindre m. de presse; cylindre m. compresseur. 24

preußische Kappe f. ‖ Prussian cap ‖ voussette f. entre nervures. 25

Preußischblau n. ‖ Prussian *or* Berlin blue ‖ bleu m. de Prusse. 26

pricken, die **Karte** f. (Seew) ‖ to prick the chart ‖ pointer la carte. 27

Pricken m. (Schiff) ‖ perch ‖ marque f. de pilotage. 28

Priel m. ‖ narrow *or* small channel ‖ petit chenal m.; passe f. 29

Priem m. ‖ chew; quid ‖ chique f. **a) ~tabak** m. ‖ chewing tobacco; twist-tobacco ‖ tabac m. à mâcher *ou* à chiquer. 30

Priester-kleidung f. ‖ clerical robe ‖ vêtements mpl. sacerdotaux. **a) ~schmuck** m. ‖ sacerdotal ornament ‖ ornement m. sacerdotal 31

prima ‖ first class; choice ‖ de premier choix. 32

Prima f. (Buchdr) ‖ prima ‖ premier folio m. **a) ~blatt** n. (Buchdr) ‖ prima sheet ‖ feuille f. première. 33

primär ‖ primary ‖ primaire. 34

Primär-batterie f. ‖ primary battery ‖ batterie f. primaire. **a) ~element** n. ‖ primary cell ‖ élément m. primaire; pile f. **b) ~funkempfänger** m. ‖ simple receiver ‖ récepteur m. avec un seul circuit. **c) ~induktanz** f. ‖ primary inductance ‖ inductance f. primaire. **d) ~jigger** m. (Funkw) ‖ primary jigger ‖ primaire m. de transformateur d'oscillation. **e) ~schaltung** f. (Funkw) ‖ primary switching ‖ circuit m. primaire. **f) ~spannung** f. ‖ primary pressure ‖ tension f. primaire. **g) ~spule** f. ‖ primary coil ‖ bobine f. *ou* enroulement m. primaire. **h) ~strom** m. ‖ primary *or* inducing current ‖ courant m. primaire *ou* inducteur. **i) ~stromkreis** m. ‖ primary circuit ‖ circuit m. primaire *ou* inducteur. **k) ~wechselstrom** m. ‖ primary alternating current ‖ courant m. alternatif primaire. **l) ~wicklung** f. ‖ primary winding ‖ enroulement m. primaire; primaire m. 35

Primawechsel m. ‖ first of exchange ‖ première f. de change. 36

Prime f. ‖ first form ‖ prime f.; forme f. première. 37

Primen-tabelle f. *s.* Primentafel f. **a) ~tafel** f. (Buchdr) ‖ table of primas *or* of primes ‖ table f. des premiers folios. 38

Primordialstufe f. (Geol) || primordial stage || étage m. primordial. 1

Primzahl f. || prime number || nombre m. premier. 2

Printenfabrik f. (Backw) || printen factory || fabrique f. de printes. 3

Prinzip n. || principle || principe m. **a)** ~ der **kleinsten Arbeit** || principle of least work || principe m. de moindre action. **b) mechanisches** ~ || mechanical principle || principe m. de mécanique. **c)** ~ der **virtuellen Arbeiten** || principle of virtual works || principe m. du travail virtuel. **d)** ~ der **virtuellen Geschwindigkeiten** || principle of virtual velocities || principe m. des vitesses virtuelles. **e)** ~ der **virtuellen Momente** || principle of virtual moments || principe m. des moments virtuels. **f)** ~ der **Wirkung und Gegenwirkung** || principle of action and reaction || principe m. de l'action et de la réaction. 4

Priorität f. || preference; priority || priorité f.; obligation f. 5

Prioritäts-aktie f. || preference share; share of preference; primary share || action f. privilégiée *ou* de priorité. **a) ~beleg** m. || priority document || document m. de priorité. 6

Prise f. (Seew) || prize || prise f. 7

Prisen-geld n. || prize money || part m. de prise. **a) ~gericht** n. || prize court || cour f. *ou* tribunal m. des prises. 8

Prisma n. || prism || prisme m. **a)** ~ (Dreh) || bar || perche f.; barre f.; verge f. **b) bildumkehrendes** ~ || erecting prism || prisme m. redresseur. **c) Dispersions~** || dispersing prism || prisme m. à dispersion. **d) Doppel~** n. mit Landoltscher Teilung || double prism with Landolts graduation || prisme m. double muni de la graduation de Landolt. **e) doppeltbrechendes** ~ || double refracting prism || prisme m. biréfringent. **f) dreiseitiges** ~ || triangular prism || prisme m. triangulaire. **g) dreiteiliges** ~ || triple prism || prisme m. à trois verres. **h) Flüssigkeits~** || liquid prism || prisme m. à liquide. **i) fünfseitiges** ~ || pentagonal prism || prisme m. pentagonal. **k) gerades** ~ || right prism || prisme m. droit. **l)** ~ mit **gerader Durchsicht** || direct vision prism || prisme m. à vision directe. **m) geradsichtiges** ~ || direct vision prism || prisme m. à vision directe. **n) Glas~** || glass prism || prisme m. en verre. **o)** ~ **hoher Dispersion** || prism of high dispersion || prisme m. de grande dispersion. **p) Leichtflint~** || prism of light flint || prisme m. en flint léger. **q) Objektiv~** || objective prism || prisme-objectif m. **r) Okular~** || eyepiece prism || prisme m. oculaire. **s) quadratisches** ~ || square prism || prisme m. carré. **t) Quarz~** || quartz prism || prisme m. en quartz. **u) Reflexions~** || reflecting prism || prisme m. réflecteur. **v) rhombisches** ~ || || rhombic prism || prisme m. rhombique. **w) Satz** m. einfacher Prismen aus Schwerspat || set of simple prisms of heavy flint glass || jeu m. de prismes simples en flint lourd. **x) schiefes** ~ || oblique prism || prisme m. oblique. **y) sechsseitiges** ~ || hexagonal prism || prisme m. hexagonal. **z) Sonnen~** || sun prism || hélioscope m.; prisme m. pour le soleil. 9

a) Spiegel~ || reflecting prism || prisme m. réflecteur. **b) vierseitiges** ~ || square prism || prisme m. quadrangulaire. **c) Winkel~** || prismatic square || équerre f. à prisme. **d) Zeichen~** || drawing prism || prisme m. à dessiner. **e) Zenit~** || zenith prism || prisme m. pour observer au zénith *ou* pour le zénith; prisme m. zénithal. 10

prismatisch || prismatic(al) || prismatique. **a)** ~ **zylindrisch** || prismatic-cylindrical || prismatique-cylindrique. **b) ~e Brille** f. || prismatic spectacles pl. || lunettes fpl. à verres prismatiques. 11

Prismen-apparat m. || prism apparatus || appareil m. à prismes. **a) ~auflegebock** m. || V-bock || support m. prismatique. **b) ~drehbank** f. || bar *or* gantry lathe || tour m. à banc prismatique *ou* à barre. **c) ~fassung** f. || prism casing || monture f. du prisme. **d) ~feldstecher** m. || prism binocular || jumelle f. à prismes. **e) ~fernrohr** n. || prism telescope || longue-vue f. à prismes. **f) ~gestalt** f. || prismatic shape || forme f. prismatique. **g) ~glas** n. || prism glass || jumelle f. à prismes. **h) ~kreuz** n. || double prism for angles of 90^0 || équerre f. à prismes. **i)** besonders klares **~kronglas** n. || exceptionally clear type of prism crown glass || verre m. crown à prismes parfaitement transparent. **k) ~-mikroskop** n. || prism microscope || microscope m. à prismes. **l) ~rohr** n. mit dreiteiligem Prisma || tubular mount with triple prism || tube m. contenant un prisme à trois verres. **m) ~rotator** m. (Opt) || prism rotator || rotateur m. à prismes. 12

Prismensatz m. || set of prisms || jeu m. de prismes. **a) geradsichtiger** ~ || direct vision set of prisms || jeu m. de prismes à vision directe. 13

Prismenspektroskop n. || prism spectroscope || spectroscope m. à prismes. 14

Prismenspektrum n. || prism spectrum || spectre m. à prisme. **a) ultraviolettes** ~ || ultra violet prism spectrum || spectre m. ultraviolet à prisme. 15

Prismen-steg m. (Sammler) || prism bridge || sommet m. de prisme. **a) ~tisch** m. || prism stage || tablette f. porte-prisme. **b) ~umkehrsatz** m. mit Reflexionsflächen || set of erecting prisms with reflecting surfaces || système m. de prismes redresseurs à surfaces réfléchissantes. 16

Prisonstift m. || dowel pin || cheville f. de répérage. 17

Pritsche f., Lade || plank bed || plateau m. de chargement. 18

pritschen (Blech) || to plane || parer. 19

Pritschenwagen m. || platform lorry || camion m. plat. 20

Pritschhammer m. || paring *or* planing *or* dressing hammer || marteau m. de parage. 21

private Selbstanschlußanlage f. || private automatic branch exchange || installation f. automatique privée. 22

Privat-anschluß m. (Elektr) || private connection || connexion f. privée. **a) ~auskunft** f. || exclusive information || renseignement m. exclusif. **b) ~bank** f. || private bank || banque f. privée. **c) ~berechtigung** f. || confirmation of private rights || autorisation f. accordée à un particulier. **d) ~betrieb** m. (Fernm) || private telephone *or* telegraph service || exploitation f. par des entreprises privées. **e) ~diskont** m. || market rate (of discount) || escompte m. hors banque. **f) ~fernsprechanlage** f. || private telephone branch exchange || installation f. téléphonique privée. **g) ~fernsprechnetz** n. || private telephone plant || réseau m. téléphonique privé. **h) ~flugzeug** n. || private aeroplane; privately owned airplane (A) || avion m. privé. **i) ~gesellschaft** f. || private company || société f. privée. **k) ~gespräch** n. || private call || communication f. privée. **l) ~gleis** n. || private line || voie f. *ou* ligne f. de raccordement privée. **m) ~kodeschlüssel** m. || private code || code m. personnel. **n) ~nebenstellenanlage** f. || private branch exchange || tableau m. privé. **o) ~schlüssel** m. *s.* Privatkodeschlüssel. **p) ~telegrafenanlage** f. || private telegraph plant || installation f. télégraphique privée. **q) ~vermögen** n. || private property || fortune f. privée. **r) ~weg** m. || private road || chemin m. particulier. 23

privatwirtschaftlich, etwas ~ ausbeuten || to exploit something for private economic purposes || exploiter quelque chose au titre d'entreprise privée. 24

Privileg n. || privilege || privilège m. 25

Probe f. (Chem) || test portion || prise f. d'essai; prélèvement m. **a)** ~ (Muster) || sample; specimen; assay || échantillon m.; spécimen m. **b)** ~ (Versuch) || proof; assay; trial; test; experiment || essai m.; épreuve f. **c)** ~ durch **Abtreiben** || cupellation; assaying by the cupel || coupellation f. en petit. **d)** ~ mit einem **angegossenen Stück** || test with a cast-on piece || essai m. sur une barre venue de fonte avec la pièce. **e) Belastungs~** || load test || essai m. de charge. **f) Brand~** || fire test || épreuve f. par le feu. **g) Bruch~** || breaking test || essai m. de rupture. **h) Dorn~** || mandril test || essai m. de mandrinage. **i) Druck~** || compression test || épreuve f. de compression. **k)** ~ **ergibt durchschnittlich** (Met) || assay averages || essai m. donne une moyenne. **l) Gewalt~** || violent proof || épreuve f. à outrance. **m) Glüh~** || heating test || essai m. à la chaleur. **n) Kaltwasser~** || cold water test || essai m. à l'eau froide. **o) Kerbschlag~** || impact test || essai m. au choc. **p)** ~ im **Kleinen** || trial upon a small case || essai m. en petit. **q)** eine ~ f. **machen** (Prob) || to assay || essayer. **r)** die ~ **machen** (Math) || to prove || faire la preuve. **s)** ~ **nehmen** || to sample; to take samples || échantillonner; prendre la goutte. **t) sperrige** ~ || bulley test-piece || produit m. à éprouver encombrant. **u) Verdrehungs~** || torsion test; test by torsion || essai m. à la torsion. **v) Verwinde~** *s.* Verdrehungs~. **w) Waren~** || specimen; sample || échantillon m. **x) Warmbiege~** || hot-bending test || essai m. de ployage à chaud. 26

Probeabzug m. || proof; proof impression *or* print || épreuve f. **a) erster** ~ || first proof || première épreuve f.; première f. 27

Probe-anstalt f. zur Überprüfung der laufenden Fertigung || testing house to control the current manufacture || station f. d'essais pour contrôler la fabrication courante. **a) ~auftrag** m. || trial order || commande f. d'essai. **b) ~belastung** f. ||

test(ing) load || charge f. d'épreuve *ou* d'essai. c) **~bogen** m. || proof sheet || épreuve f. d) **~brille** f. || trial frame for spectacles || lunettes fpl. d'essai. e) **~dienstzeit** f. || period of service on trial || temps m. de service d'essai. 1

Probedruck m. (Buchdr) || proof; proof impression *or* print || épreuve f.; impression f. d'essai. a) **~** (Techn) || test pressure || pression f. d'épreuve. b) **einen ~ abziehen** || to pull-off a proof || faire une épreuve. 2

Probedruckpumpe f. || pressure test pump || pompe f. (foulante) d'épreuve. 3

Probefahrt f. || trial ride *or* run *or* trip || course f. *ou* marche f. *ou* voyage m. d'essai; parcours m. de garantie. a) **~geschwindigkeit** f. || trial speed || vitesse f. réalisée aux essais. b) **~karosserie** f. || testing body || carrosserie f. d'essai. 4

Probe-feder f. || trial spring || ressort-échantillon m. a) **~flug** m. || test flight || vol m. d'essai. b) **~gewicht** n. (Handel) || standard weight || étalon m. c) **~glas** n. || sample tube || verre m. pour échantillons. d) **~haspel** f. || standard reel || éprouvette f. e) **~heft** n. || specimen part || numéro-spécimen m. f) **~kelle** f. || assay trowel || truelle f. d'essai. g) **~korn** n. (Met) || assay grain || culot m. *ou* grain m. d'essai. h) **~körper** m. || test sample || éprouvette f. i) **~kreuzung** f. (Seew) || trial cruise || croisière f. d'essai. k) **~lauf** m. (Masch) || test run || course f. d'essai. l) **~maß** n. (Handel) || standard measure || étalon m. m) **~nahme** f. || test portion; sampling || prélèvement m.; prise f. d'essai *ou* d'échantillon. n) **~nehmen** n. (Met) || sampling || échantillonnage m. 5

Probenfräsmaschine f. || milling machine for test rods || fraiseuse f. pour éprouvettes. 6

Probe-nummer f. || specimen number || spécimen m. a) **~pfahl** m. (Buchdr) || proof pile || pieu m. d'essai. 7

Prober m. (Met) || assayer || essayeur m. 8

Probe-schacht m. || trial shaft || puits m. d'essai. a) **~scherben** m. (Porzel) || trial piece || montre f. b) **~schießen** n. || trial shooting || expérience f. *ou* épreuve f. de tir. c) **~seite** f. (Buchdr) || specimen page || page f. d'essai. d) **~silber** n. || standard silver || argent m. au titre. 9

Probestab m. || trial rod; test bar || témoin m.; éprouvette f. a) **angegossener ~** || test bar cast solid with the piece; cast-on test piece || éprouvette f. venue de fonderie avec la pièce moulée; éprouvette f. attenant à la pièce. b) **durchgeschlagener ~** || broken test piece || éprouvette f. cassée en deux. c) **Probestäbe** mpl. **entnehmen** || to cut out test specimens pl. || prélever des éprouvettes fpl. d) in der **Längsrichtung der Achse entnommener ~** || bar cut lengthwise from the axle || éprouvette f. en long des essieux. e) **~** mit **Rundkerb** || round notched bar test piece || barreau m. d'une entaille à fond arrondi. f) **~** mit **scharfer Einkerbung** || V-notched test bar || éprouvette f. à entaille en V. 10

Probestab-abmessungen fpl. || diameter and gauged length of test bars || dimensions fpl. de l'éprouvette. a) **~werkstatt** f. || shop for preparing test bars || atelier m. pour tourner les éprouvettes. 11

Probe-stange f. || trial rod || témoin m.; éprouvette f. a) **~stecher** m. (Zuck) || proof stick || sonde f. b) **~stein** m. || model stone *or* brick; pattern || échantillon m. c) **~tropfen** m. (Glasf) || assaying drop || larme f. d'essai. d) **~verbindung** f. (Fernm) || trial connection || connexion f. d'épreuve. e) **~walzwerk** n. (Münzw) || finishing-rollers pl. || laminoir m. dernier *ou* polisseur. 12

probeweise || on approval || à titre m. d'essai. 13

Probe-würfel m. || test cube || cube m. d'essai. a) **~zapfen** m. || essay bit || éprouvette f. b) **~zeit** f. || (time of) probation || stage m. c) **~zinn** n. || tin of standard alloy; standard tin || étain m. au titre. 14

Probhahn m. || try *or* gauge cock || robinet m. purgeur *ou* de jauge *ou* d'épreuve; robinet-vérificateur m. 15

Probier-apparat m. für **Flaschen** || bottle testing apparatus || appareil m. à essayer la résistance des bouteilles. a) **~blei** n. || assay lead; grain-lead || plomb m. d'essai *ou* en grains. b) **~brillengestell** n. || spectacles trial frame || monture f. de verres d'essai. c) **~brillengläserkasten** m. || spectacles trial case || boîte f. de verres d'essai. d) **~dame** f. || mannequin; model || essayeuse f.; mannequin m. 16

probieren || to assay; to essay; to try; to test || essayer. 17

Probieren n. || assaying; trying || essai m.; essayage m. a) auf **nassem** Wege **~** || assay by the moist *or* wet way; wet assay || essai m. par la voie humide. b) auf **trockenem** Wege **~** || assay by the dry way; dry *or* fire assay || essai m. au feu *ou* par la voie sèche. 18

Probierer m. || assayer || essayeur m. 19

Probiererin f. (Bekl) || fitter || essayeuse f. 20

Probier-gefäß n. (Chem) || assaying vessel; (assay) test || vase m. d'essai; têt m.; test m. a) **~gewicht** n. || assay-weight || poids m. d'essai. 21

Probierglas n. (Chem) || test glass *or* tube || éprouvette f. a) **~** (Opt) || trial lens || verre m. d'essai. 22

Probier-gold n. || standard gold || or m. au titre. a) **~hahn** m. || pet cock; gauge tap || robinet m. d'essai *ou* d'épreuve; robinet-jauge m.; indicateur m. robinet. b) **~kunst** f. (Chem) || docimasy; dokimasy; docimastic art; assaying; assayer's art || docimasie f.; docimastique f.; art m. de l'essayeur *ou* d'essayeur. c) **~laboratorium** n. || assayer's room; assay office || chambre f. d'essayeur; essaierie f. d) **~löffel** m. (Met) || assay spoon; prover || éprouvette f.; cuiller f. pour prouver. e) **~methode** f. || method of assaying || méthode f. d'essai. f) **~muffelofen** m. || assay *or* cupelling *or* muffle furnace || fourneau m. de coupelle. g) **~nadel** f. || touch needle || aiguille f. d'essai. h) **~napf** m. || scale for assaying || écaille f. i) **~ofen** m. (Chem) || assay(ing) *or* muffle furnace || fourneau m. à coupelle *ou* d'essai *ou* d'essayeur *ou* docimastique. k) **~papier** n. || test *or* exploration paper || papier m. réactif. l) **~pumpe** f., **Faß** || cask test pump || pompe f. à essayer les fûts à pression. m) **~raum** m. || assayer's room; assay office || chambre f. d'essayeur; essaierie f. n) **~röhre** f. || test tube || éprouvette f. o) **~schale** f. || scale for assaying || écaille f. p) **~scherben** m. || test || casse f. q) **~stange** f. || trial rod || verge f. d'essai. r) **~stein** m. || touching *or* touch stone || pierre f. d'essai *ou* de touche. s) **~tiegel** m. || assay crucible; cupel || creuset m. d'essai; coupelle f. t) **~wage** f. (Chem) || assay(ing) balance || balance f. d'essai. u) **~zange** f. || essayer's tongs pl.; forceps || pince f. d'essayeur *ou* à creuset. 23

Produkt n. || product; produce || produit m. 24

Produkten-händler m. || produce merchant || négociant m. en produits. a) **~makler** m. || produce broker || courtier m. en produits *ou* en denrées. b) **~markt** m. || produce market || marché m. de produits *ou* de denrées. 25

Produktion f. *s. auch* Erzeugung *und* Herstellung. 26

Produktions-bericht m. || production reports pl. || rapport m. sur la production. a) **~kosten** pl. || cost of production *or* producing || frais mpl. de production. b) **~prämie** f. || producing premium || prime f. à la production. c) **~satz** m. || rate of production || taux m. de production. d) **~verringerung** f. || reduction of output || réduction f. dans le rendement. e) **~zweig** m. || branch of production || branche f. de la production. 27

Produktivgenossenschaft f. || cooperative association || société f. coopérative. 28

Produzent m. || producer || producteur m. 29

produzieren *s. auch* erzeugen *und* herstellen || to produce || produire. 30

Profanfenster n. || profane window || vitrail m. profane. 31

Profil n. || profile; side projection || profil m.; projection f. latérale. a) **Boden~** || floor frame || profil m. du fond. b) **Durchgangs~** || passage section || profil m. de passage. c) **Lichtraum~** || clearance || espace m. libre d) **~e** npl. **schlagen** || to set up profiles pl. || profiler. 32

Profildraht m. || profile *or* section wire || fil m. profilé. 33

Profileisen n. || section iron || profilé m.; fer m. profilé; fer m. en barres façonnées. 34

Profileisen-ring m. || section iron ring || anneau m. en fer profilé. a) **~schere** f. || section shearing machine; shape shears pl. || cisailles fpl. à profilés. b) **~- und Gehrungsschere** f. mit Universalloch- und Ausklinkmaschine in Stahlgußausführung || section shearing and mitre-cutting machine combined with universal punching and notching machine constructed of steel castings || cisaille f. à profilés et à onglets combinée avec poinçonneuse universelle et grugeoir exécutée en acier coulé. c) **~walzwerk** n. || profiled iron rolling mill || laminoir m. pour fers profilés. 35

Profil-fräser m. || formed *or* profiled cutter; milling cutter of shaped type; profiling cutter || fraise f. profilée *ou* à profiler. a) **~fräsmaschine** f. || profiling machine || machine f. à profiler. 36

profilgerechte Betonstraßendecke f. || concrete road surface true to profile || revêtement m. de route en béton d'un profil bien dressé. 37

Profilgerüst n. || profile || profil m. 38

profilieren (Bauw) || to set up profiles pl. || profiler. 39

Profil-instrument n., **eingebautes** || flush mounted edgewise pattern instrument || instrument m. de profil encastré. a) **~-lehre** f. (Eisenb) || profile form || gabarit

m. **b) ~maßstab** m. || abacus || abaque m. **c) ~radius** m., **mittlerer** || hydraulic radius || rayon m. hydraulique. **d) ~verjüngung** f. || tapering in section || amincissement m. du profil. **e) ~zeichner** m. und **Kippregel** f. (Vermessung) || telescopic alidade and cross sectioning apparatus || alidade f. tachygraphe pour le levé des profils. **f) ~zeichnung** f. || profile drawing || tracé m. du profil. 1

Profit m. || profit; gain || profit m. 2

profitieren || to make a profit || profiter. 3

Proformarechnung f. || proforma invoice || compte m. simulé; facture f. pro forma. 4

Programm n. (Zettel) || programme; program; ticket (A) || programme m.; prospectus m. **a) Walz~** || rolling programme || programme m. de laminage. 5

Progression f. (Math) || progression || progression f. **a) arithmetische ~** || arithmetical progression || progression f. arithmétique. **b) geometrische ~** || geometrical progression || progression f. géométrique. 6

Projekt n. einer **Fernsprechanlage** || design of a telephone plant || projet m. téléphonique. 7

projektieren || to project; to intend; to design; to purpose || projeter. 8

Projektierung f. || design || étude f.; projet m. 9

Projektil n. (Waffenw) || projectile; shot || projectile m. 10

Projektion f. || projection || projection f. **a) gnomonische ~** || gnomonical projection || projection f. gnomonique. **b) orthographische ~** || orthographic projection || projection f. orthographique. **c) stereographische ~** || stereographic projection || projection f. stéréographique. 11

Projektionsapparat m. || projection *or* projecting apparatus; projector || appareil m. projecteur *ou* de projection. **a) ~ für Makroprojektion** || projection apparatus for macro-projection || appareil m. de macroprojection. **b) ~ für Mikroprojektion** || projection apparatus for microprojection || appareil m. de microprojection. **c) ~ für Reklamezwecke** || projection apparatus for advertizing purposes || appareil m. de projection pour la réclame. 12

Projektionsebene f. || plane of projection || plan m. de projection. 13

Projektionslampe f. || projector lamp || lampe f. pour projection. **a) elektrische ~** || electric projector lamp || lampe f. électrique de projection. 14

Projektions-laterne f. || optical lantern || lanterne f. de projection. **a) ~schirm** m., **Sonnen** || sun *or* solar projection screen || écran m. pour la projection du soleil; écran m. de projection pour le soleil. **b) ~verfahren** n., **Dreifarben** || three colour projection || procédé m. trichrome à la projection. **c) ~wand** f. || projecting screen || écran m. pour la projection. 15

Projektor m. für **Bilder** || picture projector || projecteur m. pour l'image. **a) ~ für gleichmäßigen Filmablauf** || projector for an even film passage || projecteur m. pour un déroulement continu du film. **b) Ton~** || sound projector || projecteur m. pour émission sonore. **c) Tonbild~** || sound picture projector || projecteur m. pour la reproduction sonore. 16

projizieren || to project || projeter. 17

projizierte Skale f. || projected scale || échelle f. de projection. 18

Prokura f., Gesamt || joint procuration || procuration f. collective. 19

Prokura f., **per ~** f. **zeichnen** || to sign per procuration || signer *ou* souscrire par procuration f. 20

Prokurist m. || confidential clerk; manager entitled to sign for the firm || gérant m.; procureur m. 21

Prolongation f. || prolongation || prolongation f. **a) ~** eines **Wechsels** || renewal of a bill of exchange || renouvellement m. d'une lettre de change. 22

prolongieren, einen **Wechsel** m. || to renew a bill || renouveler *ou* prolonger une lettre f. de change. 23

Promenadendeck n. || promenade deck || pont-promenade m. 24

Pronyscher Zaum m. || Prony brake || frein m. de Prony. 25

Propaganda f. || propaganda || propagande f.; réclame f. **a) ~ machen** || to advertize || faire de la propagande. 26

Propagierapparat m. (Brau) || propagating apparatus || appareil m. à propager; appareil m. propagateur. **a) ~** für **Hefe** || yeast propagating apparatus || appareil m. à propager la levure. 27

Propeller m. (Luftf) || air screw; propeller || hélice f. **a) Flugzeug~** || aeroplane propeller || hélice f. d'aéroplane. **b) Schiffs~** || ship propeller || hélice f. pour navires. **c) Zirkulations~** || circulating propeller || propulseur m. de circulation. 28

Propeller-drehbank f. || propeller lathe || tour m. à hélices. **a) ~flügel** m. || blade of a propeller || pale f. d'hélice. **b) ~gebläse** f. || helical blower || soufflerie f. à hélice. **c) ~haube** f. || spinner || capot m. du moyeu. **d) ~schraube** f. || screw propeller || hélice f.; hélice f. propulsive. **e) ~turbine** f. mit senkrechter **Welle** || turbine of propeller type with vertical shaft || turbine f. à hélice à arbre vertical. 29

propionsaures Amyl n. || amyl propionate || propionate m. d'amyle. 30

Propionsäure f. || propionic acid || acide m. propionique. 31

Proportion f. || proportion || proportion f. **a) harmonische ~** || harmonical proportion || proportion f. harmonique. **b) stetige ~** || continual proportion || proportion f. continue. 32

proportional || proportional || proportionnel. **a) umgekehrt ~** || inversely proportional || inversement proportionnel; en raison f. inverse. **b) unmittelbar ~** || directly proportional || directement proportionnel. 33

Proportionale f., **mittlere** || mean proportional; geometrical mean || moyen m. proportionnel; moyenne f. proportionnelle *ou* géométrique. 34

Proportionalität f. || proportionality || proportionalité f. 35

Proportionalitätsgrenze f. || limit of proportionality || limite f. de la proportionalité. 36

Proportionalzirkel m. || sector; proportional compasses pl. || compas m. de proportion. 37

Propylalkohol m. || propyl alcohol || alcool m. propylique. 38

Propylit m. || propylite || propylite f. 39

Prosopit m. || prosopite || prosopite f. 40

Prospekt m. || prospectus || prospectus m. 41

Proszenium n. (Bauw) || fore scene; front stage; proscenium || avant-scène f. **a) ~loge** f. || corner box || baignoire f. d'avant-scène. 42

Protargol n. || silver proteinate || protéinate m. d'argent. 43

Protein n. || protein || protéine f. **a) ~mehl** n. || protein flour || protéine f. moulue. 44

proteolytische Diastase f. || proteolytical diastase || diastase f. protéolytique. 45

Protest m. || protest || protestation f. **a) ~** (Wechsel) || protest || protêt m. **b) ~ notieren** || to note protest || noter procès verbal *ou* protêt m. 46

protestieren || to protest || protester. 47

Protestkosten pl. || charges pl. for protesting || frais mpl. de protêt; coût m. de l'acte. 48

Prothese f. || prothese || prothèse f. 49

Protogyn m. || protogyne || protogyne f.; granit m. talqueux. 50

Protokoll n. || protocol; minutes pl.; signed statement; records pl. || procès-verbal m.; protocole m. **a) Sachverständigen~** || experts' report || expertise f. 51

protokollieren || to minute || verbaliser; enregistrer. 52

Protuberanz f. || protuberance || protubérance f. 53

Protuberanzenspektroskop n. || prominence spectroscope || spectroscope m. à protubérances. 54

Proustit m. || proustite; light red silver ore || argent m. arséniaté sulfuré. 55

Provence(r)öl n. || salad oil from Provence; Provence oil || huile f. de Provence. 56

Proviant m. || provisions pl.; victuals pl.; supply; grub; stores pl. || vivres mpl.; provisions fpl. **a) ~ einnehmen** || to lay in *or* to take in (the supply of) provisions pl. || faire des vivres mpl.; ravitailler. **b) Fleisch~** || meat store || vivres-viande mpl. **c) Kranken~** || sick provisions pl. || provisions fpl. d'hôpital. **d) Salz~** || salt provisions pl.; salt grub || salaison m. **e) täglicher ~** || daily provisions pl. || vivres mpl. journaliers. **f)** mit **~ versorgen** || to furnish *or* to supply with provisions pl. || fournir en vivres mpl.; ravitailler; approvisionner. 57

Proviant-kiste f. || box *or* chest for provisions || caisson m. de vivres. **a) ~lieferung** f. || supply of provisions || fourniture f. des vivres. 58

Provision f. || commission; procuration money || provision f.; commission f. **a) einschließlich ~** || including commission || commission f. comprise. **b) frei von ~** || free of commission || sans commission f. **c)** schließt **keine ~** ein || does not allow commission || ne comprend pas de commission. 59

Provisionskonto n. || commission account || compte m. de commission. 60

provisorisch reparieren || to make a temporary repair || faire une réparation provisoire. 61

provisorischer Distanzring m. || temporary spacing ring || bague f. de distance provisoire. 62

Prozentgehalt m. || percentage || teneur m. pour cent. 63

prozentig (Chem) || centesimal || centésimal; pour cent. 64

Prozentsatz m. || percentage; rate per cent || pourcentage m.; taux m. pour cent. **a)** der **~ schwankt** zwischen x und y Prozent || the percentage varies between x and y per cent || la teneur varie de x à y pour cent. 65

Prozeß m. (Rechtsw) || lawsuit; legal process || procès m. **a)** ~ (Techn) || method; process; proceeding; mode of procedure || méthode f.; opération f.; procédé m. **b)** einen ~ **einleiten** || to conduct a lawsuit || intenter un procès. 1

prozessieren || to carry on a lawsuit || plaider contre quelqu'un; être en procès avec quelqu'un. 2

Prozeßpartei f. || litigant || plaideur m.; demandeur m. 3

Prüf-ader f. || test wire || fil m. d'essai. **a)** **~amt** n. eines **Elektrizitätswerkes** || testing station of electricity works || station f. d'essais d'une usine électrique. **b)** **~apparat** m. *s.* ~gerät. **c)** **~arm** m. (Selbstanschl) || test wiper || frotteur m. privé. **d)** **~draht** m. || testing wire || fil m. de contrôle. 4

Prüfeinrichtung f., **Hochspannungs** || high voltage testing equipment || installation f. pour essais sous haute tension. **a)** **Kabel~** || cable testing outfit || installation f. d'essai de câbles. **b)** ~ für **Nummernscheiben** (Selbstanschl) || dial speed tester || appareil m. pour éprouver les cadrans. **c)** **Stromwandler~** || testing device for current transformers || installation f. de vérification de transformateurs d'intensité. 5

Prüf-elektromagnet m. || testing magnet || électro m. de test. **a)** **~elektrometer m.** || electrometer gauge || jauge f. électrométrique. 6

prüfen || to inspect; to verify; to conform; to try; to prove; to examine || vérifier; examiner. **a)** ~ (Chem) || to test; to assay || éprouver. **b)** ~ **auf** ... (Chem) || to test for ... || rechercher. **c)** **auf Dichtheit** f. ~ || to test for leaks pl. || vérifier l'étanchéité. **d)** **auf den Klang** ~ || to sound; to chink || examiner par le son. **e)** **eingehend** ~ || to scrutinize || scruter. **f)** eine **Leitung** f. auf Besetztsein ~ (Fernm) || to test a line || faire le test d'une ligne. 7

Prüfer m. (Gerät) *s.* Prüfgerät. **a)** **Maschinen~** || machine tester || ouvrier m. aux essais de machines. 8

Prüffeld n. || test floor || plate-forme f. d'essais. 9

Prüfgerät n. || testing apparatus; tester || appareil m. à essayer *ou* de contrôle *ou* d'essai; essayeur m. **a)** **Akkumulatoren~** || electric accumulator testing instrument || essayeur m. d'accumulateurs électriques. **b)** **Glühlampen~** || testing apparatus for incandescent lamps || appareil m. d'essai pour lampes à incandescence. 10

Prüf-gestell n. (Fernm) || test frame || table f. d'essai. **a)** **~höhe** f. || testing height || hauteur f. d'essai. **b)** **~instrument** n. || testing instrument || instrument m. à essayer *ou* de contrôle *ou* d'essai. **c)** **~kabel** n. || measuring cable || câble m. de mesure. 11

Prüfkasten m. (Fernm) || test box || boîte f. d'essai. **a)** ~ für **Verstärkerämter** || amplification testing set || appareil m. pour mesurer l'amplification. 12

Prüf-klinke f. für **Hauptverteiler** || testing jack for main distributing boards || jack m. d'essai au répartiteur d'entrée. **a)** **~kraft** f. || testing power || puissance f. d'épreuve. **b)** **~lampe** f. || test lamp || lampe f. témoin *ou* d'essai. **c)** **~leitung** f. || test circuit || ligne f. d'essai. **d)** **~libelle** f. || control level || niveau m. de contrôle. 13

Prüfling m. (Werkstück) || piece to be tested || pièce f. à vérifier. 14

Prüfmaschine f. || testing *or* proving machine || machine f. d'essai. **a)** **Abnutzungs~** || wear testing machine || machine f. à mesurer l'usure. **b)** **Biegeschwingungs~** || bending vibration testing machine || machine f. à mesurer les vibrations dues à la flexion. **c)** **Drehschwingungs~** || torsion vibration testing machine || machine f. à mesurer les vibrations dues à la torsion. **d)** **Feder~** || spring testing machine || machine f. à essayer les ressorts. **e)** **hydraulisch betriebene ~** || hydraulic testing machine || machine f. hydraulique d'essai. **f)** **Isolatoren~** || testing machine for insulators || machine f. à essayer les isolateurs. **g)** **Ketten~** || chain testing machine || machine f. à essayer les chaînes. **h)** **Ketten- und Seil~** || chain and rope testing machine || machine f. à essayer les chaînes et les câbles. **i)** **Knick~** || buckling testing machine || machine f. à essayer les matériaux à la brisure. **k)** ~ für **Metalle** || testing machine for metals || machine f. à essayer les métaux. **l)** ~ für **Nichtmetalle** || testing machine for nonmetals || machine f. à essayer les matières autres que métaux. **m)** **Öl~** || oil testing machine || machine f. à essayer les huiles. **n)** **Rohr~** || pipe testing machine || machine f. à essayer les tubes. **o)** **Werkstoff~** || material testing machine || machine f. à essayer les matériaux. **p)** **Zahnräder~** || gear testing machine || machine f. à vérifier les engrenages. **q)** ~ für die **Ziegeleiindustrie** || testing machine for the brick making industry || machine f. d'essai pour l'industrie des briques. **r)** ~ für **Zug- und Druckversuche** || tension and compression testing machine || machine f. à essayer les matériaux à la traction et à la compression. 15

Prüfmessung f. || control test || mesure f. de contrôle. 16

Prüfpresse f. || testing press || presse f. d'essai *ou* à essayer. **a)** **Beton~** für Druck-, Knick- und Biegeversuche || concrete testing press for compression, buckling and bending tests || presse f. à essayer le béton à la compression, à la brisure et à la flexion. **b)** **Zement~** || cement testing press || presse f. à essayer le ciment. 17

Prüf-relais n. || test relay || relais m. de test. **a)** **~röhrenkondensator** m. (Funkw) || test tube condenser || condensateur m. à tube d'essai. **b)** **~satz** m. (Selbstanschl) || automatic test set || dispositif m. automatique d'essai. **c)** **~schalter** m. (Fernm) || testing switch || clé f. d'essai. 18

Prüfschrank m. (Fernm) || test clerk's desk || table f. d'essai. **a)** ~ für **Verstärkerämter** || test board of repeater stations || table f. de mesures dans les stations de répéteurs. 19

Prüfspannung f. eines **Stromwandlers** || test voltage of a current transformer || tension f. d'essai d'un transformateur d'intensité. 20

Prüfstand m. || testing *or* torque stand; test bed || banc m. d'essai *ou* d'épreuve; pupitre m. d'essai. **a)** **Dieselmotor** m. auf dem ~ || Diesel engine under test; Diesel engine at the trial station || moteur m. Diesel au banc d'essais. **b)** **Lokomotiv~** || testing stand for locomotives || plateforme f. d'essai pour locomotives. 21

Prüf-stein m. || touchstone || pierre f. de touche. **a)** **~stöpsel** m. (Fernm) || test plug || bouchon m. d'essai. **b)** **~stromkreis** m. || test circuit || circuit m. d'épreuve *ou* de test. **c)** **~stumpf** m. (Fernm) || test cable stub || bout m. d'essai de câble. **d)** **~tisch** m. (Fernm) || test desk || table f. d'essai. 22

Prüfung f. (Ausproben) || test; testing; trial; verification; investigation || examen m.; épreuve f.; essai m.; vérification f. **a)** ~ (auf Kenntnisse) || examining; examination || examen m. **b)** ~ **auf** ... (Chem) || test for ... || recherche f. de ... **c)** ~ eines **Dampfkessels** || boiler testing || révision f. d'une chaudière à vapeur. **d)** **Düsen~** || testing of the nozzle || essai m. du gicleur. **e)** **dynamometrische** ~ f. der Stoffe || dynamometric testing of textiles || essai m. dynamométrique des textiles. **f)** **genaue** ~ || scrutiny || scrutin m. **g)** ~ der **Genauigkeit** || test of accuracy || épreuve f. de la précision. **h)** ~ einer **Leitung** (Fernm) || test of a line || essai m. d'une ligne. **i)** **Schlappseil~** || slack-rope test || essai m. de mou du cable. **k)** **Schnell~** || rapid inspection || contrôle m. rapide. **l)** ~ der **Stahlkugeln** auf Bruchfestigkeit || testing steel balls for resistance of rupture || essai m. de la résistance à la rupture des billes en acier. 23

Prüfungs-bericht m. || report of test || rapport m. d'épreuve. **a)** **~ergebnis n.** || test *or* testing result || résultat m. d'essai *ou* de l'examen. **b)** **verkehrstechnische ~kommission** f. (Fernm) || commission for examination of the communication service || commission f. de vérification des moyens techniques de trafic. **c)** **~kosten** pl. || cost of testing || frais mpl. d'épreuve. **d)** **~luftdruckmesser** m. || test *or* standard barometer || baromètre m. d'essai *ou* de contrôle. **e)** **~protokoll** n. || testing record sheet || procès-verbal m. d'épreuve. **f)** **~verein m., Dampfkessel** || boiler inspection association || société f. de surveillance des chaudières à vapeur. **g)** **~vorschrift** f. || condition of test || condition f. d'essai. 24

Prüf-verfahren n. für feuerfeste Baustoffe || method of testing fireproof material || méthode f. d'essai pour matériaux réfractaires. **a)** **~vorrichtung** f. || controlling *or* checking device || mécanisme m. de contrôle. **b)** **~wage** f. || physical balance; test balance || trébuchet m. **c)** **~wähler** m. (Selbstanschl) || test selector || sélecteur m. d'essai. **d)** **~zeichen** n. || test mark || marque f. d'épreuve. 25

Prügel m. (Web) || rocking tree; swing beam || porte-battant m.; arbre m. de l'épée de chasse. 26

Prunell m. || lasting || prunelle f.; lasting m. 27

Prunellensalz n. || sal prunellac; prunelle salt; fuzed and tabulated nitre || sel m. de prunelle; cristal m. minéral. 28

Prunkgerät n. aus Edelmetall für kirchliche Zwecke || ostentation implement in precious metal for churches || ustensile m. somptueux en métal précieux pour églises. 29

PS (Pferdestärke) || HP; horse power || CV; cheval-vapeur m. 1

Psilomelan m. || psilomelane; black iron ore || psilomélane f.; braunite f.; oxyde m. manganique. 2

Psychrometer n. || psychrometer|| psychromètre m. **a) Fern~** || telepsychrometer || télépsychromètre m. 3

Puddel-arbeiter m. *s.* Puddler m. **a) ~betrieb** m. || puddling || puddlage m. **b) ~eisen** n. || puddled iron || fer m. puddlé. **c) ~hütte** f. || puddling works pl. || puddlage m. **d) ~luppe** f. || puddle ball || loupe m. de puddlage. **e) ~maschine** f. || puddling machine || puddleur m. mécanique. 4

puddeln || to puddle || puddler. 5

Puddeln n. || puddling || puddlage m. 6

Puddelofen m. || puddling furnace || four m. à puddler. **a) Dreh~** || revolving puddling furnace || four m. à puddler rotatif. **b) wendbarer ~** || rotary puddling furnace || four m. à puddler tournant. 7

Puddel-roheisen n. || forge pig || fonte f. crue de puddlage. **a) ~schlacke** f. || puddling slag; tap cinder || scorie f. des fours à puddler; scorie f. de puddlage. **b) ~spiegel** m. || specular forge pig iron || fonte f. spiegel pour puddlage. **c) ~stahl** m. || puddle(d) steel; forge steel || acier m. puddlé *ou* de puddlage. **d) ~verfahren** n. || puddling process || procédé m. de puddlage. **e) ~walze** f. || puddle *or* puddling *or* blooming roll || cylindre m. ébaucheur *ou* dégrossisseur. **f) ~werk** n. || shop for the manufacture of puddled iron; puddling works pl.; puddled iron and steel works pl. || atelier m. de puddlage; fabrique f. de fer et d'acier puddlé; puddlage m. 8

Puddelwalzwerk n. || puddle *or* puddling *or* blooming rolling mill || train m. ébaucheur *ou* de puddlage; laminoir m. ébaucheur. 9

Puddingpulver n. || pudding powder || poudre f. à pouding. 10

Puddler m. || puddler || puddleur m. **a) Hilfs~** || underhand puddler || aide-puddleur m. 11

Puder m. || powder || poudre f. **a) Kinder~** || infant's powder || poudre f. pour enfants. **b) wohlriechender ~** || aromatic powder || poudre f. parfumée **c) Wund~** || vulnerary powder || poudre f. vulnéraire. 12

Puder-dose f. || powder box || boîte f. à poudre. **a) ~farbe** f. || powder ink || couleur f. à poudrer *ou* en poudre. **b) ~maschine** f. || powder machine || machine f. à poudrer. **c) ~papier** n. || powder paper || papier m. poudré. **d) ~presse** f. || powder press || presse f. de poudre. **e) ~quaste** f. || powder puff || houppe f. à poudrer. **f) ~quastenbüchse** f. || puff box || boîte f. à houppe. 13

Puffer m. || buffer; bumper || tampon m.; buttoir m.; amortisseur m. **a) bogenförmiger ~** || round plate buffer || tampon m. à plaque à surface courbe. **b) Druckwasser~** || hydraulic buffer stop || tampon m. d'arrêt hydraulique. **c) Feder~** || spring buffer || butoir m. *ou* tampon m. à ressort. **d) fester ~** || rigid buffer || tampon m. rigide *ou* fixe. **e) Flacheisen~** || flat iron buffer || tampon m. en fer plat. **f) Gummi~** || rubber buffer || tampon m. de caoutchouc. **g) Leder~** || leather pad *or* bumper || amortisseur m. en cuir. **h) Seiten~** || side buffer || tampon m. latéral *ou* de côté. 14

Puffer-batterie f. || buffer battery || batterie f. tampon. **a) ~betrieb** m. (Elektr) || system of buffer battery || système m. de batterie-tampon. 15

Pufferfeder f. || buffer *or* cushioning *or* overload spring || ressort m. de tampon *ou* de choc *ou* supplémentaire. **a) Schnekken~** || volute buffer spring || ressort m. conique pour tampons. **b) ~scheibe f., eiserne** (Eisenb) || iron-disk of the buffer-spring || plaque f. en fer pour le ressort de buttoir. 16

Puffer-gehäuse n. || buffer casing || boisseau m. de tampon. **a) ~grundplatte** f. || buffer base plate *or* spring seating || plaque f. d'appui du ressort de tampon. **b) ~hülse** f. *s.* Puffergehäuse. **c) ~kappe** f. || buffer cap || chape f. de tamponnement. **d) ~kolben** m. || buffer piston || contrepiston m. **e) ~kopf** m. || buffer head || tête f. de tampon. **f) ~kreuz** n. *s.* Puffergehäuse. **g) ~platte** f. || buffer plate || plaque f. de tampon. **h) ~querriegel** m. || buffer cross beam || entretoise f. pour tampons. **i) ~rahmen** m. || buffer frame || cadre m. *ou* traverse f. de choc. **k) ~satz** m. (Elektr) || booster || groupe m. à dynamo tampon. **l) ~schaft** m. || buffer plunger || tige f. de tampon. **m) ~scheibe** f. || buffer disk || disque m. de tampon. 17

Pufferstange f. || buffer shank *or* plunger || tige f. de tampon. **a) vierkantige ~** || squared shank of the buffer bar || tige f. carrée de tampon. 18

Puffer-teller m. || buffer disc || disque m. de tampon. **a) ~wirkung** f. || buffer action || action f. amortisseuse. 19

Puffspiel n. || back gammon || jaquet m. 20

Pulpe f. || pulp || pulpe f. **a) ~fänger** m. (Pap) || pulp catcher || puiseur m. de pâte. **b) ~presse** f. || pulp press || presse f. à pulpe. **c) ~trocknungsanlage** f. || pulp drying plant || installation f. de séchage de pulpes. 21

Puls m. || pulse || pouls m. **a) ~ader** f. || artery || artère f. 22

pulsierender Strom m. || pulsating current; pulsatory current || courant m. pulsatoire. 23

Pulsmesser m. || sphygmograph || sphygmographe m. 24

Pulsometer n. || pulsometer || pulsomètre m. 25

Pult n. || desk || pupitre m. **a) ~dach** n. || shed *or* pent roof || toit m. *ou* comble m. en appentis; toit m. à un seul égout. **b) ~form** f. || desk form || forme f. de pupitre. 26

Pulver n. || powder || poudre f. **a) aromatisches ~** || aromatic powder || poudre f. aromatique. **b) brisantes ~** || offensive powder || poudre f. brisante *ou* offensive. **c) eckiges ~** || angular powder || poudre f. angulaire *ou* anguleuse. **d) Einsatz~** || cementing powder || poudre f. à cémenter. **e) feinkörniges ~** || fine-grained *or* small-grained powder || poudre f. fine. **f) geglättetes ~** || glazed powder || poudre f. lissée. **g) gekörntes und gesiebtes ~** || granulated and sieved powder || égalisures fpl.; poudre f. grenée et tamisée. **h) grobkörniges ~** || coarse-grained *or* large-grained powder || poudre f. à gros grains. **i) Gruben~** || blasting *or* miner's powder || poudre f. de mine. **k) Härte~** || cementing *or* cementation powder || poudre f. à cémenter. **l) Jagd~** || sporting powder || poudre f. de chasse. **m) langsam verbrennendes ~** || slowly-burning powder || poudre f. à combustion lente. **n) poliertes ~** || glazed powder || poudre f. lissée *ou* polie. **o) rauchloses ~** || smokeless (gun) powder || poudre f. (à canon) sans fumée. **p) rauchschwaches ~** || nitro powder || coton-poudre m. **q) Schieß~** || gun powder || poudre f. à canon. **r) ~ sortieren** (nach Korn) || to separate *or* to classify the powder according to the grain || égaliser *ou* trier la poudre selon la grosseur du grain. 27

Pulver-fabrik f. || powder mill; (gun) powder manufacture *or* factory || moulin m. à poudre; poudrerie f.; poudrière f. **a) ~faß** n. || powder barrel || baril m. à poudre. **b) ~faß** n. für die **Sprengstoffindustrie** || powder storage vessel for the industry of explosives || barrique f. à poudre pour l'industrie des explosifs. **c) in ~form** f. || in powder || en poudre f. 28

pulverförmig || pulverulent; in powder || pulvérulent; en poudre f. **a) ~er Niederschlag** m. || pulverulent precipitation || précipité m. pulvérulent. 29

pulvergetriebener Katapult m. || powder impulse katapult || catapulte f. de lancement à poudre. 30

pulverig || pulverulent || pulvérulent. 31

Pulverisierapparat m. || pulverizing appliance || pulvérisateur m. 32

pulverisierbar || pulverizable || pulvérisable. 33

pulverisieren || to pulverize; to powder; to grind to dust || pulvériser. 34

Pulverisieren n. *s.* Pulverisierung. 35

pulverisierter Asphalt m. || asphalt powder || asphalte m. en poudre. 36

Pulverisierung f. || pulverization || pulvérisation f. **a) feinste ~** || levigation || lévigation f. 37

Pulver-kornsieb n. || separating sieve; sieve for corning powder || grenoir m. *ou* grainoir m. *ou* égalisoir m. de poudre. **a) ~kuchen** m. || powder cake; incorporated *or* mill cake || galette f. *ou* pâte f. *ou* lame f. de poudre. **b) ~ladung** f. des **Bohrlochs** || charge of powder for blasting || charge f. du pétard. **c) ~masse** f. || powder composition || pâte f. de poudre. **d) ~mühle** f. || powder mill || moulin m. à poudre. **e) ~müller** m. || powder maker || poudrier m. 38

pulvern || to pulverize; to reduce to powder || pulvériser. 39

Pulver-satz m. || ingredients pl. *or* composition for powder || composition f. de la poudre à canon. **a) ~schachtel** f. (Heilk) || powder box || boîte f. pour poudres. **b) ~schnee** m. || powdery snow || neige f. en poudre. **c) ~staub** m. || powder dust; gun powder dust || poussière f. de la poudre. **d) ~tonne** f. || powder barrel || baril m. à poudre. 40

Pulverung f. || pulverization || pulverisation f. 41

Pulververwalter m. (Bergb) || powder magazine attendant || garde m. magasin des explosifs. 42

Pumpe f. || pump || pompe f. **a) Abteuf~** || sinking pump; bore hole pump || pompe f. pour trou de sondage; pompe f. de creusement. **b) Ausflußseite** f. der **~** || delivery side of pump || côté m. de refoulement de pompe. **c) Ballast~** || ballast pump || pompe f. de ballast. **d) Bau~** || building pump || pompe f. de construction. **e) Bier~** || beer pump || pompe f. à bière. **f) Brennstoff~** || fuel pump || pompe f. à combustible. **g) Brunnen~** || well pump || pompe f. de puits. **h) Bügel~** || stirrup pump || pompe f. à étrier. **i) i) Dampf~** || steam pump || pompe f. à vapeur. **k) Dampfspeise~** || steam feed pump || pompe f. d'alimentation à vapeur. **l) Dampfstrahl~** || steam jet elevator; injector || pompe f. à jet de vapeur; injecteur m. **m) Diaphragma~** || diaphragm pump || pompe f. à diaphragme. **n) Diffusor~** || diffusion pump || pompe f. à diffusion. **o) Doppeldrillingspreß~** || double three-throw pressure pump || pompe f. double à compression à trois plongeurs. **p) doppelt wirkende ~** || double-acting pump || pompe f. à double effet. **q) Drehkolben~** || rotary pump || pompe f. rotative. **r) Drucklufttheber~** || compressed-air lift pump || pompe f. à air comprimé. **s) Einspritz~** || priming pump || pompe f. d'injection. **t) ~ für Eiswasser** || ice water pump || pompe f. à eau glacée. **u) ~ für die Fäkalienabfuhr** || pump for the removal of feces || pompe f. pour l'enlèvement des matières fécales. **v) Faßprobier~** || cask test pump || pompe f. à essayer les fûts à pression. **w) die ~ faßt** || the pump draws || la pompe marche *ou* est prise *ou* est chargée. **x) die ~ faßt nicht** || the pump does not fetch || la pompe se décharge *ou* ne charge pas. **y) Filterpreß~** || filter press pump || pompe f. à presse-filtre. **z) Fliehkraft~** || centrifugal pump || pompe f. centrifuge. 1

a) Flügel~ (handbewegt) || semi-rotary pump || pompe f. demi-rotative *ou* semi-rotative. **b) Flügel~** (maschinengetrieben) || vane pump || pompe f. à palettes *ou* à ailettes. **c) Fuß~** (Auto) || foot pump || pompe f. à pied. **d) mit gespanntem Dampf** arbeitende ~ || pump of steam-pressure || pompe f. à pression de vapeur. **e) mit gespannten Gasen** arbeitende ~ || pump of gas pressure || pompe f. à pression de gaz. **f) Hand~** || hand pump || pompe f. à main. **g) ~ aus Hartgummi** || hard india-rubber pump || pompe f. en caoutchouc durci. **h) Hauswasser~** || house type of pump || pompe f. ménagère. **i) ~ aus Holz** || wooden pump || pompe f. en bois. **k) hydraulische Drillingspreß~** || hydraulic three-throw pressure pump || pompe f. hydraulique de compression à trois corps. **l) Jauche~** || liquid manure pump || pompe f. à purin. **m) Kolben~** || piston pump || pompe f. à piston. **n) Kreisel~** || centrifugal pump || pompe f. centrifuge. **o) Kühlwasser~** || cooling-water *or* water-circulating pump || pompe f. à eau froide. **p) Laugen~** || lye pump || pompe f. à lessives. **q) ~ mit einer Leistung** von . . . || pump with capacity of . . . || pompe f. d'une capacité de . . . **r) leistungsfähige ~** || efficient pump || pompe f. à grand débit. **s) liegende Drillingspreß~** || horizontal three-throw pressure pump || pompe f. horizontale à compression à trois plongeurs. **t) Luft~** || air pump || pompe f. à air. **u) mechanisch betriebene ~** || mechanically driven pump || pompe f. actionnée mécaniquement. **v) Mehrstufen~** (hydr Presse) || multistage pump || pompe f. à plusieurs étages. **w) Membran~** || diaphragm *or* membrane pump || pompe f. à membrane *ou* à diaphragme. **x) Motor~** || motor-driven pump || pompe f. à moteur. **y) Öl~** || oil pump || pompe f. à huile. **z) Plunger~** || plunger pump; plunging lift || pompe f. à plongeur. 2

a) Pneumatik~ || tire pump || pompe f. à pneu. **b) Preß~** || press pump || pompe f. commandant la presse. **c) Probedruck~** || pressure test pump || pompe f. (foulante) d'épreuve. **d) Reifen~** *s.* Pneumatik~. **e) Rotations~** || rotary pump || pompe f. rotative *ou* à rotation. **f) Rückförder~** || return pump || pompe f. de refoulement. **g) Salzwasser~** || brine pump || pompe f. à eau salée *ou* à saumure. **h) Säure~** || acid pump || pompe f. pour acides. **i) die ~ schlägt** || the pump knocks *or* is dry || la pompe cogne *ou* tape. **k) ~ mit Schlagventil** || pump with clapper *or* flap valve || pompe f. à soupape (d'arrêt) à clapet. **l) Schmier~** || lubricating pump || pompe f. de graissage. **m) Schmieröl~** || lubricating oil pump || pompe f. à huile. **n) Speise~** || feed pump || pompe f. d'alimentation. **o) Spül~** || scavenging *or* rinsing pump || pompe f. à laver *ou* de balayage. **p) stehende Drillingspreß~** || vertical three-throw pressure pump || pompe f. verticale à compression à trois plongeurs. **q) Strahl~** || jet pump; injector || pompe f. à jet; injecteur m. **r) Tauchkolben~** || plunger pump || pompe f. à piston plongeur. **s) Teer~** || tar pump || pompe f. pour goudron. **t) Teleskop~** || telescopic pump || pompe f. télescope. **u) Tiefbohr~** || deep-well pump || pompe f. de fonçage. **v) Tiefbrunnen~** || pump for deep wells || pompe f. pour puits profonds. **w) Turbinen~** || centrifugal *or* turbine pump || pompe f. turbine. **x) Turbo~** || turbo pump || turbo-pompe f. **y) Umlauf~** || circulating pump || pompe f. de circulation. **z) unklare ~** || choked *or* foul pump || pompe f. engorgée. 3

a) Vakuum~ || vacuum pump || pompe f. à vide. **b) ventillose ~** || valveless pump || pompe f. sans clapet. **c) Wasser~** || water pump || pompe f. à eau. **d) Wasserwerk~** || pump for water works || pompe f. élévatoire à eau. **e) Zahnrad~** || gear pump || pompe f. à engrenage. **f) Zahnradschmieröl~** || geared lubricating pump || pompe f. à huile de graissage à commande par pignons. **g) Zentrifugal~** || centrifugal pump || pompe f. centrifuge. **h) die ~ zieht** || the pump draws || la pompe marche *ou* est prise *ou* est chargée. **i) die ~ zieht Luft** || the pump blows || la pompe aspire de l'air; la pompe est éventée. **k) Zweiweg~** || two-way pump || pompe f. à deux voies. **l) Zwillings~** || twin pump || pompe f. jumelle. 4

pumpen || to pump || pomper. 5

Pumpen-antrieb m. || pump drive || commande f. de pompe. **a) ~armatur** f. || pump fittings pl. || armature f. pour pompes. **b) ~bagger** m. || sand pump dredger || dragueur m à pompes. **c) ~beschlag** m. || pump gear || garniture f. de pompe; armature f. de pompe. **d) ~bohrer** m. || pump borer *or* bit || cuiller f. à pompe; cuiller f. *ou* rouanne f. de pompe. **e) ~bolzen** m. || pump bolt || cheville f. de pompe. **f) ~fernsteuerung** f. || pump tele-control || arrêt m. à distance des moteurs de pompes. **g) ~flügelrad** n. || impeller of pump || roue f. de pompe à ailettes. **a) ~Führer** m. || pump-driver || conducteur m. de pompes. **i) ~gatt** n. || side hole of a pump || lumière f. de pompe. **k) ~gehäuse** n. || pump housing; pump body || corps m. de pompe. **l) ~geschirr** n. || pump gear || appareil m. *ou* garniture f. des pompes. **m) ~gestänge** n. || pump spears pl. *or* rods pl. *or* gear || maîtresse-tige f. *ou* tiges fpl. de pompe. **n) ~haken** m. || pump hook || croc m. de pompe. **o) ~herz** n. || lower pump box || chopine f. *ou* chopinette f. de pompe. **p) ~kasten** m. || pump box || caisse f. de pompe. **q) ~kessel** m. || pump kettle || chopinette f. *ou* chaudron m. de pompe. **r) ~kolben** m. || pump piston; sucker || piston m. de pompe. **s) ~korb** m. (Bergb) || pump kettle *or* strainer; tube filter || couloir m. (du tuyau d'aspiration d'une pompe); crépine f. **t) ~körper** m. || pump body || corps m. de pompe. **u) ~peilstock** m. || gauge rod of a pump || sonde f. de pompe. **v) ~probhahn** m. || pet-cock for pumps || robinet m. d'essai des pompes. **w) ~rohr** n. || pump tube || tuyau m. de pompe. **x) ~satz** m. || set *or* lift of pumps || pompe f. installée dans une colonne élévatoire. **y) ~schacht** m. || pump pit; pump shaft || puits m. d'épuisement *ou* d'exhaure; bure f. aux pompes. **z) ~schlag** m. || stroke of a pump || course f. d'une pompe. 6

a) ~schlauch m. || pump hose || manche f. à pompe. **b) ~schwengel** m. || pump handle || brimbale f.; bringuebale f.; levier m. à main de pompe. **c) ~sod** m. || pump well || archipompe f.; sentine f.; ousseau m. **d) ~stange** f. || pump rod *or* spear || tige f. *ou* verge f. *ou* lance f. de pompe. **e) ~stiefel** m. || barrel *or* body *or* chamber of a pump || corps m. *ou* cylindre m. de pompe. **f) ~stock** m. || pump staff || bâton m. de pompe. **g) ~sumpf** m. || pump sump || fosse f. à pompe. **h) ~ventil** n. || clack; pump valve || clapet m. *ou* soupape f. de pompe. **i) ~wagen** m. || pump-waggon || voiture f. à pompe. **k) ~wärter** m. (Bergb) || pumping-engine man || mécanicien m. des pompes. **l) ~welle** f. || pump spindle || axe m. de pompe. **m) ~zylinder** m. *s.* ~stiefel m. 7

Pumper m. || pumpman || pompier m. 8

Pumpernickel m. || Westphalian rye-bread || pain m. noir de Westphalie. 9

Pumpmaschine f. || pumping engine || machine-pompe f. **a) Hochdruck~** || high pressure pumping engine || pompe f. *ou* machine f. à pomper à haute pression. **b) ~ für Kanalisation** || pump for canalisation || pompe f. pour canalisation. **c) ~ mit x cbm minutlicher Leistung** || pumping engine delivering x cub. m. of water per minute || machine f. à pomper d'un débit x m^3 par minute. 10

Pumpsiel n. || discharging culvert in a dyke || canal m. colateur. 11

Pumpspeicherwerk n. || pump-fed power station; pump storage station || station f. *ou* usine f. d'accumulation par pompage. **a) Ausgleich(s)becken** n. für ein ~ || equalizing basin for a pump storage station || bassin m. compensateur d'une usine f. d'accumulation par pompage. **b) Becken** n. für ein ~ ‖ basin for a pump storage station ‖ réservoir m. d'une usine d'accumulation par pompage. 1

Pump-spill n. ‖ windlass ‖ guindeau m. **a) ~station** f. ‖ pumping station; pumping house ‖ station f. hydraulique. **b) ~strom** m. ‖ current for the pump ‖ courant m. de pompage. **c) ~werk** n. ‖ pumping plant; pump work ‖ installation f. de pompes; pomperie f. 2

Punkt m. ‖ point ‖ point m. **a) ~** (Buchdr) ‖ period; full stop ‖ point m. **b) ~** (Morsealphabet) ‖ dot ‖ point m. **c) ausgezeichnete ~e** mpl. ‖ singular points pl. ‖ points mpl. singuliers. **d) Dreh~** ‖ center of rotation ‖ centre m. de rotation. **e) höchster ~** (Eisenb) ‖ upper watercourse; summit of a line ‖ point m. de portage *ou* culminant. **f) isolierter ~** ‖ isolated point ‖ point m. isolé. **g) konjugierter ~** ‖ conjugate point ‖ point m. conjugué. **h)** durch ihre **Koordinaten** festgelegte **~e** mpl. ‖ points fixed by their coordinates ‖ points mpl. donnés par leurs coordonnées. **i)** die **~e** mpl. auf ein **Koordinatensystem** beziehen ‖ to refer points to a system of coordinates ‖ rapporter des points à un système de coordonnées. **k) kritischer ~** ‖ critical point ‖ point m. critique. **l)** die **Lage** eines **~es** eindeutig festlegen ‖ to determine the position of a point ‖ indiquer nettement la position d'un point. **m) materieller ~** ‖ material point ‖ point m. matériel. **n) toter ~** ‖ dead point *or* center ‖ point m. mort. **o) verschiedene ~e** mpl. gegeneinander festlegen ‖ to determine the relative positions of various points to each other ‖ déterminer différents points les uns par rapport aux autres. **p) vielfacher ~** ‖ multiple point ‖ point m. multiple. 3

Punkt-bestimmung f. ‖ determination of a point ‖ fixation f. d'un point. **a) ~elektrode** f. ‖ spot *or* tip electrode; contact point electrode ‖ électrode f. punctiforme. 4

punkten ‖ to dot ‖ pointiller. 5

punktförmig ‖ punctual ‖ ponctuel. 6

punktieren (Linie) ‖ to dot ‖ pointiller. 7

Punktierer m. (Buchdr) ‖ pointer ‖ pointeur m. 8

Punktier-feder f. ‖ dotting pen ‖ plume f. à pointiller; traulet m. **a) ~manier** f. (Kupferst) ‖ dotting ‖ gravure f. pointillée. **b) ~nadel** f. ‖ dotting needle ‖ aiguille f. à pointiller; échoppe f.; ébauchoir m. **c) ~rädchen** n. ‖ dotting wheel ‖ roue f. à point(ill)er. **d) ~stichel** m. ‖ stipple graver ‖ burin m. à pointiller. 9

punktiert ‖ dotted ‖ pointillé. **a) ~e Linie** f. ‖ dotted line ‖ ligne f. ponctuée; ligne f. en traits interrompus; tracé m. pointillé. 10

Punktierung f. ‖ stippling ‖ pointillage m. 11

Punktkoordinaten fpl. ‖ cartesian coordinates pl. ‖ coordonnées fpl. cartésiennes. 12

pünktlich ‖ punctual; prompt; exact ‖ ponctuel; exact. 13

Punktlichtlampe f. ‖ tungsten arc *or* point-light lamp ‖ lampe f. ponctuelle. **a) Mikroskopier~** ‖ microscope point-light lamp ‖ microlampe f. ponctuelle. 14

Punktlichtlampengehäuse n. ‖ point-light lamp casing ‖ cage f. pour la lampe ponctuelle. 15

Punkt-schweißelektrode f. *s.* Punktelektrode. **a) ~schweißmaschine** f. ‖ spot welding machine; spot welder ‖ machine f. à souder par points. **b) ~schweißung** f. ‖ spot welding ‖ soudage m. par points. 16

punktuell abbildendes Brillenglas n. ‖ point focal spectacle lens ‖ verre m. correcteur à image ponctuelle. 17

Punktur f. (Buchdr) ‖ point spur; point ‖ pointure f.; pointe f. (du tympan). **a) ~ zurichten** ‖ to dress the points pl. ‖ poser les pointures fpl. 18

Punktur-loch n. ‖ point hole ‖ trou m. de pointure. **a) ~öffnung** f. ‖ point opening ‖ crénure f. **b) ~schere** f. ‖ point plate ‖ ciseaux mpl. de pointure. **c) ~schraube** f. ‖ point screw ‖ vis f. de pointure. **d) ~spitze** f. ‖ point; bodkin ‖ pointe f.; languette f.; pointure f. **e) ~zange** f. ‖ pincers pl. ‖ pincette f. 19

Punsch-essenz f. ‖ punch essence ‖ essence f. de punch. **a) ~fabrikant** m. ‖ punch manufacturer ‖ fabricant m. de punch. 20

Pünt f. (Tau) ‖ point; end ‖ bout m. 21

Pünte f. (Ankerarm) ‖ bill of an anchor ‖ bec m. *ou* pointe f. d'une ancre. 22

Punze f. (Buchdr) ‖ counter of a letter ‖ poinçon m. **a) ~** (Klempn) ‖ punch; puncheon ‖ poinçon m. 23

punzen ‖ to chase ‖ repousser (à l'aide de poinçons); ciseler. 24

Punzen m. ‖ punch; puncheon ‖ poinçon m. 25

Punzmaschine f. ‖ chasing machine ‖ machine f. à repousser; repousseuse f. 26

Pupille f. ‖ pupil ‖ pupille f. **a) Austritts~** (Fernrohr) ‖ exit pupil ‖ anneau m. oculaire. **b) Austritts~** f. eines **Fernrohres** ‖ exit pupil of a telescope ‖ pupille f. d'émergence d'un télescope. 27

Pupillen-abstand m. ‖ distance between the pupils ‖ écartement m. pupillaire. **a) ~verengerung** f. ‖ contraction of the pupil ‖ rétrécissement m. de la pupille. 28

Pupilloskop n. ‖ pupilloscope ‖ pupilloscope m. **a) Differential~** ‖ differential pupilloscope ‖ pupilloscope m. différentiel. 29

Pupin-freileitung f. ‖ lump-loaded open circuit ‖ ligne f. aérienne pupinisée. **a) ~freileitungsapparat** m. ‖ Pupin coil for open lines ‖ appareil m. pour la pupinisation des lignes aériennes. 30

pupinisieren ‖ to load ‖ pupiniser. 31

pupinisiertes Fernsprechkabel n. ‖ loaded long distance telephone cable ‖ câble m. téléphonique à grande distance pupinisé. 32

Pupinisierung f. der **Kabel** ‖ pupinization *or* coil-loading of cables ‖ pupinisation f. des câbles. 33

Pupinisierungsplan m. ‖ plan of pupinization ‖ plan m. de pupinisation. 34

Pupin-kabel n. ‖ coil loaded cable ‖ câble m. Pupin. **a) ~spule** f. ‖ loading coil ‖ bobine f. Pupin. 35

Pupinspulen-abstand m. ‖ loading coil spacing ‖ distance f. entre bobines de charge. **a) ~feld** n. ‖ loading coil section ‖ section f. de charge. **b) ~kasten** m. ‖ loading-coil box ‖ boîte f. de bobines Pupin. **c) ~kern** m. ‖ core of loading coils ‖ noyau m. de bobines de charge. **d) ~punkt** m. ‖ pupinization point ‖ point m. de pupinisation. 36

Pupinverfahren n. ‖ coil loading ‖ pupinisation f. 37

Puppe f. (Schneid) ‖ lay figure ‖ mannequin m.; buste m. **a) ~** (Spielzeug) ‖ doll; puppet ‖ poupée f. **b) ~** zum **Ankleiden** ‖ doll for dressing ‖ poupée f. pour habiller. **c) gekleidete ~** ‖ dressed doll ‖ poupée f. habillée. **d) ~** aus **Porzellan** ‖ China doll ‖ poupée f. en porcelaine. **e) ~** aus **Stoff** ‖ cloth doll ‖ poupée f. en étoffe. **f) ungekleidete ~** ‖ undressed doll ‖ poupée f. non habillée. **g) ~** aus **Zelluloid** ‖ celluloid doll ‖ poupée f. en celluloïde. 38

Puppen-artikel m. ‖ doll's article ‖ article m. pour poupées. **a) ~auge** n. ‖ doll's eye ‖ œil m. pour poupées. **b) ~ausstattung** f. ‖ doll's outfit ‖ trousseau m. pour poupées. **c) ~bett** n. ‖ doll's bedstead ‖ lit m. pour poupées. **d) ~fabrik** f. ‖ doll factory ‖ fabrique f. de poupées. **e) ~frisör** m. ‖ doll wigger ‖ perruquier m. pour poupées. **f) ~garnitur** f. ‖ doll's set ‖ garniture f. pour poupées. **g) ~haus** n. ‖ doll's house ‖ maison f. de poupées. **h) ~kleiderarbeiterin** f. ‖ doll dresser ‖ habilleuse f. de poupées. **i) ~koffer** m. ‖ doll's trunk ‖ coffre m. de poupée. **k) ~kopf** m. ‖ doll's head ‖ tête f. de poupée. **l) ~küche** f. ‖ doll's kitchen ‖ cuisine f. de poupée. **m) ~macher** m. ‖ doll maker ‖ fabricant m. de poupées. **n) ~möbel** npl. ‖ doll's furniture ‖ meubles mpl. pour poupées. **o) ~perücke** f. ‖ doll's wig ‖ perruque f. pour poupées. **p) ~stube** f. ‖ doll's room ‖ chambre f. de poupées. **q) ~stubenlampe** f. ‖ doll's house lamp ‖ lampe f. pour chambres de poupée. **r) ~wagen** m. ‖ doll's cart *or* perambulator *or* carriage ‖ voiture f. de poupée. **s) ~zusammensetzer** m. ‖ doll fitter ‖ assembleur m. en poupées. 39

Purgiertablette f. ‖ aperient tablet ‖ tablette f. purgative. 40

Purpur-erz n. ‖ purple ore ‖ résidu m. de pyrites grillées. **a) ~holz** n. ‖ purple wood ‖ bois m. d'amaranthe violet. 41

Purpurin n. ‖ purpurine; madder purple ‖ purpurine f. 42

Purpur-säure f. ‖ purpuric acid ‖ muroxyde f.; acide m. purpurique. **a) ~schwefelsäure** f. ‖ phenicine; sulphopurpuric acid ‖ phénicine f.; acide m. sulfo-purpurique. 43

Pust-probe f. ‖ bubble test ‖ preuve f. au soufflé. **a) ~span** m. ‖ skimmer; skimming spoon ‖ écumoire f. 44

Pütte f. (Bergb) ‖ plump *or* vertical shaft ‖ petit puits m. 45

Püttings fpl. ‖ futtock shrouds pl. ‖ gambes fpl. de hune; haubans mpl. de reserve. 46

Putz m. (Maur) ‖ plaster(ing); rough cast ‖ enduit m.; crépi m. **a) Decken~** ‖ ceiling plaster ‖ enduit m. de plafond. **b) Edel~** (Bauw) ‖ plaster for facing ‖ enduit m. de parement. **c) Gips~** ‖ plaster stucco ‖ enduit m. en plâtre. **d) ~** aus **mehreren Lagen** (Bauw) ‖ multiple coat work *or* skin work ‖ enduit m. en plusieurs couches. **e) rauher ~** ‖ rough cast *or* plastering ‖ crépi m.; gobetage m.; enduit m. fouetté. **f) Zement~** ‖ cement plaster ‖ crépi m. de ciment. 47

Putz-apparat m. (Spinn) ‖ stripper ‖ débourreur m. **a) ~bank** f. ‖ cleaning table ‖ table f. de nettoyage. **b) ~bau** m. ‖ plastering ‖ crépissure f. **c) ~baumwolle** f. ‖ waste cotton; engine waste;

cotton cleaning waste || coton m. d'essuage *ou* à polir. **d) ~bürste** f. || polishing brush || brosse f. à nettoyer. **e) ~bürste** f., Guß || brush || brosse f. à nettoyer. 1

Pütze f. || bucket; pail || seau m.; seilleau m.; seillot m. 2

putzen || to clean || éplucher; monder; nettoyer; purifier. **a)** ~ (Bauw) || to plaster || enduire. **b)** ~ (Guß) || to strip off || ébarber. **c)** ~ (Metall) || to scour || décaper. **d) fertig** ~ (Bauw) || to float and set || enduire. **e) glatt** ~ (Bauw) *s.* fertig ~ (Bauw). **f)** den **Guß** m. ~ || to clean the castings || enlever les défectuosités de l'acier; ébarber *ou* nettoyer les pièces. **g) rauh** ~ (Maur) || to rough plaster || hourder. 3

Putzen m. (Bergb) || bunny *or* bunch *or* pocket of ore || nid m. de minerai. **a)** ~ (Buchdr) || pick || lettre f. à nettoyer. 4

Putzen n. der **Kette** (Web) || cleaning the chain || nettoyage m. de la chaîne. **a)** ~ von **Werkstücken** || cleaning the pieces || nettoyage m. des pièces. 5

Putzer m. || cleaner || nettoyeur m. **a)** ~ (Maur) || dresser || pareur m. **b) Lokomotiv~** || locomotive cleaner || nettoyeur m. de locomotives. 6

Putzerei f., Guß || cleaning and dressing shop for castings || atelier m. d'ébarbage. 7

Putzereianlage f., Malz || malt cleaning plant || installation f. pour le nettoyage du malt. 8

Putz-federbleicherei f. || feather bleaching || décoloration f. de plumes pour parures. **a) ~geschäft** n. || millinery business || magasin m. de modes. **b) ~holz** n. || burnishing *or* emery stick || buffle m.; cabron m.; polissoir m. **c) ~kalk** m. || stucco || chaux f. d'enduit. **d)** Wiener **~kalk** m. || Vienna polishing chalk *or* lime || chaux f. de Vienne à polir. **e) ~kratze** f. (Spinn) || cleaning card || carde f. à nettoyage. 9

Putzlappen m. || rubber; mop; cleaning rag; scouring cloth; tow flannel || torchon m.; chiffon m. *ou* toile f. à nettoyer; coton m. à laver. **a) ~weberei** f. || scouring cloth weaving mill || tissage m. de chiffons à nettoyer. 10

Putz-leder n. || chamois leather || peau f. de chamois. **a) ~loch** n. || cleaning hole || trou m. de nettoyage. **b) ~macherin** f. || milliner; ladies' cap maker || modiste f. 11

Putzmaschine f. (Müll) || cleaning machine || machine f. à nettoyer. **a)** ~ für **Bandeisen** || cleaning machine for hoop iron || ébarbeuse f. à feuillards. **b) Faß~** || cask scrubbing machine || machine f. à brosser les fûts; brosseuse f. pour fûts. **c)** ~ für **Gerste** || barley cleaner *or* cleaning machine || machine f. à nettoyer l'orge. **d)** ~ für **Getreide** || grain cleaning machine || machine f. à nettoyer le grain. **e)** ~ und **Schwenkmaschine** f. für **Fässer** || cask scrubbing and cleaning machine || machine f. à brosser et à rincer les fûts. **f)** ~ und **Sortiermaschine** f. für **Gerste** || barley cleaner and separator || machine f. à nettoyer et à trier l'orge; trieur-diviseur m. nettoyeur d'orge. 12

Putzmesser n. (Küf; Böttch) || cleaning knife; cleaner || plane f. curette. 13

Putzmittel n. || cleaning material; polish || substance f. servant à nettoyer; produit m. à polir. **a) Aluminium~** || aluminium polish || produit m. à nettoyer l'aluminium. **b) flüssiges** ~ für Metall || liquid metal polish || pâte f. liquide pour nettoyer les métaux; brillant m. liquide pour métal. **c) Leder~** || leather polishing material || produit m. pour le nettoyage de cuir. **d) Metall~** || metal cleaning and polishing material || produit m. à nettoyer et à polir les métaux. **e)** ~ **roh, gekörnt, geschlämmt** oder **gemahlen** || cleaning material, raw, granulated, washed or ground || produit m. à nettoyer brut, granulé, lavé ou moulu. 14

Putz-mörtel m. || finishing mortar || mortier m. d'achèvement. **a) ~mühle** f. (Landw) || winnowing *or* fanning machine || émotteur m. **b) ~pomade** f. || polishing paste; polish || pâte f. à nettoyer *ou* à polir. **c) ~pulver** n. || polishing powder || poudre f. à polir. **d) ~schere** f. || snuffers pl. || mouchettes fpl. 15

Putzstein m. (Bauw) || brick stone || brique f. à pavement. **a)** ~ (zur Reinigung) || sand soap || savon m. minéral. 16

Putz-stock m. für das Gewehr || rifle cleaner || baguette f. à nettoyer le fusil. **a) ~tisch** m. || dressing table || toilette f. **b) ~trommel** f. || cleaning drum || tambour m. de nettoyage f. **c) ~tuch** n. || cleaning cloth *or* rag || chiffon m. à nettoyer. **d) ~tür** f. || cleaning door || porte f. de nettoyage. **e) ~waren** fpl. || millinery || modes mpl. **f)** ~ und **Modewaren** fpl. || millinery and fashion articles pl. || objets mpl. de toilette et de la mode. **g) ~werg** n. || rag *or* tow flannel for cleaning || étoupe f. *ou* chiffon m. *ou* coton m. à nettoyer. **h) ~wolle** f. || wool for cleaning *or* polishing; waste wool || laine f. de nettoyage *ou* à polir; bourre f. de laine à nettoyer. **i)** Waschen n. der **~wolle** f. || woollen rag scouring || nettoyage m. de chiffons. 17

Puzzolan n. || pozzolana || pouzzolane f. 18

Pyramide f. || pyramid || pyramide f. **a) abgestumpfte** ~ || truncated pyramid || pyramide f. tronquée. **b) dreiseitige** ~ || triangular pyramid || pyramide f. triangulaire. **c) vierseitige** ~ || square pyramid || pyramide f. quadrangulaire. 19

Pyramiden-kran m. || pyramid crane || gruepyramide f. tournante. **a) ~oktaeder** n. || triakis *or* pyramidal octahedron || octaèdre m. pyramidé; octatrièdre m. **b) ~pappel** f. || pyramidal poplar || peuplier m. pyramidal. **c) ~schrank** m. (Fernm) || pyramid switchboard || tableau m. en pyramide. **d) ~stativ** n. || pyramid stand || pied-pyramide m. **e) ~stumpf** m. || frustum of a pyramid; truncated pyramid || tronc m. de pyramide; pyramide f. tronquée. **f) ~stütze** f. || pyramid support || pylône m. en pyramide. **g) ~würfel** m. || tetra *or* tetrakis hexahedron || cube m. pyramidé; hexatétraèdre m. 20

Pyr-antimonit m. || red antimony ore; antimony ore; kermesite || antimoine m. rouge *ou* oxydé sulfuré. **a) ~argyrit** m. || pyrargyrite; ruby *or* (dark) red silver ore || argent m. antimonié sulfuré. 21

Pyrit m. || pyrite; (iron) pyrites pl.; native disulphide of iron || pyrite f. (de fer); sulfure m. de fer. **a) ~detektor** m. || pyrite detector || détecteur m. à pyrite. **b) ~ofen** m. || pyrite furnace || four m. pour pyrites. 22

pyroelektrisch || pyroelectric || pyroélectrique. 23

Pyroelektrizität f. || pyro-electricity || pyroélectricité f. 24

Pyrogallussäure f. || pyrogallic acid || acide m. pyrogallique. 25

pyrognostische Analyse f. || pyrognostic(al) analysis || analyse f. pyrognostique. 26

Pyrometer n. || pyrometer || pyromètre m. **a) Fuchs~** || flue pyrometer || pyromètre m. de carneau. **b) Legierungs~** || cupel pyrometer || pyromètre m. à la coupelle. **c) optisches** ~ || optical pyrometer || pyromètre m. optique. **d) ~-schutzrohr** n. || protector tube for pyrometers || tuyau m. protecteur de pyromètre; tube m. protecteur de pyromètre; gaîne f. de pyromètre. 27

pyrophore Legierung f. || pyrophoric alloy || alliage m. pyrophorique. 28

pyrophosphorsaures Salz n. || pyrophosphate || pyrophosphate m. 29

Pyro-skop n. || pyroscope || pyroscope m. **a) ~technik** f. || pyrotechnics pl.; pyrotechny || pyrotechnie f. **b) ~techniker** m. || pyrotechnist || pyrotechnicien m. 30

pyrotechnisch-es Laboratorium n. || pyrotechnic laboratory || laboratoire m. de pyrotechnie. **a) ~e Waren** fpl. || fireworks pl. || feux mpl. d'artifice. 31

Pyroxen n. || pyroxene || pyroxène m. 32

Pyroxylinfaden m. || explosive pyroxyline fibre || fil m. de pyroxyline explosif. 33

Q

Quader m. (Stein) || broad *or* square *or* building stone; ashlar; freestone || pierre f. carrée *ou* de taille; carreau m.; moellon m. **a) fehlerhafter ~** (Bauw) || stone imperfectly hewn; rugged stone; veiny and streaked stone || libage m. 1

Quader m. (Geom) || parallelepiped; parallelopiped || parallélepipède m. 2

Quader-gemäuer n. || freestone *or* ashlar masonry || maçonnerie f. en pierres de taille. **a) ~haupt** n. || stone facing || chaîne f. de pierres. **b) ~mauerwerk** n. *s.* ~gemäuer. **c) ~pfeiler** m. || intermediate jamb; (corner) jamb stone || jambe f. étrière *ou* d'enco(i)gnure *ou* de maçonnage. **d) ~sandstein** m. || upper cretaceous sandstone || grès m. crétacé supérieur. **e) ~stein** m. *s.* Quader (Stein). 3

Quadrant m. (Geom; Astron) || quadrant || quart m. de cercle; quadrant m. **a) ~** (Juw) || screw vice || cadran m. **b) ~** (Spinn) || quadrant || secteur m. **c) ~** (Seew) || quadrant || octant m.; cadran m.; quartier m. 4

Quadrant-eisen n. || zores iron || fer m. zorès. **a) ~elektrometer** n. || quadrant electrometer || électromètre m. à quadrant. 5

Quadrantendreieck n. || quadrantal triangle || triangle m. sphérique dont l'un des côtés est égal à un quart de cercle. 6

Quadrat n. || square || carré m. **a) ~** (Buchdr) || quadrat; quad || cadrat m. **b) ~** (einer Zahl) || second power; square || deuxième puissance f.; carré m. **c) im ~** || in the square || en carré m.; d'équarrissage m. **d) Verfahren** n. der kleinsten **~e** || method of least squares || méthode f. des plus petits carrés. 7

Quadrätchen n. (Buchdr) || M-quadrat || cadratin m. 8

Quadrat-dezimeter n. || square decimeter || décimètre m. carré. **a) ~eisen** n. || square iron || fer m. carré. **b) ~furche** f. || square groove || cannelure f. carrée. **c) ~fuß** m. || square foot || pied m. carré. 9

quadratisch || square; in the square; quadratic || carré; quadratique. **a) ~e Stange** f. (Schmied) || squared shank || tige f. (forgée) carrée. 10

Quadrat-kilometer n. || myriare; square-kilometer || myriare m.; kilomètre m. carré. **a) ~lochung** f. || square perforation || perforation f. carrée. **b) ~meile** f. || square mile || lieue f. carrée. **c) ~meter** n. || centiare; square metre || mètre m. carré; centiare m. 11

Quadratur f. || quadrature; quarter; quartile || quadrature f.; quartier m. **a) ~stift** m. (Uhrm) || steady pin; holder || tenon m. 12

Quadrat-wurzel f. || square root || racine f. carrée. **a) ~yard** n. || square yard || yard m. carré. **b) ~zahl** f. || square number || nombre m. carré. **c) ~zentimeter** n. || square centimeter || centimètre m. carré. 13

quadrieren, eine **Zahl** || to square a number; to raise a number to the second power || former le carré d'un nombre; élever un nombre au carré. 14

Quadruplex-betrieb m. (Fernm) || quadruplex working || transmission f. quadruplex. **a) ~telegrafie** f. || quadruplex telegraphy || télégraphie f. quadruplex. 15

Qualifikation f. || fitness; capacity; qualification || qualification f.; capacité f. 16

qualifizieren || to qualify || qualifier. 17

Qualität f. || quality || qualité f. **a) bessere ~** || higher grade || qualité f. supérieure. **b) durchschnittliche ~** || average quality || qualité f. moyenne. **c) erste ~** || highest grade || qualité f. supérieure. **d) ~ garantiert** || quality guaranteed || qualité f. garantie. **e) gute ~** || high grade || bonne qualité f. **f) geringe ~** || low grade || qualité f. inférieure. **g) geringere ~** || lower grade || qualité f. plus inférieure. **h) gewöhnliche ~** || usual grade || qualité f. courante. **i) minderwertige ~** || inferior quality || qualité f. inférieure. **k) mittlere ~** || medium grade || qualité f. moyenne. **l) mustergleiche ~** || standard quality; quality equal to sample || qualité f. type; qualité f. conforme à l'échantillon. 18

qualitativ || qualitative || qualitatif. **a) ~e Analyse** f. || qualitative analysis || analyse f. qualitative. 19

Qualitäts-muster n. || sample of (a certain) quality || échantillon m. de qualité. **a) ~wert** m. || quality factor || coefficient m. de qualité. **b) ~ziffer** f. || quality factor || chiffre m. qualificatif. 20

Qualm m., **weißlicher** || whitish smoke || fumée f. blanchâtre. 21

qualmen (Chem) || to emit thick smokes pl. || dégager d'épaisses fumées fpl. 22

Quantentheorie f. || quantum theory || théorie f. des quanta. 23

Quantität f. || quantity || quantité f. 24

quantitativ || quantitative || quantitatif. **a) ~e Analyse** f. || quantitative analysis || analyse f. quantitative. **b) ~e Spektralanalyse** f. || quantitative spectrum analysis || analyse f. spectrale quantitative. 25

Quantum n. || quantum || quantum m. 26

Quarantäne f. || quarantine || quarantaine f. **a) ~ halten** || to be in *or* to perform quarantine || être en quarantaine f. *ou* en seraine f.; faire la quarantaine. 27

Quarantäne-beamter m. || quarantine-officer || officier m. de quarantaine f. **a) ~boot** n. || quarantine-boat || bateau m. de santé *ou* de quarantaine. **b) ~dienst** m. || quarantine service || service m. de quarantaine. **c) ~flagge** f. || quarantine flag || signal m. de quarantaine. **d) ~hafen** m. || port of quarantine || port m. de quarantaine. **e) ~platz** m. || place of quarantine || port m. de quarantaine. 28

Quark m. || curds pl. || caillebotte f. 29

Quart n. (Format) || quarto || in-quarto m. 30

Quartal n. || quarter of the year || trimestre m. 31

quartär (Chem) || quaternary || quaternaire. 32

Quartation f. (Met) *s.* Quartierung. 33

Quart-band m. || quarto volume || livre m. in-quarto. **a) ~blatt** n. || sheet of paper in quarto; quarter of a sheet || feuille f. in-quarto; quart m. de papier. **b) ~bogen** m. *s.* ~blatt. 34

Quarterdeck n. || quarter deck || demi-pont m. 35

Quartformat n. || quarto || in-quarto m. 36

Quartier n. (Goldschl) || square || quartier m. **a) ~** (Seew) || quarter || quartier m.; logement m. 37

Quartierung f. (Met) || quartation; inquartation || inquart m.; inquartation f.; quartation f. 38

Quarz m. || quartz; rock flint || quartz m. **a) blauer ~** || siderite; blue quartz || sidérite m. **b) fein gemahlener ~** || pulverized quartz || quartz m. finement moulu. **c) geschmolzener ~** || melted *or* smelted *or* fused quartz || quartz m. fondu. **d) goldhaltiger ~** || gold-bearing quartz || quartz m. aurifère. **e) körniger ~** || granular quartz || quartz m. grenu. **f) linksdrehender ~** || left-handed crystals pl. of quartz || quartz m. lévogyre. 39

Quarz-chromatlinse f. || chromatic quartz lens || objectif m. non-achromatique en quartz. **a) ~faden** m. || quartz thread || filament m. de quartz. **b) ~fels** m. quartz rock; quartzite || quartz m. en masse *ou* en roche; quartzite f. **c) ~fenster** n. || quartz window || fenêtre f. en quartz. 40

Quarzfluorit-achromatlinse f. || achromatic quartz fluorite lens || lentille f. achromatique en quartz-fluorine. **a) ~objektiv** n. || quartz fluorite object-glass || objectif m. en quartz-fluorine. 41

Quarz-flußspatachromatlinse f. || achromatic quartz rocksalt lens || lentille f. achromatique en quartz-fluorine. **a) ~gang** m. || vein of quartz || veine f. de quartz. 42

Quarzglas n. || quartz glass; fused silica || verre m. quartzeux. **a) ~gefäß** n. || quartz-glass vessel || vase m. en verre quartzeux. **b) ~thermometer** n. || quartz-glass thermometer || thermomètre m. en verre quartzeux. 43

Quarz-glimmerfels m. || quartz mica rock || roche f. de quartz micacé. **a) ~grube** f. || quartz quarry || carrière f. de quartz. 44

Quarzit m. (Min) || quartzite || quartzite m. 45

Quarzit-bruch m. || quartzite quarry || carrière f. de quartzite. **a) ~grube** f. *s.* ~bruch. 46

Quarz-kammer f. || quartz cell || chambre f. en quartz. **a) ~kondensor** m. || quartz condenser || condensateur m. en quartz. **b) ~lampe** f. für medizinische Zwecke || medical quartz lamp || lampe f. en quartz à l'usage médicale. **c) ~linse** f. || quartz lens || lentille f. en quartz. **d) ~mehl** n. || powdered quartz || quartz m. *ou* silex m. en poudre. **e) ~okular** n. || quartz eyepiece || oculaire m. en quartz. **f) ~platte** f. || quartz plate || plaque f. en quartz; lame f. de quartz. **g) ~porphyr** m.

|| quartz porphyry || porphyre m. quartzeux *ou* quartzifère. **h) ~prisma** n. || quartz prism || prisme m. en quartz. **i) ~pulver** n. || quartz powder || poudre f. de quartz. **k) ~quecksilberlampe** f. || mercury vapour quartz lamp || lampe f. en quartz aux vapeurs de mercure. **l) ~sand** m. || quartz *or* sharp sand; arenaceous quartz || sable m. quartzeux *ou* non-absorbant. **m) ~sandstein** m. || quartzy sandstone || grès m. quartzeux *ou* lustré. **n) ~sinter** m. || silicious *or* quartz sinter || opale f. incrustante; quartz-agate m. thermogène. **o) ~spektrograf** m. || quartz spectrograph || spectrographe m. à optique en quartz. **p) ~spektrograf** m. mit **vier Prismen** || quadruple prism quartz spectrographe || spectrographe m. à quatre prismes en quartz. **q) ~steinsalzachromat** m., **vierteiliger** || four lens achromatic quartz rocksalt lens || objectif m. achromatique à quatre lentilles quartz-sel-gemme. **r) ~steuerung** f. (Funkw) || crystal control || contrôle m. d'onde à quartz. **s) ~trachyt** m. || quartz-trachyte; liparite || trachyte m. quartzeux; liparite f. **t) ~wellenmesser** m. || quartz wavemeter || ondemètre m. à quartz. 1

Quassiaholz n. || quassia *or* bitter wood || bois m. de quassia; quassie f. 2

Quast m. (Mal) || brush || brosse f. **a) ~** (Maur) || mason's broom; long-handled *or* mason's brush || brosse f.; brossette f.; balai m. (du maçon). **b) ~** (Seew) || brush; mop || pinceau m.; guipon m.; broche f. 3

Quaste f. || tassel; tuft; knot || houppe f.; gland m.; touffe f. 4

quaternär (Chem) || quaternary || quaternaire. 5

Quebracho-auszug m. || quebracho extract || extrait m. de québracho. **a) ~holz** n. || quebracho wood || bois m. de québracho. **b) ~holzextrakt** m. *s.* ~auszug. 6

Quecke f. || couch; quick *or* dog grass || chiendent m. **a) ~ zum Heilgebrauch** || medicinal couch || chiendent m. officinal. 7

Queckenbesen m. || dog grass broom || balai m. en chiendent. 8

Quecksilber n. || mercury; quicksilver || mercure m. **a) gediegenes ~** || native quicksilver *or* mercury || mercure m. natif. 9

Quecksilber-ausschalter m. || mercury switch || disjoncteur m. à mercure. **a) ~bergwerk** n. || quicksilver *or* mercury mine || mine f. de mercure. **b) ~bogenlampe** f. || mercury (vapour) arc lamp || arc m. *ou* lampe f. à arc à (vapeur de) mercure. **c) ~bromid** n. || bromide of mercury || bromure m. de mercure. **d) ~chlorid** n. || mercury *or* mercuric chloride; corrosive sublimate || chlorure m. mercurique *ou* de mercure; sublimé m. corrosif. **e) ~chlorür** n. || muriate of mercury; mercurous chloride; calomel || chlorure m. mercureux; calomel m. **f) ~dampfgleichrichter** m. || mercury vapour rectifier || redresseur m. à vapeur de mercure. **g) ~dampflampe** f. || mercury vapour lamp || lampe f. à vapeur de mercure. **h) ~erz** n. || mercury ore; quicksilver ore || minerai m. de mercure. **i) ~funkenstrecke** f. || mercury spark gap || distance f. explosive à mercure. **k) ~glanz** m. (Min) || onofrite || onofrite f. **l) ~gleichrichter** m. || mercury converter || convertisseur m. à mercure. **m) ~grube** f. *s.* ~bergwerk. 10

quecksilberhaltig (Chem) || mercurial || mercuriel. 11

Quecksilber-hornerz n. || horn mercury; muriate of mercury; native calomel; mercurial horn-ore. || mercure m. corné *ou* chloruré *ou* muriaté. **a) ~hütte** f. || quicksilver works pl. || usine f. à mercure. **b) ~jodid** n. || mercury biiodite; red iodide of mercury || bi-iodure m. de mercure. 12

Quecksilber-kippröhre f. || mercury tipping *or* tilting tube || tube m. à mercure basculant. **a) ~kommutator** m. || mercury commutator || commutateur m. à mercure. **b) ~kontakt** m. || mercury contact || contact m. à mercure. **c) ~kuppe** f. || meniscus of mercury || ménisque m. de mercure. **d) ~lampe** f. || mercury lamp || lampe f. à mercure. **e) ~lichtlampe** f. || mercury light lamp || lampe f. à lumière de mercure. **f) ~luftpumpe** f. || mercurial *or* mercury air pump || pompe f. (pneumatique) à mercure. **g) ~manometer** n. || mercurial gauge; mercury manometer || manomètre m. à mercure. **h) ~metall** n. || mercurial metal || mercure m. métallique. **i) ~mohr** m. || (black *or* amorphous) mercury sulphide || sulfure m. noir de mercure. **k) ~nitrat** n. || mercury nitrate || nitrate m. de mercure; azotate m. (de protoxyde) de mercure. **l) ~oxyd** n. || mercury oxide || oxyde m. de mercure. **m) rotes ~oxyd** n. || red precipitate; red oxide of mercury || précipité m. rouge; bioxyde m. de mercure; oxyde m. rouge de mercure. **n) salpetersaures ~oxyd** || mercury nitrate || azotate m. (de protoxyde) de mercure; (deuto)nitrate m. de mercure. **o) ~oxydul** n. || mercurous oxide || oxyde m. mercureux; protoxyde m. de mercure. **p) ~pendel** n. || mercurial pendulum || pendule m. de mercure. **q) ~präparat** n. || mercury preparation || préparation f. de mercure; mercurial m. **r) ~reinigungsapparat** m. || mercury cleaning apparatus || appareil m. à purifier le mercure. **s) ~salbe** f. || mercurial ointment || onguent m. mercuriel. **t) ~salz** n. || mercury salt || sel m. mercureux. 13

Quecksilbersäule f. || mercury *or* barometric column || colonne f. de mercure *ou* barométrique. **a) x-Millimeter ~** || x inches pl. of mercury || x millimètres mpl. de hauteur barométrique. 14

Quecksilber-schalter m. || mercury switch *or* (circuit) breaker || interrupteur m. *ou* allumeur-extincteur m. à mercure. **a) ~schaltröhre** f. || mercury contact tube || interrupteur m. à ampoule à mercure. **b) ~schienenkontakt** m. || contact treadle of mercury; rail contact-making device of mercury || contact m. de rail à mercure. **c) ~strahlunterbrecher** m. || mercury-jet interrupter || interrupteur m. à jet de mercure. **d) ~sublimat** n. || corrosive sublimate || sublimé m. corrosif; bichlorure m. *ou* protochlorure m. de mercure. **e) ~sulfid** n. || mercuric sulphide || sulfure m. de mercure. **f) ~thermometer** n. || mercurial thermometer || thermomètre m. à mercure. **g) ~turbinenunterbrecher** m. || mercury turbine interrupter || turbo-interrupteur m. à mercure. **h) ~unterbrecher** m. || mercury interrupter || interrupteur m. à mercure. **i) ~verfahren** n. || mercury process || procédé m. à l'anode de mercure. **k) ~vergoldung** f. || gilding by amalgamation; mercurial *or* quick-water gilding; hot-gilding || dorure f. (au feu et) au mercure. **l) ~wage** f. || mercurial level || niveau m. de mercure. **m) ~wanne** f. aus Porzellan || mercury trough of porcelain || cuve f. en porcelaine pour mercure. **n) ~wippe** f. || mercury (circuit) breaker || interrupteur m. à mercure. **o) ~zyanid** n. || mercury cyanide || cyanure m. de mercure. **p) ~zyanür** n. || mercury protocyanide || protocyanure m. de mercure. 15

Quellbottich m. || steeping trough *or* cistern; soaking tub || cuve f. mouilloire. 16

Quelle f. || source; fountain; spring || source f.; fontaine f. **a) aussetzende ~** || intermittent spring || source f. intermittente. **b) Erschließung** f. der ~ || tapping the spring || ouverture f. de la source. **c)** diese Gruben fpl. bilden eine der wichtigsten ~n für **Erzbezug** || these mines pl. constitute one of the chief sources of supply of ore || ces mines fpl. constituent une des sources principales de l'alimentation en minerai. **d) ~** eines **Flusses** || origine *or* head of a river || source f. d'un fleuve. **e) heiße ~** || thermal spring || source f. thermale. **f) warme ~** || thermal spring || source f. chaude. 17

quellen (Braugerste) || to steep; to macerate || tremper; mouiller. **a) ~** (Faß) || to soak || combuger. **b) ~** (Holz) || to swell up || gonfler. **c)** das **Schrot** quillt || the groats pl. swell up || la monture f. gonfle. 18

Quellen n. des **Gußeisens** || expansion of cast iron || expansion f. de la fonte. **a) ~** des **Holzes** || swelling of wood || gonflement m. du bois. 19

Quellenschutz m. || protection of springs || protection f. des sources. 20

Quell-erz n. || limonite || limonite f. **a) ~fassung** f. || conveying the spring water || captation f. de source. **b) ~salz** n. || brine salt; spring salt || sel m. de source *ou* de fontaines salées. **c) ~salz** n. für **hygienische** und **Heilzwecke** || brine salt for hygienic and healing purposes || sel m. de source pour usages hygiéniques et curatifs. **d) ~stock** m., **Gersten** || barley steeping tank *or* steep || cuve f. mouilloire *ou* à tremper pour l'orge. 21

Quellung f. (Chem) || swelling || gonflement m. 22

Quellungswärme f. (Chem) || swelling heat || chaleur f. de gonflement. 23

Quellwasser n. || well *or* fountain *or* spring water || eau f. de source *ou* de fontaine; eau f. vive. 24

Quendelöl n. || wild thyme oil; mother of thyme oil || essence f. de serpolet. 25

quer || traverse; transversal; transverse; cross || transversal; transverse; en *ou* à travers. **a) ~** vor dem **Bug** m. || athwart-hawse || par le travers des écubiers mpl. **b) ~ gerippt** || transversally ribbed || à nervures fpl. transversales. **c) ~** zur **Faser** f. schneiden || to cut across || couper en travers. **d) ~** zur **Flugrichtung** f. || at right angles pl. to the direction of flight || dans un sens perpendiculaire à la direction du vol.

e) ~ zur **Walzrichtung** f. || across the direction of rolling || transversalement au laminage. 1
querab vor dem Bug m. an **Backbord** || on the port beam || par le travers à bâbord **a)** ~ vor dem Bug m. an **Steuerbord** || on the starboard beam || par le travers à tribord. 2
Quer-achse f. || lateral *or* transversal axis || axe m. transversal. **a) ~ausgleichhebel** m. (Masch) || traverse equalizer || balancier m. transversal. **b) ~balken** m. || cross bar *or* girder; traverse joist; purlin; brow post || barre f. *ou* poutre f. transversale; solive f.; traverse f.; traversin m. **c) ~band** n. || cross band *or* belt; intertie || courroie f. *ou* bande f. transversale; lierne f. **d) ~bank** f. || transverse bench || banquette f. transversale. 3
Querbau m. (Bergb) || cross working || ouvrage m. en travers. **a)** ~ mit horizontalen und geneigten **Abbaustrecken** || cross system of horizontal and inclined sections || ouvrage m. en travers par tranches horizontales et inclinées. 4
Querbeil n. || adze || herminette f. 5
Querbewegung f. || transversal motion || mouvement m. transversal. **a)** ~ (Werkzeugmaschine) || cross traverse || avance f. transversale. **b) selbsttätige** ~ des Tisches || automatic cross traverse of the table || course f. transversale automatique de la table. 6
Quer-blech n. || cross plate || entretoise f. **a) ~bohle** f. (Brücke) || floor plank || madrier m. transversal. **b) ~bügel** m. || cross bow || traverse f. **c) ~bunker** m. || cross bunker || soute f. transversale. **d) ~bürsteinrichtung** f. (Web) || transverse brushes pl. || brosse f. transversale. **e) ~damm** m. || barrage; cross dike || barrage m.; duit m.; batardeau m. **f) ~eisen** n. (Bauw) || transom; cross bar || vitrière f. traverse. **g) ~entzerrung** f. (Fernm) || shunt-admittance type equalization || compensation f. de la distorsion en parallèle. **h) ~faser** f. || cross fibre || fibre f. transversale. **i) ~feder** f. || transverse spring || ressort m. transversal. 7
quer-feilen || to file across || limer en travers. **a) ~feldein** || cross-country || à travers (les) champs. 8
Quer-feldeinwagen m. (Kriegsg) || cross-country car; flivver || char m. à travers champ. **a) ~fenster** n. || lying *or* transom window || fenêtre f. gisante. **b) ~format** n. (Buchdr) || broad-side; broad-sheet || format m. oblong. **c) ~gang** m. (Bergb) || cross vein *or* lode || filon m. croiseur *ou* transversal. 9
quergeschnitten (Tischl) || cut across the grain || tranché. 10
Quer-gestein n. (Bergb) || dead rock; rock crossing a lode || roche f. transversale à un filon. **a) ~gurt** m. (Bauk) || cross springer || arc-doubleau m. transversal. 11
Querhaupt n. || cross head; cross piece; tie bar || pièce f. centrale d'entretoisement; traverse f. (d'entretoisement); entretoise f.; crosse f. **a) Getriebe~** || revolving frame || traverse f. tournante. **b) ~führung** f. || cross head guide || guide f. de la traverse. 12
Querhobelmaschine f. || transverse planing-machine || rabotteuse f. transversale. 13
Querholz n. (Küf) || (cross) bar || barre f. **a)** ~ einer **Fachwand** || cross bar *or* intertie *or* rail of a bay work || traverse f. *ou* entretoise f. d'une cloison. **b)** ~ eines **Fensterkreuzes** || cross bar of a window frame || croisillon m. d'une croisée. 14
Quer-keil m. || cross key || clavette f. transversale. **a) ~kluft** f., **Letten** (Bergb) || cross-flookan || faille f. glaiseuse. **b) ~-kohlenbunker** m. || cross bunker || soute f. transversale. **c) ~kontraktion** f. || contraction of diameter || contraction f. transversale. **d) ~kugellager** n. || transversal ball bearing || palier m. transversal à billes. **e) ~lage** f. des **Flugzeugs** || lateral position of the airplane || position f. transversale de l'avion. 15
Querlager n. || radial bearing || roulement m. transversal. **a) einreihiges** ~ (Kugellager) || single row rigid ball journal bearing || roulement m. à simple rangée de billes. **b) einreihiges ~ mit Einstellring** (Kugellager) || single row self-aligning ball journal bearing || roulement m. à simple rangée de billes et à rotule. 16
querlastig (Flugzeug) || wing heavy || lourd sur l'aile. 17
Quer-magnetisierung f. || cross magnetization || aimantation f. transversale. **a) ~mauer** f. || cross *or* transverse wall || mur m. en travers *ou* de batardeau. **b) ~messer** n. zum Zerteilen des Grates (Blechschere) || cross blade for sectioning the burr || lame f. d'équerre à cisailler la bavure. **c) ~metazentrum** n. || latitudinal metacentre || métacentre latitudinal m. **d) ~moment** n. (Luftf; Schiff) || rolling moment || moment m. de roulis. **e) ~neigung** f. (Luftf) || banking || virage m. **f) ~nutenziehmaschine** f. || cross grooving machine || machine f. à faire les rainures transversales. **g) ~probe** f. aus den Enden der Achsschenkel || bar cut crosswise from the ends of the axle journals || éprouvette f. en travers des bouts des fusées d'essieu. **h) ~profil** n. || cross section || coupe f. en travers; section f. transversale. 18
Querriegel m. (Bauw) || cross framing *or* beam || entremise f.; entretoise f. **a)** ~ (Floß) || cross piece || traverse f. **b)** ~ (Masch) || stay; cross bracket || entretoise f. 19
Quer-rippe f. || transverse rib || nervure f. transversale. **a) ~riß** m. (Werkstoff) || cross fissure; transverse crack || fissure f. transversale; crique f.; travers m. 20
Querruder n. (Luftf) || aileron || aileron m. **a)** ~ mit verjüngten Enden (Luftf) || washed-out *or* tapered aileron || aileron m. en fuite. **b) ~hebel** m. (Luftf) || aileron crank || guignole f. de l'aileron. **c) ~kabel** n. (Luftf) || aileron cable || câble m. de commande de l'aileron. 21
Quer-säge f. || cross cutting saw || scie f. à tronçonner; passe-partout m. **a) ~saling** f. || cross tree || barre f. de travers *ou* traversière; traversin m. **b) ~satz** m. (Buchdr) || cross composition || composition f. en traverse. **c) ~schermaschine** f. || transverse shearing machine || tondeuse f. transversale. **d) ~schiene** f. || transverse rail || rail m. transversal. **e) ~schiff** n. (Kirche) || transept || transept m.; croisée f. 22
querschiffs || thwart ships || par le travers. 23
Quer-schiffsbunker m. || cross bunker || soute f. transversale. **a) ~schlag** m. (Bergb) || cross cut *or* gallery; arch || galerie f. à travers bancs; galerie f. de recoupe; bouveau m. **b) ~schlaghauer** m. || drifter; tunneler; stone header || bacneur m.; bouveleur m. 24
querschlägige Breite f. des Grubenfeldes || breadth of cross-cut of mining field || largeur f. du champ d'exploitation. 25
Quer-schlitten m. || cross slide || chariot m. transversal. **a) ~schneidapparat** m. (Buchdr; Buchb) || cross cutting apparatus || appareil m. à coupe transversale. 26
querschneiden (Tischl) || to cut across the grain || couper *ou* trancher à travers. 27
Quer-schneider m. (Pap) || cross cutter || coupeur m. transversal. **a) ~schneidmaschine** f. || cross-cutting machine || coupeuse f. en travers. 28
Querschnitt m. || (cross) section || coupe f. transversale; section f. (transversale). **a) gefährlicher** ~ || dangerous section || section f. dangereuse. **b) Hohl~** || hollow section || profil m. creux. **c) kreisrunder** ~ || circular section || section f. circulaire. **d)** der **stärkste** ~ des Schaftes beträgt x mm im Quadrat || the largest section of the shaft is x millimeters in square || la section la plus forte de l'arbre est de x millimètres au carré. **e) Voll~** || solid section || profil m. plein. **f) vollkommen dichter** ~ || perfectly close-grained cross-section || section f. transversale absolument homogène. 29
Querschnitts-abmessung f., die **~en** fpl. werden erheblich schwächer ausgeführt || the sections pl. may be taken much lighter || les mesures fpl. de la section se prennent plus faibles. **a) ~dimensionen** fpl. (Schiffb) || scantlings pl. || échantillons mpl. **b) ~fläche** f. || area of the cross section || aire f. de la coupe transversale. **c) ~kern** m. || core of a section || noyau m. central d'une section. **d) ~verjüngung** f. nach oben und unten || section tapering at the top and the bottom ends || diminution f. de la section allant vers le haut et le bas. **e) ~verminderung** f. || reduction of section || réduction f. de la section. **f) ~zeichnung** || sectional drawing || dessin m. de la section. 30
Quer-schnur f. (Spinn) || cross string || embarbe f. **a) ~schott** n. || cross *or* transversal bulkhead || cloison f. transversale. **b) ~schwelle** f. || traverse sleeper; cross tie || traverse f.; entretoise f. (d'écartement); traversine f. 31
Querschwingung f. (Phys) || transversal vibration || vibration f. transversale. **a)** ~ (Seew; Luftf; Lok) || pitching (motion) || tangage m. 32
Quer-segel n. || square sail || voile f. carrée. **a) ~siedekessel** m. || boiler with cross tubes || chaudière f. à bouilleurs transversaux. **b) ~sieder** m. (Kessel) || cross-tube boiler || générateur m. transversal. 33
Quersitz m. (Fahrzeug) || transverse seat || place f. assise transversale. **a) Personenwagen** m. mit x **~en** || passenger car with x seats crosswise || voiture f. de voyageurs avec x places en travers. 34
Quer-spant n. || transverse frame || couple m. transversal. **a) ~sparren** m. || cross rafter; trimmer of rafters || lateraire m.; linçoir m.; linsoir m. **b) ~spießglanz** m. || jamesonite || jamesonite f. **c) ~stabilität** f. || lateral stability || stabilité f. latérale. **d) ~stange** f. eines Gitters || cross

bar of a trellis || traverse f. d'une grille. **e) ~steuer** n. (Luftf) || aileron || aileron m. **f) ~stock** m. (Web) || cross bar *or* pole || traversier m. **g) ~strebe** f. || diagonal trussing || renforcement m. diagonal. **h) ~streifen** m. || horizontal strip || rayure f. *ou* raie f. transversale *ou* en laize. **i) ~strich** m. (Buchdr) || ceriph || trait m. transversal. **k) ~strom** m. || cross current || courant m. transversal. 1

querstroms || athwart the stream || en travers au courant m. 2

Quer-stück n. || cross piece || traverse f. **a) ~tal** n. || transversal *or* side valley || vallée f. transversale. **b) ~teilung** f. (Schiffb) || transverse subdivision || subdivision f. transversale. 3

Querträger m. || cross girder *or* arm *or* beam *or* member || entretoise f.; traverse f.; bras m. croisé; traversin m.; entretoise f. **a) ~ des Rahmens** (Auto) || frame cross member || traverse f. de châssis. **b) röhrenförmiger ~** aus Vierkanteisen (el Leit) || tubular traverse of square iron || traverse f. tubulaire en fer carré. 4

Quer-transportband n. || cross belt || bande transversale. **a) ~überschiebung** f. (Geologie) || overthrust transverse to the strike || faille f. inverse transversale. **b) ~verband** m. || cross piece || entretoisement m.; entretoise f. 5

Querverbindung f. (Bauw; Masch) || cross *or* transverse bracing; lateral fastening || entretoise f. **a) ~** (Fernm) || cross connection; tie line || connexion f. *ou* ligne f. transversale. **b) Ausnahme~** (Fernm) || extraordinary cross connection || connexion f. transversale exceptionnelle. 6

Quer-verschiebung f. des Tisches (Werkzeugmasch) || cross movement of table || déplacement m. transversal de la table. **a) ~verspannung** f. (Luftf) || wind bracing || contreventement m. **b) ~versteifung** f. || cross *or* transverse stiffening || renforcement m. *ou* raidissement m. transversal. 7

Querwand f. (Elektr) || diaphragm || diaphragme m. **a) ~** (Schiffb) || transverse bulkhead || cloison f. transversale. 8

Quer-weg m. || by-road; cross road; cross country road || chemin m. de traverse. **a) ~welle** f. (Masch) || cross shaft || arbre m. transversal. 9

Querzitronrinde f. || yellow-oak *or* tinctoric-oak bark; quercitron bark || quercitrone f.; écorce f. de chêne jaune. 10

Quetsche f., **Darrmalz** || malt crushing mill || concasseur m. à malt. **a) Kartoffel~** || potato crusher || écraseur m. de pommes de terre. **b) Olivenöl~** || olives crushing mill || détritoir m. 11

quetschen || to crush; to squeeze || pressurer; écraser; broyer. **a) Erze** npl. **~** (Met) || to crush ores pl. || broyer les minerais mpl. 12

Quetschen n. des **Malzes** || malt crushing || broyage m. *ou* concassage m. du malt. 13

Quetsch-form f. (Goldschl) || (first and second) mould of vellum || caucher m. **a) ~hahn** m. || clip; compression stop cock; pinch *or* squeezing cock; spring clamp || pince f. (pressante *ou* à ressort). 14

Quetschling m. (Geologie) || crush rock || roche f. comprimée. 15

Quetschmangel f. (Tuchm) || rotary beetling mill || calandre f. rotatoire (à comprimer). 16

Quetschmaschine f. || squeezer; squeezing machine || cingleur m.; machine f. à cingler *ou* à écraser; squeezer m. **a) ~ für Stoffe** || rolling machine for fabrics || machine f. à calandrer les étoffes. 17

Quetsch-mine f. || undercharged mine || fourneau m. sous-chargé. **a) ~mühle** f. || bruising mill; corn crusher || moulin m. écraseur; concasseur m. 18

Quetschtube f. || spreader *or* paste tube || tube m. à crême *ou* à presser. **a) ~ mit Pinsel** || brush paste tube || tube m. à crême combiné avec pinceau. 19

Quetschung f. || bruise; contusion || contusion f. 20

Quetsch-walze f. || crushing cylinder || cylindre m. broyeur. **a) ~walzenführer** m. (Färb) || squeezing machine minder || conducteur m. de squeezer. **b) ~walzmaschine** f. || roller crusher || concasseur m. à cylindres. **c) ~werk** n. || crushing mill; chat roller; squeezer || broyeur m.; broyeuse f.; cingleur m.; squeezer m. 21

Queue n., **Billard** || billiard stick; cue || queue f. de billard. 22

quicken || to amalgamate; to amalgamize || amalgamer. 23

Quick-erz n. || mercury ore; quicksilver ore || minerai m. de mercure. **a)** rotierendes **~faß** n. (Met) || revolving amalgamating cask || tonneau m. rotative d'amalgamation. **b) ~mühle** f. || amalgamating mill || moulin m. à amalgamer. **c) ~sack** m. || amalgamating skin || chamois m. **d) ~wasser** n. || quickening; quick water; quicksilver water || dissolution f. mercurielle. 24

Quillaya-auszug m. || quillaja extract || extrait m. d'écorce de Panama. **a) ~rinde** f. || quillaja bark || écorce f. de quillaja *ou* de Panama. 25

Quinte f. (Akust) || quinte || quinte f. 26

Quitte f. || quince || coing m. 27

Quitten-kern m. || quince pip *or* kernel || pépin m. de coing. **a) ~samen** m. || quince seed || semence f. de coing. 28

quittieren || to receipt || acquitter. 29

Quittung f. || receipt || quittance f.; reçu m.; acquit m. **a) gegen ~** || on receipt || sur quittance f. **b) General~** || receipt in full || quittance f. finale. 30

Quittungsdruck m. (Zahlkasse) || printing receipt on sales slips || impression f. sur fiches de vente *ou* de caisse. **a) Hebelregistrierkasse** f. für **~** || cash register with lever action for printing receipt on sales slips || caisse f. enregistreuse à leviers imprimant sur fiches de vente. **b) kein ~** (Zahlkasse) || no printing receipt on slips || pas d'impression f. sur fiches de vente. 31

Quittungs-drucker m., **Zahlkassen** || cash register printer for sales slips || totalisatrice f. à fiches de vente. **a) ~druckvorrichtung** f. || customer's receipt printer || dispositif m. imprimant les reçus des clients. **b) ~formblatt** n. || receipt || acquit m. **c) ~vordruck** m. *s.* ~formblatt. 32

Quote f. || quota; portion; share || quote-part f.; cote f.; contingent m. 33

Quotient m. || quotient || quotient m. 34

quotisieren || to quote || cotiser; répartir. 35

R

Raa f. *s.* Rahe. 36

Rabatt m. || rebate; discount; abatement || rabais m.; remise f. **a) ~ bei Barzahlung** || discount for cash || rabais m. en cas de payement comptant. **b) ~ gegen bar** *s.* ~ bei Barzahlung. **c) ~ bewilligen** *s.* ~ geben. **d) ~geben** || to allow discount; to grant abatement; to make an allowance || accorder une remise *ou* un rabais. **e) ~ kann nicht gewährt** werden || rebate can not be allowed || on ne peut accorder de rabais m. **f) mit einem ~ von** x % || with a rebate of x % || avec une diminution de x %. **g) ohne jeden ~** || without any rebate || sans diminution f. **h)** einem **~** von **x % unterliegend** || subject to a rebate of x % || sujet à une diminution f. de x %. 37

Rabatte f. (Gärtn) || platband; bed; border; border bed || plate-bande f.; bordure f. 38

Rabattensaat f. || sowing on ridges || semis m. sur banquettes. 39

Rabatt-marke f. || discount stamp *or* ticket || marque f. de rabais; timbre-escompte m. **a) ~tarif** m. || discount tariff || tarif m. à rabais. 40

Rabenschnabel m. (Werkz) || bent *or* bent-neck gouge || bec m. de corbeau; gouge f. à bec de corbin. 41

Rabitz-geflecht n. || Rabitz wire netting || treillis m. métallique Rabitz. **a) ~gewebe** n. || Rabitz texture || texture f. Rabitz. **b) ~wand** f. || Rabitz wall || mur m. Rabitz. 42

Rachenlehre f. || caliper gauge; internal and external gauge; snap gage (A) || calibre m. à mâchoire; calibre m. (simple). 43

Rad n. || wheel || roue f. **a) abnehmbares ~** || detachable wheel || roue f. amovible. **b) ~ mit angegossenem Reifen** || wheel with tire cast on || roue f. avec bandage venu de fonte. **c) ~ mit aufgeschrumpftem Reifen** || wheel with tire shrunk-on || roue f. à bandage serré *ou* embattu à chaud. **d)** die Räder npl. werden zum **Aufpressen** eingerichtet || the wheels pl. are arranged to be pressed on the axle || les roues fpl. sont arrangées pour être calées à la presse. **e)** ein **~ ausbuchsen** || to box *or* to bush a wheel || emboîter une roue. **f) ~ mit beweglichen Schaufeln** (Schiffb) || feathering paddle wheel || roue f. à aubes articulées. **g) Blechscheiben~** || plate-disc wheel || roue f. à disque en tôle. **h) Deckel~** || wheel on cover || roue f. portée par le couvercle. **i) Doppelscheiben~** || double-disc wheel || roue f. à double disque. **k) Doppelspeichen~** || double-spoke wheel || roue f. à rayons doubles. **l) Drahtspeichen~** || wheel with wire-spokes || roue f. à rayons en fil métallique. **m)** ständig im **Eingriff** stehende Räder npl. || wheels pl. which are constantly in gear || roues fpl. (dentées) continuellement en prise. **n) eisernes ~** || iron wheel || roue f. en fer *ou* en métal. **o) elastisches ~** || elastic wheel || roue f. élastique. **p) Ersatz~** || spare wheel || roue f. de secours *ou* de rechange. **q) federndes ~** || spring *or* elastic wheel || roue f. élastique *ou* à ressort. **r) ~** mit **festen Schaufeln** (Schiffb) || radial *or* common paddle-wheel || roue f. à aubes fixes. **s) Fiber~** || fibre gear || roue f. en fibre. **t)** das ~ ist **fliegend** auf der Achse angeordnet || the wheel is overhung || la roue est en porte-à-faux. **u) Freilauf~** || freewheel || roue f. libre. **v) geteiltes ~** || built-up wheel || roue f. partagée *ou* en plusieurs parts. **w) Halbdoppelscheiben~** || half-double plate wheel || roue f. à disque semi-double. **x) Hand~** || hand wheel || roue f. *ou* volant m. à main. **y) ~** mit **harter Lauffläche** (Eisenb) || wheel with hard tread || roue f. avec surface de roulement dure. **z) Hebe~** (Aufbereitung) || scoop *or* hoisting wheel || roue f. élévatrice. 1

a) ~ mit **Holzspeichen** || wheel with wooden spokes || roue f. à rayons en bois. **b) ~** mit **Innenverzahnung** || internal spur wheel; internal tooth wheel || roue f. à engrenage intérieur; roue f. dentée intérieure. **c) Kegel~** || bevel wheel || roue f. conique. **d) Ketten~** || chain wheel || roue f. à chaîne. **e) konisches ~** *s.* Kegel~. **f) Lauf~** || traversing wheel || galet m.; roue f. portante. **g) Lauf~** (Lok) || bogie wheel || roue f. porteuse. **h) Lauf~** (Turbine) || blade *or* rotor wheel || roue f. mobile; rotor m. **i) lose** auf der Achse **laufendes ~** || wheel running loose on its axle || roue f. folle sur l'essieu. **k) ~** mit **Mittelflansch** || wheel with middle flange || roue f. avec bride centrale. **l)** ein ~ **mitten** || to true a wheel || centrer une roue. **m) montiertes ~** || mounted wheel || roue f. montée. **n) nahtlos gepreßtes ~** || seamless pressed wheel || roue f. matricée sans soudure. **o) Reibungs~** || friction wheel || roue f. *ou* galet m. à friction. **p) Reserve~** *s.* Ersatz~. **q) ~** mit **Rohrspeichen** || wheel with tubular spokes || roue f. à rayons tubulaires. **r) Rücklauf~** || reverse idler *or* pinion || pignon m. de marche arrière. **s) Scheiben~** || disc wheel || roue f. à disque. **t)** das ~ **schlägt** || the wheel is out of truth || la roue flotte. **u) Schnecken~** || worm wheel || roue f. hélice; roue f. à vis sans fin. **v) Schöpf~** || bucket wheel || roue f. élévatoire. **w) Schrauben~** || screw wheel || roue f. hélicoïdale. **x) Schwabbel~** || buff *or* rag wheel || disque m. à multiple épaisseurs de cuir. **y) Speichen~** || spoke wheel || roue f. à rais *ou* à rayons. **z) Sperr~** || ratchet wheel || roue f. à déclic. 2

a) Sperrklinken~ || ratchet wheel || roue f. à cliquet. **b) ~** mit **einem Spurkranz** || wheel with one flange || roue f. avec un boudin. **c) ~** mit **zwei Spurkränzen** || wheel with two flanges || roue f. avec deux boudins. **d) ~ ohne Spurkranz** || flangeless wheel || roue f. à surface cylindrique *ou* sans boudin. **e) Stahl~** || steel wheel || roue f. en acier. **f) Stahlguß~** || cast-steel wheel || roue f. en acier coulé. **g) Stoß~** || steadying wheel || roue f. de choc. **h) Teller~** (Auto) || axle drive bevel wheel || couronne f. d'angle du différentiel. **i) verwundenes ~** || burkled wheel || roue f. voilée. **k) verzogenes ~** *s.* verwundenes ~. **l) volles ~** || solid wheel || roue f. pleine *ou* d'une seule pièce. **m) vollwandiges ~** *s.* volles ~. **n) Vorder~** || front wheel || roue f. avant. **o) vorgepreßtes ~** || rough-pressed wheel || roue f. ébauchée à la presse. **p) Wagen~** || road *or* carriage *or* cart wheel || roue f. de voiture. **q) Wasser~** || water wheel || roue f. hydraulique. **r) Zahn~** || toothed wheel || roue f. dentée *ou* d'engrenage. **s)** ein ~ **zentrieren** *s.* ein ~ mitten. **t) zusammengesetztes ~** || built-up wheel || roue f. à bandage embattu. **u) zweiflanschiges ~** || double-flange wheel || roue f. à deux boudins. 3

Radabstand m. || wheel base || empattement m.; écartement m. (des roues). 4

Radachse f. || (wheel) axle; axletree || essieu m.; axe m. de la roue. **a) ~** (Raddampfer) || paddle shaft || arbre m. de roue. **b) eiserne ~** || iron axle || essieu m. en fer. 5

Radantrieb m. || wheel drive || commande f. de *ou* par roue. **a) ~** durch **Kettenübertragung** || wheel driving by chain || commande f. de roue par chaîne. **b) ~** durch **Zahnräder** || wheel driving by pinions || commande f. de roue par pignons. 6

Radarm m. || arm of a wheel || rais m. *ou* rayon m. *ou* croisillon m. d'une roue. 7

Radauartikel m. || article for making a noise || article m. pour faire du bruit. 8

Rad-balken m. (Schiffb) || paddle beam || grand bau m. porte-roue. **a) ~belastung** f. (Eisenb) || load *or* weight on driving wheels || poids m. supporté par les roues; charge f. des roues. **b) ~boden** m. eines Wasserrades || shrouds pl. *or* flooring *or* shrouding of a water wheel || plancher m. d'une roue hydraulique. **c) ~breite** f. || face width of wheel || largeur f. de roue. **d) ~bremse** f. || wheel brake || frein m. de roue *ou* des sabots sur les roues. **e) ~buchse** f. || chair of the wheel || boîte f. de roue. **f) ~bürste** f. || circular brush || brosse f. à couronne circulaire. 9

Raddampfer m. || paddle steamer || vapeur m. à roues. **a) ~schiffsmaschine** f. || paddle steamer marine engine || machine f. marine à vapeur à roues. 10

Rad-deck n. (Schiffb) || deck between the paddle-boxes || passerelle f. entre les tambours. **a) ~doppelgabel** f. || front fork with stay rods || double fourche f. à roue. **b) ~dreher** m. || wheel turner || tourneur m. de roues. 11

Raddruck m. || wheel pressure || pression f. exercée par la roue. **a) zulässiger ~** || admissible wheel load || charge f. admissible des roues. 12

Raddurchmesser m. || wheel diameter || diamètre m. de roue. 13

Rade f. (Pflanze) || cockle || nielle f. 14

Radeinsetzer m. (Fahrrad) || cycle wheel fitter || monteur m. de roues pour vélocipèdes. 15

Räder m. (Getreidesieb) || screen; riddle; sifter; corn sieve || crible m. 16

Räder-abziehpresse f. || press for putting off wheels || presse f. à décaler les roues. **a) ~aufziehpresse** f. || press for putting-on wheels; wheel press || presse f. à caler les roues. **b) ~auf- und Abziehpresse** f. || wheel-mounting and dismounting press || presse f. à caler et à décaler les roues. **c) ~fertigungsmaschine** f. (Stellmacher) || wheel making machine || machine f. pour la fabrication de roues. **d) ~fräserei** f. || wheel milling shop || atelier m. de fraisage de roues *ou* à fraiser des roues. 17

Räderfräsmaschine f. || gear cutting machine; wheel milling machine || machine f. à fraiser les roues; machine f. à fraiser *ou* à tailler les engrenages. **a) ~** mit **horizontalem Aufspannbolzen** || gear cutting machine with horizontal working arbor || machine f. à tailler les engrenages cylindriques avec mandrin porte-pièce horizontal. **b) ~** mit **verschiebbarem Aufspanntisch** || gear cutting machine with adjustable (circular) work table || machine f. à tailler les engrenages cylindriques avec table (circulaire) déplaçable. **c)** nach dem **Wälzverfahren** arbeitende ~ || gear hobbing machine; gear cutting (*or* hobbing) machine cutting with hob worm || machine f. à tailler les engrenages cylindriques par fraise-mère développante. 18

Räder-gießerei f. || wheel foundry || fonderie f. de roues. **a) ~hobelmaschine f.** || gear planing machine || machine f. à raboter les engrenages. **b) ~ kasten** m. || gear casing || carter m. d'engrenage. **c) ~klemme** f. (Uhrm) || balance wheel pliers pl. || pince f. aux roues de rencontre. **d) ~paar** n. || pair of wheels || paire f. de roues. **e) ~pflug** m. || wheel plough || charrue f. à roues. **f) ~presse** f. wheel press || presse f. pour le calage des roues. **g) ~putzerei f.** || wheel cleaning shop || atelier m. d'ébarbage des roues. **h) ~raupenkampfwagen** m. || hermaphrodite tank; half-track tank; wheel and track tank || char m. d'assaut à roues et chenilles; char m. de combat composite; tank m. composite. **i) ~schutzverdeck** n. (Getriebe) || gear wheel guard || cage f. protectrice pour l'engrenage. **k) ~stoßmaschine** f. || gear slotting machine || machine f. à mortaiser les engrenages. 19

Räderübersetzung f. || gearing; gear || engrenage m. **a) mehrfache ~** || multiple gearing || engrenage m. multiple. 20

Räder-verdeckung f. (Getriebe) || cover of wheel gearing || couvre-engrenage m. **a) ~vorgelege** n. *s.* ~übersetzung. **b) ~walzwerk** n. || wheel rolling mill || laminoir m. à roues. **c) ~wendegetriebe** n. || reversing gear || mécanisme m. de renversement de marche par engrenage. 21

Räderwerk n. (Mühle; Getriebe) || gearing || engrenage m. **a) ~** in **gedrängter Anordnung** || gears pl. closed together || mécanisme m. d'engrenages très ramassé. **b) konisches ~** || bevel gear || engrenage m. conique. 22

Räderziehpresse f. || bottom slide drawing press || presse f. à emboutir à table mobile. 23

radfahren || to cycle; to bike; to ride a bicycle || aller à bicyclette; pédaler. 24

Radfahrer m. || bicyclist || bicycliste m. 25

Radfahrweg m. || cycling road; cycle path || route f. cyclable *ou* de vélo. 26

Radfelge f. || wheel rim || jante f. de roue; sous-bandage m. 27

Radfelgen-haken m. || clinch *or* hook of rim || crochet m. de la jante. **a) ~montör** m. || felloe driver || monteur m. de jantes. **b) ~stärke** f. || thickness of the rim || épaisseur f. de la jante. 1

Rad-fenster n. || wheel window; window of providence || fenêtre f. rayonnante. **a) ~flansch** m. || wheel flange || bourrelet m. *ou* mentonnet m. *ou* boudin m. *ou* rebord m. *ou* bride f. d'une roue. **b) ~-flügel** m. || wheel vane || ailette f. de la roue. **c) ~fräserei** f. *s.* Räderfräserei. 2

Radgabel f. || wheel fork || fourche f. de roue. **a) ~lager** n. || wheel fork bearing || articulation f. de la fourche de roue. 3

Rad-geleise n. *s.* ~spur. **a)** bewegliches **~gestell** n. || bogie; truck (A) || train m. (de roues) articulé; bogie m.; truck m. **b) ~gießerei** f. || wheel foundry || fonderie f. de roues. **c) ~halter** m. (Auto) || wheel carrier || porte-roue m. 4

radial || radial || radial. **a) ~ einstellen** || to adjust radially || mettre en position f. radiale. **b) ~e Ausdehnung** f. || radial expansion || expansion f. radiale. **c) ~e Beaufschlagung** f. || radial admission || admission f. radiale. **d) ~e Expansion** f. (Geschützrohr) || self-hooping; radial expansion || autofrettage m. 5

Radial-achslagergehäuse n. || radial axlebox housing || support m. de boîte radiale d'essieu. **a) ~beanspruchungen** fpl. **nachgiebig widerstehen** || to resist flexible radial stresses || résister élastiquement à efforts radiaux. **b) ~bohrmaschine** f. || radial drilling machine || machine f. à percer radiale; perceuse f. radiale. **c) ~-bohr- und Versenkmaschine** f. || radial drilling and countersinking machine || machine f. radiale pour perçage et fraisage de trous en ligne. **d) ~fächermotor** m. || radial fan motor || moteur m. pour ventilateur radial. 6

Radialstellung f. der **Achsen** zwangsläufig durch Kupplung vom Motorwagen aus || radial position of the axles forced by coupling bar of the motor car || orientation f. radiale des essieux commandée par l'attelage de la voiture motrice. **a) zwangläufige ~** f. der Vorderachse || forced radial position of the fore-axle || orientation f. radiale commandée du premier essieu. 7

Radial-turbine f. || radial flow turbine || turbine f. radiale. **a) ~ziegelstein** m. für Kamine || radial brick for chimneys || brique f. radiale pour cheminées. 8

Radiator m. || radiator || radiateur m. **a) Ofenrohr~** || radiator for stove pipes || radiateur m. pour tuyaux de poêle. 9

Radiatoren-bohr, ~fräs- und **Gewindeschneidemaschine** f. || radiator-section drilling, milling and tapping machine || machine f. à percer, fraiser et tarauder les éléments de radiateurs. **a) ~formmaschine** f. || moulding machine for radiators || machine f. à mouler les radiateurs. **b) ~fräs- und Bohrmaschine** f. || radiator milling and boring machine || machine f. à fraiser et à percer les éléments de radiateurs. **c) ~gewindeschneidmaschine** f. || radiator tapping machine || machine f. à tarauder les éléments de radiateurs. **d) ~verschraubung** f. || radiator coupling || boulonnage m. de radiateurs. 10

radieren (Grav) || to etch || graver à l'eau forte *ou* à pointe sèche. **a) ~** (mit Radiergummi) || to erase || gratter. 11

Radierer m. || etcher || graveur m. à pointe sèche *ou* à l'eau forte. 12

Radiergummi m.; n. || eraser; rubber || gomme-grattoir m.; gomme f. à effacer. **a) harter ~** || hard rubber || gomme f. dure. **b) Schleiftrommel** f. für **~** || grinding cylinder for erasers || tambour m. à polir la gomme à effacer. **c) Tinten~** || ink eraser || gomme f. à effacer l'encre. **d) weicher ~** || soft rubber || gomme f. tendre. **e) ~hülse** f. || eraser cartridge || porte-gomme m. 13

Radier-kunst f. || (art of) etching || gravure f. à l'eau-forte. **a) ~messer** n. || eraser; penknife; erasing knife || grattoir m. **b) ~nadel** f. (Grav) || flat *or* round scraper; drawing point; etching needle || échoppe f.; burin m. pour effacer; pointe f. (sèche). **c) ~schablone** f. || erasing shield || plaque f. à gommer. 14

radierte Platte f. || etched plate; etching || estampe f. gravée à l'eau-forte. 15

Radierung f. || etched copper-plate; etching || gravure f. à pointe sèche *ou* à l'eau forte. 16

Radierwasser n. || erasing water || eau f. grattoire. 17

Radikal n. (Chem) || radical || radical m. **a) ~essig** m. || radical vinegar || vinaigre m. radical. 18

radioaktiv || radioactive || radioactif. **a) ~es Gestein** n. || radioactive mineral || minéral m. radioactif. **b) ~er Stoff** m. || radioactive substance *or* matter || substance f. radioactive; matière f. rayonnante. 19

Radioaktivität f. || radioactivity || radioactivité f. **a) ~s-Konstante** f. || radioactive constant || constante f. radioactive. 20

Radioaktivstoff m. *s.* radioaktiver Stoff. 21

Radio- *s. auch* Rundfunk-. **a) ~apparat** m. *s.* ~gerät. **b) ~einzelteil** m. || radio component part || accessoire m. pour appareils *ou* pour postes à télégraphie sans fil. 22

Radioempfänger m. || radio receiver || radiorécepteur m. **a) ~** mit **Kristalldetektor** || radio receiver with crystal detector || radio-récepteur m. à détection sur galène. 23

Radiofonie f. || radiophony || radiophonie f. 24

Radio-gerät n. || radio apparatus || appareil m. à radio. **a) ~goniometer** n. || radiogoniometer; direction finder || radiogoniomètre m. 25

radiogoniometrische Ortung f. (Luftf) || direction finding by radiogoniometry || repérage m. *ou* localisation f. radiogoniométrique. 26

Radiogramm n. || wireless message || radio m.; sans-fil m. 27

Radiografie f. || radiography || radiographie f. 28

Radio-kampfwagen m. || radio tank; tank equipped with radio || char m. à télégraphie sans fil. **a) ~kompaß** m. || radio *or* wireless compass || radio-boussole f.; boussole f. à télégraphie sans fil. **b) ~kopfhörer** m. || radio headphone || casque f. de radiophonie. **c) ~lautsprecher** m. || radio loud-speaker || haut-parleur m. pour radiophonie. 29

Radiolit m. (Min) || mesotype; natrolite; feather-zeolite; soda mesotype || mésotype m.; natrolithe m. 30

Radio-ortungsgerät n. || radio direction finder || radio-chercheur m. de position. **a) ~röhre** f. || radio tube || lampe f. pour radiophonie. **b) ~telegrafie** f. *s. auch* drahtlose Telegrafie *und* Funkentelegrafie || radiotelegraphy || radiotélégraphie f. 31

radiotelegrafisch || radiotelegraphic || radiotélégraphique. **a) ~e Anlage** f. || radiotelegraphic plant || installation f. radiotélégraphique. **b) ~er Bedienungstisch** m. || radiotelegraphic operating table || table f. de manipulation radiotélégraphique. **c) ~e Großstation** f. || radiotelegraphic long distance station || poste f. radiotélégraphique de grande distance. 32

Radiozubehör n. || radio accessories pl. || pièces fpl. détachées pour appareils radiophoniques. 33

Radium n. || radium || radium m. **a) ~bromid** n. || bromide of radium || bromure m. de radium. **b) ~leuchtartikel** m. || radium luminous article || article m. lumineux à base de radium. 34

Radius m. || radius || rayon m.; demi-diamètre m. **a) ~** der **inneren Wölbung** || inside radius of dished ends || rayon m. intérieur des fonds bombés. 35

Radius-lehre f. || radius gauge || gabarit m. pour les différents rayons. **a) ~vektor** m. || radius vector || rayon m. vecteur. 36

Radizieren n. || evolution; extraction of roots || extraction f. de racines. 37

Rad-kappe f. || wheel boss cap; axle cap || chapeau m. de moyeu de roue. **a) ~kapsel** f. *s.* ~kappe. **b) ~kasten** m. || wheel case *or* guard *or* box || couvre-roue m.; couvre-engrenage m. **c) ~körper** m. || wheel body || corps m. de roue. 38

Radkranz m. || (wheel) rim; (wheel) flange || bourrelet m.; mentonnet m.; jante f. (de roue); anneau m. *ou* rebord m. d'une roue. **a) ~breite** f. || width of wheel rim || largeur f. de jante. **b) ~reifen** m. *s.* Radreifen. **c) ~walzwerk** n. || rim (rolling) mill || laminoir m. à jantes. 39

Rad-lenker m. (Schiene) || check *or* guard rail || contre-rail m. **a) ~macher** m. (Wagenb) || wheeler || constructeur m. de roues de voitures. **b) ~maschine** f. für Stellmacher || wheelwright machine || machine f. à roue pour charrons. 40

Radnabe f. || wheel boss *or* hub (A); (wheel) nave || moyeu m. (de roue). **a) ~** des **Schaufelrades** || paddle wheel boss || tourteau m. d'une roue à aubes. 41

Radnaben-bohrbank f. || wheel boss boring mill || tour m. vertical à aléser les moyeux. **a) ~bohrer** m. (Arbeiter) || wheel boss mortising machine hand || mortaiseur m. de moyeux. **b) ~drechsler** m. || nave turner; wheel boss turner || tourneur m. de moyeux. 42

Radreif m. *s.* Radreifen. **a) ~eisen** n. || tire iron || fer m. de bandage. 43

Radreifen m. || tire; tyre || bande f. *ou* bandage m. *ou* cercle m. de roue. **a) angegossener ~** || tire cast on || bandage m. venu de fonte avec la roue. **b) aufgeschrumpfter ~** || tire shrunk-on || bandage m. embattu. **c) nahtloser ~** || seamless *or* weldless tire || bandage m. de roue sans soudure. **d)** den **~** mittels **Sprengringes sichern** || to fasten the tire by spring ring *or* by retaining ring || agrafer le bandage. 44

Radreifen-ansatz m. (Eisenb) || lip of tire || talon m. du bandage. **a) ~biegemaschine**

f. ‖ tire bending machine ‖ machine f. à cintrer les bandages. **b) ~drehbank** f. ‖ (wheel) tire lathe ‖ tour m. pour bandages (de roues). 1

Radreifenpresse f. ‖ tire (shrinking) press ‖ presse f. à caler les bandages. **a) hydraulische ~** ‖ hydraulic tire press ‖ presse f. hydraulique pour le calage des bandages. 2

Radreifen-profil n., **normales** ‖ standard tire section *or* section of tire ‖ profil m. normal du bandage. **a) ~schmied** m. ‖ tire *or* tyre smith ‖ forgeur m. de cercles de roues. **b) ~schweißer** m. ‖ tire welder ‖ soudeur m. de bandages. 3

Radreifensicherung f. ‖ tire fastening; securing the tire ‖ fixation f. de *ou* du bandage. **a) ~** mittels **durchgehender Schrauben** ‖ fastening the tire by means of through-bolts ‖ fixation f. au moyen des boulons traversants le bandage. **b) ~** mittels zweier **Klammerringe** ‖ tire fastening by double lip retaining ring ‖ fixation f. de bandage au moyen d'un cercle à double agrafage. **c) ~** mittels zweier **Klammerringe** und **Nieten** ‖ fastening tires by retaining rings on both sides and rivets ‖ fixation f. de bandage par cercle à double agrafage et rivets. **d) ~** mittels zweier **Klammerringe** und **Untergriff** und **Nieten** ‖ tire fastening by double lip retaining ring, single flange and rivets ‖ attache f. de bandage au moyen d'un cercle à double agrafage, d'un talon et de rivets. **e) ~** mittels **Kopfschrauben** ‖ tire fastening by set screws ‖ fixation f. de bandage par broches filetées. **f) ~** mittels **Schließringes** ‖ ring tire fastening ‖ fixation f. de bandage par cercle à simple agrafage. **g) ~** mittels **Sprengringes** ‖ tire fastening by spring ring ‖ fixation f. de bandage par agrafe annulaire. **h) ~** mittels **Untergriffs** und eines **Klammerringes** ‖ tire fastening by single flange and one retaining ring ‖ fixation f. de bandage par cercle de retenue d'un seul côté et par talon. **i) ~** mittels **Untergriffs** und **Kopfschrauben** ‖ tire fastening by single flange and set screws ‖ fixation f. de bandage par talon et par broches filetées. 4

Radreifen-sonderstahl m. ‖ special tire steel ‖ acier m. spécial pour bandages. **a) ~stauchmaschine** f. ‖ upsetting machine for tires ‖ machine f. à comprimer les bandages. **b) ~walzwerk** n. ‖ tire (rolling) mill ‖ laminoir m. à bandages. **c) ~zentriermaschine** f. ‖ machine for centering the tires ‖ machine f. à centrer les bandages. 5

Rad-ring m. eines **Schaufelrades** ‖ paddle wheel ring ‖ cercle m. de roue d'une roue à palettes. **a) ~rohling** m. (Met) ‖ wheel blank ‖ ébauche f. de roue. 6

Radsatz m. (Eisenb) ‖ wheel set; set of wheels ‖ train m. de roues; essieu m. monté. **a) Außenlager~** ‖ set of wheels for outside bearings ‖ essieu m. monté pour boîtes à graisse extérieures. **b) Einstell~** ‖ movable wheel set ‖ essieu m. monté mobile. **c) Innenlager~** ‖ set of wheels for inside bearings ‖ essieu m. monté pour boîtes à graisse intérieures. **d) radiale Einstellung** der Radsätze ‖ radial position of sets of wheels ‖ orientation f. radiale des essieux montés. **e) Lokomotiv~** ‖ locomotive wheel set ‖ essieu m. monté pour locomotives. **f) ~ normaler Bauart** ‖ standard wheel set ‖ essieu m. monté normal. 7

Radsatz-bearbeitungsmaschine f. ‖ wheel set working machine ‖ machine f. pour travailler les trains de roues. **a) ~drehbank** f. ‖ wheel set lathe ‖ tour m. pour trains de roues *ou* pour essieux montés. **b) ~herstellungsmaschine** f., **hydraulische** ‖ hydraulic wheel-set making machine ‖ machine f. hydraulique pour fabriquer des trains de roues. **c) ~werkstatt** f. ‖ turning shop for mounted wheels ‖ atelier m. de tours pour essieux montés. 8

Rad-schaltung f. ‖ wheel escapement ‖ échappement m. à roue. **a) ~schaufel** f. (Schiffb) ‖ paddle board; float of paddle wheel ‖ aube f. à palettes; aube f. *ou* pale f. de la roue. 9

Radscheibe f. ‖ disk wheel centre; wheel disc *or* disk ‖ centre m. de roue à disque; disque m. de roue. **a) gewalzte ~** ‖ rolled disk wheel centre ‖ centre m. de roue à disque laminé. **b) hölzerne ~** ‖ wooden disk wheel centre ‖ centre m. de roue à disque en bois. **c) ~** von **wellenförmigem Querschnitt** ‖ disc of the wheel representing in section an undulating line ‖ roue f. en forme de disque dont la section transversale présente une ligne à ondulation. 10

Radscheiben-presse f. ‖ wheel disk press ‖ presse f. pour disques de roues. **a) ~walzwerk** n. ‖ wheel disk mill ‖ atelier m. de laminoir à disques de roues. 11

Rad-schmiede f. ‖ wheel forge ‖ forge f. de roues. **a) ~sitz** m. ‖ wheel seat *or* fit ‖ portée f. de calage (du moyeu). 12

Radspeiche f. ‖ wheel spoke ‖ rais m. *ou* rayon m. *ou* croisillon m. de roue. **a) hohle ~** ‖ tubular spoke ‖ rais m. creux. 13

Rad-speichenmacher m. ‖ spoke maker ‖ ouvrier m. en rayons. **a) ~spur** f. ‖ wheel track; rut ‖ ornière f. **b) ~spurkranz** m. ‖ wheel flange *or* rim ‖ rebord m. *ou* jante f. de roue. 14

Radstand m. ‖ wheel base ‖ empattement m.; écartement m. (des roues). **a) Drehgestell** n. für **beliebigen ~** ‖ truck of any wheel base ‖ bogie m. d'écartement des roues quelconque. 15

Radstern m. ‖ star of spokes; spoke wheel centre; wheel spider ‖ centre m. de roue (à rayons); étoile f. du moyeu; étoile f. de roue. **a) ~** für **Lokomotiv-** und **Tenderradsätze** ‖ wheel center for sets of locomotive and tender wheels ‖ centre m. de roues pour des essieux montés de locomotives et de tenders. 16

Rad-sturz m. ‖ dish *or* splay of wheel ‖ écuanteur m. **a) ~verblendscheibe** f. ‖ wheel disk *or* disc ‖ couvre-rayons m. de roue; disque m. de blindage pour roues. **b) ~welle** f. (Raddampfer) ‖ paddle shaft ‖ arbre m. de roue. 17

Radzahn m. ‖ tooth; cog tooth; cog (of a wheel) ‖ dent f. de roue *ou* d'engrenage. **a)** die Radzähne mpl. **abbrechen** ‖ to strip the teeth of wheel ‖ casser les dents mpl. de roue. **b) ~** aus **Holz** ‖ wooden wheel tooth ‖ dent f. d'engrenage en bois. 18

Radzahnabrundfräsmaschine f. ‖ tooth chamfering machine (for toothed wheels) ‖ machine f. à faire les entrées de dents (des roues dentées). 19

Radzirkel m. (Wagenb) ‖ break ‖ temple m. 20

raffen, Flachs m. ‖ to ripple flax ‖ dréger *ou* égruger *ou* gréger le chanvre. 21

Raffinadezucker m. ‖ refined (loaf) sugar ‖ sucre m. raffiné. 22

Raffinationsanlage f. *s.* Raffinieranlage. 23

Raffinat-kupfer n. ‖ refined *or* tough-pitch copper ‖ cuivre m. raffiné *ou* fin. **a) ~silber** n. ‖ refined silver ‖ argent m. raffiné. 24

Raffinerie f. ‖ refinery ‖ raffinerie f.; finerie f. **a) Zucker~** ‖ sugar refinery ‖ raffinerie f. de sucre. 25

Raffinieranlage f. ‖ refinery plant ‖ installation f. de raffinerie; raffinerie f. **a) Öl~** ‖ oil refining plant ‖ installation f. de raffinerie de l'huile. **b) Petroleum~** ‖ petroleum refining plant ‖ installation f. de raffinerie de pétrole. **c) Tran~** ‖ fish-oil refining plant ‖ installation f. de raffinerie d'huile de poisson. **d) ~** für **vegetabilische Öle** ‖ refining plant for vegetable oils ‖ installation f. de raffinage d'huiles végétales. 26

raffinieren (Roheisen) ‖ to refine ‖ mazer; raffiner; affiner. **a) ~** (Zuck) ‖ to refine ‖ raffiner. **b)** den **Stahl** m. **~** ‖ to refine the steel ‖ corroyer *ou* raffiner l'acier m. 27

Raffinieren n. ‖ refining ‖ raffinage m. **a) ~** des **Stahls** ‖ refining of steel ‖ affinage m. d'acier. 28

Raffinier-feuer n. (Met) ‖ refining furnace ‖ fourneau m. de finerie *ou* de raffinerie. **a) ~ofen** m. (Met) ‖ refining furnace ‖ four m. d'affinage. **b) ~speise** f. (Met) ‖ refined speiss ‖ speiss m. raffiné. 29

raffiniert-es Roheisen n. ‖ refined pig ‖ fonte f. mazée. **a) ~er Stahl** m. ‖ refined steel ‖ acier m. affiné. **b) ~er Zucker** m. ‖ refined sugar ‖ sucre m. raffiné. 30

Raffinierung f. ‖ refining ‖ raffinage m. **a) ~ bleihaltigen Kupfers** ‖ refining of copper containing lead ‖ raffinage m. du cuivre contenant du plomb. 31

Raffinierungskosten pl. ‖ refining charges pl. ‖ frais mpl. de raffinage. 32

Raffinör m. (Pap) ‖ finishing machine ‖ raffineur m. 33

Rahe f. ‖ yard ‖ vergue f. **a) große ~** ‖ main yard ‖ grande vergue f. **b)** die **~n** fpl. **zutakeln** ‖ to rig the yards ‖ capeler *ou* garnir *ou* gréer les vergues fpl. 34

Rahe-bändsel n. ‖ roband; rope-band ‖ raban m. d'envergure. **a) ~segel** n. ‖ square sail ‖ voile f. carrée. **b) ~takel** n. ‖ jear; jeer ‖ drisse f. des basses vergues. 35

Rahm m. ‖ cream ‖ crème f. (de lait). **a) konservierter ~** ‖ preserved cream ‖ crème f. conservée. 36

Rahmbildung f. ‖ formation of cream ‖ formation f. de crème. 37

Rähmchen n. (Buchdruckerpresse) ‖ frisket; frisket griper ‖ frisquette f. **a)** das **~ ausschneiden** ‖ to cut out the frisket ‖ tailler *ou* découper la frisquette. 38

Rahmeis n. ‖ ice cream ‖ crème f. glacée. **a) ~fabrik** f. ‖ ice cream factory ‖ fabrique f. de crème glacée. 39

Rahmeisen n. (Buchdr) ‖ chase bar ‖ règle f. de fer. 40

rahmen ‖ to cream; to skim ‖ écrémer. 41

Rahmen m. (Auto; Wagenb) ‖ frame ‖ châssis m. **a) ~** (Bilderrahmen) ‖ frame ‖ cadre m. **b) ~** (Druckform) ‖ chase ‖ châssis m. **c) ~** (Masch) ‖ frame; framing ‖ bâti m.; cadre m.; châssis m. **d) ~** (Schuhm) ‖ frame ‖ trépointe f. **e) ~** (Selbstanschl) ‖ shelf ‖ baie f. **f) aufklappbarer ~** (Schreibm) ‖ hinged frame ‖ cadre m. réversible. **g) äußerer ~** (Masch) ‖ outside frame ‖ châssis m.

extérieur. **h) Doppel~** (Auto) || double frame || châssis m. double. **i) Drähte ~** || wire frame || châssis m. armé. **k) eckiger ~** des Eisenbahnwagens || angular frame of the wagon || châssis m. rectangulaire du wagon. **l) Fahrrad~** || frame of a cycle || cadre m. d'un cycle. **m) Feder~** || spring frame || cadre m. à ressorts. **n) fester ~** || fixed frame || cadre m. fixe. **o) Filter~** || filter frame || cadre m. de filtre. **p) Gatter~** || saw frame || châssis m. *ou* cadre m. de scie. **q) gebogener ~** || curved frame || châssis m. courbé. **r)** aus einem Stück **gebogener ~** || frame bent of one piece || cadre m. courbé d'une seule pièce. **s) gekröpfter ~** (Auto) || dropped frame || châssis m. coudé. **t) genieteter ~** (Auto) || riveted frame || châssis m. riveté. **u) Gold~** || gold frame || cadre m. doré *ou* en or. **v) gußeiserner ~** || cast iron frame || bâti m. en fonte. **w) Haupt~** || main frame || cadre m. *ou* bâti m. principal. **x) Hilfs~** (Auto) || sub-frame || faux-châssis m. **y) holländischer ~** || Dutch case *or* frame || châssis m. hollandais. **z) Holz~** (Auto) || wooden frame || châssis m. en bois. 1

a) innerer ~ (Masch) || inside frame || châssis m. intérieur. **b) ~** aus **kalt gewalztem Stahl** (Schreibm) || frame of cold rolled steel || bâti m. en acier laminé à froid. **c) ~** des **Klaviers** || piano frame || barrage m. *ou* châssis m. du piano. **d) kleiner ~** (Buchdr) || small chase || ramette f.; petit châssis m. **e) Kurven~** (Eisenb) || curve frame || châssis m. de voie courbe. **f) ~** aus **lackiertem Eisen** || japanned iron frame || châssis m. en fer laqué. **g) ~** einer **Lokomotive** || frame of a locomotive || supports mpl. *ou* châssis m. *ou* cadre m. d'une locomotive. **h) ~** ohne **Mittelsteg** (Buchdr) || chase without long cross || ramette f.; châssis m. sans barre. **i) ovaler ~** || oval frame || cadre m. oval. **k) ~** aus **Pappe** || cardboard frame || cadre m. en carton. **l) Rohr~** || tubular frame || châssis m. tubulaire. **m)** auf **Rollen laufender ~** (Schreibm) || frame carried on rollers || cadre m. marchant sur galets. **n) ~** einer **Säge** (Sägemaschine) || saw frame || châssis m. *ou* cadre m. d'une scie. **o) Schacht~** (Bergb) || shaft frame || cadre m. pour le coffrage des puits des mines. **p) ~** des **Schiebers** || frame of the slide || guide m. du tiroir. **q) Sieb~** || sifting frame || cadre m. de tamis. **r) ~** aus gepreßtem **Stahlblech** (Auto) || pressed steel frame || châssis m. en tôle d'acier emboutie. **s) starrer ~** || rigid frame || bâti m. rigide. **t) ~** eines **Stollens** || gallery frame || châssis m. d'une galerie de mine. **u) versteifter ~** (Auto) || trussed frame || châssis m. renforcé. **v) Verschalungs~** (Bergb) || shaft frame || cadre m. pour le coffrage des puits des mines. **w) viereckiger ~** m. einer **Tischlerpresse** || square frame of a joiner's press || châssis m. d'une presse de menuisier. **x) Vorder~** || front frame || châssis m. avant. **y) Zwischen~** (Auto) || subframe || faux-châssis m. 2

Rähmen m. *s.* Rahmenstück der Fachwand. 3

Rahmen-antenne f. || aerial frame; frame *or* loop antenna; loop (A) || collecteur m. sur cadre; antenne f. à cadre. **a) ~aufhängung** f., Elektromotor m. mit || frame supported electric motor || moteur m. électrique suspendu au châssis. **b) ~ausschnitt** m. || frame opening || découpure f. du châssis. **c) ~biegepresse** f. || frame bending press || presse f. à cintrer les châssis. **d) ~blech** n. || frame plate || tôle f. pour châssis. **e) ~durchfederung** f. || elasticity of frame || élasticité f. du châssis. **f) ~empfang** m. (Funkw) || frame receiving || réception f. sur cadre. **g) ~fachwerk** n. || trussed frame || châssis m. en cadre. 4

Rahmenfilterpresse f. || frame filter press || filtre-presse m. à cadres. **a) ~** mit **einfacher Auslaugung** unter Luftabschluß || frame filter press with lixiviation and with exclusion of air. || filtre-presse m. à cadres avec lessivage et à l'abri d'air. **b) ~** mit seitlicher **doppeltperfekter Auslaugung** unter Luftabschluß || frame filter press with double perfect lateral lixiviation and with exclusion of air || filtre-presse m. à cadres à lavage double parfait latéral et à l'abri d'air. 5

Rahmen-formel f. || formula relating to rigid system || formule f. relative aux systèmes rigides. **a) ~gestell** n. || frame || bâti m.; châssis m. **b) ~hälfte** f. || half of frame || moitié f. de châssis. **c) ~holz** n. || framing timber || bois m. pour châssis. **d) ~leder** n. || welt(ing) leather; welting || contrefort m. **e) ~leiste** f. || moulding for frames || baguette f. d'encadrement; tringle f. pour cadres. **f) ~luftleiter** m. (Funkw) || loop (A); aerial frame || antenne f. à cadre. **g) ~macher** m. (Klavier) || frame maker || barragier m. **h) ~maschine** f. (Tuchf) || tentering maschine || rameuse f. **i) ~platte** f. (Sammler) || frame plate || plaque f. à cadre. 6

Rahmenpresse f. || frame press || presse f. à cadre *ou* à longeron. **a) hydraulische ~** || hydraulic frame press || presse f. hydraulique à emboutir les éléments de châssis. 7

Rahmenrohr n. || frame tube || tube m. de cadre. 8

Rahmensäge f. || frame-saw || scie f. à cadre **a) Furnier~** || veneer frame saw || scie f. de placage à cadre. 9

Rahmen-säule f. || bearing column || cadre colonne f. **a) ~schenkel** m. || frame piece || partie f. du cadre. **b) ~schere** f. || frame shears pl. || cisaille f. à guillotine. **c) ~schuh** n. || welt stitched shoe || chaussure f. cousue-trépointe. **d) ~stoßmaschine** f. || frame slotting machine || mortaiseuse f. pour longerons. 10

Rahmenstück n. || frame piece || partie f. du cadre. **a) ~** der **Fachwand** || capping piece; coping plate || poitrail m.; chape f.; chapeau m. de cloison. **b) ~** an einer **gestemmten Tür** || frame piece of a framed door || membrure f. d'une porte à panneaux. **c) oberes ~** (Schleuse) || top cross piece || entretoise f. supérieure. **d) stehendes ~** || stile of a frame || montant m. de cadre. 11

Rahmen-stuhl m. einer Tür || framing of a door || cadre m. *ou* encadrement m. d'une porte. **a) ~stütze** f. || support of the frame || support m. du châssis. **b) ~unterzug** m. (Auto) || trussing of the frame || renforcement m. du châssis. **c) ~verbindung** f. (Auto) || frame connection || joint m. *ou* raccord m. du châssis. **d) ~vergolder** m. || frame gilder || doreur m. de cadres. **e) ~versteifung** f. || stiffening of the frame || renforcement m. du châssis. **f) ~wange** f. (Lok) || frame plate; main side frame || longeron m. **g) ~werk** n. einer Tür || frame of a door || bâti m. d'une porte. 12

Rahm-holz n. einer Füllung || framing of a panel || bâti m. des panneaux. **a) ~leiste** f. || frame bead || baguette f. de cadre. **b) ~maschine** f. **und Lufttrockenmaschine** f. (Web) || tentering and air drying machine || rameuse-sécheuse f. à air. **c) ~reifer** m. (Molkerei) || cream ripener || appareil m. à fermentation de la crème. **d) ~vorwärmer** m. || cream heater || réchauffeur m. pour crème. 13

Rainfarn-kraut n. || tansy herb || herbe f. de tanaisie. **a) ~öl** n. || tansy oil || essence f. de tanaisie. 14

Rakel f. (Zeugdr) || doctor; ductor || racle f.; doctor m. **a) ~lineal** n. || doctor rule || règle f. pour la racle. **b) ~messer** n. || doctor blade || lame f. de racle. 15

Raketchen n. (Bergb) || fuzze; fuze; reed; spire || fusée f. 16

Rakete f. || rocket || fusée f. **a) ~** für **Fahrt** und **Flug** || rocket for tour and flying || fusée f. volante pour la route et le vol. **b) Leucht~** || rocket light-ball || fusée f. lumineuse *ou* d'éclairage. 17

Raketen-flugzeug n. || rocket-propelled (air)plane *or* space-ship; plane propelled by liquid rocket || avion m. à réaction; avion-fusée m. **a) ~form** f. || rocket mould || moule m. de fusée. **b) ~gerät** n. für **Rettungswesen** || rocket apparatus for life saving || canon m. porte-amarre. 18

Raketenhülse f. || rocket case || cartouche m. de fusée; gobelet m. **a) eiserne ~** || sheet-iron rocket case || cartouche m. de la fusée en tôle. 19

Raketen-hülsenpapier n. || rocket paper; rocket-case paper || papier m. à cartouches de fusées. **a) ~problem** n. || rocket problem || problème m. des fusées volantes. **b) ~rute** f. || rocket stick || baguette f. de direction; panaceau m. **c) ~satz** m. || rocket composition || composition f. fusante. **d) ~stab** m. *s.* ~rute. **e) ~stock** m. *s.* ~form. **f) ~wagen** m. (Seew) || rocket carriage || caisson m. roulant à. fusées. **g) ~zeichen** n. || rocket *or* flare signal || signal m. de fusée. 20

Rakett n. || racket || raquette f.; battoir m. de paume. **a) ~macher** m. || racket maker || raquetier m. 21

Ramie f. || China grass; ramie *or* rhea fiber || ramie f. **a) ~bleichung** f. || ramie bleaching || blanchiment m. de la ramie. **b) ~faser** f. || China grass; ramie *or* rhea fiber || ramie f. **c) ~garn** n. || ramie yarn || fil m. de ramie. **d) ~spinnerei** f. (Tätigkeit) || ramie *or* China-grass spinning || filature f. de ramie. 22

Ramm-arbeit f. || pile driving; piling || battage m. de pieux; pilotage m. **a) ~bär** m. || rammer; rammer log; ram; tup; ram block; monkey || mouton m.; billot m. de batte; bélier m. **b) ~block** m. *s.* ~bär. 23

Ramme f. (Bauw) || pile driver; ramming *or* pile-driving machine; ram; rammer || sonnette f.; batte f.; mouton m. **a) ~** (Pflast) || beetle; paving hammer *or* rammer || hie f.; demoiselle f. **b)**

Dampf~ || steam ram; steam pile driver || sonnette f. *ou* mouton m. à vapeur. **c) Hand~** || hand rammer || mouton m. à bras. **d) Zug~** || hand pile driver || sonnette f. à tiraude. 1

Rammeln n. von **Gängen** (Bergb) || junction of lodes || rencontre m. de filons. 2

rammen, die **Erde** || to ram *or* to beat-down the earth || battre *ou* damer *ou* corroyer la terre. 3

Rammen n. der **Pfähle** || pile driving; piling; beating *or* driving-down of piles || pilotage m. 4

Rammenschwelle f. (Wasserb) || sill of a pile driving engine || semelle f. de sonnette. 5

Ramm-jungfer f. (Wasserb) || pile block || faux-pieux m.; faux-pilot m. **a) ~klotz** m. || ram block; rammer; rammer log; monkey || mouton m.; bélier m.; billot m. de batte. **b) ~knecht** m. || pile-block || faux-pilot m.; faux-pieux m. **c) ~tau** n. || lifting rope || câble m. de sonnette. **d) ~tiefe** f. eines Pfahles || ramming-depth of a pile || fichée f. d'un pieu. 6

Rampe f. || elevated approach; ramp || rampe f. (d'accès). **a) ~** (Glasf) || tear || larme f. **b) Lade~** || loading platform || plate-forme f. de chargement. **c) tragbare ~** || movable ascent || rampe f. roulante. 7

Rampen-beleuchtung f. || foot lights pl. || éclairage m. de rampe. **a)** ein Paar n. **~spitzen** fpl. || a pair of ramp points || une paire f. de rampes fpl. d'accès. 8

Rampfzange f. || shingling *or* large tongs pl. || louperesse f.; écrevisse f.; cingleresse f. 9

ramponiert || damaged; injured; bulged || avarié. 10

Ramschware f. || job *or* junk goods pl.; oddments pl. || marchandises fpl. de rebut; camelote f. 11

Rand m. || edge; border; rim || tranche f.; bord m.; bordure f. **a) ~** (Bauw) || cant; edge; arris || carne f.; arête f.; tranche f. **b) am ~ befindlich** (Buchdr) || marginal || marginal. **c) angestauchter ~** || staved end || bord m. refoulé. **d) bis zum ~** || up to the edge || jusqu'au bord m. **e) ~** eines **Buches** || margin of a book || marge f. d'un livre. **f) eingelassener ~** || faucet joint || couture f. à clin. **g) gefräster ~** || milled *or* curled border || fraisure f. **h) geriefter ~** || milled edge || bord m. molet(t)é. **i) gewebter ~** des **Segeltuches** || selvage of canvass || lisière f. *ou* lis m. de la toile à voiles. **k) ~** eines **Hutes** || brim of a hat || retroussis m. *ou* bord m. d'un chapeau. **l) ~** einer **Kaliberwalze** || flange of a grooved roll || rebord m. *ou* collier m. d'un cylindre calibré. **m) ~** einer **Münze** || edge of a coin || tranche f. d'une monnaie. **n) ~** des **Papierbogens** || margin of the paper sheet || marge f. de la feuille de papier. **o) ~** eines **Tagebaues** || ridge of an open working || crête f. d'une exploitation à ciel ouvert. **p) umgekrempelter ~** (Met) || flanged rim || bord m. bridé *ou* épaulé. 12

Rand-auslösung f. (Buchdr) || marginal release || débloquage m. des marges. **a) ~bemerkung** f. (Buchdr) || marginal *or* side note; marginal gloss || glosse f. *ou* note f. marginale; manchette f. **b) ~ecke** (Kristall) || basal *or* lateral solid angle || angle m. *ou* sommet m. latéral. 13

Rändeleisen n. (Holzbearb) || knurling iron; knurl; nurl || molette f. **a) ~** eines **Rändelwerkes** || knurl of a knurling machine || molette f. d'une machine à moletter. 14

Rändel-gabel f. || nurling *or* knurling tool || porte-molette m. **a) ~maschine** f. || knurling machine || moletteuse f. 15

rändeln || to rim; to edge; to border; to knurl; to nurl || molet(t)er; mettre des bords mpl. à... **a) ~** (Münzw) || to mill || cordonner. 16

Rändel-rad n. || knurling wheel || molette f. **a) ~scheibe** f. *s.* **~rad.** 17

Rändelschraube f. || knurl screw || vis f. molet(t)ée. **a) ~** mit **Schlitz** || knurl screw with slot || vis f. molet(t)ée fendue *ou* avec fente. 18

Rändelung f. einer **Münze** || engrailed ring round a coin; impression on the edge of a coin; milled edge of a coin || cordon m. d'une monnaie. 19

Rändel-werk n. (Münzw) || milling machine || machine f. à cordonner *ou* à tranche. **a) ~werkzeug** n. || knurling tool; knurl; nurl || outil m. à molet(t)er; molette f. 20

Ränder-maschine f. (Textil) || ribbing machine || machine f. à bords-côtes. **a) ~näher** m. (Schneid) || cuff sewer || couseur m. *ou* surjeteur m. de parements. **b) ~strumpf** m. || ribbed hose || bas m. à côte. **c) ~stuhl** m. || rib-top frame || métier m. (ribbing) pour bords-côtes. 21

Rand-fassung f. einer Brille || spectacle rim mount || monture f. d'une lunette. **a) ~-fläche** f. (Kristall) || lateral face || face f. latérale. **b) ~gärung** f. || rim fermentation || fermentation f. périphérique (ayant lieu sur les bords). **c) ~glosse** f. || commentation; marginal *or* side note || glosse f. *ou* note f. marginale; manchette f. **d) ~-hemmung** f. (Schreibm) || marginal stop || butée f. marginale. **e) ~kante** f. (Kristall) || lateral edge || arête f. de la base; arête f. latérale. 22

Randleiste f. || cornice; rubbing strip || moulure f.; lisse f. arêtière; rebord m.; liteau m. **a) ~** der **Unterlagsplatte** (Eisenb) || shoulder of the tie plate || rebord m. de la selle d'appui. 23

randlos-e Brille f. || rimless spectacle || lunette f. à verres nus. **a) ~es Gestell** n. (Brille) || rimless holder || monture f. sans cercle. **b) ~er Klemmer** m. || rimless folder || pince-nez m. à verres nus. 24

Rand-punkt m. || marginal point || point m. marginal. **a) ~schiene** f. || lining rail || rail m. de bordure. **b) ~schleifer** m. (Glasf) || crimper || fletteur m. 25

Randsomholz n. (Schiffb) || fashion piece || estain m. 26

Rand-spannung f. || edge stress || tension f. au bord. **a) ~steller** m. (Schreibm) || marginal stop || margeur m. **b) ~strahl** m. (Opt) || marginal ray || rayon m. marginal. **c) ~verbindung** f. || faucet joint || couture f. à clin. **d) ~versteifung** f. || straightened border || bord m. renforcé. 27

Randverzierung f. (Buchdr) || border; flourish; printer's flower || bordure f.; vignette f. **a) ~** einer **Münze** || impression of the edge of a coin || cordon m. d'une monnaie. 28

Rand-wirbel m. || boundary *or* tip (A) vortex || tourbillon m. de bord. **a) ~zeichnung** f. || marginal *or* border drawing || dessin m. du bord. 29

Rang m. (Schiff) || rate || rang m. **a) ~** (Theater) || row of seats || galérie f.; rang m. 30

Rangier- *s. auch* Verschiebe-. **a) ~anlage** f. || shunting installation || installation f. de manœuvre *ou* de tirage. **b) ~bahnhof** m. || shunting station; marshalling yard || gare f. de triage *ou* de manœuvre. **c) ~draht** m. (Fernm) || jumper wire || fil m. volant. 31

rangieren || to shunt (a train); to switch || manœuvrer (les trains); trier; opérer des manœuvres fpl 32

Rangierer m. (Eisenb) || gangman || homme m. d'équipe. **a) ~** (Bergb) || wagon shunter; truck setter || avanceur m. de wagons. 33

Rangier-gleis n. || shunting *or* arranging track || voie f. de service *ou* de formation des trains. **a) ~karren** m. || shunting trolley || wagonnet m. de manœuvre. **b) ~lokomotive** f. || switching *or* shunting locomotive || locomotive f. de manœuvre. **c) ~vorrichtung** f. || shunting installation || installation f. de manœuvrer les trains. **d) ~winde** f. || shunting winch || treuil m. de manœuvre. 34

rank (Schiff) || crank; sick || jaloux; faible du côté; volage. **a) ~ unter Segeln** npl. sein || to be crank with sails pl. || porter mal les voiles fpl. 35

Rankheit f. || crankness || jalousie f. 36

ranzig || rancid || rance. **a) ~ werden** || to grow rancid || rancir. **b) ~e Butter** f. || rancid butter || beurre m. rance. 37

Ranzigkeit f. || rancidity || rancidité f. 38

Raphia f. || raffia || raphia m. **a) ~bast** m. || raffia bast || écorce f. de raphia. 39

Rapier n. || rapier || rapière f. 40

rappieren, den **Schnupftabak** m. || to grind the snuff || pulvériser *ou* râper le tabac à priser. 41

Rapport m. (Buchdr) || adjusting of the forms || rapport m. **a) ~** (Web) || repeating; round of pattern || répétition f. *ou* rapport m. du dessin. 42

Rapport-punkt m. (Tap) || guide mark || point m. de repère. **a) ~stift** m. (Tap) || guide pin; pin point; pitch mark || repère m. 43

Rapputz m. || rough-cast *or* plastering || crépi m.; gobetage m. 44

Raps m. || rape; rape-seed; colza || colza m. **a) rotblühender ~** || dame's violet; julian || julienne f. 45

Raps-mühle f. || colza *or* rape mill || moulin m. à colza. **a) ~öl** n. || rape(-seed) *or* colza oil || huile f. de colza. **b) ~same** m. || rape-seed || graine f. de colza. 46

Rarität f. || scarcity; rarity || rareté f.; curiosité f. 47

rasch abbindender Zement m. || quick setting cement || ciment m. à prise rapide. 48

rasch-er Satz m. (Feuerw) || common fuze composition; meal-powder composition || composition f. vive. **a) ~e Temperaturänderung** f. || rapid change of temperature || variation f. rapide de la température. 49

Raschel f. (Web) || double rib loom || métier m. Rachel. 50

Raschheit f. || quickness; promptness || promptitude f.; célérité f. 51

Rasen m. || sward; turf; lawn; sod || gazon m. **a)** mit **~ belegen** || to sod || gazonner. 52

Rasen-arbeit f. || sodding; sod-work || gazonnage m. **a) ~bekleidung** f. || sod revetment; sod-work || gazonnement m.; revêtement m. en gazons. 1
Rasenbleiche f. (Vorgang) || grass *or* sun bleaching || blanchiment m. sur pré. **a) ~** (Ort) || bleach field *or* green; bleaching ground; bleaching meadow *or* plot || blanchisserie f.; blancherie f. 2
Rasendecke f. einer Wiese || sward of a meadow || gazon m. d'un pré. 3
Raseneisenerz n. || bog *or* meadow *or* swamp ore; limonite || limonite f.; fer m. limoneux. **a) ~grube** f. || limonite mine || mine f. de fer limoneux. 4
Rasen-hacke f. || sod lifter || lève-gazon m.; picoche f. aux gazons. **a) ~heber** m. *s.* ~hacke. **b) ~läufer** m. (Bergb) || superficial lode || coureur m. de gazon. **c) ~leger** m. || builder of sod work || gazonneur m. **d) ~mäher** m. *s.* ~mähmaschine. **e) ~mähmaschine** f. || lawn mower; grass mowing machine || faucheuse f. *ou* tondeuse f. de gazon. **f) ~platz** m. || bowling green; grass plot; lawn || boulingrin m.; pelouse f. **g) ~pflug** m. || paring *or* sod *or* turf plough; sward cutter || charrue f. à peler; dégazonnoir m. **h) ~schneidmaschine** f. *s.* ~mähmaschine. **i) ~sprenger** m. || appliance for grass-plot watering || appareil m. d'arrosage de pelouses. **k) ~sprengung** f. || watering the lawn || arrosage m. de pelouse. **l) ~stecher** m. || sod knife; turf cutter || coupe-gazon m.; tranche-gazon m. **m) ~torf** m. || grass *or* bog peat || tourbe f. gazonneuse. 5
Rasierapparat m. || shaving apparatus; guard *or* safety razor || rasoir m. mécanique; appareil m. à raser. **a) Sicherheits~** || safety razor || rasoir m. de sûreté. 6
Rasier-garnitur f. || shaving set || garniture f. pour la barbe. **a) ~klinge** f. || razor blade || lame f. de rasoir. **b) ~messer** n. || razor; shaving knife || rasoir m. **c) ~pinsel** m. || shaving brush || blaireau m.; pinceau m. à barbe. **d) ~pulver** n. || shaving powder || savon m. en poudre à barbe. **e) ~seife** f. || shaving *or* beard soap || savon m. pour la barbe. **f) ~spiegel** m. || shaving mirror || miroir m. à raser. 7
Raspe f. *s.* Raspel. 8
Raspel f. || rasp; grater; rasping file || râpe f.; lime f. mordante. **a) Holz~** || wood rasp || râpe f. à bois. 9
Raspel-feile f. *s.* Raspel. **a) ~maschine** f. (Holz) || rasping machine || machine f. à râper. 10
Rasselglocke f. || continuously sounding bell || sonnerie f. d'appel continu. 11
rasseln || to rattle || claquer. 12
Rast f., in die ~ **einspringen** || to jump into the groove || pénétrer dans l'encoche f. **a) ~** eines **Hochofens** || boshes pl. of a blast furnace || étalage m. d'un haut-fourneau. 13
Rastenscheibe f. || star wheel || disque m. à crans. 14
Raster m. (Buchdr) || screen || trame f. 15
Rast-feder f. || stop spring || ressort m. à cran d'arrêt. **a) ~gärung** f. || arrested *or* rest fermentation || arrêt m. *ou* interruption f. de la fermentation. **b) ~winkel** m. (Hochofen) || angle of boshes; slope of the boshes || angle m. des étalages. 16
Rasur f. || erasure || effaçage m.; rature f. 17
Rat m. || counsel || conseil m. **a) um ~ fragen** *s.* zu ~e ziehen. **b) zu ~e ziehen** || to consult || consulter. 18
Rate f. || instalment || terme m. **a) in ~n** pl. **bezahlen** || to pay by instalments || payer par termes *ou* par acomptes. 19
raten (Rat erteilen) || to advise; to assist; to help || conseiller; porter remède m.; deviner. 20
ratenweise || by instalments || par termes mpl. *ou* acomptes mpl. 21
Ratenzahlung f. || payment by instalments || payement m. par termes *ou* par acomptes *ou* à tempérament. 22
Ratgeber m. || adviser || conseilleur m. 23
Rathaus n. || town hall || hôtel m. de ville. 24
ratifizieren || to ratify || ratifier. 25
ratinieren (Tuchm) || to freeze; to ratteen || friser; ratiner. 26
Ratiniermaschine f. (Tuchm) || freezing *or* ratteening *or* napping machine || machine f. à ratiner; ratineuse f. 27
Ration f. (Seew) || allowance; ration || ration f. 28
rational (Math) || rational || rationnel. **a) ~e Größe** f. (Math) || rational quantity || expression f. *ou* quantité f. rationnelle. **b) ~e Zahl** f. || rational number || nombre m. rationnel. 29
rationalisieren || to rationalize || rationaliser. 30
Rationalisierung f. || rationalization || rationalisation f.; organisation f. rationnelle du travail. 31
rationelle Arbeitsweise f. || economical working method || méthode f. de travail rationnelle. 32
ratsam || commendable; fit || prudent; à propos; convenable. 33
Ratschbohrer m. || ratchet brace *or* drill; racket brace; cat rake || cliquet m. pour percer; perçoir m. *ou* touret m. à rochet; raquette f. perceuse. 34
Ratsche f. || ratchet || cliquet m. 35
Ratschen-hebel m. || ratchet lever || levier m. à rochet. **a) ~rad** n. || ratchet wheel || roue f. à rochet. **b) ~scheibe** f. || ratchet wheel || roue f. à rochet. 36
Ratschlag m. || advice; counsel || conseil m. 37
Ratten-falle f. || rat trap || nasse f. ratière. **a) ~fänger** m. || rat catcher || chasseur m. de rats. 38
Rattenschwanz m. (Feile) || rat tail || queue f. de rat. 39
Rattenvertilgungsmittel n. || rat destroyer || mort f. aux rats. 40
Rattenzahn m. (Wirkerei) || picot || dent f. de rat. 41
Rätter m. (Aufber) || ridar; shaking table; grate || raetter m.; tamis m. à oscillations; crible m. oscillant. **a) ~** (Getreidesieb) || screen; riddle; sifter; corn sieve || crible m.; tamis m. **b) Doppelplan~** || double sieve || double tamis m. 42
rättern (Aufber) || to ridar || cribler; tamiser. 43
Rätterwäsche f. (Bergb) || swing sieve || crible m. à bascule *ou* à manivelle. 44
Raubbau m. (Bergb) || working of a mine careless of the future || exploitation f. par grappillage. **a) ~** (Landw) || predatory cultivation; careless working || exploitation f. forcée. 45
Rauben n. des Holzes beim **Pfeilerbau** || abstraction *or* robbing of pillars || reprise f. des bancs de houille primitivement abandonnés au toit. 46
Rauch m. || smoke; fume || fumée f. **a) ~absaugeanlage** f. || exhausting plant for smoke || installation f. d'aspiration des fumées. **b) ~abzug** m. (Erdarb) || funnel; air hole; ventilator || évent m.; éventoir m.; éventouse f.; ventilateur m. **c) ~bombe** f. || smoke bomb || bombe f. fumigène. **d) ~darre** f. || direct-fire *or* open-fire kiln || touraille f. à feu nu. 47
rauchen || to smoke; to fume || fumer. 48
rauchend || fuming; smoking || fumant. 49
Rauchentwicklung f. || smoke development || dégagement m. *ou* émission f. de fumée. 50
Raucher-abteil n. || smoking compartment || compartiment m. des fumeurs. **a) ~artikel** m. || smoker's article || article m. pour fumeurs. 51
Räucherbüchse f. || box of perfume || boîte f. à parfums. 52
Räucherei f. || curing room || chambre f. à fumer. 53
Räucher-gerät n. || smoking apparatus; fumigator || appareil m. à fumer. **a) ~kerze** f. || fumigating candle; pastille || pastille f. à fumigation; pastille f. odorante à brûler. 54
räuchern || to cure; to smoke; to smoke-dry || fumer. **a) Fische** mpl. ~ || to smoke fish || fumer des poissons mpl. 55
Räuchern n. von **Fischen** || fish smoking || fumage m. de poissons. 56
Räucher-papier n. || fumigating paper || papier m. à parfumer *ou* d'Arménie. **a) ~pulver** n. || fumigating powder || poudre f. fumigatoire *ou* à parfumer. **b) ~rost** m. || smoking grate || boucan m. 57
Räucherung f. || fumigation || fumigation f. 58
Raucher-wagen m. (Eisenb) || smoking car || voiture f. pour fumeurs. **a) ~waren** fpl. || smoking requisite || articles mpl. pour fumeurs. 59
Raucherzeuger m. || smoke producing device || appareil m. fumigène. 60
Rauchfang m. || chimney; funnel || cheminée f. **a) ~** eines **Küchenherdes** || kitchen mantle || hotte f. *ou* manteau m. de cheminée. **b) ~** einer **Schmiede** || cowl of a forge || chaperon m. de forge. 61
Rauchfangholz n. || mantle piece *or* tree || poutre f. de hotte *ou* de manteau. 62
Rauchfangmantel m. || chimney hood *or* mantle; funnel air case || chemise f. *ou* hotte f. *ou* manteau m. de cheminée. **a) ~** (Schiffb) || casing of funnel || chemise f. de la cheminée. 63
Rauchfleisch n. || smoked meat; hung beaf || viande f. fumée; bœuf m. fumé. 64
rauchfrei || smokeless || sans fumée. **a) ~e Feuerung** f. || smokeless furnace || foyer m. fumivore. 65
Rauchgas n. || flue *or* furnace gas || gaz m. de fumée. **a) ~analyse** f. || analysis of flue gases || analyse f. des gaz de carneau. **b) ~analysator** m. *s.* ~prüfer. 66
Rauchgasprüfer m. || flue-gas analyzer *or* tester; smoke-gas tester || analyseur m. des gaz de fumée. **a) elektrischer ~** || electric flue-gas tester || analyseur m. électrique des gas de foyer. 67
Rauchgas-untersuchungsgerät n. || fluegas testing apparatus || appareil m. pour l'analyse du gaz de fumée. **a) ~vorwärmer**

m. || flue-gas preheater; economizer || réchauffeur m. à gaz de fumée. 1

Rauch-geschirr n. || articles pl. for smokers || articles mpl. pour fumeurs. **a) ~glas** n. || tinted glass || verre m. fumé. **b) ~helm** m. || smoke helmet || casque m. respiratoire. **c) ~hölzer** npl. (Bauw) || mantletrees pl. || manteau m. de bois; poutres fpl. qui portent une hotte. **d) ~kalk** m. (Miner) || magnesian limestone || chaux f. carbonatée magnésifère. 2

Rauchkammer f. (Lok) || smoke box; combustion chamber || boîte f. à fumée. **a) ~bohrmaschine** f. || smoke box drilling machine || perceuse f. pour boîtes à fumée. **b) ~löscher** m. || flue dust || poussier m. de charbon déposé dans les boîtes à fumée. **c) ~tür** f. || smoke box door || porte f. de boîte à fumée. **d) ~türwand** f. || smoke box front || fond m. *ou* paroi f. devant la boîte à fumée. **e) ~wand** f. || smoke box plate || plaque f. de boîte à fumée. 3

Rauch-kanal m. || chimney flue || tuyau m. de cheminée. **a) ~kern** m. || smoke nucleus || noyau m. de fumée. **b) ~klappe** f. || butterfly damper || registre m. pivotant. **c) ~kuchen** m. || closing-up stone || taraison f. **d) ~leder** n. || Turkey leather || cuir m. bronzé. 4

rauchlos-er gasreicher Brennstoff m. || smokeless fuel rich in gas || combustible m. qui est riche en gaz et qui ne produit pas de fumée. **a) ~es Pulver** n. || smokeless gun powder || poudre f. à canon sans fumée. 5

Rauch-mantel m. (Bauw) || chimney hood; mantle || hotte f. *ou* manteau m. de cheminée. **a) ~quarz** m. || smoky quartz || quartz m. enfumé *ou* chatoyant; cristal m. brun. 6

Rauchrohr n. || chimney flue; smoke flue *or* pipe || tuyau m. de cheminée. **a) ~kessel m., kombinierter Flammrohr-** || combination of flue and smoke-tube boiler || chaudière f. combinée de tubefoyer et de tubes de fumée. **b) ~reiniger m., Dampfstrahl** || steam jet flue cleaning apparatus || purgeur m. de tubes à fumée à jet de vapeur. 7

Rauch-schacht m. || outer-casing; shell of a furnace || contre-paroi f.; faussesparois fpl. **a) ~schieber** m. || smoke slide valve; chimney damper || tiroir m. *ou* registre m. de cheminée. **b) ~schleier** m. || smoke curtain || écran m. de fumée. **c) ~schlot** m. || chimney flue || tuyau m. de cheminée. 8

Rauchschreibflugzeug n. || smoke-writing plane || avion m. émetteur de fumée. 9

Rauchschutzbrille f. || firemen's glasses pl. || lunettes fpl. pour pompiers. 10

rauchschwaches Pulver || nitro powder || coton-poudre m. 11

Rauchsegel n. (Schiffb) || smoke sail || masque m. pour la fumée. 12

Rauchspurgeschoß n. || tracer bullet || projectile m. traceur. 13

Rauch-tabak m. || smoking *or* cut tobacco || tabac m. à fumer. **a) ~topas** m. || smoke quartz; smoke-stone; smoky topaz || topaze m. enfumée *ou* occidentale; quartz m. chatoyant; cristal m. brun. **b) ~verbrennung** f. || smoke burning || combustion f. de la fumée. **c) ~verbrennungsvorrichtung** f. || smoke burner *or* consumer || appareil m. fumivore; fumivore m. **d) ~verdünnungsvorrichtung** f. || smoke dilution apparatus || appareil m. pour la dilution de la fumée. 14

rauchverzehrend || fumivorous; smokeconsuming || fumivore. **a) ~e Feuerung** f. || smoke-consuming furnace || foyer m. fumivore. **b) ~er Rost** m. || smoke-consuming *or* smoke-preventing grate || grille f. fumivore. 15

Rauch-verzehrer m. || smoke consumer || appareil m. fumivore; fumivore m. **a) ~verzehrung** f. || smoke combustion *or* consumption || combustion f. de la fumée; fumivorité f. **b) ~verzehrungsapparat** m. *s.* ~verzehrer. **c) ~vorhang** m. || smoke curtain || écran m. de fumée. 16

Rauchwaren fpl. (Pelz) || furriery; furs pl. || fourrures fpl. **a) ~fabrik** f. || furs factory || établissement m. de fourrures. **b) ~industrie** f. || industry of furs || industrie f. de fourrures. 17

Rauchwolke f. || cloud of smoke || nuage m. de fumée. **a) Geschoß** m. **mit farbiger ~** || projectile with coloured cloud of smoke || projectile m. à nuage d'éclatement coloré. 18

Rauch-zimmer n. || smoking room || fumoir m. **a) ~zug** m. (Dampfk) || flue || carneau m. 19

Räude f. (Tiere) || scab || rogne f.; gale f. || **a) ~mittel** n. || scab remedy || médicament m. de gale. 20

Raufe f. || rack || râtelier m. **a) Sprossen** fpl. **der ~** || rundles pl. of the rack || roulons mpl. du râtelier. 21

Rauf-wolle f. || skin *or* pelt *or* fellmongered *or* plucked wool || laine f. pelade *ou* Mazamet *ou* de peaux. **a) ~zange** f. || bloomtongs pl. || tenailles fpl. à loupes. 22

rauh || rough || rude; âpre; rugueux. **a) ~** (Webstoff) || harsh; not finished || rude; dur au toucher. **b) ~e Behandlung** f. || rough handling || traitement m. brutal. **c)** mit **~er Oberfläche** f. versehen || to granulate || granuler. **d) ~e Walze** f. || rough roll || cylindre m. à surface brute. 23

Rauhanstalt f. (Tuchm) || workshop for teaseling || atelier m. de grattage. 24

Rauhapparat m. || raising apparatus || appareil m. à lainer. **a) Vor~** (Web) || previous raising device || dispositif m. d'avant-lainage. 25

Rauh-bank f. || jack plane; jumper || varlope f. **a) ~baum** m. (Tuchf) || raising beam || perche f. 26

Rauheit f. || roughness || aspérité f. 27

rauhen (Tuch) || to dress; to raise; to row; to tease; to teasel; to nap; to card || garnir; lainer; tirer à la perche; gratter. 28

Rauhen n. (Tuch) || dressing; raising; rowing; teaseling || garnissage m.; lainage m.; grattage m. **a)** Vorrichtung f. zum **gleichzeitigen ~ beider Seiten** des Gewebes || raising device for both sides of the fabric || dispositif m. pour le lainage simultané des deux côtés du tissu. 29

Rauher m. (Tuchf) || teaseler || laineur m. 30

Rauh-frost m. *s.* ~reif. **a) ~gemäuer** n. eines Hochofens || furnace mantle *or* second lining of a blast furnace || manteau m. *ou* enveloppe f. *ou* muraillement m. d'un haut-fourneau. **b) ~hobel** m. || jack plane; round-nosed plane || rabot m. debout; riflard m. **c) ~karde** f. (Tuchf) || teasel || chardon m. à foulon. 31

rauhmachen (Vergold) || to scratch || hacher. 32

Rauhmaschine f. || raising machine *or* gig; teaseling machine || laineuse f.; machine f. à lainer. **a) Doppel~** für Strichrauherei (Web) || double cylinder teasel rod gig || laineuse f. double pour poil long et couché. **b) Rollkarden~** (Web) || teasel raising machine || laineuse f. à chardons roulants. **c) einfache Rollkarden~** || simple teasel raising machine || laineuse f. à tambours à chardons roulants. **d) Verstreich~** (Web) || water *or* laying down gig || striqueuse f. 33

Rauhputz m. || rough plastering || enduit m. fouetté. 34

Rauhreif m. || hoar frost || gelée f. blanche; givre m. **a) ~störung** f. (el Leit) || hoarfrost line fault || dérangement m. dû au givre. 35

rauhschleifen (Glasf) || to give the first grinding; to rough; to rough down; to ruff || dégrossir. 36

Rauh-schleifen n. (Glasf) || first grinding; roughing; ruffing || dégrossi m.; dégrossissage m. **a) ~werk** n. (Maur) || coarse plaster || enduit m. hourdé; hourdage m.; ravalement m. **b) ~zylinder** m. || brushing roller || cylindre m. à lainer. 37

raum (Seew) || free; large; leading || largue. 38

Raum m. (Gebäude) || room || salle f. **a) ~** (Phys) || room; space || espace m. **b)** zu **großer ~** m. zwischen den Wörtern (Buchdr) || white || colombier m. **c) leerer ~** || vacuum; vacuity || vide m. **d) im leeren ~** (Chem) || in absolute vacuum || dans le vide absolu. **e) lichter ~** || space in the clear; clearance || aire f. **f) ~ im Lichten** *s.* lichter ~. **g) luftleerer ~** || vacuum || vide m. **h) im luftverdünnten ~** (Chem) || under diminished air pressure || sous pression f. barométrique réduite. **i) schädlicher ~** || noxious clearance; waste space || espace m. mort *ou* nuisible. **k) trockner ~** || dry room || local m. sec. **l) weißer ~** (Buchdr) || line || blanc m. (de la forme). 39

Raum-anker m. (Seew) || spare anchor || ancre f. de la cale. **a) ~balken** m. (Schiffb) || hold beam || bau m. de la cale. 40

Raumbedarf m. || room taken up; space required; necessary room || espace m. nécessaire; encombrement m.; emplacement m. **a) ~** bei größtem **Stösselhub** (Werkzeugmasch) || floor space required with ram in extreme outer position || encombrement m., la course maximum du coulisseau comprise. 41

Raumbeständigkeit f. || constancy of volume || constance f. de volume. 42

Raumbild n. || stereoscopic image || image f. en relief. **a) ~entfernungsmesser** m. || stereoscopic telemeter || stéréo-télémètre; télémètre m. stéréoscopique. **b) ~messung** f. || stéréo-photographic surveying || mesure f. stéréophotographique. 43

Raum-deck n. (Schiffb) || orlop deck; platform deck (of the hold) || plate-forme f. de la cale. **a) ~dichte** (Phys) || density by volume || densité f. en volume. **b) ~einheit** f. || unit of space || unité f. de volume. 44

Räumeisen n. (Met) || tapping bar || ringard m. **a) ~** (Tischl) || puncher chisel || équarrissoir m. 45

räumen, einen Graben m. || to empty a ditch || dégorger un fossé. **a)** das **Lager ~** || to clear off old stock || vider *ou* déblayer le magasin. **b)** mit **einem Werk-**

zeug in einem Zuge ~ ‖ to broach in one operation with one broach ‖ brocher avec une broche en une passe. 1

Raum-entladestrom m. (Fernm) ‖ space discharge current ‖ courant m. de décharge spatiale. **a) ~ersparnis** f. ‖ economy in space ‖ économie f. de place. **b) ~feile** f. ‖ bow file; riffler; rifler ‖ lime f. à archet; riflard m.; rifloir m. **c) ~flug** m. ‖ astronautics pl.; cosmonautics pl. ‖ super-aviation f.; navigation f. extra-atmosphérique. **d) ~gast** m. (Seew) ‖ holder ‖ calier m. **e) ~geräusch** n. ‖ room noise ‖ bruit m. local. **f) ~gewicht** n. ‖ weight per unit of volume ‖ poids m. par unité de volume. **g) ~heizofen** m. ‖ room heating stove ‖ poêle m. à grande surface de chauffe. **h) ~heizung f., elektrische** ‖ electric room heating ‖ chauffage m. électrique de chambres. 2

Rauminhalt m. ‖ (cubical) contents pl.; volume; (cubical) capacity ‖ volume m.; cubage m.; capacité f. (cubique). **a)** ~ (Forst) ‖ stacked measure ‖ volume m. apparent. **b) Bestimmung** f. des **~s** ‖ cubature ‖ cubature f. **c)** ~ der **Verpackung** ‖ cubical measure of packing ‖ volume m. de l'emballage. 3

Raum-integral n. ‖ volume integral ‖ intégrale f. de volume. **a) ~ladung** f. (Fernm) ‖ space charge ‖ charge f. spatiale. 4

Raumladungs-gitter n. (Fernm) ‖ filament screening grid; control grid; space charge grid ‖ grille f. auxiliaire *ou* de contrôle. **a) ~netz** n. ‖ space charge grid ‖ grille f. supprimant la charge d'espace. **b) ~wirkung** f. (Fernm) ‖ space charge effect ‖ effet m. de la charge d'espace. **c) ~zerstreuungsgitter** n. (Fernm) ‖ filament screening grid ‖ grille f. intérieure. 5

Raumlehre f. ‖ geometry ‖ géométrie f. 6

räumlich ‖ of space; spatial ‖ spacieux; spatial. **a) ~es Sehen** n. ‖ seeing in relief ‖ vision f. du relief. 7

Räumlöffel m. (Bergb) ‖ scraper; cleanser; paddler-staff; raker ‖ curette f. de mineur; tire-sable m. 8

Raumluk n. (Schiffb) ‖ hatch to the hold ‖ écoutille f. de la cale. 9

Räummaschine f. ‖ broaching *or* die-slotting machine ‖ machine f. à brocher *ou* à dégorger. **a)** ~ mit **Flüssigkeitsgetriebe** ‖ broaching machine with hydraulic drive ‖ machine f. à brocher à commande hydraulique. 10

Raum-maß n. (Forst) ‖ measure of capacity; stacked measure ‖ mesure f. de capacité. **a) ~meter** m. ‖ stacked cubic meter ‖ stère m.; mètre m. cube. 11

Räumnadel f. ‖ broach; scraping-out cutter ‖ broche f.; épinglette f.; dégorgeoir m. **a) ~hals** m. ‖ neck of the broach ‖ tige f. de la broche. 12

Raumschiff n. ‖ space ship ‖ navire m. d'espace. 13

raumschots segeln ‖ to sail with sheets eased off; to sail with flowing sheets ‖ aller vent largue; courir grand largue. 14

Raum-schutzanlage f. (Fernm) ‖ installation for the protection of rooms ‖ installation f. de protection des appartements. **a) ~stromquelle** f. (Fernm) ‖ space current source ‖ source f. de courant spatial. **b) ~stütze** f. (Schiffb) ‖ hold pillar ‖ épontille f. de la cale. **c) ~teil** m. ‖ volume part ‖ partie f. en volume. **d) ~tiefe** f. (Schiffb) ‖ depth of hold ‖ creux m. **e) ~tonne** f. (Schiffb) ‖ measurement ton ‖ tonneau m. d'encombrement. **f) ~treppe** f. (Schiffb) ‖ hold ladder ‖ échelle f. de la cale. 15

Räumungsausverkauf m. ‖ clearance sale ‖ liquidation f. générale; débarras m. 16

Raum-vektor m. ‖ space vector ‖ vecteur m. spatial. **a) ~verminderung** f. ‖ volume contraction ‖ diminution f. de volume. **b) ~welle** f. (Funkw) ‖ spatial radiation ‖ onde f. spatiale. 17

Räumwerkzeug n. ‖ broaching *or* scraping-out tool ‖ outil m. dégorgeoir *ou* à brocher. 18

Raumzentimeter n. ‖ cubic centimeter ‖ centimètre m. cube. 19

Raupe f. (Schweißerei) ‖ bead ‖ perle f. **a)** ~ des **Kampfwagens** ‖ caterpillar *or* (endless) track of the tank ‖ chenille f. du char de combat. **b) federnde** ~ des **Kampfwagens** ‖ elastic track of the tank ‖ chenille f. à ressort du char de combat. 20

Raupen-artillerie f. ‖ caterpillar artillery ‖ artillerie f. sur chenilles. **a) ~fahrwerk** n. ‖ caterpillar truck ‖ chariot m. sur chenilles. **b) ~glied** n. des Kampfwagens ‖ track link *or* track shoe of the tank ‖ patin m. de la chenille du char de combat. **c) ~kampfmaschine** f. ‖ track fighting machine ‖ engin m. de combat muni de chenilles. **d) ~kampfwagen** m. (Waffenw) ‖ (caterpillar) tank ‖ char m. d'assaut *ou* de combat (sur chenilles); tank m. **e) ~kette** f. ‖ crawler ‖ chenille f. **f) ~kraftlafette** f. ‖ self-propelled *or* motor caterpillar (gun) mount ‖ affût m. automoteur à chenille. **g) ~leim** m. ‖ caterpillar glue ‖ colle f. antichénillique. **h) ~schlepper** m. ‖ caterpillar tractor; creeper type tractor ‖ tracteur m. à chenille; autochenille f. **i) ~unterwagen** m. *s.* ~fahrwerk. **k) ~zug** m. ‖ caterpillar traction ‖ traction f. à chenilles. 21

Rauperei f., Seiden ‖ silk worm house ‖ coconnière f.; magnanerie f.; vererie f. 22

Rausch-gelb n. ‖ arsenic trisulphide; orpiment; arsenious sulphide ‖ orpiment m.; trisulfure m. d'arsenic. **a) ~gold** n. ‖ Dutch gold; brass foil; tinsel ‖ clinquant m. 23

Raute f. (Geom) ‖ lozenge; rhomb(oid); diamond; rhombus ‖ losange m.; rhombe m. **a)** ~ (Pflanze) ‖ rue ‖ rue f. **b)** ~ (Schlüsselgriff) ‖ bow of a key ‖ anneau m. d'une clef. **c) mit ~n** fpl. **besetzt** ‖ lozenged ‖ losangé. 24

rautenförmig ‖ rhombic; rhomboidal; lozenged ‖ rhomboïdal; losangé. **a) ~e Magnetnadel** f. ‖ rhomboidal *or* square-shaped (A) magnetic needle ‖ aiguille f. aimantée en forme de losange. 25

Rauten-glas n. ‖ glass lozenge; rhombic pane ‖ rhombe m. de vitre; vitre f. rhomboïde. **a) ~öl** n. ‖ rue oil ‖ essence f. de rue. **b) ~spat** m. ‖ rhomb spar ‖ chaux f. carbonatée magnésifère f.; braunspath m. **c) ~stab** m. ‖ lozenge moulding *or* fret ‖ moulure f. losangée. **d) ~stellung** f. ‖ quincunx; lozenge-like arrangement ‖ quinconce m.; échiquier m. diagonal. **e) ~verband** m. für Pflaster ‖ diamond bond for paving ‖ appareil m. en losange pour le pavé. 26

Reagens n. ‖ test; reagent; dissolvent ‖ réactif m. 27

Reagensglas n. ‖ test *or* boiling tube; test glass ‖ tube m. à essai. **a) ~halter** m. ‖ test glass holder ‖ porte-éprouvettes m. **b) ~kondensor** m. ‖ test tube condenser ‖ condensateur m. pour tubes à essai. 28

Reagenspapier n. ‖ test *or* exploration paper ‖ papier m. à réactif. **a) blaues** ~ ‖ blue litmus paper ‖ papier m. bleu de tournesol. **b) gelbes** ~ ‖ curcuma paper; turmeric paper ‖ papier m. de curcuma. **c) rotes** ~ ‖ red litmus paper ‖ papier m. rouge de tournesol. 29

Reagensrohr n. *s.* Reagensglas. 30

Reagenzglas n. *s.* Reagensglas. 31

Reagenzien npl. ‖ reagents pl. ‖ réactifs mpl. 32

reagieren (Chem) ‖ to (re)act ‖ réagir. 33

Reaktanzspule f. ‖ reactance coil ‖ bobine f. de réactance. 34

Reaktion f. (Chem) ‖ reaction ‖ réaction f. **a) basische** ~ ‖ basic reaction ‖ réaction f. basique. **b)** eine ~ f. **eingehen** ‖ to react ‖ produire une réaction f. **c) Haupt~** ‖ chief reaction ‖ réaction f. principale. **d) neutrale** ~ ‖ neutral reaction ‖ réaction f. neutre. **e) saure** ~ ‖ acid reaction ‖ réaction f. acide. **f) spektroskopische** ~ ‖ spectroscopic reaction ‖ réaction f. spectroscopique. **g) umgekehrte** ~ (Chem) ‖ converse *or* reverse change *or* reaction ‖ réaction f. inverse. 35

Reaktions-antrieb m. ‖ jet propulsion; reaction propulsion ‖ propulsion f. par réaction. **a)** die **~fähigkeit** f. verlieren ‖ to lose the capacity for reaction; to lose the reactivity ‖ perdre le pouvoir *ou* la capacité de réaction. **b) ~gemisch** n. (Chem) ‖ reaction mixture ‖ mélange m. réactionnel. **c) ~papier** n. ‖ test *or* reactive papier ‖ papier m. réactif. **d) ~propeller** m. ‖ hydraulic propeller ‖ propulseur m. hydraulique. **e) ~rad** n. ‖ reaction wheel ‖ roue f. à réaction. **f) ~turbine** f. ‖ reaction turbine ‖ turbine f. à réaction. **g) ~turm** m. (Chem.) ‖ reaction tower ‖ tour f. de réaction. **h) ~wärme** f. ‖ heat of reaction ‖ chaleur f. de réaction. 36

Reaktivität f. (Chem) ‖ reactivity ‖ réactivité f. 37

Real f. (Buchdr) ‖ eight lines pica ‖ double-canon m. 38

Realgar n. ‖ realgar; red arsenic; red orpiment; disulphide of arsenic ‖ arsenic m. sulfuré rouge; réalgar m. 39

Real-last f. ‖ real servitude ‖ charge f. immobilière. **a) ~recht** n. ‖ title to realty ‖ droit m. réel. 40

Rebe f. ‖ vine ‖ vigne f. 41

Reben-bewässerung f. ‖ vine yard flooding ‖ arrosage m. des vignes. **a) ~schwarz** n. ‖ vine black ‖ noir m. de vigne. **b) ~spritze** f. ‖ vine sprayer ‖ pulvérisateur m. pour vignes. 42

Reb-kulturgerät n. ‖ vine culture utensil ‖ ustensile m. de viticulture. **a) ~messer** n. ‖ knife for cutting vines ‖ couteau m. à vendanges. **b) ~pfahl** m. ‖ vine pole *or* prop ‖ échalas m. **c) ~stecken** m. *s.* ~pfahl. 43

Rechen m. ‖ rake ‖ râteau m. **a)** ~ eines **Bandwebstuhles** ‖ driver *or* picker of a ribbon loom ‖ chasse-navettes m. d'un métier à rubans. **b) Eisen~** ‖ iron rake ‖ râteau m. en fer. **c) Floß~** ‖ grating for floating wood ‖ barrage m. pour le bois de flot. **d) Getreide~** ‖ corn rake ‖ râteau m. pour blé. **e) Heu~** ‖ hay rake ‖ râteau

m. pour foin. **f) Klär~** || clarifying rake || écrille f. **g) Pferde~** || horse rake || râteau m. à cheval. **h) Schwaden~** || side delivery rake || râteau m. à andain. 1

Rechenanlage f. || raking plant || installation f. à râteaux. **a) ~ mit Rechenputzmaschine** || raking plant with rake cleaner || installation f. à râteaux avec nettoyeuse à râteau. 2

Rechen-apparat m. || calculating instrument || instrument m. à calculer. **a) ~brett** n. || abacus || abaque m. **b) ~flügel** m. (Mähmaschine) || rake || râteau m. **c) ~förderer** m. || rake conveyor || transporteur m. à râteaux. **d) ~instrument** n. || calculating instrument || instrument m. de calcul. **e) ~knecht** m. || ready reckoner || barème m.; barrême m. **f) ~korb** m. (des Heuwenders) || rake basket || râteau m. en forme de corbeille. 3

Rechenmaschine f. || (mechanical) calculator; counting *or* computing *or* calculating machine; comptometer || calculateur m.; machine f. arithmétique *ou* à calcul(er). **a) nichtschreibende ~** || nonlisting calculator || machine f. à additionner sans mécanisme d'impression. **b) selbstschreibende ~** || listing calculator || machine f. à additionner pourvue d'un mécanisme d'impression. **c) Taschen~** || pocket calculator || appareil m. à calculer de poche. **d) unsichtbar schreibende ~** || blind calculator || machine f. à calcul à point d'impression invisible. 4

Rechen-probe f. || check calculation || preuve f. du calcul. **a) ~reinigungsmaschine** f. || rake cleaning machine || machine f. à nettoyer les écrilles. 5

Rechenschaft f. || account || compte m. **a) ~ ablegen** || to account; to give an account || rendre compte. 6

Rechenschaftsbericht m. || account rendered; statement of account(s) || compte m. rendu. 7

Rechen-scheibe f. || calculating disc || disque m. à calculer. **a) ~schieber** m. || slide rule || règle f. à calcul; curseur m. **b) ~schwenkhebel** m. || lever swinging the rake || levier m. commandant le mouvement des râteaux. **c) ~stab** m. || slide *or* calculating rule || règle m. à calcul; baguette f. à calculer. **d) ~ständer** m. (Mähmaschine) || rake stand || colonne f. des râteaux. **e) ~transportör** m. (Landw) || scraper || transporteur m. à râteau. **f) ~vorrichtung** f. || calculating device || appareil m. à calculer. **g) ~zackenreihe** f. || line of teeth on the rake || rangée f. de dents des râteaux. **h) ~zinke** f. || rake tooth || dent m. du râteau. 8

rechnen || to count; to calculate; to compute || calculer; compter. 9

Rechnen n. || calculus || calcul m. **a) Instrument** n. zum **~** || instrument for calculating || instrument m. à calculer. 10

rechnende Schreibmaschine f. || calculating typewriter || machine f. à écrire combinée avec machine à calculer. 11

Rechnung f. (Faktura) || invoice || facture f. **a) ~** (kurz gefaßt) || memorandum || note f.; mémoire m. **b) ~** (Math) || calculus || calcul m.; opération f. arithmétique. **c) ~** (Schuld) || account; bill || compte m.; calcul m. **d) eine ~ aufstellen** || to make out an account || établir un compte. **e) eine ~ ausschreiben** || to draw up *or* to make out an account || dresser un compte. **f) eine ~ ausziehen** || to make out an account || extraire un compte. **g) Gegen~** || balancing of accounts; set off; counter claim *or* reckoning || décompte m.; vérification f.; compte-courant m. **h) gemeinschaftliche ~** || joint account || compte m. à demi. **i) in ~ gestellt** || accounted || mis *ou* porté *ou* passé en compte. **k)** sich in der **~ irren** || to be far out in the calculations || être dans l'erreur de calcul. **l) Jahres~** || annual bill || compte m. annuel. **m) laufende ~** || running *or* open account; account-current || compte m. ouvert. **n) eine ~ senden** || to render an account || remettre un compte. **o) in ~ stellen** || to debit to one's account || mettre en ligne de compte; porter en compte. **p) ~ über ...** || account for ... || compte m. pour ... **q)** die **~en** fpl. in **Übereinstimmung** bringen || to make accounts pl. agree || mettre d'accord les comptes mpl. 12

Rechnungs-abschluß m. || balancing of accounts; closing of books || arrêté m. *ou* règlement m. de compte. **a) ~auszug** m. || extract *or* abstract *or* statement of account; abstract invoice || relevé m. *ou* extrait m. d'un compte. **b) ~beleg** m. || voucher || pièce f. justificative. **c) ~einzahlung** f. (Zahlkasse) || (money) received on account || versement m. **d) ~ergebnis** n. || result of the operation || résultat m. de l'opération. **e) Übereinstimmung** f. zweier **~ergebnisse** npl. || agreement of two results || concordance f. de deux résultats. **f) ~führer** m. der **Gruben** || mining-accountant || compteur m. des mines. **g) ~genauigkeit** f. || accuracy of calculation || précision f. de calcul. **h) ~hof** m. || chamber of accounts || cour f. des comptes. **i) ~jahr** n. || fiscal year || exercice m. **k) ~kammer** f. *s.* ~hof. 13

rechnungsmäßiges Metergewicht n. || theoretic weight per meter run || poids m. théorique par mètre courant. 14

Rechnungs-revisor m. || auditor || commissaire m. des comptes. **a) ~saldo** m. || balance of account || reliquat m. de solde de compte. **b) ~schreibmaschine** f. || billing machine || machine f. à facturer. **c) ~wesen** n. || accounting; accountancy; book-keeping || comptabilité f. 15

Recht n., ein **~ ausüben** || to exercise a right || exercer un droit. **a)** ein **besseres ~** behaupten || to maintain a better title || prétendre à un droit supérieur. **b) gemeines ~** || common law || coutumier m.; droit m. commun *ou* coutumier. **c)** ein **~ genießen** || to enjoy a right || jouir d'un droit. **d) ~ zur Herstellung** || license for the manufacture || droit m. de fabrication. **e) mit ~** || with reason; justly || à bon droit; avec raison. **f) Nutzungs~** || right of using || droit m. d'usage. **g)** ein **~ übertragen** || to transfer a right || passer un droit. **h) Übertragung** f. eines **~es** gegen **Entgelt** || transfer of the right subject to compensation || transfert m. du droit contre redevance. **i) Übertragung** f. eines **~es** auf **Zeit** || transfer of a right for a prescribed period || transfert m. d'un droit à temps. **k)** eines **~es verlustig** gehen || to lose a right || perdre un droit. **l)** auf ein **~ verzichten** || to renounce a right || renoncer à un droit. **m)** alle **~e vorbehalten** || all rights reserved || tous droits réservés. 16

Rechteck n. || rectangle; right-angled parallelogram || rectangle m. **a) ~feder** f. || rectangular spring || ressort m. rectangulaire. 17

rechteckig || oblong; rectangular || rectangulaire. **a)** Betonbassin n. von annähernd **~em Querschnitt** || concrete basin of nearly rectangular section || bassin m. en béton construit en forme d'auge de section approximativement rectangulaire. 18

rechtfertigen || to justify || justifier. 19

Rechtfertigung f. || justification || justification f. 20

Rechtfertigungsgrund m. || plea; excuse || raison f. justificative. 21

rechtlich || lawful; legal; juridical || juridique; légal; loyal. 22

rechtmäßig || lawful; rightful || légal; légitime. **a) ~er Inhaber** m. || lawful holder; rightful owner || porteur m. *ou* détenteur m. légitime. 23

Rechtmäßigkeit f. einer **Forderung** || legitimacy of a claim || légitimité f. d'une prétension. 24

Rechtsablenkung f. || veering *or* shifting clockwise; deflection to the right || déviation f. vers la droite. 25

Rechts-anspruch m. || legal claim *or* title || droit m.; titre m. **a) ~anwalt** m. || lawyer; solicitor; counsel || avocat m.; avoué m. **b) ~anwaltshonorar** n. || attorney's fee || honoraires mpl. de l'avocat. **c) ~beistand** m. || legal adviser; counsel; attorney || conseil m. judiciaire; avocat m. **d) ~drall** m. || right-handed twist || pas m. qui va à droite. 26

rechtsdrehender Milchzucker m. || dextrorotary milk sugar || sucre m. de lait dextrogyre. 27

Rechtsdrehung f. || clockwise rotation || rotation f. à droite. 28

Rechts-einwand m. || demurrer; traverse || dénégation f. **a) ~fähigkeit** f. || legal capacity || capacité f. de droit. **b) ~fall** m. || law suit; legal action; case in court || cas m. litigieux. **c) ~frage** f. || legal question || question f. de droit. 29

Rechtsgang m. || right-hand action || tournant m. à droite. 30

rechtsgängiges Gewinde n. *s.* Rechtsgewinde. 31

Rechtsgewinde n. || right-handed thread || filet m. à droite. 32

rechtsgewundene Spiralfeder f. || spring with right-handed helice || ressort m. à boudin en hélice à droite. 33

Rechtsgrund m. || legal title; legally valid argument || titre m. 34

rechtsgültig || valid in law; legal; legally binding || valide. 35

Rechtsgültigkeit f. || legality; validity || authenticité f.; validité f. **a) ~** einer **Forderung** || validity of a claim || validité f. d'une créance. 36

rechtsichtiges Auge n. || emmetropic eye || œil m. emmétrope. 37

Rechtskosten pl. || legal expenses pl. || frais mpl. de justice. 38

Rechtskraft f. || legal force; validity || force f. de loi; validité f. **a) ~ erlangen** || to become absolute *or* legally binding || passer en force f. de loi; avoir force f. de loi. 39

rechtskräftig || of legal force; valid || valide; exécutoire. **a) ~ werden** *s.* Rechtskraft erlangen. 40

Rechts-kurbel f., die Mittelkurbel f. ist gegen die ~ um x^0 und gegen die Linkskurbel um y^0 versetzt ‖ the central crank is set at x^0 with the right crank and y^0 with the left ‖ la manivelle centrale est déplacée de x^0 par rapport à la manivelle droite et de y^0 par rapport à la manivelle gauche. **a) ~kurve** f. ‖ right-hand curve ‖ courbe f. à droite. 1

Rechtslage f. ‖ legal position ‖ situation f. légale. 2

Rechtslauf m. ‖ clockwise rotation; right hand motion ‖ marche f. *ou* rotation f. à droite. 3

rechtsläufig zählen ‖ to count clockwise; to count from left to right ‖ compter dans le sens des aiguilles d'une montre. 4

Rechtsmaschine f. ‖ right-hand engine ‖ machine f. à droite. 5

Rechts-mittel n. ‖ legal redress ‖ réparation f. légale. **a) ~nachfolger** m. ‖ assign; successor in law ‖ ayant cause m.; ayant droit m. 6

rechtsschneidend ‖ right *or* hand cutting ‖ coupant à droite. 7

Rechtsspruch m. (Preisrichter) ‖ verdict ‖ verdict m. **a)** ~ (Zivilklage) ‖ judgment ‖ sentence f.; arrêt m. 8

Rechtsstreit m. ‖ legal dispute; lawsuit ‖ procès m.; litige m. 9

Rechtssystem n. (Phys) ‖ clockwise rotating system ‖ trièdre m. à droite. 10

Rechtsunkosten pl. ‖ legal expenses pl. ‖ frais mpl. de justice. 11

rechtsverbindlich ‖ legally valid *or* binding ‖ obligatoire; légal et valide. 12

Rechts-verbindlichkeit f. ‖ legal obligation ‖ obligation f. **a) ~verfahren** n. ‖ procedure; legal proceedings pl. *or* action ‖ procédure f. **b) ~verhältnis** n. zwischen Arbeitgeber und Arbeitnehmer ‖ legal relations pl. between employer and employed ‖ convention f. légale entre employeur et employé. 13

Rechtsweg m. ‖ procedure ‖ procédure f. civile. **a)** den ~ **beschreiten** ‖ to take legal action; to go to law ‖ recourir à *ou* prendre la voie des tribunaux. 14

Rechtsweiche f. ‖ right-hand switch *or* turn-off *or* frog (A) ‖ branchement m. *ou* croisement m. à droite. 15

rechtswidrig ‖ illegal; contrary to law ‖ illégal. 16

rechtweisend (Magnetnadel) ‖ true ‖ corrigé. 17

rechtwinklig ‖ rectangular; right-angled; orthogonal ‖ rectangulaire; rectangle; orthogonal. **a)** ~ **angesetzt** an ... ‖ fixed at right angles to ... ‖ disposé perpendiculairement à ... **b)** ~ **gebogen** ‖ bent at a right angle ‖ courbé à angle droit. **c) ~es Dreieck** n. ‖ right-angled triangle ‖ triangle m. rectangle *ou* rectangulaire. **d) ~e Lage** f. ‖ position at right angles ‖ position f. orthogonale. **e) ~e Verbindung** f. ‖ square joint ‖ assemblage m. carré. 18

rechtzeitig ‖ in good time ‖ bien à l'heure. 19

Reck n. (Turngerät) ‖ horizontal bar ‖ barre f. fixe. 20

recken (Met) ‖ to draw-out; to forge-out ‖ étirer (à coups de marteau). **a)** ~ (Tuchf) ‖ to rack; to stretch ‖ étendre; étirer. **b)** die **Güsse** mpl. wurden unter dem Dampfhammer achtkantig vorgereckt ‖ the castings pl. were rough forged octangularly under steam hammers ‖ les lingots mpl. étaient forgés préalablement par des marteaux-pilons sous un profil octogonal. **c)** die **Schirbel** mpl. ~ ‖ to dolly *or* to tilt *or* to shingle the blooms pl. ‖ étirer les maquettes fpl. de fer au marteau. **d)** ein **Tau** n. ~ ‖ to stretch a rope ‖ étendre *ou* allonger un cordage. 21

Recken n. (Tuchf) ‖ racking ‖ étendage m.; étirage. **a)** ~ des **Drahtes** (el Leit) ‖ killing *or* stretching of wire ‖ traction f. *ou* rectification f. du fil. **b)** ~ des **Eisens** ‖ forging-out iron ‖ étirage m. du fer. **c)** ~ der **Schirbel** ‖ tilting of blooms ‖ étirage m. des maquettes. 22

Reck-hammer m. ‖ tilt *or* stretching hammer ‖ martinet m. à queue *ou* à bascule. **a) ~schlag** m. ‖ drawing-out blow ‖ coup m. pour travail d'étirage. **b)** ~ **stange** f. *s.* Reck. **c) ~walze** f. ‖ stretching *or* finishing *or* merchant roll *or* roller ‖ cylindre m. étireur *ou* finisseur. **d) ~-walzwerk** n. ‖ stretching rolls pl.; finishing *or* merchant rolls pl. *or* rollers pl. ‖ cylindres mpl. étireurs *ou* finisseurs. 23

Recordersender m. ‖ recorder sender ‖ transmetteur m. recorder. 24

Redaktion f. ‖ editorial office ‖ rédaction f. 25

Rednerbühne f. ‖ platform; hustings pl. ‖ tribune f. 26

Reduktion f. ‖ reduction ‖ réduction f. **a)** ~ von **Eisenerzen** in einem rotierenden Ofen mit Generatorgasfeuerung ‖ process of reducing iron ores in a revolving furnace with producer gas firing ‖ procédé m. de réduire le minerai de fer dans un four rotatif pourvu du régénérateur à gaz. 27

Reduktions-anlage f. ‖ reduction plant ‖ installation f. de réduction. **a) ~faktor** m. ‖ reduction factor ‖ facteur m. de réduction. **b) ~flamme** f. ‖ reduction flame; reducing flame; inner flame ‖ feu m. de réduction; flamme f. réductrice. **c) ~getriebe** n. ‖ reduction gear ‖ engrenage m. réducteur *ou* démultiplicateur. **d) ~-mittel** n. (Chem) ‖ desoxydizing agent; reducing agent; reductive ‖ agent m. de réduction; réducteur m. **e) ~quadrant** m. ‖ sinical quadrant ‖ quartier m. de réduction. **f) ~schneckengetriebe** n. ‖ worm reduction gearing ‖ réducteur m. de vitesse par vis sans fin. **g) ~tabelle** f. ‖ table of reduction ‖ table f. de réduction. **h) ~tacheometer** n. ‖ reduction tacheometer ‖ tachéomètre m. auto-réducteur. **i) ~ventil** n. ‖ reducing valve ‖ soupape f. de réduction. **k) ~zirkel** m. ‖ proportional divider ‖ compas m. de réduction. **l) ~zone** f. ‖ zone *or* region of reduction ‖ zone f. *ou* région f. de réduction. 28

reduzierbar (Chem) ‖ reducible ‖ réductible. 29

Reduzierbarkeit f. (Chem) ‖ reducibility ‖ réductibilité f. 30

Reduziereinsatz m. ‖ reducing socket; sleeve socket ‖ pièce f. *ou* coussinet m. de réduction. 31

reduzieren ‖ to diminish; to reduce; to lower ‖ réduire. 32

reduzierendes Mittel n. (Chem) ‖ reducing *or* reductive agent ‖ agent m. de réduction. 33

Reduzier-fähigkeit f. (Chem) ‖ reducing power ‖ pouvoir m. réducteur. **a) ~maschine** f. ‖ reducing machine ‖ machine f. à retreindre. **b) ~stück** n. ‖ reducing piece ‖ pièce f. de réduction. **c) ~ventil** n. ‖ reducing valve ‖ soupape f. de réduction; détendeur m. **d) ~walzwerk** n. für **Rohre** ‖ tube reducing rolling mill ‖ laminoir m. à réduire les tubes. **e) ~zirkel** m. ‖ reduction compasses pl. ‖ compas m. à coulisse *ou* de réduction. 34

Reede f. ‖ road; roadsted ‖ rade f. **a) geschützte** ~ ‖ sheltered road ‖ rade f. close *ou* fermée. **b) künstliche** ~ ‖ deep sea harbour ‖ port m. en eau profonde; rade f. endiguée. **c)** ein Schiff auf die ~ **legen** ‖ to lay a ship in the road ‖ mettre un vaisseau en rade f. **d) offene** ~ ‖ open road ‖ rade f. foraine *ou* ouverte. **e)** von einer ~ **treiben** ‖ to be driven from a road ‖ dérader. 35

Reeder m., **Schiffs** ‖ ship owner ‖ armateur m.; fréteur m. 36

Reederei f. ‖ joint-ownership; shipping agency *or* equipment ‖ compagnie f. *ou* association f. d'armateurs; agence f. d'armement. 37

Reef n. (Seew) *s.* Reff. 38

reell ‖ real; honourable; honest; fair dealing ‖ réel; honnête; loyal. **a) ~es Geschäft** n. ‖ honest affair; respectable *or* sound firm ‖ affaire f. sérieuse; maison f. réspectable. **b) ~es Zwischenbild** n. ‖ real intermediate image ‖ image f. réelle intermédiaire. 39

Reellität f. ‖ fair dealing; respectability ‖ solidité f.; honnêteté f. 40

Reep n. ‖ rope ‖ cordage m. 41

Reeper m. ‖ roper; rope maker ‖ cordier m. **a) ~bahn** f. ‖ rope walk *or* yard ‖ corderie f. 42

Reep-schläger m. ‖ roper; rope maker ‖ cordier m. **a) ~schlägerarbeit** f. ‖ rope-maker's *or* roper's work ‖ ouvrage m. de cordier. **b) ~schlägerei** f. ‖ ropery ‖ corderie f. 43

Refaktie f. ‖ deduction; allowance for loss in weight; tret ‖ réfaction f. 44

Referat n. ‖ report ‖ rapport m. 45

Referent m. ‖ reporter ‖ rapporteur m. 46

Referenz f. ‖ reference ‖ référence f. 47

Reff n. (Seew) ‖ reef ‖ ris m. **a)** ein ~ **einstecken** ‖ to reef ‖ prendre un ris m. **b)** ein ~ **nehmen** *s.* ein ~ einstecken. 48

Reff-aufholer m. ‖ reef burton ‖ cartahu m. sur le garant d'un palanquin de ris. **a) ~band** n. ‖ reef point *or* band ‖ ruban m. *ou* bande f. de ris. **b) ~bandloch** n. im Segel ‖ eyelet hole of sail ‖ œillet m. des voiles. 49

reffen, Flachs m. ‖ to ripple flax ‖ dréger *ou* égruger *ou* gréger le chanvre. **a)** ein Segel n. ~ ‖ to reef ‖ prendre un ris m. 50

Reff-gatt n. im Segel ‖ eyelet (hole) of sail ‖ œillet m. des voiles. **a) ~knebelsteert** m. ‖ reefing becket ‖ béléguic m. **b) ~knoten** m. ‖ reef knot ‖ nœud m. plat de ris. **c) ~legel** m. ‖ reef cringle ‖ plate f. de ris. **d) ~leine** f. ‖ reef line ‖ filière f. de ris. **e) ~talje** f. ‖ reef tackle ‖ palan m. *ou* palanquin m. de ris. **f) ~taljenblock** m. ‖ strap bored block ‖ moque f. à sabot pour palanquins. **g) ~zeising** f. ‖ reef point ‖ garcette f. *ou* hanet m. du ris. **h) ~zeisingsknebel** m. ‖ reefing-becket toggle ‖ cabillot m. pour béléguics. 51

Reflektant m. ‖ intending purchaser; prospective customer; inquirer ‖ amateur m.; intéressé m. 52

reflektieren (Opt) ‖ to reflect ‖ réfléchir; refléter. **a)** ~ **auf** ... ‖ to intend to purchase; to be in the market; to have in view ‖ avoir des vues sur ... **b) nicht mehr darauf** ~ ‖ no longer require it; to do not contemplate buying ‖ renoncer à ... 53

reflektierend (Opt) || reflecting || réfléchissant. 1

Reflektor m. || reflector; projector || réflecteur m.; réverbère m.; projecteur m. **a) Antriebsvorrichtung** f. für die Stundenbewegung der **~en** || driving device for the motion in right ascension of reflectors || moteur m. pour le mouvement horaire des réflecteurs. **b) Decken~** || ceiling reflector || réflecteur m. de plafond. **c) Glühlampen~** || glow-lamp reflector || réflecteur m. de lampes à incandescence. **d) Innen~** || inner reflector || réflecteur m. intérieur. **e) ~** des **Scheinwerfers** || reflector of headlamp || miroir-projecteur m. de phare. 2

Reflex m. || reflex(ion) || réflet m. **a) ~empfänger** m. (Funkw) || reflex receiver || récepteur m. réflexe. 3

reflexfrei || undisturbed by reflexes pl. || sans réflexe m. **a) ~es Okular** n. || eyepiece free from internal reflection || oculaire m. exempt de reflets. 4

Reflexion f. (Opt) || reflection; reflexion || réflexion f. **a) Total~** || total reflection || réflexion f. totale. **b) ~** von **Wellen** || wave reflection || réflexion f. des ondes. 5

Reflexions-ebene f. || plane of reflection || plan m. de réflexion. **a) ~faktor** m. || reflection factor || facteur m. de réflexion. **b) ~fläche** f. || reflecting surface || surface m. réfléchissante. **c) ~galvanometer** n. || reflecting galvanometer; mirror galvanometer || galvanomètre m. à miroir. **d) ~gitter** n. || reflecting grating || réseau m. réflecteur. **e) ~goniometer** n. || reflective goniometer || goniomètre m. à réflexion. **f) ~kreis** m. || reflecting circle || cercle m. de réflexion. 6

Reflexionsprisma n. || reflecting prism || prisme m. à réflexion. **a) wegklappbares ~** || reflecting prism in swing-out mount || prisme m. réflecteur s'écartant. 7

Reflexions-spiegel m., **elliptischer** || elliptical reflector || miroir m. plan elliptique. **a) ~verlust** m. || reflection loss || perte f. par réflexion. **b) ~vermögen** n. (Opt) || reflecting power || pouvoir m. réflecteur. **c) ~winkel** m. || angle of reflection || angle m. de réflexion. **d) ~zirkel** m. || reflecting circle || cercle m. de réflexion. 8

Reflexlosigkeit f. des **Bildes** || absence of reflection in the image || absence f. de reflets dans l'image. 9

Reformwäsche f. || hygienic underclothing || lingerie f. hygiénique; sous-vêtements mpl. hygiéniques. 10

Refraktometer n. || refractometer || réfractomètre m. **a) Betriebs~** || industrial refractometer || réfractomètre m. d'exploitation. **b) Butter~** || butter refractometer || réfractomètre m. à beurre. **c) Eintauch~** || immersion *or* dipping refractometer || réfractomètre m. à immersion. **d) Halbkugelkristall~** || hemisphere crystal refractometer || réfractomètre m. demi-boule à cristaux. **e) Juwelier~** || jeweller's refractometer || réfractomètre m. de bijoutier. **f) Kristall~** || crystal refractometer || réfractomètre m. à cristaux. **g) Milchfett~** || milkfat refractometer || réfractomètre m. à lait. **h) Parallaxen~** || parallax refractometer || réfractomètre m. à parallaxe. **i) Taschen~** || pocket refractometer || réfractomètre m. de poche. **k) ~** mit **veränderlichem brechenden Winkel** || refractometer with variable refracting angle || réfractomètre m. à angle réfringent variable. **l) Zucker~** || sugar refractometer || réfractomètre m. à sucre. 11

Refraktor m. || refractor || réfracteur m. **a) ~** von **besonderer** mechanischer Konstruktion || refractor of special mechanical construction || réfracteur m. d'une construction mécanique spéciale. **b) ~** mit **Entlastungssystem** der Fernrohre und Achsen || refractor with stress relieving system to telescopes and to equatorial axes || réfracteur m. avec dispositif pour décharger les lunettes et les axes. **c) fotografischer ~** || photographic refractor || réfracteur m. photographique. **d) fotografischer Doppel~** || double photographic refractor || réfracteur m. double photographique. **e) Okularende** n. des **~s** || eye end of the refractor || extrémité f. intérieure du réfracteur. **f) ~** zur **Prüfung astronomischer Optik** || refractor for testing the optical quality of astronomical instruments || réfracteur m. pour l'examen de l'optique astronomique. 12

Refraktorsäule f. mit parallaktischem Achsensystem || refractor standard with equatorial head || colonne f. de réfracteur portant la monture équatoriale. 13

Regal n. || shelves pl. || rayon m. **a) eisernes ~** || iron shelves pl. || rayon m. en fer; étagère f. en fer. **b) ~brett** n. || shelf || tablette f. **c) ~fach** n. *s.* ~brett. 14

Regatta f. || regatta || régate f. 15

rege || active; brisk; quick || vif; actif; animé. 16

Regel f. || rule || règle f. **a) Guldinsche ~** || centrobaric method; properties pl. of Guldinus || théorèmes mpl. de Guldin; méthode f. centrobarique. **b) in der ~** || as a rule || ordinairement. 17

Regel-anlasser m. || adjustable *or* regulating starter || appareil m. de mise en marche réglable; démarreur m. de réglage. **a) ~apparat** m. || regulating apparatus || appareil m. régulateur. 18

regelbar || adjustable || réglable. **a) ~e Feuerung** f. || adjustable firing apparatus || foyer m. réglable. 19

Regel-bauart f. || standard type || construction f. normale. **a) ~bereich** m., **begrenzter** || limited range of regulation || capacité f. de réglage limitée. **b) ~chronometer** m. || standard chronometer || chronomètre-étalon m. **c) ~detri** f. || rule of three; rule of proportion; golden rule || règle f. de trois. **d) ~gestänge** n. || governor rod || biellette f. de réglage. **e) ~hahn** m. für **Heizkörper** || regulating cock for radiators || robinet m. de réglage pour radiateurs. **f) ~kompaß** m. || standard compass || compas-étalon m. **g) ~leistung** f. || normal load || charge f. normale. 20

regelmäßig || regular || régulier. **a) ~er Gang** m. (Masch) || uniform running || marche f. normale. **b) ~e Geschäftsverbindung** f. || regular business connection || relations fpl. suivies avec une maison. **c) ~e Lieferung** f. || regular delivery || fourniture f. régulière. 21

Regelmotor m. || variable speed motor || moteur m. à vitesse réglable. **a) druckknopfgesteuerter ~** || press button controlled variable speed motor || moteur m. réglable manœuvré par bouton-poussoir. 22

regeln || to govern; to regulate || régler. **a) grob ~** || to regulate coarsely || régler à peu près. 23

regelnd || regulating || réglant. 24

regelrecht || methodical; regular; correct || normal; correct; en règle. 25

Regel-segment n. || regulating sector || secteur m. de réglage. **a) ~siphon** m. || regulating siphon || épanchoir m. à siphon. **b) ~stange** f. || actuating rod || tirant m. de commande. **c) ~stufe** f. || regulation step || degré m. de réglage. **d) ~transformator** m. || regulating transformer || transformateur m. de régulation *ou* à plots. 26

Regelung f. || regulating; regulation; governing || réglage m.; règlement m. **a) automatische ~** des Uhrwerkes || automatic regulation of the driving clock || réglage m. automatique du mouvement d'horlogerie. **b) ~** der **Blütezeit** und des **Pflanzenwachstumes** || controlling the flowering season and the growth of plants || réglage m. de la mise en fleurs et de la croissance des plantes. **c) ~** der **Dampfverteilung** || regulating of the steam distribution || règlement m. de la distribution du vapeur. **d) einwandfreie ~** || perfect governing || réglage m. parfait. **e) Fern~** || distant regulation || télérégulation f. **f) Fluß~** || improvement of a river channel || amélioration f. *ou* régularisation f. d'une rivière. **g) Sekunden~** f. des Uhrwerkantriebes || seconds control for the driving clock || contrôle m. des secondes du mouvement d'horlogerie. 27

Regelventil n. || regulating valve || soupape f. régulatrice; vanne f. de réglage. **a) Dampfpuffer~** || dash relief valve || soupape f. régulatrice de vapeur. 28

Regelvorrichtung f. || regulating device || dispositif m. régulateur. **a) ~** der **Relaishauptuhren** || timing device of the relay master clocks || dispositif m. de réglage des horloges principales à relais. 29

Regelwiderstand m. || adjustable *or* regulating resistance; rheostat; regulating contact switch || résistance f. réglable *ou* variable; rhéostat m. (de réglage). 30

regelwidrig || contrary to rule || contraire à la règle. 31

Regen m. || rain || pluie f. **a) Land~** || general rain || pluie f. générale. **b) Platz~** || downpour || (pluie f. d')averse f.; sac m. d'eau; pluie f. battante *ou* diluvienne; pluie f. en hallebardes. 32

Regenanlage f. || raining *or* watering plant || installation f. d'arrosage. 33

regenarmes Gebiet n. || rainless area; dry zone || région f. où les pluies sont rares; régime m. de pluies rares. 34

Regen-bach m. || torrent || torrent m.; ravine f. **a) ~bö** f. || rain squall || averse f.; grain m. pluvieux. 35

Regenbogen m. || rainbow || arc-en-ciel m. **a) ~haut** f. || iris || iris m. 36

regendicht || rain-proof || protégé à la pluie. 37

Regeneratgummi m. || regenerated rubber || caoutchouc m. régénéré. 38

Regenerativfeuerung f. || regenerative firing || chauffage m. à régénération. **a) ~** für den **Tiegelschmelzprozeß** || regenerative heating for the crucible melting process || chauffage m. à régénération pour le procédé de la fusion au creuset. 1

Regenerativgas-feuerung f. || regenerative gas firing || régénérateur m. à gaz. **a) ~ofen** m. || regenerative gas furnace || four m. régénérateur à gaz. 2

Regenerator m. (Met) || regenerator || régénérateur m. **a) ~ofen** m. || regenerative furnace || four m. à régénérateur. 3

regenerieren (Chem) || to regenerate || régénérer. 4

Regenerieren n. || regenerating || régénération f. 5

Regenerierung f. || regeneration || régénération f. 6

Regenfall m. || rain fall || chute f. de pluie. **a) reichlicher ~** || abundant rains pl. || pluies fpl. abondantes. **b) übermäßiger ~** || excessive rains pl. || pluies fpl. excessives. 7

Regenfallrohr n. || down pipe || tuyau m. de descente. 8

Regen-höhe f. || depth of rain-fall || hauteur f. d'eau tombée. **a) ~kammer** f. (Met) || rainchamber || chambre f. à pluie. **b) ~luftkühler** m. || rain air cooler || frigorifère m. à pluie. 9

Regenmangel m. || shortage of rain || manque m. de pluie. **a) wegen ~s** || owing to absence of rain || en raison du manque de pluie. 10

Regenmantel m. || waterproof; mackintosh || imperméable m.; caoutchouc m.; waterproof m. **a) ~stoff** m. || stuff for waterproofs || étoffe f. pour imperméables. 11

Regenmenge f. || amount of rain || quantité f. de pluie. **a) jährliche ~** || annual rainfall || quantité f. de pluie annuelle. 12

Regenmesser m. || rain gauge; pluviometer || pluviomètre m.; hyétomètre m. **a) selbstschreibender ~** || self-registering *or* self-recording rain gauge || pluviographe m. 13

Regenmessung f. || rain measurement; pluviometry || pluviométrie f.; ombrométrie f. 14

regenreiches Gebiet n. || rainy area || région f. à fortes pluies *ou* pluvieuse; régime m. de fortes pluies; région f. où les pluies sont fréquentes. 15

Regen-rock m. aus Gummi || waterproof; rubber cape; mackintosh || imperméable m.; caoutchouc m.; waterproof m.; mackintosh m. **a) ~schauer** m. || rain shower ondée f.; averse f.; giboulée f. 16

Regenschirm m. || umbrella || parapluie m. **a) ~ausbesserung** f. || umbrella mending || réparation f. de parapluies. **b) ~flicker** m. || umbrella mender || répareur m. de parapluies. **c) ~futteral** n. || umbrella case || fourreau m. de parapluie. **d) ~gestell** n. || umbrella frame || carcasse f. de parapluie. **e) ~seidenstoff** m. || Silesia || silésienne f. 17

Regenschutz-deckel m. des Feldstechers || rain-guard of the field glass || pare-pluie m. de la jumelle. **a) ~scheibe** f. || weather guard || plateau m. de protection contre la pluie. 18

Regensegel n. || rain awning || taud m. 19

regensichere Ausführung f. || rain-proof finish || exécution f. étanche à pluie. 20

Regentropfen m. || raindrop || goutte f. de pluie. 21

Regenwasser n. || rain water || eau f. pluviale *ou* de pluie. **a) ~aufspeicherungswerk** n. || store reservoir of rain water || réservoir m. pour recueillir les eaux pluviales. 22

Regen-wolke f. || rain cloud || nuage m. à pluie. **a) ~wolkenbank** f. || rain sheet || couche f. pluvieuse. **b) ~zeit** f. || rainy season *or* period || saison f. pluvieuse *ou* des pluies. 23

Regiearbeit f. (Bauw) || building in day work || travaux mpl. par régie. 24

Regierungs-behörde f. || government authority || autorité f. du gouvernement. **a) ~monopol** n. || government monopoly || monopole m. du gouvernement. **b) ~verordnung** f. || government regulation || ordonnance f. du gouvernement. 25

Register n. *s. auch* Inhaltsverzeichnis (Buchdr) || register; index || répérage m.; registre m. **a) ~** (Orgel) || register; stop || registre m.; jeu m. **b) ~** (Selbstanschl) || sender || enregistreur m. **c) in ~ zugerichtet** (Buchdr) || in good register || en registre m. **d) Lloyd's ~** || Lloyd's register || registre m. de Lloyd. **e) ~ machen** (Buchdr) || to make register || faire le registre. **f) unterteiltes abeceliches ~** || subdivided alphabetical index || registre m. alphabétique subdivisé. 26

Register-bogen m. (Buchdr) || register sheet || feuille f. de registre. **a) ~buch** n. || register || registre m. **b) ~schütz** n. (Fernm) || paddle valve || ventelle f. à jalousie. **c) ~system** n. (Selbstanschl) || register system || système m. muni d'enregistreurs. **d) ~tonne** f. || register ton || tonneau m. de jauge *ou* de registre. **e) ~zertifikat** n. (Schiff) || ship's certificate of registry || acte m. de nationalité. 27

Registratur f. (Büro) || file || archives fpl. **a) ~schrank** m. || register board || armoire f. à enregistrer. 28

Registrier-apparat m. *s. auch* Registriergerät || registering *or* recording apparatus; recorder || enregistreur m.; appareil m. enregistreur. **a) ~ballon** m. || sounding *or* registering balloon || ballon m. enregistreur *ou* explorateur. 29

Registriereinrichtung f. || recording attachment || dispositif m. pour enregistrer. **a) Typendruck~** || type inking recording attachment || dispositif m. enregistreur par caractères d'impression. 30

registrieren || to record; to register; to file; to index || enregistrer. 31

registrierend (Phys) || registering || enregistreur. 32

Registrier-fotometer n., **lichtelektrisches** || recording photoelectrical photometer || photomètre m. enregistreur photoélectrique. **a) ~galvanometer** n. || registering galvanometer || galvanomètre m. enregistreur. 33

Registriergerät n. || registering *or* recording instrument *or* apparatus || enregistreur m.; appareil m. enregistreur. **a) ~ für schnell verlaufende Vorgänge** || apparatus for registering rapidly passing occurrences || appareil m. enregistreur pour événements rapides. **b) ~ für Wassermesser** || recording apparatus for watermeters || enregistreur m. pour compteurs d'eau. 34

Registrierinstrument n. *s.* Registriergerät. 35

Registrierkasse f. || cash register; recording counter || caisse f. (d'argent) enregistreuse. **a) ~ mit Addierwerk** || cash register with adding mechanism || caisse f. enregistreuse comportant totalisateur. **b) ~ mit mehreren Addierwerken** || cash register with several adding mechanisms || caisse f. enregistreuse comportant plusieurs totalisateurs. **c) ~ für elektrischen Antrieb** || cash register operated by electric motor || caisse f. enregistreuse à commande électrique. **d) ~ für Handbetrieb** || cash register operated by hand || caisse f. enregistreuse à commande à main. **e) Hebel~** || cash register with lever action || caisse f. enregistreuse à leviers. **f) Tasten~** || cash register with key action || caisse f. enregistreuse à touches. **g) Totaladdier~** || total adding cash register || caisse f. enregistreuse indiquant les totaux. 36

Registrierstreifen m. || index strip; strip chart || bande f. de papier pour l'enregistrement. **a) ~rotationsdruckmaschine** f. || recording strip rotary printing machine || machine f. rotative à imprimer des bandes enregistreuses. 37

Registrier-strommesser m. || recording ammeter || ampèremètre m. enregistreur. **a) ~taste** f. || registering key || touche f. d'enregistrement. **b) ~telegraf** m. || recording telegraph || télégraphe m. enregistreur. **c) ~thermometer** n. einer Darre || kiln recording thermometer || thermographe m. *ou* thermomètre-enregistreur m. d'une touraille. 38

Registrierung f. (Phys) || registration || enregistrement m. 39

Registriervorrichtung || recording mechanism || mécanisme m. enregistreur. 40

Regler m. || governor; regulator || régulateur m.; gouvernateur m.; modérateur m. **a) Abdampfdruck~** || exhaust-steam pressure regulator || régulateur m. de pression de vapeur d'échappement. **b) Bremsdruck~** einer Fördermaschine || self-adjusting brake gear of a winding machine || régulateur m. de pression de freinage d'une machine d'extraction. **c) Druck~** || pressure regulator || régulateur m. de pression. **d) elektrischer ~** || electric regulator || régulateur m. électrique. **e) Fliehkraft~** || centrifugal governor || régulateur m. centrifuge. **f) Friktions~** || friction governor || régulateur m. à friction. **g) Gas~** || gas regulator || régulateur m. de gaz. **h) Geschwindigkeits~** || speed governor || régulateur m. de vitesse. **i) hydraulischer ~** || hydraulic governor || régulateur m. hydraulique. **k) parabolischer ~** || parabolic governor || régulateur m. parabolique. **l) Schwungkugel~** || conical pendulum; centrifugal governor || régulateur m. à force centrifuge. **m) Schwungrad~** || flywheel regulator || régulateur m. à volant. **n) selbsttätiger ~** (Elektr) || automatic regulator || régulateur m. automatique; auto-régulateur m. **o) Speisewasser~** || feed water regulator || régulateur m. d'eau d'alimentation. **p) Temperatur~** || temperature regulator || régulateur m. de température. **q) Thermo~** || thermo regulator || régulateur m. de température; thermo-régulateur m. **r) Wärme~** || temperature regulator || régulateur m. de température. **s) Wasserstand(s)~** || automatic feed regulator; water level regulator || régulateur m. du niveau d'eau. **t) Zentrifugal~** || centrifugal governor || régulateur m. centrifuge. **u) Zug~** (Ofen) || draught regulator || régulateur m. de tirage. 41

Regler-feder f. || governor spring || ressort m. de régulateur. **a) ~gehäuse** n. || governor housing || cage f. de régulateur. **b) ~gestänge** n. || rods fpl. of governor || tiges fpl. du régulateur. **c) ~gewicht** n. || governor ball *or* weight || boule f. *ou* poids m. de régulateur. **d) ~hebel** m. || regulating *or* governor lever || levier m. de régulateur *ou* de réglage *ou* de modérateur. **e) ~klappe** f. || regulator *or* governor flap || clapet m. de régulateur. **f) ~kugel** f. || governor ball || balle f. de réglage *ou* de régulateur. **g) ~muffe** f. || governor sleeve || manchon m. de régulateur. **h) ~rad** n. || governor wheel || roue f. de régulateur. **i) ~schieber** m. || regulator *or* governor slide || tiroir m. du modérateur *ou* du régulateur. **k) ~spindel** f. (Mot) || governor pin || pointeau m. de réglage *ou* de régulateur. **l) ~stange** f. || governor rod || tige f. de régulateur. 1

Reglerventil n. || expansion *or* regulator *or* governor valve || soupape f. *ou* vanne f. de réglage *ou* de régulateur. **a) ~einsatz** m. || governor valve case || boîte f. de soupape de réglage. 2

Reglerwelle f. || regulating *or* governor shaft || arbre m. de réglage *ou* de régulateur. 3

Reglette f. (Buchdr) || lead; slug; reglet; space line || interligne f.; réglette f. **a) hölzerne ~** (Buchdr) || wood reglet || réglette f. en bois. **b) Messing~** (Buchdr) || brass space-line || réglette f. en cuivre. 4

Reglung f. *s.* Regelung. 5

Regner m. || sprinkler || appareil m. de pluie artificielle. 6

Regreßanspruch m., sich den ~ vorbehalten || to reserve right of recourse || se réserver le recours. 7

regreßpflichtig || liable to recourse || civilement responsable. 8

Regreßrecht n. || recourse || recours m. 9

regulär || regular || régulier. **a) ~** (Kristall) || cubic || cubique. 10

Regulator m. *s.* Regler. 11

Regulier . . . *s.* Regel . . . *oder* Regler . . . 12

regulieren *s.* regeln. 13

regulinisch || reguline; pure || régulin. 14

rehabilitieren || to rehabilitate; to reinstate || réhabiliter. 15

Reh-braun n. || fawn colour || fauve m. **a) ~posten** m. || buck shot || chevrotines fpl.; postes fpl. 16

Reibahle f. || reamer; rimer; broach; broaching *or* opening *or* reaming bit || alésoir m.; équarrissoir m.; broche f. **a) halbrunde ~** || half-round broach || broche f. mi-ronde; équarrissoir m. mi-ronde. **b) sechseckige ~** || six-square broach || alésoir m. à six pans. **c) viereckige ~** || four-square broach || alésoir m. carré. 17

Reibahlen-abziehvorrichtung f. || planing device for reamers || dispositif m. d'aiguisage pour alésoirs. **a) ~halter** m. || reamer holder || porte-alésoir m. 18

Reibahlmaschine f. || broaching machine || machine f. à brocher. 19

Reibantrieb m. || friction drive || commande f. à friction. 20

Reibe f. für **Runkeln** || beetroot rasp || râpe f. pour betteraves. 21

Reibebrett n. (Maur) || derby; masons' float || aplanissoire f. 22

Reibeisen n. || rasp; grater || râpe f.; égrugeoir m. **a) ~** (Buchb) || rubber || frottoir m. 23

reiben || to rub || frotter. **a)** zu **Pulver** n. ~ || to pulverize; to reduce to powder || pulvériser. 24

Reiben n. von **Farben** || colour grinding || broyage m. de couleurs. 25

Reiber m. (Buchdr) || brayer; ink-block; stage || marbre m.; molette f.; broyon m. 26

Reib-getriebe n. || friction gear || engrenage m. à friction. **a) ~holz** n. (Schiffb) || loose skid; fender || défense f. mobile. **b) ~kasten** m. || grinding mill; mill; muller || moellon m. **c) ~kissen** n. (einer Elektrisiermaschine) || rubber; cushion || coussinet m.; frottoir m. **d) ~lappen** m. || rubber; rubbing cloth || frottoir m. 27

Reibmaschine f. || grating *or* grinding *or* refining machine || machine f. à râper *ou* à broyer. **a) Dreiwalzwerkfarben~** || three roller refiner for colours || broyeuse f. à trois rouleaux pour râper des couleurs. **b) ~** für den **Haushalt** || household grating machine || machine f. de ménage à râper. **c) Mandel~** || almond grinding machine || machine f. à râper les amandes. **d) Salben~** || ointment grinding machine || broyeuse f. à onguent. **e) Walzen~** (Bäckerei) || refiner with rollers || broyeuse f. à roulaux. **f) Zucker~** || sugar rasp || râpe f. à sucre. 28

Reibplatte f. || grinding plate || plaque f. de broyage. **a) ~** für **Erzproben** || grinding plate for ore samples || plaque f. de broyage pour essais de minerais. 29

Reibrad n. || friction wheel || roue f. de friction; galet m. de friction. 30

Reibräder-antrieb m. || friction drive || commande f. par roues à friction; transmission f. par galet de friction. **a) ~getriebe** n. || friction gear || engrenage m. à galet de friction *ou* à roues à friction. 31

Reib-rolle f. || friction roller || galet m. de friction. **a) ~schale** f. (Chem) || grinding mortar || écuelle f. à broyer; mortier m. **b) ~scheibe** f. || friction disk *or* plate || plaque f. *ou* plateau m. de friction. **c) ~schiene** f. || friction rail || rail m. de friction; bande f. de frottement. **d) ~stein** m. (Buchdr) || brayer; ink-block; stage || broyon m.; marbre m.; molette f. **e) ~tafel** f. (für Feuerwerkssätze) || mixing table; mealing tray || table f. à égruger *ou* à rebord. 32

Reibung f. || friction; rubbing; attrition || friction f.; frottement m.; attrition f. **a) gleitende ~** || sliding friction || frottement m. de glissement. **b) Luft~** || air friction || frottement m. de l'air. **c) Oberflächen~** || skin friction || frottement m. superficiel. **d) ~** zwischen **Rad** und Schiene || friction between wheel and rail || frottement m. entre les roues et les rails. 33

Reibungs-antrieb m. || friction drive || commande f. à friction. **a) ~arbeit f., magnetische** || hysteresis || hystérèse f. **b) ~bahn** f. || adhesion railway || chemin m. de fer à adhérence. **c) ~bremse** f. || friction brake || frein m. à friction. **d) ~einfluß** m. || influence of friction; friction effect (A) || influence f. de friction. **e) ~elektrizität** f. || frictional electricity || électricité f. (produite) par frottement. **f) ~fläche** f. || friction surface || surface f. de friction. **g) ~fläche** f. der **Gleitbahn** || surface of friction of the guide bar || surface f. de frottement de la glissière. **h) ~getriebe** n. || friction gear(ing) || engrenage m. à friction. **i) ~koeffizient** m. || coefficient of friction || coefficient m. de frottement. **k) ~kupplung** f. || friction clutch *or* coupling || embrayage *ou* accouplement m. à friction. **l) ~lamellenkupplung** f. || friction disk clutch || embrayage m. à friction à disques. **m) ~rad** n. *s.* Reibrad. **n) ~rolle** f. || friction roller || galet m. *ou* roulette f. à friction. **o) ~verlust** m. || frictional loss || perte f. de frottement. **p) ~verlust** m., **Bürsten** (Elektr) || brush friction loss || perte f. par frottement des balais. **q) ~wendegetriebe** n. || friction change gear || changement m. de marche à friction. **r) ~widerstand** m. || friction resistance || résistance f. de friction. **s) ~winkel** m. || angle of friction *or* repose || angle m. de frottement. **t) ~zahl** f. || coefficient of friction || coefficient m. de frottement. **u) ~ziffer** f. *s.* ~ zahl. 34

Reib-zeug n. (einer Elektrisiermaschine) || rubber; cushion || coussinet m.; frottement; m. **a) ~zündhölzchen** n. || friction *or* congreve match || allumette f. à frottement; congrève f. **b) ~zündmasse** f. für Streichhölzchen || match tinder-box paste || pâte f. à briquet; braise f. chimique. 35

reicher Boden m. || rich soil || sol m. riche. 36

reichhaltig || rich; plentiful; abundant || abondant; riche; bien assorti. 37

Reichhaltigkeit f. des Rotfreilichtes an kurzwelligen Strahlen || abundance of rays of short waves in the red free light || richesse f. de la lumière exempte de rouge en rayons de petite longueur d'onde. 38

Reichhöhe f. (Bagger) || cutting height || hauteur f. d'attaque. 39

reichlich || abundant; plentiful; sufficient || ample; suffisant. 40

Reichswährung f. || standard currency of the empire || monnaie f. de l'empire. 41

Reichtiefe f. (Bagger) || digging depth || profondeur f. de fouille *ou* d'attaque. 42

Reichweite f. (Bagger) || radius || portée f. d'attaque. **a) ~** (Fernsprechleitungen) || range || portée f. **b) ~** (Funkw) || aerial capacity || portée f. **c) ~** (Geschütz) || reach; range || portée f. **d) ~** (Luftf; Seew) || radius of action || rayon m. d'action. **e) ~** des **Funkturmes** || effective radius of the wireless tower || rayon m. d'action de la tour de radiodiffusion. **f) senkrechte ~** (Geschoß) || vertical range || portée f. verticale. **g) Verbesserung** f. der ~ || augmentation of range || augmentation f. de la portée. **h) ~** bei **Wählersystemen** (Selbstanschl) || working distance at automatic systems || distance f. obtenue par des systèmes automatiques. 43

Reif m. (Masch) || hoop; collar; ring || collier m.; cercle m.; virole f.; cerceau m. **a) ~** (Rauhfrost) || hoar *or* white frost || gelée f. blanche; frimas m.; givre m. **b) Bandeisen~** || hoop iron hoop; band iron hoop || cercle m. en feuillard. **c) eiserner ~** || iron hoop || cerceau m. *ou* cercle m. en fer. **d) ~** eines **Fasses** || hoop of a cask || cercle f. de fût. **e) hölzerner ~** || wooden hoop || cerceau m. *ou* cercle m. en bois. 44

Reifbesatzung f. || cross guards pl. || pleine croix f. 45

Reifen m. (Auto) || tire; tyre; pneumatic || bandage m.; pneu m.; pneumatique m. **a) ~** (Küf) || hoop || cerceau m.; cercle m.; collier m. **b) ~** (Masch) || ring; hoop || cercle m. **c) aufgeschrumpfter ~** (Rad) || shrunk-on tire || bandage m. posé à chaud. **d)** ~ mpl. **aufschlagen** || to hoop || cercler. **e)** ~ mpl. **auftreiben** || to truss up staves pl. || serrer des cercles mpl. de fûts. **f)** den ~ durch einen über den inneren Rand der Bandage gestemmten Ring **festhalten** || to fasten the tire by a steel ring and hammering it down over the inner edge || fixer le bandage par un anneau maté sur le bord interne du bandage. **g) Gleitschutz~** || steel studded tire; non-skid tire || enveloppe f. antidérapante; pneu m. antidérapant. **h) Gummi~** || rubber tire || bandage m. en caoutchouc. **i) Hinter~** || back tire || pneu m. arrière. **k) Hochdruck~** || high pressure tyre || pneu m. à haute pression. **l) hochelastischer ~** || cushion tyre || bandage m. creux. **m) Kord~** || cord tire || pneu m. à corde. **n)** ~ für **Kränze** || frame for crowns || carcasse f. pour couronnes. **o) Kreuzgewebe~** || fabric tread tyre || pneu m. à entoilage normal. **p) Luft~** || (pneumatic) tire || pneu m. **q) Niederdruck~** || low pressure tire || pneu m. à basse pression. **r) Rad~** (Eisenb) || (wheel) tire || bandage m. de roue. **s)** besonders **stark beanspruchter ~** || tire exposed to the highest strains || bandage m. exposé aux plus grands efforts. **t) Voll~** *s.* Vollgummi~. **u) Vollgummi~** || solid tire || bandage m. plein *ou* solide; plein m. **v) Wulst~** || clincher tire; beaded-edge tire || pneu m. à talons. **w) Zwillings~** || twin tire || pneumatique m. jumelé. 1

Reifen-anziehmaschine f. || hoop trussing machine || machine f. à serrer les cercles de fûts. **a) ~aufziehmaschine** f. || hooping machine || machine f. à fretter. **b) Faßzusammensetz- und ~aufziehmaschine** f. || machine for joining the casks and driving on the hoops || machine f. à monter les fûts et à serrer les cercles. **c) ~aufziehpresse** f. || hoop driving-on press || presse f. à monter les cercles. **d) ~biegemaschine** f. || bending machine for hoops || machine f. à cintrer des cercles. **e) ~bremse** f. || tire brake || frein m. sur pneu. **f) ~defekt** m. || puncture of tire || crevaison f. de pneumatique. **g) ~druckprüfer** m. || tire gauge || vérificateur m. de pression des pneumatiques. **h) ~halter** m. (Auto) || tire holder || ferrure f. pour pneumatiques. **i) ~heber** m. (Auto) || tire remover || démonte-bandage m. **k) ~holz** n. || hoop wood || feuillard m.; bois m. feuillard *ou* de cerclage. **l) ~koffer** m. (Auto) || tire case || coffre m. à pneumatique. **m) ~macher** m. (Küf) || hoop maker || cerclier m. **n) ~presse** f. || tire press || presse f. à bandage. **o) ~pumpe** f. || tire pump || pompe f. à pneumatique. **p) ~rad** n. || wheel with separate tyre || roue f. à bandage. **q) ~schutz** m. || tire *or* cover protector || protecteur m. de bandage *ou* de pneu. **r) ~wulst** m. || bead of tyre || talon m. du pneu. 2

Reifer m., **Rahm** || cream ripener || appareil m. à fermentation de la crème. 3

Reif-haken m. (Rad) || tire dog || diable m. **a) ~holz** n. (Küf) || hoop wood; hoops pl. || bois m. de cerclage; (bois m.) feuillard m. **b) ~kloben** m. (Schloss) || vice-clamps pl.; lockfiler's clamps pl. || mordache f. *ou* tenaille f. à chanfrein. **c) ~macher** m. || hoop maker || cerclier m. **d) ~messer** n. || draw *or* drawing knife || plane f. **e) ~rock** m. || crinoline || crinoline f. **f) ~zange** f. || hoop cramp || davié m.; davier m. **g) ~zwinge** f. || hoop cramp || traitoir m.; traitoire f. 4

Reihe f. (Aufeinanderfolge) || suite || suite f.; série f.; succession f. **a)** ~ (von Bäumen usw). || range; row || rangée f. **b)** ~ (Kolonne) || column || colonne f. **c)** ~ (Math) || series || série f. **d)** ~ (von Personen) || row; file || rang m.; file f. **e)** ~ (Zeile) || line || ligne f. **f) arithmetrische ~** || arithmetical progression || progression f. arithmétique. **g) auseinanderlaufende ~n** fpl. (Math) || diverging series pl. || séries fpl. divergentes. **h) geometrische ~** || geometrical progression || progression f. géométrique *ou* par quotient. **i) harmonische ~** || harmonical series || série f. harmonique. **k) in ~ hergestellt** || produced by series || construit en série f. **l) logarithmische ~** || logarithmic series || série f. logarithmique. **m) unendliche ~** (Math) || infinite series || série f. infinie. **n) zurücklaufende ~** (Math) || recurring series || série f. récurrente. **o) zusammenlaufende ~n** fpl. (Math) || converging series pl. || séries fpl. convergentes. 5

Reihen-anlage f. (Fernm) || intercommunication set || installation f. des postes en série. **a) ~düngerdrillmaschine** f. || manure drill machine || semoir m. en ligne à engrais. **b) ~dynamo** f. || series dynamo || dynamo f. en série. **c) ~entwicklung** f. (Math) || development into series || développement m. en série. 6

Reihenfertigung f. || production in series; series fabrication || fabrication f. en série. **a)** ~ im **Großen** || large scale production || fabrication f. en grandes séries. 7

Reihenfolge f. || succession; sequence; order || suite f.; succession f.; série f.; ordre m. **a) alphabetische ~** || alphabetic order || ordre m. alphabétique. **b)** ~ der **Gesprächsverbindungen** || turn of calls || ordre m. des communications. **c) umgekehrte ~** || reversed order || suite f. inversée. 8

reihenförmige Anordnung f. || arrangement in straight rows || disposition f. par files. 9

Reihen-großfertigung f. || large scale production || fabrication f. en grandes séries. **a) ~lochmaschine** f. || rectilinear punching machine || poinçonneuse f. rectiligne. **b) ~punktschweißung** f. || straight-line spot welding || soudage m. par points en ligne droite. **c) ~sämaschine** f. || ridge drill || semoir m. en lignes. 10

Reihenschaltung f. (Elektr) || series connection || connexion f. en série. **a) in ~** (Elektr) || in series || en série f. 11

Reihenschluß-maschine f. || series dynamo || dynamo f. en série. **a) ~motor** m. || series motor || moteur m. en série. 12

Reih-haken m. (Web) || heddle *or* heald *or* drawing-in hook || passette f. **a) ~leine** f. (Seew) || lacing || chambrière f.; filin m. de transfilage. **b) ~zug** m. (Web) || draft; pass || passage m. 13

rein || pure || pur. **a) absolut ~** *s.* vollkommen ~. **b)** die Gewässer npl. ~ **halten** || to keep water free from impurity || tenir les eaux fpl. propres. **c) vollkommen ~** || absolutely pure || absolument pure. 14

rein-e Kohle f. || clean coal || charbon m. pur. **a) ~er Stahl** m. || pure steel || acier m. (particulièrement) pur. **b) ~er Ton** m. (Mus) || pure note || note f. pure. 15

Rein-darstellung f. (Chem) || preparation in the pure state || préparation f. à l'état de pureté. **a) ~druck** m. || clean proof || seconde f.; seconde épreuve f. **b) ~ertrag** m. || net yield *or* proceeds pl. *or* produce || produit m. net. **c) ~flachs** m. || swingled *or* scutched flax || lin m. teillé *ou* en filasse. **d) ~gewicht** n. || net weight || poids m. net. **e) ~gewinn** m. || clear profit; net *or* clear gain || bénéfice m. net; profit m. net. **f) ~haltung** f. (Müller) || keeping clean || dégommage m. **g) ~hanf** m. || scutched hemp || chanvre m. teillé. 16

Reinheit f. || pureness; purity || pureté f.; netteté f. **a)** der **Stahl** m. zeichnet sich durch größte ~ aus || the steel excels all others in purity || l'acier m. est remarquable par son extrême pureté. 17

reinigen || to clean; to purify; to cleanse || nettoyer; purifier. **a)** eine **Asphaltstraße** f. durch Wasserspülung ~ || to wash an asphalt street by jet and hose || laver *ou* nettoyer une rue asphalté par jet d'eau. **b)** den **Boden** m. eines Schiffes ~ || to grave a ship || gratter le fond d'un navire. **c)** eine **Feile** f. ~ || to clean a file || dégraisser une lime. **d) Kautschuk** n. ~ || to purify caoutchouc || déchiqueter le caoutchouc. **e)** die **Nadeln** fpl. mittels Sägespänen ~ || to wipe the needles in saw-dust || dégraisser les aiguilles fpl. avec sciure. **f)** den **Rost** m. ~ || to clear the fire bars || décrasser la grille. **g)** die **Soda** ~ || to clean raw soda || touiller la soude. **h)** eine **Straße** f. ~ || to clean *or* to dust *or* to scavenge a street; to remove trade refuses pl. || débourber *ou* nettoyer une rue. **i)** das **Tuch** ~ || to clean the cloth || épautier le drap. 18

Reinigen n. des **Bleches** || cleaning the sheet || récurage m. de la tôle. **a)** ~ der **Gießhäfen** || cleaning of the cisterns || curage m. des cuvettes. **b)** ~ des **Kautschuks** || purification of caoutchouc || déchiquetage m. du caoutchouc. **c)** ~ der **Metalle** || refining metals pl. || affinage m. des métaux. 19

Reiniger m. || cleaner-up; purifier; cleanser || nettoyeur m.; purificateur m. **a) Luft~** || air filter || filtre m. à air. 20

Reinigung f. || cleaning; cleansing; purifying; purification || nettoyage m.; purification f.; épuration f. **a) chemische ~** || chemical scouring || nettoyage m. chimique. **b) Flaschen~** || bottle washing || nettoyage m. des bouteilles. **c)** ~ des **Gases** || cleansing *or* purification of the gas || épuration f. du gaz. **d)** ~ von **Gasgemischen** || purification of gas mixtures || purification f. de mélanges de gaz. **e) gründliche ~** || thorough cleaning || nettoyage m. minutieux. **f)** ~ des **Salpeters** || refining of saltpetre || raffinage m. du salpêtre. **g)** ~ der **Seidenfasern** || cleaning the silk fibres || nettoyage m. des fibres de soie. 21

Reinigungsanlage f. || purification plant || installation f. d'épuration. **a) Abgas~** || waste gas purifying plant || installation f. d'épuration des gaz d'échappement. **b) Abwasser~** || waste water purifying plant || installation f. d'épuration des eaux ménagères. **c) Altpapier~** || waste paper cleaning plant || installation f.

pour le nettoyage des vieux papiers. **d)** ~ für **Fässer** || barrel purifying plant || installation f. d'épuration de tonneaux. **e) Feuerzug~** || flue cleaning plant || installation f. de nettoyage des carneaux. **f) Flaschen~** || bottle cleaning *or* rinsing plant || installation f. pour le rinçage des bouteilles. **g) Gas~** || gas purifying plant || installation f. d'épuration de gaz. **h) Luft~** || air purifying plant || installation f. d'épuration de l'air. **i) Wasser~** || water purifying plant || installation f. d'épuration d'eau. 1

Reinigungsapparat m. || scourer; purifier; washer; cleaning apparatus || appareil m. à nettoyer *ou* de purification; nettoyeur m.; épurateur m.; laveur m. **a)** ~ für **Bierleitungen** || beer conduit cleaning apparatus || appareil m. à nettoyer les tirages à bière. **b)** ~ für **Gerste** || barley cleaning apparatus || appareil m. à nettoyer l'orge. **c) Kamm~** || comb cleaning apparatus || appareil m. à nettoyer les peignes. **d)** ~ für **Kesselwasser** || feed water purifier || épurateur m. d'eau d'alimentation. **e) Luft~** || air purifying apparatus || appareil m. à purifier l'air. **f) Öl~** || oil cleaning apparatus || filtre m. décanteur d'huile. **g) Schlauch~** || hose cleaning apparatus || appareil m. à nettoyer les tuyaux flexibles. **h) Vakuum~** || vacuum cleaning apparatus || appareil m. de nettoyage par le vide. **i) Wasser~** || detartarizer; water purifier || épurateur m. d'eau. 2

Reinigungs-arbeiter m. || purifier man; washerman || débourbeur m. **a) ~behälter** m. || filtering basin *or* tank || purgeoir m. **b) ~bürste** f. || cleaning brush || brosse f. de nettoyage. **c) ~bürste f., Karden** (Web) || teasel cleaning brush || brosse f. à nettoyer les chardons. 3

Reinigungsgerät n. *s. auch* Reinigungsapparat || cleaning tools pl. || outils mpl. à nettoyer. **a) Kanal~** || implement for drain-cleansing || ustensile m. pour le nettoyage des conduits de drainage. 4

Reinigungs-grube f. (Eisenb) || ash *or* engine pit || fosse f. à escarbilles *ou* à piquer. **a) ~hahn** m. || purging cock || robinet m. purgeur. **b) ~klappe** f. (Met) || cleaning door || porte f. de nettoyage. 5

Reinigungsmaschine f. (Müller) || cleaner; cleaning machine || nettoyeur m.; machine f. à nettoyer. **a) Aspirations~** || smutter || nettoyeur-aspirateur m. **b) Faß~** || cask cleaning machine || machine f. à laver les fûts. **c) Flaschen~** || bottle washing machine || machine f. à nettoyer les bouteilles. **d) Förderwagen~** || tram cleaning machine || machine f. à nettoyer les berlines. **e)** ~ für **Gerste** || barley cleaner *or* cleaning machine || machine f. à nettoyer l'orge. **f) Getreide~** || grain cleaning machine || machine f. à nettoyer le blé. **g) Korn~** || grain cleaning machine || machine f. pour le nettoyage des céréales. **h) Lumpen~** || rag cleaning machine || machine f. à nettoyer les chiffons. **i) Samen~** || cleansing machine for seeds || machine f. à nettoyer les grains de semences. **k) Woll~** || wool cleaning machine || machine f. de lavage de la laine. 6

Reinigungs-, Sortier- und Halbkörnerauslesemaschine f. für Gerste || barley cleaning and sorting machine with broken grains separator || machine f. à nettoyer et à trier l'orge et à séparer les demi-grains. 7

Reinigungs-masse f. für Gas || gas purifying mass || masse f. à épurer le gaz. **a) ~mittel** n. || cleaner; purifying agent || produit m. à nettoyer; agent m. de purification. **b) ~pfanne** f. || purifying pan || cuve f. de purification. **c) ~pfropfen** m. *s.* ~stopfen. **d) ~schraube** f. || tapered wash-out plug || bouchon m. de lavage conique. **e) ~stock** m. (Waffenw) || cleaning rod || baguette f. à nettoyer. **f) ~stopfen** m. || mud plug || bouchon m. de nettoyage. **g) ~stöpsel** m. *s.* ~stopfen. **h) ~tür** f. || cleaning door || porte f. de nettoyage. **i) ~walze** f. (Kautschuk fabr) || crushing cylinder || machine f. à déchiqueter. 8

Rein-kultur f. (Chem) || pure culture || culture f. pure. **a) ~nickelapparat** m. || pure nickel apparatus || appareil m. en nickel pur. 9

reinschmeckender Kaffee m. || clean coffee || café m. droit de goût. 10

Rein-schrift f. || fair copy; copy for signing || copie f. au net; expédition f. à signer. **a) ~silber** n. (Chem) || pure silver || argent m. vierge. **b) ~zuchtapparat** m. für Hefe || pure yeast apparatus || appareil m. à propager la levure pure. 11

Reis n. (Schößling) || twig; sprig; scion || pousse f.; jet m.; scion m. **a)** ~ (Zweig) || bough || petite branche f. 12

Reis m. || rice || riz m. **a) Bruch~** || broken rice || riz m. cassé; brisures fpl. de riz. **b) enthülster** ~ || peeled rice || riz m. pelé. **c) nicht enthülster** ~ || unhusked rice || riz m. non pelé. **d) polierter** ~ || polished *or* bright rice || riz m. glacé. **e)** ~ im **Stroh** || rice in the husk || riz m. en paille. 13

Reis-bund n. *s.* Reisigbündel. **a) ~bündel** n. *s.* Reisigbündel. 14

Reise-andenken n. || travelling keepsake; souvenir for travellers || souvenir m. de voyage. **a) ~apotheke** f. || portable medicine chest || pharmacie f. de voyage. 15

Reiseartikel m. || travelling article || article m. de voyage. **a)** ~ aus **Leder** || leather travelling article || article m. de voyage en cuir. 16

Reise-barometer n. || portable barometer || baromètre m. portatif. **a) ~bedarf** m. || necessaries pl. for travelling; travelling equipage; traps pl. || articles mpl. *ou* effets mpl. de voyage. **b) ~besteck** n. || travelling case *or* necessary || nécessaire m. de voyage. **c) ~bügeleisen** n. || traveller's flat-iron || fer m. à repasser de voyage. **d) ~decke** f. || travelling rug || couverture f. de voyage. **e) ~empfänger** m. (Funkw) || travelling receiver || récepteur m. de voyage. **f) ~flasche** f. || case bottle || flacon m. de voyage. **g) ~fluchtstab** m. || travelling ranging pole || jalon m. portatif. **h) ~garnitur** f. || travelling outfit || garniture f. de voyage. **i) ~geschwindigkeit** f. || cruising *or* average speed || vitesse f. commerciale *ou* de croisière. **k) ~handbuch** n. || traveller's guide *or* handbook || guide m. **l) ~kamera** f. || travelling camera || caméra f. de voyage. **m) ~karte** f. || itinerant map || carte f. itinéraire. **n) ~kocher** m. (Elektr) || travelling boiling device; traveller's electric saucepan || bouillotte f. de voyage. **o) ~koffer** m. || travelling trunk || malle f. **p) ~kompaß** m. || travelling compass || compas m. de route. 17

Reisekosten pl. || travelling expenses pl. *or* allowances pl. || frais mpl. de voyage. **a) Vergütung** f. für ~ || allowance for travelling expenses || allocation f. pour frais de voyage. 18

Reise-mantel m. || travelling cloak || cache-poussière m. **a) ~mikroskop** n. || travelling microscope || microscope m. de voyage. **b) ~modell** n. eines Fernrohres || travelling type telescope || modèle m. d'une lunette de voyage. **c) ~mütze** f. || travelling cap || casquette f. de voyage. 19

reisen || to travel || voyager. 20

Reisender m. (Fahrgast) || passenger || voyageur m. 21

Reise-necessaire n. *s.* Reisebesteck. **a) ~posten** m. || post as a traveller || place f. de voyageur de commerce. 22

Reiser npl. || twigs pl.; strigs pl.; sticks pl. || ramilles fpl. 23

Reisesack m. || cloak *or* clothes *or* carpet bag || sac m. de voyage. 24

Reiseschreibmaschine f. || travelling typewriter || machine f. à écrire de voyage. **a) zusammenklappbare** ~ || folding portable typewriter || machine f. à écrire pliable portative. 25

Reise-schuh m. || travelling shoe || soulier m. de voyage. **a) ~spesen** pl. || travelling expenses pl. || frais mpl. de voyage. **b) ~spesenbuch** n. || traveller's expense book || livre m. de dépenses pour voyageurs de commerce. **c) ~stativ** n. || travelling stand || statif m. de voyage. 26

Reisetasche f. || travelling bag; wallet || valise f. de voyage; sac m. de voyage *ou* de nuit. **a) lederne** ~ || leather cloak *or* travelling bag || sac m. de voyage *ou* valise f. en cuir. 27

Reisetaschen-beschläge mpl. || fittings pl. for travellers' bags || ferrures fpl. pour sacs à main. **a) ~bügel** m. || outer casing for travellers' bags || monture f. de valises de voyage. 28

Reise-tintenflasche f. || ink filling bottle for travellers || bouteille f. à encre pour le voyage. **a) ~uhr** f. || travelling clock || pendule f. de voyage. **b) ~unkosten** pl. || travelling expenses pl. || frais mpl. de voyage. **c) ~wagen** m. || touring car || voiture f. de voyage *ou* de tourisme. **d) ~weg** m. || itinerary || itinéraire m. 29

Reis-grieß m. || ground rice || semoule f. de riz. **a) ~holz** n. *s.* Reisig. 30

Reisig n. || faggots pl.; brushwood || menu bois m.; fagotage m.; ramilles fpl.; broutilles fpl. **a)** ~ (Wasserb) || brush *or* fascine wood || branchage m.; branches fpl.; brins mpl. **b)** ~ zur **Schachtauszimmerung** || brushwood for timbering a shaft || dosses fpl. dans un puits de mine. 31

Reisig-besen m. || birch broom || balai m. de bouleau. **a) ~bett** n. || brushwood revetment || fagotaille f. **b) ~bund** n. *s.* Reisigbündel. 32

Reisigbündel n. || wood *or* bush bundle; faggot; bavin; fascine || bourrée f.; fagot m.; fascine f.; cotret m.; faisceau m. **a) kleines** ~ || small faggot || margotin m. 33

Reisig-gradierwerk n. || cooler of faggot type; brushwood cooling-stack || réfrigérant m. à fascinage; bâtiment m. de graduation à fascines. **a) ~holz** n. *s.* Reisig. **b) ~sammler** m. || twig gatherer || ramasseur m. de ramilles. **c) ~schneider**

m. || brushwood cutter; coppice *or* copse cutter || coupeur m. de ramilles *ou* de broutilles *ou* de menu bois. 1

Reis-mehl n. || rice flour || farine f. de riz. **a) ~mühle** f. || rice mill || moulin m. à riz; rizerie f. **b) ~müller** m. || rice miller || décortiqueur m. de riz; rizeur m. **c) ~papier** n. || pith *or* rice paper || papier m. de riz. **d) ~puder** m. || rice powder || poudre f. de riz. 2

Reiß-ahle f. || marking *or* scribe *or* scribing awl; scriber || pointe f. à tracer; traceret m. **a) ~bahn** f. || stripping *or* ripping panel || panneau m. de déchirure. 3

Reißblei n. || plumbago; black lead; graphite || plombagine f.; mine f. de plomb; crayon m. de mine; graphite m. **a) ~tiegel** m. || black-lead crucible; black-lead melting pot; plumbago crucible || creuset m. de plombagine *ou* en graphite. 4

Reißbrett n. || drawing board || planche f. à dessiner. **a) ~stift** m. || peg for drawing boards || broquette f. pour planches à dessiner; punaise f. 5

reißen (Risse bekommen) || to chap; to crack; to rift; to split || se crévasser; se fendre. **a) ~** (zerreißen) || to tear || déchirer. **b)** den **Samt** m. **~** || to cut velvet || ciseler *ou* couper le velours. **c) Scheiben** fpl. **~** || to get copper cakes; to lift off round crusts of copper; to produce rosette-copper || faire des rosettes fpl. 6

Reißen n. || clinking; cracking || déchirure f. **a) ~** des **Glühkopfes** || cracking of the hot-bulb || remplacement m. du bulbe chaud *ou* de la calotte chaude. **b) ~** des **Holzes** || cracking of the wood || gercement m. du bois. **c) ~** des **Samts** || cutting of velvet || ciselage m. du velours. 7

Reißer m. (Teilmaschine) || cutting point || couteau m.; tracelet m. **a) ~werk** n. || cutting frame || traçoir m. 8

Reiß-feder f. || drawing *or* ruling pen || tire-ligne m. **a) ~festigkeit** f. || resistance to tearing || résistance f. à la déchirure. **b) ~kohle** f. || blue black || crayon m. de charbon; charbon m. de saule. **c) ~kraft** f. des Planierlöffels || excavating power of the skimmer || force f. d'arrachement du godet à niveler. **d) ~krempel** f. || breaker *or* scribbler card || carde f. briseuse *ou* en gros. **e) ~länge** f. (Mech) || length of tension || longueur f. de rupture. **f) ~latte** f. || split lath || latte f. fendue *ou* de fente. **g) ~leine** f. || release cord; ripping line || corde f. de déchirure. **h) ~maß** n. || carpenter's *or* marking *or* shifting gauge || tracequin m.; trusquin m. 9

Reiß-Mikrophon n. || Reiß microphone || microphone m. Reiß. 10

Reiß-model m. *s.* **~maß. a) ~nadel** f. || drawing point; prick punch; mark scraper || pointe f. (à tracer). 11

Reißnagel m. || drawing pin; thumb tack || punaise f. **a) ~** mit **flachem Kopf** || flat head thumb tack || punaise f. à tête plate. **b) ~** mit **gewölbtem Kopf** || convex head thumb tack || punaise f. à tête bombée. **c) ~** mit **Messingkopf** || brass head thumb tack || punaise f. à dessin à tête en laiton. 12

Reißpflug m. || scarifier || scarificateur m. 13

Reißschiene f. || (T-) square; drawing rule; trowel || équerre f.; règle f. à dessiner; T m.; té m. **a) hölzerne ~** || wooden T-square || té m. en bois. 14

Reiß-schnur f. || plummet || fil m. de plomb. **a) ~spitze** f. || drawing point; marking *or* scribing awl || pointe f. (à tracer); traceret m. **b) ~stift** m. *s.* **~nagel. c) ~stock** m. *s.* **~maß.** 15

Reis-stärke f. || rice starch || amidon m. de riz. **a) ~stroh** n. || rice straw || paille f. de riz. 16

Reiß-trommel f. (Textil) || willowing drum || tambour m. à crocs. **a) ~verschluß** m. || pull fastener || fermoir m. à tirer (en métal). **b) ~wolf** m. (Spinn) || devil; willowing machine; hard waste breaker || diable m.; loup-briseur m. pour déchet dur; carde-effilocheuse f.; déflocheuse f. 17

Reißzeug n. || box of compasses *or* of mathematical instruments; drawing set || étui m. de mathématiques *ou* de compas. **a) Schul~** || scholar drawing set || boîte f. de compas pour écoliers. 18

Reißzeug-kasten m. || case of drawing instruments || étui m. *ou* boîte f. de mathématiques. **a) ~macher** m. || compass maker || fabricant m. de compas. 19

Reiß-zirkel m. || compasses pl. with shifting points; drawing compasses pl. || compas m. à pointes de rechange. **a) ~zwecke** f. *s.* Reißnagel. 20

Reiste f. von Flachs || strick of heckled *or* sorted flax || poignée f. *ou* poignon m. de lin. 21

Reit-anzug m. || riding costume *or* habit || costume m. de cavalier. **a) ~bahn** f. || manege; riding house; horse ride || manège m. 22

Reitel m. || anvil; recoil; rabbit; spring beam || billot m.; rabat m.; battoir m. **a) ~sattel** m. || rabbit beam || rabat m. supérieur. **b) ~säule** f. || rabbit stand || colonne f. de rabat. 23

reiten || to ride; to go on horseback || aller à cheval. **a)** vor **Anker** m. **~** (Seew) || to ride upon anchor || tanguer sur l'ancre m. 24

Reiter m. (Schreibm; Wage) || slide || cavalier m.; courseur m. **a) ~** (Spinn) || traveller; runner || curseur m.; traveller m.; voyageur m. 25

Reiterchen n. der Wage || rider of the balance || cavalier m. de la balance. 26

Reiterlehre f. || straddle gauge || calibre m. cavalier. 27

Reit- und Fahrgeschirrbeschläge mpl. || fittings pl. for horse harnesses and coaches || armatures fpl. pour harnais de chevaux et de voitures. 28

Reit-halfter f. || head collar || licou m.; licol m. **a) ~nagel** m. (Drehbank) || back center || pointe f.; contre-pointe f. **b) ~peitsche** f. || riding whip; horsewhip || cravache f. **c) ~schule** f. || riding house; riding school; manege || manège m. **d) ~stiefel** m. || riding boot || botte f. à l'écuyère. 29

Reitstock m. (Drehbank) || sliding puppet; tailstock || poupée f. mobile *ou* à pointe; contre-poupée f. **a) ~** (Sport) || riding stick || cravache f.; houssine f. **b) Bohr~** || boring head || contre-poupée f. de perçage. 30

Reitstockspitze f. || back centre || contre-pointe f. 31

Reitweg m. || bridle path; horse way || route f. cavalière. 32

Reiz m. (Anmut) || attractiveness || attrait m. **a) ~** (Nerven) || excitement || excitation f. 33

reizen || to excite || exciter. 34

reizend || attractive || ravissant. 35

Reiz-mittel n. || stimulus || stimulant m. **a) ~schwelle** f. || liminal value of the stimulus || seuil m. de la sensation. 36

Reklamation f. || protest; complaint; claim; querry || réclamation f. **a) ~ technischer Art** || claim of a technical character || réclamation f. de nature technique. 37

Reklame f. || (puffing) advertisement; advertizement || réclame f.; propagande f. **a) ~machen** || to advertise; to advertize; to puff one's goods || faire de la réclame. 38

Reklame-anstalt f. || advertisement office || bureau m. de réclame. **a) ~artikel** m. || advertising article || objet m. de propagande; article m. de réclame. **b) ~- und Zugabeartikel** mpl. || advertising and gratuitous articles pl. || articles mpl. de réclame et à donner par-dessus le marché. **c) ~band** n. || advertising ribbon || ruban m. de réclame. **d) ~beleuchtung** f. || advertisement illumination || éclairage m. de réclame. **e) ~bleistift** m. || advertising pencil || crayon-réclame m. **f) ~buchstabe** m. || letter for advertising purposes || caractère m. pour réclame. **g) ~erfolg** m. || advertising success || succès m. de propagande. **h) ~gegenstand** m. *s.* **~artikel. i) ~kalender** m. || advertising calendar || calendrier-réclame m. **k) ~kunst** f. || advertising art || art m. de propagande. **l) ~lederartikel** m. || leather article with advertising matter || article m. de réclame en cuir. **m) ~lineal** n. || advertising ruler || règle f. de réclame. **n) ~marke** f. || advertising stamp || marque f. de réclame. **o) ~maßstab** m. || advertising scale || règle f. divisée de réclame. **p) ~plakat** n. || show card || tableau m. réclame. 39

Reklameschild n. || advertising signboard || enseigne f. pour la réclame. **a) leuchtendes ~** || electrical sign || enseigne f. lumineuse. 40

Reklame-taschenmesser n. || advertising pocket knife || canif m. de réclame. **a) ~-uhr** f. || advertising clock || horloge-réclame f. **b) ~wagen** m. || advertising van || voiture-réclame f. 41

reklamieren || to raise a claim; to object; to complain || réclamer. 42

Rekord m. || record || record m. 43

Rektaszension f. (Astro) || right ascension || ascension f. droite. 44

Rekteseite f. || odd *or* uneven page || page f. belle *ou* impaire; recte m. 45

Rektifikation f. (Chem) || rectification || rectification f. **a) ~** eines **Flußbettes** || diversion of a river channel || rectification f. du lit d'un fleuve. **b) ~** einer **Kurve** (Geom) || rectification of a curve || rectification f. d'une courbe. 46

Rektifizierapparat m. || rectifying apparatus; rectifier || appareil m. de rectification *ou* à rectifier. 47

rektifizieren (Brenn) || to clear; to refine || épurer. **a) ~** (Chem) || to rectifine; to refine; to redistil || rectifier. **b) ~** (Instrum) || to adjust || régler. **c)** eine **Kurve ~** || to rectify a curve || rectifier une courbe. 48

Rektifizieren n. || rectification || rectification f. 49

rektifizierter Alkohol m. || rectified alcohol *or* spirit || alcool m. rectifié. 50

Rektometer n. || rectometer || rectomètre m. 51

Rekuperativfeuerung f. ‖ recuperative furnace ‖ foyer m. à récupérative de châleur. 1

Relais n. ‖ relay ‖ relais m. **a) ankerloses ~** ‖ relay without armature ‖ relais m. sans armature. **b) Anodenalarm~** (Fernm) ‖ alarm relay for plate potential ‖ relais m. de contrôle du potentiel de plaque. **c)** das **~ fällt ab** ‖ the armature drops; the relay releases ‖ l'armature f. retombe; le relais m. laisse retomber son armature. **d) ferngesteuertes ~** ‖ distantly controlled relay ‖ relais m. à distance. **e)** ein **~** n. **halten** ‖ to keep a relay excited; to hold a relay ‖ maintenir excité un relais. **f) Impedanz~** ‖ impedance relay ‖ relais m. à impedance. **g) neutrales ~** ‖ neutral relay ‖ relais m. neutre. **h) polarisiertes ~** ‖ polarized relay ‖ relais m. polarisé. **i) träge wirkendes ~** ‖ marginal relay ‖ relais m. à action différée. 2

Relais-abfallzeit f. (Fernm) ‖ relay-releasing time ‖ temps m. de déplacement des relais. **a) ~bau** m. ‖ relay construction ‖ construction f. de relais. **b) ~glocke** f. ‖ relay bell ‖ sonnerie f. à relais. **c) ~hauptuhr** f. ‖ relay master clock ‖ horloge f. principale à relais. **d) ~magnet** m. ‖ relay magnet ‖ aimant m. du relais. **e) ~platte** f. (Fernm) ‖ relay plate ‖ panneau m. de relais. **f) ~-rufübertragung** f. für den Verstärkerbetrieb ‖ relay repeater for ringing currents in repeater work ‖ translation f. d'appel par relais en service des répéteurs. **g) ~satz** m. ‖ relay set ‖ dispositif m. des relais. **h) ~schaltung** f. ‖ relay connection ‖ couplage m. de relais. **i) ~schiene** f. ‖ relay rail ‖ rail m. de relais. **k) ~schrank** m. ‖ relay frame ‖ armoire f. des relais. **l) ~system** n. (Selbstanschl) ‖ relay combination ‖ système m. automatique tout à relais. 3

Relaisuhr f. ‖ relay clock ‖ horloge f. à relais. 4

Relaisuhrenzentrale f. ‖ relay clock central station ‖ centrale f. d'horloges à relais. 5

Relais-wirkung f. ‖ relay action ‖ action f. de relais. **a) ~zahlengeber** m. ‖ relais sender ‖ émetteur m. des impulsations par relais. 6

Relation f. (Math) ‖ relation ‖ relation f. 7

relativ ‖ relative ‖ relatif. **a) ~e Höhe** f. ‖ height above the ground ‖ hauteur f. relative. 8

Relativitätstheorie f. ‖ theory of relativity ‖ théorie f. de la rélativité. 9

Relief n. ‖ relief; relievo ‖ relief m. **a) Auftragen** n. von **~s** auf Porzellan ‖ china ornamentation ‖ pastillage m. **b) Flach~** ‖ low relief ‖ bas-relief m. 10

Relief-druck m. (Buchdr) ‖ printing in relievo ‖ impression f. en relief. **a) ~-druckmaschine** f. ‖ relief-printing machine ‖ machine f. pour impression en relief. **b) ~gravierkunst** f. ‖ relief engraving ‖ gravure f. en relief. **c) ~kopiermaschine** f. ‖ relievo copying machine ‖ machine f. à copier en relief. **d) ~email** n. ‖ embossed enamel ‖ émail m. en relief; émail m. en haute et en basse taille. **e) ~schreiber** m. (Fernm) ‖ embosser ‖ récepteur m. à pointe séche. **f) ~-verfahren** n. ‖ (Fernm) embossed writing picture telegraphy ‖ téléphotographie f. à écriture en relief. **g) ~walzendruckmaschine** f. (Zeugdr) ‖ surface printing machine ‖ métier m. à surface; hermetine f.; plombine f. 11

Reling f. ‖ railing ‖ bastingage m. 12

Relings-log n. ‖ rail log ‖ loch m. de fortune. **a) ~stütze** f. (Schiffb) ‖ stanchion ‖ allonge f. du pavois; batayole f.; chandelier m. *ou* montant m. de bastingage. 13

Reluktanz f. (Elektr) ‖ reluctance ‖ réluctance f. 14

remanent (Elektr) ‖ remanent ‖ rémanent. **a) ~er Magnetismus** m. ‖ residual magnetism ‖ magnétisme m. résiduel *ou* rémanent. 15

Remanenz f. (Elektr) ‖ remanence ‖ rémanence f.; aimantation f. rémanente. 16

Remedium n. am Schrot (Münzw) ‖ allowance in weight ‖ remède m. *ou* tolérance f. de poids. 17

Remise f. ‖ coach house ‖ remise f. 18

Remittent m. ‖ remitter; sender; payee ‖ remetteur m. 19

remittieren ‖ to send back; to send; to remit ‖ faire des remises fpl. 20

Remontoiruhr f. ‖ keyless watch; stem-winding watch ‖ montre f. à remontoir. 21

Rems m. (Boot) ‖ bottom boards pl.; foot waling ‖ paracloses fpl. 22

Rendant m. ‖ accountant; auditor ‖ trésorier m.; caissier m. 23

Renn-arbeit f. (Met) ‖ direct extraction of iron or steel from the ore ‖ extraction f. directe du fer ou de l'acier de son minerai. **a) ~bahn** f. ‖ (race) course *or* track ‖ champ m. de course. 24

Rennen n. ‖ race ‖ course f. 25

Renn-fahrer m. ‖ racer ‖ coureur m. **a) ~feuer** n. (Met) ‖ bloomery fire; catalan hearth ‖ bas-foyer m.; forge f. catalane. **b) ~flugzeug** n. ‖ racing aeroplane; racer ‖ avion m. de concours. **c) ~glas** n. ‖ race glass ‖ jumelles fpl. de courses. **d) ~herd** m. (Met) ‖ bloomery forge ‖ feu m. *ou* foyer m. à loupe; basfoyer m. **e) ~jacht** f. ‖ racing yacht ‖ yacht m. de course. **f) ~latten** fpl. (Boot) ‖ bottom boards pl.; foot waling ‖ paracloses fpl. **g) ~spindel** f. ‖ pump drill ‖ drille f.; trépan m. **h) ~stahl** m. ‖ crude steel ‖ acier m. naturel. **i) ~strecke** f. ‖ race track ‖ champ m. de course. **k) ~wagen** m. ‖ racing car; racer ‖ voiture f. de course. 26

Renommee n. ‖ reputation; repute ‖ réputation f.; renom m.; renommée f. 27

Rens n., ein **~** auf die Naht eines Segels setzen ‖ to prick the seam of sail ‖ piquer *ou* renforcer la couture d'une voile. 28

rentabel ‖ profitable; lucrative ‖ lucratif; d'un bon rapport. 29

Rentabilität f. ‖ profitableness; lucrativeness ‖ rendement m. 30

Rentabilitätsrechnung f. ‖ calculation of prospective profits ‖ calcul m. de rendement financier. 31

Rentamt n. ‖ revenue office ‖ bureau m. des finances; recette f. 32

Rente f. ‖ income; revenue; annuity ‖ rente f.; annuité f. **a) Grund~** ‖ ground rent ‖ rente f. foncière. **b) jährliche ~** ‖ annuity ‖ rente f. annuelle. 33

Renten-brief m. ‖ annuity bond ‖ titre m. de rente. **a) ~rechnung** f. ‖ calculation of rents and annuities ‖ rentes fpl. et annuités fpl. 34

rentieren, sich ‖ to yield an income *or* a revenue ‖ rapporter; rendre. 35

Reparations-kohle f. ‖ reparation *or* indemnity coal ‖ charbon m. indemnitaire. **a) ~konto** n. ‖ reparations account ‖ compte f. des réparations. 36

Reparatur f. *s. auch* Ausbesserung ‖ repairing; repair ‖ réparation f.; rhabillage m. **a)** die Maschine krankte an **oftmaligen ~en** ‖ the engine suffered from a constant need of repairs ‖ la machine dut souvent subir des réparations. 37

Reparatur-gleis n. ‖ track for rolling stock in repair ‖ voie f. pour la réparation du matériel. **a) ~grube** f. (Auto) ‖ inspection pit ‖ fosse f. de réparation. **b) ~hauer** m. (Bergb) ‖ repairer; top ripper ‖ répareur m.; recarreur m. **c) ~kasten** m. ‖ repairing box ‖ boîte f. à réparations. **d) ~-kraftfahrzeug** n. ‖ repairing auto car ‖ automobile f. de réparation. 38

Reparaturwerkstatt f. ‖ repair shop ‖ atelier m. de réparations. **a) Maschinen~** ‖ machine repair workshop ‖ atelier m. de réparation de machines. 39

reparieren *s. auch* ausbessern ‖ to repair ‖ réparer. **a) provisorisch ~** ‖ to make a temporary repair ‖ faire une réparation provisoire. 40

repassieren (Tuchm) ‖ to mend; to trim ‖ repasser. 41

Repassieren n. ‖ trimming ‖ repassage m. 42

repastieren ‖ to repaste ‖ retartiner. 43

Repetier-gewehr n. ‖ repeating rifle ‖ fusil m. à répétition. **a) ~uhr** f. ‖ repeating watch; repeater ‖ montre f. à répétition. 44

Repetitions-achse f. (Vermessung) ‖ repeatting axis ‖ axe m. de répétition. **a) ~-kreis** m. ‖ repeating circle ‖ cercle m. répétiteur. 45

Repetitionstheodolit m. ‖ repeating theodolite ‖ théodolite m. répétiteur. **a) ~** mit **Höhenkreis** ‖ repeating theodolite with altitude circle ‖ thédolite m. répétiteur avec limbe vertical. 46

Repetitionsverfahren n. ‖ repeating method ‖ méthode f. de répétition. 47

Repressalien fpl. ‖ reprisals pl. ‖ représailles fpl. 48

Reproduktions-anstalt f. ‖ establishment for photomechanical process ‖ atelier m. de reproduction photomécanique. **a) ~-kamera** f. (Lichtb) ‖ camera for copying work ‖ chambre f. noire pour la reproduction. **b) ~technik** f. ‖ reproducing method ‖ procédé m. de reproduction. **c) ~verfahren** n. ‖ photomechanical process; process of reproduction ‖ procédé m. de reproduction. 49

reproduzieren ‖ to reproduce ‖ reproduire. 50

Reptilienfänger m. ‖ reptile catcher ‖ chasseur m. de reptiles. 51

Reptilleder n., **echtes** ‖ genuine reptile leather ‖ cuir m. de reptile véritable. 52

Repulsionskraft f. ‖ power of repulsion; repelling power; repulsiveness ‖ force f. répulsive. 53

requirieren ‖ to claim; to demand ‖ requérir; réclamer. 54

Reservage f. (Zeugdr) *s. auch* Reserve ‖ reserve; resist ‖ réservage m.; réserve f. **a) ~druck** m. (Zeugdr) ‖ reserve *or* resist style ‖ impression f. avec réserves. **b) ~papp** m. (Zeugdr) ‖ resist paste; reserve ‖ réserve f. 1

Reserve f. ‖ reserve ‖ réserve f. **a) ~** (Zeugdr) *s. auch* Reservage ‖ reserve; resist ‖ réservage m.; réserve f. **b) Augenblicks~** ‖ instantaneous stand-by ‖ réserve f. momentanée. **c) farbige ~** (Zeugdr) ‖ coloured reserve ‖ réserve f. à couleur. **d) fette ~** (Zeugdr) ‖ fat reserve ‖ réserve f. épaisse. **e) stille ~** ‖ hidden reserve ‖ réserve f. latente. **f) weiße ~** (Zeugdr) ‖ white reserve ‖ réserve f. blanche. 2

Reserve . . . *s. auch* Ersatz . . . 3

Reserve-batterie f. (Elektr) ‖ reserve battery ‖ batterie f. de réserve. **a) ~felge** f. ‖ extra rim ‖ jante f. de réserve. **b) ~fonds** m. ‖ reserve *or* surplus fund ‖ fonds m. de réserve. **c) ~hauptuhr** f. ‖ spare master clock ‖ horloge f. principale de réserve. **d) ~isolator** m. ‖ spare insulator ‖ isolateur m. de rechange. **e) ~kapital** n. ‖ reserve capital ‖ capital m. de réserve. **f) ~konto** n. ‖ reserve account ‖ compte m. de réserve. **g) ~leistung** f. ‖ reserve capacity ‖ réserve f. de puissance. 4

Reservemaschine f. ‖ reserve machine ‖ machine f. de réserve. **a) ~** (Eisenb) ‖ pilot engine ‖ machine-pilote f. 5

Reserve-rad n. ‖ spare wheel ‖ roue f. de secours *ou* de rechange. **a) ~segel** n. ‖ spare sail ‖ voile f. de rechange. **b) ~sieb** n. ‖ reserve sieve ‖ tamis m. de rechange. **c)** Aufbewahrungsort m. für **~spieren** fpl. ‖ barring ‖ drome f. **d) ~stänge** f. (Seew) ‖ spare topmast ‖ mât m. de hune de rechange. **e) ~stück** n. *s.* ~teil. **f) ~teil** m. ‖ spare *or* replace *or* reserve part ‖ pièce f. de rechange *ou* de réserve. 6

reservieren ‖ to reserve; to put by ‖ réserver; tenir en réserve. 7

Reservieren n. (Zeugdr) ‖ resisting ‖ réservage m. 8

Reservoir n. *s. auch* Behälter ‖ reservoir ‖ réservoir m. **a) Haupt~** ‖ main tank ‖ réservoir m. principal. 9

Residuum n. (Chem) *s. auch* Rückstand ‖ residuum; residue ‖ résidu m. 10

Resonanz f. ‖ resonance ‖ résonance f. 11

Resonanzboden m. ‖ sound(ing) board ‖ table f. d'harmonie; résonance f. **a) ~lack** m. ‖ sounding board varnish ‖ vernis m. pour tables d'harmonie. 12

Resonanz-holz n. ‖ belly wood; sounding board wood ‖ bois m. de résonance. **a) ~induktor** m. ‖ resonance transformer ‖ transformateur m. à résonance. **b) ~kurve** f. ‖ resonance curve ‖ courbe f. de résonance. **c) ~spitze** f. ‖ resonance peak ‖ pointe f. de résonance. 13

Resonator m. ‖ resonator; vibrator ‖ résonateur m. 14

Resorzin n. ‖ resorcin(e) ‖ résorcine f. 15

Resorzinatsprengkapsel f. ‖ resorcinate explosive cartridge ‖ capsule f. explosive à la résorcine. 16

Respekttage mpl. ‖ days pl. of grace *or* respite ‖ jours mpl. de répit *ou* de grâce. 17

Respirationsapparat m. *s. auch* Atmungsgerät ‖ breathing apparatus ‖ appareil m. de respiration artificielle. 18

Respirator m. ‖ respirator ‖ appareil m. respiratoire. 19

Rest m. ‖ rest; residue ‖ reste m.; résidu m. **a) ~** (Webwaren) ‖ remnants pl. ‖ coupon m. 20

Restant m. ‖ defaulter; person in arrears ‖ reliquataire m. 21

Rest-bestand m. (Handel) ‖ balance ‖ solde m. **a) ~dämpfung** f. (Fernm) ‖ overall transmission loss; net equivalent ‖ affaiblissement m. effectif; équivalent m. net; atténuation f. résiduelle. **b) ~faß** n. ‖ rest cask ‖ foudre m. aux restes. **c) ~lieferung** f. ‖ final delivery ‖ livraison f. finale. **d) ~stromstoß** m. (Selbstanschl) ‖ partial impulse ‖ impulsion f. incomplète. **e) ~zahlung** f. ‖ payment of balance; final instalment ‖ payement m. pour solde. 22

Resultante f. *s.* Resultierende. 23

Resultat n. ‖ result ‖ résultat m. 24

resultierend ‖ resulting ‖ résultant. **a) ~e Kraft** f. ‖ resultant force ‖ force f. résultante. 25

Resultierende f. ‖ resultant ‖ résultante f. 26

Retentionsrecht n. ‖ lien; right of retention ‖ droit m. de rétention. 27

Retinasphalt m. ‖ retinasphalt; retinite ‖ rétinasphalte m.; rétinite f. 28

Retinit m. *s.* Retinasphalt. 29

Retorte f. ‖ retort ‖ cornue f.; retorte f.; alambic m. **a) geschweißte ~** ‖ welded retort ‖ cornue f. soudée. **b) Glas~** ‖ glass retort ‖ retorte f. en verre. **c) hitzebeständige ~** ‖ heat-resisting retort ‖ cornue f. d'une haute résistance à la température. **d) irdene ~** ‖ earthen retort ‖ cornue f. de grès. **e) Lademaschine** f. für **~n** *s.* Retortenbeschickmaschine. **f) Röhren~** ‖ tubulated retort ‖ cornue f. *ou* retorte f. à tubulure. **g) rotierende ~** ‖ rotatory retort ‖ retorte f. à fond mobile. **h) ~ aus Ton** ‖ clay retort ‖ cornue f. en terre. 30

Retorten-beschickmaschine f. ‖ retort charging machine ‖ machine f. à charger les cornues; chargeuse f. pour cornues. **a) ~füller** m. ‖ retort filler ‖ chargeur m. de cornues. **b) ~graphit** m. ‖ retort graphite ‖ graphite m. de retortes. **c) ~hals** m. ‖ neck of a retort ‖ col m. *ou* cou m. d'une cornue. **d) ~haus** n. ‖ retort house ‖ chambre f. des cornues. **e) ~kitt** m. ‖ retort cement ‖ mastic m. à cornues. **f) ~kohle** f. ‖ retort *or* gas carbon ‖ charbon m. de cornue. **g) ~kontaktverfahren** n. ‖ retort contact process *or* method ‖ procédé m. de contact dans des cornues. **h) ~lademaschine** f. *s.* ~beschickmaschine. **i) ~leerer** m. ‖ retort emptier ‖ déchargeur m. de cornues. **k) ~ofen** m. ‖ chemical *or* retort furnace ‖ fourneau m. à cornues *ou* à retortes. **l) ~stein** m. ‖ retort brick ‖ brique f. à cornue. **m) ~verkohlung** f. ‖ cylinder burning *or* charring ‖ carbonisation f. dans des cylindres *ou* par distillation. **n) ~verkokung** f. ‖ cylinder coking ‖ carbonisation f. dans des cylindres *ou* par distillation. 31

Retourwechsel m. ‖ cross bill ‖ rechange m.; retraite f. 32

Rettich m. ‖ (black) radish ‖ radis m.; raifort m. **a) ~schneider** m. ‖ radish knife ‖ coupe-radis m. 33

rettlos (Seew) ‖ disabled ‖ désemparé. 34

Rettungs-apparat m. *s.* Rettungsgerät. **a) ~boje** f. ‖ life *or* safety buoy ‖ bouée f. de sauvetage. 35

Rettungsboot n. ‖ life boat ‖ bateau m. de sauvetage. **a) Luftkasten** m. eines **~es** ‖ air case of a life boat ‖ caisse f. à air d'un canot de sauvetage. 36

Rettungseinrichtung f. ‖ rescue installation ‖ installation f. de sauvetage. 37

Rettungsgerät m. ‖ (life) saving *or* salvage apparatus; life preserver ‖ appareil m. de sauvetage. **a) ~ für Gruben** ‖ rescue apparatus for mines ‖ appareil m. de sauvetage pour mines. 38

Rettungs-gürtel m. ‖ life *or* safety belt ‖ ceinture f. de sauvetage. **a) ~kutter** m. ‖ life cutter ‖ canot m. de sauvetage. **b) ~ring** m. ‖ life buoy; life belt ‖ ceinture f. de sauvetage. **c) ~wagen** m. ‖ emergency car ‖ camion m. de secours. **d) ~zug** m. (Eisenb) ‖ safety train; life train ‖ train m. de secours. 39

Retusche f. ‖ retouching ‖ retouche f. 40

Retuschierbutter f. ‖ litharge varnish ‖ vernis m. à litharge. 41

retuschieren ‖ to retouch ‖ retoucher. 42

Retuschierer m. ‖ retoucher ‖ retoucheur. 43

Retuschierfarbe f. ‖ retouching medium ‖ encre f. pour retouche. 44

Reugeld n. ‖ forfeit money; fine ‖ dédit m.; folle enchère f.; forfait m. 45

Reuse f. ‖ bow *or* drum *or* hoop net; weel; fisch pot *or* basket ‖ bire f.; nasse f.; panier m. **a) Draht~** ‖ wire bow net ‖ nasse f. en fil de fer. **b) ~ ohne Einkehle** ‖ weel without neck ‖ panier m. de bonde. **c) Fisch~** ‖ fish bow net ‖ nasse f. à poissons. **d) Krebs~** ‖ crayfish bow net ‖ nasse f. à écrevisses. **e) ~ aus Weidengeflecht** ‖ osier bow net ‖ nasse f. en osier. 46

Reusen-antenne f. ‖ bow-net aerial ‖ antenne f. en forme de nasse. **a) ~fischer** m. ‖ weir fisherman ‖ pêcheur m. à la nasse. **b) ~fischerei** f. ‖ weir fishing ‖ pêche f. à la nasse. **c) ~macher** m. ‖ bow net plaiter ‖ tresseur m. de nasses. 47

Revers m. (Gegenschein) ‖ bond; undertaking; counter-bill ‖ acte m. de reverse; lettre f. réversale. **a) ~** (Schneid) ‖ open lining ‖ retroussis m. **b) ~ einer Münze** ‖ reverse of a coin ‖ pile f. *ou* revers m. d'une monnaie. 48

Reversibilität f. ‖ reversibility ‖ réversibilité f. 49

reversierbar ‖ reversible ‖ réversible. 50

Reversier-bewegung f., jede Straße f. wird durch eine Maschine mit ~ angetrieben (Walzw) ‖ each mill is driven by a reversible engine ‖ chaque train m. est actionné par une machine avec mouvement réversible. **a) ~duostraße** f. mit Dampfantrieb ‖ steam driven two-high reversing mill ‖ duo m. réversible à vapeur. **b) ~maschine** f. ‖ reversing machine ‖ machine f. réversible. **c) ~motor** m. ‖ reversible motor ‖ moteur m. réversible **d) ~walzwerk** n. ‖ reversing rolling mill ‖ laminoir m. *ou* train m. réversible. 51

Revidierbogen m. (Buchdr) ‖ revise; second revise ‖ tierce f. 52

revidieren ‖ to check; to audit; to examine ‖ revoir; reviser; vérifier; faire la revision. **a) ~** (Buchdr) ‖ to read the clean proof; to revise; to correct ‖ corriger; lire *ou* relire une épreuve. 53

Revier n. (Bergb) ‖ mining district ‖ district m. de mines. **a) ~** (Seew) ‖ part of a river navigable for sea vessels ‖ partie f. d'une rivière navigable pour bateaux de haute mer. **b) ~beamter** m. (Bergb) ‖ inspector of mines ‖ inspecteur m. des mines. **c) ~lotse** m. ‖ river pilot ‖ pilote m. lamaneur. 54

Revision f. (Buchdr) || revise; revision || révision f. **a)** ~ eines **Dampfkessels** || boiler testing || révision f. d'une chaudière à vapeur. **b) Schnell~** || rapid inspection || contrôle m. rapide. 1

Revisions-abteilung f. || inspection department || département m. de contrôle. **a) ~bogen** m. || clean proof; revise || seconde f.; seconde épreuve f. **b) ~loch** n. einer Wasserleitung || manhole of a water conduit || trou m. d'homme *ou* regard m. d'aqueduc. **c) ~verein** m., **Dampfkessel** || steam boiler inspection association || société f. de surveillance des chaudières à vapeur. **d) ~wagen** m. || inspection car || voiture f. de génie *ou* d'inspection. **e) ~werkzeug** n. || inspection tool || outil m. pour la révision. 2

Revisor m. || reviser; controller; auditor || reviseur m.; contrôleur m.; vérificateur m. **a)** ~ (Buchdr) || press reviser || tierceur m.; reviseur m. 3

Revolver m. || revolver; revolving pistol || revolver m.; pistolet m. revolver. **a) Farbglas~** (Opt) || revolving colour disc || revolver m. à verres colorés. **b) Objektiv~** || revolving objective changer || revolver m. à objectifs. **c) Okular~** || revolving eyepiece head || revolver-oculaire m. **d) zweifacher ~** (Fernrohr) || double revolver || revolver m. double. 4

Revolverdrehbank f. || turret lathe || tour m. revolver. **a)** ~ für **Sonderzwecke** || special purpose turret lathe || tour m. revolver spécial. 5

Revolvergehäuse n. || revolving breech || carter m. rotatif. 6

Revolverkopf m. || turret; revolving tool box; revolving head || tourelle f. revolver. **a)** ~ einer **Drehbank** || revolving head of a lathe || tourelle f. révolver d'un tour. 7

Revolverkopf-drehlänge f. || length of turret feed || course f. de chariotage de la tourelle. **a) ~lochzange** f. mit vier Lochhülsen || revolving four hole punch pliers pl. || pince f. emporte-pièce avec étoile à quatre tubes. **b) ~schlitten** m. || turret slide || chariot m. porte-tourelle. 8

Revolver-lade f. (Web) || revolver box || battant m. revolver. **a) ~presse** f. || turntable *or* revolving *or* rotary press || presse f. revolver *ou* de chantage. **b) ~stuhl** m. (Web) || revolver loom || métier m. revolver. **c) ~support** m. || revolving tool box saddle turret head || revolver m.; chariot m. porte-outil avec tourelle-revolver. **d) ~tasche** f. || revolver holster; revolver pouch || fonte f. de revolver. **e) ~tellerzuführung** f. || feed for the turn table || amenage m. par plateau revolver. 9

Rezbanyit m. || rezbanyite || rezbanyite f. 10

Rezept n. (Heilk) || prescription; recipe || ordonnance f.; formule f.; prescription f. **a)** ~ (Küche) || receipt || recette f. **b) ~vordruck** m. || prescription form || bulletin m. d'ordonnance. 11

Rezipient n. *s. auch* Sammelgefäß || recipient; receiving vessel || récipient m. 12

reziprok || reciprocal || réciproque. 13

Rhabarber m. || rheum; rhubarb || rhubarbe f. **a) ~wurzel** f. || rhubarb root || racine f. de rhubarbe. 14

Rhabdit m. || rhabdite || rhabdite f. 15

rhätisches System n. || Rhatian system || système m. rhétien. 16

Rhätizit m. || rhæticite || rhæticite f. 17

Rhea f. || rhea; ramie fiber; China grass || (fibre f. de) ramie f.; China-grass m. 18

Rheinländer f. (Buchdr) || pica || corps m. onze; philosophie f. 19

Rheostat m. || rheostat || rhéostat m. **a) Dekaden~** (Elektr) || decimal rheostat || rhéostat m. en décades. 20

Rhodan-metall n. || sulphocyanate; rhodanide || sulfocyanate m.; rhodanure m. **a) ~salz** n. || sulphocyanide || sulfocyanyre m. **b) ~verbindung** f. || sulphocyanogen compound || composé m. de sulfocyane. **c) ~wasserstoffsäure** f. || hydrosulphocyanic *or* rhodanic acid || acide m. hydrosulphocyanique *ou* sulfocyanhydrique *ou* rhodanique. 21

Rhodium n. || rhodium || rhodium m. **a) ~gold** n. || rhodium gold || rhodium m. aurifère. 22

Rhodizit m. || rhodicite || rhodicite f. 23

Rhodochrom n. || rhodochrome || rhodochrome m. 24

Rhodochrosit m. || carbonate of manganese; rhodochrosite || manganèse m. carbonaté; rhodochrosite f. 25

Rhodonit m. || silicious manganese; manganese spar; rhodonite || silicate m. de manganèse; rhodonite f. 26

Rhombendodekaeder n. || granatohedron; rhombic dodecahedron || dodécaèdre m. rhomboïdal; rhombododécaèdre m. 27

rhombisch || rhombic; rhomboidal || rhombique; rhomboïdal. 28

Rhomboeder n. || rhombohedron || rhomboèdre m. 29

rhomboedrisch || rhombohedral || rhomboédrique. 30

Rhomboid n. || rhomboid; rhomboides || rhomboïde m. 31

Rhombus m. || lozenge; rhomb || losange m.; lozange m.; rhombe m. 32

Rhumb m. (Seew) || rhumb point || aire f. de vent; rhumb m. **a) ~linie** f. || loxodromic spiral; rhumb line || loxodromie f. 33

Rhuslack m. || rhus varnish || vernis m. au rhus. 34

Rhythmus m., im ~ mit || in tune *or* in rhythm with || en rythme m. avec. 35

Ribbemesser n. zum Flachsribben || flax dresser's knife || racloir m. pour lin. 36

ribben, Flachs m. || to dress flax || racler le lin. 37

Richtbake f. || landmark || indice m.; remarque f. 38

Richtbarkeit f. || directiveness || dirigeabilité f. 39

Richt-bude f. || straightening shed || atelier m. de dressage. **a) ~dorn** m. || mandrel || mandrin m. 40

Richteisen n. (Nadl) || rubber; straightening plate *or* board || râpe f.; règle f. à jour; engin m.; dressoir m.; planche f. à pointes. **a)** ~ (Schloss; Glasf) || straightening iron || grattoir m.; fer m. à dresser. 41

Richtempfänger m. || directional receiver || récepteur m. dirigé. 42

richten (gerade richten) || to straighten; to dress || dresser; redresser. **a)** ~ (nach der Schnur gerade richten) || to align || aligner. **b)** das **Eisen** ~ || to set *or* to straighten the iron || parer le fer au marteau. **c)** ein **Fernrohr** n. ~ || to level *or* to point a telescope || braquer un téléscope. **d) gerade** ~ || to straighten || dresser. **e)** ein **Haus** n. ~ || to set-up the roof of a house || lever la charpente d'une maison; poser le bouquet sur une maison. **f)** in die **Höhe** ~ || to raise up; to lift up || lever; ériger. **g) kalt** ~ || to cold-straighten || redresser à froid. **h)** den **Kurs** m. ~ auf || to stand on the course to || prendre son cours m. vers. **i)** der **Preis** richtet sich nach der Ware || the price depends on the goods || le prix se règle sur la marchandise. **k)** die **Schiene** ~ || to adjust the rail || redresser le rail. **l)** die **Segel** npl. ~ || to trim the sails pl. || orienter les voiles fpl. 43

Richten n. (Met) || dressing || dressage m. **a)** ~ des **Drahtes** (Nadl) || straightening of wire || dressement m. du fil de fer. **b)** ~ der **Federn** || adjusting of the springs || dressage m. des ressorts. **c)** ~ der **Schienen** || setting the rails || dressement m. des rails. **d)** ~ des **Zimmerwerks** || raising of the timber-work || levage m. de la charpente. 44

richterliche Entscheidung f. || decision of the Court || décision f. du tribunal. 45

Richterspruch m. || sentence; judgment || jugement m.; sentence f. 46

Richt-fernrohr n. || directional *or* finder (A) telescope || lunette f. de direction. **a) ~funkfeuer** n. || directional radiobeacon || radiophare m. directionnel. 47

Richtigkeit f. || accuracy; rightness; fairness; truth; correctness || exactitude f.; régularité f. 48

richtigstellen || to rectify || rectifier. 49

Richtigstellung f. || adjustment; correction; rectification || rectification f.; mise f. au point. 50

Richtkraft f. || directing force || force f. directrice. **a) ~störung** f. || disturbance of directional force || perturbation f. de force directrice. 51

Richtkreis m. || transit instrument; transit || cercle m. d'alignement. 52

Richtlinie f., **allgemeine ~n** pl. für die Verarbeitung || general methods pl. of treatment || instructions fpl. générales pour le traitement. **a)** ~ eines **Diopterlineals** || guide-line of an alhidade rule || ligne f. de foi d'une alhidade. 53

Richt-lot n. || plummet || fil m. de plomb. **a) ~magnet** n. (Fernm) || directing *or* controlling magnet; governor || aimant m. correcteur *ou* directeur. 54

Richtmaschine f. || straightening machine || machine f. à dresser *ou* à bascule. **a) Balkenbiegemaschine f. und ~** || beam bending and straightening machine || machine f. à cintrer et dresser les poutres. **b) Blech~** || plate straightening machine || machine f. à planer les tôles. **c) Draht~** || wire straightening machine || machine f. à dresser les fils métalliques. **d) Förderwagen~** || tram steering machine || machine f. à diriger les wagonnets de transport. **e) Formeisen~** || sectional iron straightening machine || machine f. à dresser les fers profilés. **f) Rohr~** || tube straightening machine || machine f. à dresser *ou* à cintrer les tubes. **g) Schienen~** || rail straightener || maschine f. à dresser *ou* à rectifier les rails. **h) Wellblech~** || straightening machine for corrugated iron || machine f. à dresser les tôles ondulées. **i) Wellen~** || shaft straightening machine || machine f. à dresser les arbres. 55

Richtplatte f. (Druckerei; Meßwerkzeugfertigung) || surface plate || marbre m. de dressage. **a)** ~ (Masch) || surface *or* straightening plate || plaque f. à dresser;

tôle f. *ou* fer m. à parer. **b)** ~ (Schiffb) || bending plate || plate-forme f. à dresser. 1

Richtplatten- und Spantenplan m. (Schiffb) || bending slabs pl. and scrive boards pl. || plaques fpl. pour courber les couples. 2

Richtpresse f. || straightening press || presse f. à dresser. **a) Rohr~** || pipe straightening press || presse f. à dresser les tubes. 3

Richt-punkt m. (Feldm) || station; base || point m. de repère. **a) ~rinne** f. || straightening trough || gouttière f. de dressage. **b) ~röhre** f. der Kanalwage || vertical tube of the water tube level || fiole f. du niveau. **c) ~schacht** m. (Bergb) || underlayer || puits m. perpendiculaire. 4

Richtscheit n. || rule; straight-edge || règle f.; réglet m.; limande f. **a)** ~ (Bergb) || rule; jointing rule; straight edge || gabarit m. **b)** ~ zum **Ausfugen** (Maur) || jointing rule || règle f. de rejointoyeur. **c) doppeltes** ~ (Tischl) || winding sticks pl. || réglets mpl. **d)** ~ für die **Schienenerhöhung** || ruler for the elevation of rails || règle f. de surhaussement des rails. 5

Richtspant n. || principal *or* chief frame || couple m. de levée. 6

Richtstange f. (Bauw) || scaffold pole; standard || baliveau m. **a)** ~ (Feldm) || pole and flag || jalon m. **b)** ~ (Windmühle) || guide rod || mât m. de voilure. 7

Richtung f. || direction || direction f. **a)** die ~ **ändern** || to divert; to change direction || dévier de…; se dévier; changer de direction f. **b)** in **einer** ~ wirkend || working uni-directionally || agissant à sens unique. **c)** in **entgegengesetzter** ~ || in opposite direction || dans la direction opposée. **d)** in **gleicher** ~ || in the same direction || en même direction f. **e)** ~ der **Kraft** || direction *or* line of direction of the force || direction f. de la force. **f)** ~ der **Küste** || bearing of the coast || gisement m. de la côte. **g)** in **umgekehrter** ~ || in reversed direction || en sens m. inverse. **h) Wind~** || wind's eye || origine f. *ou* lit m. *ou* épi m. du vent. 8

Richtungs-anzeiger m. für drahtlose Telegrafie || wireless direction finder || indicateur m. de direction pour télégraphie sans fil. **a) ~betrieb** m. (Fernm) || directional operation || exploitation f. à direction déterminée. **b) ~feuer** n. (Seew) || guiding light || feu m. de direction. **c) ~finder** m. || radio *or* wireless compass || radio-boussole f.; boussole f. sans fil. **d) ~hörer** m. || synchronized sound locator || artophone m. **e) ~linie** f. (Mech) || line of direction || ligne f. de direction. **f) ~röhre** f. (Fernm) || rectifier tube || tube m. redresseur. 9

Richtungstelegrafie f. || beam telegraphy || télégraphie f. dirigée. **a) drahtlose** ~ || directional wireless telegraphy || radiotélégraphie f. dirigée. 10

Richtungs-wechsel m. || change of direction || changement m. de marche *ou* de direction. **a) ~wechsler** m. (Fernm) || reversing key || cléf f. d'inversion. **b) ~zeiger** m. || direction indicator || indicateur m. de direction. 11

Richtvermögen n. (Antenne) || directive power || pouvoir m. directif. **a)** ~ (Mech) || directing force || force f. directrice. 12

Richtverstärker m. (Funkw) || rectifier *or* rectifying strengthener || amplificateur m. redresseur *ou* dirigeable; amplificatrice-détectrice f. **a) ~röhre** f. (Funkw) || rectifier tube || lampe f. d'amplificateur dirigeable. 13

Richt-walze f. || straightening roller || cylindre m. de planage; cylindre-dresseur m. **a) ~werkzeug** n. || dressing tool || outil m. à dresser. 14

Richtwerte-berechner m. (Kriegsg) || firing data computer || compteur m. des données du tir. **a) ~übertragungsgerät** n. (Kriegsg) || firing data transmission device || transmetteur m. de données du tir. 15

Richtzange f. || flat straightening tongs pl. || pince f. à dresser. **a)** ~ für **Tastenhebel** (Schreibm) || key lever adjustment pliers pl. || pince f. à ajuster les barres de touches. **b)** ~ für **Typenhebel** (Schreibmasch) || type lever straightening pliers pl. || pince f. à redresser les tiges à caractères. 16

Richtzeug n. || levelling instrument || instrument m. à dresser. 17

Riech-fläschchen n. || smelling *or* scent bottle || flacon m. *ou* fiole f. d'odeurs. **a) ~kissen** n. || scent bag || sachet m. de senteur; sultan m. 18

Riechmittel n. || perfume; scent || parfum m. **a) ~herstellung** f. || perfumery || parfumerie f. 19

Riechrohr n. || volatilizing tube || tuyau m. *ou* tube m. à substances volatiles. **a) ~schelle** f. || collar of volatilizing tube || collier m. pour tuyaux à substances volatiles. 20

Riechsalz n. || smell salt; sal volatile; hartshorn salt || sel m. volatil (d'Angleterre). 21

Riechstoff m. || scent; perfume; odoriferous matter || parfum m.; matière f. *ou* substance f. odorante. **a) künstlicher** ~ || artificial perfume *or* scent || matière f. aromatique artificielle; parfum m. artificiel. **b) natürlicher** ~ || natural perfume || parfum m. naturel. **c) synthetischer** ~ || synthetic perfume || parfum m. synthétique. 22

Riechstoff-behälter m. || receptacle for perfume || porte-parfum m. **a) ~destillierer** m. || perfume distiller || distillateur-parfumeur m. **b) ~farbe** f. || perfume colour || couleur f. pour la parfumerie. 23

Riechwasser n. || scented water || eau f. de senteur. 24

Ried n. (Bündel Stroh) || fagot || fagot m. **a)** ~ (Moorland) || boggy country || marais m. **b)** ~ (Schilf) || reed; reed grass; sedge || roseau m.; canne f.; ros m. **c)** ~ (Web) *s.* Riet. 25

Riedgras n. || reed bent-grass; sedge || laiche f.; carex m. **a)** ~ (Strohbündel) *s.* Ried. 26

Riefe f. || flute; channel; furrow; groove; cut || rainure f.; cannelure f.; entaille f. 27

riefeln || to channel || canneler. 28

Riefelung f. des Geschosses || rifling of the projectile || rayage m. du projectile. 29

riefig werden || to score || se rayer; se crevasser. 30

Riegel m. || bar; bolt || verrou m.; pêne m.; barre f. **a)** ~ (Zimm) || intertie || entretoise f. **b)** ~ mit einem **Angriff** || bolt with a handle || verrou m. à queue. **c) Befestigungs~** || fixing catch || barre f. *ou* verrou m. de fixation. **d) deutscher** ~ || sliding bolt || pêne m. coulant. **e)** ~ einer **Fachwand** || cross bar *or* intertie *or* rail of a bay work || entretoise f. de cloison. **f) Faß~** || cross beam of a cask || verrou m. de portière de foudre. **g)** ~ mit **Feder** || spring *or* catch bolt || verrou m. à ressort. **h) französischer** ~ || dormant bolt || pêne m. dormant. **i) glatter** ~ || flat bolt || verrou m. plat. **k) halbtouriger** ~ || half-turning bolt || pêne m. à demi-tour. **l)** ~ eines **Hebezeugs** || cross-bar *or* transom of a gin || épart m. *ou* traverse f. d'une chèvre. **m)** ~ eines **Luks** || hatch bar || barre f. d'écoutille. **n)** ~ einer **Schleusenzarge** || cross piece of the framing of a lock gate || entretoise f. du cadre d'une porte d'écluse à vannes. **o)** ~ des **Schlosses** || lock bolt || verrou m. de la serrure; pêne m. **p) Schub~** || sliding bolt; sash bolt || targette f. **q) Sperr~** || safety bolt || verrou m. de sûreté. **r)** ~ eines **Streichmaßes** || stem of a shifting gauge || tige f. d'un trusquin. 31

Riegel-blech n. || staple plate || auberonnière f. **a) ~bohrer** m. || bar wimble || barroir m. **b) ~bolzen** m. || holding bolt || boulon m. d'assemblage. **c) ~haken** m. || clasp; catch for a bolt; bolt staple || verterelle f. de verrou. **d) ~haspe** f. *s.* ~haken. **e) ~holz** n. (Wagenb) || peg beam || échelier m. **f) ~krampe** f. || bolt staple || auberon m. **g) ~schloß** n. ohne Feder || bolt *or* dead lock || serrure f. à pêne sans ressort. **h) ~seife** f. || soap in bars || savon m. en briques. **i) ~wand** f. || bay work; frame-worked closing || paroi f. en clayonnage *ou* en colombage; cloison f. en charpente; pans mpl. de bois. **k) ~werk** n. (Zimm) || frame *or* stud work; square framed building; timber framing || clayonnage m. *ou* colombage m. de charpente; cloisonnage m. de bois. **l) ~zaun** m. || posts pl. with rails || clôture f. à deux lisses. 32

Riemchen n. (Bauk) || fillet; label; list; small band || bandelette f.; filet m.; listel m. carré; réglet m. 33

riemen (rudern) || to row; to oar; to pull an oar || ramer; nager. 34

Riemen m. || strap; belt || courroie f. **a)** ~ (Seew) || oar || aviron m.; rame f. **b) Abzieh~** || strop || cuir m. à rasoir. **c)** mit ~ **angetrieben** || belt-driven || à commande pour courroie. **d)** mit ~ **angetriebene Maschine** f. || belted machine || machine f. commandée par courroie. **e)** die ~ mpl. **auslegen** (Seew) || to ship the oars pl. || border les avirons mpl. **f)** den ~ **ausrücken** || to throw off the belt || débrayer la courroie. **g)** der ~ **dehnt sich** || the belt expands || la courroie s'allonge. **h) endloser** ~ || endless belt || courroie f. sans fin. **i) geflochtener** ~ || twist belt || courroie f. torse. **k) gekreuzter** ~ || crossed belt || courroie f. croisée. **l) geschränkter** ~ *s.* gekreuzter ~. **m) Gleiten** n. des ~s || slip of belt || glissement m. de la courroie. **n) Gummi~** || rubber belt || courroie f. en caoutchouc. **o) Hand~** || hand strap || courroie f. à main. **p) kurzer** ~ (Seew) || double-banked oar || aviron m. à couple. **q)** den ~ **kürzen** || to shorten the belt || raccourcir la courroie. **r) langer** ~ (Seew) || single-banked oar || aviron m. à pointe. **s) lederner** ~ || leather belt || courroie f. (en cuir). **t) offener** ~ || open belt || courroie f. ouverte.

u) ~ **ohne Ende** ‖ endless strap ‖ courroie f. sans fin. v) **Schnür~** ‖ lace ‖ lacet m. w) **Schuh~** ‖ boot lace ‖ lacet m. de soulier. x) zu **straff gespannter** ~ ‖ excessively stretched belt ‖ courroie f. trop tendue. y) **Treib~** ‖ driving belt ‖ courroie f. de commande *ou* de transmission. z) **undehnbarer** ~ ‖ non-stretching belt ‖ courroie f. inextensible. 1

a) **Ventilator~** ‖ fan belt ‖ courroie f. du ventilateur. b) ~ an der **Walze** (Buchdr) ‖ girth of the roller ‖ corde f. du rouleau. 2

Riemen-absteller m. ‖ belt shifter ‖ dispositif m. d'arrêt de la courroie. a) **~ahle** f. ‖ drawing awl ‖ alêne f. à brédir *ou* à passer les lanières; passe-corde m. 3

Riemenantrieb m. ‖ belt drive ‖ commande f. par courroie. a) **Einscheiben~** ‖ single pulley belt drive ‖ commande f. par monopoulie. b) **mit ~ versehen** ‖ belt driven ‖ pourvu de commande f. par courroie. c) ~ mit **selbsttätiger Momentausrückung** ‖ belt drive with automatic and instantaneous stop motion ‖ commande f. par courroie avec dispositif de débrayage instantané automatique. d) **zweiseitiger** ~ ‖ double sided belt drive ‖ commande f. double par courroies; commande f. de chaque côté de la machine par courroies. 4

Riemen-aufleger m. ‖ rope setter; belt mounter ‖ metteur m. de courroies; monte-courroie m. a) **~ausrücker** m. ‖ belt shifter ‖ débrayeur m. de courroie. b) **~betrieb** m. *s.* ~antrieb. c) **~bremse** f. ‖ belt brake ‖ frein m. à courroie. d) **~dollstück** n. (Seew) ‖ fish of an oar ‖ galaverne f. d'aviron. e) **~dreher** m. (Posam) ‖ twist maker ‖ passementier-tordeur m.; retordeur m. de fils. f) **~fett** n. ‖ belt grease ‖ graisse f. pour courroies. g) **~führer** m. ‖ belt guide ‖ guide m. de courroie. 5

Riemengabel f. ‖ belt fork *or* guider ‖ fourchette f. de courroie *ou* d'embrayage et de débrayage. a) ~ (Seew) ‖ swivel row-lock ‖ dame f.; tolet m. à fourche. 6

Riemen-griff m. (Seew) ‖ oar handle ‖ main f. d'aviron. a) **~herstellungsmaschine** f. ‖ belt making machine ‖ machine f. pour fabriquer des courroies. b) **~kitt** m. ‖ belt cement ‖ colle f. de courroie. c) **~klammer** f. ‖ belt clip ‖ agrafe f. de courroie. d) **~kupplung** f. ‖ belt coupling ‖ accouplement m. par courroie. e) **~leder** n. ‖ strap *or* belt leather ‖ cuir m. à courroies. f) **~leiter** m. ‖ belt *or* strap guide ‖ fourche f. de guidage à courroies; guide-courroie m. g) **~locher** m. ‖ belt punch ‖ emporte-pièce m. pour courroie. h) **~macher** m. ‖ belt maker ‖ ceinturonnier m. i) **~näherin** f. ‖ tape band stitcher ‖ couseuse f. de courroies. k) **~niete** f. ‖ belt rivet ‖ rivet m. de courroie. l) **~parkett** n. ‖ herringbone parquetry ‖ parquet m. à fougère à pointe de Hongrie. m) **~pendelzentrifuge** f. ‖ belting pendulum hydro-extractor ‖ essoreuse f. oscillante à courroie. n) **~sandschleifmaschine** f. (Holzbearb) ‖ belt sanding machine ‖ machine f. à polir à courroie. o) **~schaft** m. (Schiffb) ‖ loom of an oar ‖ manche m. d'un aviron. p) **~schalter** m. ‖ belt shifter ‖ embrayeur m. *ou* débrayeur m. à courroie. 7

Riemenscheibe f. ‖ belt pulley ‖ poulie f. (de transmission *ou* pour courroies). a) **Antriebs~** ‖ driving pulley ‖ poulie f. de commande. b) **ballig gedrehte** ~ ‖ crowned pulley ‖ poulie f. bombée. c) **feste** ~ ‖ machine *or* fast pulley; strap wheel ‖ poulie f. fixe. d) **gerade** (**gedrehte**) ~ ‖ flat face pulley ‖ poulie f. cylindrique. e) **gußeiserne** ~ ‖ cast iron pulley ‖ poulie f. en fonte. f) **hölzerne** ~ ‖ wooden belt pulley ‖ poulie f. en bois. g) **Kegel~** ‖ cone pulley ‖ poulie f. à cône. h) **lose** ~ ‖ free *or* loose pulley ‖ poulie f. libre *ou* folle. i) **schmiedeeiserne** ~ ‖ wrought-iron pulley ‖ poulie f. en fer. k) **stählerne** ~ ‖ steel pulley ‖ poulie f. en acier. l) ~ des **Ventilators** ‖ fan driving pulley ‖ poulie f. de ventilateur. 8

Riemenscheibenantrieb m. ‖ pulley drive ‖ commande f. par poulies. 9

Riemenschlag m. (Seew) ‖ stroke of the oar ‖ coup m. de rame. 10

Riemenschloß n. ‖ belt fastener ‖ attache f. *ou* agrafe f. pour courroies. a) **Ventilator~** ‖ fan belt fastener ‖ agrafe f. de courroie du ventilateur. 11

Riemen-schmiere f. ‖ belt lubricant ‖ lubrifiant m. pour courroies. a) **~schnalle** f. ‖ buckle of strap ‖ boucle f. de courroie. b) **~schwungrad** n. ‖ belt pulley flywheel ‖ poulie-volant m. c) **~spanner** m. ‖ belt stretcher *or* tightener ‖ tendeur m. de courroie. d) **~spannschlitten** m. ‖ belt stretching slide ‖ chariot m. tendeur de courroie. e) **~spannung** f. ‖ belt tension ‖ tension f. de courroie. f) **~spannvorrichtung** f. ‖ belt tightening device ‖ dispositif m. de tension de courroie. g) **~stärke** f. ‖ thickness of belt ‖ épaisseur f. de la courroie. h) **~stein** (Maur) ‖ half header ‖ demi-brique f. en clausoir. i) **~trieb** m. ‖ belt driving ‖ transmission f. par courroie. k) **~trommel** f. ‖ belt drum; drum ‖ tambour m. à courroie. l) **~trumm** n. ‖ thrum of belt ‖ brin m. de courroie. m) **~umsteuerung** f. ‖ belt reverse ‖ renversement m. de marche par courroies. n) **~verbinder** m. *s.* ~verbindung. o) **~verbindung** f. ‖ belt joint *or* fastener ‖ attache f. *ou* agrafe f. de courroie. p) **~verschleiß** m. ‖ wear of belt ‖ usure f. de la courroie. q) **~vorgelege** n. ‖ belt gearing ‖ renvoi m. à courroie. r) **~welle** f. ‖ strap arbour *or* rod ‖ tige f. à courroie. s) **~wippe** f. ‖ belt rocker ‖ galet m. tendeur de courroie. t) **~zug** m. ‖ belt pull ‖ tension f. de la courroie. 12

Riemer m. ‖ harness maker ‖ harnacheur m. a) **~waren** fpl. ‖ saddlery ‖ articles mpl. de bourrellerie. 13

Riemling m. (Zimm) ‖ plank two inches thick ‖ planche f. de deux pouces d'épaisseur. 14

Riemscheibe f. *s.* Riemenscheibe. 15

Ries n. (Pap) ‖ ream ‖ rame f. a) **doppeltes** ~ (Pap) ‖ bundle ‖ paquet m. de deux rames. b) **Papier~** ‖ ream of paper ‖ rame f. de papier. 16

Rieschholz n. ‖ capping plate; coping piece; coping plate ‖ poitrail m.; chape f.; lisse f.; raineau m.; chapeau m. de cloison. 17

Riese f. (Seilbahn) ‖ gravity cable ‖ glissoir m. à câble. a) **Drahtseil~** ‖ wire-tram ‖ transporteur m. aérien. 18

Riesel-anlage f. ‖ trickling *or* dripping plant ‖ installation f. d'irrigation. a) **~bewässerung** f. mit Kanaljauche ‖ sewage inundations pl. ‖ épandage m. d'eaux d'égouts. b) **~feld** n. ‖ sewage farm; irrigation field ‖ champ m. d'épandage *ou* d'irrigation. c) im Freien aufgestellter **~kühler** m. mit Düsen ‖ cooler in the open air with spraying nozzles ‖ réfrigérant m. à air libre à tuyères de pulvérisation. d) **~kühlung** f. ‖ shower cooling ‖ rafraîchissement m. à pluie d'eau. e) **~schmierung** f. ‖ drip oil lubrication ‖ distribution f. dégouttante d'huile. f) **~speicher** m. ‖ spray and hopper granary ‖ magasin m. à ruissellement. g) **~wasser** n. ‖ trickling water ‖ eau f. de ruissellement. 19

Riesen-flugzeug n. ‖ giant plane ‖ avion m. géant. a) **~haus** n. ‖ skyscraper ‖ gratte-ciel m.; palais m. gigantesque. b) **~kessel** m. (Geol) ‖ pot hole ‖ chaudière f. des géants. c) **~luftreifen** m. ‖ giant air tire ‖ pneu m. ballon. d) **~luftschiff** n. ‖ giant airship ‖ dirigeable m. géant. e) **~topf** m. (Geol) *s.* ~kessel. 20

Rieshänge f. (Pap) ‖ peel ‖ ferlet m. 21

Riester m. (Pflug) ‖ earth *or* mould board ‖ oreille f.; versoir m. 22

Riet n. (Schilf; Moor; Stroh) *s.* Ried. a) ~ (Web) ‖ dent of raddle ‖ lame f. *ou* dent f. *ou* broche f. de râteau. b) **~einzieher** m. (Web) ‖ reeder ‖ empeigneur m. c) **~kamm** m. (Web) ‖ reed ‖ rot m.; peigne m. d) **~nagel** m. (Web) *s.* Riet. e) **~stab** m. (Web) ‖ reed blade ‖ lame f. à tisser. f) **~stift** m. (Web) *s.* Riet. g) **~walze** f. (Web) ‖ reed roll; roll for weaver's reeds ‖ cylindre m. pour laminer des rots. 23

Riff n. ‖ shelf; sandbank; shallowness; shallows pl.; reef; ridge ‖ récif m.; basfond m.; banc m. de sable; écueil m. a) **Saum~** ‖ fringing reef ‖ récif m. côtier *ou* frangeant. 24

Riffel f. ‖ flute ‖ cannelure f. a) **~blech** n. ‖ corrugated sheet metal; channeled *or* chequered plate; rifled sheet iron ‖ tôle f. ridée *ou* striée *ou* cannelée. 25

Riffelblechbelag m. ‖ chequered plate covering ‖ recouvrement m. en tôle striée. a) **Wagen** m. mit ~ (Eisenb) ‖ wagon with chequered plate cover ‖ wagon m. recouvert de tôle striée. 26

Riffelblecheindeckung f. ‖ corrugated sheet iron covering ‖ couverture f. en tôle striée. 27

Riffel-draht m. ‖ chequered wire ‖ fil m. strié. a) **~feile** f. ‖ bow file; riffler; rifler ‖ lime f. à archet; riflard m.; rifloir m. b) **~glas** n. ‖ ribbed glass ‖ verre m. cannelé. c) **~kloben** m. ‖ grooved mandrel ‖ mandrin m. taillé. d) **~lautsprecher** m. ‖ loudspeaker with rifled diaphragm ‖ haut-parleur m. à membrane striée. e) **~maschine** f. ‖ fluting machine ‖ machine f. à canneler; canneleuse f.; strieuse f. 28

riffeln ‖ to rifle; to flute; to groove; to checker; to chequer; to streak; to ridge; to channel; to corrugate; to rib ‖ strier; canneler; rainurer; rider; nervurer. a) **Flachs** m. ~ ‖ to ripple flax ‖ dréger *ou* égruger *ou* gréger le chanvre. 29

Riffeln n. ‖ grooving; corrugation; chequering ‖ cannelage m.; striage m. a) ~ des **Flachses** ‖ flax rippling ‖ égrenage m. *ou* drégeage m. de lin. 30

Riffelsupport m. ‖ fluting support ‖ support m. de cannelage *ou* de striage. 31

Riffelung f. || groove; corrugation || cannelure f. 1

Riffel-walze f. || fluted roller || cylindre m. cannelé. **a) ~walzenstuhl** m. (Müll) || mill with fluted rolls || moulin m. à cylindres cannelés. **b) ~zylinder** m. || fluted roll || cylindre m. cannelé. 2

rigolen || to trench-plough; to lay-out ridges || effondrer; ouvrir la terre. 3

Rigolpflug m. || trench(ing) plough || charrue f. à effondrer. 4

Rille f. (Ackerb) || furrow; ridge; rill || rainure f.; rigole f. **a) ~** (Masch) || groove; slot || rainure f.; gorge f. **b) ~ einer Rolle** || gorge *or* groove of a pulley; channel in a pulley || gorge f. d'une poulie. 5

Rillen-buchse f. || packing sleeve || fourrure f. à rainures. **a) ~saat** f. || sowing in furrows || semis m. en rigoles. **b) ~schiene** f. || grooved *or* channel rail || rail m. à gorge *ou* à ornière *ou* en H. **c) ~schwelle** f. (Eisenb) || channeled sleeper || traverse f. à gorge. **d) ~stück** n. (Gieß) || drain-metal || canal m.; échenal m.; résidu m. de métal. **e) ~trommel** f. || grooved drum || tambour m. à gorge. 6

Rimesse f. || remittance || remise f.; envoi m. **a) Gegen~** || counter *or* return remittance || retour m. 7

Rind n. || neat; ox; cow; beef || bœuf m.; vache f. 8

Rinde f. || bark; rind || écorce f. **a) abgebackene ~** des Brotes || crust separated from the crumb || croûte f. *ou* grignon m. du pain. **b) Baum~** || bark *or* rind of a tree || écorce f. *ou* grume f. d'un arbre. **c) ~ des Brotes** || crust of bread || croûte f. du pain. **d) Guß~** || skin of casting; crust || croûte f. de la fonte. 9

Rinden-geflecht n. || bark plait || tresse f. d'écorce. **a)~schälmaschine** f. || bark peeling machine || machine f. à décortiquer. **b) ~schneider** m. || bark cutter || coupe-écorce m. 10

Rindermark n. || beef marrow || moelle f. de bœuf. **a) ~fett** n. || beef marrow fat || graisse f. de moelle de bœuf. 11

Rinder-talg m. || beef tallow || suif m. de bœuf. **a) ~zunge** f. || ox-tongue || langue f. de bœuf. 12

Rind-fleisch n. || beef || (du) bœuf m. **a) ~leder** n. || bullock's *or* cow hide; kip; neat's leather || cuir m. de bœuf *ou* de vache. 13

Rindsleder n. *s.* Rindleder. 14

Rindvieh n. || cattle || espèce f. bovine. **a) ~bespannung** f. || cattle draught || attelage m. à bœufs. **b) ~züchter** m. || cattle breeder || éleveur m. de bêtes à cornes. 15

Ring m. || ring; loop; band; hoop; collar; ferrule || anneau m.; cerceau m.; cercle m.; virole f.; bague f. **a) ~** (Bauk) || orle; orlet || orle m.; orlet m. **b) aufgeschnittener ~** || split ring || anneau m. fendu. **c) eingegossener ~** || ring cast into a slot || anneau m. coulé dans une encoche. **d) federnder ~** || elastic collar || bague f. à ressort. **e) Filz~** || felt ring || rondelle f. en feutre. **f) ~ aus gewalzten Profilstäben** || ring of bars of various sections || anneau m. (fabriqué) de barres profilées. **g) ~e** mpl. in stehender Form mit hohem Kopf **gießen** || to cast rings in vertical moulds with a very big runner || couler des anneaux mpl. dans un moule vertical avec une haute masselotte. **h) ~ mit Gradteilung** || ring with graduation in degrees || anneau m. avec graduation en degrés. **i) ~** von **Kapselmasse** (Porzel) || wad || cerceau m. de ciment. **k) Keil~** || conical ring || bague f. conique. **l) ~** der **Nabe** || fore hoop; front hoop; linch hoop; linch nave hoop || frette f. au petit bout de moyeu. **m) ~** eines **Ringgewölbes** || shell of an annular vault || assise f. arquée des briques. **n) Rohr~** (Lok) || tube ferrule || bague f.; virole f. **o) ~** einer **Schiebzange** || coupler *or* ring on pliers || coulant m. d'une tenaille à boucle. **p) ~** eines **Schlüssels** || bow of a key || anneau m. d'une clef. **q) Schrumpf~** || shrink ring || bague f. de serrage. **r) Spreng~** || spring *or* retaining ring || agrafe f. circulaire. **s) ~**, der zur **Verstärkung** einen anderen Teil umfaßt || ring *or* hoop to clasp and strengthen any part || anneau m. de renforcement et de serrage autour d'une autre pièce. 16

Ring-anker m. (Elektr) || ring wound armature || induit m. en anneau. **a) ~aufpreßmaschine** f. für Northropspulen || machine for pressing-on Northrop rings || machine f. à poser les bagues Northrop. 17

Ringbahn f. || circular railway || chemin m. de fer de ceinture. 18

Ring-beschlag m. || ferril; ferrule; verril || virole f. **a) ~bildung** f. (Chem) || ring closing || cyclisation f. **b) ~bolzen** m. || edge bolt; ring bolt || cheville f. à boucle; piton m.; piton m. à anneau. **c) ~bremse** f. || collar *or* clip brake || frein m. à collier. **d) ~brenner** m. (Gas) || boiling *or* ring burner || couronne f. de gaz. **e) ~damm** m. || encircling dike || digue f. de ceinture. **f) ~deich** m. *s.* ~damm. **g) ~dorn** m. || round puncheon || mandrin m. rond. 19

Ringel-apparat m. || tackle for horizontal stripes || appareil m. pour rayures en travers. **a) ~blume** f. || ring flower || souci m.; fleur f. de souci. **b) ~ferse** f. || striped heel || talon m. rayé en travers. **c) ~kette** f. (Textil) || striping chain || chaîne f. pour rayures horizontales. **d) ~maschine** f. || stripe machine || machine f. à raies horizontales. **e) ~muster** n. || horizontal stripe pattern || dessin m. à rayures horizontales en travers. **f) ~ware** f., **glatte** || plain striped goods pl. || tricot m. rayé en maille uni. 20

Ringfläche f. (Geom) || ring || anneau m. 21

ringförmig || annular; cyclic; annulated || annulaire; cyclique. **a) ~er Eisenkern** m. (Elektr) || ring-shaped iron core || noyeau m. en fer circulaire. **b) ~e Nute** f. *s.* Ringnut. **c) ~e Scheibe** f. || ring-shaped disc || disque m. annulaire. **d) ~e Verteilung** f. (el Leit) || ring-like distribution || distribution f. circulaire. 22

Ring-führung f. || ring gearing || guide f. de crosse circulaire. **a) ~gewölbe** n. || annular barrel vault; annular vault || voûte f. annulaire; berceau m. tournant; voûte f. sur le noyau. **b) ~gleis** n. (Eisenb) || circle of railway || voie f. circulaire. **c) ~haken** m. || ring hook || piton m. **d) ~herstellungsmaschine** f. || ring making machine || machine f. pour fabriquer des anneaux. **e) ~holz** n. (Seid) || wringing bar || chevilleau m. **f) ~kasten** m. (für Edelsteinfassung) || bezel || chaton m. **g) ~kette** f. (Web) || ring warp || chaîne f. pliée en boucles; chaînette f. **h) ~klemme** f. || ring clamp || machoire f. de serrage circulaire. **i) ~kluft** f. || circular crevice in wood; shakiness || roulure f. **k) ~kugellager** n. || ball race bearing || palier m. à roulements annulaires. 23

Ringleitung f. || ring main || canalisation f. circulaire. **a) ~** (Elektr) || loop || ligne f. en boucle. 24

Ring-linse f. || annular lens || lentille f. annulaire. **a) ~macher** m. || ring maker || baguiste m. **b) ~mikrometer** n. || ring micrometer || micromètre m. annulaire. **c) ~mühle** f. || ring mill || broyeur m. à anneau. **d) ~nagel** m. || edge bolt; ring bolt || cheville f. à boucle; piton m.; piton m. à anneau. **e) ~nut** f. || annular groove || rainure f. annulaire. **f) ~ofen** m. || annular furnace; rotary kiln; ring oven || four m. circulaire *ou* annulaire. **g) ~öler** m. || ring oiler || graisseur m. à bague. **h) ~ordner** m. (Büro) || ring binder || classeur m. à anneaux. **i) ~pfahl** m. (Seide) || wringing pole || cheville f. 25

ringprägen || to coin between the ferrels || frapper à virole f. 26

Ring-säge f. || crown *or* annular saw || scie f. cylindrique. **a) ~schieber** m. || round slide || tiroir m. rond. **b) ~schloß** n. || ring lock || cadenas m. à rouleaux. 27

Ringschmierlager n. || ring oiler *or* lubricating bearing; self-lubricating *or* oil-saving bearing || palier m. à graissage par bagues; palier m. graisseur à bague. **a) Phosphorbronze~** || self-oiling phosphor-bronze ring bearing || coussinet m. en bronze phosphoreux garni de graisseurs automatiques à bagues. 28

Ring-schmierung f. || ring lubrication || graissage m. annulaire. **a) ~schmiervorrichtung** f. || ring lubricator || graisseur m. à bague. **b) ~schraube** f. || eyebolt screw || laceret m. **c) ~spinner** m. || ring spinner || fileur m. au continu à anneau. **d) ~spinnmaschine** f. || ring spinning frame || métier m. continu à anneau. **e) ~spurlager** n. || collar step bearing || crapaudine f. annulaire. **f) ~stopper** m. (Seew) || ring stopper || barbarasse f. **g) ~straße** f. || boulevard || boulevard m. **h) ~transformator** m. || ring transformer || transformateur m. annulaire. **i) ~übertrager** m. (Fernm) || (adapted) ring transformer; hybrid coil || transformateur m. annulaire (adapté) *ou* de combinaison; bobine f. circulaire. **k) ~wall** m., äußerer ~ eines Vulkans || outer wall of a volcano || rempart m. circulaire d'un volcan. **l) ~walze** f. aus Gußstahl || cast-steel annular roll || cylindre m. annulaire en acier fondu. **m) ~walzenmühle** f. || ring roller mill || moulin m. à cylindres annulaires. **n) ~wirbel** m. (Seew) || swivel ring || anneau m. à émerillon. **o) ~zange** f. || round nosed plyers pl. || pincettes fpl. rondes. **p) ~zapfen** m. || ring pivot || pivot m. annulaire. **q) ~zünder** m. || ring fuze || fusée f. à canal circulaire. **r) ~zwirnmaschine** f. || ring doubling *or* twisting frame || métier m. à retordre à anneau. 29

rinken, einen **Pfahl** m. || to hoop a pile || fretter un pilot. 30

Rinne f. (Bergb) || cut; furrow; gang trench; channel || entaille f. **a) ~** (Chem) || tube-support || gouttière f. **b) ~** (Gieß) || gutter || canal m. de coulage; écheneau m.;

échenal m.; écheno m. **c) Förder~** || shoot; chute; conveyor trough || rigole f. de transport; déversoir m.; descenderie f. **d) halbrunde ~** || halfround groove || rainure f. semi-circulaire. **e) hölzerne ~** || wooden gutter || échenal m. *ou* écheneau m. *ou* rigole f. en bois. **f) lange ~** zum gleichzeitigen Ausgießen mehrerer Tiegel || long gutter to allow of simultaneously pouring-out several crucibles || rigole f. assez longue pour réaliser la coulée uniforme de plusieurs creusets. **g) Richt~** || straightening trough || gouttière f. de dressage. **h) ~ einer Rolle** *s.* Rille einer Rolle. **i) schiffbare ~** eines Flusses || navigable channel of a river || chenal m. navigable d'une rivière. 1

rinnen (Flüssigkeit) || to flow; to run || couler. **a) ~** (Flüssigkeitsbehälter) || to drop; to leak || couler; fuir. 2

Rinnen n. || dropping-out; leaking || fuite f. **a) ~ der Formen** (Hochofen) || leakage *or* leaking *or* dropping-out of tuyères || fuite f. *ou* fuites fpl. des tuyères. 3

Rinnen-abschluß m. (Wasserb) || stopping of branches || traverse f. **a) ~hobel** m. || fluting plane || guillaume m. à canneler. **b) ~kasten** m. || rain water head || trémie f. de gouttière. **c) ~pflug** m. || draining plough || charrue f. à rigole. **d) ~trog** m. || conveying trough || gouttière f. de transport. 4

Rinnleiste f. (Bauk) || larmier; weather-moulding; dripstone; corona || larmier m. 5

Rinnsal n. || channel; gutter; run || chenal m.; cours m. d'eau; lit m. 6

Rinnstein m. (Straßenb) || gutter; gutter stone; kennel || ruisseau m.; caniveau m.; rigole f. **a) ~** (Bauw) || culvert; drain pipe; sewer || culière f.; caniveau m.; rigole f. **b) ~** (Küche) || sink; sewer || évier m.; dalle f. 7

Rionit m. (Min) || rionite || rionite f. 8

Ripidolith m. || ripidolite || ripidolit(h)e f.; talc m. chlorite. 9

Rippe f. (Anatomie) || rib || côte f. **a) ~** (Bauk) || nerve; rib || côte f.; lierne f.; nerf m.; nervure f. **b) ~** (Masch) || feather; ledge; rib || nervure f. **c) angegossene ~** || cast-on rib || ailette f. venue de fonte. **d) ~ einer Balkendecke** || groin of a groined ceiling || lambourde f. ornée de plafond. **e) Blatt~** || stalk || côte f. **f) ~n** fpl. auf dem **Bücherrücken** || ribs pl. on the back of a book || nerfs mpl. sur le dos de livre. **g)** an der **Innenseite** mit x **~n** fpl. versehen || provided with x webs pl. on its internal side || muni de x nervures fpl. au côté intérieur. **h) Kasten~** || box rib || nervure f. en caisson. **i) Verstärkungs~** || stiffening rib || nervure f. de renforcement. **k)** mit **~n** fpl. **versteift** || strengthened by ribs || renforcé de nervures. 10

rippen, einen Bücherrücken m. || to cord a book || nerver un livre. 11

Rippen-decke f. (Bauk) || groined ceiling || plafond m. à nervures. **a) ~feder** f. || ribbed spring || ressort m. à nervure. **b) ~gestell** n. eines Gewölbes || rib system of a vault || croisée f. de voûte. 12

Rippenglas n. || ribbed glass || verre m. à nervures. **a) ~gefäß** n. (Sammler) || accumulator box with guide channels || bac m. d'accumulateur en verre à redans crénelés. 13

Rippenheizelement n. || ribbed heating unit || élément m. de chauffage à ailettes. 14

Rippenheizkörper m. || ribbed radiator; ribbed heating member || radiateur m. à ailettes. **a) gußeiserner ~** || cast iron ribbed radiator || radiateur m. à ailettes en fonte. 15

Rippen-heizröhre f. || ribbed heating pipe || tuyau m. de chauffage à ailettes. **a) ~-kühler** m. || gilled *or* ribbed cooler; ribbed radiator || radiateur m. *ou* réfrigérant m. à ailettes. **b) ~platte** f. || ribbed plate || plaque f. *ou* selle f. à nervures. 16

Rippenplatten-fräsmaschine f. || rib-plate milling machine || fraiseuse f. pour selles à nervures. **a) ~oberbau** m. mit senkrecht stehender Schiene || rib-plate track with vertical rail || superstructure f. à selles à nervures avec rail vertical. 17

Rippenrohr n. || ribbed pipe || tuyau m. à ailettes. **a) ~kühler** m. || gilled tube radiator || radiateur m. à tuyaux garnis d'ailettes. **b) ~kühlung** f. || cooling by gills || refroidissement m. par ailettes. 18

Rippen-samt m. || ribbet velveteen; cord || velours m. cordelé *ou* côtelé *ou* à côtes. **a) ~steg** m. || web of rib || âme f. de nervure. **b) ~strickerin** f. || gobile rib knitter || côtière f. à la gobile. **c) ~unterlagsplatte** f. (Eisenb) || rib plate || platine f. *ou* selle f. à nervures. 19

Rips m. || repps || reps m. 20

Risalit m. (Bauw) || projection; projecture || ressaut m.; partie f. saillante. 21

Risiko n. || risk || risque m. 22

riskiert || risked || risqué. 23

Rispe f. (Web) || lease || envergure f.; encroix m. 24

Riß m. (im Holz) || rent; crevice; chink || gerçure f.; fente f.; crevasse f. **a) ~** (im Metall) || crack; fissure || fissure f.; fente f. **b) ~** (Zeichn) || plan; construction drawing; lines pl. || plan m. (de construction). **c) Alters~** (im Metall) || season crack || crique f. de vieillissement; craquelure f. saisonnière. **d) Außen~** || external crack || fente f. extérieure. **e) ~e** mpl. **bekommen** (Töpf) || to crack; to craze || se fendiller; tressaillir. **f)** den **~** m. **farbig anlegen** || to colour a plan || mettre le plan en couleurs. **g) Frost~** || frost shake || gélivure f. **h)** die **Güsse** mpl. bekamen **~e** beim Schmieden || the ingots showed cracks during forging || les blocs mpl. d'acier fondu montraient des fissures au forgeage. **i) Haar~** || craze || fendille f. **k) Härte~** || crack *or* flaw from tempering || fissure f. de trempe. **l) Haut~** (Met) || surface crack || crevasse f. superficielle. **m) ~** im **Holz** || chink in wood || fente f. du bois. **n) Innen~** || internal shake || crevasse f. intérieure. **o) Kern~** || heart shake || crevasse f. dans le cœur. **p) kleiner ~** (Schmied) || small rent || fendille f. **q)** die **~e** mpl. gehen von den **Kurbelblättern** aus und setzen sich in den Zapfen hinein fort || the cracks pl. start in the crank discs and extend into the pin || la fente part des disques de la manivelle et se prolonge dans le tourillon. **r) Längs~** || longitudinal crack || fissure f. longitudinale. **s) ~** im **Mauerwerk** || crevice *or* gap in a wall || fente f. *ou* lézarde f. d'une muraille. **t) Quer~** || transverse crack || fissure f. transversale. **u) Schwind~** || crack due to contraction || fendillement m. dû au retrait. **v) Sicherheit** f. gegen Bildung von **~en** mpl. und Brüchen (Met) || safety against cracking and fracturing || sécurité f. contre les crevasses et les ruptures. **w) Stab m.,** der im kalten Zustande verbogen wurde, ohne **~e** mpl. zu bekommen (Met) || bar which while cold was bent without showing any cracks || barreau m. deformé à froid et n'offrant pas des fentes. **x) Stelle f.,** wo in der Regel die **~e** mpl. entstehen || starting point of the cracks || l'endroit m. où les fissures se produisent ordinairement. **y) Strahlen~** || star shake || fente f. étoilée. **z) Treib~** || crack due to expansion || fissure f. due au gonflement. 25

a) ~ von **unten** gesehen (Zeichn) || plan looking upwards || plan m. vu de dessous. **b) Wind~** || flaw || gerçure f. **c)** die **~e** mpl. erstrecken sich in den **Zapfen** hinein || the cracks pl. extend into the pin || les fentes fpl. se prolongent dans le tourillon. 26

Rißbank f. (Wellenbrecher) || breakwater || briseflots m.; risban m. 27

Rißbildung f. || formation of cracks || formation f. de fissures. **a)** im **kalten Zustande** ohne **~** zusammengebogener Reifen || tire bent together while cold without showing any cracks || bandage m. recourbé à froid ne présentant pas la moindre fissure. 28

Risse f. von Flachs *s.* Riste von Flachs. 29

rissig || cracked || crevassé; fissuré. **a) ~** (Holz) || chinked || lézardé. **b) ~** (Met; Glas) || cracked; sprung || lézardé; gercé. **c)** der **Stahl** wird beim Schmieden **~** || during the forging process the steel gets cracked || l'acier m. se déchire *ou* se fendille sous la forge. 30

rissig werden (Glas) || to crack || se fêler. **a) ~ ~** (Glasur) || to craze || se fendiller; tressaillir. **b) ~ ~** (Met) || to fissure; to crack || se fendre; se gercer; se déchirer. 31

Riste f. von Flachs || strick of heckled *or* sorted flax || poignée f. *ou* poignon m. de lin. 32

Ristorno n. || return of insurance-premium; ristorno || ristorne f.; ristourne f. 33

Rittingerit m. || rittingerite || rittingérite f. 34

Ritz m. (Bergb) || cut; furrow; gang trench; channel || entaille f. 35

Ritze f. (Vergold) || scratch; scratching || hachure f. 36

Ritzeisen n. || racing-knife || rouanne f. à marquer. 37

Ritzel n. || pinion; driver || pignon m. **a) Drehwerk~** || pinion of slewing gear || pignon m. du dispositif de rotation. **b) Rohhaut~** || rawhide pinion || pignon m. en cuir vert. 38

Ritzel-antriebswelle f. || pinion drive shaft || arbre m. de commande à pignon. **a) ~-fräsmaschine** f. || pinion cutting *or* hobbing machine || machine f. à tailler *ou* à fraiser les pignons. **b) ~walzenfräsmaschine** f. || pinion hobbing machine || machine f. à tailler par fraise-mère les pignons. **c) ~welle** f. || pinion shaft || arbre m. à pignon. 39

ritzen (Vergold; Buchb) || to scratch || hacher; rayer. 40

Ritzer m. (Samt) || uncut velvet || velours m. épinglé *ou* frisé. **a) ~** (Vergold) || scratching knife || couteau m. à hacher. 1

Ritz-härte f. || scratch hardness || résistance f. au striage; dureté f. sclérométrique. **a) ~klinge** f. || scratching knife || couteau m. à hacher. **b) ~maschine** f. (Buchb) || scratching *or* scoring machine || machine f. à rayer *ou* à inciser. **c) ~nadel** f. für Samt (Web) || velvet pile wire || fer m. à velours. **d) ~versuch** m. || scratch test || essai m. sclérométrique. 2

Rivinabeere f. || rivina berry || baie f. de rivina. 3

Rizinus m. || castor bean || ricin m. **a) ~öl** n. || castor oil || huile f. de ricin. 4

Robben-fang m. || sealing || pêche f. de phoques. **a) ~fänger** m. || sealer || chasseur m. de phoques. **b) ~fell** n. || sealskin || peau f. de chien marin *ou* de veau marin. **c) ~schläger** m. || seal fisher; sealer || pêcheur m. *ou* chasseur m. de phoques. 5

Rochellesalz n. || Rochelle salt; tartarated soda || sel m. de la Rochelle; tartrate m. sodicopotassique. 6

Rock-arbeiterin f. || skirt-maker || jupière f. **a) ~aufhänger** m. || suspension chain for clothes || chaînette f. de suspension d'habit. 7

Rocken m. (Spinn) || distaff; rock || quenouille f. 8

Rocktasche f. || coat pocket || poche f. du veston. 9

Rödel m. (Wasserb) || rack stick || billot m. de guindage. 10

Rödel-balken m. || racking *or* packing balk || poutrelle f. de guindage. **a) ~bund** m. || racking down knot || couronne f. de guindage. **b) ~holz** n. || rack *or* woolding *or* packing stick || garrot m. *ou* billot m. de guindage. **c) ~keil** m. || wedge of the curb piece || coin m. de guindage. **d) ~leine** f. || lashing cord; rack rope || commande f. *ou* corde f. de guindage. 11

rödeln || to rack down; to lash; to woold || guinder; brêler; embrêler; garroter. 12

Rodelschlitten m. || bobsleigh || luge f. 13

Rodemaschine f. || uprooting machine || déracineuse f. **a) Baumstumpf~** || tree stump grubber || machine f. à déroder des troncs d'arbres. 14

Rogen m. vom Kabeljau || roe of cod || rogue m. de morue. 15

Rogen(eisen)steingrube f. || oolitic iron mine || mine f. de fer oolithique. 16

Rogenstein m. || oolite; roestone || calcaire m. oolithique; cenchrite m. **a) ~bruch** m. || oolite quarry || carrière f. d'oolithe. 17

Roggen m. || rye || seigle m. **a) ~mehl** n. || rye flour *or* meal || farine f. de seigle. **b) ~mühle** f. || rye flour mill || moulin m. à seigle. **c) ~stroh** n. || rye straw || paille f. de seigle. 18

roh || crude; raw || cru; brut. **a) ~** (Erz) || uncalcined; unroasted || cru. **b) ~** (unbearbeitet) || rough || brut. **c) ~ bearbeiten** || to cut *or* to plane grossly || ébaucher. **d) ~e Förderkohle** f. || rough coal || houille f. crue. **e) ~ geschmiedete Achse** f. || rough-forged axle || essieu m. brut de forge. **f)** die **Teile** mpl. werden **~** geliefert || the parts are supplied in the rough || les pièces fpl. sont fournies brutes. 19

Roh-ablesung f. || rough reading || lecture f. brute. **a) ~arbeit** f. (Met) || ore *or* raw smelting || travail m. cru; fonte f. crue. 20

Rohaufbrechen n. || first breaking-up; raising-up || soulèvement m.; désornage m. 21

Roh-baumwolle f. || raw cotton || coton m. brut. **a) ~benzol** n. || crude benzole *or* benzene || benzol m. brut. **b) ~besteuerung** f. || gross tax || imposition f. brute. **c) ~bilanz** f. || trial balance || bilan m. de vérification. **d) ~block** m. || raw ingot || lingot m. brut. 22

Rohbraunkohle f. || crude *or* raw *or* rough lignite || lignite m. brut *ou* cru. **a) verstärkte Förderung** f. von **~** || increased output of raw lignite || production f. grandissante des lignites crus. 23

Roheisen n. || pig *or* crude iron; pig; casting *or* iron pig || fonte f. brute *ou* crue *ou* de fer *ou* de moulage; fonte f.; fer m. cru. **a) basisches ~** || basic pig iron || fonte f. basique. **b) Elektro~** || electric pig || fonte f. crue au four électrique. **c) Entkohlung** f. des **~s** || decarburization of pig iron || décarburation f. de la fonte. **d) Frischerei~** || forge pig || fonte f. d'affinage. **e) gefeintes ~** || refined cast iron || fonte f. raffinée; fonte f. mazée. **f) geläutertes ~** || pure pig iron || fer m. cru épuré. **g) gewöhnliches ~** || ordinary pig iron || fonte f. brute ordinaire. **h) Gießerei~** || foundry pig (iron) || fonte f. crue de fonderie *ou* de moulage. **i) granuliertes ~** || granular pig iron || fonte f. grenue. **k) graues ~** || grey pig iron || fonte f. grise. **l) halbiertes ~** || mottled pig; mixed gray and white iron || fonte f. truitée *ou* mêlée *ou* masulée. **m) hellgraues ~** || light-grey pig iron || fonte f. grise claire. **n) Holzkohlen~** || charcoal pig *or* blast iron || fonte f. crue en charbon de bois. **o) kohlenstoffarmes ~** || low-carbon pig || fonte f. brute à basse teneur de carbone. **p) körniges ~** || granular pig iron || fonte f. grenue. **q)** an **Mangan** und Silizium reiches **~** || pig iron rich in manganese and silicium || fonte f. riche en manganèse et en silicium. **r) Phosphor~** || phosphoric *or* basic pig || fonte f. phosphoreuse. **s) Puddel~** || forge pig || fonte f. crue de puddlage. **t) schwach halbiertes ~** || mottled pig || réseau m. **u) schwarzes ~** || black pig iron; kishy pig || fonte f. limailleuse *ou* graphiteuse. **v) Stahl~** || open hearth pig iron || fonte f. crue Martin; fonte f. crue pour acier. **w) Thomas~** || Thomas pig || fonte f. crue Thomas. **x) ~ umschmelzen** || to remelt pig iron || refondre le fer cru *ou* les gueuses. **y) ~** zum **Verfrischen** || pig iron for refining || fonte f. d'affinage. **z) weißes ~** || white pig iron; forge pig || fonte f. blanche; fer m. cru blanc. 24

Roheisenfrischung f. || fining of pig iron || affinage m. de la fonte. 25

Roheisenmischer m. || pig iron mixer || mélangeur m. de fonte. **a)** selbsttätige **Mischersteuerung** f. für **~** || automatic control valve for pig iron mixers || distributeur m. automatique pour mélangeurs de fonte. 26

Roheisen-scheibe f. || pig iron disk || blatte f. *ou* disque m. de fer cru. **a) ~schlacke** f. || iron pig cinder || laitier m. de fonte. 27

Roh-erdöl n. || residual oil || naphte f. brute. **a) ~ertrag** m. || gross proceeds pl. || rendement m. brut. **b) ~erz** n. || raw ore || minerai m. cru. **c) ~film** f. || raw film || film m. brut. **d) ~flachs** m. || flax straw || lin m. en paille *ou* en chaume *ou* en bois; paille f. de lin. **e) ~frischen** n. || gray iron fining || travail m. de la loupe; affinage m. premier. **f) ~gas** || crude gas || gaz m. brut. **g) ~gewicht** n. || gross weight || poids m. brut. **h) ~gewinn** m. || gross profits pl. *or* earnings pl. || bénéfices mpl. bruts; recettes fpl. brutes. 28

Rohglas n. || raw glass || verre m. brut. **a) ~** in **Kugeln** || raw glass in balls || verre m. brut en boules. **b) ~** in **Segmenten** || raw glass in segments || verre m. brut en segments. 29

Rohglasscheibe f., Pressen n. der **~n** || pressing the raw glass discs (into their mould) || moulage m. des disques de verre bruts. 30

Roh-gummi m. || raw *or* crude india rubber || caoutchouc m. brut. **a) ~guß** m. || rough castings pl. || moulures fpl. brutes. 31

Rohhaut f. || rawhide; rawskin || cuir m. vert. **a) ~getriebe** n. || rawhide gear || engrenage m. en cuir vert. **b) ~rad** n. || rawskin wheel || roue f. de peau brute. **c) ~ritzel** n. (Masch) || rawhide pinion || pignon m. en cuir vert. 32

Rohhelium n. || crude *or* raw helium || hélium m. brut. 33

Rohholz n. || unhewn timber || bois m. en état brut. **a) ~geist** m. || raw wood-spirit || alcool m. méthylique brut. 34

Roh-kohle f. || rough coal; run of mine || houille f. crue; charbon m. brut. **a) ~kupfer** n. || black *or* coarse copper || cuivre m. noir *ou* brut. 35

Rohling m. (Met) || blank || ébauche f. **a) gegossener ~** || casting; metal object cast in a mould || pièce f. brute coulée *ou* moulée; pièce f. venue de fonte *ou* de fonderie; objet m. coulé. **b) gepreßter ~** || stamping || pièce f. brute matricée. **c) geschmiedeter ~** || forging; piece of forged work || pièce f. brute forgée *ou* venue de forge. **d) kaltgereckter ~** || cold-worked blank || ébauche f. autofrettée. 36

Roh-materialien npl. *s. auch* Rohstoff || raw materials pl. || matériaux mpl. bruts. **a) ~messing** n. || arco; impure brass || arcot m. **b) ~metall** n. || crude *or* raw metal || métal m. cru. **c) ~öl** n. || crude naphta; crude oil || pétrole m. brut; huile f. brute. 37

Rohölmotor m. || crude oil engine || moteur m. à huile lourde *ou* à pétrole brut. **a) ~lokomobile** m. || portable crude-oil engine || locomobile f. à huile brute *ou* lourde. **b) ~lokomotive** f. || crude oil motor locomotive || locomotive f. avec moteur à huile lourde. 38

Rohpelz m. || raw fur || fourrure f. brute. 39

Rohr n. *s. auch* Röhre || pipe; tube || tuyau m.; tube m.; conduit m. **a) ~** (Bot) || cane; rush || roseau m.; canne f. **b) biegsames ~** n. aus Metall || flexible metal tubing || tube m. métallique flexible. **c) Blei~** || lead pipe || tuyau m. en plomb. **d) Dehnungs~** || expansion pipe || tube m. de compensation. **e)** die **~e** npl. sind in den **Boden** eingebaut (Kessel) || the flues pl. are arranged in the boiler end || les tubes mpl. sont montés dans le fond. **f) Einlaß~** || inlet pipe || tuyau m. d'admission. **g) Eisenbeton~** || tube of reinforced concrete || tuyau m. en béton armé. **h)** an den **Enden** npl. flachgedrücktes ~ || tube with flattened ends; tube flattened out at the ends || tube m. aplati aux extrémités. i) **Förder~** || conveyor tube || tuyau m. de transport. k) **gabelförmiges** ~ || bifurcated pipe || tuyau m. bifurqué. l) **Gas~** || gas pipe || tuyau m. à gaz. m) **Gasleitungs~** || gas pipe || tuyau m. gazifère. n) **gebogenes** ~ || bent pipe || tuyau m. courbé. o) **gefasertes** ~ (Bot) || raveled cane || canne f. filée. p) **gehämmertes** ~ || hammered pipe || tuyau m. martelé. q) **gepreßtes** ~ || pressed tube || tuyau m. comprimé; tuyau m. repoussé. r) **geschweißtes** ~ || welded tube *or* pipe || tuyau m. soudé. s) **gewalztes** ~ || rolled tube || tuyau m. laminé *ou* cylindré. t) **gezogenes** ~ || drawn tube || tuyau m. étiré *ou* tiré. u) ~ aus **Gummi** || india rubber tube || tube m. en caoutchouc. v) **gußeisernes** ~ || cast iron pipe || tuyau m. en fonte. w) **Haupt~** || street-main pipe || tuyau m. de conduite. x) **Heizungs~** || heating pipe || tuyau m. de chauffage *ou* de chaleur. y) **hitzebeständiges** ~ || heat-resisting tube || tuyau m. allant au feu. z) **Hochdruck~** || high-pressure tube || tuyau m. à haute pression. 1

a) **kaltgezogenes** ~ || cold-drawn tube || tube m. étiré à froid. b) **Kondensator~** || condenser pipe || tuyau m. de condenseur. c) **indisches** ~ || rattan || rotin m. d) **konisches** ~ || conical tube || tube m. conique. e) **Leitungs~** || conduit (-pipe) || conduit m.; tuyau m. f) **Luftleitungs~** || air piping || conduit m. d'air. g) **Mark** n. vom spanischen ~ || pith of ratan || moelle f. de rotin. h) **Muffen~** || socket pipe || tuyau m. à emboîtement. i) **nahtloses** ~ || seamless (drawn) tube || tube m. (étiré) sans soudure. k) **nahtlos gewalztes** ~ || seamless rolled tube || tuyau m. laminé sans soudure. l) **nichtrostendes** ~ || rust-resisting tube || tuyau m. inoxydable. m) **Öl~** || oil lead || tuyau m. d'huile. n) **Porzellan~** || porcelain tube || tube m. en porcelaine. o) **Rippen~** || ribbed pipe || tuyau m. à ailettes. p) **säurebeständiges** ~ || acid-resisting tube || tuyau m. résistant aux acides. q) ~ eines **Schlosses** || key pipe of a lock || canon m. d'une serrure. r) **spanisches** ~ || ratan; rattan || rotin m.; rotang m. s) **Speise~** || feed pipe || tube m. d'alimentation. t) **spiralgeschweißtes** ~ || spiral-welded tube || tube m. soudé en spirale. u) **Stahlpanzer~** || steel armoured conduit || tube m. armé d'acier. v) ~ aus **Steinzeug** || stoneware pipe || tuyau m. en grès céramique. w) **stumpfgeschweißtes** ~ || butt-welded pipe *or* tube || tuyau m. soudé à rapprochement; tube m. soudé par contact. x) **Ton~** || earthenware pipe || tuyau m. en poterie. y) **überlappt geschweißtes** ~ || lap-welded tube || tube m. soudé à recouvrement. z) **verstopftes** ~ || clogged tube || tube m. bouché. 2

a) ein ~ n. **vorgebohrt** liefern || to furnish a tube bored in the rough || livrer un tube avec un forage d'èbauchage. b) **Wasser~** || water pipe || tuyau m. à eau. c) **Well~** || corrugated tube || tube m. ondulé. d) **zylindrisches** ~ || cylindrical tube || tube m. cylindrique. 3

Rohr-abschneiden n. || cutting-off tubes || tronçonnage m. des tubes. a) **~abschneider** m. || tube cutter || découpeur m. de tubes; coupe-tuyau m. 4

Rohrabstech-bank f. || pipe slicing lathe || banc m. à tronçonner les tubes. a) **~maschine** f. || pipe shearing machine || coupe-tuyau m. 5

Rohr-abzweigstück n. || branch tee of a pipe || raccord m. en T d'un tuyau. a) **~achse** f. || tubular axle || essieu m. tubulaire. b) **~angel** f. || bottle neck drawing end || queue f. d'étirage sur tubes. 6

Rohranspitz-maschine f. || sharpening machine for tubes || machine f. à appointer à froid les tubes. a) **~walzwerk** n. || rolling mill for sharpening tubes || laminoir m. à appointer des tubes. 7

Rohr-arbeiter m. (Korbm) || cane worker || roselier m. a) **~armaturen** fpl. || tube fittings pl. || accessoires fpl. pour tubes. 8

Rohraufweiter m. || tube expander || cylindre m. pour agrandir les tubes. 9

Rohraufweit-presse f. || pipe expanding press; tube broaching press || presse f. à élargir les tuyaux *ou* les tubes. a) **~walzwerk** n. || rolling mill for reaming tubes || laminoir m. à élargir les tubes. 10

Rohr-ausgleicher m. || tube compensator || compensateur m. à tuyaux. a) **~auskratzer** m. || tube scraper || gratte-tubes f.; racle m. pour tubes. b) **~bandagierung** f. || pipe wrapping *or* casing || enveloppement m. de tubes. c) **~bearbeitung** f. || machining tubes || travail m. des tubes. 11

Rohrbearbeitungsmaschine f. || tube working machine || machine f. pour travailler des tuyaux. a) ~ für **Siede-** und **Rauchrohre** || boiler and smoke tube working machine || machine f. pour le travail des tubes bouilleurs et des tubes à fumée. 12

Rohrbekleidung f. || casing of a pipe || enveloppe f. d'un tuyau. 13

Rohrbiege-maschine f. || tube bending machine || machine f. à cintrer les tubes. a) **~presse** f. || pipe bending press || presse f. à courber *ou* à cintrer les tubes. 14

Rohr-bieger m. || tube bender || cintreur m. de tubes. a) **~blech** n. || flue *or* tube sheet || tôle f. à tuyaux. b) **~bogen** m. || tube bend || tube m. compensateur. 15

Rohrbruch m. || pipe fracture *or* burst || rupture f. d'un tuyau. a) **~ventil** n. || pipe-break valve || soupape f. à rupture de tuyaux. 16

Rohr-brunnen m. || fountain || fontaine f. a) **~bündel** n. (Kesselb) || nest of boiler tubes || faisceau m. de tubes. 17

Rohrbürste f. || cylindrical brush || brosse f. cylindrique. a) ~ für **Kesselrohre** || brush for boiler tubes || brosse f. *ou* écouvillon m. pour tubes de chaudière. 18

Röhrchen n. (Orgelb) || reed || anche f. 19

Rohrdach n. || thatch || couverture f. en roseau. a) **~decker** m. || thatcher || couvreur m. en roseaux. 20

Rohr-dampfkessel m. || tubular boiler || chaudière f. tubulaire. a) **~dichtmaschine** f. || caulking machine for pipes || machine f. à calfeutrer les tuyaux. b) **~dichtung** f. || tube packing || garniture f. pour tuyaux. c) **~draht** m. || conduit wire || fil m. dans tubes. d) **~drehbank** f. || tube lathe || tour m. pour tubes. 21

Röhre f. *s. auch* Rohr || pipe; tube; conduit || tube m.; tuyau m.; conduit m. a) ~ (Drechsl) || gouge; turning gouge || gouge f. à ébaucher. b) ~ (Funkw) || tube; audion (A); valve || tube m.; lampe f. c) das **Biegen** der **~n** fpl. geschieht unter Einhaltung möglichst schlanker Bogen || the curvature of the tubes is kept as slight as possible || pour le cintrage des tubes on s'efforce de les plier le moins possible. d) **biegsame Metall~** || flexible metal tube || tuyau m. métallique flexible. e) ~ aus **Doublé** || tubing from doublé || tube m. en doublé. f) **Eisen~** || iron pipe || tube m. en fer. g) **elektrische** ~ || electric tube || tube m. électrique. h) **empfindliche** ~ (Funkw) || sensitive tube || tube m. sensible. i) **genietete** ~ || riveted pipe || tuyau m. rivé. k) **geschweißte** ~ || welded pipe || tube m. soudé. l) **gewalzte** ~ || rolled tube || tube m. laminé. m) **gezogene** ~ || drawn tube || tube m. étiré. n) ~ aus **Gold** || tubing from gold || tube m. en or. o) **gußeiserne** ~ || cast-iron pipe || tuyau m. *ou* tube en fonte. p) **Hittorf'sche** ~ (Elektr; Phys) || Hittorf-tube || tube f. *ou* tuyau m. d'Hittorf. q) **hölzerne** ~ || wooden pipe || conduit m. en bois. r) ~ aus **Kautschuk** || caoutchouc tube || tube m. de caoutchouc. s) **kupferne** ~ || copper pipe || tuyau m. *ou* tube m. en cuivre. t) **Messing~** || brass tube || tuyau m. *ou* tube m. en laiton. u) **Metall~** || metal pipe || tube m. métallique. v) **nahtlose** ~ || seamless pipe || tube m. sans soudure. w) **nahtlose** ~ aus Stahl || seamless steel tubing || tube m. en acier sans soudure. x) **nahtlos gezogene** ~ || seamless drawn tube || tube m. étiré sans soudure. y) **Pitot'sche** ~ || Pitot's tube || tube m. de Pitot. z) **schmiedeeiserne~** || wrought-iron pipe || tuyau m. *ou* tube m. en fer forgé. 22

a) **selbsterregende** ~ (Funkw) || self-oscillating tube || tube-générateur m. b) ~ aus **Silber** || tubing from silver || tube m. en argent. c) ~ aus **Stahl** || steel pipe || tuyau m. *ou* tube en acier. d) ~ aus **Steinzeug** || stoneware pipe || tube m. en grès céramique. e) ~ aus **Ton** || earthenware pipe || tuyau m. en faïence *ou* en poterie. f) **Zement~** || cement pipe || tuyau m. en ciment. 23

Röhren-abschleifmaschine f. (Holzbearb) || tube sandpapering machine || machine f. à polir les tubes. a) **~abschneidmaschine** f. || pipe cutter || coupe-tubes m. 24

röhrenartig || tubular || tubulaire. 25

Röhren-aushöhlmaschine f. (Holzbearb) || tube scooping machine || machine f. à évider les tubes. a) **~bohrer** m. (Pump) || pump borer *or* bit || cuiller f. à pompes; rouanne f. de pompe; perçoir m. à curette. b) **~bohrmaschine** f. || tube boring machine || machine f. à percer les tubes *ou* à alèser les tubes. c) **~brücke** f. || tubular bridge || pont m. en tubes. d) **~drän** m. || pipe drain || drain m. e) **~drehbank** f. || tube turning machine || machine f. à tourner les tubes. f) **~durchlaß** m. || pipe culvert || ponceau m. tubulaire. g) **~einkerbmaschine** f. (Holzbearb) || tube knicking machine || machine f. à entailler les tubes. h) **~fassung** f. (Funkw) || tube holder || support m. de lampes. i) **~form** f. || mould for making pipes || tondin m. 26

röhrenförmig || tubular || tubulaire; en forme de tube. a) **~e Fassung** f. || tubular mount || monture f. en forme de tube. 27

Röhren-gestell n. || tubular stand || bâti m. tubulaire. **a) ~gießerei** f. || tube foundry || fonderie f. des tuyaux. **b) ~glättwalzwerk** n. || rolling mill for smoothing tubes || laminoir m. à polir les tubes. **c) ~gründung** f. || tubular foundation || fondation f. par cuvelages. **d) ~halter** m. (Röntgen) || tube stand || porte-ampoule m. 1

Röhren-heizapparat m. || heating pipe system || appareil m. tubulaire de chauffage. **a) ~heizkörper** m. (Elektr) || tube heating member || radiateur m. tubulaire. 2

Röhren-kabel n. || conduit cable || câble m. à tuyau. **a) ~kapazität** f. (Funkw) || internal capacity of valves *or* tubes || capacité f. intérieure des lampes. 3

Röhrenkessel m. || (multi)tubular boiler || chaudière f. (multi)tubulaire. **a) stehender ~** || vertical tubular boiler || chaudière f. tubulaire verticale. 4

Röhren-kesselsystem n. || tube boiler system || système m. de chaudière tubulaire. **a) ~kondensator** m. || surface condenser; tubular condenser || condenseur m. tubulaire. 5

Röhrenkühlapparat m. || pipe cooler; pipe *or* tubular cooling apparatus || réfrigérant m. tubulaire. **a) Gegenstrom~** || counter current pipe cooler || réfrigérant m. tubulaire à contre-courant. 6

Röhren-kühler m. || pipe cooler; tubular radiator *or* cooler || radiateur m. *ou* réfrigérant m. tubulaire. **a) ~leitung** f. *s.* Rohrleitung. **b) ~libelle** f. (Feldm) || spirit *or* air level || niveau m. à bulle d'air. **c) ~lötzinn** n. || tube solder || soudure f. en tube. **d) ~luftkühler** m. || tube air cooler || frigorifère m. à tuyaux. **e) ~manometer** n. || tube manometer || manomètre m. à tube courbé. **f) ~meißel** m. (Drechsl) || gouge; turning-gouge || gouge f. à ébaucher. **g) ~muffe** f. (Kabel) || tubular box || manchon m. à tube. **h) ~nachbohrmaschine** f. (Holzbearb) || tube rincing machine || machine f. à repercer les tubes. **i) ~oszillator** m. für Meßzwecke || valve oscillator for measuring purposes || oscillateur m. de tubes-à-vide pour des mesures. **k) ~pfahl** m. || tubular pile || pieu m. creux. **l)** hydraulische **~presse** f. || hydraulic tube drawing press || presse f. hydraulique à étirer les tuyaux. **m) ~preßmaschine** f. || press for making tubes || presse f. à tuyaux. **n) ~probierpresse** f. || pipe testing press || presse f. à éprouver les tuyaux. **o) ~pufferpresse** f. || tube buffer press || presse f. à faire des tampons tubulaires. **p) ~retorte** f. || tubulated retort || cornue f. *ou* retorte f. à tubulure. **q) ~schalter** m. || tube switch || interrupteur m. à tubes. **r) ~schruppmaschine** f. (Holzbearb) || tube roughing machine || machine f. à dégrossir les tubes. **s) ~sender** m. (Funkw) || valve transmitter; tube sender || émetteur m. à lampes. **t) ~sicherung** f. (Elektr) || tube fuse *or* fuze || coupe-circuit m. à cartouche. **u) ~sockel** m. (Fernm) || valve socket; lamp-holder || socle m. d'une lampe amplificatrice. **v) ~ständer** m. (Röntgen) || tube stand || support m. d'ampoule. **w) ~stauchpresse** f. || pipe jumping *or* upsetting press || presse f. à refouler les tuyaux. **x) ~stoß** m. || joint of tube || joint m. *ou* jointure f. de tuyau. **y) ~summer** m. || valve generator || oscillateur m. à lampe amplificatrice; générateur m. à triode. **z) ~verbindung** f. einer Destillierblase || neck of a still || tubulure f. d'un alambic distillatoire. 7

a) ~voltmesser m. || amplifying *or* valve *or* tube voltmeter || voltmètre m. à triode *ou* à lampe *ou* à tube. **b) ~walzwerk** n. || pipe mill; tube rolling works pl. || laminoir m. à tubes; usine f. de laminage de tubes. **c) ~ziegel** m. || hollow-brick; tubular brick || brique f. tubulaire. **d) ~ziehbank** f. || tube drawing machine || banc m. à tirer les tubes; dragon m. 8

Rohr-flansch m. || pipe flange || bride f. de tuyau. **a) ~flechter** m. || reed plaiter || tresseur m. de roseaux. **b) ~flöte** f. || reed pipe *or* flute || chalumeau m.; flûte f. à anche. **c) ~formstück** n. || pipe connection || pièce f. d'assemblage pour tuyaux. 9

Rohrgeflecht n. || cane plaiting; rush plait || tresse f. de jonc; natte f. de roseau. **a) ~** für **Stuhlsitze** || seat cane plaiting || cannage m. de sièges. 10

rohrgeflochtenes Fachwerk n. || framework of wicker work || treillis m. d'osier. 11

Rohr-gewebe n. (Bauw) || reed tissue || tissu m. de roseaux. **a) ~graben** m. || pipe trench || tranchée f. de tubes. **b) ~haken** m. || pipe hook || crampon m. pour tubes. 12

Rohr-heizfläche f. (Kessel) || tubular heating surface || surface f. de chauffe tubulaire. **a) ~heizkörper** m. || tube heating member || radiateur m. tubulaire. 13

Rohr-herstellungsmaschine f. || tube making machine || machine f. à faire les tubes. **a) ~kalibrierpresse** f. || pipe calibrating press || presse f. à calibrer les tubes. **b) ~korb** m. || wicker basket || panier m. en jonc. **c) ~kühler** m. || tubular radiator || radiateur m. à tuyaux. 14

Rohrleger m. || pipe layer *or* fitter; pipeman || poseur m. de conduites *ou* de tuyaux; ouvrier m. de canalisation. **a) ~werkzeug** n. || pipe tools pl. || outillage m. pour pose de tuyauterie. 15

Rohrleitung f. || pipe line; piping; tubing; conduit || tuyauterie f.; conduite f. **a) ~** für den **Bergbau** || piping for mines || tuyauterie f. pour mines. **b) Einlaß~** || suction tubing || tuyauterie f. d'aspiration. **c) ~** für **Säuren und Laugen** || pipe line for acids and lyes || tuyauterie f. pour acides et lessives. **d) ~** aus **Zement** || cement conduit || conduite f. en ciment. 16

Rohrleitungs-entwässerung f. || drainage || drainage m. **a) ~plan** m. || plan of tubing || plan m. de tuyautage. 17

Rohrloch n., beim Ausglühen n. des Bleches wird das ~ oval (Kesselb) || when annealing the plates, the tube hole becomes oval || lorsque la tôle est chauffée au rouge, le trou de tube prend une forme ovale. **a)** flacher **Boden** m. mit ausgepreßtem ~ (Kesselb) || flat disc with furnace opening stamped out || disque m. plat avec bride à tube obtenue par emboutissage. 18

Rohr-löter m. || blow pipe solderer || soudeur m. au chalumeau. **a) ~mast** m. || tubular pole *or* tower || poteau m. tubulaire. **b) ~matte** f. || rush *or* reed mat || natte f. de roseau *ou* en jonc. **c) ~möbel** npl. || cane *or* rush furniture || meubles mpl. cannées *ou* en rotin. **d) ~montierung** f. eines Fernrohres ohne Optik || tube mounting of a telescope without optical equipment || monture f. de tube de lunette sans optique. 19

Rohrmühle f. || tube mill || tube m. broyeur. **a) Verbund~** || compound tube mill || tube m. broyeur combiné. 20

Rohr-mutter f. || tube nut || écrou m. de tuyau. **a) ~naht** f. || tube seam || couture f. de tube. 21

Rohrnetz n. || conduit; distributing pipes pl. || conduite f. (de tuyaux); tuyautage m. **a)** zur **Verteilung** des Gases dient ein ~ || a system of pipes distributes the gas || le service de distribution du gaz comprend un réseau de tuyaux. 22

Rohr-nut f. || tube slot || rainure f. à tubes. **a) ~pfeife** f. || reed pipe || flûte f. à anche. **b) ~plan** m. einer Maschinenanlage || plan of tubing of a machine plant || plan m. de tuyautage d'une machinerie. **c) ~platte** f. || tube plate || plaque f. de tubes; plaque f. tubulaire. **d) ~plattenkoffer** m. || rush plate trunk || malle f. en plaques de jonc. 23

Rohrpost f. || letter shoot; pneumatic telegraph || poste f. *ou* télégraphie f. pneumatique. **a) ~anlage** f. || pneumatic post plant || installation f. de poste pneumatique. **b) ~brief** m. || pneumatic tube letter || petit-bleu m.; lettre f. pneumatique; lettre-télégramme f. **c) ~einrichtung** f. || pneumatic post installation || installation f. de poste pneumatique. **d) ~gebläse** n. || pneumatic tube blower || soufflerie pour postes pneumatiques. **e) ~karte** f. || pneumatic tube card || carte-télégramme f.; carte f. pneumatique; petit-bleu m. **f) ~sammelstelle** f. || pneumatic tube collecting station || station f. collectrice des postes pneumatiques. **g) ~verteilerstelle** f. || pneumatic tube distributing station || station f. de distribution de postes pneumatiques. 24

Rohr-presse f. || extrusion press for tubes || presse f. à profiler les tubes métalliques. **a) ~prüfmaschine** f. || pipe testing machine || machine f. à essayer les tubes. **b) ~prüfpresse** f. || pipe testing press || presse f. à essayer les tubes. **c) ~querschnitt** m. || cross section of pipe || section f. du tube. **d) ~rahmen** m. || tubular *or* pipe frame || châssis m. tubulaire *ou* en tuyaux. **e) ~reduzierwalzwerk** n. || tube reducing rolling mill || laminoir m. à réduire les tubes *ou* pour la réduction des tuyaux. **f) ~reihe** f. (Kesselb) || row of tubes || rangée f. de tubes. **g) ~reiniger** m. || tube cleaner || appareil m. à nettoyer les tubes. **h) ~richtpresse** f. || pipe straightening press || presse f. à dresser les tubes. **i) ~ring** m. (Lok) || ferrule; tube-ferrule || bague f. de tube; virole f. **k) ~schelle** f. || pipe clip *or* clamp || collier m. *ou* bride f. pour tuyaux. 25

Rohrschieber m. || tubular slide valve || valve f. tubulaire. **a) ~steuerung** f. || distribution by tubular slide valve || distribution f. par valve tubulaire. 26

Rohrschiene f. || skelp || lame f. à canon; maquette f. **a)** die Lippen fpl. einer ~ **übereinander schweißen** || to join the lips of a skelp || chevaucher les lames fpl. d'un canon. 27

Rohr-schlange f. (Masch) || serpentine *or* coiled pipe; coil || tuyau m. serpentin; serpentin m. **a) ~schlüssel** m. || bored *or* pipe key; socket wrench || clef f. forée *ou* à douilles. **b) ~schlußstück** n. || tube end plug || bouchon m. de tuyau. **c) ~schmied** m. (Waffenw) || barrel forger || forgeur m. de canons. **d) ~schneider** m. || pipe cutter || tenailles fpl. pour couper les tuyaux. **e) ~schneidmaschine** f. || pipe cutting machine || machine f. à couper les tuyaux. **f) ~schweißmaschine** f. || tube welding machine || machine f. à souder les tubes. **g) ~schweißung** f. || pipe *or* tube welding || soudage m. de tubes. **h) ~sitz** m. || cane seat || siège m. canné. **i) ~speiche** f. || tubular spoke || rayon m. tubulaire. **k) ~speichenrad** n. || wheel with tubular spokes || roue f. à rayons tubulaires. 1

Rohrständer m. (el Leit) || tube pole || montant m. de tube; potelet m. **a) ~erdleitung** f. || earth connection of roof poles || conducteur m. de terre de chevalet. 2

Rohr-stechbeitel m. || socket chisel || ciseau m. à douille. **a) ~stemmeisen** n. || beading hand tool || matoir m. à tubes. **b) ~stift** m. (Bauw) || nail for reed || clou m. à roseau. **c) ~stock** m. || cane || jonc m.; canne f. (en jonc). **d) ~stopfen** m. || tube plug || tampon m. pour tubes. **e) ~stopfstange** f. || tube plug ram || tringle f. à tamponner les tubes. **f) ~strang** m. || pipe line; pipe track || conduite f.; tronçon m. de tuyauterie; tuyautage m. **g) ~strebe** f. || tubular strut || montant m. tubulaire. **h) ~stutzen** m. || pipe socket || tubulure f. **i) ~system** n. || tube system || faisceau m. tubulaire. **k) ~thermometer** n. || tubular thermometer || thermomètre m. à tuyau. **l) ~träger** m. || tubular girder || poutre f. en tube *ou* tubulaire. 3

Rohrtransportkran m. || travelling crane for transporting tubes || pont m. roulant pour le transport des tuyaux. **a) ~** mit selbsttätig einstellbaren **Magneten** und Sicherheitsbügel || travelling crane for transporting tubes fitted with self-acting regulating magnets and safety gripper || pont m. roulant pour le transport des tuyaux avec aimants réglés automatiquement et étrier de sûreté. 4

Rohrventil n. || poppet valve || soupape f. tubulaire. 5

Rohrverbindung f. || pipe connection; tube joint || raccord m. *ou* jonction f. à tuyaux. **a) Ausgleich~** || expansion pipe joint || joint m. compensateur; boîte f. à bourrage compensatrice. 6

Rohr-verkürzung f. || tube shortening || raccourcissement m. du tube. **a) ~verlegung** f. || laying *or* bedding of pipes || pose f. *ou* montage m. des tuyaux. **b) ~verschluß** m. || tube closing; pipe closer || obturateur m. *ou* fermeture f. de tuyau. **c) ~verschraubung** f. || copuling for tube conduit; screwed pipe joint || manchon m. d'emboîtement; assemblage m. *ou* raccord m. à vis de tuyaux. **d) ~verzweigung** f. || pipe branching || branchement m. de tuyaux. **e) ~walze** f. || mould for making pipes || tondin m. 7

Rohrwalz-maschine f. || tube rolling machine || laminoir m. à tubes. **a) ~werk** n. || tube rolling mill || laminoir m. à tubes. 8

Rohrwalzwerks-einrichtung f. || equipment for tube rolling mills || installation f. pour laminoirs à tubes. **a) ~maschine** f. || machine for tube rolling mills || machine f. pour laminoirs à tubes. 9

Rohrwand f. (Feuerrohrkesselbau) || tube sheet *or* plate *or* wall || plaque f. tubulaire; paroi f. de tubes. **a)** das **Anschweißen** der **~** erfolgt mittels Überlappung || the tube plate is lap-welded to the furnace || on obtient le raccordement de la plaque tubulaire par soudage à recouvrement. **b)** die mittleren **Röhren** fpl. werden durch eine dichte **~** vor den Feuergasen geschützt (Kesselb) || the middle pipe rows pl. are protected against the flue gases by a compact wall of tubes || on protège les tubes médians contre l'action des gaz chauds au moyen d'une paroi de tubes serrés. 10

Rohrwaren fpl. (Korbm) || cane *or* reed articles pl. || articles mpl. en roseau *ou* en jonc. **a) ~fabrik** f. || reed-goods factory || fabrique f. d'articles en jonc. 11

Rohr-weite f. || diameter of pipes || diamètre m. des tuyaux. **a) ~wischer** m. || tube brush || balai m. *ou* raclette f. *ou* tringle f. à nettoyer les tubes. **b) ~zange** f. || pipe *or* gas tongs pl. || tenailles fpl. à gaz; pince f. à tubes. **c) ~ziehbank** f. || tube drawing bench || banc m. à étirer les tubes. **d) ~zubehör** n. || tube fittings pl. || accessoires mpl. pour tubes. 12

Rohrzucker m. || cane sugar || sucre m. de canne. **a) ~fabrikanlage** f. || cane sugar producing plant || installation f. de sucrerie pour sucre de canne. **b) ~fabrikation** f. || cane sugar fabrication || fabrication f. de sucre colonial. **c) ~saft** m. || cane juice || vesou m. 13

Rohrzunge f. (eines Blasinstruments) || reed || anche f. (en roseau). 14

Rohschiene f. (Met) || billet; mill-bar; puddling *or* puddle *or* rough bar || barre f. brute; fer m. ébauché plat. **a) ~n** fpl. **walzen** || to roll best bars pl. || ébaucher les barres fpl. de fer brut. 15

Rohschienen-fertigwalze f. || finishing-roll || équipage m. finisseur. **a) ~vorwalze** f. || roughing down roll || équipage m. dégrossisseur. **b) ~walze** f. || puddle *or* puddling *or* blooming roll || cylindre m. ébaucheur *ou* dégrossisseur. **c) ~walzwerk** n. || puddle *or* puddling *or* blooming rolling-mill || train m. ébaucheur *ou* de puddlage; laminoir m. ébaucheur. 16

Roh-schlacke f. || raw *or* poor *or* ore slag; black *or* tap cinder || scorie f. pauvre *ou* crue; laitier m. pauvre. **a) ~schmelzen** n. || ore smelting || fonte f. crue. **b) ~seide** f. || raw *or* hard silk; grege || soie f. grège; grège f. **c) ~seidenwinder** m. || hard silk winder || dévideur m. de soie grège. **d) ~sole** f. || raw brine || eaux fpl. vierges. 17

Rohstahl m. || raw *or* rough *or* natural steel || acier m. brut *ou* naturel. **a) ~** in **Blöcken** || raw steel in ingots || acier m. brut en lingots. **b) ~block** m. || crude steel ingot || lingot m. d'acier brut. **c) ~eisen** n. || steel pig || fonte f. aciéreuse. **d) ~schiene** f. || mill bar of rough steel || acier m. ébauché. 18

Rohstein m. (Met) || coarse metal; raw matte; raw metal || matte f. brute de cuivre; métal m. brut de cuivre. **a) ~schlacke** f. || coarse-metal slag || scorie f. de la matte brute. 19

Rohstoff m. || raw *or* starting material || matériel m. brut; matière f. première. **a) bituminöser ~** || bituminous raw material || matière f. première bitumineuse. **b) fossiler ~** || fossil raw material || matière f. première fossile. **c) guter** und **gleichmäßiger ~** || good raw material of uniform quality || matière f. brute de qualité bonne et invariable. **d)** auf einheimische **~e** gestützte **Industrie** f. || industry subsisting on native raw materials || industrie f. alimentée par de matières premières du pays. **e) keramischer ~** || raw material of pottery || matière f. première de l'industrie céramique et de la poterie. 20

Rohstoff-verarbeitung f. || working-up *or* consumption of raw materials || consommation f. *ou* utilisation f. des matières premières. **a) ~versorgung** f. || provision *or* supply of the raw materials || approvisionnement m. en matières premières. 21

Roh-strecker m. (Wolle) || gill box minder || gill-boxeur m. **a) ~tabak** m. || raw tobacco || tabac m. brut. 22

Rohuhrwerk n. || mouvement in blank || mouvement m. en blanc. **a) ~fabrik** f. || factory of blank movements || fabrique f. d'horlogerie *ou* de mouvements en blanc; blantier m. 23

Roh-wasserverdampfer m. || untreated water evaporator || vaporisateur m. d'eau brute. **a) ~ziegel** m. || raw brick || brique f. crue. **b) ~zink** n. || rough *or* raw zinc || zink m. brut *ou* ordinaire. 24

Rohzucker m. || coarse *or* raw *or* unrefined sugar || moscouade f.; sucre m. brut. **a) indischer ~** || cassonade; brown *or* clayed sugar || cassonade f.; castonade f. 25

Roje-bank f. || thwart || banc m.; traversier m. **a) ~bord** m. || thole board || planche f. des tolets. **b) ~brett** n. *s.* **~bord. c) ~klampe** f. || row fork; row lock; thole string || porte-ame m.; taquet m. de nage; toletière f. 26

rojen *s.* rudern. 27

Rojeplanke f. *s.* Rojebord. 28

Rollbahn f. (Walzw) || live roller bed || rouleaux mpl. d'amenée. **a) selbsttätige ~** f. für Kisten || automatic roller gear bed for cases || tapis m. roulant automatique pour caisses. 29

Roll-bandmaß n. || roll tape measure || mètre m. à ruban. **a) ~bank** f. (Schiffstaue) || roller || chevalet m. à rouleau. 30

Rollbewegung f. (Schiff) || rolling motion || mouvement m. de roulis; roulis m. **a) heftige ~** (Schiff) || uneasy rolling motion || mouvement m. dur de roulis. **b) sanfte ~** (Schiff) || easy rolling motion || mouvement m. doux de roulis. 31

Roll-blei n. || rolled lead || plomb m. en rouleaux. **a) ~bock** m. || trolley || échelle f. double; truc-transbordeur m. **b) ~brücke** f. || roller bridge || pont m. roulant. 32

Rolle f. (Bergb) || pass; shoot; slide || bure f. de roulage. **a) ~** (Masch) || cylinder; roll; roller || rouleau m.; cylindre m. **b) ~** (Mech) || pulley || poulie f. **c) ~** (Tuchm; Wäsch) || calender; mangle || calandre f. **d) feste ~** || fixed *or* fast pulley || poulie f. fixe. **e) gekerbte ~** || grooved pulley || poulie f. à gorge. **f) genutete ~** *s.* gekerbte **~. g) ~** aus **Hartgummi** || ebonite pulley || poulie f. en ébonite. **h) hölzerne ~** (Möbel) || wood castor || roulette f. en bois. **i) Horn~** (Möbel) || horn castor || roulette f. en corne. **k) Kerb~** *s.* gekerbte **~. l) Ketten~** || chain pulley || poulie f. à chaîne.

m) lose~ || loose *or* moveable pulley || poulie f. mobile *ou* folle. **n)** ~ zum Aufrollen von **Nähgarn** || bobbin for winding the sewing-cotton || bobine f. pour enrouler les fils à coudre. **o)** ~ **für Rollenlager** (Masch) || roller for roller bearing || rouleau m. pour boîte à rouleaux. **p) Schnabel~** || jib-head sheave || poulie f. de bec. **q) schwenkbare** ~ || swivel *or* swinging (A) roller *or* pulley || galet m. *ou* poulie f. à pivot *ou* à rotule. **r) Seilausgleich~** || rope balancing sheave || galet m. compensateur de tension du cable. **s) Spann~** || stretching pulley || poulie f. de tension. **t) Tabak~** || roll of tobacco || andouille f. *ou* boudin m. *ou* rôle m. de tabac. **u)** ~ aus **Watte** || roll of wadding || bourrelet m. d'ouate. 1

rollen || to roll || rouler. **a)** ~ (Glasf) || to marver; to turn || marbrer. **b)** ~ (Walzw) || to roll || laminer. 2

Rollen n. (Schiff) || rolling || roulis m. **a)** ~ in **ruhigem** Wasser (Schiff) || rolling in smooth water || roulis m. en eau calme. 3

Rollen-antrieb m. || reel drive || commande f. de bobines. **a) ~bahn** f. || roller way || voie f. à galets. **b) ~bank** f. || drum bench || filière f. à bobine. **c) ~blech** n. || sheet iron in rolls; roll sheet iron || tôle f. en rouleaux. **d) ~blei** n. || sheet lead in rolls || plomb m. en rouleaux. **e) ~bock** m. || roller *or* pulley bracket; pulley block (A) || support m. de galet. **f) ~bohrer** m. || drill with ferrule || foret m. à l'archet. **g) ~bolzen** m. || gudgeon; pin || axe m.; essieu m.; goujon m. 4

rollendes Material n. || rolling stock || matériel m. roulant *ou* d'exploitation. 5

Rollen-drehscheibe f. || turntable on rollers || plaque f. sur galets. **a) ~egge** f. || Norwegian *or* revolving harrow || herse f. norvégienne *ou* roulante. **b) ~einhebevorrichtung** f. || reel lifting device || dispositif m. pour la mise en place des bobines. **c) ~elektrode** f. (Schweißtechnik) || roller electrode; contact roller || électrode f. à rouleau. **d) ~förderer** m. || roller conveyor || transporteuse f. à rouleaux. **e) ~führung** f. || roller guide || guidage m. sur galets. **f) ~herstellungsmaschine** f. || machine for making rolls || machine f. pour la fabrication des rouleaux. **g) ~holm** m. (Kran) || jib; gib || fauconneau m.; bras m.; flèche f.; poinçon m.; volée f. **h) ~kette** f. || roller chain || chaîne f. à rouleaux. **i) ~klassiersieb** n. || roller classing screen || crible-classeur m. à rouleaux. **k) ~kloben** m. (Masch) || block || moufle f. **l) ~kontakt** m. || roller contact || contact m. à roulette. **m) ~kontaktstange** f. || trolley pole || perche f. du trolley. **n) ~kranz** m. (Kran) || crown ring with rollers; roller flange || couronne f. de rouleaux; cercle m. de roulement. **o) ~kühlbett** n. || roller cooling bed || refroidissoir m. à rouleaux. **p) ~kupfer** n. || (sheet) copper in rolls || cuivre m. en rouleaux. 6

Rollenlager n. || roller bearing || palier m. *ou* roulement m. à rouleaux. **a) Führungs~** || guide roller bearing || palier m. à rouleaux de guidage. **b) Kegel~** || taper roller bearing || roulement m. à rouleaux coniques. **c) konisches** ~ || conical roller bearing || roulement m. à rouleaux coniques. **d) Los~** || loose roller bearing || palier m. à rouleaux libres. **e) Schulter~** || roller bearing with shoulder || palier m. à roulement à épaules. **f) Walzenzapfen~** || roll pin roller bearing || palier m. à rouleaux pour tourillons des cylindres. 7

Rollen-läufer m. (Kinderspielzeug) || scooter || trottinette f.; patinette f. **a) ~laufwerk** n. || roller gear || chariot m. de roulement à cylindres. **b) ~papier** n. || paper in reels; endless paper || papier m. continu *ou* en bobines. **c) ~rest** m. (Buchdr) || reel stump || reste m. de bobine. **d) ~rost** m. (Kesselb) || roller grate || grille f. à rouleaux *ou* à barreaux. **e) ~schere** f. || gang slitting machine || cisaille f. circulaire multiple. **f) ~schmierbüchse** f. (Eisenb) || roller grease box || graisseur m. à rouleaux. **g) ~schranke** f. || sliding barrier || barrière f. roulante **h) ~schrittverfahren** n. (Schweißtechnik) || step by step seam welding || soudage m. pas-à-pas par électrode roulante. 8

Rollenstern m. (Buchdr) || reel star || étoile f. à bobines. **a)** ~ (Masch) || star shaped roller bars || étoile f. de galets. 9

Rollen-tabak m. || roll tobacco || tabac m. en andouilles *ou* en rouleaux *ou* roulé. **a) ~tisch** m. || lift table || tablier m. à rouleaux. **b) ~trockner** m. || roller dryer || sécheur m. à cylindres. 10

Roller m. (Rehposten) || buck shot || poste f. **a)** ~ (Spielzeug) || scooter || trottinette f.; patinette f. **b)** ~ (Sturzsee) || rolling sea || houle f. **c)** ~ (Tuchf) || calenderer || calandreur m. **d)** ~ (Web) || cloth *or* piece roller; lapper || enrouleur m. d'étoffes. 11

Rollfaß n. || roller vat || tonneau m. à rouleaux. 12

Rollfilm m. || roll film || roll-film m.; pellicule f. en bobines. **a) ~kassette** f. || roll film container || châssis m. à bobine muni de rouleaux de film. 13

Roll-fuhrunternehmer m. || carrier || camionneur m. **a) ~fuhrunternehmung** f. || carting's enterprise || entreprise f. de camionnage. 14

Rollgang m. || live roller bed *or* train; roller gear bed; edge runner || transporteur m. à rouleaux; rouleau m. d'amenée; train m. de rouleaux; tapis m. roulant. **a) Ablauf~** || roller delivery bed || train m. de rouleaux d'évacuation. **b) Auflauf~** || roller feed bed || train m. de rouleaux d'alimentation. **c) Verlade~** || live roller loading bed || train m. de rouleaux de chargement. 15

Roll-gebühr f. für Frachtgut || cartage; porterage || tarif m. de camionnage; camionnage m. **a) ~geld** n. für Frachtgut *s.* Rollgebühr für Frachtgut. **b) ~holz** n. (Töpf) || cylinder; roller; rolling stick || billette f.; rouleau m. 16

rollig (Bergb) || unfixed || mouvant. **a) ~e Massen** fpl. (Bergb) || unfixed masses pl. || terrains mpl. mouvants. 17

Rolljalousie f. *s. auch* Rolladen || roller blind; roll-up *or* revolving shutter || fermeture f. pliante à rouleau; volet m. à rideaux; jalousie f. **a)** ~ aus **Eisenblech** || sheetiron roller blind || jalousie f. en tôle. **b)** ~ aus **Stahl** || iron roller blind || jalousie f. en fer. 18

Rollkardenrauhmaschine f. (Web) || teasel raising machine || laineuse f. à chardons roulants. **a) einfache** ~ mit Warenanstrichen (Web) || simple teasel raising machine with cloth contacts || laineuse f. à chardons roulants avec contacts de tissu. **b)** ~ mit zwei **Tambouren** und acht Anstrichen (Web) || double cylinder teasel raising machine with eight contacts || laineuse f. à deux tambours à chardons roulants avec huit contacts. 19

Rollkloben m. || case; pulley; pulley block; pulley drum; pulley sheave || navette f.; poulie f. 20

Rollkran m. || bogie crane; moveable crane; travelling crane || grue f. roulante *ou* mobile. **a)** ~ mit **beweglicher Brücke** || travelling crane with moveable bridge || grue f. roulante à pont roulant. **b)** ~ mit **endlosem Seil** || travelling crane with endless rope || grue f. roulante à corde sans fin. 21

Roll-kranz m. || rotation roller path || couronne f. de roulement des galets. **a) ~kugelkranz** m. (Kugellager) || ball race || chemin m. de roulement. **b) ~kupfer** n. || (sheet) copper in rolls || cuivre m. en rouleaux. **c) ~kurve** f. (Geom) || roulette || roulette f. 22

Rolladen m. || revolving shutter; roller blind || rideau m. roulant; rouleau m.; volet m. à rideaux; jalousie f.; persienne f. **a)** ~ aus **Eisenblech** || sheet-iron roller blind || jalousie f. en tôle. **b)** ~ aus **Holz** || wood window blind || jalousie f. en bois. **c) Metall~** || metal roller blind || fermeture f. *ou* jalousie f. métallique. **d)** ~ aus **Stahl** || iron roller blind || jalousie f. en fer. 23

Rolladen-beschläge mpl. || fittings pl. for revolving shutters || ferrures fpl. de jalousies. **a) ~feder** f. || spring for revolving shutters || ressort m. de volets à rideaux. **b) ~gurt** m. || strap for roller blinds || sangle f. de persiennes. 24

Rolleiter f. || sliding ladder || échelle f. roulante. 25

Rollmaschine f. für **Fässer** || cask rolling machine || machine f. à rouler les fûts; rouleuse f. pour fûts. **a)** ~ für **Papier** || reeling machine for paper || machine f. rouleuse pour papier. 26

Rollmaß n. || rolling tape-measure || mesure f. en ruban. **a)** ~ mit **Feder** || spring tape measure || mesure f. en ruban avec ressort. 27

Roll-material n. (Eisenb) || rolling stock || matériel m. roulant. **a) ~messing** n. || sheet brass in rolls || laiton m. en rouleaux. **b) ~motor** m. || roll motor || moteur m. roulant. **c) ~oberfläche** f. || tread || surface f. de roulement. **d) ~ofen** m. || continuous heating furnace || four m. roulant. **e) ~periode** f. (Schiff) || period of the rolling motion || période f. de roulis. **f) ~rädchen** n. || castor || roulette f. **g) ~reifen** m. für Fässer || rolling hoop for barrels || cerceau m. de roulage pour tonneaux. **h) ~schacht** m. (Bergb) || pass; shoot; slide || bure f. de roulage. 28

Rollschuh m. || roll(er) skate || patinette f.; patin m. à roulettes. **a) ~bahn** f. || skating rink || scating-rink m. 29

Rollschütz n. || roller sluice || vanne f. à roulement. **a) versenkbares** ~ || roller sluice gate which can be raised and lowered || vannette f. à rouleaux submersible. 30

Roll-stek m. (Seew) || rolling hitch || nœud m. roulant. **a) ~stein** m. || boulder *or* rubble stones pl.; pebble-stone; rubble || cailloux mpl. roulés. **b) ~stube** f. || linen mangling room || chambre f. de calandrage de linge. **c) ~stuhl** m. || wheel chair || fauteuil m. roulant. **d) ~tisch** m.

|| roller gear table || table f. à roulette. e) ~**tombak** m. || sheet brass in rolls; red metal in rolls || laiton m. rouge en rouleaux. f) ~**treppe** f. || escalator || tapis m. roulant. g) ~**tür** f. || rolling *or* sash door || porte f. roulante *ou* à coulisse. 1

Rollvorhang m. *s. auch* Rolladen || roller blind || jalousie f. a) **äußerer** ~ || canvas blind || marquise f. 2

Rollvorhangbeschlag m. || roll shutter fitting || garniture f. de rouleau. 3

Rollvorrichtung f. || rolling-up device || dispositif m. d'enroulement. 4

Rollwagen m. || dray; lorry; platform truck || camion m. a) **elektrisch betriebener** ~ || electric platform truck || truck m. électrique. b) **Hand**~ (Eisenb) || hand car *or* truck; push car || wagon-brouette m.; wagon m. de terrassement. c) **Gießerei**~ || founder's *or* stove truck || chariot m. de transport dans les fonderies. 5

Roll-werk n. (Ornament) || scroll || enroulement m. a) ~**zinn** n. || tin foil in rolls || étain m. en rouleaux. 6

Romanformat n., **englisches** || post octavo || format m. de roman anglais. 7

romanisch || Romanesque || roman. 8

Romanzement m. || Roman cement || ciment m. romain *ou* de grappiers. 9

Römer m. (Glas) || green claret glass || verre m. à vin du Rhin. 10

Ronde f. || (Buchdr) || ronde || italique f.; lettres fpl. italiques. a) ~**boot** n. || guardboat || canot m. de ronde. 11

Röntgen-anlage f. für Werkstoffuntersuchung || X-ray equipment for researching materials || installation f. Rœntgen de métallographie. a) ~**apparat** m. || Rœntgen *or* X-ray apparatus || appareil m. Rœntgen *ou* à rayons X. b) ~**aufnahme** f. || radiography || radiographie f. c) ~**film** m. || Rœntgen film || Rœntgen-film m. d) ~**kater** m. || radiotoxemia; Rœntgenray sickness || mal m. des irradiations pénétrantes. e) ~**lehre** f. || radiology || radiologie f.; science f. des rayons de Rœntgen. 12

Röntgenologie f. *s.* Röntgenlehre. 13

Röntgenröhre f. || Rœntgen *or* X-ray tube || tube m. Rœntgen. a) ~ mit **Wasserkühlung** || water-cooled Rœntgen-ray tube || tube m. Rœntgen avec refroidissement à l'eau. 14

Röntgen-strahl m. || Rœntgen ray || rayon m. de Rœntgen. a) ~**technik** f. || Rœntgen-ray technics pl. || technique f. des rayons de Rœntgen. b) ~**therapie** f. || radiotherapeutics pl. || radiothérapie f. c) ~**untersuchung** f. || X-ray test *or* diagnosis || radiodiagnostic m.; diagnostic m. par les rayons X. 15

Roof m. (Schiffb) || forecastle; house of the crew || rouf m. 16

Rosa n. (Farbe) || pink; pink colour; rose colour || rose m. 17

rösch (Aufber) || coarse; coarsely powdered; slightely crushed || légèrement bocardé *ou* concassé. 18

Rösche f. (Bergb) || day-level; low slovan || canal m. souterrain. 19

Röschenzeile f. || flower line || cordelière f. 20

Rose f. || rose || rose f. a) **Kompaß**~ || card *or* dial *or* face of compass || rose f. de boussole. 21

Roselith m. (Miner) || roselite || roselithe f. 22

Rosellan m. (Miner) || rosellane || rosellane f. 23

Rosen-blätter npl. || rose leaves pl. or petals pl. || feuilles fpl. *ou* pétales mpl. de roses. a) ~**diamant** m. || rose diamond; rosette || diamant m. en rose; rose f. b) ~**gärtner** m. || rose grower || rosiériste m. 24

Rosenholz n. || rose wood || bois m. de rose. a) ~**öl** n. || rose wood oil; rhodium oil || essence f. de bois rhodien *ou* de bois de rose. 25

Rosen-honig m. || rose honey || miel m. mercurial *ou* rosat. a) ~**kohl** m. || Brussels sprouts pl. || chou m. de Bruxelles. 26

Rosenkranz m. || rosary; beads pl.; chaplet || rosaire m.; chapelet m. a) ~**kugel** f. || bead for chaplets || perle f. à chapelets. b) ~**macher** m. || chaplet maker || chapeletier m. c) ~**zange** f. || round pointed rosary pliers pl. || pince f. à chapelet à bec effilé. 27

Rosen-laschung f. (Seew) || rose lashing || aiguilletage m. en portugaise. a) ~**öl** n. || attar of roses; roses' oil || essence f. de roses. b) ~**quarz** m. || rose quartz || quartz m. rose. c) ~**schule** f. || rose garden || roseraie f. d) ~**spat** m. || red carbonate of manganese; rose spar; rhodochrosite || manganèse m. carbonaté; rhodochrosite f. e) ~**zurring** m. *s.* ~laschung. 28

Roses Metall n. || Rose's metal || métal m. de Rose. 29

Rosette f. || Bauk) || rosace; rosette || rosace f.; roson m. a) ~ (Diamant) || rosediamond; rosette || diamant m. en rose; rose f.; rosette f. 30

Rosettenkupfer n. || copper disks pl.; rosette copper || gâteaux mpl. de rosette; plaques f. de cuivre; cuivre m. de rosette. 31

rosettieren (Met) || to get copper cakes; to lift off round crusts of copper; to produce rosette copper || faire des rosettes fpl. 32

Rosettierherd m. || copper refining hearth || feu m. d'affinage de cuivre; foyer m. d'affinage; petit foyer m. 33

Rosieren m. (Färb) || rosing || rosage m. 34

Rosine f. || raisin || raisin m. sec. 35

Rosinenwein m. || raisin wine || vin m. de raisins secs. 36

Rosmarin-blatt n. || rosemary leaf || feuille f. de romarin. a) ~**öl** n. || rosemary oil || essence f. de romarin. 37

Roßhaar n. || horsehair || crin m. a) **gekräuseltes** ~ || curled horsehair || crin m. frisé *ou* crépi. b) **gezogenes** ~ || stretched horsehair || crin m. étiré. c) **glattes** ~ || drawn horsehair || crin m. plat. d) **künstliches** ~ || artificial horsehair || crin m. artificiel. e) **pflanzliches** ~ || vegetable horsehair || crin m. végétal. 38

Roßhaar-gewebe n. || horsehair tissue || tissu m. en crins; tissu-crin m. a) ~**kämmer** m. || horsehair comber || peigneur m. de crins. b) ~**möbelstoff** m. || horsehair cloth for furniture || étoffe f. de crin pour meubles. c) ~**preßdeckel** m. || horsehair pressed lid || couvercle m. comprimé en crin. d) ~**sitz** m. || horsehair seat || siège m. en crin. e) ~**spinner** m. || horsehair spinner || fileur m. de crin. 39

Roßhaarspinnerei f. || horsehair spinning mill || atelier m. de filature de crin. a) ~**maschine** f. || horsehair spinning machine || machine f. à filer le crin. 40

Roßhaarstoff m. || horsehair stuff || étoffe f. de crin; tissage m. de crin. a) ~ zu **Möbeln** || horsehair cloth for furniture || drap m. *ou* étoffe f. de crin pour meubles. 41

Roßhaar-teppich m. || horsehair carpet || tapis m. en crins. a) ~**weber** m. || horsehair weaver || tisseur m. de crin. 42

Roßkastanien-baum || horse-chestnut tree || marronnier m. d'Inde. a) ~**holz** n. || horse-chestnut wood || (bois m. de) marronnier m. d'Inde. 43

Roß-leder n. || horse leather || cuir m. de cheval. a) ~**schlächter** m. || horse flesh butcher || boucher m. hippophagique. 44

Rost m. (Chem) || rust || rouille f. a) ~ (Bauw) || grating; platform || patin m. de charpente; grillage m.; radier m. b) ~ (Ofen) || grate; grill || grille f. c) ~ (Röstgut) || roasting charge || charge f. de rôtissage *ou* de grillage. d) ~ (Wasserb) || mattress; grillage; grating || clayonnage m. e) vom ~ **befreien** (Chem) || to clean from rust || dérouiller. f) **beweglicher** ~ || revolving *or* rotary grate || grille f. mobile *ou* tournante. g) **Doppel**~ || double grate || grille f. double. h) **drehbarer** ~ || revolving *or* rotary grate || grille f. mobile *ou* tournante. i) den ~ **entfernen** (Chem) || to unrust || dérouiller. j) **Etagen**~ (Kessel) || step grate || grille f. à étages. k) **fest anhaftender** ~ || fixed rust || rouille f. fixe. l) ~ einer **Feuerstätte** || fire grate || grille f. du foyer. m) den ~ m. **fortsetzen** (Met) || to put aside the roasted ore || porter le minerai grillé à côté du fourneau. n) **garer** ~ (Met) || sufficiently roasted ore || minerai m. assez grillé. o) **geneigter** ~ || inclined *or* steep grate || grille f. inclinée. p) **Gitter**~ (Kessel) || grate || grille f. q) **Gruben**~ (Bergb) || grizzly || grille f. de mine. r) **loser** ~ (Chem) || loose rust || rouille f. détachée. s) ~ für **Luft- und Lichtschächte** || grating for ventilation and light wells || grille f. pour prises de ventilation et de lumière. t) **Pfahl**~ || pile framing || grillage m. de pilotis. u) **roher** ~ (Met) || raw roasted ore || minerai m. grillé brut. v) ~ der **Rostschneider** || (Zimm) || saw pit frame || tréteau m.; chevalet m. des scieurs de long. w) **Schlacken**~ (Kessel) || clinker grate || grille f. à scories. x) **rauchverzehrender** ~ || smoke consuming *or* smoke preventing grate || grille f. fumivore. y) **schräger** ~ || inclined *or* steep grate || grille f. inclinée. z) den ~ m. **stürzen** (Met) || to throw the ore on the calcining-spot || précipiter le minerai sur l'aire de grillage. 45

a) **verstellbarer** ~ (Kessel) || adjustable grate || grille f. déplaçable. b) **Zuführung** f. kalter Luft über dem ~ || admission of cold air over the grate || amenée f. d'air froid par-dessus de la grille. 46

Rostansatz m., auf ~ prüfen || to examine for rust || vérifier s'il n'y a pas de dépôts mpl. de rouille. 47

Röstarbeit f. (Met) || roasting process || méthode f. de grillage. 48

rostartig (Feuerung) || grate-shaped || en forme de grille f. 49

Rostbalken m. (Kessel) || fire bearer; fire bar bearer; bearing bar; cross bearer || support m. *ou* sommier m. *ou* chevalet m. *ou* traverse f. de grille. a) ~**träger** m.

(Kessel) || lug for supporting grate-bar bearers || galoche f. supportant le sommier de grille. 1

Rostbeschickung f., mechanische || mechanical stoking || chargement m. mécanique de la grille. 2

Röstbett n. (Met) || roasting bed; area for roasting || lit m. de grillage. 3

Rostbildung f. || formation of rust || formation f. de rouille. **a) widerstandsfähig gegen ~** (Chem) || rust-proof; resistant to the effects of rust || résistant aux effets de la rouille; résistant à la rouille. 4

Rost-bohle f. (Bauw) || plank of a grating || couchis m. d'un grillage. **a) ~diele** f. (Bauw) || platform of a grating || plateforme f. d'un grillage. 5

Röstdörner mpl. (Met) || ore roasting thorns pl. || épines fpl. de grillage. 6

Röste f., Flachs || flax retting || rouissage m. de lin. 7

Rösteflachs m. || steeped *or* red flax || lin m. naisé; lin m. de rouissage. 8

Rösteinrichtung f. (Met) || roasting plant || installation f. de grillage. 9

Rosteinsatz m. (Kessel) || grate inset || grille f. 10

rosten || to rust || s'enrouiller. **a)** der **Werkstoff** rostet nur wenig || the material oxidizes but very little || le métal ne se rouille que très peu. 11

rösten (Erz) || to roast; to calcine || griller; calciner; torréfier; rôtir. **a)** den **Flachs** m. ~ || to rot *or* to ret *or* to steep the flax || rouir *ou* naiser le lin. **b)** den **Hanf** m. ~ || to rot *or* to ret *or* to steep the hemp || rouir *ou* naiser le chanvre. 12

Rösten n. (Erz) || roasting; calcining; burning; calcination || rôtissage m.; grillage m.; calcination f.; rouissage m. **a) ~** (Spinn) || retting || rouissage m. **b) chlorierendes ~** (Erz) || chlorination roasting || grillage m. chlorurant. **c) ~** des **Flachses** || rotting *or* retting *or* steeping of flax || naisage m. *ou* rouissage m. du lin. **d) ~** des **Hanfes** || retting of hemp || rouissage m. du chanvre. **e) ~** in **Haufen** (Erz) || roasting in heaps pl. || grillage m. *ou* rôtissage m. en tas. **f) ~** des **Kaffees** || coffee roasting || brûlerie f. du café. **g) oxydierendes ~** (Erz) || oxidation roasting || grillage m. d'oxydation. 13

rostend, nicht ~er Stahl m. || rustless *or* stainless *or* non-rusting steel || acier m. inoxydable. **a)** eine auch in feuchter **Luft nicht ~e Stahllegierung** f. || a steel alloy-rust proof even in damp air || acier m. d'alliage qui ne se rouille pas à l'air humide. 14

Rostentfernungsmittel n. || rust removing material || matière f. à détacher la rouille. 15

Röster m. (Ofen) || calciner || four m. de calcination. **a) Eisenstein~** || iron ore calciner || calcinateur m. de minerai de fer. **b) ~** eines **Pfluges** || earth-board *or* mould-board of a plough || oreille f. *ou* versoir m. d'une charrue. 16

Rösterei f., Kaffee || coffee roasting factory || atelier m. de torréfaction de café. 17

Rostfeuerung f. || grate firing || foyer m. à grille. 18

Rostfläche f. (Kessel) || grate area *or* surface || surface f. *ou* aire f. de grille. **a) Wander~** || surface of chain grate || surface f. de la grille mobile. 19

rostfrei (entrostet) || rust cleansed || dérouillé. **a) ~** (nicht rostend) || stainless || non-corrosive; inoxydable. **b) ~ machen** || to clean from rust || dérouiller. **c) ~er Stahl** m. || rustproof steel || acier m. inoxydable. 20

Röstgerät n. || roasting implement || ustensile m. de torréfaction. 21

Rost-gestell n. (Kessel) || frame of the grate || cadre m. *ou* support m. de la grille. **a) ~gründung** f. (Bauw) || foundation on timber platform || fondation f. par grillages *ou* par patins de charpente. **b) ~haufen** m. (Met) || heap of ore || tas m. de minerai. **c) ~haut** f. (Chem) || film of rust || pellicule f. de rouille. 22

rostig || rusty; aeruginous || rouillé; enrouillé. 23

Röstkratze f. (Met) || cradle || grattoir m. 24

Rostlager n. (Kessel) || fire-bar frame || cadre m. *ou* support de la grille. 25

Röstmaschine f., Farbmalz || black malt roasting machine || torréfacteur m. à malt. **a) Kaffee~** || coffee roasting machine || machine f. à torréfier le café. **b) ~** für **Tabak** || tobacco soaking machine || machine f. à rouir le tabac. 26

Röstofen m. (Met) || roasting *or* calcining furnace; kiln for roasting; calciner || fourneau m. *ou* four m. de grillage; fourneau m. de calcinage. **a) Dampf~** (Met) || steam roasting furnace || fourneau m. de grillage à vapeur. 27

Rost-pendel n. || grate pendulum || pendule m. (de compensation) à grille. **a) ~pfahl** m. (Bauw) || foundation *or* bearing pile || pilot m. de support; pilotis m. de grillage. **b) ~platte** f. (Kollergang) || grate for vertical mill || plaque f. de grille. 28

Röst-posten m. (Met) || roasting charge || charge f. de rôtissage *ou* de grillage. **a) ~probe** f. (Kontrolle) || assay of calcination; roasting test || essai m. de grillage. **b) ~prozeß** m. (Met) || roasting process || méthode f. de grillage. 29

Rostrahmen m. (Kessel) || bar *or* grate frame || châssis m. *ou* cadre m. *ou* support m. de grille. 30

Röst-reduktionsprozeß m. (Met) || roasting and reduction process || méthode f. de grillage et de réduction. **a) ~rückstände** mpl. (Met) || burnt leavings pl. || résidus mpl. de grillage. **b) ~scherben** m. (Probe) || roasting *or* calcining test || têt m. à rôtir. 31

Rost-schlagen n. (Hochofen) || making a grate into a blast furnace; scaffolding a blast furnace || grillage m. d'un hautfourneau. **a) ~schneider** m. (Zimm) || sawyer; board cutter || scieur m. de long. **b) ~schüttapparat** m. || shaking grate || grille f. à secousses. 32

Rostschutz m. || protection against rust || protection f. contre la rouille. **a) ~anstrich** m. || non-corrosive coating of paint || couche f. de peinture antirouille. 33

rostschützend || rust preventing || protectant contre la rouille. 34

Rostschutz-farbe f. (Chem) || antirusting paint || peinture f. antirouille. **a) ~mittel** n. || rust preventing stuff; rust preventative; antirust composition || antirouille m.; moyen m. antirouille *ou* de protection contre la rouille. 35

rostsicher || non corrosive || antirouille. **a) ~er Stahl** m. || rustless *or* stainless *or* non-rusting steel || acier m. inoxydable. 36

Rostsicherheit f. || rustlessness || inoxydabilité f. 37

Rostspalte f. || air space between the grate bars || intervalle f. entre les barreaux de grille; entrefer m. de grille. 38

Roststab m. || grate *or* fire bar || barreau m. de grille; barre f. de foyer. 39

Röst-stätte f. (Met) || roasting place; ore roasting spot || place f. de grillage; grilloir m. **a) ~staub** m. (Met) || dust of roasted ore || grillage m. 40

Rostträger m. (Kessel) || fire bars bearer; cross bearer; bearing-bar || support m. *ou* sommier m. *ou* chevalet m. *ou* traverse f. d'une grille. 41

Röstung f. (Met) || roasting; calcination || calcination f. 42

rotes Licht n. || red light || feu m. rouge. 43

Rot n. || red; red pigment || rouge m.; roux m. **a) Alizarin~** || alizarine red || rouge m. d'alizarine. **b) Chrom~** || chrome red || rouge m. de chrome. **c) Pariser~** || crocus; jeweller's red; rouge || rouge m. à polir. **d) Türkisch~** || Turkey red || rouge m. turc. **e) vegetabilisches ~** || carthamine || carthamine f.; rouge m. *ou* rose m. végétal. **f) Venezianisch~** || Venetian red || rouge m. de Vénise. 44

Röt n. || upper new red sandstone || grès m. bizarré supérieur. 45

Rotang m. || ratan; rattan || rotin m.; rotang m. 46

rotarmes Filter n. || red abstracting filter || écran m. pauvre en rouge. 47

Rotation f. || rotation; curl || rotation f. 48

Rotations-achse f. || axis of revolution || axe m. de révolution *ou* de rotation. **a) ~anschriftenmaschine** f. || rotary addresser || machine f. à adresser rotative. **b) ~bewegung** f. || rotatory motion || mouvement m. de rotation. 49

Rotationsdruck m. || rotary machine printing || impression f. par machine rotative. **a) ~farbe** f. || rotary machine ink || encre f. pour presses rotatives. 50

Rotationsdruckmaschine f. *s.a.* Rotationsmaschine || rotary printing machine || machine f. typographique rotative; presse f. rotative à imprimer. **a) einfachbreite ~** || single width rotary printing machine || machine f. rotative de simple largeur. **b) ~** für **Kassenblocks** || cash block rotary printing machine || machine f. rotative à imprimer les blocs de caisse. 51

Rotationsellipsoid n. || revolution ellipsoid || ellipsoïde m. de révolution *ou* de rotation. **a) abgeplattetes ~** || oblate ellipsoid *or* spheriod; geoid || ellipsoïde m. de révolution aplati; géoïde m. **b) verlängertes ~** || prolate *or* oblong spheroid or ellipsoid || ellipsoïde m. de révolution prolongé. 52

Rotations-fläche f. || surface generated by rotation *or* revolution; surface of revolution || surface f. de révolution *ou* de rotation. **a) ~hyperboloid** n. || hyperboloid of revolution || hyperboloïde m. de révolution. **b) ~kompressor** m. || rotary compressor || compresseur m. rotatif. **c) ~körper** m. || solid generated by rotation; solid of revolution || solide m. de révolution. 53

Rotationsmaschine f. || rotary maschine *or* press || presse f. *ou* maschine f. rotative. **a) bänderlose ~** || tapeless rotary machine || machine f. rotative sans cordon. **b)** ~ für den Druck von **Fahrscheinen** und **Eintrittskarten** ‖ rotary machine for printing tickets ‖ machine f. rotative à imprimer des billets. **c) Flachdruck~** ‖ flat-bed rotary machine ‖ machine f. rotative à formes plates. **d) Formzylinder** m. der ~ ‖ type-carrying cylinder of the rotary machine ‖ cylindre m. porte-clichés de la presse rotative. **e)** ~ für **Illustrationsdruck** ‖ rotary (printing) machine for producing illustrated work ‖ machine f. rotative pour illustrations. **f) Tiefdruck~** für Bogenanlage ‖ sheet-fed photogravure rotary machine ‖ machine f. rotative en creux pour la marge de feuilles. **g) Universaleinrollentiefdruck~** ‖ universal one-reel photogravure rotary machine ‖ machine f. rotative en creux universelle à une bobine. **h) Zeitungs~** ‖ rotary newspaper printing machine ‖ machine f. à rotation pour imprimer les journaux. 1

Rotations-maschinenmeister m. (Buchdr) ‖ rotary machine hand ‖ conducteur m. de machine rotative. **a) ~paraboloid** n. ‖ revolution *or* rotation paraboloid ‖ paraboloïde m. de révolution. **b) ~polarisation** f. ‖ rotating polarization ‖ polarisation f. rotatoire. **c) ~presse** f. ‖ rotary press ‖ presse f. rotative. **d) ~pumpe** f. ‖ rotary pump ‖ pompe f. rotative *ou* à rotation. **e) ~rakete** f. ‖ rotatory rocket; rifle rocket ‖ fusée f. à rotation. **f) ~schnellpresse** f. mit elektrischem Mehrmotorenantrieb ‖ high speed rotary press with electric multi-motor drive ‖ presse f. rotative rapide à commande électrique multiple. **g) ~typendrucker** m. ‖ rotary type printer ‖ machine f. rotative à caractères. **h) ~ventilator** m. ‖ rotary fan ‖ ventilateur m. rotatif. 2

Rotator m., Prismen (Opt) ‖ prism rotator ‖ rotateur m. à prismes. 3

Rot-beize f. ‖ red liquor *or* mordant ‖ mordant m. de rouge. **a) ~bleierz** n. ‖ chromate of lead; red lead-ore; crocoite ‖ plomb m. chromaté. 4

rotbrüchig (Eisen) ‖ red *or* hot short; red sear ‖ rouverin; rouverain; cassant à chaud; métis. 5

Rot-buche f. ‖ beech; red *or* copper-beech ‖ hêtre m. (commun). **a) ~buchenholz** n. ‖ red beech (wood) ‖ (bois m. de) hêtre m. 6

Rot-ebenholz n. ‖ red ebony ‖ ébène f. rouge. **a) ~eisenerz** n. ‖ red hæmatite *or* iron ore *or* iron stone ‖ fer m. oligiste *ou* oxydé rouge; hématite m. rouge. **b) ~eisenoker** m. ‖ earthy red iron ore; red ochre ‖ fer m. oligiste rouge terreux. **c) ~eisenrahm** m. ‖ scaly red iron ore ‖ fer m. oxydé rouge brillant. 7

Roteisenstein m. ‖ red hæmatite *or* iron ore *or* iron stone ‖ fer m. oligiste *ou* oxydé rouge; hématite m. rouge. **a) dichter** ~ ‖ compact red iron stone ‖ fer m. oligiste rouge compact. **b) faseriger** ~ ‖ fibrous red iron-ore *or* red iron-stone; red hæmatite; kidney-ore ‖ fer m. oligiste concrétionné; hématite m. rouge; fer m. oligiste rouge fibreux. **c) ockeriger** ~ ‖ earthy red iron ore; red ochre ‖ fer m. oligiste rouge terreux. **d) oolithischer** ~ ‖ oolitic red iron ore *or* red hæmatite ‖ oligiste m. oolithique; minerai m. violet; minette f. **e) schuppiger** ~ *s.* Roteisenrahm. 8

Roteisensteingrube f. ‖ red hæmatite mine ‖ mine f. d'hématite rouge. 9

Rötel m. ‖ red chalk; ruddle; reddle ‖ craie f. *ou* crayon m. rouge; arcanne f. 10

Roten n. in **fließendem Wasser** ‖ river retting ‖ rouissage m. à eau courante. **a)** ~ in **stehendem Wasser** ‖ pond retting ‖ rouissage m. à eau stagnante. 11

Roterle f. ‖ alder ‖ aune m. commun. 12

rotfaul ‖ red rotted ‖ pourri au cœur. 13

Rotfäule f. ‖ red rot; heart rot ‖ pourriture f. rouge *ou* du cœur. 14

rotfrei-es elektrisches Licht n. ‖ red free electric light ‖ lumière f. électrique exempte de rouge. **a) völlig ~e** Untersuchung f. des Augenhintergrundes ‖ viewing the fundus of eye by entirely red free light ‖ examen m. du fond de l'œil avec une lumière absolument exempte de rouge. 15

Rotfrei-filter n. ‖ red free filter ‖ écran m. exempt de rouge. **a) ~lampe** f. ‖ red free lamp ‖ lampe f. exempte de rouge. 16

Rotfreilicht n. ‖ red free light ‖ lumière f. exempte de rouge. **a) Reichhaltigkeit** f. des **~es** an kurzwelligen Strahlen ‖ abundance of rays of short waves in the red free light ‖ richesse f. de la lumière exempte de rouge en rayons de petite longueur d'onde. 17

rotgerben ‖ to tan ‖ tanner. 18

Rot-gerber m. ‖ tanner ‖ tanneur m. **a) ~gießer** m. ‖ red caster ‖ fondeur m. en cuivre rouge. **b) ~gießerei** f. ‖ red copper foundry ‖ fonderie f. de cuivre rouge. 19

rotglühend ‖ red hot ‖ rouge; rougi au feu m.; porté au feu m.; rouge-cerise. **a)** ~ **bleiben** ‖ to remain red hot ‖ rester rouge-cerise. **b)** den **Schmelztiegel** m. ~ **machen** ‖ to bring up the crucible ‖ chauffer le creuset m. au rouge. 20

Rotglühhitze f. **dunkle** ‖ dark red heat ‖ (chaude f.) rouge m. sombre. **a) lebhafte~** ‖ bright red heat ‖ (chaude f.) rouge m. vif. 21

Rotglut f. ‖ red heat ‖ chaleur f. *ou* chaude f. rouge.; rouge m. **a) anfangende** ~ ‖ beginning red heat ‖ chaude f. rouge naissante. **b) dunkle** ~ ‖ dark red heat ‖ chaude f. rouge sombre. **c)** zur ~ **erhitzen** ‖ to give a cherry red heat ‖ chauffer à couleur de cerise. **d) helle** ~ ‖ bright red heat ‖ rouge m. cerise clair; chaude f. rouge clair. **e) lebhafte** ~ ‖ bright red heat ‖ rouge m. vif. **f) volle** ~ ‖ cherry red ‖ rouge m. cerise; cerise m. complet. **g)** der **Stahl** m. kann dauernd auf ~ gehalten werden ‖ the steel may be permanently kept at red heat ‖ l'acier m. peut être constamment à la chaleur rouge. 22

Rotgulden n. ‖ red silver; red ruby silver ore ‖ argent m. rouge. 23

Rotgültig n. ‖ red silver ore; ruby blende *or* silver ‖ argent m. antimonié sulfuré; blende f. rouge. **a) ~erz** n. ‖ red silver; red *or* ruby silver ore ‖ argent m. rouge. **b) dunkles ~erz** n. ‖ pyrargyrite; red *or* ruby silver; dark red silver ore ‖ argent m. antimonié sulfuré. **c) lichtes ~erz** n. ‖ proustite; light red silver ore ‖ argent m. arséniaté sulfuré. 24

Rotguß m. ‖ tombac; red bronze *or* brass; brittle metal ‖ tombac m.; bronze m.; laiton m. rouge. **a) ~bewehrung** f. (Masch) ‖ red bronze fittings ‖ garniture f. en laiton rouge. 25

rothaltiges Licht n., **gewöhnliches** ‖ ordinary light containing red rays ‖ lumière f. ordinaire comprenant le rouge. 26

Rotholz n. (Färb) ‖ red dye wood; Brasil wood ‖ bois m. rouge *ou* d'huile. **a)** ~ (Köhl) ‖ red *or* hydrogenous charcoal ‖ charbon m. roux. **b) ~auszug** m. ‖ redwood *or* barwood extract ‖ extrait m. de bois rouge. 27

rotieren (Mech) ‖ to rotate; to turn ‖ tourner. 28

rotierend-e Dampfmaschine f. ‖ rotatory steam engine ‖ machine f. à vapeur à rotation. **a) ~e Flaschenfüllmaschine** f. ‖ revolving bottling machine ‖ soutireuse f. à bouteilles rotative. **b) ~e Funkenstrecke** f. ‖ rotating spark gap ‖ distance f. explosive rotative. **c) ~e Löffelwalzmaschine** f. ‖ rotating spoon rolling mill ‖ laminoir m. tournant pour faire des cuillers *ou* cuillères. **d) ~e Schere** f. ‖ rotating shear ‖ cisailles fpl. rotatives. **e) ~er Teil** m. ‖ rotating part ‖ élément m. rotatif. **f) ~er Umformer** m. (Elektr) ‖ rotary current converter ‖ convertisseur m. rotatif. 29

Rot-kali n. ‖ potassium ferricyanide ‖ ferricyanure m. de potassium; prussiate m. rouge. **a) ~kohl** m. ‖ red cabbage ‖ chou m. rouge. **b) ~kohle** f. *s.* ~holz (Köhl). 30

Rotkupfer n. ‖ red copper ‖ cuivre m. rouge. **a) ~erz** n. ‖ red copper ore; red oxide of copper ‖ cuivre m. rouge *ou* oxydulé. **b) ~erz** n., **haarförmiges** ‖ capillary red oxide of copper; chalcotrichite ‖ cuivre m. oxydulé capillaire; ziguéline f. capillaire. 31

Rot-messing n. ‖ tombac m.; red brass; brittle metal ‖ tombac m.; laiton m. rouge. **a) ~nickelkies** m. ‖ arsenical nickel ‖ nickel m. arsenical. **b) ~ocker** m. ‖ red ochre ‖ ocre m. rouge. 32

Rotor m. (Elektr) ‖ rotor; armature ‖ rotor m.; induit m. **a) ~flügel** m. ‖ rotor wing ‖ aile f. avec rotor. **b) ~presse** f. ‖ rotor press ‖ presse f. à caler et décaler les rotors. **c) ~welle** f. ‖ runner shaft ‖ arbre m. de rotor. **d) ~wicklung** f. ‖ rotor winding ‖ enroulement m. du rotor. 33

Rot-pause f. ‖ red print ‖ calque m. en rouge. **a) ~salz** n. ‖ soda acetate ‖ acétate m. de soude. **b) ~sandsteinbruch** m. ‖ red sandstone quarry ‖ carrière f. de grès rouge. **c) ~schmied** m. ‖ red copper smith ‖ chaudronnier m. en cuivre rouge. **d) ~spießglanz** m. ‖ red antimony *or* antimony ore; kermesite ‖ antimoine m. rouge *ou* oxydé sulfuré. **e) ~stein** m. ‖ reddle; red chalk; ruddle ‖ craie f. *ou* crayon m. rouge. **f) ~stift** m. ‖ red (-chalk) pencil ‖ crayon m. rouge. **g) ~streifigkeit** f. ‖ red stripiness ‖ bandes fpl. de pourriture rouges. **h) ~tanne** f. ‖ spruce ‖ épicéa f.; sapin m. rouge. **i) ~tannenholz** n. ‖ spruce wood ‖ bois m. de sapin rouge. 34

Rotte f. (Spinn) ‖ retting; steeping ‖ rouissage m. **a)** ~ von **Arbeitern** ‖ gang of workmen ‖ équipe f. d'ouvriers. **b) gemischte** ~ (Spinn) ‖ mixed retting ‖ rouissage m. à la méthode mixte. **c) Warmwasser~** (Spinn) ‖ warm-water retting ‖ rouissage m. à l'eau chaude. 35

Rotte-flachs m. ‖ red *or* steeped flax ‖ lin m. naisé; lin m. de rouissage. **a) ~grube** f. (Spinn) ‖ pit ‖ routoir m. 36

Rotunde f. ‖ rotunda ‖ rotonde f. 37

Rotviolett n. || red purple || rouge m. violet. 1

rotwarm || red hot || rouge. 2

Rot-wein m. || red wine || vin m. rouge. **a) ~zeder** f. || rock red cedar || genévrier m. savinier. **b) ~zinkerz** n. || red oxide of zink; red zink ore; zinkite || zinc m. oxydé *ou* rouge; zincite f. 3

Rouge n. || jeweller's *or* Paris *or* English red; rouge || rouge m. (à polir). 4

Rouleau n. *s. auch* Rolladen || roller blind; blind || store m. en étoffe; jalousie f. 5

Roulette n. || roulette || roulette f. 6

Route f. (Seew) || track || chemin m.; parcours m.; route f.; voie f. 7

Routine f. an Bord || routine of duties on board || distribution f. du service journalier à bord. 8

Royal m. || royal || cacatois m.; perroquet m. volant. **a) ~brass** f. (Seew) || royal brace || bras m. du cacatois *ou* du perroquet volant. **b) ~geitau** n. || royal clew line || cargue f. point du cacatois; cargue f. du perroquet volant. **c) ~leesegel** n. || royal studding sail || bonnette f. du cacatois *ou* du perroquet volant. **d) ~leespier** n. || boom of the royal studding sail || bonnette f. du perroquet volant; boute-hors m. de la bonnette du cacatois. **e) ~pardun** n. || royal backstay || galhauban m. du cacatois *ou* du perroquet volant. **f) ~rahe** f. || royal yard || vergue f. du cacatois *ou* du perroquet volant. **g) ~saling** f. || royal cross tree || traversière f. du cacatois *ou* du perroquet volant. **h) ~schot** f. || royal sheet || écoute f. du cacatois *ou* du perroquet volant. **i) ~stag** n. || royal stay || étai m. du cacatois *ou* du perroquet volant. **k) ~stänge** f. || royal mast || mât m. du cacatois *ou* du perroquet volant. **l) ~want** n. || royal rigging || hauban m. du cacatois *ou* du perroquet volant. 9

Rübe f. (Landw) || turnip; beet (root) || rave f.; turne pm. **a) gelbe~** || carrot || carotte f. **b) rote ~** || beet root; red beet || betterave f. **c) weiße ~** || turnip || navet m. 10

Rübenblätter-wäsche f || washery for turnip tops || laveur m. pour feuilles de betteraves. **a) ~zerreißmaschine** f. || turnip tops plucking machine || machine f. à dechiqueter les feuilles de betteraves. 11

Rüben-brennerei f. || beet-root distillery || distillerie f. de betteraves. **a) ~einmieten** n. || beetroot storing || ensilage m. des betteraves. **b) ~erntemaschine** f. || turnip digging *or* gathering machine || arracheur m. de turneps; machine f. à récolter les betteraves. **c) ~heber** m. || turnip lifter; uprooter || arracheur m. de betteraves; arrache-betteraves m. **d) ~köpfer** m. || turnip topping machine || écimeur m. de betteraves. **e) ~mühle** f. || turnip mill || moulin m. à betteraves. **f) ~pflanzmaschine** f. || turnip planting machine || planteur m. mécanique de raves. **g) ~pottasche** f. || beet potash || potasse f. de betterave. **h) ~pulpe** f. || beet pulp || pulpe f. de betterave. **i)~roder** m. || turnip rooter || essarteuse f. de betteraves. **k) ~saftfabrik** f. || beet rasping station; beet-juice mill || râperie f. de betteraves. **l) ~schlempepottasche** f. || potash from beet-root molasses || potasse f. de vinasses. **m) ~schneider** m. || turnip cutter; beet root cutter || coupoir m. à betteraves; coupe-navets m.; coupe-racines m. **n) ~schnitzelmaschine** f. || turnip shredding machine || machine f. à couper les betteraves en tranches. 12

Rübensirup m. || sugar syrup; beet-root molasses || caramel m. liquide; sirop m. *ou* mélasse f. de betteraves. **a) ~brennerei** f. || beet-root molasses distillery || distillerie f. de mélasse de raves. 13

Rüben-trockenanstalt f. || beet-root drying plant || sécherie f. de betteraves. **a) ~wäsche** f. || turnip washer; washery for turnips || laveur m. pour betteraves. **b) ~wäscher** m. (Zuck) || beet-root washhouseman || garde-lavoir m. de betteraves. 14

Rübenzucker m. || beet-root sugar || sucre m. de betterave. **a) ~fabrik** f. || beet-root sugar manufactory || fabrique f. de sucre de betteraves. **b) ~fabrikant** m. || manufacturer of beet-root sugar || fabricant m. betteraviste. 15

Ruberoid-bedeckung f. || rubberoid sheathing || recouvrement m. de rubéroïde. **a) ~pappe** f. || rubberoid millboard || carton m. rubéroïde. 16

Rubidium n. || rubidium || rubidium m. **a) ~alaun** m. || rubidium alum || alun m. de rubidium. 17

Rubin m. || ruby || rubis m. **a) ~blende** f. || red silver ore; ruby blende *or* silver-miargyrite || argent m. antimonié sulfuré; blende f. rouge; miargyrite f. **b) ~glas** n. || ruby fluor || faux-rubis m. **c) ~glimmer** m. || goethite; pyrrhosiderite; hydrous oxide of iron || fer m. pourpré; goethite f.; pyrrhosidérite f. **d) ~spinell** m. || spinel ruby; balas ruby || rubis spinelle m.; rubis-balais m. 18

Rüböl n. || rape (seed) oil; colza oil || huile f. de navette *ou* de colza. **a) ~ersatz** m. || rape-seed oil substitute || huile f. de colza artificielle. 19

Rubrik f. || column; head; heading; rubric || rubrique f. 20

Rübsen m. || rape || navette f. **a) ~öl** n. || rape oil || huile f. de navette. **b) ~samen** m. || rapeseed || graine f. de navette. 21

Rück-ansicht f. || back *or* rear view || vue f. arrière *ou* de derrière. **a) ~anspruch** m. || counter claim || recours m. **b) ~antwort** f. || reply || réponse f. **c) ~auslösung** f. (Selbstanschl) || back release || libération f. inverse. **d) ~äußerung** f. || reply || réplique f.; réponse f. 22

rückbilden (Chem) || to form back || reformer. 23

Rück-blickspiegel m. || observation mirror || rétro-viseur m. **a) ~draht** m. || return-wire || fil m. de retour. 24

rückelektromotorische Kraft f. || back electromotive force || force f. électromotrice inverse. 25

Rücken m. (Anatomie) || back || dos m. **a) ~** (Flöz) || dyke; fault; throw || crain m.; faille f. **b) beleimter ~** m. der Broschüre (Buchb) || glued back of the booklet || dos m. de la brochure enduit de colle. **c) dehnbarer ~** (Buchb) || expansion back || reliure f. extensible. **d) gewölbter ~** eines Buches || back *or* comb of a book || endos m. d'un livre. **e)~** einer **Handsäge** || back of a hand saw || dos m. *ou* dosseret m. *ou* dossière f. d'une scie à main. **f) ~** eines **Keiles** || back *or* base *or* head of a wedge || tête f. d'un coin. **g) ~** eines **Stauwehres** || cover of a dam wall || cape f. d'un batardeau. 26

Rücken n. der **Gichten** || irregular sinking *or* descent of the furnace-charge || éboulement m. *ou* descente f. irrégulière des charges d'un haut-fourneau. 27

Rücken-bau m. (Wasserb) || mountain irrigation || irrigation f. par reproduction de l'eau. **a) ~deckung** f. || backing; helping; support || couverture f.; garantie f. **b) ~eisen** n. (Buchb) || rubber || frottoir m. **c) ~feld** n. (Buchb) || space between the back-bands of a book || entre-nerf m. **d) ~flug** m. || flying on back || vol m. sur le dos. **e) ~kissen** n. || back cushion || coussin m. de dossier. **f) ~kissenfallschirm** m. || back-type parachute || parachute m. sac-dorsal. **g) ~lehne** f. *s.* Rücklehne. **h) ~platte** f. eines Kamins || back of a chimney || contre-cœur m. de cheminée; plaque f. de feu. **i) ~presse** f. (Buchb) || backing press || presse f. à endosser. **k) ~säge** f. || back-saw || scie f. à dos. **l) ~polster** n. || back quilt || dossier m. 28

Rückentladung f. (Funkw) || back discharge; back kick || retour m.; décharge f. en retour. 29

Rücken-wäsche f. (Schaf) || fleece washing; washing on sheep's back || lavage m. à dos *ou* sur pied. **a) ~wind** m. || leading wind || vent m. arrière. **b) ~wolle** f. (Schaf) || back *or* mother *or* spine wool; prime locks pl. || laine f. mère *ou* prime. 30

Rücker m. (Uhrm) || index; regulator || raquette f. 31

Rückfahr-karte f. || return ticket || billet m. d'aller et retour; aller et retour m. **a) ~schein** m. *s.* ~karte 32

rückfließend (Chem) || with reflux || à reflux m. 33

Rückfluß m. (Chem) || reflux || reflux m. **a) ~kühler** m. (Chem) || reflux *or* backflow condenser || réfrigérant m. à reflux. 34

Rück-förderpumpe f. || return pump || pompe f. de refoulement. **a) ~fracht** f. || return cargo *or* freight; home freight || port m. *ou* charge f. de retour. 35

Rückfrage f. (Fernm) || local inquiry || demande f. **a) ~apparat** m. (Fernmeld) || request apparatus || poste m. à double appel. **b) ~einrichtung** f. (Fernm) || request equipment || dispositif m. à double appel. **c) ~stromkreis** m. || inquiry circuit || circuit m. de demande. 36

Rückführungs-band n. || reconducting belt || bande f. de reconstitution. **a) ~rutsche** f. || reconducting shoot || couloir m. de retour. **b) ~stange** f. || reconducting bar || tige f. de rappel. 37

Rückgabe f. || return || restitution f. 38

Rückgang m. (Handel) || downward movement || ralentissement m. **a) ~** (Masch) || backward *or* return motion || mouvement m. de retour; marche f. en arrière. **b) ~** des **Hebels** || return of the lever || recul m. du levier. 39

rückgängig machen (Handel) || to cancel || annuler. 40

Rückgewinnung f. (Chem) || recovery || récupération f. **a) Abhitze~** || waste heat recovering || récupération f. de la chaleur perdue. 41

Rückgewinnungsanlage f. || recuperating plant || installation f. de récupération. **a) ~ für Nebenerzeugnisse** || by-product recovery plant || installation f. pour la récupération des sous-produits. 42

Rückgrat n. || spine || épine f. dorsale. 1
Rückhaltskabel n. || backstay rope || câble m. d'amarre *ou* de retenue. 2
Rückkauf m. || repurchase || rachat m. 3
Rückkaufs-recht n. || right of redemption *or* repurchase || droit m. de réméré; réméré m. **a) ~wert** m. || surrender value || valeur f. de rachat. **b) ~wert** m. einer **Versicherungspolice** || surrender value of an insurance policy || valeur f. de rachat d'une police d'assurance. 4
Rückkehr f. der Ebbe und Flut (Seew) || change of the tide || changement m. *ou* retour m. de la marée. **a) ~linie** f. (Geom) || edge of regression || arête f. de rebroussement. **b) ~punkt** m. einer Kurve || cusp *or* stationary point of a curve || point m. de rebroussement d'une courbe. 5
Rück-kontrolle f. (Selbstanschl) || reversive control || contrôle m. inverse. **a) ~kontrolleinrichtung** f. in sympathischen Uhrenanlagen || time reverse control apparatus for secondary clock systems || dispositif m. de contrôle inverse dans les installations à horloges secondaires. 6
rückkoppeln || to feed back; to couple back || accoupler rétroactivement. 7
Rückkopplung f. || reaction *or* back coupling; feed back; regenerative circuit || couplage m. de réaction *ou* en arrière; réaction f. 8
Rückkopplungs-audion n. || retroactive audion || détectrice f. d'amplificatrice. **a) ~erscheinung** f. || recoupling effect || phénomène m. de recouplage. **b) ~spule** f. || tickler (A); reaction coil || bobine f. de réaction. **c) ~verzerrung** f. || regenerative distorsion || distorsion f. par réaction. 9
Rück-kühlanlage f. || recooling plant || réfrigérant m. de retour. **a) ~ladung** f. (Schiff) || homeward cargo || cargaison f. de retour. 10
Rücklage f. || reserve || fonds m. de réserve. **a) gesetzliche ~** || reserve prescribed by law || réserve f. légale. **b) ~** des **Packwerks** (Wasserb) || back-layer of fascine work || couche f. ordinaire. **c) Sonder~** || special reserve || réserves fpl. spéciales. **d) ~fonds** m. || reserve fund || fonds m. de réserve. 11
Rücklauf m. (Geschütz) || drawback || recul m. **a) ~** (Masch) || back action; return motion || action f. inverse; retour m. **b) ~** (Schiff) || going astern; having sternway || culée f. **c) beschleunigter ~** || increased return motion || retour m. accéléré. **d) ~** des **Propellers** || slip of propeller || recul m. du propulseur. **e) schneller ~** || quick return movement || retour m. rapide. 12
Rücklauf-geschwindigkeit f. || return speed || vitesse f. de retour. **a) ~getriebe** n. || return gear || harnais m. de renversement de marche. 13
rückläufig || retrograde || rétrograde. 14
Rücklauf-rad n. || reverse idler (wheel) || pignon m. *ou* galet m. de marche arrière. **a) ~reservoir** n. || low-level service reservoir || réservoir m. à retour d'eau. **b) ~rohr** n. || delivery pipe || tuyau m. de refoulement. **c) ~rohr** n. für **Öl** || oil return pipe || tube m. de retour d'huile. **d) ~taste** f. (Schreibm) || back space key || touche f. de rappel. **e) ~welle** f. || reverse idle gear shaft || arbre m. de marche arrière. 15
Rücklehne f. || (seat) back; back rest || dossier m. **a) feste ~** || fixed back || dossier m. fixe. **b) ~** eines **Stuhles** || back of a seat || dossier m. d'une chaise. **c) umlegbare ~** || hinged back || dossier m. réversible. **d) umlegbare ~** amerikanischer Bauart || hinged back of American type || dossier m. réversible système américain. 16
Rückleiter m. (Elektr) || return conductor *or* wire || fil m. *ou* conducteur m. de retour. 17
Rückleitung f. (Masch) || return piping || conduite f. de retour. **a) ~ durch die Erde** (Elektr) || ground wire || retour m. par la terre. **b) Kondenswasser~** || condensing water reconductor || conduite f. de retour d'eau de condensation. **c) Schienen~** (elektr Bahn) || rail return || retour m. par les rails. 18
Rück-leitungskabel n. || return cable || câble m. de retour. **a) ~licht** n. (an Fahrzeugen) || backlight || feu m. d'arrière. 19
Rückmelde-läutewerk n. (Eisenb) || reply bell || sonnerie f. de réplique *ou* de répétition. **a) ~signal** n. (Eisenb) || repeating signal || signal m. de réplique. 20
Rück-meldung f. (Eisenb) || repeating *or* answering a bell signal || réplique f. **a) ~nahmetaste** f. (elektr Stellwerk) || cancelling key || touche f. de la remise en position. **b) ~pumpbecken** n. || pump fed basin || bassin m. de refoulement. **c) ~reise** f. || home voyage || voyage m. de retour. 21
Rückruf m. (Fernm) || recall || rappel m. **a) ~taste** f. (Fernm) || enquiry button || clef f. de rappel. 22
Rucksack m. || knapsack || bissac m.; sac m. de touriste. 23
Rückschauspiegel m. (Auto) || observation mirror || (miroir m.) avertisseur m.; rétroviseur m.; espion m. 24
rückschlächtiges Wasserrad n. || high-breast water wheel || roue f. hydraulique par derrière. 25
Rückschlag m. (Handel) || reaction; retlapse; reverse; set-back || contre-coup m.; revirement m. **a) ~** (Elektr; Motor) || back kick *or* stroke; return shock || choc m. en arrière *ou* de retour; contre-coup m. **b) ~** (der Flamme) || flashback; backfire || retour m. **c) ~** beim **Biltz** || second stroke of lightning || coup m. de foudre en retour. 26
Rückschlag-gefahr f. der Flamme || danger of back-firing of the flame || danger m. de retour de flamme. **a) ~klappe** f. (Masch) || relief *or* return valve || clapet m. *ou* soupape f. de retenue. 27
Rückschlagventil n. || check valve; back pressure valve || soupape f. d'arrêt *ou* de retenue. **a) Anlaß~** || starter check valve || soupape f. de refoulement de mise en marche. **b) Kesselspeise~** || boiler feed check valve || soupape f. d'alimentation de chaudière de retenue. **c) Kugel~** || ball-retaining valve || soupape f. de retenue à boulet. 28
Rück-schluß m. || conclusion || conclusion f. à posteriori; déduction f. **a) ~schreiben** n. || reply || réponse f. 29
Rückseite f. || back side || dos m. **a) ~** (Buchdr; Münzw) || even page; reverse || page f. paire; verso m. **b) ~** (Gebäude) || rear || arrière m. **c) ~** (Textil) || wrong side || revers m. **d) Bedrucken** n. der **~** || (Buchdr) || backing; perfecting || retiration f. **e) ~** einer **Münze** || reverse of a coin || pile f. *ou* revers m. d'une monnaie. **f) ~** des **Schecks** || back of the check || verso m. du chèque. 30
rückseitiger Anschluß m. (Elektr) || rear connection || branchement m. arrière. 31
Rücksicht f., mit **~** auf || in consideration of || en considération de; par égard pour. 32
rücksichtslos || inconsiderate; reckless || sans égards. 33
Rück-signal n. || back *or* return signal || signal m. de retour. **a) ~sitz** m. || back seat || siège m. arrière. **b) ~speisekabel** n. || return feeder cable || artère f. de retour. **c) ~spiegel** m. || rear-vision mirror; mirrorscope || rétroviseur m.; miroir m. d'observation. **d) ~sprache** f. || consultation; conversation || pourparler m. 34
Rücksprung m. (Bauw) || recess || renfoncement m. **a) ~** eines **Gesimses** (Bauw) || set back of a moulding || retraite f. d'une moulure. 35
Rückspülung f. || return rinsing || rinçage m. de retour. 36
Rückstand m. (Chem; Met) || residue; residuum; remain || résidu m.; débris m. **a) ~** (Zahlung) || arrears pl. || arrérages mpl. **b) brennbarer ~** || combustible residue || résidu m. combustible. **c) gesamter ~** || total residue || résidu m. total. **d) ~** vom **Glühen** || ignition residue || résidu m. de calcination. **e) metallhaltiger ~** || metalliferous residue || résidu m. métallifère. **f) metallischer** oder metallhaltiger **~** von der Verhüttung von Erzen || metallic or metalliferous residue from the treatment of ores. || résidu m. métallique ou métallifère provenant du traitement des minerais. **g) ~** beim **Sieben** || sieve residue || refus m. de tamisage. 37
rückständig (Handel) || outstanding || en retard; redevable. 38
Rückstell-elektromagnet m. (Selbstanschl) || release magnet || électro m. de déconnexion. **a) ~feder** f. für Lokomotivdrehgestelle || controlling spring for locomotive trucks || ressort m. de rappel pour bogies de locomotives. **b) ~klappe** f. (Fernm) || plug restored indicator || volet m. à relèvement automatique. **c) ~klappenschrank** m. (Fernm) || switchboard with plug restored indicators || tableau m. à volets à relèvement automatique. **d) ~taste** f. || resetting key || clef f. de disparition. 39
Rückstellungskonto n. || reserve account || compte m. de réserve. 40
Rückstoß m. || repulse || répulsion f.; coup m. en arrière. **a) ~** (Verbrennungsmotor) || recoil; kick of motor; back kick || contre-coup m.; recul m. **b) ~** (Waffenw) || recoil || recul m.; repoussement m.; choc m. de recul. **c) hydraulischer ~** || hydraulic recoil || contre-coup m. de bélier. 41
rückstrahlen (Opt) || to reflect || réfléchir; refléter. 42
rückstrahlend (Opt) || reflecting || réfléchissant. 43
Rückstrahler m. || mirror; reflector || réflecteur m. 44
Rückstrahlung f. (Opt) || reflection; reflexion || réflexion f. **a) vollständige ~** || total reflexion || réflexion f. totale. 45
Rückstrahlungs-goniometer n. || reflective goniometer || goniomètre m. à réflexion.

a) **~vermögen** n. ‖ reflecting power ‖ pouvoir m. réflecteur. 1

Rückstrom m. (Elektr) ‖ reverse *or* counter *or* return current ‖ contre-courant m.; courant m. de retour. a) **~ausschalter** m. ‖ return-current cut-out; reverse-current switch ‖ disjoncteur m. *ou* interrupteur m. à retour de courant. b) **~-schütz** n. (Elektr) ‖ return-current relay ‖ relais m. d'inversion de courant. 2

Rück-strömung f. ‖ back *or* return (A) flow ‖ courant m. *ou* écoulement m. de retour. a) **~taste** f. ‖ back spacer key ‖ touche f. de marche arrière. b) **~trieb** m. (Luftf) ‖ drag ‖ dérive f. c) **~trittbremse** f. ‖ back-pedalling brake ‖ frein m. à contre-pédale. 3

rückvergüten ‖ to refund ‖ bonifier. 4

Rückvergütung f. ‖ reimbursement; repayment ‖ remboursement m. a) ~ von **Steuern** ‖ refund of taxes ‖ bonification f. des contributions. 5

Rückversicherung f. ‖ re-insurance ‖ réassurance f. 6

Rückversicherungs-betrag m. ‖ amount of re-insurance ‖ montant m. de réassurance. a) **~prämie** f. ‖ re-insurance premium ‖ prime f. de réassurance. b) **~schein** m. ‖ re-insurance policy ‖ police f. de réassurance. 7

Rückverwandlung f. (Chem) ‖ reverse transformation ‖ transformation f. inverse. 8

Rückwand f. ‖ back wall ‖ paroi f. arrière. a) ~ der **Lokomotivfeuerbüchse** ‖ back plate of locomotive firebox ‖ face f. arrière de boîte à feu de locomotive. 9

rückwärtiger Einstieg m. ‖ rear entrance ‖ entrée f. à l'arrière. 10

rückwärts ‖ astern; back; backwards ‖ (en) arrière; à rebours. a) ~ **fahren** ‖ to reverse ‖ renverser la marche. b) ~ **gehen** ‖ to go backward ‖ aller en arrière. c) ~ **liegender Antrieb** m. ‖ rear drive ‖ commande f. à l'arrière. d) ~ **umfallen** ‖ to topple backwards ‖ tomber à la renverse. 11

Rückwärts-bewegung f. ‖ backward *or* go astern *or* retrograde motion ‖ mouvement m. de recul *ou* de retour; marche f. en arrière. a) **~exzentrik** n. ‖ back *or* backward excentric ‖ excentrique m. de la marche en arrière. b) **~fahrt** f. ‖ reverse movement ‖ marche f. en arrière. c) **~gang** m. ‖ reverse motion *or* gear; astern running ‖ marche f. en arrière. 12

rückwärtsgehen ‖ to go backward ‖ aller en arrière. 13

Rückwärts-lauf m. der Schraube ‖ astern running of the propeller ‖ marche f. en arrière de l'hélice. a) **~schritt** m. (Elektr) ‖ backward pitch ‖ pas m. en arrière. b) **~trommel** f. ‖ astern drum ‖ tambour m. à marche en arrière. c) **~turbine** f. ‖ astern turbine ‖ turbine f. de marche en arrière. 14

ruckweise ‖ by jerks; intermittently ‖ par saccades fpl.; par secousses fpl.; par à-coups mpl. a) **~s Ausschalten** n. ‖ disconnection by reversing; jerking stop (A) ‖ mise f. hors de circuit *ou* de fonctionnement par retrait. 15

Rückwind m. *s.* Rückenwind. 16

rückwirkend ‖ reacting ‖ rétroactif. a) **~e Kraft** f. ‖ retrospective force ‖ effet m. rétroactif. 17

Rückwirkung f. ‖ reaction; repercussion; retrospective force ‖ réaction f. a) **Haupt~** ‖ chief reaction ‖ réaction f. principale. 18

rückzahlbar ‖ repayable ‖ remboursable. 19

Rück-zahlung f. ‖ re-imbursement; repayment; redemption ‖ remboursement m. a) **~zoll** m. ‖ drawback ‖ draw-back m.; prime f. de réexportation. 20

Rückzug m. von Hand ‖ hand return ‖ retour m. à la main. a) **~feder** f. ‖ release spring ‖ ressort m. de rappel. b) **~seil** n. ‖ pull back cable ‖ câble m. tracteur en arrière. c) **~stahlhalter** m. für Gewinde mit Auslauf ‖ special tool holder for cutting threads without clearance for the tools ‖ porte-outil m. à recul pour filets sans dégagement. 21

Rudel n. (Maur) ‖ lime rake ‖ mouvechaux m.; mouveron m. 22

Ruder n. (zur Fortbewegung) ‖ oar ‖ aviron m.; rame f. a) ~ (zum Steuern) ‖ rudder ‖ gouvernail m. b) das ~ **dreht** sich auf x Fingerlingen ‖ the rudder turns on x pintles ‖ le gouvernail tourne sur x aiguillots. c) **Flettner~** ‖ Flettner rudder ‖ gouvernail m. Flettner. d) **Höhen~** ‖ elevator ‖ gouvernail m. de profondeur. e) ~ **legen** (Schiff) ‖ to shift the helm ‖ coucher la barre. f) das ~ den **anderen Weg legen** ‖ to shift the helm ‖ changer la barre. g) das ~ **mittschiffs legen** ‖ to right the helm ‖ dresser la barre. h) **Quer~** (Luftf) ‖ aileron ‖ aileron m. i) **Seiten~** ‖ rudder ‖ gouvernail m. de direction. 23

Ruder-anschluß m. (Luftf) ‖ rudder connection ‖ bâti m. d'union des gouvernails. a) **~bank** f. ‖ seat for rowers; thwart ‖ banc m. de nage. 24

Ruderblatt n. ‖ wash *or* blade of an oar ‖ pale f. *ou* pelle d'aviron. a) ~ (am Schiffssteuer) ‖ plate of the rudder ‖ tôle f. du gouvernail. 25

Ruderbock m. ‖ rudder post bracket ‖ palier m. extérieur. 26

Ruderboot n. ‖ pulling *or* rowing *or* dinghy boat ‖ bateau m. à rames; youyou m. a) ~ mit **Außenbordmotor** ‖ rowing boat with outboard slung motor ‖ bateau m. à moto-godille. 27

Ruder-einrichtung f. ‖ steering device ‖ appareil m. gouvernail. a) **~fingerling** m. (Schiffb) ‖ rudder pintle ‖ aiguillot m. du gouvernail. b) **~gabel** f. ‖ swivel rowlock ‖ dame f. en bronze; tolet m. à fourche. c) **~gänger** m. ‖ helmsman; timoneer ‖ timonier m. d) **~geschirr** n. ‖ rudders pl. ‖ gouvernails mpl. e) **~griff** m. ‖ handle of oar ‖ main f. d'aviron. f) **~hacke** f. ‖ after-piece of the rudder ‖ safran m. de gouvernail. g) **~haken** m. (Schiffb) ‖ rudder pintle ‖ aiguillot m. du gouvernail. h) **~hebel** m. ‖ rudder crank ‖ guignole f. du gouvernail. i) **~herz** n. ‖ main piece of the rudder ‖ mèche f. du gouvernail. k) **~joch** n. ‖ rudder yoke ‖ barre f. brisée; barre f. *ou* joug m. du gouvernail. l) **~klub** m. ‖ rowing club ‖ société f. de canotage. m) **~koker** m. ‖ rudder trunk; helm port ‖ jaumière f. n) **~kommando** n. (Schiff) ‖ steering command ‖ ordre m. de barre; commande m. asservie du gouvernail. o) **~kopf** m. ‖ rudder head ‖ tête f. du gouvernail. p) **~kragen** m. ‖ helm *or* rudder coat ‖ braie f. du gouvernail. q) **~lichter** m. ‖ rudder stopper ‖ brague f. du gouvernail. r) **~macher** m. ‖ oar maker ‖ avironnier m. s) **~mall** n. ‖ rudder mould ‖ gabari m. du gouvernail. t) **~maschine** f. ‖ steering gear ‖ servomoteur m. de gouvernail; machine f. à gouverner. 28

rudern ‖ to row; to pull an oar ‖ ramer; nager. 29

Ruder-öse f. ‖ gudgeon *or* bracing of the rudder ‖ femelot m.; conassière f. *ou* femelle f. du gouvernail; étambot m. a) **~pinne** f. ‖ helm; tiller ‖ timon m. *ou* barre f. du gouvernail. b) **~pinne** f., **gebogene** ‖ crooked tiller; goose-neck tiller ‖ barre f. courbée du gouvernail. c) **~rahmen** m. (Schiff) ‖ rudder frame ‖ châssis m. à rames; cadre m. du gouvernail. 30

Ruderschaft m. ‖ loom of an oar ‖ manche m. d'aviron. a) ~ (am Steuer) ‖ rudder post *or* spindle ‖ mèche f. du gouvernail. b) **oberer** ~ (Schiffb) ‖ upper part of the rudder post ‖ mèche f. supérieure. c) **unterer** ~ (Schiffb) ‖ lower part of the rudder post ‖ mèche f. inférieure. 31

Ruder-schlag m. ‖ stroke ‖ coup m. de rame. a) **~sport** m. ‖ rowing ‖ canotage m. b) **~sportboot** n. ‖ boat for rowing sport ‖ canot m. de sport à avirons. c) **~stange** f. ‖ shaft of the oar ‖ perche f. d'aviron *ou* de rame. d) **~steven** m. ‖ rudder post ‖ étambot m. arrière *ou* porte-gouvernail. e) **~talje** f. ‖ steering tackle ‖ palan m. de la barre *ou* du gouvernail. f) **~telegraph** m. ‖ rudder telegraph ‖ télégraphe m. du gouvernail. g) **~träger** m. (Schiffb) ‖ dumb chalder ‖ fausse-penture f. h) **~-verspannung** f. ‖ rudder bracing ‖ haubanage m. de l'empennage. i) **~winkel** m. ‖ helm angle ‖ angle m. de barre. k) **~zeigeranlage** f. ‖ rudder indicator ‖ indicateur m. pour le gouvernail. 32

Ruf m. (Ansehen) ‖ reputation; standing; credit ‖ réputation f.; renom m. 33

rufen (Fernm) ‖ to ring up ‖ appeler. 34

Ruf-maschine f. (Fernm) ‖ signalling unit ‖ machine f. d'appel. a) **~nummer** f. (Fernm) ‖ subscriber's number ‖ numéro m. d'abonné. b) **~prüfeinrichtung** f. (Fernm) ‖ signalling testing apparatus ‖ dispositif m. de vérification des appels. c) **~relais** n. (Fernm) ‖ calling relay ‖ relais m. d'appel. d) **~schalter** m. (Fernm) ‖ ringing key ‖ clef f. d'appel. 35

Ruf- und Signalmaschine f. (Fernm) ‖ ringing and signalling machine ‖ machine f. d'appel et de signaux. 36

Ruf-sperrkondensator m. (Fernm) ‖ block condensor for signalling purposes ‖ condensateur m. bloquant les courants d'appel. a) **~stöpsel** m. (Fernm) ‖ calling plug ‖ fiche f. d'appel. 37

Rufstrom m. (Fernm) ‖ ringing current ‖ courant m. d'appel. a) **~alarmrelais** n. ‖ ringing current alarm relay ‖ relais m. avertisseur pour coupe-circuit de courant d'appel. b) **~anzeiger** m. (Fernm) ‖ ringing current indicator ‖ signal m. pour le courant d'appel. c) **~kontrollampe** f. (Fernm) ‖ ringing current pilot lamp ‖ lampe f. de contrôle d'appel. d) **~kreis** m. (Fernm) ‖ calling circuit ‖ circuit m. d'appel. e) **~prüflampe** f. ‖ test lamp for ringing current ‖ lampe f. d'essai de courant d'appel. f) **~quelle** f. (Fernm) ‖ ringing current source ‖ source f. du courant d'appel. g) **~schaltung** f. (Fernm) ‖ ringing current connection ‖ circuit m. pour le courant d'appel. h) **~übertrager** m. (Fernm) ‖ ringing current transformer ‖ transformateur m. de courant d'appel. i) **~übertragung** f. (Fernm) ‖ ringing current transmission ‖ translation f. de courant d'appel. 38

Ruf-taste f. (Fernm) || ringing key || clef f. d'appel. **a) ~überwachung** f. (Fernm) || supervision of answering || surveillance f. de l'appel. **b) ~wechselstromrelais** n. || alternating current calling relay || relais m. d'appel à courant alternatif. 1

Rufweite f. (Fernm) || reach of call || portée f. d'appel. **a) ~** (Seew) || range of hailing || portée f. de la voix. 2

Rufzeichen n. (Fernm) || call signal || indicatif m. d'appel; appel m. **a) ~** einer **Telegrafenstation** (Fernm) || code letters pl. of a telegraph station || indicatif m. d'un bureau télégraphique. **b) ~band** n. (Fernm) || call signal band || bande f. des indicatifs d'appel. 3

Rüge f. || censure; reprimand; blame || blâme m. 4

rügen || to reprimand; to censure; to blame || blâmer. 5

Ruhe f. || rest || repos m. **a) in ~** || at rest || au repos m. 6

Ruhe-bett n. || couch; lounge; sofa || lit m. de repos. **a) ~bühne** f. (Bergb) || platform; resting place || repos m. **b) ~-kontakt** m. || rest(ing) contact || contact m. de repos. 7

Ruhelage f. (Mech) || rest position || position f. d'équilibre. **a) ~** des **Lotes** || position of rest of the plummet || position f. de repos du plomb. **b)** um die **~ schwingen** || to oscillate about the steady position || osciller autour de l'état d'équilibre. **c)** in die **~** f. **zurückkehren** || to return to normal || retourner en position f. normale. 8

ruhende Schallquelle f. || stationary *or* quiescent source of sound || source f. sonore immobile. 9

Ruhe-punkt m. (Masch) || dead center || point m. mort. **a)** Erzeugung f. von **~spannungen fpl.** || production of stresses at rest || génération f. de tensions au repos. **b) ~stellung** f. (Meßinstr) || position of repose; neutral *or* initial position || position f. initiale *ou* de repos. **c) ~störung** f. || disturbance || perturbation f.; tapage m. 10

Ruhestrom m. || closed-circuit *or* steady current || courant m. permanent *ou* de repos. **a) Anoden~** (Fernm) || anode feed steady current || courant m. permanent de plaque. 11

Ruhestrom-betrieb m. || closed-circuit working || exploitation f. à circuit fermé. **a) ~glocke** f. || closed-circuit bell || sonnerie f. à courant continu. **b) ~schaltung** f. || closed-circuit connection || couplage m. à courant permanent. 12

Ruhe-tag m. || day of rest || jour m. de repos. **a) ~winkel** m. || angle of friction *or* repose || angle m. de frottement. **b) ~zeit** f. || non-working time || temps m. de repos. **c) ~zustand** m. eines Apparates || state of repose of an apparatus || état m. de repos d'un appareil. 13

ruhig (Meer) || calm || calme. **a) ~er Gang** m. (Masch) || silent *or* quiet *or* noiseless running || marche f. silencieuse. 14

Ruhr f. || dysentery || dysenterie f. 15

Rühr-apparat m. || stirring apparatus; stirrer || agitateur m.; vagueur m. **a) ~-arm** m. (Knetmasch) || agitating *or* stirring arm || bras m. de remueur *ou* de mélangeur *ou* d'agitateur. **b) ~bottich** m. || stirring tub || cuve f. à agitateur. **c) ~eisen** n. (Gieß) || poker; rake || attissoir m.; attisonnoir m.; ringard m. 16

rühren (Chem) || to stir; to move || agiter en remuant. **a)** mit der **Hand** f. **~** || to shake with the hand || agiter à la main. **b)** den **Teig** m. **~** (Bäckerei) || to stir the dough || malaxer la pâte. 17

Rühren n. (Chem) || shaking || agitation f. 18

Rührer m. || stirrer || agitateur m. 19

Rühr-faß n. (Aufber) || dolly *or* tossing tub; rinsing buddle || cuve f. à rincer. **a) ~flügel** m. || stirrer blade || palette f. de l'agitateur. **b) ~gebläse** n., **Dampfstrahl** || steam mixing jet || soufflerie f. d'agitateur à jet de vapeur. **c) ~hacke** f. (Brau) *s.* ~harke. **d) ~haken** m. (Gerb) || spade || gâche f. **e) ~harke** f. (Brau) || (iron) rake; paddle; oar || brassoir m.; palette f.; fourquet m. **f) ~holz** n. (Chem) || (wooden) stirrer *or* rod || spatule f. (en bois); agitateur m. 20

rührig || active; alert; energetic || actif. 21

Rührigkeit f. || activity; alertness || activité f. 22

Rühr-kessel m. || stirring boiler || chaudière f. à agitateur. **a) ~krücke** f. (Bergb) || scraper || râble m.; rasette f. **b) ~krücke** f. (Maur) || lime rake *or* beater || mouvechaux m.; mouveron m.; bouloir m.; rabot m. à chaux. 23

Rührmaschine f. || stirring machine; agitator || agitateur m.; machine f. à remuer; batteuse f. **a) Massen~** (Bäckerei) || paste agitator || batteuse f. pour pâtes. **b) Mayonnaise~** || mayonnaise stirring machine || batteuse f. pour mayonnaise. **c) Teig~** || dough stirring machine || machine f. à remuer la pâte. 24

Rühr-pfanne f. || stirring pan || marmite f. à agitateur. **a) ~scheit** n. (Salpeter) || paddle || rabot m.; spatule f. **b) ~spatel** m. || stirring spattle || spatule f. **c) ~stab** m. (Chem) || stirrer || agitateur m. 25

Rührstange f. (Kessel) || poker || ringard m.; attissoir m. **a) ~** (Met) || (iron) rake; paddle; rabble || brassoir m.; râble m.; perche f. à brasser. 26

Rühr-stativ n. || stirring stand || support m. de mélangeur. **a) ~welle** f. || mixing shaft || arbre m. de mélangeur. 27

Rührwerk n. || mechanical agitator; stirring device; stirrer || agitateur m. mécanique; remueur m. **a) Brauerei~** || brewery stirring device || agitateur m. de brasserie. **b) gegeneinander arbeitendes ~** || stirring blades pl. working in opposite direction; counter-acting stirring mechanism || agitateur m. à mouvement contraire. **c) Planeten~** || planetary stirring mechanism || agitateur m. planétaire. 28

Rührwerk-flügel m. || beater || aile f. d'agitateur. **a) ~welle** f. || stirrer spindle || arbre m. de l'agitateur. 29

Ruinenmarmor m. || ruin marble; Florence marble || marbre m. ruiniforme *ou* de Florence. 30

ruinieren || to ruin || ruiner; gâter; abîmer. 31

ruiniert || ruined; lost; broken; bankrupt || ruiné; flambé; frit. 32

Rum m. || rum || rhum m. 33

Rum-essenz f. || rum essence || essence f. de rhum. **a) ~fabrik** f. || rum distillery || distillerie f. de rhum; rhumerie f. 34

Rumpel f. zum **Reinigen** karbonisierter Tuche || milling machine *or* rumpel with beaters for treating carbonized clothes || foulon m. servant au nettoyage des draps carbonisés. 35

Rumpf m. || body || corps m. **a) ~** (Flugzeug) || fuselage || fuselage m. **b) ~** (Müll) || mill hopper || trémie f. **c) ~** (Schiff) || hull || coque f.; corps m.; carène f. **d) eiserner ~** (Schiffb) || iron hull || coque f. de navires en fer. **e) ~** eines **Gebäudes** || body of a building || corps m. d'un bâtiment. **f) Schuh** m. des **~es** (Windmühle) || chute of the hopper || auget m. de la trémie. 36

Rumpf-baum m. || hopper beam || trémion m.; trémillion m. **a) ~boden** m. || floor of fuselage || fond m. du fuselage. **b) ~-endspant** m. || sternpost || étambot m. **c) ~gerippe** n. || fuselage framework || carcasse f. du fuselage. **d) ~holm** m. || longeron of the fuselage || longeron m. de fuselage. **e) ~lager** n. || plummer-block *or* pedestal bearing || palier m. ordinaire. **f) ~leiter** f. || hopper beam || trémion m.; trémillion m. **g) ~spitze** f. (Luftf) || front of the fuselage || extrémité f. du fuselage. **h) ~widerstand** m. (Luftf) || body resistance || résistance f. de corps. 37

rund (abgerundet) || round || rond; arrondi. **a) ~** (kreisförmig) || circular || rond; circulaire. **b) ~er Kopf** m. (Schraube) || fillister *or* cheese head || tête f. ronde. **c) ~er Schieber** m. || pipe *or* piston valve || tiroir m. rond. **d) in ~en Ziffern** fpl. || in round figures pl. || en chiffre m. rond. 38

Rund-bau m. || rotunda || rotonde f. **a) ~-biegemaschine** f. für Bänder || coiling machine for strips || machine f. à cintrer *ou* à enrouler les feuillards. 39

rundbiegen || to bend (round) || rouler; cintrer; enrouler. 40

Rund-biegen n. von Röhren || tube rounding || roulage m. des tubes. **a) ~biegewalze** f. || forming roller || rouleau m. à cintrer. 41

Rundblick-aufnahme f. || panorama; panoramic exposure (A) || prise f. de vue panoramique. **a) ~aufsatz** m. (Opt) || panoramic sight || hausse f. panoramique. **b) ~visiervorrichtung** f. *s.* ~ aufsatz. 42

Rundbogen-fenster n. || round-headed window; semi-circular arched window || fenêtre f. cintrée à demi-cercle; fenêtre f. voûtée en plein cintre. **a) ~gewölbe** n. || full center vault || voûte f. en cintre *ou* en plein cintre. 43

Rund-brecher m. || giratory *or* rotary breaker || concasseur m. à cône. **a) ~-brenner** m. || round *or* circular burner || bec m. rond. **b) ~bug** m. (Presse) || round bend || pli m. arrondi. **c) ~bürste** f. || round brush || brosse f. circulaire. **d) ~draht** m. || round wire || fil m. à section circulaire. 44

Rundeisen n. || round *or* rod iron; round bar iron || fer m. rond *ou* en barres rondes. **a) ~schere** f. || round iron shearing machine || cisaille f. à fers ronds. 45

runden || to round off || arrondir. 46

Runden n. konischer Blechschüsse || || bending of conical tubes || roulage m. des tôles coniques. 47

Rund-fahrtwagen m. || touring car || automobile f. de tour de ville. **a) ~falz** m. || orle; seam || membron m.; ourlet m. **b) ~felge** f. || round felly || jante f. ronde. **c) ~feile** f. || round file || lime f. ronde. **d) ~fenster** n. || circular window ||

fenêtre f. circulaire. **e) ~filter** m. ‖ unfolded filter ‖ filtre m. sans plis. **f) ~-flächenschleifmaschine** f. ‖ rotary table surface grinding machine ‖ machine f. à rectifier les surfaces circulaires planes. **g) ~fräsmaschine** f. ‖ circular milling machine ‖ machine f. à fraiser circulairement; fraiseuse f. circulaire. 1

Rundfunk m. ‖ broadcasting ‖ radiodiffusion f. **a) ~aufnahmeraum** m. ‖ studio ‖ studio m. **b) ~empfänger** m. ‖ broadcasting receiver ‖ récepteur-broadcasting m. **c) ~empfangsstörung** f. ‖ disturbance of broadcast reception ‖ perturbation f. de radio-réception. **d) ~-hauptsender** m. ‖ broadcasting main transmitter ‖ émetteur m. principal pour radio-diffusion. **e) ~kabel** n. ‖ cable for broadcasting transmission ‖ câble m. pour la transmission radiophonique. **f) ~mikrofon** n. ‖ broadcasting transmitter ‖ microphone m. pour radio-diffusion. **g) ~sender** m. ‖ broadcasting transmitter ‖ émetteur-broadcasting m. **h) ~sonderdienst** m. ‖ special messages broadcasting ‖ renseignements mpl. spéciaux de radiodiffusion. **i) ~störung** f. ‖ disturbance of broadcasting station ‖ dérangement m. de la radio-diffusion. **k) ~tank** m. (Heeresw) ‖ radio tank; tank equipped with radio ‖ char m. à télégraphie sans fil. **l) ~technik** f. ‖ broadcasting *or* radio engineering ‖ technique f. de la radiodiffusion *ou* de la radioélectricité. **m) ~-welle** f. ‖ broadcasting wave ‖ onde f. de radio-diffusion. **n) ~zwischensender** m. ‖ broadcasting relay transmitter ‖ émetteur m. accessoire de radio-diffusion. 2

Rund-gesenk n. ‖ rounding tool ‖ étampe f. ronde. **a) ~gesprächseinrichtung** f. ‖ equipment for round calls ‖ installation f. pour l'appel et les conversations simultanées d'un groupe d'abonnés. **b) ~glasschleifer** m. ‖ polisher of convex glasses ‖ polisseur m. de verres convexes. **c) ~gliederkette** f. ‖ round-link chain ‖ chaîne m. à maillons ronds. 3

Rundheit f. ‖ concentricity ‖ concentricité f. 4

Rundherd m. (Aufber) ‖ circular convex concentrator; round buddle ‖ table f. tournante *ou* conique. 5

rundherum ‖ round about ‖ à la ronde. 6

Rundhobel m. ‖ hollow-nosed plane ‖ mouchette f. **a) ~vorrichtung** f. ‖ circular shaping attachment ‖ dispositif m. à raboter circulaire. 7

Rundhöcker m. (Geol) ‖ sheep nack ‖ roche f. moutonnée. 8

Rundholz n. ‖ round timber *or* log ‖ bois m. rond; rondin m. **a) ~** (Schiffb) ‖ spar ‖ espar m. **b) Greifer** m. für **~** ‖ grab for round timber ‖ griffe f. pour rondin. **c) ~brücke** f. ‖ bridge of round wood; pole bridge ‖ pont m. de rondins. 9

Rundkante f. ‖ orle; seam ‖ membron m.; ourlet m. 10

rundkantig ‖ with round corner ‖ à coin m. arrondi. 11

Rund-keil m. ‖ cylindrical key ‖ clavette f. ronde. **a) ~kerb** m. (Prob) ‖ round notch ‖ entaille f. à fond arrondi. **b) ~kessel** m. ‖ spherical pot ‖ chaudière f. ronde. **c) ~kettelmaschine** f. ‖ circular linking machine ‖ remmailleuse f. circulaire. 12

Rundkipper m. ‖ all-round tip wagon ‖ wagonnet m. basculant dans toutes les directions. **a) Kasten~** ‖ all-round box tip wagon ‖ wagonnet m. à caisse basculante dans toutes les directions. **b) Schnabel~** ‖ scoop type all-round tip car ‖ wagonnet m. avec caisse en pelle basculante dans toutes les directions. 13

Rund-klammer f. (Büro) ‖ ring clip ‖ attache f. ronde. **a) ~kolben** m. (Chem) ‖ round flask ‖ ballon m. à fond rond. **b) ~kropf** m. (Bauk) ‖ round mitre ‖ oreille f. **c) ~kupfer** n. ‖ round copper ‖ cuivre m. rond. 14

Rundlaufen n. (Masch) ‖ truth of running ‖ concentricité f. **a)** Stativ n. zum Prüfen des **radialen und axialen ~s** von Kugellageraußenringen ‖ stand to test the radial and axial true running of ball bearing external rings ‖ support m. à vérifier si les bagues extérieures des roulements à billes tournent rond axialement et radialement. **b)** Stativ n. zum Prüfen des **radialen ~s.** von fertig montierten Kugellagern ‖ stand to check the radial true running of assembled ball bearings ‖ support m. à vérifier si les roulements à billes dont le montage est terminé tournent rond dans le sens radial. **c)** Stativ n. zum Prüfen des **~s zylindrischer Körper** ‖ stand for checking the true running of cylindrical pieces ‖ support m. à vérifier l'exactitude de la cylindricité des pièces cylindriques. 15

Rundlauf-fräsmaschine f. ‖ rotary milling machine ‖ fraiseuse f. à plateau horizontal rotatif. **a) ~lehre** f. ‖ comparator; gauge for running true ‖ comparateur m. 16

rundlich ‖ rounded off ‖ arrondi. 17

Rund-lochung f. ‖ round opening ‖ perforation f. ronde. **a) ~maschine** f. ‖ bending roller ‖ machine f. à cintrer. 18

Rundnaht f. ‖ circumferential seam ‖ rivure f. transversale; soudure f. circonférentielle. **a) ~** am **Kesselboden** ‖ cylindric boiler base seam ‖ joint m. circulaire de fond de chaudière. 19

Rundnahtschweißmaschine f. ‖ circumferential seam welding machine ‖ machine f. à souder les joints circonférentiels. 20

Rund-pfeiler m. ‖ round shafted pillar ‖ pilier m. rond. **a) ~platting** f. (Seew) ‖ round sennit ‖ tresse f. ronde. **b) ~-presser** m. (Buchb) ‖ forwarder; rounder; warper ‖ arrondisseur m. **c) ~reisekarte** f. ‖ tourist ticket ‖ billet m. circulaire. **d) ~sägemaschine** f. ‖ round sawing machine ‖ scie f. à chantourner. **e) ~schaber** m. ‖ round shave ‖ plane f. à genoux. **f) ~schieber** m. ‖ circular slide ‖ tiroir m. rond. **g) ~schlag** m. (Seew) ‖ round turn ‖ tour m. mort. **h) ~schläger** m. (Buchb) ‖ forwarder; rounder; warper ‖ arrondisseur m. **i)** Vorrichtung f. zum Außen- und Innen **~schleifen** n. ‖ cylindrical and internal grinding attachment ‖ dispositif m. à rectifier entre pointes et à rectifier les intérieurs. 21

Rundschleifmaschine f. ‖ cylindrical grinding machine ‖ machine f. à rectifier les pièces *ou* surfaces cylindriques *ou* ronds; machine f. à rectifier cylindriquement. **a) einfache ~** ‖ simple cylindrical grinding machine ‖ machine f. simple à rectifier les pièces ronds. **b) ~** mit **hydraulischem Tischantrieb** ‖ cylindrical grinding machine with hydraulic table drive ‖ machine f. à rectifier cylindriquement à commande hydraulique de la table. **c) ~** für **Lokomotivachsschenkel** ‖ cylindrical grinding machine for locomotive axle journals ‖ machine f. à rectifier cylindriquement les fusées d'essieux de locomotives. **d) ~** mit **selbsttätiger Längsbewegung** des Schleifschlittens auf besonderem Bett ‖ cylindrical grinding machine with automatic traverse of wheel carriage on side bed ‖ machine f. à rectifier les pièces cylindriques à double banc avec mouvement automatique de la cuirasse portemeule. **e) Universal~** ‖ universal cylindrical grinding machine ‖ machine f. universelle à rectifier les pièces cylindriques. 22

Rundschneid-maschine f. für Faßböden ‖ cask head rounding machine ‖ machine f. à arrondir les fonds de fûts. **a) ~ und Nachfräsmaschine** f. für Faßböden ‖ cask head rounding and bevelling machine ‖ machine f. à arrondir et à biseauter les fonds de fûts. 23

Rund-schnur f. (Sattl) ‖ round lace ‖ galon m. à coudre. **a) ~schreiben** n. ‖ round circular *or* letter ‖ lettre f. circulaire; circulaire f. 24

Rundschrift f. ‖ round-hand ‖ (écriture f.) ronde f. **a) ~** (Münze) ‖ legend; marginal inscription ‖ légende f. **b) ~feder** f. ‖ round writing pen; round steel pen ‖ plume f. à ronde. 25

Rund-sieb n. ‖ sifting drum ‖ tamis m. circulaire. **a) ~spaten** m. ‖ round spade ‖ bêche f. ronde. **b) ~speiche** f. ‖ round spoke ‖ rayon m. rond. **c) ~spitzfeder** f. ‖ round point pen ‖ plume f. à pointe ronde. 26

Rundstab m. ‖ round staff ‖ bâton m. rond; baguette f. ronde. **a) ~hobel** m. ‖ round plane ‖ rabot m. à boudin. **b) ~hobelmaschine** f. ‖ round rod planing machine ‖ raboteuse f. mécanique pour bois rond. **c) ~maschine** f. ‖ rod turning machine ‖ machine f. à faire des bâtons ronds. 27

Rundstahl m. ‖ round steel ‖ acier m. rond. **a) gezogener ~** ‖ drawn round steel ‖ acier m. rond étiré. 28

Rundstahlhalter m. ‖ circular form tool holder ‖ porte-outil m. pour outil circulaire. 29

Rundstrick-maschine f. ‖ circular knitter ‖ machine f. à tricoter circulaire. **a) ~stuhl** m. *s.* Rundstuhl. 30

Rundstuhl m. ‖ circular frame ‖ métier m. circulaire. **a) ~nadel** f. ‖ needle for circular frame ‖ aiguille f. de métier circulaire. **b) ~wirker** m. ‖ rotary knit frame hand ‖ tricoteur m. au métier circulaire. 31

Rundtisch m. (Werkzeugmaschine) ‖ circular table ‖ table f. circulaire. **a) aufsetzbarer ~** ‖ detachable circular table ‖ plateau m. circulaire démontable. 32

Rundumlafette f. ‖ universal gun carriage ‖ affût m. universel. 33

Rundung f. ‖ (Bauk) arch; arc; bow ‖ cintre m. 34

Rund-ware f. (Textil) ‖ circular fabric ‖ tricot m. circulaire. **a) ~webstuhl** m. ‖ round loom ‖ métier m. à tisser circulaire. **b) ~wirkmaschine** f. ‖ circular spring needle machine ‖ métier m. circulaire à tricot. **c) ~wirkwaren** fpl. ‖ circular knit goods pl. ‖ tricots mpl. circulaires. **d) ~zange** f. ‖ round pliers pl. ‖ pince f. *ou* pincette f. ronde. 1

Runge f. (Eisenb) ‖ stanchion; stake ‖ rancher m. **a) Auslöseknagge** f. unter den **~n** ‖ disengaging bracket under the stanchions ‖ support m. de déclenchement au dessous des ranchers. **b) Eck~** ‖ end stanchion ‖ rancher m. cornier. **c) Kopf~** ‖ end stanchion ‖ rancher m. de bout. **d) lose ~** ‖ loose stanchion ‖ rancher m. démontable. **e) horizontal umlegbare ~** ‖ stake folding down to horizontal position ‖ rancher m. à rabattre horizontalement. 2

Rungenhalter m. ‖ stanchion strap; stake socket ‖ bride f. de rancher. **a) ~** zur Herstellung eines **Kastenwagens** ‖ stake socket to make a box wagon ‖ mortaise f. de rancher pour construire une caisse. 3

Runkelrübe f. ‖ beet root; (sugar) beet ‖ betterave f. 4

Runkelrüben-kaffee m. ‖ beet root coffee ‖ café m. de betteraves. **a) ~reibe** f. ‖ beet root rasp ‖ râpe f. pour betteraves. 5

Runse f. ‖ gully ‖ cours m. d'un torrent; ravine f. 6

rupfen ‖ to pluck ‖ arracher; tirer. **a) Flachs** m. **~** ‖ to pull flax ‖ arracher *ou* cueillir du lin. **b) Geflügel** n. **~** ‖ to pluck poultry ‖ plumer la volaille. **c) Hanf** m. **~** ‖ to pull hemp ‖ arracher du chanvre. 7

Rupfen n. des **Geflügels** ‖ poultry plucking ‖ plumage m. de volailles. 8

Rupper m. (Baumwolle) ‖ cotton picker *or* tenter ‖ éplucheur m. de coton. 9

Rüsche f. ‖ quilling; ruche ‖ ruche f. 10

Rüschen n. (Posam) ‖ quilling ‖ ruchage m. 11

Rüschen-macher m. ‖ quiller ‖ rucheur m. **a) ~maschine** f. ‖ ruché machine ‖ machine f. à rucher. 12

Ruß m. ‖ (chimney) soot; smoke *or* lamp black ‖ suie f.; noir m. de fumée. **a) ~anlage** f. ‖ soot manufacturing plant ‖ installation f. de fabrique de noir de fumée. **b) ~ansatz** m. ‖ deposit of carbon ‖ dépôt m. de suie. **c) ~bläser** m. (Masch) ‖ soot blower ‖ soufflet m. *ou* soufflerie f. de suie. **d) ~brennerei** f. ‖ fabrication of lamp black ‖ fabrication f. du noir de fumée. 13

Rüssel m. (Met) ‖ nose *or* furnace end of the twyer ‖ museau m. de la tuyère. 14

rußend (Chem) ‖ smoky ‖ fuligineux. 15

Rußfänger m. ‖ soot arrester *or* catcher ‖ pare-suie m. 16

rußfarbig *s.* rußig. 17

rußig ‖ fuliginous ‖ fuligineux. 18

Ruß-kobalt m. ‖ earthy cobalt; black earthy cobalt-ore ‖ cobalt m. oxydé noir; cobalt m. terreux noir. **a) ~kohle** f. ‖ soot coal ‖ houille f. fuligineuse. **b) ~schreiber** m. ‖ carbon recorder ‖ enregistreur m. à noir de fumée. 19

Rüstbaum m. ‖ scaffolding pole; putlog; imp pole ‖ baliveau m. **a)** Rüstbäume mpl. unter der Hängebank bei der **Schachtzimmerung** ‖ set of timbers on the pit-mouth ‖ semelles fpl. du cadre supérieur d'un puits rectangulaire. 20

Rüsteisen n. (Schiffsb) ‖ chain plate ‖ chaîne f. *ou* cadène f. de haubans. 21

rüsten (Bauw) ‖ to scaffold; to stage ‖ échafauder. 22

rüstig ‖ active; alert; vigorous ‖ vigoureux; alerte; vert; dispos. 23

Rüst-klammer f. ‖ cramp iron ‖ clameau m. plat. **a)** zerlegbarer **~kran** m. ‖ collapsible erecting crane ‖ pont m. roulant démontable pour le montage. **b) ~leine** f. (für Schiffsanker) ‖ shank painter ‖ serre-bosse f. **c) ~loch** n. ‖ putlog; scaffolding hole; columbarium ‖ trou m. de boulin *ou* de traverse. **d) ~stange** f. ‖ scaffolding pole; putlog; imp pole ‖ baliveau m. 24

Rüstung f. (Bauw) ‖ scaffolding ‖ échafaudage m. 25

Rüstungs-beschränkung f. ‖ armament restriction ‖ limitation f. des armements. **a) ~industrie** f. ‖ war material industry ‖ industrie f. des matériaux de guerre. 26

Rute f. (Maß) ‖ pole; lug; rod; perch ‖ perche f. **a) ~** (Textil) ‖ rod ‖ verge f. **b) ~** (Windmühle) ‖ whip; sail (mast); beam ‖ bras m.; volant m. **c) ~** einer **Rakete** ‖ (rocket) stick ‖ baguette f. (de direction); panaceau m. **d) Samt~** ‖ velvet pile wire ‖ fer m. à velours. 27

Ruten-gänger m. ‖ water finder *or* diviner ‖ sourcier m.; rhabdomant m. **a) ~schläger** m. (Feldm) ‖ assistant of the surveyor ‖ aide m. de l'arpenteur. **b) ~zaun** m. ‖ fence of rods ‖ haie f. morte. **c) ~zeug** n. (Windmühle) ‖ beam and sail gear ‖ armature f. *ou* garniture f. des bras. 28

Ruthsspeicher m., Ruthsdampfspeicheranlage f. mit stehenden **~n** ‖ Ruths steam storage plant with vertical Ruths accumulators ‖ installation f. d'accumulateurs de chaleur Ruths comportant des accumulateurs Ruths verticaux. **a)** Turbosatz m. für **~betrieb** m. ‖ turbo set for Ruths steam storage operation ‖ groupe m. turbo-générateurs à accumulateurs de chaleur Ruths. 29

Rutsche f. ‖ chute; shoot; slide ‖ couloir m.; chute f.; glissoir m.; plan m. incliné; manche f. de déversement. **a) Aufgabe~** ‖ delivery chute ‖ couloir m. de chargement. **b) Eis~** ‖ ice chute *or* runway *or* shoot ‖ table f. de démoulage de la glace. **c) Förder~** ‖ conveyor chute ‖ plan m. incliné de transport. **d) kleine ~** ‖ small chute ‖ goulotte f. **e) Schüttel~** ‖ shaking trough *or* chute ‖ plan m. (de transport) incliné à secousses; transporteur m. *ou* couloir m. à secousses. 30

rutschen ‖ to slip; to slide; to sink; to shift ‖ glisser. 31

Rutschen n. ‖ slip; slipping ‖ glissement m. **a) ~** der **Gichten** ‖ irregular descent *or* sinking of the charge ‖ éboulement m. des charges. 32

rutschender Boden m. ‖ slipping earthwork ‖ massif m. ébranlé. 33

Rutscheneinstellung f. ‖ chute adjustment ‖ réglage m. du plan incliné. 34

Rutscher m. mit Gegengewicht (Web) ‖ lever with sliding weight ‖ bascule f. à besace. 35

Rutsch-fläche f. ‖ slipping area ‖ aire f. de glissement. **a) ~kupplung** f. ‖ slipping *or* friction coupling; safety *or* sliding clutch ‖ accouplement m. à glissement *ou* à friction. 36

Rutschung f. *s.* Rutschen. 37

Rüttel-bewegung f. ‖ shaking motion ‖ mouvement m. oscillant *ou* à secousses. **a) ~formmaschine** f. ‖ jolt moulding machine; jolter ‖ machine f. à mouler à cahotage. **b) ~meister** m. (Schaumwein) ‖ shaker ‖ remueur m. 38

rütteln ‖ to shake ‖ ébranler; secouer. 39

Rütteln n. (Gieß) ‖ rapping-in ‖ décottage m. 40

Rüttel-sieb n. ‖ shaking sieve ‖ tamis m. à secousses. **a) ~stock** m. (Müll) ‖ vibrating nail; clapper ‖ battant m. **b) ~zeug** n. (Müll) ‖ shaking apparatus ‖ babillard m. **41**

S

S-Apparat m. ‖ S-shaped gas-cooler ‖ appareil m. à S *ou* en S. 42

S-Bucht f. (Balken) ‖ S-rounding ‖ courbure f. de la figure d'une S. *ou* en S. 43

S-Eisen n. ‖ S-iron ‖ esse f.; fer m. en S. 44

S-förmig ‖ S-shaped ‖ en (forme d')S. 45

S-Haken m. ‖ S-shaped iron-piece; S-hook ‖ esse f.; crochet m. en S. 46

S-Stück n. (Installation) ‖ S-piece; S-tube ‖ pièce f. en S; tuyau m. en S. 47

Saal m. ‖ hall; large room; saloon; assembly room ‖ salle f.; salon m. 48

Saal-band n. *s.* Salband. **a) ~verdunkler** m. ‖ device for darkening rooms ‖ interrupteur m. de courant pour salles. 49

Saat f. ‖ grains pl.; seed ‖ grains mpl. **a) ~** (das Säen) ‖ sowing ‖ ensemencement m.; semis m. **b) Furchen~** ‖ sowing in furrows ‖ semis m. en sillons. **c) Rabatten~** ‖ sowing on ridges ‖ semis m. sur banquettes. **d) Rillen~** ‖ sowing in rills ‖ semis m. en rigoles. 50

Saatbeet n. ‖ seedbed ‖ couche f. de semis. 51

Saatenschutzmittel n. ‖ seed protective ‖ protectif m. de semences. 52

Saatgetreide n. ‖ seed crops pl. ‖ grains mpl. de semence. 53

Saatgut-reinigungsanlage f. ‖ seed grain cleansing plant ‖ machine f. à nettoyer les semences. **a) ~züchterei** f. ‖ seed cultivating plant ‖ culture f. spéciale de semences. 54

Saat-hanf m. ‖ female hemp ‖ chanvre m. femelle *ou* à fruits. **a) ~kasten** m. der **Sämaschine** ‖ drill box ‖ boîte f. du semoir m. **b) ~lack** m. ‖ seed lac ‖ laque f. en grains. **c) ~veredelungsanlage** f. ‖ seed cultivating *or* seed improving plant ‖ installation f. d'amélioration des semences. 55

Sabadillsamen m. ‖ sabadilla seed ‖ sémence f. de sabadille. 56

Säbel m. ‖ sabre ‖ sabre m. **a) ~klinge** f. ‖ sabre blade ‖ lame f. de sabre. 57

Sabon f. (Buchdr) ‖ two-lines double pica ‖ trismégiste m. 58

Saccharat n. ‖ saccharate; sucrate ‖ saccharate m.; sucrate m. 59

Saccharimeter n. ‖ saccharimeter ‖ saccharimètre m. 60

Saccharin n. ‖ saccharine ‖ saccharine f. 61

Sachbeschädigung f., **vorsätzliche und rechtswidrige** || deliberate and unlawful damage || dommage m. prémédité et illégal causé aux choses. 1
sachdienlich || relevant; appropriate || convenable; pratique; utile. 2
sachgemäß || relevant; appropriate || convenable; pratique. **a) ~ herstellen** || to make with appropriateness || préparer judicieusement. **b) ~e Behandlung** f. || appropriate treatment || traitement m. pratique *ou* utile. 3
Sach-kenner m. || expert; connaisseur || expert m.; connaisseur m. **a) ~kenntnis** f. || practical experience; expert *or* special knowledge || connaissance f. des choses *ou* des faits. **b) ~kunde** f. || practical experience; expert *or* special knowledge || connaissance f. des choses *ou* des faits. **c) ~kundiger** m. || expert; connoisseur || expert m. **d) ~lage** f. || state of affairs; circumstances pl. || circonstances fpl. 4
sachlich || real; unbiassed; impartial || objectif. 5
Sachregister n. || contents; list *or* table of contents; index || table f. des matières; sommaire m. 6
Sachsengänger m. || gangman || bandier m.; solatier m. 7
Sächsischblau n. || Saxon *or* starch blue || bleu m. de Saxe. 8
sacht (Seide) || scoured; boiled || cuit; décreusé. 9
Sachverhalt m. || real facts of case || état m. de choses. 10
sachverständig || adept || adepte. 11
Sachverständigen-begutachtung f. || examination by experts || expertise f. **a) ~bericht** m. *s.* **~gutachten. b) ~gutachten** n. || expert's report || rapport m. d'expert. **c) ~schätzung** f. || expert's valuation || évaluation f. par expert. 12
Sachverständiger m. || expert; authority; specialist || expert m. **a) ~ im Bergbau** || mining expert || expert m. en affaires minières. 13
Sachwalter m. || legal adviser; attorney; counsel || homme m. d'affaires; avoué m. 14
Sack m. || sack[ing]; bag || sac m. **a) ~ aus Gewebe** zur Verpackung von Waren || sac from tissue for the packing of goods || sac m. en tissu pour l'emballage des marchandises. **b) Normal~** || standard-gauge sack || sac m. normal. 15
Sackausklopf-anlage f. || sack beating plant || installation f. de battage des sacs. **a) ~maschine** f. || sack cleaning *or* sack dusting machine || machine f. à épousseter les sacs; batteuse f. de sacs. 16
Sack-ausschüttelanlage f. || sack shaking plant || installation f. d'époussetage des sacs. **a) ~ausstäuber** m. || bag dusting machine || batteuse f. de sacs. **b) ~band** n. || sack-tie; (machine for sacks) || cordon m. de sac; ficelle f. pour fermer les sacs. 17
Säckchen n. || small sack; pouch || sachet m. 18
sacken (in Säcke packen) || to pack in bags; to put into sacks || mettre en sac; ensacher. **a) ~** (niedergleiten) || to slip down || glisser (à bas). **b) ~** (einsinken) || to sink; to subside || caler; fondre. **c) ~ lassen** || to ease down; to let come down || mollir; larguer. **d) ~ lassen** (Schiff) || to make a stern board || faire culer le navire. **e)** nach **Lee** f. **~** || to sag to leeward; to bag away || aller en dérive f. **f) sich ~** (Bauw) || to settle || se tasser. 19
Sacken n. (Gebäude) || sinking; sinking-in; settling; subsiding || affaissement m.; enfoncement m. 20
Säcker m. (Mühle) || sack posser || ensacheur m.; ensachoir m. 21
Säckestapelung f., fahrbares Förderband n. für **~** || portable belt conveyor for transporting sacks || ruban m. transporteur roulant pour la mise des sacs en tas. 22
Sack-flickerin f. || sack mender || raccommodeuse f. de sacs. **a) ~förderanlage** f. || sack handling plant || installation f. pour le transport de sacs. **b) ~förderer** m. || bag conveyor || transporteur m. pour sacs. **c) ~füllapparat** m. || sack filling apparatus || ensacheur m. **d) ~gasse** f. (Bauw) || blind alley || impasse f.; cul-m. de sac. **e) ~gleis** n. || blind track || impasse f. **f) ~kanal** m. (Wasserb) || ditch canal || canal m. formant une impasse. 23
Sackkarren m. || sack truck; transporting sack trolley || diable m. à sac; wagonnet m. pour transportation de sacs. **a) hölzerner ~** || wooden truck || diable m. en bois. 24
Sackleine f. (Seew) || knettar || aiguillette f. d'un sac. 25
Sackleinen n. || sack ticking *or* cloth; pack cloth; sacking || toile f. à sacs. **a) ~weberei** f. || sack ticking weaving || tissage m. de toile à sacs. 26
Sack-leinwand f. *s.* **~leinen. a) ~macher** m. || bag maker || confectionneur m. de sacs. 27
Sackmaß n. (Bauw) || amount of the settling || tassement m. **a) ~** (Erdarb) || shrinkage; consolidation || rechargement m. 28
Sack-näher m. || bag sewer || couseur m. de sacs. **a) ~netz** n. || bag net || rets m. à sac. **b) ~packmaschine** f. || sack packing machine || machine f. à emballer en sacs. **c) ~papier** n. || wrapping paper || papier m. d'emballage. **d) ~schneider** m. || bag cutter || coupeur m. de sacs. **e) ~stapelförderer** m. || staple conveyor for sacks || transporteur m. stapleur (avec dispositif d'entassement pour sacs). **f) ~stich** m. (Seew) || over-hand knot; figure-of-eight knot || nœud m. à plein poing. **g) ~träger** m. (Müll) || wheat shoveler; unloader || déchargeur m. de grains. **h) ~weber** m. || bag weaver || tisseur m. de sacs. 29
Sackung f. (Erdarb) || settling || tassement m. 30
Sackverschluß m. || sack closing || fermeture f. pour sacs. **a) ~ aus Draht** || sack shutter from wire || fermeture f. de sacs à fils de fer. 31
Sack-wage f. || sacking weigher || bascule f. à sac *ou* d'ensachage. **a) ~zuschneidemaschine** f. || machine for cutting out sacks || machine f. à découper les sacs. **b) ~zwillich** m. || trellis; sack drill || treillis m. à sacs. 32
Sadebaumblätter npl. || sabine herb || herbé f. de sabine. 33
Sä(e)mann m. || sower || semeur m. 34
säen (Landw) || to sow; to drill || semer. 35
Säer m. *s.* Säemann. 36
Saffian m. || morocco-leather || maroquin m. **a) ~gerber** m. || morocco tanner || maroquineur m. **b) ~gerbung** f. || morocco tanning || maroquinerie f. **c) ~leder** n. || morocco leather || maroquin m. **d) ~papier** n. || morocco paper || papier m. maroquiné. **e) ~waren** fpl. || morocco articles pl. || objets mpl. en maroquinerie. 37
Safflor m. || safflower || safran m. bâtard. **a) ~blüte** f. || safflower extract; carthamin || fleur f. de carthame. 38
Safflorit m. || safflorite || safflorite f. 39
Safflor-pflanze f. || carthamus; safflower || carthame m.; safran m. bâtard. **a) ~rot** n. || carthamin || carthamine f.; rouge m. végétal *ou* du carmin. 40
Safran m. || saffron; crocus || safran m. **a) falscher ~** || safflower; carthamus || carthame m.; safran m. bâtard. **b) ~mühle** f. || saffron mill || moulin m. à safran. 41
Saft m. || juice || jus m.; suc m. **a) ~** (Brenn) || syrup || sirop m. **b) dickflüssiger ~** || viscous juice || suc m. visqueux. **c) Frucht~** || fruit juice || jus m. de fruits. **d) trockener ~** || concrete juice || suc m. concret. 42
Saft-behälter m. (Zuck) || juice receiver || bassin m. à suc. **a) ~braun** n. || sap brown || mordant m. noyer de sève. **b) ~farbe** f. || sap colour; transparent colour || couleur f. de sève. **c) ~gehalt** m. (Baum) || sappiness || teneur m. en sève. **d) ~gewinnung** f. (Zuck) || extraction of the juice *or* syrup || extraction f. du jus. **e) ~grün** n. || sap green; bladder green || vert m. de vessie *ou* de sève *ou* d'iris. **f) ~heber** m. || juice pump; montejus || monte-jus m. 43
saftig (Met) || wet || gras. **a) ~es Eisen** n. || wet *or* drossy iron || fer m. gras. 44
saftreiches Holz n. || sappy wood || bois m. riche en sève. 45
Saftreinigung f. (Zuck) || clarification of the juice || épuration f. des jus sucrés. 46
Säge f. || saw || scie f. **a) Ast~** || pruning saw || scie f. de jardinier. **b) Band~** || band saw || scie f. à ruban. **c) Baum~** || pruning saw || scie f. de jardinier. **d) Blatt~** || pad saw || scie f. à main; égohine f.; égoïne f. **e) Brett~** || pitsaw || scie f. de long. **f) Bügel~** || bow saw || scie f. à étrier *ou* en archet. **g) Daubenabkürz~** || stave cross cut saw; stave shortening saw || scie f. à raccourcir les douves. **h) ~ mit Einsatzzähnen** || inserted-teeth saw || scie f. à dents rapportées. **i) fertige ~** || mounted saw || scie f. montée. **k) Fuchsschwanz~** || hand *or* pad *or* fox saw || scie f. à main *ou* à manche. **l) Füge~** || jointing saw || scie f. à jointer. **m) Furnierrahmen~** || veneer frame saw || scie f. de placage à châssis. **n) Gargel~** (Küf) || grooving saw || scie f. à rainurer. **o) Gatter~** || frame *or* reciprocating saw || scie f. alternative *ou* à cadre. **p) Gelenk~** || hinge saw || scie f. à charnière. **q) Gruben~** || pit saw || scie f. de mine. **r) Grünholz~** || green wood saw || scie f. à bois vert. **s) Hand~** || hand *or* arm saw || scie f. à main. **t) Heft~** || pad saw || scie f. à main; égohine f.; égoïne f. **u) Heißeisen~** || hot-metal saw || scie f. à chaud pour le fer. **v) Heißeisenschlitten~** || hot iron travelling saw || scie f. à chaud à chariot. **w) ~ für Holz** || wood saw || scie f. à bois. **x) Kalt~** || cold saw || scie f. à froid. **y) Kreis~** || circular saw || scie f. circulaire. **z) Loch~** || compass *or* lock *or* pad saw || scie f. à guichet; scie f. égoïne. 47

a) Mauer~ || stone saw || scie f. à pierres. **b) ~ für Metalle** || iron-cutting saw;

hacksaw || scie f. à métaux. c) **Pendel~** || pendulum saw || scie-pendule f. d) **Quer~** || cross-cut || passe-partout m. e) **rotierende Abläng~** || revolving cross cut saw || scie f. tournante à tronçonner. f) **schartige ~** || snicked saw; notched saw || scie f. édentée. g) **Schlitten~** || sliding saw || scie f. à chariot. h) **Schrot~** || ripping saw || scie f. à bûches *ou* à refendre. i) **Schweif~** || fret saw || scie f. à chantourner. k) **schwingende ~** || pendulum circular saw || scie f. circulaire à pendule. l) **Spitz~** || compass *or* lock *or* pad saw || scie f. à guichet; scie f. égoïne. m) **Steif~** || cross-cut saw for logs || scie f. à tronçonner. n) **Stein~** || stone saw || scie f. à pierres. o) **Steinhauer~** || stone-cutter's saw || scie f. à pierre. p) **Stich~** || compass *or* lock *or* pad saw || scie f. à guichet; scie f. égoïne. q) **Warm~** || warm saw || scie f. à chaud. r) **zahnlose ~** || toothless saw || scie f. sans dents. s) **Zylinder~** || drum *or* cylinder saw || scie f. cylindrique *ou* à tambour. 1

Sägebank f. || saw bench || chevalet m. de scieur. 2

Sägeblatt n. || saw blade || lame f. de scie. a) ~ mit **eingesetzten Stahlzähnen** || saw blade with steel inserted teeth || lame f. de scie à dents rapportées en acier. b) ~ für **Laubsägen** || saw blade for fret saws || lame f. pour scies à chantourner. c) ~ zum Schneiden **rechteckiger Nuten** || lock corner cutter || scie f. à défoncer les rainures droites. d) das ~ **schränken** || to set the saw teeth || donner de la voie à la lame de scie. 3

Sägeblatt-schärfmaschine f. || saw blade sharpening machine || machine f. à affûter les lames de scie. a) **~schränkmaschine** f. || saw teeth setting machine || machine f. à donner de la voie à la lame de scie. 4

Säge-block m. || saw log; plank log *or* timber || billot m. *ou* grume f. *ou* bloc m. desciage; doubleau m.; membrure f. a) **~bock** m. || sawyer's jack || chevalet m. de sciage; chèvre f. b) **~bogen** m. || saw frame || arc m. *ou* arçon m. *ou* châssis m. d'une scie. c) **~bügel** m. || saw bow || archet m. de scie. d) **~feile** f. || saw file || lime f. pour (dents de) scie. 5

Sägegatter n. || saw frame || châssis m. *ou* cadre m. de scie. a) **Mittel~** || saw mill with one saw || scierie f. verticale à une lame au milieu. b) **Stein~** || stone frame saw || porte-lame m. de scie à cadre pour la taille des pièrres. c) ~ mit **Walzenvorschub** || vertical timber *or* log frame with roller feed || scie f. verticale alternative avec avance par cylindres. 6

Sägegestell n. || saw frame || châssis m. de scie. a) ~ einer **Spannsäge** (Techn) || frame of a saw || châssis m. *ou* monture f. d'une scie; porte-scie m.; arc m. *ou* arçon m. de scie. 7

Säge-grube f. (Zimm) || saw pit || fosse f. des scieurs. a) **~holz** n. || sawed *or* sawn timber || bois m. de sciage. b) **~klinge** f. || saw blade || lame f. de scie. 8

Sägemaschine f. || sawing machine || scie f. (mécanique); machine f. à scier. a) **Band~** || band sawing machine || machine f. à scier à ruban. b) **Metall~** || sawing machine for metals || scie f. à métaux. 9

Sägemehl n. || saw dust || sciure f. (de bois). a) **~entwässerungsmaschine** f. || desiccating machine for saw dust || installation f. pour la déshydratation de la sciure de bois. 10

Sägemühle f. || saw mill || scierie f. a) **Dampf~** || steam saw mill || scierie f. à vapeur. b) **Lohn~** || saw mill to measure and price || scierie f. à façon. c) **mechanische ~** || mechanical sawing mill || scierie f. mécanique. 11

sägen || to saw || scier. 12

sägen, Holz n. der **Länge nach** || to cut timber lengthwise || refendre *ou* tailler le bois; scier de long. a) das Holz **über Hirn ~** || to cross-cut wood || couper *ou* scier le bois en travers *ou* transversalement. 13

Sägen n. || sawing || sciage m. a) ~ von **Brennholz** || fire wood sawing || sciage m. de bois de chauffage. b) ~ von **Langholz** || plank sawing || sciage m. de long. 14

Sägen-blech n. || sawblade plate || tôle f. pour scies. a) **~feile** f. || saw file || lime f. à scies. b) **~feiler** m. || saw filer || limeur m. de scies. c) **~gestell** n. || saw frame || châssis m. de scie. d) **~griff** m. || saw handle *or* pad || manche m. de scie. 15

Sagenit m. || sagenite || sagénite f. 16

Sägen-schärfautomat m. || sharpener for maschine saws; automatic sharpening machine for saws || machine f. automatique à affûter les scies. a) **~schärfen** n. || saw sharpening || affûtage m. de scies. b) **~schärfer** m. || saw sharpener || affûteuse f. pour scies. c) **~schärfmaschine** f. || saw-sharpening machine || machine f. à aiguiser *ou* affûter les scies. d) **~schärfscheibe** f. || saw sharpening wheel || meule f. pour l'affûtage des scies. e) **~schnitt** m. || saw cut *or* notch *or* kerf || chemin m. *ou* coup m. *ou* trait m. *ou* voie f. de scie. f) **~selbstschärfer** m. || automatic saw sharpener || machine f. automatique à affûter les scies. 17

Sägensetzer m. (Techn) || saw set || tourne-à-gauche m. a) **~zange** f. || saw set pincers pl. || pince f. à donner la voie aux scies. 18

Säger m. || sawyer || scieur m. a) **Band~** || band sawyer || scieur m. à la scie à ruban. b) **Blockband~** || muley sawyer || conducteur m. de scie alternative. c) **Gatter~** || gang sawyer || conducteur m. de scie alternative. 19

Sägerahmen m. (Sägemaschine) || saw frame || châssis m. *ou* cadre m. de scie. 20

Sägerei f. || sawmill; sawmill shed || scierie f.; moulin m. à scierie. 21

Sägeschnitt m. || saw cut || trait m. de scie. 22

Sägespäne mpl. || saw dust; scobs pl. || sciure f. de bois. a) **~trockentrommel** f. || sawdust drying drum || tambour m. à sécher les sciures. 23

Sägetisch m. || saw table || table f. à scier. 24

Sägewerk n. || wood sawing; sawmill || scierie f. a) **~einrichtung** f. || installation for saw mills || installation f. pour scierie. b) **~maschine** f. || machine for sawmills || machine f. pour scieries. 25

Sägezahn m. || saw tooth || dent f. de scie. 26

Sago m. || tapioca; sago || tapioca m.; sagou m. a) **~fabrikeinrichtung** f. || equipment for sago works || équipement m. de fabrique du tapioca. 27

Sahlleiste f. (Webrand) || selvedge || lisière f.; cordeline f. 28

saiger *s.* seiger. 29

Saisonarbeiter m. || seasonal worker || ouvrier m. saisonner. 30

Saite f. || chord; string || corde f. 31

Saite f., **Darm** || gut string || corde f. en boyau. a) **Draht~** || music wire; wire string || corde f. métallique. b) **gespannte ~** || drawn string || corde f. tendue. c) **Klavier~** || piano cord || corde f. de piano. d) **metallene ~** || music string *or* wire || corde f. métallique. e) **seidene ~** (Mus) || silk string || corde f. harmonique en soie. f) ~ aus **Stahldraht** || string of steel wire || corde f. d'acier. g) ~ für **Tennisschläger** || string for rackets || corde f. à raquettes. h) **übersponnene ~** || plated catgut string || corde f. filée. 32

Saiten-aufspanner m. (für Musikinstrum) || string fitter || monteur m. de cordes. a) **~draht** m. || music *or* string wire || fil m. à instrument. b) **~fell** n. der **Trommel** || snare head || peau f. inférieure. c) **~galvanomesser** m. || fibre electrometer; string galvanometer || électromètre m. à fil; galvanomètre m. à fil. 33

Saiteninstrument n. || stringed instrument || instrument m. à cordes. a) **Bestandteile** mpl. für ~e || string instrument parts pl. || accessoires mpl. pour instruments à cordes. 34

Salamstein m. || salam stone || pierre f. salam. 35

Salat m. || salad || salade f. a) **~besteck** n. || wooden knife and fork || couvert m. en bois. 36

Salband n. (Bergb) || wall; rider; rither || éponte f.; paroi f.; salbande f. a) **Letten~** (Bergb) || flookan course || éponte f. glaiseuse. 37

Salbe f. || ointment || onguent m.; pommade f. a) Maschine f. zum **Feinzerreiben** von **~n** || machine for grating ointments to perfect *or* to the utmost fineness || machine f. pour râper *ou* moudre des onguents *ou* broyer les pommades. b) **Frost~** || chilblain ointment || onguent m. *ou* pommade f. pour les engelures. c) **graue ~** || mercurial ointment || onguent m. mercuriel. d) **parfümierte ~** || perfumed ointment || onguent m. parfumé; pommade f. parfumée. 38

Salbei f. || sage || sauge f. a) **~blätter** n. || sage leaves pl. || feuilles fpl. de sauge. b) **~öl** n. || sage oil || essence f. de sauge. 39

salbenartig || salve like || analogue à une pommade; pâteux. 40

Salben-büchse f. || ointment jar; salve pot || pot m. *ou* boîte f. à onguent *ou* à pommade. a) **~kruke** f. *s.* ~büchse. f. b) **~reibmaschine** f. || ointment grinding machine || broyeuse f. à onguent *ou* à pommade. c) **~reib- und Mischmaschine** f. || ointment braying and mixing machine || machine f. à broyer et mélanger des onguents *ou* des pommades. d) **~spatel** m. || ointment spatula || spatule f. à onguent *ou* à pommade. e) **~topf** m. || ointment jar || pot m. à pommade. 41

saldieren || to balance; to clear; to settle; to square || balancer; solder; arrêter un compte. 42

Saldo m. || balance; remainder || solde m.; reliquat m. a) **~betrag** m. || amount of balance || montant m. du solde. b) **~übertrag** m. || transfer of balance || solde m. à nouveau. 43

Saldovortrag m. ‖ balance carried forward ‖ solde m. à nouveau. **a)** ~ in **neue Rechnung** ‖ balance carried to the credit of new account ‖ solde m. reporté au crédit de nouveau compte. 1
Salep m. ‖ salep ‖ salep m. 2
Saline f. ‖ saltworks pl. ‖ saline f.; saunerie f. 3
Salinen-arbeiter m. ‖ worker at salt mines *or* wells ‖ ouvrier m. des salines; ouvrier m. saunier. **a)** ~**besitzer** m. ‖ saltworks' owner ‖ saunier m. propriétaire. 4
Saling f. ‖ cross tree ‖ barre f. de hune *ou* de perroquet. 5
Salizin n. ‖ salicine ‖ salicine f. 6
Salizylat n. ‖ salicylate ‖ salicylate m. 7
Salizylpräparat n. ‖ salicylate ‖ salicylate m. 8
salizylsaures Amyl n. ‖ amyl salicylate ‖ salicylate m. d'amyle. 9
Salizylsäure f. ‖ salicylic acid ‖ acide m. salicylique. 10
Salmiak n. ‖ ammonium chloride ‖ chlorure m. d'ammonium. **a)** ~**anlage** f. ‖ sal ammoniac plant ‖ installation f. de sel ammoniac. **b)** ~**geist** m. (Chem) ‖ ammonia solution; volatile alkali; spirit of ammonia ‖ solution f. ammoniacale; alcali m. volatil; hydrate m. d'ammonium. **c)** ~**pastillen** fpl. ‖ sal ammoniac pastilles pl. ‖ pastilles fpl. au sel ammoniac. **d)** ~**salz** n. ‖ ammonium chloride; sal ammoniac ‖ sel m. ammoniac; chlorhydrate m. d'ammoniaque; chlorure m. d'ammonium. **e)** ~**schlacke** f. ‖ sal ammoniac slags pl. ‖ scories fpl. de sel ammoniac. **f)** ~**spiritus** m. ‖ ammonia solution; liquid ammonia; ammonium hydrate ‖ hydrate m. d'ammonium; solution f. d'ammoniaque. 11
Salse f. ‖ mud volcano ‖ salse f. 12
Salon-deck n. ‖ saloon deck ‖ pont-salon m. **a)** ~**wagen** m. ‖ saloon carriage; drawing-room car ‖ wagon-salon m.; voiture f. de luxe. 13
Salpeter m. ‖ saltpetre; nitre; nitrate of potassium ‖ salpêtre m.; nitre m.; azotate m. de potasse; nitrate m. de potassium. **a) gereinigter** ~ ‖ purified *or* refined nitre ‖ salpêtre m. raffiné. **b) raffinierter** ~ ‖ purified *or* refined nitre ‖ salpêtre m. raffiné. **c) roher** ~ ‖ crude saltpetre; saltpetre of the first boiling ‖ salpêtre m. brut *ou* de première solution. 14
Salpeter-äther m. ‖ nitric ether ‖ éther m. nitrique. **a)** ~**kesseldeckel** m. ‖ cover for saltpetre boiler ‖ couvercle m. de chaudières à salpêtre. **b)** ~**lauge** f. ‖ saltpetre lye ‖ lessive f. de salpêtre. **c)** ~**papier** n. ‖ nitre paper ‖ papier m. nitré. **d)** ~**plantage** f. ‖ nitre bed *or* plantation; nitriary; salpetre bed *or* plantation ‖ nitrière f.; salpêtrière f. **e)** ~**raffinerie** f. ‖ nitrate refinery ‖ raffinerie f. de salpêtre. **f)** ~**salzsäure** f. ‖ aqua regalis ‖ eau f. régale. 15
salpetersauer ‖ nitric ‖ nitrique; azotique. **a)** ~**es Ammoniak** n. ‖ ammonium nitrate ‖ nitrate m. d'ammoniaque. **b)** ~**es Barium** n. ‖ barium nitrate ‖ nitrate m. de baryte. **c)** ~**es Blei** n. ‖ lead nitrate ‖ nitrate m. de plomb. **d)** ~**es Salz** n. ‖ azotate; nitrate ‖ azotate m.; nitrate m. 16
Salpetersäure f. ‖ aqua fortis; azotic *or* nitric acid ‖ acide m. azotique *ou* nitrique; (eau-forte f.); esprit m. de nitre. **a) rauchende** ~ ‖ fuming nitric acid ‖ acide m. nitrique fumant. **b) rote rauchende** ~ ‖ fuming nitric acid ‖ acide m. azotique fumant. 17
Salpetersäure-anlage f. ‖ nitric acid plant ‖ installation f. d'acide nitrique. **a)** ~**äthylester** m. ‖ nitrous ether ‖ éther m. nitrique. **b)** ~**herstellungsanlage** f. ‖ nitric acid plant ‖ installation f. pour fabriquer l'acide nitrique. 18
Salpeter-schaum m. ‖ aphronitre; wall saltpetre ‖ aphronitre f. **a)** ~**sieder** m. ‖ saltpetre refiner ‖ raffineur m. de salpêtre. **b)** ~**sud** m. ‖ boiling *or* evaporation of saltpetre ‖ dissolution f. *ou* évaporation f. du salpêtre. 19
salpetrige Säure f. ‖ nitrous acid ‖ acide m. nitreux *ou* azoteux. 20
salpetrigsaures Salz n. ‖ nitrite; azotite ‖ azotite m. 21
Salvarsan n. ‖ salvarsane ‖ salvarsane m. 22
Salz n. ‖ salt ‖ sel m. **a) alkalisches** ~ ‖ alkaline salt ‖ sel m. alkalin. **b) ameisensaures** ~ ‖ formate; formiate ‖ formiate m. **c) anderthalb kohlensaures** ~ ‖ sesquicarbonate ‖ sesquicarbonate m. **d) antimonsaures** ~ ‖ antimonate; antimoniate ‖ antimoniate m. **e) äpfelsaures** ~ ‖ malate ‖ malate m. **f) arsenigsaures** ~ ‖ arsenite ‖ arsénite m. **g) arseniksaures** ~ ‖ arsenate; arseniate ‖ arséniate m. **h) Bade**~ ‖ bathing salt ‖ sel m. pour bains. **i) basisches** ~ ‖ basic salt; subsalt ‖ sel m. basique. **k) basisch essigsaures** ~ ‖ subacetate ‖ sousacétate m. **l) basisch kohlensaures** ~ ‖ subcarbonate ‖ souscarbonate m. **m) basischphosphorsaures** ~ ‖ subphosphate ‖ sousphosphate m. **n) benzolsaures** ~ ‖ benzoate ‖ benzoate m. **o) bernsteinsaures** ~ ‖ succinate ‖ succinate m. **p) bor(ax)saures** ~ ‖ borate ‖ borate m. **q) bromsaures** ~ ‖ bromate ‖ bromate m. **r) chlorigsaures** ~ ‖ chlorite ‖ chlorite m. **s) chlorsaures** ~ ‖ chlorate ‖ chlorate m. **t) chromsaures** ~ ‖ chromate ‖ chromate m. **u)** ~ zum **Einmachen** ‖ preserving salt ‖ sel m. à conserves. **v) essigsaures** ~ ‖ acetate ‖ acétate m. **w) getrocknetes** ~ ‖ dried salt ‖ sel m. essoré. **x) goldsaures** ~ ‖ aurate ‖ aurate m. **y) harnsaures** ~ ‖ urate ‖ urate m. **z) holzessigsaures** ~ ‖ pyrolignite ‖ pyrolignite m. 23

a) indigschwefelsaures ~ ‖ ceruleo sulphate; sulphate of indigo ‖ céruléosulfate m.; sulfoindigotate m. **b) Karlsbader** ~ ‖ Carlsbad salt ‖ sel m. de Carlsbad. **c) kieselsaures** ~ ‖ silicate ‖ silicate m. **d) kleesaures** ~ ‖ oxalate ‖ oxalate m. **e) kohlensaures** ~ ‖ carbonate ‖ carbonate m. **f)** ~ zum **Konservieren** ‖ preserving salt ‖ sel m. à conserves. **g) Metall**~ ‖ metallic salt; inorganic compound ‖ sel m. inorganique. **h) metaphosphorsaures** ~ ‖ metaphosphate ‖ métaphosphate m. **i) milchsaures** ~ ‖ lactate ‖ lactate m. **k) neutrales** ~ ‖ neutral salt ‖ sel m. neutre. **l) oxalsaures** ~ (Chem) ‖ oxalate ‖ oxalate m. **m) phosphorigsaures** ~ ‖ phosphite ‖ phosphite m. **n) phosphorsaures** ~ ‖ phosphate ‖ phosphate m. **o) pyrophosphorsaures** ~ ‖ pyrophosphate ‖ pyrophosphate m. **p) salpetersaures** ~ ‖ azotate; nitrate ‖ azotate m.; nitrate m. **q) salpetrigsaures** ~ ‖ nitrite; azotite ‖ azotite m.; nitrite m. **r) saures** ~ ‖ acid salt; supersalt ‖ sel m. acide. **s) schwefelsaures** ~ ‖ sulphate ‖ sulfate m. **t) schwefligsaures** ~ ‖ sulphite ‖ sulfite m. **u)** ~ von **seltenen Erden** ‖ salt of rare earths ‖ sel m. de terres rares. **v) stearinsaures** ~ ‖ stearate ‖ stéarate m. **w) überchlorsaures** ~ ‖ perchlorate ‖ perchlorate m. **x) unterchlorsaures** ~ ‖ hypochlorate ‖ hypochlorate m. **y) unterphosphorigsaures** ~ ‖ hypophosphite ‖ hypophosphite m. **z) unterschwefligsaures** ~ ‖ hyposulphite ‖ hyposulfite m. 24

a) vanadinsaures ~ ‖ vanadiate ‖ vanadiate m. **b) weinsaures** ~ ‖ tartrate ‖ tartrate m. **c) zinnsaures** ~ ‖ stannate ‖ stannate m. **d) zitronensaures** ~ ‖ citrate ‖ citrate m. **e) zweifachchromsaures** ~ ‖ dichromate ‖ bichromate m. **f) zweifachkohlensaures** ~ ‖ bicarbonate; acid carbonate ‖ bicarbonate m. **g) zweifachweinsaures** ~ ‖ bitartrate ‖ bitartrate m.; tartrate m. acide. 25
Salzablaß-hahn m. ‖ surface blow-off cock ‖ robinet m. d'extraction à hauteur de niveau. **a)** ~**rohr** n. ‖ brine pipe ‖ tuyau m. d'extraction. 26
salzartig ‖ saline ‖ salin. 27
Salz-aufbereitung f. ‖ salt preparation ‖ préparation f. du sel. **a)** ~**badofen** m. ‖ salt bath furnace ‖ four m. à bain de sel. **b)** ~**beet** n. des **Salzgartens** einer **Meersaline** ‖ basin *or* table in a sea-saltwork where the salt is gathered ‖ table f. salante. **c)** ~**bergbau** m. ‖ salt mining ‖ exploitation f. des mines de sel. **d)** ~**bergwerk** n. ‖ rock salt mine ‖ mine f. de sel. **e)** ~**bild(n)er** m. (Chem) ‖ hologene ‖ hologène m. **f)** ~**bildung** f. (Chem) ‖ conversion into salt ‖ salification f. **g)** ~**brecher** m. ‖ salt breaker *or* crusher ‖ broyeur m. *ou* concasseur m. à sel. 28
salzbreiartige Masse f. ‖ salt grained sludge ‖ boue f. saline. 29
Salz-brühe f. ‖ pickle; brine ‖ saumure f. **a)** ~**dose** f. ‖ salt box *or* case ‖ boîte f. de sel. 30
salzen ‖ to salt ‖ saler. 31
Salzen n. von **Fischen** ‖ fish salting ‖ salage m. de poissons. 32
Salzer m., **Häute** ‖ skin salter ‖ saleur m. de peaux. 33
salzfähige Base f. ‖ salifiable base ‖ base f. salifiable. 34
Salz-fleisch n. ‖ saltbeef; salt meat ‖ bœuf m. salé; salaison f.; viande f. salée. **a)** ~**flöz** n. ‖ salt load *or* stratum ‖ couche f. de sel. **b)** ~**garten** m. ‖ salt garden *or* marsh; sea-saltworks ‖ marais m. salé *ou* d'eau salée. 35
Salzgehalt m., **Messung** f. des ~**es** ‖ halometry ‖ halométrie f. **a)** ~ des **Seewindes** ‖ salt contents of sea breeze ‖ teneur f. en sel de la brise *ou* du vent de mer. 36
Salz-gewinnungsanlage f. ‖ salt producing plant ‖ installation f. de saunerie. **a)** ~**gurke** f. ‖ pickled cucumber ‖ concombre m. confit au sel. **b)** ~**grube** f. *s.* ~bergwerk. 37
salzhaltig ‖ saliferous ‖ salifère. 38
Salz-haufen m. ‖ salt; salt heap ‖ pilot m. **a)** ~**hausarbeiter** m. ‖ salt lofter ‖ magasineur m. de sel. **b)** ~**horst** m. (Bergbau) ‖ dome shaped body of salt ‖ redressement m. salin. 39
salzig ‖ saline; salinous; salsuginous; saltish; salted ‖ salin; salsugineux; salé. 40

Salz-konserven fpl. || fruits pl. preserved in salt || conserves fpl. au sel. **a) ~korn** n. || grain of culinary salt || grain m. de sel. **b) ~kratzer** m. || scraper conveyor for salt || gratteur m. de sel. **c) ~krücke** f. || salt stirrer; scraper || râble m. du saunier. **d) ~kuchen** m. || salt cake *or* cut || salignon m. **e) ~lade** f. || salt box *or* case || boîte f. de sel. **f) ~lake** f. || brine; pickle || saumure f. **g) ~lasur** f. || salt glace || vernis m. à sel commun. **h) ~löffel** m. || salt spoon || cuiller m. à sel. **i) ~löser** m. (Eisfabr) || salt dissolver || dissolveur m. du sel. **k) ~lösung** f. || saline solution || solution f. saline. **l) ~mühle** f. || salt mill || moulin m. à sel. **m) ~pfanne** f. || brine evaporating pan || chaudière f.; poêle f. **n) ~proviant** m. || salt provisions pl. || salaison f. **o) ~quelle** f. || brine *or* salt spring || source f. salée. **p) ~raffinerie** f. || salt refinery || raffinerie f. de sel. **q) ~rindfleisch** n. || salt-beef || bœuf m. salé; salaison f. **r) ~salpetersäure** f. || aqua regia; aqua regis; nitro-muriatic acid || eau f. régale; acide m. nitromuriatique. 1

Salzsäure f. || chlorhydric *or* hydrochloric *or* muriatic acid; salt spirit || acide m. chlorhydrique *ou* hydrochlorique *ou* muriatique; chlorure m. d'hydrogène; esprit m. de sel. **a) ~gewinnungsanlage** f. || plant for muriatic acid manufacturing || installation f. pour la fabrication d'acide muriatique. **b) ~kondensationsanlage** f. || muriatic acid condensing plant || installation f. de condensation d'acide muriatique. 2

Salz-schweinefleisch n. || saltpork || porc m. salé. **a) ~see** m. || salt lake || lac m. salant ou salifère. **b) ~sieder** m. || salt maker || salinier m.; saunier m. **c) ~siederei** f. || salt stove || poêle f. à sel. **d) ~siedewerk** n. || saltern; salt works pl. || salin m.; saline f.; saunerie f. 3

Salzsole f. || brine || saumure f. **a) ~aräometer** n. || salinometer || salinomètre m.; aréomètre m. pour eau salée. 4

Salz-speicher m. || salt shed || magasin m. à sels. **a) ~stock** m. (Bergbau) || stock shaped body of salt || amas m. salin. **b) ~streuer** m. || salt caster || poudrière f. *ou* moulin m. à sel. **c) ~streuwagen** m. || wagon for spraying salt || wagon m. pour le répandage du sel. **d) ~sumpf** m. || brine *or* salt marsh; salt pond; salting || marais m. salant. **e) ~teich** m. || sea salt works pl.; salt marsh || marais m. salé *ou* d'eau salée. **f) ~ton** m. || saliferous clay || argile f. salifère. **g) ~wage** f. || salinometer; salt *or* brine gauge; salt poise; halometer || pèse-sel m.; halomètre m. 5

Salzwasser n. || salt water; brine || eau f. salée. **a) ~behälter** m. || brine reservoir || réservoir m. à eau salée *ou* á saumure. **b) ~pumpe** f. || brine pump || pompe f. à eau salée *ou* à saumure. **c) ~quelle** f. || brine spring || source f. salée. 6

Salzwerk n. || saltern; salt works pl. || salin m.; saline f.; saunerie f. 7

Salzwerks-arbeiter m. || salt workman || ouvrier m. saunier. **a) ~besitzer** m. || saltworks' owner || saunier m. propriétaire. 8

Sämann m. || sower || semeur m. 9

Samarskit m. || samarskite || samarskite f. 10

Sämaschine f. || corn *or* grain drill; sowing *or* seeding machine || machine f. à semer; semoir m.; semeuse f. **a) Horst~** || drop drill || semoir m. intermittent. 11

Sä- und Jätmaschine f. || sowing and weeding machine || semoir m. et sarcloir mécanique. 12

Sämaschinenführer m. || sow engine driver || semeur m. à la machine; conducteur m. du semoir *ou* de la machine à semer. 13

Samen mpl. || grains pl.; seed || grains mpl. **a) ölhaltiger ~** || oil seed || graine f. oléagineuse. 14

Samen-beet n. || seed bed *or* plot || semis m. **a) ~faser** f. || seed fibre || fibre f. (extraite) de (la) graine; duvet m. de la graine. **b) ~haar** n. || seed hair || fibre f. (extraite) de (la) graine; duvet m. de la graine. **c) ~hanf** m. (weibliche Pflanze) || female hemp || chanvre m. à fruits; chanvre m. femelle. **d) ~hefe** f. (Brau) || beer yeast || levure f. de bière. **e) ~reinigungsmaschine** f. || cleansing machine for seeds || machine f. à nettoyer les grains de semences. **f) ~schule** f. || seed bed *or* plot || semis m. **g) ~sortiermaschine** f. || sorting machine for seeds || machine f. à trier les grains de semences. **h) ~träger** m. (Hanf) || female hemp || chanvre m. à fruits; chanvre m. femelle. **i) ~tüte** f. || seed bag *or* envelope || enveloppe f. de graines; sachet m. pour graines. **k) ~züchter** m. || seed grower || jardinier-grainetier m. 15

Sämereien fpl. || seeds pl. || semences fpl. 16

samische Erde f. || collyrite; scarbroite || collyrite f. 17

sämischgares Leder n. || chamois-dressed leather || peau f. chamoisée. 18

sämischgerben || to shamoy || chamoiser. 19

Sämischgerber m. || chamoiser; chamois *or* shamoy dresser; oil *or* chamois leather manufacturer || chamoiseur m. 20

Sämischgerberei f. (Werkstätte) || oil *or* chamois leather manufactory || chamoiserie f. **a) ~** (Verfahren) || chamoising; shamoying; chamois *or* shamoy dressing || chamoisage m. 21

Sämischleder n. || chamois *or* shamoy leather || cuir m. chamoisé. 22

Sämling m. || seedling || jeune plante f. semée. 23

Sammel-anschluß m. (Fernm) || private branch exchange line || lignes fpl. d'un abonné à plusieurs lignes. **a) ~bahnhof** m. || central terminus || gare f. centrale. 24

Sammelbecken n. || collecting tank || réservoir collecteur m. **a) ~wärter** m. || reservoir keeper || garde-réservoirs m. 25

Sammelbehälter m. || sump || réservoir m. dépôt. **a) ~ aus Blech** || reservoir of sheet || réservoir m. en tôle. 26

Sammel-brunnen m. || cistern; connecting well || citerne f.; puits m. collecteur. **a) ~dienstleitung** f. || split order wire || ligne f. auxiliare de concentration. **b) ~drain** m. || collecting-pipe || tuyau m. collecteur. **c) ~gebiet** n. (Wasserb) || catchment basin; water gathering-ground || bassin m. de réception. 27

Sammelgefäß n. || receiver; reservoir || récipient m.; réservoir m. **a) ~ aus Kupfer** || copper vessel || récipient m. en cuivre. 28

Sammel-gut n. || collective consignment; consignment by the lorry load || expédition f. collective *ou* en cueillette *ou* en groupage. **a) ~herd** m. (Gieß) || recipient || récipient m. **b) ~kanal** m. (Wasserb) || main sewer || collecteur m.; égout m. 29

Sammelkasten m. (Masch) || waiting tank || bassin m. intermédiaire. **a) ~** (Web) || chute; collecting vat; receptacle || cuve f. collectrice; récipient m.; caisse f. de ramassage. 30

Sammel-ladung f. || collective consignment *or* shipment || envoi m. en groupage. **a) ~linse** f. || convex *or* converging *or* condensing lens || lentille f. convergente *ou* convexe. **b) ~morseeinrichtung** f. || arrangement for central code recording || dispositif m. d'enregistrement central par signaux Morse. **c) ~mulde** f. || collecting trough || benne f. collectrice. **d) ~nummer** f. (Fernm) || collective number || numéro m. global *ou* collectif. **e) ~platte** f. || collecting plate || plaque f. de rassemblement. **f) ~platz** m. (Fernm) || concentration position || position f. de concentration. **g) ~rohr** n. || collecting pipe || tuyau m. collecteur. **h) ~schacht** m. || collecting shaft || puits-collecteur m. **i) ~schiene** f. (Elektr) || bus bar || barre f. omnibus. **k) ~schienenraum** m. der Hochspannungsschaltanlage || bus bar room in the high tension switch house || salle f. des barres du tableau de couplage haute tension. **l) ~schnecke** f. || collecting worm || vis f. sans fin collectrice. **m) ~sirup** m. (Zuck) || solution of the sugar || petites eaux fpl.; raccourcies mpl. **n) ~stelle** f. || central depot || dépôt m. central. **o) ~tasche** f. || loading hopper || poche-accumulateur m. **p) ~teich** m. || store reservoir || barrage-réservoir m. **q) ~topf** m. (Zuck) || gathering pot || pot m. à assembler *ou* récipient m. intermédiaire. **r) ~trichter** m. eines **Wildbaches** || catchment basin of a torrent || bassin m. de réception d'un torrent. **s) ~wetterdienst** m. (Funkw) || service for the centralization of meteorological information || service m. de centralisation des informations météorologiques. 31

Sammler m. (einer, der et. sammelt) || gatherer; collector || collectionneur m.; quêteur m. **a) ~** (Buchdr) || carrier || porteur m. **b) ~** (Elektr) || accumulator || accumulateur m. **c) alkalischer ~** (Elektr) || alkaline accumulator || accumulateur m. alcalin. **d) Aufladung** f. eines **~s** || charging of an accumulator || chargement m. d'un accumulateur. **e) beweglicher ~** || portable accumulator || accumulateur m. transportable. **f) Dampf~** || steam drum || collecteur m. de vapeur. **g) elektrischer ~** || electrical accumulator || accumulateur m. électrique. **h) ortsfester ~** || stationary accumulator || accumulateur m. stationnaire. **i) transportabler ~** || portable accumulator || accumulateur m. transportable. 32

Sammler-batterie f. || accumulator *or* storage *or* secondary battery || batterie f. des accumulateurs *ou* secondaire. **a) ~platte** f. || accumulator plate || plaque f. d'accumulateur. **b) ~raum** m. || battery room || salle f. d'accumulateurs. **c) ~säure** f. || accumulator acid || acide m. pour accumulateurs. **d) ~wagen** m. || battery motor car || voiture f. à accumulateurs. 33

Sammlung f. || collection || collection f. **a) botanische ~** || botanic collection || collection f. (de) botanique. **b) mineralo-**

gische ~ ‖ mineralogical collection ‖ collection f. de minéralogie. **c) wissenschaftliche** ~ ‖ scientific collection ‖ collection f. scientifique. **d) zoologische** ~ ‖ zoological collection ‖ collection f. de zoologie. 1

Sammlungsgegenstand m. ‖ object of collection ‖ objet m. de collection. 2

Samt m. ‖ velvet ‖ velours m. **a) Ausbesserung** f. fehlerhafter Stellen im ~ ‖ filling of empty spaces in velvet ‖ resarcissage m. de velours. **b) Baumwoll~** ‖ cotton velvet ‖ velours m. de coton. **c) geköperter** ~ ‖ twilled velvet ‖ velours m. croisé. **d) gemusterter** ~ ‖ figured velvet ‖ velours m. façonné. **e) gerippter** ~ ‖ ribbed velvet; cord ‖ velours m. à côtes; velours m. cordelé; velours m. de chasse. **f) gerissener** ~ ‖ cut velvet ‖ velours m. coupé. **g) geschnittener** ~ ‖ cut velvet ‖ velours m. coupé. **h) geschorener** ~ ‖ cut velvet ‖ velours m. coupé. **i) gezogener** ~ ‖ uncut *or* terry velvet ‖ velours m. épinglé *ou* frisé. **k) glatter** ~ ‖ plain *or* tabby velvet ‖ velours m. lisse *ou* plein; velventine f. **l) Kett~** ‖ warp velvet ‖ velours m. par chaîne. **m) Knopf~** ‖ button *or* covering velvet ‖ velours m. pour boutons. **n) Kragen~** ‖ collar velvet ‖ velours m. pour col. **o) Möbel~** ‖ furniture velvet ‖ velours m. d'ameublement. **p) Muster~** ‖ figured velvet ‖ velours m. façonné *ou* gaufré. **q) Scheren** n. des **~es** ‖ velvet shearing ‖ tondage m. de velours. **r) Schneiden** n. des **~s** ‖ cutting of velvet ‖ découpage m. du velours. **s) Schuß~** ‖ weft velvet ‖ velours m. par trame. **t) Seiden~** ‖ silk velvet ‖ velours m. de soie. **u) unechter** ~ ‖ velveteen; fustian ‖ velours m. de coton; velventine f. **v) ungerissener** ~ ‖ terry *or* uncut velvet ‖ velours m. bouclé *ou* épinglé *ou* grisé. **w) ungeschnittener** ~ ‖ uncut *or* terry velvet ‖ velours m. bouclé *ou* frisé *ou* épinglé. **x) Utrechter** ~ ‖ Utrecht velvet ‖ velours m. d'Utrecht. **y) Woll~** ‖ worsted velvet ‖ velours m. de laine. 3

samtartig ‖ velveted; velvety ‖ velouté. **a) ~es Papier** n. ‖ velveted paper ‖ papier m. velouté. 4

Samt-ausbesserin f. ‖ velvet mender ‖ replanteuse f. de velours. **a) ~band** n. ‖ velvet ribbon ‖ ruban m. de velours. **b) ~blende** f. (Miner) ‖ capillary Goethite ‖ fer m. oxydé brun fibreux (en partie). **c) ~braun** n. ‖ velvet brown ‖ brun m. velours. **d) ~druck** m. ‖ velvet printing ‖ impression f. sur velours. **e) ~haken** m. ‖ velvet knife; trivet ‖ couteau m. *ou* rasoir m. *ou* taille-rolle f. à velours. **f) ~kette** f. ‖ (velvet) nap; velvet pile warp ‖ chaîne f. de poil; poil m. (à velours). **g) ~manschester** m. ‖ velveteen ‖ velours m. lisse. **h) ~masche** f. ‖ velvet nap ‖ boucle f. de velours. **i) ~maschenreihe** f. ‖ row of velvet naps ‖ bouclé m. de velours. **k) ~messer** n. ‖ velvet knife; trivet ‖ couteau m. *ou* rasoir m. *ou* taille-rolle f. à velours. **l) ~nadel** f. (Web) ‖ velvet pile wire ‖ fer m. à velours. **m) ~papier** n. ‖ flock *or* velvet paper ‖ papier m. velouté. **n) ~rute** f. (Web) ‖ velvet pile wire ‖ fer m. à velours. **o) ~scherer** m. ‖ velvet raiser ‖ raseur m. de velours. **p) ~schneidvorrichtung** f. ‖ velvet cutting machine; trivet ‖ coupeuse f. *ou* taille-rolle f. à velours. **q) ~stuhl** m. (Web) ‖ velvet weaver's loom ‖ métier m. à velours. **r) ~tapete** f. *s.* ~papier. 5

Samtteppich m. ‖ plush *or* pile *or* rug carpet ‖ tapis m. velouté. **a) geschnittener** ~ ‖ cut pile carpet ‖ moquette f. veloutée coupée. 6

Samt-weber m. ‖ velvet weaver ‖ veloutier m.; tisseur m. de velours. **a) ~weberei** f. ‖ pile *or* velvet weaving ‖ tissage m. du velours. **b) ~webstuhl** m. ‖ velvet weaver's loom ‖ métier m. à velours. 7

Sand m. ‖ sand ‖ sable m. **a) ausgeglühter** ~ ‖ dry sand ‖ sable m. étuvé *ou* recuit *ou* d'étuve. **b) Bims~** ‖ pumice sand ‖ sable m. de pierre ponce. **c) Dünen~** ‖ down sand ‖ sable m. des dunes. **d)** den ~ **durchwerfen** ‖ to screen *or* to sift the sand ‖ passer le sable à la claie. **e) feingesiebter** ~ ‖ facing sand ‖ sable m. fin de moulage. **f) fetter** ~ ‖ loamy sand ‖ sable m. gras. **g) feuerfester** ~ ‖ refractory sand ‖ sable m. réfractaire. **h) Fluß~** ‖ river sand ‖ sable m. de rivière. **i) gesiebter trockener** ~ ‖ dry sifted sand; screened dry sand (A) ‖ sable m. sec criblé. **k) goldführender** ~ ‖ flour gold ‖ gravier m. aurifère. **l) Granit~** ‖ granite sand ‖ sable m. granitique. **m) grober** ~ ‖ gravel; coarse sand; shingle ‖ gravier m.; arène f. **n) Gruben~** ‖ pit sand ‖ sable m. de fouille. **o) grüner** ~ (Gieß) ‖ green sand ‖ sable m. maigre *ou* vert. **p) in** ~ **gegossen** ‖ sand cast ‖ coulé au sable. **q) Kleb~** ‖ sticky *or* mortar sand ‖ sable m. collant. **r) leichter** ~ ‖ quicksand; shifting sand ‖ sable m. mouvant. **s) magerer** ~ (Gieß) ‖ green sand ‖ sable m. maigre *ou* vert. **t) nasser** ~ (Gieß) ‖ green sand ‖ sable m. maigre *ou* vert. **u) Quarz~** ‖ quartz sand ‖ sable m. quartzeux. **v) scharfer** ~ ‖ sharp sand ‖ sable m. cru. **w) schlammiger** ~ ‖ miry *or* muddy *or* slimy sand ‖ sable m. vasard. **x)** ~ **für Schmelzglaswerke** ‖ sand for enamel manufactures ‖ sable m. pour émailleries. **y) Schwimm~** ‖ shifting sand ‖ sable m. boulant. **z) See~** ‖ sea sand ‖ sable m. de mer. 8

a) den ~ **sieben** ‖ to sift the sand ‖ passer le sable au crible *ou* par le crible. **b) Trieb~** ‖ quick sand ‖ sable m. mouvant. **c) trockener** ~ ‖ parting sand ‖ sable m. sec. **d) trockener** ~ (Gieß) ‖ dry sand ‖ sable m. d'étuve. **e) vulkanischer** ~ ‖ volcanic sand ‖ sable m. volcanique. 9

Sand-abmeßgerät n. ‖ measuring device for sand ‖ jauge f. pour sable. **a) ~absieber** m. ‖ sand screener ‖ cribleur m. de sable. 10

Sandale f. ‖ sandal ‖ sandale f. 11

Sandarak m. ‖ sandarac ‖ sandaraque f. 12

sandartig ‖ arenaceous; arenous; sand like ‖ arénacé. 13

Sand-aufbereitung f. ‖ sand preparing ‖ préparation f. du sable. **a) ~aufbereitungsanlage** f. ‖ sand dressing plant ‖ installation f. de préparation du sable. 14

Sandbad n. (Chem) ‖ sand bath ‖ bain m. de sable. **a) ~ofen** m. ‖ furnace of the sand bath ‖ fourneau m. à bain de sable. 15

Sandbaggerei f. ‖ gravel dredging ‖ dragage m. de sable. 16

Sandbank f. ‖ shelf; sandbank; shallowness; shallows pl.; reef; ridge; shoal ‖ récif m.; bas-fond m.; banc m. de sable; ensablement m.; barre f. haut-fond m. **a)** auf eine ~ **auflaufen** ‖ to run aground ‖ s'échouer. **b) bewegliche** ~ ‖ shifting-sand ‖ sable m. mouvant. 17

Sandbehälter m. ‖ reservoir for sand ‖ sablonette f. 18

Sandbett n. (Geol) ‖ bed of sand ‖ lit m. de sable. **a)** ~ unter dem **Pflaster** ‖ bed *or* form of the pavement ‖ lit m. du pavé; couche f. de sable sous le pavé. 19

Sandbindemittel n. ‖ sand agglutinant ‖ agglutinant m. de sable. 20

Sandboden m. ‖ sandy soil *or* ground ‖ sol m. *ou* terrain m. sablonneux. **a) tonhaltiger** ~ ‖ clayey sand-ground ‖ terrain m. de sable argileux. 21

Sand-bohrer m. ‖ auger ‖ cuillère f. *ou* tarière f. à mâchoire. **a) ~büchse** f. ‖ sand box ‖ boîte f. à sable; sablière f. **b) ~decke** f. ‖ layer of sand; blinding ‖ couche f. de sable; ensablement m. **c) ~düne** f. ‖ sand dune ‖ dune f. de sable. 22

Sandelholz n. ‖ sandal wood ‖ bois m. de santal; santal m. **a) rotes** ~ ‖ sa(u)nders wood; sa(u)nders pl.; red sandal (wood) ‖ santal m. rouge; bois m. de santal rouge. 23

Sandelöl n. ‖ sandal oil ‖ essence f. de santal. 24

sanden ‖ to sand ‖ sabler. 25

Sand-erde f. ‖ sandy loam earth ‖ grès m. **a) ~fang** m. (Pap) ‖ sand trap ‖ sablier m. **b) ~filter** n. ‖ sand filter ‖ filtre m. à sable. **c) ~filterbett** n. ‖ sand filter bed ‖ filtre m. en sable. **d) ~form** f. (Gieß) ‖ sand mould; green-sand mould ‖ moule m. en sable maigre *ou* sec. **e) ~former** m. ‖ sand moulder ‖ sableur m.; mouleur m. en sable. 26

Sandformerei f. (Tätigkeit) ‖ sand moulding ‖ moulage m. en sable. **a)** ~ (Werkstatt) ‖ work shop for preparing sand moulds ‖ sablerie f. 27

Sand-fuhrmann m. ‖ sand carrier ‖ porteur m. de sable. **a) ~gebläse** n. ‖ sand blast machine ‖ machine f. à jet de sable. **b) ~gewinnungsanlage** f. ‖ sand getting installation ‖ installation f. à extraire le sable. **c) ~gießerei** f. ‖ sand casting ‖ fonderie f. en moules de sable. **d) ~glas** n. ‖ glass; watch glass ‖ ampoulette f.; horloge f. de sable; sablier m. **e) ~gräber** m. ‖ sand digger *or* dragger *or* labourer ‖ sablier m.; sablonnier m. **f) ~gras** n. ‖ sand grass ‖ herbe f. poussant sur le sable. **g) ~grube** f. ‖ sand pit ‖ sablière f.; sablonnière f.; carrière f. de sable. **h) ~grund** m. ‖ sandy ground *or* bottom ‖ fond m. de sable. **i) ~guß** m. ‖ casting in sand; sand casting ‖ coulage m. en sable. 28

sandig ‖ sandy; gravelly ‖ sablonneux. **a) ~es Glas** n. ‖ grainy *or* sandy glass ‖ verre m. avec pontis. 29

Sandkarren m. ‖ sand cart ‖ tombereau m. à sable. 30

Sandkasten m. ‖ sand box ‖ sablière f. **a) ~verschluß** m. ‖ sand box cover ‖ fermeture f. de la sablière. 31

Sandkelle f. ‖ sand ladle ‖ cuillère f. *ou* tarière f. à mâchoire. 32

Sandkohle f. ‖ uninflammable *or* close burning *or* free burning *or* non caking coal ‖ houille f. sèche *ou* maigre *ou* non-collante. **a) sinternde ~** || sintering sand coal || houille f. maigre sableuse. 1

Sand-korn n. || grain of sand || grain m. de sable. **a) ~loch** n. || sand hole || camelot m.; moye f. **b) ~mergel** m. || sandy marl || marne f. sableuse. **c) ~mischmaschine** f. || sand mixer || machine f. à mélanger le sable; mélangeuse f. de sable. **d) ~-mühle** f. || sand mill || moulin m. à sable. 2

Sandpapier n. || sand paper || papier m. sablé *ou* de verre. **a) ~schleifmaschine** f. || sand paper grinding machine || machine f. à poncer au papier de verre. 3

Sand-pumpe f. || sand pump || pompe f. à sable. **a) ~röhre** f. || sand tube || tuyau m. à sable. 4

Sandsack m. || sandbag; ballast sack || sac m. de sable *ou* de lest. **a) ~bekleidung** f. (Wasserb) || sand-bay revestment || revêtement m. en sac à terre. 5

Sandsacker m. || sand packer || ensacheur m. de sable. 6

Sandsacktraverse f. || antestature || antestature f. 7

Sand-schaufel f. || sand shovel || pelle f. à col de cygne. **a) ~schleifmaschine** f. (Holzbearb) || sanding machine; sand polishing machine || machine f. à sabler. **b) ~schleif- und Poliermaschine** f. (Holzbearb) || sanding and polishing machine || machine f. à poncer et à polir. **c) ~schliffe** mpl. (Geol) || sand cuttings pl. *or* scratches pl. || sand cuttings mpl. **d) ~schnellfilter** m. || rapid sand filter || filtre m. rapide à sable. **e) ~schüttung** f. || foundation on a trench filled with sand || fondation f. sur une couche de sable. **f) ~seife** f. || sand soap || savon m. sablé *ou* au sable. **g) ~sieb** n. || sand sifter; gravel screen || crible m. à gravier; tamis m. à sable; tamiseur m. **h) ~siebmaschine** f. || rotary sand-sieve || machine f. à tamiser le sable. **i) ~stampfer** m. || sand crusher *or* rammer || broyeur m. de *ou* dame f. à sable. 8

Sandstein m. || sandstone; gritstone; gritty freestone || grès m. **a) bunter ~** || new red *or* variegated sand stone || grès m. bigarré; nouveau grès m. rouge. **b) eisenschüssiger ~** || iron sandstone || grès m. ferreux. **c) elastischer ~** || flexible sandstone || grès m. flexible *ou* élastique. **d) feuerfester ~** || fire proof sand stone || grès m. réfractère. **e) flözleerer ~** || millstone grit || grès m. supérieur du culm. **f) grobkörniger ~** || grit || grès m. houiller; querelle f. **g) glaukonitischer ~** || green sand || grès m. vert. **h) kalkiger ~** || calcareous sandstone || grès m. calcaire. **i) Kunst~** || artificial sandstone || grès m. artificiel. **k) mergeliger ~** || marly sandstone || grès m. marneux. **l) quarziger ~** || quartzy sandstone || grès m. quartzeux. **m) toniger ~** || argillaceous sandstone || grès m. argilleux. 9

Sandstein-apparat m. || sandstone apparatus || appareil m. en grès. **a) ~behauer** m. || quarryman for sandstone || grèsonnier m. **b) ~brecher** m. || quarryman in a quarry of sandstone || grésier m. **c) ~bruch** m. || sandstone *or* gritrock quarry || carrière f. de grès; grésière f. **d) ~gemäuer** n. || sandstone masonry || maçonnerie f. de grès. **e) ~mauerwerk** n. || grit masonry || gresserie f. **f) ~pflaster** n. || grit *or* sandstone pavement || pavé m. de grès. **g) ~schleifmaschine** f. || sandstone grinding machine || meule f. de grès. **h) ~trog** m., säurefester || tray of acidproof sandstone || bac m. en grès résistant aux acides. 10

Sandstrahl m. || sand blast || jet m. de sablage. **a) ~apparat** m. || sand blast apparatus || appareil m. à jet de sable. 11

Sandstrahlgebläse n. || sand jet blower; sand blast apparatus || sableuse f.; appareil m. à jet de sable. **a) Dampf~** || steam-jet sand-blast || sableuse f. à vapeur. 12

Sandstrahlputzmaschine f. || sand-blast machine || machine f. à jet de sable. 13

Sandstreuapparat m., **Druckluft** || compressed-air sanding apparatus || appareil m. à sabler à air comprimé. 14

Sandstreuer m. (Met) || mould sander || sableur m. de moules. **a) Druckluft~** || pneumatic sand strewing device || sablerie f. à air comprimé. 15

Sand-streurohr n. || sanding pipe || tuyau m. à sable. **a) ~streuung** f. || sanding || ensablement m. **b) ~streuvorrichtung** f. || sanding device || sablière f. **c) ~trockenofen** m. || sand drying stove || four m. à sècher le sable. **d) ~uhr** f. || sand glass || sablier m. **e) ~verteiler** m. || sand distributor || doseur m. de sable. **f) ~wagen** m. || sand cart || culbuteur m. à sable. **g) ~wäsche** f. || sand washery || laverie f. de sable. **h) ~waschmaschine** f. || sand washer || laveur m. de sable. 16

sanfter Abhang m. || easy gradient || pente f. douce. 17

Sanidin m. || glassy feldspar; ice spar; sanidine || feldspath m. vitreux; sanidine f. 18

sanieren || to reorganize || réorganiser. 19

Sanierung f. || reorganization || réorganisation f. 20

sanitär || sanitary || sanitaire. **a) ~e Anlage** f. || sanitary installation *or* plant || installation f. sanitaire. **b) ~er Apparat** m. *s.* ~e Vorrichtung. **c) ~e Einrichtung** f. *s.* ~ Anlage. **d) ~er Installationsgegenstand** m. || sanitary installation implement || appareil m. pour installations sanitaires. **e) ~e Vorrichtung** f. || sanitary device *or* apparatus || appareil m. sanitaire. 21

Sanitäts-ausrüstung f. || sanitary equipment || équipement m. sanitaire. **a) ~flugzeug** n. || sanitary aeroplane || avion m. sanitaire. **b) ~wagen** m. || ambulance carriage || voiture f. d'ambulance. **c) ~waren** fpl. || sanitary articles pl. || articles mpl. sanitaires. **d) ~zug** m. || hospital train || train m. d'ambulance. 22

sanker Körper m. (Seew) || body heavier than water || corps m. plus lourd que l'eau. 23

Santal n. *s.* Sandelholz. 24

Santalol n. || santalol || santalol m. 25

Santoninpräparat n. || santonine preparation || préparation f. de santanine. 26

Sapanholz n. || sapan wood; sapan || bois m. de sapan *ou* du Japon; sapan m. 27

Saphir m. || sapphire; corundum || saphir m.; corindon m. **a) weißer ~** || leucosaphire || leucosaphire m.; saphire m. blanc. 28

Saphirin m. || sapphirine || saphirine f. 29

Saphir-quarz m. || siderite; blue quartz || sidérite f. **a) ~spinell** m. || blue spinel || spinelle m. d'un gris bleuâtre. 30

Saponit m. || soap stone || saponite f.; pierre f. de savon. 31

Sardelle f. || anchovy || sardine f. au sel; anchois m. 32

Sardellenfischerei f. || sardine *or* pilchard fishing || pêche f. de la sardine. 33

Sardine f. || pilchard || sardine f. **a) ~n** fpl. in Öl f. || sardines pl. in oil packing || sardines fpl. à l'huile. 34

Sardinen-fabrik f. || sardine works pl. || confiserie f. de sardines; sardinerie f. **a) ~zubereiter** m. || sardine preserver || sardinier m. 35

Sardonyx m. || calcedony sardonyx || chalcédoine f.; quartz-agate m. calcédoine; sardoine f. 36

Sarg m. || coffin || cercueil m. **a) Blei~** || lead coffin || cercueil m. en plomb. 37

Sargassosee f. || sargasso *or* weedy sea || mer f. de sargasse. 38

Sargbeschläge mpl. || coffin fittings pl.; mountings pl. for coffins || ferrures fpl. *ou* garnitures fpl. pour cercueils. **a) ~ aus Blech** || coffin metal furniture || ferrures fpl. en tôle pour cercueils. **b) ~ aus Pappe** || coffin fittings of cardboard || garnitures fpl. de cercueil en carton. 39

Sargdeckel m. || lid of a coffin; coffin lid couvercle m. de cercueil. **a) ~ von Stein** stone coffin || dalle f. tumulaire. 40

Sarg-franse f. || coffin fringe || frange f. de cercueils. **a) ~griff** m. || coffin handle || anse f. pour cercueils. **b) ~schraube** f. || coffin screw || vis f. pour cercueils. **c) ~tischler** m. || coffin maker || fabricant m. de cercueils. **d) ~verzierung** f. || coffin ornament || ornement m. pour cercueils. 41

Sarkolith m. || sarcolithe || sarcolithe f.; analcime f. 42

Saß m. (Gärtn) || pruning *or* gardening knife || serpe f. 43

Sassafras-holz n. || sassafras wood || bois m. de sassafras. **a) ~öl** n. || sassafras oil || essence f. de sassafras. 44

Sassaparilla f. || sarsaparilla || salsepareille f. 45

Satellit m. || satellite || satellite m. 46

Satin m. (Web) || satin; satin tweel || satin m. 47

Satinetholz n. *s.* Satinholz. 48

Satinette f. || satinette || satinette f. 49

Satinholz n. || satin wood || bois m. satiné. 50

Satinierapparat m. (Pap) || glazing apparatus || satineuse f. 51

satinieren (Papier) || to calender; to glaze; to satine || glacer; satiner; calandrer. 52

Satinieren n. (Pap) || glazing || satinage m. 53

Satiniermaschine f. (Papier) || glazing machine; calenders pl. || machine f. à satiner; satineuse f.; calandre f. 54

satiniertes Papier n. || super-calendered paper || papier m. satiné. 55

Satinierwalzwerk n. (Pap) || glazing machine *or* rollers pl. || glaceur m.; lisse f.; satineuse f. à cylindres. 56

Satin-papier n. || glazed paper || papier m. satiné. **a) ~weiß** n. || satin white || blanc m. satin. 57

Sattdampf m. || saturated steam || vapeur f. saturée. 58

Sattel m. (zum Reiten) || saddle || selle f. **a) ~** (Buchdr) || gallows pl. || chevalet m. du timpan. **b) ~** (des Gebirges) || pass || croupe f.; crête f.; ligne f. de faîte. **c) ~** (Müll) || collar beam || chevalet m. **d) deutscher ~** heavy dragoon saddle; saddle of heavy cavalry || selle f. allemande; selle de grosse cavallerie. **e) englischer ~**

ohne Rückenbogen || English saddle without back-board || selle f. à nez coupé. **f) Fahrrad~** || bicycle saddle || selle f. pour bicyclettes. **g) Feder~** || spring pivot seat || patin m. de ressort tournant. **h) ~ eines Flözes** || saddle of a bed || selle f. d'une couche. **i) ~ des Klüverbaumes** || jib-boom saddle || chevalet m. du bâton du foc. **k) ~ eines Papierholländers** || breasting backfall || gorge f. d'une pile à cylindre. **l) schattierter ~** || shaded saddle || selle f. ombrifère. 1

Sattel-baum m. || saddle tree || arçon m. **a) ~bildung** f. (Geologie) || anticlinal formation || formation f. anticlinale. **b) ~-blech** n. (Bauw) || ridge lead *or* plate || plomb m. *ou* tôle f. de faîtage. **c) ~boden** m. (Eisenb) || gable *or* saddle bottom || fond m. en dos d'âne. **d) ~bodenselbstentlader** m. für Entladung nach beiden Seiten (Eisenb) || saddle-bottomed self-emptying truck unloading to both sides || auto-déchargeur m. à fond en dos d'âne se vidant des deux côtés. **e) ~dach** n. || ridged *or* saddle roof || toit m. en bâtière *ou* à deux égouts. **f) ~decke** f. || saddle cloth || housse f. **g) ~faß** n. || rider cask || foudre m. gerbé. **h) ~gestell** n. || saddle frame || chapuis m.; fût m. d'une selle. **i) ~gurt** m. || saddle girth || sangle f. 2

Sattelholz n. (Sattl) || saddle beam; sleeper || empanon m. **a) ~** (Zimm) || bolster; corbel piece; bracket || corbeau m.; racinal m.; sous-poutre f.; sous-longueron m. 3

Sattel-kammer f. (Fuhrw) || harness *or* saddle room || sellerie f. **a) ~kissen** n. || pannel || panneau m. **b) ~knopf** m. || pommel || pommeau m. **c) ~leder** n. || leather top of saddle || cuir m. de selle. **d) ~muffe** f. || saddlepin socket || manchon m. de support de la selle. 4

satteln || to saddle || seller. **a)** eine Mauer f. auf **Bogen ~** || to put a wall upon vaults || monter un mur sur des arcs. 5

Sattel-nagel m. || saddle nail; saddler's tack || clou m. de sellier. **a) ~oberlicht** n. || skylight || lanterneau m. **b) ~platte** f. (Lok) || waist sheet of locomotive boiler || selle f. avant d'une chaudière de locomotive. **c) ~rahmen** m. || saddle frame || cadre m. de selle. **d) ~rost** m. (Met) || saddle grate; double-inclined fire grate || grille f. à deux plaines. **e) ~scheibe** f. || saddle plate || rondelle f. à ados. **f) ~schutz** m. || saddle cover || couvre-selle m. **g) ~ständer** m. || saddle pillar || pilier m. de selle. **h) ~stange** f. || seat pillar || tige f. de selle. **i) ~stein** m. || rounded block of the cope || tablette f. en bahut. **k) ~steife** f. mit **Trummholz** (Zimm) || stay with a traverse beam || potence f.; étai f. à potence. **l) ~tasche** f. || saddle bag *or* flap || sachoche f.; quartier m. de selle. **m) ~verschiebeeinrichtung** f. (Hammerschmiede) || saddle displacement device || table f. mobile à manœuvre. **n) ~wagen** m. (Eisenb) || gable-bottomed car; wagon with gable bottom || wagon m. à fond en dos d'âne. **o) ~- und Reitzeug** n. || saddles, harnesses and riding equipment || équipement m. d'équitation. **p) ~zwecke** f. || saddle nail; saddler's tack || clou m. de sellier. 6

sättigen (Chem) || to saturate || saturer. **a)** mit **Kohlensäure** f. **~** || to aerate || aérer. 7

Sättiger m. || saturating device || saturateur m. 8

Sättigung f. || saturation || saturation f. **a) auflösen bis** zur **~** (Chem) || to dissolve to saturation || dissoudre jusqu'à saturation. **b) magnetische ~** || magnetic saturation || saturation f. magnétique. 9

Sättigungs-bad n. (Lichtb) || bath of saturation || bain m. de saturation. **a) ~druck** m. || pressure of saturation || pression f. de saturation. **b) ~magnetisierung** f. || saturation || aimantation f. à saturation. **c) ~punkt** m. || point of saturation || point m. de saturation. 10

Sättigungsstrom m. (Elektr) || saturation current || courant m. de saturation. **a) ~** der **Verstärkerröhren** || saturation current in repeater valves || courant m. de saturation en tubes-à-vide. 11

Sättigungs-unterschuß m. || deficit of water vapour for saturation; saturation deficit || déficit m. de saturation. **a) ~wert** m. der **Verstärkerröhren** || saturation value of repeater valves || valeur f. de saturation des lampes amplificatrices. **b) ~zustand** m. || state of saturation || état m. de saturation. 12

Sattler m. || saddler; saddle maker || sellier m. **a) Wagen~** || carriage saddler || sellier m. en voitures. 13

Sattlerahle f. || stitching *or* common awl || alêne f. à coudre. 14

Sattlerei f. || saddler's trade || sellerie f. **a) ~maschine** f. || saddler machine || machine f. de sellerie. 15

Sattler-hammer m. || saddler's hammer || marteau m. de sellier. **a) ~leder** n. || leather for saddlery; saddler *or* tallowed leather || cuir m. de sellerie *ou* en suif. **b) ~- und Schustermesser** n. || saddler's and shoemaker's knife || couteau m. à cuir. **c) ~nadel** f. || saddler's needle || aiguille f. du sellier. **d) ~nähmaschine** f. || saddler's sewing machine || machine f. à coudre pour selliers. **e) ~waren** fpl. || saddler's goods pl.; saddlery || articles mpl. de sellerie. **f) ~werkzeug** n. || saddler's tool || outil m. pour selliers. **g) ~-zange** f. || saddler pliers pl. || pince f. pour sellier. 16

Saturations-anlage f. || saturation plant || installation f. de saturation. **a) ~arbeiter** m. (Zuck) || carbonasation man || carbonateur m. 17

Saturn-mond m. || satellite of Saturn || satellite m. de Saturne. **a) ~ring** m. || ring of Saturn || anneau m. de Saturne. 18

Satz m. (Buchdr) || matter || composition f. **a) ~** (Math) || theorem || théorème m. **b) ~** (Met) || charge; batch; burden || charge f.; fournée f. **c) ~** (Werkzeug) || set || jeu m.; assemblage m.; trousse f.; assortiment m. **d)** einen **~ ablegen** (Buchdr) || to distribute a composition || distribuer une composition. **e) ~** zum **Ablegen** (Buchdr) || dead matter || types mpl. à distribuer. **f) Ansetzen** n. des **~es** (Feuerw) || mixing *or* preparing of composition || mélange m. des matières. **g) ~** mit viel **Ausschluß** (Buchdr) || open matter || composition f. espacée. **h) aufrechtstehender ~** (Buchdr) || on its feet || composition f. droite. **i)** den **~ beleimen** (Buchdr) || to cover part of the frisket with paper || masquer. **k) Block~** (Buchdr) || grouped style || composition f. en forme de carré. **l)** ein **~ Bohrer** || a set of drills || un jeu m. de mèches. **m) durchschossener ~** || leaded matter || composition f. interlignée. **n) enger ~** (Buchdr) || solid composition || composition f. compacte. **o) enggehaltener ~** (Buchdr) || close matter || composition f. approchée. **p) fauler ~** (Feuerw) || slow (burning) composition || composition f. lente. **q) ~** für **Feuerwerk** || composition for fire works || composition f. d'artifices. **r) ~** von **gebeizten Fellen** || set of soaked hides || encuvage m. de cuirs. **s) gemischter ~** (Buchdr) || special sorts pl. || intercalation f. **t) Hand~** (Buchdr) || hand composition || composition f. à main. **u) kompresser ~** || close matter || composition f. approchée. **v) krummer ~** (Buchdr) || off its feet || caractères mpl. tombantes. **w) Maschinen~** || machine composition || composition f. mécanique. **x) neuer ~** (Buchdr) || recomposition || récomposition f. **y)** den **~ machen** (Ziegelbr) || to clamp the bricks pl.; to build the clamp || mettre les briques fpl. en haies. **z) ~** für **Raketen** || rocket composition || composition f. fusante *ou* pour fusées. 19

a) rascher ~ (Feuerw) || common fuze composition; meal-powder composition || composition f. vive. **b) Steh~** (Buchdr) || standing matter || composition f. conservée. **c) ungedruckter ~** (Buchdr) || live matter || composition f. vierge. **d) weiter ~** (Buchdr) || driving-out || enjambage m.; composition f. large. **e) ~ Werkzeuge** || set of tools || jeu m. d'outils. 20

Satz-brett n. (Buchdr) || board for composed types || planche f. pour caractères composés. **a) ~format** n. (Buchdr) || size of matter || format m. de la composition. **b) ~fräser** m. || gang cutter || fraise f. d'un jeu combiné. **c) ~säule** f. (Feuerw) || composition part (of rockets) || cylindre m. de composition. **d) ~stein** m. || joining stone || pierre f. d'ajoute. **e) ~stück** n. (Feuerw) || body of the fuze || corps m. de fusée. 21

Satzung f. || statute; fixed rule || statut m.; dogme m. 22

Satzverständlichkeit f. (Fernm) || articulation of sentences || netteté f. pour les phrases. 23

satzweise Vermahlung f. || intermittent grinding || mouture f. périodique. 24

Sau f. (Met) || iron block; sow; bear; salamander || loup m.; bloc m.; renard m. 25

sauber (Buchdr) || neat; clean || net; peu chargé. **a) ~ gegossen** || exactly cast || coulé exactement. **b) ~es Gußstück** n. || neat casting || moulage m. de l'exécution soigneuse. **c) ~er Schnitt** m. (Mähmasch) || clean cutting || coupe f. nette. 26

Sauberkeitswalze f. (Textil) || cleaning roller || rouleau m. de propreté. 27

säubern || to clean || nettoyer; purifier. **a)** das **Tuch ~** || to clean the cloth || épautier le drap. 28

Säubern n. (Web) || burling || énouage m. **a) ~** des **Bleches** || cleaning the sheet || récumage m. de la tôle. 29

Saubohne f. || broad bean || fève f. de marais. 30

sauer || acid || acide. **a) ~ reagierend** || with an acid reaction || à réaction acide. **b) ~ reagierend auf Lackmus** m. (Chem) || acid to litmus || acide au tournesol m. **c) ~ werdend** (Chem) || acescent || acescent. 31

saur-es Bad n. (Met) || acid bath || bain m. acide. **a) ~e Beschaffenheit** f. (Met) || acidity || constitution f. acide. **b) ~er Martinofen** m. || acid openhearth furnace || four m. Martin acide. **c) ~es Ofenfutter** n. (Met) || furnace lining of silica bricks || revêtement m. acide du four. **d) ~e Schlacke** f. (Met) || acid slag || laitier m. acide. **e) ~e Schlichte** f. || sour size || colle f. acide. **f) ~es Verfahren** n. (Met) || acid process || procédé m. acide. 1

Sauer m. (Met) || first lump || principe m. du massé. **a) ~bad** n. (Bleich; Web) || sours pl. || eau f. sure. **b) ~beize** f. || sour water || confit m. **c) ~brunnen** m. || acidulous spring || eaux fpl. acidules *ou* acidulées *ou* gazeuses. **d) ~dornholz** n. || barberry wood || vinetier m.; épine-vinette f. **e) ~kirschbaum** m. || common cherry-tree || cerisier m. **f) ~kleesalz** n. || salt of sorrel; sorrel salt potassium bioxalate; acid oxalate of potassium || sel m. d'oseille; bioxalate m. de potasse. **g) ~kleesäure** f. || oxalic acid || acide m. oxalique. **h) ~kohl** m. *s.* ~kraut n. 2

Sauerkraut n. || chopped and fermented cabbage; sauerkraut || choucroute f. **a) ~presse** f. || press for fermented cabbage *or* for sauerkraut || presse f. à choucroute. **b) ~fabrikant** m. || sauerkraut maker || choucroutier m. 3

Säuerling m. || mineral spring charged with carbon dioxyde || source f. d'eaux acidules. 4

Sauermachen n. (Chem) || acidification || acidification f. 5

säuern || to acidulate; to acidify || aciduler; acidifier. 6

Säuern n. der **Bierwürze** || beer wort foxing || acidification f. du moût de bière. 7

Sauerstoff m. || oxygen || oxygène m. **a) aktiver ~** || active oxygen; ozone || oxygène m. actif; ozone m. **b) reinsten ~** m. aus atmosphärischer Luft gewinnen || to obtain from the atmosphere oxygen of highest purity || obtenir l'oxygène m. de la plus haute purité de l'air atmosphérique. 8

Sauerstoff-anlage f. || oxygen plant || installation f. pour la production d'oxygène. **a) ~apparat** m. || oxygen apparatus || appareil m. à oxygène. **b) ~atmungsgerät** n. || oxygen breathing apparatus || inhalateur m. d'oxygène. **c) ~entwick(e)lung** f. || formation of oxygen || formation f. d'oxygène. **d) ~enzym** n. || oxygen enzym(e) || oxydase f. **e) ~flasche** f. || oxygen flask || bouteille f. d'oxygéne. **f) ~gerät** n. || oxygen appliance || appareil m. à l'oxygène. **g) ~gewinnung** f. || production of oxygen || production f. d'oxygène. **h) ~gewinnungsanlage** f. || oxygen producing plant || installation f. d'extraction de l'oxygène. **i) ~gewinnungsanlage** f. mit mehrfacher **Luftzerlegung** || oxygen-producing plant with multiple rectification || installation f. pour la production d'oxygène à rectification multiple. 9

sauerstoffhaltig || oxidized; containing oxygen; oxygenous || oxygénifère; oxygéné; oxydé. 10

Sauerstoff-kompressor m. || oxygen compressor || compresseur m. d'oxygène. **a) ~messer** m. || oxygen meter || compteur m. d'oxygène. 11

sauerstoffreiche Luft f. || air of greater oxygen-content *or* rich in oxygen || air m. enrichi d'oxygène. 12

Sauerstoff-rettungsapparat m. || oxygen inhaling apparatus; pulmotor || appareil m. de sauvetage à l'oxygène. **a) ~schutzgerät** n. || protective device with oxygen supply || appareil m. protecteur à oxygène. 13

Sauerteig m. || leaven || levain m. 14

Säuerung f. (Chem) || acidification; acidulation || acidification f. 15

Sauerwasser n. (Chem) || sour water; lye || lessive f. à nettoyer; eau f. sure. **a) ~** (Gerb) || sour water || confit m. **b) ~** (Met) || crude bran-vinegar || eau f. sure. **c) ~** (Mineralwasser) || acidulous water || eau f. acidulée *ou* gazeuse. 16

Saug-apparat m. || suction apparatus; exhaustor || aspirateur m.; appareil m. d'aspiration. **a) ~bagger** m. || aspirating dredger || dragueur m. à aspiration. **b) ~docht** m. || sucking wick || mèche f. aspirante. **c) ~drän** m. || suction drain || drain m. d'aspiration. **d) ~drossel** f. (Fernm) || drainage coil || bobine f. de drainage. **e) ~druckschreiber** m. || suction pressure recorder || enregistreur m. de pression d'aspiration. 17

saugen (Gieß) || to sink; to suck || se tasser. **a) ~** (Phys) || to suck || aspirer. 18

Saugen n. (Gieß) || sucking || tassement m. **a) ~** (Phys) || suction || aspiration f. 19

saugend (Phys) || sucking || aspirant. 20

Sauger m. (für Kinder) || teat || tetine f. **a) Müll~** || refuse exhauster || aspirateur m. d'ordures. **b) Schlamm~** || mud exhauster || aspirateur m. de boue. **c) Schuten~** || suction dredger for emptying barges || aspirateur m. pour gabares. 21

Saug-filter n. || suction dust collector || filtre m. à air aspiré. **a) Kinder~flasche** f. || infant's sucking bottle || biberon m. pour enfants. 22

Sauggas n. || generator *or* power gas || gaz m. pauvre *ou* de gazogène. **a) ~anlage** f. || suction gas plant || installation f. au gaz pauvre (*ou* gazogène à aspiration). **b) ~maschine** f. || suction gas engine || moteur m. à gaz pauvre. **c) ~motor** m. || suction gas motor || moteur m. à gaz aspiré; moteur m. à gaz pauvre combiné avec gazogène par aspiration. 23

Saugheber m. || siphon || siphon m. **a) Wärme~** || thermosiphon || thermosiphon m. 24

Saug-höhe f. || height of suction || hauteur f. d'aspiration. **a) ~hutze** f. || suction hood || cheminée f. *ou* hotte f. d'aspiration. **b) ~kammer** f. || suction chamber || chambre f. à succion. **c) ~kanal** m. || suction duct || conduite f. d'aspiration. **d) ~kasten** m. (Pap) || sucking table || suçon m. **e) ~klappe** f. (Pumpe) || bottom clack; suction valve || soupape f. d'aspiration. **f) ~kopf** m. || sponge; rose; strainer || crépine f. d'aspiration; pomme f. d'arrosoir. **g) ~korb** m. (Pumpe) || suction basket || chopinette f. *ou* crépine f. d'aspiration. **h) ~kreis** m. (Fernm) || suction circuit || circuit m. piège d'onde. **i) ~leitung** f. || suction pipe || tuyauterie f. d'aspiration. 25

Säuglingswage f. || infant scale || balance f. pour nouveaux-nés. 26

Sauglöcher npl. einer **Schachtpumpe** || snore holes pl. of a bucket lift || narines fpl. du tuyau aspirateur d'une pompe d'avaleur. 27

Saugluft f., durch ~ betriebene Förderanlage f. || conveying plant driven by suction air || installation f. d'engin de transport fonctionnant au moyen de l'air aspiré. **a) ~anlage** f. || pneumatic-air plant || établissement m. pneumatique. **b) ~empfänger** m. (Rohrpost) || vacuum receiver || poste m. récepteur à air aspiré. 28

Sauglüfter m. || exhauster || exhausteur m. 29

Saugluft-förderer m. || suction air conveyor || transporteur m. à aspiration d'air; convoyeur m. aspirateur d'air. **a) ~sender** m. (Rohrpost) || vacuum sender || poste m. émetteur à air aspiré. 30

Saugöffnung f. (Pumpe) || sucking port || orifice m. d'aspiration. **a) ~** eines **Ventilators** || aspirating hole *or* mouth of a ventilator || ouïe f. d'un ventilateur. 31

Saug-platte f. || suction plate || plaque f. d'aspiration. **a) ~pumpe** f. || sucking *or* suction pump || pompe f. aspirante. **b) ~- und Druckpumpe** f. || lift and delivery pump || pompe f. aspirante et foulante. **c) ~rahmenkran** m. für **Spiegelglastransporte** || crane with suction frame for the transport of plate glass || grue f. à cadre à suçoirs pour le transport des glaces. **d) ~raum** m. (Pumpe) || inlet chamber || chambre f. d'aspiration. **e) ~rohr** f. || inlet *or* suction pipe || tuyau m. *ou* tube m. d'aspiration. **f) ~- und Druckröhren** fpl. || suction and delivery pipes pl. || tuyaux mpl. d'aspiration et de refoulement. **g) ~satz** m. in einem **Pumpenschacht** || bucket lift || pompe f. aspirante dans une colonne élévatoire. **h) ~-schiefer** m. || polishing slate || schiste m. tripoléen. **i) ~seite** f. (Propeller) || top camber || surface f. dorsale. **k) ~sieb** n. || suction strainer || crépine f. d'aspiration. **l) ~strahlpumpe** f. || sucking-jet pump || pompe f. à jet aspirant. **m) ~stutzen** m. (Mot) || suction pipe socket || tubulure f. d'aspiration. **n) ~tisch** m. (Pap) || sucking table || suçon m. **o) ~topf** m. || air-suction box || pot m. d'aspiration. **p) ~transformator** m. || booster transformer || transformateur m. suceur. **q) ~trockner** m. || suction dryer || sécheur m. par succion. **r) ~trommel** f. || suction drum || tambour m. d'aspiration. 32

Saugung f. || suction || succion f. 33

Saugventil n. || suction valve || soupape f. d'aspiration. **a) gesteuertes ~** || mechanically operated inlet valve || soupape f. d'admission mécanique. **b) selbsttätiges ~** || automatic inlet valve || soupape f. d'admission automatique. 34

Saug-ventilator m. || upcast ventilator || ventilateur m. aspirant. **a) ~wind** m. (Mühle) || suction || aspiration f.; succion f. **b) ~wirkung** f. || effect of suction || effet m. d'aspiration. **c) ~zellenfilter** n. || suction cell filter || filtre m. à cellules d'aspiration. 35

Saugzug m. || induced draught || tirage m. induit. **a) ~anlage** f. || induced draught plant; exhaustor installation || installation f. de tirage induit. **b) ~anlage** f. für **Feuerungen** || suction draught plant for firings || installation f. de tirage par aspiration pour foyers. **c) ~feuerung** f. || induced draught furnace || foyer m. à tirage par aspiration. **d) ~ventilator** m. ||

induced draught fan || aspirateur m. pour tirage induit. 1

Säule f. (Bauw) || column || colonne f. **a)** ~ für **Eisenhochbauten** || column for iron structures || colonne f. pour constructions en fer. **b) eiserne** ~ f. mit Betonummantelung || iron column with concrete casing || colonne f. en fer avec enveloppe en béton. **c) galvanische** ~ || galvanic pile || pile f. galvanique. **d) gußeiserne** ~ || cast iron pillar || pilon m. moulé. **e) hölzerne** ~ || post; standard; stud; upright; wooden pillar || montant m.; poteau m. **f) Königs~** || king journal || pivot m. central. **g)** ~ eines **Krans** || post *or* pillar of a crane || arbre m. *ou* colonne f. d'une grue. **h) verjüngte** ~ || tapered column || colonne f. diminuée *ou* réduite *ou* conique. **i) Voltasche** ~ || voltaic pile || pile f. voltaïque. 2

Säulen-basalt m. || columnar basalt || basalte m. en colonnes. **a) ~bohrmaschine** f. || upright drilling machine || machine f. à percer verticale. **b) ~drehkran** m. || slewing pillar crane || grue f. tournante à colonne. **c) ~drehkran** m., **freistehender** || isolated slewing pillar crane || grue f. pivotante isolée à colonne. **d) ~elektroskop** n. || Behren's electrometer || électroscope m. de Behrens. **e) ~form** f. (Geol) || columnar structure || structure f. en colonnes. 3

säulenförmig (Bauk) || columnar || en forme f. de colonne. 4

Säulen-fuß m. || base of column || embase f. de colonne. **a) ~gang** m. || peristyle || péristyle m. **b) ~hals** m. || column neck; colarin || gorge f. *ou* col m. de colonne. **c) ~holz** n. || quarter || chevron m. **d) ~knauf** m. || capital || chapiteau m. **e) ~kopf** m. || capital || chapiteau m. **f) ~kran** m. || post *or* pillar crane || grue f. pivotante *ou* à fût *ou* à colonne *ou* à pivot. **g) ~platte** f. || plinth || plinthe f.; m. **h) ~presse** f. || column press || presse f. à colonnes. **i) ~schaft** m. || trunk *or* shaft *or* body of a column || fût m. *ou* vif m. *ou* tronc m. d'une colonne. **k) ~ständer** m. || pedestal; basis of a column || piédestal m. **l) ~stativ** n. || pillar stand || pied m. à colonne. **m) ~trommel** f. || tambour *or* disk of a column || tambour m. de colonne. **n) ~ummantelung** f. (Bauw) || casing of column || revêtement m. de la colonne. **o) ~verschalung** f. || column casing || coffrage m. de colonne. **p) ~weite** f. || intercolumniation || entrecolonne m. *ou* colonnement m. 5

Saum m. (Bauk) || fillet; label; list; small band || bandelette f.; filet m.; listel m. carré; réglet m. **a)** ~ (Blech) || orle; seam || membron m.; ourlet m. **b)** ~ (Klemp) || joint; seam || rapport m. **c) Hohl~** || hem stitch || ourlet m. à jour. **d)** ~ des **Segels** || edging *or* skirt *or* lining of a sail || gaine f. de voile. 6

säumen (einfassen) || to hem; to border || ourler; border. **a)** ~ (zögern) || to delay; to tarry || tarder; différer. 7

Säumer m. (Nähmaschine) || hemming-rule; hemmer || guide m. à ourler. **a)** ~ (Schneid) || tacker || ourleur m. à la main. 8

Säumerin f. || hemmer || ourleuse f. 9

Saumholz n. (Holzbrücke) || curb beam || garde-pavé m. 10

säumig || slow; dilatory; negligent; lazy || retardataire. **a) ~er Zahler** m. || bad payer || client m. lent à payer; mauvais payeur m. 11

Saum-latte f. || chantlath || chanlatte f. **a) ~maschine** f. || hemming machine || machine f. courleuse. **b) ~pfad** m. || horse path *or* road || route f. mouletière; sentier m. **c) ~pfanne** f. || list pot || pot m. à lisière; chaudière f. à lisser. **d) ~riff** n. || fringing reef || recif m. côtier *ou* frangeant. **e) ~sattel** m. || pack saddle || bât m. **f) ~sattler** m. || pack saddle maker || bâtier m. **g) ~schere** f. || plate trimming shear || cisaille f. à ronger les bords matés. **h) ~schwelle** f. || brest summer; (bres)summer || sommier m.; dormant m. **i) ~streifen** m. des **Segels** || edging *or* skirt *or* lining of a sail || gaine f. de voile. **k) ~tier** n. || sumpter horse *or* mule || bête f. de somme. **l) ~tierlast** f. || horse load || somme f. **m) ~topf** m. || list pot || pot m. à lisière; chaudière f. à lisser. **n) ~winkel** m. || seam angle || cornière f. *ou* angle m. de bordure. 12

Säure f. || acid || acide m. **a)** ~ (saure Beschaffenheit) || acidity; acidness || acidité f. **b) anorganische** ~ || inorganic acid || acide m. inorganique. **c) antimonige** ~ || antimonious acid || acide m. antimonieux. **d) arsenige** ~ || arsenious acid || acide m. arsénieux. **e) chlorige** ~ || chlorous acid || acide m. chloreux. **f) konzentrierte** ~ || concentrated acid || acide m. concentré. **g) mineralische** ~ || mineral acid || acide m. minéral. **h) organische** ~ || organic acid || acide m. organique. **i) phosphorige** ~ || phosphorous acid || acide m. phosphoreux. **k) salpetrige** ~ || nitrous acid || acide m. nitreux. **l) schwache** ~ (Chem) || weak acid || acide m. faible. **m) schweflige** ~ || sulphurous acid || acide m. sulfureux. **n) stark** konzentrierte ~ || strongly *or* highly concentrated acid || acide m. fortement concentré. **o) unterchlorige** ~ || hypochlorous acid || acide m. hypochloreux. **p)** die ~ **verdünnen** || to dilute the acid || diluer l'acide m. **q) verdünnte** ~ || dilute(d) acid || eau f. acidulée; acide m. étendu. 13

Säure-abscheider m. || acid separator || appareil-séparateur m. d'acide. **a) ~anhydrid** n. || acid anhydride || anhydride m. d'acide. **b) ~anzug** m. || acidproof clothing; acid dress || vêtement m. pour acides; vêtement m. inattaquable aux acides. **c) ~bad** n. || acid bath || bain m. acide. **d) ~ballon** m. || carboy || bonbonne f.; tourie f. **e) ~ballonkorb** m. || basket for carboys || panier m. pour bonbonnes. 14

säurebeständig || acidproof; acid resisting || résistant aux acides; inattaquable aux acides. **a) ~er Anstrich** m. || acid-proof paint || peinture f. inattaquable aux acides *ou* anti-acide. **b) ~e Armatur** f. || acid proof fittings pl. || garniture f. à l'épreuve des acides. **c) ~er Draht** m. || acidproof wire || fil m. résistant aux acides. **d) ~er Guß** m. || acid proof castings pl. || moulage m. résistant aux acides. **e) ~es Rohr** n. || acid-resisting tube || tuyau m. résistant aux acides. **f) ~er Siliziumeisenguß** m. || acid-resisting ferro-silicon castings || moulages mpl. en ferro-silicium résistants. **g) feuer- und ~er Sonderguß** m. || special fire-proof and acid-resisting castings pl. || fonte f. moulée spéciale-résistante au (à l'influence du) feu et (aux effets des) acides. **h) ~er Stahl** m. || acid proof steel || acier m. inattaquable aux acides. 15

Säure-bestimmung f. || acid determination || dosage m. de l'acidité. **a) ~bottich** m. (Chem) || acid vat || cuve f. à acide. 16

Säurechlorid n. || acid chloride || chlorure m. d'acide. 17

Säure-dampf m. || acid fume || vapeur f. acide; bouée f. corrosive. **a) ~dichte** f. || acid density || densité f. de l'acide. **b) ~einweichbottich** m. || acid steeping bowl || cuve f. à tremper *ou* à macérer dans l'acide. 18

säurefähige Base f. || acidifiable base || base f. acidifiable. 19

Säurefarbstoff m. || acid dye || colorant m. acide. 20

säurefest || acidproof; acid resisting; noncorrosive || résistant aux acides; inattaquable aux (par les) acides mpl.; antiacide. **a) ~er Anstrich** m. || acidproof paint(ing) || peinture f. résistante aux acides. **b) ~er Anzug** m. || acidproof clothing || costume m. inattaquable aux acides. **c) ~e Auskleidung** f. || acidproof lining || revêtement m. résistant aux acides. **d) ~e Farbe** f. || acidproof paint(ing) or colour(ing) || couleur f. *ou* colorant m. résistant(e) aux acides. **e) ~es Gefäß** n. || acidproof jar *or* pan || récipient m. résistant aux acides. **f) ~er Guß** m. || acid-proof castings pl. || fonte f. résistante aux acides. **g) ~er Stahl** m. || acid-resisting *or* acid-proof steel || acier m. résistant aux (effets des) acides. **h) ~er Stein** m. || acid-proof brick || brique f. résistant aux acides. 21

Säureflasche f. || acid bottle || bouteille f. pour acides. 22

säurefreies Öl n. || oil free from acid || huile f. neutre *ou* exempte d'acide. 23

Säure-gehalt m. || percentage of acid || pourcentage m. d'acide. **a) ~gemisch** n. || acid mixture || mélange m. d'acide. 24

Sauregurkenzeit f. || dead *or* dull season || morte-saison f. 25

säurehaltig || acidiferous || acidifère. 26

Säure-heber m. || acid siphon || siphon m. à l'acide. **a) ~leitungsarmatur** f. || fittings pl. for acid pipe lines || accessoire m. pour conduites d'acide. **b) ~messer** m. || acidimeter; acetimeter || acidimètre m.; pèse-acide m. **c) ~probe** f. || acid test || analyse f. de l'acide. **d) ~pumpe** f. || acid pump || pompe f. à acides. 27

säurereicher Teer m. || acid tar || goudron m. acide. 28

Säure-schlauch m. || acid hose || tuyau m. pour acides. **a) ~schutzraum** m. (Sammler) || acid protection room || espace m. protecteur de l'acide. **b) ~spaltung** f. || acid splitting || coupure f. acide. **c) ~transportkorb** m. || acid transport basket || panier m. à transporter les acides. **d) ~turm** m. (Chem) || acid tower || tour f. pour acides. **e) ~turm** m., **Füllstoff** m. für Säuretürme || filling material for acid towers || matériel m. de remplissage pour tours à acides. **f) ~überschuß** m. || excess of acid || excédent m. d'acide. **g) ~ventil** n. || acid valve || soupape f. pour acides. **h) ~wagen** m. (Eisenb) || acid car || waggon m. pour acides. **i) ~zahl** f. (Chem) || acid number *or* value || indice m. d'acide. **k) ~zentrifuge** f. für **Tuchkarbonisation** || acid hydroextractor for

cloth carbonizing || essoreuse f. à succion d'acide pour la carbonisation des draps. 1
Sauschwanz m. (Textil) || wire thread guide || guide-fil m. métallique. 2
Saxofon n. || saxophone || saxophone m. 3
Sayettegarn n. || semi-worsted *or* carded worsted yarn || fil m. de sayette; peigné-cardé m. 4
Schab-aas n. (Gerb) || hide-scrapings pl. *or* parings pl. *or* shreds pl. || écharnure f. du cuir. **a) ~baum** m. (Gerb) || wooden horse *or* beam || chevalet m. des tanneurs. 5
Schabe f. (Salzpfanne) || pan scale; calcareous fur || écaille f. 6
Schabeisen n. (Blechwalzw) || scraper || paroir m. **a) ~** (Buchdr) || slice || grattoir m. **b) ~** (Gerb) || planing *or* shaving- *or* fleshing knife || couteau m. rond *ou* à écharner; lame f. à planer. **c) ~** (Kupferst; Bildh; Tischl) || scraper; scraping iron || grattoir m.; ébarboir m.; ébardoir m. **d) ~** (Met) || scraper || racloir m. **e) regulierendes ~** (Schnellpresse) || regulating slice || grattoir m. régulateur. 7
schaben || to scrape; to scour; to pare || gratter; racler; décaper; raturer. 8
Schaben n. (Metall) || scouring || décapage m. **a) ~** (Pergament) || scraping || rature f. 9
Schaber m. (Buchb) || scraper || gratteur m. **a) ~** (Kalander) || doctor || docteur m. **b) ~** (Werkzeug) || scraper || grattoir m.; racloir m. **c) vierschneidiger ~** (Kupferst) || four-square scraper || ébarboir m. *ou* grattoir m. carré. 10
Schabevorrichtung f. || scraping device || dispositif m. de grattoir. 11
Schab-haken m. || scraper || racloir m. **a) ~hobel** m. || spoke shave || bastringue m.; wastringle m.; racloir m. 12
schäbig || bare; shabby; worn || usé; râpé; mesquin. 13
Schabine f. || parings pl. (of leaf gold) || déchet m. des feuilles d'or; bractéole f.; rognure f. 14
Schab-kelle f. || notched trowel || truelle f. brettée. **a) ~klinge** f. (Buchdr) || scraper || lame f. à racler. 15
Schablone f. || pattern; model; form || échantillon m.; calibre m. **a) ~** (Gieß) || pattern || échantillon f.; gabarit m. **b) ~** (Mal; Buchdr) || stencil m. || patron m. **c) ~** (Töpf) || templet || estèque f. **d) ~** (Web) || stencil plate || gabari m. **e) ~** für **Anschriftenmaschinen** || addressing machine stencil || stencil m. de machine à adresser. **f)** nach einer **~ ausschneiden** || to cut to pattern || profiler sur modèle m. **g) ~** zum **Gußhemd** || thickness board || échantillon m. de chemise. **h) ~** für die **Kunststeinindustrie** || templet for the industry of artificial stone || étalon m. pour l'industrie de la pierre artificielle. **i) Leder~** || leather pattern || patron m. en cuir. **k) ~** für **Spritzmalerei** || stencil for spray painting || patron m. pour la peinture au pistolet. **l) Wasch~** || stencil || cliché m. sur stencil. 16
schablonenartig || automatically; mechanically || machinalement. 17
Schablonendrehbank f. || reproducing lathe; lathe for repetition work || tour m. à reproduire. **a) ~** mit **Hintermesser** || back knife gauge lathe || tour m. à jauge avec couteau arrière. 18
Schablonen-formerei f. || templet-moulding || moulage m. à la trousse. **a) ~guß** m. || templet casting || coulage m. à la trousse. **b) ~halter** m. (Keramik) || arm support for templets || support m. d'étalon. **c) ~kupferblech** n. || copper plate for stenciling || feuille f. de cuivre pour patrons. **d) ~malerei** f. || slap-dash || peinture f. à cartouches. **e) ~maschine** f. || designing-machine || machine f. à piquer. **f) ~papier** n. (Bauw; Mal) || pattern *or* stenciling paper || imprimure f.; papier m. pour faire des patrons; papier m. à stencils. **g) ~schneidmaschine** f. || stencil cutting machine || machine f. à couper les stencils. **h) ~stechmaschine** f. (Web) || designing *or* pricking-machine || machine f. à piquer. **i) ~wickelung** f. || former winding || enroulement m. sur gabarit. 19
Schabmesser n. (Gerb) || sharping- *or* fleshing-*or* shaving-knife || couteau m. rond *ou* à écharner; fer m. à raturer. 20
Schabotte f. || anvil block || chabotte f.; socle m. d'enclume. 21
Schabottenstock m. || anvil's stock || billet m. de chabotte; tronchet m. de l'enclume. 22
Schabracke f. || shabrack; caparison || chabraque f.; housse f. 23
Schab-späne mpl. || broachings pl. || alésures fpl. **a) ~stahl** m. || scraper || grattoir m. 24
Schachbrett n. || chess board || échiquier m. **a) ~feldereinteilung** f. || division in squares like a chessboard || division f. par compartiments en damier. 25
Schach-figuren fpl. || chessmen pl. || pièces fpl. pour jeux d'échecs. **a) ~spiel** n. || game at chess; chess board || jeu m. d'échecs; échec m. 26
Schacht m. (Bergb) || shaft; pit || puits m.; bure f. **a) ~** (Nadl) || length || brin m. **b)** einen **~ abseigern** (Bergb) || to measure the depth of a shaft with a plumbline || aplomber un puits. **c)** einen **~** m. **abteufen** || to sink a shaft || foncer un puits. **d) ausziehender ~** || upcast ventilating shaft || puits m. d'appel. **e)** einen **~ befahren** || to descend into a shaft || descendre dans un puits. **f) blinder ~** (Bergb) || wince; jack-head pit || burquin m.; puits m. intérieur. **g) donlägiger ~** (Bergb) || inclined shaft || puits m. oblique. **h) einziehender ~** || downcast of a mine || puits m. descendant. **i) Fahr~** (Bergw) || climbing shaft || puits m. aux échelles. **k) Förder~** (Bergb) || hoisting *or* pulley shaft; winding *or* working pit || puits m. d'extraction. **l) ~** eines **Hochofens** || wall of a high-furnace || chemise f. d'un haut-fourneau. **m) ~** eines **Kesselofens** || shaft of a calebasse-furnace || tour m. de feu d'une calebasse. **n) seigerer ~** (Bergb) || vertical shaft || puits m. perpendiculaire. **o) ~** einer **Steingrube** || shaft of a quarry || chemin m. de carrière. **p) ~** für **Wasserhaltung** und Wetterführung (Bergb) || working pit for pumping and ventilation || puits m. à l'épuisement des eaux et à la ventilation. **q) Wetter~** (Bergb) || air shaft || puits m. d'aérage. 27
Schacht-abdeckung f. (Bauw) || manhole cover || couvercle m. de regard. **a) ~abteilung** f. (Bergb) || divison of a shaft || compartiment m. d'un puits. 28
Schachtabteufung f. (Bergb) || shaft sinking || fonçage m. de puits. **a) ~** nach dem **Gefrierverfahren** || sinking to the refrigerating process || creusement m. de puits de mine à congélation. **b) ~** nach dem **Senkschachtverfahren** || sinking to the sunk shaft process || creusement m. de puits de mine à cuvelage. **c) ~** nach dem **Tiefkälteverfahren** || sinking to the freezing process *or* low temperature process || creusement m. de puits au procédé de congélation à basse température. 29
Schacht-anlage f. || shaft plant || installation f. d'un puits. **a) ~anzug** m. || protection suit || vêtement m. de protection. **b) ~arbeiter** m. || shaft sinker || puisatier m. 30
Schachtausbau m. || timbering and walling of a shaft || boisage m. *ou* cuvelage m. et muraillement m. d'un puits. **a) ~** mit **Tübbings** (Bergb) || tubbing || tubage m. **b) wasserdichter ~** mit gußeisernen Ringsegmenten (Bergb) || metal tubbing || tubage m. en fonte. **c) wasserdichter ~** mit Holzringen (Bergb) || plank-tubbing; solid *or* crib tubbing || cuvelage m. en bois circulaire; tubage m. en bois. **d) ~material** n. || shaft lining material || matériel m. de cuvelage de puits de mine. 31
Schacht-ausbesserer m. || shaft examiner || repasseur m. de puits. **a) ~ausmauerung** f. (Bergb) || ginging *or* walling of a shaft; stone tubbing || muraillement m. d'un puits; cuvelage m. en maçonnerie. **b) ~brand** m. (Bergb; Met) || shaft fire || incendie m. d'un puits. **c) ~bühne** f. (Bergb) || stepping- *or* landing-place of a pit || repos m. d'un puits. **d) ~deckel** m. (Bergb) || trap door of a pit || trappe f. d'un puits. 32
Schachtel f. || box || boîte f. **a) Holz~** || wooden *or* packing box || boîte f. d'emballage *ou* en feuille de bois. **b) Papp~** || cardboard *or* pasteboard box || boîte f. en carton. **c) in ~n** fpl. verpackt || packed in boxes pl. || emballé dans des boîtes fpl. en carton. 33
Schachtel-fabrik f. || cardboard box factory || fabrique f. de cartonnages. **a) ~faltmaschine** f. || folding machine for boxes || plieuse f. pour boîtes. **b) ~halm** m. (Tischl; Drechsl) || horse tail; Dutch rush; equisetum || prêle f.; queue f. de cheval. **c) ~klebemaschine** f. || gumming machine for boxes || colleuse f. pour boîtes. 34
Schacht-feld n. || bay *or* interval of a shaft || intervalle m. de puits. **a) ~fördergefäß** n. || bucket; chair; hutch || tonne f.; tine f. **b) ~förderung** f. || shaft hoisting; raising || extraction f.; transport m. dans le puits. **c) ~futter** n. (Met) || inner lining *or* ring wall of a furnace || chemise f. intérieure. **d) ~gebäude** n. || pit head building; shaft tower *or* house *or* building || chevalement m. d'extraction; hangar m. d'un puits. **e) ~gefäßförderung** f. || shaft bucket conveyance || transport m. de cages de montée. **f) ~gerüst** n. (Bergb) || shaft tower; pit headgear || chevalement m. d'extraction. **g) ~gestänge** n. (Bergb) || pump spears pl.; main rod || maîtresse f. tige; maître m. tirant. **h) ~geviere** n. *s.* ~geviert n. **i) ~geviert** n. (Bergb) || shaft frame || cadre m. pour le boisage des puits de

mines. **k) ~grube** f. (Bauw) || foundation ditch || fondements mpl. **l) ~halle** f. (Bergb) || shaft sheds || hangar m. de puits. **m) ~hängebank** f. (Bergb) || landing of a shaft || pas m. de bure. **n) ~hauer** m. || sinker || avaleur m.; pic m. d'avaleresse. **o) ~hut** m. (Bergb) || miner's cap *or* hat || bonnet m. de mineur. **p) ~kabelkasten** m. (Elektr) || manhole junction box || boîte f. de jonction à trou d'homme. **q) ~kranz** m. (Bergb) || collar of a shaft || garniture f. d'un puits. **r) ~lotung** f. || plumbing in a shaft || prise f. de l'aplomb dans un puits. **s) ~mauerung** f. *s.* ~ausmauerung. **t) ~meister** m. || ganger *or* foreman of the navvies; earthwork foreman || chef m. des ouvriers *ou* des terrassiers; maître-terrassier m. **u) ~ofen** m. || cupola *or* shaft *or* pit furnace; shaft kiln || fourneau m. à cuve; cubilot m.; four m. à cuve. **v) ~ofenentleerung** f. || emptying of the shaft furnace || vidange f. des fours à puits. **w) ~ofenkupferarbeit** f. || copper-smelting in blast-furnaces || fonte f. du cuivre dans les fourneaux à cuve. **x) ~öffnung** f. (Bergb) || pit mouth || ouverture f. *ou* entrée f. d'un puits. **y) ~pfeiler** m. (Bergb) || shaft pillar || massif m. d'un puits. **z) ~pumpe** f. || shaft pump || pompe f. élévatoire. 1

a) ~raum m. (Hochofen) || shaft; body || vide m.; cuve f. **b) ~ring** m. (Bergb) || pit ring || anneau m. de puits. **c) ~scheider** m. (Bergb; Met) || brattice; partition; parting *or* mid-wall; case || paroi f. *ou* cloison f. de séparation; séparation f. **d) ~signalanlage** f. || shaft signalling plant || installation f. de signaux pour puits de mine. **e) ~sohle** f. || bottom of the shaft || fond m. du puits. **f) ~speicher** m. || silo || soute f. **g) ~stein** m. (Brunnenb) || radial stone || pierre f. radiale. **h) ~stoß** m. (Bergb) || face *or* wall *or* side of shaft || face f. *ou* paroi f. d'un puits. **i) ~sumpf** m. (Bergb) || cess pool *or* sump *or* sink of a pit || puisard m.; creux. **k) ~teufe** f. || depth of a shaft || plomb m. de bure. **l) ~tiefstes** n. || bottom of the shaft || fond m. du puits. **m) ~trockner** m. || tunnel tube dryer || sécheur m. à couloir. **n) ~trumm** n. (Bergb) || division of a shaft || compartiment m. d'un puits. **o) ~tür** f. || shaft door || porte f. pour puits de mine. **p) ~verrohrung** f. (Bergb) || tubing || cuvelage m.; tubage m. **q) ~verschluß** m. || shaft closing || fermeture f. pour puits de mine. **r) ~verzug** m. || bay *or* interval of a shaft || intervalle m. d'un puits. **s) ~winde** f. (Bergb) || crab || treuil m. **t) ~zimmerung** f. || timbering of a shaft || cuvelage m.; cuvellement m.; cuves fpl. 2

Schädel m. || skull || crâne m. **a) ~bruch** m. || fracture of the skull || fracture f. du crâne. 3

Schaden m. || damage || dommage m.; dégât m. **a)** zur **Ermittlung** eines **~s** m. einen Sachverständigen hinzuziehen || to call in experts to determine the damage || appeler des experts pour la reconnaissance des dommages. **b) ernstlicher ~** || serious damage || dégâts mpl. sérieux. **c)** einen **~** m. **ersetzen** || to settle for damage || régler un dommage. **d) ~ festgesetzt** auf || damage assessed at || dégâts mpl. évalués à. **e)** den Umfang eines **~s feststellen** || to determine the amount of damage || fixer l'étendue d'un dommage. **f) geringer ~** || slight damage || dégâts mpl. légers. **g) ~ geschätzt** auf || damage estimated at || dégâts mpl. estimés à. **h) ~** in **Höhe** von || damage amounting to || dégâts mpl. s'élèvant à. **i)** durch **Kollision** f. verursachter **~** || loss occasioned by an accident such as collision || dommage m. causé par suite d'abordage. **k)** mit **~ verkaufen** || to sell at a loss || vendre à perte. **l) ~ verursacht** durch || damage caused by || dégâts mpl. causés par. 4

Schaden-abschätzung f. || appraisal of damage || taxation f. du dommage. **a) ~blitz** m. || destructive lightning || foudre f. *ou* éclair m. produisant des dégâts. 5

Schadenersatz m. || compensation for damage || réparation f. de dommage. **a) Anspruch** f. auf **~** *s.* ~anspruch m. **b) ~ beanspruchen** || to claim damages || réclamer la réparation f. d'un dommage. **c) Klage** f. auf **~** erheben || to bring an action for compensation for damage || porter une plainte pour réparation d'un dommage. 6

Schadenersatzanspruch m. || claim for compensation for damage || réclamation f. en réparation de dommage; droit m. à des dommages-intérêts. **a)** einen **~** m. **glaubhaft** machen || to give proof of a claim for compensation for damage || justifier une réclamation en réparation de dommage. 7

Schadenersatz-klage f. || action for damages || action f. en réparation du préjudice *ou* dommage causé. **a) ~pflicht** f. || duty to compensate for damage || obligation f. de dédommagement. 8

schadenersatzpflichtig || liable for damages || responsable du dommage causé. **a) ~ sein** || to be responsible for damage || être responsable du dommage causé. 9

Schadenversicherung f. || insurance against accident || assurance f. contre l'accident. 10

schadhaft || damaged; faulty; defective || endommagé; défectueux; avarié. **a) ~e Ware** f. || damaged goods pl. || marchandise f. endommagée. 11

Schadhaftigkeit f. || bad condition || mauvais état m. 12

schädigen || to injure (a person); to damage (a thing) || nuire; faire tort à. 13

Schädigung f. || damage; detriment; prejudice || tort m.; préjudice m. 14

schädlich || detrimental; hurtful; injurious; prejudicial || nuisible; préjudiciable. **a) ~er Raum** m. || cylinder clearance || espace m. mort. 15

Schädlingsbekämpfung f. (Landw) || extermination of noxious animals and plant sicknesses || extermination f. d'animaux nuisibles et de maladies de plantes. 16

schadlos || unhurt || sans dommage m. **a) ~ halten** || to indemnify || dédommager; indemniser. 17

Schadloshaltung f. || compensation; indemnification || dédommagement m.; indemnisation f.; indemnité f. 18

Schaf n. || sheep || mouton m. **a) ~bockhalter** m. || ram breeder || propriétaire m. d'un bélier. 19

Schäfer m. || shepherd || berger m. 20

Schäffler m. || white cooper || boisselier m. 21

Schaffner m. (Eisenb) || guard || conducteur m. (de convoi). **a) ~** (Straßenbahn) || conductor || conducteur m. **b) ~bremshahn** m. || cock for guard's van || robinet m. du garde-frein. 22

Schaffplatte f. (Schmied) || furnace foreplate || seuil m. du four. 23

Schafgarben-blüte f. || milfoil flower || fleur f. de millefeuille. **a) ~öl** n. || yarrow oil || essence f. de millefeuille. 24

Schaf-haltung f. || sheep rearing *or* breeding || élevage m. de moutons. **a) ~pergament** n. || forril || parchemin m. de peaux de brebis. **b) ~hirt** m. || shepherd || berger m. **c) ~leder** n. || sheep skin || cuir m. de mouton. **d) ~meister** m. || shepherd || berger m. **e) ~schere** f. || sheep shears pl. || forces fpl. (à tondre les moutons). **f) ~scherer** m. || sheep shearer || tondeur m. de moutons. **g) ~schermaschine** f. || sheep shearing machine || machine f. à tondre les moutons; tondeuse f. mécanique pour moutons. **h) ~schur** f. || shearing || tonte f. **i) ~schweiß** m. (Wolle) || yolk; suint || suint m. 25

Schaft m. (Allg) || shaft; shank; trunk || hampe f.; tige f. **a) ~** (Handfeuerwaffe) || gunstock || fût m. **b) ~** (Schloß) || bar || queue f. **c) ~** (Stecknadel) || pin wire || tronçon m. **d) ~** (Stiefel) || leg || tige f. **e) ~** (Web) || shaft || liseron m.; lamette f. **f) ~** eines **Ankers** || shank of an anchor || verge f. d'une ancre. **g) ~** am **Bolzen** || shank of the bolt || corps m. du boulon. **h) Gewehr~** || gun stock || bois m. *ou* fût m. de fusil. **i) ~** mit **Gewinde** || screw threaded shank || tige f. filetée. **k) Niet~** || shank of the rivet || tige f. de rivet. **l) ~** eines **Riemens** (Schiffb) || loom of an oar || manche m. d'un aviron. **m) ~** einer **Säule** || trunk *or* shaft *or* body of a column || fût m. *ou* vif m *ou* tronc m. d'une colonne. **n) ~** eines **Schlüssels** || shank of a key || bout m. *ou* tige f. d'une clef. **o) Schuh~** || shoe top || tige f. de chaussure. **p) Stiefel~** || boot top; boot leg || tige f. de botte. **q) ~** der **Treibstange** || body of the main rod || corps m. de bielle. 26

Schaftansatz m. an der **Hakenschraube** (Eisenb) || shouldered T-head on the bolt || mentonnet m. de crampons à vis. 27

Schäfte-fabrik f. || shoe-leg factory || fabrique f. de tiges (de chaussures). **a) ~fertigung** (Schuhm) || leg manufacturing || fabrication f. de tiges. **b) ~glätter** m. (Schuhm) || treer || astiqueur m. de tiges. 28

Schafteinzug m. (Web) || draft; pass || passage m. 29

Schäftestepper m. (Schuhm) || upper stitcher || piqueur m. de tiges. 30

Schaft-fräser m. || shank end-mill || fraise f. à queue. **a) ~leder** n. || shaft leather; upper leather || cuir m. pour tiges de bottes. **b) ~maschine** f. (Web) || tie-up jacquard || métier m. à pédale genre Jacquard. **c) ~montör** m. (Waffenw) || || fitter || équipeur m. 31

Schaftransportwagen m. || cattle- *or* sheep-wagon || bergerie f. 32

Schaftstab m. (Web) || shaft || lamette f.; liseron m. 33

Schäftung f. (Werkzeug) || shaping || raffutage m. 34

Schaftweberei f. || shaft weaving || tissage m. à lames. 35

Schaf-wolle f. ‖ sheep wool ‖ laine f. de mouton. **a) ~wollwatte** f. ‖ wadding of sheep wool ‖ ouate f. de laine de mouton. **b) ~zucht** f. ‖ sheep rearing *or* breeding ‖ élevage m. de moutons. **c) ~züchter** m. ‖ sheep breeder ‖ éleveur m. de moutons. 1

Schake f. (Kettenglied) ‖ link ‖ chaînon m.; maillon m.; maille f. **a) ~** (Sattl) ‖ breast strap ring ‖ maille f. des attelles. **b) ~** mit **Steg** ‖ stud *or* bar link ‖ maillon m. à étai. **c) ~** ohne **Steg** ‖ unstudded link; link without stay pin ‖ maillon m. sans étai. 2

Schäkel m. ‖ link chain; shackle ‖ maillon m.; maille f. 3

Schaken-buchse f. ‖ link bush ‖ manchon m. de maillon. **a) ~kette** f. ‖ open link chain ‖ chaîne f. ordinaire *ou* à maillons. 4

Schal m. ‖ shawl ‖ châle m. **a) Damast~** ‖ damask shawl ‖ châle m. damassé. 5

Schäl-axt f., **schwere** ‖ paring axe ‖ cognée f. à blanchir. **a) ~beil** n. (Gerb) ‖ barking-axe ‖ hache-écorce m. 6

Schal-brett n. ‖ sheeting board ‖ madrier m. du coffrage. **a) ~decke** f. ‖ planked ceiling ‖ plafond m. cloisonné. **b) ~diele** f. ‖ sheeting board ‖ planche f. de boisage. 7

Schale f. (von Früchten) ‖ husk; peel; shell ‖ coque f.; peau f.; pelure f. **a) ~** (Gefäß) ‖ cup; dish ‖ cuvette f.; écuelle f. **b) ~** (Gieß) ‖ chill ‖ coquille f. **c) ~** (Kaffee) ‖ hull ‖ coque f. **d) ~** (Muschel) ‖ shell ‖ coquille f. **e) ~** (Schiffsmast) ‖ fish ‖ jumelle f. **f) ~** (Wage) ‖ scale; basin ‖ bassin m. **g) Abdampf~** (Chem) ‖ evaporating basin *or* dish ‖ capsule f. (à évaporation). **h) Abtropf~** ‖ draining dish; drip cover ‖ passoire f.; vase m. à égoutter; égouttoir m. **i) Einsatz~** ‖ insertion step ‖ coussinet m. d'insertion. **k) ~** aus **facettiertem Glas** ‖ cut glass cup ‖ coupe f. en verre taillé. **l) flache ~** ‖ flat dish *or* scale ‖ coupelle f. plate. **m) ~n** pl. um einen **Mast** legen (Seew) ‖ to fish a mast ‖ acclamper *ou* jumeller un mât. **n) Veraschungs~** ‖ incineration dish ‖ capsule f. à incinération. 8

schälen ‖ to peel ‖ écorcer. **a) ~** (Müll) ‖ to scalp ‖ décortiquer. **b)** den **Hanf** m. **~** ‖ to peel-off the bast of the hemp ‖ teiller *ou* tiller le chanvre. 9

Schälen n. (Müll) ‖ scalping ‖ décorticage m. 10

Schalen-blende f. (Min) ‖ botryoidal blende ‖ zinc m. sulfuré concrétionné. 11

Schaleneisen n. (Masselgraben) ‖ sow iron ‖ fonte f. de rigole. **a) ~** (Puddelofen) ‖ bottom iron; horse ‖ carcas m. 12

Schalen-form f. ‖ shell of a mould ‖ enveloppe f. du moule. **a) ~gold** n. ‖ chill gold ‖ or m. de coquille. 13

Schalenguß m. (Erzeugnis) ‖ case-hardened castings pl.; chilled iron castings; die cast; chilled work ‖ fonte f. *ou* coulage m. *ou* coulée f. en coquille. **a) ~** (Tätigkeit) ‖ chilling; chill-casting; case-casting ‖ fonderie f. *ou* coulage m. en coquilles. **b)** der **~** besitzt eine harte **Oberflächenschicht** ‖ chilled castings pl. possess a superficial hard layer ‖ la fonte f. en coquille possède une couche dure superficielle. 14

Schalenguß-herzstück n. (Eisenb) ‖ cast-iron chilled frog ‖ croisement m. en fer fondu en coquille; cœur m. de fonte en coquille. **a) ~rad** n. ‖ chilled iron wheel ‖ roue f. de fonte en coquille. 15

Schalenhalter m. (Beleucht) ‖ lamp shade holder ‖ carcasse f. *ou* support d'abat-jour. 16

schalenhart (Met) ‖ chilled; case-hardened ‖ durci à la surface; coulé en coquille. 17

Schalenkalk m. (Min) ‖ aragonite ‖ aragonite f. 18

Schalenkreuz-fahrtmesser m. ‖ cup anemometer type of speed indicator ‖ indicateur m. de vitesse à coquilles *ou* à ailes hémisphériques. **a) ~windmesser** m. ‖ anemometer of cup type ‖ anémomètre m. à ailes hémisphériques. 19

Schal-fransenknüpferin f. ‖ knotter of shawl fringes ‖ noueuse f. de châles frangés *ou* de frangés pour châles. **a) ~holz** n. (Bauw) ‖ staff lath; panel stake ‖ palançon m.; palençon m.; polisson m. 20

Schäl-holz n. ‖ barked wood ‖ bois m. écorcé. **a) ~industrie** f. ‖ hulling industry ‖ industrie f. de décorticage. 21

schalkantiges Holz n. ‖ dull *or* rough edged timber ‖ bois m. flacheux *ou* dévers. 22

schalken, die **Luken** fpl. (Seew) ‖ to batten the hatches ‖ clouer les lattes fpl. des prélarts d'écoutille. 23

Schall m. ‖ sound ‖ son m. 24

Schallatte f. ‖ bolster; lagging ‖ couchis m.; madrier m. 25

Schall-ausbreitung f. in der **freien Atmosphäre** ‖ propagation of sound in the free atmosphere ‖ propagation f. du son dans l'air libre. **a) ~becher** m. (Diktiermaschine) ‖ acoustic funnel ‖ pavillon m. 26

Schalldämpfer m. (Mot) ‖ exhaust box; muffler; silencer ‖ pot m. d'échappement; silencieux m. **a) ~** (Mus) ‖ sound damper; sourdine ‖ modérateur m. de son; sourdine f. **b) vollkommener ~** (Schreibmasch) ‖ perfect sound absorber ‖ absorbant m. parfait du bruit. 27

Schall-dämpfung f. ‖ sound deadening ‖ amortissement m. du bruit. **a) ~dose** f. ‖ sound box ‖ diaphragme m. **b) ~eisen** n. ‖ folding tool ‖ outil m. à replier. **c) ~geschwindigkeit** f. ‖ sound velocity ‖ vitesse f. du son. **d) ~gewölbe** n. (Bauw) ‖ acoustic vault ‖ voûte f. acoustique. **e) ~höhenmessung** f. ‖ acoustic method of measuring altitude; air sounding (A) ‖ mesure f. acoustique d'altitude; sondage m. aérien. **f) ~kammer** f. (Fernm) ‖ screen; acoustic chamber ‖ abat-son m.; chambre f. de résonance. **g) ~lehre** f. ‖ acoustics pl. ‖ acoustique f. **h) ~leitfähigkeit** f. des **Wassers** ‖ sound conductivity of the water ‖ conductivité f. de l'eau pour le son. 28

Schalloch n. (Bauk) ‖ bell-*or* belfry-arch; louver window ‖ baie f. de clocher; ouie f. **a) ~** (Bergb) ‖ aspirating hole *or* mouth ‖ ouïe f. **b) ~** der **Violine** ‖ sound hole of the violin ‖ ouïe f. du violon. 29

Schall-messen n. ‖ sound ranging ‖ repérage m. par le son. **a) ~messer** m. ‖ sonometer; echometer ‖ sonomètre m.; échomètre m. **b) ~meßtrupp** m. ‖ sound ranging troop ‖ section f. de repérage par le son. 30

Schallplatte f. ‖ gramophone disk; record ‖ disque m.; plaque f. de gramophone. **a) zeitgleich** ablaufende **~** ‖ synchronous record ‖ disque m. tournant en synchronisme. 31

Schallplatten-album n. ‖ album for talking machines records ‖ album m. pour disques de machines parlantes. **a) ~aufnahmewachs** n. ‖ recording wax for talking machine records ‖ cire f. servant à enregistrer des disques de gramophone. **b) ~ordner** m. ‖ file for talking machines records ‖ classeur m. pour disques de machines parlantes. 32

Schall-quelle f., ruhende ‖ stationary *or* quiescent source of sound ‖ source f. sonore immobile. **a) ~schwingung** f. ‖ sound oscillation ‖ vibration f. sonore. **b) ~signal** n. ‖ acoustic *or* sound signal ‖ signal m. acoustique *ou* phonique. **c) ~signalapparat** m. ‖ acoustic signalling device ‖ signaux-avertisseur m. à voix. **d) ~stärkenmesser** m. ‖ sonometer ‖ sonomètre m. **e) ~strahl** m. ‖ sound ray ‖ rayon m. sonore. **f) ~trichter** m. (Blasinstrument) ‖ bell ‖ pavillon m. **g) ~welle** f. ‖ sound wave ‖ onde f. sonore *ou* acoustique. 33

Schälmaschine f. ‖ scalping engine; scalper; decorticator ‖ décortiqueuse f.; machine f. à décortiquer. **a) ~** für **Holz** ‖ peeling machine for wood ‖ machine f. à decortiquer le bois. **b) ~** für **Holzdrahterzeugung** ‖ peeling machine for splints ‖ machine f. à dérouler pour la fabrication de copeaux à tiges. **c) Mandel~** ‖ almond blanding machine ‖ machine f. à peler les amandes. **d) Rinden~** ‖ bark peeling machine ‖ machine f. à décortiquer. 34

Schäl-messer n. ‖ peeling knife ‖ couteau m. diviseur. **a) ~pflug** m. ‖ paring-plough ‖ dégazonnoir m.; charrure f. 35

Schalstein m. (Min) ‖ green-stone ‖ tuf m. diabésique; diabase f. 36

Schalt-adernetz n. (Fernm) ‖ plant with distribution boxes ‖ réseau m. souterrain avec points de concentration. **a) ~anlage** f. ‖ switchboard plant ‖ installation f. de distribution électrique. **b) eisengekapselte ~anlage** f. ‖ enclosed switchgear ‖ distribution f. sous enveloppe en fer. **c) Fern~apparat** m. ‖ remote switch ‖ interrupteur m. à commande à distance. **d) ~arm** m. (Selbstanschl) ‖ wiper ‖ bras m. porte-balais. **e) ~bewegung** f. (Textil) ‖ feed motion ‖ mouvement m. de déplacement. 37

Schaltbild n. ‖ switch *or* wiring diagram ‖ schéma m. des connexions; plan m. de montage. **a) Leucht~** ‖ luminous circuit diagram ‖ diagramme m. lumineux. 38

Schaltbrett n. ‖ switchboard ‖ panneau m.; tableau m. de distribution. **a) ~instrument** n. ‖ switchboard instrument ‖ instrument m. de tableau. 39

Schaltdraht m. (Fernm) ‖ jumper wire ‖ fil m. volant. 40

schalten (Elektr) ‖ to connect; to switch ‖ coupler; connecter. **a) Getriebe** npl. **~** ‖ to change *or* to shift gears ‖ changer de vitesse. **b) hintereinander ~** ‖ to connect in series ‖ réunir en série. **c) parallel ~** ‖ to connect in parallel ‖ coupler en parallèle. **d) vielfach ~** (Fernm) ‖ to multiply ‖ multiplier. 41

Schalten n., Ein- und Aus- ‖ engaging and disengaging ‖ embrayage m. et débrayage m. **a) ~** der **Gänge** ‖ gear changing ‖ changement m. de vitesses. 42

Schalter m. (Bauw) || second; wing; wicket || gueule f. de croisée; guichet m. **a)** ~ (Eisenb) || shutter || guichet m. **b)** ~ (Elektr) || switch; circuit closer || commutateur m.; conjoncteur m. **c) Auskunfts~** || inquiry office || guichet m. des renseignements. **d) Druckknopf~** || push button switch || interrupteur m. à poussoir. **e) Druckluft~** || compressed-air switch || interrupteur m. à air comprimé. **f) Fern~** || remote switch || interrupteur m. à commande à distance. **g)** ~ mit **Fernsteuerung** || distant control switch || téléinterrupteur m. **h) Folge~** (Selbstanschl) || sequence switch || combineur m. **i) Hotel~** || two-way switch || interrupteur m. d'escalier. **k)** ~ mit **Luftunterbrechung** (Elektr) || air break switch || commutateur m. d'air. **l) Mast~** || pole switch || interrupteur m. de poteau. **m) Schwimmer~** || float *or* swimmer switch || interrupteur m. à flotteur. **n) selbsttätiger** ~ || automatic switch || interrupteur m. automatique. **o)** ~ mit **kombinierter Sicherung** f. || combined fuse and switch || interrupteur m. avec coupecircuit. **p)** ~ für drei **Stellungen** || three-position switch || commutateur m. à trois positions. **q) Sterndreieck** ~ || star-delta switch || commutateur m. étoile-triangle. **r) Strecken~** || section switch || interrupteur m. de section. **s) Trenn~** || separating switch || interrupteur m. de séparation. **t) Uhrwerks~** || discriminating gear || dispositif m. à section sélective. **u) Umgehungs~** || shunt switch || interrupteur m. tournant. **v) verschließbarer** ~ || lock switch || interrupteur m. pouvant être fermé à clef. **w) zweipoliger** ~ || double-pole switch || interrupteur m. bipolaire. 1

Schalter-deckel m. || switch cover || couvercle m. d'interrupteur. **a) ~halle** f. (Eisenb) || passenger hall || hall m. des voyageurs. **b) ~laden** m. || fan light shutter; Venetian blind || persienne f. **c) ~öl** n. || circuit breaker oil || huile f. pour interrupteurs. **d) ~topf** m. || switch vessel || bâche f. 2

Schalt-gabel f. || gear shift fork || fourchette f. de tirette. **a) ~gehäuse** n. || gear casing || carter m. d'embrayage. **b) ~haken** m. (Masch) || catch || cliquet m.; pied m. de biche. **c) ~häuschen** n. || switch hut || kiosque m. de distribution. **d) ~hebel** m. || gear shift lever; control lever || levier m. de vitesse; palonnier m. 3

Schaltier n. || crustacean || crustacé m. 4

Schalt-jahr n. || leap year; bissextile year || anneé f. intercalaire *ou* bissextile. **a) ~kasten** m. || switch box *or* case || combinateur m.; tableau m. *ou* coffret m. de distribution; boîtier m. de manœuvre. **b) ~klinke** f. || click || doigt m. d'encliquetage. **c) ~mittel** n. (Fernm) || switching equipment || dispositif m. de commutation. **d) ~organ** n. || switching member || membre m. de connexion. **e) ~plan** m. || diagram of connections; switch diagram || schéma m. des connexions; plan m. de câblage. **f) ~platte** f. || switch plate || plaque f. d'interrupteur. **g) ~pult** n. || switch desk || pupitre m. de distribution. 5

Schaltrad n. (Fernm) || stepping wheel || roue f. de réglage. **a)** ~ (Masch) || star blade || roue f. à rochet. **b)** ~ (Schreibm) || escapement wheel || roue f. d'échappement. 6

Schalt-räderkasten m. || gear box || boîte f. d'engrenages. **a) ~radwelle** f. (Fernm) || stepping wheel shaft || axe m. de la roue de réglage. **b) ~rahmen** m. || switch frame || cadre m. de tableau de distribution. **c) ~ring** m. (Fernm) || jumper ring || anneau m. de fil jarrectier. 7

Schältrommel f. || peeling drum || dépulpeur m. 8

Schalt-säule f. || switch column || colonne f. de distribution. **a) ~schema** n. || wiring diagram || schéma m. des connexions. **b) ~schrank** m. || switch cupboard || cabine f. de distribution. **c) ~stange** f. (Auto) || gear shift bar || tige f. de commande des fourchettes. **d) ~stange** f. (Elektr) || switch rod || bielle f. d'attaque. **e) ~stange** f. (Textil) || feed rod || biellette f. de commande. **f) ~stern** m. || star wheel || étoile f. d'avance. **g) ~stoß** m. || impulse || impulsion f. **h) ~stufe** f. || switch step || plot m.; degré m. d'interruption. 9

Schalttafel f. (Auto) || instrument board || tablier m. des instruments. **a)** ~ (Elektr) || switchboard || tableau m. de distribution. **b)** ~ aus **Eichenholz** || switchboard in oak || tableau m. de distribution en bois de chêne. **c) feuersichere** ~ || fireproof board || tableau m. incombustible. **d)** ~ für **Gleichstrom** und Wechselstrom || direct current and alternating current switchboard || tableau m. de distribution pour courant continu et alternatif. **e) Hauptexperimentier~** || main experimental switchboard || tableau m. principal d'expérimentation. **f)** ~ mit **Kreuzschienenverteiler** || switchboard with distribution bus bars || tableau m. de couplage avec répartiteur à barres croisées. **g)** ~ aus **Marmor** || switchboard in marble || tableau m. de distribution en marbre. 10

Schalttafel-befestigungsschraube f. || switchboard fastening screw || boulon m. de fixation pour tableau. **a) ~bühne** f. || switchboard gallery || plate-forme f. du tableau de distribution. **b) ~gerüst** n. || switchboard frame || chassis m. du tableau de distribution. **c) ~instrument** n. || switch board instrument || instrument m. de tableau. **d) ~klemme** f. || switchboard terminal || borne f. de jonction de tableau de distribution. **e) ~laterne** f. || instrument lamp || lampe f. de tablier. **f) ~meßgerät** n. || switchboard measuring instrument || instrument m. de mesure pour tableau de distribution. **g) ~raum** m. || switch room || salle f. du tableau de distribution. **h) ~wärter** m. || switchboard attendant || électricien m. de service au tableau de distribution. 11

Schaltuhr f. || switch clock || minuterie f. de contact; commutateur m. à temps. 12

Schaltung f. (Elektr) || connection || couplage m. **a)** ~ (Schreibm) || escapement || échappement m. **b) Differential~** || differential system || méthode f. différentielle. **c) falsche** ~ || wrong connection || montage m. incorrect. **d) Glühlampen~** || connection of incandescent lamps || connection f. des lampes à incandescence. **e) Kugel~** (Auto) || ball and socket gear shifting || changement m. de vitesses par levier oscillant. **f) Sterndreieck~** || delta-star connection || raccordement m. étoile-triangle. **g) Übergangs~** (Tonfilm) || fading control unit || système m. de commutation. **h) Verschiebe~** (Auto) || selective system of gear changing *or* shifting || système m. sélectif de changement de vitesse. 13

Schaltungs-anordnung f. || diagram of connections || schéma m. des connexions. **a) ~lehre** f. || circuit studies pl. || système m. de projeter des circuits. **b) ~schema** n. (Elektr) || diagram of connections; connection scheme; wiring diagram || schéma m. de connexions. **c) ~zeichnung** f. || circuit || circuit m. 14

Schaltwalze f. || controller cylinder || hélice f. du contrôleur. **a) Kontaktfinger** m. der ~ || controller finger || doigt m. de contact du contrôleur. 15

Schaltwalzen-anlasser m. || drum starter || rhéostat m. à tambour tournant. **a) ~umkehranlasser** m. || tramway type reversing controller || démarreur m. de renversement à cylindres. 16

Schaltwelle f. (Auto) || gear shift lever shaft || arbre m. de levier de vitesse. **a)** ~ (Werkzeugm) || steering shaft || arbre m. d'avance. 17

Schaltwerk n. (Masch) || ratched wheel || encliquetage m. **a)** ~ (Schreibm) || release mechanism || mécanisme m. de déclenchement. **b)** ~ (Selbstanschl) || switching device || mécanisme m. de connexion; dispositif m. de commutation. **c)** ~ (Web) || feed mechanism || mécanisme m. d'avance. **d) Präzisions~** || high-precision adjustment || rouage m. de précision. 18

Schalt-zelle f. (Elektr) || cubicle || habitacle m. **a) ~zeug** n., Herstellung f. von elektrischem || manufacture of electrical switchgear || fabrication f. de tout l'équipement de couplage électrique. 19

Schalung f. (Bauw) || casing || coffrage m. **a) Balken~** || girder casing || coffrage m. de poutre. **b)** die ~ **begießen** || to wet the casing || arroser le coffrage. **c) Bogen~** || arch centering || coffrage m. de voûte. **d) Decken~** || ceiling boarding || plafonnage m. **e) Eisenblech~** || sheet-iron mould || moule m. en tôle de fer. **f) Träger~** || girder mould || coffrage m. de poutre. 20

Schaluppe f. || sloop; smack; barge || chaloupe f. 21

Schälvorrichtung f. || peeling device || dispositif m. diviseur. 22

Schal-wand f. || sheeting || banche f. **a) ~weber** m. || shawl maker || châlier m. 23

schamfielen (Seew) || to chafe; to gall || s'érailler; raguer. 24

Schamotte f. || chamotte; fire *or* refractory clay || chamotte f.; argile f. réfractaire. **a) feuerfeste** ~ || fire proof clay || brique f. réfractaire. **b) Schieferton~** || slate-clay chamotte || chamotte f. d'argile schisteuse. 25

Schamotte-bekleidung f. || fire clay lining || revêtement m. en terre réfractaire. **a) ~brecher** m. || chamot breaker || concasseur m. d'argile. **b) ~erzeugnis** n. || fire clay goods || produit m. réfractaire. **c) ~fabrik** f. || fire brick plant || fabrique f. de terres réfractaires. **d) ~fabrikanlage** f. || chamot work plant || installation f. de fabriques d'argile réfractaire. **e) ~mauerwerk** n., mit ~ n. **auskleiden** || to line with refractory bricks pl. || garnir de maçonneries fpl. en briques réfractaires. **f) ~mörtel**

m. || fireproof cement || ciment m. réfractaire. **g) ~retorte** f. || retorte of fire-clay || retorte f. de terre réfractaire. **h) ~stein** m. || firebrick; fireclay *or* refractory brick || brique f. réfractaire *ou* de chamotte. **i) ~waren** fpl. || chamotte ware; fireclay ware || articles mpl. en terre réfractaire *ou* en argile réfractaire. 1

Schandeck n. || gunwale; gunnel; plank sheer || plat-bord m. 2

Schänke f. || public house || cabaret m. 3

Schank-einrichtung f. || bar furniture || installation f. de débit. **a) ~halleneinrichtung** f. || bar equipment || équipement m. de halle de débit de boissons. **b) ~wirtschaft** f. || public house || débit m. de boissons. 4

Schanze f. (Müll) || crust || engorgement m. **a)** ~ (Schiffb) || quarter deck || château m. d'arrière. 5

Schanzkleid n. (Schiffb) || bulwark; topside || pavois m. **a) ~reling** f. (Schiffb) || main rail; roughtree rail || lisse f. de pavois *ou* de garde de corps. 6

Schanzkorb m. || gabion || gabion m. **a) ~-brücke** f. (Pont; Wasserb) || gabion bridge; bridge of gabions || pont m. de gabions. 7

Schappe f. (Bergb) || wimble; wimble scoop || cuiller f.; tarière f. à cuiller. **a)** ~ (Seide) || schappe; silk waste || schappe f.; chape f. **b) künstliche ~** || artificial schappe || schappe f. artificielle. 8

Schappe-arbeiter m. (Seide) || shappespinner || fileur m. de schappe. **a) ~garn** n. || spun floret-silk || schappe f. 9

Schappenbohrer m. || shell auger || tarière f. à glaise. 10

Schappespinnerei f. || schappe spinning || filature f. de schappe. 11

Schar f. (Ziegel) || bolt || couche f. de tuiles. **a)** ~ eines **Suchankers** || claw of a grapnel || patte f. d'un grappin. **b) Pflug~** || blade of plough; ploughshare; sock || soc m. **c) ~egge** f. || extirpator || extirpateur m. 12

scharen, sich (Bergwerksgänge) || to meet; to join; to assemble || se réunir. 13

scharf || sharp; keen; whetted; sharpened; ground || tranchant; aigu; affilé; émoulu; aiguisé. **a) ~ abgesetzte** Stelle f. || sharp angle of step *or* shoulder; abrupt sharp angle || épaulement m. à angle aigu; entaillé à angle droit; à angles vifs. **b) ~ abgestimmter** Sender m. || sharply tuned transmitter || transmetteur m. à syntonisation aiguë. **c) ~ anlegen** (Schiffb) || to fay || joindre. **d) ~ gebaut** (Schiffb) || sharply bottomed; sharp || pincé. **e) ~ geladen** (Waffenw) || shotted || chargé à boulet. **f) ~ schießen** || to fire a round (of powder and shot) || tirer à projectiles. **g) ~ schneidendes** Werkzeug n. || keen edged tool || outil m. à tranchant aigu. **h) sehr ~** (Schiffb) || lean as a lizard || en lame de couteau. **i) ~** am **Winde** (Schiff) || close-hauled || serré au plus près. 14

scharf-e Abstimmung f. (Funkw) || sharp tuning || syntonisation f. aiguë. **a) ~er Ansatz** m. || sharp angle of step *or* shoulder; abrupt sharp angle || épaulement m. à angle aigu; entaillé à angle droit; à angles vifs. **b) ~er Haken** m. (Heilk) || sharp hook || crochet m. tranchant. **c) ~e Kante** f. || sharp *or* keen edge || bord m. à vive arête. **d)** mit **~en Kanten** fpl. || keen edged; with sharp edges || à vive arête f.; présentant d'angles vifs mpl. **e) ~e Kurve** f. || sharp curve || courbe f. prononcée. **f) ~er Schiffsbug** m. || lean bow || proue f. fine *ou* maigre. 15

Schärfarbeit f. (Leder) || skiving cuts pl. || travail m. de parage. 16

Scharfblick m. || acuteness; penetration || perspicacité f.; regard m. pénétrant. 17

Schärfe f. (Bild) || clearness || clarté f. **a)** ~ (Gedanken) || sharpness || netteté f. **b)** ~ (Werkzeug) || keenness || tranchant m. **c)** ~ eines **Keils** || edge of a wedge || tranchant m. d'unc oin. **d)** ~ eines **Mühlsteines** || dress of a millstone || rayonnage m. d'une meule. 18

Scharfeinstellung f. (Foto) || setting the instrument to give a sharp reading || mise f. au point. **a)** ~ des **Mikroskopes** auf || sharply focusing of the micrometer || mise f. du microscope au point sur. **b)** ~ des **Spektrums** || sharply focusing of the spectrum || rendre le spectre net. 19

Schärfemesser n. (Buchb) || paring knife || paroir m.; couteau m. à parer. 20

schärfen || to sharpen || affûter; affiler; aiguiser. **a)** ~ (Mühlstein) || to edge; to redress; to restore || repiquer; rhabiller. **b)** die Zähne fpl. einer **Säge ~** || to sharpen the teeth of a saw || affûter *ou* affiler *ou* limer les dents fpl. d'une scie. 21

Schärfen n. || sharpening || aiguisant m. **a)** ~ von **Mühlsteinen** || millstone dressing || rhabillage m. de meules de moulins. **b)** ~ von **Sägen** || saw sharpening || affûtage m. de scies. **c)** ~ von **Schneidwerkzeugen** || sharpening of tools and milling cutters || affûtage m. d'outils coupants. 22

Scharffeuer n. (Porzel; Töpf) || sharp fire || grand feu m. **a) ~farben** fpl. (Porzel) || colours pl. for painting on china which may be exposed to sharp fire || couleurs fpl. au grand feu pour porcelaine. 23

scharfkantig || with sharp edges; sharp-edged; die-square || à arrête vive; à bord m. aigu. **a) ~es T-Eisen** n. || sharp-edged T-iron || fer m. T à angles vifs. 24

Scharf-kerb m. (Prob) || V-notch; V-shaped notch || entaille f. en V. **a) ~mangan** n. || black manganese; red oxide of manganese || oxyde m. de manganèse pyramidal. 25

Schärfmaschine f. || sharpening machine || machine f. à aiguiser *ou* à affiler. **a) Bohrer~** || drill sharpening machine || machine f. à aiguiser les forêts. **b) Gesteinsbohrer~** || rock drill sharpening machine || machine f. à aiguiser les forets à roches. **c)** ~ für **Metallkreissägeblätter** || circular saw sharpening machine || affûteuse f. pour lames de scie circulaire à métal. **d) Sägen~** || saw sharpening machine || machine f. à affûter les dents de scie. **e) ~ und Spaltmaschine** f. (Leder) || skiving and splitting machine || machine f. à parer et refendre. 26

Schärfstein m., Hand || stone for sharpening by hand || pierre f. à affûter à la main. 27

Schärfung f. (Mühlstein) || dressing || rhabillage. 28

Schärfvorrichtung f. || sharpening tool || appareil m. à affûtage. 29

Scharfwerden n. der **Waidküpe** || throwing back of the pastel-vat || rebut m. de la cuve au pastel. 30

scharfzinkiger Wundhaken m. || wound hook with sharp teeth || écarteur m. à griffes tranchantes. 31

Scharlach m. (Mal) || scarlet || écarlate f. **a) ~tapete** f. || scarlet paper hanging || tapis m. teint en écarlate. 32

Scharnier n. || hinge; joint || charnière f. **a)** ~ aus **Kupfer** || copper hinge || charnière f. en cuivre. 33

Scharnierband n. || joint frame *or* hinge || fiche f. simple *ou* rivée *ou* à nœuds *ou* à lacet rivé; charnière f. **a) gekröpftes ~** || bent hinge; bent joint frame || fiche f. coudée. **b) Vorstecker~** || joint hinge with pin *or* peg || fiche f. à double nœuds et à bouton. 34

Scharnier-deckel m. || hinged cover; trunnion cap || chapeau m. *ou* couvercle m. à charnière. **a) ~eisen** n. (Goldschm) || joint tool || instrument m. à charnière. 35

Scharnierfeile f. || sliding *or* edge joint file || lime f. plate à coulisse *ou* à charnière. **a) hohle ~** || hollow edge joint file || lime f. à charnière concave. **b) runde ~** || round joint file || lime f. à charnière ronde. 36

Scharnier-herstellungsmaschine f. || hinges pl. making machine || machine f. à fabriquer les charnières. **a) ~klemme** f. || hinge clip || borne f. articulée. **b) ~kluppe** f. || hinge stocks pl. || filière f. à charnière. **c) ~platzfeile** f. || joint file; round edge joint file || lime f. à charnière. **d) ~ring** m. || hinge ring || bague f. à charnière. **e) ~röhrchen** n. || joint wire; hollow joint wire || tuyau m. à charnière. **f) ~-stift** m. || joint pin; hinge wire || cheville f. *ou* goujon m. de charnière. **g) ~ventil** n. || clack *or* leaf *or* flap valve; clapper || clapet m.; soupape f. à clapet *ou* à charnière. **h) ~zange** f. || joint plyer || béquettes fpl. au limage des charnières. **i) ~zapfen** m. || pivot pin || goujon m. de charnière. **k) ~zirkel** m. || compasses pl.; compass; pair of compasses || compas m. ordinaire *ou* à charnière. 37

Schärpe f. || scarf; sash || écharpe f. 38

Scharpie f. || lint || charpie f. **a) geschabte ~** || scraped lint || charpie f. râpée. 39

Scharre f. (Bergb) || shovel || pelle f. ronde; (Belg:) escoupe f. **a)** ~ (Salpetersiederei) || rake || ratissoire f. 40

Scharrholz n. (Ziegel) || raker || ratissette f. 41

Scharriereisen n. (Steinm) || charing chisel; broad nigging-chisel || ciseau m. à la charrue. **a) Kaminfeger ~** || chimney sweeper's scraper || grappin m. de ramoneur. 42

scharrieren, einen Stein m. || to nig *or* to chare an ashlar || charruer une pierre. 43

Scharte f. (Färb) || sawwort || sarrette f. **a)** ~ (Schneide) || notch || dent f.; brèche f. 44

Schartenblende f., rotierende || stroboscope || appareil m. stroboscopique. 45

schartig || notchy || ébréché. 46

Schatten m. || shade; shadow || ombre f. **a) ~ geben** || to shade || nuer, donner de l'ombre. **b) Halb~** || half-shadow; penumbra || pénombre f. **c) kegelförmiger ~** || conical *or* cone shaped shadow || ombre f. en forme de cône. **d) Kern~** || umbra; core shadow || noyau m. d'ombre; ombre f. pure. **e)** einen **~ werfen** || to throw *or* cast a shadow || faire de l'ombre; projeter une ombre. 47

Schatten-bild n. || silhouette; phantom || silhouette f. a) **~kegel** m. || shadow cone; umbra || cône m. d'ombre. b) **~riß** m. || silhouette; outline || **silhouette f.** c) **~rißschneiden** n. || silhouette work || découpage m. de silhouettes. d) **~temperatur** f. || temperature in the shade || température f. à l'ombre. e) **~wirkung** f. || shade effect || effet m. d'ombre. 1

schattieren || to shade; to shadow out; to tint || ombrer; nuancer; laver. 2

Schattierung f. (Buchdr) || shading || foulage m. a) ~ (Zeichn) || shade || dégradation f. des ombres; nuance f. 3

Schattierungsverfahren n. (Tonfilm) || method of variable density || procédé m. d'intensité. 4

Schatullenbeschläge mpl. || casket fittings pl. || ferrures fpl. de boîtes à nécessaires. 5

Schatzanweisung f. || treasury bill *or* warrant || bon m. du trésor. 6

schätzen || to compute || évaluer. a) zu **hoch** ~ || to overestimate || surtaxer. b) zu **niedrig** ~ || to underrate; to undervalue || sous-évaluer. 7

Schätzer m. || valuator || estimateur m. 8

Schätzung f. || valuation || valuation f. a) ~ durch **Sachverständige** || expert's valuation || évaluation f. par expert. 9

Schätzungswert m. || estimated value || valeur f. estimative. 10

Schau f. || show; exhibition || vue f.; inspection f.; revue f.; exposition f.; étalage m. a) zur ~ **stellen** || to exhibit; to display || exposer. 11

Schaubühne f. || stage; theatre || scène f., théâtre m. 12

schauen (Seew) || to work on board ship || travailler à bord. 13

Schauer m. (Schutzdach) || shed; shelter; pentice; pent house || hangar m.; angar m.; échoppe f. ouverte. a)~ (Wetter) || shower; downpur || bourrasque f.; ondée f. 14

Schauermann m. (Seew) || workman || ouvrier m. 15

Schauermannsknoten m. || wall knot || cul-de-porc m. 16

Schauern n. (Nadl) || grinding; scouring; polishing || polissage m. 17

Schaufel f. || shovel; scoop || pelle f.; écoupe f. a) ~ (an Bohrern) || cutter || cuiller f. b) **bewegliche** ~ (Schaufelrad) || feathering paddle *or* float || aube f. articulée *ou* mobile. c) **Blech~** || sheet iron shovel || pelle f. en tôle. d) **Dampfturbinen~** || steam turbine blade || aube f pour turbine à vapeur. e) **eckige** ~ || scoop; shovel || pelle f. carrée. f) **Einfaß~** || shovel for barreling || pelle f. à entonner. g) ~ für **Eis** || ice shovel || pelle f. à glace. h) **hölzerne** ~ || wooden shovel || pelle f. en bois. i) **indische** ~ || Indian shovel; dredging scoop || pelle f. indienne; drague f. à cuillère. k) **Kalk~** || lime rake || mouve-chaux m. l) **Korn~** || corn shovel || pelle f. à grains. m) **Misch~** || mixing blade || palette f. pour le malaxage. n) **Naben~** || nave paddle || palette f. de omoyeu. o) ~ eines **Riemens** (Seew) || wash *or* blade of an oar || pale f. *ou* pelle f. d'aviron. p) ~ am **Schaufelrad** || paddle board *or* float; float board; blade || aube f.; pale f.; palette f. aile f. q) jede ~ ist mit einem **schwalbenschwanzförmigen** Ende ausgestanzt (Turbine) || each blade is stamped with one dovetailed end || chaque aube f. est matricée le pied étant en queue d'aronde. r) **Sieb~** || sieve shovel || pelle f. à grille. s) ~ mit langer **Spitztülle** || point nose shovel with long socket || pelle f. à longue douille pointue. t) **Turbinen~** || blade || aube f. u) **zykloidische** ~ (Schaufelrad) || cycloidal paddle-float || palette f. cycloïdale. 18

Schaufel-bagger m. || shovel dredger || drague f. à pelles. a) **~befestigung** f. || fixing of the blades || emplanture f. de l'aubage. b) **~beteichen** n. (Bildschnitzer) || spoon bit carving chisel || fermoir m. à spatule. c) **~bolzen** m. (Schaufelrad) || paddle *or* hook bolt || crochet m. d'aube; boulon m. à croc. d) **~fuß** m. || root of the blade || racine f. de l'aube. e) **~herstellungsmaschine** f. || machine for making shovels || machine f. pour fabriquer des pelles. f) **~kette** f. (Schiffb) || chain with paddles || chaîne f. à aubes. g) **~macher** m. || shovel maker || étireur m. de pelles. h) **~meißel** m. || spade type chisel || bêche f. i) **~querschnitt** m. || blade section || profil m. de l'aube. 19

Schaufelrad n. (Schiffb) || paddle *or* bucket wheel || roue f. à palettes *ou* à aubes. a) ~ (Turbine) || blade wheel || roue f. à aubes. b) ~ mit **beweglichen** Schaufeln || feathering paddle wheel || roue f. à palettes mobiles *ou* à aubes articulées. c) ~ mit **gekrümmten** Schaufeln (Masch) || wheel with curved float boards || roue f. à aubes courbes. 20

Schaufel-satz m. || set of blades pl. || jeu m. d'aubes. a) **~spitze** f. || tip of blade || tête f. d'aube. b) **~stiel** m. || shovel stick || manche m. de pelle. c) **~teilung** f. || blade pitch || pas m. de l'aubage. 21

Schaufelung f. || blading || aubage m.; ailetage m. 22

Schaufelwurfmaschine f. || shovelling machine || machine f. pour travaux de terrassement. 23

Schaufenster n. || shop *or* show window; shop front (sash) || étalage m.; fenêtre f. d'étalage; devanture f.; montre f.; vitrine f. a) **~beleuchtung** f. || shop window lighting || éclairage m. des vitrines *ou* d'étalage. b) **~büste** f. || bust for shop windows || buste f. pour étalages. c) **~dekoration** f. || shop window decoration || décor m. pour étalages. d) **~dekorationspapier** n. || paper for decorating shop-windows || papier m. décoratif pour étalages. e) **~dekorationsständer** m. || shop window decoration stand || support m. pour la décoration d'étalages. f) **~dekorationsstoff** m. || material for decorating shop windows || étoffe f. décorative pour étalages. g) **~einrichtung** f. || show-window furniture || installation f. de devanture. h) **~erwärmer** m. || shop-window heater || chauffe-vitre m. i) **~figur** f. || shop-window figure || sujet m. pour étalages. k) **~gestell** n. || metal shelves pl. of show windows || étagère f. en métal pour le commerce. l) **~gestellbeschläge** mpl. || fittings pl. for shop-window stands || ferrures fpl. de supports pour étalages. m) **~klopfer** m., **selbsttätiger** || automatic advertisement beetle for show windows || figurine f. automatique de réclame pour vitrines. n) **~lampe** f. || show-window lamp || lampe-vitrine f. o) **~preisschild** n. || price board for shop windows || indicateur m. de prix pour étalages. p) **~putzerei** f. || shop front cleaning || nettoyage m. de devantures de boutiques. q) **~reklame** f. || shop-window advertising || article m. de réclame pour étalages. r) **~reklamefigur** f., **mechanische** || mechanical advertising figure || figurine f. mécanique de réclame pour devantures. 24

Schau-glas n., Öl || oil sight glass || indicateur m. de niveau d'huile. a) **~kasten** m. || show *or* exhibition case || vitrine f. 25

Schaukel f. || swing || escarpolette f. a) **~apparat** m. || rocking *or* oscillating device || basculeur m.; appareil m. basculeur. b) **~becherwerk** m. || swing bucket elevator || noria f. à godets oscillants. c) **~bewegung** f. || rocking motion || mouvement m. de bascule. d) **~pferd** n. || rocking horse || cheval m. à bascule. e) **~stange** f. || oscillating rod || tige f. basculante. 26

Schau-klappe f. || inspection flap || clapet m. de regard. a) **~loch** n. || inspection *or* looking hole || trou m. de regard; visière f. b) **~lochdeckel** m. || inspection hole cover || couvercle m. du trou de regard. 27

Schaum m. || scum; foam; froth || écume f.; mousse f. a) **Wasser~** || water foam || écume f. d'eau. 28

Schaumeister m. (Web) || cut looker || inspecteur m. des étoffes tissues. 29

schäumen || to froth || mousser. 30

Schäumen n. (Gärung) || effervescence; ebullition || effervescence f. 31

Schaum-gips m. || scaly foliated gypsum || chaux f. sulfatée niviforme. a) **~gummi** n. || crepe rubber || crêpe m. de latex. b) **~haube** f. || head || chapeau m. 32

schaumig || porous || poreux; spongieux. 33

Schaum-kalk m. || aphrite; slate spar; argentine || aragonite f. nacrée. a) **~kelle** f. (Met) || skimmer; skimming ladle || écumeresse f.; grande écumoire m. b) **~kette** f. (Stangengebiß) || slobbering *or* slavering chain || chaînette f. d'un mors de bride. c) **~korb** m. (Zuck) || scum basket || panier m. à écume. d) **~löffel** m. (Gieß) || skimming ladle; skimmer; skummer || écumoire f. e) **~löffel** m. (Zuck) || skimmer; skimming spoon || écumoire f. f) **~stange** f. (Stangengebiß) || bottom bar; bar of bit || barre f. d'un mors de bride. 34

Schaumwein m. *s. auch* Champagner *und* Sekt || sparkling wine; champagne || vin m. mousseux; champagne m. a) **~apparat** m. || sparkling wine apparatus || appareil m. pour vins mousseux. b) **~bereitung** f. || sparkling wine fabrication || fabrication f. de vins mousseux. c) **~fabrik** f. || champagne factory || fabrique f. de vins mousseux. d) **~kellerei** f. (Fabrik) || sparkling wine manufacture || préparation f. de vins mousseux. e) **~kellerei** f. (Lager) || champagne cellar || cave f. de champagne. f) **Degorgieranlage** f. in einer **~kellerei** || disgorging plant in a champagne factory || installation f. de dégorgement dans une fabrique de vins mousseux. 35

Schau-öffnung f. || sight hole || regard m. a) **~ritze** f. || sighting slot || fente f. d'observation. b) **~tropföler** m. || sight feed lubricator || graisseur m. à débit visible. c) **~werk** n. mit Anzeige nach beiden Seiten (Zahlkasse) || indicator showing back and front the kind and amount of transaction || indicateurs mpl.

visibles de deux côtés. **d) ~zeichen** n. (Fernm) || indicator || indicateur m. optique. 1

Schebeckenbleiche f. || branning || passage m.; sonage m. 2

Scheck m. || cheque; check (A) || chèque m. **a)** ~ (Zahlkasse) || ticket; check || ticket m. **b)** einen ~ **ausstellen** || to write out a cheque || émettre un chèque. **c)** der ~ ist **gesperrt** || payment has been stopped on this cheque || ce chèque à été frappé d'opposition. **d)** die **Kasse** gibt den ~ mit Doppelaufdruck aus || the register issues duplicate checks || la caisse émet ticket double. **e)** einen ~ **nicht einlösen** || to stop payment of a cheque || suspendre le paiement d'un chèque. **f) offener** ~ || open cheque || chèque m. ouvert. **g) ohne** ~ (Zahlkasse) || no ticket || sans ticket m. **h) Rückseite** f. des ~*s* || back of the check || verso m. du chèque. **i) verjährter** ~ || stale cheque || chéque m. prescrit. **k) vorausdatierter** ~ || post-dated cheque || chèque m. postdaté. **l)** einen ~ **zurückweisen** || to reject a cheque || refuser un chèque. 3

Scheck-ausgabe f. || issue of checks || émission f. des cheques. **a) ~buch** n. || cheque book || carnet m. de chèques. **b)** Tastenregistrierkasse f. für **~druck** m. || cash register with key action for delivering tickets || caisse f. enregistreuse à touches imprimant sur ticket. **c) ~drucker** m. (Zahlkasse) || cash register for checks || totalisatrice f. à tickets. **d) ~durchlochvorrichtung** f. || cheque perforating device || dispositif m. pour la perforation des chèques. **e) ~formular** n. || blank cheque || chèque m. en blanc. **f) ~indossierapparat** m. || check endorser || appareil m. à endosser les chèques. **g) ~inhaber** m. || bearer of a cheque || porteur m. d'un chèque. **h) ~schreibvorrichtung** f. || cheque writing device; cheque typewriter || dispositif m. pour écrire les chèques. 4

Scheddach n. || saw-tooth roof || toit m. en shed *ou* en forme de scie. **a)** ~ in **Eisenkonstruktion** || saw-tooth roof in iron construction || toit m. en forme de scie en construction de fer *ou* en charpente métallique. 5

Scheelblei-erz n. || tungstate of lead; scheelitine || plomb m. tungstaté; scheelitine f. **a) ~spat** m. || tungstate of lead; scheelitine || plomb m. tungstaté; scheelitine f. 6

Scheelerz n. || scheelite; tungstate of lime || scheelin m. calcaire; scheelite f. 7

Scheelit m. || scheelite; tungstate || scheelite m.; scheelin m.; tungstène m. 8

Scheelitin m. || tungstate of lead; scheelitine || plomb m. tungstaté; scheelitine f. 9

Scheelsäure f. (Chem) || tungstic acid *or* ochre *or* monohydrate; tungsten ochre; wolframine || acide m. tungstique *ou* scheelique *ou* wolframique; ocre f. *ou* peroxyde m. de tungstène. 10

Scheererit m. || scheererite || scheererite f. 11

Scheffel m. || bushel || boisseau m. **a) ~macher** m. || bushel maker || boisselier m. 12

Schegg n. || after-piece of the rudder || safran m. de gouvernail. 13

Scheibe f. || disk; disc; sheave || disque m.; poulie f. **a) Antriebstufen~** || driving cone pulley || poulie f. de commande à gradins. **b) blanke** ~ (Masch) || machined *or* polished washer || rondelle f. décolletée. **c) Block~** (Schiffb) || sheave || rouet m. **d) Druck~** || pressure disc || rondelle f. de pression. **e) Fenster~** || pane || vitre f. **f)** ~ am **Gewehrschaft** || false breech; break-off loose breech; slip breech || bascule f. fausse-culasse f. **g) gezahnte** ~ || toothed disc || disque m. denté. **h) halbblanke** ~ (Masch) || semi-machined washer || rondelle f. semi-usinée. **i) Hub~** || eccentric sheave || disque m. d'excentrique. **k) Keilnut~** || grooved pulley || poulie f. à gorge. **l) lose** ~ || loose pulley || poulie f. folle. **m) längliche** ~ || elliptic disk || disque m. ovale. **n) Metall~** || metallic pulley || poulie f. en métal. **o)** ~ für **Münzen** || plank; blank; coin plate; planchet || flan m. **p)** ~ des **Putzmaurers** || hawk || oiseau m. **q) ~n** fpl. **reißen** (Kupfer) || to get copper cakes; to lift off round crusts of copper; to produce rosette copper || faire des rosettes fpl. **r) ~n** fpl. **reißen** (Roheisen) || to lift off *or* to take off the pig disks || enlever les plaques fpl. de fonte. **s) Riemen~** || belt pulley || poulie f. (pour courroies). **t) rohe** ~ || unpolished washer || rondelle f. fabriquée à chaud. **u) rohe** ~ f. mit Loch || raw washer with hole || rondelle f. brute avec trou. **v) runde** ~ || sheave || rouet m. **w) seitlich** befestigte ~ || laterally fitted disk || moyeu m. pour fixer les poulies latérales. **x)** ~ und **Tau** n. (Seew) || whip || cartahu m. **y)** ~ von **Tauwerk** || roll *or* coil *or* tier of rigging || glène f. de filin. **z)** ein **Tau** n. in einer ~ **aufrollen** (Seew) || to roll up a rope; to coil up a rope in a roll || glêner; faire une glène de filin. 14

a) Umlenk~ || reversing sheave || poulie f. de renvoi. **b)** ~ für **Verschlußzwecke** || stopping washer || rondelle f. de bouchage. **c)** ~ mit **Vierkantloch** || washer with square hole || rondelle f. avec trou carré. 15

Scheibenanker m. (Elektr) || disk armature || induit m. en disque. **a) ~dynamo** f. disk generator || génératrice f. à induit en disque. 16

Scheiben-blitzableiter m. || disk type arrester *or* lightening conductor || parafoudre m. à disques. **a) ~bolzen** m. (Zimm) || flat-headed bolt || boulon m. à tête plate. **b) ~bremse** f. || disk brake || frein m. à disque. 17

Scheibendreh-bank f. || surface lathe || tour m. à plateau. **a) ~stift** m. || (turning) arbor with disk || mandrin m. à plateau. **b) ~stuhl** m. || turn bench with faceplate || tour m. à archet à plateau. 18

Scheiben-durchmesser m. || diameter of disk || diamètre m. du disque. **a) ~eisen** n. || pig disks pl. || disques mpl. en fonte. 19

Scheibenfeder f. || disk *or* plate spring; Woodruff key || ressort m. à rondelle; clavette f. Woodruff. **a) Bohrung** der ~ || boring of plate spring || trou m. de la rondelle Belleville. 20

Scheibenfloß n. (Waffenw) || target raft || radeau m. pour cible. 21

Scheibenfräser m. || side milling cutter || fraise f. en disque. **a) ~selbstschärfer** m. || automatic sharpening machine for side milling cutters || machine f. automatique à affûter les fraises-disques. 22

Scheibenfunkenstrecke f. (Funkw.) || disk discharger || éclateur m. à disque. **a) asynchrone** ~ || asynchronous disk discharger || éclateur m. à disque asynchrone. **b) glatte** umlaufende ~ || smooth disk discharger || éclateur m. à disque uni. **c) schnellumlaufende** ~ || high speed disk discharger || éclateur m. à disque à grande vitesse. **d) umlaufende** ~ mit Zähnen || studded disk discharger || éclateur m. à disque muni de prisonniers latéraux. 23

Scheiben-futter n. || disk chuck || mandrin m. à disque. **a) ~gat** n. eines **Blockes** (Seew) || sheave hole *or* clamp hole of a block || mortaise f. d'une poulie; clan m. **b) ~honig** m. || honeycomb || miel m. à rayon. **c) ~klampe** f. (Seew) || check block || galoche f.; poulie f. plate. **d) ~kupfer** n. || rose *or* rosette copper || cuivre m. rosette; rosette f. de cuivre affiné. **e) ~kupplung** f. || disk *or* plate coupling || accouplement m. *ou* embrayage m. à plateau *ou* à disques. **f) ~lager** n. || disk bearing || palier m. à disque. **g) ~mauer** f. einer **Streckenmauerung** (Bergb) || lateral wall of the brick work in a gallery || pied-droit m. d'un muraillement de galerie. **h) ~mühle** f. || disk mill || moulin m. à disque. **i) ~pfahl** m. (Eisenb) || disk pile || pieu m. à disque. 24

Scheibenrad n. || disk wheel || roue f. à disque. **a) gewalztes** flußeisernes ~ || rolled mild steel disc wheel || roue f. à disque laminée en acier doux. **b)** ~ mit **Nabe** und Kranz in einem Stück || disk wheel with boss and rim all in one piece || roue f. pleine avec moyeu et couronne d'une pièce. 25

Scheiben-räderwalzwerk n. || rolling mill for disk wheels || laminoir m. de roues à disques. **a) ~rinne** f. einer **Blockscheibe** (Masch) || groove *or* gully of a sheave || gorge f. d'une poulie. **b) ~schloß** n. || plate puzzle lock || serrure f. à rondelles. **c) ~schwungrad** n. || driving pulley || poulie-volant f. 26

Scheibensignal n. || disk signal || signal m. à disque. **a) Hand~** (Eisenb) || hand disk-signal || disque m. manœuvré à la main. 27

Scheiben-spule f. (Textil) || flanged bobbin || bobine f. à rebords. **a) ~stand** m. (Schießsport) || butts pl.; rifle range || (champ m. de) tir m.; stand m. **b) ~stock** m. (Pap) || sieve frame in the hammer mill || kas m. **c) ~werk** n. (Bauw) || sheaves pl. and cordage || écharpes fpl. **d) ~wischer** m. || wind screen cleaner; screen wiper || essui-glace m. essui-pare-brise m. **e) ~ziehbank** f. || drum bench || filière f. à bobine. 28

Scheide f. (Hülle) || sheath; case; scabbard || gaine f.; fourreau m.; étui m. **a) Stahl~** || steel sheath || fourreau m. d'acier. 29

Scheide-anlage f., **Magnet** || magnetic screening device || installation f. de triage magnétique. **a) ~anstalt** f. || parting-work || atelier m. de départ. **b) Bandwebstuhl~blatt** n. || slay of the ribbon loom || peigne m. du métier à rubans. **c) ~bogen** m. (Bauw) || pier arch || arc-bornant m. **d) ~gold** n. || parting gold || or m. de départ. **e) ~linie** f. || line of separation || ligne f. de démarcation *ou* de partage. **f) ~mauer** f. || partition wall || mur m. de refend *ou* de séparation cloison f. massive. **g) ~münze** f. || small coin; change; fractional currency || monnaie f. d'appoint; billon m.; petite monnaie. f. **h) ~münzsilber** n. || billon silver || argent m. de billon. 1

scheiden (Met) || to separate; to part; to isolate || séparer. **a) Erze** npl. ~ || to cob *or* to separate *or* to pick ores pl. || scheider *ou* séparer *ou* trier des minerais mpl. **b) Erze** npl. mit der Hand ~ || to cob *or* to handpick ores pl. || trier des minerais à la main mpl. 2

Scheiden n. (Met) || parting; separation || départ m.; séparation f. 3

Scheiden-halter m. (Heilk) || vaginal retractor || valve f. vaginale. **a) ~spiegel** m. (Heilk) || vaginal speculum || spéculum m. vaginal. 4

Scheider m. (Met) || separator || trieur m. 5

Scheiderz n. || crop; bucking *or* ore || minerai m. riche *ou* de scheidage. 6

Scheide-sieb n. (Pulverf) || separating sieve || égalisoir m. **a) ~silber** n. || parting silver || argent m. de départ. **b) ~trichter** m. (Chem) || separatory funnel || entonnoir m. séparateur. 7

Scheidewand f. || partition *or* separation wall; septum || paroi f.; cloison f.; mur m. de séparation. **a)** ~ (Elektr) || diaphragm || diaphragme m. **b) Fachwerk~** || partition of baywork || cloison f. en charpente. **c) quergehende** ~ (Chem, Phys) || porous diaphragm; diaphragma; stop || diaphragme m. **d)** ~ von **Ziegeln** || brick partition wall || mur m. de séparation *ou* de refend en briques. 8

Scheidewasser n. || aqua fortis; nitric *or* azotic acid || eau-forte f.; acide m. azotique *ou* nitrique. 9

Scheidung f. (Bergb) || separation; sizing; screening || séparation f.; calibrage m.; triage m. **a)** ~ (Chem) || separation; parting || séparation f.; départ m. **b)** ~ (Met) || refining || affinage m. **c)** ~ (Zuck) || clarifying; clearing || défécation f. première; clarification f. **d)** ~ der **Erze** || bucking *or* spalling of ores || scheidage m. *ou* triage m. des minerais. **e) Gold-** und **Silber~** || parting of gold and of silver || départ m. de l'or et de l'argent. **f)** ~ mit der **Hand** (Bergb) || hand sorting || triage m. à la main. **g) nasse** ~ || wet separation || triage m. *ou* départ par voie humide. **h)** ~ durch die **Quart** || quartation; inquartation || inquart m.; inquartation f.; quartation f. **i)** ~ **silberreichen Goldes** || separation of gold with a large percentage of silver || séparation f. d'or à haute teneur en argent. **k) trockene** ~ || dry separation || séparation f. *ou* triage m. à sec. 10

Scheidungsmittel n. (Chem) || mean of separation || mode m. de séparation. 11

scheinbar || apparent || apparent; virtuel. **a) ~es Bild** n. (Opt) || apparent image || image f. virtuelle. **b) ~e Horizontalebene** f. || apparent level || niveau m. apparent. **c) ~e Leistung** f. (Elektr) || apparent power || débit m. apparent; puissance f. apparente. **d) ~es Leitvermögen** n. || apparent conductivity || conductance f. apparente. **e) ~er Ort** m. eines Gegenstandes || apparent place of an object || lieu m. apparent d'un objet. 12

Schein-binder m. || header || fausse boutisse f. **a) ~ecke** f. || corner cramp || équerre f. de fer. **b) ~geschäft** n. || fictitious bargain; proforma transaction || transaction f. fictive. **c) ~horizont** m. || apparent level || niveau m. apparent. **d) ~kampfwagen** m. || dummy tank || char m. de combat simulé; faux char m. de combat. **e) ~kauf** m. || fictitious purchase || achat m. simulé. **f) ~leistung** f. (Elektr) || apparent power || puissance f. apparente. **g) ~leitwert** m. (Elektr) || admittance || admittance f. 13

Scheinwerfer m. || projector; searchlight; flashlight; reflector || projecteur m.; phare m.; réflecteur m. **a)** die ~ mpl. **abblenden** (Auto) || to dim the head lamps pl. || baisser les phares mpl. **b) Azetylen~** || acetylene headlight *or* lamp *or* searchlight || phare m. à acétylène. **c) Einstellen** n. der ~ mpl. (Auto) || setting the headlights || mise f. au foyer des lampes des phares. **d) elektrischer** ~ || electric headlight || phare m. électrique. **e) Lande~** || landing light || phare m. d'atterrissage. **f)** ~ (Auto) head lamp *or* light || phare m. **g) Motorboot~** || motorboat head light || phare m. pour canots. 14

Scheinwerfer-bogenlampe f. || projector arc || arc m. de projecteur. **a) ~kohle** f. || search-light carbon || charbon m. pour projecteurs. **b) ~licht** n. || searchlight || jet m. [de lumière] du phare. 15

Scheinwerferlinse f. (Auto) || headlight lens; lens of headlight || lentille f. de phare. **a)** ~ aus **Glas** || lens of headlight || lentille f. de phare. 16

Scheinwerfer-stütze f. || head lamp support || porte-lanterne m. **a) ~verbindungsstange** f. || head lamp support tierod || tige f. d'accouplement des portelanternes. **b) ~wagen** m. || search-light car || voiture f. à projecteur. 17

Schein-wert m. (Elektr) || apparent component || composante f. apparente. **a) ~-widerstand** m. (Elektr) || impedance || impédance f. 18

Scheinwiderstands-anpassung f. (Fernm) || adaption of impedance || adaptation f. d'impédance. **a) ~meßbrücke** f. (Fernm) || impedance measuring bridge || pont m. Wheatstone pour mesure d'impédance. 19

Scheisegel n. || sky sail || bonnette f. sur le grand perroquet. 20

Scheit n. || log; split billet || bûche f. 21

Scheitel m. || vertex; crest; summit || sommet m.; crête f. **a)** ~ eines **Bogens** || crown of an arch || sommet m. *ou* vertex m. *ou* apex m. d'un arc. 22

Scheitelbrechwert m. von **Brillengläsern** || refraction of spectacle lenses || puissance f. frontale de verres correcteurs. **a) ~messer** m. || vertex refractionometer || frontofocomètre m. 23

Scheitel-faktor m. || crest factor || facteur m. d'amplitude. **a) ~kante** f. || culminating edge || arête f. culminante. **b) ~kreis** m. || azimuth || cercle m. vertical; azimut m. **c) ~punkt** m. einer **Kurve** || cusp of a curve || point m. de rebroussement d'une courbe. 24

scheitelrecht || upright; straight || à ligne f. droite. 25

Scheitel-rippe f. || ridge rib || nervure f. de sommet; grande lierne f. **a) ~winkel** m. || vertical *or* opposite angle || angle m. opposé au sommet; angle m. vertical. 26

scheitern || to be wrecked; to be cast away || naufrager; crever; faire naufrage; se boiser sur la côte. 27

Scheitersäge f. || billet saw || scie f. à bûches. 28

Scheitholz n. || split firewood || bois m. de quartier. 29

Schellack m. || shellac(k) || laque f. plate *ou* en écailles *ou* en feuilles *ou* en tablettes; gomme f. laque. **a) künstlicher** ~ || artificial shellac || gomme f. laque artificielle. **b)** durch ~ **zusammengeleimt** || shellaced together || collé par laque f. en écailles. 30

Schellack-fabrikeinrichtung f. || shellac work installation || installation f. de fabrique de gomme-laque. **a) ~politur** f. || french polish || vernis m.; poli m. à gomme laque. **b) ~wachs** n. || shellac wax || cire f. de gomme laque. 31

Schelle f. (Glocke) || small bell || grelot m.; sonnette f. **a)** ~ (el Leit) || clamp; clip || collier m.; douille f. **b) ~n** fpl. für **Anker** und Streben (ElLeit) || guy clamps || colliers mpl. pour haubans. **c)** mit **Filz** ausgelegte drehbare ~ || rotary clip *or* hoop covered with felt || collier m. orientable *ou* tournant garni de feutre. **d) Rohr~** || coupling strap || agrafe f. à serrage. 32

Schelleisen n. || snap; set || chasse-rivet m.; bouterolle f. 33

schellen (Maur) || to bush || boucharder. 34

Schellfischräucherer m. || haddock smoker || fumeur m. de merluches. 35

Schellhammer m. (Maurer) || large hammer || pic m.; gros marteau m. **a)** ~ (Niethammer) || snap hammer; set hammer; cup shaped die || bouterolle f. à œil. **b)** ~ (Steinmetz) || hammer for dressing stones || rustine f. 36

Schellkopf m. || snap head || bouterolle f. **a) ~nietung** f. || snap riveting || rivure f. bombée *ou* bouterollée. 37

Schello n. || violoncello || violoncelle m. 38

Schellstück n. || slab || dosse f.; dosse f. flache; flache f. 39

Schema n. || scheme || formulaire m.; schème m. 40

schematische Anordnung f. || diagrammatic arrangement || disposition f. schématique. 41

Schemel m. || foot stool; stool || escabeau m.; escabelle f. **a) Dreh~** (Eisenb) || swivelling bolster || traverse f. mobile. **b) Drehkipp~** || turning tip stool || banquette f. giratoire à bascule. **c) fester** ~ (Eisenb) || rigid bolster || traverse f. fixe. 42

Schemel-heizung f. || foot-stool heating || chauffage m. des bancs de pieds. **a) ~wagen** (Eisenb) || truck with swivelling bolster || wagon m. avec traverses mobiles. 43

Schenke f. || public house; ale house; inn; beer house; tavern || cabaret m.; estaminet m. **a) Kaffee~** || coffee stall || cantine f. du café. 44

Schenkel m. (Anatomie) || thigh || cuisse f. **a)** ~ (Bauk) || haund; haunch || esselle f.; aisselle f. **b)** ~ (Techn) || leg || branche f. **c)** ~ (Zimm) || post; standard; stud; upright; wooden pillar || montant m.; poteau m. **d)** ~ des **Hebezeuges** (Bauw) || pry pole of the triangle gin || pied m. *ou* hanche f. *ou* bras m. *ou* montant m. de chèvre. **e)** ~ eines **Hufeisenmagneten** || arm of a horseshoe magnet || branche f. d'un aimant en fer à cheval. **f) Laschen~** (Eisenb) || flange of the fish plate || cornière f. de l'éclisse. **g)** ~ eines **Winkels** || side *or* leg of an angle || côté

m. d'un angle. **h)** ~ eines **Zirkels** || leg of compasses || branche f. d'un compas. 1

Schenkel- und Fallblock m. (Seew) || leg and fall block; shoe block || poulie f. double *ou* galoche f. de pantoir-et-drisse. 2

Schenk-stube f. || bar room || estaminet m.; taverne f. **a)** **~tisch** m. || side board; buffet; bar || buffet m. 3

Schenkung f. || donation; gift || don m.; donation f. 4

Scherbaum m. (Wagenb) || shaft || limon m. 5

Scherbe f., **~n** von **Tonwaren** || potshards pl. || tessons mpl. de poterie. 6

Scherbeanspruchung f. || shearing strain || effort m. (tranchant *ou*) de cisaillement. 7

Scherbenkobalt m. || native *or* metallic arsenic || arsénic m. natif. 8

Scher-blatt n. || shear blade; blade *or* cheek of shears || lame f.; tranchant m.; mâchoire f. **a)** **~block** m. (Schiffb) || warping block || poulie f. de halage. **b)** **~bolzen** m. (Wagenb) || pole pin; pole bolt || boulon m. de timon *ou* d'assemblage. **c)** **~brett** n. (Schiffb) || fair leader || râteau m.; conduit m. 9

Schere f. (Hand) || scissors pl.; shears pl. || ciseaux mpl. **a)** ~ (Masch) || clipping machine || tondeuse f. **b)** **aufwärts** gebogene ~ || scissors pl. curved on flat || ciseaux mpl. courbes sur plat. **c)** **Augen~** (Heilk) || iridectomy scissors pl. || ciseaux mpl. à iridectomie. **d)** **Ausladungsblech-** und **Schrot~** || open-gap plate and scrap-metal shearing machine || cisaille f. col de cygne à tôles et à mitraille. **e)** vereinigte **Ausladungsblech-, Profileisen-** und **Gehrungs~** || open-gap plate shearing machine combined with section shearing and mitre-cutting machine || cisaille f. à tôles à col de cygne combinée avec cisaille à profilés et à onglets. **f)** **Bandeisen~** f. und **Lochstanze** f. (Faß) || hoop shearing and punching machine || machine f. à couper et à perforer les cercles. **g)** **Baum~** || (pruning) shears pl.; aberuncator || sécateur m.; cisailles fpl.; ciseaux mpl. de jardinier. **h)** **Betoneisen~** || shearing machine for cutting reinforced-concrete iron || coupe-fers m. pour béton armé. **i)** **Blech~** (Hand) || plate shears pl. || cisailles fpl. **k)** **Blech~** (Masch) || plate shearing machine || cisaille f. à tôles. **l)** **Blech-, Profileisen-** und **Gehrungs~** || plate splitting, section shearing and mitre-cutting machine || cisaille f. à tôles combinée avec cisaille à profilés et à onglets. **m)** die ~ **vermag** bis zu x mm dicke Bleche kalt zu schneiden (Walzw) || the shearing machine can cut plates up to x mm thick while cold || la cisaille coupe à froid des tôles jusqu'à x mm d'épaisseur. **n)** **Block~** || bloom *or* ingot shears pl. || cisaille f. à lingots. **o)** **Bolzen~** || bolt shearing machine || cisaille f. à boulons. **p)** **Brammen~** || slab bloom shears pl. || cisaille f. à brammes. **q)** **einfache Blech~** || simple plate splitting machine || cisaille f. à tôles simple. **r)** **Figuren~** || figure cutting machine || cisaille f. circulaire pour découper suivant dessin. **s)** **Flacheisen~** || flat iron shearing machine || cisaille f. à fers plats. **t)** **fliegende** ~ || overhung *or* flying shears pl. || cisailles fpl. (portatives *ou*) en porte-à-faux. **u)** **Formeisen~** || section iron shears || cisaille fpl. à fers profilés. **v)** **Gehrungs~** || mitre-cutting machine || cisaille f. à onglets. **w)** **gerade** ~ || straight scissors pl. || ciseaux m. droits. **x)** **große** ~ || shears pl. || grandes cisailles fpl. **y)** ~ für **Handbetrieb** || hand shears pl. || cisailles fpl. à main. **z)** **Hebel~** || lever shears pl. || cisaille f. à levier. 10

a) **Knüppel~** || billet shears pl. || cisailles fpl. à billettes. **b)** **Kreis~** || circle cutting machine; circular shears pl. || cisaille f. circulaire. **c)** **Kurbel~** || crank shears pl. || cisailles f. à guillotine. **d)** **Kurbelblechtafel~** || guillotine shears || cisaille f. à guillotine. **e)** **Kurven~** || curve cutting machine || cisaille f. circulaire pour découper les courbes. **f)** **Nabelschnur~** || umbilical scissors pl. || ciseaux mpl. à cordon ombilical. **g)** **Nieten~** || rivet shearing machine || cisaille f. à rivets. **h)** **Platinen~** || sheet billets shears pl.; plate shears pl. || cisailles fpl. à largets. **i)** **Profileisen~** || shape shears pl. || cisailles fpl. à profilés. **k)** ~ einer **Ramme** || pincers pl. *or* tongs pl. of a pile engine || pince f. de déclic. **l)** **Rollen~** || gang slitting machine || cisaille f. circulaire multiple. **m)** **rotierende** ~ || rotating shears || cisailles fpl. rotatives. **n)** **Rundeisen~** || round iron shearing machine || cisaille f. à fers ronds. **o)** **Schaf~** || sheep shears pl. || force f. à tondre les moutons. **p)** **Schiel~** (Heilk) || strabismus scissors pl. || ciseaux mpl. à strabisme. **q)** **Schrott~** || scrap shears pl. || ciscailles fpl. à mitraille *ou* à riblons. **r)** **Schweißkanten~** || bevel edge cutting machine for welding || cisaille f. circulaire à chanfreiner les bords des tôles pour soudure. **s)** **Stabeisen~** || bar shearing machine; bar iron cutter || cisaille f. à fers en barres. **t)** **Streifen~** || strip cutting machine; strip shears pl. || cisaille f. pour découper les bandes *ou* pour couper en bandes. **u)** **Streifen~** f. zum Besäumen von Streifen und Platten || strip shears for trimming strips and plates || cisailles fpl. à bandes pour bandes et plaques. **v)** **Streifen~** f. zum Teilen von Streifen und Platten || strip shears for dividing strips and plates || cisailles fpl. à bandes pour sectionner les bandes et les plaques. **w)** **Tafel~** || plate shears pl. || cisaille f. à tôles. **x)** **Tuch~** || cloth shears pl. || force f. à tonder les draps. **y)** **umlaufende** ~ || rotary shearing machine || cisaille f. circulaire. **z)** **Vierkanteisen~** || square iron shearing machine || cisaille f. à fers carrés. 11

a) ~ der **Wage** || cheeks pl. of the balance || châsse f. de balance. 12

Schereisen n. (Gerb) || fleshing knife || écharnoir m. **a)** ~ (Schiffb) || sharp iron || fer m. taillant. 13

scheren (Luftfahrt) || to yaw || voler en lacet. **a)** ~ (rissig werden) || to split; to rent; to tear open; to rip up or open || déchirer; défoncer; éventrer. **b)** ~ (Schafe) || to shear; to cut; to crop || tonder. **c)** ~ (Seew) || to yaw; to lurch; to sheer || embarder. **d)** ~ (Web) || to warp || ourdir. **e)** die **Kette** ~ (Web) || to warp; to build-up a warp || ourdir la chaîne. **f)** das **Tuch** ~ || to shear *or* to cut *or* to crop cloth || tondre le drap. 14

Scheren n. (Schafe) || shearing || tonte f. **a)** ~ (Seew) || sheer; yaw || embardée f. **b)** ~ (Tuchf) || shearing; cutting; cropping || tondage m.; tonte f.; tonture f. **c)** **Ketten~** (Web) || warping || ourdissage m.; warpage m. **d)** ~ des **Samtes** || velvet shearing || tondage m. de velours. **e)** des **Tuches** || cloth shearing || tondage m. de drap. 15

Scheren-arbeiter m. (Met) || shearer || cisailleur m. **a)** **~bank** f. || shear bench || bourriquet m. **b)** **~brecher** m. || shearing breaker || concasseur m. à cisailles. **c)** **~fernrohr** n. || shear jointed telescope || jumelle f. périscopique. **d)** **~haken** m. einer **Ramme** || pincers pl. *or* tongs pl. of a pile engine || pince f. de déclic. **e)** **~härter** m. || scissors hardener || trempeur m. de ciseaux. **f)** **~klinge** f. || scissors blade || lame f. de ciseaux. **g)** **~kluppe** f. (Messerschm) || shears *or* scissor vice || serre-ciseaux m. **h)** **~kran** m. || shearlegs crane || bique f. **i)** **~messer** n. || shear cutter *or* knife || couteau m. *ou* lame f. à cisailles. 16

Scherenpolieren n. || scissors polishing || polissage m. de ciseaux. 17

Scherenpolierer m. || scissors polisher || polisseur m. de ciseaux. 18

Scherenschleifen n. || scissors regrinding || repassage m. de ciseaux. 19

Scheren-schleifer m. || knife *or* scissors grinder || rémouleur m. *ou* repasseur m. *ou* affûteur m. de ciseaux. **a)** **~schmied** m. || scissors maker || coutelier m. en ciseaux. **b)** **~schnitt** m. (Druckw) || smooth cutter || coupeuse f. à coupe droite. **c)** **~ständer** m. || standard of cutters || montant m. pour cisailles. **d)** **~stromabnehmer** m. || scissors-shape collector || prise f. de courant à parallélogramme articulé. **e)** **~verbindung** f. (Zimm) || slit and tongue || fourche f.; fourchette f. **f)** **~zange** f. || shingling *or* large tongs pl. || louperesse f.; écrevisse f.; cinglеresse f. 20

Scherer m. (Web) || beamer || warpeur m. **a)** **Hilfs~** (Web) || beamer's assistant || aide-warpeur m. **b)** **Maschinen~** (Web) || warping machine minder || ourdisseur m. à la machine. 21

Schererei f. || annoyance; trouble || tracasserie f.; ennuis mpl. 22

Scher-festigkeit f. || shearing strength; resistance to shearing-strain || résistance f. au cisaillement. **a)** **~flocken** fpl. (Tuchf) || shearings pl. || tontisse f.; tonture f. **b)** **~gatter** n. (Web) || heck || plot m. à grille. **c)** **~holz** n. || pole holder || érémont m. 23

Scherklinge f. (Tuchm) || ledger blade || lame f. tondeuse. **a)** **gebogene** ~ || curved ledger blade || lame f. tondeuse cintrée. **b)** **gerade** ~ || straight ledger blade || lame f. tondeuse droite. **c)** **runde** ~ || circular ledger blade || lame f. tondeuse circulaire. 24

Scher-kluppe f. (Schloß) || hinge stocks pl. filière f. à charnière. **a)** **~kraft** f. || shearing force || force f. *ou* effort m. de cisaillement. **b)** **~platte** f. (Schiffb) || ribband || lisse f. 25

Schermaschine f. (Schafschur) || shearing *or* cutting machine || tondeuse f.; machine f. à tondre. **a)** ~ (Textil) || warping machine || tondeuse f. **b)** ~ (Web) || shearing machine || ourdisseuse f.

c) ~ mit **Hohltischen** ‖ shearing machine with concave tables ‖ tondeuse f. avec tables à cuvette. **d)** ~ zum **Kahlscheren** wollener Gewebe ‖ shearing machine for the close shearing of woolen fabrics ‖ tondeuse f. pour tissus de laine. **e) Ketten~** (Web) ‖ warping mill *or* frame ‖ ourdissoir m.; machine f. *ou* métier m. à ourdir. **f) Lang~** ‖ length shearing machine ‖ tondeuse f. longitudinale. **g) Quer~** ‖ transverse shearing machine ‖ tondeuse f. transversale. **h)** ~ mit einem **Schneidzeug** ‖ shearing machine with one cutter ‖ tondeuse f. simple. **i)** ~ mit zwei **Schneidzeugen** ‖ shearing machine with two cutters ‖ tondeuse f. double longitudinale. **k) Teppich~** ‖ carpet shearing machine ‖ tondeuse f. pour tapis. **l)** ~ für **Tuchschur** und Feintuchschur ‖ shearing machine for woollen and worsted fabrics ‖ tondeuse f. pour les tissus et les draps fins. **m)** ~ mit **verschiebbaren** Prismentischen ‖ shearing machine with movable prismatic tables ‖ tondeuse f. avec tables prismatiques réglables. **n)** ~ für **Wollwaren** und Halbwollwaren ‖ shearing machine for woollen and half woollen fabrics ‖ tondeuse f. pour tissus de laine et mi-laine. 1

Scher-messer n. (Tuchf) ‖ shearer's blade ‖ couteau m. à tondage. **a) ~rahmen** m. (Tuchm) ‖ warp frame ‖ ourdissoir m. **b) ~spannung** f. ‖ shearing stress *or* strain ‖ tension f. *ou* effort m. de cisaillement. **c) ~spant** m. ‖ chief *or* principal frame ‖ couple m. de levée. **d) ~tau** n. (Pont) ‖ sheer line ‖ câble m. de traille; cinquemelle f. **e) ~tisch** m. (Tuchf) ‖ shearer's table ‖ table f. au tondage. **f) ~trommel** f. (Textil) ‖ warping drum ‖ tambour m. à ourdir. 2

Scherung f. ‖ shearing action ‖ cisaillement m. 3

Scher-vorrichtung f., abnehmbare ‖ detachable shearing attachment ‖ dispositif m. de cisaillage démontable. **a) ~zapfen** m. (Zimm) ‖ tongue ‖ languette f. 4

Scherwolle f. ‖ short hair; shearings pl. ‖ bourre f.; tonture f. 5

Scherzartikel m. ‖ puzzle article ‖ article m. de surprise. 6

Schetterleinen n. ‖ buckram ‖ bougran m. 7

Scheuer f. *s.* Scheune. 8

Scheuer-blech n. (Textil) ‖ work bar ‖ plaque f. à abattre. **a) ~bock** m. (elLeit) ‖ chafe rod ‖ pieu m. protecteur. **b) ~bürste** f. ‖ scrubbing *or* hard brush ‖ brosse f. à frotter *ou* de frottement. 9

Scheuerfaß n. ‖ tumbling barrel; scouring vat ‖ tonneau m. de rinçage *ou* de décapage. **a)** ~ (Nadl) ‖ bran tub ‖ frottoir m. 10

Scheuer-glocke f. ‖ scouring *or* cleaning drum ‖ cloche f. de rinçage *ou* à récurer. **a) ~kammer** f. (Met) ‖ scouring room ‖ récurage f.; écurage f. **b) ~leder** n. (Sattl) ‖ galling leather ‖ pièce f. de frottement; plaque f. d'appui. 11

Scheuerleiste f. (Bauw) ‖ skirting board ‖ socle m. de lambris; lambris m. d'appui bas. **a)** ~ (Schiffb) ‖ sheer rail; rubbing strake ‖ cordon m.; boudin m.; bourrelet m. 12

Scheuer-mittel n., Metall ‖ metal cleaning material ‖ produit m. à nettoyer les métaux. **a) ~mühle** f. (Nadl) ‖ grinding *or* polishing mill ‖ table f. de polissage. 13

scheuern (Met) ‖ to scour ‖ frotter; écurer; écuier; décaper; décrasser; récurer. **a) ab~** (Gerb) ‖ to grind ‖ quiosser. **b) das Deck ~** ‖ to wash the deck ‖ laver le pont. 14

Scheuern n. (Met) ‖ scouring ‖ écurage m.; frottement m.; décapage m. **a)** ~ (Nadl) ‖ grinding; scouring; polishing ‖ polissage m. 15

Scheuer-pfahl m. (el Leit) ‖ chafe rod ‖ pieu m. protecteur. **a) ~prahm** m. ‖ copper punt ‖ plate f. **b) ~pulver** n. ‖ scouring powder ‖ poudre f. à écurer. **c) ~sand** m. ‖ scouring sand ‖ sablon m. *ou* sable m. très menu. **d) ~stein** m. ‖ grinding stone ‖ queurse f.; queuse f.; queux m. **e) ~tonne** f. ‖ scouring vat ‖ tonneau m. à décrassage. **f) ~trommel** f. ‖ cleaning drum ‖ tambour m. de rinçage. **g) ~tuch** n. ‖ scouring *or* scrubbing cloth ‖ toile f. à laver; torchon m. 16

Scheu-kappe f. für **Stiere** ‖ hat for oxen ‖ têtière f. pour taureaux. **a) ~klappe** f. (Pferd) ‖ blinker ‖ œillère f. **b) ~leder** f. *s.* ~klappe. 17

Scheune f. ‖ barn; hay loft ‖ grange f.; fenil m. 18

Scheunen-estrich m. ‖ thrashing floor ‖ aire f. d'une grange. **a) ~tenne** f. *s.* ~estrich. 19

Schevillieren n. der **Seide** ‖ silk wringing ‖ chevillage m. de la soie. 20

Schicht f. ‖ layer; bed ‖ couche f.; lit m. **a)** ~ (Arbeitspause) ‖ rest; repair; break ‖ temps m. de repos. **b)** ~ (Arbeitszeit) ‖ shift; task ‖ journée f.; tâche f. **c)** ~ (zus. anfahrende Belegschaft) ‖ shift; gang of pitmen ‖ poste m.; équipe f. **d)** ~ (Flüssigkeit) ‖ film ‖ film m. **e)** ~ (Geol) ‖ bed; stratum; layer ‖ couche f.; gisement m.; lit m. strate f. **f)** ~ (Luft) ‖ layer ‖ région f. **g)** ~ (Mauerstein) ‖ course ‖ assise f. **h)** ~ (Met) *s. auch* Gicht ‖ charge ‖ charge f. **i) absorbierende ~** ‖ absorbing fluid ‖ couche f. absorbante. **k)** eine ~ f. **anbohren** ‖ to find a layer by boring ‖ découvrir une couche par la sonde. **l)** die ~ **antreten** ‖ to begin the shift *or* the work ‖ commencer le travail *ou* la tâche. **m)** auf die **Platte** wurde eine ~ harten Stahles aufgegossen (Met) ‖ a layer of hard steel was cast on the plate ‖ sur la plaque était coulée une couche d'acier dur. **n)** eine ~ f. **durchteufen** (Bergb) ‖ sinking through a stratum *or* a layer ‖ creusement m. d'une couche. **o)** in ~**en** fpl. **einbringen** ‖ to place in layers pl. ‖ introduire par couches fpl. **p) empfindliche ~** (Lichtb) ‖ sensitive layer ‖ couche f. sensible. **q)** der ~ f. **entgegen** (Bergb) ‖ against the stratum ‖ contre la couche. **r)** ~ **halten** ‖ to work ‖ faire *ou* achever sa tâche. **s)** ~ **machen** (Bergb) ‖ to end the work; to work out a shift ‖ achever la tâche *ou* une journée; cesser de travailler. **t) Mächtigkeit** f. der ~ ‖ thickness of the bed ‖ puissance f. de la couche. **u) mit** der ~ ‖ with the stratum ‖ dans le sens de la couche. **v) obere ~** ‖ upper layer ‖ couche f. supérieure. **w) Silber~** ‖ silver film ‖ couche f. d'argent. **x)** die ~**en** fpl. gehen zu **Tage** aus (Bergbau) ‖ the beds crop out ‖ les couches fpl. affleurent. **y) untere ~** ‖ bottom layer ‖ couche f. inférieure. **z)** eine ~ **verfahren** ‖ to work-out the task ‖ travailler; faire *ou* achever une tâche. 21

a) die ~**en** fpl. in ihrem **Verlauf** verfolgen (Bergbau) ‖ to trace the beds along their course ‖ suivre les couches dans leur parcours. **b)** ~ der **Widerlagsteine** ‖ springing-course ‖ assise f. des sommiers. 22

Schicht-arbeit f. ‖ day work ‖ journée f. **a) ~arbeiter** m. (Bergb) ‖ shift man ‖ tâcheron m. **b) ~arbeiter** m. (Tagelöhner) ‖ day worker ‖ journalier m. 23

Schichten-bildung f. (Geol) ‖ formation ‖ formation f. **a) ~folge** f. (Bergbau) ‖ succession of beds ‖ suite f. de couches. **b) ~gruppe** f. (Geol) ‖ group of beddings ‖ groupe m. de stratification. **c) ~linie** f. ‖ contour line ‖ courbe f. de niveau. **d) ~mauerwerk** n. ‖ block-in-course masonry ‖ limousinage m. **e) ~sattel** m. (Geol) ‖ anticlinal flexure ‖ anticlinal m.; selle f. des roches. **f) ~störung** f. (Geol) ‖ dislocation of strata ‖ dislocation f. *ou* faille f. des couches. **g) ~wolke** f. ‖ stratified cloud ‖ nuage m. stratifié. 24

Schicht-fläche f. (Geol) ‖ plane of bedding ‖ plan m. de stratification. **a) ~fuge** f. (Geol) ‖ joint of bedding *or* of stratification *or* of stratum ‖ joint m. de stratification. **b) ~gestein** n. ‖ stratified stones pl. *or* rocks pl. ‖ pierres fpl. *ou* roches fpl. stratifiées. **c) ~höhe** f. ‖ height of layer ‖ hauteur f. de couche. **d) ~holz** n. ‖ stacked wood ‖ bois m. empilé. 25

Schichtling m. (Miner) ‖ argilaceous veined agate ‖ agate f. jaspée argileuse. 26

Schicht-linienplan m. ‖ contour map ‖ plan m. des courbes de niveau. **a) ~lohn** m. ‖ daily wages pl. ‖ salaire m. fixe. **b) ~meister** m. ‖ controller; comptroller ‖ contrôleur m. 27

Schichtung f. (Geol) ‖ stratification; bedding ‖ stratification f. 28

Schichtungs-fläche f. ‖ joint of bedding *or* of stratification *or* of stratum ‖ joint m. de stratification. **a) ~pendel** n. ‖ compensation pendulum ‖ pendule m. compensateur. 29

Schick m. ‖ right shape; fitness; style ‖ habileté f.; chic m. 30

schicklich ‖ convenient; suitable ‖ convenable. 31

Schicklichkeit f. ‖ convenience; suitability; propriety ‖ convenance f. 32

Schiebe-barriere f. ‖ sliding barrier ‖ barrière f. coulissante. **a) ~blende** f. (Opt) ‖ sliding diaphragm ‖ diaphragme m. coulissant. **b) ~brücke** f. ‖ travelling bridge ‖ pont m. transbordeur. 33

Schiebebühne f. ‖ traverser; travelling platform ‖ plateforme f. roulante; pont-roulant m.; chariot-transbordeur m. **a)** ~ mit **Grube** ‖ traverser with pit *or* with trench ‖ chariot m. transbordeur à fosse. **b)** ~ im **Niveau** ‖ traverser at the same level ‖ chariot m. transbordeur à niveau. **c) unversenkte ~** ‖ surface traverser ‖ transbordeur m. à niveau. **d)** ~ mit **versenktem** Gleis ‖ traverser with pit *or* with trench ‖ chariot m. transbordeur à fosse. 34

Schiebe-bühnengrube f. ‖ pit *or* trench of traverser ‖ fosse f. de chariot transbordeur. **a) ~fenster** n. ‖ sash *or* slide window ‖ fenêtre f. à coulisse *ou* à glissière. **b) ~flügel** m. (Bauw) ‖ sliding sash ‖ châssis m. (coulant *ou*) à coulisse *ou* à guillotine. **c) ~gatter** n. ‖ sliding barrier ‖ barrière f. coulissante. **d) ~gestänge** n. (Kabel) ‖ sweeps rod ‖

aiguille f. rigide. **e) ~hülse** f. (Opt) || sliding sleeve || douille f. de mise au point. **f) ~knoten** m. || running knot || nœud m. coulant. **g) ~lager** n. || sliding bearing || palier m. coulissant. **h) ~leiste** f. (Müll) || sliding post || glissière f. 1

schieben || to shove; to push || pousser. **a)** einen **Zug** m. **~** || to push a train || pousser un train. 2

Schieber m. (Büchsenm) || sliding plug; sledge; carriage || chariot m. **a) ~** (Masch) || slide *or* sliding valve || tiroir m. **b) ~** (Tischl) || sliding shutter || coulisse f. **c) ~** (Türschloss) || safety bolt || targette f. de sûreté. **d) ~** des **Bodenentleerers** (Eisenb) || slide of bottom-discharging wagon || fond m. à glissière. **e) entlasteter ~** || equilibrated slide valve || tiroir m. équilibré. **f) Expansions~** || expansion slide-valve || tiroir m. de détente. **g) federnder ~** || spring slider || pièce f. coulissante à ressort. **h) Kolben~** || piston valve || piston-tiroir m. **i) runder ~** || (round) pipe *or* piston valve || tiroir m. rond. **k) ~** des **Schürloches** || slide for the firing hole || glissière f. de la porte du foyer. **l) Umsteuer~** || reversing valve || tiroir m. de distribution. **m) Verteilungs~** || distributing valve || tiroir m. distributeur. **n) Wind~** (Gieß; Schmied; Met) || blast valve || vanne f. à air. 3

Schieberädergetriebe n. || sliding change gear || engrenage m. baladeur. 4

Schieber-boden m. || sliding bottom || fond m. à coulisse. **a) ~breite** f. || breadth of the slide || hauteur f. du tiroir. **b) ~buchse** f. (Lok) || valve bush || fourreau m. de tiroir. **c) ~deckung** f. || lap of the slide valve || recouvrement m. du tiroir. **d) ~-diagramm** n. || diagram of the slide valve || diagramme m. du tiroir. **e) ~-druckregler** m. || regulating feed valve || soupape f. d'alimentation automatique. **f) ~facette** f. (künstlZähne) || small ribbed back plate || petite plaque f. à nervure. **g) ~fläche** f. || slide *or* valve face || bande f. de frottement *ou* plan m. des tiroirs. **h) ~gebläse** n. || blowing engine with slide valve || machine f. soufflante à tiroir. **i) ~gehäuse** n. (Lok) || valve casing || boîte f. à tiroir. **k) ~gestänge** n. || slide valve rod || tringle f. *ou* tige f. du tiroir. **l) ~hub** m. || travel *or* stroke of the slide valve || course f. du tiroir. 5

Schiebering m. (Schnalle) || slider || coulant m. 6

Schieberkasten m. (Dampf) || slide *or* distributing box; steam chest || boîte f. à vapeur *ou* de distribution. **a) ~deckel** m. (Lok) || steam chest cover || couvercle m. de boîte de vapeur. 7

Schieber-lappen m. || valve face || bande f. *ou* bord m. du tiroir. **a) ~rahmen** m. || valve buckle; slide bridle || guide m. *ou* cadre m. du tiroir. **b) ~rand** m. || valve face || bande f. *ou* bord m. du tiroir. **c) ~ring** m., **Heißdampf~** für **Lokomotiven** || superheated slide for locomotives || bague f. de tiroir à locomotives pour vapeur surchauffée. **d) ~schleuse** f. || sash sluice || écluse f. à vannes. **e) ~-schubstange** f. (Lok) || valve rod || bielle f. du tiroir. **f) ~schütz** n. || sluice valve || robinet-vanne m. **g) ~spiegel** m. || slide main face || table f. de tiroir. **h) ~stange** f. || slide rod || tige f. *ou* bielle f. de tiroir. **i) ~stangenführung** f. (Lok) || valve rod guide || guide m. de la tige du tiroir. **k) ~stellung** f. || slide position || position f. du tiroir. **l) ~steuerung** f. || slide valve gear || distribution f. par tiroir. **m) ~ventil** n. || slide *or* sliding valve || soupape f. glissante *ou* à tiroir. **n) ~weg** m. || travel *or* stroke of the slide valve || course f. du tiroir. 8

Schiebe-spule f. (Funkw) || sliding coil || bobine f. à coulisse. **a) ~tor** n. (Schleuse) || sliding gate; sash gate; shuttle || porte f. glissante *ou* à glissière *ou* à coulisse. 9

Schiebetür f. || sliding door || porte f. glissante *ou* coulissante. **a) ~beschläge** mpl. || sliding door fittings pl. || garnitures fpl. pour portes à coulisse. 10

Schiebe-vorrichtung f. || shifting device || dispositif m. coulissant *ou* mobile. **a) ~-widerstand** m. || slide resistance || résistance f. au contact à frottement. 11

Schieb-flügel m. || sliding sash || châssis m. coulant *ou* à coulisse *ou* à guillotine. **a) ~hülse** f. || sliding sleeve || manchon m. à frottement. 12

Schiebkarren m. || wheelbarrow || brouette f. **a) ~** (Bergb) || mining car || wagonnet m.; berline f. **b) Erde** f. mit dem **~** abfahren || to cart the ground || transporter le terrain à la brouette. 13

Schieb-klaue f. (Masch) || catch || cliquet m.; pied m. de biche. **a) ~lade** f. || drawer || tiroir m. **b) ~lehre** f. || sliding caliper; slide gauge; vernier caliper || pied m. à coulisse. **c) ~rohr** n. || sliding tube || tube m. coulissant. **d) ~zange** f. || sliding tongs pl. || tenaille f. à boucle. 14

Schiedsgericht n. || court of arbitration || tribunal m. arbitral; conseil m. des prud'hommes. **a)** sich dem **~ unterwerfen** || to submit to arbitration || se soumettre à l'arbitrage m. 15

Schieds-gerichtshof m. || court of arbiters *or* of arbitration || conseil m. de prud' hommes. **a) ~mann** m. || referee || arbitre m. **b) ~richter** m. || arbitrator; umpire || arbitre m. 16

schiedsrichterlich entscheiden || to arbitrate || arbitrer. **a) ~e Entscheidung** f. || arbitration || arbitrage m.; parère m. 17

Schieds-spruch m. || arbitrator's award || sentence f. arbitrale; arbitrage m. **a) ~-vertrag m.,** einen **~** m. **eingehen** || to refer to arbitration || conclure un traité d'arbitrage. 18

schief || oblique; inclined || oblique; incliné. **a) ~e Ebene** f. || gradient; inclined plane || plan m. incliné. **b)** mit **~en Zähnen** mpl. || with inclined teeth || à dents fpl. couchées. 19

Schiefe f. der **Ekliptik** || obliquity of the ecliptic || obliquité f. de l'écliptique. 20

Schiefeisen n. (Tischl) || skew iron || fer m. oblique. 21

Schiefer m. || slate; schist || ardoise f.; schiste f. **a) ~** (Metallfehler) || flaw || doublure f.; paille f. **b) Asbest~** || asbestos slate || ardoise f. d'amiante. **c) ~** in **Blöcken** oder Tafeln || slate in blocks *or* sheets || ardoise f. en blocs *ou* tables. **d) Brand~** || bituminous shale || schiste m. bitumineux. **e) Dach~** || slate slab for roofs || table f. en ardoise pour toits. **f) dünnblätteriger** und aderiger **~** || thin-leaved **and** veiny slate || feuilletis m. **g) Gehalt** m. an **~** || contents pl. of slate || teneur f. en schiste. **h) gesägter ~** || sawn slate || ardoise f. sciée. **i) geschnittener ~** || cut slate || ardoise f. taillée. **k) künstlicher ~** || artificial slate || ardoise f. artificielle. **l) lithografischer ~** || lithographic stone || pierre f. lithographique. **m) Metall~** || metal slate || ardoise f. métallique. **n) ~** in **Platten** || slate in squares || ardoise f. en carreaux. **o) polierter ~** || polished slate || ardoise f. polie. 22

Schiefer-abrunder m. || slate finisher || arrondisseur m. d'ardoise. **a) ~becherwerk** n. || slate bucket elevator || noria f. à schistes. **b) ~bedachung** f. || slate roof; slating || couverture f. en ardoise. **c) ~-bergwerk** n. || slate pit; slate quarry; quarry of slate || ardoisière f.; carrière f. d'ardoise. **d) ~brecher** m. || slate quarrier || piqueur m. d'ardoise. **e) ~bruch** m. || slate quarry || ardoisière f.; carrière f. d'ardoise. **f) ~dach** n. || slated roof; slating || toit m. couvert en ardoise. 23

Schieferdecker m. || slater || couvreur m. en ardoise. **a) ~amboß** m. || slater's anvil || enclume f. du couvreur. **b) ~beil** n. || lath cutter || hachette f. du couvreur. **c) ~hammer** m. || slater's hammer || martelet m. du couvreur. 24

Schiefer-destillatör m. || shale burner || distillateur m. de schiste. **a) ~eindeckung** f. || slate roof; slating || couverture f. en ardoise. **b) ~gehalt** m. (Kohle) || contents pl. of slate || teneur f. en schiste. **c) ~grau** n. || slate gray || gris m. de schiste. 25

Schiefergruben-arbeiter m. || slate quarrier || ardoisier m. **a) ~aufseher** m. || slate quarry foreman || écaillon m. 26

schieferhaltig || slaty; schistous || schisteux. 27

schieferig || schistous; slate-like; slaty || ardoiseux; schisteux. **a) ~e Kohle** f. || slaty *or* splint *or* slate coal || houille f. schisteuse. 28

Schiefer-kohle f. || slaty *or* slate *or* splint coal || houille f. schisteuse. **a) ~latte** f. || broad lath || latte f. volice. **b) ~mehl** n. || ground shale || schiste m. en poudre. **c) ~mergel** m. || marl slate; slaty marl || marne f. schisteuse; schiste m. marneux. 29

schiefern, sich || to exfoliate || s'exfolier. 30

Schiefer-nagel m. || slate peg; slater's nail; tack || clou m. *ou* pointe f. à ardoise. **a) ~notizblock** m. || slate note block || bloc-notes m. en ardoise. **b) ~öl** n. || shale *or* schist oil || huile f. de schiste. **c) ~papier** n. || slate paper || papier-ardoise m. **d) ~pappe** f. || slate board imitation || ardoise f. factice en carton. **e) ~platte** f. || slab *or* tablet of slate || table f. d'ardoise. **f) ~schneider** m. || slate cutter || tailleur m. d'ardoises. **g) ~schreibstift** m. || slate pencil || crayon m. d'ardoise. **h) ~schwarz** n. || slate black || noir m. de schiste. **i) ~spalter** m. || slate splitter || réparton-neur m. d'ardoise. **k) ~spat** m. || schiefer *or* slate spar || chaux f. carbonatée nacrée. 31

Schieferstein m. || slate stone; roof slate || pierre f. d'ardoise. **a) ~bruch** m. || slate quarry *or* pit; quarry of slate || ardoisière f.; carrière f. d'ardoise. 32

Schieferstift m. (Bauw) || nail for roofing slate || clou m. à ardoise. **a) ~** (Schreibstift) || slate pencil || crayon m. d'ardoise. 33

Schiefertafel f. (Bauw) || slab *or* tablet of slate || table f. d'ardoise. **a) ~** (Schreibtafel) || (writing) slate; slate board || ardoise f. (à écrire); table f. en ardoise. 1

Schieferteer m. || slate tar || goudron m. de schiste. 2

Schieferton m. || shale; schistous *or* slate clay || argile f. schisteuse. **a) sandiger ~** des Kohlengebirges || shale of coal measures || schiste m. houiller quartzeux. 3

Schiefertonschamotte f. || slate-clay chamotte || chamotte f. d'argile schisteuse. 4

Schieferung f. || schistosity || schistosité f. **a) falsche ~** || oblique *or* transversal lamination; cleavage || clivage m. **b) sekundäre ~** *s.* falsche Schieferung. **c) transversale ~** *s.* falsche Schieferung. 5

Schieferweiß n. || white flake || blanc m. de plomb feuilleté; céruse f. en lamelles. 6

Schiefführung f. eines **Schornsteins** || bending of a chimney || dévoiement m. d'un tuyau de cheminée. 7

Schiefsteg m. (Buchdr) || inclined quoin || biseau m. 8

Schiefstehen n. von **Buchstaben** || inclination of letters || inclinaison f. de caractères. 9

Schiefstellung f. || inclined position || position f. inclinée. 10

schiefwinkelig || oblique; oblique-angled; out of square || à angle oblique; à fausse équerre. 11

Schielablenkung f. für ein **Auge** || angle of squint for one eye || strabisme m. monoculaire. 12

schielen || to be cross-eyed || loucher. 13

schielend || squint-eyed || strabique. 14

Schiel-glas n. (Opt) || glasses pl. for strabismus || verres mpl. louchettes. **a) ~haken** m. (Heilk) || strabismus hook || crochet m. à strabisme. **b) ~schere** f. (Heilk) || strabismus scissors pl. || ciseaux mpl. à strabisme. **c) ~winkel** m. (Opt) || angle of strabism || angle m. strabique. 15

schiemannen || to overhaul the rigging || parcourir le gréement. 16

Schiemanns-arbeit f. || working up junk || travail m. de matelotage. **a) ~garn** n. || spun yarn || bitord m. 17

Schienbein n. || tibia; shin bone || tibia m. 18

Schiene f. (Bauw) || iron hoop || bande f. *ou* lien m. de fer. **a) ~** (Eisenb) || rail || rail m. **b) ~** (Korbm) || split basket rod || éclisse f. **c) ~** (Met) || bar || barre f. **d) ~** (Web) || lease rod || baguette f. d'envergure. **e) A-~** || Barlow rail || rail-Barlow m. **f) ~n abrichten** || to bend rails pl. || courber les rails mpl. **g) Anschluß~** (Eisenb) || junction rail || raccord m. de rail. **h) Anschlußende** n. der **~** (Eisenb) || junction rail end || pièce f. de raccord de rail. **i) ~n** fpl. **ausrichten** || to set and straighten rails pl. || dresser les rails mpl. **k)** die **beschädigten ~n** fpl. auswechseln || to exchange the damaged rails pl. || remplacer les rails mpl. avariés. **l) Barlow~** || Barlow rail || rail-Barlow m. **m) Befestigung** f. der **~n** auf hölzernen Schwellen (Eisenb) || fastening of the rails to timber sleepers || fixation f. des rails aux traverses en bois. **n) Befestigungs~** || attachment rail || ailette f. de fixation. **o) Block~** (Eisenb) || filled section rail || rail m. de section pleine. **p) breitbasige ~** || broad-footed rail || rail m. américain *ou* à base plate *ou* à champignon avec semelle *ou* à patin. **q) Doppelkopf~** (Eisenb) || double- *or* bull-headed rail || rail m. à double champignon. **r) Doppel-T-~** || double-T rail || rail à double T. **s)** System n. der **dritten ~** || third-rail system || système m. à rail de contact. **t)** eine **~** f. **einlegen** || to insert a rail || mettre en place f. un rail. **u) Eisenbahn~** || railway rail || rail m. de chemin de fer. **v) eiserne ~** || iron rail || rail m. en fer. **w) flache ~** || plate rail || bande f. plate; rail m. plat. **x) ~** mit **flachem** Kopf || flat champignon *or* flat-headed rail || rail m. à surface plane. **y) Fußbreite** f. der **~** (Eisenb) || width of base of rail || largeur f. du patin. **z) gebogene ~** || curved rail || rail m. cintré. 19

a) gebohrte ~ || drilled rail || rail m. percé. **b) ~** mit **gewölbtem** Kopf || champignon rail || rail m. à surface bombée. **c) gezahnte ~** || toothed rail || rail m. denté; crémaillière f. **d) Gruben~** (Bergb) || rail for mines || rail m. pour mines. **e) gußeiserne ~** || cast iron rail || rail m. en fonte. **f) Kran~** || crane rail || rail m. pour grues. **g) Kurven~** (Eisenb) || curve rail || rail m. pour courbes. **h) Manganstahl~** || manganese steel rail || rail m. en acier au manganèse. **i) Nagelung** f. der **~n** || fastening the rails to the sleepers (with bolts and spikes) || clouage m. des rails. **k) Platt~** || plate rail || bande f. plate; rail m. plat. **l) Richtmaschine** f. für **~n** || rail straightener || appareil m. à dresser des rails. **m) ~** aus **Stahl** || steel rail || rail m. d'acier. **n) Straßenbahn~** || tramway rail || rail m. de tramway. **o) Stuhl~** || double-headed rail || rail m. à double champignon. **p) T-~** || single-headed rail; T-rail || rail m. à simple champignon *ou* à T. **q) ~n** fpl. **umlegen** || to invert rails; to turn rails upside down || renverser *ou* retourner les rails mpl. **r) unbewegliche ~** des Wechsels (Eisenb) || stock rail; rigid rail of the switch || rail m. d'applique; rail m. fixe d'excentrique. **s)** die **~n** sind **ungeschwächt** durchgeführt (Eisenb) || the rails of the line are uninterrupted throughout || les rails mpl. sont posés sans interruption de la ligne. **t) verlaschte ~** || fished rail || rail m. éclissé. **u) Vignoles~** || rail-Vignoles || rail m. de tramway *ou* rail m. Vignoles. **v) Voll~** (Eisenb) || filled section rail || rail m. de section pleine *ou* en U renversé. **w) Wandern** n. der **~n** || rail creeping || marche f. des rails. **x)** feste **~** f. einer **Weiche** || main *or* stock rail of a switch || rail m. contre-aiguille; rail m. fixe d'un changement de voie. **y)** die **~ wirft** sich || the rail warps || le rail se déjète. **z) Zungen~** (Eisenb) || filled section rail || rail m. en section pleine *ou* en U renversé. 20

schienen || to rail || mettre les rails mpl. **a)** den **Stahl** m. **~** || to draw out and flatten steel || étirer l'acier m. en barres. 21

Schienen-anschlußstück || junction rail end || pièce f. de raccord de rail. **a) ~bahn** f. || railway; railroad || chemin m. à rails. **b) ~bearbeitungsmaschine** f. || rail working machine || machine f. à travailler les rails. **c) ~befestigung** f. || rail fastening || montage m. des rails. **d) ~befestigungsstücke** npl. || little iron-fittings of the permanent way || petit matériel m. de la voie. **e) ~bett** n. || bed of rails || lit m. de rails. **f) ~biegemaschine** f. || rail bender; rail bending machine || machine f. à cintrer les rails; cintreuse f. à rails. **g) ~bohrmaschine** f. || rail boring machine || machine f. à percer les rails. **h) ~bremse** f. || rail brake || frein m. de rail. **i) ~brett** n. (Buchdr) || plank || table f. **k) ~bruch** m. || breaking *or* rupture of rails; rail breakage || rupture f. des rails. **l) ~ende** n. || end of rail || bout m. *ou* extrémité f. du rail. **m) ~fahrzeug** n. || rail car; vehicle for rails || voiture f. à rail; véhicule m. pour voies ferrées. **n) ~form** f. || form *or* section *or* shape of rails || section f. du rail. **o) ~fräser** m. || rail milling machine || fraiseuse f. pour rails. 22

Schienenfuß m. (Eisenb) || lower flange *or* patten *or* foot of rail; rail base || semelle f. *ou* patin m. de rail. **a) aufgebogener ~** (Eisenb) || bent-up rail foot || patin m. recourbé. **b) Flansch** m. des **~es** (Eisenb) || flange of rail base || aile f. du patin de rail. 23

Schienen-fußbreite f. (Eisenb) || width of rail base || largeur f. du patin. **a) ~geleise** n. || set of tracks || voie f. **b) ~gewicht** n. je Meter (Eisenb) || weight per meter run of rail || poids m. au mètre courant de rail. **c) ~hammer** m. || sledge hammer || marteau m. à rails. **d) ~heber** m. || rail lifting jack || cric m. rélève rails. **e) ~herzstück** n. (Eisenb) || built-up frog || cœur m. composé de rails. **f) ~hobel** m. || rail plane || rabot m. pour rails. **g) ~höhe** f. (Eisenb) || height *or* depth of rail || hauteur f. du rail. **h) ~innenkante** f. || running *or* inner edge of rail. || côté m. du roulement du rail. 24

Schienenklammer f. (Eisenb) || iron rail cramp || crampon m. des rails. **a) ~** (Druckpresse) || iron cramp || crampon m. 25

Schienen-klemme f. gegen das Wandern der Schienen (Eisenb) || anti-creeper; rail anchor || dispositif m. d'ancrage des rails. **a) ~kontakt** m. || rail contact || contact m. de voie *ou* de rail. 26

Schienenkopf m. (Eisenb) || head of rail || champignon m. du rail. **a) ~breite** f. (Eisenb) || width of head of rail || largeur f. du champignon du rail. **b) ~fläche** f. || running surface *or* tread of rail || surface f. *ou* table f. de roulement du rail. 27

Schienen-kreuzung f. || crossing of rails || croisement m. des rails. **a) ~kreuzungsstück** || built-up crossing piece || pièce f. de croisement composée de rails. **b) ~lager** n. || rail chair || coussinet m. **c) ~lagerung** f. || rail seat || assise f. des rails. **d) ~länge** f. (Eisenb) || length of rail. || longueur f. du rail. **e) ~lasche** f. || (rail) fish plate || éclisse f. de rails. **f) ~lauffläche** f. || running surface *or* tread of rail || surface f. *ou* table f. de roulement du rail. 28

Schienenleger m. (Feldbahn) || rail layer; trip rider (A) || poseur m. de voie. **a) Werkzeug** n. für **~** || platelayers' tool || outil m. pour poseurs de voie. 29

schienenloser Motorwagen m. (Elektr) || railless trolley car || trolleybus m. 30

Schienennagel m. || dog spike; rail spike || crampon m. de rail. **a) ~hammer** m. || spike hammer || chasse-crampon m. **b) ~winde** f. || spike drawing winch || appareil m. à vis pour tirer les crampons de rail. **c) ~zange** f. || spike tongs pl. || pince f. à crampons. 31

Schienenoberkante f. || top of rail || dessus m. du rail. **a) Maß** n. von ~ bis Mitte Puffer || measure from the top of rail to the center of buffer || distance f. entre le dessus du rail et le centre du tampon. 1

Schienen-paket n. || faggot; pile; rail pile || paquet m. *ou* trousse f. pour rail. **a) ~-presse** f. || rails press || presse f. à dresser les rails. **b) ~- und Trägerrichtpresse** f. || rail and girder straightening press || presse f. à dresser les rails et poutrelles. 2

Schienenprofil n. || rail section || profil m. *ou* section f. du rail. **a) ~schablone** f. || rail templet || gabarit m. de profil pour rails. 3

Schienenputzer m. (Bergb) || way cleaner || nettoyeur m. de rails. 4

Schienenräumer m. || cowcatcher || chasse-bestiaux m. **a) ~** einer **Lokomotive** || life *or* rail *or* safe guard of a locomotive || chasse-pierres m. *ou* garde m. d'une locomotive. 5

Schienenreibung f. || rolling friction *or* resistance at the rails || friction f. des rails. 6

Schienenricht-maschine f. || rail straightening machine || machine f. à dresser les rails. **a) ~platte** f. || bend face plate; dressing plate; surface plate; flattener || table f. en fonte pour le dressage des rails. 7

Schienen-rücker m. || rail slewer || appareil m. à déplacer les rails longitudinalement. **a) ~rückleitung** f. (elektr Bahn) || rail return || retour m. par les rails. **b) ~säge** f. || rail saw || scie f. à rails. **c) ~schraube** f. || screw for rails; coach screw || vis f. pour rails; tire-fond m. **d) ~schraubenschlüssel** m. || socket wrench; box spanner || clé f. à tirefonds. **e) ~schweißer** m. || rail welder || soudeur m. de rails. **f) ~-schweißung** f. || rail welding || soudure f. de rails. **g) ~speisekabel** n. || return feeder || câble m. de retour. 8

Schienensteg m. || stem *or* web of rail || âme f. *ou* tige f. du rail. **a)** sich **verjüngender ~** (Eisenb) || web of taper section || âme f. d'une section conique. 9

Schienenstegstärke f. (Eisenb) || thickness of web of rail || épaisseur f. de l'âme du rail. 10

Schienenstoß m. || rail joint || joint m. des ornières *ou* des rails. **a) aufliegender ~** (Eisenb) || supported joint || joint m. des rails soutenu. **b) geschweißter ~** || welded bond || joint m. brasé. **c) ruhender ~** || supported joint of rails || joint m. des rails sur appui. **d) schwebender ~** || suspending joint of rails || joint m. en porte-à-faux. **e) verlaschter ~** || fished joint of rails || joint m. éclissé des rails. 11

Schienenstoßprüfer m. || rail bond tester || essayeur m. d'éclissages *ou* de joints de rails. 12

Schienenstrang m. || rail; set of tracks || rail m.; voie f. de fer. **a) äußerer ~** (Eisenb) || outer line of rails || file f. extérieure. **b) innerer ~** (Eisenb) || inner line of rails || file f. intérieure. 13

Schienen-strom m. || rail current || courant m. de rail. 14

Schienenstuhl m. || rail chair; cradle || chair m. *ou* coussinet m. de rail. **a) Aufsetzen** der **Schienenstühle** mpl. auf Querschwellen (Eisenb) || fastening the chairs to the sleepers || sabotage m. des traverses. **b) Leit~** || guard rail chair || coussinet m. de contre-rail. 15

Schienen-stuhlbefestigung f. || rail chair fastening || crampon m. pour coussinets de rails. **a) ~träger** m. (Bergb) || rail carrier || meneur m. de rails. **b) ~tragzange** f. || barrow tongs pl. for rails || porte-tenaille m. pour rails. 16

Schienenübergang m. || crossing || passage m. **a) Ankündigungsvorrichtung** f. für ~ || warning apparatus for crossings || appareil m. avertisseur pour passages. 17

Schienen-überhöhung f. || cant of rails || surélévation f. *ou* surhaussement m. du rail extérieur. **a) ~unterkante** f. || bottom of rail || dessous m. du rail. 18

Schienenverbinder m. || rail bond || joint m. pour rails. **a) ~** aus **Draht** || wire rail-bond || joint m. à fils pour rails. **b) ~verbindung** f. || connection of adjoining rails; rail joint || assemblage m. *ou* éclissage m. *ou* joint m. des rails. **c) normaler ~verschleiß** m. || normal wear and tear of rails || usure f. normale des rails. 19

Schienenwalze (Met) || roll for rails || cylinder m. pour rails. **a) ~** (Pap) || cylinder of the rag engine || cylindre m. *ou* rouleau m. du moulin à cylindre. 20

Schienenwalzwerk n. || rail (rolling) mill || laminoir m. à rails; train m. de laminoirs pour rails; laminage m. de rails. 21

Schienenwandern n., Stemmlasche f. gegen || splice bar to prevent creeping of the rails || éclisse f. épaulée pour empêcher le cheminement des rails. 22

Schienenweg m. || trackway; railroad || chemin m. à rails. 23

Schienenzange f. (Eisenb) || rail tongs pl. || tenaille f. à rails. **a) ~** (Goldschm) || convex plyers pl. || pincette f. convexe. 24

Schienenzwischenraum m. || space between the lines; six foot || entre-voie f. 25

schieren, die Kette (Web) || to warp; to build up a warp || ourdir la chaîne. 26

Schierlingskraut n. || spotted hemlock || ciguë f. 27

Schießarbeit f. (Bergb) || shooting and blasting || faire sauter au moyen d'explosifs. 28

Schießbaumwolle f. || gun *or* collodion *or* explosive cotton; cotton powder; nitrocellulose || fulmi-coton m.; coton-poudre m.; nitrocellulose f.; coton m. azotique *ou* explosif. **a) ~kocher** m. || gun cotton boiler || bouilleur m. de coton explosif. **b) ~stampfmaschine** f. || gun cotton pulping machine || machine f. à mettre en pâte le fulmi-coton. 29

Schieß-bedarf m. || ammunition || munition f. **a) ~eisen** n. beim **Steinbrechen** || hammer-shaped iron plug || pointerolle f. 30

schießen || to fire || tirer. **a) ~** (Bergb) || to shoot; to blast a bore hole || faire sauter les rocs. **b) freihändig ~** || to fire standing || tirer à bras francs. **c)** mit der **Harpune** f. **~** || to shoot *or* to throw a harpoon || darder. **d) ~ lassen,** ein Tau n. || to slip *or* to loosen *or* to yield a cable || mouliner *ou* larguer *ou* mollir un câble. **e) scharf ~** || to fire a round (of powder and shot) || tirer à projectiles. **f)** mit **schwacher** Ladung **~** || to fire with reduced charge || tirer à charge faible. **g)** mit **voller** Ladung **~** || to fire with full service charge || tirer à charge pleine. **h)** an den **Wind** m. **~** || to spring the luff || faire auloffée. 31

Schießen n., **Probe** || proof with powder and shot || expérience f. *ou* épreuve f. de tir. 32

Schieß-meister m. (Bergb) || shot firer; shotsman || canonnier m.; boutefeu m. **a) ~nadel** f. (Bergb) || needle; nail; pricker; skewer || épinglette f. **b) ~platz** m. (Waffenw) || proving ground || polygone m. 33

Schießpulver n. || gun powder || poudre f. noire *ou* à canon *ou* de chasse (et de guerre). **a) ~** für **Kriegs-,** Jagd- und Bergwerkszwecke || gunpowder for the war, shooting and mines || poudre f. à tirer de guerre, de chasse et de mine. **b) Maschine** f. zur Herstellung von **~** || gunpowder manufacturing machine || machine f. pour la fabrication de poudre à canon. **c) rauchloses ~** || smokeless gun powder || poudre f. (à canon) sans fumée. 34

Schieß-scheibe f. || target || cible f.; disque m. pour stands. **a) ~spiel** n. || miniature range and gun for indoor target practice || appareil m. pour le tir simulé de l'artillerie. 35

Schießwolle-kocher m. || gun-cotton boiler || bouilleur m. de coton explosif. **a) ~pulver** n. || gun cotton powder || coton-poudre m. 36

Schiff n. || ship; vessel || bâtiment m.; navire m.; vaisseau m. **a) ~** (Bauk) || nave || nef f. **b) abgetakeltes ~** || dismantled *or* unrigged vessel || navire m. dégré. **c) ~** mit viel **Abtrift** || leeward vessel || mauvais boulinier m.; navire m., qui dérive beaucoup. **d) ~** mit vollem **Achterende** || vessel which is full aft || navire m. rond *ou* plein à l'arrière. **e) achterlastiges ~** || vessel down by the stern || navire m. sur l'arrière; bâtiment m. sur cul. **f) angesegeltes ~** || boarded ship || abordé m. **g)** ein **~ n. ansegeln** || to have a collision with a vessel || aborder un bâtiment m. **h) ansegelndes ~** || boarding-ship || abordeur m. **i)** das **~ arbeitet** heftig || the vessel labours much || le navire se fatigue. **k)** ein **~ n. aufbringen** || to bring up *or* to capture a ship || capturer un bateau. **l) aufgebautes ~** || raised vessel; vessel with raised deck || navire m. surhaussé. **m) aufgebrachtes ~** || captured vessel || navire m. capturé. **n) aufgetakeltes ~** || rigged vessel || navire m. en furin. **o) ~** in **Ausbesserung** || vessel in repairs || navire m. mis en cran. **p) ausländisches ~** || foreign vessel || bâtiment m. (de propriété) étranger(e). **q) ~** in **Ausrüstung** || ship fitting-out || navire m. en achèvement à flot. **r) ~** mit **Back** und Schanze || vessel with fore-castle and poop || navire m. accastillé. **s) beigedrehtes ~** || vessel lying to; vessel hove to; vessel trying || navire à la cape. **t)** ein **~ n. beilegen** || to heave a vessel || prendre la cape. **u) beladenes ~** || loaded vessel || navire m. chargé. **v) bemanntes ~** || manned ship || navire m. équipé. **w) Bergungskran~** || salvage crane ship || bateau m. à grue de sauvetage. **x) bewachsenes ~** || foul vessel || navire m. sale. **y) dichtes ~** || tight vessel || navire m. étanche. **z) ~** mit **Dieselmotoren** als Hauptmaschinen || vessel with marine Diesel engines as main engines || navire m. propulsé par moteurs Diesel marins.

a) ~ mit **doppeltwirkenden** Zweitaktdieselmotoren ‖ vessel with double-acting two-stroke Diesel engines ‖ navire m. équipé de moteurs Diesel à deux temps et à double effet. **b)** ~ mit **einfachwirkenden** Viertaktdieselmotoren ‖ vessel with single-acting four-stroke Diesel engines ‖ navire m. équipé de moteurs Diesel à quatre temps et à simple effet. **c) einheimisches** ~ ‖ native vessel ‖ bâtiment m. national. **d) Eisen~** ‖ iron ship ‖ navire m. en fer. **e) Eisenbeton~** ‖ reinforced concrete ship ‖ navire m. en béton armé. **f) eisenfestes** ~ ‖ iron-sound vessel ‖ navire m. (chevillé) en fer en bonnes conditions. **g) eisenkrankes** ~ ‖ iron-sick vessel ‖ navire m. en fer attaqué par la rouille. **h) entmastetes** ~ ‖ dismasted vessel ‖ navire m. démâté. **i)** ~ n. mit **erhöhtem** Quarterdeck ‖ ship with raised quarter deck ‖ navire m. à demie-dunette. **k) Fähr~** ‖ ferry ‖ bateau m. transbordeur. **l) Fahrgast~** ‖ passenger vessel *or* ship ‖ navire m. à passagers. **m) flachbodiges** ~ ‖ flat-floored vessel; flat-bottomed ship ‖ navire m. à fond plat. **n) flachgebautes** ~ ‖ flat-floored vessel; flat-bottomed ship ‖ navire m. à fond plat. **o) flachgehendes** ~ ‖ vessel of shallow draught ‖ navire m. à faible tirant d'eau. **p)** ~ mit **flachem Heck** ‖ square sterned vessel ‖ navire m. à poupe carrée. **q) Fluß~** ‖ river boat ‖ bateau m. de fleuve *ou* de rivière. **r) Fracht~** ‖ cargo vessel *or* ship; freighter ‖ cargo m. **s) fremdes** ~ ‖ foreign vessel *or* bottom ‖ bâtiment m. (de propriété) étranger(e). **t) gebrechliches** ~ ‖ crazy vessel ‖ navire m. en mauvais état; navire m. larguant partout. **u) gekupfertes** ~ ‖ coppered vessel; vessel sheathed with copper ‖ navire m. doublé en cuivre. **v)** ~ mit **geraden** Seiten ‖ wall-sided vessel ‖ navire m. aux côtés droits. **w)** ~ mit **gerader** Kimm ‖ vessel with a straight bilge ‖ navire m. à fleurs droites. **x) geschlepptes** ~ ‖ towed ship; tow ‖ bâtiment m. remorqué; remorqué m. **y)** ~ mit **glattem** Deck ‖ flush decked vessel ‖ navire m. ras. **z) gleichlastiges** ~ ‖ vessel upon an even keel ‖ navire m. sans différence de tirant d'eau. 1

a) gutgebautes ~ ‖ well-built vessel ‖ navire m. bien construit; navire m. de bonne construction. **b) gutsegelndes** ~ ‖ fast-going ship ‖ navire m. bonmarcheur. **c) Handels~** ‖ merchantman ‖ bateau-marchand m. **d)** ~ mit **hängendem** Achtersteven ‖ vessel with a hanging sternpost ‖ navire m. à quête de l'étambot. **e) Hilfs~** n. für **Unterseeboote** ‖ submarine depot ship ‖ bâtiment m. de sauvetage de sous-marins. **f)** ~ mit **hohem** schmalem Heck ‖ pink sterned vessel ‖ navire m. à arrière pointu. **g)** ~ aus **Holz** ‖ wooden ship ‖ bateau m. en bois. **h)** ~ für **inländische** Fahrt ‖ home trade ship ‖ navire m. de cabotage. **i) Kohlen~** ‖ collier; coal ship ‖ charbonnier m. **k) kondemniertes** ~ ‖ condemned ship ‖ navire m. condamné. **l) kopflastiges** ~ ‖ vessel by the head ‖ navire m. sur le nez; navire m. trop sur l'avant. **m)** das ~ **kreuzt** gut ‖ the vessel plies well to windward ‖ le navire est bon boulinier m. **n) Kühl~** (Gefäß) ‖ cooling tank; cooler ‖ bac m. refroidisseur *ou* frigorifique. **o) Kühl~** (Schiffb) ‖ refrigerated *or* cooling ship ‖ navire m. frigorifique. **p) kupferfestes** ~ ‖ copper-fastened vessel ‖ navire m. chevillé en cuivre. **q)** ~ für **lange** Fahrt ‖ foreign trade ship ‖ navire m. de long cours. **r) leckes** ~ ‖ leaky ship ‖ navire m. qui fait de l'eau. **s) leicht** beladenes ~ ‖ vessel with a light cargo ‖ navire m. léger à l'eau. **t) Linien~** ‖ battle ship ‖ cuirassé m. d'escadre. **u)** vom Anker **losgerissenes** ~ ‖ unmoored vessel ‖ navire démarré. **v)** das ~ **macht Wasser** ‖ the vessel makes water ‖ le navire fait de l'eau. **w)** ein ~n. **manövrieren** ‖ to work *or* to manœuvre a vessel ‖ manœuvrer un navire m. **x) manövrierfähiges** ~ ‖ ship under command; steering-ship ‖ navire m. qui gouverne; navire m. qui obéit à son gouvernail. **y) oberlastiges** ~ ‖ top heavy vessel ‖ navire m. jaloux; navire m. qui cargue; navire m. de faible côté. **z)** ein ~ n. **preien** ‖ to hail a vessel ‖ hêler *ou* raisonner un bâtiment m. 2

a) rankes ~ ‖ crank vessel; top heavy vessel ‖ navire m. jaloux; navire m. qui cargue; navire m. de faible côté. **b) reparaturunfähiges** ~ ‖ ship incapable of repair ‖ navire m. irréparable. **c)** ein ~ n. auf **Reede** legen ‖ to lay a ship in the road ‖ mettre en rade f. **d)** ~ in **erster Reserve** ‖ ship of the first reserve ‖ navire m. en première catégorie. **e)** ~ mit **runder** Kimm ‖ vessel with a round bilge ‖ navire m. à fleurs rondes. **f)** ~ mit **scharfem Achterende** ‖ vessel with a clean run aft ‖ navire m. bien évidé *ou* taillé de l'arrière. **g)** ~ mit **scharfem Bug** ‖ vessel with a fine *or* sharp bow ‖ navire m. bien taillé de l'avant. **h)** ~ mit **scharfer Kimm** ‖ vessel with a good *or* fine bilge ‖ navire m. de belles fleurs. **i) scharf(gebaut)es** ~ ‖ sharp *or* sharp built vessel ‖ navire m. fin. **k)** ~ mit **Schlagseite** ‖ lapsided *or* lopsided vessel ‖ bordier m.; bâtiment m. bordier. **l) schlechtgebautes** ~ ‖ badly *or* ill built vessel ‖ navire m. manqué. **m) schlechtlaufendes** ~ ‖ heavy sailor; slow-sailor ‖ mauvais-marcheur m. **n) Schlepp~** ‖ towboat; tug ‖ remorqueur m. **o) Schul~** ‖ training ship ‖ vaisseau m. école; navire-école m. **p) schwachgebautes** ~ ‖ weak built vessel ‖ navire m. qui manque de liaison; navire qui a des faibles liaisons. **q)** ~ mit **schweren** Bewegungen ‖ laboursome ship ‖ navire m. à mouvements durs. **r) Schwester~** ‖ sister ship *or* vessel ‖ frère-jumeau m.; navire m. jumeau. **s) See~** ‖ sea-going vessel ‖ bâtiment m. de mer. **t) seefähiges** ~ ‖ seaworthy ship ‖ navire m. capable de tenir la mer. **u) seeklares** ~ ‖ ship ready for sea ‖ navire m. prêt à sortir. **v) seetüchtiges** ~ ‖ seaworthy ship ‖ navire m. en bon état de navigabilité; navire m. capable de tenir la mer. **w) seeunfähiges** ~ ‖ disabled *or* unseaworthy ship ‖ navire m. en pantenne. **x) Segel~** ‖ sailer; sailing vessel ‖ voilier m.; bâtiment m. à voiles. **y) Segel~** n. mit **Hilfsmaschine** ‖ sailing-vessel with auxiliary steam power ‖ navire m. mixte. **z) segelfertiges** ~ ‖ ship ready for sea ‖ navire m. prêt à sortir. 3

a) ein ~ n. auf die **Seite** legen ‖ to careen a vessel ‖ mettre un vaisseau à la bande. **b)** in **Spanten** stehendes ~ ‖ ship in frames ‖ navire m. boisé; navire m. avec la membrure montée. **c)** ~ **mit Sprung** ‖ vessel with a sheer ‖ navire tonturé. **d)** ~ **ohne Sprung** ‖ straight sheered vessel ‖ navire n. sans tonture; navire m. ras sur l'eau. **e)** ~ mit **viel Sprung** ‖ round sheered vessel ‖ navire gondolé. **f)** ein ~ n. auf **Stapel** legen ‖ to lay *or* to put a ship on the stocks ‖ mettre un navire sur le chantier. **g) starkes** ~ ‖ strong built vessel ‖ navire m. qui a de bonnes liaisons. **h) stark** rollendes ~ ‖ seeler ‖ rouleur m. **i) steifes** ~ ‖ stiff vessel ‖ navire m. fort de côté; navire m. dur à abattre. **k) steuerlastiges** ~ ‖ vessel down by the stern ‖ navire m. sur l'arrière; bâtiment m. sur cul. **l) Tank~** ‖ tanker ‖ petrolier m.; bateau-citerne m. **m) tiefbeladenes** ~ ‖ deep loaded *or* deep laden vessel ‖ navire m. très-chargé. **n) tiefgebautes** ~ ‖ high built vessel; deep vessel; vessel with a deep hold ‖ navire m. profond. **o) tiefgehendes** ~ ‖ vessel of great draught ‖ navire m. de grand tirant d'eau. **p)** das ~ **treibt** ‖ the vessel drives ‖ le navire va en dérive. **q)** auf der Ladung **treibendes** ~ ‖ water-logged ship ‖ navire m. engagé dans l'eau. **r) überladenes** ~ ‖ overloaded vessel ‖ navire m. surchargé; navire m. chargé à couler bas. **s)** ein ~ n. **übersegeln** ‖ to run down a vessel ‖ passer dessus un bâtiment m. **t) umgebautes** ~ ‖ converted ship ‖ navire m. refondu. **u) unsinkbares** ~ ‖ unsinkable vessel ‖ bâtiment m. insubmersible. **v)** das ~ ist **untergegangen** ‖ the vessel is lost ‖ le navire a péri; le navire est perdu. **w) verbrauchtes** ~ ‖ worn-out vessel; ill-used vessel; vessel used all up ‖ navire m. consommé; bâtiment mal usé. **x) verlängertes** ~ ‖ lengthened vessel ‖ navire m. rallongé. **y)** das ~ **ist verloren** ‖ the vessel is lost ‖ le navire a péri; le navire est perdu. **z) verschollenes** ~ ‖ missing vessel ‖ navire m. disparu. 4

a) vollgebautes ~ ‖ full *or* broad built vessel; vessel of full forms ‖ navire m. à formes pleines. **b) vollgeladenes** ~ ‖ full loaded vessel ‖ navire m. barroté. **c)** ~ **vor Anker** ‖ vessel at anchor ‖ navire m. sur le fer. **d) Werkstatt~** (Bauw) ‖ bay *or* nave of the shop ‖ travée f. d'un hall. **e)** ~ mit **Zinkboden** ‖ vessel with zinc sheathing ‖ navire m. doublé en zinc. **f) zweideckiges** ~ ‖ two-decked ship; ship with two decks ‖ navire m. à deux ponts. **g)** ~ **in zweiter Reserve** ‖ ship in ordinary ‖ navire m. en disponibilité. 5

schiffbar ‖ navigable ‖ navigable. **a) nicht** ~ ‖ unnavigable ‖ pas navigable; innavigable. 6

Schiffbau m. ‖ shipbuilding; naval construction ‖ construction f. navale. **a) ~anstalt** f. ‖ ship yard ‖ chantier m. de constructions navales. 7

Schiffbauer m. ‖ shipbuilder; shipwright ‖ ingénieur m. *ou* constructeur m. de navires. **a) ~werkzeug** n. ‖ shipbuilders' tool ‖ outillage m. pour constructeurs de navires. 8

Schiffbau-halle f. ‖ shipbuilding hall ‖ hall m. de la construction navale. **a) ~holz** n.

|| shipbuilding timber || bois m. de construction navale. **b) ~ingeniör** m. || naval constructor *or* architect || ingénieur m. naval *ou* de la marine. **c) ~kunst** f. || naval architecture; shipbuilding || architecture f. navale. **d) ~material** n. || shipbuilding material || matériaux mpl. de construction de navires. **e) ~platz** m. || shipyard || chantier m. de construction. **f) ~presse** f. || shipbuilding press || presse f. pour construction navale. **g) ~sonderwerkzeugmaschine** f. || special machine tool for shipbuilding || machine-outil f. spéciale pour la construction des bateaux. **h) ~werft** f. || shipyard || chantier m. 1

Schiffbruch m. || shipwreck; wreck || naufrage m. **a) ~ erleiden** || to wreck; to be shipwrecked; to be wrecked; to be cast away || naufrager; faire naufrage; crever. 2

Schiffbrüchiger m. || shipwrecked; cast away || naufragé m. 3

Schiffbrücke f. || pontoon bridge || pont m. de bateaux *ou* de ponton. 4

Schiffchen n. (Buchdr) || composing galley || galée f. **a) ~** (Seew; Luftf) || boat || nacelle f. **b) ~** (Web; Nähmasch) || shuttle || navette f. 5

Schiffchensticker m. || embroiderer on shuttle loom || brodeur m. au métier à navette. 6

Schiffer-knoten m. || double-half *or* clove *or* running hitch; running *or* sailor's knot || nœud m. de batelier *ou* d'artificier. **a) ~zertifikat** n. || ship master's certificate || brevet m. de capitaine. 7

Schiffahrt f. || navigation || navigation f. **a) Dampf~** || steam navigation || navigation f. à vapeur. **b) Fluß~** || river navigation || navigation f. de rivière. **c) See~** || sea navigation || navigation f. de mer. 8

Schiffahrts-aktie f. || shipping share || valeur f. de navigation. **a) ~gesellschaft** f. || navigation company || compagnie f. de navigation. **b) ~kanal** m. || canal; ship canal || canal m. de navigation. **c) ~kunde** f. || nautics pl.; navigation || nautique f.; navigation f. **d) ~schleuse** f. || navigation lock || écluse f. pour la navigation. **e) ~weg** m. || water way || voie f. navigable. **f) ~zeichen** n. || navigation *or* nautical signal || signal m. de navigation. 9

Schiffmühle f. || ship mill || moulin m. à nef *ou* sur bateau. 10

Schiffrier-kunst f. || art of cipher-code-writing || art m. cryptografique. **a) ~maschine** f. || code typewriter || machine f. cryptografique. 11

Schiffs-abbruch m. || ship breaking-up || démolition f. de bateau. **a) ~abgaben** fpl. || ship money; ship's dues pl. || impôt m. de navire. **b) ~anker** m. || ship's anchor || ancre f. de bateau. **c) ~anlage** f. || marine installation || installation f. marine. **d) ~apotheke** f. || medicine chest for ships || pharmacie f. pour bateaux. **e) ~armatur** f. || ship's fittings pl. || armature f. pour bateaux. **f) ~arzt** m. || ship's medical officer || médecin m. du bord. **g) ~aufschleppe** f. || ship transfer lift || chariot m. de remorquage de bateaux. 12

Schiffsaufzug m. (Kanal) || inclined plane on a canal || ascenseur m. funiculaire. **a) ~** (Werft) || ship's elevator; slip || engin m. de levage des bateaux. 13

Schiffs-ausbesserung f. || ship repairing || radoubage m. de navires. **a) ~ausladung** f. || ship unloading || déchargement m. des bateaux. **b) ~ausrüstungsgegenstand** m. || rigging article || article m. de marine. **c) ~ausschlachter** m. || ship breaker || démolisseur m. de bateaux. **d) ~außenhaut** f. || skin of a ship || bordé m. extérieur *ou* bordage m. extérieur d'un navire. **e) ~bauten** mpl. || naval constructions pl. || constructions fpl. navales. **f) ~befrachter** m. || freighter; charterer || armateur m. **g) ~befrachtung** f. || ship freighting || affrètement m. de navires. **h) ~bergung** f. || salvage of vessels || sauvetage m. de navires. **i) ~beschläge** mpl. || ship mountings pl. || armatures fpl. de navires. **k) ~bettstelle** f. || ship bedstead || lit m. *ou* couche f. pour bateaux. **l) ~ blech** n. || ship plate || tôle f. de navire. **m) ~block** n. || ship block || bloc m. de bateaux. 14

Schiffsboden m. || ship's bottom || fond m. du navire. **a) ~farbe** f. || antifouling composition; paint for ships' bottoms || peinture f. sous-marine; enduit m. sous-marin; couleur f. pour fonds mpl. de navires. 15

Schiffs-brücke f. || pontoon *or* floating bridge || pont m. de bateaux. **a) ~bücher** npl. || ship's books pl. || livres mpl. de bord. **b) ~bug** m., **scharfer** || lean bow || proue f. fine *ou* maigre. **c) ~chronometer** n. || marine chronometer || chronomètre m. de bord *ou* de marine. **d) ~dampfmaschine** f. || marine steam engine || machine f. à vapeur marine. **e) ~davit** m. || ship's davit || davier m. de bateau. 16

Schiffsdieselmotor m. || marine Diesel engine || moteur m. Diesel marin. **a)** zum **Antrieb** von Fahrzeugen dienender **~** || marine Diesel engine used for propulsion of crafts || moteur m. Diesel marin appliqué à la propulsion des navires. **b) doppeltwirkender** Zweitaktsechszylinder **~** || six cylinder double acting two stroke marine Diesel || moteur m. Diesel marin à deux temps à double effet à six cylindres. **c) einfachwirkender** Zweitaktsechszylinder **~** || six cylinder single acting two stroke marine Diesel || moteur m. Diesel marin à simple effet à deux temps à six cylindres. **d) kompressorloser ~** || compressorless marine Diesel engine || moteur m. Diesel marin à injection mécanique. **e) umsteuerbarer ~** || reversible marine Diesel engine || moteur m. marin Diesel directement réversible. 17

Schiffs-doppelkessel m. || marine twin boiler || chaudière f. double marine. **a) ~durchlaß** m. || passage for vessels || passe f. navigable. **b) ~fender** m. || ship fender || défense f. de navires. **c) ~fenster** n. || bull's eye || hublot m. **d) ~führer** m. || captain; commander; master mariner; master of a vessel; shipmaster || capitaine m. de navire; patron m. **e) ~geräte** npl. || rigging || agrès mpl. de navires. **f) ~gesetzbuch** n. (Seew) || maritime code || code m. maritime. **g) ~glocke** f. || ship's bell || cloche f. de bateaux *ou* du bord. **h) ~größe** f. || size of ships || dimension f. des navires. **i) ~halter** m. (an Kaimauer) || bollard || borne f. *ou* poteau m. d'amarrage; amarre f. **k) ~haltering** m. || anchor ring || organeau m. d'amarrage. 18

Schiffshebe-bock m. || ship's heaver || chèvre f. à bateau. **a) ~werk** n. || ship lift; ship's hoisting tackle || monte-charge m. *ou* élévateur m. pour bateaux. 19

Schiffs-heizer m. || marine fireman || chauffeur m. d'un navire. **a) ~heizung** f. || ship's heating plant || chauffage m. pour bateaux. **b) ~helling** f. || slipway || cale f. de halage. **c) ~herd** m. || ship range || cuisine f. de bord. **d) ~hilfsmaschine** f. || marine auxiliary *or* donkey engine || machine f. auxiliaire de bord. **e) ~hobel** m. (Tischl) || compass plane || rabot m. rond *ou* cintré. **f) ~inspektor** m. || ship's husband || inspecteur m. des bâtiments d'une compagnie. **g) ~installation** f. || installation on ship board || installation f. à bord d'un navire. **h) ~journal** n. || log book; log || journal m. nautique *ou* de navigation. **i) ~junge** m. || ship's boy || mousse m. **k) ~kabineneinrichtung** f. || ship cabin equipment || aménagement m. pour cabines des bateaux. **l) ~kalender** m. || nautical almanac || almanach m. nautique. **m) ~kapitän** m. || captain of a ship || capitaine m. d'un bateau. **n) ~kessel** m. || marine boiler || chaudière f. marine. **o) ~knieschenkel** m. || upright of a rising timber || montant m. de courbe. **p) ~kompaß** m. || nautical *or* marine compass || boussole f. marine; compas m. de navires. **q) ~körper** m. || ship hull || coque m. de navire. **r) ~küche** f. || (ship's) cook room; galley || cuisine f. de bord. **s) ~kühlanlage** f. || ship's cooling plant || installation f. frigorifique pour bateaux. **t) ~ladung** f. || ship load; (ship's) cargo || chargement m.; cargaison f. **u) ~lände** f. eines **Kais** || landing place of a quay || cale f. d'un quai; embarcadère m. **v) ~leim** m. || marine glue || glu f. marine. **w) ~leiter** f. || ship's ladder || échelle f. d'un navire. **x) ~lieferant** m. || ship chandler || fournisseur m. de navire. **y) ~lieger** m. || ship keeper || gardien m. de navire. 20

Schiffslinien fpl. || lines pl. *or* run of a vessel || lignes fpl. d'un bâtiment. **a) ~riß** m. || construction(al) drawing; lines pl. || plan m. de construction. 21

Schiffs-liste f. || code list of ships || liste f. des bâtiments dans le code international. **a) ~löschanlage** f. || ship discharging plant || installation f. de déchargement de navires. **b) ~löscher** m. || ship unloader || déchargeur m. de bateaux. **c) ~magnetismus** m. || ship's magnetism || magnétisme m. du navire. **d) ~makler** m. || shipbroker || courtier m. maritime. 22

Schiffsmannschaft f. || crew; ship's company; hands pl. || équipage m.; hommes mpl. **a)** die **~ abmustern** || to pay off the crew || congédier l'équipage m. **b)** die **~ anmustern** || to ship the crew || engager l'équipage m. 23

Schiffsmaschine f. || marine engine || machine f. navale *ou* marine. **a) ~** für **Betrieb** mit Heißdampf und Einspritzkondensation || marine engine for superheated steam and jet condensing || machine f. marine avec surchauffe et condensation à injection. **b) liegende Raddampfer~** || horizontal paddle steamer marine engine || machine f. marine horizontale à roues. **c) stehende Schraubendampfer~** || (inverted *or*) vertical screw steamer marine engine || machine f. marine verticale à hélice. 24

Schiffsmaschinen-bau m. || marine engineering || construction f. de machines marines. **a) ~raum** m. || engine room of the ship || compartiment m. de machines du navire. 1
Schiffs-maschinist m. || ship's engineer || mécanicien m. de bord. **a) ~maß** n. || cubage || cubage m.; tonnage m. 2
schiffsmäßig || shipshape || marin. 3
Schiffsmodell n. || model of a ship || modèle m. d'un navire. **a) historisches ~** || model of historical ship || modèle m. de navire historique. 4
Schiffs-motor m. || marine motor || moteur m. marine. **a) ~mühle** f. || mill on board ship || moulin m. sur bateau. **b) ~mühlenrad** n. || ship mill's wheel || roue f. pendante de bateau. **c) ~nagel** m. || ship nail || clou m. de navires. **d) ~offizier** m. || second mate || lieutenant m. **e) ~öffnung** f. (Brückenb) || fairway arch || arche f. marinière. **f) ~ölmaschine** f. || marine oil motor || moteur m. à huile pour bateaux. 5
Schiffsort m. || ship's place *or* position || point m. *ou* position f. du navire. **a) ~** nach **astronomischer** Berechnung || ship's place *or* position by observation || point m. *ou* position f. d'un navire observée. **b) ~** nach dem **Besteck** || ship's place *or* position by the dead reckoning || position f. d'un navire estimée. **c)** den **~** m. **nachprüfen** || to check the ship's position || vérifier *ou* contrôler la position du navire. **d) wahrer ~** || true position of ship || vraie position f. du navire. 6
Schiffs-papiere npl. || ship's papers pl. || papiers mpl. de bord. **a) ~parkett** n. || herringbone parquetry || parquet m. à fougère *ou* à pointe de Hongrie. **b) ~part** f. || share in a vessel || quérat m.; portion f. égale. **c) ~partner** m. || share owner; part owner || co-bourgeois m. **d) ~paß** m. || certificate of health || certificat m. de santé. **e) ~pech** n. || navy *or* marine pitch; common black pitch || goudron m. à calfater; brai m.; poix f. noire. **f) ~plan** m. || draught *or* plan of a ship || plan m. d'un navire. **g) ~planke** f. || plank || bordage m. **h) ~plattenbiegemaschine** f. || bending machine for ship plates || machine f. à cintrer les plaques de navires. **i) ~polizei** f. || navigation police || police f. de la navigation. **k) ~propeller** m. || ship propeller || hélice f. pour navires. **l) ~proviant** m. || ship provisions pl. || provision f. de mer. 7
Schiffspumpe f. || ship's pump || pompe f. de vaisseau. **a) unklare ~** || choaked *or* foul pump || pompe f. égorgée. 8
Schiffsraum m. || hold || cale f. **a) ~** mit leicht verderbenden **Nahrungsmitteln** || ship's hold containing perishable food stuffs || soute f. de navire contenant des aliments périssables. 9
Schiffsreeder m. || ship owner || armateur m. 10
Schiffsregister n. || code list *or* register of ships || liste f. des bâtiments. **a) ~brief** m. *s.* Schiffszertifikat n. 11
Schiffsreinigung f. || cleaning of the ship || nettoyage m. du navire. 12
Schiffsrumpf m. || hull of a vessel; ship's hull || corps m. *ou* coque f. d'un navire. **a)** der **~** ist vorn und **achtern** eingezogen || the hull of the ship being recessed forward and aft || la coque du navire a des rentrants à l'avant et à l'arrière. **b) eiserner ~** || iron hull || coque f. de navires en fer. 13
Schiffs-schleppeinrichtung f. || tugging device for ships || installation f. de touage pour bateaux. **a) elektrisch** betätigte **~** f. || electrically operated ship lock || écluse f. de navigation à actionnement électrique. **b) ~schmied** m. || ship smith || forgeron m. de marine. **c) ~schmiede** f. || shipbuilder's forge || forge f. de construction navale. **d) ~schraube** f. || ship propeller || hélice f. pour navires. 14
Schiffsschraubenheberahmen m. || frame for lifting the screw || châssis m. *ou* cadre m. des hélices amovible. **a) ~führung** f. || rack of ship's screw lifting gear || guide m. *ou* coulisse f. de l'appareil pour hisser l'hélice d'un navire. 15
Schiffs-schreiner m. || ship joiner || menuisier m. de bateaux. **a) ~schwingung** f. || oscillation of a ship || oscillation f. d'un navire. **b) ~spant** f. || timber of a ship || couple f. d'un bateau. **c) ~spantenschmiegemaschine** f. || machine for squaring ship frames || machine f. à équerrer les couples de navires. **d) ~sperre** f. auf einem **Kanal** || canal closure || chômage m. **e) ~sprache** f. || ship language *or* slang || argot m. maritime. **f) ~station** f. (Funkw) || ship station || station f. de bord. **g) ~steuer** n. || ship steering gear *or* rudder || gouvernail m. **h) ~tagebuch** n. || log book; log || journal m. nautique *ou* de navigation *ou* de bord. **i) ~takelung** f. || ship rigging || montage m. d'agrès *ou* de manœuvres de navire; gréement m. de bateau. **k) ~taufe** f. || act of naming a vessel; christening of a vessel || baptême m. d'un bâtiment. **l) ~tauwerk** n. || ship cable || cordage m. pour la marine. **m) ~teer** m. || pitch and tar || brai m. gras; courai m.; courée f. **n) ~telegraf** m. || ship's telegraph || télégraphe m. de bateau. **o) ~turbine** f. || marine turbine || turbine f. pour bateaux. **p) ~uhr** f. || ship clock || horloge f. pour navires. **q) ~verlader** m. || ship loader; staithman || chargeur m. de bateaux; rivageur m. **r) ~verladung** f. || ship loading || chargement m. des bateaux. **s) ~vermessung** f. || measurement of a ship || jaugeage m. d'un navire. **t) ~vertrag** m. || treaty of navigation || traité m. de navigation. **u) ~verwaltung** f. || ship's accounts pl. || comptabilité f. de bord. **v) ~wächter** m. || ship keeper || gardien m. de navire. 16
Schiffsweg m., den **~** m. nach der Richtung bestimmen || to determine the ship's course according to direction || déterminer la course du navire d'après la direction. **a)** den **~** m. nach der zurückgelegten **Strecke** bestimmen || to find the ship's course according to distance covered by dead reckoning || déterminer la course du navire d'après la distance parcourue. 17
Schiffswelle f. || marine shaft || arbre m. de navire. **a) hohlgebohrte ~** || trepanned marine shaft || arbre m. de couche foré creux. 18
Schiffswerft f. || shipyard; dockyard || chantier m. de construction navale. **a) ~werg** n. || caulking tow || étoupe f. à calfater. **b) ~wetterdienst** m. || meteorological service for ships || service m. météorologique pour les navires. 19
Schiffswinde f. || windlass *or* winch || guindeau m. **a) hydraulische ~** || hydraulic windlass || guindeau m. hydraulique. 20
Schiffszertifikat n. || ship's certificate of registry || certificat m. de navire; acte m. de nationalité. 21
Schiffszimmermann m. || shipwright; ship carpenter *or* joiner || charpentier m. de bateaux; fustier m.; menuisier m. de navire. **a) ~axt** f. || blocking axe || hache f. du charpentier de navire. 22
Schiffs-zunge f. (Buchdr) || galley slice; slice || coulisse f. de galée. **a) ~zwieback** m. || ship biscuit; seabread || biscuit m. de mer. 23
Schifftreideln n. || boat towing; towing of a ship || halage m. de bateaux. 24
Schiffziehen n. *s.* Schifftreideln. 25
schiften (Zimm) || to join rafters together || embrancher. 26
Schifter n. || jack rafter; hip rafter || empanon m.; accoinçon m. 27
Schiftsparren m. || jack rafter || empanon m. 28
Schild m. || shield || bouclier m. **a) ~** (Schutzschirm) || splinter screen || masque f.; pare-éclats m. 29
Schild n. || plate || plaque f. **a) ~** (am Türschloß) || scutcheon || entrée f. **b) Email~** || enamelled plate; enamel sign || plaque f. *ou* enseigne f. émaillée. **c) Knochen~** || bone label || étiquette f. en os. 30
Schildanker m. (Seew) || mushroom anchor || crapaud m. d'amarrage. 31
Schilderblau n. || pencil blue || bleu m. de pinceau. 32
Schilderung f. || description || description f. 33
Schildkröten-fleisch n. || turtle meat || viande f. de tortue. **a) ~schale** f. || tortoise shell; carapace || écaille f. de tortue; carapace f. 34
Schild-lager n. (Masch) || end shield bearing || palier m. sur bouclier. **a) ~papier** n. || shield paper || écu m.; papier m. écu. 35
Schildpatt n. || tortoise shell || écaille f. de tortue. **a) blondes ~** || light shell || écaille f. blonde. **b) ~ schneiden** || to cut tortoise shell || fendre l'écaille. 36
Schildpatt-arbeiter m. || tortoise shell worker || tabletier m. en écaille. **a) ~auflage** f. || overlaying of tortoise shell || applique f. écaille. **b) ~drechsler** m. || tortoise shell turner || tourneur m. en écaille. **c) ~kamm** m. || tortoise shell comb || peigne m. en écaille. **d) ~papier** n. || tortoise paper || papier-écaille m. **e) ~schneider** m. || tortoise shell cutter || fendeur m. d'écaille. **f) ~waren** fpl. || tortoise-shell goods pl. || objets mpl. en écaille. 37
Schildwache f. (Textil) || sentinel || sentinelle f. 38
Schildzapfen m. || trunnion || tourillon m. **a) ~** des **Konverters** (Met) || converter trunnion || tourillon m. du convertisseur. **b) Länge** f. **über ~** || width over trunnions || largeur f. sur les tourillons. 39
Schilf n. || reed; cane || roseau m.; canne f. **a) ~brücke** f. || rush bridge || pont m. de joncs. **b) ~glaserz** n. || freieslebenite || freieslébénite. f. **c) ~rohr** n. || reed; cane || roseau m.; canne f. **d) ~waren** fpl. || rush reed goods (pl. || articles mpl. en roseau. 40
Schillerglanz m. || changeable *or* varying lustre || éclat m. chatoyant; lustre m. changeant. 41

schillern || to vary *or* change colours || chatoyer; miroiter. 1

Schillern n. || varying colours || chatoiement m.; éclat m. chatoyant; miroitement m.; reflet m. irisé. 2

schillernd (Web) || shot; glacé; shot-coloured; scintillating; changeable; chatoyant || à reflets mpl. changeant; glacé; chatoyant. 3

Schiller-samt m. || shot-velvet || velours m. glacé. **a) ~spat** m. || bastite; schiller-spar || bastite; f. diallage m. métalloïde. **b) ~stein** m. || bastite; schiller spar || bastite f.; diallage m. métalloïde. **c) ~taft** m. || (watered) shot taffeta || taffetas m. changeant. 4

Schimmel m. (Pilz) || mould; white film; mildew || chancissure f.; moisi m.; moisissure f.; mildiou m. 5

schimmelig || fusty; mouldy; musty || chanci; moisi. 6

schimmeln || to contract mould; to get *or* to grow mouldy; to turn musty || chancir; se chancir; moisir; se moisir. 7

Schimmelpilz m. || mould || moisissure f. 8

Schindanger m. || flaying ground *or* place || voirie f. 9

Schindel f. || shingle || bardeau m. **a) ~bedachung** f. || shingling || couverture f. en bardeaux. **b) ~decker** m. || shingling layer || poseur m. de voliges *ou* de bardeaux. **c) ~erz** n. || clay iron ore; columnar argillaceous red iron ore; columnar red || argile f. ferrugineuse en tiges. **d) ~hobler** m. || shingle planer || raboteur m. de bardeaux. **e) ~maschine** f. || circular saw for roof shingles || scie f. circulaire à bardeaux. 10

Schindelnagel m. (Zimm) || clasp *or* shingle nail || clou m. à bardeaux. **a) ~** (Min) || columnar argillaceous iron; columnar red-clay iron-ore || argile f. ferrugineuse en tiges. 11

Schindelsäger m. || shingle sawyer || scieur m. de bardeaux. 12

Schinder m. || skinner || écorcheur m.; excoriateur m. 13

Schinkelhaken m. (Seew) || can hook || élingue f. à pattes. 14

Schinken-konserve f. || canned ham || jambon m. en conserve. **a) ~räucherer** m. || ham smoker || fumeur m. de jambons. 15

Schippe f. || shovel; scoop || pelle f. (ronde); escoupe f. 16

Schirbel m. (Met) || bloom; slap || lopin m.; maquette f.; massoque f. 17

Schirm m. (Beleucht) || shade || réflecteur m. **a) ~** (Elektr; Phys) || screen || écran m. **b) emaillierter ~** || enamelled shade || abât-jour m. émaillé. **c) magnetischer ~** || magnetic shield || écran m. magnétique. **d) Mützen~** || cap peak || visière f. de casquette. **e) reflektierender ~** || reflecting screen || écran m. réflecteur. **f) Regen~** || umbrella || parapluie m. **g) Wagen~** || carriage umbrella || ombrelle f. pour voitures. 18

Schirm-antenne f. || umbrella aerial *or* antenna || antenne f. en parapluie. **a) ~beschlag** m. || umbrella fittings pl. || garniture f. pour parapluies. **b) ~fertigungsmaschine** f. || umbrella making machine || machine f. pour fabriquer des parapluies. **c) ~flicker** m. || umbrella mender || réparateur m. de parapluies. 19

schirmförmige Dachspitze f. || umbrella shape roof || toit m. *ou* toiture f. conique. 20

Schirm-futteral n. *s.* Schirmhülle. **a) ~garnitur** f. || umbrella fittings || garniture f. de parapluies. **b) ~gestell** n. || umbrella frame || monture f. *ou* carcasse f. de parapluie. **c) ~gitterröhre** f. || shielded grid pliotron || lampe f. à double grille. **d) ~glocke** f. || brooder || virole f. **e) ~griff** m. || umbrella handle || poignée f. pour parapluies. **f) ~hülle** f. || umbrella sheath || gaîne f. *ou* fourreau m. de parapluies. **g) ~mütze** f. || forage cap; peaked cap || casquette f. à visière. **h) ~näher** m. || umbrella sewer || couseur m. de parapluies. 21

Schirmnetz n. (Funkw) || umbrella aerial || antenne f. en parapluie. **a) ~antenne** f. *s.* Schirmnetz. 22

Schirm-posamenten pl. || umbrella and parasol trimmings pl. || passementerie f. pour parapluies. **a) ~stickerin** f. || screen embroiderer || brodeuse f. sur écrans. **b) ~stock** m. || umbrella stick || canne-parapluie f. **c) ~stoff** m. || umbrella cloth || étoffe f. pour parapluies. **d) ~tuch** n. || tilt || banne f. **e) ~wand** f. (Glasf) || screening wall || chasse f. **f) ~werk** n. (Wasserb) || breakwater; sea defence || brise-lames m. 23

Schirr-balken m. || bolster; corbel piece; bracket || corbeau m.; racinal m.; sous-poutre f.; sous-longueron m. **a) ~nagel** m. || wrapping plate and hook || happe f. à crochet. 24

Schirting m. || madapollam; shirting || cretonne f.; madapolam m.; shirting m. 25

schlachten || to butcher; to kill; to slaughter || abattre. 26

Schlächter m. || slaughterer || tueur m. de bestiaux. **a) jüdischer ~** || Jewish slaughterer || sacrificateur m. juif. 27

Schlächterei f. || butchery; butcher's shop || boucherie f. **a) ~werkzeug** n. || butcher's tools pl. || outils mpl. de boucherie. 28

Schlächtermesser n. || butcher's knife || couteau m. de boucher. 29

Schlachtfleisch n., **frisches** || fresh meat || viande f. fraîche de boucherie. 30

Schlachtflugzeug n. || combat airplane || avion m. de bataille. 31

Schlachthaus n. || slaughter house || abattoir m. **a) ~aufseher** m. || slaughter house keeper || surveillant m. d'abattoir. **b) ~einnehmer** m. || tax collector of the slaughter house || adjudicataire m. *ou* concessionnaire m. des droits d'abattoir à percevoir. **c) ~einrichtung** f. || slaughter-house installation || installation f. d'abattoir. **d) ~spezialwage** f. || special scale for slaughter houses || bascule f. spéciale d'abattoirs. **e) ~verwalter** m. || slaughter house manager || directeur m. d'abattoir. 32

Schlachthof m., **städtischer** || public abattoir || abattoir m. municipal. **a) ~einrichtung** f. || slaughterhouse equipment || installation f. d'abattoir. 33

Schlacht-maske f. || slaughtering mask || masque m. d'abattoir. **a) ~messer** n. || butcher's knife || couteau m. de bouchers. **b) ~tier** n. || slaughter-animal || animal m. de boucherie. 34

Schlachtung f. || slaughtering || abatage m. 35

Schlachtviehbetäubungsapparat m. cattle stunning apparatus || appareil m. à endormir les bestiaux à abattre. 36

Schlachtwolle f. || skin *or* fellmongered *or* pelt *or* plucked wool || laine f. pelade *ou* Mazamet *ou* de peaux. 37

Schlacke f. || slag; cinder; dross; scoria; clinker || crasse f.; laitier m.; scorie f.; mâchefer m. **a) die ~ abstechen** (Met) || to tap *or* to run off the cinder || faire écouler le laitier. **b) die ~n** fpl. **abwerfen** || to run off the scoria *or* the slags pl. || haler le laitier *ou* les scories fpl. **c) die ~ abziehen** || to take off the slags pl. || ôter les scories fpl. **d) arme ~** || refuse || scorie f. pauvre. **e) basische ~** || basic slag *or* clinker || laitier m. *ou* scorie f. basique. **f) bimsteinartige ~** || honey comb slag || scorie f. poreuse. **g) entglaste ~** || devitrified slag || scorie f. dévitrifiée. **h) erdige ~** || earthy slag || scorie f. terreuse. **i) Frisch~** (Met) || finery slag || scorie f. d'affinerie. **k) glasige ~** || vitrous slag || scorie f. vitreuse. **l)** zu **Halden** aufgehäufte **~** || slag accumulated in dump hills || laitier m. entassé sur des terrils. **m) ~** für die **Halde** || dross for the dump || crasse f. à haler. **n) Hochofen~** || blast furnace slag || laitier m. de haut fourneau. **o) Hochofenstück~** || blast furnace slag in pieces || laitier m. de haut-fourneau en morceaux. **p) kristallinische ~** (Hüttenw) || crystalline slag || scorie f. crystalline. **q) neutrale ~** || neutral slag || scorie f. neutre. **r)** stark **oxydierende ~** || strongly oxidizing slag || scorie f. riche en oxygène. **s) phosphorhaltige ~** || phosphatic slag || scorie f. phosphatée *ou* de déphosphoration. **t)** rohe ~ f. vom **Puddelofen** || tap cinder || scorie f. crue de puddlage. **u) saure ~** (Met) || acid slag || laitier m. acide. **v) steinige ~** || stone line slag || scorie f. pierreuse. **w) Thomas~** || Thomas *or* basic slag || scorie f. Thomas. **x) Verarbeitung** f. von **~** zu **Phosphatmehl** || grinding down the slag into phosphate meal || pulvérisation f. des laitiers en farine de phosphate. **y) vulkanische ~** || scoria || scorie f. volcanique. **z) zähflüssige ~** || slag of viscid *or* viscous fluidity || scorie f. consistante *ou* visqueuse. 38

a) die **~ ziehen** || to draw the slags pl. || faire sortir *ou* sortir les crasses fpl. 39

Schlacken-abstichseite f. || slag tapping side || côté f. coulée des scories. **a) ~arbeiter** m. || slagger || décrasseur m. 40

schlackenartig || drossy || crasseux. 41

Schlacken-auge n. *s.* ~loch. **a) ~beton** m. || slag concrete || béton m. de laitier. **b) ~bett** n. || cinder bed; bed of scoria || lit m. de scorie. **c) ~bildung** f. || incrustation || incrustation f. **d) ~blech** n. (Hochofen) || dam plate || plaque f. de dame. **e) ~blei** n. || scoria *or* slag lead || plomb m. de scories. **f) ~brecher** m. || slag breaker || concasseur m. à scorie. 42

schlackende Kohle f. || clinkering coal || charbon m. scorifère. 43

Schlacken-fahrer m. || slag wheeler || rouleur m. de cendres. **a) ~fall** m. || clinker pit || dépôt m. des scories de foyer. **b) ~faser** f. || slag fiber || fibre f. de scorie. **c) ~form** f. (Met) || slag twyer || moule f. à laitier. **d) ~frischen** n. || pig boiling || puddlage m. par bouillonnement. **e) ~granulation** f. || slag granulation || granulation f. de laitier. **f) ~grubenreiniger** m. || cinder pit man || nettoyeur m. de pits. **g) ~haken** m. || cinder hook || croard m. **h) ~halde** f. || dump || terril m.; crassier m.; halde f. **i) ~hebewerk** n. || slag lifting device || appareil m. de levage de laitier granulé.

k) ~herd m. || slag hearth || fourneau m. à scories. **l) ~isolierung** f. || slag wool covering || enveloppe f. en laine de scorie. **m) ~kasten** m. || cinder box || caisse f. à laitier. **n) ~kobalt** n. || safflorite || safflorite f. **o) ~kübel** m. || slag bucket || baquet m. à scories. **p) ~kuchen** m. || cake of cinder *or* slag *or* clinker || gâteau m. *ou* plaque f. de scories. **q) ~kümpel** m. || slag ladle || cuiller m. *ou* poche f. *ou* gouttière f. à scorie. **r) ~lauf** m. || slag channel || voie f. de scorie. **s) ~läufer** m. || slag man || brouetteur m. de crasses. **t) ~lava** f. || scorified lava || lave f. scorifiée. **u) ~loch** n. (Met) || slag hole; floss hole; slag notch || trou m. à laitier; bec m. de passage de laitier. **v) ~mauerstein** m. || slag brick || brique f. de laitier. **w) ~mühle** f. für die Verarbeitung der **Thomasschlacke zu Phosphatmehl** || slag mill to grind down Thomas slag into phosphate meal || moulin m. à laitiers pour la pulvérisation des laitiers Thomas en farine de phosphate. **x) ~mühlenarbeiter** m. || slag grinder || pileur m. de laitier. **y) ~pfanne** f. (Gieß) || slag ladle || poche f. à laitier. **z) ~puddeln** n. || boiling *or* puddling || puddlage m. par bouillement *ou* par bouillonnement. 1

schlacken-reiches Eisen n. || slaggy *or* wet *or* drossy iron || fer m. gras. **a) ~reine Kohle** f. || coal free of slag || charbon m. non scorifère. 2

Schlacken-rest m., den **Stahl** m. durch Umschmelzen von **~en reinigen** || purifying steel of its residue of slag by remelting it || purifier par la fusion l'acier des restes de scorie. **a) ~rost** m. || clinker grate || grille f. à scories. **b) ~rösten** n. || scorification roasting || calcinage m. des scories. **c) ~sand** m. || slag sand || sable m. de laitier. **d) ~sattel** m. || saddle of scoria || selle f. de scorie. **e) ~schaufel** f. || poker || cure-feu m. **f) ~scherben** m. || assay porringer; scorifier || écuelle f. à scorifier. **g) ~staub** m. || coal dust; culm || fraisil m.; frasil m.; frasin m.; frazin m. 3

Schlackenstein m. || scoria brick; slagstone || brique f. de scorie. **a) ~herstellungsanlage** f. || slag bricks manufacturing plant || installation f. pour la fabrication des pierres en scorie *ou* des briques de laitier. 4

Schlacken-stich m. || slag hole || trou m. de coulée des scories. **a) ~sumpf** m. || roughing hole || trou m. de laitier. **b) ~trift** f. || cinder fall; slag duct || pissée f.; voie f. du laitier *ou* de scories. **c) ~untersuchung** f. || slag analysis || analyse m. du laitier. **d) ~verarbeitung** f. || slag treatment || traitement m. de laitier. **e) ~verwertung** f. || utilization of slag || utilisation f. de scorie. **f) ~wagen** m. || slag cart || wagonnet m. à scories. **g) ~wäsche** f. || slag washery || laverie f. de scories. **h) ~wäscher** m. || slag washer || laveur m. de laitier. **i) ~wolle** f. || slag wool; silicate cotton; cinder hair || laine f. de laitier *ou* de scorie; poil m. de scorie. **k) ~zange** f. || slag tongs pl. || pince f. à scorie. **l) ~zement** m. || slag cement || ciment m. de laitier *ou* de scorie. **m) ~ziegel** m. || slag stone *or* brick || brique f. de scories *ou* de laitier. **n) ~ziegelstein** m. || slag brick || brique f. de laitier. **o) ~zinn** n. || prillion || étain m. des scories. 5

schlackig || drossy; slaggish || crasseux. 6

Schlafdecke f. || sleeping rug || couverture f. de nuit. 7

Schläfe f. || temple || tempe f. 8

schlaff || loose; slack || lâche; mou; flasque. **a) ~ machen** || to slacken; to slack off || lâcher. **b) ~ sein** || to be slack || avoir du mou. 9

Schlaffseilausrückung f. || slack rope release || mécanisme m. de débrayage par câble mou *ou* non tendu. 10

Schlaf-haus n. || lodging house; dormitory || maison f. à dortoir. **a) ~koje** f. || berth || couchette f. **b) ~mittel** n. || soporific || soporatif m. **c) ~platz** m. (an Bord) || forecastle || gaillard m. **d) ~raum** m. || sleeping room || dortoir m. 11

Schläfrigkeit f. || drowsiness || somnolence f. 12

Schlaf-rock m. || dressing-gown || robe f. de chambre. **a) ~saal** m. || dormitory || dortoir m. 13

Schlafwagen m. || sleeping car || wagon-lit m. **a) ~abteil** n. || sleeping coupé *or* compartment || coupé m. lit. 14

Schlafzimmereinrichtung f. || bedroom suite || installation f. de chambres à coucher. 15

Schlag m. (allgem) || blow; shock || choc m. **a) ~** (Forstw) || cutting; felling || abatage m.; abattage m.; abatis m. **b) ~** (Masch) || knocking || tapage m. **c) ~** (Segelschiffkreuzstrecke) || board; tack; leg; stretch || bord m. *ou* bordée f. **d) ~** (Propellerumdrehung) || turn || tour m. **e) ~** (Web) || shot; pick || passée f. **f) Abtrieb~** (Holz) || final stage || partie f. pour la coupe. **g) ~ für Besamung** (Wald) || seeding stage || coupe f. d'ensemencement. **h) blinder ~** (Goldschl) || ineffective blow || coup m. perdu. **i) ~ auf einen Dorn** || blow (struck) on a (tapering) mandril || coup m. sur un mandrin. **k) elektrischer ~** || electric shock || choc m. *ou* commotion f. électrique. **l) ganzer ~** (Tauwerk) || round turn || tour m. mort. **m) halber ~** (Tauwerk) || half turn; cross of cables || demi-tour m.; croix f. sur les câbles. **n) kalter ~** || return shock *or* stroke || choc m. en retour. **o) kurze** Schläge mpl. (Seew) || short boards pl. *or* tacks pl. || petits bords mpl. **p) kurzen ~ rudern** || to pull short stroke || nager vivement. **q) ~ eines Taues** || lay of a rope || commettage m. d'un cordage. **r) ~ eines Webstuhles** || lath *or* lay *or* batten of a loom || battant m. *ou* chasse f. d'un métier. 16

Schlag-abraum m. (Forst) || slashings pl. || déchets mpl. de coupes. **a) ~bettung** f. || cradle; launching-cradle || ber m.; berceau m. 17

Schlagbiegeversuch m. || bending test by shock; impact bending test || essai m. de flexion par choc; essai m. à chocs de flexion. **a) ~ der Achsen** || shock deflection test of axles || essai m. de flexion par choc sur essieux. **b) ~ mit (scharf) eingekerbtem Stab** || bending test by shock of a notched bar || essai m. de choc et de ployage sur barreau entaillé. 18

Schlag-bohrer m. || percussion drill || burin m. **a) ~bolzen** m. (Büchsenm) || striking pin || broche f. de percussion. **b) ~brunnen** m. || lever pump || pompe f. à levier. **c) ~dauer f., gesamte** || total duration of blow || durée f. totale du choc. 19

Schlageküpe f. || beating vat || batterie f. 20

Schlägel m. (Bergb) || sledge || massette f.; masse f. **a) ~** (zum Holzspalten) || beetle || maillet m.; massue f. **b) ~** (Hutm) || beater; mallet || battoir m.; maillet m. **c) ~** (Steinm) || mallet || maillet m. **d) ~** (Stopfhacke) || rammer || batte f. **e) ~ und Eisen** n. || hammer and wedge, mallet and gad || marteau m. et coin m. **f) Nummer ~** || die hammer || marteau m. compteur. 21

schlagen (allgem) || to beat || battre; frapper. **a) ~** (Schmied) || to forge; to hammer || marteler. **b) ~** (Segel) || to flap || battre. **c)** die **Baumwolle ~** || to batten *or* to beat the cotton || battre le coton. **d)** eine **Brücke ~** f. || to lay *or* to throw a bridge || jeter un pont. **e)** einen alten **Hut** über den **Stock ~** || to iron an old hat || donner le buis *ou* un coup de fer à un vieux chapeau. **f) kabelweise ~** || to lay cable-fashion || commettre en câble *ou* en grelin. **g)** die **Kastenzimmerung ~** (Bergb) || to jam props pl. and stalls pl. || jeter le cuvelage. **h)** die **Kokons** mpl. **~** || to beat the cocoons pl. || battre les cocons mpl. **i)** die **Lade** f. **~** || to beat the lathe || frapper le battant. **k)** auf den **Leisten ~** m. || to put *or* to set on the last || mettre *ou* monter sur forme. **l)** das **Rad schlägt** || the wheel is out of truth; the wheel runs untrue || la roue flotte; la roue tourne à faux. **m)** ein **Tau** n. **~** || to lay *or* to twine *or* to twist a rope. || commettre un cordage. **n) troßweise ~** (Reepschl) || to lay hawser fashion || commettre en aussière *ou* en toron. 22

Schlagen n. von **Geweben** || cloth beetling || beetlage m. de tissus. **a) ~** der **Goldblättchen** || gold-beating || batte f. des feuilles d'or. **b) ~** der **Segel** || flapping of the sails || battements mpl. des voiles. **c) ~** eines **Waldes** || cutting down *or* felling a wood || coupe f. d'un bois. 23

schlagend (überraschend; deutlich) || convincing || frappant; démonstratif. **a) ~e Bewegung** f. || striking movement || mouvement m. percutant. **b) ~e Wetter** npl. || black *or* fire *or* fulminating damps pl.; mine gas; firy atmospheres pl. || grisou m.; feu m. grisou; brisou m.; grieu m.; terrou m. 24

Schlager m. || taking piece; draw; hit || pièce f. *ou* morceau m. à succès; clou m. 25

Schläger m. (Tennis) || racket || raqeutte f. **a) ~** (Waffe) || rapier || rapière f.; brette f. 26

Schläger-detaschör m. || beater detacher || détacheur m. à batteurs. **a) ~werk** n. (Müll) || beaters pl. || batteurs mpl. 27

Schlag-feder f. (Gewehrschloß) || main spring || grand ressort m. **a) ~festigkeit** f. || resistance to shock || résistance f. au choc. 28

Schlagfläche f. || impact surface || surface f. d'impact. **a) ~ des Hammers** || striking surface of the hammer || surface f. de frappe du marteau. 29

Schlag-haube f. || pile cover || capuchon m. du pieu. **a) ~instrument** n. || percussion instrument || instrument m. à percussion. **b) ~knickversuch** m. || impact buckling test || essai m. à chocs de flambage. **c)** **~körner** npl. || linses pl. of solder || paillons mpl. de soudure. **d)** **~kreis** m. (Bergb) || perimeter of a concession || cercle m. *ou* périmètre m. embrassé par la demande de concession. 1

Schlagkreuz n. || beating cross || croisillon m. à marteaux. **a)** **~mühle** f. || cross beater *or* hammer mill || moulin m. de percussion à crosse; moulin m. à croisillon percuteur; broyeur m. à marteaux. 2

Schlag-krone f. des **Kolbens** (Preßlufthammer) || serrated edge of the piston || denture f. du piston. **a)** **~leine** f. (Zimm) || carpenter's (chalk) line || cordeau m.; ligne f.; fouet m. 3

Schlagleiste f. (Masch) || beating arm || battoir m. **a)** **~** (Tür) || frame ledge || battée f. 4

Schlag-licht n. (Mal) || stroke of light || grande lumière f. **a)** **~lot** n. || hard solder || soudure f. forte *ou* de cuivre.; brasure f. 5

Schlagmaschine f. (Spinn) || beater || batteur m. **a)** die **~** **schlägt** die Masse und den Teig || the cake mixer beats the paste and the dough || la batteuse f. bat toutes les qualités de pâtes. **b)** **Schnee~** (Bäckerei) || cake mixer for beating eggs || batteuse f. pour battre les œufs en neige. **c)** **Teig~** || dough beating machine || machine f. à battre la pâte. 6

Schlagmoment n. || striking moment || moment m. de choc. 7

Schlagmühle f. (Müll) || centrifugal mill || broyeur m. centrifuge; desintégrateur m. **a)** **~** (Tuchm) || beetling mill || calandre f. aux pilons. 8

Schlagnetz n. (Fisch) || racket; trap || gabare f. **a)** **kleines ~** || drag net; sean; seine || gabaret m. 9

Schlagpresse f. (Buchdr) || matrix striking press || presse f. à empreindre. 10

Schlagprobe f. || shock *or* fall proof; drop *or* crushing *or* impact test || (épreuve f. d'aplatissement *ou* à l'escarpolette); essai m. au choc. **a)** **senkrechte ~** || vertical drop test || essai m. au choc en position verticale. **b)** **senkrechte ~** mit einem **Rad** || shock test-wheel in vertical position || essai m. au mouton d'une roue en position verticale. **c)** **wagerechte ~** || horizontal drop test || essai m. au choc en position horizontale. 11

Schlag-pütze f. || draw bucket || puisoir m. à eau. **a)** **~rad** n. || cam disc; striking wheel || roue f. à came *ou* de frappe. **b)** **~rädchen** n. || milling wheel || molette f. **c)** **~rakete** f. || bounce *or* marroon headed rocket || fusée f. de signaux à pétard. 12

Schlagriemen m. (Seew) || stroke oar || aviron m. du chef de nage. **a)** **~** (Web) || lug strap || bride f. de chasse; lanière f. à taquet. 13

Schlagröhr-stock m. || tube spindle || broche f. à étoupilles. **a)** **~tasche** f. || tube pocket || sac m. à étoupilles. 14

Schlag-säule f. (Schleusentor) || mitre *or* meeting post || poteau m. battant *ou* montant. **a)** **~schatten** m. || cast shadow || ombre f. portée. **b)** **~schatz** m. (Münzw) || mintage || rendage m.; brassage m. **c)** **~scheibe** f. einer **Rakete** || fuze disk of a rocket || tampon m. de fusée. **d)** **~schnur** f. (Zimm) || carpenter's (chalk) line || cordeau m.; ligne f.; fouet m. **e)** **~schwelle** f. (Schleuse) || branch of the mitre sill || seuil m. du busc. 15

Schlagseite f. (Schiff) || lop side; list || faux-bord m.; faux-côté m. **a)** einem Schiff n. **~ geben** || to heel a ship; to give a list to a ship || carguer un navire; donner un navire à la bande. **b)** **~** des **Hammers** || hammer fall || panne f. du marteau. 16

Schlag-ständer m. || rider || porque f. **a)** **~stärke** f. || force of the blow || puissance f. de frappe. **b)** **~stein** m. (Buchb) || beating stone || pierre f. à battre; mailloir m. **c)** **~stift** m. (Büchsenm) || striking pin || percuteur m.; broche f. de percussion. 17

Schlagstöckchen n. (Schmied) || stock anvil || tas m. à queue. **a)** **~** (Kupferschm) || polishing block; stake; test || tas m.; tasseau m. 18

Schlagtor n. || cheek gate *or* hatch || porte f. busquée. 19

Schlaguhr f. (Standuhr) || striking clock || horloge f. sonnante. **a)** **~** (Taschenuhr) || striking watch || montre f. à sonnerie. 20

Schlag-ventilpumpe f. || pump with clapper valve || pompe f. à battant. **a)** **~verband** m. für **Pflaster** || diamond bond for paving || disposition f. en losange des pavés. **b)** **~versuch** m. || concussion *or* impact *or* drop test || essai m. au choc. **c)** **~wasser** n. (Schiff) || bilge water || eau f. de fond de cale. **d)** **~weite** f. des **Funkens** (Elektr) || spark length; striking distance of the spark || distance f. *ou* portée f. explosive de l'étincelle. 21

Schlagwerk n. (Ramme) || pile driver; tup; pile driving machine; ram (engine) || sonnette f.; batte f.; mouton m. **a)** **~** (Stanze) || swage; punch || étampe f.; estampe f.; matrice f. **b)** **~** (Uhr) || striking work *or* train || sonnerie f. **c)** **elektrisches ~** (Fernm) || electric ringing apparatus || sonnerie f. électrique. **d)** **~** für **Turmuhren** || striking mechanism for tower clocks || mouvement m. de sonnerie pour horloges de clochers. **e)** **Zwillings~** || twin ram impact testing machine || machine f. jumelle pour essais à chocs. 22

Schlagwerkzeug n. || straightening hammer || marteau m. à dresser. 23

Schlagwetter n. || fire damp; fiery vapours pl. || brisou m.; grisou m.; grieu m. **a)** **~anzeiger** m. || choke damp indicator || indicateur m. de grisou. **b)** **~apparat** m. || safety apparatus || appareil m. de sûreté. 24

schlagwettersicher || choke-damp-proof || antidéflagrant; antigrisonteux. 25

Schlagwetterzehrapparat m. || fire damp consuming lamp || lampe f. à consumer le grisou. 26

Schlagwiderstand m. || impact resistance || résistance f. au choc. **a)** **~** in **Meterkilogramm** für 1 qcm Querschnitt der Probe || impact resistance expressed in kilogrammeters for each square centimeter section (foot pounds per sq. in.) of testpiece || résistance f. au choc en kilogrammètres par cm^2 de la section des éprouvettes. 27

Schlag-zahl f. in der **Minute** || number of blows per minute || nombre m. de coups par minute. **a)** **~zähler** m. || stroke counting apparatus || compteur m. de coups. **b)** **~zeile** f. (Zeitung) || headline || ligne f. de tête *ou* en haut de page. **c)** **~zugversuch** m. || impact tensile test || essai m. (à chocs) de la traction. **d)** **~zündung** f. || percussion priming || amorce f. fulminante *ou* à percussion. 28

Schlamm m. (Absatzstoffe im Wasser) || mire; mud; slime; sludge || bourbe f.; limon m.; vase f. **a)** **~** (Aufber) || fine sands pl.; tailings pl.; slimes pl.; sludge || schlamms mpl. **b)** **~** (Min; Met) || schlich; slick || schlich m. **c)** **~** (Sammler) || deposit || boue f. **d)** **Kohlen~** || coal washings pl. *or* slimes pl. || boue f. de charbon; schlamms mpl. 29

Schlamm-abfuhrwagen m. || refuse removing cart || chariot m. pour enlèvement des ordures. **a)** **~ablagerung** f. (Sammler) || deposit || dépôt m. de boue. **b)** **~ablaßvorrichtung** f. || mud discharging device || appareil m. à faire descendre les boues. 30

Schlämmapparat m. für Analysen || decanting apparatus for analyses || appareil m. de décantage pour analyses. 31

Schlamm-behälter m. || decanting tank || cuve f. à rincer. **a)** **~boden** m. || slimy ground || vase f. 32

Schlämme f. (Aufber) *s.* Schlamm (Aufber). 33

schlämmen (Aufber) || to clean; to wash || débourber; laver. **a)** **~** (Wasserb) || to flash; to flush; to scour || débourber; curer. **b)** eine **Wand** f. **~** || to float a wall || flotter un mur. 34

Schlamm-entwässerung f. || sludge draining || drainage m. de la bourbe. **a)** **~fang** m. || gully hole || bassin m. de dépôt. **b)** **~fänger** m. (Sammler) || mud box || vidange f. 35

Schlämmfaß n. || dolly *or* tossing tub; rinsing buddle || cuve f. à rincer *ou* à décanter. 36

Schlamm-förderung f. (Aufber) || conveyance of slimes || transport m. des schlamms. **a)** **~gewinnung** f. (Aufber) || recovering of slimes || récupération f. des schlamms. 37

Schlämmgraben m. (Bergb) || buddle for stamped ore; square buddle; strake; ty; tye || caisse f. *ou* table f. allemande; caisson m. *ou* table f. servante au lavage des sables. 38

Schlamm-grund m. (Seew) || muddy *or* slimy *or* slicky ground; soft mud ooze; oozy bottom || fond m. mou; vase f. molle. **a)** **~hahn** m. || mud *or* blow-off cock || robinet m. d'ébouage *ou* de purge. 39

Schlämmherd m. || slime pit || caisson m. allemand. 40

schlammig || muddy; swampy; slimy; oozy; silty; miry; puddly || bourbeux; vaseux; fangeux; limoneux; boueux; vasard. **a)** **~es Wasser** n. || muddy water || eau f. boueuse. 41

Schlamm-kasten m. || gully hole; mud box || bassin m. de dépôt. **a)** **~kohle** f. || mud coal; coal slime || charbon m. limoneux; schlammkohle f. 42

Schlämm-kohle f. || cleaned coal || charbon m. débourbé. **a)** **~kreide** f. || Spanish white; whiting || blanc m. de Meudon *ou* de Troyes. 43

Schlamm-lochdeckel m. || mud-pocket cover || couvercle m. de l'orifice des impuretés. **a)** **~löcher** npl. an **Kesseln** || mud holes pl. || orifices mpl. de nettoyage; porte f. de vidange. **b)** **~löffel** m. (Bergb) || sludger || tarière f. à clapet. 44

Schlämmaschine f. für **Kaolin** || kaolin decanting machine || machine f. à laver le kaolin. 1

Schlamm-prozeß m. (Bleistiftfertigung) || sedimentation process || procédé m. de sédimentation. **a)** **~pumpe** f. || mud pump || pompe f. à boue. **b)** **~rohrdeckel** m. || mud hole door || plaque f. de trou de sel. **c)** **~sammler** m. || mud collector || collecteur m. de boue. **d)** **~sand** m. || miry *or* muddy *or* slimy sand || sable m. vasard. **e)** **~sauger** m. || mud exhauster || aspirateur m. de boue. **f)** **~schaufel** f. || mud shovel || pelle f. à vase. **g)** **~scheider** m. || slime separator || trieur m. de schlamms. 2

Schlämmschuh m. || agitator shoe for wash mill || sabot m. de lavage. 3

Schlamm-sprudel m. || mud volcano || salse f. **a)** **~sumpf** m. (Bergb) || slime pit || bassin m. de dépôt. **b)** **~topf** m. || mud box || réservoir m. à boue. **c)** **~trocknung** f. || mud drying || séchage m. des schlamms. 4

Schlämmung f. (Chem) || elutriation; washing || élutriation f. **a)** ~ der **Erze** auf einem **geneigten Herd** || buddling; tying || lavage m. des minerais sur une table inclinée. **b)** ~ der Erze in einem **Schlämmgraben** || buddling; shaking; tying; washing the ores in a ty *or* tye || lavage m. des minerais dans une caisse à débourber. 5

Schlämmverfahren n. || washing process || procédé m. par voie humide. 6

Schlamm-vulkan m. *s.* ~sprudel. **a)** **~wäsche** f. || washery of sludge || lavoir m. à schlamm. **b)** **~wasser** n. || water containing sludge || eau f. mélangée de schlamms. 7

Schlange f. (Rohr) || coil; serpentine || serpentin m. **a)** ~ (Schiffb) || breast hook; crutch || écharpe f. **b)** ~ (Wasserb) || dike dam; groin; groyn || clayonnage m.; crèche f.; éperon m. **c)** **Dampf~** || steam coil || serpentin m. à vapeur. **d)** **Kupfer~** || copper worm || serpentin m. en cuivre. 8

Schlängeln n. || tailing *or* rocking motion || mouvement m. de lacet. 9

Schlängelung f. (Wasserb) || circuit; turn || serpentement m. 10

Schlangen-kette f. des **Kampfwagens** || snake track of tank || chenille f. serpentaire de char de combat. **a)** **~kühler** m. || radiator coil || radiateur m. à serpentins. **b)** **~linie** f. || waved rule || filet m. ondulé. **c)** **~rohr** n. || spiral *or* serpentine tube; winding pipe || tube m. à serpentins; serpentin m. **d)** **~rohrapparat** m. || serpentine *or* spiral pipe apparatus || appareil m. à serpentin. **e)** **~walzwerk** n. || serpentine mill || train à serpentin. 11

Schlangenwurzel f. || serpentaria root || racine f. de serpentaire. **a)** **~öl** n. (Chem) || snake root oil || essence f. d'aristoloche. 12

Schlankheitsverhältnis n. der **Strebe** || fineness ratio of the strut || allongement m. de mât. 13

Schlapp-seilprüfung f. || slack-rope test || essai m. de mou du câble. **a)** **~werden** n. des **Seiles** || slackening of the rope || mou m. du cable. 14

Schlauch m. || hose; flexible pipe *or* tube || tuyau m. flexible. **a)** ~ (Web) || circular work || tricot m. tube. **b)** ~ aus Darm zum **Abfüllen** (Brau) || racking gut || boyau m. de soutirage. **c)** **Druck~** || delivery hose || manche f. (foulante) sous pression. **d)** ~ mit **Einlage** || cloth lined hose || tuyau m. à doublure de toile. **e)** ~ für **Feuerspritzen** || hose for fire engines || tuyau m. pour pompes à incendie. **f)** **Gas~** || gas tube || tube m. à gaz. **g)** **Gas~** aus Gummi || gas rubber-tube || tube m. en caoutchouc pour le gaz. **h)** ~ von **geteertem Segeltuch** || tarred canvass-hose || manche f. de toile goudronnée. **i)** **Gummi~** || india-rubber hose || tuyau m. en caoutchouc. **k)** **Industrie~** || cloth lined hose || tuyau m. à doublure de toile. **l)** **Kautschuk~** || caoutchouc tube || tube m. de caoutchouc. **m)** **Leder~** || leather pipe || tuyau m. en cuir. **n)** **Luft~** (Auto) || air tube; tire inner tube || chambre f. à air. **o)** **Metall~** || flexible metal tubing || tube m. *ou* tuyau m. métallique flexible. **p)** **Panzer~** || wire covered hose || tuyau m. recouvert de fil de fer. **q)** **Säure~** || acid hose || tuyau m. pour acides. 15

Schlauch-armatur f. || hose fittings pl. || accessoire m. pour tuyaux flexibles. **a)** **~binder** m. || hose connector || joint m. de tuyau. **b)** **~boot** n. || air raft || radeau m. pneumatique. **c)** **~dichtung** f. || joint of a pipe or tube || joint m. de tuyau. 16

Schläucher m. (Bergb) || suction hose || tuyau m. aspirateur. 17

Schlauch-haspel m. || hose drum || tambour m. à tuyaux. **a)** **~hupe** f. || horn with flexible tube || cornet m. à tube flexible. **b)** **~klemme** f. || tube clasp || pince f. pour tuyaux. 18

Schlauchkupplung f. || hose coupling || raccordement m. de tuyaux. **a)** ~ mit **Ringhalterkopf** || hose coupling with ringholder head || accouplement m. de tête à serre-joint. **b)** ~ mit **Ringnutkopf** || hose coupling, American type || accouplement m. type américain. **c)** ~ mit **Stehringkopf** || hose coupling, German type || accouplement m. type allemand. 19

Schlauch-leitung f. || hose pipe || conduite f. en tuyaux flexibles. **a)** **~manschette** f. || hose collar || manchette f. de tuyau. 20

Schlauchmaschine f. (Gummi) || tubing machine; machine for rubber hose || machine f. à faire les tuyaux; tubeuse f. **a)** ~ (Textil) || tubular fabric machine || machine f. à tricot tubulaire. 21

Schlauch-mundstück n. || jet pipe || jet m. pour manches des pompes à incendie. **a)** **~reinigungsapparat** m. || hose cleaning apparatus || appareil m. à nettoyer les tuyaux flexibles. **b)** **~rolle** f. || hose bridge || char m. à tuyaux. **c)** **~schloßmaschine** f. (Textil) || tubular lock machine || machine f. à serrure tubulaire. 22

Schlauchtülle f. für **Griffhähne** || sleeve for grip cocks || manchon m. pour robinets à poignée. **a)** **lösbare** ~ || loose *or* removable sleeve || douille f. mobile. **b)** feste ~ für **Schweiß-** und **Schneidbrenner** || fixed sleeve for welding and cutting burners || douille f. fixe pour brûleurs à souder et à découper. 23

Schlauch-ventil n. || tire valve || valve f. de gonflement. **a)** **~verbindung** f. || union joint hose; rubber tube connecting || tuyau m. de raccordement; raccord m. de caoutchouc. **b)** **~verschraubung** f. || hose coupling *or* screw; union hose *or* nut || joint m. pour manches de pompe; raccord m. **c)** **~wagen** m. || hose cart || chariot m. à tambour pour tuyaux. 24

Schlauchware f. (Textil) || tubular fabric || tricot m. tubulaire. **a)** **plattierte** ~ || plaited tubular goods pl. || tricot m. tubulaire en maille vanisée. 25

Schlauch-weber m. || pipe weaver || tisseur m. de tuyaux. **a)** **~zuführung** f. || admission rubber tubing || tuyau m. d'admission. 26

Schlaufe f. || runner; running noose; loop; triangular lifting eye; keeper || nœud m. coulant; crochet m. fermé. **a)** **verschiebbare** ~ || sliding loop || bouton m. coulant. 27

schlechtes Wetter n. || bad weather || mauvais temps m. 28

Schlechte f. (Wasserb) || dike dam; groin; groyn || clayonnage m.; crèche f.; éperon m. 29

schlechter werden (Handel) || to deteriorate || se gâter; se détériorer. 30

Schlegel m. *s. auch* Schlägel (Bergb) || sledge (hammer) || massette f. 31

Schlehenfrucht f. || sloe berry || baie f. de prune sauvage. 32

schleichende Verbrennung f. || slow combustion || combustion f. lente. 33

Schleichhandel m. || smuggling; illicit *or* contraband trade || commerce m. de contrebande; contrebande f. 34

Schleier m. || lawn; veil; veiling || voile m.; voilette f. 35

Schleier-freiheit f. des **Bildes** || absence of haze in the image || absence f. de voiles dans l'image. **a)** **~punktiererin** f. || veiling spotter || moucheteuse f. sur tulle. **b)** **~stoff** m. || veil; veiling || voile f. **c)** **~tuch** n. || lawn || linon m. 36

Schleifapparat m., **Hohlkehlen** || device for hollow grinding || dispositif m. pour affûtage concave. **a)** **Innen~** || internal grinding attachment || appareil m. à rectifier intérieurement. **b)** **Keilwellen~** || spline shaft grinding attachment || appareil m. à rectifier les arbres baladeurs. **c)** **Messerkopf~** || face mill cutter grinding attachment || appareil m. à affûter les fraises à dents rapportées. **d)** **Nockenwellen~** || cam shaft grinding apparatus || appareil m. à rectifier les arbres à cames. **e)** **Schraubenkopf~** (Masch) || caliber for polishing screw knobs || moulin m. à vis. **f)** **Spiralbohrerspitzen~** || twist drill centre grinding apparatus || appareil m. à rectifier les pointes des forets hélicoïdaux. 37

Schleif-arm m. (Selbstanschl) || wiper || bras m. porte-balais. **a)** **~bank** f. (Glasf) || grinding bench *or* lathe || tour m. *ou* table f. pour dresser les glaces. **b)** **~breite** f. || grinding width || largeur f. à rectifier. **c)** **~brett** n. || grinding board || planchette f. à rectifier. 38

Schleifchen npl. im Gewebe || little loops pl. in weaving || poux mpl. dans le tissu. 39

Schleif-dämpfungsmesser m. (Fernm) || loop decremeter || népermètre m. pour circuits bouclés. **a)** **~drahtbrücke** f. (Elektr) || slide wire bridge || pont m. de mesure à fil. 40

Schleife f. (feste Schlinge) || bend; eye; loop || anneau m.; ganse f.; œil m.; boucle f. **a)** ~ (zuziehbare Schlinge) || running *or* sliding knot; snare || lacet m.

b) ~ (Lastschlitten) || sledge; sled || traîneau m. **c) Draht~** (Flaschenverschluß) || wire loop || agrafe f. en fil de fer. 1

Schleifeinrichtung f. *s.* Schleifapparat m. 2

schleifen (abziehen) || to set; to give an edge to || repasser; affiler. **a)** ~ (dem Boden gleichmachen) || to demolish; to raze; to dismantle || démolir; démanteler. **b)** ~ (glänzend machen) || to furbish; to burnish; to polish || frotter; polir; adoucir; fourbir. **c)** ~ (an der Handschleifscheibe) || to grind || meuler. **d)** ~ (Metall bearbeiten; abschleifen) || to grind || rectifier. **e)** ~ (schärfen) || to grind; to sharpen || aiguiser; affûter; émoudre. **f)** ~ (schleppen) || to drag along; to pull along || traîner. **g) aufeinander** ~ || to fit together by grinding one on the other || roder l'un sur l'autre. **h)** mit **Bimsstein** m. ~ || to polish with pumice stone || poncer; polir à la ponce. **i) blank** ~ || to smooth || polir. **k)** den **Gipsestrich** m. ~ || to grind *or* to rub a plaster floor || dégrossir *ou* frotter une aire en plâtre. **l) Glas** n. ~ || to grind the glass || tailler le verre. **m)** aus dem **Groben** n. ~ || to rough-grind || débrutir. **n) Holz** n. ~ || to grind the wood || poncer le bois. **o) matt** ~ (Glasschl) || to frost *or* to rough *or* to grind with sand and water; to make opaque by grinding || dépolir *ou* égriser. **p)** ein **Messer** n. ~ || to grind; to sharpen || aiguiser; émoudre; affûter. **q)** einen **Schornstein** m. ~ || to bend and turn a chimney || dévoyer une cheminée. **r) Spiegelglas** n. ~ || to grind plate glass || dresser des glaces fpl. **s)** den **Stein** m. ~ || to rub *or* to sand the stone || frotter la pierre. 3

Schleifen n. || grinding || émoulage m.; affûtage m.; meulage m. **a)** ~ (Müll) || grinding; polishing || polissage m. **b) Fertig~** || finish grinding || finissage m. de meulage *ou* d'affûtage. **c)** ~ von **Messern** || knife regrinding || repassage m. de couteaux. 4

Schleifen n., **Nach~** stumpf gewordener Stähle || resharpening of dull (and heavily damaged) tools || affûtage m. d'outils émoussés. **a) Naß~** || wet grinding || meulage m. à l'eau. **b)** ~ einer **runden Stahlnase** || grinding of a radius tool || meulage m. du nez rond d'un outil. **c)** ~ von **Scheren** || scissors regrinding || repassage m. de ciseaux. **d)** ~ von **Schneidwerkzeugen** || grinding of tools and milling cutters || meulage m. d'outils coupants. **e)** ~ aus dem **Vollen** || grinding from the solid || affûter dans la barre. **f) Vor~** || rough grinding || émoulage m. **g)** ~ von **Walzen** || grinding of rolls || meulage m. de cylindres. 5

Schleifen-berührung f. (Fernm) || looping || mélange m. **a) ~breite** f. (Fernm) || breath of the loop || largeur f. de boucle. **b) ~galvanometer** n. || loop galvanometer || galvanomètre m. à boucle. **c) ~kreuzung** f. (el Leit) || single circuit transposition || croisement m. des fils. **d) ~leitungsbetrieb** m. || two-wire working || service m. téléphonique à deux conducteurs. **e) ~linie** f. (Geom) || lemniscate || lemniscate f. **f) ~messung** f. (Elektr) || loop test || méthode f. de la boucle. **g) ~strom** m. (Fernm) || loop current || courant m. de boucle. **h) ~system** n. || (Selbstanschl) two wire system || système m. automatique à deux fils. 6

Schleifer m. (Funkw) || slider || glisseur m. **a)** ~ (Metall) || grinder || meuleur m.; rémouleur m. **b)** ~ (Uhrm) || stoner || doucisseur m. **c) Feilen~** || file grinder || tailleur m. de limes. **d) Messer~** || knife grinder || affûteur m. *ou* repasseur m. de couteaux. **e) Scheren~** || scissors grinder || affûteur m. *ou* repasseur m. de ciseaux. **f) Schwert~** || sabre blade grinder || aiguiseur m. de lames de sabres. **g) Schmirgel~** || emery-wheel man || meuleur m. (émeri). **h) Sensen~** || scythe grinder || aiguiseur m. de faux. **i) Werkzeug~** || tool grinder || affûteur m. *ou* meuleur m. d'outils. 7

Schleiferei f. (Werkstatt) || grindery || meulerie f.; aiguiserie f. **a) Edelstein~** || jewel factory || fabrique f. de pierres précieuses. **b) Glas~** || glass grinding workshop || atelier m. de polissage de verre. **c) Holz~** || wood pulp manufacture || fabrique f. de pâte de bois. **d) Linsen~** || lens grindery || atelier m. pour la taille des lentilles. **e) Stahlwaren~** || steel goods whetting installation || installation f. pour repasser d'articles d'acier. **f) Stein~** || stone grinding work || atelier m. à frotter la pierre. 8

Schleiferleim m. || glue for grinding || colle f. d'émouleur. 9

Schleif-feder f. (Selbstanschl) || brush spring || frotteur m. **a) ~fehler** m., **von ~n freies** Glas n. || lens free from faults in the ground surfaces || verre m. exempt d'imperfections de taille. **b) ~filz** m. || felt for grinding || feutre m. à polir. **c) ~fläche** f. || basil; sloping edge || biseau m. **d) ~glas** n. || grinding glass || verrerie f. pour taille; verre m. à gobeleterie. **e) ~kasten** m. || grinding mill; mill; muller || moëllon m. **f) ~kohle** f. || grinding charcoal || charbon m. pour polir. 10

Schleifkontakt m. || sliding contact || contact m. par frottement; curseur m. **a) Bügel~** (elektr Bahn) || sliding bow || cadre m. coulissant. 11

Schleif-kopf m. || grinding wheel || meule m. **a) ~kristall** m. || grinding crystal || cristal m. à polir. 12

Schleiflack-möbel pl. || polished varnished furniture || meubles mpl. polis et laqués. **a) ~waren** fpl. || polished lacquer ware || articles mpl. vernis et polis. 13

Schleif-länge f. || grinding length || longueur f. à rectifier. **a) ~leder** n. || polishing leather || cuir m. à polir. 14

Schleifmaschine f. (Werkzeugmaschine) || grinding machine; grinder || machine f. à rectifier. **a)** ~ (zum Werkzeugschärfen) || grinding machine; grinder; sharpening machine; sharpener || machine f. à affûter *ou* à aiguiser; affûteuse f. **b)** ~ (zum Feinpolieren) || polishing machine || machine f. à polir. **c)** ~ (Grobschleifmaschine) || grinding machine; grinder || machine f. à meuler. **d)** ~ (zum Gußputzen usw.) || grinding machine; grinder; fettling *or* trimming machine || machine f. à ébarber. **e) Achssatz~** || wheel and axle set grinder || machine f. à rectifier les trains de roues. **f) Achsschenkel~** || axle journal grinding machine || machine f. à rectifier les fusées d'essieu. **g)** ~ mit **Bändern** || grinding machine with belts || machine f. à meuler avec bandes. **h)** ~ mit **biegsamer Welle** || grinding machine with flexible shaft || machine f. à meuler avec arbre flexible. **i)** ~ für **Dampfdomdichtungsflächen** || dome joint grinding machine || machine f. à rectifier les surfaces de joints des dômes de vapeur. **k) Doppelständer~** || planer type grinding machine || machine f. à rectifier à deux montants. **l) Drehstahl~** || lathe tool grinder || machine f. à affûter les outils de tours. **m) Dreh- und Hobelstahl~** || lathe and planer tool grinder || machine f. à meuler et affûter les outils de tours et de raboteuses. **n) Einständer~** || single housing grinding machine || machine f. à un montant à rectifier. **o) fahrbare** ~ für Schienenstöße an Gleisen || portable grinding machine for tracks || meule f. transportable à araser les abouts de rails. **p) Flächen~** || surface grinding machine || machine f. à rectifier les surfaces planes. **q) Gewinde~** || thread grinding machine || machine f. à rectifier les filets. **r)** ~ zum **Glätten** || grinding machine for planishing operations || machine f. à lisser et à polir. **s) Hand~** || hand grinding-machine || machine f. à meuler à main. **t)** ~ mit **Handauflage** || grinding machine with hand rest || machine f. à meuler avec support à main. **u)** einfache **Handrad~** || plain grinding machine worked by a hand wheel || simple machine f. à meuler à volant à main. **v) Hochleistungs~** || high-duty grinder || machine f. à rectifier à grand rendement. **w)** ~ für die **Holzbearbeitung** || grinding machine for wood working || meule f. pour travailler le bois. **x) Innen~** || internal grinding machine || machine f. à rectifier intérieurement. **y) Innenrund~** || internal grinding machine || machine f. à rectifier les alésages. **z) Kegelrad~** || bevel gear grinding machine || machine f. à rectifier les engrenages coniques. 15

a) Keilwellen~ || key shaft grinding machine || machine f. à rectifier les arbres à rainures. **b) Kolbenring~** || piston ring grinding machine || machine f. à rectifier les segments de piston. **c) Kolbenstangen~** || piston rod grinding machine || machine f. à rectifier les tiges de piston. **d) Kugel~** || ball grinding machine || machine f. à rectifier les billes. **e) Kurbelwellen~** || crank shaft grinding machine || machine f. à rectifier les arbres à manivelle. **f)** ~ für **Lokomotivkurbelzapfen** || locomotive crank pin grinding machine || machine f. à rectifier les tourillons de bielles motrices de locomotives. **g) Maschinenmesser~** || machine-knife grinding machine || machine f. à affûter les couteaux de machines. **h) Messer~** || knife grinding machine *or* grinder || machine f. à aiguiser *ou* à affûter les couteaux. **i) Messerkopf~** || cutter head grinding machine || machine f. à émoudre les têtes à couteaux *ou* à affûter les fraises à dents rapportées. **k)** ~ für die **Metallbearbeitung** || grinding machine for metal working || machine f. à roder (pour travailler) les métaux. **l) Naß~** || wet grinding machine || machine f. à aiguiser à l'eau. **m) Nockenwellen~** || cam shaft grinding machine || machine f. à rectifier les arbres à cames. **n) Plan~** || face *or* surface grinding machine || machine f. à rectifier les surfaces planes. **o) Rund~** || cylindrical grinding machine || machine f. à rectifier cylindrique *ou* à rectifier les pièces rondes *ou* les surfaces cylindriques. **p) Rundflächen~** || rotary table surface grinding machine || machine f. à rectifier les surfaces circulaires (planes). **q) Sand~** für Riemen || belt sanding machine || machine f. à polir à courroie. **r) Sandpapier~** (Holzbearb) || sanding machine || machine f. à polir au papier sable. **s) Sandstein~** || sandstone grinding machine || meule f. de grès. **t) ~** zum **Schärfen** || grinding machine for sharpening operations || machine f. à affûter. **u) ~** mit **Scheiben** || grinding machine with discs || machine f. à meuler avec meules. **v) Schmirgel~** || emery grinding machine || machine f. à polir à l'émeri. **w) Schnecken~** || worm grinding machine || machine f. à rectifier les vis sans fin. **x) Schraubenrad~** || spiral gear grinding machine || machine f. à rectifier les engrenages hélicoïdaux. **y) Schwerachsschenkel~** (Lokomotiven) || heavy axle journal grinding machine || machine f. à rectifier les fusées intérieures et extérieures aux essieux montés (de locomotives). **z) ~** für **Sonderzwecke** || single purpose grinder || machine f. à meuler spéciale. 1

a) ~ für **Spiegelglas** || grinding machine for plate-glass || polisseuse f. à glaces. **b) Spiralbohrer~** || twist drill grinder || machine f. à affûter les forets hélicoïdaux. **c) spitzenlose ~** || centerless grinding machine || machine f. à meuler sans pointes. **d) Stein~** || stone grinding machine || machine f. à émoudre pierres. **e) Steuerwellenexzenter~** || cam grinding machine || machine f. à rectifier les cames. **f) Stirnrad~** || spur gear grinding machine || machine f. à rectifier les engrenages droits. **g) Stopfen~** || stopper grinding machine || machine f. à émoudre les tampons. **h) Walzen~** || roller grinding machine || machine f. à rectifier les cylindres de laminoirs. **i) Werkzeug~** || tool grinding machine || machine f. à affûter les outils. **k) Zahnräder~** || gear grinding machine || machine f. à rectifier les engrenages. **l) Zapfen~** || crank pin grinding machine || machine f. à rectifier les tourillons. **m) Zylinder~** || cylinder grinding machine || machine f. à rectifier (l'intérieur) des cylindres. 2

Schleif- und Poliermaschine f. für Gewebe aller Art || grinding and polishing machine for all fabrics || machine f. à émeriser et polir tous les tissus. 3

Schleifmeister m. || foreman grinder || chef meuleur m. 4

Schleifmittel n. || abradant; grinding material || produit m. abrasif; abrasif m.; matière f. à polir. **a) künstliches ~** || artificial grinding medium || produit m. artificiel pour le meulage. **b) ~ roh, gekörnt, geschlämmt** oder **gemahlen** || whetting material, raw, granulated, washed or ground || matière f. pour aiguiser brute, granulée, lavée ou moulue. 5

Schleif-motor m. || grinding motor || moteur-meule m. **a) ~mühle** f. (Nadl) || grinding-mill || aiguiserie f. **b) ~papier** n. || emery paper || papier m. d'émeri. 6

Schleifplatte f. || grinding plate || marbre m. à affûter. **a) ~** des **Spornschuhs** (Luftf) || rubbing plate of the skid shoe || patin m. du sabot. 7

Schleifpulver n. || polishing *or* grinding powder || poudre f. abrasive *ou* de rodage *ou* à polir. 8

Schleifrad n. || grinding wheel || meule f. **a) Hochleistungs~** || high-production grinding wheel || meule f. à grand rendement. 9

Schleifring m. (Elektr) || slipring || bague f. collectrice. **a) ~anker** m. || slipring armature || induit m. à bagues collectrices. **b) ~elektromotor** m. || slipring motor || moteur m. à anneaux collecteurs. **c) ~läufermotor** m. || slipring rotor motor || moteur m. à bagues collectrices. 10

Schleif-riß m. || ghost line || strie f. **a) ~sand** m. || grinding sand || sable m. à polir. **b) ~schale** f. || basin; sphere || boule f.; débordoir m.; sphère f. 11

Schleifscheibe f. || grinding wheel || meule f. **a) ~** aus **Elektrokorund** und **Siliziumkarbid** || grinding disk of electro corundum and silicated carbide || disque m. à polir en electro-corindon et en carbure de silicium. **b) Form~** || shaped grinding wheel || meule f. de forme. 12

Schleifscheiben-abrichtvorrichtung f. || diamond trueing device for grinding wheels || dispositif m. à redresser pour meules. **a) ~durchmesser** m. || grinding wheel diameter || diamètre m. de meule. 13

Schleifseite f. (Glas) || facet || facette f. 14

Schleifsel n. || slip; grindings pl. || moulée f. 15

Schleif-sense f. || scythe || faux f. façon anglaise. **a) ~spindelstock** m. || grinding wheel head || poupée f. porte-meule. **b) ~spule** f. (Web) || immovable pin || cannette f. à défiler. 16

Schleifstein m. || whetstone; grindstone || pierre f. à aiguiser; meule f. de grès. **a) halblinder ~** || semi-soft rubber || pierre f. demi-douce *ou* demi-rude. **b) Hand~** || hand-grindstone || pierre f. à affiler à la main. **c) künstlicher ~** || artificial grindstone || meule f. artificielle. **d) linder ~** || soft rubber || pierre f. douce. **e) rauher ~** || coarse rubber || pierre f. rude. **f) rotierender ~** || grinding-mill || meule f. de grès; pierre f. de rémouleur. **g) ~** mit **Trog** || grindstone with trough || pierre f. de remouleur avec bac. 17

Schleifstein-abrichtvorrichtung f. || grinding wheel truing device || dispositif m. à dégrossir les meules en émeri. **a) ~dreher** m. || grindstone turner || tourneur m. de meules à aiguiser. **b) ~gestell** n. || frame for grinding mill || bâti m. pour meule. **c) ~grube** f. || sharp-stone quarry || carrière f. de pierres à meules. **d) ~trog** m. || grinding trough || auge f. de meule à aiguiser. 18

Schleifsupport m. || grinding support || support m. de polissage. 19

Schleiftrommel f. (Spinn) || grinder; grinding roll || tambour m. d'aiguisage. **a) ~** für **Radiergummi** || grinding cylinder for erasers || tambour m. à polir la gomme à effacer. 20

Schleiftuch n. || grinding cloth || toile f. d'émerie. 21

Schleifung f. eines **Schornsteins** || bending of a chimney || dévoiement m. d'un tuyau de cheminée. 22

Schleifvorrichtung f. *s. auch* Schleifapparat || grinding device || dispositif m. à rectifier. **a) ~** für **Gewindeschneidbacken** || grinding attachment for threading dies || dispositif m. à affûter les peignes à fileter. 23

Schleif-walze f. (Spinn) || grinder; grinding roll || tambour m. d'aiguisage. **a) ~welle** f. || grinder spindle || arbre m. porte-meule. **b) ~werkzeug** n. || grinding tool || outil m. à affûter. 24

Schleim m. || mucilage || mucilage m. 25

schleimbildendes Bakterium n. || slimy bacterium || bactérie f. visqueuse. 26

Schleim-gärung f. || ropy *or* viscous fermentation || fermentation f. visqueuse. **a) ~harz** n. || gum resin || gomme-résine f. **b) ~haut** f. || mucous membrane || muqueuse f. 27

schleimig || mucilaginous; mucous || mucilagineux. **a) ~** (Wein) || oily; ropy || gras. **b) ~e Gärung** f. || slimy fermentation || fermentation f. visqueuse. 28

Schleimsäure f. || mucic acid || acide m. mucique. **a) brenzliche ~** || pyromucic acid || acide m. pyromucique. 29

Schleimzucker m. || lævulose; lævogluco; mucilaginous sugar || lévulose m.; glucose f. mucilagineuse. 30

Schleißblech n. || wearing plate || tôle f. d'usure. 31

schleißen, Federn fpl. || to strip the quills || ébarber les plumes fpl. **a)** den **Hanf** m. **~** || to pull off the bast of the hemp || teiller *ou* tiller le chanvre. **b) Scheiben** fpl. **~** || to get copper cakes pl.; to lift off round crusts of copper; to produce rosette-copper || faire des rosettes fpl. 32

Schleiß-hanf m. || dressed hemp || chanvre m. teillé. **a) ~schiene** f. || wearing strip || rail m. d'usure. **b) ~stück** n. || wearing piece || fer m. d'usure. 33

Schlempe f. (Brau) || malt residuum || drêche f. **a) ~ofen** m. (Brenn) || furnace for distiller's wash || four m. à vinasse. **b) ~trockner** m. || distiller's wash drying apparatus || séchoir m. à vinasse. 34

Schlepp n. (Seew) || towed ship; tow || bâtiment m. remorqué; remorqué m. 35

Schlepp-apparat m. für **Warmbetten** || tractor for warm beds || appareil m. de remorque pour lits à chaud. **a) ~bahn** f. || inclined plan || traînage m. **b) ~boot** n. || tug boat || remorqueur m. **c) ~dach** n. || shed-roof || toit m. *ou* comble m. en appentis; comble m. en potence *ou* à un seul égout. **d) ~dampfer** m. || steam tug || remorqueur m. à vapeur. 36

Schleppe f. (Gieß) || founder's *or* stove truck; truck cart || chariot m. de transport. **a) ~** (Lastschlitten) || sledge; sled || traîneau m. 37

Schleppeinrichtung f. für **Schiffe** || tugging device for ships || installation f. de touage pour bateaux. 38

schleppen, ein **Fahrzeug** n. (Seew) || to tow a vessel || haler un bateau; remorquer un bâtiment. **a) längsseit ~** (Seew) || to tow abreast || remorquer à couple. 39

Schleppen n. (Bergb) || hauling || transport m. intérieur. **a) ~** (Seew) || towage; towing || remorquage m. 40

Schlepper m. (Auto) || tractor || tracteur m. **a) ~** (Bergb) || hauler; hand putter; runner-on [of wagons]; trammer || rouleur m. (de berlines); wagoneur m.; traîneur m. **b) ~** (Schiff) || tug; tug boat || remorqueur m. **c) Einachs~** || single axle tractor || remorque f. à essieu unique. **d) Elektro~** || electric tractor ||

remorqueur m. électrique. **e) gepanzerter ~** ‖ armoured tractor ‖ tracteur m. blindé. **f) Heckrad~** ‖ stern wheel tug ‖ remorqueur m. à roue arrière. **g) Kanal~** ‖ canal tug ‖ remorqueur m. de canal. **h) Ketten~** ‖ chain tractor ‖ tracteur m. à chaîne. **i) Kraft~** ‖ tractor ‖ tracteur m. **k) Motor~** (Schiff) ‖ motor tug ‖ remorqueur m. à moteur. **l) Raupen~** ‖ caterpillar *or* creeper-type tractor ‖ tracteur m. à chenille. 1

Schlepper-deichsel f. ‖ tractor drawbar *or* dragbar (A) ‖ barre f. d'attelage du tracteur. **a) ~führer** m. ‖ tractor driver ‖ conducteur m. du tracteur. **b) ~munitionswagen** m. ‖ tractor caisson ‖ caisson-tracteur m. **c) ~zug** m. (Antrieb) ‖ tractor haulage ‖ remorquage m. par tracteur. 2

Schlepp-geschirr n. ‖ towing gear ‖ dispositif m. de remorquage. **a) ~haken** m. ‖ front tow hook ‖ crochet m. d'avant. **b) ~kahn** m. ‖ tow boat ‖ bateau m. de remorque. **c) ~kraft** f. des **Wassers** ‖ sweeping force of water ‖ force f. d'entraînement d'eau. **d) ~kreuzung** f. ‖ contractors' crossing ‖ croisement m. à rails pivotants. **e) ~leine** f. ‖ tow *or* drag line ‖ câble m. *ou* cordage m. *ou* aussière f. de remorque. **f) ~lohn** m. (Seew) ‖ towage ‖ remorquage m. 3

Schleppnetz n. (Fischer) ‖ trawling net; trawl; seine; trammel ‖ chalut m.; chalute f.; traîneau m.; seine f. **a) ~** (Naturforscher) ‖ dredge ‖ drague f.; drège f. 4

Schleppnetz-fischer m. ‖ trawler; trawling fisherman ‖ pêcheur m. au chalut; chalutier m. **a) ~fischerboot** n. ‖ trawler ‖ chalutier m. **b) ~fischerei** f. ‖ trawling ‖ chalutage m. 5

Schlepp-racke f. (Flachs) ‖ second brake ‖ broie f. seconde. **a) ~rad** n. ‖ sliding wheel ‖ roue f. d'entraînement. **b) ~rahmen** m. für **Schleppweichen** (Eisenb) ‖ track section for contractor's switches ‖ tronçon m. mobile pour le changement de voie. **c) ~sack** m. (Meeresforschung) ‖ dredge ‖ drague f. **d) ~schacht** m. (Bergb) ‖ inclined shaft ‖ puits m. incliné. 6

Schleppschaufel f. ‖ dragging bucket ‖ benne f. traînante. **a) ~bagger** m. ‖ dragline ‖ pelle-dragline f. 7

Schleppschaufeleinrichtung f. ‖ dragline equipment ‖ équipement m. de dragline. **a)** mit **~** versehener **Löffelbagger** m. ‖ shovel provided with dragline equipment ‖ pelle f. à dragline. 8

Schleppschaufelinhalt m. ‖ capacity of dragging bucket ‖ capacité f. de la benne traînante. 9

Schleppschiff n. (Schlepper) ‖ tug; tow boat ‖ remorqueur m. **a) ~** (geschlepptes Schiff) ‖ towed boat ‖ bateau m. remorqué. 10

Schleppschiffahrt f. ‖ towage; towing ‖ remorquage m.; touage m. **a) ~** auf **Binnengewässern** ‖ towing on canals and rivers ‖ remorquage m. de bateaux sur les canaux et rivières. 11

Schlepp-segel n. ‖ drift sail ‖ ancre f. flottante. **a) ~seil** n. *s.* ~tau. 12

Schlepptau n. ‖ drag *or* trail *or* guide rope ‖ guide-rope m.; amarre f. de touage. **a)** ein Schiff n. **ins ~ nehmen** ‖ to take a vessel in tow ‖ prendre un navire à la remorque; donner le câble à un bâtiment. 13

Schlepp-trog m. zur **Kohlenförderung** ‖ sled *or* sledge for conveying coal underground ‖ traîneau m. servant au transport intérieur. **a) ~trosse** f. ‖ tow rope ‖ câble m. *ou* grelin m. de remorque; remorque f. 14

Schleppwagen m. (Eisenb) ‖ truck ‖ truck m. **a) kleiner ~** ‖ trailer ‖ voiturette f. remorque. **b) Wasserflugzeug~** ‖ seaplane beaching trolley ‖ remorque f. pour hydroplanes. 15

Schlepp-wechsel m. (Eisenb) ‖ blunt ended *or* stub switch ‖ changement m. sans contre-rails. **a) ~weiche** f. ‖ contractors point ‖ changement m. à sauterelle *ou* à rails mobiles. **b) ~zange** f. ‖ drawing pliers pl. ‖ tenaille f. continue. 16

Schleppzug m. (Eisenb) ‖ train of waggons; truck train ‖ train m. de voitures. **a) ~** (Schiff) ‖ train ‖ convoi m.; train m. de remorquage *ou* de touage. 17

Schleuder f. ‖ centrifugal machine; centrifuge; separator; hydro-extractor ‖ machine f. centrifuge; essoreuse f. **a) Milch~** ‖ cream separator ‖ écrémeuse f. centrifuge. 18

Schleuderapparat m. ‖ centrifugal separating apparatus ‖ appareil m. centrifuge. **a) ~** für **Bandeisen** ‖ tumbling device for hoop iron ‖ appareil m. centrifuge pour nettoyer le feuillard. 19

Schleuderei f. (Handel) ‖ underselling; undercutting; selling at ruinous prices ‖ vente f. à vil prix. 20

Schleuderer m. (Handel) ‖ underseller; undercutter; cheap jack ‖ gâte-métier m.; gâcheur m. 21

Schleuder-gebläse n. ‖ centrifugal blower ‖ soufflerie f. centrifuge. **a) ~gefäß** n. ‖ centrifugal drum ‖ bol m. *ou* récipient m. centrifuge. **b) ~guß** m. ‖ centrifugal casting ‖ coulée f. centrifuge. **c) ~gußform** f. ‖ centrifugal casting mould ‖ moule m. à coulée centrifuge. **d) gewonnenes ~gut** n. ‖ solid material obtained ‖ résidu m. sec obtenu. **e) ~honig** m. ‖ strained *or* extracted honey ‖ miel m. coulé. **f) ~korb** m. (Chem) ‖ basket of a hydro-extractor ‖ panier m. d'essoreuse. **g) ~kraft** f. ‖ centrifugal force ‖ force f. centrifuge. 22

Schleudermaschine f. ‖ centrifugal machine ‖ machine f. centrifuge; essoreuse f. **a) ~** mit **Siebmantel** ‖ centrifugal machine with sieve jacket ‖ essoreuse f. à panier perforé. **b) ~** mit **Vollmantel** ‖ centrifugal machine with solid jacket ‖ essoreuse f. à panier plein. 23

Schleuder-mast m. ‖ concrete pole ‖ pylône m. en ciment armé. **a) ~meister** m. (Melasse) ‖ centrifugal machine man ‖ turbineur m. 24

Schleudermühle f. ‖ centrifugal mill; disintegrator ‖ broyeur m. centrifuge; désintégrateur m.; désagrégeur m. **a) ~** für die **Steinkohlenaufbereitung** ‖ centrifugal mill for pit coal dressing ‖ moulin m. centrifuge pour la préparation de la houille. 25

schleudern (Fahrzeug) ‖ to skid; to sideslip ‖ déraper. **a) ~** (Handel) ‖ to sell below cost price; to cut prices; to dump ‖ vendre à vil prix; gâcher la marchandise. **b) ~** (Maschinenteile) ‖ to swing ‖ osciller. **c) ~** (Zentrifuge) ‖ to centrifuge; to whizz ‖ centrifuger. 26

Schleudern n. (Fahrzeug) ‖ side slip ‖ dérapage m. **a) ~** (der Räder) ‖ shambling ‖ patinage m.; renversement m. 27

Schleuder-periode f. ‖ centrifuging period ‖ période f. d'essorage. **a) ~preis** m. ‖ ruinously *or* ridiculously low price ‖ vil prix m.; prix m. de déballage. **b) ~radmischer** m. ‖ fan blower mixer ‖ mélangeur m. centrifuge. **c) ~thermometer** n. ‖ gyrostatic thermometer ‖ thermomètre-fronde m. **d) ~trommel** f. ‖ centrifugal drum ‖ bol m. *ou* récipient m. *ou* tambour centrifuge. **e) ~versuch** m. ‖ overspeed test ‖ essai m. d'emballement. **f) ~vorrichtung** f. (Luftf) ‖ catapult launching gear ‖ dispositif m. de lancement. **g) ~zeit** f. ‖ time for centrifuging ‖ durée f. d'essorage. 28

Schleuse f. ‖ sluice; lock ‖ écluse f. **a) Bewässerungs~** ‖ irrigation lock ‖ écluse f. d'irrigation. **b) bewegliche ~** ‖ hydraulic ascensor *or* elevator ‖ ascenseur m. hydraulique. **c) Entwässerungs~** ‖ drainage sluice ‖ écluse f. d'assèchement. **d) Flut~** ‖ tide lock ‖ écluse f. de marée. **e) gekuppelte ~** ‖ coupled sluice ‖ écluse f. double. **f) obere Haltung** f. der **~** ‖ upper pond *or* upper level of the sluice ‖ bief m. supérieur *ou* arrière-bief m. du canal. **g) oberhalb** der **~** ‖ above lock ‖ en amont de l'écluse f. **h) Schiffahrts~** ‖ lock for navigation ‖ écluse f. de navigation. **i) Schützen~** ‖ sliding sluice; sash lock ‖ écluse f. à vanne. **k) See~** ‖ sea lock ‖ écluse f. maritime. **l) Tiefbau~** ‖ deep level sluice ‖ écluse f. d'infrastructure. **m) untere Haltung** f. der **~** ‖ lower pond *or* level of the sluice ‖ bief m. inférieur *ou* sous-bief m. du canal. 29

Schleusenanlage f. ‖ lock plant ‖ installation f. d'écluses. 30

schleusenaufwärts ‖ above lock ‖ en amont de l'écluse f. 31

Schleusen-bau m. ‖ sluice *or* lock building ‖ construction f. d'écluses. **a) ~bett** n. *s.* ~boden m. **b) ~boden** m. ‖ bed of a sluice; bottom of a lock ‖ plancher m. *ou* radier m. d'une écluse. **c) ~einsatz** m. ‖ lift ‖ chute f.; sas m. **d) ~empfänger** m. (Rohrpost) ‖ lock receiver ‖ poste-récepteur m. à écluse. **e) ~fall** m. ‖ lift ‖ chute f.; sas m. **f) ~haupt** n. ‖ lock bay *or* crown ‖ tête f. d'écluse. **g) ~kammer** f. ‖ lock *or* sluice chamber ‖ chambre f. d'écluse; neptune m.; sas m. **h) ~kanal** m. ‖ lock canal *or* channel ‖ canal m. de dérivation. **i) ~kessel** m. *s.* ~kammer. **k) ~mauer** f. ‖ sluice side wall ‖ bajoyer m. *ou* bajoyère f. d'une écluse. **l) ~meister** m. ‖ sluice keeper; sluice master; lock master ‖ maître-éclusier m.; éclusier m. **m) ~schieber** m. ‖ sash gate; sliding valve ‖ vanne f. **n) ~schiffshebewerk** n. ‖ ship lifting work ‖ élévateur m. de bateaux. **o) ~schütz** n. ‖ paddle valve ‖ vanne f.; vantelle f. **p) ~schwelle** f. ‖ clap *or* lock *or* mitre sill ‖ seuil m. du busc; seuillet m. d'écluse. 32

Schleusentor n. ‖ lock *or* sluice gate ‖ porte f. d'écluse. **a) oberes ~** ‖ crown *or* flood *or* head *or* tide *or* water gate ‖ porte f. d'amont *ou* de tête. **b) unteres ~** ‖ aft *or* tail gate ‖ porte f. d'aval *ou* de mouille. 33

Schleusen-torbekleidung f. ‖ planking of a lock gate ‖ doublage m. d'une porte d'écluse. **a) ~treppe** f. ‖ flight of locks ‖ escalier m. d'écluses. **b) ~tür** f. ‖ dock gate ‖ porte f. de bassin. **c) ~wand f.** ‖ sluice side wall ‖ bajoyer m. *ou* bajoyère f. d'une écluse. **d) ~wehr** n. ‖ weir with a lock ‖ barrage m. à écluse. **e) ~werk** n. ‖ sluice work ‖ vannage m. 1

Schlich m. (Aufber) ‖ concentrates pl.; schlich; slick; slich; small ore slime ‖ schlich m. **a) ~arbeit** f. ‖ smelting of small ore ‖ fonte f. des schlichs. **b) ~-schmelzen** n. ‖ smelting of small ore ‖ fonte f. des schlichs. 2

schlicht (Gewebe) ‖ plain ‖ plain; uni. **a) ~** (Techn) ‖ fine; fine-cut ‖ doux; taille f. douce. 3

Schlicht-beil n. ‖ chip axe ‖ épaule f. de mouton. **a) ~bohrer** m. ‖ finishing *or* polishing bit; polisher ‖ alésoir m.; polissoir m.; mèche f. **b) ~bürste** f. ‖ dressing brush ‖ brosse f. à parer. **c) ~dorn** m. ‖ smoothing drift ‖ mandrin m. à planer. 4

Schlichte f. (Gieß) ‖ black wash; black(en)ing; founder's black; facing ‖ enduit m. noir; noir m. de fonderie. **a) ~** (Leim) ‖ paste ‖ colle f. de pâte. **b) ~** (Web) ‖ dressing; size ‖ parement m.; parou m.; encollage m.; chas m. **c) saure ~** ‖ sour size ‖ colle f. acide. 5

Schlichteisen n. ‖ scraper ‖ paroir m. 6

Schlichtekocher m. (Web) ‖ size maker ‖ préparateur m. de colle. 7

schlichten (eben machen) ‖ to planish; to plane; to level ‖ planer; aplanir. **a) ~** (Gieß) ‖ to blacken; to black wash ‖ noircir. **b) ~** (Schloß) ‖ to smooth-file; to smooth; to polish ‖ lisser; polir; adoucir. **c) ~** (Streitigkeit) ‖ to arrange; to put in order; to arbitrate; to settle ‖ arranger; aplanir. **d) ~** (Tischl) ‖ to smooth; to clean; to finish off; to smooth-plane ‖ planer; replanir; recaler. **e) ~** (Web) ‖ to size; to dress ‖ parer; encoller; coller. **f)** die **Bohrung ~** ‖ to finish the hole ‖ finir l'alésage. **g)** die **Kette ~** ‖ to dress the warp ‖ parer *ou* encoller la chaîne. 8

Schlichten n. (Web) ‖ slashing ‖ parage m. **a) ~** (Schiffb) ‖ dubbing ‖ parage m. **b) ~** (Tischl) ‖ smoothing ‖ opération f. de dresser et de refaire les bois avec le rabot. **c) ~** des **Garnes** ‖ yarn sizing ‖ encollage m. de fils. **d) Ketten~** (Web) ‖ warp dressing ‖ dressage m. de chaînes. **e) ~** von **Stoffen** ‖ sizing; starching ‖ collage m.; encollage m.; gommage m. 9

Schlichter m. (Tuchm) ‖ starcher ‖ colleur m. **a) Hand~** (Tuchm) ‖ hand sizer ‖ encolleur m. à la main. **b) Maschinen~** (Tuchm) ‖ starching machine operator; slasher man ‖ colleur m. *ou* encolleur m. à la machine. 10

Schlichtfeile f. ‖ smooth file ‖ lime f. douce *ou* à planer. 11

schlichtfeilen (Schloß) ‖ to strip; to file smooth ‖ finir de limer. 12

Schlicht-haken m. ‖ flat heel tool ‖ plane f.; plaine f. **a) ~hammer** m. ‖ planishing hammer ‖ marteau m. à planer. **b) ~-hieb** m. ‖ fine cut ‖ taille f. douce. 13

Schlichthobel m. ‖ smoothing-plane ‖ rabot m. plat *ou* à repasser; varlope f. **a) ~eisen** n. ‖ smoothing plane iron ‖ fer m. à planer *ou* à replaner *ou* à recaler. **b) ~maschine f.** ‖ smoothing planing machine ‖ machine f. à planer; planeuse f. 14

Schlichtleim m. ‖ size; limewater for sizing ‖ brevet m. 15

Schlichtmaschine f. (Wäsch) ‖ starching machine ‖ machine f. à apprêter. **a) ~** (Web) ‖ dressing machine ‖ métier m. à encoller; encolleuse f. **b) Messing~** ‖ brass finishing machine ‖ machine f. à tourner le laiton. 16

Schlicht-meißel m. ‖ finishing tool; turning-chisel ‖ plane f.; ciseau m. *ou* outil m. à planer. **a) ~mittel** n. ‖ sizing material ‖ parement m. **b) ~mond** m. ‖ moon knife ‖ lunette f. **c) ~präparat** n. (Textil) ‖ sizing product ‖ parement m. **d) ~schlag** m. ‖ finishing blow ‖ coup m. (pour l'opération) de parage. **e) ~stahl** m. ‖ flat tool ‖ burin m. droit. 17

Schlick m. ‖ mud; ooze ‖ boue f.; bourbe f.; vase f. **a)** im **~ festsitzen** ‖ to stick in the mud ‖ s'envaser; s'embourber. 18

Schlicker m. (Met) ‖ dross ‖ crasse f. **a) ~** (Porz) ‖ slip; slop ‖ barbotine f. 19

Schlick-fänger m. ‖ secondary dyke; dyke of wattled piles ‖ paroi f. de pieux et clayons. **a) ~grund** m. ‖ muddy *or* slimy *or* slicky ground; soft mud ooze; oozy bottom ‖ fond m. mou; vase f. molle. 20

Schliech m. *s.* Schlich. 21

Schliere f., **von ~n** völlig **freies** Glas n. ‖ lens entirely free from streaks ‖ verre m. parfaitement exempt de fils. 22

Schlierenapparat m. (Opt) ‖ striæ measuring apparatus ‖ appareil m. pour l'étude des stries. 23

Schließ-beschlag m. (Schloß) ‖ locking-furniture; shutting; fastenings pl.; closure ‖ fermeture f. **a) ~blech** n. ‖ bolt nab ‖ moraillon m.; nappe f.; fermoir m. **b) ~bolzen** m. ‖ eye-bolt and key; eye *or* joint *or* cotter *or* forelock bolt ‖ boulon m. à clavette *ou* à goupille. 24

Schließe f. eines Bolzens ‖ forelock of a bolt; forelock-key of a bolt ‖ clavette f. *ou* goupille f. d'un boulon. 25

Schließeisen n. ‖ middle piece; key of the ram ‖ louvette f. 26

schließen ‖ to lock; to close ‖ fermer; serrer. **a)** die **Form ~** (Buchdr) ‖ to lock up the form ‖ serrer la forme. **b)** einen **Hahn** m. **~** ‖ to shut off a cock ‖ fermer un robinet. **c)** der **Schwimmer schließt** nicht ‖ the float does not close ‖ le flotteur ne ferme pas. **d)** einen **Stromkreis ~** ‖ to close a circuit ‖ fermer un circuit. 27

Schließgeviert n. (Buchdr) ‖ M-quadrat ‖ quadratin m. 28

Schließhaken m. ‖ bolt nab *or* staple; catch ‖ mentonnet m.; fermoir m.; nappe f.; auberon m. **a) ~** einer **Kette** ‖ lock-chain hook ‖ clef f. de chaîne d'un enrayage. **b) überbauter ~** *s.* Schließkappe. 29

Schließ-kappe f. ‖ box staple; boxed *or* cased catch ‖ gâche f. **a) ~keil** m. ‖ quoin; cotter; cottrel ‖ coin m. *ou* clavette f. de serrage. **b) ~keilchen** n. ‖ socket coin ‖ angrois m. d'une douille. **c) ~-knie** n. ‖ cheek of the head; arms of the dead wood ‖ dauphin m. **d) ~kopf** m. (Niet) ‖ closing head ‖ tête f. de fermeture. **e) ~nagel** m. (Buchdr) ‖ bar of a printer's form ‖ cognoir m. de la forme du compositeur. **f) ~quadrat** n. *s.* ~geviert. **g) ~ring** m. (Radreifen) ‖ fastening *or* retaining ring ‖ cercle m. à simple agrafage. **h) ~säge** f. ‖ sash *or* slash saw ‖ scie f. à tenon. **i) ~seil** n. (Bagger) ‖ closing rope ‖ câble m. de fermeture. 30

Schließung f. des Stromkreises ‖ closing of a circuit ‖ fermeture f. d'un circuit. 31

Schließungs-bogen m. (Elektr) ‖ closing arc; arc on closing circuit ‖ arc m. de clôture *ou* de fermeture. **a) ~draht** m. ‖ loop wire ‖ fil m. conjonctif. **b) ~funke** m. ‖ spark before contact; spark at make ‖ étincelle f. de fermeture. **c) ~-induktionsstrom** m. ‖ induced current at closing ‖ courant m. induit de fermeture. **d) ~strom** m. ‖ current on making ‖ à-coup m. de courant lors de la fermeture. 32

Schließvorrichtung f. ‖ closing *or* locking device ‖ dispositif m. de fermeture. 33

Schliff m. (Abfälle beim Schleifen) ‖ grindings pl.; slip ‖ moulée f. **a) ~** (Ergebnis des Schleifens) ‖ smoothness ‖ poli m. **b) ~** (das Schleifen) ‖ grinding ‖ meulage m.; polissage m. **c) Fein~** ‖ finishing ‖ finissage m. **d) Gerad~** (Säge) ‖ straight-cut teeth pl. ‖ affûtage m. droit. **e) Innen~** konischer Rundflächen ‖ internal grinding of taper bores ‖ rectification f. intérieure de surfaces circulaires coniques. **f) Innenrund~** ‖ internal circular grinding ‖ rectification f. des surfaces cylindriques intérieures. **g) Planflächen~** ‖ facing ‖ rectification f. de surfaces circulaires planes. **h) Schrupp~** ‖ roughing ‖ dégrossissage m. **i)** nur im **~ wahrnehmbar** ‖ recognizable only in a thin section ‖ reconnaissable seulement dans la lame mince. **k) wechselseitiger Schräg~** (Säge) ‖ alternating bevel teeth pl. ‖ affûtage m. à biseaux. **l) Wellen~** ‖ (plain) cylindrical grinding ‖ rectification f. des arbres (cylindriques). 34

Schliffläche f. (Met) ‖ surface of slide ‖ surface f. polie. 35

Schlinge f. (Schiffb) ‖ carling ‖ entremise f. **a) ~** (Tau) ‖ loop ‖ lacet m. **b) ~** (fest) ‖ bend; eye; loop ‖ anneau m.; ganse f.; œil m. **c) ~** (zuziehbar) ‖ snare; running *or* sliding knot ‖ lacet m. **d) Draht~** (Flaschenverschluß) ‖ wire loop ‖ agrafe f. en fil de fer. **e) Seil~** ‖ rope loop *or* sling ‖ boucle f. *ou* élingue f. de câble. 36

Schlingen-aufleserin f. (Web) ‖ heald knitter ‖ garnisseuse f. de maillons. **a) ~gewebe** n. für Toilettewäsche ‖ looped fabric for toilet linen ‖ tissu m. bouclé pour linge de toilette. **b) ~plüsch** m. ‖ looping plush ‖ peluche f. bouclée. 37

Schlinger-anzeiger m. ‖ roll recorder ‖ appareil m. enregistreur de roulis. **a) ~bewegung** f. ‖ rolling motion ‖ mouvement m. roulis. **b) ~blech** n. ‖ wash plate ‖ tôle f. de roulis. **c) ~kiel** m. ‖ bilge *or* drift *or* auxiliary keel ‖ quille f. latérale *ou* de dérive *ou* auxiliaire. 38

schlingern ‖ to roll ‖ rouler. 39

Schlingern n. (Lokomotive) ‖ irregular oscillating motion ‖ lacet m. **a) ~** (Schiff) ‖ rolling ‖ roulis m. 40

Schlinger-platte f. ‖ wash plate ‖ tôle f. de roulis. **a) ~schlagbug** m. (Seew) ‖ back-board ‖ mauvais bord m. **b) ~- und Stampfbewegung** f. ‖ rolling and pitching motion ‖ mouvement m. de roulis et de tangage. 41

Schlingfaden m. ‖ turning thread ‖ fil m. de tour. 42

schlippen, ein **Tau** n. ‖ to slip a rope ‖ filer par le bout un cordage. 43

Schlipp-haken m. ‖ tumbler ‖ loquet m. du mouilleur. **a) ~schäkel** m. ‖ slip shackle ‖ manille f. à échappement. **b) ~stopper** m. ‖ chain slip stopper ‖ bosse f. à échappement. **c) ~trosse** f. ‖ slip rope ‖ amarre f. 1

Schlips m. ‖ necktie; cravat ‖ cravate m. 2

Schlitten m. (Fahrzeug) ‖ sledge; sled (A); sleigh ‖ traîneau m. **a)** ~ (Fernm) ‖ chariot; slide ‖ chariot m. **b)** ~ (Gieß) ‖ founder's *or* stove truck; truck (cart); cradle ‖ chariot m. de transport; châssis m. **c)** ~ (Masch) ‖ slide block; cross head block ‖ glissoir m.; chariot m. **d)** ~ (Schiffb) ‖ (launching) cradle; slide ‖ berceau m.; ber m.; coulisse f.; coit(t)e f. (fixe); couette f. **e)** ~ (Schreibm) ‖ carriage ‖ chariot m. **f) Automobil~** ‖ motor sleigh ‖ traîneau m. automobile. **g)** ~ einer **Baggermaschine** ‖ ladder of a dredging engine ‖ plan m. incliné d'une drague. **h) beweglicher** ~ (Schreibm) ‖ travelling carriage ‖ chariot m. mobile. **i)** ~ einer **Bohrmaschine** ‖ carriage of a boring machine ‖ chariot m. d'une machine f. à percer. **k)** ~ einer **Drehbank** ‖ slide of a lathe ‖ chariot m. *ou* support m. à chariot d'un tour. **l) Langdreh~** (Werkzeugmasch) ‖ tool slide for turning ‖ chariot m. longitudinal pour tournage. **m) Motor~** ‖ motor sled ‖ traîneau m. automobile. **n) Plandreh~** (Werkzeugmasch) ‖ tool slide for facing ‖ chariot m. transversal pour tournage. **o) Revolverkopf~** ‖ turret slide ‖ chariot m. porte-tourelle. **p) Rodel~** ‖ bobsleigh ‖ luge m. **q) Spindel~** ‖ saddle trough ‖ chariot m. porte-broche. 3

Schlitten-achse f. (Fernm) ‖ vertical axis of the chariot ‖ axe m. du chariot. **a) ~apparat** m. ‖ slide induction apparatus ‖ appareil m. d'induction à curseur. **b) ~balken** m. des **Ablaufgerüstes** ‖ sliding baulk; bilge coad; bilge way of the cradle ‖ coit(t)e f. courante; couette f.; anguille f. du ber. **c) ~bremse** f. ‖ sledge brake; slide brake ‖ frein m. de traîneau. **d) ~falz** m. (Drechsl) ‖ slide channel ‖ coulisse f. du support. **e) ~förderer** m. (Bergb) ‖ pusher-on ‖ traîneur m. au bac. **f) ~führung** f. ‖ carriage guide ‖ guidage m. du chariot. **g) ~gabel** f. ‖ carriage fork ‖ fourche f. du chariot. **h) ~geläut** n. ‖ sledge chime ‖ clochette f. pour traîneaux. **i) ~hub** m. ‖ stroke of carriage ‖ course f. du chariot. **k) zentrierbarer ~kondensor** m. (Opt) ‖ centring slide condenser ‖ condenseur m. coulissant centrable. 4

Schlittenkufe f. ‖ skid runner ‖ patin m. **a)** ~ des **Ablaufgerüstes** ‖ sliding-baulk *or* bilge-coad *or* bilge-way of the cradle ‖ coite f. courante; couette f.; anguille f. du ber. 5

Schlitten-objektivwechsler m. ‖ sliding objective changer ‖ changeur m. d'objectifs à coulisse. **a) ~säge** f. ‖ sliding saw ‖ scie f. à chariot. **b) ~ständer** mpl. (Schiffb) ‖ poppets pl.; spurs pl.; drivers pl. ‖ colombiers mpl. 6

Schlittschuh m. ‖ skate ‖ patin m. 7

Schlitz m. ‖ aperture; slit ‖ fente f. **a)** ~ (Bergb) ‖ cutting; kerving ‖ échancrure f. latérale. **b) Balken~** (Zimm) ‖ slit ‖ embrèvement m. **c) in** einem ~ **beweglich** ‖ movable in a slit ‖ glissant dans une coulisse; coulissant dans une fente. **d) Säulen~** (Bauk) ‖ glyph ‖ glyphe m. **e) Spül~** ‖ scavenging port ‖ lumière f. de balayage. 8

Schlitz-apparat m. ‖ slitting apparatus ‖ raineuse f. **a) ~blende** f. (Opt) ‖ slit stop ‖ diaphragme m. à fente. **b) ~brenner** m. ‖ wing *or* slit *or* split burner ‖ bec m. fendu *ou* à fente; papillon m. 9

schlitzen ‖ to cleave; to slit; to split; to crack ‖ fendre; refendre. **a)** ~ (Kohle) ‖ to cut; to kerve ‖ couper la coulaie; haver; sous-caver. 10

Schlitz-fenster n. ‖ oillet ‖ lézarde f.; œillet m. **a) ~fräser** m. ‖ milling cutter for fraising; slitting cutter ‖ fraise f. à rainures *ou* à canneler. **b) ~- und Nutenfräsmaschine** f. ‖ slot and key-way milling machine ‖ machine f. à fraiser les rainures et les lumières. **c) ~führung** f. ‖ slotted guide; slit guidance ‖ guidage m. à mortaise; conduite à rainure. **d) ~hauer** m. (Bergb) ‖ first working hewer; cutter ‖ coupeur m. de l'échancrure latérale; xhaveur m.; traceur m. **e) ~lochmaschine** f. (Holzbearb) ‖ slot mortizing machine ‖ mortaiseuse f. **f) ~lochung** f. ‖ oblong perforation ‖ perforation f. allongée. **g) ~maschine** f. (Pap) ‖ slitting machine ‖ machine f. à rainurer. **h) ~momentverschluß** m. (Lichtb) ‖ roller blind shutter ‖ obturateur m. instantané à rideau. **i) ~platte** f. ‖ slot plate ‖ plaque f. à fente. 11

Schlitzsäge f. ‖ sash *or* slash saw ‖ scie f. à tenon. **a) doppelte** ~ ‖ double sash saw ‖ scie f. double à tenon. 12

Schlitz-schraube f. ‖ slotted screw; slotted head screw ‖ vis f. rinde; boulon m. fendu; cheville f. filetée. **a) ~schweißung** f. ‖ slot welding ‖ soudage m. des fentes. **b) ~stift** m. ‖ split pin ‖ broche f. fendue. 13

Schlitzverschluß m. (Lichtb) ‖ focal-plane shutter ‖ obturateur m. à clapet *ou* à rideau. 14

Schlitz-vorrichtung f. ‖ slotting attachment ‖ dispositif m. à rainer. **a) ~zapfen** m. ‖ tongue ‖ languette f. 15

Schloß n. ‖ lock ‖ serrure f. **a)** ~ (Bauk) ‖ castle; palace ‖ château m.; palais m. **b)** ~ (Druckerpresse) ‖ iron frame; hose ‖ clef f. de la vis. **c)** ~ (Faschinenbund) ‖ knot; tie ‖ nœud m. **d)** ein ~ **anschlagen** ‖ to nail a lock to a door ‖ clouer une serrure. **e) blindes** ~ ‖ false lock ‖ serrure f. fausse. **f) eingelassenes** ~ ‖ rabbated *or* flush enchased lock ‖ serrure f. enchassée. **g) Geldschrank~** ‖ safe lock ‖ serrure f. pour coffres-forts. **h) Gewehr~** ‖ gun lock ‖ platine f. **i)** ~ mit **hebender** Falle ‖ trunk lock ‖ serrure f. à deux pênes. **k) Kassensperr~** ‖ lock for cash register ‖ serrure f. de caisse. **l) Koffer~** ‖ lock for trunks ‖ serrure f. à malle. **m) Möbel~** ‖ furniture lock ‖ serrure f. pour meubles. **n) offenes** ~ ‖ German spring lock ‖ serrure f. à ressort. **o)** ~ **ohne Feder** ‖ bolt lock ‖ serrure f. à un seul pêne. **p)** ~ mit drei **Riegeln** ‖ lock with three bolts ‖ serrure f. à trois pênes. **q)** ~ mit **Rohrschlüssel** ‖ pin lock ‖ serrure f. à broche. **r)** ~ mit **schließender** Falle ‖ stock lock ‖ serrure f. à bec de cane. **s)** ~ mit **Schließriegel** ‖ spring stock lock ‖ serrure f. à deux pênes. **t) Sicherheits~** ‖ safety *or* safe lock ‖ serrure f. de sûreté; anti-vol m. **u) Spann~** ‖ turnbuckle ‖ tendeur m. **v)** ein ~ **verdrehen** ‖ to force *or* to spoil a lock ‖ fausser une serrure. **w) Vorhänge~** ‖ padlock ‖ cadenas m. **x) Vorlege~** *s.* Vorhänge~. 16

Schloßblech n. (Büchsenm) ‖ plate; lock-plate ‖ corps m. de platine. **a)** ~ (Schloß) ‖ main-plate of a lock ‖ palâtre m. d'une serrure. **b)** ~ mit **Blattwerk** ‖ foliated scutcheon ‖ platine f. à panaches. **c)** schmales ~ ‖ ribbon plate ‖ tôle f. à palâtre. 17

Schloßblecheisen n. (Büchsenm) ‖ stay for the lock plate ‖ potence f. de platine. 18

Schloß-boden m. ‖ bottom plate of a lock ‖ fond m. de serrure. **a) ~bügel** m. ‖ latch catch ‖ mentonnet m. pour loquet. **b) ~deckel** m. ‖ cover plate of a lock ‖ couverture f. d'une serrure. 19

Schlosser m. ‖ fitter; locksmith ‖ ajusteur-serrurier m.; mécanicien m. **a) Maschinen~** ‖ metal fitter ‖ ajusteur-mécanicien m. 20

Schlosser-arbeit f. ‖ locksmith's work ‖ serrurerie f. **a)** schmales **~blech** n. ‖ ribbon plate ‖ tôle f. à palâtre. 21

Schlosserei f. (Handwerk) ‖ locksmith's trade ‖ métier m. de serrurier; serrurerie f. **a)** ~ (Werkstatt) *s.* Schlosserwerkstatt. **b) Bau~** ‖ locksmith's work in building ‖ serrurerie f. de bâtiment. 22

Schlosser-werkstatt f. ‖ locksmith's *or* fitter's shop ‖ serrurerie f.; atelier m. de serrurier. **a) ~werkstatt** f. für **Farmer** ‖ fitting workshop for farmers ‖ atelier m. de serrurerie pour fermiers. **b) ~werkzeug** n. ‖ fitter's tools pl. ‖ outil m. de serrurier. **c) ~zirkel** m. ‖ compasses pl. for fitter ‖ compas m. d'ajusteur. 23

Schloß-feder f. ‖ lock spring ‖ ressort m. à serrure. **a) ~haken** m. ‖ latch catch ‖ mentonnet m. pour loquet. **b) ~holz** n. (Schiffb) ‖ fid ‖ clef f. *ou* clé f. d'un mât. **c) ~kasten** m. ‖ case of a lock; lock box ‖ boîte f. *ou* palastre m. *ou* palâtre f. d'une serrure. **d) ~montör** m. ‖ lock fitter ‖ monteur m. de serrures. **e) ~nagel** m. ‖ dognail ‖ clou m. de serrure. **f) ~riegel** m. ‖ lock bolt ‖ pêne m.; verrou m. **g) ~scheibe** f. (Uhrm) ‖ snail; great wheel ‖ limaçon m. **h) ~schraube** f. (Büchsenm) ‖ side nail ‖ vis f. de platine. **i) ~schraube** f.) (Schloß) ‖ lock screw ‖ vis f. à serrures. **k) ~sicherung** f. ‖ lock safety device ‖ dispositif m. de sûreté pour serrures. 24

Schlot m. ‖ chimney; funnel; smoke pipe ‖ cheminée f. 25

Schlotte f., **Elevator** ‖ elevator trunking ‖ corps m. d'élévateur. 26

schlottern (Schreibm) ‖ to shake ‖ remuer en bout; flotter; vaciller; branler. 27

Schlottern n. der **Achse** ‖ bobbling of the axis ‖ vacillation f. de l'axe. 28

Schlucht f. ‖ ravine; gorge; glen; defile ‖ ravin m.; gorge f. 29

Schluck m. (Mühle) ‖ swallow of a pair of stones ‖ entrée f. des meules. 30

Schlucken m. ‖ hiccough ‖ hoquet m. 31

Schluckfähigkeit f. (Turbine) ‖ absorption capacity ‖ capacité f. d'absorption. 32

Schlund- und Speiseröhreninstrument ‖ pharynx and œsophagus instrument ‖ instrument m. pour le gosier et l'œsophage. 33

Schlupf m. ‖ slip ‖ recul m.; glissement m. **a)** ~ des **Ankers** ‖ armature slip ‖ glissement m. de l'induit. 34

schlupfen, Fässer npl. || to wash store-casks pl. || nettoyer les foudres mpl. intérieurement. 1

schlüpfen lassen, ein Tau n. || to slip a rope || filer par le bout un cordage. 2

Schlupfen n. von **Fässern** || entering casks through the manhole for washing purposes; washing of store casks || nettoyage m. intérieur des foudres. 3

Schlüpfer m. *s.* Schlupfhose f. 4

Schlupf-hafen m. || creek || crique f. **a) ~hose** f. || directoire knickers pl. || culotte f. pour dames. 5

Schlüpfung f. || slip || glissement m. **a)** ~ des **Ankers** (Elektr) || armature slip || glissement m. de l'induit. 6

Schlüpfungs-kurve f. || slip curve || courbe f. de glissement. **a) ~messer** m. || slip meter || indicateur m. de glissement. 7

Schluß m. des **Stromkreises** || closing of a circuit || fermeture f. d'un circuit. 8

Schluß-abrechnung f. || final settlement || règlement m. final. **a) ~bolzen** m. || coupling pin || fuseau m. de fermeture. **b) ~dividende** f. || final dividend || solde m. du dividende. 9

Schlüssel m. || key || clef f.; clé f. **a)** ~ (Kropfeisen) || middle piece; key of the ram || louvette f. **b)** ~ (Zimm) || trimmer || linçoir m.; linsoir m.; chevêtre m. **c) Achtkant~** || octagonal spanner || clef f. huit pans. **d)** ~ zum **Aufziehen** des Federuhrwerkes || spring driven clock winding key || clef f. pour remonter le mouvement d'horlogerie à ressort. **e) doppelt** gebohrter ~ || double bored key || clef f. forée avec deux trous concentriques. **f) Gabel~** || fork wrench *or* spanner || clef f. à fourche. **g) Griff~** || handle wrench || clé f. à poignée. **h)** ~ eines **Hahns** || plug of a cock || clef f. *ou* noix f. d'un robinet. **i) hohler** ~ || bored *or* piped key || clef f. forée. **k) Kappen~** || spanner for caps; cap key; box wrench (A) || clef f. fermée. **l) massiver** ~ || full key; unbored key || clef f. pleine. **m)** ~ des **Morseapparates** || key || manipulateur m. **n) Norm~** || standard spanner || clef f. normale. **o) Privatkode~** || private code || code m. personnel. **p)** ~ des **Schraubstocks** || spanner of a vice || manivelle f. d'un étau. **q) Sonder~** zum Einstellen auf Null || special key for resetting to zero || clé f. spéciale de remise à zéro. **r) Steck~** aus Rohr || socket wrench of tube || clé f. à canon en tuyau. **s) Tasten~** || handle of key || clé f. de touche. **t) verdrehter** ~ || forced key || clef f. faussée. 10

Schlüssel-bart m. || key bit; ward of a key || panneton m. de clef. **a) ~bein** n. || collar-bone || clavicule f. **b) ~bohrer** m. || key borer || foreur m. de clefs. **c) ~einstellung** f. || setting by spanners || réglage m. par clef. **d) ~feile** f. || key file || lime f. à clef. **e) ~feiler** m. || key filer || limeur m. de clefs. **f) ~gießer** m. || key caster || fondeur m. de clefs. **g) ~griff** m. || bow of a key || anneau m. d'une clef. **h) ~knoten** m. || half-hitch knot || amarrage m. par demi-clefs. **i) ~leiste** f. || key board || porte-clé m. **k) ~loch** n. || key hole || trou m. de serrure; entrée f. de clé. **l) ~lochdeckel** m. || key hole plate; sheave *or* shutter of the key hole || cache-entrée m. de la clef. **m) ~nummerschild** n. || numbered key label || plaque f. numérotée pour clefs. **n) ~raute** f. || bow of a key || anneau m. d'une clef. **o) ~ring** m. || swivel; key ring || porte-clefs m.; porte-mousqueton m.; anneau m. de clef. **p) ~rohr** n. des **Schlosses** || key pipe *or* shank of a lock || canon m. d'une serrure *ou* d'une clef. **q) ~schaft** m. || shank of a key || bout m. *ou* tige f. d'une clef. **r) ~schild** n. (Schloss) || scutcheon || platine f.; écusson m. **s) ~uhr** f. || key watch || montre f. à clef. **t) ~weite** f. || width across flats || ouverture f. de clés. **u) ~wort** n. (Kode) || code word || mot m. de code. 11

Schluß-erklärung f. (Mutung) || final declaration of a concessionaire in respect of his concession || déclaration f. définitive d'un demandeur concernant son gîte. **a) ~klappe** f. (Fernm) || supervisory drop || annonciateur m. à clapet de fin. **b) ~lampe** f. (Auto; Eisenb) || rear *or* tail lamp; tail light || lampe f. arrière *ou* de queue. **c) ~lampe** f. (Fernm) || supervisory lamp || lampe f. de fin de conversation. **d) ~lampenhalter** m. || rear lamp bracket || porte-lanterne m. arrière. **e) ~laterne** f. *s.* ~lampe f. **f) ~leiste** f. (Buchdr) || tail piece || cul-de-lampe m. **g) ~licht** n. *s.* ~lampe f. **h) ~lieferung** || final delivery || livraison f. finale. **i) ~pfosten** m. eines **Lehrgerüstes** || king-post of a center || moise f. pendante de clef d'un cintre. **k) ~rechnung** f. || final account || compte m. définitif. **l) ~reif** m. (Faß) || chimb hoop || dernier cerceau m.; sommier m. **m) ~relais** n. (Fernm) || clearing relay || relais m. de fin de conversation. **n) ~revisor** m. (Buchdr) || press proof revisor || reviseur m. de tierces. **o) ~schein** m. || sales *or* contract *or* broker's note || bordereau m. **p) ~signal** n. (Fernm) || clearing signal || signal m. de fin. **q) ~signallaterne** f. || tail light || lanterne f. de queue. **r) ~stein** m. (Gewölbe) || key *or* heading stone || clef f.; clausoir m.; mansole f. **s) ~stück** n., Rohr || tube end plug || bouchon m. de tuyau. **t) ~vignette** f. || tail piece || cul-de-lampe m. **u) ~windungen** fpl. des **Ankers** (Elektr) || end turns pl. of armature || tours mpl. d'aboutissement de l'induit. 12

Schlußzeichen n. (Fernm) || clearing signal || signal m. de clôture *ou* de fin de conversation. **a) ~gebung** f. in **Nebenstellenanlagen** || clearing in private branch exchanges || signalisation f. de fin de conversation pour les installations supplémentaires. **b) ~lampe** f. (Fernm) || clearing lamp || lampe f. de clôture. **c) ~schaltung** f. im ZB-Betrieb || supervisory circuit || circuit m. de supervision. **d) ~übertragung** f. (Fernm) || clearing lamp repeating || transmission f. de la lampe de clôture. 13

Schluß-zeile f. (Buchdr) || catch-line || ligne f. perdue. **a) ~zettel** m. (Handl) || broker's contract *or* note || bordereau m. de courtier. **b) ~ziegel** m. || flap *or* end tile || tuile f. plate recourbée. 14

Schmack m. (Färb) || sumac(h) || sumac m. 15

schmal || small; narrow || resserré. 16

Schmaler m. (Korbm) || cleaving-tool || fer m. à écaffer. 17

schmälern || to reduce; to lessen; to curtail (expenses) || rétrécir; diminuer; réduire. 18

Schmälerung f. || diminution; curtailing; reduction || rétrécissement m.; diminution f. 19

Schmalleder n. || tanned calfskins pl.; upper leather || cuir m. à œuvre; cuir m. mou pour tiges de bottes. 20

Schmalspur f. (Eisenb) || narrow gauge || voie f. étroite. **a) ~bahn** f. || narrow gauge railway || chemin m. de fer à voie étroite. **b) ~bahnstrecke** f. || narrow gauge line || voie f. de chemin de fer à voie étroite. **c) ~lokomotive** f. || narrow *or* small gauge locomotive || locomotive f. pour voie étroite. **d) ~wagen** m. || narrow gauge carriage *or* wagon || wagon m. à voie étroite. 21

Schmaltblau n. *s.* Schmelzblau. 22

Schmalz n. || lard; hog fat || graisse f.; saindoux m. **a) ~kuchenbäcker** m. || fritter baker || boulanger m. *ou* patissier m. de gâteaux frits. **b) ~raffinerie** f. || tallow refinery || raffinerie f. de sain doux. 23

Schmälzwolf m. || oiling devil *or* willow || brisoir m. à huiler; ensimeuse f. 24

Schmant m. (Bergb) || smiddum tails pl.; slime || limon m. 25

Schmauchfeuer n. || smoking; chocked fire || étuvage m.; enfumage m. 26

Schmelz m. || enamel || émail m. 27

Schmelzanlage f. || smelting plant || fonderie f. **a) Harz~** || rosin melting plant || installation f. de fusion de résine. **b) Talg~** || tallow melting plant || (installation f. de) fonderie de suif. 28

Schmelzapparat m. || smelting apparatus || petit four m. **a)** ~ für **Wollspinnereien** || fusing apparatus for wool spinners || appareil m. de fusion pour filatures de laine. 29

Schmelz-arbeit f. || enamelling || travail m. de l'émailleur. **a) ~asphalt** m. || cast asphalt || asphalte m. coulé. **b) elektrisches ~bad** n. || electric smelting bath || bain m. de fusion électrique. 30

schmelzbar || fusible || fusible. **a) ~es Glas** n. || fusible glass || verre m. fusible. **b) ~er Leiter** m. || fusible conductor || conducteur m. fusible. **c) leicht** ~ (Chem) || easily fusible || facilement fusible. **d) schwer** ~ || difficultly fusible || difficilement fusible. **e) schwer ~es Glas** n. || hardly fusible glass || verre m. difficilement fusible. **f) schwer ~er Werkstoff** m. || refractory material || matériel m. réfractaire. 31

Schmelzbarkeit f. || fusibility || fusibilité f. 32

Schmelzbau m. für **Tiegelguß** (Met) || crucible steel foundry || fonderie f. d'acier au creuset. 33

Schmelzblau n. || smalt; smalt blue; stone blue || azur m.; smalt m.; bleu m. d'émail. 34

Schmelze f. (Werkstatt) || smelting house || fonderie f. **a)** ~ (das Geschmolzene) || melt; molten mass || masse f. fondue. 35

Schmelzeinsatz m. (Elektr) || fusible piece; fuse || pièce f. fusible; fusible m. 36

schmelzen (flüssig machen) || to fuse; to smelt; to melt; to liquify || fondre; liquéfier; mettre en fusion f. **a)** ~ (flüssig werden) || to melt || fondre; se fondre. **b)** das **Eis** n. schmilzt || the ice melts || la glace f. fond. **c) Erz** n. ~ || to smelt ores pl. || fondre le minerai. **d)** die **Sicherung** schmilzt durch || the

fuse blows || le fusible fond. **e)** über den **Stich** ~ || to smelt through the eye || fondre par l'œil m. 1
Schmelzen n. (Eis) || melting || fonte f. **a)** ~ (Met) || smelting || fonte f.; fusion f. **b) elektrisches** ~ || electric smelting || fonte f. électrique. **c) oxydierendes** ~ || oxidizing smelting || fondage m. d'oxydation. **d) reduzierendes** ~ || reducing smelting || fondage m. de réduction. **e) solvierendes** ~ || purifying smelting || fondage m. de dépuration. 2
Schmelzer m. || smelter; melter; furnace man || fondeur m. **a) Kupolofen~** || cupola tenter || fondeur m. au cubilot. 3
Schmelzerei f. || smelting house || fonderie f. 4
Schmelz-farbe f. || vitrifiable colour *or* pigment || couleur f. vitrifiable. **a) ~fluß** m. || complete fusion || fusion f. complète. **b) ~flußelektrolyse** f. || smelting flux electrolysis || électrolyse f. pour métal fondu. **c) ~glas** n. || enamel || émail m. **d) ~gut** n. || melting material || matériel m. de fusion. **e) ~hafen** (Glas) || glass melting kettle; glass crucible *or* melting-pot || creuset m. (à fondre le verre). **f) ~hütte** f. || smelting works pl.; casting house; foundry || fonderie f. **g) ~kegel** m. || melting *or* fusible cone; pyrometric cone; Seger cone || cône m. pyrométrique. **h) ~kessel** m. (Met) || smelting kettle; smelting crucible || marmite f. *ou* chaudière f. à fusion. **i) ~kessel** m. (Schriftg) || melting pot || fondoir m. **k) ~koks** m. || charge *or* smelting coke || coke m. de fonderie. **l) ~kosten** pl. || cost of smelting || coût m. de fusion. **m) ~lampe** f. || enameller's *or* glass-blower's lamp || lampe f. d'émailleur. **n) ~löffel** m. || melting ladle || cuiller f. à fondre. **o) ~lotmelder** m. || fusible alarm || avertisseur m. à fusible. 5
Schmelzmalerei f. || enamel painting || émail m. **a)** ~ mit vertieftem **Grund** || enamel painting on a deepened field || émail m. champlevé. **b)** ~ mit vertieften **Konturen** || enamel painting with deepened outlines || émail m. translucide. **c)** ~ mit eingelegten **Metallstreifen** || enamel painting with inlaid metal lines || émail m. cloisonné. 6
Schmelzmittel n. || fusing agent || agent m. de fusion. 7
Schmelzofen m. || melting *or* smelting *or* crucible furnace || four m. à creusets; fourneau m. à fusion *ou* de fonderie. **a) elektrischer** ~ || electric smelting furnace || four m. de fusion électrique. **b)** ~ mit **Gebläse** || blast furnace || fourneau m. à courant d'air forcé. 8
Schmelzpfanne f. (Met) || smelting pan || bassin m. à fusion; poêle f. de fusion. 9
Schmelzpfropfen m. || fusible plug || bouchon m. fusible. a) der ~ ist **ausgeflossen** || the plug ran out || le bouchon fusible s'est écoulé. **b)** der **äußerste** ~ beginnt zu schmelzen || the outermost plug is beginning to melt || le bouchon fusible extérieure commence à se fondre. **c)** die **inneren** ~ mpl. sind weich || the inner plugs are soft || les bouchons mpl. fusibles intérieurs se sont amollis. 10
Schmelzpulver n. (Chem) || flux || fondant m. 11
Schmelzpunkt m. || melting *or* fusing point || point m. de fusion. **a)** ~ des **Eises** || (Nullpunkt) || point of melting ice || point m. de la glace fondante. **b)** den ~ **erniedrigen** || to lower the melting point || abaisser le point de fusion. 12
Schmelzpunktbestimmungsapparat m. || apparatus for determination of the melting point || appareil m. pour la détermination du point de fusion. 13
Schmelz-raum m. || hearth || foyer m. de fusion. **a) ~schweißung** f. || fusion welding || soudage m. par fusion. **b) ~sicherung** f. || safety fuse || fusible m. de sûreté. **c) ~sicherungsdraht** m. (Elektr) || fuse wire || fil m. fusible. **d) ~stahl** m. (Met) || natural steel; rough steel; German steel; mock; furnace-steel || acier m. naturel *ou* brut; acier de forge *ou* d'Allemagne; acier de fonte. **e) ~streifen** m. || fuse strip || fil m. fusible. 14
Schmelztiegel m. || crucible; (s)melting pot || creuset m.; pot m. de fusion. **a) fahrbarer** ~ || portable crucible || creuset m. sur roues. **b)** ~ aus **Porzellan** || porcelain crucible || creuset m. en porcelaine. 15
Schmelztiegelzange f. || crucible tongs pl. || tenailles fpl. à creusets. 16
Schmelztrog m. || melting trough || auge f. à fondre. 17
Schmelzung f. || fusion || fusion f.; liquéfaction f. 18
Schmelz-verfahren n., **elektrisches** || electric smelting process || procédé m. de fusion électrique. **a) ~vorgang** m. || melting process || procédé m. de fusion. **b) ~wärme** f. || fusion *or* melting heat || chaleur f. de fusion. **c) ~wasser** n. || melting *or* snow water || eau f. de fonte *ou* de fusion. 19
schmelzwürdig (Met) || workable || exploitable. 20
Schmelz-würdigkeit f. (Met) || adaptability to the smelting-process || exploitabilité f. **a) ~zement** m. || melted cement || ciment m. fondu. **b) ~zone** f. || smelting *or* fusion zone || zone f. *ou* région f. de fusion. 21
Schmerkluft f. (Bergb) || flookan; flucan || crevasse f. remplie d'argile. 22
Schmerz m. || pain; ache || douleur f. 23
Schmerzensgeld n. || forfeit || indemnisation f. 24
Schmetterkraft f. (Geschoß) || stopping power || force f. d'arrêt. 25
Schmetterling m. || butterfly; lepidopter || papillon m. 26
Schmied m. || smith; forger; forgeman || forgeron m.; forgeur m.; serrurier-forgeron m. **a) Dorf~** || country smith || forgeron m. de village. **b) Eisen~** || ironsmith || forgeur m. de fer. **c) Grob~** || blacksmith || (fabricant-)ferronnier m. **d) Hammer~** || hammer smith || marteleur m. **e) Hand~** || hammer smith || forgeur m. à la main. **f) Kunst~** || artistic locksmith || serrurier m. d'art. **g) Luppen~** || shingler || cingleur m. **h) Steinbruch~** || quarry blacksmith || forgeron m. carrier. **i) Werk~** || smith || forgeron m. à façon. 27
schmiedbar || malleable; forgeable; ductile; soft || malléable; forgeable; ductile. **a)** ~ **gemacht** || tempered || trempé. **b) im kalten** Zustand m. ~ || forgeable while cold || forgeable à froid. **c) ~es Eisen** n. || malleable iron || fer m. forgeable *ou* malléable. **d) ~er Guß** m. || malleable castings pl. || fonte f. malléable. **e) ~es Gußeisen** n. || malleable cast iron || fonte f. malléable. **f) nicht ~er** Guß m. || non-malleable castings pl. || fonte f. non malléable. 28
Schmiedbarkeit f. || malleability || malléabilité f. 29
Schmiede f. || forge; smithy || forge f. **a) fahrbare** ~ || portable *or* travelling forge || forge f. transportable *ou* portative. **b) Kessel~** || boiler forge *or* smithy || (atelier m. de) chaudronnerie. **c) Kunst~** || fine art forge; artistic locksmith's shop || forge f. artistique; ferronnerie f. d'art. **d) Kupfer~** || coppersmith's shop || chaudronnerie f. de cuivre. 30
Schmiede-arbeit f. *s.* Schmieden. **a) ~arbeiter** m. || forgeman || ouvrier m. de forge; forgeur m.; forgeron m. **b) ~block** m. || anvil block || billot m. de forge. **c) ~eisen** n. || wrought *or* malleable *or* forging iron || fer m. malléable *ou* de forge. **d) ~eisenschrott** n. || iron scrap || mitraille f. de fer. 31
schmiedeeisern || (made of) wrought-iron || en fer malléable; de fer forgé. **a) ~e Flasche** f. || wrought-iron bottle || bouteille f. en fer forgé. **b) ~e Platte** f. || wrought iron plate || plaque f. en fer forgé. **c) ~e Röhre** f. || wrought-iron pipe || tuyau m. en fer forgé. 32
Schmiede-esse f. *s.* **~herd. a) ~feuer** n. *s.* **~herd. b) ~feuergebläse** n. || forge bellows pl. || soufflet m. *ou* soufflante f. de forge. **c) ~feuerventilator** m. || smith's hearth fan || ventilateur m. de forge. **d) ~fördergrus** m. || smithy small || menu m. grenu. **e) ~gesenk** n. || swage; die || étampe f. de forge. **f) ~grus** m. || slack coal; culm small coal || charbon m. fin *ou* pulverisé. **g) ~hammer** m. || power *or* forge hammer || marteau m. de forge *ou* à forger; marteau-pilon m. **h) ~herd** m. || forge; stack; forge *or* forging *or* smith's hearth || forge f.; feu m. *ou* foyer m. *ou* four m. de forge; chaufferie f. **i) ~kohle** f. || forge coal || charbon m. de forge; houille f. maréchale *ou* pour feux de forge. **k) ~koks** m. || forge coal coke || coke m. de charbon de forge. **l) ~kran** m. || forge crane || grue f. de forge. 33
Schmiedemaschine f. || forging machine || machine f. à forger. **a) Bolzenkopf~** || bolt head forging machine || machine f. à forger les têtes de boulons. **b) Gesenk~** || drop forging machine || machine f. à estamper. **c) Ketten~** || chain forging machine || machine f. à forger les chaînes. **d) Universal~** || universal forging machine || machine f. à forger universelle. 34
Schmiedemeister m. || forge master || maître m. de forge; maître-forgeron m. 35
schmieden || to forge || forger; battre; marteler; martiner. **a)** das **Eisen** ~ || to forge the iron || forger le fer. **b)** im **Gesenk** n. ~ || to forge in dies pl.; to swage || matricer; forger en matrices fpl.; estamper. **c) hohl** ~ || to forge hollow || forger à creux. **d) kalt** ~ || to cold draw with the hammer; to cool hammer || battre à froid. **e) viereckig** ~ || to forge square || équarrir. 36
Schmieden n. || forging; (forgery) || forgeage m.; forgement m.; travail m. de forge; ouvrage m. du forgeron; action f. de forger. **a) durchdringendes** ~ schwerer Massen || thorough forging of heavy masses || forgement m. à fond des masses volumineuses. **b)** ~ bei zu **niedriger Temperatur** || forging at too low a temperature || forgeage m. à une température trop basse. **c)** ~ der **Schirbel** || tilting of blooms || étirage m. des maquettes. 37

Schmiede-nagel m. || forged nail || clou m. forgé. **a) ~nuß** f. *s.* ~nußkohle. **b) ~nußkohle** f. || smithy doubles pl. || braisettes fpl. lavées pour forges. **c) ~ ofen** m. || hammer furnace || foyer m. à forger. **d) ~preßbau** m. || press shop || forge f. à presse. 1

Schmiedepresse f. || forging press || presse f. de forge. **a) dampfhydraulische ~** || steam-hydraulic forging press || presse f. hydraulique à vapeur à forger; presse f. à forger vapo-hydraulique. **b) Elektro~** || electric forging press || presse f. à forger électrique. **c) Friktions~** || friction forging press || presse f. à forger à friction. **d) ~ in Hammerform** || hammer type forging press || presse f. à forger modèle pilon. **e) hydraulische ~** || hydraulic forging *or* stamping press || presse f. hydraulique à forger *ou* à estamper. **f) Schnell~** || rapid forging press || presse f. à forger à action rapide. 2

Schmiedepressenständer m. || standard for a forging press || bâti m. d'une presse à forger. 3

Schmiede-probe f. || forging test || essai m. à la forge. **a) ~schlacke** f. || slag; clinker || mâchefer m. **b) ~sinter** m. || refining cinders pl.; fining slag || laitier m. de forge. **c) ~stahl** m. || wrought *or* forge steel || acier m. corroyé *ou* de forge. **d) ~stock** m. || anvil block || tronchet m. 4

Schmiedestück n. || forged piece; forging || pièce f. forgée. **a) ~e** npl. von **beliebig großen** Abmessungen || forgings pl. of any sizes || pièces fpl. de forge de dimensions quelconques. **b) Gesenk~** || stamping || pièce f. estampée. **c) Kunst~** || artistic forged piece || pièce f. d'art en fer forgé. **d) leichtes ~** || light forging || petite pièce f. de forge. **e) schweres ~** || heavy forging || grosse pièce f. de forge. 5

Schmiede-temperatur f. || forging temperature || température f. de forgeage; température nécessaire pour le forgement. **a) ~walze** f. || forge rolling machine; forging rolls pl. || laminoir m. à forger. **b) ~werkzeug** n. || forging tool || outil m. de forge *ou* du forgeron. 6

Schmiedezange f. || forge tongs pl. || pince f. *ou* tenailles fpl. du forgeur. **a) flache ~** || flat-bit tongs pl. || pince f. plate. **b) gekrümmte ~** || hoop-tongs pl. || tenailles fpl. crochues. 7

Schmiedling m. || forging || pièce f. forgée *ou* à forger. 8

Schmiege f. || bevel sliding square || angle m. oblique; béveau m.; sauterelle f.; équerre f. pliante. **a) ~** (Schiffb) || bevelling || angle m. d'équerrage. **b) ~** (Stein) || chamfered moulding || équerre f.; biais m. 9

Schmiege-brett n. (Schiffb) || bevelling board || planchette f. d'équerrage. **a) ~-kolben** m. (Schiffb) || bevelling pin || taquet m. d'équerrage. **b) ~maschine** f. für **Schiffsspanten** || bevelling machine for ship beams || machine f. à équerrer les couples. 10

schmiegen (Schiffb) || to bevel || équerrer. 11

Schmiege-rolle f. || squaring roll || rouleau m. à équerrer. **a) ~schnitt** m. || bevel cutting || fausse-coupe f. **b) ~stock** m. || shifting *or* sliding square || équerre f. pliante; sauterelle f. 12

schmiegsam || flexible || souple. 13

Schmiegsamkeit f. || flexibility || souplesse f.; flexibilité f. 14

Schmiegewinkel m. (Zimm) || bevel; rule; mitre rule || angle m. oblique. 15

Schmierapparat m. || lubricator || appareil m. de graissage; lubrificateur m. 16

Schmierbüchse f. || grease (axle) box; oil cup || boîte f. à graisse; godet m. à l'huile. **a) Docht~** || wick lubricator || graisseur m. à mèche. **b) durchgehende ~** (Eisenb) || lubricating axle box extending from one axle journal to the other || graisseur m. entourant l'essieu tout entier. **c) Feder~** || spring oiler || graisseur m. de ressort. **d) ~ mit Weißmetallagerstellen** (Eisenb.) || grease axle box with white metal bushings || boîte f. à graisse avec coussinets de métal blanc. 17

Schmier-butter f. || rich butter || beurre m. gras. **a) ~docht** m. || lubricating wick || mèche f. de graissage. 18

Schmiere f. || grease; lubricant; smear || enduit m.; lubrifiant m.; graisse f. **a) ~** (Schiff) || tallow; suff; grease || graisse f. **b) alte** klebrige **~** || gome; coom || cambouis m. **c) ~ für Drahtseile** || wire rope grease || graisse f. pour câbles métalliques. **d) Graphit~** || graphite lubricant || graisse f. graphitée. **e) ~ für Hanfseile** || hemp rope grease || graisse f. pour câbles de chanvre. **f) Maschinen~** || lubricating grease || graisse f. de machines. **g) ~ für Seile** || rope grease || graisse f. pour câbles. 19

schmieren (Buchdr) || to slur || barbouiller. **a) ~** (Masch) || to lubricate; to oil; to grease || lubrifier; huiler; graisser. **b) Akkumulatorenplatten** fpl. **~** || to paste accumulator plates pl. || tartiner des plaques fpl. d'accumulateurs. **c)** den **Schiffsboden** m. **~** || to pay a vessel's bottom || graisser *ou* espalmer le fond d'un navire. 20

Schmieren n. (Masch) || lubrication; oiling; greasing || lubrifaction f.; lubrifiage m. 21

Schmierer m. || oiler; greaser || graisseur m. 22

Schmier-fett n. || lubricating grease || graisse f. **a) ~flüssigkeit** f. || lubricating liquid || liquide m. lubrifiant. **b) ~gefäß** n. || lubricator || graisseur m. **c) ~gefäß** n. für Deckel || lubricator for tophead || graisseur m. pour couvercle supérieur. **d) ~-hahn** m. || grease cock; oil tap || robinet m. graisseur. **e) ~hahn** m. des Zylinders || cylinder grease cock || robinet m. graisseur de cylindre. 23

schmierig || oily || graisseux. 24

Schmier-kammer f. || grease-chamber || boîte f. à graisse. **a) ~kanne** f. || oil can || burette f. **b) ~kapsel** f. (Eisenb) || grease cup; lubricator || godet m. graisseur. **c) ~keil** m. (Schiffb) || launching wedge || languette f. **d) ~kette** f. || lubricating chain || chaîne f. de graissage. **e) ~kissen** n. || oil pad || pellicule f. *ou* tampon m. de graissage. **f) ~kluft** f. || gap || fente f. glaiseuse. **g) ~lager** n. || lubricating box *or* bearing; self-oiling bearing || boîte f. à graisse; palier-graisseur m. **h)** durchgehendes **~lager** n. (Eisenb) || lubricating box extending from one axle journal to the other || boîte f. à graisse entourant l'essieu tout entier. **i) ~loch** n. || oil hole || trou m. graisseur; canal m. de graissage. **k) ~material** n. || greasing substances pl. || matières fpl. grasses *ou* lubrifiantes. **l) ~mittel** n. || lubricant; smear || matière f. lubrifiante; lubrifiant m.; graisse f. **m) ~mittel** n. für Leder || leather lubricating material || matière f. pour la lubrification de cuir. **n) ~nut** f. || lubricating *or* oil groove || patte f. d'araignée. **o) ~nutenziehmaschine** f. || oil groove cutting machine || machine f. à faire les pattes d'araignée. 25

Schmieröl n. || lubricating oil || huile f. lubrifiante *ou* de graissage. **a) ~ ablassen** || to drain out the lubricant || vider l'huile f. **b) gebrauchtes ~** durch das Absitzverfahren reinigen || to regenerate oil after having been used for lubricating by the gravity settling process || régénérer d'huile sale ayant déjà servi de lubrifiant par décantation. **c) mineralisches ~** || mineral sperm-oil || huile f. minérale de graissage. 26

Schmierölpumpe f. || lubricating oil pump || pompe f. à huile. 27

Schmier-planke f. (Schiffb) || (way) slide || coulisse f.; coitte m. fixe. **a) ~pumpe** f. || lubricating pump || pompe f. de graissage. **b) ~pumpennocken** m. || lubrication oil pump cam || came f. de pompe à huile. **c) ~quast** m. || mop || guipon m. **d) ~ring** m. || lubricating ring || bague f. de graissage. **e) ~röhrchen** n. || oil pipe || tube m. de graissage. **f) ~schraube** f. (Eisenb) || oil hole screw || bouchon m. de graissage à vis. **g) ~seife** f. || soft soap || savon m. mou. **h) ~skizze** f. || rough sketch || minute f. **i) ~stelle** f. || oiling point || partie f. à graisser. 28

Schmierung f. || lubrication || lubrification f.; graissage m. **a) Einzel~** || separate oiling || graissage m. individuel. **b) Feder~** || spring lubrication || graissage m. des ressorts. **c) Fett~** || grease lubrication || lubrification f. à graisse. **d) ~ mit Frischöl** || fresh oil lubrication || graissage m. par huile fraîche. **e) Hand~** || hand oiling *or* lubrication || graissage m. à la main. **f) Kolben~** || piston lubrication || graissage m. du piston. **g) Preß~** || forced lubrication || graissage m. sous pression. **h) Ring~** || ring lubrication || graissage m. annulaire. **i) sparsame ~** || economical lubrication || graissage m. économique. **k) Tauchbad~** || splash lubrication || graissage m. par barbotage. **l) Tropföl~** || drip feed || graissage m. à compte-gouttes. **m) Umlauf~** || circulation system lubrication || graissage m. par circulation. **n) Zentral~** || centralized lubrication || graissage m. centralisé. 29

Schmiervorrichtung f. || lubricating device *or* gear; lubricator || dispositif m. de graissage; graisseur m. **a) Hand~** || hand lubricator || appareil m. de graissage à la main. **b) selbsttätige ~** || selfacting lubricator || graisseur m. *ou* lubrificateur m. automatique. 30

Schmierwolf m. || oiling devil *or* willow || brisoir m. à huiller; ensimeuse f. 31

Schminke f. || paint || fard m. **a) rote ~** || rouge || rouge f. 32

Schminkrot n. || rouge || rouge f. en feuilles *ou* d'Espagne. 33

Schmirgel m. || emery; slime || émeri m.; limon; émeril m.; corindon m. granulaire. **a)** mit **~ belegen** || to lay on with emery || émeriser. **b) geschlämmter ~** || levigated emery || potée f. d'émeri. 34

Schmirgel-feile f. || emery stick || polissoir m.; rodoir m. **a) ~gewinnung** f. || emery quarry || carrière f. d'émeri. **b) ~holz** n. || emery stick || polissoir m.; rodoir m. **c) ~kolben** m. || leading rod || polissoir m.

d) ~leinen n. || emery cloth || toile f. d'émeri. **e) ~leinenherstellungsanlage** f. || emery cloth making plant || installation f. pour fabriquer de la toile d'émeri. **f) ~leinwand** f. *s.* ~leinen. **g) ~maschine** f. (Textil) || abrasive machine || machine f. à l'émeri. 1

schmirgeln || to rub *or* to polish *or* to grind with emery || émeriller; polir *ou* roder à l'émeri. 2

Schmirgeln n. || grinding; polishing; rubbing; glazing || adoucissage m.; polissure f. à l'émeri; rodage m. 3

Schmirgelpapier n. || emery paper || papier m. émerisé *ou* à l'émeri; papier-émeri m. **a) ~herstellungsanlage** f. || emery paper making plant || installation f. pour fabriquer du papier émeri. 4

Schmirgel-platte f. || emery plate || meule f. horizontale en émeri. **a) ~pulver** n. || emery powder *or* dust || poudre f. d'émeri; émeri m. en poudre. **b) ~rad** n. || emery wheel || meule f. d'émeri. **c) ~scheibe** f. || emery wheel || meule f. d'émeri. **d) ~schleifer** m. || emery-wheel man || meuleur m. émeri. **e) ~schleifmaschine** f. || emery grinding machine || machine f. à polir à l'émeri *ou* de meules d'émeri. **f) ~schleifscheibe** f. || emery grinding wheel || roue f. à polir à l'émeri. **g) ~stein** m. || emery stone || pierre f. d'émeri. **h) ~tuch** n. || emery cloth || toile f. émerisée. **i) ~waren** fpl. || emery goods pl. || articles mpl. en émeri. 5

Schmirgelwerk n. || emery mill || fabrique f. d'émeri. **a) ~einrichtung** f. || emery work plant || équipement m. pour travaux à l'émeri. 6

Schmitz m. (Tuchf) || stripe; furrow || écriteau m. 7

Schmitze f. der Peitsche || whip cord; whip lash || mèche f. de fouet; ficelle f. de fouet. 8

schmitzen || to mackle || maculer. 9

Schmitzen n. || mackling || papillotage m. 10

Schmortopf m. || stew pan || marmite f. à ragout. 11

Schmuckblume f. || flower for millinery || fleur f. de parure. 12

Schmuckfeder f. || fancy plume || plume f. pour parures. **a) zugerichtete ~** || dressed fancy-feather || plume f. de parure apprétée. 13

Schmuck-gras n. || plant for decoration || arbuste m. pour décoration. **a) ~kästchen** n. || jewel case *or* casket || écrin m. **b) ~nadel** f. || fancy needle || aiguille f. de fantaisie. **c) ~sachen** fpl. || trinkets pl.; knick-knacks pl.; jewels pl.; gems pl. || parure f.; nippes fpl.; objets mpl. de parure; bijoux mpl. **d) ~stecher** m. || jewellery engraver || graveur m. en bijoux. 14

Schmuckstein m. || jewel; gem || pierre f. à bijou. **a) ~industrie** f. || industry of jewels and ornament stones || industrie f. de joyaux et de pierres de bijouterie. 15

Schmuckwaren fpl. || jewellery || bijouterie f. **a) goldene ~** || gold jewellery || bijouterie f. fine. **b) unechte ~** || bronze trinkets pl. || bijouterie f. dorée. 16

Schmuggelei f. || smuggling; illicit trading || commerce m. de contrebande; contrebande f. 17

Schmuggel-handel m. || smuggling (trade); contraband trade || commerce m. interlope; contrebande f. **a) ~schiff** n. || smuggler ship; freebooter; adventurer || interlope m.; aventurier m. 18

Schmuggler m. || smuggler || interlope m.; contrebandier m. 19

Schmutz m. || dirt || crasse f. **a) anhaftender ~** || adhering dirt || crasse f. adhérente. 20

Schmutz-blech n. || guard || garde-boue m. **a) ~bogen** m. (Buchdr) || set-off sheet || maculature f. **b) ~buchstabe** m. || pick || ordure f. sous presse. **c) ~fänger** m. || mud guard; dirt trap || garde-boue m.; décrasseur m. **d) ~hahn** m. || mud cock || robinet m. d'ébouage. 21

schmutzige Wäsche f. || dirty *or* foul linen || linge m. sale. 22

Schmutz-kittel m. || overall || blouse f. **a) ~knötchen** n. im Tuch || filth in cloth || époutí m. dans le drap. **b) ~papier** n. (Buchdr) || mackled sheets pl.; waste paper || maculature f.; papier m. de rebut. **c) ~seite** f. (Buchdr) || slur *or* blank page || page f. blanche; fausse-page f. **d) ~titel** m. (Buch) || bastard title || faux-titre m.; avant-titre m. **e) ~ventil** n. || purging cock || robinet-purgeur m. **f) ~wasser** n. || sewage || eaux fpl. d'égout. **g) ~wasserpumpe** f. || mud pump || pompe f. à eaux d'égout. **h) ~wolle** f. || greasy wool || surge f.; laine f. en suint; laine f. surge. 23

Schnabel m. || beak || bec m. **a) ~ eines Krans** || jib of a crane || flèche f. d'une grue. 24

Schnabel-rolle f. || jib-head sheave || poulie f. de la flèche. **a) ~rundkipper** m. || scoop type car (tips all round) || wagonnet m. avec caisse en pelle basculante dans toutes les directions. **b) ~vorderkipper** m. || scoop type wagon (tips at end) || wagonnet m. avec bec basculant en bout. 25

Schnalle f. || buckle || boucle f. **a) Gurt~** || girth buckle || boucle f. de sangle. **b) Riemen~** || buckle of strap || boucle f. de courroie. **c) Verschluß~** || closing buckle || boucle-fermoir m. 26

Schnallen-dorn m. || tongue of a buckle || ardillon m. d'une boucle. **a) ~macher** m. || buckle maker || fabricant m. de boucles. **b) ~stück** n. || near side; neck strap || montant m. *ou* côté m. de gauche. **c) ~zunge** f. || tongue of a buckle || ardillon m. d'une boucle. 27

Schnappbremse f. || snatch brake || frein m. cliquet. 28

Schnapper m. (Schloß) || snap; catch; latch || loqueteau m.; verrou m. à ressort. **a) ~** (Walzw) || passer || passeur m. 29

Schnapp-riegel m. || spring catch || verrou m. d'arrêt. **a) ~schalter** m. || snap switch; quick break switch || commutateur m. à ressort; interrupteur m. instantané. 30

Schnappschloß n. || spring lock || serrure f. à houssette. **a) halbtouriges ~** || half turning spring lock || serrure f. à houssette. 31

Schnappstift m. || locking pin || goujon m. de blocage. 32

Schnapsbrenner m. || brandy *or* cognac distiller || distillateur m. de vin; brandevinier m. 33

Schnarchventil n. || breather; sniffle valve || reniflard m.; soupape f. reniflante. 34

schnarren (Werkzeug) || to niril; to vibrate || brouter. 35

Schnarr-summer m. (Fernm) || buzzer || ronfleur m. **a) ~ventil** n. || blow through *or* sniffle *or* puppet valve || soupape f. reniflante. **b) ~wecker** m. || buzzer || sonnerie f. ronflante. 36

Schnauze f. einer Dachrinne || waterspout; spout of a gutter || gargouille f. 37

Schnecke f. (Masch) || worm; endless screw || vis f. sans fin. **a) ~** (Uhrwerk) || fusee || fusée f. **b) ~** (Zool) || snail || escargot m. **c) archimedische ~** || Archimedean screw || vis f. d'Archimède. **d) Brech~** || grinding worm || vis f. broyeuse. **e) Förder~** || feed screw; conveyor worm || vis f. transporteuse. 38

Schnecken-abläufer m. (Uhrm) || fusee arbor; fusee notching arbor || arbre m. à fusées. **a) ~antrieb** m. || worm drive || transmission f. par vis sans fin. **b) ~aufgabevorrichtung** f. || worm feeder || appareil m. chargeur à vis. **c) ~bohrer** m. || twisted auger; spiral drill || tarière f. à vis *ou* à spirale. **d) ~bohrer** m. mit **Vierkantkopf** || twist drill square shank || mèche f. spirale à tête carrée. **e) ~drehstift** m. *s.* ~abläufer. **f) ~feder** f. || volute *or* spiral spring || ressort m. hélicoïdal *ou* à volute. **g) ~förderer** m. || screw conveyer || transporteur m. à vis sans fin. **h) ~fräser** m. || worm hob; milling cutter for worms || fraise f. hélicoïdale *ou* à vis-mère. **i) ~fräsmaschine** f. || worm milling machine || machine f. â fraiser les vis sans fin. **k) ~gehäuse** n. (Masch) || worm casing || boîte f. de la vis sans fin. 39

Schneckengetriebe n. || worm gear || engrenage m. à vis sans fin. **a) Reduktions~** || worm reduction gearing || réducteur m. de vitesse par vis sans fin. **b) selbsthemmendes ~** || self-locking worm gear || transmission f. à vis sans fin à blocage automatique. 40

Schnecken-gewölbe n. || helical *or* spiral vault; snail formed vaulting || voûte f. en limaçon. **a) ~kette** f. (Uhrm) || fusee chain || chaîne f. à fusée. **b) ~kettenzusammennietung** f. || mounting of fusee chains || montage m. de chaînes à fusées. **c) ~pufferfeder** f. || volute buffer spring || ressort m. conique *ou* ressort m. à volute pour tampons. 41

Schneckenrad n. (Masch) || worm wheel || roue f. hélice *ou* hélicoïdale; roue à vis sans fin. **a) ~** (Uhrm) || fusee wheel || roue f. de fusée. 42

Schneckenräder-fräsmaschine f. || worm wheel cutting machine || machine f. à fraiser les roues hélicoidales. **a) ~frässupport** m. || worm milling hob arbor carriage || chariot m. à tailler les roues à vis sans fin. 43

Schneckenrad-getriebe n. || screw and wheel; worm and wheel; worm gearing || engrenage m. à vis sans fin. **a) ~winde** f. || winch with worm gear || treuil m. à vis sans fin. 44

Schnecken-schleifmaschine f. || worm grinding machine || machine f. à rectifier les vis sans fin. **a) ~schneidzeug** n. zur Herstellung der Kettenschnecke || fusee engine || machine f. à tailler les fusées. **b) ~triör** m. || spiral separator || trieur-tobogan m. **c) ~trog** m. (Masch) || worm trough || auge f. de la vis sans fin. **d) ~vorgelege** n. || worm gear || démultiplicateur m. à vis sans fin. **e) ~winde** f. || winch with worm gear || treuil m. à vis sans fin. **f) ~zapfen** m. || pinion of report || pignon m. de renvoi. 45

Schnee m. || snow || neige f. **a)** ~ aus **Glas** || snow of glass || neige f. de verre. **b) Neu~** || new *or* fresh snow || neige f. tombée récemment. **c) Pulver~** || powdery snow || neige f. en poudre. 1

Schnee-besen m. (Küche) || egg beater || batteuse f. à œufs. **a) ~brille** f. || dark glass || lunettes fpl. protectrices. **b) ~decke** f. || layer of snow; sheet *or* covering of snow || couverture f. *ou* couche f. de neige. **c) ~fanggitter** n. für Dächer || snow fence for roofs || grille f. de toit pour retenir la neige. **d) ~fegewagen** m. || snow plough || charrue f. à neige; chasse-neige m. **e) ~flocke** f. || snow flake || flocon m. de neige. **f) ~flugzeug** n. || aeroplane fitted with skis || avion m. à skis. **g) ~gestöber** n. || driving snow; blizzard || tourbillon m. *ou* tourmente f. de neige. **h) ~gips** m. || scaly foliated *or* snowy gypsum || chaux f. sulfatée niviforme. 2

schneeig || snowy || neigeux. 3

Schnee-kette f. || snow *or* tire chain; non-skid chain || chaîne f. à neige. **a) ~kufe** f. || ski || ski m. **b) ~last** f. || snow load || charge f. de neige. **c) ~lawine** f. || avalanche of snow || avalanche f. de neige. 4

schneelos || free from snow; snowless || sans neige m.; libre de neige m. 5

Schneepflug m. || snow plough || chasse-neige m. **a) ~schar** f. || snow plough share || soc m. de charrue neige. 6

Schnee-räumer m. *s.* ~pflug *und* ~fegewagen. **a) ~räumvorrichtung** f. || apparatus for the removal of snow || chasse-neige m. **b) ~rechen** m. || snow rake || râteau m. à neige. **c) ~reifen** m. || racket snow shoe; snow hoop || raquette f. à neige. **d) ~rotte** f. (Spinn) || snow retting || rouissage m. à la neige. **e) ~schanze** f. || wreath of snow || amas m. *ou* banc m. de neige. **f) ~schaufel** f. || snow shovel || pelle f. à neige. **g) ~schlagmaschine** f. (Bäckerei) || cake mixer for beating eggs || batteuse f. pour battre les œufs en neige. **h) ~schleuder** f. || rotary snow plough || chasse-neige m. rotatif. **i) ~schmelze** f. || melting of snow || fonte f. de la neige. **k) ~schmelzwasser** n. || snow water || eau f. de fusion de la neige. **l) ~schuh** m. || snow shoe; ski || ski m.; raquette f. **m) ~schutzanlage** f. || snow protection || mesures fpl. de protection contre les neiges. **n) ~schutzdamm** m. || snow protection bank || écran m. paraneige. **o) ~sporn** m. (Luftf) || tail ski || béquille f. en forme de ski. **p) ~sturm** m. || snowstorm || tempête f. de neige. **q) ~treiben** n. || drifting of snow || chasse-neige m. **r) ~trift** f. || snow drift || accumulation f. *ou* amas m. de neige; enneigement m. **s) ~verschüttung** f. || avalanche of snow; snow slip || avalanche f. **t) ~verwehung** f. || accumulation of snow || accumulation f. de la neige par le vent. **u) ~verwehung** f. der **Einschnitte** (Eisenb) || snow drift on the cuttings || enneigement m. des tranchées. **v) ~wand** f. || snow shelter || écran m. paraneige. 7

schneeweiß || snow white || blanc comme neige. 8

Schnee-weiß n. (Chem) || zinc-white of snowy whiteness; light and flocculent zinc-white || blanc m. de neige. **a) ~wolkenbank** f. || snow sheet || couche f. neigeuse. **b) ~zaun** m. || snow fence || écran m. paraneige. 9

Schneidanlage f. || cutting plant || installation f. pour le découpage. **a) Altpapier~** || waste paper cutting plant || installation f. pour le découpage des vieux papiers. **b) autogene ~** || autogenous cutting plant || installation f. de coupe autogène. **c)** ~ für **Metalle** || metal-cutting plant || installation f. à découper les métaux. 10

Schneidapparat m. || cutter || coupoir m. 11

Schneidbacke f. || cutting *or* screw die; screw stocks pl.; chaser (A) || peigne m. à fileter; coussinet m. à fileter *ou* de filière. **a) gefräste,** gebohrte und geläppte ~ || milled, tapped and lapped screw die || peigne m. à fileter fraisé, taraudé et rodé. **b) Gewinde~** || threading die || peigne m. à fileter. **c) ~n** fpl. einer **Schraubenkluppe** || screw-dies pl. of a screw-stock || coussinets mpl. à fileter d'une filière brisée. 12

Schneidbalken m. (Mähmaschine) || cutter bar || barre f. coupeuse. **a)** ~ mit eng gesetzten **Fingern** || narrow pitch cutter bar || barre f. coupeuse à doigts étroits. **b)** ~ für **Mittelschnitt** || medium pitch cutter bar || barre f. coupeuse pour coupe moyenne. **c)** ~ für **Normalschnitt** || standard pitch cutter bar || barre f. coupeuse pour coupe normale. **d)** ~ für **Tiefschnitt** || narrow pitch cutter bar || barre f. coupeuse pour coupe profonde. 13

Schneid-bank f. || cooper's bench || chevalet m. de tonnelier. **a) ~bohrer** m. || (screw) tap || taraud m. 14

Schneidbrenner m. || fusing burner; cutting torch *or* burner || brûleur m. à découper. **a) autogener ~** || autogenous fusing burner || chalumeau m. autogène à découper. **b) Azetylensauerstoff~** || acetylene-oxyhydrogen fusing burner || chalumeau m. acétylèneoxyhydrique à découper. 15

Schneid-brett n. (Haushalt) || cutting board || tailloir m. **a) ~diamant** m. || diamond for glass-cutting || diamant m. pour couper le verre. 16

Schneide f. (Keil) || edge || tranchant m. **a)** ~ (Schraubenbohrer) || worm bit || mèche f. à vis. **b)** ~ (Wagebalken) || knife edge || couteau m. **c)** ~ (Werkz) || (cutting) edge; bit || mèche f.; fil m.; coupant m.; tranchant m.; face f.; taillant m. **d)** ~ eines **Pendels** || edge of a pendulum || couteau m. d'un pendule. **e) schiefe ~** (Schere) || basil; sloping edge || biseau m. **f) Schnellstahl~** || high speed steel tip || mise f. d'acier rapide. **g) stumpfe ~** || blunt edge || tranchant m. émoussé. 17

Schneideisen n. (Schloß) || screw plate || filière f. simple; fer m à écrou. **a)** ~ (Schmied) || bolt and nail rod-iron || verge f. à clous. 18

Schneidemühle f. || saw(ing) mill || scierie f.; moulin m. à scierie. **a)** ~ mit **Windbetrieb** || wind driven saw mill || moulin m. à vent pour scierie; scierie f. mécanique à vent. 19

schneiden || to cut || couper. **a)** den **Flachs** m. ~ || to cut flax || couper le lin. **b)** die Linien fpl. ~ **einander** || the lines pl. cut *or* intersect each-other || les lignes fpl. se coupent. **c)** die **Lumpen** mpl. ~ || to cut the rags pl. || dérompre les chiffons mpl. **d)** den **Samt** m. ~ || to cut velvet || ciseler *ou* couper le velours. **e)** die **Schiene** auf Normallänge ~ || to saw the rail end || araser le rail. **f) sich ~** (Geom) || to intersect; to cut || se couper. **g)** den **Ton** m. ~ || to cut the clay || couper l'argile. 20

Schneiden n., **autogenes** || autogenous cutting || coupure f. autogène. **a)** ~ von **Blechtafeln** || splitting of plates || coupe f. de feuilles de tôles. **b)** ~ des **Eisens** || slitting of iron || coupe f. du fer. **c) elektrisches ~** || electric-arc cutting || coupe f. à l'arc électrique. **d)** ~ von **Getreide** || harvesting of seed crops || récolte f. des céréales. **e)** ~ des **Samts** || cutting of velvet || ciselage m. du velours. **f) sauberes ~** (Mähmasch) || clean cutting || coupe f. nette. **g)** ~ von **Ton** || cutting of clay || coupage m. de l'argile. **h)** ~ **unter Wasser** (Met) || under water cutting || découpage m. sous l'eau. 21

Schneiden-blitzableiter m. || wedge-shaped lightning arrester || parafoudre m. à couteau. **a) ~lager** n. || knife-edge bearing || support m. à couteau. 22

Schneider m. || tailor || tailleur m. **a) Damen~** || ladies tailor || tailleur m. pour dames. 23

Schneider-bügeleisen n. || tailor's smoothing iron || fer m. à repasser pour tailleurs. **a) ~geselle** m. || journeyman tailor || ouvrier m. tailleur. **b) ~kreide** f. || tailor's chalk || craie f. pour tailleurs. **c) ~latte** f. (Zimm) || tringle || liteau m. **d) ~meister** m. || merchant tailor || marchand-tailleur m. **e) ~plätteisen** n. || tailor's goose || carreau m. **f) ~schere** f. || tailor's scissors || ciseaux mpl. de tailleur. 24

Schneid-fähigkeit f. || cutting capacity || capacité f. de coupe. **a) ~feile** f. || knife *or* hack *or* flat file || lime f. à couteau *ou* à dossière. **b) ~flamme** f. || cutting flame || flamme f. découpante. **c) ~haltigkeit** f. (Werkzeug) || shearing resistance || résistance f. du tranchant *ou* taillant. **d) ~härte** f. (Werkzeug) || cutting *or* abrasive hardness || trempe f. active *ou* d'outil coupant. 25

schneidig (Gestein) || soft; yielding || mou; tendre. 26

Schneid-kante f. || cutting edge *or* blade || tranchant m. **a) ~kluppe** f. || screw *or* die stock || filière f. 27

Schneidkopf m. || cutting die head || cage f. de filière. **a)** ~ (Holzbearb) || cutter head || porte-lames m. **b)** ~ einer **Gewindeschneidmaschine** || diehead of a threading machine || filière f. d'une machine à fileter. **c) selbstöffnender ~** || self opening diehead || filière f. automatique. 28

Schneidlegierung f. || cutting tool alloy || alliage m. pour outils tranchants. 29

Schneidmaschine f. || cutting machine; cutter || machine f. à couper; coupeuse f. **a) Aufschnitt~** || meat, ham and sausage slicing machine || machine f. à couper la charcuterie. **b) Bolzen~** || bolt-screw cutting-machine || machine f. à tarauder les boulons. **c) Brot~** || bread cutter || machine f. à couper le pain. **d)** ~ für **Drogen** || drug cutting machine || coupeuse f. de drogues. **e) Faßboden~** || cask head rounding machine || machine f. à arrondir les fonds de fûts. **f) Futter~** || chopping bench || hache-fourage f. **g)** ~ für die **Gummibearbeitung** || cutting machine for rubber working || machine f. à trancher pour la préparation du caoutchouc. **h) Kugel~** || ball cutting machine || coupeuse f. à boules. **i) Leim~** || glue cutting engine || machine f. à couper la colle. **k) Seifenplatten~** || slab cutting machine || coupeuse f. pour plaques de savon. **l) ~ für Wurzeln** || root cutter || coupe-racines m. 1

Schneid-metall n. || cutting tool metal || métal m. pour outils tranchants. **a) ~nadel** f. (Sattl) || collar needle || carrelet m.; **b) ~plüsch** m. || cut plush || peluche f. coupée. **c) ~rost** m. || saw pit frame || chevalet m. des scieurs de long; tréteau m. **d) ~tisch** m. || cutting table || dérompoir m. **e) ~verfahren** n. || cutting process || procédé m. de découpage. **f) ~vorrichtung** f. || cutting mechanism || appareil m. coupeur. **g) ~walze** f. || slitter; slitting roller || cylindre m. fendeur. **h) ~werk** n. || slitting-rollers pl. || trousse f. de fenderie. **i) ~werk** n. für **autogenes** Schneiden || autogenous cutting shop || atelier m. de coupure autogène. **k) ~werkzeug** n. || cutting tool; edge tool || outil m. tranchant *ou* pour couper. **l) ~werkzeug** n. zum **Gewindeschneiden** || tool for thread cutting || outil m. à fileter. **m) ~winkel** m. || cutting angle || angle m. de coupe. **n) ~zahn** m. einer **Räumnadel** || cutting tooth of a broach || dent m. d'ébauchage d'une broche. **o) ~zange** f. || cutting nippers pl. || tenaille f. coupante; couperet m. **p) ~zeug** n. || edge tool || taillanderie f. **q) ~zirkel** m. || cutting compasses pl. || compas m. à verge. 2

Schneidzunge f., einsetzbare || adjustable cutter || languette f. rapportable. **a) ~ verschiebbare** || removable cutter || languette f. déplaçable. 3

schneien || to snow || neiger. 4

Schneise f. (Forst) || ride; lane *or* riding cut || laie f. 5

schneiteln (Holz) || to trim || émonder. 6

schnell-abbindender Zement m. || quick-setting cement || ciment m. à prise rapide. **a) ~ arbeitend** || working quickly *or* rapid || travaillant vite *ou* rapide. **b) ~ laufend** || for high speed action || à grande vitesse f. **c) ~e Messung** f. || rapid *or* quick inspection || mesurage m. à grande vitesse. 7

Schnell-analyse f. || rapid analysis || analyse f. rapide. **a) ~auflöser** m. || rapid dissolver || appareil m. destiné à la dissolution rapide. **b) ~bahn** f. || high-speed railway || ligne f. à service rapide. **c) ~betrieb** m. || high-speed service || fonctionnement m. à grande vitesse. **d) ~bleiche** f. || rapid *or* chemical bleaching || blanchissage m. chimique *ou* rapide. **e) ~bohreinrichtung** f. || high speed drilling attachment || dispositif m. à percer rapide. **f) ~bohrmaschine** f. || high-speed drilling machine || machine f. à percer rapide; perceuse f. rapide. **g) ~bremsausrüstung** f. || quick-acting brake equipment || garniture f. d'appareils de frein rapide. **h) ~bügeleisen** n. || high-efficiency smoothing-iron || fer m. à repasser de grand rendement. **i) ~dampfer** m. || express *or* fast steamer || vapeur m. rapide. **k) ~drehstahl** m. || high speed (tool) steel; steel for high-speed lathes || acier m. (à coupe) rapide; acier m. pour tours à grande vitesse. **l) ~entlader** m. *s.* ~entladewagen. 8

Schnellentladewagen m. (Eisenb) || rapid discharger || déchargeur m. rapide. **a) restlos** entleerender **~** || rapid discharger leaving no remainder || déchargeur m. rapide à déchargement sans restants. 9

Schneller m. (Spinn) || hank || écheveau m. 10

Schnell-essigfabrikation f. || quick process of vinegar-making; quick vinegar process || vinaigrerie f. rapide. **a) ~falzer** m. (Büro) || high speed folder || plieuse f. à grande vitesse. **b) ~filter** n. || rapid filter || filtre m. rapide. **c) ~flechtmaschine** f. || high speed braiding machine || machine f. à tresser rapide. **d) ~fotograf** m. || snapshotter || opérateur m. pour l'instantané. **e) ~gärung** f. || accelerated fermentation || fermentation f. rapide. **f) ~gerben** n. || rapid tanning || tannage m. rapide. **g) ~gewicht** n. || tilting *or* tumbling ball || poids m. de bascule. **h) ~gießmaschine** f. (Schriftg) || quick-casting machine || machine f. de fonderie rapide. **i) ~hefter** m. || rapid letter file || classeur m. rapide. **k) ~heftermetallteil** m. || metal part for rapid registering maps || pièce f. de métal pour brocheuses rapides. **l) ~hobler** m. || high speed planer || raboteur m. rapide. **m) ~hubvorrichtung** f. der **Bohrspindel** || power quick elevating motion to drilling spindle || dispositif m. de relevage rapide de la broche. **n) ~keimapparat** m. || quick germinating apparatus || appareil m. pour la germination rapide; germinateur m. rapide. **o) ~kocher** m. || rapid boiling device || bouilloire f. rapide. 11

schnellaufend-e Dampfmaschine f. || high-speed steam engine || machine f. à vapeur à grande vitesse. **a) ~e Gasmaschine** f. || quick-speed gas engine || moteur m. à gaz à grande vitesse. 12

Schnelläufer m. (Mot) || high-speed engine || moteur m. de grande vitesse. **a) ~kettenstuhl** m. || high-speed chain loom || métier m. chaîne à grande vitesse. **b) ~maschine** f. (Textil) || high-speed frame || métier m. à marche rapide. **c) ~typ** m. || high-speed type || type m. à grande vitesse. 13

Schnell-laufinnenspindel f. || internal high-speed spindle || broche f. intérieure à rotation rapide. **a) ~lot** n. || soft *or* tin solder || soudure f. tendre. **b) ~morseempfänger** m. || high speed receiver for Morse code || appareil récepteur m. Morse rapide. **c) ~morsesender** m. || automatic transmitter for Morse code || transmetteur m. Morse rapide. **d) ~nähmaschine** f. || swift sewing machine || machine f. à coudre rapide. 14

Schnellpresse f. (Buchdr) || high speed printing machine || machine f. à grande vitesse; presse f. rapide *ou* mécanique. **a) Blechdruck~** || tin plate high speed printing machine || presse f. rapide pour l'impression sur tôles. **b) Buchdruck~** || high speed printing machine (for letter-press work) || presse f. rapide pour imprimerie (de livres). **c) Zinkdruck~** || zink printing high speed machine || presse f. rapide pour zincographie. 15

Schnell-pressenfarbe f. (Buchdr) || letter press ink || encre f. pour presses rapides. **a) ~prüfung** f. || rapid inspection || contrôle m. rapide. **b) ~prüfung** f. von **Massenteilen** || rapid inspection of pieces produced in series || contrôle m. rapide de pièces fabriquées en série. **c) ~rechenmaschine** f. || high speed computing machine || machine f. à calculer de grande vitesse. **d) ~regler** m. || high-speed regulator || régulateur m. à grande vitesse. **e) ~revision** f. *s.* ~prüfung. **f) ~schmiedepresse** f. || rapid forging press || presse f. à forger rapide. **g) ~schnittdrehbank** f. || high speed lathe || tour m. à grande vitesse. **h) ~schreiben** n. || tachygraphy || tachygraphie f. **i) ~schreiber** m. (Fernm) || fast recorder || transmetteur m. à grande vitesse. **k) ~schreibfeder** f. || quick writing pen || plume f. à écrire rapide. **l) ~schreibmaschine** f. || rapid typewriter || machine f. à écrire rapide. **m) ~segler** m. || fast sailer; fast sailing vessel || fin voilier m.; navire m. bon marcheur à voiles. **n) ~sender** m. für **Kabelschrift** || high speed automatic transmitter || transmetteur m. automatique à grande vitesse. **o) ~setzer** m. (Buchdr) || rapid composing apparatus || appareil m. à composer rapide. **p) ~setzkasten** m. (Buchdr) || case for quick composition || casse f. tachéotype. **q) ~sohler** m. (Schuhm) || cobbler || ressemeleur m. de chaussures. **r) ~spannkopf** m. || quick-grip-head || tête f. à serrage rapide. **s) ~spannschraubstock** m. || quick acting vice; rapid tightening vice || étau m. à serrage rapide. **t) ~spannzirkel** m. || compasses pl. with quick return || compas m. à détente rapide. **u) ~spindelpresse** f. || rapid-action screw press || presse f. à vis rapide. 16

Schnellstahl m. || high speed steel || acier m. rapide. **a) ~plättchen** n. || high-speed steel plate || mise f. en acier rapide. **b) ~schneide** f. || high-speed steel tip || mise f. d'acier rapide. 17

Schnell-stechen n. (Web) || rapid reading || lisage m. accéléré. **a) ~stück** n. (Gewehrschloßfeder) || play side; spring || grande branche f. **b) ~telegraf** m. || high-speed telegraph || appareil m. télégraphique rapide. **c) ~triebwagen** m. || express motor coach || voiture f. motrice rapide. **d) ~trockenfarbe** f. || quick-drying ink || encre f. siccative. **e) ~verfahren** n. || rapid method || méthode f. rapide. **f) ~verkehr** m. (Fernm) || no-delay service || trafic m. sans délai. **g) ~verkehrskabel** n. (Fernm) || cable for no-delay service || câble m. pour le trafic sans délai. 18

Schnellwage f. || steelyard; scale beam Swedish *or* Danish balance || balance f. romaine *ou* pour pesées rapides; peson m. **a) ~ mit festem Gewicht** || Danish *or* Swedish balance with fixed weight || balance f. romaine à contre-poids fixe. **b ~ mit Haken** || Roman balance with hook || romaine f. à crochet. **c) ~ mit Laufgewicht** || Roman balance with sliding poise || balance f. romaine *ou* romaine f. à poids curseur. 19

Schnellwalze f. (Spinn) || fancy roller || volant m. **a) ~** f. (Walzw) || gid roll || cylindre m. à grande vitesse; laminoir m. accéléré. 20

Schnellwalzwerk n. || rolling mill of great speed || train m. à grande vitesse *ou* laminoir m. rapide. 21

Schnellzug m. || fast *or* express train || train m. express *ou* à grande vitesse. **a) ~lokomotive** f. || express (passenger) locomotive || locomotive f. d'express *ou* à grande vitesse *ou* pour train express. 22

Schneppe f. (Hufschm) ‖ clip; welt ‖ pinçon m. 1

Schnepperschloß n. ‖ spring lock ‖ serrure f. à houssette. 2

Schnitt m. (Masch) ‖ cut ‖ section f. **a)** ~ (Operation) ‖ incision ‖ incision f. **b)** ~ (Sägew) ‖ kerf; saw cut *or* notch ‖ chemin m. *ou* coup m. *ou* trait m. de scie. **c)** ~ (Stanze) ‖ die ‖ étampe f. **d)** ~ (Tuchf) ‖ cut; sheering ‖ coupe f. **e)** ~ (Zeichn) ‖ section ‖ coupe f. **f) Äquator~** ‖ equatorial section ‖ section f. équatoriale. **g)** ~ an einem **Buche** ‖ edge of a book ‖ tranche f. d'un livre. **h) Fertig~** ‖ finishing cut ‖ coupe f. à terminer. **i)** mit **grobem** ~ ‖ with coarse cut ‖ enlevant de gros coupeaux. **k) Hand~** (Tuchm) ‖ hand cutting ‖ coupage m. à la main. **l) Haupt~** ‖ principal section ‖ section f. principale. **m) Maschinen~** (Tuchm) ‖ machine cutting ‖ coupage m. à la machine. **n) ruhiger** ~ ‖ quiet working ‖ coupe f. sans broutage. **o) sauberer** ~ (Masch) ‖ clean cut ‖ coupe f. soignée *ou* bien franche. **p)** ~ eines **Schiffes** ‖ lines pl. of a vessel ‖ façons fpl. d'un vaisseau. **q)** ~ einer **Schrift** ‖ cut of a letter ‖ gravure f. d'une lettre. **r) Schrupp~** (Dreh) ‖ rough cut ‖ coupe f. à dégrossir. **s)** ~ der **Segel** ‖ cutting of the sails ‖ coupe f. des voiles. 3

Schnitt-ausmaler m. (Buchb) ‖ edge colourer ‖ colorieur m. sur tranches. **a) ~-bildentfernungsmesser** m. ‖ coincidence telemeter ‖ télémètre m. à coïncidence. **b) ~blumenzüchter** m. ‖ cut-flower grower ‖ jardinier m. fleuriste **c) ~breite** f. (Mähmaschine) ‖ cutting width ‖ largeur f. de coupe. **d) ~brenner** m. ‖ slit *or* split burner ‖ bec m. fendu *ou* à fente. **e) ~druck** m. ‖ cutting pressure ‖ résistance f. à la coupe; pression f. de coupe. 4

Schnitter m. ‖ mower; reaper ‖ faucheur m.; moissonneur m. 5

Schnitt-fänger m. ‖ section-lifter ‖ lève-coupe m. **a) ~fläche** f. (Tischl; Zimm) ‖ cut ‖ coupe f. **b) ~geschwindigkeit** f. ‖ cutting speed ‖ vitesse f. de coupe. **c) veränderliche ~geschwindigkeit** f. ‖ variable-speed gear for cutting ‖ vitesse f. variable pour découper. **d) ~hanf** m. ‖ cut hemp ‖ chanvre m. coupé. **e) ~höhe** f. (Mähmasch) ‖ cutting height ‖ hauteur f. de coupe. **f) ~holz** n. ‖ converted *or* sawn timber ‖ bois m. débité *ou* de sciage. **g) ~kraft** f. ‖ (power when cutting); cutting power ‖ force f. de coupe. **h) ~-länge** f. ‖ length of cut; cutting stroke ‖ longueur f. de coupe; course f. en coupe. 6

Schnittleistung f. ‖ cut capacity ‖ rendement m. de coupe. **a) höchste** ~ ‖ heaviest cutting duty ‖ plus grand débit m. de coupe. 7

Schnittlinie f. (Buchdr) ‖ cutting line ‖ marque f. à couper. **a)** ~ (Zeichn) ‖ intersectional *or* intersecting line ‖ ligne f. d'intersection. 8

Schnitt-linienanzeiger m. ‖ cutting line pointer ‖ indicateur m. des lignes de coupe. **a) ~marmorierer** m. (Buchb) ‖ book-edge marbler ‖ marbreur m. sur tranches. **b) ~messer** n. ‖ draw or drawing knife ‖ plane f. **c) ~muster** n. ‖ paper pattern ‖ patron m. **d) ~musterfalzerin** f. (Buchb) ‖ pattern folder ‖ plieuse f. de patrons. **e) ~probe** f. ‖ example of cutting work ‖ exemple m. de découpage. **f) ~punkt** m. ‖ intersectional *or* intersecting point; intersection ‖ point m. d'intersection; intersection f. **g) ~richtung** f. (Mähmasch) ‖ cutting direction ‖ direction f. de coupe. **h) ~tiefe** f. ‖ depth of cut ‖ profondeur f. de coupe. **i) ~tiefe** f. nach **Millimeterskale** ‖ cutting depth by means of finely divided scale ‖ profondeur f. de coupe d'après de graduation millimétrique. **k) ~waren** fpl. ‖ retail *or* dry goods ‖ mercerie f. **l) ~warenhändler** m. ‖ haberdasher; linen draper ‖ mercier m. **m) ~weite** f. eines **Kondensors** ‖ focal intercept of a condenser ‖ distance f. frontale d'un condensateur. **n) ~werkzeug** n. ‖ punch ‖ outil m. à découper. **o) ~widerstand** m. ‖ resistance to cutting ‖ résistance f. à la coupe. **p) ~winkel** m. ‖ cutting angle ‖ angle m. de biseau. 9

Schnitz-arbeit f. (Holz) ‖ carved work; carving ‖ sculpture f. en bois. **a) ~bank** f. ‖ cooper's bench ‖ chevalet m. de tonnelier. 10

Schnitzel-fänger m. (Zucker) ‖ shavings catcher ‖ corbeille f. à rognures. **a) ~maschine** f. für Rüben ‖ turnip shredding machine ‖ machine f. à couper les betteraves en tranches. **b) ~messer** n. ‖ shopper ‖ couteau m. à rognures. **c) ~presse** f. ‖ shavings press ‖ presse f. à agglomérer les rognures. **d) ~trockenapparat** m. ‖ apparatus for drying chippings ‖ appareil m. à sécher les déchets. 11

schnitzen ‖ to carve ‖ ciseler. 12

Schnitzen n., zum ~ **geeignet** ‖ fit for being carved ‖ susceptible d'être sculpté. 13

Schnitzer m. (Buchbindermesser) ‖ paste knife ‖ pointe f. *ou* couteau m. à rabaisser. **a)** ~ (Küfermesser) ‖ whittle ‖ couteau m. **b) Hand~** ‖ hand carver ‖ sculpteur m. à la main. **c) Holzbild~** ‖ carver of figures on wood ‖ sculpteur m. de figurines en bois. **d) Maschinen~** ‖ machine carver ‖ sculpteur m. à la machine. 14

Schnitzmesser n. (Wagenb) ‖ draw knife; draw shave; knife with two handles ‖ plane f.; couteau m. à deux manches. 15

Schnitz-stoff m. ‖ cutting *or* carving material ‖ matière f. à sculpter. **a) ~stoffwaren** fpl. ‖ articles pl. from materials for carving ‖ ouvrages mpl. en matières à sculpter. **b) ~werk** n. ‖ carving; carved work ‖ sculpture f. (en bois). 16

Schnörkel m. ‖ scroll ‖ ornement m. en spirale; spirale f. 17

Schnüffelventil n. ‖ sniffle *or* puppet valve; breather ‖ reniflard m.; soupape f. reniflante. 18

Schnupftabak m. ‖ snuff ‖ tabac m. à priser. **a)** den ~ **mahlen** ‖ to grind the snuff ‖ pulvériser *ou* raper le tabac à priser. **b) ~mahler** m. ‖ snuff grinder ‖ râpeur m. de tabac à priser. 19

Schnupftabaksdose f. ‖ snuff box ‖ tabatière f. 20

Schnur f. ‖ cord; string ‖ corde f.; cordelière f.; cordon m. **a)** ~ von **Erz** (Bergb; Geol) ‖ leading ‖ veinule f. de minerai. **b) Mehrfach~** ‖ multiple cord ‖ cordon m. multiple. **c)** ~ zum **Messen** ‖ measuring tape *or* cord *or* line ‖ cordeau m. pour le mesurage. **d)** ~ ohne **Ende** ‖ endless band or belt ‖ corde f. sans fin. **e) Reiß~** ‖ plummet ‖ fil m. de plomb. 21

Schnur-bandumschlag m. (Büro) ‖ tie envelope ‖ enveloppe f. à ruban. **a) ~bespinnung** f. ‖ cord covering ‖ guipure f. de corde. 22

Schnürboden m. (Schiffb) ‖ mould loft floor; drawing loft ‖ salle f. des gabarits *ou* à tracer. **a)** ein **Schiff** auf dem ~ abschlagen ‖ to lay off a ship on the mould loft ‖ tracer un vaisseau à la salle. 23

Schnür-brett n. (Web) ‖ compass *or* hole *or* harness board ‖ planche f. d'arcades *ou* à trous. **a) ~bund** m. ‖ baulk lashing knot ‖ couronne f. de brélage. 24

schnüren ‖ to lace together; to lash ‖ brêler; serrer. **a)** das **Holz** ~ ‖ to line out stuff ‖ aligner le bois. 25

Schnur-fabrik f. ‖ string *or* twine manufacture ‖ ficellerie f. **a) ~führung** f. ‖ wrapper arm ‖ guide-ficelle m. **b) ~halter** m. (Mähmasch) ‖ twine holder ‖ reteneur m. de ficelle. 26

Schnür-leib n. ‖ corset; bodice; stay ‖ corset m.; corsage m. **a) ~leine** f. ‖ baulk lashing cord ‖ commande f. de pontage. **b) ~lochmacher** m. (Schneid) ‖ eyeletter ‖ poseur m. d'œillets. 27

Schnur-macher m. (Posam) ‖ braider ‖ ganseur m. **a)** englische **~maschine** f. ‖ English cord machine ‖ mécanique f. anglaise à cordons. 28

Schnürnadel f. ‖ bodkin; tag ‖ passe-lacet m.; aiguille f. à passer. 29

Schnur-paar n. ‖ pair of cords ‖ dicorde f. **a) ~packung** f. ‖ cord packing ‖ garniture f. en cordon. **b) ~pendel** n. (Elektr) ‖ cord pendant ‖ suspension f. à cordon. **c) ~rad** n. ‖ band pulley ‖ roue f. à corde. 30

Schnürriemen m. ‖ lace ‖ lacet f. **a)** ~ aus **Leder** ‖ leather boot lace ‖ lacet m. en cuir. 31

Schnur-rolle f. ‖ cord roller *or* pulley *or* rigger ‖ poulie f. pour corde. **a) ~scheibe** f. ‖ pulley; rigger ‖ poulie f. **b) ~schlag** m. ‖ lining out ‖ coup m. de cordeau; ligne f. de cinglage. 32

Schnürsenkel m. (Posam) ‖ fancy cord; tag ‖ cordelière f.; lacet m. **a)** ~ aus **Leder** ‖ leather boot lace ‖ lacet m. en cuir. 33

Schnürstiefel m. ‖ lace boot ‖ brodequin m. 34

Schnürung f. (Web) ‖ cording; tying-up ‖ armure f.; billure f.; encordage m. **a)** ~ für **Namenweberei** ‖ tie up for weaving names ‖ empoutage m. pour noms *ou* monogrammes. **b)** ~ der **Schäfte** (Web) ‖ harness fixing ‖ montage m. de lames. 35

Schnurverstärker m. (Fernm) ‖ cord circuit repeater ‖ répéteur m. sur cordon; amplificateur m. à cordons. **a) ~amt** n. (Fernm) ‖ cord repeater station ‖ station f. de répéteurs sur cordon. **b) ~platz** m. (Fernm) ‖ repeater position ‖ position f. des amplificateurs sur cordon. 36

Schnurzugpendel n. ‖ counterweight fitting ‖ suspension f. à contre-poids. 37

Schoddy- *s. auch* Shoddy-. **a) ~spinnerei** f. ‖ shoddy *or* mungo wool spinning mill ‖ filature f. de déchets de laine *ou* de laine Renaissance. **b) ~wolle** f. ‖ shoddy wool ‖ effiloché m. de laine. 38

Schofför m. ‖ (motor car) driver; chauffeur ‖ chauffeur m. 39

Schokolade f. || chocolate || chocolat m. **a) Milch~** || milk chocolate || chocolat m. au lait. 1
Schokoladen-automat m. || chocolate tablet delivery apparatus || distributeur m. de tablettes de chocolat. **a) ~fabrik** f. || chocolate factory || fabrique f. de chocolat; chocolaterie f. **b) ~fabrikant** m. || chocolate maker || chocolatier m. 2
Schokoladenfabrik-arbeiter m. || chocolate factory hand || ouvrier m. chocolatier. **a) ~maschine** f. || chocolate machine || machine f. pour chocolaterie. 3
Schokoladen-form f. || chocolate mould || forme f. à chocolats. **a) ~kuchen** m. || chocolate cake || tablette f. de chocolat. **b) ~kühlschrank** m. || chocolate cooling cupboard || armoire f. frigorifique à chocolat. **c) ~lack** m. || chocolate varnish || laque f. pour chocolat. **d) ~maschine** f. || chocolate machine || machine f. à chocolat. 4
Schokoladenplätzchen n. || chocolate drop || pastille f. de chocolat. **a) ~maschine** f. || chocolate drops moulding machine || machine f. à faire les croquettes de chocolat. 5
Schokoladen-pulver n. || chocolate powder || chocolat m. en poudre. **a) ~tafel** f. || chocolate cake || tablette f. de chocolat. **b) ~teigwalzer** m. || roller of chocolate paste || lamineur m. de pâte de chocolat. **c) ~überziehanlage** f. || chocolate coating plant || installation f. pour le dressage au chocolat. 6
Scholken n. || chopping || clapotage m.; clapotis m. 7
Scholleisen n. || folding tool || outil m. à replier. 8
Schollen-brecher m. (Ackerb) || clod crusher || rouleau m. brise-mottes. **a) ~schlägel** m. (Ackerb) || clod beetle || émottoir m. **b) ~zerteiler** m. (Ackerb) || clod crusher || rouleau m. brise-mottes. 9
Schöndruck m. || printing on first side; printing the white || impression f. au recto; impression f. en blanc. 10
Schönen n. (Brau) || clarifying; fining || clarification f.; collage m. **a)** ~ (Türkischrotfärben) || rosing || rosage m. 11
schonende Behandlung f. || careful treatment || traitement m. avec ménagement. 12
Schoner m. (Schiffb) || schooner || goélette f. **a) ~bark** f. || main topsail schooner || trois-mâts goélette f. carrée. **b) ~brigg** f. || brigantine || brigantin m. **c) ~decke** f. || save cover || petite couverture f. **d) ~-mast** m. || fore and aft rigged mast || mât m. à voiles goélettes. **e) ~segel** n. || schooner sail || voile f. goélette. 13
Schönfahrtsegel n. || main sail || cape f. 14
Schönheitsmittel n. || cosmetic || cosmétique f. 15
Schönseite f. eines **Stoffes** || good *or* right side of a fabric || beau m. côté *ou* endroit m. d'une étoffe. 16
Schonung f. (Forstw) || plantation || complant m. 17
Schöpf-bohrer m. || auger || cuillère f.; tarière f. **a) ~buhne** f. || dam drawing water || épi m. à puiser. **b) ~bütte** f. (Pap) || vat || cuve f. **c) ~eimer** m. || bucket || godet m.; seau m. 18
schöpfen (Pap) || to dip || ouvrer; plonger. **a) Wasser** n. ~ || to draw up water; to bail out water || puiser de l'eau; baqueter l'eau. 19
Schöpfer m. || bailing ladle; scoop || bac m. puisoir. **a)** ~ (Küche) || dipper || petit seau m. **b)** ~ (Pap) || dipper; vatman || plongeur m.; puiseur m. 20
Schöpf-faß n. || ladle cask || gomé m.; poche f. **a) ~fäßchen** n. || ladle-barrel || puchoir m. 21
Schöpfgefäß n. || bailing ladle; scoop || vaisseau m. à puiser. **a)** ~ (am Schöpfrad) || bucket || godet m.; seau m. 22
Schöpf-herd m. || casting crucible || creuset-puisard m. **a) ~kelle** f. || scoop; skeet || escope f.; écope f.; éculon m.; sasse f. **b) ~kessel** m. (Lichtf) || scoop || éculon m. **c) ~kette** || ladle || puisoir m. 23
Schöpflöffel m. (Glasf) || scoop || poche f. **a)** ~ (Zuck) || ladle || pucheur m.; puisoir m. 24
Schöpfprobe f. || ladled-out sample || échantillon m. puisé. 25
Schöpfrad n. || bucket *or* drawing wheel || roue f. élévatoire *ou* de puisage. **a)** ~ mit **Eimern** || bucket wheel || roue f. à baquets *ou* à seaux. **b)** ~ mit **Schaufeln** || scoop-wheel || roue f. élévatoire à aubes. 26
Schöpf-schaufel f. || Dutch scoop || pelle f. hollandaise. **a) ~trog** m. (Becherwerk) || bottom box || auge f. de la noria. 27
Schoppen m. (Maß) || half-pint || chopine f. 28
Schore f. (Schiffb) || prop; shore || accore m. 29
Schöreisen n. || sharp iron; caulking iron || fer m. taillant; fer m. *ou* ciseau m. à calfat. 30
Schörl m. || tourmaline || schorl m.; tourmaline f. 31
Schormühle f. (Nadl) || grinding *or* polishing mill || table f. à polissage. 32
Schornstein m. (Bauw) || chimney || cheminée f. **a)** ~ (Dampfm) || smoke stack || cheminée f. **b)** ~ (Schiff) || funnel || cheminée f. **c) Blech~** || steel chimney || cheminée f. en tôle d'acier. **d) durchbrochener** ~ || lantern; louver turret || lanterne f. de cheminée. **e) Fabrik~** || factory chimney || cheminée f. d'usines. **f)** den ~ **fegen** || to sweep the funnel || ramoner la cheminée. **g)** der ~ ist mit einem **Funkenfänger** versehen (Lok) || the smoke stack is fitted with a spark catcher || la cheminée est coiffée d'un pare-étincelles. **h) gemauerter** ~ || brickwork chimney || cheminée f. en briques. **i)** ~ eines **Kraftwerkes** || stack of a power station || cheminée f. d'une usine génératrice. **k)** ~ mit **Schamottausfütterung** || fire-brick-lined chimney || cheminée f. à fourreau en briques réfractaires. **l)** einen ~ **schleifen** || to bend a chimney || dévoyer une cheminée. **m)** einen ~ **schief führen** *s.* einen ~schleifen. **n)** ~ aus **Schmiedeeisen** || steel sheet chimney || cheminée f. en tôle d'acier. **o) Teleskop~** (Schiffb) || telescope funnel || cheminée f. à coulisse. **p)** ~ zum **Umklappen** (Schiffb) || funnel for letting down || cheminée f. à rabattement. 33
Schornsteinanlage f. mit künstlichem **Zug** || plant for artificial chimney draught || installation f. de tirage artificiel pour les cheminées. 34
Schornsteinaufsatz m. || smoke stack top; chimney cowl || chapiteau m. *ou* capote f. de cheminée. **a) drehbarer** ~ || chimney pot || gueule f. de loup. 35
Schornstein-bau m. || chimney erection *or* construction || construction f. de cheminées. **a) ~bauer** m. || chimney builder || constructeur m. de cheminées. **b) ~deckel** m. || cover of a chimney || capuchon m.; clapet m. **c) ~fegen** n. || chimney-sweeping || ramonage m. **d) ~feger** m. || chimney sweeper || ramoneur m. **e) ~haube** f. || chimney cap || cage f. *ou* lanterne f. de cheminée. 36
Schornsteinkappe f. || chimney head *or* top || cage f. de cheminée. **a) bewegliche** ~ || movable cowl || hotte f. mobile. 37
Schornsteinkopf m. || chimney capping || sommet m. de cheminée. 38
Schornsteinmantel m. (Bauw) || chimney mantle *or* case || chemise f. *ou* manteau m. de cheminée. **a)** ~ (Schiffb) || air casing of funnel || chemise f. de cheminée. 39
Schornstein-rohr n. || chimney flue || tuyau m. de cheminée. **a) ~ruß** m. || soot; chimney soot || suie f. **b) ~sockel** m. || chimney base || embase f. *ou* socle m. de cheminée. **c) ~stag** n. (Schiffb) || funnel shroud *or* stay || étai m. *ou* hauban m. de cheminée. **d) ~zug** m. || draught of a chimney || tirage m. d'une cheminée. 40
Schoß-kelle f. || forage ladder || fourragère f. **a) ~rinne** f. (Dachd) || flashing || bavette f. de cornière; noquet m. de pignon. **b) ~umschlag** m. (Schneider) || open lining || retroussis m. 41
Schot f. (Seew) || sheet || écoute f. **a)** die **~en** fpl. **abfieren** || to ease off the sheets || filer les écoutes fpl. **b)** die **~en** fpl. **aufstecken** || to loosen the sheets of the courses || déborder une basse voile; déborder les écoutes fpl. des basses voiles. **c)** die **~en** fpl. **fliegen lassen** || to let fly the sheets || larguer les écoutes fpl. en bande. **d)** mit **fliegenden ~en** fpl. || with flying sheets pl. || à écoutes fpl. larguées. 42
Schotbolzen m. || eye-bolt with a fore-lock || cheville f. à boucle et à goupille. 43
Schote f. || husk; shell; pod || gousse f.; cosse f. 44
Schotenaushülserin f. || pea sheller || écosseuse f. de petits pois. 45
Schot-gording f. eines **Gaffelsegels** || foot-brail of a trysail || cargue-basse f. d'une voile goélette. **a) ~horn** n. (Seew) || clew; clue || point m. d'écoute. **b) ~knecht** m. (Schiffb) || sheet bitt || bitte f. de pied de mât; bitton m. de manœuvres. **c) ~stich** m. || sheet bend || nœud m. d'écoute. 46
Schott n. (Schiff) || bulkhead || cloison f.; étanche f. **a) Brand~** || fireproof bulkhead || cloison f. pare-feu. **b) fliegendes** ~ || temporary bulk-head || cloison f. temporaire *ou* volante. **c) Gitter~** || batten and space bulkhead || cloison f. à claire-voie *ou* à jour. **d) Halb~** || partial bulkhead || cloison f. intermédiaire *ou* partielle. **e) Kollisions~** || collision bulkhead || cloison f. d'abordage. **f) Klüsen~** || bulkhead of manger || cloison f. de la gatte. **g) Längs~** (Schiffb) || longitudinal bulkhead || cloison f. longitudinale. **h) Latten~** || batten and space bulkhead || cloison f. à claire-voie *ou* à jour. **i) Panzer~** || armour bulkhead || cloison f. cuirrassée. **k) Quer~** (Schiffb) || transversal bulkhead || cloison f. transversale. **l) Stopfbüchsen~** || screw shaft stuffing-box bulk-head || cloison f. au presse-étoupe du manchon de l'arbre d'hélice. **m) Traljen~** || batten and space bulkhead || cloi-

son f. à claire-voie *ou* à jour. **n) Wallgangs~** || wing-passage bulkhead || cloison f. latérale. **o) wasserdichtes ~** || watertight bulkhead || cloison f. étanche. 1

Schotten-signalanlage f. || signal installation for bulkhead || installation f. des signaux pour les cloisons. **a) ~tür** f. || door of water tight compartments || porte f. des compartiments étanches. **b) ~türschließvorrichtung** f. (Schiff) || bulkhead closing device || dispositif m. de fermeture pour cloisons étanches. 2

Schotter m. || broken stones pl.; ballast || pierres fpl. concassées; pierraille f.; ballast m.; cailloutis m. **a) Eisenbahn~** || railroad ballast || balast m. pour voies ferrées. 3

Schotteranlage f. || road metal plant; broken stones manufacturing plant || installation f. de cailloutage *ou* pour préparation du macadam et du balast. **a) Wäsche** f. für **~n** || washery for broken stone plant || laveur m. pour installations de cailloutis. 4

Schotter-becherwerk n. || ballast elevator || noria f. à ballast. **a) ~belag** m. || gravelling; coaling with broken rock || aire f. de recoupes. 5

Schotterbett n. (Eisenb) || ballast || ballast m. **a) ~** (Straßenbau) || bed of broken stone; bed of road metal || empierrement m. 6

Schotter-bruch m. || ballast digging || extraction f. de cailloux. **a) ~grube** f. || ballast pit || ballastière f. **b) ~industrie** f. || industry of broken stones || industrie f. du cailloutis. **c) ~maschine** f. || road metal preparing machine || casse-pierres m. à balast. **d) ~masse** f. || heap of gravel || masse f. de cailloux. **e) ~mühle** f. || road metal plant || casse-pierre m. 7

schottern || to ballast || ballaster. 8

Schottern n. || ballasting || ballastage m. 9

Schotter-straße f. || gravelled *or* macadamized road; broken stone road || chemin m. ferré; chaussée f. empierrée *ou* macadamisée. **a) ~trommel** f. || ballast screener || tambour m. à ballast. **b) ~wagen** m. || ballast wagon; gravel car (A) || wagon m. de gravier. 10

Schotterwerk n. || stone breaking works pl. || usine f. de cailloutis. **a) ~anlage** f. || plant for broken stone manufacturing || installation f. pour la fabrication de cailloutis. 11

Schotterzug m. || ballast train || train m. de ballast *ou* de ballastage. 12

Schott-spant m. || bulkhead || cloison f. étanche. **a) ~verschluß** m. || bulkhead door || porte f. de cloison. 13

Schove f. (Faßdaube) || stave || futaille f.; douve f. **a) ~** (zum Kalfatern) || fagot || fagot m. 14

Schoversegel n. || main sail || cape f. 15

schraffieren || to hatch || faire des hachures; graner; granuler; grenailler; hacher. 16

Schraffiermaschine f. (Kupferst) || hatching machine || machine f. à hacher. **a) ~** (Zeichn) || engraving *or* ruling machine || machine f. à graver. 17

schraffiert, die Schweißung ist in der Zeichnung ~ dargestellt || in the sketch the weld is hatched || la soudure est indiquée par des hachures sur le schéma. **a) ~e Zeichnung** f. || hatched drawing || dessin m. haché. 18

Schraffierung f. (Kupferst) || hatching || hachure f. **a)** in der Zeichnung durch **~ kenntlich** gemacht || indicated in the sketch by hatching || marqué en grisé sur le schéma. 19

schräg || inclined; sloping; bevelled || incliné; biais. **a) ~ abfallend** || sloping || penchant. **b)** einen Schornstein **~ führen** m. || to bend and turn a funnel || dévoyer une cheminée. **c) ~ gelagert** || in inclined arrangement || disposé obliquement. 20

schräg-e Verbindung f. || bevel joint || assemblage m. en fausse coupe. **a) ~e Wand** f. || inclined wall || mur m. incliné. 21

Schrägaufzug m. || inclined lift || ascenseur m. sur plan incliné. **a) elektrisch** betriebener **~** || electrically driven inclined hoist || monte-charge m. incliné à commande électrique. **b) ~** für **Kuppelöfen** || inclined lift for cupola furnaces || monte-charge m. oblique pour cubilots. 22

Schräg-aufzugarbeiter m. (Met) || cage loader || encageur m. **a) ~becherwerk** n. || inclined bucket elevator || noria f. inclinée. 23

Schragboden m. (Bauw) || sound floor; false ceiling || plancher m. à remplissage. 24

Schräge f. des **Hobeleisens** || basil || basile m. **a) ~** einer **Mauer** || slope *or* sloping of a wall || talus m. d'un mur. 25

Schrägeinstellbarkeit f. || inclinable adjustment || ajustage m. oblique. 26

Schragen m. (Sägebock) || trestle || chevalet m.; tréteau m. 27

Schräg-hammer m. || mattoc || pic m. à rocher *ou* à tête; gros pic m. **a) ~kante** f. || chamfer || chanfrein m. **b) ~lage** f. || sloping position || position f. inclinée. 28

schrägliegende Untermesserwelle f. || inclined bottom shaft || arbre m. inférieur oblique. 29

Schräg-maß n. || bevel; bevel rule || béveau m.; sauterelle f. **a) ~model** m. || bevel; bevel rule || angle m. oblique; béveau m.; équerre f. pliante. **b) ~rampe** f. || inclined bench || rampe f. inclinée. **c) ~retortenofen** m. || inclined retort oven || four m. à cornues inclinées. 30

Schrägrost m. || inclined grate || grille f. inclinée. **a) ~feuerung** f. || inclined grate furnace || foyer m. à grille inclinée. 31

schrägschenk(e)lige Kropfachswelle f. || oblique crank axle || essieu m. coudé à manetons obliques. 32

Schräg-schliff m., **wechselseitiger** (Säge) || alternating bevel teeth pl. || affûtage m. à biseaux. **a) ~schrift** f. || italics pl. || cursive m.; (caractère m.) italique m. **b) ~steg** m. (Buchdr) || inclined quoin || biseau m. 33

schrägstellbar || inclinable || inclinable. **a) ~e Exzenterpresse** f. || inclinable eccentric press || presse f. excentrique à bâti inclinable. 34

Schrägstellbarkeit f. des **Werkzeugtisches** || angular adjustment of tilting table || inclinaison f. possible de la table inclinable. 35

schrägstellen || to tilt || incliner. 36

Schräg-strich m. (Buchdr) || fraction stroke || barre f. de fraction. **a) ~stütze** f. (el Leit) || inclined bracket || tige f. de fer plat reliée à la traverse et au poteau. 37

Schrägung f. (Zimm) || chamfer || biseau m.; chanfrein m. 38

Schräg-verzahnungsgetriebe n. || helical || gearing || engrenage m. hélicoïdale. **a) ~walzwerk** n. || slant rolling mill || laminoir m. oblique. **b) ~winkel** m. || bevel; bevel rule || angle m. oblique; béveau m.; sauterelle f. 39

Schram m. || gang trench; channel; furrow; holing || entaille f. 40

Schrämarbeit f. || working of trenches pl. || travail m. d'entailles. 41

schrämen (Bergb) || to hew the trenches pl.; to curve; to hole || entailler les couches fpl.; haver. 42

Schramhaue f. || holing pick || rivelaine f.; pic m. à la houille. 43

Schrämhauer m. || holer; stooper; hewer; clearer; pikeman || dépileur m.; haveur m. 44

Schramhieb m. || trench || couche f. 45

Schramm m. (Bergb) *s.* Schram 46

Schrämmaschine f. || coal *or* rock cutting machine || haveuse f. 47

Schramme f. (Bergb) || trench || couche f. 48

Schrämspieß m. || poker || palfer m. 49

Schrank m. || cupboard; cabinet || coffret m.; armoire f. **a) ~** (Web) || lease || envergure f.; encroix m. **b)** jeder **Arbeiter** m. hat einen **~** für seine Kleider || each man has a locker for his clothes || chaque homme a une armoire à lui pour ses habits. **c) ~** mit **Schubladen** || cabinet with drawers || cabinet m. à tiroirs. **d) Speise~** || meat safe || garde-manger m. **e) verschließbarer ~** || case fitted with lock and key || armoire f. fermant à clé. **f) Werkzeug~** || tool chest || coffret m. à outils. 50

Schrank-batterie f. (Fernm) || local battery || batterie f. locale. **a) ~beschlag** m. || cupboard fitting || garniture f. d'armoire. 51

Schranke f. (Bauw) || screen || écran m. **a) ~** (Eisenb) || barrier; gate || barrière f.; clotûre f.; parclose f. **b) ~** im **Gerichtssaal** || chancel of a court of judicature || parquet m. de justice. 52

Schränkeisen n. || saw set || fer m. à contourner; tourne-à-gauche m. 53

schränken, die Kettenfäden mpl. (Web) || to cross the warp threads || enverger *ou* encroiser les fils de chaîne. **a)** das **Papier ~** || to cross paper || croiser le papier en le comptant. **b)** die Zähne mpl. einer **Säge ~** || to set the teeth of a saw || donner la voie aux dents d'une scie. 54

Schranken-stange f. (Eisenb) || railing bar || lisse f. **a) ~wärter** m. (Eisenb) || gatekeeper || garde-barrière m. 55

Schrank-fachbrett n. || shelf || tablette f. **a) ~feder** f. || drag spring || ressort m. à enrayer. **b) ~haken** m. || cover hook || mentonnet m. **c) ~koffer** m. || wardrobe trunk || malle-armoire f. 56

Schränklehre f. für **Sägezähne** || set regulator for saw teeth || régulateur m. des dents de scie. 57

Schränkmaschine f. || setting machine || machine f. à donner de la voie aux dents de scie. **a) ~** für **Sägeblätter** || saw teeth setting machine || machine f. à écarter les dents de lames de scies. 58

Schrankschloß n. || box *or* cash-box lock || serrure f. d'armoire. 59

Schränkung f. || crossing || interinclinaison f. **a) ~** einer **Säge** || set of saw teeth || voie f. d'une scie. 60

Schränkvorrichtung f. (Säge) || setting device || dispositif m. à donner la voie. 61

Schrankwecker m. (Fernm) || board bell || sonnerie f. de bureau. 62

Schränkzange f. ‖ saw set plyer ‖ tenaille f. à contourner. 1

Schrapnell n. ‖ shrapnell ‖ shrapnell m. 2

Schrapper m. ‖ scraper; drag ‖ excavateur m. traînant; benne f. racleuse. 3

Schrappvorrichtung f. für **Bandeisen** ‖ roughing device for hoop iron ‖ dispositif m. à racler le feuillard. 4

Schraub-bolzen m. ‖ screw bolt ‖ boulon m. à vis; boulon taraudé. **a) ~deckel** m. ‖ screw cap ‖ bouchon m. fileté. **b) ~dose** f. ‖ screw plug box ‖ bouchon m. de contact à vis. 5

Schraube f. (Masch) ‖ bolt; screw ‖ boulon m.; vis f. **a) Abdrück~** ‖ forcing screw ‖ boulon m. de détente. **b) Abzieh~** (Motor) ‖ withdrawing screw ‖ vis f. d'extraction. **c) Anker~** ‖ foundation bolt ‖ vis f. d'ancrage. **d) archimedische ~** ‖ Archimedean screw ‖ vis f. d'Archimède. **e) ~** zum **Ausziehen** eingerammter Pfähle ‖ pile drawing engine ‖ vérin m. arrachepieux. **f) Bau~** ‖ screw for construction ‖ vis f. pour constructions. **g) Befestigungs~** ‖ fixing screw ‖ vis f. de fixation. **h) blanke ~** ‖ machined *or* polished screw ‖ vis f. polie *ou* décolletée. **i) Brillen~** ‖ spectacle screw ‖ vis f. des lunettes. **k) ~** mit **Bundmutter** (Eisenb) ‖ bolt with flanged nut ‖ vis f. avec écrou à collet. **l) Deckel~** ‖ lid screw ‖ vis f. de couvercle. **m) Drehflügel~** (Schiff) ‖ reversible propeller ‖ hélice f. réversible. **n) dreiflügelige ~** ‖ three-bladed screw ‖ hélice f. à trois ailes. **o) dreigängige ~** ‖ triple-thread screw ‖ vis f. à triple pas. **p) Druck~** (Luftf) ‖ pusher airscrew *or* propeller ‖ hélice f. propulsive. **q) eingängige ~** ‖ single-thread screw ‖ vis f. à pas simple. **r) ~** zum **Entkuppeln** ‖ disconnecting screw ‖ hélice f. à désembrayer. **s) ~** mit **festen** Flügeln (Schiffb) ‖ screw with fixed blades ‖ hélice f. à ailes fixes. **t) flachgängige ~** ‖ square thread screw ‖ vis f. à filet plat. **u) freitragende ~** ‖ overhung screw ‖ hélice f. en porte à faux. **v) ~** mit x **Gängen** auf einem Zoll ‖ screw with x threads per inch ‖ vis f. à x pas au pouce. **w) ~** mit **gekrümmten** Flügeln ‖ screw with curved blades ‖ hélice f. à ailes courbes. **x) gepreßte ~** ‖ pressed screw ‖ vis f. pressée. **y) ~** mit x mm **Gewinde** ‖ x mm screw ‖ vis f. d'un pas de x mm. **z)** eine **~ gut anziehen** ‖ to tighten well a bolt ‖ serrer bien un boulon. 6

a) Haken~ ‖ T-headed bolt; clip bolt ‖ crampon m. à vis. **b) halbblanke ~** ‖ semi-machined bolt ‖ vis f. semi-usinée. **c) Hammer~** ‖ hammer *or* T-head bolt ‖ boulon m. de fondation. **d) handgeschmiedete ~** ‖ hand forged screw ‖ vis f. forgée à la main. **e) hochköpfige ~** ‖ raised screw ‖ vis f. saillante. **f) ~** zum **Hochnehmen** ‖ lifting screw ‖ hélice f. à remonter. **g) Holz~** ‖ wood screw ‖ vis f. à bois. **h) hölzerne ~** ‖ wooden screw ‖ vis f. en bois; verrine f. **i) Kegelsenk~** ‖ countersunk head bolt screw ‖ vis f. à tête fraisée conique. **k) Klemm~** ‖ terminal screw ‖ vis f. de serrage. **l) Kontakt~** ‖ contact screw ‖ vis f. de contact. **m) Kreuzloch~** ‖ cross hole screw ‖ vis f. percée. **n) Laschen~** (Eisenb) ‖ track bolt ‖ boulon m. à vis. **o) Lenk~** ‖ steering screw ‖ vis f. de direction. **p) linksgängige ~** ‖ left-hand screw ‖ vis f. filetée à gauche. **q) Linsen~** ‖ lens head screw ‖ vis f. à tête fraisée goutte de suif. **r) Linsensenk~** ‖ oval head countersunk screw ‖ vis f. à tête fraisée bombée. **s) Lokomotiv~** ‖ screw for locomotives ‖ vis f. pour locomotives. **t) Luft~** ‖ air propeller ‖ propulseur m. aérien; hélice f. aérienne. **u) Maschinen~** ‖ machine screw ‖ vis f. de machines. **v) mehrgängige ~** ‖ multiplex-thread screw ‖ vis f. à plusieurs filets. **w) Metallgewinde~** ‖ pitch for metal screw ‖ pas de vis pour vis métalliques. **x) Nasen~** ‖ snug bolt ‖ boulon m. à ergot. **y) ~ ohne Ende** ‖ worm; endless screw ‖ vis f. sans fin. **z) Ölablaß~** ‖ waste oil screw ‖ vis f. de purge pour l'huile de graissage. 7

a) Ohren~ ‖ thumb screw ‖ vis f. à oreille. **b) Ösen~** ‖ screw eyelet ‖ œillet m. à vis. **c) Platin~** ‖ platinum-tipped screw ‖ vis f. platinée. **d) Präzisions~** ‖ precision screw ‖ vis f. de précision. **e) preßblanke ~** ‖ semi-machined screw ‖ vis f. forgée. **f) Rändel~** ‖ knurl screw ‖ vis f. moletée. **g) rechtsgängige ~** ‖ right-hand screw ‖ vis f. filetée à droite. **h) scharfgängige ~** ‖ screw with a triangular thread ‖ vis f. à filet triangulaire. **i) Schienen~** ‖ screw for rails ‖ vis f. pour rails. **k) Schiffs~** ‖ ship propeller ‖ hélice f. pour navires. **l) Schlitz~** ‖ slotted screw ‖ vis f. rinde; boulon m. fendu. **m) Schloß~** ‖ lock screw ‖ vis f. à serrures. **n) Schmier~** (Eisenb) ‖ oil hole screw ‖ bouchon m. de graisseur à vis. **o) ~n** fpl. **schneiden** ‖ to cut screws pl. ‖ fileter *ou* tarauder des vis fpl. **p) ~n** fpl. mit dem Drehstahl **schneiden** ‖ to cut screws pl. with the turning-steel ‖ fileter des vis fpl. **q) ~ n** fpl. aus freier Hand **schneiden** ‖ to cut screws pl. by hand ‖ tarauder des vis fpl. à la volée. **r) Senk~** ‖ flush *or* countersunk screw ‖ vis f. à tête fraisée; vis f. noyée. **s) Senkholz~** ‖ flush wood screw ‖ vis f. à bois à tête fraisée. **t) Setz~** ‖ set screw ‖ vis f. de bloquage. **u) Sicherungs~** ‖ safety screw ‖ boulon m. de retenue. **v) Stein~** ‖ stone bolt ‖ vis f. de scellement. **w) Stell~** ‖ set screw ‖ vis f. de rappel. **x) Steuer~** ‖ screw for steering ‖ vis f. pour direction. **y) Stift~** ‖ stud ‖ goujon m.; prisonnier m. **z)** eine **~ überdrehen** ‖ to strip the thread of a screw; to overturn a screw ‖ déformer une vis. 8

a) Verschluß~ ‖ screw plug ‖ vis f. de fermeture. **b) versenkte ~** ‖ sunk screw ‖ vis f. noyée. **c) vierflügelige ~** ‖ four-bladed screw ‖ hélice f. à quatre ailes. **d) Vierkant~** ‖ square head bolt *or* screw ‖ vis f. carrée. **e) Wagen~** ‖ screw for carriages ‖ vis f. pour carosses. **f) Waggon~** ‖ screw for wagons ‖ vis f. pour wagons. **g) ~** mit **walzenförmigem** Kopf ‖ screw with cylindrical head ‖ vis f. avec tête cylindrique. **h) Wende~** (Schiff) ‖ reversible propeller ‖ hélice f. réversible. **i) Zug~** (Luftf) ‖ tractor airscrew *or* propeller ‖ hélice f. tractive. **k) zweiflügelige ~** ‖ two-bladed screw ‖ hélice f. à deux ailes. **l) zweigängige ~** ‖ double-thread screw ‖ vis f. à double pas. **m) Zylinder~** ‖ cylindrical screw ‖ vis f. à tête cylindrique. 9

schrauben ‖ to screw ‖ visser. 10

Schraubenachse f. (Schiffb) ‖ propeller shaft ‖ arbre m. d'hélice. 11

schraubenartig ‖ helicoidal ‖ hélicé; hélicoïde; hélicoïdal. 12

Schrauben-automat m. ‖ automatic screw cutting lathe ‖ tour m. automatique pour boulonnerie. **a) ~befestigung** f. ‖ screwed-on attachment ‖ attachement m. à vissage. **b) ~bock** m. (Schiffb) ‖ tail shaft bracket ‖ support m. d'arbre porte-hélice. **c) ~bohrer** m. ‖ screw tap; twisted auger ‖ taraud m.; tarière f. torse *ou* à filet. 13

Schraubenbolzen m. (Masch) ‖ screw bolt ‖ taranche f. à vis; cheville f. hélice; boulon m. fileté. **a) ~** (Schiffb) ‖ propeller bolt ‖ boulon m. d'hélice. **b) ~** mit **Mutter** ‖ bolt and nut ‖ boulon m. et écrou m. **c) durch ~** mpl. verbinden ‖ to bolt together ‖ assembler par boulons. 14

Schraubenbolzenpresse f., **selbsttätige** ‖ automatic screw bolt press ‖ presse f. automatique à faire les boulons. 15

Schrauben-bremse f. ‖ screw brake ‖ frein à vis. **a) ~brunnen** m. ‖ screw well ‖ puits m. de l'hélice. **b) ~büchse** f. ‖ box screw ‖ douille f. taraudée. 16

Schraubendampfer m. ‖ screw steamer ‖ vapeur m. à hélice. **a) ~schiffsmaschine** f., stehende ‖ inverted screw steamer marine engine ‖ machine f. marine verticale à hélice. 17

Schrauben-draht m. ‖ screw wire ‖ fil m. pour vis. **a) ~drehbank** f. ‖ screw-cutting lathe ‖ tour m. à fileter. **b) ~** und **Fassondrehbank** f. ‖ screw machine ‖ tour m. à fileter et à façonner. **c) ~dreher** m. ‖ screw cutter ‖ fileteur m. **d) ~dübel** m. ‖ screwed plug ‖ cheville f. en bois vissée. **e) ~einsetzer** m. (Messerschm) ‖ scissors nailer ‖ monteur m. de vis en coutellerie. **f) ~eisen** n. ‖ sections pl. for screws ‖ profilés mpl. pour vis. **g) ~fabrik** f. ‖ screw manufactory ‖ boulonnerie f.; fabrique f. de vis. 18

Schraubenfeder f. ‖ screw *or* helical spring ‖ ressort m. hélicoïdal *ou* à boudin. **a) kegelförmige ~** ‖ conical spiral spring ‖ ressort m. hélicoïdal conique. **b) zylindrische ~** ‖ cylindrical *or* coil (A) helical spring ‖ ressort m. à boudin en spirale. 19

Schraubenflieger m. ‖ helicopter ‖ hélicoptère m. 20

Schraubenflügel m. ‖ propeller *or* screw blade ‖ aile f. *ou* lame d'hélice. **a) angesetzter ~** ‖ attached screw blade ‖ aile f. d'hélice rapportée. 21

Schraubenflügelhalter m., **dreiarmiger ~** für ein Luftschiff ‖ three armed holder for an airship screw ‖ cadre m. de pale à trois bras pour une hélice aérienne. 22

schraubenförmig ‖ helicoidal ‖ hélicé; hélicoïde; hélicoïdal. **a) ~ gewunden** ‖ spirally wound ‖ enroulé en spirale. 23

Schrauben-futter n. ‖ screw chuck ‖ mandrin m. à vis. **a) ~gang** m. ‖ pitch of screw ‖ pas m. de vis. **b) ~gebläse** n. ‖ screw blast *or* screw blowing machine ‖ machine f. soufflante à vis; cagniardelle f. 24

Schraubengewinde n. ‖ thread worm of a screw ‖ filet m. de vis. **a) dreieckiges ~** ‖ triangular thread ‖ filet m. triangulaire. **b) flaches ~** ‖ square thread ‖ filet m. carré *ou* plat. **c) rundes ~** ‖ round thread; rounded thread ‖ filet m. arrondi *ou* rond. **d) scharfes ~** ‖ angular *or* triangular thread ‖ filet m. triangulaire. **e) viereckiges ~** ‖ square thread ‖ filet m. carré. 1

Schrauben-hals m. ‖ screw neck ‖ collet m. de vis. **a) ~herstellungsmaschine** f. ‖ machine for making screws ‖ machine f. pour fabriquer des vis. **b) ~klemme** f. (Eisenb) ‖ screw rail clip *or* anchor ‖ dispositif m. d'ancrage à vis; crampon m. à vis de serrage. **c) ~kluppe** f. ‖ screw stock ‖ filière f. brisée. 2

Schraubenkopf m. ‖ screw head *or* knob ‖ tête f. de vis. **a) halbrunder ~** ‖ half-round screw head ‖ tête f. de vis en goutte de suif. **b) runder ~** ‖ fillister screw head ‖ tête f. de vis ronde. **c)** einen ~ **versenken** ‖ to countersink a screw-head ‖ noyer la tête d'une vis. **d) versenkter ~** ‖ countersunk screw head ‖ tête f. de vis noyée. 3

Schraubenkupplung f. ‖ screw coupling ‖ accouplement m. à vis. **a)** Maschine f. zur **Ausbesserung** von **~en** ‖ machine for repairing screw couplings ‖ machine f. pour réparer des accouplements à vis. 4

Schrauben-kupplungsmuffe f. ‖ screw-coupling box ‖ manchon m. fileté à pas opposés; manchon m. à vis. **a) ~lehre** f. ‖ micrometer; micrometer *or* screw gauge ‖ palmer m.; calibre m. à vis. **b) ~leistung** f. (Propeller) ‖ propeller performance ‖ rendement m. de l'hélice. **c) ~linie** f. ‖ helical line *or* curve ‖ courbe f. hélicoïdale; hélice f. **d) ~material** n. ‖ screw articles pl. ‖ articles mpl. de visserie. **e) ~mühle** f. ‖ screw mill ‖ moulin m. à vis. 5

Schraubenmutter f. ‖ screw nut ‖ écrou m. **a) ~** mit **Flügeln** ‖ butterfly nut ‖ écrou m. à oreilles. 6

Schrauben-nabe f. ‖ propeller hub *or* boss ‖ moyeu m. de l'hélice. **a) ~nagel** m. (Zimm) ‖ screw bolt ‖ taranche f. á vis; cheville f. hélice. **b) ~nute** f. ‖ helicoidal groove ‖ rainure f. hélicoïdale. **c) ~patrone** f. (Drechsl) ‖ guide screw ‖ pas m. de vis. **d) ~pfahl** m. (Bauw) ‖ screw pile ‖ pilotis m. *ou* pieu m. à vis. **e) ~pfropf** m. ‖ screw plug ‖ bouchon m. à vis. **f) ~presse** f. ‖ screw *or* fly press ‖ balancier m. *ou* presse f. à vis. **g) ~puffer** m. ‖ screw buffer ‖ tampon m. à vis; tampon taraudé. **h) ~pumpe** f. ‖ helical pump ‖ pompe f. hélicoïdale. **i) ~rad** n. ‖ screw wheel ‖ roue f. hélicoïdale. 7

Schraubenräder-fräsmaschine f. ‖ screw wheel milling machine ‖ machine f. à fraiser les roues cylindriques hélicoïdales. **a) ~teilkopf** m. ‖ dividing head for spiral gears ‖ appareil m. diviseur pour tailler les engrenages hélicoïdaux. **b) ~walzenfräsmaschine** f. ‖ spiral gear hobbing machine ‖ machine f. à tailler par fraise-mère les roues hélicoïdales. 8

Schraubenrad-getriebe n. ‖ spiral gearing; cog-wheel gear ‖ couple m. de roues hélicoïdales; engrenage m. à roues hélices. **a) ~hälfte** f. (Schiffb) ‖ half of screw wheel ‖ moitié f. d'une roue cylindrique hélicoïdale. **b) ~schleifmaschine** f., **selbsttätige** ‖ automatic spiral gear grinding machine ‖ machine f. à rectifier les engrenages hélicoïdaux. **c) ~stoßeinrichtung** f. ‖ spiral gear shaping attachment ‖ dispositif m. à mortaiser les roues hélicoïdales. 9

Schrauben-rahmen (Buchdr) m. ‖ screw chase ‖ châssis m. à vis. **a) ~ring** m. ‖ eye-screw ‖ anneau m. à vis. **b) ~schaufler** m. (Wasserpumpe) ‖ propeller pump ‖ pompe f. à hélice. **c) ~schleuse** f. (Wasserb) ‖ sluice with screws ‖ écluse f. à vis. **d) ~schlitzeinrichtung** f. ‖ screw slotting attachment ‖ dispositif m. à fendre les têtes de vis. **e) ~schlitzfräser** m. ‖ screw slotting cutter ‖ fraise f. pour entailler les vis. **f) ~schloß** n. ‖ screw-coupling *or* turnbuckle box ‖ manchon m. fileté à pas opposés; manchon m. à vis. 10

Schraubenschlüssel m. ‖ spanner; screw-wrench ‖ clef f. de serrage *ou* à écrou *ou* à vis. **a) Blech~** ‖ sheet arm spanner ‖ clé f. en tôle. **b) Doppel~** ‖ double ended spanner ‖ clé f. double. **c) einfacher ~** ‖ single-ended spanner ‖ clé f. simple. **d) englischer ~** ‖ monkey wrench ‖ clef f. anglaise *ou* à molette. **e) französischer ~** *s.* englischer ~. **f) gabelförmiger ~** ‖ fork wrench ‖ clef f. à fourche. **g) Maulweite** f. des **~s** ‖ opening of the screw spanner ‖ ouverture f. de clef à écrou. **h) mittelschwerer ~** ‖ medium-heavy spanner ‖ clef f. semi-lourde. **i) offener ~** ‖ open *or* opened key ‖ clef f. ouverte. **k) verstellbarer ~** ‖ adjustable spanner ‖ clef f. à molette. **l) Vierkant~** ‖ spanner for square head screws ‖ clé f. carrée. 11

Schraubenschlüsselbrett n. ‖ spanner board ‖ râtelier m. à clefs. 12

Schrauben-schneidbank f. ‖ screw cutting lathe ‖ tour m. à fileter. **a) ~schneideisen** n. ‖ screw-plate ‖ filière f. à vis. **b) ~schneiden** n. ‖ screw cutting; screwing ‖ taraudage m.; filetage m.; opération f. de fileter *ou* de tarauder. **c) ~schneider** m. ‖ screwing machine man ‖ fileteur m. **d) ~schneidkluppe** f. ‖ stock and die; die *or* screw stock ‖ filière f. **e) ~schneidmaschine** f. ‖ screwing machine ‖ machine f. à fileter. **f) ~schub** m. ‖ propeller thrust ‖ poussée f. de l'hélice. **g) ~sicherung** f. ‖ screw-locking device; screw assuring ‖ dispositif m. *ou* arrêt m. de sûreté pour vis; frein m. de la vis. 13

Schraubenspindel f. ‖ screw spindle ‖ vis f.; arbre m. fileté. **a) ~steuerung** f. ‖ screw spindle steering gear ‖ commande f. par arbre fileté. 14

Schrauben-spundringeindreher m. ‖ inserter ‖ emboutissoir m. **a) ~stehbolzen** m. ‖ screw stay bolt ‖ entretoise f. filetée. **b) ~steigung** f. (Masch) ‖ screw pitch ‖ pas m. d'une vis. **c) ~steigung** f. (Schiffb; Luftf) ‖ propeller pitch ‖ pas m. de l'hélice. **d) ~steuerung** f. ‖ screw reversing gear ‖ changement m. de marche à vis. **e) ~steven** m. ‖ screw post ‖ étambot m. de l'hélice. **f) ~teilmaschine** f. ‖ screw dividing machine ‖ machine f. à diviser à vis. **g) ~toleranz** f. ‖ tolerance of bolts ‖ tolérance f. des vis. **h) ~ventilator** m. ‖ propeller fan; helicoidal ventilator ‖ ventilateur m. hélicoïdal. 15

Schraubenwelle f. ‖ screw *or* propeller shaft ‖ arbre m. de l'hélice; arbre m. porte-hélice. **a) Entfernung** f. von Mitte bis Mitte ~ (Schiffb) ‖ distance between center to center of propeller shafts ‖ écartement m. de l'axe en axe d'arbre porte-hélice. 16

Schraubenwellen-bock m. (Schiffb) ‖ tail shaft bracket ‖ support m. d'arbre porte-hélice. **a) ~leitung** f. ‖ line of propeller shafting ‖ ligne f. d'arbres de l'hélice. **b) ~tunnel** m. ‖ propeller shaft-passage ‖ tunnel m. *ou* coffre m. de l'arbre de l'hélice. 17

Schrauben-winde f. ‖ jack; hand *or* screw jack; jack screw ‖ cric m. *ou* vérin m. à vis. **a) ~windung** f. ‖ spire ‖ spire f. **b) ~wirkungsgrad** m. ‖ propeller efficiency ‖ rendement m. de l'hélice. **c) ~zieher** m. ‖ screw driver; turn screw ‖ tournevis m.; tire-bouchon m. **d) ~zieher** m. mit **Heft** ‖ screw-driver with handle ‖ tournevis m. à manche. **e) ~zirkel** m. ‖ screw divider *or* compasses pl. ‖ compas m. à vis *ou* à ressort *ou* élastique. 18

Schraub-futter n. (Dreh) ‖ screw chuck ‖ mandrin m. à vis. **a) ~glas** n. (Chem) ‖ screw capped jar ‖ bocal m. à vis. **b) ~haken** m. ‖ screw hook ‖ crochet m. à pas de vis. **c) ~hülse** f. ‖ screw bushing ‖ vis-grain m. **d) ~knecht** m. ‖ hold fast; screw clamp ‖ presse f. à main; serre-joint m.; sergent m. **e) ~patrone** f. (Elektr) ‖ screw cartridge ‖ cartouche f. à pas de vis. **f) ~rolle** f. ‖ screw ferrule ‖ cuivrot m. à vis. 19

Schraubstock m. (Schloss) ‖ vice ‖ étau m. **a) ~** (Juw) ‖ screw vice ‖ cadran m. **b) ~** (Werkzeugm) ‖ parallel vice ‖ étau m. parallèle. **c) Bank~** ‖ bench screw ‖ étau m. d'établi. **d) ~** mit **Kugelgelenk** ‖ vice with ball and socket joint ‖ étau m. à joint articulé. **e) Parallel~** ‖ parallel vice ‖ étau m. parallèle. **f) Schnellspann~** ‖ quick acting vice ‖ étau m. à serrage rapide. **g) ~** mit **Schraubzwinge** ‖ bench vice with screw clamp ‖ étau m. à griffe. **h) selbsttätiger ~** ‖ automatic clamping vice ‖ étau m. parallèle automatique. 20

Schraubstock-arbeiter m. ‖ vice man ‖ ouvrier m. d'étau. **a) ~hülse** f. ‖ box of vice ‖ boîte f. d'étau. **b) ~spannbacke** f. ‖ vice jaw ‖ mâchoire f. pour l'étau. 21

Schraub-stollen m. ‖ screw hook ‖ crochet m. à vis. **a) ~stopfen** m. ‖ screw plug ‖ tampon m. taraudé *ou* à vis. **b) ~verbindung** ‖ nipple; screw union *or* joint ‖ joint m. *ou* raccord m. à vis. **c) ~verschluß** m. ‖ screw plug ‖ fermeture f. à vis. **d) ~winde** f. (Küf) ‖ hoop cramp ‖ traitoir m.; traitoire f. **e) ~zwinge** f. ‖ hold fast; screw clamp ‖ presse f. à main; serre-joint m.; sergent m. 22

schraubzwingenähnliche Einstellehre f. ‖ adjusting gauge of a screw clamp shape ‖ calibre m. à mâchoires filetées. 23

Schreckwirkung f. ‖ nervous trouble ‖ trouble f. nerveuse. 24

Schrei m. (Met) ‖ ball *or* bloom *or* lump of steel ‖ loupe f. *ou* balle f. d'acier. 25

Schreibapparat m. ‖ writing mechanism ‖ appareil m. à écrire. **a) Morse~** ‖ morse writer ‖ appareil-Morse m. à écriture. 26

Schreib-arbeit f. ‖ writing work ‖ travail m. d'écriture. **a) ~diamant** m. ‖ writing diamond ‖ diamant m. pour écrire. **b) ~empfang** m. (Fernm) ‖ reception by tape ‖ réception f. sur bande. **c) ~empfänger** m. (Fernm) ‖ Morse inker *or* ink-writer ‖ appareil m. Morse enregistreur. 27

schreiben, mit der **Maschine** f. ‖ to type; to typewrite ‖ écrire à la machine; dactylographier; taper. **a)** ins **reine ~** ‖ to make a fair copy ‖ mettre au net. 28

Schreiber m. (Fernm) ‖ recorder ‖ enregistreur m. **a) Ruß~** ‖ carbon recorder ‖ enregistreur m. à noir de fumée. 29

Schreibersit m. || Schreibersite || Schreibersite f. 1

Schreibfeder f. || writing pen || plume f. à écrire. **a)** ~ aus **Bronze** || bronze pen || plume f. de bronze. **b) dreigespaltene ~** || pen with three slits || plume f. à trois entailles. **c)** ~ zum **Durchschreiben** || manifold pen || plume f. pour faire les copies au carbone. **d)** ~ mit **einer** Spitze (Büro) || single-pointed pen || plume f. à un seul bec. **e) einspaltige ~** || pen with one slit || plume f. à une entaille. **f)** ~ aus **Golddoublé** || gold plated pen || plume f. en or doublé. **g) Kugelspitz~** || ball pointed pen || plume f. à pointe sphérique. **h) Landkarten~** || pen for maps || plume f. pour cartes géographiques. **i)** ~ mit **langer** Spitze || pen with a long nib || plume f. à long bec. **k) Löffel~** || turn-up point pen || plume f. à pointe relevée. **l) Metall~** || metallic pen || plume f. métallique. **m) Parallel~** || double-pointed pen || plume f. à deux becs. **n) Rundspitz~** || round point pen || plume f. à pointe ronde. **o) Schul~** || school pen || plume f. d'écolier. **p) Stahl~** || steel pen || plume f. d'acier. 2

Schreibfeder-bandstahl m. || band steel for pens || acier m. feuillard pour plumes. **a) ~härter** m. || pen hardener || trempeur m. de plumes. **b) ~packer** m. || pen boxer || emballeur m. de plumes. **c) ~polierer** m. || pen polisher || polisseur m. de plumes. **d) ~schleifer** m. || pen grinder || aiguiseur m. de plumes. **e) ~spalter** m. || pen point slitter || fendeur m. de plumes. **f)** biegsame **~spitze** f. || flexible point || pointe f. flexible. **g)** breite **~spitze** f. || broad point || pointe f. large. **h) ~stahlwalzer** m. || pen steel roller || lamineur m. d'acier pour plumes. **i) ~stanzer** m. || pen cutter || découpeur m. de plumes. **k) ~träger** m. || plug of the penholder || galet m. du porte-plume. 3

Schreibgebühr f. || fee for writing; copying fees pl. || frais mpl. de copie. 4

Schreibgerät n. des **Dampfmessers** || steam recorder || appareil m. enregistreur de la quantité de vapeur. **a)** ~ zur **Aufzeichnung** der Wirkleistung || recorder for registering active volt-amperes || enregistreur m. de puissance active. 5

Schreib-griffel m. || style || style m. **a) ~hebel** m. || writing lever || levier m. de la maschine à écrire. **b) ~heft** n. || copy book || cahier m. **c) ~kies** m. || white iron pyrites pl. || fer m. sulfuré blanc. **d) ~kreide** f. || writing chalk || craie f. à écrire. **e) ~magnet** m. || writing magnet || aimant m. faisant macher *ou* de l'enregistreur. 6

Schreibmaschine f. || typewriter || machine f. à écrire; dactylotype f. **a) Blinden~** || typewriter for the blind || machine f. à écrire pour aveugles. **b)** ~ mit **breitem** Wagen || typewriter with a wide carriage || machine f. à écrire à long chariot. **c) Büro~** || office typewriter || machine f. à écrire de bureau. **d)** ~ für **Einarmige** || typewriter for one-armed || machine f. à écrire pour manchots. **e) Eintaster~** || single key typewriter || machine f. à écrire à une seule touche. **f) Fern~** || teletypewriter || téléimprimeur m. machine f. à écrire à distance. **g) Geheim~** || cipher code typewriter || machine f. à écrire pour écriture chiffrée. **h) Kinder~** || children's typewriter || machine f. à écrire pour enfants. **i) Klaviatur~** || key board typewriter || machine f. à écrire à clavier. **k) Noten~** || music typewriter || machine f. à écrire les notes à musique. **l) rechnende ~** || calculating typewriter || machine f. à écrire combinée avec machine à calculer. **m)** ~ für **Rechnungen** || billing machine || machine f. à facturer. **n) Reise~** || travelling typewriter || machine f. à écrire de voyage. **o) Scheck~** || cheque typewriter || machine f. pour écrire les chèques. **p) Schnell~** || rapid typewriter || machine f. à écrire rapide. **q)** ~ **schreiben** *s.* schreiben, mit der Maschine. **r) Senkrecht~** || vertical machine || machine f. à écrire verticale. **s) sichtbar** schreibende ~ || visible typewriter || machine f. à écriture visible. **t) Silben~** || syllable typewriter || machine f. à écrire les syllabes. **u) Taschen~** || pocket typewriter || machine f. à écrire de poche. **v) Typenhebel ~** || type bar typewriter || machine f. à écrire à barrettes *ou* leviers à caractères. **w) Typenrad~** || type wheel typewriter || machine f. à écrire à roue à caractères. **x) Vielsprach~** || typewriter for several languages || machine f. à écrire plusieurs langues. **y) Vieltypen~** || multiple type typewriter || machine f. à écrire à caractères multiples. **z) Zeiger~** || pointer typewriter || machine f. à écrire à tige indicatrice. 7

Schreib- und Rechenmaschine f., vereinigte || combined adding and writing machine || machine f. à écrire et machine à calculer combinées. 8

Schreibmaschinen-band n. || type-writer inking tape || ruban m. de couleur pour machines à écrire. **a) ~druck** m. || typewritten impressions pl. || impression f. faite à la machine à ecrire. **b) ~ersatzteil** m. || spare-part for type-writers || pièce f. de rechange pour machines à écrire. **c) ~fabrik** f. || typewriter factory || manufacture f. de machines à écrire. **d) ~geschwindigkeit** f. || typewriting speed || vitesse f. de machine à écrire. **e) ~gestell** n. || typewriter frame || bâti m. de machine à écrire. **f) ~gummi** m. || typewriter eraser || gomme f. pour machine à écrire. **g) ~industrie** f. || typewriter industry || industrie f. des machines à écrire. **h) ~mechaniker** m. || typewriter mechanician || mécanicien m. spécialisé dans la construction de la machine à écrire. **i) ~öl** n. || oil for typewriters || huile f. de machine à écrire. **k) ~papier** n. || typewriter paper || papier m. pour machine à écrire. **l) ~pult** n. || typewriter desk || pupitre m. de machine à écrire. **m) ~schalldämpfer** m. || rubber buffers pl. for typewriters || pieds mpl. amortisseurs pour machine à écrire. **n) ~schrank** m. || cupboard for typewriting machines || armoire f. pour machines à écrire. **o) ~schriftsetzmaschine** f. || manycopy typewriter || machine f. à composer pour duplicateurs. **p) ~stuhl** m. || typewriter chair || chaise f. de dactylographe. **q) ~system** n. || typewriter system || système m. de machine à écrire. **r) ~tisch** m. || typewriter table || table f. pour machine à écrire. **s) ~typenfabrik** f. || typewriter type factory || fabrique f. de caractères pour machines à écrire. **t) ~unterricht** m. || typewriting instruction || enseignement m. de la machine à écrire. **u) ~zubehör** n. || typewriter accessories pl. || accessoires mpl. pour machines à écrire. 9

Schreib-papier n. || writing paper || papier m. écolier *ou* à écrire. **a) ~pergament** n. || vellum; writing parchment || vélin m.; parchemin m. à écrire. **b) ~pult** n. für **Kinder** || desk for children || pupitre m. pour enfants. **c) ~rädchen** n. (Fernm) || printing disk || molette f. **d) ~scheibe** f. (Fernm) || printing disk || molette f. **e) ~schiefer** m. || writing slate || ardoise f. pour écriture. **f) ~schnelligkeit** f. || rapidity of writing || vitesse f. de machine à écrire. **g) ~schrift** f. (Buchdr) || running hand || coulée f.; écriture f. 10

Schreibstift m. || pencil || crayon m. **a)** ~ (Fernm) || style || style m.; stylet m. **b) farbiger ~** || colo(u)red crayon || crayon m. de couleur. **c)** ~ aus natürlichem oder künstlichem **Schiefer** || pencil of natural or artificial slate || crayon m. d'ardoise naturelle *ou* factice. 11

Schreib-tafel f. || tablet || tablette f. **a) ~telegraph** m. || writing telegraph || télégraphe m. à écriture. **b) ~tinte** f. || writing ink || encre f. à écrire. 12

Schreibtisch m. || writing table; office desk || bureau m.; secrétaire m. **a)** ~ mit **Rollverschluß** || roll top desk || bureau m. à rideaux. 13

Schreibtisch-kalender m. || writing table calendar || calendrier m. de table bureau. **a) ~sessel** m. || seat for writing table || siège m. de bureau. 14

Schreibtrommel f. || recording drum *or* cylinder || tambour m. d'enregistrement *ou* enregistreur. 15

Schreibunterlage f. || writing *or* blotting pad || sous-main m. **a) aufklappbare ~** || folding desk pad || sous-main m. pliable. **b)** ~ mit **Löschpapier** || desk blotter pad || sous-main m. avec buvard. 16

Schreibvorrichtung f. für **Lohnbeutel** || device for writing pay envelopes || dispositif m. à écrire les enveloppes de paye. **a) registrierende selbsttätige ~** || automatic recording device || dispositif m. enregistreur automatique. 17

Schreibwaren fpl. || writing materials pl.; stationery || articles mpl. de papeterie *ou* à écrire. **a)** ~ für **Büros** || stationery for offices || articles mpl. à écrire pour bureaux. **b)** ~ aus **Papierstoff** || articles pl. of stationery of cardboard || articles mpl. de bureau en carton pâte. **c)** ~ für **Schulen** || stationery for schools || articles mpl. à écrire pour écoles. 18

Schreibzeug n. || ink stand || écritoire f. 19

Schreien n. des **Zinns** || crackling sound of tin || cric m. de l'étain. 20

Schrein m. || press; cupboard || armoire f. 21

Schreiner m. || joiner || menuisier m. **a) Modell~** || wood pattern maker || menuisier-modeleur m.; menuisier-mécanicien m. 22

Schreiner-arbeiten fpl. für **Gebäude** || joiners' work for buildings || travail m. de menuiserie pour bâtiments. **a) ~drehbank** f. || double center lathe || tour m. à deux points. 23

Schreinerei f. || joinery || menuiserie f. **a) Bau~** || joinery for buildings || menuiserie f. pour bâtiments. **b) Kunst~** || cabinet making || ébénisterie f. **c) Modell~** || patternmakers' shop || atelier m. de modelage. 24

Schreiner-kunst f. || joinery || menuiserie f. **a) ~meister** m. || master joiner || maître-menuisier m.; entrepreneur m. de menuiserie. **b) ~säge** f. || joiner's saw || scie f. à tenons. 1

Schrift f. || writing; handwriting || écriture f.; caractères mpl. écrits. **a) abgefallene ~** (Buchdr) || broken type || lettre f. tombée *ou* marchée. **b) abgenutzte ~** || worn out type || caractère m. d'impression usé. **c) chiffrierte ~** || ciphered writing || écriture f. chiffré. **d) dicke ~** (Buchdr) || bold face || type m. épais. **e) ~ mit dünnen** Linien (Buchdr) || hair line; thin stroke || types mpl. déliés; délié m. **f)** die **~ eng** halten (Buchdr) || to space the letters closely || serrer les lettres fpl. **g)** die **~ fällt** ab (Buchdr) || the letters are broken || les lettres fpl. couchent. **h) fette ~** (Buchdr) || fat letter || caractère m. plein. **i) fließende ~** (Buchdr) || running hand || coulée f.; écriture f. **k) gedrängte ~** (Buchdr) || close spacing; cramped work || composition f. serrée *ou* nourrie. **l) Gegen~** || written reply; rejoinder || réplique f.; réfutation f. **m) gemeine ~** (Buchdr) || lean-types pl. || petites lettres fpl. **n) gerade ~** (Buchdr) || antiqua; Roman type || caractère m. romain. **o) geschwänzte ~** (Buchdr) || tail-type; long *or* descending letters pl. || lettre f. à queue. **p) ~ gießen** || to found *or* to cast types || fondre des caractères. **q) gotische ~** || black letter || gothique f. **r) grobe ~** (Buchdr) || letters pl. of a large size || gros caractère m. **s) große ~** (Buchdr) || large type || gros caractère m. **t) kleine ~** (Buchdr) || letters pl. of a small size || petit caractère m. **u) lesbare ~** || readable writing || écriture f. lisible. **v) mehrfarbige ~** || multicoloured writing || écriture f. polychrome. **w) ~** in **Metall** für Druckmaschinen || types pl. of metal for printing machines || lettres fpl. en métal pour machines à imprimer. **x) mittlere ~** (Buchdr) || round text || écriture f. en moyenne. **y)** die **~** steht **schief** (Buchdr) || the letter hangs || la lettre chevauche. **z)** die **~ schmutzt** (Buchdr) || the proof looks blotted || les caractères mpl. bavochent. 2

a) ~ aus dem **Schriftkasten** nehmen (Buchdr) || to pick up letters || lever la lettre. **b) ~** ohne **Spatien** (Buchdr) || solid composition || composition f. compacte. **c)** die **~ sperren** (Buchdr) || to space the letters || espacer les lettres fpl. **d) unsichtbare ~** || blind *or* susceptible writing || écriture f. invisible. **e) ~en** fpl. **unterlegen** (Buchdr) || to raise (the letter press); to underlay || rehausser; taquonner. **f) ~en** fpl. **versetzen** (Buchdr) || to use up the fount || épuiser les caractères. **g) ~** mit **vertauschten** Grund- und Haarstrichen (Buchdr) || writing with reversed hair-strokes || lettres fpl. en chemise *ou* à la duchesse. **h)** die **~ waschen** (Buchdr) || to cleanse the type || brosser les lettres fpl. 3

Schrift-ableger m. (Buchdr) || type distributor || distributeur m. de caractères. **a) ~anordnung** f. (Buchdr) || display of type || arrangement m. des types. **b) ~berichtiger** m. (Buchdr) || type justifier || globuleur m. **c) ~deckel** m. || cover with inscription || couvercle m. avec inscription. **d) ~erz** n. || graphic *or* yellow tellurium; sylvanite || sylvane m.; tellure m. natif auro-argentifère. **e) ~fernübertragung** f. || teleautography || télautographie f. **f) ~führer** m. || secretary || secrétaire m. **g) ~gießer** m. || letter *or* type founder; type caster || fondeur m. de caractères *ou* de lettres; fondeur-typographe m. **h) ~gießerei** f. || type foundry || fonderie f. de caractères. **i) ~gießmaschine** f. || type casting machine || fondeuse f. de caractères; machine f. à fondre les caractères. **k) ~gießmaschine** f., **Schnell** || quick casting machine || machine f. fondeuse rapide. **l) ~grad** m. (Buchdr) || size of type || force f. de corps. **m) ~granit** m. || graphic granite || granit m. graphique. **n) ~höhe** f. || height of letters; height to paper || hauteur f. en papier. **o) ~höhenmesser** m. (Buchdr) || type-high gauge || typomètre m. **p) ~kasten** m. || type box; letter case || caisse f. de caractères. **q) ~kastenschrank** m. || cupboard for cases || cassier m. **r) ~kegel** m. || body *or* shank *or* depth of a letter || corps m. de lettre; force f. de corps d'un caractère. **s) ~leiter** m. || editor || rédacteur m. **t) ~leitung** f. || editing; editorial staff || rédaction f. **u) ~magazin** n. (Buchdr) || type magazine || magazin m. à caractères. **v) ~metall** n. || type metal || métal m. aux caractères; matière f. **w) ~mutter** f. (Schriftgieß) || matrice; matrix || matrice f. **x) ~probe** f. || specimen book; specimen of printing types || échantillon m. *ou* épreuve f. de caractères d'imprimerie; specimen m. de fondeur. **y) ~regal** n. || shelf for metal types || rayon m. pour caractères métalliques. **z) ~satz** m. (Buchdr) || matter; composition || composition f. 4

a) ~satz m., **stehender** || standing matter || composition f. permanente. **b) ~schneidekunst** f. || form cutting || gravure f. de caractères. **c) ~schneider** m. || letter cutter || graveur m. en caractères. **d) ~seite** f. || page || page f. **e) ~seite** f. einer Münze || reverse of a coin || pile f. *ou* revers m. d'une monnaie. **f) ~setzer** m. || compositor || compositeur m. (d'imprimerie). **g) ~stecher** m. || letter engraver || graveur m. des lettres. **h) ~steller** m. || author || écrivain m. **i) ~stempel** m. || punch || poinçon m. **k) ~stück** n. (Teilstück für Buchdr) || packet || paquet m. **l) ~verkehr** m. *s.* ~wechsel. **m) ~wechsel** m. || correspondence || correspondance f.; échange m. de lettres. **n) ~wechsel, fremdsprachiger** || correspondence in foreign languages || correspondance f. en langues étrangères. **o) ~zettel** m. (Schriftgieß) || bill of a fount || police f. pour une fonte de caractères. **p) ~zeug** n. || type metal || métal m. (à fondre) des caractères *ou* servant aux caractères. 5

Schritt m. (Fernm) || element; unit || émission f.; impulsion f.; moment m. **a) ~länge** f. || length of a pace || longueur f. de pas. **b) ~messer** m. || counter pedometer || compte-pas m. **c) ~schaltsystem** n. (Selbstanschl) || step by step system || système m. pas à pas. 6

schrittweise || gradual || graduel. 7

Schrittzähler m. || pedometer; paceometer; steps-teller || podomètre m.; compte-pas m. 8

schroff || abrupt || brusque; escarpé. **a)** wo die Form **~e Übergänge** mpl. aufweist || places marked by sudden changes of section || là où la forme accuse de brusques diminutions du diamètre. 9

Schröpfkopf m. || cupping glass || ventouse f. 10

Schroppeisen n. || strong-jack grooving iron || fer m. du bouvet simple à dégrossir. 11

schroppen || to jack; to jack down stuff; to plane off; to plane roughly; to rough-plane timber || corroyer; dégrossir l'ouvrage. 12

Schropphobel m. || jack plane || riflard m. **a) ~eisen** n. || round nosed plane iron || fer m. du rabot rond *ou* du riflard. 13

Schropp-maschine f. (Holzbearb) || roughing machine || dégrossisseuse f. **a) ~messer** n. (Böttch) || heading-knife || plane f. à foncer. 14

Schrot m. (Jagd) || small *or* gun shot || plomb m. de chasse; dragée f. **a) ~** (Kohlengröße) || small shot || grain m. **b) ~** (Müll) || grit; coarse ground corn || produit m. de broyage; blé m. égrugé. **c) Fein~** || fine grist || mouture f. fine. **d) Gersten~** || bruised barley || mouture f. d'orge. **e) Grob~** || coarse ground grist || farine f. grossière. **f) ~** und **Korn** n. **der Münzen** || alloy and standard || alliage m. et titre m. **g) lockeres** und **wolliges ~** || loose and woolly groats || mouture f. légère et complète. **h) ~ machen** (Müller) || to make groats pl. || rengrainer. **i) ~** der **Münzen** || brutto weight *or* due weight of coins || poids m. total des monnaies. 15

Schrot-axt f. (Forstw) || wood cleaver's axe || cognée f. de bûcheron. **a) ~bohrer** m. (Schiffb) || pump bit *or* borer || cuiller f. *ou* rouanne f. de pompe. 16

Schrote f. (Tuchm) || list; selvedge || lisière f. 17

Schroteisen n. (Meißel) || great chisel || ébarboir m.; ébauchoir m. **a) ~** (Tischl) || former; ripping chisel || ciseau m. à planche; fermoir m. 18

schroten (grob hobeln) || to rough-plane || décroûter. **a) ~** (Met) || to chip; to chisel || buriner; ciseler. **b) ~** (Müller) || to rough-grind; to bruise; to break || égruger; broyer. **c)** das **Malz ~** || to grind the malt || moudre le malt. 19

Schroten n. (Müller) || breaking || broyage m. **a) ~** von **Getreide** || grinding; bruising || mouture f. 20

Schroter m. || crusher || broyeur m. 21

Schroterei f. (Brau) || malt crushing room || salle f. de concasseurs. 22

Schrot-fäustel m. || hack iron || masse f. à tranche. **a) ~feile** f. || planchet file || lime f. à ébarber. **b) ~form** f. (Waffenw) || card || fond m.; passoire f. **c) ~hammer** m. (Schmied) || chop *or* chipping hammer || marteau m. à tranche. **d) ~hammer** m. (Straßenb) || iron hammer || couperet m. **e) ~hobel** m. || round-nosed *or* jack plane || rabot m. debout; riflard m. **f) ~kasten** m. (Müller) || bran chest || dodinage m. **g) ~leiter** f. || pulling *or* dray ladder || poulain m. 23

Schrötling m. (Münzw) || blank; coin plate; plank || flan m.; flaon m. 24

Schrötlings-eisen n. (Münzw) || adjusting-block || bilboquet m. **a) ~feile** f. (Münzw) || cabinet file || écouane f.; écouenne f. **b) ~hammer** m. || flattening *or* planishing hammer; plank flattener || flatoir m. **c) ~zange** f. || large tongs pl. || étangue f.; étanque f.; grande tenaille f. 25

Schrotmehl n. ‖ coarse meal; groats pl. ‖ grosse farine f.; gruau m. 1
Schrotmeißel m. (Drechsl) ‖ (turning) gouge ‖ gouge f. (à ébaucher). **a)** ~ (Schmied) ‖ cold chisel *or* set; anvil chisel ‖ tranche f. à manche *ou* à froid. **b)** ~ (Zimm) ‖ dressing chisel ‖ ébauchoir m.; fermoir m. 2
Schrotmessing n. ‖ latten clippings pl. ‖ courtailles fpl.; laiton m. coupé en petites pièces; mitraille f. de cuivre jaune. 3
Schrotmühle f. ‖ bruising mill ‖ moulin m. à égruger; moulin m. concasseur. **a) Kunststein~** ‖ artificial stone bruising mill ‖ moulin m. concasseur à meules artificielles. **b) Malz~** ‖ malt bruising mill ‖ moulin m. à concasser le malt. 4
Schrot-patrone f. ‖ shot cartridge ‖ cartouche f. de chasse. **a) ~säge** f. (Zimm) ‖ pit *or* long *or* whip saw ‖ scie f. du scieur de long; scie f. de long; passe-partout m. **b) ~sägenschärffeile** f. ‖ knife file for cross cut saws ‖ lime f. à couteau pour passe-partout. **c) ~schere** f. (Nadl) ‖ shears pl. for dividing the wire ‖ cisaille f. pour couper les brins de fil au milieu. **d) Blech- und ~schere** f. ‖ plate and scrap-metal shearing machine ‖ cisaille f. à tôles et à mitraille. **e) ~seil** n. (Küf) ‖ parbuckle rope ‖ câble m. d'encaveur. **f) ~sieb** n. ‖ first *or* parchment sieve; first granulator ‖ guillaume m. **g) feines ~sieb** n. ‖ fine granulator ‖ guillaume m. en fin. **h) ~stahl** m. ‖ turner's tool ‖ ciseau m. *ou* gouge f. à riblon. 5
Schrott m. ‖ scrap iron ‖ débris mpl. *ou* riblons mpl. de fer; mitraille f. **a) ~-bündelmaschine** f. ‖ scrap bundling machine ‖ machine f. à agglomérer la mitraille. **b) ~eisen** n. ‖ scrap iron ‖ riblons mpl. de fer; mitraille f. **c) ~-großhandlung** f. ‖ wholesale scrap store ‖ magasin m. de ferraille en gros. **d) ~-haspel** m.; f. ‖ scrap winch ‖ treuil m. à riblons. **e) ~lagerkran** m. ‖ scrap-yard crane ‖ grue f. de parc à riblons. **f) ~markt** m. ‖ scrap steel and iron market ‖ marché m. aux ferrailles. **g) ~-paketiermaschine** f. ‖ scrap piling machine ‖ machine f. à paqueter les déchets de fer. **h) ~paketierpresse** f. ‖ scrap baling press ‖ presse f. à former les ferrailles en paquets; presse f. à paqueter la mitraille. **i) ~schere** f. ‖ scrap shears pl. ‖ cisailles fpl. à mitraille. **k) ~wickelmaschine** f. ‖ scrap coiling machine ‖ machine f. à enrouler les riblons. 6
Schrot-übergang m. (Müll) ‖ break tailings pl. ‖ refus m. de broyage. **a) ~wage** f. (Bauw) ‖ plumb rule; plummet ‖ chas m.; niveau m. **b) ~walzenstuhl** m. (Müll) ‖ break roller mill ‖ broyeur m. **c) ~winde** f. ‖ whimple; windle; winch ‖ moulinet m.; treuil m. 7
Schrubbelmaschine f. (Spinn) ‖ breaker *or* scribbler card ‖ carde f. briseuse *ou* en gros. 8
schrubbeln (Spinn) ‖ to scribble ‖ scribler. 9
Schrubbeln n. ‖ scribbling ‖ scriblage m. *ou* cardage m. gros. 10
schrubben, das **Ankertau** ‖ to clean *or* to scrub the cable ‖ laver *ou* nettoyer le câble. **a)** den **Boden** m. des Schiffes ~ ‖ to clean *or* to hog *or* to scrub the bottom of a vessel ‖ goreter la carène *ou* le fond d'un bâtiment. **b)** das **Schiff** ~ ‖ to scour *or* to scrub the vessel ‖ balayer le bâtiment. 11
Schrubber m. ‖ hog; scrubber; scrubbing brush ‖ balai-goret m.; fauberet m.; goret m.; brosse f. à frotter. 12
schrüen (Porzel) ‖ to give the biscuit baking to porcelain ‖ dégourdir la porcelaine dure. 13
Schrumpfband n. ‖ shrunk-on hoop ‖ frette f. **a) Kurbelarm** m. mit Schrumpfbändern ‖ crank cheek with hoops shrunk on; crank web ‖ bras m. de manivelle muni de frettes. 14
schrumpfen (Met) ‖ to shrink ‖ (se) contracter. 15
Schrumpf-maß n. beim Aufziehen (Radreifen) ‖ shrinkage allowance; amount allowed for the shrinkage ‖ (grandeur m. du) retrait m. pour le serrage à chaud. **a) ~ring** m. ‖ shrink ring; shrunk-on hoop *or* collar ‖ bague f. de serrage; frette f. posée à chaud *ou* calée à chaud. **b) ~riß** m. ‖ contraction crack ‖ fissure f. par le retrait du métal. **c) ~spannung** f. ‖ shrinking stress ‖ effort m. de contraction. 16
Schrumpfung f. ‖ shrinking; shrinkage; contraction ‖ contraction f. 17
Schruppbreche f. (Flachs) ‖ second brake ‖ seconde broie f. 18
schruppen (Tischl) ‖ to jack; to plane roughly ‖ corroyer; dégrossir (l'ouvrage). 19
Schruppen n. ‖ roughing ‖ ébauchage m. 20
Schrupphobel m. ‖ round-nosed *or* jack plane ‖ rabot m. de bout; riflard m. 21
Schruppmaschine f. für **Röhren** (Holzbearb) ‖ tube roughing machine ‖ machine f. à dégrossir les tubes. **a)** ~ für **Stangenarbeit** ‖ roughing machine for bar work ‖ machine f. d'ébauche pour le travail de la barre. 22
Schrupp-meißel m. (Dreh) ‖ roughing steel; tool for rough turning ‖ outil m. dégrossisseur; acier m. à dégrossir. **a) ~schliff** m. ‖ roughing ‖ dégrossissage m. **b) ~schnitt** m. (Dreh) ‖ rough cut ‖ coupe f. à dégrossir. **c) gekröpfter ~-stahl** m. ‖ cranked roughing tool ‖ outil m. d'ébauche renvoyé. **d) ~-stichelhaus** n. ‖ roughing box tool ‖ porte-outil m. (à charioter) à ébaucher. 23
Schub m. (Gewölbe) ‖ thrust ‖ poussée f. **a) ~aufgabevorrichtung** f. ‖ push feeder ‖ feeder m. à poussée. **b) ~fach** n. *s.* ~lade f. **c) ~fenster** n. ‖ sash *or* slide window ‖ fenêtre m. à coulisse *ou* à guillotine. **d) ~festigkeit** f. ‖ shearing strength ‖ résistance f. au cisaillement. **e) ~förderrinne** f. ‖ pushing trough ‖ transporteur m. à racloirs. 24
Schubkarren m. ‖ wheel-barrow ‖ brouette f. **a) eiserner ~** ‖ iron wheel-barrow ‖ brouette f. en fer. 25
Schubkraft f. ‖ transverse *or* shearing strain ‖ force f. tranchante; effort m. de cisaillement. 26
Schublade f. ‖ drawer ‖ tiroir m.; layette f. **a)** jedes dieser **Addierwerke** npl. ist mit einer ~ verbunden ‖ each of these adding devices is combined with a drawer ‖ chacun de ces totalisateurs mpl. est muni d'un tiroir. **b) Arbeiten** n. bei geöffneter ~ (Zahlkasse) ‖ working at open drawer ‖ marche f. à tiroir ouvert. **c) selbsttätige ~** ‖ automatic drawer ‖ tiroir m. automatique. 27
Schubladen-griff m. ‖ knob of a drawer ‖ bouton m. de tiroir. **a) ~schloß** n. ‖ till *or* drawer lock ‖ serrure f. d'un tiroir. 28
Schublehre f. ‖ slide gauge ‖ pied m. à coulisse. 29
Schubriegel m. ‖ sliding (locking) bolt; slip *or* sash bolt ‖ targette f.; verrou m. à coulisse. **a)** ~ auf **Blech** (Schloss) ‖ slip-bolt ‖ verrou m. monté sur platine. 30
Schub-riegelschloß n. ohne **Feder** ‖ bolt *or* dead lock ‖ serrure f. à pêne sans ressort. **a) ~spannung** f. ‖ shearing stress ‖ effort m. de cisaillement. 31
Schubstange f. (Auto) ‖ push *or* radius rod ‖ bielle f. de poussée. **a) Förderrinnen~** ‖ connecting rod for conveying troughs ‖ bielle f. pour transporteurs à auge. **b) gegabelte ~** ‖ forked connecting rod ‖ bielle f. fourche. 32
Schubstangen-bewegung f. ‖ connecting rod motion ‖ mouvement m. de la bielle. **a) ~gabel** f. ‖ connecting-rod fork ‖ fourche f. de la bielle. 33
Schub-taste f. ‖ push key ‖ touche f. à glissière. **a) ~winkel** m. ‖ sliding *or* turning square ‖ équerre f. coulante. 34
schuften ‖ to drudge; to work hard ‖ bûcher; piocher. 35
Schuh m. (Schuhm) ‖ shoe ‖ soulier m.; chaussure f. **a) Ball~** ‖ dancing shoe ‖ soulier m. de bal. **b) eiserner ~** ‖ steel shoe ‖ sabot m. en fer. **c) Fahrgestell~** (Luftf) ‖ undercarriage socket ‖ embout m. inférieur de jonction des mâts du train d'atterrissage. **d) Filz~** ‖ felt shoe ‖ chaussure f. de feutre. **e) genagelter ~** ‖ nailed shoe ‖ chaussure f. clouée. **f) Gummi~** ‖ galosh ‖ galoche f. en caoutchouc. **g) gußeiserner ~** (Brückenb) ‖ cast iron shoe ‖ bout m. en fonte. **h) Haus~** ‖ house shoe ‖ soulier m. de chambre. **i) Holz~** ‖ wooden shoe ‖ sabot m. **k) holzgenagelter ~** ‖ pegged shoe ‖ chaussure f. chevillée-bois. **l) Kinder~** ‖ children shoes pl. ‖ chaussure f. pour enfants. **m) Kreuzkopf~** ‖ crosshead shoe ‖ patin m. de crosse. **n)** ~ des **Laßeisens** ‖ nose of the tapping bar ‖ bout m. de la perrière. **o) maschinengenähter ~** ‖ machine sewed shoe ‖ chaussure f. cousue-machine. **p) Mast~** (Schiffb) ‖ step ‖ sole f. **q) Rahmen~** ‖ welt stitched shoe ‖ chaussure f. cousue-trépointe. **r) Reise~** ‖ travelling shoe ‖ soulier m. de voyage. **s)** ~ für vereinfachte **Rohrständer** (el Leit) ‖ simplified tube pole shoe ‖ étrier m. *ou* socle m. de potelet à fixation simplifiée. **t) Schlämm~** ‖ agitator shoe for wash mill ‖ sabot m. de lavage. **u) Sport~** ‖ sporting shoe ‖ chaussure f. de sport. **v)** ~ für **Strand** und **Sport** ‖ seaside and sporting shoe ‖ chaussure f. de plage et de sport. **w) Turn~** ‖ rubber soled *or* gymnast's shoe ‖ chaussure f. de gymnastique. 36
Schuh-anzieher m. ‖ shoe horn ‖ chausse-pied m. **a) ~ausputzmittel** n. ‖ preparation for restoring shoes ‖ préparation f. pour soigner les chaussures. **b) ~band** n. ‖ shoe *or* boot lace ‖ cordon m. *ou* lacet m. de chaussure. **c) ~besatzschnalle** f. ‖ shoe ornament clasp *or* buckle ‖ boucle f. pour l'ornementation des chaussures.

d) ~beschläge mpl. ‖ shoe fittings pl. ‖ garnitures fpl. de chaussures. **e) ~bestandteil** m. ‖ part of boots ‖ partie f. de chaussures. **f) ~bremse** f. ‖ spoon brake ‖ frein m. à sabot. **g) ~bürste** f. ‖ shoe brush ‖ brosse f. pour la chaussure. **h) ~einlage** f. ‖ insole ‖ semelle f. intérieure. 1

Schuhfabrik f. ‖ boot factory ‖ fabrique f. de chaussures. **a) ~maschine** f. ‖ machinery for shoe factories ‖ machine f. pour la fabrication des chaussures. 2

Schuh-fertigung f. ‖ shoe manufacture ‖ fabrication f. des chaussures. **a) ~futterstoff** m. ‖ lining for shoes ‖ doublure f. pour chaussures. **b) ~gelenkauflage** f. ‖ reinforcing insole for boots and shoes ‖ garniture f. pour jointure en chaussures. **c) ~industrie** f. ‖ shoe industry ‖ industrie f. de la chaussure. **d) ~kartonagen** fpl. ‖ cardboard *or* pasteboard for shoe manufacture ‖ cartonnages mpl. pour chaussures. **e) ~knopf** m. ‖ boot button ‖ bouton m. pour souliers. **f) ~knöpfer** m. ‖ shoe buttoner ‖ crochet m. à chaussures. 3

Schuhkrem f. ‖ boot polish; shoe cream *or* dressing ‖ crème f. *ou* pâte f. pour chaussures. **a) ~abfüllmaschine** f. ‖ shoe cream emptying machine ‖ machine f. à soutirer la crème pour chaussures. 4

Schuhleder n. ‖ shoe leather ‖ cuir m. pour chaussures. 5

Schuhleisten m. ‖ shoe last ‖ forme f. pour souliers; embouchoir m. pour chaussures. **a) ~aushöhlmaschine** f. ‖ boot last hollowing machine ‖ machine f. à évider les embouchoirs à chaussures. **b) ~beschläger** m. ‖ last ironer ‖ ferreur m. de formes. 6

Schuhmacher m. *s. auch* Schuster. **a) orthopädischer ~** ‖ orthopedic boot maker ‖ bottier m. orthopédiste. 7

Schuhmacher-brennzeuglampe f. ‖ burning lamp for shoemakers ‖ lampe f. à brûler pour cordonniers. **a) ~bügeleisen** n. ‖ shoemaker's iron ‖ fer m. à repasser pour cordonniers. 8

Schuhmacherei f. ‖ shoe making ‖ cordonnerie f. 9

Schuhmacher-leim m. ‖ gluten ‖ colle f. de gluten. **a) ~meister** m. ‖ master shoemaker ‖ maître cordonnier m. **b) ~wachs** n. ‖ cobbler's wax ‖ cire f. de cordonnerie. **c) ~werkzeug** n. ‖ shoemaker's iron-tool ‖ outil m. en fer pour cordonniers. 10

Schuhmaschine f. ‖ shoe machine ‖ machine f. pour la fabrication des chaussures. 11

Schuhmaschinen-arbeiter m. ‖ shoe machine operator ‖ ouvrier m. en chaussures. **a) ~armatur** f. ‖ fittings pl. for shoe machines ‖ armature f. pour machines à chaussures. 12

Schuh-nagel m. *s.* ~stift m. **a) ~nagler** m. ‖ shoe nailer ‖ cloueur m. en chaussures. **b) ~posamenten** mpl. ‖ shoe trimmings pl. ‖ passementerie f. pour souliers. **c) ~riemen** m. ‖ boot lace ‖ cordon m. *ou* lacet m. de soulier. **d) ~schaft** m. ‖ shoe top ‖ tige f. de chaussure. **e) ~schnalle** f. ‖ shoe clasp *or* buckle ‖ boucle f. à chaussures. **f) ~schnur** f. (Posam) *s.* ~band n. **g) ~sohle** f. ‖ sole of a shoe ‖ semelle f. de chaussure. **h) ~spanner** m. ‖ shoe last; boot tree; block ‖ embauchoir m.; forme f. (pour chaussures). **i) ~stift** m. ‖ shoe tack *or* nail *or* pin ‖ cheville f. pour chaussures; clou m. de cordonnier *ou* à souliers; bequet m.; caboche f. **k) ~stoff** m. ‖ shoe fabric ‖ drap m. de chaussures. 13

Schuhwaren fpl. ‖ boots pl. and shoes pl. ‖ chaussures fpl. **a) ~ aus Asbest** ‖ shoes pl. of asbestos ‖ chaussures fpl. en amiante. **b) ~ aus Leder** mit Holzsohlen ‖ boots pl. and shoes pl. of leather with wooden sole ‖ chaussures fpl. en cuir avec semelles en bois. **c) ~ aus Stroh** ‖ shoes pl. of straw ‖ chaussures fpl. en paille. 14

Schuhwerk n., **grobes** ‖ coarse boots *or* shoes ‖ chaussure f. grossière. **a) Pelz~** ‖ fur boots *or* shoes pl. ‖ chaussure f. en fourrure. 15

Schuh-wichse f. ‖ shoe blacking ‖ pâte f. pour chaussures; cirage m. **a) ~winkellasche** f. (Eisenb) ‖ shoe-shaped angular fish plate ‖ éclisse f. cornière à sabot. **b) ~zuschneider** m. ‖ shoe cutter ‖ coupeur m. en chaussures. **c) ~zwecke** f. *s.* ~stift. 16

Schul-bank f. ‖ school bench *or* form ‖ banc m. d'école. **a) ~bedarf** m. ‖ school requisites pl. ‖ fournitures fpl. scolaires. **b) ~bild** n. ‖ school picture ‖ image f. pour écoles. 17

Schuld f. ‖ debt ‖ dette f. **a) ~** (Ursache; Vergehen) ‖ fault; cause ‖ faute f.; cause f. **b)** eine **~ ablösen** ‖ to discharge a debt ‖ amortir une dette. **c) Gegen~** ‖ reciprocal *or* mutual debt; counter claim ‖ dette f. passive. **d) schwebende ~** ‖ floating debt ‖ dette f. flottante. **e) verjährte ~** ‖ barred debt ‖ dette f. caduque. 18

Schuldbrief m. ‖ promissory note; note of hand ‖ reconnaissance f. 19

Schulden-masse f. ‖ liabilities pl. ‖ passif m. **a) ~tilgungskasse** f. ‖ redemption fund ‖ caisse f. de remboursement. 20

Schuldschein m. ‖ promissory note; note of hand; bond; debenture ‖ reconnaissance f. **a)** Ausgabe f. von **~en** ‖ issue of bonds ‖ émission f. d'obligations. 21

Schuldverschreibung f. *s.* Schuldschein. 22

Schule f. ‖ school ‖ école f. **a) Haushaltungs~** ‖ house-keeping school ‖ école f. ménagère. **b) Industrie~** ‖ industrial school ‖ école f. industrielle. **c) Kleinkinder~** ‖ infant school ‖ école f. enfantine. **d) Koch- und Haushaltungs~** ‖ cooking and house-keeping school ‖ école f. ménagère. 23

Schüler m. ‖ pupil ‖ élève m. 24

Schul-farbe (Chem) ‖ colour for schools ‖ couleur f. pour écoles. **a) ~flugzeug** n. ‖ school *or* training aeroplane ‖ avion m. école. **b) ~kreide** f. ‖ school chalk ‖ craie f. pour écoles. **c) ~mappe** f. *s.* Schultasche. **d) ~mikroskop** n. ‖ school microscope ‖ microscope m. pour écoles. **e) ~möbel** npl. ‖ school furniture ‖ meubles mpl. scolaires *ou* pour écoles. 25

Schülpbohrer m. ‖ pump borer *or* bit ‖ cuiller f. à pompe; cuiller f. *ou* rouanne f. de pompe. 26

Schülpe f. ‖ barnacle; shell ‖ coquillage m.; cravan m. 27

Schul-reißzeug n. ‖ scholar set (of drawing instruments) ‖ boîte f. de compas pour écoliers. **a) ~sattel** m. ‖ manege *or* pique saddle ‖ selle f. de manège *ou* à piquer. **b) ~schiff** n. ‖ training ship; school ship ‖ vaisseau m. école; navire-école m. **c) ~schreibfeder** f. ‖ school pen ‖ plume f. d'écolier. **d) ~schreibwaren** fpl. ‖ stationery for schools ‖ articles mpl. à écrire pour écoles. **e) ~steuerung** f. ‖ control for training purposes ‖ commande f. de l'élève. **f) ~tafel** f. ‖ blackboard ‖ tableau m. pour écoles. **g) ~tasche** f. ‖ school bag; satchel ‖ sac m. d'écolier; porte-cahiers m. 28

Schulter f. ‖ shoulder ‖ épaule f. **a) ~** (Zapfen) ‖ peg-shoulder; shoulder ‖ arasement m.; épaulement m. 29

Schulterblatt n. ‖ shoulderblade ‖ omoplate f. **a) ~ aus Filz** (Schneid) ‖ felt shoulder blade *or* strap ‖ épaulette f. *ou* omoplate f. en feutre. 30

Schulter-kugellager n. ‖ detachable ball journal bearing ‖ roulement m. à billes démontable. **a) ~mauer** f. ‖ shouldering wall ‖ épaulement m. **b) ~rollenlager** n. ‖ roller bearing with shoulders ‖ palier m. à rouleaux à épaulement. 31

Schul-trense f. ‖ riding school snaffle ‖ bridon m. de manège *ou* ordinaire. **a) ~wandtafel** f. ‖ blackboard ‖ tableau m. noir. 32

Schuppe f. ‖ scale ‖ écaille f. 33

schuppen ‖ to scale off ‖ écailler. **a) sich ~** ‖ to scale off ‖ s'écailler. 34

Schuppen m. (Bauw) ‖ shed ‖ hangar m. **a) ~** (Kraftwagen) ‖ garage ‖ garage m. **b) Flugzeug~** ‖ aeroplane hangar; hangar ‖ hangar m. pour aéroplanes. **c) Lokomotiv~** ‖ locomotive shed ‖ remise f. pour locomotives. **d) offener ~** ‖ shed; shelter; pentice; penthouse ‖ hangar m.; angar m.; échoppe f. ouverte. 35

Schuppen-kette f. ‖ wire *a* scale chain ‖ jugulaire f.; mentonnière f. **a) ~tor** n. ‖ shed door ‖ porte f. de hangar. 36

schuppig ‖ flaky; scaly; scale-like ‖ floconneux; écailleux. 37

Schur f. (v. Schafen) ‖ shearing ‖ tonte f. 38

Schürbel m. (Met) ‖ bloom; slap ‖ lopin m.; maquette f.; massoque f. 39

Schüreisen n. ‖ poker ‖ ringard m.; attisoir m.; tisonnier m. 40

schüren (Feuer) ‖ to poke; to stir; to stoke ‖ attiser; chauffer; tisonner; pousser; aviver. 41

Schürer m. ‖ stoker ‖ chauffeur m. **a) Feuer~** ‖ fire poker ‖ attisoir m. 42

Schurf m. (Bergb) ‖ digging; opening; searching; trial-pit ‖ fouille f. de recherche. 43

Schürfarbeit f. ‖ prospecting work ‖ travail m. de recherche; fouille f. **a)** die **~ einstellen** ‖ to cease prospecting operations ‖ arrêter les fouilles fpl. 44

Schürf-befugnis f. ‖ authority to prospect ‖ autorisation f. de faire des fouilles. **a) ~betrieb** m. ‖ prospecting operations pl. ‖ travaux mpl. de recherches. 45

schürfen (Bergb) ‖ to search for minerals; to shodar; to burrow ‖ faire des recherches; fouiller; creuser. **a)** auf **gemeinschaftliche Rechnung** f. **~** ‖ to prospect on common account ‖ faire des recherches fpl. à compte commun. 46

Schürfen n., die Genehmigung zum ~ einholen ‖ to request a permit to prospect ‖ solliciter la permission de faire des recherches. 47

Schürfer m. ‖ discoverer ‖ découvreur m. 48

Schürf-freiheit f. ‖ freedom to prospect ‖ liberté f. des recherches. **a) ~graben** m. ‖ trench made for discovering mineral beds ‖ tranchée f. à la recherche du minerai. **b) ~kübelkabelbagger** m. ‖ drag line bucket excavator ‖ drague f. sèche à benne et à câble. **c) ~loch** n. ‖ prospect hole || fosse f. *ou* fouille f. de recherche. **d) ~recht** n. || right to prospect || droit m. de recherche. **e) ~schacht** m. || prospect shaft || puits m. de recherche. **f) ~schein** m. || prospecting license || permis m. de recherches. 1

Schürfung f. || digging; opening; searching; trial-pit || (fouille f. de) recherche f. 2

Schürfverbot n. || prohibition to prospect || interdiction f. *ou* défense f. de recherches. 3

Schürgerät n. || furnace tools pl. || outils mpl. pour foyers. 4

Schürhaken m. || stoker's poker bar || pique-feu f. **a) kleiner ~** (Glasm) || small poker || râblot m. 5

Schürloch n. || stoke *or* fire hole || ouverture f. de foyer. 6

Schurre f. (Transp) || runway; shoot; chute || glissoir m.; goulotte f.; couloir m. 7

Schürvorrichtung f. || automatic *or* mechanical stoker || chargeur m. automatique *ou* mécanique. 8

Schurwolle f. || fleece wool; fleecings pl. || toison f.; laine f. de toison. 9

Schurz m. (Bauw) || chimney hood *or* mantle || hotte f. *ou* manteau m. de cheminée. **a) ~** (Bekleid) *s.* Schürze. 10

Schürze f. || apron; scuffle || tablier m. **a) Leder~** || leather apron || tablier m. en cuir. 11

Schürzen-haken m. || apron clasp || agrafe f. pour tabliers. **a) ~stoff** m. || apron material || étoffe f. pour tabliers. 12

Schürzeug n. || furnace tools pl. || ustensiles mpl. pour foyers. 13

Schurz-fell n. *s.* Schürze f., Leder. **a) ~holz** n. || mantle piece *or* tree || poutre f. de hotte *ou* de manteau. **b) ~rahm** m. || mantle trees pl. || manteau m. de toit; poutres fpl. d'une hotte. **c) ~werk** n. (Zimm) || assemblage *or* joining with key piece || assemblage m. à clef. 14

Schuß m. (Waffenw) || blast; shot || coup m.; tir m. **a) ~** (Web) || shot; weft; abb; woof || trame f. **b) einen ~ lösen** || to fire *or* to make a shot || tirer un coup. **c)** der **~** hat nicht **gewirkt** (Bergb) || the shot is lost || le trou n'a pas travaillé. **d) ~** des **Ringes** eines zylindrischen Kessels || ring *or* belt of the shell of a cylindrical boiler || virole f. du corps d'une chaudière cylindrique. **e) versagter ~** || blown-out shot || tir m. raté. 15

Schußbühne f. (Bergb) || shield; platform || appentis m. 16

Schüsse mpl. (Web) || shots pl.; picks pl. || passées fpl. 17

Schüssel f. || dish; pan || plat m.; écuelle f. **a) ~zinn** n., **englisches** || pewter || étain m.; potin m. 18

Schusser m. || marble; marver || marbre m. 19

Schüsser m. (Met) || stamp; stamper || pilon m. 20

Schußfaden m. || weft; shoot; warp thread || duite f. **a) ~bruch** m. || breaking of the warp thread || rupture f. de la duite. 21

Schuß-garn n. || weft; woof; filling || trame f. **a) ~gerinne** n. (Wasserrad) || straight channel || coursier m. droit; coursière f. *ou* auge f. droite. **b) ~plüsch** m. || weft plush || peluche f. par trame. **c) ~riegel** m. (Zimm) || pullock; putlog || boulin m. *ou* traverse f. d'échafaudage. **d) ~samt** m. || weft velvet || velours m. par trame. 22

schußsicher || bulletproof || invulnerable par des balles fpl. 23

Schuß-spule f. (Web) || (weaving) spool; weft bobbin || bobine-trame f.; bobine f. de trame **a) ~spulmaschine** f. || weft-winding machine || machine f. à cannettes; cannetière f.; trameuse f. 24

Schußtafel f. für **Flugabwehr** || antiaircraft firing table || table f. de tir antiaérien. **a) grafische ~** || graphic range table || table f. graphique de tir. **b) mechanische ~** in Form eines Rechenschiebers || mechanical firing table in form of slide rule || table f. de tir mécanique sous forme de règle à calcul. 25

Schußwächter m. (Web) || warp protector || garde-trame m. 26

Schußwaffe f. || fire arm || arme f. à feu. 27

Schußwaffenbehälter m. || container for firearms || caisse f. pour les armes à feu. 28

Schußwerteberechner m. || firing data computer || compteur m. des données du tir. 29

Schußzähler m. (Web) || weft counter || compteur m. de duites; compte-passées m. 30

Schuster m. || shoemaker || cordonnier m. **a) ~handwerkzeug** n. || cobbler's tool || crépin m. **b) ~hanf** m. || hemp for shoemaker's thread || chanvre m. pour fil de cordonnerie. **c) ~messer** n. || shoemaker's knife || tranchet m.; couteau m. à cuir. **d) ~pech** n. || shoemaker's pitch; common black pitch || poix f. noire *ou* de cordonnier; brai m. gras. **e) ~raspel** f. || shoe file rasp || râpe-lime f. pour bottiers. **f) ~zwirn** m. || boot twine || fil m. poissé. 31

Schute f. || barge; schuit; schuyt || bâteau-foncet m.; gabare f.; barge f.; prame f.; barque f.; chaland m. 32

Schutensauger m. || suction dredger for emptying barges; barge sucker || aspirateur m. pour gabares; drague f. suceuse pour chalands. 33

Schutt m. || rubbish; ruins pl.; junk || éboulis m.; décombres mpl. **a) ~abfuhr** f. || rubbish carrying || transport m. de gravats. **b) ~abladeplatz** m. || rubbish depository || décharge m. publique. 34

Schütt-beton m. || heaped concrete || béton m. coulé. **a) ~damm** m. || earth bank; embankment || levée f. de terre; remblai m. 35

Schüttel-apparat m. || shaker; shaking apparatus || appareil m. trembleur; secoueur m. **a) ~aufgabevorrichtung** f. || shaking feeder || feeder m. à secousses. **b) ~bewegung** f. || shaking-motion || mouvement m. de secousse. **c) ~bock** m. (Pap) || shake trestle || tréteau m. à secouer. **d) ~einrichtung** f. (Eisfabr) || agitator || dispositif m. d'agitation. **e) ~gabel** f., Greifhaufen (Brau) || fork for separating malt || rateau-secoueur m. pour démêler les mottes d'une couche de malt. **f) ~herd** m. (Aufber) || oscillating table || table oscillante. **g) ~maschine** f. (Chem) || shaking machine || machine f. pour secouer *ou* à mouvement va-et-vient; secoueuse f. 36

schütteln || to shake; to agitate || secouer; agiter. 37

Schütteln n., **unter beständigem** (Chem) || with constant shaking || en agitant continuellement. 38

Schüttel-rinne f. || shaking channel || gouttière f. à secousses. **a) ~rost** m. || shaking grate || grille f. à secousses *ou* à mouvement va-et-vient. 39

Schüttelrutsche f. || shaking shoot || transporteur m. *ou* couloir m. à secousses. 40

Schüttelrutschenmotor m. || motor for shaking troughs || moteur m. pour plan de transport incliné à secousses. 41

Schüttelsieb n. (Aufber) || shaking sieve; jig screen || tamis m. à secousses; crible m. oscillant. **a) ~** (Mühle) || shaking sieve; sifter || sasseur m.; cribleur m. 42

Schüttel-speiseapparat m. || oscillating feeding apparatus || trémie f. d'alimentation à secousses. **a) ~vorrichtung** f. || shaking device || dispositif m. de secouage. **b) ~werk** n. (Mühle) || shaking movement || mouvement m. de sas. 43

schüttern (Tunnelbau) || to clear the heading || déblayer; ramasser. 44

Schüttersäge f. || billet-web || scie f. à bûcher. 45

Schütt-feuerung f. || self-feeding furnace with hopper above grate || foyer m. à alimentation supérieure continue. **a) ~gelb** n. || Dutch pink || stil-de-grain m. **b) ~gut** n. || bulk goods pl. || marchandises fpl. en vrac. 46

Schutt-haufen m. || dump || halde f. de déchets *ou* de déblais; tas m. de rejets. **a) ~kegel** m. (Geol) || alluvial cone; mound of boulder-stones || cône m. de déjection. 47

Schütt-klappe f. || chute trap || trappe f. de déchargement. **a) ~rohr** n. || discharge pipe || tuyau m. de décharge. 48

Schuttstrom m. (Wasserb) || avalanche of sand and stones || lave f. de boue et de pierres. 49

Schüttrichter m. || discharge hopper || trémie f. de déversement. 50

Schüttung f. || ballasting || balastage m. **a) obere ~** || top ballasting || balastage m. seconde couche. **b) untere ~** || bottom ballasting || balastage m. première couche. 51

Schüttungsmaterial n. || ballast; boxing-material || balast m. 52

Schüttvorrichtung f. (Eisenb) || charging apparatus || appareil m. de chargement. 53

Schütt- und Absackwage f. || balance with sack filler and lifter || balance f. à remplissage et de pesage. 54

Schutz m. || protection || protection f. **a) ~** gegen **Strahlung** || protection from radiation || protection f. contre les radiations. 55

Schütz n. (Fernm) || relay || relais m. **a) ~** (Wasserb) || sluice door; sash-gate; penstock || porte f. *ou* vanne f. d'écluse. **b) ~** (Web) || shuttle || navette f. **c) Doppel~** (Wasserb) || double-sluice || double vanne f. **d) ~** mit **Federspannung** (Web) || shuttle with spring || navette f. rétrograde; navette à retrait *ou* à renvidage. **e) Gleit~** (Wasserb) || sliding sluice || vanne f. coulissante. **f) Grundablaß~** (Wasserb) || bottom outlet sluice || vanne f. de vidange de fond. **g) ~** mit **Laufspule** (Web) || pirn shuttle || navette f. à dérouler. **h)** das **~ niederlassen** || to lower the hatch || baisser la pale. **i) Roll~** (Wasserb) || roller sluice || vanne f. à rouleaux. **k) Schieber~** (Wasserb) || sluice valve || robinet-vanne m. **l) ~** für **Stauanlagen** || sluice for damming plants || pale f. de barrage. **m) ~** eines **Teiches** || lock hatch *or* sluice board *or* sluice stay of a pond || bonde f. *ou* empellement m. d'un étang. **n)** die **~en** npl. **ziehen** (Wasserb) || to open the flood gates pl.; to raise the hatch || lever les vannes fpl. *ou* la pale. 1

Schutzanstrich m. für **Schiffe** || anti-fouling for ships || peinture f. protectrice pour carènes de navires. **a) ~** gegen **Witterungseinflüsse** ||protective coating to counteract the effects of the weather || couche f. de peinture protectrice pour protéger contre les influences atmosphériques. 2

Schutz-anstrichmittel n. || glazing; glaze || enduit m.; peinture f. protectrice. **a) ~-anzug** m. || protecting clothes pl.; protection suit || vêtement m. de protection. **b) ~-apparat** m., Hochspannungs || protective apparatus for high tension || appareil m. de protection contre la haute tension. **c) ~beschlag** m., Maschine zum Aufpressen von Schutzbeschlägen || shield pressing-on machine || presse f. pour enfoncer les protecteurs. **d) ~bezirk** m. (Forstw) || district of guard; protected area || district m. *ou* périmètre m. de protection; triage m. 3

Schutzblech n. || splash board; guard || tôle f. protectrice. **a) Fahrrad~** || mud guard for cycles || garde-boue m. pour bicyclettes. 4

Schutz-blechwalze f. || protecting sheet roller || cylindre m. à écran de tôle. **a) ~brett** n. (Schleuse) || sash-gate; sliding valve || vanne f. **b) ~brille** f. || safety *or* protective spectacles pl.; goggles pl.; eye preserver || lunettes fpl. protectrices *ou* de protection. **c) ~bühne** f. (Bergb) || shield; platform || appentis m. 5

Schutzdach n. || shed; shelter; pentice; pent-house || hangar m.; échoppe f. ouverte. **a) ~** (Förderschale) || cover overhead; cab || toit m. de défense. 6

Schutz-damm m. || safety embankment || digue f. de garantie. 7

Schutzdecke f. (Autoreifen) || protective cover || contre-enveloppe f. **a) ~** (Met) || covering; blanket || couverture f. 8

Schutzdeckel m. || protecting cover || couvercle-protecteur m. **a) ~** (Schreibm) || protective lid || plaque f. de protection. **b) zwangsweise** arbeitender **~** || forced action guard lid || couvercle m. protecteur fonctionnant automatiquement. 9

Schutzdraht m. || protecting wire || fil m. protecteur. **a) ~** des **Blitzableiters** || wire of the lightning protector || fil m. préservateur du paratonnerre. 10

Schütze m. || rifleman; sharpshooter || tireur m.; chasseur m. **a) Maschinengewehr~** || gunner || mitrailleur m. 11

Schütze f. *s.* Schütz (Wasserb). 12

schützen, vor Nässe ~! || to be kept dry!; keep dry! || craint l'humidité!; à préserver de l'humidité! **a) vor Sonnenschein** || to protect from the sun || abriter contre le soleil. 13

Schützen m. *s.* Schütz (Wasserb). 14

Schützen-bahn f. (Web) || race; race board || lit m. **a) ~fänger** m. (Web) || shuttle guard *or* catcher || garde-navette m. **b) ~grabenkrieg** m. || trench warfare || guerre f. de tranchée. **c) ~halter** m. (Web) || swells pl. || serre-navette m. **d) ~kasten** m. (Web) || shuttle box || boîte f. pour la navette. **e) ~netz** n. (Textil) || shuttle net || pare-navette m. **f) ~öffnung** f. (Wasserb) || sluice; orifice || vanne f. *ou* orifice m. de vidange. **g) ~schlag** m. (Web) || shot; pick || passée f.; chasse f. de navette. **h) ~schleuse** f. || sash *or* sliding sluice; sash lock || écluse f. à vanne(s). **i) ~spindel** f. (Web) || shuttle peg *or* tongue *or* spindle || pointicelle f.; broche f. de navette. **k) ~treiber** m. (Web) || shuttle driver || lanceur m. en tissus. **l) ~wechsel** m. (Web) || shuttle change box motion || appareil m. change-navette. 15

Schützenwehr n. (Wasserb) || sluice dam *or* weir || barrage m. à vannes. **a) Doppel~** || doublesluice weir || barrage m. à vannes doubles. **b) Walzen~** || roller sluice weir || barrage m. à cylindres. 16

Schützenzwecke f. (Web) *s.* Schützenspindel f. 17

Schutzerdung f. || protective ground || protection f. par mise à la terre. 18

Schutz-falle f. (Schleuse) || sash gate; sliding valve || vanne f. **a) ~feder** f. || protective spring || ressort m. protecteur. **b) ~firnis** m. (Kupferdr) || stopping out || réserve f. 19

Schutzgas n. || protective gas || gaz m. protectif *ou* de protection. **a) Erzeugungsmaschine** f. für nicht oxydierende **~e** || machine for producing non-oxidizing safety gases || machine f. à produire les gaz protecteurs non oxydants. 20

Schutzgasschweißung f. || shielded-arc welding || soudage m. à arc protégé (par enveloppe de gaz). 21

Schutzgeländer n. || protective fence || garde-corps m. 22

Schutzgitter n. || protective grating || treillis m. de protection; grilles fpl. protectrices. **a) Anoden~** (Fernm) || anode screening grid || seconde grille f. **b) ~** für **Bäume** || wire netting for trees || armure f. pour arbres. 23

Schutzglas n., die sichtbaren blendenden Strahlen abschwächendes || protecting glass which moderates the visible glaring rays || verre m. protecteur affaiblissant les radiations visibles éblouissantes. **a) Wasserstands~** || water-gauge preserving-tube || protecteur m. de niveau d'eau. 24

Schutzhandschuh m. || protective glove || gant m. protecteur. 25

Schutzhaube f. || protective cap *or* hood *or* helmet || capuchon m. *ou* capot m. de protection. **a) ~** für **Schleifscheiben** || grinding wheel guard || couvre-meule m. 26

Schutzhülle f. || protective casing *or* sheathing; protecting envelope || enveloppe f. protectrice. **a) ~** für den **Stativkopf** (Opt) || protecting cover for tripod head || enveloppe f. protectrice pour la tête du support. 27

Schutz-hülse f. || preserving tube || tube f. protectrice. **a) ~kappe** f. *s.* Schutzhaube. **b) ~kapsel** f. || protective cap *or* guard *or* cover || capsule f. protectrice. 28

Schutzkasten m. || screening box || boîte f. de garde. **a) isolierender ~** || insulating cover || couvercle m. isolant. 29

Schutz-kleid n. der **Kampanje** (Seew) || canvas cover of the poop || toile f. de dunette. **a) ~kleidung** f. || protecting clothes pl.; protective clothing || vêtement m. de protection; habillement m. protecteur. 30

Schutzkorb m. || protection cage || cage f. de protection. **a) ~** für **Glühlampen** || basket protector for incandescent lamps || corbeille f. protectrice pour lampes à incandescence. 31

Schutz-kragen m. (Elektr) || protection collar || col m. protecteur. **a) ~kreis** m. || area of protection || cercle m. préservé *ou* de protection. 32

Schutzlack m., **farbloser** || colourless protecting lacquer || vernis m. protecteur incolore. **a)** mit **farblosem ~** m. überziehen || to protect by a coating of colourless lacquer || recouvrir d'un vernis protecteur incolore. 33

Schutz-laden m., **eiserner** || iron shutter || devanture f. en fer. **a) ~lappen** m. am **Schleifstein** || cloth which prevents the spattering || rabat m. d'eau. **b) ~leiste** f. || protection strip || bande f. protectrice. 34

Schutzmantel m. (Wasserb) || wrought iron dam || bâtardeau m. en tôle. **a) ~** für **Wasserstandsgläser** || gauge glass protector || protecteur m. pour verres d'indicateurs de niveau. 35

Schutzmarke f. || trade mark || marque f. déposée *ou* de fabrique. **a) eingetragene ~** || registered trade mark || marque f. de fabrique enregistrée. 36

Schutz-markensucher m. || trade mark reader || chercheur m. de marque. **a) ~maske** f. || protective mask || masque m. protecteur. **b) ~maßnahme** f. || preventive measure || mesure f. de protection. **c) ~mauer** f. (Brücke) || retaining wall || épaulement m. 37

Schutzmittel n. || preventive; preservative || préservatif m. **a) Pflanzen~** || preservative for plants || matière f. protectrice pour plantes. 38

Schutz-muffe f. (Kabel) || underground coupling || manchon m. de fer pour la protection de raccords. **a) ~netz** n. (el Leit) || protecting network || filet m. protecteur. **b) ~gitter** n. (Fernm) || protecting grid || grille f. protectrice. 39

Schutzpapp m. (Zeugdr) || resist paste; reserve || réserve f. 40

Schutzplatte f. || guard plate || plaque f. de garde. **a) ~** der **Feuertür** || back *or* screen plate of the fire door || plaque f. intérieure de porte du foyer. 41

Schutzrand m. || protecting edge || bordure f. de protection. 42

Schutzring m. (Fernm) || guard ring; antimagnetic shield || anneau m. de garde; anneau m. protecteur. **a) ~stempelmaschine** f. || shield marking machine || machine f. à marquer les frettes. 43

Schutz-schalter m., **Widerstands-** || protection switch with resistance || interrupteur m. de sécurité pourvu de résistance. **a) ~schaltung** f. || protective device || système m. de protection. **b) ~scheibenwischer** m. || wind screen cleaner || essui-pare-brise m. **c) ~schicht** f. || protectional layer || couche f. protectrice. **d) ~schiene** f. (Eisenb) || guard rail || contre-rail m. **e) ~schild** m. || face *or* protective shield || protecteur m.; plaque f. protectrice; bouclier m. **f) ~seil** n. || protecting cable || câble m. protecteur. **g) ~spiegel** m. || safety mirror || miroir m. protecteur. **h) ~spule** f. || safety *or* choke coil || bobine f. de protection. 44

Schutzstrecke f. (Eisenb) || overlap || distance f. de protection. **a) ~** f. (Fernm) || fully protected section || section f. de transposition complète. 45

Schutz-tülle f. (Kabel) || guard socket || tuyau m. de protection. **a) ~überzug**

m., **metallischer** || protective metallic coating || revêtement m. protecteur métallique. **b) ~verdeck** n. || safe-coverings pl. || couvercle m. de protection. 1
Schutzverkleidung f. || protective covering || revêtement m. protecteur. **a) ~ für Zahnräder** || protective facing *or* covering for toothed wheels || revêtement m. protecteur pour roues à dents *ou* pour engrenages. 2
Schutzvorrichtung f. (Fahrzeug) || protective appliance || chasse-corps m. **a) ~** (Masch) || safety guard || dispositif m. de protection. 3
Schutz-wald m. || shelter wood || forêt f. de protection. **a) ~wand** f. gegen **Schneetrift** || snow shelter || écran m. paraneige. **b) ~wehr** n. (Bauw) || breastwork; parapet || mur m. de garde. **c) ~zoll** m. || protective duty || droit m. protecteur. 4
schutzzöllnerisch || protectionistic || protectionniste. 5
Schutzzollsystem n. || protective system || système m. prohibitif *ou* protecteur *ou* protectionniste. 6
Schwabbel m. || mop; swab || écouvillon m. de polissage. 7
schwabbeln || to polish || polir. 8
Schwabbel-rad n. || buff *or* rag *or* polishing wheel || disque m. à multiples épaisseurs de cuir. **a) ~scheibe** f. *s.* **~rad**. 9
Schwabber m. || swab; mop || faubert m.; fauber m.; écoupe f.; écoupée f. 10
schwabbern || to swab; to dry with a mop || fauberter. 11
Schwabberstiel m. || swab handle || aste m. d'une écoupée. 12
schwach (geringfügig) || flimsy || léger. **a) ~** (gering wirkend) || weak || faible. **b) ~er Gehalt** m. || small contents pl. || faible teneur f. **c) ~e Säure** f. || weak *or* dilute acid || acide m. faible. **d) ~er Strom** m. || small current || courant m. faible. **e) ~ und unbeständig** (Wind) || feeble and fickle || échars. 13
Schwäche f. || weakness || faiblesse f. 14
schwächen (Zimm) || to lighten down; to chamfer; to diminish || délarder; diminuer *ou* réduire en biseau m. 15
schwachfinnig || slightly measled || quelque peu ladre. 16
Schwachgas n. || poor gas || gaz m. pauvre. 17
schwachsichtig || amblyopic || amblyope. 18
Schwachstrom m. || minute *or* feeble *or* weak current || courant m. faible. 19
Schwachstrom-erzeugung f. || generation of weak current || production f. de courant à faible intensité. **a) ~kabel** n. || weak-current cable || câble m. à faible intensité. **b) ~schalter** m. || switch for weak current || interrupteur m. à faible intensité. 20
Schwächung f. || weakening || affaiblissement m. **a) ~** (Funkw) || attenuation || atténuation f. 21
Schwächungs-anker m. (Elektr) || adjusting slide || fer m. doux mobile. **a) ~widerstand** m. (Fernm) || potentiometer of telephone repeaters; gain controller *or* regulator || potentiomètre m.; régulateur m. d'amplification; shunt m.; rhéostat m. de réglage. 22
Schwad m. (Landw) || swath || andain m.; javelle f. **a) in ~en** mpl. **legen** || to lay in swaths pl.; to put into swaths pl. || javeler; enjaveler. 23
Schwaden m. (Bergb) || after *or* choke damp || mofette f.; moufette f. **a) ~** (Landw) *s.* Schwad m. **b) feuriger ~** (Bergb) || fire damp || brisou m.; grisou m.; terrou m. 24
Schwaden-blech n. (Mähmasch) || swathe board || planche f. à andain. **a) ~höhe** f. (Mähmasch) || swath height || hauteur f. d'andain. **b) ~rechen** m. (Mähmasch) || side delivery rake || râteau m. à andain. 25
Schwahl-arbeit f. || slag bottom; slag fining process || affinage m. au bain des scories. **a) ~boden** m. || slag bed *or* bottom || fond m. *ou* sole f. de sorne. 26
Schwairaum m. || swinging-room || évitage m. 27
Schwalben n. (Schiffb) || dove-tailing || assemblage m. à queue d'aronde. **a) ~nest** n. (Schiffb) || sponson || encorbellement m. 28
Schwalbenschwanz m. (Tischl) || dovetail || queue f. d'aronde. **a) offener ~** || common *or* ordinary dovetail || queue f. d'aronde percée. **b) umgekehrter ~** || false dovetail || contre-queue f. d'aronde. **c) verdeckter ~** || lap *or* lapped dovetail || queue f. recouverte. **d) versenkter ~** || mitred dovetail || queue f. perdue. 29
Schwalbenschwanz-blatt n. || dovetail jag; dovetail hole || entaille f. d'aronde. **a) ~draht** m. || dovetail wire || fil m. à queue d'aronde. **b) ~einschnitt** m. || dovetail hole || entaille f. en queue d'aronde; aronde f. **c) ~feile** f. || dovetail file || lime f. à queue d'aronde. 30
schwalbenschwanzförmig || dovetailed || à queue f. d'aronde. **a) ~e Nut** f. || dovetail slot || entaille f. en queue d'aronde. 31
Schwalbenschwanzführung f. || dovetailed guide || glissière f. à queue d'aronde. 32
Schwalbenschwanzverbindung f. || dovetail joint || assemblage m. à queue d'aronde. **a) offene ~** || common dovetailing || assemblage m. à queue d'aronde ordinaire. **b) verdeckte ~** || lapped dovetailing || assemblage m. à queue recouverte. **c) versenkte ~** || mitred dovetailing || assemblage m. à queue perdue. 33
Schwalbenschwanzverzapfung f. || dovetailing || assemblage m. à queue d'aronde. 34
schwalken || to scour the sea; to rove about the seas || courir les mers fpl. 35
Schwall m. (Met) || rich finery cinder; shingling slag || sorne f.; scorie f. et crasse f. d'affinerie. 36
Schwamm m. || sponge || éponge f. **a) Haus~** || dry rot; fungus || mérule m.; champignon m. des maisons. **b) Mund~** || mouth sponge || éponge f. pour la bouche. **c) roher ~** || raw sponge || éponge f. brute. **d) zubereiteter ~** || prepared sponge || éponge f. préparée. 37
Schwamm-beutel m. || sponge pouch || sac m. à éponge. **a) ~dose** f. aus **Papierstoff** || sponge box of cardboard || boîte f. à éponge en carton pâte. **b) ~fischer** m. || sponge fisherman || pêcheur m. d'éponges. **c) ~gummiwaren** fpl. || rubber sponge articles pl. || articles mpl. en caoutchouc-éponge. **d) ~holz** n. || rotten wood || bois m. spongieux *ou* fongueux. 38
schwammig || porous; spongy || spongieux; poreux. 39
schwammiges Eisen n. || spongy iron || fer m. spongieux. 40
Schwamm-riff n. || sponge reef || récif m. d'éponges. **a) ~schale** f. (Büro) || sponge cup || coupe f. à éponge. **b) ~tod** m. || fungicide || fungicide m. **c) ~ziegel** m. || floating brick || brique f. flottante. 41
Schwanenhals m. || swan neck || col m. de cygne. **a) ~** (Ruderpinne) || crooked tiller || barre f. courbée du gouvernail. 42
Schwanenhalsträger m. (Eisenb) || swanneck bearer || traverse f. en col de cygne. 43
schwanken || to fluctuate || fluctuer. **a) Fässer** npl. **~** || to clean(se) *or* to rinse casks pl. || rincer les fûts mpl. 44
Schwanken n. (Eisenb) || oscillating motion || roulis m. **a) ~ von Fässern** || cleaning *or* rinsing casks || rinçage m. des fûts. 45
schwankend || fluctuating || fluctuant. 46
Schwank-halle f. (Brau) || barrel washing room || salle f. à rinçage; rince-fûts m. 47
Schwankmaschine f., Faß || cask rinsing machine || rinceuse f. à fûts. **a) Faßputz- und ~** || cask scrubbing and cleaning machine || machine f. à brosser et à rincer les fûts. 48
Schwankung f. || fluctuation; variation || fluctuation f.; variation f. **a) plötzliche ~** (Barometer) || bopping; bobbing || oscillation f. **b) ~ des Tageslichtes** (Lichtb) || fluctuation of daylight || fluctuation f. de la lumière du jour. **c) Temperatur~** || fluctuation of the temperature || fluctuation f. de la température. **d) wirtschaftspolitische ~** || economical fluctuation || variation f. économique. 49
Schwanz m. || tail || queue f. **a) ~ künstliche** Schwänze mpl. von grauen Eichhörnchen || artificial tails pl. of grey squirrels || queues fpl. artificielles d'écureuils (petit-)gris. **b) ~block** m. (Seew) || tail block || poulie f. à fouet. **c) ~fläche** f. (Flugzeug) || tail plane || surface f. de queue. **d) ~flächeninhalt** m. (Flugzeug) || tail plane area || surface f. de dérive. **e) ~flosse** f. (Luftf) || tail fin || plan m. de dérive. 50
Schwanzhammer m. || tail hammer || marteau m. à queue. **a) ~gerüst** n. || tilt frame || ordon m. à bascule. 51
Schwanzkufe f. (Luftf) *s.* Schwanzsporn m. 52
schwanzlastig (Luftf) || tail heavy || lourd de la queue. 53
Schwanz-lastigkeit f. || tail heaviness || lourdeur f. de queue *ou* d'empennage. **a) ~meister** m. einer **Zugramme** || conductor of a pile driver || enrimeur m. d'une sonnette f. à tiraude. **b) ~riegel** m. || bolt with a handle || verrou m. à queue. 54
Schwanzriemen m. || crupper || croupière f.; coulière f. **a) ~öse** f. || crupper loop || chape f. de croupière. 55
Schwanz-schraube f. (Büchsenm) || breech || culasse f. de fusil; culasse f. brisée. **a) ~schraubenlager** n. (Büchsenm) || bed for the breech || logement m. de la culasse. **b) ~sporn** m. (Luftf) || tail skid || béquille f. **c) ~stück** n. (Gerb) || tail piece || émouchet m. **d) ~wolle** f. || wool from near the tail; thick coarse wool || coaille f.; équaillé f. 56
Schwarte f. (Holz) || slab; plank || dosse f.; dosse f. flache; flache f. **a) ~** (Porz; Töpf) || flat piece || croûte f. **b) ~** (Speck) || rind of bacon || couenne f. 57
Schwarten-brett n. || bolster; bridging; boarding || couchis m.; madrier m.

a) ~formerei f. (Töpf; Porz) || forming *or* moulding with sheets || moulage m. à la croûte. 1

schwarz || black || noir. **a) ~ emailliert** || black enamelled || émaillé noir. **b) ~ machen,** Kupfer n. || to get coarse copper || fondre le cuivre noir. 2

Schwarz n. (Techn) || black || noir n. **a) Frankfurter ~** || German *or* Frankfort black || noir m. d'Allemagne. **b) pflanzliches ~** || vegetable black || noir m. végétal. **c) mineralisches ~** || mineral black || noir m. minéral. **d) Reben~** || vine black || noir m. de vigne. **e) schweres ~** || deep *or* heavy black || noir m. chargé. **f) tierisches ~** (Färb) || animal black || noir m. animal. 3

Schwarz-beize f. || iron liquor || tonne f. au noir; bouillon m. noir. **a) ~blech** n. || black iron plate; black sheet iron || tôle f. noire. **b) ~bleierz** n. || carbonate of lead || plomb m. carbonaté noir. **c) ~braunstein** m. || psilomelane || psilomélane m.; manganèse m. oxydé barytifère. **d) ~brot** n. || brown bread || pain m. noir. **e) ~druck** m. || printing in black || impression f. en noir. 4

Schwärze f. (Buchdr) *s.* Drucker~. **a) ~** (Färb) || black dye || noir m. colorant. **b) ~** (Gieß) *s.* Gießerei~. **c) ~** (Graphit) || blacklead || plombagine f.; noir m. **d) ~ auftragen** (Buchdr) || to beat the ink; to ink; to beat *or* to roll the form || toucher la forme; encrer. **e) ~ zu dick auftragen** (Buchdr) || to overcharge the ink || surcharger l'encre. **f) Drucker~** || black letter-press ink; printer's *or* printing ink || encre f. (noire) d'imprimerie. **g) Gießerei~** || black(en)ing; black wash; founder's black; facing || noir m. de fonderie; enduit m. (noir). **h) ~ gleichmäßig auftragen** (Buchdr) || to beat close the ink || encrer uniformement. **i) gereinigte ~** (Gieß) || burnt black || noir m. de fumée calciné. **k) ~ für Leder** || black dye for leather || noir m. pour cuir. 5

schwärzen (Gieß) || to black-wash; to blacken || noircir. **a)** die **Ballen** mpl. **~** (Buchdr) || to black *or* to bishop the balls pl. || encrer les balles fpl. *ou* les tampons mpl. 6

Schwärzen n. von **Eisenteilen,** Maschine f. zum || blackening machine for iron pieces || machine f. à noircir les pièces de fer. **a) ~** der **Form** || blackening *or* smoking the mould || noircissement m. de moule. 7

Schwarz-erle f. || black alder || aune m. glutineux. **a) ~erz** n. || black silver-ore; brittle silver-glance || stéphanite f.; cuivre m. gris antimonifère. 8

Schwärzeverteiler m. || blacking swab sprayer || pinceau m. à noircir; blaireau m. 9

Schwarz-färber m. (Schuhm) || blacker || metteur m. au noir. **a) ~farben** fpl. || black colours pl. || couleurs fpl. noires. **b) ~gültigerz** n. || stephanite; brittle *or* black silver glance ore || argent m. antimonié sulfuré noir; cuivre m. gris antimonifère; stéphanite f. 10

Schwarzkohle f. (Köhl) || common *or* black charcoal || charbon m. de bois noir *ou* ordinaire. **a) ~** (Min) || black *or* mineral *or* fossil *or* bituminous coal || houille f.; charbon m. de terre. 11

Schwarzkugel f. (Färb) || black ball || boule f. de noir. **a) ~thermometer** n. || black bulb thermometer || thermomètre m. à boule noire *ou* noircie. 12

Schwarzkunst f. (Kupferst) || mezzotint || gravure f. au noir. 13

Schwarzkupfer n. || black *or* coarse copper || cuivre m. noir *ou* brut. **a) ~arbeit** f. || copper roasting || rôtissage m. du cuivre. **b) ~schlacke** f. || roaster *or* coarse copper slag; blister copper slag || scorie f. du cuivre brut; scorie f. grillée. 14

Schwarzmanganerz n. || black manganese; red oxide of manganese; psilomelan(e) || oxyde m. de manganèse pyramidal; manganèse m. oxydé barytifère; manganèse m. barytique hydraté; psilomélane m. 15

Schwärzmaschine f. für **Eisenteile** || blackening machine for iron pieces || machine f. à noircir les pièces de fer. 16

Schwarz-mehl n. || low grade flour; rye flour || remoulage m.; bisaille f. **a) ~nickelbad** n. || black nickel bath || bain m. de nickelage noir. **b) ~pappel** f. || black poplar || peuplier m. noir. **c) ~quast** m. || blacking brush || brosse f. de barbouilleur. 17

Schwärzrolle f. || ink-roller || tampon m. d'encre. 18

Schwarz-schmelz m. || nielle; black enamel || nielle f. **a) ~schmuckwaren** fpl. || mourning jewelry || bijouterie f. de deuil. **b) ~seher** m. || pessimist || pessimiste m. **c) ~spießglanzerz** n. || bournonite || bournonite f.; antimoine m. sulfuré plumbocuprifère. **d) ~stein** m. || black iron mica || pierre f. noire. **e) ~ulme** f. || rock elm || orme m. noir. 19

Schwärzung f. || blackening || noircissement m. 20

Schwärzungsfotometer n. || photographic plate photometer || photomètre m. à noircissement. 21

Schwarzweißverfahren n. (Tonfilm) || method of variable area || procédé m. noir-blanc *ou* procédé m. transversal. 22

Schwarzwerden n. der **Waidküpe** || being thrown black of the pastel vat || rebut m. de la cuve au pastel. 23

Schwarzwurzel f. || symphytum root || racine f. de consoude. 24

Schwebebahn f. || suspended railway; aerial tramway || chemin m. de fer suspendu; tramway m. aérien. **a) elektrische ~** || suspended electric railway || tramway m. électrique suspendu. **b) Personen~** || suspension railway for persons || chanin m. de fer suspendu à câbles pour personnes. 25

Schwebefähre f. || suspension *or* suspended ferry || pont m. transbordeur; bac m. suspendu. 26

schwebend (Bergb) || driven on the rise || montant; rampant. **a) ~er Schienenstoß** m. || suspended joint || joint m. en porte-à-faux. **b) ~e Schuld** f. || floating debt || dette f. flottante. 27

Schwebestrich m. (Bauw) || rubble *or* wash floor upon laths || hourdis m.; hourdage m. de plancher; plancher m. hourdé. 28

Schwebung f. (Phys) || beat || battement m. 29

Schwebungsempfang m. || beat receiving *or* reception || réception f. hétérodyne *ou* par battements. 30

schwedisches Eisen n. || Swedish pig || fonte f. suédoise. 31

Schwefel m. || sulphur; brimstone || soufre m. **a) amorpher ~** || amorphous sulphur || soufre m. amorphe. **b) Stangen~** || roll sulphur *or* brimstone || soufre m. en canons. 32

Schwefel-abdruck m. || brimstone *or* sulphur impression; print in brimstone || empreinte f. *ou* ectype f. en soufre. **a) ~ammonium** n. || ammonium sulphide || sulfure m. d'ammonium. 33

Schwefelantimon n. || antimony sulphide || antimoine m. sulfuré; sulfure m. d'antimoine. **a) rotes ~** || red antimony sulphide || pentasulfure m. d'antimoine. **b) schwarzes ~** || black antimony sulphide || sulfure m. d'antimoine noir. 34

Schwefelantimon-blei n. || boulangerite || boulangérite f. **a) ~säure** f. || thioantimonic acid || acide m. thioantimonique. 35

Schwefelarsen n. || sulphide of arsenic || trisulfure m. d'arsenic. **a) gelbes ~** || yellow sulphide of arsenic; arsenious trisulphide || arsenic m. sulfuré jaune. **b) rotes ~** || realgar; red sulphide of arsenic || arsenic m. sulfuré rouge; réalgar m. 36

Schwefelarsensäure f. || thioarsenic acid || acide m. thioarsénique. 37

Schwefeläther m. || sulphuric *or* ethylic ether || éther m. sulfurique. **a) ~apparat** m. || sulphuric ether apparatus || appareil m. pour éther sulfurique. 38

Schwefelbalsam m. || balsam of sulphur; oleum lini sulphuratum || baume m. de soufre. 39

Schwefelbarium n. || barium sulphide || sulfure m. de baryum. **a) ~anlage** f. || barium sulphide plant || installation f. de sulfure de baryum. 40

Schwefel-blausäure f. || sulphocyanic acid || acide m. sulfocyanique. **a) ~blumen** fpl. || flowers pl. of sulphur; sublimated *or* flour sulphur || fleurs fpl. de soufre; soufre m. en fleurs. **b) ~blüten** fpl. *s.* ~blumen. **c) ~brennofen** m. || sulphur calciner || cubilot m. à soufre. **d) ~chlorür** n. || sulphurous chloride || chlorure m. de soufre. **e) ~dichlorid** n. || sulphur dichloride || dichlorure m. de soufre. **f) ~eisen** n. || sulphuret *or* sulphide of iron; iron sulphide || (proto)sulfure m. he fer; fer m. sulfuré. **g) ~erz** n. || sulphurous ore || minerai m. sulfureux. **h) ~faden** m. || sulphured wick || mèche f. soufrée. **i) ~farbstoff** m. || sulphur(ed) dye || colorant m. sulfuré *ou* au soufre. **k) ~form** f. (Gieß) || cast mould of sulphur || moule m. en soufre. 41

schwefelfrei, möglichst ~es Eisen n. (Hüttenw) || iron with the lowest possible percentage of sulphur || fer m. à la teneur minimum de soufre. 42

schwefelgelb || brimstone-yellow; sulphur-coloured || jaune soufre. 43

Schwefelgrube f. || sulphur pit || mine f. de soufre. 44

schwefelhaltiges Erz n. (Bergb) || sulphurous ore || minerai m. sulfureux. 45

schwefelig *s.* schweflig. 46

Schwefel-kadmium n. || cadmium sulphide || sulfure m. de cadmium. **a) ~kalium** n. || sulphide of potassium || sulfure m. de potasse. **b) ~kalzium** n. || sulphide *or* monosulphide of calcium || sulfure m. de calcium. **c) ~kammer** f. (Chem) || sulphuring room *or* stove *or* chamber; sulphur chamber || soufroir m. 47

Schwefelkies m. || iron *or* sulphurous pyrites pl.; sulphur ore || pyrite f. (de fer); sulfure m. de fer jaune; fer m. sulfuré. **a) ~gewinnung** f. || iron pyrites recovery ‖ récupération f. des pyrites de fer. **b) ~grube** f. ‖ iron pyrite mine ‖ mine f. de pyrite. 1

Schwefelkobalt n. ‖ sulphuret of cobalt; cobalt pyrites; linnacite ‖ cobalt m. sulfuré. 2

Schwefelkohlenstoff m. ‖ carbon(ic) bisulphide *or* disulphide; carbosulphide; sulphocarbide ‖ sulfure m. de carbone; sulfocarbure m. **a) ~anlage** f. ‖ carbon disulphide plant ‖ installation f. à sulfure de carbone. 3

Schwefel-korb m. ‖ basket *or* room for sulphuration ‖ ensoufroir m. **a) ~kupfer** n. ‖ hemisulphide of copper; cuprous sulphide ‖ sulfure m. de cuivre. **b) ~läuterofen** m. ‖ furnace for the distillation of sulphur ‖ fourneau m. de galère pour la distillation de soufre. 4

Schwefelleber f. ‖ sulphur liver; hepar of sulphur ‖ foie f. de soufre; sulfure m. de potasse. **a) ~wasser** n. ‖ sulphurous *or* hepatic *or* sulphuretted water ‖ eau f. sulfurée *ou* hépatique. 5

Schwefel-metall n. ‖ sulphide ‖ sulfure m. **a) ~milch** f. ‖ precipitated *or* milk of sulphur; sulphur præcipitatum ‖ lait m. de soufre. **b) ~molybdän** n. ‖ molybdenite; sulphide of molybdenum ‖ molybdénite f.; molybdène m. sulfuré. 6

schwefeln ‖ to dip in brimstone ‖ soufrer. **a) ~** (Faß) ‖ to match; to sulphur; to treat with sulphur ‖ soufrer; mécher. **b) ~** (Kautschuk) ‖ to vulcanize ‖ vulcaniser; volcaniser. 7

Schwefeln n. (mit Gas) ‖ sulphuration ‖ soufrage m. **a) ~** (Eintauchen) ‖ dipping into sulphur ‖ soufrage m. **b) ~** (Faß) ‖ matching ‖ soufrage m. 8

Schwefelnatrium n. ‖ sodium sulphide ‖ sulfure m. de sodium. **a) ~anlage** f. ‖ sulphide of sodium plant ‖ installation f. de sulfure de sodium. 9

Schwefel-nickel m. ‖ sulfuret of nickel ‖ nickel m. sulfuré. **a) ~ofen** m. ‖ sulphur kiln *or* furnace ‖ four m. à soufre. **b) ~quecksilber** n. ‖ cinnabar; mercuric sulphide ‖ mercure m. sulfuré; cinabre m. **c) ~raffinierung** f. ‖ sulphur purifying ‖ raffinage m. du soufre. 10

schwefelsaur-es Ammoniak n. ‖ ammonium sulphate ‖ sulfate m. d'ammoniaque. **a) ~es Barium** n. ‖ barium sulphate ‖ sulfate m. de baryte. **b) ~es Blei** n. ‖ lead sulphate ‖ sulfate m. de plomb. **c) ~es Eisen** n. ‖ iron sulphate ‖ sulfate m. de fer. **d) ~es Salz** n. ‖ sulphate ‖ sulfate m. **e) ~e Tonerde** f. ‖ sulphate of alumina ‖ sulfate m. d'alumine. 11

Schwefelsäure f. ‖ sulphuric *or* vitriolic acid; hydric sulphate; oil of vitriol ‖ acide m. sulfurique; sulfacide m.; huile f. de vitriol. **a) englische ~** ‖ English sulphuric acid ‖ acide m. sulfurique anglais. **b) rauchende ~** ‖ pyrosulphuric acid; fuming sulphuric acid ‖ acide m. sulfurique fumant. **c) verdünnte ~** ‖ dilute sulphuric acid ‖ acide m. sulfurique dilué. 12

Schwefelsäure-anlage f. ‖ sulphuric acid plant ‖ installation f. de fabrication d'acide sulfurique. **a) ~ballon** m. ‖ glass balloon for the transport of sulphuric acid; carboy ‖ dame-jeanne f. **b) ~bestimmung** f. ‖ sulphuric acid determination ‖ dosage m. de l'acide sulfurique. **c) ~eismaschine** f. ‖ sulphuric acid ice machine ‖ machine f. à glace à acide sulfurique. **d) ~herstellungsanlage** f. ‖ sulphuric acid producing plant ‖ installation f. pour fabriquer l'acide sulfurique. **e) ~konzentrationsanlage** f. ‖ sulphuric acid concentration plant ‖ installation f. de concentration d'acide sulfurique. 13

Schwefel-schlacke f. ‖ dross *or* residue of distilled sulphur ‖ crasse f. de soufre. **a) ~schwarz** n. ‖ sulphur black ‖ noir m. au sulfure. **b) ~seife** f. ‖ sulphur soap ‖ savon m. de soufre. **c) ~silber** n. ‖ sulphide of silver; argentic *or* silver sulphide ‖ sulfure m. d'argent. **d) ~strontium** n. ‖ strontium sulphide ‖ sulfure m. de strontium. 14

Schwefelungsmittel n. ‖ sulphurizing agent ‖ agent m. de sulfuration. 15

Schwefelwasser n. ‖ sulphurous *or* hepatic *or* sulphuretted water ‖ eau f. sulfurée *ou* hépatique. 16

Schwefelwasserstoff m. ‖ sulphurated *or* sulphuretted hydrogen; hydrogen sulphide; hydrosulphuric acid ‖ hydrogène m. sulfuré; acide m. hydrosulfurique. **a) ~herstellungsapparat** m. ‖ apparatus for generating sulphuretted hydrogen ‖ générateur m. à hydrogène sulfuré. 17

Schwefel-zieher m. ‖ sulphur burner ‖ raffineur m. de soufre. **a) ~zink** n. ‖ sulphide of zinc; blende; black jack ‖ zinc m. sulfuré. 18

schweflig ‖ sulphurous ‖ sulfureux. **a) ~e Säure** f. ‖ sulphurous acid ‖ acide m. sulfureux. 19

schwefligsaures Salz n. ‖ sulphite ‖ sulfite m. 20

Schwefligsäure f. *s.* schweflige Säure. **a) ~anhydrid** n. ‖ sulphurous anhydride ‖ anhydride m. sulfureux. **b) ~anlage** f. ‖ sulphurous acid plant ‖ installation f. d'acide sulfureux. **c) ~eismaschine** f. ‖ sulphurous acid ice machine ‖ machine f. à glace à acide sulfureux anhydre. 21

Schweif m. (Schmied) ‖ porter; iron staff ‖ ringard m. **a) ~** (Web) ‖ warp ‖ chaîne f. 22

schweifen (Tischl) ‖ to sweep; to curve ‖ échancrer; évider. **a) ~** (Wäsch; Bleich) ‖ to rinse ‖ aigayer; guéer; rincer. **b) ein Gefäß** n. **~** ‖ to beat out *or* to widen a vessel ‖ écolleter un vase. **c) die Kette ~** (Web) ‖ to warp; to build up a warp ‖ ourdir la chaîne. 23

Schweif-gestell n. (Web) ‖ bank ‖ cannelier m.; candre m. de l'ourdisseur. **a) ~haar** n. (Tier) ‖ hair of the tail ‖ crin m. de la queue. 24

Schweifsäge f. ‖ bow *or* fret saw ‖ scie f. à chantourner. **a) ~ mit Angeln** ‖ turning saw with tongs ‖ scie f. à tourner avec queues. **b) kleine ~** ‖ fret *or* piercing *or* inlaying saw ‖ petite scie f. à chantourner; scie f. à marqueterie *ou* d'horloger. 25

Schweifung f. (Holzbearb) ‖ sweeping; curving ‖ échancrure f.; cambrure f.; chantournement m. **a) ~** (Rohrausbauchung) ‖ swelling ‖ renflement m. **b) ~ der Sparren** ‖ arching *or* rounding of a rafter ‖ cambrure f.; bouge m. 26

Schwein n. ‖ pig; hog; (pl.:) swine ‖ porc m. 27

Schweine-fett n. ‖ hog's lard; pig's fat ‖ axonge f.; saindoux m.; graisse f. de porc. **a) ~hirt** m. ‖ swine herd ‖ porcher m. **b) ~mäster** m. ‖ fattener of pigs ‖ engraisseur m. de porcs. **c) ~meister** m. *s.* Schweinehirt m. **d) ~metzger** m. ‖ pork butcher ‖ charcutier m. **e) ~metzgerei** f. ‖ pork butchery ‖ charcuterie f. **f) ~pastete** f. ‖ pork pie ‖ pâté m. de porc. **g) ~rücken** m. (Rost) ‖ double-inclined grate; tergiform fire place ‖ grille f. en forme d'un toit. **h) ~schmalz** n., **natürliches** ‖ natural lard ‖ saindoux m. naturel. **i) ~stall** m. ‖ pigsty ‖ porcherie f. **k) ~stecher** m. ‖ pig killer ‖ abatteur m. *ou* tueur m. de porcs. **l) ~züchter** m. ‖ pig breeder ‖ éleveur m. de porcs. 28

Schweinfurtergrün n. ‖ Schweinfurth green ‖ vert m. de Schweinfurth. 29

Schweins-borste f. ‖ hog's bristle ‖ soie f. de porc *ou* de cochon. **a) ~leder** n. ‖ pigskin ‖ cuir m. de porc. 30

Schweiß m. (Wolle) ‖ yolk; grease; yelk ‖ suint m. 31

Schweißaggregat n. ‖ welding set ‖ groupe m. de soudage. 32

Schweißanlage f. ‖ welding plant ‖ installation f. à souder. **a) autogene ~** ‖ autogeneous welding plant ‖ installation f. de soudure autogène. **b) elektrische ~** ‖ electric welding plant ‖ installation f. pour le soudage électrique. 33

Schweißapparat m. ‖ welding apparatus ‖ appareil m. de soudure *ou* de soudage. **a) Lichtbogen~** ‖ arc welding machine ‖ appareil m. à souder à l'arc électrique. **b) Widerstands~** ‖ resistance welding machine ‖ appareil m. à souder par résistance. 34

Schweiß-arbeit f. ‖ welding job ‖ travail m. de soudure. **a) ~automat** m. ‖ automatic welding machine ‖ machine f. automatique à souder. 35

schweißbar ‖ weldable ‖ soudable; suant; soudant. **a) ~er Stahl** m. ‖ weldable steel ‖ acier m. soudable. 36

Schweißbarkeit f. ‖ weldability ‖ soudabilité f. 37

Schweißblatt n. (Bekleidung) ‖ dress shield *or* preserver ‖ dessous m. de bras; sous-bras m. **a) ~ aus Gummi** ‖ india-rubber dress shield ‖ dessous m. de bras en caoutchouc. 38

Schweiß-brenner m. ‖ welding burner *or* torch ‖ chalumeau m. à souder. **a) ~charakteristik** f. ‖ welding characteristic ‖ caractéristique f. de soudure. **b) ~draht** m. ‖ welding wire ‖ fil m. à souder. **c) ~druck** m. ‖ welding pressure ‖ pression f. de soudage. **d) ~einrichtung** f. ‖ welding equipment *or* installation ‖ équipement m. *ou* installation f. de soudage. **e) ~eisen** n. ‖ wrought iron ‖ fer m. *ou* métal m. soudé *ou* forgé. **f) ~elektrode** f. ‖ welding electrode ‖ électrode f. de soudure. 39

schweißen (Techn) ‖ to weld ‖ souder; corroyer. **a) autogen ~** ‖ to weld autogenously ‖ souder à l'autogène. **b) elektrisch ~** ‖ to weld electrically ‖ souder électriquement. **c) elektrolytisch ~** ‖ to weld electrolytically ‖ souder électrolytiquement. **d) gußeiserne** Gegenstände mpl. **~** ‖ to mend cast iron ‖ souder la fonte. **e) stumpf ~** ‖ to butt-weld ‖ souder par rapprochement. **f) überlappt ~** ‖ to lap-weld ‖ souder par recouvrement. 40

Schweißen n. *s.* Schweißung. 41

Schweißer m. ‖ welder; welding operator ‖ soudeur m. **a) ~ausrüstung** f. ‖ welder's outfit ‖ équipement m. de soudeur. 42

Schweißerei f. *s.* Schweißwerkstatt. 43

Schweiß-fehler m. ‖ defect in welding ‖ cran m. *ou* défaut m. de soudure. **a) ~feuer** n. (Met) ‖ reheating hearth *or* fire ‖ foyer m. *ou* feu m. à réchauffer. **b) ~fuge** f. ‖ welded seam ‖ (ligne f. de) soudure f. **c) ~generator** m. ‖ welding dynamo ‖ génératrice f. *ou* dynamo f. de soudure. **d) ~gerät** n. *s.* ~apparat. **e) ~glut** f. *s.* ~hitze. **f) ~hitze** f. ‖ welding *or* sparkling heat ‖ blanc m. soudant; chaude f. suante *ou* soudante. **g) ~kante** f. ‖ welding edge ‖ arète f. de soudage. **h) ~kantenschere** f. ‖ bevel edge cutting machine for welding ‖ cisaille f. circulaire à chanfreiner les bords des tôles à souder. **i) ~kappe** f. ‖ welder's mask; welding helmet ‖ capot m. protecteur de soudeur. **k) ~kolben** m. ‖ welding rod *or* handle ‖ fer m. à souder. **l) ~leder** n. ‖ hat leather; perspiration leather ‖ cuir m. à chapeaux. 1

Schweißmaschine f. ‖ welding machine ‖ machine f. à souder; soudeuse f. **a) autogene ~** ‖ autogenous welding machine ‖ machine f. pour la soudure autogène. **b) elektrische ~** ‖ electric welding machine ‖ machine f. à souder électrique. **c) Hohlkörper~** ‖ welding machine for hollow bodies ‖ machine f. à souder les pièces creuses. **d) Ketten~** ‖ chain welding machine ‖ machine f. à souder les chaînes. **e) Längsnaht~** ‖ longitudinal seam welding machine ‖ machine f. à souder les joints longitudinaux. **f) Mehrfach~** ‖ multiple operator welding machine ‖ machine f. à souder multiple. **g) Naht~** ‖ seam welding machine ‖ machine f. à souder les joints (pour tôles). **h) Profileisen~** ‖ welding machine for rolled sections ‖ machine f. à souder le fer profilé. **i) Punkt~** ‖ spot welding machine; spot welder ‖ machine f. à souder par points. **k) Rohr~** ‖ tube welding machine ‖ machine f. à souder les tubes. **l) Rundnaht~** ‖ circumferential seam welding machine ‖ machine f. à souder les joints ronds. **m) ~ für Sonderzwecke** ‖ special purpose welding machine ‖ machine f. à souder pour travaux *ou* usages spéciaux. **n) Stumpf~** ‖ butt welding machine ‖ machine f. à souder à rapprochement. **o) Universal~** *s.* vereinigte ~. **p) vereinigte ~** ‖ combined *or* universal welding machine ‖ machine f. à souder universelle. **q) Widerstands~** ‖ resistance welding machine ‖ machine f. à souder par résistance. 2

Schweiß-mittel n. ‖ welding means pl. *or* flux ‖ matériel m. de soudure. **a) ~naht** f. ‖ welding seam; weld; welded seam *or* joint ‖ ligne f. *ou* joint m. de soudure; joint m. soudé; soudure f. **b) ~ofen** m. ‖ welding furnace ‖ four m. (*ou* fourneau m.) à souder. **c) ~paste** f. *s.* ~mittel. **d) ~perle** f. ‖ welding bead *or* globule ‖ perle f. de soudure. **e) ~pistole** f. ‖ welding handle *or* pistol ‖ pistolet m. à souder *ou* de soudure. **f) ~pol** m. ‖ welding pole ‖ pôle m. de soudure. **g) ~pulver** n. ‖ welding powder ‖ poudre f. à souder. **h) ~raupe** f. *s.* ~perle. **i) ~rohrwalzwerk** n. ‖ weld tube rolling mill ‖ laminoir m. pour tubes soudes. 3

Schweißsand m. ‖ welding sand ‖ sable m. à souder. **a) mit ~ bestreuen** ‖ to bring up *or* to sprinkle with welding sand ‖ sablonner pour souder. 4

Schweißspannung f. ‖ welding (arc) voltage ‖ tension f. de soudure. 5

Schweißstab m. ‖ welding bar *or* rod ‖ barre f. *ou* baguette f. à souder. **a) nackter ~** ‖ bare welding rod *or* electrode ‖ barre f. *ou* électrode f. de soudure nue. 6

Schweiß-stahl m. ‖ weld steel ‖ acier m. soudable. **a) ~stelle** f. ‖ shut; weld ‖ soudure f. **b) ~strom** m. ‖ welding current ‖ courant m. de soudure. **c) ~tasche** f. (Sattl) ‖ saddle flap and skirt ‖ quartier d'une selle. **d) ~transformator** m. *s.* ~umformer. **e) ~umformer** m. ‖ welding transformer ‖ convertisseur m. de soudure. 7

Schweißung f. (geschweißte Stelle) *s.* Schweißstelle. **a) ~** (das Schweißen) ‖ welding ‖ soudage m.; soudure f. **b) aluminothermische ~** *s.* Thermit~. **c) autogene ~** ‖ autogenous welding ‖ soudure f. autogène. **d) Dichtungs~** ‖ caulk welding ‖ soudure f. étanche. **e) elektrische ~** ‖ electric welding ‖ soudage m. électrique. **f) Festigkeits~** ‖ strong *or* strength welding ‖ soudure f. solide *ou* de force. **g) Gas-(schmelz)~** ‖ gas welding ‖ soudage m. au gaz. **h) Gleichstrom~** ‖ direct-current welding ‖ soudage m. à courant continu. **i) Hammer~** ‖ forge welding ‖ soudage m. au marteau. **k) Kalt~** ‖ cold welding; welding without preheating ‖ soudage m. sans échauffement préalable des pièces. **l) Kanten~** ‖ welding of edges ‖ soudage m. sur arêtes. **m) Ketten~** ‖ welding of chains ‖ soudage m. de chaînes. **n) Kreuz~** ‖ cross bar welding ‖ soudage m. de pièces carrées. **o) Lichtbogen~** ‖ arc welding ‖ soudure f. à l'arc (électrique). **p) Loch~** *s.* Schlitz~. **q) Maschinen~** ‖ automatic welding ‖ soudage m. automatique *ou* mécanique. **r) Naht~** ‖ seam welding ‖ soudage m. des joints (pour tôles). **s) Netz(strom)~** ‖ welding with current from the public electric supply ‖ soudage m. par le courant du réseau. **t) Pilgerschritt~** ‖ step-back welding ‖ soudage m. à pas de pèlerin. **u) Preß~** ‖ pressure welding ‖ soudage m. à pression. **v) Punkt~** ‖ point welding ‖ soudage m. par *ou* en points. **w) Reifen~** (Eisenb) ‖ tire welding ‖ soudage m. de bandages. **x) Reihenpunkt~** ‖ straight-line spot welding ‖ soudage m. par points en ligne droite. **y) Ring~** ‖ ring welding ‖ soudage m. d'anneaux. **z) Rohr~** ‖ pipe *or* tube welding ‖ soudage m. de tubes. 8

a) Schienen~ ‖ rail welding ‖ soudure f. de rails. **b) Schlitz~** ‖ slot welding ‖ soudage m. des fentes. **c) Schmelz~** ‖ fusion welding ‖ soudage m. par fusion. **d) Schutzgas~** ‖ shielded-arc welding ‖ soudage m. à arc protégé (par enveloppe de gaz). **e) senkrechte ~** ‖ vertical welding ‖ soudage m. vertical. **f) Stumpf~** ‖ butt welding ‖ soudage m. à rapprochement. **g) Stumpfnaht~** ‖ butt seam welding ‖ soudage m. de joints à rapprochement. **h) Thermit~** ‖ thermit(e) welding ‖ soudage m. à la thermite. **i) Verbindungen** fpl. durch ~ herstellen ‖ to joint by welding ‖ faire des assemblages par soudage. **k) Warm~** ‖ hot welding ‖ soudage m. à chaud. **l) Wechselstrom~** ‖ alternating-current welding ‖ soudage m. à courant alternatif. **m) Widerstands~** ‖ resistance welding ‖ soudage m. par résistance. 9

Schweißverbindung f. ‖ welded joint ‖ joint m. soudé. 10

Schweißverfahren n. ‖ welding process ‖ procédé m. de soudage *ou* de soudure *ou* de brasure. **a) aluminothermisches ~** *s.* Thermit~. **b) elektrisches ~** ‖ electric welding process ‖ procédé m. de soudure électrique. **c) elektrolytisches ~** ‖ electrolytic welding process ‖ procédé m. de soudure électrolytique. **d) Gas~** ‖ gas welding process ‖ procédé m. de soudage au gaz. **e) Thermit~** ‖ thermit(e) welding process ‖ procédé m. de soudure à l'aluminium *ou* à la thermite. 11

Schweiß-vorrichtung f. *s.* ~einrichtung. **a) ~walzwerk** n. ‖ blooming mill for welding; welding (rolling) mill ‖ laminoir-soudeur m.; train-soudeur m. 12

schweißwarm machen ‖ to give welding-heat ‖ rougir au blanc. 13

Schweißwärme f. (Schmied) ‖ welding-heat ‖ blanc m. soudant; chaude f. suante *ou* soudante. 14

Schweißwerk n. für **autogene Schweißung** ‖ autogenous welding shop ‖ atelier m. de soudure autogène. **a) Elektro~** ‖ electric welding shop ‖ atelier m. de soudure électrique. 15

Schweißwerkstatt f. ‖ welding (work)shop ‖ atelier m. de soudage *ou* de soudure. 16

Schweißwolle f. ‖ greasy wool ‖ surge f.; laine f. en suint; laine f. surge. 17

Schweißzange f. ‖ welding electrode holder ‖ poignée f. pour électrodes de soudage. 18

Schweizer m. (Landw) ‖ cattle fodderer; cattle feeder ‖ laitier-nourrisseur m. **a) ~degen** m. (Buchdr) ‖ compositor and printer ‖ amphibie m. 19

Schweizerei f. ‖ house for milking cows; (Swiss) dairy ‖ vacherie f. 20

Schweizerhäuschen n. ‖ Swiss cottage *or* chalet ‖ chalet m. (suisse). 21

Schwelanlage f. ‖ carbonizing *or* smouldering plant ‖ installation f. de distillation à basse température *ou* pour la distillation sèche. 22

schwelen ‖ to burn without flame; to smoulder ‖ brûler lentement *ou* sans flamme. 23

Schwelgas n. ‖ carbonization gas ‖ gaz m. dégagé; gaz m. de distillation lente. 24

Schwelkmalz n. ‖ withered malt ‖ malt m. qu'on a assez séché à l'air pour pouvoir le tourailler. 25

Schwelle f. (Wasserb) ‖ ford ‖ passage m. **a) ~** (Windmühle) ‖ sole ‖ semelle f. **b) ~** (Zimm) ‖ sill; sleeper; dormer; dormant; ground beam *or* timber ‖ sablière f.; seuil m.; dormant m.; solive f.; soliveau m.; traverse f.; racinal m.; semelle f. **c) behauene ~** ‖ square sleeper ‖ traverse f. (en bois) équarrie. **d) die ~n** fpl. **einschneiden und aufstuhlen** ‖ to adze and to fix the chairs on the sleepers ‖ entailler et saboter les traverses fpl. **e) Eisen~** ‖ iron sleeper ‖ traverse f. de fer; bille f. métallique. **f) Eisenbahn~** ‖ railway sleeper ‖ traverse f. de chemin de fer; bille f. **g) Eisenbeton~** ‖ reinforced-concrete sleeper ‖ traverse f. en béton armé. **h) eiserne ~** mit aufgeschweißten Rippenplatten ‖ steel sleeper with welded-on rib plates ‖ traverse f. en fer avec des selles à nervures soudées dessus. **i) gekappte ~** (Eisenb) ‖ lopped sleeper ‖ traverse f. à bouts emboutis. **k)** an den Enden sind die **~n** fpl. durch Pressen **geschlossen** (Eisenb) ‖ the sleepers are closed at the ends by pressing || les têtes fpl. des traverses ont été emboutis sous la presse. **l) gesunkene ~** || sunk sleeper || traverse f. déversée. **m) getränkte ~** (Eisenb) || impregnated sleeper || traverse f. imprégnée. **n) halbkreisförmige ~** (Eisenb) || half-round sleeper || traverse f. semicirculaire *ou* demi-ronde. **o) Holz~** (Eisenb) || wooden *or* timber sleeper || traverse f. en bois. **p) ~ einer Ramme** || sill of a pile engine; T sill of a ringing pile engine || semelle f. de sonnette. **q) rechteckige ~** || rectangular sleeper || traverse f. rectangulaire. **r) Rillen~** (Eisenb) || channeled sleeper || traverse f. à gorge. **s) ~ eines Rostes** (Wasserb) || grating-beam; sill of a grating || plateforme f.; chapeau m. de palée. **t) schalkantige ~** || wane sleeper || traverse f. déversée. **u) Stoß~** (Eisenb) || joint sleeper || traverse f. de joint. **v) trapezförmige ~** (Eisenb) || bevelled rectangular sleeper || traverse f. trapéziforme. **w) ~n fpl. unterstopfen** (Eisenb) || to pack *or* to tamp the sleepers pl. || bourrer les traverses fpl. **x) unterstopfte ~** || tamped sleeper || traverse f. bourrée. **y) vollkantige ~** || full squared sleeper || traverse f. bien équarrie. 1

schwellen (Gerb) || to raise; to swell || gonfler; travailler à l'orge. 2

Schwellen n. des **Wassers** || rising of the water || crue f. des eaux. 3

Schwellen-bearbeitungsmaschine f. || sleeper working machine || machine f. à travailler les traverses. **a) ~befestigung** f. mit **Spurstangen** (Eisenb) || sleeper fastening with gauge rods || fixation f. des traverses par tringles d'écartement. **b) ~bohrer** m. || auger for sleepers || tarière f. pour traverses. **c) ~bohrmaschine** f. || sleeper boring machine; sleeper drill || perceuse f. de traverse; machine f. à percer les billes. 4

Schwellenbreite f. (Eisenb) || width of sleeper || largeur f. de la traverse. **a) obere ~** (Eisenb) || width of sleeper at the top || largeur f. de la traverse en haut. **b) untere ~** (Eisenb) || width of sleeper at the foot || largeur f. de la traverse en bas. 5

Schwellen-decke f. (Eisenb) || top of sleeper || table f. supérieure de la traverse. **a) ~entfernung** f. von Mitte zu Mitte (Eisenb) || distance of sleepers between centers || espacement m. des traverses d'axe en axe. **b) ~hammer** m. || sledge hammer || marteau m. à rails. **c) ~imprägnierung** f. (Eisenb) || impregnation of sleepers || injection f. de traverses. **d) ~kopfplatte** f. (Eisenb) || top-plate of sleeper || plaque f. supérieure de la traverse. **e) ~lasche** f. (Eisenb) || sleeper fish-plate || éclisse f. de traverse. **f) ~presse** f. || sleeper press || presse f. à traverses. **g) ~richtmaschine** f. || sleeper straightening machine || machine f. à dresser les traverses. 6

Schwellenschraube f. (Eisenb) || screw spike || tirefond m. **a) ~ mit Holzgewinde** (Eisenb) || wood-screw spike || tirefond m. à vis à bois. 7

Schwellenschrauben-Ein- und Ausdrehmaschine f. || sleeper spike screwing machine || machine f. à visser et dévisser les tirefonds. 8

Schwellen-stopfer m. || packer *or* tamper of sleepers || bourreur m. des traverses. **a) ~wert** m. (Funkw) || threshold value || valeur f. seuil. **b) ~zaun** m. || fence of sleepers || clôture f. en vieilles traverses. 9

Schwell-holz n. (Zimm) || sill; sleeper || sablière f.; seuil m.; dormant m.; solive f.; soliveau m. **a) ~rost** m. (Bauk) || platform; timber platform; grating of the foundation || grillage m.; grille f.; gril m.; platin m. de charpente. **b) ~werk** n. (Bauk) || timber-platform; grating of the foundation || grillage m.; grille f.; gril m.; platin m. de charpente. 10

Schwel-ofen m. || low temperature carbonizing furnace || four m. à distillation lente. **a) ~teer** m. || carbonization tar || goudron m. à distillation lente. 11

Schwelung f. von **Brennstoffen** || carbonization of solid fuels || distillation f. lente de combustibles. **a) ~ von Kohle** || carbonization of coal || distillation f. lente des carbons. **b) ~ von Ölschiefergestein** || carbonization of oil shale || distillation f. lente des schistes ardoisiers huileux. **c) Spülgas~** || carbonization with circulation gases || distillation f. lente par le moyen de gaz de balayage. 12

Schwel-vorgang m. || carbonization process || procédé m. de distillation lente. **a) ~werk** n. || carbonization works pl. || installation f. *ou* usine f. de distillation lente. 13

schwemmen (Tiere) || to wash || baigner; laver. 14

Schwemm-filterung f. || sewage purification by filtration || filtration f. des eaux d'égouts. **a) ~kanalisation** f. || sewerage || canalisation f.; assainissement m. **b) ~mulde** f. || alluvial basin || creux m. rempli de matières alluviales. **c) ~sand** m. || river *or* alluvial sand || sable m. de rivière *ou* de ravine. **d) ~stein** m. || pumice stone; floating brick || pierre f. ponce; brique f. de ponce. **e) ~system** n. für **Abfallstoffe** || cloaca system || système m. d'égouts *ou* de cloaques. **f) ~wasser** n. || flushing water || eau f. d'arrosage. 15

Schwengel m. || balance lever || balancier m.; (bascule f.) **a) ~ an der Glocke** || bell swipe; bell crank || manivelle f. de la cloche. **b) ~ mit Schwengelbund** (Schraubenkuppe) || turning lever with collar || tige f. de la vis de tendeur avec collet rapporté. 16

Schwenkarm m. || swinging arm || bras m. oscillant. 17

schwenkbar-e f. **Frässpindel** f. || swivelling milling spindle || broche f. inclinable. **a) ~er Halbportalkran** m. || revolving one-ledged gantry-crane || grue f. tournante à demi-portique. **b) ~er Kran** m. || slewing crane || grue f. tournante *ou* pivotante. **c) ~e Oberwange** f. || swing-out top clamping bar || coulisse f. supérieure articulée. 18

Schwenk-bühne f. || swinging platform || pont-levis m. **a) ~baum** m. (Zimm) || out-rigger || brancard m. 19

schwenken || to slew; to swing || tourner; converser. 20

Schwenk-hebel m., Rechen || lever swinging the rack || levier m. commandant le mouvement des râteaux. **a) ~kran** m. || swinging crane || grue f. à flèche pivotante. **b) ~prisma** n. || swivelling "v" block || vé m. à bascule. **c) ~rohr** n. || swing pipe || tube m. articulé. **d) ~seil** n. || guiding cable; ladder *or* main rope; shroud || hauban m.; écharpe f. 21

Schwenktisch m. (Werkzeugm) || turntable; swivel table || table f. pivotante. **a) ~ mit angetriebenen Rollen** (Walzw) || tilting table with live rollers || releveur m. basculant avec rouleaux d'amenée. 22

schwer || heavy; weighty; ponderous || pesant; lourd. **a) ~löslich** || difficultly soluble || difficilement soluble. 23

schwer schmelzbar || refractory; stubborn; difficultly fusible || réfractaire; difficilement fusible. **a) ~es Glas** n. || hardly fusible glass || verre m. difficilement fusible. **b) ~er Stoff** m. || refractory material || matériel m. réfractaire. 24

schwer, besonders ~e Ausführung f. || extra heavy construction || construction f. extra robuste. **a) ~e Bö** f. || violent gust; heavy squall || violente rafale f.; grain m. violent. 25

schwerer als Luft f. || heavier than air || plus lourd que l'air m. 26

schwerer Atlas m. (Web) || strong atlas *or* satin || satin m. fort. **a) ~ Kampfwagen** m. || heavy tank || char m. de rupture *ou* de combat lourd; tank m. écraseur. **b) ~er Wagen** m. || heavy vehicle || voiture f. lourde. 27

schwer verkäuflich || difficult to sell || de vente f. difficile. 28

Schwer-achsschenkelschleifmaschine f. (Lokomotiven) || heavy axle journal grinding machine || machine f. à rectifier les fusées intérieures et extérieures aux (roues sur) essieux (montés de locomotives). **a) ~benzin** n. || heavy petrol || essence f. lourde. 29

Schwere f. (Gewicht) || heaviness; weight || poids m.; pesanteur f. **a) ~** (Phys) || gravity || pesanteur f.; gravité f. **b) ~ eines Körpers** || weight of a body || poids m. d'un corps. 30

Schwere-feld n. || gravitational field || champ m. de gravitation. **a) ~messung** f. || measurement of the force of gravity || mesure f. de la gravité. 31

Schwer-erde f. || heavy spar; baryta || baryte f. (sulfatée). **a) ~erkrankter** m. || seriously sick person || homme m. gravement malade. 32

Schwerewirkung f. || gravimetric effect || action f. de la gravité. 33

schwerfällig || clumsy; slow; dull || lourd. 34

Schwerflintglas n. || heavy flint glass || verre m. en flint lourd. 35

schwerflüssig || viscous || visqueux. 36

Schwer-kraft f. || force of gravity; gravitation || force f. de gravitation; gravitation f. **a) ~lastkran** m. || goliath crane || grue f. titan. **b) ~leder** n. || butt *or* back; crop butt *or* hide || cuir m. fort *ou* nerveux; gros cuir m. **c) ~löslichkeit** f. || low solubility || faible solubilité f. **d) ~metall** n. || heavy metal || métal m. lourd. 37

Schweröl n. || heavy oil || huile f. lourde. **a) ~motor** m. || heavy oil motor || moteur m. à huile lourde. 38

Schwerpetroleum n. || heavy oil || pétrole m. lourd. 39

Schwerpunkt m. || center of gravity || centre m. *ou* point m. de gravité. **a) den ~** m. **tief legen** || to place the centre of gravity low || placer en bas le centre de gravité. **b) ~ des Verteilungsnetzes** || core of the distribution network || centre m. de distribution. 40

Schwerpunktslage f. || position *or* location (A) of the centre of gravity || position f. du centre de gravité. 41

Schwerspat m. (Chem) || barium sulphate || sulfate m. de barium. **a)** ~ (Min) || heavy spar; baryta; barytes || baryte f. (sulfatée); spath m. pesant *ou* lourd. **b)** **~mühle** f. || barytes *or* heavy spar mill || moulin m. à baryte. 1
Schwerstein m. || scheelite; tungstate of lime || scheelin m. calcaire; scheelite f. 2
Schwert n. (Schiffb) || lee *or* centre board || semelle f.; aile f. de dérive. 3
Schwer-takel n. || winding tackle || palan m. à caliorne. **a)** **~tau** n. || cable || câble m. 4
Schwert-balken m. (Windmüll) || cross beam || poutre f. pivotante. **a)** **~boot** n. || centre-board vessel *or* boat || dériveur m.; bateau m. à dérive. **b)** **~feger** m. || sword furbisher || polisseur m. d'armes blanches. 5
schwertförmig || ensiform; sword-like || ensiforme. 6
Schwert-kasten m. eines Schwertbootes || well of the centre-board || puits m. de dérive d'un dériveur. **a)** **~klinge** f. || sword blade || lame f. d'épée. **b)** **~schleifer** m. || sabre blade grinder || aiguiseur m. de lames de sabres. 7
schwerwiegend || grave; serious || grave. 8
Schwesterschiff n. || sister ship *or* vessel || navire m. *ou* vaisseau m. frère; frère-jumeau m. 9
Schwibbogen m. || arched buttress || arc-boutant m. 10
Schwichtleine f. (Seew) || swifter || bridure f. 11
Schwieping f. (Seew) || point || queue f. de rat; fouet m. 12
schwierig herzustellendes Stück n. || part being difficult to shape || pièce f. difficile à exécuter. 13
Schwierigkeit f., ohne besondere || obtained without any serious difficulty || obtenu sans des difficultés sérieuses. **a)** durch den Zusammenbruch m. einer Bank **sich in ~en befinden** || to find oneself in difficulties owing to the failure of a bank || se trouver aux prises avec des difficultés résultant d'un krach de banque. 14
Schwimmachse f. || axis of flotation || axe m. de flottaison. 15
Schwimmaufbereitungs-anlage f. (Met) || flotation plant || installation f. de triage par flottaison. **a)** **~verfahren** n. || buoyancy proceeding || procédé m. de flottaison. 16
Schwimmbadeseife f. || floating bath soap || savon m. léger. 17
Schwimmbagger m. || floating dredger || drague f. flottante. **a)** ~ auf **Ponton** || pontoon dredger || excavateur m. (flottant monté sur) ponton. 18
Schwimm-becken n. || swimming bath || bassin m. de natation. **a)** **~blase** f. (Fisch) || air bladder || vessie f. natatoire. **b)** **~brücke** f. (Wasserb) || floating bridge || pont m. flottant. **c)** **~dock** n. || floating dock || dock m. flottant. **d)** **~ebene** f. || plane of flotation || plan m. de flottaison. 19
schwimmen || to swim; to float || nager. 20
schwimmend || floating || flottant. **a)** **~e Brücke** f. || floating bridge || pont m. flottant. **b)** **~er Getreideheber** m. || floating corn *or* grain elevator || élévateur m. flottant à grains. **c)** **~er Kohlenheber** m. || floating coal elevator || élévateur m. flottant à charbon. **d)** **~e Verladeanlage** f. || floating loading plant || installation f. flottante de chargement. 21
Schwimmer m. (Masch; Wasserb; Luftf) || float || flotteur m. **a)** **Bottich~** (Brau) || attemperator || flotteur m. *ou* nageur m. de cuve. **b)** **durchlochter ~** || punctured float || flotteur m. perforé. **c)** **Eis~** || ice float; bucket attemperator || nageur m. *ou* plongeur m. à glace. **d)** **Gärbottich~** || float *or* swimmer for fermenting tuns || flotteur m. réfrigérant pour cuves de fermentation. **e)** **Kork~** || cork float || macaron m. **f)** **Kugel~** || spherical *or* ball float || flotteur m. sphérique. **g)** **~ mit Öse** || floater with eyelet || flotteur m. avec crochet. **h)** der **~ schließt nicht** || the float does not close || le flotteur ne ferme pas. **i)** **Stütz~** || outboard float || flotteur m. de bout d'aile. **k)** **Vergaser~** || carburettor float || flotteur m. du carburateur. 22
Schwimmer-ausschnitt m. || section of float || section f. de flotteur. **a)** **~behälter** m. (Bauw) || flushing tank || réservoir m. flottant. **b)** **~gehäuse** n. (Vergaser) || float chamber || chambre f. du flotteur; cuve f. à niveau constant. **c)** **~gestell** n. (Luftf) || flotation gear; float chassis; strut || appareil m. d'amerrissage; suspension f. des flotteurs. **d)** **~hahn** m. (Masch) || ball cock || robinet-flotteur m. **e)** **~haut** f. (Luftf) || float skin *or* float planking || recouvrement m. du flotteur. **f)** **~nadel** f. (Vergaser) || carburettor float spindle || pointeau m. de carburateur. **g)** **~pumpe** f., **selbsttätige** || automatic floating pump || pompe f. flottante automatique. 23
Schwimmerschalter m. (Elektr) || swimmer switch || interrupteur m. à flotteur. **a)** ~ mit **Kontaktvorrichtung** || floater switch with contact device || interrupteur m. à flotteur (avec dispositif d'établissement à contacts. **b)** ~ für **Pumpen** || float switch for pumps || interrupteur m. à flotteur pour pompes. 24
Schwimmerstange f. (Vergaser) || float spindle || tige f. de flotteur. 25
Schwimmerventil n. (Masch) || ball cock; float valve || soupape f. flotteur; robinet-flotteur m. **a)** ~ des **Vergasers** || carburettor float valve || pointeau m. de carburateur. 26
Schwimm-fähigkeit f. || buoyancy || flottabilité f. **a)** **~gürtel** m. || life belt || ceinture f. de natation. **b)** **~kiesel** m. || spongiform quartz || quartz m. nectique. 27
Schwimmkran m. || floating crane || grue f. flottante; grue-ponton f. **a)** **Dampf~** || steam driven floating crane || grue f. flottante à vapeur. 28
Schwimm-sand m. || quicksand; shifting sand || sable m. mouvant *ou* coulant; mouvant m. **a)** **~tor** n. || floating gate || porte f. flottante. **b)** **~werk** n. (Luftf) || floating system || système m. flottant. **c)** **~weste** f. || life-saving *or* cork jacket || gilet m. flotteur *ou* de sauvetage. **d)** **~wippkran** m. || floating level luffing crane || grue f. flottante à volée variable. **e)** **~ziegel** m. || floating brick || brique f. flottante. 29
Schwindel m. (Heilk) || giddiness || vertige m.; étourdissement m. 30
Schwindelfirma f. || long firm || maison f. de filous. 31
schwindelhaft || swindling; fraudulent; bogus || vertigineux; frauduleux; filouteux. 32
schwinden (Met) || to shrink || (se) rétrécir; décroître. **a)** ~ (Töpf; Holz) || to shrink || s'amaigrir. **b)** ~ (Web) || to shrink || rétrécir; se gripper. 33
Schwinden n. (Met) || shrinkage || décroissement m. **a)** ~ (Töpf; Holz) || shrinking; shrinkage || retraite f. **b)** ~ des **Betons** beim Erhärten || contraction of the concrete during setting || retrait m. du béton à la prise. **c)** ~ der **Kettenlänge** || shrinkage *or* shortening *or* contraction of the warp || raccourcissement m. de la chaîne; embuvage m. **d)** ~ der **Zeuge** in der Breite || shrinkage of cloth in width || rétrécissement m. *ou* décroissement m. du tissu dans la largeur. 34
Schwindgrube f. || bog; waste *or* draining well; drain || puisard m.; puits m. absorbant; égougeoir m. 35
Schwindmaß n. || measure of contraction *or* shrinkage; excess height || mesure f. de retrait; surmesure f. **a)** ~ eines **Gußstückes** || contraction of a casting || retrait m. du moulage. 36
Schwind-maßstab m. || contraction rule || règle f. de retrait; mesure f. de contraction. **a)** **~riß** m. || crack due to contraction || fendillement m. dû au retrait. 37
Schwindung f. (Met) || shrinking; shrinkage; contraction || retrait m.; contraction f. 38
Schwindwasser n. || shrink water || eau f. de retrait. 39
Schwing-achse f. || jointed cross shaft axle || essieu m. à cardans transversaux. **a)** **~ankerwerk** n. || swinging lever work || mécanisme m. à ancre oscillante. **b)** **~audion** n. || self-heterodyne || autodyne m. **c)** **~baum** m. (Web) || rocking tree; swing beam || porte-battant m.; arbre m. de l'épée de chasse. 40
Schwinge f. (Lok; Masch) || link || coulisse f. 41
schwingen || to oscillate; to vibrate; to swing || osciller; vibrer. **a)** **frei ~** || to swing clear || osciller librement. **b)** **um die Ruhelage ~** || to oscillate about the steady position || osciller autour de la position d'équilibre. 42
Schwingen n. des **Flachses** || flax scutching || teillage m. de lin. 43
schwingend-e Bewegung f. || oscillatory motion || mouvement m. oscillatoire. **a)** **~er Sendungskreis** m. (Funkw) || oscillating transmitting circuit || circuit m. oscillant d'émission. **b)** **~e Walze** f. || oscillating roll || cylindre m. oscillant. **c)** **~er Zylinder** m. || oscillating *or* rocking cylinder || cylindre m. oscillant. 44
Schwingen-lager n. (Lok; Masch) || link bracket || attache m. de coulisse. **a)** **~stange** f. (Lok; Masch) || eccentric rod || tige f. d'excentrique. **b)** **~stein** m. (Lok; Masch) || sliding block || coulisseau m. 45
Schwinger m. (Landw) || swingler || espadeur m. 46
Schwing-flachs m. || swingled *or* scutched flax || lin m. teillé *ou* en filasse. **a)** **~förderrinne** f. || oscillating conveying channel || gouttière f. de transport oscillante. **b)** **~halbmesser** m. der **Bohrmaschine** || radius of arm of the drilling machine || distance f. entre axes, colonne et broche. **c)** **~hanf** m. || scutched hemp || chanvre m. teillé. 47
Schwinghebel m. || rocking *or* tappet lever; rocker || culbuteur m.; balancier m.; le-

vier m. oscillant. **a) ~bock** m. ‖ rocker support ‖ support m. de levier oscillant. **b) ~welle** f. ‖ rocker shaft ‖ arbre m. de levier oscillant. 1

Schwing-herd m. (Werkzeugmasch) ‖ reciprocating hearth ‖ sole f. oscillante. **a) ~koje** f. ‖ swinging berth ‖ couchette f. à suspension. **b) ~linie** f. ‖ alternating current valve characteristic ‖ caractéristique f. en courant alternatif. **c) ~maschine** f. (Spinn) ‖ scutching *or* swingling machine; scutcher ‖ teilleuse f.; batteur m. **d) ~pflug** m. ‖ swing plough ‖ sochet m. **e) ~rinne** f. ‖ oscillating *or* rocking trough *or* conveyor ‖ auge f. *ou* gouttière f. oscillante. **f) ~rutsche** f. ‖ oscillating chute ‖ couloir m. oscillant. **g) ~sieb** n. ‖ swing screen ‖ crible m. *ou* tamis m. oscillant. **h) ~spule** f. (Funkw) ‖ oscillation coil ‖ self f. oscillatrice. 2

Schwingung f. (Erschütterung) ‖ vibration ‖ trépidation f.; vibration f. **a) ~** (Phys; Elektr) ‖ oscillation ‖ oscillation f. **b) Abklingen** n. der **~** ‖ dying out *or* damping (A) of the oscillation ‖ décroissement m. *ou* amortissement m. de l'oscillation. **c) ~** des **Äthers** ‖ vibration of ether ‖ vibration f. de l'éther. **d) Eigen~** ‖ natural oscillation ‖ oscillation f. propre. **e) elektrische ~** ‖ electric oscillation ‖ oscillation f. électrique. **f) elektromagnetische ~** ‖ electromagnetic oscillation ‖ oscillation f. électromagnétique. **g) erzwungene ~** ‖ forced oscillation; constrained vibration ‖ oscillation f. *ou* vibration f. contrainte. **h) freie ~** ‖ free oscillation ‖ oscillation f. libre. **i) gedämpfte ~** ‖ damped oscillation ‖ oscillation f. amortie. **k) gekoppelte ~en** fpl. ‖ coupled oscillations pl. ‖ oscillations fpl. liées. **l) gesteuerte ~** ‖ timed spark ‖ oscillation f. guidée. **m) isochrone ~** ‖ isochronal oscillation ‖ oscillation f. isochrone *ou* synchrone. **n) Längs~** ‖ longitudinal vibration ‖ vibration f. longitudinale. **o) Pendel~** ‖ oscillation *or* vibration of pendulum ‖ oscillation f. *ou* vibration f. *ou* balancement m. du pendule. **p) Quer~** ‖ transversal vibration ‖ vibration f. transversale. **q) Schall~** ‖ sound oscillation ‖ vibration f. sonore. **r) Überlagerung** f. der **~en** ‖ overlapping of oscillations ‖ recouvrement m. des oscillations. **s) ungedämpfte ~** ‖ undamped *or* continuous oscillation ‖ oscillation f. entretenue *ou* non-amortie. 3

Schwingungs-achse f. ‖ axis of oscillation. ‖ axe m. d'oscillation. **a) ~amplitude** f. ‖ amplitude of swing ‖ amplitude f. d'oscillation. **b) ~beanspruchung** f. ‖ repeated *or* dynamic stresses pl. ‖ effort m. d'oscillation. **c) ~bogen** m. ‖ arc of oscillation ‖ arc m. des oscillations. **d) ~dämpfer** m. ‖ oscillation absorber; vibration damper ‖ amortisseur m. de vibrations *ou* d'oscillations. **e) ~dauer** f. ‖ time *or* period of oscillation ‖ durée f. *ou* période f. d'oscillation. **f) ~erzeuger** m. ‖ oscillator; oscillation generator ‖ oscillateur m. **g) ~festigkeit** f. ‖ dynamic strength ‖ résistance f. à l'oscillation. **h) ~hammer** m. (Funkw) ‖ trembler ‖ trembleur m. **i) ~kontroller** m. ‖ asunder of oscillations ‖ analysateur m. des oscillations. 4

Schwingungskreis m. (Funkw) ‖ oscillatory circuit ‖ circuit m. oscillatoire. **a) abgestimmter ~** ‖ modulated oscillation circuit; combination mesh and tuned circuit ‖ circuit m. accordé; circuit m. oscillatoire syntonisé. **b) geschlossener ~** (Funkw) ‖ closed oscillating circuit ‖ circuit m. oscillant fermé. 5

Schwingungs-mittelpunkt m. ‖ center of oscillation ‖ centre m. d'oscillation. **a) ~paar** n. ‖ oscillation pair ‖ ensemble m. de deux oscillations. **b) ~phase** f. ‖ phase of oscillation ‖ phase f. d'oscillation. **c) ~prüfer** m. ‖ oscillation analyser ‖ analyseur m. d'oscillations. **d) ~spule** f. ‖ oscillatory coil ‖ bobine f. oscillatrice. **e) ~umformer** m. (Funkw) ‖ oscillatory transformer ‖ transformateur m. oscillant. **f) ~weite** f. ‖ amplitude of oscillation ‖ amplitude f. d'oscillation. **g) ~welle** f. ‖ undulation ‖ ondulation. **h) ~zahl** f. ‖ pitch; number of vibration ‖ nombre m. de vibration. 6

Schwingwanne f. (Landw) ‖ corn cleaner ‖ émotteur m. 7

Schwitz-apparat m. ‖ sweating apparatus ‖ étuve f. **a) ~bad** n. ‖ steam bath; sudatory; sweating place ‖ étuve f.; bain m. russe. 8

schwitzen ‖ to sweat ‖ (res)suer; transpirer. **a) ~** (Werkstoff) ‖ to leak ‖ fuir. 9

Schwitzen n. (Kessel) ‖ leaking; dropping out ‖ fuite f. **a) ~** (Werkstoff) ‖ sweating ‖ suintement m.; ressuage m. **b) ~** der **Häute** ‖ piling of hides ‖ travail m. à la jusée *ou* à l'échauffe des peaux. **c) ~** des **Indigos** ‖ sweating of indigo ‖ ressuage m. de l'indigo. **d) ~** des **Meilers** (Köhl) ‖ sweating ‖ exsudation f. 10

Schwitz-haufen m. ‖ heap of skins ‖ échauffe f. **a) ~haus** n. (Tabak) ‖ sweating house; sweating pile ‖ suerie f. **b) ~kammer** f. (Gerb) ‖ smoke house ‖ étuve f. de fermentation. **c) ~stapel** m. (Tabak) ‖ sweating house; sweating pile ‖ suerie f. 11

schwöden (Gerb) ‖ to cleanse and to work with lime-cream ‖ enchaussener *ou* enchaussumer les peaux. 12

Schwöden n. (Gerb) ‖ cleansing and working with lime cream ‖ enchaussenage m. 13

Schwöd-grube f. ‖ lime-pit ‖ enchaussenoir m.; enchaussumoir m. **a) ~masse** f. ‖ lime cream ‖ enchaux m. 14

schwoien ‖ to swing; to tend ‖ éviter; se tourner. 15

schwören ‖ to swear; to take an oath ‖ jurer; prêter serment. 16

schwül ‖ muggy; sultry ‖ étouffant; lourd. 17

Schwund m. (Gieß) ‖ shrinkage ‖ retrait m. 18

Schwung m., **in ~ bringen** ‖ to set agoing ‖ mettre en train; donner l'élan. 19

Schwungbaum m. (Zimm) ‖ out-rigger ‖ brancard m. **a) ~** an einer **Zugbrücke** ‖ bracket of a lever drawbridge ‖ flèche f. de pont-levis à bascule. 20

Schwung-brücke f. mit **Hintergewicht** ‖ lever drawbridge ‖ pont-levis m. à bascule en dessous *ou* à tape-cul. **a) ~gewicht** n. ‖ centrifugal weight ‖ poids m. de lancement. 21

schwunghaft (Handel) ‖ brisk; flourishing; prosperous ‖ florissant. 22

Schwunghebel m. ‖ fly *or* rocking *or* tappet lever ‖ culbuteur m.; levier m. oscillant. **a) ~** einer **Schraubenpresse** ‖ bar *or* cross arm of a fly press ‖ balancier m. *ou* verge f. du balancier à vis. 23

Schwungkranz m. ‖ flywheel ‖ volant m. 24

Schwungkugel f. ‖ ball of the governor ‖ boule f. du régulateur. **a) ~regler** m. ‖ conical pendulum ‖ régulateur m. à force centrifuge. 25

Schwung-leine f. (Windmüll) ‖ lashing; racking ‖ hauban m. **a) ~masse** f. ‖ flywheel mass ‖ masse f. mobile. **b) ~moment** n. ‖ flywheel moment ‖ moment m. d'inertie. **c) ~pfanne** f. ‖ swing *or* see-saw pan ‖ chaudière f. à bascule. 26

Schwungrad n. (Masch) ‖ fly; balancing wheel; flywheel ‖ volant m. **a) ~** (Uhrm) ‖ regulator ‖ roue f. volante. **b) ausbalanciertes ~** ‖ balanced flywheel ‖ volant m. contre-pesé. **c) beiderseitig gestütztes ~** ‖ flywheel between two bearings ‖ volant m. entre deux paliers. **d) fliegendes ~** ‖ overhung flywheel ‖ volant m. monté à porte à faux. **e) inneres ~** ‖ internal flywheel ‖ volant m. intérieur. **f)** das **~ schlägt** ‖ the flywheel runs untrue ‖ le volant ne tourne pas rond. 27

Schwungrad-anlasser m. ‖ inertia starter ‖ démarreur m. à volant. **a) ~antrieb** m. ‖ flywheel drive ‖ commande f. sur le volant. **b) ~bremse** f. ‖ flywheel brake ‖ frein m. sur le volant. **c) ~gehäuse** n. ‖ flywheel housing ‖ carter m. de volant. 28

schwungradlos ‖ without flywheel ‖ sans volant m. 29

Schwungrad-maschine f. (Elektr) ‖ flywheel engine ‖ dynamo-volant f. **a) ~nabe** f. ‖ flywheel boss ‖ moyeu m. du volant. **b) ~schaltung** f. (Funkw) ‖ flywheel connection ‖ connection f. à couplage volant. **c) ~schere** f. ‖ shearing machine with flywheel ‖ cisaille f. à volant. **d) ~seite** f. (Mot) ‖ flywheel side ‖ côté m. volant. **e) ~umformer** m. ‖ flywheel converter ‖ transformateur m. à volant. **f) ~ventilator** m. ‖ flywheel fan ‖ volant-ventilateur m. **g) ~welle** f. ‖ flywheel shaft ‖ arbre m. du volant. **h) ~wirkung** f. ‖ flywheel effect ‖ effet-volant m. **i) ~zeiger** m. ‖ flywheel pointer ‖ index m. du volant. 30

Schwung-ring m. eines **Schwungrades** ‖ rim *or* ring of a flywheel ‖ anneau m. d'un volant. **a) ~schaufel** f. (Wasserb) ‖ Dutch scoop ‖ pelle f. hollandaise. **b) ~scheibe** f. an der **Rennspindel** ‖ drill-plate *or* disk of an upright drill ‖ disque m. *ou* plomb m. du trépan. **c) ~seil** n. ‖ guiding cable; ladder *or* man rope; shroud ‖ hauban m.; écharpe f. **d) ~stift** m. (Uhrm) ‖ over banking; verge of the balance ‖ renversement m. **e) ~zapfen** m. eines **oszillierenden Zylinders** ‖ trunnion of an oscillating cylinder ‖ tourillon m. d'un cylindre oscillant. 31

Sealskinweberei f. ‖ sealskin weaving mill ‖ tissage m. de sealskin. 32

Sebazinsäure f. ‖ sebacic acid ‖ acide m. sébacique. 33

Sech n. (Pflug) ‖ coulter; cutting-iron; sock; sock blade ‖ coutre m.; sep m. 34

sechsatomig ‖ hexatomic ‖ hexatomique. 35

Sechseck n. ‖ hexagon ‖ hexagone m. 36

sechseckig ‖ hexagonal ‖ hexagone; hexagonal. 37

Sechser m. (Uhrm) ‖ six-toothed pinion ‖ pignon m. à six dents. 38

Sechsfachbetrieb m. (Fernm) ‖ sextuple system ‖ installation f. sextuple. 39

Sechsgarnleine f. ‖ six-thread-line ‖ ligne f. de six fils. 40

Sechskant-bolzen m. || hexagonal bolt || boulon m. à six pans. a) **~kopf** m. || hexagon head || tête f. à six pans *ou* hexagonale. b) **~lochung** f. || hexagonal perforation || perforation f. hexagonale. 1

Sechskantmutter f. || hexagon nut || écrou m. à six pans *ou* hexagonal. a) **blanke ~** || machined hexagon nut || écrou m. hexagonal décolleté. 2

Sechskantschlüssel m. || hexagon spanner || clef f. hexagonale. 3

Sechskantschraube f. || hexagon screw || vis f. hexagonale. a) **~ mit Gewinde bis Kopf** || hexagon head bolt with thread up to head || vis f. hexagonale avec filetage presqu'à la tête. 4

Sechsrad-auto n. *s.* Sechsradkraftwagen. a) **~bremse** f. || six-wheel brake || frein m. à six roues. b) **~kraftwagen** m. || six-wheeler || automobile f. à six roues. 5

sechsreihige Gerste f. || six-rowed barley || orge f. à six rangs. 6

Sechsseit n. || hexagon || hexagone m. 7

sechsseitig || hexagonal || à six pans mpl.; hexagonal. 8

sechszeilige Gerste f. || six-rowed barley || orge f. à six rangs. 9

Sechszylinder-dieselmotor m. || six-cylinder Diesel engine || moteur m. Diesel à six cylindres. a) **~motor** m. || six-cylinder motor || moteur m. à six cylindres. 10

Sechzehntelformat n. (Buchdr) || sixteens pl.; sixteenmo || in-seize m.; format m. in-seize. 11

Sechzigerteilung f. || division of the circle into 360^0 || division f. sexagésimale. 12

Secken-hammer m. || seam hammer; creasing hammer || marteau m. à soyer. a) **~zug** m. || creasing tool || suage m. 13

Sedan m. (Auto) || Sedan || Sédan m. 14

Sedez- *s.* Sechzehntel. 15

Sediment n. || sediment || sédiment m. 16

sedimentär || sedimentary || sédimentaire. 17

Sedimentgestein n. || sedimentary rock || roche f. sédimentaire. a) **chemisches ~** || chemical sedimentary rock || roche f. sédimentaire chimique. b) **mechanisches ~** || mechanical sedimentary rock || roche f. sédimentaire mécanique. c) **organogenes ~** || organogeneous sedimentary rock || roche f. sédimentaire organogénique. d) **vulkanisches ~** || volcanic sedimentary rock || roche f. sédimentaire volcanique. 18

See m. || lake || lac m. a) **unterirdischer ~** (Bergb) || subterranean mass of water || bassin m. d'eau souterrain. 19

See f. || sea || mer f. a) **auf ~** (Seew) || at sea || à la mer; en mer f. b) die **~ brandet** || the sea breaks || la mer brise *ou* falaise. c) **grobe ~** || rough sea || mer f. dure *ou* houleuse. d) die **~ gut halten** (Seew) || to keep the sea || tenir la mer. e) **hochlaufende ~** || high *or* high-running sea; heavy sea || mer f. grosse. f) **hohe ~** (Kein Land in Sicht) || high *or* main sea; green water || haute *ou* pleine mer f. g) **hohe ~** (bei Sturm) || high *or* high-running sea; heavy sea || mer f. grosse. h) **hohe ~ gewinnen** || to sheer off || alarguer. i) **in ~** || at sea || à la mer; en mer f. k) **kabbelige ~** || chopping *or* rippling *or* cockling sea || clapotage m.; clapotis m. l) die **~ kocht** || the sea boils; the sea is turbulent || la mer bouillonne. m) die **~ kommt auf** || the sea gets up || la mer se fait. n) **kurze ~** || short sea || mer f. courte. o) **kreuzweise laufende ~** || cross-running sea || mer f. contraire *ou* creuse. p) **lange ~** || long sea || mer f. longue. q) **offene ~** || main *or* open sea || large m.; mer f. ouverte; haute mer f. r) die **offene ~ gewinnen** || to get the offing || gagner le large m. s) **ruhige ~** || smooth sea || mer f. calme. t) **überbrechende ~n** fpl. || overfalls pl. || lames fpl. déferlantes. u) eine **~ übernehmen** || to ship a sea || embarquer un coup de mer. v) **wilde ~** || wild sea || mer f. orageuse. w) **zur ~** || at sea || à la mer; en mer f. 20

See-anker m. || sea anchor || ancre f. du large. a) **~arsenal** n. || naval dockyard || arsenal m. maritime. b) **~bauten** mpl. || coast works pl. || traveaux mpl. à la mer. c) **~beben** n. || submarine earthquake; sea quake || tremblement m. de terre sous-marin; tremblement m. de mer. d) **~beschädigung** f. || sea damage; average || avarie f. e) **~brise** f. || sea breeze *or* turn *or* wind || brise f. du large; vent m. de mer. f) **~dampfer** m. || sea *or* ocean going steamer || vapeur m. de mer *ou* de haute mer. g) **~deich** m. || sea dike || digue f. *ou* jetée f. à la mer. h) **~erde** f. (im Kabelbetrieb) || return earth; sea earth || terre f. au large. i) **~erz** n. || bog iron ore; lake ore || fer m. des lacs; limonite f. 21

seefähig || seaworthy || capable de tenir la mer; en bon état m. de navigation. 22

See-fähigkeit f. || seaworthiness || navigabilité f. a) **~fahrt** f. *s.* Seeschiffahrt. b) **~fernsprechkabel** n. || submarine telephone cable || câble m. téléphonique sous-marin. 23

seefest (Personen) || accustomed to the sea; sea fast || exempt du mal de mer; pratiqué à la mer. a) **~** (Schiff) || secured for sea || amarré. b) **~ zurren** || to lash; to make sea fast; to secure || amarrer à la mer. 24

See-fisch m. || sea-fish || poisson m. de mer. a) **~fischer** m. || sea fisher; sea fisherman || pêcheur m. en mer; marin-pêcheur m. b) **~fischerei** f. || seafishery; seafishing || pêche f. maritime *ou* en mer. c) **~fischmeister** m. || master mariner of the seafishery || patron m. de pêche en mer. d) **~flughafen** m. || seaplane base; seadrome || base f. d'hydravion. e) **~flugzeug** n. || seaplane || hydravion m. f) **~frachtbrief** m. || bill of lading || connaissement m. g) **~funkdienst** m. || wireless service with ship stations || service m. radioélectrique maritime. h) **~gang** m. || sea; waves pl. || lame f. i) **~gat** n. || gat; gatway || passe f. entre les sables. k) **~gefahr** f. || sea-risk || fortune f. de mer; péril m. de la mer. 25

Seegras n. || sea grass *or* weed; grass wrack || zostère f.; varec(h) m.; crin m. marin; algues fpl. marines. a) **~fischer** m. || seaweed gatherer *or* cutter; kelp cutter; || ramasseur m. de goémon *ou* de varech *ou* d'herbes marines *ou* de zostère marine. 26

See-hahn m. || sea cock || robinet m. de prise d'eau de mer. a) **~herrschaft** f. || naval supremacy; mastery *or* command of the sea || maîtrise f. des mers. b) **~höhe** f. || altitude *or* height above sea level || hauteur f. au-dessus du niveau de la mer. 27

Seehundjäger m. || sealer || chasseur m. de phoques. 28

Seekabel n. || submarine cable || câble m. sous-marin. a) **~fabrik** f. || submarine cable factory || usine f. de câbles sous-marins. b) **~gesellschaft** f. || submarine cable company || compagnie f. des câbles sous-marins. c) **~legung f. und ~instandsetzung** f. || submarine cable laying and repairing || pose f. et réparation f. des câbles sous-marins. d) **~messung** f. || measurement of submarine cables || mesure f. électrique des câbles sous-marins. e) **~muffe** f. || submarine cable box || manchon m. de câble sous-marin. f) **~netz** n. || submarine cable communications pl. || réseau m. des câbles sous-marins. g) **~winde** f. || cable laying-out and picking-up gear || machine f. pour immerger et lever les câbles sous-marins. 29

See-karte f. || sea-chart; hydrographical map || carte f. marine *ou* nautique *ou* hydrographique. a) **~kies** m. || sea gravel || gravier m. de mer. b) **~kiste** f. || sea box *or* chest || caisse f. de mâtelot; coffre m. de bord. c) **~klima** n. || ocean climate || climat m. marin *ou* maritime. d) **~kompaß** m. || mariner's *or* sea compass || boussole f. de route; compas m. de mer. e) **~krankheit** f. || sea sickness || mal m. de mer. 30

Seele f. (Hochofen) || shaft || cheminée f. *ou* cuve f. intérieure. a) **~** (Waffenw) || bore || âme f. b) **Ausbohren** n. der **~** aus harten Stahlblöcken || drilling of the bore hole out of the hard steel blocks || forage m. de l'âme hors du bloc d'acier d'une dureté grande. c) **Hanf~** eines Taues || hempen core of a rope || âme f. en chanvre d'un cordage. d) **Kabel~** || core *or* wire *or* conductor (A) of the cable || âme m. du câble. e) **~** einer **Rakete** || hollow; spindle hollow || âme f.; creux m. f) **Schützen~** (Web) || shuttle peg *or* tongue *or* spindle || pointicelle f.; broche f. de navette. 31

Seelen-achse f. einer **Feuerwaffe** || axis of the bore || axe m. de l'âme d'un canon; axe de la pièce. a) **~verkäufer** m. (Schiff) || cockle shell kidnapper || périssoire m. 32

See-leuchte f. || sea light || fanal m.; feu m. de grand atterrage. a) **~leute** mpl. || seafaring men; seamen pl. || gens mpl. de mer. b) **~lotse** m. || outward pilot; sea pilot || hauturier m.; pilot m. hauturier. c) **~luft** f. || sea air || vent m. de mer. d) **~macht** f. || naval *or* sea power || puissance f. maritime; force f. *ou* puissance f. navale. 33

Seemann m. || seaman || marin m. a) **befahrener ~** || able seaman; able body; old sailor || homme m. de mer. 34

Seemanns-amt n. || shipping *or* marine board || bureau m. de la marine. a) **~ausdruck** m. || sea term || terme m. nautique. b) **~ausrüstung** f. || sailor's outfittings pl. || costumes mpl. et accessoires mpl. pour marins. 35

Seemarke f. || sea mark || reconnaissance f. 36

seemäßig || ready *or* suitable for shipment || emballage m. maritime *ou* pour l'exportation par mer. a) **~ verpackt** || seaworthy packed; packed for oversea transport || avec emballage m. maritime. 37

See-meile f. || nautical *or* sea mile; league || mille m. marin. **a) ~mine** f. || sea mine || mine f. sous-marine. 1

Seenot f. || distress at sea || sinistre m. de mer. **a) ~anruf** m. || distress call || appel m. de détresse. **b) ~meldedienst** m. || distress service || service m. de détresse. **c) ~telegramm** n. || distress message || message m. de détresse. **d) ~verkehr** m. || distress traffic || trafic m. de détresse. 2

See-protest m. || ship's protest || rapport m. de mer. **a) ~raum** m. || offing; sea room || belle dérive f.; eau f. à courir; haute mer f.; large m. **b) ~recht** n. || maritime law || droit m. maritime. **c) ~reise** f. || trip; voyage || voyage m. **d) ~reservoir** n. || lake reservoir || réservoir m. naturel. **e) ~rückleitung** f. || sea return || conducteur m. de retour en mer. 3

Seesalinenarbeiter m. || sea salt workman || saunier m. 4

Seesalz n. || bay *or* marine *or* sea salt || sel m. marin; salmare f. **a) ~werk** n. || salt garden *or* marsh; sea-saltworks || marais m. salant. 5

See-sand m. || sea sand *or* gravel || sable m. de mer; arène f. marine. **a) ~schaden** m. || sea damage; average || fortune f. de mer; avarie f. **b) ~schiff** n. || sea going ship || navire m. de (haute) mer. 6

Seeschiffahrt f. || sea shipping *or* navigation || navigation f. maritime *ou* de mer. **a) Fahrzeug** n. der ~ || sea going craft || navire m. pour la navigation maritime. 7

Seeschiffahrts-gesellschaft f. || sea navigation company || compagnie f. de navigation maritime. **a) ~instrument** n. || nautical instrument || instrument m. de navigation. 8

Seeschiffsrumpf m. || hull of a sea-going vessel || coque f. de bâtiment de mer. 9

See-schleuse f. || sea lock || écluse f. maritime. **a) ~seide** f. || marine silk || soie f. marine. **b) ~signal** n. || sea signal || signal m. à mer. **c) ~stapel** m. || launch || avant-cale f. **d) ~strich** m. || space *or* track of the sea; waters pl. || parage m. **e) ~taktik** f. || naval tactics pl. || tactique f. navale. **f) ~telegrafenkabel** n. || submarine telegraph cable || câble m. télégraphique sous-marin. **g) ~telegramm** n. || marine telegram || télégramme m. maritime. **h) ~tonne** f. (Schiff) || buoy || amarque f. **i) ~torpedo** n. || marine torpedo || torpille f. marine. **k) ~triften** fpl. || wreck *or* other floating; things pl. in sea; strays pl.; derelicts pl. || épaves fpl. de mer *ou* maritimes. 10

seetüchtig || seaworthy || en état de navigabilité. **a)** der **Dampfer ist ~** || the steamer is seaworthy || le vapeur est en état de navigabilité. **b) nicht ~** || unseaworthy || innavigable. 11

See-tüchtigkeit f. || seaworthiness || qualité f. marine. **a) ~uferbau** m. || works pl. for protecting the strand || constructions fpl. de défense des côtes. **b) ~uhr** f. || time keeper *or* piece; chronometer || chronomètre m.; montre f. marine. 12

seeunfähiges Schiff n. || disabled ship || navire m. en pantenne. 13

See-untüchtigkeit f. || unseaworthiness || incapabilité f. de prendre la mer. **a) ~ventil** n. (Motor) || sea-valve || soupape f. de mer. **b) ~versicherung** f. || marine insurance || assurance f. maritime. **c) ~versicherungsschein** m. || marine policy || police f. d'assurance maritime. 14

seewärts || seaward || du côté de la mer; vers la mer *ou* le large. 15

See-wasser n. || seawater || eau f. de mer. **a) ~weg** m. (Schiff) || sea route || route f. par mer *ou* par eau. **b) ~wesen** n. || naval matters pl. || art m. naval; affaires fpl. maritimes. 16

Seewind m. || sea breeze *or* wind || vent m. de mer *ou* du large. **a) Salzgehalt** m. des **~es** || salt contents pl. of sea breeze || teneur f. en sel de la brise *ou* du vent de mer. 17

See-zeichen n. || sea mark || amer m.; reconnaissance f. **a) ~zunge** f. || sole || sole f. 18

Segel n. (Seew) || sail || voile f. **a)** ein **~ bergen** || to take a sail in; to hand a sail || serrer une voile. **b)** ein **~ einnehmen** *s.* Segel, ein ~ bergen. **c) festgemachtes ~** || furled *or* stowed sail || voile f. serrée. **d) ~** npl. **kürzen** || to shorten sails *or* canvas || diminuer de voiles fpl. **e) losgemachtes ~** || loose *or* unfurled sail || voile f. larguée. **f)** ein **~ niederholen** || to hail down a sail || carguer une voile. **g) ~** npl. **setzen** || to make *or* to set sails pl. || déployer *ou* mettre les voiles fpl. au vent. **h) mehr ~** npl. **setzen** || to set more sails pl. || augmenter de voiles fpl. **i) Sonnen~** || awning || tente f. **k)** ein **~ streichen** || to douse *or* lower down *or* to strike a sail || amener une voile. **l) tragendes ~** || drawing sail || voile f. qui porte. **m) unter ~** || under canvas *or* sail || sous voiles fpl. **n) unter ~ gehen** || to get *or* to put under sail; to put to sea || mettre à la voile; mettre à la mer *ou* en mer. **o) unter ~ halten** || to keep under sail || tenir sous voile. f. **p) unter vollen ~n** npl. || all sails *or* every thing set *or* standing; decked out with all her canvas pl. || à pleines voiles fpl.; toutes voiles fpl. dehors. 19

Segel-boot n. || sailing boat || bateau m. *ou* canot m. à voiles. **a) ~ducht** f. || main *or* middle thwart || banc m. du milieu. 20

segelfertig *s.* segelklar. 21

Segel-fläche f. || area of sails pl. || surface f. de voilure. **a) ~flug** m. || sailing flight || vol m. à voile. **b) ~flugzeug** n. || glider || avion m. du vol à voile. **c) ~garn** n. || sail *or* seaming *or* sewing twine || fil m. à voile *ou* à coudre. **d) ~jacht** f. || sailing yacht || yacht m. à voiles. **e) ~karte** f. || track-chart || routier m. 22

segelklar || ready to sail || prêt à prendre la mer *ou* à faire voile f. **a) sich ~ machen** || to get ready for sailing || appareiller. 23

Segel-knopf m. || tomkin || quillon m. **a) ~koje** f. || sail room || chambre f. *ou* soute f. aux voiles. **b) ~leinwand** f. || canvas; sail cloth || toile f. à voile. 24

Segelmacher m. || sailmaker || voilier m. **a) ~handschuh** m. || sailmaker's palm || paumelle f.; paumet m. des voiliers. **b) ~handwerk** n. || sail making || voilerie f. **c) ~pfriem** m. || sailmaker's bodkin || marprime f.; poinçon m. du voilier. **d) ~werkstatt** f. || sail loft || voilerie f. 25

Segelmoment n. || moment of sail || moment m. de voilure. 26

segeln || to sail || faire voile f.; aller à la voile; cingler; faire route. **a) am Winde** m. **~** || to sail by the wind *or* on a bowline || aller *ou* courir à la bouline; courir vers le vent. **b) aus~** || to sail out || sortir à la voile. **c) ein~** || to sail in || entrer à la voile. **d) leewärts vorbei~** || to pass in lee || passer par sous le vent. **e) vor dem Winde ~** || to run *or* to sail before the wind; to scud || courir *ou* faire vent arrière *ou* en poupe. 27

Segel-nadel f. || sail needle || aiguille f. à voiles. **a) ~plan** m. || plan of sails pl. || plan m. de voilure. **b) ~riß** m. *s.* ~plan m. 28

Segelschiff n. || sailer; sailing ship *or* vessel || navire m. à voiles; voilier m. **a) Dieselmotor~** || Diesel-engined sailing vessel || voilier m. à moteur auxiliaire Diesel. **b) ~** mit **Hilfsmotor** || motor-sailing vessel || voilier m. à moteur auxiliaire. 29

Segelsystemschwerpunkt m. || center of effort of the sails || centre m. d'effort de voilure; point m. vélique. 30

Segeltakel n. || sail tackle || cartahu m. pour enverguer les huniers. 31

Segeltuch n. || sail cloth; canvas || toile f. canevas *ou* à voiles; voile f. **a) gefirnißtes ~** || varnished sail canvas || toile f. enduite de vernis. **b)** mit **Lack** m. **getränktes ~** || japanned canvas || canevas m. *ou* toile f. enduit de vernis. **c) leichtes ~** || duck; harding || toile f. à voile légère; toile f. mélis *ou* d'olonne. 32

Segeltuch-futteral n. || canvas bag || étui m. en grosse toile. **a) ~koffer** m. || canvas case || gaine f. en toile à voiles. **b) ~überzug** m. || canvas cover *or* sleeve || gaine f. en toile à voile. **c) ~verdeck** n. || cape cart top; canvas hood || housse f. en toile. **d) ~ware** f. || sail cloth ware || article m. de toile à voile. **e) ~weberei** f. || sail cloth weaving || tissage m. de toile à voiles. 33

Segelwerk n. eines **Schiffes** || sails of a ship || voilure f. d'un navire. 34

Segerkegel m. || melting *or* fusible cone; pyrometric cone; Seger cone || cône m. pyrométrique *ou* de Seger; montre f. de Seger. 35

Segler m. (Fahrzeug) || sailer || voilier m. 36

Segment n. (Geom) || segment || segment m. **a) ~abschnitt** m. für **Tunnelringe** || tunnel segment || segment m. de tunnel. 37

segmentartig || segmental || en forme de segment. 38

Segment-böckchen n. || segment base || support m. de secteur. **a) ~schleifkopf** m. || segmental grinding wheel || meule-segment m. **b) ~wehr** n. || sector *or* segment weir; segment dam || barrage m. à secteur *ou* à segment. 39

Segnersches Wasserrad n. || Segner's water wheel || roue f. hydraulique de Segner. 40

Sehachse f. (Opt) || axis of vision; visual *or* optic(al) axis || axe m. optique *ou* visuel. 41

sehen || to see || voir. 42

Sehen n., beidäugiges || binocular vision || vision f. binoculaire. **a) plastisches ~** *s.* Sehen, räumliches. **b) räumliches ~** || seeing in relief || vision f. stéréoscopique *ou* du relief. 43

sehens-wert || worth seeing; remarkable || digne d'être vu; curieux. **a) ~würdig** *s.* sehenswert. 44

Sehfeld n., erweitertes || enlarged field of view || grand champ m. visuel. **a) ~** eines **Fernrohres** || field of view of a telescope || champ m. d'une lunette. **b) Rand** m. des **~es** || edge of the field of view || bord m. du champ de vision. **c) ~** im **Winkelmaß** || field of vision in angular measure || champ m. réel en degrés. 45

Sehfeld-blende f. || field diaphragm || diaphragme m. de champ. **a) ~zahl** f. || field-of-view number || coefficient m. de champ. 46

Seh-hilfsmittel n. ‖ aid to vision ‖ appareil m. pour l'amélioration de la vue. **a) ~-kraft** f. ‖ visual power ‖ vue f. **b) ~loch** n. ‖ sight hole; pinhole for sighting ‖ trou m. de visée. 1

Sehmpresser m. ‖ honey presser ‖ presseur m. de miel vierge. 2

Sehne f. (Anatomie) ‖ sinew; tendon ‖ tendon m. **a)** ~ (Geom) ‖ chord; subtense ‖ corde f.; soustendante f. **b)** ~ (Met) ‖ fibre ‖ nerf m. 3

Sehnen-eisenpuddeln n. (Met) ‖ puddling of fibrous iron ‖ puddlage m. de fer fibreux *ou* nerveux. **a) ~leim** m. ‖ tendon glue ‖ colle f. de nerf. **b) ~pulver** n. ‖ powder of tendons ‖ poudre f. de tendons. **c) ~vieleck** n. ‖ polygon inscribed in a circle ‖ polygone m. inscrit au cercle. 4

sehnig (Met) ‖ fibrous ‖ fibreux; nerveux. **a) ~er** und zäher **Anbruch** m. (Met) ‖ tough and fibrous fracture ‖ cassure f. nerveuse et tenace. **b) ~er Stahl** m. ‖ fibrous steel ‖ acier m. nerveux. 5

Sehproben-halter m. ‖ test type holder ‖ porte-optotype m. **a) ~tafel** f. ‖ test type chart ‖ tableau m. d'essai. 6

Sehprüfscheibe f. ‖ sight testing disc ‖ disque m. pour l'examen de la vue. **a) Achsen~** f. für astigmatische Augen ‖ axis test disc for astigmatic eyes ‖ goniomètre m. pour l'astigmatisme *ou* pour des yeux astigmates. 7

Sehprüfung f. ‖ sight testing ‖ examen m. de la vue. **a) Instrument** n. für ~ und **Brillenverordnung** ‖ instrument for sight testing and the prescription of spectacles ‖ instrument m. pour l'examen de la vue et l'ordonnance de lunettes. 8

Sehrohr n. für **Unterseeboote** ‖ periscope of submersibles ‖ périscope m. de sous-marin. 9

Sehschärfe f. ‖ power of seeing ‖ acuité f. visuelle. **a)** das Okular n. **auf die** ~ des Beobachters **einstellen** ‖ setting the eyepiece to the observer's sight ‖ adapter la mise au point à la vue de l'observateur. **b) volle** ~ ‖ total seeing capacity ‖ acuité f. visuelle intégrale. 10

Sehschärfen-bestimmung f. ‖ ascertaining the visual acuity ‖ détermination f. de l'acuité visuelle. **a) Apparat** m. zur **~prüfung** f. ‖ apparatus for ascertaining the faculty of vision ‖ appareil m. pour la détermination de l'acuité visuelle. 11

Seh-schlitz m. am **Kampfwagen** ‖ eye slit of tank ‖ épiscope m. du tank **a) Feststellung** f. vorgetäuschter **~schwäche** f. ‖ detecting of simulated amblyopia ‖ décèlement m. de l'amblyopie simulée. 12

Sehvermögen n. ‖ visual capacity; power of seeing ‖ acuité f. visuelle. **a) Feststellung** f. des **~s** ‖ determining the visual capacity ‖ détermination f. de l'acuité visuelle. 13

Sehweite f. ‖ visual distance; range of sight ‖ distance f. de la vue distincte; portée f. visuelle *ou* de vue. **a) deutliche** ~ ‖ distance of distinct vision ‖ distance f. de la vision distincte. 14

Sehwinkel m. ‖ looking *or* optic angle ‖ angle m. visuel *ou* optique. 15

seicht (Wasser) ‖ shallow ‖ peu de fond; bas; plat; peu profond. 16

Seide f. ‖ silk ‖ soie f. **a) Bourrette~** ‖ bourrette ‖ bourrette f. de soie. **b) echte** ~ ‖ natural silk ‖ soie f. pure. **c) Einschlag~** ‖ weft silk ‖ fil-trame m.; soie f. trame. **d) entschälte** ~ ‖ boiled *or* scoured silk ‖ soie f. cuite *ou* décreusée. **e) filierte** ~ ‖ thrown silk ‖ soie f. moulinée *ou* ouvrée. **f) flache** ~ ‖ slack silk ‖ soie f. à broder. **g) Flock~** ‖ slack silk ‖ soie f. plate *ou* floche. **h) Florett~** ‖ floret; waste silk ‖ bourre f. de soie. **i) gekochte** ~ ‖ boiled *or* scoured silk ‖ soie f. cuite *ou* décreusée. **k) gezwirnte** ~ ‖ thrown silk ‖ soie f. torse. **l) halbgekochte** ~ ‖ half-boiled silk ‖ soie f. mi-cuite *ou* souple. **m) Kollodium~** ‖ collodion silk; nitro silk ‖ soie f. de collodion. **n) kordonnierte** ~ ‖ twisted silk ‖ cordonnet m. **o) Kunst~** ‖ artificial silk ‖ soie f. artificielle. **p) Kupfer~** ‖ cuprammonium silk ‖ soie f. au cuivre ammoniacal. **q) linde** ~ ‖ boiled *or* scoured silk ‖ soie f. cuite *ou* décreusée. **r) moulinierte** ~ ‖ thrown silk ‖ soie f. moulinée *ou* ouvrée. **s) Näh~** ‖ sewing silk ‖ soie f. à coudre. **t) Organsin~** ‖ organzine ‖ organsin m. **u) Roh~** ‖ raw silk; grege ‖ soie f. grège; grège f. **v) sachte** ~ ‖ boiled *or* scoured silk ‖ soie f. cuite *ou* décreusée. **w) Stick~** ‖ embroidery silk ‖ soie f. plate *ou* à broder. **x) Strick~** ‖ knitting silk ‖ soie f. à tricoter. **y) ungekochte** ~ *s.* Seide, ungeschälte. **z) ungeschälte** ~ ‖ unboiled *or* unscoured silk; silk in the gum ‖ soie f. crue *ou* écrue. 17

a) ungezwirnte ~ ‖ ferret *or* floss *or* unthrown silk ‖ effiloches fpl.; effiloques fpl. **b) Viskose~** ‖ viscose silk ‖ soie f. viscose. **c) Zelluloseazetat~** ‖ cellulose acetate silk ‖ soie f. à l'acétate de cellulose. **d) Zwirnen** n. der ~ ‖ silk throwing ‖ organsinage m. de soie. 18

Seidenabfall m. ‖ silk waste ‖ déchet m. *ou* bourre f. de soie. **a) ~färberei** f. ‖ silk waste dyeing ‖ teinture f. de bourre de soie. **b) ~kardätschen** n. ‖ silk waste carding ‖ peignage m. de bourre de soie. **c) ~spinnerei** f. ‖ silk waste spinning ‖ filature f. de bourre de soie. 19

Seiden-appretierer m. ‖ silk finisher ‖ apprêteur m. de soie. **a) ~arbeiter** m. ‖ silk worker ‖ ouvrier m. en soie. 20

Seidenatlas m. ‖ satin ‖ satin m. **a) ~weber** m. ‖ satin weaver ‖ satinaire m. 21

Seiden-band n. ‖ silk ribbon ‖ ruban m. de soie. **a) ~baumwolle** f. ‖ silk cotton ‖ soie-coton f. **b) ~bleichung** f. ‖ silk bleaching ‖ blanchiment m. de la soie. **c) ~damast** m. ‖ caffart *or* half *or* silk damask ‖ damas-caffard m.; damassin m.; damas m. de soie. **d) ~drahtwickler** m. ‖ silk wire coverer ‖ guipeur m. de fil à soie. **e) ~druck** m. ‖ silk printing ‖ impression f. sur soie. **f) ~erzeugnis** n. ‖ silk produce ‖ produit m. en soie. **g) ~fabrik** f. ‖ silk manufactory *or* mill ‖ fabrique f. de soie; filature f.; soierie f. **h) ~faden** m. ‖ silk thread ‖ fil m. de soie. **i) ~färber** m. ‖ silk dyer ‖ teinturier m. sur soie. **k) ~färberei** f. ‖ silk dyeing plant ‖ teinturerie f. de soie. **l) ~faser** f., Reinigung f. der ~n ‖ cleaning the silk fibres ‖ nettoyage m. des fibres de soie. 22

Seidengarn n. ‖ silk-yarn; spun silk ‖ soie f. filée; fil m. de soie. **a) ~beschwerung** f. ‖ silk weighting ‖ charge f. de fils de soie. **b) ~gallierer** m. ‖ silk weighter ‖ engalleur m. de fils de soie. 23

Seiden-gaze f. ‖ tiffany; silk gauze ‖ soie f. à bluter; gaze f. de soie; canevas m. en soie. **a) ~gehäuse** n. ‖ silk in cocoon; cocoon ‖ soie f. en cocon. 24

Seidengewebe n. ‖ silk tissue ‖ tissu m. de soie. **a) gewachstes** ~ ‖ waxed silk fabric ‖ tissu m. de soie ciré. 25

Seidenglanz m. (Miner) ‖ silky lustre ‖ éclat m. soyeux. **a) ~kalander** m. (Pap) ‖ glazing calender ‖ calandre m. de satinage soyeux. 26

Seiden-grün n. ‖ silk green ‖ vert m. de soie. **a) ~handschuh** m. ‖ silk glove ‖ gant m. de soie. **b) ~haspel** m. ‖ reel ‖ asple m.; dévidoir m.; tour m. **c) ~-haspelmaschine** f. ‖ silk winding engine ‖ machine f. pour dévider la soie. **d) ~-haspeln** n. ‖ reeling ‖ dévidage m. *ou* filage m. de la soie. **e) ~haspler** m. ‖ silk reeler *or* rewinder ‖ tireur m. *ou* détrancaneur m. de soie. **f) ~hasplerin** f. ‖ silk-throwster *or* windster ‖ fileuse f.; tireuse f. des cocons. **g) ~hut** m. ‖ silk plush hat; silken hat ‖ chapeau m. de soie *ou* de peluche de soie. **h) ~industrie** f. ‖ silk industry ‖ industrie f. de la soie. **i) ~industrieller** m. ‖ industrialist of silk ‖ industriel m. de la soie. **k) ~kämmling** m. ‖ silk noil ‖ blousse f. de soie. **l) ~kocher** m. (Bleich) ‖ silk boiling hand ‖ cuiseur m. de soie. **m) ~lüstrierer** m. ‖ silk stretcher ‖ lustreur m. de soie. **n) ~-mohr** m. ‖ watered silk ‖ moirée f. de soie. **o) ~moirör** m. (Tuchm) ‖ silk waterer ‖ moireur m. de soie. **p) ~mühle** f. ‖ silk throwing machine; silk mill ‖ moulin m. à soie. **q) ~papier** n. ‖ silk *or* cambric *or* tissue paper ‖ papier m. de soie. **r) syrische ~pflanze** f. ‖ Syrian asclepiad ‖ asclépiade f. de Syrie. **s) ~pikee** m. ‖ silk piqué ‖ tissu m. piqué soie. **t) ~plüsch** m. ‖ silk plush ‖ peluche f. soie. 27

Seidenraupe f. ‖ silkworm ‖ ver m. à soie. 28

Seidenraupen-ei n. ‖ silkworm egg ‖ graine f. de ver à soie. **a) ~haus** n. *s.* ~züchterei. **b) ~zucht** f. ‖ silkworm breeding ‖ sériciculture f. **c) ~züchter** m. ‖ silkworm breeder; silkfarmer ‖ sériciculteur m.; éleveur m. de vers à soie. **d) ~züchterei** f. ‖ silk farm; silkworm house ‖ magnanerie f.; coconière f.; vererie f. 29

Seidenrauperei f. *s.* Seidenraupenzüchterei f. 30

Seidensaite f. (Mus) ‖ silk string ‖ corde f. harmonique en soie. 31

Seidensamt m. ‖ silk velvet ‖ velours m. de soie. **a) leichter** ~ ‖ light silk velvet ‖ velours m. crevelle. 32

Seidensamt-scherer m. ‖ silk velvet shearer ‖ tondeur m. de velours de soie. **a) ~weber** m. ‖ silk velvet maker ‖ veloutier m. en soie. 33

Seiden-serge f. ‖ silk twill ‖ sergé m. soie. **a) ~shoddyspinnerei** f. ‖ silk shoddy spinning; fancy silk spinning ‖ filature f. du shoddy de soie; filature f. de soie fantaisie. **b) ~sieb** n. ‖ silk sieve ‖ tamis m. de soie. **c) ~spinner** m. ‖ silk spinner *or* thrower ‖ fileur m. de soie; tireur m. **d) ~spinnerei** f. ‖ silk spinning mill ‖ filature f. de soie; soierie f. **e) ~spitze** f. ‖ broad silk lace ‖ laize f. *ou* dentelle f. de soie. **f) ~spuler** m. ‖ silk spool winder; silk spooler ‖ bobineur m. *ou* canneteur de soie f. **g) ~spulmaschine** f. ‖ silk winding machine ‖ bobinoir m. mécanique pour soie. **h) ~stickerei** f. ‖ silk embroidery ‖ broderie f. en soie. 34

Seidenstoff m. ‖ silk stuff ‖ étoffe f. de soie. a) **broschierter ~** ‖ broché silk ‖ broché m. soie. b) **glatter ~** ‖ taffeta ‖ foulard m. 1

Seiden-stramin m. ‖ silk canvas ‖ canevas m. de soie. a) **~streckmaschine** f. (Seide) ‖ silk straightening machine ‖ machine f. à cheviller la soie. b) **~strickerei** f. ‖ silk hosiery ‖ bonneterie f. de soie. c) **~strumpf** m. ‖ silk hose ‖ bas m. de soie. d) **~strumpfwaren** fpl. ‖ hosiery of silk ‖ bonneterie f. de soie. e) **~tuch** n. ‖ silk cloth ‖ drap m. de soie. 2

seidenübersponnener Messingdraht m. (Posam) ‖ brass wire covered with silk ‖ fil m. de laiton recouvert en soie. 3

Seiden-waren fpl. ‖ silk goods pl. ‖ soieries fpl. a) **~watte** f. ‖ silk wadding ‖ ouate f. de soie. b) **~weber** m. ‖ silk weaver ‖ tisserand m. en soie. c) **~weberei** f. ‖ silk weaving ‖ tissage m. de soie. d) **~werg** n. ‖ noils pl. of carded waste silk ‖ déchet m. de cardette. e) **~wickelei** f. ‖ silk winding ‖ dévidage m. de la soie. f) **~wickler** m. ‖ silk winder ‖ dévideur m. de soie. g) **~wolle** f. ‖ silk wool ‖ soie-laine f. h) **~wurm** m. *s.* ~raupe. i) **~zettler** m. ‖ silk winder-on of warps ‖ plieur m. de soie. 4

Seidenzeug n. ‖ silks pl. ‖ soierie f. a) **geripptes ~** ‖ ribbed silk stuff ‖ cannelé m. de soie. 5

Seiden-zwirn m. ‖ silk twist ‖ fil m. de soie retors. a) **~zwirner** m. ‖ throwster ‖ moulinier m.; ovaliste m. b) **~zwirnerei** f. ‖ silk mill ‖ moulin m. à soie. 6

Seife f. ‖ soap ‖ savon m. a) **~** (Geol) ‖ alluvial ore deposit ‖ gisement m. alluvionnaire métallifère. b) **Bade~** ‖ bath soap ‖ savon m. pour bain. c) **~ in Blättern** ‖ soap in blades ‖ savon m. en feuilles. d) **Eschweger ~** ‖ Eschweger soap ‖ savon m. vert. e) **flüssige ~** ‖ liquid soap ‖ savon m. liquide. f) **gehobelte ~** ‖ planed soap ‖ savon m. râpé. g) **Glyzerin~** ‖ glycerine soap ‖ savon m. à la glycérine. h) **grüne ~** ‖ green *or* potash soap ‖ savon m. vert *ou* de potasse. i) **~ in Handstücken** ‖ soap in cakes ‖ savon m. en pains. k) **harte ~** ‖ hard soap ‖ savon m. dur. l) **Harz~** ‖ resin soap ‖ savon m. de résine. m) **Ichthyol~** ‖ ichthyol soap ‖ savon m. à l'ichthyol. n) **Kali~** ‖ potash soap; soft soap ‖ savon m. (à base) de potasse. o) **kaltgerührte ~** ‖ cold stirred soap ‖ savon m. fait à froid. p) **~ in Kugeln** ‖ soap in balls ‖ savon m. en boules. q) **Lanolin~** ‖ lanoline soap ‖ savon m. à la lanoline. r) **marmorierte ~** ‖ marbled *or* mottled soap ‖ savon m. marbré. s) **medizinische ~** ‖ medicated *or* medicinal soap ‖ savon m. médicamenteux *ou* médicinal. t) **Palm~** ‖ palm soap ‖ savon m. d'huile de palme. u) **parfümierte ~** ‖ scented soap ‖ savon m. parfumé. v) **~ in Pulverform** ‖ soap in powder ‖ savon m. en poudre. w) **Rasier~** ‖ shaving *or* beard soap ‖ savon m. pour la barbe. x) **~ in Riegeln** ‖ soap in bars ‖ savon m. en briques. y) **Sand~** ‖ sand soap ‖ savon m. au sable. z) **schaumige ~** ‖ light soap ‖ savon m. léger *ou* mousseux. 7

a) **Schmier~** ‖ soft *or* potash soap ‖ savon m. mou *ou* de potasse. b) **Soda~** ‖ soda soap ‖ savon m. à base de soude. c) **Talg~** ‖ tallow soap ‖ savon m. de suif. d) **Teerschwefel~** ‖ tar and sulphur soap ‖ savon m. de goudron et de soufre. e) **~ in Teigform** ‖ pasty soap ‖ savon m. en pâte. f) **Textil~** ‖ textile soap ‖ savon m. textile. g) **Toiletten~** ‖ toilet soap ‖ savon m. de toilette; savonnette f. h) **Transparent~** ‖ transparent soap ‖ savon m. transparent. i) **Walk~** ‖ fuller's *or* fulling soap ‖ savon m. à foulon. k) **weiche ~** ‖ soft soap ‖ savon m. mou. l) **weiße ~** ‖ white soap ‖ savon m. blanc. 8

Seifen-bau m. (Bergb) ‖ digging ‖ fouille f.; tranchée f. a) **~bildung** f. ‖ saponification ‖ saponification f. b) **~dose** f. ‖ soap box ‖ boîte f. à savon. c) **~erde** f. ‖ fuller's earth ‖ argile f. savonneuse; terre f. à foulon. d) **~ersatzmittel** n. ‖ soap substitute ‖ succédané m. du savon. e) **~erz** n. ‖ diluvial ore ‖ mine f. d'alluvion *ou* de lavage. f) **~extrakt** m. ‖ soap extract ‖ extrait m. de savon. 9

Seifenfabrik f. ‖ soap works pl. ‖ savonnerie f. a) **~einrichtung** f. ‖ soap factory plant ‖ installation f. de fabrication du savon. 10

Seifen-farbe f. ‖ soap colour ‖ couleur f. pour savons. a) **~faß** n. ‖ soap vat ‖ bugadière f. b) **~fertigungsmaschine** f. ‖ soapmaker's machinery ‖ machine f. pour savonneries. c) **~flocken** fpl. ‖ soap flakes ‖ flocons mpl. de savon. d) **~form** f. ‖ soap frame ‖ mise f. à savon. e) **~gold** n. ‖ alluvial *or* driftal *or* gulch gold ‖ or m. d'alluvion. f) **~kessel** m. ‖ soap boiler ‖ chaudière f. pour savonneries. g) **~kraut** n. ‖ soapwort ‖ saponaire f. h) **~krem** m. ‖ soap cream ‖ crème f. de savon. i) **~kühlpresse** f. ‖ soap cooling press ‖ presse f. réfrigératrice pour savons. k) **~leim** m. ‖ soap paste ‖ colle f. de savon. l) **~lösung** f. ‖ soap solution ‖ solution f. de savon. m) **~nuß** f. ‖ soap nut ‖ noix f. de savon. n) **~papier** n. ‖ soap paper ‖ papier m. savonné. 11

Seifenplatten-kühlanlage f. ‖ soap slab cooling plant ‖ refroidisseur m. de plaques de savon. a) **~schneidmaschine** f. ‖ soap slab cutting machine ‖ coupeuse f. pour plaques de savon. 12

Seifenpulver n. ‖ soap powder ‖ poudre f. de savon; savon m. en poudre. a) **~-fertigungsmaschine** f. ‖ soap powder manufacturing machine ‖ machine f. pour la fabrication de savon en poudre. b) **~packmaschine** f. ‖ soap powder packing machine ‖ machine f. d'emballage de savon en poudre. 13

Seifen-schlagpresse f. ‖ soap-beating press ‖ presse f. à battre le savon. a) **~-schneidmaschine** f. ‖ soap cutting machine ‖ machine f. à couper le savon. b) **~sieder** m. ‖ soap maker *or* boiler; soap boiling man ‖ savonnier m. c) **~-siederei** f. ‖ soap works pl. ‖ savonnerie f. 14

Seifensieder-kessel m. ‖ soap maker's boiler ‖ campane f. a) **~lauge** f. ‖ caustic lye ‖ lessive f. caustique. 15

Seifenspäne-hobelmaschine f. ‖ soap shaving planing machine ‖ raboteuse f. de copeaux de savon. a) **~silo** m. ‖ soap chip container ‖ caisse f. à copeaux de savon. 16

Seifen-spender m. ‖ soap distributor ‖ distributeur m. de savon. a) **~stein** m. ‖ soap stone; saponite ‖ saponite f.; pierre f. de savon. b) **~trockenapparat** m. *s.* Seifentrockner. c) **~trockner** m. ‖ soap drier; soap drying apparatus ‖ appareil m. à sécher des savons; séchoir m. à savon. d) **~überfettung** f. ‖ soap superfattening ‖ surgraissage m. de savons. e) **~wasser** n. ‖ soap water ‖ eau f. de savon. 17

Seifenwurzel f. ‖ soap root ‖ racine f. saponaire. a) **Levantiner ~** ‖ Levantine soap root ‖ racine f. saponaire d'Orient. 18

Seifenzinn n. ‖ alluvial tin ore; stream tin ‖ étain m. d'alluvion. 19

Seifmaschine f. ‖ soaping machine ‖ savonneuse f. a) **Tuch~** ‖ soaping machine for cloth ‖ machine f. à savonner les tissus. 20

seiger (Bergb) ‖ perpendicular; plumb; vertical ‖ d'aplomb; perpendiculaire. a) **~er Gang** m. (Geologie) ‖ almost vertical lode ‖ filon m. vertical. b) **~er Schacht** m. (Bergb) ‖ vertical shaft ‖ puits m. perpendiculaire. 21

Seiger-blech n. (Met) ‖ cheek ‖ paroi f. a) **~blei** n. ‖ liquation lead ‖ plomb m. de ressuage. b) **~dorn** m. ‖ copper *or* liquation thorn ‖ épine f. de ressuage. c) **~gasse** f. ‖ sweating gutter ‖ puits m. perpendiculaire. d) **~herd** m. ‖ eliquation *or* liquation hearth; hearth of a liquation furnace ‖ four m. de liquation *ou* de ressuage. e) **~krätze** f. ‖ scrapings pl. of liquation ‖ pailles fpl. de liquation. 22

seigern (Met) ‖ to eliquate; to liquate; to separate by eliquation; to segregate. ‖ liquater; ressuer; se séparer. a) **das Zinn ~** ‖ to refine the tin ‖ affiner l'étain m. 23

Seigern n. ‖ eliquation; liquation ‖ liquation f. 24

Seiger-pfanne f. ‖ liquation pan ‖ chaudière f. de ressuage *ou* de liquation. a) **~-prozeß** m. *s.* Seigerung. b) **~riß** m. (Bergb) ‖ perpendicular elevation ‖ élévation f. perpendiculaire. c) **~scharte** f. (Met) ‖ iron plate of the liquation hearth ‖ plaque f. de fer du four de liquation. d) **~schlacke** f. ‖ slag of liquation; bulldog ‖ scorie f. de liquation; bulldog m. e) **~stück** n. ‖ liquation cake *or* disk ‖ disque m. *ou* pain m. de liquation *ou* de ressuage. 25

Seigerung f. ‖ eliquation; liquation; reduction *or* separation by eliquation; segregation ‖ liquation f.; ressuage m; ségrégation f. 26

Seignettesalz n. ‖ Rochelle *or* Seignette salt ‖ sel m. de Seignette. 27

Seihe f. ‖ strainer ‖ couloir m.; crepine f. a) **~blech** n. eines Pumpensaugrohres ‖ strainer of a pump suction pipe ‖ crepine f. du tuyau d'aspiration d'une pompe. b) **~kasten** m. eines Pumpensaugrohres ‖ strainer of a pump suction pipe ‖ couloir m. du tuyau d'aspiration d'une pompe. c) **~korb** m. (Zuck) ‖ straining basket ‖ panier m. à passer. d) **~löffel** m. ‖ strainer ‖ couloir m. 28

Seiher m. ‖ filter; strainer ‖ couloire f.; tamis m. a) **Bottich~** (Brau) ‖ tun drainer ‖ faux-fond m. de cuve. 29

Seiherpresse f. ‖ straining press ‖ presse f. à passoire. 30

Seihe-sack m. ‖ filtering *or* straining bag of trellis ‖ chausse f. en toile de treillis pour filtrer. a) **~trichter** m. ‖ percolator; strainer; filtering funnel ‖ entonnoir m. à filtre; filtre m.; couloire f. b) **~tuch** n. ‖ filter cloth ‖ blanchet m.; couloire f.; filtre m. en toile. 31

Seih-maschine f. || straining machine || machine f. à passer. **a)** **~vermögen** n. || filtering capacity || pouvoir m. filtrant. 1

Seil n. || rope; cable; cord || corde f.; câble m. **a)** **Abfang~** (Luftf) || check cable || limiteur m. de course. **b)** **Aluminium~** || stranded aluminium wire || câble m. en aluminium. **c)** **Anker~** (Leitungsmast) || stay wire || corde f. d'acier pour l'hauban. **d)** ein ~ **aufwickeln** || to coil up a rope || lever un cordage. **e)** **Begrenzungs~** (Luftf) || check cable || câble m. limiteur de course. **f)** **blankes** ~ || bare rope || corde f. nue. **g)** **Draht~** || wire cable *or* rope || câble m. métallique; corde f. en fil de fer. **h)** **durchlaufendes** ~ || continuous rope || câble m. continu. **i)** **eintrümiges** ~ || one side rope || câble m. à un brin. **k)** **Flugzeug~** || aeroplane cable || câble m. pour aéroplanes. **l)** **Förder~** || hauling rope; winding cable || câble m. d'extraction *ou* de trainage. **m)** **Gummi~** || rubber cord || câble m. de caoutchouc. **n)** **Halte~** || holding rope || câble m. de retenue. **o)** **Hanf~** || hemp rope *or* cable; cord of hemp || corde f. *ou* cordage m. de chanvre. **p)** **Holzwoll~** || wood wool rope || tresse f. en laine de bois. **q)** **Manntausend~** || drawing rope || corde f. de main douce. **r)** ~ **ohne Ende** || endless cord *or* rope || corde f. sans fin. **s)** **Schlappwerden** n. des ~es || slackening of the rope || mou m. du câble. **t)** **Schließ~** || closing rope || câble m. de fermeture. **u)** **Stroh~** || straw rope || corde f. de paille; éclisse f. en paille. 2

Seilausgleichrolle f. || rope balancing sheave || galet m. compensateur de tension du câble. 3

Seilbahn f. (Förderung) || aerial transporter; cableway || transporteur m. aérien ou par câble. **a)** ~ (Seil) *s.* Seilerbahn. **b)** ~ (Verkehr) || cable railway; funicular railway || chemin m. de fer funiculaire. **c)** **bodenständige** ~ || rope railway built on the ground || funiculaire m. fixe à câble. **d)** **elektrische** ~ || electric cableway *or* ropeway || transporteur m. électrique aérien. **e)** **Luft~** || aerial cableway || transport m. aérien par câble. 4

Seilbahn-kran m. || ropeway crane || pont m. roulant sur câbles. **a)** **~lader** m. (Bergb) || aerial rope man || chargeur m. du chemin de fer aérien. **b)** **~wagen** m. || ropeway car || wagonnet m. de câble aérien. 5

Seil-betrieb m. (Bahn) || rope driving || traction f. par câble. **a)** **~bohren** n. || boring by means of a rope || sondage m. à la corde *ou* chinois. **b)** **~bremse** f. || cable *or* rope brake || frein m. du câble *ou* de corde. **c)** **~bruch** m. || rope breaking || rupture f. du câble. **d)** **~brücke** f. || rope (suspension) bridge || pont m. suspendu de cordage. 6

Seilchenwinde f. (Kabel) || winch for drawing in rope || treuil m. à câble de traction. 7

Seil-draht m. || rope wire || fil m. pour câbles. **a)** **~dreher** m. || twister || commetteur m. **b)** **~ebene** (Bergb) f. || inclined plane with rope || plan m. incliné à câble. **c)** **~eck** n. || funicular polygon || polygone m. funiculaire. **d)** **~einband** m. || rope splice || enveloppe f. de cordage. **e)** **~entlastung** f. || rope relief || déchargement m. de câble. 8

Seiler m. || roper; rope maker || cordier m. **a)** **~bahn** f. || rope yard *or* walk; ropery || corderie f.; atelier m. de cordier. 9

Seilerei f. || rope making || corderie f. **a)** **Hand~** || rope making by hand || fabrication f. des cordages à la main. 10

Seilerei-erzeugnis n. || ropemaker's ware; cordage || cordage m.; article m. de corderie. 11

Seilereimaschine f. || ropery machine || machine f. pour corderie. **a)** **Draht~** || wire rope making machine || machine f. à câbler les fils. 12

Seiler-meister m. || foreman rope-maker || maître-cordier m.; maître m. de roue. **a)** **~waren** fpl. || ropemaker's ware || articles mpl. de corderie; cordage m. 13

Seil-fenster n. || rope window || fenêtre f. du passage du câble. **a)** **~fett** n. || rope grease || graisse f. pour câbles. **b)** **~flaschenzug** m. || rope pulley block || moufle m. à câble. **c)** **~förderung** f. || rope hauling || transport m. par câble. **d)** **~führung** f. || rope guide || guide-câble m. **e)** **~greifer** m. || rope grab || benne f. à câble. **f)** **~hängebahn** f. || overhead rope railway; aerial ropeway || transporteur m. aérien à câble. **g)** **~kausche** f. || grummet thimble || cosse f. pour cordages. **h)** **~klemme** f. || rope cramp *or* clamp *or* clip || étrier m.; borne f. de cordage. **i)** **~kloben** m. || guide block || bloc m. de guidage. **k)** **~laufbahn** f. || cableway; ropeway || câble m. aérien de transport. **l)** **~laufkatze** f. || cable travelling crab || chariot m. roulant à câble. **m)** **~öhr** n. || ear of a cord || oreille f. d'un cordage. **n)** **~pflugmaschine** f. || cable plough || charrue f. à treuil. **o)** **~polygon** n. *s.* ~eck. 14

Seilpost f. || pick-up system; rope post || transporteur m. à corde. **a)** **~anlage** f. || rope post plant || installation f. de poste funiculaire. 15

Seilprüfmaschine f. || rope testing machine || machine f. à essayer les câbles. **a)** **Ketten- und** ~ || chain and rope testing machine || machine f. à essayer les chaînes et les câbles. 16

Seil-rangierwinde f. || capstan || cabestan m. **a)** **~rolle** f. || cable pulley || poulie f. à câble. 17

Seilscheibe f. || rope pulley *or* sheave; barring wheel || poulie f. à câble; molette f. à corde. **a)** **einrillige** ~ || one groove pulley || poulie f. à une gorge. **b)** **zweirillige** ~ || double groove pulley || poulie f. à deux gorges. **c)** **dreirillige** ~ || triple groove pulley || poulie f. à trois gorges. **d)** **vierrillige** ~ || quadruple groove pulley || poulie f. à quatre gorges. 18

Seilscheibengerüst n. || rope pulley frame || charpente f. des poulies à gorge. 19

Seil-schelle f. || suspension clamp || mâchoire m.; plaque f. de suspension. **a)** **~schleppschiff** n. || tow-boat || toueur m.; bateau-toueur m. **b)** **~schloß** n. || rope coupling ;hook and eye joint || attache f. de câbles; agrafe f. de jonction pour câbles. **c)** **~schmiere** f. || cable grease || graisse f. pour câbles. **d)** **~spinner** m. || rope yarn spinner || fileur m. de fil de caret. **e)** **~spleißer** m. || rope splicer || épisseur m. de cordes. **f)** **~strang** m. || rope line || brin m. de câble. **g)** **~treidelung** f. || towing by men || halage m. à la cordelle. **h)** **~trieb** m. || rope driving || mise f. en marche par corde; commande f. par câble. 20

Seiltrommel f. || rope *or* cable *or* winding drum || tambour m. d'enroulement *ou* à câble; cylindre m. enrouleur. **a)** vollkommen **gleiche** **~n** fpl. || rope drums pl. identical in shape and size || tambours mpl. identiques à câbles. 21

Seil-verbinder m. (el Leit) || jointing sleeve || manchon m. de jonction. **a)** **~verschleiß** m. || wear on the rope || usure f. de câble. **b)** **~wagen** m. || cableway car || wagonnet m. de transport aérien. 22

Seilwerk n. (Bauw) || sheaves pl. and cordage || écharpes fpl. **a)** ~ (Seil) || cordage || cordage m. 23

Seil-winde f. || suspension wire winding apparatus; (rope) winch || treuil m. à câble *ou* de hissage. **a)** **~zerreißmaschine** f. || machine for rope breaking tests || machine f. à soumettre des câbles à l'essai de rupture à traction. **b)** **~zugkatze** f. || rope-drawn *or* rope-hauled crab || chariot m. mu par câbles. **c)** **~zuschläger** m. || cable maker || câblier m. 24

Seismograf m. || seismograph || sismographe m. 25

Seite f. (Buchdr) || page || page f. **a)** **an jeder** ~ || on each side || à chaque côté m. **b)** **äußere** ~ (Gewehr) || lock side || plat m. extérieur. **c)** ~ einer **ebenen Figur** (Geom) || side of a figure || côté m. d'une figure. **d)** **~n** fpl. **einrichten** || to lay pages pl. || arranger les pages fpl. **e)** **erste** ~ eines **Blattes** || first page of a sheet || folio m. recto d'une feuille. **f)** **erste** ~ des zu druckenden **Bogens** || first form || papier m. blanc. **g)** **erste** ~ eines **Buches** || blank-page *or* slur-page of a book || fausse-page f. *ou* page f. blanche d'un livre. **h)** **gerade** ~ (Buchdr) || even page; reverse || page f. paire; verso m. **i)** **hintere** ~ eines **Doppelflammofens** || workman's side of a double reverberatory furnace || face f. arrière d'un fourneau à réverbère double pour des ouvriers. **k)** **innere~** (Gewehr) || brass side || plat m. intérieur. **l)** ~ eines **Kegels** (Geom) || side of a cone || génératrice f. d'un cône. **m)** **linke** ~ einer **Gleichung** (Math) || first member *or* left side of an equation || premier membre m. d'une équation. **n)** ~ eines **Rahmens** || frame piece || partie f. du cadre. **o)** **rechte** ~ einer **Gleichung** (Math) || second member *or* right side of an equation || second membre m. d'une équation. **p)** **rechte** ~ eines **Stoffes** || good *or* right side of a fabric || beau côté m. *ou* endroit m. d'une étoffe. **q)** ein **Schiff** auf die ~ legen || to careen a vessel || mettre un vaisseau à la bande. **r)** **schmale** ~ eines **Brettes** || edge *or* narrow side of a board || carne f. *ou* champ m. *ou* tranche f. d'une planche. **s)** auf der **schmalen** ~ (Bauw) || on the narrow side || de champ m. **t)** ~ eines **Steines** || side of a stone || panneau m. d'une pierre. 26

Seiten-ablagerung f. (Eisenb) || spoil bank; side piling || dépôt m. de la terre; excédant m. de déblais. **a)** **~anmerkung** f. || marginal *or* side note; marginal gloss || glosse f. *ou* note f. marginale; manchette f. **b)** **~ansicht** f. (Zeichn) || side view *or* face *or* elevation; profile || élévation f. latérale *ou* de côté; vue f. de côté; profil m. **c)** **~anzeiger** (Buchdr) || index; register || index m. **d)** **~aufriß** m. *s.* Seitenriß. e) **~bau** m. || side shed || hall m. latéral. f) **~boot** n. || side-boat || embarcation f. de côté. g) **~brett** n. || outerplank || planche f. extérieure. h) **~bunker** m. || wing bunker || soute f. latérale. i) **~davit** m. || quarter davit || bossoir m. *ou* porte-manteau m. des embarcations de côté. 1

Seitendruck m. || lateral pressure || poussée f. latérale. a) ~ des **Gebirges** || lateral pressure of the ground || poussées fpl. latérales du terrain. 2

Seiten-ecke f. (Kristall) || basal *or* lateral solid angle || angle m. *ou* sommet m. latéral. a) **~einrichter** m. (Buchdr) || page setter || metteur m. en pages. 3

Seitenentleerer m., **einseitiger** (Eisenb) || one-side discharging wagon || wagon m. de décharge latérale; wagonnet m. se déchargeant d'un seul côté. a) **zweiseitiger ~** (Eisenb) || either-side discharging wagon || wagon m. se déchargeant de deux côtés. 4

Seitenentnahme f. || side cutting || emprunt m. de la terre. 5

Seitenfenster n. || window at sides || fenêtre f. latérale. a) ~ (Schiffb) || side light || hublot m. 6

Seitenfläche f. (Kristall) || side face || face f. latérale. a) ~ eines **festen Körpers** (Geom) || face of a solid || face f. d'un solide. b) ~ eines **Keils** || side *or* lateral face of a wedge || face f. latérale *ou* côté m. d'un coin. 7

Seiten-flosse f. (Luftf) || fin || quille f. de dérive. a) **~flügel** m. (Bauw) || sidewing || aile f. latérale. b) **~front** f. || side face; flank front || façade f. de côté. c) **~führung** f. || lateral guide || guidage m. latéral. d) **~gebäude** n. || additional *or* annexed building || bâtiment m. accessoire *ou* additionnel. e) **~gerinne** n. (Wasserb) || bye-wash || canal m. de dérivation; déversoir m. f) **~geschwindigkeit** f. (Mech) || component of velocity || composante f. de la vitesse. g) **~gewehr** n. || bayonet || baïonnette f. h) **~giebel** m. || side gable || traversier m. i) **~gleis** n. || side track || voie f. de garage *ou* de service. k) **~gondel** f. (Luftf) || wing car || nacelle f. latérale. 8

Seitengraben m. || side channel *or* gutter || canal m. latéral. a) ~ (Wasserb) || bye wash || déversoir m.; canal m. de dérivation. 9

Seiten-griff m. || side-handle || poignée f. latérale. a) **~größe** f., auf ~ gefalzter Bogen m. || sheet folded on page size || feuille f. pliée en format d'une page. b) **~halle** f. || side shed || hall m. latéral. c) **~höhe** f. (Schiffb) || moulded depth || creux m. sur quille. d) **~kanal** m. || lateral canal || canal m. de dérivation. e) **~kante** f. (Kristall) || lateral edge || arête f. de la base; arête f. latérale. f) **~keil** m. || side wedge || coin m. latéral. g) **~kiel** m. || bilge *or* drift *or* auxiliary keel || quille f. latérale *ou* auxiliaire *ou* de dérive. h) **~kielschwein** n. || bilge keelson || carlingue f. des bouchains. i) **~kipper** m. || side tip truck; side tip wagon || camion m. basculant de côté; wagon m. *ou* benne f. à bascule latérale. k) **~kohlenbunker** m. || wing (coal-) bunker || soute f. (à charbon) latérale. l) **~kraft** f. || component || composante f. m) **~lampe** f. || side lamp || lampe f. de côté. n) **~lastigkeit** f. (Luftf; Schiff) || lateral trim || centrage m. latéral. o) **~laterne** f. (Seew) || signal lantern; side lamp *or* light || fanal m.; lanterne f. latérale *ou* de signal *ou* de côté. p) **~leitwerk** n. (Luftf) || vertical tail surfaces pl. || empennage m. vertical. 10

Seitenlicht n. (Verkehr) || side light || feu m. de côté. a) **hohes ~** (Bauw) || high *or* sky light || jour m. d'en haut. 11

Seiten-moräne f. || lateral moraine || moraine f. latérale *ou* marginale. a) **~oberlicht** n. || half sky light; high side light || jour m. d'en haut. b) **~panzerung** f. || lateral armour plate || blindage m. latéral. c) **~platte** f. || lateral *or* side plate || plaque f. *ou* paroi f. latérale. d) **~presser** m. || side axle compressor || compresseur m. latéral. e) **~puffer** m. (Eisenb) || side buffer || tampon m. de côté. f) **~rinne** f. || side channel *or* gutter || canal m. latéral. 12

Seitenriß m. || side projection || projection f. latérale. a) ~ (Schiffb) || sheer plan *or* draught || plan m. vertical longitudinal. 13

Seitenruder n. (Luftf) || rudder || gouvernail m. de direction. a) **~kabel** n. || rudder cable || câble m. de commande du gouvernail de direction. 14

Seiten-schalter m. (Selbstanschl) || lateral *or* side switch || commutateur m. latéral. a) **~schiff** m. (Bauk) || side *or* low aisle; low side || nef f. latérale *ou* base; petite nef f.; collatéral m.; bascôté m.; contre-allée f. b) **~schneider** m. || side cutting nippers pl. || pince f. à couper les bords. c) **~schraube** f. || side screw || vis f. latérale. 15

Seitenschub m. eines **Bogens** || shoot *or* thrust *or* drift *or* push of an arch || poussée f. horizontale d'un arc. a) ~ eines **Gewölbes** || horizontal drift *or* lateral pression of a vault || poussée f. d'une voûte. 16

Seiten-schwimmer m. (Luftf) || wing-tip float || nageoire f. latérale. a) **~stabilität** f. (Luftfahrt) || directional stability || stabilité f. de direction. 17

Seitensteuer n. (Luftf) *s.* Seitenruder. a) **~mann** m. || rudder helmsman || timonier m. de direction. 18

Seitenstraße f. || by-road; by-lane; side-street || chemin m. latéral *ou* retiré; voie f. détournée. 19

Seitenstück n. || side piece || pièce f. latérale. a) ~ eines gebauten **Mastes** (Schiffb) || fish of a made mast || armure f. d'un mât composé. 20

Seitentakel n. || runner *or* mast tackle || caliorne f. du mât. a) **großes ~** || main (runner) tackle || caliorne f. du grand mât. 21

Seiten-teil n. || side part || partie f. latérale. a) **~trumm** n. || secondary lode; branch of a vein || veinule f.; branche f. d'un filon. b) **~tür** f. || side entrance *or* door || portière f. *ou* entrée f. latérale. c) **~wagen** m. || side car || side-car m. d) **~walze** f. || side roll || cylindre m. latéral. 22

Seitenwand f. || side plate || volet m. latéral. a) **abnehmbare ~** (Eisenb) || removable side || paroi f. de côté démontable. b) ~ aus **Glas** || glass side || paroi f. latérale en verre. c) obere Hälfte f. der ~ zum **Herunterklappen** (Eisenb) || upper half of the side to fold down || moitié f. supérieure de paroi latérale (étant) rabattable. d) ~ zum **Hochklappen** (Eisenb) || folding-up side || paroi f. latérale se relevant en forme de clapet. e) ~ einer **Schleuse** || side-wall of a lock || bajoyer m. 23

Seiten-weg m. || by-road; byway; cross (country) road || chemin m. de traverse; petite route f. a) **~windschutzscheibe** f. || side wing || pare-brise m. de côté. 24

Seitenzahl f. || folio || folio m. a) **Werkstatt** f. für den Druck der **~en** || workshop for paging || atelier m. de pagination. 25

Seitenzahlensetzer m. (Buchb) || numberer; pager || numéroteur m.; folioteur m.; paginateur m. 26

seitlich || lateral || latéral. a) ~ **angeschraubtes Stück** n. || piece screwed on at the side || pièce f. boulonnée latéralement. 27

seitlich-er Antrieb m. || lateral drive || commande f. latérale. a) **~er Einstieg** m. || side entrance || entrée f. latérale. 28

Sekante f. || secant || sécante f. a) **goniometrische ~** || secant of an arc || sécante f. d'un arc. 29

Sekret n. || secretion || sécrétion f. 30

Sekretär m. (Tisch) || escritoire; secretary || secrétaire m. 31

Sekretion f. || secretion || sécrétion f. 32

Sekt m. *s. auch* Champagner und Schaumwein. a) **~flasche** f. || champagne bottle || bouteille f. à vin de Champagne. b) **~glas** n. || champagne glass || verre m. à vin de Champagne. 33

Sektion f. (Leichen) || dissection || ouverture f.; dissection f. 34

Sektionalwasserrohrkessel m. || sectional water tube boiler || chaudière f. sectionale à tubes d'eau. 35

Sektkellerei f. || champagne cellar || cave f. de champagne. a) **~maschine** f. || champagne cellarage machine || machine f. pour caves de champagne. 36

Sektor m. (Geom) || sector || secteur m. a) ~ der **Hebelsteuerung** || eccentric catch || buttoir m. d'un encliquetage. 37

Sektoraldraht m. || sectoral wire || fil m. sectoral. 38

Sektorenblende f. zum **Fokussieren** || sector diaphragm for focussing || diaphragme m. à secteurs pour la mise au point. 39

Sektor-momentverschluß m. (Foto) || sector instantaneous shutter || obturateur m. instantané à secteurs. a) **~wehr** n. || sector dam *or* weir || barrage m. à secteurs. 40

Sekt-pfropfen m. || tampion for champagne bottles || bouchon m. pour bouteilles à vin de Champagne. a) **~wein** m. || dry wine || vin m. sec. 41

sekundär (Elektr) || secondary; induced || secondaire; induit. 42

Sekundär-bahn f. || light railway; railway of local interests || chemin de fer m. d'intérêt local; chemin de fer m. secondaire *ou* vicinal. a) **~batterie** f. (Elektr) || storage *or* secondary battery || batterie f. des accumulateurs *ou* secondaire. b) **~element** n. || secondary cell || élément m. secondaire. c) **~emission** f. || secondary emission || émission f. secondaire. d) **~funkempfänger** m. || double circuit receiving set || récepteur m. avec deux circuits. e) **~jigger** m. (Funkw) || secondary jigger || transformateur m. d'oscillations du circuit secondaire; secondaire m. de transformateur. f) **~kreis** m. || secondary circuit || circuit m. secondaire. g) **~schaltung** f. (Funkw) || secondary switching || circuit m. secondaire. h) **~spannung** f.

|| secondary tension || tension f. secondaire. i) **~spule** f. || secondary coil || bobine f. secondaire. k) **~strom** m. || induced current || courant m. induit. l) **~wechselstrom** m. || secondary alternating current || courant m. alternatif secondaire. m) **~wicklung** f. || secondary winding || enroulement m. secondaire. 1

Sekundawechsel m. || second of exchange || deuxième f. de change. 2

Sekunde f. || second || seconde f. a) **Bogen~** || second of arc || seconde d'arc. b) **Zeit~** || second of time || seconde f. de temps. 3

Sekunden-kontakt m. mit Synchronisierungseinrichtungen || seconds contact with synchronizing devices || contact m. régulateur avec installations de synchronisation. a) elektrische **~kontrolle** f. || electric seconds control || contrôle m. électrique des secondes. b) **~pendel** n. || seconds pendulum || pendule m. à secondes. c) **~pendeluhr** f. || seconds pendulum clock || pendule f. battant la seconde. d) **~regelung** f. des **Uhrwerkantriebes** || seconds control for the driving clock || contrôle m. des secondes du mouvement d'horlogerie. e) **~zähler** m. || stop watch || compte-secondes m. f) **~zeiger** m. || seconds hand || aiguille f. des secondes. 4

Seladonit m. || green earth || céladonite f. 5

Selbende n. (Webrand) || selvedge || lisière f.; cordeline f. 6

Selbit m. || selbite; grey silver || selbite f.; argent m. carbonaté. 7

Selbst-abschlackung f. || self-clinkering || décrassage m. automatique. a) **~abstellung** f. || automatic stopping || arrêt m. automatique. 8

Selbstangehen n. || self-starting || autodémarrage m. 9

Selbst-anlasser m. (Elektr) || automatic starter; self-starter || démarreur m. automatique; rhéostat m. autodémarreur; autodémarreur m. a) Umformer m. mit **~anlauf** m. || converter with self-starter || convertisseur m. avec auto-démarrage. 10

Selbstanschluß-amt n. || automatic telephone exchange; automatic central office (A) || centrale f. téléphonique automatique; commutateur m. automatique. a) **private ~anlage** f. || private automatic branch exchange || installation f. automatique privée. b) **~betrieb** m. || selfconnecting working || exploitation f. automatique. c) **~nebenstellenanlage** f. || private automatic exchange || installation f. supplémentaire automatique. d) **~system** n. || automatic telephone system || système m. de téléphonie automatique. e) **~zentrale** f. nach dem 1000er Vorwählersystem || automatic exchange for up to 1000 subscribers, operating on the preselector system || commutateur m. téléphonique pour 1000 abonnés maximum d'après le système à présélecteurs. 11

Selbst-auslösung f. || automatic disconnecting || débrayage m. automatique. a) **~ausrücker** m. || automatic disengaging motion || débrayeur m. automatique. b) **~ausschalter** m. || automatic circuit breaker || déclencheur m. automatique. c) **~beringung** f. (Met) || self-hooping || autofrettage m. d) **~binder** m. (Landw) || harvester || moissonneuse-lieuse f. e) **~einschätzung** f. || assessment by the tax payer || déclaration f. de ses revenues. 12

Selbstentlader m. (Eisenb) || self-discharging wagon; automatic discharger *or* tipper || wagon m. à déchargement automatique; déchargeur m. automatique. a) **~** (Boden- und Seitenentleerer) || self-discharging wagon (from the bottom and the side) || wagon m. à déchargement automatique (par le fond et du côté). b) **Druckluftklappenbetätigung** f. für **~** || pneumatic operation of flaps for self-tippings || clapet m. pour déchargeurs spontanés actionné à l'air comprimé. c) **Flachboden~** für **Entladung** nach einer Seite (Eisenb) || flat bottom self-discharging car to be dumped to one side || wagon m. autodéchargeur à fond plat se vidant par un côté. d) **normalspuriger ~** (Eisenb) || self-discharging truck *or* automatic discharge wagon for standard gauge || autodéchargeur m. *ou* déchargeur m. automatique à voie normale. e) **restlos entleerender ~** || self-discharger, leaving no remainder || déchargeur m. rapide à déchargement sans restes. f) **Sattelboden~** für Entladung nach beiden Seiten (Eisenb) || saddle-bottomed self-emptying truck unloading to both sides || autodéchargeur m. à fond en dos d'âne se vidant sur deux côtés. 13

Selbst-entladewagen m. (Eisenb) || selfdischarging truck; self-emptying lorry || déchargeur m. automatique; autodéchargeur m.; wagon m. à décharge automatique. a) **~entladung** f. (Sammler) || running down; self-discharge || déchargement m. spontané; auto-décharge f. b) **~entleerer** m. || automatic discharger || déchargeur m. automatique. 14

selbstentzündlich || spontaneously inflammable || spontanément inflammable. 15

Selbst-entzündung f. || spontaneous combustion; self-ignition || ignition f. *ou* inflammation f. spontanée. a) **~erreger** m. || self-exciter || auto-excitateur m. 16

selbsterregte Dynamo f. || self-excited dynamo || dynamo f. auto-excitatrice. 17

Selbst-erregung f. || self-excitation || autoexcitation f. a) **~fahrer** m. (Auto) || automobile; motor car || automobile m.; f.; voiture f. automobile. b) **~füller** m. (Füllfederhalter) || selffilling type fountain pen || porte-plume m. réservoir *ou* stylographe m. à remplissage automatique. c) **~greifer** m. || automatic grab || pelle f. automatique. d) **~hefter** m. || classer || classeur m. 18

selbsthemmend || irreversible || irréversible. a) **~es Schneckengetriebe** n. || selflocking worm gear || transmission f. à vis sans fin à blocage automatique. 19

Selbsthilfe f. || self help || défense f. personnelle; légitime défense f. 20

Selbstinduktion f. || self-induction || selfinduction f. 21

Selbstinduktions-koeffizient m. || coefficient of self-induction || coefficient m. de selfinduction. a) **~normal** n. || self-induction standard || étalon m. de self-induction. b) **~spule** f. || induction coil || self f. 22

Selbstinduktivität f. *s.* Selbstinduktion 23

Selbstklemme f. || self-clipping device || griffe f. de câble automatique. 24

Selbstkosten pl. || factory *or* working cost || prix m. coutant *ou* de revient *ou* de fabrique. 25

Selbstkostenberechnungsabteilung f. || cost accounting department || service m. de détermination des prix de revient. 26

Selbstlade-gewehr n. || automatic rifle || fusil m. automatique. a) **~pistole** f. || automatic pistol || pistolet m. automatique. 27

selbstleuchtende Flamme f. || self-lighting flame || flamme f. autolumineuse. 28

Selbst-löschung f. des Kalks || spontaneous slaking of lime || extinction f. spontanée de la chaux. a) **~lötung** f. || autogenous soldering || soudure f. autogène. 29

selbstöffnender Schneidkopf m. (Werkzeugmasch) || self opening diehead || filière f. automatique. 30

Selbstöler m. || self oiler; automatic oil feeder; automatic *or* self-acting lubricator || lubrificateur m. *ou* graisseur m. automatique. 31

selbstregelnde Dynamo f. || self-regulating dynamo || dynamo f. auto-régulatrice. 32

selbstregistrierend || self recording; self registering || enregistrant automatiquement. 33

Selbst-regler m. (Elektr) || automatic regulator || régulateur m. automatique; autorégulateur m. a) **~regelung** f. der **Windturbine** || automatic regulation of the wind turbine || régulation f. automatique de la turbine aérienne. b) **~reinigung** f. || self purification || autopurification f. c) **~sauger** m. für die **Fäkalienabfuhr** || automatic suction pump for the removal of feces || aspirateur m. automatique pour l'enlèvement des matières fécales. 34

Selbstschalter m. || automatic switch || interrupteur m. automatique. a) **~** mit **Luftauslösung** || auto-switch with air release || disjoncteur m. à rupture dans l'air. b) **~** mit **Nullspannungsauslösung** || automatic switch with zero-voltage release || interrupteur m. automatique à déclenchement à voltage à zéro. 35

Selbstschärfer m. für Sägen || automatic saw sharpening machine || machine f. automatique à affûter les scies. 36

Selbstschluß-dampfventil n. || self-acting steam pipe closing valve || soupape f. d'arrêt de vapeur à fermeture automatique. a) **~ventil** n. || self stopper valve || soupape f. à fermeture automatique. 37

selbstschmierend || self-lubricating || à graissage m. automatique. 38

selbst-schreibend || self-registering; selfrecording || enregistrant automatique; auto-enregistreur. 39

Selbst-schreiber m. || recording device || enregistreur m. a) **~schrumpfung** f. || self-hooping || autofrettage m. 40

selbstsperrendes Getriebe n. || self-locking gear || mécanisme m. d'encliquetage automatique. 41

Selbstsperrung f. || self-locking || encliquetage m. automatique. 42

Selbständigkeit f. || independence || indépendence f. 43

selbststeuernder Kolben m. || self-distributing piston || piston m. à distribution automatique. 44

Selbststich m. (Met) || siphon-tap || siphon m. 45

selbsttätig || automatic; self-acting || automatique. a) **~e Aufgabevorrichtung** f. || automatic charging device || mécanisme m. de chargement automatique. b) **~e Bewegung** f. || self-acting motion || mouvement m. automatique. c) **~e Bremse** f.

|| self-acting brake || frein m. automatique. **d) ~er Feuermelder** m. || automatic fire alarm || avertisseur m. d'incendie automatique. **e) ~e Ladeeinrichtung** f. (Sammler) || automatic charging || charge f. automatique. **f) ~er Schalter** m. || automatic switch || interrupteur m. automatique. **g) ~er Vorschub** m. || automatic feed || avance f. automatique. **h) ~er Wagenkipper** m. || automatic wagon tipping device || basculeur m. automatique pour wagons. **i) ~e Weiche** f. || automatic point || changement m. de voie automatique. **k) ~e Werkstoffzuführung** f. || automatic feed || amenage m. automatique. 1

Selbstunterbrecher m. || automatic contact breaker; self-interrupter; trembler; automatic cut-out || interrupteur m. automatique; trembleur m.; disjoncteur m. 2

Selbstunterbrechung f. || self-interruption || interruption f. automatique. 3

Selbstverkäufer m. (Automat) || automatic selling machine || distributeur m. automatique. **a) ~zähler** m. || prepayment meter || compteur m. automatique à payement préalable. 4

Selbstverschluß m., Tintenfaß n. mit || self-closing inkstand || encrier m. à fermeture automatique. 5

Selbstverwaltung f. || self-management; self-government || régie f.; autonomie f.; gestion f. directe. **a) in ~ nehmen** || to take in self-government || prendre en régie. 6

selbstzentrierend || self-centering || à centrage m. automatique. 7

selbstzündend || self-ignitible || allumage m. automatique. 8

Selbstzündung f. || self *or* spontaneous ignition || allumage m. spontané. 9

Selektivität f. (Funkw) || selectivity; selection || sélectivité f. 10

Selektivschutz m. || discriminating relay || protection f. par relais discriminateur. 11

Selen n. || selenium || sélénium m. **a) ~apparat** m. || selenium apparatus || appareil m. au sélénium. **b) ~blei** n. || selenide of lead; clausthalite || plomb m. sélénié clausthalite f. **c) ~chlorid** n. || selenium tetrachloride || tétrachlorure f. de sélénium. **d) ~chlorür** n. || selenium monochloride || protochlorure f. de sélénium. **e) ~dioxyd** n. || selenium dioxide || anhydride m. sélénieux. **f) ~erz** n. || selenium ore || minerai m. de sélénium. 12

Selenit m. || gypseous spar; selenite; sparry *or* specular gypsum || gypse m. cunéiforme *ou* en fer de lance *ou* spathique; sélénite f. **a) ~wasser** n. || selenium water || eau f. séléniteuse. 13

Selenkupfer n. || selenide of copper || cuivre m. sélénié. 14

Selenquecksilber n. || selenide of mercury || séléniure m. de mercure. **a) ~blei** n. || lerbachite; selenide of mercury and lead || lerbachite f.; séléniure m. de plomb et de mercure. 15

Selen-säure f. || selenic acid || acide m. sélénique. **a) ~schwefel** m. || volcanite; selen-sulphur || volcanite f.; soufre m. sélénifère. **b) ~silber** n. || selenide of silver; naumannite || argent m. séléniuré; séléniure m. d'argent; naumannite f. 16

Selenzelle f. || selenium cell || cellule f. sélénifère *ou* au sélénium. **a) die ~n** fpl. **abwechselnd** belichten und verdunkeln || to illuminate and to darken the selenium cells alternatively || éclairer et obscurcir tour à tour les cellules sélénifères. 17

Selfaktor m. || self-acting mule; self-actor || selfacteur m.; mull-jenny m. renvideur; renvideur m. automatique. **a) ~spindel** f. (Spinn) || spindle for self-acting mules || broche f. pour métiers self-acting. **b) ~spinner** m. || self-acting spinner || fileur m. au self-acting. 18

Sellerie-öl n. || celery oil || essence f. de céleri. **a) ~samen** m. || celery seed || semence f. de céleri. 19

selten || rare; scarce || rare. **a) ~e Erden** fpl. || rare earths pl. || terres fpl. rares. 20

Seltenheit f. || rareness; scarcity || rareté f. 21

Selterwasser n. || seltzer water; selters; (soda water) || eau f. de Seltz. 22

Semaphor m. || semaphore || sémaphore m. **a) ~station** f. *s.* ~stelle f. **b) ~stelle** f. || semaphore station || poste m. sémaphorique. **c) ~telegramm** n. || semaphore telegram || télégramme m. sémaphorique. 23

Semikolon n. || semicolon || point m. et virgule; point-virgule m. 24

Semmel-mehl n. || wheat flour || farine f. à petits pains. **a) ~mühle** f. || roll grinding machine || machine f. à chapelure. 25

Sempel m. || simple || semple m. 26

Sende-anordnung f. (Funkw) || transmitting arrangement || dispositif m. d'émission. **a) ~antenne** f. || transmitting aerial || antenne f. émetteuse *ou* d'émission. **b) ~basis** f. der **Erdtelegrafie** || transmitting basis of earth telegraphy || base f. d'émission de télégraphie par le sol. **c) ~diagonale** f. || sender diagonal || diagonale f. du poste transmetteur. 27

Sende- und Empfangsapparat m. (Fernm) || transmitting and receiving apparatus || appareil m. d'émission et de réception. 28

Sende-jigger m. || transmitting jigger || jigger m. d'émission. **a) ~kreis** m. || transmitting circuit || circuit m. d'envoi. **b) ~luftleiter** m. (Funkw) || transmitting aerial || antenne f. d'émission. 29

senden, mit der Eisenbahn f. || to send by rail || expédier par chemin m. de fer. 30

Sender m. (Fernm) || sender; transmitter; emitter || poste m. transmetteur; transmetteur m.; émetteur m. **a) einfacher ~** || simple transmitter || dispositif m. d'émission directe. **b) Funken~** || spark transmitter || émetteur m. à étincelles. **c) gekuppelter ~** || inductive transmitter || transmetteur m. à couplage inductif. **d) induktiv** gekoppelter ~ *s.* gekuppelter ~. **e) ~** für **kontinuierliche** Schwingungen || transmitter for continuous oscillations || transmetteur m. pour oscillations continues. **f) scharf** abgestimmter ~ || sharply tuned transmitter || transmetteur m. à syntonisation aiguë. **g)** einen ~ m. **tasten** (Funkw) || to key a transmitter || manier un transmetteur. 31

Senderanordnung f. || arrangement of transmitter || dispositif m. d'émetteur. 32

Senderaum m. (Funkw) || transmitting room; studio || salle f. de manipulation; chambre f. des appareils de transmission; studio m. 33

Sendererregerkreis m. || oscillating transmitting circuit || circuit m. oscillant. 34

Sende-röhre f. || valve generator; sending tube || lampe f. pour émetteurs. **a) ~spiel** n. || studio performance || représentation f. dans le studio. **b) ~station** f. (Fernm) || transmitting station || poste m. émetteur. **c) ~streifen** m. (Siemens Telegr) || transmitting tape || bande f. transmettrice. **d) ~system** n. || transmitting system || système m. d'émission. **e) ~verstärker** m. || transmitting amplifier || amplificateur m. émetteur. 35

Sendevorrichtung f. (Funkw) || sending device || dispositif m. de transmission; appareil m. transmetteur. **a) selbsttätige ~** (Funkw) || automatic transmitter || transmetteur m. automatique. 36

Sendung f., **Umschaltung** f. für (Funkw) || change of connection for transmitting || commutation f. pour la transmission. 37

Sendungskreis m., **schwingender** (Funkw) || oscillating transmitting circuit || circuit m. oscillant d'émission. 38

Senegalgummi m. || Senegal gum || gomme f. du Sénégal. 39

Senegawurzel f. || senega root || racine f. de sénéga. 40

Senf m. || mustard || moutarde f. **a) ~gas** n. || mustard gas; Yperit || gaz m. moutarde; Ypérite m.; sulfure m. d'éthyle dichloré. **b) ~macher** m. || mustard maker || moutardier m. **c) ~mehl** n. || mustard meal || farine f. de moutarde. **d) ~mühle** f. || mustard mill || moulin m. à moutarde. 41

Senföl n. || mustard oil || essence f. de moutarde. **a) ätherisches ~** || volatile oil of mustard || huile f. de moutarde. 42

Senf-papier n. || mustard paper; vesicatory || papier m. moutarde; sinapisme m.; vésicant m. **a) ~pflaster** n. || mustard plaster *or* paper || emplâtre m. de moutarde; papier m. moutarde; sinapisme m. **b) ~same** m. || mustard seed || graine f. de moutarde. 43

sengen || to singe || griller. **a)** den **Faden** m. ~ (Spinn) || to singe *or* to gas the thread || flamber *ou* gazer le fil. **b)** mittels einer **Flamme ~** (Web) || to singe with a flame || flamber par une flamme. **c)** mit **Gas ~** (Web) || to gas || gazer. 44

Sengen n. (Web) || singeing || grillage m. **a) ~** mittels einer **Flamme** (Web) || singeing with a flame || flambage m. **b) ~** des **Garnes** || yarn singeing || gazage m. des fils. **c) ~** mit **Gas** (Web) || gassing *or* singeing || grillage m. au gaz; gazage m. 45

Senger m. (Tuchm) || singer || flambeur m. 46

Sengerei f. (Tuchm) || singeing || grillage m.; flambage m.; gazage m. 47

Seng-maschine f. (Web) || singeing machine || machine f. à griller; grilleuse f. **a) ~platte** f. || singeing plate || plaque f. à griller. 48

senkbar, heb- und || to be raised and lowered || pouvant se monter et descendre. 49

Senk-bäume mpl. (Bergb) || ground spear || tirant m. de suspension. **a) ~blei** n. (Pont; Wasserb) || (sounding) lead; plummet; lead; plumb line *or* bob; sinker || plomb m. de sonde; sonde f. *ou* fil m. à plomb. **b) ~brunnen** m. || sunk well || puits m. foncé. **c) ~bühne** f. || lowering stage || chargeur m. descendant. 50

Senke f. (Fisch) || hoop net; catcher; bag *or* draw *or* purse net || ableret m. **a) ~** (Geologie) || shallow subsidence || affaissement m. plat. 51

Senkel m. (Maur) || plummet; plumb; plumb line; sounding || plomb m.; fil m.

à plomb; sonde f. **a)** ~ (Schuh) || lace || lacet m.; cordon m. **b)** **~beschläger** m. (Posam) || lace tagger || ferreur m. de lacets. **c)** **~macher** m. (Posam) || cord plaiter || tresseur m. de cordons. 1

senken || to depress; to lower || abaisser. **a)** **sich** ~ (Gebäude) || to sink in; to settle || s'affaisser; farder; prendre coup. 2

Senken n. der **Stimme** || lowering the voice || abaissement m. de la voix. 3

senkend, sich || sagging || fléchissant. 4

Senker m. (Bergb) || sinker || avaleur m.; pic m. d'avaleresse. **a)** ~ (Masch) || countersink || fraise f. conique. 5

Senk-faschine f. (Wasserb) || water-fascine || saucisson m. **a)** **~geschwindigkeit** f. || lowering speed || vitesse f. de descente. 6

Senkgrube f. (Bauw) || bog; waste *or* draining well; drain; sink hole *or* trap; cess pool || puisard m.; puits m. absorbant; égougeoir m.; trappe f. à nettoyage. **a)** ~ (Bergb) || cess pool; sump; sinker || creux m.; puisard m. 7

Senk-grubenreiniger m. || nightman; night-soil man; sewer man || vidangeur m. **a)** **~hammer** m. || sledge hammer || fonçoir m. **b)** **~haue** f. (Bergb) || sinker's pick || pic m. d'avaleur. **c)** **~holzschraube** f. || flush wood screw || vis f. à bois à tête fraisée. 8

Senkkasten m. (Bauw) || caisson || caisson m. de fonçage. **a)** **~gründung** f. (Wasserb) || foundation on sunken stone coffins; caisson foundation || encaissement m. *ou* fondation f. sur des coffres remplis de pierres; fondation f. par caissons. 9

Senkkolben m. (Bergb) || bit; polishing *or* finishing bit || mèche f.; polissoir m. 10

Senkkorb m. (Bergb) || snore-piece of a sinking-pump || grille f. du tuyau de la pompe. **a)** ~ (Wasserb) || basket filled with gravel || panier m. bourré de gravier. 11

Senk-loch n. (Bauw) || bog; waste *or* draining well; drain || puisard m.; puits m. absorbant; égougeoir m. **a)** **~lot** n. || plummet; plumb line *or* bob || fil m. à plomb. **b)** **~pumpe** f. (Bergb) || sinking set || pompe f. volante *ou* suspendue; jeu m. volant dans une avaleresse. 12

senkrecht || perpendicular; vertical || perpendiculaire; vertical. **a)** ~ zur **Windrichtung** f. || perpendicular to wind-pressure || perpendiculaire à la direction du vent. 13

Senkrechte f. || perpendicular line || ligne f. perpendiculaire; perpendiculaire f. 14

Senkrecht-fräsmaschine f. || vertical milling machine || fraiseuse f. verticale. **a)** **~kraft** f. || normal force || force f. normale. **b)** **~motor** m. || vertical motor || moteur m. vertical. **c)** **~schreibmaschine** f. || vertical typewriting machine || machine f. à écrire verticale. **d)** **~stoßmaschine** f. || vertical slotting machine || mortaiseuse f. verticale. 15

Senkrechtverstellung f. || vertical adjustment || déplacement m. vertical. **a)** ~ der **Frässpindel** || vertical movement of milling spindle || déplacement m. vertical de la broche porte-fraise. 16

Senk-satz m. (Bergb) || sinking set || pompe f. volante *ou* suspendue; jeu m. volant dans une avaleresse. **a)** Schachtabteufung f. nach dem **~schachtverfahren** n. || sinking to the sunk shaft process || creusement m. de puits de mine à cuvelage. **b)** **~schraube** f. || flush *or* countersunk screw || vis f. à tête fraisée; vis f. noyée. **c)** **~schuh** m. (Bergb) || shoe of a sinking shaft walling || sabot m. tranchant. **d)** **~sinn** m. || lowering direction || sens m. de la descente. **e)** **~stock** m. || grooved anvil || enclume f. sillonnée. 17

Senkstück n. (Wasserb) || mattress || clayonnage m.; claie f. **a)** **~bau** m. (Wasserb) || jetty || jetée f. 18

Senkung f. (Erdarb; Bauw) || settling; sinking; subsiding || tassement m.; affaissement m.; abaissement m. **a)** ~ (Luftf) || depression; sinking; lowering || abaissement m. **b)** **Boden~** || subsidence of the ground || tassement m. du sol. **c)** **geologische** ~ || subsidence; submergence || affaissement m. **d)** ~ einer **Maschine** || lowering of a machine || dénivellement m. d'une machine. 19

Senkungs-maß n. || amount of the settling || tassement m. **a)** **~zuschuß** m. (Bauw) *s.* ~maß. 20

Senkvorrichtung f. || lowering device || dispositif m. de descente. 21

Senkvorrichtung f., Hebe- und || lifting and lowering arrangement || appareil m. de levage et de descente. 22

Senkwage f. || areometer; hydrometer; densimeter || aréomètre m.; densimètre m. **a)** ~ für **Säuremessungen** || hydrometer || aréomètre m. 23

Senkzimmerung f. (Bergb) || wood tubbing; sunk in a shaft || cuvelage m. dans des terrains ébouleux. 24

Sennerei f. || cheese works pl. || fromagerie f.; chalet m. 25

Sennesblätter npl. || senna leaves pl. || feuilles fpl. de séné. 26

Sense f. || scythe || faux f. 27

Sensen-baum m. || scythe stick || manche m. de faux. **a)** **~macher** m. || scythe smith || martineur m. de faux. **b)** **~ring** m. || scythe ring || anneau m. de faux. **c)** **~schleifer** m. || scythe grinder || aiguiseur m. de faux. **d)** **~stahl** m. || scythe steel || acier m. à faux. **e)** **~stein** m. || scythe rubber || dalle f. 28

Sensibilisator m. || sensitizer || sensibilisateur m. 29

Sentenriß m. || plan of the diagonals || plan m. des lisses plans. 30

Separation f. *s. auch* Scheidung f. *und* Trennung f. || separation || séparation f. **a)** ~ der **Erze** || separating of ores || criblage m. *ou* séparation f. du minerai. **b)** **Kohlen~** || coal separation || séparation f. de la houille. 31

Separations-anlage f. || screening plant || installation f. de triage. **a)** **~apparat** m. || separation machinery || appareil m. de séparation. **b)** **~arbeit** f. || screening work || opération f. de séparation. **c)** **~blech** n. || sheet for separating purposes || tôle f. de séparation. **d)** **~werk** (Wasserb) || separating dam || épi m. de séparation. 32

Separatkonto n. || separate account || compte m. spécial. 33

Separator m. || separator || séparateur m. **a)** **Eisen~** || iron separator || trieur m. électrique de ferraille. 34

separieren || to sift || cribler; tamiser. 35

Sepia f. || sepia || brun m. de sèche; sépia f. 36

Sepiolith m. || sepiolite; siliciferous carbonate of magnesia || sépiolithe f.; magnésie f. carbonatée silicifère. 37

Serailkügelchen n. || aromatic pastille || pastille f. du sérail. 38

Serge f. || serge || serge f. **a)** **Seiden~** || silk twill || sergé m. soie. 39

Sergestoff m., baumwollener || cotton serge || serge f. en coton. 40

Serien-fertigung f. || manufacturing in series || fabrication f. en série. **a)** **~funkenstrecke** f. || multiple spark gap || étincelles fpl. en série. **b)** **~kondensator** m. || series condenser || condensateur m. en série. 41

serienmäßig || in series pl. || en série f. 42

Serien-parallelschalter m. || series parallel switch || interrupteur m. série-parallèle. **a)** **~schalter** m. || multi-circuit switch || commutateur m. multiple *ou* à combinaison. **b)** **~schaltung** f. || series pl. connection || couplage m. en série. **c)** **~wagen** m. || stock car || voiture f. de série. **d)** **~widerstand** m. || series rheostat || rhéostat m. en série. 43

Serizitschiefer m. (Geol) || sericite slate || schiste m. séricitique. 44

Serpentin m. || serpentine || serpentine f. 45

Serpentinisierung f. || serpentinization || serpentinisation f. 46

Serpentinsteinbruch m. || serpentine quarry || carrière f. de serpentine. 47

Serum n. || serum || sérum m. **a)** **~glas** n. || serum tube || tube m. pour sérum. 48

Service n. || service || service m. 49

Servierbrett n. || tray || plateau m. à servir. 50

Serviette f. || napkin || serviette f. 51

Serving f. (Seew) || plat *or* thrummed mat || baderne f. 52

Servitut n. || servitude || servitude f. 53

Servomotor m. || servo-motor || servo-moteur m. 54

Sesam-öl n. || sesame *or* gingili oil || huile f. de sésame. **a)** **~saat** f. || sesame seed || graines fpl. de sésame. 55

Sessel m. || (arm) chair; seat || fauteuil m.; siège m.; chaise f. **a)** **Klavier~** || piano stool || tabouret m. de piano. **b)** **Leder~** || leather bottomed seat || siège m. en cuir. 56

seßhaft || resident; domiciled || domicilié; sédentaire. **a)** **~er Arbeiter** m. || resident *or* local worker || ouvrier m. à domicile fixe. 57

Setzbord m. (Schiffb) || wash- *or* weather- *or* water board || falque f. **a)** **~planke** f. || spirketting || feuille f. bretonne. 58

Setz-bottich m. || settling vat || cuve f. à filtration. **a)** **~brand** m. in **Eisen** für Brennmaschinen || type of iron for burning machines || marque f. en fer pour machines à marquer avec du fer rouge. **b)** **~brett** n. || settling bottom || lit m. de lavage. **c)** **~eisen** n. (Schmied; Schloss) || (anvil) chisel || hacheron m.; tranche f. 59

setzen (Buchdr) || to compose; to set || composer. **a)** außer **Gebrauch** m. ~ || to abolish || mettre hors d'emploi. **b)** in **Betrieb** m. ~ || to set to work || mettre en activité. **c)** **eng** ~ (Buchdr) || to compose closely || composer serré. **d)** ein **Erz** durch das Sieb ~ || to sieve an ore || cribler un minerai. **e)** ~, die **Feder** setzt sich || the spring grows slack || le ressort se détende. **f)** den **Filz** m. ~ (Hutm) || to put the felt on the block || dresser le feutre. g) **Kurs** m. ~ auf . . . || to shape the course for . . . || tracer la route pour . . . h) das **Pflaster** ~ (Straßenb) || to place close the paving stones pl. || poser le pavé. i) **Segel** npl. ~ || to make *or* to set sails pl. || déployer les voiles fpl.; mettre les voiles fpl. au vent. k) **sich** ~ (Chem) || to get deposited; to fall to the bottom; to settle || se déposer. l) **sich** ~ (Erdmassen; Erdarb) || to settle || se tasser. m) **sich** ~ (Gebäude) || to sink in; to settle || s'affaisser; farder; prendre coup. n) **spaltenweise** ~ || to compose in columns || composer par colonnes. o) die **Stempel** mpl. ~ (Bergb) || to timber || étançonner; boiser. p) **stückweise** ~ || to compose in companionship || travailler en galée. q) **Zimmerung** f. ~ (Bergb) || to timber || boiser une mine. 1

Setzen n. (Buchdr) || composition || composition f. a) ~ (Erdarb) || shrinkage; consolidation || rechargement m. 2

Setzer m. (Buchdr) || compositor || compositeur m. (d'imprimerie). a) ~ (Feuerw) || drift || baguette f. à charger. b) **Hand~** (Buchdr) || hand compositor || compositeur m. à main. 3

Setzerfehler m. (Buchdr) || error of the compositor || faute f. de composition. 4

Setzgraupen fpl. (Bergb) || jigged ore || minerai m. lavé au crible. 5

Setzhammer m. || plane *or* square set-hammer || chasse f. carrée. a) **runder** ~ || fuller; top fuller; half round set hammer || chasse f. ronde; dégorgeoir m. b) **schräger** ~ || chamfered set hammer || chasse f. en biseau. 6

Setzholz n. (Tischl) || wooden mullion || poteau m. de milieu. a) ~ eines **Fensterfutters** || wooden mullion of a French casement || poteau m. de milieu *ou* moyen; montant m. d'une croisée à battant. 7

Setzkasten m. (Buchdr) || type *or* letter case || casse f. de compositeur. a) ~ (Met) || washing tank || bac m. de lavage. b) **Schnell~** || case for quick composition || casse f. tachéotype. 8

Setz-keil m. || key; cotter; cott(e)rel || clavette f. de serrage. a) **~latte** f. || ruler; level || règle f. de nivellement; limande f. 9

Setzmaschine f. (Aufber) || jigging machine; jig; washer; (sieve) jigger || jig m.; crible m. hydraulique; machine f. à cribler des minerais; sasseur m. a) ~ (Buchdr) || type-setting machine || machine f. à composer. b) ~ für die **Aufbereitungsindustrie** || sifting machine for the dressing industry || séparatrice f. des dépôts pour les préparations industrielles. c) **Buchstaben~** || type-setting machine || machine f. composant des types mobiles. d) **Doppelmagazin~** || double-magazine composing machine || machine f. à composer à deux magasins. e) **Feinkorn~** (Met) || fine grain washer || machine-laveuse f. de fins. f) **Grobkorn~** (Met) || coarse grain washer || machine-laveuse f. de gros. g) **hydraulische** ~ (Bergb) || plunger jig || crible m. hydraulique. h) **Linotype~** || linotype machine || linotype m. i) **Monotype~** (Buchdr) || monotype || monotype m. k) **Schreibmaschinenschrift~** || manycopy typewriter || machine f. à composer pour duplicateurs. l) ~ mit **Tastatur** (Buchdr) || keyboard composing machine || machine f. à composer à clavier. 10

Setz- und Ablegemaschine || type-setting and distributing machine || machine f. à composer et à distribuer. 11

Setz-maschinenmotor m. || motor for type setting machine || moteur m. de machine à composer. a) **~meißel** m. || set hammer; setter || chasse f. 12

Setzschiff n. (Buchdr) || galley; gally; pan; composing galley || galée f. a) **hölzernes** ~ (Buchdr) || wood galley || galée f. en bois. 13

Setz-schlag m. || setting blow || frappe f. appuyée. a) **~schraube** f. || set screw || vis f. de blocage. 14

Setzsieb n. (Bergb) || brake *or* jigging sieve; jigger || crible m.; tamis m. de lavage. a) **hydraulisches** ~ (Bergb) || plunger jigger || crible m. hydraulique. 15

Setz-stein m. (Buchdr) || imposing *or* press stone || marbre m. a) **~stempel** m. || set hammer || chasse f. b) **~stock** m. (Werkzeugmasch) || steady rest || lunette f. c) **~stufe** f. || riser || ais m. de contremarche. d) **~tisch** m. (Buchdr) || compositting table || table f. de composition. e) **~vorrichtung** f. (Buchdr) || composing device || appareil m. à composer. 16

Setzwage f., nach der ~ anlegen || to level || dresser de niveau m. a) ~ mit **Libelle** || spirit level; air level || niveau m. à bulle d'air. 17

Setz-wäsche f. (Aufber) || tub washing; jigging house || lavage m. à la cuve *ou* au crible. a) **~weger** m. || spirketting || feuilles fpl. bretonnes. b) **~werkzeug** n. (Buchdr) || composing tool || outil m. à composer 18

Seuche f. || plague || peste f. 19

Seuchenbekämpfungsmittel n. || épidemic antidote || antidote m. contre epidémies. 20

Sextant m. || sextant || sextant m. 21

Shaper m. || shaper || étau-limeur m. 22

Shapingmaschine f. || shaping machine; shaper || étau-limeur m. 23

Shunt m. mit hoher **Selbstinduktion** (Elektr) || highly inductive shunt || shunt m. à pouvoir inductif élevé. 24

Sichel f. || sickle || faucille f. 25

sichelförmig || crescent shaped || en forme de croissant. 26

Sichel-gestalt f. (Astro) || crescent shape || forme f. de croissant. a) **~schmied** m. || sickle smith || forgeur m. de faucilles. 27

sicher (Wertpapier) || safe; secure || de tout repos. a) **um** ~ zu gehen || to make sure || pour être sûr de son fait. 28

Sicherheit f. || safety || sûreté f.; sécurité f. a) ~ (Bankw) || security; guarantee; guaranty (A) || couverture f.; garantie f. b) **gegen** ~ von || on the security of || sur la garantie de. c) **zur** ~ gegen . . . || as a safeguard against . . . || en garantie de . . . d) **zweifache** ~ || two-fold security || double sécurité f. 29

Sicherheitsapparat m. || safety apparatus || appareil m. de sûreté. a) **Fördermaschinen~** || safety apparatus for winding engines || appareil m. de sûreté pour machines de transport. b) **Gas~** || gas safety device || appareil m. de sûreté pour le gaz. 30

Sicherheits-beanspruchung f., ohne die ~ zu überschreiten || without exceeding the safe stress || sans excéder l'effort m. de sécurité. a) **~brandlunte** f. für **Bergwerke** || safety fuse for mines || mèche f. de sûreté pour mines. b) **~bremse** f. || safety brake || frein m. de sûreté. c) **~brett** n. || safety board || planchette f. de sûreté. d) **~bügel** m. (Kran) || safety gripper || étrier m. de sûreté. e) **~einrückung** f. || safety connector || éclanchement m. de sûreté. f) **~einrichtung** f. in **Feuermeldeanlagen** || safety arrangement for fire alarm systems || disposition f. de sécurité dans les installations d'avertisseurs d'incendie. g) **~erde** f. (Fernm) || safety earthing || prise f. de terre de sécurité. h) **~faktor** m. || factor of safety || coefficient m. de sécurité. i) **~flasche** f. || safety bottle || flacon m. de garde. k) **~füllfederhalter** m. || safety type fountain pen || stylographe m. de sûreté; porte-plume m. réservoir de sûreté. l) **~funkenstrecke** f. || safety spark gap || parcours m. d'étincelle de sûreté. m) **~grad** m. || degree of safety; safety factor || coefficient m. *ou* degré m. de sécurité. n) **~hahn** m. || safety-tap || robinet m. de sûreté. o) **~haken** m. || safety crook || crochet m. de sûreté. p) **~kasten** m. || safe || coffret m. de sûreté. q) **~kette** f. || safety chain || chaîne f. de sûreté. r) **~klappe** f. || safety valve || soupape f. de sûreté. s) **~koeffizient** m. || coefficient *or* factor of safety || coefficient m. de sécurité. t) **~kupplung** f. || safety coupling || accouplement m. de sûreté. u) **~ladung** f. (Sammler) || safety charge || charge f. de sûreté. v) **~lampe** f. || safety lamp || lampe f. de sûreté. w) **~leistung** f. || giving of security || constitution f. de garantie. x) **~nadel** f. || safety pin || épingle f. de sûreté. y) **~pfeiler** m. (Bergb) || safety pillar; rib || pilier m. de sûreté. 31

sicherheitspolizeiliche Vorschriften fpl. || safety regulations || prescriptions fpl. de police relatives à la sécurité. 32

Sicherheits-rasierapparat m. || safety razor || rasoir m. de sûreté. a) **~riegel** m. || safety catch || cliquet m. de sûreté. b) **~röhre** f. || safety pipe || tuyau m. de sûreté. c) **~schiene** f. (Eisenb) || guard *or* safety *or* side rail || contre-rail m. d) **~schloß** n. || safety *or* safe lock || serrure f. de sûreté; anti-vol m. e) **~schubriegel** m. || safety sliding bolt || targette f. *ou* pêne m. de sûreté. f) **~sprengstoff** m. || safety explosive || explosif m. de sûreté. g) **~spundapparat** m. || safety bunging apparatus || appareil m. de bondonnage de sûreté. h) **~streichhölzer** npl. || safety matches || allumettes fpl. de sûreté. i) **~tor** n. (Wasserb) || safety gate; guard lock || écluse f. de garde. k) **~türverschluß** m. || safety door-locking device || dispositif m. de sécurité de fermeture pour portes. 33

Sicherheitsventil n. || safety valve || soupape f. de sûreté. a) **äußeres** ~ || external safety valve || soupape f. de sûreté extérieure. b) **Dampf~** || steam safety valve || soupape f. à vapeur de sûreté. c) ~ mit **Feder** || spring safety valve || soupape f. de sûreté à ressort. d) ~ mit **Hebel** || lever safety valve || soupape f. de sûreté à levier. e) **Ölpumpen~** || oil pump safety valve || soupape f. de sûreté de pompe à huile. f) ~ der **Speisepumpe** || escape valve; return valve || soupape f. de trop plein. g) ~ des **Zylinders** || priming valve || soupape f. de sûreté du cylindre. 34

Sicherheitsventil-belastung f. || safety valve weight || contre-poids m. de la soupape de sûreté. **a) Lokomotiv~feder** f. || safety spring for locomotive valves || ressort m. de sûreté pour soupapes de locomotives. 1

Sicherheits-vorrichtung f. || safety apparatus *or* device || appareil m. *ou* dispositif m. de sûreté. **a) ~vorschriften** fpl. || safety code *or* rules pl. *or* specifications pl. || instructions fpl. *ou* mesures fpl. *ou* règlements mpl. de sûreté. **b) ~winde** f. || safety winch || treuil m. de sûreté. **c) ~zahl** f. || coefficient *or* factor of safety || coefficient m. de sécurité. **d) ~ziffer** f. || factor of safety || coefficient m. de sécurité. **e) ~zuhaltung** f. || safety bolt || arrêt m. de sûreté. **f) ~zünder** m. (Bergb) || safety fuse *or* detonator || fusée f. *ou* mèche f. *ou* détonateur m. de sûreté. **g) ~zündhölzchen** n. || safety match || allumette f. de sûreté *ou* suédoise. 2

sichern || to check || arrêter. **a)** ~ (Aufber) || to van || laver. **b)** den **Radreifen** m. mittels Sprengrings ~ || to fasten the tire by spring ring || agrafer le bandage. 3

sicherstellen || to guarantee; to give security || assurer; garantir. 4

Sicherung f. (Bankw) || safeguarding || sûreté f.; assurance f.; garantie f. **a)** ~ (Büchsenm) || slide-bolt || verrou m. de sûreté. **b)** ~ (Elektr) || cut-out; fuse || coupe-circuit m.; fusible m. de sûreté. **c) Abscherstift~** || safe-guarding by shearing pin || dispositif m. de sécurité par goupille. **d) Blei~** || lead cut-out; lead fuse || coupe-circuit m. à lame de plomb. **e)** die ~ **brennt** durch || the fuse blows || le fusible fond. **f) Freileitungs~** || aerial cut out || coupe-circuit m. aérien. **g) Schrauben~** || screw-locking device || dispositif m. de sûreté pour vis; frein m. de la vis. 5

Sicherungsanlage f. (Elektr) || fuse equipment || établissement m. des fusibles. **a) Eisenbahn~** || railway signalling and safety plant; railway safeguarding plant || installation f. de signalisation *ou* de sécurité pour le chemin de fer. 6

Sicherungs-blech n. || locking plate || tôle f. de sûreté. **a) ~dose** f. || fuse box || boîte f. à fusibles. 7

Sicherungseinrichtung f. || safety device || appareil m. *ou* dispositif m. de sûreté. **a)** ~ f. für **Gruben** || mine safety device || installation f. de sûreté pour mines. 8

Sicherungs-flansch m. || safety flange || bride f. de sécurité. **a) ~gestell** n. (Fernm) || fuse board || bâti m. de fusibles. **b) ~hypothek** f. || security mortgage || hypothèque f. de garantie. **c) ~isolator** m. (Elektr) || fuse insulator || isolateur m. porte-fusible. **d) ~kasten** m. || fuse box || boîte f. à fusible; guérite f. **e) ~kontrollrelais** n. || fuse supervisory relay || relais m. pilote avertisseur pour coupe circuit. **f) ~lampe** f. (Ferum) || fuse lamp || lampe f. de sûreté. **g) ~material** n. (Elektr) || fuses pl. || coupe-circuits mpl. **h) ~patrone** f. (Elektr) || fuse cartridge || cartouche f. de fusibles. **i) ~schmelzstreifen** m. || fuse strip || lame f. fusible. 9

Sicherungsschraube f. || safety screw || boulon m. de retenue. **a)** ~ des **Kolbenbolzens** || piston pin lock screw || vis f. de fixation de l'axe de piston. 10

Sicherungs-stöpsel m. || fuse plug || cartouche f. **a) ~tisch** m. || fuse table || table f. des coupe-circuits. **b) ~überwachungseinrichtung** f. (Fernm) || fuse alarm || alarme f. pour les fusibles. **c) ~weiche** f. || safety switch || changement m. de voie de sûreté. 11

Sicht f. (Luft) || visibility || visibilité f. **a) ~anlage** f. || separating plant || installation f. de triage. **b) ~ausschnitt** m. || cut out *or* away section || regard m. *ou* échancrure f. pour la vue. 12

sichtbar, für das bloße Auge || visible to the naked eye || visible à l'œil nu. **a) ~schreibende Schreibmaschine** f. || visible typewriter || machine f. à écriture visible. **b) ~e Strahlung** f. || visible radiation || radiation f. visible. 13

Sichtearm m. (Müll) || shaking arm || ailette f. 14

sichten || to sort; to assort || assortir. **a)** ~ (Müllerei) || to sift || bluter. 15

Sichter m. || separator || cribleur m. **a) Wind~** || air separator || séparateur m. à air. 16

Sichterboden m. || sifter loft || salle f. de blutage. 17

Sichterei f. (Müll) || sifting || sassage m. 18

Sichtezeug n. || common bolter; shaking apparatus || blutoir m. en étamine; babillard m. 19

sichtig, ~es Wetter n. || transparent air; clear weather || temps m. clair. 20

Sichtmaschine f. (Müll) || bolter; bolting *or* dressing machine || bluterie f.; bluteau m.; blutoir m. **a) Wind~** || wind sifting engine || cribleur m. à vent. **b) Zentrifugal~** || centrifugal dressing machine || bluterie f. centrifuge. 21

Sichtmaschinenwärter m. (Müll) || sifter || sasseur m. 22

Sichtungsanlage f. || separating plant || installation f. de triage. 23

Sichtwechsel m. || bill at sight || effet m. *ou* billet m. à vue. 24

Sicken-hammer m. || seam hammer; creasing hammer || marteau m. à soyer. **a) ~maschine** f. || beading machine || machine f. à moulurer. 25

Sicker-damm m. || dam in loose stuff || barrage m. criblant *ou* en matières filtrantes *ou* laissant passer l'eau. **a) ~graben** m. || ditch || perré m. **b) ~grube** f. || cesspool || fosse f. à fond perdu. **c) ~kanal** m. || catch water drain || pierrée f. rigolée. **d) ~rohr** n. || drain; drop pipe || drain m.; tube m. stillatoire. **e) ~verlust** m. eines **Kanals** || leakage of a canal || perte f. d'infiltration d'un canal. **f) ~wasser** n. || percolating *or* leakage water || eau f. d'infiltration. 26

Siderit m. || siderite; blue quartz || sidérite m. 27

Sieb n. || sieve; screen; strainer || tamis m.; crible m.; sas m. **a)** ~ (Saugkorb) || rose || crépine f. **b) Draht~** || metal sieve; wire-gauze sieve || tamis m. *ou* crible m. de toile métallique; crible m. en métal. **c) Drahtstärke** f. des **~es** || thickness of sieve wire || grosseur f. du fil de fer du tamis. **d) Einheits~** || standard sieve || tamis m. normal. **e) Flach~** || flat sieve || tamis m. plat. **f) Körner~** || grain sieve || tamis m. à graines. **g)** ~ mit **länglichen** Löchern || sieve with elongated holes || crible m. muni de trous ovales *ou* longitudinaux. **h) Luftreinigungs~** || air strainer || filtre m. d'air. **i) mechanisches ~** || mechanical sieve || tamis m. mécanique. **k) Metall~** || metal sieve || crible m. en métal. **l) Öl~** || oil strainer || filtre m. d'huile. **m) Rund~** || sifting drum || tamis m. circulaire. **n) Rüttel~** *s.* Schüttel~. **o) Sand~** || sand sieve; gravel screen || tamis m. à sable; crible m. à gravier. **p) Schüttel~** || shaking sieve; sifter; rocking screen || sasseur m.; tamis m. à secousses; cribleur m. **q) Trommel~** || drum sieve; mixing sieve || tambour m. cribleur; tamis m. à tambour. **r) Vor~** (Müllerei) || preliminary sieve || tamis m. extracteur. 28

Siebabfall m. || screening refuse || refus m. de tamisage. 29

Siebanlage f. || screening plant || installation f. de criblage. **a)** ~ für die **Formsandaufbereitung** || sifting plant for the moulding sand dressing || installation f. de tamisage pour la préparation du sable à moules. **b)** ~ für **Kohlen** || coal screening plant || installation f. de criblage pour séparer la houille. **c) Mehl~** || flour sifting plant || installation f. de tamis à farine. **d)** ~ für die **Steinkohlenaufbereitung** || sifting plant for the pit coal dressing || installation f. de criblage pour la préparation de la houille. 30

siebartig durchlochtes Eisenblech n. || perforated iron plate || tôle f. perforée (en tamis). 31

Siebblech n. || sieve sheet; screening plate || tôle f. à tamisage *ou* à triage. 32

Siebboden m. || perforated bottom || fond m. perforé *ou* à tamis. **a)** ~ aus **Draht** || sieve-bottom of wire-gauze || fond m. à tamis de toile métallique. 33

Siebbürste f. || sieve brush || brosse f. à tamis. 34

sieben || to screen; to sift; to bolt; to sieve || tamiser; cribler. **a)** ~ (Lumpen) || to dust || nettoyer. **b) Sand** m. ~ || to sift sand || passer le sable au panier. 35

Sieben n. der **Erze** || separating of ore || criblage m. du minerai. 36

Sieberei f. || screening *or* sifting plant || criblage m.; installation f. de tamisage. **a) Kohlen~** || coal sifting plant || installation f. de cribles à charbon. **b)** ~ für die **Steinkohlenaufbereitung** || sifting plant for the pit coal dressing || cribleur m. pour la préparation de la houille. 37

Siebereigebäude n. || building of the screening plant || bâtiment m. de criblage. 38

Sieb-gewebe n. || sieve netting; strainer texture || tissu m. à tamis. **a) ~größe** f. || size of sieve *or* bolter || numéro m. de tamis. **b) ~holz** n. || wood for sieves || bois m. de tamis. **c) ~kammer** f. || straining chamber || chambre f. de tamisage. **d) ~kasten** m. || screening box || boîte f. de criblage. **e) ~kette** f. (Funkw) || filter || filtre m. **f) ~kohle** f. || sifted coal || charbon m. criblé. **g) ~koks** m. || sifted coke || coke m. criblé (*ou* tamisé). **h) ~kranz** m. || screening frame || bord m. de tamis. **i) ~kreis** m. (Fernm) || screening circuit || circuit m. filtre. **k) ~kugelmühle** f. || ball mill with screens || moulin m. à boulets avec toiles. 39

Siebmacher m. || sieve maker || tamisier m. **a) ~waren** fpl. || sieve-maker's goods pl. *or* ware || articles mpl. de tamiserie. 40

Siebmantel m. (Aufber) || shell of a screening drum || enveloppe f. du trommel-classeur. **a)** ~ (Dampfdom) || sieve jacket || panier m. à paroi perforée. 1

Siebmasche f. || mesh of sieve || gueulette f.; maille f. de tamis. 2

Siebmaschine f. || screening *or* sifting machine || machine f. à tamiser; tamiseuse f. **a)** ~ (Bergb) || jig; jigger; sieve jigger || crible m. **b)** ~ (Pap) || rag duster || blutoir m. (de chiffons). **c) Mehl~** || flour sifting machine || machine f. à tamiser *ou* bluter les farines. **d) Sand~** || rotary sand sieve || machine f. à tamiser le sable. 3

Sieb-maschinenarbeiter m. (Pap) || willower || batteur m. de chiffons. **a) ~öffnung** f. || screen opening || trou m. du tamis. **b) ~platte** f. (Chem) || filter plate || tôle f. perforée. **c) ~rahmen** m. || sieve frame || cadre m. à tamis. **d) ~rand** m. || sieve hoop || rebord m. de crible. **e) ~rost** m. || sieve grate || grille f. de tamiseur. **f) ~rückstand** m. || sieve residue; screening refuse || refus m. de tamisage *ou* de crible. **g) ~satz** m. || set of sieves || série f. de tamis. **h) ~schaufel** f. || sieve shovel || pelle f. à grille. 4

Siebsel n. (Müll) || siftings pl.; garblings pl. || criblure f. 5

Sieb-trichter m. für **Benzin** || funnel with filter for petrol || entonnoir m. avec tamis pour essence. **a) ~trommel** f. || sieve *or* sizing *or* screening *or* straining drum || tambour m. cribleur *ou* tamiseur *ou* de tamisage *ou* à tamis. **b) ~tuch** n. || bolting cloth || étamine f. 6

Siebung f. || sizing || criblage m. 7

Sieb-zarge f. || sieve hoop || cercle m. d'un crible. **a) ~zeug** n. || bolter; bolting work || tamis m. **b) ~zylinder** m. || sifting cylinder || cylindre m. tamiseur. 8

Siede-flüssigkeit f. (Münzw) || blanching-liquid || bousure f. **a) ~hitze** f. || boiling heat || température f. d'ébullition. **b) ~kessel** m. || boiler || chaudron m. **c) ~lauge** f. || boiling liquor || eaux fpl. de cuite. 9

sieden || to boil || bouillir. **a)** in **Alaunwasser** n. ~ || to steep in alum || aluner une étoffe. 10

Sieden n. || boiling || ébullition f. **a)** ~ einer **Flüssigkeit** || ebullition; boiling || ébullition f. 11

siedend || boiling || bouillant. **a) ~heiß** || boiling-hot || bouillant. 12

Siede-pfanne f. (Zuck) || evaporating boiler || chaudière f. évaporatoire. **a) ~punkt** m. || boiling point || point m. d'ébullition. 13

Sieder m., Quer (Kessel) || cross-tube boiler || générateur m. transversal. 14

Siederhals m. || upright tube of a boiler tube || culotte f. *ou* cuissard m. d'un bouilleur. 15

Siederohr n. || boiler *or* fire *or* heating tube || tube m. de fumée *ou* de chaudière. **a)** ~ eines **Dampfkessels** || steam boiler tube || bouilleur m. d'une chaudière à vapeur. 16

Siede- und Rauchrohrbearbeitungsmaschine f. || boiler and smoke tube working machine || machine f. pour le travail des tubes bouilleurs et des tubes à fumée. 17

Siederohr-bürste f. für **Dampfkessel** || boiler tube brush || brosse f. de bouilleur d'une chaudière à vapeur. **a) ~dichtmaschine** f. || caulking machine for boiler pipes || machine f. à calfeutrer les tuyaux des chaudières. 18

Siederohrkessel m. || water-tube boiler || chaudière f. à tubes d'eau. **a) ausziehbarer Flammrohr~** || multitubular boiler with removable firebox and smoke tubes || chaudière f. avec boîte à feu et faisceau tubulaire amovible. 19

Siede-rohrverschluß m., Dichtungsflächenreiniger m. für Siederohrverschlüsse || cleaning apparatus for the packing space of boiler tube closures || nettoyeur m. de surfaces d'étoupement des tubes bouilleurs. **a) ~salz** n. || sea *or* marine *or* common *or* kitchen salt || sel m. marin *ou* de mer *ou* de saline; salmare f. **b) ~verzug** m. || retardation of ebullition *or* boiling || retard m. à l'ébullition. **c) ~zeit** f. || boiling period || temps m. de mise en ébullition. 20

Siedlung f. für **Arbeiter** || workmen's colony || colonie f. ouvrière. 21

Siedlungsherd m. || settlement range || cuisine f. de colonies. 22

Siegelbrot n. aus **Teig** || seal bread from paste || pain m. à cacheter en pâte. 23

Siegellack m. || sealing wax || cire f. d'Espagne *ou* à cacheter. **a) ~schmelzer** m. || sealing-wax heater || chauffe-cire à cacheter. **b) ~stange** f. || wax stick || bâton m. de cire à cacheter. 24

Siegel-lampe f. || sealing wax lamp || lampe f. pour fondre la cire à cacheter. **a) ~marke** f. || seal mark || timbre m. à cacheter. **b) ~markenprägeanstalt** f. || adhesive seal manufacture || fabrique f. d'étiquettes pour lettres. **c) ~maschine** f. || wax sealing machine || machine f. à cacheter à la cire. 25

siegeln || to seal || cacheter; sceller. 26

Siegel-oblate f. || seal wafer || pain m. à chanter *ou* à cacheter; cachet m. en hostie. **a) ~ring** m. || signet ring || bague-cachet f. 27

Siegenit m. (Min) || siegenite || siégénite f. 28

sieken (Klempn) || to seam; to crease || soyer; suager; ourler. 29

Sieken-eisen n. || creasing die || bille f. à moulures. **a) ~form** f. || creasing die || bille f. à moulures. **b) ~hammer** m. || creasing hammer; seam hammer || marteau m. à suage. **c) ~maschine** f. || swaging machine || machine f. à suager. **d) ~zug** m. || creasing tool || suage m. 30

Siel n. (Wasserb) || sluice; lock || écluse f. 31

Siemens-Martin-Ofen m. || open hearth furnace || four m. Martin-Siemens. 32

Siemens-Martin-Stahl m. || open-hearth steel; Siemens-Martin steel || acier m. Siemens-Martin. **a) basischer** ~ || basic open-hearth steel || acier m. Siemens-Martin (par le procédé) basique. **b) saurer** ~ || acid open-hearth steel || acier m. Siemens-Martin (par le procédé) acide. 33

Siemens-Martin-Stahlwerk n. || Siemens-Martin steel works pl. || aciérie f. Siemens-Martin. 34

Siemens Schnelltelegraf m. || Siemens high speed telegraph-printer || appareil m. télégraphique automatique Siemens. 35

Siena f. (Farbe) || Siena || Sienne f. **a) ~erde** f. || Siena earth || terre f. de Sienne. 36

Signal n. || signal || signal m. **a)** ~ (Feldm) || mark; sign || repère m.; signal m. **b) akustisches** ~ || audible *or* sound signal || appel m. *or* signal m. phonique. **c) Bedienung** f. eines **~s** (Eisenb) || operation of signal || manœuvre f. de signal. **d)** ~ mit der **Dampfpfeife** || blast of the steam-whistle || coup m. de sifflet **e) elektrisches** ~ || electric signalling apparatus || signal m. électrique. **f)** ~ für fehlenden **Rufstrom** (Selbstanschl) || signal of missing ringing current || signal m. de manque du courant d'appel. **g)** ~ **geben** (Auto) || to give signal || donner un signal; avertir. **h) Hupen~** || hooting || coup m. de sirène. **i) optisches** ~ || optical signal || signal m. optique. **k) Scheiben~** (Eisenb) || banner; target || disque m. 37

Signalanlage f., Fern || remote signalling plant || installation f. de télétransmission des signaux. **a) Schacht~** || shaft signalling plant || installation f. de signaux pour puits de mine. 38

Signal-antrieb m. || signal-operating mechanism || commande f. de signal. **a) ~anzeiger** m., **registrierender** (Bergb) || recording signal indicator || transmetteur-enregistreur m. 39

Signalapparat m. || signalizing *or* signalling apparatus || appareil m. à signal. **a) Eisenbahn~** || railway signalling apparatus || appareil m. à signaux pour chemins de fer. **b) Gruben~** || mine signalling gear || appareil m. de signaux de mine. **c) Schall** ~ || acoustic signalling device || signaux-avertisseur m. à voix. 40

Signalbuch n. || code of signals || code m. des signaux. **a) internationales** ~ || international code of signals || code m. international de signaux. 41

Signal-einrichtung f. || signalling device || dispositif m. de signalisation. **a) ~empfänger** m. || signal receiver || poste m. récepteur. **b) ~fahne** f. || flag for sighting-on || fanion-signal m. **c) ~farbe** f. || signal colour || couleur f. à signaux. **d) ~feuer** n. || signal light *or* fire || faux-feu m.; feu m. de signaux. **e) ~flagge** f. || signal flag || drapeau-signal m.; pavillon m. à signaux. **f) ~gast** m. (Seew) || signalman || timonier m. **g) ~geber** m. || signal transmitter || poste m. transmetteur. **h) ~gerät** n. || signalizing apparatus || appareil m. à signal. **i) ~glocke** f. || signal bell || cloche f. de signal. **k) ~horn** n. || signal horn; bugle || corne f. de signal; clairon m. **l) ~horn** n. (Straßenbahn) || tramway alarm || avertisseur m. pour tramways. **m) ~hupe** f. || (signal) hooter || trompe f. à signaux. **n) ~instrument** n. || signal instrument || instrument m. à avertir. 42

signalisieren || to signal(ize) || signaler. 43

Signal-lampe f. || signal lamp || lampe f. de signaux. **a) ~laterne** f. || signal lantern || fanal m.; lanterne f. de signal. **b) ~licht** n. || signal light || feu m. de signal. **c) ~mast** m. || signal post || mât-signal m.; poteau m. de sémaphore. **d) ~pfeife** f. || whistle; signal whistle || sifflet m. (de signal). **c) ~rahmen** m. (Selbstanschl) || signal frame; signalling shelf || baie f. *ou* ensemble m. des signaux. **f) ~scheibe** f. (Eisenb) || signal disc || voyant m. à disque; disque-signal m. **g) ~schuß** m. || signal gun || coup m. de canon de signal. **h) ~spule** f. (Selbstanschl) || dialling tone coil || bobine f. de ton de cadran. **i) ~stange** f. || pole for sighting on || perche f. de signalisation. **k) ~stein** m. || pillar for sighting on || borne f. de signalisation. 44

Signal- und Weichenstellung f., **elektrische** || electrical operating of signals and switches || commande f. électrique des signaux et aiguilles. a) **mechanische** ~ || mechanical operating of signals and switches || commande f. mécanique des aiguilles et signaux. 1

Signal-übertragung f. auf den **Zug** || train control || transmission f. des signaux sur les trains en marche. a) ~**uhr** f. || signal clock || horloge f. à signaux. b) ~**vorrichtung** f. (Eisenb) || signal apparatus || appareil m. de signalisation. c) ~**wärter** m. (Eisenb) || signalman || signaleur m.; garde-signaux m. 2

Signatur f. || signature; stamp; mark; brand; label || marque f.; étiquette f.; signature f. 3

signieren || to sign; to mark; to brand; to label || marquer. 4

Sikkativ n. || drying oil; siccative || siccatif m. a) ~**auszug** m. || siccative extract || extrait m. siccatif. b) ~**pulver** n. || siccative powder || siccatif m. en poudre. 5

Silbe f. || syllable || syllabe f. 6

Silben-schreibmaschine f. || syllable typewriter || machine f. à écrire les syllabes. a) ~**verständlichkeit** f. (Fernm) || articulation of syllables || netteté f. pour les syllabes. 7

Silber n. || silver || argent m. a) ~ in **Barren** || silver in ingots; bar silver || argent m. en barres *ou* en lingots. b) **Blatt**~ || silver leaf; beaten silver || feuilles fpl. d'argent; argent m. battu. c) ~ in **Blechen** || rolled silver || argent m. laminé. d) ~ in **Drähten** || spun silver || argent m. filé. e) **gediegenes** ~ || native silver || argent m. natif. f) **gemünztes** ~ || coined silver || argent m. monnayé. g) **getriebenes** ~ || chased silver || argent m. embouti. h) ~ in **Klumpen** || silver in lumps || argent m. en masse. i) **kolloidales** ~ || colloidal silver || argent m. colloïdal. k) **lötiges** ~ || silver of due alloy || argent m. fin. l) **metallisches** ~ || metallic silver || argent m. métallique. m) ~ **notiert** mit x || silver quoted at x || argent m. coté à x. n) **nukleinsaures** ~ || silver nucleinate || nucléinate m. d'argent. o) **oxydiertes** ~ || oxidized silver || argent m. oxydé. p) **proteinsaures** ~ || silver proteinate || protéinate m. d'argent. q) **rohes** ~ || crude silver || argent m. brut. r) **salpetersaures** ~ || silver *or* argentic nitrate; lapis infernalis || nitrate m. d'argent; pierre f. infernale. s) ~ für **Scheidemünzen** || billon silver || argent m. de billon. t) ~ in **Stangen** || bar silver || argent m. en barres. u) **verarbeitetes** ~ || wrought silver || argent m. travaillé. 8

Silber-amalgam n. || argental mercury; silver amalgam || mercure m. argental; amalgame m. d'argent. a) ~**apparat** m. || silver apparatus || appareil m. en argent. 9

silberartig || argentine; silvery || argentin; argenté. 10

Silber-bad n. (Lichtb) || silver bath || bain m. d'argent *ou* d'argenture. a) ~**barren** m. || silver bullion *or* ingot || lingot m. d'argent. b) ~**belag** m. || silver foil(ing) || feuille f. d'argent. 11

Silberbelegen n. von **Spiegeln** || silvering of mirrors || argenture f. de glaces *ou* de miroirs. 12

Silber-bergwerk n. || silver mine || mine f. d'argent. a) ~**blende** f. || pyrargyrite; dark-red *or* ruby silver ore || argent m. antimonié *ou* rouge; pyrargyrite f. b) ~**blick** m. (Met) || lightning *or* brightening of silver || éclair m. de l'argent. c) ~**borte** f. || silver galloon || galon m. d'argent. d) ~**brille** f. || silver spectacles pl. || lunettes fpl. d'argent. e) ~**brokat** m. || silver brocade || brocart m. en argent broché. f) ~**bronze** f. || silver bronze-powder || bronze m. d'argent. g) ~**chlorat** n. || silver chlorate || chlorate m. d'argent. h) ~**chlorid** n. (Chem) || silver chloride || chlorure m. d'argent. i) ~**doppelsalz** n. || silver double salt || sel m. double d'argent. 13

Silberdraht m., **echter** || genuine silver wire || fil m. d'argent fin. a) **legierter** ~ || alloyed silver wire || fil m. allié d'argent. b) **unechter** ~ || imitation silver wire || fil m. d'argent imitation. 14

Silberdraht-sticker m. || silver thread embroiderer || brodeur m. en filets d'argent. a) ~**zieherei** f. || silver wire drawing works pl. || tréfilerie f. d'argent. 15

Silber-dreher m. || silver turner || tourneur m. en argent. a) ~**elektrode** f. || silver electrode || électrode f. d'argent. 16

Silbererz n. || silver ore || minerai m. d'argent. a) **Amalgamiereinrichtung** f. für ~e || amalgamating device for silver ores || installation f. pour amalgamer les minerais d'argent. 17

Silber-erzbergwerk n. || silver mine || mine f. d'argent. a) ~**fahlerz** n. || argentiferous grey copper ore || cuivre m. gris argentifère. b) ~**fassung** f. || silver ware setting || sertissage m. en argent. c) ~**flitter** m. || silver spangle || paillette f. en argent. d) ~**folie** f. || silver foil || feuille f. d'argent. 18

silberführend || argentiferous; silver bearing || argentifère. 19

Silber-gabel f. || silver fork || fourchette f. en argent. a) ~**gehäuse** n. (Uhrm) || silver case || boîte f. d'argent. b) ~**geld** n. || silver money || monnaie f. d'argent. c) ~**gespinst** n. || silver filigree || filigrane m. en argent. d) ~**gewebe** n. || silver tissue || tissu m. d'argent. e) ~**gewichtszähler** m. || silver weight meter || compteur m. du poids d'argent. f) ~**gewinnung** f. || silver extraction || extraction f. de l'argent. g) ~**gießer** m. || silver smelter || fondeur m. d'argent. h) ~**glanz** m. || native sulphide of silver; silver glance; vitreous silver || argentite m.; argent m. sulfuré. i) ~**glätte** f. || silver litharge || litharge f. d'argent. k) ~**glätter** m. || silver burnisher || brunisseur m. en argent. l) ~**glimmer** m. || argentine *or* potash mica || mica m. argentin. m) ~**graphit** m. || silver graphite || plombagine f. à l'argent. n) ~**gravör** m. || silver engraver || graveur m. sur argent. o) ~**grube** f. *s.* ~bergwerk. 20

silberhaltig || argentic; argentiferous; silver containing || argentique; argentifère. 21

Silberhammerwerk n. || work for hammered silver || forge f. d'argent. 22

silberhell || silvery || clair argenté. 23

Silber-hornerz n. || horn silver; silver horn ore; silver chloride *or* muriate || argent m. corné *ou* muriaté; chlorure m. d'argent. a) ~**hütte** f. || silver works pl. || fonderie f. d'argent. b) ~**karbonat** n. || grey silver; selbite || argent m. carbonaté; selbite f. c) ~**kette** f. || silver chain || chaîne f. en argent. d) ~**kies** m. || argentopyrite || argentopyrite f. e) ~**kranz** m. || silver wreath || couronne f. d'argent. f) **kupferreiche** ~**legierung** f. || silver alloy rich in copper || alliage m. d'argent à haute teneur en cuivre. g) ~**letten** m. || clay mixed with silver || argile f. mêlée d'argent. h) ~**löffel** m. || silver spoon || cuiller f. en argent. i) ~**lot** n. || silver solder || soudure f. à l'argent. k) ~**münze** f. || silver coin || pièce f. d'argent; monnaie f. d'argent *ou* blanche. l) ~**nitrat** n. || nitrate of silver || nitrate m. d'argent. 24

Silberoxyd n. || silver oxide || oxyde m. d'argent. a) **knallsaures** ~ || fulminating silver; silver fulminate || argent m. fulminant. 25

Silberoxyd-ammoniak n. || fulminating silver || argent m. fulminant. a) ~**verbindung** f. || argentate || argentate m. 26

Silberpapier n. || silver paper || papier m. argenté. a) ~ (Stanniol) || tin foil || papier m. d'étain. 27

Silber-plattierung f. || silver plating || plaqué m. *ou* doublé m. d'argent. a) ~**posamenten** pl. || silver trimming || passementerie f. d'argent. b) ~**prägeanstalt** f. || silver stamping works || (établissement m. d')estampage d'argent. c) ~**präparierer** m. (Lichtb) || silver salt maker || préparateur m. de sel d'argent. d) ~**probe** f. || silver test *or* assay || essai m. d'argent. e) ~**pulver** n. || silver powder || poudre f. d'argent. f) ~**raffination** f. || refining of silver || raffinage m. de l'argent. g) ~**salz** n. || silver salt; salt of silver oxide; oxysalt of silver || sel m. argentique *ou* d'argent. h) ~**schale** f. || silver vessel || vase m. d'argent. i) ~**scheider** m. || silver refiner || affineur m. d'argent. k) ~**scheidung** f. (Met) || silver refining; cupellation || affinage m. d'argent; coupellation f. 28

Silberschicht f. || silver film; coating of silver || couche f. d'argent; argenture f. a) **eingebrannte** ~ (Elektr) || brazed-in silver layer || couche f. d'argent apportée au feu. 29

Silber-schlaglot n. || silver solder || soudure f. d'argent. a) ~**schmelzsicherung** f. (Elektr) || silver wire fuse || fusible m. en argent. b) ~**schmied** m. || silver smith || argentier m. c) ~**seife** f. || silver soap || mélange m. de savon et de craie; pâte f. à nettoyer l'argent. d) ~**spiegel** m. || silvered mirror || miroir m. argenté. e) ~**stahl** m. || Stubbs steel || acier-argent m.; acier m. étiré poli blanc. f) ~**staub** m. || silver in powder || argent m. en poudre. g) ~**stickerei** f. || silver embroidery || broderie f. d'argent. h) ~**stoff** m. || silver brocade || brocart m. d'argent. i) ~**suboxyd** n. (Chem) || silver suboxide || sous-oxyde m. d'argent. k) ~**sulfid** n. || silver sulphide || sulfide m. d'argent. l) ~**superoxyd** n. || silver peroxide || peroxyde m. d'argent. m) ~**tanne** f. || silver fir || sapin m. argenté. n) ~**täschchen** n. || silver bag || porte-argent m. o) ~**tiegel** m. || silver crucible || creuset m. en argent. p) ~**tresse** f. || silver trimming || galon m. d'argent. q) ~**währung** f. || silver standard *or* currency || étalon m. d'argent. r) ~**walzer** m. || silver roller || lamineur m. d'argent. s) ~**walzwerk** n. || silver rolling mill || laminoir m. à argent. 30

Silberwaren fpl. ‖ silver goods pl. ‖ argenterie f.; articles mpl. en argent. **a) vergoldete ~** ‖ vermeil ‖ vermeil m. 1

Silber-warenpolierung f. ‖ silversmith's work polishing ‖ polissage m. en orfèvrerie. **a) ~wirker** m. ‖ silver purse maker ‖ fabricant m. d'objets en mailles d'argent. **b) ~zyanid** n. ‖ silver cyanide ‖ cyanure m. d'argent. 2

Silesiagrün n. ‖ Silesia green ‖ vert m. Silésie. 3

Silika-aufbereitungsanlage f. ‖ silicon dressing plant ‖ installation f. de préparation de la silice. **a) ~stein** m. ‖ silica brick ‖ brique f. siliceuse. 4

Silikat n. ‖ silicate ‖ silicate m. **a) ~bindung** f. (Schleifscheibe) ‖ silicate bond ‖ agglomérant m. au silicate. **b) ~glas** n. ‖ silicate glass ‖ verre m. au silicate. 5

Silikatinflitter m. ‖ silicatine spangle ‖ paillette f. de silicatine. 6

Silit n. ‖ silite ‖ silite m. **a) ~heizstab** m. ‖ silite heating rod ‖ crayon m. de chauffe en silite. 7

Silizium n. ‖ silicium; silicon ‖ silicium m. 8

Siliziumbronze f. ‖ silicon bronze ‖ bronze m. silicieux. **a) ~draht** m. ‖ siliconbronze wire ‖ fil m. de bronze au silicium. 9

Siliziumdioxyd n. ‖ silica ‖ silice f. 10

Siliziumeisen n. ‖ ferro-silicon ‖ ferrosilicium m. **a) ~anode** f. ‖ ferro-silicon anode ‖ anode f. de ferrosilicium. **b) säurebeständiger ~guß** m. ‖ acid-resisting ferro-silicon castings ‖ moulages mpl. au ferrosilicium résistants aux (effets des) acides. 11

Siliziumfluorwasserstoffsalz n. ‖ fluosilicate ‖ fluosilicate m. 12

Siliziumkarbid n. ‖ silicon carbide; silicide of carbon ‖ carbure m. de silicium. **a) ~stein** m. ‖ silicium carbide brick ‖ brique f. de silicium-carbure. 13

Silizium-stahl m. ‖ silicium steel ‖ acier m. au silicium. **a) ~tetrachlorid** n. ‖ silicium tetrachloride ‖ tetrachlorure m. de silicium. **b) ~verbindung** f. ‖ silicide ‖ siliciure m. 14

Silo m. ‖ silo ‖ silo m. **a) automatischer ~** ‖ automatic silo ‖ silo m. automatique. **b) Getreide~** ‖ grain silo ‖ silo m. à céréales. **c) Kohlen~** ‖ coal bunker ‖ silo m. à charbon. **d) Seifenspäne~** ‖ soap chip container ‖ caisse f. à copeaux de savon. **e) Zement~** ‖ cement bunker ‖ silo m. à ciment. 15

Silo-anlage f. ‖ silo works pl. ‖ grenier m. **a) ~entleerung** f. ‖ clearing of silo ‖ vidange m. de silos. 16

Siloverfahren n. ‖ silo process ‖ procédé m. des silos. **a) automatisches ~** ‖ automatic silo process ‖ procédé m. automatique avec silos. 17

Silozelle f. ‖ silo compartment ‖ compartiment m. de silo. 18

Silumin n. ‖ silumin ‖ silumin m. 19

Silundum n. ‖ silundum ‖ silundum m. 20

Simili m. ‖ artificial gem; paste jewel ‖ pierre f. précieuse artificielle. **a) ~stein** m. ‖ paste *or* rhine *or* simili stone ‖ pierre f. de strass. 21

Sims-abdeckung f. ‖ cornice flashing ‖ chaperon m. de l'entablement. **a) ~eisen** n. ‖ rabbet iron ‖ fer m. de guillaume. 22

Simshobel m. ‖ moulding *or* ogee *or* cornice plane ‖ grain m. d'orge; mouchette f.; rabot m. à moulures. **a) ~maschine** f. ‖ moulding machine ‖ machine f. à moulures. 23

Simswerk n., mit ~ n. versehener **Stab** ‖ moulded bar ‖ barre f. moulurée. 24

Simultantelegrafie f. ‖ simultaneous telegraph and telephone working ‖ télégraphie f. simultanée. 25

Singulosilikat n. ‖ monosilicate ‖ monosilicate m. 26

sinken (niedriger werden) ‖ to sink; to subside ‖ baisser; diminuer. **a) ~** (untergehen) ‖ to sink; to settle; to founder ‖ couler; couler bas; sancir. **b) ~**, der **Druck** m. sinkt ‖ the pressure drops ‖ la pression tombe. 27

Sinken n. der **Dampfspannung** ‖ lowering of the steam pressure ‖ abaissement m. de la pression de la vapeur. **a) ~** einer **Größe** (Phys) ‖ lowering of a constant ‖ abaissement m. d'une constante. **b) ~** der **Preise** ‖ fall *or* drop *or* depression of prices ‖ réduction f. des prix. **c) ~** des **Stromes** ‖ decrease of current ‖ décroissement m. du courant. **d) ~** des **Wasserstandes** ‖ sinking of the level of water ‖ abaissement m. du niveau d'eau. 28

Sinkholz n. ‖ wood heavier than water ‖ bois m. fondrier. 29

Sinkkasten m., Decken ‖ ceiling sink water trap ‖ siphon m. de décantation de plafond. **a) Keller~** (Bauw) ‖ cellar sink water trap ‖ siphon m. de décantation de cave. 30

Sinkkraft f., dynamische ‖ dynamic downward (sinking A) force ‖ force f. descensionnelle dynamique. **a) statische ~** ‖ defect of buoyancy; static descending force (A) ‖ force f. descensionnelle statique. 31

Sink-lage f. (Wasserb) ‖ water-fascine ‖ panier m. bourré de gravier. **a) ~matte** f. ‖ screen mat ‖ claie f. en forme de natte. **b) ~stoff** m. ‖ suspended matter ‖ matière f. en suspension. **c) ~stück** n. (Wasserb) ‖ mattress ‖ clayonnage m.; plateforme f. en fascines. 32

Sinnbild n. ‖ symbol ‖ symbole m. 33

sinnlos ‖ senseless ‖ insensé; sans réflexion f. 34

sinnreich ‖ ingenious; clever ‖ ingénieux; plein de bon sens. 35

Sinter m. ‖ iron slag; iron sinter ‖ laitier m. **a) ~anlage** f. (Bergb; Met) ‖ sintering plant ‖ installation f. de concrétion. **b) ~grenze** f. ‖ sintering limit ‖ limite f. de concrétion. 36

Sinterkohle f. ‖ sintering coal; cherry coal; open-burning coal ‖ houille f. maigre (à longue flamme); charbon m. vif. **a) bakkende ~** ‖ baking cherry coal ‖ houille f. maigre collante. 37

sintern ‖ to form clinker; to slag ‖ se crasser; (se congeler;) se concréter. 38

Sinterstein m. ‖ sinter brick ‖ brique f. en scories. 39

Sinterungshitze f. ‖ incrustation heat ‖ température f. de solidification. 40

Sintervorgang m. ‖ slag process ‖ procédé m. aux scories. 41

Sinus m. ‖ sine ‖ sinus m. **a) ~bussole** f. ‖ sine galvanometer ‖ boussole f. des sinus. **b) ~kurve** f. ‖ sine curve ‖ sinusoide f. **c) ~lineal** n. (Messen) ‖ sine bar ‖ règle m. inclinée. **d) ~linie** f. ‖ sine curve *or* line ‖ sinusoïde f. **e) ~strom** m. ‖ sine wave current ‖ courant m. sinusoidal. 42

Siphon m. ‖ siphon ‖ siphon m. **a) entleeren** mit ~ ‖ to siphon ‖ siphonner. 43

Siphonflasche f. ‖ siphon bottle ‖ siphon m. 44

Sirene f. ‖ siren ‖ sirène f. **a) Dampf~** ‖ steam siren ‖ sirène f. à vapeur. **b) elektrische ~** ‖ electric horn ‖ sirène f. électrique. 45

Sirokko m. ‖ sirocco ‖ siroco m. 46

Sirup m. ‖ sirup; syrup ‖ sirop m. **a) Frucht~** ‖ fruit syrup ‖ sirop m. de fruits. **b) karamelisierter ~** ‖ caramelized sirup ‖ sirop m. caramélisé. **c) Maltose~** ‖ maltose sirup ‖ sirop m. de maltose. **d) Melasse~** ‖ sirup of molasses ‖ sirop m. de mélasse. **e) Rüben~** ‖ sugar syrup ‖ caramel m. liquide; sirop m. de sucre. 47

Sirup-ablaufventil n. ‖ syrup discharging valve ‖ soupape f. de vidange pour sirop. **a) ~fabrik** f. ‖ syrup factory ‖ siroperie f. **b) ~rinne** f. ‖ syrup groove ‖ rigole f. à sirop. **c) ~trennventil** n. ‖ syrup separating valve ‖ soupape f. de séparation pour sirop. 48

Sisal m. ‖ Sisal hemp ‖ chanvre m. de Sisal. **a) ~faser** f. ‖ Sisal fibre ‖ fibre f. de Sisal. **b) ~hanf** m. ‖ Sisal hemp ‖ chanvre m. de Sisal; sisal m. 49

Sitte f., gegen die guten **~n** verstoßende **Handlung** f. ‖ action contrary to morality ‖ action f. contraire aux bonnes mœurs. 50

Situations-gegenstand m. ‖ topographical particular ‖ objet m. de situation. **a) ~plan** m. ‖ plan of site ‖ tracé m. général. **b) ~riß** m. (Mutung) ‖ plan of the concession ‖ plan m. de la demande de concession. 51

situiert, gut ‖ in good circumstances; well off ‖ dans l'aisance; en bonne situation. 52

Sitz m. ‖ seat ‖ place f. assise; siège m. **a) ~** (Firma) ‖ registered office ‖ siège m. social. **b) Deck~** (Auto) roof seat ‖ impériale f. **c) drehbarer ~** ‖ revolving seat ‖ siège m. pivotant *ou* tournant. **d) drehbarer** und in der Höhe verstellbarer ~ eines Fernrohres ‖ revolving seat of a telescope adjustable in height ‖ siège m. d'une lunette tournant et réglable en hauteur. **e) ~** einer **Firma** ‖ domicile; head quarters pl. ‖ siège m.; place f. **f) gepolsterter ~** ‖ upholstered *or* bolstered seat ‖ siège m. rembourré. **g) geteilter ~** ‖ divided seat ‖ siège m. séparé. **h) getrennter ~** *s.* geteilter ~. **i) herunterklappbarer ~** ‖ flap *or* folding seat ‖ siège m. à rabattement. **k) hölzerner ~** (Stuhl) ‖ wood seat ‖ siège m. en bois. **l) Leder~** ‖ leather seat ‖ siège m. en cuir. **m) ~** aus **Metallgeflecht** ‖ wire seat ‖ siège m. à tissu métallique. **n) ~** des **Rades** auf der Welle ‖ seat of the wheel on the axis ‖ embase f. *ou* assiette f. sur l'arbre d'une roue. **o) Roßhaar~** ‖ hair seat ‖ siège m. en crin. **p) Sprungfeder~** ‖ spring seat ‖ siège m. à ressorts. **q) tiefer ~** ‖ well seat ‖ siège m. profond. **r) ~** eines **Ventils** ‖ seat of a valve ‖ siège m. d'une soupape. **s) verstellbarer ~** ‖ sliding seat ‖ siège m. réglable. **t) vorderer ~** ‖ front seat ‖ siège m. d'avant. 53

Sitzbrett n. ‖ seat board ‖ planche f. du siège. 54

sitzen, auf Grund m. ‖ to be aground; to stick; to be stranded ‖ être échoué. 55

Sitzfläche f. ‖ seat ‖ surface f. du siège. 56

Sitzkissen n. || seat cushion || coussin m. de siège. a) **~fallschirm** m. || seat-type parachute || parachute m. sac-siège. 1
Sitzmöbel n. || seat; sitting furniture || siège m.; meuble m. de siège. a) **~tischler** m. || chair maker || ébéniste m. en sièges. 2
Sitzplatz m. || seat || siège m.; place f. assise. 3
Sitzraum m. (Luftf) || cockpit || carlingue f. a) **~heizung** f. || cockpit heater || réchauffeur m. de carlingue. 4
Sitz-rohrgeflecht n. || seat cane plaiting || cannage m. de sièges. a) **~schemel** m. || foot stool || escabeau m. 5
Sitzung f. || sitting; session || séance f.; session f. 6
Sitzzahl f. || seating capacity || nombre m. de places. 7
Skalar m. || scalar || grandeur f. scalaire; scalaire m. 8
Skale f. || scale of degrees; graduation || échelle f.; ligne f. graduée. a) **beleuchtete ~** || illuminated scale || échelle f. éclairée. b) **Einstell~** (Opt) || adjustment scale || échelle f. de calage. c) ~ zur **Einstellung** des Augenabstandes || scale for varying the distance between the eyes || échelle f. pour le réglage de l'écartement des yeux. d) **exzentrische ~** || eccentric scale || échelle f. excentrique. e) **konzentrische ~** || concentric scale || échelle f. concentrique. f) **mit einer ~** f. versehen || to provide with a scale || pourvoir d'une échelle graduée. g) ~ mit **Nonius** || scale with vernier || échelle f. avec vernier. h) **projizierte ~** || projected scale || échelle f. de projection. i) ~ mit **x Teilstrichen** || scale of x divisions || cadran m. de x divisions. k) die ~ **verschieben** || to slide the scale; to move the scale up and down || faire glisser l'échelle f. l) **Wellenlängen~** (Opt) || wave length scale || échelle f. des longueurs d'onde. 9
Skalen-ablesung f. || scale reading || lecture f. de l'échelle. a) **~aräometer** n. || scale areometer; hydrometer || aréomètre m. b) **~bogen** m. || graduated arc || arc m. gradué; échelle f. c) **~knopf** m. || scale button || bouton m. de cadran. d) **~mikroskop** n. || scale microscope || microscope m. à micromètre. e) **~scheibe** f. (Fernm) || scale disc || cadran m. 10
Skalenteilung f., **lineare** || linear scale division || graduation f. d'échelle linéaire. a) **logarithmische ~** || logarithmic scale division || graduation f. d'échelle logarithmique. 11
Skalpell n. (Heilk) || scalpel || scalpel m. 12
Skammonium n. || scammony resin || scammonée f. 13
Skarifikator m. || scarifier || scarificateur m. 14
Skarpierschaufel f. || trenching shovel || louchet m.; pelle f. tranchante. 15
Ski m. || ski; snow shoe || ski m. 16
Skineffekt m. || skin effect || effet m. Kelvin. 17
Skizze f. || sketch || croquis m.; esquisse f.; ébauche f. a) **Konstruktions~** || constructional sketch || croquis m. de construction. b) wie ~ f. **zeigt** || as shown in the sketch || comme indiqué dans le croquis; le croquis démontre bien. 18
Skizzenblock m. || sketch block || cahier m. à croquis. 19
Skizzierblock m. || sketching pad || carnet m. à croquis. 20
skizzieren || to sketch || ébaucher; esquisser; croquer. 21
Skizzierfeder f. || pen for sketching || plume f. à croquis. 22
Skleralampe f. || sclerotic lamp || lampe f. Skléra. 23
Sklerometer n. || sclerometer || scléromètre m. 24
Skonto m. || discount || escompte m. a) einen ~ **gewähren** || to allow discount || accorder un escompte. 25
Skontro n. || clearing || arrêté m. de compte. 26
Skrubber m. || gas washer; scrubber || scrubber m.; laveur m. à gaz. 27
Skulptur f. || sculpture || sculpture f. 28
Slack (Kabel) || slack || mou m. 29
Slempholz n. (Schiffb) || fore-foot; stemson || brion m.; marsouin m.; ringeau m.; ringeot m. 30
Slip m. || slip || glissement m.; perte f. 31
Smalte f. || smalt; smalt blue; stone blue || azur m.; smalt m.; bleu m. d'émail. 32
Smaltin m. || smaltine; tin-withe cobalt || smaltine f.; cobalt m. arsénical. 33
Smaragd m. || emerald || émeraude f. 34
smaragdgrün || emerald green || vert émeraude. 35
Smaragdgrün n. || emerald green || vert m. émeraude. 36
Smyrnateppich m. || Turkey carpet || tapis m. à point noué *ou* d'Orient *ou* de Smyrne. 37
Socke f. || short stocking; sock || chaussette f.; bas m.; chausson m. a) **gemusterte ~** || fancy sock || chaussette f. fantaisie. 38
Sockel m. || socket; base || culot m. a) ~ (Bauw) || base || socle m.; base f.; pied m.; embasement m. b) ~ (Hochofen) || pillars pl.; understructure || piliers mpl. de cœur. c) ~ aus **Eiche** || oak base || base f. en chêne. 39
Sockel-durchmesser m. eines **Meßinstrumentes** (Elektr) || socle diameter of a measuring instrument || diamètre m. du socle d'un instrument de mesure. a) **~platte** f. (Bauk) || plinth; base table || plinthe f.; m.; dalle f. d'embasement. 40
Sockelung f. (Fernm) || equipment with a socket || équipement m. de socle. 41
Socken-halter m. || sock holder; garter || jarretelle f. a) **~macher** m. || sock maker || chaussetier m. b) **~maschine** f. || machine for making socks || machine f. à chaussettes. c) **~rand** m. || half-hose top || bord-côte m. d) **~strickerei** f. || short stocking knitting || tricotage m. de chaussettes. 42
Soda f. || soda; sodium carbonate || soude f.; carbonate m. de sodium. a) **gereinigte ~** || refined soda || soude f. raffinée. b) **kalzinierte ~** || calcined soda || soude f. calcinée. c) **kristallisierte ~** || soda crystals pl. || soude f. cristallisée. d) **künstliche ~** || artificial soda || soude f. artificielle. e) **natürliche ~** || native soda || soude f. native. f) **rohe ~** || crude *or* ball soda; black balls pl. || soude f. brute. 43
Soda-brecher m. || soda crusher || broyeur m. à soude. a) **~fabrikeinrichtung** f. || soda plant || installation f. de soude. b) **~gefäß** n. || soda tank || réservoir m. à soude. c) **~herstellungsanlage** f. || soda producing plant || installation f. de fabrication de soude. d) **~kessel** m. || soda boiler || chaudière f. pour soude. e) **~ofen** m. || soda furnace || four m. à soude. f) **~seife** f. || soda soap || savon m. à base de soude. g) **~sieder** m. || soda boiler || soudier m. h) **~trommel** f. || soda drum || tambour m. pour soude. i) **~wasser** n. || soda water || soda m.; eau f. de Seltz. k) **~werk** n. || soda works pl. || usine f. à soude. l) **~zusatztopf** m. || pot for adding carbonate of sodium || pot m. à soude. 44
Sode f. || sod || gazon m. 45
Soden-decke f. || sod work || gazonnement m. a) **~pflug** m. || sod knife; turf cutter || coupe-gazon m.; tranche-gazon m. 46
Sodraum m. || well room || sentine f.; ousseau m. 47
Soffitte f. || soffit || soffite m. 48
sofort || at once; immediately || immédiatement. 49
sofortige Zahlung f. || immediate payment || payement m. immédiat. 50
Sog m. (Seew; Luftf) || dead water; wake || remous m.; suction. 51
Sohle f. (Bergb) || level; bottom; sole || étage m.; sol m.; fond m.; base f.; horizon m. a) ~ (Schuh) || sole || semelle f. b) **Einlege~** (Schuh) || insole || semelle f. intérieure *ou* mobile. c) **Filz~** (Schuh) || felt sole || semelle f. en feutre. d) ~ eines **Flußbettes** || bottom of the channel || fond m. du lit. e) **Gummi~** || rubber sole || semelle f. en caoutchouc. f) **Haar~** (Schuh) || horse hair sole || semelle f. en crin. g) ~ des **Hobels** || face *or* sole of the plane || plan m. *ou* semelle f. du rabot. h) **Holz~** (Schuh) || wooden sole || semelle f. en bois. i) ~ eines **Ofens** || bottom of a furnace || sole f. d'un fourneau. k) **Papier~** (Schuh) || paper sole || semelle f. en papier. l) **Papp~** (Schuh) || board sole || semelle f. en carton. m) ~ der **Sperrmauer** || base of the dam || base f. du mur de barrage. n) **Stroh~** (Schuh) || straw sole || semelle f. en paille. 52
Sohlen-aufleger m. (Schuhm) || sole layer || afficheur m. de semelles. a) **~auftrieb** m. (Tunnelb) || creep || boursouflement m. du sol. b) **~ausschneidemaschine** f. || sole cutting machine || machine f. à découper les semelles. c) **~beleger** m. (Schuhm) || sole filler || remplisseur m. d) **~beschneider** m. (Schuhm) || sole rounder || fraiseur m. de semelles. e) **~dichtung** f. (Wasserbau) || bottom sealing || étanchéité f. sur le seuil. f) **~schoner** m. || sole protector || protège-semelles m. g) **~spalter** m. (Schuhm) || sole splitter || refendeur m. de semelles. h) **~stanzer** m. (Schuhm) || sole blocker || brocheur m. de semelles. i) **~strecke** f. (Bergb) || drift; gallery; level || galerie f. *ou* voie f. d'allongement; chassage m.; chantier m. k) **~verstärkung** f. (Wirkerei) || sole splicing || renforcement m. de semelle. l) **~zuschneider** m. (Schuhm) || sole cutter || coupeur m. de semelles. 53
söhlig || horizontal; level || horizontal. a) **nicht ~** || unleveled || hors d'eau. 54
Sohl-leder n. || sole leather || cuir m. à semelles. a) **~platte** f. (Masch) || bottom *or* bed plate || plaque f. de fondation; plaque-semelle f. 55
Soja-bohne f. || soya bean || soja m. a) **~bohnenöl** n. *s.* Sojaöl n. b) **~öl** n. || soya oil || huile f. de soja. 56
Solaröl n. || solar oil || huile f. solaire. 57

Solawechsel m. || sole bill of exchange; promissory note || seule f. de change. **a)** ~ (Salz) || brine || saumure f. **b) gradierte** ~ || graduated brine || saumure f. graduée. **c) kalte** ~ || chilled brine || saumure f. froide. 1
Sole-austritt m. || brine outlet || sortie f. de la saumure. **a) ~eintritt** m. || brine inlet || entrée f. de la saumure. **b) ~kühlung** f. || brine cooling || refroidissement m. d'eau salée *ou* de la saumure. 2
Solenoid n. || solenoid || solénoïde m. **a) ~bremse** f. || solenoid brake || frein m. à solénoïde. **b) ~kern** m. || solenoid core || noyau m. de solénoïde. 3
Solepumpe f. || brine pump || pompe f. à saumure. 4
Solidarhaft f. || joint responsibility || responsabilité f. conjointe. 5
solide Firma f. || firm of good standing || maison f. sérieuse *ou* solide. 6
Solidität f. einer **Firma** || stability of a firm || solidité f. d'une maison. 7
Solkanal m. || brine ditch || brassour m.; brassoure f. 8
Soll n. || debit side; debtors pl. || le doit. **a)** ~ und **Haben** n. || debtor and creditor; debit and credit || le doit et avoir. 9
Soll-bestand m. || presumed assets pl. || effectif m. théorique. **a) ~einnahme** f. || estimated *or* supposed receipts pl. || recette f. brute. **b) ~maß** n. || real measure; real size || dimension f. théorique. 10
Sol-quelle f. || brine spring || source f. salée. **a) ~salz** n. || brine salt; spring salt || sel m. des sources *ou* des fontaines salées. 11
solvent || able to pay; solvent || solvable. 12
Solvenz f. || ability to pay; solvency || solvabilité f. 13
Solwage f. || salt *or* brine gauge || pèse-sel m. 14
Sommer-arbeiter m. || gangman || bandier m.; solatier m. **a) ~bier** m. || summer beer || bière f. d'été. **b) ~deich** m. || summer dike || digue f. submersible *ou* de bordage. **c) ~gerste** f. || summer barley || orge f. d'été. **d) ~laden** m. (Tischl) || venetian blind || persienne f. en bois. 15
sommern (Ziegel) || to season in summer || conserver pendant l'été. 16
Sommer-sonnenwende f. || summer solstice || solstice m. d'été. **a) ~weg** m. || summer road || chemin m. retiré *ou* de terre. 17
Sommit m. || nepheline || néphéline f.; sommite f. 18
Sonde f. (Heilk) || sound; probe || sonde f. **a) elektrische** ~ || electric probe || sonde f. électrique. **b) hohle** ~ || concave sound || sonde f. cannelée. **c) Knopf~** || blunt sound || sonde f. à bouts olivaires. **d) Kropf~** || goitre sound || sonde f. de goitre. **e) Nervkanal~** || nerve-canal probe || sonde f. exploratrice à nerf. 19
Sonder .... *s. auch* Spezial ..... **a) ~angebot** n. || special quotation; exceptional offer || offre f. spéciale *ou* de faveur. **b) ~antrieb** m. || special drive || commande f. spéciale. **c) ~ausführung** f. || special design || construction f. particulière. **d) ~beschreibung** f. || detailed description || description f. détaillée. **e) ~druck** m. (Buchdr) || special print || tirage m. à part. **f) ~einrichtung** f. || special installation *or* attachment || installation f. spéciale; dispositif m. spécial. **g) ~fassung** f. || special mount || monture f. spéciale. 20
Sonderfeder-stahl m. || special spring steel || acier m. spécial à ressort. **a) ~wage** f. || special spring balance || balance f. à ressort spécial. 21
Sonder-fräsmaschine f. || special milling machine || machine f. à fraiser spéciale. **a) ~gießerei** f. || special foundry || fonderie f. spéciale. **b) ~guß** m., feuer- und säurebeständiger || special fire-proof and acid-resisting castings pl. || fonte f. moulée spéciale-résistante (à l'influence du) au feu et (aux effets des) acides. **c) ~interesse** n. || exclusive *or* particular interest || intérêt m. exclusif *ou* individuel *ou* particulier. **d) ~katalog** m. || special catalogue || catalogue m. spécial. **e) ~kraftwagen** m. zur Beförderung von Langhölzern und langen Formeisen || special motor truck for transporting long cut timber and long sections || camion m. spécial pour le transport de long bois et de longs profilés. 22
Sondermaschine f. || special machine || machine f. spéciale. **a) Holzindustrie~** || special machine for the wood industry || machine f. spéciale pour l'industrie du bois. **b) Kraftwagenbau~** || special machine for construction of automobiles || machine f. spéciale pour la construction des automobiles. **c) Lokomotivbau~** || special machine for the construction of locomotives || machine f. spéciale pour la construction des locomotives. **d) Waggonbau~** || special machine for the construction of wagons || machine f. spéciale pour la construction des wagons. 23
sondern || to size; to assort || calibrer; assortir. 24
Sonder-okular n. || special eyepiece || oculaire m. spécial. **a) ~öl** n. || special oil || huile f. spéciale. **b) ~presse f., elektrohydraulische** || electrohydraulic special press || presse f. spéciale électro-hydraulique. **c) ~rabatt** m. || special discount *or* rebate || escompte m. de faveur. **d) ~recht** n. || privilege || privilège m. **e) ~rücklage** f. || special reserve || réserves fpl. spéciales. 25
Sonderstahl m. || special steel || acier m. spécial. **a) Radreifen~** || special tyre steel || acier m. spécial pour bandages. **b) besonders zäher** ~ || special steel of high tenacy || acier m. spécial à haute résistance. **c) ~ständer** m. (Masch) || special standard || montant m. spécial. **d) ~trupp** m. (Fernm) || repair gang || équipe f. spéciale de contrôle des lignes. 26
Sonderung f. (Getreide) || sorting || triage m. 27
Sonder-vorrichtung f. || special arrangement || dispositif m. spécial. **a) ~wagen** m. (Eisenb) || special wagon || wagon m. spécial. **b) ~walzwerk** n. || special mill || laminoirs mpl. spéciaux. **c) ~werkzeugmaschine** f. für Schiffbau || special machine tool for ship-building || machine-outil f. spéciale pour la construction des bateaux. **d) ~zug** m. (Eisenb) || special train || train m. spécial. 28
Sonderzweck-automat m. (Dreh) || single purpose automatic || tour m. automatique pour usages spéciaux. **a) ~maschine** f. für **Gewindeherstellung** || special purpose machine for producing threads || machine f. spéciale à produire les filets de vis. 29
Sondiereisen n. || pricker; trial boring tool || tige f. à sonder. 30
sondieren || to sound || tâter; sonder. 31
Sonne f., vor ~ schützen || to protect from the sun || abriter contre le soleil. 32
Sonnemondkamera f. || sun and moon camera || chambre f. noire pour le soleil et la lune. 33
Sonnen-aufgang m. || sunrise || lever m. du soleil. **a) ~bleichen** n. || sun bleaching || blanchiment m. au pré. 34
Sonnenblende f. (Bauw) || fan light shutter; Venetian *or* canvas blind || marquise f.; persienne f. **a)** ~ (Lichtb) || sun shade || obturateur m. solaire. **b) Objektiv~** (Opt) || objective sun shade || diaphragme m. pour le soleil s'adaptant sur l'objectif. 35
Sonnen-blendglas n. || dark glass || verre m. sombre. **a) ~blumenöl** n. || sunflower oil || huile f. d'hélianthe *ou* de tournesol. **b) ~dach** n. || canopy top || tente f. à baldaquin. **c) ~deck** n. || awning || tente f. d'embarcation. **d) ~ferne** f. || aphelion || aphélie f. **e) ~fleck** m. || sun spot || tache f. du soleil. **f) ~glas** n. (Astron) || helioscope || hélioscope m. **g)** ~ (Opt) || sun glass || verre m. noir pour le soleil. **h) ~helligkeit** f. || brightness of the sun || clarté f. du soleil. **i) ~höhe** f. (Astron) || sun's altitude || hauteur f. du soleil. **k) ~jahr** n. || solar year || année f. solaire. **l) ~kamera** f. || solar camera || chambre f. noire pour le soleil. **m) ~kern** m. (Phys) || solar nucleus || noyau m. solaire. **n) ~koronaaufnahme** f. || photography of the sun's corona || photographie f. de la couronne solaire. **o) ~laden** m. || blind for a window || faux mantelet m. 36
Sonnenlicht n. || sunlight || lumière f. solaire. **a) Energieverteilung** f. im ~ || distribution of energy in sunlight || répartition f. des radiations solaires. **b) Strahlungsenergie** f. des ~es || energy of radiation in sunlight || radiation f. solaire. **c)** das ~ **zerlegen** || to decompose the sunlight || décomposer la lumière du soleil. 37
sonnenloser Tag m. || sunless day; day without sunshine || jour m. sans soleil. 38
Sonnen-messer m. || heliometer || héliomètre m. **a) ~mikroskop** n. || solar microscope || microscope m. solaire. **b) ~peilung** f. || bearing by the sun || relèvement m. du soleil. 39
Sonnenprisma n. || sun prism || hélioscope m.; prisme m. pour le soleil. **a) Polarisations~** || polarizing solar prism *or* sun prism || hélioscope m. de polarisation. 40
Sonnenprojektionsschirm m. || sun *or* solar projection screen || écran m. pour la projection du soleil; écran m. de projection pour le soleil. 41
Sonnenschein m., vor ~ schützen || to protect from the sun || abriter contre le soleil. **a) ~dauer** f. || duration of sunshine || durée f. de l'insolation. 42
Sonnenschirm m. || parasol; sun shade || parasol m. **a) kleiner** ~ || small sunshade || ombrelle f. 43
Sonnensegel n. || awning || tente f.; bâche f. 44
Sonnenspektrum n. || solar spectrum || spectre m. solaire. **a) Apparat** m. zur Dauerfotografie des ultravioletten ~s || continuous helio spectrograph for re-

cording the ultraviolet spectrum of the sun || appareil m. pour photographier continuellement le spectre solaire ultraviolet. 1

Sonnen-stand m. || position *or* altitude of the sun || position f. du soleil. a) **~stein** m. || sunstone; adventurine feldspar || héliolithe m.; feldspath m. aventurine. b) **~stich** m. || sunstroke || coup m. de soleil. c) **~tag** m. (Phys) || solar day || jour m. solaire. d) **~tau** m. (Pflanze) || sundew || drosère f.; rosée f. du soleil. e) **~uhr** f. || sun dial || cadran m. solaire. f) **~untergang** m. || sunset || coucher m. du soleil. g) **~wärme** f. || solar heat || chaleur f. solaire. 2

Sonnenwende f. || solstice || solstice m. a) **Sommer~** || summer solstice || solstice m. d'été. b) **Winter~** || winter solstice || solstice m. d'hiver. 3

Sonnenzeiger m. (Astron) || gnomon || gnomon m. 4

Sonntagsstrom m. (Elektr) || Sunday current || courant m. de dimanche. 5

Sorgfalt f. || carefulness; accuracy || soin m.; exactitude f. a) es an der **erforderlichen** ~ f. fehlen lassen || not to exercise due care || manquer de soin m. nécessaire. 6

sorgfältig || careful; attentive; accurate || soigneux; soigné. 7

Sorghum n. (Besenkraut) || sorghum || sorgho m. 8

Sorte f. || sort; quality; kind; brand; grade; specy || marque f.; sorte f.; qualité f. a) **alle ~n** fpl. || every brand; all kinds pl. || toutes les sortes fpl. b) **gangbarste** ~ || leading specy || marque f. la plus courante. c) **gewöhnliche** ~ || usual grade; leading specy || qualité f. courante; marque f. la plus usitée. d) **mittlere** ~ || medium grade || qualité f. moyenne. 9

Sortieranlage f. || picking plant || atelier m. de triage. a) **Altpapier~** || waste paper sorting plant || installation f. pour le triage des vieux papiers. 10

Sortier-apparat m. || separator || séparateur m. a) **~band** n. || picking band || bande f. de triage. 11

sortieren *s. auch* sondern *und* sichten || to size; to assort || calibrer; assortir. a) ~ (Bergb) || to pick || épierrer; trier. b) mit der **Hand** ~ (Bergb) || to pick || trier à la main; épierrer. c) **Lumpen** mpl. ~ || to sort rags pl. || séparer *ou* trier chiffons mpl. d) **Pulver** ~ (nach Korngröße) || to separate *or* to classify the grain || égaliser la poudre grenée. e) **Tabak** m. ~ || to sort tobacco || époularder les feuilles fpl. de tabac. f) **Wolle** f. ~ || to sort wool || assortir la laine; détricher la laine. 12

Sortierer m. (Met) || examiner || visiteur m. a) ~ (Spinn) || sorter || classeur m.; sorteur m. b) **Nadel~** || needle sorter || trieur m. d'aiguilles. 13

Sortiermaschine f. || grading *or* sorting machine || trieuse f.; machine f. à assortir. a) **Auslese- und** ~ || selecting and sifting machinery || machine f. à trier et à assortir. b) ~ für **Gerste** || barley separator || trieur m. d'orge. c) **Gerstenputz- und** ~ || barley cleaner and separator || machine f. à nettoyer et à trier l'orge; trieur-diviseur m. nettoyeur d'orge. d) ~ für **Getreide** || sorting machine for corn || machine f. à trier les grains de céréales. e) **Kartoffel~** || potato sorting apparatus *or* drum || appareil m. *ou* tambour m. à assortir les pommes de terre. f) ~ für **Samen** || sorting machine for seeds || machine f. à trier les grains de semences. 14

Sortier- und Halbkörnerauslesemaschine f. zur Reinigung von Gerste || barley cleaning and sorting machine with broken grains separator || machine f. à nettoyer et à trier l'orge et à séparer les demi-grains. 15

Sortier- und Reinigungsmaschine f. für Kaffee und Kaffee-Ersatz || sorting and cleaning machine for coffee and coffee surrogates || machine f. pour le triage et le nettoyage du café et des succédanés du café. 16

Sortiersieb n. || assorting sieve || crible m. de triage. 17

sortiert || graded || classé. 18

Sortiertrommel f. (Bergb) || sizing drum || tambour m. cribleur. 19

Sortierung f. || classification; sorting; sizing || classification f.; calibrage m. 20

Sortierzylinder m. (Aufber) || separating *or* sorting cylinder || cylindre m. de tamisage; tambour m. à assortir. a) ~ (Müll) || divider; scalping reel || diviseur m. 21

Sortiment n. || assortment || assortiment m. a) **gemischtes** ~ || mixed assortment || assortiment m. varié. 22

Sortimentsbuchhändler m. || (retail) bookseller || libraire m.; marchand m. de livres. 23

Soße f., englische || English sauce or gravy || sauce f. anglaise. 24

soziale Aufgabe f. || social task || tâche f. sociale. 25

Soziussitz m. || pillion || pillion m. 26

Sozojodolsalz n. || sozoiodol salt || sozoiodolate m. 27

Spachtel m. || spattle; spatula || spatule f. 28

spachteln || to putty || mastiquer. 29

Spagat m. || binding thread || ficelle f. d'emballage. 30

Spagnolet n. || spagnolet || espagnolette f. 31

Spake f. || handspike; bar || manivelle f.; barre f.; anspect m. 32

Spakenkopf m. (Schiffb) || bar head || tête f. de barre. 33

Spalier n. || treillis; fence; espalier || espalier m. a) **~latte** f. || fence lath || échalas m. *ou* latte f. à lattis. b) **~obst** n. || wall fruit || fruits mpl. d'espalier. 34

Spalt m. || rent; crevice; fissure; cleft; split; slit; slot; chink || fêlure f.; fente f.; fissure f.; crique f. a) ~ (Elektr) || gap || entrefer m. b) ~ im **Holz** || chink in wood || fente f. du bois. c) **Präzisions~** (Opt) || precision slit || fente f. de précision. 35

Spalt-arbeit f. (Leder) || splitting cuts pl. || travail m. à refendre. a) **~axt** f. || wedge axe || hache f. à fendre. 36

spaltbar (Miner) || cleavable; fissile || clivable. a) **~es Holz** n. || cleavable wood || bois m. fendable. 37

Spaltbarkeit f. || cleavage; fissility || clivage m.; susceptibilité f. de se fendre. a) ~ des **Holzes** || splitting property of wood || fissilité f. du bois. 38

Spalt-bild n. || slit image || image f. de la fente. a) **~blende** f. || slit diaphragm || diaphragme m. à fente. b) **~bogenlampe** f. || slit arc lamp || lampe f. à arc à fente. 39

Spalte f. || cleft; fissure; crevice || déchirure f.; fendille f.; fissure f.; gerçure f. a) ~ (Buchdr) || column || colonne f. b) ~ (Geologie) || fissure; crevasse; chasm || fente f.; fissure f.; crevasse f. c) **Gletscher~** || crevasse of glacier || crevasse f. d'un glacier. d) **stenopäische** ~ || stenopaic slit || diaphragme m. à fente sténopéique. 40

Spalteinrichtung f. || slit mechanism || dispositif m. de fente. 41

spalten || to break up; to resolve; to rive; to cleave; to split; to chop; to crack; to slit || fendre; refendre; couper; dédoubler; cliver; fissurer. a) ~ (Korbm) || to cleave || écafer. b) ~ (Steinschn) || to cleave || cliver. c) **sich** ~ || to crack; to chap; to gape; to break up; to split || se fendre; se couper. d) **Leder** n. ~ || to split hides pl. || dédoubler *ou* refendre les peaux fpl. 42

Spalten n. von **Brennholz** || fire wood splitting || fendage m. de bois de chauffage. a) **Häute~** || splitting of hides || dédoublage m. des peaux. 43

Spaltenfrost m. (Geologie) || frost in the cracks of rocks || congélation f. dans les crevasses. 44

Spalter m. || splitter || fendeur m. 45

Spalt-feile f. || key *or* blade file || lime f. à clef; lime f. fendante. a) **~flügel** m. (Luftf) || slotted wing || aile f. à fentes. b) **~größe** f. || size of slot || grandeur f. de fente (de broyage). c) **~holz** n. || split timber; billet *or* fire *or* log wood || bois m. de fente *ou* de refend. d) **~keil** m. || riving knife; (wood) cleaver; cleaving wedge || couteau m. diviseur; ébuard m. e) **~klinge** f. || riving knife || coutre m. f) **~lampe** f. || slit lamp || lampe f. à fente. 46

Spaltlampen-licht n. || slit lamp light || lumière f. de la lampe à fente. a) **~linse** f. || slit lamp lens || lentille f. de lampe à fente. b) **~mikroskopie** f. || slit lamp microscopy || étude f. microscopique au moyen de la lampe à fente. 47

Spaltlatte f. || split lath || latte f. fendue *ou* de fente. 48

Spaltmaschine f. für **Holz** || wood splitting machine || machine f. à fendre le bois. a) **Schärf- und** ~ (Leder) || skiving and splitting machine || machine f. à parer et à refendre. b) ~ für **Steine** || stone crushing machine || machine f. à fendre la pierre. c) ~ zum Spalten von **Weiden** und Rohr || machine for splitting willow and cane || machine f. à fendre l'osier et le jonc. 49

Spalt-meißel m. für **Dachschiefer** || cleaving chisel for roofing slate || rabattoir m. pour ardoises. a) **~nitralampe** f. || slit Nitra lamp || lampe f. Nitra à fente. 50

Spaltpilz m. (Bakterium) || schizomycete || schizomycète m. a) ~ (Chem) || splitting mould || champignon m. dédoublant. b) **~gärung** f. || fission fungi fermentation || fermentation f. provoquée par les bactéries schizomycètes. 51

Spaltprobe f. || splitting test || essai m. de fendage. 52

Spaltrohr n. (Opt) || collimator || collimateur m. a) **~linse** f. || slit tube lens || lentille f. du tube (qui) porte (la) fente. 53

Spalt-säge f. || long saw; ripping saw || scie f. de long. a) **~ultramikroskop** n. || slit ultra-microscope || ultramicroscope m. à fente. 54

Spaltung f. (Miner) || cleavage || clivage m.; coupure f.; dédoublement m. **a) elektrolytische ~** || electrolytic decomposition || décomposition f. électrolytique. **b) ~** von **Fettstoffen** || dissociation of fatty matters || dissociation f. des corps gras. 1

Spaltungsfläche f. (Miner) || plane *or* face of cleavage || face f. du clivage. 2

Span m. || chip; splinter; shaving; cutting || copeau m. **a)** alle Späne mpl. werden unmittelbar aus der Maschine **abgesogen** || all shavings are sucked-off directly from the machine || tous les copeaux mpl. sont enlevés par aspiration directement de la machine. **b) Dreh~** || chip; turning; cutting || copeau m.; tournure f. **c) Glüh~** || rolling mill *or* hammer scale || pailles fpl. d'oxyde de fer. **d) Hobel~** (Holz) || wood shavings pl. || copeau m. de bois. **e) ~,** Späne mpl. **schneiden** || to cut chips pl. || faire des copeaux mpl. 3

Span-abhebung f. || detachment of a cutting || détachement m. d'un copeau. **a) ~-ablösung** f. *s.* Spanabhebung. **b) ~band** n. || strip of chips || bande f. de copeaux. **c) ~bildung** f. || formation of a cutting || formation f. d'un copeau. **d) ~breite** f. || width of cutting *or* of chip || largeur f. du copeau *ou* de coupe. 4

Späne-absauganlage f. || shaving suction plant || installation f. d'aspirateur pour copeaux. **a) ~fänger** m. || shavings separator || aspirateur m. *ou* séparateur m. de copeaux. **b) ~förderanlage** f. || shaving exhaust installation || installation f. de transport de copeaux et sciures. **c) ~-pfanne** f. || chip tray || bac m. à copeaux. **d) ~zerreißer** m. || apparatus for tearing off the shavings || déchireur m. à copeaux. 5

Spanfall m. (Werkzeugmasch) || cuttings pit *or* shoot || bac m. à copeaux. 6

Spange f. || clasp || agrafe f. **a) Faß~** || cask clasp || penture f. 7

Spangenhalter m., Faß || cask-clasp holder || attache f. de penture. 8

Span-hobelmaschine f. (Tischl) *s.* Spanschneidmaschine. **a) ~holz** n. || splinter wood || bois m. en éclisses. 9

Spaniol m. || Spanish snuff || tabac m. d'Espagne. 10

spanisch-e Fliege f. (Chem) || cantharid; Spanish fly || cantharide f. **a) ~es Rohr** n. || ratan; rattan; Spanish cane || rotin m.; rotang m.; jonc m. des Indes. 11

Spankorb m. || wood shaving basket; chip basket || corbeille f. en bois tressé; panier m. en éclats de bois. **a) ~** aus **Holz** || wood basket || corbeille f. en bois. 12

Spanlenker m. || chip deflector || guide-copeaux m. 13

Spann m. (Fuß) || instep || cou-de-pied m. 14

Spannbacke f. || gripping jaw || griffe f. *ou* mâchoire f. *ou* mordache f. de serrage. 15

Spannblech n. (Schloss) || clamp; vice *or* spring-clamp || mordache f. **a) Kolbenring~** (Motor) || piston-ring tightener || appareil m. tendeur de cercle de piston. 16

Spannbock m. || stretching *or* tautening *or* tension block || support m. de tendeur. **a)** durch **Preßluft** f. betriebener **~** || compressed air chuck || support m. manœuvré à l'air comprimé. 17

Spanndraht m. || tension cable; bracing *or* span *or* chord wire || câble m. de tension; fil m. tendeur; tirant m. en forme de cord. 18

Spanne f. (der Hand) || span || empan m. 19

spannen || to strain; to stretch || tendre. **a)** einen **Draht** m. **~** || to strain a wire || tendre un fil m. **b)** eine **Feder** f. **~** || to bend *or* to load a spring || bander *ou* serrer un ressort. 20

Spannen n. einer **Feder** || setting of a spring || armé m. *ou* bandé m. d'un ressort. 21

Spann-feder f. || tension spring || ressort m. tendeur. **a) ~feld** n. (Web) || tentering limit || champ m. d'élargissement. **b) ~fläche** f., Stößel || clamping surface on slide || surface f. de la semelle du coulisseau. **c) ~futter** n. || elastic *or* clamping chuck || chuck m.; plateau m. *ou* mandrin m. de serrage. **d) ~hammer** m. || stretching hammer || marteau m. à tendre *ou* à dresser. **e) ~hebel** m. || tension lever || levier m. de tension. **f) ~hülse** f. mit **Mutter** || taper clamping sleeve and nut || manchon m. de serrage avec écrou. 22

Spannhülsenlager n. || ball bearing with taper clamping sleeve || roulement m. à douille de serrage. **a) einreihiges ~** (Kugellager) || single row rigid ball (journal) bearing with taper clamping sleeve || roulement m. à simple rangée de billes et à manchon. 23

Spann-kabel n. || bracing cable || câble m. tendeur. **a) ~kette f., Faß-** || chain to prevent expansion of store casks || chaîne-tendeur m. pour foudres. **b) ~kloben** m. || clamp dog; hand vice || griffe f. de serrage; étau m. à main. **c) ~kluppe** f. || vice-clamps pl.; side-hook; holdfast; hand vice || crampon m.; mordache f. **d) ~kopf** m. || grip-head || tête f. à serrage. **e) ~kraft** f. (Phys) || pressure || tension f. **f) ~latte** f. || batten || patin m.; tringle f.; patte f. 24

Spannmaschine f. (Gummif) || stretching machine || machine f. tendeuse. **a)** (Met) || straightening machine || machine f. à tendre *ou* à dresser. **b) ~** (Web) || stretching machine || rame f. continue. **c) Dämpf-, Egalisier-** und **~** (Web) || steaming, conditioning and tentering machine || machine f. à vaporiser, égaliser et élargir. **d) ~** und **Trockenmaschine** f. (Web) || tentering and drying machine || rameuse-sécheuse f. 25

Spann-mutter f. || coupling nut; turnbuckle || écrou m. de réglage *ou* de tendeur. **a) ~patrone** f. (Werkzeugmasch) || spring chuck || pince f. de serrage. 26

Spannpatronen-einrichtung f. (Werkzeugmasch) || collet chuck attachment || dispositif m. de serrage par pinces. **a) ~körper** m. mit **Einsätzen** (Werkzeugmasch) || master spring chucks with jaws || corps m. de pinces de serrage avec mors. 27

Spannplatte f. || holding-down *or* clip plate; sliding frame || plaque f. de fixation; châssis-tendeur m. **a) Magnet~** || magnetic holding device || plateau m. de serrage à aimant. 28

Spann-rahmen m. (Bleich; Tuchm) || tenter; tentering frame || rame f.; machine f. à ramer; rameuse f. **a) ~riegel** m. eines **Hängewerkes** || tie beam *or* main timber of a truss-frame || tirant m. *ou* maîtresse f.; poutre f. *ou* maître m. *ou* entrait m. d'une ferme en arbalète. 29

Spannring m. (Masch; Gummi) || stretching ring || anneau m. tendeur. **a) ~** (Schmiedezange) || coupler || anneau m.; coulant m. **b) ~** (Windmüll) || carrier ring || cercle m. de tension. 30

Spann-rolle f. || tension roller; stretching pulley || poulie f. de tension; tendeur m. de courroie. **a) ~säge** f. || span-saw || scie f. à monture. **b) ~schiene** f. || slide rail || glissière f.; rail m. tendeur. 31

Spannschloß n. || coupling nut; turnbuckle; stretching screw || manchon m. de serrage; écrou-tendeur m.; tendeur m. **a) ~** von **geschlossener** Form || turnbuckle of closed pattern || tendeur m. fermé. **b) ~** von **offener** Form || turnbuckle of open pattern || tendeur m. à lanterne. 32

Spann-schraube f. || turn buckle || vis f. de tension. **a) ~stange** f. || tension *or* tie rod || tirant m. **b) ~stock** m. (Klempn) || dressing stake || tas m. à dresser. **c) ~turm** m. || cabane *or* kingpost || cabane f. *ou* pylône m. de haubanage. 33

Spannung f. (Mech) || stress; strain || tension f. **a) ~** (Elektr) || tension; voltage || tension f.; voltage m. **b) ~** (im Metall) || tension || serrage m. **c) ~** vom **Manometer** angezeigte || effective pressure as shown by the manometer || pression f. effective indiquée par le manomètre. **d) aufgedrückte ~** || impressed pressure || tension f. appliquée. **e) Betriebs~** || voltage of the circuit || tension f. de régime. **f) Biege~** || bending stress || tension f. de flexion. **g) Bruch~** || breaking stress || tension f. de rupture. **h) Dampf~** || steam pressure || pression f. de vapeur. **i) Dreh~** || torsional stress || tension f. de torsion. **k) Druck~** || compressive stress || tension f. de compression. **l)** es **entstehen ~en** fpl. || stresses pl. occur || les tensions fpl. se produisent. **m)** die **~ erhöhen** (Elektr) || to assist *or* to raise the voltage || élever *ou* augmenter la tension. **n)** die **~ erniedrigen** (Elektr) || to lower the voltage || réduire la tension. **o) Feder~** || strain of a spring || bande f. *ou* tension f. d'un ressort. **p) gefährliche ~** || dangerous pressure || tension f. dangereuse. **q) gleichmäßige ~** (Elektr) || steady voltage || tension f. constante. **r) Guß~** || casting stresses pl. *or* strains pl. || tension f. de coulée. **s) zu hohe ~** (Elektr) || excessive voltage || tension f. trop élevée. **t) innere ~** || internal stress || tension f. interne. **u) Ketten~** || chain tension || tension f. de chaîne. **v) Klemmen~** || terminal voltage || tension f. aux bornes. **w) Knick~** || buckling stress || tension f. de flambage. **x) konstante ~** f. unterhalten (Elektr) || to maintain constant voltage || soutenir une tension constante. **y) Primär~** || primary pressure || tension f. primaire. **z) Rand~** || edge stress || tension f. au bord. 34

a) Scher~ *s.* Schub~. **b) Schub~** || shearing stress || tension f. de cisaillement. **c) Sekundär~** || secondary pressure || tension f. secondaire. **d) starke ~** || heavy pressure || haute pression f. **e)** unter **~** f. **stehen** || to be under tension || être sous pression f. **f) unveränderliche ~** (Elektr.) || invariable voltage || tension f. invariable. **g) verkettete ~** || interlinked pressure || tension f. composée *ou* entre phases reliées. **h) Verteilung** f. der **~en** npl. || distribution of the stresses || distribution f. des tensions. **i) Zug~** || tensile stress || tension f. de traction. **k) Zusatz~** || additional stress || tension f. additionnelle. 1

Spannungs-abfall m. (Elektr) || line *or* voltage *or* potential drop || chute f. de tension *ou* de potentiel. **a) ~bauch** m. || potential loop || ventre m. de tension. **b) ~differenz** f. *s.* ~unterschied m. **c) ~einheit** f. || unit of tension || unité f. de tension. **d) ~erhöher** m. || booster transformer; positive booster || autotransformateur-élévateur m.; survolteur m. **e) ~erhöhungstransformator** m. || voltage step-up transformer || transformateur m. élévateur de tension. 2

spannungsfrei (Mech) || without strain || sans aucune tension f. **a) ~es Brillenglas** n. || spectacle lens which is free from strains || verre m. correcteur exempt de tensions. **b) die Gußstücke** npl. sind vollkommen **~** || the pieces pl. show absence of casting stresses || les pièces fpl. ne présentent pas des tensions de coulée. 3

Spannungs-gegenknoten m. || antinode of potential || antinœud m. de tension. **a) Überwachung** f. der **~haltung** f. || supervision of maintenance of voltage || surveillance f. de la tension. **b) ~knoten** m. || potential node || nœud m. de tension. **c) ~kolben** m. (Dampf) || expansion piston || piston m. d'expansion. **d) ~kurve** f. || voltage curve || courbe f. de tension. 4

spannungslos || dead || sans tension f. 5

Spannungslosigkeit f. || slack looseness || perte f. de tension; mou m. 6

Spannungsmesser m. || voltmeter || voltmètre m. **a) registrierender ~** || recording voltmeter || voltmètre m. enregistreur. **b) ~ für Wechselstrom** || alternating-current voltmeter || voltmètre m. pour courant alternatif. 7

Spannungs-messerumschalter m. || voltmeter change-over switch || commutateur m. de voltmètres. **a) ~pegel** m. || voltage level || niveau m. de transmission de la tension. **b) ~prüfer** m. für **Brillengläser** || strain tester for spectacle lenses || teniscope m. pour des verres correcteurs. **c) ~regler** m. (Elektr) || voltage regulator || graduateur m. de tension. **d) ~reihe** f. (Elektr) || electromotive chain || chaîne f. des forces électromotrices. **e) ~schreiber** m. || voltage recorder || voltmètre m. enregistreur. **f) ~schwankung** f. || variation of voltage || fluctuation f. de tension. **g) ~senkung** f. durch überschießende Leitungsstrecken (Fernm) || diminution of influenced tension by exceeding wires || diminution f. de la tension influencée par des tronçons de ligne excédants. 8

Spannungssicherung f. || voltage fuse || fusible m. pour tension. **a) umlaufende ~** || rotating voltage cut out || coupe-circuit m. rotatif de tension. 9

Spannungs-steigerung f. || increase of tension || accroissement m. de voltage. **a) ~stufe** f. || voltage degree || degré m. *ou* prise f. de voltage. **b) ~tafel** f. (el Leit) || tension regulation table || table f. de tension des fils. 10

Spannungsteiler m. || potentiometer; voltage divider || potentiomètre m.; limiteur m. de tension. **a) ~transformator** m. || potential regulator || autotransformateur-diviseur m. 11

Spannungs-transformator m. || pressure transformer || transformateur m. de tension. **a) ~unterschied** m. (Elektr) || difference of potential || différence f. de potentiel. **b) ~verlust** m. || voltage drop || perte f. de tension. **c) ~verstärkungsfaktor** m. (Fernm) || voltage amplification factor || coefficient m. d'amplification de voltage. **d) ~verwandler** m. || potential transformer || transformateur m. de tension. 12

Spannungswandler m. || potential transformer || transformateur m. de tension. **a) einphasiger ~** || single phase voltage converter || transformateur m. de tension monophasé. 13

Spannvorrichtung f. || clamping *or* stretching device || installation f. de tension. **a) Blech~** || sheet clamping device || mécanisme m. de serrage des tôles. **b) ~** für **Kapselmikrophone** || stretcher for microphone cases || tendeur m. pour les capsules microphoniques. **c) Schnell~** für **Platten** (Buchdr) || rapid plate locking up device || dispositif m. de serrage rapide de clichés. 14

Spannweite f. (Bauw) || span; width; opening || empan m.; ouverture f.; vide m.; portée f.; travée f.; largeur f. **a) ~** (Flugzeug) || span || envergure f. **b) ~** (Laufkran) || span || distance f. entre voies; écartement m. des rails. 15

Spann-werkzeug n. || clamping *or* chucking tool || outil m. de serrage. **a) ~zange** f. || collet chuck || pince f. de serrage. 16

Span-preßanlage f., **hydraulische** || hydraulic span-press plant || presse f. hydraulique pour carton comprimé. **a) ~presse** f., Holz || press for wood chips || presse f. pour agglomérer des copeaux de bois. **b) ~schachtel** f. || chip box || boîte f. de copeaux. **c) ~schicht** f. || layer of cuttings || stries fpl. de copeaux. **d) ~schneidmaschine** f. (Tischl) || veneer (cutting) machine || machine f. à faire les feuilles de placage. **e) ~stärke** f. (Dreh) || thickness of chip *or* cutting || épaisseur f. de la tournure. 17

Spant n. (Schiffb) || frame; rib || couple m. **a) doppeltes ~** || double frame || membrure f. double. **b) einfaches ~** || single frame || membre m. simple. **c) eisernes ~** || iron frame || couple m. en fer. **d) in ~en** npl. **stehend** || in frames; framed || monté en couples mpl. **e) Schott~** || bulkhead || cloison f. étanche. 18

Spanten-richterei f. (Schiffb) || bending slabs and scrive boards || hall m. pour le cintrage des couples. **a) ~riß** m. || body plan || plan m. vertical latitudinal *ou* transversal. 19

Spant-entfernung f. || spacing of frames || espacement m. des couples. **a) ~profil** n. || frame profile || profilé m. de couple. **b) ~winkeleisen** n. || frame angle-iron || cornière f. membrure. 20

Spar- und Abfüllapparat m. für Öl || oil governor and racker || oléo-comptoir m. 21

Spar-brenner m. (Gas) || pilot-burner || brûleur m. à veilleuse. **a) ~büchse** f. || money box || tirelire f. **b) ~deckschiff** n. || spardecked vessel || navire m. à spardeck. **c) ~faden** m. (Elektr) || economical filament || filament m. à faible consommation. **d) ~feuerung** f. || economizing furnace || foyer-économiseur m. **e) ~flämmchen** n. (Chem) || pilot burner || veilleuse f. 22

Spargel m. || asparagus || asperge f. **a) ~pflanzungsbesitzer** m. || asparagus grower || asparagiculteur m. **b) ~stecher** m. || asparagus knife || coupe-asperges m. **c) ~züchterei** f. || asparagus plant || aspergerie f. 23

Spar-kaffee m. || cheap coffee || café m. économique. **a) ~kasse** f. || savings bank || caisse f. d'épargne. **b) ~kocher** m. || economical cooking apparatus || bouilloire f. économique. **c) ~ofen** m. || cheap chimney || cheminée f. économique. 24

Sparren m. || rafter; spar || chevron m. **a) ~dach** n. || simple roof truss || armature f. simple. **b) ~holz** n. || quartering || bois m. de chevrons. **c) ~nagel** m. || rafter nail || dent m. de loup. **d) ~sohle** f. (Zimm) || pole plate || racinal m. du comble; plate-forme f. de comble. **e) ~wechsel** m. || cross rafter; trimmer of rafters || latéraire m.; linçoir m.; linsoir m. 25

Sparrwerk n. || couple-close || chevrons mpl. d'une comble. 26

sparsam || economical; saving; thrifty || économe; économique. 27

Sparsamkeit f. || economy || économie f. 28

Sparteich m. || side pond || bassin m. d'épargne. 29

Sparterie f. || matting || sparterie f. 30

Spartgras n. || basket maker's rush; esparto; alfa || épart m.; espar(t) m.; sparte m.; alfa m. **a) ~matte** f. || mat of alfa || natte f. en alfa. **b) ~spinnerei** f. || esparto spinning || filature f. d'alfa. 31

Spartransformator m. || balancing transformer || transformateur m. diviseur de tension. 32

Spat m. (Min) || spar || spath m. **a) Doppel~** (Min) || Iceland spar || spath m. d'Islande. **b) Mangan~** || manganese spar; carbonate of manganese || carbonate m. de manganèse. 33

Spateisenstein m. || sparry iron-stone; spathic iron; siderite || fer m. spathique *ou* carbonaté; sidérose f.; sidérite f. **a) ~grube** f. || iron carbonate mine || mine f. de fer spathique. 34

Spatel m. (Buchdr) || slice || palette f. **a) ~** (Masch) || spatula; spattle; smoother; slice || spatule f. **b) ~** (Maur) || spatula; spattle; slice || truelle f.; spatule f. **c) ~** (Pharm; Chem usw) || spatula; spattle; scoop || spatule f. **d) Rühr~** || stirring spattle || spatule f. **e) ~** für **Salben** || ointment spatula || spatule f. à onguent. **f) ~** für **Zement** || cement spatula || spatule f. à ciment. 35

Spatelfeile f. || file with spattle || lime f. à palette. 36

Spaten m. || spade || bêche f. **a) ~** mit **Knaufstiel** || spade with cross handle || bêche f. à manche à crosse. **b) ~** mit **rückgebogenem Tritt** || back treaded spade || bêche f. à rebord en arrière. **c) ~** mit **vorgebogenem Tritt** || front treaded spade || bêche f. à rebord en avant. 37

Spaten-herstellungsmaschine f. || machine for making spades || machine f. pour fabriquer des bêches. **a) ~stiel** m. || handle for spades || manche m. pour bêches. 38

spätestens || at the latest || au plus tard. 39

Spät-flachs m. || late flax || lin m. froid *ou* tardif. **a) ~frost** m. || late frost || gelée f. printanière. 1

Spatien npl. (Buchdr) *s. auch* Ausschluß m. || spaces pl. || espaces fpl. 2

Spatium n., **breites** (Buchdr) || quadrat; justifier; stick space || cadrat m. 3

Spät-lein m. || late flax || lin m. froid *ou* tardif. **a) ~zündung** f. || retarded ignition; sparking retard || retard m. à l'allumage; allumage m. retardé. 4

Spazierstock m. || walking cane *or* stick || canne f. 5

Speck m. || bacon || lard m. **a) frischer ~** || fresh bacon || lard m. frais. 6

speckig || lardy || lardeux. 7

Speck-öl n. || lard oil || oléine f. **a) ~räucherer** m. || bacon curer; lard maker || saleur de lard m. 8

Speckstein m. || steatite; soapstone || lardite f.; stéatite f.; algamatholite f.; pagodite f. **a) ~brenner** m. || steatite burner || bec m. en stéatite. **b) ~grube** f. || soapstone quarry || carrière f. de saponite. **c) ~isolator** m. || soapstone insulator || isolateur m. en stéatite. 9

Specktorf m. || bituminous peat || tourbe f. grasse. 10

Speditions-gebühr f. || forwarding charge || frais mpl. d'expédition. **a) ~kraftwagen** m. || forwarding agent's car || automobile m. d'expéditeur. **b) ~zettel** m. || forwarding bill || bulletin m. d'expédition. 11

Speditör m. || forwarding agent || expéditeur m.; agent m. d'expédition. 12

Speiche f. (Rad) || spoke || rayon m.; rais m. **a) Doppel~** || double spoke || rayon m. double. **b) eingegossene ~** || spoke cast in || rayon m. enrobé dans la fonte. **c) Fahrrad~** || cycle spoke || rais m. de bicyclette. **d) federnde ~** || spring spoke || rais m. élastique. **e) hohle ~** || tubular *or* hollow spoke || rais m. *ou* rayon m. creux. **f) ~** von **ovalem** Querschnitt || spoke of oval section || rayon m. de section ovale. **g) rohrförmige ~** || tubular spoke || rayon m. tubulaire. **h) runde ~** || round spoke || rayon m. rond. **i)** an beiden Enden **verstärkte ~** || double-butted spoke || rayon m. renforcé aux deux bouts. 13

Speicheisen n. || spoke iron || fer m. à rais. 14

Speichen- und Griffdrehbank f. || spoke and handle turning machine || tour m. pour rayons de roues et manches d'outils. 15

Speichen-einsetzer m. (Wagenb) || spoke fitter || enrayeur m. **a) ~hammer** m. || spoke hammer || masse f. à enrayer. **b) ~hobel** m. || spoke shave || bastringue m.; racloir m. **c) ~macher** || spoke maker || ouvrier m. en rayons. **d) ~messer** m. || break || temple m. **e) ~nippel** m. || spoke nipple || douille f. de rais; écrou m. de rayon. 16

Speichenrad n. || wheel with spokes || roue f. avec rais *ou* à rayons. **a) Doppel~** || double spoke wheel || roue f. à rayons double. **b) geschweißtes ~** || welded spoke wheel || roue f. soudée à rais. **c) ~** aus **Schweißeisen** || welded iron spoke wheel || roue f. à rayons en fer soudable. **d) Stahlguß~** || cast steel spoke wheel || roue f. à rayons en acier moulé. 17

Speichen-spanner m. || spoke tightener || serre-rayon m. **a) ~stern** m. || wheel centre || centre m. de roue. **b) ~träger** m. (Luftf) || spoke flange || flasque f. de rayon(nage). 18

Speicher m. (Getreide) || corn-loft; granary; garret || grenier m. **a) ~** (Handel) || store; warehouse; stock; shed || magasin m.; entrepôt m. **b) Dampf~** || steam accumulator || accumulateur m. de vapeur. **c) Druckwasser~** || hydraulic accumulator || château m. d'eau de pression; accumulateur m. d'eau sous pression. **d) Flüssigkeitskraft~** || liquid accumulator || accumulateur m. hydraulique d'énergie. **e) Getreide~** || corn loft; granary; grain warehouse || magasin m. à blé; grenier m. **f) Tages~** m. eines **Kraftwerkes** || daily capacity of storage basin of a power station || capacité f. d'un jour d'un accumulateur d'une usine. **g) Waren~** || ware storage house || magasin m. 19

Speicheranlage f. (Landw) || granary || grenier m. 20

Speicherbecken n. || store-reservoir || bassin m. de dépôt. **a) Hoch~** || elevated storage basin || réservoir m. supérieur. 21

Speicher-karre f., **hölzerne** || wooden truck || diable m. en bois. **a) ~kraftwerk** n. || storage power station || usine f. d'accumulation. 22

speichern (Selbstanschl) || to pile up || enregistrer. 23

Speicherung f. || storing || emmagasinage m. 24

Speicherwinde f. || store-room windlass || treuil m. de magasin. 25

Speise f. (Met) || speiss || speiss m. 26

Speiseapparat m. eines **Dampfkessels** || boiler feeding apparatus || appareil m. alimentaire d'une chaudière à vapeur. **a) Schüttel~** || oscillating-feeding apparatus || trémie f. d'alimentation à secousses. 27

Speise-automat m. || pastry delivery apparatus || distributeur m. de pâtisseries. **a) ~becken** n. (Wasserb) || storing *or* feeding tank || bassin m. d'alimentation. 28

Speisebrücke f. (Fernm) || feeding bridge || pont m. d'alimentation. **a)** die **~ abschalten** (Fernm) || to cut out the feeding bridge || rompre le circuit d'alimentation. 29

Speiseeis n. || ice cream || crème f. de glace. **a) ~erzeugungseinrichtung** f. || equipment for production of ice cream || appareil m. à préparer la glace de confiserie. 30

Speisefett n. || edible fat || graisse f. alimentaire *ou* de table. **a) ~sieder** m. || tallow smelter || fondeur m. de graisse alimentaire. 31

Speise-graben m. (Wasserb) || feeder ditch || rigole f. d'alimentation. **a) ~hahn** m. (Kesselb) || feed cock || robinet m. d'alimentation. **b) ~haus** n. || dining house || restaurant m.; établissement-réfectoire m. **c) ~kabel** n. || feeder cable || câble m. alimentaire. **d) ~kanal** m. (Wasserb) || alimentary canal || rigole f. d'alimentation. **e) ~kessel** m. || feed boiler || chaudière f. alimentaire. **f) grauer, faseriger ~kobalt** m. || safflorite || safflorite f. 32

Speiseleitung f. (Elektr) || feeder; supply circuit || feeder m.; conducteur m. *ou* circuit m. *ou* câble m. d'alimentation. **a) Haupt~** (Elektr) || main feeder || feeder m. principal. 33

speisen, eine **Batterie** f. || to load a battery || charger une batterie. **a)** einen **Dampfkessel** m. **~** || to feed a boiler || alimenter une chaudière à vapeur. **b)** mit **Strom** m. **~** || to supply current || fournir du courant à. 34

Speisen n. eines **Dampfkessels** *s.* Speisung f., Dampfkessel. 35

Speisen-aufzug m. || kitchen lift; dumb waiter || monte-plats m. **a) ~beförderung** f. in geheizten **Wagen** || transport service of meals by heated vans || service m. de transport de repas en voitures chauffées. **b) ~wärmer** m. || heating apparatus for meals || chauffe-plats m. 36

Speiseöl n. || edible oil || huile f. alimentaire *ou* de table. **a) ~fabrik** f. || mill for edible oils || fabrique f. d'huiles comestibles. **b) ~industrie** f. || edible oil industry || industrie f. des huiles alimentaires. 37

Speiseplattenaufzug m. || service lift || monte-plat m. 38

Speisepumpe f. || feed pump || pompe f. alimentaire *ou* d'alimentation. **a) Kessel~** || boiler feed pump || pompe f. d'alimentation de chaudière. 39

Speiserohr n. || feed(ing) pipe; pipe of supply || tube m. d'alimentation; tuyau m. alimentaire. 40

Speisesaal m. || dining room || salle f. à manger. **a) ~** zur **Einnahme** der mitgebrachten Mahlzeiten || dining hall to take meals brought from home || réfectoire m. pour prendre les repas apportés. 41

Speise-schiene f. || feeder bar || barre f. des artères. **a) ~schrank** m. || meat safe || garde-manger m. **b) ~wagen** m. || restaurant *or* dining car || wagon-restaurant m. 42

Speisewalze f. (Müll) || feed roll || cylindre m. distributeur. **a) ~** (Spinn) || feeding roller || cylindre m. alimentaire. 43

Speisewasser n. || feed water || eau f. d'alimentation *ou* alimentaire. **a) ~anlage** f. || feed water plant || installation f. pour eau d'alimentation. **b) ~aufbereitung** f. || feed water purifying || préparation f. d'eau d'alimentation. **c) ~behälter** m. || feed water tank || réservoir m. d'eau d'alimentation. **d) ~filter** n. || feed water filter || filtre m. d'eau d'alimentation. **e) ~kran** m. (Eisenb) || feeding crane || grue f. d'alimentation. **f) ~leitung** f. || feed water piping || conduite f. de l'eau alimentaire. **g) ~regler** m. || feed water regulator || régulateur m. d'eau d'alimentation. **h) ~reiniger** m. || feed water purifier || épurateur m. d'eau d'alimentation. **i) ~verbrauch** m., **Messen** n. des **~es** || metering the feed water consumption || mesure f. de la consommation de l'eau d'alimentation. **k) ~vorwärmer** m. || feed water (pre)heater || réchauffeur m. d'eau d'alimentation. 44

Speisezylinder m. || feed cylinder || cylindre m. alimentaire. 45

Speisung f. || feed; feeding; catering || service m. alimentaire; alimentation f. **a) Dampfkessel~** || boiler feeding || alimentation f. d'une chaudière à vapeur. **b) zweiseitige ~** (ElBahn) || feeding simultaneously two sides || alimentation f. simultanée de deux côtés. 46

Speiß m. || speiss || speiss m. 47

Spektralanalyse f. || spectroscopic *or* spectrum analysis || analyse f. spectrale. **a) ~** von **Farbstoffen** || spectroscopic analysis of dye stuffs ‖ analyse f. spectrale des colorants. **b) quantitative ~** ‖ quantitative spectrum analysis ‖ analyse f. spectrale quantitative. 1

Spektralapparat m., **festarmiger** ‖ spectroscope with fixed arm ‖ appareil m. spectral à bras fixe. **a) lichtstarker ~** ‖ spectrum apparatus of great light transmitting power ‖ appareil m. spectral lumineux. 2

Spektralbeleuchtungsapparat m. ‖ spectroscopic illuminator ‖ appareil m. pour l'éclairage monochromatique. 3

Spektralbereich m. ‖ region of the spectrum ‖ région f. du spectre. **a) violetter ~** ‖ violet region of the spectrum ‖ région f. du violet du spectre. 4

Spektral-fotometer n. ‖ spectrophotometer ‖ spectrophotomètre m. **a) ~fotometrie** f. ‖ spectro photometry ‖ photométrie f. spectrale. **b) ~gerät** n. ‖ spectroscope; spectroscopic apparatus ‖ spectroscope m.; appareil m. spectroscopique. **c) ~kamera** f. ‖ spectrum camera ‖ chambre f. spectroscopique. **d) ~linie f.** ‖ spectrum line ‖ raie f. *ou* ligne f. spectrale. 5

Spektrallinien fpl. eines leuchtenden Dampfes ‖ spectrum lines pl. of an incandescent vapour ‖ raies fpl. spectrales d'une vapeur incandescente. **a) ~gruppe** f. ‖ group of spectrum lines ‖ groupe m. de raies de tous les spectres. 6

Spektral-okular n. ‖ spectroscopic eyepiece ‖ oculaire m. spectroscopique. **a) ~probe** f. ‖ spectrum test ‖ essai m. spectrométrique. 7

spektrofotometrische Messung f. ‖ spectrophotometric measurement ‖ mesure f. spectrophotométrique. 8

Spektrograf m. ‖ spectrograph ‖ spectrographe m. **a) astronomischer ~** ‖ astronomical spectrograph ‖ spectrographe m. astronomique. **b) automatische** Nachführung f. des **~en** in der täglichen Bewegung der Sonne ‖ keeping automatically the spectrographe with the diurnal motion of the sun ‖ tournement m. du spectrographe pour suivre automatiquement le mouvement diurne du soleil. **c) Einprisma~** ‖ single prism spectrograph ‖ spectrographe m. à un prisme. **d) Lehr~** ‖ teaching spectrograph ‖ spectrographe m. d'enseignement. **e) Objektivprisma~** ‖ objective prism spectrograph; prismatic objective spectrograph ‖ spectrographe m. à prisme-objectif. **f) ~** mit **Reagensglaskondensor** ‖ spectrograph with test tube condenser ‖ spectrographe m. muni d'un condensateur pour tubes à essai. **g) Vierprismenquarz~** ‖ quadruple prism quartz spectrograph ‖ spectrographe m. à quatre prismes en quartz. 9

spektrografische Kamera f. ‖ spectroscopic camera ‖ chambre f. spectroscopique. 10

Spektro-gramm n., **Ausmessung** f. von **~en** ‖ measuring spectrograms ‖ faire des mesures sur les photographies spectrales. **a) ~komparator** m. ‖ spectro comparator ‖ spectrocomparateur m. 11

Spektrometer n. ‖ spectrometer ‖ spectromètre m. **a) Hohlspiegel~** ‖ concave mirror spectrometer ‖ spectromètre m. à miroirs concaves. 12

spektrometrisch ‖ spectrometric ‖ spectrométrique. **a) ~e Messung f.** ‖ spectrometric measurement ‖ mesure f. spectrométrique. 13

Spektroskop n. ‖ spectroscope ‖ spectroscope m. **a) Astro~** ‖ astro spectroscope ‖ spectroscope m. astronomique. **b) Eichung** f. eines **~s** nach Wellenlängen ‖ calibration of a spectroscope in terms of wave lengths ‖ étalonnage m. des échelles de longueurs d'onde d'un spectroscope. **c) Fern~** ‖ telespectroscope ‖ téléspectroscope m. **d) festarmiges ~** n. mit zwei Prismen ‖ fixed arm spectroscope with two prisms ‖ spectroscope m. à bras fixes à deux prismes. **e) Gitter~** ‖ diffraction grating spectroscope ‖ spectroscope m. à réseau. **f) Gitterhand~** ‖ hand grating spectroscope; diffraction grating hand spectroscope ‖ spectroscope m. à réseau à main. **g) Gittermeß~** ‖ evaluating grating spectroscope ‖ spectromètre m. à réseau. **h) gradsichtiges ~** ‖ direct vision spectroscope ‖ spectroscope m. à vision directe. **i) Hand~** ‖ hand spectroscope ‖ spectroscope m. à main. **k) Hohlspiegel~** ‖ spectroscope with concave mirrors ‖ spectroscope m. à miroirs concaves. **l) Interferenz~** ‖ interference spectroscope ‖ spectroscope m. interférentiel *ou* d'interférence. **m) Mikro~** ‖ microspectroscope ‖ microspectroscope m. **n) ~** ohne **Fernrohr** ‖ spectroscope without telescope ‖ spectroscope m. sans lunette. **o) Okular~** ‖ eyepiece spectroscope ‖ spectroscope m. oculaire. **p) Prismen~** ‖ prism spectroscope ‖ spectroscope m. à prismes. **q) Protuberanzen~** ‖ prominence spectroscope ‖ spectroscope m. à protubérances. **r) Spiegel~** ‖ reflecting spectroscope ‖ spectroscope m. à miroirs. **s) Stern~** ‖ astro spectroscope ‖ spectroscope m. astronomique. **t)** auf **Unendlich** eingestelltes **~** ‖ spectroscope set to infinity ‖ spectroscope m. mis au point sur l'infini. **u) Vergleichs~** ‖ comparison spectroscope ‖ spectroscope m. de comparaison. 14

Spektroskopie f. ‖ spectroscopy ‖ spectroscopie f. **a) Blut~** ‖ spectroscopy of blood ‖ spectroscopie f. du sang. 15

Spektroskopiker m. ‖ spectroscopist ‖ spectroscopiste m. 16

spektroskopisch ‖ spectroscopic ‖ spectroscopique. **a) ~er Apparat** m. ‖ spectroscopic apparatus ‖ appareil m. de spectroscopie. **b) ~e Reaktion** f. ‖ spectroscopic reaction ‖ réaction f. spectroscopique. **c) ~e Untersuchung** f. ‖ spectroscopic investigation ‖ recherche f. spectroscopique. 17

Spektroskop-okular n. ‖ spectroscopic eyepiece ‖ oculaire m. spectroscopique. **a) ~rohr** n. ‖ spectroscope tube ‖ tube m. du spectroscope. 18

Spektrum n. ‖ spectrum ‖ spectre m. **a) Absorptions~** ‖ absorption spectrum ‖ spectre m. d'absorption. **b) Beugungs~** ‖ diffraction spectrum ‖ spectre m. de diffraction. **c) Bogen~** ‖ arc spectrum ‖ spectre m. de l'arc. **d) Durchmusterung** f. des **~s** ‖ passing in review the spectrum ‖ exploration f. du spectre. **e) elektromagnetisches ~** ‖ electromagnetic spectrum ‖ spectre m. électromagnetique. **f) Emissions~** ‖ emission spectrum ‖ spectre m. d'émission. **g) fotografisch** wirksamer blauvioletter Teil m. des **~s** ‖ photo-chemically active blue violet region of the spectrum ‖ région f. bleu-violette du spectre dont l'action sur la plaque photographique est la plus intense. **h) Fluorescenz~** ‖ fluorescence spectrum ‖ spectre m. fluorescent *ou* de fluorescence. **i) Funken~** ‖ spark spectrum ‖ spectre m. d'étincelles. **k) Gitter~** ‖ diffraction *or* grating spectrum ‖ spectre m. de réseau. **l) kontinuierliches ~** ‖ continuous spectrum ‖ spectre m. continu. **m)** die **Lichtstrahlung** f. in ihr **~** zerlegen ‖ to decompose the radiation into the elements of its spectrum ‖ décomposer la radiation lumineuse en un spectre. **n) Linie** im sichtbaren **~** ‖ line in the visible spectrum ‖ raie f. du spectre visible. **o) Linien~** ‖ line spectrum ‖ spectre m. de raies. **p)** besonders **linienreiches ~** ‖ spectrum exhibiting a great wealth of lines ‖ spectre m. très *ou* particulièrement riche en raies. **q) sekundäres ~** ‖ secondary spectrum ‖ spectre m. secondaire. **r) sichtbares ~** ‖ visible spectrum ‖ spectre m. visible. **s) Übersichts~** ‖ general spectrum ‖ spectre m. synoptique. **t) ultraviolettes ~** ‖ ultra violet spectrum ‖ spectre m. ultraviolet. **u) ultraviolettes Prismen~** ‖ ultra violet prism spectrum ‖ spectre m. ultraviolet à prisme. **v)** Einrichtung f. zur **Vergleichung** des **~s** mit einer Wellenlängenskale und einem Vergleichsspektrum ‖ device for comparison of spectrum consisting of a comparison wave length scale and a comparison spectrum ‖ dispositif m. pour comparer le spectre avec une échelle de longueurs d'onde et un autre spectre. **w) Vergleichs~** ‖ comparison spectrum ‖ spectre m. de comparaison. 19

Spektrum-platte f. ‖ spectrum plate ‖ plaque f. de spectre. **a) ~teilung** f. ‖ separation of the spectrum ‖ séparation f. du spectre. 20

Spekulation f. ‖ speculation ‖ spéculation f. 21

Spekulatiusfabrik f. (Backw) ‖ speculatius factory ‖ fabrique f. de speculatius. 22

spekulieren ‖ to venture; to speculate ‖ spéculer. 23

Spelt m. *s.* Spelz m. 24

Spelz m. (Weizen) ‖ spelt ‖ épeautre m. 25

Spelze f. ‖ beard; glume ‖ glume f.; balle f.; barbe f. **a) Gersten~** ‖ barley chaff *or* husk *or* shell ‖ balle f. d'orge. 26

Spelzenbestimmung f. (Brau) ‖ spelt determination ‖ détermination f. de la quantité d'enveloppes. 27

Spelzmehl n. ‖ spelt flour ‖ farine m. d'épautre. 28

Spengler m. ‖ iron monger; tinman ‖ ferblantier m. **a) ~amboß** m. ‖ tinman's anvil ‖ enclumette f. de ferblantier. 29

Sperr-baum m. (Eisenb) ‖ bar of a barrier ‖ lisse f. **a) ~bolzen** m. ‖ locking pin ‖ cheville f. d'arrêt. 30

Sperre f. (Handel) ‖ blocking; stoppage; embargo; prohibition ‖ suspension f.; blocus m. 31

sperren (Buchdr) ‖ to space out ‖ espacer. **a) ~** (Masch) ‖ to stop ‖ enrayer. **b)** ein **Gleis** n. **~** ‖ to blockade a track ‖ bloquer une voie. **c)** einen **Hafen** m. **~** ‖ to blockade a port ‖ faire le blocus m. de quelque port. 32

Sperr-feder f. ‖ drag spring ‖ ressort m. à enrayer. **a)** eine **Straße** f. **~** ‖ to block up a road ‖ barrer une route. **b) ~feuer** n. ‖ barrage fire ‖ tir m. de barrage. **c) ~gut** n. ‖ bulky goods pl. ‖ articles mpl. encombrants; marchandises fpl. encombrantes. 1

Sperrhaken m. (Masch) || catch; pawl; click || crochet m. d'arrêt. **a)** ~ (Schloß) || pick lock; skeleton key || rossignol m.; crochet m. d'arrêt; passe-partout m. 2

Sperrhahn m. || stop cock || robinet m. d'arrêt. 3

Sperrholz n. || plywood || bois m. contre-plaqué *ou* de chevron. **a) ~beplankung** f. || plywood planking || revêtement m. en contreplaqué. **b) ~gerippe** n. || plywood framework || carcasse f. *ou* charpente f. en contre-plaqué. **c) ~herstellungsmaschine** f. || plywood machine || machine f. à fabriquer les placages. **d) ~presse** f. || veneering press || presse f. à plaquer. 4

Sperrhorn n. || beak iron || bigorne f. 5

sperrig || bulky || encombrant. **a) ~e Probe** f. || bulky test-piece || produit m. à éprouver l'encombrement. **b) ~es Stück** n. (Eisenb) || unwieldly *or* voluminous part || pièce f. encombrante *ou* volumineuse *ou* de dimensions démesurées. 6

Sperr-kegelstahl m. (Uhrm) || click steel || acier m. à cliquets. **a) ~kette** f. (Fernm) || filter || filtre m. **b) ~klaue** f. der **Drehscheibe** (Eisenb) || bolt of a turntable || crapaud m. de la plaque tournante. 7

Sperrklinke f. || pawl || cliquet m. de rotation. **a) ausrückbare ~** || disengaging pawl || cliquet m. débrayable. 8

Sperrklinken-führung f. || pawl guide || guide f. de verrou d'arrêt. **a) ~hebel** m. || pawl *or* latch lever || manette f. du cliquet d'arrêt. **b) ~rad** n. || ratchet wheel || roue f. à cliquet. **c) ~steuerung** f. || spring catch || encliquetage m. 9

Sperr-kreis m. (Funkw) || block circuit || circuit m. piège d'onde. **a) ~leitung** f. (Selbstanschl) || busy wire || fil m. d'occupation. **b) ~mauer** f. in Bruchsteinmauerung || dam of quarry stone masonry || mur m. du barrage en moellons. **c) ~netz** n. (Fisch) || spreading net || boulier m. **d) ~organ** n. || blocking means pl. || organe m. de blocage. 10

Sperrad n. || ratchet wheel || roue f. à rochet *ou* à déclic. **a) ~auslösung** f. || ratchet release || relâchement m. par cliquet. 11

Sperriegel m. || safety bolt || verrou m. de sûreté. 12

Sperr-schleuse f. || protecting sluice || écluse f. de garde. **a) ~schloß** n. || control lock || verrou m. de blocage. **b) ~schriftvorrichtung** f. || letter spacing arrangement || dispositif m. pour l'écartement des lettres. **c) ~stange f., gezahnte** || ratch || crémaillère f. **d) ~stift** m. (Schloß) || detent pin || étoquiau m. **e) ~stunde** f. || off-peak hour || heure f. d'économie. 13

Sperrung f. (Masch) || stopping; catch; locking || enrayage m.; enrayement m.; arrêt m.; encliquetage m. 14

Sperr-vorrichtung f. || locking device; stop *or* ratchet gear || dispositif m. d'enclenchement; encliquetage m. **a) ~werk** n. || ratchet gear || appareil m. d'arrêt; mécanisme m. d'encliquetage. **b) ~zahn** m. || ratched tooth || dent f. d'arrêt. **c) ~zeichen** n. (Fernm) || locking signal || signal m. de blocage. **d) ~zeit** f. || off-peak time || temps m. d'économie. **e) ~zoll** m. || prohibitory duty || droit m. prohibitif. 15

Spesen pl. || expenses pl.; charges pl.; costs pl. || frais mpl. 16

spesenfrei || all expenses paid; free of charge || frais mpl. déduits; sans frais mpl.; net de tous frais mpl. 17

Spesen-nachnahme f. || reimbursement of expenses; charges forward || remboursement m. des frais. **a) ~rechnung** f. || bill of expenses incurred; account of charges || compte m. des frais. 18

Spezereien fpl. || grocery; drugs pl. || épiceries fpl.; drogues fpl. 19

Spezereihandlung f. || grocery || épicerie f. 20

Spezial . . . *s. auch* Sonder . . . 21

Spezial-ausklink- und **Gehrungsstanzmaschine** f. || special notching and mitre-cutting machine || machine f. spéciale à gruger et découper les onglets. **a) ~-beschneidmaschine** f. || special trimming machine || machine f. spéciale à rogner. **b) ~beschreibung** f. || detailed description || description f. détaillée. **c) ~einrichtung** f. || special installation || installation f. spéciale. **d) ~fräsmaschine** f. || special milling machine || machine f. à fraiser spéciale. **e) ~gewebe** n. || special tissue || tissu m. spécial. **f) ~glaswaren** fpl. || special glassware || verrerie f. spéciale. 22

spezialisieren || to specialize || spécialiser. 23

spezialisiert || specialized || spécialisé. 24

Spezialist m. || specialist || spécialiste m. 25

Spezialität f. || speciality; special line || spécialité f. **a) pharmazeutische ~** || pharmaceutical speciality || spécialité f. pharmaceutique. 26

Spezial-kamera f. || camera of special design || chambre f. spécialement destinée à. **a) ~klemme** f. || special clip || pince f. spéciale. **b) ~maschine** f. || special machine || machine f. spéciale. **c) ~nietmaschine** f. || special rivet(t)ing machine || riveuse f. spéciale. **d) ~papier** n. || special paper || papier m. spécial. **e) ~profil** n. || special profile || profil m. spécial. **f) ~schuhwerk** n. für **Sportzwecke** || special boots and shoes for sports || chaussure f. spéciale pour les sports. **g) ~stahl** n. || special steel || acier m. spécial. **h) ~wagen** m. (Eisenb) || special wagon || wagon m. spécial. **i) ~-werkzeugmaschine** f. || special machine tool || machine-outil f. spéciale. 27

Spezifikation f. (Handel) || specification || spécification f. **a) laut ~** || according to specification || selon spécification. f. 28

spezifisch || specific || spécifique. **a) schwer ~** (Phys) || specific dense || spécifiquement dense. 29

spezifisch-es Gewicht n. || specific gravity || poids m. *ou* gravité f. spécifique. **a) ~e Helligkeit** f. einer Lampe || intrinsic intensity of a lamp || éclat m. spécifique d'une lampe *ou* clareté f. *ou* pouvoir m. lumineux. **b) ~er Widerstand** m. (Elektr) || specific resistance || résistivité f. *ou* résistance f. spécifique. 30

Sphalerit m. || sulphide of zinc; blende; black jack || zinc m. sulfuré. 31

sphärisch || spherical || sphérique. **a) ~-zylindrisch** || sphero-cylindrical || sphéro-cylindrique. 32

sphärisch-e Aberration f. || spherical aberration || aberration f. de sphéricité. **a) ~e Abweichung** f. || spherical aberration || aberration f. de sphéricité. **b) ~e Abweichung** f. des Objektivs || spherical aberration of the object glass || aberration f. de sphéricité de l'objectif. **c) ~er Hohlspiegel** m. || spherical concave mirror || miroir m. sphérique concave. **d) ~e Korrektion** f. (Opt) || spherical correction || correction f. sphérique; correction f. de l'aberration de sphéricité. **e) ~e Linse** f. || spherical lens || lentille f. sphérique. **f) ~er Winkel** m. || spherical angle || angle m. sphérique. 33

Sphäroid n. || spheroid || ellipsoïde m. de révolution *ou* de rotation. 34

Sphärometer n. || spherometer || sphéromètre m. 35

Sphärosiderit m. || spherosiderite || sphérosidérite f. 36

sphärozylindrisch || sphero-cylindrical || sphéro-cylindrique. 37

Sphen m. || sphene; titanite || sphène f.; titanite f. 38

Spicknadel f. || larding pin || lardoire f. 39

Spiegel m. || mirror; looking glass || miroir m.; glace f. **a) ~** (Holz) || quarter grain || miroir m.; maille f. **b) ~** (Flüssigkeit) || level || niveau m. **c) ~** (Schiffb) || stern || poupe f.; arcasse f. **d) Augen~** || ophthalmoscope || ophtalmoscope m. **e) Beleuchtungs~** || illuminating mirror || miroir m. d'éclairage. **f) Beobachtungs~** || observation mirror; mirroscope || miroir m. d'observation. **g) ebener ~** || plane mirror || miroir m. plan. **h)** eben **geschliffener ~** || plane polished *or* ground mirror || miroir m. poli plan. **i) gerahmter ~** || framed mirror || miroir m. encadré. **k) Glas~** || glass mirror || miroir m. en verre. **l) Glassilber~** || silvered glass reflector *or* mirror || miroir m. en verre argenté. **m) Glassilberparabol~** || silvered parabolic glass reflector || miroir m. en verre parabolisé et argenté. **n) ~** mit **Goldrahmen** || gilt framed mirror || miroir m. à cadre doré. **o) Grundwasser~** || surface of the underground water || surface f. de la nappe souterraine. **p) Hilfs~** || auxiliary mirror || miroir m. auxiliaire. **q) Hohl~** || concave mirror || miroir m. concave. **r) Hohl~** aus **Spiegelmetall** || concave mirror of speculum metal || miroir m. concave en métal spécial. **s) Kehlkopf~** || laryngoscope; laryngial mirror || laryngoscope m.; miroir m. laryngien. **t) Kondensor~** (Spektroskopie) || condensor mirror || miroir-condensateur m. **u) konkaver ~** || concave mirror || miroir m. concave. **v) Konvex~** || convex reflector || miroir m. convexe. **w) Kraftwagen~** || automobile mirror || avertisseur m. *ou* espion m. pour automobiles. **x) kurzbrennweitiger ~** || mirror of short focal length || miroir m. de court foyer. **y) Laternen~** || lamp reflector || réflecteur m. de lanterne. **z) Metall~** || metallic mirror || miroir m. métallique *ou* de métal. 40

a) Mund~ (Heilk) || mouth mirror || miroir m. buccal. **b) Parabol~** || parabolic reflector || réflecteur m. parabolique. **c) parallel geschliffener ~** || parallel ground mirror || miroir m. poli parallèlement. **d)** die **~** mpl. **parallel stellen** || to set the mirrors parallel || placer les miroirs parallèlement. **e) Plan~** || plane mirror || miroir m. plan. **f) Planglas~** mit Vorderversilberung || plane glass mirror silvered in front || miroir m. plan en verre argenté sur la face avant. **g) Reflexions~** || reflector || miroir m. réflecteur. **h) Rückblick~** || observation mirror

|| rétro-viseur m. **i) Scheiden~** (Heilk) || vaginal speculum || spéculum m. vaginal. **k) Schieber~** (Lok) || slide main face || table f. de tiroir. **l) Schutz~** || safety mirror || miroir m. protecteur. **m) Taschen~** || pocket mirror || miroir m. de poche. **n) ungefaßter ~** || unmounted mirror || miroir m. non monté. 1

Spiegel-ablesung f. || mirror reading || lecture f. à miroir; méthode f. du miroir. **a) außeraxialer ~abschnitt** m. || extra-axial mirror zone || portion f. marginale de miroir. **b)~apparat** m. (Prob) || mirror extensometer || appareil m. à miroir. **c) ~belag** m. || mirror foil || étain m. en feuilles. **d) ~belegung** f. || mirror quick-silvering || étamage m. de glaces *ou* de miroirs. **e) ~beobachtung** f. || mirror observation || observation f. par miroir. **f) elektrostatisches ~bild** n. || electrical image of a conductor as to earth || image f. électrique d'un conducteur par rapport à la terre. 2

spiegelblank || high polished || poli comme un miroir. 3

Spiegel-eisen n. || specular *or* spiegel iron || fonte f. miroitante *ou* spiegel. **a) ~exophthalmometer** m. || reflecting exophthalmometer || exophtalmomètre m. à miroirs. **b) ~galvanometer** n. || reflecting *or* mirror galvanometer || galvanomètre m. à miroir. 4

Spiegelglas n. || plate glass; mirror glass || verre m. à glaces; glace f. **a) belegtes ~** || foiled mirror glass || glace f. étamée. **b) gebogenes ~** || curved mirror glass || glace f. courbée. **c) gefeldertes ~** || beveled mirror glass || glace f. biseautée. **d) geschliffenes ~** || polished plate glass || glace f. doucie. **e) gewölbtes ~** || cambered mirror glass || glace f. bombée. **f) graviertes ~** || engraved mirror glass || glace f. gravée. **g) platiniertes ~** || platinized mirror glass || glace f. platinée. **h) ~ schleifen** || to grind plate glass || dresser les glaces fpl. **i) vergoldetes ~** || gilt mirror glass || glace f. dorée. **k) versilbertes ~** || plated mirror glass || glace f. argentée. **l) verstärktes ~** || reinforced mirror glass || glace f. armée. 5

Spiegelglas-platte f. || plate glass disc || plaque f. de glace. **a) ~poliererei** f. || mirror polishing || polissage m. de glaces *ou* de miroirs. **b) ~schleifer** m. || mirror polisher || polisseur m. de glaces. **c) ~schleifmaschine** f. || grinding machine for plate glass || polisseuse f. à glaces. **d) ~schneider** m. || plate glass cutter || tailleur m. de glaces. 6

Spiegelglastransport m. || transport of plate glass || transport m. des glaces. **a) Saugrahmenkran** m. für **~e** || crane with suction frame for the transport of plate glass || grue f. à cadre à suçoirs pour le transport de glaces. 7

spiegelglatt || smooth as a mirror || parfaitement lisse. 8

spiegelgleiches Profil n. || symmetrical profile *or* section || profil m. symétrique. 9

Spiegel-gleichheit f. || mirror symmetry || symétrie f. par rapport à un miroir plan. **a) ~griff** m. || mirror handle || manche m. pour miroir. **b) ~heck** n. (Schiffb) || square tuck || arrière m. carré. **c) ~holz** n. || quarter grain || miroir m.; maille f. **d) ~instrument** n. || reflecting instrument || instrument m. à réflecteur. **e) ~kluft** f. (Holz) || cracks pl. in the direction of the grain; external shakes pl. || fissures fpl. dans le sens du fil du bois fendu. **f) ~kreis** m. (Feldm) || reflecting circle || cercle m. de réflexion. **g) ~kreuz** n. || optical square for angles of 90° || équerre f. à miroirs faisant entre eux un angle de 90°. **h) ~lehre** f. || mirror comparator || comparateur m. à miroir. **i) ~magnet** m. || mirror magnet || aimant m. à miroir. **k) ~messer** m. || gauge for looking glasses || pochomètre m. **l) ~metall** n. || speculum *or* specular metal || métal m. spéculaire *ou* à miroirs. **m) ~methode** f. || mirror method || méthode f. à miroir. **n) ~mikroskop** n. || reflecting microscope || microscope m. à réflecteur. 10

spiegelnd || specular; reflecting || miroitant. **a) ~e Wand** f. || reflecting wall || paroi f. miroitante. 11

Spiegel-ortungsgerät n. || mirror position finder || chercheur m. de position à miroir. **a) ~oszillograf** m. || mirror oscillograph || oscillographe m. à miroir. **b) ~pfahl** m. (Wasserb) || water mark || repère m. **c) ~prisma** n. || reflecting prism || prisme m. réflecteur. **d) ~quadrant** m. (Seew) || Hadley's quadrant || cadran m. *ou* quartier m. de Hadley. **e) ~reflexkammer** f. || mirror reflex camera || chambre f. à miroir de visée. 12

Spiegelrohr n. (Fernrohr) || reflector tube || tube m. du télescope. **a) ~ mit Glassilberspiegel** || reflector tube with silvered glass reflector || tube m. du télescope muni d'un miroir en verre argenté. **b) Okularende** n. des **~es** || eye end of the reflector tube || extrémité f. oculaire du tube du réflecteur. 13

Spiegel-rohrhalter m. || reflector tube clip || armature f. portant le tube du réflecteur. **a) gebogene ~scheibe** f. || bent plate glass || glace f. cintrée. **b) ~schrift** f. || reflected script face || écriture f. reflétée. **c) ~sextant** m. || Hadley's sextant || sextant m. à réflexion. **d) ~skale** f. || mirror scale || échelle f. sur miroir. 14

Spiegelspektroskop n. || reflecting spectroscope || spectroscope m. à miroirs. **a) ~ für Wärmestrahlen** || reflecting spectrometer for heat rays || spectromètre m. à miroirs pour les radiations calorifiques. 15

Spiegel-stellung f., die **~** berichtigen || to correct the setting of the mirror || rectifier la position du miroir. **a) ~teleskop** n. || reflecting telescope || télescope m. **b) ~tisch** m. || pier table || table f. de trumeau. **c) ~wage** f. (Feldm) || reflecting level || niveau m. réflecteur. 16

Spieker m. || nail || clou m. 17

Spiel n. (Brettspiel; Sport usw.) || game; play || jeu m. **a) ~** (Hebezeug) || cycle of work || opération f. complète. **b) ~** (Masch; Spielraum) || free motion; play; windage; working || jeu m.; liberté f. **c) ~** (Seew) || set; suit || jeu m. **d) aufs ~ setzen** || to risk; to hazard; to venture || risquer. **e) ~ haben** (Techn) || to play; to fetch way; to be slack; to get *or* to work loose || jouer; avoir du jeu. **f) ~** des **Kolbens** || play of the piston || jeu m. du piston. **g) seitliches ~** || lateral play || jeu m. latéral. 18

Spiel-art f. || variation || variété f. **a) ~dose** f. || musical box || boîte f. à musique. 19

spielfreier Gang m. || movement free from play || marche f. sans jeu. 20

Spiel-geld n. || toy money || argent m. de jeux. **a) ~karte** f. || playing-card || carte f. à jouer. 21

Spielkarten-eckenabrunder m. || playing-card rounder-off || corneur m. *ou* arrondisseur m. de cartes à jouer. **a) ~fabrikant** m. || playing-card maker || fabricant m. de cartes à jouer. **b) ~glätter** m. || playing-card glazer *or* calenderer || lisseur m. de cartes à jouer. **c) ~leimer** m. || playing-card paster || colleur m. de cartes à jouer. **d) ~prüferin** f. || playing-card checker *or* examiner || recouleuse f. de cartes à jouer. **e) ~randvergolder** m. || gilder of playing-cards' ledges || doreur m. de tranches des cartes à jouer. **f) ~schneider** m. || playing-card cutter || coupeur m. de cartes à jouer. **g) ~sortiererin** f. || playing-card sorter || tableuse f. de cartes à jouer. **h) ~(zusammen)-legerin** f. || playing-card shuffler || mêleuse f. de cartes à jouer. 22

Spiel-kegel m. || skittle || billon m. **a) ~-kragen** m. eines **Mastes** || collar of a mast || écoutillon m. d'un mât. **b) ~-marke** f. || playing counter || jeton m. de jeux. 23

Spielprojektionsapparat m. || toy optical lantern || appareil m. jouet de projection. 24

Spielraum m. (Fernm) || margin; encroachment || empiètement m. **a) ~** (Masch) || allowance; clearance; play; free motion; windage || tolérance f.; jeu m.; liberté f. **b) genügender ~** || sufficient clearance provided in the rest || jeu m. suffisant dans l'appui. **c) ~ m. haben** (Techn) *s.* Spiel n. haben. **d) ~** der **Zähne** eines **Zahnrades** || side clearance of teeth of a toothed wheel || jeu m. entre les dents d'une roue dentée *ou* d'un engrenage. 25

Spiel-schiff n. || toy ship || bateau m. jouet. **a) ~tier** n. || toy animal || animal m. jouet. **b) ~tisch** m. || gambling table || table f. de jeu. **c) ~wagen** m. || toy cart || voiture f. jouet. 26

Spielwaren fpl. || toys pl. || jouets mpl.; bimbeloterie f. **a) ~** aus **Aluminium** || aluminium toys pl. || jouets mpl. en aluminium. **b) Blech~** || tin toys pl.; metal-sheet toys pl. || jouets mpl. en fer blanc. **c) Blei~** || lead toys pl. || jouets mpl. en plomb. **d) ~** aus **Chenille** || chenille toys pl. || jouets mpl. en chenille. **e) elektrische ~** || electrical toys pl. || jouets mpl. électriques. **f) ~** aus **Filz** || felt toys pl. || jouets mpl. en feutre. **g) Gummi~** || india-rubber toys pl. || jouets mpl. en caoutchouc. **h) Holz~** || wooden toys pl. || jouets mpl. en bois. **i) mechanische ~** || mechanical toys pl. || jouets mpl. mécaniques. **k) mechanische ~** aus **Blech** || mechanical metal-sheet toys pl. || jouets mpl. mécaniques en fer blanc. **l) Metall~** || metal toys pl. || jouets mpl. en métal. **m) ~** mit **Musik** || musical toys pl. || jouets mpl. à musique. **n) optische ~** || optical toys pl. || jouets mpl. optiques. **o) ~** aus **Papier** || paper toys pl. || jouets mpl. en papier. **p) ~** aus **Papiermaché** || moulded cardboard toys pl. || jouets mpl. en carton moulé. **q) ~** aus **Papierstoff** || toys pl. of cardboard || jouets mpl. de carton pâte. **r) ~** aus **Pappe** || pasteboard toys pl. ||

jouets mpl. en carton. s) ~ aus **Plüsch** || plush toys pl. || jouets mpl. en peluche. t) ~ aus **Porzellan** || china toys pl. || jouets mpl. en porcelaine. u) ~ aus **Raupe** || chenille toys pl. || jouets mpl. en chenille. v) ~ aus **Zelluloid** || celluloid toys pl. || jouets mpl. en celluloïd. w) **Zinn~** || tin toys pl. || jouets mpl. en étain. 1

Spielwaren-fabrik f. || toy factory || fabrique f. de jouets. a) **~farbe** f. || colour for toys || couleur f. pour jouets. b) **~geschäft** n. || toy store || magasin m. de jouets. c) **~herstellungsmaschine** f. || toy making machine || machine f. pour fabriquer des jouets. d) **~macher** m. || toy maker || monteur m. de jouets. e) **~maler** m. || toy painter || coloriste m. de jouets. 2

Spielwürfel m. || playing die || dé m. à jouer. 3

Spielzeug n. || toy; plaything || jouet m.; joujou m. a) **mechanisches ~** || mechanical toy || jouet m. mécanique. 4

Spiere f. (Luftf) || rib || nervure f. a) ~ (Schiffb) || spar || espar m.; mâtereau m. 5

Spieß m. (Bergb) || poker || palfer m. a) ~ (Buchdr) || pick || pointe f. b) ~ (Sandformerei) || venting wire; wire riddle || aiguille f.; dégorgeoir m. 6

Spießglanz m. || antimony trisulphide; native antimony; antimonite || antimonite f.; antimoine m. natif *ou* trisulfuré. a) **~bleierz** n. || bournonite || antimoine m. sulfuré plumbo-cuprifère; bournonite f. b) **~blende** f. || red antimony *or* antimony ore; kermesite || antimoine m. rouge *ou* oxydé sulfuré. c) **~butter** f. || antimony chloride || trichlorure m. *ou* beurre m. d'antimoine. d) **~ocker** m. || antimonial ochre; stilbite || antimoine m. oxydé terreux. e) **~safran** m. || saffron of antimony || crocus m. d'antimoine. f) **~silber** n. || antimonial silver || argent m. antimonial. 7

Spiker m. || (plank) nail; spike || clou m. (à planches). a) **~back** f. || spike box || équipet m. b) **~eisen** n. || spike iron || calfat m. à clous. c) **~haut** f. || sheathing of fir-board || doublage m. en bois. 8

spikern || to nail; to spike || clouer. 9

Spikerung f. || nailing || clouage m. 10

Spiköl n. || spike oil || essence f. de spic. 11

Spill n. || capstan; crab || cabestan m.; tourniquet m. a) **zweistufiges ~** || double-headed capstan || cabestan m. à cloche bi-étagée. 12

Spillage f. || spillage; sweepings pl. || balayures fpl. 13

Spill-anlage f. || capstan installation || installation f. de cabestan. a) **~bett** n. || step of capstan || carlingue f. de cabestan. b) **~gatt** n. || hole capstan || mortaise de cabestan. c) **~klampe** f. || whelp of capstan || taquet m. de cabestan. d) **~kopf** m. || drum head of capstan || chapeau m. *ou* cloche f. de cabestan. e) **~spake** f. || capstan bar || barre f. de cabestan. f) **~spur** f. || step of capstan || carlingue f. de cabestan. g) **~trommel** f. (Schiffb) || capstan barrel || cloche f. de cabestan. 14

Spinat m. || spinach || épinard m. 15

Spindel f. || spindle; axle || axe m.; arbre m.; pivot m. a) ~ (Fräsmasch) || spindle || porte-fraise m.; broche f. (de fraisage). b) ~ (Textil) || spindle || broche f. c) ~ (Uhr) || verge || verge f. d) **Bohr~** || spindle; boring bar || arbre m. porte-foret. e) ~ mit **Handrad** || spindle and hand wheel || vis f. commandée par roue à main. f) **Karden~** || teasel spindle || broche f. de chardon. g) **Kern~** || core spindle || arbre m. de noyau; gabarit-trousseau m. h) **Lenk~** (Auto) || steering wheel shaft || arbre m. de colonne de direction. i) **Lenkstock~** || steering shaft || arbre m. de colonne de direction. k) ~ für **Spinnereimaschinen** || spindle for spinning machines || broche f. pour machines de filature. l) **Teil~** || dividing spindle || broche f. de la poupée à diviser. m) **vollständige ~** (Spinn) || complete spindle || broche f. complète. n) **Werkstück~** || work spindle || broche f. porte-pièce. 16

Spindel-achse f. (Spinn) || spindle axle || essieu m. de broche. a) **~anstellung** f. von **Hand** (Walzw) || hand-operated spindle adjustment || réglage m. à main. b) **~bank** f. (Spinn) || jack frame || banc m. à broches. 17

Spindelbremse f. || screw *or* spindle brake || frein m. à vis *ou* à tringle. a) Drehgestell n. mit **achtklotziger ~** || truck with eight-shoe screw brake || bogie f. avec frein à vis à huit sabots. b) **horizontale ~** || horizontal screw brake || frein m. à vis horizontale. 18

Spindel-buchse f. (Spinn) || step of spindle; spindle step || gaine f. de broche. a) **~drehsinn** m. || direction of rotation of spindle || sens m. de rotation de la broche. b) **~drehzahl** f. || spindle speed || vitesse f. de broche. c) **~führung** f. (Ventil) || stem guide *or* bush || guide m. de tige *ou* de queue. d) **~hemmung** f. (Uhr) || crown *or* fusee escapement || échappement m. à verge. e) **~hülse** f. || spindle sleeve || douille f. des broches. f) **~kasten** m. (Drehb) || head *or* mandrel stock || poupée f. fixe *ou* motrice. g) **~klöbchen** n. (Uhrm) || balance vice || étau m. à queue à balancier. h) **~kopf** m. (Bohrm) || spindle *or* mandrel nose || nez m. du mandrin *ou* de la broche. i) **~lagerung** f. (Spinn) || spindle bearing || support m. des broches. k) **~lappen** m. (Uhrm) || pallet; nut || palette f. l) **~nieter** m. (Uhrm) || verge rivetting tool || noisette f. à river les verges. m) **~presse** f. || spindle *or* screw press || presse f. à vis *ou* à broche. n) **~schlitten** m. || saddle trough || chariot m. porte-broche. o) **~stock** m. (Drehb) || head *or* mandrel stock || poupée f. fixe *ou* porte-broche. p) **~teilung** f. (Spinn) || spindle pitch || écartement m. des broches. q) **~übertragung** f. || spindle transmission || transmission f. à fuseau. r) **~untersatz** m. (Spinn) || spindle bolster || socle m. de broche. s) **~wirtel** m. (Spinn) || spindle wharve || noix f. de broche. t) **~ziehpresse** f. || screw press || presse f. à vis à étirer. 19

Spinell m. || spinel || spinelle m.; alumine f. magnésiée. a) **schwarzer ~** || pleonaste; black spinel || alumine f. magnésiée; pléonaste m.; spinelle m. noir. 20

Spinndüse f. || spinning nozzle; spinneret || filière f. 21

spinnen || to spin || filer. a) **Baumwolle** f. ~ || to spin cotton || filer le coton. b) einen **Docht** m. ~ || to spin a wick || filer une mèche. 22

Spinnen n. mit kaltem **Wasser** || wet spinning || filage m. à l'eau froide. 23

Spinnenseide f. || silk of Asclepias marsdenia; spider silk || soie f. d'araignée. 24

Spinner m. || spinner || fileur m.; filateur m. 25

Spinnerei f. || spinning || filature f.; filage m. a) **Eisengarn~** || manufacture of two cord yarn || filature f. à deux fils. b) **Garn~** || yarn spinning mill || filanderie f. c) **Kammgarn~** || spinning mill for worsted yarn || filature f. de laine longue. d) **Papiergarn~** || spinning mill for paper yarns || filature f. de fils de papier. e) **Roßhaar~** || horsehair spinning mill || filature f. de crin. f) **Streichgarn~** || spinning mill for carded yarn || filature f. de tirasse. 26

Spinnerei-besitzer m. || owner of a spinning mill || filateur m.; propriétaire m. de filature. a) **~geräte** npl. || accessories for spinning || accessoires mpl. pour la filature. 27

Spinnereimaschine f. || spinning machine *or* frame || machine f. à filer *ou* pour filatures. a) **Baumwoll~** || cotton spinning machine *or* frame || machine f. à filer le coton *ou* pour filatures de coton. b) **Garn~** || yarn spinning machine || machine f. pour filanderies. c) **Jute~** || jute spinning machine || machine f. à filer le jute. d) **Kammgarn~** || worsted spinning machine || machine f. à filer la laine peignée. e) **Papiergarnteller~** || paper yarn plate spinning machine || machine f. à plateau pour filer le fil en papier. f) **Roßhaar~** || horsehair spinning machine || machine f. à filer le crin de cheval. g) **Streichgarn~** || carded yarn spinning machine || machine f. à filer la laine cardée. h) **Strohseil~** || straw rope spinning machine || machine f. à filer les liens de paille. i) **Werg~** || hemp-hards spinning machine || machine f. à filer l'étoupe. k) **Woll~** || wool spinning machine || machine f à filer la laine 28

Spinnerei-maschineneinzelteil m. || spare part for spinning machines || pièce f. de rechange de métier à filer. a) **~mechaniker** m. || spinning machine fitter || mécanicien m. pour filatures. 29

Spinnergehilfe m. || spinner's helper || aide-fileur m. 30

Spinn-lappen m. des **Reepschlägers** || rope-maker's list || paumelle f. *ou* paumet m. de cordier. a) **~lösung** f. || spinning solution || solution f. à filer. b) **~maschine** f. *s.* Spinnereimaschine. c) **~meister** m. || spinning master || contremaître m. de filature. d) **~öl** n. || spinning oil || huile f. de filage. e) **~pumpe** f. || spinning pump || pompe f. de filature. f) **~rad** n. || spinning wheel || rouet m. à filer. g) **~regler** m. || spinning regulator || régulateur m. de vitesse pour machine à filer. h) **~ring** m. || spinning ring || anneau m. de filature. i) **~rocken** m. || distaff; rock || quenouille f. 31

Spinnspulendrehbank f. || spinning bobbin turning machine || tour f. pour bobine de filature. 32

Spinnstoff m. || spinning material || matière f. textile. a) **pflanzlicher ~** || vegetable spinning material || matière f. textile végétale. 33

Spinnstuhl m. || spinning frame || métier m. à filer. a) **~führer** m. || spinning frame tenter || fileur m. au métier à filer. 34

Spinn-topf m. || spinning can *or* pot || pot m. de filature. a) **~topfverfahren** n. ||

spinning pot procedure || méthode f. de filature avec pot tournant. **b) ~zentrifuge** f. für **Kunstseide** || spinning pot drive for artificial silk || centrifugeur m. à soie artificielle. 1

Spion m. (Spiegel) || rear reflecting mirror || espion m.; avertisseur m. 2

Spiralantenne f. für Aufhängung im Zimmer || spiral antenna for suspension in rooms || antenne f. en boudin à suspension dans la chambre. 3

Spiralbohrer m. || twist drill || foret m. hélicoïdal; mèche f. hélicoïdale. **a) Maschine f. zur Herstellung** von **~n** || machine for the production of twist drills || machine f. pour la fabrication des forets hélicoïdaux. **b) Vorrichtung f. zum Schleifen** von **~n** || attachment for grinding twist drills || dispositif m. à affûter les forets hélicoïdaux. 4

Spiralbohrer-fräsmaschine f. || twist drill milling machine || machine f. à fraiser les forets hélicoïdaux. **a) ~hinterfräsmaschine** f. || twist drill relief milling machine || machine f. à dépouiller à la fraise les forets hélicoïdaux. **b) ~hinterschleifmaschine** f. || twist drill relief grinding machine || machine f. à dépouiller à la meule les mèches hélicoïdales. **c) ~schärfautomat** m. || automatic twist drill grinder || machine f. automatique à affûter les forets hélicoïdaux. **d) ~-schleifmaschine** f. || twist drill grinding machine || machine f. à affûter les forets hélicoïdaux; machine f. à meuler les mèches hélicoïdales. **e) ~spitzenschleifapparat** m. || twist drill centre grinding apparatus || appareil m. à rectifier les pointes des forets hélicoïdaux. 5

Spiraldraht m. || spiral wire || fil m. en spirale. **a) ~schere** f. || spiral wire cutter || cisailles fpl. à fil en spiral. 6

Spiraldübel m. || spiral dowel || goujon m. à spirale. 7

Spirale f. || spiral; spiral *or* helical line; helix || spirale f. **a) archimedische ~** || spiral of Archimedes || spirale f. linéaire *ou* d'Archimède. **b) ~** aus **Eisendraht** || iron wire spiral || spirale f. en fil de fer. **c) hyperbolische ~** || hyperbolic spiral || spirale f. hyperbolique. **d) logarithmische ~** || logarithmic spiral || spirale f. logarithmique. **e) parabolische ~** || helicoid parabola; parabolic symbol || parabole f. hélicoïde; spirale f. parabolique. 8

Spiralen-diagramm n. von Sinuswellen auf Leitungen (Fernm) || spiral diagram of sine waves on lines || diagramme m. en spirale d'ondes sinusoïdales sur lignes. **a) ~zirkel** m. || volute compasses pl. || compas m. à volute. 9

Spiralfeder f. || spiral *or* helical spring || ressort m. à boudin *ou* en spirale; ressort m. spiral; spirale f. **a) ~kupplung** f. || coil clutch || embrayage m. à spirale. 10

spiralförmig || helicoid || hélicoïdal. 11

Spiral-formmaschine f. (Holzbearb) || spiral moulding machine || machine f. à moulurer en spirale. **a) ~futter** n. || scroll chuck || mandrin m. à spirale plate. **b) ~gebläse** n. || screw blast machine *or* blowing machine || machine f. soufflante à vis cagniardelle f. **c) ~heizpatrone** f. || spiral heating cartridge || cartouche f. de chauffage en spirale. **d) ~klötzchen** n. (Uhrm) || stud || piton m. **e) ~linie** f. || spiral; spiral *or* helical line; helix || spirale f. **f) ~nut** f. || spiral groove || rainure f. hélicoïdale. **g) ~rohr** n. || spiral tube || serpentine f. **h) ~rolle** f. (Uhrm) || collet || virole f. **i) ~rutsche** f. || spiral chute || glissière f. *ou* couloir m. en spirale. **k) ~spannmaschine** f. || spiral stretching machine || ténoxère m. **l) ~wattenmaschine** f. || helicoidal spreader || batteur m. hélicoïde. **m) ~zahn** m. || spiral *or* helical tooth || dent f. hélicoïdale. **n) ~zange** f. (Uhrm) || tweezers pl. || brucelles fpl. 12

Spirituosen fpl. || spirits pl. || spiritueux mpl.; esprits mpl.; liqueurs fpl. alcooliques. **a) ~herstellung** f. || spirituous liqueur manufacture || fabrication f. de spiritueux. 13

Spiritus m. || spirit || alcool m. **a) Brenn~** || spirit || alcool m. à brûler. **b) denaturierter ~** || denatured spirit || alcool m. dénaturé. **c) vergällter ~** || methylated spirit || alcool m. dénaturé. 14

Spiritus-beize f. || spirit mordant || mordant m. à l'alcool. **a) ~brenner** m. (Brennerei) || spirit distiller || distillateur m. d'alcool. **b) ~brennerei** f. || alcohol *or* spirit distillery || distillerie f. d'alcool. **c) ~bügeleisen** n. || flat iron for spirit || fer m. à repasser à l'alcool. **d) ~denaturierung** f. || adulteration of spirit || dénaturation f. d'alcool. **e) ~glühlicht** n. || incandescent spirit light || lumière f. d'alcool à incandescence; lumière f. incandescente à l'alcool. **f) ~glühlichtlampe** f. || spirit incandescent light lamp || lampe f. à lumière incandescente à l'alcool. **g) ~kocher** m. || spirit cooking apparatus; etna; alcohol burner || appareil m. à cuire à alcool; rechaud m. à alcool. **h) ~lampe** f. || spirit lamp || lampe f. à alcool. **i) ~last** f. (Schiffb) || spirit room || cale f. au vin. **k) ~läuterer** m. || spirit rectifier || raffineur m. d'alcool. **l) ~lötlampe** f. || spirit soldering-lamp || lampe f. à alcool pour le soudage. **m) ~motor** m. || spirit motor || moteur m. à alcool. **n) ~-ofen** m. || spirit heating apparatus || foyer m. à alcool. **o) ~plätteisen** n. *s.* ~bügeleisen. **p) ~präparateherstellungsanlage** f. || alcohol *or* spirit preparation plant || installation f. de fabrication des préparations à l'alcool. **q) ~rektifikation** f. || spirit rectification || rectification f. de l'alcool. **r) ~vergaser** m. || spirit *or* alcohol carburettor || carburateur m. à alcool. 15

spitz || pointed; taper || pointu; aigu. **a) ~** (Geom) || acute || aigu. **b) ~es Messer** n. (Heilk) || sharp pointed knife || bistouri m. à lame pointue. 16

Spitz-ahorn m. || plane *or* Norway maple || érable m. platane *ou* plane. **a) ~bock** m. (el Leit) || A-pole || poteau m. couple. 17

Spitzbogen m. || pointed *or* raised *or* ogee arch || arc m. pointu *ou* surhaussé *ou* aigu *ou* gothique *ou* à l'ogive; ogive f. **a) ~kaliber** n. || angular *or* pointed groove || cannelure f. ogive; ogive f. 18

spitzbogig || pointed arched || ogival; ogivique. 19

Spitz-bohrer m. || common bit; pointed drill || foret m. à langue d'aspic. **a) ~bolzen** m. (Zimm) || pointed bolt || boulon m. à pointe. **b) ~docke** f. || sliding puppet || contre-poupée f.; poupée f. mobile *ou* à pointe d'un tour. 20

Spitze f. || point; pointed end || pointe f.; bout m. pointu. **a) ~** (e. Berges) || peak || sommet m. **b) ~** (Textil) || lace; lace work || dentelle f.; point m. **c) ~** des **Ankerarms** || bill of anchor arm || bec m. *ou* pointe f. d'un bras de l'ancre. **d) biegsame ~** (Schreibfeder) || flexible point || pointe f. flexible. **e) Brabanter~** || Mechlin lace point || (point m. de) Malines. **f) Brüsseler ~** || Brussels lace || point m. *ou* dentelle f. de Bruxelles. **g) Drehbank~** || center of lathe || pointe f. de tour. **h) ~** eines **Dreiecks** (Geom) || vertex of a triangle || sommet m. d'un triangle. **i) geklöppelte ~** || pillow *or* bone lace || dentelle f. au fuseau. **k) genähte ~** || point lace || dentelle f. à point. **l) Hand~** (Textil) || hand lace || dentelle f. à la main. **m) handgeklöppelte ~** || hand-made lace || dentelle f. aux fuseaux à la main. **n) Klöppel~** || bone lace || dentelle f. au fuseau. **o) ~** einer **Kurve** || peak of a curve || sommet m. d'une courbe. **p) maschinengeklöppelte ~** || machine lace || dentelle f. aux fuseaux mécanique. **q) nadelgearbeitete ~** || needle point lace || point m. à l'aiguille. **r) Papier~** || lace paper || papier-dentelle m. **s) venetianische ~** || Venetian lace || point m. de Venise. **t) ~** eines **Zentrumbohrers** || pin of a center bit || pointe f. conductrice d'un foret à centre. 21

Spitzeisen n. || pointed chisel || ciseau m. pointu *ou* conique. 22

spitzen, einen **Pfahl** m. || to point a pile || tailler en pointe un pieu. 23

Spitzen-appretur f. || lace finishing || apprêt m. de dentelles. **a) ~ausbesserin** f. || net mender || raccommodeuse f. à l'écru. **b) ~ausschneiderin** f. || lace cutter-out || découpeuse f. en dentelle. **c) ~bedarf** m., den **~** decken || to cope with the peak consumption || couvrir la pointe. **d) ~belastung** f. || peak load || charge f. de pointe. **e) ~blitzableiter** m. || point lightning arrester || parafoudre m. à pointes. **f) ~deckung** f. || providing peak current || compensation f. de pointe. **g) ~drehbank** f. || pivot *or* centre lathe || tour m. à pointes. **h) ~entladung** f. (Elektr) || discharge on pointed conductors || décharge f. par pointes. **i) ~glas** n. || reticulated glass || verre m. filigrané. **k) ~grundiererin** f. || lace maker || reséleuse f. de dentelles. **l) ~herstellung** f. || lace weaving *or* manufacture || fabrication f. de dentelles. **m) ~höhe** f. einer **Drehbank** || pitch *or* height of centres of lathe || hauteur f. des pointes; hauteur f. des pointes de tour. **n) ~kartenschläger** m. || lace card puncher || perceur m. de cartes à dentelles. **o) ~klöppelmaschine** f. || bobbin machine for making pillow lace || machine f. à fuseaux pour faire de la dentelle. **p) ~klöpplerin** f. || pillow-lace maker || dentellière m. aux fuseaux; mignonneuse f. **q) ~kraftwerk** n. || peak current generating station; peak load power station || usine f. de pointe. **r) ~leistung** f., **vorübergehende** || temporary maximum output || puissance f. maximum transitoire. **s) ~macherin** f. || lace worker || dentellière f. **t) ~maschine** f. || lace machine || métier m. à dentelles. **u) ~nadelmaschine** f. || spring needle machine || machine f. à aiguilles à bec. **v) ~papier** n. *s.* Papier. **w) ~patronenzeichner** m. || lace designer || metteur m. en cartes pour dentelles. **x) ~reiniger** m. || lace cleaner || nettoyeur m. de dentelles. **y) ~schal** m. || scarf || écharpe f. **z) ~signalisierung** f. (Selbstanschl) ||

signalling of peak load of traffic || tableaux mpl. lumineux des appels débordants. 1

a) ~strom m., ausreichende Bereitstellung f. von ~ zu befriedigenden Preisen || provision of adequate supply of peak current at reasonable prices || disposition f. suffisante de courant de pointe à des prix satisfaisants. **b) ~stuhl** m. || lace machine || métier m. à dentelles. **c) ~vorhang** m. || lace blind || store m. en dentelles. **d) ~wäscher** m. || lace washer || blanchisseur m. de dentelles. **e) ~wäscherei** f. || lace washing || blanchissage m. de dentelles. **f) ~weite** f. (Drehbank) || centre distance || distance f. entre pointes. **g) ~wicklerin** f. || net folder || plieuse f. de dentelles. **h) ~wirker** m. || lace maker || dentellier m. **i) ~wirkung** f. (Elektr) || action of points; point effect || pouvoir m. *ou* action f. des pointes. 2

Spitzfeile f. || taper file || lime f. pointue. **a) schmale ~** || entering file || lime f. d'entrée. 3

Spitz-figur f. || counter pattern || dessin m. à retour. **a) ~gat** n. || pink tuck || arrière m. pointu. **b) ~gewinde** n. || angular thread || filet m. triangulaire. 4

Spitzhacke f. || pickaxe; pick || pic m.; pioche f. **a) doppelte ~** || double pick || pic m. à deux pointes. **b) einfache ~** || single pick || pic m. simple. **c) Flachund ~** || flat pick || pioche f. **d) Preßluft~** || pneumatic pickax(e) || pic m. à air comprimé. **e) Stopf- und ~** || flat pick || pioche f. et pic m. 5

Spitzhammer m. || mattoc; wedge-ended hammer || pic m. à rocher *ou* à tête; gros pic m. 6

Spitzhaue f. (Erdarb) || pick; picker || pic-hoyau m. **a) ~** (Steinm) || pick hammer || marteline f. 7

Spitz-kasten m. || spitzkasten; pointed trunk; conical-shaped tank bottom || bac m. à fond conique; récipient m. pointu. **a) ~keil** m. || wedge; spare || picot m. **b) ~kloben** m. || dog-nosed hand vice || étau m. à main à machoires étroites. 8

Spitzkopf m. (Niet) || conical head || tête f. conique. **a) ~nietung** f. || conical *or* hammer point rivetting || rivure f. conique *ou* à point de diamant. 9

Spitz-kühler m. || pointed radiator; V-fronted radiator || radiateur m. en coupe-vent. **a) ~lötkolben** m. || copper bit with a point || soudoir m. pointu. **b) ~lutte** f. || hydraulic classifier || spitzluttle m. **c) ~maschine** f. (Nadl) || pointing engine || dégrossisseuse f. 10

Spitzmeißel m. mit **rundem Einsteckende** || pointed chisel with round shank || burin m. pointu à queue cylindrique. **a) ~** mit **sechskantigem Einsteckende** || pointed chisel with hexagon shank || burin m. pointu à queue hexagonale. 11

Spitz-säge f. || compass *or* lock *or* pad *or* keyhole saw || scie f. à guichet; scie f. égoïne. **a) ~stahl** m. (Drechsl) || point tool || grain m. d'orge. **b) ~stichel** m. || spit sticker || burin m. à ventre convexe. 12

spitzwinklig || acute angled || acutangle; à angle m. aigu. **a) ~es Dreieck** n. || acute-angled triangle; oxygon || triangle m. acutangle. 13

Spitzzange f. || pointed pliers pl.; crooked crow bar || pince f. pointue; bec m. de corbine. 14

spleißen || to splice || épisser. **a)** ein **Kabel** n. ~ || to split a cable || épisser un câble. 15

Spleißer m. || splicer || épisseur m. 16

Spleißstelle f. (Kabel) || splicing; joint || épissure f.; raccordement m. **a) ~** des **Riemens** || splicing of belt || épissure f. de la courroie. 17

Spleißung f. (Kabel) || splicing || épissure f. 18

Splint m. (Holz) || alburnum || aubier m. **a) ~** (Masch) || split pin *or* cotter || goupille f. (fendue). **b) ~** eines **Baumes** || sap of a tree || aubeau m. d'un arbre. **c) falscher ~** || blown; blea; false sap || faux aubier m. 19

Splint-auszieher m. || split pin extractor || chasse-goupille m. **a) ~bolzen** m. || key bolt || boulon m. à clavette. **b) ~draht** m. || split pin wire || fil m. pour goupilles. 20

splinten || to key || goupiller. 21

Splint-fäule f. || sapwood rot || pourriture f. de l'aubier. **a) ~hammer** m. || hammer for driving-out the pins of shackle bolts || marteau m. pour dégoupiller les chaînes. **b) ~herstellungsmaschine** f. || machine for making split pins || machine f. pour fabriquer les goupilles. **c) ~holz** n. || splintwood; sapwood; alburnum || bois m. d'aubier; aubrier m. 22

splintrissig (Holz) || liable to break off in splinters || écailleux. 23

Splintzieher m. || split pin pliers pl. || arrache-goupille m.; tire f. goupille. 24

splissen || to splice || épisser. 25

Splissung f. || splice || épissure f. 26

Splitt m. || claw of a hammer || panne f. fendue *ou* à pied de biche. 27

Splitter m. (Werkstoff) || splinter; chip || éclat m. **a) ~bombe** f. || shrapnel *or* fragmentation bomb || bombe f. à fragmentation. **b) ~fänger** m. (Zellstoffabr) || splinter catch *or* catcher || arrête-éclats m. 28

splitteriger Bruch m. || splintery fracture || cassure f. à éclats. 29

Splitterpinzette f. || splinter forceps pl. || pince f. à écharde. 30

splittersicher || splinterproof || pare-éclats. **a) ~es Glas** n. || splinterproof glass || verre m. incassable. 31

Splitt-hammer m. (Schiffb) || claw hammer || marteau m. à panne fendue. **a) ~holz** n. || split wood || bois m. de refend. 32

spontane Gärung f. || spontaneous fermentation || fermentation f. spontanée. 33

Spore f. (Pflanzen) || spore || spore f. **a) Bakterien~** || bacteria spore || spore f. de bactérie. **b) Dauer~** || resting spore || spore f. durable. 34

Sporenmacher m. || spur maker || fabricant m. d'éperons. 35

Sporn (Luftf) || tail skid || béquille f. **a) ~** (Reit) || spur || éperon m. **b) ~** (Schiffb) || ram || éperon m. **c) Hilfs~** (Luftf) || auxiliary skid || béquille f. auxiliaire. **d) Ramm~** (Schiffb) || ram || éperon m. **e) Schnee~** (Luftf) || tail ski || béquille f. en forme de ski. **f) steuerbarer ~** (Luftf) || steerable tail skid || béquille f. réglable. 36

Sporn-feder f. || tailskid spring || ressort m. amortisseur de la béquille. **a) ~federung** f. || tailskid springing || amortisseur m. de la béquille. **b) ~rad** n. || tail wheel || roue f. de béquille arrière. **c) ~schuh** m. || tailskid shoe || sabot m. de la béquille. **d) ~teller** m. || tailskid plate || sabot m. évasé de la béquille. 37

Sport m. || sport || sport m. 38

Sportartikel m. || sporting article || article m. sportif *ou* de sport. **a) ~** aus **Aluminium** || aluminium sport's article || article m. de sport en aluminium. 39

Sport-ball m. || sport's ball || balle f. pour les sports. **a) ~bandage** f. || sport's bandage || bandage m. pour sport. 40

Sportbekleidung f. || sport's wear; sport dress; sporting clothes pl. || vêtement m. pour le sport; costumes mpl. de sport. **a) gestrickte ~** || knitted sporting clothes pl. || vêtement m. tricoté pour sport. 41

Sport-brille f. || spectacles pl. for sport || lunettes fpl. de sport. **a) ~fahrzeug** n. für **Kinder** || sport's vehicle for children || véhicule m. de sport pour enfants. **b) ~flugzeug** n. || sporting aeroplane || avion m. de sport. **c) ~gerät** n. || sport(ing) article || article m. de sport; engin m. sportif. **d) ~gürtel** m. || sporting belt || ceinture f. de sport. **e) ~hemd** n. || sporting shirt || chemise f. de sport. **f) ~jacke** f. || sweater || sweater m. **g) ~kleid** n. || sporting suit || costume m. de sports. **h) ~kleidung** f. *s.* ~bekleidung. **i) ~motorboot** n. || motor boat of pleasure type || moto-bateau m. de sport. **k) ~mütze** f. || sporting cap || casquette f. de sport. **l) ~platz** m. || sporting ground || place f. destinée au sport. **m) ~schuh** m. || sporting shoe || chaussure f. de sport. 42

Sportstiefel m. || sporting boot || chaussure f. de sport. **a) derber ~** || stout sporting boot || soulier m. de sport solide. 43

Sport-strumpf m. || golf hose || bas m. de sport. **a) ~trikot** n. || sporting tricot || tricot m. de sport. **b) ~wagen** m. (Auto) || sport's model || torpédo m. sport. **c) ~waren** fpl. *s.* ~artikel. 44

spottbillig || ridiculously cheap; dirt cheap || à vil prix. 45

Sprachbereich m. (Fernm) || telephone area || district m. téléphonique. 46

Sprache f., chiffrierte || cipher language || langage m. chiffré. **a) offene ~** || open language || langage m. clair. **b) verabredete ~** || code language || langage m. convenu. 47

Sprachrohr n. || voice pipe; speaking tube || porte-voix m.; tuyau m. acoustique. **a) Kraftwagen~** || motor car speaking trumpet || tuyau m. acoustique pour automobiles. 48

Sprachschwingung f. || speaking oscillation || oscillasion f. vocale. 49

spratzen (Met; Chem) || to scatter; to spit || cracher. 50

Spratzen n. (Chem) || spitting || rochage m. 51

Sprechapparat m. *s.* Sprechmaschine. **a) ~** (Fernm) || talking set || appareil m. téléphonique. 52

Sprech-beziehung f. (Fernm) || speaking relation || relation f. téléphonique. **a) ~film** m. || talking film || film m. parlant. **b) ~frequenz** f. || voice *or* telephonic frequency || fréquence f. du courant de transmission. **c) ~galvanometer** n. || mirror speaker || galvanomètre m. récepteur. **d) ~kreis** m. (Fernm) || talking *or* speaking circuit || circuit m. téléphonique *ou* de conversation. 53

Sprechmaschine f. || talking machine; phonograph; gramophone || machine f. parlante; phonographe m.; gramophone m. **a) Bestandteile** mpl. einer ~ || parts pl. of a talking machine || pièces fpl. de phonographe. 1

Sprechmaschinen-gehäuse n. || talking machine case || armoire f. pour machines parlantes. **a) ~laufwerk** n. || movement *or* spring motor of talking machines || mécanisme m. *ou* mouvement m. de machines parlantes. **b) ~nadel** f. || talking machine needle || aiguille f. pour machines parlantes. 2

Sprechschlauch m. (Diktiermaschine) || dictating tube || tube m. pour la dictée. **a) Mundstück** m. des ~s || mouthpiece of the speaking tube || embouchure f. du tube acoustique. 3

Sprech-stelle f. (Fernm) || telephone station || poste m. téléphonique. **a) ~strom** m. || talking current || courant m. de conversation. **b) ~technik** f. || method of speaking || art f. de parler. **c) ~trichter** m. (Fernsprecher) || mouthpiece || cornet m.; porte-voix m.; pavillon m.; embouchure f. **d) ~verbindung** f. || talking connection || communication f. de conversation. **e) ~verständigung** f. (Fernm) || articulation; intelligibility || articulation f.; netteté f. **f) ~weite** f. || reach of talk || portée f. de la voix. **g)** bezahlte **~zeit** f. (Fernm) || paid time || temps m. payé. **h) ~zimmer** n. || parlour || parloir m. 4

Spreize f. (Bauw) || shore; strut; sprag || étrésillon m. **a)** ~ eines **Stativs** || stay of a tripod || traverse f. *ou* tirant m. d'un pied. 5

Spreizenkopf m. || stay head || chapeau m. d'étai. 6

Spreiz-holz n. || strut || contre-fiche f. **a) ~lafette** f. || split-trail carriage || affût m. biflèche; affût m. à flèches ouvrantes. **b) ~latte** f. || sheer batten || barraquette f. 7

Spreng-arbeit f. || shooting and blasting || tirage m. à la poudre. **a) ~bedarf** m. || explosives pl. || explosifs mpl. **b) ~brücke** f. || strut frame bridge || pont m. à contrefiches. **c) ~eisen** n. zum Absprengen von Glaskolben || cracking ring || anneau m. à détacher. 8

Sprengelsche Luftpumpe f. || Sprengel pump || pompe f. de Sprengel. 9

sprengen (Bergb) || to shoot; to blast a bore hole || faire sauter les rocs. **a)** ~ (Glasf) || to crack || détacher. **b)** eine **Brücke** f. ~ || to blow up a bridge || faire sauter un pont. **c)** eine **Mine** f. ~ || to blast a mine || faire jouer *ou* sauter une mine. **d)** mit **Pulver** n. ~ || to blast || faire sauter. **e)** ein **Schiff** n. in die Luft ~ || to blow up a ship || faire sauter un navire. 10

Spreng-gallerte f. *s.* ~gelatine. **a) ~gelatine** f. || nitro *or* blasting gelatine || nitrogélatine f.; gélatine f. explosive; dynamite-gomme f. 11

Sprengkapsel f. || detonator; detonating *or* blasting cap || détonateur m.; capsule f. fulminante. **a) Resorzinat~** || resorcinate explosive cartridge || capsule f. explosive à la résorcine. 12

Sprengkapselhülse f. || shell for detonators || douille f. de cartouches explosibles *ou* de détonateurs. 13

Spreng-keil m. (Bergb) || blowing wedge || moellonier m. **a) ~kohle** f. zum Absprengen von Glas || cracking coal || charbon m. à détacher le verre. **b) ~ladung** f. || bursting *or* blasting charge || charge f. explosive. **c) ~luftanlage** f. || blast air plant || installation f. de sautage à gaz. **d)** Motor **~maschine** f. mit Kehr- und Waschwalze || motor sprinkler with brush and washing roll || automobile f. d'arrosage avec cylindre à brosse et cylindre-laveur. **e) ~mine** f. || blast || coup m. de mine. **f) ~mittel** n. || explosive || explosif m. **g) ~öl** n. || nitroglycerin(e) || nitroglycérine f. **h) ~pinsel** m. || sprinkling brush || goupillon m. **i) ~pulver** n. || miner's *or* blasting powder || poudre f. de mine. 14

Sprengring m. || spring *or* retaining ring || agrafe f. circulaire *ou* annulaire; bague f. de retenue. **a) Haken~** || hook spring ring || bague f. de sûreté à crochet. 15

Sprengring-einwalzmaschine f. || retaining ring rolling machine || machine f. à chasser les anneaux à ressort *ou* à sertir les agrafes circulaires. **a) ~eisen** n. || spring-ring section || profilé m. pour agrafes-circulaires. 16

Spreng-schlag m. || explosion || explosion f. **a) ~schuß** m., einen ~ **abfeuern** || to blast a mine || faire sauter une mine. **b) ~sphäre** f. einer **Mine** || sphere of explosion || sphère f. d'explosion. 17

Sprengstoff m. || explosive || explosif m. **a) Sicherheits~** || safety explosive || explosif m. de sûreté. 18

Sprengstoff-herstellung f. || explosive matter manufacture || fabrication f. de matières explosives. **a) ~herstellungsanlage** f. || explosive plant || installation f. d'usines d'explosifs. **b) ~herstellungsmaschine** f. || explosives making machine || machine f. pour la fabrication des explosifs. **c) ~untersuchungsapparat** m. || explosive testing apparatus || appareil m. d'analyse d'explosifs. **d) ~zünder** m. || fuse for explosives || fusée f. pour explosifs. 19

Sprengtechnik f. || technics pl. of explosives || technique f. des explosifs. 20

Sprengwagen m. || watering car; water car(t) || tonneau-arrosoir m.; irrigateur m.; voiture f. arroseuse *ou* d'arrosage. **a) Automobil-** *oder* **Motor~** || motor sprinkling machine; motor water car || tonneau m. d'arrosage automobile; (voiture f.) arroseuse f. automobile. **b) Straßen~** || cart for street-watering || chariot m. à arroser les rues. 21

Spreng-wedel m. || sprinkle || goupillon m. **a) ~werk** n. (Zimm) || strut frame || assemblage m. à contre-fiches. **b) ~wirkung** f. || explosive strength; bursting effect || puissance f. dilaniatrice; effet m. d'éclatement. 22

sprenkeln || to spot || moucheter. 23

Sprenkler m. (Buchb) || sprinker || jaspeur m. sur tranches. 24

sprenklig || speckled; spotted || moucheté. 25

Spreu f. von **Getreide** || chaff of corn || balle f. de céréales. 26

Spreufleckigkeit f. || doatiness || taches fpl. pailletées. 27

Spriegel m. (Wagenb) || stick || cerceau m. 28

Sprietsegel n. || spritsail || voile f. à baleston *ou* à livarde. 29

Springbrunnen m. || fountain; waterspout; geyser; jet of water || fontaine f.; jet m. d'eau. 30

springen (Holz) || to split || se fendre. **a)** ~ (Kessel) || to burst || faire crever; crever. 31

Springen n. (Glas) || cracking; bursting || éclatement m.; casse f. 32

Spring-feder f. || elastic spring || ressort m. élastique. **a) ~flut** f. || spring tide || eau f. vive; maline f.; mascaret m. **b) ~quelle** f. || geyser || geyser m. **c) ~schreiber** m. (Fernm) || start-stop apparatus || appareil m. start-stop. **d) ~wasser** n. (Bauk) || water spout || eau f. jaillissante. 33

Sprit m. (trinkbarer) || alcohol || alcool m. **a) ~herstellung** f. || spirit manufacture || fabrication f. d'alcool (d'industrie). 34

spritlösliche Farbe f. || alcohol soluble colour || couleur f. soluble en alcool. 35

Spritraffinerie f. || spirit refinery || raffinerie f. d'alcool. 36

Spritzapparat m. || sprinkler; sprinkling apparatus || injecteur m.; appareil m. injecteur. **a)** ~ für **Farben** || sprayer for dyes || appareil m. pulvérisateur pour couleurs. **b)** ~ für **Pech** || jet pitching *or* pitch spraying apparatus || injectopoisseur m. 37

Spritz-beton m. || rendering concrete || crépi m. en béton. **a) ~bewurf** m. || coarse plaster; squirted skin; rough plaster *or* cast || enduit m. hourdé; hourdage m.; ravalement m.; crépi m. **b) ~blech** n. (Dachd) || flashing || bavette f. de cornière; noquet m. de pignon. **c) ~brett** n. (Wagenb) || dash(board) || tablier m.; garde-crotte f. **d) ~düse** f. || spraying nozzle || gicleur m.; pulvérisateur m. 38

Spritze f. || syringe || seringue f. **a) Abprotz~** (Feuerlösch) || cart manual fire engine || pompe f. à incendie sur charrette. **b) Automobil~** || motor fire engine || pompe f. automobile; auto-pompe f. **c) Dampf~** || steam fire engine || pompe f. à incendie à vapeur. **d) Dampffeuer~** mit Gerätewagen || steam fire engine with implements wagon || pompe f. à incendie à vapeur avec chariot d'agrès. **e) Feuer~** || fire engine || pompe f. à incendie. **f) Hand~** (Feuerlösch) || hand fire engine || pompe f. à incendie à main. **g) Glas~** || glass syringe || seringue f. en verre. **h) Motor~** (Feuerlösch) || motor fire engine || pompe f. automobile à incendie. **i) Öl~** || oil gun *or* syringe || seringue f. d'huile. 39

spritzen (Feuerlösch) || to throw water || faire jouer une pompe. **a) Masse** f. ~ || to squirt *or* to sputter the solution || filer la pâte. 40

Spritzen n. der **Weinreben** || vine sulphuring || sulfatage m. des vignes phylloxérées. 41

Spritzen-boot n. || fire float || ponton m. d'incendie. **a) ~dampfer** m. || fire and salvage *or* fire boat || bateau-pompe m. **b) ~leute** pl. (Feuerl) || fire men || pompiers mpl. **c) ~rohr** n. (Feuerl) || pipe of fire engine || lance f. de pompe à incendie. **d) ~schlauch** m. (Feuerlösch) || hose of fire engine || tuyau m. de pompe à incendie. **e) ~stiefel** m. (Feuerlösch) || barrel of a fire engine || barillet m. de pompe à incendie. 42

Spritz-fett n. || spraying fat || graisse f. à jet. **a) ~flasche** f. || wash(ing) flask *or* bottle || pissette f.; fiole f. à jet. **b) ~formartikel** m. mit Gummieinlage ||

die-pressed article with rubber enclosure || article m. moulé par pression avec garniture en caoutchouc. **c) ~guß** m. (Tätigkeit) || die casting || moulage m. mécanique *ou* par pression. **d) ~gußstück** n. || sprinkled casting; die casting || pièce f. coulée sous pression; matricé m.; fonte f. lancée. 1

Spritzkorken m. || spurt cork; sprinkler stopper || bouchon m. verseur *ou* à jet. **a) ~fertigungsmaschine** f. || machine for manufacturing spraying corks *or* sprinklers || machine f. pour la fabrication de bouchons à vaporisateur *ou* de stilligouttes. 2

Spritz-lackierverfahren n. || paint spraying system || peinture f. pneumatique. **a) ~leder** n. (Wagenb) || dash board; spattering leather || pare-crotte m.; mantelet m. **b) ~malerei** f. || spray painting || peinture f. au pistolet. **c) ~maschine** f. (Gummi) || moulding *or* squirting machine || machine f. d'aspersion; pompe f. foulante à caoutchouc. 3

Spritzpistole f. || spraying pistol || pistolet m. de vernissage. **a) ~ zum Anstreichen** || paint-spraying pistol || pistolet m. à peinturer. 4

Spritz-ring m. || oil thrower; splash ring || bague f. de projection *ou* de centrifuge. **a) ~wasser** n. || spray water || eau f. projetée. **b) ~wurf** m. *s.* ~bewurf. 5

spröde || brittle; short || cassant; rouverin; paillé; sec. **a) ~ Härte** f. || brittle hardness || dureté f. d'un caractère cassant. **b)** für diesen Zweck war der **Stahl** zu ~ || for this object the steel was found to be too brittle || pour cet usage l'acier était trop cassant. 6

Sprödglaserz n. || brittle sulphide of silver; brittle silver-glance || argent m. antimonié sulfuré noir. 7

Sprödigkeit f. (Werkstoff) || brittleness || aigreur f. 8

Sprosse f. eines **Fensterstocks** || cross bar of a window frame || croisillon m. d'une croisée. **a) Leiter~** || ladder step || échelon m. 9

Sproßpilze mpl. || blastomycetes pl. || blastomycètes mpl. 10

Sprudelwascher m., **elektrischer** || electric automatic washer || lessiveuse f. électrique à jet d'eau chaude. 11

Sprühen n. (Elektr) || corona discharge || effluve m. en couronne. **a) ~ des Lichtbogens** || spluttering of arc || crachement m. de l'arc. 12

Sprüh-kupfer n. || copper rain || pluie f. de cuivre. **a) ~schutzisolator** m. || anti-spraying insulator || isolateur m. protecteur contre effluve. 13

Sprung m. (math Kurve) || discontinuity || discontinuité f. **a) ~** (Riß) || crack; crevice; cleft || crevasse f.; fissure f.; fente f. **b) ~** des **Decks** (Schiffb) || sheer of a deck || tonture f. de pont. **c) in's Hangende** || upcast || relèvement m. **d) in's Liegende** || downcast || renfoncement m. **e)** das **Rad** bekam einen ~ || the wheel got a crack || la roue eut une tapure. 14

Sprungfeder f. || elastic *or* spiral *or* metal spring || ressort m. élastique *ou* à boudin *ou* de tension. **a) ~ für Polstermöbel** || spring for furniture || ressort m. pour meubles. 15

Sprungfeder-matratze f. || spring mattress || matelas m. à spirales; sommier m. élastique. **a) ~sitz** m. || spring seat || siège m. à ressorts. 16

Sprung-höhe f. (Web) || depth of the shed || hauteur f. du pas. **a) ~leisten** m. || wave moulding || moulure f. rococo. **b) ~vorschub** m. (Werkzeugmasch) || intermittent feed || avance f. intermittente. 17

Spuck-flasche f. || sputum flask || crachoir m. de poche. **a) ~napf** m. || spittoon || crachoir m. 18

Spül-anlage f. || washing plant || installation f. de remblayage hydraulique. **a) ~apparat** m., Faß || barrel *or* cask rinser || rinceuse f. à fûts. **b) ~becken** n. (Wasserb) || scouring basin || bassin m. de chasse. 19

Spule f. (Elektr) || coil || bobine f. **a) ~** (Spinn) || bobbin || bobine f. **b) Abroll~** (Web) || revolving *or* rolling bobbin || bobine f. à dérouler. **c) bewegliche ~** (Elektr) || moving coil || bobine f. mobile. **d) ~ für Bänder** || ribbon spool || tambour m. pour pliage de rubans. **e) defekte ~** || defective coil || bobine f. défectueuse. **f) ~ mit doppelter Drahtwindung** || double wound coil || bobine f. bifilaire. **g) Drossel~** || choking coil || bobine f. de réactance. **h) ~ aus Hartpapier** || bobbin of hard paper || bobine f. en papier durci. **i) Holz~** || wooden spool *or* bobbin || bobine f. *ou* bobinot m. en bois. **k) kapazitätsarme ~** || coil of low capacity || bobine f. à capacité réduite. **l) ~ mit Kreuzwicklung** || cross wound bobbin || bobine f. à fil croisé. **m) ~n** fpl. **je Nut** (Elektr) || coils per slot || bobines fpl. par rainure. **n) Scheiben~** (Textil) || flanged bobbin || bobine f. à rebords. **o) ~ des Weberschiffchens** || shuttle spool || épeule f. de navette. **p) ~n** fpl. **wickeln** (Elektr) || to wire || bobiner. **q) Zünd~** || ignition bobbin || bobine f. d'allumage. 20

spulen || to spool || bobiner. **a) ab~** || to unspool || dévider. **b) um~** || to rewind || rebobiner. 21

spülen (Allg) || to wash; to rinse || laver; rincer. **a) ~** (Wäsche) || to wash || aiguayer. **b) ~** (Wasserb) || to flash; to flush; to scour || débourber; curer. 22

Spulen n. (Web) || spooling || bobinage m. 23

Spülen n. (Mot) || scavenging || balayage m. 24

Spulen-abstand m. || coil space || espace m. *ou* écartement m. des bobines. **a) ~antenne** f. || coil antenna || antenne f. en boucle. **b) ~aufstecker** m. (Spinn) || spool feeder || rechargeur m. de broches. **c) ~brett** n. || bobbin board || râtelier m. **d) ~deckel** m. || spool cover || couvercle m. de la bobine. **e) ~entladung** f. || discharge of a coil || décharge f. de bobine. **f) ~faden** m. || bobbin thread || fil m. de bobine. **g) ~galvanometer** n. || moving coil galvanometer || galvanomètre m. à cadre mobile. **h) ~gestell** n. || frame for reels; bobbin cage || support m. *ou* caisse f. pour les bobines. **i) Maschine** f. zur **~herstellung** f. || machine for making bobbins || machine f. pour la fabrication des bobines. **k) ~kasten** m. || coil box || boîte f. à selfs. **l) ~kette** f. (Fernm) || low-pass filter || filtre m. passe-bas. **m) ~kopf** m. (Elektr) || coil end || tête f. de bobine. **n) ~koppler** m. (Funkw) || coil coupler || coupleur m. de selfs. **o) ~leiter** m. (Fernm) *s.* ~kette. **p) ~leitung** f. (Fernm) || low-pass filter || filtre m. passe bas. **q)** doppelseitige **~maschine** f. || double-faced winding machine || bobinoire m. à deux faces. **r) ~muffe** f. || coil sleeve || manchon m. à bobine. **s) ~punkt** m. (Fernm) || loading point || point m. de bobines. **t) ~sammler** m. (Spinn) || bobbin carrier || ramasseur m. de tubes. 25

Spulensatz m. (Kabel) || loading unit || jeu m. de self. **a) auswechselbarer ~** (Funkw) || interchangeable coil set || jeu m. de selfs échangeables. 26

Spulensetzer m. || back tenter || poseur m. de bobines. 27

Spulenständer m. (Elektr) || coil stand || support-bobines m. **a) ~** (Spinn) || bobbin stand || porte-bobines m. 28

Spulen-strecke f. (Spinn) || drawing frame with bobbins || banc m. d'étirage à bobines. **a) ~telefon** n. || moving coil receiver || récepteur m. à bobines. **b) ~träger** m. (Spinn) || bobbin *or* roving carrier || porteur m. de bobines. **c) ~trocknungsapparat** m. || drying device for coils || appareil m. de séchage pour bobines. 29

Spulenverfahren n. || bobbin procedure || méthode f. de filature avec bobines. **a)** ein im ~ ersponnener **Faden** m. || a filament produced by means of the bobbin procedure || un fil préparé par la méthode de filature avec bobines. 30

Spulen-verteiler m. (Web) || weft distributor || distributeur m. d'époules. **a) ~wickelmaschine** f. || coil winding machine || bobineuse f. **b) ~wicklung** f. || coil winding || enroulement m. à bobines. 31

Spuler m. (Web; Spinn) || spoolor || bobineur m.; espoleur m. **a) Hand~** (Spinn) || hand spooler || bobineur m. à la main. 32

Spüler m. || scourer || appareil m. de curage. **a) Kanal~** || drain rinsing apparatus || appareil m. à rincer les conduits de drainage. 33

Spulerei f. || spooling; winding; winding room || bobinage m.; salle f. de bobinage. 34

Spülerei f., Flaschen || bottle rinsing plant || canetterie f. 35

Spulereisaal m. einer **Strumpffabrik** || winding room of a stocking factory || salle f. des bobinoirs d'une fabrique de bas. 36

Spül-gasschwelung f. || carbonization with circulation gases || distillation f. lente par le moyen de gaz de balayage. **a) ~gut** n. || materials pl. to be filled up || matières fpl. à remblayer. **b) Abort~kasten** m. || rinsing box for closets || caisse f. à écurer les closets. **c) ~kippleitung** f. || discharge rinsing pipe || conduite f. basculante à rinçage. **d) ~küche** f. || scullery || lavoir m. pour la vaisselle. **e) ~leitung** f. || scavenging duct || tubulure f. de balayage. **f) ~loch** n. || clearing hole || trou m. de lavage. 37

Spülluft f. || scavenging air || air m. de balayage. **a) tangentiale Zuführung** f. der ~ || tangential admission of scavenging air || amenée f. tangentielle de l'air de balayage. 38

Spülluftpumpe f. || scavenging air-pump || pompe f. de balayage d'air. 39

Spulmaschine f. (Spinn) || winding frame; reducing box; reducer || bobinoir m. **a) ~** (zum Wickeln) || winding frame *or* machine; spooling frame *or* machine || bobinoir m.; bobineuse f.; machine f. à bobiner. **b) ~ für Drahtwebereien** || winding machine for wire weaving mills

|| machine f. à bobiner pour tissages de fil. c) **Seiden~** || silk winding machine || bobinoir m. mécanique pour soie. d) **~für Textilien** || spooling machine for textiles || bobinoir m. pour textiles. 1

Spülmaschine f. || rinsing machine || machine f. à rincer *ou* à décrasser. a) **Flaschen~** || bottle rinsing *or* washing machine; bottle cleanser || machine f. à rincer les bouteilles; rince-bouteilles m. b) **Faß~** || cask *or* keg rinsing machine || machine f. à laver les fûts. 2

Spulmechanismus m. || rewinding mechanism || mécanisme m. d'enroulement. 3

Spülpumpe f. || scavenging pump || pompe f. de balayage. a) **Kessel~** || boiler rinsing pump || pompe f. à laver les chaudières. 4

Spul-rad n. (Web) || spooling wheel || rouet m. à bobiner; bobinoir m. à main. a) **~rädchen** n. (Seid) || silk reel || escaladon m. 5

Spül-rohr n. || flush water pipe || tuyau m. d'injection d'eau. a) **~schleuse** f. || flush sluice || écluse f. de chasse. b) **~schlitz** m. || scavenging port || lumière f. de balayage. c) **~spritze** f. || irrigation squirt || seringue f. d'irrigation. 6

Spültisch m. || scullery *or* rinsing table || table f. à laver la vaisselle. a) ~ (Betonbau) || scouring cradle || évier m. 7

Spültrichter m. || mixing hopper || entonnoir m. de mélange. 8

Spülung f. || cleaning; scavenging || balayage m. a) **Konus~** || conical rinsing || rinçage m. conique. b) **Rück~** || return rinsing || rinçage m. de retour. 9

Spülventil n., das ~ prüfen || to examine the scavenging valve || vérifier la soupape de balayage. 10

Spülversatz m. (Bergb) || water packing; hydraulic stowing || remblayage m. hydraulique. a) **~anlage** f. || gobbing rinsing plant || installation f. de remblayage à courant d'eau. b) **gefüttertes ~rohr** n. || lined rinsing pipe || tuyau m. revêti à rinçure. c) **~verfahren** n. (Bergb) || hydraulic packing of the wastes || remblayage m. hydraulique. 11

Spulvorgang m. || winding process || procédé m. de bobinage. 12

Spülvorrichtung f. || rinsing device || dipositif m. à rincer. a) ~ **für schlechte Kühlwasserverhältnisse** || scavenging system for bad cooling water conditions || dispositif m. de balayage à recommander dans les conditions défavorables de l'eau de refroidissement. 13

Spülwasser n. (zum Abwaschen) || dish water || lavure f. de vaisselle. a) ~ (zum Bewässern) || rinsing water || eau f. d'arrosage. 14

Spund m. (Gieß) || shutter || écluse f. a) ~ (Küf) || bung; plug || bondon m.; tape f. b) ~ (Schiffb) || furring || caillebote f. c) ~ (Tischl) || groove and tongue || rainure f. et languette f. d) **Ansteck~** || faucet plug || bondecertaine f.; certaine f. e) **dünner ~** (Zimm) || feather || languette f. f) ~ eines **Fasses** || bung of a cask || bonde f. d'un fût. g) ~ aus **Fichtenholz** || pine bung || bonde f. en bois de sapin. h) **Holz~** || wooden bung || bonde f. en bois. 15

Spundapparat m. || bunging apparatus || appareil m. à bondonner *ou* de bondonnage. a) **Sicherheits~** || safety bunging apparatus || appareil m. de bondonnage de sûreté. 16

Spund-blech n., Faß || bung tin || plaque f. métallique pour (trous de) bondes. a) **~boden** m. || folded *or* folding floor || plancher m. (de planches jointes) à rainure et languette. b) **~bohle** f. || sheet pile || palplanche f. c) **~bohrer** m. || bung borer || bondonnière f. d) **~büchse** f. (Faß) || cask bush || boisseau m.; douille f. de bonde. e) **~dreher** m. || bung turner || tourneur m. de bondes. f) **~fräsmaschine** f. || bung fraiser || fraisoir m. pour bondes. g) **~gärung** f. (Brau) || bung-hole fermentation || fermentation f. par la bonde. h) **~hefe** f. || head || chapeau m. 17

Spundhobel m. || plough *or* match *or* grooving *or* tongue plane || bouvet m. *ou* rabot m. à languette. a) **voller ~** || plough and tongue plane || bouvet m. à fourchement. 18

Spundlappen m. || bung flap || pièce f. de drap pour bondons. 19

Spundloch n. || bung hole || bonde f. a) **~bohrmaschine** f. || bung hole boring machine || machine f. à percer les bondes. b) **~buchse** f. || bushing for bungs || douille f. 20

Spund-maschine f. || tonging and grooving machine || machine f. à rainer; machine à languetter. a) **~nagel** m. || plank nail || clou m. à planches. b) **~pfahl** m. || grooved *or* plank pile || palplanche f. c) **~putzapparat** m. || bung cleaning apparatus || appareil m. à nettoyer les bondes. d) **~ring** m., **Ausschraubwerkzeug** n. für ~e || bush wrench || outillage m. à dévisser les anneaux de bondes métalliques. e) **~verschluß** m. || bung closure || fermeture f. de bondon. 21

Spundwand f. || pile planking; sheet piling || cloison f. avec palée; file f. de palplanches. a) eine ~ **abschneiden** || to cut off a sheet piling || couper une palplanche. b) **Eisenbeton~** || sheet piling of reinforced concrete || file f. de palplanches en béton armé. c) **Holz~** || wooden sheet-piling || cloison f. de palplanches. d) **Kanal~** || canal piling || palplanche f. de canal. 22

Spundwandeisen n. || sheet *or* steel piling || fer m. pour palplanches. 23

Spur f. (Fahrz) || track; rut || voie f.; ornière f. a) die ~ **halten** *s.* spuren. b) **Normal~** (Eisenb) || standard gauge || voie f. normale. c) **Schmal~** (Eisenb) || narrow gauge || voie f. étroite. 24

spuren (Fuhrw) || to keep the ground *or* in the track; to roll *or* run on the same track || avoir la (même) voie; garder l'ornière. 25

Spur-erweiterung f. (Eisenb) || amplification of gauge || élargissement m. de voie. a) **~halter** m. (Eisenb) || tie rod || tringle f. d'écartement de rails. b) **~höhe** f. (Eisenb) || height of ledge || hauteur f. du rebord. 26

Spurkranz m. || flange || rebord m.; boudin m. a) **Rad** n. mit einem einzigen ~ || single-flange wheel || roue f. avec un seul boudin. 27

Spurlager n. || (foot)step bearing || crapaudine f.; porte-culot f. 28

Spurlatte f. (Masch) || guide rail || rail m. *ou* arbre m. de guidage. a) ~ (Müll) || footstep plate *or* liner || plaque f. de butée. 29

Spurlehre f. (Eisenb) || standard *or* platelayer's gauge; rail gauge template || gabarit m.; calibre m. de la voie. a) ~ **für die Schienenneigung** || gauge of inclination of rails || gabarit m. *ou* règle f. d'inclinaison des rails. 30

Spur-maß n. (Eisenb) || width between the rails; gauge for tracks || gabarit m. d'écartement de la voie; tringle m. d'écartement des rails. a) **~richter** m. (Eisenb) || gauge setting device || appareil m. à redresser *ou* à rectifier les alignements des rails. b) **~rille** f. (Eisenb) || flange groove || ornière f. de passage *ou* de la voie. c) **~rinne** f. *s.* ~rille. 31

Spurstange f. (Auto) || steering knuckle tie rod || barre f. d'accouplement des roues. a) ~ (Eisenb) || gauge rod; cross tie; tie bar || tringle f. d'écartement des rails; entretoise f. 32

Spur-stein m. || enriched *or* concentrated metal || matte f. concentrée *ou* enrichie. a) **~veränderung** f. (Eisenb) || change of gauge || changement m. de l'écartement. b) **~verengung** f. (Eisenb) || track gauge narrowing *or* tightening || rétrécissement m. *ou* resserrement de la voie. 33

Spurweite f. (Eisenb) || track *or* rail(way) gauge; gauge (of way) || écartement m. des rails; largeur f. de voie f.; entrerails m. a) ~ (Wagen) || (wheel) gauge; track gauge || voie f.; largeur f. de voie; écartement m. des roues. 34

Spurzapfen m. || pivot || crapaudine f.; pivot m. 35

staatliche Forst f. || state forest || forêt f. de l'Etat. 36

Staats-abgabe f. || government tax || impôt m. public. a) **~anleihe** f. || government loan || emprunt m. public. b) **~betrieb** m. || state service || exploitation f. par l'État. c) **~gespräch** n. || government call || conversation f. d'état. d) **~kassenanweisung** f. || treasury warrant || warrant m. du trésor. e) **~papiere** npl. || public funds pl.; government stock || effets mpl. publics; valeurs fpl. f) **~schuldschein** m. || treasury bond || bon m. du trésor. g) **~schuldverschreibung** f. || government bond || obligation f. d'État. h) **~steuer** f. || state tax || impôt m. *ou* taxes fpl. d'État. i) **~straße** f. || national *or* main road || route f. nationale *ou* impériale. k) **~subvention** f. || Government grant || subvention f. d'État. l) **~telegramm** n. || government telegram || télégramme m. d'état. m) **~wirtschaft** f. || political economy || économie f. politique. 37

Stab m. || rod; bar || barre f.; barreau m.; bâton m. a) **elastischer ~** (Mech) || spring rod || lame f. b) **gedrehter ~** || twisted bar || barre f. tordue. c) **geschmiedeter ~** || hammered bar || barre f. forgée. d) **runder ~** || round bar || rond m.; barre f. ronde. e) **Schaft~** (Web) || shaft || liseron m.; lamette f. f) ~ mit **Simswerk** || moulded bar || barre f. moulurée. 38

Stab-anker m. (Elektr) || bar-wound armature || induit m. à barres. a) **~biegevorrichtung** f. || bar bending device || appareil m. à cintrer les barres. 39

Stäbchen n. || pin || baguette f. 40

Stabeisen n. || bar iron; rods pl.; bars pl.; rounds pl. (A) || fer m. en barres.

a) **gehämmertes ~** || tilted bar iron || fer m. en barres forgé. b) **Huf~** || horse-shoe iron || fer m. à maréchal. 1

Stabeisen-bündelmaschine f. || bar iron bundling machine || machine f. à mettre en faisceaux les fers en barres. a) **~schere** f. || bar iron cutter; bar shearing machine || cisaille f. à fers en barres. b) **~straße** f. || mill for bars; merchant bar mill || train m. pour fers marchands. c) **~verwindemaschine** f. || bar iron twisting machine || machine f. à torsader les fers en barres. 2

Stabform f. || shape of bar || forme f. de barre. 3

stabförmig || bar shaped || en forme f. de barre. 4

Stab-fußboden m. || inlaid floor || parquet m.; parqueterie f. a) **~holz** n. (Küf) || staves pl. || merrain m. 5

stabil (Mech) || stable || stable. a) **dynamisch ~** || dynamically stable || dynamiquement stable. b) **statisch ~** || statically stable || statiquement stable. c) **~es Gleichgewicht** n. || stable equilibrium || équilibre m. stable. 6

Stabilisiermaschine f. für **Felgen** || felloes stabilizing machine || machine f. à équilibrer les jantes. 7

Stabilisierungsfläche f. (Luftf) || stabilizing flap || surface f. stabilisatrice. 8

Stabilit n. || stabilite || stabilite f. 9

Stabilität f. || stability || stabilité f. a) **Eigen~** || inherent stability || stabilité f. propre *ou* de la forme. b) **Längs~** || longitudinal stability || stabilité f. longitudinale. c) **Quer~** (Luftf) || lateral stability || stabilité f. latérale. d) **Seiten~** (Luftf) || directional stability || stabilité f. de direction. 10

Stabilitäts-berechnung f. || calculation of stability || calcul m. de stabilité. a) **~grenze** f. || limit of stability || limite f. de stabilité. b) **~kurve** f. || curve of stability || courbe f. de la stabilité. c) **~lehre** f. || theory of stability || théorie f. de la stabilité. d) **~moment** n. || moment of stability || moment m. de stabilité. 11

Stab-isolator m. || rod insulator || isolateur m. à tige. a) **~magnet** m. || bar magnet || barreau m. aimanté; aimant m. droit. b) **~ordner** m. || bar arranging device || classeur m. de barres. c) **~reihe** f. (Brecher) || row of beaters || rangée f. de barres. d) **~stahl** m. || rod steel || acier m. en barres. e) **~thermomesser** m. || thermometer graduated on the stem || thermomètre m. gradué sur tige. f) **~walzwerk** n. || stretching rolls pl.; finishing *or* merchant roll(er)s || cylindres mpl. étireurs *ou* finisseurs. 12

Stachelbeere f. || gooseberry || groseille f. verte. 13

Stachelbeer-kultur f. || gooseberry bush growing || culture f. de groseilles à maqueraux. a) **~wein** m. || gooseberry wine || vin m. de groseilles. 14

Stacheldraht m. || barbed wire || fil m. de fer barbelé *ou* à ronces; ronce f. artificielle. a) **~herstellungsmaschine** f. || barbed-wire making machine || machine f. à fabriquer le fil de fer barbelé *ou* de ronce artificielle. b) **~verhau** m. || barbed-wire entanglement || abatis m. de fil barbelé. 15

Stachelwalze f. || spiked *or* toothed roller || cylindre m. denté *ou* à pointes. 16

Stadtanleihe f. || municipal loan || emprunt m. de ville. 17

Stadtbahn f. || metropolitan *or* local railway || chemin m. de fer urbain; métropolitain m. a) **elektrische ~** || electrified local railway || chemin m. de fer urbain électrifié. 18

Stadt-flughafen m. || municipal airport || aérodrome m. de ville. a) **~gärtner** m. || promenade gardener || jardinier m. de promenades. 19

städtisch || municipal || municipal. 20

Stadt-messung f. || town survey || levé m. urbain. a) **~nebel** m. || town *or* city fog || brouillard m. de ville. b) **~plan** m. || town plan; city map || plan m. de ville. c) **~theater** n. || municipal theatre || théâtre m. municipal. d) **~wagen** m. (Auto) || town *or* city car || voiture f. de ville. 21

Staffel-betrieb m. (Fernm) || echelon working || service m. échelonné. a) **~bild** n. || histogram || histogramme m. 22

Staffelei f. || easel || chevalet m. d'un peintre. 23

staffeln (Fernm) || to grade; to stagger || échelonner; graduer. 24

Staffeln n. von **Leitungen** (Selbstanschl) || grading of lines || échelonnement m. de lignes multiples. 25

Staffeltarif m. || graduated *or* adjustable tariff || tarif m. mobile *ou* échelonné. 26

Staffelung f. (Fernm) || grading || échelonnage m. 27

Stag n. || stay || étai m. a) **~segel** n. || stay sail || voile f. d'étai. 28

Stahl m. || steel || acier m. a) **~** in **Bandform** || (cold rolled) steel in shape of ribbon || acier m. sous forme de ruban (laminé à froid). b) **Bessemer~** || Bessemer steel || acier m. Bessemer. c) **blank gezogener ~** || bright drawn steel || acier m. étiré poli blanc. d) **Blasen~** (Met) || blistered steel || acier m. boursoufflé. e) **blasenloser ~** (Met) || not blistered steel || acier m. sans ampoules. f) **~** für **Bohrmeißel** || drill steel || acier m. pour forets. g) Stähle mpl., die größere **Bruchsicherheit** gegenüber wiederholter stoßweiser Belastung gewähren || steels showing greater security especially against stresses due to sudden and repeated shocks || aciers mpl. qui offrent une plus grande sûreté contre la rupture surtout lorsqu'ils sont soumis à des secousses répétées. h) ein **Bündel ~** || bundle of steel || botte f. d'acier. i) **Chrom~** || chromium *or* chrome steel || acier m. chromé *ou* au chrome. k) **Dynamo~** || dynamo steel || acier m. pour dynamos. l) **Edel~** || special steel || acier m. spécial. m) **Einsatz~** || case hardening steel || acier m. à cémenter *ou* de cémentation. n) **~** für **Einsatzhärtung** || steel for case-hardening || acier m. de cémentation (en paquet). o) **Elektro~** || electric steel || acier m. (au four) électrique. p) **gegärbter ~** || welded steel || acier m. corroyé. q) **gehärteter ~** || hardened steel || acier m. trempé. r) **~** mit **gekrümmter** Brustfläche || tool with a curved face of lip || outil m. affûté concave sur le dessus. s) **geschmiedeter ~** || wrought *or* forged steel || acier m. forgé. t) **gewalzter ~** || rolled steel || acier m. laminé. u) der **~** ist durchgehend **gleichmäßig** hart || the steel is uniformly hard throughout || l'acier m. a une dureté uniforme. v) **Guß~** || cast steel || acier m. fondu *ou* au creuset. w) **gut gehärteter ~** || well tempered steel || acier m. bien trempé. x) **handelsüblicher ~** || industrial *or* commercial steel || acier m. (de type) commercial. y) der **~** erhält beim **Härten** eine ziemlich tiefgehende harte Schicht || the hard layer of hardened steel goes down fairly deep || la couche trempée est d'une profondeur assez forte; par la trempe l'acier se durcit à une assez grande profondeur. z) **härtbarer ~** || steel capable of being hardened || acier m. pouvant être trempé *ou* prenant la trempe. 29

a) die **~e** sind nach **Härte** und Zähigkeit abgestuft || the grades of steel are classed according to their hardness and toughness || les aciers mpl. sont gradués d'après leur dureté et leur ténacité. b) **Herstellung** f. von **~** im Bessemerverfahren || production of steel by the Bessemer process || fabrication f. de l'acier par le procédé Bessemer. c) **Herstellung** f. von **~** im Martinverfahren || production of steel by the Martin process || fabrication f. de l'acier par le procédé Martin. d) **hitzebeständiger ~** || heat resisting steel || acier m. allant au feu. e) **hochwertiger ~** || high-grade steel; highest-quality steel || acier m. de haute qualité. f) **Holzkohlen~** || charcoal steel || acier m. au charbon de bois. g) **homogener ~** || homogenous steel || acier m. homogène. h) **in ~** m. gegossen || formed in the steel casting || moulé en acier m. i) **kalt** gewalzter **~** || cold rolled steel || acier m. laminé à froid. k) **Kohlenstoff~** || carbon steel || acier m. au carbone. l) **Konstruktions~** || structural steel || acier m. de construction. m) **Kugel~** (Kugellager) || ball bearing steel || acier m. pour roulement à billes. n) **legierter ~** || alloy steel || alliage m. d'acier. o) **Mangan~** || manganese steel || acier m. au manganèse. p) **Martin~** || open-hearth *or* Martin steel || acier m. Martin. q) **Messer~** || knife steel || acier m. pour couteaux. r) **naturharter ~** || naturally hard steel || acier m. naturellement dur. s) **nichtrostender ~** || stainless *or* rustless *or* rustproof steel || acier m. inoxydable *ou* non-corrosive. t) **nicht schweißbarer ~** || unweldable steel || acier m. non soudable. u) **Nickel~** || nickel steel || acier m. au nickel; ferro-nickel m. v) **niedrig** legierter **~** || low-alloy steel || acier m. à faible alliage. w) **~** mit besonderen **physikalischen Eigenschaften** || steel of particular physical characteristics || acier m. de propriétés physiques spéciales. x) **Puddel~** (Met) || puddled steel || acier m. puddlé. y) **Roh~** || raw steel || acier m. brut. z) **rostfreier ~** *s.* nichtrostender **~**. 30

a) gegen verdünnte **Säure** widerstandsfähiger **~** || steel almost unaffectable by dilute acid || acier m. résistant aux effets de l'acide dilué. b) **säurefester ~** || acidproof steel || acier m. résistant aux acides. c) **Schmiede~** || wrought steel || acier m. corroyé. d) **Schweiß~** || weld steel || acier m. soudable. e) **schweißbarer ~** || weld steel || acier m. soudable. f) der **~** wird durch **Seewasser** nicht angegriffen || the steel will not corrode or stain under the action of sea water || l'acier m. est résistant à l'influence d'eau de mer. g) **sehniger ~** || fibrous steel || acier m. nerveux. h) **Siemens-Martin-~** || Siemens-Martin steel; open-hearth steel || acier m. Siemens-Martin. i) **Silizium~** ||

silicium steel || acier m. au silicium. **k) Tiegel~** || crucible steel || acier m. [fondu] au creuset. **l) Thomas~** || Thomas steel; basic steel || acier m. Thomas. **m) umgeschmolzener ~** || remelted steel || acier m. refondu. **n)** den ~ durch **Umschmelzen** von den Schlackenresten reinigen || purifying steel of its residue of slag by remelting it || purifier par la fusion l'acier des restes de scorie. **o) ungehärteter ~** || unhardened steel || acier m. non trempé. **p) unmagnetischer ~** || non-magnetic steel || acier m. non-magnétique. **q) unmittelbar** vergießbarer ~ || steel ready for casting || acier m. liquide instantanément prêt à être coulé. **r) Vanadium~** || vanadium steel || acier m. au vanadium. **s) verbrannter ~** || burnt steel || acier m. brulé. **t) weicher ~** || mild steel || acier m. doux. **u) Werkzeug~** || tool steel || acier m. à *ou* pour outils. **v) Wolfram~** || tungsten *or* wolfram steel || acier m. au tungstène. **w)** besonders **zäher ~** || steel of high tenacy || acier m. à haute (résistance *ou*) ténacité. **x)** der ~ zeichnet sich ganz besonders durch große **Zähigkeit** aus || the steel is particularly distinguished by its great toughness || l'acier m. est surtout remarquable par sa grande ténacité. **y) Zement~** || cement steel || acier m. cémenté. 1

Stahl-abstichseite f. || steel tapping side || côté f. coulée de l'acier. **a) ~aluminiumseil** n. || steel aluminium strand || corde f. combinée d'acier et d'aluminium. **b) ~anker** m. || steel tie || tirant m. en acier. **c) ~backe** f. || steel cheek || mâchoire f. en acier. 2

Stahlband n. || steel belt *or* band; bending steel || bande f. *ou* ruban m. en acier. **a) ~maß** n. || steel measuring tape || mètre m. en ruban d'acier. 3

Stahl-barren m., **blanker** || bright steel bar || barre f. d'acier polie. **a) ~bearbeitung** f. || steel work || travail m. de l'acier. **b) ~behälter** m. || receiver of steel || récipient m. à l'acier. **c) ~beton** m. || steel concrete || béton m. à l'acier. **d) ~beurteilung** f. nach dem **Bruchaussehen** || way of judging steel by the appearance of the fracture || appréciations fpl. de l'acier basées sur l'aspect de la cassure. **e) ~blattkupplung** f. || steel-plate coupling || accouplement m. à lames. 4

Stahlblech n. || steel plate; sheet (of) steel || tôle f. d'acier. **a) gelochtes ~** || perforated steel plate || tôle f. d'acier perforée. **b) hydraulisch gepreßtes** kastenförmiges ~ || box-shaped steel plate pressed by hydraulic power || tôle f. d'acier à laquelle on a donné sous la presse hydraulique la forme de boîte. **c)** ~ für **Schreibfedern** || blank *or* flat for pens || flan m. *ou* lamette f. d'acier pour plumes. **d) verbleites ~** || lead-coated steel sheet || tôle f. en acier plombée. **e) verzinktes ~** || galvanized steel sheet || tôle f. en acier galvanisée. 5

Stahlblech-mantel m. || covering in sheet steel || enveloppe f. en tôle d'acier. **a) ~pfahl** m. || sheet steel piling || pieu m. de palplanches en tôle d'acier. 6

Stahl-blockwalzen n. || steel ingot rolling || laminage m. de lingots d'acier. **a) ~bolzenkupplung** f. || steel bolt coupling || embrayage m. à clavettes en acier. **b) ~brechbolzen** m. || steel shearing bolt || boulon m. de rupture en acier. 7

Stahlbrille f. || steel spectacles pl. || lunettes fpl. acier. **a) vernickelte ~** || nickeled steel-spectacles pl. || lunettes fpl. acier nickelé. 8

Stahl-bronze f. || steel bronze || bronze m. à acier. **a) ~brunnen** m. (Mineralwasser) || ferruginous water || eau f. ferrugineuse. 9

Stahldraht m. || steel wire || fil m. d'acier. **a) gezogener ~** || drawn steel wire || fil m. d'acier tréfilé. **b) vernickelter ~** || nickelplated steel wire || fil m. d'acier nickelé. **c) verzinkter ~** || galvanized steel wire || fil m. d'acier étamé. 10

Stahldraht-armierung f. || steel wire armouring || armature f. en fil d'acier. **a) ~band** n. || steel wire band || bande f. en fil d'acier. **b) ~bürste** f. || steel-wire brush || brosse f. en fil d'acier. **c) ~litze** f. || steel wire strand || toron m. d'acier. **d) ~matratze** f. || steel wire mattress || sommier m. métallique. **e) ~seil** n. || steel strand; steel-wire rope || corde f. d'acier; câble m. *ou* cordage m. en fil d'acier. 11

Stahl-drehspan m. || steel chip *or* turning || tournure f. d'acier. **a) ~drucker** m. || steel plate printer || imprimeur m. en acier. **b) ~druckerei** f. || steel-plate printing works pl. || imprimerie f. sur acier. **c) ~dübel** m. || steel dowel || goujon m. d'acier. **d) ~eisen** n. || steel pig || fonte f. aciéreuse. 12

stählen || to steel; to point with steel || acérer; armer d'acier. 13

Stahlerzeugung f. nach dem **sauren** Bessemerverfahren || production of steel by the acid Bessemer process || fabrication f. de l'acier d'après le procédé Bessemer *ou* acide. **a)** ~ nach dem **basischen** Thomasverfahren || production of steel by the basic Thomas process || fabrication f. de l'acier d'après le procédé Thomas *ou* basique. 14

Stahlfarbe f. || steel colour || couleur f. d'acier. 15

stahlfarbig || steel coloured || en bleu m. d'acier. 16

Stahlfaß n. || steel barrel || baril m. d'acier. 17

Stahlfeder f. (Masch) || steel spring || ressort m. d'acier. **a)** ~ (Schreibfeder) || steel pen || plume f. métallique *ou* d'acier. 18

Stahlfelge f. || steel rim || jante f. en acier. 19

Stahlflasche f. || steel bottle *or* cylinder || bouteille f. *ou* cylindre m. en acier. **a)** ~ für komprimierte **Gase** || steel bottle *or* cylinder for compressed gases || bouteille f. en acier pour gaz comprimés. 20

Stahl-flaschenventil n. || steel cylinder valve || soupape f. pour des bouteilles en acier. **a) ~flügel** m. (Windmüll) || steel sail || palette f. d'acier. **b) ~flugzeughalle** f. || steel hangar || hangar m. d'acier. **c) ~formerei** f. (Werkstätte) || moulding and steel casting hall || halle f. de moulage d'acier. **d) ~formguß** m. || steel casting || moulage m. en acier; acier m. moulé. **e) ~formmasse** f. || moulding sand for steel || sable m. de moulage pour acier. **f) ~frischverfahren** n. (Met) || steel fining process || procédé m. de l'affinage de l'acier. **g) ~gabel** f. (z. Heuwenden) || steel fork || fourche f. en acier. **h) ~gefäß** n. || steel vessel || récipient m. en acier. **i) ~gehäuse** n. || steel casing || carter m. d'acier. **k) ~gewinnung** f. im **Elektroofen** || steel making in the electric furnace || production f. de l'acier dans un four électrique. **l) ~gießer** m. || ladle *or* steel pourer || verseur m. d'acier *ou* de poches. **m) ~gießerei** f. || steel foundry || fonderie f. d'acier. 21

stahlgrau || steel grey || gris d'acier; chalybé. 22

Stahlguß m. (Erzeugnis) || steel casting || acier m. coulé; moulage m. d'acier. **a)** den Stahlgüssen mpl. ein **dichteres Gefüge** geben || to produce a denser texture in steel castings || donner aux lingots une texture plus compacte. **b) Dynamo~** || dynamo steel casting || moulage m. en acier pour dynamos. **c) harter ~** || hard steel casting || moulage m. d'acier dur. 23

Stahlguß-ausführung f. || steel-casting construction || exécution f. en acier coulé. **a) ~flansch** m. || caststeel flange || couronne f. à bride en acier coulé. **b) ~formerei** f. || steel moulding || moulage m. d'acier. **c) ~glocke** f. || cast steel bell || cloche f. en acier coulé. **d) ~herzstück** n. (Eisenb) || steel-cast frog || cœur m. en acier moulé. **e) ~kropfachswelle** f. || steel-cast crank axle || essieu m. coudé d'acier moulé. **f) ~rad** n. || caststeel wheel || roue f. en acier coulé. **g) ~speichenrad** n. || caststeel spoke wheel || roue f. à rayons en acier moulé. **h) ~stück** n. || steel casting || moulage m. d'acier. **i) ~wiege** f. || caststeel cradle || berceau m. en acier moulé. 24

Stahlhalter m. || toolholder || porte-outil m. **a) Abstech~** || cutting-off blade holder || porte-outil m. à tronçonner. **b) Einstech~** || recessing tool holder || porte-outil m. à saigner. **c) Flach~** || flat blade holder || porte-outil m. ordinaire. **d) Mehr~** || multiple tool holder || bloc m. porte-outils pour outils multiples. **e) Rückzug ~** m. für **Gewinde** mit Auslauf || special tool holder for cutting threads without clearance for the tools || porte-outil m. à récul pour filets sans dégagement. **f) Rund~** || circular form tool holder || porte-outil m. pour outil circulaire. 25

stahlhaltig || containing steel || aciéreux. 26

Stahl-händler m. || steel merchant || marchand m. d'acier. **a) ~härtung** f. || tempering of steel || trempe f. de l'acier. **b) ~haus** n. || steel house || maison f. en acier. **c) ~holm** m. || steel spar || longeron m. en acier. 27

Stahlklinge f. || steel blade || lame f. en acier. **a) vernickelte ~** || nickel-plated steel blade || lame f. en acier nickelé. 28

Stahl-konstruktion f. || steel structural work || charpente f. métallique. **a) ~konverter** m. || steel converter || convertisseur m. d'aciéries. **b) ~kratze** f. || steel teazle || chardon m. en acier. **c) ~küchengerät** n., **verzinntes** || tinned steel hollow ware || ustensiles mpl. de ménage en acier étamé. 29

Stahlkugel f. || steel ball || bille f. d'acier. **a) gehärtete ~** || hardened steel ball || bille f. en acier trempé. 30

Stahl-kurzwaren fpl. || steel small wares pl. || quincaillerie f. en acier poli. **a) ~lamelle** f. || steel disk || lamelle f. en tôle d'acier. **b) ~legierung** f. || steel alloy || alliage m. d'acier. **c) ~magnet** m. || steel magnet || aimant m. d'acier. **d) ~marke** f. || steel quality; grade *or* brand of steel || marque f. d'acier. **e) ~mast** m. in

Teilen ‖ steel sectional mast ‖ mât m. d'acier en sections. **f) ~meßband** n. ‖ steel measuring tape ‖ ruban m. d'arpentage en acier. **g) ~möbel** n. ‖ steel furniture ‖ ameublement m. métallique. **h) ~mörser** m. ‖ steel mortar ‖ mortier m. en acier. **i) ~öse** f. ‖ steel ring ‖ anneau m. en acier. 1

Stahlpanzer-isolierrohr n. ‖ steel-armoured insulating conduit ‖ tube m. isolant armé d'acier. **a) ~rohr** n. ‖ steel armoured conduit ‖ tube m. armé d'acier. 2

Stahl-perle f. ‖ steel bead ‖ perle f. d'acier. **a) ~pfahl** m. ‖ steel piling ‖ pilotis m. en acier. **b) ~pinne** f. ‖ steel pin ‖ pointe f. d'acier. **c) ~platte** f. ‖ steel plate ‖ plaque f. *ou* tôle d'acier. **d) ~probe** f. ‖ test of steel ‖ essai m. de l'acier. **e) ~puddeln** n. ‖ puddling of steel; steel puddling ‖ puddlage m. d'acier. **f) ~rad** n. ‖ steel wheel ‖ roue f. en acier. **g)** gepreßter **~rahmen** m., ‖ pressed-steel frame ‖ châssis m. en tôle d'acier emboutie. **h) ~regal** n. ‖ steel shelf ‖ rayon m. en acier. **i) ~riemenscheibe** f. ‖ steel pulley ‖ poulie f. en acier. **k) ~roheisen** n. ‖ steel *or* steelmaking pig ‖ fonte f. aciéreuse. 3

Stahlrohr n. ‖ steel pipe *or* tube ‖ tube m. *ou* tuyau en acier. **a) geschweißtes ~** ‖ welded steel tubing ‖ tube m. d'acier soudé. **b) nahtloses ~** ‖ seamless steel pipe ‖ tuyau m. en acier sans soudure. 4

Stahlrohr-feldstativ n. ‖ steel field tripod ‖ trépied m. de campagne en tubes d'acier. **a) ~gestell** n. ‖ tubular steel frame ‖ châssis m. en tubes d'acier. **b) ~mast** m. ‖ tubular steel pole ‖ poteau m. tubulaire en acier. **c) ~rahmen** m. ‖ steel pipe *or* tube frame ‖ châssis m. en tubes d'acier. **d) ~stativ** n. ‖ steel tripod ‖ trépied m. en tubes d'acier. 5

Stahl-rolle f. ‖ steel roll ‖ rouleau m. en acier. **a) ~saite** f. ‖ steel string ‖ corde f. en acier. **b) ~scheide** f. ‖ steel sheath ‖ fourreau m. d'acier. 6

Stahlschiene f. ‖ steel rail ‖ rail m. en acier. **a) winkelförmige ~** ‖ angle steel bar ‖ traverse f. en cornière d'acier. 7

Stahl-schiff n. ‖ steel ship ‖ navire m. en acier. **a) ~schleifmaschine** f. ‖ tool grinding machine ‖ affûteuse-profileuse f. pour outils. **b) ~schmuck** m. ‖ steel jewels ‖ bijoux mpl. d'acier. **c) ~schnalle** f. ‖ steel buckle ‖ boucle f. en acier. **d) ~schneide** f. (Wage) ‖ steel knife edge ‖ couteau m. d'acier. **e) ~schrank** m. ‖ steel locker ‖ armoire f. en acier. **f) ~schreibfeder** f. ‖ steel pen ‖ plume f. d'acier. **g) ~schriftzeichen** n. ‖ punched steel type ‖ caractère m. repoussé en acier. **h) ~schrott** m. ‖ steel scrap ‖ mitraille f. d'acier. 8

Stahlseil n. ‖ steel cord ‖ corde f. en acier. **a) drallarmes ~** ‖ steel rope with moderate twist ‖ câble m. souple en acier à faible torsion. 9

Stahl-späne mpl. ‖ steel chips pl. *or* shavings pl. ‖ riblons mpl. *ou* rognures fpl. *ou* éclats mpl. d'acier. **a)** magnetischer **~stab** m. ‖ magnetic steel bar ‖ barre f. d'acier magnétique. 10

Stahlstange f. ‖ steel bar ‖ tige f. *ou* barre f. d'acier. **a) flache ~** ‖ flat steel bar ‖ acier m. en barre plate. **b) viereckige ~** ‖ square steel bar ‖ acier m. en barre carrée. 11

Stahl-stecher m. ‖ steel plate engraver ‖ graveur m. sur acier. **a) ~stecknadel** f. ‖ steel pin ‖ épingle f. en acier. **b) ~stempel** m. ‖ steel stamp ‖ estampille f. en acier. 12

Stahlstich m. ‖ steel engraving; engraving on steel ‖ gravure f. sur *ou* en acier; estampe f. sur acier. **a) ~schwärze** f. ‖ steel engraver's ink ‖ encre f. à gravures. 13

Stahl-type f. ‖ steel type ‖ caractère m. en acier. **a) ~untersuchung** f. ‖ steel analysis ‖ analyse m. de l'acier. **b) ~-** geschmiedetes und gewalztes **~vollrad** n. ‖ forged and rolled steel disc wheel ‖ roue f. forgée et laminée d'une seule pièce. **c) ~wagen** m. ‖ steel carriage ‖ chariot m. en acier. **d) ~walzwerk** n. ‖ steel rolling mill ‖ usine f. de laminage *ou* laminoir m. d'acier. 14

Stahlwaren fpl. ‖ steel ware; hardware ‖ quincaillerie f. en acier; articles mpl. en acier; grosse quincaillerie f. **a) polierte ~** ‖ polished steel articles pl. ‖ objets mpl. en acier poli. **b) ~schleiferei** f. ‖ steel goods whetting installation ‖ installation f. pour repasser d'articles d'acier. 15

Stahlwerk n. ‖ steelworks pl. ‖ aciérie f. **a) Bessemer~** ‖ Bessemer steel works pl. ‖ aciérie f. Bessemer. **b) Elektro~** ‖ electric steel plant ‖ fonderie f. d'acier électrique. **c) Siemens-Martin~** ‖ Siemens-Martin steel works pl. ‖ aciérie f. Martin-Siemens. **d) Thomas~** ‖ Thomas steel works pl. ‖ aciérie f. Thomas. 16

Stahlwerks-anlage f. ‖ steel-works pl.; steel-works plant ‖ installation f. d'aciérie. **a) ~einrichtung** f. ‖ steel-works equipment ‖ accessoires mpl. d'aciérie; installation f. d'aciérie. **b) ~gebläse** n. ‖ gas blowing engine for steelworks ‖ machine f. soufflante pour aciéries. **c) ~kran** m. ‖ crane for steelworks ‖ pont m. roulant *ou* grue f. d'aciéries. **d) ~laboratorium** n. ‖ steel works laboratory ‖ laboratoire m. d'aciérie. 17

Stahl-werkzeug n. ‖ steel tool ‖ outil m. en acier. **a) ~zahnrädergetriebe** n. ‖ steel gearing ‖ engrenage m. d'acier. **b) ~zeiger** m. ‖ steel indicator ‖ index m. en acier. 18

Stake f. ‖ groin; stake ‖ éperon m.; éstache m. 19

staken ‖ to push on by setters ‖ gaffer. 20

Staket n. ‖ palisade; stockade; paling; fence of pales; railing; staccado ‖ clôture f. de palis; palissade f.; échalier m.; estacade f. 21

Stakholz n. (Bauw) ‖ staff lath; panel stake ‖ palançon m.; palençon m.; polisson m. 22

Stalaktit m. ‖ stalaktite ‖ stalactite f. 23

Stall m. ‖ stable; stall ‖ étable f. **a) ~dünger** m. ‖ stable manure ‖ fumier m. d'étable. **b) ~einrichtung** f. ‖ stable fittings pl. ‖ installation f. d'écuries; équipment m. d'étable. **c) ~knecht** m. ‖ stable boy ‖ palefrenier m. **d) ~knecht** m. (Bergb) ‖ horse keeper; colliery ostler ‖ soigneur m. de chevaux. **e) ~wächter** m. ‖ stable watcher ‖ gardien m. d'étables. 24

Stellwerk n. ‖ locking frame ‖ appareil m. de manœuvre. **a) halbselbsttätiges ~** ‖ semi-automatic inter-locking ‖ poste f. d'enclenchement semi-automatique. 25

Stellwerksanlage f. ‖ interlocking plant ‖ installation f. d'enclenchement. 26

Stamm m. (Holz) ‖ stem; trunk ‖ tige f.; tronc m. **a) Verkauf** m. auf dem **~** ‖ sale of standing trees ‖ vente f. sur pied. **b) Versuchs~** ‖ test tree ‖ fût m. d'arbre d'expérience. 27

Stamm-aktie f. ‖ ordinary share ‖ action f. ordinaire *ou* d'origine. **a) ~baum** m. ‖ genealogical tree ‖ arbre m. généalogique. **b) ~ende** n. (Holz) ‖ butt end ‖ gros bout m. **c) ~firma** f. ‖ parent company ‖ société-mère f. **d) ~funktion** f. *s.* Stammgleichung f. (Fernm). **e) ~gleichung** f. (Fernm) ‖ Heaviside function ‖ fonction f. caractéristique de Heaviside. **f) ~holz** n. ‖ stem wood ‖ bois m. de tige. **g) ~kanal** m. (Kanalisation; Bewässerung) ‖ main channel *or* sewer ‖ égout m. principal; égout-collecteur m. **h) ~kapital** n. ‖ stock capital ‖ capital m. fondamental. **i) ~leitung** f. (Fernm) ‖ side (physical) circuit ‖ circuit m. réel (combinant); ligne f. de base. **k) ~leitung** f. (Wasser) ‖ mains pl.; main pipes pl. ‖ conduite f. principale. **l) ~spule** f. (Fernm) ‖ side circuit coil ‖ bobine f. réelle. **m) ~substanz** f. (Chem) ‖ mother substance ‖ substance f. génératrice. **n) ~tischtafel** f. ‖ board for regular customer's tables ‖ tableau m. pour table d'habitués. **o) ~vermögen** n. ‖ share capital ‖ fonds m.; capital m. 28

Stampf-anlage f. ‖ stamping machine plant ‖ installation f. de pilonnage. **a) ~anzeiger** m., Kreiselschlinger- und **~** ‖ gyroscopic roll and pitch recorder ‖ appareil m. enregistreur gyroscopique de roulis et de tangage. **b) ~asphalt** m. ‖ compressed asphalt ‖ asphalte m. comprimé. **c) ~beton** m. ‖ rammed *or* tamped concrete ‖ béton m. damé. **d) ~betongewölbe** n. ‖ rammed concrete arch ‖ voûte f. en béton damé. **e) ~bewegung** f. (Lok; Luftf; Schiff) ‖ pitching motion ‖ mouvement m. de tangage. 29

Stampfe f. (Masch) ‖ stamp *or* block hammer; ram; stamp(er) ‖ marteau m. pilon; marteau m. vertical; maillet m.; mouton m.; pilon m. **a) ~** (Pflaster) ‖ paving beetle ‖ dame f. **b) ~** (Spinn) ‖ stamp(er) ‖ batteur m.; pilon m. 30

stampfen (Pflast) ‖ to tamp; to ram; to beat down ‖ damer. **a) ~** (Schiff) ‖ to pitch ‖ tanguer. **b) das Erz ~** ‖ to pound *or* to stamp the ore ‖ bocarder le minerai. 31

Stampfen n. (Erde) ‖ ramming ‖ damage m. **a) ~** (Erz) ‖ stamping; pounding ‖ bocardage m. **b) ~** (Schiff) ‖ pitching ‖ tangage m. 32

Stampfer m. (Bauw) ‖ rammer; stamper ‖ dame f.; pilon m. **a) ~** (Formerei) ‖ moulding *or* pegging *or* flat rammer ‖ batte f. (du mouleur); damoir m. **b) ~** (Pochwerk) ‖ stamper; lifter ‖ pilon m. **c) Druckluft~** *s.* Preßluft~. **d) eiserner ~** (Zement) ‖ iron tamp ‖ dame f. en fonte. **e) Holz~** ‖ wooden tamp ‖ dame f. en bois. **f) Preßluft~** ‖ pneumatic rammer ‖ pilon m. *ou* dame f. à air comprimé; fouloir m. pneumatique. 33

Stampf-fuß m. ‖ rammer foot ‖ pilette f. **a) ~kalander** m. (Tuchm) ‖ beating *or* beetling mill; beetling engine ‖ calandre f. aux pilons. **b) ~kasten** m. ‖ stamping box || caisse f. à pilonner. **c) ~kolben** m. || stamper || piston-compresseur m. **d) ~-loch** n. (Pap) || stamp hole || pile f. aux chiffons. 1

Stampfmaschine f. || stamping machine || machine-pilonneuse f. **a) Konverterboden-~** || machine to stamp converter bottoms || machine f. à damer les fonds de convertisseurs. **b) Schießbaumwolle~** || gun cotton pulping machine || machine f. à mettre en pâte le fulmi-coton. 2

Stampf-masse f. || tamping clay || pisé m. réfractaire damé. **a) ~mörtel** m. || rammed *or* tamped mortar || mortier m. damé. **b) ~periode** f. (Schiff) || period of pitching motion || période f. de tangage. **c) ~schicht** f. (Zement) || rammed layer || couche f. damée. **d) ~steven** m. || down right *or* perpendicular stern post || étambot m. perpendiculaire; étrave f. droite. **e) ~werk** n. (Met) || stamp *or* stamping mill; pounding machine; pool work || bocard m. 3

Stand m. (Markt) || stall || étal m. **a) ~ der Arbeit** || state of the work || état m. des travaux. 4

Standardelement n. || standard cell || élément m. normal. 5

Standaussichtsfernrohr n. für terrestrische Beobachtungen || look-out telescope on stand for terrestrial observations || longuevue f. d'approche pour des observations terrestres. 6

Standbahn f. mit **Bodenentladern** || rail with bottom discharge tubs || voie f. fixe à déchargement par le fond. **a) Vollspur~** || standard gauge railway || voie f. normale fixe. 7

Stand-baum m. (Fuhrw) || stable bar || barre f. d'écurie. **a) ~ebene** f. || datum plane *or* level || plan m. de niveau. 8

Stander m. (Fahne) || pendant; pennant || guidon m. **a) ~ eines Takels** || standing part of tackle || dormant m. d'un palan. 9

Ständer m. || post; standard || poteau m.; montant m. **a) ~** (Teich) || sluice lock *or* stay; lock hatch || empellement m.; bonde f. **b) ~** (Walzw) || bearer; housing frame || cage f.; ferme f.; montant m. poupée f.; colonne f. **c) Blumen~** || flower stand || jardinière f. pour fleurs. **d) Bohr~** || upright || montant m. **e) drehbarer ~** || rotating column || montant m. pivotant. **f) gebrauchshoher ~** || frame of convenient working height || montant m. en hauteur convenable. **g) Walzen~** || housings pl. for a rolling mill || cages fpl. de laminoir. 10

Ständer-bohrmaschine f. für **große Leistung** || heavy duty upright drilling machine || machine f. à percer verticale de grande puissance. **a) ~fräsmaschine** f. || column milling machine || fraiseuse f. à montant. **b) ~gerüst** n. (Walzw) || bearers pl.; housing frames pl.; standards pl. || cages fpl.; fermes fpl.; montants mpl.; piliers mpl.; poupées fpl. **c) ~kran** m. || turnstile crane || grue f. à poinçon tournant. **d) ~lampe** f. aus **Holz** || wooden pedestal lamp || lampe f. de parquet en bois. **e) ~mühle** f. || German *or* post wind mill || moulin m. allemand *ou* à pile *ou* à pylône. 11

Standfähigkeit f. *s.* Standfestigkeit f. 12

standfest || firm; rigid; stable || stable. 13

Stand-festigkeit f. || stability || stabilité f. **a) ~fläche** f. des **Stativs** || base of stand || base f. du pied. **b) ~gärung** f. (Brau) || standing fermentation || fermentation f. en cuves. **c) ~gefäß** n. (chem App) || storage *or* show vessel || récipient m. de magasin et d'exposition. **d) ~geld** n. || demurrage || étalage m.; redevance f. **e) ~glas** n. || glass gauge || tube m. de niveau. 14

ständige Belastung f. || permanent load || charge f. permanente. 15

Stand-linie f. (Feldm) || base; base line || ligne f. de base; base f. **a) ~linienzug** m. || base lines pl.; principal station lines; station lines || cheminement m. périmétrique. **b) ~netz** d. || anchored *or* fixed net || filet m. *ou* rets m. sédentaire. **c) ~netz** n., **dreimaschiges** || trammel || tramail m.; trémail m. **d) ~ophthalmoskop** n. || stand ophthalmoscope || ophtalmoscope m. sur pied. 16

Standorts-bestimmung f. || direction finding || orientation f. **a) ~güte** f. (Forst) || grade of fertility || classe f. de fertilité. **b) ~vorteil** m., die **~e** mpl. eines Kraftwerkes ausnutzen || making use of the situation of a power station || mettre en valeur des avantages qu'offre l'emplacement d'une usine. 17

Stand-punkt m., den **~** klarmachen || to give a piece of one's mind || dire son fait. **a) ~rohr** n. || stand pipe || tuyau m. de montée. **b) ~sicherheit** f. || stability || stabilité f. **c) ~uhr** f. || timepiece; bracket *or* standing *or* table *or* mantle clock || pendule f. (de cheminée); horloge f. de parquet. **d) ~weite** f. der **Masten** || span of poles || portée f. des poteaux. 18

Stange f. (el Leit) || pole; post || poteau m. **a) ~** (Fahnen) || staff || fût m.; hampe f. **b) ~** (Metall) || bar; rod || barre f.; lingot m. **c) ~** (Siegellack) || stick || bâton m. **d) ~** (zum Stichloch verschließen) || tap bar || serrière f. **e) ~** (Weinrebe) || stake; stick || échalas m. **f) angeschuhte ~** || pole with socle || poteau m. allongé. **g) Arretier~** || stop bar || tige f. d'arrêt. **h) ~ beliebigen** Querschnitts || bar of any section || barre f. à profil quelconque. **i) Eisen~** || merchant bar || fer m. marchand. **k) ~ mit Gewinde** || screwed rod || tige f. à vis. **l) Kuppel~** (Lok) || coupling *or* side rod || bielle f. d'accouplement. **m) verspannte ~** (el Leit) || trussed pole || appui m. haubanné sur lui-même. **n) Verstell~** || adjusting rod || tige f. de réglage. **o) Wende~** || turning bar || tringle f. de renversement. **p) Zug~** || pull rod || tirant m. 19

Stänge f. (Schiffb) || upper mast || mât m. supérieur. 20

Stangen-anschlag m. || bar stop || butée f. pour la barre. **a) ~anspitzmaschine** f. || sharpening machine for bars || machine f. à appointer à froid les barres. **b) ~anspitzwalzwerk** n. || rolling mill for sharpening bars || laminoir m. à appointer des barres. **c) ~anstrich** m. (el Leit) || pole painting || peinture f. des poteaux. **d) ~arbeit** f., **Drehbank** f. für **~en** || turning lathe for rod jobs || tour m. pour travaux dans la barre. **e) ~auge** n. (Masch) || eye for rod || œillet m. de tige. **f) ~bild** n. (el Leit) || pole diagram || carnet m. d'armement. **g) ~blitzableiter** m. || lightning arrester for poles || paratonnerre m. pour les poteaux. **h) ~bohrer** m. || great auger; long eye auger || tarière f. (torse). **i) ~erdleitung** f. || earth wire for poles || conducteur m. de terre pour poteaux. **k) ~fuß** m. (el Leit) || socle for poles || socle m. pour poteaux. **l) ~geländer** n. || barrier || barrière f. **m) ~gerüst** n. mit **Netzriegeln** || scaffolding of poles and pullocks || échafaudage m. d'échasses et boulins. **n) ~griff** m. || bar handle || poignée f. à tige. **o) ~halbautomat** m. || semi automatic bar lathe || machine f. d'ébauche pour le travail de la barre. **p) ~halter** m. || outer stock support || support m. de barre. **q) ~holz** n. || pole timber || rondin m.; perchis m. **r) ~kali** n. || stick potash || potasse f. en crayons. **s) ~kopfschleifmaschine** f. || rod head grinding machine || machine f. à rectifier les têtes de bielles. **t) ~kupfer** n. || bar *or* rod copper || cuivre m. en barres. **u) ~kupplung** f. || bar *or* rod coupling || accouplement m. à barres *ou* à tiges. **v) ~lagerplatz** m. (el Leit) || pole store || dépôt m. de poteaux. **w) ~leinwand** f. || figured linen || toile f. ouvrée. **x) ~leiter** f. || peg ladder || casse-cou m.; échelier m.; rancher m. **y) ~loch** n. (el Leit) || pole hole || fouille f.; fosse f. **z) ~lötzinn** n. || stick of solder || tige f. de soudure. 21

a) ~pferd n. || wheel horse || cheval m. de derrière *ou* de timon; timonier m. **b) ~presse** f. || metal press for making round bars || presse f. pour la fabrication de barres rondes. **c) ~rost** m. (Kesselb) || plane grate || grille f. à tiges. **d) ~salpeter** m. in **Prismen** || nitre in bars || nitre m. en baguettes. **e) ~schranke** f. || barrier with a rod || barrière f. à lisse. **f) ~schwefel** m. || cane brimestone; roll brimestone *or* sulphur; stick(s pl. of) sulphur || soufre m. en canons. **g) ~silber** n. || bar silver || argent m. en barres. **h) ~stahl** m. || bar *or* rod steel || acier m. en barres. **i) ~statistik** f. (ElLeit) || poles statistics pl. || statistique f. des poteaux. **k) ~stein** m. (Min) || pycnite || pycnite f. **l) ~tau** n. || hind trace || trait m. de derrière. **m) ~triebwerk** n. || rack gear; rack and pinion || engrenage m. à crémaillère. **n) ~verstärkung** f. (el Leit) || pole reinforcement || consolidation f. des poteaux. **o) ~vollautomat** m. || full automatic bar machine || machine f. automatique pour le travail de la barre. **p) ~vorschub** m. || bar feed || avance f. des barres. **q) ~wähler** m. (Selbstanschl) || panel switch || sélecteur m. à panneau. **r) ~ziehbank** f. || draw bench for rods || banc m. à étirer les barres. **s) ~zinn** n. || bar tin || étain m. en verges. **t) ~zirkel** m. || beam compasses pl.; trammels pl. || compas m. à verge. 22

Stangenzubereitung f. (el Leit) || preparation of poles || préparation f. des poteaux. 23

Stanniol n. || tin foil; stain || feuille f. *ou* papier m. d'étain; étain m. en feuilles. **a) ~band** n. || tin-foil tape || ruban m. de feuille d'étain. **b) ~bearbeitungsmaschine** f. || tin foil working machine || machine f. pour travailler les feuilles d'étain. **c) ~hammer** m. || tin-foil hammer || marteau m. pour battre l'étain. **d) ~herstellungsmaschine** f. || tin foil making machine || machine f. pour fabriquer les feuilles d'étain. **e) ~kabel** n. (Fernm) || tin-foil cable || câble m. sous feuille d'étain. **f) ~kondensator** m. || tin-foil condenser || condenseur m. à feuilles d'étain. **g) ~schlägerei** f. || tin-foil work || usine f. à battre l'étain. 24

Stannit m. || stannite || stannite f. 25

Stanz-abfälle mpl. || punchings pl. || débouchures fpl. **a) ~arbeit** f. || punching work || travail m. de poinçonnage. **b) ~blech** n. || stamping sheet || tôle f. à estamper. 1

Stanze f. (Buchb) || puncher || perçoir m.; emporte-pièce m.; machine f. emporte-pièces. **a) ~** (Masch) || stamp; stamping machine; punch; punching machine; cutting machine || étampe f.; estampe f.; poinçonneuse f.; machine f. à étamper *ou* à estamper *ou* à poinçonner *ou* à découper; découpeuse f.; estampeuse f. **b) ~** für **Fensterkreuzsprossen** || cross-piece die for windows || machine f. à estamper les croisées de fenêtres. **c) ~** für **Handbetrieb** || punching machine f. for hand operation || estampeuse f. à main. **d)** durch **Hebel** betätigte **~** || lever punching machine || découpeuse f. à levier. **e) Mannloch~** || man hole punch || estampeuse f. à faire des trous d'homme *ou* des ouvertures à visite. **f) ~** mit **Mehrstempellochapparat** || punching machine with multiple punching attachment || poinçonneuse f. avec dispositif de poinçonnage multiple. **g) ~** für **ovale** und runde Löcher || oval and round hole cutting machine || machine f. à découper les trous ovales et ronds. 2

Stanzeinrichtung f. || punching device || dispositif m. pour poinçonner et estamper. 3

stanzen || to stamp; to punch || estamper; étamper; faire l'estampage; découper à l'emporte-pièce; poinçonner. **a) kalt** gestanzte Teile mpl. || parts pl. stamped out in the cold state || pièces fpl. estampées à froid. 4

Stanzen n. || cutting-out || découpage m. 5

Stanzer m. || puncher || poinçonneur m. 6

Stanz-leistung f. || punching capacity || rendement m. de poinçonnage. **a) ~magnet** m. || punching magnet || aimant m. perforateur *ou* poinçonneur. **b) ~maschine** f. *s.* Stanze. **c) ~massenartikel** mpl. || punched articles pl. in lots || articles mpl. découpés en masse. **d) ~messer** n. || stamping knife || poinçon m. **e) ~messer** n. für **Pappe** || punching knife for cardboard || couteau m. d'estampage pour carton. **f) ~pappe** f. || stamping cardboard || carton m. à poinçonner. **g) ~presse** f. || stamping press || presse f. à étamper; étampeuse f. **h) ~presse** f. für **Metall** || punching press for metals || presse f. à estampage pour métal. **i) ~teil** m. || punched piece; stamping || pièce f. estampée. **k) festgegossener ~tisch** m. || fixed table for punching || table f. de poinçonnage fixe. 7

Stanzwerk n. || stamp(ing) *or* punch(ing) work || atelier m. d'estampage; établissement m. à étamper. **a) Gummi~** || rubber punching work || établissement m. à estamper le caoutchouc. **b) Leder~** || establishment for leather punching || établissement m. à estamper le cuir. 8

Stanz-werksanlage f. || stamp work installation || installation f. d'atelier d'estampage. **a) ~werkzeug** n. || punching instrument *or* die || outil m. à poinçonner *ou* à estamper; instrument m. à poinçonner. 9

Stapel m. (blinder Schacht) || wince; jack-head pit || puits m. intérieur *ou* souterrain; burquin m. **a) ~** (Schiffb) || slips pl. for shipbuilding; stocks pl. || cale f. de construction; chantier m. **b) ~** (Warenlager) || stores pl.; staple || chantier m.; entrepôt m. **c)** ein **Schiff** auf **~** legen || to lay a ship on the stocks || mettre un navire sur le chantier *ou* sur cale. **d)** das **Schiff** wurde vom **~** gelassen || the ship was launched || le bâtiment a été mis à l'eau. **e)** vom **~ lassen** (Schiff) || to launch || lancer; mettre à l'eau. **f)** vom **~ laufen** (Schiffb) || to get launched || être mis à l'eau. 10

Stapel-ausleger m. || pile delivery || receveur m. de feuilles à pile. **a) ~block** m. || block || tain m.; tin m. **b) ~förderer** m. für **Säcke** || staple conveyor for sacks || transporteur m. avec dispositif d'entassement pour sacs. **c) ~gut** n. || staple commodities pl. || marchandises fpl. de vente curante. **d) ~handel** m. || staple trade || commerce m. de marchandises courantes. **e) ~holz** n. || store timber || bois m. de chantier *ou* de charpente *ou* de construction. **f) ~klotz** m. (Schiffb) || bilge block || savate f.; tain m.; tin m. **g) ~lauf** m. || launching a vessel || lancement m. d'un navire. 11

stapeln || to pile up; to stack || empiler. 12

Stapel-platz m. || staple || marché m. **a) ~rost** m. für Walzmaterialien || piling grate for rolled material || grille f. d'emmagasinage pour produits laminés. **b) ~zugmaschine** f. || reel for long wool || démêloir m. 13

Star m. (Auge) || cataract || cataracte f. **a) Gießer~** || founders' cataract || cataracte f. des fondeurs. **b) Glasbläser~** || glass blower's cataract || cataracte f. des souffleurs de verre. **c) grüner ~** (Auge) || glaucoma || cataracte f. glaucomateuse. **d) schwarzer ~** (Auge) || amaurosis || cataracte f. noire. 14

starblind || blind through cataract || cataracté. 15

Star-blindheit f. || blindness caused by a cataract || cécité f. qui résulte d'une cataracte. **a) ~glas** n. || cataract glass || verre m. correcteur pour opérés de cataracte. 16

stark (Bauw) || massy; massive; solid; heavy || massif. **a) ~** (Chem) || concentrated || concentré. **b) ~** (dick) || large; thick || épais; gros. **c) ~** (intensiv) || intense || intense. 17

Starkbrennen n. (Porzel) || hardening-on || cuisson f. en couverte. 18

Stärke f. (Buchb) *s.* ~kleister. **a) ~** (Dicke) || thickness || épaisseur f. **b) ~** (Durchmesser) || diameter || diamètre m. **c) ~** (Intensität) || intensity || intensité f. **d) ~** (Kraftmehl) || starch || amidon m.; fécule f. **e) geröstete ~** || roasted starch || amidon m. torréfié. **f) Gersten~** || barley starch || amidon m. d'orge. **g) Kartoffel~** || potato starch || amidon m. de pommes de terre. **h) Mais~** || maize starch || amidon m. de maïs. **i)** wenn die **~** ein gewisses **Maß** unterschreitet || if the thickness has gone below a certain limit || si l'épaisseur f. passe par-dessous d'une certaine mesure. **k) Reis~** || rice starch || amidon m. de riz. **l) ~** der **Rohrwand** || thickness of the tube-plate || épaisseur f. de la plaque tubulaire. **m) ~** der **Schweißnaht** || throat of seam || épaisseur f. de la soudure. **n) Tapioka~** || tapioca starch || amidon m. Tapioca. **o) Weizen~** || wheat starch || amidon m. de blé *ou* de froment. **p) ~** einer **Welle** (Masch) || diameter of an axle tree || calibre m. d'un arbre. 19

Stärke-abbau m. || peptonisation || dégradation f. de l'amidon. **a) ~brennerei** f. || fecula brandy distillery || distillerie f. d'eau de vie *ou* d'alcool de fécule. 20

Stärkefabrik f. || starch works pl. *or* factory || amidonnerie f.; fabrique f. d'amidon. **a) ~anlage** f. || starch manufacturing plant || installation f. d'amidonneries. **b) ~arbeiter** m. || starch maker || amidonnier m. 21

Stärke-gehalt m. || contents pl. of starch || teneur f. en amidon. **a) ~glanz** m. || starching clay; brilliant starch || lustre m. d'amidon; amidon m. brillant. **b) ~gummi** n. || artificial *or* starch gum; dextrin || gomme f. artificielle; dextrine f. **c) ~herstellungsanlage** f. || starch producing plant || installation f. de fabrication d'amidon. **d) ~kalander** m. || stiffening machine || machine f. à amidonnage. **e) ~klasse** f. (Holz) || diameter class || catégorie f. de grosseur. **f) ~kleister** m. || starch paste; slipping || colle f. d'amidon; empois m. de farine *ou* de pâte. **g) ~maschine** f. (Tuchm) || stiffening machine || machine f. à amidonnage. 22

Stärkemehl n. || starch flour; fecula || fécule f.; amidon m. **a) geröstetes ~** || roasted starch-flour || fécule f. torréfiée. **b) tierisches ~** || glycogene || glycogène m. 23

Stärkemehlfabrik f. || fecula works pl. || féculerie f. 24

stärken, die **Kette** (Web) || to size the warp || encoller la chaîne avec de l'empois. **a) Zeuge** npl. **~** (Web) || to starch the cloth || amidonner les draps. 25

Stärkesirup m. || starch syrup || sirop m. de fécule. 26

Stärkezucker m. || starch sugar; glucose || sucre m. de la fécule; glucose f. **a) ~fabrik** f. || glucose manufactory || glucoserie f. 27

Stark-holz n. || heavy timber || gros bois m. **a) ~leder** n. || strong leather || cuir m. dur *ou* fort. 28

Stärkemaschine f. zum **Stärken** der **Kette** || warp sizing machine || machine f. à encoller la chaîne avec de l'empois. **a) ~** für **Zeuge** || cloth stiffening machine || machine f. à amidonnage des draps. 29

Starkstrom m. || heavy *or* power *or* strong current || courant m. fort *ou* de haute intensité. **a) ~element** n. || power-current battery || élément m. à courant de haute intensité. **b) ~erzeugung** f. || generation of power current || production f. de courant de haute intensité. **c) ~kabel** n. || power current cable || câble m. pour courant fort *ou* pour grande intensité. **d) ~laboratorium** n. || heavy-current laboratory || laboratoire m. pour courants forts. **e) ~schutz** m. (Fernm) || protection against power current || protection f. contre les courants forts. **f) ~sicherung** f. || power-current fuse || coupe-circuit m. pour courants forts. 30

Stärkung f. || strengthening; invigoration || réconfortation f.; affermissement m. 31

Starkvernickelung f. || heavy nickel-plating || nickelage m. extra fort. 32

starkwandig || thick-walled || à paroi épaisse. 33

Star-leseglas n. || cataract reading glass || verre m. pour la lecture destiné aux opérés de cataracte. **a) ~messer** n. (Heilk) || cataract knife || couteau m. à cataracte. **b) ~operierter** m., Katralglas n. für Staroperierte || Katral lens for persons operated for cataract || verre m. Katral pour les opérés de la cataracte. 1

starr || rigid || rigide; non-déformable. **a) ~er Körper** m. (Phys) || rigid body || corps m. rigide. **b) ~es Luftschiff** n. *s.* Starrluftschiff. 2

Starrheit f. (Mech) || rigidity || rigidité f. **a) ~ der Verbindung** || rigidity of the connection || rigidité f. de la liaison *ou* du couplage. 3

Starr-krampf m. || lock jaw || tétanos m. **a) ~leinen** n. || buckram || bougran m. **b) ~luftschiff** n. || rigid airship || dirigeable m. rigide; rigide m. 4

Start-bahn f. (Luftf) || runway || voie f. de départ. **a) ~deck** n. (Luftf) || starting deck || plateforme f. de départ. 5

starten || to start || mettre en marche f. 6

Starter m. || starter || starter m. 7

Start-länge f. (Luftf) || take-off distance || distance f. parcourue pour envol. **a) ~vorrichtung** f. || starting *or* launching device || dispositif m. de lancement *ou* de départ. **b) ~zeit** f. (Luftf) || unstick time || longueur f. de roulement au décollage. 8

Statik f. || statics pl. || statique f. **a) ~ der festen Körper** || statics pl. of rigid bodies || statique f. des corps solides. 9

Station f. || station || station f. **a) ~ zu ebener Erde** || ground-floor station || station f. à fleur de sol. 10

stationär *s. auch* stehend *oder* ortsfest || firm; fixed; fast; stationary || stationnaire. **a) ~e Batterie** f. (Akk) || stationary battery || batterie f. fixe. **b) ~e Dampfmaschine** f. || stationary steam engine || machine f. à vapeur fixe. **c) ~e Maschine** f. || stationary engine || machine f. fixe. **d) ~e Strömung** f. || steady flow || écoulement m. *ou* courant m. stationnaire. **e) ~er Zustand** m. || steady state || état m. de régime. 11

Stations-block m. (Eisenb) || station blocking || bloc m. de gare. **a) ~gebäude** n. || station building || bâtiment m. de la gare. **b) ~prüfer** m. (Funkw) || reception test set || circuit m. vérificateur de réception. **c) ~schalttafel** f. || plant switchboard || tableau m. de distribution de la centrale. **d) ~vorsteher** m. || station master || chef m. de station *ou* de gare. 12

statisch || static(al) || statique. **a) ~ bestimmbar** || statically determinable *or* definible || statiquement déterminable; déterminable par la statique. **b) ~ bestimmt** || statically determined || statiquement déterminé. **c) ~ indifferent** || neutral equilibrium || équilibre neutre. **d) ~ stabil** || statically stable || statiquement stable. **e) ~ unbestimmbar** || statically indeterminable || statiquement indéterminable. **f) ~ unbestimmt** || statically undetermined *or* indeterminate || statiquement indéterminé. 13

statisch-er Auftrieb m. || static lift || poussée f. statique. **a) ~e Beanspruchung** f. || static stress || effort m. statique. **b) ~e Berechnung** f. || static calculation || calcul m. statique. **c) ~e Charakteristik** (Elektr) *s.* statische Kennlinie. **d) ~er Druck** m. || static pressure || pression f. statique. **e) ~e Festigkeit** f. || static strength || resistance f. statique. **f) ~es Gleichgewicht** n. || static equilibrium || équilibre m. statique. **g) ~e Kennlinie** f. (Elektr) || no-load characteristic || caractéristique f. à circuit ouvert *ou* à vide. **h) ~e Untersuchung** f. || static experiments pl. || vérifications fpl. statiques. 14

Statistik f. || statistics pl. || statistique f. 15

Statistiker m. || statistician || statisticien m. **a) ~** (Versicherung) || actuary || actuaire m. 16

statistisch || statistical || statistique. **a) ~ festgestellt** || actuarial || actuariel. 17

statistisch-e Abteilung f. (Bank) || financial records filing department || service m. de documentation financière. **a) ~e Angaben** fpl. || statistical data || données fpl. statistiques. **b) ~e Arbeiten** fpl. || statistical work || travaux mpl. de statistique. **c) ~e Bilanz** f. || statistical balance || balance f. statistique. 18

Stativ n. || stand || statif m. **a) ~ zum Ausrichten** von zylindrischen Körpern auf der Werkzeugmaschine || stand for checking cylindrical pieces on the machine tool || support m. à centrer des pièces cylindriques sur la machine-outil. **b) Dreibein~** || tripod || trépied m. **c) Feld~** || field tripod || pied m. de campagne. **d) Filter~** || funnel holder || support m. à entonnoir. **e) ~ mit Fußschrauben** und Fußrollen || tripod stand with foot screws and casters || trépied m. avec vis calantes et roulettes. **f) ~ mit Hochstellvorrichtung** || elevating device attached to the tripod || pied m. avec dispositif élévateur. **g) Holz~** || wooden tripod || pied m. en bois. **h) kräftiges ~** || strong tripod || pied m. robuste. **i) leichtes ~** || light tripod || pied m. léger. **k) Präparier~** || dissecting stand || statif m. à dissection. **l) ~ zum Prüfen** der **Lage** von Rillen zur Stirnwand in Kugellagerringen || stand to check the position of grooves in relation to the face of ball bearing rings || support m. pour la vérification de la position des gorges des bagues de roulement à billes. **m) ~ zum Prüfen** der **Parallelität** ebener Flächen und Kanten || stand for checking the parallelism of flat surfaces and edges || support m. à vérifier le parallélisme des surfaces planes et des arêtes. **n) ~ zum Prüfen** des **radialen** Rundlaufens von fertig montierten Kugellagern || stand to check the radial true running of assembled ball bearings || support m. à vérifier si les roulements à billes dont le montage est terminé tournent rond dans le sens radial. **o) ~ zum Prüfen** des **radialen** und axialen Rundlaufens von Kugellageraußenringen || stand to test the radial and axial true running of ball bearing external rings || support m. à vérifier si les bagues extérieures des roulements à billes tournent rond. **p) ~ zum Prüfen** des Rundlaufens **zylindrischer** Körper || stand for checking the true running of cylindrical pieces || support m. à vérifier l'exactitude de la cylindricité des pièces cylindriques. **q) Säulen~** || pillar stand || pied m. à colonne. **r) Stahlrohr~** || steel tripod || pied m. en tubes d'acier. **s) ~ aus Stahlrohren** mit verstellbaren Spreizen || tripod of steel tubes with adjustable stays || pied m. muni de branches en métal et de traverses réglables. **t) Tisch~** || table stand || pied m. de table. **u) zusammenschiebbares ~** || sliding tripod || pied m. à branches coulissantes. 19

Stativ-aufsatz m. || adapter to stand *or* to tripod || montant m. d'un pied. **a) ~ausstattung** f. || equipment of the stand || équipement m. du statif. **b) ~kopf** m. mit **Polhöhenverstellung** || tripod head with polar adjustment || tête f. de pied à latitude variable. **c) ~säule** f. eines **Fernrohres** || pillar of a telescope || colonne f. du pied d'une lunette. **d) ~standfläche** f. || base of stand || base f. du pied. 20

statthaft || permitted; valid; legal || admissible; permis. 21

Statue f. || statue || statue f. 22

Statuen-marmor m. || marble for statuaries; statuary marble || marbre m. statuaire. **a) ~metall** n. || monumental metal || métal m. à statues. 23

Statuette f. || statuette || statuette f. 24

Status m. || state || état m. 25

Statut n. || statute; regulation || statut m.; règlement m. 26

statutenwidrig || ultra vires || antistatuaire. 27

Stau m., Betriebsbecken m. mit ~ für eine Kraftanlage || power basin with banked-up water level for a power plant || réservoir m. de service avec haussement de niveau pour une usine. 28

Stauanlage f. || weir *or* dam plant || installation f. de barrage. **a) Schütz** n. für **~n** || sluice for damming plants || pale f. de barrage. 29

Staub m. || dust || poudre f.; poussière f.; portée f. **a) ~** (Kohlenbergb) || powder || poussier m. **b) Eintritt** m. von ~ || dust penetration || entrée f. de la poussière. **c)** vor ~ **geschützt** || protected from dust || imperméable à la poussière. **d) Gicht~** || furnace dust || poussière f. des hauts-fourneaux. **e) Kohlen~** || coal dust || poussière f. de charbon. **f) metallischer ~** || metallic dust || poussière f. métallique. 30

Staub-absauganlage f. || dust-exhausting plant || installation f. d'aspiration de poussière. **a) ~absaugung** f. || vacuum cleaning || nettoyage m. par le vide. **b) ~absaugvorrichtung** f. (Schleifmasch) || dust removing attachment || dispositif m. d'aspiration de poussière. **c) ~abscheideapparat** m. || dust separator || appareil m. de séparation des poussières. **d) ~abscheider** m. || dust separator || séparateur m. de poussière. **e) ~abscheidung** f. || dust separation || dépoussiérage m. **f) ~abzug** m. || dust extraction || enlèvement m. de la poussière. **g) ~beutel** m. (Gieß) || dust bag || poncis m. 31

staubbindendes Öl n. || dust oil || huile f. antipoussière. 32

Staub-brille f. || goggles pl. || lunettes fpl. mistraliennes. **a) ~bürste** f. || dust brush || brosse f. à épousseter. **b) ~decke** f. (Allg) || dust cover || couverture f. protectrice contre la poussière; couverture f. pare-poussière. **c) ~decke** f. (für Möbel) || furniture cover || housse f. **d) ~deckel** m. || dust cap || couvercle m. antipoussiéreux. **e) ~deckel** m. (Uhrm) || dome; cap || cuvette f. 33

staubdicht || dustproof || imperméable *ou* étanche à la poussière. 34

Staubdichtung f. || packing to preserve from dust || garniture f. pour empêcher l'entrée de poussière. 35

Staubecken n. || storage basin || réservoir m. de barrage. 1
Staubentwicklung f. || formation *or* development of dust || développement m. *ou* dégagement m. de poussière. **a)** die ~ auf ein Mindestmaß **beschränken** || to reduce the development of dust to a minimum || réduire au minimum la formation de poussières. 2
Stäuber m. (Pap) || duster || blutoir m. 3
Staub-fang m. || dust catcher || collecteur m. de poussier. **a) ~fänger** m. || dust collector *or* catcher || collecteur m. à poussière; attrape-poussière f. **b) ~farbe** f. || powdered colour; powdering ink || couleur f. en poudre *ou* à poudrer. **c) ~feuerung** f., Koks || coke dust firing || foyer m. à poussière de coke. **d) ~filter** m. || dust filter || filtre m. à poussière. 4
staubfreie Luft f. || dustless air || air m. sans poussière. 5
Staub-gefäß n. (Botanik) || stamen || étamine f. **a) ~gehäuse** n. || dust casing || enveloppe f. à poussière. **b) ~gold** n. || dust gold || or m. en poudre impalpable. 6
staubhaltig-e Luft f. || dust laden air || air m. chargé de poussière. **a)** stark **~er Teer** m. || tar carrying a large amount of dust || goudron m. contenant beaucoup de poussières. 7
Staub-haube f. || dust chamber || chapeau m. à poussière. **a) ~kalk** m. || lime powder || chaux f. en poudre. **b) ~kammer** f. (Müll) || dust chamber || chambre f. à poussière. **c) ~kappe** f. || dust cap || chapeau m. à poussière. **d) ~kernspule** f. (Fernm) || iron dust core coil || bobine f. à noyau en poudre de fer comprimé **e) ~kohle** f. || dust coal; culm || charbon m. menu *ou* poussiéreux. **f) ~kohlenfeuerung** f. || pulverized fuel firing || chauffage m. au charbon pulverisé. **g) ~korn** n. || grain of dust || grain m. de poussière. **h) ~latte** f. || chantlate || chanlatte f. **i) ~mantel** m. || dust preserving shell || enveloppe f. protectrice contre la poussière. 8
Staubmasse f. || dust mass || masse f. de poussière. **a)** in den **Trockenreinigern** mpl. sich absetzende **~n** || quantity of dust deposited in the dry cleaners || les masses fpl. de poussière qui se déposent dans les appareils épurateurs. **b)** die **~n** fpl. werden für die **Wiederverwertung** im Hochofen in Briketts verwandelt || the dust is worked up into briquettes for further use in the blast furnaces || les masses fpl. de poussières sont traitées dans une usine à briquetter pour être réutilisées dans le haut-fourneau. 9
Staub-mehl n. || meal dust || farine f. folle. **a) ~mühle** f. (Landw) || winnowing *or* sweeping *or* fanning mill; corn cleaner || émotteur m. **b) ~nebel** m. || dust haze || brouillard m. de poussière. **c) ~niederschlagung** f. || dust settling || captation f. de la poussière. **d) ~öl** n. || dust oil || huile f. antipoussière. **e) ~pinsel** m. || dusting brush || époussetoir m.; pinceau m. à épousseter. **f) ~regen** m. || drizzling rain || bruin m. **g) ~reiniger** m. mit geradem **Mundstück** || dust filter with straight mouthpiece || soufflet m. à buse droite. **h) ~sack** m. || dust pocket || poche f. de poussière. **i) ~sammler** m. || dust collector || collecteur m. à poussière. **k) ~sand** m. || very fine sand || sablon m. **l) ~saugapparat** m. *s.* ~sauger m. **m) ~sauger** m. || vacuum cleaner || aspirateur m. de poussière. **n) ~saugvorrichtung** f. || dust sucking apparatus || appareil m. aspiratoire de poussière; dispositif m. d'aspiration de poussière. **o) ~schutz** m. || dust shield || pare-poussière m. **p) ~schützer** m. || dust guard *or* screen || pare-poussière m. gardepoussière m. **q) ~helm** m. || dust helmet || casque m. de protection contre la poussière. **r) ~schutzschild** n. (Schreibm) || dust shield || plaque f. anti-poussière. **s) ~schutzsieb** n. (Hupe) || dust cap || tamis m. antipoussière. 10
Staubsieb n. || dust shell *or* sieve || tamis *ou* crible à poussière. 11
staubtrocken || dust-dry || sec comme de la poussière. 12
Staub-tuch n. || duster || torchon m. **a) ~verbrennung** f. || burning of dust || combustion f. de poussière. **b) ~wedel** m. || feather whisk || plumeau m. **c) ~zähler** m. || dust counter || compteur m. de poussière. 13
Staucharbeit f. || upsetting operation || travail m. de refoulement. 14
stauchen (Schmied) || to jolt; to upset || refouler. **a)** die **Güsse** mpl. werden gestaucht (Met) || the ingots pl. are upset || les lingots mpl. sont grossis en refoulant le métal. **b)** die **Kokons** mpl. ~ || to beat the cocoons || battre les cocons mpl. **c)** ein **Niet** n. ~ || to close *or* to jog a rivet || refouler *ou* aplatir un rivet. **d)** einen **Nietkopf** m. ~ || to clinch a rivet head || river une tête d'un rivet. **e) sich** auseinander ~ (Schmied) || to upset || s'épanouir. 15
Stauchen n., Kaltpresse f. zum Formen und ~ von **Nieten** || cold press for forming and upsetting rivets || presse f. à froid pour former et fouler des rivets. 16
Stauch-hammer m. || jumper || refouloir m. **a) ~kaliber** n. || upsetting die || calibre m. à refouler. 17
Stauchmaschine f. || jolting *or* upsetting machine || machine f. à refouler. **a) Bohrer~** || drill upsetting machine || machine f. à refouler les forets. **b) Gesteinsbohrer~** || rock drill upsetting machine || machine f. à refouler les forets à roches. **c) Radreifen~** || upsetting machine for tires || machine f. à comprimer les bandages de roues. 18
Stauchpresse f. || upsetting press || presse f. à refouler. **a) Dorn~** || mandrel upsetting press || presse f. à fouler les mandrins. **b) Rohr~** || tube upsetting press || presse f. à fouler les tubes. 19
Stauchung f. || pushup; upsetting || refoulement m. 20
Stauchversuch m. || upsetting test || essai m. au refoulement. 21
Staudamm m. || reservoir embankment; retaining dam || barrage m. (en terre); digue f. de retenue. 22
Staudenpflanze f. || herbaceous plant || plante f. herbacée. 23
Staudruck m. || dynamic pressure || pression f. dynamique. **a) ~düse** f. || Pitot tube || tube m. de Venturi. **b) ~fahrtmesser** m. || pressure speed indicator; Pitot static air speed indicator || indicateur m. de vitesse à pression dynamique. 24
stauen || to dam; to beffle || endiguer; barrer. **a)** die **Ladung** eines Schiffes ~ || to trim a ship || arrimer un vaisseau. **b)** das **Wasser** ~ || to back *or* to dam up the water || (re)hausser les eaux fpl. 25
Stauer m. (Seew) || stevedore || arrimeur m. **a) ~lohn** m. || stowage || frais m. d'arrimage. 26
Stauffer-buchse f. || Stauffer lubricator *or* grease-box || graisseur m. Stauffer. **a) ~fett** n. || Stauffer grease || graisse f. Stauffer. 27
Stau-höhe f. || height of swell || hauteur f. de remous. **a) ~inhalt** m. einer **Talsperre** || volume of the reservoir of a barrage || capacité f. de retenu d'un barrage d'une vallée. **b) ~mauer** f. (Wasserb) || masonry dam || barrage m. en maçonnerie. **c) ~meister** m. || stevedore || arrimeur m. **d) ~punkt** m. || stagnation point || point m. mort. **e) ~quelle** f. || spring due to damming of underground water || source f. d'eau arrêtée. **f) ~recht** n., das ~ n. **erwerben** || to acquire the right to construct a dam || acquérir le droit de barrage. **g) ~röhre** f. || Pitot tube || tube m. de Pitot. **h) ~scheibe** f. || baffle plate || chicane f.; culot m. **i) ~schütz** n. (Schleuse) || sliding sluice *or* valve; hatch; sliding lock gate || vanne f.; pale f.; porte f. éclusière à coulisse. **k) ~spiegel** m. oberhalb eines **Wehrs** || surface of the backwater behind a weir || niveau m. de l'eau en amont d'un barrage. 28
Stauung f. (Anhäufung) || accumulation; pocket; obstruction || accumulation f. **a)** ~ (Verpacken der Schiffsladung) || stowing; stowage || arrimage m. **b)** ~ (Wasserb) || swell; rise of water || remous m.; refoulement m. 29
Stau-vorrichtung f. || stowing arrangement || dispositif m. de retenue. **a) ~wehr** n. || retaining dam || digue-réservoir f. **b) ~wasser** n. || back *or* stagnant water || eau f. haussée. **c) ~weite** f. (Wasserb) || amplitude of swell || amplitude f. du remous. 30
Stearin n. || stearin(e) || stéarine f. 31
Stearinfabrik f. || stearine works pl. *or* manufactory || stéarinerie f.; fabrique f. de stéarine. **a) ~anlage** f. || stearine plant || installation f. de stéarineries. 32
Stearin-fabrikant m. || stearic acid melter || stéarinier m. **a) ~kerze** f. || stearin candle || bougie f. de stéarine. **b) ~kerzenfabrikant** m. || stearine candle maker || mouleur m. de bougies stéariques. **c) ~licht** n. || stearine candle || chandelle f. *ou* bougie f. en stéarine. **d) ~öl** n. || stearine oil || huile f. d'oléine. **e) ~pech** n. || stearine pitch || brai m. stéarique. 33
stearinsaures Salz n. || stearate || stéarate m. 34
Stearin-säure f. || stearic acid || acide m. stéarique. **a) ~zündholz** n. || stearin match || allumette f. en stéarine. 35
Steatit m. || soap stone; steatite || stéatite f. **a) ~sicherung** f. || steatite fuse || fusible m. en stéatite. 36
Stech-apfelkraut n. || stramony leaves pl. || herbe f. de stramoine. **a) ~beitel** m. || ripping *or* firmer chisel || ciseau m. fort. **b) ~eisen** n. (Werkz) || chisel || gouge f. 37
stechen, Torf m. || to dig peat || piquer le tourbe. 38
stechend (Geruch) || pungent || piquant. 39
Stecher m. (Zuck) || proof stick || sonde f. **a) Fett~** || fat knife || sonde f. pour graisses. **b)** ~ zum **Sticken** || awl for embroidering || poinçon m. à broder. 40
Stechheber m. || siphon || siphon m. **a)** ~ für **Wein** || wine plunging siphon || tâtevin m. 41

Stechmaschine f. (Web) || punching machine || machine f. à piquer. 1

Stechpalmen-blatt n. || holly leaf || feuille f. de houx. **a) ~holz** n. || holly wood || bois m. de houx m. 2

Stechschloß n. (Büchsenm) || hair-trigger lock || platine f. à double détente. 3

Stechzirkel m. || dividers pl. || compas m. à pointes sèches. **a) ~ mit festen** Spitzen || compass with fixed needle points || compas m. à pointes sèches fixes. 4

Steck-buchse f. (Elektr) || plug bush || douille f. de prise. **a) ~dorn** m. (Schmied) || treblet; triblet; mandrel; mandril; drift || mandrin m.; stampe f. 5

Steckdose f. (Elektr) || wall socket; plug box *or* socket || boîte f. à fiches; prise f. de courant. **a) ~ zur Handlampe** || plug for hand lamp || contact m. à fiches pour la lampe baladeuse. 6

stecken, ineinander || to fit into one another || s'emboîter les uns dans les autres. 7

Stecker (Elektr) || wall *or* contact plug || fiche f. de prise de courant. **a) ~ mit Schutzkragen** (Elektr) || plug with protection collar || contact m. à col protecteur. 8

Steckhülse f. || socket || douille f. **a) Okular~** || eyepiece sliding sleeve || douille f. porte-oculaire; douille f. pour les oculaires. 9

Steck-kapselglas n. (Chem) || tube with push || tube m. à mise en capsule. **a) ~kontakt** m. *s.* ~dose f. **b) ~lager** n. || closed bearing || palier m. fermé. **c) ~-lasche f., Stoßverbindung** f. mit innen angenieteten **~n** || joint with inside-rivetted fish plates for portable lines || joint m. par éclisses Spalding, rivées intérieurement. **d) ~ling** m. || layer || bouture f. 10

Stecknadel f. || pin || épingle f. **a)** die **~ anköpfen** || to head the pin || frapper la tête d'épingle. **b) ~ mit Emaillekopf** || pin with enamelled head || épingle f. à tête en émail. **c) ~ mit Glaskopf** || pin with glass head || épingle f. à tête en verre. **d) Messing~** || brass pin || épingle f. en laiton. **e) Stahl~** || steel pin || épingle f. en acier. 11

Stecknadel-fertigungsmaschine f. || pin making machine || machine f. à faire les épingles. **a) ~kopf** m. || pin head || tête f. d'épingle. **b) ~macher** m. || pin maker || épinglier m. **c) ~spitzer** m. || pin pointer || empointeur m. d'épingles. **d) ~wippe** f. || header || tétoir m. 12

Steckpatrone f. (Elektr) || plug cartridge || cartouche f. à insertion. 13

Steckschlüssel m. || socket wrench || clé f. à canon. **a) ~** für x mm **Maulweite** || socket wrench for a width of jaw of x mm. || clé f. à canon pour ouverture de x mm. **b) ~** aus **Rohr** || socket wrench of tube || clé f. à canon en tuyau. **c) ~** mit oberem **Sechskant** für x mm Maulweite || socket wrench with hexagon head for a width of jaw of x mm || clé f. à canon avec hexagone supérieur pour ouverture de x mm. **d) Universal~** || universal socket-wrench || clé f. à douille universelle. **e) Vierkant~** || square socket wrench || clé f. à canon carrée. 14

Steck-schlüsselschrank m. (Fernmeld) || multishape key plug switchboard || tableau m. à clé à canon multiforme. **a) ~vorrichtung** f. (Elektr) || plug device || dispositif m. de prise de courant. **b) ~zirkel** m. || compasses pl. with shifting points; drawing compasses pl. || compas m. à pointes de rechange. 15

Steg m. (Bauk) || fillet; label; list; small band || bandelette f.; filet m.; listel m. carré; réglet m. **a) ~** (Brücke) || foot bridge; small bridge || passerelle f.; planche f. **b) ~** (Buchdr) || stick || bois m. de garniture. **c) ~** einer **Eisenbahnschiene** || stem of a rail || tige f. d'un rail. **d) ~** des **Gliedes** einer **Ankerkette** || stay of the link of an anchor cable || étançon m. de la maille d'une chaîne d'ancre. **e) Holm~** (Luftf) || spar web || âme f. du longeron. **f) Landungs~** || landing pier || débareadère m. **g) ~** zwischen den **Löchern** (Blech) || space between the holes || espace f. entre les trous. **h)** quer über dem **Rahmenausschnitt** zwischen den Achsstreben angeordneter **~** || filling piece fitted across the opening between the pedestal legs || pièce f. de remplissage qui se trouve en travers de la découpure entre les jambes. **i) ~** am **Träger** || web of girder || âme f. d'une poutrelle. **k) ~** einer **Violine** || bridge of a violin || chevalet m. d'un violon. 16

Steg-kette f. || stud link chain || chaîne f. à étançons *ou* à étais. **a) ~reif** m., aus dem || on the spur of the moment || sans préparation; improvisé. **b) ~stärke** f. (Träger) || thickness of web || épaisseur f. de l'âme. **c) ~versteifung** f. || stiffening of the web || raidisseur m. 17

Stehabort-anlage f. || lavatory || urinoir m. **a) ~becken** n. || lavatory basin || cuvette f. d'urinoir. 18

Stehblech n. (Träger) || stiffening plate || âme f. 19

Stehbolzen m. || stay bolt || entretoise f. **a) durchbohrter ~** || perforated stay *or* stud || entretoise f. percée. **b) kupferner ~** || copper stay *or* stud || entretoise f. en cuivre. 20

Stehbolzendrehbank f. || stud lathe || tour m. pour entretoises. 21

stehen bleiben, in einer Stellung f. || to stop at a position || s'arrêter dans une position. **a)** der **Motor** bleibt ohne erkennbaren Grund **~** || the engine ceases working without obvious reason || le moteur s'arrête sans cause apparente. 22

stehend (senkrecht) || vertical || vertical. **a) ~e Dampfmaschine** f. || vertical steam engine || machine f. à vapeur verticale. **b) ~e Lagerstätte** f. || vertical mineral deposit || gisement m. vertical *ou* en dressant. **c) ~er Röhrenkessel** m. || vertical (multi)tubular boiler || chaudière f. tubulaire verticale. 23

Stehknecht m. (Tischl) || support stock; standing vice || servante f.; valet m. de pied. 24

Stehkessel-decke f. || roof sheet of the outside firebox || ciel m. de boîte à feu. **a) ~mantel** m. || firebox outside sheet || enveloppe f. de boîte à feu. **b) ~seitenwand** f. || side sheet *or* plate of firebox shell || flanc m. de boîte à feu. **c) ~vorderwand** f. || front plate of a firebox || paroi f. avant *ou* face f. avant de la boîte à feu. 25

Steh-kolben m. (Chem) || flask with flat bottom || ballon m. à fond plat. **a) ~kreuz** n. || upright cross || crucifix m. à pied. **b) ~lager** n. || plummer block || palier m. ordinaire. **c) ~lampe** f. || pedestal lamp || lampe f. à pied. **d) ~platz** m. (Fahrzeug) || standing room || place f. debout. **e) ~pult** n. (Büro) || bookkeepers' desk || bureau m. de comptable. **f) ~satz** m. (Buchdr) || standing matter || composition f. permanente *ou* conservée. 26

steif holen (Seew) || to bowse taut || haler raide. 27

Steife f. (Bergb) || stay || étançon m. **a) ~** (einer Masse) || consistency || consistence f. 28

Steifheit f. || stiffness || raideur f. 29

Steifigkeit f. (Seil) || rigidity || rigidité f. 30

Steif-leinen n. || buckram || bougran m. **a) ~säge** f. || cross-cut saw for logs || scie f. à tronçonner. 31

Steig m. || foot path || sentier m. **a) ~band** n. || inclined belt || bande f. de transport inclinée. **b) ~bügel** m. || stirrup || étrier m. **c) ~bügelleder** n. || stirrup leather || trousse-étriers m. 32

Steigeisen n. (Bauw) || hand iron *or* stirrup || échelon m. **a) ~** (Mast) || climber; climbing iron || étrier m. à grimper; griffe f. 33

steigen, in die Höhe || to rise *or* to ascent || monter; s'élever en altitude. 34

Steigen n. der **Preise** || upward tendency of prices || enchérissement m.; hausse f. des prix. 35

steigend, Gießen n. in **~em Strom** || casting in rising stream || coulée f. en source. **a)** im **Verhältnis** n. **~** || rising proportionately || montant progressivement. **b) ~e Tendenz** f. || upward tendency || tendance f. à hausser *ou* à la hausse. 36

Steiger m. (Bergb) || overman; captain *or* foreman of mine || maître m. mineur; porion m. 37

steigern || to raise || augmenter. 38

Steigerung f. || raising; increase || hausse f.; enchérissement m. **a) ~** der **Belastung** || increase of load || augmentation f. de charge. **b) stetige ~** (der Preise) || steady rise || acroîssement m. continuel. 39

Steighöhe f. (Geschoß) || vertical range || portée f. verticale. 40

Steigkraft f., **dynamische** || dynamic upward (rising A) force || force f. ascensionnelle dynamique. **a) statische ~** || buoyancy; static (net) lift; static rising force (A) || force f. ascensionnelle statique. 41

Steig-leiter f. || ladder || échelle f. **a) ~leitung** f. (Elektr) || rising main || colonne f. montante. **b) ~** und **Falleitungen** fpl. für Heizwasser || ascending and descending pipe lines for heating water || tuyauteries fpl. pour faire monter et descendre l'eau de chauffage. **c) ~ortshauer** m. || coal hewer [overhand stooping] || monteur m. en veine. **d) ~rad** n. (Uhrm) || escapement *or* balance wheel || roue f. d'échappement *ou* de balance. **e) ~rohr** n. || rising-pipe || tuyau m. de refoulement. **f) ~schacht** m. (Luftf) || climbing shaft || puits m. montant. **g) ~sprosse** f. || rung || cheville f.; ranche f. 42

Steigung f. (Allg) || ascent; pitch; grade; hill; gradient; fall; slope; up-grade || montée f.; chute f.; pente f.; remont m.; rampe f.; élévation f.; descente f.; déclivité f. **a) ~** (Schraube usw.) || pitch || pas m. **b) ~** eines **Daches** || descent of a roof || pente f. *ou* inclinaison f. *ou* descente f. d'un toit. **c) gefährliche ~** ||

dangerous hill || descente f. dangereuse. **d)** ~ des **Gewindes** || pitch of thread || pas m. du filetage. **e) konstante** ~ (Gewinde) || uniform pitch || pas m. constant. **f) Minimetergerät** n. zum Prüfen der ~ an **Gewinden** || minimeter instrument to check the pitch of threads || appareil m. à minimètre pour la vérification du pas des filetages. **g) mittlere** ~ (Gewinde) || mean pitch || pas m. moyen. **h)** ~ einer **Schraube** || pitch of a screw || pas m. d'une vis. **i) schwache** ~ (Eisenb) || easy gradient || pente f. faible. **k) starke** ~ (Eisenb) || steep gradient || pente f. forte. **l) veränderliche** ~ (Gewinde) || variable pitch || pas m. variable. 1

Steigungs-messer m. || gradient meter *or* indicator *or* recorder; gradometer; clinometer || indicateur m. de pente; gradomètre m.; clinomètre m. **a)** ~-**messung** f. mit der **Wasserwage** || measurement of inclination by means of the spirit level || mesure f. de l'inclinaison au moyen du niveau à bulle d'air. **b)** ~**winkel** m. || pitch angle || angle m. d'inclinaison *ou* de tangage. 2

Steig-vermögen n., mit **großem** ~ (Luftf) || with high climbing capacity || susceptible de monter très rapidement. **a)** ~-**vorrichtung** f. (ElLeit) || pole step || échelons mpl. **b)** ~**winkel** m. (Luftf) || angle of climb || angle m. de montée. **c)** ~**zeiten** fpl. (Luftfahrzeug) || rates pl. of climb || temps m. de montée. 3

steil || steep || raide; escarpé; ardu. **a)** ~ **abböschen** || to slope steeply; to cut steep down || escarper. **b)** ~ **ansteigend** (Kurve) || steeply ascending || à front raide. 4

steiler Abhang m. || steep gradient *or* slope || pente f. dure *ou* raide *ou* escarpée. 5

Steilheit f. der **Kurve** || slope of the curve || pente f. de la courbe. **a)** ~ von **Röhrenkennlinien** (Fernm) || slope of valve characteristics || roideur f. des caractéristiques de lampes. 6

Steilküste f. || shelving *or* steep coast || côte f. raide *ou* escarpée *ou* à pic; falaise f. 7

Steilrohrkessel m. || boiler with steep tubes; vertical tube boiler || chaudière f. tubulaire verticale; chaudière f. à tube-foyer montant. **a) weitrohriger** ~ || boiler with vertical large tubes || chaudière f. à tubes gros verticaux. 8

Steilrohrverdampfer m. || vertical tube evaporator || évaporateur m. à éléments tubulaires verticaux. 9

Stein m. || stone || pierre f. **a) allseitig** bearbeiteter ~ || stone pared on every side || pierre f. retournée. **b)** ~e mpl. **aussondern** (Kohle) || to pick out slate || épierrer le charbon. **c) Bauxit**~ || bauxit brick || brique f. en bauxite. **d)** ~e mpl. **behauen** || to cut stones pl. || tailler des pierres fpl. **e) behauener** ~ || stone block || pierre f. de taille. **f)** ~e mpl. zur **Beschotterung** von Straßen || stones pl. for metalling roads || pierres fpl. pour l'empierrement des routes. **g) Denkmals**~ || monument stone || pierre f. pour monuments. **h) Dinas**~ || Dinas stone || pierre f. Dinas. **i) feuerfester** ~ || fireproof stone; fire brick || pierre f. *ou* brique f. réfractaire. **k) gebrannter** ~ || brick || brique f. **l) gezähnelter** ~ || hatched stone || pierre f. hachée. **m) Hochbau**~ || stone for constructions above ground || pierre f. pour constructions au-dessus du sol. **n)** mit **Kreuzhieben** mpl. gezähnelter ~ || cross hatched stone || pierre f. traversée. **o) Kunst**~ || artificial stone || pierre f. artificielle. **p) Kunst**~ aus **Zement** || artificial stone of cement || pierre f. artificielle en ciment. **q) lithographischer** ~ || lithographic stone || pierre f. lithographique. **r) lydischer** ~ || Lydian *or* touch stone; black jasper || jaspe m. noir; pierre f. de Lydie *ou* de touche. **s) Magnesit**~ || brick of carbonate of magnesia || brique f. de magnésie carbonatée. **t) Natur**~ || natural stone || pierre f. naturelle. **u)** ~ für **Rasiermesser** || stone for razors || pierre f. à rasoir. **v) Satz**~ || joining stone || pierre f. d'ajoute. **w) säurefester** ~ || acid-proof brick || brique f. résistant aux acides. **x) Schacht**~ (Brunnenb) || radial stone || pierre f. radiale. **y) Schlakken**~ || slag stone || pierre f. de scorie. **z) Silika**~ || silica brick || brique f. siliceuse. 10

a) synthetischer ~ || synthetic stone || pierre f. de synthèse. **b)** ~e mpl. einer **Taschenuhr** || watch stones || pierres fpl. pour montres. **c) Tiefbau**~ || stone for constructions under ground || pierre f. pour constructions en dessous du sol. **d) unbehauener** ~ || unhewn stone || pierre f. brute. **e) ungebrannter** ~ || unburnt brick || brique f. séchée à l'air. **f) weißer** ~ || white stone || pierre f. blanche. **g) zerschlagene** ~e mpl. || broken stones pl. || pierres fpl. concassées. 11

Stein-abdruck m. (Buchdr) || lithographic print || gravure f. lithographique. **a)** ~-**abricht- und -hobelmaschine** f. || stone smooth and planing machine || machine f. à travailler la pierre. **b)** ~**arbeiter** m. || flint digger || tireur m. de cailloux. **c)** ~-**ausklaubung** f. || picking out slate || épierrage m. **d)** ~**ausleser** m. (Mühle) || stone separator || épierreur m. **e)** ~-**ausleser** m. mit rotierender **Trommel** || stoner with rotating drum || épierreur m. avec tambour rotatif. **f)** ~**baukasten** m. || box of bricks || boîte f. de constructions en pierre. 12

Steinbearbeitung f. || stone working || travail m. de la roche; travail m. des pierres. **a) Fräsmaschine** f. für die ~ || milling machine for stone working || fraiseuse f. pour travailler la pierre. 13

Steinbearbeitungs-maschine f. || stone working *or* dressing machine || machine f. à travailler la pierre. **a)** ~**werkzeug** n. || stone working tool || outil m. à travailler la pierre. 14

Stein-beschreibung f. || petrography || pétrographie f. **a)** ~**bettung** f. einer **Chaussee** || ballasting of a road || empierrement m. de la voie. **b)** ~**bewurf** m. (Straßenb) || grit layer || jetée f. **c)** ~-**blocktransport** m. || handling stone blocs || transport m. de blocs de pierre. **d)** ~**bohrer** m. || wall chisel; rock drill; stone-bit; millstone piercer || percemeule m.; fleuret m. à mine; bonnet m. de prêtre; mèche f. à pierre. 15

Steinbohrmaschine f. (Bergw) || rock drill || perforatrice f. **a)** ~ (Uhrm) || stone boring machine; jewel drilling machine || perceuse f. à pierres. 16

Steinböschung f. || stone batter || pierrée f. 17

Steinbrecher m. || stone breaker *or* crusher; ashlar breaker || concasseur m. *ou* broyeur m. de pierres; casse-pierres m.; casseur m. de moellons. **a) zerlegbarer** ~ || stonebreaker that can be taken to pieces. || casse-pierres m. démontable. **b)** ~**walzenmühle** f. || combined stone breaker and roller mill || concasseur m. à pierres et broyeur m. à cylindres combinés. 18

Steinbrocken mpl. (Steinm) || chippings pl. of stones || débris mpl. de pierres; pierres fpl. concassées. 19

Steinbruch m. || quarry || carrière f. **a) Kalk**~ || limestone quarry || carrière f. de pierres à chaux. 20

Steinbruch-arbeiter m. || quarrier; quarryman || carrier m.; carreyeur m. **a)** ~-**besitzer** m. || owner of a quarry || propriétaire m. de carrière. **b)** ~**meister** m. || quarry master || maître-carrier m. **c)** ~-**schmied** m. || quarry blacksmith || forgeron m. carrier. **d)** ~**werkzeug** n. || quarrying tool || outillage m. pour carrières. 21

Stein-brücke f. || stone bridge || pont m. de pierre. **a)** ~**damm** m. (Wasserb) || dike built of stone || digue f. de pierre. **b)** ~**drehbank** f. || stone turning lathe || tour m. à pierres. **c)** ~**dreher** m. || stone turner || tourneur m. en pierres. **d)** ~-**dreherei** f. || stone turning || tournage m. de pierres. 22

Steindruck m. || lithography || lithographie f. **a) Druckhilfsmaschine** f. für ~ || auxiliary printing machine for lithography || machine f. auxiliaire d'impression pour lithographie. **b) Farben**~ || lithochromics pl. || lithochromie f. 23

Steindrucker m. || lithographic printer; lithographer || imprimeur m. lithographe; lithographe m. 24

Steindruckerei f. (Verfahren) || lithography; lithographic printing || lithographie f.; impression f. lithographique *ou* sur planches de pierre. **a)** ~ (Werkstatt) || lithographic printing office || imprimerie f. lithographique *ou* en planches de pierre. 25

Steindruckerpresse f. *s.* Steindruckpresse f. 26

Steindruck-farbe f. || lithographic printing-ink || encre f. lithographique. **a)** ~**maschine** f. || lithographic machine || machine f. de lithographie. **b)** ~**presse** f. || lithographic press || presse f. lithographique. **c)** ~**waren** fpl. || lithographic material || produits mpl. pour la lithographie. 27

Steinebehauen n. || stone picking || smillage m. de moellons. 28

Stein-eiche f. || live oak || yeuse f. **a)** ~**eichenholz** n. || white oak || chêne m. blanc. **b)** ~**einfriedigung** f. || stone fence || clôture f. en pierres. 29

steinerner Krug m. || stone bottle || bouteille f. de grès. 30

Stein-fischer m. || gatherer of flints || ramasseur m. de galets. **a)** ~**flasche** f. || varnished earthenware bottle || bonbonne f. en poterie. **b)** ~**form** f. (Ziegel) || brick mould || moule m. à briques. **c)** ~**fräsmaschine** f. || stone milling machine || machine f. à fraiser les pierres. **d)** ~**gravierung** f. || engraving on stone || gravure f. sur pierre. **e)** ~**gravör** m. ||

stone engraver || graveur m. sur pierre. **f) ~greifer** m. || grab for stones || benne f. destinée à ramasser les pierres et cailloux. **g) ~grund** m. (Wasserb) || stony ground || enrochement m. **h) ~grus** m. || stone dust || blocaille f. 1

Steingut n. || stoneware; earthenware; crockery; pottery || grès m.; faïence f.; terre-cuite f. **a) ~arbeiter** m. || crockery maker || faïencier m. **b) ~bottich** m. || earthenware vat || cuve f. en faïence. **c) ~dreher** m. || thrower of crockery || tourneur m. en faïence. **d) ~fabrikeinrichtung** f. || earthenware manufacturing plant || installation f. de fabrique de faïences. **e) ~gebrauchsgeschirr** n. || household (utensils of) earthenware || service m. de ménage en faïence. **f) ~glasur** f. || earthenware glazing || glaçure f. à faïence. **g) ~maler** m. || earthenware decorator || peintre m. sur faïence. **h) ~malerei** f. || china painting || peinture f. sur faïence. **i) ~wanne** f. || earthenware tank || cuve f. en faïence *ou* en grès. **k) ~waren** fpl. || earthenware || articles mpl. en faïence *ou* en grès. 2

Stein-hammer m. || quarryman's hammer || casse-pierre(s) m. **a) ~härtekessel** m. || pan for roasting limestone || chaudière f. pour le durcissement de pierres. 3

Steinhauer m. || stone cutter *or* feller; rockman || tailleur m. de pierres; rocteur m. **a) ~säge** f. || stone-cutter's saw || scie f. à pierre. **b) ~werkstatt** f. || stone-cutter's shop || atelier m. de tailleur de pierres. 4

Steinholz n. || xylolite; xylogen || xylolite f.; bois m. factice. **a) ~fabrikeinrichtung** f. || equipment for xylolithe factory || installation f. pour fabriques de xylolithe. **b) ~fußboden** m. || floor of stone wood || plancher m. de bois-pierré. **c) ~waren** fpl. || artificial wood articles pl. || objets mpl. en bois artificiel. 5

Stein-karren m. || push cart || diable m.; chariot m. *ou* charette f. à pierres. **a) ~kitt** m. || mastic cement || mastic m. des fontainiers. **b) ~kitter** m. (Buchdr) || lithographic stone cementer || doubleur m. de pierres lithographiques. **c) ~klaue** f. || sling; cran iron; grapnel; devil's claw; dog; ram || louve f.; renard m. 6

Steinkohle f. || coal; pit *or* black *or* mineral coal || houille f.; charbon m. de terre. **a) Bitumengehalt** m. der ~ || contents pl. of bitumen in coal || teneur f. en produits bitumineux de la houille. **b) fette ~** || fat coal || houille f. grasse. **c) gepreßte ~** || coal briquette || aggloméré m. de houille. **d) magere ~** || blind *or* uninflammable *or* close burning *or* free burning *or* non caking coal || houille f. sèche *ou* maigre *ou* non-collante; charbon m. sec. **e) schieferige ~** || slaty coal || houille f. schisteuse. **f) ~ verfeuern** || to burn (pit) coal || employer de la houille. **g) ~ verkoken** || to coke the coal || cokéfier la houille. **h) verkokte ~** || carbonized coal || houille f. carbonisée. 7

steinkohlenarmes Gebiet n. || country (which is) poor in (bituminous) coal || pays m. pauvre en houille. 8

Steinkohlen-asche f. || ashes pl. of pit coal || cendre f. de charbon; fraisil m. **a) ~aufbereitung** f. || pit coal dressing || préparation f. de la houille. **b) ~bergwerk** n. || coal pit; colliery; coal mine || houillère f.; mine f. de charbon *ou* de houille. **c) ~flöz** n. || pit coal seam || couche f. de houille. **d) ~gas** n. || coal gas || gaz m. de houille. **e) ~gebirge** n. || carboniferous rock || terrain m. carbonifère. **f) ~grube** f. *s.* ~bergwerk. **g) ~halbkoks** m., feinkörniger || fine semi-coke made from bituminous coal || semi-coke m. de houille à grains fins. **h) ~industrie** f. || pit coal industry || industrie f. de la houille. **i) ~klein** n. || culm || houille f. menue. **k) ~kraftwerk** n. || pit coal power station; pit coal plant || usine f. thermique à base de houille. **l) ~lösche** f. || pit coal dust || fraisil m. **m) ~schwelung** f. || carbonization of bituminous coal || distillation f. lente de la houille. **n) ~staub** m. || pit coal dust || poussière f. de houilles. 9

Steinkohlenteer m. || coal *or* gas tar || goudron m. de huile; coal tar m. **a) ~destillation** f. || coal tar distillation || distillation f. de goudron de houille. **b) ~farbe** f. || colour of coal tar || teinture f. dérivée du goudron de houille. **c) ~öl** n. || coal tar oil; mineral tar oil || essence f. *ou* huile f. de goudron de houille. **d) ~pech** n. || coal tar pitch || brai m. de houille. **e) ~präparat** n. || coal tar produce || produit m. dérivé du goudron de houille. 10

Steinkohlen-trocknungsanlage f. || pit coal drying plant || installation f. de séchage de la houille. **a) ~verkokung** f. || coking of bituminous coal || distillation f. de la houille. 11

Stein-körner m. (Buchdr) || stone grainer || graineur m. en lithographie. **a) ~kran** m. || stone crane || grue f. à pierres. **b) ~kreissäge** f. || circular stone saw || scie f. circulaire pour pierres. 12

Steinkrug m. || stone mug || cruche f.; cruchon m. **a) ~macher** m. || stoneware jug maker || fabricant m. de cruches en grès. 13

Stein-läufer m. || stone runner || meule f. en pierre. **a) ~leger** m. || floor tiler; paver || carreleur m. **b) ~lupe** f. || magnifying lens for precious stones || loupe f. pour lapidaires. **c) ~macher** m. (Uhrm) || jeweller || pierriste m. 14

Steinmark n. || lithomarge; porcelain earth || terre f. à porcelaine; lithomarge. **a) fleischrotes ~** || carnat || carnat m. 15

Steinmehl n. || stone powder || pierre f. pulverisée. **a) ~herstellung** f. || mineral manure grinding || mouture f. d'engrais minéraux. 16

Steinmetz m. || stone cutter *or* mason || tailleur m. de pierres; taille-pierre m. **a) ~arbeit** f. || stone mason's work || travail m. du tailleur de pierres. 17

Steinmetzerei f. || stone cutting || taille f. de pierres. 18

Steinmetzgerät n. || stone mason's tool || outil m. du taille-pierre. 19

Stein-mine f. || stone fougass || fougasse-pierrier f. **a) ~mühle** f. || stone grinding mill || moulin m. à pierres. 20

Steinnuß f. || corozo *or* ivory nut || (noix f. de) corozo m. **a) ~knopf** m. || button of corozo || bouton m. en corozo. 21

Stein-obst n. || stone fruit || fruits mpl. à noyau. **a) ~öl** n. || petroleum; naphtha; rock *or* mineral oil || pétrole m.; naphte m.; bitume m. liquide; huile f. minérale *ou* de pierre. **b) ~packung** f. || dry wall; dry stone pitching || mur m. en pierres sèches; perré m.; pierré m. **c) ~pappe** f. || pasteboard; stone board; carton pierre || carton m. pierre. **d) ~pflaster** n. || stone pavement || pavé m. de pierre. **e) ~pflasterung** f. || stone paving || pavage m. en pierre. **f) zweispitziger ~pickel** m. || double-pointed pick || grosse pointe f. **g) ~plättmaschine** f. für **Glanzpappe** und **Preßspan** || stone smoothing machine for glazed board and pressing board || calandre f. à pierre pour carton glacé et presspan. **h) ~polierer** m. (Buchdr) || lithographic stone pouncer || ponceur m. de pierres lithographiques. **i) ~poliermaschine** f. || stone polishing machine || machine f. à polir les pierres. **k) ~porzellan** n. || hard porcelain || porcelaine f. dure. **l) ~presse** f. || brick press || presse f. à faire les briques. **m) ~rinne** f. || stone channel || rigole f. pavée. 22

Steinsäge f. || stone saw || scie f. à pierre. **a) ~ mit eingesetzten Zähnen** || stone saw with inserted teeth || scie f. à pierre à dents rapportées. **b) ~ mit engen Zähnen** || stone saw with narrow teeth || scie f. à pierre à dents serrées. **c) ~ mit weiten Zähnen** || stone saw with distanced teeth || scie f. à pierre à dents écartées. 23

Stein-sägegatter n. || stone frame saw || porte-lame m. de scie à cadre pour la taille des pierres. **a) ~sägerei** f. || stone sawing mill || sciérie f. de pierre. 24

Steinsalz n. (Kochsalz) || (common) salt; sodium chloride || sel m. de cuisine; chlorure m. de soude. **a) ~** (Min) || mineral *or* rock salt; halite || sel m. marin *ou* gemme; halite f. **b) ~bergwerk** n. || rock salt mine || mine f. de sel. **c) ~hauer** m. || rock salt miner || piqueur m. de sel. **d) ~platte** f. mit **Schutzlack** || plate of rock salt with lacquer film || lame f. de sel gemme vernie. 25

Stein-satz m. || dry stone pitching || perré m. en pierre sèche. **a) ~schälmaschine** f. || stone scaling machine || machine f. à planer les pierres. 26

Steinschlag m. (Bauw) || broken stone || pierraille f.; cailloutis m. **a) ~** (im Gebirge) || fall of stone || éboulement m. *ou* chute f. de pierres. **b) ~beton** m. || broken-stone concrete || béton m. de pierraille. **c) ~gefahr** f. || danger from fall of rock || danger m. de chute de pierres. 27

Stein-schleifer m. (Buchdr) || lithographic stone dresser *or* scraper-off || préparateur m. de *ou* effaceur m. sur pierres lithographiques. **a) ~schleiferei** f. || stone polishing; stone grinding work || atelier m. à frotter la pierre; polissage m. de pierres. **b) ~schleifmaschine** f. || stone grinding machine || machine f. à tailler *ou* à émoudre *ou* à planer les pierres. **c) ~schloßgewehr** n. || flint gun || fusil m. à silex. **d) ~schneiden** n. || stone cutting || taille f. de pierres. **e) ~schneider** m. (Juw) || lapidary || lapidaire m. **f) ~schraube** f. || wall *or* stone screw; rag *or* stone bolt || boulon m. *ou* vis f. de scellement. **g) ~schutt** m. (Straßenb) || rubble || pierraille f. **h) ~schüttung** f. (Wasserb; Straßenb) || loose stone embankment || enrochement m. **i) Straße** f. mit **~schüttung** f. || metalled road || route f. en pierres concassées. **k) ~setzen** n. (Uhrm) || jewel setting || sertissage m. 28

Steinsetzer m. || paver; pavier; paviour; stone setter || paveur m.; pinceur m. **a) ~** (Uhrm) || jewel setter || sertisseur m. **b) ~hammer** m. || pavier's hammer || marteau m. d'assiette *ou* du paveur.

c) ~ramme f. || paving rammer || demoiselle f. 1

Stein-spaltmaschine f. || stone splitting machine || machine f. à fendre la pierre. **a) ~spielwaren** fpl. || stone toys pl. || jouets mpl. en pierre. **b) ~splitter** m. (Juw) || chip || écale f. **c) ~sprenger** m. || quarry miner || carrier m. mineur. **d) ~-stellung** f. (Müller) || mill stone adjusting gear || dispositif m. de réglage des meules. **e) ~stopfen** m. für **Säureballons** || stone stopper for carboys || bouchon m. en grès pour bonbonnes. **f) ~strahlofen** m. || stone radiating oven || four m. radiateur en pierre. **g) ~straße** f. || broken-stone road || chaussée f. en empierrement. **h) ~sucher** m. || stone picker || ramasseur m. de pierres. **i) ~träger** m. || stone carrier || bardeur m. **k) ~treppe** f. || stone stairs pl. || escalier m. en pierre. **l) ~verband** m. || stone bond || appareil m. de pierres. **m) ~walze** f. zum **Facettschleifen** || stone roller for facette grinding || rouleau m. de pierre pour facetter. **n) ~waren** fpl. || stoneware || ouvrages mpl. en pierre. **o) ~zange** f. || stone pincers pl. || louvre f. à tenailles. **p) ~zeichner** m. || lithographer || lithographe m. **q) ~zeichnung** f. (Steindruck) || drawing upon stone; lithography || dessin m. lithographique; lithographie f. 2

Steinzeug n. || stoneware (earthenware) || poterie f. de grès; terre f. cuite; grès m. (cérame *ou* céramique); gresserie f. **a) emailliertes ~** || enamelled stoneware || grès m. émaillé. **b) gewöhnliches ~** || unpolished stoneware || grès m. mat. **c) glasiertes ~** || glazed stoneware || grès m. vitrifié. 3

Steinzeug-flasche f. || stoneware bottle || bouteille f. en grès. **a) ~former** m. || stoneware maker || potier m. en grès-cérame. **b) ~gefäß** n. || stoneware vessel || vase m. en grès céramique. **c) ~hahn** m. || stoneware cock || robinet m. en grès. **d) ~rinne** f. || earthenware troughing *or* conduit || caniveau m. céramique *ou* en grès. **e) ~rohr** n. || stoneware pipe || tuyau m. en grès. **f) ~sieb** n. || earthenware sieve || passoire f. en grès. **g) ~topf** m. || stoneware pot || pot m. en grès. **h) ~waren** fpl. || stoneware || grès-cérames mpl. **i) ~waren** fpl. für die **Elektrotechnik** || stoneware for electric purposes || articles mpl. électriques en grès. 4

stellbar || adjustable || réglable. 5

Stellbock m. (Eisenb) || lever stand || chevalet m. de manœuvre. 6

Stelle f. (Arithm) || place; figure; digit || place f.; chiffre m. **a) ~** (im Beruf) *s.* Stellung. **b) ~** (Ort) *s.* Stellung. **c) ~** (im Schriftstück) || passage || endroit m. **d) auf der ~** || on the spot; there and then; at once || sur le champ. **e) offene ~** (Beruf) || vacant situation *or* post; vacancy || place f. vacante. 7

stellen, auf Null || to reset to zero || remettre à zéro. **a)** die **Segel** npl. **~** || to trim the sails pl. || orienter les voiles fpl. 8

Stellen-gesuch n. || application for a post || demande f. de place. **a) ~vermittlung** f. || employment agency || bureau m. de placement. 9

stellenweise || here and there || par endroits; par-ci, par-là. 10

Stell-falle f. (Wasserb) || sluice board *or* stay; lock hatch || empellement m.; bonde f. **a) ~haken** m. || catch || crochet m. d'arrêt. **b) ~hebel** m. (Eisenb) || switch lever || levier m. de manœuvre. 11

Stellingsanlage f. (Schiffb) || iron structure || échafaudage m. métallique. 12

Stellkeil m. || adjusting *or* tightening wedge || clavette f. de réglage; coin m. d'ajustage. 13

Stellmacher m. || cartwright; wheeler || charron m. **a) ~arbeit** f. || cartwright's *or* wheelwright's work || charronnage m. **b) ~axt** f. || wheeler's axe || hache f. de charron. 14

Stellmacherei f. || wheel-wrighting workshop || atelier m. de charronnage. 15

Stellmacher-holz n. || wheel right's wood || bois m. de charronnage. **a) ~maschine** f. || wheelwright machine || machine f. de charronnage. **b) ~werkzeug** n. || wheelwright's tools pl. || outils mpl. de charron. 16

Stell-mutter f. || jam *or* adjusting nut || contre-écrou m.; écrou m. de fixage. **a) ~netz** n. || anchored *or* fixed net || filet m. *ou* rets m. sédentaire. **b) ~rad** n. (Müller) || directing wheel || roue f. d'orientation. **c) ~ring** m. (Lok) || adjusting ring; set collar || anneau m. de serrage; bague f. de butée *ou* d'arrêt. **d)** ungeteilter **~ring** m. || adjusting ring in one piece || bague f. d'arrêt en une pièce. **e) ~ringbolzen** m. || adjusting ring bolt || boulon m. de bagues d'arrêt. **f) ~-schiene** f. || slide rail || glissière f. **g) ~-schraube** f. || levelling *or* adjusting screw || vis f. de réglage *ou* de rappel. **h) ~stift** m. || set *or* taper pin || cheville f.; tige f. de fixation. 17

Stellung f. (im Beruf) || place; situation; post; employment || place f.; charge f.; emploi m. **a) ~** (Ort) || position || position f. **b) ~** (das Stellen) || placing; location || action f. de mettre *ou* de placer. **c) Ausgangs~** || initial position || position f. de départ. **d) Bereitschafts~** (Techn) || initial setting || position f. d'attente. **e)** in einer **~** f. **stehen** bleiben || stopping at a position || s'arrêter dans une position. 18

Stellungs-krieg m. || position *or* stabilized warfare || guerre f. de position. **a) ~licht** n. || navigation light || feu m. de position. 19

Stell-vertretung f., **in** || by proxy; per procuration || par procuration f. **a) ~vorrichtung** f. (Eisenb) || switch-stand handle; switch lever; control gear || mécanisme m. de réglage; appareil m. de manœuvre des aiguilles. **b) ~vorrichtung** f. (Mech) || adjusting apparatus || appareil m. de mise au point. **c) ~winkel** m. || bevel; bevel rule; bevil || angle m. oblique; béveau m.; biveau m.; fausse équerre f.; sauterelle f.; équerre f. pliante. **d) ~zapfen** m. || adjustable pin || tourillon m. réglable. **e) ~zeug** n. (Müll) || bridge tree || trempure f. 20

Stelze f. (Pflug) || shoe || sabot m. 21

Stelzenpflug m. || Belgian plough || araire m. à sabot; charrue f. brabançonne. 22

Stemmeisen n. || chinsing iron; driving chisel || burin m. à sertir; bédane m.; fermoir m. 23

stemmen || to caulk; to calk (A) || mâter. 24

Stemmen n. mit **Druckluft** || pneumatic caulking *or* calking (A) || mâtage m. pneumatique. 25

Stemmer m. (Kesselb) || caulker || mâteur m. 26

Stemm-fuge f. || caulked joint || joint m. mâté. **a) ~hammer** m. || caulking hammer || marteau m. à mâter. 27

Stemmkante f. (Blech) || caulking *or* caulked edge || tranche f. chanfreinée; bord m. mâté. **a) Ausschneiden** n. von **~n** || cutting the caulking edges pl. || coupage m. des bords mpl. mâtés. 28

Stemmkanten-schneidvorrichtung f. || bevel cutting arrangement || dispositif m. (servant) à couper les bords mâtés. **a) ~-schnitt** m. || cutting of caulking edge || coupe f. de tranche chanfreinée. 29

Stemm-lasche f. gegen **Schienenwandern** || splice bar to prevent creeping of the rails || éclisse f. épaulée pour empêcher le cheminement des rails. **a) ~maschine** f. || mortizing machine || machine f. à mortaiser. **b) ~meißel** m. || caulking iron *or* chisel || burin m. à mâter; mâtoir m. **c) ~naht** f. || caulked *or* calked (A) seam; caulk weld || joint m. maté; couture f. *ou* soudure f. matée. **d) ~säule** f. (Schleusentor) || mitre *or* meeting post || poteau m. battant *ou* montant. **e) ~setze** f. || caulking tool || outil m. à mâter; mâtoir m. **f) ~stück** n. (Eisenb) || stopping piece || pièce f. de détention. **g) ~tor** n. (Wasserb) || lock *or* mitre gate || porte f. busquée *ou* en éperon. **h) ~winkel** m. gegen das Wandern der **Schienen** || angle stop preventing creeping of rails || équerre f. d'arrêt contre le cheminement des rails. 30

Stempel m. (Bergb) || prop; stool shoot || étançon m.; étai m. **a) ~** (Botanik) || pistil || pistil m. **b) ~** (Buchdr) || stamp || coin m. **c) ~** (Kennzeichen auf Metall) || mark || marque f. **d) ~** (Masch) || stamp *or* block hammer; ram; stamp(er); pestel stamp || marteau m. pilon *ou* vertical; maillet m.; pilon m. **e) ~** (Post; Büro usw.) || stamp || timbre m. **f) ~** (zum Raketenladen) || drift || baguette f. à charger. **g) ~** (Schriftgieß) || punch || poinçon m. **h) Anlaß~** (Motor) || starting plunger || tige f. pour la mise en marche. **i) Brenn~** für **Holzdruck** || burning stamp for wood printing || timbre m. à marquer au feu sur bois. **k) Datum~** *s.* Tages~. **l) gravierter ~** || finished marking tool || poinçon m. gravé. **m) Gravör~** || engraver's die || coin m. pour graveurs. **n) Gummi~** || rubber stamp || cachet m. *ou* tampon m. de caoutchouc. **o) Hand~** (Büro) || hand stamp || timbre m. à main. **p) Kautschuk~** || rubber stamp || timbre m. en caoutchouc. **q) Loch~** || punch || poinçon m. **r) Münz~** || coining die || coin m. **s) Niederstellen** n. des **~s** auf Körnermarke || bringing down the punch on to centre mark || amenage m. du poinçon sur le coup de pointeau. **t) Pumpen~** || forcer || piston m. de pompe foulante. **u) ~** mpl. **schneiden** || to cut punches pl. || graver des poinçons mpl. **v) selbstfärbender ~** || self-inking stamp || timbre m. à encrage automatique. **w) Tages~** (Büro) || datestamp || timbre m. dateur. 31

Stempel-abgabe f. || stamp duty || droit m. de timbre. **a) ~apparat** m. || stamp apparatus || appareil m. à estampiller. **b) ~-apparat** m. für **Korken** || cork marking apparatus || appareil m. à stampiller les bouchons. **c) ~bogen** m. || stamped sheet of paper || feuille f. de papier timbré. **d) ~druck** m. (Buchb) || stamp printing || timbrage m. **e) ~fabrik** f. || stamp manu-

factory || fabrique f. de cachets. **f) ~farbe** f. || marking ink; ink for stamp || encre f. à tampon; couleur f. pour timbre. 1
stempelfrei || free from stamp duty || exempt de timbre. 2
Stempel-gebühr f. || stamp duty || droit m. de timbre. **a) ~halter** m. (Brikettpresse) || stamp bearer || porte-tampon m. **b) ~-hammer** m. || stamp hammer; stamper || marteau m. pilon. **c) ~holz** n. || pit prop || bois m. pour étais de mine. **d) ~kissen** n. || ink pad; stamping pad; stamp ink cushion || tampon m. *ou* encreur m. à timbres; coussinet m. à couleur. **e) ~-kissendose** f. || rubber stamp box || boîte f. à tampons. **f) ~maschine** f. || stamping machine || machine f. à timbrer *ou* à estampiller. **g) Schutzring~maschine** f. || shield marking machine || machine f. à marquer les frettes. 3
stempeln || to mark; to stamp || timbrer; estampiller. **a) Erzeugnisse** npl. **~** || to mark products || estampiller des produits mpl. 4
Stempelpapier n. || stamped paper || papier m. timbré *ou* marqué. 5
stempelpflichtig || subject to stamp duty || soumis au timbre. 6
Stempelpresse f. (Buchdr) || hand press || presse f. à bras. 7
Stempelschneider m. (Grav) || punch cutter || graveur m. de poinçons. **a) ~** (Münzw) || stamp cutter || graveur m. 8
Stempelschneid-maschine f. || punch cutting machine || machine f. à graver les caractères. **a) ~werkzeug** n. (Münzw) || graver || cisoire f. 9
Stempel-setzer m. (Bergb) || timber-man || étançonneur m. **a) ~ständer** m. || stamp stand || porte-cachet m.; porte-sceau m. **b) ~stange** f. (Bergb; Hüttenw) || shaft (of the stamp) || tige f. de pilon. **c) ~steuer** f. || stamp tax || impôt m. du timbre. **d) ~tinte** f. || rubber stamp ink || encre f. pour timbres. 10
Stempler m. (Töpf) || stamper || estampilleur m. 11
Stengel m., **krautartiger** || herbaceous stalk || tige f. herbacée. 12
Stenograf m. || shorthand writer; stenographer; stenographist || sténographe m. 13
Stenografie f. *s. auch* Kurzschrift || shorthand writing || sténographie f. 14
stenografieren || to write (in) shorthand || sténographier. 15
Stenografiermaschine f. || shorthand typewriter || machine f. à sténographier. 16
Stenogramm n. || shorthand report *or* note || sténogramme m. **a) ~block** m. || stenographer's note block || bloc-notes m. de sténographe. **b) ~block** m. **mit losen Blättern** || loose leaf stenographer's notebook || bloc-notes m. sténographique à feuillets mobiles. 17
stenopäische Spalte f. (Opt) || stenopaic slit || diaphragme m. à fente sténopéique. 18
Stenotypist m. || shorthand typist || sténodactylographe m. 19
Stenotypistin f. || lady shorthand typist || sténo-dactylographe f. 20
Stenzilpapierherstellungsmaschine f. || Stencil paper making machine || machine f. pour la fabrication du papier Stencil. 21
Steppdecke f. || blanket; quilt; quilted cover || couverture f. ouatée *ou* piquée; courte-pointe f. 22
steppen || to quilt || piquer. **a)** die **Mützenschirme** mpl. **~** || to stitch the cap peaks pl. || piquer les visières fpl. de casquettes. 23
Steppen n. mit der **Maschine** (Kleid) || machine stitching || piquage m. à la machine. 24
Stepper m. (Schneid) || quilter; stitcher; point seamer || piqueur m. 25
Stepp-maschine f. || stitching machine || machine f. à piquer. **a) ~nadel** f. || quilting needle || aiguille f. à piquer. **b) ~naht** f. || quilting *or* closing seam || couture f. piquée; rentraiture f. **c) ~rock** m. || quilted coat || vêtement m. piqué. 26
Steppstich m. || lock stitch || point m. de navette; piqué m. **a) Doppel~** || double lock stitch || point m. redoublé. **b) ~nähmaschine** f. || trimming machine || machine f. à piquer. 27
Sterblingswolle f. || mortling; dead *or* diseased *or* fallen wool || laine f. morte. 28
Stereoaufnahme f. || stereoscopic picture || photographie f. stéréoscopique. **a) Augenblicks~** || instantaneous stereo photograph || photographie f. stéréoscopique instantanée. 29
Stereo-blende f. || stereo stop || stéréodiaphragme m. **a) ~fotografie** f., Apparat m. zur **~** des vorderen Augenabschnittes || apparatus for stereophotographing the anterior segment of the eye || chambre f. stéréoscopique pour la partie antérieure de l'œil. **b) ~kamera** f. || stereo camera || chambre f. stéréoscopique. **c) ~komparator** m. mit **Blinkmikroskop** || stereo comparator with flicker microscope || stéréocomparateur m. avec microscope à éclipses. **d) ~metrie** f. || stereometry || stéréométrie f. **e) ~mikroskopie** f. || stereo-microscopy || stéréo-microscopie f. **f) ~skop** n. || stereoscope || stéréoscope m. **g) ~skopbild** n. || stereoscopic picture || image f. stéréoscopique. 30
stereoskopisch || stereoscopic || stéréoscopique. **a) ~es Präpariermikroskop** n. || stereoscopic dissecting microscope || microscope m. à dissection stéréoscopique. 31
Stereo-telemeter n. || stereoscopic range finder || télémètre m. stéréoscopique. **a) ~typarbeiter** m. || stereotyper || stéréotypeur m.; clicheur m. **b) ~typendruck** m. || stereotype printing; stereotypography || stéréotypage m.; stéréotypie f.; clichérie f. **c) ~typengießer** m. (Buchdr) || stereotype-founder || fondeur-stéréotypeur m. **d) ~typengießerei** f. || stereotype foundry || fonderie f. de stéréotypes. 32
Stereotypie f. || stereotypy || stéréotypie f. **a) Druckhilfsmaschine** f. für **~** || auxiliary printing machine for stereotyping || machine f. auxiliaire d'impression pour stéréotypie. 33
Stereotypie-anstalt f. || stereotyping workshop || atelier m. de stéréotypie. **a) ~apparat** m. || stereotyping apparatus || appareil m. de stéréotypie. **b) ~einrichtung** f. || stereotypy installation || installation f. de stéréotypie. **c) ~plattenhalter** m. || stereotype plate holder || porte plaques de stéréotypie. 34
stereotypieren || to stereotype || clicher. 35
Stereotypieren n. || stereotyping || clichage m.; stéréotypage m. 36
Stereotypieverhärtungsanlage f. || stereotype tempering plant || installation f. de durcissage de stéréotypies. 37
Sterilisation f. || sterilization || stérilisation f. 38
Sterilisator m. || sterilizer || stérilisateur m. 39
Sterilisierapparat m. *s.* Sterilisiergerät. 40
sterilisieren || to sterilize || stériliser. 41
Sterilisiergerät n. || sterilizing apparatus; sterilizer || stérilisateur m.; appareil m. à stériliser. **a) Filtermassenwasch-** und **~** || filterstuff washing and sterilizing apparatus || appareil m. à laver et à stériliser la masse filtrante. **b) ~ für Flaschen** || bottle sterilizer || appareil m. à stériliser les bouteilles; stérilisateur m. à bouteilles. **c) ~** für den **Haushalt** || sterilization apparatus for house keeping || appareil m. de stérilisation pour le ménage. 42
Sterilisiermaschine f., **Filtermassenwasch-und ~** || filterstuff washing and sterilizing machine || machine f. à laver et à stériliser la masse filtrante. 43
sterilisierte Watte f. || sterilized cotton || coton m. stérilisé. 44
Sterilisierung f. || sterilization || stérilisation f. **a) Wasser~** || sterilization of water || stérilisation f. d'eau. 45
Stern m. xter Größenklasse || star of the xth magnitude || étoile f. de la xième grandeur. 46
Sternanis m. || star anise || badiane m. **a) ~öl** n. || star anise oil || essence f. de badiane. 47
Stern-anker m. || radial *or* pole armature || armature f. à pôles. **a) ~antenne** f. || star aerial || antenne f. en étoile. 48
sternartig gelagerte Typenhebel mpl. || radial arrangement of the type bars || tiges fpl. à caractères disposées en étoile. 49
Sternaufnahme f. || star photography || photographie f. d'astres. 50
Sterndreieck-schalter m. || star-delta *or* star-mesh switch || interrupteur m. *ou* commutateur f. étoile-triangle. **a) ~schaltung** f. || star-delta connection || montage m. en étoile-triangle. 51
sternförmig um die Motorwelle angeordnet || arranged radially around the motor crank-shaft || disposé en étoile f. autour de l'arbre moteur. 52
Stern-haufen m. || star cluster || amas m. d'étoiles. **a) ~motor** m. || radial (type) engine *or* motor || moteur m. en étoile. **b) ~nudel** f. || vermicelli || vermicelle m. **c) ~punkt** m. (Elektr) || neutral point || point m. neutre. **d) ~rad** n. || star shaped wheel || roue f. étoilée. 53
Sternschaltung f. || star connection || connexion f. en étoile. **a)** in **~** || in star connection || en étoile f. 54
Stern-schauzeichen n. (Fernm) || star indicator || voyant m. en étoile. **a) ~skale** f., Vergleichs (Astro) || comparison star scale || échelle f. de comparaison des astres. **b) ~spektroskop** n. || astro spectroscope || spectroscope m. astronomique. **c) ~standmotor** m. || fixed radial engine || moteur m. fixe en étoile. **d) ~tag** m. (Phys) || sidereal day || jour m. sidéral. **e) ~verseilung** f. (Kabel) || star twisting || câblage m. en étoile. **f) ~vierer** m. (Kabel) || spiral quad || quadrette f. *ou* quadruple m. en étoile. **g) ~warte** f. || observatory || observatoire m. 55
Sternwartenkuppel f. || observatory dome || coupole f. d'observatoire. **a) Außenverkleidung** f. einer **~** || sheathing of an observatory dome || enveloppe f. extérieure d'une coupole d'observatoire. **b) Drehen**

n. der ~ vom Sitz des Fernrohres aus || rotating the observatory dome from the seat of the telescope || faire tourner la coupole de l'observatoire à partir du siège de la lunette. **c) ~kranz** m. || observatory dome ring || couronne f. de la coupole de l'observatoire. 1

Sternwartezeit-dienst m. || observatory time service || service m. horaire d'observatoire. **a) ~registriereinrichtung** f. || recording device for observatory time || dispositif m. d'enregistrement pour le service chronométrique d'observatoire. 2

Sternzeit f. || sideral *or* stellar time || temps m. sidéral. 3

stetig || steady; continual; constant || continu; constant. **a) ~ fallend** (Börse) || steadily falling || toujours à la baisse. **b) ~ steigend** (Börse) || steadily rising || toujours à la hausse. **c) ~er Förderer** m. || continuous conveyor || transporteur m. continu. 4

Stetigkeit f. || steadiness; regularity; continuity || continuité f.; constance f.; assiduité f. 5

Steuer n. (Auto) || steering wheel || volant m.; volant m. de direction; roue f. directrice. **a) Schiffs~** || ship steering gear *or* rudder || gouvernail m. du navire. **b) über ~** gehen || to go astern || culer. 6

Steuer f. (Abgabe) || tax || impôt m. **a) Gewerbe~** || trade license || impôt m. de la patente; patente f. **b) staatliche ~** || Government tax || taxes fpl. d'Etat. 7

Steuer-achse f. || steering axle || essieu m. directeur. **a) ~anlage** f. für **Schiffe** || steering plant for ships || installation f. de gouvernail de bateau. 8

Steuerapparat m. (Masch) || controlling apparatus || appareil m. de contrôle. **a) ~** (Schiffb) || steering gear || appareil m. pour gouverner. 9

steuerbar, unabhängig voneinander **~e Zylinder** mpl. || cylinders controlled independently from each other || cylindres mpl. à manœuvrer indépendamment l'un de l'autre. 10

Steuer-batterie f. (hydr Presse) || control battery || batterie f. de distributeurs. **a) ~behörde** f. || taxing authority || administration f. des contributions. 11

Steuerbord m. || starboard || tribord m. **a) ~motor** m. || starboard engine || moteur m. de tribord. 12

Steuer-daumen m. || cam; catch; peg; tappet || came f.; taquet m. **a) ~fähigkeit** f. || manœuverability || manœuvrabilité f. **b) ~formel** f. || rating formula || formule f. de taxation. 13

steuerfrei || tax free || exempt d'impôt m. 14

Steuer-führung f. || steering guide || guide f. de direction. **a) ~gehäuse** n. || steering gear case || boîte f. de direction. **b) ~gerät** n., Kreisel || gyro pilot || appareil m. de pilotage gyroscopique. **c) ~gesetz** n. || tax law || loi f. fiscale. **d) ~gitter** n. (Funkw) || controlling grid || grille f. régulatrice. **e) ~hebel** m. || steering lever || levier m. de commande. **f) ~inspektor** m. || surveyor of taxes || inspecteur m. des contributions. **g) ~kompaß** m. || steering compass || compas m. de route. **h) ~kraft** f. (Luftf) || stick force || force f. sur manche à balai. 15

steuerlastig (Luftf) || control heavy || lourd sur la queue. **a) ~** (Schiff) || by the stern || sur l'arrière m.; sur cul m. 16

Steuer-leistung f. (Auto) || rating horse power || puissance f. fiscale. **a) inneres ~leitungsrohr** n. || steering post || tube m. intérieur de direction. **b) ~mann** m. || steersmate; mate || timonier m.; pilote m. **c) ~mechanismus** m. (Werkzeugmasch) || movement control mechanism || mécanisme m. de manœuvre. 17

steuern (Masch) || to control || commander; manœuvrer. **a) ~** (Schiff) || to steer || gouverner. **b) einzeln ~** || to control separately || manœuvrer séparément. **c) Kurs** m. **~** || to keep the course || faire route f. **d)** ein **Relais** n. **~** || to steer *or* to control a relay || contrôler un relais. 18

Steuer-organ n. (hydr Presse) || control gear || organe m. de distribution. **a) ~pferdekraft** f. *s.* ~pferdestärke f. **b) ~pferdestärke** f. || rating horse power || puissance f. imposée en chevaux. 19

steuerpflichtig || assessable; taxable || imposable; contribuable. 20

Steuerrad n. (Auto) || steering wheel || volant m.; volant m. de direction; roue f. directrice. **a) ~** (Schiffb) || steering wheel || roue f. du gouvernail. **b) Hand~** (Schiff) || hand steering-wheel || roue f. du gouvernail à main. 21

Steuer-rädergehäuse n. || timing gear case || carter m. de distribution. **a) ~relais** n. (Selbstanschl) || pilot relay || relais m. d'aiguillage. **b) ~röhre** f. (Funkw) || modulator tube || lampe-modulatrice f. **c) ~ruder** n. || rudder || gouvernail m. 22

Steuersäule f. (Auto) || steering column || colonne f. de direction. **a) ~** (Luftf) || control column || pilier m. de commande à volant. 23

Steuerschalter m. (Elektr) || controlling switch; controller || appareil m. de commande; contrôleur m. **a) ~** (Selbstanschl) || sequence switch; register controller || combineur m. séquential; commutateur m. aiguilleur. 24

Steuer-schenkel m. || steering swivel; steering knuckle (A) || fusée f. de l'essieu avant; fusée f. à cheville. **a) ~schraube** f. || screw for steering || vis f. de direction. **b) ~seil** n. (Luftf) || control cable || câble m. de commande. **c) ~sender** m. (Funkw) || control transmitter || transmetteur m. de commande. **d) ~stand** m. (Masch) || operating stand || plate-forme f. de manœuvre. **e) ~stange** f. (Lok) || reversing lever || levier m. de renversement de marche. **f) ~traverse** f. mit **Gabeln** || steering tie rod with jaw ends || bielle f. de connection avec chapes. 25

Steuerung f. (Auto; Luftf) || steering gear || direction f. **a) ~** (Dampfmasch) || valve gear || direction f. **b) ~** (Mot) || timing gear || distribution f. **c) ~** (Werkzeugm) || control gear || distribution f. **d) Anlaß~** || starter gear || distribution f. de mise en marche. **e) Anlaßluft~** || distribution gear controlling the starting air || distribution f. d'air de mise en marche. **f) Aufzug~** || elevator control gear || dispositif m. de commande pour ascenseurs. **g) Dampf~** || steam distributor || distributeur m. de vapeur. **h) Daumen~** || cam gear || distribution f. à came. **i) Druckknopf~** || push button control || commande f. par bouton de pression. **k) elektrische ~** || electric control || commande f. électrique. **l) Flachschieber~** || slide valve gear || distribution f. par tiroir plan. **m) Knüppel~** || stick control || commande f. par manche à balai. **n) Kulissen~** || link motion; distributing valve motion || distribution f. à coulisse; coulisse f. **o) Schraubenspindel~** || screw spindle steering gear || commande f. par arbre fileté. **p) Schul~** || control for training purposes || commande f. de l'élève. **q) unverrückbare ~** || irreversible steering || direction f. irréversible. **r) Ventil~** || valve gear || commande f. des soupapes. **s) Windrosen~** || wind governor controlling gear || dispositif m. de réglage par le régulateur à vent. 26

Steuerungs-art f. || system of control || système f. de commande. **a) ~ausschlag** m. || steering lock || braquage m. **b) ~gegenmutter** f. || control head locking nut || contre-écrou m. de direction. **c) ~gehäuse** n. || steering gear case || boîte f. de direction. **d) ~hebel** m. (Lok) || starting lever; bar reversing lever || levier m. de mise en train; levier m. de renversement de marche. **e) ~mechanismus** m. (Auto) || steering gear || appareil m. de direction. **f) ~teil** m. || link motion part || pièce f. de changement de marche. **g) ~welle** f. *s.* Steuerwelle. 27

Steuerventil n., Anlaßluft || distributing valve controlling the starting air || soupape f. de distribution pour l'air de mise en marche. **a) schnellwirkendes ~** || quick-acting triple valve || triple valve f. à action rapide. 28

Steuer-vorrichtung f., **selbsttätige** || automatic control appliance || appareil m. automatique de contrôle. **a) ~walze** f. (Elektr) || control cylinder || hélice f. de contrôleur. 29

Steuerwelle f. || cam *or* drive *or* weigh *or* side shaft || arbre m. de commande *ou* de distribution *ou* à cames. **a) ~** mit einem **doppelten** Satz von Steuernocken || camshaft provided with two sets of cams || arbre m. de distribution portant un double jeu de cames. **b) durchgehende ~** || continuous control *or* drive shaft || arbre m. de commande traversant. **c) Einlaß~** (Auto) || inlet cam shaft || arbre m. à cames d'admission. 30

Steuerwellenexzenter-fräsmaschine f. || cam milling machine || machine f. à fraiser les cames. **a) ~schleifmaschine** f. || cam grinding machine || machine f. à rectifier les cames. 31

Steuerwellen-lager n. (Mot) || cam shaft bearing || coussinet m. d'arbre à cames *ou* de distribution. **a) ~seite** f. (Mot) || cam shaft side || côté m. de distribution. 32

Steuer-werk n. (Luftf) || control drive || commande f. de l'avion. **a) ~zahler** m. || tax *or* rate payer || contribuable m. **b) ~zeit** f. || control reaction time; control period (A) || temps m. d'action de gouvernail. 33

Steven m. || stem || étrave f. 34

Stich m. (Nähen) || stitch || point m. d'aiguille. **a) ~** (Tischl) || notch || entaille f. **b) künstlerischer ~** || artistic engraving || gravure f. artistique. **c)** die **Walzen** fpl. wurden nach jedem **~** nähergestellt || the rolls pl. were brought nearer together after each pass || les cylindres mpl. s'approchaient l'un à l'autre à chaque passage. 35

Stich-anker m. (Bauw) || iron tie; wall clamp || lien m. tirant; tirant m. **a) ~axt** f. || twibill; mortise-axe || bisaiguë f. **b) ~-balken** m. (Windmüll) || short tie beam || entrait m. **c) ~balken** m. (Zimm) || dragon piece || blochet m. **d) ~beitel** m. für **Drechsler** || turner's cross cutting chisel || bédane m. pour tourneurs. **e) ~bogengewölbe** n. || surbased vault || voûte f. basse. **f) ~eisen** n. || tapping bar || ringard m. 1

Stichel m. (Hobelmasch) || planing tool; cutter || outil m. à planer; (burin m.). **a) ~** (Kupferst; Grav) || graving tool; (en)graver; (burin); scooper sculper || burin m. (du graveur); matoire f. 2

Stichelhaus n. || tool holder; tool box || porte-outil m. **a) Block~** || box for tool block || porte-outil m. pour bloc central. **b) Schrupp~** || roughing tool box || porte-outil m. à charioter à ébaucher. 3

Stichelschneiden n. || stroke engraving || gravure f. au burin. 4

stichfest || puncture proof || imperforable. 5

Stichflamme f. || small pointed flame; thin *or* blowpipe flame || petite flamme f. pointue; flamme f. du coup de feu; jet m. de flamme. 6

stichhaltig || lasting; sound; valid || plausible; valable. 7

Stich-haltigkeit f. || soundness; validity || validité f. **a) ~höhe** f. eines **Gewölbes** || rising of a vault || montée f. de voûte; voussure f. **b) ~kanal** m. (Wasserb) || loading canal || canal m. de garage. **c) ~loch** n. eines **Ofens** || tap hole of a furnace || trou m. de coulée d'un fourneau. **d) ~loch** n., das **~ verschließen** || to plug the tap hole || boucher le trou de coulée. **e) ~lochstopfmaschine** f. (Met) || tap hole stopping machine || machine f. à boucher le trou de coulée. **f) ~maß** n. || internal micrometer; template || jauge f. à coulisse; gabarit m.; pige f. **g) ~pfropf** m. || tap hole plug || tampon m. **h) ~probe** f. || sample taken at hazard || épreuve f. au hasard. **i) ~säge** f. || compass *or* lock *or* pad saw || scie f. à guichet; scie f. égoïne. **k) ~spaten** m. || push pick || langue f. de bœuf. **l) ~tag** m. || settling day || jour m. de l'échéance. **m) ~torf** m. || dug peat || tourbe f. extraite à la bêche. **n) ~wort** n. (Handel) || code word || mot m. de code. 8

Stick-apparat m. || embroidering apparatus || machine f. à broder. **a) ~baumwolle** f. || embroidery cotton || coton m. à broder. 9

Sticken n., Stecher m. zum || awl for embroidering || poinçon m. à broder. 10

Sticker m. (Schneid) || embroiderer || brodeur m. 11

Stickerei f. || embroidery || broderie f. **a) baumwollene ~** || cotton embroidery || broderie f. en coton. **b) Hand~** || hand embroidery || broderie f. à la main. **c) ~ für Kostüme** || dress material embroidery || broderie f. sur costumes. **d) ~ auf Leinen** || embroidery on linen || broderie f. sur tissu de lin. **e) Maschinen~** || machine embroidery || broderie f. à la mécanique. **f) mechanische ~** *s.* Maschinen~. 12

Stickerei-appretur f. || embroidery finishing || apprêt m. de broderies. **a) ~bleicher** m. || embroidery bleacher || blanchisseur m. de broderies. **b) ~machine** f. || embroidering machine || machine f. à broderies. **c) ~musterpauser** m. || embroidery tracer || ponceur [-dessinateur] m. en broderies. **d) ~waren** fpl. || embroidery ware || broderie f. **e) ~webstuhl** m. || lappet loom || métier m. brodeur. **f) ~zeichner** m. || embroidery designer || dessinateur m. pour broderies. 13

Stick-garn n. || embroidery *or* embroidering yarn || fil m. à broder. **a) ~gas** n. || nitrogen || azote m. **b) ~gaze f., seidene** || silk canvas || canevas m. de soie. **c) ~maschine** f. || embroidery machine || machine f. à broder; brodeuse f. 14

Stickmaschinen-einfädlerin f. || needle filler of embroidering machines || enfileuse f. d'aiguilles des machines à broder. **a) ~kurbelstepper** m. || Bonnaz embroidering-machinist || brodeur m. au métier Bonnaz. **b) ~nadel** f. || embroidering machine needle || aiguille f. pour métiers à broder. **c) ~spulerin** f. || cop winder of embroidering machine || naveteuse f. de machine à broder. 15

Stick-muster n. || embroidery pattern || patron m. pour broderies. **a) ~nadel** f. || embroidering *or* embroidery needle || aiguille f. à broder. **b) ~perle** f. || glass bead || perle f. de Venise. **c) ~rahmen** m. || embroidery frame || métier m. à broder. **d) ~seide** f. || embroidery silk || soie f. plate *ou* à broder. 16

Stickstoff m. || nitrogen; azote || azote m.; nitrogène m. **a) Kalk~** || calcium cyanamid || cyanamide m. de calcium. 17

Stickstoff-anlage f. || nitrogen plant || installation f. de nitrogène. **a) ~bestimmung** f. || nitrogen determination || dosage m. de l'azote. **b) ~bestimmungsapparat** m. || nitrogen determining apparatus || appareil m. pour le dosage de l'azote; appareil m. de détermination de nitrogène. **c) ~dünger** m. || nitrogenous manure || engrais m. azotique. **d) ~gewinnung** f. || production of nitrogen || production f. de nitrogène. **e) ~gewinnungsanlage** f. || nitrogen producing plant || installation f. de production d'azote. 18

stickstoffhaltig || nitrogenous; containing nitrogen || azoté. **a) ~kalk** m. || calcium cyanamide || cyanamide m. de calcium. 19

Stickwolle f. || embroidering wool || laine f. à broder. 20

Stiefel m. || boot || botte f. **a) ~ mit doppelten** Sohlen || double soled boot || botte f. à doubles semelles. **b) ~ mit einfacher** Sohle || single soled boot || botte f. à simple semelle. **c) Pumpen~** || barrel of a pump || corps m. d'une pompe. 21

Stiefel-besatz m. || upper leather || empeigne f. **a) ~einlage** f. || insole || semelle f. intérieure. 22

Stiefeleisen n. (Schuhm) || heel iron || fer m. de talons. **a) ~draht** m. || heel tip wire || fil m. pour fers de bottes. **b) ~herstellungsmaschine** f. || machine for making boot iron || machine f. à fabriquer les fers à botte. 23

Stiefeletten fpl. || laced boots pl. || bottines fpl. à lacets. 24

Stiefel-fertigung f., Maschine für || machine for bootmaking || machine f. cordonnière. **a) ~holz** n. || boot tree || embauchoir m. **b) ~knecht** m. || boot jack || tire-bottes m. **c) ~leisten** m. || shoe last || embauchoir m. pour chaussures. **d) ~macher** m. || boot maker || bottier m. **e) ~putzmaschine** f. || boot-cleaning machine || cireuse-polisseuse f. **f) ~schaft** m. || bootleg || tige f. de botte. **g) ~schmiere** f. || boot grease || graisse f. pour chaussures. **h) ~stulpe** f. || boot top || retroussis m. de botte. **i) ~wichse** f. || shoe blacking || cirage m. 25

Stiefmütterchenkraut n. || pansy herb || herbe f. de pensée. 26

Stiege f., gußeiserne || cast iron staircase || escalier m. en fonte. **a) ~ aus Schmiedeeisen** || wrought iron staircase || escalier m. en fer. 27

Stiel m. (Griff) || handle; stick || manche m.; bâton m. **a) ~** (Flugzeug) || strut || mât m.; montant m. **b) abschraubbarer ~** (Griff) || screw-on stem *or* handle || manchon m. démontable. **c) Hacken~** || handle for hoes || manche m. pour houes. **d) Hammer~** || handle for hammers || manche m. pour marteaux. **e) hölzerner ~** eines **Werkzeuges** || wood handle of a tool || manche m. d'outil en bois. **f) mit losem ~** || with loose handle || avec manche m. rapporté. **g) Spaten ~** || handle for spades || manche m. pour bêches. 28

Stiel-faser f. || stalk fibre || fil m. raide. **a) ~feilkloben** m. || hand vice with handle || étau m. à main à manche. **b) ~hammer** m. || chop hammer || marteau m. à tranche. **c) ~herstellungsmaschine** f. || wooden handles making machine || machine f. à fabriquer les manches en bois. **d) ~meißel** m. || rod chisel || tranche f. à manche. **e) ~ramme** f. || beetle || demoiselle f.; dame f.; **f) ~-schneider** m. (Werkz) || stick maker || bâtonnier m. 29

Stier m. || steer || taureau m. **a) ~halter** m. || steer breeder || propriétaire m. d'un taureau étalon. 30

Stift m. || brad; nail; point; pin || goupille f.; pointe f.; tige f. **a) eiserner ~** (Techn) || iron pin || chevillette f. **b) federnder ~** || spring pin || broche f. à ressort. **c) gespaltener ~** || split pin *or* cotter || goupille f. fendue. **d) hölzerner ~** || wooden peg || cheville f. en bois. **e) kegeliger ~** || taper pin || goupille f. conique. **f) Messing~** || brass nail || clou m. en laiton. **g) Prison~** || dowel pin || cheville f. de répérage. **h) Schnapp~** || locking pin || goujon m. de blocage. **i) Wurzel~** (Heilk) || root stud || chéville f. à racine. 31

Stift-macher m. (Nagelschm) || pin maker || fabricant m. de pointes. **a) ~nagel** m. || pin || pointe f. **b) ~ring** m. || guide iron || estoquain m. 32

Stiftschraube f. || stud (bolt) || goujon m.; prisonnier m. **a) blanke ~** || machined stud || prisonnier m. décolleté. 33

Stift-schreiber m. (Fernm) || embosser || appareil m. Morse avec couteau. **a) ~-treiber** m. || pin driver || chasse-goupille m. 34

Stiftung f. || charitable foundation; endowment || fondation f.; établissement m. 35

Stiftzahn m. || pivot tooth || dent f. à pivot. 36

Stil m. || style || style m. **a) im großen ~e** || on a large scale || sur un grand pied. 37

still || motionless; quiet; flat; dull; stagnant || tranquille; inactif; silencieux. **a) ~er Gesellschafter** m. || sleeping partner || commanditaire m. 38

Stille f. (Handel) ‖ dullness; flatness; stagnant condition ‖ inaction f.; stagnation f. **a) geschäftliche ~** ‖ dullness *or* stagnation of business ‖ morte-saison f.; calme m. 1

stillschweigend ‖ silent; tacit ‖ en silence m.; tacite; implicite. **a)** unter der **~en Voraussetzung** ‖ on the tacit understanding ‖ par condition f. sous-entendue. 2

Still-setzen n. des **Tisches** (Masch) ‖ disengagement of table drive ‖ arrêt m. de la table. **a) ~setzvorrichtung** f. ‖ cut-out device ‖ dispositif m. d'arrêt. 3

Stillstand m. ‖ stop; stoppage ‖ arrêt m. **a) ~** der **Geschäfte** ‖ standstill *or* dullness of business ‖ stagnation f. des affaires. **b) ~** des **Motors** ‖ stopping of the motor ‖ arrêt m. du moteur. **c)** zum **~ bringen** ‖ to stop; to shut down ‖ arrêter; mettre au repos. **d) zum ~** kommen ‖ to come to a stop ‖ s'arrêter. 4

Stillstandsfrist f. (Bergb) ‖ respite; delay; prolongation ‖ délai m.; sursis m. 5

stimmberechtigt ‖ entitled to vote ‖ ayant le droit de vote. 6

Stimme f., Heben n. der ‖ raising the voice ‖ élévation f. de la voix. **a) Senken** n. der **~** ‖ lowering the voice ‖ abaissement m. de la voix. 7

stimmen (Mus) ‖ to put in tune ‖ mettre d'accord. 8

Stimmenmehrheit f. ‖ majority of votes ‖ pluralité f. des voix; majorité f. 9

Stimmer m., **Instrumenten** ‖ instrument tuner ‖ accordeur m. d'instruments de musique. **a) Klavier~** ‖ piano tuner ‖ accordeur m. de pianos. 10

Stimmgabel f. ‖ tuning fork ‖ diapason m. **a) ~summer** m. ‖ tuning-fork oscillator ‖ oscillateur m. à diapason. 11

Stimm-krücke f. (Mus) ‖ tuning-wire ‖ rasette f. **a) ~pfeife** f. ‖ pitch pipe ‖ diapason m. à bouche. 12

Stimmungswechsel m. (Börse) ‖ change of tendency *or* tone ‖ revirement m. de l'atmosphère. 13

Stink-schiefer m. ‖ fetid shale ‖ schiste m. suant. **a) ~stein** m. ‖ stink *or* swine stone; bituminous limestone ‖ chaux f. carbonatée fétide; calcaire m. fétide. 14

Stipendienstiftung f. für die Weiterbildung von Lehrlingen ‖ scholarships pl. for the advancement of (technical) education of apprentices ‖ bourses fpl. accordées à des apprentis de faire leurs études professionnelles. 15

Stirn f. (Anatomie) ‖ forehead ‖ front m. **a) ~boden** m. einer **Trommel** ‖ head of a drum ‖ fond m. d'un tambour. **b) ~brett** n. eines **Blasebalgs** ‖ top bellows board; top of double bellows ‖ planche f. de dessus de soufflet de forge. 16

Stirnbügel m. (Opt) ‖ head rest ‖ étrier m. frontal. **a) ~** (Plattformwagen) ‖ end frame ‖ cadre m. d'avant. 17

Stirnfläche f. eines **Radzahnes** ‖ face of a tooth of a wheel ‖ face f. de la dent d'une roue. **a) ~ eines Steins** ‖ frontal side *or* head of a stone ‖ parement m. d'une pierre. 18

Stirn-flächenschliff m. mit **Schleifrad** ‖ facing with disc wheel ‖ rectification f. de surfaces circulaires planes avec meule ordinaire. **a) ~fuge** f. (Maur) ‖ frontal joint ‖ joint m. de tête *ou* de face. **b) ~getriebe** n. ‖ spur pinion ‖ pignon m. droit. **c) ~hammer** m. ‖ front hammer ‖ marteau m. frontal. **d) ~holm** m. ‖ rear spar ‖ arêtier m. **e) ~holz** n. ‖ cross-cut *or* end-grained wood ‖ bois m. de bout. **f) ~kipper** m. ‖ end tip wagon ‖ benne f. basculante longitudinalement. **g) ~kollektor** m. ‖ vertical commutator ‖ collecteur m. frontal. **h) ~kühler** m. ‖ front radiator ‖ radiateur m. frontal. **i) ~lager** n. ‖ end-journal bearing ‖ palier m. frontal. **k) ~lampe** f. ‖ head light ‖ lampe f. frontale. **l) ~mauer** f. ‖ facing *or* face wall ‖ mur m. frontal. **m) ~platte** f. (Fernm) ‖ front plate ‖ panneau m. avant. 19

Stirnrad n. ‖ spur wheel *or* gear ‖ roue f. dentée droite *ou* cylindrique; engrenage m. droit. **a) ~** einer **Wagenwinde** ‖ cog wheel of a jack ‖ roue f. d'un cric. 20

Stirnraddifferential n. ‖ spurwheel differential ‖ différentiel m. à engrenages droits. 21

Stirnräder-teilkopf m. ‖ dividing head for spur gears ‖ appareil m. diviseur pour tailler les engrenages droits. **a) ~werk** n. ‖ right spur-gearing ‖ engrenage m. cylindrique à pignons droits. 22

Stirnradfräsmaschine f. mit horizontalem Aufspannbolzen ‖ spur gear cutting machine with horizontal work arbor ‖ machine f. à tailler les engrenages droits avec mandrin porte-pièce horizontal. **a) selbsttätige ~** ‖ automatic spur gear cutting machine ‖ machine f. alternative automatique à tailler les engrenages droits. 23

Stirnrad-getriebe n. ‖ spur gear system; right spur gearing ‖ engrenage m. droit *ou* cylindrique *ou* à pignons droits. **a) ~hobelmaschine f., selbsttätige** ‖ automatic spur gear planing machine ‖ machine f. automatique à raboter les engrenages droits. **b)~schleifmaschine** f., **selbsttätige** ‖ automatic spur gear grinding machine ‖ machine f. automatique à rectifier les engrenages droits. **c) ~stoßmaschine f., selbsttätige** ‖ automatic spur gear shaper ‖ machine f. automatique à mortaiser les engrenages droits. 24

Stirn-reifen m. ‖ head band ‖ bandeau m. frontal. **a) ~seite** f. einer Mauer ‖ mantle *or* outer stack of a wall ‖ parement m. d'un mur. **b) ~spiegel** m. ‖ head mirror ‖ miroir m. frontal. **c) ~stoß** m. ‖ flanged edge joint ‖ joint m. à arête bridée. **d) ~stütze** f. ‖ head rest ‖ appui-front m. 25

Stirnwand f. (Auto) ‖ dash ‖ garde-crotte f.; tablier m. **a) ~** (Eisenb) ‖ end; end plank ‖ paroi f. de bout. **b) konische ~** (Eisenb) ‖ sloping end ‖ face f. frontale conique. 26

Stirn-welle f. (Phys) ‖ front wave ‖ onde f. de front. **a) ~widerstand** m. ‖ head resistance ‖ résistance f. à l'avancement. **b) ~zapfen** m. ‖ gudgeon ‖ tourillon m. 27

Stoch-apparat m. ‖ mechanical poker ‖ appareil m. d'attisage. **a) ~eisen** n. ‖ poker ‖ ringard m. 28

Stock m. (Forstw) ‖ trunk; stump ‖ tige f.; estoc m. **a) Spazier~** ‖ cane; (walking) stick ‖ canne f. 29

Stockbeschläge mpl. ‖ walking stick fittings pl. ‖ garnitures fpl. pour cannes. 30

Stock- und Schirmbeschläge mpl. ‖ fittings pl. for walking sticks and for umbrellas ‖ ferrures fpl. *ou* garnitures fpl. de cannes et de parapluies. 31

Stock-biegemaschine f. ‖ stick bending machine ‖ machine f. de courbage à bâtons. **a) ~degen** m. ‖ sword cane ‖ épée f. en canne. 32

Stöckel m. ‖ anvil inset stake ‖ tas m. à queue. 33

stocken (Steinm) ‖ to bush-hammer; to kernel ‖ bretteler; bretter. **a) ~** (schimmeln) ‖ to turn mouldy *or* musty *or* fusty ‖ se moisir; se chancir. **b)** die **Angelegenheit** stockt ‖ the affair is at a standstill ‖ l'affaire f. languit. 34

Stocken n., ins ~ geraten ‖ to be in arrears with ‖ être interrompu; s'interrompre. 35

Stockfäule f. ‖ trunk rot ‖ pourriture f. complète. 36

Stockfisch-fänger m. ‖ cod fisherman ‖ pêcheur m. de morues; morutier m. **a) ~trockner** m. ‖ stock fish dryer ‖ sécheur m. de morue. 37

Stock-fleck m. ‖ stain caused by dampness *or* mould ‖ tache f. d'humidité. **a) ~flinte** f. ‖ cane gun ‖ canne-fusil m. **b) ~geselle** m. (Schmied) ‖ striker ‖ compagnon-forgeron m. **c) ~griff** m. ‖ walking stick handle ‖ poignée f. pour cannes. **d) ~hammer** m. ‖ granulating hammer ‖ marteau m. à granuler; boucharde f. **e) ~holz** n. ‖ trunk timber; stock *or* stump wood ‖ bois m. du tronc *ou* de souche. 38

stockig (Holz) ‖ rotten ‖ échauffé. 39

Stock-lack m. ‖ stick lac ‖ laque f. en bâtons. **a) ~leiter** f. ‖ peg ladder ‖ casse-cou m.; échelier m.; rancher m. **b) ~macher** m. ‖ (walking) stick maker ‖ fabricant m. de cannes; cannier m. **c) ~meißel** m. ‖ nailsmith's chisel ‖ tranchet m. **d) ~punkt** m. des **Öles** ‖ solidifying point of the oil ‖ point m. de solidification de l'huile. **e) ~schiene** f. (Eisenb) ‖ stock rail; rigid rail of the switch ‖ rail m. d'applique; rail m. fixe d'excentrique. **f) ~schirm** m. ‖ stick umbrella ‖ canne-parapluie m. **g) ~schutz** m. (el Leit) ‖ stock protection ‖ préservation f. du pied des poteaux. 40

Stockung f. ‖ stagnation ‖ stagnation f. **a) Geschäfts~** ‖ dullness *or* stagnation of business ‖ morte-saison f.; calme m. 41

Stock-walke f. ‖ fulling mill ‖ moulin m. à foulon. **a) ~werk** n. (Bauw) ‖ story; floor ‖ étage m. **b) ~zahn** m. (Säge) ‖ M-tooth ‖ dent m. à M. **c) ~zwinge** f. ‖ ferril; ferrule; verril ‖ virole f. 42

Stoff m. (Phys; Chem) ‖ matter; substance ‖ matière f.; substance f. **a) ~** (als Material) *s.* Werkstoff. **b) ~** (Web) ‖ fabric; cloth; stuff; tissue ‖ tissu m.; étoffe f.; drap m. **c)** die **~e** mpl. **ausstreichen** ‖ to take out *or* to undo the plaits ‖ déplisser les faux plis d'un drap. **d)** mit **~** m. **beklebt** ‖ stayed with linen ‖ renforcé avec de l'étoffe. **e) bituminöser ~** ‖ bituminous material ‖ matière f. bitumineuse. **f) broschierter ~** ‖ broché ‖ tissu m. broché. **g) dünner ~** (Tuchm) ‖ light fabric ‖ tissu m. léger. **h) einseitig** offener **~** ‖ fabric open on one side ‖ étoffe f. ouverte d'un côté. **i) Futter~** ‖ material for lining ‖ étoffe f. à doublure. **k) gefirnißter ~** ‖ varnished cloth ‖ tissu m. vernis. **l) gewirkter ~** ‖ knitted fabric ‖ tissu m. à mailles. **m) gewürfelter ~** ‖ check(er)ed fabric ‖ étoffe f. à carreaux. **n) gummierter ~** ‖ rubberized fabric; gummed cloth ‖ tissu m. caoutchouté;

étoffe f. gommée. **o) Hut~** || hat cloth || étoffe f. pour chapeaux. **p) lanzierter ~** || extra-weft figured fabric || tissu m. lancé. **q) leichter ~** (Tuchm) || light fabric || tissu m. léger. **r) mehlige ~e** mpl. || amylaceous matters pl. || matières fpl. amylacées. **s) plastischer ~** || plastic material || matière f. plastique. **t) Schirm-~** || umbrella cloth || étoffe f. pour parapluies. **u)** den **~** m. **übermäßig** beanspruchen || to overstress the fabric; to stress the fabric excessively (A) || faire travailler le tissu d'une manière excessive. **v) wasserdichter ~** || waterproof cloth || tissu m. imperméable. 1

Stoffbespannung f. || cloth covering || entoilage m. 2

Stoff-fänger (Pap) || pulp catcher *or* collector || puiseur m. de pâte; arrête-matière m. **a) ~gamasche** f. || cloth gaiter || guêtre f. en étoffe. 3

Stoffhandschuh m. || cloth glove || gant m. en étoffe. **a) ~näherei** f. || cloth glove sewing || couture f. de ganterie d'étoffe. 4

Stoff-handtasche f. || cloth purse || bourse f. en étoffe. **a) ~hülle** f. || cloth *or* fabric envelope || enveloppe f. en tissu *ou* en étoffe. **b) ~hut** m. || cloth hat || chapeau m. d'étoffe. **c) ~knopf** m. || cloth button || bouton m. d'étoffe. **d) ~leger** m. (Web) || hand folder || plieur m. à la baguette. 5

stofflich || material || matériel. 6

Stoff-maler m. || painter on fabrics || peintre m. sur étoffes. **a) ~malereiartikel** m. || article for painting sur cloth || article m. pour la peinture sur étoffe. **b) ~messer** m. (Web) || cloth measurer || mesureur m. des étoffes. **c) ~meßmaschine** f. || cloth measuring machine || machine f. à mesurer les étoffes. **d) ~mühle** f. (Pap) || stuff *or* rag engine || moulin m. *ou* pile f. à cylindre. **e) ~packer** m. (Pap) || stock lifter || chargeur m. de pâte. **f) ~puppe** f. || cloth doll || poupée f. en étoffe. **g) ~schlauch** m. || hose of stuff || tube m. en étoffe. **h) ~schneidemaschine** f. || stuff cutting machine || machine f. pour découper l'étoffe. **i) ~schoner** m. || fabric guard || garde f. d'étoffe. **k) ~schuhfabrik** f. || stuff shoe factory || fabrique f. de chaussures en étoffe. **l) ~schürze** f. (Ballon) || valve petticoat || jupon m. **m) ~streifen** m. || strip of fabric || bande f. d'étoffe. **n) ~ventil** n. || fabric (cloth A) valve || soupape f. en étoffe. **o) ~vergoldung** f. || cloth gilding || dorure f. sur étoffes. **p) ~verlust** m. || loss of material || perte f. de matière. **q) ~wäsche** f. || stuff linen || linge m. en tissu. **r) ~zuschnitt** m. || cut of the fabric *or* of the cloth || taille f. du tissu. 7

Stola f. || stole || étole f. 8

Stollen m. (Bergb) || gallery || galerie f.; areine f. **a) ~** (Zimm) || post; standard; stud; upright; wooden pillar || montant m.; poteau m. **b)** einen **~** m. **aufräumen** (Bergb) || to clear an adit || saigner une areine. **c) ~** einer **Steingrube** || gallery of a quarry || chemin m. de carrière. **d)** einen **~ treiben** || to run an adit || percer une galerie. **e)** einen **~** m. **verschalen** || to plank an adit || coffrer une galerie de mine. 9

Stollen-bau m. || gallery construction || construction f. de galerie. **a) ~bergbau** m. || tunnel mining || travaux mpl. de percement. **b) ~betrieb** m. (Bergb) || drift mining || exploitation f. par galeries. **c) ~eisen** n. || horseshoe with calkings || fer m. à cheval cramponné *ou* relevé. **d) ~herstellungsmaschine** || horse calks making machine || machine f. à fabriquer les crampons. **e) ~holz** n. || quarters pl. || chevrons mpl. **f) ~mundloch** n. || end of tunnel || entrée f. de la galerie. **g) ~ort** m. || end of an adit || extrémité f. d'une galerie. **h) ~rösche** f. (Bergb) || day-level; low slovan || canal m. souterrain. **i) ~wasser** n. || head sword || eau f. de galerie. 10

Stolzit m. || tungstate of lead; scheelitine || plomb m. tungstate; scheelitine f. 11

Stopfbuchse f. || stuffing box; packing bush || boîte f. à étoupe *ou* à bourrage; presse-étoupe m.; douille f. de garniture. **a) Ausgleich~** || expansion stuffing box || boîte f. à bourrage compensatrice; presse-étoupe m. compensateur. 12

Stopfbuchsen-brille f., **zweiteilige** || divided stuffing box gland || lunette f. de la boîte à étoupes, en deux pièces. **a) ~-deckel** m. || stuffing box gland || bague f. de presse-étoupe. **b) ~dichtung** f. || stuffing box packing || garniture f. de boîte à bourrage. **c) ~einsatz** m. || stuffing box packing || garniture f. de boîte à bourrage. **d) ~lager** n. || stuffing box bearing || palier m. à presse-étoupes. **e) ~packung** f. || stuffing box packing || garniture f. de presse-étoupe. **f) ~schott** n. || screw shaft stuffing box bulkhead || cloison f. au presse-étoupe du manchon de l'arbre de l'hélice. **g) ~schraube** f. || packing bolt || boulon m. de serrage. **h) ~packung** f. || stuffing box packing || bourrage m. *ou* garniture f. de presse-étoupe. 13

stopfen, Strümpfe mpl. || to darn stockings pl. || ravauder *ou* repriser des bas mpl. 14

Stopfen n. (Web) || mending || réparation f. **a) ~** von **Eisenbahnschwellen** || tamping of railway sleepers || bourrage m. des traverses. **b) ~** des **Tuches** || cloth rentering || stoppage m. de drap. 15

Stopfen m. *s. auch* Stöpsel || plug; stopple; stopper || bouchon m.; tampon m. **a) ~** (Gieß) || stopper || quenouille f. **b) Hohl~** || cap plug || bouchon m. creux. **c) ~** aus **Kautschuk** || rubber cork || bouchon m. de caoutchouc. **d) Kork~** || cork || bouchon m. de liège. **e) Ölablaß~** || oil-pan drain-plug || bouchon m. de vidange du carter inférieur. 16

Stopfen-macher m. (Met) || stopper maker || mouleur m. de tampons. **a) ~schleifmaschine** f. || stopper grinding machine || machine f. à émoudre les tampons. 17

Stopfer m. (Eisenb) || tamping tool || bourroir m. 18

Stopferin f. (Tuchm) || female darner || rentrayeuse f. **a) ~** (Web) || mender || répareuse f. 19

Stopfer-kolben m. (Eisenb) || cylinder of the tamper || cylindre m. de bourroir. **a) ~leistung** f. (Eisenb) || tamping speed || vitesse f. de bourrage. 20

Stopfgarn n. || darning || fil m. à ravauder. **a) baumwollenes ~** || cotton darning-yarn || fil m. de coton à repriser. 21

Stopfhacke f. || beater *or* tampering *or* boxing pick || pic m. *ou* pioche f. à bourrer. **a) Doppel~** (Eisenb) || double pick || pioche f. à bourrer à deux pointes. **b) Hand~** || ordinary tamping pick || pioche f. ordinaire. **c) ~- und Spitzhacke** f. || beater *or* flat pick || pioche f. et pic m. 22

Stopf-holz n. || filler; straw boxer || rembourroir m. **a) ~maschine** f., Gleis || railway-line packing machine || machine f. à bourrer les voies de chemins de fer. **b) ~nadel** f. || darning needle || aiguille f. à repriser *ou* à ravauder. **c) ~stange** f. || boxing pole || batte f. à bourrer. **d) ~werkzeug** n. (Eisenb) || tamping tool || bourroir m. 23

stoppen, die Fahrt eines Schiffes || to stop the way of a ship || arrêter la marche d'un navire. **a)** die **Zeit** f. **~** || to time; to „stop" the time || arrêter le temps. 24

Stopperknoten m. || stopper knot || cul-de-porc m. double. 25

Stopp-klampe f., Ruder || rudder stop || arrêt m. du gouvernail. **a) ~uhr** f. || stop watch || montre f. *ou* chronomètre m. *ou* horloge f. à déclic. 26

Stöpsel m. (Elektr) || plug || fiche f. **a) ~** (Flasche) || stopper; plug || bouchon m.; tampon m. **b) eingeschliffener ~** || ground-in stopper || bouchon m. rodé. **c) ~** aus **Glas** || glass stopper || bouchon m. en verre. **d) ~** mit **Griff** || pinch stopper || bouchon m. à poignée. **e) Kontakt~** || connecting plug || cheville f. de contact. **f) pilzförmiger ~** || mushroom cap || bouchon m. à champignon. **g) vierteiliger ~** || four-part plug || fiche f. quadruple. 27

Stöpsel-flasche f. || stopper bottle || bouteille f. à bouchon. **a) ~kontakt** m. (Elektr) || plug contact || contact m. à cheville. **b) ~meßbrücke** f. (Elektr) || bridge with plug contacts || pont m. de mesure à fiches *ou* chevilles. **c) ~schalter** m. (Elektr; Fernm) || plug switch || commutateur m. à cheville *ou* à fiche. **d) ~sicherung** f. || plug fuse || coupe-circuit m. à cartouche *ou* à bouchon. **e) ~-sitzplatte** f. (Fernm) || plug seat || plaque f. de repos à fiches. **f) ~wähler** m. (Fernm) || plug commutator || commutateur m. à fiche. 28

Storax m. || storax || styrax m. **a) ~öl** n. || storax oil || huile f. de styrax. 29

Storchschnabel m. (Zeichn) || diagraph; pantograph || diagraphe m.; pantographe m.; single m. 30

stören || to disturb || troubler. **a)** das **Gleichgewicht ~** || to disturb the equilibrium || troubler *ou* rompre l'équilibre. 31

Stör-faktor m. (Fernm) || interference factor || facteur m. perturbateur. **a) ~fischer** m. || sturgeon fisherman || pêcheur m. d'esturgeons. **b) ~geräusch** n. (Fernm) || disturbing noise || bruit m. perturbateur. **c) ~haken** m. || iron hook for drawing charcoal || crochet m. en fer pour tirer le charbon. 32

stornieren || to carry over; to transfer from one account to another; (to cancel); to withdraw || contre-passer; (résilier); ristorner. 33

Störstrom m. (Fernm) || disturbing *or* disturbance current || courant m. perturbateur. 34

Störung f. || trouble; disturbance || trouble m.; dérangement m.; perturbation f. **a) Beseitigung** f. einer **~** (Fernm) || elimination of a disturbance || relève f. d'un dérangement. **b) ~** durch **Drahtbruch** (Elektr) || disturbance by breaking of the wire || dérangement m. dû à une rupture de fil. **c) ~** durch **Erdschluß** (Elektr) || disturbance by earth || dérangement m. dû à une mise à la terre. **d)** ~ durch **Induktion** (Fernm) || induction interference || interférence f. par l'induction. **e) magnetische** ~ || magnetic disturbance || perturbation f. magnétique. **f)** ~ durch **Nebensprechen** || interaction || perturbation f. par la diaphonie. **g)** ~ durch **Starkstrom** (Fernm) || interference from power lines || perturbation f. par lignes à courant fort. **h) Teil~** || partial disturbance || perturbation f. partielle; composante f. de perturbation. 1

Störungs-beamter m. (Fernm) || troubleman || agent m. du service des dérangements. **a) ~befreiung** f. (Funkw) || noise elimination || élimination f. de bruits. **b) ~dienst** m. (Fernm) || line fault service || service m. des dérangements. 2

störungsfrei (Funkw) || clear of strays pl. || débarrassé d'ondes intruses; libre d'ondes étrangères. 3

Störungs-meldeleitung f. (Fernm) || trouble junction || ligne f. d'avis de dérangement. **a) ~meldetisch** m. || trouble (report) desk || table f. d'avis de dérangement. **b) ~sucher** m. (Fernm) || faultsman || surveillant m. **c) ~stelle** f. (Fernm) || office for removal of faults || bureau m. pour la réparation des dérangements. **d) ~-verhinderung** f. (Funkw) || interference prevention || élimination f. des interventions. **e) ~vermeidungsdienst** m. (Fernm) || trouble prevention service || mesures fpl. en vue d'éviter les dérangements. **f) ~zeit** f. (Fernm) || trouble time || temps m. de dérangement. 4

Stoß m. || impact; shock; thrust || choc m.; poussée f. **a)** ~ (Hufeisengriff) || clip; welt || pinçon m. **b)** ~ (Verbindungsstelle) || joint || joint m. **c) aufliegender** Schienen-~ (Eisenb) || supported joint || joint m. des rails soutenu. **d) bündiger** ~ (Zimm) || flush joint || franc-bord m. **e)** ~, die Stöße mpl. **dämpfen** || to damp the shocks || amortir les chocs mpl. **f)** ~ der Wellen **gegeneinander** (Seew) || toss of the waves || choc m. des vagues l'une contre l'autre. **g)** ~ auf **Gehrung** || mitre joint || assemblage m. d'onglet. **h) gerader** ~ || direct impact || choc m. direct. **i) Landungs~** (Luftf) || landing shock || choc m. de l'atterrissage. **k) schiefer** ~ || oblique impact || choc m. oblique. **l) schräger** ~ || scarf joint || joint m. biseauté. **m) schwebender** ~ || suspended joint || joint m. en porte à faux. **n) Stirn~** || flanged edge joint || joint m. à arête bridée. **o) Stumpf~** (Met) || butt joint || joint m. abouté. **p) stumpfer** ~ (Zimm) || butt joint || bout m. à bout. **q) überhängender** ~ (Bergb) || overhanging wall || paroi f. surplombante. **r) verschrämter** ~ (Bergb) || carved face || paroi f. entaillée. 5

Stoß-aufgabevorrichtung f. || percussion feeder || appareil m. chargeur à choc. **a) ~ausgleicher** m. || stroke compensator || compensateur m. de choc. **b) ~ausgleicher** m. mit **Druckluftbelastung** || shock equalizer with compressed air cushion || compensateur m. de chocs à air comprimé. **c) ~axt** f. || mortise axe || piochon m. **d) ~bank** f. (Küf) || jointer || varlope f. **e) ~bank** f. (Masch) || push bench || banc m. pousseur. **f) ~baum** m. für **Wagen** || push pole for wagons || levier m. à pousser les wagons. **g) ~bohrer** m. || jumper (bit); percussion borer || barre f. à mine; fleuret m. à percussion; perçoir m. à couronne. **h) ~bohrmaschine** f. || percussion drilling machine || perforatrice f. à percussion. **i) ~brett** n. || shoving board || poussoir m. 6

Stoßdämpfer m. || dashpot; shock absorber; concussion spring || amortisseur m. de chocs; ressort m. amortisseur; bloc m. pour amortir les chocs. **a) Feder~** || spring shock absorber || ressort m. compensateur. **b) hydraulischer** ~ || hydraulic shock absorber || amortisseur m. à liquide *ou* hydraulique. **c) nachstellbarer** ~ || adjustable shock absorber || poussoir m. réglable. 7

Stoß-dämpfung || shock absorption || amortissement m. des chocs. **a) ~einrichtung** f., Schraubenrad || spiral gear shaping attachment || dispositif m. à mortaiser les roues hélicoïdales. 8

Stößel m. (Gieß) || pegging *or* flat rammer || batte f. (du mouleur); cogneux m. **a)** ~ (Masch) || ram || coulisseau m. **b)** ~ (Mörser) || pounder; pestle || pilon m. **c)** ~ (Pumpe) || plunger; lifter || poussoir m.; taquet m.; plongeur m. 9

Stößel-ausbalancierung f. || balance of slide || équilibre m. du coulisseau. 10

Stößelführung f. || guide of slide || guidage m. du coulisseau. **a) nachstellbare** ~ || guide of slide with adjustment; adjustable guide of slide || guidage m. de coulisseau réglable. 11

Stößel-hub m. || ram stroke || course f. du coulisseau. **a) ~leerlauf** m. || idle travel of ram || mouvement m. perdu du coulisseau. **b) ~spannfläche** f. || clamping surface of slide || surface f. de la semelle du coulisseau. **c) ~verstellung** f. || adjustment of slide || réglage m. du coulisseau. 12

stoßen || to slot || mortaiser. **a) Nuten** fpl. ~ || to cut grooves pl. || rainurer. **b)** zu **Pulver** n. ~ || to pulverize; to reduce to powder || pulvériser. 13

Stößer m. || pestle; stamper || pilon m. (de mortier). 14

Stoß-erregung f. (Funkw) || shock excitation || excitation f. par choc. **a) ~fänger** m. *s.* ~dämpfer. **b) ~feder** f. || buffer *or* shock spring || ressort m. amortisseur *ou* de choc. **c) ~feile** f. || sharp file || lime f. à bouter. **d) ~festigkeit** f. || resistance against shocks || résistance f. aux chocs. 15

stoßfrei anlaufen || to start without jerk || démarrer sans à-coups. **a)** ~ **laufend** (Masch) || running smoothly || marchant aisément. 16

stoßfrei-er Fahrtrichtungswechsel m. || smooth change of driving direction without shocks || changement m. de direction (de passage) doux et exempt de chocs **a) ~es Ingangsetzen** n. || starting without shock || mise f. en marche sans choc. 17

Stoßfuge f. (Spielraum) || gap at joint || jeu m. du joint. **a)** ~ (Verbindung) || vertical *or* side *or* butt joint || joint m. montant *ou* vertical *ou* en about. 18

Stoß-hebel m. || percussion lever || levier m. de frappe. **a) ~herd** m || concentrating percussion table || table f. à secousses. **b) ~ionisation** f. || impact *or* collision ionisation || ionisation f. par impact *ou* par chocs. **c) ~kalander** m. (Tuchm) || beating *or* beetling mill; beetling engine || calandre f. aux pilons. **d) ~karren** m., **zweirädriger** || hand cart || brouette f. à deux roues. **e) ~kraft** f. || impulsive force || puissance f. de choc. **f) ~lade** f. || shooting board || batte f. à recaler. 19

Stoßlasche f. (Eisenb) || fish plate || éclisse f. **a)** die ~ wurde **ausgeklinkt** (Eisenb) || the fish plate was notched || l'éclisse f. de joint était munie d'encoches. 20

Stoßmaschine f. || slotting machine || machine f. à mortaiser; mortaiseuse f. **a) Kopier~** || die shaper || machine f. à mortaiser suivant gabarit; mortaiseuse f. à copier. **b) Nuten~** || key groove machine; key way slotting machine || mortaiseuse-raineuse f. **c) Räder~** || gear slotting machine || machine f. à mortaiser les engrenages. **d) Rahmen~** || frame slotting machine || mortaiseuse f. pour longerons. **e) Senkrecht~** || vertical slotting machine || mortaiseuse f. verticale. **f) Stirnrad~** || spur gear shaper || machine f. à mortaiser les engrenages droits. **g) Wagerecht~** || shaping machine || étau-limeur m. 21

Stoß-matte f. || puddening (of a yard) || sauve-raban m.; torde f. **a) ~meißel** m. || slotting tool || outil m. à mortaiser. **b) ~mittelpunkt** m. || center of percussion; point of impact || centre m. de percussion. **c) ~mulde** f. || pushing trough || pelle f. de défournement. **d) ~naht** f. (Schneid) || rentering || rentraiture f. **e) ~ofen** m. || push heating furnace || four m. à secousses. **f) ~platte** f. (Brückenb) || butt plate || couvre-joint m. **g) ~platte** f. (Schuhm) || tipping plate || plaque f. de ferrure. 22

Stoßpuffer m. (Eisenb) || disc buffer || tampon m. de choc. **a) ~platte** f. || thrust plate || plaque f. de choc. 23

Stoß-punkt m. || center of percussion; point of impact || centre m. de percussion. **a) ~rad** n. || steadying wheel || roue f. de choc. **b) ~reitel** m. (Met) || anvil; recoil; rabbit; spring beam || billot m.; rabat m.; battoir m. **c) ~schwelle** f. (Eisenb) || joint sleeper || traverse f. de joint. **d) ~schwelle** f. (Pont) || bridge hurter || garde-sable m. **e) ~sieb** n. || shaking screen || crible m. à secousse. **f) ~spannung** f., Hochspannungsprüfeinrichtung f. zur Erzeugung von **~en** || high tension equipment for generating surge pressures || dispositif m. d'essais haute tension pour la production d'à-coups de tension. **g) ~stahl** m. || slotting tool || outil m. à mortaiser. **h) ~stange** f. (Auto) || buffer bar || pare-chocs m. **i) ~stange** f., Höhenruder (Flugz) || elevator push and pull rod || biellette f. de la commande de profondeur. **k) ~stelle** f. einer **Leitung** (Fernm) || joint with reflection effects || jonction f. produisant des effets de réflexion. **l) ~tisch** m. || shaking table || table f. à secousse. 24

Stoßverbindung f. (Eisenb) || fish joint; connection at joint || assemblage m. des éclisses avec les rails; assemblage m. du joint. **a)** ~ mit innen angenieteten **Steck-laschen** || joint with inside rivetted fish plates || joint m. par éclisses Spalding, rivées intérieurement. 25

Stoß-verlust m. || loss by percussions || perte f. due aux secousses. **a) ~verschweißung** f. || butt welding || soudure f. bout à bout. 26

Stoßvorrichtung f. || buffer gear || appareil m. de choc. **a) fahrbare** ~ f. für Glühöfen || transportable pushing device for annealing furnaces || dispositif m. de choc roulant pour fours de recuit. **b) feste ~** f. für Kühlöfen || stationary pushing device for cooling furnaces || dispositif m. de choc fixe pour fours de recuit. **c) Wagen~** || wagon pushing device || dispositif m. de choc pour wagons. 1

stoßweise Beanspruchung f. || pulsating *or* intermittent stress || effort m. intermittent *ou* pulsatoire. 2

Stoßwelle f. (Phys) || shock wave || onde f. de choc. 3

Stoßwerk n. || screw *or* fly *or* stamping press || balancier m. *ou* presse f. à vis. **a) Münz~** || minting mill || balancier m. monétaire. 4

Stoßwind m. || gust || rafale f. 5

Stoßwirkung f. || effect of shock || effet m. du choc. **a) ~** des Rades gegen den **Schienenkopf** || shock effect of wheel against the head of the rail || effet m. de choc des roues contre le champignon. 6

strafbar || culpable; liable to punishment; punishable || coupable; criminel; punissable. 7

straff || tight || tendu; raide. 8

straffen || to tighten; to stretch || tendre; raidir. 9

Straffhaltung f. || keeping taut || conservation f. *ou* maintien m. de la tension. 10

Straf-geld n. || penalty; fine || amende f. **a) ~kammer** f. || criminal court || chambre f. correctionnelle. **b) ~porto** n. || surcharge; additional postage || surtaxe f. postale. **c) ~verfahren** n. || criminal procedure || procédure f. criminelle. 11

Strahl m. (Flüssigkeit) || stream; jet || jet m. **a) ~** (Geom) || straight line || ligne f. droite. **b) ~** (Opt) || ray || rayon m. **c) aktinische ~en** mpl. || actinic rays pl. || rayons mpl. actiniques. **d)** durch **Beugung** f. **abgelenkter ~** || ray deflected by diffraction || rayon m. dévié par diffraction. **e) Dampf~** || steam-jet || jet m. de vapeur. **f) elektrische ~en** mpl. || electric rays pl. || rayons mpl. électriques. **g) feiner ~** || thin stream || filet m. mince. **h) flach** auffallender **~** || ray incident at small angle *or* oblique axle; oblique ray || rayon m. tombant dans une direction voisine de la surface. **i) gebrochener ~** (Opt) || refracted ray || rayon m. réfracté. **k) Haupt~** || principal ray || rayon m. principal. **l) kurzwelliger ~** || short wavy ray || rayon m. de faible longueur d'onde. **m) langwelliger ~** || long wavy ray || rayon m. de grande longueur d'onde. **n) partiellreflektierter ~** || partially reflected ray || rayon m. partiellement réfléchi. **o)** die **sichtbaren** blendenden **~en** abschwächendes Schutzglas n. || protecting glass which moderates the visible glaring rays || verre m. protecteur affaiblissant les radiations visibles éblouissantes. **p) totalreflektierter ~** || totally reflected ray || rayon m. totalement réfléchi. **q) zurückgeworfener ~** || reflected ray || rayon m. réfléchi. 12

Strahl-apparat m., **Druckluft** || compressed-air jet *or* spray apparatus || appareil m. à jet d'air comprimé. **a) ~düsenmischer** m. || mixer with orifice for the entraining medium || mélangeur m. à buse à jet. 13

strahlen (Phys) || to radiate || radier; rayonner. **a)** das **Eisen** n. **strahlt** von der Lauffläche aus nach innen hart ein || the metal settles hard on the outside with a gradual transition from the tread into the middle || la couche blanche et dure à la surface de roulement se nuance graduellement vers l'intérieur. 14

Strahlenbereich m., gelb-grüner || yellow green region of radiation || région f. vert-jaune des radiations. **a) unsichtbarer ~** || region of invisible radiation || région f. des radiations invisibles. 15

Strahlen-blende f. (Miner) || fibrous blende || zinc m. sulfuré. **a) ~brechung** f. (Phys) || refraction || réfraction f. **b) ~brenner** m. || ray burner || bec m. à rayons. 16

Strahlenbündel n. || pencil of rays || faisceau m. de rayons. **a) dünnes ~** || thin pencil of rays || pinceau m. étroit de rayons. 17

strahlend || radiating || rayonnant. **a) ~e Energie** f. || radiant energy || énergie f. rayonnante. **b) ~e Wärme** f. (Phys) || radiant heat || chaleur f. rayonnante. 18

Strahlengang m. (Opt) || trace of the rays || marche f. des rayons. **a) ~** im **Spektroskop** || path of rays in spectroscope || marche f. des rayons dans le spectroscope. 19

Strahlen-messung f., Apparat m. zur (Opt) || instrument for measuring radiant energy || appareil m. pour la mesure des radiations. **a) ~richtung** f., die **~** f. **ändern** || to change *or* to modify the direction of the ray || changer la direction du rayon. **b) ~riß** m. || star shake || fente f. étoilée. **c) ~vereinigung** f. || fusion of rays || concentration f. des rayons. **d) ~wirkung** f. || effect of radiation || effet m. de radiation. 20

Strähler m. (Gewinde) || chaser; chasing tool || peigne m. **a) Außen~** || outside chaser || peigne m. mâle. **b) Gewinde~** || chaser || peigne m. **c) Innen~** || inside chaser || peigne m. femelle. 21

strahlig || radiated || radié. 22

Strahlpumpe f. || injector; jet pump || injecteur m.; pompe f. à jet. 23

Strahlung f. || radiation || radiation f.; rayonnement m. **a) absorbierte ~** || absorbed radiation || radiation f. absorbée. **b) Antennen~** (Funkw) || aerial radiation || rayonnement m. de l'antenne. **c) atmosphärische Absorption** f. der **~** (Fernm) || atmospheric absorption of radiation || absorption f. atmosphérique de la radiation. **d) elektromagnetische ~** || electromagnetic radiation || rayonnement m. électromagnétique *ou* de l'éther. **e) Ein~** f. auf die Erde || insolation; solarisation || insolation f.; rayonnement m. du soleil sur la terre. **f) infrarote ~** || infra red radiation || radiation f. infrarouge. **g) sichtbare ~** || visible radiation || radiation f. visible. **h) ultraviolette ~** || ultra violet radiation || radiation f. ultraviolette. **i)** die **~** f. **verringern** || to diminish *or* to decrease the radiation || atténuer la radiation. **k) Wärme~** || heat radiation || rayonnement m. calorifique. **l) zerstreute ~** || diffuse radiation || rayonnement m. diffus. 24

Strahlungs-dekrement n. || decrement of radiation || décrément m. de rayonnement. **a) ~empfänger** (Opt) || radiation receiver || radio-récepteur m. **b) ~energie** f. || radiation energy; radiated power || énergie f. radiée *ou* rayonnée. **c) ~energie** f. des **Sonnenlichtes** || energy of radiation in sunlight || énergie f. de la radiation solaire. **d) ~kreis** m., offener (Funkw) || open radiating circuit || circuit m. radiant ouvert. **e) ~leistung** f. (Antenne) || radiated power || puissance f. du rayonnement. **f) ~ofen** m. || radiation stove || radiateur m. **g) ~pyrometer** n. || radiation pyrometer || pyromètre m. optique. **h) ~quelle** f. (Opt) || radiating source || source f. de radiation lumineuse. **i) ~schutz** m. || protection against radiation || protection f. contre le rayonnement. **k) ~thermometer** n. || radiation thermometer || thermomètre m. à radiation *ou* pour la mesure des radiations. **l) ~vektor** m. || Poynting's vector || vecteur m. radiant. **m) ~widerstand** m. || radiation resistance || résistance f. de rayonnement. **n) ~wirkungsgrad** m. || efficiency of radiation || rendement m. du rayonnement. 25

Strahl-wäsche f. || washing by jet || lavage m. à jet. **a) ~zerstäubung** f. || jet spraying || pulvérisation f. par jet. 26

Strähne f., kleine (Spinn) || little hank || échevette f. 27

Strähnhanf m. || scutched hemp || chanvre m. teillé. 28

Strand m. || strand; beach || plage f. **a) felsiger ~** || rocky strand || plage f. rocheuse. 29

Strand-bad n. || bathing beach || plage f. **a) ~buhne** f. || groin || épis m. **b) ~fischerei** f. || inshore fishery || pêche f. côtière. **c) ~korb** m. || wicker chair for the beach || guérite f. de plage. **d) ~mauer** f. || sea wall || mur m. de quai. **e) ~see** m. || lagoon || lagune f. **f) ~verschiebung** f. || displacement of the coast line || déplacement m. du littoral. 30

Strang m., **gerader** (Eisenb) || straight track || voie f. droite. **a) krummer ~** (Eisenb) || curved line || voie f. courbe. **b) Schienen~** || railway track || file f. de rails. 31

Strangausquetschapparat m. (Web) || (warp) rope squeezing apparatus || appareil m. à exprimer en boyaux *ou* en échevaux. 32

Strängeldrillapparat m. || skein twisting apparatus || appareil m. à tortiller les cordons. 33

Strang-falzziegel m. || long stringed gutter || tuile f. à ourlet longitudinal. **a) ~färberei** f. || skein *or* rope dyeing || teinture f. de fils en écheveaux. **b)** den gezwirnten Faden m. in **~form** f. überführen (Kunstseide) || to put the twisted filament into hank form || traiter le fil organsiné pour former des écheveaux. 34

Strangpresse f. || plodder; trace || boudineuse-peloteuse f.; boudineuse f. **a) ~** für **Metall** || metal bar extruding press || presse f. à exprimer *ou* profiler les barres métalliques. 35

Strangsäureeinrichtung f. (Web) || rope acidifying plant || installation f. à acider en boyaux *ou* en échevaux. 36

Strangwaschmaschine f. || rope scouring *or* washing machine || machine f. à laver en boyaux *ou* en échevaux. **a) ~** mit massiven gußeisernen Gestellwänden für x Meter **Walzenbreite** || rope scouring *or* washing machine with solid cast iron framework for x meter washing width || machine f. à laver en échevaux avec bâtis massifs en fonte pour une largeur à laver de x mètres. 1

Strangziegelpresse f. || long-stringed brick moulding machine || presse f. à façonnage des briques à la filière. 2

Straß m. (Glasf) || strass || strass m. 3

Straße f. (Land) || road || route f. **a) ~** (Stadt) || street || rue f. **b)** eine **~ anlegen** || to lay down a road || établir une route. **c) asphaltierte ~** || bitumized road || route f. bitumée. **d) Aufbrechen** n. einer gepflasterten **~** || stripping a paved road || dépavage m. d'une route pavée. **e) ausgefahrene ~** || road broken-up by traffic || route f. défoncée par le roulage. **f)** eine **~ f. bauen** || to lay down a road || construire une route. **g) Bitumen~** || bitumen road surface || rue f. bitumée. **h) chaussierte ~** || high road || chaussée f. **i) Draht~** || wire rolling mill || train m. à fils. **k) Dreiwalzen~** || three-high mill || train m. trio. **l) fahrbare ~** || practicable road || route f. carrossable. **m) Feinblech~** || sheet mill || train m. à fines tôles. **n) Feineisen~** || small section mill || train m. à petits fers. **o) Fertig~** || finishing mill || train m. finisseur. **p) gepflasterte ~** || paved road || route f. pavée. **q) geteerte ~** || tarred street || route f. goudronnée. **r) gewölbte ~** || barrelled *or* cambered road || route f. bombée; chaussée f. en dos d'âne. **s) Grobblech~** || plate mill || train m. à grosses tôles. **t) grundlose ~** || loose road || route f. défoncée. **u) hohle ~** || concave road || route f. creuse. **v) kleine ~** || lane || ruelle f. **w) schmale ~** || narrow road || route f. étroite. **x) See~** || strait; straits pl.; narrow channel || détroit m. **y)** eine **~ sperren** || to block up a road || barrer une route. **z) Staats~** || main road || route f. nationale. 4

a) Stabeisen~ || mill for bars; merchant bar mill || train m. pour fers marchands. **b) ~** mit **Steinschüttung** || metalled road || route f. en pierres concassées. **c)** eine **~ tiefer** legen || to lower a road || abaisser une route. **d) Umkehr~** || reversing mill || train m. réversible. **e) Vor~** || roughing mill || train m. dégrossisseur. **f) ~** in **Windungen** || ribbon road || route f. en lacets. **g) zollpflichtige ~** || turnpike road || route f. à barrière. **h) Zweiwalzen~** || two-high mill || train m. duo. 5

Straßenaufreißer m. || road making plough; road scarifier || charrue f. pour chemins; piocheuse f. scarificateur. **a) fahrbarer ~** || scarifier on wheels || piocheuse f. sur roues. 6

Straßenbahn f. || tramway; tramroad || tramway m. **a) elektrische ~** || electric tramway || tramway m. électrique. **b) Material** n. für **~en** || material for tramways || matériel m. de tramways. 7

Straßenbahn-anlage f. || tramway plant || installation f. (d'une ligne) de tramway. **a) ~bahnhof** m. || tramway depot || remise f. à voitures. **b) ~betriebsartikel** mpl. || tramway material || matériel m. de tramways. **c) ~glocke** f. || tramway warning bell || timbre m. avertisseur pour tramways. **d) ~konstruktion** f. || tramway construction || construction f. de tramways. **e) ~leitungsmast** m. || tramway pole || poteau m. pour lignes électriques de tramways. **f) ~mast** m. || tramway pole || poteau m. pour lignes électriques de tramways. **g) ~material** n. || tramway material || matériel m. de tramways. **h) ~motor** m. || tramway motor || moteur m. de tramway. **i) ~netz** n. || traction network || réseau m. de tramway. **k) ~oberleitungsmaterial** n. || overhead line material for tramways || matériel m. pour lignes de contact de tramway. **l) ~reparaturwerkstatt** f. || tramway repair workshop || atelier m. de réparation de tramways. **m) ~schiene** f. || tramway rail || rail m. de tramway; rail m. à ornière. **n) ~verkehr** m. || tramcars' traffic || trafic m. des tramways. **o) ~wagen** m. || tramcar || wagon m. *ou* voiture f. de tramways. **p) ~weiche** f. || switch for tramways || changement m. de voie pour tramways. 8

Straßenbau m. || road construction *or* building || construction f. de la chaussée *ou* de chemins *ou* de routes. **a) ~maschine** f. || road making machine || machine f. pour la construction des routes. **b) ~material** n. || road-making material || matériaux mpl. de construction pour routes. **c) ~unternehmung** f. || enterprise of turnpike engineering || entreprise f. de construction de chemins. 9

Straßen-beleuchtung f. || lighting of streets || éclairage m. public. **a) ~beschotterung** f. || road metal || couche f. de pierres concassées. **b) ~betonierung** f. || road reinforcement || renforcement m. *ou* bétonnage m. de routes. **c) ~brücke** f. || viaduct; road *or* highway bridge || viaduc m.; pont m. de route; pont m. de rue. **d) ~damm** m. || causeway || chaussée f. 10

Straßendecke f. aus **Beton** || concrete paving || pavage m. en béton. **a) gedichtete ~** aus Beton || padded down concrete road surface || revêtement m. de route en béton damé et comprimé. **b) profilgerechte ~** aus Beton || concrete road surface true to profile || revêtement m. de route en béton d'un profil bien dressé. **c) wellenfreie ~** aus Beton || concrete road surface without undulations || revêtement m. de route en béton exempt d'ondulation. 11

Straßen-deckenfertiger m. || concrete road finisher || finisseur m. pour revêtements de routes. **a) ~fahrzeug** n. || street vehicle || voiture f. de ville. **b) elektrisches ~fahrzeug** n. || electric road-vehicle || voiture f. électromobile. **c) ~fertiger** m., Beton || concrete road finisher || finisseur m. pour route en béton. **d) ~inspektion** f. (Straßenb) || office of a road inspector || voirie f. **e) ~kanal** m. || sewer || égout m. **f) ~kanalisation** f. || underground brick culvert || galerie f. en briquetage. **g) ~kehrer** m. || street sweeper || balayeur m. de rues. **h) ~kehrichtabfuhrwagen** m. || refuse removing cart || chariot m. pour l'enlèvement des ordures. **i) ~kehrmaschine** f., Motor || motor street cleanser; motor sweeper || autobalayeuse f.; balayeuse f. automobile. **k) ~kot** m. || dirt; mud; mire || crotte f.; boue f. **l) ~kreuzung** f. || crossing || croisement m. **m) ~krümmung** f. || turn || virage m. 12

Straßenlaterne f. || street lamp || réverbère m. **a) ~** für **Gasbeleuchtung** || street lantern for gas lighting || réverbère m. pour l'éclairage au gaz. 13

Straßen-laternennummer f. **und -zeichen** n. || number and sign for street lanterns || numéro m. et marque f. de réverbères. **a) ~lokomotive** f. || road locomotive || locomotive f. routière. **b) ~maschine** f. || road engine || machine f. routière. **c) ~name** m. || name of the street || nom m. de la rue. **d) ~niveau** n. || level of the street || rez-de-chaussée m. **e) ~panzer** m. (Wagen) || armoured street car || char m. cuirassé de rue. **f) ~pflasterer** m. || pavier || paveur m. **g) ~pflug** m. || road making plough || charrue f. pour chemins. **h) ~reinigung** f. || road dung removal || nettoyage m. des rues. 14

Straßenreinigungs-fahrzeug n. || street sweeping vehicle || voiture f. pour le nettoyage de rues. **a) ~maschine** f. || street cleaning machine || machine f. à nettoyer les rues. **b) ~wagen** m. || street-sweeper || voiture f. pour le nettoyage des rues. 15

Straßen-rinne f. || gutter; trench; drain; kennel of paving; side-channel *or* -gutter; water-gutter; sewer || rigole f. *ou* canal m. de pavé; ruisseau m. *ou* égout m. de rue. **a) ~schild** n. für Wasserleitungsschieber und Hydranten || sign board for sluice valves and hydrants || plaque f. d'avertissement pour robinets-vannes et prises d'eau. **b) ~schmutz** m. *s.* ~kot m. **c) ~schotter** m. || street macadam; road ballast || macadam m.; ballast m. de route. **d) ~sprengwagen** m. || street watering car *or* cart || chariot m. à arroser les rues; arroseuse f. de routes. **e) ~teermaschine** f. || road tarring machine || machine f. à goudronner les voies publiques. **f) ~transformator** m. || street transformer || transformateur m. de rue. **g) ~überführung** f. || overpass || passerelle f. **h) ~überführung** f. (el Leit) || road crossing || traversée f. de route. **i) ~übergang** m. || crossing || passage m. **k) ~wage** f. || weigh bridge; weighing machine; platform balance || balance f. à bascule; balance-bascule f.; pont m. à bascule. 16

Straßenwalze f. || road roller || rouleau m. compresseur. **a) Dampf~** || steam street-roller *or* road roller || rouleau m. *ou* cylindre m. compresseur à vapeur. **b) Dreirad~** || three wheeled road roller || rouleau m. compresseur à trois rouleaux. 17

Straßenwalzen-bau m. || road roller construction || construction f. des rouleaux compresseurs. **a) ~mantel** m. || street roller shell || manteau m. de rouleau compresseur. 18

Straßen-wärter m. (Maur) || look-out man || gardien m. de rue. **a) ~zugmaschine** f., Dampf || street steam tractor || locomotive f. routière à vapeur. 19

Strauch m. || shrub || arbrisseau m. **a) ~besen** m. || wooden broom || balai m. de brindilles de bois. **b) ~besteck** n. || brushwood groyns || recouvrement m. de haies. **c) ~holz** n. (für Faschinen) || brush wood || branchages mpl. **d) ~wuchs** m. || stunted growth || arbre m. rabougri. 20

Strauß m. (Blumen) || bouquet; nosegay; bunch (of flowers) || bouquet m. 21

Straußfeder f. || ostrich feather || plume f. d'autruche. 22

Strebe f. || stay; cross brace; strut || contrefiche f.; jambe f. de force; diagonale f.; tringle f.; poussard m. **a) Feder~** (Luftf) || telescopic leg || guide f. d'amortisseur. **b) ~n** fpl. eines **Hängewerkes** || rafters pl. of a truss frame || arbalétriers mpl. d'une armature. **c) Löffel~** || spatular *or* spoonshaped (A) strut || jambe f. de force *ou* contrefiche f. en forme de cuiller. **d) Rohr~** || tubular strut || montant m. tubulaire. **e) Verstärkungs~** || stiffening brace || entretoise f. de renforcement. **f) Vorder~** || front strut || jambe f. de force avant. 1

Streben-knotenstück n. || strut attachment fitting || ferrure f. nodale du mât de suspension. **a) ~kreuz** n. || diagonal members pl.; cross struts pl. || croix f. de contrefiches *ou* de jambes de force; contrefiches fpl. *ou* jambes fpl. de force en croix. **b) ~querschnitt** m. (Luftf) || strut section || section f. transversale des mâts. **c) ~teilung** f. || strut distribution *or* repartition (A) || écartement m. des jambes de force *ou* des contrefiches. 2

Strebepfeiler m. || buttress; abutment pier || contrefort m.; pile f. coulée; éperon m.; arc-boutant m. 3

streckbar || laminable || extensible. 4

Strecke f. (Bergb) || gallery; working level || galerie f. **a) ~** (Eisenb) || line || ligne f.; section f. **b) ~** (Spinn) *s.* Streckwerk. **c) durchlaufene ~** || distance sailed *or* covered || distance f. parcourue. **d)** eine **einfallende ~** f. treiben (Bergb) || to drive a gallery to the hade of a seam || faire une descente. **e) ~ für Flachs** || flax drawing-frame *or* -machine || machine f. à étirer du lin; étirage m. de lin. **f) freie ~** (Eisenb) || open line || pleine voie f. **g) Grund~** (Bergb) || water level || chassage m.; voie f. de niveau *ou* de fond; niveau m. de bure. **h) horizontale ~** (Eisenb) || horizontal track || palier m. **i)** eine **~ überbrücken** || to span a distance || franchir une distance; établier un pont. **k) wagerechte ~** (Eisenb) || level section || palier m. 5

Streckeisen n. || flattening tool || polis m.; rabot m. 6

strecken (Faserstoffe) || to draw || étirer; laminer. **a) ~** (Gerb) || to stretch || craminer. **b) ~** (Schmied) || to hammer even || rabattre. **c)** das **Eisen ~** || to draw *or* to flatten *or* to extend *or* to stretch *or* to beat-out iron || marteler *ou* étirer *ou* aplatir le fer (sous le marteau). **d) kalt ~** || to draw down while cold || marteler à froid. **e)** den **Kiel** m. **~** || to set the keel; to lay the keel || poser la quille; mettre la quille en place *ou* sur le chantier. **f)** das **Tafelglas ~** || to spread the glass plates || étendre le verre à vitres. **g)** ein **Tau** n. **~** || to stretch a rope || étendre *ou* allonger un cordage. 7

Strecken n. (Faserstoffe) || drawing || étirage m.; laminage m. 8

Strecken-arbeiter m. (Fernm) || lineman || ouvrier m. d'équipe *ou* de ligne. **a) ~ausrückvorrichtung** f. (Spinn) || stop motion for drawing frames || dispositif m. d'arrêt pour bancs d'étirage. **b) ~ausrüstung** f. || line equipment || équipement m. de la ligne. 9

Streckenblock m. (Eisenb) || section blocking || bloc m. de pleine voie. **a) selbsttätiger ~** (Eisenb) || automatic blocking || bloc m. automatique. 10

Strecken-fernsprecher m. || portable telephone set for troublemen || station f. téléphonique portative pour le surveillant des lignes. **a) ~förderung** f. (Bergb) || underground haulage *or* hauling || roulage m. intérieur; traction f. dans les galeries. **b) ~getriebe** n. (Spinn) || gearing of draw frame || train m. d'engrenages du banc d'étirage. **c) ~läufer** m. (Fernm) || field lineman || surveillant m. de ligne. **d) ~ort** m. (Bergb) || forehead || fond m. d'une galerie. **e) ~pfeiler** m. || pillar; post || massif m. long. **f) ~plan** m. (Fernm) || map of line || carte f. géographique de la ligne. **g) ~schalter** m. || section switch || interrupteur m. de section. **h) ~triebwerk** n. (Spinn) || gearing of draw frame || train m. d'engrenages du banc d'étirage. **i) ~wärter** m. (Fernm) || field linesman || surveillant m. de section de ligne. **k) ~werkzeug** n. (Eisenb) || railway implements pl. *or* tools pl. || outillage m. de la voie. **l) ~wettermeldung** f. || airway weather report || avis m. *ou* rapport m. météorologique de la ligne aérienne. 11

Strecker m. (Bauw) || stretcher || panneresse f. **a) ~** (Lederzur) || softener || recasseur m. **b) ~** (Spinn) || drawer || étireur m.; étirageur m. **c) ~** (Walzw) || straightener || dresseur m. **d) ~schicht** f. || stretching course || assise f. en panneresse. 12

Streck-grenze f. (Prob) || yield point *or* ratio || limite f. d'étirage *ou* d'élasticité. **a) ~hammer** m. (Goldschl) || enlarging hammer || marteau m. à dégrossir. **b) ~holz** n. (Bauw) || sleeper; beam; balk || longuerine f.; lierne f. 13

Streckmaschine f. || stretching machine || machine f. à étirer. **a) Metalltuch~** || metal gauze stretching machine || machine f. à étirer les toiles métalliques. 14

Streckmast m. (elLeit) || lattice mast || pylône m. métallique. 15

Streckmetall n. || expanded metal || métal m. déployé. **a) Baumschützer** m. aus **~** || tree protector of expanded metal || grillage m. de protection en métal déployé pour arbres. 16

Streck-ofen m. || flattening furnace || fourneau m. d'étendage. **a) ~platte** f. für Spiegel- und Tafelglas || stretching plate for mirrors and table glass || plaque f. à étendre le verre pour verreries à vitres et glaceries. **b) ~stein** m. || flattening *or* spreading stone || pierre f. à étendre. 17

Streckung f. eines **Flußbettes** || diversion of a river channel || rectification f. du lit d'un fleuve. 18

Streckungsmittel n. (Chem) || diluent || diluent m. 19

Streckwalze f. (Met) || flatter; flatting *or* laminating roller *or* mill || aplatissoire f. **a) ~** (Münzw) || straightening roll || cylindre m. pour l'étirage des barres d'argent. **b) ~** (Spinn) || drawing roller || étireur-laminoir m.; cylindre m. etireur. 20

Streck-werk n. (Spinn) || draw(ing) frame; drawing rollers pl. || banc m. d'étirage; étireuse f.; cylindres mpl. étireurs *ou* d'étirage; laminoir m. **a) ~zylinder** m. *s.* Streckwalze. 21

Streich-anlage f. für **Papier** || coating plant for paper || appareil m. à enduire le papier. **a) ~baum** m. (Gerb) || wooden horse *or* beam || chevalet m. des tanneurs. 22

Streichbrett n. (Pflug) || earth *or* mould board || oreille f.; versoir m. **a) gerades ~** || square shouldered mould board || versoir m. à épaules carrées. **b) geschweiftes ~** || hollow shouldered mould board || versoir m. à épaules creuses. 23

Streich-bürste f. (Pap) || spreading brush || brosse f. à enduire. **a) ~eisen** (Gerb) || shaving *or* fleshing knife || couteau m. rond *ou* à écharner. **b) ~eisen** (Nadl) || rubber; straightening plate || râpe f.; règle f. à jour. 24

streichen (Geol; Bergb) || to run || aller. **a) ~** (Wolle) || to card || carder. **b)** reiche **Erzlager** npl. **~** dicht unter der Oberfläche hin und werden auf einer Reihe von Flözen abgebaut (Bergb) || immense veins of ore lie close to the surface and are mined *or* quarried by working along a series of ledges || les gîtes mpl. consistent d'immenses veines de minerai qui se trouvent tout près de la surface du sol et qui sont exploités en travaillant par une série de couches. **c)** ein **Segel** n. **~** || to douse *or* to lower down *or* to strike a sail || amener une voile. **d) Ton** m. **~** (Ziegel) || to mould the brick clay || mouler l'argile f. **e)** den **Ziegel** m. **~** || to mould the brick || mouler la brique. 25

Streichen n. einer **Schicht** (Geol) || direction; bearing || direction f. 26

streichende Länge f. (Bergb) || length of strike || longueur f. du champ. 27

Streichgarn n. || carded wool *or* worsted yarn || fil m. de laine cardée; fil m. cardé; laine f. peignée. **a) ~gewebe** n. || woollen goods pl. || étoffe f. de laine cardée. **b) ~spinner** m. || carding wool spinner || fileur m. de laine cardée. 28

Streichgarnspinnerei f. || carding wool spinning mill || filature f. de laine cardée. **a) ~maschine** f. || carded yarn spinning machine || machine f. à filer la laine cardée. 29

Streichgarn-stoff m. || carded yarn cloth || étoffe f. en laine cardée. **a) ~weber** m. || carding-wool *or* carded-wool weaver || tisseur m. de laine cardée. 30

Streichholz n. *s. auch* Zündholz. **a) ~** (Ziegelf) || strike || plane f. **b) schwedisches ~** || Swedish match || allumette f. suédoise. **c) Sicherheits~** || safety match || allumette f. de sûreté. **d) Wachs~** || wax match || allumette-bougie f. 31

Streich-instrument n. (Mus) || stringed instrument || instrument m. à cordes. **a) ~kontakt** m. || rubbing contact || contact m. à frottement. **b) ~linien** fpl. der **Flußufer** || boundaries pl. of improved river-channels || tracé m. des rives d'une rivière. **c) ~maschine** f. (Gummi) || spreading machine || cardeuse f. **d) ~maß** n. || marking gauge || trusquin m. **e) ~messer** n. (Gerb) || sharping- *or* scarping-knife || fer m. à raturer. **f) ~model** m. || pattern; strickle; gauge || échantillon m. **g) ~nadel** f. || touch *or* touching needle || aiguille f. d'essai; touchau m. d'essayeur. **h) ~richtung** f. und **Fallrichtung** f. wechseln (Geologie) || the line of strike and direction of dip vary || la direction et l'inclinaison changent. 32

Streichriemen m. || razor strop || cuir m. à rasoir. **a) ~paste** f. || razor paste || pâte f. à rasoirs. 33

Streich-schiene f. (Eisenb) || guard *or* safety *or* side rail || contre-rail m. **a) ~stange** f. (Windmüll) || regulating rod || perche f. **b) ~tischwagen** m. mit **Wasserbehälter** für Ziegeleien || brick car *or* brickmaker's wagon with water tank for tile works || wagonnet m. à briques pour tuileries avec réservoir à eau. **c) ~torf** m. || moulded peat || tourbe f. moulée. 34

Streichung f. || cancellation || annulation f. 1

Streich-winkel m. (Bergb) || angle of strike || angle m. de direction. **a) ~wollwäscherei** f. || washing of carding wool || lavage m. de laines à carde. 2

Streifband n. || wrapper || bande m. simple. 3

Streifen m. || streak; strip || bande f.; raie f.; strie f. **a) endloser ~** || endless strip || bande f. sans fin. 4

Streifen-abschneidmaschine f. || strip cutting machine || machine f. à couper des bandes. **a) ~heizkörper** m. (Elektr) || strip heating member || radiateur m. à ruban. **b) ~material** n. || strips pl. || matériel m. en bandes. 5

Streifenschere f. || strip cutting machine; strip shear || cisaille f. circulaire pour découper les bandes. **a) ~ zum Besäumen** von Streifen und Platten || strip shear for trimming strips and plates || cisailles fpl. à bandes pour border les bandes et les plaques. **b) ~ zum Teilen** von Streifen und Platten || strip shear for dividing strips and plates || cisailles fpl. à bandes pour sectionner les bandes et les plaques. 6

Streifensicherung f. || strip fuse || fusible m. *ou* coupe-circuit m. à lame. **a) abschaltbare ~** || disconnecting strip fuse || lame f. fusible pouvant être mise hors circuit. 7

streifig (Glasf) || stripped; having cords pl. || rayé; cordé. 8

Streik m. || strike || grève f. **a)** den ~ m. **beilegen** || to settle the strike || finir la grève. **b) in den ~ m. treten** || to call a strike || se mettre en grève f. 9

Streikbrecher m. || strike breaker; blackleg; scab (A) || briseur m. de grève. 10

streiken || to strike || faire grève f.; chômer. 11

Streikender m. || striker || gréviste m. 12

Streik-fonds m. || strike fund || fonds mpl. de grève. **a) ~geld** n., **~er** npl. sammeln || to collect strike funds || recueillir l'argent pour la grève. **b) ~hetzer** m. || one who encourages a strike || fauteur m. de grève. **c) ~kasse** f. || strike purse || caisse f. de grève. **d) ~posten** mpl. ausstellen || to set out strike pickets || placer des postes de grève. **e) ~unterstützung** f. || indemnity for strikers || indemnité f. pour grévistes. 13

Streit-fall m. || case at issue; matter in dispute || point m. de controverse; différend m. **a) ~frage** f. *s-* ~ fall m. 14

streitig verhandelt || contentiously pleaded || débattu contradictoirement. 15

Streitkraft f., Luftstreitkräfte fpl. || air corps *or* forces pl. *or* units pl. || forces fpl. (militaires) aériennes. **a) ~, mechanisierte** Streitkräfte pl. || mechanized forces || forces fpl. motorisées. 16

Streitsache f. || controversial matter; dispute || différend m. 17

streng gehen (Masch) || to work hard || marcher dur. 18

strengflüssig || sluggish || (réfractaire); difficilement fusible. **a) Beschickung f.**, die das Metall nicht zu ~ macht || charge making the metal bath not too tough || charge f. qui ne rende pas le métal difficilement fusible. **b) ~es Erz** n. || sluggish ore || minerai m. difficelement fusible. 19

Strenglot n. || hard solder || soudure f. forte. 20

Streu f. || litter || litière f. **a) ~beutel** m. (Gieß) || powder bag || poncis m. **b) ~düse** f. || spray nozzle || tuyère f. 21

streuen, Kohlenstaub m. auf eine Form (Gieß) || to black a mould || saupoudrer le moule. 22

Streu-flugzeug n. || aeroplane for crop dusting || avion m. de saupoudrage. **a) ~fluß** m. || leakage flux || flux m. de dispersion. **b) ~gut** n. || dusting material || produit m. à répandre. **c) ~maschine** f., Dünger || manure distributor || sémoir m. d'engrais. **d) ~mehl** n. || strewing meal || farine f. à poudre. **e) ~perlen** fpl. für Reliefmalerei || glass pearls pl. for relief painting || perles fpl. pour la peinture en relief. **f) ~pulver** n. (Heilk) || strewing powder || poudre f. vulnéraire. **g) ~rohr** n., Sand || sanding pipe || tuyau m. à sable; sablière f. 23

Streusand m. || dry *or* parting sand || sable m. sec *ou* à saupoudrer. **a) ~büchse** f. || sand box || boîte f. à sable. **b) ~zubereitung** f. || sand crushing || broyage m. de sable. 24

Streuselmaschine f. || cake top strewing machine || machine f. à saupoudrer la pâte. 25

Streu-strahlen mpl. (Phys) || scattered rays || rayons mpl. dispersés. **a) ~strahlung** f. (Phys) || scattered radiation || rayonnement m. dispersé. **b) ~teller** m. || distribution plate || assiette f. de répartition. 26

Streuung f. (Elektr) || dispersion; stray; leakage || dispersion f.; fuite f. **a) ~** (Waffenw) || divergence of the balls || dispersion f. des balles. **b) ~** (statistischer Ergebnisse) || standard deviation || écart m. quadratique. **c) magnetische ~** || magnetic straying || dispersion f. magnétique. 27

Streuungs-kegel m. (Phys) || dispersing cone || cône m. d'émission. **a) ~verlust** m. (Elektr) || leakage || déperdition f. par dispersion. 28

Streuvorrichtung f. || dusting arrangement || dispositif m. d'épandage. **a) Sand~** || sanding device || sablière f. 29

Strich m. (Linie) || line; stroke || ligne m.; barre f. **a) ~** (Magn) || touch || touche f. **b) ~** (Miner) || streak || tachure f.; trace f. **c) ~** (Morsealphabet) || dash || trait m. **d) ~** (Opt) || streak || trait m. **e)** einen ~ **durch etwas machen** || to strike *or* cross out a thing || biffer quelque chose. **f) ~** eines **Minerals** auf Papier || trace of a mineral on paper || trachure f. *ou* trace f. sur le papier. **g)** einen ~ **unter etwas machen** || to underline a thing || souligner quelque chose. 30

Strichätzung f. || line etching (on zinc); line-block || gravure f. au trait. **a) flache ~** || flat cut || gravure f. en trait. 31

Strich-bürsteinrichtung f. || pile brushing device || brosse f. pour l'effet de poil. **a) ~eisen** n. || touch stone || pierre f de touche. 32

Strichkreuz n. (Opt) || cross line || réticule m. **a) ~glas** n. || lens with ruled cross || verre m. à réticule. **b) ~okular** n. || cross-line eyepiece || oculaire m. à réticule. 33

Strich-loden m., Kamelhaar || camel-hair loden || lodier m. en poil de chameau. **a) ~magnetisierung** f. || magnetization by touch || aimantation f. par frottement. **b) ~marke** f. || division *or* locating mark || trait m. de repère. **c) ~mikrometer** n. || line scale micrometer || micromètre m. à traits. 34

Strichplatte f., **Abstand** m. zwischen zwei Teilstrichen einer || interval between two scale lines of a graticule || intervalle m. entre deux traits d'un micromètre. **a) ~** zum **Entfernungsschätzen** || graticule for estimating distances || micromètre m. à estimer la distance. 35

Strich-probe f. (Goldschm) || touch || touche f. **a) ~zählung** f. (Fernm) || dash counting || comptage m. exprimé par des traits. **b) ~zeichnung** f. || (out)line drawing || dessin m. linéaire *ou* à la plume. 36

Strick m. || line; cord; rope || corde f. **a) ~baumwolle** f. || knitting cotton || coton m. à tricoter. 37

stricken || to knit || tricoter. **a)** mit der **Hand ~** || to knit by hand || tricoter à la main. 38

Stricker m., Flach || plain knitter || tricoteur m. en uni. **a) Kunst~** || cuff knitter || tricoteur m. de parements. **b) Maschinen~** || frame knitter || tricoteur m. à la machine. **c) Rippen~** || gobile rib knitter || tricotier m. à la gobile. 39

Strickerei f., Baumwoll || cotton hosiery || bonneterie f. de coton. **a) Leinen~** || linen hosiery || bonneterie f. de lin. **b) Maschinen~** || machine knitting || tricotage m. au métier. **c) Seiden~** || silk hosiery || bonneterie f. de soie. **d) Woll~** || wool hosiery || bonneterie f. de laine. 40

Strickereiindustrie f. || knitting industry || industrie f. de la maille *ou* du tricot. 41

Strick-garn n. || knitting yarn || fil m. à tricoter. **a) ~griff** m. || rope handle || poignée f. en corde. **b) ~handschuh** m. || knitted glove || gant m. tricoté. **c) ~kleid** n. || knitted dress || robe f. tricotée. **d) ~leiter** f. || rope ladder; footrope || échelle f. de cordes. 42

Strickmaschine f. || knitting machine; power knitting loom || machine f. à tricoter; tricoteuse f. (mécanique). **a) Rund~** || circular knitter || machine f. à tricoter circulaire. **b) Strumpf~** || hosiery knitting machine || machine f. à tricoter les bas. 43

Strickmaschinen-fabrik f. || knitting machinery manufactory || manufacture f. de machine à tricoter. **a) ~fertigung** f. || manufacture of knitting machines || fabrication f. de tricoteuses. **b) ~kette** f. || knitting machine chain || chaîne f. à tricoteuse. **c) ~nadel** f. || knitting machine needle; stocking frame needle || aiguille f. à tricoteuse; aiguille f. pour métiers à bas. 44

Strick-nadel f. || knitting needle *or* pin || aiguille f. à bas *ou* à tricoter. **a) ~seide** f. || knitting silk || soie f. à tricoter. **b) ~stuhl** m., Rund || circular frame || métier m. circulaire. 45

Strickwaren fpl. || knitted fabrics pl. || articles mpl. tricotés. **a) ~fabrikant** m. || manufacturer of knit goods || fabricant m. des articles tricotés. **b) ~appretur** f. || hosiery finishing || apprêt m. de bonneterie. 46

Strickwolle f. || knitting wool || laine f. à tricoter. 47

Striegel m. || horse *or* curry comb || étrille f. 1

Striegler m. (Pap) || brusher || brosseur m. 2

Striktionsspule f. || stricture coil || bobine f. de stricture. 3

Stripperkran m. || stripping crane || grue-démouleuse f. 4

Stroboskop n. || stroboscope || appareil m. stroboscopique. 5

Stroh n. || straw || paille f. **a)** mit ~ **beflechten** || to straw || empailler. **b)** ~ von **Getreide** || straw of corn || paille f. de céréales. **c) Waren** fpl. aus ~ || straw-goods pl. || ouvrages mpl. en paille. 6

Stroh-arbeiterin f. (Korbm) || straw worker || confectionneuse f. en paille. **a) ~-bedachung** f. *s.* Strohdach n. **b) ~dach** n. || thatched roof; thatch || toit m. en chaume. **c) ~färben** n. || straw dyeing || teinture f. de paille. **d) ~feile** f. || rough *or* coarse *or* straw file || lime f. au paquet *ou* à dégrossir; lime f. grosse. **e) ~flachs** m. || flax straw || lin m. en paille (*ou* en chaume *ou* en bois); paille f. de lin. **f) ~flechtwerk** n. *s.* Strohgeflecht. 7

Strohgeflecht n. || straw plait(ing) *or* tress || tissue m. tressé; tresse f. de paille; paille f. nattée. **a) ~färber** m. || straw tress dyer || teinturier m. de tresses de paille. 8

Strohgelb n. || straw-coloured || jaune m. de paille. 9

Strohhalm m. || (blade of) straw || tuyau m. de paille; brin m. de paille. **a) ~elektrometer** n. || straw electrometer || électromètre m. à brins de paille. 10

Strohhülse f. || straw husk || enveloppe f. de paille. **a)** ~ für **Flaschen** || bottle straw envelope; straw wrapper for bottles || enveloppe f. de bouteilles en paille; paillon m. 11

Strohhülsennähmaschine f. || straw husks sewing machine || machine f. à coudre les enveloppes en paille. 12

Strohhut m. || straw hat || chapeau m. de paille. **a) geflochtener** ~ || plaited straw hat || chapeau m. de paille tressé. **b) geknüpfter** ~ || knotted straw hat || chapeau m. de paille noué. **c) genähter** ~ || sewn straw hat || chapeau m. de paille cousu. 13

Strohhut-bleicher m. || straw hat bleacher || blanchisseur m. de chapeaux de paille. **a) ~flechter** m. || straw hat plaiter || tresseur m. de chapeaux de paille. **b) ~-lack** m. || straw hat lac *or* varnish || laque f. pour chapeaux de paille. **c) ~-lackierer** m. || straw hat lackerer || vernisseur m. de chapeaux de paille. **d) ~näher** m. || straw hat sewer || couseur m. de chapeaux de paille. **e) ~-nähmaschine** f. || straw hat sewing machine || machine f. à coudre les chapeaux de paille. **f) ~presser** m. || straw hat presser || presseur m. de chapeaux de paille. **g) ~reinigungsmittel** n. || straw hat cleaning agent || produit m. à nettoyer les chapeaux de paille. 14

Stroh-hütte f. || thatched cot || chaumière f. **a) ~kocher** m. (Pap) || straw boiler || lessiveur m. de paille. **b) ~lehm** m. || straw loam || torchis m.; bauge f. **c) ~-matte** f. || straw mat || natte f. de paille; paillasson m. **d) ~messer** n. || straw knife || hachepaille m. **e) ~pantoffel** m. || straw plaited shoe || espadrille f.; chausson m. de nattes. **f) ~papier** n. || straw paper || papier m. de paille. **g) ~pappe** f. || straw cardboard || carton m. de paille. **h) ~plätter** m. (Korbm) || straw flattener || lamineur m. de paille. **i) ~presse** f. || straw press || presse f. à paille. **k) ~röhrchen** n. || straw for drinking || chalumeau m. en paille. **l) ~sack** m. || pad of straw || paillasse f. **m) ~schaube** f. || straw sheet; bundle of reed *or* straw for thatching; tippet || javelle f. **n) ~schneider** m. || straw cutter || coupoir m. mécanique *ou* cisaille f. à paille. **o) ~schober** m. || straw stack || tas m. de paille. 15

Strohschuh m. || straw shoe || espadrille f.; soulier m. en paille. **a) ~flechter** m. || straw shoe plaiter || tresseur m. d'espadrilles. 16

Stroh-schuppen m. || straw shed || paillier m. **a) ~schüttler** m. || straw shaker *or* screen || secoueur m. de paille. 17

Strohseil n. || straw band *or* rope || natte f.; corde f. (*ou* éclisse f.) en paille. **a) ~spinnmaschine** f. || straw rope spinning machine || machine f. à tresser les liens de paille. 18

Strohsessel m. || straw *or* basket chair || chaise f. *ou* siège m. de paille. **a) ~flechter** m. || chair mender || empailleur m. de chaises. 19

Stroh-sohle f. (Schuh) || straw sole || semelle f. en paille. **a) ~spalten** n. || straw splitting || fendage m. de paille. **b) ~spalter** m. || straw splitter || fendeur m. de paille. **c) ~stickerin** f. || straw embroiderer || brodeuse f. sur paille. 20

Strohstoff m. (Gewebe) || straw stuff || tissu m. de paille. **a)** ~ (Papierf) || straw pulp || pâte f. de paille. **b)** ~ (Werkstoff) || straw material || matière f. en paille. **c) ~fabrik** f. || straw pulp factory || fabrique f. de pâte de paille. 21

Stroh-stuhl m. *s.* ~sessel. **a) ~tasche** f. || bag of straw || sac m. en paille. 22

Strohwaren fpl. || straw goods pl. || articles mpl. en paille. **a) Fantasie~** || fancy straw articles pl. || agréments mpl. en paille. 23

Strohzurichtung f. (Korbm) || straw dressing || préparation f. de paille. 24

Strom m. (umlaufend) || circuit || circuit m. **a)** ~ (Wasserlauf) || river || rivière f. **b)** ~ **abnehmen** || to take a supply of current || acheter du courant. **c)** einen ~ **abzweigen** (Elektr) || to branch a current || dériver un courant. **d) außer** ~ **setzen** || to deenergize; to cut out the circuit || mettre hors circuit. **e)** mit ~ **beliefern** || to deliver current to || alimenter de courant. **f) Dreiphasen~** (Elektr) || three-phase current || courant m. triphasé. **g) Einphasen~** (Elektr) || single phase current || courant m. monophasé. **h) elektrischer** ~ || electric current || courant m. électrique. **i)** ~ **führen** (Elektr) to conduct current || être sous tension f. **k) galvanischer** ~ || galvanic circuit; voltaic current || courant m. galvanique. **l)** ~, **gekreuzte Ströme** mpl. || crossed currents pl. || courants mpl. croisés. **m) Gießen** n. **in steigendem** ~ || casting in rising stream || coulée f. en source. **n) gleichgerichteter** ~ (Elektr) || redressed *or* rectified current || courant m. redressé. **o)** ~ **hoher Frequenz** || high-frequency current || courant m. à haute fréquence. **p)** ~ **liefern** || to supply current || fournir du courant. **q) Mehrphasen~** (Elektr) multiphase current || courant m. polyphasé. **r)** in der Phase **nacheilender** ~ || lagging current || courant m. décalé en arrière. **s) niedrig gespannter** ~ || low tension current || courant m. à basse tension. **t) nutzloser** ~ (Elektr) || idle current || courant m. déwatté *ou* réactif. **u) Primär~** || inducing current || courant m. inducteur. **v) pulsierender** ~ || pulsatory current; pulsating current || courant m. pulsatoire. **w) schwacher** ~ || feeble current || courant m. faible. **x) Sekundär~** || induced current || courant m. induit. **y)** ~ **senden** || to send current || envoyer le courant. **z)** den ~ **umspannen** || to transform the current || transformer le courant. 25

a) unmittelbar auf der Energiegrundlage erzeugter ~ || current (which is) generated close to the source of power || courant m. obtenu sur les lieux-mêmes des sources d'énergie. **b) unter** ~ **setzen** (Elektr) || to excite || exciter. **c)** den ~ **unterbrechen** || to switch off *or* interrupt the current || couper le (circuit). **d) vagabundierender** ~ || stray *or* vagrant current || courant m. vagabond. **e) verketteter** ~ || interlinked current || courant m. enchaîné. **f)** mit ~ **versorgen** || to supply (demand for) current || suppléer (aux demandes de) du courant. **g)** ~, **verzweigte Ströme** mpl. (Elektr) || branched currents pl. || courants mpl. bifurqués. **h)** in der Phase **voreilender** ~ || leading current || courant m. décalé en avant. **i) wattloser** ~ || wattless *or* idle current || courant m. déwatté. **k)** ~ **wirtschaftlich** und betriebssicher den Verbrauchsgebieten **zuführen** || to deliver the current economically and reliably to the supply area || conduire le courant m. jusqu'aux centres de consommation avec la plus grande économie et sûreté possible. **l) zeitweilig unterbrochener** ~ || make-and-break current || courant m. périodiquement interrompu. 26

Strom-abgabe f. || delivery of current || vente f. de courant. **a) ~ableitung** f. (Elektr) || derivation || dérivation f. 27

Stromabnahme f. (Verbrauch) || taking of current || captation f. du courant. **a)** ~ (Verringerung) || decrease of current || diminution f. du courant. 28

Stromabnehmer m. (Vorrichtung) || trolley brush; trolley arm || trolley m.; balai m.; perche f. de trolley. **a) Druckluftbügelbetätigung** f. für ~ || hoop actuated by compressed air for overhead contact || prise f. de courant à archet actionnée à l'air comprimé. 29

Stromabnehmer-bügel m. || collector bow; overhead contact hoop || archet m. de prise de courant. **a) ~stange** f. || trolley pole || barre f. à trolley. 30

Strom-absatz m., rationelle **Gestaltung** f. des ~es || rational current supply organization || faciliter la vente du courant. **a) ~anlage** f. (Elektr) || generating plant || générateur m. **b)** für jede ~**art** f. **geeignet** || working with any kind of current || tournant sur tout genre de courant. **c) ~aufnahme** f. || current acceptivity || absorption f. de courant. 31

stromaufwärts || up-stream || en amont. 32

Strom-ausbeute f. (Elektr) || current yield; electrolytic efficiency || rendement m. en courant. **a) ~austausch** m. || interchange of current || échange m. du courant. **b) ~bauch** m. || current loop || ventre m. d'intensité. **c) ~bedarfsberechnung** f. || calculation of the current consumption || calcul m. de la consommation de courant. **d) ~begrenzer** m. || current limiter || limiteur m. de courant *ou* d'intensité. **e) ~bezug** m. || purchase of current || achat m. de courant. **f) ~bremse** f., Kurzschluß || short circuit brake || frein m. par court-circuit. 1

Stromdichte f. (Elektr) || current density || densité f. de courant. **a) zulässige ~** || admissible current density || densité f. de courant admissible. 2

Strom-dichtigkeit f. *s.* ~dichte. **a) ~dreieck** n. (Elektr) || current triangle || triangle m. de courant. 3

stromdurchflossene Leitung f. || wire carrying current; live wire (A) || ligne f. *ou* canalisation f. traversée par un courant. 4

Strom-entnahme f. || consumption ot current || consommation f. de courant. **a) ~erzeuger** m. || electric generator || génératrice f. électrique. 5

Stromerzeugung f. || generation of current; current generation || production f. de courant. **a) Unternehmung** f. für ~ || undertaking engaged in current generation || entreprise f. de production de courant électrique. **b)** eine starke **Verflechtung** f. zwischen ~ und Stromverteilung herstellen || to bring about a close union between the generation and the distribution of current || établir un rapprochement entre la production du courant et sa distribution. 6

Stromerzeugungsanlage f. || electric generating plant || usine f. centrale électrique; usine f. génératrice. **a) Ausbau** von **~n** fpl. zu einem geschlossenen System || linking-up of generating stations into a closed system || conjugaison f. des usines génératrices qui forment un seul système. **b) Erweiterung** f. der ~ || extension of the current generating system || augmentation f. de l'installation de production de courant électrique. **c)** ~ mit **Wasserkraft** || hydroelectric power station || installation f. génératrice hydraulique; installation f. hydro-électrique. 7

Stromfaden m. (Elektr) || current tube || tube m. de courant. **a)** ~ (Hydr) || particle of water || filet m. d'eau. **b)** ~ (Luft) || filament of flow || filet m. *ou* veine f. fluide. 8

stromführend (Elektr) || current-carrying; alive; live || par courant; vif; parcouru par le courant. **a) ~e Fahne** f. || current carrying lug || queue f. conductrice. **b) ~er Leiter** m. || conductor carrying current || conducteur m. parcouru par un courant. **c) ~er Teil** m. || current carrying part || pièce f. sous tension *ou* porte-courant. 9

Strom-gattung f. (Elektr) || kind of current || nature f. du courant. **a) ~gefälle** n. || fall of a river || chute f. d'un fleuve. **b) ~geschwindigkeitsmesser** m. (Wasserb) || current meter || moulinet m. **c) ~gleichrichter** m. (Elektr) || current rectifier || redresseur m. de courant. **d) ~großverteilung f., Unternehmung** f. für || undertaking engaged in super power distribution || entreprise f. de distribution de courant électrique. **e) ~integral** n. || current integral || intégrale f. de courant. **f) ~kapazität** f. (Elektr) || current capacity || capacité f. de courant. **g) ~knoten** m. (Funkw) || current node || nœud m. d'intensité du courant. 10

Stromkreis m. || circuit || circuit m.; courant m. circulaire. **a) geerdeter ~** || earthed circuit || circuit m. à terre. **b)** einen ~ **herstellen** || to complete a circuit || compléter un circuit m. **c) Neben~** || secondary circuit || circuit m. secondaire. **d) Nebenschluß~** || derived circuit || circuit m. dérivé. **e)** den ~ **öffnen** || to open the circuit || ouvrir le circuit. **f) Primär~** || primary circuit || circuit m. inducteur. **g)** den ~ **schließen** || to close the circuit || fermer le circuit. **h) Sekundär~** || secondary circuit || circuit m. secondaire. **i)** einen ~ **unterbrechen** || to cut *or* to open a circuit || couper un circuit. **k)** der ~ ist **unterbrochen** || the circuit is cut || le circuit est coupé. 11

Stromkurve f. (Elektr) || current curve || courbe f. d'intensité *ou* de courant. 12

Stromlauf m. (Elektr) || flow of the current || circulation f. du courant. **a) ~schema** n. || diagram of connections; wiring diagram || schéma m. des connexions. 13

Stromlieferung f. (Elektr) || supply of current || fourniture f. de courant. **a)** ~ für die **Industrie** || industrial power supply || fourniture f. de courant pour l'industrie. 14

Stromlieferungsvertrag m., **der laufende** || agreement already in force for the supply of current || contrat m. de livraison de courant en cours. 15

Stromlinie f. || streamline || ligne f. de courant. 16

Stromlinien-bild n. || configuration of flow; flow pattern (A) || image f. *ou* représentation f. des filets fluides. **a) ~geschoß** n. || boat-tail bullet; shell with tapered end || balle f. fuselée; obus m. à culot rétreint. **b) ~karosserie** f. || streamline body || carrosserie f. à lignes fuyantes. **c) ~querschnitt** m. || stream line section || section f. *ou* coupe f. transversale fuselée *ou* de la forme de moindre résistance à l'avancement. 17

stromlos (Elektr) || without current; currentless || sans courant. **a)** ~ **machen** || to make dead || délier. **b)** ~ **werden** || to collapse || ne recevoir plus de courant. 18

stromloser Leiter m. || dead conductor || conducteur m. sans courant. 19

Stromlosigkeit f. (Elektr) || absence *or* lack of current || absence f. *ou* manque m. de courant. 20

Stromlosigkeitsrelais n. || absence-of-current relay || relais m. de manque du courant. 21

Strommenge f. (Elektr) || quantity of current || quantité f. du courant. 22

Strommesser m. || amperemeter; ammeter || ampèremètre m.; ammètre m. **a) aperiodischer ~** (Elektr) || aperiodic ammeter || ampèremètre m. apériodique. **b) Drehspul~** || moving-coil ammeter || ammètre m. à bobine mobile. **c) gekapselter ~** (Elektr) || ironclad ammeter || ampèremètre m. blindé. **d) Hochspannungs~** || high-tension ammeter || ampèremètre m. à haute tension. **e) Montage~** || portable ammeter || ammètre m. portatif. **f) Präzisions~** || precision ammeter || ampèremètre m. de précision. **g) Registrier~** || recording ammeter || ampèremètre m. enregistreur. **h) Taschen~** || pocket ammeter || ampèremètre m. de poche. **i)** ~ mit **unterdrücktem Nullpunkt** (Elektr) || ammeter without zero || ampèremètre m. d'échelle à zéro buté. **k)** ~ für **Wechselstrom** || alternating-current ammeter || ampèremètre m. pour courant alternatif. 23

Strom-pfeiler m. || pier in the river || pile f. placée dans le courant. **a) ~phase** f. || phase of the current || phase f. du courant. **b) ~quadrant** m. (Wasserb) || hydrometrical pendulum || pendule m. hydrométrique. **c) ~quelle** f. (Elektr) || source of current || source f. de courant. **d) ~reiniger** m. (Fernm) || circuit equalizer || filtreur m. de courant. **e) ~richtung** f. (Elektr) || direction of current || sens m. du courant. **f) ~richtungsanzeiger** m. || current flow *or* polarity indicator; direction indicator for current || indicateur m. de sens de courant. **g) ~rinne** f. || channel of a river || thalweg m. d'une fleuve. **h) ~röhre** f. || current tube || tube m. de courant. **i) ~rückgewinnung** f. || regeneration of current || récupération f. de courant. **k) ~sammler** m. || accumulator || accumulateur m. **l) ~schiene** f. || current collecting rail || rail m. de contact. **m) ~schließstellung** f. || circuit closing position || position f. de fermeture du circuit. 24

Stromschlußschraube f. || contact screw || vis f. de contact. 25

Strom-schnelle f. || cataract; rapid || cataracte f.; rapide m. **a) ~schwankung** f. || fluctuation *or* variation of current || fluctuation f. *ou* variation f. du courant. **b) ~setzmaschine** f. (Hydr) || stream washer || machine-laveuse f. à courant d'eau; crible m. hydraulique à courant. **c) ~sicherung** f. (Elektr) || fuse || fusible m. **d) ~spule** f. || current coil || bobine f. d'intensité. 26

Stromstärke f. || amperage; current intensity *or* strength || ampérage m.; force f. *ou* intensité f. du courant. **a) elektrische ~** || electric current intensity || intensité f. de courant électrique. **b) primäre ~** || primary current strength || intensité f. de courant primaire. 27

Stromstoß m. (Elektr) || rush *or* impulse of current || coup m. *ou* impulsion f. de courant. **a) ~sendevorrichtung** f. || impulse sending device || dispositif m. d'émission d'impulsions. **b) ~serie** f. (Tel) || train of impulses || train m. d'impulsions. **c) ~übertrager** m. || impulse repeater || translateur m. d'impulsions. **d) ~unterlagerungstelegraphie** f. || impulse polar duplex telegraphy || télégraphie f. infraacoustique par des impulsions de courant. 28

Strom-strich m. || stream line || fil m. de l'eau *ou* de courant. **a) ~teilung** f. (Elektr) || splitting-up of current || division f. de courant. **b) ~transformator** m. || current transformer || transformateur m. de courant. **c) ~übergang** m. von **Starkstromanlagen** auf Fernmeldeleitungen || power current entering communication lines || passage m. de courant fort aux lignes de communication. **d) ~umformer** m. || current converter || convertisseur m. de courant. 29

Strömung f. || current; stream; flow || courant m.; écoulement m. **a)** die ~ **ablenken** || to deflect the flow || défléchir *ou* dévier les filets fluides. **b) gestörte** ~ || disturbed flow || écoulement m. perturbé. **c) stationäre** ~ || steady flow || écoulement m. *ou* courant m. stationnaire. **d) ungestörte** ~ || undisturbed flow || écoulement m. non perturbé. **e) zeitlich gleichbleibende** ~ || flow constant *or* steady in time; flow invariable with the time (A) || écoulement m. constant dans le temps. 1

Strömungs-bild n. der **Luft** || air flow pattern || forme f. d'écoulement de filet d'air. **a) ~gebilde** n. || configurations pl. of flow; flow formation (A) || image f. d'écoulement; lignes fpl. de courant. **b) ~geschwindigkeit** f. || velocity of flow || vitesse f. du flux. **c) ~messer** m. || hydrometric vane || ailette f. hydrométrique. **d) ~richtung** f. || direction of flow || direction f. du flux. **e) ~vorgang** m. || process of flow || mode m. d'écoulement. 2

Stromunterbrecher m. || circuit breaker; current interrupter || interrupteur m. de circuit *ou* de courant. **a) ~ und Stromschließer** m. || circuit breaker and closer || disjoncteur m. et conjoncteur m. 3

Strom-unterbrechung f. (Elektr) || breaking of circuit || coupure f. du courant. **a) ~verbrauch** m. (Elektr) || current consumption || consommation f. de courant. **b) ~verbrauchskurve** f. || current load diagram || courbe f. de consommation de courant. **c) ~verdrängung** f. (Elektr) || skin effect || effet m. de peau. **d) ~verlust** m. (Elektr) || leakage of current || fuite f. *ou* perte f. de courant. **e) ~verschiebung** f. || current displacement || déplacement m. de courant. 4

Stromversorgung f. || supply of current || service m. de courant. **a)** ~ aus **Primärelementen** || current supply from primary batteries || distribution f. de courant par piles primaires. **b) Zusammenfassung** f. der ~ || fusion of current supply systems || concentration f. de réseaux. 5

Stromversorgungsanlage f. || plant for current generation || installation f. génératrice de courant. 6

Stromversorgungsgebiet n. (Elektr) || area supplied; supply area || zone f. desservie *ou* de consommation. **a) Neugliederung** f. des ~es || fresh grouping of the supply area || réorganisation f. de la zone de consommation. 7

Stromversorgungsplan m., einen ~ für das Gesamtgebiet aufstellen || to draw up a plan for the current supply of the whole area || établir un plan m. de distribution de courant pour le rayon entier. 8

Stromverteilung f., eine starke Verflechtung f. zwischen Stromerzeugung und ~ herstellen || to bring about a close union between the generation and the distrubution of current || établir un rapprochement entre la production du courant et sa distribution. 9

Stromverteilungs-anlage f., **Erweiterung** f. der || extension of the current distributing system || augmentation f. de l'installation de distribution de courant électrique. **a) elektrisches ~netz** n. || electric current supply *or* distribution system || réseau m. de distribution du courant électrique. 10

Stromwage f. || current *or* electric balance || balance f. électrique. 11

Stromwandler m. || current transformer || réducteur m. de courant; transformateur m. d'intensité (du courant). **a) Betriebsspannung** f. eines ~s || service voltage of a current transformer || tension f. de service d'un transformateur d'intensité. **b) Prüfspannung** f. eines ~s || test voltage of a current transformer || tension f. d'essai d'un transformateur d'intensité. **c) Stützer~** || bushing *or* spreader current transformer || transformateur m. d'intensité type à isolateur pilier. **d) Stützer~** in einer **Freiluftanlage** || spreader current transformer in an open air transformer station || transformateur m. d'intensité support, installé dans un poste d'extérieur. 12

Stromwandlerprüfeinrichtung f. || testing device for current transformer || installation f. de vérification de transformateurs d'intensité. 13

Strom-wechsel m. (Elektr) || alternation || alternance f. **a) ~weg** m. (Elektr) || path of the current || parcours m. du courant. **b) ~wender** m. || reversing switch; commutator; current reverser || commutateur m.; inverseur m. de courant. **c) ~wenderelais** n. für **Uhrenanlagen** || reversing relay for clock installations || relais m. d'inversion de courant pour installations d'horloges électriques. 14

Stromwenderwelle f. || commutator shaft || arbre m. de commutateur. 15

Strom-wippe f. (Elektr) || current balance || commutateur m. de courant. **a) ~zähler** m. || current meter || compteur m. de courant. **b) ~zerteilung** f. || branching of a river || partage m. du courant. **c) ~zinn** n. || alluvial *or* diluvial tin-ore; streamtin (ore) || étain m. d'alluvion. **d) ~zuführungsfeder** f. || current-carrying spring || ressort m. d'amenée du courant. **e) ~zunahme** f. || rise of current || accroisement m. du courant. 16

Strontiansalz n. || strontian salt || sel m. de strontiane. 17

Strontium n. || strontium || strontium m. **a) ~sulfat** n. || strontium sulphate || sulfate m. de strontium. 18

Strophanthussamen m. || strophantus seed || semence f. de strophantus. 19

Stropp m. || sling; strop || élingue f. 20

Strudel m. (Seew) || whirl pool || remous m. 21

Struktur f. || structure || structure f. **a)** ~ der **Materialfasern** || structure of the material || structure f. de la matière. **b)** ~ der **Mineralien** (Geol) || grain *or* structure *or* texture *or* articulation of a stone || structure f. *ou* lit m. *ou* grainure f. *ou* texture f. d'une pierre. **c) sehnige** ~ || fibrous structure || structure f. fibreuse. 22

strukturell || structural || structural. 23

Strumpf m. || stocking || bas m. **a) Frauen~** || women's hose || bas m. de dame. **b) geklöppelter** ~ (Beleucht) || braided sleeve || manchon m. tricoté. **c) gerippter** ~ || ribbed stocking || bas m. à côtes. **d) Gummi~** || elastic stocking || bas m. élastique *ou* pour varices. **e) Halb~** || half-hose || chaussette f. **f) Seiden~** || silk hose || bas m. de soie. **g) Sport~** || golf hose || bas m. de sport. 24

Strumpf-anstricken n. || stocking footing || entage m. de bas. **a) ~appretur** f. || stocking finishing || apprêt m. de bas. **b) ~automat** m. || stocking automaton || automate m. de métier pour bas. **c) ~band** n. || garter || jarretière f. **d) ~fabrik** f. || stocking *or* hosiery factory || fabrique f. de bas. **e) ~fertigung** f. || manufacture of hosiery || fabrication f. de bas. **f) ~former** m. || stocking former || metteur m. en forme de bas. **g) ~formofen** m. || finishing oven for stockings || four m. d'apprêt pour bas. **h) ~halter** m. || suspender || support-chaussettes m.; jarretelle f. **i) ~maschine** f. || hosiery machine; stocking frame || machine f. à bas. **k) ~nähmaschine** f. || hosiery sewing machine || machine f. à coudre pour bonneterie. **l) elastischer ~rand** m. || rib top || bord-côte m. **m) ~stickerin** f. || stocking embroiderer || brodeuse f. de coins de bas. **n) ~stopfer** m. || stocking mender || repriseur m. de bas. **o) ~strickerei** f. || stocking knitting || tricotage m. de bas. **p) ~strickmaschine** f. || hosiery knitting machine || machine f. à tricoter les bas. 25

Strumpfwaren fpl. || hosiery || bonneterie f. **a) nahtlose** ~ || seamless hosiery || bonneterie f. sans couture. **b) orientalische** ~ || oriental hosiery || bonneterie f. orientale. 26

Strumpfwarenwirker m. || hosiery maker || fabricant-bonnetier m. 27

Strumpf-wender m. || stocking turner || tourneur m. de bas. **a) ~wirker** m. || stocking knitter; hosier || tricoteur m. de bas; chaussetier-bonnetier m. **b) ~wirkerei** f. || hosiery || bonneterie f. **c) ~wirkerstuhl** m. || stocking loom || métier m. à tricoter. 28

Strychnin n. || strychnine || strychnine f. **a) ~getreide** n. || strychnine corn || blé m. à la strychnine. 29

Stuben-ofen m. || stove || poêle m. **a) ~weißer** m. || distemperer || peintre m. en détrempe; badigeonneur m. 30

Stuck m. || plaster-stucco; parget; stucco || enduit m. en plâtre; plâtre m.; stuc m. 31

Stück n., **aus einem ~ gearbeitet** || made in one piece || fait d'une seule pièce f. **a) aus einem ~ gepreßt** || pressed out from one piece || embouti d'une seule pièce. **b) fehlerhaftes** ~ || faulty piece || pièce f. défectueuse. **c) gekumpeltes** ~ || beaten *or* shaped piece || pièce f. emboutie. **d) in ~en** npl. || in pieces pl. || en morceaux mpl.; en masse f. 32

Stuckarbeit f. || plastering; stucco work || ouvrage m. de stuc. 33

Stückarbeit f. || piece work || travail m. à la pièce. 34

Stuckarbeiter m. || stucco maker; plasterer || stucateur m. 35

Stück-arbeiter m. || pieceworker || apiéceur m. **a) ~ausklauber** m. || nut picker || dégailletteur. m. **b) ~beschauer** m. (Web) || cut looker || inspecteur m. des étoffes tissues. 36

Stuckdecke f. || plaster ceiling; lathed and plastered ceiling || plafond m. de plâtre. 37

stückeln || to cut into pieces; to divide up || morceler; sectionner. 38

Stückenschneidemaschine f. || piece cutter || coupeuse f. pour morceaux. 39

Stück-färberei f. || piece dyeing || teinture f. d'étoffes. **a) ~gewicht** n. || individual weight || poids m. à la pièce. 40

Stuckgips m. || flower of gypsum || fleur f. de plâtre. 1
Stückgut n. || parcel; bale; bundle; piece goods pl. || coli(s) m.; marchandise f. diverse *ou* en cueillette *ou* de détail. **a) ~kran** m. || piece-goods crane || grue f. pour colis. **b) ~verkehr** m. || piece goods traffic || trafic m. par colis séparés. 2
stückig (Bergb) || in lumps || gailleteux. **a) ~er Halbkoks** m. || lumpy semi-coke || semi-coke m. en morceaux. **b) fester ~er Koks** m. || hard lumpy coke || coke m. solide en morceaux. 3
Stück-kohle f. || large coal || gaillettes fpl. **a) ~liste** f. || specification; list of material || liste f. de pièces. 4
Stücklohn m. || piece wages pl. || salaire m. à la piece; forfait m. **a)** die **Arbeit** f. wurde **im ~ ausgeführt** || the labour is paid for at piecework prices || le travail est exécuté au salaire aux pièces; les ouvriers exécutent le travail à un prix fixe. 5
Stücklohn-arbeiter m. || pieceworker || ouvrier m. payé par salaire à la pièce. **a) ~setzer** m. (Buchdr) || piece hand || compositeur m. aux pièces. 6
Stück-mergel m. || bituminous marl || marne f. bitumineuse. **a) ~messing** n. || arco; impure brass || arcot m. 7
Stuckmörtel m. || badigeon; plaster mortar; stucco || badigeon m.; mortier-stuc m. 8
Stückpfortenklappe f. || port lid || mantelet m. de sabord. 9
Stück-satz m. || piece work; composition of slips *or* packets || pièces fpl.; composition f. en paquets; paquetage m. **a) ~setzer** m. (Buchdr) || piece hand; solid compositor || paquetier m.; pièclier m. **b) ~verkauf** m. || retail sale *or* selling || vente f. à la pièce *ou* en détail. 10
Stückware f. || piece goods pl. || pièces fpl. diverses. 11
Stuckwaren fpl. || stucco works pl. || objets mpl. en stuc. 12
Stückwerk n. || piece work; jobbing || ouvrage m. incomplet *ou* décousu. 13
Stuckwerkstatt f. || workshop for stucco || atelier m. pour ouvrages en stuc. 14
Stück-zahl f., Akkord m. nach || agreement by piece || marché m. à la tache. **a) ~zeit** f. || piece rate || durée f. de l'usinage d'une pièce. 15
Student m. || student || étudiant m. 16
Studentenband n. || student's ribbon || ruban m. pour étudiants. 17
Studiengesellschaft f. für .... || association for the study of ... || société f. d'études de ... 18
studieren, eingehend || to study thoroughly || étudier à fond. 19
Stufe f. (Aut Tel) || stage || étage m. **a) ~** (figürl) || degree || degré m. **b) ~** (Treppe) || step || gradin m.; degré m. **c) aufklappbare ~** f. einer Leiter || tip-up tread of a ladder || marche f. relevable d'une échelle. **d) geschweifte ~** || curved step || marche f. courbée. 20
Stufen-anker m. (Elektr) || armature with pilot-windings || armature f. à étages. **a) ~auflösung** f. (Müll) || gradual reduction || réduction f. graduelle. **b) ~belag** m. || covering of step || recouvrement m. de marche. **c) ~blende** f., **siebenteilige** || diaphragm of seven grades || diaphragme m. à sept parties. **d) ~erwärmung** f. || stage heating || chauffage m. par gradins. **e) ~feder** f. || step spring || ressort m. à feuilles étagées. 21
stufenförmig angeordnete Blenden fpl. || graded stops pl. || diaphragmes mpl. échelonnés. 22
Stufen-fotometer n. || gradation photometer || photomètre m. graduel. **a) ~kolben** m. || differential piston || piston m. différentiel. **b) ~konus** m. || step cone || cône m. à gradins. **c) ~leiter** f. || step ladder || échelle f. de meunier. 23
stufenlos || ridgeless || sans échelon. 24
Stufen-muster n. eines **selbsttragenden Luftkabels** || design of a self-supporting overhead cable || construction f. d'un câble aérien à auto-support. **a) ~nut** f. (Treppe) || step groove *or* notch || emmarchement m. **b) ~presse** f. || gang press || presse f. à poinçons multiples. **c) ~rad** n. || wheel in steps; step cones pl. || roue f. en étages; cône m. à gradins. **d) ~relais** n. || stepping relais || relais m. à gradins. **e) ~schalter** m. (Selbstanschl) || sequence switch || commutateur m. à séquentiel. 25
Stufenscheibe f. || step *or* cone pulley || cône m. étagé *ou* à gradins; poulie f. de transmission à cônes. **a) Antriebs~** || driving cone pulley || poulie f. de commande à gradins. 26
Stufenscheibenantrieb m. || cone pulley drive || commande f. par poulie à cônes. 27
Stufen-trocknung f. || stage drying || séchage m. par gradins. **a) ~walze** f. || step roll || cylindre m. à marches. **b) ~zähne** mpl. || teeth pl. in steps || dents fpl. en étages; dents fpl. étagées. 28
Stuhl m. || chair || chaise f. **a) gebogener ~** || chair of bent wood || chaise f. cintrée. **b) Hand~** (Textil) || hand frame || métier m. à main. **c) Kinder~** || children's chair || siège m. pour enfants. **d) Wirk~** || knitting frame || métier m. à tricot. 29
Stuhl-bein n. || chair leg || pied m. de la chaise. **a) ~feder** f. || chair spring || ressort m. de chaise. **b) ~flechter** m. || seats caner || canneur m. pour chaises. **c) ~flechtrohr** n. || chair cane for seats || jonc m. pour sièges. **d) ~gang** m. || stool || selle f. 30
Stuhlgestell n. (Tischl) || chair frame || châssis m. de chaise. **a) ~ eines Webstuhles** || frame of a loom || bâti m. de métier. 31
Stuhllasche f. (Eisenb) || fish chair || coussinet-éclisse m. 32
Stuhllehne f. || chair back || dossier m. **a) hölzerne ~** || wood back || dossier m. en bois. 33
Stuhlmacher m. || chair maker || chaisier m. **a) ~lochbeitel** m. || chairmaker's mortise chisel || bec m. d'âne pour chaisiers. 34
Stuhl-nagel m. (Eisenb) || trenail || cheville f. de coussinet. **a) ~platte** f. (Eisenb) || bed *or* chair plate; saddle || coussinet-selle m.; selle f. pour rails Vignoles. 35
Stuhlrohr n. || cane for chairs || canne f. pour chaises. **a) gewaschenes ~** || washed cane for seats || jonc m. lavé pour sièges. 36
Stuhl-schiene f. || chair rail; bull-headed rail; double-headed rail || rail m. à double champignon *ou* à coussinet. **a) ~setzer** m. (Spinn) || frame fixer || monteur m. de métiers. 37
Stuhlsitz m. || chair seat || siège m. de chaise. **a) gepolsterter ~** || cushion seat || siège m. rembourré. **b) hölzerner ~** || wood seat || siège m. en bois. **c) lederner ~** || leather seat || siège m. en cuir. 38
Stuhlstabdrechsler m. || chair turner || tourneur m. en chaises. 39
Stuhlung f., in fester ~ lagern || to carry on solid frames pl. || monter sur un bâti fixe. 40
Stukkatör m. || plasterer || plafonneur m.; stucateur m. **a) ~geschäft** n. || plastering contractor || entrepreneur m. de plâtrerie. 41
Stukkatur f. *s.* Stuckarbeit. 42
Stulp m. *s.* Stulpe. **a) Kolben~** || piston packing leather || cuir m. du piston. 43
Stulpe f. (Schneid) || facing; cuff || revers m.; manchette f. **a) ~** (Schuhm) || top || revers m.; genouillère f. 44
Stulpen-stepper m. (Schneid) || facing stitcher || piqueur m. de revers. **a) ~stiefel** m. || top boot || botte f. retroussée; botte f. à revers *ou* à genouillère. **b) ~zuschneider** m. (Schneid) || facing cutter || coupeur m. de revers. 45
Stulphandschuh m. || gauntlet || gant m. à rebras. 46
stummer Film m. || silent pictures pl. || film m. muet. 47
Stummel m. *s. auch* Stumpf. **a) Achs~** || axle journal || tronçon m. de l'arbre. **b) Boots~** (Luftf) || wing stump || nageoire f. **c) Flossen~** (Luftf) || wing float stump || nageoire f. latérale. 48
Stummheit f. || speechlessness || mutisme m. 49
Stumpen m. (Hutm) || stump || cloche f. **a) ~** (Seide) || noils pl. of carded waste silk || déchet m. de cardette. 50
Stümper m. || blunderer; bungler; duffer || bousilleur m. 51
stumpf (Werkzeug) || blunt; edgeless || émoussé. **a) ~** (Winkel) || obtuse || obtus. **b) ~ aneinanderfügen** || to butt-joint; to butt || assembler bout à bout; abouter. **c)** die **Enden** npl. sind **~ aneinandergeschweißt** || the ends are butt-welded to each other || les extrémités fpl. sont soudées par juxtaposition *ou* à rapprochement. **d) ~ machen** (Werkzeug) || to dull || émousser. 52
stumpf-es Messer n. || blunt knife || couteau m. émoussé. **a) ~er Winkel** m. || obtuse angle || angle m. obtus. 53
Stumpf m. *s. auch* Stummel. **a) Baum~** || trunk || tronche f.; souche f. **b) Wellen~** || end of the shaft || extrémité m. de l'arbre. 54
stumpfen *s.* stumpf aneinanderfügen. 55
Stumpf-mast m. || stub mast || mât m. tronqué. **a) ~nahtschweißung** f. || butt seam welding || soudage m. de joints à rapprochement. **b) ~schweißen** n. || butt welding || soudage m. à rapprochement. **c) ~schweißmaschine** f. || butt welding machine || machine f. à souder à rapprochement. **d) ~stoß** m. || butt joint || joint m. abouté. 56
stumpfwinklig || obtuse-angled || obtusangle. **a) ~es Dreieck** n. || obtuse-angled triangle; amblygon || triangle m. à angle obtus *ou* obtusangle *ou* amblygone. 57
stumpfzinkiger Wundhaken m. || wound hook with blunt teeth || écarteur m. à griffes obtuses. 58
stunden || to allow time *or* to grant respite for payment || accorder un délai de payement. 59

Stunden-achse f. (Astro) ‖ polar axis ‖ axe m. horaire. **a) ~bewegung** f., Antriebsvorrichtung f. für die ~ großer Reflektoren oder Refraktoren ‖ driving device for the motion in right ascension of large reflectors or refractors ‖ moteur m. pour le mouvement horaire des grands réflecteurs ou réfracteurs. **b) ~glas** n. ‖ watch glass ‖ horloge f. de sable; sablier m.; ampoulette f. 1

Stundenkreis m. (Astro) ‖ hour circle; right ascension circle ‖ cercle m. horaire. **a)** ~ zur **direkten Einstellung** des Fernrohres nach Sternzeit und Rektaszension (Astro) ‖ hour circle for direct setting the telescope by stellar time and right ascension ‖ cercle m. horaire pour le calage direct de la lunette en temps sidéral et ascension droite. **b)** auf eine **Minute** ablesbarer ~ (Astro) ‖ right ascension circle reading to one minute ‖ cercle m. horaire permettant de lire la minute. **c)** ~ mit **Noniusablesung** (Astro) ‖ right ascension circle with vernier ‖ cercle m. horaire à vernier. **d)** in **Zeitminuten** geteilter ~ (Astro) ‖ hour circle graduated in minutes of time ‖ cercle m. horaire divisé en minutes de temps. 2

Stunden-leistung f. *s.* stündliche Leistung. **a) ~ring** m. ‖ graduated circle of the compass ‖ circonférence f. graduée. **b) ~teilung** f. ‖ division into hours ‖ division f. horaire. **c) ~umlaufzeit** f. ‖ time of rotation in hours ‖ durée f. horaire de révolution. **d) ~winkel** m. (Schiff) ‖ horary angle ‖ angle m. horaire. 3

Stundenwinkelscheibe f. (Astro) ‖ hour angle disc ‖ disque m. horaire. **a)** ~ zur **direkten Ablesung** des Stundenwinkels für jede Rektaszension nach Einstellung der Sternzeit (Astro) ‖ hour angle disc for direct reading of hour angle corresponding to any right ascension after setting to stellar time ‖ disque m. horaire pour la lecture directe de l'angle horaire pour n'importe quelle ascension droite après réglage au temps sidéral. 4

Stundenzeiger m. ‖ hour hand ‖ aiguille f. des heures. 5

stündliche Leistung f. ‖ output per hour; hourly capacity ‖ rendement m. par heure; puissance f. horaire; débit m. à l'heure. 6

Stundung f. **verlangen** ‖ to apply for a term of respite ‖ demander un répit. 7

Stundungs-antrag m. *s.* ~gesuch. **a) ~frist** f. ‖ time allowed for payment; respite ‖ délai m. accordé pour le payement. **b) ~gesuch** n. ‖ request for a respite ‖ demande f. de délai. 8

Stupfelmaschine f. (Web) ‖ pricking machine ‖ machine f. à piquer. 9

Sturm m. ‖ storm; strong gale ‖ tempête f.; vent m. grand frais. **a) starker** ~ ‖ whole gale ‖ coup m. de vent. 10

Sturm-band n. (Zimm) ‖ strut brace ‖ lien m. en contre-fiche. **a) ~flut** f. ‖ storm flood ‖ grande marée f. élevée par la tempête. **b) ~gaffel** f. ‖ storm trysail gaff ‖ corne f. de cape. **c) ~haken** m. (Fenster) ‖ casement stay ‖ crochet m. à fenêtres ouvertes. 11

stürmisch ‖ stormy ‖ à coup de vent; orageux; tempétueux. **a) ~e Gärung** f. ‖ boiling *or* fiery fermentation; fretting ‖ fermentation f. tumultueuse. 12

Sturm-klüver m. ‖ storm jib; fore-topmast staysail ‖ foc m. de tourmente; petit foc m. **a) ~laterne** f. ‖ storm lantern ‖ lanterne-tempête f. **b) ~latte** f. (Zimm) ‖ wind beam ‖ contre-latte f. **c) ~schaden** m. ‖ storm damage ‖ dommage m. causé par la tempête. **d) ~segel** n. ‖ stormsail ‖ voile f. de cape. **e) ~sicherheit** f. ‖ wind resisting power ‖ stabilité f. au vent. **f) ~tür** f. (Windmüll) ‖ storm flap ‖ pale f. de tempête. **g) ~warnung** f. ‖ storm warning ‖ avertissement m. de tempêtes. **h) ~warnungsdienst** m. ‖ storm warning service ‖ service m. d'avertissement de tempête. **i) ~zeichen** n. ‖ storm-warning signal ‖ signal m. d'avertissement de tempête. 13

Sturz m. ‖ fall ‖ chute f. **a)** ~ (Bauk) ‖ cap piece ‖ linteau m. **b)** ~ (Rad) ‖ dash of wheel ‖ écuanteur m. **c) gerader** ~ (Bauk) ‖ straight cap piece ‖ plate-bande f. **d) gewölbter** ~ (Bauk) ‖ vaulted head ‖ larmier m. bombé et réglé. **e) krummer** ~ (Bauk) ‖ arched cap piece ‖ linteau m. en cintre. **f)** ~ der **Kurse** ‖ collapse of prices; sudden fall of rates; slump ‖ débâcle f. **g) Preis~** ‖ slump ‖ baisse f. soudaine. **h) steinerner** ~ (Bauk) ‖ stone lintel ‖ linteau m. en pierre. 14

Sturz-bach m. ‖ torrent ‖ torrent m. **a) ~bahn** f. ‖ elevated discharging track ‖ voie f. surélevée de déchargement. **b) ~blech** n. ‖ black sheet-iron ‖ tôle f. noire *ou* fer m. noir. **c) ~bühne** f. (Met) ‖ tipping stage ‖ pont m. de décharge; plateforme f. de déversement. 15

Stürze f. (Blasinstrument) ‖ bell ‖ pavillon m. 16

stürzen (etwas) ‖ to dump; to tip ‖ déverser. **a)** das **Erz** ohne Umladen in die Vorratsräume ~ ‖ to dump the ore into the bins without any rehandling ‖ verser *ou* vider le minerai dans les poches sans déchargement. **nicht** ~! (Verpackung) ‖ not to be dropped!; keep upright!; do not overturn! ‖ ne pas laisser tomber!; (ne) pas renverser! 17

Sturzflug m. (Luftf) ‖ vertical dive ‖ piqué m. 18

Stürzform f. (Gieß) ‖ turn-mould; mould without core ‖ moule m. à renverser. 19

Sturz-gasse f., **Arbeiter** m. an der (Bergb) ‖ chimney labourer ‖ monteur m. de cheminées. **a) ~gerüst** n. (Met) ‖ tipping stage *or* jetty ‖ pont m. de décharge; charpente f. *ou* estacade f. de déversement. 20

Stürzgüter npl. ‖ goods pl. laden in bulk; bulk load; cargo in grains ‖ marchandises fpl. chargées en vrac; charge f. en vrac *ou* en grenier. 21

Sturzhöhe f., **unveränderliche** ‖ invariable dumping height ‖ hauteur f. de chute constante. **a) veränderliche** ~ ‖ changeable depth of drop ‖ hauteur f. de déversement variable. 22

Sturz-karren m. ‖ truck; open cart ‖ haquet m. **a) ~kasten** m. ‖ discharging hopper ‖ trémie f. de déversement. **b) ~rinne** f. ‖ tip chute ‖ couloir m. de déversement. **c) ~rutsche** f. ‖ tip chute ‖ couloir m. *ou* rigole f. de déversement. **d) ~see** f. ‖ breaker ‖ gros coup m. de mer. 23

Stütz-balken m. (Dachstuhl) ‖ sloping *or* strut beam ‖ arbalétrier m. **a) ~bock** m. ‖ trestle ‖ tréteau m. **b) ~bogen** m. ‖ relieving arch ‖ arc m. de soutènement. 24

Stütze f. ‖ support; bearer; prop ‖ support m.; accore m. **a)** ~ (Brückenb) ‖ pillar ‖ pilier m. **b)** ~ (Drahtseilbahn) ‖ supporting post ‖ pylône m. **c) Aufstellung** der ~n (elLeit) ‖ erection of the poles ‖ plantation f. des appuis. **d) eiserne** ~ (Schiffb) ‖ iron stanchion ‖ chandelier m. de fer. **e) Laternen~** ‖ lamp bracket ‖ porte-lanterne m. **f)** ~ einer **Mauer** ‖ prop of a wall ‖ appui m. d'un mur. **g) N-förmige** ~ ‖ N-pole ‖ appui m. en N. **h) pyramidenförmige** ~ ‖ pyramidal pole ‖ appui m. en pyramide. **i) verankerte** ~ ‖ stayed pole ‖ appui m. haubanné. 25

stutzen ‖ to curtail; to cut short ‖ raccourcir; écourter. **a)** einen **Baum** m. ~ ‖ to prune a tree ‖ étêter un arbre. 26

stützen ‖ to support; to buttress; to prop ‖ accorer; étayer; éperonner. **a)** eine **Mauer** f. durch einen Bogen ‖ to buttress a wall by an arch ‖ arc-bouter un mur. **b) sich** ~ **auf** ‖ to rely on; to be supported on ‖ appuyer sur; être couché sur. **c)** mit einem **Strebepfeiler** m. ‖ to prop with a buttress ‖ buter. 27

Stutzen m. (Dampfkessel) ‖ connection piece ‖ tubulure f. **a)** ~ eines **Druckrohrs** ‖ pressure tube joint ‖ culotte f. **b) Einsatz~** ‖ connecting branch ‖ tubulure f. insérée. **c) Kontroll~** ‖ control sleeve ‖ support m. de contrôle. **d)** ~ aus einem Blech **ohne Naht** gepreßt (Kesselb) ‖ connecting branch stamped out of one plate without seam ‖ tubulure f. emboutie d'une seule tôle sans soudure. **e) Ölfüll~** ‖ oil filler cap ‖ bouchon m. de remplissage d'huile. 28

Stützenbohrer m. (elLeit) ‖ pole drill ‖ tarière f. 29

Stützerführung f. (Elektr) ‖ pin ‖ ferrure f. 30

Stützerstromwandler m. ‖ bushing *or* spreader current transformer ‖ transformateur m. d'intensité type à isolateur pilier. **a)** ~ in einer **Freiluftanlage** ‖ spreader current transformer in an open air transformer station ‖ transformateur m. d'intensité support, installé dans un poste d'extérieur. 31

Stütz-gerüst n. ‖ supporting frame ‖ charpente f. de support. **a) ~isolator** m. ‖ pin insulator ‖ isolateur m. à ferrure. **b) ~knagge** f. (Eisenb) ‖ bearing stud ‖ butée f. d'aiguille. **c) ~lager** n. ‖ step; step bearing ‖ crapaudine f. **d) ~mauer** f. ‖ sustaining *or* supporting wall ‖ mur m. de talus *ou* de soutènement. **e) ~pfahl** m. (elLeit) ‖ supporting pole ‖ soutien m. **f) ~pfeiler** m. (Bauw) ‖ projecting *or* reinforcing pier ‖ dosseret m. de voûte. **g) ~platte** f. ‖ backing plate ‖ plaque f. d'appui; contre-plateau m. 32

Stützpunkt m. ‖ fulcrum ‖ point m. d'appui. **a)** ~ für **Freileitungen** ‖ support for aerial lines ‖ appui m. pour lignes aériennes. **b)** ~, um den sich der **Hebel** dreht ‖ fulcrum about which the lever turns ‖ point m. d'appui autour duquel tourne le levier. 33

Stützpunkt-abstand m. (elLeit) ‖ pole distance ‖ distance f. entre les appuis. **a) ~nachweis** m. für oberirdische Linien ‖ statement of poles for aerial lines ‖ carnet m. des appuis de lignes aériennes. 34

Stütz-rollenträger m., **kastenartiger** ‖ supporting roller pedestal in box-form ‖ support m. des rouleaux d'appui en forme de boîte. **a) ~scheibe** f. (Sammler) ‖

supporting plate *or* disk ‖ verre m. *ou* disque m. support. **b) ~schwimmer** m. ‖ outboard float ‖ flotteur m. de bout d'aile. **c) ~träger** m. ‖ supporting column ‖ poutre f. de soutènement. 1
Stutzuhr f. ‖ timepiece ‖ pendule f. de cheminée. 2
Stütz-walze f. ‖ supporting roller ‖ rouleau m. d'appui. **a) ~weite** f. (Kran; Brücke) ‖ span ‖ portée f. **b) ~werk** n. (Zimm) ‖ propping ‖ soutènement m. **c) ~winkel** m. (Eisenb) ‖ angle stop ‖ équerre f. d'arrêt. 3
Stylograf m. ‖ stylograph ‖ stylographe m. 4
Suberinsäure f. ‖ suberic acid ‖ acide m. subérique. 5
Subhastation f. ‖ public sale; subhastation ‖ vente f. d'immeubles aux enchères. 6
Subkutanpräparat n. ‖ hypodermic product ‖ préparation f. souscutanée. 7
Sublimat n. ‖ sublimate ‖ sublimé m. **a) ~gaze** f. ‖ corrosive sublimate gauze ‖ gaze f. au sublimé. 8
Sublimation f. ‖ sublimation ‖ sublimation f. 9
Sublimationspunkt m. ‖ sublimation point ‖ point m. de sublimation. 10
Sublimatpastille f. ‖ sublimate pastil ‖ pastille f. au sublimé. 11
Sublimierapparat m. ‖ sublimating apparatus ‖ appareil m. de sublimation. 12
sublimierbar ‖ sublimable ‖ sublimable. 13
sublimieren ‖ to sublimate ‖ sublimer. 14
Sublimiergefäß n. ‖ sublimation vessel ‖ aludel m. **a) ~ofen** m. ‖ subliming furnace ‖ fourneau m. à sublimation. 15
Submission f. ‖ contract (for public works); tender ‖ soumission f. 16
submissionieren, unter ‖ to sublet ‖ soussmissioner. 17
Submissions-bedingungen fpl. ‖ terms pl. of contract ‖ cahier m. des charges. **a) ~offerte** f., eine ~ einreichen ‖ to make a tender ‖ concourrir à une soumission. **b) ~vergebung** f. ‖ sale upon sealed tenders ‖ vente f. et adjudication f. sur soumissions cachetées. **c) ~weg** m., auf dem ~ vergeben ‖ to entrust the execution of public works by tender ‖ mettre en adjudication f. 18
Submittent m. ‖ contractor; tenderer ‖ soumissionnaire m. 19
Subnormale f. ‖ subnormal ‖ sous-normale f. 20
Substituierung f. (Math) ‖ substitution ‖ substitution f. 21
Subtangente f. ‖ subtangent ‖ sous-tangente f. 22
subtrahieren (Math) ‖ to subtract ‖ soustraire. 23
Subtraktion f. ‖ subtraction ‖ soustraction f. 24
Subtraktions-vorrichtung f. ‖ substracting device ‖ dispositif m. de soustraction. **a) ~zahnrad** n. (Büro) ‖ substract cam ‖ came m. de soustraction. 25
Subvention f., **staatliche** ‖ Government grant ‖ subvention f. d'Etat. 26
Suchanker m. (Seekabel) ‖ grapnel ‖ grapin m. 27
Suche f., auf der ~ nach ‖ on the look out for ‖ en quête f. de. 28
Sucher m. eines **Fernrohres** ‖ searcher *or* finder of a telescope ‖ chercheur m. d'une lunette. **a) x-facher ~** ‖ x times finder ‖ chercheur m. x fois. 29
Sucherde f. (Fernm) ‖ seeker earth ‖ terre f. de recherche. 30
Sucher-lampe f. (Auto) ‖ spot light ‖ projecteur m. auxiliaire orientable. **a) ~okular** n. ‖ finder eyepiece ‖ oculaire-chercheur m. 31
Such-lampe f. (Elektr) ‖ lamp detector ‖ lampe f. témoin. **a) ~licht** n. (Scheinwerfer) ‖ search light ‖ projecteur m. 32
Sud m. ‖ brewing ‖ brassin m.; soude m. 33
Südfrucht f. ‖ southern fruit ‖ fruit m. du midi. 34
Sudhaus n. ‖ brewing house ‖ salle f. de chaudières à brasser *ou* de brassage. **a) ~ausbeute** f. ‖ brew-house yield ‖ rendement m. en chaudière. **b) ~einrichtung** f. ‖ installation of brewery ‖ installation f. de brasserie. 35
südlich ‖ south ‖ sud. **a) ~e Halbkugel** f. der Erde ‖ southern hemisphere of the earth ‖ hemisphère m. austral de la terre. 36
südmagnetisch ‖ south-magnetic ‖ magnétique sud. 37
Südostpassat m. ‖ South-East trade wind ‖ alizé m. de Sud-Est. 38
Sudwerk n., **Dampf** ‖ steam brewing plant ‖ installation f. de brassage à la vapeur. **a) Doppel~** ‖ double brewing plant ‖ installation f. double de brassage. 39
Sukzessivlieferung f. ‖ successive delivery; delivery by instalments ‖ livraison f. successive. 40
Sulfanilsäure f. ‖ sulphanilic acid ‖ acide m. sulfanilique. 41
Sulfat n. ‖ sulphate ‖ sulfate m. **a) ~anlage** f. ‖ sulphate plant ‖ installation f. de sulfate. 42
Sulfatation f. ‖ sulphating ‖ sulfatation f. 43
Sulfatfabrikeinrichtung f. ‖ sulphate work equipment ‖ installation f. de fabrique de sulfate. 44
sulfathaltig ‖ sulphate-containing ‖ sulfaté. 45
sulfatieren ‖ to sulphate ‖ se sulfater. 46
Sulfatieren n. (Sammler) ‖ sulphation ‖ sulfatation f. 47
Sulfatofenarbeiter m. ‖ sulphate-of-soda maker ‖ ouvrier-sulfatier m. 48
Sulfat-pfanne f. ‖ sulphate pan ‖ bassin m. pour sulfate. **a) ~platte** f. ‖ sulphate plate ‖ plaque f. à sulfate. **b) ~schale** f. ‖ sulphate basin ‖ cuvette f. à sulfate. 49
Sulfatzellstoff m. ‖ sulphate cellulose ‖ cellulose f. à sulfate. **a) ~fabrik** f. ‖ sulphate cellulose works pl. ‖ fabrique f. de cellulose à sulfate. 50
Sulfid n. ‖ sulphide ‖ sulfure m. 51
Sulfit n. ‖ sulphite ‖ sulfite m. **a) ~laugenanlage** f. ‖ sulphite lye plant ‖ installation f. pour lessive de sulfite. **b) ~sprit** m. ‖ sulphite alcohol ‖ alcool m. au sulfite. **c) ~zellstoff** m. ‖ sulphured *or* sulphite wood pulp ‖ pâte f. de bois au bisulfite. 52
Sulfitzellulose f. ‖ sulphured *or* sulphite cellulose; cellulose of sulphite ‖ cellulose f. sulfatée *ou* au sulfite. **a) gebleichte ~** ‖ bleached cellulose of sulphite ‖ cellulose f. sulfatée blanchie. **b) ungebleichte ~** ‖ unbleached cellulose of sulphite ‖ cellulose f. sulfatée non-blanchie. 53
Sulfoharnstoff m. ‖ sulphourea ‖ sulfurée f. 54
Sulfosotsirup m. ‖ sulfosot syrup ‖ sirop m. sulfosot. 55
Sulfuröl n. ‖ sulphurous carbon oil ‖ huile f. de grignons. 56
Sulfurylchlorid n. ‖ sulphuryl chloride ‖ chlorure m. de sulfuryle. 57
Sulze f. ‖ brine ‖ saline f. 58
Sülze f. (Fleischkonserve) ‖ meat preserved in jelly; brawn ‖ viande f. à la gelée; fromage m. de porc. **a) ~** (gallertartige Masse) ‖ jelly ‖ gelée f. **b) ~** (Salz) *s.* Sulze. 59
Sülzer m. ‖ meat jelly manufacturer ‖ fabricant m. de viande à la gelée. 60
Sumach m. ‖ sumac(h) ‖ sumac m. **a) ~auszug** m. ‖ sumac extract ‖ extrait m. de sumac. **b) ~holz** n. ‖ sumac wood ‖ bois m. de sumac. **c) ~knospe** f. ‖ sumac bud ‖ feuille f. de brindille de sumac. **d) ~rinde** f. ‖ sumac bark ‖ écorce f. de sumac. 61
Sumbulwurzel f. ‖ sumbuly root ‖ racine f. de sumbul. 62
summarisch ‖ summary ‖ sommaire. 63
Summe f. ‖ sum ‖ somme f. 64
Summen n. (Fernm) ‖ hum(ming) ‖ ronchonnement m. **a) ~ der Telegraphendrähte** ‖ humming of telegraph wires ‖ bourdonnement m. des lignes télégraphiques. 65
Summen-drucktaste f. ‖ key for printing totals ‖ touche f. de totalisation. **a) ~rad** n. ‖ addition wheel ‖ roue f. de sommation. 66
Summer m. ‖ vibrator; buzzer; howler ‖ vibrateur m.; ronfleur m.; oscillateur m. **a) ~ abgestimmter** (Funkw) ‖ tuned buzzer ‖ vibrateur m. syntonisé. **b) ~ für Amtszeichen** (Selbstanschl) ‖ buzzer for dialling tone ‖ ronfleur m. bruit du réseau. **c) ~ für Besetztzeichen** (Selbstanschl) ‖ buzzer for busy tone ‖ ronfleur m. d'occupation. **d) ~ für frei** (Selbstanschl) ‖ buzzer for ringing tone ‖ ronfleur m. de sonnerie. 67
Summer-maschine f. (Fernm) ‖ buzzer machine ‖ trompette f. électrique. **a) ~meldebetrieb** m. (Fernm) ‖ telegraph order wire working ‖ préparation f. télégraphique. **b) ~schauzeichen** n. (Fernm) ‖ buzzer indicator ‖ voyant m. à courant de vibrateur. **c) ~zeichen** n. (Fernm) ‖ tone signal ‖ signal m. de ronfleur. 68
summieren ‖ to add *or* sum up ‖ additionner. 69
Sumpf m. (Bergb) ‖ sump; water-lodge ‖ puisard m. **a) ~** (Geogr) ‖ marsh ‖ marais m. **b) ~** (Töpf) ‖ pit ‖ marcheux m. **c) ~ eines Ofens** (Met) ‖ sump in a furnace ‖ fond m. d'un fourneau. 70
Sumpf-boden m. ‖ marshy ground ‖ sol m. *ou* terrain m. marécageux. **a) ~erz** n. ‖ meadow *or* swamp ore; bog-iron ore ‖ limonite f.; mine f. de fer à fleur de terre; mine f. de marais. **b) ~gas** n. ‖ fire-damp; marsh gas; light hydrocarbon gas ‖ gaz m. léger d'hydrogène carburé; gaz m. (des) marais. **c) ~gebiet** n. ‖ marshland ‖ terrain m. marécageux. 71
sumpfig ‖ marshy ‖ marécageux. 72
Sun m. (Spinn) ‖ sunn ‖ sunn m. 73
Superdividende f. ‖ special dividend; bonus ‖ boni m. 74
Superheterodyne-empfang m. ‖ superheterodyne reception ‖ réception f. par super-hétérodyne. **a) ~empfänger** m. (Funkw) ‖ super-heterodyne receiver ‖ récepteur m. superhétérodyne. 75
Superoxyd n. ‖ peroxide; superoxide ‖ hyperoxyde m.; peroxyde m. 76

Superphosphat n. || superphosphate || superphosphate m. **a) ~anlage** f. || superphosphate plant || installation f. de fabrique de superphosphate. **b) ~-fabrikanlage** f. || superphosphate producing plant || installation f. de fabrique de superphosphate. 1
Superregenerativempfänger m. (Funkw) || superregenerative receiver || superrégénérateur m. 2
Supertara f. || additional tare || surtare f. 3
Suppen-extrakt m. || soup extract || extrait m. pour la soupe. **a) ~konserve** f. || preserved soup || soupe f. conservée. **b) ~löffel** m. || soup ladle || cuiller m. à potage; louche f. **c) ~napf** m. || porringer || terrine f. **d) ~teller** m. || soup plate || assiette f. à soupe. 4
Supplement n. (Winkel) || supplement || supplément m. 5
Support m. || slide rest || support m. **a) Abstech~** || cutting-off slide || chariot m. de tronçonnage. **b) doppelter ~** || double tool post *or* holder || support m. porte-outil double. **c) ~ einer Drehbank** || slide of a lathe || support m. *ou* chariot d'un tour. **d) einfacher ~** || plain tool post *or* holder || support m. porte-outil simple. **e) Fasson~** || forming rest || chariot m. à façonner. **f) Flanschendreh~** || flange turning jig || dispositif m. à dresser les brides. **g) klappbarer ~** || hinged tool post *or* holder || support m. porte-outil à charnière. **h) Revolver~** || turret head; revolving tool box saddle || chariot m. porte-outil avec tourelle revolver; revolver m. **i) Riffel~** || fluting support || support m. de cannelage. **k) Schleif~** || grinding support || support m. de polissage. **l) Schneckenräderfräs~** || worm milling hob arbor carriage || chariot m. à tailler les roues à vis tangente. 6
Supportdrehbank f. || slide lathe || tour m. à charioter. 7
Suppositorien npl. || suppositories pl. || suppositoires mpl. **a) ~presse** f. || suppository mould || presse f. pour suppositoires. 8
Surren n. des **Motors** || humming of the motor || bourdonnement m. du moteur. 9
Surrogat n. || substitute; surrogate || succédané m.; substitut m. **a) Farbmalz~** || black malt succedaneum || succédané m. du malt torréfié. 10
suspendieren (Chem) || to suspend || mettre en suspension. 11
Suspensorium n. || suspensory bandage; suspensor || suspensoir m. 12
süß || sweet || sucré; doux. 13
Süßholz n. || licorice; liquorice || réglisse f.; bois m. de réglisse. **a) ~pulver** n. || powdered liquorice || réglisse f. en poudre. **b) ~zucker** m. || liquorice sugar; glycyrrhizine || sucre m. de réglisse; glycyrrhizine f. 14
Süßigkeitsgewerbe n. || manufacture of sweets || fabrication f. de confiseries. 15
Süßkirschbaumholz n. || wild cherry-tree wood || merisier m. 16
Süßstoff m. || dulcifying material; dulcifiant || dulcifiant m. 17
Süßwasser n. || fresh water || eau m. douce *ou* de source. **a) ~ablagerung** f. || fresh water deposit || dépôt m. d'eau douce. **b) ~behälter** m. || fresh water tank || réservoir m. à eau douce. **c) ~fisch** m. || fresh-water fish || poisson m. d'eau douce. **d) ~fischerei** f. || fresh-water fishing || pêche f. en eau douce. **e) ~kalk** m. || fresh water limestone || calcaire m. lacustre. **f) ~pumpe** f. || fresh water pump || pompe f. à l'eau douce. 18
Süßwein m. || sweet wine || vin m. doux. 19
Suszeptibilität f. || susceptibility || susceptibilité f. 20
Sweater m. || sweater; jersey || sweater m. 21
Syenit m. || syenite || syénite f. 22
Sylvanit m. || graphic *or* yellow tellurium; sylvanite || sylvane m.; tellure m. natif auro-argentifère. 23
Sylvinit m. || sylvinite || sylvinite f. 24
symbiotische Gärung f. || symbiotic fermentation || fermentation f. symbiotique. 25
Symbol n. || symbol || symbole m. 26
Symmetrie f. || symmetry || symétrie f. 27
Symmetrieachse f. || symmetry axis || axe m. de symétrie. **a) große ~** || major axis || grand axe m. 28
Symmetrieprüfung f. || symmetry test || mesure f. de symétrie. 29
Symmetrierung f. (Fernm) || balancing of circuits || équilibrage m. des circuits. 30
Symmetrierzusatz m. (Fernm) || apparatus for increasing the symmetry || dispositif m. pour améliorer la symétrie par rapport à la terre. 31
Symmetrieübertrager m. (Fernm) || three-coil transformer || transformateur m. équilibré. 32
symmetrisch || symmetrical || symétrique. **a) ~e Leitung** f. (Fernm) || symmetrical line || ligne f. symétrique. **b) ~er Stromkreis** m. || symmetric circuit || circuit m. symétrique. 33
sympathetische Tinte f. || sympathetic ink || encre f. sympathique. 34
Sympathiestreik m. || sympathetic strike || grève m. de sympathie. 35
sympathische Uhr f. || secondary clock || horloge f. secondaire. 36
synchron || synchronous || synchrone. **a) ~ laufen** || to run synchronous || marcher synchrone. 37
Synchronisiereinrichtung f. || synchronizing device || appareil m. synchroniseur; installation f. de synchronisation. 38
synchronisieren || to synchronize || synchroniser. 39
synchronisierend-e Kraft f. || synchronizing power || puissance f. synchronisante. **a) ~er Strom** m. || synchronizing current || courant m. synchronisant. 40
Synchronisierung f. || synchronization || synchronisation f. **a) ~ von Relaishauptuhren** || synchronization of relay master clocks || synchronisation f. d'horloges principales à relais. 41
Synchronisierungseinrichtung f. *s.* Synchronisiereinrichtung. 42
Synchronismus m. || isochronism; synchronism || synchronisme m. **a) in ~ bleiben** || to keep in synchronism || être au synchronisme. **b)** die **Maschinen** fpl. **arbeiten im ~** || machines pl. are in step || les machines fpl. marchent en synchronisme. **c)** die **Maschinen** fpl. **fallen außer ~** || machines pl. fall out of step || les machines fpl. se décrochent *ou* tombent hors de synchronisme. 43
Synchronismusanzeiger m. || synchronizer || indicateur m. de synchronisme. 44
Synchronmotor m. || synchronous motor || moteur m. synchronique. 45
Synchronoskop n. || synchronous position indicator || synchronoscope m. 46
Synchronuhrensystem n., **elektrisches** || synchronous electric clock system || régime m. d'horloges électriques synchronisées. 47
Syndetikon n. || syndeticon; fish glue || syndétique m.; colle f. de poisson. 48
Syndikat n., zu einem ~ n. **vereinigt zwecks Kaufes** || pooled to buy || syndiqués pour acheter. 49
Syndikat n., zu einem ~ n. **vereinigt zwecks Verkaufes** || pooled to sell || syndiqués pour vendre. 50
Syndikus m. || syndic || syndic m. 51
Syngenit m. || syngenite || syngénite f. 52
Synthese f. (Chem) || synthesis; building-up || synthèse f. 53
synthetisch || synthetical || synthétique. **a) ~es Ammoniak** n. || synthetic ammonia || ammoniaque f. synthétique. **b) ~er Edelstein** m. || synthetic precious stone || pierre f. précieuse synthétique. 54
synthetisches Erzeugnis n. || synthetic product || produit m. synthétique. **a) ~ für photographische Zwecke** || synthetic product for photography || produit m. synthétique pour la photographie. 55
synthetisch-er Riechstoff m. || synthetic perfume || parfum m. synthétique. **a) ~er Stein** m. || synthetic stone || pierre f. de synthèse. **b) ~es Verfahren** n. || synthetical method || méthode f. synthétique. 56
synthetisieren (Chem) || to synthetize || faire la synthèse. 57
Syntonisierlampe f. **mit Impedanzspule** || tuning lamp and choke-coil || lampe f. de syntonisation avec bobine de réactance. 58
System n. || system || système m. **a) abbildendes ~** || image-forming system || système m. optique qui forme les images. **b) ~ der dritten Schiene** || third-rail system || système m. à rail de contact. **c) Einrichtungen** fpl., die mit der Zeit zu einem förmlichen ~ ausgebildet worden sind || institutions which, as time went on, developed into a regular system || série f. d'installations qui, avec le temps, se sont transformées en (tout) un système d'institutions. **d) halbstarres ~** (Luftf) || semi-rigid system || système m. semi-rigide. **e) metrisches ~** || metric system || système m. métrique. 59
Systemarretierung f. || system locking || arrêt m. du système. 60
systematisch || systematic; methodical || systématique. 61
Systemmacher m. (Waffenw) || plate maker || systémeur m. 62
Systogen m. || systogene || systogène m. 63
Szene f. (Theater) || scene || scène f. 64
Szenerie f. || scenery || décors mpl.; scène f. 65
Szintillation f. (Chem) || scintillation || scintillation f. 66
szintillieren (Chem) || to scintillate || scintiller. 67

T

T-Antenne f. || T-antenna || antenne f. en T. 1

T-Dose f. || branch-T || boîte f. de connexion en T. 2

T-Eisen n. || T-iron; T-beam || fer m. en T. **a) Doppel~** || double-T-iron || fer m. en double T. **b) scharfkantiges ~** || sharp-edged T-iron || fer m. en T à angles vifs. 3

T-Luftleiter m., **verlängerter** (Funkw) || extended T-shape antenna || antenne f. en T à branches horizontales prolongées. 4

T-schwelle f. einer Zugramme || T-sill of a (ringing) pile engine || semelle f. en T d'une sonnette à tiraudes. 5

Tabak m. || tobacco || tabac m.; nicotiane f. **a)** den **~ beizen** || to water tobacco with sauce || mouiller le tabac. **b) entrippter ~** || unribbed tobacco || tabac m. écôté. **c) ~ in frischen Blättern** || tobacco in fresh leaves || tabac m. en feuilles fraîches. **d) ~ in getrockneten Blättern** || tobacco in dried leaves || tabac m. en feuilles séchées. **e) Kau~** || tobacco for chewing || tabac m. à chiquer. **f) ~** in **Pulverform** || tobacco in powder || tabac m. en poudre. **g) roher ~** || raw tobacco || tabac m. brut. **h) Schnupf~** || snuff || tabac m. à priser. 6

Tabak-anfeuchter m. || tobacco liquorer || mouilleur m. de tabac. **a) ~aufhänger** m. || tobacco hanger *or* shaker-out || sécheur m. de tabac. **b) ~auszug** m. || tobacco extract || extrait m. de tabac. **c) ~bauer** m. || tobacco grower || planteur m. de tabac. **d) ~beize** f. || sauce || sauce f. **e) ~bereitung** f. || tobacco preparation || préparation f. du tabac. **f) ~beutel** m. || tobacco pouch *or* bag || blague f. (à tabac). 7

Tabakblatt-bucher m. || booker of tobacco leaves || capseur m. des feuilles de tabac. **a) ~zurichter** m. || tobacco leaf opener || ouvrier m. des feuilles de tabac. 8

Tabak-brühe f. || tobacco sauce || sauce f. de tabac. **a) ~einkäufer** m. || tobacco buyer || acheteur m. de tabacs. **b) ~einweicher** m. || tobacco dipper || mouilleur m. de tabac. **c) ~ersatzstoff** m. || tobacco substitute || succédané m. du tabac. **d) ~extrakt** m. || tobacco extract || extrait m. de tabac. **e) ~fabrik** f. || tobacco manufacture || manufacture f. de tabac. **f)** pneumatische Mischanlage f. für die **~industrie f.** || pneumatic mixing plant for tobacco industry || installation f. de mélange pneumatique pour l'industrie du tabac. **g) ~industriemaschine** f. || tobacco industry machine || machine f. pour l'industrie du tabac. **h) ~packmaschine** f. || tobacco packing machine || machine f. à empaqueter les tabacs. **i) ~presse** f. || tobacco press || presse f. à tabac. **k) ~presser** m. || tobacco machine wringer; tobacco potter || presseur m. de tabac. **l) ~reißmaschine** f. || tobacco tearer || machine f. à déchirer le tabac. **m) ~ripper** m. || tobacco stripper || écôteur m. de tabac. **n) ~rolle** f. || roll of tobacco; carot || carotte f. **o) ~röstmaschine** f. || tobacco roasting machine || torréfacteur m. à tabacs. **p) ~saft** m. || tobacco juice || jus m. de tabac. **q) ~schneider** m. || tobacco cutter || hâcheur m. de tabac. **r) ~schneidlade** f. *s.* ~schneidmaschine. **s) ~schneidmaschine** f. || tobacco cutting machine || machine f. à couper le tabac. 9

Tabaksdose f. || tobacco pouch; snuff box || tabatière f. 10

Tabaksortierer m. || tobacco leaf classer; tobacco sorter || trieur m. de feuilles de tabac. 11

Tabakspfeife f. || tobacco pipe || pipe f. à tabac. **a) ~** aus **Holz** || wooden tobacco pipe || pipe f. en bois. **b) ~** aus **Meerschaumnachahmung** || pipe of meerschaum imitation || pipe f. en imitation d'écume. 12

Tabakspfeifenbeschlag m. || tobacco pipe mounting || ferrure f. *ou* monture f. pour pipes de tabac. 13

Tabak-spinner m. || tobacco spinner *or* twister || fileur m. de tabac. **a) ~stengel** m. || tobacco stalk || côte f. de tabac. **b) ~trockner** m. || tobacco dry house hand; tobacco drying machine charger; tobacco stover || sécheur m. de tabac. **c) ~wieger** m. || tobacco weigher || peseur m. de tabac. **d) ~wurm** m. || tobacco worm || ver m. de tabac. **e) ~zurichter** m. || tobacco manipulator *or* dresser || manipulateur m. de tabac. 14

tabellarisch || tabulated; tabular; in tabular form || en forme f. de tableau. **a) ~e Arbeit** f. || tabulating work || exécution f. *ou* dressage m. de tableaux. **b) ~ zusammenstellen** || to tabulate || cataloguer. 15

Tabelle f. || table || tableau m.; table f. **a) ~** der **Atomgewichte** || chart with the atomic weight of the elements || tableau m. des poids atomiques des éléments. **b) Ausbeute~** || yield table || table f. de rendement. **c) Extrakt~** || extract table || table f. indiquante l'extrait. 16

Tabellen-satz m. || tabular work || composition f. en forme de table. **a) ~schreibeinrichtung** f. || device for writing tables || dispositif m. pour écrire les tableaux. 17

Tablette f. || tablet; lozenge || tablette f. (comprimée). 18

Tabletten-maschine f. || tablet compressing machine || machine f. à comprimer les tablettes. **a) ~presse** f. || tablet press || presse f. pour tablettes. 19

Tabulator-knopf m. || tabulator button || bouton m. du tabulateur. **a) ~maschine** f. || tabulating machine || machine f. à tabulateur. **b) ~zahnstange** f. || tabulator stop rack || crémaillère f. des arrêts de tabulateurs. 20

Tacheometer n. *s.* Tachometer. 21

Tachograf m. (Geschwindigkeitsschreiber) || tachograph || tachygraphe m. 22

Tachometer n. || tachometer; tacheometer; tachymeter; speedometer; revolution counter || tachymètre m.; indicateur m. de vitesse; compte-tours m. 23

Tachometer-anschluß m. || tachometer connection || prise f. de tachymètre. **a) ~antrieb** m. || tachometer drive || commande f. de tachymètre. 24

Tachygraf m. (Feldm) || tachygraph || tachéographe m. **a) ~** (Schnellschreiber) || tachygrapher || tachygraphe m. 25

Tachymeter n. (Schnellmesser; Feldm) || tachymeter; tacheometer; tachometer || tachéomètre m. **a) Nivellier~** || tachymeter level || niveau-tachéomètre m. **b) Reduktions~** || reduction tachymeter || tachéomètre m. auto-réducteur. 26

Tachymetrie f. || tachymetric survey || levé m. tachéométrique; tachéométrie f. 27

Täck m. || small nail; tack || petit clou m.; cheville f. 28

tadelfrei || perfect; faultless || irréprochable; sans défauts mpl. 29

tadelhaft *s.* tadelnswert. 30

tadellos || perfect; faultless || irréprochable; sans défauts mpl. 31

tadelnswert || objectionable; faulty; deserving of blame || blâmable; répréhensible. 32

Tafel f. (Bauk) || pane; plate; slab; table || dalle f.; pan m.; lame f.; plaque f.; table f. **a) ~** einer **Nivellierlatte** || sliding vane || voyant m.; plaque f. **b) Wand~** || black board || tableau m. noir. 33

Tafelartikel mpl. aus **Gold** || gold articles pl. for table || orfèvrerie f. de table. **a) ~** aus **Silber** || silver articles pl. for table || argenterie f. de table. 34

Tafel-aufsatz m. || table centre piece || surtout m. de table. **a) ~besteck** n. || set of knives, forks and spoons || couvert m. de table. **b) ~blei** n. || sheet-lead || plomb m. en feuilles. **c) ~brett** n. (Zimm) || half-plank; half-inch plank; shelf || planche f. *ou* ais m. de demi pouce d'épaisseur. 35

Täfelchen n. || tablet || tablette f. 36

Tafelgelatine f. || gelatine in plates || gélatine f. en plaques. 37

Tafelgerät n. || table set; dinner service *or* set || ustensiles mpl. *ou* service m. de table. **a) vernickeltes ~** || nickel-plated table utensils pl. || ustensiles mpl. nickelés de table. 38

Tafelgeschirr n. || table service || service m. de table; vaisselle f. **a) ~** aus **Porzellan** || porcelain dinner set || service m. de table en porcelaine. 39

Tafelglas n. || sheet glass || verre m. en tables. 40

Täfelholz n. || wainscot || bois m. de lambrissage *ou* de marqueterie. 41

Tafel-lack m. || shellac; shell-lac || laque f. plate *ou* en écailles *ou* en feuilles *ou* en tablettes. **a) ~land** n. || table land || plateau m. 42

Tafel-leim m. || glue in plates *or* in tables || colle f. en plaques *ou* en tablettes. **a) ~leinen** n. || table linen || linge m. de table. **b) ~messer** n. || table knife || couteau m. de table. **c) ~messing** n. || sheet brass || laiton m. en lames. 43

täfeln, den **Fußboden** m. || to floor with boards || parqueter. 44

Tafel-schere f. || plate shears pl. || cisaille f. à tôles. **a) ~schiefer** m. || roofing slate || ardoise f. tabulaire. 45

Täfelung f. ‖ parquetry; boarding ‖ parquetage m.; planchéiage m. a) **Boden~** ‖ inlaid floor ‖ parquet m.; parqueterie f. b) **Holz~** ‖ wood panelling ‖ revêtement m. en bois. 1
Tafelwage f. ‖ platform scales pl. ‖ bascule f. romaine. a) **oberschalige ~** ‖ Roberval scales pl. ‖ balance f. de Roberval. 2
Tafel-wäsche f. ‖ table linen ‖ linge m. de table. a) **~wein** m. ‖ table wine ‖ vin m. de table. 3
Täfelwerk n. ‖ inlaying; panelling; wainscotting ‖ boiserie f.; lambris m.; marqueterie f. 4
Täfelwerksklammer f. ‖ cramp iron for fastening wainscots ‖ patte f. à lambris. 5
Tafel-zeug n., **damastenes** ‖ damask table-linen ‖ linge m. damassé. a) **~zinn** n. ‖ Saxon tin ‖ étain m. en briques. 6
Taffet m. *s.* Taft. 7
Taft m. ‖ taffeta ‖ taffetas m. a) **bedruckter ~** ‖ printed warp taffeta ‖ taffetas m. imprimé. b) **bunt bedruckter ~** ‖ light printed silk goods pl.; foulard ‖ foulard m. c) **Glanz~** ‖ shot taffeta ‖ taffetas m. glacé. d) **glatter ~** ‖ plain taffeta ‖ taffetas m. uni. e) **Schiller~** ‖ watered shot taffeta ‖ taffetas m. changeant. f) **Wachs~** ‖ oil silk ‖ taffetas m. ciré. 8
Taftband n. ‖ taffeta *or* plain-woven ribbon ‖ ruban m. (de) taffetas. a) **Fin-double~** ‖ fin double taffetas ‖ ruban m. taffetas fin double; fin m. double. 9
Taftpapier n. ‖ glazed *or* satin paper ‖ papier m. lissé *ou* glacé. 10
Tag m. ‖ day ‖ journée f.; jour m. a) **am ~e** m. ‖ by the day ‖ pendant le jour. b) **sonnenloser ~** ‖ sunless day; day without sunshine ‖ jour m. sans soleil. c) **über ~** ‖ above ground; in the open ‖ au jour m.; à fleur f. de terre. d) **unter~** ‖ below ground ‖ à l'intérieur m.; souterrain; sous terre f.; au fond. 11
Tag-arbeit f. ‖ day work ‖ travail m. de jour. a) **~bombenflugzeug** n. ‖ day bombing aeroplane; day bomber ‖ avion m. de bombardement de jour. 12
Tagebau m. ‖ mining in open cuts; open working *or* cast *or* digging; surface mining ‖ ouvrage m. *ou* exploitation f. à ciel ouvert. a) **Kohlengewinnung** f. im **~** ‖ obtaining the coal in the open workings ‖ production f. du charbon à ciel ouvert. b) **neuaufgeschlossener ~** ‖ recently opened cast working ‖ mine f. à ciel ouvert récemment installée. c) **~ treiben** ‖ to work open ‖ exploiter à ciel m. ouvert. 13
Tagebaubetrieb m. ‖ strip pit; open workings pl. ‖ minière f. à exploitation à ciel ouvert. 14
Tagebuch n. ‖ agenda; day book; diary; journal ‖ agenda m. a) **Schiffs~** ‖ ship's *or* official log book ‖ journal m. de bord. 15
Tagegelder npl. ‖ daily fee *or* allowance ‖ indemnité f. quotidienne. 16
tagelang ‖ for days pl. ‖ des jours mpl. entiers. 17
Tagelohn m. ‖ day's pay; (daily) wages pl. ‖ salaire m. journalier; journée f. a) **~arbeiter** m. ‖ day wage man ‖ ouvrier m. payé à la journée *ou* par salaire journalier. 18
Tagelöhner m. ‖ dayman; dataller; labourer ‖ journalier m.; manouvrier m.; manœuvre m. a) **landwirtschaftlicher ~** ‖ agricultural day-labourer ‖ journalier m. agricole; manouvrier m. agricole. 19
Tages-anbruch m. ‖ day break ‖ point m. du jour. a) **~arbeit** f. ‖ day work ‖ travail m. de jour. b) **~aufnahme** f. ‖ daylight photograph ‖ prise f. de vue diurne *ou* pendant le jour. c) **~erzeugung** f. ‖ daily output ‖ production f. journalière. d) **~geld** n. ‖ money at call ‖ dépôt m. à vue. e) **~gewitter** n. ‖ day thunderstorm ‖ orage m. de jour. f) **~kurs** m. ‖ current rate of exchange ‖ change m. du jour. 20
Tagesleistung f. ‖ daily output ‖ production f. journalière; débit m. journalier. a) **~** einer **Maschine** ‖ daily output of a machine ‖ rendement m. journalier d'une machine. b) **~** bis zu **x ts** ‖ daily output up to x tons ‖ rendement m. allant jusqu'à x tonnes par jour. 21
Tageslicht n. ‖ daylight ‖ plein jour m.; lumière f. du jour. a) **künstliches ~** ‖ artificial day light ‖ lumière f. du jour artificielle. b) **Schwankung** f. des **~es** ‖ fluctuation of daylight ‖ fluctuation f. de la lumière du jour. 22
Tages-lichtlampe f. ‖ daylight lamp ‖ lampe f. à lumière solaire. a) **~rinne** f. ‖ gutter; trench; drain; kennel of paving; side-channel *or* -gutter; water-gutter; sewer ‖ rigole f. *ou* canal m. de pavé; ruisseau m. *ou* égout m. de rue. b) **~speicher** m. eines Kraftwerkes ‖ daily storage basin of a power station ‖ accumulateur m. de jour d'une usine. c) **~stempel** m. (Büro) ‖ date stamp ‖ timbre m. dateur. d) **~tarif** m. ‖ day tariff ‖ tarif m. de jour. e) **~vortrieb** m. ‖ length done in a day ‖ percement m. par jour. f) **~zeitung** f. ‖ daily paper ‖ feuille f. quotidienne. 23
Tagewerk n. ‖ shift ‖ journée f. 24
Tagflug m. ‖ day flight ‖ vol m. de jour. 25
täglich-e Arbeitszeit f. ‖ daily working hours pl. ‖ journée f. (de travail). a) **~er Bericht** m. (Buchh) ‖ daily report ‖ rapport m. quotidien. 26
tags darauf ‖ on the day after ‖ le lendemain. a) **~ zuvor** ‖ on the day previous ‖ la veille. 27
Tagschicht f. ‖ day shift ‖ travail m. *ou* équipe f. *ou* poste f. du jour. 28
Tag- und Nachtgleiche f. ‖ equinox ‖ équinoxe m. point m. équinoxial. 29
Tagwasser n. ‖ surface water ‖ eau f. de jour. 30
Taillenarbeiterin f. ‖ bodice-maker ‖ corsagière f. 31
Takel n. (Schiffb) ‖ tackle ‖ palan m. a) ein **~** n. **klaren** ‖ to underrun *or* to clear a tackle ‖ détordre un palan; défaire les tours mpl. d'un palan. 32
Takelage f. *s*- Takelung. 33
Takelagearbeit f. ‖ rigging work ‖ travail m. de matelotage. 34
Takelboden m. ‖ rigging loft ‖ garniture f. 35
Takelgarn n. ‖ tarred twine ‖ fil m. goudronné. a) **geteertes ~** ‖ tarred roping twine ‖ fil m. à voile goudronné. 36
Takelmeister m. ‖ rigger ‖ gréeur m.; agréeur m. 37
Takelung f. (Seew) ‖ rigging; rig; tackle; cordage ‖ gréement m.; agrès mpl.; cordages mpl.; garniture f. a) **~** eines **Schiffes** (das Betakeln) ‖ ship rigging ‖ montage m. d'agrès *ou* de manœuvres de navire. 38
Takelwerk n. *s.* Takelung. 39
Taklerei f. (Seew) ‖ rigger's shop ‖ atelier m. des gréeurs *ou* de capelage. 40
Takt m. ‖ time; measure ‖ mesure f. a) **~messer** m. ‖ time keeper; metronome ‖ batteur m. de mesure; métronome m. b) **~ stock** m. ‖ conductor's baton ‖ bâton m. du chef d'orchestre; bâton m. de mesure. c) **~strich** m. ‖ bar ‖ barre f. 41
Tal n. ‖ valley ‖ vallée f. 42
Talfahrt f. (auf einem Fluß) ‖ descent; down journey ‖ voyage m. en aval. 43
Talg m. ‖ suet; tallow ‖ suif m. a) **ausgelassener ~** ‖ melted tallow ‖ suif m. fondu. b) **pflanzlicher ~** ‖ malabar tallow ‖ suif m de malabar. 44
Talggrieben fpl. ‖ tallow grieves pl. ‖ cretons mpl de suif. 45
Talgkerze *s.* Talglicht. 46
Talglicht n. ‖ tallow candle ‖ chandelle f. en suif. a) **gegossenes ~** ‖ moulded tallow candle ‖ chandelle f. en suif moulée. 47
Talglicht-gießer m. ‖ tallow-candle moulder ‖ mouleur m. de chandelles. a) **~zieher** m. ‖ tallow candle dipper ‖ trempeur m. de chandelles. 48
Talg-napf m. ‖ tallow cup ‖ godet m. à suif. a) **~präparat** n. ‖ tallow preparation ‖ préparation f. de suif. b) **~raffinerie** f. ‖ tallow refining ‖ raffinerie f. de suif. c) **~säure** f. ‖ sebacic acid ‖ acide m. sébacique. d) **~schmelzanlage** f. ‖ tallow melting plant ‖ installation f. de fonderie de suif. e) **~schmelzerei** f. ‖ tallow melting house ‖ fonderie f. de suif. f) **~seife** f. ‖ tallow soap ‖ savon m. de suif. g) **~siebkorb** m. ‖ grease sieve-basket ‖ bannette f. à suif. h) **~sieder** m. ‖ tallow melter; grease boiler ‖ fondeur m. de suif. 49
Talje f. ‖ tackle ‖ palan m. 50
Talk m. ‖ talc; talcum; soapstone ‖ talc m.; stéatite f. a) **Erd~** ‖ earthy talc ‖ talc m. terreux. b) **strahliger ~** ‖ pyrophyllite ‖ pyrophyllite f. 51
Talkerde f. ‖ magnesia ‖ magnésie f. a) **~alaun** m. ‖ magnesia *or* talc alum ‖ alun m. de magnésie. 52
Talk-granit m. ‖ protogyne ‖ protogyne f.; granit m. talqueux. a) **~schiefer** m. ‖ talc schist ‖ schiste m. talqueux. b) **~spat** m. ‖ magnesite ‖ magnésite f.; magnésie f. carbonatée. 53
Talkstein m. ‖ talc stone ‖ pierre f. talqueuse. a) **~grube** f. ‖ talc *or* steatite quarry ‖ carrière f. de talc *ou* de stéatite. 54
Talkum n. ‖ talcum powder; powdered soap stone ‖ talc m.; lardite f. 55
Talkumiermaschine f. ‖ soap stone machine ‖ machine f. à talquer. 56
Talmi n. ‖ talmi (gold) ‖ talmi m.; similor m. a) **~gold** n. *s.* Talmi. 57
Talon (m) (Bank) ‖ talon of coupons ‖ talon m. 58
Tal-pfeilerkopf m. ‖ back *or* tail starling ‖ arrière-bec m.; bec m. d'aval. a) **~sohle** f. ‖ bottom of the valley ‖ fond m. de vallée. b) **~sperre** f. ‖ dam across a valley; barrage; water stop wall ‖ barrage-réservoir m.; barrage m. de vallée. 59
Talsperren-bau m. ‖ building of dikes and dams across a valley ‖ construction f. de digues et de barrages de vallée. a) **~kraftwerk** n. ‖ barrage power station ‖ usine f. de barrage. 60
Tal-überführung f. ‖ viaduct ‖ viaduc m. a) **~weg** m. eines Flusses ‖ channel of a river ‖ thalweg m. d'une fleuve. b) **~wind** m. ‖ valley wind *or* breeze ‖ brise f. *ou* vent m. dans une vallée. 61

Tamarinde f. || tamarind || tamarin m. 1
Tamarinden-frucht f. || tamarind || tamarin m. **a) ~mus** n. || tamarind jam || marmelade f. de tamarins. 2
Tamasit m. (Min) || rhomboidal arseniate of copper || cuivre m. arséniaté lamelliforme. 3
Tamburiernadel f. || tambour needle || aiguille f. à crochet. 4
Tamburin n. (Schellentrommel) || tambourine || tambourin m. 5
Tandem-betrieb m. (Fernm) || tandem operation || exploitation f. en tandem. **a) ~dampfmaschine** f. || tandem steam engine || machine f. à vapeur en tandem. **b) ~reversierwalzenzugmaschine** f. || tandem reversing rolling mill engine || machine f. tandem réversible de laminoir. **c) ~system** n. || tandem system || système m. en tandem. **d) ~walze** f. || (Straßenb) || tandem roller || rouleau m. tandem. 6
Tangenskarte f. || hyperbolic chart || abaque m. tangentiel. 7
Tangente f. || tangent || tangente f. 8
Tangenten-bussole f. || tangent galvanometer || boussole f. des tangentes. **a) ~koordinaten** fpl. || tangential coordinates pl. || coordonnées fpl. tangentielles. **b) ~schraube** f. eines Instrumentes || tangent screw of an instrument || vis f. tangente d'un instrument. **c) ~vieleck** m. || polygon circumscribed about a circle || polygone m. circonscrit au cercle. 9
tangential || tangential || tangentiel **a) ~e Beaufschlagung** f. || tangential admission || adduction f. tangentielle. 10
Tangential-hobelmaschine f. || parallel planing machine || raboteuse f. longitudinale. **a) ~punkt** m. einer Kurve || tangent point of a curve || point m. de tangente d'une courbe. **b) ~turbine** f. || tangential flow turbine || turbine f. tangentielle. 11
Tangent-keil m. || tangent key || clavette f. tangentielle. **a) ~keilnut** f. für stoßartigen Wechseldruck || tangent keyway for shock-like alternating thrust || rainure f. de clavette tangentielle pour pression alternative par à-coups. 12
Tank m. (Behälter) || cistern; tank || citerne f.; réservoir m. **a) ~** (Waffenw) || tank || char m. d'assaut *ou* de combat; tank m. **b) Durchbruch~** (Waffenw) || heavy tank || char m. de combat lourd *ou* de rupture; tank m. écraseur. **c) Fall~** (Luftf) || gravity tank || réservoir m. en charge. **d) männlicher ~** (Waffenw) || male tank || char m. canon; tank m. mâle. **e) Not~** || emergency tank || réservoir m. de secours. **f) weiblicher ~** (Waffenw) || female tank; machine-gun tank || char m. mitrailleuse; tank m. femelle. 13
Tankanlage f. || tank plant || installation f. de réservoir. 14
Tankdampfer m. || tank steamer; tanker || vapeur m. à réservoirs; bateau-citerne m. **a) Petroleum~** || petroleum tank steamer; oil tanker || bateau m. pétrolier; navire-tank m. à pétrole; pétrolier m. 15
Tanken n. || refueling || ravitaillement. m. 16
Tank-entlüftung f. || tank aeration || aération f. du réservoir. **a) ~macher** m. || tank maker || constructeur m. de réservoirs. 17
Tank-schiff n. *s.* Tankdampfer. **a) ~system** n. || tank system || système m. à tender. 18
Tankwagen m. (Auto) || tank car || camion m. réservoir. **a) ~** (Eisenb) || tank wagon || wagon-citerne m. **b) Motor ~** für Straßenreinigung || motor water tanktruck || tonneau m. d'eau automobile. 19
Tankzerstörer m. (Waffenw.) || tankdestroyer || contre-tank m. 20
tannen (aus Tannenholz) || of deal-wood || de bois de sapin. **a) ~e Bohle** f. || fir plank || tavaillon m. 21
Tannen-holz n. || deal *or* fir wood || bois m. de sapin. **a) ~nadelöl** n. || fir leaf oil || essence f. de sapin. **b) ~öl** n. || spruce oil || baume m. de Canada **c) ~schwelle** f. (Eisenb) || fir wood sleeper || traverse f. en sapin. **d) ~zapfen** m. || pine *or* fir cone || pomme f. de sapin *ou* de pin. 22
Tannin n. || tannic acid; tannin || acide m. tannique; tannin m. **a) Eichenrinden~** || oak bark tannin || tannin m. d'ecorce de chêne. **b) Galläpfel~** || gall tannin || tannin m. de noix de galle. **c) pflanzliches ~** || vegetable tannin || tannin m. végétal. 23
Tanninsäure f. || tannin acid || acide m. tannique. 24
Tantal n. || tantalum || tantale m. **a) ~lampe** f. || tantalum lamp || lampe f. au tantale. 25
Tantieme f. (Hand) || share in profits || tantième f. 26
Tanzen n. der **Typenhebel** || skipping of the type bars || sautillement m. des tiges à caractères. 27
Tanz-saal m. || dancing room || salle f. de danse *ou* à danser. **a) ~schuh** m. || dancing shoe *or* pump || soulier m. de bal. 28
Tapete f. || wall paper; tapestry; paper hangings pl. || papier m. peint; papier m. à meubler *ou* de tenture; tenture f.; tapisserie f. (de papier). **a) Bergamasker~** || scalloped tapestry of Bergamo || écaille f. de Bergame. **b) gefirnißte ~** || japanned hangings pl. || papier-peint m. verni. **c) gepreßte ~** || embossed hangings pl. || papier-peint m. gaufré. **d) gewebte ~** || woven tapestry || tapisserie f. tissée. **e) Glanz~** || satined hangings pl. || papier-peint m. satiné. **f) hochschäftige ~** || high warp tapestry || tapisserie f. de haute-lisse. **g) Iris~** || irized paper-hangings pl. || papier-peint m. irisé. **h) Leder~** || leather hangings pl. || tapis m. en cuir. **i) Papier~** || paper-hangings pl. || papier m. de tapisserie. **k) tiefschäftige ~** || low warp tapestry || tapisserie f. de basse-lisse. **l) vergoldete ~** || gilt hangings pl. || papier-peint m. doré. **m) versilberte ~** || silver hangings pl. || papier peint m. argenté. 29
Tapeten-bahn f. || single breadth of paper-hangings || pan m. de papier de tenture. **a) ~behang** m. || hanging of tapestry || tenture f. de tapisserie. 30
Tapetendrucker m. || wall paper printer || imprimeur m. de papiers peints. **a) ~gehilfe** m. || wall paper printer's hand || tireur m. de papiers peints. 31
Tapeten-druckmaschinengehilfe m. || wall paper printing machine's back tenter || aide-imprimeur m. à la machine de papiers peints. **a) ~fabrik** f. || manufactory of tapestry || fabrique f. de tapisseries *ou* de papiers peints. **b) ~firnisser** m. || paper hangings enameller *or* varnisher || vernisseur m. de papiers peints. **c) ~gaufrierer** m. || wall paper gofferer || gaufreur m. de papiers peints. **d) ~glätter** m. || wall paper brusher || (po)lisseur m. de papiers peints. **e) ~händler** m. || wall paper dealer || tapissier m.; marchand m. de papiers peints. **f) ~herstellungsmaschine** f. || wall paper making machine || machine f. pour la fabrication des tapisseries. 32
Tapetenkleben n. || glueing paper-hangings || collage m. de papiers peints. 33
Tapeten-leim m. || paper hangings glue || colle f. pour papiers peints. **a) ~maschinendrucker** m. || wall paper machine printer || imprimeur m. à la machine de papiers peints. 34
Tapetenmuster-stecher m. || wall paper engraver || graveur m. en papiers peints. **a) ~zeichner** m. || paper hanging designer || dessinateur m. en papiers peints. 35
Tapeten-nagel m. || tack || broquette f.; cheville f. **a) ~papier** n. || wall paper || papier-tenture m. **b) ~prägemaschine** f. || machine for wall paper stamping || machine f. à empreindre des papiers peints. **c) ~präger** m. || wall paper embosser || frappeur m. de papiers peints. **d) ~roller** m. || wall paper roller-up || rouleur m. de papiers peints. **e) ~satinierer** m. || wall paper glazer || satineur m. de papiers peints. **f) ~stecher** m. || wall paper engraver || graveur m. de papiers peints. **g) ~vergolder** m. || wall paper gilder || doreur m. de papiers peints. 36
Tapezier m. *s.* Tapezierer. 37
Tapezierarbeit f. || paper-hanger's work || tenture f.; travail m. de tapissier; (ouvrage m. de) tapisserie f. 38
tapezieren || to cover *or* to hang with tapestry; to paper || tapisser; tendre (la tapisserie). **a)** mit **Papiertapete** f. **~** || to paper || tapisser de papier-peint m. 39
Tapezierer m. || upholsterer; paper-hanger || tapissier m. (décorateur); colleur m. de tapisseries. **a) Möbel~** || cabinet maker and decorator || tapissier-ébéniste m. 40
Tapeziererhammer m. || upholsterer's hammer || marteau m. de tapissier **a) ~** mit **Nagelklaue** || upholsterer's claw handled hammer || marteau m. de tapissier avec tire-clou. 41
Tapeziererstift m. || cramp || crampon m. 42
Tapezier-geschäft n. || upholstery || tapisserie f.; tenture f. **a) ~nagel** m. || tin-tack || broquette f. **b) ~stoff** m. || stuff for upholstering || étoffe f. pour tapisserie. **c) ~waren** fpl. || upholstery || tapisserie f. 43
Tapioka-flocken fpl. || tapioca flocks pl. || tapioca m. en flocons. **a) ~stärke** f. || tapioca starch || amidon m. de tapioca. 44
Tapisserien fpl. || tapestry work || tapisseries fpl. **a) ~** aus **Wolle** || tapestry from wool || tapisseries fpl. de laine. 45
Tara f. || tare; dead weight || tare f.; poids m. mort. **a) ~ abwiegen** || to deduct tare || tarer. 46
Tarasatz m. (Zollw) || tariff-rate of tare || taxe f. de tare. 47
tarieren || to tare || tarer. 48
Tarieren n. der **Wagen** (Eisenb) || taring of wagons || tarage m. des wagons. 49
Tarierwage f. (Chem) || pharmaceutical balance || trébuchet m. 50

Tarif m. || table of rates; scale of charges; tariff || tarif m. a) den ~ m. **bestimmen** || to tariff || taxer. b) **laut** ~ || according to scale || suivant tarif; selon le tarif. c) **nach** ~ *s.* laut ~. d) **spezifischer** ~ || specific tariff || tarif m. spécifique. e) **unter** ~ **arbeiten** || to rat || travailler au-dessous du tarif. 1

Tarifgestaltung f. || formation of tariff || établissement m. des tarifs; tarification f. 2

tarifieren || to tariff || taxer. 3

Tarif-nomenklatur f. || tariff-nomenclature || nomenclature f. tarifaire. a) **~politik** f. || method of making charges || régime m. des tarifs. b) **~verbesserung** f. || improvement of tariff || amélioration f. du tarif. c) **~vertrag** m. || industrial *or* trade agreement; tariff treaty || traité m. sur les tarifs; convention f. au tarif. 4

tarnen || to camouflage || camoufler. 5

Tarnung f. (Waffenw) || camouflage || camouflage m. 6

Tarnvorschrift f. || camouflage instruction || instruction f. sur le camouflage. 7

Tartrat n. || tartrate || tartrate m. 8

Täschchen n. || fob; little pocket; pouch; bay || pochette f. 9

Tasche f. || pocket || poche f. a) **Erz~** || storage bin; raw material bin; ore bunker || poche f. à minerais. b) **Fahrrad~** || bicycle bag || sacoche f. pour bicyclettes. c) ~ für **Geldscheine** || bank note case || porte-feuille m. d) **Hand~** || hand bag || sac m. à main; réticule m. e) **Karten~** || map pocket || porte-cartes m. f) **Leder~** || leather bag || poche f. en cuir. 10

Taschen-akkumulator m. || pocket accumulator || accumulateur m. de poche. a) **~apotheke** f. || pocket medicine chest || pharmacie f. de poche. b) **~ausgabe** f. || pocket edition || édition f. de poche. c) **~bügel** m. || closing device; casing || fermoir m. d) **~bussole** f. || pocket compass || boussole f. de poche. e) **~chronometer** n. || pocket chronometer || chronomètre m. de poche. f) **~fernrohr** n. || perspective glass; pocket telescope || lunette f. d'approche. 11

Taschenfeuerzeug n. || pocket lighter || briquet m. de poche. a) ~ für **Metallzündung** || pocket ignition metal lighter || briquet m. de poche pour allumage au métal. 12

Taschen-format n. || pocket size || format m. portatif. a) **~galvanoskop** n. || pocket galvanoscope || galvanoscope m. de poche. b) **~herstellungsmaschine** f. || bag making machine || machine f. pour fabriquer des pochettes. 13

Taschenkalender m. || pocket-almanac || calendrier m. de poche. a) ~ für **Reklamezwecke** || pocket calendar for advertising purposes || calendrier-pochette m. de la réclame. 14

Taschen-kompaß m. || pocket compass || boussole f. de poche. a) **~lampe f., elektrische** || electric pocket lamp || lampe f. de poche électrique. 15

Taschenlampen-batterie f. || cell for torches || pile f. sèche pour lampes de poche. a) **~(glüh)birne** f. || pocket lamp bulb || ampoule f. de lampe de poche. b) **~hülse** f. || pocket-lamp case || corps m. pour lampes de poche. 16

Taschenlot n. || portable plummet || plomb m. de poche. 17

Taschenlupe f. || pocket magnifier || loupe f. de poche. a) ~ für den **freihändigen Gebrauch** || pocket magnifier for hand use || loupe f. de poche (employée) à la main. 18

Taschen-macher m. (Bekl) || pocket maker || confectionneur m. de poches. a) **~messer** n. || pocket *or* clasp *or* pen knife || canif m.; couteau m. de poche. b) **~necessaire** n. || pocket necessary || nécessaire m. *ou* toilette f. de poche. c) ~ **rechenmaschine** f. || pocket calculator || appareil m. à calculer de poche. d) **~refraktometer** n. || pocket refractometer || réfractomètre m. de poche. e) **~schreibmaschine** f. || pocket typewriter || machine f. à écrire de poche. f) **~spiegel** m. || pocket mirror || miroir m. *ou* glace f. de poche. g) **~strommesser** m. || pocket ammeter || ampèremètre m. de poche. 19

Taschentuch n. || pocket handkerchief || mouchoir m. (de poche). a) **~behälter** m. || pocket handkerchief box || étui m. à mouchoir de poche. 20

Taschenuhr f. || watch; pocket chronometer || montre f.; chronomètre m. (de poche). a) **Aufzug~** || self-winding *or* keyless watch || remontoir m.; montre f. à remontoir. b) ~ mit **Beobachtungssekunden** || chronograph watch || montre f. chronographe; chronographe m. c) in **Gestalt** f. einer ~ || in the shape of a watch || en forme f. de montre. d) **goldene** ~ || gold watch || montre f. d'or. e) **Repetier~** || repeating watch; repeater || montre f. à répétition. f) **Schlüssel~** || key watch || montre f. à clef. g) ~ mit **Taganzeiger** || calendar watch || montre f. à quantième. h) ~ mit **Weckvorrichtung** || alarm watch || montre-réveil f. 21

Taschenuhrfabrik f. || watch factory || fabrique f. de montres. 22

Taschenuhrgehäuse n. || watch case || boîte f. *ou* boîtier m. de montre. a) **goldenes** ~ || gold watch case || boîtier m. de montre en or. 23

Taschenuhrgehäuse-fabrik f. || watch case factory || fabrique f. pour boîtes de montres. a) **~reparatur** f. || repairing of watch cases || rhabillage m. de boîtes de montres. 24

Taschenuhr-glas n. || watchglass || verre m. de montre. a) **~stein** m. || watch stone || pierre f. pour montres. b) **~werk** n. || watch work || mouvement m. d'une montre. 25

Taschen-wecker m. || alarm watch || montre réveil f. a) **~wörterbuch** n. || pocket dictionary || dictionnaire m. portatif *ou* de poche. b) **~zähler** m. || pocket counter || compteur m. de poche. c) **~zollstock** m. || (folding) pocket rule || réglet m. *ou* mètre m. à poche. d) **~zuschneider** m. (Bekl) || pocket cutter || coupeur m. de poches. 26

Täschner m. || bag maker || boursier m. a) **~waren** fpl. || bagmaker's goods pl. || articles mpl. de maroquinerie. 27

Tasse f. || cup || tasse f. a) ~ (Bauw) || barn || las m. b) **Mokka~** || cup for mocca || tasse f. à mocca. 28

Tassenring m. für Gasbehälter || cup ring for gas holders || anneau m. à bord recourbé en U pour récipients à gaz. 29

Tastatur f. || key board || clavier m. a) **Zusatz~** || extra key board || clavier m. supplémentaire. 30

Tastbolzen m. || measuring pin || touche f. à méplat. a) ~ mit **Kugel** || measuring pin with ball || touche f. à bille. 31

Taste f. (Fernm) || key || clé f.; clef f.; manipulateur m. a) ~ (Klavier; Schreibm) || key || touche f. b) **Anordnung** f. der **~n** nach der Häufigkeit der Buchstaben || arrangement of the keys according to the frequency of the letters || disposition f. des touches suivant la fréquence des caractères. c) **aufrechtstehende** ~ || upright key || touche f. droite. d) **Betrags~** (Zahlkasse) || amount key || touche f. de montants. e) **Buchstaben~** || initial key || touche f. de lettre. f) **Feststell~** || shift lock key || touche f. de bloquage. g) **Freigabe~** || release key || touche f. de libération. h) **Geschäftsart~** || key denoting kind of transaction || touche f. du genre de l'opération. i) mehrere **~n** fpl. zu gleicher Zeit **herunterdrücken** (Schreibm) || to depress several keys at the same time || abaisser plusieurs touches fpl. à la fois. k) **hervorstehende** ~ || projecting key || touche f. débordante. l) **Kellner~** || waiter key || touche f. du garçon. m) **leicht bewegliche** ~ || easily moved key || touche f. sensible à la frappe. n) **Registrier~** || registering key || touche f. d'enregistrement. o) in x **Reihen** angeordnete **~n** || keys pl. disposed in x rows || touches fpl. disposées sur x rangées. p) eine ~ f. **schließen** || to key || manipuler une touche. q) **Summendruck~** || key for printing totals || touche f. de totalisation. r) **tote** ~ (Schreibm) || dead key || touche f. morte. s) **Umschalt~** (Schreibm) || shift key || touche f. des majuscules. t) **Wagenauslöse~** (Schreibm) || carriage release key || touche f. de libération du chariot. u) **Zwischenraum~** || space key || touche f. d'espacement. 32

Tasteinrichtung f. für Hochfrequenzsender || control device of radio transmitter || installation f. de manipulation f. des émetteurs sans fils. 33

tasten, einen **Sender** m. (Funkw) || to key a transmitter || manier un transmetteur. 34

Tasten-arm m. || key lever || barre f. de touche. a) **~aufschrift** f. || key letter || caractère m. inscrit sur la touche. b) **~brett** n. (Mus) || finger-board || clavier m. c) **~farbe** f. (Schreibm) || color of the keys || coloration f. des touches. d) **~feld** n. || bank of keys || touches fpl. 35

Tastenhebel m. || key lever || barre f. de touche. a) **~führungsblech** n. (Tabulator) || guide of the tabulator key levers || guide m. des barres de touches du tabulateur. 36

Tasten-hub m. || lift of key || soulèvement m. de touche. a) **~knopf** m. || plate covering the key head || plaque f. recouvrant la touche. 37

Tastenknopfheber m. (Schreibm) || key-button lifter || tire-boutons m. pour touches. 38

Tastenkopf m. || key head || tête f. de touche. a) ~ mit **gravierter Schrift** || engraved key head || tête f. de touche à caractères gravés. 39

Tastenlocher m. || key punch; keyboard perforator || poinçonneuse f. à touches; perforateur m. à clavier. a) ~ für **Kabelschrift** || key-board perforator for cable working || perforateur m. pour câblecode. 40

Tastenniedergang m. || descent of the keys || plongée f. des touches. 1

Tastenregistrierkasse f. || cash register with key action || caisse f. enregistreuse à touches. **a)** ~ **für Scheckdruck** || cash register with key action for delivering tickets || caisse f. enregistreuse à touches imprimant sur ticket. 2

Tastenreihe f. (Schreibm) || row of keys || rangée f. de touches. **a)** **~n** fpl. **in Treppengestalt** || key rows arranged in steps || rangées fpl. de touches disposées en escaliers. 3

Tasten-ring m. || ring of the key head || bague f. d'encerclement de la touche. **a)** **~satz** m. (Fernm) || key set || clavier m. **b)** **~schlüssel** m. || handle of key || clef f. de touche. **c)** **~schnelltelegraf** m. || keyboard printing telegraph || télégraphe imprimeur m. à clavier transmetteur. **d)** **~stange** f. || key rod || tige f. de touche. **e)** **~verriegelung** f. || shift lock of the keys || bloquage m. des touches. **f)** **~verriegelungsvorrichtung** f. || device for locking the keys || dispositif m. de verrouillage des touches. **g)** **~zählung** f. (Fernm) || key metering || comptage m. par clé. 4

Taster m. (Meßwerkz) || callipers pl.; calipers pl.; calliper-compasses pl. || compas m. d'épaisseur. **a)** **Deckglas~** || cover-glass gauge || calibre m. pour lamelles couvre-objet. **b)** **Doppel S~** || double S callipers pl. || compas m. double S. **c)** ~ **mit Feinstellschraube** || callipers with regulating screw || compas m. d'épaisseur de précision. **d)** **magnetischer** ~ (Funkw) || magnetic key || manipulateur m. magnétique. **e)** **schwingender** ~ || swivelling feeler || touche f. pivotante. **f)** ~ **mit Zahnbogen** || back callipers || compas m. d'épaisseur à crémaillère. 5

Taster-lehre f. || caliber gauge || calibre m. à mâchoire. **a)** **~skale** f. (Opt) || feeler scale || échelle f. du calibre. **b)** **~spitze** f. || point of the feeler || pointe f. du calibre. **c)** **~zirkel** m. || caliber compasses pl.; calibers pl.; callipers pl. || compas m. d'épaisseur. 6

Tast-gefühl n. || sense of feeling || sens m. spécial au toucher. **a)** **~hebel** m. || feeler lever || levier m. de touche. **b)** **~punkt** m. (Meßwesen) || measuring point || point m. de contact. **c)** **~relais** n. || relay key || manipulateur m. à relais. **d)** **~spitze** f. || pointed pin || pointe f. de contact. 7

Tastung f. (Funkw) || remote control || manipulation f. à distance. 8

Tastzirkel m. || callipers pl.; caliber-compasses pl.; calibers pl. || compas m. d'épaisseur. 9

tätig || activ; busy || actif. **a)** **bei einer Firma** ~ || employed by a firm || employé dans une maison. 10

Tätigkeit f. || activity || activité f. 11

Tätigkeitsfeld m. einer Gesellschaft, das ~ ~ ~ erweitern || to extend the field of activities of a company || élargir la zône de travail d'une société. 12

Tatkraft f. || energy || énergie f. 13

tatkräftig || energetic || énergique. 14

Tau m. || dew || rosée f. 15

Tau n. || rope; cord; cable || câble m. **a)** **abgenutztes** ~ || damaged rope || cordage m. étrivé. **b)** **aufgeschossenes** ~ || coiled rope || glène f. **c)** **dreischäftiges** ~ || three stranded rope || cordage m. commis en trois. **d)** **geteertes** ~ || tarred rope || cordage m. goudronné. **e)** **gespitztes** ~ || pointed rope || cordage m. en queue de rat. **f)** **halbgeschlissenes** ~ || used rope || filin m. usé. **g)** **kabelweise geschlagenes** ~ || laid rope || cordage m. commis en câble. **h)** **ein** ~ n. **klarlegen** || to make ready a rope; to clear a rope || parer un câble. **i)** **laufendes** ~ || running rope || manœuvre f. courante. **k)** **linksgeschlagenes** ~ || left-hand rope || cordage m. commis de droite à gauche. **l)** **rechtsgeschlagenes** ~ || right-hand rope || cordage m. commis de gauche à droite. **m)** **Schlepp~** || tow rope || câble m. de remorque. **n)** **troßweise geschlagenes** ~ || hawser-laid rope || cordage m. commis en aussière. **o)** **verkehrt gedrehtes** ~ || rope twisted the wrong way || garochoir m. **p)** **vierschäftiges** ~ || shroud-laid rope || cordage m. en quatre. 16

taub || deaf || sourd. **a)** **~es Mittel** n. (Bergb) || sterile mass || milieu m. stérile. **b)** **~e Zone** f. (Bergb) || barren zone || zône f. stérile. 17

Taube f. || pigeon; dove || pigeon m. 18

Tauben-flinte f. || pigeon shooting gun || fusil m. de tir aux pigeons. **a)** **~haus** n. || pigeon house; dovecot || pigeonnier m.; colombier m. 19

Taubenschießen n. || pigeon-shooting || tir m. aux pigeons. **a)** **Ablaßkäfig** m. **für** ~ || live pigeon trap || boîte f. à pigeons. 20

Tauben-schlag m. *s.* ~haus. **a)** **~zucht** f. || pigeon breeding || élevage m. *ou* éducation f. de pigeons. **b)** **~züchter** m. || pigeon breeder || éleveur m. de pigeons. 21

Tau- und Seilbeschläge mpl. || cable and cord fittings pl. || armatures fpl. pour cordes de touage. 22

Taub-feld n. (Bergb) || barren track || terrain m. stérile. **a)** **~hafer** m. || wild oats pl. || folle avoine f. 23

Taubheit f. (Mensch; Tier) || deafness || surdité f. **a)** ~ (Pflanze; Boden) || barrenness; (emptiness) || stérilité f. 24

Taubnessel f. || dead nettle || lamier m. 25

Taubrücke f. || rope bridge || pont m. de cordes. 26

taubstumm || deaf and dumb || sourd et muet; sourd-mouet. 27

Taubstummenalphabet n. || deaf-and-dumb alphabet || alphabet m. des sourds-muets. 28

Tauch-anlage f. für Ölleinen || dipping plant for oil linen || installation f. d'immersion de la toile huilée. **a)** **~apparat** m. || diving apparatus || scaphandre m.; appareil m. plongeur. 29

Tauchbad n. || splashing || barbotage f. **a)** **~schmierung** f. || splash lubrication || graissage m. par barbotage. 30

Tauch-batterie f. || immersion *or* plunge battery || batterie f. à immersion. **a)** **~bewegung** f. (Schiffb) || dipping motion || mouvement m. d'immersion. **b)** **~boot** n. || submersible || submersible m.; sous-marin m. **c)** **~bühne** f. (Wasserb) || immerged groin || épi m. plongeant. **d)** **~elektrode** f. || dipping electrode || électrode f. plongeante. 31

tauchen (Chem; Färb) || to dip || plonger. **a)** ~ (Seew) || to dive || plonger. 32

Taucher m. || diver || scaphandrier m.; plongeur m. **a)** **~anzug** m. || diving dress *or* suit || vêtement m. de scaphandriers; scaphandre m. **b)** **~apparat** m. || diving apparatus || appareil m. de scaphandriers; scaphandre m. **c)** **~arbeit** f. || diver's work || travail m. de scaphandrier. **d)** **~glocke** f. || diving bell || cloche f. plongeur. **e)** **~herz** n. || breast lead || plomb m. de poitrine. **f)** **~kolben** m. || plunger || piston m. plongeur. **g)** **~luftpumpe** f. || diving air pump || pompe f. à air de scaphandrier. **h)** **~stange** f. (Gerb) || pestle for smoothing hides || enfonçoir m. 33

Tauch-flüssigkeit f. für Glühstrümpfe || dipping fluid for incandescent mantles || solution f. pour manchons à incandescence. **a)** **~helm** m. || diving helmet || casque m. (de scaphandrier). 34

Tauchkolben m. || plunger (piston) || plongeur m.; piston m. plongeur. **a)** **~pumpe** f. || plunger pump || pompe f. à piston plongeur. 35

Tauch-kondensator m. || submerged condenser || condenseur m. à immersion. **a)** **~lack** m. || dipping varnish || vernis m. à immersion. **b)** **~relais** n. || dipper relay || relais m. à plongeurs. **c)** **~rohr** n. || dipping tube || cric m.; tuyau-plongeur m. **d)** **~sieder** m. || immersion boiling device; immersion heater || thermo-plongeur m. 36

Tauchtiefe f. (Färb) || diving depth || profondeur m. d'immersion. **a)** ~ (Seew) || depth of immersion || profondeur f. de submersion. 37

Tauchung f. des **Schaufelrades** || dip of the paddle wheel || immersion f. de roue à aube. 38

Tauende n. (Seew) || rope-end || bout m. d'une manœuvre. 39

Tauenpapier n. || heavy paper for drawing and wrapping || papier m. fort d'emballage. 40

Tauerei-kette f. || immerged chain || chaîne f. noyée. **a)** **~schiffahrt** f. || towing navigation || touage m. sur chaîne noyée. **b)** **~seil** n. || immerged rope || câble m. immergé de touage. 41

taufen, ein Schiff n. || to name a ship || baptiser un navire. 42

Taufender m. (Schiffb) || pudding; pudden-ing || défense f. en cordage. 43

Taufkapelle f. || baptistery || baptistère m. 44

taugen || to be useful *or* of value || être bon; valoir. 45

tauglich || good; fit; serviceable || qui peut servir; utile; utilisable. 46

Tau-kappe f. eines Fernrohres || dew cap of a telescope || tube m. pare-rosée d'une lunette. **a)** **~kloben** m. || rope block || moufle f. à corde. **b)** **~messer** m. (Phys) || drosometer || drosomètre m. **c)** **~öse** f. || ear of a cord || oreille f. d'un cordage. **d)** **~punkt** m. || dew point || point m. de rosée. **e)** **~rolle** f. || cordage reel || tourniquet m. pour amarres. **f)** **~röste** f. (Landw; Spinn) || dew retting || rouissage m. à la rosée *ou* sur terre; rorage m.; rosage m.; sereinage m.; sérénage m. **g)** **~rotte** f. (Spinn) || dew retting || rouissage m. sur terre. 47

Tausch m. || exchange; barter; truck || échange m.; troc m. 48

tauschen || to exchange || échanger. 49

täuschend || deceptive || trompeur; illusoire. 50

Tau-schlagen n. || rope making || corderie f. **a)** **~schlägerei** f. || ropery || corderie f. 51

Täuschung f. || deception; delusion || tromperie f.; illusion f. 52

Tausenderamt n. (Selbstanschl) || three-figure exchange || bureau m. à trois figures. 53

Tausendgüldenkraut n. ‖ centaury herb ‖ herbe f. de centaurée. 1
Tau-stopper m. (Seew) ‖ deck *or* rope stopper ‖ bosse f. à bouton. **a) ~stropp** m. ‖ rope strop ‖ estrope f. en cordage. 2
Tautochrone f. ‖ isochronous *or* tautochronous curve ‖ ligne f. *ou* courbe f. isochrone *ou* tautochrone. 3
Tauwerk n. ‖ ropes pl.; cordage; tackle ‖ cordage m. **a) altes ~** ‖ old cordage ‖ vieux cordage m. **b) Schiffs~** ‖ ship's cables pl. *or* tackle ‖ cordage m. pour la marine. 4
Tauwerk-herstellungsmaschine f. ‖ cordage making machine ‖ machine f. pour la fabrication des cordages. **a) ~kappe** f. ‖ cap over the ends of the rigging ‖ coise f. *ou* capuchon f. pour bouts de manœuvres dormantes. 5
Tauwetter n. ‖ thaw; thawing weather ‖ dégel m. 6
Taxameter n. (Apparat) ‖ taximeter ‖ taximètre m. 7
Taxameter m. (Fahrzeug) ‖ taximeter cab; taxicab; taxi ‖ taxi m.; taxi-auto m.; fiacre m. automobile. 8
Taxator m. ‖ appraiser; valuer; assessor ‖ taxateur m.; commissaire-priseur m.; estimateur m. **a) konzessionierter ~** ‖ licensed appraiser ‖ commissaire-priseur m. avec licence. 9
Taxe f. **fällig** (Patent) ‖ annuity due ‖ annuité f. due. 10
Taxholz n. ‖ yew ‖ if m. 11
taxieren ‖ to estimate; to value; to appraise ‖ taxer; estimer. 12
taxierte Kosten pl. ‖ taxed costs pl. ‖ frais mpl. *ou* dépens mpl. taxés. 13
Teakholz n. ‖ teak (wood) ‖ (bois m. de) teck m. 14
Technik f. ‖ technics; technique; engineering practice ‖ technique f. 15
Techniker m. ‖ technician ‖ technicien m. 16
technisch ‖ technical; industrial ‖ technique; industriel. **a) ~ rein** ‖ technically pure ‖ techniquement pur. **b) ~er Ausdruck** m. ‖ technical term ‖ terme m. technique. **c) ~es Büro** n. ‖ technical office ‖ bureau m. technique. **d) ~e Eigenschaft** f. ‖ technicality ‖ caractère m. technique. **e) ~er Gegenstand** m. ‖ technical article ‖ article m. technique. **f) ~es Leder** n. ‖ leather for technical purposes ‖ cuir m. pour travaux techniques. **g) ~es Öl** n. ‖ oil for technical purposes ‖ huile f. technique. **h) ~es Papier** n. ‖ paper for technical purpose ‖ papier m. pour usage technique. **i) ~e Tongutwaren** fpl. ‖ pottery goods pl. for technical purposes ‖ articles mpl. de poterie pour l'usage technique. **k) ~e Zeichnung** f. ‖ mechanical drawing ‖ dessin m. technique. **l) für ~e Zwecke** mpl. ‖ for technical purposes ‖ à l'usage m. technique. 17
Technologie f. ‖ technology ‖ technologie f. **a) chemische ~** ‖ chemical technology ‖ technologie f. chimique. 18
Teddy-bär m. ‖ teddy bear ‖ ours m. Teddy. **a) ~bärenfellstoff** m. ‖ Teddy bear cloth wool ‖ tissu m. peau d'ours Teddy. 19
Tee m. ‖ tea ‖ thé m. **a) ~ in Blättern** ‖ tea in leaves ‖ thé m. en feuilles. 20
Tee-aufbereitungsanlage f. ‖ tea dressing plant ‖ installation f. pour la préparation du thé. **a) ~bearbeitungsmaschine** f. ‖ tea preparing machine ‖ machine f. pour la préparation du thé. 21
Teegeschirr n. ‖ tea set ‖ service m. à thé. **a) ~ in farbigen Glasuren** ‖ tea set in coloured enamel ‖ service m. à thé en émail coloré. 22
Tee-glashalter m. aus Metall ‖ metal cup for tea glasses ‖ support m. métallique pour verres à thé. **a) ~händler** m. ‖ tea merchant ‖ négociant m. en thé. **b) ~-kanne** f. ‖ tea pot ‖ théière f. **c) ~kessel** m. ‖ tea pot ‖ théière f. **d) ~puppe** f. ‖ tea cosy doll ‖ couvre-théière m. 23
Teer m. ‖ tar ‖ goudron m. **a) Braunkohlen~** ‖ brown-coal tar ‖ goudron m. de lignite. **b) Holz~** ‖ wood tar ‖ goudron m. végétal; brai m. gras. **c) ~ durch das Krackverfahren** in Treiböle überführen ‖ to convert tar by craking into motor spirit and Diesel oil ‖ traiter le goudron par cracking de manière à les transformer en essences pour moteurs. **d) Mineral~** ‖ mineral tar ‖ goudron m. minéral. **e) Ölgas~** ‖ oil gas tar ‖ goudron m. de gaz d'huile. **f) säurereicher ~** ‖ acid tar ‖ goudron m. acide. **g) Schiefer~** ‖ slate tar ‖ goudron m. de schiste. **h) Schwel~** ‖ carbonization tar ‖ goudron m. à distillation lente. **i) stark staubhaltiger ~** ‖ tar which carries a large amount of dust ‖ goudron m. contenant beaucoup de poussières. **k) Steinkohlen~** ‖ gas tar ‖ goudron m. de houille. **l) Torf~** ‖ peat *or* turf tar ‖ goudron m. de tourbe. 24
Teerabscheider m. ‖ tar separator ‖ séparateur m. de goudron. 25
teerartig ‖ tarry ‖ goudronneux. 26
Teer-ausscheider m. *s.* Teerabscheider. **a) ~bütte** f. ‖ tar bucket ‖ auge f. à goudron. **b) ~-destillation** f. ‖ tar distilling ‖ distillation f. du goudron. **c) ~destillationsanlage** f. ‖ tar distilling plant ‖ installation f. de distillation de goudron. 27
teeren ‖ to tar (over) ‖ goudronner. 28
Teeren n., Anlage f. zum ~ von **Chausseen** ‖ tar-macadam plant ‖ installation f. à macadam. **a) ~ von Straßen** ‖ tarring of roads ‖ goudronnage m. des routes. 29
Teer-entwässerungsanlage f. ‖ water eliminating plant for tar ‖ installation f. d'élimination de l'eau du goudron. **a) ~-erzeugnis** n. ‖ tar product ‖ dérivé m. *ou* produit m. de goudron. **b) ~extraktionsapparat** m. ‖ tar extractor ‖ extracteur m. de goudron. **c) ~farbe** f. ‖ coal-tar colour ‖ colorant m. dérivé des goudrons. **d) ~faß** n. ‖ tar barrel ‖ gonne f. *ou* tonneau m. à goudron. **e) ~fettöl** n. ‖ tar fat oil ‖ huile f. grasse de goudron. **f) ~feuerung** f. ‖ tar fired furnace ‖ foyer m. à goudron. **g) ~gewinnungsanlage** f. ‖ tar extraction plant ‖ installation f. pour la récolte de goudron. 30
teerig ‖ tarry ‖ goudronneux. 31
Teer-kocher m. ‖ tar boiler *or* boiling man ‖ goudronneur m. **a) ~kochkessel** m. ‖ tar boiler ‖ chaudière f. de *ou* à goudron. 32
Teer- und Asphaltkochkessel m. ‖ tar and asphalt cooking boiler ‖ chaudière f. à préparer le goudron et l'asphalte. 33
Teer-küche f. ‖ ropemaker's stove ‖ étuve f. de corderie. **a) ~leinwand** f. ‖ tarpaulin ‖ toile f. goudronnée. **b) ~makadam** m. ‖ tar macadam ‖ goudron-macadam m. 34
Teernebel m. ‖ tar mist ‖ brouillard m. de goudron. **a) elektrische Niederschlagung** f. der ~ ‖ electrical precipitation of tar mists ‖ précipitation f. électrique des brouillards de goudron. 35
Teeröl n. ‖ (coal) tar oil; creosote oil ‖ huile f. de goudron; créosote m. **a) Braunkohlen~** ‖ lignite tar oil ‖ huile f. de goudron de lignite. **b) Steinkohlen~** ‖ coal tar oil ‖ huile f. de goudron de houille. 36
Teeröl-anstrich m. ‖ coat of carbolineum ‖ peinture f. à carbolinéum. **a) ~prüfung** f. ‖ creosote oil testing ‖ essai m. du créosote. 37
Teer-papier n. ‖ tar paper ‖ papier m. goudron. **a) ~pappe** f. ‖ tarred board; asphalted cardboard; bituminized paper ‖ carton m. goudronné *ou* bitumé. **b) ~-produkt** n. ‖ tar product ‖ produit m. de goudron. **c) ~pumpe** f. ‖ tar pump ‖ pompe f. pour goudron. **d) ~quaste** f. ‖ tar brush ‖ guipon m.; brosse f. à goudron. 38
teerreiche Feinkohle f. ‖ fine coal rich in tar ‖ charbon m. fin riche en goudron. 39
Teer-rückstand m. ‖ tar residue ‖ résidu m. de goudron. **a) ~satz** m. ‖ dregs pl. of tar ‖ rache f. de goudron. **b) ~schwefelseife** f. ‖ tar and sulphur soap ‖ savon m. de goudron et de soufre. **c) ~seife** f. ‖ tar soap ‖ savon m. de goudron. **d) ~-straße** f. ‖ tarred street ‖ roue f. goudronnée. **e) ~tuch** n. ‖ tarpaulin ‖ toile f. goudronnée. 40
Teerückstand m. ‖ residue of tea ‖ résidu m. de thé. 41
Teerung f. ‖ tar spraying ‖ goudronnage m. 42
Teer-verarbeitungsanlage f. ‖ tar working plant ‖ installation f. de préparation du goudron. **a) ~vorrichtung** f. ‖ tarring device ‖ dispositif m. à goudronner. **b) ~wasser** n. ‖ tar water ‖ eau f. de goudron. **c) ~zerlegung** f. ‖ distillation and refinery of tar ‖ traitement m. du goudron. **d) ~zisterne** f. ‖ tar cistern ‖ réservoir m. à goudron. 43
Tee-satz m. ‖ tea grounds pl. ‖ marc m. de thé. **a) ~sieb** n. ‖ tea strainer ‖ passoir m. à thé; passe-thé m. **b) ~tisch** m. ‖ tea table ‖ table f. à thé. 44
Teich m. ‖ pond; pool ‖ étang m.; vivier m. **a) Klär~** ‖ settling tank; sewage filter ‖ bassin m. de décantation. 45
Teich-damm m. ‖ dam of a pond ‖ bachasse f. **a) ~fischerei** f. ‖ pond fishing ‖ pêche f. en étang. **b) ~rechen** m. ‖ pond grate ‖ grille f. d'étang. 46
Teig m. ‖ paste; dough ‖ pâte f. **a) der ~ geht auf** ‖ the dough raises ‖ la pâte se lève. **b) den ~ m. kneten** (Bäckerei) ‖ to knead the dough ‖ pétrir la pâte. **c) lockerer luftiger ~** ‖ silky, light and well formed dough ‖ pâte f. légère et volumineuse. **d) den ~ m. rühren** (Bäckerei) ‖ to stir the dough ‖ malaxer la pâte. **e) den ~ verarbeiten** ‖ to work out the dough ‖ traiter la pâte f. 47
teigartiger Zustand m. ‖ pasty condition ‖ état m. pâteux. 48
Teig-farbe f. ‖ paste colour ‖ couleur f. à pâte. **a) ~formmaschine** f. ‖ dough moulding machine ‖ machine f. à mouler la pâte. 49
teigig ‖ pasty; doughy ‖ pâteux. **a) ~es Eisen** n. ‖ pasty iron ‖ fer m. pâteux. **b) ~e Masse** f. ‖ doughy mass ‖ pâte f. **c) das Schmiedeeisen** blieb zum Teil ~ ‖ the wrought iron partly remained pasty ‖ le fer forgé restait pâteux en partie. 50

Teig-knetmaschine f. || dough kneading machine || machine f. à pétrir *ou* à malaxer la pâte. **a) ~mangler** m. || paste roller hand || étendeur m. de pâte au rouleau. **b) ~mischer** m. || sponger of paste || délayeur m. de pâte. **c) ~mischmaschine** f. || dough mixing machine || machine f. à mêler *ou* à mélanger la pâte. **d) ~rührmaschine** f. || dough stirring machine || machine f. à remuer la pâte. **e) ~schlagmaschine** f. || dough beating machine || machine f. à battre la pâte. 1

Teigteil-maschine f. || dough dividing machine || machine f. à diviser la pâte; diviseur m. de pâte. **a) ~- und Wirkmaschine** f. || dough dividing and moulding machine || diviseuse-rouleuse f. de pâtes. 2

Teigwalze f. || dough roller || rouleau m. à pâte *ou* à pétrissage. 3

Teigwaren fpl. || edible *or* alimentary pastes pl.; paste goods pl. || pâtes fpl. alimentaires. **a) Form** f. für ~ || alimentary paste mould || moule m. à pâtes alimentaires. 4

Teigwaren-fabrik f. || biscuit factory || fabrique f. de pâtes alimentaires. **a) ~-herstellung** f. || italian paste manufacture || fabrication f. de pâtes alimentaires. **b) ~maschine** f. || paste manufacturing machine || machine f. pour faire des pâtes alimentaires. 5

Teigwirkmaschine f. *s.* Teigformmaschine. 6

Teil m.; n. || part; portion || part f.; partie f.; portion f. **a) äußerer ~** || outer portion || portion f. extérieure. **b) einzelne ~e** mpl. **auswechseln** || to change one or the other part || remplacer certains organes mpl. **c) einzelne ~e** mpl. einer **Maschine** || separate *or* detached machine parts pl. || pièces fpl. *ou* parties fpl. détachées d'une machine. **d)** zu **gleichen ~en** mpl. || in equal shares || à parts égales. **e)** zum **größten ~** || in the main; mostly || en majeure partie. **f) maschineller ~** || mechanical part || partie f. mécanique. **g) mittlerer ~** || middle part || partie f. centrale. **h) oberer ~** || upper part || partie f. supérieure. **i) rotierender ~** || rotating part || élément m. rotatif. **k) unterer ~** || lower part || partie f. inférieure. 7

Teilakzept n. || partial acceptance || acceptation f. partielle. 8

Teilapparat m. || dividing apparatus *or* head; divider || diviseur m.; appareil m. diviseur *ou* à diviser. **a) doppelter ~** || double dividing apparatus *or* indexing centre || poupée f. à diviseur double; appareil m. diviseur double. **b) dreifacher ~** || triple dividing apparatus || appareil m. diviseur triple. **c) einfacher ~** || plain dividing apparatus || diviseur m. simple. **d) Hand~** (Werkzeugmasch) || hand indexing device || appareil m. à diviser à main. **e)** ~ mit **Teilung** durch **Teilscheibe** || dividing apparatus with division by index plate || appareil m. à diviser par disque diviseur. **f)** ~ mit **Teilung** durch **Wechselräder** || dividing apparatus with division by change gears || appareil m. à diviser par engrenages. **g) vertikaler ~** || vertical dividing device || diviseur m. vertical. **h)** ~ für **Zahnräder** || dividing apparatus for toothed wheels || appareil m. diviseur pour roues dentées *ou* pour engrenages. 9

Teilaufsatz m. || dividing attachment; indexing centre || appareil m. diviseur; poupée f. diviseuse *ou* à diviser; diviseur m. 10

teilbar || divisible || divisible. 11

Teil-barkeit f. || divisibility || divisibilité f. **a) ~bruch** m. || partial fraction || fraction f. partielle. 12

Teilchen n. || particle || particule f. 13

Teileinrichtung f. (Masch) || dividing mechanism || dispositif m. diviseur. 14

teilen || to graduate; to divide || graduer; diviser. 15

Teilen n., Streifenschere f. zum ~ von Streifen und Platten || shear for dividing strips and plates || cisailles fpl. à sectionner les bandes et les plaques. 16

Teilenteignung f. || partial alienation || expropriation f. partielle. 17

Teiler m. (Math) || divisor || diviseur m. 18

Teil-erstarrung f. || partial solidification || solidification f. partielle. **a) ~fehler** m. || partial error || erreur f. partielle. 19

teilhaben || to have an interest; to participate || avoir part f.; participer. 20

Teilhaber m. || partner || associé m. **a)** als ~ m. **aufnehmen** || to admit as partner || s'associer avec. **b) geschäftsführender ~** || managing partner || associer-directeur m. **c) stiller ~** || sleeping partner || associé m. commanditaire. 21

Teil-instrument n. || dividing apparatus || instrument m. à diviser. **a) ~kammerwasserrohrkessel** m. || sectional chamber water tube boiler || chaudière f. semitubulaire. 22

Teilkopf m. || dividing head || diviseur m.; poupée f. diviseur; appareil m. diviseur. **a) automatischer ~** || automatic dividing head || diviseur m. automatique. **b) einfacher ~** || ordinary dividing head || diviseur m. simple. **c)** ~ für **Stirn-** und **Schraubenräder** || dividing head for spur and spiral gears || appareil m. diviseur pour tailler les engrenages droits et hélicoïdaux. **d) Universal~** || universal dividing head || diviseur m. universel. **e)** ~ für **Zahnräder** || gear dividing head; dividing head for toothed wheels || appareil m. diviseur pour engrenages *ou* pour roues dentées. 23

Teilkraft f. (Mech) || component force || force f. composante. **a) senkrechte ~** || vertical component || composante f. verticale. **b) wagerechte ~** || horizontal component || composante f. horizontale. 24

Teilkreis m. || divided *or* pitch circle || cercle m. primitif *ou* divisé. **a)** ~ eines **Zahnrades** || pitch circle of a toothed wheel || cercle m. primitif d'une roue dentée. 25

Teilkreisdurchmesser m. || pitch diameter || diamètre m. du cercle primitif. 26

Teilmaschine f. || dividing machine || diviseuse f.; machine f. à diviser. **a) Teig~** || dough dividing machine || machine f. à diviser la pâte; diviseur m. de la pâte. 27

teilnehmen || to join; to participate; to take part || prendre part; participer. 28

Teilnehmer m., **angerufener** || called subscriber || abonné m. demandé. **a) anrufender ~** || calling subscriber || abonné m. demandeur. 29

Teilnehmer-kabel n. || subscriber's cable || câble m. d'abonnés. **a) ~klinke** f. || subscriber's jack || jack m. d'abonné. **b) ~-(rechts)verhältnis** n. || subscriber's contract || contrat m. d'abonnement. **c) ~station** f., **automatische** || automatic subscriber's station || poste m. automatique d'abonnés. **d) ~vielfachfeld** n. || subscriber's multiple || multiplage m. des abonnés. 30

Teil-pächter m. || share-tenant (for a share of the products) || colon m. partiaire. **a) ~platte** f. || index plate; dividing disc || secteur m. gradué; disque m. diviseur. **b) ~rad** n. || dividing wheel || roue f. à diviser. 31

Teilscheibe f. || index *or* dividing plate || disque m. *ou* plateau m. diviseur. **a)** ~ mit **Indexstift** || index plate with index pin || disque m. diviseur avec verrou. 32

Teil-schneckenrad n. || dividing worm wheel || roue f. hélicoïdale diviseur. **a) ~schritt** m. (Elektr) || fractional pitch || pas m. partiel. **b) ~sendung** f. || instalment of a delivery || envoi m. partiel. **c) ~spannung** f. || partial pressure || tension f. partielle. 33

Teilspindel f. || dividing spindle || broche f. de la poupée à diviser. **a) ~bohrung** f. || bore of dividing spindle || alésage m. de broche de la poupée à diviser. 34

Teil-störung f. || partial disturbance || perturbation f. partielle; composante f. de perturbation. **a) ~strecke** f. (Eisenb) || section of a lines || embranchement m.; section f. 35

Teilstrich m. || graduation on scale; scale line || marque f. de subdivision; trait m. de graduation. **a) Abstand** m. zwischen zwei **~en** einer Strichplatte || interval between two scale lines of a graticule || intervalle m. entre deux traits d'un micromètre. 36

Teilung f. || graduation || graduation f. **a)** ~ (Gewinde) || pitch || pas m. **b)** ~ (Zahnrad) || circular pitch || pas m. circonférentiel. **c)** eine ~ **beziffern** || to figure a graduation || porter des chiffres mpl. sur une graduation. **d)** mit **doppelter ~** || with double set of division || à deux échelles. **e)** mit **einfacher ~** || with single division || à simple échelle. **f) feine ~** || fine graduation || graduation f. fine. **g) grobe ~** || coarse graduation || grosse graduation f. **h) gradlinige ~** || division of a straight line || graduation f. rectiligne. **i) Handmeßgerät** n. zum Prüfen der ~ von Stirnrädern || hand measuring instrument to check the circular pitch of spur gears || appareil m. de mesure à main pour la vérification du pas des engrenages droits. **k) Kreis~** || division of a circular arc || graduation f. circulaire. **l) Minimetergerät** n. zum Prüfen der ~ von Zahnrädern || minimeter instrument to check the pitch of gears || appareil m. minimètre pour la vérification du pas des roues dentées. **m)** ~ durch **Teilscheiben** || division by index plates || division f. par disques diviseurs. **n)** ~ durch **Wechselräder** || division by change gears || division f. par engrenages de rechange. **o) Zentimeterfelder~** f. einer Latte || centimeter division on a staff || division f. en centimètres d'une mire. 37

Teilungs-fehler m. || error of division || erreur f. de graduation; défaut m. de division. **a) ~masse** f. (Konkurs) || property divisible among the creditors || actif m. 38

Teil-verflüssigung f. || partial liquefaction || liquéfaction f. partielle. **a) ~vorrichtung**

f. || dividing device || dispositif m. à diviser; diviseur m. 1

teilweise || partial || partiel. 2

Teil-wirbel m. || partial vortex || tourbillon m. composant. a) **~zahlung** f. || instalment; part payment || payement m. partiel. b) **~zirkel** m. || spring bow divider; dividing taster || compas m. à ressort *ou* de précision *ou* à diviser. 3

T-Eisen n. *s. unter* T-. 4

Telautograf m. || telautograph || télautographe m. 5

Teleansatz m. (Foto) || telephoto attachment || téléaccord m. 6

Telefon n. *s. auch* Fernsprecher. a) **elektromagnetisches ~** || electromagnetic telephone || téléphone f. électromagnétique. b) **elektrostatisches ~** || electrostatic telephone || téléphone m. électrostatique. 7

Telefon-anlage f. || telephone plant || installation f. de téléphone. a) **~apparat** m. || telephone apparatus || appareil m. téléphonique. b) **~beamtin** f. || telephonist || téléphoniste f. c) **~brücke** f. || telephone bridge || pont m. de téléphone. d) **~draht** m. || telephone wire || fil m. téléphonique. e) **~fernkabel** n. || toll cable || câble m. interurbain. f) **~gerät** n. || telephone (apparatus) || appareil m. téléphonique. 8

Telefongespräch n. || telephonic communication *or* conversation || conversation f. *ou* communication f. téléphonique. a) **dringendes ~** || urgent telephone connection || communication f. téléphonique urgente. 9

Telefonhörer m. || telephone receiver || récepteur m. téléphonique. 10

Telefonie f. || telephony || téléphonie f. a) **Draht~** || line telephony || téléphonie f. par fil. b) **drahtlose ~** || radio-telephony || radiotéléphonie f.; téléphonie f. sans fil. c) **Duplex~** || duplex telephony || téléphonie f. duplex. d) **Fern~** || interurban telephony || téléphonie f. interurbaine. e) **Haus~** || house telephony || téléphonie f. domestique. f) **Mehrfach~** || multiplex telephony || téléphonie f. multiplex. 11

Telefoniesender m. || radio-telephonic transmitter || émetteur m. radio-téléphonique. 12

telefonisch || telephonic || téléphonique. 13

Telefon-kabel n. || telephone cable || câble m. téléphonique. a) **~kondensator** m. || telephone condenser || condensateur m. pour téléphone. b) **~kurzschlußkontakt** m. || telephone short-circuiting contact || contact m. de mise en court-circuit du téléphone. c) **~leitung** f. || telephone line || ligne f. téléphonique. d) **~netz** n. || telephone wire system || réseau m. téléphonique. 14

Telefonograf m. || telephonograph || téléphonographe m. 15

Telefonometer n. || time check || compteur m. du temps de conversation. 16

Telefon-schnur f. || flexible cord for telephone || cordon m. pour téléphonie. a) **~signal** n. || telephone signal || signal m. téléphonique. b) **~system** n. || telephone system || système m. de téléphonie. c) **~tisch** m. (Büro) || telephone table || table f. pour téléphone. d) **~uhr** f. || telephone clock || chronomètre m. pour téléphones. e) **~zelle** f. || telephone box || cabine f. téléphonique. 17

Telefunken-Karolus-Bildübertragungsgerät n. || Telefunken-Karolus picture telegraph || appareil m. de téléphotographie Telefunken-Karolus. 18

Telefunkenkompaß m. || Telefunken compass || boussole f. Telefunken. 19

Telegraf m. || telegraph || télégraphe m. a) **akustischer ~** (Fernm) || acoustic telegraph || télégraphe m. acoustique. b) **Druck~** || printing telegraph || télégraphe m. imprimeur; typotélégraphe m. c) **elektrischer ~** || electric telegraph || télégraphe m. électrique. d) **elektrochemischer ~** || electrochemical telegraph || télégraphe m. électrochimique. e) **mehrfacher ~** || multiple telegraph || télégraphe m. multiple. f) **optischer ~** || optical telegraph || télégraphe m. optique. g) **Schiffs~** || ship's telegraph || télégraphe m. de bord. h) **Typendruck~** || type-printing telegraph || télégraphe-imprimeur m. i) **unterirdischer ~** underground telegraph || télégraphe m. souterrain. k) **unterseeischer ~** || submarine telegraph || télégraphe m. sous-marin. l) **Zeiger~** || dial telegraph || télégraphe m. à cadran. 20

Telegrafen-abschlußkabel n. || telegraph terminal cable || câble m. télégraphique de fermeture. a) **~alphabet** n. || telegraph alphabet || alphabet m. télégraphique. 21

Telegrafenamt n. || telegraph office || bureau m. télégraphique. a) **Haupt~** || general telegraph office || office m. principal des télégraphes. 22

Telegrafenanlage f. || telegraph plant || installation f. télégraphique. a) **überseeische ~** || transatlantic telegraph installation || installation f. de télégraphie transatlantique. 23

Telegrafen-anstalt f. || telegraph office || bureau m. télégraphique. a) **~apparat** m. *s.* ~gerät. b) **~arbeiter** m. || (post office telegraphs') lineman || ouvrier m. des télégraphes. 24

Telegrafenbau-amt n. || telegraph construction office || bureau m. de construction des télégraphes. a) **~dienst** m. || line construction service || service m. de construction des lignes télégraphiques. b) **~-gerät** n. || telegraph construction tool || outillage m. de construction télégraphique. c) **~handwerker** m. || telegraph craftsman *or* workman || poseur m. des télégraphes. d) **~handwerkerprüfung** f. || examination of telegraph craftsmen || examen m. des poseurs des télégraphes. e) **~lehrling** m. || telegraph-craftsman apprentice || apprenti-poseur m. des télégraphes. f) Werkstatt f. für **~material** n. || workshop for telegraph construction accessories || atelier m. de construction de matériel télégraphique. g) **~trupp** m. || construction unit gang || équipe f. d'ouvriers. h) **~vorhandwerker** m. || chief telegraph-craftsman || brigadier-poseur m. des télégraphes. i) **~zeug** n. || telegraph construction material || matériel m. de construction télégraphique. 25

Telegrafen-beamter m. || telegraph clerk || employé m. des télégraphes. a) **~code** m. || code || code m. b) **~dienst** m. || telegraphic service || service m. télégraphique. c) **~draht** m. || telegraph wire || fil m. télégraphique. d) **~geheimnis** n. || secrecy of telegraph service || secret m. des correspondances télégraphiques. 26

Telegrafengerät n. || telegraph apparatus || appareil m. télégraphique. a) **Hughes'~** || Hughes' telegraph apparatus || appareil m. télégraphique Hughes. 27

Telegrafen-gesetz n. || telegraph act || loi f. des télégraphes. a) **~gleichung** f. || telegraphic equation || équation f. des télégraphistes. b) **~hoheitsrecht** n. || monopoly of the state relating to the telegraphy || monopole m. télégraphique de l'Etat. c) **~kabel** n. || telegraph cable || câble m. télégraphique. d) **~konstruktionsamt** n. || telegraph construction department || bureau m. de construction des télégraphes. e) **~leitung** f. || telegraph line || ligne f. télégraphique. f) **~leitungsmast** m. || telegraph pole || poteau m. télégraphique. g) **~linie** f. || telegraph line || ligne f. télégraphique. h) **~mast** m. || telegraph pole || poteau m. télégraphique. i) **~netz** n. || telegraph network || réseau m. télégraphique. k) **~oberbauführer** m. || telegraph construction manager || conducteur m. de travaux télégraphiques. l) **~ordnung** f. || telegraph regulation || règlement m. télégraphique. m) **~schnur** f. || flexible cord for telegraphs || cordon m. pour télégraphie. 28

Telegrafenstange f. || telegraph pole || poteau m. télégraphique *ou* de télégraphe. a) **eiserne ~** || iron pole || poteau m. en fer; pylône m. de fer. b) **~ aus Holz** || wooden pole || poteau m. en bois. 29

Telegrafenstangenimprägnierung f. || impregnation of telegraph poles || injection f. de poteaux télégraphiques. 30

Telegrafen-tarif m. || telegraph rates pl. || tarif m. télégraphique. a) **~taste** f. || key || manipulateur m. b) **~technik** f. || telegraph technics pl. || technique f. télégraphique. c) **~truppe** f. || signal corps || corps m. de troupe de télégraphistes. 31

Telegrafenwege-gesetz n. || telegraphic lines Act || loi f. concernant l'établissement des lignes télégraphiques. a) **~plan** m. || telegraph line plan || projet m. d'une ligne télégraphique. 32

Telegrafenzeugamt n. || telegraph material store || dépôt m. de matériel de construction télégraphique. 33

Telegrafie f. || telegraphy || télégraphie f. a) **abstimmbare drahtlose ~** || syntonized wireless telegraphy || télégraphie f. sans fil syntonisée. b) **drahtlose ~** || wireless telegraphy || télégraphie f. sans fil.; T.S.F. c) **Gehör~** || acoustic telegraphy || télégraphie f. acoustique. d) **Lampe** f. für drahtlose ~ || lamp for wireless telegraphy || lampe f. pour T. S. F. e) **unabhörbare ~** || telegraphy not to be listened to || télégraphie f. non interceptable. 34

telegrafieren || to telegraph || télégraphier. 35

Telegrafier-frequenz f. || dot frequency || fréquence f. fondamentale. a) **~geschwindigkeit** f. || speed of telegraphing || rapidité f. de transmission; vitesse f. de transfert. 36

Telegrafierstrom m. || transmitting *or* signal current || courant m. télégraphique. a) **~-generator** m. || generator set for telegraphy || groupe m. électrogène. 37

Telegrafiesender m. || telegraphic radiotransmitter || émetteur m. radiotélégraphique. 38

telegrafisch || telegraphic || télégraphique. 39

Telegrafist m. || telegraphist || télégraphiste m. 40

Telegrafistenwettstreit m. || international match of practical telegraphy || concours m. international de télégraphie pratique. 41

Telegrafon n. || telegraphone || télégraphone m. 1

Telegramm n. || telegram || télégramme m. a) **Abfassung** f. der ~e (Fernm) || preparation of telegrams || rédaction f. des télégrammes. b) **Anhalten** n. des ~es || stoppage of telegram || arrêt m. du télégramme. c) **Aufnahme** f. eines ~es nach dem Gehör || reading of a telegram by sound || lecture f. d'une dépêche au son. d) **dringendes** ~ || urgent telegram || télégramme m. urgent. e) **Kopf** m. eines ~s || preamble of the telegram || préambule m. du télégramme. f) **unverständliches** ~ || unintelligible telegram || télégramme m. inintelligible. g) ~ mit **Vergleichung** || collated telegram || télégramme m. avec collationnement. h) **verstümmeltes** ~ || mutilated telegram || télégramme m. mutilé. i) **Verstümmelung** f. eines ~s || mutilation of a telegram || mutilation f. d'une dépêche. k) ein ~ n. **wiederholen** || to repeat a telegram || collationner un télégramme. l) **zurückgestelltes** ~ || deferred telegram || télégramme m. différé. 2

Telegramm-anschrift f. || telegraphic address || adresse f. télégraphique. a) **~aufgabe** f. || handing-in of telegrams || dépôt m. des télégrammes. b) **~austräger** m. || telegraph messenger || porteur m. de télégrammes c) **~kosten** pl. || telegraphic charges pl. || frais mpl. de télégramme. d) **~kurzanschrift** f. || registered address || adresse f. conventionnelle. e) **~schlüssel** m. (Fernm) || code || code m. f) **~spesen** pl. || cost of telegram || frais mpl. de dépêche. g) **~wort** n. (Katalog) || codeword || désignation f. télégraphique. h) **~zustellung** f. am Bestimmungsort || delivery of telegrams at destination || remise f. des télégrammes à destination. 3

Telegraph m. *s.* Telegraf. 4

Telemeter n., **Stereo** || stereoscopic range finder || télémètre m. stéréoscopique. 5

Telemotor m. || telemotor || télémoteur m. 6

Telephon n. *s.* Telefon. 7

Teleskop n. || telescope || télescope m. a) **~gasbehälter** m. || telescope gasometer || gazomètre m. à lunette. 8

teleskopisch || telescopic || télescopique. 9

Teleskop-mast m. || telescopic mast || mât m. télescopique. a) **~pumpe** f. || telescopic pump || pompe f. télescope. b) **~schornstein** m. (Schiffb) || telescope funnel || cheminée f. à coulisse. 10

Teller m. || plate || assiette f. a) **Fänger~** || catcher plate || assiette f. du récepteur. b) **flacher** ~ || shallow plate || assiette f. plate. c) **Obst~** || dessert plate || assiette f. à dessert. d) **Suppen~** || soup plate || assiette f. à soupe. e) **tiefer** ~ || deep plate || assiette f. creuse. 11

Teller-aufgabeapparat m. || plate feeder || table f. de distribution. a) vertiefter **~boden** m. || cupped plate end || fond m. à plateau bombé. b) **~bohrer** m. || earth auger || tarière f. à large spire. c) **~detaschör** m. || plate detacher || détacheur m. à plateaux. d) **~drehscheibe** f. (Eisenb) || turn-table plate || plaque f. tournante à cuve. e) **~feder** f. || cup spring || ressort m. Belleville. 12

tellerförmige Feder f. || plate spring || ressort m. à rondelle; rondelle f. Belleville. 13

Teller-hammer m. || chasing hammer || marteau m. à bouge. a) **~korb** m. || plate basket || ménagère f. b) **~mühle** f. || dish mill || moulin m. à plateaux. c) **~rad** n. || axle drive bevel wheel || couronne f. d'angle du différentiel. d) **~schrank** m. || cupboard; sideboard || buffet m. e) **~spinnmaschine** f., Papiergarn || paper yarn plate spinning machine || machine f. à plateau pour le filetage du fil en papier. f) **~tuch** n. || dinner napkin || serviette f. g) **~ventil** n. || disc *or* poppet valve || soupape f. en champignon *ou* en chapeau *ou* à plateau *ou* à siège plan. 14

Tellerwärmer m. || plate warmer || réchaud m.; chauffe-assiettes m. a) **elektrischer** ~ || electric dish warmer || chauffe-plat m. électrique. 15

Tellerzinn n. || plate pewter || potin m. d'assiettes. 16

Tellur n. || tellurium || tellure m. a) **gediegenes** ~ || native tellurium || tellure. m. natif. 17

Tellur-blei n. || telluride of lead || plomb m. telluré; altaite f. a) **~erz** n. || tellurium ore || minerai m. de tellure. 18

tellurführend || tellurium-bearing || tellurifère. 19

tellurige Säure f. || tellurous acid; telluric ochre; tellurite || acide m. tellureux. 20

Tellursäure f. || telluric acid || acide m. tellurique. 21

Tempel m. || temple || temple m. a) **offener runder** ~ || monopteron || temple m. monoptère. 22

Tempera-farbe f. || tempering *or* tempera colour || couleur f. à détrempe. a) **~malerei** f. || distemper painting || peinture f. en détrempe. 23

Temperament n. || temperament || tempérament m. 24

Temperatur f. *s. auch* Wärmegrad || temperature || température f. a) **absolute** ~ || absolute temperature || température f. absolue. b) **Anschwänz~** (Treber) || sparging temperature || température f. de lavage. c) **Anstell~** (Brau) || pitching temperature || température f. de mise en levain. d) **Außen~** || outdoor *or* outside temperature || température f. extérieure. e) **bei einer** ~ von x^0 || at a temperature of x^0 || à une température f. de x^0. f) **Boden~** || ground temperature || température f. du sol. g) **Darr~** || kilning temperature || température f. de touraillage. h) **Einmaisch~** || doughing-in temperature || température f. d'empâtage. i) **Entzündungs~** || inflammation temperature || température f. d'inflammation. k) **Gär~** || fermentation temperature || température f. de fermentation. l) **gleichbleibende** ~ || constant temperature || température f. constante. m) **Härte~** || hardening temperature || température f. de trempe. n) **hohe** ~ der Probe || high temperature of test piece || température f. élevée de l'éprouvette. o) **kritische** ~ || critical temperature || température f. critique. p) ~ im **Schatten** || temperature in the shade || température f. à l'ombre. q) **tiefe** ~ || low temperature || température f. basse. r) **tiefste** ~ || lowest temperature || température f. extrêmement basse. s) **Umgebungs~** || ambiant temperature || température f. ambiante. 25

Temperaturabfall m. || fall of temperature || chute f. de température. 26

Temperaturänderung f. || variation of temperature || changement m. de température. a) **rasche** ~ || rapid change of temperature || variation f. rapide de la température. 27

Temperatur-ausgleich m. || equalization of temperature || compensation f. de température. a) **~differenz** f. || temperature difference || différence f. de température. 28

Temperatureinfluß m. || influence of temperature || influence f. de la température. a) ~ bei **Fernkabeln** || influence of temperature in long distance cables || influence f. de la température en câbles à grande distance. 29

Temperatur-erhöhung f. || rise of temperature || augmentation f. de température. a) **~faktor** m. || temperature coefficient || coefficient m. de température. b) **~gefälle** n. || temperature difference || écart m. de température. c) **~jahresmittel** n. || mean annual temperature || moyenne f. annuelle de température. 30

Temperaturkoeffizient n. || temperature coefficient || coefficient m. de température. a) ~ einer **Glassorte** || temperature coefficient of the respective glass || coefficient m. de dilatation d'une fonte de verre. 31

Temperatur-messer m. || temperature meter || appareil m. de mesure de température. a) **~regler** m. || temperature regulator || régulateur m. thermique *ou* de température. b) **~schwankung** f. || fluctuation of the temperature || fluctuation f. de la température. c) **~sicherung** f. (Elektr) || temperature fuse || protecteur m. thermique. d) **~sprung** m. || jump of temperature || saut m. de température. e) **~umkehr** f. || temperature inversion || inversion f. de température. f) **~verteilung** f. || distribution of temperature || distribution f. de la température. g) **~zunahme** f. || increase *or* rise of temperature || augmentation f. *ou* hausse f. de température. 32

Temper-erz n. || iron ore *or* oxide || minerai m. pour fonte malléable. a) **~guß** m. || malleable pig iron *or* cast iron; malleable castings pl. || fonte f. malléable. 33

Temperierbad n. || temperature *or* tempering bath || four m. tient-chaud. 34

temperiert || tempered || tempéré. 35

Temperkohle f. || graphite; temper carbon || graphite m.; carbone m. de recuit. 36

tempern || to anneal; to temper || tempérer; recuire. 37

Tempern n. || tempering || refroidissement m. lent. 38

Temperofen m. || tempering *or* annealing *or* cementation furnace || fourneau m. à adoucir *ou* à cémenter *ou* à recuire; four m. de recuit *ou* de cémentation a) **~anlage** f. || annealing furnace installation || installation f. de four de cémentation. 39

Temperroheisen n. || malleable pig iron || fonte f. crue de moulage. 40

Tendenz f., **fallende** || downward tendency || tendance f. à baisser. a) **steigende** ~ || upward tendency || tendance f. à hausser. 41

Tender m. || tender || tender m. a) ~ (Schiff) || tender || navire-annexe m. b) **getrennter** ~ || separate tender || tender m. séparé. c) **Lokomotiv~** || locomotive tender || tender m. de locomotive. 42

Tender-achse f. (Eisenb) || tender axle || essieu m. de tender. a) **~bremse** f. || tender brake || frein m. du tender. 43

Tenderlokomotive f. || tender *or* tank locomotive || locomotive f. à tender; locomotive-tender f. a) **Drehgestell ~** || articulated tank locomotive || locomotive-tender f. à essieux couplés articulés. b) **Heißdampfgüterzug~** || superheated steam goods tank locomotive || locomotive-tender f. à vapeur surchauffée pour trains de marchandises. c) **Heißdampfpersonenzug~** || superheated steam tank locomotive for passenger service || locomotive-tender f. à vapeur surchauffée pour trains de voyageurs. d) **Naßdampf~** || saturated steam tank locomotive || locomotive-tender f. à vapeur saturée. 1

Tender-rad n. || tender wheel || roue f. de tender. a) **~schaufel** f. || stoker's shovel || pelle f. de chauffeur. b) **~wasserkastenblech** n. || tender water tank plate || tôle f. pour caisses à eau du tender. 2

Tennantit m., **zinkhaltiger** || tennantite || tennantite f.; cuivre m. gris arsenifère. 3

Tenne f. || thrashing floor || aire f. d'une grange. 4

Tennis n. || lawn tennis || lawn-tennis m. a) **~ball** m. || tennis ball || balle f. de tennis. b) **~gerät** n. || tennis equipment || ustensile m. pour lawn-tennis. c) **~halle** f. || tennis hall || court m. couvert (pour tennis). d) **~netz** n. || tennis net || filet m. de tennis. e) **~platz** m. || tennis court || court m. (de tennis). f) **~presse** f. *s.* Tennisschlägerpresse. g) **~saite** f. *s.* Tennisschlägersaite. 5

Tennisschläger m. || (tennis) racket || raquette f. (tennis); battoir m. de paume. a) **~presse** f. || racket press || presse f. pour raquettes. b) **~saite** f. || racket string; racket *or* tennis gut || corde f. à raquette. 6

Tennisschuh m. || tennis boot *or* shoe || chaussure f. tennis. 7

Tenotom n. (Heilk) || tenotome || ténotome m. 8

Teppich m. || carpet || tapis m. a) **Axminster ~** || Axminster carpet || tapis-chenille m. b) **Brüsseler ~** || Brussels carpet || moquette f. frisée *ou* bouclées. c) **Fell~** || skin rug || tapis m. en fourrure *ou* de peau. d) **Filz~** || felt carpet || tapis m. en feutre. e) **Fuß~** || carpet || tapis m. de pied. f) **Fußboden~** || floor carpet || tapis m. de pied. g) **~ mit gedruckter Kette** || printed warp carpet || moquette f. imprimée. h) **geflammter ~** || variegated carpet || tapis m. jaspé. i) **Gummi~** || rubber mat || tapis m. en caoutchouc. k) **Jute~** || jute carpet || tapis m. en jute. l) **langhaariger ~** || long pile carpet || tapis m. velouté haute-laine. m) **Plüsch~** || plush carpet; pile carpet || tapis m. velouté. n) **Samt~** || plush *or* pile carpet || tapis m. velouté. o) **Smyrna~** || Turkey carpet || tapis m. à point noué *ou* d'Orient *ou* de Smyrne. p) **Tournaivelour~** || Wilton carpet; cut pile carpet || moquette f. veloutée; tapis m. de Tournai. q) **türkischer ~** || Turkey-carpet || tapis m. à nœuds *ou* (façon) de Turquie *ou* de la Savonnerie. r) **Wand~** || hangings pl.; tapestry || tapis m. de tenture. s) **Wilton~** || Wilton carpet; cut pile carpet || moquette f. veloutée; tapis m. de Tournai. t) **wollener ~** || wool carpet || tapis m. de laine. 9

Teppich-ausbesserung f. || carpet mending || rentraiture f. de tapis. a) **~fransenknüpfer** m. || carpet fringe knotter || noueur m. de franges de tapis. b) **~ fransennäher** m. || carpet fringe sewer || couseur m. de franges de tapis. c) **~franser** m. || carpet fringer || frangeur m. de tapis. d) **~kehrmaschine** f. || carpet cleaning machine; carpet sweeper || machine f. à brosser les tapis. 10

Teppichklopfen n. || tapestry beating || battage m. de tapis. 11

Teppich-klopfer m. || carpet beater || batteur m. de tapis. a) **~klopfmaschine** f. || carpet beating machine || machine f. à battre les tapis; batteuse-dépoussiéreuse f. pour tapis. b) **~nadel** f. || carpet needle || aiguille f. de tapis. c) **~nopper** m. || carpet picker || noppeur m. de tapis. d) **~roller** m. || carpet roller || enrouleur m. de tapis. e) **~scherer** m. || carpet shearer || tondeur m. de tapis. f) **~schermaschine** f. || carpet shearing machine || tondeuse f. pour tapis. g) **~schoner** m. || carpet cover || pare-tapis m. h) **~sticker** m. || tapestry embroiderer || brodeur m. en tapis. i) **~stopfer** m. || carpet darner || rentrayeur m. de tapis. 12

Teppichstuhl m. (Web) || carpet loom || métier m. à tapis. a) **~gestell** n. || framing for carpet loom || bâti m. du métier à tapis. 13

Teppich-weber m. || carpet maker || carpettier m. a) **~weberei** f. || carpet weaving || tissage m. des tapis. b) **~webstuhl** m. || carpet weaver's loom || métier m. à tapis. 14

Termin-geschäft n. || time bargain; credit transaction || affaire f. à terme. a) **~handel** m. *s.* ~geschäft. 15

ternär (Chem) || ternary || ternaire. a) **~e Verbindung** f. (Chem) || ternary compound || combinaison f. ternaire. 16

Terpen n. **ätherischer Öle** || terpene of essential oils || terpène m. des huiles essentielles. 17

terpenfrei || terpeneless || déterpéné. 18

Terpentin n. || turpentine || térébenthine f. a) **~geist** m. || essence of turpentine || essence f. de térébenthine. 19

Terpentinöl n. || turpentine oil *or* essence; turps || huile f. *ou* essence f. de térébenthine. a) **~ersatz** m. || white spirit; adulterated turpentine || essence f. de térébenthine artificielle. b) **~firnis** m. || turpentine varnish || vernis m. de térébenthine. 20

Terpentinpech n. || turpentine pitch || poix f. de térébenthine. 21

Terrain n., **angrenzendes** || adjoining ground || terrain m. voisin. 22

Terrain-aufnahme f. || ground survey; land surveying || levé m. du plan d'un terrain. a) **~beschaffenheit** f. || nature of ground || nature f. de terrain; configuration f. du terrain. 23

Terrakotta f. || terracotta || terre f. cuite. a) **~figur** f. || terracotta statue || statuette f. en terre cuite. b) **~fußboden** m. || terracotta floor || dallage m. en terre cuite. c) **~waren** fpl. || terracotta goods pl. || articles mpl. en terre cuite. 24

Terralith m. || terralith || sidérolithe m. 25

Terrasse f. || terrace || terrasse f. a) **gemauerte ~** || terrace walk || terrasse f. maçonnée. 26

Terrassendach n. || platform roof || comble m. en terrasse. 27

terrassieren || to terrace || ménager des banquettes fpl. 28

terrestrisch-e Beobachtung f. || terrestrial observation || observation f. terrestre. a) **~es Fernrohr** n. || terrestrial telescope || télescope m. terrestre. 29

territorial || territorial || territorial. 30

Territorial-gewalt f. || authority within a district || pouvoir m. territorial. a) **~hoheit** f. || supremacy || suprématie f. 31

Tertia f. (Schriftgattung) || great primer; two-line Brevier || gros romain m.; corps-seize m. 32

tertiär || tertiary || tertiaire. 33

Tesseralkies m. || skutterudite; modumite || arséniure f. de cobalt de Scuterud en Norwège. 34

Test m. (Goldschm) || test || casse f. 35

Tetrachlor-äthan n. || tetrachlorethan || tetrachloréthane m. a) **~kohlenstoff** m. || carbon tetrachloride || tétrachlorure m. de carbone. 36

Tetraeder n. || tetrahedron; triangular pyramid || tétraèdre m.; pyramide f. triangulaire. 37

Tetralin n. || tetraline || tétraline m. 38

teuer || dear || cher. 39

Teuerung f. || dearness *or* scarcity of provisions || cherté f.; disette f.; renchérissement m. 40

Teufe f. (Bergb) || depth || profondeur f. a) **ewige ~** || unlimited depth; depth to the centre of the earth || profondeur f. insondable *ou* abyssale. b) **größte Förder~** || greatest depth of pit || profondeur f. maximum d'un puits. 41

Teufelsklaue f. (Bauw) || nippers pl.; devil's claw; sling || griffe f.; louve f.; renard m. 42

Teufenzeiger m. || depth indicator || indicateur m. de position des cages. 43

Texel m. *s. auch* Dechsel || adze; howel || herminette f.; essette f. 44

Text m. || text || texte m. a) **~** (Schriftgröße) || two-line long Primer || corps m. vingt. 45

Textil-antrieb m. || textile drive || commande f. de machines textiles. a) **~fabrik** f. || textile factory || fabrique f. textile. b) **~fasernfärberei** f. vor dem Spinnen || dyeing of fibres before spinning || teinture f. de fibres textiles avant filature. 46

Textilienbürstmaschine f. || brushing machine for textiles || machine f. à brosser les textiles. 47

Textilindustrie f. || textile industry || industrie f. textile. a) **Bedarfsartikel** m. für die ~ || requisite for the textile industry || article m. de l'industrie textile. 48

Textil-kalander m. || textile calender || calandre m. textile. a) **~maschine** f. || textile machine || machine f. textile. b) **~öl** n. || textile oil || huile f. textile. 49

Textilose f. || textilose || textilose f. a) **~garn** n. || textilose yarn || fil m. en textilose. 50

Textil-seife f. || textile soap || savon m. textile. a) **~waren** fpl. || textile fabrics pl. *or* goods pl. || textiles mpl. 51

Textschrift f. || double pica || gros-paragon m.; texte m. 52

Textur f. (Miner) || texture || texture f. 53

Thalliumsalz n. || thallium salt || sel m. de thallium. 54

Theater n. || theatre || théâtre m. a) **Lichtspiel~** || cinema || cinéma m. 55

Theater-bau m. || theatre building || construction f. de théâtre. a) **~dekoration** f. || scenery and scene painting || décor m. et peinture f. de scène. 56

Theaterglas n. || theatre glass || jumelles fpl. de théâtre. **a)** ~ **galileischer Bauart** || theatre glass of the Galilean type || jumelles fpl. de théâtre du type Galilée. 1

Theater-klappstuhl m. || folding chair for theatres || strapontin m. pour salles de théâtre. **a)** **~kostüm** n. || play costume || costume f. théâtrale. **b)** **~loge** f. || box || loge f. (d'une salle de spectacle). **c)** **~maler** m. || scene-painter || peintre m. de décorations; décorateur m. **d)** **~malerei** f. || scenical decoration painting || peinture f. de décors de théâtre. **e)** **~malleinen** n. || canvas for painting scene decorations || toile f. à décors de théâtre. **f)** **~maschine** f. || stage machine || machine f. pour scènes de théâtre. **g)** **~perücke** f. || theatrical wig || perruque f. de théâtre. **h)** **~schneider** m. || theatrical costumer || costumier m. de théâtre. **i)** **~schreiner** m. || theatrical joiner || menuisier m. en décors de théâtre. **k)** **~vorhang** m. || curtain before the stage || rideau m. de scène. **l)** **~zettel** m. || play bill || programme m. 2

Theobromin n. || theobromine || théobromine f. 3

Theodolit m. || theodolite || théodolite m. **a)** ~ mit **Distanzmeßeinrichtung** || theodolite with stadia lines || théodolite m. avec dispositif de mesure des distances. **b)** **Foto~** || photo theodolite || photo-théodolite m. **c)** ~ **mit optischem Mikrometer** || theodolite with optical micrometer || théodolite-tachéomètre m. à micromètre optique. **d)** **Repetitions~** || repeating theodolite || théodolite m. répétiteur. **e)** **Repetitions~** m. mit **Höhenkreis** || repeating theodolite witch altitude circle || théodolite m. répétiteur avec limbe vertical. **f)** **Wolken~** || cloud theodolite || théodolite m. de nuages *ou* pour la mesure de la hauteur des nuages. 4

theoretisch || theoretic(al) || théorique. **a)** **~e Ausbeute** f. || theoretical yield || rendement m. théorique. **b)** **~e Belastung** f. || assumed load || charge f. supposée. 5

Theorie f. || theory || théorie f. **a)** **elektromagnetische** ~ f. des Lichtes und der elektrischen Wellen || electromagnetic theory of light and electric waves || théorie f. électromagnétique de la lumière et des ondes électriques. 6

Thermal-quelle f. || thermal spring; hot spa || source f. thermale. **a)** **~wasser** n. (Chem) || thermal water || eau f. thermale. 7

Thermionenstrom m. || thermionic current || courant m. thermo-ionique. 8

thermionischer Generator m. || thermionic generator || générateur m. thermo-ionique d'oscillations. 9

Thermit n. || thermite; thermit || thermite f. **a)** **~eisen** n. || thermit(e) iron || fer m. à la thermite; fer-thermite m. **b)** **~schweißung** f. || thermit(e) welding || soudage m. à la thermite *ou* à l'aluminium. **c)** **~schweißverfahren** n. || thermit(e) welding process || procédé m. de soudage à la thermite. **d)** **~verbindung** f. || thermit(e) bond || joint m. à la thermite. 10

Thermo-chemie f. || thermochemistry || thermochimie f. **a)** **~dynamik** f. || thermodynamics pl. || thermodynamique f. 11

thermoelektrisch || thermoelectric(al) || thermoélectrique **a)** **~er Detektor** m. || thermoelectric detector || détecteur m. thermoélectrique. **b)** **~e Kraft** f. || thermoelectric force || force f. thermoélectrique. 12

Thermoelektrizität f. || thermo-electricity || thermoélectricité f. 13

Thermoelement n. || thermo-element; thermo couple; thermoelectric cell || thermoélément m.; couple m. *ou* pile f. thermoélectrique. **a)** **Abschlußfenster** n. eines **~es** || closing window of a thermo couple || fenêtre f. de fermeture pour un élément thermo-électrique. **b)** **einfaches** ~ n. mit vergoldetem Hohlspiegel || single thermo couple with gilt concave mirror || élément m. thermoélectrique simple muni d'un réflecteur concave doré. **c)** ~ für **Spektralfotometrie** || thermo couple for spectro photometry || élément m. thermoélectrique pour la photométrie spectrale. 14

Thermoelemententräger m. || thermocouple carrier || porte-élément m. thermo-électrique. 15

Thermo-galvanometer n. || thermogalvanometer || galvanomètre m. à thermoélément. **a)** **~kauter** m. || thermo cautery || thermocautère m. **b)** **~kraft** f. (Elektr) || thermoelectric force || force f. thermoélectrique. **c)** **~messer** m. *s.* Thermometer. 16

Thermometer n. *s. auch* Wärmegradmesser || thermometer || thermomètre m. **a)** **Alarm~** || alarm thermometer || thermomètre m. avertisseur. **b)** **Alkohol~** || alcohol thermometer || thermomètre m. à alcool. **c)** **Baro~** || baro-thermometer || baro-thermomètre m. **d)** ~ einer **Darre** || kiln thermometer || thermomètre m. de touraille. **e)** **Darrkontroll~** || kiln controlling thermometer || thermomètre m. de contrôle d'une touraille. **f)** **Einschluß~** || thermometer with enclosed scale || thermomètre m. gradué sur verre opale. **g)** **Einschraub~** || screwed in thermometer || thermomètre m. à fixer par filetage. **h)** **Fern~** || distance thermometer || téléthermomètre m. **i)** **feuchtes~** || wet bulb thermometer || thermomètre m. mouillé. **k)** **Heißdampf~** || thermometer for superheated steam || thermomètre m. pour vapeur surchauffée. **l)** **Heizungskessel~** || thermometer for heating boilers || thermomètre m. pour chaudières de chauffage. **m)** **Kessel~** || boiler thermometer || thermomètre m. pour chaudières. **n)** **Kühlwasser~** || cooling-water thermometer || thermomètre n. indiquant la température de l'eau refroidissante. **o)** **Luft~** || air thermometer || thermomètre m. à air. **p)** **Maschinen~** || machine thermometer || thermomètre m. pour machines. **q)** **Maximum- und Minimum~** || maximum and minimum thermometer || thermomètre m. à maxima et minima. **r)** **Metall~** || metallic thermometer || thermomètre m. métallique. **s)** **Platinwiderstands~** || platinum resistance thermometer || thermomètre m. à résistance en platine. **t)** **Quarzglas~** || quartz-glass thermometer || thermomètre m. en verre quartzeux. **u)** **Quecksilber~** || mercurial thermometer || thermomètre m. à mercure. **v)** **Registrier~** n. einer Darre || kiln recording thermometer || thermographe m. *ou* thermomètre-enregistreur m. d'une touraille. **w)** **Rohr~** || tubular thermometer || thermomètre m. à tuyau. **x)** das ~ **gegen Strahlung** schützen || to protect the thermometer against radiation || protéger le thermomètre contre la radiation. **y)** **Schwarzkugel~** || black bulb thermometer || thermomètre m. à boule noire *ou* noircie. **z)** **Stab~** || thermometer graduated on the stem || thermomètre m. gradué sur tige. 17

a) **Strahlungs~** || radiation thermometer || thermomètre m. à radiation *ou* pour la mesure des radiations. **b)** **trockenes** ~ || dry bulb thermometer || thermomètre m. sec. **c)** **Winkel~** || angular thermometer || thermomètre m. coudé. 18

Thermometer-faden m. || thermometric column || colonne f. thermométrique. **a)** **~kugel** f. || thermometer bulb || boule f. du thermomètre. **b)** **~skale** f. || thermometric scale || échelle f. d'un thermomètre. 19

thermometrisch || thermometric || thermométrique. 20

Thermoregler m. || thermo-regulator || régulateur m. de température. 21

Thermosäule f. || thermo pile *or* couple || pile f. thermoélectrique. **a)** ~ mit zehn **Thermoelementen** || thermo pile with ten couples || pile f. thermoélectrique de dix éléments. 22

Thermosflasche f. || thermos flask || bouteille f. isolante. 23

Thermosiphon m. || thermosiphon || thermosyphon m. **a)** **~kühlung** f. || natural circulation water cooling || refroidissement m. par thermosyphon. 24

Thermo-skop n. || thermoscope || thermoscope m. **a)** **~stat** m. || thermostat || thermostat m. **b)** **~strom** m. || thermoelectric current || courant m. thermoélectrique. 25

Thio-schwefelsäure f. || hyposulphurous *or* thiosulphuric acid || acide m. hyposulfureux. **a)** **~zyansäure** f. || thiocyanic *or* sulphocyanic acid || acide m. thiocyanique *ou* sulfocyanique. 26

Thomas-eisen n. || Thomas iron || fer m. Thomas. **a)** **~mehl** n. || Thomas meal || scorie f. *ou* farine f. Thomas. **b)** **~roheisen** n. || Thomas pig || fonte f. crue Thomas. **c)** **~schlacke** f. || Thomas *or* basic slag || scorie f. Thomas *ou* de déphosphoration. 27

Thomasschlacken-mühle f. || Thomas slag mill *or* grinding mill || moulin m. à laitiers *ou* à scories Thomas; broyeuse f. de scories de déphosphoration. **a)** **~werksanlage** f. || Thomas slag works plant || installation f. pour l'utilisation du laitier Thomas. 28

Thomasstahl m. || Thomas steel; basic steel || acier m. Thomas. **a)** **~werk** n. || Thomas steel works pl. || aciérie f. Thomas. 29

Thomasverfahren n., Stahlerzeugung f. nach dem basischen ~ || production of steel by the basic Thomas process || fabrication f. de l'acier d'après le procédé Thomas ou basique. 30

Thomsonsche Doppelbrücke f. (Elektr) || Thomson's bridge || pont m. de Lord Kelvin; pont m. double. 31

Thomson-kabel n. || Thomson cable; nonloaded cable || câble m. sans inductivité. **a)** **~kurve** f. || Kelvin arrival curve || courbe f. de Thomson. 32

Thorium n. || thorium || thorium m. **a)** **~draht** m. || thorium coated filament || filament m. au thorium *ou* thorié. **b)** **~salz** n. || thorium salt || sel m. de thorium. 33

Thraulit m. ‖ thraulite ‖ thraulite f. 1
Thunfisch m. ‖ tunny ‖ thon m. 2
Thunfischereipächter m. ‖ lessee of tunnynets ‖ fermier m. de madrague. 3
Thymian m. ‖ thyme ‖ thym m. **a) ~auszug** m. ‖ thyme extract ‖ essence f. de thym. **b) ~blatt** n. ‖ thyme leaf ‖ feuille f. de thym. **c) ~öl** n. ‖ thyme oil ‖ essence f. de thym. 4
Thymol n. ‖ thymol ‖ thymol m. 5
Thyreoidintablette f. ‖ thyreoidin tablet ‖ tablette f. de thyréoidine. 6
Ticker m. ‖ ticker ‖ trembleur m. 7
Tide f. ‖ tide ‖ marée f.; flux m. et reflux m. 8
tief ‖ deep ‖ profond. **a) ~er Sitz** m. ‖ well seat ‖ siège m. profond. **b) ~er Teller** m. ‖ deep plate ‖ assiette f. creuse. 9
Tiefbau m. ‖ underground work ‖ travail m. souterrain. **a) ~bagger** m. ‖ excavator for underground work ‖ excavateur m. pour travaux souterrains. **b) ~betrieb** m. (Bergb) ‖ deep mining; deep mine working; allotment worked underground ‖ exploitation f. souterraine; concession f. avec excavation souterraine. **c) ~grube** f. (Bergb) ‖ underground mine ‖ mine f. souterraine. **d) ~ingenieur** m. ‖ engineer for subterraneous work ‖ ingénieur m. de travaux souterrains. **e) ~schleuse** f. ‖ deep level sluice ‖ écluse f. d'infrastructure. **f) ~stein** m. ‖ stone for constructions under ground ‖ pierre f. pour constructions au-dessous du sol. **g) ~unternehmung** f. ‖ enterprise of underground-workings ‖ entreprise f. de construction au-dessous du sol. 10
Tiefbettfelge f. ‖ drop base rim ‖ jante f. à base creuse. 11
Tiefbohr-apparat m. (Bergb) ‖ mechanic auger ‖ équarrissoir m. de puits de mine. **a) ~einrichtung** f. ‖ deep boring device ‖ installation f. de foncement. **b) ~gerät** n. ‖ deep boring tools pl. ‖ outils mpl. à forer *ou* de sondage en grande profondeur. **c) ~geschäft** n. ‖ well sinking enterprise ‖ entreprise f. de sondages. **d) ~pumpe** f. ‖ deep-well pump ‖ pompe f. à puits profonds *ou* pour sondage. 12
Tiefbohrung f. ‖ deepboring ‖ sondage m. *ou* forage m. à grande profondeur. 13
Tiefbohrwerkzeuge npl. ‖ deep boring tools pl. ‖ outils mpl. à forer *ou* de sondage en grande profondeur. 14
Tiefbrunnen m. ‖ deep well ‖ puits m. de sondage. **a) ~pumpe** f. *s.* Tiefbohrpumpe. 15
Tiefdecker m. ‖ low wing monoplane; monoplane with low set wing ‖ monoplan m. surbaissé *ou* à plans bas; avion m. à ailes surbaissées. 16
Tiefdruck m. (Buchdr) ‖ photogravure *or* copper-plate printing ‖ tirage m. en taille-douce; impression f. en creux *ou* en héliogravure. **a) ~gebiet** n. ‖ area of low pressure ‖ régime m. de dépression *ou* de basses pressions. **b) ~maschine** f. ‖ copper plate printing machine ‖ machine f. à impression en creux. **c) ~presse** f. ‖ presse for copper plate printing ‖ presse f. à impression en taille douce. 17
Tiefdruckrotationsmaschine f. für **Bogenanlage** ‖ sheet-fed photogravure rotary machine ‖ machine f. rotative en creux pour la marge de feuilles. **a) Universaleinrollen~** ‖ universal one-reel photogravure rotary machine ‖ machine f. rotative en creux universelle à une bobine. 18
Tiefdruckwalzenaufkupferungsanlage f. ‖ intaglio cylinder copper-coating plant ‖ installation f. de cuivrage des cylindres d'impression en creux. 19
Tiefe f. ‖ depth ‖ profondeur f. **a) ~** der **Kümpelung** ‖ depth of dishing ‖ flèche f. du cintrage. **b) Härte~** ‖ depth of hardening ‖ profondeur f. de trempe. **c) ~** des **Schiffsraumes** ‖ depth of the hold ‖ creux m. *ou* calaison f. d'un navire. **d) ~** des **Wassers** ‖ depth of water ‖ profondeur f. d'eau. 20
Tiefempfangsgesetz n. der Akustik und Elektrodynamik ‖ theoretical law for receiving energy in acoustics ‖ loi f. théorétique d'énergie acoustique arrivante. 21
Tiefenlotapparat m. (Schiff) ‖ sounding apparatus ‖ appareil m. de sondage à plomb. 22
Tiefenmaß n. (Drechsl) ‖ turning square ‖ équerre f. coulante. **a) ~stab** m. ‖ reducing scale ‖ échelle f. fuyante. 23
Tiefenmesser m. (Masch) ‖ depth gauge ‖ pied m. à profondeur. **a) ~** (Seew) ‖ sea gauge; bathometer ‖ bathomètre m. **b) Kammer~** (Auge) ‖ chamber depth micrometer ‖ appareil m. pour mesurer la profondeur de la chambre. 24
Tiefenmessung f. der Vorderkammer des Auges ‖ measuring the depth of the iridic chamber of the eye ‖ mesure f. de la profondeur de la chambre antérieure de l'œil. 25
Tiefenruder n. ‖ elevator ‖ gouvernail m. de profondeur. **a) ~kabel** n. ‖ elevator cable ‖ câble m. de commande du gouvernail de profondeur. 26
Tiefentaster m. ‖ depth gauge ‖ calibre m. de profondeur. 27
Tiefentherapie f. ‖ penetrating therapy ‖ thérapie f. pénétrante. **a) leichte ~** ‖ semi-penetrating therapy ‖ thérapie f. semi-pénétrante. 28
Tiefen-unterschied m. (Optik) ‖ difference in depth ‖ différence f. de relief. **a) ~wasser** n. ‖ subterranean water ‖ eau f. souterraine *ou* profonde. **b) ~zersetzung** f. ‖ deep seated decomposition ‖ décomposition f. dans les profondeurs. 29
tiefer gemacht ‖ deepened ‖ approfondi. 30
Tiefgang m. (Schiff) ‖ draught ‖ tirant m. d'eau. **a) ~** des **beladenen Schiffes** ‖ load draught ‖ tirant m. d'eau en charge. **b) ~** eines **Schiffes** ‖ draught of a ship ‖ tirant m. d'eau d'un navire. **c) ~ haben** (Seew) ‖ to draw water ‖ tirer d'eau. **d) ~** des **leeren Schiffes** (Seew) ‖ light draught ‖ tirant m. d'eau lège. **e) mittlerer ~** (Seew) ‖ mean draught ‖ tirant m. d'eau moyen. 31
Tiefgefrierschrank m. mit — x °C ‖ freezing cupboard for temperatures down to — x deg. centigrade ‖ glacière f. pour des températures basses jusqu'à — x centigrades. 32
tiefgehend-e Ausladung f. ‖ deep gap ‖ col m. de cygne très profond. **a) ~e Härte** f. ‖ hardness going down fairly deep ‖ dureté f. d'une assez grande profondeur. 33
Tief-gründung f. ‖ deep foundation ‖ fondation f. à grande profondeur. **a) ~kälteverfahren** n. ‖ freezing process *or* low temperature process ‖ procédé m. de congélation à basse temperature. **b) ~kühlanlage** f. ‖ cooling plant for low temperature ‖ installation f. frigorifique à basse température. **c) ~ladelinie** f. (Schiff) ‖ load line ‖ ligne f. de flottaison en charge. 34
Tiefladewagen m. (Eisenb) ‖ well wagon ‖ wagon m. pour pièces pendantes entre les traverses. **a) ~** für **durchhängende Ladungen** (Eisenb) ‖ well wagon; wagon for goods hanging down between the cross girders ‖ wagon m. pour pièces pendantes entre les traverses. 35
Tieflage f. des **Schwerpunktes** ‖ low position of centre of gravity ‖ position f. en profondeur du centre de gravité. 36
Tief-land n. ‖ lowland ‖ bas pays m. **a) ~lauf** m. (Walzw) ‖ underfloor way ‖ voie f. de profondeur. 37
Tieflöffel-bagger m. ‖ ditcher ‖ pelle f. *ou* godet m. en fouille. **a) ~breite** f. (Bagger) ‖ width of dipper ‖ largeur m. du godet en fouille. **b) ~inhalt** m. (Bagger) ‖ capacity of dipper ‖ capacité f. du godet en fouille. 38
Tieflot n. ‖ deep-sea lead ‖ grande sonde f.; plomb m. *ou* sonde f. pour les grands fonds. **a) ~leine** f. (Seew) ‖ deep-sea leadline ‖ grande ligne f. de sonde. 39
Tiefofen m. ‖ soaking pit furnace ‖ four m. à sous-sol. **a) ~arbeiter** m. ‖ pitman ‖ ouvrier m. des pits. **b) ~kran** m. ‖ soaking pit crane ‖ pont m. roulant pour four pit; grue f. pour fours profonds. 40
tiefschäftige Tapete f. ‖ low warp tapestry ‖ tapisserie f. de basse-lisse. 41
Tiefsee-kabel n. ‖ deep-sea cable ‖ câble m. océanique *ou* de haute mer. **a) ~lotmaschine** f. ‖ deep-sea lead machine ‖ machine f. pour sonder les grands fonds de mer. **b) ~lotung** f. ‖ deep-sea sounding ‖ sondage m. des grandes profondeurs. 42
tiefsiedend (Chem) ‖ low-boiling ‖ à bas point d'ébullition. 43
tiefste Temperatur f. ‖ lowest temperature ‖ température f. extrêmement basse. 44
Tief-stanzblech n. ‖ sheet-iron for deep stamping ‖ tôle f. à estamper et à emboutir. **a)** Beleuchtung f. durch eingebaute **~strahler** mpl. ‖ illumination by means of built-in intensive fittings ‖ éclairage m. au moyen d'armatures à abat-jour profond masquées. **b) ~temperaturtechnik** f. ‖ technics pl. of the low temperatures ‖ technique f. des basses températures. **c) ~wasserrinne** f. ‖ deep-water channel ‖ chenal m. d'eau profonde. **d) ~ziehblech** n. ‖ sheet-iron for deep drawing ‖ tôle f. pour étirage profond *ou* pour estamper et pour emboutir. 45
Tiegel m. (Buchdr) ‖ platen ‖ platine f. **a) ~** (Met) ‖ crucible; melting pot ‖ creuset m. **b) ~ aus feuerfestem Ton** ‖ fireclay crucible ‖ creuset m. en terre réfractaire. **c) Filter~** ‖ filtering crucible ‖ creuset m. à filtration. **d) Graphit~** ‖ graphite crucible ‖ creuset m. en graphite. **e) ~** aus zwei Teilen **Graphit** und einem Teil **Ton** ‖ crucible composed of two parts of graphite and one part of clay ‖ creuset m. fait de deux parties de graphite et d'une partie de terre réfractaire. **f) leerer ~** ‖ empty crucible ‖ creuset m. vide. **g) Platin~** ‖ platinum crucible ‖ creuset m. en platine. **h) ~** aus **Preßstahl** ‖ pressed steel crucible ‖ creuset m. en acier comprimé. **i) Schmelz~** ‖ crucible ‖ creuset m. 46

Tiegel-bauch m. || belly of the crucible || ventre m. du creuset. a) **~brenner** m. || kiln man || cuiseur m. de creusets. b) **~drucker** m. || platen machine minder || minerviste m. c) **~druckpresse** f. || platen press || presse f. (d'impression) à platine. d) **~former** m. || crucible man || creusetier m. e) **~füller** m. (Met) || crucible *or* pot filler || remplisseur m. de creusets. f) **~gießer** m. || melter; pourer || fondeur m.; verseur m. 1

Tiegelguß m. || crucible steel || acier m. au creuset. a) **~** im **Schmelzbau** || crucible steel foundry || fonderie f. d'acier au creuset. 2

Tiegel-gußstahl m. || crucible cast steel || acier m. au creuset. a) **~haken** m. (Buchdr) || hook || piton m. b) **~herstellung** f. || manufacture of crucibles || confection f. des creusets. c) **~kammer** f. || crucible making shop || atelier m. pour la fabrication de creusets. d) **~macher** m. || melting pot maker || creusetier m.; fabricant m. de creusets. 3

Tiegelofen m. || crucible furnace || four m. à creuset. a) **~** für **Gasfeuerung** || crucible furnace for gas || four m. à creuset échauffé au gaz. b) **~** mit **Vorwärmer** || crucible furnace with pre-heater || four m. à creuset avec avant-chambre de chauffe. 4

Tiegel-ofenmann m. || bottom maker || ouvrier m. au four à creuset. a) **~schmelzofen** m. || crucible furnace || four m. (de l'aciérie) à creuset. 5

Tiegelstahl m. || crucible steel || acier m. au creuset. a) **naturharter ~** || natural hard crucible steel || acier m. au creuset de dureté naturelle. 6

Tiegelstahl-erzeugung f. || crucible steel manufacture || fabrication f. de l'acier au creuset. a) **~werk** n. || crucible steel plant || aciérie f. aux creusets. 7

Tiegel-zange f. || crucible pliers pl. with olive nose || pince f. à creuset à olive. a) **~zieher** m. (Met) || crucible puller-out || tireur m. de creusets. 8

Tiemannit m. || tiemannite || tiemannite f. 9

Tier n., **geschlachtetes** || slaughtered animal || animal m. abattu. a) **lebendes ~** || living *or* live animal || animal m. vivant. b) **totes ~** || dead animal || animal m. mort. 10

Tier-arzneimittel n. || veterinary remedy || médicament m. vétérinaire. a) **~arzt** m. || veterinary surgeon || vétérinaire m. 11

tierärztlich-e Hochschule f. || veterinary academy || école f. vétérinaire supérieure. a) **~es Instrument** n. || veterinary instrument || instrument m. vétérinaire. 12

Tier-auge n. || animals' eye || œil m. d'animaux. a) **~ausbalger** m. || stuffer of beasts || empailleur m. d'animaux; taxidermiste m. b) **~ausstopfer** m. || stuffer of beasts || empailleur m. d'animaux; taxidermiste m. c) **~darm** m. || animal gut || boyau m. d'animal. d) **~falle** f. || animal trap || trappe f. pour animaux. e) **~fett** n. || animal fat || graisse f. (d'origine) animale. 13

Tierhaar n. || animal hair || poil m. d'animal. a) **grobes ~** || coarse animal hair || poil m. grossier d'animal. 14

Tier-haarkräuselmaschine f. || curling machine for animal hairs || ratineuse f. pour poils d'animaux. a) **~halter** m. || live stock breeder || éleveur m. de bétail. b) Apparate mpl. und Instrumente npl. für die **~heilkunde** f. || apparatus pl. and instruments pl. for veterinary || appareils mpl. et instruments npl. vétérinaires. c) **~heilmittel** n. || veterinary remedy || médicament m. vétérinaire. 15

tierisch-er Abfall m. || animal refuse || déchet m. animal *ou* d'animaux. a) **~es Erzeugnis** n. || animal produce || produit m. (du règne) animal. b) **~es Fett** n. || animal fat || graisse f. (d'origine) animale. c) **~er Fettstoff** m. || animal grease || corps m. gras d'origine animale. d) **~es Öl** n. || animal oil || huile f. (d'origine) animale. e) **~es Wachs** n. || animal wax || cire f. animale. 16

Tier-knochen m. || cattle bone || os m. de bestiaux. a) **~kohle** f. || animal *or* bone charcoal || charbon m. *ou* noir m. animal. b) **~konservator** m. || naturalist || naturaliste m. c) **~kreis** m. || zodiac || zodiaque m. d) **~kunde** f. || zoology || zoologie f. e) **~leim** m. || animal glue || colle f. à gélatine. f) **~magen** m. || animal stomach || estomac m. d'animal. g) **~pflege** f. || care of domestic animals || soins mpl. aux animaux domestiques. h) **~reich** n. || animal kingdom || règne m. animal. i) **~zahn** m. || animal tooth || dent m. d'animal. k) **~zucht** f. || breeding || élevage m. l) **~züchter** m. || breeder; stock raiser || éleveur m.; nourrisseur m. 17

Tilbury n. (Wagen) || tilbury || tilbury m. 18

Tilde f. (Buchdr) || tilde || tilde m. 19

tilgen (Zahlung) || to discharge; to pay off || amortir. 20

Tilgung f. (Zahlung) || discharge; repayment; settlement || amortissement m. 21

Tilgungs-fonds m. || sinking fund || fonds m. d'amortissement. a) **~frist** f. || term of redemption || terme m. d'amortissement. b) **~plan** m. || plan of redemption || plan m. d'amortissement. 22

Tingel m. || filling piece || grain m. d'orge. 23

Tinkal m. || native borax; tinkal || borax m.; soude f. boratée; borate m. de soude; tincal m. 24

Tinktur f. || tincture || teinture f. a) **~presse** f. || tincture press || presse f. pour teintures. 25

Tinol n. || tinol || tinol m. 26

Tinte f. || ink || encre f. a) **autografische ~** || autographic ink || encre f. autographique. b) **beständige ~** || permanent ink || encre f. permanente. c) **dickflüssige ~** || thick *or* viscous *or* viscid (A) ink || encre f. épaisse *ou* consistante *ou* visqueuse. d) **dünnflüssige ~** || easy flowing ink || encre f. liquide *ou* coulant facilement. e) **Füllfeder~** || stylographic ink || encre f. pour porteplumes-réservoir. f) **Gallus~** || gallotannic ink || encre f. gallotannique. g) **glyzerinhaltige ~** || ink containing glycerine || encre f. contenant de la glycérine. h) **Kopier~** || copying ink || encre f. à copier. i) **lithografische ~** || lithographic ink || encre f. lithographique. k) **säurefeste ~** || acidproof ink || encre f. résistante aux acides. l) **Schreib~** || writing ink || encre f. à écrire. m) **sympathetische ~** || sympathetic ink || encre f. sympathique. n) **unauslöschliche ~** || indelible ink || encre f. indélébile. o) **verschimmelte ~** || mouldy ink || encre f. couverte de moisissures. p) **Zeichen~** || drawing ink || encre f. à dessiner. q) **Zeichen~** für **Wäsche** || marking ink || encre f. à marquer. 27

Tintenbehälter m. || inkwell || réservoir m. à encre. 28

Tintenfaß n. || inkstand; inkpot || encrier m. a) **Doppel~** || two-well inkstand || encrier m. à deux verres. b) **~** mit **Selbstverschluß** || self-closing inkstand || encrier m. à fermeture automatique. 29

Tinten-faßhalter m. || base of the inkstand || socle m. du réservoir à encre. a) **~fisch** m. || cuttle *or* black fish || sèche f.; cornet m.; calmar m. 30

Tintenflasche f. || ink bottle || bouteille f. à encre. a) **Reise~** (Füllfeder) || filling bottle for travellers || bouteille f. à encre pour le voyage. 31

Tinten-flaschenabfüller m. || ink bottler || embouteilleur m. d'encre. a) **~füller** m. (Füllfederhalter) || ink filler || comptegouttes m. b) **~glas** n. || ink glass || verre m. pour encre. c) **~gummi** n.; m. || ink eraser || gomme f. à effacer *ou* à encre. d) **~inhalt** m. des Füllfederhalters || ink capacity of fountain pen || encre f. contenue dans le stylographe. e) **~kanal** m. (Füllfederhalter) || ink channel || canal m. de l'encre. f) **~krug** m. || ink jar || bouteille f. en grès à encre. g) **~löscher** m. || roll *or* ink blotter || porte-papier-buvard m. h) **~pulver** n. || ink powder || poudre f. d'encre. i) **~stift** m. || ink pencil || crayon-encre m. k) **~wischer** m. || pen wiper || essuie-plumes m. 32

tippen || to tap || taper. 33

Tipper m. des **Vergasers** || carburettor primer || poussoir m. du carburateur. 34

Tippvorrichtung f. (Werkzeugmasch) || tipping device || dispositif m. à pointer. 35

Tirefond m. (Eisenb) || screwed spike; coach screw || tirefond m. 36

Tisch m. || table || table f. a) **Amalgamier~** || amalgamating table || table f. d'amalgamation. b) **Auszieh~** || sliding table || table f. à coulisses. c) **drehbarer ~** (Opt) || revolving stage || platine f. tournante. d) **eiserner ~** || iron table || table f. en fer. e) **Hartgummi~** (Opt) || vulcanite stage || platine f. en ébonite. f) **Hebe~** (Walzw) || lifting table || tablier m. releveur. g) **Lese~** (Aufber) || picking table || table f. de triage. h) **~** eines **Mikroskops** || stage of a microscope || platine f. d'un microscope. i) **Präparier~** (Opt) || dissecting stage || platine f. à dissection. k) **Roll~** || roller gear table || table f. à roulette. l) **Walz~** (Glasf) || roller table || table f. de laminoir. m) **Wander~** m. für Gleitmontagen || travelling table for sliding fitting shop work || table f. mobile pour montages à glissement. n) **Wende~** || turnover top table || table f. renversable. o) **~** zum **Zusammenklappen** || folding table || table f. brisée *ou* à abattants. 37

Tisch-amboß m. || table anvil || enclume f. de serrurier. a) **~apparat** m. || table type apparatus || appareil m. en exécution f. pour la table. b) **~aufsatzplatte** f. || plate of epergne *or* centre piece || plateau m. c) **~bein** n. || table leg || pied m. de table. 38

Tischbesteck n. || table cover; fork and spoon || couvert m. de table. a) **~** aus **Elfenbein** || ivory fork and spoon || couvert m. en ivoire. b) **~** aus **Horn** || horn fork and spoon || couvert m. en corne. 39

Tisch-blatt n. || table board *or* top || table f.; tablette f.; dessus m. de table. a) **~-**

bohrmaschine f. || table drill press || machine f. à percer lestables. 1

Tischchen n. || bracket || petite table f. 2

Tischdecke f. || table cloth *or* cover || tapis m. de table. **a) bunte ~** || coloured table cover || nappe f. de table en couleur. 3

Tisch-fächer m. || table fan || ventilateur m. de table. **a) ~fernsprecher** m. || table telephone station || poste m. téléphonique mobile. 4

Tischfläche f. (Werkzeugmasch) || table area || surface f. de table. **a) größte Entfernung** f. der Frässpindelmitte von der **~** || greatest distance from table surface to milling spindle centre || distance f. maximum de la surface de la table au centre du porte-fraise. 5

Tisch-flagge f. || table flag || pavillon m. pour la table. **a) ~flügel** m., **herunterklappbarer** || hinged table flap || tablette f. réversible. **b) ~gabel** f. || table fork || fourchette f. de table. **c)** für den **~gebrauch** m. || for the service at table || pour le service à table. **d) ~gedeck** n. || tablecloth; table suit || couverture f. de table. **e) ~gehäuse** n. (Fernm) || desk telephone set || poste m. mobile. **f) ~hobelmaschine** f. (Masch) || table planing machine || raboteuse f. à table mobile. **g) ~karte** f. || table card; place card || menu m. **h) ~kehrmaschine** f. || table sweeper || machine f. servant à nettoyer les tables. **i) ~kloben** m. || table vice || étau m. à agrafe. **k) ~kocher** m. || table boiling apparatus || réchaud m. de table. **l) ~kreissäge** f. für Metall || circular saw bench for cutting metal || scie f. circulaire à table à métaux. **m) ~lampe** f. || table lamp || lampe f. de table. **n) ~läufer** m. || table carpet || chemin m. de table. **o) ~leinwand** f. || table linen || linge m. de table. 6

Tischler m. || joiner || menuisier m. **a) Kunst~** || cabinet maker || ébéniste m. **b) Möbel~** || furniture maker || menuisier m. en meules; ébéniste m. 7

Tischlerei f. || joiner's trade || menuiserie f. **a) Bau~** || joinery for buildings || menuiserie f. pour bâtiments. **b) Kunst~** || cabinet maker's establishment || atelier m. d'ébénisterie. **c) Möbel~** || cabinet making || ébénisterie f. 8

Tischlerarbeit f. || joiner's work || ouvrage m. de menuiserie. 9

Tischlereiartikel mpl. || joiner's articles pl. || articles mpl. de menuiserie. 10

Tischler-kunst f. || joinery || menuiserie f. **a) ~leim** m. || joiner's glue || colle f. forte. **b) ~meißel** m. || joiner's chisel || ciseau m. de menuisier. **c) ~waren** fpl. || joiner's ware || articles mpl. de menuisiers. 11

Tisch-löffel m. || table spoon || cuiller m. de table. **a) ~messer** n. || table knife || couteau m. de table. **b) ~mikroskop** n. || table microscope || microscope m. de table. **c) ~platte** f. || table board || table f.; tablette f.; dessus m. de table. **d) ~rücklauf** m., **schneller** (Werkzeugmasch) || rapid return movement of table || recul m. rapide de la table. **e) ~spindel** f. || table spindle || arbre m. de table. 12

Tischstativ n. || table stand || pied m. de table. **a) ~ für Fernrohre** || table stand for telescopes || pied m. de table pour lunettes. **b) zerlegbares ~** || table stand capable of being taken to pieces || pied m. de table demontable. 13

Tisch-telefon n. || table telephone || poste m. mobile. **a) ~träger** m. || table saddle || support m. de la table. 14

Tischtuch n. || table cloth || nappe f. **a) ~klammer** f || table cloth clamp *or* clip || pince-nappe f.; pince f. pour nappes. 15

Tischwäsche f. || table linen || linge m. *ou* lingerie f. de table. **a) gestickte ~** || embroidered table linen || lingerie f. brodée de table. 16

Tisch-zarge f. || frame under a table-board || châssis m. de tablette. **a) ~zeug** n. || table linen *or* cloth || linge m. de table. **b) ~zündholzbehälter** m. || table match box || porte-allumettes m. de table. 17

Titan n. || titanium || titane m. **a) ~eisen** n. || titaniferous iron || fer m. oxydulé titanifère. **b) ~eisenerz** n. || ilmenite || ilménite f. **c) ~erz** n. || titanic *or* titaniferous ore || minerai m. titanique *ou* titanifère. 18

titan-führend (Min) || titaniferous || titanifère. **a) ~haltiges Erz** n. || titaniferous ore || minerai m. titanifère. 19

Titanit m. || sphene; titanite || titanite f.; sphène f. 20

Titaniumsalz n. || titanium salt || sel m. de titanium. 21

Titan-säure f. || titanic acid || acide m. titanique. **a) ~stahl** m. || titanium steel || acier m. au titane. **b) ~weiß** n. || titanium white || blanc m. de titane. 22

Titel m. (Buch) || title || titre m. **a) ~blatt** n. || title page || feuille f. de titre; frontispice m. **b) ~buchstabe** m. || capital; two-line letter || lettre f. capitale *ou* majuscule; majuscule f. **c) ~papier** n. || title paper || papier m. verni. **d) ~seite** f. (Buch) || title page || page f. de titre. **e) ~setzer** m. || head setter || compositeur m. de titres. **f) ~vignette** f. || vignette in the title || vignette f. du frontispice. 23

Titer m. (Chem) || titre || titre m. **a)** den **~** m. **bestimmen** (Chem) || to titrate || titrer. 24

Titer-apparat m. || titration *or* volumetric apparatus || appareil m. de titrage *ou* de titration. **a) ~flüssigkeit** f. || standard solution || solution f. au titre. 25

titern (Chem) || to titrate || titrer. 26

Titrierapparat m. *s.* Titerapparat. 27

titrieren *s.* titern. 28

Titrierung f. || titration || titrage m. 29

titrimetrisch || volumetric || volumétrique. **a) ~ feststellen** (Chem) || to state volumetrically || doser volumétriquement. 30

Tobel m. (Feldm) || glen; ravine; defile || ravin m. 31

Tochterkompaß m. || auxiliary (repeater A) compass || boussole f. filiale *ou* secondaire *ou* commandée. 32

Tod m. || death || mort f. 33

Toiletten-gegenstand m. || toilet article || article m. de toilette. **a) ~essig** m. || aromatic vinegar; toilet vinegar || vinaigre m. de toilette. **b) ~puder** m., **parfümierter** || scented toilet powder || poudre f. de toilette parfumée. 34

Toilettenseife f. || fancy *or* toilet soap || savon m. de toilette; savonnette f. **a) pilierte ~** || ground toilet soap || savon m. de toilette pilé. 35

Toilettenseifeformerin f. || toilet-soap moulder || confectionneuse f. de savons. 36

Toilettenwasser n. || toilet water || eau f. de toilette. 37

Toleranz f. || tolerance; allowance; remedy || tolérance f.; remède m. **a) Schrauben~** || tolerance of bolts || tolérance f. des vis. 38

Toleranzlehre f. || limit gauge || calibre m. de tolérance. 39

Tolubalsam m. || balsam of Tolu || baume m. de tolu. 40

Toluen n. || toluene || toluène m. 41

Toluidin n. || toluidine || toluidine f. 42

Toluol n. || toluol; toluene || toluol m.; toluène m. 43

Tomate f. || tomato || tomate f. 44

Tombak m. || tombac; red-brass; brittle metal || tombac m.; laiton m. rouge. 45

Tombak-blech n. || tombac sheet || tombac m. en feuilles. **a) ~bronze** f. || tombac bronze || bronze m. tombac. **b) ~draht** m. || tombac *or* brass wire || tombac m. en fils; fil m. de tombac *ou* de laiton. **c) ~schlauch** m. || tombac hose || tuyau m. en tombac. **d) ~stange** f. || tombac rod || barre f. de tombac. 46

Ton m. (Akust) || tone; sound || ton m.; son m. **a) ~** (Min) || clay; potter's earth || glaise f.; terre f. glaise; argile f. **b)** den **~** m. **aufnehmen** || to pick up the sound || recueillir le son. **c) bildfähiger ~** || plastic clay || argile f. plastique. **d) blauer ~** || blue clay || argile f. bleue. **e) ~ brennen** || to bake the clay || cuire l'argile f. **f) Einsumpfen** n. des **~es** (Ziegel) || wetting the clay || détrempage m. de l'argile. **g) fetter ~** || rich *or* unctuous clay || argile f. grasse. **h)** dem **~** die **Fettigkeit** nehmen (Töpf) || to mix too plastic clay with sand || dégraisser l'argile f. trop plastique. **i) feuerfester ~** || fireclay; fireproof clay || argile f. réfractaire. **k) gebrannter ~** || burnt clay; terracotta || argile f. calcinée; terre f. *ou* argile f. cuite. **l) hoher ~** (Mus) || sharp tone || ton m. haut-aigu. **m) magerer ~** || meager clay || argile f. maigre. **n) Mergel~** || argillaceous marl || marne f. argileuse; argile f. marne. **o) Modellier~** || plastic *or* modeller's clay || terre f. à modeler; argile f. du modeleur. **p) ockeriger ~** || ochrey clay || argile f. ocreuse. **q) ~ für Pfeifen** || pipe *or* plastic clay || argile f. plastique. **r) plastischer~** || plastic clay || argile f. plastique. **s) reiner ~** (Mus) || pure note || note f. pure. **t) schmelzbarer ~** || fusible clay || terre f. fusible. **u) ~ streichen** (Ziegel) || to mould the brick-clay || mouler l'argile f. **v) tiefer ~** (Mus) || low tone || ton m. grave. **w)** den **~** m. **treten** (Ziegel) || to tread clay || piétiner l'argile f. 47

Ton-abnahmeeinrichtung f. || pick-up device || dispositif m. de captage du son. **a) ~abnehmer** m. || pick-up || pick-up m. 48

tonartig || argillaceous || argileux. 49

Ton-bad n. (Lichtb) || toning bath || bain m. de virage. **a) ~bank** f. (Geol) || clay bank || banc m. d'argile. **b) ~bearbeitungsmaschine** f. || clay-working machine || machine f. à travailler la terre glaise. **c)** salzbreiartige Masse f. mit **~beimengung** f. || salt grained sludge with admixture of clay || boue f. saline avec addition d'argile. **d)** essigsaure **~beize** f. || red liquor *or* mordant || mordant m. de rouge. **e) ~bereich** m. || frequency range of voice; range of tune || bande f. de fréquence de la voix; portée f. du son. **f) ~bildprojektor** m. || sound picture projector || projecteur m. pour la reproduction sonore. **g) ~dämpfer** m. || vibration damper || sourdine f. **h)** steng(e)liger

~eisenstein, roter || clay iron ore; columnar argillaceous red iron-ore; columnar red || argile f. ferrugineuse en tiges. 1
tonen (Lichtb) || to tone || virer. 2
tönen (Fernm) || to sound || résonner. 3
Tönen n. von **Freileitungen** (Fernm) || humming of wires || vibration f. des fils. 4
tönend || sounding || sonore. 5
Töner m. (Funkw) || high frequency buzzer || vibreur-redresseur m. pour hautes fréquences. 6
Tonerde f. (Chem) || alumina; alum earth; aluminium oxide || alumine f.; terre f. d'alumine; oxyde m. d'aluminium. **a)** ~ (Töpf) || argillaceous earth || terre f. argileuse. **b) ameisensaure ~** || alumina formiate || formiate m. d'alumine. **c) chlorsaure ~** || alumina chlorate || chlorate m. d'alumine. **d) essigsaure ~** || acetate of alumina || acétate m. d'alumine. **e) Gewinnung** f. reiner ~ || recovery of pure alumina || production f. d'alumine pure. **f) harzsaure ~** || alumina resinate || résinate m. d'alumine. **g) honigsaure ~** || honey stone; mellite; native mellitate of alumina || mellate m. d'alumine hydraté; mellite f. **h) kieselsaure ~** || silicate of alumina || silicate m. d'alumine. **i) ölsaure ~** || alumina oleate || oléate m. d'alumine. **k) salpetersaure ~** || alumina nitrate || nitrate m. d'alumine. **l) schwefelsaure ~** || sulphate of alumina || sulfate m. d'alumine. 7
Tonerde-hydrat n. || alumina hydrate || alumine f. hydratée. **a) ~natron** n. || soda aluminate || aluminate m. de soude. **b) ~präparat** n. || alumina preparation || préparation f. d'alumine. **c) ~präparatanlage** f. || alumina-preparation plant || installation f. de préparations d'alumine. 8
Tonfarbe f. (Akust) || timbre || timbre m. 9
Tonfilm m. || sound *or* talking film; talkie || film m. sonore *ou* parlant. **a) Licht~** || film with photographed sound || film m. à sons photographiés. 10
Tonfilm-technik f. || sound film technic || technique f. du film sonore. **a) ~wiedergabeapparatur** f. || sound film reproducing apparatus || appareillage m. pour la reproduction de films sonores. 11
Ton-filter n. (Fernm) || tone filter || filtre m. acoustique. **a) ~fixiersalz** n. (Lichtb) || tone-fixing salt || sel m. de (virage-) fixage. 12
Tonfliese f. || floor tile || carreau m. en terre cuite. **a) farbige ~** || coloured paving-tile || carreau m. coloré (pour mosaïque). 13
Tonfrequenz f. || tone frequency || fréquence f. acoustique. **a) ~anruf** m. in Vierdrahtleitungen || voice frequency ringing in four-wire circuits || appel m. utilisant des fréquences musicales en circuits à quatre fils. **b) ~maschine** f. || voice frequency generator || alternateur m. à fréquences vocales. 14
Ton-galle f. || clay galls; marl pellets || taches fpl. d'argile. **a) ~gefäß** n. || clay vessel; earthen vessel || vase m. en argile. **b) ~glimmerschiefer** m. || mica slate || phyllite f.; micaschiste m. argileux. **c) ~grube** f. || clay *or* loam pit || carrière f. d'argile; glaisière f.; argilière f. 15
Tongutwaren fpl. || earthenware || articles mpl. en argile. **a) technische ~** || pottery goods pl. for technial purposes || articles mpl. de poterie pour l'usage technique. 16
tonhaltiger Sandboden m. || clayey sandground || terrain m. de sable argileux. 17
Tonhöhe f. (Akust) || pitch of a tone || hauteur f. d'un son. **a) ~ der Abstimmung** || note tuning || hauteur f. de la note. 18
tonig (Min) || clayey || argileux. **a) ~er Boden** m. || clayey soil; loamy ground || terre f. glaiseuse *ou* limoneuse *ou* argileuse. **b)** aus **~er Masse** f. geformte feuerfeste Waren fpl. || fireproof goods pl. moulded from argillaceous mass || ouvrages mpl. réfractaires moulés en masse argileuse. 19
Tonindustrie f. || clay industry || céramique f. 20
Tonkabohne f. || tonka bean || fève f. Tonka. 21
Ton-kinomaschine || sound film projector; talkie-cinema-projector || appareil m. de projection pour films sonores. **a) ~knetmaschine** f. || clay kneading machine || machine f. à pétrir la glaise. **b) ~leiter** f. || scale || gamme f. **c) ~masse** f. || clay composition *or* mass || composition f. à base d'argile; pâte f. céramique. **d) ~mehl** n. || clay dust || argile f. pilée. **e) ~mergel** m. || clayey marl || marne f. argileuse. **f) ~messer** m. (Phys) || sonometer; monochord || sonomètre m.; monocorde m. **g) ~mischer** m. || clay maker || malaxeur m. d'argile. **h) ~mischmaschine** f. || clay mixing machine || machine f. à mélanger la glaise. **i) ~mühle** f. || clay mill || moulin m. à préparer l'argile. 22
Tonne f. || cask; tun || tonneau m.; fût m.; baril m. **a) Kabel~** || cable buoy || tonne f. pour câbles. **b) Register~** || register ton || tonneau m. 23
Tonnenabfuhr-system n. für Abfallstoffe || system of carrying off garbage by means of tuns || système m. des fosses mobiles. **a) ~wesen** n. || dry closet cleaning || entreprise f. de fosses mobiles. 24
Tonnen-blech n. || arched plate || tôle f. cintrée *ou* bombée *ou* à voûte. **a) ~boje** f. || cask buoy || bouée f. en baril. **b) ~brücke** f. || cask bridge || pont m. de tonneaux. **c) ~dach** n. || arched roof; barrel roof || toit m. en berceau. **d) ~floß** n. || raft of casks || radeau m. de tonneaux *ou* de barriques. 25
tonnenförmig (Opt) || barrel-shaped || en barillet. **a) ~ ausgeschliffen** || ground out barrel-shaped *or* vessel-shaped || évasé en forme de tonneau *ou* en barillet. **b) ~es Dach** n. || arched roof; barrel roof || toit m. en berceau. 26
Tonnengehalt m. || tonnage || tonnage m. **a) Brutto~** || gross tonnage || tonnage m. brut. **b) Netto~** || net tonnage || tonnage m. net. 27
Tonnen-gehaltskale f. || tonnage scale || échelle f. de tonnage. **a) ~geld** n. || tonnage dues pl. || (droit m. de) tonnage m. **b) ~gewölbe** n. || barrel vault || voûte f. à tonnelle. **c) ~lager** n. (Masch) || self aligning *or* barrel-shape roller bearing || roulement m. à rouleaux bombés. **d) ~maß** n. || ton measurement || mesure f. à la tonne. **e) ~tragfähigkeit** f. || ton burden || poids m. par tonne. 28
tonnlägiger Gang m. (Geologie) || lode of steep dip || filon m. à fort pendage. 29
Ton-ofen m. || clay *or* earthenware stove || poêle f. en terre *ou* en argile. **a) ~perle** f. || clay bead || perle f. d'argile. **b) ~pfeife** f. || clay pipe || pipe f. en terre. 30
Tonpfeifen-kopf m. || earthen bowl of pipe || fourneau m. de pipe en terre cuite. **a) ~stiel** m. || earthen stem of pipe || tuyau m. de pipe en terre cuite. 31
Ton-platte f. || earthenware slab || carreau m. d'argile. **a) ~plattenpresse** f. || clay plate press || presse f. pour carreaux en argile. **b) ~presse** f. || clay press || presse f. à argile. **c) ~projektor** m. || sound projector || projecteur m. pour l'émission sonore. **d) ~prüfer** m. || musical spark tester || essayeur m. de son. **e) ~rad** n. (Fernm) || phonic wheel || roue f. phonique. **f) ~retorte** f. (Chem) || clay retort || cornue f. en terre glaise. **g) ~rohr** n. *s.* Tonröhre. **h) ~röhre** f. || clay tube; earthenware pipe || tuyau m. en poterie *ou* en terre cuite *ou* en argile. **i) ~sandstein** m. || argillaceous sandstone || grès m. argilleux. **k) ~schicht** f. || clay layer || couche f. d'argile. 32
Tonschiefer m. || clay slate; schist; argillaceous shale *or* schist || schiste m. ardoise *ou* argileux. **a) ~bruch** m. || slate-clay quarry || carrière f. de schistes ardoisiers. 33
Ton-schlag m. (Bauw) || puddle || couche f. battue; corroi m. de terre glaise. **a) ~schlägel** m. (Töpf) || potter's beetle || batte f. du potier. 34
Tonschneide f. || clay cutter || épée f. à argile. **a) ~maschine** f. (Ziegel) || clay cutting machine || machine f. à découper l'argile. 35
Ton-schneider m. || clay cutting device || coupe-argiles m. **a) ~schornsteinröhre** f. || chimney flue of clay || boisseau m. de cheminées en terre cuite. **b) ~schwingung** f. || sound vibration || vibration f. sonore. **c) ~selektion** f. || tone selection || sélection f. du ton. **d) ~sender** m. || musical spark transmitter || poste m. transmetteur à étincelles musicales. **e) ~spielwaren** fpl. || clay toys pl. || jouets mpl. en argile. **f) ~stärke** f. (Akust) || intensity of a tone || intensité f. d'un son. **g) ~streifen** m. || toneband || bande f. sonore. **h) ~taube** f. || clay pigeon || pigeon m. d'argile. **i) ~teller** m. || porous plate; plate of unglazed earthenware || assiette f. poreuse. 36
Tontiegel m. (Chem) || clay crucible || creuset m. en terre glaise. **a) ~ aus feuerfestem Ton** || fire-clay crucible || creuset m. en terre réfractaire. 37
Tonwalzwerk n. (Ziegel) || clay rolling mill || laminoir m. à argile. 38
Tonwaren fpl. || pottery; earthenware; crockery (ware) || poterie f. (de terre). **a) Bruchstücke** npl. von ~ || scraps pl. of pottery || débris mpl. d'ouvrages en poterie. **b) feuerfeste ~** || fire-proof pottery || objets mpl. en terre réfractaire. **c) gemeine ~** || earthenware || poteries fpl. communes. **d) verglaste ~** || glazed earthenware || faïence f. 39
Tonwaren-herstellungsmaschine f. || machine for pottery || machine f. pour les fabriques d'objets en glaise. **a) ~kunst** f. || ceramic art; ceramics pl. || art m. céramique. **b) ~maler** m. || pottery decorator || peintre m. sur poteries. 40
Ton-werk n. || clay works pl. || usine f. à argile. **a) ~zeichen** n. (Mus) || note || note f. **b) ~zelle** f. || porous cell; earthenware jar || récipient m. en argile; vase m. poreux *ou* en terre cuite. **c) ~zeugwaren** fpl. || crockery (ware) || poterie f. 41

Topas m. || topaz || topaze f. a) **stengeliger ~** || pycnite || pycnite f. 1

Topasgeschiebe npl. || topaz pebbles pl. || topazes fpl. roulées. 2

Topf m. || pot || pot m.; marmite f. a) **Einfüll~** (Mot) || replenishing cup || pot m. de remplissage. b) **Glüh~** || tempering box || pot m. à recuire. c) **irdener ~** || earthen pot || pot m. de terre. 3

Töpfer m. || potter || potier m. 4

Töpferei f., **Kunst** || art pottery || poterie f. artistique. 5

Töpfer-erde f. || potter's clay || argile f. plastique. a) **~gut** n. || coarse pottery || poterie f. commune. b) **~scheibe** f. || potter's lathe; pallet; throwing wheel; jigger || tour m. *ou* roue f. de potier. 6

Töpferton m. || slaty potter's clay; pipe-clay; potter's earth || terre f. à poteries; terre f. glaise; glaise f. a) **~gewinnung** f. || potter's clay extraction || extraction f. de terre à poterie. 7

Töpferwaren fpl. || pottery; earthenware; crockery (ware) || poterie f. a) **glasierte ~** || glazed potter's ware || plonnure f. 8

Topf-gießerei f. || casting of iron pots pl. || coulage m. de marmites. a) **~reiniger** m. || pot cleaner || cure-casserole m.; nettoyeur m. de pots. b) **~scheibe** f. (Werkzeugmasch) || cup wheel || meule-boisseau m. c) **~spinnverfahren** n. || spinning pot procedure || méthode f. de filature avec pot tournant. 9

Topografie f. || topography || topographie f. 10

topografische Karte f. || topographical map || carte f. topographique. 11

Topp m. (Schiffb) || head || tête f. a) **~-schlitten** m. (Seil) || sledge || carosse m.; chariot m. 12

Toppsegel n. || top sail || hunier m. a) **~-schoner** m. || schooner || goëlette f. carrée. 13

Toppsente f. || top timber line || lisse f. des œuvres mortes. 14

Tor n. || gate || portail m. a) **Dreh~** (Wasserb) || sluice-door; turning lock-door || porte f. d'écluse tournante. b) **eisernes ~** || entrance gate of iron || porte-cochère m. en fer. 15

Torf m. || peat; turf || tourbe f. a) **Bagger~** || dredged peat || tourbe f. draguée. b) **~ stechen** || to dig peat || piquer la tourbe. 16

Torf-bagger m. || peat drag || puchette f. a) **~boden** m. || boggy ground; peaty soil || sol m. tourbeux. b) **~brikett** n. || peat briquette || briquette f. de tourbe. c) **~brikettierung** f. || peat briquetting || briquettage m. de tourbe. d) **~feuerung** f. || turf *or* peat combustion; heating with turf *or* peat || combustion f. de la tourbe; chauffage m. à la tourbe. e) **~fördermittel** n. || peat conveyor || appareil m. de manutention de la tourbe. f) **~gas** n. || peat gas || gaz m. de tourbe. g) **~gewinnung** f. || turf *or* peat digging *or* extraction || extraction f. de tourbe. 17

Torfgewinnungs-maschine f. || peat extracting machine || machine f. pour l'extraction de la tourbe. a) **~presse** f. || press for peat extracting || presse f. pour l'extraction de la tourbe. 18

Torf-kohle f. || peat coal; turf charcoal || charbon m. de tourbe; tourbe f. carbonisée. a) **~kohlenofen** m. || charcoal oven for turf || four m. pour la carbonisation de la tourbe. b) **~kraftwerk** n. || peat power plant || usine f. thermique à base de tourbe. 19

Torflügel m. || door leaf || vantail m. de porte. 20

Torf-maschine f. || peat machine || machine f. pour tourbe. a) **~mehl** n. || powdered peat || poudre f. de tourbe. b) **~meister** m. || peatbog master || maître m. de tourbière. c) **~moor** n. || peat moor || marais m. tourbeux. d) **~mühle** f. || peat mill || moulin m. à tourbe. 21

Torfmull m. || turf dust || poussier m. de mottes. a) **~fertigung** f. || powdered turf making || fabrication f. de poussier de tourbe. 22

Torf-öl n. || turf oil || huile f. de tourbe. a) **~pappe** f. || peat board || carton m. de tourbe. b) **~presse** f. || peat press || presse f. à mottes de tourbe. c) **~-stecher** m. || peat cutter *or* digger || tourbier m. d) **~stecherei** f. || turf digging || tourbière f. e) **~stich** m. || turf pit || tourbière f. 23

Torfstreu f. || turf for litter; moss *or* peat litter; peat moss || litière f. de tourbe; tourbe pour litière; poussier m. de mottes. a) **~fabrik** f. || peat-litter factory || fabrique f. de litières de tourbes. b) **~maschine** f. || peat litter machine || machine f. pour la litière de tourbe. 24

Torf-teer m. || turf *or* peat tar || goudron m. de tourbe. a) **~träger** m. || peat carrier || porteur m. de tourbe. b) **~trocknerei** f. || turf drying || séchage m. de tourbe. c) **~wolle** f. || peat wool || laine f. de tourbe; tourbe f. ligneuse. 25

torisch || toric || torique. 26

torkretieren, mit Zement m. || to inject cement || faire injection avec du ciment. 27

Törn m. von **Tauwerk** || turn of a rope || tour m. d'un cordage. 28

Tornister m. || knapsack || havre-sac m. a) **~beschläge** mpl. || knapsack fittings pl. || ferrures fpl. de sacs militaires. b) **~station** f. (Funkw) || knapsack station || poste f. de havre-sac; poste f. à dos d'homme. 29

Torpedo m. || torpedo || torpille f. a) **Fisch~** || fish torpedo || torpille-poisson f. b) **Luft~** || aerial torpedo || torpille f. aérienne. c) **See~** || marine torpedo || torpille f. marine. 30

Torpedoboot n. || torpedo boat || torpilleur m. a) **~jäger** m. || torpedo boat destroyer || contre-torpilleur m. 31

Torpedo-flugzeug n. || torpedo aeroplane || avion m. torpilleur. a) **~kreiselgeradlaufgerät** n. || torpedo gyro(scope) || instrument m. gyroscopique pour torpilles. b) **~luftkessel** m. || compressed air chamber for torpedoes || réservoir m. à air comprimé pour torpilles. 32

Torsion f. || torsion || torsion f. a) **Prüfung** f. auf **~** || twist test || essai m. de torsion. 33

Torsions-aufhängung f. || torsion suspension || suspension f. à torsion. a) **~faden** m. || torsion wire || fil m. de torsion. b) **~galvanometer** n. || torsion galvanometer || galvanomètre m. de torsion. c) **~kopf** m. || torsion head || bouton m. de torsion. d) **~prüfmaschine** f. || torsional tester; torsion testing machine || machine f. à torsion; machine f. à vérifier la torsion. e) **~schwingungsmaschine** f. || oscillating twisting machine || machine f. oscillante à torsion. f) **~versuch** m. || test by torsion || essai m. de torsion. g) **~wage** f. || torsion balance || balance f. de torsion. h) **~zugmaschine** f. || torsion and tensile strength testing machine || machine f. pour essais de torsion. 34

Torten-heber m. || fancy cake lifter || pelle f. à gâteau. a) **~platte** f. || tart tray || plateau m. à tartes. b) **~schaufel** f. || tart shovel || pelle f. à tarte. 35

Torweg m. || door way; carriage entrance; gate way || porte cochère f. 36

toter Gang m. || lost motion; back lash; play || jeu m.; jeu m. inutile. a) **~ ~ der Schraube** || lost motion of the screw || jeu m. de la vis. 37

tot-es Gewicht n. || dead load *or* weight || poids m. mort. a) **~es Gleis** n. || blind track || impasse f. b) **~es Kapital** n. || dead *or* unemployed stock *or* capital || argent m. mort. 38

toter Punkt m. || dead point || point m. mort. a) die **Maschine** hat keinen toten Punkt || the engine has no dead points || la machine f. ne possède pas de point mort. 39

tot-e Taste f. (Schreibm) || dead key || touche f. morte. a) **~er Weg** m. || idle movement || marche f. à vide. b) **~es Werk** n. (Schiffb) || dead work || œuvres fpl. mortes. 40

total reflektierter Strahl m. || totally reflected ray || rayon m. totalement réfléchi. 41

totale Reflexion f. || total reflection || réflexion f. totale. 42

Total-addierregistrierkasse f. || total adding cash register || caisse f. enregistreuse indiquant les totaux. a) **~astigmatismus** m. || total astigmatism || astigmatisme m. total. b) **~reflexion** f. || total reflection || réflexion f. totale. 43

töten, die **Kokons** mpl. || to smother the chrysalids pl. in the cocoons || étouffer les cocons mpl. 44

Toten-gräber m. || grave digger || fossoyeur m. de tombes. a) **~kapelle** f. || mortuary chapel; charnelhouse || charnier m.; chapelle f. mortuaire. b) **~wäsche** f. || death linen || linge m. mortuaire. 45

Toten- und Sterbewäsche f. || shrouds pl. and burial linen || linge m. de morts. 46

Tot-holz n. || dead wood || bois m. mort *ou* de remplissage; massif m. a) **~last** f. || dead load || poids m. mort. 47

Totpunkt m. || dead centre || point m. mort. a) **~lage** f., **innere** || inner dead-centre position || position f. de point mort inférieur. 48

Totschläger m. || life preserver || casse-têtes m. 49

Tour f., auf **~en** fpl. kommen || to pick up || remonter. 50

Tourenfahren n. || touring || tourisme m. 51

Touren-wagen m. || touring car || voiture f. de tourisme. a) **~zähler** m. || speed counter; revolution counter || compteur m. de tours; compte-tours m. 52

Touristen-besteck n. || cutlery for tourists || couvert m. de touristes. a) **~gerät** n. aus Aluminium || aluminium article for tourists || article m. de tourisme en aluminium. 53

Tournaivelourstepp ich m. || Wilton carpet; cut pile carpet || moquette f. veloutée; tapis m. de Tournai. 54

Tracheotubus m. (Heilk) || tracheotomy tube || canule f. trachéale. 55

Tracht f. || fashion; style of dressing; costume || costume m.; mode f.; charge f. 56

Trachyt m. || trachyte || trachyte m. **a) ~tuff** m. || trachyte tuff || trachyte-tuf m. 1
Trafoleistung f. (Elektr) || transformer capacity || puissance f. de transformation. 2
Tragachse f. || dead *or* bearing *or* carrying axle || essieu m. portant *ou* porteur. 3
Tragantgummi n. || tragacanth gum; tragacanth || gomme f. adragante. 4
Trag-bahre f. || hand barrow; stretcher || civière f.; brancard m. **a) ~bahrenstütze** f. || stretcher support || support m. de civière. **b) ~balken** m. || summer || sommier m. 5
Tragband n. || supporting band; brace || tirant m.; bretelle f.; entretoise f. **a)** ~ für **Luftkabel** || cable suspender || bride f. de suspension pour câbles aériens. 6
Tragbank f. (Müll) || lightering wood || poilier m. 7
tragbare Bahn f. || contractor's railway || chemin m. de fer portatif; voie f. portative. 8
Tragbarkeit f., **leichte** (z. B. Schreibm) || easy portability || facilité f. de transport. 9
Trag-bogen m. || subarch || archivolte f. **a) ~bügel** m. (Sammler) || carrying sling || étrier m. de suspension. 10
Tragdeck n. (Luftf) || wing || aile f. **a) ~kühler** m. || wing radiator || radiateur m. de plan sustentateur. **b) ~zahl** f. || number of planes || nombre m. de plans. 11
Trage f. || hand barrow || bard m.; brancard m.; civière f. **a)** ~ für **Kranke** || stretcher || appareil m. pour transport de malades. 12
träge (Geschäft) || dull; slow || languissant. **a)** ~ **Gärung** f. || sluggish fermentation || fermentation f. lente *ou* paresseuse. 13
Trage-bank f. (Windmüll) || support || support m. **a) ~baum** m. || sill || brancard m. **b) ~binde** f. || suspensory bandage; suspensor || suspensoir m. 14
tragen, die Kosten pl. || to pay the costs pl. || supporter les frais. 15
Träger m. || girder; beam; frame plate || longeron m.; poutre f.; poutrelle f.; fer m. à plancher; support m. en fer. **a)** ~ (Spinn) || carrier || porteur m. **b) armierter** ~ || trussed girder || poutre f. armée. **c) Breitflansch~** || broad flanged girder || poutre f. à larges semelles. **d)** ~ einer **Brücke** || bridge girder || poutre f. de pont. **e) Doppel-T~** || double-T-girder || poutre f. en double T. **f) eiserner** ~ || iron girder || support m. *ou* poutre f. en fer. **g) gelochter** ~ || perforated girder || poutre f. perforée. **h) genieteter** ~ || riveted girder || poutrelle f. rivetée. **i) gepreßter** ~ || pressed girder || longeron m. embouti. **k) gewalzter** ~ || rolled girder || poutrelle f. laminée. **l) Gitter~** || trellis girder || poutre f. à treillis. **m) Holz~** || wooden pillar || pilier m. en bois. **n) Howe'scher** ~ || Howe girder || poutre f. du système Howe. **o) kontinuierlicher** ~ || continuous girder || poutre f. droite à plusieurs travées. **p) Schwanenhals~** (Eisenb) || swanneck bearer || traverse f. en col de cygne. **q) T~** || T-girder || poutre f. en T. **r) verdübelter** ~ || built beam with keys || paire f. de solives armée. **s) vollwandiger** ~ || tubular *or* plate girder || poutre f. (à âme) pleine. **t) Wiege~** (Eisenb) || movable beam || traverse f. mobile. 16
Träger-eisen n. || girder iron || fer m. à T; fer m. à poutres. **a)** die **~enden** npl. liegen tief || the ends of the girders are kept very low || les extrémités fpl. des longerons sont placées bas. **b) ~flansch** m. || flange of girder || aile f. de la poutre. **c) ~frequenz** f. || carrier frequency || fréquence f. du courant-porteur. **d) ~fuß** m. || base of the girder || semelle f. d'une poutrelle. **e) ~lager** n. || (Decke) || set of supporting girders || ensemble m. des poutres de support. **f) ~leitung** f. (Fernm) || carrier line || ligne f. porteuse. **g) ~schalung** f. || girder mould || coffrage m. de poutre. **h) ~schwelle** f. (Zimm) || summer; brest *or* bres summer || sommier m.; dormant m. **i) ~steg** m. || web *or* stem (A) of girder || âme f. de la poutre. 17
Trägerstrom m. (Fernm) || carrier current || courant m. porteur. **a) ~telegrafie** f. und **~telefonie** f. || carrier telegraphy and telephony on lines || télégraphie f. et téléphonie f. à courants porteurs. 18
Trägerwalzwerk n. || girder mill; joist rolling mill || laminoir m. à poutrelles. 19
Tragfähigkeit f. (Masch) || carrying capacity; capacity to bear; bearing power || charge f. utile; puissance f. *ou* force f. portative. **a)** ~ (Schiff) || carrying capacity; burden || port m. en lourd. **b)** ~ des **Gleises** || bearing strength of rails; carrying capacity of track || résistance f. de la voie. **c)** ~ einer **schwimmenden Brücke** || buoyant power of a floating bridge || force f. d'un pont de bateaux. 20
Tragfeder f. || suspension *or* bearing spring || ressort m. de suspension. **a)** ~ (Wagenb) || body spring || ressort m. de voiture. **b)** ~ für **Lokomotiven** || bearing spring for locomotives || ressort m. de suspension pour 'ocomotives. **c)** ~ für **Tender** || bearing spring for tenders || ressort m. de suspension pour tenders. 21
Tragfläche f. (Luftf) || aerofoil; wing; deck || aile f.; plan m.; surface f. portante. 22
Tragflächen-abstand m. (Luftf) || wing gap || distance f. entre les plans. **a) ~holm** m. (Luftf) || wing spar || longeron m. d'aile. 23
Tragflügel m. || wing || aile f. **a) ~gerippe** n. || wing structure || ossature f. de l'aile. 24
Trag-gas n. || buoyant *or* lifting *or* supporting gas || gaz m. de gonflement *ou* de sustentation. **a) ~gerüst** n. || supporting framework || ossature-support f.; charpente f. de support. **b) ~haken** m. für Luftkabel || suspender for aerial cable || crochet m. de suspension pour câbles aériens. 25
Trägheit f. (Mech) || inertness || inertie f. 26
Trägheits-halbmesser m. || radius of inertia || rayon m. d'inertie. **a) ~moment** n. || moment of inertia || moment m. d'inertie. **b) ~moment** n., **polares** || polar moment of inertia || moment m. d'inertie polaire. **c) ~vermögen** n. (Mech) || vis inertiæ; inertia || force f. d'inertie; inertie f. 27
Trag-kasten m. || portable case || caisse f. portative. **a) ~kette** f. einer Kettenbrücke || main-chain of a chain bridge || chaîne f. d'un pont suspendu. **b) ~korb** m. || scuttle; dosser || hotte f. 28
Tragkraft f. || lifting power || force f. portante. **a)** ~ (Elektromagnet) || carrying power; tractive *or* portative force || force f. portante. 29
Trag-lager n. || journal bearing || palier m. d'appui. **a) ~last** f. || burden; load || charge f. **b) ~nabe** f. || supporting nave *or* hub || moyeu m. de support. **c) ~rahmen** m. || supporting frame || cadre m. porteur. **d) ~riemen** m. || strap; sling || sangle f.; bretelle f. **e) ~ring** m. für Luftkabel || cable ring || bague f. de suspension pour câbles aériens. **f) ~schiene** f. || bearing rail || rail m. d'appui. **g) ~schraube** f. || bearing bolt || boulon-porteur m. 30
Tragseil n. || carrying rope; bearer cable || câble m. porteur. **a)** ~ n. für **Luftkabel** || messenger wire; supporting strand || corde f. de suspension pour câbles aériens. 31
Trag-seilschelle f. || messenger wire clamp || plaque f. de serrage; bride f. pour fixer la corde de suspension. **a) ~stange** f. || supporting bar; carrying rod || barre f. *ou* tige f. de support. **b) ~stein** m. || stone corbel || corbeau m. *ou* console f. en pierre. **c) ~stütze** f. für das Nummernschild (Auto) || license support || support m. pour la plaque de license. **d)** parallaktisches **~system** n. der Fernrohrmontierung || equatorial system of carriers of the telescope mounting || système-support m. parallactique de la monture de lunette. 32
Tragvermögen n. eines **Hebekrans** || power of a crane || puissance f. d'une grue. **a)** ~ **schwimmender Körper** || buoyancy || force f. des corps flottants. 33
Tragweite f. || bearing; importance || portée f. **a)** ~ eines **Balkens** || bearing of a beam || portée f. d'une poutre. 34
Trag-werk n., **eisernes** (Bauw) || iron supporting structure || appareil m. porteur en fer. **a) ~zapfen** m. || pivot of a horizontal shaft || tourillon m. 35
Traille f. (Bauw) || baluster || balustre m. 36
Trajekt m. || ferry bridge; moving ferry || bac m. **a) ~schiff** n. || (steam) ferry boat; railway ferry || bac m. à vapeur pour trains; bateau m. transbordeur. 37
Traktionskoeffizient m. || traction coefficient || coefficient m. de traction. 38
Traktor m. *s. auch* Trecker || tractor; traction engine || tracteur m. 39
Traktorengehäuse n. || tractor housing || carcasse f. de tracteur. 40
Traljenschott n. || batten and space bulkhead || cloison f. à claire-voie *ou* à jour. 41
Trambahn f. || tramway || tramway m. 42
Tramen m. || tie-beam || tirant m. 43
Trampdampfer m. || tramp steamer || tramp m. 44
Tramseide f. || trame || trame f. 45
Tran m. || fish oil || huile f. de poisson. 46
Tranchier-besteck n. || carving knife and fork || couvert m. à découper. **a) ~messer** n. || carving knife || couteau m. à découper. 47
Träne f. (Glasf) || tear || larme f. 48
tränen (Auge) || to water || verser des larmes fpl. 49
tränenerregend (Chem) || tear-exciting || lacrymogène. 50
Tränengas n. || tear gas; lachrymator || lacrymogène m. 51
Tränk-anlage f. (Stall) || watering device || abreuvoir m. **a) ~apparat** m. || soaking apparatus || appareil m. à imbiber. 52
Tränke f. (für Tiere) || watering place || abreuvoir m. 53

tränken (Werkstoff) || to moisten; to impregnate; to soak; to steep || imprégner; imbiber. **a)** mit **Kreosot** n. ~ || to impregnate with creosote; to creosote || imprégner avec du créosote; créosoter. 1

Tränken n. von **Holz** || wood impregnating *or* steeping || imprégnation f. du bois. 2

Tränk-kessel m. || impregnating pressure cylinder || autoclave m. horizontal pour imprégner le bois. **a)** **~masse** f. (Holz) || impregnating compound || liquide m. d'imprégnation. 3

Tränkung f. || impregnation || imprégnation f.; enduitage m. **a)** ~ von **Holz** || wood impregnating || imprégnation f. du bois. **b)** ~ des **Holzes** mit **Kreosot** || impregnation of wood with creosote || injection f. du bois à la créosote. **c)** ~ des **Holzes** mit **Kupfervitriol** || impregnation of wood with sulphate of copper || injection f. *ou* imprégnation f. de bois au sulfate de cuivre. **d)** ~ des **Holzes** mit **Quecksilbersublimat** || kyanizing of wood || préparation f. de bois au sublimé corrosif. **e)** ~ der **Kabel** || cable impregnation || imprégnation f. des câbles. **f)** ~ mit **Sublimat** || impregnation with sublimate || imprégnation f. avec du sublimé. **g)** ~ im **Vakuum** || vacuum impregnation || imprégnation f. par le vide. 4

Tränkungs-anstalt f. || establishment for pole preservation || établissement m. pour l'imprégnation des bois. **a)** **~kessel** m. || impregnating tank || chaudière f. d'imprégnation. **b)** **~masse** f. für Kabel || impregnating compound for cables || matériel m. d'imprégnation pour câbles. 5

Tränkungsmittel n. || impregnating preparation; antiseptic || préparation f. d'imprégnation. **a)** ~ für **Holzstangen** || antiseptic for impregnation *or* impregnating substance for poles || antiseptique m. pour la préparation des poteaux. 6

Tranraffinieranlage f. || fish oil refining plant || installation f. de raffinerie d'huile de poisson. 7

transatlantisch || oversea; transatlantic || transatlantique. **a)** **~es Kabel** n. || transatlantic cable || câble m. d'outre-mer. 8

Transfersystem n. (Fernm) || transfer system || système m. transfer. 9

Transformation f. || transformation || transformation f. 10

Transformator m. || transformator; transformer || transformateur m. **a)** **Anlaß~** || starting transformer || transformateur m. de démarrage. **b)** **Ausgleich~** || balancing transformer || autotransformateur-égalisateur m. **c)** **Drehstrom~** || rotary-current transformer || transformateur m. à champ tournant. **d)** **Durchschlag** m. des **~s** || burning-out of the transformer || claquage m. du transformateur. **e)** **elektrischer** ~ || electric transformer || transformateur m. électrique. **f)** **fahrbarer** ~ || portable transformer || transformateur m. transportable. **g)** **Frequenz~** || frequency transformer || transformateur m. de fréquence. **h)** **Gleichstrom~** || continuous current transformer || transformateur m. à courant continu. **i)** **Igel~** || hedgehog transformer || transformateur m. hérisson. **k)** **Kern~** || core transformer || transformateur m. à noyau. **l)** **Klein~** || small transformer || petit transformateur m. **m)** **Leistungs~** || power transformer || transformateur m. à grande puissance. **n)** **Licht~** || lighting transformer || transformateur m. pour l'éclairage. **o)** **luftgekühlter** ~ || air-cooled transformer || transformateur m. à air. **p)** **Mantel~** || shell transformer || transformateur m. cuirassé. **q)** **Mast~** || pole transformer || transformateur m. à mât. **r)** **Meß~** || measuring transformer || transformateur m. de mesure. **s)** **Öl~** || oil transformer || transformateur m. à huile. **t)** **Phasen~** || phase transformer || transformateur m. de phase. **u)** ~ mit **Preßluftkühlung** || transformer with compressed air cooling || transformateur m. avec refroidissement par l'air comprimé. **v)** **Regel~** || regulating transformer || transformateur m. de régulation *ou* à plots. **w)** **rotierender** ~ || rotating transformer || transformateur m. rotatif. **x)** **ruhender** ~ || static transformer || transformateur m. statique. **y)** **Spannungs~** || pressure transformer || transformateur m. de tension. **z)** **spannungserhöhender** ~ || step-up transformer || transformateur m. élévateur. 11

a) **spannungserniedrigender** ~ || step-down transformer || transformateur m. abaisseur. **b)** **Spannungsteiler~** || potential regulator || autotransformateur-diviseur m. **c)** **Strom~** || current transformer || transformateur m. de courant. 12

Transformatorblech n. || transformer sheet || tôle f. pour transformateurs. **a)** **Ausglühen** n. von **~en** || annealing of transformer stampings || recuit m. des tôles pour transformateurs. 13

Transformatoren-anlage f., **Freiluft** || open air transformer plant || groupe m. de transformateurs à l'air libre. **a)** **~öl** n. || transformer oil || huile f. pour transformateurs. **b)** **~ölbehälter** m. || oil reservoir for transformers || réservoir m. à l'huile de transformateurs. **c)** **~station** f. || transformer station || station f. *ou* poste m. de transformation. 14

Transformator-kern m. || transformer core || noyau m. de transformateur. **a)** **~kopplung** (Funkw) || transformer coupling || accouplement m. par transformateurs. **b)** **~spule** f. || transformer coil || bobine f. de transformateur. **c)** **~wagen** m. || transformer carriage *or* wagon || chariot m. de transformateur. **d)** **~wickelung** f. || transformer winding || enroulement m. de transformateur. 15

transformieren || to transform || transformer. 16

Transformierungsverhältnis n. || ratio of transformation || rapport m. de transformation. 17

Transieder m. || whale-oil boiler || fondeur m. d'huile de baleine. 18

Transit-güter npl. || transit goods pl. || marchandises fpl. en transit. **a)** **~handel** m. || transit trade || commerce m. de transit. **b)** **~lager** n. || bonded warehouse || dépôt m. de marchandises transitaires. **c)** **~-verkehr** m. || through traffic; transit trade || transit m. **d)** **~zoll** m. || transit duty || droit m. de transit. 19

Translokationsdiastase f. || translocation diastase || diastase f. de translocation. 20

Transmission f. (Masch) || transmission; belt drive; shafting || transmission f. **a)** **Haupt~** || main transmission || transmission f. principale. 21

Transmissions-anlage f. || transmission plant || installation f. de transmission. **a)** **~antrieb** m. || transmission gear || commande f. par courroie *ou* par transmission. **b)** **~-getriebe** n. || transmitting gearing || engrenage m. de la transmission. **c)** **~gliederkette** f. || transmission chain || chaîne f. de transmission. **d)** **~hammer** m. || transmission hammer || marteau m. de transmission. **e)** **~riemen** m. || driving belt || courroie f. de commande. **f)** **~seil** n. || transmission rope || câble m. de transmission. **g)** **~vorgelege** n. || transmission gear || renvoi m. de mouvement. **h)** **~welle** f. || connecting *or* gear shaft || arbre m. de transmission. 22

Transparent-gummi n. || transparent rubber || caoutchouc m. transparent. **a)** **~-papier** n. || oiled tracing-paper || papier m. huilé à calquer; papier m. transparent. **b)** **~plakat** n. || transparent poster || affiche f. transparente. **c)** **~seife** f. || transparent soap || savon m. transparent. 23

Transport m. *s. auch* Beförderung || transport || transport m. **a)** ~ in **Karren** || wheeling in barrows pl. || transport m. à la brouette et au tomberau. **b)** ~ zu **Lande** || land carriage || transport m. par voie de terre. **c)** ~ von **Spiegelglas** || transport of plate glass || transport m. des glaces. **d)** ~ von **Steinblöcken** || handling stone blocs || transport m. de blocs de pierre. **e)** ~ zu **Wasser** || water carriage || transport m. par eau. 24

transportabl-e Batterie f. || (trans)portable battery || batterie f. mobile. **a)** **~e Dampfmaschine** f. || transportable steam engine || machine f. à vapeur portative. **b)** **~es Gebäude** n. || transportable house || maison f. transportable. 25

Transportanlage f. || transportation *or* conveying plant || installation f. de transport. 26

Transportband n. || conveyance *or* conveying *or* conveyor band || ruban m. de transport; bande f. transporteuse. **a)** ~ **ohne Ende** || endless conveying band || transporteur m. continu. **b)** **~-gelenk** n. || conveying-band link || articulation f. de la bande de transport. 27

Transport-becher m. || conveying *or* transport bucket || godet m. transporteur *ou* de transport. **a)** **~brücke** f. (Bergb) || transport bridge || pont m. de transport. **b)** **~eiswaggon** m. für Bier || ice wagon for beer transport || wagon-glacière m. pour le transport de bière. 28

transportfähig || transportable; ready for conveyance || transportable. 29

Transportfaß n. || carriage *or* trade cask; shipping *or* trade package; transport barrel || fût m. d'expédition; tonneau m. de transport; barrique f. **a)** **eisernes** ~ || transport barrel of iron || tonneau m. de transport en fer. 30

Transportflasche f., **eingeflochtene** || interlaced carboy || tourie f. clissée. **a)** in **Metall-** oder **Weidebehälter** eingelassene ~ || carboy put in baskets of metal or osier || tourie f. renfermée dans des paniers en métal ou en osier. 31

Transportflugzeug n. || transport airplane || avion m. de transport. 32

Transportgefäß n. || transport vessel || vase m. *ou* récipient m. de transport. **a)** ~ für **glühenden Koks** || pan for carrying glowing coke || réservoir m. de transport pour du coke ardent. 33

Transport-gerät n. || conveying implement; transport utensil; carrying apparatus || ustensile m. de transport. **a)** **~geschäft** n.

|| forwarding business; carrying trade || affaire f. *ou* commerce m. de transports. **b) ~gleis** n. || transport rails pl.; transfer track || voie f. de transport. **c) ~gurt** m. || conveyor belt || bande f. transporteuse. **d) ~gut** n. || goods pl. to be conveyed || matières fpl. à transporter. 1

transportieren, leicht zu || easy to carry || facilement transportable. 2

Transport-karre f. || cart for transportation; transport cart || chariot m. de transport; charrette f. de siège. **a) ~karren** m. für Stahlflaschen || cart for steel bottles || voiture f. de transport pour bouteilles en acier. **b) ~kessel** m. || transport kettle || chaudron m. de transport. **c) ~korb** m. für Säure || acid transport basket || vanne f. à transporter les acides. **d) ~kosten** pl. || cartage; cost of carriage; porterage || camionnage m.; frais mpl. de transport. **e) ~leiste** f. || conveying batten || listeau m. transporteur. **f) ~makler** m. || forwarding agent || courtier m. de transport. 3

Transportmittel n. || means pl. of transport *or* conveyance || moyen m. de transport. **a) Ernte~** || crop transporting implement || ustensile m. à transporter la récolte. **b) ~** für **Massengüter** || conveying equipment for wholesale *or* bulk goods || dispositif m. pour le transport de marchandises en grandes masses. 4

Transportmulde f. || transport trough || auge f. de transport. 5

Transportör m. (Geom; Zeichn) || semicircular protractor || demi-cercle m. gradué; rapporteur m. **a) ~** (Masch) || conveyer; conveyor; transporter || transporteur m. **b) Band~** || band conveyer || transporteur m. à courroie. 6

Transport-rad n. || transport cycle || bicyclette f. de transport. **a) ~rolle** f. || driving roller || galet m. de transport. **b) ~rollgang** m. || roller transporter || rouleaux mpl. d'amenée. **c) ~schiff** n. || transportship || bâtiment m. de transport. **d) ~schnecke** f. || conveyance *or* transporting worm; creeper; conveyor || vis f. sans fin de transport *ou* transporteuse. **e) ~schraube** f. || transport screw || vis f. de transport. **f) ~verschluß** m. (Kabel) || temporary end sleeve || capote f. d'extrémité de transport. **g) ~versicherung** f. || insurance against damage in transit || assurance f. contre les risques des transports. 7

Transportvorrichtung f. || transportation device || dispositif m. de transport. **a) ~** für **Fabriken** || transport means pl. *or* transporting device for factories || moyen m. *ou* engin m. de transport pour usines. 8

Transportwagen m. || transport wagon *or* car || chariot m. de transport. **a) Bier~** || beer transport car || camion m. à bière. **b) Faß~** || cask and barrel transport wagon || wagonnet m. pour transporter des barils. 9

Transport-wagenschaltwerk n. || carriage feed || commande f. par chariot transporteur. **a) ~waggon** m. für Bier || wagon for beer transport || wagon m. à bière. 10

transversal || transversal || transversal. 11

Transversalschermaschine f. || cross shearing machine || tondeuse f. transversale. 12

Trapez n. (Geom) || trapezoid; trapezium || trapèze m. **a) ~belastung** f. || trapezoidal load || charge f. trapézoïdale. **b) ~joch** n. (Eisenb) || bevelled track section || châssis m. trapéziforme. 13

Trapezoeder n. || trisoctahedron; trapezoedron || icositetraèdre m.; trapezoèdre m. 14

Traß m. || trass; terrace || trass m.; trassoïte m.; tuf m. 15

Trassant m. || drawer || tireur m.; émetteur m. 16

Trassat m. || drawee || tiré m. 17

Traßbeton m. || trass concrete || béton m. de trass. 18

Trasse f. (Erdarb) || line || tracé m. 19

Trassierbuch n. (Fernm) || survey book || état m. descriptif. 20

trassieren || to trace || tracer. **a)** den **Boden** m. **~** || to trace the ground || tracer un ouvrage sur le sol. 21

Trassierleine f. (Zimm) || carpenter's (chalk) line || cordeau m.; ligne f.; fouet m. 22

Trassierung f. || location || tracé m. 23

Traß-mörtel m. || trass mortar || mortier m. au trass. **a) ~mühle** f. || trass mill || moulin m. à trass. 24

Tratte f. || bill of exchange; draft || traite f.; disposition f. **a)** eine **~ ausstellen** || to draw *or* to issue a bill || émettre une traite. 25

Trauben-kamm m. || rape; stalk of the grape || raffe f.; rafle f.; râpe f. **a) ~most** m. || must || moût m. **b) ~mühle** f. || grape press *or* mill || pressoir m. de grapes; moulin m. à raisins. **c) ~presse** f. || grape press || pressoir m. de raisin. **d) ~quetsche** f. || grape crusher || égrugeoir m. pour égruger les grappes. **e) ~sack** m. || sack for grapes || sac m. à raisin. **f)** ungegorener **~saft** m. || unfermented grape juice || jus m. de raisin non fermenté. **g) ~schaufel** f. || grape shovel || pelle f. à raisins. **h) ~zucker** m. || grape sugar; glucose || sucre m. de raisin; glucose f. 26

Trauerbinde f. || mourning band || ceinture f. funèbre. 27

Trauer-flor m., **elastischer** || elastic mourning crêpe || ruban m. de deuil élastique. **a) ~galanteriewaren** fpl. || mourning jewellery || bijouterie f. de deuil. **b) ~hut** m. || mourning hat || chapeau m. de deuil. **c) ~kleid** n. || mourning dress || habit m. de deuil. **d) ~magazin** n. || mourning warehouse || maison f. de deuil. **e) ~nadel** f. || mourning pin || épingle f. de deuil. 28

Trauer-papier n. || mourning paper; black edged paper || papier m. de deuil. **a) ~papierwaren** fpl. || mourning paper articles pl. || articles mpl. de papier pour deuil. **b) ~perle** f. || mourning bead || perle f. de deuil. **c) ~rand** m. || black edge || cadre m. noir. 29

Traufe f. || eaves || dégorgement m. 30

träufeln || to drip || dégoutter. 31

Trauf-platte f., **bleierne** || eaves lead || bavette f. d'égout. **a) ~rinne** f. || gutter || gouttière f. **b) ~schar** f. || eaves *or* barge course; heads pl. || battellement m. **c) ~schicht** f. || eaves *or* barge course; heads pl. || battellement m. **d) ~stein** m. || gutter stone || culière f. **e) ~ziegelreihe** f. || eaves *or* barge course; heads pl. || battellement m. 32

Trauring m. || wedding ring || alliance f. 33

Traverse f. || traverse; cross bar || traverse f. 34

Treber pl. || brewer's *or* distiller's grains pl.; draff; spent grain || drèche f.; drèche f. de brasserie *ou* de distillerie; drague f. **a) ~ anschwänzen** || to sparge the draff || arroser *ou* laver les drèches fpl. **b) ~ aufhacken** || to rerake the draff || piocher *ou* piquer les drèches fpl. **c) Malz~** || malt husks pl.; returns pl. || drague f.; drêche f.; marc m. du malt. 35

Treber-ausstoßloch n. || vent for spent grains || trappe f. de décharge des drèches. **a) ~dampftrockenapparat** m. || steam draff dryer || appareil m. à sécher les drèches à vapeur. **b) ~presser** m. (Brau) || lees presser || presseur m. de lies. 36

Trebertrockenapparat m. (Brau) || draff drying apparatus || appareil m. à sécher les drêches. **a) Dampf~** || steam draff drying apparatus || appareil m. à sécher les drèches à la vapeur. **b) Vakuum~** || vacuum draff drying apparatus || appareil m. à sécher les drèches par le vide. 37

Trebertrockner m. (Brenn) || slop runner || sécheur m. de drèches. 38

trecken (Seew) || to haul || haler. 39

Trecker m. || tractor || tracteur m. **a) Dampf~** || steam tractor || tracteur m. à vapeur. **b) kleiner ~** || small tractor || tracteur m. léger. **c) Motor~** || motor tractor || tracteur m. à pétrole. 40

Tracksäge f. (Schiffb) || cross-cut saw; pit *or* trim saw || scie f. à débiter *ou* à hansart. 41

Treffer m. (Handel) || great success || coup m. portant. **a) ~** (Jagd) || hit || coup m. touché. 42

trefflich || excellent; choice || excellent. 43

Treff-punkt m. (Waffenw) || point of impact || point m. d'impact. **a) ~sicherheit** f. (Waffenw) || security of fire || sûreté f. du tir. 44

Treib-achse f. || driving *or* live axle || essieu m. tournant *ou* moteur. **a) ~achswelle** f. || driving axle || essieu m. moteur. **b) ~anker** m. || driving anchor || ancre f. flottante. **c) ~arbeit** f. (Met) || embossed work || ouvrage m. repoussé. **d) ~eis** n. || drift ice || glace f. flottante. 45

Treibeisen n. (Hut) || stamper || avaloire f. du chapelier. **a) ~** (Schiffb) || caulker's trift || repoussoir m. 46

treiben (Gerb) || to raise; to swell || gonfler; travailler à l'orge. **a) ~** (Werkstoff) || to forge; to hammer; to chase || marteler; repousser; ciseler. **b)** mit der **Flut** f. **~** || to drive with the tide || aller avec le jusant. **c)** einen **Stollen** m. **~** || to run an adit || percer une galerie. **d)** eine **Strecke** f. **~** (Bergb) || to drive a gallery of a mine || construire *ou* pratiquer une galerie de mine. **e)** sich vom **Strome** m. **~** lassen (Schiff) || to fall down a river with the tide || descendre une rivière en dérivant. **f)** mit dem **Strom** m. **~** || to drop down with the current || dériver avec le courant. **g)** das **Werg** in die Nähte **~** || to drive oakum into the seams || châsser l'étoupe dans les coutures. 47

treibend, im Wasser n. || adrift || en dérive f. **a) ~e Kraft** f. || motor *or* moving power *or* force || force f. motrice. **b) ~e Wirkung** f. des Windes || driving force of the wind || poussée f. du vent. 48

Treiber m. (Web) || picker || taquet m. **a) ~** eines **Bandwebstuhles** || driver *or* picker of a ribbon loom || chasse-navettes m. d'un métier à rubans. 49

Treiberscheinung f. || appearance of expansion || phénomène m. de gonflement. 1
Treibfäustel n., **schweres** || maul; (sledge) hammer || masse f. (de fer); mat m.; marteau m. de mine. **a) kleines ~** || hammer || massette f. 2
Treibhammer m. || chasing hammer || marteau m. à bosseler *ou* à emboutir. 3
Treibhaus n. || hothouse || serre f. chaude. **a) ~gärtner** m. || hot-house gardener || jardinier m. de serre. **b) ~pflanze** f. || green house plant || plante f. de serres. **c) ~wärme** f. || heat of hot house || chaleur f. de serres chaudes. 4
Treibholz n. || drift wood || bois m. flottant. 5
Treibkeil m. || taper sunk key; forced-in key || clavette f. chassée *ou* conique. **a) ~ des Ablaufgerüstes** || launching wedge || coin m. de ber. 6
Treib-kette f. || driving chain || chaîne f. motrice *ou* de commande *ou* de transmission. **a) ~kraft** f. || moving force || force f. impulsive. 7
Treibkurbel f. || driving crank || manivelle f. motrice. **a) ~ mit Exzenter** || driving crank with eccentric || manivelle f. motrice avec excentrique. **b) ~ mit eingesetzter Gegenkurbel** || driving crank with inserted return crank || manivelle f. motrice avec contre-manivelle emmanchée. **c) ~ mit eingesetztem Steuerzapfen** || driving crank with inserted coupling pin || manivelle f. motrice avec bouton d'excentrique emmanché. 8
Treibnetz n. || drift net || filet m. traînant. **a) ~fischerei** f. || drift-net fishing; drift fishery || pêche f. aux filets trainants. 9
Treiböl n. || motor oil || huile f. pour force motrice; huile f. pour moteurs. **a) ~ für Explosionsmotoren** || fuel oil for explosion motors || huile f. lourde pour moteurs d'explosion. **b) leichtes ~** || light motor oil || huile f. légère pour moteurs. **c) Teer** m. durch das Krackverfahren in ~e überführen || to convert tar by cracking into motor spirit and Diesel oil || traiter le goudron par cracking de manière à le transformer en essences et huiles pour moteurs. 10
Treibrad n. || driving wheel || roue f. motrice. **a) ~satz** m. || set of driving wheels || essieu m. moteur monté. 11
Treibriemen m. || driving belt; belting || courroie f. de commande *ou* de transmission. **a) Balata~** || balata driving belt || courroie f. en balata. **b) endloser ~** aus Leder || endless driving belt || courroie f. sans fin en cuir. **c) gekreuzter ~** || crossed driving belt || courroie f. croisée. **d) ~ aus Gewebe** || driving belt of textile fabric || courroie f. de transmission en tissu. **e) Gummi~** || rubber driving belt || courroie f. en caoutchouc. **f) lederner ~** || leather driving belt || courroie f. de transmission en cuir. 12
Treibriemen-fett n. || belt grease || graisse f. pour courroies. **a) ~leder** n. || belt leather || cuir m. à courroie *ou* à transmission. **b) ~verbindung** f. || belt joint || attache f. de courroie. 13
Treib-riß m. || crack due to expansion || fissure f. due à la poussée. **a) ~sand** m. || quicksand; shifting sand || sable m. mouvant. **b) ~satz** m. (Rakete) || rocket composition; composition for rockets || matière f. fusante. **c) ~scherben** m. (Met) || coupel; cupel; test || coupelle f. d'essai; casse f.; têt m. **d) ~schraube** f. (Schiff; Luftf) || propeller screw || hélice f. propulsive. **e) ~segel** n. || drift sail || voile f. flottante. **f) ~seil** n. || driving rope || câble m. de transmission. 14
Treibstange f. (Masch) || main rod (A); connecting rod; driving rod || bielle f. motrice. **a) ~** (Web) || driving bar || barre f. du métier à la barre. 15
Treibstangen-bügel m. || strap *or* box end of the main rod || tête f. de bielle en étrier. **a) ~kopf** m. || head; main rod head || tête f. de bielle. **b) ~lager** n. || connecting rod bearing || palier m. de bielle motrice. 16
Treib-stock m. (Feuerw) || drift || baguette f. à charger. **a) ~stöckchen** n. || chasing stake || tasseau m. **b) ~welle** f. || cardan axle || arbre m. à cardans. **c) ~zapfen** m. || crank *or* driving pin || bouton m. moteur *ou* de manivelle. 17
Treidel-leine f. || towing line; tow rope || grelin m.; remorque f.; ligne f. *ou* corde f. de halage; galère f. **a) ~mast** m. || mast for towing a boat || mât m. à remonter un bateau. 18
treideln || to track; to tow || haler à la cordelle. 19
Treidelpfad m. || tow *or* towing path || chemin m. de halage; balise f.; tirage m.; lé m.; marchepied m. 20
Treidelung f. || towing || halage m. **a) ~ durch Dampfkraft** || steam towing || halage m. à vapeur. **b) ~ mit Menschen** || towing by men || halage m. à bras d'hommes. 21
Treidelweg m. || track way || chemin m. de halage. 22
Treil n. || tow line; tracking rope || corde f. à tirer; cordelle f. 23
Tremolith m. || grammatite; tremolite || grammatite f.; trémolite f. 24
Trenn-anstalt f. (Fernm) || intermediate station || poste m. intermédiaire. **a) ~-buhne** f. || separating dam || épi m. séparant. 25
trennen (Fernm) || to disconnect || couper; déconnecter. **a) Holz** n. **~** || to cut timber || refendre *ou* tailler le bois; scier de long. **b) eine Verbindung** f. **~** (Fernm) || to cut a connection || couper une communication. 26
Trennen n. von **Blechtafeln** || cutting of sheets || cisaillement m. des tôles. 27
Trenn-isolator m. || disconnecting insulator || isolateur m. de coupure. **a) ~relais** n. || cut-off relay || relais m. de coupure. **b) ~schalter** m. || disconnecting *or* separating *or* isolating switch || interrupteur m.; interrupteur-séparateur m.; sectionneur m. **c) ~schere** f. || cutting-off shear || cisaille f. à sectionner. **d) ~schnitt** m. (Zimm) || cut of timber for deals || sciage m. de long. **e) ~stelle** f. (Fernm) || disconnecting station || station f. de coupure. **f) ~streifen** m. (Fernm) || disconnecting strip || réglette f. de coupure. **g) ~taste** f. || disconnecting *or* cut-off key || clef f. de rupture. **h) ~umschalter** m. || double throw disconnecting switch || sectionneur-inverseur m. 28
Trennung f. || separation; parting || séparation f. **a) ~ von Gasgemischen** || separation of gas mixtures || séparation f. de mélanges de gaz. 29
Trennungsapparat m. (Chem) || separating apparatus || appareil m. séparateur. **a) ~** (Sauerstoff) || liquefaction column || liquéfacteur-rectificateur m. 30
Trennungsfläche f. || separating surface || surface f. de séparation. 31
Trennungslinie f. || dividing rule; dash || couillard m.; védette f. **a) haarscharfe ~** || sharply defined hair line || ligne f. très fine. 32
Trennungsvorgang m. || process of separation || marche f. de séparation. 33
Trenn-ventil n., **Sirup** || syrup separating valve || soupape f. de séparation pour sirop. **a) ~zeichen** n. (Fernm) || cut-off signal || signal m. de coupure. 34
Trense f. (el Leit) || lap; lapping; worming || guipage m. **a) ~** (Pferdegebiß) || snaffle || bridon m. 35
Trensen-gebiß n. || snaffle bit || mors m. de bridon. **a) ~knopf** m. || bridoon button || olive f. du bridon. 36
Treppe f. || staircase; stairs pl. || escalier m. **a) ~ mit abnehmbarem** Geländer || stairs pl. with removable railing || escalier m. à rampe détachable. **b) aufgesattelte ~** || saddled stairs pl. || escalier m. à cheval. **c) eingebaute ~** || inner stairs pl. || escalier m. dans œuvre. **d) einläufige ~** || single-flight stairs pl. || escalier m. à une volée. **e) einläufige Holz~** || single-flight wood stairs pl. || escalier m. en bois à une volée. **f) eiserne ~** || iron stairs pl. *or* staircase || escalier m. métallique *ou* en fer. **g) ~ mit festem Geländer** || stairs pl. with fixed railing || escalier m. à rampe fixe. **h) flache ~** || flat stairs pl. || escalier m. à girons rampants. **i) freitragende ~** || overhanging stairs pl.; fliers pl. || escalier m. suspendu. **k) gebrochene ~** || stairs pl. with landing places *or* with broken center-line || escalier m. rompu en paliers. **l) gerade ~** || stairs-flight || montée f. **m) halbringförmige ~** || centered stairs pl. || escalier m. cintré. **n) Haupt~** || main stairs pl. || escalier m. principal. **o) Haus~** || inner stairs pl. || escalier m. de maison. **p) ~ mit hoher** *oder* niedriger Steigung || stairs pl. with rises of great *or* little height || escalier m. à montée de grande *ou* de faible hauteur. **q) hölzerne ~** || wood stairs pl. || escalier m. en bois. **r) Keller~** || cellar stairs pl. || escalier m. de cave. **s) romanische ~** (Baum) || stairs pl. upon a rising vault with out steps || escalier m. à vis Saint-Gilles. **t) Stein~** || stone stairs pl. || escalier m. en pierre. **u) untermauerte ~** || stairs pl. upon walls || escalier m. en échiffe. **v) Wendel~** || spiral stairs pl. || escalier m. de tour. **w) zweiarmige ~** mit parallelen Läufen mpl. || stairs pl. with two parallel flights || escalier m. à deux rampes parallèles. 37
Treppen-absatz m. || landing slab || palier m. **a) ~aufzug** m. || staircase lift || escalier-ascenseur m. **b) ~belag** m. || step planking || plancher m. en escalier. **c) ~beleuchtung** f. || staircase lighting || éclairage m. d'escalier. **d) ~beleuchtungsautomat** m. || automatic device for lighting of staircases || appareil m. automatique pour l'éclairage des cages d'escaliers. **e) ~beschläge** mpl. || staircase fittings pl. || garnitures fpl. pour escaliers. **f) ~fenster** n. || staircase window || fenêtre f. d'escalier. **g) ~flucht** f. || flight of steps || volée f. d'escalier; rampe f. 38
Treppengeländer n. || staircase railing; banisters pl. || rampe f. *ou* balustrade f.

d'escalier. **a) hölzernes ~** || wood staircase railing || rampe f. en bois d'escalier. 1
Treppen-haus n. || staircase || cage f. d'escalier. **a) ~lampe** f. || staircase lamp || lampe f. d'escalier. 2
Treppenläufer m. || stair carpet || tapis m. d'escalier. **a) ~stange** f. || stair cover *or* stair carpet rod || barre f. de fixation pour les tapis d'escaliers. 3
Treppenrost m. (Kesselb) || step grate || grille f. à gradins *ou* en escalier. **a) ~feuerung** f. || furnace with stepped grate || foyer m. avec grille à gradins. 4
Treppen-seitenstück n. || stair horse || limon m. de l'escalier. **a) ~sohle** f. || sleeper of stairs || patin m. d'escalier. **b) ~stufe** f. || tread; step || marche f. **c) ~tischler** m. || staircase builder || fabricant m. d'escaliers. **d) ~tritt** m. || stair step || marche f. de l'escalier. **e) ~wange** f. || string board || limon m. 5
Tresor m. || safe (deposit); treasury || chambre f. forte; trésor m.; caveau m. de sûreté. **a) ~platte** f. || safe deposit armour plate || plaque f. pour caveau de sûreté. **b) ~sicherung** f. || safe protection; protective equipment for safes || contact m. de sûreté contre l'effraction. 6
Tresse f. || tress; trimming cord; lace; braid; galloon || tresse f.; soutache f.; galon m. 7
Tresterwein m. || afterwine || piquette f. 8
treten, den **Ton** m. (Ziegel) || to tread clay || marcher *ou* piétiner l'argile f. 9
Tret-kontakt m. || treading contact || contact m. à pédale. **a) ~kurbel** f. am Fahrrad || cycle tread crank || manivelle f. à pédaler pour bicyclettes. **b) ~mühle** f. || tread mill || treuil m. à tambour. **c) ~rad** n. || tread wheel || roue f. à échelier. **d) ~recht** n. || right to enter premises || droit m. d'accès. **e) ~schalter** m. (Werkzeugmasch) || pedal switch || commutateur m. à pédale. **f) ~vorrichtung** f. || treadle arrangement || dispositif m. à pédale. 10
Treu-händer m. || trustee || curateur m. **a) ~handgesellschaft** f. || trust company || société f. financière. 11
Triakisoktaeder n. || triakis *or* pyramidal octahedron || octaèdre m. pyramidé; octatriedre m. 12
Trialin n. || trichlorethylene || trichloréthylène m. 13
Triangulation f. || triangulation || triangulation f. 14
Tribromessigsäure f. || tribromacetic acid || acide m. tribromacétique. 15
Tribüne f. || stand; tribune || tribune f. 16
Trichinenschau f. || meat inspection || recherche f. des trichines. 17
Trichinoskop n. || trichinoscope || trichinoscope m. 18
Trichloräthylen n. || trichlorethylen || trichloréthylène m. 19
Trichter m. || funnel || entonnoir m. **a) ~** (Mühle) || hopper || trémie f. **b) Ablauf~** || discharging funnel || entonnoir m. de décharge *ou* à trop-plein. **c) Abwasser~** || waste water funnel || entonnoir m. pour l'eau d'écoulement. **d) Auffang~** || receiving hopper || entonnoir-récepteur m. **e) Benzin~** mit Sieb || petrol funnel with sieve || entonnoir m. à essence avec tamis. **f) Einlauf~** (Mühle) || mill hopper || trémie f. **g) Einsack~** (Mühle) || bagging hopper || ensachoir m. **h) Einsatz~** || insertion funnel || entonnoir m. d'insertion. **i) fahrender ~** || movable hopper || trémie f. déplaçable. **j) Falz~** || folding-funnel || entonnoir-plieur m. **k) Faß~** || cask *or* keg funnel || entonnoir m. pour fûts. **l) Füll~** (Mühle) || filling hopper || trémie f. de chargement. **m) Guß~** || runner head; ingate || saumon m. **n) ~** mit feinem **Metallsieb** || funnel with fine metal strainer || entonnoir m. avec toile métallique fine. **o) ~** einer **Mühle** || upper framing of a mill || cône m. d'un moulin. **p) Öl~** || oil funnel || entonnoir m. à huile. **q) Scheide~** (Chem) || separatory funnel || entonnoir m. séparateur. **r) Schütt~** || discharge hopper || trémie f. de déversement. 20
Trichter-auslauf m. || hopper outlet || bec m. de trémie. **a) ~bohrer** m. || funnel shaped auger || tarière f. creuse. **b) ~flansch** m. || funnel flange || bride f. d'entonnoir. **c) ~gestell** n. || stand for funnels || support m. à entonnoir. **d) ~gewölbe** n. || upright conical vault || voûte f. conique verticale. **e) ~kaltsäge** f. || cold saw for cutting of risers || scie f. à froid pour tronçonnage des masselottes. **f) ~rohr** n. || funnel tube || tube m. à entonnoir. **g) ~stativ** n. || funnel holder || support m. à entonnoir. **h) ~wagen** m. (Eisenb) || hopper car || wagon m. à trémie. 21
Trieb m. (Antrieb) || drive || commande f. **a) ~** (Rad) || pinion || pignon m. **b) ~achse** f. || driving *or* live axle || essieu m. tournant *ou* moteur. **c)** Zahn- und **~bewegung** f. || rack-and-pinion mechanism *or* drive || mouvement m. crémaillère et pignon. **d) ~feile** f. || pinion file || lime f. à pignon. **e) ~kasten** m. || pinion box || carter m. à pignon. **f) ~knopf** m. für Kreisdrehung || milled head for rotating circle || bouton m. actionnant le mouvement du cercle. **g) ~kraft** f. || moving force || force f. impulsive *ou* motrice. **h) ~mehl** n. || fermenting meal || farine f. fermentante. 22
Triebrad n. (Getriebe) || pinion; driver || pignon m. **a) ~** (Masch) || driving wheel || roue f. motrice. 23
Triebsand m. || quicksand; shifting sand || sable m. mouvant *ou* brûlant. 24
Triebstahl m. (Uhrm) || pinion wire || fil m. à pignons. **a) ~draht** m. || pinion wire || fil m. à pignons. 25
Triebstange f. (Web) || driving bar || barre f. du métier à barre. 26
Triebstock m. eines Getriebes || leaf of a pinion || fuseau m. d'un pignon. 27
Triebstock-getriebe n. || pin wheel gear || denture f. en fuseau pour l'engrenage de la cheville. **a) ~kranz** m. || lantern gear || couronne f. à fuseaux. 28
Triebwagen m. (Eisenb) || automobile railway car || automotrice f. (de chemin de fer). **a) ~** (Straßenb) || rail motor car || voiture f. (auto)motrice. **b) ~** mit **Dampfantrieb** || tractor driven by steam || automotrice f. à vapeur. **c) ~** mit **elektrischem Antrieb** || tractor driven by electricity || automotrice f. à électricité. **d) Leichtmetalldiesel~** || light weight Diesel rail motor car || automotrice f. à moteur Diesel (d'une construction) en métaux légers. **e) ~** mit **Motorantrieb** || tractor driven by motor; driving rail car || automotrice f. à essence; voiture f. motrice. **f) petrolelektrischer ~** || petrol electric rail motor car || automotrice f. pétroléo-électrique. **g) ~** der **Vorortbahn** || rail motor car of the suburban railway || voiture f. motrice du chemin de fer de banlieue. 29
Triebwagen-batterie f. || battery for powercars || batterie f. pour voiture motrice. **a) ~zug** m. der Ringbahn || motor coach train of the circular railway || train m. à voitures motrices du chemin de fer de ceinture. 30
Triebwelle f. (Luftf) || propeller shaft || arbre m. d'entraînement. **a) ~** (Masch) || driving shaft || arbre m. de commande. 31
Triebwerk n. (Lok) || driving gear || mouvement m.; commande f. **a) ~** (Masch) || (driving) mechanism; moving apparatus; transmission (machinery) || appareil m. moteur; (mécanisme m. de) transmission f.; mécanique f.; mécanisme m. **b) ~** (Räder) || gear; driving gear; gearing || engrenage m.; rouage m. 32
Triebwerksteil m. (Lok) || driving gear part || pièce f. *ou* organe m. du mécanisme moteur; organe m. de commande. 33
Trift f. || pasturage; drift; floating || pâturage m.; flottage m. 34
triften || to drift; to float || flotter. **a) Holz** n. **~** || to drift wood || faire flotter le bois. 35
triftig || convincing; cogent || fondé; valable. 36
Triftrechen m. (Wasserb) || leading grate || allingre f.; gautier m. 37
Trigondodekaeder n. || trigonal hemitrisoctahedron; trigonal dodecahedron; cuproid || tétraèdre m. pyramidé *ou* pyramidal; tétratriedre m.; hémiicositétraèdre m. 38
Trigonometrie f. || trigonometry || trigonométrie f. **a) ebene ~** || plane trigonometry || trigonométrie f. rectiligne. **b) sphärische ~** || spherical trigonometry || trigonométrie f. sphérique. 39
trigonometrisch || trigonometrical || trigonométrique. **a) ~e Aufgabe** f. || trigonometrical problem || problème m. trigonométrique. **b) ~es Zeichen** n. (Vermessung) || trigonometrical signal || signal m. trigonométrique. 40
Trikotagen fpl. || hosiery || tricotages mpl.; articles mpl. en tricot; bonneterie f. **a) ~fabrikation** f. || manufacture of hosiery || fabrication f. de tricotages. 41
Trikot-gewebe n. || knitting || tissu m. tricoté *ou* à mailles. **a) ~hemd** n. || knitted shirt || chemise f. en tricot. **b) ~mütze** f. || knitted beret || béret m. tricoté. **c) ~näherei** f. || hosiery sewing || cousage m. de bonneterie. 42
Trikotstoff m. || tricot tissue || étoffe f. en tricot. **a) gewalkter ~** || fulled knitted cloth || bonneterie f. drapée. 43
Trikot-waren fpl. || knit goods pl. || articles mpl. en tricot. **a) ~weber** m. || warp machine knitter || tricoteur m. au métier à chaîne. **b) ~wirkerei** f. || tricot weaving || tissage m. de tricots. 44
Triktrakspiel n. || trick-track board || jeu m. de trictrac. 45
Trimetall n. || trimetal || tri-métal m. 46
Trimm m., in sehr gutem || in very good trim || très bien assis. **a) ~** eines **Schiffes** || trim of a ship || assiette f. d'un navire. 47
Trimmänderung f. || change of trim || changement m. d'assiette. 48
Trimmer m. || trimmer || soutier m. 49

Trinitrophenol n. || picric acid; trinitrophenol; trinitrophenic acid || acide m. picrique. 1
Trinitrotoluol n. || trinitro-toluene || trinitrotoluol m. 2
trinkbar || drinkable || potable. 3
Trink-branntwein m. || brandy || eau-de-vie f. **a) ~brunnen** m. || waterpost || borne-fontaine f. **b) ~gefäß** n. || drinking vessel || gobelet m. **c) ~geld** n. || tip; extra || pourboire m. **d) ~gerät** n. || drinking set || vaisselle f. pour boire. **e) ~glas** n. || drinking glass || verre m. à boire. **f) ~halm** m. || drinking straw || chalumeau m. 4
Trinkwasser n. || drinking water || eau f. potable. **a) ~versorgung** f. || drinking water supply || distribution f. d'eau potable. 5
Triör m. || trieur; separating cylinder; grain cleaning machine || trieur m.; machine f. à nettoyer le blé. **a) Hochleistungs~** || high capacity separator || trieur m. à grand débit. **b) Schnecken~** || spiral separator || trieur-tobogan m. 6
Triörzelle f. || separator indent || alvéole m. de trieur. 7
Triowalzwerk n. || three high mill; trio rollers pl.; trio mill || laminoir m. trio; train m. trio. 8
Trioxymethylen n. || trioxymethylen || trioxyméthylène m. 9
Tripel m. (Min) || tripoli || tripoli m. **a) englischer ~** || rotten stone || terre f. pourrie. 10
Triphenylmethanfarbstoff m. || triphenylmethan dye || colorant m. du triphénylméthane. 11
Tritt m. (Leiter) || pair of steps || marchepied m.; escabeau m. **a) außer ~** fallen (Elektr) || to fall out of step || se décrocher; perdre le synchronisme. **b) in ~ m. kommen** || to come into step || atteindre le synchronisme. **c)** der **Motor** fällt außer ~ || the motor comes out of step || le moteur ne tourne plus synchroniquement. 12
Trittbrett n. || running board; long side step; foot plank || marchepied m. **a) ~halter** m. || step hanger || patte f. de marchepied. **b) ~matte** f. || step mat || matte f. de marchepied; tapis-décrottoir m. **c) ~schiene** f. || step rail || bande f. de marchepied. **d) ~stütze** f. || step bracket || support m. de marchepied. **e) ~träger** m. || footboard bracket || soutien m. de planchette. 13
Tritt-fläche f. einer Treppenstufe || tread of a step || giron m.; marche f. **a) ~halter** m. || step bracket || support m. de marchepied. **b) ~hebelbremse** f. || foot brake || frein m. à levier à pedale. **c) ~rad** n. || treading wheel || rouet m. au pied. **d) ~stufe** f. || step *or* tread board || marchepied m. continu; ais m. de marche; giron m. 14
Triumphbogen m. || triumphal arch || arc m. de triomphe. 15
trocken || dry || sec. **a) ~ aufschütten** || to heap in a dry state || élever *ou* charger à sec. **b) ~ aufspeichern**! || do not store in a damp place! || pas emmagasiner en lieu humide! **c) ~ aufzubewahren**! || keep dry! || à préserver de l'humidité! **d) ~ halten** || to keep dry || protéger contre humidité f. **e)** einen **Einschnitt ~legen** (Eisenb) || to drain a cutting || dessécher les parois fpl. d'une tranchée. **f)** einen **Schacht ~legen** (Bergb) || to drain a pit || mettre à sec un puits. **g)** bei der Ebbe **~ werden** || to become beneaped || assécher. 16
trocken-er Dampf m. || dry vapour || vapeur f. sèche. **a) ~e Fäulnis** f. || dry rot || pourriture f. sèche. **b) ~e Jahreszeit** f. || dry season || saison f. sèche. **c) ~er Raum** m. || dry room || local m. sec. **d) ~er Saft** m. || concrete juice || suc m. concret. **e) ~e Scheidung** f. || dry separation || séparation f. à sec. **f) ~es Thermometer** n. || dry bulb thermometer || thermomètre m. sec. **g) ~es Verfahren** n. || dry treatment || traitement m. à sec; voie f. sèche. **h) ~er Zustand** m. des Luftmeeres || dry state of the air || état m. de sécheresse de l'atmosphère. 17
Trockenakkumulator m. || dry accumulator || accumulateur m. sec. 18
Trockenanlage f. || drying plant || installation f. de séchage; séchoir m. **a) Vakuum~** || vacuum drying plant || installation f. de dessiccation à vide. 19
Trockenapparat m. || drying apparatus; dryer || séchoir m.; appareil m. de séchage; desséchoir m. **a) ~ für Biertreber** || draff drying apparatus || appareil m. à sécher les drêches. **b) Dampf~** || steam drying apparatus || appareil m. séchoir à vapeur. **c) Dampf~ für Treber** || steam draff drying apparatus || appareil m. à sécher les drêches à la vapeur. **d) ~ für Kabel** || drying apparatus for cables || séchoir m. pour câbles. **e) rotierender ~** || rotary dryer || séchoir m. rotatif. **f) ~ für Seife** || soap drying apparatus || séchoir m. à savon. **g) ~ für Treber** || draff drying apparatus || appareil m. à sécher les drêches. 20
Trocken-appreturmaschine f. || dry finishing machine || machine f. pour l'apprêt à sec. **a) ~auszug** m. (Chem) || dry extract || extrait m. sec. **b) ~bagger** m. || dry dredger; excavator || drague f. sèche; excavateur m. **c) ~batterie** f. || dry battery || batterie f. sèche *ou* de séchage. **d) ~blech** n. || drying sheet || tôle f. sécheuse. **e) ~boden** m. (Bleich) || drying-place *or* room; hanging room || séchoir m.; étandage m. **f) ~bohrer** m. (Bergb) || claying bar || pilon m.; boulon m. **g) ~dampf** m. || dry steam || vapeur f. sèche. **h) ~darre** f. || drying hurdle || étuve f. **i) ~dauer** f. || duration of drying || durée f. de séchage. **k) ~dekatur** f. || dry steaming || décatissage m. par vapeur sèche. **l) ~destillation** f. || dry *or* destructive distillation || distillation f. sèche *ou* destructive. 21
Trockendock n. || dry *or* graving dock || cale f. sèche; bassin m. de radoub. **a) ~anlage** f. || dry dock plant || installation f. de cale sèche. **b) ~tor** n. || dry dock gate || portail m. de cale sèche. 22
Trocken-element n. || dry cell *or* pile *or* element || élément m. sec; pile f. sèche *ou* à liquide fixe. **a) ~elevator** m. || dry goods elevator || élévateur m. pour matières sèches. **b) ~extrakt** m. (Chem) || dry extract || extrait m. sec. **c) ~fäule** f. || dry rot || putréfaction f. sèche; pourriture f. sèche. **d) ~feld** n. || drying chamber || compartiment m. à sécher. **e) ~firnis** m. || drying *or* siccative varnish || vernis m. siccatif. **f) ~flasche** f. (Chem) || drying flask || flacon m. sécheur. **g) ~futter** n. || dry crop; provender || fourrage m. sec; sec m. **h) ~gelenk** n. || dry disk joint || joint m. flexible sans graissage. **i) ~gerüst** n. (Ziegel) || drying shed || séchoir m. **k) ~gestell** n. || drying board *or* case *or* frame || cadre m. de séchage; glacis m. **l) ~gewicht** n. || dry weight || poids m. sec. **m) ~haus** n. (Bleich) || drying house || séchoir m.; étendoir m.; sécherie f.; étendage m. **n) ~hefe** f. || dry yeast || levain m. sec; levûre f. sèche. 23
Trockenheit f. || dryness || sécheresse f.; siccité f. 24
Trockenisolierung f. || dry insulation || isolement m. sec. 25
Trockenkammer f. || drying chamber *or* room || chambre f. de séchage *ou* de dessiccation; séchoir m.; étuve f. **a) ~wagen** m. || drying chamber carriage || chariot m. d'étuve. 26
Trocken-kessel m. für Kabel || drying tank for cables || bassin m. de séchage pour câbles. **a) ~kompaß** m. || dry compass || compas m. sec. **b) ~kondensor** m. || dry condenser || condensateur m. fonctionnant à sec. 27
Trockenlegen n. (Landw) || *s.* Trockenlegung. 28
Trockenlegung f. (Landw) || drainage; draining || drainage m.; dessèchement m. **a) ~ der Baugrube** || drainage of the trench || assèchement m. de la fouille. **b) ~ des Planums** (Eisenb) || draining the formation || assainissement m. de plate forme. 29
Trocken-luftanlage f. || dry air plant || installation f. de séchage à l'air. **a) ~mahlung** f. || dry crushing || broyage m. à sec *ou* à voie sèche. **b) ~malerei** f. || pastil painting; crayon painting || peinture f. à *ou* en pastel. 30
Trockenmaschine f. || drying machine; dryer || machine f. à sécher; sécheuse f. **a) ~ und Spannmaschine** f. (Web) || tentering and drying machine || rameuse-sécheuse f. **b) Zentrifugal~** || centrifugal hydroextractor || hydro-extracteur m. centrifuge. 31
Trocken-maschinenarbeiter m. (Pap) || wet machine tenter || presseur m. de pâte. **a) ~maß** n. || dry measure || mesure f. de capacité pour des matières sèches. **b) ~milch** f. || powdered milk || lait m. en poudre. **c) ~mischung** f. (Zement) || dry mixture || mélange m. à sec. **d) ~mittel** n. || drying agent; desiccator || desséchant m.; dessiccateur m. 32
Trockenofen m. || drying stove || étuve f. à sécher; séchoir m. **a) ~ für Kabel** || drying stove for cables || séchoir m. pour câbles. 33
Trocken-ofenwärter m. (Sägew) || dry kiln man || sécheur m. de planches au four. **a) ~öl** n. || drying *or* dry *or* siccative oil || huile f. siccative; siccatif m. 34
Trockenplatte f. (Web) || drying plate || plaque f. à sécher. **a) ~** (Lichtb) || dry plate || plaque f. sèche *ou* sensible. **b) fotografische ~** || photographic dry plate || plaque f. photographique sèche. 35
Trockenpräparat n. || dry preparation || préparation f. à sec. 36
Trockenpresse f. || dry press || presse f. à sec. **a) mechanische ~** || mechanical dry press || presse f. mécanique à sec. 37
Trocken-probe f. || dry assay || essai m. à sec *ou* par la voie sèche. **a) ~prozeß** m. || drying process || marche f. du séchage. **b) ~rahmen** m. (Tuchf) || tenter || rame f. **c) ~raum** m. || drying chamber || éten-

doir m. **d)** in den **~reinigern** mpl. sich absetzende Staubmassen fpl. ‖ quantity of dust deposited in the dry cleaners ‖ masses fpl. de poussière qui se déposent dans les appareils épurateurs. **e) ~reinigung** f. ‖ dry purification ‖ épuration f. par voie sèche. **f) ~riß** m. ‖ crack ‖ gerçure f. **g) ~scheider** m., **elektromagnetischer** ‖ electromagnetic dry separator ‖ séparateur m. à sec électromagnétique. 1

Trockenschleifen n. ‖ dry grinding ‖ polissage m. à sec. 2

Trockenschleuder f. ‖ centrifugal dryer ‖ essoreuse f. **a) ~maschine** f. ‖ centrifugal drying machine ‖ hydro-extracteur m. 3

Trockenschleudern n. ‖ centrifuging to (a certain degree of) dryness ‖ essorage m. à sec. 4

Trockenschliff m. ‖ dry grinding ‖ affûtage m. à sec. 5

Trockenschrank m. ‖ drying cabinet *or* chamber ‖ boîte f. à sécher; armoire f. de séchage. **a)** ~ für **Kabel** ‖ drying tank for cables ‖ armoire f. de séchage pour câbles. **b) Vakuum~** ‖ vacuum drying chamber; vacuum dryer ‖ armoire f. de séchage à vide; étuve f. à vide. 6

Trockensiebung f. ‖ dry screening ‖ criblage m. à sec *ou* par voie sèche. 7

Trockenspinnen n. ‖ dry spinning ‖ filage m. au sec. 8

Trocken-spinnmaschine f. ‖ dry spinning frame ‖ métier m. à filer au sec. **a) ~substanz** f. (Chem) ‖ drying-agent ‖ déshydratant m. **b) ~system** n. (Opt) ‖ dry lenses pl. ‖ objectifs mpl. à sec. **c) ~trommel** f. ‖ drying drum; rotary dryer ‖ séchoir m. rotatif; tambour m. de séchage. 9

Trockenturm m. ‖ drying tower ‖ colonne f. sécheuse. **a) Chlorkalk~** ‖ chloride of lime drying jar ‖ éprouvette f. à dessècher au chlorure de calcium. 10

Trocken-verfahren n. ‖ dry process ‖ procédé m. par voie sèche; voie f. sèche. **a) ~vermahlung** f. ‖ dry grinding ‖ broyage m. à voie sèche. **b) ~vorrichtung** f. ‖ drying installation ‖ installation f. à sécher. **c) ~zone** f. ‖ dry zone ‖ zone f. sèche. **d) ~zylinder** m. ‖ drying cylinder ‖ cylindre m. sécheur. 11

trocknen ‖ to dry; to exciccate; to desiccate ‖ sécher; dessécher. **a) Fische** mpl. ~ ‖ to dry fish ‖ sécher des poissons mpl. **b)** das **Holz** an der Luft ~ ‖ to season wood on the air ‖ (des)sécher le bois à l'air. **c)** an der **Luft** f. ~ ‖ to dry in the open air ‖ essorer; sécher à l'air libre. **d) Öl** n. ~ ‖ to dehydrate oil ‖ sécher l'huile f. 12

Trocknen n. *s. auch* Trocknung ‖ drying; desiccation ‖ dessiccation f.; séchage m. **a)** ~ von **feuchten** Kabeln ‖ desiccating of moist cables ‖ dessèchement m. de câbles humides. **b)** ~ von **Fischen** ‖ fish drying ‖ séchage m. de poissons. **c) künstliches** ~ ‖ artificial drying ‖ séchage m. artificiel. **d)** ~ der **Lötstelle** ‖ drying of cable joint ‖ séchage m. de l'épissure. 13

trocknend ‖ drying; desiccating ‖ desséchant. 14

Trockner m., **Gas** ‖ gas drying device ‖ sécheur m. à gaz. **a) Hefe~** ‖ yeast kiln ‖ séchoir m. de levure. **b) Kopra~** ‖ copra dryer ‖ séchoir m. à coprah. **c) Matrizen~** ‖ matrix dryer ‖ sécheur m. de matrices. **d) Schlempe~** ‖ distiller's wash drying apparatus ‖ séchoir m. à vinasse. **e) Seifen~** ‖ soap drying machine ‖ séchoir m. à savon. **f) Zweiwalzen~** ‖ twin cylinder drying machine ‖ séchoir m. à cylindres conjugués. 15

Trocknergebläse n. ‖ blower for the dryer ‖ soufflante f. du sécheur. 16

Trocknung f. von **Häuten** ‖ skin drying ‖ séchage m. de peaux. **a)** ~ von **Holz** ‖ drying of wood ‖ séchage m. *ou* dessication f. des bois. 17

Trocknungsanlage f. ‖ drying plant ‖ installation f. de séchage. **a)** ~ für **chemische** Fabriken ‖ drying plant for chemical works ‖ installation f. de séchage pour fabriques de produits chimiques. **b)** ~ für **Gießereien** ‖ drying plant for foundries ‖ installation f. de séchage pour fonderies. **c) Kohlen~** ‖ coal drying plant ‖ installation f. de séchage de charbon. **d)** ~ für die **Landwirtschaft** ‖ drying plant for farmers ‖ installation f. de séchoir agricole. **e) Leder~** ‖ leather drying plant ‖ installation f. de séchage de cuir. **f) Pülpe~** ‖ pulp drying plant ‖ installation f. de séchage de pulpes. 18

Trocknungsapparat m. für **Kabel** ‖ drying device for cables ‖ appareil m. de séchage pour câbles. **a)** ~ für **Papier** ‖ drying apparatus for paper ‖ appareil m. à sécher le papier. 19

Trocknungs-gut n. ‖ goods pl. to be dryed ‖ matières fpl. *ou* produits mpl. à sécher. **a) ~maschine** f. für die Textilindustrie ‖ drying machine for the textile trade ‖ machine f. à sécher pour l'industrie textile. 20

Trocknungsofen m. ‖ drying oven ‖ four m. à sécher. **a)** ~ für **Bauten** ‖ drying oven for the building trades ‖ appareil m. pour sécher les bâtiments. 21

Troddel f. (Posam) ‖ tassel ‖ gland m. 22

Trog m. ‖ trough; vat ‖ auge f.; cuve f. **a)** ~ der **Drehscheibe** (Eisenb) ‖ casing of the turn table ‖ cuve f. de la plaque tournante. **b) kippbarer** ~ ‖ tip pan ‖ sceau m. basculant. **c)** ~ aus **säurefestem Sandstein** ‖ tray of acidproof sandstone ‖ bac m. en grès résistant aux acides. **d) Schleifstein~** ‖ grinding wheel trough ‖ auge f. pour travaux à la meule. **e) Walk~** ‖ fulling trough ‖ fouloir m. 23

Trogendverschluß m. (Kabel) ‖ trough terminal ‖ tête f. de câble à auge. 24

trogförmiges Stück n. ‖ trough-shaped part ‖ pièce f. en forme d'une auge. 25

Trogmischer m. ‖ trough mixer ‖ mélangeur m. à auge. 26

Trolley-draht ‖ trolley wire ‖ fil m. de contact *ou* de trolley. **a) ~omnibus** m. ‖ trolley-bus ‖ trolley-autobus m. 27

Trommel f. ‖ drum ‖ tambour m. **a) Amalgam~** ‖ amalgam drum ‖ tambour m. à amalgame. **b)** ~ einer **Baggermaschine** ‖ tumbler of a dredger ‖ tambour m. du cure-môle. **c) Brech~** ‖ breaking drum ‖ tambour m. broyeur. **d) Brems~** ‖ brake drum ‖ tambour m. de frein. **e) drehbare** ~ ‖ revolving *or* rotary drum ‖ tambour m. rotatif. **f) Einzieh~** (Kran) ‖ luffing drum ‖ tambour m. à enrouler. **g)** ~ zur Auflage des **Filmbandes** ‖ drum for film ribbon ‖ tambour m. sur lequel s'applique le film. **h) halbkreisförmige** ~ ‖ semicircular drum ‖ tambour m. semi-circulaire. **i) Kabel~** ‖ cable drum ‖ tambour m. à câble. **k) Ketten~** ‖ chain drum ‖ tambour m. à chaîne. **l)** ~ eines **Kranes** ‖ drum of a crane ‖ tambour m. d'une grue. **m) Lackier~** ‖ varnishing drum ‖ tambour m. à laquer. **n) Läuter~** (Bergb) ‖ picking drum ‖ tambour m. de triage. **o) Misch~** ‖ mixing drum ‖ tambour m. mélangeur. **p) obere** ~ (Bagger) ‖ top tumbler ‖ tambour m. du haut. **q) Putz~** ‖ cleaning drum ‖ trommel m. de nettoyage. **r) Reiß~** (Textil) ‖ willowing drum ‖ tambour m. à crocs. **s) Rückwärts~** ‖ astern drum ‖ tambour m. à marche arrière. **t) Scher~** (Textil) ‖ warping drum ‖ tambour m. à ourdir. **u) Sieb~** (Bergb) ‖ screening drum ‖ tambour m. de tamisage. **v) Sortier~** (Bergb) ‖ sizing drum ‖ tambour m. cribleur. **w) Trocken~** ‖ rotary dryer ‖ séchoir m. rotatif. **x) umlaufende** ~ ‖ rotating drum ‖ tambour m. tournant. **y) untere** ~ (Bagger) ‖ bottom tumbler ‖ tambour m. du bas. **z) Vorwärts~** ‖ ahead drum ‖ tambour m. à marche avant. 28

a) Wasch~ ‖ washing drum ‖ tambour m. de lavage. 29

Trommel-anker m. (Elektr) ‖ armature drum; drum wound armature ‖ induit m. en cylindre *ou* en tambour. **a) ~-apparat** m. ‖ drum apparatus ‖ appareil m. à tambour. **b) ~bremse** f. ‖ drum brake ‖ frein m. à tambour. **c) ~darre** f. für Malz ‖ malt drying drum kiln ‖ touraille f. à tambour à sécher le malt. **d) ~drehbank** f. ‖ roller lathe ‖ tour m. à tambours. 30

Trommelfell n. (Anatomie) ‖ tympan ‖ tympan m. **a) unteres** ~ (Instrum) ‖ snare head of the drum ‖ peau f. inférieure du tambour. 31

Trommel-gehäuse n. ‖ drum case ‖ carter m. de tambour. **a) ~gerüst** n. ‖ drum frame ‖ carcasse f. du trommel. **b) ~-haus** n. ‖ drum house ‖ atelier m. de tambours extincteurs. **c) ~heuwender** m. ‖ reel tedder ‖ râteau-faneur m. à tambour. **d) ~kompaß** m. ‖ barrel *or* drum compass ‖ compas-tambour m. **e) ~leder** n. ‖ drum parchment ‖ peau f. pour tambours. **f) ~magnetscheider** m. ‖ magnetic drum separator ‖ tambour m. séparateur magnétique. **g) ~malzdarre** f. ‖ malt drying drum kiln ‖ touraille f. à tambour à sécher le malt. **h) ~mischer** m. ‖ drum mixer ‖ mélangeur m. à trommel. **i) ~mischmaschine** f. ‖ drum mixer ‖ mélangeur m. à tambour. **k) ~mühle** f. ‖ drum mill ‖ broyeur m. *ou* moulin m. à tambour. **l) ~putzwalze** f. (Spinn) ‖ fancy roller ‖ volant m. **m) ~-rahmen** m. (des Heuwenders) ‖ reel frame ‖ châssis m. porte-tambour. **n) ~-säge** f., **Dauben** ‖ stave cylinder saw ‖ scie f. à tambour pour douves. **o) ~satz** m. ‖ set of drums ‖ tambours mpl. tamiseurs. 32

Trommelscheibe f., **hintere** ‖ back drum disc ‖ disque m. arrière de tambour. **a) vordere** ~ ‖ front drum disc ‖ disque m. avant de tambour. 33

Trommel-schleuse f. ‖ sluice *or* lock with circular chamber ‖ écluse f. ronde *ou* à tambour. **a) ~sieb** m. ‖ drum *or* mixing sieve ‖ tambour m. cribleur; crible m. rotatif; tamis m. à tambour. **b) ~stein** m. einer Säule ‖ tambour *or* disk of a column ‖ tambour m. de colonne. **c) ~-sucht** f. (Tiere) ‖ tympanites pl. ‖ tympanité f. **d) ~verfahren** n. ‖ drum process ‖

procédé m. par tambour. **e) ~vernickelung** f. || drum nickel-plating || nickelage m. au tambour. **f) ~wascher** m. || drum washer || laveur m. à tambour. **g) ~wehr** n. || drum weir || barrage m. à tambour. **h) ~welle** f. (Bergb) || drum shaft || arbre m. à tambour. **i) ~winde** f. (Kabel) || reel jack || vérin m. à vis de câble. 1

Trompete f. || trumpet || trompette f. 2

Tropen-apotheke f. || medicine chest for the tropics || pharmacie f. pour pays chauds. **a) ~ausrüstung** f. || equipment for tropical climates || vêtement m. pour les tropics. **b) ~haus** n. || tropical house || maison f. pour pays tropicaux. **c) ~helm** m. || helmet for the tropics; colonial helmet || casque m. pour pays chauds; casque m. colonial. **d) ~kamera** f. || camera for the tropics || caméra f. pour pays tropics. 3

tropfbar flüssig || liquid || liquide. 4

Tropf-becher m. || drip cup || poche f. de vidange. **a) ~bier** n. || rest *or* sediment beer || trouble m. **b) ~blech** n. || drip plate || tôle f. d'égouttement. 5

Tröpfchen n., **Wasser** || water droplet || gouttelette f. d'eau. 6

Tropfdüse f. || sight-feed *or* drip nozzle || ajutage m. *ou* ajutoir m. à gouttes; tube m. de distribution. 7

Tröpfel m. (Zuck) || drips pl. || sirop m. d'égout. 8

tröpfeln (Flüssigkeitsbehälter) || to leak; to drop || couler; fuir. 9

Tropfen m. || drop || goutte f. **a) ~** (Glasf) || tear || larme f. **b) Regen~** || rain drop || goutte f. de pluie. 10

tropfenförmig || tear-shaped || en forme d'une goutte liquide. 11

Tropfen-gewicht n. || weight of drop || poids m. de goutte. **a) ~hahn** m. || drop tap *or* cock || robinet m. à goutte. **b) ~messer** m. (Chem) || burette || burette f. 12

tropfenweise || by drops; drop by drop || par gouttes fpl.; goutte f. à goutte. 13

Tropfenzähler m. || dropper; drop counter || compte-gouttes m.; pipette f. 14

Tropf-glas n. || dropping glass; medicine dropper || flacon m. compte-goutte; stilligoutte m. **a) ~haus** n. || curing-house || purgerie f. **b) ~leitung** f. || drop conduit || conduite f. à gouttes. **c) ~ölapparat** m. || gravity-feed lubricator || graisseur m. à compte-gouttes. **d) ~öler** m. || sight feed oiler; drop oiler || graisseur m. compte-gouttes. **e) ~ölschmierung** f. || drip feed || graissage m. à compte-gouttes. **f) ~schale** f. || drip tray || gouttière f. **g) ~sieb** n. || draining screen || crible m. d'égouttage. 15

Tropfstein m. || stalactite || stalactite f. **a) ~bruch** m. || stalactite quarry || carrière f. de stalactites. 16

Tropfzink n. || raw zinc || zinc m. d'œuvre. 17

Trosse f. || hawser; warp; tow rope || haussière f.; grelin m.; câbleau m.; câblot m.; filin m. 18

Trossenrolle f. || hawser roller || tour m. pour amarres. 19

trostlos (Geschäftslage) || cheerless; miserable || désolé; désolant; misérable; dégouttant. 20

Trübbier n. || rest *or* sediment beer || trouble m. 21

trübe (Flüssigkeit) || turbid; dim || trouble; terne. **a) ~** (Handel) || wretched; miserable || sombre. 22

Trubpresse f. || draff press || presse-filtre m. à liquides troubles. 23

Trübung f. (Chem) || milkiness || louche m.; trouble m. **a) Eiweiß~** || albumine *or* proteid turbidity || trouble m. d'albumine *ou* des matières azotées. **b) Glutin~** || glutine cloudiness *or* turbidity || trouble m. de glutine. **c) Luft~** || turbidity *or* murkiness of the air; || obscurcissement m. *ou* assombrissement m. atmosphérique *ou* de l'air. **d) mechanische ~** f. der Luft || artificial turbidity of the air || obscurcissement m. *ou* assombrissement mécanique de l'air. 24

Trüffel f. || truffle || truffe f. 25

trügerisch || deceitful; deceptive; illusory || trompeur; illusoire. 26

Trugschluß m. || fallacy; false conclusion || fausse conclusion f. 27

Truhe f. || trunk || bahut m. 28

Trumm m.; n. (Bergb) || leader; stringer; branch || veine f. **a) ~** (Masch) || side (of belt) || brin m.; bout m. 29

Trümmer pl. || fragments pl.; ruins pl.; wreckage || débris mpl.; éboulis m.; décombres mpl. **a) ~gestein** n. || conglomerate || conglomérat m. **b) ~lagerstätte** f. || detrital deposit || gisement m. secondaire. 30

Trummsäge f. || cross-cut *or* pit *or* trim saw || scie f. à débiter *ou* à deux mains *ou* à hansart; scie f. de charpentier *ou* de travers. 31

Tübbings pl. || tubbing || tubbing m.; cuvelage m. 32

Tube f. || tube || tube m. 33

Tuben-füllmaschine f. || tube filling machine || machine f. à remplir les tubes. **a) ~herstellung** f. || manufacture of tin tubes || fabrication f. des tubes. **b) ~herstellungsmaschine** f. || tube making machine || machine f. pour fabriquer des tubes. **c) ~schließmaschine** f. || tube sealing *or* tube closing machine || machine f. à fermer les tubes. 34

tuberkulös || tubercular || tuberculeux. **a) ~e Gewebe** npl. || tubercular tissues pl. || tissus mpl. atteints de tuberculose. 35

Tubulus m. || tubulure || tubulure f. 36

Tubus m. || tubulus; tube || tubulure f.; tube m. **a) auswechselbarer ~** || interchangeable tube || tube m. interchangeable. **b) Auszieh~** || draw-tube || tube m. de tirage. **c) bildaufrichtender ~** || image erecting tube || tube m. redresseur. **d) binokularer ~** || binocular tube || tube m. binoculaire. **e) Doppel~** || binocular tube || double-tube m. **f) monokularer ~** || monocular tube || tube m. monoculaire. 37

Tubus-aufsatz m. || tube attachment || rallonge f. du tube. **a) ~länge** f., **mechanische** || mechanical tube length || longueur f. mécanique du tube. **b) ~länge** f., **optische** || optical tube length || longueur f. optique du tube. **c) ~rand** m., **oberer** || upper edge of the tube || bord m. supérieur du tube. 38

Tuch n. (Stoffart) || cloth || drap m. **a) ~** (Umhang) || shawl || drap m. **b) Bürsten** n. des **~es** || cloth brushing || brossage m. du drap. **c) ~ für Filterpressen** || filter-press cloth || toile f. de filtre-presse. **d) Filz~** || felted cloth || drap-feutre m. **e) geöltes ~** || oil cloth || drap m. huilé. **f) Markieren** n. des **~es** || cloth marking || marquage m. du drap. **g) meliertes ~** || mixed cloth || drap m. melangé. **h) Maschine** f. zum Behandeln der **~e** im doublierten Zustand || machine for the treatment of clothes in folded condition || machine f. pour le traitement des tissus doublés. **i) Metall~** || metal gauze || toile f. métallique. **k) Militär~** || army cloth || drap m. de troupe. **l) Putz~** || cleaning cloth || chiffon m. à nettoyer. **m) Seiden~** || silk cloth || drap m. de soie. **n) Stopfen** n. des **~es** || cloth rentering || stoppage m. de drap. **o) Uniform~** || cloth for uniforms || drap m. à tenues militaires. **p) Wachs~** || oil cloth || toile f. cirée. **q) wollenes ~** || woollen cloth || drap m. 39

Tuch-abstreifer m. (Müller) || cloth scraper || racloir m. en drap. **a) ~bürster** m. || cloth brusher || brosseur m. de drap. **b) ~decke** f. || surface of cloth || couverte f. *ou* surface f. du drap. **c) ~dekatör** m. || cloth shrinker || décatisseur m. de drap. **d) ~fabrik** f. || cloth manufacture || fabrique f. de drap. **e) ~fabrikation** f. || cloth manufacture || manufacture f. de draps. **f) ~hemd** n. || cloth shirt || chemise f. de drap. **g) ~karbonisation** f. || cloth carbonizing || carbonisation f. des draps. **h) ~karde** f. || raising card || cardinal m. **i) ~klemme** f. (Heilk) || towel clip || pince f. à champ. **k) ~macher** m. || cloth weaver || tisseur m. de drap; drapier m. **l) ~macherstuhl** m. || loom of the cloth-worker || métier m. du drapier. **m) ~papier** n. || cloth paper || papier m. imitation toile. **n) ~plätter** m. || cloth presser || presseur m. de drap. **o) ~rahmer** m. || cloth frame tenter || rameur m. de drap. **p) ~samt** m. || woollen velvet || drap-velours m. **q) ~scherblatt** n. || blade of cloth shears || lame f. des forces à draps. **r) ~schere** f. || cloth shears pl. || forces fpl. à tondre les draps. **s) ~scheren** n. || cloth shearing || tondage m. de drap. **t) ~scherer** m. || cloth shearer || tondeur m. de drap. **u) ~schermaschine** f. || shearing *or* cutting *or* cropping machine || machine f. à tondre; tondeuse f. **v) ~seifmaschine** f. || soaping machine for cloth || machine f. à savonner les tissus. **w) ~senger** m. || cloth singer || grilleur m. de drap. **x) ~stopfer** m. || cloth renterer || rentrayeur m. de drap. **y) ~walke** f. (das Walken) || cloth fulling || foulonnage m. *ou* foulage m. du drap. **z) ~walker** m. || fuller || foulon m.; fouleur m. 40

a) ~walze f. || canvas roller || rouleau m. de drap. **b) ~wäscher** m. || cloth washer || laveur m. de drap. **c) ~waschmaschine** f. || cloth washing machine || machine f. à laver le drap. **d) ~weber** m. || cloth weaver || tisseur m. de draps; tisserand m. drapant. **e) ~weberei** f. || cloth weaving || tissage m. de draps. 41

Tudorplatte f. (Sammler) || Tudor plate || plaque f. de Tudor. 42

Tuff m. || tuff || tuf m. **a) Phonolith~** || phonolite-tuff || phonolithe-tuf m. **b) Trachyt~** || trachyte-tuff || trachyte-tuf m. 43

Tuff-kalk m. || tufaceous limestone || tuf m. calcaire. **a) ~stein** m. || tuff stone || tuf m. **b) ~steinbruch** m. || tuff quarry || carrière f. de tuf. 44

Tüll m. || tulle; bobbin net || tulle m. **a) broschierter ~** || broché net || tulle m. broché. **b) glatter ~** || plain net || tulle m. uni. 45

tüllartiges Netzgewebe n. || tulle-like net tissue || tissu m. à réseau façon tulle. 46

Tülle f. || tube || passe-fil m. 47

Tüllenverschlußapparat m. für Lackkannen || spout closing apparatus for varnish cans || appareil m. de fermeture à douille pour bidons à vernis. 1
Tüll-maschine f. || tulle machine || métier m. à tulle. **a)** **~spitze** f. || machine-made lace || dentelle f. imitation. **b)** **~sticker** m. || tulle-enbroiderer || brodeur m. sur tulle. **c)** **~stickerei** f. || embroidery on net; net embroidering || broderie f. au crochet sur tulle *ou* tissu à jour. **d)** **~stuhl** m. || net machine || métier m. à tulle. **e)** **~weber** m. || bobbin-net maker || tulliste m. **f)** **~weberei** f. || net weaving || tissage m. du tulle. **g)** **~webstuhl** m. || net machine || métier m. à tulle. 2
Tümpel m. || pond || mare f. 3
tun, zu ~ haben || to be busy || avoir de l'occupation *ou* à faire. 4
Tünche f. || whitewash || enduit m. de chaux; enduit m. à la chaux. 5
tünchen || to whitewash; to plaster || blanchir; enduire de chaux; crépir; badigeonner. 6
Tünchen n. || whitewashing || badigeonnage m. 7
Tüncher m. (Kalk) || limer || chauleur m. **a)** ~ (Maler) || painter; house-painter || badigeonneur m.; peintureur m.; blanchisseur m. 8
Tünch-hacke f. || plaster hatchet || hacherau m. **a)** **~sand** m. || scouring *or* sand || sablon m. *ou* sable m. très menu. 9
Tungstein m. || scheelite; tungstate of lime; tungsten || scheelin m. calcaire; scheelite f.; tungstène m. 10
Tungsten n. || tungsten || tungstène m. 11
Tunke f., **englische** || English sauce *or* gravy || sauce f. anglaise. 12
tunken || to stoak; to steep || saucer. 13
Tunkenextrakt m. || sauce *or* gravy extract || extrait m. de sauce. 14
Tunnel m. || tunnel || tunnel m. **a)** **~backofen** m. für Brotfertigung || tunnel baking oven for bread manufacture || four m. à tunnel pour la panification. **b)** **~bahn** f. || tunnel railway || chemin m. de fer souterrain. **c)** **~bau** m. || tunneling || construction f. *ou* percement m. de tunnels. **d)** **~beben** n. || earthshake due to tunnelling || tremblement m. de terre causé par le percement d'un tunnel. **e)** **~bohrer** m. || tunnel miner || terrassier-mineur m. **f)** **~brücke** f. || tubular bridge || pont m. tubulaire. **g)** **~durchstechung** f. || piercing a tunnel || percement m. d'un tunnel. **h)** **~einfassung** f. || tunnel lining || paroi f. de tunnel. **i)** **~eingang** m. || tunnel entrance || tête f. de tunnel. **k)** **~gang** m. || subway || souterrain m. **l)** **~gewölbe** n. || vault of a tunnel || voûte f. d'un tunnel. **m)** **~kurbelgehäuse** n. || barrel type crank case || carter m. tubulaire. **n)** **~linie** f. (el Leit) || tunnel line || ligne f. à travers un tunnel. **o)** **~mundloch** n. || mouth of a tunnel || embouchure f. d'un tunnel. **p)** **~rahmen** m. || tunnel frame || châssis m. pour tunnels. **q)** **~ring** m. für Untergrundbahnen || tunnel ring for underground railways || virole f. de tunnel pour voies souterraines. **r)** **~ringsegment** n. || tunnel segment || segment m. de tunnel. **s)** **~schacht** m. || tunnel pit || puits m. de tunnel. **t)** **~sohle** f. || floor of a tunnel || base f. d'un tunnel. **u)** **~welle** f. || intermediate shaft || arbre m. intermédiaire. **v)** **~zimmerung** f. || tunnel timbering || boisage m. 15
Tüpfelmaschine f. (Web) || pricking-machine || machine f. à piquer. 16
Tupfpapier n. || design *or* point *or* rule paper || papier quadrillé *ou* rayé *ou* à patron. 17
Tür f. || door || porte f. **a)** ~ mit **aufgenagelten Leisten** || ledged door || porte f. avec emboîtures clouées. **b)** **blinde** ~ || dead door || fausse porte f. **c)** **Damm~** (Bergb) || dam door || porte f. à serrement. **d)** **eingestemmte** ~ || framed door || porte f. encadrée. **e)** **feuersichere** ~ || fireproof door || porte f. à l'épreuve du feu. **f)** **gehobelte** ~ || planed door || porte f. pleine. **g)** **gehobelte** ~ f. mit **eingeschobenen Leisten** || planed and clamped door || porte f. pleine emboîtée. **h)** **gespundete** ~ || ploughed and tongued door || porte f. emboîtée à rainures et languettes. **i)** **gußeiserne** ~ || cast iron door || porte f. en fonte. **k)** **Holz~** || wooden door || porte f. en bois. **l)** **Holzbrett~** || wood board flap || pale f. en planchettes de bois. **m)** **Innen~** || inside door || porte f. intérieure. **n)** **selbstschließende** ~ || automatically closing door || porte f. fermant automatiquement. **o)** **Sturm~** || storm flap || pale f. de tempête. **p)** **wasserdichte** ~ || watertight door || porte f. étanche d'eau. **q)** **wassergekühlte** ~ || water-jacketed door || porte f. refroidie à l'eau *ou* par circulation d'eau. 18
Türangelpfanne f. || pin with a round eye; pan; socket; sole || crapaudine f.; piton m. 19
Turas m. || dredger drum; dredging tumbler *or* roll || tambour m. *ou* rouleau m. de drague. 20
Tür-band n. || hinge plate; door loop *or* gunnet || paumelle f. *ou* penture f. *ou* fiche f. d'une porte. **a)** **~- und Fensterbänder** npl. || bands pl. for doors and windows || ferrures fpl. de portes et de fenêtres. **b)** **~bekleidung** f. || dressing of a door || chambranle m. d'une porte. **c)** **~beschlag** m. || door fitting *or* mounting || ferrure f. *ou* garniture f. de porte. 21
Turbine f. || turbine || turbine f. **a)** ~ zur Verwertung des **Abdampfes** anderer Maschinen || turbine for utilizing the exhaust steam of other engines || turbine f. alimentée par la vapeur d'échappement d'autres machines. **b)** **Aktions~** || action turbine || turbine f. à action. **c)** ~ mit **äußerer Beaufschlagung** || inward flow turbine || turbine f. centripète. **d)** **Dampf~** || steam turbine || turbine f. à vapeur. **e)** **Entnahme~** || tapped turbine || turbine f. à prise de vapeur. **f)** **Feuerungs~** || ignition turbine || turbine f. d'ignition. **g)** **Frischdampf~** || live steam turbine || turbine f. à vapeur fraîche. **h)** **Frischdampf~** f. **mit Kondensation** für reine Kraftzwecke || live steam turbine with condensing plant only for power purposes || turbine f. à vapeur fraîche avec condensation destinée uniquement à la production d'énergie. **i)** **Gas~** || gas turbine || turbine f. à gaz. **k)** **Gegendruck~** || back *or* counter pressure turbine || turbine f. de contre-pression. **l)** **Gleichdruck~** || action turbine || turbine f. à action. **m)** **Heißluft~** || hot-air turbine || turbine f. à air chaud. **n)** **Hochdruck~** || high-pressure turbine || turbine f. à haute pression. **o)** **hydraulische** ~ || hydraulic turbine || turbine f. hydraulique. 22
Turbine f. mit **innerer Beaufschlagung** || outward flow turbine || turbine f. Fourneyron. **a)** **Kühler~** || cooler turbine || turbine f. de réfrigérant. **b)** **Niederdruck~** || low-pressure turbine || turbine f. à basse pression. **c)** ~ mit **partieller Beaufschlagung** || fractional supply *or* partial admission turbine || turbine f. (à injection) partielle. **d)** **Preßluft~** || compressed-air turbine || turbine f. à air comprimé. **e)** **Propeller~** || turbine of propeller type || turbine f. à hélice. **f)** **Rückwärts~** || astern turbine || turbine f. à marche arrière. **g)** ~ mit **voller Beaufschlagung** || full supply *or* full admission turbine || turbine f. à injection pleine *ou* totale. **h)** **Vorwärts~** || ahead turbine; turbine running forward || turbine f. à marche avant. **i)** **Wasser~** || hydraulic *or* water turbine || turbine f. hydraulique. **k)** **Wind~** || wind turbine || turbine f. aérienne *ou* à vent. 23
Turbinen-abdampf m. || turbine exhaust steam || vapeur f. d'échappement de la turbine. **a)** **~anlage** f. || turbine plant || station f. de turbine. **b)** **~dampfer** m. || turbine steamer || vapeur m. à turbine. **c)** **~gehäuse** n. || turbine casing *or* cylinder *or* housing || enveloppe f. *ou* cylindre m. de la turbine. **d)** **~geschütz** n. || turbo gun; turbo cannon || turbo-canon m. **e)** **~halle** f., **Groß** || super-turbine shop || atelier m. de grosses turbines. **f)** **~lokomotive** f. || turbine-driven locomotive || locomotive f. à turbine. **g)** **~-lokomotivkessel** m. || turbine locomotive boiler || chaudière f. de la locomotive à turbine. **h)** **~pumpe** f. || turbine pump || pompe f. à turbine. **i)** **~rad** n. || turbine wheel || roue f. de turbine. **k)** **~regler** m. || turbine regulator *or* governor || régulateur m. de turbines. **l)** **~rohr** n. || turbine pipe || conduit m. de turbine. **m)** **~rohrleitung** f. || turbine pipe line || conduite f. de turbines. 24
Turbinenschaufel f. || turbine blade || aube f. à turbine. **a)** die **~n** fpl. sind **auswechselbar** || the turbine blades pl. are interchangeable || les aubes fpl. de la turbine sont interchangeables. **b)** **~walzwerk** n. || turbine blade rolling mill || laminoir m. à aubes de turbine. 25
Turbinen-scheibe f. || turbine disc || disque m. de turbine. **a)** **~schiff** n. || turbine boat || bateau m. à turbines. **b)** **~schraube** f. || turbine screw || propulseur m. à turbine. 26
Turbinentrommel f. || turbine cylinder *or* drum || tambour m. à turbine. **a)** **konisch geschmiedete** ~ || conical forged turbine drum || tambour m. conique forgé de turbine. 27
Turbinen-überwachungstafel f. || control board for turbine plant || tableau m. de contrôle d'une installation de turbines. **a)** **~unterbrecher** m. (Fernm) || turbine interrupter || interrupteur m. à turbine. **b)** **~vorgelege** n. || turbine gear || engrenage m. pour turbines. **c)** **~welle** f. || turbine shaft || arbre m. de turbine. 28
Turbo-dynamo f. || turbo dynamo || turbo-dynamo f. **a)** **~gasexhaustor** m. || turbo-gas exhaustor || turbo-extracteur m. de gaz. **b)** **~gebläse** n. || turbo blower || turbo-soufflante f. **c)** **~generator** m. || turbo generator || turbo-générateur m. **d)** **~kanone** f. || turbo gun; turbo cannon || turbo-canon m. **e)** **~kompressor** m. || turbo

compressor || turbo-compresseur m. **f) ~-pumpe** f. || turbo pump || turbo-pompe f. 1

Turbosatz m., **Kondensationsanlage** f. zum x kW ~ || condensor plant of the x kW turbo set || installation f. de condensation pour le groupe turbo-générateur de x kW. **a)** ~ für **Ruthsspeicherbetrieb** || turbo set for Ruths steam storage plant || groupe m. turbo-générateurs à accumulateurs de chaleur Ruths. 2

Turbulenz f. || turbulence; vorticity (A) || turbulence f. **a) ~energie** f. || energy of turbulence || énergie f. de turbulence. 3

Tür-drücker m. || door handle || clenche f. pour portes. **a) ~einfassung** f. || door case || jambage m. **b) ~feder** f. || drag spring || ressort m. à enrayer. **c) ~flügel** m. || leaf of door || battant m. *ou* vantail m. d'une porte. **d) ~fries** m. || frame piece of a door || membrure f. d'une porte à panneaux. **e) ~futter** n. || jamb lining of a door frame; door case || fourrure f. d'huisserie; châssis m. de porte. **f) ~gerüst** n. (Bergb) || gallery frame || châssis m. d'une galerie. **g) ~griff** m. || door knob *or* handle || bouton m. *ou* poignée f. de portes; bec-de-cane m. **h) ~joch** n. || door bay || baie f. de porte. **i) ~kappe** f. || door lintel || linteau m. de porte. 4

Türkis m. || turquoise || turquoise f. 5

Türkischrot n. || Turkey red || rouge m. turc *ou* des Indes. **a) ~färben** n. der Baumwolle (Färb) || dyeing of cotton-yarn with Turkey-red || garançage m. **b) ~färberei** f. || Turkey red dyeing || teinture f. en rouge turc. **c) ~öl** n. || Turkey red oil || huile f. rouge turc. 6

Tür-kissen n. || door cushion || coussin m. pour porte. **a) ~klinke** f. || door latch; gate latch || clenche f. de loquet de porte. **b) ~klopfer** m. || knocker; rapper; click || heurtoir m. **c) ~knopf** m. || knob *or* handle of door || bouton m. *ou* olive f. de porte. **d) ~knopfdrehbank** f. || door knob turning machine || tour m. pour boutons de porte. **e) ~kontakt** m. || door contact; burglar alarm || contact m. de porte. **f) ~kontaktschalter** m. || door switch; door contact interrupter || interrupteur m. de contact de porte. **g) ~laufschiene** f. || slide of a sliding-door || glissière f. de porte roulante. **h) ~lochring** m. (Lok) || fire door hole ring || cadre m. de la porte de foyer. 7

Turm m. || tower || tour f. **a) fester ~** || fixed tower || tour f. fixe. **b) Kohlen~** || coal tower || trémie f. à charbon. 8

Turmalin m., **gemeiner** || tourmaline || schorl m.; tourmaline f. **a) roter ~** || red tourmaline; rubellite || tourmaline f. apyre; rubellite f. 9

Turm-deckdampfer m. || turret decker; turret-deck steamer || vapeur m. à turret-deck. **a) ~decker** m. (Dachd) || tower slater || couvreur m. de clochers. 10

Turmdrehkran m. || tower revolving *or* slewing crane || grue f. tournante sur pylône *ou* pivotante à tour. **a) feststehender ~** || stationary tower revolving crane || grue f. pivotante géante et fixe. 11

Turm-drehmaschine f. || turret turning machine || machine f. pour tourner une tourelle. **a) ~geschütz** n. || turret-gun || pièce f. de tourelle. **b) ~haus** n. || sky-scraper || palais m. gigantesque; gratte-ciel m. **c) ~kran** m. || tower crane || grue f. à pylône. **d) ~spitze** f. || broach; spire; top of steeple || aiguille f. *ou* pointe f. *ou* flèche f. d'une tour. 12

Turmuhr f. || tower *or* turret *or* church clock || horloge f. de clocher *ou* de tour. **a) elektrisch betriebene ~** || electrically driven tower clock || horloge f. de tour à actionnement électrique. 13

Turm-wagen m. || tower car || camion m. à échafaudage (auto-moteur). **a) ~windmühle** f. || tower mill || moulin m. hollandais. **b) ~ziegel** m. || tower tile || tuile f. pour tours. 14

Turngerät n. || gymnasium article; gymnastic apparatus || appareil m. *ou* engin m. de gymnastique; agrée f. pour salles gymnastiques. 15

Türnische f. || bay of a door || baie f. de porte. 16

Turnschuh m. || rubber soled *or* gymnast's shoe; pump for gymnastics || chaussure f. de gymnastique. 17

Türöffner m. || door unlocker || ouvre-portes m. **a) elektrischer ~** || electric door opener || ouvre-porte m. électrique. 18

Tür-öffnung f. || aperture of a door || jour m. de porte. **a) ~pfosten** m. || door post || poteau m. d'huisserie. **b) ~riegel** m. (im Fachwerk) || head rail || linteau m. en cloison. 19

Türschließer m. || door closer *or* fastener || ferme-porte m. **a) Druckluft~** || compressed air door closer || ferme-porte m. à air comprimé. **b) selbsttätiger ~** || automatic door closer *or* shutter || ferme-porte m. automatique. 20

Türschließvorrichtung f., **Druckluft** || pneumatic door closing device || dispositif m. de ferme-porte à air comprimé. 21

Türschloß n. || door lock || serrure f. de porte. **a) zweiseitig schließendes~** || double shutting (door) lock || serrure f. (de porte) bénarde. **b) ~sicherung** f. || safety device for door locks || dispositif m. de sûreté pour serrures de portes. 22

Türschoner m. (Bremsfeder) || drag spring || ressort m. à enrayer. **a)** ~ (Glasplatte) || door protector || plaque f. de propreté pour portes. 23

Tür-schwelle f. || door sill || seuil m. de porte. **a) ~sicherung** f. || door safety appliance || bec m. de cane *ou* dispositif m. de sûreté pour portes. 24

Türstock m. (Bauw) || door post || jambage m. de porte. **a)** ~ (Bergb) || prop || étançon m. **b) ~setzer** m. || door matcher || monteur m. de portes. 25

Türsturz m. || door lintel || linteau m. de porte. **a) ~verzierung** f. || lintel-moulding || ornement m. de linteau. 26

Tür-verdachung f. || head moulding || corniche f. de porte. **a) ~verkleidung** f. || door panel *or* case || panneau m. de porte; chambranle m. **b) ~verriegelungsanlage** f. || door bolting installation || installation f. pour le verrouillage de portes. **c) ~zarge** f. || door case || huisserie f. **d) ~zieher** m. (Hüttenw) || door boy || leveur m. de portes. 27

Tusche f. || china *or* drawing *or* chinese *or* Indian ink || encre f. de Chine. **a) Auszieh~** (Zeichn) || indian ink; liquid drawing ink || encre f. de Chine; encre f. liquide pour dessin. **b) chinesische ~** || indian ink || encre f. de Chine. **c) flüssige ~** (Zeichn) || indian ink; liquid drawing ink || encre f. de Chine; encre f. liquide pour dessin. **d) lithografische ~** || autographic writing-ink || encre f. autographique. 28

Tusch-kasten m. || colour *or* paint box || boîte f. à couleurs *ou* à lavis. **a) ~pinsel** m. || ink brush || pinceau m. d'encre. **b) ~zeichnung** f. || China-ink drawing || dessin m. lavé. 29

Tute f., **Probier** || assay crucible || têt m. à la fusion; creuset m. d'essai. 30

Tüte f. || paper bag || sac m. en papier; cornet m. **a) ~n** fpl. **kleben** || to glue paper bags pl. || coller des sacs mpl. en papier. 31

Tüten-fabrik f. || paper bag manufacture || fabrique f. de cornets en papier. **a) ~-kleber** m. || paper bag paster || colleur m. de sacs en papier. **b) ~macher** m. || paper bag maker || ouvrier m. de sacs en papier. **c) ~maschine** f. || paper bag machine || machine f. pour sacs en papier *ou* cornets. 32

Tutia f. || tutty; tutia; furnace cadmia, furnace calamine; spodium || cadmie f.; calamine f. de fourneau; tutie f.; (Belg:) kiess f.; spode m. 33

Twist m. || waste wool *or* cotton; twist || déchet m. de fil à polir; coton m. filé. **a) ~abfall** m. || cotton waste || déchet m. de coton. **b) ~maschine** f. || twist machine || machine f. à doubler le fil. **c) ~wirtel** m. || fly wheel || volant m. 34

Typ m. || type || modèle m.; type m. 35

Type f. (Buchdr) || letter (printing) type; character || lettre f.; caractère m. (d'imprimerie); type m. **a) ~ für Adressiermaschinen** || type for addressing machines || type m. pour machines à imprimer des adresses. **b) genaue Einstellung** f. der ~ || precise adjustment of the type || amenée f. du caractère au point précis. **c)** ~ aus **Holz** (Buchdr) || wooden type || caractère m. mobile en bois. 36

Typen-bahn f. || track of the types || trajectoire f. des caractères. **a) ~bürste** f. (Schreibm) || type brush || brosse f. à caractères. 37

Typendruck n. || letter-press printing || impression f. typographique. **a) ~-empfangsapparat** m. || type printing receiver || appareil m. imprimeur-récepteur. 38

Typendrucker m. (Fernm) || type printer || télégraphe m. imprimeur. 39

Typendruck-schreibvorrichtung f. || type inking recording attachment || dispositif m. enregistreur par caractères d'impression. **a) ~telegraf** m. || type-printing telegraph || télégraphe-imprimeur m. 40

Typen-gießmaschine f. || type casting machine || machine f. à mouler les caractères; linotype f. **a) ~hammer** m. (Schreibm) || printing hammer || marteau m. à caractères. 41

Typenhebel m. (Schreibm) || type bar || tige f. à caractères. **a) Abkürzen** n. der ~ mpl. || shortening of the type bars || raccourcissement m. des tiges à caractères. **b) Aufeinanderschlagen** n. der ~ mpl. || striking of the type bars || choc m. des tiges à caractères. **c) Auszahnung** f. am ~ || slit of the type bar || évidement m. de tige à caractères. **d) Einzelaufhängung** f. der ~ mpl. || single suspension of the type bars || suspension f. séparée pour chaque tige à caractères. **e) geteilter ~** || divided type bar || tige f. à caractères divisée. **f) kreisförmige Aufhängung** f. der ~ mpl. || circular suspension of the type bars || suspension f. circulaire des tiges à caractères. **g) Lüften** n. der ~ mpl. || lifting of the type bars || soulèvement m. des tiges à caractères. **h) Spiel** n. der ~ mpl. || play of the type bars || jeu m. des tiges à caractères. **i) sternartig gelagerte** ~ mpl. || radial arranged of the type bars || tiges fpl. à caractères disposées en étoile. **k) Tanzen** n. der ~ mpl. || skipping of the bars || sautillement m. des tiges à caractères. **l) unmittelbar wirkender** ~ || direct acting type bar || tige f. à caractères à action directe. **m)** einen ~ **verbiegen** || to bend a type bar || fausser une tige à caractères. **n) Zurückfallen** || n. der ~ mpl. || return of the type bars || retour m. des tiges à caractères. 1

Typenhebel-anordnung f. || arrangement of the type bars || disposition f. des tiges à caractères. **a) ~aufhängung** f. || type bar suspension || suspension f. des tiges à caractères. **b) ~schreibmaschine** f. || type bar typewriter || machine f. à écrire à barres à caractères. 2

Typen-magazin n. || type magazine || magasin m. à caractères. **a) ~messer** m. (Buchdr) || type gauge || calibre m. **b) ~-platte** f. (Schreibm) || type plate || plaque f. à caractères. 3

Typenrad n. || type wheel || roue f. à caractères *ou* à types. **a) Bewegungsebene** f. des ~es || rotation plane of type wheel || plan m. de rotation de la roue à caractéres. **b)** Ergänzungsblatt n. für das **fremdsprachliche** ~ || complementary strip for the foreign type wheel || bande f. servant à completer le jeu de caractères de la roue à caractères en langue étrangère. **c) ~schreibmaschine** f. || type wheel typewriter || machine f. à écrire à roue à caractères. 4

Typenreinigung f. (Schreibm) || cleaning of the types || nettoyage m. des caractères. 5

Typenreinigungs-bürste f. || type cleaning brush || brosse f. pour le nettoyage des caractères. **a) ~vorrichtung** f. || type cleaning device || dispositif m. de nettoyage des caractères. 6

Typen-richtzange f. (Schreibm) || type adjusting pliers pl. || pince f. pour le redressage des caractères. **a) ~schaft** m. (Schreibm) || type shank *or* shaft *or* bar || tige f. à caractères. **b) ~scheibe** f. || type disc || disque m. à caractères. **c) ~schiffchen** n. (Schreibm) || type shuttle || navette f. à caractères. **d) ~stab** m. (Schreibm) || type rod || baguette f. à caractères. **e) ~stangenführungsbogen** m. || type guide bar segment || segment m. à sections servant au guidage des barres porte-caractères. **f)~träger** m. (Schreibm) || type bar || porte-caractères m. 7

Typenwalze f. || type cylinder || cylindre m. à caractères. **a)** die ~ **herausnehmen** || to remove the type cylinder || retirer le cylindre à caractères. 8

Typen-waschlauge f. || washing lye for types || lessive f. à laver les types. **a) ~zylinderlager** n. || bearing of the type cylinder || palier m. du cylindre à caractères. 9

Typograf m. || typographer || typographe m. 10

Typografie f. || typography || typographie f. 11

typografisch || typographical || typographique. **a) ~e Anstalt** f. || printing works || atelier m. de typographie. 12

Typus m. *s.* Typ. 13

Tyrosin n. (Chem) || tyrosin(e) || tyrosine f. 14

Tyrotoxikon n. || tyrotoxicon || tyrotoxicone f. 15

Tysonit m. (Min) || tysonite || tysonite f. 16

U

U-Eisen n. || channel; U-iron || fer m. à U *ou* à côtés. 17

U-förmig-er Bügel m. || U-shaped stirrup || étrier m. en forme d'U. **a) ~e Doppelstütze** f. (el Leit) || U-shaped double pin || console f. double en U. 18

U-(Isolatoren-)Stütze f. || U-bolt; single J-spindle || support m. *ou* console f. (d'isolateur) en U. 19

übelnehmen || to take amiss *or* in bad part || prendre en mauvaise part. 20

übelriechend || of disagreable smell; offensively smelling || d'odeur m. désagréable; fétide. 21

Übelstand m. || drawback; evil; inconvenience || inconvénient m. 22

über || above || au-dessus. **a) ~ dem Horizont** m. || above the horizon || au-dessus de l'horizon. **b) ~ Null** || above zero || au-dessus de zéro m. **c) ~ Tage** || above ground; in the open || à fleur f. de terre; au jour. **d) ~ Wasser** n. || above water || au-dessus de l'eau f. 23

überanstrengen || to strain; to overwork; to overexert || surmener. 24

Überarbeit f. || extra work || travail m. supplémentaire. 25

überarbeiten (Überstunden) || to work more || travailler au-delà du temps prescrit *ou* en plus. 26

Über-ärmel m. || oversleeve || fausse manche f.; garde-manche m. **a) ~bau** m. für Flutöffnungen || flood span || avant-pont m. **b) ~beanspruchung** f. || excessive stress; overstressing || effort m. excessif; surtension f. **c) ~belastung f., zulässige** || permissible overload || surcharge f. admissible. **d) ~belichtung** f. || overexposure || surexposition f. 27

über-bieten || to bid over; to overbid; to outbid || renchérir sur; surenchérir. **a) ~blatten,** die Schienen fpl. || to rebate *or* to scarve rails || joindre un rail à recouvrement. 28

Überblattung f. (Zimm) || halving together || assemblage m. à mi-bois. 29

Überbleibsel n. || residuum; remainder; leavings pl. || résidu m.; reste m. 30

Überblendung f. || fading || obturation f. 31

Überblendungseinrichtung f. || fading control || dispositif m. d'obturation. 32

Überblick m. || general view; survey || résumé m.; coup m. d'œil. 33

Überbringer m. || bearer || porteur m. 34

überbrücken, einen **Fluß** m. || to bridge over a river || jeter un pont sur une rivière. 35

Überbrückung f. (Eisenb) || bridging over || passage m. par dessus un pont; traversée f. par un pont. 36

Überbrückungs-klemme f. (Sammler) || bridging-over terminal; bridge connector || pince f. de court-circuit; borne f. de raccordement. **a) ~schaltung** f. (Selbstanschl) || switching selector repeater || répétiteur m. de commutation. 37

überbürden || to overburden; to overwork || surcharger. 38

Überschlorsäure f. || perchloric acid || acide m. perchlorique. 39

überdachte Helling f. || building berth roofed over || cale f. couverte. 40

über-dauern || to outlast; to survive || survivre à. **a) ~decken,** die Schwellen fpl. || to cover the sleepers pl. || recouvrir les traverses fpl. 41

Überdeckung f. eines **Fensters** || head of a window; window head || traverse f. d'une croisée. 42

überdestillieren || to distill over || distiller. 43

Überdisposition f. || overdraft || découvert m. 44

überdrehen, eine **Schraube** f. || to overturn a screw; to strip the thread of a screw || déformer une vis. **a)** die **Mutter** ist überdreht worden || the nut has been overwound || l'écrou m. a été déformé. 45

überdreht || overwound || déformé; faussé; foiré. 46

Überdruck m. (Chem) || overpressure; pressure above atmospheric || surpression f. **a) ~turbine** f. || reaction turbine || turbine f. à réaction. **b) ~ventil** n. || excess(ive) pressure valve; relief valve || soupape f. (de pression excessive) *ou* de surpression *ou* de soulagement. 47

übereilen || to hasten too much; to precipitate; to scamp || précipiter. 48

Übereilung f. || rashness; precipitation; scamping || précipitation f. 49

übereinandergreifen || to overlap; to lap over || chevaucher; laisser recouvrir *ou* superposer. 50

übereinanderliegend || superposed || superposé. **a) ~e Walzen** fpl. || rolls pl. arranged one above the other || cylindres mpl. en fonte placés l'un au-dessus de l'autre. 51

übereinkommen || to agree with; to arrange; to come to terms || tomber d'accord; s'accorder. 52

Übereinkommen n. || agreement; arrangement; compromise || arrangement m.; accord; convention f. **a)** ein ~ **treffen** || to enter into an agreement || convenir un arrangement *ou* accord. 53

Übereinkunft f. *s.* Übereinkommen. 54

Übereinstimmung f. || agreement; conformity; accord || concordance f.; accord m.; conformité f. **a) in ~ mit . . .** || in accordance with . . . || en conformité *ou* accord avec . . . **b) in ~ bringen** || to accommodate || accommoder. 55

überempfindlich || hypersensible || hypersensible. 1
Übererzeugung f. || over production || surproduction f.; excédent m. de production. 2
überfahren, einen Gang m. (Bergb) || to cross a lode || traverser un filon. **a)** ein **Haltesignal** n. ~ || to run past the signal || brûler *ou* dépasser *ou* forcer un signal d'arrêt. 3
Überfahrt f. (Schiff) || passage || passage m. 4
Überfall m. (Schloß) || closing clasp *or* hasp || moraillon m. **a)** ~ (Wasserb) || weir || déversoir m. **b)** ~ eines **Dammes** || overflowing || trop-plein m. **c) unvollkommener** ~ (Wasserb) || incomplete overfall || déversoir m. incomplet. 5
überfällig || overdue || en souffrance. 6
Überfallwehr n. (Wasserb) || spillway; overflow weir || déversoir m.; digue f. à déversoir. 7
Überfaltung f. (Bergbau) || overfolding || recouvrement m. 8
Überfaltungsgebirge n. || overfolded rocks pl. || montagne f. formée par des plis de recouvrement. 9
überfangen, Glas n. || to plate *or* to case glass || doubler *ou* plaquer le verre. 10
Überfangglas n. || flashed glass || verre m. à deux couches. 11
überfeilen || to file over || retravailler à la lime; passer la lime sur. 12
überfein (Met) || over-refined || surraffiné. 13
Überfettung f. von **Seife** || soap superfattening || surgraissage m. de savons. 14
Überfluß m. || abundance || abondance f. **a)** ~ von **Aufträgen** || surplus of orders || des ordres mpl. en abondance. 15
überfluten || to inundate || inonder. 16
überflutet || overflowed || débordé. 17
Über-form f. (Gieß) || mantle; coat || surmoule m.; surtout m. **a) ~fracht** f. || additional freight; overfreight || surcharge f.; surtaxe f.; taxe f. supplémentaire. 18
Überführung || overbridge || viaduc m.; passage m. supérieur. **a) Eisenbahn~** || railway overbridge || passage m. (supérieur) de chemin de fer au dessus du niveau de la route *ou* passerelle f. **b) Straßen~** || overpass || passerelle f. 19
Überführungs-gestänge n. (el Leit) || distributing pole || appui m. de raccordement. **a) ~säule** f. (Fernm) || distributing pole || tour m. de dispersion. 20
Übergabestelle f. || point of transfer || point m. de transfert. 21
Übergamasche f. || puttee || molletière f. 22
Übergang m. || transition || transition f.; passage m. **a)** ~ (Eisenb) || level crossing || passage m. à niveau. **b) mit allmählichem** ~ || with gradual transition || à transition f. *ou* nuance f. graduelle. 23
Übergangsbrücke f. (Fahrzeug) || connecting platform || passerelle f. **a)** ~ eines **Wagens** (Eisenb) || through communication of a carriage || passage m. d'intercommunication d'une voiture. 24
Übergangs-farbe f. (Chem) || passing colour || teinte f. passagère *ou* intermediaire. **a) ~formstück** n. (Kabel) || duct for change of type || tuyau m. intermédiaire. **b) ~gestänge** n. (el Leit) || distributing pole || appui m. de répartition. **c) ~grieß** m. || branny fibrous stock || refus m. de sasseur. **d) ~kurve** f. (Eisenb) || transition curve || courbe m. de raccordement. **e) ~lasche** f. (Eisenb) || cranked fish plate || éclisse f. de raccordement. **f) ~rohr** n. || reducing pipe || raccord m. avec réduction de diamètre. **g) ~schaltung** f. (Tonfilm) || fading control unit || système m. de commutation. **h) ~scheibe** f. (Eisenb) || traversing table || table f. transversale. **i) ~stange** f. (el Leit) || junction pole || poteau m. de jonction. **k) ~widerstand** m. (Elektr) || transition resistance || résistance f. de passage. **l) ~zeit** f. || transition period || période f. de transition. **m) ~zone** f. (Met) || refined zone || zone f. raffinée. 25
übergar (Met) || over-refined || surraffiné. **a)** ~ (Ofengang) || too hot || trop chaud. **b)** ~ (Roheisen) || black || lamailleux. **c)** ~ (Stahl) || burnt || brûlé. 26
übergeben, dem Verkehr m. (Eisenb) || to open for traffic || livrer à la circulation. 27
Übergebot n. || higher bid || surenchère f. 28
übergehen, mit Stillschweigen n. || to pass over in silence || passer sous silence. 29
Übergewicht n. || overweight; extra weight; preponderance || surpoids m.; prépondérance f.; excédant m. de poids. **a) bestimmt einzuhaltendes** ~ || certain excess of weight || surpoids m. exact. 30
übergreifen (Selbstanschl) || to skip || changer. **a)** ~ (überlappen) || to lap over || recouvrir. 31
Übergreiflehre f. || sweep gauge || calibre m. extérieur. 32
Übergriff m. || encroachment; infringement || empiètement m. 33
Übergröße f. (Luftreifen) || oversize || mesure f. renforcée. **a) Luftreifen** m. in ~ || oversize tire || pneu m. surprofilé. 34
Überhang m. || overhang || porte-à-faux f. 35
überhängend || overhanging || en porte-à-faux; surplombant. **a) ~er Stoß** m. (Bergb) || overhanging side || paroi f. surplombante. **b) ~e Welle** f. || overhanging *or* projecting shaft || arbre m. en porte à faux. 36
überhäuft || glutted || encombré. **a)** ~ mit **Arbeit** f. || overwhelmed with work || surchargé de travail. 37
Über-hebevorrichtung f. || lift-over || dispositif m. de transbordement. **a) ~heizen** n. (Chem) || superheating || surchauffage m. 38
Überheizung f. (Fernm) || overheating || surchauffement m. **a)** gegen ~ **empfindlich** (Fernm) || sensitive to overheating || sensible au surchauffage. 39
überhitzen || to overheat; to superheat || surchauffer. 40
Überhitzer m. || superheater; overheater || surchauffeur m. **a) Ammoniak~** || ammonia overheater || surchauffeur m. d'ammoniaque. **b) Dampf~** || steam superheater || surchauffeur m. de vapeur. **c) Lokomotiv~** || locomotive superheater || surchauffeur m. de locomotive. **d) selbständig gefeuerter ~** || independently fired superheater || surchauffeur m. indépendant. 41
Überhitzer-anlage f. || superheating plant || installation f. de surchauffage. **a) ~kammer** f. || superheater chamber || chambre f. de surchauffe. **b) ~ventil** n. || superheater valve || soupape f. surchauffeuse. 42
überhitzt || superheated || surchauffé. **a) ~er Dampf** m. || superheated steam || vapeur f. surchauffée. 43
Überhitzung f. (Elektr) || overheating || surchauffe f. **a)** ~ (Masch) || superheating || surchauffage m.; surchauffement m. **b) Dampf~** || superheating of the steam || surchauffage m. de la vapeur. 44
Überhitzungs-grad m. || degree of superheat || degré m. de surchauffe. **a) ~verfahren** n. || working on dry compression || régime m. *ou* marche f. en surchauffement. 45
überhöht (Bauw) || surmounted || surhaussé. 46
Überhöhung f. (Eisenb; Erdarb) || superelevation || surhaussement m. **a)** ~ (Gewölbe) || surmounting || surhaussement m. **b)** ~ der **äußeren Schiene** || super elevation of the outer rail || surhaussement m. du rail extérieur. 47
überholen (ausbessern) || to overhaul || vérifier *ou* examiner en vue d'une réparation. **a)** ~ (Schiff auf eine Seite legen) || to heel; to lean over || donner de la bande; pencher. **b)** ~ (Verkehr) || to outrun; to overtake; to outstrip; to pass || passer; dépasser. 48
überholt || overhauled || examiné; verifié. 49
Überholung f. (Ausbesserung) || overhauling || révision f. générale. 50
Überholungs-arbeit f. || overhauling || travail m. d'entretien. **a) ~gleis** n. (Eisenb) || side track *or* shunting siding || voie f. de garage *ou* d'évitement. 51
Über-kämmung f. || cogging-joint || assemblage m. à entailles. **a) ~kippung** f. der **Schichten** (Geol) || inversion of strata || renversement m. des couches. 52
überkompensieren, den Kompaß m. || to over-compensate the compass || surcompenser le compas. 53
überkompoundiert || over-compounded || hypercompoundé. 54
Über-kompoundierung f. || over-compounding || hypercompound m. **a) ~korn** n. || too coarse grained; oversize pieces pl. || grains mpl. trop grands. **b) ~korrektion** f. || over-correction || surcorrection f. **c) ~kragung** f. || corbelling-out || encorbellement m. 55
überkrängen, ein Schiff n. || to heel a ship; to give a list to a ship || carguer un navire; donner un navire à la bande. 56
überkrustet || incrusted || revêtu d'incrustations. 57
überkühlen (Chem) || to overcool || surrefroidir. 58
überkühlt || supercooled || surfondu. 59
überladen, den Sammler m. || to overcharge the accumulator || surcharger l'accumulateur. 60
Über-lader m. (Bergb) || wagon changer || transbordeur m. **a) ~ladung** f. (Sammler) || overcharge || surchargement m.; surcharge f. **b) ~lage** f. (Web) || rocking tree; swing beam || porte-battant m.; arbre m. de l'épée de chasse. **c) ~lagerer** m. || heterodyne || hétérodyne f. 61
überlagern || to superimpose || superposer. 62
Überlagerung f. || superimposing || superposition f. **a)** ~ der **Schwingungen** || overlapping of oscillations || recouvrement m. des oscillations. 63
Überlagerungsempfang m. || heterodyne reception || réception f. (par) hétérodyne. 64
Überland-flug m. || cross-country flight || survol m. **a) ~omnibus** m. || long distance bus || omnibus m. à grand rayon d'action. **b) ~verkehr** m. (Fuhrw) || overland service || communication f. inter-urbaine.

c) **~weg** m. || overland route || voie f. de terre. d) **~werk** n. *s.* ~zentrale. e) **~-zentrale** f. || long distance supply plant || centrale f. interurbaine de distribution d'énergie. 1

überlappen || to lap over || recouvrir. 2

Überlappschweißung f. || lap (seam) welding || soudure f. à recouvrement. 3

überlappt geschweißtes Rohr n. || lap-welded tube || tube m. soudé à *ou* par recouvrement. 4

Überlappung f. || overlap || recouvrement m. 5

Überlappungsverbindung f. || lap joint || joint m. à recouvrement. 6

überlaschen || to place a butt-strap over the joint || poser un couvre-joint. 7

Über-laschung f. (Kessel) || joint with butt strap || rivure f. à couvre-joint. a) **~last** f. || overload || surcharge f. 8

überlastbar, um 100% ~ sein || to stand 100% overload || avoir une capacité f. de surcharge de 100%. 9

Überlastbarkeit f. (Elektr) || overload capacity || capacité f. de surcharge. 10

überlasten, ein **Ventil** n. || to overburden a valve || surcharger une soupape. 11

überlastet || overloaded || surchargé. 12

Überlastung f. || overload(ing); overcharge || surcharge f. a) **Bruch** m. bei ~ || breaking by overload || rupture f. en cas de surcharge. 13

Überlastungs-fähigkeit f. || overload capacity || capacité f. de surcharge. a) **~kupplung** f. || safety coupling || accouplement m. de surcharge. b) **~möglichkeit** f. || possibility of overloading || possibilité f. de surcharger. 14

Überlauf m. (Chem) || overflow || trop-plein m. a) ~ (Selbstanschl) || oberflow || congestion f. b) ~ (Wasserb) || waste weir || déversoir m. c) ~ einer **Sperrmauer** || overflow of a dam || déversoir m. d'un mur de barrage. d) ~ des **Stößels** || idle travel of the ram || mouvement m. perdu du coulisseau. 15

Überlaufdeich m. || overfall-dyke || digue f. à déversoir. 16

überlaufen (Flüssigkeit) || to overflow || épancher; déborder. 17

Überlauf-kontakt m. (Selbstanschl) || overflow contact || contact m. à signal de congestion. a) **~konus** m. || overflow cone || embout m. b) **~rinne** f. || overflow channel *or* pipe || couloir m. de trop plein. c) **~rohr** n. || overflow pipe || tuyau m. de trop plein. d) **~röhrchen** n. *s.* ~rohr. 18

überlegen, allen **anderen Arten** fpl. || superior to all other types pl. || supérieur à toutes les autres sortes fpl. a) **anderen Systemen** npl. an Leistungsfähigkeit und Betriebssicherheit ~ || superior to other systems pl. in respect of efficiency and safety of working || supérieur à ceux d'autres systèmes mpl. par leur puissance et sûreté de service. 19

überlegen, das **Ruder** (Seew) || to shift the helm || changer la barre. 20

Überlegung f., nach reiflicher || after mature consideration || réflexion f. faite; après mûre réflexion f. 21

Überlegenheit f. || superiority; preponderance || supériorité f.; prépondérance f. 22

Überleitfähigkeit f. || supraconductivity || superconductibilité f. 23

Überleitungsamt n. (Fernm) || transfer exchange || bureau m. de transfert. 24

über-liegen (Luftf) || to heel; to list || s'incliner; donner de la bande. a) **~malen** || to retouch || retoucher. 25

Übermalung f. || new paint || repeint m. 26

übermangansaures Kali n. || potassium permanganate || permanganate m. de potassium. 27

Übermangansäure f. || permanganic acid || acide m. permanganique. 28

Übermaß n. || excess height || surmesure f.; excès m. 29

übermäßig || exorbitant; extreme; enormous || démesuré; exagéré; exorbitant. 30

Übernahme-bedingungen fpl. || conditions pl. of acceptance || conditions fpl. de réception. a) **~probe** f. || acceptance test || essai m. de réception. 31

übernehmen, einen **Aktienanteil** m. || to take over part of the stock || signer un certain nombre d'actions. a) ein **Geschäft** n. ~ || to take over a business || se charger d'une affaire. b) ein **Kraftwerk** n. ~ || to take over a power station || prendre à sa charge une usine. c) eine **See** f. ~ || to ship a sea || embarquer un coup de mer. 32

Über-produktion f. || over-production || surproduction f. a) **~querung** f. (el Leit) || crossing || traversée f. b) **~ration** f. (Seew) || allowance for waste || dixième m. c) **~rotte** f. (Landw) || over-retting || excès m. de rouissage. 33

überrottet (Flachs; Hanf) || overdone || détérioré par un rouissage trop prolongé. 34

Überrückkopplungsempfänger m. (Funkw) || back-coupling receiver || récepteur m. à superréaction. 35

übersättigen (Chem) || to supersaturate || sursaturer. 36

übersättigt (Chem) || supersaturated || sursaturé. a) **~e Luft** f. || supersaturated air || air m. sursaturé. 37

Übersättigung f. (Chem) || supersaturation || sursaturation f. a) ~ des **Marktes** || supersaturation of the market || sursaturation f. du marché. 38

über-schäumen (Chem) || to froth over || passer par-dessus. a) **~scheren** (Tuchf) || to shear roughly || surtondre. 39

Überschicht f. (Bergb) || extra task || heures fpl. supplémentaires. 40

Überschiebung f. (Geol) || overlap; overthrust || recouvrement m. 41

Überschiebungs-masse f. (Geol) || overthrust mass || masse f. inversée *ou* de glissement. a) **~spalte** f. (Geol) || fissure of overthrust || fissure f. du pli-faille. 42

Überschiffung f. der **Fahrgäste** || passenger transshipment || transbordement m. des passagers. 43

Überschlag m. (Schätzung) || rough calculation || calcul m. approximatif. a) einen ~ **machen** || to make an estimate || faire un calcul approximatif *ou* une évaluation des frais *ou* un devis. b) ~ der **Sichtmaschine** (Mühle) || tail of a dressing machine || issue f. *ou* queue f. d'une bluterie. 44

Überschlagsversuch m. (Elektr) || flash-over test || essai m. de décharge par arc. 45

Überschleusleitung f. || overflow pipe || canalisation f. *ou* conduite f. de dégorgement. 46

überschlichten || to plane over || replanir. 47

überschmolzen (Chem) || supercooled; surfused || surfondu. 48

Überschreibungsurkunde f. || deed of conveyance || acte m. translatif de propriété. 49

überschreiten || to exceed || dépasser. a) die **zulässige Geschwindigkeit** ~ || to exceed the speed-limit || excéder *ou* dépasser la vitesse permise. 50

Überschreiten n. der **Gleise** || crossing the line || traversée f. des voies. 51

Überschreitung f. (Buchdr) || driving-out || enjambage m.; composition f. large. a) die ~ der höchstzulässigen Drehzahl **verhindern** || to prevent the speed exceeding the maximum permissible || empêcher de dépasser le nombre de tours maximum admis. 52

Überschreitungsvermögen n. des Kampfwagens || spanning power of the tank || franchissement m. du char de combat. 53

über-schritten || exceeded || dépassé; excédé. a) **~schuldet** || deeply involved in debt || surchargé *ou* criblé de dettes. 54

Überschuß m. || surplus; excess; overplus; margin || surplus m.; bénéfice m.; excès m. a) ~ an **Öl** || excess of oil || excès m. d'huile. 55

überschüssig (Chem) || in excess || en excès. a) **~er Wasserdampf** m. || excess of (water) vapour || vapeur f. d'eau en excédent. b) den **~en Wasserdampf ausscheiden** || to separate-out *or* to dissipate the excess water vapour || séparer *ou* éliminer la vapeur d'eau en excès. 56

Überschütten n. einer Straße mit Steinschlag || roading with broken stones || cailloutage m. d'une route. 57

überschwefelsaures Ammoniak n. || ammonium persulphate || persulfate m. d'ammoniaque. 58

Überschwefelsäure f. || persulphuric acid || acide m. persulfurique. 59

überschwemmen || to flood; to inundate; to overflow || noyer; inonder. 60

überschwemmt || flooded || inondé; noyé. 61

Überschwemmung f. || inundation; flood; flooding || inondation f.; crue f.; noyage m. 62

Überschwemmungs-fläche f. eines **Flusses** || flood plain of a river || plaine f. d'inondation d'une rivière. a) **~gebiet** n. || flood area; land liable to floods || zône f. *ou* champ m. d'inondation. 63

Übersee-briefpapier n. || foreign post-paper || papier m. pelure. a) **~dampfer** m. || transatlantic steamer || vapeur m. transatlantique. b) **~flugzeug** n. || sea-going *or* high-seas *or* oversea plane || avion m. *ou* hydravion m. de haute mer. c) **~handel** m. || transatlantic *or* foreign *or* oversea trade || commerce m. d'outre-mer *ou* transatlantique. d) **~holz** n. || exotic timber; transmarine wood || bois m. d'outre-mer. 64

überseeisch || from beyond the seas; (transatlantic) || d'outre-mer. 65

Überseekabel n. || transmarine *or* submarine cable || câble m. transocéanique *ou* sous-marin *ou* d'outre-mer. 66

Übersetzer m. (Kabelschrift) || printer || appareil m. imprimant. a) ~ (Sprachen) || translator || traducteur m. 67

übersetzt (Sprachen) || translated || traduit. 68

Übersetzung f. (Masch) || transmission; gear || transmission f. a) ~ (Sprachen) || translation || traduction f. b) **Hebel~** || leverage || transmission f. à levier. c) **hohe ~** || high gearing || multiplication f. forte.

d) optische ~ || optic transmission; optical transference || transmission f. *ou* transfert m. optique. **e) zweifache ~** (Schreibm) || double transmission || double transmission f. 1

Übersetzungs-getriebe n. || transmission gear || engrenage m. de transmission. **a) ~recht** n. || right of translation || droit m. de traduction. **b) ~stoßdämpfer** m. || transmission shock absorber || amortisseur m. de choc de transmission. 2

Übersetzungsverhältnis n. (Masch) || gear ratio || rapport m. d'engrenage. **a) ~** (Elektr) || transformation ratio || rapport m. de transformation. 3

Übersicht f. || synopsis || aperçu m. 4

übersichtig (Auge) || long-sighted; hyperopic || hyperope. **a) ~es Auge** n. || long-sighted eye || œil m. hyperope. 5

Übersichtigkeit f. (Auge) || long-sightedness; hypermetropia || hypermétropie f. 6

übersichtlich || clear; well arranged; handy || sommaire; clair. **a) ~** in Gruppen **anordnen** || to arrange clearly || grouper de façon synoptique. 7

Übersichtlichkeit f. der Maschinenanlage || facility of inspection of the power plant || bonne disposition f. de l'installation des moteurs. 8

Übersichts-bild n. || general view || vue f. d'ensemble. **a) ~plan** m. || general *or* principal plan || plan m. principal *ou* fondamental. **b) ~spektrum** n. || general spectrum || spectre m. synoptique. **c) ~-zeichnung** f. || general drawing || dessin m. d'ensemble. 9

Übersieb n. || superposed sieve || tamis m. superposé. 10

übersieden (Chem) || to boil over || déborder. 11

Über-spannung f. (Elektr) || overpressure; excess *or* flash-over voltage || surtension f.; tension f. supplémentaire. **a) ~spannungswelle** f. || excess voltage wave || onde f. de surtension. 12

überspinnen || to spin over || guiper. 13

Überspinnen n. der **Fäden** für Posamenten || twisting of fancy threads for trimming || guipage m. de fils pour la passementerie. 14

übersprechen (Fernm) || to cross talk || diaphoner; crosstalk. 15

Übersprechen n. (Fernm) || cross talk; inductive disturbance || mélange m. de conversation; diaphonie f.; cross talk m.; interférence f. mutuelle. 16

Übersprechmesser m. (Fernm) || cross talk meter || diaphonomètre. 17

überspringen (Buchstaben; Schreibm) || to skip || sauter. **a) ~** (elektrFunken) || to spark || éclater; jaillir. **b)** der **Funke** springt über || the spark jumps over || l'étincelle f. éclate. 18

überspringender Funke m. || jump spark || étincelle f. disruptive. 19

Überspringvorrichtung f. || skipper || dispositif m. de sautage. 20

überstauen, ein Dorf n. || to submerge a village || submerger un village. 21

Überstauung f. (Wasserb) || overdamming || surhaussement m. du niveau d'eau. 22

überstehend || overhanging || en porte-à-faux. **a) ~er Balken** m. || projecting beam || poutre f. saillante. 23

überstreichen || to coat; to dope || enduire. 24

Überstrom m. || excess current || surintensité f. 25

Überströmkanal m. (Mot) || transfer port || canal m. d'admission (des gaz). 26

Überstrom-nullspannungsausschalter m. || excess current zero voltage cut-out switch || disjoncteur m. à voltage nul de surcharge. **a) ~schalter** m. || excess current switch; maximum cut-out || disjoncteur m. *ou* interrupteur m. de surcharge; interrupteur m. à maximum. 27

Überströmventil n. || spill valve || soupape f. de décharge. 28

Überstunde f. || overtime || heure f. supplémentaire. **a) ~n** fpl. **machen** || to work overtime || faire des heures fpl. extraordinaires *ou* supplémentaires de travail. 29

übertakelt || overrigged || de trop gros agrès mpl. 30

übertragbares Wertpapier n. || transferable security || valeur f. mobilière. 31

Übertragbarkeit f. (Wertpapiere) || negotiability || transmissibilité. 32

übertragen (Chem) || to carry || véhiculer. **a) ~** (Masch) || to transmit || transmettre. 33

Übertrager m. (Fernm) || repeater; repeating coil || translateur m.; bobine f. d'induction. **a) symmetrischer ~** (Elektr) || shielded transformer || transformateur m. à écran. 34

Überträger m. (Chem) || carrier || véhiculeur m. 35

Übertrager-amt n. (Fernm) || repeater station || bureau m. translateur. **a) ~kästchen** n. (Fernm) || ring transformer box || petite boîte f. pour translations. **b) ~spule** f. (Fernm) || repeating coil || bobine f. transformatrice. 36

Übertragung f. (Elektr) || conduction || conduction f. **a) ~** (Handel) || assignment transfer || transfert m. **b) ~** (Masch; Fernm) || transmission || transmission f. **c) ~** (von Rechtstiteln) || conveyance || cession f. **d) ~** von **Aktien** || transfer of shares || transfert m. de titres. **e) bildtelegrafische ~** || telephotographic transmission || transmission f. phototélégraphique. **f) gerichtete ~** (Fernm) || directive transmission || transmission f. dirigée. **g) ~** eines **Geschäfts** || transfer of a business || cession f. d'un commerce. **h) Güte** f. der **~** (Fernm) || quality of transmission || qualité f. de transmission. **i) ~** von **Kraft** || power transmission || transmission f. de force. **k) ~** der **Skizze** auf Linienpapier (Web) || transferring the sketch to point paper || réproduction f. de l'esquisse sur papier quadrillé. **l) Spindel~** || spindle transmission || transmission f à fuseau. **m) ~** in **Telegrafenleitungen** || telegraph repeater || translation f. télégraphique. 37

Übertragungs-amt n. (Fernm) || repeater station || poste m. de translation. **a) ~-äquivalent** n. (Fernm) || transmission equivalent || équivalent m. de transmission; rendement m. de référence. **b) ~einheit** f. (Fernm) || transmission unit || unité f. de transmission. **c) ~gestänge** n. || transmission rods pl. || tiges fpl. de transmission. **d)** ein Netz n. leistungsfähiger **~leitungen** fpl. und Kupplungsleitungen ausbauen || to develop a network of high capacity transmission and connection lines || ajouter un réseau m. puissant de lignes de diffusion et d'interconnection. **e) ~maß** n. (Fernm) || transmission unit || unité f. de transmission. **f) ~-parameter** n. für Leitungen (Fernm) || transmission parameter of lines || paramètre m. de transmission de lignes. **g) ~-relais** n. (Fernm) || repeating relay || relais m. de transmission. **h) ~urkunde** f. || deed of conveyance; transfer deed || transfert m. 38

Übertragungswelle f. || transmission shaft || arbre m. de transmission. **a) ~** vom **Uhrwerk** zum **Schneckenantrieb** || transmission shaft from clock to helical drive || tige f. transmettant le mouvement d'horlogerie à la vis tangente. 39

Übertragungswirksamkeit f. (Fernm) || transmission efficiency || efficacité f. de transmission. 40

übertreffen || to excel; to surpass || surpasser. 41

übertrieben || overdrawn; exaggerated; extreme; exorbitant || outré; exorbitant. 42

überverdichtender Motor m. || supercharged engine || moteur m. suralimenté. 43

Überverdichter m. || supercharger || surcompresseur m. 44

überwachen || to superintendent; to supervise; to control || surveiller. 45

Überwachung f. der **Bauarbeiten** und des Linienzustandes (Fernm) || routining of the construction works and of the lines || surveillance f. des travaux de construction et des lignes. **a) ~** von **Dampfkesseln** || inspection of steam boilers || surveillance f. de chaudières à vapeur. **b)** Apparat m. zur **~** der **Energieerzeugung** || apparatus for controlling the generation of power || appareil m. pour le contrôle de la production de l'énergie. **c)** Einrichtung f. zur **~** der **Energieverteilung** || device for controlling the distribution of power || installation f. pour le contrôle m. de la répartition d'énergie. **d)** Wärmewarte f. zur **~** des **Wasserkreislaufes** || thermal control board for supervising the circulation of water || poste m. de contrôle thermique destiné à surveiller la circulation d'eau. 46

Überwachungs-einrichtung f. für Nebenstellenanlagen || supervisory apparatus for private branch exchanges || installation f. de surveillance pour postes supplémentaires. **a) ~frage** f. (Fernm) || supervisory enquiry || demande f. de contrôle. **b) ~platz** m. (Fernm) || supervisory through position || position f. directrice de transit. **c) ~stelle** f. (Fernm) || observation desk || poste m. de surveillance. 47

Überwachungstafel f. einer **Turbinenanlage** || control board for a turbine plant || tableau m. de contrôle d'une installation de turbines. **a) ~** mit Schreibgeräten zur Aufzeichnung von **Wirkleistung** und **Blindleistung** || supervisory board with recorders for registering active and reactive volt-amperes || tableau m. de contrôle avec enregistreurs de puissances active et réactive. 48

Überwachungsverein m., **Dampfkessel** || steam boiler inspection association || société f. de surveillance des chaudières à vapeur. 49

überweisen || to transmit; to transfer || assigner; céder. 50

Überweisungs-fernamt n. || transfer trunk exchange || bureau m. de transfert. **a) ~-leitung** f. (Fernm) || transfer line || ligne f. de transfert. **b) ~scheck** m. || transfer ticket || mandat m. de virement. 51

überwendlich nähen || to whip || surjeter. 52

überwiegen || to preponderate || prépondérer. 1

überwiegend || preponderating; paramount || prépondérant. 2

überwinden, eine **Steigung** f. || to master a gradient || franchir une rampe. 3

überwintern || to winter || hiverner. 4

überwölben || to overarch; to vault over || envoûter. 5

Überwurf m. (Schloß) || hasp; clasp || moraillon m. **a) ~mutter** f. || cap screw *or* nut || chapeau m. d'écrou fileté; écrou m. à chapeau *ou* creux *ou* à raccord. 6

überzählig || in excess || de trop. **a) ~er Anruf** m. (Fernm) || supernumerary call || appel m. en surnombre. 7

überzeichnet, die Aktien fpl. sind ~ || the shares pl. are over-subscribed || les actions fpl. sont souscrites au delà. 8

überziehen, den **Deckel** m. (Buchdr) || to cover the tympan || coller le tympan. **a)** mit **farblosem Schutzlack** m. ~ || to protect by a coating of colourless lacquer || recouvrir d'un vernis protecteur incolore. 9

Überziehen n. (Hutm) || covering; plating || dorage m. 10

Überzieher m. || overcoat || paletot m.; pardessus m. 11

überzogen (Chemie) || incrusted || revêtu d'incrustations. **a)** mit **Gummi** m. ~ || rubber covered || à revêtement m. en caoutchouc. 12

überzuckern || to sugar over; to candy || saupoudrer de sucre; candir. 13

Überzug m. (Chemie) || incrustation || incrustation f. **a)** ~ (Häutchen) || film; coating || pellicule f. **b)** ~ (Hutm) || covering; plating || dorure f. **c)** ~ (bei einem Werkstoff) layer; coating || couche f. **d)** ~ für **Federbetten** || lining for bedding || coutil m. pour literie. **e)** ~ aus **Kautschuk** || cover of caoutchouc || enduit m. à base de caoutchouc. **f)** ~ aus **Öl** || cover of oil || enduit m. à base d'huile. 14

Überzugslack m. || coating varnish || vernis m. enduit. 15

üblich || usual; customary; prevailing || usuel; d'usage; usité. **a) ~e Bedingungen** fpl. (Handel) || terms pl. as usual || conditions fpl. d'usage. **b) ~es Gewicht** n. || standard weight || poids m. type. **c) ~e Größe** f. || standard size || grandeur f. type. **d) ~e Länge** f. || standard length || longueur f. type. 16

Übung f., große ~ erfordernd || requiring great skill || exigeant beaucoup de pratique. 17

Übungs-flugzeug n. || training aeroplane || avion m. d'entraînement. **a) ~summer** m. || practice buzzer || vibrateur m. d'apprentissage. 18

Ufer n. || bank; beach || bord m.; rive f.; rivage m. **a) ~abbruch** m. (Wasserb) || break of banks pl. || corrosion f. des rives; éboulement m. de la berge. **b) ~bau** m. || quay building || construction f. de quais. **c) ~befestigung** f. || bank defences pl. || défenses fpl. de rive. **d) ~kran** m. || quay crane || grue f. de quai. **e) ~mauer** f. || quay || quai m. **f) ~schutz** m. (Wasserb) || fence of the bank || défense f. de la rive. **g) ~umschlag** m. || trans(s)hipping of goods at the waterside || déchargement m. des bateaux dans d'autres bateaux. **h) ~vorsprung** m. || outward-bent bank || partie f. convexe de la rive. **i) ~wall** m. || beach deposit || rempart m. côtier. 19

Uhr f. || clock; watch || horloge f.; montre f. **a) Anker~** || lever watch with anchor escapement || montre f. à échappement à ancre. **b) Armband~** || wrist(let) watch || montre-bracelet m. **c) astronomische ~** || astronomical clock || horloge f. astronomique. **d) Aufzug~** || self winding *or* keyless watch || montre f. à remontoir. **e) Beobachtungs~** || observer's chronometer *or* clock || montre f. (*ou* horloge f.) pour les observations. **f)** ~ mit **Beobachtungssekunden** || chronograph watch || montre f. chronographe. **g) Bord~** || board chronometer *or* watch || horloge f. *ou* chronomètre m. de bord. **h) Datumanzeiger~** || date indicating watch || montre-quantième f. **i) elektrische ~** || electric clock || pendule f. *ou* horloge f. électrique. **k) Feder~** || spring clock || horloge f. à ressort. **l)** ~ für **Gebäude** || clock for buildings || horloge f. d'édifice. **m) goldene ~** || gold watch || montre f. en or. **n) hölzerne ~** || wooden clock || horloge f. en bois. **o) Kraftwagen~** || automobile watch || montre f. *ou* horloge f. d'automobiles. **p) Kuckucks~** || cuckoo clock || horloge f. *ou* pendule f. à coucou. **q) Kontroll~** || control clock || horloge-contrôle f. **r)** die **~en** fpl. **laufen** im **Gang überein** || the clocks pl. synchronize || les horloges fpl. marchent synchroniquement. **s) Pendel~** || pendulum clock || pendule f. **t) pneumatische ~** || pneumatic clock || horloge f. pneumatique. **u) Reise~** || travelling clock || horloge f. de voyage. **v) Remontoir~** || keyless watch || montre f. à remontoir. **w) Repetier~** || repeating watch; repeater || montre f. à répétition. **x) Sand~** || hour *or* sand glass || horloge f. à sable; sablier m. **y) Schiffs~** || marine chronometer || chronomètre m. de marine. **z) Schlag~** || striking clock *or* watch || horloge f. *ou* montre f. à sonnerie. 20

a) Schlüssel~ || key watch || montre f. à clef. **b) Sekundenpendel~** || seconds pendulum clock || pendule f. battant la seconde. **c) Sonnen~** || sun dial || cadran m. solaire. **d) Stand~** (groß) || standing (pendulum) clock || grande pendule f. statuaire. **e) Stand~** (klein) || table (pendulum) clock || pendule f. de cheminée. **f) Stopp~** || stop watch || montre f. *ou* horloge f. *ou* chronomètre m. à déclic. **g)** ~ mit **Taganzeiger** || calendar watch || montre f. à quantième. **h) Taschen~** || watch; pocket chronometer || montre f.; chronomètre m. de poche. **i) Taschen~** f. mit **Weckvorrichtung** || alarm watch || montre-réveil f. **k)** ~ für selbsttätige **Treppenbeleuchtung** || clock for automatic staircase lighting || interrupteur m. d'escalier automatique. **l) Turm~** || tower clock || horloge f. de clocher. **m)** ~ mit **unabhängigem Sekundenzeiger** || watch with independent second-hand || montre f. à seconde indépendante. **n) Wächter~** || controller || contrôleur m. de rondes. **o) Wand~** || hanging clock || horloge f. *ou* pendule f. suspendue. **p) x-Tage~** || x-day clock || horloge f. à x jours. **q) Zylinder~** || watch with cylinder escapement || montre f. avec échappement à cylindre. 21

Uhr-armband n. || strap for wristlet watch || bracelet m. à montre. **a) ~deckel** m. || watch cover || calotte f. *ou* couvercle m. d'une montre. 22

Uhrenanlage f. || clock installation || installation f. d'horloges. **a) elektrische ~** || electrically controlled clocks pl. || installation f. d'horloges électriques. **b) Nebenuhr** f. einer elektrischen ~ || secondary clock of an electric clock installation || horloge f. secondaire d'une installation d'horloges électriques. **c) Zentral~** || central clock installation || installation f. centrale d'horloges. 23

Uhren-arten fpl., **elektrische** || different kinds of electric clocks || genres mpl. d'horloges électriques. **a) ~aufzug** m., **elektrischer** || winding-up of clocks by electricity || remontage m. électrique. **b) ~ausbesserer** m. || watch repairer || rhabilleur m. de montres. **c) ~bestandteile** mpl. || watch and clock materials pl. || fournitures fpl. d'horlogerie. **d) ~fabrik** f. || clock factory || fabrique f. d'horloges; horlogerie f. **e) ~herstellung** f. || clocks manufacturing || fabrication f. d'horloges. **f) ~öl** n. || clock *or* watch oil || huile f. pour horloges *ou* pour montres. **g) ~reparierer** m. *s.* ~ausbesserer. **h) ~-unterzentrale** f. || clock substation || centrale f. *ou* soustation f. d'horloges à relais. 24

Uhrfeder f. || watch *or* spiral spring || ressort m. d'horlogerie *ou* de montre *ou* spiral; spirale f. **a) ~stahl** m. || watch spring steel || acier m. pour ressorts de montre. 25

Uhrgehäuse n. || watch *or* clock case || boîtier m. de montres; boîte f. de pendules. **a) goldenes ~** || gold watch case || boîtier m. d'or pour montres. **b)** ~ für **Großuhren** || clock case *or* box || caisse f. d'horloges. **c)** ~ aus **Holz** || wooden clock case || caisse f. en bois d'horloges. **d)** ~ für **Weckeruhren** || alarm clock case || cage f. pour reveils-matin. 26

Uhrgehäuse-ausbesserung f. || repairing of watch cases || rhabillage m. de boîtes de montres. **a) ~fabrik** f. || watch case factory || fabrique f. pour boîtes de montres. 27

Uhr-gestell n. aus Holz || wooden clock case || cadre m. de pendule en bois. **a) ~gewicht** n. || clock weight || poids m. d'horloges *ou* de pendules. 28

Uhrglas n. || watch glass || verre m. de montre. **a) Einsetzen** n. und **Durchbohren** n. der Uhrgläser || fitting and drilling of the watch glasses || posage m. et perçage des glaces de montres. 29

Uhr-glocke f. || clock bell || cloche f. d'horloge. **a) ~kapsel** f. || watch overcase || boîtier m. protecteur pour montres. **b) ~kasten** m. || clock case || cage f. d'horloge. **c) ~kette** f. || watch chain || chaîne f. de montre. **d) ~kreis** m. (Astro) || clock circle || roue f. hélicoïdale pour entraîner l'ensemble des axes de rotation. 30

Uhrmacher m. || clockmaker; watchmaker || horloger m. **a) ~bedarf** m. || watchmakers utensils pl. || ustensiles mpl. d'horlogers. 31

Uhrmacherei f. || watchmaking *or* clockmaking shop || horlogerie f. 32

Uhrmacher-feile f. || clockmaker's file; watch file || lime f. d'horloger. **a) ~kompaß** m. || mariner's compass for watches || boussole f. pour l'horlogerie. **b) ~kunst**

f. || watchmaking || horlogerie f. **c) ~lupe** f. || watchmaker's eyeglass || loupe f. d'horloger. **d) ~schule** f. || horlogical school; watchmaking school || école f. d'horlogerie. **e) ~werkzeug** n. || watchmaker's tool || outil m. d'horlogerie. 1

Uhr-platte f. aus Steingut || earthenware disk for clocks || cadran m. en grès pour horloges. **a) ~prüfung** f. || chronometer test calibration; watch test || vérification f. de la montre; contrôle m. du chronomètre. **b) ~rad** n. || clock *or* watch wheel || roue f. pour horlogerie. **c) ~schälchen** n. (Chem) || watch dish || petite écuelle f. de montre. **d) ~schild** n. || watch shield || écusson m. pour montres. **e) ~schlüssel** m. || clock *or* watch key || clef f. de pendules *ou* de montres. 2

Uhrwerk n. || clock *or* watch work; clock movement || mouvement m. d'horlogerie *ou* d'une horloge *ou* d'une montre. **a) automatische Regelung** f. des **~es** || automatical clock regulation || réglage m. automatique du mouvement d'horlogerie. **b)** das **~ bremsen** || to brake *or* to damp the clock work || freiner le mouvement d'horlogerie. **c) Einpassen** n. des **~s** in das Gehäuse || casing of the clock movement || emboîtage m. du mouvement d'horlogerie. **d) ~** mit **Federantrieb** || spring-driven clock work || mouvement m. d'horlogerie à ressort. **e) ~** mit **Gewichtsantrieb** || weight-driven clock work || mouvement m. d'horlogerie à poids. **f) ~** für **parallaktische Fernrohrmontierung** || clock work for equatorial telescope mounting || mouvement m. d'horlogerie pour lunettes parallactiques. **g) rohes ~** || clock movement in blank || mouvement m. d'horlogerie en blanc. **h) ~** für den **Stundenantrieb** || clock work for motion in right ascension || mouvement m. d'horlogerie pour actionner le mouvement horaire. 3

Uhrwerkantrieb m. eines **Instrumentes** || driving clock of an instrument || mouvement m. d'horlogerie *ou* minuterie f. d'un instrument. **a) Sekundenregelung** f. des **~es** || seconds control for the driving clock || contrôle m. des secondes du mouvement d'horlogerie. 4

Uhrwerk-bogenlampe f. || clock work arclamp || microlampe f. à arc munie d'un mouvement d'horlogerie. **a) ~fabrik** f. || factory of clock works *or* movements || fabrique f. de mouvements de montres. **b)** Auslösung f. des **~ganges** m. || starting lever of the driving clock || déclenchement m. du mouvement d'horlogerie. **c) ~schalter** m. || discriminating gear || dispositif m. à section sélective. 5

Uhrzapfen m. || watch *or* clock pivot || pivot m. d'horlogerie. 6

Uhrzeiger m. || clock *or* watch hand || aiguille f. de cadran *ou* de montre *ou* d'une pendule. **a) ~bewegung** f. || direction of the hands of a watch || sens m. de rotation des aiguilles d'une montre. 7

Uhrzeigersinn m. || clockwise (direction) || sens m. des aiguilles d'une montre. **a) entgegengesetzt** dem **~** || in counter clockwise direction || en sens m. (de rotation) inverse des aiguilles d'une montre. **b) im ~** || in clockwise direction || dans le sens m. (de rotation) des aiguilles d'une montre. 8

Uhr-zeit f., die **~** feststellen || to determine the (watch) time || déterminer le temps (de la montre). **a) ~zubehör** n. || clock materials pl. || fournitures fpl. d'horlogerie. 9

Ukeleischuppe f. || scale of alburn || écaille f. d'ablette. 10

Ullmannit m. || antimonial nickel; ullmannite || nickel m. antimonié sulfuré; ullmannite f. 11

Ulmenholz n. || elm; elmwood || orme m.; bois m. d'orme. 12

Ultraaudion n. || ultra-audion || ultraaudion m. 13

ultramarin || ultramarine || outremer. 14

Ultramarin n. || ultramarine || bleu m. d'outremer; outremer m. **a) künstliches ~** || artificial ultramarine || outremer m. artificiel. 15

Ultramarin-blau n. || ultramarine blue || bleu m. (d')outremer. **a) ~ersatz** m. || ultramarine substitute || succédané m. d'outremer. **b) ~grün** n. || ultramarine green || vert m. outremer. **c) ~rot** n. || ultramarine red || rouge m. outremer. **d) ~schwarz** n. || ultramarine black || noir m. outremer. **e) ~violett** n. || ultramarine violet || violet m. outremer. 16

Ultramikroskop n. || ultramicroscope || ultramicroscope m. **a) Kardioid~** || cardioid ultra-microscope || ultramicroscope m. cardioïde. **b) Spalt~** || slit ultramicroscope || ultramicroscope m. á fente. 17

lutramikroskopische Erforschung f. || studying by ultramicroscopic illumination || étude f. ultramicroscopique. 18

ultrarot || infrared; ultrared || infrarouge; ultrarouge. **a) ~e Strahlung** f. || ultrared radiation || radiation f. infrarouge. 19

ultraviolett || ultraviolet || ultraviolet. **a) ~es Licht** n. || ultraviolet light || lumière f. ultraviolette. **b) ~es Prismenspektrum** n. || ultraviolet prism spectrum || spectre m. ultraviolet à prisme. **c) ~es Spektrum** n. || ultraviolet spectrum || spectre m. ultraviolet. **d) ~e Strahlung** f. || ultraviolet radiation || radiation f. ultraviolette. 20

Ultraviolett n. || ultraviolet || ultraviolet m. **a) gesteigerte Durchlässigkeit** f. im **~** des Glasmaterials || enhanced permeability to ultraviolet rays of the glass || transparence f. plus grande dans l'ultraviolet des fontes de verre. 21

Ultraviolettbestrahlung f. || treatment by ultraviolet radiation || traitement m. par les radiations ultraviolettes. 22

ultraviolettdurchlässig, besonders gut **~es** Glas n. || glass for unusual transparency for ultraviolet light || verre m. particulièrement transparent pour les radiations ultraviolettes. 23

Umbau m. || rebuilding || reconstruction f. **a) ~** einer **Anlage** || reconstruction of a plant || reconstruction f. des anciens ateliers et chantiers. **b)** ein **vollständiger ~** der Anlage wurde begonnen || a complete alteration, modernization and enlargement of the factory was begun || il fut procédé à une reconstruction et à la modernisation de l'usine. 24

umbauen || to rebuild || changer la construction. 25

Umber m. (Bergbraun) *s.* Umbra. 26

umbördeln || to flange; to border || brider; border. **a)** das **Rohr ~** || to flange the tube || border *ou* brider le tube. 27

Umbra f. (Bergbraun) || umber || ombre f.; terre f. ombre. 28

Umbralglas n., für das ganze Blickfeld gleichmäßig gefärbtes **~** || Umbral lens with a uniform moderating effect at viewing angles throughout every part of the disc || verre m. Umbral à coloration uniforme du champ de vue. 29

umbrechen (Buchdr) || to make up || mettre en pages. **a)** die **Seiten** fpl. **~** (Buchdr) || to impose the pages pl. || remanier les pages fpl. 30

umdecken, ein **Dach** n. || to relay a roof || reposer une toiture. **a)** ein **Ziegeldach** n. **~** || to retile a roof || remanier une toiture en tuiles. 31

umdrehbare Lenkstange f. || reversible handle bar || guidon m. réversible. 32

Umdrehung f. || revolution; turn || tour m.; révolution f. **a) Bruchteil** m. einer **~** || fraction of a revolution || fraction f. d'un tour. **b) ~en** fpl. **je Minute** || revolutions pl. per minute || tours mpl. par minute; tours-minute m. **c) volle ~** || complete revolution || tour m. complet; révolution f. complète. 33

Umdrehungs-achse f. || axis of revolution; axis of rotation || axe m. de rotation. **a) ~fernzeiger** m. || speed teleindicator || télé-indicateur m. de tours. **b) ~geschwindigkeit** f. || speed of rotation || vitesse f. rotatoire *ou* de rotation. **c) ~zahl** f. || number of revolutions || nombre m. de tours. **d) ~zähler** m. || revolution counter; tachometer || compte-tours m.; compteur m. de tours; tachymètre m. 34

Umdruck-papier n. || transfer paper || papier m. pour reproductions. **a) ~presse** f. || reprinting press || presse f. de réimpression. 35

Umesterung f. (Chem) || alcoholysis || alcoolyse f. 36

umfallen, rückwärts || to topple backwards || tomber à la renverse. 37

Umfang m. (Ausdehnung) || extent || étendue f. **a) ~** (Geom) || circumference; periphery; perimeter || circonférence f.; périphérie f.; périmètre m. **b) ~** (Reichweite) || range || portée f. **c) in größerem ~** || on a large scale || sur grande échelle f. **d) ~** des **Rades** || circumference of the wheel || circonférence f. de la roue. 38

Umfangmaße npl. bei **seemäßiger Verpackung** || shipping dimensions || volume m. sous emballage maritime. 39

Umfärben n. || re-dyeing || bisage m. 40

Umfassungsmauer f. || containing *or* outer wall || mur m. de soutainement *ou* de pourtour *ou* de clôture. 41

Umflechtmaschine f. (Kabel) || braiding *or* stranding machine || machine f. à tresser le guipage; tresseuse f. mécanique. 42

Umformer m. (Motorgenerator) || dynamotor; converter; motor generator || dynamoteur m.; convertisseur m.; moteur-générateur m. **a) Dreh~** || rotary converter || commutatrice f.; convertisseur m. tournant *ou* rotatif. **b) Drehstromgleichstrom~** || rotary-current continuous-current dynamotor || dynamoteur m. à courant triphasé en courant continu. **c) Einanker~** || rotary *or* synchronous converter || commutatrice f. **d) Gleichstromdrehstrom~** || continuous-current rotary-current dynamotor || dynamoteur m. à courant continu en courant triphasé. **e) Gleichstromgleichstrom~** || continuous-current continuous-current dynamotor || dynamoteur m. à courant continu en courant continu. **f) Gleichstromwechselstrom~** || continuous-current alternating-current dynamotor || dynamoteur m. à courant continu en courant alternatif. **g) rotierender ~** *s.* Dreh~. **h) ~ mit Selbstanlauf** || converter with self-starter || convertisseur m. avec auto-démarrage. **i) umlaufender ~** *s.* Dreh~. **k) Wechselstromgleichstrom~** || alternating-current continuous-current dynamotor || dynamoteur m. à courant alternatif en courant continu. 1

Umformer-aggregat n. || motor converter || moteur-générateur m. **a) ~anlage** f. || converter plant || installation f. de commutation. **b) ~schalttafel** f. || converter switchboard || tableau m. de distribution de convertisseur. **c) ~werk** n., **unterirdisches** || underground converter station || poste m. de conversion souterrain. 2

Umformung f. || change; transformation || transformation f. 3

Umformungsformel f. || formula for transformation || formule f. de transformation. 4

Umfrage f. || inquiry || enquête f. **a) ~ halten** || to inquire; to make inquiries pl. || s'informer; prendre des renseignements mpl. 5

Umfriedigung f. || enclosure || enceinte f. 6

Umführrolle f. || sheave pulley || galet m. de renvoi. 7

Umführung f. (Walzw) || repeater || dispositif m. de retour. 8

umfüllen (Chem) || to decant || transvaser. 9

Umgang m. der **Wicklung** (Elektr) || convolution of the winding || circonvolution f. de l'enroulement. 10

umgebaut, das Werk wurde vollständig ~ || the plant was entirely rebuilt || l'atelier m. fut reconstruit totalement. 11

umgebende Luft f. || surrounding *or* ambient air || air m. ambiant. 12

umgebördelt-er Boden m. || flanged end || fond m. à bride. **a) ~e Feuerbuchse** f. || flanged fire box || boîte f. à feu avec bride *ou* à collet *ou* à epaulement. 13

Umgebungstemperatur f. || ambiant temperature || température f. ambiante. 14

umgehende Antwort f. || immediate reply; reply by return || réponse f. par retour du courier; réponse f. immédiate. 15

Umgehungsschalter m. || shunt switch || interrupteur m. tournant. 16

umgekehrt-es Bild n. || inverted image || image f. renversée. **a) ~ proportional** || inversely proportional || inversement proportionel; en raison f. inverse. **b) ~e Reihenfolge** f. || reverse order || ordre m. inverse. 17

umgekrempelter Rand m. || flanged rim || bord m. à bride. 18

umgeschmolzener Stahl m. || remelted steel || acier m. refondu. 19

umgestalten || to transform; to reorganize; to reform; to change || transformer. 20

umgezogener Kesselboden m. || flanged boiler end || fond m. de chaudière à collet. 21

umgießen (Gieß) || to refound; to recast || refondre. 22

Umgrenzungslinie f. für Eisenbahnfahrzeuge || rolling-stock clearance gauge || gabarit m. des wagons de chemin de fer. 23

Umhang m. || pelerine || pèlerine f. 24

Umhaspelmaschine f. für Draht || re-winding machine for wire || machine f. à dévider le fil métallique. 25

umhüllen || to involve; to envelop; to wrap up || enrober; envelopper. 26

Umhüllung f. (Kabel) || serving; armouring; coating || armature f.; revêtement m. **a) ~** (Masch) || jacket; case; casing; wrapping; envelope || chemise f.; enveloppe f.; emballage m. **b) leere ~** || empty wrapping || emballage m. vide. 27

umkanten (Balken) || to cant; to overturn; to cant up; to turn up || rouler sur la carne; cabaner; renverser; faire l'abatage; culbuter. 28

Umkanten n. mittels **Hebels** || overturning by means of a lever || abatage m. par un levier. 29

Umkehranlasser m. || reversing starter || démarreur-inverseur m.; démarreur m. réversible. 30

Umkehranlaßwiderstand m. || reversing and starting resistance; reversing switch || rhéostat m. inverseur de démarrage. **a) Flüssigkeits~** || liquid reversing and starting resistance || rhéostat m. inverseur de démarrage hydraulique. 31

Umkehr-aufrollmaschine f. für Trikotstoffe || reverse reeling machine for stockinets || machine f. à changement de marche pour enrouler les tricotages. **a) ~bandwalzwerk** n. || reversing strip mill || laminoir m. à bandes réversible. 32

umkehrbar || reversible || réversible. 33

Umkehrbarkeit f. || reversibility || réversibilité f. 34

umkehren (Opt) || to invert; to reverse || renverser; inverser. **a) Schienen** fpl. **~** || to invert rails; to turn rails upside down || renverser *ou* retourner les rails mpl. 35

Umkehren n. der Bewegungen || reversing of the movements || renversement m. des mouvements. 36

Umkehrer m. (Elektr) || reverser || inverseur m. 37

Umkehr-maschine f. || reversing engine || machine f. réversible. **a) ~punkt** m. (Math) || bending-back point; cusp *or* stationary point || point m. de rebroussement. **b) ~schalter** m. || reversing switch || commutateur-inverseur m. **c) ~schaufel** f. || reversing blade *or* bucket || aube f. d'inversion (de flux). **d) ~schere** f. || reversible shear || cisailles fpl. réversibles. **e) ~straße** f. || reversing mill || train m. réversible. 38

Umkehrungs-mechanismus m. || reversing mechanism || mécanisme m. de renversement. **a) ~satz** m. für Leitungen (Fernm) || inversion rule for lines || règle f. inverse pour lignes. 39

Umkehrwalze f. || reverse cylinder || cylindre inverseur m.; cylindre m. de renversement. 40

umkippen || to overturn || culbuter. 41

umkleiden (Chem) || to coat || engober. 42

Umklöppelmaschine f. || braiding machine || machine f. à tresser. 43

umklöppeln || to braid || tresser. 44

umklöppelt || braided || tressé. 45

Umklöppelung f. (el Leit) || braid; braiding || tresse f.; tressage m. **a) getränkte ~** || impregnated braiding || tressage m. imprégné. 46

Umklöpp(e)lungsmaschine f. (Kabel) || braiding machine || machine f. à tresser. 47

Umkreis m., im ~ von . . . || within a radius of . . . || dans un rayon de . . . 48

umkrempeln || to flange; to double over || tomber le bord; brider. 49

Umkristallisation f. (Chem) || fractional crystallization; recrystallization || cristallisation f. fractionnée; recristallisation f. 50

umkristallisieren || to recrystallize || recristalliser. 51

Umlade-anlage f. für Massengüter || unloading plant for bulk goods || installation f. de transbordement pour matières en amas *ou* en vrac. **a) ~einrichtung** f. || transhipping device || appareil m. de transbordement. **b) ~gebühr** f. || reloading charges pl. || frais mpl. de transbordement. 52

umladen, Güter npl. || to shift goods pl. || transborder des marchandises fpl. 53

Umlade-spesen pl. || reloading charges pl. || frais mpl. de transbordement. **a) ~vorrichtung** f. für Massengüter || unloading plant for bulky goods || installation f. de transbordement pour matières en amas *ou* en vrac. 54

Umlauf m. (Mech) || turn; rotation || tour m.; rotation f. **a) Geld~** || circulation of money || circulation f. monétaire. **b) in ~ m. bringen** || to turn on circulation || provoquer la circulation. 55

Umlaufapparat m. || by-pass apparatus || appareil m. de dérivation. 56

umlaufen || to circulate || circuler. **a) ~** (Seewind) || to shift || se changer; avoyer. 57

umlaufend (Wind) || variable || variable. **a) ~e Schere** f. || rotary shearing machine || cisaille f. tournante. **b) ~e Trommel** f. || rotating drum || tambour m. tournant. **c) mit ~em Werkzeug** n. || with rotating tool || à outil m. tournant. **d) mit ~em Werkstück** n. || with rotating work piece || à pièce f. à travailler tournante. **e) ~e Zylinder** mpl. || revolving cylinders pl. || cylindres mpl. rotatifs. 58

Umlauf-gebläse n. || rotary blower || soufflerie f. rotative. **a) ~getriebe** n. || sun-and-planet gear; epicyclic gear || engrenage m. epicycloïdal *ou* planétaire *ou* à satellites. **b) ~graben** m. (Sammelteich) || bye-wash || fossé m. de ceinture. **c) ~größe** f. || cyclic *or* circulation (A) constant || constante f. de circulation. **d) ~heizung** f. || circulation heating || chauffage m. à circulation. **e) ~motor** m. || revolving cylinder motor; rotary engine || moteur m. rotatif. **f) ~pumpe** f. || circulating pump || pompe f. de circulation. **g) ~rohr** n. || circulation pipe || tube m. de circulation. **h) ~schmierung** f. || circulation system lubrication || graissage m. par circulation. **i) ~verteilung** f. || distribution of circulation || répartition f. *ou* distribution f. de la circulation. **k) ~zahl** f., **unveränderliche** || constant speed || vitesse f. constante. **l) ~zähler** m. *s.* Umdrehungszähler. **m) ~zeit** f. || time of revolution || durée f. d'une révolution. 59

umlegbar || inclinable; reversible || inclinable; réversible; articulé. **a) ~** (Klappe) || hinged || rabattable. **b) ~e Ausdrückstange** f. || hinged pushing arm || tige f. de défournement articulée. **c) ~es Fernrohr** n. || reversible telescope || lunette f. pouvant être retournée bout pour bout. **d) ~e Rücklehne** f. || hinged back || dossier m. réversible. **e) ~e Wand** f.

(Eisenb) || drop side || paroi f. à rabattement. 1

Umlegekragen m. || turn down collar || col m. rabattu. 2

umlegen (Bauw) || to relay || remanier. **a)** das **Pflaster** ~ || to relay the paving || remanier le pavé. **b) Schienen** fpl. ~ || to invert rails; to turn rails upside down || renverser *ou* retourner les rails mpl. **c) vollständig** ~ (Bauw) || to relay completely || remanier complètement. 3

Umlegen n. der **Weichen** || working of the switches || déplacement m. des aiguilles. 4

Umleghebel m. (Eisenb) || switch lever || levier m. de manœuvre. 5

Umleithebel m. (Eisenb) || king lever || levier m. de transit. 6

Umleitung f. (Fernm) || déviation || détournement m. 7

Umleitungsrolle f. || return pulley || galet m. de retour. 8

Umlenk-rolle f. || guide roller *or* pulley || galet m. *ou* poulie f. de renvoi. **a) ~scheibe** f. || reversing sheave || poulie f. de renvoi. 9

Umluftheizung f. || heating by circulating air || chauffage m. à air de circulation. 10

ummanteln || to surround; to cover || envelopper. 11

ummauern || to surround with walls pl. || emmurer. 12

umpacken || to pack over again; to repack || changer d'emballage; remballer. 13

Umpfählung f. || fencing || clôture f. 14

umpolen (Elektr) || to reverse || inverser les pôles. 15

Umpolung f. || reversion || inversion f. des pôles. 16

umprägen || to recoin || refrapper. 17

Umprägung f. (Geol) || metamorphism || métamorphose f. 18

umpressen || to press around || entourer. 19

Umrandungsfeuer n. || boundary light || feu m. de délimitation de terrain. 20

umrechnen || to change; to reduce to; to convert into || réduire; calculer. 21

Umrechner m. (Selbstanschl) || director || directeur m. 22

Umriß m. (Zeichn) || outline; contour || contour m. 23

Umrißzeichnung f. || outline drawing || dessin m. en contours. 24

Umrollmaschine f. (Pap) || re-winding machine; round rolling machine || machine f. à enrouler; enrouleur m. 25

umrühren || to stir (round) || agiter; remuer; brasser. **a) stark** ~ || to stir briskly || remuer énergiquement. 26

umsacken || to rebag; to resack || changer de sac. 27

Umsatz m. || turnover; sale || vente f.; débit m.; mouvement m. (des affaires). **a)** den ~ **erhöhen** || to increase turnover || augmenter le chiffre d'affaires. **b) Erzeugnisse** npl., die auch bei geringem ~ lohnenden Nutzen versprechen || high quality goods, that even with a smaller market turn-out higher profits || produits mpl. qui, malgré leur faible vente, n'en donnaient pas moins un profit rémunérateur. **c) schneller** ~ || ready sale; quick returns pl. || vente f. *ou* débit m. rapide. **d) Wärme~** || heat transformation || échange m. de chaleur. 28

Umschaltehebel m. || change-over lever || levier m. de changement de marche. 29

Umschalten n. (Auto) || gear changing || changement m. de vitesse. 30

Umschalter m. || change-over switch || inverseur m. **a) Doppel~** || double commutator || commutateur m. double. **b)** ~ mit **Sicherung** || combined switch and fuse || interrupteur m. avec coupe-circuit. **c)** ~ **mit Unterbrechung** || throw-over switch with break || commutateur m. avec interruption. **d)** ~ **ohne Unterbrechung** || throw-over switch without break || commutateur m. sans interruption. **e) zweipoliger** ~ || double throw-over switch || commutateur m. bipolaire à deux directions. 31

Umschalte-relais n. || change-over relay || relais m. commutateur. **a) ~schrank** m. für Polizeirufanlagen || switchboard for police signal systems || commutateur m. téléphonique pour installations d'appel de police. 32

Umschaltetaste f., **Freigabe** f. der ~ (Schreibm) || release of the shift key || relâchement m. de la touche de changement. **a)** ~ für **große Schrift** (Schreibm) || shift key for capitals || touche f. des majuscules. 33

Umschaltung f. || changing-over || commutation f. **a)** ~ auf **Empfang** || change of connections for receiving || commutation f. pour la réception. **b)** ~ auf **Senden** || change of connections for transmitting || commutation f. pour la transmission. 34

Umschaltwalze f. || reversing switch cylinder *or* drum || cylindre m. de renversement de marche. 35

umschaufeln || to turn with a shovel || pelleter; retourner à la pelle. **a)** ~ (Chem) || to stir with a spatula || remuer avec une spatule. 36

umschießen (Seew) || to shift || se changer; avoyer. **a)** die **Kolumnen** fpl. ~ (Buchdr) || to impose anew the pages || réimposer les pages. 37

Umschlag m. (Brief) || envelope || enveloppe f. **a)** den ~ **biegen** (Buchb) || to break the cover || plier la couverture. **b)** den ~ an die **Broschüre anreiben** (Buchb) || to press-on the cover to the booklet || presser la couverture contre la brochure. **c)** den ~ an die **Broschüre einhängen** (Buchb) || to wrap the cover to the booklet || appliquer la couverture contre la brochure. **d)** ~ eines **Buches** (Buchb) || (paper-)cover of a book || couverture f. (en papier) d'un livre. **e)** den ~ **nuten** (Buchb) || to crease the cover || rainer la couverture. **f) Ufer~** || transhipping of goods at the waterside || déchargement m. des bateaux dans d'autres bateaux. 38

umschlagen, das **Papier** || to turn up the paper || remanier le papier. 39

Umschlagen n. der **Magnetnadel** || reversal of the magnetic needle || retournement m. de l'aiguille aimantée. 40

Umschlagfertigungsmaschine f. || envelope making machine || machine f. à faire des enveloppes. 41

Umschlagpapier n. || packing *or* wrapping paper || papier m. d'emballage. **a)** ~ (Bücher) || paper for covers || papier m. de couverture. **b) farbiges** ~ || coloured wrapping paper || papier m. pour enveloppes colorées. 42

Umschlagplatz m. || place of reshipment || place f. de transbordement. 43

Umschlag-seite f., die offenen **~n** fpl. **umlegen** (Buchb) || to close the open cover sheets || refermer les deux parties fpl. ouvertes de la couverture. **a) ~tuch** n. || scarf || châle f. **b) ~werk** n. (Druckw) || cover printing unit || groupe m. d'impression de couverture. **c) ~zeichnung** f. || cover design || dessin m. de couverture. 44

umschließen || to surround || entourer. 45

Umschließungsgewicht n. || packing weight || poids m. de l'emballage. 46

umschmelzen || to remelt || refondre. **a)** das **Roheisen** ~ || to remelt the pig iron || refondre la fonte crue. 47

umschnüren || to encircle || fretter. 48

Umschnürung f. (eines Paketes) || wrap || ficelage m. 49

Umschnürungsmaschine f. || wrapping machine || machine f. à ficelage. 50

Umschrift f. (Münze) || legend; marginal inscription || légende f. 51

umschütteln (Chem) || to shake || agiter; secouer. 52

Umschütteln n. (Chem) || shaking || agitation f. 53

umsetzen, in Energie f. || to convert into power || transformer en énergie f. **a)** den **Kompaß** m. ~ || to reverse the compass || retourner le compas *ou* la boussole. 54

Umsetzschubstange f. || reversing bar || tige f. de renversement. 55

Umsetzung f. || conversion || conversion f. **a) chemische** ~ || chemical transformation *or* action || transformation f. chimique. 56

umsiedeln, Einwohner mpl. eines Dorfes || to provide persons of a village with fresh accommodation elsewhere || déménager des habitants d'un village. 57

umsonst (unentgeltlich) || free || gratis. 58

umspannen, den **Strom** m. || to transform the current || transformer le courant m. 59

Umspannerleistung f. || transformer capacity || puissance f. de transformation. 60

Umspannungsanlage f. || transforming plant || station f. transformatrice. 61

Umspinnmaschine f. || plaiting *or* covering *or* spinning machine || métier m. *ou* machine f. à guiper; guipeuse f. **a) Draht~** || wire covering machine || machine f. à guiper les fils; guipeuse f. à fil. 62

Umspinnung f., **Baumwoll** || cotton covering || guipage m. en coton. **a) Hanf~** || hemp covering || guipage m. en chanvre. **b) Jute~** || jute covering || guipage m. en jute. **c) Zwirn~** || yarn covering || guipage m. en fils retors. 63

Umspinnungsmaschine f. *s.* Umspinnmaschine. 64

umsponnener Draht m. || covered wire || fil m. guipé. 65

Umspulapparat m., **Draht** || wire coating apparatus || appareil m. à bobiner de fil métallique. 66

umspulen || to rewind || rebobiner. 67

umspülen || to surround || lécher. 68

Umspulen n. des **Farbbandes** (Schreibm) || rewinding the ribbon || rebobinage m. du ruban. 69

Umsteigebahnhof m. || station for changing carriages || gare f. de transbordement des voyageurs. 70

umstellen (anders stellen) || to place differently || placer autrement. **a)** ~ (umsteuern) || to reverse || renverser. 71

Umstellhebel m. || reversing lever || levier m. de renversement. **a)** ~ **außerhalb** des **Gleises** (Eisenb) || switch lever outside of the rails || levier m. de renversement en dehors de la voie. 72

Umstellung f. auf **rascheren** oder **langsameren Gang** || adjustment for faster or slower movement || réglage m. en vue d'obtenir une marche plus ou moins rapide. **a) schnelle ~** || easy *or* quick change || changement m. rapide. 1

Umstellvorrichtung f. (Eisenb) || switch-operating device || appareil m. de manœuvre. 2

umsteuerbar || reversible || réversible; renversable. **a) direkt ~er** Schiffsdieselmotor m. || directly reversible marine Diesel engine || moteur m. Diesel marin directement réversible. **b) ~er kompressorloser** Achtzylinderdieselmotor m. || eight cylinder direct reversible compressorless Diesel engine || moteur m. Diesel réversible à injection mécanique à huit cylindres. **c) ~er Motor** m. || reversible motor || moteur m. réversible. 3

Umsteuer-getriebe n. || reversing gear || mécanisme m. de renversement de marche. **a) ~hebel** m. || reversing handle; change direction lever || levier m. de renversement *ou* de changement de marche. 4

umsteuern (Masch) || to reverse; to change direction || renverser la marche; changer le sens de marche. **a)** eine **Maschine f. ~** || to reverse an engine || changer la marche d'une machine. 5

Umsteuerschieber m. || reversing slide || tiroir m. de distribution. 6

Umsteuerung f. || reversing gear || engrenage m. de renversement de marche; mécanisme m. de changement de marche. 7

Umsteuerungs-hebel m. *s.* Umsteuerhebel. **a) ~welle** f. *s.* Umsteuerwelle. 8

Umsteuer-ventil n. || reversing valve || soupape f. de renversement de marche. **a) ~vorrichtung** f. || reversing device *or* gear || dispositif m. de changement de marche. **b) ~welle** f. || change direction actuating shaft; reversing shaft || arbre m. de (commande de) changement de marche. 9

Umtausch m. || bartering; exchange || échange m. **a) ~ alter Aktien** gegen neue || exchange of old shares for new ones || échange m. de vieilles actions contre des nouvelles. 10

Umwälzung f. || revolution || révolution f. 11

umwandelbar || convertible || convertible. 12

umwandeln || to convert || convertir; transformer. **a) sich ~ in** . . . (Chem) || to be converted into . . . || se transformer en . . . **b) Wechselstrom** m. in Gleichstrom m. **~** || to convert alternating current into continuous current || convertir le courant alternatif en courant continu. 13

Umwandler m. || transformer || transformateur m. 14

Umwandlung f. || transformation || transformation f. **a) ~** (Fernm) || conversion || changement m. 15

Umwandlungs-kosten pl. || costs pl. of conversion || frais mpl. de transformation. **a) ~technik f., Kohle** || coal conversion *or* gasification industry || industrie f. de transformation du charbon. **b) ~verfahren** n. für **Brennstoffe** || process of fuel conversion || procédé m. de transformation de combustibles. **c) ~verhältnis** n. || ratio of transformation || rapport m. de transformation. **d) ~vorgang** m. || process of conversion *or* of transformation || phénomène m. de transformation; processus m. de conversion. 16

Umweg m. || detour || détour m. 17

Umwehrung f. (Bauw) || breast-work || clôture f.; garde-corps m. **a) ~** des **Schwungrades** || protection device *or* enclosing of the fly wheel || entourage m. du volant; dispositif m. de protection au volant. 18

umwendbar || reversible || renversable. **a) ~e Kreuzung** f. || reversible crossing || croisement m. à retournement. 19

umwenden || to turn over || retourner. **a) Schienen ~** fpl. || to invert rails; to turn rails upside down || renverser *ou* retourner les rails mpl. 20

Umwenden n., **leichtes** (Wagen) || large locking angle || grand angle m. de braquage. 21

Umwicklung f. || wrapping || enveloppe f. 22

Umwicklungsmaschine f. (Kabel) || covering *or* taping machine || machine f. à envelopper. 23

umziehen || to remove || changer de domicile; déménager. **a)** mittels **maschineller Vorrichtung** umgezogener Kesselboden m. || machine-flanged boiler end || fond m. de chaudière emboutie à la machine. 24

Umzugskosten pl. || removal expenses pl.; cost of removing || frais mpl. de déplacement. 25

unabhängige Veränderliche f. || independent variable || variable f. indépendante. 26

Unabhängigkeit f. von der **Beleuchtung** des Meßraumes || independence of light in the inspection department || indépendance f. à l'éclairage de l'atelier de contrôle. **a) ~** von **subjektiven Fehlerquellen** || independence of subjective sources of mistakes || indépendance f. à des raisons sujettes à erreur. 27

Unachtsamkeit f. || carelessness || inattention f. 28

unangebaut || uncultivated || non cultivé. 29

unangegriffen (Chem) || unacted || non attaqué. 30

unangenehmer Geruch m. || unpleasant odour || odeur f. désagréable. 31

unangreifbar, zähe durch Werkzeuge **~e Legierung** f. || tenacious alloy precluding the possibility of bringing cutting tools into operation upon them || alliage m. très tenace et inattaquable à l'outil. 32

unansehnlich || unsightly; insignificant || peu apparent; insignifiant. 33

unausführbar || unfeasible; impracticable; impossible to be executed || inexécutable; impossible à exécuter. 34

unausgeführt || unexecuted || inexécuté. 35

unausgeglichen || non-balanced || non compensé. 36

unauslöschbar || inextinguishable || inextinguible. **a) ~e Farbe** f. || indelible ink || couleur f. indélébile. 37

unauswechselbar || non-interchangeable || non-interchangeable. 38

unbauwürdig (Bergb) || inexploitable || inexploitable. 39

unbearbeitet || unwrought || à l'état brut. 40

unbefestigt || unfixed || mobile. 41

unbefriedigend || unsatisfactory; insufficient || peu satisfaisant; insuffisant. 42

unbefugt, die Arbeit **~** verlassen || to leave work without authority || quitter le travail sans permission. 43

unbeglichener Posten m. || unpaid item || solde m. restant à régler. 44

unbegrenzte Haltbarkeit f. || unlimited durability || durabilité f. illimitée. 45

unbehauenes Holz n. || wood in round || bois m. en grume. 46

Unbekannte f. (Math) || unknown || inconnue f. 47

unbelastet || unloaded; unencumbered || sans charge f.; non-encombré. 48

unbelichtet || unexposed || non sensibilisé; non exposé. 49

unbemannter Ballon m. || balloon without aeronaut || ballon m. non monté *ou* sans pilote. 50

unberechenbar || incalculable || incalculable. 51

unbeschädigt || undamaged; intact || intact. 52

unbeschäftigt || unemployed || non employé. 53

unbeständig (Chem) || unstable || instable. 54

Unbeständigkeit f. (Chem) || instability || instabilité f. 55

unbestimmt (Math) || indefinite || indéfini. **a) Verfahren** n. der **~en Koeffizienten** || method of undetermined coefficients || méthode f. des coefficients indéterminés. **b) statisch ~** || statically indeterminate *or* indeterminable || statiquement indéterminable; indéterminable par la statique. 56

Unbestimmtheit f. der **Eichung** || unprecision of standard || imprécision f. d'étalon. 57

unbewaffnetes Auge n. || unaided eye || œil m. nu. 58

unbeweglich || immovable || immobile. 59

Unbeweglichkeit f. || immobility || immobilité f. 60

unbewohnt || uninhabited || inhabité. 61

unbiegsam || inflexible || inflexible. 62

unbillige Bedingungen fpl. || unreasonable terms pl. || conditions fpl. pas raisonnables. 63

unbrauchbar || useless; unserviceable || impropre au service; inutilisable. **a) ~** für weitere **Kriegszwecke** mpl. || incapable of further warlike service || incapable de servir dorénavant à la guerre. 64

Unbrauchbarmachen n. || making useless || mise f. hors usage. 65

unbrennbar || incombustible || incombustible. 66

undehnbar (Schmied) || unmalleable || immalléable. **a) ~er Riemen** m. || nonstretching *or* inextensible belt || courroie f. inextensible. 67

undeutlich || indistinct || indistinct. 68

undicht || untight || inétanche. **a) ~** (Seew) || leaky || qui fait eau. **b) ~ sein** || to leak || fuir; ne pas être étanche. 69

undicht-e Fuge f. || leaking joint || joint m. défectif. **a) ~es Gewebe** n. || transparent tissue || tissu m. clair. 70

Undichtigkeit f. || leak(age) || fuite f. **a) geringe ~** || slight leak || non-étanchéité f. légère. 71

Undulationstheorie f. || undulatory theory || théorie f. des ondulations. 72

Undulator m. ‖ undulator ‖ ondulateur m. 1
undurchdringlich ‖ impenetrable; impervious ‖ impénétrable; imperméable. 2
Undurchdringlichkeit f. ‖ impermeability ‖ imperméabilité f. 3
undurchlässig (Stoff) ‖ impermeable ‖ imperméable. 4
Undurchlässigkeit f. (Boden) ‖ imperviousness ‖ imperméabilité f. 5
undurchschossen (Buchdr) ‖ solid; unspaced ‖ plein; non-interlignée. 6
undurchsichtig ‖ opaque; impervious to light ‖ opaque; impénétrable à la lumière. 7
Undurchsichtigkeit f. ‖ opacity ‖ opacité f. 8
uneben ‖ rugged; uneven; not level; rough ‖ inégal; rude; accidenté. 9
Unebenheit f. des **Bodens** ‖ unevenness *or* roughness of surface ‖ aspérité f. *ou* accidents mpl. du terrain. 10
unecht (Chem) ‖ non resisting ‖ non résistant. **a)** ~ (Farbe) ‖ fading; fugitive ‖ fugitif. **b)** **~es Blattsilber** n. ‖ leaf white metal ‖ argent m. faux en feuilles. **c)** **~e Bronzewaren** fpl. ‖ varnished bronze ‖ bronze m. verni. **d)** **~e Farbe** f. ‖ fugitive *or* fading colour; colour that won't wash ‖ couleur f. fugitive. **e)** **~e Schmuckwaren** fpl. ‖ bronze trinkets pl. ‖ bijouterie dorée. 11
unedel (Met) ‖ base ‖ ignoble. 12
unempfindlich sein gegen Staub und Schmutz ‖ to be insensitive to dust and dirt ‖ être à l'abri des poussières; être insensible à des poussières. 13
Unempfindlichkeit f. gegen **Magnetismus** ‖ insensitiveness to magnetism ‖ insensibilité f. contre le magnétisme. **a)** ~ gegen **ungeschickte Behandlung** ‖ insensibility to awkward usage ‖ insensibilité f. à la manipulation inhabile. 14
unendlich (Math) ‖ infinite ‖ infini. **a)** **auf ~ akkomodiertes** Auge n. ‖ eye accomodated for infinity ‖ œil m. accomodé à l'infini. **b)** **auf ~ eingestellt** ‖ focused for infinity ‖ reglé à l'infini f. **c)** **auf ~ eingestelltes** Spektroskop n. ‖ spectroscope set to infinity ‖ spectroscope m. mis au point sur l'infini. **d)** **auf ~ einstellen** (Lichtb) ‖ to set to infinity ‖ mettre au point sur l'infini. **e)** in **~er Entfernung** f., liegend ‖ situated at an infinite distance ‖ situé à une distance f. infiniment grande. **f)** ~ **kleine Größe** f. (Math) ‖ differential *or* infinitesimal quantity ‖ quantité f. différentielle *ou* infiniment petite. 15
Unendliche n., sich ins ~ erstrecken ‖ to extend to infinity ‖ s'étendre à l'infini m. 16
unentzündbar ‖ ininflammable ‖ ininflammable. **a)** **~e Flüssigkeit** f. ‖ non-inflammable liquid ‖ liquide m. ininflammable. 17
unerforscht ‖ unexplored ‖ inexploré. 18
unexplodierbar ‖ inexplosive ‖ inexplosible. 19
unfähig ‖ unable ‖ incapable. 20
Unfall m. ‖ accident; mishap ‖ accident m.; contretemps m. **a)** **ernstlicher** ~ ‖ serious accident ‖ accident m. grave. **b)** **leichter** ~ ‖ slight accident ‖ accident m. peu important. **c)** Unfälle mpl. **unterdrücken** ‖ to prevent accidents pl. ‖ supprimer *ou* prévenir des accidents mpl. 21
Unfall-meldeanlage f. ‖ accident signalling system ‖ installation f. pour annoncer des accidents. **a)** **~ophthalmologie** f. ‖ treatment of lesions occasioned by accidents ‖ ophtalmoscopie f. relative aux accidents. **b)** **~verhütung** f. ‖ prevention of accidents ‖ prévention f. des accidents. 22
Unfallverhütungs-maßregeln fpl. ‖ accident preventives pl. ‖ mesures fpl. préventives contre les accidents. **a)** **~vorrichtung** f. ‖ preventer of accidents ‖ appareil-protecteur m. contre les accidents. 23
Unfall-verletzter m. ‖ injured person ‖ blessé m. **a)** **~versicherung** f. ‖ accident insurance ‖ assurance f. contre les accidents. 24
unfertig ‖ unfinished ‖ imparfait; non fini. 25
unganze Münzplatte f. ‖ dumb piece ‖ flan m. cendreux. 26
ungebeutelt ‖ unbolted ‖ non bluté. 27
ungebleichte Leinwand f. ‖ unbleached linen ‖ toile f. écrue. 28
ungebrannt (Backsteine) ‖ unburnt ‖ cru. **a)** **~er Kaffee** m. ‖ raw *or* unroasted coffee ‖ café m. vert. 29
ungebunden (Chem) ‖ uncombined ‖ non combiné. 30
ungedeckt (ohne Dach) ‖ open ‖ ouvert. **a)** ~ (Handel) ‖ uncovered ‖ à découvert. 31
ungefähr ‖ about ‖ à peu près. **a)** **~er Anschlag** m. ‖ approximate estimate ‖ évaluation f. approximative. **b)** **~er Betrag** m. ‖ approximate amount ‖ montant m. approximatif. **c)** **~er Preis** m. ‖ approximate price ‖ prix m. approximatif. **d)** **~es Einkommen** n. ‖ approximate revenue ‖ revenu m. approximatif. 32
ungefährlich machen ‖ to render inoffensive ‖ rendre inoffensif. 33
ungefaßt-e Brille f. ‖ frameless spectacles pl. ‖ lunettes fpl. à verres non cerclés; lunettes fpl. sans monture. **a)** **~er Spiegel** m. ‖ unmounted mirror ‖ miroir m. non monté. 34
ungefedert ‖ unsprung ‖ non-suspendu à ressort. 35
ungefrierbar ‖ incongealable ‖ incongelable. 36
ungegerbt ‖ untanned ‖ non tanné; cru. 37
ungegoren (Wein) ‖ unfermented ‖ muet. 38
ungehärtet ‖ unhardened; soft ‖ nontrempé. **a)** **~er Stahl** m. ‖ untempered steel ‖ acier m. non trempé. 39
ungehechelter Hanf m. ‖ rough *or* undressed hemp ‖ chanvre m. brut. 40
Ungehorsam m., sich groben ~s schuldig machen ‖ to be guilty of gross disobedience ‖ se rendre coupable de grande désobéissance. 41
ungehört ‖ unheard ‖ non entendu. 42
ungeleimtes Papier n. ‖ unsized *or* blotting paper ‖ papier m. fluant *ou* non-collé. 43
ungelernter Arbeiter m. ‖ unskilled labourer *or* worker; general hand ‖ simple ouvrier m. 44
ungelöschter Kalk m. ‖ unslaked *or* quick lime ‖ chaux f. vive. 45
ungemälztes Getreide n. ‖ unmalted grain ‖ grain m. non malté. 46
ungenau ‖ inaccurate; inexact ‖ inexact. 47
ungeprüft ‖ unexamined ‖ non examiné. 48
ungerade (Math) ‖ odd ‖ impair. 49
ungerinnbares Eiweiß n. ‖ uncoagulable albumine ‖ albumine m. incoagulable. 50
ungeröstet (Erz) ‖ uncalcined; unroasted ‖ cru. 51
ungesättigt (Chem) ‖ unsaturated ‖ non saturé. **a)** **~e Luft** f. ‖ unsaturated air ‖ air m. non saturé. 52
ungesäuertes Brot n. ‖ unleavened *or* azymous bread ‖ pain m. azyme *ou* sans levain. 53
ungesäumte Diele f. ‖ dull-edged deal ‖ planche f. flacheuse. 54
ungeschliffen ‖ unground ‖ non rectifié. 55
ungeschwächt, die Schienen fpl. sind ~ durchgeführt (Eisenb) ‖ the rails of the line are uninterrupted throughout ‖ les rails mpl. sont posés sans interruption. 56
ungesund ‖ unhealthy ‖ maladif; malsain; insalubre. **a)** **~es Klima** n. ‖ unhealthy climate ‖ climat m. insalubre. 57
ungewalkter Wollstoff m. ‖ unmilled *or* unfulled *or* rough cloth ‖ loden m.; drap m. brut. 58
ungewaschenes Produkt n. (Bergb) ‖ unwashed produce ‖ produit m. non lavé. 59
Ungeziefer n. ‖ vermin ‖ vermine f. **a)** **~-vertilgungsmittel** n. ‖ vermin destroyer ‖ moyen m. servant à détruire *ou* à exterminer la vermine. 60
ungleich ‖ uneven ‖ inégal. 61
ungleichförmig (Chem) ‖ variable; heterogeneous ‖ hétérogène. **a)** ~ (Masch usw.) ‖ irregular ‖ irrégulier. 62
Ungleichförmigkeit f. (Chem) ‖ heterogeneity ‖ hétérogénéité f. **a)** ~ (Masch) ‖ cyclic variation ‖ variation f. cyclique. 63
Ungleichförmigkeitsgrad m. ‖ coefficient of cyclic variation; degree of irregularity ‖ degré m. d'irrégularité. 64
Ungleichheit f. ‖ inequality ‖ inégalité f. **a)** ~ in der **Probe** ‖ difference at the assay ‖ tressaut m; différence f. aux essais. 65
ungleichmäßig ‖ unsymmetrical ‖ inégal; non-symétrique. **a)** das **Stück** erwies sich als zu ~ im Kern ‖ the piece proved too irregular in the core ‖ la pièce manquait d'homogénéité au cœur. **b)** **~e Teilung** f. ‖ irregular parting ‖ division f. irrégulière. 66
Ungleichmäßigkeit f. ‖ want of symmetry; lack of uniformity ‖ inégalité f. 67
ungleichnamig (Elektr) ‖ unlike; opposite ‖ de signes mpl. contraires. **a)** **~es Feld** n. ‖ field of opposite polarity ‖ champ m. de polarité contraire. 68
ungleichschenkliges Winkeleisen n. ‖ unequal angle ‖ cornière f. à ailes inégales. 69
ungleichseitig (Geom) ‖ scalenous ‖ scalène. **a)** **~es Dreieck** n. ‖ scalene *or* scalenous triangle ‖ triangle m. scalène. 70
Ungleichung f. (Math) ‖ inegality ‖ inégalité f. 71
Unglück n. ‖ bad luck ‖ malheur m. 72
Unglücksfall m. ‖ accident ‖ accident m. **a)** **erste Hilfe** f. bei Unglücksfällen ‖ first aid treatment in case of accidents ‖ premier secours m. en cas d'accidents. 73
Ungültigkeit f. eines Patentes ‖ nullity of a patent ‖ nullité f. d'un brevet. 74
ungünstig ‖ unfavourable; disadvantageous ‖ défavorable; désavantageux. **a)** **~ster Belastungsfall** m. ‖ most unfavourable position of load ‖ position f. la plus défavorable de la charge. 75
unhämmerbar ‖ immalleable ‖ immalléable. 76
Uniform f. ‖ uniform ‖ uniforme m.; tenue f. (militaire). **a)** **~ausrüstungsgegenstand** m. ‖ uniform outfit ‖ garniture f. à tenues militaires. **b)** ~ **beschläge** mpl. ‖ uniform trimmings pl. ‖ garnitures fpl. à tenues militaires. **c)** **~hut** m. ‖ hat of uniform ‖ képi m. militaire. **d)** **~knopf** m. ‖ uniform

or military button || bouton m. de tenues militaires. **e) ~schneider** m. || uniform tailor || tailleur m. de tenues militaires. **f) ~tuch** n. || uniform clothing || drap m. *ou* étoffe f. de tenues militaires. 1

Unipolardynamo f. || unipolar dynamo || dynamo f. unipolaire. 2

Universal-abkant-, Rund- und Kastenbieg(e)maschine f. || universal folding, rounding and box-forming machine || machine f. universelle à plier, rouler et former des boîtes. **a) ~ausklinkmaschine** f. || universal notching machine || grugeoir m. universel. **b) ~brücke** f. || universal bridge || pont m. universel. **c) ~drehbank** f. || universal lathe || tour m. universel. **d) ~drehtisch** m. (Opt) || universal revolving stage || platine f. rotative universelle. **e) ~feldstecher** m. || universal field glass || jumelles fpl. universelles. **f) ~fräsmaschine** f. || universal milling machine || machine f. à fraiser universelle. **g) ~frässpindel** f. || universal milling spindle || broche f. porte-fraise universelle. **h) ~futter** n. || universal chuck || mandrin m. universel. **i) ~gelenk** n. || universal joint; ball and socket joint || joint m. universel *ou* de cardan. **k) ~hebezeug** n. || universal hoisting appliance || appareil m. universel de levage. **l) ~hinterdrehbank** f. || universal relieving lathe || tour m. à détalonner universel. **m) ~instrument** n. (Feldm) || engineer's transit; theodolite || théodolite m. **n) ~lack** m. || universal varnish || vernis m. universel. 3

Universallochmaschine f. || universal punching machine || poinçonneuse f. universelle. **a) horizontale ~** || universal horizontal punching machine || poinçonneuse f. universelle horizontale. **b) horizontale ~** f. vereinigt mit Biege- und Richtpresse || universal horizontal punching machine combined with bending and straightening press || poinçonneuse f. universelle horizontale combinée avec presse à cintrer et à dresser. 4

Universalloch- und Ausklinkmaschine f. mit Ausladungsblechschere vereinigt || universal punching and notching machine combined with open-gap plate shearing machine || poinçonneuse f. universelle-grugeoir combinée avec cisaille à tôles à col de cygne. **a) doppelte ~** || universal double-ended punching and notching machine || poinçonneuse f. double universelle-grugeoir. 5

Universal-messer n. mit einsetzbaren und verschiebbaren Schneidzungen für U- und Doppel-T-Eisen || universal blade with adjustable and removable cutters for shearing U- and double T-iron || lame f. universelle avec languettes ajustables et interchangeables pour fer à U et en double-T. **a) ~motor** m. || universal motor || moteur m. universel. **b) ~mühle** f. || universal mill || moulin m. universel. **c) ~radialbohrmaschine** f. || universal radial drilling machine || perceuse f. radiale universelle. **d) ~reißstock** m. || universal surface gauge || trusquin m. universel. **e) ~rundschleifmaschine** f. || universal cylindrical grinding machine || machine f. universelle à rectifier les pièces cylindriques. **f) ~schlüssel** m. (Schrauben) || universal screw wrench; monkey spanner || clef f. anglaise *ou* universelle. **g) ~schmiedemaschine** f. || universal forging machine || machine f. à forger universelle. **h) ~schraubenschlüssel** m. || monkey spanner || clef f. anglaise. **i) ~schweißmaschine** f. || combined *or* universal welding machine || machine f. à souder universelle. **k) ~steckschlüssel** m. || universal socket-wrench || clef f. à douille universelle. **l) ~teilkopf** m. || universal dividing head || diviseur m. universel. **m) ~walzwerk** n. || universal rolling mill || laminoir m. *ou* train m. universel. **n) ~werkzeugschleifmaschine** f. || universal tool gringing machine || machine f. universelle à affûter et à rectifier les outils. **o) ~zange** f. || universal pliers pl. || pince f. universelle. **p) ~zentrumsbohrer** m. || expanding center bit || mèche f. à trois pointes; mèche f. universelle. **q) ~zirkel** m. || universal compasses pl. || compas m. universel. 6

universell brauchbare Maschine f. || all-round machine || machine f. universelle. 7

Universitätsaugenklinik f. || ophthalmic hospital university || clinique f. ophtalmologique de l'université. 8

unkalibrierte Kette f. || non-calibrated chain || chaîne f. non calibrée. 9

unkenntlich || unrecognizable || méconnaissable. 10

unkompensierter Abschnitt m. (el Leit) || unbalanced section || section f. non compensée. 11

Unkosten pl. || cost; charges pl.; expenses pl. || dépenses fpl.; frais mpl. **a)** die **~ auf die Waren** schlagen || to add *or* to clap the expenses to the goods || charger les frais sur la marchandise. **b)** mit **großen ~** verknüpft sein || to be very expensive || être très coûteux. 12

Unkostenverteilung f. || expense distribution || répartition f. des frais accessoires. 13

Unkraut n. || weeds pl. || mauvaises herbes fpl. 14

unkrautfrei || free from weeds || débarrassé des mauvaises herbes. 15

Unkrautvertilgungsmittel n. || weed killer || produit m. à exterminer les mauvaises herbes. 16

unkristallinisch || amorphous || à l'état amorphe. 17

unkristallisierbar || uncrystallizable || incristallisable. 18

unlauterer Wettbewerb m. || unfair *or* dishonest competition || concurrence f. déloyale. 19

unlegiert || unalloyed || non allié. **a) ~er Edelstahl m.** || plain superrefined steel || acier m. spécial sans alliage. 20

unlösbar *s.* unlöslich. 21

unlöslich || insoluble || insoluble. **a) ~e Verbindung f.** || perfect junction || liaison f. in(dis)soluble. 22

Unlöslichkeit f. || insolubility || insolubilité f. 23

Unlöslichmachen n. || rendering insoluble || insolubilisation f. 24

unlötbar || non-soldering || insoudable. 25

unmagnetischer Stahl m. || non-magnetic steel || acier m. non-magnétique. 26

unmischbar || immiscible; unmixable || non-miscible. 27

unmittelbar || direct || direct. **a) ~er Antrieb** m. || direct drive || commande f. directe. **b) ~er elektrischer Antrieb** m. || direct electric drive || commande f. électrique directe. **c) ~e Feuerung** f. || direct firing || feu m. direct. **d) ~e Kupplung** f. || direct coupling || accouplement m. direct. 28

Unordnung f., **in** (Seew) || topsy-turvy || en désordre m. **a) in ~ geraten** || to come into disorder || se détraquer. 29

unpolarisierbar || unpolarizable || non-polarisable. 30

unproduktiv || unproductive || improductif. 31

unpünktlich || unpunctual; irregular || inexact. 32

unregelmäßig-e Kristallflächen fpl. || irregular crystal surfaces pl. || surfaces fpl. cristallines irrégulières. **a) ~er Strom** m. || fluctuating current || courant m. d'intensité variable. 33

Unregelmäßigkeit f. || irregularity || irrégularité. 34

unrein || impure || impur. **a) ~er Alkohol** m. || crude alcohol || alcool m. brut. 35

Unreinheit f., der Stahl zeigt noch eine gewisse || the steel is of a certain impurity || l'acier m. montre une certaine impureté. 36

Unreinigkeit f. (Chem) || impurity || impureté f. 37

Unrichtigkeit f. || error || erreur f. 38

Unruhe f. (Uhrm) || balance wheel || balancier m. **a) kompensierende ~** || compensating balance wheel || balancier m. compensé. 39

Unruhe-deckplatte f. || plate covering the balance || coq m. **a) ~feder** f. || balance spring || ressort m. de balancier. 40

Unruhenherstellung f. || manufacturing balance wheels || fabrication f. de balanciers. 41

Unruhe-polierdrehstift m. || arbor for polishing balance wheels || arbre m. à polir les balanciers. **a) ~rad** n. *s.* Unruhe. **b) ~welle** f. || staff; arbor of balance wheel || axe m. du balancier. 42

unruhiger Gang m. (Masch) || unquiet *or* noisy running || marche f. par à-coups. 43

unrund || untrue || ovalisé. **a) ~ werden** || to become out of center || s'ovaliser; se polygoner. **b) ~er Zylinder** m. || cylinder worn out of truth || cylindre m. ovalisé. 44

Unrundwerden n. || ovalization || ovalisation f. **a) ~** des **Zylinders** || wear *or* ovalization of cylinder || ovalisation f. du cylindre. 45

unschädlich || harmless || inoffensif. 46

unscharfes Bild n. || out of focus *or* blurred image; hazy picture (A) || image f. sans netteté. 47

unscheinbar || insignificant; unpretentious || peu apparent. 48

unschiffbar || unnavigable || pas navigable. 49

Unschlitt m. || tallow || suif m. **a) ~kerze** f. || tallow candle || chandelle f. de suif. 50

unschmelzbar || infusible || infusible. 51

unschweißbar || unweldable || non soudable. 52

unsererseits || for our part; as for us || de notre côté *ou* part. 53

Unsicherheit f. des **Ergebnissses** || uncertainty of the result || inexactitude f. du résultat. 54

unsichtbar || invisible || invisible. **a) ~er Strahlenbereich** m. || region of invisible radiation || région f. des radiations invisibles. 55

unsinkbar || insubmersible || insubmersible. 56

unstarres Luftschiff n. ‖ non-rigid airship; blimp ‖ dirigeable m. souple. 1
Unstarrheit f. der Verbindung ‖ flexibility *or* non-rigidity of the connection ‖ non-rigidité f. de la liaison *ou* du couplage. 2
unstetig (Math) ‖ discontinuous ‖ discontinu. 3
Unstetigkeit f. ‖ discontinuity ‖ discontinuité f. 4
Unstetigkeitsstelle f. ‖ point of discontinuity; burbling point (A) ‖ point m. tourbillonnaire *ou* de discontinuité. 5
Unstimmigkeit f. ‖ want of agreement ‖ discordance f. 6
Unsymmetrie f. ‖ dissymmetry ‖ asymétrie f. **a)** ~ der **Leitungen** (Fernm) ‖ unbalance of the circuits ‖ déséquilibre m. des circuits. 7
unsymmetrisch ‖ unsymmetrical; asymmetrical ‖ dissymétrique; asymétrique. 8
untadelhaft ‖ blameless; faultless ‖ irréprochable. 9
untauglich ‖ unserviceable ‖ impropre au service. 10
unten! (bei Verpackung) ‖ bottom! ‖ bas! 11
unten, von ~ nach oben ‖ from the bottom towards the top ‖ de bas en haut. 12
unter ‖ under; below ‖ sous; au-dessous de... **a)** ~ **Dampf** m. ‖ under steam ‖ sous vapeur. **b)** ~ der **Erde** f. ‖ underground ‖ souterrain; sous terre f. **c)** ~ **Null** ‖ below zero ‖ au-dessous de zéro. **d)** ~**er Querträger** m. ‖ lower cross girder ‖ traverse f. inférieure. **e)** ~ **Tage** ‖ below ground ‖ sous terre; au fond. **f)** ~ **Tarif** m. arbeiten ‖ to rat ‖ travailler au-dessous du tarif. **g)** ~ **Wasser** n. ‖ under water ‖ inondé. **h)** ~ **Wasser lagern** ‖ to keep under water ‖ garder sous l'eau f. 13
Unterabteilung f. (Forst; Bauw) ‖ subcompartment ‖ sous-parcelle f. 14
Unteramt n. (Fernm) ‖ sub-office; satellite ‖ bureau m. secondaire *ou* satellite; sous-central m. 15
Unterbau m. (Bauw) ‖ substructure; foundation ‖ substruction f.; fondation f.; fondement m.; soubassement m. **a)** ~ (Eisenb) ‖ substructure ‖ terrassement m. **b)** der ~ für den **Amboß** ist sehr schwer und erschütterungsfrei ‖ the foundation of the anvil block is excessively heavy and very steady in return ‖ le massif de fondation pour l'enclume est excessivement lourd et à l'abri de toute secousse. **c)** ein **besonderer** ~ ist nicht erforderlich ‖ a special foundation is not needed ‖ il n'est pas besoin de construire une fondation spéciale. 16
unterbauen (untermauern) ‖ to underpin ‖ reprendre. 17
Unter-belastung f. ‖ underload ‖ charge f. incomplète *ou* partielle. **a)** ~**belichtung** f. ‖ underexposure ‖ sous-exposition f. **b)** ~**bettung** f. (Bauw) ‖ lit ‖ couche f. 18
unterbieten ‖ to underbid ‖ offrir moins que. 19
Unterbilanz f. ‖ short *or* adverse balance; deficit ‖ bilan m. passif; déficit m. 20
Unterboden m. ‖ subsoil ‖ sous-sol m. 21
unterbrechen (Elektr) ‖ to shut off; to interrupt ‖ interrompre. **a)** den **Strom** m. ~ ‖ to interrupt *or* to switch off *or* to shut off the current ‖ interrompre le circuit; couper le courant. 22
Unterbrecher m. (Fernm) ‖ interrupter; circuit breaker ‖ interrupteur m.; trembleur m. **a) elektrolytischer** ~ ‖ electrolytic interrupter ‖ interrupteur m. électrolytique. **b) selbsttätiger** ~ ‖ automatic contact breaker ‖ interrupteur m. automatique. 23
Unterbrecher-feder f. ‖ contact spring ‖ ressort m. de contact *ou* de trembleur. **a)** ~**hebel** m. ‖ breaking lever; rocker arm ‖ levier m. interrupteur *ou* de rupture. **b)** ~**scheibe** f. (Mot) ‖ make-and-break device; ignition cam ‖ disrupteur m.; came f. d'allumage. **c)** ~**klinke** f. (Fernm) ‖ interrupting jack ‖ jack m. à rupture. **d)** ~**summer** m. ‖ rhythmic buzzer ‖ ronfleur m. à interruption. 24
Unterbrechung f. (elLeit) ‖ interruption; disconnection ‖ interruption f.; rupture f.; discontinuité f. **a)** ~ der **Arbeit** ‖ interruption of work ‖ interruption f. de travail. **b) funkenlose** ~ ‖ sparkless breaking ‖ interruption f. sans étincelles. 25
Unterbrechungs-stelle f. ‖ point of interruption ‖ point m. d'interruption. **a)** ~**strom** m. ‖ current on breaking ‖ à-coup m. de courant m. lors de la rupture. **b)** ~**taste** f. ‖ break key ‖ touche f. d'interruption. 26
unterbreiten ‖ to submit ‖ présenter; soumettre. 27
unterbringen ‖ to accomodate; to sell; to place ‖ loger; placer; caser. 28
Unterbringung f. der **Belegschaft** ‖ accomodation of the workmen ‖ logement m. de la population ouvrière. 29
Unterbringungskosten pl. ‖ costs pl. of housing ‖ frais mpl. de logement *ou* d'emménagement. 30
unterbrochen-es Feuer n. ‖ occulting light ‖ phare m. à éclipse. **a)** ~ **werden** (Elektr) ‖ to be interrupted ‖ cesser. 31
Unterbrückung f. (Eisenbahn) ‖ underbridge ‖ passage m. en dessous. 32
unterchlorige Säure f. ‖ hypochlorous acid ‖ acide m. hypochloreux. 33
Unterdruck m. ‖ vacuum; depression ‖ vide m.; dépression f. **a)** ~**brennstofförderer** m. (Auto) ‖ vacuum fuel feed device ‖ élévateur m. d'essence à vide. 34
Unterfangung f. eines Gebäudes ‖ underpinning of a building ‖ reprise f. en sous-œuvre de construction. 35
Unter-feder f. ‖ lower spring ‖ ressort m. inférieur. **a)** ~**flansch** m. ‖ lower flange ‖ semelle f. inférieure. **b)** ~**flasche** f. (Seilzug) ‖ bottom block ‖ moufle m. inférieur. **c)** ~**flügel** m. (Luftf) ‖ lower wing ‖ plan m. inférieur. 36
Unterflur-hydrant m. ‖ underground hydrant ‖ bouche f. à eau sous sol. **a)** ~**kanal** m. ‖ underfloor channel ‖ canal m. souterrain. 37
Unterführung f. ‖ subway crossing; underbridge ‖ passage m. inférieur *ou* souterrain; subterraneau m. 38
untergärig ‖ fermented from below ‖ à fermentation f. basse. **a)** ~**es Bier** n. ‖ low *or* bottom fermentation beer ‖ bière f. de fermentation basse. **b)** ~**e Brauerei** f. ‖ bottom *or* low fermentation brewery ‖ brasserie f. de fermentation basse. 39
Untergärung f. ‖ bottom *or* low fermentation ‖ fermentation f. basse. 40
Unter-geschoß n. ‖ ground floor; lower story ‖ rez-de-chaussée m.; bas étage m.; basse-œuvre f. **a)** ~**gesenk** n. ‖ lower die ‖ matrice f. 41
Untergestell n. (Auto) ‖ frame ‖ châssis m. **a)** ~ (Eisenbahnwagen) ‖ underframe ‖ châssis m. **b)** ~ (Masch) ‖ substructure ‖ partie f. inférieure du bâti. **c)** ~ für **Motorwagen** mit Z-förmigen Preßträgern ‖ underframe for motor cars with Z-shaped pressed girders ‖ châssis m. pour voitures motrices à longerons emboutis en Z. **d)** ~ für **Straßenbahnwagen** ‖ truck for tramcars ‖ bogie m. pour voitures de tramways. **e) Wagen~** ‖ underframe of car ‖ châssis m. de voiture. 42
Untergestellteil m. ‖ part of underframe ‖ partie f. de châssis. 43
untergetaucht, die Stabilität im ~**en** Zustande ist gut (Seew) ‖ in the submersed state the stability is good ‖ la stabilité est bonne à tous les rapports en plongé. 44
Unter-gewicht n. ‖ short weight ‖ manque f. de poids. **a)** ~**glasurfarbe** f. ‖ underglaze ‖ couleur f. sous-glaçure. 45
untergraben, den **Grund** ‖ to sap the foundation ‖ saper les fondations. 46
Untergriff m. beim **Radreifen** (Eisenb) ‖ single flange on tire ‖ talon m. du bandage. 47
Untergrund m. ‖ subsoil ‖ sous-sol m. **a)** ~**bahn** f. ‖ underground railway ‖ chemin m. de fer souterrain. **b)** ~**pflug** m. ‖ subsoil plough ‖ charrue f. à sous-sol. 48
Untergurt m. (Bauw) ‖ lower flange *or* boom *or* chord ‖ membrure f. *ou* bride f. *ou* semelle f. inférieure. **a)** ~ (Sattl) ‖ girt; girth ‖ sangle f. 49
Unterhafen m. ‖ tail-water port ‖ port m. inférieur. 50
unterhalb ‖ underneath ‖ en-dessous. **a)** ~ der **Sperrmauer** f. ‖ below the dam ‖ en aval du barrage. 51
Unterhalt m. ‖ maintenance ‖ entretien m.; maintien m. 52
unterhalten (aufrecht erhalten) ‖ to keep up ‖ entretenir. 53
Unterhaltung f. (Masch) ‖ maintenance; upkeep ‖ entretien m. **a)** ~ der **Betriebsmittel** (Eisenb) ‖ up-keep of the rolling stock ‖ entretien m. du matériel. **b)** ~ des **Oberbaus** ‖ maintenance of the permanent way ‖ entretien m. de la voie. 54
Unterhaltungsarbeiten fpl. ‖ maintenance work ‖ travaux mpl. d'entretien. 55
Unterhaltungskosten pl. ‖ expenses pl. of upkeep; maintenance charges pl. *or* cost ‖ prix m. *ou* frais mpl. d'entretien. **a)** mit einem **Minimum** n. an ~ arbeiten können ‖ to be capable of operating at a minimum of upkeep expenses ‖ pouvoir fonctionner avec un minimum de frais d'entretien. 56
Unterhändler m. (Handel) ‖ broker ‖ courtier m. **a)** ~**gebühr** f. ‖ brokerage ‖ courtage m. 57
Unterhandlung f., in ~**en** pl. treten ‖ to enter into negotiations pl. ‖ entrer en relations fpl. 58
Unter-haupt n. (Schleuse) ‖ tail bay ‖ queue f. d'écluse. **a)** ~**hauptuhr** f. ‖ auxiliary master clock ‖ horloge f. (principale) secondaire. 59
Unterhefe f. ‖ bottom *or* low fermentation yeast ‖ levure f. basse *ou* de fermentation basse. **a) Brauerei~** ‖ low brewery-yeast ‖ levure f. basse de brasserie. 60
Unter-hieb m. einer Feile ‖ first course of a file ‖ première taille f. d'une lime. **a)** ~**hitze** f. ‖ lower heating ‖ chauffage m. par en bas. 61

Unterhöhlung f. einer Wand im Steinbruch || under-cutting of a bank in a quarry || évidement m. d'un mur dans la carrière. 1
Unter-holz n. || underwood || sous-bois m.; bois m. de taille. **a) ~hose** f. || drawers pl. || caleçon m. 2
unterirdisch || underground; subterraneous || souterrain. **a) ~es Kabel** n. || subterranean *or* underground cable || câble souterrain. **b) ~e Leitung** f. || underground line || ligne f. souterraine. **c) ~e Tankanlage** f. für flüssige Brennstoffe || underground tank plant for liquid fuels || installation f. de silos souterrains pour combustible liquides. 3
Unterjacke f. || undervest || camisole f. **a) ~ aus Flanell** || flannel waistcoat || gilet m. de flanelle. 4
Unterkante f. einer Schiene || lower edge of a rail || dessous m. d'un rail. 5
Unterkasten m. (Buchdr) || lower case || bas-de-casse m. **a) ~ einer Gußform** || lower box of a flask || châssis m. inférieur d'un moule. 6
Unter-kessel m. (Masch) || water drum || chaudière f. inférieure. **a) ~kieferbügeldraht** m. || wire for mandibular jaw || fil m. pour arc de prothèse partielle inférieure. **b) ~kleid** n. || underslip; under cloth || sous-vêtement m.; habit m. de dessous. **c) ~kleidung** f. || underwear || sous-vêtements mpl. 7
unterkompensieren, den Kompaß m. || to under-compensate the compass || sous-compenser le compas. 8
Unterkühlung f. (Chem) || supercooling || surfusion f. 9
Unterkunftsraum m. (Bahnhof) || shelter; shed || abri m. de voyageurs. 10
unterkupfert || copper-plated || cuivreux. 11
Unterlage f. (Bauk) || base; foot || pied m. **a) ~** (Buchdr) || wedge; key || tacon m.; taquon m. **b) ~ zum Brettschneiden** || saw-pit frame || chevalet m. des scieurs de long. **c) ~ für Eisenbahnschienen** || base for railways || traverse f. pour voies ferrées. **d) Gummi~** || rubber base *or* washer || semelle f. en caoutchouc. 12
Unterlager n. (Bauw) || lower bed; foundation || lit m. de dessous. **a) ~ eines Steines** || lower bed of a stone || panneau m. de lit d'une pierre. 13
Unterlagerungstelegrafie f. || metallic polar duplex telegraphy; sub-audio telegraphy || télégraphie f. infra-acoustique. 14
Unterlagscheibe f. || washer || rondelle f. **a) federnde ~** || spring washer || rondelle f. élastique *ou* à ressort. **b) ~ aus Leder** || leather washer || rondelle f. en cuir. 15
Unterlagscheibenherstellungsmaschine f. || machine for making washers || machine f. à fabriquer les rondelles. 16
Unterlagsplatte f. (Eisenb) || bearing *or* bed *or* tie plate || selle f. d'appui; plaque f.; cale f. de ressort; platine f. **a) einköpfige ~** mit Ansatz oder Randleiste an einer Leiste (Eisenb) || tie plate with shoulder or rib on one side || selle f. d'appui avec rebord d'un côté. **b) ~ mit geneigter Oberfläche** (Eisenb) || tie plate with inclined surface || selle f. d'appui avec surface inclinée. **c) Herzstück~** (Eisenb) || base plate for frog || plaque f. de surhaussement pour cœur. **d) offene ~** mit gerader Oberfläche (Eisenb) || ordinary plain tie plate with level surface || selle f. d'appui simple avec surface horizontale. **e) Rippen~** (Eisenb) || rib tie plate || platine f. à nervures. **f) zweiköpfige ~** mit Ansatz an beiden Seiten (Eisenb) || tie plate with shoulders or ribs on either side || selle f. d'appui avec rebord des deux côtés. 17
Unterlagsscheibe f. *s.* Unterlagscheibe f. 18
Unter-lauf m. (Schiffb) || fore-foot; stemson || brion m.; marsouin m.; ringeau m.; ringeot m. **a) ~leder** n. (Buchdr) || lining of the balls || doublure f. des balles. 19
Unterleg-bogen m. (Buchdr) || margin sheet || marge f. **a) ~decke** f. für den Sattel || saddle cloth || couverture f. de selle. **b) ~keil** m. (Wagen) || wedge || cale f. 20
unterlegen || to place underneath || placer en-dessous. **a) ~** (Buchdr) || to key; to wedge; to underlay; to adjust || taquonner; rehausser; façonner. 21
Unterlegring m. || washer || entretoise f. 22
Unterlegscheibe f. *s.* Unterlagscheibe. 23
Unterleib m. || abdomen; belly || basventre m. 24
Unterlieferer m. (Handel) || subcontractor || soustraitant m. 25
Unterlitze f. || hanger || maille f. d'en bas. 26
Untermarssegel n. || lower topsail || hunier m. inférieur. 27
untermalen (Stoff) || to prime || apprêter. 28
unterminieren || to mine || miner. 29
Unternehmen n., Gegenstand m. des ~s || aim of the enterprise || but m. de l'entreprise. **a) gemeinschaftliches ~** || joint enterprise || entreprise f. en participation. **b) gewagtes ~** || adventure || aventure f. **c) industrielles ~** || industrial enterprise || entreprise f. industrielle. **d) kaufmännisches ~** || commercial enterprise || entreprise f. commerciale. 30
Unternehmer m. || contractor; employer || entrepreneur m. **a) ~ landwirtschaftlicher Arbeiten** || contractor for farm labour || entrepreneur m. de travaux agricoles. 31
Unternehmerarbeit f. || contractor's work || travaux mpl. d'entreprise. 32
Unternehmung f. für **Stromerzeugung** || undertaking engaged in current generation || entreprise f. de production de courant électrique. **a) ~ für Stromverteilung** || undertaking engaged in current distribution || entreprise f. de distribution de courant électrique. 33
Unterpfand n. || security || nantissement m.; gage m. 34
Unterpforte f. || lower port || mantelet m. inférieur. 35
unterphosphorigsaures Salz n. || hypophosphite || hypophosphite m. 36
Unterreifen m. (Eisenb) || rim of the wheel || jante f. de roue. 37
Unterricht m. || instruction || enseignement m. 38
Unterrichtslaboratorium n. || teaching laboratory || laboratoire m. d'enseignement. 39
Unterriegel m. (el Leit) || earth brace; earth traverse || entretoise f. souterraine. **a) ~** (Fachwerkbau) || lower transom || premier épart m. 40
Unterrock m. || petticoat; frock || jupon m.; robe f. *ou* jupe f. de dessous. 41
Untersatz m. || pedestal || socle m. **a) ~ für Bügeleisen** || stand for smoothing-iron || porte-fer m. pour fers à repasser. **b) ~ zum Ölauffangen** || save oil pan *or* trough || auge f. à l'huile. 42
Untersatzbrett n. (der Schreibmaschine) || supporting board || planche-support f. 43
Untersäurelampe f. || cell *or* submersible inspection lamp || lampe f. sous-acide. 44
Unterschacht m. eines Hochofens || boshes pl. and hearth; lower shaft of a blast furnace || grand foyer m. d'un haut-fourneau. 45
unterscheiden || to differ || différencier. **a) grundlegend ~** || to differ fundamentally || distinguer d'une façon fondamentale. 46
Unterscheidungs-merkmal n. || mark of distinction; characteristic feature || marque f. distinctive. **a) ~ton** m. (Fernm) || discriminating tone || son m. de distinction. 47
Unterschicht f. der Betonstraßendecke || lower stratum of the concrete road surface || couche f. inférieure du revêtement de route en béton. 48
Unterschied m. || difference || différence f. **a) sich den ~ m. teilen** || to split the difference || partager la différence. 49
Unterschiff n. || hull of a vessel || coque f. d'un navire. 50
unterschlächtiges Wasserrad n. || undershot water wheel || roue f. hydraulique d'en-dessous. 51
Unterschlagzeile f. (Buchdr) || foot white || ligne f. de pied. 52
unterschneiden, die (gegossenen) Lettern fpl. || to undercut types pl. || créner les caractères mpl. 53
Unterschneidung f. (Bauw) || water drip; weather groove || gouttière f. du larmier; mouchette f. 54
unterschnittener Buchstabe m. (Buchdr) || kerned letter || caractère m. créné. 55
unterschrämen (Bergb) || to hole the trenches || entailler les couches. 56
unterschreiben, einen Wechsel m. || to sign a bill || souscrire une lettre de change. 57
Unterschrift f. || signature || signature f. 58
unterschweflige Säure f. || hyposulphurous *or* thiosulphuric acid || acide m. hyposulfureux. 59
unterschwefligsaures Blei n. || lead hyposulphite || hyposulfite m. de plomb. **a) ~ Salz** n. || hyposulphite || hyposulfite m. 60
Unterseeboot n. || submersible; submarine (boat) || sous-marin m.; submersible m. **a) Hilfsschiff** n. für ~e || submarine depot ship || bâtiment m. de sauvetage de sous-marins. 61
Unterseeboot-fernrohr n. || periscope || périscope m. **a) ~krieg** m. || submarine warfare || guerre f. sous-marine. 62
unterseeisch || submarine || sous-marin. 63
Untersee-kabel n. || submarine cable || câble m. sous-marin. **a) ~kreuzer** m. || submersible *or* submarine cruiser || croiseur m. sous-marin *ou* du submersible. **b) ~krieg** *s.* Unterseebootkrieg. **c) ~schiff** n. *s.* Unterseeboot. 64
Unter-segel n. || course; lower sail || basse voile f. **a) ~seilführung** f. || ground rope traction || passage m. du câble par dessous. **b) ~setzer** m. (Haush) || table mat || dessous m. de plats. 65
Untersetzungs-getriebe n. || reduction gear || démultiplicateur m. **a) ~verhältnis** n. ||

reduction gear ratio || rapport m. de réduction. 1

Unterspannung f. (Elektr) || low-tension voltage || basse tension f. 2

unterspannungsseitig || on low-tension voltage side || du côté m. de la basse tension. 3

Unterspülung f. eines **Fundaments** || underwashing of a foundation || déchaussement m. d'une fondation. 4

Unterstanze f. (Gesenk) || matrix || matrice f. 5

Unterstation f., **elektrische** || electric substation || sous-station f. d'électricité. 6

unterstellen, einen **Wagen** m. || to house a car || remiser *ou* garer une voiture. 7

unterstopfen, Schwellen fpl. || to pack *or* to tamp the sleepers pl. || bourrer les traverses fpl. 8

Unterstopfen n. der **Schwellen** (Eisenb) || track tamping || bourrage m. des traverses. 9

unterstopfte Schwelle f. || tamped sleeper || traverse f. bourrée. 10

Unterstreichvorrichtung f. || arrangement for underlining || dispositif m. pour souligner. 11

Unterstützungs-artillerie f. || close-support artillery || artillerie f. d'appui direct. **a) ~fonds** m. || aid fund || fond m. de secours. **b) ~kampfwagen** m. || close-support tank || char m. d'accompagnement. **c) ~kasse** f. || endowment *or* benevolent fund || caisse f. de secours. **d) ~konstruktion** f. || supporting construction || construction f. de soutien. **e) ~punkt** m. || point of suspension || point m. de suspension. **f) ~verein** m. || relief society || société f. de bienfaisance. 12

untersubmissionieren || to sublet || soustraîter. 13

untersuchen || to test; to search || essayer; rechercher. 14

untersucht || explored || exploré. 15

Untersuchung f. (Chem) || search || recherche f. **a) analytische ~** || analysis || analyse f. **b)** eine **~ f. anstellen** || to make an inquest || instituer une enquête. **c) ärztliche ~** || medical research || visite f. médicale. **d) bakteriologische ~** || bacteriological research || recherche f. bactériologique. **e) ~** des **Bodens** || examination of the soil || exploration f. du sol. **f) botanische ~** || botanical investigation || recherche f. botanique. **g) chemische ~** || analysis; examination || analyse f. (chimique). **h) genaue ~** || scrutinizing || perquisition f. **i) geologische ~** || geological examination || recherche f. géologique. **k) gerichtliche ~** || judicial inquiry || enquête f. judiciaire. **l) ~ mangelhafter** Kristallflächen || examination of defective surfaces of crystals || examen m. de surfaces cristallines défectueuses. **m) ~** von **Maschinen** || inspection of engines || visite f. de machines. **n) medizinische ~** || medical investigation || recherche f. médicale. **o) mineralogische ~** || mineralogical research *or* investigation || recherche f. minéralogique. **p) sorgfältige ~** || careful examination || examen m. consciencieux. **q) spektroskopische ~** || spectroscopic investigation || recherche f. spectroscopique. **r) ~** des **Wagens** || examination of the car || visite f. de la voiture. **s) wissenschaftliche ~** || scientific research || recherche f. scientifique. 16

Untersuchungs-bereich m. || range of investigation || région f. examinée. **a) ~-häuschen** n. (Fernm) || test hut || guérite f. de coupure. **b) ~kasten** m. (Fernm) || test box || boîte f. de coupure. 17

Untersuchungsklemme f. (Fernm) || connector for testing points || borne f. de coupure. **a) ~** für **Erdableitungen** || earth-wire testing clamp || borne f. de coupure pour conducteurs de terre. 18

Untersuchungsstange f. (el Leit) || testing pole || poteau m. de coupure. 19

Untersuchungsstelle f. (Fernm) || testing point || point m. de coupure. **a) ~** mit **elektrischer Fernsteuerung** (Fernm) || testing point with remote control || relais m. de coupure à distance. 20

Untersuchungs- und Verteilungsstelle f. (Kabel) || test case || boîte f. de visite et de réparation. 21

Untertasse f. || saucer || soucoupe f. 22

Unterteil m. eines **Gesenks** || bottom swage || dessous m. d'une estampe. **a) ~** der **Schmierbüchse** (Eisenb) || lower bush of the axle box || dessous m. d'une boîte à graisse. 23

unterteilt-e Batterie f. (Elektr) || divided battery || batterie f. sectionnée. **a) ~e Funkenstrecke** f. || multiple spark gap || éclateur m. en série. 24

Unterteilung f. (Maß) || subdivision || subdivision f. 25

Untertor n. (Schleuse) || tail gate; aft gate || porte f. d'aval *ou* de mouille. 26

Unterverteilung f. von Strom || secondary current distribution || sous-distribution f. de courant. 27

Unterwagen m. für **Bremsberge** (Bergb) || under-wagon for inclined planes || truck m. pour le transport des wagonnets dans les plans inclinés. 28

Unterwalze f. || lower roller; bottom roll || rouleau m. *ou* cylindre m. inférieur. **a) ortsfeste ~** || fixed bottom roll || cylindre m. inférieur fixe. **b) unterstützte ~** || supported bottom roll || cylindre m. inférieur supporté. 29

Unterwäsche f. || under linen || linge m. de dessous. 30

unterwaschen (Bauw) || ruinous by water; undermined || déchaussé. 31

Unterwaschung f. eines Fundaments || underwashing of a foundation || déchaussement m. d'une fondation. 32

Unterwasser-anstrich m. (Schiffb) || antifouling painting || peinture f. sous-marine. **a) ~fahrt** f. || underwater travelling || marche f. en plongée. **b) ~felsbrecher** m. || subaqueous rock breaker || dérocheuse f. sous-marine. **c) ~glockenzeichen** n. || submarine bell signal || signal m. à cloche sous-marine. **d) ~gründung** f. || underwater structure || construction f. au-dessous de l'eau. 33

Unterwasserkabel n. || subaqueous *or* submarine cable || câble m. sous eau *ou* sous-marin. **a) Schutzmaßnahmen** fpl. für **~** npl. || protection of submarine cables || protection f. des câbles sousmarins. 34

Unterwasserschallempfänger m. || submarine sound receiver; hydrophone || récepteur m. sous-marin du son. 35

Unterwasserschallsignal n. || submarine acoustic signal *or* sound signal || signal m. sous-marin acoustique *ou* à onde sonore. **a) ~apparat** m. || submarine sound signalling apparatus || appareil m. de signaux acoustiques sous-marins. 36

Unterwasser-schallzeichen n. *s.* Unterwasserschallsignal. **a) ~schneidbrenner** m. || under-water cutting burner *or* torch || brûleur m. à découper au-dessous de l'eau. **b) ~zeichen** n. || submarine signal || signal m. sous-marin. 37

unterwegs || en route || en route. 38

Unterweisung f. || instruction || instruction f. 39

Unterwerk n. || sub-station || sous-station f. 40

Unterwind m. (Ofen) || undergrate blast; draught under grate || courant d'air forcé sous la grille; soufflage m. sous grille. **a) ~feuerung** f. || forced-draught furnace; furnace with undergrate blast; closed ashpit furnace || foyer m. à soufflage sous grille. 41

Unterwindgebläse n. || undergrate blower || soufflante f. sous grille de foyer. **a) ~anlage** f. für Feuerungen || undergrate blower plant for furnaces || soufflerie f. pour grilles de foyers. 42

Unterwühlung f. (Bauw) || undermining || affouillement m. 43

Unterzentrale f. (Fernm) || branch office || sous-central m. 44

Unterzeug n. || underwear || vêtement m. de dessous; dessous mpl. 45

Unterzug m. (Bauw) || cross beam; under girder || solive f.; sous-poutre f. **a) ~** (Brückenb) || bearer || solive f. transversale. **b) ~** eines **Fußbodens** || dormer *or* dormant *or* sleeper of a ground-floor || racinal m. *ou* sole f. d'un plancher. **c) Hängebank~** || way-board girder || poutre f. traverse de recette. **d) ~** des **Rahmens** (Auto) || trussing of frame || renforcement m. du châssis. 46

untief (Wasser) || shallow || peu profond. 47

Untiefe f. || bank; shallowness; shallows pl. || basse f.; bas-fond m.; banc m. 48

untreu, im Dienste m. **~** sein || to commit a breach of trust; to be unfaithful in service || être infidèle dans le service. 49

ununterbrochen arbeitender Apparat m. || continuous working apparatus || appareil m. à marche continue. 50

ununterbrochene Zufuhr f. || continuous supply || arrivée f. ininterrompue. 51

unveränderliche Umlaufszahl f. || constant speed || vitesse f. constante. 52

unverändert (Chem) || unaltered; unchanged || inaltéré; inattaqué. 53

unverbrannte Gase npl. || unburnt gases pl. || gaz mpl. non brûlés. 54

unverbrennbar (feuerfest) || fireproof || à l'épreuve f. du feu. **a) ~** (Phys) || incombustible || incombustible. 55

Unverbrennbarkeit f. || incombustibility || incombustibilité f. 56

unvergasbar || ungasifiable || ingazéifiable. 57

unverglast || unvitrified || invitrifié. 58

unverheirateter Arbeiter m. || unmarried workman || ouvrier m. célibataire. 59

unverkittet || uncemented || non accolé. 60

unverlötet (Sammler) || not soldered || nonsoudé. 61

unverritzt (Bergb) || untouched || intact. 62

unverrückbar || immovable || fixe. **a) ~e Steuerung** f. || irreversible steering || direction f. irréversible. 63

unversehrt || intact || intact. 64

unverseifbar || unsaponifiable || insaponifiable. 65

unversenkte Schiebebühne f. ‖ surface traverser ‖ transbordeur m. à niveau. 1
unversilberte Stelle f. in der Mitte des Parabolspiegels ‖ unsilvered clearance at the centre of the parabolic reflector ‖ place f. n'étant pas argentée dans le centre du réflecteur parabolique. 2
unverspannt ‖ unbraced; braceless ‖ sans haubanage m. 3
unverständliches Telegramm n. ‖ unintelligible telegram ‖ télégramme m. inintelligible. 4
unverweslich ‖ imputrescible ‖ imputrescible. 5
unverwüstlich ‖ indestructible ‖ indestructible. **a) ~e Ausführung** f. ‖ robust construction ‖ exécution f. robuste. 6
Unverwüstlichkeit f. des Instrumentes ‖ sturdy design of the instrument ‖ solidité f. à toute épreuve de l'instrument. 7
unverzerrter Empfang m. ‖ receiving without distortion ‖ réception f. sans déformation. 8
unverzollt ‖ duty unpaid ‖ sans payer la douane; libre. 9
unvollendet ‖ unfinished; uncompleted ‖ inachevé; incomplet. 10
Unvollkommenheit f. ‖ imperfection ‖ imperfection f. 11
unvollständig ‖ incomplete ‖ incomplet. 12
unwägbar ‖ imponderous ‖ impondérable. 13
Unwetter n. ‖ bad weather; tempest; rough weather ‖ gros temps m. 14
unwirtschaftlich ‖ unthrifty ‖ dépensier. 15
Unwirtschaftlichkeiten fpl. beseitigen ‖ to eliminate sources of waste ‖ rendre quelque chose plus économique. 16
Unze f. ‖ ounce ‖ once f. 17
unzenweise ‖ by the ounce ‖ à l'once. 18
unzerbrechlich ‖ unbreakable ‖ incassable. 19
unzerreißbar ‖ untearable ‖ indéchirable. 20
unzerstörbar ‖ indestructible; undestroyable; imperishable ‖ indestructible. **a) fast ~** ‖ practically being indestructible ‖ indestructible presqu' absolue. 21
Unzerstörbarkeit f. (Chem) ‖ indestructibility ‖ indestructibilité f. 22
unzugänglich ‖ inaccessible ‖ inaccessible. 23
Unzustellbarkeit f. von Telegrammen ‖ non-delivery of telegrams ‖ non-remise f. de télégrammes. 24
unzweckmäßig ‖ inappropriate ‖ impropre; inopportun. 25
Upland-Georgia f. ‖ upland Georgian cotton ‖ coton m. Géorgie courte soie. 26
Uran n. ‖ uranium ‖ uranium m.; urane m. 27
Uranglas n. ‖ uranium-containing glass; uranium glass ‖ verre m. d'urane. **a) ~streifen** m. ‖ uranium glass strip ‖ bande f. en verre d'urane. 28
Uraniagrün n. ‖ urania green ‖ vert m. d'urane. 29
Uranotantal m. ‖ samarskite ‖ samarskite f. 30
Uranoxyd n. ‖ uranium oxide ‖ oxyde m. d'urane. 31
Uranpech-blende f. ‖ pitch blende *or* ore ‖ urane m. oxydulé; péchurane m. **a) ~erz** n. ‖ uraninite ‖ uraninite f. 32
Uranvitriol m. ‖ johannite ‖ johannite f.; urane m. sulfaté. 33
Urbarmachung f. von Ländereien und Forsten ‖ cultivating lands and forests ‖ cultivation f. de fonds de terre et de forêts. 34
Urdeul m. (Met) ‖ first lump ‖ principe m. du massé. 35
Urgebirge n. (Geol) ‖ primary rock ‖ roche f. primitive. 36
Urheber m. ‖ writer; author ‖ auteur m. **a) ~recht** n. ‖ privilege of the author ‖ droit m. d'auteur. 37
Urin m. ‖ urine ‖ urine f. **a) ~küpe** f. ‖ urine vat ‖ cuve f. à l'urine. 38
Urmaß n. ‖ standard of measurement ‖ mesure f. fondamentale *ou* normale. 39
Urmuster n. ‖ standard ‖ prototype m. 40
Ursache f. ‖ cause ‖ cause f. 41
Urschrift f. ‖ original (copy); first draft ‖ original m. 42
Ursprung m. ‖ origin ‖ origine f. **a) mineralischer ~** ‖ mineral origin ‖ origine f. minérale. **b) tierischer ~** ‖ animal origin ‖ origine f. animale. **c) pflanzlicher ~** ‖ vegetable origin ‖ origine f. végétale. 43
ursprünglich, zu ~en Bedingungen fpl. annehmen ‖ to accept on original conditions pl. ‖ accepter aux conditions fpl. originales. **a)** nach der Entlastung ging das Federblatt in die **~e Lage** f. zurück ‖ after removing the load, the leaf resumed its original position ‖ après l'enlèvement de la charge, la lame de ressort reprit sa position primitive. **b) ~e Länge** f. ‖ original length ‖ longueur f. primitive. 44
Ursprungs-anstalt f. (Fernm) ‖ originating exchange ‖ bureau m. d'origine. **a) ~land** n. ‖ country of origin ‖ pays m. d'origine. **b) ~zeugnis** n. ‖ certificate of origin ‖ certificat m. d'origine *ou* de provenance. 45
Urstoff m. (Chem) ‖ starting material ‖ matière f. première. 46
Urteil n., ein ~ abgeben ‖ to express an opinion ‖ manifester une opinion. 47
Urteilsspruch m. ‖ sentence; judgment ‖ arrêt m.; sentence f. 48
usancemäßig ‖ according to custom ‖ selon l'usage m.; d'usage. 49
Utrechtplüsch m. ‖ Utrecht velvet ‖ velours m. d'Utrecht. 50
Uviol-flintprisma n. ‖ uviol flint glass ‖ prisme m. en verre uviol. **a) ~öl** n. ‖ uviol oil ‖ huile f. d'uviol. 51

V

V-Antenne f. ‖ V-aerial ‖ antenne f. en V. 52
Vacheleder n. ‖ neat's leather ‖ cuir m. de vache. 53
Vachette f. ‖ vachette leather ‖ vachette f. 54
vagabundierender Strom m. (Elektr) ‖ vagrant *or* stray current ‖ courant m. vagabond. 55
Vaginalkapsel f. ‖ vaginal capsule ‖ capsule f. vaginale. 56
Vakat n. (Buchdr) ‖ white ‖ feuillet m. blanc. 57
Vakuum n. ‖ vacuum ‖ vide m.; vacuum m. **a) Hoch~** ‖ high vacuum ‖ haut vide m.; vide m. très poussé. 58
Vakuum-apparat m. ‖ vacuum apparatus ‖ appareil m. à vide. **a) ~birne** f. ‖ vacuum bulb ‖ ampoule f. à vide. **b) ~blitzableiter** m. ‖ vacuum tube arrester ‖ para-surtension m. à tube à vide. **c) ~bremse** f. ‖ vacuum brake ‖ frein m. à vide. **d) ~destillation** f. ‖ vacuum distillation ‖ distillation f. par le vide. **e) ~eismaschine** f. ‖ vacuum ice machine ‖ machine f. à froid à vide. **f) ~gärung** f. ‖ vacuum fermentation ‖ fermentation f. dans le vide. **g) ~gärverfahren** n. ‖ vacuum fermenting process ‖ procédé m. de fermentation dans le vide. **h) ~glocke** f. ‖ vacuum bell jar ‖ cloche f. à vide. **i) ~knet- und Mischmaschine** f. ‖ vacuum kneader and mixer ‖ malaxeur m. et mélangeur m. à vide. **k) ~luftpumpe** f. ‖ vacuum air pump ‖ pompe f. à air à vide. **l) ~meter** n. ‖ vacuummeter; vacuum gauge ‖ indicateur m. du vide; vacuomètre m. **m) ~pfanne** f. ‖ vacuum pan ‖ chaudière f. de concentration dans le vide; appareil m. à cuire dans le vide. **n) ~pumpe** f. ‖ vacuum pump ‖ pompe f. à vide. **o) ~reinigungsapparat** m. ‖ vacuum cleaning apparatus ‖ appareil m. de nettoyage par le vide. **p) ~röhre** f. ‖ vacuum valve *or* tube ‖ valve f. à vide; tube m. vide d'air. 59
Vakuumröhren-empfänger m. (Funkw) ‖ vacuum valve receiver ‖ récepteur m. à valve à vide. **a) ~verstärker** m. ‖ tube amplifier ‖ amplificateur m. à tube à vide. 60
Vakuum-sicherung f. ‖ vacuum fuse ‖ fusée f. à vide. **a) ~trebertrockenapparat** m. ‖ vacuum draff drying apparatus ‖ appareil m. à sécher les drèches dans le vide. 61
Vakuumtrocken-anlage f. ‖ vacuum drying plant ‖ installation f. de dessiccation à vide. **a) ~apparat** m. für Treber ‖ vacuum draff drying apparatus ‖ appareil m. à sécher les drèches dans le vide. **b) ~schrank** m. ‖ vacuum drying chamber ‖ armoire f. *ou* étuve f. de séchage dans le vide. **c) ~trommel** f. ‖ vacuum drying drum ‖ tambour m. de séchage par le vide. 62
Vakuumtrockner m. ‖ vacuum drying apparatus; vacuum dryer ‖ étuve f. de séchage à vide; sécheur m. à vide. 63
Vakuumventil n. ‖ vacuum valve ‖ valve f. à vide. **a) ~empfänger** m. ‖ vacuum valve receiver ‖ récepteur m. à valve d'oscillation. 64
Vakuumverdampfungs-anlage f. ‖ vacuum evaporation plant ‖ installation f. d'évaporation à vide. **a) ~apparat** m. ‖ vacuum evaporator ‖ vaporisateur m. par le vide. 65
Valenz f. (Chem) ‖ valence; chemical value ‖ valence f.; atomicité f. 66
Valone f. (Knopper) ‖ valonia ‖ vallonée f.; gallon m. du Levant. 67
Valuta f. ‖ value ‖ valeur f. 68
Vanadin n. *s. auch* Vanadium ‖ vanadium ‖ vanadium m. **a) ~eisen** n. ‖ ferro-

vanadium || ferro-vanadium m. **b) ~salz** n. || vanadinate || vanadinate m. 1
vanadinsaures Ammoniak n. || ammonium vanadate || vanadate m. d'ammoniaque. **a) ~ Salz** n. || vanadiate || vanadiate m. 2
Vanadin-säure f. || vanadic acid || acide m. vanadique. **a) ~stahl** m. || vanadium steel || acier m. au vanadium. 3
Vanadium n. *s. auch* Vanadin || vanadium || vanadium m. **a) ~eisen** n. || ferro-vanadium || ferro-vanadium m. **b) ~stahl** m. || vanadium steel || acier m. au vanadium. 4
Van-Dyck-Braun n. || Vandyke brown || brun m. Vandyck. 5
Vanille f. || vanilla || vanille f. 6
Vanillin n. || vanilin || vanilline f. 7
variabel *s.* veränderlich. 8
Variationskompaß m. || variation compass || compas m. de variation. 9
Variometer n. || variometer || variomètre m. 10
Varleyschleife f. (Fernm) || Varley's loop test || boucle f. de Varley. 11
Vase f. || vase || vase m. 12
Vaselin n.; **Vaseline** f. || vaseline; petroleum jelly || vaseline f. **a) ~herstellungsanlage** f. || vaseline plant || installation f. à fabriquer la vaseline. **b) ~öl** n. || vaseline oil || huile f. de vaseline. 13
Vegetabilien fpl. || botanical drugs pl. || herboristeries fpl. **a) ~schneidmaschine** f. || cutting machine for botanical drugs || machine f. à couper les herbes. 14
vegetabilisch-es Fett n. || vegetable fat || graisse f. végétale. **a) ~er Leim** m. || vegetable glue || colle f. végétale. **b) ~es Öl** n. || vegetable oil || huile f. végétale. 15
Vegetation f. || vegetation || végétation f. 16
vegetativer Faden m. || vegetative thread || filament m. végétatif. 17
vegetative Generation f. || vegetative growth || génération f. végétative. 18
Veilchen-öl n., **synthetisches** || artificial violet oil || essence f. artificielle de violette. **a) ~wurzel** f. || orris root || racine f. d'iris de Florence. 19
Vektor m. || vector || vecteur m. **a) Radius~** || radius vector || rayon m. vecteur. **b) Zeit~** || time vector || vecteur m. de temps. 20
Vektor-analysis f. || vector analysis || analyse f. vectorielle. **a) ~diagramm** n. || vector diagram || diagramme m. vectoriel. **b) ~feld** n. || vector field || champ m. vectoriel. **c) ~funktion** f. || vector function || fonction f. vectorielle. **d) ~gleichung** f. || vector equation || équation f. vectorielle. **e) ~größe** f. || vector quantity || grandeur f. *ou* quantité f. vectorielle. **f) ~potential** n. || vector potential || potentiel m. vecteur. **g) ~produkt** n. || vector product || produit m. vectoriel. **h) ~rechnung** f. || vector calculus || calcul m. vectoriel. **i) ~richtung** f. || direction of vector || direction f. du vecteur. **k) ~röhre** f. || vector tube || tube m. vectoriel. **l) ~sinn** m. || sense of vector || sens m. du vecteur. **m) ~zeichnung** f. *s.* ~diagramm. 21
Velin n. || vellum || vélin m. 22
Velourhebe-apparat m. || pile *or* nap lifting apparatus || appareil m. à relever les velours. **a) ~maschine** f. mit drehbarem Linealtisch || pile *or* nap lifting machine with revolving straightedge table || machine f. à velouter avec table à règle tournante. 23
Velour-hut m. || velvet hat || chapeau m. en velours. **a) ~papier** n. || velour paper || papier m. imitation velours. 24
Velozipedkran m. || bicycle crane || grue-vélocipède f. 25
Velvet m. || velvet || velours m.; velvet m. **a) ~ausrüstungsmaschine** f. || velvet finishing machine || machine f. à velvet. 26
Velvetin m. || velveteen; fustian || velours m. de coton; velventine f. 27
Vene f. || vein || veine f. 28
Venezianischrot n. || Venetian red || rouge m. de Vénise. 29
Ventil n. || valve || soupape f. **a) Ablaß~** || blow-off valve || soupape-purgeur f. **b) Absperr~** || check valve || soupape f. d'arrêt. **c) Abstufungs~** || graduating valve || valve f. de graduation. **d) angefressenes ~** || pitted valve || soupape f. piquée. **e) Anlaß~** || starting valve || soupape f. de mise en marche. **f) Auslaß~** || exhaust valve || soupape f. d'échappement. **g) Auslöse~** || release valve || valve f. de purge. **h) auswechselbares ~** || interchangeable valve || soupape f. interchangeable. **i) Ausweich~** (Brau) || outlet valve on steeping tanks || soupape f. de décharge de décuvage. **k) Bier~** || beer valve || vanne f. à bière. **l) Bierpfannen~** || copper *or* pan valve || vanne f. de chaudière à bière. **m) Bierspund~** || beer bunging valve || vanne f. de bondonnage. **n)** das **~ bläst** unter Knallen ab || the valve blows off with reports || la soupape laisse échapper l'air bruyamment. **o) Bottich~** (Brau) || tun valve || vanne f. de cuve. **p) Brennstoff~** || fuel valve || soupape f. à combustible. **q) Dampfdruckminder~** || steam-pressure reducing valve || soupape f. réductrice à vapeur. **r) Dampfsicherheits~** || steam safety valve || soupape f. à vapeur de sûreté. **s) Doppelsitz~** || double-seat valve || soupape f. à double siège. **t) Drossel~** || throttle valve || robinet m. modérateur. **u) Druckausgleich~** || pressure balancing valve || soupape f. de compensation de pression. **v) Druckluftkontroll~** || pneumatic control valve || soupape f. de contrôle à air comprimé. **w) Druckminder~** || pressure reducing valve || soupape f. réductrice de pression. **x) Durchblase~** || blow-through valve || soupape f. de purge. **y) Eck~** || check valve (with screwed tails) || soupape f. à coude. **z) Einlaß~** || admission *or* inlet valve || soupape f. d'admission. 30

a) Einschleifen n. der **~e** || valve grinding || rodage m. de soupapes. **b)** die **~e** npl. **einstellen** || to adjust the valves pl. || ajuster la distribution. **c) Entlastungs~** || relief *or* by-pass valve || soupape f. de soulagement. **d) Entwässerungs~** || drain valve || purgeur m. **e) Feder~** || spring valve || soupape f. à ressort. **f) federbelastetes ~** || spring-loaded valve || soupape f. commandée par un ressort. **g) Füll~** || fill-up valve || soupape f. de remplissage. **h) Gas~** || gas valve || vanne f. à gaz. **i) ~ mit geradem Durchgang** || valve with straight passage || robinet m. de prise à passage droit. **k) gesteuertes ~** || mechanically operated valve || soupape f. commandée. **l) hängendes ~** || caged valve; valve in-head || soupape f. commandée par le haut; soupape f. renversée. **m)** das **~ hängt** || the valve sticks || la soupape reste accrochée. **n) Kegel~** || conical valve || soupape f. conique. **o) Kesselspeiserückschlag~** || feed check valve || soupape f. d'alimentation de retenue. **p) Kolbenschieber~** || piston slide valve || vanne f. de distribution à tiroir-piston. **q) Kugel~** || ball valve || soupape f. à boulet. **r) Kugelrückschlag~** || ball-retaining valve || soupape f. de retenue à boulet. **s) Lade~** || charging valve || soupape f. de charge. **t) Lippen~** || lip valve || soupape f. à bec. **u) Luftsauge~** || air suction valve || soupape f. d'aspiration d'air. **v) Motor** m. mit hängenden **~en** || I-head motor || moteur m. à soupapes commandées par le haut. **w) Muffen~** || sleeve valve || soupape f. à manchon. **x)** ein **~ nachschleifen** || to regrind a valve || roder une soupape. **y) Nadel~** || needle valve || pointeau m. **z) Öl~** (Auto) || lubricator valve || soupape f. de graisseur. 31

a) Ölpumpensicherheits~ || oil pump safety valve || soupape f. de sûreté de la pompe à huile. **b) pilzförmiges ~** || mushroom valve || soupape f. en champignon. **c) Pumpen~** || clack; pump valve || soupape f. *ou* clapet m. de pompe. **d) Reduzier~** || reducing valve || soupape f. de réduction. **e) Rohr~** || poppet valve || soupape f. tubulaire. **f) Rohrbruch~** || self-acting *or* automatic pipe isolating valve; pipe-break valve || soupape f. à rupture de conduite. **g) Rückschlag~** || non-return valve; check valve (A) || soupape f. de retenue. **h) Saug~** || suction valve || soupape f. d'aspiration. **i) Säure~** || acid valve || soupape f. pour acides. **k) Schieber~** || slide valve || tiroir m. de distribution. **l) Schlauch~** || tire valve || valve m. de gonflement. **m) Schwimmer~** (Masch) || float valve; float controlled valve || soupape f. à flotteur. **n) See~** (Motor) || sea valve || soupape f. de mer. **o) Selbstschluß~** || self-acting *or* automatic valve || soupape f. à fermeture automatique. **p) Stahlflaschen~** || steel cylinder valve || soupape f. pour cylindres en acier. **q) Stoff~** || fabric (cloth A) valve || soupape f. en étoffe. **r) Teller~** || spindle *or* poppet valve || soupape f. à guide *ou* en champignon. **s) Überdruck~** || excess(ive) pressure valve; relief valve || soupape f. de pression excessive *ou* de surpression *ou* de soulagement. **t) Überhitzer~** || superheater valve || soupape f. surchauffeuse. **u) Überström~** || spill valve || soupape f. de décharge. **v) Vergaser~** || carburettor valve || bille f. du carburateur. **w) Vorfüll~** für hydraulische Pressen || preliminary feed valve for hydraulic presses || soupape f. d'admission préalable pour presses hydrauliques. **x) Wechsel~** || change valve || soupape f. de rechange. 32
Ventilanhubstange f. || valve push rod || tige f. de galet de soupape. 33
Ventilanordnung f. || valve arrangement || disposition f. de la soupape. **a) hängende ~** || valve in head || soupapes fpl. à culbuteurs. 34
Ventilantrieb m. || valve gear || commande f. de soupapes. 35

Ventilation f. ‖ ventilation ‖ ventilation f. **a)** ~ einer **Darre** ‖ kiln ventilation ‖ ventilation f. d'une touraille. 1

Ventilations-anlage f. ‖ ventilation plant ‖ installation f. de ventilation. **a)** **~aufsatz** m. ‖ ventilation top ‖ garniture f. de ventilation. **b)** **~flügel** m. ‖ ventilating blade ‖ ailette f. à ventilation. **c)** **~klappe** f. ‖ ventilating aperture ‖ orifice m. de ventilation. **d)** **~maschine** f. ‖ ventilating machine *or* motor ‖ machine f. pour ventiler *ou* de ventilation. **e)** **~schacht** m. ‖ ventilating shaft ‖ puits m. de ventilation. **f)** **~verlust** m. ‖ windage loss ‖ perte f. par ventilation. 2

Ventilator m. *s. auch* Windflügel ‖ ventilator; fan; fan blower *or* motor ‖ ventilateur m. **a)** **Blas~** ‖ blowing fan ‖ ventilateur m. soufflant. **b)** **elektrischer ~** ‖ electric fan ‖ ventilateur m. électrique. **c)** **Feuerungs~** ‖ fire fan ‖ ventilateur m. à feu. **d)** **Gruben~** ‖ mine *or* colliery fan ‖ ventilateur m. de mine. **e)** ~ des **Kühlers** ‖ radiator fan ‖ ventilateur m. du radiateur. **f)** ~ mit **Riemenantrieb** ‖ belt driven fan ‖ ventilateur m. commandé par courroie. **g)** **Rotations~** ‖ rotary fan ‖ ventilateur m. rotatif. **h)** **Saug~** ‖ upcast ventilator ‖ ventilateur m. aspirant. **i)** **saugend wirkender ~** mit x cbm Leistung in der Minute ‖ fan action by suction with a delivery per minute of x m^3 ‖ ventilateur m. aspirant avec un débit de x m^3 par minute. **k)** **Schmiedefeuer~** ‖ smith's hearth fan ‖ ventilateur m. de forge. **l)** **Schwungrad~** ‖ flywheel fan ‖ volant-ventilateur m. **m)** ~ mit **Zahnradantrieb** ‖ gear driven fan ‖ ventilateur m. commandé par engrenage. **n)** **Zentrifugal~** ‖ centrifugal fan ‖ ventilateur m. centrifuge. 3

Ventilator-antrieb m. ‖ fan drive ‖ commande f. du ventilateur. **a)** **~antriebskette** f. ‖ fan-driving chain ‖ chaîne f. de commande du ventilateur. 4

Ventilatorriemen m. ‖ fan belt ‖ courroie f. du ventilateur. **a)** **~scheibe** f. ‖ fan driving pulley ‖ poulie f. de ventilateur. **b)** **~schloß** n. ‖ fan belt fastener ‖ agrafe f. de courroie du ventilateur. 5

Ventilator-ring m. ‖ ventilator ring ‖ anneau m. pour ventilateurs. **a)** **~stütze** f. ‖ fan support *or* bracket ‖ support m. de ventilateur. **b)** **~wärter** m. (Bergb) ‖ fan engine man ‖ conducteur m. de ventilateur. 6

Ventil-bohrer m. ‖ auger ‖ tarière f. à clapet. **a)** **~brunnen** m. ‖ valve well ‖ borne-fontaine f. à soupape. **b)** **~deckel** m. ‖ valve (spring) cover ‖ couvercle m. de soupape. **c)** **~dichtungsscheibe** f. ‖ valve packing disc ‖ rondelle f. de joint de soupape. **d)** **~einsatz** m. ‖ valve case ‖ corps m. de soupape. **e)** **~einstellung** f. ‖ valve setting *or* adjustment ‖ réglage m. de soupape. 7

Ventilfeder f. ‖ valve spring ‖ ressort m. de soupape. **a)** **~keil** m. ‖ valve spring cotter ‖ clavette f. de ressort de soupape. **b)** **~teller** m. ‖ valve spring retainer ‖ cuvette f. pour le bas du ressort de soupape. 8

Ventil-flügelschraube f. ‖ valve thumb screw ‖ boulon-valve m. **a)** **~führung** f. ‖ valve stem guide ‖ guide m. de soupape. 9

Ventilgehäuse n. ‖ clack *or* valve box ‖ boîte f à soupape *ou* à clapet **a)** **~deckel** m. ‖ valve cover plate ‖ cache-soupapes m. **b)** **~verschluß** m. ‖ valve plug ‖ bouchon m. de soupape. 10

Ventil-hahn m. ‖ valve cock ‖ robinet m. de soupape. **a)** **~haube** f. ‖ valve bonnet ‖ chapeau m. de soupape. **b)** **~hebel** m. ‖ valve handle ‖ levier m. de soupape. **c)** **~hub** m. ‖ valve lift ‖ levée f. de soupape. 11

ventiliert gekapselt (Masch) ‖ ventilated enclosed ‖ blindé ventilé. **a)** ~ **geschlossen** *s.* ventiliert gekapselt. 12

Ventilierung f. *s.* Ventilation. 13

Ventil-kammer f. ‖ valve chamber ‖ chambre f. des soupapes. **a)** **~kappe** f. ‖ valve cap ‖ bouchon m. de valve. **b)** **~kasten** m. ‖ slide-box; steam chest *or* box ‖ boîte f. à vapeur *ou* des tiroirs. 14

Ventilkegel m. ‖ valve cone ‖ cône m. de soupape. **a)** **~mutter** f. ‖ valve nut ‖ écrou m. de clapet. 15

Ventil-keil m. ‖ valve spring retainer lock ‖ clavette f. de soupape. **a)** **~kettchen** n. (Fahrrad) ‖ valve chain ‖ chaînette f. de valve. **b)** **~kolben** m. ‖ valve piston ‖ piston m. à soupape. **c)** **~kopf** m. ‖ valve head ‖ culasse f. **d)** **~korb** m. ‖ valve cage ‖ cloche f. de soupape. **e)** **~körper** m. ‖ valve disc *or* body ‖ corps m. de soupape. **f)** **~kugel** f. ‖ valve globe ‖ boulet m. de soupape. 16

ventillos ‖ valveless ‖ sans soupapes fpl. **a)** **~er luftgekühlter** Zweitaktverbrennungsmotor m. ‖ valveless air-cooled internal combustion engine operating on the twostroke cycle ‖ moteur m. à explosion fonctionnant suivant le cycle à deux temps et dépourvu de soupapes. **b)** **~er Motor** m. ‖ valveless motor ‖ moteur m. sans soupapes **c)** **~e Pumpe** f. ‖ valveless pump ‖ pompe f. sans clapet. **d)** **~e Zweitaktbauart** f. ‖ valveless type of two-stroke engine ‖ type m. de moteur à deux temps du système sans soupapes. 17

Ventil-nadel f. ‖ valve needle ‖ pointeau m. de soupape. **a)** **~platte** f. ‖ plate of the valve ‖ plaque f. de la soupape. 18

Ventilröhre f. (Fernm) ‖ valve *or* vacuum tube ‖ ampoule f. à vide; soupape f. **a)** ~ (Gleichrichter) ‖ rectifying valve ‖ tube m. rectificatif. 19

Ventilröhrendetektor m. (Funkw) ‖ oscillation valve detector ‖ détecteur m. à valve d'oscillation. 20

Ventilschlauch m. aus Gummi (Luftreifen) ‖ rubber tube of the air valve ‖ tube m. en caoutchouc pour le soupape à air. 21

Ventilsitz m. ‖ valve *or* clack seat ‖ siège m. de soupape *ou* de clapet. **a)** **~buchse** f. ‖ valve case ‖ boîte f. de clapet. **b)** **~ring** m. ‖ clack seat *or* valve seat ring ‖ anneau m. de siège de clapet; bague f. de siège de soupape. 22

Ventilspindel f. (Techn) ‖ valve rod ‖ tige f. de soupape. 23

Ventilsteuerung f. ‖ (poppet) valve gear ‖ commande f. des soupapes; distribution f. à soupapes. **a)** **entlastete ~** ‖ discharged valve regulation ‖ régulation f. par soupapes déchargées. 24

Ventil-stößel m. ‖ valve tappet *or* lifter ‖ tige-poussoir m. de soupape. **a)** **~teller** m. ‖ valve head ‖ tête f. de soupape. **b)** **~verkleidung** f. ‖ valve gear housing ‖ cache-soupape m. **c)** **~verschraubungsdichtung** f. ‖ valve cap gasket ‖ joint m. de bouchon de soupape. **d)** **~zapfen** m. ‖ valve plug ‖ obus m. 25

Venturi-messer m. für Wasser, Dampf, Gas und Luft ‖ Venturi-meter for water, steam, gas and air ‖ compteur m. Venturi pour l'eau, la vapeur, le gaz et l'air. **a)** **~rohr** n. ‖ Venturi tube ‖ trompe f. de Venturi. 26

Venusmilch f. ‖ lac virginale; virginal milk ‖ lait m. virginal. 27

verallgemeinern ‖ to generalize ‖ généraliser. 28

Verallgemeinerung f. ‖ generalization ‖ généralisation f. 29

veraltet ‖ obsolete ‖ suranné. 30

veränderlich ‖ variable ‖ variable. **a)** in sehr **weiten Grenzen** fpl. ~ ‖ variable *or* movable in a very wide range ‖ variable *ou* mobile dans de très larges limites. **b)** ~ **beschleunigte Bewegung** f. ‖ variable increasing motion ‖ mouvement m. variable accéléré. **c)** **gleichförmig ~e Bewegung** f. ‖ uniformly variable motion ‖ mouvement m. uniformément varié. **d)** **~e Füllung** f. ‖ variable admission ‖ admission f. variable. **e)** **~e Schnittgeschwindigkeit** f. ‖ variable cutting speed ‖ vitesse f. variable de coupe. 31

Veränderliche f. ‖ variable ‖ variable f. **a)** **abhängige ~** ‖ dependent variable ‖ variable f. dépendante. **b)** **unabhängige ~** ‖ independent variable ‖ variable f. indépendante. 32

verändern (Chem) ‖ to affect ‖ altérer. **a)** die **Gestalt ~** ‖ to deform ‖ déformer. 33

Veränderung f. (einer Veränderlichen) ‖ variation ‖ variation f. 34

verankern ‖ to anchor ‖ ancrer. **a)** den **Kessel** m. ~ ‖ to grapple the boiler ‖ ancrer la chaudière. 35

Verankerung f. ‖ anchoring ‖ ancrage m. **a)** ~ eines **Hängebrückenkabels** ‖ anchorage of the backstay of a suspension bridge ‖ amarrage m. d'un câble de retenue dans le puits d'amarre. **b)** ~ eines **Kessels** ‖ boiler brace ‖ renfort m. d'une chaudière. 36

Verankerungs-bolzen m. ‖ holding-down bolt ‖ boulon m. d'ancrage. **a)** **~kabel** n. ‖ mooring cable ‖ câble m. d'amarrage. 37

veranschlagen ‖ to estimate; to value ‖ estimer; évaluer; taxer. 38

veranschlagt ‖ estimated ‖ estimé; évalué. **a)** **zu hoch ~** ‖ over-estimated ‖ surfait. **b)** **zu niedrig ~** ‖ under-estimated ‖ évalué au-dessous de la valeur. 39

Veranschlagung f., **ungefähre** ‖ rough estimate ‖ évaluation f. approximative; devis m. approximatif. 40

verarbeiten ‖ to manufacture ‖ usiner. **a)** ~ (Chem) ‖ to treat ‖ traiter. 41

Verarbeiten n., das ~ der Kokons auf größere Zeiträume verteilen ‖ to extend the working-up the cocoons over a longer lapse of time ‖ répartir le traitement des cocons sur un laps de temps plus étendu. 42

verarbeitetes Silber n. ‖ wrought silver ‖ argent m. travaillé. 43

Verarbeitung f. ‖ treatment; working ‖ traitement m.; transformation f. **a)** **allgemeine** Richtlinien fpl. für die ~ ‖ general methods pl. of treatment ‖ directives mpl. généraux pour le traitement. **b)** die ~ **lohnt** sich selbst in kleinen Einheiten ‖ it pays to work it even in small units ‖ l'industrie f. rend même si elle est entreprise sur une petite échelle. **c)** ~ der **Rohstoffe** || working-up *or* consumption of raw materials || emploi m. des matières premières. **d) schwierige** ~ || difficult manufacture || difficultés fpl. que présentent le façonnage et l'usinage. **e) vorteilhafteste** ~ || the most advantageous methods of treating || le procédé le plus pratique de traitement. 1

Verarbeitungs-maschine f. für Holzwolle || wood wool working machine || machine f. à préparer la laine de bois. **a) ~stufe** f. || stage of manufacture || état m. de fabrication. 2

verarmen (Chem) || to reduce the strength || appauvrir; réduire la teneur. **a)** den **Gehalt** einer Flüssigkeit ~ (Chem) || to reduce the strength of a bath || appauvrir un bain; réduire la teneur d'un bain. 3

Verarmung f. (Chem) || reduction of strength || appauvrissement m. 4

veraschen (Chem) || to incinerate || incinérer. 5

Veraschungsschale f. || incineration dish || capsule f. à incinération. 6

veräthern || to alkoxylate || alcoxyler. 7

verauktionieren || to sell by auction || mettre à l'encan m. *ou* à l'enchère f. *ou* à la vente publique. 8

Veräußerungsverbot n. || receiving order against debtor in bankruptcy proceedings || ordonnance f. de mise sous sequestre. 9

Verband m. im **Holzwerk** || joining || assemblage m. **a)** ~ im **Mauerwerk** || bond || appareil m. **b) Dreieck~** (Bauw) || triangulated structure || section f. triangulaire. **c) Flugzeug~** || aeroplane formation || formation f. des avions. 10

Verband-holz n. || framing timber || bois m. d'assemblage. **a) ~kasten** m. || box for bandages; surgical case; ambulance box || boîte f. à pansement; boîtier m. **b) ~stelle** f. für erste Hilfe bei Unglücksfällen || first-aid station in case of accidents || poste m. de premier secours en cas d'accidents. **c) ~stoff** m. || bandaging material; (surgical) bandage; antiseptic dressing || matière f. à pansement *ou* à bandage. **d) ~watte** f. || surgical wool; compressed wadding || ouate f. à pansement. 11

verbessern, die **Angaben** fpl. || to correct the data || corriger les indications. 12

verbessertes Modell n. || improved model || modèle m. amélioré. **a)** ~ **Verfahren** n. || improved method || méthode f. améliorée. 13

Verbesserung f. || improvement || amélioration f. **a)** ~ des **Wirkungsgrades** um x bis y% || increase of efficiency by x to y% || augmentation f. du rendement de x à y%. 14

Verbesserungstaste f. (Schreibm) || correction key || touche f. correction. 15

verbiegbar || bendable || susceptible de se fausser. 16

verbiegen, einen **Typenhebel** m. || to bend a type bar || fausser une tige à caractères. 17

Verbiegung f., geringe ~ einer Achse || slight deformation of the axle || légère déformation f. d'essieu. 18

verbieten, die **Einfuhr** f. || to prohibit the import || prohiber l'importation. 19

verbilligen || to reduce *or* to lower in price; to cheapen || baisser le prix. **a)** die **Arbeit** bedeutend ~ || to cheapen the work to a considerable degree || réduire considérablement le prix d'un travail. 20

verbinden, mit **Anschlag** m. und **Überschlag** m. (Tischl) || to joint by double rebating || refeuiller. **a)** auf **Gehrung** f. ~ || to mitre || faire un assemblage d'onglet. **b) Holzstücke** npl. ~ || to joint timbers pl. || assembler des bois mpl. **c) kreuzweise** ~ || to joint crosswise || réunir en croix f. **d) sich** ~ (Chem) || to coalesce || se combiner. 21

Verbinden n. der **Karten** (Web) || card lacing || enlaçage m. de cartons. 22

Verbindlichkeit f., **Gesamt** (bei Verträgen) || joint liability || responsabilité f. solidaire. **a) ohne** ~ || without liability || sans responsabilité f. 23

Verbindung f. (Allgem) || union; combination || union f.; jonction f. **a)** ~ (Chem) || combination; compound || combinaison f.; composé m. **b)** ~ (Elektr) || connection; jumpering || connexion f. **c)** ~ (Fernm) || interconnection; communication || interconnexion f.; communication f.; conversation f. **d)** ~ (Techn) || joint || joint m.; jonction f. **e)** ~ (Zimm) || joining; assemblage || jonction f.; assemblage m. **f) Bestehen** n. der ~ (Fernm) || maintenance of connection || maintien m. de la communication. **g) chemische** ~ || chemical combination *or* compound || combinaison f. chimique. **h)** eine ~ **eingehen** (Chem) || to enter into combination || entrer en combinaison f. **i) falsche** ~ (Fernm) || wrong connection || faux raccordement m. **k) feste** ~ || rigid fastening || assemblage m. rigide. **l)** ~ durch **Gelenkwellen** || binding by means of cardan shafts || assemblage m. par arbres à cardan. **m) geschäftliche** ~ || business relation || relation f. d'affaires. **n)** eine ~ **herstellen** (Fernm) || to set up a connection || établir une communication. **o) in** ~ **treten** || to enter into negotiations || entrer en relations. **p)** die ~ **lösen** || to disconnect || déconnecter. **q) metallische** ~ || fusion of metals || liaison f. de métaux. **r) rechtwinklige** ~ || square joint || assemblage m. carré. **s)** ~ durch **Schlitzzapfen** || slit and tongue joint || assemblage m. par embrèvement. **t) schräge** ~ || bevil joint || assemblage m. en fausse coupe. **u) ternäre** ~ (Chem) || ternary compound || combinaison f. ternaire. **v)** eine ~ **trennen** (Fernm) || to cut a connection || couper une communication. **w) unlösbare** ~ || perfect junction || liaison f. indissoluble. 24

Verbindungen fpl. (Handel) || connections pl. || relations fpl. **a) ~en** fpl. **je Minute** (Fernm) || communications pl. per minute || communications fpl. par minute. 25

Verbindungs-aufbau m. (Fernm) || establishment of the connections || schéma m. des connections. **a) ~bahn** f. || junction line || ligne f. de jonction. **b) ~band** n. || binding bond || bande f. d'attache. **c) ~blech** n. || connecting plate || plaque f. de raccord. **d) ~bolzen** m. || holding bolt || boulon m. d'assemblage. **e) ~brücke** f. || connecting bridge || pont m. de communication. **f) ~gleis** n. || cross over road; junction rails pl. || voie f. de jonction; rails mpl. convergents. **g) ~glied** n. || connexion link || membre m. de raccord. **h) ~hebel** m. || connexion lever || levier m. intermédiaire. **i) ~hülse** f. (el Leit) || jointing sleeve || manchon m. **k) ~kabel** n. (Fernm) || junction cable || câble m. de jonction. **l) ~kanal** m. || junction canal || canal m. de jonction. **m) ~keil** m. || fixing key || clavette f. d'assemblage. **n) ~klammer** f. || splicing clamp || agrafe f. de joint. **o) ~klemmbrett** n. || connection terminal board || tablette f. à bornes de jonction. **p) ~klemme** f. (Elektr) || connector || serre-fils m.; borne f. de connection. **q) ~klinke** f. (Fernm) || junction jack || jack m. de jonction. **r) ~knie** n. || connecting knee || coude f. de jonction. **s) ~kurve** f. (Eisenb) || junction curve || courbe f. de raccordement. 26

Verbindungsleitung f. (Fernm) || junction line || ligne f. de raccordement. **a) gestörte** ~ (Fernm) || defective trunk || jonction f. dérangée. 27

Verbindungsleitungs-feld n. (Fernm) || junction line panel || champ m. des lignes auxiliaires. **a) ~verkehr** m. (Fernm) || trunking traffic; junction service || service m. des lignes auxiliaires; trafic m. sur les lignes auxiliaires. 28

Verbindungsmuffe f. || fixing sleeve || manchon m. d'assemblage. **a)** ~ (Kabel) || connecting box *or* sleeve || manchon m. de jonction *ou* de raccordement. **b) gerade** ~ || straight line box || manchon m. de raccordement droit. **c)** ~ eines **Kabels** || connecting box of a cable || manchon m. de jonction d'un câble. 29

Verbindungs-organ n. (Fernm) || connecting organ || organe m. de raccordement. **a) ~platte** f. || junction plate || plaque f. de jonction. **b) ~platz** m. (Fernm) || B-position || position f. B. **c) ~rohr** n. || connecting tube || tube m. de jonction. **d) ~röhre** f. || joint pipe || tuyau m. de jointure. **e) ~schäkel** m. || joining-shackle || manille f. d'assemblage. 30

Verbindungsschiene f. (Bauw) || connecting band || bande f. de jointure. **a)** ~ für **Knochen** (Heilk) || bone plate || attelle f. à os. 31

Verbindungs-schnecke f. || connecting worm || hélice f. de jointure. **a) ~schnur** f. (Fernm) || connecting cord || cordon m. de raccordement. **b) ~schraube** f. || binding screw || boulon m. clavetté; vis f. de jonction. 32

Verbindungsstange f. || connecting rod || barre f. de jointure. **a)** ~ (Weiche) || stretching rod || tringle m. d'écartement. **b)** ~ der **Scheinwerfer** || head lamp support tie rod || tige f. d'accouplement des porte-lanternes. 33

Verbindungs-stelle f. (el Leit) || joint || liaison f. des fils. **a) ~stöpsel** m. (Fernm) || plug connector; calling plug || fiche f. de raccordement *ou* d'appel. 34

Verbindungsstück n. (Eisenb) || interlinked *or* connecting piece || raccord m.; pièce f. de raccord. **a)** ~ für **Rohrleitungen** || connection piece for pipe lines || raccord m. pour tuyauteries. **b)** ~ **zwischen Vor-** und **Rückwärtsturbine** || intermediate piece between ahead and astern turbine || pièce f. intercalaire entre la turbine à marche avant et à marche arrière. 35

Verbindungs-stutzen m. (Kesselb) || connecting piece || tubulure f de communication. **a) ~verkehr** m. (Fernm) || junction service || service m. de jonction. **b) ~weiche** f. || switch rod || aiguille f. de

raccordement. c) **~welle** f. || connecting shaft || arbre m. de transmission. 1
Verblattung f. || scarving; scarf-joint || assemblage m. à mi-bois. 2
verbleichen || to fade || se faner. 3
verbleien || to lead || plomber. a) ein **Fenster** n. ~ || to lead light || sceller une vitre en plomb. 4
Verbleien n. || leading || plombage m. 5
Verbleiung f. || lead lining || plombage m. a) **Apparat** m. mit homogener ~ || apparatus homogeneously covered with lead || appareil m. à plombage homogène. 6
Verbleiungsanlage f. || lead covering *or* lead plating plant || installation f. de plombage. 7
verblenden (Bauw) || to blind || revêtir. a) die **Fachwand** ~ || to face a baywork with bricks || revêtir les pans m. en briques. 8
Verblender m. (Bauw) || facing-brick || brique f. de parement. a) **glasierter** ~ || glazed facing brick || brique f. glacée pour parement. 9
Verblend-marmor m. || facing marble || marbre m. de parement. a) **~scheibe** f. am Rad (Auto) || wheel disk || couvre-rayons m. de roue; disque m. de blindage pour roue. b) **~stein** m. || facing brick || brique f. de revêtement. 10
Verblendung f. (Bauw) || dressing || tablement m. 11
Verblocken n. (Fernm) || blocking || bloquage m.; blocage m.; serrage m. 12
Verblockung f. || locking; interlocking || bloquage m.; blocage m.; verrouillage m. 13
Verblockungssystem n. || interlocking device || système m. de verrouillage. 14
verbogen, im kalten **Zustande** m. || bent while cold || ployé à froid m. a) ~, ohne daß sich **schadhafte** Stellen zeigten || bent without showing any defects || déformé sans qu'il y eût des dégâts. b) die **Welle** f. ist ~ (Masch) || the shaft is bent || l'arbre m. est faussé. 15
verbolzen || to bolt; to fasten with bolts pl. || boulonner; cheviller. 16
Verbolzer m. (Schiffb) || bolter-up || boulonneur m. 17
verbolzt, die Gußstücke npl. sind mit der Unterlage || the castings are bolted direct to the foundation || les pièces fpl. sont boulonnées sur le socle. 18
Verbolzung f. || bolting || chevillage m. 19
Verbrauch m. || consumption || consommation f. a) ~ an **atmosphärischer** Luft || consumption of free air || consommation f. d'air libre. b) ~ an **Benzin** || gasoline consumption || consommation f. d'essence. c) ~ an **Dampf** || steam consumption || consommation f. *ou* dépense f. de vapeur. d) **durchschnittlicher** ~ || average consumption || consommation f. moyenne. e) ~ an **Gas** || gas consumption || consommation f. de gaz. f) **jährlicher** ~ || annual consumption || consommation f. annuelle. g) **kleinster spezifischer** ~ || minimum specific consumption || consommation f. spécifique minima. h) ~ für die **PS-Stunde** || consumption per HP/h || consommation f. au CV/h. i) ~ an **Werkstoffen** || consumption of raw material || consommation f. de matière brute. 20
verbrauchen || to consume || consommer. 21
Verbraucher m. || user; consumer || consommateur m.; abonné m. 22
Verbraucherbezirk m. || area of consumption || région f. d'utilisation. 23
Verbrauchsgebiet n. || aerea of supply || zone f. de consommation. a) ~ des **Stromes** || current supply area || centre m. de consommation du courant électrique. b) **Strom** m. wirtschaftlich und betriebssicher den **~en** npl. **zuführen** || to deliver the current economically and reliably to the supply area || conduire le courant m. jusqu'aux centres de consommation avec la plus grande économie et sûreté possibles. 24
Verbrauchs-gegenstände mpl. || consumable articles pl. || objets mpl. de consommation. a) **~kennlinie** f. || consumption characteristic || courbe f. caractéristique de consommation. b) **~last** f. || consumable load || charge f. de consommation. c) **~messer** m. || supply meter || compteur m. de consommation. d) **~prüfung** f. || consumption test || essai m. de consommation. e) **~spannung** f. || supply tension || tension f. de consommation. f) **~stelle** f. || place of consumption || lieu m. de consommation. g) **~zweig** m. (Elektr) || output circuit || circuit m. d'utilisation. 25
verbreitern || to enlarge || élargir. 26
Verbreiterung f. || increase of bredth || élargissement m. 27
verbrennbar || combustible || combustible. 28
verbrennen || to burn || brûler. a) **explosionsartig** ~ (Chem) || to deflagrate || déflagrer. b) **raketenartig** ~ (Chem) || to fuse; to fuze || fuser. c) **vollständig** ~ || to burn down || brûler entièrement. 29
Verbrennung f. || combustion || combustion f. a) **beschleunigte** ~ || accelerated combustion || combustion f. accélérée. b) **explosionsartige** ~ (Chem) || deflagration || déflagration f. c) **katalytische** ~ || catalytic combustion || combustion f. catalytique. d) **langsame** ~ || slow combustion || combustion f. lente. e) **lebhafte** ~ || rapid combustion || combustion f. vive. f) **plötzliche** ~ (Chem) || burning-off || déflagration f. g) **rauchfreie** ~ || smokeless combustion || combustion f. sans fumée. h) **schleichende** ~ || slow combustion || combustion f. lente. i) **unvollkommene** ~ || imperfect combustion || combustion f. imparfaite. k) **vollkommene** ~ || complete *or* perfect combustion || combustion f. complète *ou* parfaite. 30
Verbrennungs-analyse f. || combustion analysis || analyse f. par combustion. a) **~erzeugnis** n. || combustion product || produit m. de combustion. 31
Verbrennungsgase mpl. || gases pl. of combustion || gaz mpl. de la combustion. a) ~ **herausspülen** || to expel the burnt gases pl. || chasser les gaz mpl. brûlés. 32
Verbrennungs-kammer f. (Kesselb) || combustion chamber || chambre f. de combustion. a) registrierender **~kontrollapparat** m. || combustion recorder || appareil m. enregistreur de contrôle de combustion. b) **~kraftmaschine** f. || combustion motor || moteur m. à combustion. c) **~linie** f. || combustion curve || courbe f. de combustion. d) **~lokomotive** f. || internal combustion locomotive || locomotive f. à moteur à combustion. e) **~luft** f. || air of combustion || air m. de combustion. f) **~maschine** f. || internal combustion engine || moteur m. à combustion intérieure. g) **~motor** m. || internal combustion motor || moteur m. à combustion (interne *ou* intérieure). h) **~ofen** m. || combustion furnace || four m. à combustion. i) **~produkt** n. || combustion product || produit m. de combustion. k) **~raum** m. || combustion chamber *or* space || chambre f. de combustion *ou* d'explosion. l) **~rohr** n. (Chem) || combustion tube || tube m. de combustion. m) **~vorgang** m. || process of combustion || marche f. de la combustion. n) **~wärme** f. || combustion heat || chaleur f. de combustion. o) **~zone** f. || zone of combustion || zone f. de combustion. 33
Verbrüstung f. || abutting || embranchement m. 34
Verbund-anordnung f. || compound arrangement || disposition f. compound. a) **~dampfbackofen** m. || combination baking steam oven || four m. coopérative à vapeur. b) **~dampfgebläsemaschine** f. || compound steam blowing engine || machine-soufflante f. à vapeur compound. 35
Verbunddampfmaschine f. || compound steam engine || machine f. à vapeur compound. a) **Einkurbel~** || single crank compound steam engine || machine f. à vapeur compound à single manivelle. 36
Verbunddynamomaschine f. || compound wound dynamio || dynamo f. compound. 37
verbunden || connected || conjugué; assemblé. a) **miteinander ~e Teile** mpl. || combined parts || pièces fpl. assemblées *ou* combinées. 38
Verbundfederhammer m. || compound spring hammer || marteau m. à ressort compound. 39
Verbundlokomotive f. || compound locomotive || locomotive f. compound. a) $^3/_3$ **gekuppelte** ~ || six-coupled compound locomotive || locomotive f. compound à trois essieux couplés. 40
Verbund-maschine f. || compound engine || machine f. compound. a) **~mühle** f. || compound mill || moulin m. compound *ou* combiné. b) **~rohrmühle** f. || compound tube mill || moulin m. tubulaire combiné. c) **~stahlpanzerblech** n. || compound armour plate || tôle f. de blindage en acier compound. d) nach dem **~system** n. **arbeiten** || to work compound || fonctionner en compound. e) **~trockner** m. || compound dryer || sécheur m. système compound. f) **~wickelung** f. || compound winding || enroulement m. compound. g) **~wirkung** f. || combined effect || effet m. compound. 41
Verchlorung f. || chlorination || chlorination f. 42
verchromen || to chrome; to plate with chrome || chromer. 43
verchromt || chrome-plated || chromé. 44
Verchromungsanlage f. || chromium plating plant || installation f. de chromage. 45
verdämmen, einen **Fluß** m. || to dam up the course of a stream || arrêter les eaux fpl. d'une rivière par des digues. a) die **Wasser** npl. ~ (Bergb) || to keep off the waters pl. by timbering || cuveler les eaux fpl. d'une couche. 46
Verdampfapparat m. || vaporizer; evaporator || vaporisateur m.; appareil m. à vaporiser. a) **Vakuum~** || vacuum evaporator || vaporisateur m. à vide. 47
verdampfbar, schwer **~er** Stoff m. || substance (which is) difficult to volatilize || substance f. difficile à vaporiser. 48

verdampfen ‖ to vaporize; to evaporate ‖ vaporiser; évaporer. 1

Verdampfer m. ‖ evaporator ‖ vaporisateur m.; évaporateur m. **a) Rohwasser~** ‖ untreated water evaporator ‖ vaporisateur m. d'eau brute. 2

Verdampfung f. ‖ evaporation; (e)vaporization; vaporizing ‖ évaporation f.; (é)vaporisation f. 3

Verdampfungs-apparat m. *s.* Verdampfapparat. **a) ~fähigkeit** f. ‖ evaporative capacity *or* efficiency; steaming duty ‖ capacité f. de vaporisation; débit m. évaporatif; puissance f. d'évaporation. **b) ~-geschwindigkeit** f. ‖ rapidity of vaporization ‖ rapidité f. de la vaporisation. **c) ~-kondensator** m. ‖ evaporation condenser ‖ condenseur m. à évaporation. **d) ~-kühlung** f. ‖ evaporation hopper cooling ‖ refroidissement m. par évaporation. **e) ~punkt** m. ‖ evaporating point ‖ point m. de vaporisation. **f) ~schnelligkeit** f. *s.* ~geschwindigkeit. **g) ~temperatur** f. ‖ evaporation temperature ‖ température f. d'évaporation. **h) ~vergaser** m. ‖ vaporizing *or* evaporation carburettor ‖ carburateur m. à barbotage *ou* à évaporation. **i) ~vermögen** n. des Kessels ‖ evaporative duty of boiler ‖ débit m. évaporatif. **k) ~wärme** f. ‖ vaporization heat ‖ chaleur f. de vaporisation *ou* d'évaporation. 4

Verdeck n. (Auto) ‖ cape hood; (canopy) top ‖ capote f.; pavillon m. **a) amerikanisches ~** (Auto) ‖ cape cart top ‖ capote f. américaine. **b)** das **~ aufschlagen** ‖ to put the hood up; to raise the hood ‖ relever la capote. **c) Klapp~** ‖ collapsible hood ‖ capote f. pliable. **d) Kraftwagen~** ‖ automobile head ‖ dais m. *ou* capote f. pour automobiles. **e) mit~** (Schiffb) ‖ decked ‖ ponté. **f)** das **~ öffnen** ‖ to put the hood down ‖ baisser la capote. **g) Räderschutz~** ‖ gear wheel guard ‖ cage f. protectrice pour l'engrenage. **h) ~** aus **Segeltuch** ‖ canvas hood; cape cart top ‖ capote f. en toile. **i) zusammenklappbares ~** (Auto) ‖ folding top ‖ capote f. pliante *ou* rabattable. 5

Verdeckhülle f. (Auto) ‖ dust hood ‖ enveloppe f. de capote. 6

Verdeckleder n. (Wagen) ‖ coach *or* head leather ‖ cuir m. à capot. **a) genarbtes ~** ‖ corned head-leather ‖ cuir m. grené de capot. **b) lackiertes ~** ‖ enamelled head-leather ‖ cuir m. verni de capote. 7

Verdecksitz m. (Wagen) ‖ roof-seat; top ‖ impériale f. 8

Verdeckung f. der Räder ‖ cover of wheel-gearing ‖ couvre-engrenage m. 9

verderben ‖ to spoil ‖ gâter. 10

verderblich, leicht ‖ perishable ‖ périssable. **a) leicht ~e Artikel** mpl. ‖ perishable goods pl. ‖ marchandises fpl. sujettes à se gâter. 11

verdeutlichen ‖ to make plain; to elucidate ‖ rendre clair; élucider. 12

verdichtbar (Phys) ‖ condensable ‖ condensable. 13

Verdichtbarkeit f. ‖ compressibility; condensability ‖ compressibilité f.; condensabilité f. 14

verdichten (Gase) ‖ to condense ‖ condenser. **a) ~** (Met) ‖ to solidify ‖ solidifier. **b) sich ~** (Chem) ‖ to condense ‖ se condenser. 15

Verdichter m. (Elektr) ‖ condenser ‖ condensateur m. **a) ~** (Mot) ‖ compressor ‖ compresseur m. **b) Einspritz~** ‖ jet condenser ‖ condenseur m. à jet. **c) Eis~** ‖ ice compressor ‖ compresseur m. à glace. **d) Luft~** ‖ air compressor ‖ compresseur m. d'air. **e) Vor~** (Mot) ‖ compressor ‖ compresseur m. 16

Verdichtung f. ‖ compression; condensation ‖ compression f.; condensation f. **a) einstufige ~** ‖ single-stage compression ‖ compression f. mono-étagée. **b) ~** von **Industriegasen** ‖ compressing of industrial gases ‖ compression f. des gaz industriels. **c) mechanische ~** ‖ mechanic compression ‖ compression f. mécanique. **d) mehrstufige ~** ‖ multiple stage compression ‖ compression f. à plusieurs étages. **e) zweistufige ~** ‖ two-stage compression ‖ compression f. bi-étagée *ou* à deux étages. 17

Verdichtungs-arbeit f. ‖ work done in compression ‖ travail m. de compression. **a) ~hahn** m. ‖ priming cock; compression cock ‖ robinet m. de compression. **b) ~hub** m. ‖ compression stroke ‖ course f. de compression. **c) ~minderer** m. ‖ compression release ‖ décompresseur m. **d) ~nocken** m. ‖ compression release ‖ came f. de décompression. 18

Verdichtungsraum m. ‖ clearance space ‖ chambre f. de compression. **a) ~** des **Zylinders** ‖ clearance volume of cylinder ‖ volume m. de la chambre de compression. 19

Verdichtungs-verhältnis n. ‖ compression ratio ‖ rapport m. *ou* taux m. *ou* degré m. de compression. **a) ~verminderung** f. ‖ compression relief ‖ décompression f. 20

verdicken, eine **Flüssigkeit** f. ‖ to thicken a liquid ‖ épaisser un liquide. **a) sich ~** ‖ to coagulate; to thicken ‖ se coaguler; s'épaissir. 21

Verdickungsmittel n. ‖ thickening substance ‖ (produit m.) épaississant m. 22

Verdingarbeit f. ‖ work by contract ‖ travail m. à prix fait *ou* à la tâche *ou* à forfait. 23

verdingen ‖ to adjudicate ‖ mettre en adjudication f. **a) ~** (die Ausführung von Grubenarbeiten) ‖ to set-off pitches ‖ donner à forfait m. 24

Verdingung f. ‖ submission ‖ adjudication f. **a) ~** einer **Arbeit im Ganzen** ‖ letting-out in contract ‖ forfait m. 25

Verdingungs-summe f. ‖ sum of the contract ‖ montant m. du forfait. **a) ~-unterlagen** fpl. ‖ specification ‖ cahier m. des charges. 26

Verdoppelung f. eines **Segels** ‖ lining of a sail ‖ doublage m. d'une voile. 27

verdorbene Luft f. ‖ foul air ‖ air m. vicié. 28

Verdrahtungsmaschine f. für **Flaschen** ‖ bottle wiring machine ‖ machine f. à agrafer les bouteilles. 29

Verdrallung f. (Fernm) ‖ twisting ‖ toronnage m. 30

Verdrang m. (Schiffb) ‖ displacement ‖ déplacement m. 31

verdrängen, die **Luft** ‖ to displace the air ‖ déplacer l'air. 32

verdrängte Wassermenge f. (Schiff) ‖ quantity of water displaced by a vessel ‖ volume m. d'eau déplacé par la coque d'un navire. 33

Verdrängung f. (Chem) ‖ displacement ‖ déplacement m. 34

verdrehen ‖ to wrench; to distort ‖ fausser; tordre. 35

verdreht, um x^0 **~e** Achse f. ‖ axle distorted to an angle of about x^0 ‖ essieu m. tordu d'un angle de x^0 environ. 36

Verdrehung f. ‖ twisting; torsion ‖ torsion f. **a) doppelte ~** der Drähte (elLeit) ‖ double thrilling ‖ rotation f. double. **b) einfache ~** der Drähte (elLeit) ‖ simple thrilling ‖ rotation f. simple. 37

Verdrehungs-festigkeit f. ‖ twisting strength ‖ résistance f. à la torsion. **a) ~moment** n. ‖ torsional moment ‖ moment m. de torsion. **b) ~probe** f. ‖ test by torsion ‖ essai m. de torsion. 38

verdreifacht ‖ trebled; tripled ‖ triplé. 39

verdrillen (Fernm) ‖ to twist ‖ torsader. 40

Verdrillung f. (Fernm) ‖ twisting ‖ toronnage m. 41

verdrucken (Buchdr) ‖ to misprint ‖ transposer. 42

Verdrückung f. eines **Flözes** ‖ contraction of a seam ‖ étranglement m. d'une veine. 43

verdübeln (Küf) ‖ to pin; to peg ‖ goujonner. 44

Verdübeln n. *s.* Verdübelung. 45

Verdübelung f. ‖ pegging; dowelling ‖ assemblage m. à goujons; chevillure. 46

verdunkeln (Farben) ‖ to deepen ‖ assombrir. 47

Verdunkelungsanlage f. ‖ darkening plant ‖ installation f. d'obscurcissement. 48

verdünnen ‖ to dilute ‖ diluer. **a)** eine **Lösung** f. **~** ‖ to dilute a solution ‖ étendre une dissolution f. **b)** die **Säure** f. **~** ‖ to dilute the acid ‖ diluer l'acide m. 49

verdünnt (Flüssigkeit) ‖ diluted ‖ étendu; dilué. **a) ~** (Gas) ‖ rarefied ‖ raréfié. **b) ~e Lösung** f. ‖ weak solution ‖ solution f. diluée. **c) ~e Luft** f. ‖ rarefied air ‖ air m. raréfié. **d) ~e Säure** f. ‖ diluted *or* dilute acid ‖ acide m. dilué *ou* étendu. 50

Verdünnung f. (von Flüssigkeiten) ‖ dilution ‖ dilution f. **a) ~** (von Gasen) ‖ rarefaction; evacuation ‖ raréfaction f. 51

Verdünnungs-grad m. ‖ extent of dilution ‖ degré m. de dilution. **a) ~mittel** n. ‖ diluent; diluting agent; thinning product ‖ diluant m.; délayant m. **b) ~wärme** f. ‖ dilution heat ‖ chaleur f. de dilution. 52

verdunsten ‖ to volatilize; to evaporate ‖ se volatiliser; s'évaporer. 53

Verdunstung f. ‖ volatilization ‖ volatilisation f. 54

Verdunstungs-kälte f. ‖ cold due to evaporation ‖ froid m. dû à l'évaporation. **a) ~kühlung** f. ‖ evaporative cooling; cooling by evaporation ‖ refroidissement m. par évaporation. **b) ~messer** m. ‖ evaporation meter; atmometer; evaporimeter ‖ évaporimètre m.; atmomètre m. 55

veredeln (Chem) ‖ to prepare ‖ apprêter. 56

Veredelung f. (Erz) ‖ enrichment ‖ enrichissement m. **a) Anlage** f. zur **~** vegetabilischer Öle und Fette ‖ plant for the treatment of vegetable oils and fats ‖ installation f. pour le raffinage des huiles et graisses végétales. 57

Veredelungs-anlage f. für Saaten ‖ seed cultivating plant ‖ installation f. d'amélioration des sémences. **a) ~vorgang** m. ‖ refining process ‖ opération f. de raffinage. **b) ~verfahren** n. ‖ refining process ‖ procédé m. de raffinage. 58

Verein m. ‖ club; association; society ‖ société f.; association f. 59

vereinbaren || to agree upon...; to stipulate || convenir. **a) schriftlich** ~ || to stipulate in writing || stipuler par écrit. 1
Vereinbarung f. || agreement; arrangement || accord m.; convention f.; arrangement m. **a) mündliche** ~ || verbal agreement || accord m. verbal; convention f. verbale. **b) schriftliche** ~ || written agreement || accord m. écrit. 2
vereinfachen || to simplify || simplifier. **a)** die **Rechnung** ~ || to simplify the calculation || simplifier le calcul. 3
Vereinfachung f. || simplification || simplification f. **a)** ~ (Math) || reduction || réduction f. 4
vereinheitlicht (Bauart v. Maschinen) || standardized || unifié. 5
Vereinheitlichung f. || standardization || standardisation f. 6
vereinigen || to combine || combiner. **a)** an einem **Punkt** m. ~ || to centralize in one place || réunir au même endroit m. 7
Vereins-band n. || club ribbon || ruban m. pour sociétés. **a) ~lenkachse** f. || flexible axle approved by the German railway association || essieu m. de l'union des chemins de fer allemands. 8
vereinzelt || single; solitary; isolated || isolé; séparé. 9
verengern || to contract || rétrécir. 10
Verengern n. der **Irisblende** || contracting the iris diaphragm || réduction f. de l'ouverture du diaphragme-iris. 11
verengt || narrowed || resserré. 12
Verengung f. || narrowing; contraction || rétrécissement m. 13
Verfahreinrichtung f. || displacing device || dispositif m. de déplacement. 14
verfahren (Hebezeug) || to traverse || déplacer. **a)** die **Schicht** ~ (Bergb) || to work out the task || faire sa tâche f. 15
Verfahren n. || method; process; proceeding || méthode f.; procédé m.; opération f. **a) analytisches** ~ || analytical method; method of analysis || méthode f. analytique. **b) basisches** ~ (Met) || basic process || procédé m. basique. **c) chemisches** ~ || chemical process || procédé m. chimique. **d) Durchführung** f. des ~s im Großbetrieb || working the process on a large scale || mettre le procédé en œuvre sur une vaste échelle. **e)** ~ **einstellen** || to abandon proceeding || abandonner la démarche. **f) grafisches** ~ || graphic method || procédé m. graphique. **g) Hauptträger** m. des ~s || chief profit making factor of the process || but m. primordial du procédé. **h) Herstellungs~** || process of manufacture || procédé m. de fabrication. **i) Induktions~** || induction process || procédé m. d'induction. **k) kein gutes** ~ || not a good method || pas une bonne méthode. **l) mechanisches** ~ || mechanical method || méthode f. mécanique. **m) nasses** ~ || wet process || procédé m. par voie humide. **n) saures** ~ (Met) || acid process || procédé m. acide. **o) synthetisches** ~ || synthetical method || méthode f. synthétique. **p) trocknes** ~ || dry treatment || voie f. sèche. **q)** ~ der **unbestimmten Koeffizienten** || method of undetermined coefficients || méthode f. des coefficients indéterminés. **r) verbessertes** ~ || improved method || méthode f. améliorée. **s) weniger gutes** ~ || inferior method || méthode f. inférieure. 16
Verfall m. (Bank) || decay; ruin || décadence f.; ruine f. **a) bei** ~ (Bank) || when due || à l'échéance. **b)** ~ eines **Gebäudes** || decay *or* delapidation of a building || dégradation f. d'un bâtiment. 17
Verfall-tag m. (Wechsel) || due date; date of maturity || jour m. de l'échéance f. **a) ~zeit** f. (Wechsel) || time of payment || échéance f. 18
verfälschen || to tamper with; to adulterate || falsifier; altérer; adultérer. 19
Verfälschung f. || adulteration || adultération f.; falsification f. 20
Verfasser m. || writer; author || auteur m. 21
Verfasserverbesserung f. || author's proof || correction f. d'auteur. 22
verfaulen || to moulder; to rot || vermouler; pourrir. 23
Verfaulen n. des **Holzes** || rotting of the wood || pourriture f. du bois. 24
verfault || rotten || pourri. 25
verfehlt || unsuitable || manqué. 26
verfeinern || to refine || raffiner. 27
Verfeinerungsmaschine f. für Bandstahl || machinery for refining steel strip || affineuse f. mécanique pour feuillards d'acier. 28
verfertigen || to manufacture || fabriquer. 29
verfeuern, Steinkohle f. || to burn pit-coal || brûler de la houille. 30
verfilzen (Hutm) || to felt; to plank || feutrer. 31
verfilzt || felted || feutré. 32
verfilzungsfähig (Spinn; Web) || proper to felt || feutrable. 33
Verfinsterung f. des **Lichtes** eines Leuchtfeuers || eclipse of the light of a lighthouse || éclipse f. de la lumière d'un phare. **a)** ~ eines **Sternes** || occultation of a star || occultation f. d'une étoile. 34
verfirsten, ein Dach n. || to ridge a house || enfaîter une maison. 35
Verfirstung f. || ridging; ridge covering || faîtage m. 36
verflechten || to entwine; to implicate || enlacer. 37
Verflechtung f. || entangling || enlacement m. 38
verfliegen, sich || to lose one's bearings; to become lost || être désorienté; s'égarer. 39
verflüchtigen || to volatilize || subtiliser; volatiliser. **a) Fähigkeit** f. sich zu ~ || volatility || volatilité f. 40
Verflüchtigung f. || volatilization || subtilisation f. 41
verflüssigen (Chem) || to liquefy || liquéfier. **a)** durch **Druck** m. ~ (Chem) || to liquefy by pressure || liquéfier par compression. 42
Verflüssiger m. || condenser || condenseur. m. **a) ~anlage** f. || condenser plant || installation f. de condensation. 43
verflüssigtes Gas n. || liquefied gas || gaz m. liquéfié. 44
Verflüssigung f. || liquefaction || liquéfaction f. **a)** ~ (Masch) || condensation || condensation f. **b)** Anlage f. zur ~ von **Gasen** || plant for liquefaction of gases || installation f. de liquéfaction des gaz. **c)** ~ von **Gasgemischen** || liquefaction of gas mixtures || liquéfaction f. de mélanges de gaz. **d)** ~ von **Industriegasen** || liquefying of industrial gases || liquéfaction f. des gaz industriels. **e) Kohle~** || liquefaction of coal || liquéfaction f. du charbon. 45
Verflüssigungsanlage f. für **Gas** || gas liquefying plant || installation f. de liquéfaction de gaz. **a) Kohlensäure~** || carbonic acid liquefying plant || installation f. de liquéfaction de l'acide carbonique. **b) Luft~** || air liquefying plant || installation f. de liquéfaction de l'air. 46
Verflüssigungs-temperatur f., **hohe** || high liquefaction temperature || température f. haute de liquéfaction. **a) ~verfahren** n. || liquefaction process || procédé m. de liquéfaction. 47
Verfrachter m. || freighter || expéditeur m. 48
Verfrachtung f. nach **Gewicht** || charter by weight || affrètement m. au quintal. **a)** ~ nach **Maß** || freight by measure || affrètement m. au tonneau. 49
verfügbar-e Aktiva npl. || available assets pl. || actif m. disponible. **a) ~e Energie** f. || available energy || énergie f. disponible. **b) ~es Geld** n. || cash in hand; funds at one's disposal || fonds mpl. disponibles *ou* mobilisables; disponibilités fpl. 50
Verfügung f. || official letter || arrêt m. 51
Verfügungsrecht n. des **Grundeigentümers** || right of disposal by the owner of the soil || droit m. pour le propriétaire de disposer du fonds. 52
verfüllen, den **Fehlboden** m. || to plaster the sound floor || entrevoûter les solives fpl. 53
Verfüllen n. der **Gleise** || bedding the track || soulèvement m. des rails. 54
Verfüllung f. der **Grundmauern** || puddling of foundation-walls || remblai m. des fondements. 55
vergällen || to denaturate || dénaturer. 56
Vergällung f. (Chem) || denaturation || dénaturation f. 57
Vergällungs-holzgeist m. || denaturating wood naphtha || alcool m. méthylique dénaturant. **a) ~mittel** n. || denaturating agent || dénaturant m. 58
vergärbar (Chem) || fermentable || fermentescible. 59
Vergärbarkeit f. || fermentability || fermentescibilité f. 60
vergären (Chem) || to ferment || fermenter. 61
Vergärung f. || fermentation; attenuation || fermentation f.; atténuation f. **a) End~** || final attenuation || atténuation f. finale. 62
Vergärungsgrad m. || degree of fermentation *or* attenuation || degré m. de fermentation *ou* d'atténuation. **a) ~bestimmung** f. || determination of the attenuation || détermination f. de l'atténuation. 63
vergasbar (Chem) || gasifiable || gazéifiable. **a) nicht** ~ || ungasifiable || ingazéifiable. 64
Vergasbarkeit f. || gasifiability || gazéifiabilité f. 65
vergasen (Chem) || to gasify || gazéifier. 66
Vergaser m. || carburettor; carburetor; carburetter || carburateur m. **a)** ~ mit **Auspuffgasheizmantel** || exhaust jacketed carburettor || carburateur m. réchauffé par l'échappement. **b) Doppel~** || duplex carburettor || carburateur m. jumelé. **c)** ~ mit **Druckförderung** || pressure-fed carburettor || carburateur m. alimenté sous pression. **d) Einspritz~** || atomizing *or* spray carburettor || carburateur m. à giclage *ou* à pulvérisation. **e)** ~ mit **gleichbleibendem Stand** || constant level carburettor || carburateur m. à niveau constant. **f)** ~ mit **konstantem Flüssigkeitsniveau** || *s.* ~ mit gleichbleibendem Stand. **g) Mehrdüsen~** || multiple jet carburettor || carburateur m. à plusieurs gicleurs. **h) Oberflächen~** || surface carburettor ||

carburateur m. par surface *ou* à léchage. **i) Petroleum~** || petroleum carburettor || carburateur m. à pétrole. **k) ~ mit Schwimmereinrichtung** || constant level carburettor || carburateur m. à niveau constant. **l) Spiritus~** || alcohol carburettor || carburateur m. à alcool. **m) Verdampfungs~** || evaporation *or* vaporizing carburettor || carburateur m. à barbotage *ou* à évaporation. **n) ~ mit Wasserheizmantel** || water jacketed carburettor || carburateur m. à chemise d'eau. **o) Zerstäubungs~** || jet *or* spray carburettor || carburateur m. à giclage *ou* à pulvérisation. 1

Vergaser-deckel m. || lid of carburettor || couvercle m. du carburateur. **a) ~gestänge** n. || carburettor control || commandes fpl. du carburateur. **b) ~kolben** m. || carburettor piston || piston m. du carburateur. **c) ~regelung** f. || carburettor adjustment || réglage m. de carburateur. **d) ~schwimmer** m. || carburettor float || flotteur m. de carburateur. **e) ~ventil** n. || carburettor valve || bille f. du carburateur. 2

Vergasung f. || reduction into gas; evaporation; gasification || gazéification f.; évaporation f. **a) ~ von Brennstoffen** || gasification of solid fuels || gazéification f. de combustibles. 3

Vergasungsverfahren n. || process of gasification || procédé m. de gazéification. 4

Vergebung f. eines **Auftrages** || placing of an order || remise f. d'une commande. 5

vergewissern || to ascertain || confirmer. **a) sich** (einer Sache) **~** || to make sure (of a thing) || s'assurer (de quelque chose). 6

vergießbar, unmittelbar **~er** Stahl m. || steel ready for casting || acier m. liquide instantanément prêt à être coulé. 7

vergießen, die Fugen fpl. mit Mörtel || to fill-in the joints pl. || sceller les joints mpl. en mortier. **a)** die **Klammern** fpl. mit Blei **~** || to run-in the clamps with lead || sceller les crampons mpl. en plomb. 8

vergiften (Chem) || to poison || empoisonner. 9

Vergiftung f. || poisoning || empoisonnement m. 10

vergilben (Tinte) || to become yellow || jaunir. 11

vergittern, mit **Holz** n. || to lattice || jalouser. 12

verglasen || to glaze || vitrifier; verrer. **a)** ein **Fenster** n. **~** || to glaze a window || vitrer une fenêtre. **b)** die **Scheiben** fpl. in Kitt **~** || to put the panes pl. in putty || poser les vitres fpl. à mastic. 13

verglast || glazed || vitré. 14

verglast-e in Eisenkonstruktion gehaltene Hallen fpl. || glazed iron-frame constructions pl. || halls mpl. en charpente métallique vitrée. **a) ~e Tonwaren** fpl. || glazed earthenware || faïence f. 15

Verglasung f. (Fenster) || glazing || vitrage m. **a) ~** (Glasur) || glace || vernis m.; couverte f. **b) ~** (Verwandlung in Glas) || vitrification || vitrification f. 16

Vergleich m. || agreement; arrangement; compromise || arrangement m.; accord m. **a) gütlicher ~** || amicable arrangement || arrangement m. à l'amiable. **b) zahlenmäßiger ~** || numerical comparison || comparaison f. numérique. 17

vergleichen (Math) || to compare || comparer. **a) sich** mit seinen Gläubigern **~** || to make a private arrangement *or* settlement with one's creditors || s'arranger *ou* passer un arrangement avec ses créanciers. **b)** die **Zeit ~** || to check the time || collationner le temps. 18

vergleichende Messung f. || comparative measure || mesure f. comparative. 19

Vergleichs-elektrode f. || comparison electrode || électrode f. de comparaison. **a) ~methode** f. || comparison method || méthode f. de comparaison. **b) ~mikroskop** n. für Spektren || comparison microscope for spectra || microscope m. pour la comparaison des spectres. **c) ~okular** n. || comparison eyepiece || oculaire m. de comparaison. **d) ~prisma** n. || comparison prism || prisme m. de comparaison. **e) ~schießen** n. || comparative firing || tir m. comparatif. **f) ~spektroskop** n. || comparison spectroscope || spectroscope m. de comparaison. 20

Vergleichsspektrum n. || comparison spectrum || spectre m. de comparaison. **a) Einrichtung** f. zur Vergleichung des Spektrums mit einer Wellenlängenskale und einem **~** || device for comparison of spectrums consisting of a comparison wave length scale and a comparison spectrum || dispositif m. pour comparer le spectre avec une échelle de longueurs d'onde et un autre spectre. 21

Vergleichs-sternskale f. (Astro) || comparison star scale || échelle f. de comparaison des astres. **a) ~tag** m. || day of settlement || jour m. de conciliation. **b) ~termin** m. *s.* **~tag. c) ~verfahren** n. || comparison method || méthode f. de comparaison. **d) ~wert** m. (Chem) || comparative value || valeur f. comparative. **e) ~widerstand** m. || standard resistance || résistance f. étalon. **f) ~methode** f. || method of comparison || méthode f. de comparaison. 22

verglimmen || to burn || se consumer. 23

verglühen (Chem) || to glow || brûler sans flamme. **a) Porzellan** n. **~** || to give the biscuit-baking to porcelain || dégourdir la porcelaine dure; cuire en dégourdi la porcelaine. 24

Vergnügungs-boot n. || pleasure boat || bateau m. de plaisance. **a) ~jacht** f. || pleasure yacht || yacht m. de plaisance. **b) ~zug** m. || excursion train || train m. de plaisir. 25

vergolden || to gild || dorer. **a) galvanisch ~** || to electro-gild || dorer galvaniquement. 26

Vergoldepresse f. || gilding press || presse f. à dorure *ou* à dorer *ou* à tranchefiler. 27

Vergolde- und Prägepresse f. || gilding and embossing press || presse f. à dorer et à estamper. 28

Vergolder m. || gilder || doreur m. **a) ~** von **Holzschnitzwaren** || gilder on carved wood || doreur m. sur bois sculptés. 29

Vergolder-grund m. || gilding size || assiette f. **a) ~lack** m. || gilder's varnish || vernis m. pour dorure. **b) ~messer** n. || gilder's knife || avivoir m. **c) ~pinsel** m. || gilder's tip || doroir m. **d) ~presse** f. || gilding press || presse f. à tranche-filer. **e) ~wachs** n. || gilder's wax || cire f. à dorer. **f) ~zange** f. || gilder's tongs pl. || moustache f. 30

vergoldet || gilt || doré. **a) ~er Hohlspiegel** m. || gilt concave mirror || réflecteur m. concave doré. **b) ~es Kupfer** n. || gilt copper || cuivre m. doré. **c) ~es Silber** n. || gilt silver || argent m. doré. **d) ~e Silberware** f. || vermeil || vermeil m. 31

Vergoldetisch m. || gilding bench || table f. de doreur. 32

Vergoldung f. || gilding || dorure f.; dorage m. **a) ~** durch **Amalgam** || gilding by amalgam || dorure f. au sauté. **b)** die **~ beseitigen** || to ungild || dédorer. **c) ~** mit **Blattgold** || burnished gilding of metals || dorure f. avec de l'or en feuilles. **d) ~** auf **Bronze** || wash gilding || dorure f. sur bronze. **e) Eintauch~** || gilding by dipping || dorage m. par immersion. **f) Feuer~** || dry *or* fire *or* hot gilding || dorure f. au feu. **g) galvanische ~** || electro gilding; electro gold plating || dorure f. galvanique. **h) ~** von **Holz** || wood gilding || dorure f. sur bois. **i) kalte ~** || cold gilding || dorure f. au pouce. **k) ~** auf **Leimgrund** || gilding in distemper || dorure f. en détrempe. **l) Matt~** || dead-gilding || dorage m. mat. **m) nasse ~** || wet water gilding || dorure f. à la trempe. **n) Öl~** || gilding in oil; oil gilding || dorure f. à l'huile. **o) rauhe ~** || rugged gilding || dorure f. hachée. **p)** die **~ verlieren** || to loose the gilt || se dédorer. 33

Vergoldungs-anlage f. || gold-plating plant || installation f. de dorure. **a) ~grundierer** m. || gold sizer || assietteur m. **b) ~wachs** n. || gilder's wax || cire f. à dorer. **c) ~wasser** n. || quick water || dissolution f. mercurielle. 34

vergossen, mit flüssiger heißer Masse f. (Kabel) || filled-up with liquid hot material || scellé d'une masse liquide à chaud. 35

vergriffen (Vorrat; Ware) || exhausted; sold || vendu; épuisé. 36

vergrößern || to magnify; to enlarge || agrandir; grossir. 37

vergrößernd, stark **~es Fernrohr** n. || highly magnifying telescope || lunette f. à fort grossissement. **a) ~e Wirkung** f. || magnifying effect || action f. grossissante; effet m. grossissant. **b) x fach ~** || magnifying x times || grossissant x fois. 38

vergrößert || enlarged || agrandi. 39

Vergrößerung f. || magnification; enlarging; enlargement || grossissement m.; agrandissement m. **a) Einzel~** (Opt) || component magnification || grossissement m. propre *ou* partiel. **b) Gesamt~** || total magnification || grossissement m. total. **c) nutzbare ~** || effective *or* useful magnification || grossissement m. utile. **d) ~** eines **Okulares** || magnification due to an eyepiece || grossissement m. d'un oculaire. **e) x fache ~** (Opt) || x fold magnification || grossissement m. (de) x diamètres. **f) ~** von **Zeichnungen** || enlarging drawings || agrandissement m. des dessins. 40

Vergrößerungsapparat m. || magnifying *or* enlarging apparatus || appareil m. amplifiant *ou* d'agrandissement. **a) fotografischer ~** || photographical magnifying apparatus || appareil m. grossissant pour la photographie. 41

Vergrößerungs-glas n. || microscope; magnifying glass || microscope m.; loupe f.; verre m. grossissant. **a) ~grenze** f. || limit of magnification || limite f. de grossissement. **b) ~kamera** f. || enlarging camera || chambre f. noire pour l'agrandissement. **c) ~messer** m. || dynameter || dynamètre m. **d) ~tabelle** f. || table of

magnification || table f. de grossissements. 1
Vergrößerungszahl f. || coefficient of magnification; magnification || coefficient m. de grossissement *ou* d'agrandissement. **a)** ~ der **Brillen** || degree of spectacles || numéro m. des lunettes. 2
Vergünstigung f., eine ~ erweisen || to confer a favour || accorder un avantage m. *ou* une faveur. 3
Vergußschicht f. (Sammler) || layer of grouting || couche f. de remplissage. 4
vergüten (Gieß) || to temper || attremper; tremper. 5
Vergüten n. (Werkzeuge; Stahl) || tempering || traitement m. 6
Vergütung f. für **Reisekosten** || allowance for travelling expenses || allocation f. pour frais de voyage. 7
Vergütungsabrechnungsbeleg m. || commission statement || bulletin m. de commission. 8
Verhältnis n. (Math) || proportion; ratio || proportion f.; raison f. **a) im ~ zu** ... || in proportion to ... || par rapport à ... **b) irrationales ~** || irrational ratio || raison f. irrationnelle. **c)** das **Metall** enthält Kupfer im ~ von x bis y Prozent || alloy containing copper in the proportion of x to y per cent || alliage m. contenant du cuivre en proportion de x à y pour cent. **d) rationales ~** || rational ratio || raison f. rationnelle. **e) Übersetzungs~** || ratio of gearing || rapport m. de démultiplication. 9
Verhältnismäßigkeit f. || proportionality || proportionalité f. 10
Verhaltungsmaßregeln fpl. || orders pl.; instructions pl.; directions pl. || instructions fpl. 11
verhandeln || to negotiate || négocier. 12
Verhandlung f. || negotiation || negociation f. **a) ~en** fpl. **aufgeben** || to abandon negotiations pl. || abandonner *ou* rompre les négociations fpl. 13
verharzen || to resinify || se résinifier. 14
Verharzung f. || resinification || résinification f. **a)** die ~ **vermeiden** || to avoid resinification || empêcher la résinification f. 15
Verhau m., **Stacheldraht** || barbed-wire entanglement || abatis m. de fil barbelé. 16
Verhäutung f. aus **Holz** (Schiffb) || sheathing of fir-board || doublage m. en bois. **a)** ~ aus **Kupfer** (Schiffb) || copper sheathing || doublage m. en cuivre. **b)** ~ am **Mastliek** || mast lining || doublage m. de mât. **c)** ~ am **Raheliek** || head lining || doublage m. d'envergure. **d)** ~ an den **Seitenlieks** || leech-lining || doublage m. de côté. **e)** ~ am **Unterliek** || foot band || doublage m. de bordure. 17
verheirateter Arbeiter m. || married worker || ouvrier m. marié. 18
Verhinderungsschaltung f. (Fernm) || prohibitory circuit || circuit m. prohibitif. 19
Verholgangspill n. || gear capstan || petit cabestan m. 20
Verholklüse f. || warping pipe || écubier m. de halage. 21
verholmen, ein **Pfahlwerk** n. || to lay the string-pieces pl. of a pilework on the top of earth piles || mettre les chapeaux mpl. par-dessus les pieux. 22
Verholwinde f. || tow-line winch; windlass *or* winch for hauling-in || treuil m. de rappel *ou* de halage. 23
verholzt || lignified || ligneux. 24
Verholzung || lignification || lignification f. 25
verhüten || to prevent; to obviate || empêcher; préserver de. 26
Verhütten n. der **Erze** || metallurgical working-off ores; treatment of ores || élaboration f. métallurgique; traitement m. des minerais. 27
verjährt-er Scheck m. || stale cheque || chèque m. prescrit. **a) ~e Schuld** f. || barred debt || dette f. caduque. **b) ~ sein** || to be superannuated || être prescrit. 28
Verjährung f. || prescription || prescription f.; surannation f. 29
Verjährungsfrist f. || term of limitation || délai m. de prescription. 30
verjüngen (organisch) || to regenerate || régénerer. **a)** ~ (perspektivisch) || to taper || effiler; rétrécir. **b)** ein **Holzstück** n. ~ (Zimm) || to chamfer *or* to lighten-down *or* to diminish a timber piece || délarder en biseau *ou* démaigrir en biseau une piece de bois. **c) konischer Dorn** m., der sich auf je x mm Länge um y mm verjüngt || mandril tapering off x mm to every y mm || mandrin m. d'une conicité de x/y. **d)** der **Schaft** m. verjüngt sich nach oben und unten || the shaft tapers toward the top and the bottom ends || la mèche va en se diminuant vers le haut et le bas. **e) sich ~** (perspektivisch) || to taper; to diminish || se réduire; se rétrécir; (se) diminuer; s'amincir. **f) sich ~de Gestalt** f. || tapering shape || forme f. s'effilant. **g) sich ~der Steg** m. || web of taper section || âme f. de section décroissante. **h)** eine **Zeichnung** f. ~ || to reduce a drawing || réduire un dessin. 31
verjüngt || tapered || effilé; conique. **a) ~es Ende** n. || tapered end || rétrécissement m. de l'extrémité. **b) ~er Maßstab** m. || reduced scale || échelle f. réduite *ou* fuyante. **c) in ~em Maßstabe** m. || in diminished proportions pl.; on a reduced scale || à échelle f. réduite. **d) ~es Vierkantloch** n. || reduced square hole || trou m. carré à rétrécissement. 32
Verjüngung f. (organisch) || regeneration || régénération f. **a)** ~ (perspektivisch) || taper || rétrécissement m. 33
Verjüngungs-maßstab m. || scale of reduction; reducing *or* tapering scale || échelle f. de réduction; échelle f. fuyante. **a) ~planke** f. || diminishing plank || bordé m. de diminution. 34
Verkabelung f. (Fernm) || cabling || mise f. en câbles. 35
Verkadmiumierungsanlage f. || cadmium-plating plant || installation f. de cadmiumage. 36
verkämmen, zwei Holzstücke npl. || to join timbers pl. by cogging || assembler à tenon et entaille. 37
Verkämmung f. || cogging joint || assemblage m. à entailles. 38
Verkapselungsmaschine f. || capsuling machine || machine f. à capsuler. 39
Verkauf m. || sale; transaction || vente f. **a)** ~ an den **Meistbietenden** || sale by auction || vente f. à l'enchère. **b)** ~ auf dem **Stamm** (Forst) || sale of standing trees || vente f. sur pied. **c)** ~ nach **Taxe** || sale by royalty || vente f. au tarif. **d)** Waren fpl. **zum ~ aufstellen** || to expose goods pl. for sale || étaler des marchandises fpl. pour vente. 40
verkaufen *s. auch* verkauft || to sell || vendre. **a) mit** einem **Gewinn von** x ... ~ || to sell at a profit of x ... || vendre avec un bénéfice de x ... **b) mit** einem **Verlust von** x ... ~ || to sell at a loss of x ... || vendre avec une perte de x ... 41
Verkäufer m. || salesman || vendeur m. 42
Verkäuferzeichen n. (Zahlkasse) || initial of assistant || initiale f. du vendeur. 43
verkäuflich || marketable; for sale || vendable; à vendre. **a) leicht ~** || commanding a ready sale || de bon débit. **b) schwer ~** || hard to sell; unsaleable || d'un écoulement difficile. 44
Verkaufs-abrechnung f. || account sales pl. || compte m. de vente. **a) ~analyse** f. (Handel) || sales analysis || analyse f. des ventes. **b) ~automat** m. || penny-in-the-slot; automatic delivery apparatus; mechanical seller || distributeur m. automatique; automate m. **c) ~bedingungen** fpl. || terms pl. *or* conditions pl. of sale || conditions fpl. de vente. **d) ~lokal** n. || store || boutique f.; magasin m. 45
Verkaufsorganisation f., **gemeinsame** || joint selling organization || organisation f. de vente commune. **a)** ~ eines **Konzerns** || sales organization of a concern || organisation f. de vente d'un groupe coopératif. 46
Verkaufs-personal n. || sales force || personnel m. occupé à la vente. **a) ~preis** m. || selling price || prix m. de vente. **b) ~provision** f. || selling commission || commission f. de vente. 47
Verkaufsrechnung f. || account sales || compte m. de ventes. **a)** ~ **einschließen** || to enclose invoice || joindre facture f. 48
Verkaufs-recht n., **mit** || with option of refusal || avec option f. de refuser. **a) ~stelle** f. || shop for the sale || magasin m. (de vente). **b) ~syndikat** n., zu einem ~ vereinigt || pooled to sell || syndiqués pour vendre. **c) ~unkosten** pl. || cost of sales || frais mpl. de vente. **d) ~urkunde** f. || deed of sale || acte m. de vente. **e) ~wert** m. || sale-value || valeur f. vénale *ou* de vente. **f) ~zettel** m. || sale's sheet || fiche f. de vente. 49
verkauft *s. auch* verkaufen || sold || vendu. **a)** ~ **franko Waggon** || sold free on rail || vendu franco sur wagon. **b) freihändig ~** || sold privately || vendu à l'amiable. **c) gegen bar ~** || sold for cash || vendu au comptant. **d)** ~ für **gemeinschaftliche Rechnung** || sold for joint account || vendu en compte à demi. **e)** auf dem **Halm** m. ~ || sold standing || vendu sur pied m. **f)** ~ ab **Lager** n. || sold ex warehouse || vendu pris en magasin. **g) meistbietend ~** || sold by auction || vendu aux enchères. **h)** ~ für **Rechnung** f. von ... || sold for account of ... || vendu pour compte de ... **i)** ~ für **sofortige Lieferung** f. || sold for immediate delivery || vendu pour livraison immédiate. **k) vorbehaltlich** der Besichtigung ~ || sold subject to inspection || vendu subordonné à inspection. 50
Verkehr m. || traffic || trafic m.; service m. **a) abgehender ~** (Fernm) || outgoing traffic || trafic m. de départ. **b) Abwicklung** f. des **~s** || dispatch of traffic || écoulement m. du trafic. **c) ankommender ~** (Fernm) || incoming traffic || trafic m. d'arrivée.

d) doppelseitiger ~ (Fernm) || two-way traffic || trafic m. des deux côtés. **e) Fern~** || long distance traffic || trafic m. à grande distance. **f) geschäftlicher ~** || business dealings pl. || relations fpl. commerciales. **g) internationaler ~** || international traffic || trafic m. international. **h) Nah~** || short distance traffic || trafic m. à petite distance. **i) regelmäßiger ~** || regular service || service m. régulier. **k)** dem **~ übergeben** || to open to traffic || livrer à la circulation. **l) überseeischer ~** || transatlantic trade *or* traffic || service m. *ou* trafic m. transatlantique. **m)** den **~ vermitteln** zwischen || to ply between || faire le service entre. **n) wechselseitiger ~** (Fernm) || two-way traffic || trafic m. des deux côtés. 1

Verkehrs-abwickelung f. (Fernm) || traffic dispatch || écoulement m. de trafic. **a) ~-ader** f. || thoroughfare; principal street || avenue f. **b) ~dichte** f. || density of traffic || intensité f. du trafic. **c) ~erlaubnis** f. (Seew) || pratique || pratique f. **d) ~erleichterung** f. || new facilities pl. for trade || facilité f. de communication *ou* de transport. **e) ~fahrzeug** n. || passenger car || véhicule m. pour les communications. **f) ~flughafen** m. || commercial airport || aérodrome m. civil. **g) ~flugzeug** n. || commercial aeroplane || avion m. de transport commercial. **h) ~flugwesen** n. || commercial aviation || aviation f. commerciale. **i) ~geschwindigkeit** f. || commercial speed || vitesse f. commerciale *ou* d'utilisation. **k) ~gewerbe** n. || conveyance || transport m. **l) ~knotenpunkt** m. || centre of traffic || centre m. du trafic. **m) ~kurve** f. (Fernm) || traffic chart || courbe f. du trafic. **n) ~last** f. || live *or* working load || charge f. de trafic. **o) ~-ordnung** f. || order of traffic || règlement m. du trafic. **p) ~plan** m. || traffic plan || plan m. de communication. **q) ~spitze** f. (Fernm) || traffic peak || pointe f. du trafic. **r) ~stockung** f. *s.* ~störung. **s) ~störung** f. || disturbance *or* interruption of traffic || perturbation f. *ou* interruption f. du service. **t) ~tafel** f. || traffic sign || poteau m. de signalisation. **u) ~weg** m. || street; public road || chemin m. public. **v) ~wesen** n. || traffic || trafic m. 2

verkeilen || to quoin; to wedge || coincer; caler. **a)** einen **Mast** m. **~** || to wedge a mast || coincer un mât. **b) Räder** npl. **~** || to scotch wheels pl. by wedges || caler des roues fpl. **c)** die **Schienen** fpl. **~** || to wedge the rails pl. || coincer les rails mpl. 3

Verkeilen n. *s. auch* Verkeilung || wedging || calage m.; coinçage m. **a) ~** eines **Zapfens** || foxtail-wedging || assemblage m. à contre-clavette. 4

Verkeilung f. (Bergb) || wedging of a tubbing || picotage m. **a) Geschoß~** || jamming of the projectile in the bore || obstruction f. de l'âme par le projectile. 5

verkettet-e Spannung f. || interlinked tension || tension f. entre phases reliées. **a) ~er Strom** m. || interlinked current || courant m. enchaîné. 6

Verkettung f. (Elektr) || interlinking || interconnexion f. 7

Verkettungspunkt m. || interlinking point || point m. de jonction de phase. 8

verkieseln || to silicify || silicater. **a)** das **Holz ~** || to impregnate timber with soluble glass || imprégner le bois de verre soluble. 9

verkieselt || silicified || silicaté. 10

Verkieselung f. || silification || silicatisation f. 11

Verkiesen n. der **Schwellen** || boxing of the sleepers pl. || ensablement m. des traverses. 12

verkitten || to cement; to putty; to lute || luter; cimenter; mastiquer. 13

Verkitter m. (Möbel) || filler || mastiqueur m. 14

verkittet-es Glas n. || cemented glass || verre m. luté. **a) ~e Linsen** fpl. || cemented lenses pl. || lentilles fpl. collées; lentilles fpl. constituées par verres accolés. 15

Verkittungsmaterial n. || plastering material || matière f. à mastiquer; mastic m. 16

verklagen || to take legal steps pl. against ...; to sue || intenter une action contre ...; porter plainte contre ... **a)** eine **Firma** f. **gerichtlich ~** || to prosecute a firm || porter plainte f. contre une maison. 17

Verklarung f. || ship's *or* sea protest || procès-verbal m. des avaries d'un vaisseau; rapport m. de mer. 18

verkleiden (Bauw) || to incrust; to face; to blind || revêtir. **a) ~** (Bergb) || to plank || coffrer. **b)** den **Beton** m. **~** || to coat the concrete || revêtir le béton. **c)** den **Stamm** m. **~** || to coat the wood || revêtir le bois. 19

verkleidet (Techn) || faced || revêti. 20

Verkleidung f. (Bauw) || dressing || revêtement m. **a) ~** (Bergb) || planking || coffrage m. **b) ~** mit **Blendsteinen** || brickfacing || revêtement m.; faux parement m. **c) ~** der **Minengänge** (Bergb) || timbering of the galleries of a mine || coffrage m. des galeries de mines. 21

Verkleidungs-blech n. || fairing plate || tôle f. de carénage. **a) ~mauer** f. || lining wall || mur m. de revêtement. 22

verkleinern || to diminish; to reduce || diminuer; réduire. 23

Verkleinerung f. || reduction || réduction f. **a) ~** von **Zeichnungen** || reducing of drawings || réduction f. des dessins. 24

Verkleinerungsmaßstab m. || scale of reduction || échelle f. de réduction. 25

Verkleisterung f. (Müll) || clogging || gommage m. **a) ~** von **Seide** || pasting of silks || empâtement m. de soies. 26

verkochen (Chem) || to concentrate || concentrer. 27

Verkochen n. || concentration || concentration f. 28

verkohlen || to carbonize; to char || carboniser; charbonner. 29

Verkohlung f. || carbonization || carbonisation f. **a) Gruben~** || charcoal-burning *or* charring in pits || carbonisation f. dans des fosses. **b) Haufen~** || charring of wood in large piles || carbonisation f. en grandes meules. **c) ~** des **Holzes** || charring of wood || carbonisation f. du bois. **d) ~** der **Schwellen** || singeing of the sleepers || flambage m. des traverses. **e) ~** des **Torfes** || carbonization of peat || carbonisation f. de la tourbe. 30

Verkohlungsanlage f. für **Holz** || wood charring plant || installation f. à carboniser le bois. 31

Verkohlungsofen m. || carbonizing oven || four m. de carbonisation. **a) ~** für **Knochen** || bone carbonizing oven || fourneau m. de carbonisation d'os. 32

verkoken || to coke; to cokify || dessoufrer; cokéfier. **a) Steinkohle ~** || to coke pitcoal || carboniser la houille. 33

Verkoken n. *s.* Verkokung. 34

Verkokung f. || coking; carbonization || cokéfaction f.; cokéfication f.; carbonisation f. **a) ~** unter **Druck** || coking under pressure || distillation f. sous pression. **b) ~** in **geschlossenen Öfen** || coking in closed ovens || carbonisation f. dans des fours fermés. **c) ~** in **Gruben** || coking in pits || carbonisation f. en fosses. **d) Haufen~** || coking in piles || dessouffrage m. en meules. **e) ~** in **Meilern** || coking in piles || carbonisation f. en meules. **f) ~** in **offenen Öfen** || coking in open kilns || carbonisation f. en fours ouverts. **g) ~** in **Retorten** || cylinder coking || carbonisation f. dans des cylindres. **h) ~** von **Steinkohle** || coking *or* coke-burning of pit-coal || carbonisation f. de la houille. 35

Verkokungs-anstalt f. || coal cooking works pl. || usine f. de carbonisation de la houille. **a) ~fähigkeit** f. || coking capacity || pouvoir m. cokéfiant. **b) ~ofen** m. || coke-oven *or* kiln || four m. à coke. **c) ~rückstand** m. des Öles || coking residues of the oil || résidu m. de soufre de l'huile. **d) ~vorgang** m. || process of coking || marche f. de la carbonisation. 36

verkorken || to cork || boucher (avec un bouchon de liège). 37

Verkorkmaschine f. || corking machine || bouchonneuse f.; machine f. à boucher. 38

Verkorkvorrichtung f. || corking apparatus || appareil m. à boucher. **a) ~** für **Flaschen** || bottle corker || appareil m. à boucher les bouteilles. 39

verkraftetes Heer n. || mechanized army || armée f. mécanique. 40

Verkrustung f. (Geol) || incrustation || incrustation f. 41

verkünden || to announce; to circulate; to make known; to proclaim (a judgment) || annoncer; publier; prononcer (l'arrêt). 42

Verkupferer m. || copperer || cuivreur m. 43

verkupfern || to copper || cuivrer. 44

Verkupfern n. || coppering || cuivrage m. **a) galvanisches ~** || electrolytic copper plating || cuivrage m. galvanique. 45

Verkupferungsanlage f. || copper-plating plant || installation f. de cuivrage. 46

verkuppeln, Telegrafenstangen fpl. || to frame *or* to couple poles pl. together || coupler des poteaux mpl. 47

verkürzen || to shorten || raccourcir. **a)** die **Bauzeit ~** || to shorten the time of construction || raccourcir le temps de construction. **b)** eine **Feder** f. **~** || to shorten a spring || raccourcir un ressort. **c)** den **Riemen** m. **~** || to shorten the belt || raccourcir la courroie. 48

Verkürzung f. (Chem) || contraction || contraction f. 49

Verkürzungskondensator m. (Funkw) || short-wave *or* shortening condenser || condensateur m. pour onde raccourcie. 50

Verladeanlage f. || loading plant || installation f. de chargement *ou* d'embarquement. **a) Koks~** || coke loading plant || installation f. pour transporter le coke *ou* pour chargement de coke. **b) schwimmende ~** || floating loading plant || installation f. flottante de chargement. 51

Verladeband n. || loading band || bande f. de chargement. **a) Lese- und ~** || picking and loading belt || bande f. de triage et de chargement. 52

Verladebrücke f. || loading bridge || pont-élévateur m. mobile; pont m. de chargement. a) ~ mit **Greifer** || loading bridge with grab || pont m. de chargement avec benne preneuse. b) ~ für das **Entladen** der **Rohstoffe** || handling crane for the unloading of the raw materials || élévateur-transporteur m. pour le déchargement des matières premières. c) ~ für **Holztransport** || timber loading bridge || pont m. de transbordement pour la manutention de bois. d) ~ für **Kohle** mit Drehkran von x t Tragfähigkeit und y m Ausladung || coal loading bridge with x ton revolving crane having y feet radius || pont m. de chargement pour charbon avec grue pivotante de x t de puissance et y m de portée. 1

Verlade-bunker m. || loading bunker || tremie f. pour le chargement. a) **~einrichtung** f. || loading arrangement *or* device || appareil m. de chargement. b) **~gerüst** n. || handling platform || pont m. de chargement. c) **~greifer** m. || loading grab || benne f. de chargement. d) **~hof** m. || loading station || chantier m. d'expédition. 2

Verladekran m. || loading crane || grue f. de chargement. a) ~ für **Hüttenwerke** || loading crane for smelting houses || grue f. de chargement pour usines métallurgiques. 3

verladen in . . . || loaded at . . . || chargé à . . . 4

Verlade-rinne f. || loading chute || couloir m. de chargement. a) **~rollgang** m. || live roller loading bed || train m. de rouleaux de chargement. b) **~rutsche** f. || charging chute || glissière f. de chargement. c) **~schein** m. || bill of lading || feuille f. *ou* certificat m. de chargement; lettre f. de voiture; chargement m. d) **~vorrichtung** f. || loading plant || installation f. de chargement. e) **~wagen** m. || loading wagon || wagonnet-chargeur m. 5

Verlagerungsgerüst n. || supporting frame || charpente f. de support. 6

Verlags-buchhandlung f. || firm of publishers; publishing house || librairie f. de fonds *ou* d'éditeur. a) **~haus** n. || publishing house || maison f. d'édition. b) **~recht** n. || copyright || droit m. d'impression. 7

verlanden (Wasserb) || to silt up || déposer le limon. 8

Verlandung f. (Wasserb) || silt || dépôt m. de limon. 9

verlängern (Geom) || to produce || prolonger. a) ~ (räumlich) || to lengthen; to elongate || allonger; prolonger. b) ~ (zeitlich) || to extend; to prolong || prolonger; proroger. c) **kann verlängert werden** bis || can be extended to || peut être prolongé jusque. d) einen **Wechsel** m. ~ || to renew a bill || atermoyer *ou* prolonger une lettre de change. 10

verlängert (räumlich) || lengthened; elongated || allongé. a) ~ (zeitlich) || extended || prolongé. b) ~ **bis** || extended to || prolongé jusqu'à. 11

Verlängerung f. (räumlich) || elongation; lengthening || allongement m.; prolongement m. a) ~ (einer Frist) || extension || prolongation f. 12

Verlängerungs-hebel m. || lengthening lever || levier m. de rallonge. a) **~leitung** f. (Fernm) || pad || ligne f. artificielle de complément. b) Balanzierrohr n. und **~rohr** n. eines Fernrohres || balancing and extension tube of a telescope || pièce f. intermédiaire pour équilibrer et allonger le tube d'une lunette. c) **~schiene** f. (el Leit) || extension bar || barre f. d'allongement. d) **~schnur** f. || elongation cord || cordon m. de prolongement. e) **~spule** f. (Funkw) || (aerial) loading coil || bobine f. d'allongement. 13

Verlängerungsstange f. eines **Bohrers** (Bergbau) || lengthening-rod of a borer || allonge f. d'un trépan de mineur. a) ~ für das **Stativ** || extension rod for tripod || tige f. de rallonge pour le trépied. 14

Verlängerungsstück n. || extension piece; adapter || rallonge f.; allonge f. 15

verlangsamen || to retard; to slow up || ralentir. a) den **Gang** m. ~ (Masch) || to slow down the engine || ralentir la marche. 16

verlangsamend || lagging || retardissant. 17

verlaschen (Eisenb) || to fish || éclisser. 18

verlascht (Eisenb) || fished || éclissé. 19

Verlaschung f. (Eisenb) || fishing || éclissage m. 20

verlassen, ein Bergwerk || to give up *or* to abandon a mine || abandonner une mine; cesser l'exploitation d'une mine. 21

Verlauf m., **bogenförmiger** || curved course || allure f. en forme d'arc. a) ~ des **Flözes** || strike of seam || direction f. de la couche. b) ~ einer **Kurve** || course of a curve || allure f. d'une courbe. c) ~ der **Küste** || bearing of the coast || gisement m. de la côte. d) ~ der **Materialfasern** || flow of material fibres || contexture f. des fibres de la matière. e) **stetiger** ~ m. einer Linie (Math) || continuous run of a curve || continuité f. d'une courbe. f) ~ der **Strahlen** || course of the rays || marche f. des rayons. 22

Verlaufen n. der **Säge** || running out of the saw blade || déviation f. de la scie. 23

verlegbares Gleis n. || portable line; contractor's railway track || voie f. portative. 24

verlegen || to displace || déplacer. a) in die **Erde** f. ~ (Leitungen) || to bury || enterrer. b) sein **Geschäft** n. ~ || to remove into new premises || transférer sa maison. c) das **Gleis** ~ || to lay the track || poser la voie. d) ein **Kabel** n. ~ || to lay a cable || poser un câble. e) eine **Rohrleitung** f. ~ || to assemble a piping || poser une conduite. 25

Verleger m. (Buch) || publisher || éditeur m. 26

Verlegung f. (el Leit) || removal; laying down || transfert m.; pose f. a) ~ in **Isolierrohr** || drawn-in system || système m. sous tubes. b) ~ eines **Ölkabels** || laying an oil filled cable || pose f. d'un câble à huile. c) ~ von **Rohren** || bedding of pipes || montage m. des tuyaux. 27

verleihen, ein Mineral n. || to grant mining rights for a mineral || concéder le droit à l'extraction d'un minéral. 28

Verleihung f. (Bergb) || grant (of a concession) || concession f.; privilège m. a) die ~ **aufheben** || to put an end to a grant || retirer une concession. b) ~ eines **Bergwerks** || concession of a mine || concession f. d'une mine; conquête f. c) gegen die ~ **einsprechen** || to oppose the grant || opposer à la concession. d) **um** ~ eines Feldes **nachsuchen** (Bergb) || to apply for the grant of a concession || solliciter la concession d'un gîte minier. e) die ~ **versagen** || to refuse the grant || refuser la concession. 29

Verleihungsurkunde f. || document conveying the grant || acte m. de concession. a) die ~ **ändern** || to modify the conveyance of the grant || modifier l'acte m. de concession. 30

Verleihungsverfahren n. || procedure to obtain a grant || procédure f. de concession. 31

verlesen, die **Felle** npl. || to pick the hides || éplucher les peaux fpl. a) die **Wolle** ~ || to pick *or* pull *or* pluck the wool || éplucher la laine. 32

Verlesetisch m. || sorting table || table f. de triage. 33

Verletten n. eines **Bohrloches** || claying of a bore hole || glaisage m. d'un trou. 34

Verletzung f., **mechanische** || mechanical damage || endommagement m. mécanique. 35

verlieren, Grund m. (Seew) || to lose ground || perdre du terrain. 36

Verlitzmaschine f. || stranding machine || toronneuse f. 37

verloren || lost || perdu. a) **~gehen** || to be lost || se perdre; s'égarer. 38

verloren-e Gießform f. || dead mould || moule m. perdu. a) **~er Kopf** m. (Gieß) || dead *or* feeding *or* lost head || tête f. perdue; jet m.; masselotte f.; saumon m. 39

verlöschen, Kalk m. || to kill lime || surcuire la chaux. 40

verlöten || to solder || souder. 41

verlötet || soldered up || soudé. 42

Verlust m. || loss; wastage || perte f.; gaspillage m. a) ~ an **Dampf** || loss of steam || perte f. de vapeur. b) einen ~ **erleiden** || to sustain a loss || subir une perte. c) **mechanischer** ~ || mechanical loss || perte f. mécanique. d) einen ~ **tragen** || to sustain a loss || supporter une perte. e) **veranschlagter** ~ || estimated loss || perte f. estimée. f) **verkauft mit** einem ~ von x . . . || sold at a loss of x . . . || vendu avec une perte de x . . . 43

Verlust- und Gewinnkonto n. || profit-and-loss account || compte m. des profits et pertes. 44

verlustreich, der Betrieb wurde nach mehreren **~en Jahren** eingestellt || the plant stopped work after several years rich in losses || après de multiples années de fortes pertes l'exploitation fût suspendue. 45

Verlust-winkel m., **dielektrischer** || phase angle || angle m. de phase; angle m. dû aux pertes diélectriques. a) **~zeit** f. (Fernm) || loss time || temps m. perdu. b) **~ziffer** f. (Selbstanschl) || loss of calls || perte f. des appels. 46

vermahlen || to grind || moudre. 47

Vermahlen n. || grinding || mouture f. a) vom ~ herrührendes **Erzeugnis** n. || product coming from grinding || produit m. provenant de la mouture. 48

Vermahlung f., die ~ **beschleunigen** || to speed up the milling process || accélérer la mouture. a) **satzweise** ~ || intermittent grinding || mouture f. périodique. b) **ununterbrochene** ~ || continuous grinding || broyage m. continu. 49

vermauern || to wall up || murer. 50

vermehren || to increase || augmenter. 51

Vermehrung f. der **Last** || increase of load || augmentation f. de charge. 52

vermeiden || to avoid || éviter 53

Vermeidung f., zur ~ entbehrlicher Hin- und Hertransporte || to avoid all need-

less transport to and fro || afin d'éviter tout transport de va-et-vient inutile. 1
Vermeil n. || gilt silver || vermeil m. 2
vermengen (Chem) || to mix || mêler; mélanger. **a)** die **Farben** fpl. ~ || to blend the colours pl. || détremper les couleurs fpl. 3
Vermerk m. || note; remark; entry || remarque f. 4
vermerken || to note; to mark; to take note of || noter. 5
vermessen (Bauw) || to measure || mesurer. **a)** ~ (Feldm) || to survey || arpenter. **b)** das **Feld** ~ (Bergb) || to survey the concession area || mesurer le gîte minier. **c)** das **Holz** ~ || to measure the timber || cuber le bois. **d)** ein **Schiff** n. ~ || to measure the tonnage of a ship || jauger un navire. 6
Vermessingen n. || brassing || laitonnage m. 7
Vermessingungsanlage f. || brass-plating plant || installation f. de laitonnage. 8
Vermessung f. (Bauw) || measuring; measurement || mesurage m. **a)** ~ (Feldm) || survey || arpentage m. **b) Kataster~** || cadastral survey || levé m. du cadastre. **c)** ~ mit der **Kette** || chain measuring || chaînage m. **d) Kontroll~** || check survey || arpentage m. de contrôle. **e)** ~ eines **Schiffes** (Schiffb) || measurement of a ship || jaugeage m. d'un navire. **f) Stück~** || survey of small areas || arpentage m. parcellaire. **g)** ~ **über Tage** || surface survey || arpentage m. au jour. **h)** ~ **unter Tage** || underground survey || arpentage m. souterrain. 9
Vermessungs-angabe f. || survey data || indication f. topographique. **a) ~anstalt** f. || surveying office || institut m. de levés photogrammétriques. **b) ~deck** n. (Schiffb) || tonnage deck || pont m. de tonnage. **c) ~fahrzeug** n. || surveying vessel || navire m. hydrographe. **d) ~gebiet** n. || area to be surveyed || terrain m. soumis à l'arpentage. **e) ~gerät** n. || measuring appliance or instrument || instrument m. d'arpentage. **f) ~gesetz** n. (Schiff) || tonnage law || loi f. sur le jaugeage des navires. **g) ~horizont** m. || observer's horizon || horizon m. de mesure. **h) ~instrument** n. || surveying instrument || instrument m. de géodésie. **i) ~kunde** f. || geodesy || géodésie f. **k) ~schiff** n. || surveying vessel || navire m. hydrographe. **l) ~technik** f. || surveying technology || technique f. de mesurage. **m) ~tiefe** f. (Schiff) || depth for tonnage || creux m. de la cale pour le jaugeage. 10
Vermessungswesen n. || surveying || géodésie f. pratique. **a) Forst~** || forest survey || arpentage m. forestier. 11
vermieten, zu ~ || to let || à louer. 12
vermindern || to diminish || diminuer. 13
vermindert || diminished; reduced; decreased || réduit; diminué. 14
Verminderung f. der **Verdichtung** || compression relief || décompression f. 15
Vermittlung f. von ankommenden Amtsgesprächen nach den Apparaten einer selbsttätigen Hausfernsprechanlage || distribution of incoming exchange calls to the stations of a private automatic telephone installation || écoulement m. de conversations de service d'arrivée vers les appareils d'une installation téléphonique privée automatique. 16
Vermittlungs-beamtin f. (Fernm) || trunk operator || opératrice f. **a) ~dienst** m. (Fernm) || telephone service || exploitation f. téléphonique. **b) ~kästchen** n. (Fernm) || little switch-board || petite boîte f. pour établir la communication. **c) ~stelle** f. (Fernm) || exchange; attendant station || bureau m. (téléphonique). **d) ~vorschlag** m. || proposal for settlement; suggested compromise || proposition f. de conciliation *ou* d'arrangement. 17
vermodern || to decay in the open air || pourrir à l'air. 18
Vermoderung f. (Holz) || decay || croupissement m. 19
Vermögen n. (Phys) || power || pouvoir m. 20
Vermögenslage f. || financial situation || situation f. financière. 21
Vermoorung f. || transformation into peat || transformation f. en tourbière. 22
vernachlässigen || to neglect || négliger. 23
vernageln || to nail || clouer. 24
vernickeln || to nickelize; to nickel; to plate with nickel || nickeler. 25
vernickelt || nickel(l)ed; nickel-plated || nickelé. **a) ~e Eisenanode** f. || nickel-plated iron anode || anode f. en fer nickelée. **b) ~e Fassung** f. || nickel-plated mounting || monture f. nickelée. 26
Vernickelung f. || nickeling; nickel plating || nickelage m. 27
Vernickelungs-anlage f. || nickel-plating plant || installation f. de nickelage. **a) ~anstalt** f. || nickeling workshop || atelier m. de nickelage. **b) ~bad** n. || nickel bath || bain m. de nickelage. **c) ~salz** n. || nickeling salt || sel m. de nickelage. 28
Vernickler m. || nickelizer || nickeleur m. 29
vernieten || to rivet || river. 30
Vernieter m. || rivetter || riveur m. 31
Vernietung f. || rivet(t)ing || rivetage m.; rivure f.; rivage m. 32
Veröffentlichung f., periodische || periodical publication || publication f. périodique. 33
Veronesererde f. || Verona green || vert m. de Vérone. 34
Verordnung f. || prescription; regulation; law || ordonnance f.; règlement m.; statut m. **a) Eisenbahn~** || railway regulation || règlement m. de chemin de fer. 35
verpacken || to pack; to pack up || emballer. **a)** ~ (Stopfbüchse) || to pack || étouper. **b) sorgfältig zu ~** || to be carefully packed || doit être soigneusement emballé. 36
Verpacken n. in **Fässern** || casking || encaquement m. **a)** ~ in **Kisten** || packing in cases || encaissement m. 37
Verpacker m. || packer || paqueteur m.; emballeur m. 38
verpackt in ... || packed in ... || emballé en ... **a)** in **Bündeln** npl. ~ || packed in bundles pl. || emballé en paquets mpl. **b)** in **Kisten** fpl. ~ || packed in cases pl. || emballé en caisses fpl. **c)** in **Lattenverschlägen** mpl. ~ || packed in crates || emballé en caisses fpl. à claire voie. **d)** in **Matten** fpl. ~ || packed in mats pl. || enveloppé de mattes fpl. **e)** in **Schachteln** fpl. ~ || packed in boxes pl. || emballé dans des boîtes fpl. en carton. **f)** für den **Transport** sorgfältig ~ || carefully packed for transporting || bien emballé pour le transport. 39
Verpackung f. || packing || emballage m. **a)** ~ aus **Blech** || sheet metal packing || emballage m. en fer-blanc. **b) einschließlich ~** || including packing || emballage m. compris. **c) Gewicht** n. der ~ || weight of packing || poids m. de l'emballage. **d) Gummi~** || india rubber packing || bourrage m. en caoutchouc. **e) ~ nicht einbegriffen** || not including packing || emballage m. non compris. **f) Rauminhalt** m. der ~ || cubical measure of packing || volume m. de l'emballage. **g) seemäßige ~** || sea-proof packing || emballage m. pour transport maritime. 40
Verpackungs-gewicht n. || dead weight || poids m. mort; tare f. **a) ~glas** n. || packing glass || verre m. d'emballage. **b) ~kiste** f. || packing case || caisse f. d'emballage. **c) ~kosten** pl. || packing cost || frais mpl. de l'emballage. **d) ~maschine** f. || packing machine || machine f. à emballer. **e) ~material** n. *s.* ~mittel. **f) ~mittel** n. || packing material || matériaux mpl. d'emballage; emballage m. 41
verpechen || to pitch || poiser. 42
verpfählen (Gärtn) || to fasten with pales pl. *or* stakes pl. || échalader; échalasser. **a)** ~ (Wasserb) || to pale; to pile; to drive piles || palifier; piloter. 43
Verpfählung f. || pile driving; paling || palification f. 44
Verpfändungsurkunde f. || letter of hypothecation || lettre f. hypothécaire. 45
Verpflegungs-kraftwagen m. || victualling motor vehicle || camion m. à vivres. **a) ~wesen** n. || catering || service m. alimentaire. 46
Verpflichtung f. || obligation; duty || obligation f. **a)** sich **weigern** den obliegenden **~en** fpl. nachzukommen || to persist in a refusal to carry out duties || se refuser de remplir ses obligations. 47
Verpflichtungsschein m. || surety bond || cautionnement m. 48
verpfuschen || to bungle; to spoil by careless work || gâter; gâcher. 49
verpichen || to pitch || brayer. 50
verplatinieren || to platinate || platiner. 51
Verplatinierung f. || platinating; platinum-plating || platinage m. 52
Verplatinierungsanlage f. || platinum-plating plant || installation f. de platinage. 53
Verproviantierungs-magazin n. || victualling yard || dépôt m. de vivres. **a) ~schiff** n. || victualling ship || navire-vivrier m.; navire m. à vivres. 54
verpuffen (Chem) || to detonate || détoner. 55
Verputz m. || plastering || enduit m.; crépi m. **a) Zement~** || cement plaster || crépi m. de ciment. 56
verputzen, die **Außenfläche** || to dress the outer surface || enduire la surface extérieure. **a) Gußstücke** npl. ~ || to clean castings || ébarber *ou* nettoyer les moulages. **b)** mit **Zement** m. ~ || to cement || cimenter. 57
Verputzen n. (Gieß) || cleaning || ébarbage m.; nettoyage m. 58
verquicken (Chem) || to amalgamate || amalgamer. 59
Verrechnungsscheck m. || crossed cheque || chèque m. barré. 60
verreiben (Chem) || to grind up || broyer; malaxer. 61
Verreibung f. der Farbe (Buchdr) || ink-distribution || distribution f. d'encre. 62
Verrenkung f. || sprain || dislocation f. 63

verriegeln || to lock; to interlock; to bolt up || bloquer; serrer; verrouiller. 1
verriegelt || blocked; bolted || verrouillé; boulonné. 2
Verriegelung f. || locking || blocage m.; verrouillage m. 3
Verriegelungs-glied n. || latch member || pièce f. de bloquage *ou* de verrouillage. **a) ~stange** f. || locking bar || barre f. de blocage. **b) ~vorrichtung** f. || locking device || dispositif m. de verrouillage. 4
verringern || to reduce; to lessen || réduire. 5
Verringerung f. der **Anschaffungskosten** || reducing first costs || réduction f. des frais d'achat. 6
Verrohrung f. des **Schachtes** (Bergb) || tubbing || tubage m. 7
verrosten || to rust || se rouiller; s'enrouiller. 8
verrostet || rusted || rouillé. 9
Verrostung f. || rusting || rouillage m. **a) ~** der **Teile** || rusting of the parts || rouille f. des éléments. 10
verrotten || to rot || pourrir. 11
verrücken, Lettern fpl. || to squabble types pl. || déranger les lettres fpl. 12
verrußen || to soot || encrasser. 13
versagen (Waffenw) || to miss-fire || rater. 14
Versagen n. (Masch) || break-down || panne f. **a) ~** des **Mechanismus** || break-down of the mechanism || avarie f. du mécanisme. 15
Versager m. (der Zündung) || misfire || raté m. 16
Versammlung f., ordentliche || statutory meeting || assemblée f. statutaire. 17
Versammlungssaal m. || assembly hall || salle f. d'assemblée. 18
Versand m. || dispatch || expédition f. **a)** der **~** der Waren erfolgt **auf Rechnung und Gefahr des Empfängers** || goods pl. are forwarded at the cost and risk of the consignee || les marchandises fpl. voyagent aux frais, risques et périls du destinataire. 19
Versand-anschrift f., genaue || full address of the consignee || adresse f. exacte pour l'expédition. **a) ~bier** n. || export *or* shipping beer || bière f. d'exportation. 20
versanden (Wasserb) || to silt up || envaser; s'ensabler. 21
Versand-faß n. || shipping *or* trade cask; shipping *or* trade package || fût m. d'exportation. **a) ~gefäß** n. || dispatch jar || vase m. d'envoi. **b) ~gewicht** n. (Seew) || shipping weight || poids m. d'expédition. **c) ~kiste** f. für Bier || shipping case for beer || caisse f. d'expédition pour la bière. **d) ~rolle** f. || mailing tube || tube m. de carton pour expéditions postales. **e) ~schachtel** f. || cardboard box for sending || boîte f. en carton d'expédition. 22
versandt || shipped || expédié. 23
Versandung f. (Seew) || alluvion || atterissement m. **a) ~** (Wasserb) || filling with sand || ensablement m. 24
Versandvorschriften fpl. (Seew) || shipping instructions pl. || instructions fpl. pour l'expédition. **a)** falls keine besonderen **~ vorliegen** || in the absence of special instructions for forwarding || à défaut d'indications spéciales d'expédition. 25
Versatz m. (Versatzstoff im Bergbau) || dry packing; gob stuff; material to fill up the empty galleries || remblais mpl. **a) ~** (das Versetzen im Bergbau) || stowing; gobbing; packing || remblayage m.; rembiai m. **b) Blas~** (Bergb) || pneumatic packing || remblayage m. pneumatique. **c) Spül~** (Bergb) || water packing || remblayage m. hydraulique. 26
Versatz-arbeiter m. (Bergb) || cogger; builder-up; packer; stower; reddsman || remblayeur m.; restapleur m.; releveur m. de terres. **a) ~aufbereitung** f. zur Zerkleinerung von Spülmaterial (Bergb) || crushing plant for hydraulic packing material || installation f. pour le broyage des remblais hydrauliques. **b) ~berge** mpl. (Bergb) || wastes pl. || remblai m. **c) ~kran** m. für Lokomotiven || locomotive shifting crane || grue f. à déplacer les locomotives. **d) ~pfeiler** m. (Bergb) || cog || pilier m. de remblais. **e) ~ständer** m. für Bühnenbeleuchtung || portable stage lamp || lampe f. mobile de coulisse pour l'éclairage de la scène. 27
verschalen (Zimm) || to board || planchéier; lambrisser. **a)** einen **Stollen** m. **~** || to plank an adit || coffrer une galerie de mine. 28
Verschalung f. (Bauw) || tubbing; planking; timbering || cuvelage m.; planchéiage m. **a) ~** (Bergb) || laths pl. || garnissage m.; planches fpl. **b) Holz~** || wooden fence || lattis m. de bois. **c) Säulen~** || column casing || coffrage m. de colonne. 29
verschiebbar || removable || avançable. **a)** in der **Längsrichtung ~** || capable of longitudinal motion || déplaçable en sens longitudinal. 30
verschiebbar-er Anschlag m. || movable stop || équerre f. mobile. **a) ~er Nocken** || sliding cam || came f. de déplacement. **b) ~e Nockenwelle** f. || shifting camshaft || arbre m. à cames baladeur. **c) ~e Schlaufe** f. || sliding loop || nœud m. coulant. **d) ~e Schneidzunge** f. || removable cutter || languette f. déplaçable. **e) ~es Zahnrad** n. || sliding gear || train m. balladeur. 31
Verschiebe-anlage (Eisenb) || shunting installation || installation f. de manœuvre *ou* de triage. **a) ~ankerbremse** f. || slide armature brake || frein à induit balladeur. **b) ~bahnhof** m. || shunting station || gare f. de manœuvre *ou* de tirage. **c) ~dienst** m. (Eisenb) || switching work || service m. de manœuvre. **d) ~gabel** f. || striker fork || fourche f. déplaçable. **e) ~gleis** n. || shunting siding; switching track (A) || voie f. de triage. **f) ~hebel** m., Klemm || displaceable clamp lever || levier m. à pince déplaçable. **g) ~karren** m. (Eisenb) shunting trolley || wagonnet m. de manœuvre. **h) ~körper** m. || slide part || pièce f. déplaçable. **i) ~lokomotive** f. || arranging *or* switching *or* shunting locomotive; pony engine; switching engine || coucou m.; machine f. à ranger; locomotive f. de manœuvre. **k) ~muffe** f. || displaceable sleeve || manchon m. déplaçable. 32
verschieben || to displace; to lag || déplacer; décaler. **a) ~** (Eisenb) || to shunt || manœuvrer; trier. **b) axial~** || to move in axial direction || décaler axialement. 33
Verschieben n. des **Gleises** in der Längsrichtung (Eisenb) || creep of track; pushing-forward of rails in a longitudinal direction || déplacement m. des rails en sens longitudinal. **a) ~** der **Irisblende** || displacing the iris diaphragm || déplacement m. du diaphragme-iris. 34
Verschieber m. (Eisenb) || gangman; wagon shunter || homme m. d'équipe. 35
Verschiebeschaltung f. (Auto) || selective system of gear shifting || système m. sélectif de changement de vitesse. 36
Verschiebevorrichtung f. (Eisenb) || shunting installation || installation f. de manœuvrer les trains. **a) ~** (Walzw) || shifting device || dispositif m. de déplacement. **b) hydraulische ~** || hydraulic moving apparatus || dispositif m. hydraulique à déplacement. **c) Kant-** und **~** f. für Walzwerke || tilting and moving device for rolling mills || culbuteur m. et dispositif m. de déplacement pour laminoirs. 37
Verschiebewinde f. (Eisenb) || shunting winch || treuil m. à composer un train; treuil m. de manœuvre *ou* de triage. 38
Verschiebung f. || displacement || déplacement m. **a) ~** der **Bohrspindel** || feed of boring *or* drilling spindle || course f. axiale de la broche à percer. **b) dielektrische ~** || dielectric displacement || déplacement m. diélectrique. **c) horizontale ~** || horizontal adjustment || course f. horizontale. **d) Quer~** || cross movement || déplacement m. transversal. **e)** eine **seitliche ~ verhindern** || to lock against lateral shifting || éviter un déplacement m. latéral. **f) ~** des **Wagenkastens** || displacement of the car body || déplacement m. de la caisse de voiture. 39
verschieden || various || différent. 40
verschienen, ein Rad n. || to rim a wheel || janter une roue f. 41
verschießen (Farbe) || to change colour || se déteindre. 42
Verschiffung f. || shipping || embarquement m. 43
verschimmeln || to get mouldy; to mould || moisir. 44
verschlacken (Met) || to scorify; to slag || scorifier. 45
verschlackt || scorious || scorifié. 46
Verschlackung f. || scorification; slagging || scorification f. 47
Verschlag m. (Raum) || box || retranchement m. **a) ~** (Wand) || wooden partition; timber partition || cloison f. en charpente. 48
verschlagen, mit Brettern npl. || to board || planchéier. 49
Verschlechterung f || decrease; deterioration || détérioration f ; dépréciation f. 50
verschleimen (Feuerwaffen) || to (become) foul || s'encrasser. 51
Verschleimung f. (Feuerwaffen) || fouling || encrassage m.; encrassement m. 52
Verschleiß m. || wear and tear || usure f.; détérioration f. **a) Abzug** m. für **~** || allowance for wear and tear || réduction f. pour frais d'usure. **b)** der **~** ist **gering** || the wear and tear is very small || l'usure f. est minime. **c)** außerordentlich **gleichmäßiger ~** || exceedingly regular wear and tear || usure f. excessivement uniforme. **d) starkem ~** unterworfene Teile || parts exposed to great wear and tear || pièces fpl. exposées à une usure rapide. **e) übermäßig starker ~** || excessive wear and tear || usure f. trop rapide. **f)** dem **~ unterworfen sein** || to suffer a wear || être sujet m. à usure. **g) zusätzlicher ~** || undue wear || usure f. augmentée. 53
verschleißen || to wear out; to get worn out; to use up || s'user. 54
Verschleiß-festigkeit f. || resistance to wear and tear || résistance f. à l'usure. **a) ~härte** f. || resistance against wear and tear || dureté f. qui rend l'acier fort résistant à

l'usure. **b) ~platte** f., **auswechselbare** ‖ interchangeable wearing plate ‖ plaque f. d'usure amovible. **c) ~widerstand** m. ‖ resistance to wear ‖ résistance f. à l'usure. 1

verschleppen (verzögern) ‖ to delay; to postpone ‖ retarder. 2

verschleudern ‖ to sell at a loss *or* below cost-price ‖ vendre à vil prix. 3

verschließbar ‖ fitted with lock and key ‖ fermant à clef. **a) ~er Kasten** m. ‖ lock-up box ‖ caisse f. à serrure. 4

verschließen ‖ to lock; to close ‖ fermer (à clef); serrer. **a)** ~ (Chem) ‖ to protect ‖ bloquer. **b)** durch **Schrauben** fpl. ~ ‖ to lock with screws pl. ‖ fermer à vis fpl. 5

Verschließmaschine f. ‖ seaming machine ‖ machine f. à sertir. **a) Flaschen~** ‖ bottle stopping machine ‖ machine f. à boucher les bouteilles. 6

verschlingen (Textil) ‖ to intertwine ‖ entrelacer. 7

verschlissen ‖ worn out ‖ usé. 8

verschlossen, luftdicht ~er Behälter m. ‖ air-tight closed box ‖ emballage m. hermétiquement fermé. 9

verschlucken (Chem) ‖ to absorb ‖ absorber. 10

Verschluß m. ‖ closing ‖ fermeture f. **a)** ~ (Lichtb) ‖ shutter ‖ obturateur m. **b) Bajonett~** ‖ bayonet catch ‖ monture f. à baïonnette. **c) Blech~** ‖ locking sheet iron disc ‖ plaquette f. de fermeture en tôle. **d)** ~ für **Eisenbänder** ‖ clasp for iron hoops ‖ boucle f. pour feuillard. **e) Faß~** ‖ cask *or* keg screw-bung ‖ bonde f. **f)** ~ für **Flaschen** ‖ mechanical bottle stopper; bottle shutter ‖ bouchon m. mécanique pour bouteilles; fermeture f. de bouteilles. **g) Flaschenbügel~** ‖ patent stopper ‖ bouchon m. mécanique. **h) Geruch~** ‖ smell lock ‖ fermeture f. d'odeurs. **i) Jalousie~** ‖ Venetian shutter ‖ fermeture f. à jalousie. **k) Keil~** ‖ wedge-closing contrivance ‖ fermeture f. à coin. **l) luftdichter ~** ‖ airtight closing ‖ fermeture f. hermétique. **m) Moment~** (Lichtb) ‖ instantaneous shutter ‖ obturateur m. instantané *ou* pour l'instantané. **n)** ~ der **Motorhaube** ‖ hood fastener ‖ serrure f. de capot. **o) öldichter ~** ‖ oil-tight locking device ‖ obturateur m. étanche à l'huile. **p) Plomben~** ‖ leaden seal ‖ plomb m. **q) selbsttätiger ~** ‖ automatic closing ‖ fermeture f. automatique. **r) unter ~** ‖ under lock and key; in bond ‖ sous clef; entreposé. **s) Zeit~** (Lichtb) ‖ time shutter ‖ obturateur m. de pose. 11

Verschluß-auslösung f. ‖ shutter release ‖ déclenchement m. de l'obturateur. **a) ~flansch** m. (Motor) ‖ sealing flange ‖ bourrelet m. de fermeture. **b) ~gitter** n. (Eisenb) ‖ interlocking gear ‖ gril m. d'enclenchement. **c) ~haken** m. (Eisenb) ‖ locking hook ‖ crochet m. de verrou. **d) ~kappe** f. (el Leit) ‖ tube pole cap ‖ chapeau m. de montant. **e) ~kapsel** f. ‖ closing capsule ‖ capsule f. de fermeture. **f) ~knopf** m. ‖ lock knob ‖ bouton m. de fermeture. **g) ~ring** m. ‖ locking ring ‖ bague f. de fermeture. **h) ~schnalle** f. ‖ closing buckle ‖ boucle-fermoir m. **i) ~schraube** f. ‖ screw plug; locking screw ‖ vis f. de fermeture; bouchon m. **k) ~schraubendichtung** f. ‖ screw plug washer ‖ joint m. de bouchon graisseur. **l)** verschraubbarer **~stopfen** m. ‖ screwed plug ‖ bouchon m. à vis. **m) ~stück** n. ‖ shutting plug; screw cap ‖ pièce f. de fermeture; bouchon m. **n) ~teile** mpl. ‖ parts pl. of closing mechanism ‖ pièces fpl. de fermeture. 12

verschmelzen ‖ to fuse together ‖ fondre ensemble. 13

Verschmieden n. ‖ forging ‖ traitement m. au forgeage. 14

Verschmutzung f. ‖ pollution ‖ souillure f. 15

Verschnitt m. (Holzabfall) ‖ waste of timber ‖ déchet m. de bois de charpente. 16

verschnitten (Brenn) ‖ blended ‖ mêlé; mélangé. 17

verschoben sein (Erzgang usw) ‖ to take a heave ‖ être dérangé. **a)** in der **Phase** f. ~ ~ ‖ to be out of phase ‖ être déphasé. 18

Verschollenheit f. (Seew) ‖ presumptive loss ‖ présomption f. de perte. 19

Verschollenheitsfrist f. (Seew) ‖ period of presumptive loss ‖ délai m. de présomption de perte. 20

verschrämt ‖ trenched; carved ‖ entaillé. **a) ~er Stoß** m. ‖ carved face ‖ paroi f. entaillée. 21

verschränken (Selbstanschl) ‖ to skip ‖ changer. **a)** zwei **Balken** mpl. miteinander ~ ‖ to joggle two beams pl. ‖ réunir deux poutres fpl. en crémaillère. **b)** die **Zähne** mpl. einer **Säge** ~ ‖ to set the teeth pl. of a saw ‖ donner de la voie à la scie. 22

verschränkte Doppelweiche f. ‖ three-throw switch ‖ changement m. à aiguille double. 23

verschrauben ‖ to bolt ‖ boulonner. 24

Verschraubung f. ‖ screw cap ‖ raccord m. à vis. **a) Flanschen~** ‖ flange screw joint ‖ joint m. à vis à bride. **b) Rohr~** ‖ screwed union ‖ raccord m. à vis. 25

Verschreibung f. (Handel) ‖ debenture ‖ obligation f. 26

verschrotten, ein Kriegsschiff n. ‖ to scrap a warship ‖ démolir un navire de guerre. 27

Verschrotung f. ‖ scrap iron crushing ‖ broiement m. de ferrailles. 28

verschütten (Bergb) ‖ to encumber ‖ encombrer. 29

verschwächen, eine **Mauer** f. ‖ to diminish a wall ‖ allégir un mur. 30

verschweißen, Reifen mpl. mit dem Rad unmittelbar ‖ to weld tires directly on to wheels ‖ souder le bandage directement sur la roue. 31

verschwimmen (Opt) ‖ to blur ‖ se brouiller. 32

verschwommen (Opt) ‖ blurred ‖ flou. 33

versehen mit . . . (Adverb) ‖ provided with . . . ‖ muni de . . . 34

versehen, mit . . . ~ (Verb) ‖ to furnish with . . . ‖ garnir de . . .; munir de . . . **a)** ein Brett **mit Hirnleisten** ~ ‖ to clamp a board ‖ emboîter une planche. **b) mit Proviant** m. ~ ‖ to furnish *or* to supply with provisions pl. ‖ fournir en vivres mpl.; avitailler. **c) sich** ~ (sich irren) ‖ to err; to make a mistake ‖ se tromper; faire une bévue. 35

verseifbar ‖ saponifiable ‖ saponifiable. 36

Verseifbarkeit f. ‖ saponifiability ‖ tendance f. à la saponification. 37

verseifen ‖ to saponify ‖ saponifier. 38

Verseifung f. ‖ saponification ‖ saponification f. **a)** ~ mit **Kalk** ‖ saponification by lime ‖ saponification f. à la chaux **b)** ~ mit **Schwefelsäure** ‖ sulphuric saponification ‖ saponification f. sulphurique. 39

Verseifungsgrad m. ‖ saponification factor ‖ indice m. de saponification. 40

Verseilmaschine f. (Kabel) ‖ twisting machine ‖ machine f. à câbler; toronneuse f. 41

verseilt (Kabel) ‖ stranded ‖ câblé. **a) ~er Draht** m. ‖ twisted wire ‖ fil m. câblé. 42

Verseilung f. der **Kabel** ‖ twisting of cables ‖ câblage m. 43

Versender m. (Expedient) ‖ dispatcher ‖ expéditeur m. 44

Versenk n. ‖ sunk hole ‖ noyure f. 45

versenkbar-es Eisengitter n. ‖ sliding gate ‖ fermeture f. coulissante. **a) ~es Rollschütz** n. ‖ roller sluice gate which can be raised and lowered ‖ vannette f. à rouleaux submersible. 46

Versenkbohrer m. ‖ countersink ‖ foret m. à fraiser; champignon m.; fraise f. conique. 47

versenken (eintauchen) ‖ to dive ‖ plonger. **a)** ~ (Niet; Schraube) ‖ to countersink ‖ foncer. **b)** ein **Kabel** n. ~ ‖ to lay a cable ‖ immerger un câble. **c)** einen **Schraubenkopf** m. ~ ‖ to countersink a screw-head ‖ noyer la tête d'une vis. 48

Versenker m. ‖ countersink (bit) ‖ fraise f. champignon; fraise f. conique à contrepercer; foret m. à fraiser. **a) einschneidiger** ~ ‖ snailhorn countersink with one cutter ‖ fraise f. à bois à une lame. **b) konischer** ~ ‖ cone countersink ‖ fraise f. conique. **c) zweischneidiger** ~ ‖ snailhorn countersink with two cutters ‖ fraise f. à bois à deux lames. 49

Versenk-kasten m. (Wasserb) ‖ caisson ‖ caisson m. **a) ~schiff** n. (Wasserb) ‖ boat for embanking under water ‖ chaland m. muni de dispositifs permettant le déversement des matériaux. 50

versenkt liegend ‖ immerged ‖ noyé. 51

versenkt-es Gleis n. ‖ sunk line ‖ voie f. noyée. **a) ~er Kopf** m. ‖ countersunk head ‖ tête f. noyée. **b) ~es Niet** n. ‖ countersunk *or* flush rivet ‖ rivet m. noyé *ou* à tête perdue *ou* à tête fraisée. **c) ~e Schraube** f. ‖ sunk screw ‖ vis f. noyée. 52

Versenkung f. (Schraubenkopf) ‖ counterbore ‖ fraisure f. 53

Versenk-vorrichtung f. für Leichen ‖ funeral lowering device ‖ dispositif m. pour descendre des cadavres. **a) ~walze** f. (Wasserbau) ‖ submersion roller ‖ rouleau m. submersible. 54

versetzbar ‖ portable ‖ transportable. **a) ~er Mast** m. ‖ portable mast ‖ mât m. portatif. 55

versetzen ‖ to set apart ‖ déplacer. **a)** ~ (Nietung usw.) ‖ to stagger ‖ placer alternativement. **b)** ~ (Seew) ‖ to drift ‖ drosser. **c)** mit **Bergen** mpl. ~ ‖ to cog ‖ remblayer. **d)** das **Bohrloch** ~ ‖ to tamp the bore-hole ‖ bourrer le trou du pétard. **e)** die **Häute** fpl. ~ ‖ to spread the hides pl. ‖ coucher les peaux fpl. gonflées. **f)** die **Speichen** fpl. ~ ‖ to alternate the spokes pl. ‖ empatter les rais mpl. **g) um** x^0 ~ ‖ to reverse through x^0 ‖ faire tourner de x^0. **h)** die **Werksteine** mpl. ~ ‖ to block up the free stones ‖ poser les pierres f. de taille. **i)** gegeneinander versetzte **Zahnscheiben** fpl. ‖ staggered driving pinions pl. ‖ disques mpl. à dents placés alternativement. 56

Versetzen n. des **Bohrlochs** ‖ tamping of the bore-hole ‖ bourrage m. du trou du pétard. **a)** ~ der **Steine** ‖ setting of stones ‖ posage m. des pierres. 1

Versetz-grube f. ‖ tan pit ‖ fosse f. **a)** ~-**schienen** fpl. ‖ switch-rails pl. ‖ rails mpl. mobiles. 2

versetzt angeordnet ‖ in reverse order; arranged in stagger; staggered ‖ en quinconce. **a)** ~**e Nähte** fpl. ‖ staggered seams pl.; sock stitches pl. (A) ‖ coutures fpl. contrariées *ou* croisées. **b)** ~**e Nietreihe** f. ‖ staggered row of rivets ‖ rang m. de rivets alternés. **c)** gegeneinander ~**e Zahnscheiben** fpl. ‖ staggered driving pinions pl. ‖ disques mpl. à dents placés alternativement. 3

verseucht, für ~ **erklärt** ‖ declared infected ‖ déclaré infecté. 4

versicherbar ‖ insurable ‖ assurable. 5

Versicherer m. ‖ insurer ‖ assureur m. 6

versichern ‖ to insure ‖ assurer. **a) eidlich** ~ ‖ to affirm ‖ jurer. 7

versichert ‖ assured ‖ assuré. 8

Versicherung f. ‖ assurance; insurance ‖ assurance f. **a) Arbeiter**~ ‖ workmen's insurance ‖ assurance f. des ouvriers. **b)** ~ **bei** . . . ‖ insurance at . . . ‖ assurance f. chez . . . **c) Betrag** m. **der** ~ ‖ amount of insurance ‖ montant m. de l'assurance. **d)** ~ gegen **Bruch** ‖ insurance against breakage ‖ assurance f. contre la casse. **e)** ~ **deckt alle Risiken** ‖ insurance covers all risks ‖ assurance f. couvre tous risques. **f)** ~ **deckt nur gänzlichen Verlust** ‖ insurance covers total loss only ‖ assurance f. couvre perte totale seulement. **g)** ~ **deckt teilweisen Verlust** ‖ insurance covers partial loss ‖ assurance f. couvre perte partielle. **h) durch** ~ **gedeckt** ‖ covered by insurance ‖ couvert par assurance f. **i) durch** ~ **teilweise gedeckt** ‖ partially covered by insurance ‖ partiellement couvert par assurance f. **k) durch** ~ **völlig gedeckt** ‖ fully covered by insurance ‖ complètement couvert par assurance f. **l) eidesstattliche** ~ ‖ affidavit ‖ déclaration f. écrite et affirmée par serment. **m) Extra**~ ‖ extra insurance ‖ assurance f. supplémentaire. **n)** ~ gegen **Feuer** ‖ insurance against fire ‖ assurance f. contre l'incendie. **o) Fracht**~ ‖ insurance on freight ‖ assurance f. sur fret. **p)** ~ gegen **gänzlichen Verlust** ‖ insurance against total loss ‖ assurance f. contre perte totale. **q)** ~ gegen alle **Gefahren** ‖ insurance against all risks ‖ assurance f. contre tous risques. **r) Haftpflicht**~ ‖ liability insurance ‖ assurance f. à responsabilité civile. **s)** ~ gegen **Hagelschaden** ‖ insurance against damage by hail ‖ assurance f. contre la grêle. **t)** ~ der **Heuerforderungen** ‖ insurance upon the claims for wages ‖ assurance f. des loyers des gens de mer. **u) Kasko**~ ‖ insurance on hull ‖ assurance f. sur coque. **v) Kessel**~ ‖ boiler insurance ‖ assurance f. pour chaudières. **w)** ~ gegen **Kriegsgefahren** ‖ insurance against war risks ‖ assurance f. contre risques de guerre. **x)** ~ der **Ladung** ‖ insurance of cargo ‖ assurance f. de la cargaison. **y) Lebens**~ ‖ life insurance ‖ assurance f. sur la vie. **z)** ~ gegen **Leckage** ‖ insurance against leakage ‖ assurance f. contre fuite. **a)** ~ gegen alle **Risiken** *s.* ~ gegen alle Gefahren. **b) Rück**~ ‖ re-insurance ‖ réassurance f. **c)** ~ gegen **Schaden** ‖ insurance against damage ‖ assurance f. contre les dommages. **d) See**~ ‖ marine insurance ‖ assurance f. maritime. **e) Unfall**~ ‖ insurance against accident ‖ assurance f. contre les accidents. **f)** ~ auf **Zeit** ‖ time insurance ‖ assurance f. à temps. **g) zusätzliche** ~ ‖ additional insurance ‖ assurance f. supplémentaire. 9 10

Versicherungs-anstalt f. ‖ insurance company ‖ société f. d'assurance. **a)** ~**buchführung** f. ‖ insurance accounting ‖ comptabilité f. des compagnies d'assurances. **b)** ~**gebühr** f. ‖ insurance charges pl. ‖ frais mpl. d'assurance. **c)** ~-**gesellschaft** f. ‖ insurance company ‖ compagnie f. d'assurance. **d)** die ~**kosten** pl. betragen . . . ‖ cost of insurance is . . . ‖ le coût m. de l'assurance est . . . **e)** ~**makler** m. ‖ insurance broker ‖ courtier m. d'assurances. 11

Versicherungspolice f. ‖ insurance policy ‖ police f. d'assurance. **a) Rückkaufswert** m. einer ~ ‖ surrender value of an insurance policy ‖ valeur f. de rachat d'une police d'assurance. 12

Versicherungs-prämie f. ‖ insurance premium ‖ prime f. d'assurance. **a)** ~**schein** m. ‖ insurance policy *or* certificate ‖ police f. *ou* certificat m. d'assurance. 13

Versicherungsvertrag m. ‖ insurance policy ‖ police f. d'assurance. **a)** ~ gegen **Einbruch** ‖ burglary policy ‖ police f. d'assurance contre le vol. 14

Versicherungs-wert m. ‖ insurable value ‖ valeur m. assurable. **a)** ~**wesen** n. ‖ insurance ‖ caisses fpl. d'assurance. 15

versickern, in den Boden m. ‖ to sink into a porous stratum ‖ s'infiltrer dans le terrain. 16

versickern, das Grubenwasser ~ **lassen** ‖ to let mine water drain off ‖ laisser les eaux de mine se perdre par infiltration. 17

Versickerung f. ‖ seepage ‖ infiltration f. 18

Versickerungsbecken n. ‖ basin where percolation takes place ‖ bassin m. d'infiltration. 19

versiegeln, gerichtlich ‖ to seal legally to ‖ apposer des scellés. 20

Versilberer m. ‖ silverer; plater ‖ argenteur m. 21

versilbern ‖ to silver; to plate ‖ argenter. 22

Versilbern n. des **Spiegels** ‖ silvering the speculum ‖ opération f. de l'argenture du miroir. 23

versilbert ‖ silvered ‖ argenté. **a)** ~**es Kupfer** n. ‖ plated copper ‖ cuivre m. argenté. **b)** ~**e Waren** fpl. ‖ electroplated wares pl. ‖ orfèvrerie f. argentée. 24

Versilberung f. ‖ silvering; plating; silverplating ‖ argenture f. **a) galvanische** ~ ‖ electro-plating; galvanic silvering ‖ argenture f. galvanique. **b)** ~ von **Holz** ‖ wood silvering ‖ argenture f. sur bois. 25

Versilberungs-anlage f. ‖ silver-plating plant ‖ installation f. d'argenture. **a)** ~**flüssigkeit** f. ‖ silver-plating liquid; argentine water ‖ liquide m. à argenter; eau f. argentine. **b)** ~**raum** m. ‖ silvering shop ‖ atelier m. d'argenture. 26

versoffen (Bergb) ‖ drowned ‖ noyé. 27

versorgen, mit **Lebensmitteln** npl. ‖ to furnish *or* to supply with provisions pl. ‖ fournir en vivres mpl.; avitailler. 28

Versorgungs-netz n., Zusammenfassung f. der örtlichen ~**e** ‖ fusion of the local supply networks ‖ groupement m. des réseaux locaux. **a)** einen Strom-~**plan** m. für das Gesamtgebiet aufstellen ‖ to draw up a plan for the current supply of the whole area ‖ établir un plan m. de distribution de courant pour toute la région. **b)** einzelne ~**systeme** npl. (Elektr) ‖ individual supply systems pl. ‖ réseaux mpl. de distribution individuels. 29

verspannen (Luftf) ‖ to brace ‖ croisillonner. 30

verspannt-e Stange f. (el Leit) ‖ trussed pole ‖ appui m. haubanné sur lui-même. **a)** ~**e Zelle** f. (Luftf) ‖ wire-braced wing ‖ aile f. maintenue par des haubans. 31

Verspannung f. (Luftfahrz) ‖ rigging; wiring; spanning ‖ haubanage m. **a) Fahrgestell**~ (Luftf) ‖ undercarriage bracing ‖ haubanage m. du train d'atterrissage. **b) Kreuz**~ ‖ diagonal bracing ‖ croisillons mpl. d'incidence. **c) Ruder**~ ‖ rudder bracing ‖ haubanage m. de l'empennage. 32

verspannungslos ‖ unbraced; braceless ‖ sans haubanage m. 33

verspäten, sich ‖ to be too late; to be behind time ‖ s'attarder. 34

Verspätung f. eines **Zuges** ‖ delay of a train ‖ retard m. d'un train. 35

verspeichen, ein Rad n. ‖ to spoke a wheel ‖ enchausser une roue. 36

versplinten, einen Bolzen m. ‖ to cotter a bolt ‖ goupiller un boulon. **a)** eine **Mutter** f. ~ ‖ to fix a nut with a split pin ‖ goupiller un écrou. 37

versplintet ‖ split ‖ goupillé. **a)** ~**er Bolzen** m. ‖ splint bolt ‖ boulon m. goupillé. 38

Verspreizung f. (Bauw) ‖ bracing ‖ entretoisement m. des cloisons. 39

verspunden (Tischl) ‖ to plough and tongue together; to plug ‖ bouveter; boucher; tamponner. 40

Verspundung f. (Tischl) ‖ groove and tongue joint ‖ assemblage m. à rainure et languette. 41

verstaatlichen ‖ to nationalize; to turn into state property ‖ racheter pour l'État. 42

Verstaatlichung f. ‖ nationalization ‖ étatisation f. 43

verstählen ‖ to steel ‖ aciérer. 44

Verstählen n. von **Stempeln** ‖ steeling of dies ‖ aciérage m. de coins. 45

Verstählung f. ‖ steeling ‖ aciération f. 46

Verstählungsanlage f. ‖ steel-plating plant ‖ installation f. d'aciérage. 47

verständigen, sich mit jemandem ‖ to come to an agreement with a person ‖ s'entendre avec quelqu'un. 48

Verständlichkeit f. (Fernm) ‖ articulation; intelligibility ‖ netteté f.; intelligibilité f. 49

verstärken (Elektr) ‖ to augment; to increase ‖ augmenter (le courant m.). **a)** ~ (Lichtb) ‖ to intensify ‖ renforcer. **b)** ~ (Techn) ‖ to reinforce; to strengthen ‖ renforcer; armer. **c)** ein Zimmerholz durch **Anblattung** f. ~ ‖ to fish a piece of timber ‖ armer une pièce de charpente par fourrures. **d)** am **Auflager** n. ~ ‖ to reinforce at the bearing ‖ renforcer à l'appui m. 50

Verstärker m. (Fernm) || amplifier; repeater || amplificateur m.; répéteur m. **a)** ~ (Lichtb) || intensifier; intensifying agent || renforçateur m. **b) Dreifach~** || (Fernm) || three-stage amplifier || amplificateur m. triple. **c) entzerrender ~** (Fernm) || equalizing amplifier || amplificateur m. de correction. **d) Fotozellen~** || photo-electric cell amplifier || amplificateur m. de cellule photoélectrique. **e) Grund~** (Radio) || primary amplifier || amplificateur m. d'entrée. **f) Leistungs~** || output-amplifier || amplificateur m. de puissance. **g)** ~ mit **Übertragerkopplung** || transformer coupled amplifier || amplificateur m. à transformateurs. **h) Vor~** || input-amplifier || amplificateur m. d'entrée. **i) zweistufiger ~** (Fernm) || two-stage amplifier || amplificateur m. à deux étages. 1

Verstärkerabschnitt m. (Fernm) || repeater section || tronçon m. d'amplification. 2

Verstärkeramt n. (Fernm) || repeater station || station f. *ou* centrale f. amplificatrice. **a) Aufbau** m. des **~es** || building-up of repeater station || ensemble m. d'une station de répéteurs. 3

Verstärker-anlage f. || amplifier installation || installation f. d'amplification. **a) ~feld** n. || repeater section || section f. d'amplification *ou* entre deux amplificateurs. **b) ~gestell** n. (Fernm) || repeater rack || bâti m. d'amplificateur *ou* de répéteur. 4

Verstärkerröhre f. (Fernm) || repeater valve; amplifier valve *or* triode; amplifying *or* strengthening tube || triode f. *ou* lampe f. amplificatrice. **a) Pfeifen** n. der **~n** || amplifier noises pl. || sifflement m. des amplificateurs. 5

Verstärker-röhrenfassung f. || amplifying tube socket || douille f. pour triodes amplificatrices. **a) ~saal** m. || repeater room || salle f. de répéteurs. **b) ~satz** m. || repeater set || système m. d'appareils répéteurs. **c) ~schaltung** f. || repeater circuit *or* system || système m. de répéteurs; dispositif m. d'amplificateurs. **d) ~station** f. (Fernm) || repeater station || poste m. amplificateur. **e) ~wirkung** f. der Elektronenröhre || amplification effect of the electron tube || effet m. d'amplification f. du tube électronique. 6

verstärkt || enforced; reinforced || armé; renforcé. **a)** von **innen** und **außen ~** || stiffened inwards and outwards || avec plaques fpl. de renfort en dedans et au dehors. **b) ~e Förderung** f. von Braunkohle || increased output of lignite || production f. grandissante des lignites. 7

Verstärkung f. (Fernm) || amplification; magnification || amplification f. **a)** ~ (Gegensatz von Dämpfung) || repeater gain || gain m. **b)** ~ (Masch) || reinforcement; stiffening || renforcement m. **c)** ~ (Schiffb) || furring || caillebotte f. **d)** ~ (Textil) || splicing || renforcement m. **e)** ~ nach **Krarup** || Krarup-amplification || krarupisation f. **f)** ~ in der **Mitte** || center boss || renflement m. central. **g) verzerrungsfreie** ~ (Funkw) || amplifying without distortion || amplification f. sans distorsion. 8

Verstärkungs-balken m. in der Decke || crown stiffening rib || nervure f. de renforcement du ciel. **a) ~blech** n. || stiffening sheet *or* plate; reinforcement plate || tôle f. *ou* plaque f. de renfort; tôle f. assurant la rigidité. **b) ~einlage** f. (künstl. Zähne) || reinforcing strengthener || renfort m. pour dentiers. **c) ~faktor** m. || amplification factor || coefficient m. d'amplification. **d) ~grad** m. (Fernm) || repeater gain || gain m. de transmission. **e) ~kurve** f. (Fernm) || strengthening curve || courbe f. d'amplification. **f) ~messung** f. (Fernm) || repeater measuring || mesure f. d'amplification; kerdométrie f. **g) ~pfeiler** m. || counterfort || contre-fort m. **h) ~platte** f. || reinforcement plate || plaque f. de renfort. **i) ~ring** m. || strengthening *or* stiffening ring || cercle m. de renforcement. **k) ~rippe** f. || stiffening rib || nervure f. de renforcement. **l) ~schirm** m. || intensifying screen || écran m. renforçateur. **m) ~strebe** f. || stiffening brace || entretoise f. de renforcement. **n) ~verlauf** m. (Fernm) || frequency dependency of amplification || dépendance f. de l'amplification des fréquences. **o) ~ziffer** f. (Fernm) || strengthening value; amplification figure || facteur m. *ou* chiffre m. d'amplification. 9

versteifen || to stiffen; to strengthen || renforcer. 10

versteift || braced; stiffened || entretoisé; renforcé. **a)** mit **Eckblechen** npl. ~ || stiffened with sheet-metal corner pieces || renforcé par des cornières fpl. de tôle. **b)** mit **Rippen** fpl. ~ || strengthened by ribs || renforcé de nervures. 11

Versteifung f. || brace; stiffening || entretoise f. 12

Versteifungs-bügel m. || stiffening strap || bride f. de renfort. **a) ~eisen** n. || stiffening iron || pièce f. de renforcement. **b) ~schiene** f. für einseitige Querträger (el Leit) || stiffening bar for one sided traverses || jambe f. de force spéciale pour traverses coupées. **c) ~winkel** m. || stiffening angle || équerre f. de renforcement. **d) ~winkeleisen** n. || stiffening angle-iron || cornière f. de renfort. 13

Versteigerer m. || auctioneer || commissionnaire m. 14

versteigern || to sell by auction; to put up for sale || vendre aux enchères fpl. **a) zwangsweise ~** || to auction under compulsion || faire une enchère forcée. 15

Versteigerung f. || auction sale || vente f. à l'enchère. **a) Holz~** || timber auction || vente f. de bois aux enchères. **b) öffentliche ~** || public auction || encan m. public; vente f. à la criée; criée f. 16

Versteigerungs-bekanntmachung f. || notice of sale by auction || publication f. de vente aux enchères. **a) ~bedingungen** fpl. || conditions of auction || conditions fpl. de la vente aux enchères. **b) ~termin** m. || date of receipt of tenders || terme m. *ou* délai m. pour les enchères. 17

versteinern || to petrify; to mineralize || pétrifier; minéraliser. 18

versteinernd || petrifying; petrificative || pétrifiant. 19

versteinert || petrified || petrifié. 20

Versteinerung f. || petrification; fossil || pétrification f.; fossile m. 21

verstellbar (Masch) || adjustable; moveable || ajustable; réglable; mobile. **a)** der **Höhe** f. nach ~ || movable vertically || réglable en hauteur f. **b) ~er Antrieb** m. || movable driving || commande f. réglable. **c) ~es bildumkehrendes Linsensystem** n. || variable image erecting system of lenses || système m. de lentilles redresseur mobile. **d) ~e Bürste** f. (Elektr) || movable brush || balai m. réglable. **e) ~er Kopfbügel** m. || adjustable head rest || arc m. réglable embrassant la tête. **f) ~er Nocken** m. || adjustable cam || came f. réglable. **g) ~er Ring** m. || adjustable ring || anneau m. ajustable. **h) ~er Schraubenschlüssel** m. || adjustable spanner || clef f. à molette. 22

Verstellbarkeit f. des **Okularauszuges** || eyepiece draw tube extension || course f. du tirage oculaire. 23

Verstell-leiste f. || adjusting ledge || lanière f. déplaçable. **a) ~hebel** m. || adjusting lever || levier m. déplaçable. **b) ~stange** f. || adjusting rod || tige f. de réglage. 24

Verstellung f. || displacement || déplacement m. **a) Drehzahl~** || speed control || réglage m. de vitesse. **b) feine ~** || slow motion || mouvement m. lent. **c) grobe ~** || coarse motion || mouvement m. rapide. **d) maschinelle ~** || mechanical adjustment; power adjustment || déplacement m. *ou* réglage m. mécanique. **e)** ~ in **Polhöhe** (Fernrohr) || polar adjustment || réglage m. de la latitude. **f) Senkrecht~** || vertical adjustment *or* movement || déplacement m. vertical. 25

Verstellvorrichtung f. || adjusting device || dispositif m. de réglage. 26

verstemmen || to caulk (in) || mater. 27

Verstemmen n. **vorspringender Kanten** || caulking the edges beyond the rim || matage m. des bords en saillie. 28

Verstemmstück n. || caulking piece || pièce f. de matage. 29

Verstemmung f. || caulking || matage m. 30

verstimmt sein (Funkw) || to be out of tune || être désaccordé. **a) ~e Antenne** f. (Funkw) || dumb aerial || antenne f. muette. 31

verstopfen || to block || obstruer. **a)** eine **Düse ~** || to choke a nozzle || boucher un gicleur. **b) sich ~** || to get stopped up || s'encrasser; s'engorger; s'obstruer. 32

Verstopfen n., vorzeitiges ~ des Trennungsapparates || precocious clogging of the separating apparatus || obturation f. précoce de l'appareil séparateur. 33

verstopft || stopped-up; clogged; choked || bouché; noyé; encrassé; engorgé; obstrué. **a) ~ werden** || to clog || se boucher. 34

Verstopfung f. || choking up; stoppage; obstruction || obstruction f.; engorgement m. 35

verstreben, einen Leitungsmast m. || to strut a pole || mettre une contrefiche à un poteau. 36

verstrebt-er Flügel m. || strutted *or* braced wing || aile f. entretoisée *ou* à mât *ou* à montant. **a) ~e Zelle** f. (Luftf) || strut-braced wing || aile f. maintenue par des contre-fiches *ou* par des montants. 37

Verstrebung f. || strutting; bracing || contrefiche f. **a) diagonale ~** || diagonal braces pl. || contreventement m. en diagonale. **b) Zylinder~** || cylinder stiffening piece || renforcement m. de cylindre. 38

verstreichen, die Ziegel mpl. || to point the tiles pl. || sceller les tuiles fpl. 39

Verstreichrauhmaschine f. (Web) || water *or* laying down gig || striqueuse f. 40

verstümmeltes Telegramm n. || mutilated telegram || télégramme m. mutilé. 41

Verstümmelung f. eines **Telegramms** || mutilation of a telegram || mutilation f. d'une dépêche. 1
Versuch m. || test; trial; experimental work; experiment; essay || essai m.; expérience f.; récherche m.; épreuve f. **a)** der ~ wurde nach den **Bedingungen** ausgeführt || the test was executed in accordance with the specifications || l'essai m. s'exécutait d'après le cahier des charges. **b) Dauer~** || long-duration *or* endurance test || essai m. de longue durée *ou* d'endurance. **c) Durchbiege~** || deflection test || essai m. de flexion. **d) eingehender** ~ || thorough test || essai m. à fond. **e)** die ~e mpl. wurden **fortgesetzt** || the tests pl. were continued || les essais mpl. furent continués. **f) Garantie~** || guarantee test || essai m. de garantie. **g) Gewalt~** || forced test || essai m. à outrance. **h) mühevoller** ~ || wearisome experiment || laborieuse expérience f. **i) Schlagbiege~** || bending test by shock || essai m. de flexion par choc. **k) Stauch~** || upsetting test || essai m. au refoulement. **l) Torsions~** || test by torsion || essai m. de torsion. 2
versuchen || to test || éprouver; essayer. 3
Versuchsabteilung f. der **Verkehrstruppen** || experimental section of the signal corps || section f. des essais des troupes des communications. 4
Versuchsanstalt f. || station for experiments; laboratory for essaying || station f. d'essai *ou* d'expériences; laboratoire m. de recherches. **a) chemisch-physikalische** ~ || chemical and physical laboratory (for scientific and technical researches) || laboratoire m. de recherches chimiques-physiques. 5
Versuchs-attest n. || assay certificate || certificat m. d'essai. **a) ~ballon** m. || sounding balloon || ballon-sonde m. **b)** günstigste **~bedingung** f. || most favourable condition of test || condition f. la plus favorable d'essai. **c) ~bohrtisch** m. || drilling machine table for testing || appareil m. pour essais de perçage sur les foreuses. **d) ~dauer** f. || duration of test || durée f. de l'essai. **e) ~ergebnis** n. || test result || résultat m. d'essai *ou* d'épreuve. **f) ~fahrt** f. (Seew) || trial cruise || croisière f. d'essai. **g) ~filterpresse** f. || experimental filter press || filtre-presse m. à essais. **h) ~fläche** f. (Landw) || experimental area || place f. d'essai. **i) ~flug** m. || experimental flight || vol m. d'essai. **k) ~funkstelle** f. || experimental radiostation || radiostation f. expérimentale. **l) ~kessel** m. || experimental boiler || chaudière f. d'essai. **m) ~modell** n. || experimental model || modèle m. d'épreuves. **n) ~reihe** f. || series of tests || série f. d'essais. **o) ~schacht** m. (Bergb) || explorating shaft || puits m. de recherche. **p) ~stamm** m. (Forst) || test tree || tronc m. d'arbre d'expérience. **q) ~station** f. || test station || station f. d'études. **r) ~strecke** f. (Eisenb) || trial track || ligne f. d'épreuve *ou* d'essai. **s) ~tier** n. || animal used for vivisection || animal m. de laboratoire. **t) ~vorschriften** fpl. || testing directions || règlement m. des essais. 6
versumpft, ein **~es Grundstück** n. entwässern || to drain a piece of swampy *or* bogging land || assécher un terrain inondé. 7
Versumpfung f. || flooding || envahissement m. par l'eau. 8
versüßen || to sweeten || adoucir; sucrer. 9
Versüßungsmittel n. (Brau) || sweetening chemical || édulcorant m. 10
vertäfeln || to wainscot || lambrisser. 11
Vertäfelung f. || wainscotting || lambrissage m. 12
Vertagung f. || adjournment || ajournement m. 13
Vertaubung f. (Erz) || getting barren || appauvrissement m. 14
vertäuen, sich an einer **Boje** f. || to get hold of a buoy || s'amarrer sur une bouée. **a)** sich am **Lande** n. ~ || to make fast to shore || s'amarrer à terre f. **b)** sich längsseit einer **Mole** f. ~ || to moor alongside a wharf || s'amarrer le long d'un môle. **c)** ein **Schiff** n. ~ (Seew) || to moor a vessel || amarrer un bâtiment. 15
vertauschbar || exchangeable || échangeable. 16
vertauschen || to exchange; interchange || substituer; interchanger. 17
Vertauschung f. || exchange || échange m. 18
Vertäuung f. (Schiff) || shore fast || amarre f. de terre. 19
Verteidigungs-gesetz n., **nationales** || national defense act || loi f. de défense nationale. **a) ~waffe** f. || defensive arm(s) pl. || arme f. de défense. 20
verteilen || to distribute || distribuer. **a)** die **Lasten** fpl. ~ || to distribute the loads || répartir la charge. 21
Verteiler m. || distributor || distributeur m. **a)** ~ des **Magnetapparates** || magneto distributor || distributeur m. de magnéto. **b) Öl~** || lubricant distributor || distributeur m. de graissage. 22
Verteiler-draht m. (Fernm) || jumper wire || fil m. distributeur *ou* répartiteur. **a) ~tisch** m. || distributing table || table f. doseuse f. **b) ~welle** f. || distributor *or* timer shaft || arbre m. de distribution. 23
verteilt-e Induktanz f. || distributed inductance || inductance f. répartie. **a) ~e Kapazität** f. (Elektr) || distributed capacity || capacité f. répartie. 24
Verteilung f. || distribution || distribution f. **a) Dividenden~** || distribution of dividends || répartition f. du dividende. **b) Energie~** || distribution of energy || distribution f. d'énergie. **c) Kraft~** || distribution of energy || distribution f. d'énergie. **d) offene** ~ (Fernm) || radial distribution || distribution f. radiale. **e) ringförmige** ~ (el Leit) || ring-like distribution || distribution f. circulaire. **f)** ~ der **Spannungen** || distribution of the stresses || distribution f. des tensions. 25
Verteilungs-band n. || distribution band || bande f. de distribution. **a) ~dose** f. || distributing box || boîte f. de distribution. **b) ~gestänge** n. (el Leit) || distributing pole || appui m. de répartition. **c) ~kabel** n. (Fernm) || distributing cable || artère f. de distribution. **d) ~kanal** m. (Kabel) || distribution conduit || conduit m. de distribution. 26
Verteilungsnetz n. (Elektr) || distribution system *or* network || système m. *ou* réseau m. de distribution. **a) Schwerpunkt** m. des **~es** || core of the distribution network || centre m. de distribution. 27
Verteilungs-punkt m. || center of distribution || centre m. de distribution. **a) ~rohr** n. für Dampf || steam distributing pipe || tuyau m. de distribution de vapeur. **b) ~schieber** m. || distributing valve || tiroir m. distributeur. **c) ~schiene** f. || distributing bus-bar || barre f. omnibus de distribution. **d) ~schnecke** f. || distributing worm || vis f. sans fin d'alimentation. **e) ~sicherung** f. (Elektr) || distributing fuse || fusible m. de distribution; coupe-circuit m. de distribution. **f) ~tafel** f. || distribution board || tableau m. de distribution. **g) ~tisch** m. (Bergb) || picking table || table f. à trier. 28
vertiefen || to deepen || approfondir; rendre plus profond. **a)** ~ (aushöhlen) || to dish; to hollow || emboutir; caver. 29
vertiefter Tellerboden m. || cupped plate end || fond m. à plateau bombé. 30
Vertiefung f. || recess || creux m. 31
vertikal *s. auch* senkrecht || vertical || vertical. **a) ~e Linie** f. (Bauw) || vertical *or* plumming line || ligne f. à plomb. 32
Vertikal-achse f. || vertical axis || axe m. vertical. **a) ~bohrmaschine** f. || vertical drilling machine || foreuse f. verticale. 33
Vertikalfräsmaschine f. || vertical milling machine || machine f. à fraiser verticale. **a)** ~ mit **Langtisch** || vertical milling machine with rectangular table || machine f. à fraiser verticale à table rectangulaire. **b)** ~ mit eingebautem **Rundtisch** || vertical milling machine combined with circular milling table || machine f. à fraiser verticale avec table circulaire. **c)** ~ mit selbsttätigem **Sprungvorschub** des Langtisches || vertical milling machine with rectangular table and automatic rapid power feed || machine f. à fraiser verticale à table rectangulaire et à avance rapide automatique. 34
Vertikal-frässpindel f. || vertical milling spindle || broche f. porte-fraise verticale. **a) ~illuminator** m. (Opt) || vertical illuminator || illuminateur m. vertical. **b) ~langfräsmaschine** f. || vertical longitudinal milling machine || machine f. à fraiser longitudinale verticale. **c) ~motor** m. || vertical motor || moteur m. vertical. **d) ~projektion** f. || upright projection || projection f. verticale. **e) ~schleifmaschine** f. mit Planetenspindel || vertical planetary spindle grinding machine || machine f. à rectifier à arbre vertical planétaire. **f) ~transport** m. || vertical conveyance || transport m. entre niveaux différents. **g) ~verband** m. || vertical brace || entretoisement m. vertical. 35
Vertilgung f. **schädlicher Tiere** || noxious animal catching || destruction f. d'animaux nuisibles. 36
Vertrag m. || contract; agreement || contrat m.; forfait m. **a) Abschluß** m. des **~s** || conclusion of contract || passation f. du contrat. **b) Bau~** || building contract || contrat m. d'entreprise. **c) Bestimmungen** fpl. des **~es** || stipulations pl. of the agreement || stipulations fpl. du contrat. **d)** einen ~ **entwerfen** || to draw up a contract || rédiger un contrat. **e) Gegenseitigkeits~** || treaty of reciprocity || traité m. de réciprocité. **f)** einen ~ **schließen** || to conclude an agreement || contracter un accord. 37
Vertrags-abschrift f. || copy of contract || copie f. de contrat. **a) ~bedingung** f. || condition of contract; term of agreement || condition f. *ou* terme m. de contrat. **b) ~bestätigung** f. || ratification of treaty || ratification f. du traité. 38

Vertragsbruch m. || violation *or* breach of contract || violation f. de contrat. **a)** jemanden zum ~ **verleiten** || to induce someone to commit breach of contract || mener quelqu'un à la rupture d'un contrat. 1

vertragsbrüchig werden || to break a contract || rompre un contrat. 2

Vertragsentwurf m. || draft agreement || projet m. de contrat. 3

Vertragsfreiheit f. || freedom of contract || liberté f. de contrat. **a)** die ~ **einschränken** || to limit the freedom of contract || limiter la liberté des contrats. 4

Vertrags-gegner m. || counter-part; other side in a deal || contre-partie f. **a) ~klausel** f. || agreement clause || clause f. de contrat. 5

vertragsmäßig || according to contract || selon le contrat. **a)** ~ **gebunden** || to be under contract to || être lié par contrat. 6

Vertragsverhältnis n., das ~ lösen || to terminate the contract for service || annuler le contrat de travail. 7

vertragswidrig den Dienst m. verweigern || to commit a breach of contract by refusal of service || refuser le service contrairement au contrat. 8

Vertragszeit f., eine ~ läuft ab || a contract period expires || une période de contrat expire. 9

Vertrauen n., das ~ mißbrauchen || to misuse confidence || abuser de la confiance. 10

Vertrauensbruch m. || breach of confidence || abus m. de confiance. 11

vertrauenswürdig || trustworthy; reliable; sound || digne de toute confiance f. 12

Vertrauenswürdigkeit f. || trustworthiness || solidité f.; réputation f. 13

vertreten, im Vorstand m. einer Gesellschaft ~ sein || to be represented on the board of a company || faire partie f. de la présidence d'une société. 14

Vertreter m. || agent; representant || agent m. 15

Vertretung f. eines **Konzerns** || representation of a concern || représentation f. d'un groupe. 16

Vertrieb m. || clearance; sale || débit m.; placement m.; écoulement m.; vente f. 17

vertrimmt || out of trim || deséquilibré. 18

vertrösten || to put off || faire prendre patience f. 19

vertuschen || to gloss over || dissimuler. 20

verunreinigen || to contaminate; to render unclean || souiller; salir. **a)** der **Stahl** m. wurde durch kleine Teilchen von Erz, Kohle oder Schlacke verunreinigt || the steel was made impure by small particles of ore, coal or slag || l'acier m. était souillé de particules de minerai, de charbon ou de scorie. **b)** das **Wasser** ~ || to foul water || salir l'eau f. 21

Verunreinigung f. || impurity || impureté f.; souillure f. **a)** ~ (Fluß) || pollution || contamination f. **b) frei** von **~en** fpl. || free from impurities pl. || exempt d'impuretés fpl. **c) frei** von **mechanischen ~en** fpl. || free of mechanical impurities pl. || exempt d'impuretés fpl. mécaniques. **d)** ~ von **Kolben** und **Ventilen** || carbonizing of pistons and valves || encrassage m. de pistons et soupapes. 22

Vervielfältigung f. von **Pressetelegrammen** || reproduction of press telegrams || reproduction f. des télégrammes de la presse. 23

Vervielfältigungsapparat m. || copying *or* duplicating apparatus || appareil m. duplicateur *ou* multiplicateur. **a) grafischer** ~ || manifold writer || appareil m. de reproduction graphique. 24

Vervielfältigungs-arbeiten fpl. (Büro) || manifolding work || travaux mpl. de polycopie. **a) ~energie** f. der Hefe || multiplication energy of the yeast || énergie f. de multiplication de la levure. **b) ~farbe** f. || duplicating *or* printing ink || cncre f. à imprimer *ou* à polycopier. **c) ~maschine** f., Büro || office manifolding machine || machine f. de bureau pour la réproduction. 25

vervollkommnen || to perfect || perfectionner. 26

vervollkommnet || perfected || perfectionné. 27

verwachsen-er Boden m. || natural ground || terre f. naturelle. **a) ~e Kohle** f. || combined pieces of coal and shale || charbon m. barré. 28

verwahrlosen || to spoil || négliger. 29

verwalten || to administrate; to manage || administrer; gérer. 30

Verwalter m. || administrator || administrateur m. **a) Hypotheken~** || registrar of mortgages || conservateur m. des hypothèques. 31

verwaltet || administered || administré. 32

Verwaltung f. || administration || administration f. 33

Verwaltungs-kosten pl. || costs of administration || frais mpl. d'administration. **a) ~rat** m. || advisory board || conseil m. d'administration. **b) ~ratsversammlung** f. || board meeting || assemblée f. du conseil d'administration. 34

verwandelbar || convertible || convertible. 35

verwandeln (Chem) || to convert || convertir. **a) mechanische Energie** f. in elektrische ~ || to convert mechanical energy into electrical one || transformer l'énergie mécanique en énergie électrique. 36

Verwandlung f. (Chem) || change || transformation f. 37

Verwandtschaft f. (Chem) || affinity || affinité f. 38

Verwaschen n. der **Farbe** || weakening the colour || délavage m. de la couleur. 39

Verweisungsbuchstabe m. || reference (letter) || lettrine f.; renvoi m. 40

verwendbar || available; applicable || applicable; utilisable. 41

Verwendung f., ausgedehnte || extensive use || emploi m. vaste. 42

Verwendungs-fähigkeit f. || possibilities pl. of use *or* of utilizing || possibilité f. d'utilisation *ou* d'emploi. **a) ~möglichkeit** f. *s.* **~fähigkeit. b) ~stelle** f. || place of utilization || lieu m. d'utilisation. **c) ~zweck** m. || purpose of employment; usage; requirement || but m. d'emploi; usage m.; exigence f. 43

verwerfen (bei der Abnahme) || to reject || rejeter; rebuter. **a) sich** ~ (Holz usw.) || to become *or* to get warped || se déjeter. **b) sich** ~ (Bergb) || to leap || se détanger. **c)** den **Verband** m. ~ (Maur) || to break joint || perdre la liaison. 44

Verwerfung f. (Bergbau) || fault; dislocation; displacement; heave; trouble; paraclase || faille f.; rejet m.; paraclase f. **a)** ~ in die **Höhe** (Bergb) || upcast dyke; upcast fault || relèvement m. **b)** ~ in die **Tiefe** (Bergb) || downcast dyke; downcast fault || renfoncement m. 45

Verwerfungskluft f. || slide || fente f. d'une faille. 46

Verwertung f. || utilization; sale; realization || réalisation f.; mise f. en valeur. 47

Verwertungsanlage f. || utilizing plant || installation f. de recouvrement. **a) Abfall~** || waste utilizing plant || installation f. pour l'utilisation des déchets. **b) Filz~** || felt utilizing plant || installation f. d'utilisation du feutre. 48

verwesen || to putrify || se putréfier. 49

Verwesung f. || putrefaction; rotting; decay || putréfaction f.; pourriture f. 50

verwindbarer Flügel m. || warping *or* winding wing || aile f. gauchissable. 51

verwinden || to twist || tordre. 52

Verwindeprobe f. || torsion test || essai m. de torsion. 53

Verwindung f. (Mech) || distortion || distorsion f. **a) Zahl** f. der **~en** fpl. || number of twists || nombre m. de torsions. 54

verwittern || to effloresce || se décomposer à l'air m.; s'effleurir. 55

Verwitterung f. || disintegration; efflorescence; weathering; decomposition || décomposition f.; efflorescence f.; désagrégation f. 56

Verwitterungs-gebilde n. || product of disintegration || produit m. de désagrégation *ou* de décomposition. **a) ~kruste** f. || crust of weathered material || croûte f. altérée par l'action atmosphérique. **b) ~schicht** f. || layer of weather-worn material || couche f. décomposée. 57

verworfen sein (Bergb) || to take a heave || être dérangé. 58

verwunden, kalt ~ || twisted while cold || tordu à froid. **a) ~es Holz** n. || wavy fibred wood || bois m. à fibre contournée. **b) ~es Rad** n. || burkled wheel || roue f. voilée. 59

verzahnen, einen **Balken** m. || to indent a beam || adenter une poutre. 60

verzahnt || dovetailed || endenté. 61

Verzahnung f. (Bauw) || denticulation || endente f.; adent m. **a)** ~ (Masch) || toothing; cogging || endentement m.; denture f.; crénelage m. **b) Evolventen~** || involute toothing || denture f. à développante. **c) Genauigkeits~** || precision gear || denture f. de précision. **d) Innen~** || internal gear || engrenage m. intérieur. **e) Kegelrad~** || bevel wheel toothing || denture f. de roues coniques. **f) Kerb~** || rudge teeth pl. || denture f. rudge. **g) liegende** ~ (Bauw) || horizontal toothing || denture f. horizontale *ou* en retraite. **h) schiefe** ~ || bevel gear || engrenage m. biais. **i) stehende** ~ (Bauw) || upright toothing || denture f. verticale *ou* d'attente. 62

Verzahnungsmaschine f. || gear cutting machine || machine f. pour la fabrication des engrenages. 63

verzapfen || to mortise || assembler à tenon m. et mortaise. 64

verzapft (Zimm) || mortised || assemblé à mortaise et tenon; mortaisé. 65

Verzapfung f. || mortise and tenon joint || assemblage m. à mortaise. **a) Eck~** (Zimm) || edge-joint || assemblage m. d'angle. **b) Schwalbenschwanz~** || dovetailing || assemblage m. à queue d'aronde. 66

Verzehrungsgegenstand m. || consumption good; consumer's good || produit m. de consommation. 67

verzeichnen (Opt) ‖ to distort ‖ distordre. 1
Verzeichnis n. ‖ list; schedule ‖ liste f. **a) genaues ~** ‖ exact specification ‖ spécification f. précise. 2
Verzeichnung f. (Opt) ‖ distortion ‖ distorsion f. 3
verzeichnungsfreies Okular n. ‖ eyepiece free from distortion ‖ oculaire m. exempt de distorsion. 4
Verzeichnungsfreiheit f. der **Lupe** ‖ freedom from distortion of the magnifier ‖ absence f. de distorsion de la loupe. 5
verzerren ‖ to distort ‖ défigurer; tordre. 6
verzerrte Welle f. ‖ deformed wave ‖ onde f. faussée. 7
Verzerrung f. (Fernm) ‖ distortion ‖ déformation f.; distorsion f. 8
verzerrungsfrei (Fernm) ‖ distortionless ‖ sans distorsion; dénué de distorsion. **a) ~e Verstärkung** f. (Funkw) ‖ amplifying without distortion ‖ amplification f. sans distorsion. 9
verzetteln ‖ to waste; to squander ‖ égarer; éparpiller. 10
Verzicht m. ‖ renunciation; resignation; abandonment ‖ renonciation f.; désistement m. **a) ~ leisten** ‖ to renounce ‖ renoncer à. 11
verzichten, auf ein Recht n. ‖ to renounce a right ‖ renoncer à un droit. 12
Verzicht-erklärung f. ‖ letter of renunciation ‖ lettre f. de renoncement. **a) ~-leistung** f. ‖ renunciation; resignation; abandonment ‖ abandonnement m.; renonciation f.; désistement m. 13
verziehen (Faserstoffe) ‖ to draw ‖ étirer; laminer. **a) ~** (Metallbearb) ‖ to warp ‖ gauchir. **b) sich ~** (Stahl) ‖ to distort; to shrunk; to warp ‖ se déjeter; se rétrécir; gauchir. 14
Verziehen n. (Faserstoffe) ‖ drawing ‖ étirage m.; laminage m. **a) ~** (Sammler) ‖ buckling ‖ distorsion f. 15
verzieren ‖ to decorate ‖ décorer; orner. 16
Verzierung f. ‖ ornament; decoration ‖ ornement m.; décoration f. 17
Verzierungsfaden m. ‖ ornamental thread ‖ fil m. à orner. 18
verzimmern, einen Schacht m. ‖ to plank *or* to timber a shaft ‖ coffrer *ou* cuveler une galerie de mine. 19
verzinken ‖ to overzinc; to zinc; to galvanize ‖ zinguer; galvaniser. **a) ~** (mit Zinken versehen) ‖ to dovetail ‖ entailler en queue d'aronde. 20
Verzinker m. ‖ galvanizer ‖ galvaniseur m. **a) Kabeldraht~** ‖ wire galvanizer ‖ zingueur m. de fils. 21
Verzinkerei f. ‖ galvanizing plant ‖ installation f. de zingage. **a) Draht~** ‖ wire galvanizing plant ‖ installation f. de zingage des fils. 22
verzinkt ‖ galvanized ‖ galvanisé. **a) ~es Blech** n. ‖ galvanized sheet ‖ tôle f. galvanisée. **b) ~er Draht** m. ‖ galvanized wire ‖ fil m. galvanisé. **c) ~es Eisen** n. ‖ zinked iron ‖ fer m. galvanisé. **d) ~es Haus- und Küchengerät** n. ‖ zinked household and kitchen implement ‖ ustensile m. zingué de ménage et de cuisine. **e) ~es Rohr** n. ‖ galvanized tube ‖ tuyau m. galvanisé. 23
Verzinkung f. ‖ galvanization ‖ galvanisation f.; zingage m.; zincage m. **a) die ~** erfolgt auf **galvanischem Wege** ‖ the zinc coating is applied by galvanic means ‖ le procédé de zingage se fait par galvanisage. **b) galvanische ~** des Eisens ‖ galvanizing *or* zinking of iron ‖ zingage m. galvanique du fer. 24
Verzinkungsanlage f. ‖ zinc-plating plant; zinking plant ‖ atelier m. à zingage. **a) Draht~** ‖ wire zinkification plant ‖ installation f. pour le zingage de fil de fer. 25
Verzinkungs-einrichtung f. (Chem) ‖ zinking fittings pl. ‖ installation f. de zingage. **a) ~ofen** m. ‖ galvanizing furnace ‖ four m. à zinguer. 26
verzinnen ‖ to tin ‖ étamer. 27
Verzinner m. ‖ tinner ‖ étameur m. 28
Verzinnerei f., **Draht** ‖ wire tinning plant ‖ installation f. d'étamage des fils. 29
verzinnt, innen ‖ internally tinned ‖ étamé intérieurement. **a) ~es Haus- und Küchengerät** n. ‖ tinned household and kitchen implement ‖ ustensile m. étamé de ménage et de cuisine. 30
Verzinnung f. ‖ tinning ‖ étamage m. 31
Verzinnungs-anlage f. ‖ tin-plating plant ‖ installation f. d'étamage. **a) ~ofen** m. ‖ tinning furnace ‖ fourneau m. d'étamage. 32
Verzinsung f. ‖ interest ‖ intérêt m. 33
verzogenes Rad n. ‖ burkled wheel ‖ roue f. voilée. 34
Verzögerer m. (Lichtb) ‖ restrainer ‖ retardeur m. 35
verzögern ‖ to retard ‖ retarder. **a) sich ~** ‖ to lag ‖ être en retard; retarder. 36
verzögert ‖ retarded ‖ retardé. **a) ~e Bewegung** f. ‖ decreasing motion ‖ mouvement m. retardé. **b) gleichförmig ~e Bewegung** f. ‖ uniform decreasing motion ‖ mouvement m. uniformément retardé. 37
Verzögerung f. (Phys) ‖ negative acceleration; retardation ‖ accélération f. négative; retardation f. **a) ohne ~** ‖ without delay ‖ sans délai m. 38
Verzögerungs-relais n. ‖ slow release relay ‖ relais m. à fonctionnement retardé. **a) ~winkel** m. ‖ angle of lag ‖ angle m. de retard. **b) ~zünder** m. ‖ fuze with retarded action ‖ fusée f. à effet retardé. 39
verzollen ‖ to pay duty; to clear; to enter (goods) ‖ payer les droits mpl. de douane; taxer; déclarer; dédouaner. 40
Verzollung f. von **Waren** ‖ clearance of goods ‖ dédouanement m. de marchandises. 41
Verzollungsmethode f. ‖ method of clearance ‖ méthode f. de dédouanement. 42
verzuckern (Chem) ‖ to saccharify ‖ saccharifier. 43
Verzug m., welcher beim Härten auftritt ‖ distortion due to hardening ‖ déformation f. qui se produit lors de la trempe. 44
Verzugs-kosten pl. (Schiff) ‖ demurrage ‖ surestarie f. **a) ~strafe** f. ‖ penalty for delayed delivery ‖ pénalité f. pour retard. **b) ~zeit** f. (Geschütz) ‖ dead time ‖ temps m. mort. **c) ~zinsen** pl. ‖ interest payable on arrears ‖ intérêts mpl. moratoires. 45
verzweigen (Elektr) ‖ to derive ‖ dériver. **a) sich ~** ‖ to form branches ‖ se ramifier. 46
Verzweiger m. (el Leit) ‖ distribution box ‖ chambre f. de concentration. 47
verzweigte Ströme mpl. (Elektr) ‖ branched currents pl. ‖ courants mpl. bifurqués. 48
Verzweigung f. ‖ branching ‖ ramification f. 49
Verzweigungs-muffe f. (Kabel) ‖ cable distributing box ‖ manchon m. de branchement. **a) ~schaltung** f. ‖ branch circuit ‖ connexion f. de bifurcation. 50
verzwicken ‖ to fill up the joints pl. with garretings ‖ garnir les joints mpl. de cales. 51
Vetiver-öl n. ‖ vetiver oil ‖ essence f. de vétivaire. **a) ~wurzel** f. ‖ vetiver root ‖ racine f. de vétivaire. 52
Vexier-artikel m. ‖ puzzle article ‖ article m. de surprise. **a) ~fotografie** f. ‖ photographic puzzle ‖ photographie f. à surprise. **b) ~schloß** n. ‖ puzzle *or* combination lock ‖ serrure f. secrète *ou* à combinaison. 53
Viadukt m. ‖ viaduct ‖ viaduc m. 54
Vibration f. ‖ vibration ‖ trépidation f.; vibration f. 55
Vibrations-empfang m. ‖ reception with vibrating relay ‖ réception f. à relais vibrateur. **a) ~galvanomesser** m. ‖ vibration galvanometer ‖ galvanomètre m. à système vibrateur. **b) ~massage** f. ‖ vibro massage ‖ massage m. vibratoire. **c) ~-tachometer** n. ‖ vibration tachometer ‖ tachymètre m. à oscillations. 56
Vibrator m. ‖ vibrator ‖ vibrateur m. 57
vibrieren ‖ to niril; to vibrate ‖ brouter; trembler. 58
Vibrograf m. ‖ vibrograph; vibration measuring apparatus ‖ vibrographe m.; appareil m. à mesurer les vibrations. 59
Viburnumrinde f. ‖ cramp bark ‖ écorce f. de viburnum. 60
Viehblut n., **flüssiges** ‖ liquid cattle blood ‖ sang m. de bétail liquide. **a) getrocknetes ~** ‖ dried cattle blood ‖ sang m. de bétail desséché *ou* sec. 61
Viehdampfer m. ‖ cattle steamer ‖ vapeur m. à bétail. 62
Viehfutter n. ‖ cattle fodder *or* feed ‖ aliment m. pour le bétail; pâture f.; fourrage m. **a) ~dämpfer** m. ‖ steam fodder stewing apparatus ‖ cuiseur m. pour les aliments à bétail. 63
Vieh-hof m. ‖ stock yard ‖ cour f. aux bestiaux. **a) ~horn** n., **geflecktes** ‖ spotted cattle horn ‖ corne f. bigarrée de bestiaux. **b) ~huf** m. ‖ cattle hoof ‖ sabot m. de bestiaux. **c) ~mastpulver** n. ‖ mast powder for cattle ‖ engrais m. en poudre pour les bestiaux. **d) ~maulkorb** m. ‖ cattle muzzle ‖ muselière f. pour bestiaux. **e) ~pflege** f. ‖ cattle keeping ‖ garde f. d'animaux de ferme. **f) ~pulver** n. ‖ antiflatulent powder for cattle ‖ poudre f. météorifuge. **g) ~salz** n. ‖ cattle salt ‖ sel m. pour bétail. **h) ~schere** f. ‖ cattle shears pl. ‖ ciseaux mpl. pour animaux. **i) ~schlächterei** f. ‖ slaughtering ‖ entreprise f. d'abatage de viandes de boucherie. **k) ~stall** m. ‖ cattle house ‖ étable f. **l) ~transportwagen** m. ‖ cattle van ‖ voiture f. pour le transport du bétail. **m) ~verlader** m. ‖ cattle loader ‖ embarqueur m. de bestiaux. **n) ~wage** f. ‖ cattle weighing machine ‖ balance f. à bestiaux. **o) ~wagen** m. ‖ cattle truck *or* wagon *or* car ‖ wagon m. *ou* voiture f. à bestiaux. **p) ~waschmittel** n. ‖ sheep dip ‖ lotion f. pour bétail. **q) ~zucht** f. ‖ live stock breeding ‖ élevage m. de bestiaux. **r) ~züchter** m. ‖ live stock breeder *or* raiser ‖ éleveur m. *ou* nourrisseur m. de bétail. **s) ~zug** m. (Eisenb) ‖ cattle train ‖ train m. à bestiaux. 64
vielbeschäftigt ‖ very busy ‖ très occupé. 65

Viel-decker m. || multiplane || multiplan m. a) **~druck** m. || cast || polytypage m. 1

Vieleck n. || polygon || polygone m. a) **~-schaltung** f. || polygon connection || montage m. en polygone. 2

vielfach || multiplex || multiple. a) **~ schalten** (Fernm) || to multiply || multiplier. 3

Vielfach-abstimmgerät n. (Funkw) || multiple tuner || syntonisateur m. multiple. a) **~aufhängung** f. (el Leit) || multiple suspension || suspension f. multiple. b) **~-betrieb** n. (Fernm) || multiple operation || exploitation f. avec multiplage. c) **~-dose** f. (Fernm) || multiple distribution box || boîte f. multiple de distribution. d) **~empfang** m. (Funkw) || multiple reception || réception f. multiple. 4

Vielfaches n. (Math) || multiple || multiple m. 5

Vielfach-feld n. (Fernm) || multiple field || champ m. de multiplage. a) **~klinke** f. (Fernm) || multiple jack || jack m. multiple. b) **~schaltung** f. || multiple connection || connection f. multiple. c) **~-steuerung** f. || multiple-unit control || commande f. multiple. d) **~telegraf** m. || multiplex printing telegraph || télégraphe m. imprimeur multiple. e) **~übermittlung** f. || multiple transmission || transmission f. et réception f. multiple. f) **~übertragung** f. (Fernm) || multiple transmission || transmission f. multiple. g) **~umschalter** m. (Fernm) || multiple switchboard; multiple throw switch || table f. *ou* commutateur m. multiple. 6

Vielfarben-druck m. || polychromy || impression f. en plusieurs couleurs. a) **~-druckpresse** f. || multicolor press || presse f. multicolore. 7

Viel-flach n. (Geom) || polyedron; polyhedron || polyèdre m. a) **~flächner** m. *s.* Vielflach. 8

vielseitig || extensive; comprehensive || vaste; étendu; universel; varié. 9

Viel-spindelbohrmaschine f. || multiple drilling machine || perceuse f. multiple. a) **~-sprachenschreibmaschine** f. || typewriter for several languages || machine f. à écrire plusieurs langues. b) **~stahldrehbank** f. || multi-cut lathe || tour m. à outils multiples. c) **~stempelreihenlochmaschine** f. || multiple rectilinear punching machine || poinçonneuse f. multiple rectiligne. d) **~tonsender** m. || multiple tone transmitter || transmetteur m. à fréquences multiples. e) **~typenschreibmaschine** f. || multiple type typewriter || machine f. à écrire à caractères multiples. 10

vielversprechend || most promising || prometteur. 11

Vierdraht-gabelschaltung f. || four-wire termination || termineur m. d'un circuit à quatre fils. a) **~schaltung** f. (Fernm) || four wire circuit || système à quatre fils. b) **~verstärker** m. || four wire repeater || répéteur m. à quatre fils. c) **~-zwischenverstärker** m. || four-wire intermediate repeater || amplificateur m. intermédiaire à quatre fils. 12

Viereck n. || quadrangle || quadrangle m. 13

viereckig || square; in the square; quadrangular || carré; quadrangulaire. a) **~e Welle** f. || squared shaft || arbre m. carré. 14

Viereckigschmieden n. || square forging || forgeage m. carré. 15

Vier-eisen n. || square gouge || gouge f. carrée. a) **~elektrodenröhre** f. (Funkw) || four-electrode tube || lampe f. à quatre électrodes. 16

Vierer-betrieb m. (Fernm) || phantom operation || fonctionnement m. en duplex. a) **~folge** f. (Fernm) || sequence of phantom crossings || distribution f. des transpositions de circuits combinés. b) **~kreis** m. (Fernm) || phantom circuit || circuit m. fantôme. c) **~leitung** f. (Fernm) || phantom circuit || ligne f. combinée. d) **~schaltung** f. || phantom connection || circuit m. fantôme. e) **~sprechkreis** m. || superposed *or* combined circuit || circuit m. de conversation quadruple *ou* combiné. f) **~spule** f. (Fernm) || phantom coil || bobine f. à circuits fantômes. g) **~spulenplatte** f. (Fernm) || phantom coil plate || panneau m. de bobines fantômes. 17

Vierfach-betrieb m. (Fernm) || quadruplex system || installation f. quadruple. a) **~-expansionsmaschine** f. || quadruple expansion engine || machine f. à quadruple détente. b) **~gestänge** n. (el Leit) || quadruple pole || poteau m. quadruple. 18

Vierfarbendruck m. || four-colour printing || impression f. en quatre couleurs. 19

Vierfüllungstür f. || four-panelled door || porte f. à quatre panneaux. 20

Vierkant n. || square (head) || carré m. a) **kegeliges ~** || tapered square hole || carré m. conique. 21

Vierkant-barren m. (Met) || square bar || barreau m. carré. a) **~block** m. (Met) || square block || bloc m. rectangulaire. b) **~-Doppel-T-Scheibe** f. für Doppel-T-Träger || square I-washer for I-irons || éclisse f. carrée en I sur fer I. 22

Vierkanteisen n. || square (bar) iron || fer m. carré *ou* en barres *ou* rectangulaire. a) **~schere** f. || square iron shearing machine || cisaille f. à fers carrés. 23

Vierkant-feile f. || square file || lime f. carrée. a) **~kohlenschaufel** f. || square coal scoop || pelle f. à feu carrée. b) **~kopf** m. || square head || tête f. carrée. 24

Vierkantloch n. || square hole || trou m. carré. a) **gerades ~** || straight square hole || trou m. carré droit. b) **verjüngtes ~** || reduced square hole || trou m. carré à rétrécissement. 25

Vierkant-lochung f. || square perforation || perforation f. carrée. a) **~mutter** f. || square nut || écrou m. carré. b) **~oberwange** f. || square upper beam || sommier m. supérieur rectangulaire. c) **~platting** f. || square sennit || tresse f. carrée. d) **~reibahle** f. || square broach || alésoir m. carré. e) **~revolversupport** m. || square turret head || chariot m. porte-outil carré avec tourelle revolver. f) **~scheibe** f. für Holzverbindungen || square washer for wood joints || éclisse f. carrée pour joints en bois. g) **~schraube** f. || square head bolt *or* screw || vis f. carrée. h) **~schraubenschlüssel** m. || spanner for square head screws || clé f. carrée. i) **~schubriegel** m. || flat sliding bolt || targette f. pêne plat. k) **~stab** m. || square bar || barre f. carrée. l) **~stahl** m. || square steel bars pl. || acier m. carré *ou* en barres prismatiques. m) **~steckschlüssel** m. für Spindeln und Schrauben || square socket wrench for spindles and screws || clé f. à canon carrée pour goupilles et vis. n) **~-U-Scheibe** f. für U-Träger || square U-washer for U-irons || éclisse f. carrée en U sur fer U. o) **~welle** f. || squared shaft || arbre m. carré. 26

Vierklotzbremse f. || four-shoe *or* four-block brake || frein m. à quatre sabots. 27

vierlappig || four-cusped || quadrilobé. 28

viermotorig || four-engined || quadrimoteur. 29

Vierpaß m. eines **Hochofens** || pillars pl. of a blast-furnace || piliers mpl. de cœur d'un haut-fourneau. 30

Vier-pol m. (Elektr) || fourpole || quadripôle m. a) **~prismenquarzspektrograf** m. || quadruple prism quartz spectrograph || spectrographe m. à quatre prismes en quartz. 31

Vierrad n. || quadricycle || cyclecar m. a) **~bremse** f. || four-wheel brake || frein m. à quatre roues. b) **~fahrzeug** n. || four-wheel vehicle || véhicule m. à quatre roues. 32

Viersäulenpresse f. für den Transformatorenbau || four column hydraulic press for building transformer cores || presse f. à quatre colonnes pour serrage des tôles de transformateurs. 33

vierschneidiger Schaber m. (Kupferst) || four-square scraper || ébarboir m. *ou* grattoir m. carré. 34

Vierschraubendampfer m. || quadruple screw liner || vapeur m. à quatre hélices. 35

vierseitig (Kristall) || four-sided || à quatre pans. 36

Viersitzer m. || four seater || voiture f. avec quatre sièges. 37

vierspaltig (Buchdr) || in four columns || à quatre colonnes. 38

Vierstellenkochherd m. || four-hole cooking range || cuisinière f. à quatre trous. 39

Viertakt m. (Motor) || four-stroke cycle || cycle m. à quatre temps. 40

Viertaktmaschine f. || four-cycle engine || machine f. à quatre temps. a) **kompressorlose einfachwirkende ~** mit Tauchkolben || compressorless single acting four stroke engine with trunk pistons || machine f. à quatre temps et à simple effet à injection mécanique et à pistons fourreaux. 41

Viertakt-motor m. || four stroke motor; four stroke cycle engine || moteur m. à quatre temps. a) **~prozeß** m. *s.* Viertakt. b) **~vorgang** m. *s.* Viertakt. 42

viert-er Gang m. || fourth gear || quatrième vitesse f. a) **~e Geschwindigkeit** f. (Auto) || fourth speed || quatrième vitesse f. 43

Viertel n. || quarter || quart m. a) **~elliptikfeder** f. || quarter elliptic spring || ressort m. quart-elliptique *ou* à quart-pincette. b) **~feder** f. *s.* Viertelelliptikfeder. c) **~rohr** n. (Uhrm) || canon pinion || chaussée f. d) **~wendelung** f. (Treppe) || winding quarter || quartier m. tournant. e) **~ziegel** m. || quarter of a brick || nicoteux m. 44

Vierwalzen-blechbiegemaschine f. || four-roller plate bending machine || machine f. à cintrer à quatre cylindres pour tôles. a) **~blechrundmaschine** f. || four-roller plate bending machine || machine f. à rouler *ou* à cintrer les tôles à quatre cylindres. b) **~mühle** f. || four roller mill || broyeur m. à quatre cylindres. c) **~-walzwerk** n. || four-roll mill || laminoir m. à quatre cylindres. 45

Vierwege-hahn m. || four-way cock || robinet m. à quatre voies *ou* à quatre ouvertures. **a) ~kasten** m. || four-way box || coffret m. à quatre voies. 1

Vierzapfenkipper m. || tipping trough four bolted wagon || wagonnet m. à bascule à quatre tourillons. 2

vierzeilige Gerste f. || four-rowed barley || orge f. à quatre rangs. 3

Vier-zellenschalter f. für Gleichrichter || four-cell switch for rectifiers || réducteur m. à quatre éléments. **a) ~zylindermotor** m. || four cylinder motor || moteur m. à quatre cylindres. 4

Vignette f. || vignette; printer's flower || vignette f.; fleuron m.; caractère m. 5

Vignoleschiene f. || flange rail; flat bottom rail; Vignoles rail; girder rail (A) || rail m. Vignole *ou* à patin. 6

Vigogne-haar n. || vicuña's hair || poil m. de vigogne. **a) ~spinner** m. || vicuña spinner || fileur m. de vigogne. **b) ~spinnerei** f. || vicuña spinning || filature f. de la laine vigogne. **c) ~weber** m. || vicuña down weaver || tisseur de vigogne f. **d) ~wolle** f. || vicuña wool || laine f. de vigogne. 7

Viktoriagrün n. || Victoria green || vert m. Victoria. 8

Viola f. || tenor violin || alto m. 9

violett || violet || violet. 10

Violettfarbband n. (Schreibm) || purple ribbon || ruban-encreur m. violet. 11

violettschwarz || violet black || noir m. violet. 12

Violinbogen m. || violin bow || archet m. de violon. 13

Violine f. *s. auch* Geige || violin || violon m.; violine f. 14

Violoncell n. || violoncello || violoncelle m. 15

virtuell || virtual || virtuel. **a) ~e Geschwindigkeit** f. || virtual velocity || vitesse f. virtuelle. 16

Visetholzauszug m. || fustic extract || extrait m. de fustet. 17

Visier-achse f. || axis of sight || axe m. de visée. **a) ~einschnitt** m. (Waffenw) || notch || encoche f. 18

visieren (Seew) || to take bearings || faire des relèvements; relever. 19

Visier-fehler m. || error of sighting || faute f. de visée. **a) ~fernrohr** n. || sighting *or* aiming (A) telescope || lunette f. de visée. **b) ~linie** f. || line of sight || ligne f. de visée. **c) ~lupe** f. mit Strichplatte || ranging magnifier with a ruled plate || loupe f. de visée munie d'un réticule. **d) ~stab** m. || ranging rod *or* pole || jalon m. de mire; bâton m. de jauge. 20

Visiervorrichtung f. || ranging device; collimator; view finder || appareil m. de visée; collimateur m.; viseur m. **a) Rundblick~** || panoramic sight || hausse f. panoramique. 21

viskos || viscous || visqueux. **a) hoch ~** (Chem) || very viscous || très visqueux. 22

Viskose f. || viscose || viscose f. **a) ~flitter** m. || viscose spangle || paillette f. en viscose. **b) ~seide** f. || viscose silk || soie f. viscose. 23

Viskosität f. || viscosity || viscosité f. 24

Viskositätsbestimmung f. || determination of the viscousness || détermination f. de la viscosité. 25

visuelle Beobachtung f. || visual observation || observation f. visuelle. 26

Vitamin n. || vitamine || vitamine f. **a) ~präparat** n. || vitamine preparation || préparation f. de vitamine. 27

Vitrine f. || glazed case || vitrine f. 28

Vitriol n. || vitriol; copperas || vitriol m.; couperose. f. **a) blaues ~** *s.* Kupfer~ || blue vitriol; vitriol of copper; blue copperas || vitriol m. bleu *ou* de cuivre; couperose f. bleue. **b) Eisen~** || green vitriol; sulphate of iron || couperose f. verte; sulfate m. de fer. **c) Kupfer~** || blue vitriol; sulphate of copper || couperose f. bleue; vitriol m. bleu; sulfate m. de cuivre. **d) kupferhaltiges ~** || cupreous vitriol || vitriol m. cuivreux. 29

Vitriol-hütte f. || oil of vitriol manufacture || fabrique f. d'huile de vitriol; vitriolerie f. **a) ~küpe** f. || cold *or* copperas *or* common blue vat || cuve f. à la couperose. **b) ~öl** n. || sulphuric *or* vitriolic acid; oil of vitriol || acide m. sulfurique; sulfacide m.; huile f. de vitriol. 30

Vivianit m. || vivianite || vivianite f. 31

Vlies n. (Spinn) || fleece || toison f.; nappe f. **a) ~färberei** f. || fleece dyeing || teinture f. de laine en vrac. **b) ~maschine** f. (Spinn) || fleecing machine || nappeuse f. **c) ~trommel** f. (Spinn) || fleece roller || cylindre m. à nappe; tambour m. à matelas. 32

Vogel m., **ausgestopfter** || stuffed bird || oiseau m. empaillé. **a) konservierter ~** || preserved bird || oiseau m. conservé. **b) naturalisierter ~** || naturalized bird || oiseau m. naturalisé. 33

Vogel-ausfuhr f. || export of birds || exportation f. d'oiseaux. **a) ~balg** m. || bird's skin || peau f. d'oiseau. 34

Vogelbauer m. || bird cage || cage f. à oiseaux; volière f. **a) ~ständer** m. || bird cage support || support m. pour cages d'oiseaux. 35

Vogel-dunst m. (Waffenw) || dust shot || cendre f. de plomb; cendrée f.; plomb m. menu; menuise f.; menuisaille f. **a) ~feder** f. || bird's feather || plume f. d'oiseau. **b) ~flug** m. || bird flight || vol m. des oiseaux. 36

Vogelfutter n. || food for birds || mangeaille f. pour les oiseaux. **a) ~** (Samen) || bird seed || mouron m.; graine f. d'oiseau. 37

Vogel-haus n. || aviary || volière f. **a) ~käfig** m. *s.* ~bauer. **b) ~kopf** m. || bird's head || tête f. d'oiseau. **c) ~leim** m. || bird glue; bird-lime || glu f. 38

Vogelschau f. || bird's eye view || perspective f. à vol d'oiseau. **a) Ansicht** f. aus der ~ || bird's eye view || vue f. à vol d'oiseau. 39

Vogel-schnabel m. || bird's beak || bec m. d'oiseau. **a) ~zunge** f. || cross file; double half-round file || feuille f. de sauge; lime f. ovale. 40

Völkerbund m. || league of nations || société f. des nations. **a) ~flotte** f. || navy of the league of nations || flotte f. de la société des nations. 41

Völker-recht n. || law of nations || droit m. des gens. **a) ~seerecht** n. || maritime international law || droit m. maritime international. 42

volkreich || populous || populeux. 43

Volks-bad n. || public bathhouse || bains mpl. publics. **a) ~küche** f. || public soup-kitchen || cuisine f. publique. 44

Volkswirtschaft f. || political *or* national economy || économie f. politique. 45

volkswirtschaftlicher Gesichtspunkt m. || standpoint of national economy || point m. de vue d'économie politique. 46

Volks-wirtschaftslehre f. || (science of) political economy || économie f. politique. **a) ~wohlstand** m. || national wealth *or* prosperity || fortune f. publique. **b) ~zählung** f. || national census; census (of the people) || recensement m. (de la population). **c) ~zählungsarbeiten** fpl. || census work || travaux mpl. de recensement. 47

voll || full || plein; rempli. **a) aus dem Vollen** n. herausgearbeitet || cut from solid steel blanks; machined from the solid || façonné dans du métal massif; taillé d'une seule pièce. **b) ~es Kurbelblatt** n. || solid crank disc || flasque m. plein. **c) ~e Sehschärfe** f. || total seeing capacity || acuité f. visuelle intégrale. 48

Voll-achse f. || solid axle || essieu m. massif. **a) ~amt** n. (Fernm) || main office || bureau m. principal. 49

Vollautomat m., **Mehrspindel~** || multiple spindle full automatic machine || machine f. automatique à broches multiples. **a) ~** für **Stangenarbeit** || full automatic machine for producing parts from bar stock *or* for bar work || machine f. automatique pour le travail de la barre *ou* dans la barre *ou* à décolleter. 50

vollautomatisch || fully automatic || complètement automatique. 51

Vollautomatpferderechen m. || self dumping horse rake || râteau m. à cheval à décharge automatique. 52

Vollbad n. || ordinary bath || bain m. de baignoire. 53

Vollbahn f. || main line || chemin m. de fer grand réseau; chemin m. de fer à voie normale. **a) elektrische ~** || electrified railway || chemin m. de fer électrifié. 54

Vollbahnschiene f. || standard gauge rail || rail m. pour voie normale. 55

vollbelastet || full loaded; at full load || à pleine charge f 56

Voll-belastung f. || full load || pleine charge f. **a) ~berichtigung** f. || full correction || correction f. complète. **b) ~binder** m. (Bauw) || header; perpender; perpend stone || parpaing m.; pierre f. parpaigne. **c) ~dampf** m. || at full steam || à toute vapeur. **d) ~elliptikfeder** f. || elliptic spring || ressort m. elliptique *ou* à pincette. 57

Vollender m., **Baumwoll** || cotton finisher minder || finisseur m. de coton. 58

vollflächig (Kristall) || holohedral || holoédrique. 59

Voll-flächigkeit f. (Kristall) || holohedry || holoédrie f. **a) ~flächner** m. (Kristall) || holoheder || holoédre m. 60

vollfüllen || to fill; to fulfill || remplir. 61

Voll-füllung f. || full admission || pleine admission f. **a) ~gatter** n. || multiple blade saw frame; frame saw with three or more blades || scie f. verticale alternative *ou* à cadre à plusieurs lames. 62

Vollgummireifen m. || cushion *or* solid tire || bandage m. plein *ou* solide; plein m. **a) Doppel~** || dual solid tire || bandage m. plein double. **b) Felge** f. für **~** || rim for solid tire || jante f. pour plein. 63

volljähriger Arbeiter m. || workman of full age; full-grown workman || ouvrier m. adulte. 64

vollkantig || full edged || équarri m. à vives arêtes. **a) ~er Balken** m. || squared beam with shots || poutre f. à vive arête. **b) ~es Brett** n. || flatted plank || madrier m. équarri. **c) ~e Schwelle** f. || full squared sleeper || traverse f. bien équarrie. 65

vollkommen (Phys) || perfect || parfait. **a) ~e Verbrennung** f. || complete *or* per-

fect combustion || combustion f. complète. 1
Vollkommenheit f. || perfection || perfection f. 2
Vollkreis m. || complete circle || cercle m entier. 3
Vollast f. || full load || pleine charge f. **a) bei ~** || when fully loaded || en pleine charge f. **b) unter ~ anlaufen** || to start under full load || démarrer sous pleine charge f. **c)** die Maschine **langsam auf ~ gehen lassen** || to run engine slowly up to full load || mettre lentement le moteur en pleine charge. 4
Vollaststrom m. || full-load current || courant m. à pleine charge. 5
Vollmacht f. || power of attorney || mandat m. général. **a)** mit **~ ausstatten** || to furnish with full powers || munir d'un pouvoir. **b)** eine **~ ausüben** || to exercise powers of attorney || exercer un pouvoir. **c) ~ erteilen** || to confer powers pl. of attorney || donner pouvoir m. **d) General~** || || full power of attorney || plein pouvoir m.; procuration f. générale. 6
Voll-mantel m. || solid jacket || panier m. *ou* carter m. à paroi pleine. **a) ~mast** m. || mast with top and top gallant cross trees || mât m. à barres. **b) ~matrose** m. || able seaman || matelot m. breveté. **c) ~milch** f. || whole milk || lait m. complet. **d) ~mond** m. || full moon || pleine lune f. **e) ~portaldrehkran** m. || portal revolving crane || grue f. pivotante à portique entier *ou* tournante à plein portique. **f) ~querschnitt** m. || solid section || profil m. plein. 7
Vollrad n. || one-piece wheel; solid wheel || roue f. (pleine) d'une seule pièce. **a) gegossenes ~** || cast steel one-piece wheel || roue f. d'une seule pièce en acier fondu. 8
Voll-reifen m. (Kraftwagen) || solid tire || bandage m. plein *ou* solide. **a) ~rohrkanal** m. (Kabel) || single pipe conduit || conduite f. unitaire. **b) ~schiene** f. (Eisenb) || filled section rail || rail m. de section pleine; rail m. en U renversé. 9
vollschlagen (Seew) || to be swamped || se remplir. 10
Vollsetze f., **Gußstahl** || cast steel hoop driver || chasse f. pleine en acier fondu. 11
Vollspur-gleisanschluß m. || standard gauge siding || embranchement m. de voie normale de chemin de fer. **a) ~bahn** f. || standard gauge railway || chemin m. de fer à voie normale. 12
Vollstahl m. || solid tool || outil m. dans l'acier plein. 13
vollständig gar (Met) || burned off || parfaitement cuit *ou* distillé. 14
Volltastatur f. || complete keyboard || clavier m. complet. 15
vollwandig-es Rad n. || solid wheel || roue f. pleine. **a) ~er Träger** m. || plate girder || poutre f. à âme pleine. 16
vollwertig || complete || qui a toute sa valeur. 17
Vollziegel m. || solid brick || brique f. pleine. **a) poriger ~** || solid porous brick || brique f. pleine poreuse. 18
Voltameter n., **schreibendes** || recording voltameter || voltamètre m. enregistreur; voltamétrographe m. 19
Voltasches Element n. || Volta cell || élément m. Volta. 20
Voltmesser m., **aperiodischer** || aperiodic voltmeter || voltmètre m. apériodique. **a) ~** für **Gleichstrom** || direct current voltmeter || voltmètre m. pour courant continu. **b) ~** für **Wechselstrom** || alternating current voltmeter || voltmètre m. pour courant alternatif. 21
Voltmesserumschalter m. || voltmeter switch *or* change-over || commutateur m. du voltmètre. 22
Voltmeter n. *s.* Voltmesser. 23
Volt-stundenzähler m. || volt-hour meter || volt-heuremètre m. **a) ~verlust** m. || voltage drop || perte f. de tension. **b) ~vernichtung** f. (Elektr) || voltage nullifying || absorption f. de la tension. 24
Volumaräometer n. || hydrometer || aréomètre m. 25
Volumen n. || volume || volume m. **a) ~dichte** f. || density by volume || densité f. en volume. **b) ~gewicht** n. || weight by volume || poids m. en volume. **c) ~kontraktion** f. || contraction of volume || contraction f. de volume. 26
volumetrisch || volumetric || volumétrique. **a) ~e Analyse** f. || volumetric(al) analysis || analyse f. volumétrique. 27
Volumgewicht n. || specific gravity || densité. 28
voluminös || voluminous || volumineux. 29
volumprozentig || per cent by volume || pour cent en volume 30
Volumteil n. || part by volume || partie f. en volume. 31
vom Faß n. || on draught || en fût m. 32
Vomhundert-anteil m. || percentage || pourcentage m. **a) ~satz** m. || rate per cent; percentage || taux m. pour cent; pourcentage m. 33
von Hand angetrieben || hand operated || actionné *ou* commandé à la main. 34
von selbst anlaufen || to be self starting || démarrer automatiquement. 35
von unten nach **oben** || from bottom to top; from the bottom towards the top || de bas en haut. 36
vor Ort || on the working place; on the place for working in the drift || au front m. de taille; au lieu m. de travail. 37
Voranmeldungsgespräch n. || preadvice call || conversation f. avec préavis. 38
Voranschlag m. || (previous) estimate; forecast || devis m. (provisoire); évaluation f. 39
Vorarbeiten fpl. zu einem Eisenbahnbau || preparatory work of a railway || études fpl. d'un projet de chemin de fer. 40
vorarbeiten || to rough-machine || ébaucher. 41
Vorarbeiten n. || machining from the rough; roughing down || ébauchage m. 42
Vorarbeiter m. || foreman; leading worker || contre-maître m. 43
voraus, im || in advance || d'avance f. 44
voraus-bestellen || to order beforehand || commander d'avance f. **a) ~bezahlen** || to prepay || payer d'avance. **b) ~bezahlt** || prepaid || payé d'avance. **c) ~datierter Scheck** m. || post-dated cheque || chèque m. post-daté. 45
Vorauszahlung f. || prepayment; payment in advance *or* by anticipation; beforehand payment || payement m. d'avance *ou* par anticipation. 46
Vorbau m. des Motors || engine installation || berceau m. du moteur. 47
Vorbehalt m., **unter** || reservedly || sauf; sous réserve f. 48
vorbehaltenes Mineral n. || reserved mineral || minéral m. réservé. 49
Vorbereitung f. des **Einschlags** (Web) || preparation of the weft || tramage m.; préparation f. du fil de trame. **a) in ~ sein** || to be in preparation || être en préparation f. 50
Vorbereitungsmaschine f. || preparing machine || machine f. de préparation. **a) Baumwoll~** || cotton dressing machine || machine f. à préparer le coton. **b) Weberei~** || preparatory machine for weaving || machine f. préparatoire aux tissages. 51
Vorbereitungsverkehr m. (Fernm) || trunk traffic || trafic m. interurbain. 52
Vorbildung f., Prüfung f. auf die erforderliche || proof of the necessary educational training || preuve f. de la préparation correspondante. 53
Vor-bohrer m. || gimlet || amorçoir m. **a) ~brechen** n. || preliminary breaking || avant-broyage m. **b) ~brecher** m. || preliminary breaker *or* crusher; fore breaker || avant-concasseur m.; broyeur m. préliminaire. 54
vordatieren || to ante-date; to post-date || antidater; post-dater. 55
Vorderachsaufhängung f. || front axle suspension || suspension f. d'essieu avant. 56
Vorderachse f. || fore axletree; leading *or* front axle || essieu m. avant *ou* de devant. 57
Vorderachs-federung f. || spring suspension of front axle || suspension f. à ressort de l'essieu avant. **a) ~schale** f. (Wagenb) || fore-bolster || sellette f. de devant. **b) ~zapfen** m. || steering knuckle pivot || pivot m. de l'essieu avant. 58
Vorder-ansicht f. || front elevation *or* view || vue f. de face. **a) ~boden** m. (Kesselb) || front end plate || fond m. avant. **b) ~deck** n. (Schiffb) || fore deck || avant-pont m. **c) ~eisen** n. (Hufschm) || fore-shoe || fer m. de devant. 59
Vorderfeder f. || front spring || ressort m. avant. **a) ~bock** m. || front spring bracket || support m. de ressort avant. 60
Vorder-fläche f. eines Steins || frontal side *or* head of a stone || parement m. d'une pierre. **a) ~gebäude** n. (Bauw) || front building || avant-corps m. **b) ~gespinst** n. || slubbing; roving || mèche f. **c) ~gestell** n. eines Pfluges || fore carriage of a plough || avant-train m. de charrue. **d) ~kante** f. des Vorstevens || fore edge of stem || arête f. avant de l'étrave. 61
Vorderkipper m. || front tipper || wagonnet m. basculant en bout. **a) Schnabel~** || scoop type wagon, tipping at the end || wagonnet m. avec bec basculant en bout. 62
Vorder-lader m. || muzzle loader || arme f. à feu se chargeant par la bouche. **a) ~linse** f. || field lens || lentille f. avant. **b) ~platte** f. einer Lokomotivfeuerbüchse || front plate for a locomotive firebox || face f. avant d'une boîte à feu de locomotives. **c) ~plattform** f. || fore platform || plateforme f. extrême de devant. 63
Vorderrad n. || leading *or* front wheel || roue f. avant. **a) ~antrieb** m. || front-wheel drive || transmission f. à roue avant *ou* sur l'avant. **b) ~bremse** f. || front-wheel brake || frein m. de roue avant. **c) ~felgenbremse** f. || front-wheel rim brake || frein m. sur la jante de la roue avant. **d) ~gabel** f. || front cycle fork || fourche f. de devant. **e) ~motor** m. || front-wheel motor || moteur m. attaquant l'essieu d'avant. **f) ~reifen** m. (Auto) || front tire || pneu m. avant. **g) ~reifen-**

bremse f. || front-wheel tire brake || frein m. sur le pneu de la roue avant. **h) ~satz** m. || front wheel pair || train m. de roues avant. 1

Vorderrahmen m. || front frame || châssis m. avant. 2

Vorderseite f. (Allg) || front || front m. **a) ~** (Buchdr) || odd *or* uneven page; obverse || page f. belle *ou* impaire; recto m. **b) ~** (Gebäude) || front face *or* side; fore front || face f.; façade f. de devant; côté f. de front. **c) ~** (Stoff) || face || côté m. de devant. 3

vorderseitiger Anschluß m. (Elektr) || front connection || branchement m. avant. 4

Vorder-sieb n. || frontal screen || tamis m. de devant. **a) ~sitz** m. || front seat || siège m. d'avant. **b) ~steven** m. || stem || étrave f. **c) ~strebe** f. || front strut || jambe f. de force avant. **d) ~tor** n. (Schleuse) || head *or* flood *or* water *or* crown gate || porte f. d'amont *ou* de tête. **e) ~trieb** m. (Steinschloß) || heel; tail || talon m.; trousse f. **f) ~wagen** m. || fore carriage || avant-train m. **g) ~wand** f. || front plate || volet m. antérieur. 5

Vordestiller m. || primary still || appareil m. de première distillation *ou* de distillation préalable; appareil m. prédistillateur. 6

vordrehen, die **Achse** || to rough-turn the axle || tourner grossièrement l'essieu. 7

Vordruck m. || form; blank || formule f. imprimée; formulaire m. **a) ~farbe** f. || first print colour || colorant m. *ou* couleur f. de première impression. 8

Vor-düne f. || outer down; front down || dune f. de garde; avant-dune f. **a) ~ebbe** f. || ebb beginning; first quarter of the ebb || commencement m. du jusant. 9

voreilen || to lead || avancer. **a)** in der **Phase** f. **~** || to lead in phase || être en avance de phase. 10

Voreilung f. || advance || avance f. **a) Phasen~** || phase lead || avance f.de phase. 11

Voreilungswinkel m. || angle of advance; lead angle; swivelling angle || angle m. d'avance *ou* de braquage. **a) ~** der **Kurbel** || lead angle of the crank || avance f. angulaire de la manivelle. 12

Voreisen n. (am Pflug) || colter; coulter || coutre m. 13

Vorentwurf m. || preliminary project || avant-projet m. 14

Vorfeile f. || bastard file || lime f. bâtarde. 15

Vorfleier m. (Apparat) || slubbing frame || banc m. à broches. **a) ~** (Arbeiter) || slubbing-frame tenter || bancbrocheur m. en gros. 16

Vorflut f. || flood beginning || montant m. de marée. **a)** die **~ stören** || to disturb existing *or* previous drainage conditions || arrêter la dérivation naturelle de l'eau. 17

Vorfräser m. || stocking cutter || fraise f. ébaucheuse. 18

Vorfräsmaschine f. für **Kegelräder** || bevel gear roughing-out machine || machine f. à ébaucher les engrenages coniques. 19

Vorführraum m. (Film) || operating room || cabine f. de projection. 20

Vorführungsapparat m. || apparatus for demonstration || appareil m. pour démonstration. **a) Kino~** || cinema *or* kinematograph *or* motion picture projector || appareil m. de projection de cinéma *ou* pour représentations cinématographiques. 21

Vorführungswagen m. || demonstration car || voiture f. de démonstration. 22

Vorfüll-einrichtung f. (hydr Presse) || pilot valve || dispositif m. de remplissage. **a) ~ventil** n. für hydraulische Pressen || preliminary feed valve for hydraulic presses || soupape f. d'admission préalable pour presses hydrauliques. 23

Vorgabe f. || handicap || handicap m. 24

Vorgaffel f. || fore gaff || corne f. de misaine goélette. 25

Vorgang m. || process; phenomenon || opération f.; procédé m.; phénomène m. **a) chemischer ~** || chemical process *or* reaction || procès m. *ou* réaction f. chimique. **b) Umwandlungs~** || process of conversion *or* transformation || phénomène m. de transformation. **c) ~** beim **Verkoken** || process of coking || marche f. de la carbonisation. 26

Vorgarnspinner m. || rover || boudineur m. **a) Baumwoll~** || cotton roving-frame tenter || boudineur m. de coton. 27

vorgearbeitet-e Welle f. || rough-machined shaft || arbre m. ébauché. **a) ~es Werkstück** n. || blank already machined || pièce f. ébauchée. 28

Vorgebirge n. || mountain spar; foothill (A) || promontoire m.; cap m. 29

vorgedruckte Linie f. || ruled line || ligne f. imprimée au préalable. 30

vorgekragt || corbelled-out || encorbellé; porté à faux *ou* en saillie. 31

Vorgelände n. || outlying lands pl. || avant-plaine f.; avant-pays m. 32

Vorgelege n. (Masch) || transmission *or* intermediate *or* reduction gear(ing); countershaft || engrenage m. *ou* transmission f. intermédiaire; renvoi m. (de mouvement); contre-arbre m. **a) Decken~** || countershaft || renvoi m. suspendu. **b) elastisches ~** || elastic driving gear || transmission f. élastique. **c) Turbinen~** || turbine gearing || engrenage m. pour turbines. 33

Vorgelege-bremse f. || brake on the transmission shaft || frein m. sur l'arbre de transmission. **a) ~welle** f. || countershaft; intermediate shaft || arbre m. intermédiaire *ou* de renvoi; contre-arbre m. 34

vorgepreßtes Rad n. || rough-pressed wheel || roue f. ébauchée à la presse. 35

vorgeschichtliche Pflanzenkunde f. || palæobotany || paléophytologie f. 36

vorgeschrieben, wie ~ || as directed || comme indiqué. **a) ~e Abmessungen** fpl. || prescribed dimensions || dimensions fpl. prescrites. **b) ~e Belastung** f. || stipulated load || charge f. prescrite. 37

Vorgespinst n. (Spinn) || slub; roving || mèche f. **a) ~garn** n. (Spinn) || fine roving || fil m. doux. 38

vorgewalzter Block m. || section *or* rough-rolled ingot || lingot m. dégrossi *ou* profilé. 39

vorgewärmte Luft f. || preheated air || air m. chauffé préalablement. 40

Vorgreifer m. (Druckw) || auxiliary gripper || dispositif m. de prise préalable. 41

Vorhafen m. || outer harbour || avant-port m. 42

Vorhalle f. || entrance hall; vestibule || vestibule m. 43

Vorhalter m. (Nieten) || holding-on tool; rivetting knob || contre-marteau m.; contre-bouterolle f. 44

vorhämmern || to bloom || serrer; forger. 45

Vorhämmern n. der **Pakete** (Met) || roughing down of piles || serrage m. des paquets. 46

Vorhang m. || curtain || rideau m. **a) Roll~** || window *or* roller blind || store m. **b) Theater~** || curtain before the stage || rideau m. de scène. 47

Vorhänger m. (Opt) || lens attachment || face f. supplémentaire. **a) abnehmbarer ~** (Opt) || removable lens attachment || face f. supplémentaire amovible. **b) Aufsetzen** n. des **~s** (Opt) || slipping on of the lens attachment || mise f. en place de la face supplémentaire. 48

Vorhänger-fassung f. eines Brillenglases || slip-on mount of a spectacle lens || face f. supplémentaire d'un verre correcteur. **a) ~gestell** n. (Opt) || frame of the lens attachment || monture f. des faces supplémentaires. 49

Vorhängeschloß n. || padlock || cadenas m. **a) ~** mit **Drehbügel** || turning shackle padlock || cadenas m. à anse tournante. **b) ~** mit **Rückspringbügel** || automatic padlock || cadenas m. automatique. **c) ~** mit **rundem Bügel** || round shackle padlock || cadenas m. à anse ronde. **d) ~** mit **Vierkantbügel** || square shackle padlock || cadenas m. à anse carrée. 50

Vorhängeschloßmacher m. || padlock smith || cadenassier m. 51

Vorhang-halter m. || curtain clasp || embrasse f. à rideau. **a) ~ring** m. || curtain ring || anneau m. de rideau. **b) ~stange** f. || curtain pole || tringle f. de rideau. **c) ~sticker** m. || curtain embroiderer || brodeur m. de rideaux. **d) ~stoff** m. || curtain stuff || étoffe f. pour stores. 52

Vorhaupt n., Brückenpfeiler || fore starling of pier || bec m. d'amont d'un pilier. 53

Vorheizanlage f., Schornsteinzug || reheating plant of chimney draught || installation f. pour réchauffer le tirage de che minée. 54

Vorhelling f. || breast of slipway; launch || avant-cale f. 55

Vorhemd n. || chemisette; shirt front; dicky || chemisette f.; devant m. de chemise. 56

Vorherd m. (Met) || forehearth || avant-creuset m. 57

vorherrschend-er Wind m. || prevailing *or* prevalent wind || vent m. dominant. **a) ~e Windrichtung** f. || prevailing direction of wind || direction f. dominante du vent. 58

vorhobeln || to rough-plane || dégrossir à la raboteuse. 59

Vorhof m. (Bauw) || fore yard || avant-cour f. **a) ~flimmern** n. (Ohr) || auricular fibrillation || fibrillation f.auriculaire. 60

vorjährig || of last year || de l'année f. passée. 61

Vorkammer f. (Dieselmaschine) || antechamber; precombustion chamber || chambre f. de précombustion. **a) ~** (Ohr) || auricle || oreillette f. **b) ~einspritzung** f. (Dieselmaschine) || antechamber system of injection || injection f. par précombustion. 62

Vorkarde f. || breaker; breaking card || carde f. briseuse; briseur m. 63

Vorkaufsrecht n. || right of pre-emption *or* of refusal || droit m. de préemption. 64

Vorkehrungen fpl. **treffen** || to take precautions pl. || prendre des mesures fpl. 65

Vorkeller m. || fore-cellar || avant-cave f. 66

Vorkipper m. || end tip wagon || wagon m. à bascule d'extrémité. 67

Vorklassiersieb n. || primary classifying screen || crible m. avant-classeur. 1
Vorklassierung f. || preclassification || classement m. préalable. 2
Vorkommnis n. || occurence || cas m.; événement m.; occurence f. 3
Vorkost f. || first course; provisions pl. || comestibles mpl. 4
Vorkratze f. (Spinn) || breaker || briseur m. 5
Vorkrempel m. || breaker *or* scribbler card || carde f. briseuse *ou* en gros. 6
Vorkühlanlage f. || precooling plant || installation f. de préréfrigération. 7
vorkühlen, bei sehr **tiefen Temperaturen** || to precool to extremely low temperatures || préréfrigérer à des températures très basses. 8
Vorkühlraum m. || fore-chill room || entrée f. de la salle frigorifique. 9
Vorkühlung f. || precooling || préréfrigération f.; refroidissement m. préalable. a) ~ des **Koksofengases** || precooling of coke oven gas || préréfrigération f. du gaz des fours à coke. 10
Vorladung f., **gerichtliche** || summons || assignation f. 11
Vorlage f. (Chem) || receiver; adapter || récipient m.; allonge m. 12
Vorlauf m. (Brenn) || first running || avant-coulant m. 13
Vorläufer m. der **Logleine** || forerunner *or* stray-line of the log line || houache m. de la ligne de loche. 14
Vorlege-messer n. || carving knife || couteau m. à découper. a) **~schloß** n. || padlock || cadenas m. b) **~stück** n. für Querträger (el Leit) || crossarm plate || semelle f. c) **~werk** n. (Uhrm) || dial work || cadrature f. 15
vorliegend, der **~e Fall** || the case in question *or* under review || le cas présent. 16
Vormaischbottich m. || steeping trough || cuve f. à moût de bière. 17
Vormann m. (Seew) || foreman || brigadier m. 18
Vormars m. || foretop || hune f. de misaine. 19
vormerken || to note beforehand; to make a note of; to enter on a list || prendre note f. de. a) ~ (Fernm) || to allocate || prendre rang. 20
Vormischung f. || premixing || prémélange m. 21
vorn || in front || par devant. a) **von ~ nach hinten** || from front to back || d'avant en arrière. 22
Vorort m. || suburb || faubourg m. a) **~bahn** f. || suburb(an) railway || ligne f. suburbaine; chemin m. de fer de banlieue. b) **~verkehr** m. (Fernm) || suburban service || trafic m. suburbain. 23
Vorpressen n. der Blöcke zu Scheiben || rough-pressing of discs from blocks || ébauchage m. des blocs à disques à la presse. 24
Vorprüfung f. || previous examination || essai m. préalable. 25
Vorpunktieren n. || pointing || pointage m. 26
Vorrang m. || priority; precedence; preeminence || préséance f.; priorité f. 27
Vorrat m. || supply || provision f. a) bei dem Werk n. können über x Tonnen **auf ~ gelagert** werden || the plant is capable of storing over x tons of material || le dépôt a une capacité de plus de x tonnes. b) **Kohlen~** || coal supply; supply of coal || provision f. de charbon. 28
vorrätig || in stock; on hand || en magasin m. a) **~ bei** ... || to be had of ... || en vente f. chez ... b) **~ sein** || to be in stock || être en magasin. 29
Vorrats-behälter m. || store tank || réservoir m. a) **~haufen** m. || piling stores pl.; piles pl. || tas m. du parc; emmagasinage m. en tas *ou* en vrac. b) **~platz** m. || store; yard || dépôt m.; parc m. c) **~raum** m. || bin; storage bin || trémie f. d) **~schrank** m. || meat safe || gardemanger m. e) **~tasche** f. || storage pocket || poche f. d'approvisionnement. 30
Vorrauhapparat m., **vorgebauter** (Web) || raising device before the machine || dispositif m. d'avant-lainage à l'entrée de la machine. 31
Vorrecht n. || exclusive right; privilege || privilège m. 32
vorrecken, die Güsse mpl. wurden unter dem Dampfhammer achtkantig vorgereckt || the castings pl. were rough forged octangularly under steam hammers || les lingots mpl. étaient forgés préalablement par des marteaux-pilons sous un profil octogonal. 33
Vorreiber m. (am Fenster) || sash fastener || happe f. de fenêtre; tourniquet m. 34
Vorreinigung f. || preliminary cleaning || épuration f. préalable. 35
vorreißen (Masch; Tischl) || to mark; to gauge || tracer; trusquiner. 36
Vorrevision f. (el Leit) || preliminary inspection || révision f. préalable. 37
Vorrichtung f. || apparatus || mécanisme m.; appareil m. a) **mechanische ~** || mechanical device || engin m. mécanique. b) **zusätzliche ~** (Werkzeugmasch) || auxiliary attachment || dispositif m. auxiliaire. 38
Vorrichtungs-arbeit f. (Bergb) || driving of head-ways || travail m. préparatoire. a) **~arbeiter** m. (Bergb) || drifter; stoneman || ouvrier m. de travaux préparatoires. 39
Vorrösten n. (Met) || first roasting || grillage m. préliminaire. 40
Vorroyal n. (Segel) || fore royal || petit cacatois m.; petit perroquet m. volant. 41
vorrücken, um einen Schritt || to advance one step || avancer d'un pas. 42
Vorrüst f. || fore-channels pl. || petit porte-haubans m. 43
Vorsatz-blatt n. (Buchb) || end paper || papier m. *ou* feuillet m. de garde. a) **~küvette** f. (Lichtb) || light filter trough || cuve-écran m. 44
Vorsatzlinse f. || front lens || lentille f. additionnelle. a) **Objektiv~** || front lens operating as an objective || lentille f. additionnelle se plaçant devant l'objectif. 45
Vorsatzpapier n. || fancy paper || papier m. de fantaisie. 46
Vorschaltwiderstand m. || switch *or* steadying *or* series resistance || résistance f. à intercaler; rhéostat m. amortisseur. 47
Vorschlaghammer m. || sledge *or* uphand *or* two-handed hammer || marteau m. à devant *ou* à frapper devant; grand marteau m. 48
vorschleifen || to grind rough || dégrossir à la meule. 49
Vorschleifen n. || rough grinding || dégrossissage m. à la meule. a) ~ (Diamanten) || first grinding || égrisage m. 50
Vorschleifer m. || rough grinder || dégrossisseur m. à la meule. 51
Vorschleuse f. || bay of lock || tête f. d'écluse. 52
vorschmieden || to forge in the rough || forger grossièrement; dégrossir à la forge. 53
vorschneiden || to make a first cut || donner la première coupe. 54
Vorschneider m. || cutting nippers pl. || pince f. coupante. a) ~ mit **aufgesetzten Backen** || inlaid cutter's pliers pl. || pince f. à couteaux rapportés. 55
Vorschnitter m. || harvester ganger || entrepreneur m. de moissons. 56
Vorschriften fpl. || specifications pl. || prescriptions fpl.; conditions fpl. prescrites. a) **baupolizeiliche ~** || instructions pl. from the office of the board of works || instructions fpl. de la police de construction. b) ~ für den **Bau** von **Schiffen** || rules pl. to be observed in building ships || règles fpl. à suivre dans la construction des navires. 57
Vorschriftenbereich m., europäischer und außereuropäischer ~ (Fernm) || European and extra-European system || régime m. européen et extra-européen. 58
vorschrifts-mäßig || according to directions || conforme aux prescriptions fpl.; selon les règlements mpl. a) **~widrig** || contrary to regulations || contraire aux prescriptions fpl. *ou* aux règlements mpl. 59
Vorschub m. (Masch) || feed; advance || avance f.; avancement m. a) **Bürsten~** || forward lead of brush || décalage m. en avant. b) **Lang~** || longitudinal feed || avance f. chariotage. c) **~ leisten** || to assist; to support; to further || aider; favoriser. d) **Plan~** (Werkzeugmasch) || cross feed || avance f. planage. e) **selbsttätiger ~** || automatic feed || avance f. automatique. f) **selbsttätige Auslösung** f. des **~s** || self-acting disengaging of the feed || débrayage m. automatique de l'avancement. g) **Sprung~** (Werkzeugmasch) || intermittent feed || avance f. intermittente. h) **Stangen~** || bar feed || avance f. des barres. i) **Werkzeug~** || tool feed || avance f. des outils. 60
Vorschub-änderung f. durch Schalträderkasten || change of feed by sliding gear box || changement m. des avances par boîte d'engrenages. a) **~kurve** f. (Werkzeugmasch) || feed cam || came f. d'avance b) **~mechanismus** m. || advance mechanism || mécanisme m. d'avance. c) **~patrone** f. (Werkzeugmasch) || feed chuck || pince f. d'avance. d) **~patronenkörper** m. mit Einsätzen (Werkzeugmasch) || master feed chuck with jaws || corps m. de pinces d'avance avec mors. e) **~räderkasten** m. || feed gear box || boîte f. d'engrenages des avances. f) **~regelung** f. || feed adjuster || réglage m. de l'avance. g) **~stange** f. || advance rod || tige f. d'avance. h) **~wechsel** m. || feed change || changement m. d'avance. i) **~wechselrad** n. || feed change gear || roue f. de rechange pour l'avance. 61
Vorschuh m. (Hufschm) || clip; welt || pinçon m. 62
Vorschuß m. || money advanced || avance f.; déboursé m. a) ~ auf **Waren** || advance

against merchandises || avance f. sur marchandises. 1
Vorschußzahlung f. || payment in advance || anticipation f. de payement; payement m. *ou* paiement m. d'avance. 2
Vorsegel n. || fore sail || voile f de l'avant. 3
Vorsicht f. || precaution || précaution f. **a)** ~! (Verpackungsaufschrift) || with care!; beware! || attention! **b)** ~! **Glas**! || handle with care! glass! || attention! fragile! 4
vorsichtig || cautiously || avec précaution. 5
Vorsichtsmaßregel f. || precaution || précaution f. 6
Vorsieb n. (Aufber) || fore-screen || crible m. préparatoire. **a)** ~ (Müllerei) || preliminary sieve || tamis m. extracteur. 7
Vorsignal n. || pre-signal; distant signal || signal m. avancé *ou* annonciateur. 8
Vorsitzender m. der **Gesellschaft** || president of the company || président m. de la société. 9
Vorsorge f. || foresight; early attention || prévoyance f. 10
vorspannen, eine **Lokomotive** f. || to put an additional locomotive to . . . || atteler une machine à . . . 11
Vorsperre f. || auxiliary dam || barrage m. de sûreté. 12
vorspinnen || to prepare (the slubbing); to rove || préparer la mèche pour la filature; filer en gros. 13
Vorspinnen n. || slubbing; roving || filage m. en gros; préparation f. de la filature *ou* de la mèche. 14
Vorspinner m. || preparer || préparateur m. 15
Vorspinnmaschine f. || stretching mule; billy; fly(er) *or* drawing frame || métier m. en gros; banc m. d'étirage *ou* à broches machine f. à filer en doux *ou* en gros. 16
vorsprechen, bei jemandem || to call on a person || passer chez quelqu'un; aller voir quelqu'un. 17
vorspringend-e Kante f. || reach over edge; edge going beyond the piece || saillie f.; rebord m. en saillie. **a)** ~**er Wulst** m. (Eisenb) || projecting edge || saillie f. 18
Vorsprung m. (Bauw) || projecting part; prominence || ressaut m.; saillie f.; avance f. **a)** ~ (Wettspiel) || advantage || avance f.; avantage m. 19
Vorstadt f. || suburb || aubourg m. 20
Vorstand m. einer **Gesellschaft** || board of management || direction f. 21
Vorstauchapparat m. || upsetting device || dispositif m. ébaucheur *ou* refouleur. 22
Vorstechmaschine f. (Web) || punching machine || machine f. à piquer. 23
Vorstecker m. || pin; cotter *or* detent pin || goupille f.; étoquiau m. **a)** ~ eines **Bolzens** || forelock (key) of a bolt || clavette f. d'arrêt. 24
Vorsteckerscharnierband n. || joint hinge with pin *or* peg || fiche f. à double nœuds et à bouton. 25
Vorsteck-keil m. || split *or* cotter pin || clavette f. d'arrêt. **a)** ~**stift** m. || cotter || goupille f. 26
vorstehen, einer **Firma** f. || to manage *or* to represent a firm || conduire *ou* gouverner une maison. 27
Vorsteven m. (Schiffb) || stem || étrave f. **a)** ~**klüse** f. (Schiffb) || stem pipe || écubier m. d'étrave. **b)** ~**schuh** m. (Schiffb) || stem shoe || sabot m. d'étrave. **c)** ~**vorderkante** f. || fore edge of stem || arête f. avant de l'étrave. 28
Vorsticker m. || preparer of ladies' works for sale || ouvrier m. en ouvrages de dames. 29
Vorstimmer m. (Klavier) || tuner || pinceur-accordeur m. 30
Vorstraße f. (Walzw) || roughing *or* cogging *or* blooming mill || train m. dégrossisseur. 31
Vorstufenschalter m. || protection switch with resistance || interrupteur m. de sécurité pourvu de résistance. 32
Vortagsanmeldung f. (Fernm) || call booked the previous day || demande f. de communication déposée la veille. 33
vortäuschen || to simulate || simuler. 34
Vorteil m. **bringen** || to be advantageous || tourner à l'avantage. **a) mit** ~ *s.* vorteilhaft. 35
vorteilhaft || advantageous; profitable || avantageux; profitable; lucratif. **a)** ~ **herstellen** || to produce with great advantage || fabriquer avantageusement. 36
vortreiben, einen **Stollen** m. || to drive-on a gallery || construire *ou* pratiquer une galerie. 37
Vortreibepfahl m. (Bergb) || lath || palplanche f. 38
Vortrieb m. || propulsion || impulsion f.; translation f.; avancement m.; poussée f. en avant. 39
Vortriebsschild m. || driving shield || bouclier m. **a)** ~ für **Tunnels** || driving shield for tunnels || bouclier m. d'avancement pour le fonçage de tunnels. 40
Vortrocknung f. || preliminary drying || préséchage m. 41
Vorübertrager m. (Fernm) || input transformer || transformateur m. d'entrée. 42
Vorverdichter m. (Motor) || compressor || compresseur m. 43
Vorverdichtung f. || supercharging || suralimentation f. 44
Vorverstärker m. || input-amplifier || amplificateur m. d'entrée. 45
Vorversuch m. (Chem) || preliminary trial || essai m. préliminaire. 46
Vorvertrag m. || provisional agreement || accord m. provisoire. 47
Vorwahl f. (Selbstanschl) || preselection || présélection f. 48
Vorwähler m. || individual line switch; preselector || présélecteur m. **a)** ~**system** n. || preselector system || système m. à présélecteurs. 49
Vorwalze f. (Walzw) || bloom *or* billet roll || cylindre m. ébaucheur. 50
vorwalzen (Walzw) || to rough down || ébaucher. 51
Vorwalzwerk n. || preliminary *or* roughing *or* blooming mill || laminoir m. *ou* train m. dégrossisseur. 52
Vorwand m., unter dem ~e || on the plea; under the pretence || sous prétexte m. 53
vorwärmen || to preheat || réchauffer. 54
Vorwärmeofen m. für Stabeisen || bar iron heating furnace || four m. à réchauffer les barres d'acier. 55
Vorwärmer m. || preheater || réchauffeur m. **a) Abdampf**~ || exhaust steam preheater || réchauffeur m. à vapeur d'échappement. **b) Gegenstrom**~ (Chem) || counter-current preheater || réchauffeur m. à contre-courant. **c) Milch**~ || milk preheater || réchauffeur m. pour lait. **d) Rahm**~ || cream preheater || réchauffeur m. pour crème. **e) Rauchgas**~ || flue gas preheater; economizer || réchauffeur m. à gaz de fumée. **f) Speisewasser**~ || feed water preheater || réchauffeur m. d'eau d'alimentation. 56
Vorwärmezone f. || zone of preheating || zone f. de réchauffage. 57
Vorwärmung f. || preheating || réchauffage m. 58
vorwärts || ahead || en avant. **a)** ~ **bringen** || to promote || faire avancer. **b)** ~ **gehen** || to go forward || aller en avant. **c)** mit **halber Kraft** f. ~ || half-speed ahead || en avant à mi-vitesse. **d) langsam** ~ || slow *or* easy ahead || doucement en avant. 59
Vorwärts-bewegung f. || forward motion || mouvement m. en avant. **a)** ~**gang** m. || ahead running; foreward speed || marche f. en avant; vitesse f. avant. **b)** ~- **und Rückwärtsgang** m. || ahead and astern running || marche f. avant et marche arrière. **c)** ~**lauf** m. der Schraube || ahead running of the propeller || marche f. avant de l'hélice. **d)** ~**stellung** f. || ahead position || position f. d'avance. **e)** ~**trommel** f. || ahead drum || tambour m. à marche avant. **f)** ~**turbine** f. || ahead *or* cruising turbine; turbine running forward || turbine f. de marche avant. 60
Vorwäsche f. || preliminary washing || lavage m. préparatoire. 61
Vorzeichen n. (Math) || sign || signe m. 62
Vorzeichner m. || tracer || traceur m. **a)** ~ (Tap) || tapestry designer || dessinateur m. en maquettes. 63
Vorzeichnung f. (auf dem Werkstück) || dash; scantling; stroke; touch; trace || trait m. de repère. 64
Vorzeiger m., **verstellbarer** ~ auf Schnittrichtung (Werkzeugmasch) || adjustable pointer showing the cutting-off direction || index m. réglable pour la direction de coupe. 65
vorzeitig || premature || prématuré. 66
vorziehen || to prefer to . . . || préférer. 67
Vorzugsaktie f. || preference share || action f. privilégiée. **a) gewinnbeteiligte** ~ || participating preference share || action f. privilégiée de participation. 68
Vorzugs-behandlung f. || preferential treatment || bénéfice m.; traitement m. de faveur. **a)** ~**preis** m. || preferential rate || prix m. exceptionnel *ou* de faveur. 69
Vorzugsrecht n., ein ~ **behaupten** || to maintain a preferential right || prétendre à un droit de priorité. **a)** ein ~ **einräumen** || to grant a prior right || accorder un droit de préférence. 70
Vorzündung f. || advance of ignition; sparking advance; advanced ignition; early spark || avance f. à l'allumage. 71
Vorzündungsgriff m. || sparking advance handle || manette f. d'avance à l'allumage. 72
Vorzwirnen n. (Seide) || silk spinning || filage m. 73
Vulkan m. || volcano || volcan m. **a) erloschener** ~ || extinct volcano || volcan m. éteint. **b) tätiger** ~ || burning volcano || volcan m. en activité. 74
Vulkanasbest m. || vulcan-asbestos || asbeste m. vulcanisé; vulcanasbeste m. 75
Vulkanfiber f. || vulcanized fibre || fibre f. vulcanisée. **a)** ~**biegemaschine** f. || bending machine for vulcanized fibres || plieuse f. mécanique pour fibres vulcanisées. **b)** ~**herstellungsmaschine** f. || vul-

canized fibre making machine || machine f. pour fabriquer la fibre vulcanisée. c) ~koffer m. || vulcan fibre trunk || malle f. en fibre vulcanisée. d) ~rad n. || wheel of vulcanized fibre || roue f. en fibre vulcanisée. 1

Vulkanglas n. (Glasf) || tempered glass || verre m. trempé. 2

Vulkanisation f. *s.* Vulkanisierung. 3

Vulkanisator m. || vulcanizer || vulcanisateur m. 4

vulkanisch || volcanic || volcanique. a) ~es **Gestein** n. || volcanic rock || roche f. volcanique. b) ~es **Sedimentgestein** n. || volcanic sedimentary rock || roche f. sédimentaire volcanique. 5

Vulkanisieranstalt f. || vulcanization works pl.; vulcanizing factory || atelier m. à vulcaniser *ou* de vulcanisation. 6

Vulkanisierapparat m. || vulcanizer; vulcanizing apparatus || appareil m. de vulcanisation; vulcanisateur m. a) ~ für **Zahnärzte** || vulcanizing apparatus for dentists || appareil m. à vulcaniser pour dentistes. 7

Vulkanisiereinrichtung f. || vulcanizing plant || installation f. à vulcaniser. 8

vulkanisieren || to vulcanize || vulcaniser; volcaniser. 9

Vulkanisierer m. || vulcanizer || vulcaniseur m. 10

Vulkanisier-kessel m. || vulcanizing boiler || chaudière f. de vulcanisation. a) ~**presse** f. || vulcanizing press || presse f. à vulcaniser. b) ~**presser** m. || vulcanizer || vulcaniseur m. 11

vulkanisiert || vulcanized || vulcanisé. a) ~es **Gummi** n. || vulcanized india-rubber || caoutschouc m. vulcanisé; gomme f. vulcanisée. 12

Vulkanisierung f. || vulcanization || vulcanisation f. a) **heiße** ~ || hot vulcanization || vulcanisation f. à chaud. 13

Vulkanit n. || vulcanite || vulcanite m. a) ~**faser** f. *s.* Vulkanfiber. 14

W

W-förmige Doppelstütze f. (el Leit) || terminal double pin || console f. double en W. 15

Waage f. *s.* **Wage.** 16

Wabe f. (Bienenstock) || honeycomb || rayon m. 17

Wabenkühler m. || honeycomb radiator || radiateur m. à nid d'abeilles. 18

Wache f. der Feuerwehr || watch station of the fire brigade || poste m. du corps de sapeurs-pompiers. 19

Wacholder-beere f. || juniper berry || baie f. de genévrier *ou* de genièvre. a) ~**holz** n. || juniper wood || genévrier m.; bois m. de genièvre. b) ~**öl** n. || juniper oil || essence f. de genièvre. c) ~**sulze** f. || juniper meat jelly || gelée f. au genièvre. 20

Wachs n. || wax || cire f. a) in ~ n. **abdrucken** || to impress on wax || faire une empreinte dans la cire. b) ~ **bändern** || to make ribbons of wax || grêler la cire. c) **Baum**~ || mummy; grafting wax || cire f. à greffer. d) **Bienen**~ || beeswax; bees' wax || cire f. d'abeilles. e) **Bohner**~ || polishing wax || cire f. à encaustiquer. f) **Formerarbeit** f. aus ~ || plastic article of wax || article m. plastique en cire. g) **gebleichtes** ~ || bleached wax || cire f. blanchie. h) **gelbes** ~ || yellow wax || cire f. jaune. i) **Insekten**~ || insect wax || cire f. d'insectes. k) **japanisches** ~ || Chinese wax; Japan wax || cire f. du Japon. l) **Kabel**~ || cable wax || cire f. pour câbles. m) **Mineral**~ || ozocerite; ozokerite; ceresin || cérésine f.; cire f. minérale *ou* fossile; ozocérite f.; ozokérite f. n) **Modellier**~ || modelling wax || cire f. à modeler. o) **in** ~ **modellieren** || to mould *or* to model in wax || modeler en cire. p) **Montan**~ || mountain *or* mining wax || cire f. montaine. q) **Parkett**~ || floor wax || cire f. à parquets. r) **pflanzliches** ~ || vegetable wax || cire f. végétale. s) **plastisches** ~ || plastic wax || cire f. plastique *ou* à modeler. t) **plastisches** ~ **für zahnärztliche Zwecke** || plastic wax for dental surgery || cire f. plastique pour chirurgie dentaire. u) ~ **in Platten** || wax in plates || cire f. en plaques. v) **tierisches** ~ || animal wax || cire f. animale. w) **mit** ~ **überziehen** || to wax || enduire de cire; encirer. x) **ungebleichtes** ~ || unbleached wax || cire f. jaune. y) ~ in **Waben** || wax in combs || cire f. en rayons. z) **weißes** ~ || white wax || cire f. blanche. 21

Wachsaroma n. || wax aroma || arome m. de cire. 22

wachsartig || waxy || cireux. 23

Wachs-ausschmelzkessel m. || wax smelting boiler || chaudière f. à fondre la cire. a) ~**band** n. || ribbon of wax || lanière f. de cire. b) ~**bleichanlage** f. || wax bleaching plant || installation f. de blanchiment de cire. c) ~**bleicher** m. || wax bleacher || blanchisseur m. de cire. d) ~**bleicherei** f. || wax bleaching works pl. || blanchisserie f. de cire. e) ~**blume** f. || wax flower || fleur f. en cire. f) ~**büste** f. || wax bust || buste m. en cire. 24

Wachschiff n. || guard ship || vaisseau m. garde-côte. 25

Wachsdraht m. || waxed wire || fil m. ciré. 26

wachsen (größer werden) || to grow || croître. a) **langsam** wachsend || slow growing || à croissance f. lente. 27

Wachsen n. des **Kalkes** || growth of lime || foisonnement m. de la chaux. a) ~ des **Wassers** || rising of the water || crue f. des eaux. 28

Wachs-fabrik f. || wax works pl. || fabrique f. de cire. a) ~**fackel** f. || wax torch || torche f. en cire. b) ~**figur** f. || wax figure || figure f. *ou* buste m. en cire. c) ~**figürchen** n. || wax figurine || figurine f. en cire. d) ~**formen** n. || wax moulding || moulage m. en cire. e) ~**frucht** f. || wax fruit || fruit m. en cire. f) ~**gießtisch** m. || wax-melting table || table f. à couler la cire. g) ~**glanz** m. (Min) || resinous lustre || brillant m. cireux. h) ~**kerze** f || taper || bougie f. en cire. i) ~**kessel** m. || wax kettle || perrau m.; perreau m. k) ~**kitt** m. || mortar of wax; sticking wax; wax cement || cire f. à luter. l) ~**kohle** f. || pyropissite || pyropissite f. m) ~**kopf** m. || wax head || tête f. en cire. n) ~**kuchen** m. || wax cake || cire f. en pain. o) ~**leinwand** f. || oil cloth; wax cloth || toile f. cirée. 29

Wachslicht n. || wax light *or* candle || bougie f. *ou* chandelle f. en cire. a) ~**zieher** m. || wax chandler || cirier m. 30

Wachsmachen n. des raffinierten Alauns || roching of alum || cristallisation f. de l'alun purifié. 31

Wachs-maske f. || wax mask || masque m. en cire. a) ~**modell** n. || wax model || modèle m. en cire. 32

Wachspapier n. || pitch *or* wax paper || papier m. ciré. a) ~**herstellungsmaschine** f. || wax paper manufacturing machine || machine f. pour fabriquer du papier ciré. b) ~**verfahren** n. (Büro) || extracting process || procédé m. de polycopie au papier ciré. 33

Wachs-perle f. || wax bead *or* pearl || perle f. en cire. a) ~**politur** f. (Tischl) || wax polishing || poli m. à la cire. b) ~**prägung** f. || wax mould || empreinte f. à la cire. c) ~**presser** m. || wax presser || presseur m. de cire. d) ~**schmelzanlage** f. || wax melting plant || installation f. de fusion de cire. e) ~**schmelze** f. || wax smelting house || fonderie f. de cire. f) ~**schmelzer** m. || wax boiler || fondeur m. de cire. g) ~**seife** f. || wax soap || savon m. de cire. h) ~**späne** mpl. || wax shavings pl. || copeaux mpl. de cire. i) ~**stift** m. || wax crayon || crayon m. à la cire. k) ~**stock** m. || drawn taper; wax taper || bougie f. filée; pelote-bougie f. l) ~**streichhölzchen** n. || wax match; vesta || allumette f. en cire. m) ~**taft** m. || oil silk || taffetas m. ciré. 34

Wachstuch n. || wax cloth || toile f. cirée. a) ~ für **Fußbodenbelag** || wax cloth for flooring || toile f. cirée pour parquets. b) ~ für **Verpackungszwecke** || wax cloth for wrappings || toile f. cirée pour emballages. c) ~ für **Wandbehang** || wax cloth for wall hangings || toile f. cirée pour tentures. 35

Wachstuch-fabrik f. || wax cloth factory || fabrique f. de toiles cirées. a) ~**fertigungsmaschine** f. || finishing machine for wax cloth || machine f. pour le finissage de toile cirée. b) ~**futteral** n. || case of wax cloth || étui m. en toile cirée. c) ~**haube** f. (Schreibm) || wax cloth hood || dessus m. en toile cirée. d) ~**lackierer** m. || cloth oiler || cireur m. de taffetas. e) ~**papier** n. || paper varnished with oil-varnish || papier-toile f. cirée. 36

Wachstum n. in der **Länge** || growth in length || croissance f. en longueur. 37

Wachs-walze f. (Büro) || wax cylinder || cylindre m. en cire. a) ~**waren** fpl. || wax articles pl. || articles mpl. en cire. b) ~**zieher** m. || wax chandler || cirier m. c) ~**zündholz** n. || vesta; wax match || allumette f. en cire; allumette-bougie f. 38

Wachtdienst m. || service of watchmen || service m. de garde. 39

Wächter m. ‖ watchman ‖ gardien m.; garde m. 1
Wächterkontrollanlage f. ‖ watchmen's control system ‖ installation f. de contrôleur m. de rondes. **a) Melder** m. einer vereinigten Feuermeldeanlage und ~ ‖ transmitter of a combined fire alarm and watchmen's control installation ‖ avertisseur m. d'une installation combinée d'avertissement d'incendie et de contrôle de rondes. 2
Wächterkontrollmelder m. ‖ watchmen's control advertiser ‖ avertisseur m. de contrôle pour gardiens. 3
Wächterkontrolluhr f. ‖ watchmen's control clock; tell-tale watch ‖ contrôleur m. de rondes. **a) tragbare** ~ ‖ watchman's portable clock ‖ horloge f. de contrôle station-gardiens. 4
Wächteruhr f. ‖ watchmen's time-detector; controller; tell-tale ‖ contrôleur m. de rondes. 5
Wachtschiff n. ‖ guard ship ‖ navire m. de garde. 6
Wackelkontakt m. (Fernm) ‖ tottering contact ‖ contact m. intermittent. 7
Wade f. (Textil) ‖ calf ‖ mollet m. 8
Wadelzeit f. (Forstw) ‖ felling season ‖ époque f. de l'abattage. 9
Waffe f. ‖ weapon ‖ arme f.; armure f. **a) blanke** ~ ‖ side arms pl. ‖ arme f. blanche. **b) chemische** ~ ‖ chemical arms pl. ‖ arme f. chimique. **c) Genauigkeits~** ‖ arms pl. of precision ‖ arme f. de précision. 10
Waffel f. ‖ wafer; waffle; gofer; goffer (A); gauffer (A) ‖ gaufre f. **a) ~bäcker** m. ‖ gofer *or* wafer baker ‖ fabricant m. de gaufres. **b) ~blech** n. ‖ goffered plate ‖ tôle f. gaufrée. **c) ~eisen** n. ‖ gofering iron ‖ gaufrier m. **d) ~form** f. ‖ wafer mould ‖ moule m. à gaufres. **e) ~ oblate** f. ‖ waffle wafer ‖ oublie f. à cacheter. 11
Waffen fpl. ‖ arms pl. ‖ armes fpl. **a) ~fabrik** f. ‖ small-arms factory ‖ manufacture f. d'armes. **b) ~fabrikant** m. ‖ small-arms manufacturer ‖ fabricant m. d'armes. **c) ~öl** n. ‖ arms oil ‖ huile f. pour armes. **d) ~schmied** m. ‖ armourer ‖ armurier m. **e) ~stahl** m. ‖ arms steel ‖ acier m. pour armes. **f) ~stillstand** m. ‖ armistice ‖ armistice m. **g) ~zubehörteile** mpl. ‖ accessories pl. for arms ‖ accessoires mpl. d'armes. 12
wägbar ‖ ponderable ‖ pondérable. 13
Wage f. ‖ weighing machine; balance; pair of scales; scale; scales pl. ‖ bascule f.; balance f. **a) Absack~** ‖ sack weigher ‖ balance f. d'ensachage. **b) ~n** fpl. **aller Art** ‖ all kind of balances ‖ balances fpl. de toutes les sortes. **c) Analysen~** (Chem) ‖ analytical balance ‖ balance f. chimique. **d) automatische** ~ ‖ automatic weighing apparatus ‖ balance f. automatique. **e)** ~ zum **automatischen Verwiegen** und **Absacken** von Mehl ‖ balance for the automatic weighing and sacking of flour ‖ balance f. à peser et ensacher automatiquement la farine. **f) Balken~** ‖ balance; beam scale ‖ balance f. (à fléaux). **g) Bier~** ‖ saccharometer ‖ pèse-bière m. **h) Brücken~** ‖ weigh bridge ‖ pont m. à bascule *ou* à peser; bascule f. **i) Bruttoabsack~** ‖ sack grossweigher ‖ balance f. d'ensachage brut. **k) chemische** ~ ‖ analytical *or* precision balance; chemical scales pl. ‖ balance f. chimique *ou* de chimiste. **l) Dezimal~** ‖ decimal weighing machine ‖ bascule f. décimale. **m) elektrodynamische** ~ ‖ electrodynamic balance ‖ balance f. électrodynamique. **n) empfindliche** ~ ‖ sensible balance ‖ balance f. sensible. **o) Feder~** ‖ spring balance *or* scales pl. ‖ bascule f. *ou* balance f. *ou* peson m. à ressort. **p) Garn~** ‖ yarn balance ‖ balance f. de fils. **q) Genauigkeits~** ‖ balance of precision ‖ balance f. de précision. **r) Getreide~** ‖ grain balance *or* scales pl. ‖ balance f. pèse-grains *ou* à grains *ou* à blé. **s) Gold~** ‖ gold scales pl.; gold balance ‖ balance f. d'orfèvre; trébuchet m. **t) Haushalts~** *s.* Wirtschafts~. **u) hydrostatische** ~ ‖ hydrostatical balance ‖ balance f. hydrostatique. **v)** automatische **Kohlen~** ‖ automatic coal balance ‖ bascule f. automatique à charbon. **w) Küchen~** *s.* Wirtschafts~. **x) Laufgewichts~** ‖ steelyard; scale-beam; sliding weight balance ‖ balance f. romaine *ou* à poids curseur. **y) Libellen~** ‖ air *or* spirit *or* water level ‖ niveau m. à bulle d'air; niveau m. d'eau. **z) Luftdruckentlastung** f. für **~n** ‖ pneumatic balancing for weighing machines ‖ dispositif m. de décharge à air comprimé pour bascules. 14

a) Markscheider~ ‖ miner's *or* surveyor's level ‖ niveau m. à plomb en demicercle. **b) Mehl~** ‖ flour scales pl. ‖ balance f. à farine. **c) metallometrische** ~ ‖ metallometric balance ‖ balance f. métallométrique. **d) Milch~** ‖ lactometer ‖ lactomètre m. **e) Münz~** ‖ money scales pl. ‖ balance f. pour monnaie. **f) Nettoabsack~** ‖ sack net-weigher ‖ balance f. d'ensachage net. **g) oberschalige Tafel~** ‖ Roberval scales pl. ‖ balance f. de Roberval. **h) Paket~** ‖ parcel balance ‖ balance f. à paquets. **i) Präzisions~** ‖ precision balance *or* scales pl. ‖ balance f. de précision; appareil m. de pesage de précision. **k) Probier~** ‖ assaying balance ‖ balance f. d'essai. **l) Prüf~** ‖ physical balance; test balance ‖ trébuchet m. **m) Quecksilber~** ‖ mercurial level ‖ niveau m. de mercure. **n) Schnell~** ‖ steelyard; scale-beam ‖ balance f. romaine; romaine f.; peson m. **o) selbsttätige** ~ ‖ automatic weighing machine; automatic scales pl. ‖ bascule f. *ou* balance f. automatique. **p) Tafel~** ‖ shop scales pl. ‖ balance f. de comptoir. **q) voltametrische** ~ ‖ voltametric balance ‖ balance f. voltamétrique. **r) Wasser~** ‖ water level ‖ niveau m. d'eau. **s) Webstuhl~** ‖ spring shaft ‖ tire-lisse f.; tirelames f.; marchette f. **t) Wirtschafts~** ‖ kitchen balance; kitchen *or* household scales pl. ‖ balance f. de cuisine *ou* de ménage. 15
Wägeapparat m. ‖ weighing apparatus ‖ appareil m. de pesage. 16
Wagebalken m. ‖ tare *or* scale *or* balance beam; balance arm ‖ fléau m. de balance; traversin m. **a)** ~ einer **Brückenwage** ‖ lever of a weigh-bridge ‖ levier m. d'une bascule. 17
Wagebalkenfräs- und -teilmaschine f. ‖ machine for milling and marking the divisions at balance beams ‖ machine f. à fraiser et à graduer les fléaux de balance. 18
Wägemaschine f. ‖ weighing machine ‖ bascule f.; balance f. 19
wagen ‖ to risk ‖ risquer. 20
wägen ‖ to weigh ‖ peser. 21
Wagen m. ‖ vehicle; car; cart; carriage ‖ voiture f.; chariot m.; char m. **a)** ~ (Eisenb) ‖ wagon ‖ wagon m. **b) achträderiger** ~ (Eisenb) ‖ eight-wheeled wagon ‖ wagon m. à huit roues. **c) anlaufender** ~ (Eisenb) ‖ wagon running up ‖ wagon m. en approche. **d) auswechselbarer** ~ (Schreibm) ‖ interchangeable carriage ‖ chariot m. interchangeable. **e) bedeckter** ~ (Eisenb) ‖ covered truck; wagon roofed over; van ‖ wagon m. couvert *ou* fermé. **f) Behälter~** ‖ carriage with tank ‖ voiture f. avec réservoir. **g) Bienenwander~** ‖ wheel beehive ‖ ruche f. à roues. **h) Bier~** ‖ dray ‖ haquet m. **i) Block~** (Walzw) ‖ ingot charging truck ‖ chariot m. à lingots. **k)** ~ mit **Bodentrichter** ‖ wagon with hopper bottom ‖ wagon m. à fond en trémie. **l) Brückenlangholz~** ‖ timber-cart ‖ char m. à construction. **m) Dampf~** ‖ steam wagon ‖ camion m. à vapeur. **n) Deckel~** für Kalk ‖ covered lime wagon ‖ wagon m. à couvercle pour chaux. **o) Drehgestell~** (Eisenb) ‖ bogie wagon ‖ wagon m. à bogies. **p) Drehschemel~** (Eisenb) ‖ truck with swivelling bolster ‖ wagon m. avec traverses mobiles. **q) elektrisch angetriebener** ~ ‖ electric vehicle ‖ voiture f. électrique. **r) Erz~** (Bergb) ‖ ore wagon ‖ wagonnet m. à minerais. **s) Faß~** ‖ carriage with barrel ‖ voiture f. avec tonneau. **t) Faßtransport~** ‖ cask and barrel transport wagon ‖ wagonnet m. pour transporter des barils. **u) Flaschen~** ‖ bottle truck ‖ camion m. à bouteilles. **v)** ~ für **Flaschenbier** ‖ bottle beer truck ‖ camion m. à bouteilles à bière. **w) gebrauchter** ~ ‖ second hand car ‖ voiture f. d'occasion. **x) gedeckter** ~ ‖ covered cart ‖ carriole f.; charette f. à bâche. **y) Geräte~** (Feuerwehr) ‖ general tool and gear wagon ‖ voiture f. d'agrès. **z) Geschäfts~** ‖ office carriage ‖ voiture f. de magasin. 22

a) geschlossener ~ (Auto) ‖ limousine ‖ limousine f. **b) geschlossener** ~ (Eisenb) ‖ closed wagon *or* truck ‖ wagon m. fermé. **c) Geschütz~** ‖ gun truck ‖ truck m. au transport des canons. **d) Gießpfannen~** ‖ ladle carriage; casting car ‖ chariot m. porte-poche *ou* de coulée; transporteur m. de la poche de coulée. **e) Gruben~** ‖ mine *or* miner's car; mining truck ‖ wagonnet m. pour mines; berline f. de mine; chien m. **f) hochräderiger** ~ ‖ high-wheeled car ‖ voiture f. sur grandes roues. **g) Hütten~** ‖ wagon for iron and steel works ‖ wagonnet m. pour usines sidérurgiques. **h)** ~ mit **Innensteuerung** ‖ inside drive car ‖ voiture f. à conduite intérieure. **i) Kabel~** ‖ cable wagon ‖ chariot m. à câble. **k) Kasten~** (Eisenb) ‖ box freight car ‖ wagon m. à caisse. **l) Katzen~** ‖ crab carriage ‖ treuil m. **m) Kinder~** ‖ perambulator ‖ poussette f. **n) Kipp~** ‖ tipper; tip wagon; dump car ‖ wagonnet m. basculant; wagon m. basculeur. **o) nach beiden Seiten kippender** ~ ‖ wagon for tipping towards either side ‖ wagonnet m. basculant des deux côtés. **p)** ~ mit **mechanischer Kippvorrichtung** ‖ wagon with mechanical tipping device ‖ wagonnet m. basculeur à dispositif de bascule mécanique. **q) kleiner** ~ ‖ small car ‖ voiturette f. **r) Kohlen~** ‖ coal hutch *or* truck ‖ benne f. piocheuse *ou* à charbon; wagon m. à charbon. **s) Kranken~** ‖ ambulance vehicle ‖ voiture f. d'ambulance. **t) ~** für die **Landwirtschaft** ‖ carriage for the agriculture ‖ voiture f. pour l'agriculture. **u) Langholztransport~** ‖ transport car for trunks ‖ chariot m. de transport pour troncs. **v) leergehender ~** ‖ wagon running without load ‖ wagon m. marchant à vide. **w) Leichen~** ‖ funeral carriage ‖ char m. funèbre. **x) leichter ~** ‖ light car ‖ voiture f. légère. **y) ~** für **Leicht-** und **Schwerverletzte** ‖ ambulance wagon for slightly and seriously injured persons ‖ voiture f. pour des personnes légèrement et grièvement blessées. **z) Luppen~** (Met) ‖ bloom wagon ‖ wagon m. à loupes 1

a) Luxus~ (Wagenb) ‖ splendid carriage ‖ carrosse f. de luxe. **b) Luxus~** (Auto) ‖ car de luxe ‖ voiture f. de luxe. **c) ~ mit Zubehör** ‖ carriage with accessories ‖ chariot m. avec accessoires. **d) Möbel~** ‖ moving car; furniture van ‖ voiture f. de déménagement. **e) ~** mit **motorischem Umkehrantrieb** (Schreibm) ‖ motor return carriage ‖ chariot m. à retour par moteur. **f) Motorzug~** ‖ motor tractor ‖ tracteur m. automobile. **g) offener ~** ‖ open wagon *or* truck; gondola car (A) ‖ wagon m. ouvert; voiture f. ouverte. **h) Pferdebahn~** ‖ horse tram car ‖ voiture f. de tramway à chevaux. **i) Plattform~** (Eisenb) ‖ platform wagon ‖ wagon m. à plate-forme. **k) ~** für **Raucher** ‖ smoking car ‖ voiture f. pour fumeurs. **l) Roll~** ‖ dray; lorry ‖ camion m. **m) Sattel~** (Eisenb) ‖ gable-bottomed car; wagon with gable bottom ‖ wagon m. à fond en dos d'âne. **n) ~** mit **Sattelboden** (Eisenb) *s.* Sattel~. **o) Schmalspur~** ‖ narrow gauge carriage ‖ wagon m. à voie étroite. **p) Schnellentlade~** (Eisenb) ‖ rapid discharger ‖ déchargeur m. rapide. **q) schwerer ~** ‖ heavy vehicle ‖ voiture f. lourde. **r) Selbstentlade~** (Eisenb) ‖ self-discharging truck; self-emptying lorry ‖ déchargeur m. automatique; auto-déchargeur m.; wagon m. à décharge automatique. **s) ~** für **sperrige Stücke** (Eisenb) ‖ wagon for bulky goods ‖ wagon m. pour pièces encombrantes. **t) ~** mit oder ohne **Spielraum** in den **Achsbuchsführungen** ‖ car with or without play in the axle-box guides ‖ voiture f. avec ou sans jeu dans les plaques de garde des boîtes à graisse. **u) Spreng~** ‖ watering car ‖ voiture f. arroseuse. **v) Straßenbahn~** ‖ tramcar ‖ voiture f. de tramways. **w) Streichtisch~** mit Wasserbehälter für Ziegeleien ‖ brick car with water tank for tile works ‖ wagonnet m. à briques pour tuileries avec réservoir à eau. **x) Tieflade~** (Eisenb) ‖ well wagon ‖ wagon m. pour pièces pendantes entre les traverses. **y) Touren~** ‖ touring car ‖ voiture f. de tourisme. **z) Trichter~**(Eisenb) ‖ hopper car ‖ wagon m. à trémie. 2

a) Turm~ ‖ tower car ‖ wagon m. à échafaudage auto-moteur. **b)** einen **~ unterstellen** ‖ to house a car ‖ remiser une voiture. **c) ~** mit **verschiedenen Klassen** (Eisenb) ‖ mixed carriage ‖ voiture f. de voyageurs mixte. **d) Vieh~** ‖ cattle truck ‖ wagon m. à bestiaux. **e) Wasser~** (Eisenb) ‖ water tank truck ‖ wagon m. à eau. **f) Wohn~** ‖ dwelling carriage ‖ voiture f. de logement. **g) Zuckerrohr~** (Eisenb) ‖ sugar cane wagon ‖ wagon m. pour canne à sucre. 3

Wagenachse f. ‖ car axle ‖ essieu m. de voiture *ou* de chariot. **a) eiserne ~** ‖ iron axle ‖ essieu m. en fer. 4

Wagen-aufbau m., **gepanzerter** ‖ armoured car body ‖ caisse f. cuirassée du char. **a) ~auflader** m. ‖ van loader ‖ chargeur m. de voitures. **b) ~aufschieber** m. für Förderwagen ‖ tram pusher ‖ appareil m. à remonter les wagonnets de transport. **c) ~aufzug** m. ‖ wagon hoist ‖ monte-charge m. pour wagons. **d) ~ausbesserer** m. (Bergb) ‖ corver ‖ réparateur m. de berlines. **e) ~auslösetaste** f. (Schreibm) ‖ carriage release key ‖ touche f. de libération du chariot. 5

Wagen-bau m. ‖ carriage *or* coach building ‖ carrosserie f. **a) ~bauanstalt** f. ‖ carriage manufacture ‖ atelier m. de charronnage. **b) ~bauart** f. ‖ car type ‖ type m. de véhicule. 6

Wagenbauer m. ‖ coachmaker; carriage builder ‖ carrossier m. 7

Wagenbau-teile mpl. ‖ accessories pl. for coach building ‖ accessoires mpl. servant à la carrosserie. **a) ~werkstätte** f. ‖ workshop for building cars ‖ atelier m. pour la construction de voitures. 8

Wagen-bekleidungsblech n. (Eisenb) ‖ sheathing plate for wagons ‖ tôle f. d'acier pour revêtement des wagons. **a) ~belader** m. ‖ wagon loader ‖ chargeur m. de wagons. **b) ~beleuchtung** f. ‖ carriage lighting ‖ éclairage m. de voiture. **c) ~besatzartikel** mpl. ‖ carriage trimmings pl. ‖ passementerie f. pour voitures. 9

Wagenbeschläge mpl. (Eisenb) ‖ wagon fittings pl. ‖ garnitures fpl. pour wagons. **a) ~** (Wagenb) ‖ carriage iron work; iron-work binders pl. *or* ironwork mountings pl. for carriages ‖ ferrures fpl. de voiture *ou* pour carrosseries. 10

Wagen-beschlagteile mpl. *s.* Wagenbeschläge. **a) ~bewegung** f. (Schreibm) ‖ carriage movement ‖ mouvement m. du chariot. **b) ~boden** m. ‖ bottom *or* floor of wagon ‖ fond m. *ou* plancher m. de wagon. **c) ~breite** f. ‖ width of the carriage ‖ largeur f. du chariot. **d) ~bremse** f. ‖ car brake ‖ frein m. pour voitures *ou* pour wagons. **e) ~bremsvorrichtung** f. (Schreibm) ‖ brake of the carriage ‖ frein m. sur le chariot. **f) ~brücke** f. (Pont) ‖ carriage bridge ‖ pont m. de voiture. **g) ~dach** n. ‖ wagon roof ‖ toiture f. de wagon. **h) ~decke** f. ‖ tarpaulin; carriage rug ‖ bâche f. 11

Wagendrehkran m. ‖ revolving wagon crane ‖ grue f. pivotante sur wagon. **a) selbstfahrender ~** mit Dieselmotorantrieb ‖ self-propelled Diesel engine driven revolving wagon crane ‖ grue f. locomotive pivotante sur wagon à moteur Diesel. 12

Wageneinstellhalle f. ‖ garage; motor house ‖ garage m. 13

Wagenfeder f. (Eisenb) ‖ wagon spring ‖ ressort m. à wagon *ou* pour wagons. **a) ~** (Wagenb) ‖ carriage spring ‖ ressort m. pour voitures *ou* pour carrosserie. 14

Wagen-feststeller m. (Schreibm) ‖ carriage lock lever ‖ levier m. de fixation du chariot. **a) ~fett** n. ‖ carriage grease; wagon fat ‖ cambouis m.; graisse f. de voitures. 15

Wagenführer m. (Auto) ‖ chauffeur ‖ chauffeur m. **a) ~** (Bergb) ‖ truck driver ‖ conducteur m. de berlines. **b) ~** (elektrische Bahn) ‖ motor man ‖ conducteur m.; wattman m. 16

Wagen-gestell n. ‖ car truck ‖ châssis m. de voiture. **a) ~gewicht** n. ‖ weight of the car ‖ poids m. de la voiture. **b) ~halle** f. ‖ garage; car shed ‖ garage m. **c) ~hebel** m. (Schreibm) ‖ carriage lever ‖ levier m. de commande du chariot. **d) ~heber** m. (Auto) ‖ (lifting) jack; auto lifter ‖ lève-roue m.; lève-auto m.; cric m. **e) ~heizung** f. ‖ carriage heating ‖ chauffage m. des voitures. 17

Wagenkasten m. (Auto) ‖ (car) body ‖ carrosserie f.; caisse f. de voiture. **a) ~** (Eisenb) ‖ wagon box; truck body; box of freight car ‖ caisse f. de wagon. **b) ~** (Wagenb) ‖ carriage body ‖ caisse f. *ou* corps m. de voiture. **c) ~** zum **Abheben** ‖ removable wagon box ‖ caisse f. du wagon enlevable *ou* amovible. **d)** der **~** ist **aufkippbar** ‖ the box of the wagon is arranged for being tipped ‖ la caisse est à rabattement. **e)** innen mit **Blech beschlagener ~** ‖ box lined with plate ‖ caisse f. doublée intérieurement de tôle d'acier. **f) ~** mit **Seitenklappen** ‖ box with side flaps folding down ‖ caisse f. avec portes de côté rabattables. 18

Wagenkilometer m. ‖ car kilometer ‖ kilomètre-voiture m. 19

Wagenkipper m. ‖ wagon tipper ‖ culbuteur m. de wagons. **a) ~** für x t **Nutzlast** ‖ wagon tipper for a useful load of x tons ‖ culbuteur m. de wagons pour x t de charge utile. **b) selbsttätiger ~** ‖ automatic wagon tipping device ‖ basculeur m. automatique pour wagons. 20

Wagen-kontrollör m. (Eisenb) ‖ wagon checker ‖ contrôleur m. de wagons. **a) ~kran** m. ‖ derrick wagon crane ‖ grue f. roulante *ou* à chariot. 21

Wagenkuppler m. (Bergb) ‖ coupler-on ‖ coupleur m. (de berlines). **a) ~** (Eisenb) ‖ coupler; shunter ‖ accrocheur m.; atteleur m. 22

Wagenkupplung f. (Eisenb) ‖ railway-coupling ‖ attelage m. de wagons. **a) selbsttätige ~** ‖ automatic railway coupling ‖ attelage m. automatique de wagons. 23

Wagen-lack m. ‖ carriage varnish ‖ vernis m. pour carrosserie *ou* pour wagons. **a) ~lackierer** m. ‖ car varnisher ‖ vernisseur m. en voitures. **b) ~lader** m. ‖ truck filler ‖ chargeur m. de wagonnets. **c) ~ladung** f. ‖ car *or* truck *or* wagon load ‖ wagonnée f.; voitur(é)e f.; wagon m. complet; marchandise f. par charge complète; charge f. de wagon; charretée f. **d) ~ladungsfrachtsatz** m. (Eisenb) ‖ car-load rate ‖ prix m. de charretée. **e) ~laterne** f. ‖ car headlight; carriage lantern ‖ lanterne f. *ou* phare m. de voitures. **f) ~lüftung** f. ‖ ventilation of carriages ‖ ventilation f. des voitures. **g) ~macher** m. ‖ scalemaker ‖ balancier m. **h) ~öler** m. (Bergb) ‖ tub greaser ‖ graisseur m. de berlines. **i) ~park** m. ‖ carriage rolling stock ‖ parc m. à voitures. **k) ~plane** f. ‖ awning; tilt; tarpaulin; hood of a car ‖ bâche f.; prélart m.; banne f.; capotage m. **l) ~plattform** f. mit Riffelblech (Eisenb) ‖ platform with rifled *or* chequered plate covering ‖ plateforme f.

en tôle striée. **m) ~posamenten** pl. ‖ carriage and coach trimming and lace ‖ passementerie f. pour voitures. 1
Wagenrad n. ‖ road wheel ‖ roue f. de voiture. **a) ~maschine** f. ‖ wheelwright machine ‖ machine f. à façonner les roues de voitures. **b) ~satz** m. ‖ wagon wheel set ‖ essieu m. monté pour wagons. 2
Wagen-remise f. ‖ coach house ‖ remise f. **a) ~rolle** f. (Schreibm) ‖ carriage roller ‖ galet m. du chariot. **b) ~runge** f. ‖ stud stave; stake; stanchion; pin bar ‖ ranchet m. *ou* rancher m. (d'un chariot à ridelles). **c) ~sattler** m. ‖ carriage saddler ‖ sellier m. en voitures. **d) ~schere** f. ‖ shafts pl. ‖ brancard m. **e) ~schiebebühne** f. ‖ car transfer platform ‖ transbordeur m. pour wagons; chariot m. roulant pour wagons. **f) ~schieber** m. ‖ push pole for wagons ‖ levier m. pour wagons. **g) ~schild** n. (Auto) ‖ badge ‖ panonceau m. **h) ~schirm** m. ‖ carriage umbrella ‖ ombrelle f. pour voitures. **i) ~schlag** m. ‖ car door ‖ portière f. **k) ~schlosserei** f. ‖ carriage building locksmith's shop ‖ serrurerie f. de voitures. **l) ~schmied** m. ‖ carriage blacksmith ‖ forgeron m. en voitures. **m) ~schmiere** f. ‖ carriage grease ‖ graisse f. pour voitures. **n) ~schraube** f. ‖ screw for carriages ‖ vis f. pour voitures. 3
Wagenschuppen m. ‖ car shed ‖ remise f.; garage m.; dépôt m. des voitures. **a) ~** (Eisenb) ‖ wagon shed ‖ hangar m. à wagons. 4
Wagen-schwengel m. ‖ swingle tree ‖ palonnier m. **a) ~spinner** m. ‖ jenny mule; mule spinning machine ‖ mull-jenny m. en fin; renvideur m. **b) ~spur** f. ‖ wheel track *or* rut ‖ ornière f. **c) ~stößer** m. (Bergb) ‖ barrow-man; foal- and headsman; hurrier; putter; hewing-putter; roller; trammer ‖ esclauneur m.; rouleur m.; traîneur m.; galibot m. **d) ~stoßvorrichtung** f. ‖ wagon pushing device ‖ dispositif m. de choc pour wagons. **e) ~tritt** m. ‖ step ‖ marche f. **f) ~tür** f. (Eisenb) ‖ wagon door ‖ portière f. de wagon. **g) ~uhr** f. ‖ carriage clock ‖ horloge f. de voiture. **h) ~umlauf** m., **selbsttätiger** (Bergw) ‖ automatic (delivery) wagons circulation ‖ dispositif m. automatique de circulation pour wagonnets. **i) ~untergestell** n. ‖ car truck ‖ châssis m. de voiture. **k) ~vermietung** f. ‖ coach letting-out ‖ location f. de voitures. **l) ~vorhang** m. (Eisenb) ‖ side awnings pl. ‖ rideau m. de voiture. **m) ~wand** f. (Eisenb) ‖ side of the wagon ‖ paroi f. du wagon. **n) ~wärter** m. (Eisenb) ‖ porter ‖ garde-wagon m. 5
Wagenwinde f. (Auto) ‖ auto lifter; (lifting) jack ‖ lève-auto m.; lève-roue m. **a) Zahnstangen~** ‖ rack jack ‖ cric m. à crémaillère pour voitures. 6
Wagen-zähleinrichtung f. für Bahnanlagen ‖ wagon counting device for railways ‖ dispositif m. compteur de wagons pour chemins de fer. **a) ~zug** m. ‖ row of carriages ‖ train m. de wagonnets. 7
wagerecht ‖ horizontal ‖ horizontal. **a) ~ herausziehen** ‖ to withdraw horizontally ‖ enlever horizontalement. **b) ~e Verschiebung** f. ‖ horizontal displacement ‖ déplacement m. horizontal. 8
Wagerecht-bohrmaschine f. ‖ horizontal boring *or* drilling machine ‖ machine f. à aléser *ou* à percer horizontale. **a) ~bohr- und -fräsmaschine** f. ‖ horizontal boring and milling machine ‖ machine f. horizontale à aléser et à fraiser. 9
Wagerecht-einstellung f. ‖ setting horizontal ‖ mise f. de niveau. **a) ~entfernung** f. zweier Punkte ‖ horizontal distance between two points ‖ distance f. horizontale entre deux points. **b) ~förderung** f. ‖ level transportation ‖ transport m. horizontal. **c) ~fräsmaschine** f. ‖ horizontal milling machine ‖ machine f. horizontale à fraiser. **d) ~stoßmaschine** f. ‖ shaping machine ‖ étau-limeur m. 10
Wageschale f. *s.* Wagschale. 11
Wägevorrichtung f. ‖ weighing apparatus ‖ appareil m. de pesage. **a) selbsttätige ~** ‖ automatic weighing device ‖ installation f. automatique de pesage. 12
Wägezimmer n. ‖ weighing room ‖ salle f. des balances. 13
Waggon m. ‖ wagon ‖ wagon m. 14
Waggon-ausladung f. ‖ wagon unloading ‖ déchargement m. de wagons. **a) ~bausondermaschine** f. ‖ special machine for the construction of wagons ‖ machine f. spéciale pour la construction de wagons. **b) ~bauteil** m. ‖ carriage construction part ‖ piéce f. détachée de construction de wagons. **c) ~beschlagteil** m. ‖ mounting for wagons ‖ ferrure f. de wagons. **d) ~hebewerk** n. ‖ wagon lifting appliance ‖ élévateur m. de wagons. **e) ~kipper** m. ‖ wagon tipping device; truck tippler ‖ basculeur m. de wagons. **f) ~kran** m. ‖ derrick wagon crane ‖ grue f. roulante; grue f. montée sur wagon. **g) ~schraube** f. ‖ screw for wagons ‖ vis f. pour wagons. **h) ~verladung** f. ‖ wagon loading ‖ chargement m. de wagons. **i) ~wage** f. ‖ wagon weighbridge ‖ pont-bascule f. à wagon. 15
Wagner m. ‖ cartwright; wheelwright ‖ charron m. **a) ~beitel** m. ‖ cant chisel; cant firmer chisel; wheeler's chisel ‖ ciseau m. en biseau *ou* de charron. 16
Wagnereiholz n. ‖ wheelwright's wood ‖ bois m. de charronnage. 17
Wagschale f. ‖ scale *or* pan *or* basin of balance ‖ plateau m. *ou* bassin m. de balance. 18
Wägung f. ‖ weighing ‖ pesée f. 19
Wahlanruf m. (Selbstanschl) ‖ selective ringing ‖ appel m. sélectif. 20
wählen, die Nummer (Selbstanschl) ‖ to dial ‖ combiner le numéro. 21
Wähler m. (Selbstanschl) ‖ selector; switch ‖ sélecteur m. **a) ~ mit Federaufzug** (Selbstanschl) ‖ selector with spring driving ‖ sélecteur m. avec ressort. 22
Wähler-antrieb m. (Selbstanschl) ‖ drive of selector ‖ entraînement m. de sélecteur. **a) ~berechnung** f. (Selbstanschl) ‖ calculation of the number of selectors ‖ calcul m. du nombre des sélecteurs. **b) ~fernsteuerung** f. (Selbstanschl) ‖ trunk *or* toll-line dialing ‖ connection f. interurbaine par cadran d'appel. **c) ~gestell** n. (Selbstanschl) ‖ switch frame ‖ bâti m. des sélecteurs. 23
wählerisch ‖ fastidious ‖ difficile (à contenter). 24
Wähler-rahmen m. (Selbstanschl) ‖ switch shelf ‖ rangée f. des sélecteurs. **a) ~raum** m. (Selbstanschl) ‖ autoroom ‖ salle f. d'installations automatiques. **b) ~schaltmagnet** m. ‖ selector stepping magnet ‖ aimant m. pas-à-pas pour sélecteurs. **c) ~sucher** m. (Selbstanschl) ‖ allotter ‖ distributeur m. des appels; commutateur m. séquentiel. **d) ~system** n. (Selbstanschl) ‖ automatic telephone system ‖ système m. de téléphonie automatique. 25
Wahlverwandtschaft f. (Chem) ‖ elective affinity ‖ affinité f. élective. 26
wahlweiser Anruf m. in Fernsprechleitungen ‖ selective call in telephone lines ‖ appel m. sélectif dans les lignes téléphoniques. 27
wahnkantiges Holz n. ‖ dull-edged timber ‖ bois m. flacheux. 28
wahrnehmbar ‖ perceptible; noticeable; visible ‖ perceptible. **a) kaum ~e Wärme** f. (Bremsversuch) ‖ scarcely perceptible temperature ‖ température f. à peine perceptible. 29
wahrnehmen ‖ to perceive ‖ apercevoir. 30
wahrscheinlicher Fehler m. der Messung ‖ probable error in measuring ‖ erreur f. probable de mesure. 31
Wahrscheinlichkeit f. ‖ probability ‖ probabilité f. 32
Wahrscheinlichkeitsrechnung f. ‖ calculus of probability ‖ calcul m. des probabilités. 33
Währung f. ‖ currency ‖ cours m. 34
Währungsumrechnungstabelle f. ‖ currency conversion table ‖ table f. de conversion des monnaies étrangères. 35
Wahrzeichen n. ‖ distinctive sign *or* mark ‖ marque f. distinctive. 36
Waidküpe f., Scharfwerden n. der ~ ‖ being thrown back of the pastel-vat ‖ rebut m. de la cuve au pastel. 37
Waidtasche f. ‖ game *or* shooting pocket *or* pouch ‖ gibecière f. 38
Wal m. *s.* Walfisch. 39
Wald m. ‖ forest ‖ forêt f. **a) Gemeinde~** ‖ communal forest ‖ forêt f. communale. **b) Hoch~** ‖ high forest ‖ futaie f. **c) Nadel~** ‖ resinous forest ‖ forêt f. résineuse. **d) Nieder~** ‖ low forest; coppice wood ‖ taillis m. simple. 40
Wald-abteilung f. ‖ forest compartment *or* division ‖ parcelle f. **a) ~baumsamen** m. ‖ seeds pl. of forest trees ‖ graines fpl. forestières. **b) ~besitzer** m. ‖ forest *or* wood possessor ‖ propriétaire m. de forêts *ou* de bois. 41
Waldbestand m. ‖ forest stand ‖ peuplement m. **a) geschlossener ~** ‖ fully stocked wood ‖ partie f. de bois en massif. 42
Waldboden m. ‖ soil for forest growth ‖ terre f. à bois *ou* pour culture forestière. **a) ~streu** f. ‖ ground litter ‖ couverture f. morte du sol. 43
Wald-genossenschaft f. ‖ forestry association ‖ association f. de propriétaires forestiers. **a) ~hammer** m. ‖ woodmen's hammer ‖ laie f. **b) ~hüter** m. ‖ forest ranger; woodward ‖ garde-forestier m. **c) ~inspektor** m. ‖ forest inspector ‖ inspecteur m. des forêts. **d) ~latte** f. ‖ split lath ‖ latte f. fendue *ou* de fente. **e) ~meister** m. (Pflanze) ‖ woodward ‖ aspérule f. odorante. **f) ~säge** f. ‖ felling saw ‖ scie f. ventrue *ou* à abattre. **g) ~schutzstreifen** m. ‖ protective belt of trees ‖ rideau m. protecteur d'arbres. 44
Waldung f. ‖ wood ‖ bois m. 45
Wald-weide f. ‖ forest pasture ‖ pâturage m. en forêt. **a) ~wolle** f. ‖ pine needle wool; forest wool ‖ laine f. *ou* flanelle f. de pin sylvestre. 46

Walfisch m. || whale || baleine f. **a) ~barte** f. || whale fin || fanon m. de baleine. **b) ~boot** n. || whale boat || baleinière f. **c) ~fahrer** m. (Schiff) || whaler || baleinier m. **d) ~fang** m. || whale-fishery || pêche f. de la baleine. **e) ~fänger** m. || whale fisherman; whaler || pêcheur m. de baleines. **f) ~speck** n. || blubber || lard m. de baleine. **g) ~tran** m. || spermaceti *or* whale pol || huile f. de baleine. 1

walgern, den Teig || to roll the dough || étendre la pâte avec le rouleau. 2

Walkbürste f. || felling-brush || lustre m. 3

Walke f. (Maschine) || fulling mill; fulling *or* milling machine || machine f. à fouler; fouleuse f.; foulon m. **a)** ~ (Tätigkeit) || fulling || foulage m. **b) Doppelzylinder ~** mit zwei Hauptwalzenpaaren || double cylindrical fulling mill with two main pairs of rollers || foulon m. cylindrique double avec deux paires principales de cylindres. **c) Klopf~** zum Reinigen karbonisierter Tuche || fulling mill with beaters for treating carbonized clothes || foulon m. à battoirs servant au nettoyage des draps carbonisés. **d) Kurbel- und Hammer~** || fulling stocks pl. || foulon m. à manivelle. **e) Wirkwaren~** (Tätigkeit) || hosiery fulling || foulage m. de bonneterie. **f) Zylinder~** || cylindrical fulling mill || foulon m. *ou* fouleuse f. cylindrique. 4

walken (Tuchm) || to full; to mill || fouler. 5

Walker m. || fulling miller; fuller || fouleur m. **a) Hut~** || hat fuller || fouleur m. en chapeaux. 6

Walkerei f. || fulling mill || foulerie f.; moulin m. à foulon. 7

Walkererde f. || fuller's earth || argile f. savonneuse; terre f. à foulon. 8

Walkfett n. || fulling fat || graisse f. de foulage. 9

Walkhammer m. (Tuchm) || beater || fouloir m. **a)** ~ (Web) || fulling stock || maillet m. 10

Walk-maschine f. *s.* Walke. **a) ~mühle** f. || fulling mill || moulin m. à foulons; foulerie f. **b) ~müller** m. || fuller || foulonnier m. **c) ~seife** f. || fulling soap || savon m. à foulon. **d) ~trog** m. || fulling trough || fouloir m. **e) ~ware** f. || fulled stuff; fulled goods pl. || articles mpl. *ou* tissus mpl. foulés. 11

Wall m. (Bauw) || enclosure || terrasse f. **a)** ~ (Erdarb) || mound (of earth) || remblai m. **b)** ~ (Festung) || rampart || rempart m. **c)** ~ (Seew) || shore; coast; land || côte f.; terre f. **d)** ~ (Wasserb) || dike; dam; embankment || levée f.; digue f. 12

wallen (gelinde kochen) || to simmer || bouillonner. 13

Wallgangschott n. || wing-passage bulkhead || cloison f. latérale. 14

Wallplatte f. (Met) || dam plate || plaque f. de dame. 15

Walm-dach n. || hip roof || toit m. en croupe. **a) ~seite** f. eines Daches || hipside of a roof || croupe f. d'un toît. **b) ~sparren** m. || jack rafter; hip rafter || empanon m.; accoinçon m. **c) ~ziegel** m. || hip tile || tuile f. de croupe. 16

Walnuß f. || walnut || noix f. **a) ~auskernerin** f. || walnut sheller || dénoyauteuse f.; dénoiseuse f. **b) ~holz** n. || walnut || noyer m. **c) ~öl** n. || walnut oil || huile f. de noix. 17

Walnußschale f. || walnut shell || brou m. de noix. **a) grüne ~** || husk of walnut || brou m. de noix. 18

Walrat m.; n. || spermaceti || blanc m. de baleine. 19

Waltiere npl. || cetacea pl. || cétacés mpl. 20

Walzblech n. || rolled sheet iron; rolled plate || tôle f. laminée. 21

Walzblei n. || rolled *or* sheet lead || plomb m. laminé; feuille f. de plomb. **a) ~muffe** f. || rolled-lead box || manchon m. de plomb laminé. 22

Walz-dorn m. || rolling mandril || mandrin m. de laminage. **a) ~draht** m. || rolled wire || fil m. métallique laminé. 23

Walze f. || roll; roller; cylinder || rouleau m.; cylindre m. (de laminoir). **a) Abzugs~** (Textil) || delivering bowl || rouleau m. d'appel. **b) Acker~** || smooth roller || rouleau m. de labourage. **c) Auftrag~** (Buchdr) || inking roller || rouleau m. toucheur. **d) Ausgangs~** || withdrawal roller || rouleau m. d'appui. **e) ~ mit auswechselbaren Segmenten** || roller with interchangeable segments || cylindre m. muni de ségments interchangeables. **f) ~ für Bitumendecken** || roller for bitumen pavements || rouleau m. approprié aux revêtements bitumineux. **g) Bürsten~** || brush roll || brosse f. cylindrique. **h) Chaussee~** *s.* Straßen~. **i) Dampf~** (Straßenb) || steam road roller || cylindre m. compresseur à vapeur. **k) Dieselmotordreirad~** || three-wheel Diesel motor roller || rouleau m. compresseur à trois rouleaux à moteur Diesel. **l) Druck~** (Buchdr) || printing roller || rouleau m. d'imprimerie. **m) Faßreifen~** (Walzwerk) || hoop rolling machine || laminoir m. à cercles de fûts. **n) festgelagerte ~** || fast roll || cylindre m. fixe. **o) Garten~** || garden roller || cylindre m. *ou* rouleau m. de jardin. **p)** mit **Gelatine** überzogene ~ || gelatine coated roll || rouleau m. couvert de gélatine. **q) geriffelte ~** || fluted roll || cylindre m. cannelé. **r) geschmiedete ~** || forged roll || cylindre m. (de laminoir) forgé. **s) glasharte ~** || case-hardened *or* chilled roller || cylindre m. en fonte coulé en coquille (*ou* durci à la surface). **t) glatte ~** || smooth roll || cylindre m. lisse. **u) gravierte ~** || engraved roll || cylindre m. gravé. **v) hartgegossene ~** *s.* glasharte ~. **w) Hartguß~** || chilled iron roll || cylindre m. en fonte coulée en coquille. **x) Heißdampfdreirad~** || three-wheel superheated steam roller || rouleau m. compresseur à trois rouleaux à vapeur surchauffée. **y) Heißdampftandemstraßen~** || tandem superheated steam road roller || rouleau m. compresseur tandem à vapeur surchauffée. **z) Kalander~** || calender bowl || cylindre m.de calandres. 24

a) kalibrierte ~ || grooved roll || cylindre m. calibré *ou* cannelé. **b) Leder~** || leather roller || rouleau m. en cuir. **c) Leit~** (Buchdr) || guide roller || rouleau m. conducteur. **d) ~** mit **lichtempfindlichem Papier** || roll carrying sensitized paper || cylindre m. avec papier sensible à la lumière. **e) Liefer~** || delivery roll || cylindre m. de décharge. **f) Löffel~** (Walzwerk) || spoon rolling mill || laminoir m. à cuillers. **g) Motortandem~** || tandem motor roller || rouleau m. tandem à moteur. **h) ~n** fpl. **nachschleifen** || to give a final grinding to the rolls || finir les cylindres mpl. à la meule. **i) Nadel~** (Textil) || porcupine || peigne m. circulaire. **k)** die **~n** fpl. wurden nach jedem Stich **näher-gestellt** || the rolls pl. were brought nearer together after each pass || les cylindres mpl. s'approchaient l'un à l'autre à chaque passage. **l) obere ~** || top roll || cylindre m. supérieur. **m) Porphyr~** || porphyry roller || rouleau m. de porphyre. **n) rauhe ~** || rough roll || cylindre m. à surface brute. **o) Richt~** || straightening roller || cylindre m. de planage. **p) Sauberkeits~** (Textil) || cleaning roller || rouleau m. de propreté. **q) Schalt~** || controller cylinder || cylindre m. contrôleur. **r) schwingende ~** || oscillating roll || cylindre m. oscillant. **s) stahlharte ~** *s.* glasharte ~. **t) steinerne ~** || stone roller || cylindre m. en pierre. **u) Straßen~** || planing roller; road roller || rouleau m. compresseur *ou* écraseur; rouleau m. de route. **v) Stütz~** || supporting roller || rouleau m. d'appui. **w) Tandem~** (Straßenb) || tandem roller || rouleau m. tandem. **x) Tuch~** || canvas roller || rouleau m. de toile. **y) Wickel~** (Buchdr) || winding drum || rouleau m. bobineur. **z) Wickel~** (Textil) || take-up roller || rouloir m. 25

Walzeisen n. || rolled iron || fer m. laminé. **a) ~träger** m. || rolled iron beam || poutre f. en fer laminé. 26

walzen (Eisen) || to roll; to rough down; to laminate || laminer; cylindrer. **a) Draht** m. ~ || to roll wire || laminer le fil. 27

wälzen || to roll || rouler; voler en tonneau; avoir du roulis. 28

Walzen n. (Met) || rolling || laminage m. **a) ~** von **Stahlblöcken** || steel ingot rolling || laminage m. de lingots d'acier. 29

Walzen-abschleifmaschine f. || cylinder grinding machine || machine f. à rectifier les cylindres. **a) ~abziehpresse** f. || press for putting-off roller shells || presse f. à décaler les chemises de cylindres. **b) ~anlasser** m. || drum starter || démarreur m. à tambour. **c)** mit **versetzter ~anordnung** f. (Walzw) || with rolls pl. arranged in staggered order *or* in a discentered order || avec rouleaux mpl. placés en position décalée. **d) ~aufgabevorrichtung** f. || roller feeder || feeder m. à cylindres. **e) ~aufziehpresse** f. || roller press || presse f. à caler les cylindres. **f) ~aushebevorrichtung** f. || lifting device for rolls || dispositif m. de soulèvement pour cylindres. **g) ~bearbeitungsmaschine** f. || roller working machine || machine f. à travailler les cylindres (de laminoir). 30

Walzenbezug m. (Masch) || roller coating || enduit m. de cylindre. **a) ~** (Schreibm) || rubber cover for cylinders || revêtement m. en caoutchouc pour cylindres. **b) ~spanner** m. für Papiermaschinen || stretcher for paper mill cylinder sleeves || tendeur m. à manchon pour cylindres à faire le papier. 31

Walzen-blechbiegemaschine f., dreifache || three-roller plate bending machine || machine f. à cintrer à trois cylindres pour tôles. **a) ~blitzableiter** m. || drum lightning arrester || parafoudre m. à rouleaux. **b) ~brecher** m. || giratory breaker; crushing mill; rolling crusher || concasseur m. giratoire; broyeur m. à cylindres. **c) ~drehbank** f. || roll turning lathe || tour m. à tourner les cylindres; tour m. pour cylindres de laminoir. 1

Walzendreher m. (Spinn) || roller || couvreur m. de cylindres. **a) ~** (Walzw) || roll turner *or* repairer || tourneur m. *ou* retailleur m. de cylindres (de laminoir). 2

Walzendreherei f. || roll turning shop || atelier m. de tournage de cylindres. 3

Walzendruck m. || cylinder printing || impression f. au rouleau. **a) ~maschine** f. || cylinder printing machine || machine f. à imprimer au rouleau. 4

Walzen-egreniermaschine f. || roller gin || roller-gin m. **a) ~empfänger** m. (Rohrpost) || drum receiver || poste m. récepteur à cylindre. 5

walzenförmig || cylindrical || cylindrique. 6

Walzenfräser m. || face mill; plain milling cutter; worm hob; cylindrical *or* facing cutter || fraisemère f.; fraise f. cylindrique. **a) hinterschliffener ~** || ground relieved worm hob || fraise f. à vis-mère détalonnée. 7

Walzen-gerüst n. || housing frames pl. || châssis m. *ou* cage f. de laminoir. **a) ~glas** n. || sheet glass || verre m. en plaques. **b) ~gravieranstalt** f. || cylinder engraving works pl. || atelier m. pour graver des cylindres. **c) ~griff** m. || cylindrical handle || poignée f. cylindrique. **d) ~guß** m. (Buchdr) || founding of rollers || fonte f. de rouleaux. **e) ~kaliber** n. || roll caliber || calibre m. de cylindre (de laminoir). **f) ~kalibrierung** f. || roll designing || calibrage m. des cylindres (de laminoir). **g) ~karde** f. || roller card || carde f. à cylindres. **h) ~körnmaschine** f. || granulating roller machine || grenoir m. à cylindres cannelés. **i) ~krempel** f. || roller card || carde f. à hérissons. **k) ~lager** n. || cylinder bearing || palier m. à rouleaux. **l) ~leder** n. (Buchdr) || roller leather || cuir m. à rouleaux. **m) ~mantel** m. || roller shell || enveloppe f. de cylindre; bague f. de cylindre. **n) ~masse** f. (Buchdr) || printer's roller composition || pâte f. à rouleaux typographiques. 8

Walzenmühle f. || roller mill || moulin m. à cylindres. **a) Ring~** || ring roller mill || moulin m. à cylindres annulaires. 9

Walzenpresse f. || roller press || presse f. à cylindres. **a) hydraulische ~** || hydraulic roller press || presse f. hydraulique à cylindres. 10

Walzenrad n. || barrel wheel || roue f. de tambour. **a) ~ für Sandfüllung** || roll for filling with sand || rouleau m. pour remplir avec du sable. 11

Walzen-reibmaschine f. || roller grating machine || machine f. à râpes cylindriques. **a) ~riffler** m. (Müllerei) || roll grinder || tailleur m. de cylindres. **b) ~ring** m. || roll shell; roller ring || anneau m. de cylindre. **c) ~schleifmaschine** f. || roller grinding machine || machine f. à rectifier les cylindres (de laminoirs). **d) ~-schnalle** f. || roller buckle || boucle f. roulante *ou* à rouleau. **e) ~schützenwehr** n. || roller sluice weir || barrage m. à cylindres. **f) ~schutzvorrichtung** f. (Büromaschinen) || cylinder protecting device || dispositif m. pour la protection des cylindres. **g) ~sinter** m. *s.* Walzsinter. **h) ~späne** mpl. *s.* Walzsplitter. **i) ~spindel** f. || roll spindle *or* shaft || arbre m. de cylindre *ou* à réglage. 12

Walzenständer m. || stand *or* housing for a mill; roll housing || montant m. *ou* fermes fpl. de laminoir; cage f. à cylindres (de laminoir). **a) ~ mit Querhaupt** (Walzw) || tapped roller housing || cage f. à cylindres à chapeau rapporté. 13

Walzen-steller m. (Met) || screw man || régleur m. de laminoirs. **a) ~stirnfräser** m. || end face mill || fraise f. cylindrique en bout. **b) ~straße** f. || roller train; rolling (mill) train || laminoir m.; train m. de laminoir. **c) ~straßenantrieb** m. || rolling-mill path drive || commande f. de train de laminoir. **d) ~strecke** f. *s.* ~straße. 14

Walzenstuhl m. (Buchdr) || roller frame; cylinder support || râtelier m. à rouleaux; chariot m. du rouleau. **a) ~** (Müller) || cylinder *or* roller mill || moulin m. à cylindres. **b) Doppeldiagonal~** (Müller) || double-diagonal roller mill || moulin m. à cylindres diagonale double. **c) Glatt~** (Müller) || mill with smooth rolls || moulin m. à cylindres lisses. **d) Riffel~** (Müller) || mill with fluted rolls || moulin m. à cylindres cannelés. **e) ~ der Schrotwalze** (Müller) || break roller mill || moulin m. à cylindres du broyeur cylindrique. 15

Walzen-tisch m. || roller table || table f. de laminoir *ou* du cylindre. **a) ~trockner** m. || roller dryer || sécheur m. à cylindres. **b) ~wehr** n. || roller weir || barrage m. cylindrique *ou* à cylindre. 16

Walzenzapfen-fräsmaschine f. || roll-pin milling machine || machine f. à fraiser les tourillons des cylindres (de laminoir). **a) ~rollenlager** n. || roll pin roller bearing || palier m. à rouleaux pour tourillons de cylindres. 17

Walzenzugmaschine f. || rolling mill engine || machine f. motrice de laminoir. **a) Gas~** || gas rolling mill engine || moteur m. à gaz pour laminoirs. **b) Tandemreversier~** || tandem reversing rolling mill engine || machine f. tandem réversible de laminoir. 18

Walzer m., Fertig~ || finisher || lamineur m. finisseur. **a) Luppen~** || puddled bar roller || ébaucheur m. **b) Zwischen~** || cogger || lamineur m. au train intermédiaire. 19

Wälzfeile f. || cabinet *or* round-off file || lime f. cabinette *ou* à arrondir. 20

Walzgerüst n. || housing of a rolling mill || châssis m. *ou* cage f. de laminoir. 21

Wälzhebel m. || cam lever || levier m. à came. 22

Walz-hütte f. || rolling mill || laminoir m. **a) ~kalander** m. || calender; calendering machine || calandre m. **b) ~kupfer** n. || rolled copper || cuivre m. laminé. 23

Wälzlager n. || roller *or* anti-friction bearing || palier m. à pignons; roulement m. *ou* coussinet m. à galets. **a) gegen Abschliff** geschütztes **~** || dustproof anti-friction bearing || roulement m. à l'abri des poussières d'abrasif et des particules de métal. 24

Walzmaschine f. || rolling machine || laminoir m.; machine f. à laminer *ou* à cylindrer. **a) Egalisier~** || equalizing rolling mill || machine f. à cylindres égaliseuse. **b) Gewinde~** || thread rolling machine || machine f. à laminer le filet. **c) Glas~** || glass rolling machine || laminoir m. à verre. **d) Kalt~** || cold rolling machine || laminoir m. à froid. **e) pendelnde Löffel~** || hunting spoon rolling machine || laminoir m. à pendule pour faire des cuillers *ou* cuillères. **f) Rohr~** || tube rolling machine || laminoir m. à tubes. 25

Wälzmaschine f. (Uhrm) || rounding-up machine || machine f. à arrondir. 26

Walz-motor m., **Doppelanker** || twin armature rolling mill motor || moteur m. de laminoir à double induit. **a) ~mühle** f. *s.* Walzenmühle. **b) ~programm** n. || rolling programme || programme m. de laminage. 27

Walzrichtung f., **längs zur** || along the rolling direction || dans le sens du laminage. **a) quer zur ~** || across the direction of rolling || transversalement au laminage. 28

Walz-sinter m. || mill scale *or* cinder || battitures fpl. des laminoirs; croûte f. de laminage. **a) ~späne** mpl. *s.* Walzsplitter. **b) ~splitter** mpl. || mill splinters pl. *or* chips pl. || paille f. de laminage. 29

Walztisch m. (Glasf) || roller table || tablier m. *ou* table f. de laminoir. **a) ~umsteller** m. || roller table man || basculeur m. 30

Walzung f. || rolling || laminage m. 31

Wälzung f. (Uhrm) || rounding-off || arrondissage m. 32

Walzwerk n. || rolling mill; rolling plant || laminoir m.; train m. de laminoir. **a) Argentan~** || German silver rolling mill || laminoir m. de maillechort. **b) Block~** || cogging *or* blooming mill || laminoir m. à blooms. **c) Dessinier~** || dessinier rolling mill || laminoir m. à dessins. **d) ~ für Edelmetalle** || rolling mill for handling precious metals || laminoir m. pour métaux précieux. **e) Eisen~** || iron rolling mill || usine f. de laminage de fer; laminoir m. à fer. **f) Eisenblech~** || plate rolling-mill || laminoir m. à tôles. **g) Entzunderungs~** || de-sintering mill || laminoir m. à enlever les battitures. **h) Feinblech~** || thin sheet rolling mill || laminoir m. à tôles minces. **i) Feineisen~** || small iron bar rolling mill || laminoir m. à petits fers. **k) Fertig~** || finishing (rolling) mill || laminoir m. finisseur. **l) Formeisen~** || girder and section rolling mill || laminoir m. à fers profilés et cornières. **m) Gold~** || gold rolling mill || laminoir m. à or. **n) Gummimisch~** || mixing mill for india rubber || laminoir m. mélangeur pour caoutchouc. **o) Kalt~** || cold rolling mill || laminoir m. à froid. **p) Knüppel~** || billet rolling mill || laminoir m. à billettes. **q) kontinuierliches ~** || continuous rolling mill || laminoir m. à (mouvement) continu. **r) Kupfer~** || copper rolling mill || laminoir m. à cuivre; usine f. de laminage de cuivre. **s) Löse~** || detaching rolling mill || laminoir m. à décoller. **t) Luppen~** || slabbing mill || laminoir m. à blooms. **u) Mahl~** || grinding mill || laminoir m. broyeur. **v) Messing~** || brass rolling mill || laminoir m. à laiton. **w) Metall~** || metal rolling mill || laminoir m. à métaux. **x) Misch~** || mixing mill || laminoir m. mélangeur. **y) Mitteleisen~** || medium iron rolling mill || laminoir m. à pieces de grandeur moyenne. **z) Muffen~** || muff rolling mill || laminoir m. à manchons. 33

a) Münz~ || mint rolling mill || laminoir monnayeur. **b) Nach~** || finishing (rolling) mill || laminoir m. finisseur. **c) ~ mit nebeneinander** liegenden Walzen || rolling mill with rolls lying side by side || laminoir m. à cylin dres juxtaposés. **d) Nickel~** || nickel rolling mill || laminoir m. à nickel. **e) Panzerplatten~** || armour plate rolling mill || laminoir m. de plaques de blindage. **f) Pilgerschritt~** || pilgrim step rolling mill || laminoir m. à pas de pèlerin. **g) Platinen~** || sheet billet rolling mill || laminoir m. à tôles-platines *ou* à largets. **h) Plattier~** || plating mill || laminoir m. à plaquer. **i) Profileisen~** || profiled iron rolling mill || laminoir m. pour fers profilés. **k) Radreifen~** || tyre rolling mill || laminoir m. à bandages. **l) Reduzier~** für Rohre || tube reducing rolling mill || laminoir m. à réduire les tubes. **m) Reversier~** || reversing rolling mill || laminoir m. réversible. **n) Rohr~** || tube *or* pipe rolling mill || laminoir m. à tubes; usine f. de laminage de tubes. **o) Rohraufweite~** || rolling mill for reaming tubes || laminoir m. à élargir les tubes. **p) Röhren~** *s.* Rohr~. **q) Röhrenglätt~** || rolling mill for smoothing tubes || laminoir m. à polir les tubes. **r) Scheibenräder~** || rolling mill for disc wheels || laminoir m. pour roues à disque. **s) Schienen~** || rail rolling mill || laminoir m. pour rails. **t) Schräg~** || slant rolling mill || laminoir m. oblique. **u) Schweißrohr~** || weld tube rolling mill || laminoir m. pour tubes soudés. **v) Stahl~** || steel rolling mill || usine f. de laminage d'acier. **w) ~ für Ton** und **Kies** || rolling mill for clay and gravel || laminoir m. à argile et gravier. **x) Träger~** || girder rolling mill || laminoir m. à poutrelles. **y) Turbinenschaufel~** || turbine blade rolling mill || laminoir m. à aubes de turbine. **z) Umkehrband~** || reversing strip rolling mill || laminoir m. réversible. 1

a) Vierwalzen~ || four- roll mill || laminoir m. à quatre cylindres. **b) Vor~** || preliminary rolling mill || laminoir m. dégrossisseur. **c) Wellrohr~** || rolling mill for corrugated tubes || laminoir m. à tubes ondulés. **d) Zink~** || zinc rolling mill || laminoir m. pour zinc. 2

Walzwerks-anlage f. || rolling-mill plant || installation f. de laminoir. **a) ~arbeiter** m. || roll tenter || lamineur m. **b) ~ausrüstung f., elektrische** || electrical equipment of rolling mills || équipement m. électrique pour laminoirs. **c) ~bandsäge** f. || band saw for rolling mills || scie f. à ruban pour laminoirs. **d) ~einrichtung** f. || equipment for rolling mills || installation f. de laminoir. **e) ~hallen** fpl. || rolling-mill shops pl. || halls mpl. à laminoirs. **f) ~hilfsmaschine** f. || auxiliary machine for rolling mills || machine f. auxiliaire pour laminoirs. **g) ~maschine** f. || machine for rolling mills || machine f. pour laminoirs. **h) ~maschinist** m. || rolling-mill engine hand || mécanicien m. de laminoir. **i) ~meister** m. || rolling-mill foreman || chef m. lamineur. 3

Walzwerk-ofen m. || rolling mill furnace || four m. de laminoir. **a) ~schere** f. || shear for rolling mills || cisailles fpl. pour laminoirs. 4

Walzzinn n. || laminated tin || étain m. plané *ou* laminé. 5

Wams n. || jacket || pourpoint m. 6

Wand f. || wall || paroi f. **a) Kessel~** || boiler shell plate || paroi f. de chaudière. **b) Kopf~** (Eisenbahnwagen) || end of car || paroi f. frontale *ou* de bout. **c) Spund~** || pile planking || file f. de palplanches. **d) umlegbare ~** (Eisenb) || drop side || paroi f. à rabattement. 7

Wand-ankerplatte f. || wall anchor plate || plaque f. d'ancrage pour parois. **a) ~arm** m. || wall bracket || bras m. mural; applique f. murale. **b) ~behang** m. || dossal; dossel; wall hangings pl. || dossier m.; revêtement m. des murs. **c) ~bekleidung** f. || wall facing; wainscot(ting); panelling || revêtement m. des parois *ou* de mur; boiserie f. 8

Wandbekleidungs-blech n. || sheet metal for wall facing || tôle f. pour le revêtement des parois. **a) ~platte** f. || flag for wall covering || carreau m. de revêtement des murs. **b) ~stoff** m. || covering for walls || étoffe f. de revêtement de murs. 9

Wand-befestigung f. || fixing on the wall || fixage m. au mur. **a) ~bohrmaschine** f. || wall drill || console f. à aléser. **b) ~dekoration** f. || mural decoration || décoration f. murale. **c) ~dicke** f. des Gußstücks || thickness of casting || épaisseur f. de la fonte. 10

Wandel m. **schaffen** || to bring about a change || amener une reforme. 11

Wanderdüne f. || shifting dune || dune f. mobile. 12

Wanderfahren n. (Auto) || touring || tourisme m. 13

Wanderhebelschiene f. (Fernm) || sliding lever bar || barre f. pour clef glissante *ou* coulissante. 14

wandern (Met) || to creep || cheminer. 15

Wandern n. des **Lichtbogens** || wandering of the arc || migration f. de l'arc. 16

Wandern n. der **Schienen** || rail creeping || cheminement m. des rails. **a) Stemmwinkel** m. gegen das ~ ~ || angle stop preventing creeping of rails || équerre f. d'arrêt contre le cheminement des rails. 17

Wanderrost m. || travelling grate || grille f. mobile. 18

Wanderrostfeuerung f. || travelling grate furnace || foyer m. à grille mobile. **a) Druckluftstauer** m. für **~en** || compressed-air accumulator for firings with travelling grates || chargeur m. à air comprimé pour foyers à grille mobile. 19

Wanderrostfläche f. || surface of travelling grate || surface f. de la grille mobile. 20

Wandertisch m. für Gleitmontagen || travelling table for sliding fitting shop work || table f. mobile pour montages à glissement. 21

Wanderung f. der Ionen || migration of ions || transport m. *ou* migration f. des ions. 22

Wanderwelle f. || transient wave || onde f. transitoire. 23

Wand-fliese f. || wall flag || carreau m. pour murs. **a) ~gehäuse** n. (Fernm) || wall telephone set || poste m. mural. **b) ~gestell** n. || wall bracket || console f. **c) ~haken** m. || wall hook || crochet m. à applique murale. **d) ~hobel** m. || side rebate plane || || guillaume m. de côté. **e) ~kaffeemühle** f. || wall coffee mill || moulin m. à café mural. **f) ~kalender** m. || wall calendar || calendrier m. de mur. **g) ~karte** f. || school-room map || carte f. murale. **h) ~kehle** f. || flashing || noquet m. de pignon. 24

Wandknopf m., **deutscher** (Seew) || double wall knot || cul-de-porc m. double. **a) englischer ~** (Seew) || single wall knot || cul-de-porc m. simple. 25

Wandkonsole f. || wall bracket || potelet m.; chaise-console f. 26

Wandkran m. || wall crane || grue f. murale. **a) drehbarer ~** || wall slewing crane || grue f. murale pivotante. 27

Wand-lampe f. || wall lamp || lampe f. murale *ou* (d')applique. **a) ~laufkran** m. || bracket travelling crane || grue-console f. roulante. **b) ~leuchter** m. || sconce || bras m. 28

Wandlüfter m. || wall ventilator || ventilateur m. type mural. **a) ~ mit Feuchtschutz** || wall ventilator with protection against moisture || ventilateur m. type mural avec obturateur étanche. **b) ~ mit Klappenverschluß** || wall ventilator with flap shutter || ventilateur m. type mural avec obturateur. 29

Wand-malerei f. || mural painting || peinture f. murale. **a) ~ofen** m. || wall stove || cheminée f. **b) ~pfeiler** m. || pilaster || pilastre m. 30

Wandplatte f. || wall plate || plaque f. pour murs. **a) keramische ~** || ceramic wall slab || carreau m. céramique à parois. 31

Wand-rahmen m. || capping plate; coping piece; coping plate || poitrail m.; chape f.; lisse f.; raineau m.; chapeau m. de cloison. **a) ~riegel** m. || cross-bar *or* intertie *or* rail of a bay work || entretoise f. de cloison. **b) ~schalttafel** f. || wall switchboard || tableau m. de distribution mural. 32

Wandschirm m. || folding screen || paravent m. **a) ~stickerin** f. || folding-screen embroiderer || brodeuse f. sur paravents 33

Wand-schrank m. || wall chest || placard m. **a) ~spiegel** m. || wall mirror || miroir m. mural. **b) ~spruch** m. || wall motto || pancarte f. murale. 34

Wandstärke f. || wall thickness || épaisseur m. de paroi. **a)** Stücke npl. mit großen Abmessungen bei **möglichst geringer ~** || pieces of large size but of relatively thin walls; castings pl. of large size but of walls as thin as possible || pièces fpl. de grandes dimensions ayant pourtant la plus faible épaisseur de paroi possible. **b) ~** eines **Rohres** || thickness of a pipe || épaisseur f. de paroi d'un tuyau. 35

Wandstecker m. || wall plug || contact m. mural. **a) ~ mit beweglichen Kontaktstiften** || wall plug with movable contact pins || contact m. mural à contacts élastiques. 36

Wandstütze f. (el Leit) || wall bracket || tige f. simple de ligne en façade. 37

Wandtafel f. || wall diagram || tableau m. mural. **a) Schul~** || blackboard || tableau m. noir. 38

Wand-täfelung f. || wainscot(ting) || lambris m. **a) ~teller** f. || wall plate || assiette f. pour murs. **b) ~teppich** m. || hangings pl.; tapestry || tapis m. de tenture; tapisserie f. **c) ~uhr** f. || hanging clock || pendule f. suspendue. 39

Wandung f. || wall || paroi f. **a) doppelte ~** (Behälter) || steam jacket || double paroi f. 40

Wand-waschbecken n. ‖ wash hand-basin ‖ cuvette f. **a) ~winde** f. ‖ wall winch ‖ treuil m. mural *ou* d'applique. **b) ~zündholzbehälter** m. ‖ wall match box ‖ porte-allumettes m. mural. 1

Wange f. (Presse) ‖ cheek; jaw ‖ jumelle f.; montant m. **a) Außen~** (Treppe) ‖ outer string ‖ limon m. extérieur. **b) Innen~** (Treppe) ‖ inner string ‖ limon m. intérieur. 2

Wanne f. ‖ (bathing) tub; coop; vat; tank ‖ cuveau m.; cuve f. **a) ~** aus **Hartglas** ‖ tub in hard glass ‖ cuve f. en verre dur *ou* en verre trempé. **b) pneumatische ~** ‖ pneumatic trough ‖ cuve f. pneumatique. 3

Wannen-bad n. ‖ ordinary bath ‖ bain m. de baignoire. **a) ~ofen** m. (Glasf) ‖ tank furnace ‖ four m. à bain. **b) ~stein** m. ‖ vat brick ‖ brique f. pour cuves. 4

Want f. ‖ shroud ‖ hauban m. **a) ~en** fpl. **auflegen** ‖ to put the rigging on the masthead ‖ capeler les haubans mpl.; haubaner. 5

Wantknoten m. ‖ single shroud-knot ‖ nœud m. de hauban simple. 6

Wappen-stecher m. ‖ herald engraver ‖ graveur m. héraldique. **a) ~ziselör** m. ‖ heraldic chaser ‖ ciseleur m. d'armoiries. 7

Ware f. *s. auch* Waren ‖ ware; goods pl.; merchandise ‖ marchandise f.; article m. **a) ~** (Textil) ‖ fabric; goods pl. ‖ tricot m.; marchandise f.; tissu m.; article m. **a) à-jour~** (Textil) ‖ à jour fabric ‖ tissu m. à jour. **b) dichte ~** (Textil) ‖ close goods pl. ‖ tricot m. serré. **c) doppelflächige ~** (Textil) ‖ double-sided goods pl. ‖ article m. à double face. **d) durchbrochene ~** (Textil) ‖ lace work ‖ tricot m. à jour. **e) geminderte ~** (Textil) ‖ narrowed goods pl. ‖ tricot m. diminué. **f) gerauhte ~** (Textil) ‖ fleeced goods pl. ‖ marchandise f. cardée. **g) geringelte ~** (Textil) ‖ horizontally striped goods pl. ‖ tricot m. rayé en laize. **h) geschnittene ~** (Textil) ‖ cut goods pl. ‖ marchandise f. coupée. **i) gestreifte ~** (Textil) ‖ striped goods pl. ‖ tricot m. rayé. **k) gangbare ~** ‖ goods pl. commanding a ready sale ‖ marchandise f. courante. **l) gegen bar** verkaufte **~** ‖ goods pl. sold for cash ‖ marchandise f. vendue au comptant. **m) greifbare ~** ‖ spot goods pl. ‖ marchandise f. disponible. **n) plattierte ~**. (Goldschm) ‖ plated ware ‖ doublé m. 8

Waren fpl. ‖ goods pl.; ware; merchandise ‖ marchandises fpl.; articles mpl. **a) ganz und halb fertige ~n** ‖ finished and semifinished products pl. ‖ marchandises fpl. terminées et ébauchées. **b) leicht verderbliche ~** ‖ perishable goods pl. ‖ marchandises fpl. périssables *ou* qui se détériorent. **c)** ganz oder teilweise aus **Metallfäden** bestehende **~** ‖ articles pl. totally or partly composed of metal filaments ‖ articles mpl. composés entièrement ou partiellement de fils métalliques. **d) ~** aus **mineralischen Stoffen** ‖ articles pl. of mineral materials ‖ ouvrages mpl. en matières minérales. **e) ~ zum Verkauf** aufstellen ‖ to expose goods pl. for sale ‖ étaler des marchandises fpl. pour la vente. **f) verzollte ~** ‖ duty-paid goods pl. ‖ marchandises fpl. dédouanées. 9

Waren-anstrich m. (Web) ‖ cloth contact ‖ contact m. de tissu. **a) ~aufzug** m. ‖ merchandise *or* goods lift ‖ ascenseur m. pour marchandises; monte-charge m. **b) ~beschauer** m. (Web) ‖ cloth looker ‖ réceptionnaire m. **c) ~bestand** m. ‖ stock in hand ‖ stock m. **d) ~doppler** m. (Web) ‖ piece doubler ‖ dosseur m. **e) ~durchseher** m. (Web) ‖ percher ‖ percheur m. **f)** Einrichtung f. zum abwechselnden vor-und rückwärtslaufenden **~gang** m. (Web) ‖ device for the direction of the fabric alternately up and down ‖ dispositif m. permettant la marche alternative du tissu. **g) ~gattung** f. ‖ kind of goods ‖ nature f. des marchandises. **h) ~gleitmulde** f. (Web) ‖ scray for fabric ‖ bac m. pour le tissu. **i) ~gruppe** f. ‖ group of goods ‖ catégorie f. de marchandises. **k) ~handhabung** f. ‖ handling of goods ‖ manutention f. 10

Warenhaus n. ‖ warehouse; store(house) ‖ grand magasin m. **a) ~verkaufsraum** m. ‖ departmental store (of a warehouse) ‖ salle f. de vente d'un grand magasin. 11

Waren-lager n. ‖ depot; magazine; agency; warehouse; storehouse ‖ dépôt m.; entrepôt m.; magasin m. **a) ~laufregelapparat** m. ‖ (Waschmaschine) regulating device for the fabric; apparatus regulating the circulation of the fabric ‖ dispositif m. pour le réglage de la marche du tissu; introducteur m. **b) ~probe** f. ‖ sample ‖ échantillon m. **c) ~schau-** und **Meßmaschine** f. ‖ (Web) fabric inspecting and measuring machine ‖ machine f. à visiter et mesurer les tissus. **d) ~speicher** m. *s.* ~lager. **e) ~verkehr** m. ‖ merchandise *or* goods traffic ‖ trafic m. d'expédition. 12

Warenverzeichnis n. ‖ list of goods ‖ tableau m. des marchandises. **a) ~vorräte** mpl. ‖ stock ‖ approvisionnements mpl.; magasin m. **b) ~wechsel** m. ‖ trade bill ‖ effet m. de commerce. 13

Warenzeichen n. ‖ trade mark ‖ marque f. de fabrique. **a) eingetragenes ~** ‖ registered trade mark ‖ marque f. de fabrique déposée. 14

warm ‖ warm ‖ chaud. **a) ~ aufziehen** ‖ to shrink-on ‖ emmancher à chaud. **b) ~ genietet** ‖ hot rivetted ‖ rivé à chaud. **c) halb ~** ‖ half warm ‖ tiède. 15

warm-e Luftschicht f. ‖ stratum *or* layer of warm air ‖ couche f. d'air chaude. **a) ~er Luftstrom** m. ‖ warm air current ‖ courant m. d'air chaud. 16

Warmaufziehen n. ‖ shrinking-on ‖ serrage m. à chaud. 17

warmbearbeiten ‖ to work at red heat ‖ travailler (les pièces fpl.) à la chaleur rouge. 18

Warmbehandlung f. von **Stahl** ‖ heat-treatment of steel ‖ traitement m. à chaud des aciers. **a) ~** von **Werkzeugstahl** im Salzbad ‖ heat-treatment of carbon steel in a cyanide bath ‖ traitement m. à chaud des aciers à outils dans un bain de sel. 19

Warmbett n. ‖ warm bed ‖ lit m. à chaud. **a) kontinuierliches ~** ‖ continuous warm bed ‖ lit m. à chaud continu. **b) Schleppapparat** m. für **~en** ‖ tractor for warm beds ‖ appareil m. de remorque pour lits à chaud. 20

warmbiegen ‖ to bend hot ‖ plier à chaud. 21

Warmbiegeprobe f. ‖ hot bending test ‖ essai m. de ployage à chaud. 22

warmbrüchig ‖ brittle when red-hot ‖ cassant à chaud. 23

Wärme f. ‖ heat ‖ chaleur f. **a) ~ abführen** ‖ to eliminate heat ‖ enlever la chaleur **b) ~ abgeben** ‖ to give out *or* to radiate (A) heat ‖ rayonner *ou* irradier de la chaleur. **c)** mit der Luft **abgeführte ~** ‖ heat carried away by excess of air ‖ chaleur f. enlevée par l'excédent d'air. **d) abgegebene ~** ‖ emitted heat ‖ chaleur f. débitée. **e)** die **~ ableiten** ‖ to carry off the heat ‖ enlever la chaleur. **f) ~ aufnehmen** ‖ to absorb heat ‖ absorber la chaleur. **g) ~ aufspeichern** ‖ to store the heat ‖ conserver *ou* emmagasiner la chaleur. **h) ~ ausstrahlen** ‖ to radiate heat ‖ émettre la chaleur. **i) Bildungs~** (Chem) ‖ heat of formation ‖ chaleur f. de formation. **k) Dissoziations~** ‖ heat of dissociation ‖ chaleur f. de dissociation. **l) dunkle ~** (Phys) ‖ dark heat ‖ chaleur f. sombre. **m) ~ durchlassen** ‖ to transmit heat ‖ laisser passer la chaleur. **n) Erstarrungs~** ‖ heat of solidification ‖ chaleur f. de solidification. **o) Erstarrungs~** f. des gefrierenden Wassers ‖ heat of solidification of water ‖ chaleur f. de solidification de l'eau. **p) freie~** ‖ uncombined heat ‖ chaleur apparente. **q) Gärungs~** ‖ fermenting heat ‖ chaleur f. produite durant la fermentation. **r) gebundene ~** ‖ latent heat ‖ chaleur f. latente. **s) Gesamt~** ‖ total heat ‖ chaleur f. totale. **t) Hydrations~** (Phys) ‖ heat of hydration ‖ chaleur f. d'hydration. **u) ~ leiten** ‖ to conduct heat ‖ conduire la chaleur. **v) Luft~** ‖ air temperature ‖ température f. de l'air. **w) Luftschicht** f. **gleicher ~** ‖ isothermal air stratum ‖ couche f. d'air isotherme. **x) spezifische ~** ‖ specific heat ‖ chaleur f. spécifique. **y) strahlende ~** ‖ radiant *or* radiating heat ‖ chaleur f. rayonnante. **z) Verbrennungs~** ‖ heat of combustion ‖ chaleur f. de combustion. 24

a) verlorene ~ ‖ lost heat ‖ chaleur f. perdue. **b) Zone** f. **gleicher ~** ‖ isothermal zone ‖ zone f. isotherme *ou* isothermique. 25

Wärmeabgabe f. ‖ heat emission ‖ émission f. de la chaleur. **a) unmittelbare ~** ‖ direct heat emission ‖ chauffage m. direct; émission f. directe de la chaleur. 26

Wärme-absorption f. ‖ thermal *or* heat absorption ‖ absorption f. thermale *ou* de chaleur. **a) ~anschluß** m. einer Elektroküche ‖ connection for electric cooking consumption ‖ raccordement m. pour usages calorifiques d'une cuisine électrique. **b) ~äquator** m. ‖ heat *or* thermal equator ‖ équateur m. thermique. **c) ~äquivalent** n., **mechanisches** ‖ mechanical equivalent of heat ‖ équivalent m. mécanique de chaleur. 27

Wärmeaufnahme f. ‖ absorption of heat ‖ absorption f. de chaleur. **a) ~fähigkeit** f. ‖ heat absorption capacity ‖ capacité f. calorifique. 28

Wärme-ausdehnung f. ‖ heat expansion ‖ dilatation f. thermique. **a) ~ausdehnungskoeffizient** m. ‖ coefficient of thermal expansion ‖ coefficient m. de dilatation thermique. **b) ~ausnutzung** f. ‖ utilization of heat ‖ utilisation f. de la chaleur. 29

Wärmeaustausch m. || interchange of heat || échange m. de chaleur. **a)** ~ zwischen **Boden und Luft** || heat exchange between the ground and the air || échange m. de chaleur entre le sol et l'air. **b) ~apparat** m. || heat exchanging apparatus || appareil m. à l'échange de chaleur. 1

Wärme-austauscher m. || heat exchanger || échangeur m. de température. **a) ~behandlung** f. || heat treatment || traitement m. thermique *ou* à chaud. **b) ~behandlungsofen** m. || heat treatment furnace || four m. pour le traitement thermique. 2

wärmebeständige Schicht f. || stratum of constant temperature || couche f. à température constante. 3

Wärmebeständigkeit f. || resistance to the effects of heat || résistance f. contre les effets de la chaleur. 4

Wärmeeinheit f. || thermal *or* calorie unit; unit of heat || unité f. thermique *ou* de chaleur. **a)** ~ (Maß) || calorie || calorie f. 5

Wärmeeinstrahlung f. || heat absorption || absorption f. de chaleur. 6

wärmeempfindlich || sensible to heat || sensible à la chaleur. 7

Wärme-gefälle n. || rate of decrease in temperature; drop in temperature; temperature gradient || chute f. de température; gradient m. de la température. **a) ~gleiche** f. || isothermal curve || isotherme f. 8

Wärmegrad m. *s. auch* Temperatur || temperature || température f. **a) ~berichtigung** f. || correction for temperature || correction f. thermométrique *ou* de température. 9

Wärmegradmesser m. || thermometer || thermomètre m. **a) Doppelmetall~** || bimetallic thermometer || thermomètre m. bimétallique. **b) Höchst~** || maximum thermometer || thermomètre m. à maximum. **c) Niedrigst~** || minimum thermometer || thermomètre m. à minimum. 10

Wärme-größe || specific heat || chaleur f. spécifique. **a) ~höchstgrad** m. || maximum temperature || température f. maximum. 11

Wärmeisolier-material n. aus fossilem Mehl || thermal non-conductor of fossil meal || calorifuge m. en farine fossile. **a) ~mittel** n. || heat insulator || calorifuge m. 12

Wärme-kapazität f. || heat capacity || capacité f. calorifique. **a) ~kessel** f. aus **Weißblech** || tin plate warming pan || réchaud m. en fer-blanc. **b) ~kraftmaschine** f. || heat motor || moteur m. thermique. 13

wärmeleitend-e Legierung f. || heat-conducting alloy || alliage m. pyroforique. **a) schlecht** wärmeleitend || badly heat conducting || mal conducteur de chaleur. 14

Wärme-leiter m. || conductor of heat || conducteur m. de chaleur. **a) ~leitfähigkeit** f. || thermal *or* heat conductibility || conductibilité f. calorifique. **b) ~leitung** f. || transmission of heat by conduction || transmission f. de chaleur par conduction. **c) ~leitvermögen** n. || heat conductibility || conductibilité f. calorifique *ou* thermique *ou* de chaleur. **d) ~mechanik** f. || thermodynamics pl. || thermodynamique f. **e) ~mengenmessung** f. || calorimetry || calorimétrie f. **f) ~meßeinrichtung** f. || heat measuring device || installation f. calorimétrique. **g) ~messer** m. || calorimeter || calorimètre m. **h) ~niedrigstgrad** m. || minimum temperature || température f. minimum. **i) ~nische** f. || heating recess || chauffe-plats m. fermé. **k) ~ofen** m. || heating *or* reheating furnace || four m. à réchauffer. **l) ~pfanne** f. aus Weißblech || tin plate warming pan || réchaud m. *ou* cuve f. à rechauffer en fer-blanc. **m) ~pumpe** f. mit **Verdampfer** || heat pump with evaporator || pompe f. calorifique avec évaporateur. **n) ~quelle** f. || source of heat || source f. de chaleur. 15

Wärmer m. || heater || appareil m. chauffeur *ou* de chauffage. 16

Wärme-regler m. || thermo-regulator; temperature regulator || thermorégulateur m.; régulateur m. de température. **a) ~saugheber** m. || thermosiphon || thermosiphon m. **b) ~schrank** m. || warming cupboard || étuve f. armoire; compartiment m. de tient-chaud. 17

Wärmeschutz m. || insulation against loss of heat; thermic protection || isolation f. calorifuge; isolement m. thermique. **a)** ~ aus **Stroh** || straw insulator for heat || calorifuge f. en paille. 18

Wärmeschutz-isolierung f. || insulation for heat || isolement m. à chaleur. **a) ~masse** f. || heat insulation composition || composition f. calorifuge; calorifuge m. **b) ~mittel** n. || heat protective *or* insulator || conservateur m. de chaleur. **c) ~schale** f. aus Kork || cork insulator for heat || enveloppe f. calorifuge en liège. 19

Wärmespeicher m. || heat accumulator; regenerator || accumulateur m. de chaleur; régénérateur m. **a) elektrisch geheizter** ~ || electrically heated heat accumulator || réservoir m. à chaleur électrique. 20

Wärmespeicher-kessel m. || heat storage boiler || chaudière f. accumulatrice d'eau chaude. **a) ~ofen** m. || heat storage stove || poêle m. type accumulateur de chaleur. 21

Wärme-spektrum n. || heat spectrum || spectre m. chaud. **a) ~strahl** m. || ray of heat || rayon m. de chaleur. **b) ~strahler** m., **elektrischer** || electric radiator || radiateur m. électrique. **c) ~strahlung** f. || heat radiation || rayonnement m. calorifique *ou* thermique *ou* de chaleur. 22

Wärmetheorie f. || theory of heat || théorie f. de la chaleur. **a) mechanische** ~ || mechanical theory of heat || théorie f. mécanique de la chaleur. 23

Wärme-tisch m. || warming table || étuve f. forme table. **a) ~tönung** f. (Phys) || quantity of heat developed || quantité f. de chaleur développée. **b) ~übertragung** f. || heat transmission || transmission f. de chaleur. **c) ~umsatz** m. || heat transformation (*or* output) || échange m. de chaleur. 24

Wärmeverlust m. || heat deperdition *or* loss; loss due to cooling || déperdition f. *ou* perte f. de chaleur *ou* par refroidissement. **a)** ~ im **Schornstein** || stack loss || perte f. de chaleur par la cheminée. 25

Wärmewarte f. || thermal and remote control switchboard || poste m. de contrôle thermique. **a)** ~ zur **Überwachung** des Wasserkreislaufes || thermal control board for supervising the circulation of water || poste m. de contrôle thermique destiné à surveiller la circulation d'eau. 26

Wärme-wirkungsgrad m. || thermal efficiency || rendement m. thermique *ou* calorifique. **a) ~wirtschaft** f. || heat economy || économie f. calorique. 27

wärmewirtschaftlich, zur ~eren Ausnutzung f. || in order to increase the heating efficiency from an economical point of view || pour réaliser une parfaite utilisation de la chaleur. 28

Wärme-zahl f. || temperature coefficient || coefficient m. de température. **a) ~zentrale** f. || thermal central || centrale f. thermique. **b) ~zunahme** f. || temperature rise || augmentation f. de température. 29

Wärmflasche f. || hot water bottle || bassinoire f.; chauffe-lit m. 30

Warmfräse f. || hot milling machine || machine f. à fraiser à chaud. 31

Warmfräs- und Sägemaschine f. || hot milling and sawing machine || machine f. à fraiser et à scier à chaud. 32

warmgelaufenes Lager n. || heated bearing || coussinet m. échauffé. 33

Warmgewindewalze f. || hot thread rolling machine || machine f. à laminer à chaud les filets. 34

warmhalten || to keep warm || tenir chaud. 35

Warmlaufen n. || running hot; getting hot || échauffement m. **a)** ~ eines **Lagers** || getting hot *or* heating of a bearing || échauffement m. d'un coussinet. 36

Warmluft-eintritt m. || hot air intake || entrée f. d'air chaud. **a) ~heizung** f. || heating with hot air || chauffage m. à l'air chaud. 37

Warmluftheizungs-anlage f. || hot air heating plant || installation f. de calorifères à air chaud. **a) ~apparat** m. || hot air heating apparatus || calorifère m. à air chaud. 38

Warmluft-kanal m. || hot air conduit || conduite f. d'air chaud. **a) ~trocknung** f. || hot air drying || séchage m. à air rechauffée. 39

Warm-mutternpresse f. || hot nut press || presse f. à chaud pour écrous. **a) ~naßspinnerei** f. || spinning with hot water || filature f. à décomposition. 40

warmnieten || to hot-rivet || river à chaud. 41

Wärmofen m. || heating *or* reheating furnace || four m. à réchauffer *ou* à sécher. **a)** ~ für **Brikettierungsanlagen** || reheating furnace for briquetting plants || four m. à réchauffer pour installations de briquetage. 42

Wärmplatte f. || warming plate || plaque f. chauffoire. 43

Warmpreßarbeit f. || warm pressing || travail m. d'estampage à chaud. 44

Warmpressen n. || warm pressing || estampage m. f. à chaud. 45

Warmprobe f. || hot test || essai m. à chaud. 46

Wärmröhre f. (Eisenb) || chaffer || bouillotte f. 47

Warmsäge f. || hot *or* warm saw || scie f. à chaud. 48

Warmscheren n. || hotshearing || cisaillement à chaud. 49

warmschmieden || to hot-hammer || battre à chaud. 50

Warmschneiden n. von Walzeisen || hot cutting of rolled iron || coupe f. à chaud de fers laminés. 51

Warmschweißung f. || hot welding; welding with pre- and post-heating || soudage m. à chaud. 1

warmwalzen || to hot-roll || laminer à chaud. 2

Warmwasser-bad m. (Chem) || hot-water bath || bain-marie m. **a) ~bereitungsanlage** f. || hot-water plant || installation f. pour la production d'eau chaude. **b) ~heizkörper** m. || hot water radiator || radiateur m. à eau chaude. 3

Warmwasserheizung f. (Anlage) || hot water heating apparatus || calorifère m. à eau chaude. **a) ~** (Tätigkeit) || hot water heating || chauffage m. à eau chaude. 4

Warmwasser-heizungsanlage f. || hot water heating plant || installation f. de calorifères à eau chaude. **a) ~pumpe** f. || hot water pump || pompe f. à eau chaude. **b) ~rotte** f. (Spinn) || warm water retting || rouissage m. à eau chaude. **c) ~spinnmaschine** f. || hot water spinning frame || métier m. à eau chaude. **d) ~versorgungsanlage** f. || warm water supply installation || installation f. d'approvisionnement à eau chaude. 5

Warnboje f. || fairway buoy || bouée f. d'avertissement. 6

Warnungs-dienst m. für den **Luftverkehr** || aviation weather service; air warning service || service m. d'avertissement météorologique pour la navigation aérienne. **a) ~ring** m. (el Leit) || warning ring || anneau m. avertisseur. **b) ~schild** n. || caution board || poteau m. avertisseur; écriteau m. **c) ~tafel** f. || warning *or* notice board || tableau m. d'avis. **d) ~-zeichen** n. || warning || avertisseur m. 7

Warpdruck m. (Zeugdruck) || warp printing || impression f. de chaînes. 8

Warper m. (Schiff) || towing boat || toueur m. 9

Warperei f. (Web) || warping || préparation f. des chaînes pour le tissage. 10

Warppforte f. (Schiffb) || warping port || sabord m. de halage. 11

Wartefeld n. (Selbstanschl) || storing up the calls || enregistreur m. des appels. 12

Wärter m. (Spinn) || minder; tenter || soigneur m. 13

Warteraum m. || waiting room || salle f. d'attente. 14

Wärterwohnung f. || watchman's dwelling || logement m. de garde. 15

Warte-saal m. || waiting room || salle f. d'attente. **a) ~zeit** f. (Fernm) || waiting time || délai m. d'attente. 16

Wartung f. || attention || soin m. **a) anspruchslos** in der **~** || with little need of attendance || d'un entretien m. réduit au minimum. **b) ~** des **Motors** || treatment of the motor || soins mpl. à donner au moteur. 17

warzenförmig || mamelonated || mamelonné. 18

Waschanlage f. für **Flüssigkeiten** (Chem) || washing plant for liquids || installation f. de lavage de liquides. **a) Lokomotiv~** || locomotive washing plant || installation f. à laver et nettoyer les locomotives. 19

Waschanstalt f. || washing establishment; laundry || établissement m. de lavage; lavoir m. 20

Waschapparat m. || purifier; washer || épurateur m.; laveur m. **a) Automobilteile~** || washing apparatus for automobile components || appareil m. à laver des pièces d'automobiles. **b) Faß~** || barrel *or* cask *or* keg washer; barrel scrubber || appareil m. à laver les fûts. **c) ~** für **Gas** || gas washing apparatus || appareil m. à laver le gaz. **d) ~** für **Nahrungsmittelfabriken** || washing apparatus for works of food stuff || appareil m. laveur pour fabriques de produits alimentaires. 21

Wasch-aufsatz m. für **Gas** || gas washing tube || tube-laveur m. **a) ~automat** m. || automatic washing apparatus || lessiveuse f. automatique. 22

Waschbecken n. || washing *or* hand basin || cuvette f.; lavabo m. **a) Wand~** || wall wash basin || cuvette f. murale. 23

Waschberg m. || washery slag || schiste m. provenant du lavage. 24

Waschbergeabzieher m. || dirt carrier || chargeur m. de résidus. 25

Waschblau n. || washing blue || bleu m. pour linge. **a) ~papier** n. || laundry blue paper || papier m. à bleu d'outremer pour linge. 26

Wasch-bolzen m. || wash-out plug || bouchon m. de lavage. **a) ~boot** n. || floating laundry || bateau-lavoir m. **b) ~bottich** m. || washing vat *or* trough || cuvier m.; baquet m.; lavoir m. 27

Waschbrett n. || washing board || planche f. à lessives. **a) ~** (Buchdr) || wetting board || ais m. 28

Waschbürste f. || cleaning *or* washing brush || brosse f. à laver. 29

Waschbütte f. || washing tub || cuvier m. 30

Wäsche f. (Aufber) || washing plant; washery || lavoir m.; laverie f.; laveur m. **a) ~** (Bekleid) || linen || lingerie f.; linge m. **b) ~** für **Arbeiter** || worker's linen || linge m. pour ouvriers. **c) Bett~** || bed clothes pl. *or* linen || linge m. *ou* lingerie f. de lit. **d) Damen~** || ladies' linen || lingerie f. de dames. **e) Dauer~** || collars pl. and cuffs pl. everclean; durable linen || linge m. durable *ou* économique. **f)** die **~ einweichen** || to steep dirty linen in water || essanger *ou* tremper le linge. **g) ~** für **Erzaufbereitung** || washery for ore dressing || laverie f. pour la préparation du minerai. **h) ~** für **Gemüse** || washery for vegetables || lavoir m. pour légumes. **i) ~** aus **Gummi** || india-rubber linen || linge m. en caoutchouc. **k) Herren~** || linen *or* underlinen for gentlemen || lingerie f. pour hommes. **l) ~** für **Kieswerke** || washery for pebble works || lavoir m. pour usines de gravier. **m) Kinder~** || baby linen || lingerie f. d'enfants. **n) Knochenkohle~** || bone coal washery || laverie f. à charbon d'os. **o) Kohlen~** || coal washery; coal washing plant || installation f. de lavage du charbon; lavoir m. à charbon. **p) ~** für **Kohlenaufbereitung** || washery for coal dressing || lavoir m. de préparation *ou* installation f. de lavage du charbon. **q) Kohlensäure~** || carbonic acid washery || laverie f. d'acide carbonique. **r) Küchen~** || kitchen linen || lingerie f. de cuisine. **s) Leib~** || body linen || linge m. de corps. **t) Papier~** || paper linen || linge m. en papier. **u) Reform~** || hygienic underclothing || lingerie f. hygiénique; sous-vêtements mpl. hygiéniques. **v) ~** für **Rüben** || washery for turnips || lavoir m. pour betteraves. **w) ~** für **Rübenblätter** || washery for turnip tops || lavoir m. pour feuilles de betterave. **x) schmutzige ~** || dirty *or* foul linen || linge m. sale. **y) ~** für **Schotteranlagen** || washery for broken stone plant || lavoir m. pour installations de cailloutis. **z) Stoff~** || stuff linen || linge m. en tissu. 31

a) Tisch~ || table linen || lingerie f. de table. **b) ~** für **Toilettezwecke** || linen for toilet purposes || lingerie f. de toilette. 32

Wäsche-abgänge mpl. || washing refuse || rebut m. de lavage. **a) ~anlage** f. || washing plant || atelier m. de lavage. **b) ~ausbesserin** f. || linen mender || raccommodeuse f. de linge. **c) ~besatz** m. || trimming for linen || garniture f. de linge. 33

waschecht || washable; dyed in the grain; fast || bon teint. 34

Wäsche-desinfektionsanlage f. || linen disinfection plant || installation f. pour la désinfection du linge. **a) ~fabrik** f. || lingerie || lingerie f. **b) ~fabrikationsmaschine** f. || linen making machine || machine f. pour la confection du linge. **c) ~gebäude** n. || washery building || bâtiment m. de lavage. **d) ~glanzstärke** f. || brilliant starch for linen || amidon m. brillant pour le linge. 35

Wascheinrichtung f. || washing accomodation; lavatory || installation f. de lavoir; lavoir m. 36

Wäsche-kasten m. (Masch) || washing tank || bac m. de lavage. **a) ~klammer** f. || laundry's clip; clothes pin *or* peg || fichoir m.; pince f. à linge; agrafe f. pour blanchisseuses; épingle f. à linge en bois; épingle f. à lessive. **b) ~knopf** m. || linen button || bouton m. pour lingerie. **c) ~leine** f. || clothes line || cordeau m. *ou* corde f. à lessive. 37

Wäscheleinen n. || linen || linge m. 38

Wäscheleinen-wickler m. || clothes line winder || bobine f. pour les cordes à linge. 39

Wäschemangel f. || mangle || calandre f. à linge. **a) ~anstalt** f. || linen mangling shop || atelier m. de calandrage de linge. 40

Wäschemeister m. || washery-foreman || chef-laveur m. 41

waschen || to wash || laver. **a)** durch **Dekantieren** n. **~** (Chem) || to wash by decantation || laver par décantation f. **b)** die **Erze** npl. **~** || to wash *or* to try *or* to buddle the ores pl. || laver les minerais mpl. **c)** die **Schrift ~** (Buchdr) || to cleanse the types pl. || brosser les lettres fpl. 42

Waschen n. von **Abfällen** || waste washing || blanchissage m. de déchets. **a) ~** von **Lumpen** || rag washing || blanchissage m. de chiffons. **b) ~** der **Putzwolle** || woollen rag scouring || nettoyage m. de chiffons. 43

Wascher m. (Chem) || washer; washing bottle || laveur m.; flacon-laveur m. **a) elektrischer Sprudel~** || electric automatic washer || lessiveuse f. électrique à jet d'eau chaude. **b) Erz~** || ore washer || laveur m. de minerai. **c) Gas~** || gas washer; scrubber || laveur m. à gaz; scrubber m. **d) Horden~** || hurdle washer || laveur m. à claie. **e) Turbo~** || turbo washer || lessiveuse f. turbo. 44

Wäscherei f. (Fabrik) || laundry || blanchisserie f.; lavoir m.; buanderie f. **a) ~** (Handwerk) || laundering; washing || blanchissage m. **b) Dampf~** || steam laundry || blanchisserie. f. à vapeur. 45

Wäscherei-anlage f. ‖ laundry plant; ‖ blanchisserie f; installation f. de buanderie. a) **~maschine** f. ‖ laundry machine ‖ machine f. pour blanchisseries *ou* de buanderie. 1

Wäscherin f. ‖ washerwoman; laundress ‖ blanchisseuse f.; laveuse f. de linge. a) **Fein~** ‖ fine laundress ‖ blanchisseuse f. de fin. 2

Wäscherolle f. ‖ (washing) mangle ‖ calandre f. (à linge). 3

Wascherz n. ‖ wash *or* diluvial ore ‖ minerai m. *ou* mine f. d'alluvion *ou* de lavage. 4

Wäsche-sack m. ‖ soiled linen bag; cabin bag ‖ sac m. à linge. a) **~schneider** m. ‖ linen cutter ‖ coupeur m. de lingerie. b) **~stück** n. ‖ piece of linen ‖ pièce f. de lingerie. c) **~system** n. ‖ washing system ‖ système f. de lavage. d) **~trockenraum** m. ‖ linen drying room ‖ séchoir m. à linge. e) **~zange** f. ‖ cloth tongs pl. ‖ tenailles fpl. à linge. f) **~zeichentinte** f. ‖ underlinen marking ink ‖ encre f. à marquer le linge. 5

Waschfaß n. ‖ washing tub ‖ lavoir m.; cuve f; bassin m. 6

Waschflasche f. (Chem) ‖ wash(ing) bottle ‖ flacon m. laveur. a) ~ für **Gas** ‖ gas washing bottle ‖ flacon-laveur m. pour gaz; barboteur m. pour le lavage du gaz. 7

Wasch-frau f. ‖ washerwoman; laundress ‖ blanchisseuse f.; laveuse f. de linge. a) **~gefäß** n. ‖ washing tank ‖ récipient m. à laver. b) **~gold** n. ‖ alluvial *or* river gold ‖ or m. alluvionnaire *ou* d'alluvion *ou* de lavage. c) **~gut** n. ‖ materials pl. to be washed ‖ matières fpl. à laver. d) **~haus** n. ‖ wash house; laundry ‖ lavoir m.; blanchisserie f. e) **~holländer** m. ‖ washing engine ‖ barbotteuse f. f) **~jollentau** n. ‖ clothes line ‖ cartahu m. de linge. g) **~kaue** f. (Bergb) ‖ pithead baths pl. ‖ lavoir m. à douches. h) **~kessel** m. ‖ washing *or* linen boiler ‖ chaudière f. pour le lessivage. i) **~kohle** f. ‖ coal to be washed ‖ charbon m. à laver. k) **~küche** f. ‖ wash house; laundry ‖ buanderie f.; lavoir m. 8

Waschleder n. ‖ oil *or* wash leather; shammy ‖ cuir m. chamoisé *ou* rosette. a) **~handschuh** m. ‖ washable leather glove ‖ gant m. de peau lavable. 9

Waschmaschine f. ‖ washer; washing machine ‖ machine f. à laver; laveuse f. mécanique; lessiveuse f. a) ~ für **Fässer** ‖ barrel scrubber *or* washer; keg *or* cask washing machine ‖ machine f. à laver les fûts. b) ~ mit **Abzugshaspel** ‖ washing machine with winch ‖ machine f. à laver avec tournette de sortie. c) **Breit~** ‖ washing machine in full width ‖ machine f. à laver au large. d) **elektrische** ~ ‖ electric washing machine ‖ lessiveuse f. électrique. e) **Filtermassen~** ‖ filterstuff washing machine ‖ machine f. à laver la masse filtrante. f) **Filtertücher~** ‖ filter cloth washing machine ‖ machine f. à laver les tissus filtrants *ou* les toiles de filtre. g) **Flaschen~** ‖ bottle washing machine ‖ machine f. à laver les bouteilles. h) **Gerste~** ‖ barley washing machine ‖ machine f. à laver l'orge. i) **Hochleistungs~** ‖ high efficiency washing machine ‖ machine f. à laver de grand rendement. k) **Kies~** ‖ gravel washing machine ‖ laveur m. à gravier. l) ~ für **Klärspäne** ‖ chips *or* shavings washer ‖ machine f. à laver les copeaux. m) ~ für **Sand** ‖ sand washer ‖ laveur m. à sable. n) **Strang~** ‖ rope scouring *or* washing machine ‖ machine f. à laver en écheveaux. 10

Waschmaschinen-arbeiter m. (Wolle) ‖ scouring machine feeder ‖ laveur m. à la machine. a) **~gestellwand** f. ‖ framework of the washing machine ‖ bâti m. de la machine à laver. 11

Wasch-meister m. ‖ washery foreman ‖ maître-laveur m. a) **~mittel** n. ‖ washing medium *or* material ‖ lessive f.; matière f. à laver. b) **~pfanne** f. ‖ washing pan ‖ cuve f. de lavage. c) **~produkt** n. (Bergb) ‖ washed produce ‖ produit m. lavé. d) **~pulver** n. ‖ washing powder ‖ poudre f. à lessiver. 12

Waschtisch m. (Möbel) ‖ washing stand; wash hand stand ‖ lavabo m.; table f. de toilette. a) ~ (Galv) ‖ washing table ‖ table f. de lavage. 13

Wasch-trog m. (Pap) ‖ washing trough ‖ reposoir m. a) **~trommel** f. ‖ washing drum *or* cylinder ‖ tambour-laveur m.; tambour m. de lavage. b) **~turm** m. (Chem) ‖ washing tower ‖ tour f. de lavage. 14

Waschung f. (Chem) ‖ washing ‖ lavage m. a) **nasse** ~ ‖ wet washing ‖ lavage m. (par voie) humide. b) **trockene** ~ ‖ dry washing ‖ lavage m. par voie sèche. 15

Waschverfahren n. ‖ washing process ‖ procédé m. du lavage. 16

Wasch- und Sterilisiervorrichtung f. für **Filtermasse** ‖ filterstuff washing and sterilizing apparatus ‖ appareil m. à laver et à stériliser la matière filtrante. 17

Wasch-wasser n. ‖ washing water ‖ eau f. de lavage. a) **~zimmereinrichtung** f. ‖ washing room installation ‖ installation f. de baignoires *ou* de salle de toilettes. 18

Wasser n. ‖ water ‖ eau f. a) unter **Abgabe** von ~ (Chem) ‖ by loss of water ‖ par départ d'eau. b) **angesäuertes** ~ ‖ acidulated water ‖ eau f. acidulée. c) **begierig** ~ **anziehen** ‖ to fix water with avidity ‖ être avide d'eau. d) **brackiges** ~ ‖ brackish water ‖ eau f. saumâtre. e) **destilliertes** ~ ‖ distilled water ‖ eau f. distillée. f) **eisenhaltiges** ~ ‖ chalybeate water ‖ eau f. ferrugineuse *ou* martiale. g) ~ **entziehen** (Chem) ‖ to dehydrate ‖ déshydrater. h) **fließendes** ~ ‖ running water ‖ eau f. courante. i) **gasförmiges** ~ ‖ water in gaseous state ‖ eau f. en forme de gaz. k) **gashaltiges** ~ ‖ gaseous water ‖ eau f. gazeuse. l) **geschmiertes** ~ ‖ lubricated water ‖ eau f. rendue lubrifiante. m) die ~ npl. einer **Grube** durch einen Stollen lösen ‖ to drain a mine by means of an adit ‖ assécher une mine par une galerie d'écoulement. n) einem **Grundstück** n. ~ **entziehen** ‖ to withdraw water from a property ‖ enlever de l'eau à un terrain. o) einem **Grundstück** n. ~ **zuführen** ‖ to lead water on to a property ‖ amener l'eau à un terrain. p) **hartes** ~ ‖ hard water ‖ eau f. dure *ou* crue. q) **kohlensäurehaltiges** ~ ‖ aerated water ‖ eau f. gazeuse. r) **kohlensaures** ~ ‖ carbonated *or* acidulous water ‖ eau f. acidulée *ou* gazeuse *ou* carbonique. s) **Kühl~** ‖ cooling water ‖ eau f. de refroidissement. t) **moussierendes** ~ ‖ aerated water ‖ eau f. gazeuse. u) ~ **nachgießen** (Chem) ‖ to pour water again ‖ remettre de l'eau f. v) **niedriges** ~ (Ebbe) ‖ low water ‖ mer f. basse. w) **Radier~** ‖ erasing water; tempered aqua fortis ‖ eau f. forte. x) **Regen~** ‖ rain water ‖ eau f. de pluie. y) **reines kesselsteinfreies** ~ ‖ clean water free from scale ‖ eau f. pure et non calcaire. z) **schlammhaltiges** ~ *s.* schlammiges ~. 19

a) **schlammiges** ~ ‖ muddy water ‖ eau f. boueuse. b) **Schmelz~** ‖ snow water ‖ eau f. de fusion. c) **seichtes** ~ ‖ low water ‖ eau f. maigre. d) **stehendes** ~ ‖ stagnant water ‖ eau f. dormante. e) **stilles** ~ ‖ smooth water ‖ eau f. calme. f) **Süß~** ‖ fresh water ‖ eau f. douce. g) **trübes** ~ ‖ thick *or* muddy water ‖ eau f. troublée. h) **über** ~ ‖ above water ‖ au-dessus de l'eau. i) **unter** ~ ‖ under water ‖ inondé. k) **weiches** ~ ‖ soft water ‖ eau f. douce. l) **wohlriechendes** ~ ‖ scented water ‖ eau f. parfumée. m) **zu** ~ **und zu Lande** ‖ by land and by water ‖ par mer f. et par terre f. 20

wasserabhaltender Anstrich m. ‖ waterproof paint ‖ peinture f. hydrofuge; couleur f. lucidonique. 21

Wasserabscheider m. ‖ water separator ‖ séparateur m. d'eau. 22

Wasserabzug m., **überwölbter** ‖ arched culvert ‖ aqueduc m. voûté. a) **unterirdischer** ~ ‖ drain ‖ drain m. 23

Wasser-abzugsgraben m. ‖ catch pit ‖ fossé m. d'écoulement; drain m. a) **~andrang** m. ‖ entering of the water ‖ arrivée f. de l'eau. b) **~anwärmapparat** m. ‖ water preheater ‖ réchauffeur m. d'eau. 24

wasserarm-er Beton m. ‖ dry concrete ‖ béton m. peu mouillé. a) **~e Luftschicht** f. ‖ air stratum *or* air layer of low humidity ‖ couche f. d'air pauvre en eau; couche f. d'air sèche. 25

Wasser-armatur f. ‖ water fittings pl. ‖ armature f. pour conduites d'eau. a) **~aufbereitung** f. ‖ water purifying *or* treatment ‖ épuration f. de l'eau. b) **~aufbereitungsanlage** f. ‖ water handling plant ‖ installation f. pour l'épuration d'eau. 26

Wasser-aufnahme f. ‖ absorption of water ‖ absorption f. d'eau. a) **~aufnahmefähigkeit** f. ‖ water absorbing capacity ‖ capacité f. d'absorber de l'eau. 27

wasseraufsaugende Watte f. ‖ water absorbing wadding ‖ ouate f. hydrophile. 28

Wasser-ausgleich m. ‖ water distribution ‖ bilan m. des eaux. a) **~auslaß** m. ‖ water outlet ‖ sortie f. de l'eau. b) **~auslauf** m. ‖ discharge of water ‖ sortie f. de l'eau. 29

Wasserbad n. (Chem) ‖ water bath ‖ bain-marie m. a) **kochendes** ~ ‖ boiling water bath ‖ bain-marie m. bouillant. 30

Wasser-badkessel m. ‖ water-bath boiler ‖ chaudière f. pour bains-marie. a) **~ballast** m. ‖ water ballast ‖ lest-eau m.; lest m. d'eau; water ballast m. 31

Wasserbau m. ‖ hydraulic structure; hydraulics pl. ‖ construction f. hydraulique. a) **~anlage** f. ‖ hydraulic structure ‖ construction f. hydraulique. b) **~kunst** f. ‖ hydraulic architecture *or* engineering ‖ architecture f. hydraulique. c) **~unternehmung** f. ‖ enterprise of hydraulic structure || entreprise f. de construction hydraulique. 1

Wasserbedarf m. || amount of water required || quantité f. d'eau nécessaire. 2

Wasserbehälter m. || water tank || réservoir m. à eau. **a)** ~ des **Tenders** (Eisenb) || water tank of the tender || caisse f. à eau du tender. 3

Wasser-berechtigter m. || person entitled to the use of water || ayant-droit m. aux eaux. **a)** **~berieselung** f. || irrigation || irrigation f. 4

Wasserblei n. (Min) || molybdenite; sulphide of molybdenum || molybdénite f.; molybdène m. sulfuré. **a)** **~ocker** m. || molybdic ochre; molybdine || molybdène m. oxydé; oxyde m. de molybdène. 5

Wasserdampf m. || aqueous steam; water vapour || vapeur f. d'eau. **a)** mit ~ **abblasen** (Chem) || to distill with steam || entraîner à la vapeur. **b)** **Abscheiden** n. des in der atmosphärischen Luft enthaltenen **~es** || separation of the humidity contained in the air || séparation f. des vapeurs d'eau contenues dans l'air. **c)** ~ **ausscheiden** || to condense water vapour || condenser la vapeur d'eau. **d)** **gesättigter** ~ || saturated steam || vapeur f. saturée. **e)** **Luft~** || atmospheric water vapour || vapeur f. d'eau contenue dans l'air. **f)** der ~ **schlägt** sich nieder || the water vapour condenses || la vapeur d'eau se condense. **g)** **überschüssiger** ~ || excess of water vapour || vapeur f. d'eau en excédent. **h)** den **überschüssigen** ~ **ausscheiden** || to separate out *or* to dissipate the excess of water vapour || séparer *ou* éliminer la vapeur d'eau en excès. 6

Wasserdestillationsapparat m. || water distilling apparatus || appareil m. à distiller l'eau. 7

wasserdicht (nicht leck) || watertight || étanche. 8

wasserdicht (imprägniert) || waterproof; watertight || imperméable; étanche d'eau. **a)** **~er Anstrich** m. || waterproof paint; watertight coating || enduit m. *ou* peinture f. hydrofuge. **b)** **~er Deckel** m. || watertight cover || couvercle m. étanche d'eau. **c)** **~es Gewebe** n. || waterproof cloth || tissu m. imperméable. **d)** **~es Kleidungsstück** n. || waterproof clothing || vêtement m. imperméable. **e)** **~er Motor** m. || waterproof motor || moteur m. étanche d'eau. **f)** **~er Stoff** m. || waterproof bag *or* tarpauling || étoffe f. *ou* tissu m. imperméable. **g)** ~ **verlötet** || watertight soldered || soudé complètement étanche d'eau. **h)** **~er Webstoff** m. || waterproof tissue || tissu m. imperméable. **i)** **~er Zement** m. || waterproof cement || ciment m. imperméable. **k)** **~es Zeug** n. || waterproof tissue || tissu m. imperméable. 9

Wasserdruck m. || hydraulic pressure; water pressure || pression f. hydraulique. **a)** **~heber** m. (zum Heben von Lasten) || hydraulic lever || levier m. hydraulique. **b)** **~kompressor** m. || hydraulic compressor || compresseur m. hydraulique. **c)** **~probe** f. || hydraulic test || épreuve f. par pression hydraulique. 10

Wasserdurchlaßeinrichtung f. einer Speermauer || water outlet of a dam || dispositif m. pour le passage de l'eau par le mur d'un barrage. 11

wasserdurchlässige Schicht f. (Bergb) || permeable layer || couche f. perméable. 12

Wasser-eimer m. || water bucket || seau m. à eau. **a)** **~einlaß** m. || water inlet || entrée f. d'eau. **b)** **~elektrizitätswerk** n. || hydraulic central station || usine f. hydraulico-électrique. **c)** **~enteisenung** f. || water softening; extraction of iron from water || déferrisation f. de l'eau. **d)** **~enteisenungsanlage** f. || water softening plant || installation f. à éliminer le fer de l'eau. **e)** **~enthärtung** || water softening || adoucissement m. de l'eau. **f)** **~enthärtungsapparat** m. || water softening apparatus || appareil m. pour l'adoucissement de l'eau. **g)** **~entlüftungsanlage** f. || air separator for water plants || séparateur m. d'air pour installations d'eau. **h)** **~entmanganung** f. || water demanganesing || séparation f. de manganèse de l'eau. **i)** **~entsäuerung** f. || water disoxydation || désoxydation f. de l'eau. **k)** **~entziehung** f. || abstraction of water || abduction f. de l'eau. **l)** **~entziehungsmittel** n. (Chem) || dehydrating agent || anhydrisant m.; déshydratant m. **m)** **~ersparnis** f. || saving in water || économie f. d'eau. **n)** **~fahrzeug** n. || watercraft || bâtiment m. **o)** **~fall** m. || waterfall; cascade || cascade f. **p)** **~fantom** n. (Röntgen) || water phantom || fantôme m. d'eau. 13

Wasserfarbe f. (Mal) || water colour || couleur f. à l'eau; détrempe f. **a)** ~ (Maur) || lime-water colour || couleur f. détrempée avec le lait de chaux. 14

Wasser-farbenmalerei f. || water-colour painting || peinture f. à l'aquarelle. **a)** **~faß** n. || water cask || tonneau m. à eau. 15

wasserfester Kitt m. || waterproof cement || mastic m. résistant à (l'action de) l'eau. 16

Wasser-fläche f., nutzbare (Schiff) || useful area of water surface || superficie f. d'eau utile. **a)** **~flasche** f. || water bottle || carafe f. d'eau. **b)** **~fleck** m. (Pap) || water stain || goutte f. 17

Wasserflugzeug n. || hydroplane; seaplane || hydroplane m.; hydravion m. **a)** **Verkehrs~** || commercial seaplane || hydravion m. commercial. **b)** **~schleppwagen** m. || seaplane beaching trolley || remorque f. pour hydroplanes. 18

Wasserförderung f. || raising of water || élévation f. d'eau. **a)** ~ mit **Windbetrieb** || water pumping *or* conveying by wind power || élévation f. d'eau par moulin à vent. 19

Wasserfracht f. || freight by water || transport m. par eau. 20

wasserfrei || anhydrous; anhydric || anhydre; anhydride. **a)** **~es Ammoniak** n. || anhydric *or* anhydrous ammonia || ammoniaque f. anhydre. **b)** **~e Säure** f. || anhydrous acid || acide m. anhydre. 21

Wasser-gang m. (Schiffb) || waterway || gouttière f. **a)** **~gärung** f. || water forming fermentation || fermentation f. produisant de l'eau. 22

Wassergas n. || water gas || gaz m. à l'eau. **a)** **~anlage** f. || water gas plant || installation f. de gaz à l'eau. **b)** **~beleuchtung** f. || lighting by water gas || éclairage m. au gaz à l'eau. 23

Wasser-gefäß n. (Chem) || water vat || cuve f. à eau. **a)** **~gehalt** m. (Chem) || humidity; percentage of water || humidité f.; teneur f. en eau. 24

wassergekühlt || water-cooled || à refroidissement à l'eau. **a)** **~es Lager** n. || water-cooled bearing || coussinet m. à refroidissement par eau; coussinet m. refroidi à circulation d'eau. **b)** **~es Maschinengewehr** n. || water-cooled machine gun || mitrailleuse f. à refroidissement d'eau. **c)** **~er Motor** m. || water-cooled motor *or* engine || moteur m. à refroidissement d'eau *ou* par l'eau. **d)** **~e Tür** f. || water-jacketed door || porte f. refroidie par circulation d'eau. **e)** **~er Zylinder** m. || water-cooled cylinder || cylindre m. à chemise d'eau. 25

Wassergenossenschaft f. || water company || association f. pour l'usage des eaux. 26

Wasserglas n. || water *or* soluble glass; silicate of potassium || verre m. soluble; silicate m. de potassium. **a)** **~anlage** f. || silicate of soda plant; water glass plant || installation f. de silicate de soude. **b)** **~farbe** f. || soluble-glass colour || couleur f. au silicate de potasse. **c)** **~herstellungsapparat** m. || potassium silicate producing apparatus || appareil m. pour la fabrication de la silicate du potassium. 27

Wasser-gleitboot n. || gliding boat || hydroglisseur m. **a)** **~großreinigungsanlage** f. || water screening plant || installation f. à (tamis pour) purifier l'eau. 28

Wasserhahn m. || water tap *or* cock || robinet m. à l'eau. **a)** **~kopf** m. || water cock top || tête f. de robinet à eau. 29

wasserhaltig || aqueous || aqueux. **a)** ~ (Chem) || hydrated || hydraté. 30

Wasserhaltung f. (Bergb) || mine drainage *or* draining || épuisement m. *ou* adduction f. des eaux. 31

Wasserhaltungsmaschine f. || pumping engine for water works || machine f. pour l'adduction d'eau. **a)** **unterirdische** ~ (Bergb) || underground pumping engine || machine f. d'épuisement souterraine. 32

Wasserhaltungs-schacht m. || engine pit; sump shaft || puits m. d'épuisement *ou* d'exhaure; bure f. aux pompes. **a)** **~wärter** m. (Bergb) || pumpsman || ouvrier m. à l'exhaure. 33

Wasser-härtung f. (Met) || water hardening || trempe f. à l'eau. **a)** **~haushalt** m. || water conservancy || économie f. des eaux. **b)** **~heber** m. || pulsometer || pulsomètre m. **c)** **~hebewerk** n. || water supply pumping station || usine f. élévatoire pour les eaux. **d)** **~hebungsmaschine** f. || water raising *or* pumping machine || maschine f. élévatoire. **e)** **~heilanstalt** f. || hydro(pathic establishment) || établissement m. hydrothérapique. **f)** **~heizmantel** m. (Vergaser) || water jacket || chemise f. d'eau. **g)** **~holderbeere** f. || berry of viburnum || baie f. de viorne. 34

wässerig || watery; aqueous || aqueux; humide. **a)** **~e Lösung** f. || aqueous solution || solution f. aqueuse. **b)** **~alkoholisch** (Chem) || aqueous-alcoholic || hydroalcoolique. 35

Wasser-immersion f. || water immersion || immersion f. à eau. **a)** **~inhalt** m. eines Kessels || water capacity of a boiler || cubage m. (de l'espace) d'eau d'une chaudière. **b)** **~installationswerk** n. || plumbery || plomberie f. **c)** **~installatör** m. || water fitter || installateur m. pour l'eau. **d)** **~interferometer** n. || water interferometer || interféromètre m. à eau. **e)** **~kalander**

m. (Tuchm) || water calender || calandre f. à essorer. 1

Wasserkalk m. || water *or* hydraulic lime || chaux f. hydraulique. a) **~brenner** m. || water-lime burner || cuiseur m. de chaux hydraulique. 2

Wasser-kammer f. || water chamber || chambre f. à eau. a) **~kanne** f. || water can *or* jug; ewer || aiguière f.; bouillotte f. à eau. b) **~kante** f. || water's edge || bord m. de l'eau. c) **~karren** m. || water cart || charrette f. à eau. 3

Wasserkasten m. || water tank *or* box; cistern || boîte f. *ou* réservoir m. *ou* caisse f. à eau; citerne f. a) ~ **mit Deckel** || water tank with cover || caisse f. à eau à couvercle. b) ~ **des Kühlers** (Auto) || radiator tank || réservoir m. du radiateur. 4

Wasserkessel m. || kettle || bouilloire f. a) ~ **mit Sieb** || water boiler with overflow || bouilloire f. à passoire. b) ~ **mit Verkleidung** || encased *or* lined water tank || réservoir m. à eau avec revêtement. 5

Wasser-kies m. || white iron pyrites pl. || fer m. sulfuré blanc. a) **~kissen** n. || water cushion || matelas m. d'eau. b) **~kläranlage** f. || water clarifying plant || installation f. de décantation d'eau. 6

Wasserklosett n. || water closet; W. C. || watercloset m.; W. C. a) **~anlage** f. || water closet installation || installation f. de water-closet. 7

Wasserkraft f. || water power || force f. hydraulique. a) **verfügbare** ~ || water power available || force f. hydraulique disponible. 8

Wasserkraftanlage f. || water power plant || installation f. de force motrice hydraulique *ou* de force d'eau. a) **elektrische** ~ || hydro-electric plant; hydro-electric power station || installation f. hydraulique *ou* hydro-électrique. 9

Wasserkraft-maschine f. || hydraulic motor || moteur m. hydraulique. a) **~werk** n. || hydro-electric power station || usine f. hydro-électrique. 10

Wasser-kran m. (Eisenb) || water(ing) crane *or* pillar || grue f. hydraulique; colonne f. alimentaire d'eau. a) Überwachung f. des **~kreislaufs** m. || supervising the circulation of water || surveillance f. de la circulation d'eau. b) **~krumpe** f. (Tuchm) || wet shrinking || décatissage m. à l'eau. c) **~kühler** m. (Chem) || water condenser || réfrigérant m. à eau. d) **~kühlung** f. || water cooling || refroidissement m. à l'eau. e) **~landung** f. || alighting on water; water landing || atterrissage m. *ou* descente f. sur l'eau; amerrissage m. f) **~last** f. (Schiffb) || water hold || cale f. à l'eau. 11

Wasserlauf m. || water course; culvert || lit m. de rivière; cours m. d'eau; canal m. a) **Benutzungsrecht** n. am ~ || right of user in a water course || droit m. d'usage sur un cours d'eau. b) **offener** ~ || open culvert || canal m. à ciel ouvert. c) einen ~ m. **stauen** || to dam a water course || barrer un cours d'eau. d) **unterirdischer** ~ || underground culvert || canal m. en galerie. e) einen ~ m. **verändern** || to divert a water course || modifier un cours d'eau. 12

Wasser-läufer m. (Feuerw) || snorer || courrier m. a) **~legger** m. || breaker; large water cask || baril m. *ou* boute f. de galère. 13

Wasserleitung f. || water conduit *or* piping; aqueduct || conduite f. d'eau; aqueduc m. a) ~ **im Hause** || house water-piping || conduite f. d'eau domestique. b) **oben offene** ~ || channel || rigole f.; auge f. 14

Wasserleitungs-armaturen fpl. || water piping fittings pl. || armatures fpl. de conduites d'eau. a) **~druck** m. || water-main pressure || pression f. dans la canalisation d'eau. 15

Wasserleitungsrohr n. || water pipe || tuyau m. d'eau. a) **geschweißtes** und **verzinktes** ~ || welded and galvanized water conduit (pipe) || tuyau m. (de conduite) d'eau soudé et galvanisé. 16

Wasserleitungswasser n. || city water || eau f. de la conduite. 17

Wasserlinie f. (Schiff) || floating line; water line; load water-line || ligne f. de flottaison; ligne f. *ou* niveau m. d'eau. a) **Länge** f. in der ~ (Schiffb) || length at the water line || longueur f. à la ligne de flottaison. 18

Wasserlinien-modell n. (Schiffb) || waterline model || modèle m. par tranches minces. a) **~riß** m. || half-breadth plan || plan m. horizontal *ou* de flottaison. 19

wasserlöslich || water-soluble || soluble dans l'eau. a) **~es Fett** n. || water-soluble grease || graisse f. soluble dans l'eau. b) **~es Öl** n. || water-soluble oil || huile f. soluble à l'eau. 20

Wasser-losungsstollen m. || deep adit || galerie f. d'écoulement. a) **~luftpumpe** f. || water-jet aspirator || trompe f. à eau. b) ~ **luke** f. (Bauw) || watering pot || chantepleure f. c) **wegen ~mangel** m. || owing to lack of water || en raison du manque d'eau. 21

Wassermantel m. (Mot) || waterjacket || chemise f. d'eau. a) ~ **um das Auspuffventil** || water receiver round the exhaust valve || poche f. d'eau autour de la soupape d'échappement. b) ~ **des Zylinders** || cylinder water jacket || enveloppe f. d'eau du cylindre. c) **~ofen** m. (Met) || water jacket furnace || four m. à chemise d'eau. 22

Wasser-meister m. || water inspector || surveillant m. des eaux. a) **~melonenöl** n. || water melon oil || huile f. de gros béraff. 23

Wassermenge f. || quantity of water || volume m. d'eau. a) die **anfallenden ~n** fpl. dauernd ausnutzen || to utilize the discharge of water day and night || utiliser d'une façon continue les eaux des rivières. b) **Jahres~** einer Talsperre im Mittel || mean annual flow of a barrage || quantité f. d'eau annuelle en moyenne d'un barrage. 24

Wassermengenregistrierapparat m. || water quantity recording apparatus || appareil m. enregistreur de la quantité d'eau. 25

Wassermesser m. || watermeter; hydrometer || compteur m. d'eau; hydromètre m. a) ~ mit **Fernmeldeeinrichtung** || watermeter with tele-indicating apparatus || compteur m. d'eau avec appareil téléindicateur. 26

Wassermesserprüfungsapparat m. || watermeter testing apparatus || appareil m. de contrôle des compteurs d'eau. 27

Wasser-messung f. || hydrometry || jaugeage m.; hydrométrie f. a) **~motor** m. zur **Flaschenreinigung** || water motor for cleaning bottles || moteur m. hydraulique pour le rinçage des bouteilles. b) **~mühle** f. || watermill || moulin m. à eau. 28

wässern (Tuchm) || to water; to tabby; to cloud || moirer; tabiser. 29

Wässern n. (Tuchm) || watering || moirage m. 30

wässernd || watering || arrosant. 31

Wasserniederschlag m. || deposition of moisture || dépôt m. humide. 32

Wasserozonisierung f. || water ozonizing || ozonisage m. d'eau. 33

wasserpass || horizontal || horizontal. 34

Wasser-pflanze f. || water plant || plante f. aquatique. a) **~pflanzenhaus** n. || house for water plants || maison f. de plantes aquatiques. b) **~pfützenreiniger** m. (Bergbau) || way cleaner || nettoyeur m. au rebactage. c) **~polizeibehörde** f. || water board || autorité m. exerçant la police des eaux. d) **~probe** f. || water test || épreuve f. à l'eau. e) **~pumpe** f. || water pump || pompe f. à eau. 35

Wasserrad n. || water wheel || roue f. hydraulique. a) **mittelschlächtiges** ~ || breast water wheel; middle shot water wheel || roue f. hydraulique de côté. b) **oberschlächtiges** ~ || overshot water wheel || roue f. hydraulique au dessus *ou* à palettes. c) ohne **Kropf** m. arbeitendes ~ || water wheel working without channels || roue f. hydraulique travaillant sans coursier. d) **rückschlächtiges** ~ || high-breast water wheel || roue f. hydraulique par derrière. e) **Segnersches** ~ || Segner's water wheel || roue f. hydraulique de Segner. f) **unterschlächtiges** ~ || undershot water wheel || roue f. hydraulique en dessous *ou* à augets. 36

Wasser-radschaufel f. || water wheel paddle || aube f. de la roue hydraulique. a) **~raum** m. || water room || chambre f. à eau. b) **~rechte** npl. || water rights pl. || droits mpl. sur l'eau *ou* à l'usage de l'eau. 37

wasserreiche Luftschicht f. || air stratum *or* air layer of high humidity || couche f. d'air humide *ou* riche en eau. 38

Wasserreinigung f. || water purification || purification f. *ou* épuration f. de l'eau. 39

Wasserreinigungsanlage f. || water purifying plant || installation f. d'épuration d'eau. a) ~ (Dampfkessel) || detartarizing plant || installation f. à détartrer. 40

Wasser-reinigungsapparat m. || detartarizer; water purifier || épurateur m. d'eau. a) **~rinne** f. || water trough *or* channel || rigole f. à eau. 41

Wasserrohr n. || water pipe || tuyau m. d'eau. a) die **~e** npl. **münden** zum Teil unter, zum Teil über dem Wasserspiegel || the water tubes pl. terminate partly below and partly above the water level || les tubes mpl. d'eau aboutissent en partie en-dessous et en partie au-dessus du niveau de l'eau. 42

Wasserrohrkessel m. || water tube boiler || chaudière f. aquatubulaire *ou* à tubes d'eau. a) **engrohriger** ~ || water tube boiler with small tubes || chaudière f. aquatubulaire à tubes étroits. b) **geradrohriger** ~ || water tube boiler with straight tubes || chaudière f. aquatubulaire à tubes droits. c) **krummrohriger** ~ || bent-tube type of water tube boiler || chaudière f. aquatubulaire à tubes cintrés. d) **Sektional~** || sectional water tube boiler || chaudière f. sectionale à tubes d'eau. e) **Teilkammer~** || sectional chamber water tube boiler || chaudière f. semiaquatubulaire. **f) Zweikammer~** || water tube boiler with two headers || chaudière f. aquatubulaire à deux collecteurs. 1

Wasserröste f. || water retting || rouissage m. à l'eau. **a)** ~ des **Flachses** || flax water retting || rouissage m. de lin à l'eau. 2

Wasser-sack m. (Bergb) || subterranean mass of water || bain m. *ou* poche f. d'eau. **a) ~sackrohr** n. || siphon || siphon m. 3

Wasser-säule f. || water column || colonne f. d'eau. **a) ~säulendruck** m. || hydraulic head; water column pressure || pression f. de la colonne d'eau. **b) ~schaufel** f. (Seew) || scoop; skeet || écope f.; escope f.; sasse f. **c) ~schaum** m. || water foam || écume f. d'eau. **d) ~scheide** f. || water shed || ligne f. de partage des eaux. **e) ~schieber** m. || water sluice valve || robinet-vanne m. d'eau. **f) ~schlag** m. || water shock || coup m. d'eau. **g) ~schlauch** m. || water rubber tubing || tuyau m. de caoutchouc à eau. **h) ~schloß** n. || surge *or* intake chamber; forebay; water tower || château m. d'eau; bassin m. de charge. **i) ~schnecke** f. || water *or* hydraulic screw; water snail || vis f. d'Archimède *ou* hydraulique. 4

Wasserschöpf-maschine f. || water scooping machine || machine f. à puiser l'eau *ou* d'épuisement d'eau. **a) ~windmühle** f. || water pump wind mill || moulin m. à vent pour pomper. 5

Wasserschraube f. || hydraulic screw || vis f. hydraulique. 6

wasserseitig || at water-side end || à côté f. eau. 7

Wasser-speicher m. || water storage tank || accumulateur m. d'eau. **a) ~speier** m. (Bauk) || gargoyle || gargouille f. 8

Wasserspiegel m. || water level *or* surface || niveau m. *ou* surface f. d'eau. **a)** den ~ **absenken** || to lower the water level || abaisser le niveau de l'eau. 9

Wassersport m. || aquatic sport; aquatics pl. || sport m. nautique; yachting m.; canotage m. 10

Wassersprengwagen m. || watering car || voiture f. d'arrosage. **a)** ~ **für elektrischen Betrieb** || electric watering car || arroseuse f. électrique. 11

Wasserspritze f. || watering apparatus || appareil m. d'arrosage. 12

Wasserspülung f., **Bohrmeißel** m. **mit seitlicher** ~ (Bergb) || trepan with lateral water clearing || fleuret m. à nettoyage à l'eau latéral. **a) Bohrmeißel** m. **mit zentraler** ~ || trepan with central water clearing || fleuret m. à nettoyage à l'eau central. **b) Eintreiben** n. von Pfählen mit ~ || pile sinking with water jet || enfoncement m. de pieux avec injection d'eau. 13

Wasserstand m. (Kessel) || water level || niveau m. d'eau. **a)** ~ (Wasserb) || water depth || hauteur f. d'eau. **b) höchster** ~ (Wasserb) || high water mark || haute eau f.; eaux fpl. d'hiver. **c) mittlerer** ~ || mean water mark; mean water || niveau m. moyen d'eau; eau f. moyenne. **d) niedriger** ~ || low water || basse eau f. **e) niedrigster** ~ (Wasserb) || lowest water mark || étiage m. 14

Wasserstandsänderung f. || change of water level || changement m. de niveau d'eau. 15

Wasserstandsanzeiger m. || water gauge; water level indicator || indicateur m. du niveau d'eau. **a) elektrischer** ~ || electric water level indicator || indicateur m. électrique de niveau d'eau. 16

Wasserstandsfernmeldeanlage f. || remote operating water level transmitting plant || installation f. de télé-indication du niveau d'eau. **a) Anzeigegerät** n. der ~ || remote reading water level indicator || appareil m. indicateur de l'installation de télé-indication du niveau d'eau. 17

Wasserstandsfernmelder m. || water level tele-indicator || télé-indicateur m. de niveau d'eau. **a)** ~ **mit fortlaufender Anzeige** || step water level tele-indicator || télé-indicateur m. pour échelon d'indication. 18

Wasserstandsglas n. || water gauge glass || tube m. de niveau d'eau; verre m. d'indicateur de niveau d'eau. **a) ~rohr** n. || water gauge glass || verre m. pour indicateurs de niveau d'eau. **b) ~schutz** m. || water gauge glass protector || protecteur m. pour verres d'indicateurs de niveau d'eau. 19

Wasserstands-hahn m. || water gauge cock *or* tap || robinet m. d'épreuve *ou* de regard *ou* d'eau *ou* de niveau *ou* d'essai; robinet-jauge m.; jauge f. **a) ~linie** f. (Brückenb) || water line *or* level || niveau m. d'eau. **b) ~melder** m. || water level transmitter || transmetteur m. de niveau d'eau. **c) ~probhahn** n. || water gauge test cock; gage cock (A) || robinet m. d'épreuve de niveau d'eau. **d) ~registrierapparat** m. || recorder for water level tele-indicators || enregistreur m. pour télé-indicateurs de niveau d'eau. **e) ~regler** m. || automatic water level regulator || régulateur m. du niveau d'eau. **f) ~rohr** n. || water gauge; gauge glass || tube m. de niveau d'eau. **g) ~schutzglas** n. || water gauge preserving tube || protecteur m. de niveau d'eau. **h) ~stutzen** m. (Kesselb) || water gauge pocket || tubulure f. de niveau d'eau. **i) ~verhältnisse** npl. eines Flusses || regime of a river || régime m. d'un fleuve. **k) ~zeichen** n. || tidal signal || signal m. de marée. **l) ~zeiger** m. *s.* ~anzeiger. 20

Wasserstation f. || water station || station f. pour l'alimentation de l'eau. **a)** ~ (Eisenb) || water supply station || station f. de prise d'eau. 21

Wasser-sterilisierung f. || sterilization of water || stérilisation f. d'eau. **a) ~stiefel** m. || waterproof boot || botte f. imperméable. 22

Wasserstoff m. || hydrogen || hydrogène m. **a) Arsen~** || arseniure(t)ted hydrogen || hydrogène m. arsénié. 23

Wasserstoff-anlage f. || hydrogen plant || installation f. à hydrogène. **a) ~entwicklung** f. || formation of hydrogen || formation f. d'hydrogène. **b) ~erzeugungsapparat** m. || hydrogen generator || générateur m. d'hydrogène. **c) ~flasche** f. || hydrogen bottle *or* container *or* flask (A) || bouteille f. d'hydrogène. **d) ~funkenstrecke** f. || hydrogen spark gap || éclateur m. à atmosphère d'hydrogène. 24

Wasserstoffgas n. || hydrogen gas || hydrogène m.; gaz m. hydrogène. **a) elektrolytische** Herstellung f. von ~ || electrolytic generation of hydrogen || production f. électrolytique de l'hydrogène. 25

Wasserstoffgasanlage || hydrogen gas plant || installation f. pour la fabrication de l'hydrogène. **a)** ~ **für das Retortenkontaktverfahren** || hydrogen production plant for the retort-contact process || installation f. de fabrication d'hydrogène par le procédé des cornues contenant les substances mises en contact. 26

Wasserstoff-gaserzeugung f. || production *or* generation of hydrogen || production f. de l'hydrogène. **a) ~gewinnungsanlage** f. || hydrogen producing plant || installation f. d'extraction de l'hydrogène. **b) ~lötapparat** m. || hydrogen soldering apparatus || chalumeau m. à hydrogène. **c) ~messer** m. || hydrogen meter || compteur m. à hydrogène. **d) ~sulfid** n. || sulphuretted hydrogen; hydrosulphuric acid || hydrogène m. sulfuré; acide m. hydrosulfurique. 27

Wasserstoffsuperoxyd n. || hydrogen peroxide; oxygenated water || bioxyde m. d'hydrogène; eau f. oxygénée. **a) ~anlage** f. || hydrogen-peroxide plant || installation f. d'eau oxygénée. 28

Wasserstollen m. (Bergb) || adit drainage || galerie f. d'écoulement. 29

Wasserstrahl m. || water jet || jet m. d'eau. **a) ~erder** m. (Elektr) || water-jet type lightning arrester || déchargeur m. continu à jet d'eau. **b) ~gebläse** n. || blowers actuated by water power || soufflerie f. alimentée par une trompe soufflante. **c) ~luftpumpe** f. || water jet air pump; blast pump || pompe f. à air par jet d'eau; trompe f. soufflante. **d) ~pumpe** f. || water jet injector *or* pump || pompe f. à jet d'eau; trompe f. à eau. 30

Wasser-straße f. || water way || voie f. navigable. **a) ~straßenbau** m. || water way structure || construction f. de voies navigables. **b) ~teilchen** n. || water particle || particule f. d'eau. **c) ~temperatur** f. || water temperature || température f. de l'eau. **d) ~träger** m. (Bergb) || water carrier || porteur m. d'eau. **e) ~transport** m. || transport by water || transport m. par eau. **f) ~trense** f. || watering snaffle || bridon m. *ou* filet m. d'abreuvoir. **g) ~triebwerk** n. || water works pl. || ouvrage m. hydraulique. **h) ~tröpfchen** n. || water droplet || gouttelette f. d'eau. **i) ~turbine** f. || hydraulic *or* water turbine || turbine f. hydraulique. 31

Wasserturm m. || water tower || château m. d'eau. **a) ~wärter** m. || reservoir keeper || garde-réservoirs m. 32

Wasseruhr f. || water meter || compteur m. d'eau. 33

Wasserumlauf m. || water circulation || circulation f. d'eau. **a)** die **Kessel** mpl. haben für den ~ mit dem mittleren Unterkessel keine besonderen Fallröhren || the boilers pl. are not provided with any downcomers for the water circulation with the middle lower drum || les chaudières fpl. n'ont pas de tubes de retour spéciaux pour assurer la circulation de l'eau avec le corps inférieur médian. 34

Wasserumlaufkühlung f. || cooling by means of circulating water || refroidissement m. par circulation d'eau. 35

wasserundurchlässige Schicht f. || impervious layer || couche f. imperméable. 36

Wasserverdrängung f. (Schiffb) || displacement || déplacement m. **a)** ~ **bei voller Ladung** || displacement fully loaded || déplacement m. en charge pleine. 37

Wasser-vergoldung f. || gilding on water size *or* in distemper; burnished *or* water gilding || dorure f. en détrempe. **a) ~verkehrsflugzeug** n. || commercial seaplane || hydravion m. commercial. 1

Wasserverschluß m. || water seal || clôture f. à l'eau. **a) Glocken~** || bell water seal || clôture f. à eau à cloche; joint m. hydraulique à cloche. 2

Wasserversorgung f. || water supply || alimentation f. hydraulique; distribution f. d'eau. **a) Haus~** || domestic water supply || adduction f. des eaux aux maisons. 3

Wasserversorgungsanlage f. || water supply plant || établissement m. d'adduction d'eau. **a)** ~ für **Einzelgebäude** || water supply plant for single house service || installation f. de distribution d'eau pour bâtiments séparés. **b) Haus~** || house water supply plant || installation f. d'adduction d'eau pour maisons. 4

Wasser-versorgungsunternehmung f. || water supply enterprise || entreprise f. d'adduction d'eau. **a) ~verteilungsanlage** f. || plant for the distribution of water || installation f. pour la distribution d'eau. **b) ~vorrat** m. || water supply || approvisionnement m. en eau. 5

Wasserwage f. || water *or* spirit level || niveau m. d'eau *ou* à bulle d'air. **a)** die ~ **aufsetzen** || to place the spirit level || poser le niveau d'eau. **b)** die ~ **spielt ein** || the bubble is central || la bulle d'air oscille. **c)** die ~ **schlägt aus** || the bubble is out of centre || la bulle d'air s'écarte. 6

Wasser-wagen m. (Eisenb) || water tank truck || wagon m. à réservoir d'eau. **a) ~wanne f., pneumatische** || pneumatic water trough || cuve f. hydropneumatique. **b) ~wärmapparat** m. || calorifier || calorifère m. **c) ~welle f.** || wave || onde f. **d) ~werk** n. || waterworks pl. || usine f. *ou* entreprise f. de distribution d'eau; usine f. hydraulique. 7

Wasserwerks-anlage f. || waterworks plant || usine f. de distribution d'eau. **a) ~-arbeiter** m. || waterworks labourer || ouvrier m. de distribution d'eau. **b) ~-kläranlage** f. || decanting plant for water supply works || installation f. de clarification pour aqueducs. **c) ~maschine** f. || waterworks machine || machine f. pour distribution d'eau. **d) ~pumpe** f. || pump for waterworks || pompe f. élévatoire pour usines de distribution d'eau. 8

Wasser-widerstand m. || water resistance || résistance f. hydraulique. **a) ~wirtschaft** f. || water distribution || distribution f. des eaux. 9

Wasserzeichen n. (Pap) || water mark || filigrane m. **a) Papier** n. mit ~ || filigreed paper || papier m. filigrané. 10

Wasser-zersetzungsanlage f. || plant for the decomposition of water || installation f. pour la décomposition de l'eau. **a) ~zerstäubung** f. || atomization of water || pulvérisation f. de l'eau. 11

Watt n. (Seew) || flat || estuaire f. **a)** ~ npl. je **Kerze** || watts pl. per candle || watts mpl. par bougie. 12

Watte f. || wad; wadding; cottonwool || ouate f. **a)** ~ (Spinn) || fleece || nappe f. **b) antiseptische** ~ || antiseptic wadding || ouate f. antiseptique. **c)** ~ aus **Baumwolle** || wadding of cotton || ouate f. de coton. **d) blutstillende** ~ || styptic cotton || coton m. styptique *ou* astringent. **e)** ~ mit **Leim** oder **Stärke überzogene** || wadding imbued with glue or starch || ouate f. enduite de colle ou d'amidon. **f)** ~ zum **Polstern** || wadding for upholstering || ouate f. de rembourrage. **g) Seiden~** || silk wadding || ouate f. de soie. **h) sterilisierte** ~ || sterilized cotton || coton m. stérilisé. **i) wasseraufsaugende** ~ || water absorbing wadding || ouate f. hydrophile. **k)** ~ aus **Wolle** || wadding of wool || ouate f. de laine. 13

Wattebausch m. || cotton plug || tampon m. en ouate. 14

Watteband n. zum **Dichten** || ribbon of wadding for packing || ouate f. en ruban pour calfeutrer. **a)** ~ zum **Polstern** || ribbon of wadding for upholstering || ouate f. en ruban pour rembourrer. 15

Watte-christbaumschmuck m. || Christmas tree adornment of wadding || décoration f. en ouate pour arbres de Noël. **a) ~färberei** f. || carded-cotton dyeing || teinture f. de coton cardé. **b) ~figur** f. || wadding figure || figure f. en ouate. **c) ~herstellungsmaschine** f. || wadding manufacturing machine || machine f. pour fabriquer l'ouate. 16

Watten-fischer m. || harbour fisherman || pêcheur m. dans les bas-fonds *ou* dans les lagunes. **a) ~fischerei** f. || harbour fishing || pêche f. dans les bas-fonds. 17

Wattekugel f. || cottonwool ball || boule f. en ouate. 18

Watten-maschine f. (Spinn) || set frame || nappeuse f. **a) ~wickel** m. || lap (roll) || rouleau m. de nappe *ou* de batteur. 19

Watte-rolle f. (Polster) || roll of wadding || bourrelet m. d'ouate **a) ~träger** m. (Heilk) || cottonwool probe || porte-cotons m. 20

wattieren || to wad || ouater. 21

Wattierleinen n. || wadding linen || toile f. d'ouatage. 22

Wattierung f. || wadding || ouatage m. 23

Watt-komponente f. || watt component || composante f. wattée. **a) ~leistung** f. (Elektr) || real power || puissance f. réelle. 24

wattloser Strom m. || wattless current || courant m. déwatté. 25

Wattstundenzähler m. || watt hour meter || watt-heure-mètre m. **a) schreibender** ~ || recording watt hour meter || watt-heure-mètre m. enregistreur. 26

Wattverbrauch m. || watt consumption || consommation f. en watts. 27

Waustengel m. || weld stalk || tige f. de gaude. 28

Webbildtapete f. || gobelin tapestry || gobelin m. 29

Webe-blattsetzer m. || reed maker || peigneron m. **a) ~draht** m. || netting wire || fil m. à réseaux. **b) ~faktorei** f. für Hausweberei || factory for preparing materials to be woven at home || atelier m. de préparation pour tissage à domicile. **c) ~geschirr** n. || mounting for weaving mills || harnais m. pour tissage. **d) ~-kartenpappe** f. || Jacquard-card || carton m. pour métier Jacquard. **e) ~litze** f. || heddle || lisse f. 30

weben || to weave || tisser. **a) damastartig** ~ || to damask || damasser. 31

Weben n. || weaving || tissage m. **a)** ~ mit **gekreuzter Kette** || cross weaving || tissage m. à chaîne croisée. **b) Hand~** || hand loom weaving || tissage m. à main. 32

Weber m. || weaver || tisseur m.; tisserand m. **a) Ersatz~** || spare weaver || tisseur m. supplémentaire. 33

Weber-baum m. || loom beam || ensouple f.; déchargeoir m. **a) ~blatt** n. || reed || ros m. 34

Weberei f. (Fabrik) || weaving mill || atelier m. de tissage. **a)** ~ (Gewebe) || woven material; texture; tissue || tissu m. **b)** ~ (Handwerk) || weaver's trade || tisseranderie f. **c)** ~ (Tätigkeit) *s.* Weben n. **d) Buckskin~** || buckskin weaving || tissage m. de buckskin. **e) Docht~** || wick weaving factory || atelier m. de tissage de mèches. **f) Draht~** || wire weaving mill || atelier m. de tissage de fil métallique. **g) Kammgarn~** || weaving mill for worsted yarn || atelier m. de tissage de laine longue. **h) Kattun~** || calico weaving mill || atelier m. de fabrication de tissus de calicot. **i) mechanische** ~ || power loom weaving || tissage m. mécanique. **k) Nessel~** || muslin weaving mill || atelier m. de fabrication de tissus de mousseline. **l) Papierstoff~** || weaving factory for paper stuff || atelier m. de tissage des étoffes de papier. **m) Plüsch~** || plush weaving mill || atelier m. de tissage de peluche. **n) Sealskin~** || sealskin weaving mill || atelier m. de tissage de sealskin. **o) Segeltuch~** || sail cloth manufacturing || fabrication f. de toile à voiles. **p) Woll~** || wool weaving mill || atelier m. de tissage de laine. **q) Zanella~** || zanella weaving mill || atelier m. de tissage de zanella. 35

Weberei-bedarfsartikel mpl. || requirements pl. for weaving || objets mpl. nécessaires aux tissages. **a) ~erzeugnis** n. || weaving product || produit m. de tissage. **b) ~geschirr** n. || weaving accessories pl. || accessoires mpl. pour le tissage. **c) ~maschine** f. || weaving machine || machine f. de tissage. **d) ~mechaniker** m. || mule fitter || mécanicien m. pour tissages. **e) ~vorbereitungsmaschine** f. || preparatory machine for weaving || machine f. préparatoire aux tissages. **f) ~zeichner** m. || draughtsman for textiles || dessinateur m. pour tissus. 36

Weber-glas n. || cloth prover; weaver's *or* web glass; thread counter || compte-fils m. **a) ~kamm** m. || reed for weaving looms || rot m. pour métiers à tisser. **b) ~knoten** m. || reef *or* weaver's knot || nœud m. plat *ou* de tisserand. 37

Weberschiffchen n. || shuttle || navette f. **a)** ~ aus **Holz** || wood shuttle || navette f. en bois. 38

Weberschiffchenspule f. || shuttle spool || époule f. de navette. 39

Weber-schütz n. || shuttle || navette f. **a) ~zange** f. || weaver's tweezers pl. *or* nippers pl. || pince f. pour tisserands. 40

Web-fehler m. || fault in weaving || défaut m. de tissage. **a) ~garn** n. || weaving yarn || fil m. à tisser. **b) ~geschirr** n. || mounting; harness; studdle || équipage m.; harnais m.; lisses fpl.; remisse m.; accessoires mpl. pour tissage. **c) ~litze** f. || heddle; harness || lisse f.; maillon. 41

Weblitzen-ausbesserer m. || harness repairer || remetteur m. de brins aux lisses. **a) ~vorrichter** m. (Web) || harness leveller || appareilleur m. de maillons. 42

Web-schütze f. || shuttle || navette f. **a) ~-schützenmacher** m. || shuttle maker || navetier m. **b) ~stoff** m., **wasserdichter** || waterproof tissue || tissu m. imperméable. 1

Webstuhl m. || (weaving) loom || métier m. (à tisser). **a) Band~** || ribbon (weaving) loom || métier m. à (tisser des) rubans. **b) Draht~** || wire weaving loom || métier m. à tisser le fil. **c) mechanischer ~** || power *or* mechanical weaving loom || métier m. à tisser mécanique. **d) Metalltuch~** || metal gauze loom || metier m. à tisser les toiles métalliques. **e) Rund~** || round loom || métier m. à tisser circulaire. **f) Samt~** || velvet weaver's loom || métier m. à velours. **g) ~ für Schlingenstoff** || loom for weaving looped fabrics || métier m. pour tissus bouclés. 2

Webstuhl-motor m. || loom motor || moteur m. de métier à tisser. **a) ~schalter** m. || loom switch || interrupteur m. pour moteur de métier à tisser. **b) ~setzer** m. || weaving loom fitter || monteur m. de métiers à tisser. **c) ~vorrichter** m. || loom fixer *or* gaiter *or* mounter || ajusteur m. *ou* metteur m. en main *ou* régleur m. de métier. **d) ~vorrichtung** f. || loom fixing || réglage m. de métiers à tisser. **e) ~wage** f. || spring shaft || tire-lisse f.; tire-lames f.; marchette f. 3

Webvogel m. (Web) || picker || taquet m. 4

Webwaren fpl. || woven goods pl.; tissues pl. || tissus mpl. **a) ~fabrik** f. || weaving factory || atelier m. *ou* manufacture f. de tissage. **b) ~fabrikant** m. || commission weaver || fabricant m. de tissus. 5

Wechsel m. (Handel) || bill (of exchange) || lettre f. de change; papier m. **a) ~** (Zimm) || trimmer || linçoir m.; linsoir m.; chevêtre m. **b) ~ auf kurze Sicht** || short bill || papier m. court. **c) einen ~ auslösen** || to cash a bill of exchange || acquitter *ou* racheter une lettre de change. **d) einen ~ ausstellen** || to draw a draft || émettre une traite. **e) bankfähiger ~** || good trade paper || lettre f. de change bancable. **f) diskontierter ~** || discounted bill || effet m. escompté. **g) Diskontierung** f. von **~n** || discounting of bills || escompte m. d'effets. **h) einen ~ einlösen** || to honour a bill || honorer une lettre de change. **i) ~ fällig am...** || bill falling due on... || effet m. *ou* traite f. devient payable le... **k) Gefälligkeits~** || accommodation bill || effet m. de complaisance. **l) Gegen~** || cross bill; counter bill; counterdraft || rechange m.; retraite f.; retour m. **m) ~ gezogen auf...** || bill drawn on... || effet m. tiré sur... **n) Kautions~** || guarantee bill || cautionnement m. **o) Kunden~** || trade bill || papier m. commercial. **p) Prima~** || first of exchange || première f. de change. **q) Prolongation** f. eines **~s** || renewal of a bill of exchange || renouvellement m. d'une lettre de change. **r) ~ auf x Tage** nach Sicht || bill at x days' sight || billet m. à x jours de vue. **s) einen ~ unterschreiben** || to sign a bill || souscrire une lettre de change. **t) einen ~ verlängern** || to renew a bill || atermoyer *ou* prolonger une lettre de change. **u) ~** ausgestellt **zu Gunsten von...** || bill drawn in favour of... || effet m. tiré au nom de... 6

Wechsel-agent m. || bill broker || agent m. de change. **a) ~agio** n. || agio || change m. **b) ~arbitrage** f. || arbitration of exchange || arbitrage m. des changes. **c) ~bank** f. || discount house || banque f. de change. **d) ~belastungsdauerprüfmaschine** f. || machine for testing durability arranged for alternate loads || machine f. d'essai pour charges alternatives pour service continu. **e) ~bewegung** f. (Masch) || intermittent motion || mouvement m. intermittent. **f) ~beziehung** f. || mutual relation(ship) || rapport m. réciproque. **g) ~diskont** m. || bill discount || escompte m. des effets. **h) ~diskontierer** m. || bill discounter || banquier m. d'escompte. **i) ~einlösung** f. || cashing of a bill || payement m. d'une lettre de change. **k) ~feld** n. (Elektr) || alternative field || champ m. alternatif. **l) ~feuer** n. (Seew) || alternating light || feu m. alternatif. **m) ~forderung** f. || claim based on a bill of exchange || créance f. fondée sur une lettre de change. **n) ~formular** n. || draft form || formulaire m. de traite. 7

Wechselgetriebe n. || change gear; change-speed gear; change-spur gear || (engrenage m. de) changement m. de vitesse. **a) Zahnrad~** || change gear with pinion drive || changement m. de vitesse par engrenages. 8

Wechselgetriebekasten m. || change gear box || carter m. de changement de vitesse. 9

Wechsel-gläubiger m. || holder of a bill || créancier m. d'une lettre de change. **a) ~kredit** m. || paper credit; credit for bills || crédit m. en banque. **b) ~klage** f. || lawsuit relating to bills of exchange || action f. fondée sur lettres de change. **c) ~kondensor** m. || interchangeable *or* change-over condenser || condensateur m. interchangeable *ou* alternatif. **d) ~kopie** f. || copy of a bill || copie f. de traite. **e) ~kurs** m. || rate of exchange || cours m. du change. **f) ~lade** f. (Web) || drop box slay || battant m. à plusieurs navettes. **g) ~lager** n. mit **Einstellscheiben** (Kugellager) || double thrust ball bearing with spherical seating rings || butée f. double à billes avec sièges sphériques et contre-plaques. **h) ~makler** m. || bill *or* exchange broker || agent m. *ou* courtier m. de change. 10

wechseln || to change || changer. **a) ~** (Geld) || to change; to exchange || échanger. 11

Wechseln n. (Registrierkasse) || no sale || change m. 12

wechselnd || variable || variable. **a) ~e Dichtigkeit** f. der **Luft** || varying *or* changing density of the air || densité f. variable de l'air. 13

Wechsel-nehmer m. || taker of a bill || preneur m. d'une lettre de change. **a) ~ordnung** f. || regulations pl. relating to exchange || règlements mpl. *ou* loi f. sur les lettres de change. **b) ~pari** n. || par of exchange || pair m. du change. **c) ~platz** m. || place of exchange || place f. cambiste. **d) ~protest** m. || protest || protêt m. 14

Wechselrad n. || change speed wheel; change speed gear || pignon m. de changement de vitesse. **a)** der **Zähnezahl** des Werkstückes **entsprechende** Wechselräder npl. || change speed gears pl. to suit the number of teeth on the workpiece || pignons mpl. de changement de vitesse combinés suivant le nombre de dents de la pièce. **b) Vorschub~** || feed change speed gear || avance f. du pignon de changement de vitesse. 15

Wechselradtyp m. || pick-off gear *or* change gear type; change speed gear type || modèle m. du pignon de changement de vitesse. 16

Wechsel-recht n. || law of exchange || droit m. cambial *ou* de change. **a) ~ring** m. (Fernrohr) || changing collar *or* ring || bague f. adaptrice. 17

wechselseitig || reciprocal; mutual || réciproque; mutuel. **a) ~er Verkehr** m. (Fernm) || two-way traffic || trafic m. des deux côtés. 18

Wechselseitigkeit f. || reciprocity || réciprocité f. 19

Wechsel-spannung f. (Elektr) || alternating voltage || tension f. alternative. **a) ~stempel** m. || bill stamp || timbre m. d'effet de change. **b) ~stempelsteuer** f. || exchange stamp tax || impôt m. du timbre des effets de commerce. 20

Wechselstrom m. || alternating current || courant m. alternatif. **a) ausgleichender ~** || rectified alternating current || courant m. alternatif de compensation. **b) erzwungener ~** (Funkw) || forced alternating current || courant m. alternatif contraint. **c) freier ~** || free alternating current || courant alternatif libre. 21

Wechselstrom-anker m. || alternator armature || induit m. d'alternateur. **a) ~anlasser** m. || alternating current starter || démarreur m. à courant alternatif. **b) ~-blockfeld** n. || Siemens lock and block instrument || jeu m. de bloc du type „Siemens". **c) ~bogenlampe** f. || alternating current arc lamp || lampe f. à arc à courant alternatif. **d) ~dynamomaschine** f. || alternator; alternating current dynamo *or* generator || dynamo f. *ou* génératrice f. à courant alternatif; alternateur m. 22

Wechselstromerzeuger m. || alternator || alternateur m. **a) ~** für **Meß- und Rufzwecke** || oscillator for measuring and signalling purposes || oscillateur m. pour les mesures et la signalisation. 23

Wechselstrom-fahrbetrieb m. || alternating current traction || traction f. à courant alternatif. **a) ~feld** n. || alternating current field || champ m. alternatif. 24

Wechselstromgenerator m. || alternator; alternating current generator || alternateur m.; génératrice f. à courant alternatif. **a) Mehrphasen~** || polyphase alternator || alternateur m. polyphasé. **b) ~ mit rotierender Funkenstrecke** (Funkw) || alternator with rotating spark gap || alternateur m. avec éclateur à disque. **c) Zweiphasen~** || two-phase alternator || alternateur m. diphasé. 25

Wechselstrom-gleichrichter m. || alternating current rectifier || redresseur m. de courant alternatif. **a) ~gleichstromeinankerumformer** m. || alternating-current continuous-current converter || commutatrice f. à courant alternatif en courant continu. **b) ~gleichstromumformer** m. || alternating-current continuous-current dynamotor || dynamoteur m. à courant alternatif en courant continu. **c) ~heizung** f. || alternating current heating || chauffage m. par courant alternatif. **d) ~maschine** f. || alternating current machine || machine f. à courant alternatif. **e) ~meßbrücke** f. || alternating current measuring bridge || pont m. de mesure à courant alternatif. **f) ~meßgerät** n. || alternating current measuring set || instru-

ment m. de mesure en courant alternatif. 1
Wechselstrommotor m. || alternating current motor; alternomotor || moteur m. à courant alternatif; alternomoteur m. **a) Dreiphasen~** || threephase alternomotor || moteur m. à courant alternatif triphasé. **b) Einphasen~** || monophase alternomotor || moteur m. à courant alternatif monophasé. 2
Wechselstrom-nebenschlußmotor m. || alternating current shunt motor || moteur m. à courant alternatif en dérivation. **a) ~-phasenrelais** n. || two-phase alternating current relay || relais m. à courant alternatif de deux phases. **b) ~relais** n. || alternating current relay || relais m. à courant alternatif. **c) ~relaisgleichrichter** m. || alternating current relay rectifier || redresseur m. avec relais à courant alternatif. **d) ~schweißung** f. || alternating-current welding || soudage m. à courant afternatif. **e) ~telegrafie** f. || voice frequency telegraphy || télégraphie f. à fréquences vocales. **f) ~transformator** m. || alternating current transformer || transformateur m. à courant alternatif. **g) ~-wecker** m. || alternating current bell || sonnerie f. à courant alternatif. 3
Wechsel-stube f. || money changer's office; banking business || boutique f. de changeur. **a) ~stunde** f. (Bergb) || hour of relief || heure f. de relais. **b) ~taste** f. || changer bar || barre f. de change. **c) ~ventil** n. || two-way valve || soupape f. à deux voies. **d) ~verkehr** m. || circulation of bills (of exchange) || circulation f. des traites. **e) ~verlängerung** f. || prolongation of a bill (of exchange) || prolongation f. d'une lettre de change. 4
Wechselvorrichtung f. (Mech) || changing device || dispositif m. changeur. **a)** ~ an einem **Fernrohr** || changing device *or* attachment of a telescope || adaptateur m. d'une lunette. **b) Objektiv~** || objective changing device || dispositif m. pour le changement des objectifs. 5
Wechsel-winkel m. (Geom) || alternate angle || angle m. alterne. **a) ~wirkung** f. || mutual reaction || action f. réciproque. 6
Wechsler m. || money changer; banker || changeur m.; banquier m. 7
Wecker m. (Elektr) || bell; alarm || sonnerie f. d'appel. **a)** ~ (Uhrm) || waker; alarm (clock) || réveil m.; réveille-matin m. **b) Doppelschlag~** || double-stroke bell || sonnerie f. à deux battants. **c)** ~ mit **Fallscheibe** || alarm with drop indicator disc || sonnerie f. d'alarme à volet. **d) polarisierter** ~ || polarized alarm *or* bell || sonnerie f. d'appel polarisée. **e)** ~ mit **Selbstunterbrechung** (Elektr) || trembler || sonnerie f. à trembleur. **f) Taschen~** || alarm watch || montre-réveil f. 8
Wecker-ausschalter m. || bell stop || interrupteur m. de sonnerie. **a) ~leitung** f. (Fernm) || ringing line || ligne f. de sonnerie. 9
Weckeruhr f. || alarm clock || réveil m.; réveille-matin m. **a)** ~ mit **Musik** || alarm clock with music || réveil m. avec musique. **b)** ~ mit **Schlag** || alarm clock with stroke || réveil m. avec sonnerie. 10
Weckerwerk n. || alarm mechanism || mouvement m. de réveil *ou* à sonnerie. 11
Week-strom m. || ringing current || courant m. de sonnerie *ou* d'appel. **a) ~taste** f. || calling *or* ringing key || touche f. *ou* clef f. d'appel. **b) ~vorrichtung** f. || ringing device || dispositif m. de sonnerie *ou* d'appel. 12
Weftgarnspuler m. (Web) || cone winder || épeuleur m. 13
Weg m. || road || route f.; chemin m. **a) holperiger** ~ || bumpy road || route f. cahotante. **b) Holz~** || wood road; export road || chemin m. de vidange. **c) Kolben~** || piston stroke || course f. du piston. **d) Nachlauf~** || slowing-down path || chemin m. parcouru. **e)** auf dem **sicher-sten ~e** || by the safest route || par la voie la plus sûre. **f) toter** ~ || idle movement || marche f. à vide. 14
Wegdornholz n. || buckthorn || nerprun m. 15
Wege-bau m. || road building *or* making || construction f. de routes. **a) ~baumeister** m. || constructor of roads || ingénieur m. des ponts et chaussées. **b) ~karte** f. || road map || carte f. routière. **c) ~plan** m. (Fernm) || telegraph line plan || plan m. d'une ligne télégraphique. **d) ~polizei** f. || highways surveying office || police f. de la voirie. 16
wegern || to place the ceiling || vaigrer. 17
Wegerung f. || ceiling || vaigre f.; vaigrage m. 18
Wegerungsplanke f. || interior plank || bordage m. du revêtement intérieur; lambris m.; vaigre f. 19
Wege-steuer f. || toll; turnpike money || péage m. **a) ~unterhaltungspflichtiger** m. || corporate body obliged to maintain the public roads || personne f. civile obligée d'entretenir les chemins publics. 20
wegklappbares Reflexionsprisma n. || reflecting prism in swing-out mount || prisme m. réflecteur s'écartant *ou* orientable. 21
Weg-kreuzung f. || cross ways pl.; road crossing || carrefour m.; traversée f. de route. **a) ~krümmung** f. || curvature of a road || courbe f. d'un chemin. **b) ~kurve** f. || road curve || virage m. 22
wegmeißeln || to cut away with the chisel || couper au ciseau. 23
Wegmesser m. || mileage recorder; odometer || compteur m. kilométrique; odomètre m. 24
wegnehmen || to remove || déporter. 25
Weg-schranke f. (Eisenb) || railway gate || barrière f. **a) ~spur** f. || track || piste f. **b) ~überführung** f. || over bridge || passage m. par dessus. **c) ~übergang** m., **tragbarer** (Eisenb) || portable line crossing || passage m. transportable. **d) ~unterführung** f. || subway crossing || passage m. souterrain m.; subterraneau m. **e) ~-weiser** m. || direction *or* sign post || poteau-guide m.; poteau m. indicateur. 26
wehen (Seew) || to blow || siffler. 27
Wehnelt-Unterbrecher m. || Wehnelt *or* electrolytic interrupter || interrupteur m. Wehnelt *ou* electrolytique. 28
Wehr n. || weir; dam || déversoir m.; barrage m. **a) bewegliches** ~ || movable dam || barrage m. mobile. **b) durchbrochenes** ~ || carved weir || barrage m. à pertuis. **c) festes** ~ || permanent dam || barrage m. fixe. **d) hölzernes** ~ || wooden dam || barrage m. en bois. **e) massives** ~ || stone dam || barrage m. en maçonnerie. **f) Nadel~** || needle weir; pin weir || barrage m. à aiguille. **g) Schützen~** || sluice weir *or* dam || barrage m. à vanne. **h) Segment~** || segment weir *or* dam || barrage m. à segment. **i) Sektor~** || sector weir *or* dam || barrage m. à secteur(s). **k) Trommel~** || drum weir || barrage m. à tambour. **l) Walzen~** || roller weir || barrage m. cylindrique *ou* à cylindre. 29
Wehr-anlage f. || weir plant || installation f. de barrage; déversoir m. **a) ~bau** m. || weir building || construction f. de barrages. **b) ~mauer** f. (Wasserb) || water stop wall || mur m. bâtardeau. **c) ~nadel** f. (Wasserb) || water stop plank || aiguille f. de pertuis. 30
weiblich-es Gewinde n. || female thread || pas m. de vis femelle. **a) ~er Kampf-wagen** m. || female tank; machine-gun tank || char m. mitrailleuse; tank m. femelle. **b) ~er Tank** m. *s.* ~er Kampf-wagen. 31
weich || soft || mou; doux. **a)** ~ (Masse) || plastic || plastique. **b)** Eisen n. ~ **machen** || to soften iron || adoucir le fer. **c)** Stahl m. ~ **machen** || to soften steel || adoucir l'acier m. **d) Stellen** fpl., die ~ bleiben sollen || surfaces pl. that are intended to remain mild || endroits mpl. qui doivent rester doux. **e)** ~ **werden** || to soften || se ramollir; s'adoucir. **f) ~e Stahl-marke** f. || mild quality *or* mild grade of steel || acier m. doux. 32
Weich-bild n. || precincts pl.; environs pl.; municipal area *or* district || banlieue f. **a) ~blei** n. (Met) || merchant lead || plomb m. doux. **b) ~brand** m. (Ziegel) || place brick || brique f. de rebut. **c) ~braunstein** m. || pyrolusite || pyrolusite f. 33
Weiche f. (Eisenb) || switch; side way; siding; points pl. || aiguille f.; changement m. de voie. **a) Gersten~** || barley soaking trough || auge f. de trempage pour orge. **b) Bedienung** f. einer ~ (Eisenb) || operation of switch || manœuvre f. d'aiguille. **c) doppelte Kreuzungs~** || double slip points pl. || traversée-jonction f. double. **d) feste Schiene** f. einer ~ || main *or* stock rail of a switch || rail m. fixe d'un changement de voie; rail m. contre-aiguille. **e)** ~ mit **Gegengewicht** (Eisenb) || switch with counter poise || aiguille f. à contre-poids. **f) Hauptschiene** f. einer ~ || main *or* stock rail of a switch || rail m. fixe d'un changement de voie; rail m. contre-aiguille. **g) Grundplatte** f. der ~ || switch plate || plaque f. d'assise d'aiguille. **h)** ~ für **Hängebahnen** || switch for overhead railways || aiguille f. pour voies suspendues. **i) Kreuzungs~** || slip points pl. || traversée f. à aiguilles; traversée-jonction f. **k) Links~** || lefthand switch || changement m. de voie à gauche. **l) Schlepp~** || contractors points pl. || changement m. de voie à sauterelle *ou* à rails mobiles. **m) selbsttätige** ~ || automatic switch *or* points pl. || changement m. de voie automatique. **n)** ~ mit **selbsttätiger Einstellung** der Zunge (Eisenb) || switch with selfacting slide rail || changement m. de voie avec fonctionnement automatique de l'aiguille. **o)** eine ~ **stellen** (Eisenb) || to switch; to turn off || aiguiller. **p) Umlegen** n. der **~n** || working of the switches || déplacement m. des aiguilles. **q)** ~ **und Kreuzung** f. (Eisenb) || switch and crossing || changement m. et croisement m. de voie. 34

Weicheisen n. || soft iron || fer m. doux. **a) ~anker** m. || magnetic armature || induit m. en fer magnétique; armature f. en fer doux. **b) ~instrument** n. || soft iron instrument || instrument m. de mesure à fer doux. **c) ~kern** m. || soft iron core; magnetic core || noyau m. de fer doux; barreau m. de fer magnétique. 1

weichen || to cede || céder. 2

Weichen-antriebsmotor m. || point motor || moteur m. d'aiguille. **a) ~bauanstalt** f. || switch construction works pl. || atelier m. pour la construction des aiguillages. **b) ~bock** m. || switch box || boîte f. de manœuvre d'aiguille. **c) ~bogen** m. || curve of switch || courbe f. du changement. **d) ~hebel** m. || point *or* switch lever || levier m. d'aiguillage. **e) ~körper** m. || body of frog *or* of switch || corps m. de changement de voie. **f) ~laterne** f. || signal point indicator lamp || lanterne f. d'aiguille *ou* de changement de voie. **g) ~pfahl** m. || doll || poteau m. à signal bas. **h) ~rost** m. || switch and crossing sleepers pl. || châssis m. d'aiguille. **i) ~schiene** f. || switch-tongue || aiguille f. **k) ~schwelle** f. || switch sleeper *or* tie (A) || traverse f. d'aiguille *ou* de changement. **l) ~sicherung** f. (Eisenb) || point locking || blocage m. des aiguilles. **m) ~signal** n. || ground *or* switch signal; point indicator || signal m. de branchement *ou* d'aiguille; indicateur m. de direction. **n) ~stellbock** m. || switch lever || levier m. de manœuvre. **o) ~steller** m. || pointsman; switchman || aiguilleur m. **p) ~stellstange** f. || throw *or* switch rod || tige f. de manœuvre pour aiguilles. 3

Weichenstellung f., elektrische || electrical operating of switches *or* throwing of points || manœuvre m. *ou* commande f. électrique des aiguilles; aiguillage m. électrique. **a) mechanische ~** || mechanic operation of switches || commande f. mécanique des aiguilles. 4

Weichenstellvorrichtung f. || switch-stand handle; switch operating mechanism || mécanisme m. d'aiguillage *ou* de manœuvre des aiguilles. **a) elektrische ~** für Straßenbahnen || electric point setting device for tramways || dispositif m. d'aiguillage électrique pour tramways. 5

Weichen-straße f. || set of points || groupe m. de changements de voie. **a) ~zunge** f. (Eisenb) || switch blade *or* tongue || aiguille f. de changement de voie. **b) ~zungenhobelmaschine** f. || switch blade planing machine; tongue planing machine || raboteuse f. pour aiguilles de changement de voie; raboteuse f. pour pointes d'aiguilles. 6

Weich-gummi m. || soft rubber || caoutchouc m. mou *ou* tendre. **a) ~holz** n. || soft wood || bois m. tendre. **b) ~kautschuk** m. || soft caoutchouc || caoutchouc m. souple. **c) ~kufe** f. (Brau) || steeping trough *or* cistern; soaking tub || cuve f. mouilloire. **d) ~leder** n. || soft leather || cuir m. mou; molleterie f. **e) ~lot** n. || tin *or* soft solder || soudure f. molle *ou* tendre *ou* à l'étain. **f) ~löten** n. || soft soldering || soudure f. tendre. **g) ~machen** n. (Chem) || softening || amollissement m.; adoucissement m. **h) ~machungsmittel** n. || softening || émollient m. **i) ~mangan** n. || pyrolusite; bioxide of manganese; brownstone || pyrolusite f.; manganèse m. oxydé *ou* oxydé gris *ou* oxydé métalloïde; peroxyde m. de manganèse m.; pierre f. de Périgueux. **k) ~metall** n. || soft metal || métal m. doux. **l) ~packung** f. || soft packing || bourrage m. mou. **m) ~pech** n. || moist pitch || brai m. gras. **n) ~porzellan** n. || soft porcelain || porcelaine f. tendre. 7

Weichselbaum m. || common cherry tree || cerisier m. 8

Weichselkirsche f. || mahaleb cherry || griotte f. **a) ~** (Baum) *s.* Weichselbaum. 9

Weich-stahl m. für **Automaten** || mild steel for automatics || acier m. doux de décolletage. **a) ~stock** m. für **Gerste** || barley steeping tank *or* steeper || cuve f. mouilloire *ou* à tremper pour l'orge. **b) ~tier** n. || mollusc || mollusque m. **c) ~zeder** f. || Virginia red cedar || genévrier m. de Virginie. 10

Weide f. (Landw) || pasture || pâturage m.; pâture f. **a) ~** (Korbweide) || osier || osier m. **b) ~** (Salweide) || sallow; willow || saule m. **c) geschälte ~** || peeled osier || osier m. écorcé. **d) Wald~** || forest pasture || pâturage m. en forêt. 11

Weide-feld n. || pasture || pâture f.; placage m.; pâturage m. **a) ~grund** m. *s.* ~land. **b) ~land** n. || pasture land || pâturage m.; pâture f.; placage m. 12

Weiden-flechter m. (Korbm) || osier plaiter || tresseur m. d'osier. **a) ~geflechtfutteral** n. || case of osier || étui m. en osier. **b) ~holz** n. || willow wood; willow || bois m. de saule; saule m. **c) ~korb** m. (Luftfahrt) || wicker basket || nacelle f. en osier. **d) ~pflanzung** f. || osier ground || oseraie f. **e) ~rinde** f. || willow bark || écorce f. de saule. **f) ~rute** f. || willow twig; osier switch || verge f. d'osier *ou* de saule. **g) ~schälmaschine** f. || willow bark removing machine || machine f. pour écorcer les saules. **h) ~züchter** m. || withy grower || osiériste m. 13

Weiderecht n. || right of pasturage || droit m. de placage. 14

Weife f. (Spinn) || reel || dévidoir m. 15

weifen (Spinn) || to reel || dévider (les fils). 16

Weifen n. (Spinn) || reeling || dévidage m. 17

Weifer m., **Baumwoll** || cotton reeler || dévideur m. de coton. 18

Weiher m. (Wasserb) || pond; pool || étang m.; vivier m. **a) Ausgleich~** || equalizing pond || étang m. compensateur. 19

Weihnachts-baum m. || Christmas tree || arbre m. de Noël. **a) ~karte** f. || Christmas card || carte f. de Noël. **b) ~krippe** f. || Bethlehem crib || crèche f. de Noël. 20

Weihrauch m. || frankincense; incense || encens m. 21

Weihwasserkessel m. || Holy water basin || bénitier m. 22

Wein m. || wine || vin m. **a) abgelagerter ~** || dry wine || vin m. mûr *ou* reposé. **b) ~abziehen** || to draw off wine || tirer du vin m. **c)** mit Hilfe von **aromatischen Pflanzen** hergestellter **~** || wine produced with the aid of aromatic plants || vin m. préparé à l'aide de plantes aromatiques. **d) Beeren~** || berry wine || vin m. de baies. **e) herber ~** || harsh *or* sharp *or* dry wine || vin m. vert. **f) künstlicher ~** || artificial wine || vin m. artificiel. **g) Medizinal~** || medicinal wine || vin m. médicinal. **h) Most~** || sweet wine || vin m. doux. **i) moussierender ~** || sparkling wine || vin m. mousseux. **k) Rosinen~** || raisin wine || vin m. de raisins secs. **l) Rot~** || red wine || vin m. rouge. **m) starker ~** || strong wine || vin m. fort. **n) Süß~** || sweet wine || vin m. doux. **o) Weiß~** || white wine || vin m. blanc. 23

Wein-abzieher m. || wine tunner *or* racker || tireur m. *ou* entonneur m. de vins. **a) ~armatur** f. || wine fittings pl. || armature f. à vin. **b) ~bau** m. || vine culture *or* cultivation; wine growing; viticulture || culture f. de la vigne; viticulture f.; viniculture f. **c) ~bauer** m. || wine grower || viticulteur m.; viniculteur m.; vigneron m. **d) ~bereitung** f. || wine making || vinification f. 24

Weinberg m. || vineyard || vigne f.; vignoble m. **a) ~besitzer** m. || vineyard owner || propriétaire m. de vignes; viticulteur m.; viniculteur m. **b) ~spritze** f. || syringe for vineyards || seringue f. pour vignes. 25

Wein-brand m. || wine brandy; cognac || eau-de-vie f. naturelle de vin; cognac m. **a) ~ernte** f. || vintage || vendange f. **b) ~essig** m. || (wine) vinegar || vinaigre m. (de vin). **c) ~faß** n. || wine barrel *or* cask || baril m. *ou* tonneau m. à vin. **d) ~filter** n. || wine filter || filtre m. à vin. **e) ~flasche** f. || wine bottle || bouteille f. à vin. **f) ~flascheneinpacker** m. || wine packer || emballeur m. pour les vins. **g) ~gehalt** m. || vinosity || vinosité f. 26

Weingeist m. || wine spirit || esprit m. *ou* eau-de-vie f. de vin. **a) ~firnis** m. || spirit varnish || vernis m. à l'alcool *ou* spiritueux. 27

weingeisthaltige Flüssigkeit f. || alcoholic liquid || liquide m. alcoolique. 28

Weingeist-messer m. || spirit gauge || pèse-esprits m. **a) ~thermometer** n. || alcohol thermometer || thermomètre m. à l'alcool. 29

Weinglas n. || wine glass || verre m. à vin. 30

Weinhefe f. || wine yeast; wine lees pl. || lie f. de vin. **a) ~brennerei** f. || distillery of lees' spirit || distillerie f. *ou* brûlerie f. de lie de vin. **b) ~kelterer** m. || lees presser || presseur m. de lies. 31

Weinhefenasche f. || wine lees ashes pl. || cendres fpl. gravelées. 32

Wein-industrie f. || wine industry || industrie f. vinicole *ou* viticole. **a) ~kamm** m. || rape; stalk of the grape || raffe f.; rafle f.; râpe f. **b) ~keller** m. || wine cellar *or* vaults pl. || cave f. à vin. **c) ~kellereimaschine** f. || wine cellarage machine || machine f. pour caves de vins. **d) ~kenner** m. || good judge of wine || connaisseur m. en vin. || **e) ~küfer** m. || cellarman || garde-vins m. **f) ~lagerkeller** m. || wine store cellar || cave f. de garde à vin. **g) ~maische** f. || wine mash || vidange f. **h) ~messer** m. || wine measurer || mesureur m. de vins. **i) ~most** m. || wine must || moût m. de vin. **k) ~pfahl** m. || wine prop || échalas m. **l) ~pflege** f. || wine dressing || conservation f. du vin. **m) ~presse** f. || wine press || presse f. *ou* pressoir m. à vin. **n) ~pumpe** f. || wine pump || pompe f. à vin. 33

Weinrebe f. || vine; grape vine || cep m. de vigne; vigne f. **a) Spritzen** n. der **~n** || vine sulphuring || sulfatage m. des vignes phylloxérées. 34

weinsaur-es Kalium n. || potassium tartrate || tartrate m. de potasse. **a) ~es Salz** n. || tartrate || tartrate m. 35

Weinsäure f. || tartaric acid || acide m. tartrique. a) **~herstellungsanlage** f. || tartaric acid producing plant || installation f. pour la fabrication de l'acide tartrique. 1

Weinstein m. || wine stone; cream of tartar; tartar || tartrate m. *ou* bitartrate m. de potasse; crème f. de tartre; tartre m. a) **gereinigter ~** || cream of tartar || crème f. de tartre. b) **roher ~** || crude tartar || tartre m. brut. 2

Weinstein-fabrikant m. || tartar maker || tartrier m. a) **~lösung** f. || solution of tartar || solution f. tartrique. 3

weinsteinsaur-es Ammoniak n. || ammonium tartrate || tartrate m. d'ammoniaque. a) **~es Salz** n. || tartrate || tartrate m. 4

Weinsteinsäure f. || tartaric acid || acide m. tartrique. 5

Weintraube f. || grape || raisin m. a) **zerquetschte ~** || crushed grape || raisin m. écrasé. 6

Weintraubenkern m. || grape pip || pépin m. de raisin. 7

Wein-treber pl. || grape husks pl. || marc m. du vin. a) **~untersuchungsgerät** n. || wine testing apparatus || appareil m. à analyser les vins. b) **~zieher** m. || wine racker || tireur m. de vins. 8

weiß || white || blanc. a) **~er Raum** m. (Buchdr) || line || blanc m. (de la forme). b) **~er Stein** m. || white stone || pierre f. blanche. 9

Weiß n., **Diamant~** || diamond white || blanc m. diamant. a) **Zink~** || zinc white || blanc m. de zinc. b) einer Farbe **~ zusetzen** (Lichtb) || to brighten; to tone down || éclaircir. 10

Weiß-appretur f. || white finishing || apprêt m. en blanchiment. a) **~bier** n. || weiss *or* white beer || bière f. blanche *ou* fromentacée. 11

Weißblech n. || tinplate; white iron plate; tinned iron plate || fer-blanc m.; feuille f. de fer-blanc; fer m. en lames étamées. a) **~abfall** m. || tinplate scrap || déchet m. de fer blanc. b) **~haushaltungsgeräte** npl. || tinplate household ware || ustensiles mpl. de ménage en fer-blanc. c) **~stanzer** m. || tinplate puncher || estampeur m. de fer-blanc. d) **~walzer** m. || tinplate roller *or* doubler || lamineur m. *ou* doubleur m. de tôles de fer-blanc. e) **~waren** fpl. || tinplate ware; tin-ware || articles mpl. en fer-blanc; ferblanterie f. 12

Weiß-brot n. || white bread || pain m. blanc. a) **~brühe** f. (Gerb) || degras || dégras m. 13

Weißbuche f. || hornbeam || hêtre m. blanc; charme m. 14

Weißdornholz n. || hawthorn || aubépine f. 15

Weißeisen n. || white pig iron || fonte f. blanche ordinaire. 16

weißen (Bauw) || to whitewash || blanchir. 17

Weißerde f. || superfine hardening || terre f. blanche.. 18

weißfaul || white rotted || pourri sous l'écorce. 19

Weißfäule f. || white rot || putréfaction f.; pourriture f. sèche *ou* sous l'écorce. 20

weißgar (Gerb) || tawed || mégissé. a) **~es Leder** n. || tawed leather || cuir m. mégissé; peau f. passée. 21

weißgerben || to taw || mégisser. 22

Weiß-gerben n. || tawing || mégisserie f. a) **~gerber** m. || chamoiser; chamois *or* chamoy dresser; oil *or* chamois leather manufacturer; tawer || chamoiseur m.; mégissier m. 23

Weißgerberei f. (Verfahren) || tawing || mégisserie f. a) **~** (Werkstätte) || tawery || mégisserie f. 24

weißglühend || white hot; incandescent || de chaleur blanche; blanc au feu. a) **~ machen** || to give a white heat || chauffer au blanc. 25

Weiß-glühhitze f. || white heat; incandescence || chaleur f. blanche. a) **~glut** f. *s.* ~glühhitze. b) **~gußarmatur** f. || German silver fittings pl. || armature f. en maillechort. c) **~holz** n. || white timber || bois m. blanc. 26

Weißkalk m. || white *or* fat lime || chaux f. grasse *ou* blanche. a) **fetter ~** || fat white lime || chaux f. grasse blanche. b) **schnell löschender ~** || quickly slaking white lime || chaux f. blanche à extinction rapide. 27

Weiß-kocher m. (Stecknadel) || whitener || blanchisseur m. (d'épingles). a) **~kohl** m. || white cabbage || chou m. blanc. b) **~küferei** f. || bushel making || boissellerie f. c) **~kupfer** n. || German silver || maillechort m.; alfénide m. d) **~kupfererz** n. || white copper ore; cubanite || cubane m. e) **~lack** m. || white lac || laque f. blanche. 28

weißlicher Qualm m. || whitish smoke || fumée f. blanchâtre. 29

Weiß-lot n. || soft *or* tin solder || soudure f. tendre *ou* à l'étain. 30

Weißmetall n. || white metal; babbit *or* antifriction metal; pewter || métal m. blanc *ou* d'antifriction; potin m.; régule m. a) **~ausguß** m. || white metal lining || garniture f. antifriction. b) **~lager** n. || babbitted bearing || coussinet m. en métal antifriction. c) **~lagerschale** f. || babbit bushing || coussinet m. en métal blanc. 31

Weiß-näherin f. || linen seamstress || couseuse f. en lingerie. a) **~pappel** f. || white poplar || peuplier m. blanc. b) **~pause** f. || white print || blanc m. c) **~stein** m. || granulite || granulite f. d) **~stickerei** f. || white embroidery || broderie f. blanche. e) **~streifigkeit** f. || white stripiness || bandes fpl. de pourriture. f) **~tannenholz** n. || fir wood; white pine wood || bois m. de sapin. g) **~tellur** n. || graphic *or* yellow tellurium; sylvanite || sylvane m.; tellure m. natif auro-argentifère. h) **~ulme** f. || grey elm || orme m. blanc. 32

Weißwaren fpl. || linen goods pl.; linen || toilerie f.; lingerie f. a) **konfektionierte ~** || ready-made linen goods pl. || lingerie f. confectionnée. b) **~händler** m. || draper || linger m. 33

Weiß-wein m. || white wine || vin m. blanc. a) **~zucker** m. || white sugar || sucre m. blanc. 34

Weisung f., **Ihrer ~ gemäß** || according to your instructions *or* directions || selon vos instructions. 35

weit (ausgedehnt) || wide || large. a) **~** (entfernt) || far; distant; remote || éloigné; distant. b) **~er Satz** m. (Buchdr) || driving-out || enjambage m.; composition f. large. 36

weitblickend || far-sighted || prévoyant. 37

Weite f. || width || largeur f. a) **lichte ~** || inner width; width in the clear || largeur f. intérieure *ou* dans l'œuvre. b) **lichte ~ eines Brückenbogens** || span of a bridge arch || ouverture f. *ou* vide m. d'une arche d'un pont. c) **lichte ~ eines Rohres** || inside diameter of a tube || diamètre m. intérieur d'un tuyau. 38

weiten || to widen; to expand; to stretch || élargir. 39

weitere Angaben fpl. || further particulars pl. || informations fpl. ultérieures. 40

weiterbefördern || to forward || réexpédier. 41

Weiterführung f. || continuation || conduite f.; continuation f. 42

Weiterrufrelais n. || continuous ring relay || relais m. transmetteur d'appel. 43

Weiterungen fpl. || difficulties pl.; complications pl. || difficultés fpl.; formalités fpl. 44

Weiter-verarbeitung f. || ulterior manufacture || fabrication f. ultérieure. a) **~verschmieden** n. bereits **vorgeschmiedeter** Sonderstahle || ulterior forging of special steels already rough-forged || second procédé m. de forgeage des aciers spéciaux déjà forgées. 45

weit-gehend || vast || considérable; important. a) **~halsige Flasche** f. || wide-mouth bottle; wide-mouth jar || bouteille f. à goulot large. b) **~maschig** (Sammlerplatte) || wide meshed || à alvéoles mpl. larges. c) **~reichendes Geschütz** n. || long-range gun; long-distance gun || canon m. à longue portée. d) **~rohriger Steilrohrkessel** m. || boiler with vertical large tubes || chaudière f. à tubes gros verticaux. e) **~sichtig** || presbyopic; long sighted || presbyte. 46

Weit-sichtigkeit f. || presbyopia; long sightedness || presbytie f. a) **~stab** m. (Fenster) || transom of a French casement; dormant tree of a window || imposte f. *ou* dormant m. de croisée. 47

weitverbreitet || prevalent; widely circulated || très répandu dans le public. 48

weitverzweigt || widely extended || très étendu. a) **~es Netz** n. normal- und schmalspuriger Schienenstränge || extensive network of standard and narrow-gauge lines of rail-roads || réseau m. étendu de voies normales et étroites. 49

Weitwinkelfeldstecher m. || wide angle field glass || jumelles fpl. grand-angulaires. 50

Weizen m. || wheat || froment m. 51

Weizen-bier n. || wheaten beer; beer made of wheat malt || bière f. fromentacée *ou* de blé. a) **~ernte** f. || wheat crop || récolte f. de blé *ou* de froment. b) **~grieß** m. || semolina; grits pl. of wheat || semoule f. de froment. c) **~mehl** n. || wheaten *or* wheat flour || farine f. de froment. d) **~mühle** f. || wheat (flour) mill || moulin m. à froment. e) **~schrot** n., **grobes** || coarse wheaten groats pl. || froment m. égrugé. f) **~stärke** f. || wheat starch || amidon m. de blé *ou* de froment. g) **~-stärkemehl** n. || wheat starch || amidon m. (fécule) de froment. h) **~stroh** n. || wheat straw || paille f. de blé *ou* de froment. i) **~vorbereiter** m. || wheat conditioner || conditionneur m. de blé *ou* à froment. 52

Wellblech n. || corrugated iron *or* sheet (iron) || tôle f. ondulée. a) **~ für Dachdeckung** || corrugated sheet iron for roofings; rifled plate for roofings || tôle f. ondulée pour toitures. 53

Wellblech-baracke f., **zerlegbare** || decomposable barrack of corrugated iron || baraque f. de tôle ondulée démontable. **a) ~bau** m. || construction of corrugated iron || construction f. en tôles ondulées. **b) ~beplankung** f. || corrugated iron covering || revêtement m. en tôle ondulée. **c) ~biegemaschine** f. || bending machine for corrugated iron || machine f. à plier les tôles ondulées. **d) ~dach** n. || corrugated sheet roof || toiture f. *ou* toit m. en tôle ondulée. **e) ~presse** f. || press for corrugated iron || presse f. à tôle ondulée. **f) ~richtmaschine** f. || straightening machine for corrugated iron || machine f. à dresser les tôles ondulées. 1

Welle f. || wave || onde f.; lame f. **a) ~** (Masch) || arbor; shaft || arbre m.; axe m.; essieu m. **b) ~** (Phys; Elektr) || wave || onde f. **c) ~** der **Abstimmung** || tuning wave || onde f. de syntonisation. **d) ~** mit **angeschmiedeten Flanschen** || shaft with forged flanges || arbre m. à brides forgées. **e) ~** mit **angeschmiedeten Hubscheiben** || shaft with eccentrics forged on || arbre m. avec plateaux d'excentriques venus de forge. **f) Ausgleich~** || differential shaft || arbre m. du différentiel. **g) Ausstrahlung** f. der **~n** || radiation of waves || radiation f. des ondes. **h) biegsame ~** || flexible shaft || arbre m. flexible. **i) Brems~** || brake tube || tube m. de frein. **k) ~** mit **Bronzebezug** || shaft with bronze sleeve || arbre m. à chemise en bronze. **l) Differential~** *s.* Ausgleich~. **m) doppelt gekröpfte ~** || double-cranked shaft || arbre m. à deux coudes. **n) Druck~** || pressure wave || onde f. de pression. **o)** auf die ganze Länge **durchbohrte ~** || shaft hole-bored from end to end || arbre m. percé sur toute sa longueur. **p)** die **~** besteht aus drei miteinander gekuppelten **durchbohrten Kurbeln** || the shaft consists of three hole-bored cranks coupled together || l'arbre m. est assemblé de trois tronçons percés. **q) durchgehende ~** (Masch) || shaft passing from end to end; through going shaft || axe m. allant de bout en bout; arbre m. transversal. **r) einlagerige ~** || single bearing shaft || arbre m. à un palier. **s) elektromagnetische ~** || electromagnetic wave || onde f. électromagnétique. **t) Exzenter~** || eccentric shaft || arbre m. excentrique. **u)** auf der **~ festkeilen** || to key to the shaft || caler sur l'arbre m. **v) Flut~** || tidal wave || ondemarée f. **w) fortschreitende ~** || travelling wave || onde f. courante. **x) gebohrte ~** || bored shaft || arbre m. foré. **y) gedämpfte ~** (Phys) || damped *or* non-sustained wave || onde f. amortie. **z) gekröpfte ~** || crank *or* cranked shaft || arbre m. coudé *ou* à vilebrequin *ou* à manivelle. 2

a) gerade ~ || straight shaft || arbre m. droit. **b) Hertz'sche ~** || electromagnetic wave; Hertzian wave || onde f. électromagnétique; onde f. Hertzienne. **c) Hilfs~** || intermediate shaft || arbre m. intermédiaire. **d) Hinterachs~** (Auto) || rear axle shaft || arbre m. de roue motrice. **e) hohle ~** || tubular shaft || arbre m. creux. **f) Hubscheiben~** || camshaft || arbre m. à cames. **g) Ketten~** || chain axle || arbre m. à chaîne. **h) Kipp~** || tip shaft *or* beam || arbre m. du dispositif du culbuteur. **i) Kommutator~** || commutator shaft || arbre m. de commutateur. **k) kontinuierliche ~** (Funkw) || continuous wave || onde f. continue. **l) Kupplungs~** || clutch spindle || arbre m. d'embrayage. **m) kurze ~** (Phys) || short wave || onde f. courte. **n) liegende ~** (Masch) || horizontal shaft || arbre m. horizontal. **o) Motor~** || motor shaft || arbre m. de moteur. **p) Nocken~** || camshaft || arbre m. à cames. **q) Nuten~** || sliding shaft || arbre m. profilé. **r) oszillierende ~** (Phys) || oscillating wave || onde f. oscillante. **s) Pedal~** || pedal pin || axe m. de pédale. **t) pendelnde ~** || oscillating shaft || arbre m. oscillant. **u) Planscheiben~** || face plate shaft || arbre m. du plateau. **v) Pumpen~** || pump spindle || axe m. de pompe. **w) Ritzelantriebs~** || pinion drive shaft || arbre m. de commande à pignon. **x) Rücklauf~** || reverse idler gear shaft || arbre m. de marche arrière. **y) Schalt~** || gear shift lever shaft || arbre m. de levier de vitesse. **z) schwach beanspruchte ~** || shaft subjected to slight stress || arbre m. soumis à un petit effort. 3

a) mit **senkrechter ~** || with vertical shaft || avec arbre vertical. **b) stehende ~** (Masch) || vertical shaft || arbre m. vertical. **c) stehende ~** (Phys) || stationary *or* standing wave || onde f. immobile *ou* fixe *ou* stationnaire. **d) steil ansteigende ~** (Elektr) || steeply *or* abruptly rising wave || onde f. à front raide. **e) Steuer~** || camshaft || arbre m. à cames. **f) Steuerungs~** (Dampfmasch) || distributing shaft || arbre m. de distribution. **g) ~** des **Stromwenders** || commutator shaft || arbre m. de commutateur. **h) Transmissions~** || gear shaft || arbre m. de transmission. **i) Treib~** || cardan axle || arbre m. à cardans. **k) überhängende ~** || overhanging *or* projecting shaft || arbre m. en porte-à-faux. **l) Übertragungs~** || transmission shaft || arbre m. de transmission. **m) Umsteuer~** || weigh *or* reversing shaft || arbre m. de changement de marche; arbre m. de relevage *ou* de distribution. **n) ungedämpfte ~** (Phys) || sustained *or* non-damped *or* undamped wave || onde f. inamortie *ou* entretenue. **o)** die **~** ist **verbogen** (Masch) || the shaft is bent || l'arbre m. est faussé. **p) Verteiler~** || timer shaft || arbre m. de distributeur. **q) verzerrte ~** || deformed wave || onde f. faussée. **r) viereckige ~** *s.* Vierkant~. **s) Vierkant~** || squared shaft || arbre m. carré. **t) volle ~** || solid shaft || arbre m. plein. **u) Vorgelege-** || countershaft || arbre m. intermédiaire *ou* de transmission. **v)** die **~** besteht aus **zwei Teilen** (Masch) || the shaft consists of two parts || l'arbre m. se compose de deux tronçons. **w) Zwischen~** || intermediate shaft || arbre m. intermédiaire. 4

wellen || to corrugate || onduler. 5

Wellenanzeiger m. (Funkw) || wave detector || détecteur m. d'onde. 6

Wellenausbreitung f., Einfluß m. der **Atmosphäre** auf die || atmospheric influence upon the radiation || influence f. de l'atmosphère sur la propagation des ondes. **a) ~ auf Leitungen** || wave propagation on lines || propagation f. des ondes le long de conducteurs. 7

Wellenaustrittsrohr n. (Schiffb) || stern tube || tube m. d'arbre d'hélice. 8

Wellenbereich m. (Funkw) || wave range || gamme f. d'ondes. **a)** von einem **~** auf den anderen **übergehen** (Funkw) || to switch over from one wave range to another || aller d'une gamme à l'autre. 9

Wellen-berg m. || wave crest || crête f. d'une onde; point m. haut d'une onde. **a) ~bewegung** f. (Phys) || undulating *or* wave motion; undulation || mouvement m. ondulatoire; ondulation f. **b) ~bezeichnung** f. (Funkw) || designation of waves || désignation f. des ondes. **c) ~bildung** f. auf den Schienen || corrugations pl. on rails || usure f. ondulatoire des rails. **d) ~bock** m. (Schiffb) || tail shaft bracket || support m. d'arbre porte-hélice. **e) ~bohrbank** f. || shaft boring machine || tour m. à forer les arbres. **f) ~brecher** m. || break water; groyne || brise-lames m. **g) ~daumen** m. || cam *or* lift *or* lifting-cog *or* lifter *or* wiper *or* tappet of arbor || mentonnet m. de l'arbre. **h) ~detektor** m. || wave detector; wave indicator; detector || détecteur m. *ou* déceleur m. d'ondes. **i) ~drehmaschine** f. || shaft turning lathe || machine f. à tourner les arbres. **k) ~einstellknopf** m. (Funkw) || wave passage button || bouton m. de réglage d'ondes. **l) ~einteilung** f. (Funkw) || classification of waves || classification f. des ondes. **m) ~ende** n. (Masch) || shaft pivot *or* end || bout m. *ou* pivot m. d'arbre. **n) ~faserigkeit** f. || wavy fibred growth || croissance f. ondulée; ondulation f. des fibres. **o) ~flansch** m., **angeschmiedeter** || shaft flange forged on || bride f. d'arbre venue de forge. **p) ~form** f. || wave shape || forme f. d'onde. 10

wellen-förmig || corrugated; undulatory; wavelike || ondulé; ondulatoire. **a) ~freie Betonstraßendecke** f. || concrete road surface without undulations || revêtement m. de route en béton exempt d'ondulations. 11

Wellen-frequenz f. (Funkw) || wave frequency || fréquence f. d'onde. **a) ~front** f. (Elektr) || wave front || front m. de l'onde. **b) ~furche** f. (Geol) || ripple mark || ripple-mark f.; sillon m. ondulé. **c) ~höhe** f. (Seew) || height of waves || hauteur f. des lames. **d) ~kamm** m. || top of a wave || crête f. d'une lame. **e) ~kontakt** m. (Selbstanschl) || secondary offnormal contact || contact m. de repos secondaire. 12

Wellenkopf m. (Elektr) || wave front || front m. de l'onde. **a) ~** (Seew) || crest of the wave || sommet m. de vague. 13

Wellen-kröpfung f. (Masch) || crank of a shaft || coude m. d'arbre. **a) ~kupplung** f. (Masch) || shaft coupling || accouplement m. des arbres. 14

Wellenlänge f. || wave length || longueur f. d'onde. 15

Wellenlängen-skale f. || wave length scale || échelle f. des longueurs d'onde. **a) ~teilung** f. *s.* ~skale. 16

Wellenleitung f. || transmission; belt drive; shafting || transmission f. **a) vollständige ~** || complete shafting *or* shaft line || ligne f. d'arbres complète. 17

Wellen-linie f. || wave line; waved rule || ligne f. ondulée; ondulation f. **a) ~messer** m. || cymometer; wavemeter || cymomètre m.; ondomètre m. **b) ~nut** f. || shaft key-way || rainure f. de l'arbre. **c) ~parameter** n. (Elektr) || wave parameter || paramètre m. d'ondes. **d) ~pferdestärke** f. (Masch) || shaft horse power || force f. mesurée sur l'arbre de la machine. **e) ~polarisation** f. (Funkw) || polarization of a wave || polarisation f. d'une onde. **f) ~richtmaschine** f. || shaft straightening machine || machine f. à dresser les arbres. **g) ~richtpresse** f. || shaft straightening press || presse f. à dresser les arbres. **h) ~rohr** n. || corrugated tube || tuyau m. ondulé. **i) ~sauger** m. (Elektr) || suppressor of harmonics || dispositif m. pour supprimer les harmoniques. **k) ~schlag** m. (Seew) || stroke of the sea; shock *or* beating of the waves || coup m. de mer; choc m. des vagues. 1

Wellenschliff m. (Masch) || (plain) cylindrical grinding || rectification f. des arbres cylindriques. **a) ~ zwischen Spitzen** || cylindrical grinding between centres || rectification f. d'arbres entre pointes. 2

Wellen-schreiber m. (Elektr) || clydnograph || appareil m. régistreur d'ondes de surtension. **a) ~sieb** n. (Fernm) || wave screen || filtre m. d'ondes. **b) ~skale** f. (Funkw) || wave scale || cadran m. d'ondes. **c) ~stern** m. (Turbine) || molette of turbine shaft || molette f. d'arbre de turbine. **d) ~stumpf** m. (Masch) || shaft butt; end of the shaft || bout m. *ou* extrémité f. d'arbre. **e) ~tal** n. || wave trough || point m. bas d'une onde. **f) ~teil** m. mit angeschmiedeten Exzentern || part of shaft with eccentrics forged-on || tronçon m. de l'arbre avec disques d'excentriques venus de forge. **g) ~telegrafie** f. || wireless telegraphy || télégraphie f. sans fil. **h) ~theorie** f. des **Lichtes** || undulatory theory of light || théorie f. ondulatoire de la lumière. 3

Wellenumschalter m. (Funkw) || change tune switch; wave changing switch || commutateur m. pour le changement d'ondes. **a) ~** zum **Abstimmen** (Funkw) || wave length changing switch || commutateur m. de longueurs d'onde. 4

Wellen-verkürzung f. (Funkw) || wave length shortening || diminution f. de la longueur d'onde. **a) ~verlängerung** f. (Funkw) || wave length prolongation || augmentation f. de la longueur d'onde. **b) ~verteilung** f. (Funkw) || allocation of frequencies *or* wave lengths || distribution f. des fréquences *ou* des longueurs d'ondes. **c) ~widerstand** m. || (Fernm) || characteristic impedance || impédance f. caractéristique. **d) ~zapfen** m. || axle end || tourillon m. **e) ~zone** f. (Funkw) || wave zone || zone f. de radiation. **f) ~zug** m. (Phys) || wave train; ripple || série f. *ou* train m. d'ondes. 5

Wellerholz n. (Bauw) || staff lath; panel stake || palançon m.; palençon m.; polisson m. 6

wellern || to build with loam and straw; to mud-wall || torcher; bousiller. 7

Weller-wand f. || cob wall || mur m. de bousillage. **a) ~werk** n. || mud walling || maçonnerie f. en torchis; bousillage m. 8

Wellgrund m. (Seew) || shifting ground || fond m. mouvant. 9

Welligkeit f. (Elektr) || ripple || ondulation f. 10

Well-papier n. || corrugated *or* crinkled paper || papier m. plissé *ou* ondulé. **a) ~pappe** f. || corrugated pasteboard; corrugated *or* ondulated cardboard || carton m. ondulé. **b) ~pappenkarton** m. || crinkled cardboard box || carton m. ondulé. 11

Wellrohr n. || corrugated tube || tube m. ondulé. **a) ~** mit **angeschweißter Rohrwand** (Kesselb) || corrugated flue with tube plate welded on || tube-foyer m. ondulé avec plaque tubulaire raccordée par soudage. **b) ~walzwerk** n. || rolling mill for corrugated tubes || laminoir m. à tubes ondulés. 12

Weltausstellung f. || international exhibition; world's fair || exposition f. universelle. 13

weltberühmt || world famous || universellement connu. 14

Weltenraum m. || universe || univers m. **a) luftleerer ~** || airvoid interstellar space || espace m. de l'univers vide d'air. **b) Fahrt** f. in den **~** || astronautics pl.; cosmonautics pl. || super-aviation f.; navigation f. extra-atmosphérique. 15

Welt-handel m. || international trade; world's commerce || commerce m. mondial. **a) ~karte** f. || globular chart; planisphere || planisphère m. **b) ~krieg** m. || world war || guerre f. mondiale. **c) ~markt** m. || international trade; world's market || marché m. mondial. **d) ~meer** n. || ocean || océan m. 16

Weltpost-karte f. || Postal-Union postcard || carte f. de l'union postale universelle. **a) ~verein** m. || Postal-Union || union f. postale universelle. 17

Welt-stadt f. || metropolis || ville f. cosmopolite. **a) ~telegrafenverein** m. || international telegraphic union || union f. télégraphique internationale. **b) ~telegrafenvertrag** m. || international telegraphic convention || convention f. télégraphique internationale. **c) ~verkehr** m. || world's traffic; international traffic || relations fpl. internationales. **d) ~wirtschaft** f. || world's trade and industry || économie f. mondiale. **e) ~wirtschaftskonferenz** f. || international economic conference || conférence f. économique internationale. **f) ~zeituhr** f. || universal time clock || horloge f. indiquant les différentes heures du globe. 18

Wende-achse f. eines Schleusentores || axis of the heel-post of a lock-gate || pivot m. d'une porte d'écluse. **a) ~becken** n. (Wasserb) || turning basin || bassin m. de virement. **b) ~gabel** f. (Heu) || tedding fork || fourche f. faneuse. **c) ~getriebe** n., **Friktions** || friction reverse gear || mécanisme m. de renversement à friction. **d) ~kreis** m. || tropic || tropique m. **e) ~kupplung f., Friktions** || friction reversing gear || renversement m. de marche à friction. **f) ~libelle** f. || reversible spirit level || libelle f. réversible; nivelle f. réversible. 19

Wendel-stufe f. || winder || marche f. dansante. **a) ~treppe** f. || winding stairs pl. *or* staircase || escalier m. tournant *ou* en limaçon. 20

Wende-maschine f. für Heu || hay tedder || faneuse f.; râteau-faneur m. **a) ~möglichkeit** f., **große** (Wagen) || large locking angle || grand angle m. de braquage. **b) ~motor** m. || reversible motor || moteur m. réversible. 21

wenden (Luftfahrt) || to yaw || voler en lacet. **a) sich ~** an . . . || to apply to . . . || s'adresser à . . . 22

Wenden n. von **Heu** || tedding || fanage m. 23

Wende-platte f. (Eisenb) || turnplate || plaque f. de manœuvre. **a) ~pol** m. || commutating *or* reversing pole || pôle m. de commutation. 24

Wendepunkt m. (Math) || turning *or* inflexion point || point m. perdu *ou* d'inflexion. **a) ~** (Wirtschaft) || crisis || moment m. critique. 25

Wender m. (Elektr) || reverser || inverseur m. **a) Grünmalz~** || green malt oar || appareil m. à retourner le malt vert. 26

Wende-rutsche f. || spiral chute || plan m. incliné helicoïdal. **a) ~säule** f. (Schleusentor) || heel post || poteau-tourillon m. **b) ~schemel** m. (Fuhrw) || riding bed *or* bolster; rider; transom bed || lisoir m. **c) ~schraube** f. (Schiff) || reversible propeller || hélice f. réversible. **d)~schraubenanlage** f. für nicht umsteuerbare Motoren || reversible screw arrangement for non reversible motors || mécanisme m. de l'hélice réversible pour moteurs non réversibles. **e) ~spannvorrichtung** f. || reversible clamping device || dispositif m. de montage pivotant. **f) ~stange** f. || turning bar || tringle f. de retournement. **g) ~support** m. || reversing slide || support m. à renversement. **h) ~tisch** m. || turnover top table || table f. renversable. **i) ~trommel** f. || turning drum || tambour m. de renversement de marche. 27

Wendevorrichtung f. für **Bleche** || tilter for plates || appareil m. de renversement pour tôles. **a) ~** für **Malz** || malt turner || retourneur m. à malt. **b)** hydraulische **~** für **Schmiedestücke** || hydraulic device for handling the forgings || dispositif m. hydraulique à virer les pièces à forger. 28

wendig (Luftf) || manœuvrable || maniable. 29

wendigste Kurve f. || best turn || virage m. dans les meilleures conditions. 30

Wendigkeit f. || manœuverability || maniabilité f. 31

Wendung f. (Weg) || turn || virage m. 32

Werbe-artikel m. *s.* ~gegenstand. **a) ~aufnahme** f. || propaganda photo || photographie f. pour faire la réclame. **b) ~brief** m. || publicity letter || lettre f. de propagande. **c) ~drucksache** f. || advertising printed matter *or* print || imprimé m. commercial *ou* de réclame. **d) ~erfolg** m. || advertising success || succès m. de propagande. **e) ~gegenstand** m. || advertising article || article m. de réclame; objet m. de propagande. **f) ~kosten** pl. || advertising expenses pl. || frais mpl. de réclame. **g) ~kunst** f. || advertising art || art m. de propagande. 33

werben || to make propaganda; to advertise; to advertize || faire de la propagande. 34

Werbe-plakat n. || advertising poster || affiche f. de réclame. **a) ~schrift** f. || publication || brochure f. **b) ~zeichnung** f. || propaganda drawing || dessin m. pour (faire la) réclame. 35

Werbezwecke mpl. || advertising aim || fins fpl. de propagande. **a) Buchstabe** m. für **~** || letter for advertising purposes || caractère m. pour la réclame. 36

Werbung f. || propaganda; advertisement || propagande f. 37

Werdegang m. (Herstellung) || process of production || fabrication f. 38

werfen, das **Log** || to heave the log; to pay out the log line || filer le loch *ou* la ligne de loch. **a) sich ~** || to warp; to become distorted || se déjeter; se tourmenter; se fausser; se courber; gauchir. **b)** die **Schiene** f. wirft sich || the rail warps || le rail se déjette. 1

Werfen n. des **Sägeblattes** || jerking of the blade || gondolement m. de la lame. 2

Werft f. || shipyard; (dock)yard || chantier m. naval *ou* de constructions navales. **a) Marine~** || naval dockyard || chantier m. de la marine. **b) Motorboot~** || building yard for motor boats || chantier m. de construction de bateaux automobiles. 3

Werft-anlage f. || shipyard plant || installation f. de chantier. **a) ~kran** m. || shipyard *or* dockyard crane || grue f. de chantier naval. **b) ~maschine f., hydraulische** || hydraulic machine for naval yards || machines fpl. hydrauliques pour chantiers navals. 4

Werg n. || tow; oakum || étoupe f. **a) geteertes ~** || tarred oakum || étoupe f. noire. **b) ~** zum **Polstern** || stuffing tow || étoupe f. à rembourrer. **c) Schiffs~** || caulking tow || étoupe f. à calfater. 5

Werg-arbeiter m. || tow *or* oakum waste hand || enleveur m. d'étoupes. **a) ~dichtung f.** || hemp packing || étoupage m. de chanvre. **b) ~haken** m. || rave hook; ripping iron || bec m. à corbin *ou* de corbeau. **c) ~kämmer** m. || oakum carder || cardeur m. d'étoupes. **d) ~leinwand** f. || tow linen || toile f. d'étoupe. **e) ~liderung** f. || tow packing || garniture f. d'étoupe. **f) ~macher** m. || tow *or* oakum maker || étoupier m. **g) ~reiben** n. || tow breaking || battage m. d'étoupes. **h) ~sortierer** m. || tow *or* oakum sorter || classeur m. de déchets de lin; trieur m. d'étoupes. **i) ~spinnerei** f. || tow spinning || filature f. d'étoupes. **k) ~spinnereimaschine** f. || tow spinning machine || machine f. à filer l'étoupe. **l) ~weber** m. || tow weaver || tisseur m. d'étoupe. **m) ~zopf** m. || thread of oakum || quenouillon m. d'étoupe. **n) ~zupfer** m. || tow *or* oakum picker || éplucheur m. d'étoupes. 6

Werk n. (Fabrik) || works pl. || usine f. **a) ~** für **autogenes** Schneiden || autogenous cutting shop || atelier m. de découpage à l'autogène. **b) kartografisches ~** || carthographic work || ouvrage m. cartographique. **c) ~** einer **Taschenuhr** || watch work || mouvement m. d'une montre. **d) totes ~** (Schiffb) || dead work || œuvres fpl. mortes. **e)** von einem **Unternehmer** betriebenes **~** || plant worked by a contractor || usine f. (dont l'exploitation est) confiée à un entrepreneur. 7

Werk-bahn f. || works railway || voie f. d'usine. **a) ~bank** f. || work bench || établi m. **b) ~bankschreiner** m. || work bench hand || ouvrier m. d'établi. **c) ~blei** n. || worked *or* crude lead; workable lead || plomb m. d'œuvre. **d) ~druckerei** f. || book printing establishment || établissement m. d'impression des livres. **e) ~ druckpapier** n. || job office paper; paper for bookprinting || papier m. pour imprimerie *ou* d'impression. **f) ~führer** m. || foreman || contremaître m. **g) ~holz** n. || industrial wood || bois m. de travail. **h) ~länge** f. || factory length || longueur f. de fabrication. **i) ~meister** m. || foreman; ganger; gangmaster || contremaître m.; chef m. d'atelier; maître-ouvrier m. **k) ~meisterkasino** n. || club rooms pl. for foremen || casino m. pour contre-maîtres. **l) ~messer** n. (Sattl) || cutting knife || couteau m. à pied. **m) ~prüfzeugnis** n. || test certificate || tableau m. d'essai. 8

Werks-angehörige mpl. || employees pl. of the firm || personnes fpl. ressortissant des établissements. **a) ~anlage f.** || works pl. || usine f. 9

Werksatz m. eines Gebäudes || frame work of a building || squelette m. d'un bâtiment. 10

Werksgerät n. || tools; equipment || outillage m. 11

Werk-siedlung f. || workmen's dwellings pl. || colonie f. ouvrière. **a) ~silber** n. (Met) || worked silver || argent m. (d'œuvre). 12

Werks-kantine f. || canteen || cantine f. **a) ~sparkasse** f. || workmen's savings bank || caisse f. d'épargne. 13

Werkstatt f. || shop; workshop || atelier m. **a) Ausbesserungs~** || repair shop || atelier m. de réparation. **b) Eisenkonstruktions~** || shop for iron structures || atelier m. pour charpentes métalliques. **c) Farmer~** || farmer's workshop || atelier m. de fermier. **d) ~** für **Innendekoration** || establishment for interior art decoration || atelier m. de décors artistiques des intérieurs. **e) ~** für **Innenkunst** || establishment for artistic equipment and decoration of rooms || atelier m. d'équipement et décors artistiques d'appartements. **f) Lehrlings~** || instructional workshop; apprentice-training room || atelier m. d'apprentissage. **g) mechanische ~** || machine shop; mechanical workshop || hall m. d'usine; atelier m. mécanique. **h)** die **~** bedeckt eine **nutzbare Fläche** von x qm || the shop covers a useful area of about x m^2 || la surface utile de l'atelier est de x m^2. **i)** die **~** besteht aus einem **Querschiff** und drei rechtwinklig daranstoßenden Längsschiffen || the shop consists of a cross bay and three long bays || l'atelier m. consiste en une travée transversale à laquelle sont adossées à angle droit trois travées longitudinales. **k) Reparatur~** *s.* Ausbesserungs~. **l) Schlosser~** für Farmer || fitting workshop for farmers || atelier m. de serrurerie pour fermiers. **m) ~**, wo die rohen Stücke die letzte **Vollendung** erlangen || shop, where the machine-tools shape and finish the rough pieces || atelier m., où des machines-outils donnent la dernière forme aux objets bruts. 14

Werkstattarbeit f. || workmanship || travail m. d'atelier. **a) genaue ~** || exact workmanship || usinage m. précis. 15

Werkstätte f. *s.* Werkstatt. 16

Werkstättenflächenraum m. || superficial area of shops || superficie f. des ateliers. 17

Werkstatt-halle f. || workshop hall || hall m. d'atelier. **a) ~kosten** pl. || workshop cost || frais mpl. d'atelier. **b) ~meßinstrument** n. || workshop measuring instrument || instrument m. de mesure d'atelier. **c) ~prüfung** f. || shop test || épreuve f. *ou* essai m. à l'atelier. **d) ~schiff** n. (Bauw) || bay *or* nave of the shop || travée f. d'un hall. **e) ~wagen** m. || workshop car; repair truck || camion m. d'atelier; voiture f. d'atelier. **f) ~zeichnung** f. || working drawing || dessin m. d'atelier *ou* d'exécution. 18

Werkstein m. || quarry stone; freestone || pierre f. de taille. **a)** die **~e** mpl. **einwiegen** || to set the freestones horizontal || poser les pierres fpl. à niveau. **b) ~bruch** m. || building-stone quarry || carrière f. de pierre à bâtir. 19

Werkstelle f. *s.* Werkstatt. 20

Werkstoff m. || material || matériel m.; matière f. **a) dauerhaftester ~** || hardest material || matériel m. le plus résistant. **b) filterfähiger ~** || permeable material || matière f. filtrable. **c) minderwertiger ~** || inferior material || matériel m. de qualité inférieure. **d) mittelharter ~** || moderately hard material || matière f. midure. 21

Werkstoff-bestellung f. || material requisition || commande f. de matériel. **a) ~ersparnis** f. || saving of material || économie f. de matière. **b)** Verlauf m. der **~fasern** fpl. || flow of material fibres || contexture f. des fibres de matière. **c) ~festigkeit** f. || resistance of the material || résistance f. du matériel. **d)** gleichmäßige **~güte** f. || uniform quality of material || qualité f. uniforme du matériel. **e) ~prüfapparat** m. || material testing apparatus || appareil m. pour l'essai des matériaux. **f) ~prüfgerät** n. *s.* ~prüfapparat. **g) ~prüfmaschine** f. || material testing machine || machine f. à essayer les matériaux. **h) ~prüfung** f. *s.* ~untersuchung. **i) ~untersuchung** f. || material test; research of materials; specification test || essai m. *ou* épreuve f. de matériaux. **k) Maschine** f. für die mechanische **~untersuchung** f. || machine for mechanical testing of materials || machine f. pour l'essai mécanique des matériaux. **l) ~verbrauch** m. || material consumption || consommation f. de matériaux. **m) ~verwalter** m. || material man || magazinier m. **n) ~zuführung** f. || feed of material || amenage m. de matériel. 22

Werkstück n. || work piece; piece to be machined || pièce f. à travailler *ou* à usiner. **a) flächiges ~** || flat part || pièce f. plate. **b) größter Durchmesser** m. des **~es** || largest diameter of work piece || diamètre m. maximum de la pièce (à travailler). **c)** mit **umlaufendem ~** || with rotating work piece || à pièce f. à travailler tournante. **d) vorgearbeitetes ~** || blank already machined || pièce f. ébauchée. 23

Werkstück-auflage f. || work piece holder || support m. de la pièce. **a) ~spindel** f. || work piece spindle || broche f. porte-pièce. 24

Werksumstellung f., Plan m. zur **~** auf **Kriegsfertigung** || factory plan for the conversion from peace to war footing || plan m. de l'usine pour le changement du travail de la paix au pied de guerre. 25

Werktag m. || working *or* week day || jour m. ouvrable. 26

werktätig || labouring || actif. 27

Werk-tisch m. || work table || établi m.; table f. d'ouvrage. **a) ~vertreter** m. || work's representative || représentant m. de l'entreprise. **b) ~wohnungen** fpl. **schaffen** || to put up workmen's dwellings || construire des logements mpl. pour la population ouvrière. **c) ~zeichnung** f. *s.* ~stattzeichnung. 28

Werkzeug n. || tool || outil m. **a) Abricht~** || dressing tool || outil m. à dresser. **b) An-**

reiß~ ‖ marking tool ‖ outil m. à marquer. **c) Aufspann~** ‖ chuck ‖ mandrin m. **d) ~ für Blech- und Metallbearbeitung** ‖ tool for working tin and metal ‖ outil m. à travailler la tôle et le métal. **e) ~ für Bürsten- und Pinselfertigung** ‖ tool for manufacturing all sorts of brushes ‖ outil m. pour la fabrication de brosses et de pinceaux. **f) Eisen~** ‖ iron tool ‖ outil m. en fer. **g) Elektro~** ‖ electric tool ‖ outil m. électrique. **h) Genauigkeits~** ‖ precision tool ‖ outil m. de précision. **i) ~ zum Gewindeschneiden** ‖ tool for thread cutting ‖ outil m. à fileter. **k) ~ aus Holz** ‖ tool of wood ‖ outil m. en bois. **l) Klein~** ‖ small tool ‖ petit outillage m. **m) Lehr~** ‖ gauge ‖ calibre m. **n) Meß~** ‖ measuring tool ‖ outil m. de mesure. **o) Montage~** ‖ fitter's tool ‖ outillage m. pour mécaniciens *ou* de monteurs. **p) pneumatisches ~** ‖ pneumatic tool ‖ outil m. pneumatique. **q) Präge~** ‖ stamping tool ‖ outil m. à emboutir. **r) Präzisions~** *s.* Genauigkeits~. **s) ~e** npl. **für Rohrleger** ‖ pipe tools pl. ‖ outillage m. pour pose de tuyauterie. **t) ein Satz** m. **~e** npl. ‖ tools' set; tool outfit ‖ trousse f. d'outils. **u) scharf schneidendes ~** ‖ keen edge tool ‖ outil m. à tranchant aigu. **v) ~ für Schienenleger** ‖ platelayers' tool ‖ outil m. pour poseurs de voies. **w) Schleif~** ‖ grinding tool ‖ outil m. à affûter. **x) Schnitt~** ‖ punch ‖ outil m. à découper. **y) ~e** npl. **für Schreibmaschinenausbesserung** ‖ tools pl. for typewriter repair ‖ outils mpl. pour la réparation des machines à écrire. **z) Stahl~** ‖ steel tool ‖ outil m. en acier. 1

a) Stanz~ ‖ die ‖ outil m. à estamper' **b) mit umlaufendem ~** ‖ with rotating tool ‖ à outil m. tournant. **c) Zieh~** ‖ drawing tool ‖ outil m. à étirer. 2

Werkzeug-aufnehmer m. ‖ tool carrier ‖ poste m. d'outil. **a) ~ausgabe** f. ‖ distribution of tools ‖ distribution f. des outils. **b) ~ausrüstung** f. ‖ kit of tools ‖ outillage m. **c) ~besteck** n. ‖ set of tools ‖ assemblage m. *ou* jeu m. *ou* trousse f. d'outils. **d) ~fabrik** f. ‖ tool manufactory ‖ atelier m. de construction d'outils. **e) ~fräsmaschine** f. ‖ universal tool milling machine ‖ fraiseuse f. d'outils universelle. **f) ~garnitur** f. ‖ set of tools ‖ jeu m. *ou* trousse f. d'outils. **g) ~griff** m. ‖ tool handle ‖ manche m. d'outil. **h) ~halter** m., **klappbarer** ‖ hinged tool holder ‖ boîte f. porte-outil à charnière. 3

Werkzeugheft n. ‖ handle of tools ‖ manche m. d'outil. **a) achteckiges ~** ‖ octagone handle ‖ manche à huit pans. **b) ~ aus Eschenholz** ‖ ash wood handle ‖ manche m. en frêne. **c) flaches ~** ‖ flat handle ‖ manche m. plat. **d) ovales ~** ‖ oval handle ‖ manche m. ovale. **e) rundes ~** ‖ round handle ‖ manche m. rond. 4

Werkzeug-kasten m. ‖ tool box *or* chest ‖ boîte f. *ou* caisse f. à outils. **a) ~kiste** f. *s.* Werkzeugkasten. **b) ~koffer** m. ‖ tool case ‖ coffre m. à outils. **c) ~macher** m. ‖ tool maker; diemaker ‖ outilleur m.; ajusteur-outilleur m. 5

Werkzeugmaschine f. ‖ machine tool ‖ machine-outil f. **a) Eintyp~** ‖ single-purpose machine tool ‖ machine-outil f. de modèle unique. **b) ~ zur Holzbearbeitung** ‖ machine tool for wood working; wood-working machine ‖ machine-outil f. pour le travail du bois. **c) ~ zur Lederbearbeitung** ‖ machine tool for leather working ‖ machine-outil f. pour le travail du cuir. **d) ~ zur Metallbearbeitung** ‖ machine tool for metal working ‖ machine-outil f. pour le travail des métaux. **e) Schiffbau~** ‖ machine tool for shipbuilding ‖ machine-outil f. pour la construction des bateaux. **f) ~ zur Steinbearbeitung** ‖ machine tool for stone working ‖ machine-outil f. pour le travail des pierres. 6

Werkzeugmaschinen-bau m. ‖ machine tool construction ‖ construction f. des machines-outils. **a) ~fabrik** f. ‖ machine tool manufactory ‖ atelier m. de construction de machines-outils. 7

Werkzeug-messer n. ‖ knive for workmen ‖ couteau m. pour ouvriers. **a) ~montör** m. ‖ tool fitter ‖ monteur m. d'outils. **b) ~naßschleifmaschine** f. ‖ wet tool grinding machine ‖ machine f. à affûter les outils à l'eau. **c) ~satz** m. ‖ set of tools ‖ jeu m. *ou* trousse f. d'outils. **d) ~schleifer** m. ‖ tool grinder ‖ affûteur m. *ou* meuleur m. d'outils. **e) ~schleifmaschine** f. ‖ tool grinding machine ‖ machine f. à affûter les outils. **f) ~schleifmaschine** f., **Universal** ‖ universal tool grinding machine ‖ machine f. universelle à affûter les outils (*ou* à rectifier). **g) ~schlitten** m. ‖ slide rest ‖ support m. **h) ~schmied** m. ‖ tool smith ‖ forgeron m. en outils *ou* à façon. **i) ~schrank** m. ‖ tool cabinet *or* chest ‖ armoire f. *ou* coffret m. *ou* casier m. à outils. **k) ~stahl** m. ‖ tool steel ‖ acier m. à outil. **l) ~tasche** f. ‖ kit *or* tool bag ‖ sacoche f.; sac m. *ou* pochette f. *ou* trousse f. à outils. **m) ~tasche** f. **für die Schreibmaschine** ‖ typewriter tool box ‖ trousse f. d'outils pour machines à écrire. **n) ~träger** m. **für runde Stahlhalter** ‖ tool post for round tool holders ‖ porte-outil m. pour outils cylindriques. **o) ~vorschub** m. ‖ tool feed ‖ avance f. des outils. 8

Werk-zink ‖ raw zink ‖ zinc m. d'œuvre. **a) ~zinn** n. ‖ worked tin ‖ étain m. d'œuvre. 9

Wermut m. (Pflanze) ‖ wormwood ‖ absinthe f. **a) ~** (Wein) ‖ vermouth ‖ vermout(h) m. **b) ~öl** n. ‖ wormwood oil ‖ essence f. d'absinthe. 10

Wert m. ‖ value ‖ valeur f. **a) einen ~** m. **ermitteln** ‖ to determine a value ‖ fixer une valeur. **b) Gegen~** ‖ equivalent; counter value ‖ contrevaleur f.; équivalent m. **c) mittlerer ~** (Math) ‖ mean value ‖ (valeur f.) moyenne f. **d) Verkaufs~** ‖ sale value ‖ valeur f. vénale *ou* de vente. **e) an ~ verlieren** ‖ to depreciate ‖ déprécier. **f) zulässiger ~** ‖ admissible value ‖ valeur f. admissible; tolérance f. 11

Wertangabe f. ‖ declared value ‖ déclaration f. de valeur. **a) ~** (Zoll) ‖ entry ‖ déclaration f. de valeur. 12

Wertbestimmung f. ‖ valuation ‖ valuation f. **a) ~ von Brennstoffen** ‖ determination of the value of fuels ‖ détermination f. de la puissance calorifique des combustibles. 13

Wert-brief m. ‖ insured letter ‖ lettre f. chargée *ou* de valeur déclarée. **a) ~erhöhung** f. ‖ increase in value ‖ élévation f. de valeur. **b) ~gegenstand** m. ‖ article of value; valuable ‖ objet m. précieux. **c) ~gelaß** n. ‖ safe deposit ‖ coffre-fort m.; safe m. 14

Wertigkeit f. (Chem) ‖ chemical value; valence; valency ‖ atomicité f.; valence f. 15

wertlos ‖ worthless ‖ sans valeur f. 16

Wert-losigkeit f. ‖ worthlessness ‖ peu m. de valeur; futilité f. **a) ~messer** m. ‖ standard of value ‖ mesure f. de valeur. **b) ~paket** n. ‖ registered parcel containing valuables ‖ paquet m. avec valeur déclarée. 17

Wertpapier n. ‖ bond; security; scrip ‖ valeur f.; effet m.; titre m.; papier m. de valeur *ou* de crédit. **a) festverzinsliches ~** ‖ security at regular interest ‖ valeur f. à intérêts fixes. **b) übertragbares ~** ‖ transferable security ‖ valeur f. mobilière. 18

Wert-schätzung f. ‖ appreciation ‖ appréciation f. **a) ~sendung** f. ‖ consignment of valuables ‖ valeur f. **b) ~unterschied** m. ‖ difference of value ‖ différence f. de valeur. **c) ~verlust** m. *s.* ~verminderung. **d) ~verminderung** f. ‖ depreciation ‖ dépréciation f. **e) ~verringerung** f. *s.* ~verminderung. **f) ~versicherung** f. ‖ insurance of value ‖ prime f. d'assurance. 19

wertvoll ‖ precious; valuable ‖ précieux. 20

Wertzoll m. ‖ ad valorem duty ‖ droit m. ad valorem *ou* d'après la valeur. **a) ~tarif** m. ‖ ad valorem tariff ‖ tarif m. ad valorem. 21

Wertzuwachssteuer f. ‖ tax on increment values; increment duty ‖ taxe f. *ou* impôt m. sur les plus-values. 22

Weste f. ‖ waistcoat; vest ‖ gilet m. **a) baumwollene ~** ‖ cotton waistcoat ‖ gilet m. de coton. **b) Jagd~** ‖ cardigan jacket ‖ gilet m. de chasse. **c) wollene ~** ‖ woollen waistcoat ‖ gilet m. de laine. 23

Westen-schnalle f. ‖ clasp *or* buckle for waistcoats ‖ boucle f. de gilets. **a) ~schneider** m. ‖ waistcoat maker ‖ giletier m. **b) ~stoff** m. ‖ waistcoat cloth ‖ étoffe f. pour gilets. **c) ~tasche** f. ‖ waistcoat pocket ‖ poche f. de gilet. 24

Wettbewerb m. (Handel) ‖ competition ‖ concours m.; concurrence f. **a) ~** (Sport) ‖ race ‖ concours m. **b) in ~ treten** ‖ to enter into competition ‖ entrer en concurrence f. **c) internationaler ~** ‖ international competition ‖ concours m. international. **d) unlauterer ~** ‖ unfair *or* dishonest competition ‖ concurrence f. déloyale. 25

wettbewerblos ‖ without competition ‖ sans concurrence. 26

Wetteifer m. ‖ rivalry; emulation ‖ émulation f. 27

Wetter n. ‖ weather ‖ temps m. **a) das ~ beeinflussen** ‖ to influence the weather ‖ influencer le temps. **b) Frost~** ‖ frosty weather ‖ temps m. de gelée. **c) schlechtes ~** ‖ bad weather ‖ mauvais temps m. **d) sichtiges ~** ‖ transparent air; clear weather ‖ temps m. clair. 28

Wetter npl. (Bergb) ‖ mine air ‖ air m. de mine. **a) böse ~** ‖ foul air; chock damp ‖ gaz mpl. délétères *ou* méphitiques; air m. toxique. **b) gebrauchte ~** ‖ foul *or* bad air ‖ air m. vicié. **c) matte ~** ‖ oppressive air ‖ air m. lourd *ou* méphitique. **d) schlagende ~** ‖ fire damp; mine gas ‖ grisou m.; brisou m.; terrou m. 29

Wetter-arbeiter m. (Bergb) || wasteman; bratticeman || ouvrier m. de l'aérage; constructeur m. de barrages. **a) ~-beratung f.** || weather *or* meteorological information || information f. météorologique. **b) ~bericht m.** || weather report || bulletin m. météorologique; avis m. du temps. 1

wetterbeständig || weatherproof; weather-resistant || résistant aux intempéries fpl.; à l'épreuve f. des intempéries. **a) ~er Draht** m. || weatherproof wire || fil m. résistant aux intempéries. **b) ~e Farbe** f. || weatherproof colour || couleur f. à l'épreuve des intempéries. 2

Wetterdamm m. (Bergb) || ventilation dam || barrage m. contre les gaz. 3

Wetterdienst m. || weather service || service m. de prévision du temps. **a) funkentelegrafischer ~** || wireless *or* radio weather service || service m. radiotélégraphique de prévision du temps. 4

Wetterdienst-abkommen n. || convention for meteorological service || convention f. pour le service météorologique. **a) ~-stelle f.** || meteorological station; weather forecasting station (A) || station f. de prévision du temps. 5

Wetterfahne f. || vane || girouette f. 6

wetterfest || weatherproof || habitué *ou* résistant aux intempéries de l'air. **a) ~e Farbe** f. || weatherproof paint(ing) *or* colour(ing) || peinture f. *ou* colorant m. à l'épreuve des intempéries. 7

Wetter-führung f. (Bergb) || air supply || aérage m. **a) ~glas** n. || weather glass; barometer || baromètre m. **b) ~hahn** m. || weather cock || girouette f. **c) ~haltung** f. (Bergb) || ventilation || ventilation f. **d) ~häuschen** n. || weather box || chalet-hygromètre m.; maisonnette f. hygromètre à boyau. **e) ~karte f., Boden** || ground weather map || carte f. du temps au sol. **f) ~kunde f., aeronautische** || aerology || aérologie f. **g) ~lage f.** || state of the weather; atmospheric condition || état m. *ou* situation f. atmosphérique. **h) ~loch** n. (Erdarb; Bergb) || wind gate || voie f. d'aérage. **i) ~lutte f.** || air escape; air tube *or* twyer; ventilation bin; channel || buse f.; tuyau m. *ou* buse f. d'aérage. **k) ~luttenrichtapparat** m. (Bergb) || air conduit adjusting apparatus || appareil m. à dresser les tuyaux d'aération. **l) ~maschine** f. (Bergb) || mine *or* colliery fan || ventilateur m. de mine. **m) ~meldung f., Strecken** (Luftf) || airway weather report || avis m. *ou* rapport m. météorologique de la ligne aérienne. **n) ~sammelfunkspruch** m. || radio synoptic weather message; collective weather radiogram (A) || radiogramme m. météorologique collectif. **o) ~-schacht** m. || air shaft || buse f.; puits m. d'aérage. **p) ~scheider** m. (Bergb) || brattice || cloison f. d'aérage. **q) ~-schleuse** f. (Bergb) || ventilation lock || écluse f. d'aération. **r) ~schutz** m. || weather protection || protection f. contre les intempéries. **s) ~steiger** m. || master wasteman || chef m. de l'aérage. 8

Wetterstrecke f. (Bergb) || air gallery || galerie f. d'aérage. **a) Haupt~** || main air-head *or* wind-gate *or* air-gate; airway || voie f. d'aérage; maîtresse f. allure. 9

Wetter-streckenhauer m. || airwayman || coupeur m. de troussage. **a) ~strom m., einfallender** (Bergb) || air current || courant m. d'air. **b) ~trommel** f. *s.* ~maschine. **c) ~tuchherstellungsmaschine** f. || oil cloth making machine || machine f. pour fabriquer des étoffes imperméables. 10

Wettertür f. (Bergb) || air door; wind gate || porte f. d'aérage. **a) Haupt~** (Bergb) || main air-gate || porte f. d'aérage principale. 11

Wettertüren-arbeiter m. || attendant to ventilation door || ouvrier m. aux portes d'aérage. **a) ~wärter** m. || air-door boy || fermeur m. de porte. **b) ~schließer** m. || trapper || fermeur m. de porte d'aérage. 12

Wetterung f. (Bergb) || ventilation || aérage m.; airage m. 13

Wetter-verhältnisse npl. || atmospheric conditions pl. || conditions fpl. atmosphériques. **a) ~versorgung** f. (Bergb) *s.* Wetterung. 14

Wettervorhersage f. || weather forecast || prévision f. *ou* pronostic m. du temps. **a) örtliche ~** || local weather forecast || prévision f. régionale du temps. 15

Wetter-warte f. || weather bureau || bureau m. météorologique. **a) ~wirtschaft** f. (Bergb) || airing of mines || service m. d'aérage d'une mine. **b) ~zeichen** n. || weather signal || signal m. de temps. 16

wetzen || to sharpen; to whet || aiguiser. 17

Wetz-stahl m. || whet *or* butcher's steel || aiguisoir m.; fusil m. à aiguiser. **a) ~-stein** m. || whetstone || pierre f. à aiguiser. **b) ~stein m., Öl** || (grinder's) oil-stone || pierre f. *ou* queue f. à l'huile. **c) ~stein-bruch** m. || honestone *or* whetstone quarry || carrière f. de pierre à aiguiser. 18

Wheatstone-betrieb m. (Fernm) || Wheatstone working || exploitation f. avec appareil de Wheatstone. **a) ~empfänger** m. (Fernm) || Wheatstone receiver || appareil m. récepteur Wheatstone. **b) ~sche Brücke** f. || Wheatstone's bridge || pont m. de Wheatstone. **c) ~sender** m. (Fernm) || Wheatstone transmitter || transmetteur m. automatique de Wheatstone. 19

Whisky m. || whisky || whisky m. 20

Whitworth-feingewinde n. || Whitworth fine thread || filetage m. Whitworth-fin. **a) ~gewinde** n. || Whitworth thread || filetage m. Whitworth. **b) ~rohrgewinde** n. || Whitworth pipe thread || filetage m. Whitworth-de-tuyau. 21

Wichsbürste f. || blacking brush || brosse f. à cirage. 22

Wichse f. || blacking; polishing paste || cirage m. 23

wichsen (Leder) || to polish || cirer. 24

Wichsleder n. || blacking leather || cuir m. à cirer. 25

Wichte f. || unit of weight || unité f. de poids. **a) ~ der Luft** || specific gravity *or* weight (A) of the air || poids m. spécifique de l'air. 26

Wicke f. || vetch || vesce f. 27

Wickel m., **Watten** || lap (roll) || rouleau m. de nappe. 28

Wickeldraht m. || binding wire || fil m. de ligature; ligature f. 29

Wickelei f. in der Zählerfabrik || winding shop in the meter works || bobinage m. à la fabrique de compteurs. 30

Wickel-feder f. || volute buffer spring || ressort m. conique pour tampons. **a) ~gamasche** f. || roll gaiter || (bande f.) molletière f. **b) ~kondensator** m. (Elektr) || wound condenser || condensateur m. enroulé (de feuilles d'étain). **c) ~kopf** m. (Elektr) || coil end || tête f. *ou* extrémité f. d'enroulement. **d) ~lötstelle** f. || twist joint || ligature-soudure f. 31

Wickelmaschine f. (Spinn) || balling *or* ball-winding machine || machine f. à peloter; peloteuse f. **a) ~** (zum Verpacken) || wrapping machine || machine f. d'emballage. **b) Band~** (Kabel) || strip winding machine || enrouleuse f. de bandes. **c) Dekatier~** || batching machine for the decatizer || enrouleuse f. de décatissage. **d) Doublier-, Meß- und ~** || rigging, measuring and rolling machine || machine f. à dosser, mesurer et enrouler. **e) Draht~** || wire winding machine || enrouleuse f. à fil. **f) ~ für Drahtverzinkerei** || winding machine for wire galvanizing || enrouleuse f. pour le zingage du fil. **g) ~ für die Gummiindustrie** || wrapping machine for the rubber trade || machine-réunisseuse f. pour l'industrie du caoutchouc. **h) Hülsen~** (Pap) || tube wrapping machine || machine f. à enrouler les douilles. **i) Isolierrohr~** || insulating tube coiling machine || enrouleuse f. de tubes isolants. **k) ~ für Kaltwalzmaschinen** || wrapping machine for cold rolling mills || machine f. d'enroulement pour laminoirs à froid. **l) Knäuel~** || ball winding machine || peloteuse f. **m) Schrott~** || scrap coiling machine || machine f. à enrouler les riblons. **n) selbsttätige ~** (Pufferfeder) || automatic buffer springs coiling machine || machine f. d'enroulement automatique de ressorts à boudin. **o) ~ für die Textilindustrie** || wrapping machine for the textile industry || réunisseuse f. pour l'industrie textile. 32

wickeln || to coil round *or* up; to wind || rouler; s'enrouler; bobiner. **a) in Knäuel** npl. **~** (Spinn) || to wind in balls pl. || empeloter. **b) Spulen** fpl. **~** (Elektr) || to wire || bobiner. 33

Wickeln n. (Spinn) || balling || pelotonnage m. 34

Wickel-presser m. (Tabak) || box prizer || presseur m. enrouleur. **a) ~rad** n. || coiled disc wheel || roue f. à bobine. **b) ~trommel** f. || winding drum || tambour m. d'enroulement; cylindre m. enrouleur. 35

Wickelwalze f. (Buchdr) || winding roller *or* drum; || cylindre m. d'enroulement; rouleau m. bobineur. **a) ~** (Textil) || take-up roller || rouloir m. 36

Wicklung f. || winding || enroulement m.; bobinage m. **a) Dauerbelastung** f. der **~** || permanent load across winding || charge f. permanente du bobinage. **b) ~ für langsamen Gang** || low-speed winding || enroulement m. pour marche lente. **c) Niederspannungs~** || low-tension winding || enroulement m. à basse tension. **d) ~ für schnellen Gang** || high-speed winding || enroulement m. pour marche rapide. **e) Verbund~** || compound winding || enroulement m. compound. **f) ~ für volle Kraft** || full-power winding || enroulement m. pour force maxima. 37

Wicklungsschablone f. (Elektr) || winding form || gabarit m. d'enroulement *ou* de bobinage. 38

Wicklungsschritt m. (Elektr) ‖ winding pitch ‖ pas m. d'enroulement. **a) mittlerer** ~ (Elektr) ‖ average winding pitch ‖ pas m. moyen d'enroulement. **b) verkürzter** ~ ‖ pitch of a short cord winding ‖ pas m. raccourci d'enroulement. 1

Wicklungs-tabelle f. ‖ winding table ‖ tableau m. de bobinage. **a) ~träger** m. (Elektr) ‖ winding support ‖ support m. d'enroulement. 2

Wickelwatte f. ‖ lap ‖ nappe f. 3

Wickler m. (Elektr) ‖ coil winder ‖ bobineur m.; bobinier m. 4

Wicklerin f. (Spinn) ‖ baller ‖ peloteuse f. 5

Widder m., **hydraulischer** ‖ hydraulic ram ‖ bélier m. hydraulique. 6

Widerdruck m. (Buchdr) ‖ perfecting; reiteration; second working; printing on back ‖ retiration f.; réimpression f.; impression f. au verso. 7

widerdrucken ‖ to back; to perfect ‖ imprimer au verso. 8

Widerdruck-form f. ‖ perfecting *or* inner form ‖ forme f. d'impression au verso. **a) ~zylinder** m. ‖ perfecting cylinder ‖ cylindre m. de deux *ou* de seconde. 9

Wider-hall m. ‖ echo ‖ écho m. **a) ~klage** f. ‖ counter suit ‖ reconvention f. **b) ~lager** n. (Brückenb) ‖ abutment; root ‖ culée f.; sommier m.; aboutissement m.; point m. d'appui. 10

widerruflicher Kredit m. ‖ revocable credit ‖ crédit m. non-confirmé. 11

Widerschein m. ‖ reflection ‖ reflet m.; réflexion f. 12

Widerstand m. ‖ resistance ‖ résistance f. **a) abgestufter** ~ ‖ stepped resistance ‖ résistance f. à degrés. **b) den ~ ausschalten** ‖ to cut-out resistance ‖ mettre la résistance hors circuit. **c) äußerer** ~ (Elektr) ‖ exterior resistance ‖ résistance f. extérieure. **d) ~ einschalten** ‖ to switch-in resistance ‖ mettre la résistance en circuit. **e) elastischer** ~ (Mech) ‖ elastic reaction ‖ réaction f. élastique. **f) elektrischer** ~ ‖ electric resistance ‖ résistance f. électrique. **g) fester** ~ ‖ solid resistance ‖ résistance f. solide. **h) flüssiger** ~ (Elektr) ‖ liquid resistance ‖ résistance f. liquide. **i) Flüssigkeitsanlaß~** ‖ liquid starting resistance *or* rheostat ‖ rhéostat m. de démarrage à liquide. **k) Flüssigkeitsanlaßumkehr~** ‖ liquid reversing and starting resistance *or* rheostat ‖ rhéostat m. de démarrage inverseur à liquide. **l)** der **ganze** ~ ist eingeschaltet ‖ the resistance is all in ‖ toutes les résistances fpl. sont en circuit. **m) hoher** ~ ‖ high resistance ‖ haute résistance f. **n) induktionsfreier** ~ ‖ non-inductive resistance ‖ résistance f. non-inductive. **o) innerer** ~ ‖ internal resistance ‖ résistance f. intérieure. **p) kleiner** ~ (Elektr) ‖ low resistance ‖ basse résistance f. **q) kritischer** ~ ‖ critical resistance ‖ résistance f. critique. **r)** den ~ **kurzschließen** ‖ to short-circuit the resistance ‖ mettre la résistance en court-circuit. **s) magnetischer** ~ ‖ reluctance ‖ réluctance f. **t) negativer** ~ ‖ negative resistance ‖ résistance f. négative. **u) niedriger** ~ (Elektr) ‖ low resistance ‖ basse résistance f. **v) passiver** ~ ‖ ca'canny; passive resistance ‖ résistance f. passive. 13

Widerstands-arbeit f. ‖ work of resistance ‖ travail m. de résistance. **a) ~band** n. ‖ resistance tape ‖ ruban m. métallique pour résistance. **b) ~draht** m. (Elektr) ‖ resistance wire ‖ fil m. de résistance. **c) ~element** n. (Elektr) ‖ heating grid ‖ grille f. de chauffage. 14

widerstandsfähig ‖ resistant; resisting ‖ résistant. **a)** die Spitze f. ist ~ gegen **Bruch** ‖ the point stands up well to breakage ‖ la pointe f. est résistante à rupture. **b)** ~ sein gegen **Maschinengewehrgarben** fpl. ‖ to withstand a rain of machine gun bullets ‖ résister aux gerbes fpl. des balles de mitrailleuse. **c)** ~ gegen **Rostbildung** ‖ rust-proof ‖ résistant à la rouille. **d)** der **Stahl** ist außerordentlich ~ gegen den Angriff von kochenden Laugen, verdünnten Säuren usw. ‖ the steel is extremely resistant to the action of boiling hot caustic solutions, dilute acids etc. ‖ l'acier est très résistant contre l'influence de lessives bouillantes, d'acides dilués etc. **e) ~e Ausführung** f. ‖ strong design ‖ exécution f. résistante. 15

Widerstands-halter m. (Fernm) ‖ resistance holder ‖ support m. de résistance. **a) ~höhe** f. ‖ resistance hight ‖ hauteur f. de résistance. **b) ~kasten** m. (Elektr) ‖ resistance box; box of coils ‖ boîte f. de résistance. **c) ~kasten** m., **Dekaden** ‖ decimal resistance box ‖ boîte f. de résistance en décades. **d) ~koeffizient** m. ‖ drag coefficient ‖ coefficient m. de traînée. **e) ~kopplung** f. ‖ resistance coupling ‖ accouplement m. par impédance *ou* à résistance. **f) ~kraft** f. ‖ resisting force ‖ force f. de résistance. **g) ~kurve** f. (Schiffb) ‖ curve of resistance ‖ courbe f. de résistance. **h) ~legierung** f. ‖ resistance alloy ‖ alliage m. pour résistances *ou* pour rhéostats. **i) ~messer** m. ‖ ohmmeter ‖ ohmmètre m. **k) ~messung** f. ‖ measurement of resistance ‖ détermination f. *ou* mesure f. de la résistance. **l) ~moment** n. ‖ moment of resistance ‖ moment m. résistant *ou* de résistance. **m) ~ofen** m. ‖ resistance furnace ‖ four m. à résistance. **n) ~schweißapparat** m. ‖ resistance welding apparatus ‖ appareil m. à souder par résistance. **o) ~schweißmaschine** f. ‖ resistance welding machine ‖ machine f. à souder par résistance. **p) ~-schweißung** f. ‖ resistance welding ‖ soudage m. par résistance. **q) ~spirale** f. resistance coil ‖ hélice f. de résistance. **r) ~spule** f. ‖ resistance coil ‖ bobine f. de résistance. **s) ~stufe** f. ‖ resistance step ‖ étage m. *ou* degré m. de résistance. **t) ~verstärker** m. ‖ resistance amplifier *or* strengthener ‖ amplificateur m. à résistance. **u) ~werkstoff** m. für hohe Temperaturen ‖ resistance metal for high temperatures ‖ matière f. de résistance pour hautes températures. **v) ~wert** m. ‖ amount of resistance ‖ valeur f. de la résistance. **w) ~zunahme** f. ‖ increase in resistance ‖ accroissement m. *ou* augmentation f. de résistance. 16

widerstehen ‖ to resist ‖ résister. 17

widerstehende Kraft f. ‖ internal force ‖ force f. intérieure. 18

Widerzeit f. (Seew) ‖ change of the tide ‖ changement m. *ou* retour m. de la marée. 19

widrig ‖ adverse ‖ adverse. 20

Wieder-abdruck m. (Buchdr) ‖ reprinting ‖ réimpression f. **a) ~aufbau** m. ‖ reconstruction ‖ réconstruction f. 21

wiederaufladen ‖ to recharge ‖ recharger. 22

Wieder-auftauen n. ‖ thawing ‖ dégel m.; fonte f. **a) ~ausfuhr** f. ‖ re-exportation ‖ réexportation f. **b) ~belebungsapparat** m. ‖ life restoring apparatus ‖ appareil m. de révivification. **c) ~brauchbarmachen** n. (Chem) ‖ regeneration ‖ régénération f. **d) ~einfuhr** f. (Handel) ‖ reimportation ‖ réimportation f. **e) ~einschmelzen** n. ‖ recasting; remelting ‖ refonte f. 23

wiedererhitzen (Met) ‖ to reheat ‖ réchauffer. 24

Wiedergabe f. von Abbildungen ist ohne Zustimmung nicht gestattet ‖ reproduction of illustrations is subject to the consent of ... ‖ il est interdit de reproduire des figures fpl. sans consentement. 25

Wieder-gabestein m. (Diktiermaschine) ‖ reproducing stone ‖ pierre f. de réception. **a) ~gesetztes** n. (Buchdr) ‖ recomposition ‖ récomposition f. 26

wiedergewinnen (Chem) ‖ to recover ‖ récupérer. 27

Wieder-gewinnung f. (Chem) ‖ recovery ‖ récupération f. **a) ~gewinnungsanlage** f. (Chem) ‖ recovering plant ‖ installation f. de récupération. 28

wiederherstellen ‖ to restore ‖ restaurer. 29

Wieder-herstellung f. von Kunstwerken ‖ repairing of works of art ‖ restauration f. d'objets d'art. **a) ~herstellungskosten** pl. ‖ cost of renovation ‖ frais mpl. de réparation. 30

Wieder-holtaste f. (Schreibm) ‖ repeat key ‖ touche f. de répétition. **a) ~holung** f. (Web) ‖ repeating; round of pattern ‖ répétition f. *ou* rapport m. du dessin. 31

Wiederholungs-fall m., **im ~e** ‖ in case of recidivation *or* repetition ‖ en cas m. de récidive. **a) ~kreis** m. (Feldm) ‖ repeating circle ‖ cercle m. répétiteur. **b) ~verfahren** n. ‖ repeating method ‖ méthode f. de répétition. 32

wiederinstandsetzen ‖ to refit ‖ réparer. 33

Wiederinstandsetzung f. ‖ refitment ‖ réparation f. 34

wiederkehren, gleichförmig **~de** Bewegung f. ‖ periodical uniform motion ‖ mouvement m. périodiquement uniforme. 35

Wiederverkaufspreis m. ‖ retail-price ‖ prix m. de revente. 36

wiederzusammenbauen ‖ to reassemble ‖ remonter. 37

Wiege f. ‖ cradle ‖ berceau m. **a) Kipp~** ‖ tipping cradle ‖ berceau m. basculeur. **b) muffenartige** ~ ‖ cradle assuming the shape of a sleeve ‖ berceau m. servant de manchons. **c) Pendel~** ‖ swing bolster ‖ balancier m. transversal. **d) Stahlguß~** ‖ cast-steel cradle ‖ balancier m. en acier moulé. 38

Wiege-balken m., **gepreßter** ‖ pressed movable beam ‖ traverse f. mobile emboutie. **a) ~maschine** f. ‖ weighing machine ‖ bascule f. **b) ~meister** m. ‖ weigher; weighman ‖ peseur m. **c) ~messer** n. ‖ mincing knife ‖ hachoir m. 39

wiegen ‖ to weigh ‖ peser. 40

wiegenartiges Zapfenlager n. ‖ V-shaped bearing ‖ palier m. angulaire *ou* en berceau. 41

Wiegen-druck m. ‖ incunable ‖ incunable m. **a) ~kipper** m. ‖ cradle tip wagon ‖ wagonnet m. à berceaux de versement. 42

Wieger m. ‖ weigher ‖ peseur m. 43

Wiege-träger m. (Eisenb) ‖ movable beam ‖ traverse f. mobile. **a) ~vorrichtung** f. ‖

weighing device || dispositif m. de pesage. 1
Wiener Brot n. || Vienna bread || pain m. viennois. **a) ~ Möbel** npl. || bent wood furniture || meubles mpl. en bois ployé. **b) ~ Putzkalk** m. || Vienna polishing lime *or* chalk || chaux f. de Vienne à polir. 2
Wiese f. || meadow || pré m. 3
Wiesen-boden m. || meadow land *or* ground; green field (A) || sol m. de prairie. **a) ~erz** n. || meadow *or* swamp ore; bog-iron ore || limonite f.; mine f. de fer à fleur de terre; mine f. de marais. **b) ~kalk** m. || chalky soil || chaux f. de prairie. **c) ~wächter** m. || grass keeper || gardien m. d'herbages. **d) ~wirt** m. || grazier; pastoralist; rancher || herbager m. 4
Wild n. || game || gibier m. **a) ~bach** m. || torrent || torrent m. **b) ~bachverbauung** f. || damming of torrents; torrent works pl. || correction f. des torrents; défenses fpl. contre les torrents. **c) ~dieb** m. *s.* Wilderer. 5
Wilderer m. || poacher || braconnier m. 6
Wild-handlung f. || game shop || magasin m. de gibier. **a) ~holz** n. || refuse-wood || bois m. de rebut. **b) ~knecht** m. || game carrier || porte-carnier m.; porte-gibier m. 7
Wildleder n. || chamois leather || peau f. de chamois. **a) ~handschuh** m. || glove of deerskin || gant m. en peau de daim. **b) ~imitation** f. || deerskin imitation || imitation f. de peau de daim. 8
Wild-pret n. || game || gibier m. **a) ~schweinsborste** f. || wild boar's bristle || soie f. de sanglier. **b) ~treiber** m. || beater; beater-up || rabatteur m. **c) ~wasser** n. || torrent || torrent m. 9
Wiltonteppich m. || Wilton carpet; cut pile carpet || mouette f. veloutée; tapis m. de Tournai. 10
wimmerig (Holz) || upset || à fibres fpl. tordues. **a) ~er Wuchs** m. || wavy fibred growth || croissance f. ondulée; ondulation f. des fibres. 11
Wind m. (Met) || blast || air m. **a) ~** (Wetter) || wind; breeze || vent m.; brise f. **b) Ab~** || descending *or* downward *or* down (A) current || vent m. descendant; courant m. d'air descendant. **c) den ~ abstellen** || to disconnect the blast; to shut off the draft (A) || arrêter le vent. **d) am ~e** (Schiff) || on a wind; by the wind; on a bowline || près du vent m. **e) an den ~ gehen** (Seew) || to haul the wind || serrer le vent. **f) Auf~** || up wind; up current of air (A) || courant m. d'air ascendant. **g) Aufeinanderfolge** f. der **~e** mpl. || succession f. of the winds || suite f. des vents. **h) Berg~** || mountain wind *or* breeze || brise f. *ou* vent m. de montagne. **i) Boden~** || ground wind; wind on the earth surface || vent m. au sol. **k) dicht** an den **~** halten (Seew) || to keep *or* to steer the wind; to go close to the wind; to hug the wind close || tenir le lof *ou* le vent; gouverner au plus près le vent. **l) der ~ dreht** || the wind turns || le vent m. tourne. **m) dem ~** ausgesetzte **Fläche** f. || wind area || aire f. sous pression de vent. **n) frischer ~** || fresh breeze || jolie brise f. **o) Gang m.** des **~es** || course of the wind || marche f. du vent. **p) Gebläse~** || blast || vent m. de la soufflerie. **q) harter ~** || moderate gale || forte brise f. **r) Haupt~** || principal wind || vent m. dominant. **s) heißer ~** (Met) || hot blast || air m. chaud. **t) kalter ~** (Met) || cold blast || air m. froid. **u) Land~** || land wind || vent m. de terre. **v) leichter ~** || light breeze || légère brise f. **w) mäßiger ~** || moderate breeze || brise f. modérée. **x) mit** dem **~e** || down the wind || avec le vent. **y) Nacht~** || night wind || vent m. de nuit. **z) Normalstoß** m. des **~es** || normal wind pressure || poussée f. normale du vent. 12
a) schwacher ~ || gentle breeze || petite brise f. **b) starker ~** || strong breeze || bonne brise f. **c) stürmischer ~** || fresh gale || vent m. frais. **d) Tal~** || valley wind *or* breeze || brise f. *ou* vent m. de vallée. **e) treibende** Wirkung des **~es** || driving force of the wind || poussée f. du vent. **f) trockener ~** || dry wind || vent m. sec. **g) ungünstiger ~** || foul wind || vent m. contraire. **h) vorherrschender ~** || prevailing *or* prevalent wind || vent m. dominant. **i) Zurückspringen** n. des **~es** || backing of the wind || rebroussement m. du vent. 13
Wind-ablenkung f. durch das Gebirge || deflection of the wind by mountains || déviation f. du vent par les montagnes. **a) ~angriffsfläche** f. || wind surface || surface f. frappée par le vent. **b) ~anker** m. (el Leit) || transversal stay || hauban m. de consolidation perpendiculaire à la ligne. **c) ~anker** m. (Pont) || anchor down the stream || ancre f. d'aval. **d) ~antrieb** m. || impeller drive || commande f. par moulinet à vent. **e) ~anzeiger** m., **beleuchteter** || illuminated wind indicator || indicateur m. de vent éclairé. **f) ~ausnutzung** f. || utilization of the wind || utilisation f. du vent. **g) ~bahn** f. || wind course || trajet m. du vent. **h) ~belastung** f. || load due to wind pressure || charge f. due à la poussée du vent. **i) ~bewegung** f. || motion of the wind; wind movement || mouvement m. de vent; déplacement m. du vent. **k) ~brett** n. (Windmühle) || wind board || planche f. du bord. **l) ~bruch** m. || windbreak; windfall; rolled timber || volis m.; bois m. chablis. **m) ~büchse** f. || wind gun || fusil m. à vent. **n) ~charakter** m. || character of the wind || caractère m. du vent. **o) ~dichtigkeit** f. || density of wind || densité f. du vent. 14
Winddruck m. || wind pressure || pression f. *ou* poussée f. de vent. **a) Beanspruchung** f. auf Biegung durch den **~** || bending stress by wind pressure || effort m. de flexion par la poussée du vent. **b) ~** auf ebene **Flächen** || wind pressure on plane surfaces || pression f. du vent sur des surfaces planes. 15
Winddruckmesser m. || air pressure recorder || enregistreur m. de la pression d'air. 16
Winde f. (Masch) || winch; windlass || treuil m.; cric m. **a) Acker~** || field winch || treuil m. de labourage. **b) Anker~** || donkey winch || treuil m. à désancrer. **c) Aufzugs~** || lifting jack || monte-charge m. à main. **d) Bau~** || winch || engin m.; chèvre f. **e) Faß~** || cask hoist *or* windlass || monte-fûts m.; treuil m. à fûts. **f) Friktions~** || friction winch *or* windlass || treuil m. à friction. **g) Gichtglocken~** || throat stopper winch || treuil m. de manœuvre pour cloches à gueulard. **h) Gleishebe~** || rail lifting jack || treuil m. pour soulever les rails. **i) ~** für **Hand-** und **Kraftbetrieb** || winch for hand and motor drive || treuil m. *ou* cric m. à main et à force motrice. **k) Hebe~** || lifting jack || cric m. de levage. **l) hydraulische ~** || hydraulic windlass || treuil m. hydraulique. **m) Katzen~** || crab winch || treuil m. à chariot roulant. **n) Kraftwagen~** || (lifting) jack; auto lifter; windlass for motor cars || lève-roue m.; lève-auto m.; cric m. pour automobiles. **o) Lade~** (Schiff) || loading hoist || treuil m. d'embarquement. **p) Lauf~** || travelling winch *or* hoist || treuil m. roulant. **q) Motor~** || motor hoist || treuil m. à moteur. **r) Schiffs~** || windlass || guindeau m. **s) Schneckenrad~** || winch with worm gear || treuil m. à vis sans fin. **t) Speicher~** || store-room windlass; warehouse hoist || treuil m. de magasin. 17
Windekraft f. am Löffel (Bagger) || hoisting power at dipper || effort m. de levage au godet. 18
Windeisen n. (Fenster) || window fastening; iron window bar || armature f. de vitrage; vitrière f. **a) ~** (Masch) || stocks pl. and dies pl. || tourne-à-gauche m. 19
Windelektrizitätswerk n. || wind driven electric power station || centrale f. aéro-électrique. 20
Windemaschine f. für Spinnereien || winding machine for spinning mills || peloteuse f. pour filatures. 21
winden (Seew) || to heave in || virer. 22
Winden-bock m. || lifting jack || vérin m. *ou* cric m. de levage. **a) ~gehäuse** n. || winch *or* windlass housing || enveloppe f. de cric; bâti m. du treuil. **b) ~haus** n. || winch house; winch *or* windlass shed (A) || cabane f. *ou* cabine f. pour le treuil. **c) ~stock** m. (Masch) || rack bar of the jack || crémaillère f. du cric. **d) ~wagen** m. || winch wagon || chariot m. à treuil. 23
Winderhitzer m. (Met) || hot blast *or* blast heating apparatus || appareil m. à air chaud. **a) ~arbeiter** m. || air heater man || ouvrier m. de récupérateurs. 24
Wind-erhitzungsapparat m. *s.* Winderhitzer. **a) ~erzeugung** f., **zentrale** || central blast generation || production f. centrale de vent. 25
Winde-tau n. || winding rope || câble m. du treuil. **a) ~welle** f. (Windmühle) || winding shaft || arbre m. du treuil. 26
Windfahne f. || wind vane; weather flag || girouette f. 27
Windfang m. (Apparat) || governor fly || ailette f. de régulateur. **a) ~** (Bauw) || air hole *or* valve || évent m.; éventuose f.; éventoir m. **b) ~-schraube** f. || ventilator screw || vis f. du ventilateur. 28
windfangender Gegenstand m. || object which catches the wind || objet m. interceptant le vent. 29
Wind-fege f. (Müller) || air purifier || appareil-nettoyeur m. à air. **a) ~feuerung** f. || furnace under draught || four m. avec ventilateur. 30
Windflügel m. *s. auch* Ventilator || fan; ventilator || ventilateur m.; aile f. à vent. **a) ~** des **Kühlers** || radiator fan || ventilateur m. du radiateur. **b) ~** mit **Riemenantrieb** || belt driven fan || ventilateur m. commandé par courroie. **c) ~** mit **Zahnradantrieb** || gear driven

fan ‖ ventilateur m. commandé par engrenage. 1

Windflügel-blech n. ‖ fan blade ‖ ailette f. de ventilateur. **a) ~nabe** f. ‖ fan hub ‖ moyeu m. de ventilateur. **b) ~riemen** m. ‖ fan belt ‖ courroie f. de ventilateur. **c) ~riemenscheibe** f. ‖ fan driving pulley ‖ poulie f. de ventilateur. **d) ~stütze** f. ‖ fan support ‖ support m. de ventilateur. 2

Windform f. (Schmied; Met) ‖ tuyere; twyer ‖ tuyère f. (à vent). **a) geschlossene ~** ‖ closed twyer *or* tuyere ‖ tuyère f. fermée. **b) offene ~** ‖ open twyer *or* tuyere ‖ tuyère f. ouverte. 3

Wind-frischen n. ‖ converting; air refining ‖ affinage m. au vent *ou* par soufflage. **a) ~frischverfahren** n. ‖ converting-process ‖ procédé m. d'affinage au vent. 4

Windgeschwindigkeit f. ‖ wind velocity ‖ vitesse f. du vent. **a)** die ~ in **Metern** je Sekunde angeben ‖ to give *or* to express the wind velocity in meters per second ‖ exprimer la vitesse du vent en mètres par seconde. 5

Wind-geschwindigkeitsmesser m. ‖ wind gauge; anemometer ‖ anémomètre m.; anémotachomètre m. **a) ~gewölbe** n. (Hochofen) ‖ twyer arch ‖ voûte f. *ou* encorbellement m. *ou* arche f. des soufflets. **b) ~haube** f. (Seew) ‖ cowl ‖ pavillon m. aspirateur. **c) ~hindernis** n. ‖ object which catches the wind ‖ objet m. interceptant le vent. **d) ~hose** f. ‖ whirlwind ‖ tourbillon m. **e) ~kammer** f. (Mühle) ‖ air chamber ‖ chambre f. à air *ou* de soufflures. **f) ~kanal** m. (Luftf) ‖ wind tunnel ‖ soufflerie f. aérodynamique. **g) ~kanal** m. (Orgel) ‖ wind tube ‖ porte-vent m. **h) ~karte** f. ‖ wind chart ‖ carte f. des vents. **i) ~kasten** m. (Orgel) ‖ wind chest ‖ secret m.; sommier m. **k) ~kessel** m. ‖ air chamber *or* receiver *or* vessel; blast box *or* tank (A) ‖ réservoir m. à air; chopinette f. d'air; boîte f. à vent. **l) ~-klappe** f. (Bauw) ‖ air valve; wind valve ‖ ventau m.; éolipyle m. **m) ~klappe** f. (Blasebalg) ‖ clack valve ‖ soupape f. à clapet. **n) ~kraft** f. ‖ wind power ‖ force f. du vent. **o) ~kraftmaschine** f. ‖ wind power machine; windmotor ‖ moteur m. éolien *ou* atmosphérique *ou* à vent. **p) ~leitung** f. (Gebläse) ‖ blast pipe ‖ porte-vent m.; conduite f. d'air. 6

Windmesser m. ‖ anemometer; wind gauge; anemograph ‖ anémomètre m.; anémographe m. **a) Drehungs~** ‖ rotating anemometer ‖ anémomètre m. à rotation. **b) Flügelrad~** ‖ anemometer of windmill type ‖ anémomètre m. à ailettes. **c) Pendel~** ‖ pendulum anemometer ‖ anémomètre m. à pendule. **d) Schalenkreuz~** ‖ cup anemometer; anemometer of cup type ‖ anémomètre m. à ailes hémisphériques *ou* à moulinet. 7

Windmessung f. ‖ anemometry ‖ anémométrie f. **a) Boden~** ‖ measurement of wind near the ground ‖ mesure f. du vent au sol; mesure f. au sol de l'intensité du vent. **b) Höhen~** ‖ measurement of wind at high altitude ‖ mesure f. du vent en altitude *ou* à une certaine altitude. 8

Windmotor m. ‖ wind motor ‖ aéromoteur m.; moteur m. éolien *ou* à vent. **a) ~dynamomaschine** f. ‖ wind motor dynamo ‖ moteur m. à vent dynamoélectrique. 9

Windmühle f. ‖ wind mill ‖ moulin m. à vent. **a) freistehende ~** ‖ wind mill standing out *or* clear ‖ moulin m. à vent isolé. **b) holländische ~** ‖ Dutch wind mill; tower mill ‖ moulin m. à vent hollandais. **c) vierflügelige ~** ‖ wind mill with four sails *or* sweeps ‖ moulin m. à vent à quatre ailes. 10

Windmühlen-bauer m. ‖ windmill carpenter ‖ charpentier m. en moulins à vent. **a) ~flügel** m. ‖ vane ‖ aile f. d'un moulin à vent. **b) ~flugzeug** n. ‖ windmill aeroplane; autogiro ‖ autogyre m. 11

Wind-mulde f. ‖ hollow formed by wind ‖ lit m. creusé par le vent. **a) ~ofen** m. ‖ air *or* draught furnace ‖ fourneau m. à ventilateur. **b) ~pfeife** f. (Gußform) ‖ air *or* vent hole; air pipe ‖ évent m. **c) ~pressung** f. ‖ blast pressure ‖ pression f. du vent. 12

Windrad n. ‖ wind wheel ‖ roue f. éolienne. **a)** ~ mit **beweglichen** Flügeln ‖ wind wheel with movable sails ‖ roue f. éolienne à palettes mobiles. **b)** ~ mit **festen Flügeln** ‖ wind wheel with rigid sails ‖ roue f. éolienne à palettes fixes. **c)** ~ mit **radialen Flügeln** ‖ wind wheel with radial sails ‖ roue f. éolienne à palettes radiales. **d)** ~ mit **senkrechter Radscheibe** ‖ wind wheel with vertical wheel disc ‖ roue éolienne avec disque vertical. **e)** ~ mit **wagerechter Radscheibe** ‖ wind wheel with horizontal wheel disc ‖ roue f. éolienne avec disque horizontal. 13

Windrad-anemograf m. ‖ fan wheel *or* wind wheel anemograph; rotating wheel *or* wind vane anemograph (A) ‖ anémographe m. à moulinet. **a) ~sockel** m. ‖ sole plate of wind wheel ‖ socle m. de fondation de la roue éolienne. **b) ~zylinder** m. ‖ wind wheel drum ‖ embase f. cylindrique de la roue éolienne. 14

Windrichtung f. ‖ direction of wind; wind's eye ‖ direction f. *ou* épi m. du vent. **a) freie ~** ‖ free wind direction ‖ direction f. libre du vent. **b) senkrecht** zur ~ ‖ perpendicular to wind direction ‖ normal à la direction du vent. **c) vorherrschende ~** ‖ prevailing direction of wind ‖ direction f. dominante du vent. 15

Wind-riß m. ‖ crack; flaw ‖ gerçure f. **a) ~rose** f. ‖ compass card; dial card ‖ rose f. des vents *ou* au compas. **b) ~rosensteuerung** f. ‖ wind governor controlling gear ‖ dispositif m. de réglage par le régulateur à vent. **c) ~schacht** m. ‖ air shaft ‖ avaleresse f. **d) ~schatten** m. ‖ lee shelter; lee side (A) ‖ ombre f. du vent; aire f. abritée du vent. **e) ~scheibe** f. ‖ front shield; wind screen ‖ paravent m.; pare-brise m. **f) ~schieber** m. (Gieß; Schmied; Met) ‖ blast valve ‖ vanne f. à air. 16

windschief ‖ warped; skew ‖ dévers; déjeté; oblique à travers. **a)** ~ (Holz) ‖ back-sided ‖ gauche; oblique. **b) ~e Fläche** f. ‖ skew surface ‖ surface f. gauche. 17

Windschirm m. ‖ wind screen ‖ paravent m. **a)** ~ eines **Hochofens** ‖ wind screen of a blast furnace ‖ brise-vent m. du haut-fourneau. 18

windschnittig verkleidet, der Motor ist ~ eingebaut ‖ the engine is mounted in a stream-lined cowling ‖ le moteur est revêtu d'un capot encastré à lignes fuyantes. 19

Windschutz m. ‖ front shield; wind screen *or* guard ‖ paravent m.; pare-brise m. **a) ~kappe** f. ‖ wind cap ‖ chapeau m. paravent. 20

Windschutzscheibe f. ‖ front shield; wind screen; wind guard ‖ paravent m.; pare-brise m.; glace f. pare-brise. **a)** ~ für die **Hintersitze** ‖ backshield ‖ pare-brise m. pour les places arrières. **b) seitliche ~** ‖ side wing ‖ pare-brise m. de côté. 21

Wind-seite f. ‖ weather side ‖ côté m. du vent. **a) ~sichter** m. ‖ wind sifter; air separator ‖ séparateur m. à vent *ou* à air. **b) ~sichtmaschine** f. ‖ wind sifting machine ‖ cribleur m. *ou* sélecteur m. à air. **c) ~stärke** f. ‖ intensity *or* force of wind ‖ intensité f. *ou* force f. du vent. **d)** die **~stärke** f. **messen** ‖ to measure the force of the wind ‖ mesurer la force *ou* l'intensité du vent. **e) ~stein** m. (Met) ‖ blast stone ‖ contre-vent m. **f) ~stille** f. ‖ calm; still air ‖ calme m.; vent m. nul. **g) ~stille** f., **vollständige** ‖ dead calm ‖ calme m. plat. **h) ~stoß** m. ‖ blast of wind ‖ bouffée f. de vent. **i) ~strahl** m. ‖ wind jet ‖ jet m. de vent. **k) ~strebe** f. ‖ wind brace ‖ hauban m. **l) ~strich** m. (Seew) ‖ rhumb point ‖ aire f. de vent; rhumb m. **m) ~strom** m. ‖ wind stream ‖ courant m. de vent. **n) ~transport** m. ‖ transport by wind ‖ transport m. éolien *ou* par le vent. 22

Windturbine f. ‖ wind turbine ‖ turbine f. aérienne *ou* à vent. **a) Selbstregelung** f. der ~ ‖ automatic regulation of the wind turbine ‖ régulation f. automatique de la turbine aérienne. 23

Windung f. (Kurve) ‖ turn ‖ tour m. **a) gegenläufige ~** (Elektr) ‖ coil in opposite direction ‖ enroulement m. en sens inverse. **b) Straße** f. in **~en** ‖ ribbon road ‖ route f. en lacets. 24

Windungs-kapazität f. einer Spule ‖ internal capacity of a coil ‖ capacité f. entre les enroulements d'une bobine. **a) ~zahl** f. (Elektr) ‖ number of windings ‖ nombre m. de spires *ou* d'enroulements. 25

Wind-verband m. (Bauw) ‖ wind bracing ‖ contreventement m. **a) ~verkreuzung** f. (Brückenb) ‖ cross *or* transverse bracing ‖ contreventement m. *ou* cours m. d'entretoises. **b) ~versteifung** f. (Bauw) *s.* Windverband. 26

windwärts ‖ windward ‖ au vent m. 27

Windwerk n. (Hebewerk) ‖ lifting *or* winding gear ‖ mécanisme m. de levage; rouage m. **a) Löffelbagger~** ‖ winding mecanism of the shovel ‖ mécanisme m. de treuil de la pelle. 28

Wind-widerstand m. ‖ wind resistance ‖ résistance f. au vent. **a) ~wolke** f. ‖ wind cloud ‖ nuage m. venteux. **b) ~zeiger** m. ‖ anemoscope ‖ anémoscope m. 29

Winkel m. (Ecke) ‖ corner ‖ coin m. **a)** ~ (Geom) ‖ angle ‖ angle m. **b)** ~ (Winkeleisen) ‖ angle bar *or* iron ‖ cornière f. **c)** ~ (Zeichendreieck) ‖ square; triangle ‖ équerre f.; triangle m. **d) abgestumpfter ~** (Bauw) ‖ cut-off angle ‖ pan m. coupé. **e) Abweichungs~** ‖ angle of declination ‖ angle m. de déclinaison. **f) Anstell~** ‖ angle of incidence ‖ angle m. d'incidence. **g) Augen~** ‖ angle of the eye ‖ angle m. de l'œil. **h) Blick~** ‖ angle of view ‖ angle m. de regard. **i) brechender ~** (Optik) ‖ refracting angle ‖ angle m. réfringent. **k)** den ~ im **Bogenmaß**

messen || to measure the angle in circular measure of arc *or* in radians (A) || mesurer l'angle en mesure d'arc. **l) einspringender ~** (Bauw) || corner notch; re-entering angle || encoignure f.; pli m. d'un comble. **m) eiserner ~** || iron knee || équerre f. en fer. **n) Erhebungs~** || angle of elevation || angle m. de hauteur. **o) gemessener ~** || measured angle || angle m. mesuré. **p) im rechten ~** (Math) || at right angle || à angle m. droit. **q) innerer ~** || internal angle || angle m. interne *ou* intérieur. **r) Kipp~** || tipping angle || angle m. de bascule. **s) Konvergenz~** || angle of convergence || angle m. de convergence. **t) Öffnungs~** (Opt) || aperture angle || angle m. d'ouverture. **u) optischer ~** || optic *or* visual angle || angle m. optique *ou* visuel. **v) räumlicher ~** || solid angle; steradian || angle m. solide; stéradian m. **w) rechter ~** || right angle || angle m. droit. **x) schiefer ~** || oblique angle || angle m. oblique. **y) Schnitt~** || angle of intersection || angle m. suivant lequel deux droites se coupent. **z) sphärischer ~** || spherical angle || angle m. sphérique. 1

a) spitzer ~ || acute angle || angle m. aigu. **b) stumpfer ~** || obtuse angle || angle m. obtus. **c) toter ~** || dead angle || angle m. mort. **d) den ~ in Winkelsekunden** ausdrücken || to express the angle in seconds of angle || exprimer l'angle en secondes d'angle. **e) ein ~ von ca. x Grad** || an angle of about x degrees || un angle m. voisin de x degrés. 2

Winkel-abweichung f. || angular deviation *or* variation || déviation f. angulaire. **a) ~-antrieb** m. || angle *or* bell-crank drive || commande f. (à équerre *ou*) par engrenage d'angle. **b) ~band** n. || angle hinge || équerre f.; ferrure f. angulaire. **c) ~beschleunigung** f. || angular acceleration || accélération f. angulaire. **d) ~bewegung** f. || angular motion || mouvement m. angulaire. **e) ~blech** n. || angle sheet iron || tôle f. en angle. **f) ~buch** n. (Vermessung) || field book for calculations || carnet m. de calculs d'arpentage. **g) ~dispersion** f. || angular dispersion || dispersion f. à angle. 3

Winkeleisen n. || angle *or* corner iron; angle bar || fer m. cornière *ou* d'angle; cornière f. **a) gleichschenkliges ~** || sectionals pl. with equal sides || cornière f. à ailes égales. **b) ungleichschenkliges ~** || unequal angle iron || cornière f. à ailes inégales. 4

Winkeleisen-biegemaschine f. || angle iron bending machine || machine f. à cintrer les cornières. **a) ~führung** f. || angle iron guide || guidage m. par cornières. **b) ~-ring** m. || angle iron hoop || anneau m. de cornière. **c) ~schere** f. || angle iron shears pl. || cisaille f. à cornières. 5

Winkel-feder f. || cock spring || ressort m. à chien. **a) ~flansch** m. || angle flange || bride f. angulaire *ou* à cornières. 6

winkelförmig || angular || angulaire. 7

Winkel-fräser m. || angular cutter || fraise f. angulaire. **a) ~funktion** f. || circular function || fonction f. circulaire. **b) ~-geschwindigkeit** f. || angular velocity || vitesse f. *ou* vélocité f. angulaire. **c) ~-geschwindigkeit** f., **Veränderung** f. der || angular speed variation || variation f. de la vitesse angulaire. **d) ~getriebe** n. || mitre wheel gearing; mitre gear (A) || engrenage m. d'angle. **e) ~haken** m. (Buchdr) || composing stick || composteur m. **f) ~haken** m. für **Durchhangsregelung** (el Leit) || square for sag regulation || équerre f. pour le réglage des fils. **g) ~hebel** m. || angle *or* elbow *or* crooked *or* knee lever || coude m. pliant; levier m. coudé *ou* courbé. 8

winkelig || angular; angulated; cornered || angulaire; angulé. 9

Winkel-knie n. || square *or* lodging knee || courbe f. horizontale *ou* d'équerre. **a) ~konsole** f. || angle bracket || équerre f.; support m. en cornière. **b) ~kran** m. || angle crane || grue f. à support angulaire. **c) ~lasche** f. (Eisenb) || angular fish plate; bracket joint || éclisse f. cornière. **d) ~maß** n. (Tischl; Zimm) || joint hook; square || réglet m. du menuisier; règle-équerre. **e) ~maß** n. einer **Leitung** (Fernm) || phase constant || déphasage m. **f) ~messer** m. (Feldm; Zeichn) || angulometer; goniometer; angle gauge || graphomètre m.; goniomètre m. **g) ~-messer** m. für **konvergierende Winkel** || convergence angle gauge || appareil m. pour mesurer l'angle de convergence. **h) ~meßgerät** n. || angle measuring instrument || instrument m. à mesurer les angles. 10

winkeln, einen Stein m. || to square an ashlar || équarrir une pierre. 11

Winkel-prisma n. || prismatic square; rectangular prism || équerre f. à prisme. **a) ~rad** n. || angle *or* bevel wheel || roue f. d'angle. **b) ~rahmen** m. mit scharfen und runden Ecken || angle frame with sharp and round corners || châssis m. en cornière à coins aigus et arrondis. 12

winkelrecht || rectangular; right angled || orthogonal; orthogonal; rectangulaire. 13

Winkel-ring m. || angle ring || anneau m. de cornière. **a)** den Winkel in **~sekunden** fpl. ausdrücken || to express the angle in seconds of angle || exprimer l'angle en secondes d'angle. **b) ~spant** n. || square rib || couple m. carré. **c) ~spiegel** m. (Feldm) || optical square; sextant || goniomètre m. à réflecteur; sextant m. **d) ~stahlschiene** f. || angle steel bar || traverse f. en cornière d'acier. **e) ~stoß** m. || corner joint || joint m. angulaire. **f) ~-streichmaß** n. (Tischl) || scribing block || trusquin m. à équerre. **g) ~stütze** f. || supporting angle piece; bracket || équerre f. de support; ferrure f. à console. **h) ~-thermometer** n. || bent thermometer || thermomètre m. coudé. **i) ~tisch** m. (Werkzeugmasch) || knee; angle table || console f. de table. **k) ~verschiebung** f. || angular displacement || déplacement m. angulaire. **l) ~voreilung** f. || angular advance || avancement m. angulaire. **m)** den **~wert** m. ablesen || to read off the angle || lire la valeur de l'angle. **n) ~zahn** m. || herringbone tooth; double helical tooth; V-shaped tooth || dent m. à chevron *ou* en V. **o) ~zahngetriebe** n. || double helical gear || engrenage m. à double chevron. **p) ~zahnrad** n. || herring-bone wheel || roue f. à denture à chevrons. 14

Winter-bier n. || winter beer || bière f. d'hiver. **a) ~deich** m. || main dike || digue f. insubmersible. **b) ~gerste** f. || winter barley || escourgeon m.; orge f. d'hiver; orge f. semée en automne. **c) ~hafen** m. (Seew) || winterquarters pl.; harbour for the winter || port m. d'hivernage. **d) ~-hafen** m. eines **Flusses** || harbour of refuge on a river || port m. de refuge d'une rivière. 15

wintern (Ziegel) || to season in winter || conserver pendant l'hiver. 16

Winter-sonnenwende f. || winter solstice || solstice m. d'hiver. **a) ~sportartikel** m. || winter sport article || article m. pour les sports d'hiver. 17

Winzer m. (Besitzer) || vine dresser || vigneron m. **a) ~** (Traubenleser) || vintager; grape gatherer *or* picker || vendangeur m. **b) ~hippe** f. || vine bill || serpe f. pour vigne. **c) ~maschine** f. || vintager's machine || machine f. pour viticulteurs. **d) ~messer** n. || vine knife || serpette f. **e) ~pfahl** m. || vine prop *or* stake || échalas m. 18

Wipp-ausleger m. || (level) luffing jib || flèche f. articulée. **a) ~brücke** f. mit veränderlichem Gegengewicht || balance bridge with variable counter poise || pont-levis m. à contre-poids variable. 19

Wippe f. || swipe *or* balance frame || bascule f. à fléau; flèche f. **a) ~** (Elektr) || tumbler switch; rocking commutator || commutateur m. à bascule; basculeur m. **b) ~** (Seew) || whip || cartahu m. **c) ~** (Stecknadelfertigung) || header || tétoir m. 20

Wippenausleger m. || luffing jib || flèche f. relevable. 21

Wipper m. (Aufber) || whipper; tumbler; tipper || culbuteur m. **a)** fahrbarer **Kreisel~** || rotary tipper on wheels || culbuteur m. basculant sur roues. **b) Kreisel~** für **Grubenwagen** m. || rotary tipper for trams || culbuteur m. basculant pour wagonnets de mine. 22

Wipperbühne f. || tippler floor || plancher m. du culbuteur. 23

Wippkran m. || luffing *or* whipping crane || grue f. à portée variable. **a) Schwimm~** || floating (level) luffing crane || grue f. flottante à volée variable. 24

Wipp-säge f. || jig saw || scie f. à pédale. **a) ~tisch** m. (Walzw) || tipping table || table f. basculante; releveur m. à rouleaux. **b) ~tischanlage** f. || tipping table installation || installation f. de table basculante. **c) ~vorrichtung** f. (Schreibm) || tilting device || dispositif m. basculant. 25

Wirbel m. (Anatom) || vertebra || vertèbre f. **a) ~** (Drehbewegung) || whirl; twirl; rotation; curl; gyration || tournoiement m.; tourbillonnement m.; tourbillon m. **b) ~** (am Fenster) || (basquill) bolt; button; fastener || tourniquet m.; crémone f. **c) ~** (an Musikinstrumenten) || peg || cheville f. **d) Luft~** || air eddy *or* whirl *or* vortex || tourbillon m. *ou* remous m. d'air. **e) Rauch~** || wreath *or* curl of smoke || tourbillon m. de fumée. **f) Wasser~** || eddy; whirlpool; vortex || tournant m.; remous m. 26

Wirbel-achse f. || axis of eddy *or* vortex || axe m. du tourbillon. **a) ~bewegung** f. || vortex motion; turbulent movement || mouvement m. tourbillonnaire. **b) ~-drechsler** m. || peg turner || tourneur m. de chevilles. **c) ~haken** m. || swivel hook || croc m. à émerillon. **d) ~kern** m. || vortex core *or* centre || noyau m. de tourbillon; partie f. centrale du tourbillon. 27

wirbellos || free from eddies; non-vortical || sans remous; sans tourbillons. 1

wirbeln || to whirl || tourbillonner. 2

Wirbelstrom m. (Wasser) || whirlpool || tournant m. d'eau. **a)** ~ (Elektr) || eddy current || courant m. parasite; courant m. de Foucault. **b) ~bremse** f. || eddy current brake || frein m. à courants parasites. **c) ~bremsung** f. || eddy current braking || freinage m. à courants parasites. **d) ~verlust** m. || eddy current loss || perte f. par courants de Foucault. 3

Wirbel-stück n. des Erdbohrers || stirrup of the boring apparatus || tête f. de sonde. **a) ~wind** m. || whirlwind || tourbillon m. **b) ~zone** f. || zone of eddies || zone f. de remous *ou* de tourbillons. 4

Wirkeisen n. (Hufschmied) || searcher || rainette f. 5

wirkend, doppelt || double acting || à double effet m. **a) einfach ~** || single acting || à simple action f. **b) entgegengesetzt ~** || oppositely acting || agissant en sens contraire. 6

Wirkerei f. || frame work knitting; hosiery || bonneterie f. **a) Trikot~** || tricot weaving mill || atelier m. de tissage de tricots. **b) ~schule** f. || hosiery school || école f. de bonneterie. 7

Wirkerzange f. || stockinger's pliers pl. || pince f. de bonnetier. 8

Wirkladen m. (Web) || embossing batten || battant-brocheur m. 9

Wirkleistung f. (Elektr) || real power || puissance f. réelle. **a)** Schreibgerät n. zur **Aufzeichnung** der ~ || recorder for registering active volt-amperes || enregistreur m. de puissance active. 10

Wirkleitwert m. (Elektr) || conductance || conductance f. 11

wirklich || actual || actuel; réel. 12

Wirkmaschine f. || knitting *or* weaving frame; hosiery machine || métier m. rectiligne *ou* à tricot; machine f. à bonneterie *ou* à mailler. **a) Rund~** || tubular hosiery mill; circular spring needle machine || métier m. à tricotage circulaire; métier m. circulaire à tricot. **b) Teig~** || dough moulding machine || machine f. à rouler la pâte; rouleuse f. de la pâte. 13

Wirk- und Strickmaschine f. || stitched stuff and knitting machine || machine f. à mailler et à tricoter. 14

Wirkmaschinen-fabrik f. || hosiery machine works pl. || fabrique f. de machines à bonneteries. **a) ~industrie** f. || weaving machine industry || industrie f. des machines à mailler. 15

Wirkmesser n. (Hufschm) || buttress || paroir m. 16

wirksam || effective || effectif. **a) ~e Masse** f. (Akk) || active mass || matière f. active. 17

Wirksamkeit f. || activity; efficiency || activité f.; efficacité f. 18

Wirkstoff m. aus **Seide** || knit *or* woven tissue from silk || tissu m. de bonneterie en soie. 19

Wirkstuhl m. || knitting frame || métier m. à tricot. **a) mechanischer ~** || self-acting knitting frame || métier m. à tricot mécanique. **b)** auf dem ~ **hergestellte** Waren fpl. || goods pl. manufactured on the loom || articles mpl. fabriqués sur le métier à bonneterie. 20

Wirkstuhlvorrichter m. || knitting frame fitter || serrurier m. en métiers de bonneterie. 21

Wirktapete f. || woven tapestry || tapisserie f. tissée. 22

Wirkung || action || action f. **a) absorbierende ~** || absorbing effect || action f. absorbante. **b) in ~ setzen** || to make effective || mettre en fonction f. **c) Prinzip** n. der ~ und **Gegenwirkung** || principle of action and reaction || principe m. de l'action et de la réaction. **d) schwächste ~** || weakest effect || effet m. minimum. **e) stärkste ~** || strongest effect || effet m. maximum. **f) tatsächliche ~** || positive action || action f. matérielle *ou* effective. **g) vergrößernde ~** || magnifying effect || action f. grossissante; effet m. grossissant. 23

Wirkungsgrad m. (Chem) || strength || force f. **a)** ~ (Masch) || efficiency || rendement m. **b) guter thermischer ~** || high thermal efficiency || rendement m. thermique élevé. **c) idealer ~** || ideal efficiency || rendement m. idéal. **d)** ~ des **Kessels** || efficiency of boiler || rendement m. global de la chaudière. **e) mechanischer ~** || mechanical efficiency || rendement m. mécanique. **f)** ~ von **Mikrofonen** || efficiency of transmitters || rendement m. de microphones. **g) thermischer ~** || thermal efficiency || rendement m. thermique. **h) Verbesserung** f. des ~es um x auf y % || increase of efficiency by x to y % || augmentation f. du rendement de x à y %. **i)** ~ einschließlich **Zahnradverlust** || efficiency including gear losses || rendement m. *ou* effet m. utile y inclus la perte par friction de l'engrenage. 24

Wirkungsgradbestimmung f. || efficiency test || détermination f. de rendement. 25

Wirkungskreis m. || sphere of action || sphère f. d'action. 26

Wirkungsweise f. || manner of action || manière f. de l'action; mode f. de fonctionnement. 27

Wirkwaren fpl. || hosiery; woven goods pl. || bonneterie f.; tissus mpl. à maille. **a) zugeschnittene ~** || cut hosiery || bonneterie f. confectionnée. 28

Wirk- und Strickwaren fpl. || woven and knitted goods pl. || tricotages mpl. 29

Wirkwaren-fertigung f. || hosiery manufacture || fabrication f. de bonneterie. **a) ~presserei** f. || hosiery pressing || catissage m. de bonneterie. **b) ~walke** f. (Tätigkeit) || hosiery fulling || foulage m. de bonneterie. 30

Wirk-wert m. (Elektr) || effective *or* real component || composante f. effective *ou* réelle. **a) ~widerstand** m. (Elektr) || effective *or* actual resistance || résistance f. effective. 31

Wirrseide f. || flock silk || bourre f. de soie. 32

Wirrwarr m. || confusion || confusion f. 33

Wirtel m. (Spinn) || whirl || peson m. 34

wirtschaftlich || commercial; economical || économique. **a) ~e Ausnutzung** f. || economical utilization || utilisation f. économique. **b) ~er Gesichtspunkt** m. || economic point of view || point m. de vue économique. **c) ~e Herstellung** f. || economical production || fabrication f. économique. 35

Wirtschaftlichkeit f. || economy || économie f. 36

Wirtschaftlichkeits-berechnung f. || calculation of economy || calcul m. de l'économie. **a) ~grenze** f. || economical limit || limite f. économique. 37

Wirtschafts-federwage f. || spring balance for the household || balance f. à ressort pour le ménage. **a) ~führung** f. || exploitation; management || exploitation f. **b) ~gebäude** n. (Landw) || farming building || bâtiment m. d'exploitation rurale. **c) ~gerät** n. || household implement || ustensile m. de ménage. **d) ~geschirr** n. || crockery || vaisselle f. (pour le ménage). **e) ~hof** m. || farm yard; base court || pailler m.; basse-cour f. **f) ~komitee** n. || economic committee || comité m. économique. **g) ~konferenz** f. || economic conference || conférence f. économique. **h) ~plan** m. || plan of management; economic plan || plan m. d'exploitation *ou* d'économie. **i) ~politik** f. || economic policy; economics pl. || politique f. économique. 38

wirtschaftspolitische Schwankung f. || economical fluctuation || variation f. économique. 39

Wirtschafts-verhältnisse npl., die verschiedenartigen ~ der einzelnen Länder || the economic conditions pl. varying from country to country || les conditions fpl. économiques qui varient d'un pays à l'autre. **a) ~wage** f. || kitchen balance *or* scales pl. || balance f. de cuisine. 40

Wirtshaus n. || inn || auberge m. 41

Wischer m. (Zeichn) || stump || estompe f. 42

Wischtuch n. || dish cloth; duster || torchon m. 43

Wismut n. || bismuth || bismuth m.; étain m. de glace; bismuthe m. **a) ~blende** f. || eulytine; eulytite; bismuth silicate || eulytine f.; bismuth m. silicaté; eulytite f. **b) ~erzbergwerk** n. || bismuth mine || mine f. de bismuth. **c) ~salz** n. || bismuth salt || sel m. de bismuth. **d) ~weiß** n. || bismuth sub-nitrate || blanc m. de fard *ou* de perle; sous-azotate m. de bismuth. 44

Wissenschaft f. || science || science f. 45

wissenschaftlich || scientific || scientifique. **a) ~er Apparat** m. || scientific apparatus || appareil m. scientifique. **b) ~e Arbeiten** fpl. || scientific work || travaux mpl. scientifiques. **c) ~e Forschungsarbeit** f. || scientific research || recherche f. scientifique. **d) ~es Instrument** n. || scientific instrument || instrument m. scientifique. **e) ~e Untersuchung** f. || scientific research || recherche f. scientifique. 46

Witterung f. || weather || atmosphère f. 47

Witterungs-schutz m. || weather protection || protection f. contre les intemperies. **a) ~umschlag** m. || sudden change of weather || changement m. subit *ou* vite du temps. **b) ~zustand** m. || weather condition || état m. du temps. 48

Wochenendtelegramm n. || weekend (letter) telegram || télégramme m. de fin de semaine. 49

Wochenlohn m. || weekly wages pl. || semaine f.; salaire m. de la semaine. 50

wöchentliche Arbeitszeit f. || weekly working hours pl. || temps m. de travail hebdomadaire. 51

Wöchnerinnenheim n. || lying-in hospital || maison f. d'accouchement. 52

Woge f. || wave || onde f.; lame f. 53

Wohlfahrt f. || welfare || bien-être m. 54

Wohlfahrtseinrichtung f. || welfare institution || institution f. patronale *ou* de salut public. 55

wohlfeil || cheap || à bon-marché. 1
Wohlfeilheit f. || cheapness || bon-marché m. 2
Wohlgeruch m., **natürlicher** || natural scent *or* perfume || parfum m. *ou* senteur f. naturelle. 3
wohlklingend || melodious; sweet-sounding; sonorous; euphonious || harmonieux; sonore; euphonique. 4
wohlriechend-es Benzin n. || perfumed benzine || benzine f. parfumée. **a) ~er Essig** m. || aromatic vinegar || vinaigre m. parfumé. **b) ~es Fett** n. || perfumed fat || graisse f. parfumée. **c) ~es Holz** n. || scented wood || bois m. odorant. **d) ~er Puder** m. || aromatic powder || poudre f. de senteur. **e) ~es Wasser** n. || scented water || eau f. parfumée. 5
Wohn-gebäude n. || habitation building || bâtiment m. d'habitation. **a) ~geschoß** n. || story || étage m. **b) ~haus** n. || dwelling house || maison f. d'habitation. 6
wohnlich || habitable; comfortable || comfortable; commode. 7
Wohn-raum m. || living *or* sitting room || chambre f. de famille. **a) ~siedlung** f. für Arbeiter || workmen's colony || cité ouvrière. 8
Wohnungs-anschluß m. (Fernm) || residence station || poste m. dans l'habitation de l'abonné. **a) ~einrichtung** f. || furniture || ameublement m. **b) ~installation** f. || lodging installation || installation f. des logements. **c) ~verhältnisse** npl. || housing conditions || conditions fpl. d'habitation. 9
Wohnwagen m. || dwelling carriage; caravan || voiture f. d'habitation; roulotte f. **a) Motor~** || motor caravan || maison f. mobile. 10
Wohnzimmer n. *s.* Wohnraum. 11
Woilach m. || saddle blanket || couverture f. en laine. 12
wölben (Bauw) || to vault || voûter. 13
Wölb-höhe f. einer Wölbung || rising of a vault || montée f. de voûte. **a) ~keil** m. (Bauk) || vaulting key; voussoir || brique f. de voûte; claveau m.; voussoir m. **b) ~pläner** m. || vaulting ragstone || moëllon m. en coupe. **c) ~richtscheit** n. (Maur) || vaulting ruler || échasse f. **d) ~ring** m. (Bauw) || upright shell || assise f. arquée debout. **e) ~stein** m., **verzahnter** || indented voussoir || voussoir m. dentelé. 14
Wölbung f. (der Außenfläche) || curvature; dishing || voussure f.; bombement m. **a) ~** (Gewölbe) || vault || voûte f. 15
Wölbungsradius m. || radius of dishing || rayon m. de bombement *ou* des fonds bombés. 16
Wolfer m. (Baumwolle) || willower; deviller || diableur m.; ouvrier m. de wellow. 17
Wolfrähm m. || ridge piece || patin m. de faîte. 18
Wolfram n. || wolfram(ium); tungsten || wolfram m.; tungstène m. **a) ~bergwerk** n. || tungsten mine || mine f. de tungstène. **b) ~bleierz** n. || tungstate of lead; scheelitine || plomb m. tungstaté; scheelitine f. **c) ~elektrode** f. || tungsten electrode || électrode f. en tungstène. **d) ~erz** n. || tungsten ore || minerai m. de tungstène. **e) ~faden** m. || tungsten filament || filament m. en tungstène. **f) ~gleichrichter** m. || tungsten rectifier || redresseur m. de tungstène. **g) ~grube** f. || wolfram mine || mine f. de wolfram. **h) ~lampe** f. || tungsten lamp || lampe f. au tungstène. **i) ~röhre** f. || tungsten filament valve || tube m. au tungstène. **k) ~salz** n. || tungsten salt; tungstate || tungstate m. **l) ~säure** f. || tungstic acid *or* ochre *or* monohydrate; tungsten ochre; wolframine || acide m. tungstique *ou* scheelique *ou* wolframique; ocre f. *ou* peroxyde m. de tungstène. **m) ~spezialstahl** m. || tungsten special steel || acier m. spécial au tungstène. 19
Wolframstahl m. || tungsten *or* wolfram steel || acier m. au tungstène. **a) ~** für **Dauermagnete** || tungsten steel for permanent magnets || acier m. au tungstène pour aimants permanents. 20
Wolfszahn m. (Säge) || gullet *or* briar tooth || dent-de-loup f.; dent f. à crochet. 21
Wolke f. || cloud || nuage m. **a) Böen~** || squall cloud || nuage m. de grain. **b) Zugrichtung** f. der **~n** || direction of the clouds' motion || direction f. du mouvement *ou* de la marche des nuages. 22
Wolken-bank f. || cloud bank || banc m. nuayeux. **a) ~elektrizität** f. || cloud electricity || électricité f. des nuages. 23
wolkenfreie Zone f. || cloudless zone || zone f. sans nuages. 24
Wolken-geschwindigkeit f. || cloud velocity || vitesse f. des nuages. **a) ~kratzer** m. || skyscraper || gratte-ciel m.; palais m. gigantesque. 25
wolkenlos || cloudless; without clouds || serein; sans nuages. 26
Wolken-messung f. || cloud measurement || mesure f. des nuages. **a) ~papier** n. || fleecy paper || papier m. pelucheux. **b) ~theodolit** m. || cloud theodolite || théodolite m. de nuages *ou* pour la mesure de la hauteur des nuages. **c) ~zone** f. || cloud zone; troposphere || zone f. de nuages; troposphère f. **d) ~zug** m. || cloud train *or* procession *or* motion || marche f. *ou* mouvement m. des nuages. 27
Woll-abfälle mpl. || wool waste || déchets mpl. *ou* bourre f. de laine. **a) ~atlas** m. || woollen satin || satin m. de laine; satin m. zéphyr. **b) ~aufbereitungsmaschine** f. || wool dressing machine || machine f. de préparation de la laine. **c) ~aufleger** m. || wool supplier || alimenteur m. de laine. **d) ~beizer** m. || wool mordanter || mordanceur m. de laine. **e) ~beuteltuch** n. (Mühle) || woollen bolting cloth || toile f. en laine. **f) ~bleicher** m. || wool bleacher || blanchisseur m. de laine. **g) ~bleichung** f. || wool bleaching || blanchiment m. de la laine. **h) ~decke** f. || wool blanket *or* rug || couverture f. en laine. **i) ~druckerei** f. || printing of wool fabrics || impression f. des tissus de la laine. 28
Wolle f. || wool || laine f. **a) ~ abgiften** || to loosen wool by arsenic || délainer à l'arsenic. **b) Blei~** || lead wool || laine f. de plomb. **c) Flock~** || waste wool || bourre f. de laine. **d) gebleichte ~** || bleached wool || laine f. blanchie. **e) gefärbte ~** || dyed wool || laine f. teinte. **f) gekämmte ~** || combed wool || laine f. peignée. **g) gekrempelte ~** || carded wool || laine f. cardée. **h) gewaschene ~** || washed wool || laine f. lavée. **i) Glas~** || glass wool || laine f. de verre. **k) gute lange ~** || good long wool || cœur m. de laine. **l) Holz~** || wood wool || laine f. *ou* charpie f. de bois. **m) Kämmen** n. von **~** || wool combing || peignage m. de laine. **n) Kämmmaschine** f. für **~** || combing machine for wool || machine f. à peigner la laine. **o) Kunst~** || re-manufactured *or* artificial wool || laine f. artificielle. **p) kurzschürige ~** || short-stapled wool || laine f. de courte soie. **q) langschürige ~** || long-stapled wool || laine f. de longue soie. **r) minderwertige ~** || inferior wool || laine f. inférieure. **s) naturfarbene ~** || natural-coloured *or* not dyed wool || laine f. beige. **t) Schaf~** || sheep wool || laine f. de mouton. **u) Schoddy~** || torn-up wool; shoddy || effiloché m. de laine. **v) ~ zum Sticken** || embroidering wool || laine f. à broder. **w) ~ zum Stricken** || knitting wool || laine f. à tricoter. **x) ~ tierischer Herkunft** || wool of animal origin || laine f. de provenance animale. **y) Wald~** || forest wool || laine f. de pins. 29
Wolleinfettung f. || wool oiling || ensimage m. de laine. **a) Öl** n. für **~** || oil for wool oiling || huile f. d'ensimage de laine. 30
wollener Strumpf m. || worsted *or* woolen stocking || bas m. de laine. 31
Woll-entschweißung f. || wool scouring || dessuintage m. de laine. 32
Wolleverwertungsanlage f. || wool utilizing plant || installation f. d'utilisation de la laine. 33
Woll-färber m. || wool dyer || teinturier m. sur laine. **a) ~färberei** f. || wool dyeing plant || teinturerie f. de laine. 34
Wollfett n. || wool grease *or* fat; yolk || graisse f. de suint *ou* de laine; lanoline f.; suintine f.; suint m. **a) ~gewinnungsanlage** f. || wool grease extracting plant; yolk producing plant || installation f. pour la production du suint; installation f. d'extraction de la graisse de laine. **b) ~pech** n. || wool-fat pitch || poix f. de graisse de laine. **c) ~stearin** n. || wool-fat stearine || stéarine f. de graisse de laine. 35
Wollfilz m. || wool felt || feutre m. de laine. 36
Wollgarn n. || wool yarn || fil m. de laine. **a) ~** in Aufmachung für den **Kleinverkauf** || wool yarn made up for the retail || fil m. de laine conditionné pour la vente au détail. **b) ~zwirner** m. || wool yarn twister || retordeur m. de fil de laine. 37
Woll-gewebe n. || wool tissue || tissu m. de laine. **a) ~glättmaschine** f. || wool scouring machine || lisseuse f. de laine. **b) ~haar** n. || wool hair || brin m. de laine. **c) ~hadernsortierer** m. || wool rag sorter || repasseur m. de chiffons de laine. **d) ~handschuh** m. || worsted *or* woolen glove || gant m. de laine. **e) ~haspeler** m. || wool winder || haspeleur m. *ou* dévideur m. de laine. 38
wollig || fleecy; woolly || laineux. 39
Woll-industrie f. || woollen industry || industrie f. lainière. **a) ~kamm** m. || wool comb || peigne m. à laine. **b) ~kämmer** m. || wool comber || peigneur m. de laine. **c) ~kämmaschine** f. || wool combing machine || machine f. à peigner la laine; peigneuse f. de laine. **d) ~karbonisiermaschine** f. || machine for carbonizing wool || machine f. à la carbonisation de laine. **e) ~kratze** f. || wool card || carde f. à laine; machine f. à carder la laine. **f) ~krempel** m. || finishing wool card || finisseuse f. à laine. **g) ~krempler** m. || wool carder || cardeur m. de laine. **h) ~kremplung** f. || wool carding || cardage m. *ou* droussage m. de laine. **i) ~leserei** f. || wool sorting ||

assortissage m. de laines. **k) ~lumpenreißen** n. || wool tray tearing || effilochage m. de chiffons de laine. **l) ~lumpensortierer** m. || wool rag sorter || repasseur m. de chiffons de laine. **m) ~mischer** m. || wool blender || mélangeur m. de laine. 1

Wollmolton m. || treble-milled flannel || molleton m. de laine. **a) ~decke** f. || woollen blanket || couverture f. en molleton de laine. 2

Woll-musselin m. || muslin-de-laine || mousseline f. de laine. **a) ~plüsch** m. || worsted shag || peluche f. de laine. **b) ~putzer** m. || wool picker || débourgeonneur m. de laine. **c) ~reinigungsmaschine** f. || wool cleaning machine || machine f. de lavage de la laine. **d) ~samt** m. || worsted velvet || velours m. de laine. **e) ~scheibe** f. || wool disc || disque m. de laine. **f) ~schlägerei** f. || wool breaking || battage m. *ou* louvetage m. de laine. 3

Wollschweiß m. || yolk || suint m. **a) ~pottasche** f. || potash from yolk || potasse f. de suint. 4

Woll-sortierer m. || wool classer *or* sorter || détricheur m. de laine. **a) ~sortierung** f. || wool sorting || détrichage m. de laine. 5

Wollspinnerei f. || wool spinning mill || filature f. de laine. **a) ~ für Kunstwolle** || shoddy *or* mungo wool spinning mill || filature f. de déchets de laine *ou* de laine Renaissance. 6

Wollspinnmaschine f. || wool spinning machine || machine f. à filer la laine. 7

Wollstoff m. || woollen stuff *or* tissue || lainage m.; étoffe f. de laine. **a) ungewalkter ~** || unmilled *or* unfulled *or* rough wool-cloth || loden m.; drap m. de laine brut. 8

Woll-strecker m. || wool frame tenter || défeutreur m. de laine. **a) ~strickerei** f. || wool hosiery || bonneterie f. de laine. **b) ~tapisserien** fpl. || tapestry from wool || tapisseries fpl. de laine. **c) ~teppich** m. || wool carpet || tapis m. de laine. **d) ~trockner** m. || wool dryer || sécheur m. de laine. **e) ~trocknung** f. || wool drying || séchage m. de la laine. **f) ~trocknungsvorrichtung** f. || wool drying plant || séchoir m. à laine. 9

Wollwaren fpl. || wool ware; woollen goods pl. || marchandises fpl. en laine; lainage m. **a) ~druck** m. || woollen goods printing || impression f. sur lainage. 10

Woll-wäsche f. (Tätigkeit) || wool washing || lavage m. des laines. **a) ~wäscher** m. || wool washer || nettoyeur m. de laine. **b) ~wäscherei** f. || wool washing factory || usine f. de lavage pour laine; lavoir m. à laines. **c) ~wäschereimaschine** f. || wool washing machine || machine f. pour le lavage de laines; laveuse f. à laine. **d) ~waschmaschine** f. (zum Entfetten) || wool scouring maschine || dégraisseuse f. à laine. **e) ~watte** f. || wadding of wool || ouate f. de laine. **f) ~weber** m. || woollen stuff weaver; wool weaver || tisseur m. de laine *ou* de lainages. **g) ~weberei** f. || wool weaving (mill) || (atelier m. de) tissage m. de laine. **h) ~weste** f. || woollen waistcoat || gilet m. de laine. **i) ~wickler** m. || wool winder || dévideur m. *ou* haspeleur m. de laine. **k) ~zupfmaschine** f. || burr *or* wool picking machine || machine f. écharдонneuse à laine. **l) ~zwirnerei** f. || wool twisting || retorderie f. de laine. 11

Woltmann'scher Flügel m. || sail-wheel of Woltmann || moulinet m. de Woltmann. 12

Woolffsche Flasche f. || Woolff's bottle || flacon m. tabulé *ou* de Woolff. 13

wortgetreu *s.* wörtlich. 14

wörtlich || verbal; literal; word by word || textuel; littéral; mot à mot. 15

Wort-verständlichkeit f. (Fernm) || articulation of words || netteté f. pour les mots. **a) ~zähler** m. (Schreibm) || word counter || compteur m. de mots. **b) ~zählung** f. (Fernm) || word counting || compte m. des mots. **c) ~zwischenraum** m. (Buchdr) || space between words || espace m. entre les mots. 16

Wrack n. || wreck || épave f. **a) ~holz** n. || decayed *or* old timber || bois m. de démolition *ou* de tins. 17

Wrapper m. || bander || placeur m. de bandes. 18

Wringeisen n. (Färb) || wringing pole || épart m. 19

wringen (Bleich; Färb) || to wring out || tordre. 20

Wringmaschine f. || wringer; wringing machine || essoreuse f. à rouleaux; tordeuse f.; machine f. à tordre. 21

Wuchs m., **Dreh~** || twisted growth || croissance f. *ou* contournement m. en spirale. **a) mangelhafter ~** || undergrowth || végétation f. inférieure. **b) Maser~** || veined growth || croissance f. veinée. **c)** von **schlechtem ~** (Forstw) || unthrifty || malvenant. **d)** von **schnellem ~** || quickgrowing || à croissance rapide. **e) Strauch~** || stunted growth || croissance f. rabougrie. **f) wimmeriger ~** || wavy fibred growth || croissance f. ondulée; ondulation f. des fibres. 22

Wucht f. (Mech) || active force || force f. vive. **a) ~maschine** f. || balancing machine || machine f. à vérifier l'équilibrage. 23

Wulst m. || bead; reinforcement; roll || bourrelet m.; renflement m. **a) Reifen~** || bead of tire || talon m. du pneu. **b) vorspringender ~** (Eisenb) || projecting edge || saillie f. 24

Wulst-eisen n. || bulb iron *or* angle || fer m. à boudin; barre f. en fer avec boudin. **a) ~felge** f. || clincher rim || jante f. (pour pneu) à talon. 25

wulstig (Naht) || stuffed || en forme de bourrelet. 26

wulstlos-e Naht f. || ridgeless seam || joint m. sans surépaisseur. **a) ~e Nahtschweißung** f. || ridgeless seam welding || soudage m. de joints sans surépaisseur. 27

Wulst-maschine f. || embossment machine || machine f. à bossage. **a) ~naht** f. || reinforced seam || joint m. renforcé *ou* surépaissé. **b) ~reifen** m. || clincher *or* beaded-edge tire || pneu m. à talon. **c) ~winkeleisen** n. || bulb angle iron || cornière f. à boudin en fer. 28

Wundarztsäge f. || surgeon's saw || scie f. de chirurgien. 29

Wunde f. || wound; sore || blessure f.; plaie f. 30

Wunderkerze f. || wonder candle; sparkler || bougie f. merveilleuse; cierge f. miraculeuse. 31

Wundhaken m. (Heilk) || retractor; wound hook || écarteur m. **a) ~** mit **scharfen Zinken** || wound hook with sharp teeth || écarteur m. à griffes tranchantes. **b) ~** mit **stumpfen Zinken** || wound hook with blunt teeth || écarteur m. à griffes obtuses. 32

Wund-puder m. || vulnerary powder || poudre f. vulnéraire. **a) ~pulver** n. *s.* ~puder. **b) ~schwamm** m. || surgeons agaric || agaric m. 33

Wunsch m., **auf ~** || if required || sur demande; par ailleurs. **a) auf besonderen ~** || on special demand || sur demande f. spéciale. 34

Wünschelrute f. || divining rod || baguette f. divinatoire *ou* de sourcier. **a) ~** aus **Metall** || metal dowsing rod || baguette f. divinatoire en métal. 35

Wünschelrutenausschlag m. || movement of divining rod || mouvement m. *ou* réaction f. de la baguette divinatoire. 36

wunschgemäß || as requested || selon votre désir. 37

Wurf-anker m. (Schiff) || kedge anchor || ancre f. à jet. **a) ~bewegung** f. (Mech) || motion of projection || mouvement m. d'un projectile. 38

Würfel m. (Geom) || cube; hexahedron || cube m.; hexaèdre m. **a) ~** (Spiel) || dice || dé m. **b) ~** von **x m Kantenlänge** || cube having a length of side of x meter || cube m. d'une longueur d'arête de x mètres. **c) Normal~** || standard cube || cube m. normal. 39

Würfel-becher m. || dice box || gobelet m. à dés. **a) ~form** f. || cube shape || forme f. *ou* moule m. cubique. 40

würfelförmig || cubic; cubical || cubique; cube. 41

Würfel-kohle f. || cobbles pl.; lump coal || gailletin m. **a) ~pulver** n. || prismatic powder; perforated disk powder || poudre f. prismatique *ou* en dés. **b) ~spiel** n. || game of dice || jeu m. de dés. **c) ~zucker** m. || cube sugar || sucre m. concassé *ou* en morceaux. 42

Wurf-hebelbremse f. || counterweight brake || frein m. à levier à contrepoids. **a) ~höhe** f. || height of projection; culminating point || hauteur f. du jet; sommet m. **b) ~lehre** f. (Ballistik) || ballistics pl. || ballistique f. **c) ~netz** n. || sweep *or* casting net || épervier m.; ressaut m. **d) ~schaufel** f. || shovel; scoop || pelle f. **e) ~sieb** n. || sieve || claie f.; crible f. **f) ~weite** f. (Phys) || range || portée f. 43

Würgeklemme f. || twist clamp || pince f. à torsades. 44

Würgelpumpe f. || semi-rotary pump; wing pump || pompe f. à ailettes. 45

Würgezange f. *s.* Würgeklemme. 46

Wurm-fraß m. || worm eatenness || vermoulure f ; piqûre f. des vers; vermination f. **a) ~gang** m. (im Holz) || worm groove || gale f. **b) ~getriebe** n. || worm gear || engrenage m. à vis sans fin. **c) ~samen** m. || wormseed || absinthe f. de Judée. 47

wurmstichig || pricked by worms; worm eaten || vermoulu; piqué de vers mpl. **a) ~ werden** || to get pricked by worms || se vermouler. **b) ~es Holz** n. || worm-eaten wood || bois m. vermoulu. 48

Wurmtablette f. || worm tablet || tablette f. de santonine. 49

Wurst f. || sausage || saucisson m.; saucisse f. 50

Würstchenbratapparat m. || sausage frying apparatus || gril m. à saucisses. 51

Wurst-darmbereiter m. || sausage skin maker || fabricant m. de boyaux à saucisses. **a) ~fabrik** f. || sausage factory || fabrique f. de saucisses. **b) ~füllmaschine** f. || sausage machine || machine f. à saucisses. **c) ~kessel** m. || sausage boiler || marmite f. à saucisses. **d) ~macher** m. || sausage maker || fabricant m. de saucisses *ou* saucissons. 1

Würtel m. (Textil) || whirl || bobine f. en bois. 2

Würze f. (Brau) || wort || moût m. **a) Anstell~** || pitching wort || moût m. **b) Bier~** || beer wort || moût m. de bière. **c) frische ~** || new wort || surmoût m. **d) warme ~** || hot wort || moût m. chaud. 3

Würze-ablaufapparat m. || wort drawing apparatus || extracteur m. de moût. **a) ~gelatine** f. || wort gelatine || gélatine f. de moût; moût m. gélatinisé. **b) ~grand** m. (Brau) || wort sink *or* trough || reverdoir m. **c) ~kochen** n. (Brau) || boiling of the wort || cuisson f. du moût. **d) ~kühlung** f. (Brau) || wort cooling || refroidissement m. de moût. 4

Wurzel f. || root || racine f. **a) die ~n** fpl. **abhauen** || to cut the roots pl. || couper les racines fpl. **b) dritte ~** (Math) || cube root || racine f. cubique. **c) eßbare ~** || edible root || racine f. alimentaire *ou* comestible. **d) ~ für Futterzwecke** || root for forage || racine f. fourragère. **e) eine ~ ziehen** (Math) || to extract a root || extraire une racine. 5

Wurzel-ende n. eines **Baumstammes** || butt end of a tree stem || souche f. *ou* tronc m. *ou* pied m. *ou* gros bout m. d'un tronc d'arbre. **a) ~fäule** f. || root decay *or* rot || pourriture f. des racines. **b) ~gitter** n. || root netting || grille f. à racines d'arbres. **c) ~hacker** m. *s.* ~schneider. **d) ~schneider** m. || cutter of roots || coupeur m. de racines. **e) ~schneidmaschine** f. || root cutter || coupe-racines m. **f) ~stampfwerk** n. || root stamp mill || moulin m. à pilons pour racines. **g) ~stift** m. || root stud *or* pin || cheville f. à racine. **h) ~stock** m. (der-Pflanze) || root stock || rhizome m. **i) ~zeichen** n. (Math) radical *or* root sign || signe m. radical; radical m. des racines. **k) ~ziehen** n. (Math) || evolution; extraction of roots || extraction f. de racines. 6

Würze-pfanne f. || wort copper || chaudière f. à moût. **a) ~zylinder** m. || wort cylinder || cylindre m. à moût. 7

Würz-mittel n. || condiment || condiment m. **a) ~wein** m. || mulled *or* medicated wine || vin m. aromatisé. 8

Wüstensand m. || desert sand || sable m. du désert. 9

X

X-Achse f. || axis of the abscisses || axe m. des abscisses *ou* de X. 10

X-Strahlen mpl. *s. auch* Röntgenstrahlen || X-rays pl.; Rœntgen rays pl. || rayons mpl. X *ou* Rœntgen. 11

Xanthanwasserstoff m. || hydroxanthane || hydroxanthane m. 12

Xanthein n. (Chem) || xantheine || xanthéine f. 13

Xanthen n. (Chem) || xanthene || xanthène m. 14

Xanthin n. (Chem) || xanthine; madder yellow || xanthine f. 15

Xanthit m. (Min) || xanthite || xanthite f. 16

Xanthogallolsäure f. || xanthogallolic acid || acide m. xanthogallolique. 17

xanthogensauer || xanthic; xanthogenic || xanthique; xanthogénique. 18

xanthogensaur-es Kalium n. || potassium xanthogenate || xanthogénate m. de potassium. **a) ~es Natrium** || xanthate of sodium || xanthate m. de soude. **b) ~es Salz** n. || xanthate; xanthogenate || xanthate m.; xanthogénate m. 19

Xanthogensäure f. || xanthic acid || acide m. xanthique. 20

Xanthokarthaminsäure f. || xanthocarthamic acid || acide m. xanthocarthamique. 21

Xanthonfarbstoff m. || xanthone colouring matter || colorant m. de xanthone. 22

Xanthoprotein n. (Chem) || xanthoprotein || xanthoprotéine f. 23

Xanthosterin n. (Chem) || xanthosterine || xanthostérine f. 24

Xanthotoxinsäure f. || xanthotoxic acid || acide m. xanthotoxique. 25

Xanthylsäure f. || xanthylic acid || acide m. xanthylique. 26

Xanthyphyllit m. (Min) || xanthophyllite; waluewite || xanthophyllite f.; waluéwite f. 27

Xenolith m. (Min) || xenolite || xénolithe f. 28

Xenon n. (Chem) || xenon || xénon m. 29

Xereswein m. || sherry || xérès m. 30

Xeroform n. (Chem) || xeroform; tribromphenylate of bismuth || xéroforme m.; tribromphénylate m. de bismuth. 31

Xylan n. (Chem) || xylane || xylane m. 32

Xylenrot n. || xylene red || rouge m. (de) xylène. 33

Xylidinrot n. || xylidine red || rouge m. (de) xylidine. 34

Xylo-chinon n. (Chem) || xyloquinone || xyloquinone f. **a) ~chlor** m. (Min) || xylochlore || xylochlore m. 35

Xylo-graf m. *s. auch* Holzschneider || wood carver *or* engraver; xylographer || graveur m. sur bois; xylographe m. **a) ~grafie** f. *s. auch* Holzschneidekunst || wood carving *or* engraving; xylography || gravure f. sur bois; xylographie f. 36

Xylo-hydrochinon n. (Chem) || xylohydroquinone || xylohydroquinone f. **a) ~kassia** f. (Bot) || cassia bark || casse f. ligneuse; cannelle f. de Malabar. 37

Xylol n. || xylol; xylene || xylol m.; xylène m. 38

Xylolin n. (Textil) || xylolin yarn || fil m. (de) xyloline. 39

Xylolith m. (Steinholz) || xylolite || xylolithe f. **a) ~wand** f. || partition wall of xylolite || cloison f. en xylolithe. **b) ~waren** fpl. || xylolite goods pl.; artificial wood articles pl. || objets mpl. en bois artificiel *ou* en xylolithe. 40

Xylonsäure f. || xylonic acid || acide m. xylonique. 41

Xylophon n. (Mus) || xylophone || xylophone m. 42

Xyloplastik f. *s.* Xylografie. 43

Xylose f. (Chem) || xylose; wood sugar || xylose f.; sucre m. de bois. 44

Xylyl n. (Chem) || xylyl || xylyle m. 45

Xylylen n. (Chem) || xylylene || xylylène m. **a) ~harnstoff** m. || xylylene-urea || xylylène-urée f. 46

Xylylsäure f. || xylylic acid || acide m. xylylique. 47

Y

Y-Achse f. ‖ axis of the ordinates ‖ axe m. des ordonnées *ou* de Y. 1
Y-förmiges Entwässerungsrohr n. ‖ Y-drain ‖ drain m. en Y. 2
Y-Nadel f. ‖ Y-needle ‖ aiguille f. à l'Y. 3
Y-Rohr n. ‖ Y-tube; Y-pipe ‖ tube m. en Y. 4
Y-Schaltung f. (Elektr) ‖ star-connected *or* Y-connected three-phase system with neutral; Y *or* star *or* delta connection ‖ montage m. en étoile *ou* en Y; connexion f. *ou* couplage m. en étoile. 5
Yacht f. *s.* Jacht. 6
Yak m. ‖ yak; grunting ox ‖ yak m.; yack m. 7
Yamamayseide f. ‖ yama-maï silk ‖ soie f. du yama-maï. 8
Yam(s)wurzel f. ‖ yam ‖ igname f. 9
Yangonasäure f. ‖ yangona acid ‖ acide m. de yangona. 10
Yaquillafaser f. ‖ yaquilla fibre ‖ fibre f. du yaquilla. 11
Yard n. ‖ yard ‖ yard m. **a) ~rolle** f. für Vorgespinste (Spinn) ‖ wrapping block ‖ appareil m. mesureur pour mèches de préparation. 12
Yellowpine f. (Bot) ‖ yellow pine ‖ pin m. jaune. 13
Yenit m. (Min) ‖ yenite ‖ yénite f. 14
Ylang-Ylang n. (Bot) ‖ ylang-ylang ‖ ylang-ylang m. **a) ~-Öl** n. ‖ ylang-ylang oil ‖ essence f. d'ylang-ylang. 15
Yohimbin n. ‖ yohimbine ‖ yohimbine m. 16
Yohimboasäure f. ‖ yohimboa acid ‖ acide m. de yohimboa. 17
Yoghurt n. *s.* Joghurt. 18
Yperit n. (Chem) ‖ yperite ‖ ypérite f. 19
Ypsilon- *s.* **Y-**. 20
Ysop m. ‖ hyssop ‖ hysope f.; herbe f. d'hysope. **a) ~kraut** n. ‖ hyssop leaves pl. ‖ herbe f. *ou* feuilles fpl. d'hysope. **b) ~öl** n. ‖ hyssop oil ‖ essence f. d'hysope. 21
Ytterbin n. *s.* Ytterbinerde. **a) ~erde** f. ‖ ytterbia; ytterbium oxide ‖ ytterbine f.; oxyde m. d'ytterbium. 22
Ytterbit m. (Min) ‖ ytterbite; gadolinite ‖ ytterbite f.; gadolinite f. 23
Ytterbium n. (Chem) ‖ ytterbium ‖ ytterbium m. **a) ~karbonat** n. ‖ ytterbium carbonate ‖ carbonate m. d'ytterbium. **b) ~nitrat** n. ‖ ytterbium nitrate ‖ nitrate m. d'ytterbium. **c) ~oxyd** n. *s.* Ytterbinerde. **d) ~selenat** n. ‖ ytterbium selenate ‖ sélénate m. d'ytterbium. 24
Ytter-erde f. ‖ yttria; yttrium oxide ‖ yttria m.; yttrine f.; oxyde m. d'yttrium. **a) ~flußspat** m. ‖ yttrocerite ‖ yttrocérite f. 25
ytterhaltig ‖ yttrious; yttric; yttriferous ‖ yttrifère; yttreux. 26
Ytterit m. (Min) *s.* Ytterbit. 27
Ytter-oxyd n. *s.* Yttererde. **a) ~salz** n. ‖ yttrious salt ‖ sel m. yttreux. **b) ~spat** m. ‖ xenotime; phosphate of yttrium ‖ xénotime m.; phosphate m. d'yttrium. 28
Yttrialith m. (Min) ‖ yttrialite ‖ yttrialithe f. 29
Yttrium n. (Chem) ‖ yttrium ‖ yttrium m. **a) ~chlorid** n. ‖ yttrium chloride ‖ chlorure m. d'yttrium. **b) ~oxyd** n. *s.* Yttererde. **c) ~pyrophosphat** n. ‖ yttrium pyrophosphate ‖ pyrophosphate m. d'yttrium. **d) ~sulfat** n. ‖ yttrium sulphate ‖ sulfate m. d'yttrium. 30
Yttro-cerit m. (Min) *s.* Ytterflußspat. **a) ~-fluorit** m. (Min) ‖ yttrofluorite ‖ yttrofluorite f. **b) ~ilmenit** m. (Min) ‖ yttroilmenite; samarskite ‖ yttroilménite f.; samarskite f. **c) ~tantalit** m. (Min) ‖ yttrotantalite ‖ yttrotantalite f. **d) ~titanit** m. (Min) ‖ yttrotitanite ‖ yttrotitanite f. **e) ~zerit** m. (Min) *s.* Ytterflußspat. 31
Yukatansisal m. (Sisalhanf) ‖ Sisal hemp ‖ chanvre m. de Sisal. 32
Yukka f. (Bot) ‖ yucca ‖ yucca m. **a) ~faser** f. ‖ yucca fibre ‖ fibre f. du yucca. **b) ~saponin** n. (Chem) ‖ yuccasaponine ‖ yuccasaponine f. 33

Z

Z-Achse f. ‖ Z-axis ‖ axe m. de Z. 34
Z-Eisen n. ‖ Z-iron; Z-bar ‖ fer m. en Z. 35
Z-Lasche (Eisenb) ‖ Z fish plate ‖ éclisse f. Z. 36
Zacke f. (Schreibm) ‖ tooth ‖ dent f. 37
Zackeisen n. ‖ toothing iron ‖ fer m. à déchiqueter. 38
Zackelwolle f. ‖ refuse wool ‖ laine f. de rebut. 39
zacken ‖ to furnish with points; to scallop; to scollop ‖ denteler; déchiqueter. 40
Zacken-ausstecher m. ‖ pinking punch ‖ emporte-pièce m. pour déchiqueter. **a) ~-rad** n. (Textil) ‖ picot edge ‖ revers m. à picot. **b) ~reihe** f. am Rechen ‖ line of teeth on the rack ‖ rangée f. de dents du râteau. 41
zackig ‖ ragged ‖ déchiqueté. **a) ~er Bruch** m. (Miner) ‖ hackly fracture ‖ cassure f. déchiqueté. 42
Zaffer m. (Farbstoff) ‖ zaffer ‖ safre m.; zafre m. 43
zäh ‖ tough ‖ tenace. **a)** sehniger und **~er Anbruch** m. (Met) ‖ tough and fibrous fracture ‖ crique f. nerveuse et tenace. **b) ~ werden** (Seif) ‖ to grow fat ‖ engraisser. **c) ~e Härte** f. ‖ tough hardness ‖ dureté f. tenace. 44
zähflüssig ‖ viscid; viscous ‖ visqueux. 45
Zähigkeit f. ‖ tenacity; toughness; viscosity ‖ ténacité f.; viscosité; dureté f.; nature f. coriace. **a)** die **~** ist **größer als zuvor** ‖ the toughness is greater than before ‖ la ténacité est devenue plus grande. **b) Kerb~** ‖ tenacity on notched bar ‖ ténacité f. sur barreaux entaillés. **c)** an eingekerbten Stäben durch **Schlag** festgestellte **~** ‖ toughness as shown by a notched bar under the action of impact ‖ la qualité du métal définie par l'essai au choc sur barreaux entaillés. **d)** der **Stahl** zeichnet sich ganz besonders durch große **~** aus ‖ the steel is particularly distinguished by its great toughness ‖ l'acier m. est surtout remarquable par sa grande ténacité. **e) unzureichende ~** ‖ insufficient toughness ‖ ténacité f. insuffisante. 46
Zahl f. ‖ number ‖ nombre m. **a)** eine **~ abrunden** ‖ to express in round numbers ‖ arrondir un nombre. **b) eingeklammerte ~** ‖ number in brackets ‖ chiffre m. placé entre parenthèses. **c) gerade ~** ‖ even number ‖ nombre m. pair. **d) irrationale ~** ‖ irrational *or* surd number ‖ nombre m. irrational *ou* sourd. **e) komplexe ~** ‖ complex number ‖ expression f. complexe. **f) rationale ~** ‖ rational number ‖ nombre m. rationnel. **g) ungerade ~** ‖ odd number ‖ nombre m. impair. **h) ~ der Zähne** ‖ number of teeth ‖ nombre m. des dents. 47
Zählapparat m. ‖ counting apparatus; (automatic) counter ‖ appareil m. à compter; compteur m. (automatique). **a) Blutkörper~** ‖ blood corpuscle counting apparatus ‖ appareil m. pour le comptage des globules du sang. **b) elektrischer ~** (zum Zählen) ‖ electric counter *or* counting apparatus ‖ compteur m. électrique. **c) Hefe~** ‖ hæmatimeter; yeast counting apparatus ‖ appareil m. à compter les cellules de la levure; hématimètre m. **d) ~ für Körner** ‖ kernel counting apparatus ‖ compte-grains m.; granomètre m. 48
zahlbar ‖ payable ‖ payable. 49
Zähleinrichtung f. ‖ counting device ‖ compteur m. 50
zahlen ‖ to pay ‖ payer; solder. 51
zählen ‖ to count; to number ‖ compter. 52
Zahlen-aussprache f. (Fernm) ‖ number pronunciation ‖ prononciation f. des nombres. **a) ~brenneisen** n. ‖ branding number ‖ fer m. à brûler pour le numérotage. 53
zahlende Nutzlast f. ‖ pay load ‖ charge f. utile payante. 54
Zahlendruckvorrichtung f. ‖ number printer; device for printing numbers ‖ dispositif m. imprimant les nombres *ou* pour l'impression numérique. 55
Zahlengeber m. (Selbstanschl) ‖ sender ‖ émetteur m. d'impulsions. **a) ~prüfeinrichtung** f. (Selbstanschl) ‖ sender test device ‖ dispositif m. d'épreuve pour les claviers à numéros. 56

Zahlenlochmaschine f. (Büro) || number perforating machine || machine f. à perforer les numéros. 1

zahlenmäßiger Vergleich m. || numerical comparison || comparaison f. numérique. 2

Zahlen-punze f. || figure stamp || poinçon m. à chiffre. a) **~rolle** f. für Zählwerke || cipher roll for counters || rouleau m. à chiffres pour compteurs. 3

Zahler m., **schlechter** || bad payer || mauvais payeur m. 4

Zähler m. (Elektr) || meter || compteur m. a) ~ (Math) || numerator || numérateur m. b) ~ (Masch) *s. auch* Zählapparat || counter || compteur m. c) **Dampf~** || steam counter || compteur m. à vapeur. d) **Doppeltarif~** || double tariff meter || compteur m. à tarifs alternatifs. e) **elektrischer** ~ (für Strom) || electric *or* electricity meter || compteur m. électrique *ou* d'électricité. f) **elektrochemischer** ~ (für Strom) || electrochemical meter || compteur m. électrochimique. g) **elektrodynamischer** ~ (für Strom) || electrodynamic meter || compteur m. électrodynamique. h) **elektrolytischer** ~ (für Strom) || electrolytic meter || compteur m. électrolytique. i) **elektromagnetischer** ~ (für Strom) || electromagnetic meter || compteur m. électromagnétique. k) **elektromechanischer** ~ (für Strom) || electromechanic meter || compteur m. électromécanique. l) **Fern~** || distant recorder || compteur m. à distance. m) **Gas~** || gasmeter || compteur m. à gaz. n) **Gesprächs~** || conversation counter || compteur m. de conversation. o) **Staub~** || dust counter || compteur m. de poussière. p) **Taschen~** || pocket counter || compteur m. de poche. q) **Umdrehungs~** || revolution counter || compteur m. de tours; compte-tours m. r) **Umlauf~** *s.* Umdrehungs~. 5

Zähler-anker m. || meter armature || induit m. de compteur. a) **~eichsaal** m. (Elektr) || calibrating room for electricity meters; counter calibrating room || salle f. de vérification de compteurs; salle f. d'étalonnage de compteurs. b) **~fabrik** f. || meter works pl. || fabrique f. de compteurs. c) **~gehäuse** n. || meter case *or* box || boîte f. du compteur. 6

Zählerin f. (Spinn) || reckoner || compteuse f. 7

Zähler-konstante f. || meter constant || constante f. du compteur. a) **~platte** f. || board for electricity meters || tableau m. de compteurs d'électricité. b) **~prüfeinrichtung** f. || meter calibrating equipment || dispositif m. d'essai de compteurs. c) **~relais** n. || meter relay || relais m. de compteur. d) **~tafel** f. || meter board || tableau m. aux compteurs; panneau m. de compteurs. e) **~überwachungslampe** f. (Fernm) || meter lamp || lampe f. de comptage. 8

Zähl-glocke f. des Zeilenzählers || alarm bell of line counting machine || sonnette-compteur f. du compteur de lignes. a) **~kammer** f. (Opt) || counting chamber || cellule f. à compter. 9

Zahlkasse f. || cash register || caisse f. enregistreuse. 10

Zahlkassenquittungsdrucker m. || cash register for sales slips || totalisatrice f. à fiches. 11

zahllos || countless || innombrable; sans nombre. 12

Zähl-maschine f. für Geld || money counting machine || compteur m. de monnaie. a) **~rad** n. (Uhrm) || notch wheel || roue-compteur f. 13

Zahlschalter m. (Eisenb) || shutter || guichet m. 14

Zähl-scheibe f. || recording disc || disque m. compteur. a) **~tafel** f., **Differential** || differential counting chart || tableau m. différentiel pour la numération. 15

Zahltag m. || pay day || jour m. de paiement. 16

Zähltaste f. (Fernm) || meter key || clef f. de comptage. 17

Zahlung f. || payment || paiement m.; payement m. a) ~ (Registrierkasse) || recording an account || versements mpl. b) zur ~ **auffordern** || to press for payment; to dun || inviter à payer. c) die **~en einstellen** || to suspend payment || suspendre les paiements mpl. d) ~ gegen **Lieferung** || cash on delivery || paiement m. au comptant contre livraison. e) ~ für **Rechnung** || payment to account || versement m. à valoir. f) **sofortige** ~ || immediate payment || payement m. immédiat. 18

Zahlungs-bedingungen fpl. || terms pl. *or* conditions pl. of payment || conditions fpl. de paiement. a) **~einstellung** f. || suspension of payment || suspension f. de payement. b) **~empfänger** m. || payee || personne f. recevant paiement; porteur m. 19

zahlungsfähig || solvent || solvable. 20

Zahlungs-mittel n., **gesetzliches** || legal tender || valeur f. légale. a) **~sperre** f. || stopping of payment || arrêt m. des paiements *ou* sur les versements. b) **~termin** m. || date of payment || date m. de paiement. 21

zahlungsunfähig || insolvent || insolvable. 22

Zahlungsunfähigkeit f. || insolvency || insolvabilité f. 23

Zähl-vorrichtung f. (Masch) || counting apparatus *or* device; meter; (automatic) counter; tell-tale; indicator; recorder || appareil m. *ou* dispositif m. à compter; compteur m. (automatique); indicateur m.; totalisateur m.; enregistreur m. a) **~weife** f. || counting reel || dévidoir m. compteur. 24

Zählwerk n. (Masch) || counter; totalizer || mécanisme m. compteur; totalisateur m. a) ~ mit **springenden Ziffern** || meter counter with click action || minuterie f. à chiffres mobiles. 25

Zahn m., **gegossener** || cast tooth || dent f. brute de fonte. a) **gerader** ~ || straight tooth || dent f. droite. b) **geschnittener** ~ || cut tooth || dent f. taillée. c) **Goldknopf~** || gold pin tooth || dent f. à pointe en or. d) in **Kautschuk** eingesetzte Zähne || teeth imbedded in rubber || dents fpl. posées en caoutchouc. e) **künstlicher** ~ || artificial tooth || dent f. artificielle. f) **künstlicher** ~ aus **Porzellan** || artificial tooth of porcelain || dent f. artificielle en porcelaine. g) **künstlicher** ~ m. aus **Schmelz** || artificial tooth of enamel || dent f. artificielle en émail. h) **Loch~** || diatoric tooth || dent f. diatorique. i) **maschinengearbeiteter** ~ || machine-made tooth || dent f. formée à la machine. k) **Platin~** || platinum pin tooth || dent f. à pointe en platine. l) **Porzellan~** || porcelain tooth || dent f. en porcelaine. m) **Rad~** || tooth *or* cog of wheel || dent f. de roue. n) ~ einer **Säge** || tooth of a saw || dent f. d'une scie. o) **schiefer** ~ || inclined tooth || dent f. couchée. p) **schwalbenschwanzförmiger** ~ || dovetail indent || adent m. à queue d'aronde. q) **Stift~** || pivot tooth || dent f. à pivot. r) ~ mit **unechtem Stift** || tooth with pin of not genuine metal || dent f. à pointe en métal non précieux. s) mit Zähnen mpl. **versehen** || cogged || denté. 26

Zahnabrundfräsmaschine f. für **Zahnräder** || tooth chamfering machine for toothed wheels || machine f. à faire les entrées de dents des roues dentées. a) ~ mit **zwei Frässpindeln** || tooth chamfering machine with two milling spindles || machine f. à arrondir les entrées de dents à deux broches. 27

zahnärztlich-e Bedarfsartikel mpl. || requisites pl. for dentists || articles mpl. pour dentistes. a) **~es Instrument** n. || dental instrument || instrument m. du dentiste *ou* pour l'art dentaire. b) **~es Präparat** n. || dental preparation || préparation f. dentale. c) **~er Vulkanisierapparat** m. || vulcanizing apparatus for dentists || appareil m. à vulcaniser pour dentistes. 28

Zahnarztpinzette f. || dental forceps pl. *or* pincers pl. || précelle f. *ou* pince f. de dentiste. 29

Zahn-auflage f. || tooth rest || doigt m. de support à dents. a) **~auflagenhalter** m. || tooth rest holder || support m. à dents. b) **~balken** m. (Zimm) || indented built beam || poutre f. à crémaillère. c) **~- und Triebbewegung** f. || rack-and-pinion mechanism || mouvement m. crémaillère et pignon. d) **~bogen** m. || toothed arc *or* quadrant || arc m. *ou* secteur m. denté. e) **~breite** f. || width of tooth || largeur f. de dent. f) **~bügelaufhängung** f. || suspension by a toothed bow || suspension f. à étrier denté. 30

Zahnbürste f. || tooth brush || brosse f. à dents. a) **Knochen~** || tooth-brush of bone || brosse f. à dents en os. 31

Zahneinschnitt m. || indent || entaille f. à crémaillère; adent m. 32

zahnen (Tischl) || to dent || bretteler; adenter. 33

Zahnersatzstück n. || dental prosthesis || prothèse f. dentaire. 34

Zähnezahl f. || number of teeth || nombre m. des dents. a) **~en** fpl. der **Wechselräder** || numbers pl. of teeth of the change wheels || nombres mpl. de dents des roues de rechange. 35

Zahn-feile f. (Uhrm) || equalling file || lime f. à égalir. a) **~flanke** f. || tooth flank || flanc m. de dent. 36

Zahnform f. || tooth form || profil m. de la denture. a) **normale** ~ || standard tooth outline || forme f. normale des dents. 37

Zahn-fräser m. || cutter for gear wheels || fraise f. à engrenages. a) **~fuß** m. (Masch) || shoulder of a tooth || pied m. d'une dent. b) **~getriebe** n. *s.* Zahnradgetriebe. c) **~hobel** m. || toothing plane || rabot m. à dents. d) **~höhenmeßlehre** f. || gauge for the control of the height of teeth || calibre m. à coulisse pour mesurer la hauteur des dents. e) **~kautschuk** m. || dental guttapercha ||

guttapercha f. dentaire. **f) ~kitt** m. || toot gum *or* cement || mastic m. pour les dents. **g) ~klammer** f. || tooth clasp || crochet m. pour les dents. **h) ~klinik** f. || dentist's clinique || clinique f. dentaire. 1

Zahnkranz m. || toothed rim; rim of gear wheel || couronne f. dentée. **a) hohlgeschmiedeter ~** || hollow-forged toothed rim || couronne f. dentée forgée à creux. 2

Zahnkranzdrehvorrichtung f. (Windmühle) || toothed rim turning arrangement || dispositif m. de rotation par couronne dentée. 3

Zahnkranzfutter n. || gear wheel rim chuck || mandrin m. à couronne dentée. **a) Dreibacken~** || three-jaw gear wheel rim chuck || mandrin m. à couronne dentée à trois mâchoires. 4

Zahnkranzplanscheibe f. || gear driven face plate || plateau m. à couronne dentée. 5

Zahn-kreis m. || pitch circle of teeth || cercle m. primitif de la denture. **a) ~-krone** f. || tooth crown || couronne f. dentaire. 6

zahnlose Säge f. || toothless saw || scie f. sans dents. 7

Zahn-lücke f. einer Verzahnung || clearing *or* space between two teeth of a gear || creux m. d'un engrenage. **a) ~lückenbreite** f. an Stirnrädern || width of tooth space of spur gears || largeur m. du creux des roues dentées droites. **b) ~oberkante** f. || upper edge of the tooth || arête f. extérieure de dent. 8

Zahnpaste f. || dental paste; tooth paste || pâte f. dentifrice. 9

Zahnpasten-herstellungsmaschine f. || machine for making tooth pastes || machine f. pour la fabrication des pâtes dentifrices. **a) ~knetmaschine** f. || tooth paste kneading machine || pétrin m. mécanique pour pâtes dentifrices. 10

Zahnprothese f. || artificial denture || prothèse f. dentaire. 11

Zahnpulver n. || dental powder; tooth powder || poudre f. dentifrice. **a) parfümiertes ~** || scented tooth powder || poudre f. dentifrice parfumée. 12

Zahnrad n. || toothed wheel; pinion || roue f. dentée; roue f. d'engrenage; pignon m. **a) Antriebs~** || driving pinion || pignon m. de commande. **b) ein- und ausrückbares ~** || sliding gear || roue f. dentée baladeuse; train m. baladeur. **c) festes ~** || stationary pinion || train m. fixe. **d) Fiber~** || fibre pinion || pignon m. de fibre. **e)** Zahnräder npl. **fräsen** || to mill teeth of gear wheels *or* spur wheels || fraiser des engrenages mpl.; tailler des engrenages à la fraise. **f) gerades ~** || spur pinion || pignon m. droit. **g) geteiltes ~** || split gear || roue f. dentée en plusieurs parties. **h) Getriebe~** || gear pinion || pignon m. de boîte à vitesse. **i) ~ mit innerer Verzahnung** || annular toothed wheel || roue f. dentée intérieure. **k) konisches ~** || bevel pinion || pignon m. conique. **l) ~ mit Stufenzähnen** || wheel with stepped teeth || roue f. à denture croisée. **m) verschiebbares ~** || sliding gear || train m. balladeur. **n) ~ mit Winkelzähnen** || mortice wheel || roue f. à chevron. 13

Zahnrad-antrieb m. || toothed wheel drive || commande m. par roue dentée *ou* par pignon. **a) ~auslösung** f. || cog wheel escapement || échappement m. à roue dentée. **b) ~bahn** f. || rack *or* cog railway || chemin m. de fer à crémaillère. 14

Zahnräder-abrundmaschine f. || gear tooth chamfering machine || machine f. à arrondir les dents de pignons. **a) ~-bearbeitungsmaschine** f. || toothed-wheels milling machine || machine f. à usiner les roues dentées *ou* à travailler les engrenages. **b) ~feiler** m. (Uhrm) || wheel tooth and pinion finisher || arrondisseur m. de roues dentées. **c) ~formmaschine** f. || gear wheel moulding machine || machine f. à former les moules pour roues dentées *ou* à mouler les roues d'engrenages. **d) ~fräsmaschine** f. || gear hobbing *or* cutting machine || machine f. à tailler les engrenages. **e) ~herstellungsmaschine** f. || gear cutting machine || machine f. spéciale à tailler les engrenages. **f) ~laufprüfmaschine** f. || machine for testing the silent running of toothed wheels || machine f. à examiner la marche silencieuse des roues dentées. **g) ~prüfapparat** m. || gear testing apparatus || appareil m. à vérifier les engrenages. **h) ~prüfmaschine** f. || gear testing machine || machine f. à vérifier les engrenages. **i) ~schleifmaschine** f. || gear grinding machine || machine f. à rectifier les engrenages. **k) ~schneiden** n. || toothed gear cutting || taille f. d'engrenages. **l) ~schneider** m. (Uhrm) || wheel and pinion cutter || fendeur m. de roues dentées. **m) ~schneidmaschine** f. *s.* ~fräsmaschine. **n) ~teilkopf** m. || gear dividing head; dividing head for toothed wheels || appareil m. diviseur pour engrenages *ou* pour roues dentées. **o) ~-übertragung** f. || toothed gear transmission || transmission f. par engrenage. **p) ~werk** n. || toothed wheel work; gear || engrenage m. 15

Zahnrad-feinbewegung f. || cog-wheel slow motion || mouvement m. lent par engrenages. **a) ~fräser** m. || toothed wheel cutter; cutter for gear wheels || fraise f. pour engrenages. **b) ~getriebe** n. || toothed gear || engrenage m. **c) ~kasten** m. || toothed wheel box; gear case || carter m. *ou* boîte f. d'engrenage. **d) ~-kranz** m. || rim of toothed wheel || jante f. de roue d'engrenage. **e) ~-lokomotive** f. || rack rail locomotive || locomotive f. à crémaillère. **f) ~pumpe** f. || gear (driven) pump || pompe f. à commande par engrenage. **g) ~scheibe** f. || sprocket wheel washer || rondelle f. de pignon. **h) ~schmierölpumpe** f. || geared lubricating pump || pompe f. à huile de graissage à commande par pignons. **i) ~schneider** m. || gear cutter || tailleur m. d'engrenages. **k) ~segment** n. || toothed segment || segment m. de roue dentée. **l) ~übersetzung** f. || cog-wheel *or* toothed-wheel transmission || transmission f. par engrenage. **m) ~verkleidung** f. || gear case || carter m. *ou* enveloppe f. d'engrenage. **n) ~vorgelege** n. || toothed wheel gearing; reduction gearing; toothed transmission gear || transmission f. par engrenage; roues fpl. d'engrenage; réducteur m. de vitesse *ou* renvoi m. à engrenage. **o) ~wechselgetriebe** n. || change speed gear || changement m. de vitesse par engrenages. **p) ~welle** f. || pinion spindle || arbre m. de pignon. 16

Zahn-reihe f. im Pflaster || set of teeth stones in pavement || morces fpl.; morses fpl. **a) ~reinigungswasser** n. || tooth wash || eau f. dentifrice. 17

Zahnscheibe f. || ratchet wheel || roue f. à rochet. **a) gegeneinander versetzte ~n** || staggered driving pinions pl. || disques mpl. à dents placés alternativement. 18

Zahn-schmerzmittel n. || tooth-ache cure || médicament m. odontique *ou* contre les maux de dents. **a) ~schnitt** m. (Zimm) || indentation || endenture f. **b) ~segment** n. || toothed segment || segment m. denté. **c) ~segmenthebel** m. || quadrant lever || levier m. de segment denté. **d) ~sektor** m. || toothed sector || secteur m. denté. 19

Zahnstange f. || rack || crémaillère f. **a) Tabulator~** || tabulator stop rack || crémaillère f. des arrêts de tabulaires. 20

Zahnstangen-antrieb m. || toothed rack and pinion drive || commande f. par crémaillère. **a) ~fräsmaschine f., selbsttätige** || automatic rack cutting machine || machine f. automatique à tailler les crémaillères. **b) ~getriebe** n. || rack and pinion; rack gear || crémaillère f. et pignon m.; engrenage m. à crémaillère. **c) ~wagenwinde** f. || rack jack || cric m. à crémaillère. 21

Zahnstocher m. || toothpick || cure-dent m. **a) ~fertigungsmaschine** f. || toothpick making machinery || machine f. pour la fabrication des cure-dents. 22

zahntechnischer Bedarf m. || requisites pl. for the dentistry || articles mpl. pour la chirurgie dentaire. 23

Zahn-teilung f. eines Zahnrades || pitch of a toothed wheel || pas m. d'un engrenage. **a) ~tiefe** f. || depth of tooth || hauteur f. de la dent. **b) ~trieb m., konischer** || bevel tooth gear || engrenage m. conique. 24

Zahnung f. (Säge) || toothing || denture f. **a) Gruppen~** (Säge) || clustered teeth pl. || denture f. en groupe. 25

Zahn-wachs n. || tooth wax || cire f. pour dents. **a) ~wasser** n. || dental *or* tooth water; tooth lotion *or* wash || eau f. dentifrice. 26

Zain-eisen n. || rods pl.; rod-iron; notched bar-iron; toothed iron || fer m. en barres dentelé; verge f. crénelée; fer-carillon m.; barre f. de fer crêpée. **a) ~hammer** m. || Alman *or* German forge || Allemanderie f. 27

Zampelzug m. (Web) || simple || semple m. 28

Zanella m. || Italian cloth || drap m. italien. **a) ~weberei** f. || zanella weaving mill || tissage m. de zanella. 29

Zange f. (größere) || tongs pl. || tenailles fpl. **a) ~** (kleinere) || pincers pl. || pince f.; pincette f. **b) ~** (flache) || pliers pl. || tenaille f. plate. **c) ~** (Stahlpaket) || faggot *or* pile of steel || trousse f.; paquet m. d'acier. **d) ~** (Zimm) || bridging *or* straining beam || poutre f. traversière; traversière f.; entrait m. **e) ~** (Heilk) || forceps pl. || pince f.; forceps m. **f) Abortus~** || abortion forceps pl. || pince f. à faux germes *ou* à fausse couche. **g) Beiß~** || cutting nippers pl. *or* pliers pl. || tenaille f. *ou* pince f. coupante. **h) Drahtbinde~** || wire-binding pliers pl. || pince f. à lier les fils. **i) Feder~** || pincers pl.; tweezers pl. || pincette f. **k) Gas~** || gas pliers pl. || pince f. à gaz. **l) Haken~** (Heilk) || hooked retracting forceps pl. || pince f. à abaissement. **m)** ~ für **Haken** und **Ösen** || hook and eye nippers pl. || pince f. à agrafe. **n)** ~ einer **Hobelbank** || press of a joiner's bench || presse f. d'un établi de menuisier. **o) isolierte ~** || insulated pliers pl. || pince f. isolé. **p) kleine ~** || small tongs pl. || tenettes fpl. **q) Korn~** || large forceps pl. || grande pince f. **r) Nagel~** || nail nippers pl. || arrache-clou m. **s) Rohr~** || pipe tongs pl. || pince f. à gaz. **t) Rost~** (Wasserb) || cross sleeper of grating || racinal m. *ou* traversine f. de palée. **u) Schneid~** || cutting nippers pl. || tenaille f. coupante; couperet m. **v) Schweiß(elektroden)~** || (welding) electrode holder || manche f. *ou* poignée f. pour electrodes (de soudage). **w)** ~ für **Tastenknöpfe** (Schreibm) || pliers pl. for inserting key buttons || pince f. pour appliquer les touches. 1

Zangen-hebel m. || forked lever || levier m. à fourche *ou* à griffe. **a) ~mann** m. (Walzw) || tongsman || tenailleur m. **b) ~maul** n. || bit of tongs || bouche f. d'une tenaille. **c) ~nietmaschine** f. || tongs rivet(t)ing machine || riveuse f. à pince. **d) ~ring** m. || coupler *or* ring on pliers || coulant m. d'une tenaille à boucle. **e) ~spanndrehbank** f. || lathe with draw-in attachment || tour m. avec pinces de serrage. **f) ~verbindung** f. (elLeit) || double brace || barre f. double. **g) ~vorschub** m. || gripper feed || amenage m. par pinces. 2

Zänghammer m. || shingling hammer || marteau m. cingleur. 3

Zänglein n. || point; bodkin || pointe f.; languette f. 4

Zängwalze f. || blooming *or* puddling *or* roughing roll || cylindre m. ébaucheur *ou* cingleur. 5

Zapfapparat m. für Bier || beer tapping apparatus || pompe f. à bière pour le débit. 6

Zapfbuchse f. || tap bush || douille f. de trou de mise en perce. 7

Zapfen m. || pivot; tap; peg; pin; tenon || pivot m.; cheville f.; tenon m.; tourillon m. **a) Ablaß~** || blow-off plug || bouchon m. de vidange. **b) Dreh~** (Eisenb) || truck center pin || pivot m. du bogie. **c)** sich auf einem ~ **drehen** || to turn upon a pivot || pivoter. **d) durchgehender ~** (Tischl; Zimm) || passing tenon || tenon m. traversant. **e)** einen ~ **einlochen** || to mortise a tenon || trouer un tenon. **f) Einschleifen** n. des ~s in das Lager || bedding of journal into bearing by abradant || rodage m. du tourillon dans le coussinet à l'émeri. **g) Gabel~** || cross head pin || tourillon m. de fourche. **h) Kipp~** || tipping trunnion || tourillon m. de wagonnet basculant. **i) Länge** f. über ~ || width over the trunnions || longueur f. sur les tourillons. **k) Schild~** || trunnion || tourillon m. **l) Treib~** || driving pin || tourillon m. moteur. **m) um einen ~ drehbar** || turning on a pivot || mobile autour d'un tourillon. **n) verbohrter ~** (Tischl; Zimm) || bored tenon || tenon m. à clef. **o) vernagelter ~** (Tischl; Zimm) || bolted tenon || tenon m. enlacé. **p) viereckiger ~** || square tenon || tenon m. carré *ou* à oulices. **q) Vorderachs~** || steering knuckle pivot || pivot m. de l'essieu avant. **r) Wellen~** || axle end || tourillon m. **s) Zentrier~** || spigot shaft || queue f. de centrage. 8

Zapfen-bohrer m. || pin drill; tap borer; wimble; center cock bit || mèche f. à conducteur *ou* à tenon; foret m. à langues de carpe; vrille f.; tarière f. **a) ~dreher** m. || pivoter || pivoteur m. **b) ~feile** f. (Uhrm) || pivot file || lime f. à pivots. **c) ~fertigungsmaschine** f. || tenoning machine || machine f. à faire les tenons. **d) ~kipper** m. || trunnion tip wagon || wagonnet m. culbuteur à tourillons. 9

Zapfenlager n. || spindle bearing || palier m. d'un tourillon. **a) Drehgestell~** (Eisenbahn) || center plate bearing || crapaudine f. de pivot du bogie. **b) wiegenartiges ~** || V-shaped bearing || palier m. angulaire *ou* en berceau. 10

Zapfenloch n. (Zimm) || mortise; mortice; peg *or* pivot hole || mortaise f.; pas m. de tenon. **a)** Zapfenlöcher npl. **stemmen** (Tischl) || to cut mortises pl. || mortaiser. **b) ~maschine** f. || mortising machine; mortise cutting machine || mortaiseuse f. 11

Zapfen-nagel m. (Zimm) || mortise bolt || dent-de-loup f. **a) ~platte** f. (Eisenb) || hooked tie plate with tenon || selle f. à crochet et crampon. **b) ~reibahle** f. (Uhrm) || pivot broach || alésoir m. à pivots. **c) ~reibung** f. || friction of journal || frottement m. du tourillon. **d) ~säge** f. || tenon *or* dowel saw || scie f. à arraser *ou* à chevilles. **e) ~schleifmaschine** f. || journal grinding machine || machine f. à rectifier les tourillons. **f) ~schneider** m. (Tischl) || tenoning tenter || tenoneur m. **g) ~schneidmaschine** f. (Tischl) || tenon-cutting *or* tenoning machine || machine f. à tenons. **h) ~schraube** f. || trunnion screw || vis f. à pivot. **i) ~sonde** f. (Zimm) || tool for sounding mortises || quilboquet m. **k) ~streichmaß** n. (Tischl; Zimm) || mortise gauge || trusquin m. d'assemblage. **l) ~typenhebel** m. || pivoted type bar || tige f. à caractères montée sur pivot. 12

Zapfloch n. (Brau) || taphole; bung hole || trou m. de bonde; trou m. de mise en perce. **a) ~bohrer** m. || taphole borer || mèche f. pour trous de mise en perce. **b) ~bohrmaschine** f. || taphole boring machine || machine f. à percer les trous de mise en perce. **c) ~buchse** f. || taphole bush || boisseau m.; douille f. de trou de mise en perce. 13

Zapfsäule f. für **Benzin** || road side gasoline pump || distributeur m. d'essence. 14

Zapfstelle f. || tapping point || prise f. d'eau. **a)** ~ für **feuergefährliche Flüssigkeiten** || tapping point of inflammable liquids || poste m. de débit à liquides inflammables. 15

Zapf- und Abseihvorrichtung f. || tapping and straining device || installation f. pour soutirer et filtrer. 16

Zaratit m. || emerald nickel; zaratite || émeraude f. de nickel; zaratite f. 17

Zarge f. || border || bord m. **a)** ~ eines **Siebes** || sieve hoop || cercle m. d'un crible. 18

Zargen-biegemaschine f. || body forming machine || machine f. à former les corps de boîtes. **a) ~bördeleinrichtung** f. || body flanging device || dispositif m. pour le tombage des bords. **b) ~fenster** n. || frame window || fenêtre f. à châssis. **c) ~rundmaschine** f. || body forming machine || machine f. à cintrer les corps de boîtes. 19

zaserig || fibrous || galeux. 20

zaudern || to waver; to hang back; to hesitate || hésiter. 21

Zaum m. || bridle; rein || bride f. **a) ~zeug** n. || head gear *or* harness || garniture f. de tête des chevaux; harnachement m. 22

Zaun m. || fence || clôture f. **a) Draht~** || wire fence || clôture f. métallique. **b) Hecken~** || hedge || haie f. **c) lebendiger ~** *s.* Hecken~. 23

Zaunpfahl m. || stake; pile || palis m. 24

zausen, die Wolle || to pick *or* pull *or* pluck the wool || éplucher la laine. 25

Zeche f. (Bergb) || mine; coal pit *or* mine; colliery || mine f.; houillère f.; charbonnage m.; mine f. de charbon; minière f. **a) erschöpfte ~** || pit being worked out; exhausted mine || mine f. épuisée. **b) Kohlen~** || colliery; coal mine || mine f. de houille; houillère f.; charbonnage m. 26

Zechen-bahn f. || colliery railway || chemin m. de fer minier. **a) ~koks** m. || coke || coke m. **b) ~teer** m. || coke tar || goudron m. de coke. 27

Zedernholz n. || cedar (wood) || bois m. de cèdre; cèdre m.; genévrier m. de Virginie. **a) ~öl** n. || cedar wood oil || huile f. de cèdre; essence f. de bois de cèdre. 28

zedieren || to assign; to transfer; to cede || céder. 29

Zedratfrucht f. || cedrat; cedrate || cédrat m. 30

Zehneck n. (Geom) || decagon || décagone m. 31

Zehner mpl. || tens pl. || dizaines fpl. **a) ~sekunde** f. || ten seconds division; ten seconds pl. || les dix secondes fpl.; dizaine f. de secondes. 32

Zehrungsstempel m. || drift || baguette f. à charger. 33

Zeichen n. (Chem) || symbol || symbole m. **a)** ~ (Eisenb) || signal || signal m. **b)** ~ (für Papierbogen) || token || marque f.; corne f. **c)** ~ (an Werkstoffen) || mark || repère m. **d) algebraisches ~** || algebraical sign || signe m. algébrique. **e) Gegen~** || counter mark || contre-marque f. **f)** ~ des **Hochwasserstandes** (Seew) || high water mark || marque f. du niveau de la haute mer. 34

Zeichen-apparat m. || drawing apparatus || appareil m. à dessiner. **a) ~block** m. || sketch block || bloc-notes m. à dessin. **b) ~brett** n. || drawing board || table f. *ou* planche f. *ou* planchette f. à dessiner. **c) ~buch** n. || drawing book || livre m. à dessiner. **d) ~erklärung** f. (Buchdr) || letters pl. of reference || légende f. 35

Zeichenfeder f. || drawing pen || plume f. à dessiner. **a) ~lithograph** m. || lithographic writer || écrivain m. lithographe. 36

Zeichen-geber m. (Bergb) || wire man || signalisateur m. **a) ~gebungsanlage** f. || signalling installation || installation f. de signalisation. **b) ~gerät** n. || drawing instrument || instrument m. pour dessins *ou* à dessiner. **c) ~gestell** n. || drawing stand || chevalet m. à dessin. **d) ~instrument** n. || drawing instrument || instrument m. à dessin(er). **e) ~kohle** f. || drawing charcoal; charcoal *or* carbon pencil; blue-black || fusain m.; charbon m. à dessin *ou* de saule; crayon m. de charbon. 37

Zeichenkreide f. || drawing chalk || craie f. à dessin(er). **a) weiße ~** || white drawing chalk || craie f. à dessin blanche. **b) farbige ~** || coloured drawing chalk || craie f. à dessin de couleur. 1

Zeichen-lehrer m. || drawing master || maître m. à dessiner. **a) ~mappe** f. || portfolio || carton m. à dessin. **b) ~maschine** f. || drawing machine || machine f. à dessiner. **c) ~material** n. || drawing material || ustensiles mpl. pour le dessin. 2

Zeichenpapier n. || drawing *or* design paper || papier m. à dessin *ou* à dessiner. **a) ~ für Kohlezeichnungen** || charcoal paper || papier m. pour le dessin au fusain. **b) ~ in Rollen** || drawing paper in rolls || papier m. à dessin en rouleaux. 3

Zeichen-prisma n. || drawing prism || prisme m. à dessiner. **a) ~saal** m. || drawing room *or* office || salle f. de dessin. **b) ~saaleinrichtung** f. || drawing office equipment || équipement m. pour salle de dessin. **c) ~schiefer** m. || drawing slate || schiste m. graphique; crayon m. noir. **d) ~schrank** m. || shelf for drawings || armoire f. à dessins. **e) ~schule** f. || drawing school || école f. de dessin. **f) ~stab** m. || rule || règle f. 4

Zeichenstift m. || drawing pencil *or* crayon; pencil; crayon || crayon m. à dessin(er); crayon m. **a) farbiger ~** || pastil; pastil crayon; crayon pencil || pastel m.; crayon m. à pastel. 5

Zeichentinte f. || drawing ink || encre f. à dessin(er). **a) ~ für Wäsche** || marking ink || encre f. à marquer. 6

Zeichentisch m. || drawing table *or* stage || table f. *ou* pupitre m. à dessin(er). **a) ~ mit Brett** || drawing table with board || table f. à dessin avec planche. 7

Zeichen-typenhebel m. || sign type bar || barre f. à signes. **a) ~übermittlungssystem** n. || signalling system || système m. de signalisation. 8

Zeichenutensilien npl. || drawing utensils pl. || articles mpl. *ou* ustensiles mpl. de dessin. **a) ~ aus Holz** || drawing instruments pl. of wood || instruments mpl. de dessin en bois. 9

Zeichen-vorlage f. || drawing pattern || modèle m. de dessin. **a) ~vorrichtung** f. || marking device || dispositif m. à marquer. 10

zeichnen || to draw || dessiner. **a)** nach dem **Augenmaß** n. **~** || to draw by sight || dessiner à vue. **b) gegen~** || to countersign || contre-signer. **c)** nach dem **Leben** n. **~** || to copy from life || dessiner d'après nature. **d) maßstäblich ~** || to draw to scale || dessiner à l'échelle f. **e)** mit **Tusche** f. **~** || to draw with Indian ink || dessiner au lavis. 11

Zeichnen n., **geometrisches** || geometrical drawing || dessin m. géométrique. **a) ~ nach Modellen** || model drawing || dessin m. sur objet. **b) ~ nach Vorlagen** || object drawing || dessin m. sur objet. 12

Zeichner m. || draughtsman; draftsman; drawer || dessinateur m. **a) Berufs~** || professional draftsman || dessinateur m. professionnel. 13

zeichnerisch ermittelt || graphically determined || déterminé graphiquement. 14

Zeichnung f. || drawing; draft; design || dessin m. **a)** eine **~ ausziehen** || to ink in a drawing || passer un dessin à l'encre. **b) Bleistift~** || lead-pencil drawing || dessin m. au crayon. **c) Detail~** *s.* Einzel~. **d) Einzel~** || detail drawing || tracé m. *ou* plan m. *ou* dessin m. de détails. **e) geometrische ~** || geometrical *or* mechanical drawing || dessin m. géométrique *ou* linéaire. **f) getuschte ~** || washed drawing; drawing in water colours || dessin m. au lavis; feuille f. lavée. **g) gewischte ~** || dabbed drawing || dessin m. à l'estompe. **h) Kopieren** n. von **~en** || copying drawings || copie f. des dessins. **i) künstlerische ~** || art drawing || dessin m. artistique. **k) lithografierte ~** || lithographic drawing || dessin m. lithographié. **l) Maß~** || dimensioned drawing || plan m. *ou* dessin m. coté. **m) Montage~** || erection drawing || dessin m. de montage. **n) Muster~** || drawing || dessin m. **o) perspektivische ~** || perspective drawing || dessin m. perspectif. **p) schraffierte ~** || hatched drawing || dessin m. haché. **q) technische ~** || mechanical *or* technical drawing || dessin m. technique. **r) Vergrößerung** f. von **~en** || enlarging of drawings || agrandissement m. de dessins. **s) Verkleinerung** f. von **~en** || reducing of drawings || réduction f. de dessins. **t) Werkstatt~** || working drawing || dessin m. d'atelier. **u) Zusammenstellungs~** || general drawing || croquis m. d'assemblage. 15

Zeichnungs-formular n. (Bank) || subscription form || bulletin m. de souscription. **a) ~kopiermaschine** f. || machine for reproduction of drawings || machine f. à reproduire les plans. 16

Zeiger m. (Meßinstr) || hand; pointer || aiguille f. **a) ~** (Uhr) || hand || aiguille f. **b) ~** (Kupferst; Grav) || engraver; graver; scooper; sculper || burin m. du graveur; matoir m. **c)** den **~ zum** vollen **Ausschlag bringen** || to bring the pointer into full action || faire osciller entièrement l'aiguille f. **d) Ausstanzen** n. von **~n** || cutting *or* stamping of pointers || découpage m. d'aiguilles. **e)** der **~** des **Instrumentes** beginnt über der Skale zu spielen || the pointer of the instrument begins to move across the scale || l'aiguille f. de l'instrument commence à se mouvoir devant le cadran. **f)** der **~ schlägt aus** || the pointer moves || l'aiguille f. oscille. **g) ~** einer **Sonnenuhr** || gnomon || gnomon m. **h) ~** aus **Stahl** || steel indicator || index m. en acier. **i) Uhr~** || clock *or* watch hand || aiguille f. de cadran *ou* de montre *ou* d'une pendule. 17

Zeiger-ablesung f. || pointer reading || lecture f. des indications *ou* des déviations de l'aiguille. **a) ~apparatsystem** n. in Feuermeldeanlagen || dial apparatus system for fire alarm installations || système m. de poste à cadran dans les installations d'avertisseurs d'incendie. 18

Zeigerausschlag m. || deflection of pointer || déviation f. de l'aiguille. **a) doppelseitiger ~** || deflection in either direction || déviation f. bilatérale. 19

Zeiger-barometer n. || wheel barometer || baromètre m. à cadran. **a) ~frequenzmesser** m. || indicator frequency meter || fréquencemètre m. à aiguille. **b) ~instrument** n. || pointer instrument || instrument m. à aiguille. **c) ~lagerung** f. || pointer support *or* base (A) || portée f. à index *ou* à aiguille. **d) ~länge** f. || length of pointer || longueur f. d'aiguille. **e) ~meßinstrument** n. || pointer measuring instrument || appareil m. de mesure à cadran. **f) ~nase** f. || indicator point || pointe f. de l'index. **g) ~okular** n. || pointer eyepiece || oculaire m. indicateur. **h) ~schreibmaschine** f. || pointer typewriter || machine f. à écrire à tige indicatrice. 20

Zeigerstellung f. (Uhrwerk) || hand setting || mise f. à l'heure. **a) ovale Hülse** f. für die **~** (Uhrm) || olive pipe || canon-olive m. 21

Zeiger-telegraf m. || dial telegraph || télégraphe m. à cadran. **a) ~wage** f. || indicator balance || balance f. à cadran. 22

Zeigerwerk n. || index plate || indicateur m. à aiguille. **a) ~** (Uhrwerk) || minute works pl. || minuterie f. 23

Zeile f., die **~ abbrechen** (Buchdr) || to break the line || couper l'alinéa m. **a)** die **~n** fpl. **durchschießen** (Buchdr) || to interline || interligner les blancs. **b)** die **~n** fpl. **enger machen** (Buchdr) || to drive the lines pl. || serrer les lignes fpl. **c) Norm~** (Buchdr) || direction line || ligne f. de pied. 24

Zeilenabstand m. || distance between lines; line space || écartement m. entre les lignes; interligne m. **a) ~zeiger** m. (Schreibm) || line space gauge || pointeau m. d'interligne. 25

Zeilen-addiertaste f. || line adding key || touche f. pour l'addition en ligne. **a) ~anzeiger** m., **selbsttätiger** (Büro; Schreibm) || self-adjusting line finder || indicateur m. de ligne automatique. 26

Zeileneinstell-hebel m. || line spacing lever || levier m. d'interligne. **a) ~vorrichtung** f. || mechanism for adjusting the spacing between lines || mécanisme m. réglant l'espacement entre les lignes. 27

Zeilen-fortschaltmechanismus m. (Schreibmasch) || line spacing mechanism || mécanisme m. d'interligne. **a) ~geradheit** f. || regular alignment of the letters || rectitude f. des lignes. **b) ~gießmaschine** f. || line(s) casting machine || machine f. de fondage de lignes *ou* à fondre en ligne. **c) ~höhe** f. || height of the line || hauteur f. de la ligne. **d) ~länge** f. (Buchdr) || justification || justification f. **e) ~messer** m. (Buchdr) || type gauge || lignomètre m. **f) ~schalthebel** m. (Schreibm) || line space lever || levier m. d'interligne. **g) ~schaltung** f. (Schreibm) || line spacing || commande f. de l'interligne. **h) ~schluß** m. || end of the line || fin f. de ligne. **i) ~zähler** m. (Buchdr) || automatic line counter; runner || compteur m. de lignes automatique. 28

Zeit f. || time || temps m. **a)** die **~ abstoppen** || to time; to stop the time || arrêter le temps. **b) astronomische ~** || astronomical time || temps m. astronomique. **c)** die **~ ausmessen** || to measure the time || mesurer le temps. **d) Einheits~** || legal time || temps m. légal *ou* fixé par la loi; heure f. universelle. **e) mitteleuropäische ~** || Central European time || heure f. de l'Europe centrale. **f) Ortsstern~** || local sidereal time || temps m. sidéral du lieu. **g)** um **~** f. zu **sparen** || in order to save time || afin de gagner du temps. **h) Stern~** || sidereal time || temps m. sidéral. **i) veranschlagte ~** || estimated time || temps m. estimé. **k)** die **~ vergleichen** || to check the time || collationner le temps. **l) verkehrsschwache ~** (Fernm) || slack hours pl. || heures fpl. de faible trafic. **m) verkehrsstarke ~** (Fernm)

|| busy hours pl. || heures fpl. de fort trafic. **n) vor einiger ~** || some time ago || il y a quelque temps. **o) wahre ~** || apparent time || temps m. vrai. 1

Zeit-abschnitt m. || space of time; period || période f. **a) ~aufnahme** f. || time exposure || exposition f. à temps. 2

Zeitball m. || time ball || ballon m. de temps. **a) ~- und Zeitlichtsignalstation** f. || time ball and luminous time signal station || station f. d'émission de signaux lumineux et à boules. 3

Zeit-bestimmung f. durch Stundenwinkel || observation for time || observation f. de longitude. **a) ~bogen** m. (Astron) || arc of time || arc m. du temps. **b) ~einheit** f. || unit *or* unity of time || unité f. du temps. **c) ~einstellung** f. || time adjustment || réglage m. horaire. **d) ~ersparnis** f. || saving of time || économie f. de temps. **e) ~fernzähler** m. || distant time recorder || enregistreur m. de temps à distance. 4

zeitgemäß || timely; opportune; up-to-date || opportun; de circonstance. 5

Zeit-gleichung f. || equation of time || équation f. du temps. **a) ~impuls** m. || time impulse || impulsion f. horaire. **b) ~integral** n. || time integral || intégrale f. de temps. **c) ~karte** f. || season ticket || carte f. d'abonnement. **d) ~konstante** f. (Funkw) || time constant || constante f. de temps. 6

zeitlich gleichbleibende Strömung f. || flow constant in time *or* steady in time; flow invariable with the time (A) || écoulement m. constant dans le temps. 7

Zeit-linie f. || time vector || vecteur m. du temps. **a) ~lohn** m. || time wages pl. || salaire m. 8

Zeitmesser m. || chronometer; time keeper; time meter || chronomètre m. **a) ~** (Fernm) || time meter || compteur m. de durée d'une conversation. **b) Kurz~** || micro chronometer || appareil m. pour mesurer les petits intervalles de temps. 9

Zeit-minute f. || minute of time || minute f. de temps. **a) ~nehmer** m. || time keeper || chronométreur m. **b) ~punkt** m. || point of time; moment || moment m. 10

zeitraubend || taking up much time; wearisome || qui prend du temps. 11

Zeitregelmaschine f. || timing machine || machine f. à régler le temps. 12

Zeitregistrier-apparat m. || time recorder || enregistreur m. de temps. **a) ~vorrichtung** f. || time recording device || dispositif m. de chronométrage. 13

Zeit-relais n. (Fernm) || deferring *or* time relay || relais m. temporisé *ou* retardé *ou* à action différée *ou* à temps. **a) ~schalter** m. || time switch || interrupteur m. horaire *ou* à temps. **b) ~schaltwerk** n. || timing switch || commutateur m. horaire *ou* à temps. **c) ~schreiber** m. || chronograph || chronographe m. 14

Zeitschrift f. || review; magazine; periodical || revue f.; périodique. 15

Zeitschriften-druck m. || printing periodicals pl. || impression f. de périodiques. **a) ~literatur** f. || periodicals pl. || revues fpl. 16

Zeit-schütz n. (Fernm) || time relay || relais m. à temps. **a) ~sekunde** f. || second of time || seconde f. de temps. **b) ~sicherung** f. (Elektr) || time fuse || coupe-circuit m. à retardation. 17

Zeitsignal n. || time signal || signal m. horaire. **a) ~anlage** f. || time signalling system || installation f. d'émission de signaux horaires. **b) ~geber** m. || time signal transmitter || émetteur m. de signaux horaires. **c) ~schaltung** f. || time signalling connection || schéma m. des signaux horaires. **d) ~übertrager** m. || telegraphical time signal distributor || distributeur m. des signaux horaires télégraphiques. 18

Zeitstempel m. || time stamp || timbre m. horaire; autodateur m. 19

Zeitung f. || newspaper; journal || journal m. **a) achtseitige ~** || eight-page newspaper || journal m. de huit pages. **b) alte ~en** || old newspapers pl. || vieux journaux mpl. **c) kopflose ~** || partly printed sheets pl. || journal m. sans titre. 20

Zeitungs-artikel m. || newspaper article || article m. de journal. **a) ~druck** m. || newspaper printing *or* work || impression f. de journaux. **b) ~druckerei** f. || newspaper printing establishment; news house || imprimerie f. à journaux. **c) ~falzerin** f. || newspaper folder || plieuse f. de journaux. **d) ~falzmaschine** f. || journal folding machine || plieuse f. mécanique de journaux. **e) ~halter** m. || newspaper holder || porte-journaux m. **f) ~papier** n. || newsprint paper; paper for journals || papier m. à journaux; papier-journal m. **g) ~rotationsdruckmaschine** f. || newspaper rotary machine || machine f. rotative à imprimer des journaux. 21

Zeit-unterschied m. || difference in time || différence f. de temps. **a) ~vektor** m. || time vector || vecteur m. temporel *ou* de temps. **b) ~verbesserung** f. || time correction || correction f. de temps. **c) ~vergeudung** f. || waste of time || perte f. de temps. **d) ~verlust** m. || loss *or* waste of time || perte f. de temps. **e) ~verschluß** m. (Lichtb) || time shutter || obturateur m. pour la pose. **f) ~versicherungsschein** m || time policy || police f. d'assurance à terme. 22

zeitweilig-e Anordnungen fpl. || temporary arrangements pl. || arrangements mpl. temporaires. **a) ~ eingestellt** || (temporarily) suspended || (temporairement) suspendu. 23

Zeitzeichen-dienst m. (Funkw) || time signal service || service m. de signaux horaires. **a) ~geber** m. || time signal transmitter || transmetteur m. du signal horaire. 24

Zeit-zonenzähler m. (Fernm) || time and zone metering || compteur m. de temps et zone. **a) ~zünder** m. || time-fuze || fusée f. à temps. 25

Zelle f. (Bot; Chem) || cell || cellule f. **a) ~** (Elektr) || cell || pile f.; cellule f. de l'auge. **b) ~** (Gefängnis) || cell || cabanon m. **c) ~** (eines Wasserrades) || bucket || auge f. **d) elektrolytische ~** || electrolytic detector || détecteur m. électrolytique. **e) End~** || terminal cell || cellule f. extrême. **f) fotoelektrische ~** || photo-electric cell || pile f. photo-électrique. **g) geschlossene ~** (Elektr) || closed cell || élément m. fermé. **h) offene ~** (Elektr) || open cell || élément m. ouvert. **i) poröse ~** || porous cell || vase f. poreux. **k) verspannte ~** (Luftf) || wire-braced wing || aile f. maintenue par des haubans. **l) verstrebte ~** (Luftf) || strut-braced wing || aile f. maintenue par des contrefiches *ou* par des montants. 26

Zellen-einbau m. || cellular arrangement || construction f. cellulaire. **a) ~gefängnis** n. || Pensylvanian jail || prison f. à détention solitaire. **b) ~gewebe** n. (Holz) || cellular tissue || tissu m. cellulaire. 27

Zellenkühler m. || cellular radiator || radiateur m. à nid d'abeilles. **a) ~** (Auto) || honey comb radiator || radiateur m. nid d'abeilles. 28

Zellenschalter m. || accumulator switch regulator; battery switch || réducteur-adjoncteur m.; commutateur m. de réglage. **a) Doppel~** (Sammler) || double battery switch || réducteur-adjoncteur m. double. **b) Einfach~** (Sammler) || simple battery switch || réducteur-adjoncteur m. simple. **c) ~ für Handbetrieb** || hand-operated battery switch || réducteur-adjoncteur m. à main. **d) selbsttätiger ~** || automatic battery switch || réducteur-adjoncteur m. automatique. 29

Zellenschalterleitung f. || battery switch conductor || conducteur m. de réducteur-adjoncteur. 30

Zellhorn n. || celluloid || celluloïde m. **a) ~herstellungsmaschine f.** || celluloid producing machine || machine f. pour la fabrication du celluloïd. 31

zellig || honey-combed || alvéolé; cellulaire. **a) ~** (Glasf) || fibrous || galeux. 32

Zellon m. || cellone || cellone m. **a) ~film** m., **metallisierter** || metallized cellone film || film m. de cellone métallisé. **b) ~lack** m. || cellone varnish || vernis m. au cellone. 33

Zellophan n. || zellophan || zellophan m. 34

Zellstoff m. *s. auch* Zellulose || cellulose; wood pulp || cellulose f.; pâte f. de bois. 35

Zellstoffabrik f. || cellulose factory || fabrique f. de cellulose. **a) Natron~** || soda cellulose works pl. || fabrique f. de cellulose à la soude. **b) Sulfat~** || sulphate cellulose works pl. || fabrique f. de cellulose au sulfate. 36

Zellstoff-herstellungsmaschine f. || machine for the manufacture of wood pulp || machine f. pour fabriquer la cellulose. **a) ~industrie** f. || cellulose trade || industrie f. de la cellulose. **b) ~platte** f. für Filtermasse || cellulose plate for filtering pulp || plaque f. en pâte de cellulose pour masse filtrante. **c) ~watte** f. || cellulose wadding || ouate f. de cellulose. 37

Zelluloid n. || celluloid || celluloïd(e) m. **a) ~auskleidung** f. || celluloid facing || revêtement m. en celluloïde. **b) ~ball** m. || celluloid ball || balle f. en celluloïd. **c) ~brille** f. || celluloid spectacles pl. || lunettes fpl. en celluloïd. **d) ~herstellungsmaschine** f. || celluloid (producing) machine || machine f. pour la fabrication du celluloïd. **e) ~kamm** m. || celluloid comb || peigne m. en celluloïd. **f) ~lösungsmittel** n. || celluloid solvent || dissolvant m. *ou* résolvant m. du celluloïd. **g) ~papier** n. || celluloid paper || papier m. (de) celluloïde. **h) ~plakat** n. || celluloid showcard || pancarte f. en celluloïd. **i) ~platte** f. || celluloid sheet || plaque f. de celluloïde. **k) ~presse** f. || celluloid press || presse f. pour celluloïd. **l) ~spielwaren** fpl. || celluloid toys pl. || jouets mpl. en celluloïd. **m) ~waren** fpl. || celluloid articles pl. || objets mpl. en celluloïd. 38

Zellulose f. *s. auch* Zellstoff || wood pulp; cellulose || pâte f. de bois; cellulose f. a) **Amylo~** || amylocellulose || amylocellulose f. b) **Eindicktrommel** f. für ~ || thickening drum for wood pulp || tambour m. d'épaississement pour la cellulose. c) **Holz~** || wood cellulose || cellulose f. de bois. d) **Natron~** || sodium wood-pulp || cellulose f. à la soude. e) **Sulfit~** || sulphured wood-pulp || cellulose f. au sulfite. 1

Zelluloseazetat n. || cellulose acetate || acétate m. de cellulose. a) **~lack** m. || cellulose acetate varnish || laque m. à l'acétate de cellulose. b) **~seide** f. || cellulose acetate silk || soie f. à l'acétate de cellulose. 2

Zellulose-entwässerungsmaschine f. || desiccating machine for wood pulp || installation f. pour la déshydration de la cellulose. a) **~extrakt** m. || cellulose extract || extrait m. de cellulose. b) **~fabrik** f. || wood pulp works pl.; cellulose factory || fabrique f. de cellulose. c) **~faden** m. || cellulose filament || filament m. de cellulose. d) **~garn** n. || cellulose yarn || fil m. en cellulose. e) **~herstellungsmaschine** f. || wood pulp making machine || machine f. pour fabriquer la cellulose. f) **~lack** m. || cellulose finish *or* lacquer || émail m. à la cellulose; peinture f. cellulosique. g) **~lauge** f. || cellulose lye || lessive f. de cellulose. h) **~lösungsmittel** n. || cellulose solvent || dissolvant m. de cellulose. 3

Zellulosepapier n. || wood-pulp paper; cellulose paper || papier m. de cellulose; papier m. de pâte de bois. a) **einseitig glattes ~** || cellulose paper smooth on one side || papier m. de cellulose satiné d'un côté. b) **geglättetes ~** || cellulose paper with satin finish || papier m. de cellulose satiné. 4

Zellulosewandung f. || cellulose wall || paroi f. en cellulose. 5

Zellulosewatte f. || wadding of cellulose || ouate f. de cellulose. a) **~herstellungsmaschine** f. || wood pulp wadding making machine || machine f. pour fabriquer l'ouate de cellulose. 6

Zellwand f. || membrane of the cell; cell wall || membrane f. de la cellule; paroi f. cellulaire. 7

zellwandzerstörend (Chem) || cell wall destroying || qui détruit les parois des cellules. 8

Zelt n. || tent || pavillon m.; tente f. a) **~beschläge** mpl. || tent fittings pl. || garnitures fpl. de tentes. b) **~dach** n. || broach *or* pavilion *or* tent roof || toit m. en pavillon. c) **~leinwand** f. || tent cloth *or* canvas || toile f. à voile. d) **~macher** m. || awning maker || bâcheur m. e) **~pfahl** m. *s.* ~stange. f) **~pflock** m. || picket; tent-peg || piquet m. g) **~stange** f. || tent pole || arbre m. *ou* mât m. de tente. h) **~wagen** m. || tilt van *or* wagon; wagon (covered) with an awning || chariot m. couvert d'une tente; voiture f. à bâche. 9

Zement m. || cement || ciment m. a) **~ anmischen** || to mix cement || doser le ciment. b) **mit ~ m. ausgießen** || to grout with cement || couler avec ciment m. c) **Eisenportland~** || iron (slag) Portland cement || ciment m. Portland de laitier. d) **Elektro~** || electro-cement || électrociment m. e) **Hochofen~** || blast furnace cement || ciment m. de haut-fourneau. f) **Hochofenschlacken~** || blast-furnace slag cement || ciment m. de laitier du haut-fourneau. g) **hochwertiger ~** || high class cement || ciment m. de haute valeur. h) **Holz~** || wood cement || ciment m. de bois. i) **künstlicher ~** || artificial cement || ciment m. artificiel. k) **langsam abbindender ~** || slow-setting *or* slowly taking cement || ciment m. à prise lente. l) **natürlicher ~** || natural cement || ciment m. naturel. m) **Roman~** || Roman *or* water cement || ciment m. romain *ou* de grappiers. n) **Schlacken~** || slag cement || ciment m. de scories. o) **Schmelz~** || melted cement || ciment m. fondu. p) **schnell abbindender ~** || quick-setting *or* quickly taking cement || ciment m. à prise rapide *ou* à prise prompte. q) **mit ~ torkretieren** || to inject cement || faire injection avec du ciment. r) **wasserbeständiger ~** || waterproof cement || ciment m. imperméable à l'eau. 10

Zementarbeiter m. || cement maker || cimentier m. 11

Zementation f. (Met) || cementation process || cémentation f. a) **~ im Salzbad** (Werkzeuge) || case-hardening work in a cyanide bath || cémentation f. au bain de sel. 12

Zementationsdauer f. (Met) || duration of the cementing process || durée f. du procès de cémentation. 13

Zement-auftragemaschine f. || cement laying on machine || machine f. à étaler le ciment. a) **~beton** m. || cement concrete || béton m. de ciment. b) **~brei** m. || cement paste || bouillie f. *ou* lait m. de ciment. c) **~brennerei** f. || cement manufactory || fabrique f. de ciment. d) **~brennofen** m. || cement furnace || four m. à ciment. e) **~dachziegel** m. || cement roofing-tile || tuile f. de ciment. f) **~diaphragma** n. || cement diaphragm || diaphragme m. en ciment. g) **~diele** f. || cement deal *or* slab || planche f. *ou* dalle f. en ciment. h) **~eisen** n. || cement iron || fer m. cimenté. i) **~erzeugung** f. || manufacture of cement || fabrication f. de ciment. k) **~estrich** m. || cement floor || aire f. en ciment. 14

Zementfabrik f. || cement works pl. || fabrique f. de ciment. a) **~einrichtung** f. || cement works outfit || installation f. de fabrique de ciment. 15

Zement-farbe f. || colour for cement || couleur f. pour ciment. a) **~fliese** f. || cement tile *or* flag || carreau m. en ciment. b) **~gußwaren** fpl. || compressed concrete articles pl. || objets mpl. en béton-moulé. c) **~hohldiele** f. || hollow concrete slab || planche f. *ou* dalle f. creuse en ciment. 16

zementieren (Bauw) || to cement || cimenter. a) ~ (Met) || to cement || cémenter. 17

Zementieren n. (Bauw) || cement work; cementing || travail m. en ciment; cimentation f. a) **~ im Spritzverfahren** || cementing by jet || cimentation f. par pistolet pulvérisateur. 18

Zementierer m. (Bauw) || cementer || cimentier m. 19

Zementier-ofen m. (Met) || cementation furnace || four m. à cémenter. a) **~pulver** n. (Met) || cementing *or* tempering powder || poudre f. à cémenter *ou* à tremper. 20

Zementierung f. (Bauw) *s.* Zementieren. a) ~ (Met) || cementation process; cementing || cémentation f. 21

Zementierungsdauer f. (Met) || duration of the cementing process || durée f. du procès de cémentation. 22

Zementkalk-beton m. || cement lime concrete || béton m. de ciment de chaux. a) **~mörtel** m. || cement and lime mortar || mortier m. au ciment et à la chaux. 23

Zement-kruste f. || crust of cement || croûte f. du ciment. a) **~kunststein** m. || artificial cement stone || pierre f. artificielle en ciment. b) **~leim** m. || cement glue || colle f. de ciment. c) **~mahlanlage** f. || cement mill plant || installation f. à broyer le ciment. d) **~mastix** m. || mastic cement || ciment m. à mastic. e) **~mergelgrube** f. || cement stone quarry || carrière f. de marne à ciment. f) **~mischmaschine** f. || cement mixer || malaxeuse f. à ciment; bétonnière f. g) **~mörtel** m. || cement mortar || mortier m. de ciment. h) **~mühle** f. || cement mill || moulin m. pour ciment. i) **~mühlenantrieb** m. || cement mill drive || dispositif m. de commande de moulins à ciment. k) **~pflaster** n. || cement pavement || pavé m. en ciment. l) **~platte** f. || slab of cement || carreau m. *ou* dalle f. en ciment. m) **~prüfpresse** f. || cement testing press || presse f. à essayer le ciment. n) **~putz** m. || cement plaster || crépi m. de ciment. o) **~rohr** n. || cement pipe || tuyau m. en ciment. p) **~röhre** f. *s.* ~rohr. q) **~rohrleitung** f. || cement conduit || conduite f. en ciment. r) **~schlacke** f. || cement clinker || mâchefer m. de ciment. s) **~schwarz** n. || cement black || noir m. de ciment. t) **~silo** m. || cement bunker || silo m. à ciment. u) **~sockel** m. || cement foundation || socle m. en ciment. v) **~spatel** m. || cement spatula || spatule f. à ciment. w) **~spritzapparat** m. || cement throwing jet || projecteur-pulvérisateur m. pour ciment liquide. x) **~stahl** m. || cement(ed) *or* blister *or* converted steel || acier m. cémenté *ou* poule. y) **~stein** m. || cement stone || pierre f. à cimenter. z) **~traßbeton** m. || cement trass concrete || béton m. de ciment et de trass. 24

a) **~verputz** m. || cement plaster *or* rendering || enduit m. *ou* crépi m. de ciment. 25

Zementwaren fpl. || cement ware || marchandises fpl. en ciment. a) **~herstellungsmaschine** f. || cement ware making machine || machine f. pour la fabrication de produits en ciment. b) **~industrie** f. || cement ware industry || industrie f. des produits en ciment. 26

Zementwerk n. || cement plant; cement works pl. || fabrique f. de ciment. 27

Zementwerks-anlage f. || cement works installation || installation f. pour la fabrication du ciment. a) **~einrichtung** f. || installation for cement factories || installation f. pour usines à ciment. 28

Zenit m.; **Zenith** n. || zenith || zénith m.; point m. vertical. 29

Zenit-licht n., durch ~ beleuchten || to illuminate by vertical light || éclairer par la lumière zénithale. a) **~prisma** n. || zenith prism || prisme m. pour observer au zénith *ou* pour le zénith; prisme m. zénithal. 30

Zentesimalwage f. || centesimal weighing machine; centesimal balance || bascule f. *ou* balance f. centésimale. 31

Zenti-gramm n. || centigram(me) || centigramme m. **a) ~liter** n. || centiliter || centilitre m. 1

Zentimeter n. || centimeter || centimètre m. **a) ~felderteilung** f. einer **Latte** || centimeter division on a staff || division f. en centimètres d'une mire. 2

Zentner m. || hundredweight || quintal m. 3

Zentral-anstellung f. (Masch) || central adjusting || réglage m. central. **a) ~batteriebetrieb** m. (Fernm) || common battery working || exploitation f. à batterie centrale. 4

Zentrale f., **Straßenbahn** || traction station || centrale f. de tramway. **a) elektrische ~** (Fabrik) || electric power house || centrale f. d'électricité. 5

Zentralenspannung f. || station voltage || tension f. aux bornes de l'usine. 6

Zentral-führung f. || central guide || guide m. central. **a) ~heizung** f. || central heating || chauffage m. central. 7

Zentralheizungs-anlage f. || central heating plant || installation f. de chauffage central. **a) ~apparat** m. || central heating apparatus || calorifère m. central. **b) ~armaturen** fpl. || central heating fittings pl. || armatures fpl. pour chauffages centraux. **c) ~formstück** n. || central heating form piece || pièce f. d'ajustage pour le chauffage central. **d) ~kessel** m. || boiler for central heating || chaudière f. pour le chauffage central. 8

Zentralisation f. der Weichen und Signale || centralization of switches and signals || centralisation f. de la manœuvre des aiguilles et des signaux. 9

Zentral-kondensationsanlage f. || central condensation plant || installation f. pour la condensation centrale. **a) ~nervensystem** n. || central nervous system || système m. nerveux central. 10

zentralperspektivisch || central perspective || à perspective f. centrale. 11

Zentral-schmierung f. || centralized lubrication || graissage m. centralisé. **a) ~uhr** f. || master *or* central clock || horloge f. centrale. 12

Zentraluhren-anlage f. || central clock system || installation f. d'horloges centrales. **a) ~netz** n. || central clock network || réseau m. d'horloges centrales. **b) ~system** n. || central clock system || système m. d'horloges centrales. 13

Zentral-wasserstation f. || central water works pl. || station f. centrale à eau. **a) ~wasserversorgung** f. || central (hot) water supply || distribution f. centrale d'eau (chaude). 14

Zentral-werkstatt f. || principal workshop || atelier m. principal. **a) ~wert** m. (Statistik) || median || médiane f. 15

Zentrierblende f. || centering diaphragm || diaphragme m. de centrage. 16

zentrieren *s. auch* mitten || to center || centrer. **a)** ein **Rad** n. **~** || to true a wheel || centrer une roue. 17

Zentrieren n., Maschine zum **~** der **Radreifen** || machine for centering the tires || machine f. à centrer les bandages. 18

Zentrier-fernrohr n. || centering telescope || lunette f. de centrage. **a) ~futter** n., **selbsttätiges** || self-centering chuck || mandrin m. à centrage automatique. **b) ~glas** n. mit Strichkreuz || centering lens with ruled cross || verre m. de centrage muni d'un réticule. **c) ~linse** f. || centering lens || lentille f. de centrage. 19

Zentriermaschine f. || centering machine || machine f. à centrer. **a) einspind(e)lige ~** || one-spindle centering machine || machine f. à centrer à une broche. **b) mehrspind(e)lige ~** || multiple-spindle centering machine || machine f. à centrer à plusieurs broches. 20

Zentrierpresse f. || centering press || presse f. à centrer. **a) hydraulisch angetriebene ~** || hydraulic centering press || presse f. à centrer actionnée hydrauliquement. 21

Zentrierring m. || centering ring || anneau m. de centrage. **a) gedrehter ~** || machined centering ring || bague f. de centrage tournée. 22

Zentrierschraube f. || centering screw || vis f. de centrage. 23

Zentrierung f. || centration; centering; centring || centrage m. 24

Zentriervorrichtung f. || centering device || dispositif m. de centrage *ou* à centrer. **a) ~** für **Rundschnitte** || centering attachment for circular nibbling works || dispositif m. à centrer pour découper des cercles. 25

Zentrierzapfen m. || spigot shaft || queue f. de centrage. 26

zentrifugal || centrifugal || centrifuge. 27

Zentrifugal-bremse f. || centrifugal brake || frein m. centrifuge. **a) ~gebläse** n. || centrifugal blast-engine || machine f. soufflante centrifuge. **b) ~guß** m. || centrifugal casting || coulée f. *ou* fonte f. centrifuge. **c) ~kraft** f. || centrifugal force || force f. centrifuge. **d) ~ölreiniger** m. || centrifugal oil purifier || épurateur m. d'huile centrifuge. **e) ~pumpe** f. || centrifugal pump || pompe f. centrifuge. **f) ~regler** m. || centrifugal governor || régulateur m. centrifuge. **g) ~schmierung** f. || centrifugal lubrication || graissage m. centrifuge. **h) ~sichter** m. || centrifugal sifter || bluterie f. centrifuge. **i) ~sichtmaschine** f. (Müll) || centrifugal dressing machine || bluterie f. centrifuge. **k) ~sichtmaschinenflügel** m. || centrifugal beater || batteur m. *ou* aile d'une bluterie centrifuge. **l) ~trockenmaschine** f. || centrifugal hydro-extractor || essoreuse f. centrifuge; hydro-extracteur m. centrifuge. **m) ~ventilator** m. || centrifugal fan || ventilateur m. centrifuge. 28

Zentrifuge f. (Masch) || centrifuge; centrifugal machine || centrifuge f.; machine f. centrifuge. **a) ~** (Müll) || whizzer || centrifuge f. **b) ~** (Wäscherei) || hydro-extractor || essoreuse f. centrifuge. **c) Benzinreinigungs~** || benzine cleaning centrifuge || épurateur m. de benzine à force centrifuge. **d) Entstaubungsvorrichtung** f. durch **~n** || dust removing device by centrifuges || appareil m. pour la séparation de poussière par centrifuges. **e) Laboratoriums~** || laboratory centrifugal machine || centrifuge f. pour laboratoires. **f) Milch~** || cream separator || écrémeuse f. **g) ~** für **Ölreinigung** || oil centrifuge || essoreuse f. pour huile. **h) Pendel~** || pendulum hydro-extractor || essoreuse f. oscillante. **i) Spinn~** für Kunstseide || spinning pot drive for artificial silk || centrifuge f. à soie artificielle. **k) ~** für **Zuckerfabriken** || sugar factory turbine || turbine f. pour sucreries. 29

Zentrifugen-arbeiter m. (Butter) || separator minder || écrémeur m. **a) ~boden** m. || centrifugal machine bottom || fond m. de centrifuge. **b) ~führer** m. (Färb) || hydro-extracting machine minder || essoreur m. **c) ~trommel** f. aus Reinnickel || centrifugal drum from pure nickel || tambour m. centrifuge en nickel pur. **d) ~zubehör** n. || accessories pl. of centrifugal machines || accessoire m. pour centrifuges. 30

zentrifugieren || to centrifuge || centrifuger. 31

zentripetal || centripetal || centripète. 32

Zentripetalkraft f. || centripetal force || force f. centripète. 33

zentrisch eingestellt || centered || placé au centre. **a) ~e Ophthalmoskopie** f. || central ophthalmoscope method || ophtalmoscopie f. centrée. 34

zentrischparallele Führung f. des Okularrohres || provision for ensuring that the eyepiece moves parallel to the axis of the telescope || guidage m. centroparallèle du tube oculaire. 35

Zentrum n. || centre; center || centre m. 36

Zentrumbohrer m. || center bit; cutter || foret m. *ou* mèche f. à centre; foret m. à trois pointes. 37

Zer n. || cerium || cérium m. 38

Zerblätterungsapparat m., **Hopfen** || hop plucking apparatus || effeuilleuse f. à houblon. 39

zerbrechen || to break || rompre; briser; casser. 40

zerbrechlich || fragile; brittle; breakable || fragile; brisable; cassable. **a) ~!** (Verpackungsaufschrift) || fragile! || fragile! 41

Zerbrechlichkeit f. || brittleness || fragilité f. 42

zerbröckeln || to crumble to pieces || réduire en petits fragments; émi(ett)er. 43

zerdrücken || to crush; to grind; to crumple || écraser; pulvériser. 44

Zerealin n. || cerealine || céréaline f. 45

Zeresin n. || ceresin(e) || cérésine f. **a) ~-fabrikeinrichtung** f. || ceresine work equipment || installation f. de fabrique de cérésine. **b) ~licht** n. || ceresine candle || chandelle f. en cérésine. **c) ~-papier** n. || ceresine paper || papier m. à la cérésine. 46

Zerfall m. (Chem) || decomposition; desintegration; breaking down || desintégration f.; décomposition f.; désagrégation f. 47

zerfallen (Chem; Met) || to decompose || décomposer. **a)** in zwei **Hälften** fpl. **~** || to split into two halves || se diviser en deux parties fpl 48

Zerfallgebilde n. || product of disintegration || produit m. de désagrégation *ou* de décomposition. 49

Zerfaserer m. (Pap) || unravelling machine; stuff grinder || effilocheuse f.; machine f. à effilocher. 50

zerfließen (Chem) || to deliquesce || tomber en déliquescence. 51

zerfließend || deliquescent || déliquescent. 52

zerfließlich *s.* zerfließend. 53

zerfressen (Chem) || to attack; to corrode || attaquer; corroder. 54

Zerfressung f. || corrosion || corrosion f. 55

zergliedern || to dissect; to decompose || démembrer; disséquer; décomposer. 56

Zerhacker m. (Selbstanschl) || chopper || hacheur m. 57

Zerin m. || cerine || cérine f. 58

Zeriterde f. || cerite earth || terre f. de cérite. 59

Zerium n. || cerium || cérium m. **a) ~salz** n. || cerium salt || sel m. de cérium. 1

zerkleinern || to break; to crush || concasser; broyer. **a) grob ~** || to crush coarsely || broyer grossièrement. 2

Zerkleinerung f. || crushing || broyage m.; concassage m. **a) grobkörnige ~** || coarse crushing || broyage m. grossier. 3

Zerkleinerungsanlage f. || crushing plant || installation f. de broyage. **a) Kalkstein~** || lime-stone crushing plant || installation f. de broyage de la chaux. 4

Zerkleinerungsmaschine f. || pulverizer; crusher; crushing *or* grinding mill *or* machine || broyeur m.; concasseur m.; machine f. de broyage. **a) Eis~** || ice crushing machine || machine f. à désagréger la glace. **b) Getreide~** || corn crusher || broyeur m. de grain. **c) Hart~** || hard crushing machine; disintegrating mill || bocard m.; broyeur m. à matière dure. **d) ~ für die Zuckerindustrie** || crushing machine for the sugar trade || machine f. à désagréger pour l'industrie du sucre. 5

Zerknicken n. || cracking || écrasement m. par flexion; flambage m. 6

zerknittern || to crumple || frissonner. 7

zerlegbar (Chem) || decomposable || décomposable. **a) ~** (Masch) || dismountable || démontable. **b)** der Rumpf des Bootes ist **in drei Teile ~** || the hull of the boat can be disjoined into three parts || la coque de canot peut se démonter en trois pièces. **c) ~es Holzhaus** n. || log hut; portable wood building || maison f. de bois portatif. **d) ~es Tischstativ** n. || disjointing table stand || pied m. de table démontable. 8

zerlegen (chemisch) || to analyze || analyser. **a) ~** (Masch) || to undo; to take apart; to disjoin; to decompose || démonter; désassembler; décomposer. **b)** in einzelne **Teile** mpl. **~** || to take to pieces || démonter en pièces détachées. 9

zerlegte Maschine f. || disassembled machine; machine taken asunder || machine f. démontée. 10

Zerlegung f. (Chem) || analysis; decomposition || analyse f.; décomposition f. **a) ~** (Masch)|| decomposition|| démontage m.; décomposition f. **b) ~** von **Gasgemischen** || decomposition of gas mixtures || décomposition f. de mélanges de gaz. **c) Anlage** f. zur **~** von **Gasgemischen** || plant for decomposition of gas compounds || installation f. de décomposition des mélanges gazeux. **d) ~** von **Kräften** || resolution of forces || décomposition f. de forces. **e) ~** des **Motors** || dismantling the engine || démontage m. du moteur. 11

zermalmen || to crush || écraser. 12

Zermetall n. || cerium metal || métal m. de cérium. 13

Zerograf m. || zerograph || zérographe m. 14

Zerotinfarbe f. || cerotine colour || couleur f. de cérotine. 15

zerpflücken || to pick to pieces || effeuiller. 16

zerplatzen || to burst || se briser. 17

zerquetschen || to crush || écraser; broyer. 18

zerquetscht || crushed || broyé. 19

zerreibbar || friable || friable. 20

Zerreibbarkeit || friableness || friabilité f. 21

zerreiben || to break up; to triturate; to grind up || triturer; broyer. **a)** die **Lumpen** mpl. **~** || to grind the rags pl. || broyer les chiffons mpl. **b)** zu feinstem **Pulver** n. **~** || to levigate || léviger. 22

Zerreiben n. (Farbe) || grinding || broiement m. **a)** Maschine f. zum **Fein~** von Farben und Lacken || machine for rasping colours, paints and varnishes to perfect fineness *or* to the utmost fineness *or* to the highest degree of fineness || machine f. pour moudre des couleurs et vernis à la plus grande finesse. **b) Maschine** f. zum **~** von vorzerkleinerten Mandeln || machine for grating the almonds which have already been ground || machine f. à râper les amandes déjà moulues. 23

Zerreibung f. || trituration || trituration f. 24

Zerreißbolzen m. || breaker bolt || boulon m. de rupture. 25

zerreißen || to tear || déchirer. 26

Zerreißen n. || tearing || effilochage m. **a) ~** des **Rohres** || breaking of the tube || rupture f. du tube. 27

Zerreißer m., **Späne** || apparatus for tearing off the shavings|| déchireur m. à copeaux. 28

Zerreiß-festigkeit f. || tensile strength; breaking stress || résistance f. à la déchirure *ou* à la rupture; tension f. de rupture. **a) ~maschine** f. (Prob) || tension testing machine || machine f. à essayer les matériaux à la traction. **b) ~probe** f. || tensile test || essai m. de rupture. **c) ~stab** m. (Prob) || test bar || éprouvette f. 29

zerrieben, fein || finely ground || finement broyé. 30

zersägen, den **Stein** m. || to cut the stone with a saw || débiter la pierre à la scie. 31

zerschlagen || to break || concasser. **a) ~e Steine** mpl. || broken stones pl. || pierres fpl. concassées. 32

zerschneiden || to cut to pieces || découper. **a)** den **Stein** m. **~** || to cut the stone || débiter la pierre. **b)** in **Stücke** npl. **~** || to cut up || subdiviser; sectionner *ou* couper en morceaux mpl. 33

zersetzbar (Chem) || decomposable || décomposable. 34

Zersetzbarkeit f. (Chem) || destructibility || destructibilité. 35

zersetzen (Chem) || to decompose; to dissolve || décomposer; dissoudre. 36

Zersetzung f. || decomposition; disintegration || décomposition f.; désagrégation f. **a) chemische ~** || chemical decomposition || décomposition f. chimique. 37

Zersetzungs-kammer f. || dissociation *or* decomposition chamber || chambre f. de réaction *ou* de décomposition. **a)** chemische **~prozesse** mpl. in der Munition verhindern || to prevent the chemical disintegration of the ammunition || prévenir la décomposition chimique de la munition. 38

zersplittern || to splinter; to break into splinters || fractionner; fracturer; disperser; réduire en éclats mpl. 39

zerspringen || to burst; to explode || crever; éclater. 40

zerstampfen || to pound; to crush || bocarder; broyer. 41

Zerstampfen n. || stamping; pound(ing) || broiement m.; pilage m.; bocardage m. 42

zerstäuben || to atomize; to crumble; to dust; to pulverize || atomiser; réduire en poussière f.; pulvériser. **a)** den **Brennstoff** m. zu einem feinen **Öl-nebel ~** || to atomize the fuel thoroughly || pulvériser le combustible en un fin nuage d'huile. **b)** mittels **Druckluft** f. **~** || to atomize by compressed air || atomiser par air m. comprimé. **c) fächerförmig ~** || to atomize as a fanshaped spray || pulvériser sous forme f. d'éventail. 43

Zerstäuber m. || sprayer; spray-diffuser; pulverizer; vaporizer; atomizer; spraying apparatus || pulvérisateur m.; vaporisateur m.; diffuseur m. **a) Öl~** || oil atomizer || pulvérisateur m. d'huile. **b) pilzförmiger ~** || mushroom sprayer || pulvérisateur m. en champignon. **c) Zweidüsen~** || two nozzle atomizer || pulvérisateur m. à deux gicleurs. 44

Zerstäuberkegel m. || atomizing cone || diffuseur m.; champignon m. du pulvérisateur. 45

Zerstäubung f. || atomizing; spraying disintegration; gasification || désintégration f.; pulvérisation f. **a) ~** des **Brennstoffs** || atomizing of the fuel || pulvérisation f. du combustible. **b) ~** durch **Druckluft** || atomizing by compressed air || pulvérisation f. par air comprimé. **c) ~** der **Düse** || atomization of the nozzle || pulvérisation f. du gicleur. **d) Strahl~** || jet spraying || pulvérisation f. par jet. 46

Zerstäubungs-anlage f. || atomizing plant || installation f. de pulvérisation. **a) ~apparat** m. *s.* Zerstäuber. **b) ~düse** f. für Wasser || water spray diffuser || irrorateur m. à l'eau. **c) ~luft** f. || air used for atomizing || jet m. d'air pulvérisateur. **d) ~vergaser** m. || jet *or* spray carburettor || carburateur m. à giclage *ou* à pulvérisation. 47

Zerstörbarkeit f. || destructibleness || destructibilité f. 48

zerstören || to destroy; to demolish || détruire; démolir. 49

Zerstörer m., **Handels~** (Seew) || commerce raider || croiseur m. corsaire. **a) Tank~** (Waffenw) || tank destroyer || contre-tank m. 50

zerstört durch || destroyed by || détruit par. **a) ~ werden** || to break down || être démoli. 51

Zerstörung f., **elektrolytische** || electrolytic corrosion || corrosion f. électrolytique. 52

Zerstörungsbombe f. || demolition bomb || bombe f. à démolir. 53

zerstoßener Kork m. || crushed cork || liège m. concassé. 54

zerstreuen (Phys) || to diverge; to disperse; to diffuse || diverger; disperger; diffuser. 55

zerstreuend || diverging || divergent. **a) ~es Glas** n. (Opt) || diverging lens || verre m. divergent. **b) ~e Linse** f. || dispersing lens || lentille f. divergente. 56

zerstreut (Opt) || diffuse || diffus. **a) ~es Licht** n. || diffused light || lumière f. diffuse. **b) ~ liegende Häuser** npl. || houses pl. scattered about || maisons fpl. dispersées. 57

Zerstreuungs-linse f. || concave *or* diverging *or* dispersing lens || lentille f. concave *ou* divergente. **a) ~punkt** m. || virtual focus || foyer m. virtuel. **b) ~vermögen** n. (Opt) || dispersive power || pouvoir m. dispersif. 58

zerstückeln || to disintegrate; to crush || concasser. 1
Zerstückelung f. || breaking into small pieces || concassage m. en morceaux. 2
zerteilen, auf handelsübliche Längen ~ || to divide into commercial lengths || débiter en longueurs fpl. commerciales. **a) Gußblöcke** mpl. in einzelne Stücke ~ (Met) || to divide ingots up into several slices || tronçonner des lingots mpl. en disques. 3
zertrümmern || to smash || briser. 4
Zertrümmerung f. des **Moleküls** || destruction of the molecule || destruction f. de l'édifice moléculaire. **a) völlige ~** f. des Moleküls || complete destruction of the molecule || destruction f. complète de l'édifice moléculaire. 5
Zerusit m. || cerusite || cérusite f. 6
Zerwürfnis n. || difference; dissension; dispute || différend m. 7
Zesenfischer m. || trawler; trawling fisherman || pêcheur m. au chalut; chalutier m. 8
Zessionsurkunde f. || deed of assignment *or* transfer || acte m. d'abandon *ou* de délaissement. 9
Zettel m. || sheet *or* slip of paper; bill; placard; ticket || affiche f.; fiche f. **a) ~** (Web) || warp || chaîne f. **b) ~ankleber** m. || placard sticker || afficheur m. **c) ~kötzer** m. || warp cop || cannette f. *ou* fusée f. à chaîne. **d) ~maschine** f. (Web) || warp machine || ourdisseuse f. 10
Zetteln n. (Web) || warping || ourdissage m. 11
Zettel-rohrpost f. || pneumatic tube system; pneumatic ticket carrier || poste f. pneumatique pour fiches. **a) ~spule** f. || warper's bobbin || bobine f. d'ourdissoir. **b) ~- verteiler** m. || bill bearer || porteur m. d'affiches. 12
Zettler m. (Web) || warper || ourdisseur m. 13
Zettlerei f. (Web) || warping || préparation f. des chaînes pour le tissage; ourdissage m. 14
Zeug n. (Schriftgieß) || type metal || métal m. à fondre des caractères *ou* servant au caractères. **a) ~** (Web) || cloth; texture; stuff; textile fabric; tissue; weft || étoffe f.; tissu m. **b) Geräte~** || utensils pl.; instruments pl.; implements pl.; tools pl. || ustensiles mpl.; outils mpl. **c) gestreiftes ~** || striped stuff || étoffe f. rayée. **d) gewürfeltes ~** || checkered *or* chequered stuff || étoffe f. à carreaux. **e) wasserdichtes ~** || waterproof tissue || tissu m. imperméable. **f) ~ am Webstuhl** || mounting || équipage m. 15
Zeug-baum m. (Web) || cloth beam || ensouple f. **a) ~breite** f. || breadth of the cloth || lé m. *ou* largeur f. du drap; laize f. 16
Zeugdruck m. || cloth *or* calico *or* stuff printing || impression f. sur étoffes *ou* sur tissus. **a) mechanischer ~** || machine printing of clothes || impression f. mécanique sur étoffes. 17
Zeugdrucker m. || cloth printer || imprimeur m. sur tissus *ou* étoffes; gaufreur m. 18
Zeugdruckerei f. (Fabrik) || cloth printing factory || imprimerie f. de tissus. **a) ~** (Tätigkeit) || cloth printing || impression f. sur étoffes. **b) ~maschine** f. || cloth printing machine || machine f. à imprimer sur étoffes. 19
Zeugdruckfarbe f. || colour for printing on textures; cloth printing ink || couleur f. pour impression sur étoffes. 20
Zeuge m. || witness || témoin m. 21
Zeugenbeweis m. || proof by evidence || preuve f. testimoniale *ou* par témoin. 22
Zeug-endenweberei f. || heading weaving || tissage m. de chefs. **a) ~gamasche** f. || cloth gaiter || guêtre f. en étoffe. **b) ~gürtel** m. || cloth belt || ceinture f. en tissu. **c) ~haus** n. || arsenal || arsenal m. **d) ~-knopf** m. || button covered with cloth || bouton m. en étoffe. 23
Zeugnis n. || attest; certificate; testimonial || certificat m.; attestation f.; témoignage m. **a) Anspruch** m. auf ein ~ haben || to be entitled to a testimonial || avoir droit m. à un certificat. **b) Ursprungs~** || certificate of origin || certificat m. d'origine. 24
Zeug-regler m. (Papiermaschine) || pulp meter || régulateur m. *ou* mesureur m. *ou* distributeur m. de la pâte. **a) ~schlauch** m. || canvass hose || conduite f. en toile. **b) ~sichter** m. (Pap) || pulp strainer || machine f. à boutons; épurateur m. de la pâte. 25
Zeugspanner m. (Web) || temple || temple m. **a) selbstwirkender ~** (Web) || self-adjusting temple || temple m. continu. 26
Zeug-zuschneiden n. || cloth cutting || découpage m. d'étoffes. **a) ~zuschneider** m. (Schneid) || cloth cutter || coupeur m. d'étoffes. 27
Zeylanit m. || pleonaste; black spinet || alumine f. magnésiée; pléonaste m.; spinelle m. noir; ceylanite f. 28
Zibet m. || civet || civette f. 29
Zichorie f. || chicory || chicorée f. **a) krause ~** || curled chicory || chicorée f. frisée. 30
Zichorien-brenner m. || chicory roaster || brûleur m. de chicorée. **a) ~darre** f. || chicory drying kiln || cossetterie f.; sécherie f. de chicorée. **b) ~fabrik** f. || chicory manufacture || chicoraterie f.; fabrique f. de chicorée. **c) ~kaffee** m. || chicory coffee || café m. de chicorée. **d) ~mühle** f. || chicory mill || moulin m. à chicorée. **e) ~packerin** f. || chicory packer || paqueteuse f. de chicorée. **f) ~wurzel** f. || chicory root || racine f. de chicorée. 31
Zickelfell n. || kid leather || peau f. de chevreau. 32
Zickzack m. || zigzag || zigzag m. **a) Rohrreihen** fpl. im ~ || row of tubes which are arranged in zigzag || rangée f. de tubes disposée en zigzag. 33
Zickzack-linie f. || zigzag line || ligne f. en zigzags. **a) ~lochung** f. || alternating perforation || perforation f. en quinconce. **b) ~nietung** f. || zigzag rivet(t)ing || rivure f. en échiquier. **c) ~presse** f. || press for zigzag feed || presse f. pour avance à zigzag. **d) ~punktschweißung** f. || staggered spot welding || soudage m. par points en quinconce. **e) ~schaltung** f. || zigzag connection || connexion f. zigzag. **f) ~weg** m. || zigzag course || chemin m. en zigzag. 34
Ziege f. || goat || chèvre f. 35
Ziegel m. || brick || brique f. **a) ~** (Dachd) || tile || tuile f. **b)** die ~ mpl. **brennen** || to burn the bricks || cuire les briques. **c) Chromit~** || chromite brick || brique f. en chromite. **d) Dach~** *s.* Ziegel (Dachd). **e) Falz~** || gutter tile || tuile f. à onglet. **f) farbig glasierter ~** || encaustic tile || tuile f. encaustique. **g) feuerbeständiger ~** || fire brick || brique f. réfractaire. **h) feuerfester ~** *s.* feuerbeständiger ~. **i) First~** || ridge tile || tuile f. faîtière. **k)** auf die **flache Kante** gestellter ~ || brick laid flat || brique f. posée de plat. **l) Form~** || profilated brick || brique f. profilée. **m) gebrannter ~** || burned brick || brique f. cuite. **n) glasharter ~** || vitrified stock brick || brique f. dure comme le verre. **o) hartgebrannter ~** || stock brick || brique f. fortement cuite. **p)** auf die **hohe Kante** gestellter ~ || brick laid on edge || brique f. posée de champ. **q) Hohl~** || hollow brick || brique f. creus(é)e. **r) Leicht~** || light brick || brique f. légère. **s) Luft~** || air-dried *or* unburnt brick || brique f. crue; brique f. séchée à l'air. **t) Maschinen~** || machine-made brick || brique f. moulée à la machine. **u) Metall~** || metal tile || tuile f. métallique. **v) Ober~** || upper tile || tuile f. de dessus. **w) poröser ~** || porous brick || brique f. poreuse. **x) Schluß~** || end tile || tuile f. recourbée. **y)** den ~ **streichen** || to mould the brick || mouler la brique. **z)** die ~ mpl. zum **Trocknen** aufsetzen || to wall the bricks for drying || mettre les briques en haie pour les sécher. 36
a) Turm~ || tower tile || tuile f. pour tours. **b) ungarer ~** || brick burnt too little || brique f. à cuisson imparfaite. **c) ungebrannter ~** || clay *or* cob *or* air-dried *or* unburnt brick; adobe || brique f. crue *ou* séchée à l'air. **d) Voll~** || solid brick || brique f. pleine. **e) Walm~** || bin tile || tuile f. de croupe. 37
Ziegel-arbeit f. || brick laying || maçonnage m. en brique. **a) ~ausmauerung** f. einer Fachwand || brick nogging || posage m. de briques dans les pans de bois. **b) ~bedachung** f. || tiling || toiture f. en tuile. **c) ~beton** m. || brick concrete || béton m. de briquailles. **d) ~block** m. || fire-tile block || bloc m. réfractaire. **e) ~brand** m. (ein Brand Ziegel) || a batch of bricks || cuite f. de briques. **f) ~brenner** m. || brick burner *or* maker || cuiseur m. de briques; briquetier m. **g) ~brocken** mpl. || broken bricks pl. || débris mpl. de briques. **h) ~dach** n. || tile roof || toit m. couvert en tuiles. **i) ~dachdecker** m. || tiler || couvreur m. en tuiles; tuileur m. **k) ~decker** m. *s.* ~dachdecker. 38
Ziegelei f. || brick kiln; brik works pl. || briqueterie f. **a) ~** für **Dachziegel** || tile kiln; tilery || tuilerie f. 39
Ziegelei-bedarfsartikel mpl. || implements pl. for brick works || articles mpl. pour briqueteries. **a) ~einrichtung** f. || brick work equipment || équipement m. de briqueterie. **b) ~maschine** f. || machine for tile factories || machine f. pour tuileries. 40
Ziegel-erde f. || brick clay || terre f. à briques. **a) ~erz** n. || tile ore || cuivre m. oxydulé terreux. **b) ~format** n., **Normal** || standard brick-size || dimensions fpl. normales des briques. **c) ~former** m. || brick maker || briquetier m. **d) ~formmaschine** f. || brick moulding machine || machine f. à briques. **e) ~- und Kachelherstellungsmaschine** f. || brick and slab machine || machine f. pour la fabrication des briques et tuiles. **f) ~klammer** f. || tile cramp || crampon m. à tuiles. **g) ~-latte** f. || double fir lath || latte f. double. **h) ~maschine** f. || brick making machine || machine f. à briques. 41
Ziegel-mauer f. || brick wall || mur m. de brique. **a) ~mauerwerk** n. || brick(-stone)

masonry; brickwork || murage m. *ou* maçonnerie f. en briques. 1

Ziegelmehl n. || brick dust || poussière f. *ou* farine f. de briques. **a) ~mörtel** m. || mortar made of lime and brick dust || mortier m. à chaux et à poussière de briques. 2

Ziegel-ofen m. || brick kiln || four m. à briques. **a) ~platte** f. || square brick || carreau m. de brique. 3

Ziegelpresse f. || brick press *or* moulding machine || presse f. *ou* machine f. à briques. **a) Strang~** || long-stringed brick moulding machine || presse f. à façonnage mécanique à la filière des briques. 4

Ziegel-rohbau m. || visible *or* raw brickwork || briquetage m.; construction f. en briques brutes. **a) ~schicht** f. || brick course || couche f. de brique. **b) ~schornstein** m. || chimney in brickwork || cheminée f. en briques. **c) ~schutt** m. || brick bats pl. || briquaillons mpl. 5

Ziegelstein m. *s. auch* Ziegel || brick || brique f. **a) ~form** f. || brick mould || moule m. à briques. **b) ~formmaschine** f. || brick-making *or* brick-moulding machine || machine f. à mouler les briques. **c) ~mauerwerk** n. || brickwork || maçonnerie f. en briques. **d) ~pflaster** n. || bricked pavement || pavage m. en briques. **e) ~presse** f. || brick press || presse f. à briqueter. **f) ~verkleidung** f. || brickwork casing || muraillement m. en briques. 6

Ziegel-streicher m. || brick maker *or* moulder || briquetier-mouleur m. **a) ~ton** m. || brick clay; loam || terre f. *ou* argile f. à briques. **b) ~trockenpresse** f. || brick drying press || presse f. à sécher les briques. 7

Ziegen-bockhalter m. || he-goat breeder || éleveur m. ayant un bouc; éleveur m. de boucs. **a) ~fuß** m. (Bergb) || clowended crow-bar || pied-de-biche m. **b) ~haar** n. || goat's hair || poil m. de chèvre. **c) ~haar** n. (Spinn) || dog-hair || jarre m. **d) ~haarspinner** m. || goat's wool spinner || fileur m. de poils de chèvre. **e) ~hirt** m. || goat herd || chevrier m. **f) ~horn** n. || goat horn || corne f. de chèvre. **g) ~leder** n. || goatskin; kid skin || cuir m. de chèvre; chevrotin m. **h) ~züchter** m. || goat breeder || éleveur m. de chèvres. 8

Zieh-anlage f. || drawing plant || installation f. d'étirage. **a)** pneumatischer **~apparat** m. || pneumatic drawing apparatus || appareil m. d'étirage pneumatique. 9

Ziehband n. für **Querträger** (el Leit) || arm clip || bride f. **a) ~** für **Stahldrahtseile** (el Leit) || clamp || bride f. de fixation. 10

Ziehbank f. || draw bench || argue f.; banc m. à (é)tirer. **a) ~** für **Stangen** || draw bench for rods || banc m. à étirer les barres. 11

Ziehbarkeit f. || ductility || ductilité f. 12

Zieh-brunnen m. || draw well || puits m. à roue. **a) ~dorn** m. in Röhrenwalzwerken || mandrel for tube rolling mill || mandrin m. pour laminoir à tubes. **b) ~draht** m. (Kabel) || drawing-in wire || fil m. de tirage. 13

Zieheisen n. (für Draht) || draw plate || filière f. 14

ziehen || to pull || tirer; étirer. **a) ~** (Draht) || to draw || étirer; tréfiler. **b)** ein **Kabel** n. **~** || to draw a cable || étirer un câble. **c) Draht** m. **~** || to draw wire; to wiredraw || tréfiler; étirer les fils. **d) Flachs** m. **~** || to pull flax || arracher *ou* cueillir du lin. **e)** einen **Graben** m. **~** || to dig a ditch || fouiller *ou* creuser un fossé. **f) Hanf** m. **~** || to pull hemp || arracher du chanvre. **g) kalt ~** || to cold draw || étirer à froid. **h) ans Land** n. **~** || to haul ashore || haler à terre. **i) Rohre** npl. **~** || to draw tubes pl. || étirer des tuyaux mpl. **k)** einen **Schornstein** m. **~** || to bend a chimney || dévoyer une cheminée. **l)** die **Schützen** fpl. **~** || to open the flood gates pl. || lever les vannes fpl. **m) Seidenwürmer** mpl. **~** || to rear silk worms pl. || élever des vers mpl. à soie. **n) sich ~** (Papier) || to get warped || se gondoler; se déjeter. **o) sich ~** (Stahl) || to distort || se déjeter. 15

Ziehen n. des **Drahtes** || wire drawing || étirage m. du fil. **a) ~** von **Gräben** || cutting trenches || faire des tranchées fpl. **b) ~** von **Metalldrähten** || metal-wire drawing || tréfilage m. de fils métalliques. **c) ~ unregelmäßig geformter Hohlkörper** || drawing of irregular-formed hollow parts || étirage m. *ou* emboutissage m. des corps creux de forme irrégulière. 16

Zieher m. (Met) || drawer || étireur m. 17

Zieherei f., **Metall** || metal drawing || étirage m. de métaux. **a) Präzisions~** || precision drawing || étirage m. de précision. 18

Zieh-feder f. || (geometrical) drawing *or* right-line pen || tire-ligne m. **a) ~form** f. für **Pappe** || drawing form for cardboard || forme f. d'étirage pour carton. **b) ~harmonika** f. || accordion || accordéon m. **c) ~klinge** f. (Tischl) || scraper || racloir m. **d) ~länge** f. der Räummaschine || stroke of broaching machine || course f. d'une machine à brocher. **e) ~leine** f. (Ramme) || draw-line || tiraude f. 19

Ziehloch n. (Zieheisen) || drawing hole || trou m. de filière. **a) ~maschine** f. für Drähte || drawing machine for wires || tréfilerie f. pour fils métalliques. **b) ~messer** n. (Wagenb) || draw knife; draw shave; knife with two handles || plane f.; couteau m. à deux manches. 20

Ziehpresse f. || drawing *or* extruding press || presse f. à étirer *ou* à emboutir *ou* à étirage. **a) Draht~** || wire drawing press || presse f. à tréfiler. **b) liegende ~** || horizontal drawing press || presse f. horizontale à étirer. 21

Ziehpunze f. (Grav) || tracing punch || traçoir m. 22

Ziehring m. || draw plate || anneau m. *ou* matrice f. à étirer. **a) ~** für **Röhren** || gauge plate || filière f. à tuyaux. 23

Zieh-schlauch m. (Kabel) || grip || grip m. **a) ~schütze** f. (Schleuse) || sliding sluice *or* valve; hatch; sliding lock-gate || vanne f.; pale f.; porte f. éclusière à coulisse. **b) ~stange** f. (zum Ziehen der Rohre) || rifling rod || tringle f. **c) ~stein** m., **Draht** || wire drawing stone || pierre f. à tréfiler. **d) ~teil** m. || drawn piece || pièce f. étirée. **e) ~tiefe** f. || depth of drawing || profondeur f. d'emboutissage. **f) ~werksanlage** f. || drawing work installation || installation f. d'atelier d'étirage. **g) ~werkzeug** n. || drawing tool || outil m. à étirer. **h) ~zange** f. für Blechfabriken || plyer *or* dog for plate mills || tenaille f. de tôlerie. 24

Ziel n., **auf ~** verkaufte Ware f. || goods pl. sold on credit || marchandise f. vendue à terme. **a) gehendes ~** (Kriegsg) || receding *or* moving target || repère m. *ou* but m. (de tir) s'éloignant de l'observateur. **b) kommendes ~** (Kriegsg) || approaching *or* advancing target || repère m. *ou* but m. (de tir) s'approchant de l'observateur. **c) mit kurzem ~** (Wechsel) || short dated || à courte échéance f. **d) mit langem ~** || long dated || à longe échéance f. 25

zielbewußt || purposeful; clear headed *or* sighted || énergique. 26

zielen || to aim || viser. 27

Zielen n. (Feldm) || sighting || visée f. 28

Zielentfernung f. || distance of the target || distance f. du but (de tir). 29

Zielfernrohr n., Gewehr || gun sighting telescope || lunette-viseur f. pour armes à feu. **a) ~** für **Maschinengewehre** || machine-gun telescopic sight || lunette f. viseur pour mitrailleuses. 30

Ziel-genauigkeit f. || accuracy of sighting || précision f. de la visée. **a) ~gerät** n., Bombenabwurf || bomb sight || viseur m. de bombardement. **b)** Einrichtung f. zur optischen Parallelverschiebung der **~linie** f. (Vermessung) || optical device for the parallel displacement of the sighting line || dispositif m. pour le déplacement optique de la ligne de visée. 31

ziellos || aimless; purposeless || sans but m. 32

Zielvorrichtung f. für **Luftbomben** || aerial bomb aiming device || appareil m. de pointage pour lancement de bombes aériennes. 33

Zierat m. || foil || clinquant m. 34

Zier-band n. (Bauw) || ornamented hinge || penture f. ornée. **a) ~baum** m. || ornamental tree || arbre m. d'ornement. **b) ~blech** n. || ornamental sheet; decorative sheet iron || tôle f. d'ornementation. **c) ~buchstabe** m. || ornamented letter || lettre f. à crochets. **d) ~eisen** n. || ornamental iron || fer m. artistique *ou* à dessin. **e) ~gärtner** m. || landscape gardener || jardinier m. artiste. **f) ~gegenstand** m. || ornamental object || objet m. d'ornement. **g) ~giebel** m. || frontal; pediment || fronton m. **h) ~glaswaren** pl. || fancy glassware || verrerie f. de décoration. **i) ~kissen** n. (Sattl) || ornamental pad of a harness || mantelet m. **k) ~knopf** m. || knurled knob || bouton m. molleté. **l) ~kugel** f. || fancy knob *or* ball || boule f. d'ornementation. 35

Zierleiste f. (Buchdr) || tail piece || bordure f. **a) ~** (Holz) || moulding || moulure f. 36

Zier-linie f. (Buchdr) || fancy line || ligne f. de fantaisie. **a) ~nagel** m. || fancy nail || clou m. de fantaisie. **b) ~rippe** f. (Bauk) || surface rib || nervure f. décorative. **c) ~schrift** f. (Buchdr) || ornamental type; fancy letters pl. || caractères mpl. de fantaisie. **d) ~strauch** m. || ornamental shrub || arbuste m. d'ornement. 37

Ziffer f. || figure || chiffre m. **a) arabische ~** || Arabic figure || chiffre m. arabe. 38

Zifferblanktaste f. || figure blank key || touche f. du blanc de chiffres. 39

Zifferblatt n. || dial (plate); face || cadran m.; limbe m. **a) auswechselbares ~** (Wage) || interchangeable dial || cadran m. interchangeable. **b) emailliertes ~** || enamelled dial || cadran m. émaillé. **c) ~** mit **exzentrischer Skale** || dial with eccentric scale || cadran m. à échelle excentrique. **d) ~** mit **konzentrischer Skale** || dial with concentric scale || cadran m. à échelle concentrique. **e) leuchtendes ~** || luminous dial || cadran m. lumineux. **f) metallisches ~** ||

metallic dial || cadran m. métallique. **g) schräges ~** (Wage) || slanting dial || cadran m. oblique. **h) zweifarbiges ~** (Wage) || dial printed in two colours || cadran m. en deux couleurs. 1

Zifferblättermaler m. || dial painter || peintre m. en cadran. 2

Zifferntypenhebel m. || number type bar || barre f. à chiffres. 3

Zifferweiß n. (Fernm) || figure blank || blanc m. de chiffres. 4

Zigarette f. || cigarette || cigarette f. **a) parfümierte ~** || perfumed cigarette || cigarette f. parfumée. 5

Zigaretten-arbeiterin f. || cigarette maker || cigarettière f. **a) ~behälter** m. || cigarette case || étui m. à cigarettes. **b) ~drehmaschine** f. *s.* ~maschine. **c) ~etui** n. *s.* ~behälter. **d) ~fabrik** f. || cigarette manufacture || fabrique f. de cigarettes. **e)** Werkzeug n. für **~fertigung** f. || tool for manufacturing cigarettes || outil m. pour la fabrication de cigarettes. **f) ~füllmaschine** f. *s.* ~maschine. **g) ~herstellungsmaschine** f. || cigarette making machine || machine f. à fabriquer des cigarettes. **h) ~hülse** f. || cigarette husk || enveloppe f. de cigarettes. **i) ~hülsenmaschine** f. || cigarette tube machine || machine f. à tubes à cigarettes. **k) pneumatische Mischanlage** f. für die **~industrie** f. || pneumatic mixing plant for cigarette industry || installation f. de mélangeur pneumatique pour l'industrie des cigarettes. **l) ~karton** m. || cigarette cardboard || carton m. pour cigarettes. **m) ~korkmundstück** n. || cork tip for cigarettes || bout m. en liège pour cigarettes. **n) ~maschine** f. || cigarette machine || machine f. à cigarettes. **o) ~maschinenband** n. || cigarette machine ribbon || ruban m. pour machines à cigarettes. **p) ~paketiermaschine** f. || cigarette packing machine || machine f. à empaqueter les cigarettes. 6

Zigarettenpapier n. || cigarette paper || papier m. à cigarettes. **a) metallisiertes ~** || metallized cigarette paper || papier m. à cigarettes métallisé. **b) ~ in Röhren** || cigarette paper in tubes || papier m. à cigarettes en tubes. 7

Zigaretten-papierheft n. || cigarette paper book || cahier m. de papier à cigarettes. **a) ~rollmaschine** *s.* ~maschine. **b) ~schachtel** f. || cigarette box || boîte f. pour cigarettes. **c) ~spitze** f. || cigarette holder || fume-cigarettes m. **d) ~stopfer** m. || cigarette filler || cigaretière f. **e) ~tabak** m. || tobacco for cigarettes || tabac m. à cigarettes. **f) ~verpackungsmaschine** f. || cigarette packing machine || machine f. à emballer des cigarettes. 8

Zigarre f. || cigar || cigare m. **a) gut abgelagerte ~** || well-seasoned cigar || cigare m. bien sec. 9

Zigarrenabschneider m. || cigar cutter || coupe-cigares m. 10

Zigarrenanzünder m. || cigar lighter || allumeur m. pour cigares; allume-cigares m. **a) elektrischer ~** || electric cigar lighter || allume-cigares m. électrique. 11

Zigarren-bändchenumleger m. || head bander || poseur m. de bagues. **a) ~behälter** m. || cigar case || étui m. à cigares. **b) ~etui** n. *s.* ~behälter. **c) ~herstellung** f. || cigar making || fabrication f. de cigares. **d) ~herstellungsmaschine** f. || cigar making machine || machine f. à fabriquer des cigares. **e) ~kiste** f. || cigar box || boîte f. à cigares. **f) ~macher** m. || cigar maker || cigarier m. **g) ~preßform** f. || cigar mould || moule m. à cigares. **h) ~ring** m. || cigar ring || bague f. à cigare. **i) ~roller** m. || cigar roller || cigarier m. **k) ~sortierer** m. || cigar sorter || trieur m. de cigares. **l) ~spitze** f. || cigar holder || fume-cigares m. **m) ~tasche** f. || pouch || étui m. à cigares. **n) ~wickelmacher** m. || lump maker; bunch machine operator || poupier m. 12

Zilienpinzette f. || cilia forceps pl. *or* tweezers pl. || pince f. à épiler les cils. 13

Zimmer n. || room || chambre f. **a) ~abort** m. || room toilet || garderobe f. (de nuit); chaise f. percée d'appartement. **b) ~antenne** f. || indoor aerial *or* antenna || antenne f. intérieure *ou* de chambre. **c) ~ausstattung** f. || furniture || ameublement m. **d) ~ausstattungsgegenstand** m. || object of furniture || objet m. d'ameublement. **e) ~axt** f. || bench axe || hache f. à main. 14

Zimmerei f. || carpentry || charpente f. en bois. **a) ~maschine** f. || carpenter's machine || machine f. pour charpentiers. 15

Zimmerer m., **Bau** || house carpenter || charpentier m. de bâtiment. 16

Zimmerersteiger m. *s.* Zimmersteiger. 17

Zimmer-flucht f. || suit of appartments || enfilade f. **a) ~geselle** m. || carpenter's labourer || compagnon m. charpentier. **b) ~hauer** m. (Bergb) || timber setter || boiseur m. 18

Zimmerholz n. (Bauw) || store timber; timber (wood) || bois m. de charpente. **a) ~** (Forstw) || timber wood || pile f. 19

Zimmer-leitungsdraht m. || wire for indoor installation || fil m. d'appartements. **a) ~maler** m. || house *or* room painter || peintre m. d'appartements. 20

Zimmermann m. || carpenter || charpentier m. **a) Mühl~** || mill carpenter || charpentier m. de moulin. 21

Zimmermanns-arbeit f. || carpenter's work || pièce f. de charpente. **a) ~beil** n. || carpenter's hatchet || hachette f. de charpentier. **b) ~bleistift** m. || carpenter's pencil || crayon m. de menuisier. **c) ~bohrer** m. || auger; gimblet; wimble || foret m. à *ou* en bois. **d) ~gast** m. || carpenter's crew || ouvriers mpl. charpentiers. **e) ~gerät** n. || carpenter's tools pl. || outils mpl. de charpentier. **f) ~kunst** f. || carpentry || charpenterie f. 22

Zimmermeister m. || master carpenter || maître charpentier m. 23

zimmern || to work timber || charpenter. 24

Zimmerofen m. || room stove || poêle m. **a) großer ~** || stove for large rooms || poêle m. à grande surface de chauffe. 25

Zimmer-orgel f. || harmonium || harmonium m. **a) ~platz** m. || timber yard || chantier m. **b) ~polier** m. || carpenter foreman || charpentier m. appareilleur. **c) ~portiere** f. || portiere || portière f. d'ameublement. **d) ~schnur** f. || chalk line; line || cordeau m.; fouet m.; ligne f. **e) ~steiger** m. || deputy overman of timber setters || chef-boiseur m. **f) ~tapezierer** m. || upholsterer || tapissier-décorateur m. **g) ~temperatur** f. || room temperature || température f du laboratoire *ou* de l'appartement. **h) ~teppich** m. || chamber carpet || tapis m. pour chambres. 26

Zimmerung f. (Bergb; Bauw) || timbering || boisage m. **a) Gruben~** || timbering of a mine || charpente f. de mine. 27

Zimmer-ventilator m. || chamber fan || ventilateur m. de chambre. **a) ~verband** m. (Bauw) || construction of frame *or* timber work || assemblage m. des bois; boisage m. **b) ~werkstätte** f. || carpenter's workshop || atelier m. de charpentier. 28

Zimmet m. *s.* Zimt. 29

Zimt m. || cinnamon || cannelle f. **a) chinesischer ~** || Chinese cinnamon || cannelle f. de Chine. **b) gestoßener ~** || broken cinnamon || cannelle f. concassée. 30

Zimt-aldehyd n. || cinnamic aldehyde || aldéhyde m. cinnamique. **a) ~blüte** f. || cinnamon-flower || fleur f. de cannelier. **b) ~kassia** f. || cassia lignea || cassia lignea m. **c) ~öl** n. || cinnamon oil || essence f. de cannelle. **d) ~rinde** f. || cinnamon bark || écorce f. de cannelle. **e) ~säure** f. || cinnamic acid || acide m. cinnamique. **f) ~tinktur** f. || tincture of cinnamon || teinture f. de cannelle. 31

Zink n. || zinc; spelter || zinc m.; spiauter m. **a) borsaures ~** || zinc borate || borate m. de zinc. **b) chromsaures ~** || zinc chromate || chromate m. de zinc. **c) essigsaures ~** || zinc acetate || acétate m. de zinc. **d) harzsaures ~** || zinc resinate || résinate m. de zinc. **e) kohlensaures ~** || zinc carbonate || carbonate m. de zinc. **f) leinölsaures ~** || zinc linoleate || linoléate m. de zinc. **g) schwefelsaures ~** || sulphate of zinc; white vitriol || sulfate m. de zinc; vitriol m. blanc. **h) stearinsaures ~** || zinc stearate || stéarate m. de zinc. 32

Zink-amalgam n. || zinc amalgam || amalgame m. de zinc. **a) ~arbeiter** m. || zinc worker || zingueur m. **b) ~ätze** f. || etching solution for zinc || eau-forte f. pour planches de zinc. **c) ~ätzung** f. || zincography || gravure f. sur zinc. **d) ~bedachung** f. || zinc covering || couverture f. *ou* toiture f. en zinc. **e) ~bergwerk** n. || zinc mine || mine f. de zinc. **f) ~beschlag** m. || zinc sheathing || doublage m. en zinc. **g) ~blech** n. || zinc plate; sheet zinc || tôle f. *ou* feuille f. de zinc; zinc m. laminé. 33

Zinkblende f. || sulphide of zinc; blende || zinc m. sulfuré; blende f. **a) ~grube** f. || blende mine || mine f. de blende. 34

Zink-blüte f. || zinc bloom || fleur f. de zinc. **a) ~chlorid** n. || chloride of zinc || chlorure m. de zinc. **b) ~chromat** n. || zinc chromate || chromate m. de zinc. **c) ~dach** n. || zinc(-covered) roof || toit m. (couvert) en zinc. **d) ~drucker** m. || zincographic printer || zincographe m. **e) ~druckerei** f. (Verfahren) || zincography || zincographie f. 35

Zinkdruck-platte f. || zinc printing plate || plaque f. de zinc pour l'imprimerie. **a) ~schnellpresse** f. || zinc printing high speed machine || presse f. rapide pour zincographie. **b) ~verfahren** n. || zinc printing || impression f. sur zinc. 36

Zinke f. (einer Gabel usw.) || tooth; prong || dent m.; fourchon m. **a) ~** (Mus) || clarion || clairon m. **b) ~** (Tischl; Zimm) || dovetail; swallow-tail || queue f. d'aronde; tenon m. à queue. **c) ~** (Zacken) || prong || dent f.; branche f. **d) Eggen~** (Landw) || harrow tooth || dent f. de herse. **e) Kultivator~** (Landw) || cultivator tooth || dent f. de cultivateur. **f) Rechen~** || rake tooth || dent m. du râteau. **g) versenkte ~** (Tischl; Zimm) || mitred dovetail || queue f. d'aronde perdue. 37

Zink-einlage f., **mit** || zinc-lined || doublé de zinc. **a) ~eisenerz** n. || franklinite || franklinite f. **b) ~elektrode** f. || zinc electrode || électrode f. de zinc. 1

zinken (Tischl; Zimm) || to dovetail || assembler *ou* entailler en queue d'aronde. 2

Zinken-hobel m. || dovetailing plane || bouvet m. à languette. **a) ~maschine** f. (Holzbearb) || dovetailing machine || machine f. à faire les tenons en queue d'aronde. 3

Zinkerz n. || zinc ore || minerai m. de zinc. **a) ~grube** f. || zinc mine || mine f. de zinc. 4

Zinkfarbe f. || zinc paint *or* colour || couleur f. *ou* peinturage m. de zinc. 5

zinkführend (Min) || zinc bearing *or* containing; zinciferous || zincifère; zincique. 6

Zinkgelb n. || zinc yellow; chromate of zinc || jaune m. de zinc; chromate m. de zinc. 7

Zinkgewinnung f. || zinc manufacture *or* extraction || extraction f. du zinc. **a) elektrothermische ~** || electro-thermic zinc recovery || extraction f. électrothermique du zinc. 8

Zink-gießer m. || zinc founder || zinquier m. **a) ~gießerei** f. || zinc foundry || fonderie f. de zinc. **b) ~glas** n. || siliceous oxide of zinc; hydrous silicate of zinc; siliceous *or* electric calamine || zinc m. oxydé silicifère; calamine f.; calamine f. électrique. **c) ~grube** f. *s.* ~bergwerk. **d) ~grün** n. || zinc green || vert m. de zinc. 9

zinkhaltig || zinc-containing; zinciferous || zincique; zincifère. 10

Zink-hütte f. || zinc works pl. || usine f. à zinc. **a) ~hüttenanlage** f. || zinc work plant || installation f. d'usines de zinc. **b) ~hydrosulfit** n. || zinc hydrosulphite || hydrosulfite m. de zinc. 11

Zinkit m. || red oxide of zink; red zink ore; zinkite || zinc m. oxydé *ou* rouge; zincite f. 12

Zink-jodid n. || zinc jodide || jodure m. de zinc. **a) ~karbonat** n. || carbonate of zinc; calamine || carbonate m. de zinc; calamine m. **b) ~muffel** f. || zinc muffle || retorte f. à zinc. **c) ~niederschlag** m. || zinc coat || dépôt m. de zinc. 13

Zinko-grafie f. || zincography || zincographie f. **a) ~papier** n. || zinco paper || papier m. de zinc. 14

Zinkoxyd n. || oxide of zinc || oxyde m. de zinc. **a) kohlensaures ~** || carbonate of zinc; calamine || carbonate m. de zinc; calamine m. **b) silberarmes ~** || scum poor in silver. || écume f. pauvre en argent. **c) silberreiches ~** || argentiferous scum || écume f. riche en argent. 15

Zink-permanganat n. || zinc permanganate || permanganate m. de zinc. **a) ~phosphat** n. || zinc phosphate || phosphate m. de zinc. **b) ~phyllit** m. || hopeite || hopéite f. **c) ~prägeanstalt** f. || zinc stamping works pl. || atelier m. d'estampage de zinc. **d) ~röhre** f. || zinc pipe || tuyau m. en zinc. **e) ~sarg** m. || zinc coffin || cercueil m. en zinc. **f) ~schmelze** f. || zinc ore foundry || fonderie f. de minerai du zinc. **g) ~silikat** n. || zinc silicate || silicate m. de zinc. **h) ~spat** m. || calamine; zinc-spar; native carbonate of zinc || zinc m. carbonaté. **i) ~spinell** m. || zinc spinel; gahnite; automolite || spinelle m. zincifère; gahnite f.; automolithe f. **k) ~stab** m. || zinc rod || barre f. de zinc. **l) ~staub** m. || zink dust *or* powder || poudre f. *ou* poussière f. de zinc. **m) ~sulfat** n. || sulphate of zinc; white vitriol || sulfate m. de zinc; vitriol m. blanc. **n) ~superoxyd** n. || zinc peroxide || peroxyde m. de zinc. **o)** Gleichförmigkeit f. des **~überzuges** m. || uniformity of the zinc coating || uniformité f. parfaite de la couche de zinc. 16

Zinkvitriol n. (Chem) || white vitriol; sulphate of zinc || vitriol m. blanc; sulfate m. zincique. **a) ~** (Min) || goslarite || goslarite f. **b) ~anlage** f. || white vitriol plant || installation f. de sulfate de zinc. 17

Zinkwalzwerk n. || zinc rolling mill || laminage m. de zinc. **a) ~einrichtung** f. || equipment for zink rolling mills || installation f. de laminoir à zinc. 18

Zink-wanne f. || zinc bath || baignoire f. en zinc. **a) ~waren** fpl. || zinc goods || articles mpl. en zinc. 19

Zinkweiß n. || zinc white || blanc m. de zinc. **a) ~anlage** f. || zinc white plant || installation f. de blanc de zinc. 20

Zinn n. || tin || étain m. **a) Hut~** || cap *or* Malacca tin || étain m. en chapeau *ou* de Malacca. **b) Korn~** || grain tin; grained tin || étain m. en graines *ou* en larmes. **c) Stangen~** || bar tin || étain m. en verges. **d) Teller~** || plate pewter || potin m. d'assiettes. 21

Zinn-asche f. || stannic oxide; tin putty || bioxyde m. *ou* potée f. d'étain. **a) ~belag** m. || tin foil(ing) || feuille f. d'étain. **b) ~bergwerk** n. || tin mine || mine f. d'étain. **c) ~blech** n. || tin plate; sheet tin || étain m. en plaques *ou* en feuilles. **d) ~butter** f. || tin tetrachloride; tin butter || tétrachlorure m. d'étain. **e) ~chlorid** n. || tin tetrachloride; tin butter || tétrachlorure m. d'étain. **f) ~chlorür** n. || stannous chloride; protochloride of tin || protochlorure m. d'étain; chlorure m. stanneux. **g) ~dose** f. || tin box || boîte f. en étain. **h) ~dosenherstellungsmaschine** f. || tin box machine || machine f. à faire les boîtes en étain. **i) ~draht** m. || tin wire || fil m. d'étain. 22

zinnern || made of tin || d'étain. 23

Zinn-erz n. || cassiterite; tin ore || cassitérite f.; minerai m. d'étain. **a) ~farbe** f. || spirit-colour || couleur f. à base d'étain. **b) ~feile** f. || tin file || lime f. à étain. **c) ~figur** f. || artistic tin article || objet m. d'art en étain. **d) ~folie** f. || tin foil || feuille f. d'étain. 24

zinnführend (Min) || tin-bearing || stannifère. 25

Zinn-geschirr n. || tin vessels pl.; pewter || vaisselle f. *ou* poterie f. d'étain. **a) ~gießer** m. || tin founder || fondeur m. *ou* potier m. d'étain. **b) ~gießerei** f. || tin foundry || fonderie f. d'étain. **c) ~glasur** f. || white-lead *or* tin glazing || glaçure f. stannifère. **d) ~grube** f. *s.* ~bergwerk. **e) ~grün** n. || tin green || vert m. d'étain. 26

zinnhaltig (Chem) || tin-containing; stanniferous || stannique; stannifère. 27

Zinn-hütte f. || tin works pl. || fonderie f. de minerai d'étain. **a) ~kessel** m. || tin tank || chaudière f. en étain. **b) ~komposition** f. || dyer's spirit || composition f. d'étain. **c) ~krätze** f. || tin ashes pl. || crasse f. d'étain. **d) ~löffel** m. || tin spoon || cuiller f. d'étain. **e) ~lot** n. || soft *or* tin solder || soudure f. tendre *ou* à l'étain. 28

Zinnober m. || cinnabar; vermilion; mercuric sulphide || cinabre m. (natif); vermillon m.; mercure m. sulfuré. **a) künstlicher ~** || artificial cinnabar; red mercuric sulphide || cinabre m. artificial; sulfure m. rouge de mercure. 29

Zinnober-ersatz m. || substitute for vermilion || vermillion m. factice. **a) ~rot** n. || cinnabar red || cinabre m. artificiel. 30

Zinn-oxyd n. || stannic oxide || oxyde m. stannique. **a) ~oxydulhydrat** n. || stannous hydroxide || hydrate m. stannique. **b) ~platte** f. || tin plate || plaque f. d'étain. **c) ~präparat** n. || tin preparation *or* crystals pl. || préparation f. *ou* sel m. d'étain. **d) ~pulver** n. (Galvan) || grain tin || sable m. stannifère. **e) ~röhre** f. || tin pipe || tuyau m. d'étain. **f) ~salz** n. || stannous *or* tin salt; tin dichloride || sel m. stanneux *ou* d'étain. 31

zinnsaures Salz n. || stannate || stannate m. 32

Zinn-schrei m. || crakling (sound) of tin; cry of tin || cri m. de l'étain. **a) ~soldat** m. || tin soldier || soldat m. d'étain. **b) ~spielwaren** fpl. || tin toys pl. || jouets mpl. en étain. **c) ~staub** m. || tin dust || poussière f. d'étain. **d) ~tube** f. || tin tube || tube f. en étain. **e) ~waren** fpl. || tinware || articles mpl. en fer blanc *ou* en étain. 33

Zins m. || interest || intérêt m. **a) ~berechnung** f. || calculation of interest || calcul m. des intérêts. 34

Zinsen mpl., **aufgelaufene** || accumulated *or* accrued interest || intérêts mpl. accumulés *ou* augmentés. **a)** die ~ zum **Kapital schlagen** || to add the interest to the capital || joindre les intérêts mpl. au capital. **b) rückständige ~** || arrears pl. of interest || intérêts mpl. moratoires. 35

Zinsensaldo m. || balance of interest || solde m. des intérêts. 36

Zinseszins m. || compound interest || intérêt m. composé. 37

zinsfrei || free of interest || sans intérêt m. 38

Zinsfuß m. || rate of interest || taux m. de l'intérêt. 39

zinspflichtig || subject to rent || tributaire. 40

Zins-satz m. || rate of interest || taux m. d'intérêts. **a) ~schein** m. || coupon || coupon m. 41

zinstragendes Papier n. || interest bearing security || valeur f. à intérêts. 42

Zinsverlust m. || loss of interest || perte f. d'intérêts. 43

Zipfelmütze f. || toque || toque f. 44

zirka || about || environ. 45

Zirkel m. || (pair of) compasses pl. || compas m. **a) ~** mit **auswechselbarem Führungsbügel** || compasses pl. with screwed wing || compas m. avec quart de cercle rapporté. **b) ~** mit **auswechselbaren Spitzen** || compasses pl. with removable points || compas m. à pointes échangeables. **c) ~** mit **einsetzbaren Spitzen** || compasses pl. with shifting legs || compas m. à pointes de rechange. **d) ~** mit **festem Führungsbügel** || compasses pl. with solid wing || compas m. avec quart de cercle fixe. **e) ~** mit **festen Spitzen** || compasses pl. with fixed points || compas m. à pointes sèches. **f) ~** mit **Führungsbügel** || compasses with wing || compas m. droit avec quart de cercle. **g) ~** mit **run-**

den Schenkeln || round leg compasses pl. || compas m. à branches rondes. **h)** ~ mit **Vierkantschenkeln** || square leg compasses pl. || compas m. à branches carrées. **i) Stech~** || compasses pl. with shifting points; drawing compasses pl. || compas m. à pointes de rechange. 1

Zirkel-feder f. || bow pen || tire-ligne m. de compas. **a) ~schlüssel** m. || compass key || clef f. de compas. **b) ~spitze** f. || point of compasses || pointe f. d'un compas. **c) ~stift** m. || bow pencil || branche f. du compas portant le crayon. **d) ~verlängerung** f. || lenghtening bar of the compasses || rallonge f. de compas. 2

Zirkon n. (Min) || zircon || zircon m. **a) helles ~** || jargon || jargon m.; zircon m. de Ceylon. 3

Zirkonglas n. || zirconium glass || verre m. au zirconium. 4

Zirkonium n. (Chem) || zirconium || zirconium m. 5

Zirkonpräparat n. || zirconium preparation || préparation f. de zirconium. 6

Zirkular n. || circular; circular letter || lettre f. circulaire. **a) ~kreditbrief** m. || circular letter of credit || lettre f. circulaire de crédit. 7

Zirkulations-propeller m. || circulating propeller || propulseur m. de circulation. **a) ~pumpe** f. || circulation pump || pompe f. à circulation. **b) ~rohr** n. || circulating pipe || tuyau m. de circulation. **c) ~system** n. || circulating system || système m. de circulation. 8

zirkulieren || to circulate || circuler. 9

Zischen n. des **Lichtbogens** || hissing of the arc || sifflement m. de l'arc. 10

Zisch-hahn m. || priming cock || robinet m. de compression. **a) ~laut** m. || hissing consonant || son m. sifflant. 11

Ziselierarbeit f. || chased work; chisel work || œuvre f. au maillet; travail m. repoussé. 12

ziselieren || to chase; to enchase; to carve || repousser à l'aide de poinçons; ciseler. 13

Ziselör m. (Gieß) || chaser; engraver || ciseleur m.; ciseleur m. répareur. 14

Zisterne f. || cistern || citerne f. 15

Zisternenwagen m. || tank car || wagon-citerne m. 16

Zither f. || zither || cithare f. 17

Zitrat n. || citrate || citrate m. 18

Zitronat n. || candied lemon peel || citronnat m. 19

Zitrone f. || lemon; citron || citron m. 20

Zitronellöl n. || citronella oil || essence f. de citronnelle. 21

zitronenförmig || lemon like || en forme f. de citron. 22

Zitronen-holz n. || lemontree *or* candlewood || bois m. de citron; bois jaune; bois rose des Antilles; bois chandelle. **a) ~saft** m. || lime *or* lemon juice || jus m. de citrons. 23

zitronensauer || citric || citrique 24

zitronensaur-es Ammoniak n. || ammonium citrate || citrate m. d'ammoniaque. **a) ~er Kalk** m. || lime citrate || citrate m. de chaux. 25

Zitronensäure f. || citric *or* lemon acid || acide m. citrique. **a) ~herstellungsanlage** f. || citric acid producing plant || installation f. à fabriquer l'acide citrique. 26

Zitronenschale f. || lemon peel || écorce f. *ou* pelure f. de citron. 27

zittern (Werkzeugmasch) || to niril; to tremble; to vibrate || trembler; brouter. 28

Zittern n. (Werkzeugmasch) || niril || broutage m. 29

Zitwerwurzel f. || zedoary root || racine f. de zédoaire. 30

Zitz m. (Stoff) || printed calico; chintz || indienne f. 31

Zivil-dienstpflicht f. || civil service duty || devoir m. civique. **a) ~flugzeug** n. || civil aeroplane || avion m. civile. **b) ~gerichtshof** m. || Court of Common Pleas || tribunal m. de première instance. **c) ~ingeniör** m. || civil engineer || ingénieur m. civil. **d) ~tuch** n. || cloth for civilians' dress || drap m. civile. 32

Zobelfärber m. || sable dyer || teinturier m. de zibeline. 33

Zoll m. (Maß) || inch || pouce m. **a) Einfuhr~** || entrance *or* import duties pl. || droits mpl. d'entrée. **b) Eingangs~** *s.* Einfuhr~. 34

Zoll-abfertigung f. || permit || permis m. **a) ~abgabe** f. || custom house duty || droit m. de douane; taxe f. **b) ~amt** n. || custom-house (office) || bureau m. de douane; douane f. **c) ~beamter** m. || custom(-house) officer || douanier m.; employé m. des douanes **d) ~belastung** f. || clearance || taxation f. **e) ~brücke** f. || toll bridge || pont m. à péage. **f) ~einfuhrschein** m. || bill of entry || congé m. d'entrée. **g) ~einnehmer** m. || toll collector || receveur m. de péage. **h) ~erhebungsverfahren** n. || method of levying duty || méthode f. de perception des droits. **i) ~flughafen** m. || custom's airport || aérodrome m. douanier. 35

zollfrei || duty-free || exempt de droits mpl.; en franchise. 36

Zoll-geld n. || toll || péage m. **a) ~gesetz** n. || custom *or* revenue law || loi f. douanière *ou* de douane. **b) ~grenze** f. || customs frontier || frontière f. douanière. **c) ~haus** n. || custom house || douane f. **d) ~hof** m. || customs yard || entrepôt m. **e) ~kreuzer** m. || customs launch || croiseur m. de douane. **f) ~kutter** m. || revenue cutter || côtre m. de ia douane. **g) ~lagerhaus** n. || bonded warehouse || magasin m. d'entrepôt public. **h) ~leitspindel** f. || English pitch lead screw || vis-mère f. au pas de pouces. **i) ~mole** f. || customs wharf || môle m. de la douane. **k) ~nomenklatur** f. || customs nomenclature || nomenclature f. douanière. **l) ~papiere** npl. || custom-house documents pl. || certificats mpl. de douane. 37

zollpflichtig || dutiable || soumis aux droits mpl. 38

Zollsatz m. || custom's tariff rate || classe f. de tarif douanier. **a) ~schranke** f. (Schlagbaum) || turnpike || barrière f. de péage. **b) ~speicher** m. || custom warehouse || entrepôt m. de douane. **c) ~stempel** m. || duty stamp || décharge f. 39

Zollstock m. || folding rule; foot rule || mètre m. pliant; réglet m. **a) Taschen~** || pocket rule; folding pocket rule || réglet m. *ou* mètre m. de poche. 40

Zollsystem n. || tariff system || système m. douanier. 41

Zolltarif m. || custom's tariff; tariff of duties || tarif m. douanier. **a) Anwendung** f. des **~s** || application of the tariff || application f. du tarif de douane. 42

Zolltarifnomenklatur f. || tariff nomenclature || nomenclature f. douanière. 43

Zoll-terminologie f. || terminology of customs || terminologie f. douanière. **a) ~untersuchung** f. || custom's examination || visite f. douanière. 44

Zollverschluß m. || customs' seal || scellés mpl. douaniers. **a) unter ~** || bonded; in bond || entreposé. 45

Zoll-verwaltung f. || administration of customs || administration f. douanière. **a) ~wachtschiff** n. || coast guard vessel || douanier m. 46

Zölostat m. (Fernrohr) || cœlostat || cœlostat m. 47

Zone f. || zone || zone f. **a)** von **~n freies** Glas n. || lens free from zones || verre m. exempt de zones. **b) ~gleicher Wärme** || isothermal zone || zone f. isotherme *ou* isothermique. 48

zonenfrei (Opt) || free from zones || exempt de zones. 49

Zonen-kühler m. || cooler with stages || réfrigérant m. à gradins. **a) ~tarif** m. || zone tariff || tarif m. par zones. 50

Zooloģe m || zoologist || zoologiste m. 51

Zoologie f. || zoology || zoologie f. 52

zoologisch || zoological || zoologique. **a) ~es Präparat** n. || zoological preparation || préparation f. zoologique. 53

Zopf m. (Haar) || plait; braid; tress || natte f. **a) ~** (Holz) || top end || sommet m. **b) ~** (Spinn) || tress of wool || tortillon m. 54

Zopfdrehmaschine f. (Spinn) || twisting machine || machine f. à tortiller. 55

zopfen (Holz) || to lop || découper le petit bout. 56

zöpfen, einen Baum m. || to top a timber || épointer un fût d'arbre. 57

Zopf-ende n. eines Baumstammes || top of a timber || cime f. d'un bois rond; petit bout m. en grume. **a) ~flechter** m. || hair plaiter || natteur m. de cheveux. **b) ~fäule** f. (El Leit) || rottenness of the top end of poles || pourriture f. du sommet des poteaux. **c) ~stärke** f. (Forst) || size *or* diameter on the top end || dimensions fpl. au sommet; diamètre m. au petit bout. 58

Zorgit m. || selenide of copper and lead; zorgite || séléniure m. de plomb et de cuivre; zorgite f. 59

Zubehör n. || fittings pl. || accessoires mpl.; garnitures fpl.; armatures fpl. **a) Automobil~** || automobile accessories pl. || accessoires mpl. pour automobiles. 60

Zubehör-blech n. || plate for accessories || tôle f. pour accessoires. **a) ~kasten** m. || accessory box || caisse f. d'accessoires. **b) ~teil** m. || accessory; fitting || accessoire m.; garniture f.; équipement m.; fourniture f. 61

Zuber m. (Pap) || rag tub *or* bucket || gerlon m.; gerlot m. 62

Zubereiter m. (Buchdr) || press man || pressier m. 63

Zubereitung f von **Fleisch** || preparation of meat || préparation f de viande. **a) industrielle ~** || industrial preparation || préparation f. industrielle. 64

zubrennen (Erz) || to roast; to calcine || griller; calciner. 65

Zubrennen n. (Erz) || roasting; calcining; burning || rôtissage m.; grillage m.; calcination f.; rouissage m. 66

Zubringer m. (Buchdr; Münzw) || layer-on || main f.; posoir m. **a) ~** (Wasserb) || feeder || rigole f. d'alimentation. **b) ~** einer **Feuerspritze** || feeder of a fire engine || tuyau m. alimentaire. 67

Zubringer-flugzeug n. ‖ feeder line aeroplane ‖ avion m. de ligne auxiliaire. **a) ~linie** f. (Verkehr) ‖ feeder line ‖ ligne f. auxiliaire. 1

Zubruchgehen n. (Bergb) ‖ breaking down; rupture; falling-in ‖ éboulement m. 2

Zubuße f. (Bergb) ‖ disbursement ‖ cotisation f. 3

Zuchtapparat m. für **Geflügel** ‖ breeding apparatus for fowl ‖ éleveuse f. pour la volaille. 4

Zucker m. ‖ sugar ‖ sucre m. **a) amorpher ~** ‖ amorphous sugar ‖ sucre m. d'orge. **b) Apfel~** ‖ apple sugar ‖ sucre m. de pommes. **c) brauner ~** ‖ brown sugar ‖ sucre m. noir. **d) Frucht~** ‖ levulose; fruit sugar ‖ levulose f.; sucre m. de fruit. **e) gedeckter ~** ‖ clayed sugar ‖ cassonade f. **f) gestoßener ~** ‖ pounded sugar ‖ sucre m. râpé. **g) Koch~** ‖ lump sugar ‖ lumps m. **h) Milch~** ‖ milk sugar ‖ sucre m. de lait. **i) raffinierter ~** ‖ refined sugar ‖ sucre m. raffiné. **k) Roh~** ‖ brown *or* raw *or* coarse *or* unrefined sugar ‖ sucre m. brut; moscouade f. **l) Rohr~** ‖ cane sugar ‖ sucre m. à cannes. **m) Stärke~** ‖ grape sugar ‖ glucose f. **n) Süßholz~** ‖ glycyrrhizine ‖ glycyrrhizine f. **o) unkristallisierbarer ~** ‖ incrystallisable. **p) Weiß~** ‖ white sugar ‖ sucre m. blanc. 5

Zucker-ahorn m. ‖ sugar maple ‖ érable m. à sucre. **a) ~bäcker** m. ‖ confectioner ‖ confiseur m. **b) ~bestimmung** f. ‖ sugar determination ‖ dosage m. du sucre. **c) ~bonbon** m. ‖ sweet; drop ‖ bonbon m. de sucre. **d)** Apparat zum Heben von **~brei** m. ‖ monte-jus ‖ monte-jus m. **e) ~couleur** f. ‖ couleur; sugar colour; browning ‖ teinture f. de caramel; couleurs fpl. de sucre. 6

Zuckerfabrik f. ‖ sugar factory *or* works pl. ‖ sucrerie f.; fabrique f. de sucre. **a) ~anlage** f. ‖ sugar factories plant ‖ installation f. de sucrerie. 7

Zucker-fabrikant m. ‖ sugar manufacturer ‖ fabricant m. de sucre. **a) ~fabrikarbeiter** m. ‖ sugar-house labourer ‖ ouvrier m. de sucrerie. **b) ~fabrikation** f. *s.* ~fertigung. **c) ~fabrikmaschine** f. ‖ sugar machine ‖ machine f. pour sucrerie. **d) ~farbe** f. ‖ sugar colour ‖ teinture f. de caramel. **e) ~fertigung** f. ‖ sugar manufacturing ‖ fabrication f. du sucre. 8

zuckerhaltig ‖ sacchariferous; saccharine; sugar-containing ‖ saccharifère. **a) ~es Nährmittel** n. ‖ saccharine food ‖ préparation f. alimentaire au sucre. 9

Zuckerhonig m. ‖ molasses pl. ‖ mélasse f. 10

Zuckerhut m. ‖ sugar loaf ‖ pain m. de sucre. **a) ~form** f. ‖ mould for sugar loaves ‖ forme f. à sucre. **b) ~presse** f. ‖ sugar-loaf mould ‖ presse f. à pain de sucre. 11

zuckerig ‖ sugary ‖ sucré. 12

Zucker-industrie f. ‖ sugar industry ‖ industrie f. du sucre. **a) ~kocher** m. ‖ vacuum panman; coolerman ‖ cuiseur m.; évaporeur m. **b) ~kohle** f. (Chem) ‖ sugar coal ‖ charbon m. de sucre. **c) ~messer** m. ‖ saccharimeter ‖ saccharimètre m. **d) ~mühle** f. ‖ sugar mill ‖ moulin m. à sucre. **e) ~papier** n. (für Zuckerhüte) ‖ sugar blue-paper ‖ papier m. à pains de sucre. **f) ~probe** f. ‖ sugar touch ‖ épreuve f. du sucre. **g) ~raffination** f. ‖ sugar refinement ‖ raffinage m. du sucre. **h) ~raffinerie** f. ‖ sugar refinery ‖ raffinerie f. de sucre. **i) ~refraktometer** n. ‖ sugar refractometer ‖ réfractomètre m. à sucre. **k) ~reibemaschine** f. ‖ sugar rasp ‖ râpe f. à sucre. 13

Zuckerrohr n. ‖ sugar cane ‖ canne f. à sucre. **a) ~quetsche** f. ‖ sugar-cane crusher ‖ broyeur m. de cannes à sucre. 14

Zuckerrohrwagen m. (Eisenb) ‖ sugar cane car ‖ wagonnet m. pour canne à sucre. **a) ~** mit **Holzbelag** und Gitterkopfwänden ‖ sugar cane car with wood covered platform and cross-barred ends ‖ wagonnet m. pour canne à sucre recouvert de bois, avec parois de bout en treillis. 15

Zuckerrohrwalzwerk n. ‖ sugar cane mill ‖ moulin m. à canne à sucre. 16

Zuckerrübe f. ‖ sugar beet; beetroot ‖ betterave f. à sucre. **a) rote ~** ‖ sugar beet ‖ betterave m. **b) weiße ~** ‖ sweet turnip ‖ navet m. 17

Zuckerrüben-bauer m. ‖ sugar beet grower ‖ cultivateur m. de betteraves. **a) ~keller** m. ‖ sugar beet cellar ‖ cave f. à betteraves. **b) ~samen** m. ‖ sugar beet seed ‖ graine f. de betterave sucrière. 18

Zucker-saft m. ‖ cane juice ‖ jus m. de sucre. **a) ~säure** f. ‖ saccharic acid ‖ acide m. saccharique. **b) ~schmelzen** n. ‖ melting of sugar ‖ fonte f. du sucre. **c) ~schneider** m. ‖ sugar breaker ‖ casseur m. de sucre. **d) ~schneiderei** f. ‖ sugar breaking works pl. ‖ casserie f. de sucre. **e) ~sieder** m. ‖ sugar refiner ‖ raffineur m. de sucre. **f) ~sortieranlage** f. ‖ sugar sorting plant ‖ tamiseur m. à sucre. **g) ~spinner** m. ‖ stick candy spinner ‖ fileur m. de sucre. **h) ~stangenmacher** m. ‖ stick candy puller ‖ étireur m. de sucre en bâtons. **i) ~untersuchungsapparat** m. ‖ sugar testing apparatus ‖ appareil m. d'examination de sucre. **k) ~vermahlungsanlage** f. ‖ sugar grinding plant ‖ moulin m. à sucre. 19

Zuckerwaren fpl. ‖ sweetmeats pl.; confectionery ‖ sucreries fpl.; confiserie f. **a) medizinische ~** ‖ medical lozenges pl. ‖ dragées fpl. médicinales. 20

Zuckerwaren-apparat m. ‖ sweetmeat apparatus ‖ sppareil m. de sucreries. **a) ~fabrik** f. ‖ sweetmeat factory; confectionery manufacture ‖ fabrique f. de sucreries; fabrication f. de confiserie en gros. **b) ~glasierer** m. ‖ glazer of sweets ‖ lisseur m. de dragées. 21

Zucker-werk n. *s.* Zuckerwaren. **a) ~zange** f. ‖ sugar tongs pl. ‖ pince f. à sucre. 22

Zudrang m. ‖ rush to; crowd; brisk inquiry ‖ affluence f.; presse f. 23

Zufahrtrampe f. ‖ approach ramp ‖ rampe f. d'accès. 24

Zufall m., **durch** ‖ by chance; accidentally ‖ par hasard m. 25

Zufälligkeitsfehler m. ‖ accidental error ‖ erreur f. accidentelle. 26

Zufluß m., höchster **~** zur **Talsperre** ‖ greatest head flow to the barrage ‖ affluence f. maxima au barrage. 27

Zuflußgebiet n. (Wasserb) ‖ basin ‖ bassin m. 28

zufriedenstellend arbeiten ‖ to work satisfactorily ‖ travailler de façon satisfaisante. 29

Zufuhr f., **ununterbrochene** ‖ continuous supply ‖ arrivée f. ininterrompue. **a) ~** von **Getreide** ‖ arrivals of corn ‖ arrivage m. de blés. 30

Zufuhrgleis n. ‖ leading in line ‖ voie f. d'accès. 31

Zuführung f., **ganz selbsttätige** ‖ fully automatic feed ‖ alimentation f. absolument automatique. **a) halbselbsttätige ~** ‖ semi-automatic feed ‖ alimentation f. semi-automatique. **b) ~** mit der **Hand** ‖ hand feeding ‖ alimentation f. à main. **c) tangentiale ~** ‖ tangential admission ‖ amenée f. tangentielle. 32

Zuführungs-draht m., in Glas eingeschmolzener ‖ wire lead fused into the glass ‖ fil m. d'amenée fondu dans du verre. **a) ~walze** f. (Spinn) ‖ licker-in ‖ tambour m. briseur. 33

Zug m. (Eisenb) ‖ train ‖ train m. **a) ~** (Fuhrwerk) ‖ draught ‖ attelage m. **b) ~** (Hebezeug) ‖ hoist; tackle ‖ élévateur m.; palan m. **c) ~** (das Ziehen, Masch) ‖ stretching ‖ extension f. **d) ~** (Mech) ‖ tension; pull; traction ‖ traction f. **e) ~** (Ofen) ‖ draught ‖ tirage m.; appel m.; vent m.; air m. **f) ~** (Zugluft) ‖ current of air ‖ courant m. d'air. **g) abfahrender ~** ‖ starting train ‖ train m. partant. **h)** einen **~ ablassen** ‖ to start a train ‖ lancer un train. **i) ankommender ~** ‖ arriving train ‖ train m. arrivant. **k) durchgehender ~** ‖ through train; non-stop train ‖ train m. direct. **l) fahrplanmäßiger ~** ‖ regular train ‖ train m. régulier. **m) ~** der **Furchen** (Müller) ‖ draft of furrows ‖ excentricité f. *ou* chasse f. des rayons. **n) gemischter ~** ‖ mixed train ‖ train m. mixte. **o) grober ~** (Drahtz) ‖ draw bench ‖ argue f.; banc m. à tirer. **p) ~** eines **Kohlenmeilers** ‖ vapour channel *or* air hole *or* funnel of a charcoal pile ‖ évent m. en maçonnerie d'un fourneau de carbonisation. **q) künstlicher ~** (Heiz; Lüft) ‖ artificial *or* forced draught *or* draft (A) ‖ tirage m. forcé *ou* artificiel. **r) leiser ~** (Wind) ‖ light air ‖ presque calme m. **s) natürlicher ~** ‖ natural draught ‖ tirage m. naturel. **t) ~** eines **Ofens** ‖ draught of a stove ‖ tirage m. d'un foyer. **u) Ösen~** ‖ hoist with suspension eyes ‖ élévateur m. à suspension par œils. **v) schlechter ~** (Heiz; Lüft) ‖ bad draught ‖ mauvais tirage m. **w) seitlich auftretender ~** ‖ side pull ‖ force f. latérale. **x) ~ über Tage** (Markscheidewesen) ‖ survey line on surface ‖ levé m. de plan au jour. **y) ~ unter Tage** (Markscheidewesen) ‖ draft underground ‖ levé m. de plan au fond. **z) verspäteter ~** ‖ delayed train ‖ train m. en retard. 34

Zugabe f. (Ergänzung) ‖ surplus; supplement ‖ supplément m. **a) ~** (Masch) ‖ allowance ‖ supplément m. pour ajustage. **b) ~** (Reklame) *s.* ~artikel. **c) ~artikel** m. ‖ gift; advertising novelty ‖ prime f. 35

Zugabsperrklappe f. ‖ draught check plate ‖ registre m. d'arrêt de tirage. 36

Zugang m. ‖ access ‖ accès m. 37

zugänglich ‖ accessible ‖ accessible. **a) leicht ~** ‖ of easy access ‖ d'un accès facile. 38

Zugänglichkeit f. ‖ accessibility ‖ accessibilité f. **a) ~ aller Teile** ‖ accessibility of all parts ‖ accessibilité f. de tous les organes. **b) leichte ~** ‖ easy accessibility ‖ accessibilité f. facile. **c) ~** der **Typen** ‖ accessibility of the types ‖ accessibilité f. des caractères. 39

Zugangs-leiter f. ‖ approach ladder ‖échelle f. d'accès. **a) ~straße** f. ‖ approach ‖ chemin m. d'accès. 1
Zug-anker m. (Bauw) ‖ iron tie ‖ tirant m. en fer. **a) ~artikel** m. ‖ very popular article ‖ article-réclame m. 2
Zugbalken m. (Zimm) ‖ anchor tie beam ‖ tirant m. **a) ~** eines **Hängewerkes** ‖ tie beam *or* main timber of a truss-frame ‖ tirant m. *ou* maîtresse f. poutre *ou* maître m. entrait d'une ferme en arbalète. 3
Zug-band n., **eisernes** (Bauw) ‖ iron tie ‖ tirant m. en fer. **a) ~barriere** f. ‖ draw barrier ‖ barrière f. à distance. **b) ~beanspruchung** f. ‖ tensile strain ‖ effort m. de tension. **c) ~beeinflussung** f. (Fernm) ‖ train control ‖ contrôle m. automatique des trains. **d) ~begleiter** m. (Bergb) ‖ runner; wagon road runner ‖ suiveur m. de rames. **e) ~belastung** f. (Mech) ‖ traction load ‖ charge f. de traction. 4
Zugbeleuchtung f. ‖ train lighting ‖ éclairage m. des trains. **a) elektrische ~** ‖ electric lighting for trains ‖ éclairage m. électrique des trains. 5
Zugbeleuchtungs-ausrüstung f. ‖train lighting equipment ‖ matériel m. d'éclairage des trains. **a) ~batterie** f. ‖ train lighting battery ‖ batterie f. pour éclairage des trains. **b) ~dynamo** f. ‖ train lighting dynamo ‖ dynamo f. pour l'éclairage des trains. 6
Zug-betriebsstelle f. (Funkw) ‖ train radio station ‖ poste m. radiotrain. **a) ~bolzen** m. ‖ set bolt ‖ prisonnier m. 7
Zugbrücke f. ‖ lifting *or* draw bridge ‖ pont-levis m. **a) ~** mit **Ketten** ‖ draw bridge with chains ‖ pont levis m. à chaînes. 8
Zug-diagonale f. (Brückenb) ‖ tiebrace; tension-brace; main oblique tie; oblique suspension-rod ‖ tige f. inclinée; lien m. incliné diagonale. **a) ~dienst** m. ‖ train service ‖ service m. des trains. 9
zugeführte Luftmenge f. ‖ quantity of air supplied ‖ quantité f. d'air admise. 10
Zugeisen n. (Eisenb; LandwMasch) ‖ drawbar; dragbar (A) ‖ faux-timon m.; barre f. d'attelage. 11
Zügel m. ‖ rein; bridle ‖ rêne f.; bride f. 12
zugelassen ‖ approved ‖ agréé. 13
Zug-elastizität f. ‖ elasticity of extension ‖ élasticité f. de traction. **a) ~elastizitätsmodul** m. ‖ modulus of direct elasticity ‖ module m. d'élasticité à la traction. 14
Zügel- und Sattelgurt m. ‖ rein and saddle girth ‖ sangle f. pour rênes et selles. 15
zugemischter Stoff m. ‖ admixed substance ‖ substance f. mélangée *ou* ajoutée. 16
zugespitzt ‖ tapered; pointed ‖ diminué; pointu. 17
zugestopft ‖ plugged ‖ tamponné. 18
zugeteilt ‖ allotted ‖ réparti. 19
Zugfähre f. ‖ ferry boat; floating bridge ‖ passe-cheval m.; pont m. flottant. 20
Zugfeder f. (Lok) ‖ draw spring ‖ ressort m. de traction. **a) ~** (Uhrm) ‖ barrel spring ‖ ressort m. de barillet. 21
Zug-festigkeit f. ‖ tensile strength ‖ résistance f. à la traction. **a) ~führer** m. (Eisenb) ‖ railway guard; upper guard ‖ chef m. de train. **b) ~funk** m. ‖ train radio telephony ‖ téléphonie f. radiotrain. **c) ~gespräch** n. ‖ train call ‖ communication f. avec un train. **d) ~gewicht** n. ‖ driving weight ‖ contrepoids m. d'entraînement. **e) ~gurtung** f. (Brückenb) ‖ tensile boom; tension flange ‖ semelle f. à tension; membrure f. tendue. 22
Zughaken m. (Eisenb; Auto) ‖ draw hook ‖ crochet m. de traction *ou* d'attelage. **a) ~** (Wagenb) ‖ pole hook ‖ crochet m. (de bout) de timon. **b)** der **~** ist um einen senkrechten Bolzen **drehbar** (Eisenb) ‖ the draw hook is arranged to turn about a vertical bolt ‖ le crochet pivote autour d'un boulon vertical. **c) federnder ~** (Eisenb) ‖ elastic draw hook ‖ crochet m. de traction à ressort. **d) fester ~** (Eisenb) ‖ rigid draw hook ‖ crochet m. de traction rigide. 23
Zug-hakenführung f. (Eisenb) ‖ draw hook guide ‖ guide m. de crochet de traction. **a) ~hebel** m. ‖ draw *or* traction lever ‖ levier m. de traction *ou* d'attelage. **b) ~heizkörper** m. (Eisenb) ‖ railway heating member ‖ cylindre m. de chauffage pour wagons de chemin de fer. **c)** elektrische **~heizung** f. (Eisenb) ‖ electric heating of trains ‖ chauffage m. électrique des wagons. 24
Zugkette f. (Eisenb) ‖ coupling chain ‖ chaîne f. d'attelage. **a) ~** (Masch) ‖ traction chain ‖ chaîne f. de traction. 25
Zugkontakt m. ‖ pull contact ‖ contact m. à tirage. 26
Zugkraft f. ‖ traction; torque; pulling strain; tractive effort; tensile force ‖ traction f.; effort m. *ou* force f. de traction. **a) ~messer** m. ‖ traction dynamometer ‖ dynamomètre m. de traction. 27
Zugkühlofen m. für die Flaschenindustrie ‖ blast cooling furnace for bottle industry ‖ four m. de refroidissement à tirage pour l'industrie des bouteilles. 28
zugleich ‖ at the same time ‖ en même temps. 29
Zugleine f. ‖ tow line; tracking rope ‖ corde f. à tirer; cordelle f. **a) ~** (Eisenb) ‖ safety rope ‖ corde f. de sûreté. 30
Zugleistung f. ‖ tractive output ‖ puissance f. de traction. 31
Zugloch n. (Bauw; Gieß) ‖ air hole *or* valve ‖ évent m.; (é)ventouse f.; éventoir m. **a) ~** (Glasofen) ‖ air hole ‖ bonichon m. 32
Zugluft f., vor **~** schützen ‖ to protect from draught ‖ protéger contre le courant d'air. **a) ~abschließer** m. ‖ weather strip ‖ bourrelet m. 33
Zugmaschine f. ‖ traction engine; tractor ‖ machine f. de traction; tracteur m. **a) Dampfstraßen~** ‖ street steam tractor ‖ locomotive f. routière à vapeur. **b) ~** für die **Landwirtschaft** ‖ farm tractor ‖ tracteur m. agricole. **c) Motor~** ‖ motor tractor ‖ tracteur m. à moteur. 34
Zugmesser n. (Werkz) ‖ draw knife *or* shave; knife with two handles ‖ plane f.; couteau m. à deux manches. 35
Zugmesser m. (Masch) ‖ draught indicator *or* gauge ‖ indicateur m. de tirage; appareil m. à mesurer le tirage. **a) ~** (Mech) ‖ tension dynamometer ‖ dynamomètre m. de traction. **b) ~** (Phys) ‖ flue measure; anemometer ‖ appareil m. à mesurer le courant d'air; anémomètre m. **c) Differential~** (Masch) ‖ differential draught gauge ‖ indicateur m. différentiel de tirage. **d) registrierender ~** (Masch) ‖ recording draught gauge ‖ enregistreur m. de tirage. 36
Zug-netz n. ‖ seine; seine net ‖ seine f.; tressun m. **a) ~ofen** m. ‖ air *or* draught furnace ‖ fourneau m. à vent. **b) ~organ** n. der Räummaschine ‖ draw-head of broaching machine ‖ pièce f. d'attelage de la machine à brocher. 37
Zugöse f. (Sattl) ‖ loop of a hame; hames eye ‖ œil m. *ou* anneau m. des attelles. **a) gesenkgeschmiedete Kreuzlappen~** ‖ swaged cross bar traction eye ‖ anneau m. d'attelage à joint en croix forgé en matrice. 38
Zug-personal n. ‖ personnel *or* staff of railway board; train crew (A) ‖ hommes mpl. d'équipe; personnel m. du train. **a) ~pferd** n. ‖ draught horse ‖ cheval m. de trait. **b) ~ramme** f. ‖ hand pile driver ‖ sonnette f. à tiraude. **c) ~regler** m. (Kessel) ‖ draught regulator; damper ‖ régulateur m. de tirage. **d) ~richtung** f. der Wolken ‖ direction of the cloud's motion ‖ direction f. du mouvement *ou* de la marche de nuage. **e) ~riegel** m. ‖ basquill bolt ‖ passe-quille f. **f) ~rute** f. einer Zugbrücke ‖ swipe beam *or* counter poise of a drawbridge ‖ bascule f. *ou* flèche f. d'un pont-levis. **g) ~säge** f. ‖ cross cut saw ‖ passe-partout m. **h) ~schaber** m. (Küf) ‖ drawing scraper ‖ râcloir m. à deux manches. 39
Zug-schachtofen m. *s.* Zugofen. **a) ~schaffner** m. ‖ train conductor ‖ conducteur m. de train. **b) ~schalter** m. ‖ pull switch ‖ interrupteur m. à tirette. **c) ~scheit** n. ‖ swingle tree ‖ palonnier m. **d) ~schieber** m. (Dampf) ‖ register ‖ registre m. **e) ~schluß** m. ‖ train end ‖ queue f. du train. **f) ~schnur** f. zum Aufklappen des Objektivdeckels ‖ draw cord for opening the lens cap ‖ cordon m. de tirage pour relever le couvercle de l'objectif. 40
Zugschranke f. ‖ railway gate; barrier ‖ barrière f. **a)** von der **Station** betätigte **~** ‖ draw-wire barrier ‖ barrière f. à bascule manœuvrée à distance. 41
Zugschraube f. (Luftf) ‖ tractor airscrew *or* propeller ‖ hélice f. tractive. **a) ~** (Masch) ‖ tension screw ‖ vis f. de tension. 42
Zugseil n. ‖ traction *or* drawing *or* pull rope; load cable ‖ corde f. de tirage; câble m. tracteur. **a) geschlossenes ~** ‖ endless rope ‖ câble-tracteur m. sans fin. 43
Zug-seiltragrolle f. ‖ rope sheave ‖ rouleau-porteur m. **a) ~signalvorrichtung** f. ‖ passenger communication apparatus ‖ appareil m. d'intercommunication. **b) ~spannung** f. ‖ tensile stress ‖ tension f. de traction. 44
Zugstange f. ‖ draw *or* coupling bar; tie *or* drawing *or* connecting rod ‖ barre f. d'attelage *ou* de traction; tirant m.; bielle f. **a) Brems~** ‖ brake bar ‖ tirant m. de frein. **b) durchgehende ~** (Eisenb) ‖ continuous draw bar ‖ tige f. continue. **c) durchgehende federnde ~** (Eisenb) ‖ elastic traction rod going right through ‖ tige f. de traction à ressort allant de part en part. **d) ~** des **Reglers** (Lok) ‖ regulator valve rod ‖ tringle f. de manœuvre du régulateur. **e)** in ihrer Länge **verstellbare ~** ‖ traction bar adjustable in (its) length ‖ tige f. de traction réglable sur sa longueur. 45
Zugstangen-kopf m. ‖ cross head; stay head ‖ tête f. de bielle; tête f. de la tige de traction. **a) ~vierkant** n. ‖ square shank of the draw bar ‖ carré m. de la tige de traction. 46

Zugtelefonie f. ‖ train telephony ‖ téléphonie f. avec un train. 1

Zugtier n. ‖ draught cattle ‖ bête f. de trait. **a) ~betrieb** m. ‖ wagon moved by animals ‖ service m. par animaux. 2

Zug-trommel f. (Seekabel) ‖ towing drum ‖ tambour m. de halage. **a) ~unfall** m. ‖ train accident ‖ accident m. de train **b) ~verkehrsleitung** f. (Fernm) ‖ train traffic line ‖ circuit m. servant au trafic avec un train. **c) ~vermittelungsstelle** f. (Fernm) ‖ train exchange ‖ bureau m. intermédiaire aux trains. 3

Zugversuch m. ‖ tensile *or* tension test ‖ épreuve f. *ou* essai m. de traction. **a) Prüfmaschine** f. für Zug- und Druckversuche ‖ tension and compression testing machine ‖ machine f. à essayer les matériaux à la traction et à la compression. 4

Zugvorheizanlage f. ‖ train heating plant ‖ installation f. de réchauffement à tirage. 5

Zugvorrichtung f. ‖ draw gear ‖ appareil m. de traction. **a) feste ~** ‖ rigid draw gear ‖ attelage m. rigide. **b)** die ~ liegt in gleicher **Höhe** wie die Puffer (Eisenb) ‖ draw gear lying at the same level with the buffers ‖ l'appareil m. de traction est disposé à la même hauteur que les tampons. **c) normale ~** f. und Stoßvorrichtung f. ‖ normal draw and buffer appliances ‖ appareil m. de choc et de traction du type normal. 6

Zugwagen m. ‖ tractor ‖ tracteur m. **a) Dampf~** ‖ steam tractor ‖ tracteur m. à vapeur. **b) Motor~** ‖ motor tractor ‖ tracteur m. à moteur. 7

Zug-walze f. (Spinn) ‖ feed roll; delivering roller ‖ rouleau m. entraîneur; cylindre-étireur m. **a) ~widerstand** m. (Eisenb) ‖ train resistance ‖ résistance f. à la traction. **b) ~winde** f. ‖ stretching screw ‖ cric m. de traction. 8

Zuhaltung f. (Schloß) ‖ bolt keeper; tumbler ‖ arrêt m. de pêne. 9

Zuhaltungs-feder f. (Schloß) ‖ tumbler spring ‖ ressort m. d'arrêt. **a) ~haken** m. (Schloß) ‖ hook on the tumbler ‖ ergot m. de l'arrêt. **b) ~lappen** m. (Schloß) ‖ tumbler toe ‖ levée f. **c) ~schloß** n. ‖ French lock ‖ serrure f. à gâchette. 10

zukorken ‖ to stop ‖ boucher. 11

Zulage f. (Furnier) ‖ caul ‖ cale f. 12

Zulagklammer f. ‖ square clincher ‖ lien m. d'assemblage; clameau m. à deux faces; bride f. 13

Zulaß m. ‖ access ‖ accès m. 14

zulässig ‖ admissible ‖ admissible. **a) ~e Belastung** f. ‖ safe *or* working load ‖ charge f. admissible. 15

Zulassung f. (Genehmigung) ‖ license ‖ patente f. 16

Zulauf m. ‖ rush of people ‖ affluence f.; concours m. **a) großen ~ haben** ‖ to be in great demand; to be much sought after ‖ être en vogue f. 17

Zuleitung f., **Kühlwasser** ‖ cooling water feed pipe ‖ conduite f. d'amenée de l'eau de refroidissement. **a) unterbrochene ~** (Elektr) ‖ interrupted feed-wire ‖ conducteur m. d'amenée interrompu. 18

Zuleitungs-kabel n. ‖ feeder ‖ feeder m. **a) ~rohr** n. für Gas ‖ gas inlet-pipe ‖ tube m. d'arrivée du gaz. **b) ~stromkreis** m. (Elektr) ‖ supply circuit ‖ circuit m. d'alimentation. 19

Zunahme f. ‖ increase ‖ augmentation f. 20

Zünd-apparat m. für Explosionsmotoren ‖ ignition apparatus for explosion motors ‖ appareil m. d'allumage pour moteurs à explosion. **a) ~band** n. für Wetterlampen (Bergb) ‖ quick match for miners lamps ‖ mèche f. pour lampes de mineur. **b) ~batterie** f. ‖ ignition battery ‖ batterie f. d'allumage. **c) ~bolzen** m. (Mot) ‖ ignition bolt ‖ allumeur m. **d) ~büchse** f. ‖ fire lighter ‖ briquet m. allumeur. **e) ~einrichtung** f., **automatische** ‖ automatical ignition ‖ allumage m. automatique. 21

zünden (Verbrennungsmotor) ‖ to ignite ‖ allumer. **a)** eine **Mine** f. ~ ‖ to fire a mine ‖ mettre le feu à une mine. **b) unregelmäßig ~** ‖ to ignite irregularly ‖ amorcer irrégulièrement. 22

Zunder m. (Feuerschwamm) ‖ tinder; touchwood; spunk ‖ amadou m.; mèche f. **a) ~** (Schmied usw.) ‖ crusts pl.; forge scales pl.; hammer slag; iron scale; scales pl.; shales pl. ‖ battiture f.; batititure f. de fer; écaillement m.; écailles fpl.; mâchefer m.; pailles fpl.; paillettes fpl.; croûte f. 23

Zünder m. (Bergb) ‖ detonator ‖ détonateur m. **a) ~** (Elektr; Auto) ‖ striker; ignition device ‖ allumeur m.; appareil m. d'allumage. **b) ~** (Patrone) ‖ fuse; fuze ‖ fusée f. **c) Augenblicks~** ‖ high-sensitive fuse ‖ fusée f. instantanée. **d) elektrischer ~** (Bergb) ‖ electric detonator ‖ détonateur m. électrique. **e) ~** für **Explosionsmotoren** ‖ ignition device for internal combustion engine ‖ allumeur m. pour moteur explosif. **f) kombinierter ~** ‖ combination fuse ‖ fusée f. combinée. **g) Lichtbatterie~** ‖ battery-lighting-ignition generator ‖ génératrice f. et batterie f. à éclairage et allumage. **h) Lichtmagnet~** ‖ ignition-lighting generator ‖ génératrice f. à éclairage et allumage. **i) Magnet~** ‖ magneto ‖ magnéto m. **k) ~** für **Sprengstoff** ‖ detonator for explosives ‖ détonateur m. pour explosifs. 24

Zünder-füllmasse f. ‖ fuse composition ‖ composition f. à fusées. **a) ~herstellungsmaschine** f. ‖ fuse manufacturing machine ‖ machine f. pour la fabrication de détonateurs. **b) ~körper** m. ‖ body of the fuze ‖ corps m. de la fusée. 25

Zunderpapier n. ‖ tinder paper ‖ papier-amadou m. 26

Zünd-feder f. ‖ ignition spring ‖ ressort m. d'allumage. **a) ~flamme** f. ‖ lighting flame ‖ flamme f. d'allumage. **b) ~folge** f. ‖ firing order ‖ ordre m. d'allumage. **c) ~funke** m. ‖ ignition spark ‖ étincelle f. d'allumage. **d) ~hebel** m. ‖ spark hand lever ‖ manette f. d'allumage. 27

Zündholz n. *s. auch* Streichholz. **a) bengalisches ~** ‖ bengal match ‖ allumette f. du Bengale. **b) ~** aus **Holz** ‖ match of wood ‖ allumette f. en bois. **c) Phosphor~** ‖ phosphorous match ‖ allumette f. phosphorique. **d) Reib~** ‖ friction *or* congreve match ‖ allumette f. à friction; congrève f. **e) Sicherheits~** ‖ safety match ‖ allumette f. de sûreté. **f) Stearin~** ‖ stearin match ‖ allumette f. en stéarine. **g) Wachs~** wax match; vesta ‖ allumette-bougie f.; allumette f. en cire. 28

Zündhölzchen n. *s.* Zündholz. 29

Zündholz-herstellung f. ‖ match manufacturing ‖ fabrication f. d'allumettes. **a) ~herstellungsmaschine** f. ‖ match making machine ‖ machine f. pour la fabrication d'allumettes. **b) ~papier** n. ‖ match paper ‖ papier m. pour allumettes. **c) ~schachtel** f. ‖ match box ‖ boîte f. à allumettes. **d) ~schachtelbesandungsmaschine** f. ‖ match-box sanding-machine ‖ machine f. à sabler les boîtes d'allumettes. **e) ~schachtelfüllmaschine** f. ‖ match-box-filling machine ‖ machine f. à remplir les boîtes à allumettes. **f) ~schachtelherstellungsmaschine** f. ‖ match-boxes making machine ‖ machine f. pour la fabrication de boîtes à allumettes. **g) ~schneider** m. ‖ cutter of splints for matches ‖ découpeur m. de bois d'allumettes. **h) ~tunker** m. ‖ match dipper ‖ trempeur m. d'allumettes. **i) ~verfertiger** m. ‖ match maker ‖ allumettier m. 30

Zündhütchen n. ‖ percussion cap ‖ amorce f.; capsule f. fulminante. **a) ~** für **Schießsportzwecke** ‖ copper cap for shoot-sporting ‖ amorce f. de tir. **b) ~zange** f. ‖ decapper ‖ amorceur m. 31

Zündkabel n. ‖ ignition cable ‖ câble m. d'allumage. **a) ~führungsrohr** n. ‖ ignition cable guide tube ‖ tube m. de fils d'allumage. 32

Zünd-kammer f. (Motor) ‖ ignition chamber ‖ chambre f. d'allumage *ou* de combustion. **a) ~kapsel** f. ‖ blasting *or* percussion cap ‖ capsule f. de poudre fulminante. **b) ~kerze** f. ‖ spark(ing) plug ‖ bougie f. d'allumage. **c) ~kerzendichtung** f. ‖ spark plug gasket ‖ joint m. de bougie. **d) ~kerzenkabel** n. ‖ ignition wire ‖ câble m. d'allumage. 33

Zündleitung f. ‖ firing circuit ‖ circuit m. d'inflammation. **a) Meßinstrument** n. zur Prüfung von **~en** ‖ measuring instrument for testing ignition pipings ‖ instrument m. de mesure à essayer les conduites d'allumage. 34

Zünd-lunte f. (Motor) ‖ sparking paper ‖ mèche f. d'allumage. **a) ~maschine** f. für Minen ‖ mine priming machine ‖ machine f. déflagratrice pour mines. **b) ~masse** f. ‖ detonating composition; priming ‖ composition f. *ou* matière f. fulminante. **c) ~metall** n. ‖ inflammable metal ‖ métal m. d'allumage. **d) ~mittel** n. ‖ fuse material ‖ matière f. allumante. **e) ~nocken** m. ‖ ignition cam ‖ came f. d'allumage. **f) ~ölleitung** f. (Mot) ‖ ignition oil pipe ‖ conduite f. d'huile d'allumage. **g) ~patrone** f. ‖ ignition plug; priming cartridge ‖ cartouche m. d'allumage *ou* d'amorce. **h) ~punktprüfer** m. ‖ ignition point tester ‖ appareil m. pour le contrôle du point d'allumage. **i) ~reglung** f. ‖ spark control ‖ réglage m. de l'allumage. **k) ~satz** m. ‖ detonating composition; priming ‖ composition f. *ou* matière f. fulminante. 35

Zündschnur f. ‖ quick *or* slow match; fuse; firing tape ‖ cordeau m. porte-feu *ou* détonnant *ou* de mise en feu; mèche f. d'allumage. **a) ~maschine** f. ‖ quick match machine ‖ machine f. à faire des mèches d'allumage. 36

Zünd-schwamm m. ‖ amadou ‖ amadou m. **a) ~spannung** f. ‖ striking voltage; ignition tension ‖ tension f. d'allumage. **b) ~spindel** f. ‖ spark hand lever tube ‖ tige f. de manette d'allumage. **c) ~spule** f. ‖ ignition coil ‖ bobine f. d'allumage. **d) ~stöpsel** m. ‖ ignition plug ‖ bouchon m. allumeur. **e) ~stein** m. ‖ flint ‖ pierre f. à briquets; ferro-cerium m. **f) ~strom**

m. || ignition current || courant m. d'allumage. **g) ~taste** f. (Fernm) || ignition current key || touche f. de courant d'allumage. **h) ~transformator** m. || ignition transformer || transformateur m. d'allumage. 1

Zündung f. || ignition || allumage m. **a) Abreiß~** || make-and-break ignition || allumage m. à rupture. **b) Automobil~** || automobile ignition || allumage m. pour automobiles. **c) Batterie~** || battery ignition || allumage m. par accumulateur. **d)** die **~ bleibt aus** || the ignition fails || il y a des ratés d'allumage. **e) Doppel~** || dual *or* double ignition || allumage m. double. **f) Einfunken~** || single spark ignition || allumage m. à simple étincelle. **g)** die **~ einstellen** || to adjust ignition || régler l'allumage m. **h) Früh~** || pre-ignition || allumage m. prématuré. **i) Geschoß~** || priming of a shell || amorce f. du projectile. **k) Glührohr~** || hot-tube ignition || allumage m. à tube incandescent; allumage m. par brûleurs. **l) Hochspannungsspulen~** || high tension coil ignition || allumage m. à haute tension par bobine. **m) Kerzen~** || ignition by sparking plug || allumage m. par bougie. **n) Magnet~** || magneto ignition || allumage m. par magnéto. **o) Magnetkerzen~** || magnetic plug ignition || allumage m. à bougie magnétique. **p) Mehrfunken~** || multipoint *or* multiple-spark ignition || allumage m. à plusieurs étincelles. **q) Nach~** || delayed ignition || allumage m. retardé. **r) Niederspannungs~** || low tension ignition || allumage m. à basse tension. **s) Selbst~** || self ignition || allumage m. spontané. **t)** die **~ setzt zeitweilig aus** || the ignition is intermitting || l'allumage m. rate de temps en temps. **u) Spät~** || retarded ignition || allumage m. retardé **v) Vor~** || early spark || avance f. à l'allumage. 2

Zündungs-hebel m. || ignition control lever || manette f. d'allumage. **a) ~prüfer** m. || sparking plug tester || appareil m. de contrôle pour l'allumage des bougies. **b) ~störung** f. || ignition trouble || dérangement m. de l'allumage. 3

Zünd-verstellung f. || timing of the ignition || réglage m. d'allumage. **a) ~verteiler** m. || ignition distributor || distributeur m. d'allumage. **b) ~vorrichtung** f. || ignition device || dispositif m. d'allumage. **c) ~vorrichtung f., Hilfs** || auxiliary ignition device || dispositif m. d'allumage auxiliaire. **d) ~waren** fpl. || inflammables pl. || articles mpl. en matières inflammables. **e) ~waren fpl., bengalische** || Bengal inflammables pl. || inflammables mpl. de Bengale. **f) ~zeitfolge** f. || firing *or* ignition order || ordre m. d'allumage. **g) ~zeitpunkt** m. || firing *or* ignition point || point m. d'allumage. **h) ~zubehör** n. || requirements pl. for ignition || ustensiles mpl. d'allumage. 4

zunehmende Alterssichtigkeit f. || increasing presbyopia || presbytie f. augmentant. 5

Zunge f. (Eisenb) || switch tongue *or* blade || aiguille f. **a) ~** (Zungenpfeife) || reed || anche f. **b)** an der **~** f. **hängen** (Min) || to adhere to the tongue || napper à la langue. **c) Orgel~** || organ reed || anche f. pour orgue. **d) Rohr~** (Blasinstrument) || reed || anche f. en roseau. **e) ~** einer **Wage** || needle of a balance || languette f. d'une balance. 6

Zungen-angriffstange f. || stretcher rod || tringle f. d'attaque d'aiguille. **a) ~drehstuhl** m. || heel chair || coussinet m. de talon. **b) angeschweißtes ~ende** n., (Eisenb) || point of blade welded-on || pointe f. d'aiguille raccordée au rail par soudage. **c)** aus dem Walzprofil im Gesenk **ausgeschmiedetes ~ende** n. || point of blade die-forged from the rolled section || pointe f. d'aiguille obtenue de la section laminée par forgeage en matrices. **d) ~frequenzmesser** m. || snap frequency meter || fréquencemètre m. à lames vibrantes. **e) ~halter** m. (Heilk) || tongue depressor || abaisse-langue m. **f) ~instrument** n. (Mus) || tongue instrument || instrument m. à anches. **g) ~kloben** m. || tongue attachment || patte f. d'attache d'aiguille. **h) ~nadelmaschine** f. || latch needle machine || machine f. à aiguilles à languettes. **i) ~paar** n. || pair of switch blades || paire f. d'aiguilles. **k) ~pfeife** f. (Mus) || reed-pipe || tuyau m. à anche. **l) ~platte** f. für Gleiskreuzungen || slide plate for crossings of lines || plaque f. de pointe pour croisements de voies. **m) ~rille** f. || flangeway clearance || ornière f. des boudins. **n) ~schiene** f. (Eisenb) || tongue rail; filled section rail || rail m. de section pleine *ou* en U renversé; aiguille f. mobile. **o) ~stein** m. || flat tile || tuile f. plate *ou* à crochet. **p) ~verbindungsstange** f. || stretcher rod || tringle f. de connexion. **q) ~weiche** f. || siding with tongue rails || changement m. de voie à aiguille. **r) ~wurzel** f. || heel of tongue || racine f. de l'aiguille. 7

zupfen, die **Wolle** || to pick *or* pull *or* pluck the wool || éplucher la laine. 8

Zupf-geige f. || guitar || guitare f. **a) ~instrument** n. || plucking instrument || instrument m. à cordes *ou* à tirer. **b) ~maschine** f. || burling machine || épinceteuse f. 9

zupfropfen || to plug || tamponner. 10

Zupfseide f. || loose threads of silk || soie f. effilée. 11

zurecht-finden, sich || to find one's way about || s'orienter. **a) ~kommen** || to succeed; to manage || réussir; venir à bout de. 12

Zurichtaxt f. || squaring axe || hache f. à équarrir. 13

Zurichte-bogen m. (Buchdr) || register sheet || feuille f. de registre. **a) ~hammer** m. (Pflast) || paver's dressing-hammer || épinçoir m. 14

zurichten (Holz) || to rough-cut || ébaucher. **a) ~** (Masch) || to gauge; to adjust || ajuster. **b) ~** (Web) || to dress || appareiller. **c)** die **Form ~** (Buchdr) || to make ready the form || poser la forme; faire le registre. **d)** das **Holz** durch Zuschneiden **~** || to cut-up timber || débiter le bois. **e)** die **Küpe ~** (Färb) || to prepare the vat || poser la cuve. **f)** das **Leder ~** || to dress leather || corroyer le cuir. **g) Punktur** f. **~** (Buchdr) || to dress the points pl. || poser les pointures fpl. 15

Zurichten n. von **Fellen** || dressing of skins || peausserie f. 16

Zurichterei f. || adjusting shop || atelier m. pour le dressage. 17

Zurichtung f. || make-ready || mise f. en train. **a) ~** von **Leder** || leather currying || corroyage m. de cuir. **b) ~** von **Stoffen** || cloth finishing || apprêt m. d'étoffes. 18

Zurichtungsmaschine f. || adjusting machine || machine f. d'ajustage. 19

zurück, leer **~** nach ... || when empty return to ... || vide retour à ... 20

Zurückfallen n. der **Typenhebel** || return of the type bars || retour m. des tiges à caractères. 21

Zurückführung f. auf **gleiche Benennung** (Math) || reduction || réduction f. **a) ~** auf eine **höhere Benennung** (Math) || ascending reduction || réduction f. ascendate; réduction f. à la denomination supérieure. **b) ~** auf eine **niedrigere Benennung** (Math) || descending reduction || réduction f. à une dénomination inférieure; réduction f. descendante. 22

zurückgekauft || repurchased || racheté. 23

zurückgelegte Entfernung f. || distance run || distance f. parcourue. 24

zurückgewinnen (Chem) || to recover || récupérer. **a)** in die Luft verdampfte wertvolle **Flüssigkeiten ~** || to recuperate precious liquids pl. evaporated in the air || récupérer des liquides mpl. précieux évaporés dans l'air. 25

zurück-kurbeln || to turn backwards || tourner en arrière. **a) ~legen,** die Räder npl. haben rund x km zurückgelegt || the wheels pl. have done up to x km || les roues fpl. ont parcourues (une voie de) x km environ. 26

Zurückschlagen n. der **Taste** || return of the key || retour m. de la touche. 27

zurückschlagend || repulsing || repoussant. 28

Zurückspringen n. des **Windes** || backing of the wind || rebroussement m. du vent. 29

zurück-weisen, einen **Scheck** m. || to reject a cheque || refuser un chèque. **a) ~werfen** || to reflect || réfléchir. 30

Zurück-werfung f. (Phys) || reflection; reflexion || réflexion f. **a) ~zug** m. (Eisenb) || up-train || convoi m. de retour. 31

Zusage f. || promise; acceptance; consent || assentiment m.; promesse f. **a)** bei **umgehender ~** || subject to your immediate assent || sous condition de recevoir votre consentement m. par retour du courrier. 32

Zusammenarbeit f. auf gemeinnütziger Grundlage || cooperation || coopération f. 33

zusammen-arbeiten || to cooperate || coopérer. **a) sich ~ballen** || to ball together || se condenser. 34

Zusammenbau m. || erection; assemblage; building up || montage m.; assemblage m. 35

zusammen-bauen, wieder || to reassemble || remonter. **a)** im kalten Zustande vollständig **~biegen** || to double completely while cold || ployer à froid jusqu'au point où les branches se touchent entièrement. **b)** mit den Enden npl. **~blatten** (Tischl; Zimm) || to scarf || assembler à mi-bois. **c) ~brechen** (Bergb) || to subside || crouler. 36

Zusammenbruch m. (Bergb) || breaking down || éboulement m. **a)** durch den **~** einer **Bank** sich in Schwierigkeiten befinden || to find oneself in difficulties owing to the failure of a bank || se trouver aux prises avec des difficultés résultant d'un krach de banque. **b) ~** infolge **fehlerhafter Arbeit** || break-down

due to bad workmanship || écroulement m. par suite d'un travail défectueux. c) ~ einer **Firma** || failure of a firm || faillite f. d'une maison de commerce. 1
zusammendrehen || to twist || tordre (ensemble). 2
zusammendrückbar || compressible || compressible. **a) nicht ~** || incompressible || incompressible. **b) ~e Flüssigkeit** f. || compressible fluid || liquide m. compressible. 3
Zusammendrückbarkeit f. || compressibility || compressibilité f. **a) ~ der Luft** || compressibility of the air || compressibilité f. de l'air. 4
zusammendrücken || to compress || comprimer. 5
Zusammendrückung f. || compression || compression f. 6
zusammen-dübeln || to peg; to dowel || cheviller. **a) ~fallen** (Physik) || to coincide || coincider. **b)** Kraftquellen fpl. zu einem System **~fassen** || to combine sources pl. of power together to form one closed system || réunir des sources fpl. énergétiques dans un seul système. 7
Zusammenfassung f., **rationelle ~** der bestehenden elektrowirtschaftlichen Anlagen || rational amalgamation of the existing public electricity supply systems || exploitation f. rationnelle d'installations électriques déjà existantes. **a) ~** der **Stromversorgung** || fusion of current supply systems || concentration f. de réseaux. **b)** an der **~** von **Unternehmungen** in Form einer Aktiengesellschaft mitwirken || to assist in the amalgamation of enterprises in the form of a joint-stock company || aider à grouper des installations par la fondation de sociétés anonymes. **c) ~** der lokalen *oder* örtlichen **Versorgungsnetze** || fusion of the local supply networks || groupement m. des petits réseaux locaux. 8
zusammenfließen || to coalesce || se fondre; confluer. 9
Zusammenfluß m. (von Flüssen) || confluence || confluent m. 10
zusammen-frieren || to congeal; to freeze together || congeler. **a) ~fügen** || to unite; to join; to mortise; to mortice || joindre; réunir. 11
Zusammenführungsband n. || reconduction band || bande f. de reconduite. 12
zusammen-gebaute Kurbelwelle f. || built-up crankshaft || arbre m. à manivelle en plusieurs pièces. **a) ~gefaltet** || folded || plié. **b)** mit Zinken fpl. **~gefugt** || dovetailed || assemblé à *ou* en queue d'aronde. **c) ~geleimtes Holz** n. || wood glued together || bois m. collé. 13
zusammengesetzt || built up; compound || rapporté; composé. **a) ~e Belastung** f. || compound load || charge f. composée. **b) ~e Bewegung** f. (Mech) || composed *or* compound motion || mouvement m. composé. **c) ~er Träger** m. || built-up section || poutre f. composée. 14
zusammen-gespiegelte Bilder npl. || images pl. reflected together || images fpl. concentrées par réflexion. **a) ~haften** || to cohere || s'attacher. **b) ~keilen** || to wedge (together) || cogner. **c) ~kitten** || to cement; to putty; to lute || luter; cimenter; mastiquer. 15
zusammenklappbar-es Boot n. || collapsible *or* collapsing boat || canot m. pliable *ou* pliant. **a) ~e Brille** f. || folding goggles pl. || lunettes fpl. pliantes. **b) ~es Feldstativ** n. || folding field tripod || pied m. de campagne pliant. **c) nicht ~es Messer** || non-shutting knife || couteau m. non fermant. 16
zusammenlaschen || to scarf || empatter; enter; amorcer. 17
Zusammenlaufbütte f. || settling tub || cuve-guilloire f. 18
zusammenlegbar *s. auch* zusammenklappbar || foldable || qui peut être plié; pliable. **a) ~es Boot** n. || folding boat || canot m. pliable. **b) ~es Fahrrad** n. || folding bicycle || bicyclette f. pliante. **c) ~e Lupe** f. (Lupe) || collapsible *or* folding magnifying-glass || loupe f. à manche pliante. 19
zusammenlegen || to fold || plier. 20
Zusammenlegung f. **gleichartiger Betriebe** || amalgamation of similar concerns || fusion f. d'exploitations de même nature. **a) ~** von **Fernleitungen** || concentration of trunk lines || concentration f. des circuits interurbains. **b) räumliche ~** ineinandergreifender Arbeitsvorgänge || uniting the localities of successive operations || réunion f. dans un même local des opérations intéressant un même produit. 21
zusammen-nageln || to nail || clouer. **a) ~-nähen** || to sew || coudre. **b) ~passen** (Techn) || to fit || appareiller. **c)** die **Stücke** npl. **~passen** || to fit the pieces together || ajuster les pièces fpl. l'une sur l'autre; raccorder les éléments mpl.; adapter les pièces fpl. l'une à l'autre. **d) ~pressen** || to compress || comprimer. 22
Zusammenpressung f. || compression || compression f. 23
zusammenscheren (Tischl; Zimm) || to join by slit and tongue || enfourcher. 24
zusammenschiebbar-es Dreibeinstativ n. || sliding tripod || trépied m. à branches coulissantes. **a) ~es Holzstativ** n. || wooden sliding tripod || pied m. en bois à branches coulissantes. 25
Zusammenschlitzen n. (Zimm) || mitre joint by slit and tongue || assemblage m. à bois de fil. 26
Zusammenschluß m. der **Arbeitnehmer** || organization of workers || coalition f. *ou* organisation f. des ouvriers. **a) ~** von **Gesellschaften** || fusion || fusion f. 27
zusammen-schnüren || to lace together; to lash || brêler; serrer. **a) ~schrauben** || to screw together || viser. 28
Zusammenschraubmaschine f. für **Spulen** (Holzbearb) || screwing-together machine for bobbins || machine f. à assembler par vis les bobines. 29
zusammenschweißen || to weld together || unir à chaud; souder; joindre par soudage. 30
Zusammensetzarbeit f. || assembling; mounting || assemblage m. 31
zusammensetzen (Mech) || to compose || composer. 32
Zusammensetz- und Reifenaufziehmaschine f. für Fässer || machine for joining the casks and driving on the hoops || machine f. à monter les fûts et à serrer les cercles. 33
Zusammensetzung f. || composition || composition f. **a) chemische ~** || chemical constitution || constitution f. chimique. **b) ~** von **Kräften** || composition of forces || composition f. de forces. 34
zusammensintern || to slag || se congeler; se concréter. 35
Zusammenstellarbeit f. || assembling work || assemblage m. 36
zusammenstellen || to compile || assembler; grouper; compiler. **a)** einen **Apparat** m. **~** || to set up an apparatus || monter un appareil. 37
Zusammen-stellung f. || putting together; arrangement; assortment; collection; combination || rapprochement m.; combinaison f.; association f.; assemblage m. **a) ~stellungszeichnung** f. || general drawing || croquis m. d'assemblage. 38
Zusammenstoß m. (Phys) || impact || choc m. **a) ~** (Seew) || collision; running foul || collision f.; abordage m. **b) ~** (Verkehr) || collision || collision f.; rencontre m. 39
zusammenstoßende Enden npl. || butted ends pl. || extrémités fpl. aboutantes. 40
Zusammensturz m. (Bauw; Bergb) || falling-down || éboulement m. 41
zusammenstürzen || to collapse || s'écrouler. 42
Zusammentreffen n. mit anderen **Typen** || collision with other types || collision f. avec d'autres caractères. 43
zusammenziehen || to contract || contracter. **a) sich ~** || to contract || se contracter. 44
Zusammen-ziehmaschine f. für Fässer || hoop driving machine; trussing machine || machine f. à serrer les cercles de fûts; serreuse f. pour fûts. **a) ~ziehung** f. || shrinking; contraction || contraction f. **b) ~ziehung** f. eines **Textes** (Buchdr) || condensing of a text || condensation f. d'un texte. **c) ~zinken** n. (Tischl) || dovetailing || assemblage m. à queue d'aronde. 45
Zusatz m. (Hinzufügung) || adjunct; addition || adjonction f. **a) nach ~** von ... (Chem) || after addition of ... || après addition f. de ... **b) ohne ~** (Met) || no alloy || sans alliage m. 46
Zusatz-aggregat n. (Elektr) || additional set; booster aggregate || dynamo f. surélévatrice; survolteur m. **a) ~apparat** m. (Funkw) || supplementary apparatus || bloc m. suplémentaire. **b) ~artikel** m. || additional article || article m. supplémentaire. **c) ~ausgleichsaggregat** n. || auxiliary compensation set || survolteur m. de compensation. **d) ~batterie** f. || boosting battery || batterie f. survoltrice. **e) ~bremswiderstand** m. (Mech) || additional brake resistance || résistance f. additionnelle de freinage. **f) ~dynamo** f. || booster || survolteur m. **g) ~einrichtung** f. (Fernm) || additional instrument || organe m. accessoire. **h) ~einrichtung** f. (Werkzeugmasch) || auxiliary attachment || dispositif m. auxiliaire. **i) ~eisen** n. || iron for additions || fonte f. crue d'addition. **k) ~feuer** n. || auxiliary light || feu m. auxiliaire. **l) ~gerät** n. || attachment; accessory instrument; supplementary apparatus || appareil m. complémentaire; appareillage m. de complément. **m) ~kühler** m. || booster *or* extra radiator || radiateur m. additionnel *ou* auxiliaire. 47
zusätzlicher Verschleiß m. || undue wear || usure f. augmentée. 48
Zusatzlinse f. || supplementary lens || lentille f. additionnelle. **a)** auf den Feldstecher eine **~ aufstecken** || to attach to the field glass a supplementary lens || emboîter

sur l'objectif une lentille additionnelle. 1

Zusatz-luft f. || additional air required || air m. complémentaire. **a) ~maschine** f. (Allg) || auxiliary machine || machine f. supplémentaire. **b) ~maschine** f. (Elektr) || booster || survolteur m. **c) ~material** n. *s.* **~stoff. d) ~patent** n. || additional patent || brevet m. additionnel. **e) ~-schwungrad** n. || auxiliary flywheel || deuxième volant f. **f) ~spannung** f. || additional stress *or* voltage || tension f. additionnelle. **g) ~stoff** m. || admixing material || matière f. à ajouter. **h) ~-stromkreis** m. || boosted circuit || circuit m. survolté. **i) ~tastatur** f. || extra key board || clavier m. supplémentaire. **k) ~-vorrichtung** f. (Werkzeugmasch) *s.* ~einrichtung. 2

Zusatzwasser n. || additional water || eau f. additionnelle. **a) ~lieferung** f. || supplying of additional water || fourniture f. de l'eau supplémentaire. 3

zuschärfen (Werkzeug) || to make sharper || rendre plus aigu. **a)** eine **Kante ~** || to bevel an edge || biseauter une arête. 4

Zuschärfmaschine f. || bevelling machine || machine f. à chanfreiner. 5

Zuschärfung f. (Kante) || chamfer || chanfrein m. 6

Zuschärfungsfläche f. || basil; sloping edge || biseau m. 7

Zuschauerraum m. || auditorium || salle f. d'audition. 8

Zuschlag m. (Met) || flux; admixture || fondant m.; additions fpl.; matière f. ajoutée. **a) hydraulischer ~** (Bauw) || hydraulic admixture || fondant m. hydraulique. 9

zuschlagen, kurz || to hammer quickly || rabattre court. 10

Zuschläger m. || smith's asisstant; striker || frappeur m.; compagnon-forgeron m. 11

Zuschlag-erz n. (Met) || fluxing ore || minerai m. fondant. **a) ~gebühr** f. || additional fee || surtaxe f. **b) ~hammer** m. || sledge hammer; two-handed hammer || masse f.; marteau m. à devant. **c) ~kalkstein** m. (Met) || flux-limestone || fondant m. calcaire. **d) ~material** n. (Met) || flux material || matière f. à fondant. **e) ~ration** f. (Seew) || allowance for waste || dixième m. 12

zuschließen || to lock; to close || fermer; serrer. 13

zuschmelzen, die **Glasröhre** || to seal off the end of the glass tube by fusing it || souder le tube de verre. 14

Zuschneidemaschine f. || machine for cutting-out || machine f. à découper *ou* à tailler. **a) ~** für **Kleider** || cutting-out machine for clothes || machine f. à tailler les habits. **b) Sack~** || machine for cutting-out sacks || machine f. à découper les sacs. **c) ~** für **Stoffe** || cutting-out machine for clothes || machine f. à découper les étoffes. 15

zuschneiden || to cut to size || couper à dimension f. **a)** die **Balken** mpl. **~** und verkämmen || to cut and notch the joists || débiter et entailler les solives fpl. **b)** das **Holz ~** || to cut up *or* to saw *or* to convert timber || débiter *or* couper *ou* scier le bois. **c)** das **Rundholz** vierkantig **~** || to square the timber || équarrir le bois. **d)** die **Zangen** fpl. **~** und auskämmen || to cut and notch the cross-sleepers || tailler et entailler les traversines fpl. 16

Zuschneider m. (Schneid) || cloth *or* clothier's cutter || découpeur m. d'étoffes; coupeur-tailleur m. 17

Zuschneide-säge || frame saw || scie f. à débiter. **a) ~tisch** m. || cutting-out board || écofrai m. 18

zuschnüren || to lace up; to cord up; to tie up || ficeler; lacer. 19

Zuschuß m. || addition; contribution || supplément m.; secours m. en argent; allocation f. 20

zusetzen || to add || ajouter. 21

zuspitzen || to sharpen; to point; to taper || rendre plus pointu; appointer; effiler. **a) kegelförmig ~** || to taper || ajuster cône; donner du cône; faire (le) cône; tailler cône. **b)** die **Stecknadeln** fpl. **~** || to point the pins pl. || empointer les épingles fpl. 22

Zuspitzen n. der **Stecknadeln** || pointing of pins || empointage m. des épingles. 23

Zuspitzung f. || point || pointement m. 24

Zustand m. || state || état m. **a) betriebsfähiger ~** || working-condition || état m. d'exploitation. **b) flüssiger ~** || liquid state || état m. liquide. **c) stationärer ~** || steady state || état m. de régime. **d) trockener ~** m. des Luftmeeres || dry state of the air || état m. de sécheresse de l'atmosphère. **e) Wiederherstellung** f. des früheren **~es** || restoring the previous condition || rétablissement m. à l'état antérieur. 25

Zustands-änderung f. || change of condition || changement m. d'état. **a) ~-gleichung** f. || equation of state || équation f. d'état. **b) ~gleichung** f. der vollkommenen **Gase** || equation of state *or* condition of perfect gases || équation f. caractéristique des gaz parfaits. 26

zustellen, jemandem etwas || to forward *or* to send *or* to deliver a thing to a person || remettre *ou* faire tenir quelque chose à quelqu'un. 27

Zustellung f. || presentation; delivery; conveyance; service (judicial) || remise f.; notification f. 28

Zustellungsgebühr f. || charges pl. for conveyance; cartage || exprès m. 29

Zustimmung f. || consent; assent; agreement; approval || consentement m.; approbation f.; assentiment m. 30

Zustrebekraft f. || centripetal force || force f. centripète. 31

zutage-kommen *s.* **~treten. a) ~liegen** || to be evident || être évident. **b) ~treten** || to come to light || se manifester. 32

Zutakelung f. (Schiffb) || rigging || garniture f. 33

Zutat f. || lining and trimming; raw material; ingredient (cooking) || fourniture f.; ingrédient m. (culinaire). 34

Zuteilung f. || allotment || partage m.; répartition f. 35

Zuteilungsanzeige f. || letter of allotment || lettre f. de répartition. 36

Zutritt m. || access; admittance; admission || accès m.; entrée f. 37

zutropfen lassen (Chem) || to drop in || faire couler goutte à goutte. 38

zuverlässig || reliable; trustworthy; certain; authentic || sûr; éprouvé; certain; authentique; constant. **a) ~e Arbeitsweise** f. || reliable working || fonctionnement m. sûr. 39

Zuverlässigkeit f. || reliability; trustworthiness; certainty; authenticity || certitude f.; authenticité f.; sûreté f.; solidité f.; sécurité f. **a) ~** im **Betrieb** || reliability in service || sécurité f. au service. 40

zuversichtlich || assured; confident || confiant. 41

zuvorkommen || to forestall; to anticipate; to prevent || devancer; prévenir. 42

Zuwachs m. || increase; extension; expansion || accroissement m.; surcroît m. 43

zuwegebringen || to accomplish || venir à bout de. 44

zuweisen, Kunden mpl. || to introduce customers || procurer des clients mpl. 45

Zuzug m. von **Arbeitern** || influx of workers || affluence f. d'ouvriers. 46

zuzüglich || with the addition of; plus; including || en plus. 47

Zwanglauflehre f. || kinematics pl. || cinématique f. 48

Zwangs-anleihe f. || forced loan || emprunt m. forcé. **a) ~einmittung** f. || automatic centering || centrage m. automatique. **b) ~kurs** m. || forced rate of exchange || cours m. forcé du change. **c) ~lage** f. || embarrassing situation; position of constraint || état m. de contrainte. 49

zwangsläufig || guided || conduit. **a)** eine **Bewegung** f. **~** mitmachen || to be forced to follow a movement || accomplir obligatoirement un mouvement. **b) ~e Führung** f. || restricted guidance || guidage m. forcé. 50

Zwangs-läufigkeit f. || guided motion || mouvement m. conduit. **a) ~schiene** f. || check rail || contre-rail m. **b) ~schiene** f. einer **Eisenbahnkreuzung** || check *or* wing *or* guard rail of crossing || contre-rail m. *ou* joue f. de croisement. **c) ~schienenwinkel** m. (Eisenb) || rolled section for guide and check rails || cornières fpl. pour contre-rails. **d) ~verfahren** n. || coercive measures pl. || procédure f. coercitive. **e) ~verkauf** m. || forced sale || vente f. forcée. **f) ~versteigerung** f. || compulsory sale by auction || vente f. forcée. **g) ~verwaltung** f. || compulsory administration || administration f. judiciaire. 51

Zwanzigflächner m. || icosahedron; icosaedron || icosaèdre m. 52

zweckdienlich || serviceable; useful; efficient || convenable; efficace; utile; conforme au bout. 53

Zwecke f. || tack || pointe f. 54

zweck-entsprechend *s.* zweckdienlich. **a) ~-los** || useless || inutile. **b) ~mäßig** || suitable; appropriate; opportune || convenable; conforme au but. 55

zweiachsig (Phys) || biaxial || biaxial; biaxe; à deux axes mpl. **a) ~er Kristall** m. || biaxial crystal || cristal m. biaxe. 56

Zweiachsigkeit f. (Phys) || biaxiality || biaxie f. 57

zwei-atomig || biatomic || biatomique. **a) ~-äugige Beobachtung** f. || binocular observation || observation f. binoculaire. **b) ~-ballig** || double canneled || à deux biseaux mpl. **c) ~basisch** (Chem) || bibasic || bibasique. 58

Zweidecker m. (Luftf) || biplane; double plane; biplane aeroplane || appareil m. biplan; biplan m. **a) ~** (Schiffb) || two-decker || vaisseau m. à deux ponts. 59

Zweidraht-system n. (Fernm) || two-wire system || système m. à deux fils. **a) ~-zwischenverstärker** m. || two-wire two-way repeater || répéteur m. réversible à deux fils. 60

Zwei-druckdampfturbine f. || two-stage mixed pressure steam turbine || turbine

f. mixte à deux pressions. **a) ~düsenzerstäuber** m. || two-nozzle atomizer || pulvérisateur m. à deux gicleurs. **b)** Linse f. in der Form eines **~ecks** n. mit oberem flach gewölbten Bogen || half lens bounded below by a portion of the full disc circle and above by a flat arc || demi-lentille f. en forme de fuseau de cercle dont l'arc supérieur est faiblement courbé. **c) ~einhalbdecker** m. || two and a half plane || triplan m. ayant un de ses plans plus petit que les autres. 1

zweifache Sicherheit f. || two-fold security || double sécurité f. 2

Zweifachbetrieb m. (Fernm) || duplex system || installation f. double. 3

zweifach-kohlensaures Salz n. || bicarbonate; acid carbonate || bicarbonate m. **a) ~weinsaures Salz** n. || bitartrate || bitartrate m.; tartrate m. acide. 4

Zweifarbband n. (Schreibm) || two-coloured ribbon || ruban m. bicolore. 5

Zweifarbendruck m. || two-colour printing || impression f. bicolore *ou* en deux couleurs. **a) ~vorrichtung** f. || two-colour printer || mécanisme m. d'impression bicolore. 6

Zwei-farbenschreibeinrichtung f. || two-coloured writing device || dispositif m. à ruban-encreur bicolore. **a) ~flammrohrkessel** m. || double-flue *or* Lancashire boiler || chaudière f. de Lancashire *ou* à deux tubes foyers *ou* à deux foyers intérieurs. 7

zwei-flanschiges Rad n. || double-flange wheel || roue f. à deux boudins. **a) ~-flügeliges Fenster** n. || two-sashed window || fenêtre f. à deux battants. 8

Zweig m. (Baum) || branch; twig || rameau m. **a) ~e** mpl. für **Bindezwecke** || branches pl. for bands || branches fpl. pour liens. 9

Zweig-anstalt f. || branch-establishment || succursale f. **a) ~bahn** f. || secondary *or* branch *or* siding line || ligne f. latérale *ou* secondaire; embranchement m. **b) ~-fabrik** f. || branch works pl. || succursale f.; établissement m. extérieur. **c) ~-geschäftsbetrieb** m. || affiliated concern || entreprise f. affiliée. **d) ~gesellschaft** f. || affiliated company || compagnie f. affiliée. 10

Zweigitterröhre f. || double grid lamp || lampe f. à deux grilles. 11

Zweig-kanal m. (Wasserb) || secondary arm of a canal || embranchement m. d'un canal. **a) ~koralle** f. || coral in branches || corail m. en branches. **b) ~leitung** f. || branch piping || branchement m.; conduite f. branchée *ou* greffée sur une autre. **c) ~rohr** n. || branching-pipe || tuyau m. d'embranchement. **d) ~strom** m. || shunt current || courant m. shunt. 12

zweihängiges Dach n. (Bauw) || ridged roof || comble m. à deux pentes. 13

Zweihordendarre f. || two-floored drying kiln || touraille f. à deux plateaux. 14

zweihordig || two-floored || à deux plateaux mpl. **a) ~e Darre** f. *s.* Zweihordendarre. 15

Zwei-kammerwasserrohrkessel m. || water-tube boiler with two headers || chaudière f. aquatubulaire à deux collecteurs. **a) ~kastenplansichter** m. || two-case *or* double-box plansifter || plansichter m. à deux caisses. **b) ~klangpfeife** f. || harmony whistle; whistle with double tone || sifflet m. à deux notes. 16

zwei-köpfige Unterlagsplatte f. mit Ansatz an beiden Seiten (Eisenb) || tie plate with shoulders or ribs on either side || selle f. d'appui avec rebord des deux côtés. **a) ~kreisiges Kristallgoniometer** n. || crystal goniometer with two circles || goniomètre m. à cristaux muni de deux cercles. 17

Zwei-leiternetz n. || two-wire network || réseau m. à deux fils. **a) ~leitungsbetrieb** m. (Fernm) || two-line service || transmission f. à deux lignes. 18

zweilinsiger Kondenser m. (Opt) || two-lens condenser || condensateur m. à deux lentilles. 19

Zweiloch-herd m. || two-hole range || cuisinière f. à deux trous. **a) ~mutter** f. || nut with two holes || écrou m. à deux trous. 20

Zweimotorenflugzeug n. || twin-motor *or* double-motor aeroplane || appareil m. bimoteur. 21

zweimotorig || twin-engined || bimoteur. 22

Zweiphasen-generator m. || two-phase generator *or* alternator || générateur m. à deux phases; alternateur m. biphasé. **a) ~strommotor** m. || two-phase current motor || moteur m. biphasé. **b) ~wechselstromgenerator** m. || two-phase alternator || alternateur m. diphase. 23

zweipolig || bipolar || bipolaire. **a) ~e Maschine** f. (Elektr) || bipolar machine || machine f. bipolaire. **b) ~er Schalter** m. || double-pole switch || interrupteur m. bipolaire. 24

Zwei-prismenspektrograf m. || two-prism spectrograph || spectrographe m. à deux prismes. **a) ~punktmeßverfahren** n. || two-point measuring system || système m. de mesure avec deux points de contact. **b) ~rad** n. || bicycle || bicyclette f. 25

Zweiröhren-schaltung f. für Verstärker || two-wire repeater system || système m. de répéteurs à deux fils. **a) ~zwischenverstärker** m. || two-valve two-way intermediate repeater || répéteur m. réversible intermédiaire. **b) ~zwischenverstärkerschrank** m. || two-wire repeater board || commutateur m. de répéteurs à deux fils. 26

zweirohriges Infanteriegeschütz n. || two-barrel infantry accompanying gun || canon m. d'infanterie muni de deux tubes; canon m. d'infanterie à deux bouches. 27

Zwei-rollenrotationsdruckmaschine f. || two-reel rotary printing machine || machine f. rotative à deux bobines. **a) ~-säulenpresse** f. mit ausschwenkbarem Oberholm || double column press with upper plate which can be swung outwards || presse f. à deux colonnes et à traverse pivotante. 28

zweischiffig (Bauw) || two-span || à double travée. 29

Zweischneidewiegemesser n. || two-blade mincing knife || hachoir m. à deux lames. 30

zweischneidiger Bohrer m. || double-cutting drill *or* bit || mèche f. à deux tranches *ou* tranchants. 31

Zwei-schnurbetrieb m. (Fernm.) || double-cord operation || exploitation f. par dicorde. **a) ~schraubenschiff** n. || twin-screw ship || navire m. à hélices jumelles. 32

zweiseitiger Kippwagen m. || dump car tipping to either side || wagonnet m. à double bascule. 33

Zweisitzer m., **geschlossener** || coupé || coupé m. **a) offener ~** || roadster || roadster m.; routière f. à deux places. 34

zweispaltig (Buchdr) || with two columns || à deux colonnes. 35

Zweispännerlandmaschine f. || two-horse agricultural machine || machine f. agricole pour double attelage. 36

zweispänniger Pferdezug m. || two-horse draught || attelage m. à deux chevaux. 37

Zweispannungsumstecker m. || two-voltage change-over switch || fiche f. commutatrice pour deux tensions. 38

zweispindlige Zylinderbohrmaschine f. || double-spindle cylinder boring machine || machine f. double à aléser les cylindres. 39

Zweiständer-blechtafelschere f. || double standard plate shear || cisaille f. à tôles à double montant. **a) ~karusselldrehbank** f. || double column vertical boring mill || tour m. vertical à deux montants. 40

Zwei-stärkenbrille f. || bifocal glass || lunette f. à double foyer. **a) ~stieler** m. (Luftf) || two-strutter || avion m. à deux paires de montants de chaque côté du fuselage. 41

zweistufig || with double stage || à deux étages. **a) ~e Luftpumpe** f. || two-stage air compresser || pompe f. à air à deux phases *ou* à deux étages. **b) ~er Verdichter** m. || two-stage compressor || compresseur m. à deux étages. 42

Zweitakt m. || two-stroke cycle || cycle m. à deux temps. **a) ~maschine** f. || two-stroke *or* double-stroke (cycle) engine || machine f. à deux temps. 43

Zweitaktmotor m. || two-stroke motor || moteur m. à deux temps. **a) doppeltwirkender ~** || two-stroke cycle double-acting type || moteur m. à deux temps à double effet. **b) kompressorloser ~** stehender Bauart mit gegenläufigen Kolben || solid-injection vertical two-cycle engine with pistons working in opposite directions || moteur m. vertical sans compresseur à pistons convergents. **c) umsteuerbarer ~** || two-stroke cycle reversible motor || moteur m. reversible à deux temps. 44

Zweitakt-prozeß m. || two-stroke cycle || cycle m. à deux temps. **a) doppeltwirkender ~sechszylinderschiffsdieselmotor** m. || six cylinder double acting two-stroke marine Diesel engine || moteur m. Diesel marin à deux temps à double effet à six cylindres. **b) einfachwirkender ~sechszylinderschiffsdieselmotor** m. || six cylinder single acting two-stroke marine Diesel engine || moteur m. Diesel marin à simple effet à deux temps à six cylindres. **c)** ventilloser luftgekühlter **~verbrennungsmotor** m. || valveless air-cooled internal combustion engine operating on the two-stroke cycle || moteur m. à explosion fonctionnant suivant le cycle à deux temps et dépourvu de soupapes. 45

zweit-e Geschwindigkeit f. || second speed || deuxième vitesse f. **a) ~er Gang** m. || second gear || deuxième vitesse f. 46

zweiteilig-er Ring m. || two-part ring || bague f. en deux pièces. **a) ~e Stopfbuchsenbrille** f. || divided stuffing box gland || lunette f. de la boîte à étoupes, en deux pièces. 1

Zweitourenschnellpresse f. (Buchdr) || two-revolution printing press || presse f. d'imprimerie rapide à deux tours. 2

Zweiwalzen-gerüst n. || housing for two rolls || cage f. à deux cylindres. **a) ~straße** f. || two-high mill || train m. duo. **b) ~stuhl** m. (Müller) || two roller corn mill || moulin m. à deux cylindres. **c) ~trockner** m. || twin cylinder drying machine || séchoir m. à cylindres conjugués. 3

Zweiwege-hahn m. || two-way-cock || robinet m. à deux voies. **a) ~pumpe** f. || two way pump || pompe f. à deux voies. **b) ~umschalter** m. || two-way switch || commutateur m. à deux directions. 4

zweiwertig (Chem) || bivalent || bivalent. 5

Zweizapfenlenkung f. || two-pivots steering gear || direction f. à deux pivots. 6

zweizeilige Gerste f. || two-rowed barley || orge f. à deux rangs. 7

Zweizylinder-block m. || cylinders pl. cast in pairs || monobloc m. de cylindres jumelés. **a) ~dampfdynamo** f. || double-cylinder steam dynamo || dynamo f. à vapeur à deux cylindres. **b) ~dampfmaschine** f. || double-cylinder steam engine || machine f. à vapeur jumelle. **c) ~maschine** f. || two cylinder engine || machine f. à deux cylindres. **d) ~motor** m. || two cylinder motor || moteur m. à deux cylindres. 8

Zwetschen-baumholz n. || plum-tree wood || bois m. de prunier. **a) ~dörrer** m. || prune dryer || sécheur m. de pruneaux. **b) ~wasserbrennerei** f. || prune distillery || distillerie f. d'eau-de-vie de prunes. 9

Zwickel m. (Strumpf) || clock || grisotte f. **a) Faß~** || racking faucet; spigot; spilepin || fausset m. **b) ~maschine** f. || clock machine || machine f. à faire la grisotte. 10

Zwicker m. am **Weinfaß** || vent peg on the wine cask || fausset m. au tonneau de vin. 11

Zwickzange f. (Kabel) || pincers pl. || pince f. 12

Zwieback m. || rusk; biscuit || biscuit m.; biscottes fpl. **a) ~bäcker** m. || cake baker || biscuitier m. **b) ~schneidemaschine** f. || rusk cutting machine || machine f. à couper les biscottes. 13

Zwiebel f. || onion || oignon m. **a) ~fisch** m. (Buchdr) || pies pl.; picks pl. || pâté m. **b) ~klauber** m. || onion peeler || peleur m. d'oignons. **c) ~röster** m. || onion roaster || grilleur m. d'oignons. **d) ~rösterei** f. || onion burning || fabrique f. d'oignons grillés. 14

Zwielicht n. || twilight || demi-jour m. 15

Zwillich m., **Sack ~** || trellis; sack drill || treillis m. à sacs. **a) ~weberei** f. || tick weaving || tissage m. de coutil. 16

Zwillings-antrieb m. || twin drive || commande f. symmétrique double. **a) ~dampfmaschine** f. || twin steam engine || machine f. à vapeur jumelle. **b) ~dauerschlagwerk** n. || twin ram impact testing machine for continuous work || machine f. jumelle pour essais à chocs répétés. **c) ~fenster** n. || window with two days; coupled window || fenêtre f. géminée *ou* accouplée. **d) ~linse** f. || binary lens || lentille f. double. **e) ~luftreifen** mpl. || twin tires pl. || pneus mpl. *ou* pneumatiques mpl. jumelés. **f) ~maschine** f. || twin engine || machine f. jumelle. **g) ~pumpe** f. || twin pump || pompe f. jumelle. **h) ~schleifer** m. || twin grinder || défibreur m. jumeau. **i) ~schleuse** f. || double lock || écluses fpl. accolées. **k) ~schraube** f. || twin-screws pl. || hélices fpl. jumelles. **l) ~verdichter** m. || twin compressor || compresseur m. duplex. **m) ~walzen** fpl. (Walzw) || duo-rolls pl. || cylindres mpl. duo. **n) ~walzwerk** n. || duo-mill || laminoir m. duo. **o) ~zylinder** mpl. || twin cylinders pl. || cylindres mpl. jumelés. 17

Zwinge f. (Klammer) || holdfast; holder; clamp || crampon m. **a) ~** (Ring) || ferrule; thimble || virole f.; ferrure f. annulaire. **b) ~** (Schraubstock) || vice || étau m. **c) ~** (Uhrm) || collet || virole f. **d) ~** für **Griffe** || handle collar virole f. pour poignées. **e)** mit einer **~ versehen** || to ferrule || embouter. 18

Zwirn m. || twisted *or* doubled yarn; thread || fil m. retors; retors m. **a) ~** aus **Baumwolle** || cotton thread || fil m. de coton. **b) Näh~** || sewing thread || fil m. à coudre. **c) zweidrähtiger ~** (Spinn) || two-threads pl. || fil m. double. 19

zwirnen (Spinn) || to twine; to twist || retordre. **a)** die **Seide ~** || to twist the silk || organsiner la soie. 20

Zwirnen n. (Spinn) || twining; twisting; throwing || retordage m.; moulinage m. **a) ~** der **Seide** || silk throwing || organisage m. de soie. 21

Zwirner m., **Doppel~** || doubler and twister || câbleur m. **a) Garn~** || twister || retordeur m. **b) Kettengarn~** || warp-yarn twister || tordeur m. de chaînes. 22

Zwirnerei f. (Spinn) || twist mill || retorderie f. **a) ~maschine** f. || twining machine || machine f. à retordre. 23

Zwirn-fabrik f. || yarn manufacture || fileterie f.; fabrique f. de fil de lin. **a) ~handschuh** m. || thread glove || gant m. de fil. **b) ~maschine** f. || twine machine; twisting mill || métier m. à retordre; tordoir m.; retordoir m. **c) ~umspinnung** f. || yarn covering || guipage m. en fils retors. 24

Zwirnung f., die **~** fixieren || to fix the twisting || fixer le tors. 25

Zwischen- || intermediate || intermédiaire. 26

Zwischen-ablesung f. || intermediate reading || lecture f. intermédiaire. **a) ~aktvorhang** m. || drop scene || toile f. pour entr'actes. **b) ~anstalt** f. (Fernm) || intermediate station || poste m. intermédiaire. **c) reelles ~bild** n. || real intermediate image || image f. réelle intermédiaire. **d) ~boden** m. (Turbine) || intermediate disc || cloison m. *ou* disque m. intermédiaire. **e) ~dampfentnahme** f. || intermediate steam utilization; steam extraction || prise f. intermédiaire de vapeur; soutirage m. de vapeur. **f) ~deck** n. || steerage; between-deck; lower deck || entre-pont m.; faux-pont m. **g) ~deckbalken** m. (Schiffb) || lower-deck beam || bau m. du faux-pont. **h) ~decke** f. (Bauk) || inserted ceiling || faux-plancher m. **i) ~deckkajüte** f. || cabin of lower decks || cabine f. d'entrepont. **k) ~deckpassagier** m. || steerage passenger || passager m. de l'avant. **l) ~dividende** f. || interim dividend || dividende m. intérimaire. **m) ~erzeugnis** n. (Met) || intermediate produce *or* product; intermediary product; partly finished article || produit m. intermédiaire; demi-produit m. **n) ~feuer** n. (Luftf) || intermediate beacon || phare m. intermédiaire. **o) ~flansch** m. || intermediate flange || bride f. intermédiaire. 27

Zwischenfrequenz f. (Funkw) || super-heterodyne || superhétérodyne m. **a) ~transformator** m. (Funkw) || intermediate frequency transformer || transformateur m. à moyenne fréquence. **b) ~verstärker** m. || super-heterodyne amplifier || amplificateur m. à fréquence intermédiaire. 28

Zwischen-geschirr n. für Förderkörbe || intermediate implement for elevator cages || pièces fpl. de commande pour cages de montée. **a) ~geschoß** n. (Bauk) || entresol; mezzanine (story) || entre-sol m. **b) ~gesperre** n. (Zimm) || empty *or* intermediate truss || ferme f. de remplage. **c) ~glied** n. || connecting link || membre m. intermédiaire. **d) ~glied** n., **elastisches** || elastic intermediate member || intermédiaire m. élastique. **e) ~hafen** m. (Seew) || intermediate port || port m. intermédiaire. **f) ~handel** m. || carrying trade; commission business || commerce m. d'entrepôt *ou* intermédiaire. **g) ~händler** m. || intermediary; middleman; commission agent || intermédiaire m.; entre-poseur m. **h) ~hebel** m. || intermediate lever || levier m. intermédiaire. **i) ~kabel** n. (Fernm) || intermediate cable || câble m. intermédiaire. 29

Zwischenkreis m. (Funkw) || intermediate circuit || circuit m. intermédiaire. **a) ~empfang** m. || intermediate circuit reception || réception f. par circuit intermédiaire. **b) ~kondensator** m. (Funkw) || intermediate circuit condenser || condensateur m. du circuit intermédiaire. **c) ~sender** m. || intermediate circuit transmitter || émetteur m. à circuit intermédiaire. 30

Zwischen-kühlen n. || intermediate cooling || refroidissement m. intermédiaire. **a) ~kühler** m. || inter-cooler || refroidisseur m. intermédiaire. **b) ~lage f., isolierende** || insulating intermediate layer || isolant m. interposé. **c) ~lager** n. || intermediate bearing || palier m. intermédiaire. 31

zwischen-legen || to interpose || entreposer. **a) ~liegend** || intermediate; intervening || intermédiaire. 32

Zwischen-mauer f. || party *or* partition wall || entre-deux m.; mur m. intérieur *ou* de séparation. **a) ~nutzung** f. || intermediate yield || produit m. intermédiaire. **b) ~pause** f. || interval || intervalle m.; récréation f. **c) ~pfeiler** m. || intermediate pier *or* butment || pied-droit m. intermédiaire. **d) ~platte** f. (Schiffb) || intercostal plate || tôle f. intercostale. **e) ~produkt** n. || intermediary substance; intermediate product || produit m. intermédiaire. **f) ~rad** n. || intermediate wheel || roue f. intermédiaire. **g) ~rahmen** m. (Auto) || subframe || faux-châssis m. **h) ~rahmen** m. (Fenster) || second little frame; wicket || faux-châssis m.; guichet m. 33

Zwischenraum m. || interstice; space || espace m.; intervalle m. **a) ~** (zwischen zwei Gleisen) || intermediate space || entre-voie f. **b)** Zwischenräume mpl. zwischen den **Wörtern** || spaces pl. between the words || espacements mpl. entre les mots. **c) ~taste** f. || space key || touche f. d'espacement. 34

Zwischenring m. || intermediate ring || bague f. de raccord. 35

Zwischenschaltung f. || intermediate gear; mediation; intercalation || transmission

f. intermédiaire; intermédiaire m.; intercalage m. **a)** unter ~ von **Zahnradgetrieben** ‖ by insertion of toothed gearings ‖ par transmission f. d'engrenages. 1

Zwischen-sender m. ‖ intermediate transmitter ‖ transmetteur m. intermédiaire. **a) ~sente** f. ‖ intermediate riband ‖ lisse f. intermédiaire. **b) ~spannvorrichtung** f. ‖ intermediate stretching device ‖ installation f. de tension intermédiaire. **c) ~spant** n. ‖ intermediate frame ‖ couple m. intermédiaire. **d) ~stellenumschalter** m. (Fernmeld) ‖ interthrough switch ‖ commutateur m. intermédiaire. 2

Zwischenstück n. ‖ connecting *or* distance *or* spacing *or* jumbling *or* intermediate piece ‖ pièce f. intermédiaire *ou* d'espacement; plot m. auxiliaire. **a)** die **Schienen** fpl. sind durch ~e aus Stahlguß ersetzt (Eisenb) ‖ the rails pl. are replaced by interlinked steel-cast pieces ‖ les rails mpl. sont remplacés par des pièces intercalaires moulées en acier. 3

Zwischenstufe f. ‖ intermediate grade ‖ degré m. intermédiaire. **a)** ~ (Chem) ‖ intermediary state ‖ stade m. intermédiaire. 4

Zwischenstuhl m. (Eisenb) ‖ intermediate chair ‖ coussinet m. intermédiaire. 5

Zwischenträger m. (Eisenkonstr) ‖ intermediate member ‖ entretoise f. **a)** ~ (Holzkonstr) ‖ secondary girder ‖ poutre f. intermédiaire. 6

Zwischen-transformator m. ‖ intermediate transformer ‖ transformateur m. intermédiaire. **a) ~transmission** f. ‖ intermediate transmission ‖ transmission f. intermédiaire. **b) ~verankerung** f. ‖ intermediate anchoring ‖ ancrage m. intermédiaire. 7

Zwischenverstärker m. ‖ intermediate repeater ‖ répéteur m. intermédiaire. **a) fester** ~ (Fernm) ‖ through-line repeater ‖ amplificateur m. embroché. 8

Zwischen-verteiler m. (Fernm) ‖ intermediate distributing frame ‖ répartiteur m. intermédiaire. **a) ~walzer** m. ‖ cogger ‖ lamineur m. au train intermédiaire. **b) ~wand** f. (Bauw) ‖ partition of baywork ‖ cloison f. mitoyenne. **c) ~welle** f. ‖ jackshaft; intermediate shaft ‖ arbre m. de renvoi *ou* intermédiaire. **d) ~zeit** f. ‖ interval ‖ intervalle m. 9

Zwitterspule f. ‖ hybrid coil ‖ bobine f. hybride. 10

Zwölfzylindermotor m. ‖ twelve cylinder engine ‖ machine f. à douze cylindres. 11

Zyan n. (Chem) ‖ cyanogen ‖ cyanogène m. **a) ~barium** n. ‖ cyanide of barium ‖ cyanure m. de baryum. **b) ~eisenkalium** n. ‖ ferricyanide of potassium ‖ cyanoferride m. de potassium. **c) ~gas** n. (Chem) ‖ cyanogen gas ‖ cyanogène m.; azoture m. de carbone. 12

Zyanid n. ‖ cyanide ‖ cyanure m. 13

Zyankalium n. ‖ cyanide of potassium; potassic cyanide; prussiate of potash ‖ prussiate m. de potasse; cyanure m. de potassium. **a) Ferro~** ‖ ferrocyanate of potassium; potassium ferrocyanide ‖ prussiate m. de potasse. **b) ~anlage** f. ‖ cyanide plant ‖ installation f. pour la fabrication des cyanures. 14

Zyan-kupfer n. ‖ copper cyanide ‖ cyanure m. de cuivre. **a) ~natrium** n. ‖ cyanide of sodium ‖ cyanure m. de soude. **b) ~quecksilberkalium** n. ‖ cyanide of mercurous potassium ‖ cyanure m. de mercure et de potassium. **c) ~salz** n. ‖ cyanide; prussiate ‖ cyanure m.; prussiate m. **d) ~säure** f. (Chem) ‖ cyanic acid ‖ acide m. cyanique. **e) ~silber** n. ‖ silver cyanide ‖ cyanure m. d'argent. **f) ~silberkalium** n. ‖ cyanide of silvery potassium ‖ cyanure m. d'argent et de potassium. 15

Zyanür n. (Chem) ‖ cyanide ‖ cyanure m.; cyanide m. 16

Zyan-wasserstoffsäure f. ‖ hydrocyanic *or* prussic acid ‖ acide m. prussique *ou* cyanhydrique. **a) ~zink** n. ‖ zinc cyanide ‖ cyanure m. de zinc. **b) ~zinkkalium** n. ‖ cyanide of zinky potassium ‖ cyanure m. de zinc et de potassium. 17

zyklisch ‖ cyclic ‖ cyclique. 18

Zykloide f. (Math) ‖ cycloid; isochronal line ‖ cycloïde f. 19

Zykloidenverzahnung f. ‖ cycloid toothing ‖ denture f. cycloïdale. 20

Zyklon m. ‖ cyclone; tornado ‖ tempête f. tournante; cyclone m. 21

Zyklus m. ‖ cycle ‖ cycle m. 22

Zylinder m. ‖ cylinder ‖ cylindre m. **a)** ~ mit **abnehmbarem Kopf** ‖ cylinder with detachable head ‖ cylindre m. à culasse amovible. **b)** einen ~ **ausbohren** ‖ to bore a cylinder ‖ aléser un cylindre m. **c) beiderseitig offener, rohrförmiger, wassergekühlter** ~ ‖ tubular, water-cooled cylinder, open at both ends ‖ cylindre m. en forme de tube à refroidissement par eau et ouvert des deux côtés. **d) Blech~** ‖ sheet iron cylinder ‖ cylindre m. en tôle. **e) Dampf~** ‖ steam cylinder ‖ cylindre m. à vapeur. **f)** ~ mit **Dampfmantel** ‖ steam-jacketed cylinder ‖ cylindre m. chemisé de vapeur. **g)** ~ mit **doppelter Wandung** ‖ cylinder with double walls ‖ cylindre m. à double paroi. **h) Einfach~** ‖ separate cylinder ‖ cylindre m. séparé. **i) einzelstehender** ~ ‖ separately cast cylinder ‖ cylindre m. séparé. **k) fächerförmig angeordnete** ~ mpl. ‖ cylinders pl. arranged in fan shape ‖ cylinders mpl. disposés en éventail. **l) Gär~** ‖ fermenting *or* fermentation cylinder ‖ cylindre m. à fermentation. **m) Gas~** ‖ gas cylinder ‖ réservoir m. cylindrique à gaz. **n)** in einem Stück **gegossener** ~ ‖ cylinder cast in one piece ‖ monobloc m. **o) Hochdruck~** ‖ high-pressure cylinder ‖ cylindre m. à haute pression. **p)** ~ mit **Kühlrippen** ‖ ribbed cylinder ‖ cylindre m. à ailettes. **q) liegend angeordneter** ~ ‖ horizontal cylinder ‖ cylindre m. couché. **r) luftgekühlter** ~ ‖ air-cooled cylinder ‖ cylindre m. à refroidissement par air. **s)** ~ mit **Mantel** ‖ jacketed cylinder ‖ cylindre m. à chemise. **t) Motor** m. mit liegenden **~n** ‖ horizontal motor ‖ moteur m. horizontal. **u) Niederdruck~** ‖ low-pressure cylinder ‖ cylindre m. à basse pression. **v) oszillierender** ~ (Masch) ‖ oscillating *or* vibrating cylinder ‖ cylindre m. oscillant. **w) paarweise zusammengegossene** ~ mpl. ‖ cylinders pl. cast in pairs ‖ cylindres mpl. fondus en paires. **x) Preß~** ‖ press cylinder ‖ cylindre m. de presse. **y)** x ~ mpl. in **Reihe** ‖ straight x cylinders pl.; x cylinders pl. in (a) line ‖ x cylindres mpl. en ligne. **z) schwingender** ~ ‖ oscillating *or* rocking cylinder ‖ cylinder m. oscillant. 23

a) Speise~ ‖ feed cylinder ‖ cylindre m. alimentaire. **b)** ~ mpl. in **Tandemanordnung** ‖ tandem cylinders pl. ‖ cylindres mpl. en tandem. **c) umlaufende** ~ mpl. ‖ revolving cylinders pl. ‖ cylindres mpl. rotatifs. **d) unrunder** ~ ‖ cylinder worn out of truth ‖ cylindre m. ovalisé. **e) wassergekühlter** ~ ‖ water-cooled cylinder ‖ cylindre m. à refroidissement d'eau. **f) Zwillings~** mpl. ‖ twin cylinders pl. ‖ cylindres mpl. jumelés. 24

Zylinder-ausrüstung f. ‖ cylinder fittings pl. ‖ garnitures fpl. du cylindre. **a) ~bekleidung** f. ‖ cylinder clothing ‖ enveloppe f. du cylindre. **b) ~berieselungsapparat** m. ‖ cylindrical trickling apparatus ‖ réfrigérant m. cylindrique à ruissellement. **c) ~blende** f. (Opt) ‖ cylindrical diaphragm ‖ diaphragme-cylindre m. **d) ~block** m. ‖ cylinder block ‖ bloc m. de cylindre. **e) ~boden** m. ‖ bottom of the cylinder ‖ fond m. du cylindre. **f) ~bohrapparat** m. ‖ cylinder boring apparatus ‖ appareil m. à aléser les cylindres. **g) ~bohrmaschine** f. ‖ cylinder boring machine ‖ machine f. à aléser les cylindres. **h) ~bohrmaschine** f., **zweispindelige** ‖ double-spindle cylinder boring machine ‖ machine f. double à aléser les cylindres. **i) ~bohrung** f. ‖ cylinder bore ‖ alésage m. du cylindre. **k) ~buchse** f. ‖ cylinder liner ‖ fourrure f. *ou* boîte f. de cylindre. **l) ~dampfkessel** m. ‖ cylindrical steam boiler ‖ chaudière f. à vapeur cylindrique. 25

Zylinderdeckel m. ‖ cylinder cover ‖ couvercle m. de cylindre. **a) hinterer** ~ ‖ back cover of cylinder ‖ couvercle m. arrière de cylindre. **b) vorderer** ~ ‖ front cover of cylinder ‖ couvercle m. avant de cylindre. **c) ~verkleidung** f. ‖ jacket of cylinder cover ‖ enveloppe f. du couvercle de cylindre. 26

Zylinder-dichtungsring m. ‖ (cylinder) packing ring ‖ anneau m. *ou* bague f. de garniture (de cylindre); segment m. de cylindre. **a) ~drehbank** f. ‖ slide lathe ‖ tour cylindrique. **b) ~einsatz** m. ‖ cylinder liner ‖ boîte *ou* garniture f. (intérieure) du cylindre. **c) ~fläche** f. ‖ cylindrical surface; surface of cylinder ‖ surface f. *ou* face f. cylindrique. **d) ~flansch** m. ‖ cylinder flange ‖ bride f. *ou* semelle f. de cylindre. **e) ~futter** n. (Brau) ‖ loose self sealing liner ‖ chemise f. intérieure. **f) ~gebläse** n. ‖ cylinder blowing machine ‖ soufflerie f. à piston cylindrique. **g) ~gebläsemaschine** f. ‖ cylinder blowing engine ‖ machine f. soufflante à piston. **h) ~gestell** n. ‖ cylinder foot ‖ pied m. de cylindre. **i) ~glas** n. ‖ cylinder glass ‖ verre m. cylindrique. **k) ~guß** m. ‖ cylinder casting ‖ fonte f. à cylindres. **l) ~hemmung** f. (Uhrm) ‖ cylinder escapement ‖ échappement m. du cylindre. **m) ~inhalt** m. ‖ cylinder; piston displacement; contents pl. *or* volume of the cylinder ‖ cylindrée f.; volume m. du cylindre. **n) ~kessel** m. ‖ cylindrical boiler ‖ chaudière f. cylindrique. 27

Zylinderkopf m. ‖ cylinder head ‖ tête f. *ou* culasse f. de cylindre. **a) abnehmbarer** ~ ‖ detachable cylinder head ‖ culasse f. amovible *ou* rapportée du cylindre. **b) angegossener** ~ ‖ integral cylinder head ‖ culasse f. fondu d'un seul morceau avec le cylindre; culasse f. venue de fonte avec le cylindre. **c) ~dichtung**

f. || cylinder head gasket || joint m. de culasse du cylindre. 1

Zylinder-kurvenfräsapparat m. || circular profiling apparatus || appareil m. à fraiser les cames cylindriques. **a) ~laufbuchse** f. || cylinder liner || boîte f. *ou* garniture f. *ou* fourrure f. du cylindre. **b) ~lauffläche** f. || working surface of cylinder || portée f. du cylindre. 2

Zylinderlinse f. || cylinder lens || lentille f. cylindrique. **a) ~ in Fassung** || cylinder lens in mount || lentille f. cylindrique avec monture. **b) sammelnde ~** || converging cylinder lens || lentille f. cylindrique convergente. **c) ~n** fpl. **verschiedener Stärke** || cylinder lenses pl. of different powers || lentilles fpl. cylindriques de puissance différente. **d) zerstreuende ~** || dispersing cylinder lens || lentille f. cylindrique divergente. 3

Zylinder-mantel m. || cylinder casing *or* jacket *or* barrel || corps m. du cylindre. **a) ~meßgerät** n. || cylinder measuring instrument || appareil m. pour la mesure des cylindres. **b) ~nadel** f. || cylinder needle || aiguille f. de cylindre. **c) ~öl** n. || cylinder oil || huile f. pour cylindres. **d) ~öl** n. **für Gasmotoren** || gas engine cylinder oil || huile f. pour cylindre de moteurs à gaz. **e) ~poliermaschine** f. || cylinder polishing machine || machine f. à polir l'intérieur des cylindres. **f) ~ringanker** m. (Elektr) || cylindrical ring armature || induit m. en anneau cylindrique. **g) ~säge** f. || drum *or* cylinder saw || scie f. cylindrique *ou* à tambour. **h) ~schleifmaschine** f. || cylinder grinding machine *or* grinder || machine f. à rectifier l'intérieur des cylindres; rectifieuse f. pour cylindres. **i) ~schmierapparat** m. || cylinder oiler || graisseur m. de cylindre. **k) ~schmierhahn** m. || cylinder grease cock || robinet m. graisseur de cylindre. **l) ~schraube** f. mit **runder** oberer Kopfkante || cylindrical screw with rounded-off top edge || vis f. à tête cylindrique avec arête supérieure ronde. **m) ~schraube** f. mit **scharfer** oberer Kopfkante || cylindrical screw with sharp top edge || vis f. à tête cylindrique avec arête supérieure aigue. **n) ~spule** f. (Elektr) || cylindrical coil || bobine f. cylindrique. **o) ~stegdecke** f. || armoured tubular flooring || plancher m. à nervures cylindriques. **p) ~stichmaß** n. || caliper gauge || jauge f. à coulisses. **q) ~stift** m. || cylindrical pin || goupille f. cylindrique. **r) ~überzug** m. von Seide || silk clothing of a cylinder || garniture f. en soie d'un cylindre. **s) ~uhr** f. || watch with cylinder escapement || montre f. avec échappement à cylindre. **t) ~versteifung** f. in Stahlguß || steel-cast frame plate stay || caissonnement m. en acier moulé. **u) ~verstrebung** f. || cylinder stiffening piece || renforcement m. de cylindre. **v) ~vorderdeckel** m. || front cover of cylinder || couvercle m. avant de cylindre. **w) ~walke** f. (Web) || cylindrical milling *or* cylindrical fulling machine || fouleuse f. cylindrique. **x) ~wand** f. *s.* ~wandung. 4

Zylinderwandung f. || cylinder wall || paroi f. de cylindre. **a) Kühlung** f. der ~ || cooling of cylinder walls || refroidissement m. des parois de cylindres. 5

Zylinder-wassermantel m. || cylinder water jacket || chemise f. *ou* enveloppe f. d'eau du cylindre. **a) ~zapfen** m. || dowel pin || tampon m. cylindrique. 6

zylindrisch || cylindric(al) || cylindrique. **a) ~es Einrollen** n. von Kesselschüssen || cylindrical bending of boiler shells || roulage m. *ou* cintrage m. cylindrique des tôles de chaudières. **b) ~es Getriebe** n. || cylindrical gear || engrenage m. cylindrique. 7

Zylindrischziehen n. || drawing cylindrically || étirage m. cylindrique. 8

Zylindrizität f., auf ~ prüfen || to check the roundness and parallelism || vérifier l'ovalisation f. et la cylindricité f. **a) Gerät** n. zum Prüfen der ~ || instrument for testing roundness and parallelism || appareil m. pour la vérification de l'ovalisation et de la cylindricité. 9

Zymase f. || zymase || zymase f. 10

Zymologie f. *s.* Zymotechnik. 11

Zymoskop n. (Funkw) || cymoscope || cymoscope m. 12

Zymotechnik f. *s. auch* Gärungslehre || zymology || zymologie f.; zymotechnique f. 13

zymotechnische Analyse f. || zymotechnic(al) analysis || analyse f. zymotechnique. 14

Zyper-gras n. || cypress grass; cyperus || souchet m. **a) ~wein** m. || Cyprus wine || vin m. de Chypre. 15

Zypressen-holz n. || cypress wood || bois m. de cyprès. **a) ~öl** n. || cypress oil || essence f. *ou* huile f. de cyprès. 16

Zystotom n. (Heilk) || cystotome || kystotome m. 17

Zytase f. || cytase || cytase f. 18

Zytidinphosphat n. || cytidine phosphate || phosphate m. de cytidine. 19

GPSR Compliance

The European Union's (EU) General Product Safety Regulation (GPSR) is a set of rules that requires consumer products to be safe and our obligations to ensure this.

If you have any concerns about our products, you can contact us on ProductSafety@springernature.com

In case Publisher is established outside the EU, the EU authorized representative is:

Springer Nature Customer Service Center GmbH
Europaplatz 3
69115 Heidelberg, Germany

Batch number: 10684808

Printed by Printforce, the Netherlands